# Periodic Table of the Elements

Main Group Representative Elements (groups 1A–2A and 3A–8A); Transition metals (groups 3B–2B)

Metals | Metalloids | Nonmetals

| Period | 1A[a] 1 | 2A 2 | 3B 3 | 4B 4 | 5B 5 | 6B 6 | 7B 7 | 8B 8 | 8B 9 | 8B 10 | 1B 11 | 2B 12 | 3A 13 | 4A 14 | 5A 15 | 6A 16 | 7A 17 | 8A 18 |
|---|---|---|---|---|---|---|---|---|---|---|---|---|---|---|---|---|---|---|
| 1 | 1 **H** 1.00794 | | | | | | | | | | | | | | | | | 2 **He** 4.002602 |
| 2 | 3 **Li** 6.941 | 4 **Be** 9.012182 | | | | | | | | | | | 5 **B** 10.811 | 6 **C** 12.0107 | 7 **N** 14.0067 | 8 **O** 15.9994 | 9 **F** 18.998403 | 10 **Ne** 20.1797 |
| 3 | 11 **Na** 22.989770 | 12 **Mg** 24.3050 | | | | | | | | | | | 13 **Al** 26.981538 | 14 **Si** 28.0855 | 15 **P** 30.973761 | 16 **S** 32.065 | 17 **Cl** 35.453 | 18 **Ar** 39.948 |
| 4 | 19 **K** 39.0983 | 20 **Ca** 40.078 | 21 **Sc** 44.955910 | 22 **Ti** 47.867 | 23 **V** 50.9415 | 24 **Cr** 51.9961 | 25 **Mn** 54.938049 | 26 **Fe** 55.845 | 27 **Co** 58.933200 | 28 **Ni** 58.6934 | 29 **Cu** 63.546 | 30 **Zn** 65.39 | 31 **Ga** 69.723 | 32 **Ge** 72.64 | 33 **As** 74.92160 | 34 **Se** 78.96 | 35 **Br** 79.904 | 36 **Kr** 83.80 |
| 5 | 37 **Rb** 85.4678 | 38 **Sr** 87.62 | 39 **Y** 88.90585 | 40 **Zr** 91.224 | 41 **Nb** 92.90638 | 42 **Mo** 95.94 | 43 **Tc** [98] | 44 **Ru** 101.07 | 45 **Rh** 102.90550 | 46 **Pd** 106.42 | 47 **Ag** 107.8682 | 48 **Cd** 112.411 | 49 **In** 114.818 | 50 **Sn** 118.710 | 51 **Sb** 121.760 | 52 **Te** 127.60 | 53 **I** 126.90447 | 54 **Xe** 131.293 |
| 6 | 55 **Cs** 132.90545 | 56 **Ba** 137.327 | 71 **Lu** 174.967 | 72 **Hf** 178.49 | 73 **Ta** 180.9479 | 74 **W** 183.84 | 75 **Re** 186.207 | 76 **Os** 190.23 | 77 **Ir** 192.217 | 78 **Pt** 195.078 | 79 **Au** 196.96655 | 80 **Hg** 200.59 | 81 **Tl** 204.3833 | 82 **Pb** 207.2 | 83 **Bi** 208.98038 | 84 **Po** [208.98] | 85 **At** [209.99] | 86 **Rn** [222.02] |
| 7 | 87 **Fr** [223.02] | 88 **Ra** [226.03] | 103 **Lr** [262.11] | 104 **Rf** [261.11] | 105 **Db** [262.11] | 106 **Sg** [266.12] | 107 **Bh** [264.12] | 108 **Hs** [269.13] | 109 **Mt** [268.14] | 110 **Ds** [281.15] | 111 **Rg** [272.15] | 112 **Cn** [285] | 113 [284] | 114 **Fl** [289.2] | 115 [288] | 116 **Lv** [293] | 117 ** [294] | 118 [294] |

| Series | | | | | | | | | | | | | | |
|---|---|---|---|---|---|---|---|---|---|---|---|---|---|---|
| Lanthanide series | 57 **La** 138.9055 | 58 **Ce** 140.116 | 59 **Pr** 140.90765 | 60 **Nd** 144.24 | 61 **Pm** [145] | 62 **Sm** 150.36 | 63 **Eu** 151.964 | 64 **Gd** 157.25 | 65 **Tb** 158.92534 | 66 **Dy** 162.50 | 67 **Ho** 164.93032 | 68 **Er** 167.259 | 69 **Tm** 168.93421 | 70 **Yb** 173.04 |
| Actinide series | 89 **Ac** [227.03] | 90 **Th** 232.0381 | 91 **Pa** 231.03588 | 92 **U** 238.02891 | 93 **Np** [237.05] | 94 **Pu** [244.06] | 95 **Am** [243.06] | 96 **Cm** [247.07] | 97 **Bk** [247.07] | 98 **Cf** [251.08] | 99 **Es** [252.08] | 100 **Fm** [257.10] | 101 **Md** [258.10] | 102 **No** [259.10] |

[a] The labels on top (1A, 2A, etc.) are common American usage. The labels below these (1, 2, etc.) are those recommended by the International Union of Pure and Applied Chemistry (IUPAC).

Except for elements 114 and 116, the names and symbols for elements above 113 have not yet been decided.

Atomic weights in brackets are the names of the longest-lived or most important isotope of radioactive elements.

Further information is available at http://www.webelements.com

** Discovered in 2010, element 117 is currently under review by IUPAC.

# List of Elements with Their Symbols and Atomic Weights

| Element | Symbol | Atomic Number | Atomic Weight | Element | Symbol | Atomic Number | Atomic Weight | Element | Symbol | Atomic Number | Atomic Weight |
|---|---|---|---|---|---|---|---|---|---|---|---|
| Actinium(악티늄) | Ac | 89 | 227.03a | Hafnium(하프늄) | Hf | 72 | 178.49 | Praseodymium(프라세오디뮴) | Pr | 59 | 140.90766 |
| Aluminum(알루미늄) | Al | 13 | 26.981538 | Hassium(하슘) | Hs | 108 | 269.1a | Promethium(프로메튬) | Pm | 61 | 145a |
| Americium(아메리슘) | Am | 95 | 243.06a | Helium(헬륨) | He | 2 | 4.002602a | Protactinium(프로트악티늄) | Pa | 91 | 231.03588 |
| Antimony(안티모니) | Sb | 51 | 121.760 | Holmium(홀뮴) | Ho | 67 | 164.93033 | Radium(라듐) | Ra | 88 | 226.03a |
| Argon(아르곤) | Ar | 18 | 39.948 | Hydrogen(수소) | H | 1 | 1.00794 | Radon(라돈) | Rn | 86 | 222.02a |
| Arsenic(비소) | As | 33 | 74.92160 | Indium(인듐) | In | 49 | 114.818 | Rhenium(레늄) | Re | 75 | 186.207a |
| Astatine(아스탄틴) | At | 85 | 209.99a | Iodine(아이오딘) | I | 53 | 126.90447 | Rhodium(로듐) | Rh | 45 | 102.90550 |
| Barium(바륨) | Ba | 56 | 137.327 | Iridium(이리듐) | Ir | 77 | 192.217 | Roentgenium(뢴트게늄) | Rg | 111 | 282.2a |
| Berkelium(버클륨) | Bk | 97 | 247.07a | Iron(철) | Fe | 26 | 55.845 | Rubidium(루비듐) | Rb | 37 | 85.4678 |
| Beryllium(베릴륨) | Be | 4 | 9.012183 | Krypton(크립톤) | Kr | 36 | 83.80 | Ruthenium(루테늄) | Ru | 44 | 101.07 |
| Bismuth(비스무트) | Bi | 83 | 208.98038 | Lanthanum(란타넘) | La | 57 | 138.9055 | Rutherfordium(러더포듐) | Rf | 104 | 267.1a |
| Bohrium(보륨) | Bh | 107 | 270.1a | Lawrencium(로렌슘) | Lr | 103 | 262.11a | Samarium(사마륨) | Sm | 62 | 150.36 |
| Boron(붕소) | B | 5 | 10.81 | Lead(납) | Pb | 82 | 207.2 | Scandium(스칸듐) | Sc | 21 | 44.955908 |
| Bromine(브로민) | Br | 35 | 79.904 | Lithium(리튬) | Li | 3 | 6.941 | Seaborgium(시보귬) | Sg | 106 | 269.1a |
| Cadmium(카드뮴) | Cd | 48 | 112.414 | Livermorium(리버모륨) | Lv | 116 | 293[a] | Selenium(셀레늄) | Se | 34 | 78.97 |
| Calcium(칼슘) | Ca | 20 | 40.078 | Lutetium(루테늄) | Lu | 71 | 174.967 | Silicon(규소) | Si | 14 | 28.0855 |
| Californium(캘리포늄) | Cf | 98 | 251.08a | Magnesium(마그네슘) | Mg | 12 | 24.3050 | Silver(은) | Ag | 47 | 107.8682 |
| Carbon(탄소) | C | 6 | 12.0107 | Manganese(망가니즈) | Mn | 25 | 54.938044 | Sodium(소듐) | Na | 11 | 22.989770 |
| Cerium(세륨) | Ce | 58 | 140.116 | Meitnerium(마이트너륨) | Mt | 109 | 278.2a | Strontium(스트론튬) | Sr | 38 | 87.62 |
| Cesium(세슘) | Cs | 55 | 132.905452 | Mendelevium(멘델레븀) | Md | 101 | 258.10a | Sulfur(황) | S | 16 | 32.065 |
| Chlorine(염소) | Cl | 17 | 35.453 | Mercury(수은) | Hg | 80 | 200.59 | Tantalum(탄탈럼) | Ta | 73 | 180.9479 |
| Chromium(크로뮴) | Cr | 24 | 51.9961 | Molybdenum(몰리브데넘) | Mo | 42 | 95.95 | Technetium(테크네튬) | Tc | 43 | 98a |
| Cobalt(코발트) | Co | 27 | 58.933194 | Moscovium(모스코븀) | Mc | 115 | 289.2a | Tellurium(텔루륨) | Te | 52 | 127.60 |
| Copernicium(코페르니슘) | Cn | 112 | 285.2[a] | Neodymium(네오디뮴) | Nd | 60 | 144.24 | Tennessine(테네신) | Ts | 117 | 293.2a |
| Copper(구리) | Cu | 29 | 63.546 | Neon(네온) | Ne | 10 | 20.1797 | Terbium(터븀) | Tb | 65 | 158.92534 |
| Curium(퀴륨) | Cm | 96 | 247.07a | Neptunium(넵투늄) | Np | 93 | 237.05a | Thallium(탈륨) | Tl | 81 | 204.3833 |
| Darmstadtium(다름슈타튬) | Ds | 110 | 281.2a | Nickel(니켈) | Ni | 28 | 58.6934 | Thorium(토륨) | Th | 90 | 232.0377 |
| Dubnium(더브늄) | Db | 105 | 268.1a | Nihonium(니호늄) | Nh | 113 | 286.2[a] | Thulium(툴륨) | Tm | 69 | 168.93422 |
| Dysprosium(디스프로슘) | Dy | 66 | 162.50 | Niobium(니오븀) | Nb | 41 | 92.90637 | Tin(주석) | Sn | 50 | 118.710 |
| Einsteinium(아인슈타이늄) | Es | 99 | 252.08a | Nitrogen(질소) | N | 7 | 14.0067 | Titanium(타이타늄) | Ti | 22 | 47.867 |
| Erbium(어븀) | Er | 68 | 167.259 | Nobelium(노벨륨) | No | 102 | 259.10a | Tungsten(텅스텐) | W | 74 | 183.84 |
| Europium(유로퓸) | Eu | 63 | 151.964 | Oganesson(오가네손) | Og | 118 | 294.2a | Uranium(우라늄) | U | 92 | 238.02891 |
| Fermium(페르뮴) | Fm | 100 | 257.10a | Osmium(오스뮴) | Os | 76 | 190.23 | Vanadium(바나듐) | V | 23 | 50.9415 |
| Flerovium(플레로븀) | Fl | 114 | 289.2a | Oxygen(산소) | O | 8 | 15.9994 | Xenon(제논) | Xe | 54 | 131.293 |
| Fluorine(플루오린) | F | 9 | 18.9984016 | Palladium(팔라듐) | Pd | 46 | 106.42 | Ytterbium(이터븀) | Yb | 70 | 173.04 |
| Francium(프랑슘) | Fr | 87 | 223.02a | Phosphorus(인) | P | 15 | 30.973762 | Yttrium(이트륨) | Y | 39 | 88.90584 |
| Gadolinium(가돌리늄) | Gd | 64 | 157.25 | Platinum(백금) | Pt | 78 | 195.078 | Zinc(아연) | Zn | 30 | 65.39 |
| Gallium(갈륨) | Ga | 31 | 69.723 | Plutonium(플루토늄) | Pu | 94 | 244.06a | Zirconium(지르코늄) | Zr | 40 | 91.224 |
| Germanium(저마늄) | Ge | 32 | 72.64 | Polonium(폴로늄) | Po | 84 | 208.98a | | | | |
| Gold(금) | Au | 79 | 196.966569 | Potassium(포타슘) | K | 19 | 39.0983 | | | | |

[a]Mass of longest-lived or most important isotope.

Brown · Lemay · Bursten · Murphy · Woodward · Stoltzfus

제15판

# 일반화학

화학교재연구회 옮김

Pearson

자유아카데미

# 역자 서문

2022년 10월 5일, 이 책을 번역하던 중 소식 하나가 전해졌다. 2022년 노벨 화학상 수상자 3인이 선정되었다는 뉴스다. 스웨덴 왕립과학원 노벨 위원회의 웹사이트를 방문하니, Carolyn Bertozzi, Morten Meldal, Barry Sharpless의 순으로 3인의 수상자를 소개하고 있었다. 노벨 화학상은 1901년부터 2022년까지 114번, 총 189명이 수상했다. Carolyn Bertozzi(56, 미국) 교수가 수상함으로써, 노벨 화학상을 받은 여성 과학자는 이제 189명 중 8명으로 늘어났다.

2022년 노벨 화학상은 마치 블록을 조립하듯 두 분자를 합성하는 '클릭 화학(click chemistry)' 분야를 개척한 과학자들에게 돌아갔다. Morten Meldal(68, 덴마크) 교수와 Barry Sharpless(81, 미국) 교수는 기능적 형태의 화학인 클릭 화학의 토대를 마련했다. 클릭 화학에서는, 분자의 구성 요소들이 빠르게 그리고 효율적으로 결합된다.

Sharpless는 2001년에 이어 두 번째 노벨상을 받았다. 그는 탄소 결합 사이에 산소를 끼워 넣는 산화 반응에서 새로운 촉매(다른 물질의 화학 반응을 매개하는 물질)를 개발한 공로로 첫 노벨상을 받았다. 이때의 연구를 바탕으로, 심장병과 파킨슨병 등의 치료제가 개발됐다.

Sharpless의 두 수상 분야 사이에 큰 연관성이 있는 것은 아니다. 그가 이번 노벨 화학상에 선정된 이유는, 2000년경 클릭 화학의 개념을 처음으로 제시한 과학자였기 때문이라고 스웨덴 왕립과학원 노벨 위원회는 밝혔다.

Bertozzi는 클릭 화학을 새로운 차원으로 끌어올려 생물체에 사용하기 시작했다. 이를 생체 직교 화학이라고 한다. 몸 안에서 클릭 화학 합성 반응이 일어나더라도, 독성 없이 안정할 수 있도록 연구한 것이다. 이는 합성 과정에서 체내 독성을 일으킬 수 있는 구리를 다른 물질로 대체함으로써 가능했다. Bertozzi의 생체직교 화학 합성법은, 더 표적화된 암 치료에 클릭 화학이 응용되도록 기여했다.

클릭 화학은 의약품을 개발하는 과정에서 필요한 물질을 빠르고 쉽게 만드는 데 도움을 주고 있다. 이러한 클릭 화학과 같은 최신 소식까지 소개하는 일반화학 교재가 있으니, 바로 T. L. Brown의 「일반화학 제15판」이다. 이를 말씀을 드리고자, 클릭 화학 소식을 길게 소개하였다. 본서 877쪽을 보라. 훌륭한 책이다!

일반화학은 여러 학문의 기반이 된다. 다루는 주제와 범위가 넓어지고, 일반화학을 필요로 하는 전공이 많아졌다. 이에 따라 일반화학 교재의 종류도 다양해졌다. T. L. Brown의 일반화학 교재 역시, 초판이 발행된 이후 개정판이 나올 때마다 새로운 내용으로 개선되고 발전되어 왔다. 그러던 중 제15판이 새로 출간되었으니, 그동안 많은 일반화학 교재 중에서 중요한 역할을 담당해 온 것을 넘어서 명작의 반열에 올랐다고 할 수 있을 것이다.

이 책의 원서 제목은 "Chemistry: The Central Science"이다. 화학이 과학의 중심이라는 사실은, 이미 많은 사람이 느끼고 실감할 것이다. 인간 활동을 포함한 모든 물질과 물질의 변화를 연구하는 학문이 바로 화학이기 때문이다. 자연과학, 공학, 의학, 약학, 간호학 등의 전문 분야에서 필수 과목이었던 일반화학은, 이제 인문, 사회, 예술 분야의 일부 전공자들에게도 21세기 과학 문명사회의 교양으로써 반드시 갖추어야 하는 지식이 되었다.

본서는 화학의 개념과 기본 원리를 충실하게 담은 것은 물론, 일상생활에서 접할 수 있는 다양한 내용과 화학에 대한 다양한 읽을거리까지 다루어 흥미를 유발한다. 이에 더해 풍부한 소재의 그림과 명확한 색도의 컬러 사진을 사용하여 가독성을 높였다. 화학 개념에 대한 이해를 돕고자 여러 방면에서 많은 노력을 기울였음을 즉각 알 수 있다. 따라서 화학을 전공하지 않는 학생들의 필요(needs)를 충족시키기에도 충분할 것이다.

시간이 지날수록 과학기술은 더욱 빠르게 발전하고 있다. 화학 분야에서도 날마다 새롭고 놀라운 연구 결과가 인터넷과 대중 매체를 통해 신속하게 발표되고 있다. 또한 과학은 세분화되면서도 동시에 통합되는 복잡한 양상을 보이고 있다. 이러한 과학기술의 행보에 뒤지지 않도록, 화학 교과서의 내용을 보완하고 수정하는 것은 당연한 일일 것이다. 이에 발맞추어 Brown의 「일반화학 제15판」 교과서가 상당한 변모를 보여 준 것은 매우 바람직한 일이 아닐 수 없다.

원서를 번역함에 있어서, 가능한 한 원서에 충실하려고 하였다. 화학 용어와 명명법은 대한화학회 홈페이지에 게시된 화학술어집과 교육부의 편수자료를 따르려고 노력하였다. 그러나 이를 모든 경우에 적용하는 데는 한계가 있었다. 또한 번역상의 오류, 용어의 불일치, 편집상의 오자 등이 있을 수 있기에 염려가 되는 부분도 있다.

이에 앞으로도 수정과 보완을 거쳐, 보다 좋은 번역 교재가 되도록 노력할 것을 다짐한다. 본 교재로 공부하는 중에 오류가 발견된다면 알려주시고 충고해 주시기를 바란다. 출간 후라도 수정 사항이 있을 경우에는 자유아카데미 홈페이지(www.freeaca.com) 자료실에 제공할 예정이다.

끝으로 이 번역서를 펴내는 데 지원과 수고를 아끼지 않은 도서출판 자유아카데미의 열정적인 여러분께 깊은 감사를 드린다.

2023년 1월
역자 대표

# 차례

# 1

# 서론: 물질, 에너지, 측정



## 1.1 화학 연구

이 책의 원제 – 화학: 중심과학(Chemistry: The Central Science) – 는 우리 주변에서 일어나고 있는 대부분의 일이 화학과 관련이 있다는 것을 의미한다. 여러 꽃이 화려한 색을 만드는 과정, 우

리 몸이 음식을 이용하는 과정, 휴대전화를 작동시키는 전기 에너지 등은 매일 볼 수 있는 일상적인 화학적 과정의 예이다.

1장에서는 화학이 무엇에 관한 것이고, 무엇을 하는 것인가에 대한 개괄적인 개념을 제공한다.

화학은 물질, 성질, 변화를 탐구하는 학문이다. 여러분은 앞으로 화학을 공부해 나가면서, 음식을 준비하는 일상적 행위부터 주변 환경에서 일어나는 좀 더 복잡한 과정에 이르기까지, 우리 삶의 모든 면에 화학적 원리가 어떻게 작용하는지 알게 될 것이다. 또한 물질의 조성과 구조를 바꾸어, 어떻게 원하는 용도에 맞게 물질의 성질을 바꿀 수 있는지 배울 것이다. 예를 들어, 19세기에 화학자들이 개발한 합성 염료는 van Gogh 같은 인상주의 화가들이 널리 사용하였다.

화학은 우리 주변에서 일어나는 많은 변화의 중심에 있으며, 물질세계에서 관찰되는 무수하고 다양한 성질을 설명해 준다. 이러한 변화는 어떻게 일어나며 물질의 성질이 왜 그렇게 관찰되는지 알기 위해서는, 우리의 감각으로 인지하는 것보다 훨씬 더 깊이 들여다보아야 한다.

이 절이 끝나면 다음 사항을 수행할 수 있어야 한다.

- 화학의 적용 범위 이해하기

## 화학의 원자적 관점과 분자적 관점

화학은 물질의 성질과 움직임을 연구하는 학문이다. **물질(matter)**은 우주를 구성하는 재료로서, 질량을 가지고 있으며 공간을 차지하는 것을 일컫는다. 어떤 물질의 **성질(property)**이란 그 물질이 가지고 있는 특별한 점을 인식할 수 있게 하고, 다른 물질과 구별될 수 있게 하는 특성을 뜻한다. 이 책과 여러분의 몸, 숨 쉬고 있는 공기, 입고 있는 옷 등은 모두 물질의 예이다. 이 세상에 존재하는 물질은 굉장히 다양하지만, 우리는 수없이 많은 실험을 통해 이 물질들이 단지 100여 개에 불과한 **원소(element)**라는 것들의 조합으로 구성된 것임을 알게 되었다. 이 책을 공부하는 주요 목적 중 하나는 물질의 특성과 물질의 조성 사이의 관계, 즉 그 물질이 가지고 있는 원소들과 물질의 특성 사이의 관계를 이해하는 것이다.

화학에서는 또한, 물질을 구성하는 거의 무한히 작은 기본 단위인 **원자(atom)**를 바탕으로 물질의 성질을 알고자 한다. 각 원소는 특정한 한 가지 종류의 원자로 구성된 것이다. 여러분은 앞으로 물질의 성질이 물질을 구성하는 원자의 종류와 배열, 즉 **조성**(composition)과 **구조**(structure)에 어떻게 관련되어 있는지 배우게 될 것이다.

**분자(molecule)**는 두 개 이상의 원자가 결합하여 특정한 모양을 이룬 것이다. 이 책 전반에 걸쳐, 원자들이 어떻게 연결되어 있는지를 나타내기 위해 다양한 색깔의 공들을 사용할 것이다(**그림 1.1**). 색은 서로 다른 원소의 원자들을 구별하는 데 편리하다. 예를 들어, 그림 1.1에 있는 에탄올(ethanol)과 에틸렌 글라이콜(ethylene glycol) 분자의 조성과 구조를 살펴보자. 에탄올은 빨간색 공으로 나타낸 하나의 산소 원자를 가지고 있는 데 반해, 에틸렌 글라이콜은 두 개의 산소 원자를 가지고 있다.

분자의 조성과 구조에 작은 차이만 있더라도 분자의 성질은 크게 달라질 수 있다. 예를 들어 그림 1.1에서 보듯이 상당히 비슷하게 생긴 에탄올과 에틸렌 글라이콜을 비교해 보자. 에탄올은 맥주와 와인 등의 알코올(alcohol) 성분인 반면, 에틸렌 글라이콜은 자동차의 부동액으로 사용하는 끈적끈적한 액체이다. 이 두 분자의 성질은 생체에 대한 영향뿐 아니라 많은 면에서 다르다. 에탄올은 전 세계적으로 사람들이 꾸준히 섭취하고 있지만, 에틸렌 글라이콜은 독성이 높기 때문에 **절대로** 음용하지 말아야 한다. 화학자들이 도전하는 과제 중 하나는 분자의 조성과 구조를 통제된 방법으로 바꾸어 다른 성질을 가지는 새로운 물질을 만드는 것이다. 대표적인 예가 상비약 중의 하나인 아스피린(그림 1.1)이다. 아스피린은 오랫동안 통증을 완화시키는 데 쓰여 왔던 버드나무 껍질로부터 추출한 천연 성분을 개선해 보려는 과정에서 얻은 성공적인 결과로서, 1987년에 처음 합성되었다.

그림에 있는 분자 중 가장 많은 탄소 원자를 가지고 있는 것은 어느 것인가? 그 분자에는 몇 개의 탄소 원자가 있는가?

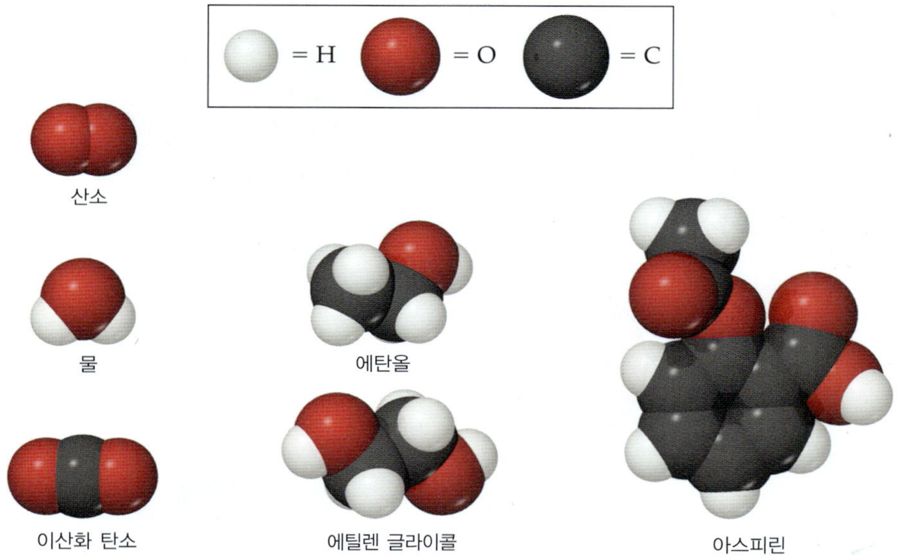


▲ **그림 1.1 분자 모형** 흰색, 검은색, 빨간색 공은 각각 수소, 탄소, 산소 원자를 나타낸다.

물이 끓는 현상에서부터 우리 몸에 침입한 바이러스에 대항할 때 일어나는 현상까지, 세상에서 관찰할 수 있는 모든 변화는 원자와 분자의 세계에서의 변화에 바탕을 두고 있다. 따라서 앞으로 화학을 공부해 나가면서 보통 크기의 **거시적**(macroscopic) 영역과 원자와 분자의 **초미시적**(submicroscopic) 영역, 그리고 이런 입자들을 어떻게 표현할 것인지에 대한 상징적 영역의 세 영역을 생각하게 될 것이다. 우리는 거시 세계의 현상만을 관찰할 수 있지만, 이를 이해하기 위해서는 원자와 분자가 초미시적 수준에서 어떻게 행동하는지 알아야 한다. 화학은 원자와 분자의 성질과 움직임을 연구함으로써 물질의 성질과 움직임을 이해하고자 하는 과학이다.

## 왜 화학을 공부하는가?

화학은 건강 관리, 천연 자원의 보존, 환경 보호, 사회가 계속하여 작동할 수 있게 하는 에너지의 공급 등과 같은 대중적 관심이 많은 문제의 중심에 놓여 있다. 우리는 화학을 이용하여 의약품, 비료와 농약, 플라스틱, 태양 전지판, 발광 다이오드(LED), 건축 자재 등을 개발 및 발명하고 계속 향상시켜 왔다. 또한 어떤 화학 물질은 건강이나 환경에 해를 끼칠 수도 있다는 것도 알게 되었다. 이는 우리가 접하는 물질의 안정성을 반드시 확인해야 한다는 것을 의미한다. 우리는 일상에서 사용되는 화학 물질의 긍정적 효과뿐만 아니라 부정적 효과도 함께 이해함으로써 화학 물질 사용에 대한 균형 잡힌 시각을 가져야 한다.

여러분이 화학을 공부하는 이유는 아마도 화학이 여러분의 교육 과정에서 필수적인 부분이기 때문일 것이다. 여러분의 전공은 화학일 수도 있고 생물학, 공학, 약학, 지질학 또는 다른 분야일 수도 있다. 많은 과학 관련 분야에서 그 작동 원리를 근본적으로 이해하는 데에는 화학이 중요한 역할을 한다. 예를 들어 우리는 물질세계와 접하면서 주변 물질에 대한 기본적인 의문점을 가지게 된다. **그림 1.2**는 현대 생활의 여러 영역에서 화학이 어떻게 중심적인 역할을 하는가를 보여 주고 있다.

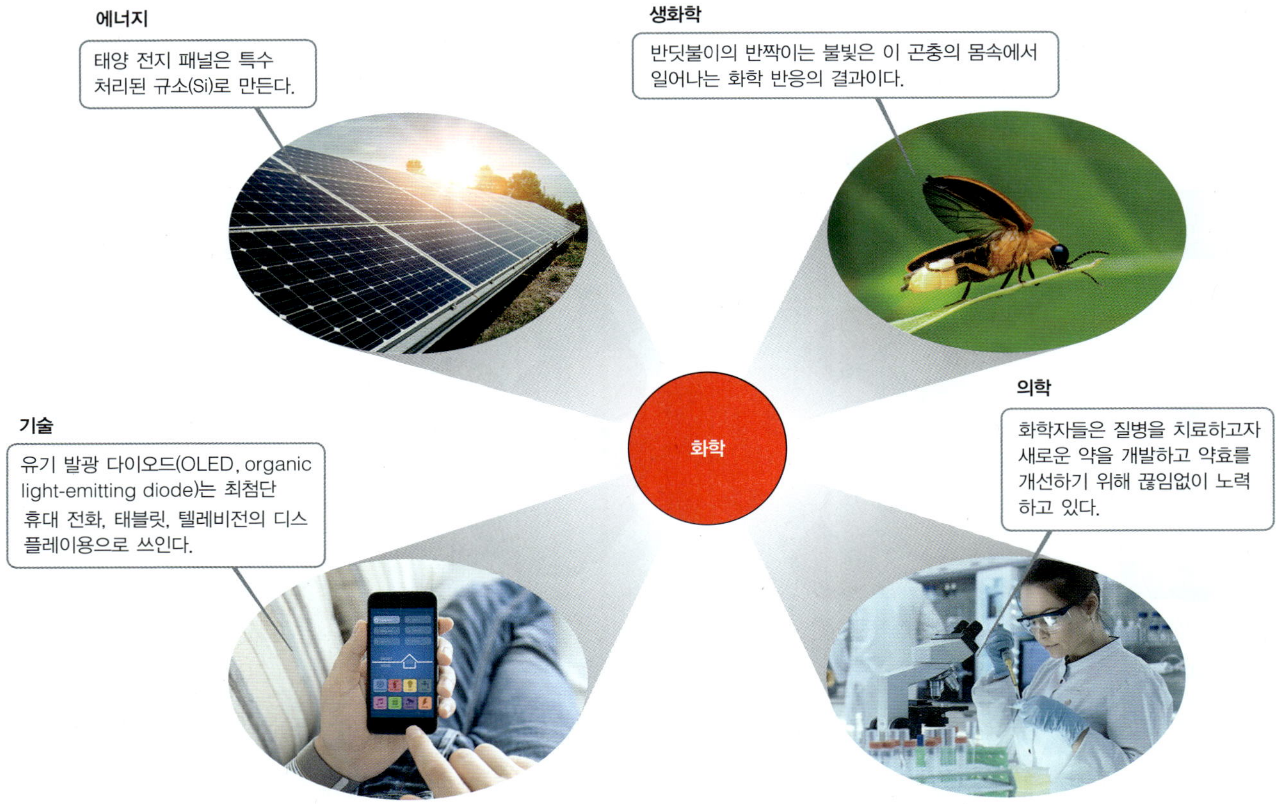


▲ 그림 1.2 우리를 둘러싸고 있는 세계를 이해하는 데 있어서 화학은 매우 중요하다.

## 작동하는 화학 화학과 화학 산업

화학은 우리 주변 어디에나 있다. 예를 들어 그림 1.3의 설탕은 자연에서 얻은 물질을 공업적으로 정제하여 순도를 높인 화학 약품으로 전 세계에서 팔리고 있다. 그러나 화학 산업의 규모와 중요성을 인식하고 있는 사람은 드물다. 화학 산업은 미국에서만 그 규모가 8,000억 달러 정도로 추산되며, 800,000여 명이 여기에 종사하고 있고, 수출의 14%를 차지한다.

**화학자는 누구이고 어떤 일을 하는가?** 화학을 전공하여 학위를 취득한 사람은 산업계, 정부, 학계 등에서 다양한 일을 하고 있다. 산업계에 있는 화학자는 실험 화학자로서 새로운 물질 개발(연구 개발), 물질 분석(품질 관리), 고객 지원(판매와 서비스) 등의 일을 한다. 경험이 많거나 교육을 많이 받은 화학자는 회사의 관리나 임원으로 일하기도 한다. 화학자는 정부(국립보건연구원, 에너지부, 환경보호청 등)와 대학에서 일하는 과학 인력의 중요한 구성원이기도 하다. 화학 학위는 교육, 의학, 생의학 연구, 정보 과학, 환경 직종, 기술 영업, 정부 감독 기관, 특허법 등의 직업 분야로 진출하는 데에도 유용하다.

기본적으로 화학자가 하는 일은 다음의 세 가지이다: (1) 원하는 성질을 갖는 재료나 순물질 또는 순물질들의 혼성체를 만든다. (2) 물질의 특성들을 측정한다. (3) 물질의 특성들을 설명하거나 예측하는 모델을 개발한다. 예를 들어 어떤 화학자는 신약을 개발하기 위하여 실험실에서 연구를 할 수 있다. 또 다른 화학자는 원자 수준에서 물질의 특성을 측정하는 기기를 개발하는 데 노력을 집중할 수도 있다. 그리고 또 어떤 화학자들은 오염 물질이 어떻게 주변 환경에 퍼지는지 또는 약이 우리 몸에서 어떻게 작동되는지를 이해하기 위해, 이미 알고 있는 물질과 방법을 사용하기도 한다. 또 다른 화학자는 분자가 매우 짧은 시간에 어떻게 움직이고 반응하는가를 알기 위해 이론을 개발하고, 컴퓨터 프로그램 코드를 작성하여, 분자들이 어떻게 이동하고 반응하지를 이해하기 위한 시뮬레이션을 한다. 화학과 화학 산업은 이처럼 다양한 활동이 풍부하게 혼합되어 이루어진다.

▲ 그림 1.3 가정에서 사용하는 설탕

## 자기 평가 연습 문제

**1.1** 다음 중 화학 약품으로만 모여 있는 것을 있는 대로 모두 고르시오.
(a) 페인트, 프린터 토너, 식용 색소
(b) 컴퓨터 디스플레이, LED 전구, 바코드 스캐너
(c) 항균 크림, 진통제, 에너지 음료
(d) 경량 자전거 프레임, 식품 포장재, 자동차용 배기 촉매 변환기
(e) 비누, 샴푸, 가루 세제

자기 평가 연습 문제 답 **1.1** 정답

# 1.2 물질의 분류

모든 과학 공부의 시작은 분류이다. 도서관에서 원하는 책을 찾을 수 있게 책들이 정리되어 있듯이, 분류는 우리가 공부하는 순서를 알 수 있게 한다.

물질을 분류하는 두 가지 기본적인 방법에 대하여 알아보는 것으로부터 화학에 대한 공부를 시작해 보자. 물질의 특성은 보통 (1) 물리적 상태(기체, 액체, 고체)와 (2) 조성(원소, **화합물**(compound), **혼합물**(mixture))에 의해 결정된다.

이 절이 끝나면, 다음 사항을 수행할 수 있어야 한다.

- 물질의 기본적인 분류를 이해하기

### 물질의 상태

물질은 기체, 액체, 고체로 존재한다. 이러한 물질의 세 가지 형태를 **물질의 상태(state of matter)**라고 한다. 각 물질의 상태는 관측되는 성질이 다르다.

- **기체(gas**, 증기라고도 함)는 일정한 부피와 모양이 없고, 들어 있는 용기에 고르게 퍼진다. 기체는 더 작은 부피로 압축될 수 있거나 더 큰 부피로 팽창할 수도 있다.
- **액체(liquid)**는 용기와 관계없이 일정한 부피를 갖지만, 그 모양은 액체가 담겨 있는 부분의 용기 모양과 같다. 그리고 눈에 띌 만큼 압축되지는 않는다.
- **고체(solid)**는 일정한 모양과 부피를 가진다. 고체도 눈에 띌 만큼 압축되지는 않는다.

물의 어떤 상태에서 물 분자 사이가 가장 멀리 떨어져 있는가?

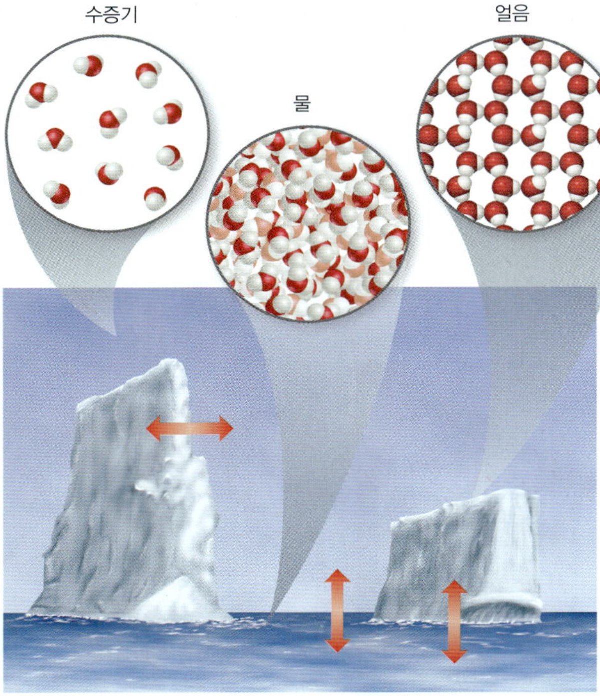


▲ 그림 1.4 물의 세 가지 물리적 상태-수증기, 물, 얼음 액체와 고체 상태의 물은 육안으로 보이지만, 수증기는 보이지 않는다. 빨간색 화살표는 물질의 세 가지 상태가 서로 바뀌는 것을 나타낸다.

각 상태의 성질은 분자 수준에서 이해할 수 있다(그림 1.4). 기체 상태에서 분자는 서로 멀리 떨어져 있고, 빠른 속도로 움직이면서 자기들끼리, 그리고 용기의 벽과 계속해서 충돌한다. 기체를 압축한다고 하는 것은 분자들 사이의 공간을 좁혀서 충돌 빈도를 높이는 것으로, 분자의 크기나 모양을 바꾸는 것은 아니다. 액체에서 분자는 보다 촘촘히 모여 있지만 여전히 빠르게 움직인다. 이러한 빠른 움직임은 서로 미끄러질 수 있게 한다. 따라서 액체는 쉽게 쏟아부을 수 있다. 고체 상태에서 분자는 서로 단단하게 붙들려 일정한 배열을 이루고 있고, 고정된 위치에서 단지 약간씩만 움직일 수 있다. 즉 고체와 액체 상태에서 분자 사이의 거리는 비슷하지만, 고체에서 분자는 일정한 위치에 고정되어 있는 반면, 액체에서는 상당히 자유롭게 돌아다닌다. 얼음이 녹거나 수증기가 응축하는 등의 과정에서 보듯이 온도나 압력의 변화는 물질의 상태 변환을 유도할 수 있다.

## 순물질

우리가 만나는 물질 대부분-숨 쉬는 공기(기체), 자동차 연료인 휘발유(액체), 걸어 다니는 갓길(고체) -은 화학적으로 순수하지 않다. 그렇지만 이러한 것들을 순수한 물질로 분리할 수 있다. **순수한 물질(pure substance**, 일반적으로 간단히 **순물질**(substance)이라고 함)은 특정한 성질을 가지며, 그 조성은 시료에 따라 변하지 않고 일정하다. 예를 들어 물과 식용 소금(염화소듐, NaCl)은 각각 순물질이다.

모든 순물질은 원소이거나 화합물이다.

- **원소(element)**는 더 간단한 순물질로 분해할 수 없는 순물질이다. 분자 수준에서 보면 각 원소는 한 종류의 원자로만 구성되어 있다[그림 1.5 (a)와 (b)].
- **화합물(compound)**은 두 가지 이상의 원소로 구성되어 있어서 두 종류 이상의 원자를 포함한다[그림 1.5(c)]. 예를 들어 물은 수소와 산소 두 종류의 원소로 구성되어 있는 화합물이다.

한 화합물의 분자는 한 원소의 분자와 어떻게 다른가?

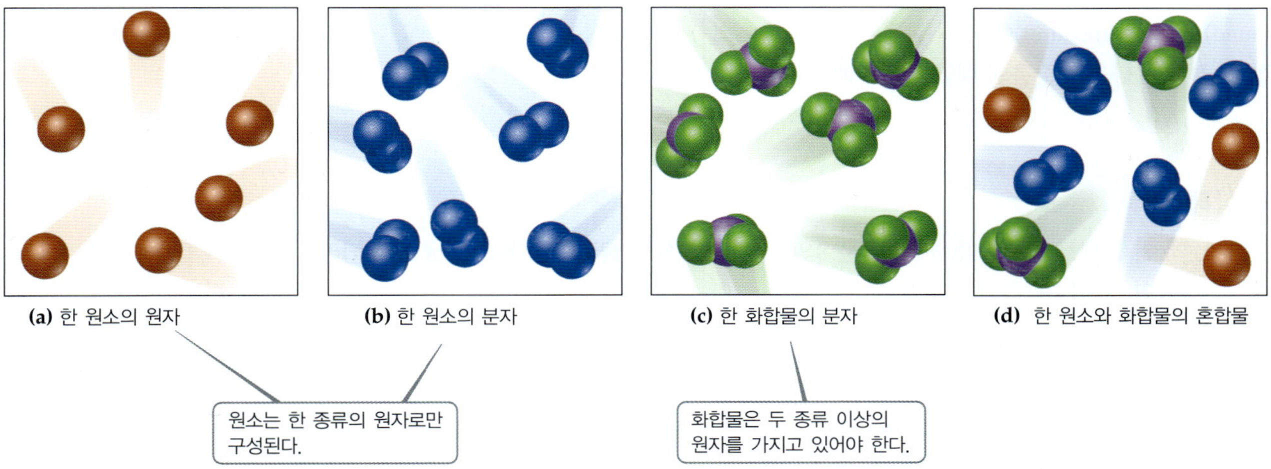


▲ 그림 1.5 분자 수준에서 비교한 원소, 화합물, 혼합물

그림 1.5(**d**)는 순물질의 혼합물이다. **혼합물(mixture)**은 두 가지 이상의 순물질이 섞여 있는 것으로, 이때 각 순물질은 혼합물에서도 화학적 성격을 그대로 유지하고 있다.

## 원소

현재까지 118가지의 원소가 알려져 있으며, 이들 원소는 장소에 따라 그 존재량이 매우 다양하다. 우리 은하에서는 수소와 헬륨이 각각 74%와 24%의 질량을 차지한다. 좀 더 가까운 곳으로 와보면, 지각(바다와 대기 포함)은 90% 이상이 다섯 가지 원소(산소, 규소, 알루미늄, 철, 칼슘)로 이루어져 있고, 우리 몸의 질량은 90% 이상이 세 가지 원소(산소, 탄소, 수소)로부터 온다(그림 1.6).

표 1.1은 많이 알려진 몇 가지 원소와 그것을 표시하는 **화학 기호**(symbol)를 함께 나타낸 것이다. 각 원소의 기호는 하나 또는 두 개의 영문 알파벳으로 되어 있고, 첫 알파벳은 대문자로 쓴다. 대부분의 기호는 원소의 영어 이름에서 유래하였고, 몇 가지는 다른 나라에서 유래한 것도 있다(표 1.1의 오른쪽 열). 표 1.1에 있는 기호들은 알아 둘 필요가 있다. 다른 기호들은 차차 배우게 될 것이다.

알려진 모든 원소와 그 기호들은 책 앞표지 안쪽의 **주기율표**(periodic table)에 나와 있다. 주기율표에서 열은 밀접하게 연관된 원소들을 같은 집단으로 배열한 것이다. 주기율표에 대해서는 2.5절에서 보다 자세히 설명할 것이다. 그리고 7장에서는 주기적으로 반복되는 원소들의 성질에 대하여 알아볼 것이다.

## 화합물

대부분의 원소는 다른 원소와 상호 작용하여 화합물을 형성할 수 있다. 예를 들어 수소 기체가 산소 기체와 만나 연소하면, 원소인 수소와 산소가 합쳐져서 화합물인 물이 생성된다. 그와 반대로, 물에 전류를 통과시키면 물이 성분 원소로 분해될 수 있다(그림 1.7).

순수한 물을 성분 원소로 분해시키는 실험으로부터, 물을 어디에서 가지고 오든지 그 질량의 11%는 수소로, 89%는 산소로 이루어져 있음을 알 수 있다. 이 비율은 항상 일정하다. 이는 각각의 물 분자에 있는 수소 원자의 개수가 일정하고, 또한 산소 원자의 개수도 일정하기 때문이다. 질량 백분율로 보았을 때 물은 대부분 산소로 이루어진 것처럼 보이지만, 실제는 물 분자 하나당 두 개의 수소 원자와 하나의 산소 원자가 있다. 질량과 원자 개수의 경향이 일치하지 않는 것은 수소 원자가 산소 원자보다 훨씬 가볍기 때문이다. 물 분해 실험에서 성분 원소의 질량 측정으로 알 수 있는 물의 거시적 조성은, 산소 원자 하나와 수소 원자 두 개로 구성된

**인체의 조성을 나타낸 원 그래프에서 질량 백분율 대신 원자의 개수에 대한 백분율을 사용하면, 수소가 차지하는 면적은 커지겠는가, 작아지겠는가?**

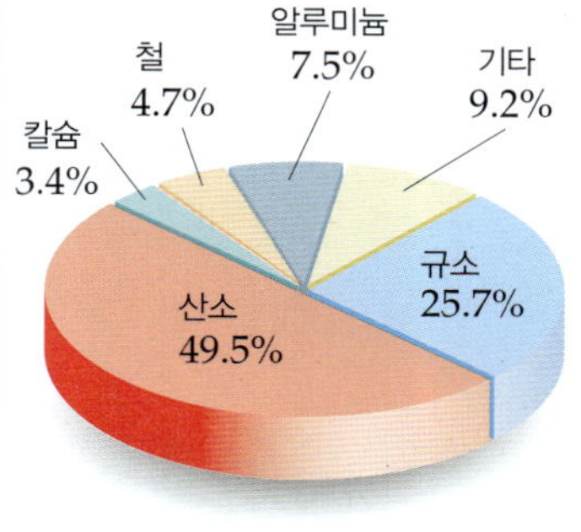


**지각**

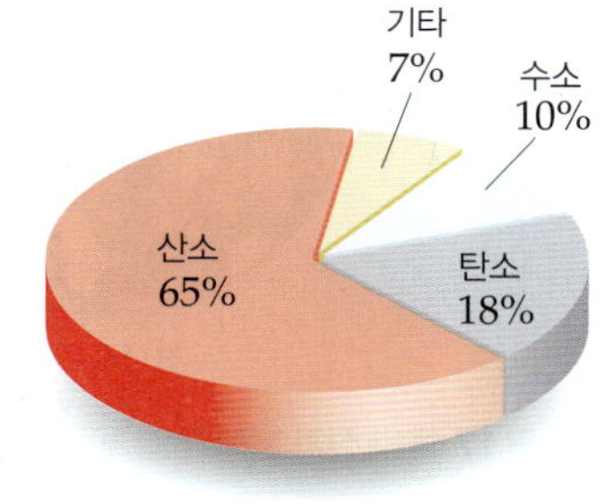


**인체**

▲ **그림 1.6** 원소의 상대적 존재비*
지각(바다와 대기 포함)과 인체를 구성하는 원소의 질량 백분율

**표 1.1 몇 가지 많이 알려진 원소와 기호**

| | | |
|---|---|---|
| 탄소(Carbon(C)) | 알루미늄(Aluminum(Al)) | 구리(Copper(Cu, *cuprum*에서 유래)) |
| 플루오린(Fluorine(F)) | 브로민(Bromine(Br)) | 철(Iron(Fe, *ferrum*에서 유래)) |
| 수소(Hydrogen(H)) | 칼슘(Calcium(Ca)) | 납(Lead(Pb, *plumbum*에서 유래)) |
| 아이오딘(Iodine(I)) | 염소(Chlorine(Cl)) | 수은(Mercury(Hg, *hydrargyrum*에서 유래)) |
| 질소(Nitrogen(N)) | 헬륨(Helium(He)) | 포타슘(Potassium(K, *kalium*에서 유래)) |
| 산소(Oxygen(O)) | 리튬(Lithium(Li)) | 은(Silver(Ag, *argentum*에서 유래)) |
| 인(Phosphorus(P)) | 마그네슘(Magnesium(Mg)) | 소듐(Sodium(Na, *natrium*에서 유래)) |
| 황(Sulfur(S)) | 규소(Silicon(Si)) | 주석(Tin(Sn, *stannum*에서 유래)) |

*U.S. Geological Survey Circular 285, U.S Department of the Interior.

생성된 $H_2$의 부피가 $O_2$의 부피보다 큰 이유는 다음 중 어느 것인가?
(a) 수소 원자가 산소 원자보다 가볍기 때문이다. (b) 수소 원자가 산소 원자보다 크기 때문이다. (c) 물 분자는 한 개의 산소 원자와 두 개의 수소 원자로 이루어져 있기 때문이다.

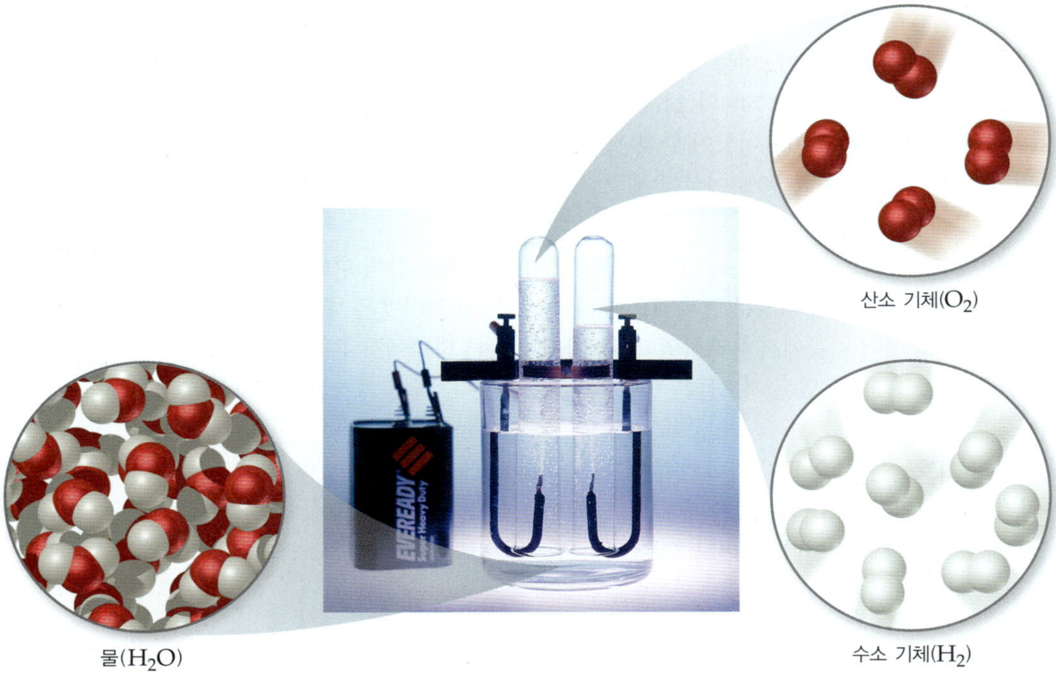


▲ **그림 1.7 물의 전기 분해** 전류가 물을 통해 흐르면 물이 성분 원소, 즉 수소와 산소로 분해된다. 오른쪽 시험관에 모인 수소의 부피는 산소 부피의 두 배이다.

물 분자의 조성과 일치한다.

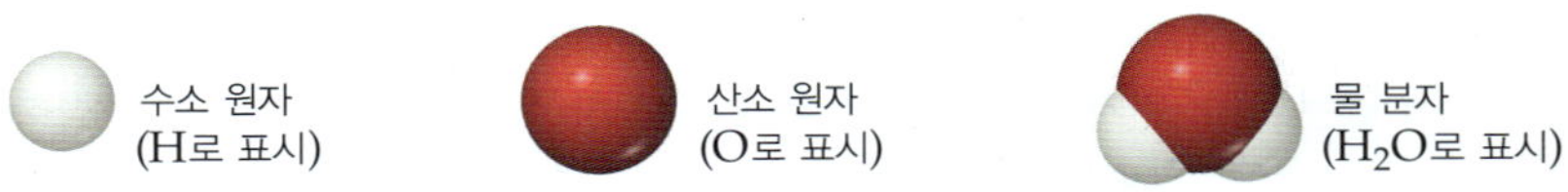


원소 상태의 수소와 산소는 이원자(두 개의 원자) 분자의 형태로 자연계에 존재한다.

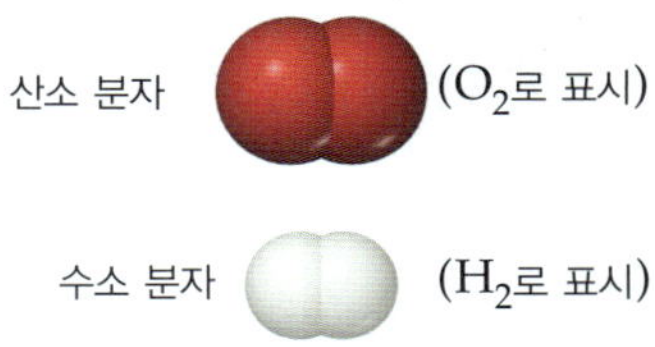


표 1.2에서 보듯이 물의 성질은 그 성분 원소들과 닮지 않았다. 수소, 산소, 물은 각각 서로 다른 순물질이다. 이는 각 물질의 분자가 서로 다른 별개의 분자이기 때문이다.

한 화합물에서 그 원소의 조성이 항상 같다는 것을 **일정 성분비 법칙(law of constant composition** 또는 **law of definite proportion)**이라고 한다. 이 법칙은 1800년경 프랑스의 화학자 Joseph Louis Proust(1754~1826)가 처음으로 발표하였다. 이 법칙이 알려진 지 200년이 지났지만, 아직도 몇몇 사람은 실험실에서 만든 화합물과 자연에 존재하는 화합물 사이에는 근본적 차이가 있다고 믿고 있다. 이러한 믿음은 틀린 것이다. 순수한 화합물은 그것이 실험실에서 왔건 자연에서 왔건 상관없이, 같은 조건에서는 항상 같은 성분과 같은 성질을 갖는다. 화학자와 자연은 같은 원소를 이용해야 하고, 같은 자연법칙에 따라 조작해야만 한다. 두 물질의 조성과 성질이 서로 다르다면, 그들은 다른 화합물로 이루어져 있거나 순도가 다른 것이다.

**표 1.2 물, 수소, 산소의 비교**

| | 물 | 수소 | 산소 |
|---|---|---|---|
| 상태[a] | 액체 | 기체 | 기체 |
| 정상 끓는점 | 100 °C | −253 °C | −183 °C |
| 밀도[a] | 1000 kg/m$^3$ | 0.084 kg/m$^3$ | 1.33 kg/m$^3$ |
| 인화성 | 없음 | 있음 | 없음 |

[a]상온, 대기압에서

## 혼합물

우리가 보는 대부분의 물질은 서로 다른 순물질이 섞여 있는 혼합물이다. 한 혼합물에 들어 있는 각각의 순물질은 그 자신의 화학적 고유성과 특성을 유지하고 있다. 일정한 조성을 가지고 있는 순물질에 비해 혼합물의 조성은 바뀔 수 있다. 예를 들어 커피 한 잔에는 설탕이 조금 들어 있을 수도, 많이 들어 있을 수도 있다. 혼합물을 구성하는 순물질을 그 혼합물의 **성분**(component)이라고 한다.

어떤 혼합물은 조성, 성질, 겉모양 등이 전체적으로 균등하지 않다. 예를 들어 암석이나 나무는 결이나 겉모양이 부분에 따라 변하는데, 이러한 혼합물을 **불균일**(heterogeneous) 혼합물이라고 한다[그림 1.8(a)]. 반면, 모든 부분이 균등한 혼합물을 **균일**(homogeneous) 혼합물이라고 한다. 공기는 질소, 산소, 소량의 다른 기체로 이루어진 균일 혼합물이다. 공기 중의 질소는 순수한 질소와 그 성질이 완전히 같다. 이는 순수한 질소나 공기 중에 있는 질소가 같은 질소 분자이기 때문이다. 소금, 설탕, 그 밖의 많은 물질은 물에 녹아 균일 혼합물을 만든다[그림 1.8(b)]. 균일 혼합물을 **용액(solution)**이라고도 한다. **용액**이라는 단어가 액체를 연상하게 하지만 고체일 수도, 액체일 수도, 기체일 수도 있다.

그림 1.9에 물질을 원소, 화합물, 혼합물로 분류하는 방법을 요약하였다.

(a)

(b)

▲ **그림 1.8 혼합물** (a) 암석을 포함하여 여러 가지 물질은 불균일 혼합물이다. 사진은 이산화 규소와 다른 금속 산화물들의 불균일 혼합물인 화강암들을 보여 주고 있다. (b) 균일 혼합물을 용액이라고 한다. 사진의 청색 고체(황산 구리(copper(II) sulfate))는 물에 녹아 용액을 형성한다.

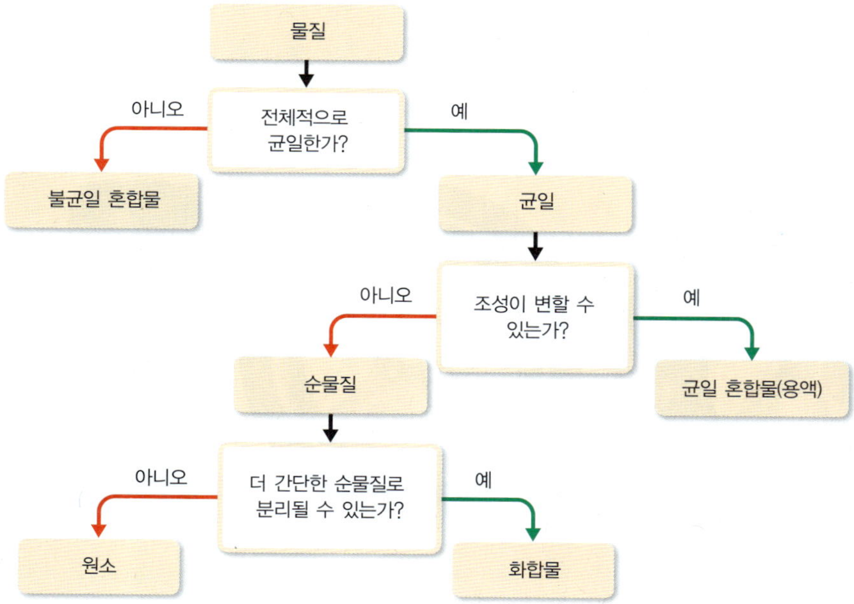


▶ **그림 1.9 물질의 분류** 모든 순수한 물질은 궁극적으로 원소 또는 화합물로 분류될 수 있다.

### 예제 1.1
**원소, 화합물, 혼합물 구별하기**

'화이트 골드'에는 금과 함께 팔라듐 같은 '흰색' 금속이 들어 있다. 금과 팔라듐의 함량이 서로 다른 두 종류의 화이트 골드가 있는데, 이들 각 시료는 전체적으로 그 조성이 일정하다. 그림 1.9의 방법에 따라 화이트 골드를 분류하시오.

**해답**

각 시료는 전체적으로 그 조성이 일정하므로 균일하다. 그러나 두 시료는 서로 다른 조성을 가지므로 화합물이라고 할 수 없고, 단지 균일 혼합물일 뿐이다.

**▶ 보충 예제**

아스피린은 출처에 상관없이 질량비로 60.0%의 탄소, 4.5%의 수소, 35.5%의 산소로 이루어졌다. 그림 1.9의 방법에 따라 아스피린을 분류하시오.

## 자기 평가 연습 문제

**1.2** '소다수'라고도 하는 탄산수는 높은 압력으로 이산화 탄소를 물에 녹인 것이다. 다음 중 소다수를 옳게 분류한 것은?
(**a**) 여러 원소의 균일 혼합물
(**b**) 여러 화합물의 균일 혼합물
(**c**) 여러 원소의 불균일 혼합물
(**d**) 여러 화합물의 불균일 혼합물

## 연습 문제

**1.3** 다음 물질을 순물질 또는 혼합물로 구분하시오. 혼합물이라면, 균일한지 불균일한지를 밝히시오.
(**a**) 공기 (**b**) 아몬드 초콜릿 (**c**) 알루미늄 (**d**) 아이오딘팅크

**1.4** 다음 원소에 해당하는 화학 기호 또는 이름을 쓰시오.
(**a**) 헬륨 (**b**) 백금 (**c**) 코발트 (**d**) 주석 (**e**) 은
(**f**) Sb (**g**) Pb (**h**) Br (**i**) V (**j**) Hg

**1.5** 하얀 고체 물질 A를 진공 상태에서 강하게 가열하여 분해시켰더니, 새로운 하얀 물질 B와 기체 C가 얻어졌다. 기체 C는 과량의 산소가 있는 상태에서 탄소를 태워 얻은 생성물과 성질이 완전히 같다. 이 관찰로부터 고체 A와 B, 기체 C가 원소인지 화합물인지 결정할 수 있는가?

자기 평가 연습 문제 답 **1.2** (b)

## 1.3 물질의 성질

강철은 딱딱하고, 고무는 유연하며, 나무는 탈 때 불꽃을 낸다. 이처럼 우리는 우리 주변에서 볼 수 있는 물질의 성질에 친숙하다. 좀 더 깊이 들어가면, 우리는 이러한 성질을 두 가지로 분류할

수 있다. 이 절이 끝나면 여러분은 다음 사항을 수행할 수 있어야 한다.

• 물리적 변화와 화학적 변화를 구별하기

모든 물질은 고유한 성질을 가지고 있다. 예를 들면 표 1.2에 나타낸 성질을 이용하여 수소, 산소, 물을 구별할 수 있다. 물질의 성질은 물리적 성질과 화학적 성질로 분류할 수 있다. **물리적 성질(physical property)**이란 물질의 속성과 조성을 변화시키지 않고 관찰할 수 있으며, 색깔, 냄새, 밀도, 녹는점, 끓는점, 경도 등이 이에 속한다. 물질의 **화학적 성질(chemical property)**은 물질이 변화 또는 **반응**(react)하여 다른 물질을 생성하는 것을 표현한다. 산소가 있을 때 물질이 연소되는 성질인 가연성은 화학적 성질의 한 예이다.

온도, 녹는점 등과 같은 몇 가지 성질은 측정하고자 하는 시료의 양과 상관이 없다. 이와 같은 성질을 **세기 성질(intensive property)**이라고 한다. 이 성질을 이용하여 어떤 물질인지 **확인할** 수 있으므로 화학에서 매우 유용하다. 반면에 질량과 부피 등은 측정하려는 시료의 **양**(amount)에 따라 다르다. 이와 같은 성질을 **크기 성질(extensive property)**이라고 한다.

## 물리적 변화와 화학적 변화

물질은 물리적 또는 화학적으로 변한다. **물리적 변화(physical change)**가 일어날 때는 물질의 조성은 변하지 않으면서 겉모양만 변한다(즉, 변화 전후의 물질은 동일한 것이다). 물의 증발은 물리적 변화의 한 예이다. 물이 증발할 때는 액체 상태에서 기체 상태로 바뀌지만, 그림 1.4에서 보는 바와 같이 여전히 물 분자로 이루어져 있다. 이와 같이 모든 **상태 변화(change of state**, 예를 들어 액체에서 기체로 또는 액체에서 고체로 변하는 것)는 물리적 변화이다.

**화학적 변화**(chemical change, **화학 반응**(chemical reaction)이라고도 함)가 일어나면 물질은 다른 화학적 성질을 가진 물질로 변한다. 예를 들어, 수소를 공기 중에서 태우면 산소와 결합하여 물로 바뀌는 화학적 변화가 일어난다(그림 1.10).

때때로 화학적 변화는 매우 극적이다. 1901년에 출간된 유명한 화학 교과서의 저자인 Ira Remsen은 처음 경험한 화학 반응을 그림 1.11과 같이 표현하였다.

## 혼합물의 분리

혼합물을 구성하는 성분들의 성질이 각기 다르다는 것을 이용하면, 혼합물을 각각의 성분으로 분리할 수 있다. 예를 들어 철 조각과 금 조각이 섞인 불균일 혼합물은 색을 구분하여 철과 금으로 분리할 수 있다. 더 현명한 방법은 자석의 인력을 이용하여 금 조각은 남기고 철 조각만 골라내는 것이다. 두 금속의 중요한 화학적 차이를 이용할 수도 있다. 여러 가지 산은 철을 녹이지만 금은 녹이지 못한다. 철과 금의 혼합물을 적당한 산에 넣으면 철은 녹고 금은 남는다. 남은 금은 **거르기**(filtration)로 분리해 낼 수 있다(그림 1.12). 녹아 있는 철은 뒤에서 배울 화학 반응을 이용하여 다시 원래의 금속으로 변화시킨다.

균일 혼합물의 성분을 분리하는 중요한 방법의 하나는 **증류(distillation)**이다. 이 방법은 물질마다 증기로 변하려는 성향이 다른 점을 이용한 것이다. 예를 들어 소금물을 끓이면 물은 증발하고 소금은 남는다. 증발된 수증기는 냉각기 벽에서 응축되어 그림 1.13에서 보는 바와 같이 다시 액체로 변한다.

고체 표면에 물질이 붙는 능력의 차이를 이용하여 혼합물을 분리할 수도 있다. 이는 그림 1.14에 있는 **크로마토그래피**(chromatography)의 기본 원리이다.

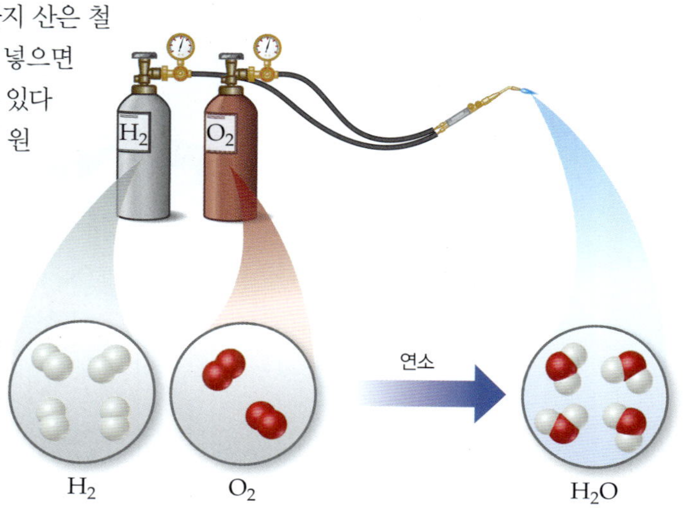


▲ 그림 1.10 화학 반응

화학 교과서를 읽던 중 "질산은 구리에 작용한다."라는 문구를 보게 되었다. 그래서 이것이 무엇을 의미하는지 알아보기로 하였다. 나는 약간의 질산을 구하여, '작용한다'라는 말이 무슨 뜻인지를 알고자 하였을 뿐이었다. 이 호기심을 풀기 위해, 나는 가지고 있던 몇 센트의 구리 동전을 기꺼이 희생시키기로 하였다. 나는 동전 한 개를 책상 위에 놓고 '질산'이라고 표시된 병을 열어 그 액체를 구리 동전 위에 조금 부어 관찰할 준비를 하고 있었다. 그런데 이미 내 눈앞에서 벌어진 이 놀라운 일은 무엇이란 말인가? 동전은 이미 변해 있었다. 미미한 정도가 아니었다. 청록색 액체가 거품을 뿜어내고, 동전과 책상 위에는 검붉은 연기가 가득하였다. 이를 어떻게 멈출 수 있을까? 나는 당황하여 손으로 동전을 집어 창문 밖으로 던져 버렸다. 그 와중에 나는 또 다른 사실을 알게 되었다. 질산이 손가락에 '작용'한 것이다. 그때의 쓰라린 통증으로 인해 예견치 못한 또 다른 실험을 하게 되었다. 나는 손가락을 바지에 문질렀고, 이번에는 질산이 바지와 '작용한다'는 것을 알게 되었다. 이 일은 내가 실험한 것 중 가장 인상적이었다. 나는 아직도 이 일을 매우 재미있게 말한다. 이 사건은 나에게는 전혀 뜻밖의 일이었다. "단순하게도, 이렇게 놀라운 작용에 대해 배우는 유일한 방법은 실험실에서 일하며 결과를 지켜보는 것이다."*

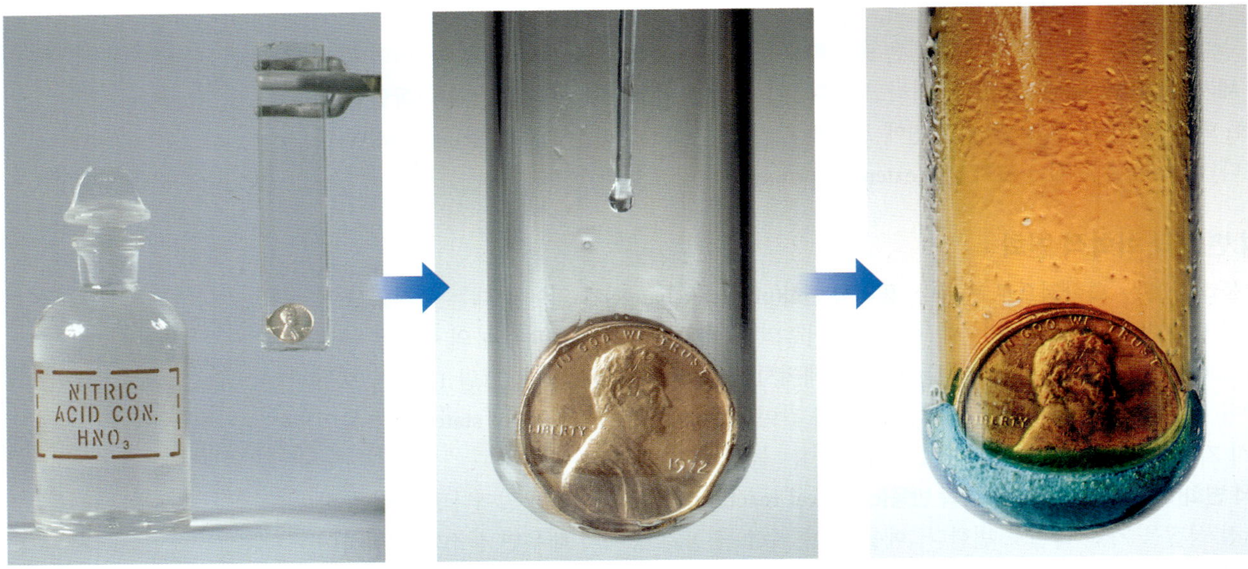


▲ **그림 1.11 구리 동전과 질산의 화학 반응** 질산에 녹은 구리는 청록색 용액을 만든다. 생성된 적갈색 기체는 이산화 질소이다.

▶ **그림 1.12 거르기를 이용한 분리** 고체와 액체의 혼합물을 거름 종이에 부으면, 액체는 빠져나가고 고체는 종이 위에 남는다.

*Remsen, The Principles of Theoretical Chemistry, 1887.

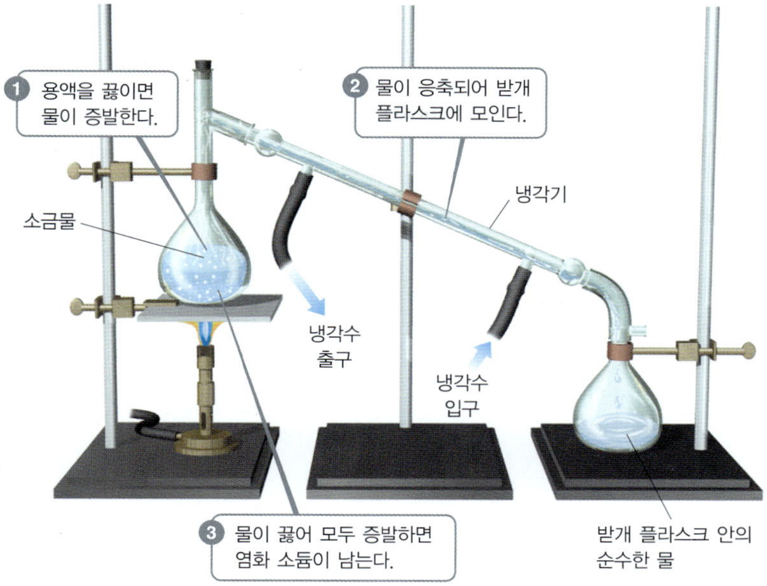


▲ **그림 1.13 증류** 염화 소듐 용액(소금물)을 성분으로 분리하는 장치

**아래 혼합물의 분리는 물리적 과정인가, 화학적 과정인가?**

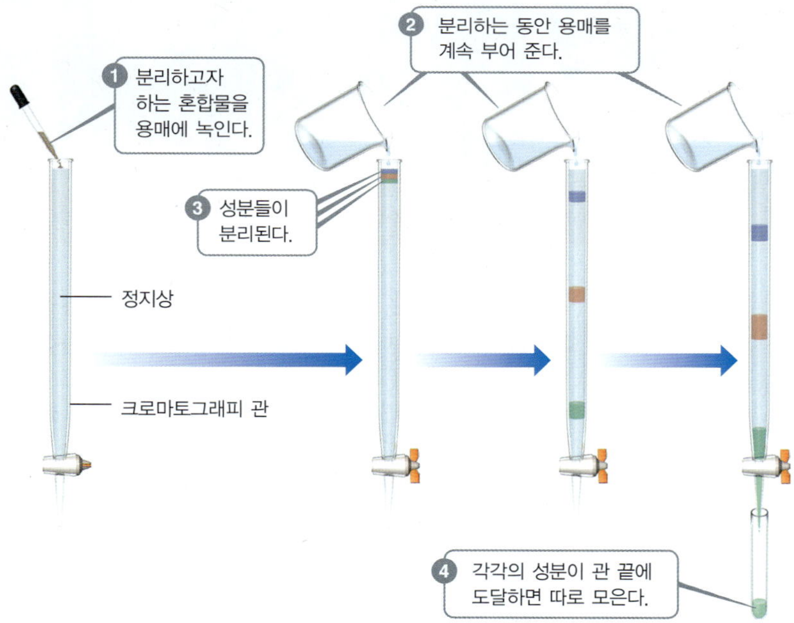


▲ **그림 1.14** 관 크로마토그래피를 이용한 세 가지 순물질의 분리

## 자기 평가 연습 문제

**1.6** 냄비에서 물이 끓을 때, 물속에서 수증기 거품 올라오는 것을 볼 수 있다. 이는 어떤 변화인가?

**(a)** 물리적 변화
**(b)** 화학적 변화

## 연습 문제

**1.7** 지르코늄(zirconium)의 산화물인 지르코니아(zirconia)는 모조 다이아몬드로 사용되기도 한다. 다이아몬드처럼 지르코니아는 햇빛 아래에서 광채가 나는 무색 결정이다. 녹는점, 밀도, 물리적 상태 중 다이아몬드와 지르코니아를 구별할 수 있게 하는 물리적 성질은 어느 것인가?

**1.8** 어떤 물질의 성질을 규명하는 과정에서 화학자가 다음과 같은 관찰을 하였다. 이 물질은 은백색을 띠며 광채가 나는 금속으로 649 °C에서 녹으며 1105 °C에서 끓는다. 밀도는 20 °C에서 1.738 g/cm$^3$이고, 공기 중에서 연소하며, 연소할 때 강렬한 흰색 빛을 방출한다. 또한 염소와 반응하여 잘 부서지는 하얀 고체를 생성한다. 두드리면 종이처럼 얇아지고, 당기면 철사같이 늘어나며, 좋은 전도체이다. 이 성질들을 물리적 성질과 화학적 성질로 구별하시오.

**1.9** 다음 각 과정이 물리적 과정인지 화학적 과정인지 표시하시오.

**(a)** 금속 깡통이 찌그러지는 과정
**(b)** 신장에서 소변이 만들어지는 과정
**(c)** 초콜릿이 녹는 과정
**(d)** 화석 연료가 타는 과정
**(e)** 배터리가 방전되는 과정

**1.10** 사탕수수 즙에서 설탕을 분리하고자 할 때, 거르기와 증류 중 어느 분리 방법이 더 적합한가?

자기 평가 연습 문제 답 **1.6** (a)

## 1.4 에너지의 본질

아주 오래전부터 인류는 불이 에너지의 한 형태라는 것을 인식하고 있었다. 여러 유형의 에너지를 구분하는 것은 화학을 이해하는 데 유용하다. 이 절이 끝나면 다음 사항을 수행할 수 있어야 한다.

- 운동 에너지와 퍼텐셜 에너지의 차이를 이해하기

우주에 있는 모든 사물은 물질로 이루어져 있다. 그러나 물질만 가지고 우리 주변의 세상이 움직이는 이치를 설명하기에는 부족하다. 높은 산에 있는 호수의 물이나 주전자에서 끓고 있는 물이나 모두 같은 화합물로 이루어진 것이지만, 손등에 떨어뜨렸을 때 둘은 아주 다른 느낌을 준다. 둘 사이의 차이는 가지고 있는 에너지와 관련이 있는데, 끓는 물은 차가운 물보다 더 큰 에너지를 가지고 있다. 화학을 이해하기 위해서는 에너지, 그리고 화학적 과정에서 수반되는 에너지의 변화를 이해해야 한다.

물질과는 달리, 에너지는 질량도 없고 손에 쥘 수도 없지만 에너지의 효과는 관측하거나 측정할 수 있다. **에너지(energy)는 일을 하거나 열을 전달하는 능력**이다. **일(work)은 어떤 물체에 힘을 가해 물체가 움직였을 때 전달된 에너지**이고, **열(heat)은 물체의 온도를 올리는 데 사용된 에너지**이다(그림 1.15). 대부분의 사람들은 물체 온도에 대한 의미는 직관적으로 알고 있지만, 일의 정의에 대해서는 그렇지 않다. 일($w$)은 물체에 가해진 힘($F$)과 물체가 움직인 거리($d$)의 곱으로 정의한다.

$$w = F \times d \qquad [1.1]$$

**(a)**

**(b)**

▲ **그림 1.15** 에너지의 두 형태인 일과 열 (a) 일은 힘에 반하여 물체를 움직일 때 사용된 에너지이다. (b) 열은 물체의 온도를 올릴 때 사용된 에너지이다.

여기서 **힘(force)**은 물체를 밀거나 잡아당기는 것이다.* 익숙한 예로, 지구의 중력이나 자석의 반대 극 사이의 인력은 힘이고, 바닥에 있는 물건을 들어 올리거나 붙어 있는 두 자석을 떼어 놓는 것은 일이다.

## 운동 에너지와 퍼텐셜 에너지

에너지를 이해하기 위해서는 에너지의 근본적인 두 형태인 운동 에너지와 퍼텐셜 에너지를 파악할 필요가 있다. 물체는 그것이 자동차이든 축구공이든 분자이든 **움직임**의 에너지, 즉 **운동 에너지(kinetic energy)**를 갖는다. 이때 운동 에너지의 크기($E_k$)는 질량($m$)과 속도($v$)에 의존한다.

$$E_k = \frac{1}{2}mv^2 \qquad [1.2]$$

따라서 물체의 운동 에너지는 물체의 속도(또는 속력)가 증가할수록 커진다.** 예를 들어 시속 65 킬로미터(km/h)로 달리는 자동차는 25 km/h로 달릴 때보다 운동 에너지가 더 크다. 속도가 같을 때는 질량이 클수록 운동 에너지도 커진다. 따라서 65 km/h로 움직이는 큰 트럭은 같은 속도의 오토바이보다 운동 에너지가 더 크다. 트럭의 질량이 더 크기 때문이다.

화학은 원자와 분자의 운동 에너지에 관심이 있다. 이들 입자는 너무 작아서 볼 수는 없지만, 질량이 있으며 움직이고 있기 때문에 운동 에너지를 갖는다. 물체가 가열되면, 난로 위에 있는 주전자의 물이든 햇볕 아래 놓인 알루미늄 깡통이든, 그 물체의 원자와 분자는 운동 에너지를 얻게 되어 평균 속력이 증가한다. 그러므로 열의 전달이란 분자 수준에서 운동 에너지의 전달이다.

다른 모든 형태의 에너지–늘어난 용수철에 저장된 에너지, 머리 위로 들어 올린 추에 저장된 에너지, 화학 결합에 저장된 에너지–는 퍼텐셜 에너지다. 어떤 물체가 가지고 있는 **퍼텐셜 에너지(potential energy)**는 다른 물체에 대한 상대적인 위치에 의해서 결정된다. 퍼텐셜 에너지는 본질적으로 '저장된' 에너지로서, 물체들 사이의 인력 또는 반발력 때문에 발생한다.

우리는 퍼텐셜 에너지가 운동 에너지로 바뀌는 경우를 흔히 볼 수 있다. 예를 들어 언덕 위에 있는 자전거를 생각해 보자(그림 1.16). 중력 때문에 위에 있는 자전거의 퍼텐셜 에너지는 아래에 있을 때보다 더 높다. 그 결과 자전거는 점점 빠르게 언덕을 타고 내려오면서 퍼텐셜 에너지가 운동 에너지로 바뀐다. 즉, 자전거의 퍼텐셜 에너지는 낮아지고 동시에 운동 에너지는 커진다(식 1.2). 이 예는 운동 에너지와 퍼텐셜 에너지가 서로 전환될 수 있다는 것을 보여준다.

원자나 분자 사이의 상호 작용에서, 입자의 질량 사이에 작용하는 중력은 무시할 정도이고, 전하에 의해 발생하는 힘이 더 중요하다. **정전기 퍼텐셜 에너지**(electrostatic potential energy)는 화학에서 다루는 가장 중요한 퍼텐셜 에너지 가운데 하나로, 전하를 띤 입자 사이의 상호 작용에 의해 발생한다. 여러분은 반대 부호의 전하는 서로 잡아당기고 같은 부호의 전하는 반발한다는 사실을 잘 알고 있을 것이다. 이 상호 작용의 세기는 전하의 크기가 커지면 증가하고, 전하들 사이의 거리가 멀어지면 감소한다. 앞으로 이 책을 공부하면서 정전기 에너지는 여러 차례 다시 만나게 될 것이다.

화학을 공부하는 목적 중 하나는 거시 세계에서 관찰되는 에너지의 변화가, 분자 수준에서 운동 에너지나 퍼텐셜 에너지와 어떻게 관련되어 있는지 살펴보는 것이다. 연료가 연소할 때처럼, 많은 물질은 반응할 때 에너지를 내놓는다. 연료가 가진 **화학 에너지**(chemical energy)는 원자들의

---

*이 장의 대부분의 문제에서, 식 [1.1]의 힘은 물체의 이동 방향과 평행인 성분만 고려하면 된다.

**엄밀히 말해서, 속도는 방향을 포함하는 벡터양(vector quantity)이다. 따라서 속도는 물체가 어느 방향으로 얼마나 빨리 움직이는지를 의미한다. 반면에 스칼라양(scalar quantity)인 속력은 방향과 관계없이 단지 물체의 빠르기만을 나타낸다. 이 책에서는, 움직임의 방향에 대한 특별한 언급이 없으면 속도와 속력을 구별하지 않고 사용할 것이다.

▲ **그림 1.16 퍼텐셜 에너지와 운동 에너지** 언덕 위에 정지해 있는 자전거에는 퍼텐셜 에너지가 저장되어 있다. 자전거는 언덕을 내려오면서 퍼텐셜 에너지를 잃고, 운동 에너지를 얻는다.

배열에 저장되어 있는 퍼텐셜 에너지이다. 앞으로 여러분은 **화학 에너지는 원자 사이에 결합이 생길 때 방출되고, 결합이 끊어질 때 소비된다**는 것을 배우게 될 것이다. 연료가 연소할 때, 어떤 결합은 끊어지지만 다른 결합이 형성된다. 이때의 알짜 효과는, 화학 퍼텐셜 에너지가 온도와 관련된 에너지인 열에너지로 전환되는 것이다. 분자의 운동이 커지면 운동 에너지가 커지고, 따라서 열에너지도 커진다.

## 자기 평가 연습 문제

**1.11** 방전된 전기면도기의 니켈 수소 전지를 충전할 때, 전지의 화학 에너지에는 어떤 변화가 있는가?
(**a**) 증가한다.
(**b**) 감소한다.
(**c**) 변화없다.

## 연습 문제

**1.12** 양으로 하전된 두 입자를 가깝게 놓았다. 놓는 순간, 입자 사이의 반발력 때문에 두 입자는 서로 멀어진다.
(**a**) 이것은 퍼텐셜 에너지가 어떤 형태의 에너지로 바뀐 예인가?
(**b**) 두 입자를 놓기 전, 입자 사이의 거리가 멀수록 퍼텐셜 에너지는 증가하는가, 감소하는가?

**1.13** 다음 과정에서 퍼텐셜 에너지는 증가하는가, 감소하는가?
(**a**) 서로 반대 전하인 두 입자 사이의 거리가 증가한다.
(**b**) $H_2O$ 분자를 $H^+$와 $OH^-$ 이온으로 분해한다.
(**c**) 어떤 사람이 600 m 높이에서 스카이다이빙한다.

자기 평가 연습 문제 답 **1.11** (a)

# 1.5 측정의 단위

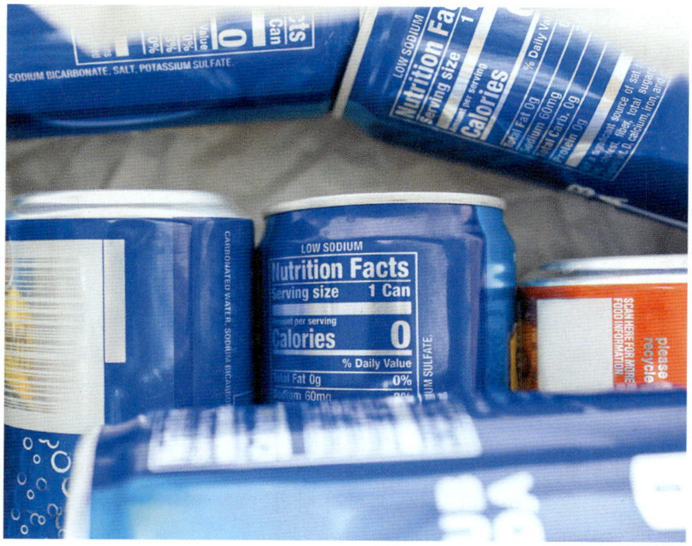


물질의 성질 중 대부분은 **정량적**(quantitative)이다. 즉, 수와 관련되어 있다. 따라서, 측정량을 어떤 수치로 나타낼 때 그 양의 단위 역시 명확히 표현해야 한다. 탄산음료의 부피를 여러 단위로 함께 표시하는 것은 단위의 중요성을 보여준다. 어떤 연필의 길이를 17.5라고 하면, 이는 아무런 의미가 없다. 이 수를 단위와 함께 17.5센티미터(cm)로 표시해야 길이를 적절히 명시한 것이다. 과학 측정에서는 **미터법(metric system)**의 단위를 사용한다.

미터법은 18세기 후반에 프랑스에서 개발되어 현재 대부분의 나라에서 사용되고 있다. 이 절이 끝나면, 다음 사항을 수행할 수 있어야 한다.

- 서로 다른 배수의 SI 단위 사이에서 변환하기

## SI 단위

과학 측정에서는 특정한 몇 가지 미터법 단위를 사용하자는 국제협약이 1960년에 이루어졌다. 이 협약에 의한 단위를 **SI 단위(SI unit)**라고 한다. 이는 **국제단위계**(Systéme International d'Unités)의 프랑스어 약자이다. SI 체계는 다른 모든 단위를 유도해 낼 수 있는 일곱 가지의 **기본 단위**(base unit)를 가지고 있다(표 1.3). 이 절에서는 길이, 질량, 온도의 세 가지 기본 단위를 다룬다.

SI 단위에서는 접두어를 사용하여 여러 가지 단위의 십진법 소수 또는 배수를 표시한다. 예를 들어 접두어 **밀리**(milli−)는 $10^{-3}$, 즉 천분의 일을 의미한다. 따라서, 밀리그램(mg)은 $10^{-3}$그램(g),

**표 1.3 SI 기본 단위**

| 물리량 | 단위 명칭 | 약자 |
|---|---|---|
| 길이(Length) | 미터(Meter) | m |
| 질량(Mass) | 킬로그램(Kilogram) | kg |
| 온도(Temperature) | 켈빈(Kelvin) | K |
| 시간(Time) | 초(Second) | s 또는 sec |
| 물질량(Amount of substance) | 몰(Mole) | mol |
| 전류(Electric current) | 암페어(Ampere) | A 또는 amp |
| 광도(Luminous intensity) | 칸델라(Candela) | cd |

## 자세히 보기 과학적 방법

과학 지식은 어디에서 왔는가? 어떻게 얻었으며, 그것이 믿을 만한 것인지는 어떻게 알 수 있는가? 과학자들은 과학 지식을 어떻게 축적하고 개선하였는가?

과학자들이 어떻게 일을 하는지 딱히 신비로울 것은 없다. 첫 번째로 명심할 것은 과학 지식은 자연을 관찰함으로써 얻는다는 것이다. 과학자는 형식과 규칙성을 찾고 측정을 하며, 하나의 관찰과 다른 관찰 사이의 연관 관계를 찾아 여러 관찰을 정리하는 것을 주된 목적으로 연구한다. 다음 단계는 자연이 **왜**(why) 우리가 관찰한 방식으로 작동하는지를 묻는 것이다. 과학자는 이 질문에 답하기 위하여 관찰을 설명할 수 있는 **가설(hypothesis)**이라는 모형을 세운다.

처음에 가설은 아주 잠정적이며, 하나 이상의 그럴듯한 가설을 세울 수도 있다. 가설이 옳다면, 이에 근거한 특정한 결과와 관찰이 얻어져야 한다. 이러한 방식으로 가설은, 연구 대상을 좀 더 알기 위한 새로운 실험을 설계하도록 한다. 연구 대상의 본질을 밝힐 수 있는 훌륭한 실험을 설계하는 데 기여하는 가설을 생각해 낼 때, 과학적 창의성이 중요한 역할을 한다.

정보가 점점 쌓이며, 초기의 가설들은 걸러지고 다듬어진다. 결국, 축적된 정보(관찰 및 실험 결과)와 가장 일치하는 단 하나의 가설만이 남는다. 이때 이 가설은 **이론(theory)**이라고 하는 모형이 된다. 이론은 이에 근거하여 결과를 예측할 수 있고, 이제까지의 관찰을 모두 설명할 수 있어야 한다. 또한 이론은 좀 더 큰 범위의 이론, 좀 더 일반적인 이론 등 다른 이론에 부합해야 한다. 예를 들어 화산 내부에서 일어나는 현상을 설명하는 이론은 열전달, 고온 화학 등과 부합되어야 한다.

여러분은 이 책에서 많은 이론을 만나게 될 것이다. 그중 몇 가지는 이제까지 관찰된 것들과 항상 일치하는 것들이다. 그러나 어떤 이론도 절대적으로 옳다고 증명할 수 없다. 우리는 이론이 옳은 것처럼 생각할 수 있지만, 몇 가지 관점에서 잘못되었을 수 있다는 가능성은 항상 남아 있다. 유명한 예는 Isaac Newton의 역학 이론이다. 역학 이론은 물질의 움직임에 대하여 아주 정확하게 기술하였으며, 20세기 전까지는 어떠한 예외도 찾아볼 수 없었다. 그러나 Albert Einstein은 공간과 시간에 대한 Newton의 이론이 잘못되었다는 것을 보여주었다. Einstein의 상대성 이론은 공간과 시간에 관한 생각을 근본적으로 바꾸었다. Einstein은 Newton의 이론이 적용되지 않는 부분을 예측하였고, 그 예측은 Newton의 이론에서 예측되는 것과는 아주 작은 차이였지만 실제로 관측되었다. Einstein의 상대성 이론은 올바른 모형으로 받아들여졌다. 그렇더라도 우리의 일상생활에서는 Newton의 운동 법칙이 충분히 받아들일 수 있을 정도로 매우 정확하다.

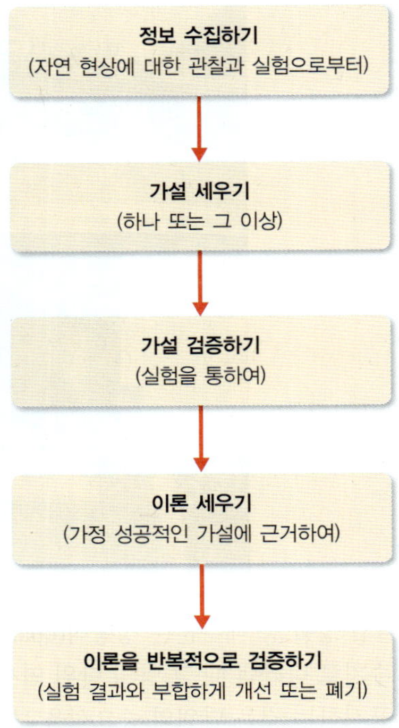


▲ 그림 1.17 과학적 방법

위에서 이야기한 전체 과정을 그림 1.17에 도식화하였다. 이를 **과학적 방법**(scientific method)이라고 한다. 그러나 과학적 방법에는 한 가지만 있는 것은 아니다. 과학 지식을 진보시키는 데는 많은 요소가 작용한다. 변하지 않는 하나의 요구 조건이 있다면, 우리의 설명이 관찰에 부합해야 하며, 자연 현상에만 의존해야 한다는 것이다.

어떤 종류의 서로 다른 조건에서도, 자연이 항상 특정한 방식으로 행동할 때, 이러한 행동을 **과학 법칙(scientific law)**으로 요약할 수 있다. 예를 들어, 화학 반응에서 반응물의 전체 질량은 생성물의 전체 질량과 항상 같다는 것은 반복적으로 관찰되었다. 이러한 관찰을 **질량 보존의 법칙**(law of conservation of mass)이라고 한다. 이론과 과학 법칙은 구별해야 한다. 과학 법칙은 우리가 알고 있는 어떤 특정한 일이 항상 일어난다는 것을 서술한 것이다. 반면에 이론은 어떤 일이 일어난 것에 대한 **설명**(explanation)이다. 어떤 법칙이 더 이상 유효하지 않다는 것을 발견하였을 때는 그 법칙을 설명하는 이론도 어떠한 식으로든 잘못되어 있다고 추정해야 한다.

**관련 연습 문제:** 1.74, 1.96

밀리미터(mm)는 $10^{-3}$미터(m)이다. 표 1.4에 화학에서 자주 사용하는 접두어를 정리하였다. SI 단위를 사용하거나 문제를 풀 때 지수 표시를 쓰는 것에 익숙해야 한다. 지수 표시법에 익숙하지 않은 학생은 부록 A.1을 참고하기 바란다.

SI 단위가 아닌 단위는 점차 사용되지 않는 추세이지만, 몇 가지는 과학계에서 여전히 일상적으로 사용되고 있다. 이 책에서는 SI 단위가 아닌 단위가 처음 나올 때 그에 해당하는 SI 단위도 함께 표기할 것이다. SI 단위가 아닌 단위 중 몇 가지 자주 사용되는 것과 SI 단위 사이의 관계가 책 뒤 표지 안쪽에 정리되어 있다. 1.7절에서는 둘 사이의 변환을 설명할 것이다.

**표 1.4 미터계와 SI 단위에 사용되는 접두어**

| 접두어 | 약자 | 의미 | 예 | |
|---|---|---|---|---|
| 페타(Peta) | P | $10^{15}$ | 1페타와트(PW) | $=1\times10^{15}$와트[a] |
| 테라(Tera) | T | $10^{12}$ | 1테라와트(TW) | $=1\times10^{12}$와트 |
| 기가(Giga) | G | $10^{9}$ | 1기가와트(GW) | $=1\times10^{9}$와트 |
| 메가(Mega) | M | $10^{6}$ | 1메가와트(MW) | $=1\times10^{6}$와트 |
| 킬로(Kilo) | k | $10^{3}$ | 1킬로와트(kW) | $=1\times10^{3}$와트 |
| 데시(Deci) | d | $10^{-1}$ | 1데시와트(dW) | $=1\times10^{-1}$와트 |
| 센티(Centi) | c | $10^{-2}$ | 1센티와트(cW) | $=1\times10^{-2}$와트 |
| 밀리(Milli) | m | $10^{-3}$ | 1밀리와트(mW) | $=1\times10^{-3}$와트 |
| 마이크로(Micro) | $\mu$[b] | $10^{-6}$ | 1마이크로와트($\mu$W) | $=1\times10^{-6}$와트 |
| 나노(Nano) | n | $10^{-9}$ | 1나노와트(nW) | $=1\times10^{-9}$와트 |
| 피코(Pico) | p | $10^{-12}$ | 1피코와트(pW) | $=1\times10^{-12}$와트 |
| 펨토(Femto) | f | $10^{-15}$ | 1펨토와트(fW) | $=1\times10^{-15}$와트 |
| 아토(Atto) | a | $10^{-18}$ | 1아토와트(aW) | $=1\times10^{-18}$와트 |
| 젭토(Zepto) | z | $10^{-21}$ | 1젭토와트(zW) | $=1\times10^{-21}$와트 |

[a]와트(watt, W)는 초당 에너지가 발생되거나 소비되는 양을 나타내는 일률의 SI 단위이다.
에너지의 SI 단위는 줄(joule, J)이다. $1\ \text{J}=1\ \text{kg}\cdot\text{m}^2/\text{s}^2$, $1\ \text{W}=1\ \text{J/s}$
[b]그리스 문자 mu(발음 "뮤")

## 길이와 질량

**길이**(length)의 SI 기본 단위는 미터(meter)이며, 미터는 영국식 단위 체계인 야드(yard)보다 약간 길다. **질량(mass)**은 물체를 구성하는 물질의 양에 관한 척도이다.* 질량의 SI 기본 단위는 킬로그램(kg)이다. 이 기본 단위는 **그램**(gram)에 접두어 킬로(kilo−)를 붙이기 때문에 다소 어색하게 느껴진다. 질량을 다른 단위로 나타낼 때는 **그램**에 접두어를 붙여 사용한다.

### 예제 1.2
**SI 접두어 이용하기**

(a) $10^{-9}$그램, (b) $10^{-6}$초, (c) $10^{-3}$미터에 해당하는 단위의 명칭은 무엇인가?

**해답**

표 1.4에서 해당하는 접두어를 찾아 단위를 만들면 다음과 같다. **(a)** 나노그램: ng, **(b)** 마이크로초: $\mu$s, **(c)** 밀리미터: mm

**▶ 보충 예제**

**(a)** 1 m는 몇 pm인가? **(b)** $6.0\times10^3$ m를 접두어를 이용하여 표기하시오. **(c)** 4.22 mg을 십진법 지수를 이용하여 g 단위로 표기하시오. **(d)** 4.22 mg을 소수점을 이용하여 g 단위로 표기하시오.

*질량과 무게는 같은 것이 아니다. 질량은 물질의 양에 대한 척도이고, 무게는 중력이 물질의 질량에 가하는 힘이다. 예를 들어 우주인의 무게는 지구에서보다 달에서 더 작다. 이는 달의 중력이 지구의 중력보다 작기 때문이다. 그렇지만 우주인의 질량은 달에서나 지구에서나 같다.

아래 그림을 보고 다음 문장이 참인지, 거짓인지 밝히시오. "섭씨 온도에서 1° 간격은 켈빈 온도에서의 1 간격과 같다."

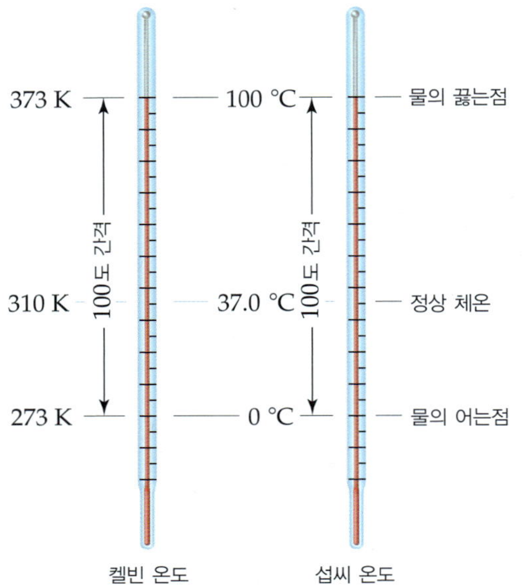


▲ **그림 1.18** 켈빈 온도와 섭씨 온도의 단위 비교

## 온도

**온도(temperature)**는 어떤 물질의 뜨거움 또는 차가움에 대한 척도로, 열이 흐르는 방향을 결정하는 물리적인 특성이다. 열은 항상 높은 온도의 물질로부터 낮은 온도의 물질로 자발적으로 흐른다. 따라서 손보다 높은 온도의 물체를 만지면 뜨겁게 느껴지고, 열이 손으로 흘러 들어오는 것을 알 수 있다.

과학에서 흔히 사용하는 온도 단위는 섭씨와 켈빈 단위이다. **섭씨 단위(Celsius scale)**는 해수면 높이에서 물의 어는점을 0 °C로 하고 끓는점을 100 °C로 정한 것에서 유래한다(**그림 1.18**).

**켈빈 단위(Kelvin scale)**는 SI 체계에서 사용하는 온도 단위로, 단위는 **켈빈**(kelvin, K)이다. 켈빈 단위에서 영(0)은 열에 의한 모든 움직임이 멈춰지는 온도로서 **절대 영도(absolute zero)**라고 한다. 절대 영도는 섭씨로 −273.15 °C에 해당한다. 섭씨와 켈빈 단위는 동일한 온도 간격을 갖기 때문에, 둘은 다음의 관계를 갖는다.

$$K = °C + 273.15 \quad [1.3]$$

물의 어는점 0°C는 273.15 K이다(그림 1.18). 켈빈 온도에서는 온도에 도(°)를 쓰지 않는 것에 주의하라.

1 $m^3$의 액체를 담기 위해서는 1 L 병이 몇 개 필요한가?

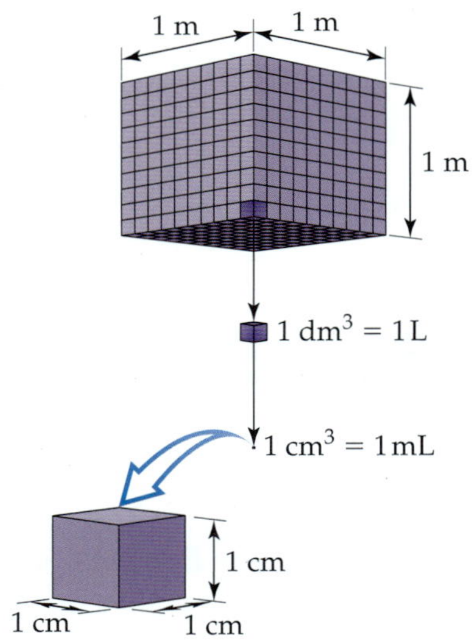


▲ **그림 1.19** **부피 상관 관계** 한 모서리의 길이가 1 m인 정육면체가 차지하는 부피는 1 $m^3$이다. 1 $m^3$는 1000 $dm^3$(1 $dm^3$ = 1000 $cm^3$)이다. 1 L는 1 $dm^3$의 부피와 같다(1 L = 1 $dm^3$). 1 $dm^3$는 1000 $cm^3$이다(1 $dm^3$ = 1000 $cm^3$). 1 $cm^3$는 1 mL와 같다(1 $cm^3$ = 1 mL).

## SI 유도 단위

유도 단위(derived unit)는 SI 기본 단위를 이용하여 유도한다. **유도 단위(derived unit)**는 하나 이상의 기본 단위를 서로 곱하거나 나누어 얻는데, 먼저 양에 대한 식을 세우고, 이것을 적당한 기본 단위로 치환한다. 예를 들어 **속력**의 정의는 이동한 거리와 이동에 걸린 시간의 비이다. 따라서 속력의 SI 유도 단위는 거리(길이)의 SI 단위인 m를 시간의 SI 단위인 s로 나누어, m/s('초당 미터'라고 읽는다)가 된다. 화학에서 흔히 사용하는 두 유도 단위는 부피와 밀도이다.

## 부피

정육면체의 **부피**(volume)는 모서리 길이의 세제곱(길이$^3$)이다. 따라서 부피의 SI 유도 단위는 길이의 SI 단위인 m의 세제곱인 $m^3$으로, 이는 각 모서리의 길이가 1 m인 정육면체의 부피에 해당한다(**그림 1.19**). 화학에서는 세제곱센티미터($cm^3$, 가끔 cc로도 표기한다)와 같이 좀 더 작은 단위를 사용하기도 한다. 또 부피 단위로 **리터**(liter, L)를 사용하기도 하는데, 이는 세제곱데시미터($dm^3$)와 같다. (리터는 이 책에서 처음 만나는, SI 단위가 **아닌** 미터법 단위이다.) 1리터는 1000밀리리터(milliliter, mL)이고, 1 mL는 1 $cm^3$와 같은 부피이다(1 mL = 1 $cm^3$).

실험실에서 액체의 부피를 측정하거나 옮길 때 사용하는 기구를 **그림 1.20**에 나타내었다. 주사기, 뷰렛, 피펫은 눈금 실린더보다 더 정밀한 양의 액체를 옮길 수 있고, 부피 플라스크는 특정한 부피의 액체를 담는 데 사용한다.

## 예제 1.3
### 온도 단위 변환하기

일기 예보에서 기온이 31 ℃에 달할 것이라고 예상하였다. 이 온도는 K 단위로 얼마인가?

**해답**

식 1.3을 이용하면 K = 31 + 273 = 304 K이다.

▶ **보충 예제**
Wolfram Alpha(http://www.wolframalpha.com/)나 다른 문헌을 참고하여, 다음 원소 중 525 K에서 액체 상태로 있는 것은 어느 것인지 결정하시오(아래 원소는 공기와 접촉하지 않고 있다고 가정한다).
**(a)** 비스무트(Bi) **(b)** 백금(Pt) **(c)** 셀레늄(Se) **(d)** 칼슘(Ca) **(e)** 구리(Cu)

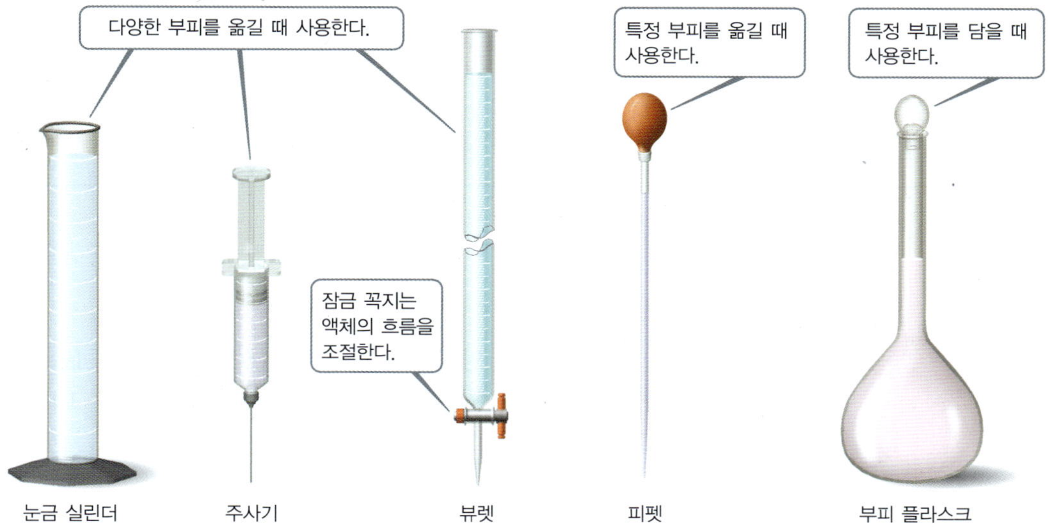


▲ 그림 1.20 일반적인 부피 측정 유리 기구

## 밀도

**밀도(density)**는 물체의 단위 부피당 질량으로 정의한다.

$$\text{밀도} = \frac{\text{질량}}{\text{부피}} \tag{1.4}$$

고체나 액체의 밀도는 보통 세제곱센티미터당 그램(g/cm$^3$) 또는 밀리리터당 그램(g/mL)으로 나타낸다. 몇 가지 물질의 밀도를 표 1.5에 수록하였다. 물의 밀도가 1.00 g/mL인 것은 우연이 아니다. 이는 1그램의 처음 정의가 특정 온도에서 물 1 mL의 질량이었기 때문이다. 대부분의 물질은 온도에 따라 부피가 변하기 때문에 밀도는 온도에 따라 달라진다. 따라서 밀도를 기록할 때는 반드시 온도도 기록해야 한다. 만약 온도를 표기하지 않았으면, 상온에 가까운 25 ℃에서의 측정값이라고 가정한다.

**밀도**(density)와 **무게**(weight)는 가끔 혼동되기도 한다. 누군가 철이 공기보다 무겁다고 말했다면 이는 보통 철의 밀도가 공기의 밀도보다 더 크다는 것을 의미한다. 공기 1 kg은 철 1 kg과 같은 질량이지만, 철의 부피가 더 작으므로 더 큰 밀도를 갖는다. 섞이지 않는 두 액체를 한 용기에 넣으면 밀도가 작은 것은 큰 것 위에 뜬다.

**표 1.5 온도 25 °C에서 몇 가지 물질의 밀도**

| 물질 | 밀도(g/cm$^3$) |
|---|---|
| 공기 | 0.001 |
| 발사(Balsa)나무 | 0.16 |
| 에탄올 | 0.79 |
| 물 | 1.00 |
| 에틸렌 글라이콜 | 1.09 |
| 설탕 | 1.59 |
| 소금 | 2.16 |
| 철 | 7.9 |
| 금 | 19.32 |

## 예제 1.4
### 밀도 구하기, 밀도로부터 부피나 질량 구하기

(a) 수은 $1.00 \times 10^2$ g이 차지하는 부피가 7.36 $cm^3$일 때 수은의 밀도를 계산하시오.
(b) 밀도가 0.791 g/mL인 메탄올 65.0 g의 부피를 구하시오.
(c) 한 모서리가 2.00 cm인 정육면체 금의 질량은 몇 g인가? (밀도 = 19.32 g/$cm^3$)

**해답**

(a) 질량과 부피가 주어져 있다. 식 1.4로부터

$$\text{밀도} = \frac{\text{질량}}{\text{부피}} = \frac{1.00 \times 10^2\ \text{g}}{7.36\ \text{cm}^3} = 13.6\ \text{g/cm}^3$$

(b) 주어진 질량과 밀도를 사용하여 식 1.4를 풀면

$$\text{부피} = \frac{\text{질량}}{\text{밀도}} = \frac{65.0\ \text{g}}{0.791\ \text{g/mL}} = 82.2\ \text{mL}$$

(c) 정육면체의 부피와 밀도로부터 질량을 계산할 수 있다. 모서리 길이를 세제곱하여 부피를 구하면

$$\text{부피} = (2.00\ \text{cm})^3 = (2.00)^3\ \text{cm}^3 = 8.00\ \text{cm}^3$$

식 1.4로부터 질량을 구하기 위한 식을 세우고 정육면체의 부피와 밀도를 대입하면

$$\text{질량} = \text{부피} \times \text{밀도} = (8.00\ \text{cm}^3)(19.32\ \text{g/cm}^3) = 155\ \text{g}$$

**▶ 보충 예제**

**(a)** 부피가 41.8 $cm^3$인 구리 374.5 g의 밀도는 얼마인가? **(b)** 어떤 학생이 실험용으로 에탄올 15.0 g이 필요하다. 에탄올의 밀도가 0.789 g/mL이면, 몇 mL의 에탄올이 필요한가? **(c)** 수은 25.0 mL의 질량은 몇 g인가? (밀도 = 13.6 g/mL)

## 에너지의 단위

에너지의 SI 단위는 **줄(joule, J)**로, 일과 열에 대해 연구한 영국의 과학자 James Joule(1818~1889)을 기념하여 이름을 붙였다. 운동 에너지를 정의한 식 1.2로부터, joule은 1 J = 1 kg-$m^2/s^2$인 유도 단위임을 즉시 알 수 있다. 1 m/s의 속도로 움직이는 질량 2 kg의 물체는 아래 계산에서 보듯이 1 J의 운동 에너지를 갖는다.

$$E_k = \frac{1}{2}mv^2 = \frac{1}{2}(2\ \text{kg})(1\ \text{m/s})^2 = 1\ \text{kg-m}^2/\text{s}^2 = 1\ \text{J}$$

줄은 큰 양의 에너지가 아니기 때문에 화학 반응과 관련된 에너지를 이야기할 때는 보통 **킬로줄**(kilojoule, kJ)을 사용한다. 예를 들어 수소와 산소가 반응하여 1 g의 물을 생성할 때 방출되는 열의 양은 16 kJ이다.

화학, 생명과학, 생화학 등의 분야에서는 화학 반응과 관련된 에너지 변화를 나타낼 때 SI 단위가 아닌 칼로리를 사용하기도 한다. **칼로리(calorie, cal)**는 처음에 물 1 g의 온도를 14.5 ℃에서 15.5 ℃로 올리는 데 필요한 에너지의 양으로 정의하였는데, 지금은 줄의 단위로 정의한다.

$$1\ \text{cal} = 4.184\ \text{J (정확히)}$$

식품 라벨에서 쉽게 볼 수 있는 음식 열량은 그 단위로, cal의 1000배인 **영양 칼로리**(Calorie, 대문자 C임을 유의)를 사용한다. 1 Cal = 1000 cal = 1 kcal.

## 예제 1.5
### 에너지 변화 파악하고 계산하기

야외용 그릴에 사용되는 프로페인(propane, $C_3H_8$) 가스통에는 약 9.0 kg의 프로페인이 들어 있다. 그릴을 작동시키면 프로페인은 산소와 반응하여 이산화 탄소와 물을 생성한다. 산소와 반응할 때, 프로페인은 1 g당 46 kJ의 에너지를 열로 방출한다.
(a) 가스통에 있는 프로페인이 모두 산소와 반응하면 방출되는 에너지는 얼마인가?
(b) 반응 과정에서 화학 결합에 저장된 퍼텐셜 에너지는 감소하는가, 증가하는가?
(c) 같은 양의 퍼텐셜 에너지를 저장하기 위해, 물을 바닥에서 75 m 올렸다고 하자. 이때 필요한 물의 질량은 얼마인가? (참고: 물의 무게($F$)는 중력이 물의 질량($m$)에 작용한 결과이다. 즉 $F = m \times g$. 여기서 $g$는 중력 가속도이다. $g = 9.8\ \text{m/s}^2$.)

**해답**

**(a)** 프로페인의 질량을 kg 단위에서 g 단위로 바꾼 후, 프로페인 1 g 당 46 kJ의 열이 방출되는 것을 이용하여 계산할 수 있다.

$$E = 9.0\ \text{kg} \times \frac{1000\ \text{g}}{1\ \text{kg}} \times \frac{46\ \text{kJ}}{1\ \text{g}} = 4.1 \times 10^5\ \text{kJ} = 4.1 \times 10^8\ \text{J}$$

**(b)** 프로페인이 산소와 반응할 때, 화학 결합에 저장되어 있던 퍼텐셜 에너지가 에너지의 다른 형태인 열로 전환된다. 따라서 화학 에너지로 저장된 퍼텐셜 에너지는 감소한다.

**(c)** 식 1.1을 이용하여 물을 75 m 높이로 올리는 데 필요한 일의 양을 계산할 수 있다.

$$w = F \times d = (m \times g) \times d$$

질량을 구하기 위해 식을 정리하면

$$m = \frac{w}{g \times d} = \frac{4.1 \times 10^8\ \text{J}}{(9.8\ \text{m/s}^2)(75\ \text{m})} = \frac{4.1 \times 10^8\ \text{kg-m}^2/\text{s}^2}{(9.8\ \text{m/s}^2)(75\ \text{m})}$$

$$= 5.6 \times 10^5\ \text{kg}$$

위 질량의 부피는 25 °C에서 560,000 L이다. 따라서 다량의 퍼텐셜 에너지를 화학 에너지로 저장할 수 있다는 것을 알 수 있다.

**▶ 보충 예제**

패스트푸드 식당에서 판매하는 바닐라 밀크셰이크 355 mL의 열량은 547 Cal이다. 이는 몇 J의 에너지 양인가?

## 작동하는 화학 | 뉴스 속의 화학

**주목받는 태양 에너지** 당면한 기후 변화에 대응하기 위해, 그 어느 때보다 청정 에너지를 찾는 노력이 중요해지고 있다. 태양으로부터 엄청난 양의 에너지가 오고 있는 것을 알고 있기 때문에, 태양 에너지는 오랫동안 미래의 기술로 기대되었다. 그렇지만 태양 에너지를 사용하는 데 필요한 비용이 화석 연료로부터 얻는 에너지보다 더 크다는 문제가 있었다. 그러나 지난 5년 동안 그 비용이 50% 이상 감소하는 등, 최근에 태양 에너지 비용이 예상보다 빠르게 줄어들고 있다(그림 1.21).

지난 6년 동안 전 세계적으로 태양전지판의 설치가 6배 증가하였다. 이는 그리 놀라운 것은 아니다. 같은 기간 동안 미국의 화력 발전소의 수는 523에서 323으로 38% 줄었다. 중국은, 2015년에 태양광 발전으로 18기가와트 이상의 에너지를 얻는 계획을 진행 중이다. 이는 미국의 전체 태양 에너지 생산량과 맞먹는 수준이다. 또한, 태양 에너지 비용이 급속히 줄어듦에 따라 여러 개발도상국에서는 화력 발전소 대신, 태양이나 풍력 등 녹색 에너지 기술을 바로 채택하고자 하는 움직임도 있다.

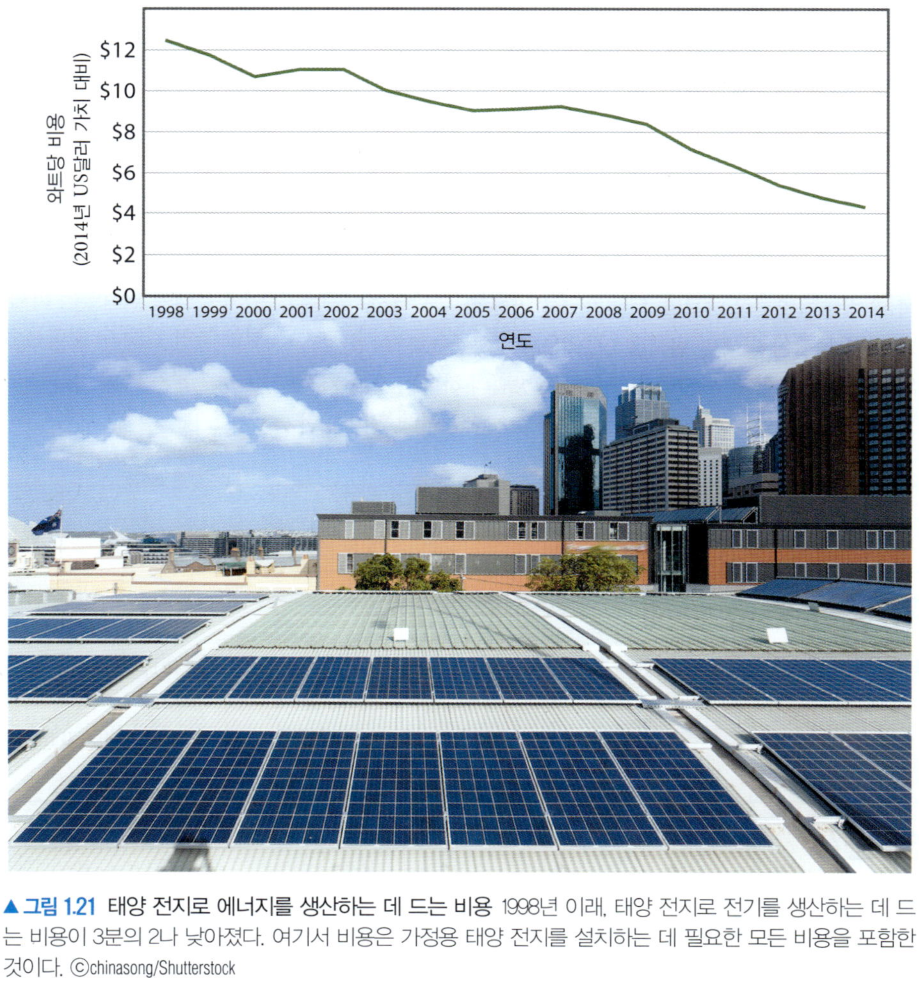


▲ **그림 1.21 태양 전지로 에너지를 생산하는 데 드는 비용** 1998년 이래, 태양 전지로 전기를 생산하는 데 드는 비용이 3분의 2나 낮아졌다. 여기서 비용은 가정용 태양 전지를 설치하는 데 필요한 모든 비용을 포함한 것이다. ©chinasong/Shutterstock

최근에 화학자들은 태양 에너지 비용을 더 낮출 수 있는 할로젠화 페로브스카이트(halide perovskite) 계열의 새로운 소재를 발견하였다. 할로젠화 페로브스카이트 태양 전지는 실리콘 단결정 태양 전지만큼이나 에너지 효율적일 뿐만 아니라, 용액상 제조법으로 만들 수 있기 때문에, 고비용의 실리콘 전지보다 손쉽고 싸게 생산할 수 있다. 할로젠화 페로브스카이트 전지의 상업적 생산까지는 아직 해결해야 할 문제들이 남아 있지만, 그 장래는 아주 밝다.

**진행성 질환에의 대응** 단백질은 아주 큰 분자로 생물이나 생체 조직의 작용에 중요한 역할을 한다. 매우 다양한 종류의 단백질 가운데 **프리온**(prion) 계열의 단백질이 몇 가지 신경질환과 밀접하게 관련되어 있다는 것이 알려졌다. 프리온 단백질은 모든 사람의 뇌에 있는데, 거의 대부분은 특별한 해가 없다. 그러나 적은 수의 사람에게서는 어떤 영향에 의해 프리온이 잘못 접혀 다른 모양의 프리온으로 변형된다. 변형 프리온은 근처의 정상 프리온에게서도 같은 일이 일어나도록 해서, 결국 뇌 전체로 퍼져나간다. 변형 프리온이 축적되어 모이면 덩어리를 만들고, 이는 신경세포에 손상을 입혀 Alzheimer 병이나 Pakinson 병 등에서 보이는 것과 같은 증상을 일으킨다.

프리온 질환의 진행을 멈출 수 있는 치료법은 아직 개발되어 있지 않지만, 진행을 방해하는 몇 가지 작은 분자가 발견되는 등 희망이 보이고 있다. 이들 분자는 프리온 단백질들 사이의 상호 작용을 막아, 잘못 접힘 현상이 전달되지 못하게 하는 것으로 보인다. 한 예로 프리온 질환에 감염된 쥐를 대상으로 한 실험에서, **그림 1.22**의 Anle−138b라는 분자를 투여한 쥐의 수명이, 투여하지 않은 쥐에 비해 두 배 이상 길었다.

지금까지 개발된 화합물들을 사람에게 바로 적용하기에는 아직 적당하지 않지만, 그동안의 연구를 통해 효과적인 치료에 알맞은 분자를 어떻게 찾을 것인가에 대한 방향을 제시하고 있다. 위에 이야기한 프리온의 예는, 과학자가 시작으로부터 원하는 목적지에 도달할 때까지 얼마나 복잡하고 때로는 힘든 길을 걸어가는가를 보여준다.

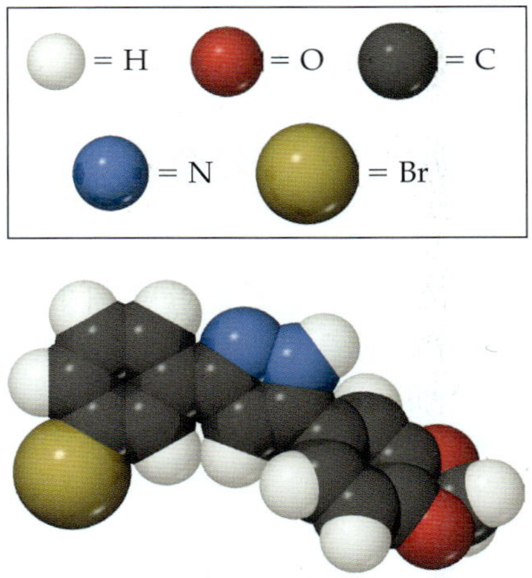


▲ **그림 1.22** 퇴행성 뇌질환 치료에 유망한 분자인 Anle−138b

**예술품 복원을 위한 화학적 접근** 예술 작품에 쓰인 재료에서는 오랜 시간에 걸쳐 화학 반응이 일어난다. 따라서 세월이 흐르면서 예술품의 모습이 변하고 안정성이 떨어진다. 조각이나 벽화 또는 그림의 표면에 먼지와 오염 물질이 쌓이면 변색을 일으키고, 프레스코화*의 석회는 대기의 기체와 반응한다. 예술품을 복원하는 방법의 하나는 오랜 기간 일어났던 반응의 생성물을 원래로 되돌릴 수 있는 반응이나, 일어났던 반응의 역반응을 이용하는 것이다.

그 예로 멕시코 유카탄반도의 Maypan에 있는 고대 마야 유적의 벽화가 있다. 1960년대에는 유적의 벽화를 보존하기 위해 고분자 코팅을 발랐는데, 십 년쯤 지나자 고분자 코팅이 벽화 보존에 득보다 실이 많다는 것을 알게 되었다. 이에 고분자를 제거하고자 하였으나, 여러 해에 걸친 산화 반응과 교차 결합 반응 때문에 불행히도 고분자는 그 어느 유기 용매에도 녹지 않았다. 2008년에 이탈리아 화학자들은 프레스코 벽화에 전혀 해를 주지 않고 고분자 코팅을 제거하는 방법을 찾았다. 그들은 계면 활성제를 사용하여, 나노미터 크기의 유기 용매 방울이 수용액에 퍼져있는 미세에멀션을 만들어 벽화에 뿌리면, 고분자 코팅을 녹여 없앨 수 있다는 것 알아내었다.

* 역자 주 – 회벽에 수용성 물감으로 그린 그림으로, 벽에 석회를 바른 후 석회가 마르기 전에 그린다.

## 자기 평가 연습 문제

**1.14** 올림픽 표준 규격의 수영장에는 2.5 ML의 물을 넣을 수 있다. 이 부피는 $m^3$ 단위로 얼마인가?
(a) 2.5 $m^3$
(b) 250 $m^3$
(c) 2 500 $m^3$
(d) 2 500 000 $m^3$

## 연습 문제

**1.15** 다음을 지수 표기법으로 표시하시오.
(a) 3테라미터(Tm) (b) 2.5펨토초(fs) (c) 57마이크로미터($\mu$m)
(d) 8.3메가그램(Mg)

**1.16** 다음 변환을 완성하시오.
(a) 25℃ → K (b) 110℃ → K (c) 300 K → ℃ (d) 1100 K → ℃

**1.17** (a) 드라이클리닝에 사용되었으나 암을 유발할 가능성 때문에 점차 자취를 감춰 가고 있는 사염화에틸렌(tetrachloroethylene) 시료는 25 ℃에서 질량이 40.55 g, 부피가 25.0 mL이다. 이 온도에서 밀도는 얼마인가? 사염화에틸렌은 물에 뜨는가? (물보다 밀도가 작은 물질은 물에 뜬다.) (b) 이산화 탄소($CO_2$)는 상온 1기압에서 기체 상태로 존재한다. 이산화 탄소에 압력을 가하면 '초임계 유체'가 되며, 이것은 사염화에틸렌보다 훨씬 안전한 드라이클리닝 세제이다. 어떤 압력에서 초임계 이산화 탄소의 밀도가 0.469 g/$cm^3$이다. 이 압력에서 초임계 이산화 탄소 시료 25.0 mL의 질량은 얼

마인가?

**1.18** **(a)** 한 학생이 미지의 액체 물질을 규명하기 위해 밀도를 결정하였다. 눈금 실린더를 사용하여 시료 45 mL의 질량을 측정하였더니 38.5 g이었다. 학생은 액체가 아이소프로필알코올(isopropyl alcohol, 밀도 0.785 g/mL) 또는 톨루엔(toluene, 밀도 0.866 g/mL) 중의 하나라는 것을 알았다. 학생이 계산한 밀도는 얼마이며, 이 물질은 무엇이라고 할 수 있는가? **(b)** 실험을 위해 밀도가 1.114 g/mL인 에틸렌 글라이콜(ethylene glycol) 액체 45.0 g이 필요하다. 한 화학자가 저울로 무게를 재는 대신 눈금 실린더를 이용하기로 했다면, 얼마만큼의 부피를 사용해야 하는가? **(c)** 그림 1.20에 있는 눈금 실린더는 실험에서 요구하는 측정의 정확도를 달성하기에 적합한가? **(d)** 각 모서리가 5.00 cm인 금속 정육면체가 있다. 이 금속이 밀도가 8.90 g/cm$^3$인 니켈이라면, 정육면체의 질량은 얼마인가?

**1.19** 어떤 해에 농업에서 발생된 산화 이질소(I)($N_2O$)의 양이 전 세계적으로 4백만 톤(톤=1000 kg)인 것으로 추정되었다. 발생된 $N_2O$의 질량을, 지수를 쓰지 말고 미터법 접두어를 사용하여 그램으로 표시하시오.

자기 평가연습 문제 답 **1.14** (c)

## 1.6 측정의 불확실성

우표 한 장의 질량을 측정하기 위해 천칭을 사용한다면 의미있는 결과를 얻기 어려울 것이다. 측정 결과를 보고할 때, 우리는 항상 그 수가 타당한지를 고민해야 한다. 얻은 데이터들을 해석하는 데 있어 신뢰도를 판단하는 특정한 방법이 있다. 이 절이 끝나면 다음 사항을 수행할 수 있어야 한다.

• 실험 결과를 보고할 때 유효 숫자의 개수를 정확하게 결정하기

과학에서는 두 종류의 수를 만날 수 있다. 하나는 그 값이 정확한 **확정수**(exact number)이고, 다른 하나는 그 값이 어느 정도 불확실한 **불확정수**(inexact number)이다. 앞으로 보게 될 대부분의 확정수는 정의된 값이다. 예를 들어 한 다스(dozen)의 달걀에는 정확히 12개의 달걀이 들어 있고, 1 kg은 정확히 1000 g이다. 1 m =100 cm이고, 1 kg =1000 g인 것처럼, 단위 사이의 환산 인자에 사용되는 수인 1도 확정수이다. 또한 사물의 개수를 셀 때의 수도 확정수이다. 즉, 병에 들어있는 구슬의 개수와 교실에 있는 사람의 수는 정확히 셀 수 있다.

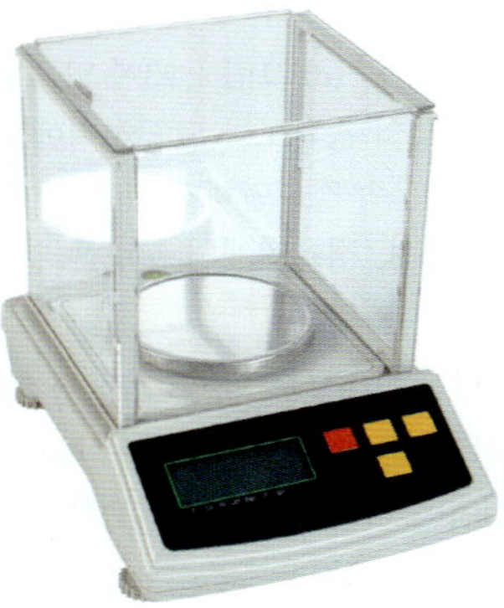

0.1 mg의 정밀도를 가진 분석 저울을 사용하면 높은 정밀도의 측정을 할 수 있다.

측정에서 얻는 값은 언제나 **불확실**(inexact)하다. 측정기기는 기기 고유의 한계(기기 오차)를 가지고 있으며, 같은 대상을 측정해도 사람마다 측정값이 다르다(인간 오차). 학생 10명이 저울 10개를 써서 같은 동전 한 개의 질량을 잰다고 하자. 10번의 측정값은 여러 가지 이유로 약간씩 다를 것이다. 저울이 조금씩 다르게 보정되었을 수도 있고, 각 학생이 저울로 질량을 읽을 때 차이가 있을 수도 있다. **모든 측정에는 항상 불확실성이 있다**는 것을 기억하기 바란다.

## 정밀도와 정확도

**정밀도**와 **정확도**는 측정값의 불확실성을 설명할 때 주로 사용한다. **정밀도(precision)**는 측정값들이 서로 얼마나 잘 일치하는가를 나타내고, **정확도(accuracy)**는 측정값이 실제의 '참값'과 얼마나 잘 일치하는가를 나타낸다. 그림 1.23에 있는 다트 그림은 이 두 개념을 설명하고 있다.

실험실에서는 일반적으로 실험을 여러 번 '시행'한 후 평균하여 결과를 낸다. 측정의 정밀도는 **표준 편차**(standard deviation)로 나타낸다(부록 A.5). 표준 편차는 측정값들이 평균값으로부터 얼마나 벗어났는지를 나타낸다. 여러 번의 측정 결과가 거의 같은 값을 갖는다면(즉, 표준 편차가 작다면), 우리는 측정 결과에 자신감을 갖는다. 그러나 그림 1.23은 정밀한 측정이 정확한 측정이 아닐 수도 있다는 것을 보여준다. 예를 들어 잘못 보정된 매우 민감한 저울을 사용하면 측정 질량이 계속해서 실제보다 더 크거나 작게 나올 것이다. 즉, 이 측정은 정밀하더라도 정확하지는 않은 것이다.

정확하기는 하나 정밀하지 않은 경우에 대하여 표적에 다트들이 어떻게 위치하는가?

▲ 그림 1.23 정밀도와 정확도

## 유효 숫자

0.0001 g 단위까지 측정할 수 있는 저울을 이용하여 동전의 질량을 측정한다고 하자. 여러분은 질량을 2.2405 g ± 0.0001 g의 형식으로 기록할 수도 있다. 이때 ± 부호는 측정의 불확실성을 나타낸다. 과학에서 측정 결과를 기록할 때는 ±를 생략한다. 이는 어떠한 측정에서든 보고한 수의 **마지막 숫자는 항상 약간의 불확실성을 가지고 있다**는 것을 알고 있기 때문이다.

그림 1.24의 온도계에는 액체의 맨 위가 두 눈금 사이에 놓여 있다. 눈금으로부터 몇 자리는 분명히 읽을 수 있지만, 마지막 자리의 값은 추정해야 한다. 온도계에서 액체가 25 °C와 30 °C 사이에 있는 것을 보고, 둘째 자리는 확실하지 않지만 온도를 27 °C로 추정한다. 이것은 **불확실**(uncertain)하기는 하지만 온도가 27 °C이면 믿을 만하고 28 °C나 26 °C는 아니라는 의미이다. 그렇다고 온도가 **정확히** 27 °C라고 말할 수는 없다.

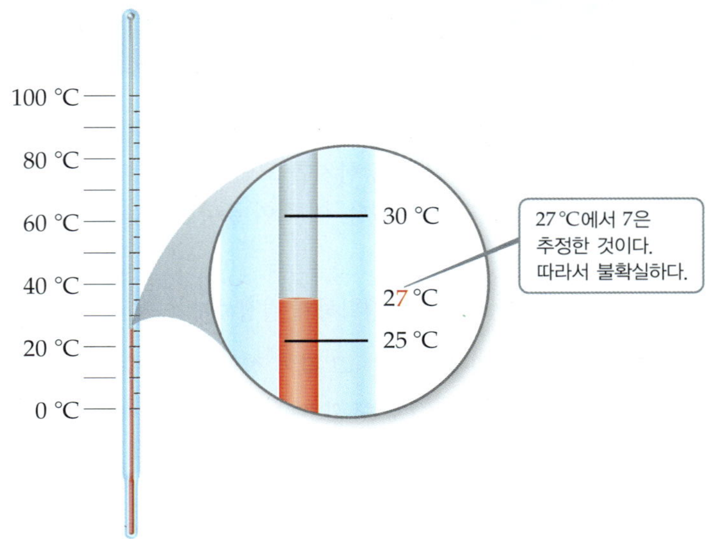



▲ 그림 1.24 측정의 불확실성과 유효 숫자

불확실한 자리의 숫자를 포함한 측정값의 모든 숫자를 **유효 숫자(significant figure)**라고 한다. 2.2 g으로 표시한 질량은 두 개의 유효 숫자를 가지며, 2.2405 g의 유효 숫자는 다섯 개이다. 유효 숫자의 개수가 많을수록 그 측정 결과가 더 정밀하다는 것을 의미한다.

측정값의 유효 숫자 개수를 구하기 위해서는 그 값을 왼쪽에서 오른쪽으로 읽으면서 처음으로 0(영)이 아닌 자리부터 자릿수를 센다. **바르게 보고된 측정값에서 0이 아닌 모든 숫자는 유효 숫자에 포함된다.** 0은 측정값의 일부분일 수도 있고, 단지 소수점의 위치를 나타낸 것일 수도 있기 때문에 0은 유효 숫자일 수도, 아닐 수도 있다.

- 0이 아닌 숫자 **사이에** 있는 0은 항상 유효 숫자이다. – 1005 kg(유효 숫자 네 개); 7.03 cm(유효 숫자 세 개).
- 0이 아닌 첫 숫자 **앞에** 있는 0은 유효 숫자가 아니고, 단지 소수점의 위치를 나타낸다. – 0.02 g(유효 숫자 한 개), 0.0026 cm(유효 숫자 두 개).
- 소수점을 가지고 있는 수에서, 0이 아닌 **마지막** 숫자 뒤에 있는 0은 유효 숫자이다. – 0.0200 g(유효 숫자 세 개), 3.0 cm(유효 숫자 두 개).

소수점이 없는 수에서 뒤쪽에 있는 0은 주의해야 한다. 이러한 경우, 보통 0은 유효 숫자가 아닌 것으로 간주한다. 표준 지수 표기법(부록 A.1)을 사용하면, 0이 유효 숫자인지 아닌지 알 수 있다. 예를 들어 10,300 g의 질량은 어떻게 측정하였는가에 따라 3, 4, 5개의 유효 숫자로 표시할 수 있다.

| | |
|---|---|
| $1.03 \times 10^4$ g | (유효 숫자 세 개) |
| $1.030 \times 10^4$ g | (유효 숫자 네 개) |
| $1.0300 \times 10^4$ g | (유효 숫자 다섯 개) |

위의 수에서 소수점 뒤의 모든 0은 유효 숫자이다. 지수 $10^4$은 유효 숫자에 포함되지 않는다.

## 예제 1.6

### 유효 숫자 바르게 정하기

어떤 도로 지도책에 보면, Colorado 주의 인구는 5,546,574명이고 면적은 269,837제곱킬로미터라고 적혀 있다. 두 수에 있어서 유효 숫자의 개수는 적절한가? 만약 아니라면 무엇이 잘못되어 있는가?

### 해답

사람들은 이사를 오고 가고 또 태어나고 죽기 때문에 Colorado의 인구는 매일 바뀐다. 따라서 적혀 있는 인구수는 가능한 것보다 훨씬 더 높은 **정확도**로 표시되어 있다. 또한 어떤 특정한 시간에 주에 있는 모든 주민을 정확히 세기란 거의 불가능할 것이다. 따라서 적혀 있는 수는 가능한 것보다 훨씬 더 높은 정밀도로 표시되어 있다. 5,500,000명으로 적는 것이 Colorado의 인구 상황을 나타내는 더 나은 방법이다.

Colorado의 면적은 시간에 따라 바뀌지 않는다. 따라서 여기에서 관점은 측정이 여섯 개의 유효 숫자를 가지고 있을 정도로 정확한가이다. 만일 주의 경계가 충분히 정확하게 정해져 있다면, 위성 기술을 이용하여 적혀 있는 유효 숫자만큼의 정확도를 달성할 수도 있을 것이다.

**▶ 보충 예제**

이 책의 뒤표지 안쪽에 보면 1000 $cm^3$은 1리터라고 되어있다. 이것은 리터가 확정된 부피라는 의미인가?

## 예제 1.7
### 측정값에서 유효 숫자 개수 구하기

다음 수(측정값으로 가정)에서 유효 숫자는 몇 개인가?
**(a)** 4.003 **(b)** $6.023 \times 10^{23}$ **(c)** 5000

### 해답

**(a)** 네 개. 0은 모두 유효 숫자이다. **(b)** 네 개. 지수는 유효 숫자에 포함되지 않는다. **(c)** 한 개. 소수점이 없으면 뒤에 있는 0은 유효 숫자가 아닌 것으로 간주한다. 만일 이 수가 더 많은 유효 숫자를 가지고 있다면, 소수점을 이용하거나 지수로 표시해야 한다. 따라서 5000.은 유효 숫자가 네 개이고, $5.00 \times 10^3$은 유효 숫자가 세 개이다.

**▶ 보충 예제**

어떤 물체의 질량을 측정하였더니 0.01080 g이었다. 측정값은 몇 개의 유효 숫자를 가지고 있는가?
**(a)** 2 **(b)** 3 **(c)** 4 **(d)** 5 **(e)** 6

## 계산에서의 유효 숫자

여러 측정값을 이용하여 계산할 때 다음의 규칙이 적용된다.

**불확실성이 가장 큰 측정값이 계산 결과의 확실성을 제한한다.**
**따라서 최종 계산 값의 유효 숫자를 결정한다.**

최종 계산 값은 오직 한 자리에서만 불확실성을 가지고 있어야 한다. 계산에서 유효 숫자의 개수를 맞추기 위해 다음의 두 가지 규칙을 자주 사용할 것이다. 하나는 더하기와 빼기에 대한 것이고, 다른 하나는 곱하기와 나누기에 대한 것이다.

**1. 더하기와 빼기**에서 계산 결과는, **가장 적은 소수 자리**를 가진 측정값과 같은 개수의 소수 자리를 가져야 한다. 결과의 값이 필요한 개수보다 더 많은 유효 숫자를 가지고 있으면 반올림한다. 다음 예에서는 처음 세 수를 더해 얻은 네 번째 수를 보여주는데, 불확실한 자릿수는 색으로 표시되어 있다.

| | | |
|---|---|---|
| | 20.42 | ⟵ 두 개의 소수 자리 |
| | 1.322 | ⟵ 세 개의 소수 자리 |
| 계산 결과의 유효 숫자를 결정하는 수 | 83.1 | ⟵ 한 개의 소수 자리 |
| | 104.842 | ⟵ 소수 첫째 자리로 반올림 (104.8) |

이때 83.1이 한 개의 소수 자리를 가지고 있기 때문에 결과는 104.8로 써야 한다.

**2. 곱하기와 나누기**에서 계산 결과는, **가장 적은 유효 숫자**를 가진 측정값과 같은 개수의 유효 숫자를 가져야 한다. 결과의 값이 필요한 개수보다 더 많은 유효 숫자를 가지고 있다면 반올림한다. 예를 들어 모서리의 길이가 각각 6.221 cm와 5.2 cm인 직사각형의 면적은 계산기가 더 많은 자릿수를 가진 수를 보여 준다고 할지라도, 5.2가 두 개의 유효 숫자를 가지고 있기 때문에 32 $cm^2$로 보고해야 한다.

$$\text{면적} = (6.221\ \text{cm})(5.2\ \text{cm}) = 32.3492\ \text{cm}^2 \Rightarrow 32\ \text{cm}^2\text{로 반올림}$$

계산에서 **확정수**는 무한대의 유효 숫자를 가진 것으로 간주한다. 따라서 '1000미터는 1킬로미터이다.'에서 1000은 확정수이고, 계산에서 유효 숫자의 개수를 걱정할 필요가 없다.

**반올림**할 때는 없애야 할 숫자 중에서 가장 왼쪽의 숫자만 고려한다.

- 없애야 할 가장 왼쪽의 숫자가 5보다 작으면, 그 앞의 수는 변하지 않는다. 따라서 7.248을 두 개의 유효 숫자로 반올림하면 7.2가 된다.

- 없애야 할 가장 왼쪽의 숫자가 5 이상이면, 그 앞의 수를 1만큼 더한다. 따라서 4.735를 세 개의 유효 숫자로 반올림하면 4.74가 되고, 2.376을 두 개의 유효 숫자로 반올림하면 2.4가 된다.*

## 예제 1.8
### 계산값의 유효 숫자 결정하기

작은 상자의 가로, 세로, 높이가 각각 15.5 cm, 27.3 cm, 5.4 cm이다. 상자의 부피를 유효 숫자를 감안하여 계산하시오.

**해답**

상자의 부피는 가로×세로×높이이다. 이 계산 결과를 기록할 때는 유효 숫자 개수가 가장 적은 수를 기준으로 한다. 이 경우에는 높이에 해당하는 수가 두 개의 유효 숫자를 가지므로 계산 결과를 두 개의 유효 숫자로 기록한다.

$$\begin{aligned}\text{부피} &= \text{가로} \times \text{세로} \times \text{높이}\\ &= (15.5\ \text{cm})(27.3\ \text{cm})(5.4\ \text{cm})\\ &= 2285.01\ \text{cm}^3 \Rightarrow 2.3 \times 10^3\ \text{cm}^3\end{aligned}$$

계산기는 2285.01이라는 결과를 보여 주지만, 두 개의 유효 숫자로 반올림해야 하므로 최종 결과는 2300이 된다. 두 개의 유효 숫자를 가장 잘 표현하는 방법은 표준 지수 표기법으로 $2.3\times10^3\ \text{cm}^3$로 기록하면 명확하다.

▶ **보충 예제**

달리기 선수가 100.00 m를 달리는 데 10.5초 걸린다. 달리기 선수의 평균 속력을 유효 숫자를 고려하여 초당 미터 단위로 쓰시오.

## 예제 1.9
### 계산값의 유효 숫자 결정하기

온도 25°C에서 그림 1.25와 같이, 기체가 들어 있는 용기의 질량을 측정하고, 용기를 비운 후 다시 측정하였다. 주어진 데이터로부터 25°C 일 때 이 기체의 밀도를 구하시오.

**해답**

밀도를 계산하려면 기체의 질량과 부피를 알아야 한다. 기체의 질량은 기체가 들어 있는 용기와 빈 용기의 질량 차이다.

$$\begin{array}{r} 837.63\ \text{g}\\ -836.25\ \text{g}\\ \hline 1.38\ \text{g}\end{array}$$

뺄셈 계산 결과의 유효 숫자는 처음 값들의 소수 자리에 의해서 결정된다. 계산에 사용한 값들은 둘 다 소수 두 자리를 가지고 있다. 따라서 뺀 결과는 소수 두 자리를 가진 1.38 g이 된다.

물음에서 주어진 부피 $1.05\times10^3\ \text{cm}^3$와 밀도의 정의로부터 다음을 얻을 수 있다.

$$\begin{aligned}\text{밀도} &= \frac{\text{질량}}{\text{부피}} = \frac{1.38\ \text{g}}{1.05 \times 10^3\ \text{cm}^3}\\ &= 1.31 \times 10^{-3}\ \text{g/cm}^3 = 0.00131\ \text{g/cm}^3\end{aligned}$$

나눗셈 계산 결과의 유효 숫자는 처음 값들이 가진 유효 숫자의 개수에 의해서 결정된다. 위의 계산 결과는 세 개의 유효 숫자를 가지고 있다. 이는 나누기에 사용된 두 수의 유효 숫자와 일치한다. 비록 처음에 측정한 질량은 다섯 개의 유효 숫자를 가지고 있지만, 최종 계산값은 세 개의 유효 숫자를 가지고 있음에 주의하기 바란다.

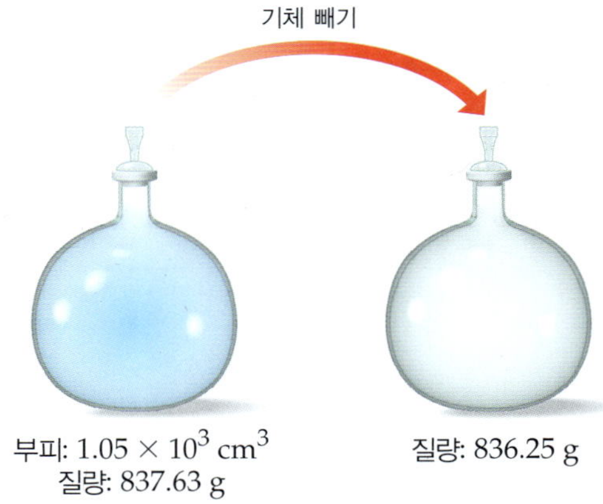


▲그림 1.25 측정의 불확실성과 유효 숫자

▶ **보충 예제**

구리의 밀도 자료(8.96 g/mL)와 150 mL 눈금 실린더를 이용하여, 어떤 구리 조각의 질량을 구하려고 한다. 실린더에 105 mL의 물을 부은 후 구리 조각을 넣으니 부피가 137 mL가 되었다. 구리의 질량을 바르게 기록한 것은?

**(a)** 287 g **(b)** $3.5\times10^{-3}$ g **(c)** 286.72 g
**(d)** $3.48\times10^{-3}$ g **(e)** $2.9\times10^2$ g

*다음과 같은 경우, 다른 반올림 규칙을 사용할 수도 있다. 즉 제거하고자 하는 숫자 중 가장 왼쪽의 숫자가 5이면서 그다음 숫자가 0이거나 없는 경우이다. 이때 사용하는 일반적 방법은, 반올림하였을 때 그 숫자가 짝수라면 반올림한 수를 쓰고, 그렇지 않으면 그대로 두는 것이다. 따라서 4.7350의 경우와 4.7450의 경우, 유효 숫자 세 개로 반올림하면 모두 4.74가 된다.

**계산 과정이 두 단계 이상일 때 중간 계산 결과는, 유효 숫자보다 적어도 한 자리 이상 더 가지도록 해야 한다.** 이렇게 해야 각 단계에서 반올림할 때 생기는 오차들이 합쳐지지 않아 최종 결과에 영향을 주지 않기 때문이다. 계산기를 사용할 때는 수를 계속해서 입력한 후 최종 결과에서만 반올림할 수도 있다. 누적된 반올림 오차는, 책의 답과 여러분이 계산하여 얻은 값 사이에 생기는 약간의 차이에 대한 원인이 될 수 있다.

## 자기 평가 연습 문제

**1.20** 종이 한 장의 두께를 0.10 mm, $1.0 \times 10^{-4}$ m, 100 μm로 각각 표시하였다. 세 수는 모두 같은 개수의 유효 숫자를 가지고 있는가?

**(a)** 네
**(b)** 아니오

## 연습 문제

**1.21** 다음 중 확정수인 것을 모두 고르시오.
**(a)** 7.5 cm × 12.5 cm 크기의 색인 카드 질량 **(b)** 1킬로그램에 해당하는 그램수 **(c)** 커피 한 잔의 부피 **(d)** 1킬로미터에 해당하는 센티미터수 **(e)** 1주일에 해당하는 마이크로초 **(f)** 이 책의 쪽수

**1.22** 다음 측정값의 유효 숫자 개수는? **(a)** 902.5 kg, **(b)** $3 \times 10^{-6}$ m, **(c)** 0.0096 L, **(d)** $2.94 \times 10^{3}$ $m^2$, **(e)** 92.03 km, **(f)** 782.234 g.

**1.23** 다음 수를 유효 숫자 네 개로 하여 표준 지수 표기법으로 표기하시오.
**(a)** 2048732.23 **(b)** 0.000292945 **(c)** −82454.09
**(d)** 942.057024 **(e)** −0.00000324683

**1.24** 유효 숫자를 고려하여 다음 계산 결과를 올바르게 쓰시오.
**(a)** 43.029 + 0.02348 **(b)** 952.72 − 73.4201
**(c)** 12.93 × 1032 10.7322 **(d)** 0.06324/0.624

**1.25** 사진 속 저울 위에 있는 물체의 질량을 그램 단위로 읽으시오. 이 측정값의 유효 숫자는 몇 개인가?

자기 평가 연습 문제 답 **1.20** (b)

# 1.7 차원 분석

외국을 여행할 때, 우리는 주유소의 기름값을 보면서 단위 변환이 필요하다는 경험을 한다. 통화에 따른 환산을 자주 하게 되고, 리터나 갤런 등과 같이 사용하는 부피 단위에 따른 환산이 필요한 경우도 발생한다.

SI 단위계는 측정의 공통적 기준이지만, 아직도 몇몇 산업계와 나라에서는 전통적인 단위를 여전히 사용하고 있다. 이 절이 끝나면 다음 사항을 수행할 수 있어야 한다.

- 측정 단위 사이를 변환하기

측정값은 관련된 단위를 가지고 있기 때문에 이 값을 사용하여 계산할 때는 수뿐만 아니라 단위도 항상 고려해야 한다. 이 책에서는 문제를 해결하는 데에 **차원 분석(dimensional analysis)**이라는 방법을 사용한다. 이 방법에서 단위들은 수와 함께 서로 곱할 수도, 나눌 수도 있다. 또한 동일한 단위는 서로 상쇄할 수도 있다. 차원 분석은 문제를 풀 때 답이 올바른 단위를 갖도록 해 준다. 이는 많은 수치 계산의 답을 찾고 오류를 점검하는 데도 체계적인 방법이다.

## 환산 인자

차원 분석에서 가장 중요한 사항은 단위를 바꿀 때 **환산 인자**를 바르게 사용하는 것이다. **환산 인자(conversion factor)**는 같은 물리량을 분모와 분자에 각각 다른 단위로 표시한 분수이다. 예를 들어 2.54 cm와 1인치는 같은 길이이다(2.54 cm =1 in.). 이 관계로부터 다음과 같은 두 개의 환산 인자를 만들 수 있다.

$$\frac{2.54\ \text{cm}}{1\ \text{in.}} \quad \text{와} \quad \frac{1\ \text{in.}}{2.54\ \text{cm}}$$

두 환산 인자 중 첫째 것은 인치를 센티미터로 환산할 때 이용한다. 예를 들어 길이가 8.50 in.인 물체의 길이를 cm로 나타내면 아래와 같다.

$$\text{센티미터수} = (8.50\ \cancel{\text{in.}})\ \frac{2.54\ \text{cm}}{1\ \cancel{\text{in.}}} = 21.6\ \text{cm}$$

원하는 단위 (2.54 cm의 cm → 21.6 cm의 cm)

주어진 단위 (8.50 in.의 in. ↔ 1 in.의 in.)

환산 인자의 분모에 있는 인치 단위는 원래 주어진 값(8.50인치)의 인치 단위와 상쇄(약분)된다. 따라서 환산 인자의 분자에 있는 센티미터 단위는 최종 답의 단위가 된다. 환산 인자의 분모와 분자는 같은 양이기 때문에, 환산 인자를 곱하는 것은 1을 곱하는 것과 같아서 처음 양의 본래 값에 변화를 주지 않는다. 따라서 길이 8.50 in.는 길이 21.6 cm와 같다.

단위 환산은 일반적으로 원하는 단위와 주어진 단위를 비교하는 것으로부터 시작한다. 그리고 주어진 단위를 원하는 단위로 바꾸는 환산 인자에는 어떤 것이 있는가를 알아본다. 주어진 값을 환산 인자로 곱할 때, 아래와 같이 단위도 함께 곱해지고 나누어진다.

$$\cancel{\text{주어진 단위}} \times \frac{\text{원하는 단위}}{\cancel{\text{주어진 단위}}} = \text{원하는 단위}$$

원하는 단위가 얻어지지 않으면, 환산 과정 중 어딘가에 반드시 오류가 있는 것이다. 주의 깊게 살펴보면 오류의 원인을 찾을 수 있을 것이다.

## 예제 1.10
### 단위 환산하기

어떤 여성의 체중이 115 lb이다. 그램으로 바꾸면 얼마인가? ('lb'는 '파운드'라는 단위이다. 1 lb = 453.6 g)

#### 해답

파운드를 그램으로 바꾸려면 두 단위 사이의 관계를 찾아야 한다. 파운드를 없애고 그램을 남기려면 그램은 분자에, 파운드는 분모에 있는 환산 인자를 곱해야 한다.

$$\text{그램 질량} = (115\ \text{lb})\left(\frac{453.6\ \text{g}}{1\ \text{lb}}\right) = 5.22 \times 10^4\ \text{g}$$

115 lb는 세 개의 유효 숫자를 가지고 있으므로 답도 유효 숫자 세 개를 가져야 한다. 단위 환산 과정을 오른쪽에 그림으로 나타냈다.

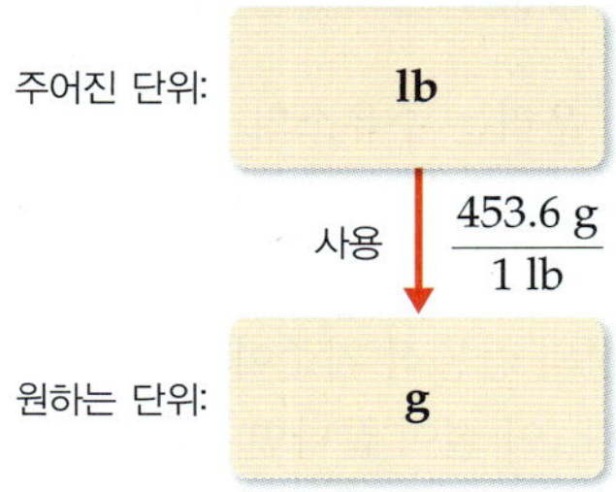


**▶ 보충 예제**

어떤 순간에 지구는 태양으로부터 92,955,000마일 떨어진 것으로 측정되었다. 이는 네 개의 유효 숫자로 몇 킬로미터인가? (1마일 = 1.6093 km)

**(a)** $5763 \times 10^4$ km **(b)** $1.496 \times 10^8$ km
**(c)** $1.49596 \times 10^8$ km **(d)** $1.483 \times 10^4$ km **(e)** 57,759,000 km

## 성취를 위한 전략 정답 추정하기

계산기를 통해 답을 빠르게 구할 수 있지만, 우리가 원하지 않는 오답을 얻을 수도 있다. 이에 대비해 다음과 같은 방법을 활용한다면 오답을 피할 수 있을 것이다. 첫째는 계산에서 단위를 항상 살펴보고 올바른 환산 인자를 사용하는 것이다. 둘째는 속으로 답이 타당한가를 생각하는 것이다. 이때 '어림짐작' 추정을 할 수 있다.

어림짐작 추정은 반올림한 수를 이용하여 대략적으로 계산하는 것으로, 계산기를 사용하지 않아도 되는 산술적 계산을 말한다. 이 방법으로 정확한 답을 얻을 수는 없지만 올바른 답에 대한 대략의 범위를 짐작할 수 있다. 차원 분석과 어림짐작으로 계산 결과가 타당한지 쉽게 점검할 수 있다.

일상생활에서 연습을 하면 추정하는 실력이 점점 나아진다. 기숙사에서 화학 강의실까지의 거리는 얼마일까? 부모님은 일 년 동안 휘발유에 얼마의 돈을 쓰실까? 우리 학교에는 몇 대의 자전거가 있을까? 만일 여러분이 이 질문에 대하여 '모르겠음'이라고 답하면, 너무 일찍 포기하는 것이다. 여러분 주위에서 친숙한 것들에 대한 양을 추정해 보기 바란다. 과학이나 일상 생활의 여러 방면에서 추정하는 실력이 점점 나아지는 것을 느낄 것이다.

## 두 개 이상의 환산 인자 사용하기

문제를 풀 때 여러 개의 환산 인자를 사용해야 하기도 한다. 예를 들어 8.00 m 막대의 길이를 인치 단위로 바꾸어 보자. 센티미터와 인치 사이의 관계는 1 in. = 2.54 cm이다. SI 접두어에서 1 cm

$=10^{-2}$ m라는 것을 알고 있으므로, 먼저 미터에서 센티미터로, 다시 센티미터에서 인치로 단계적으로 단위를 바꿀 수 있다.

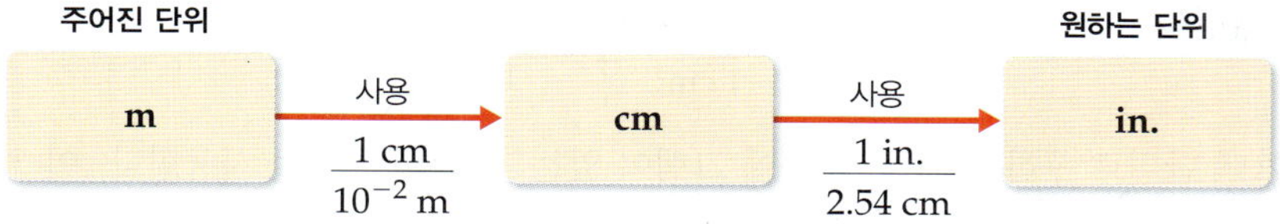


주어진 양(8.00 m)과 두 환산 인자를 조합하여 다음을 얻는다.

$$\text{인치수} = (8.00\ \cancel{\text{m}})\left(\frac{1\ \cancel{\text{cm}}}{10^{-2}\ \cancel{\text{m}}}\right)\left(\frac{1\ \text{in.}}{2.54\ \cancel{\text{cm}}}\right) = 315\ \text{in.}$$

첫 번째 환산 인자는 미터를 없애고 센티미터로 바꾸는 데 사용된다. 따라서 미터가 분모에, 센티미터가 분자에 있다. 두 번째 환산 인자는 센티미터를 없애고 인치로 바꾸는 데 사용되기 때문에 센티미터가 분모에, 인치가 분자에 있다.

두 번째 괄호에서 100 cm=1 m의 환산 인자를 사용해도 된다. 단위를 잘 따라가면서 원하는 단위를 얻기까지 중간 단위를 바르게 상쇄시키면, 계산에서 바른 결과를 얻을 수 있을 것이다.

## 예제 1.11
### 두 개 이상의 환산 인자를 사용한 단위 환산하기

온도 25 °C에서 공기 중 질소 분자의 평균 속력은 515 m/s이다. 이 속력을 시간당 마일 단위로 변환하시오.

### 해답

주어진 m/s 단위를 원하는 mi/hr 단위로 바꾸려면 미터를 마일로, 초를 시간으로 바꾸어야 한다. SI 접두어로부터 1 km=$10^3$ m임을 알고 있고, 뒤표지 안쪽에서 1 mi=1.6093 km이다. 이로부터 m를 km로, 그 다음 km를 mi로 바꿀 수 있다. 또 60 s=1 min, 60 min=1 hr이므로, s를 min으로, 그 다음 min을 hr로 바꿀 수 있다. 전체 과정은 다음과 같다.

먼저 거리 단위를 바꾸고, 그 다음 시간 단위를 바꾸면 다음의 긴 식을 세울 수 있다. 식에서 불필요한 단위가 상쇄되고 원하는 단위를 얻는다.

$$\text{mi/hr 속력} = \left(515\frac{\cancel{\text{m}}}{\cancel{\text{s}}}\right)\left(\frac{1\ \cancel{\text{km}}}{10^3\ \cancel{\text{m}}}\right)\left(\frac{1\ \text{mi}}{1.6093\ \cancel{\text{km}}}\right)\left(\frac{60\ \cancel{\text{s}}}{1\ \cancel{\text{min}}}\right)\left(\frac{60\ \cancel{\text{min}}}{1\ \text{hr}}\right)$$
$$= 1.15 \times 10^3\ \text{mi/hr}$$

앞에서 설명한 '정답 추정하기' 방법을 이용하여 계산 결과를 점검할 수 있다. 주어진 속력은 대략 500 m/s이다. 1000으로 나누어 m를 km로 바꾸면 0.5 km/s가 된다. 1 mi은 대략 1.6 km이므로 속력은 0.5/1.6=0.3 mi/s 정도가 된다. 60을 곱하면 0.3×60=20 mi/min이고, 다시 60을 곱하면 20×60=1200 mi/hr이다. 대략적인 답(1200 mi/hr)과 정답이라고 계산한 답(1150 mi/hr)은 받아들일 수 있을 만큼 가깝다. m/s 단위로 주어진 속력이 세 개의 유효 숫자를 가지고 있으므로 정답은 유효 숫자 세 개를 가져야 한다.

**▶ 보충 예제**

1갤런의 가솔린으로 28마일을 갈 수 있는 자동차가 있다. 자동차는 1리터의 가솔린으로 몇 킬로미터를 갈 수 있는가?

## 부피와 관련된 단위 환산

길이를 한 단위에서 다른 단위로 바꾸듯이, 앞에서는 어떤 물리량을 한 단위에서 같은 물리량의 다른 단위로 바꾸는 것에 대하여 공부하였다. 이와 달리 어떤 물리량을 다른 물리량으로 바꾸는 환산 인자도 있다. 예를 들어 물질의 밀도는 질량과 부피 사이의 환산 인자로 사용할 수 있다. 밀도가 19.3 g/cm$^3$인 금의 부피가 2세제곱인치(2.00 in.$^3$)일 때, 이것의 질량을 그램 단위로 구해 보자. 밀도로부터 다음 환산 인자를 생각할 수 있다.

$$\frac{19.3\ \text{g}}{1\ \text{cm}^3} \quad \text{과} \quad \frac{1\ \text{cm}^3}{19.3\ \text{g}}$$

질량을 그램 단위로 구하기 위해, 분자에 그램이 있는 첫 번째 인자를 사용한다. 이 인자를 사용하려면 먼저 세제곱인치를 세제곱센티미터로 바꾸어야 한다. in$^3$와 cm$^3$ 사이의 관계는 주어져 있지 않지만, 인치와 센티미터의 관계는 찾을 수 있다(1 in.=2.54 cm). 양변을 세제곱하면 (1 in.)$^3$=(2.54 cm)$^3$의 식을 세울 수 있고, 이로부터 원하는 환산 인자를 얻을 수 있다.

$$\frac{(2.54\ \text{cm})^3}{(1\ \text{in.})^3} = \frac{(2.54)^3\ \text{cm}^3}{(1)^3\ \text{in.}^3} = \frac{16.39\ \text{cm}^3}{1\ \text{in.}^3}$$

수와 단위가 모두 세제곱 값을 갖는 것에 유의하라. 2.54는 확정수이므로 (2.54)$^3$ 역시 원하는 대로 유효 숫자를 이용할 수 있다. 밀도(19.3 g/cm$^3$)보다 하나 더 많은 네 개의 유효 숫자를 가진 세제곱센티미터를 이용하여 환산 인자를 적용하면 다음과 같이 문제를 해결할 수 있다.

$$\text{그램 질량} = (2.00\ \text{in.}^3)\left(\frac{16.39\ \text{cm}^3}{1\ \text{in.}^3}\right)\left(\frac{19.3\ \text{g}}{1\ \text{cm}^3}\right) = 633\ \text{g}$$

전체 과정을 도식화하면 아래의 그림과 같다. 최종 답은 2.00 in.$^3$와 19.3 g의 유효 숫자와 같이 세 개의 유효 숫자를 가져야 한다.

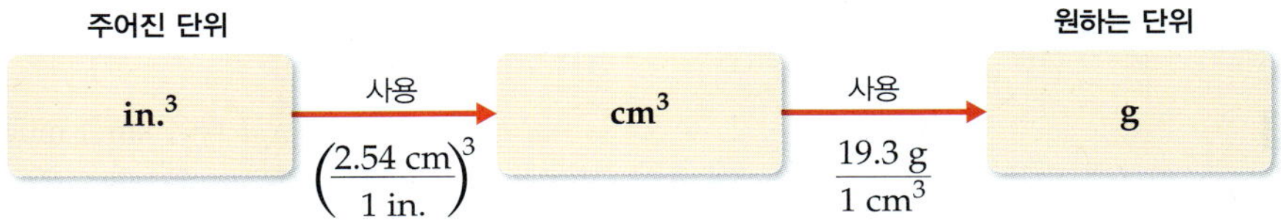


## 예제 1.12
### 부피 단위 환산하기

지구의 바다에는 대략 1.36×10$^9$ km$^3$의 물이 있다. 이 부피를 리터 단위로 바꾸시오.

### 해답

1 L=10$^{-3}$ m$^3$의 관계(그림 1.19)는 알고 있지만, km$^3$과 관련된 식은 찾을 수 없다. SI 접두어로부터 1 km=10$^3$ m의 관계식을 알고 있으므로, 이를 이용하면 부피 사이의 환산 인자를 얻을 수 있다.

$$\left(\frac{10^3\ \text{m}}{1\ \text{km}}\right)^3 = \frac{10^9\ \text{m}^3}{1\ \text{km}^3}$$

따라서 km$^3$를 m$^3$로, 이를 다시 L로 바꾸면 부피를 L 단위로 얻을 수 있다.

$$\text{리터 부피} = (1.36 \times 10^9\ \text{km}^3)\left(\frac{10^9\ \text{m}^3}{1\ \text{km}^3}\right)\left(\frac{1\ \text{L}}{10^{-3}\ \text{m}^3}\right)$$
$$= 1.36 \times 10^{21}\ \text{L}$$

바다에 있는 물은 모두 몇 리터인가?

**▶ 보충 예제**

원유 시장에서 판매되고 있는 원유통 하나의 부피는 1.333 U.S. 배럴과 같다. 1 U.S.배럴은 31.5갤런(gal)이다. 원유 시장에서 한 통의 원유가 $94.0에 거래되고 있다면, 이는 갤런당 몇 달러인가?
**(a)** $2.24/gal **(b)** $3.98/gal **(c)** $2.98/gal **(d)** $1.05/gal **(e)** $8.42/gal

## 성취를 위한 전략 연습의 중요성

악기를 연주하거나 운동 경기를 해본 적이 있다면, 연습과 수련이 성공의 열쇠임을 알 것이다. 음악을 듣는 것만으로는 피아노 연주를 할 수 없고, 텔레비전에서 경기를 보는 것만으로 농구 경기를 할 수 없다. 마찬가지로 교수님의 강의만 듣고는 화학을 정복할 수 없다. 또 간단히 이 책을 읽고, 강의를 듣고, 강의 노트를 복습하는 것만으로는 시험 준비가 충분하지 않을 것이다. 여러분의 과제는 화학의 여러 개념을 이해하고, 개념을 이용하여 문제를 풀고, 질문에 답할 수 있을 정도로 연습하는 것이다. 문제를 정확히 풀기 위해서는 연습이 필요하다. 사실, 꽤나 많이 필요하다. 주어진 자료를 확실히 이해하고, 이를 문제 풀이에 적용하는 법을 알아야겠다고 마음 먹으면, 화학 수업에서 좋은 결과를 얻을 수 있을 것이다. 아무리 똑똑한 학생이라도 이를 위해서는 시간이 걸린다. 그렇지만 그것은 학생이 할 일이다. 새로운 개념이 도입된 내용을 한 번 읽고 완전히 이해하는 사람은 거의 없다. 각 장의 내용을 충분히 이해하기 위해서는 적어도 두 번은 읽어야 하며, 이해하기 어려운 부분은 더 많이 읽어야 한다.

이 책 전반에 걸쳐 상세한 풀이가 있는 예제가 있다. 보충 예제는 책의 뒷부분에 간단히 답만 제시되어 있다. 예제를 이용하여 스스로 연습하는 것은 중요하다.

책에 있는 보충 예제와 교수님이 주는 숙제는 화학 과목을 성공적으로 마치는 데 필요한 최소한의 연습이다. 주어진 숙제만으로는 시험에서 교수님이 원하는 난이도와 범위를 충족시킬 수 없을 것이다. 공부를 하는 데 있어서 자신의 확고한 결심과 긴 노력을 대신할 수 있는 것은 없다. 어떤 문제를 푸는 데 어려움이 있으면 교수님, 조교, 친구에게 물어보기 바란다. 한 문제에 너무 많은 시간을 소비하는 것은, 그 문제가 특별히 도전적이고 상당한 사고와 노력을 요하지 않는 한, 효과적이지는 않다.

## 성취를 위한 전략 이 책의 특징

앞에서 언급하였듯이 연습은 매우 중요하다. 사실은 필수이다. 각 장의 끝에 화학에 대한 문제 해결 능력을 기르도록 설계된 다양하고 많은 연습 문제를 수록하였다. 교수님은 연습 문제 중 몇 개를 숙제로 낼 것이다.

- 연습 문제의 앞부분에 있는 '눈으로 보는 개념'은 여러분이 개념을 얼마나 잘 이해하고 있는지 수와 식을 사용하지 않고 묻는 문제이다.
- 연습 문제 뒤에 나오는 추가 연습 문제는 관련된 절이 표시되어 있지 않다.
- 3장부터 나오는 통합 연습 문제는 문제를 풀기 위해 앞 장에서 배운 내용이 필요한 문제이다.
- 실험 설계 문제도 3장에서 처음 나오는데, 실험을 설계하여 가설을 검증하는 시나리오 문제로 구성되어 있다.

인터넷에서 화학과 관련된 많은 데이터베이스를 얻을 수 있다.

- **화학 물리 CRC 편람**(CRC Handbook of Chemistry and Physics)은 많은 종류의 데이터에 대한 표준 참고 문헌이다. 도서관에 있다.
- **머크 색인**(Merck Index)은 많은 유기 화합물, 특히 생물학적 관심이 있는 유기 화합물의 특성에 대한 표준 참고 문헌이다.
- WebElements(http://www.webelements.com)는 원소의 특성을 살펴보기에 좋은 웹 사이트이다.
- Wolfram Alpha(http://www.wolframalpha.com)도 물질, 수치, 그 밖의 데이터에 대한 유용한 정보를 많이 가지고 있다.

# 자기 평가 연습 문제

**1.26** 어떤 청량음료에 에너지 함량이 21 kJ이라고 표시되어 있다. 1 J = 0.2390칼로리이다. 에너지 함량은 몇 칼로리인가? (힌트: 유효 숫자에 주의하라.)
**(a)** 5.0 cal
**(b)** 88 cal
**(c)** 5.0 kcal
**(d)** 5019 cal

# 연습 문제

**1.27** 미터법과 이 장에서 주어진 정보를 이용하여, 다음 단위 변환에 필요한 환산 인자를 구하시오.
**(a)** in. → cm **(b)** lb → g **(c)** μg → g **(d)** $ft^2 \rightarrow cm^2$

**1.28** **(a)** 벌의 한 종류인 우수리뒤영벌(bumblebee)이 15.2 m/s의 속력으로 비행하고 있다. 이 속력을 km/hr로 계산하시오. **(b)** 흰긴수염고래(blue whale)의 폐활량은 $5.0 \times 10^3$ L이다. 이 부피를 갤런으로 환산하시오. **(c)** 자유의 여신상은 높이가 151 ft이다. 이 높이를 미터로 계산하시오. **(d)** 대나무는 하루에 60.0 cm씩 자란다. 이것을 시간당 인치로 변환하시오.

**1.29** 다음을 변환하시오.

(a) 5.00일 → s (b) 0.0550 mi → m (c) \$1.89/gal → \$/L (d) 0.510 in/ms → km/hr (e) 22.50 gal/min → L/s (f) 0.02500 $ft^3$ → $cm^3$

**1.30** (a) 31갤런까지 담을 수 있는 포도주 통에는 몇 리터의 포도주를 담을 수 있는가? (b) 천식 치료제 Elixophyllin®의 성인 권장 복용량은 체중 1 kg당 6 mg이다. 체중이 185 lb인 사람의 권장 복용량을 밀리그램으로 계산하시오. (c) 47.3 L의 가솔린으로 400 km를 달리는 자동차는 갤런당 몇 마일을 달릴 수 있는가? (d) 1파운드의 커피 원두로 50잔의 커피를 만들 수 있다. 200잔의 커피를 만들려면 몇 kg의 원두가 필요한가?

**1.31** 대기압, 25 °C에서 공기의 밀도는 1.19 g/L이다. 4.5 m × 5.0 m × 2.5 m 크기의 방 안에 있는 공기의 질량은 몇 킬로그램인가?

**1.32** 금은 두들겨서 아주 얇은 박판으로 만들 수 있다. 건축가가 면적이 30 m × 25 m인 천장에 백만분의 12 cm 두께의 금 박판을 붙이려고 한다. 금의 밀도는 19.32 g/$cm^3$이고, 금의 가격은 트로이온스(1 트로이온스 = 31.1034768 g)당 1,654달러이다. 필요한 금을 사려면 건축가는 얼마를 지불해야 하는가?

자기 평가 연습 문제 답 **1.26** (c)

## 요약 및 중요 용어

화학 연구(1.1절) **화학(chemistry)**은 **물질(matter)**의 조성, 구조, 성질, 변화를 연구하는 학문이다. 물질의 조성은 물질을 구성하는 **원소(element)**의 종류와 관련이 있고, 물질의 구조는 원소의 **원자(atom)**들이 배열하는 방법과 관계가 있다. **성질(property)**은 어떤 물질이 가지고 있는 고유한 특성이다. **분자(molecule)**는 두 개 이상의 원자가 특정한 방법으로 서로 결합하여 이루어진 독립체이다.

**과학적 방법(scientific method)**은 우리가 속해 있는 물리적 세계의 의문점에 답을 하는 역동적인 과정이다. 관찰과 실험으로부터 잠정적인 설명인 **가설(hypothesis)**이 나온다. 가설이 검증되고 정제되어, 미래의 관찰이나 실험의 결과를 예측할 수 있는 **이론(theory)**으로 발전할 수도 있다. 여러 반복적인 관찰이 일관된 결과를 보여 줄 때, 이를 자연이 어떻게 움직이는가를 요약한 일반 규칙인 **과학 법칙(scientific law)**이라고 한다.

물질의 분류(1.2절) 물질은 **기체(gas)**, **액체(liquid)**, **고체(solid)**의 세 가지 물리적 상태로 존재한다. 이를 **물질의 상태(state of matter)**라고 한다. **순물질(pure substance)**에는 **원소(element)**와 **화합물 (compound)**의 두 종류가 있다. 각 원소는 한 종류의 원자로 구성되어 있고, 하나 또는 두 개의 알파벳으로 된 화학 기호로 나타낸다. 이때 첫 번째 알파벳은 대문자이다. 화합물은 두 가지 이상의 원소가 결합된 것이다. **일정 성분비 법칙(law of constant composition 또는 law of definite proportion)**은 순수한 화합물의 원소 조성은 항상 같다는 것을 기술하고 있다. 대부분의 물질은 혼합물로 구성되어 있다. **혼합물(mixture)**은 여러 가지 조성을 가지며, 균일하거나 불균일하다. 균일 혼합물을 **용액(solution)**이라고도 한다.

물질의 성질(1.3절) 각 물질은 그것을 확인할 수 있는 특유의 **물리적 성질(physical property)**과 **화학적 성질(chemical property)**을 가지고 있다. **물리적 변화(physical change)**가 일어나는 동안에는 물질의 조성이 변하지 않는다. **상태 변화(change of state)**는 물리적 변화이다. **화학적 변화(chemical change)**는 어떤 물질이 화학적으로 다른 물질로 변하는 것으로 **화학 반응(chemical reaction)**이라고도 한다. **세기 성질(intensive property)**은 물질의 양과 관계없는 성질이며, 물질을 확인하는 데 사용된다. **크기 성질(extensive property)**은 물질의 양과 관련이 있다. 물리적 성질과 화학적 성질의 차이는 물질을 분리하는 데 이용된다.

에너지의 본질(1.4절) **에너지(energy)**는 일을 하거나 열을 전달하는 능력으로 정의한다. **일(work)**은 어떤 물체에 힘을 가해 물체가 움직였을 때 전달된 에너지이고, **열(heat)**은 물체의 온도를 올리는 데 사용된 에너지이다. 어떤 물체이든 에너지의 두 형태, 즉 운동 에너지와 퍼텐셜 에너지를 가질 수 있다. **운동 에너지(kinetic energy)**는 물체의 움직임과 관련된 에너지이고, **퍼텐셜 에너지(potential energy)**는 다른 물체에 대한 상대적인 위치에 의해서 결정된다. 퍼텐셜 에너지의 중요한 예로는 중력 에너지와 정전기 에너지가 있다.

측정의 단위(1.5절) 화학에서는 **미터법(metric system)**을 사용하여 측정한다. 미터법에서 특별히 강조하는 것은 **SI 단위(SI unit)**이다. SI 단위에서 미터, 킬로그램, 초는 각각 길이, **질량(mass)**, 시간의 기본 단위이다. SI 단위에서는 접두어를 이용하여 십진법의 소수나 배수를 표시하기도 한다. **온도(temperature)**의 단위로 **섭씨 온도**(Celsius scale)를 흔히 사용하지만, SI의 온도 단위는 **켈빈 온도(Kelvin scale)**이다. **절대 영도(absolute zero)**는 도달할 수 있는 가장 낮은 온도로, 0 K로 표시한다. **유도 단위(derived unit)**는 SI 기본 단위들을 서로 곱하거나 나누어 얻는다. 유도 단위는 속력이나 부피처럼 정의된 물리량을 나타내는 데 필요하다. **밀도(density)**는 질량을 부피로 나눈 것으로, 중요한 유도 단위 중 하나이다.

측정의 불확실성(1.6절) 모든 측정값은 약간의 부정확성이 있다. 측정의 **정밀도(precision)**는 여러 측정값이 서로 얼마나 가까운가를 나타낸다. 측정의 **정확도(accuracy)**는 측정값이 **'참값(true)'**에 얼마나 가까운가를 나타낸다. 측정값의 모든 숫자를 **유효 숫자(significant figure)**라고 하는데, 측정값에서 마지막 자리의 숫자는 추정한 값이다. 유효 숫자는 측정의 불확실한 정도를 알려 준다. 측정값을 이용하여 계산할 때는 정해진 규칙을 따라야 하며, 그 결과는 올바른 개수의 유효 숫자로 나타내야 한다.

차원 분석(1.7절) 문제를 해결할 때, **차원 분석(dimensional analysis)** 방법을 이용하여 측정값의 계산처럼 단위도 함께 고려해야 한다. 대수학에서처럼, 단위는 곱하거나, 나누거나, 상쇄될 수 있다. 최종 결과의 단위를 올바르게 얻는 것은 계산 결과를 점검하는 중요한 수단이다. 단위를 바꾸거나 여러 유형의 문제를 풀 때, **환산 인자(conversion factor)**를 사용한다. 환산 인자는 동일한 양 사이의 관계로부터 얻어지는 비율이다.

## 학습 정리 이 장을 공부한 후에 여러분은 다음을 할 수 있어야 한다.

- 원소, 화합물, 혼합물을 구별하기(1.2절). **관련 연습 문제: 1.3, 1.5, 1.45**
- 많이 알려진 원소의 기호를 기억하기(1.2절). **관련 연습 문제: 1.4, 1.46**
- 화학적 변화와 물리적 변화를 구별하기(1.3절). **관련 연습 문제: 1.8, 1.9, 1.47, 1.48**
- 운동 에너지와 퍼텐셜 에너지를 구별하기(1.4절). **관련 연습 문제: 1.12, 1.13**
- 운동 에너지를 계산하기(1.4절). **관련 연습 문제: 1.50, 1.51, 1.52, 1.53**
- 미터법에서 사용하는 일반적인 접두어를 기억하기(1.5절). **관련 연습 문제: 1.15, 1.54**
- 계산에서 유효 숫자, 과학 표기법, SI 단위를 사용하기(1.6절). **관련 연습 문제: 1.22, 1.24 1.63, 1.65**
- 정의된 양에 따라 올바른 SI 단위를 사용하고, 계산에서 차원 분석을 이용하기(1.5절, 1.7절). **관련 연습 문제: 1.28, 1.30 1.68, 1.70**

## 핵심 공식

- $w = F \times d$ [1.1] 움직임의 방향으로 가해진 힘이 한 일
- $E_k = \frac{1}{2}mv^2$ [1.2] 운동 에너지
- $\mathrm{K} = {}^\circ\mathrm{C} + 273.15$ [1.3] 섭씨(°C)와 켈빈(K) 온도의 관계식
- $\text{밀도} = \frac{\text{질량}}{\text{부피}}$ [1.4] 밀도의 정의

## 연습 문제

### 눈으로 보는 개념

**1.33** 다음의 각 그림이 의미하는 것은 무엇인가? (각 설명에 적합한 그림은 한 개 이상일 수 있다.) [1.2절]
**(a)** 순수한 원소 **(b)** 두 원소의 혼합물 **(c)** 순수한 화합물 **(d)** 원소와 화합물의 혼합물

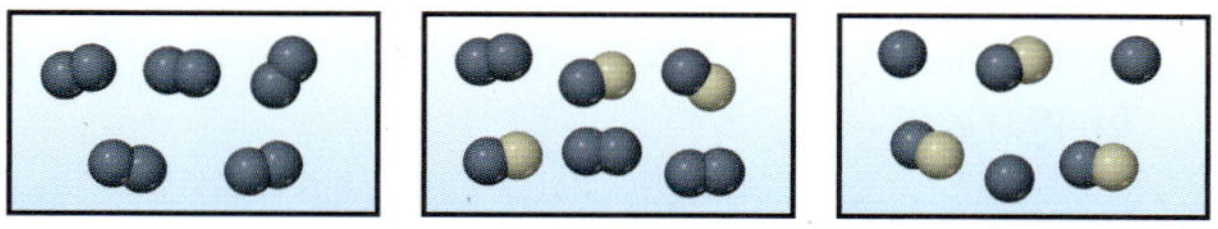
(i) (ii) (iii)

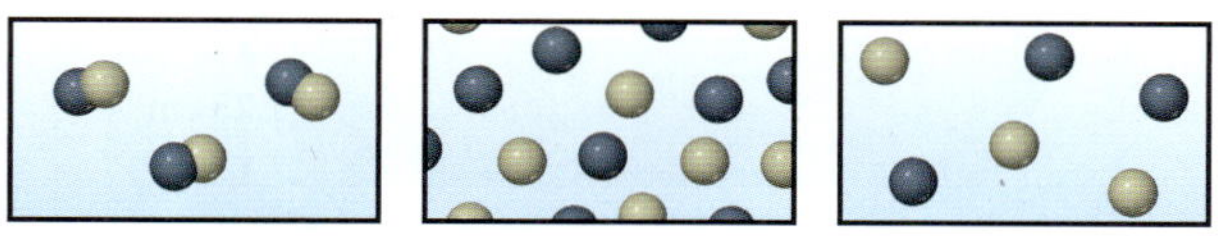
(iv) (v) (vi)

**1.34** 다음 그림 중 어느 것이 화학적 변화에 해당하는가? [1.3절]

**(a)**

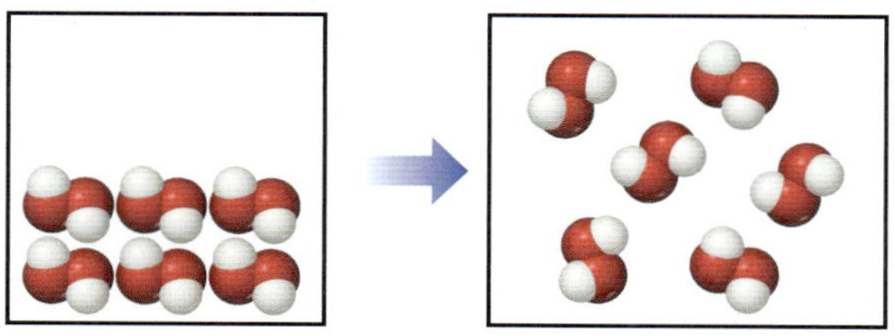

**(b)**

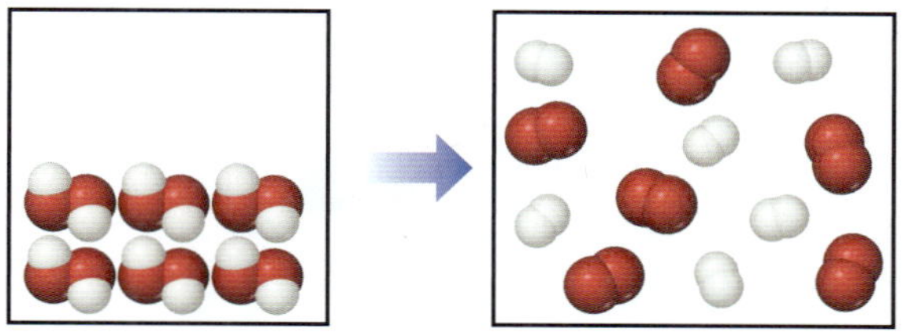

**1.35** 트럼펫이나 트롬본과 같은 악기는 황동으로 만든다. 황동은 구리 원자와 아연 원자로 이루어진 합금으로, 광학 현미경으로 관찰하면 균일하게 혼합된 것을 볼 수 있다. 황동에서 구리 원자와 아연 원자의 조성비는 대략 2:1이지만, 정확한 비는 황동 조각에 따라 약간씩 다르다. [1.2절]
**(a)** 황동은 원소, 화합물, 균일 혼합물, 불균일 혼합물 중 어느 것으로 분류되는가?
**(b)** 황동은 엄밀히 이야기해서 용액이라고 할 수 있는가?

**1.36** 아래 그림에 있는 은 구슬과 알루미늄 구슬을 보자. [1.4절]

(**a**) 구슬의 질량은 각각 몇 kg인가?

(**b**) 물체에 미치는 중력은 $F = mg$이다. 여기서 $m$은 물체의 질량이고, $g$는 중력 가속도($9.8\ m/s^2$)이다. 각 구슬을 바닥에서 2.2 m 높이로 올렸을 때 얼마의 일을 하였는가?

(**c**) 구슬을 들어 올리면 퍼텐셜 에너지는 증가한다. 알루미늄 구슬의 퍼텐셜 에너지는 은보다 큰가, 작은가, 같은가?

(**d**) 두 구슬을 동시에 떨어뜨리면, 구슬이 바닥에 부딪힐 때의 속도는 같다. 이때 둘 다 같은 크기의 운동 에너지를 갖는가? 아니라면, 어느 구슬이 더 큰 운동 에너지를 갖는가?

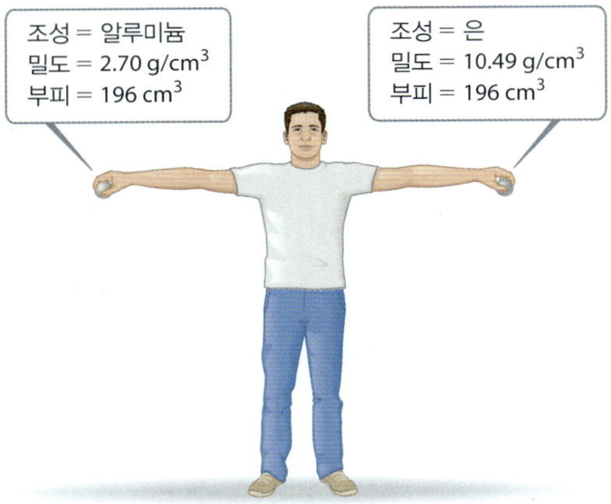


**1.37** 커피를 추출하는 분리 방법은 증류, 거르기, 크로마토그래피 중 어느 것인가? [1.3절]

**1.38** 다음 측정값을 각각 길이, 넓이, 부피, 질량, 밀도, 시간, 온도로 구별하시오. [1.5절]

(**a**) 25 ps (**b**) 374.2 mg (**c**) 77 K (**d**) 100,000 $km^2$ (**e**) 1.06 μm

(**f**) 16 $nm^2$ (**g**) −78°C (**h**) 2.56 $g/cm^3$ (**i**) 28 $cm^3$

**1.39** (**a**) 각각 알루미늄(밀도 = 2.70 $g/cm^3$), 은(밀도 = 10.49 $g/cm^3$), 니켈(밀도 = 8.90 $g/cm^3$)로 만들어진 같은 크기의 구슬이 세 개 있다. 구슬을 가벼운 것부터 무거운 것의 순서로 나열하시오. (**b**) 각각 금(밀도 = 19.32 $g/cm^3$), 백금(밀도 = 21.45 $g/cm^3$), 납(밀도= 11.35 $g/cm^3$)으로 만들어진 같은 질량의 정육면체가 세 개 있다. 정육면체를 작은 것부터 큰 것의 순서로 나열하시오. [1.5절]

**1.40** 그림의 사격 표적지는 각각 (**A**) 교관이 새로 구입한 총으로 사격하여 얻은 표적지, (**B**) 교관이 자기 개인 소총으로 사격하여 얻은 표적지, (**C**) 초보 학생이 사격하여 얻은 표적지이다. [1.6절]

(**a**) 각각의 결과에 대하여 정확도와 정밀도를 논하시오.

(**b**) A와 C의 결과로부터 B의 결과로 발전하려면 각각 어떠한 작업이 필요한가?

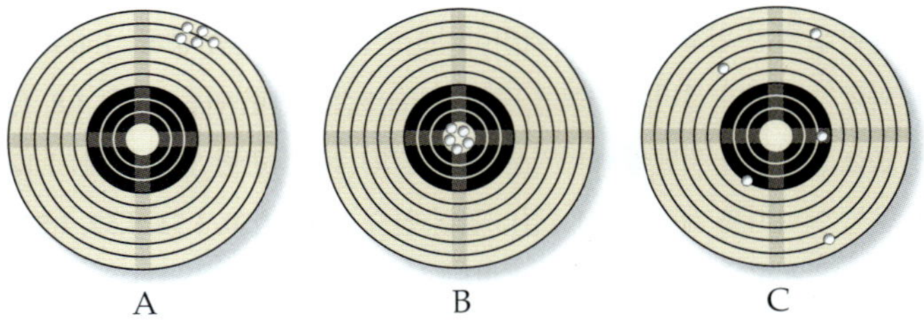


**1.41** (**a**) 그림에 있는 자를 이용하여 cm 단위로 연필을 측정한다면 연필의 길이는 얼마인가? 이 측정에는 유효 숫자가 몇 개인가? (**b**) 킬로미터 단위와 마일 단위가 함께 표시된 둥근 모양의 자동차 속도계가 있다. 속도계의 속력은 각각의 단위로 얼마인가? 이때 각 속력의 유효 숫자는 몇 개인가? [1.6절]

**1.42** (**a**) 그림과 같은 금속 막대가 있다. 계산한 부피 값은 몇 개의 유효 숫자를 가져야 하는가? (**b**) 금속 막대의 질량은 104.72 g이다. 계산한 부피 값으로부터 밀도를 구하면, 밀도의 유효 숫자는 몇 개인가? [1.6절]

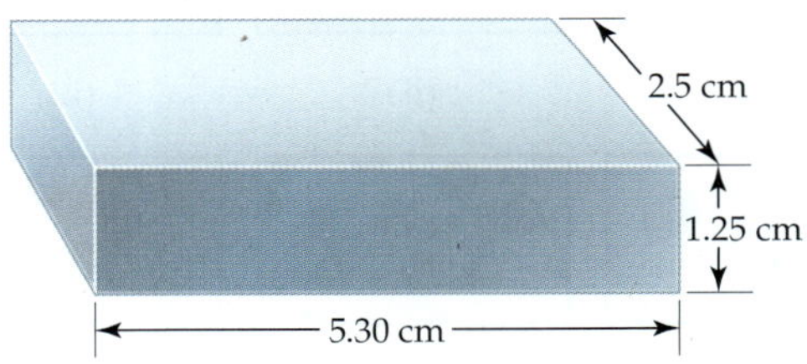


**1.43** 그림과 같이 사탕이 들어 있는 병이 있다. 병에 있는 사탕의 개수를 추정하기 위해 임의로 사탕 여섯 개를 꺼내 질량을 각각 재어 보니 3.15, 3.12, 2.98, 3.14, 3.02, 3.09 g이었다. 또 사탕이 들어 있는 병과 빈 병의 질량을 측정하니 각각 2082 g과 653 g이었다. 이를 이용하여 사탕의 개수를 추정하시오. 결과에서 유효 숫자의 개수가 합당한지 설명하시오. [1.6절]

ⓒChristine Glade/Shutterstock

**1.44** 사진은 아게이트(마노)라고 불리는 돌이다. Jack은 Superior 호숫가에서 이 돌을 주워 표면을 갈아 윤기가 나도록 한 후 아게이트 돌이 화합물이라고 주장하였다. 그러나 Ellen은 그 돌이 화합물일 수 없다고 하였다. 각 주장의 상대적인 강점에 대해 논하시오. [1.2절]

ⓒHoward Sandler/Shutterstock

## 물질의 분류와 성질 (1.2절, 1.3절)

**1.45** 다음 물질을 순물질 또는 혼합물로 구분하시오. 혼합물의 경우, 균일한지 불균일한지를 밝히시오.
(a) 우유 (b) 맥주 (c) 다이아몬드 (d) 마요네즈

**1.46** 다음 원소에 해당하는 화학 기호 또는 이름을 쓰시오.
(a) 레늄 (b) 텅스텐 (c) 세슘 (d) 수소 (e) 인듐 (f) As (g) Xe (h) Kr (i) Te (j) Ge

**1.47** (a) 아연 원소에 대한 다음 설명을 읽고, 각각이 물리적 성질인지, 화학적 성질인지를 밝히시오.

ⓒSARIN KUNTHONG/Shutterstock

아연은 420°C에서 녹는다. 아연 미세 가루를 묽은 황산에 넣으면, 수소가 발생하고 아연은 녹는다. 아연의 경도는 모스(Mohs) 단위로 2.5이고, 밀도는 25°C에서 7.13 g/cm$^3$이다. 높은 온도에서 산소와 천천히 반응하여 산화 아연(ZnO)이 된다.
(b) 사진으로부터 이야기할 수 있는 아연의 특성은 어떤 것들이 있는가? 이는 물리적 성질인가 화학적 성질인가?

**1.48** 성냥으로 초에 불을 켰더니, 다음과 같은 관찰을 할 수 있었다.
(a) 심지가 탔다. (b) 밀랍이 녹아 촛농이 생겼다. (c) 흘러내린 촛농이 굳었다. (d) 탄 성냥과 심지에 그을음이 생겼다.
각각에 대하여 물리적 변화에 의한 것인지, 화학적 변화에 의한 것인지 밝히시오.

**1.49** 은색 금속을 물이 담긴 비커에 넣었더니, 금속 표면에서 거품이 생기면서 금속이 서서히 녹았다.
(a) 이는 화학적 변화인가 물리적 변화인가?
(b) 남아 있는 용액은 순물질인가 혼합물인가?

## 에너지의 본질 (1.4절)

**1.50** (a) 120 m/s의 속력으로 날아가는 15 g의 총알이 가지는 운동 에너지는 몇 J인가? (b) 총알이 방탄조끼에 충돌한 후 멈췄다. 총알의 운동 에너지는 어떤 형태의 에너지로 바뀌었는가?

**1.51** (a) 질량이 145.4 g인 야구공이 있다. 메이저리그 투수가 이 공을 150 km/h의 속력으로 던졌을 때, 공의 운동 에너지는 몇 J인가? (b) 날아가는 공의 속력이 90 km/h로 줄었다면, 어떤 요인에 의해 운동 에너지가 변했는가? (c) 포수가 공을 받았을 때, 운동 에너지는 어떻게 되었는가? 대부분 열로 바뀌었는가 아니면 다른 형태의 퍼텐셜 에너지로 바뀌었는가?

**1.52** 문제 1.36에서 알루미늄 구슬이 바닥에 닿는 순간, 구슬의 운동 에너지와 속도는? (구슬이 낙하하는 동안 에너지는 보존되고, 구슬의 초기 퍼텐셜 에너지는 100% 운동 에너지로 바뀐다고 가정한다.)

**1.53** 문제 1.36에서 은 구슬이 바닥에 닿는 순간, 구슬의 운동 에너지와 속도는? (구슬이 낙하하는 동안 에너지는 보존되고, 구슬의 초기 퍼텐셜 에너지는 100% 운동 에너지로 바뀐다고 가정한다.)

## 측정의 단위 (1.5절)

**1.54** 지수를 사용하지 않고, 적합한 미터법 접두어를 사용하여 다음의 측정값을 표현하시오.
(a) $7.29 \times 10^6$ g (b) $6.1 \times 10^{-10}$ m (c) $1.828 \times 10^{-3}$ s
(d) $3.523 \times 10^9$ m$^3$ (e) $9.62 \times 10^2$ m/s (f) $8.923 \times 10^{-12}$ kg
(g) $3.552 \times 10^{12}$ L

**1.55** 다음 변환을 완성하시오.
(a) 83 °F → °C (b) 29 °C → °F (c) 294 °C → K (d) 832 K → °C
(e) 721 K → °F (f) 35 °F → K

**1.56** (a) 어린이의 체온이 101 °F였다. 이는 몇 °C인가? (b) 사막에서는 온도가 45 °C까지 올라갈 수 있다. 이는 몇 °F인가? (c) 북극 지방에서는 겨울에 온도가 −50 °C까지 내려갈 수 있다. 이는 화씨 온도와 켈빈 온도로 각각 얼마인가? (d) 드라이아이스의 승화점은 −78.5 °C이다. 이는 화씨 온도와 켈빈 온도로 각각 얼마인가? (e) 에탄올은 351 K에서 끓는다. 이는 화씨 온도와 섭씨 온도로 각각 얼마인가?

**1.57** (a) 한 모서리의 길이가 2.00 cm인 정육면체 모양의 은 금속이 있다. 질량은 얼마인가? 25 °C에서 은의 밀도는 10.49 g/cm$^3$이다. (b) 25 °C에서 알루미늄 금속의 밀도는 2.70 g/cm$^3$이다. 면적이 0.5 m$^2$이고 두께가 0.5 mm인 알루미늄 포일의 질량은 얼마인가?

(c) 25 ℃에서 헥세인(hexane)의 밀도는 0.655 g/mL이다. 이 온도에서 1.5 L 헥세인의 질량을 계산하시오.

**1.58** (a) 벤젠(benzene)이라고 여겨지는 투명한 액체가 담긴 병의 라벨이 떨어졌다. 이 액체가 무엇인지를 알아내기 위해 밀도를 측정하였다. 액체 25.0 mL의 질량이 21.95 g이었다. 화학 편람에 따르면 15 ℃에서 벤젠의 밀도는 0.8787 g/mL이다. 계산된 밀도는 편람에 있는 값에 충분히 가까운가? (b) 어떤 실험을 위해 25 ℃에서 밀도가 0.7781 g/mL인 사이클로헥세인(cyclohexane) 15.0 g이 필요하다. 사용할 사이클로헥세인의 부피는 얼마인가? (c) 지름이 5.0 cm인 납으로 된 공이 있다. 납의 밀도가 11.34 g/cm$^3$라면 공의 질량은 얼마인가? (공의 부피는 $(4/3)\pi r^3$이며, 이때 $r$은 반지름이다.)

**1.59** 컴퓨터 칩으로 사용되는 실리콘은 다음 그림과 같이 'boule'이라고 불리는 큰 실린더 안에서 성장한다. boule의 지름은 300 mm, 길이는 2 m이며 실리콘의 밀도는 2.33 g/cm$^3$이다. 집적 회로를 만드는 데 사용하는 실리콘 웨이퍼는 보통 두께가 0.75 mm, 지름이 300 mm이다.

(a) 하나의 boule에서 몇 개의 실리콘 웨이퍼를 잘라낼 수 있는가?

(b) 실리콘 웨이퍼 하나의 질량은 얼마인가? (반지름이 $r$, 높이가 $h$인 원기둥의 부피는 $\pi r^2 h$이다.)

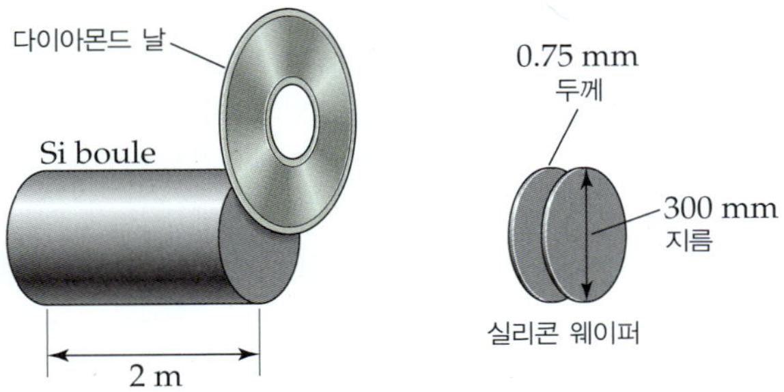


**1.60** 영국 열량 단위(British thermal unit, BTU)는 몇몇 공업계에서 사용하고 있다. 1 BTU는 1 lb의 물의 온도를 1 °F 올리는 데 필요한 열의 양이다. 1 BTU는 몇 J 인가?

**1.61** 와트(watt, W)는 일률(에너지 변화의 비)의 단위로서 J/s와 같다.

(a) 1 kWh는 몇 J인가? (여기서 k는 킬로, W는 와트, h는 시간을 의미한다.)

(b) 어떤 성인이, 100 와트의 백열전구와 같은 일률로 주위에 열을 내놓고 있다. 24시간 동안 이 사람이 내놓는 에너지의 총량은 몇 kcal인가?

## 측정의 불확실성 (1.6절)

**1.62** 다음 중 확정수인 것을 고르시오.

(a) 945 mL 용량의 캔에 들어있는 커피의 질량 (b) 화학 수업을 듣고 있는 학생의 수 (c) 태양 표면의 온도 (d) 우표 한 장의 질량 (e) 1세제곱미터에 해당하는 밀리미터 수 (f) NBA 농구 선수들의 평균 신장

**1.63** 다음 각 측정값에서 유효 숫자는 몇 개인가?

(a) 62.65 km/hr (b) 78.00 K (c) 36.9 mL (d) 250 mm (e) 89.2 ton (f) $6.4224 \times 10^2$ m$^3$

**1.64** (a) 적도에서 지구의 지름은 12756.27 km이다. 이 수를 유효 숫자 세 개로 하여 표준 지수 표기법으로 쓰시오. (b) 북극과 남극을 지나가는 지구의 둘레는 40,008 km이다. 이 수를 유효 숫자 네 개로 하여 표준 지수 표기법으로 쓰시오.

**1.65** 유효 숫자를 고려하여 다음을 계산하시오.

(a) $(6.234 + 8.72) \times 0.6746$

(b) $732.1 - (892.5/8.2)$

(c) $[(3.696 \times 10^5) - (6.234 \times 10^3)] \times 0.0742$

(d) $0.006438 \times 108 + (8.639 + 8.52)$

**1.66** 어떤 액체가 눈금 실린더에 담겨 있다(그림 참조). 유효 숫자를 고려하여 액체의 부피를 밀리리터 단위로 쓰시오.

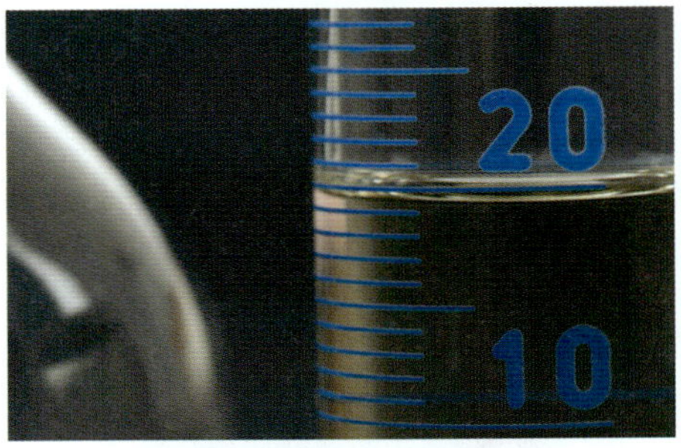


ⓒJosef Bosak/Shutterstock

## 차원 해석 (1.7절)

참고: 12 in. = 1 foot

1 m = 39.37 in.

1 mile = 1.609 km

1 pound = 454 g

1 gallon = 3.7854 L

1 m$^3$ = 264 gallon

**1.67** 미터법과 위의 참고를 이용하여 다음 단위 변환에 필요한 환산 인자를 말하시오.

(a) km/h → m/s (b) mL → μL (c) ps → s (d) m$^3$ → gal

**1.68** (a) 진공에서 빛의 속력은 $2.998 \times 10^8$ m/s이다. 이를 시간당 마일(mi/hr)로 계산하시오. (b) Chicago Sears 타워의 높이는 1454 ft이다. 이를 미터로 계산하시오. (c) Florida 케네디 우주 센터에 있는 우주선 조립동의 부피는 3,666,500 m$^3$이다. 이를 리터로 환산하고, 표준 지수 표기법으로 쓰시오. (d) 고지혈증이 있는 어떤 여성의 혈액은 100 mL당 242 mg의 콜레스테롤을 포함하고 있다. 이 여성의 혈액이 총 5.2 L라면, 이 여성의 혈액에는 몇 그램의 콜레스테롤이 있는가?

**1.69** 다음을 환산하시오.

(a) 0.105 in. → mm (b) 8.75 mm/s → km/h (c) $3.99/lb → $/kg (d) 8.75 lb/ft$^3$ → g/mL

**1.70** 1989년 3월에 유조선 Exxon Valdez호가 Alaska만에서 좌초하여 240,000배럴의 원유가 유출되었다. 1배럴의 원유는 42갤런에 해당한다. 유출된 원유의 양을 리터로 계산하시오.

**1.71** 실내 오존 농도가 300 μg/m$^3$ 이상이면 건강에 해를 끼치는 것으로 본다. 3.2 m × 2.8 m × 4.1 m 크기의 방에 이 농도의 오존이 있을 때, 몇 그램의 오존이 있는 것인가?

**1.72** 제련소에서 구리를 제련하여 70 kg짜리 구리 주괴를 제조하였다. 이 구리를 늘려서 지름 7.50 mm의 구리선을 만들려고 한다. 구리 주괴로부터 몇 미터의 구리선을 얻을 수 있는가? 구리의 밀도는 8.94 g/cm$^3$이다. (구리선을 원기둥이라고 가정하라. 반지름이 $r$, 높이가 $h$인 원기둥의 부피는 $\pi r^2 h$이다.)

## 추가 연습 문제

**1.73** 다음을 각각 순물질, 용액, 불균일 혼합물로 분류하시오.
(a) 나뭇잎 (b) 999 g 금괴 (c) 스테인리스강

**1.74** (a) 가설과 이론 중 미래에 틀릴 가능성이 더 큰 것은 어느 것인가? (b) 밑줄에 들어갈 단어는? ____은 물질이 어떻게 행동할 것인가에 대하여 예측이고, _____은 물질이 왜 그렇게 행동하는가에 대한 설명이다.

**1.75** 실험실에서 아스코르브산(바이타민 C)을 합성하였다. 이 아스코르브산의 시료에는 1.50 g의 탄소와 2.00 g의 산소가 들어 있다. 감귤류에서 추출한 다른 아스코르브산 시료에는 6.35 g의 탄소가 들어 있다. 일정 성분비 법칙에 따르면 감귤류에서 추출한 아스코르브산 시료에 들어 있는 산소의 질량은 몇 g인가?

**1.76** 국소적인 피부 마취제로 사용하는 염화 에틸(ethyl chloride)은 액체 상태로 유지하기 위해 압력 용기에 넣어 판다(사진 참조). 염화 에틸의 끓는점은 대기압에서 12 °C이다. 이 액체를 피부에 뿌리면, 끓어 증발하면서 주위의 열을 빼앗아 온도가 내려가고, 피부를 무감각하게 만든다.
(a) 염화 에틸이 마취제로 쓰일 때 어떤 상태 변화가 일어나는가?
(b) 염화 에틸의 끓는점은 화씨 온도로 얼마인가?
(c) 사진의 병에는 103.5 mL의 염화 에틸이 들어있다. 염화 에틸의 밀도는 25°C에서 0.765 g/cm$^3$이다. 병에 들어 있는 염화 에틸의 질량은 얼마인가?

**1.77** 두 학생이 어떤 시료에 들어 있는 납의 백분율을 알아내는 실험을 하였다. 실제 납의 백분율은 22.52%이다. 다음은 두 학생이 세 번에 걸쳐 얻은 결과이다.
(1) 22.52, 22.48, 22.54
(2) 22.64, 22.58, 22.62
(a) 각 경우에 평균 백분율을 계산하고, 그 평균을 근거로 어느 학생의 결과가 더 정확한지 판단하시오.
(b) 정밀도는 평균 편차로 판단한다. 평균 편차는 다음의 순서로 구한다. 세 실험값의 평균을 계산하고, 각 실험값에 대하여 평균으로부터의 절대 편차를 구한다. 마지막으로 절대 편차의 평균을 구하면 평균 편차이다. 어느 학생의 결과가 더 정밀한가?

**1.78** 다음에서 유효 숫자의 사용이 의미가 있는가?
(a) 2005년에 National Geographic 잡지의 발행 부수는 7,812,564이었다.
(b) 2005년 7월 1일에 미국 Illinois주 Cook 카운티의 인구는 5,303,683명이었다.
(c) 미국 인구의 0.621%가 Brown이라는 성을 가지고 있다.
(d) 수강 학점의 평균을 계산하니 3.87562였다.

**1.79** 다음은 각각 어떤 양(길이, 부피, 밀도 등)에 대한 단위인가?
(a) m$^3$ (b) ns (c) mm (d) g/dm$^3$ (e) °C (f) ms$^{-1}$ (g) Pa

**1.80** SI 기본 단위를 사용하여 다음 양의 SI 유도 단위를 구하시오.
(a) 가속도 = 거리/시간$^2$
(b) 힘 = 질량 × 가속도
(c) 일 = 힘 × 거리
(d) 압력 = 힘/면적
(e) 일률 = 일/시간
(f) 속도 = 거리/시간
(g) 에너지 = 질량 × (속도)$^2$

**1.81** 지구에서 달까지의 거리는 대략 240,000마일이다.
(a) 이 거리는 미터로 얼마인가?
(b) 송골매가 급강하할 때의 속력은 350 km/hr까지 다다른다. 이 속력으로 송골매가 달까지 비행한다면 몇 초가 걸리는가?
(c) 빛의 속력은 3.00 × 10$^8$ m/s이다. 빛이 지구와 달을 왕복하는 데 얼마나 걸리겠는가?
(d) 지구는 태양 주위를 평균 29.783 km/s의 속력으로 돌고 있다. 이 속력은 시간당 마일로 얼마인가?

**1.82** 다음은 순물질인가 아니면 순물질에 가까운가?
(a) 위산 (b) 드라이아이스 (c) 아이스크림 (d) 스테인리스강
(e) 석유 (f) 증류수 (g) 일산화 탄소 기체 (h) 풍선 속 공기

**1.83** 25센트짜리 미국 주화는 질량이 5.67 g, 두께는 대략 1.55 mm이다.
(a) Washington 기념비의 높이인 575 ft로 쌓으려면 25센트 주화가 몇 개 필요한가?
(b) 쌓은 주화의 질량은 얼마인가?
(c) 쌓은 주화의 가격은 얼마일까?
(d) 2012년 10월 28일에 미국 국가부채시계(US National Debt Clock)는 $16,213,166,914,811임을 나타냈다. 이 빚을 다 갚으

려면 Washington 기념비 높이로 쌓은 주화 더미가 몇 개나 필요한가?

**1.84** 미국은 관개용수를 acre-feet 단위로 측정한다. 1 acre-foot의 물은 넓이 1 acre, 깊이 1 ft의 땅을 채울 수 있는 양이다. 1 acre는 4840 $yd^2$이다. 물 1 acre-foot은 일반 가정 두 가구가 1.00년 동안 사용할 수 있는 양이다.

(a) 1 acre-foot당 담수의 가격이 1950달러라면, 리터당 담수의 가격은 얼마인가?

(b) 담수가 유일한 수원이라면 가구당 하루 물 값은 얼마인가?

**1.85** 어림짐작 추정 방법을 이용하여 다음 중 가장 무거운 것과 가장 가벼운 것을 결정하시오.
비료 10 lb, 쌀 10 kg, 올리브유 2 gal (올리브유의 밀도=0.918 g/$cm^3$).

**1.86** 올리브유의 주성분인 올레산(oleic acid)의 어는점(13 °C)과 끓는점(360 °C)을 이용하여 온도계를 직접 만든다고 가정하자. 이 온도계의 온도 단위를 O라고 정하였다. 올레산의 어는점을 0 °O, 끓는점을 100 °O로 설정하면, 이 온도계로 물의 어는점은 몇 도인가?

**1.87** 헥세인(밀도 = 0.659 g/mL)과 아세트산(밀도 = 1.0446 g/mL)은 혼합하면 서로 섞이지 않고 층을 이룬다. 헥세인과 아세트산이 들어있는 시험관에 참나무 조각(밀도 = 900 kg/$m^3$)을 넣으면 어떻게 될지 세 물질의 위치를 그림으로 그리시오.

**1.88** 같은 부피를 가진 공 두 개가 그림과 같이 저울 위에 놓여 있다. 밀도가 더 큰 것은 어느 것인가?

**1.89** 물의 밀도는 25 °C에서 0.997 g/$cm^3$이고, 얼음의 밀도는 −10 °C에서 0.917 g/$cm^3$이다.

(a) 부피가 1.50 L인 음료수병에 물을 가득 담고 −10 °C까지 얼리면, 얼음의 부피는 얼마인가?

(b) 이 얼음이 병에 모두 들어가겠는가?

**1.90** 플라스크에 고체 시료 32.65 g과 톨루엔을 넣어 전체 부피가 50.00 mL가 되도록 하였다. (고체 시료는 톨루엔에 녹지 않는다.) 고체와 톨루엔을 합한 무게는 58.58 g이고, 이 실험 온도에서 톨루엔의 밀도가 0.864 g/mL이라면, 고체의 밀도는 얼마인가?

**1.91** 보석 상점에 반지름이 2.3 cm, 두께가 0.8 cm인 원형 백금 메달이 있다. 도둑이 이 메달을 훔치려고 한다. 백금의 밀도는 21.45 g/$cm^3$이다. 메달의 질량은 몇 kg인가? (원기둥의 부피 $V = \pi r^2 h$)

**1.92** 병원에서 사용하는 식염수에서 염화 소듐(NaCl)의 질량 백분율은 0.9%이다. 식염수의 밀도가 1.01 g/mL이라면, 0.5 gal의 식염수에서 들어있는 염화 소듐의 질량은 얼마인가?

**1.93** 40 lb의 토탄이 들어 있는 포대의 부피는 14 × 20 × 30 in.이고, 40 lb의 표토가 들어 있는 포대의 부피는 1.9 gal이다.

(a) 토탄과 표토의 평균 밀도를 g/$cm^3$ 단위로 구하시오. 토탄이 표토보다 '더 가볍다'라고 말할 수 있는가?

(b) 토탄으로 넓이 15.0 ft × 20.0 ft, 깊이 3.0 in.의 구덩이를 메우려고 한다. 몇 포대의 토탄이 필요한가?

**1.94** 10 g의 금 막대를 두드려 150 $cm^2$ 넓이의 금 종이를 만들려고 한다. 금의 밀도는 19.3 g/$cm^3$이다. 금 종이의 두께는 대략 몇 밀리미터인가?

**1.95** 전 세계에서 사용되는 에너지의 총량은 초당 대략 15 TW(terawatt)이다. 햇빛이 지구에 도달하였을 때 빛다발(solar flux)은 680 W/$m^2$이다(구름은 없다고 가정한다). 태양에서 지구를 보았을 때 지구는 원판으로 보이며, 이때 원판의 면적은 $1.28 \times 10^{14}$ $m^2$이다. 지구의 표면적은 대략 197,000,000제곱 마일이다. 태양 에너지 변환기가 태양으로부터 온 빛 에너지의 10%를 사용 가능한 에너지로 바꿀 수 있다면, 전 세계에서 필요로 하는 에너지를 얻기 위해서는 얼마만큼의 지구 표면을 태양 에너지 변환기로 덮어야 하는가?

**1.96** J. Robin Warren과 Barry J. Marshall은 헬리코박터 파일로리(*helicobacter pyloli*)라는 세균을 발견하고 이 세균이 위염과 위궤양의 발병에 주원인이라는 실험적 증거를 보여 준 공로로, 2005년에 노벨 생리의학상을 수상하였다. 이 이야기는 병리학자인 Warren이 궤양 환자의 세포 조직에 간균(桿菌, *bacillus*)이 있는 것을 확인한 것으로부터 시작한다. 노벨상까지 이른 이 연구의 역사를 찾아보고, Warren의 첫 번째 가설을 기술하시오. 어떤 증거들이 가설을 믿을 만한 이론으로 발전시켰는가?

**1.97** 한쪽 끝이 막혀 있는 30.0 cm 길이의 원기둥 모양 플라스틱 관에 아세트산이 가득 들어 있다. 관을 채우는 데 필요한 아세트산의 질량은 89.24 g이다. 아세트산의 밀도는 1.05 g/mL이다. 관의 안쪽 지름은 몇 센티미터인가?

**1.98** 금을 장신구로 만들 때는 다른 금속과 합금하여 그 경도를 높인다.

(a) 금(밀도=19.3 g/$cm^3$)과 은(밀도=10.5 g/$cm^3$)으로 만든 어떤 장신구의 질량이 9.85 g이고, 부피가 0.675 $cm^3$이다. 장신구의 부피가 금과 은 부피의 합이라면, 장신구에 있는 금의 질량 백분율을 계산하시오.

(b) 합금에서 금의 상대적인 양은 캐럿이라는 단위로 표시한다. 순금은 24캐럿이고, 합금에 포함된 금의 순도는 24캐럿의 상댓값으로 표시한다. 예를 들어 50%가 금인 합금은 12캐럿이다. 위 장신구에서 금의 순도를 캐럿으로 표시하시오.

**1.99** 종이 크로마토그래피는 혼합물을 그 성분 물질로 분리할 때 사용하는 간단하고도 믿을 만한 방법이다. 빨간색과 파란색의 두 식물 염료가 섞인 혼합물을 분리하려고 한다. 두 가지 다른 크로마토그래피 방법을 사용하여 그림과 같은 결과를 얻었다. 어느 방법이

더 잘 작동하였는가? 분리가 잘되고 잘못됨을 정량화하는 방안을 제시할 수 있는가?

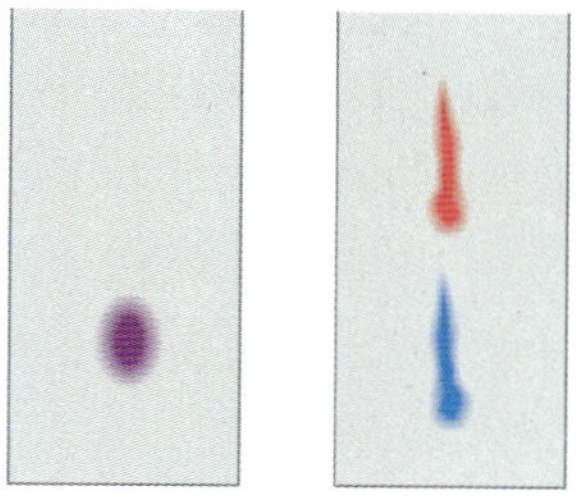

**1.100** 다음은 참인가, 거짓인가? 만일 거짓이라면 바르게 고치시오.

**(a)** 공기와 물은 둘 다 원소이다.

**(b)** 모든 혼합물은 적어도 하나의 원소와 하나의 화합물을 포함하고 있다.

**(c)** 화합물은 둘 이상의 다른 순물질로 분해될 수 있지만, 원소는 분해될 수 없다.

**(d)** 원소는 물질의 세 가지 상태 중 어느 상태로도 존재할 수 있다.

**(e)** 부엌의 싱크대에 묻어 있는 노란 자국을 수용액 표백제로 닦았을 때, 자국이 사라지는 것은 물리적 변화이다.

**(f)** 가설은 이론보다 실험적 증거가 약하다.

**(g)** 0.0033은 0.033보다 더 많은 유효 숫자를 가지고 있다.

**(h)** 단위 변환에 사용되는 환산 인자는 그 값이 항상 1이다.

**(i)** 화합물은 적어도 두 가지의 다른 원소를 포함하고 있다.

**1.101** 두 종류의 미세 분말이 섞여 있는 혼합물이 있다. 하나의 밀도는 2.04 g/cm$^3$이고, 다른 하나의 밀도는 3.62 g/cm$^3$이다. 밀도가 큰 것을 분리해 내려고 한다. 이때 혼합물을 액체에 담아 흔들면 무거운 것은 가라앉고 가벼운 것은 뜨는 성질을 이용할 것이다. 고체는 밀도가 더 큰 액체 위에 뜬다. 인터넷이나 화학 편람을 참고하여 사염화 탄소(carbon tetrachloride), 헥세인, 벤젠, 다이아이오도메테인(diiodomethane)의 밀도를 찾으시오. 이 액체 중 어느 것이 실험 목적에 적합한가? 액체와 고체 사이에는 화학적 상호 작용이 없다고 가정한다.

**1.102** 2009년에 Northwestern 대학교와 Western Washington 대학교의 연구팀은 니켈, 몰리브데넘, 황으로 이루어진 새로운 스펀지 물질을 개발하였다. 이 물질은 물에 들어 있는 수은을 제거하는 데 탁월한 효과를 가지고 있다. 이 물질의 밀도는 0.20 g/cm$^3$이고, 표면적은 1그램당 1242 m$^2$이다.

**(a)** 이 물질 10.0 mg의 부피를 계산하시오.

**(b)** 이 물질 10.0 mg의 표면적을 계산하시오.

**(c)** 오염된 물 10.0 mL에 7.748 mg의 수은이 들어 있다. 새로운 스펀지 물질 10.0 mg으로 처리하였더니, 오염된 물에는 수은이 0.001 mg만 남았다. 오염된 물에서 몇 퍼센트의 수은이 제거되었는가?

**(d)** 수은을 처리한 스펀지 물질의 최종 질량은 얼마인가?

# 2



# 원자, 분자, 이온

## 2.1 | 물질의 원자론

ⓒ Kolinchev Andrii/Shutterstock

잠시 주위를 둘러보자. 꽃들의 색깔, 옷의 감촉, 설탕이 커피에 녹는 성질, 다이아몬드의 투명한 아름다움 등 우리를 둘러싸고 있는 물질들의 다양한 특성에 감탄이 나올 것이다. 이처럼 무한히 다양한 물질의 특성을 어떻게 이해하고 설명할 수 있을까? 다이아몬드는 투명하고 단단한 반면에 소금은 쉽게 부서지고 물에 녹는 이유는 무엇일까? 알루미늄은 전기가 잘 통하지만, 산화 알루미늄은 전기가 통하지 않는다. 종이는 산소 기체 조건에서는 타지만, 질소 기체 조건에서는 타지 않는다. 이러한 차이를 어떻게 설명할 수 있을까? 이와 같은 물질의 물리적 성질과 화학적 성질을 이해하는 열쇠는 바로 원자 구조의 차이에서 찾을 수 있다.

물질의 특성은 매우 다양하지만, 모든 물질은 단지 100여 종의 원자로 이루어져 있을 뿐이다. 이것은 흡사 24개의 한글 자모를 조합하여 수많은 단어를 만들어 내는 것과 같다. 그러면 원자들은 어떻게 서로 조합하는가? 조합하는 방법에는 어떤 규칙이 있는 것일까? 물질의 성질은 물질들을 이루는 원자의 종류와 어떤 관계가 있는 것일까? 실제로 원자는 어떻게 생겼을까? 또한, 한 원소의 원자는 다른 원소의 원자와 무엇이 다르고, 무엇이 비슷할까?

헬리콥터의 엔진이 수많은 작은 부품으로 이루어져 있는 것과 같이, 지구상의 물질들은 수없이 많은 원자와 분자의 조합으로 독특한 특성을 갖게 된다.

이 장에서는 원자의 기본 구조를 살펴보고, 원자와 분자의 생성에 관하여 공부하게 된다. 이 장에서 공부하는 내용은 화학을 본격적으로 공부하기 위한 중요한 기초가 될 것이다.

이 절이 끝나면 다음 사항을 수행할 수 있어야 한다.

- Dalton의 가설을 이해하기

우리가 사는 세상을 구성하는 기본 '물질'이 무엇인가에 대한 생각은 고대 철학자들의 가장 중요한 논제 중의 하나였다. Democritus(460~370 BC)를 비롯한 몇몇 그리스 철학자들은 '더 이상 나누거나 자를 수 없는'이라는 뜻을 가진 **원자**(atomos)라는 작은 입자로 물질이 구성되어 있다고 생각하였다. 그러나 훗날 Plato와 Aristotle은 더 이상 나눌 수 없는 입자는 존재하지 않는다는 개념을 확립하였다. 이후 Aristotle 학파의 철학이 지배하던 서구 문명에서는 '원자론적' 물질관은 주목받지 못하게 되었다.

그러다가 17세기경 유럽에서 **원자(atom)**의 개념이 다시 주목받게 되었다. 화학자들이 새로운 물질이 만들어지는 반응에서 반응 원소의 양을 측정할 수 있게 되면서, 원소의 개념과 원자의 개념을 이어주는 원자 이론이 성립하게 되었다. 이 이론은 1803년에서 1807년 사이에 John Dalton에 의해 확립되었다. Dalton의 원자론은 네 가지 가설에 기초한다(그림 2.1).

훌륭한 이론은 알려진 사실을 설명한다. Dalton의 이론은 그 당시 알려졌던 몇 가지 화학 결합 법칙을 설명할 수 있었다.

- **일정 성분비 법칙(law of constant composition)**은 가설 4에 기초한다:
  어떤 화합물을 형성하는 원자의 종류와 상대적인 숫자는 일정하다.
- **질량 보존 법칙(law of conservation of mass)**은 가설 3에 기초한다:
  화학 반응으로 만들어진 물질의 전체 질량은 반응 전 물질의 전체 질량과 같다.

훌륭한 이론은 새로운 사실을 예측하기도 한다. Dalton은 그의 이론으로 다음 법칙을 추론하였다.

- **배수 비례 법칙(law of multiple proportions)**:
  두 원소 A와 B가 결합하여 두 가지 이상의 화합물이 만들어질 때, 일정한 양의 A와 반응하는 B의 질량 사이에는 간단한 정수비가 성립한다.

이 법칙은 수소와 산소 원소로 구성된 물과 과산화 수소를 예로 들어 설명할 수 있다. 1.0 g의 수소가 8.0 g의 산소와 반응하여 물을 생성하고, 수소 1.0 g이 산소 16.0 g과 반응하여 과산화 수소를 생성한다. 즉, 두 화합물에서 수소 1.0 g당 반응하는 산소의 질량비는 1:2이다. Dalton의 원자론을 기반으로, 수소 원자에 대한 산소 원자의 수는 과산화 수소가 물에 비해 두 배가 된다는 결론을 내릴 수 있다.

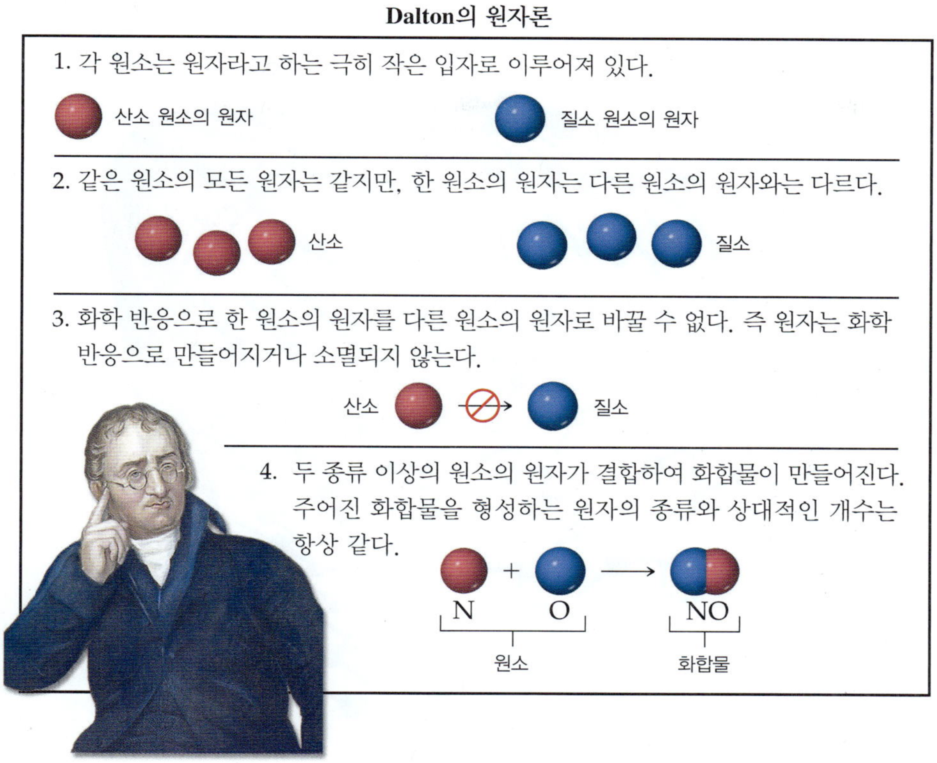


◀ **그림 2.1** Dalton의 원자론* 영국의 가난한 방직공의 아들이었던 John Dalton(1766~1844)은 12세에 교사 생활을 시작하였다. 생애 대부분을 Manchester에서 살았으며, 초등학교와 대학교에서 강의하였다. 기상학에 깊은 관심을 가졌던 그는 기체의 관찰을 통해 화학을 연구하게 되었고, 원자론을 정립하게 되었으며, 과학적인 명성을 얻게 되었다.

## 자기 평가 연습 문제

**2.1** 어떤 실험에서 7.0 g의 질소가 정확히 16.0 g의 산소와 반응하여 하나의 화합물을 형성하였다. 이 화합물의 전체 질량은?

**(a)** 7.0 g

**(b)** 16 g

**(c)** 23 g

## 연습 문제

**2.2** 1.0 g의 이산화 탄소($CO_2$) 시료가 원소 상태로 완전히 분해되어, 탄소 0.273 g과 산소 0.727 g이 생성되었다.

**(a)** C에 대한 O의 질량비는?

**(b)** 다른 화합물 시료가 분해되어 탄소 0.429 g과 산소 0.571 g이 생성되었다. 이 시료에서 C에 대한 O의 질량비는?

**(c)** Dalton의 원자론에 따르면, 두 번째 화합물의 실험식은 무엇이 되겠는가?

**2.3** 한 연구자가 30.82 g의 질소가 산소 17.60 g, 35.20 g, 70.40 g, 88.00 g과 각각 반응하여 네 개의 서로 다른 화합물을 생성하는 것을 발견하였다.

**(a)** 각 화합물에서 질소 1 g당 산소의 질량을 계산하시오.

**(b)** (a)의 결과는 Dalton의 원자론과 잘 맞는지 설명하시오.

자기 평가 연습 문제 답 **2.1** (c)

*Dalton, "Atomic Theory", 1844.

# 2.2 원자 구조의 발견

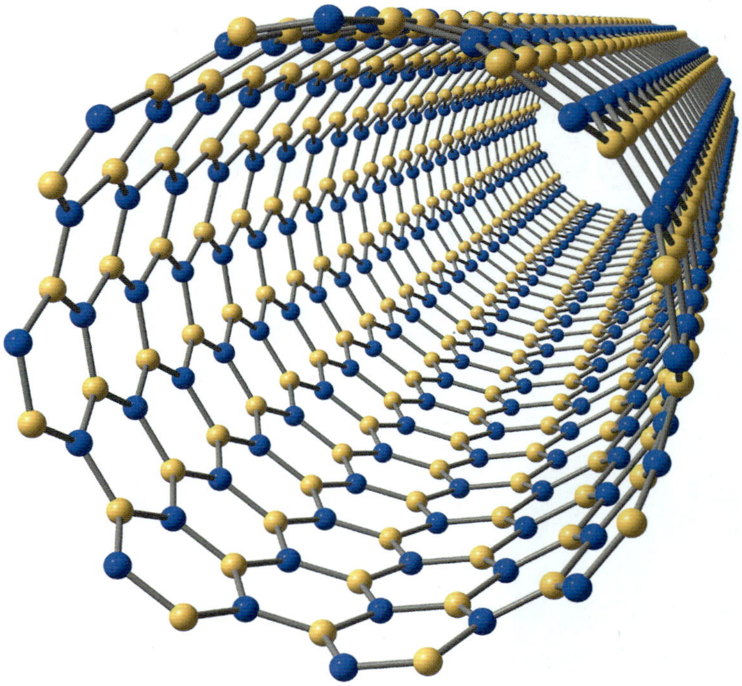

Dalton은 실험실에서 얻은 화학적 관찰 결과에 근거하여 원자에 관한 연구의 결론을 얻어냈다. 원자가 존재한다고 가정하면, 일정 성분비 법칙과 배수 비례 법칙을 설명할 수 있다. 하지만 연구 결과를 발표한 Dalton은 물론이고, 그를 지지하던 사람들도 그 이후 100년 동안 원자의 존재에 대한 직접적인 증거를 제시하지는 못하였다. 그러나 오늘날에는 원자 하나하나를 관찰할 수 있는 매우 좋은 성능의 실험 기기가 있으며, 실제로 원자의 모습을 이미지로 볼 수도 있다.

이 절이 끝나면 다음 사항을 수행할 수 있어야 한다.

- 전자를 발견하고 원자의 원자핵 모형을 밝혀낸 주요 실험을 설명하기

물질의 특성을 연구하는 다양한 실험적 방법이 개발되면서, 더 이상 쪼개지지 않는다고 생각되었던 원자가 훨씬 복잡한 구조로 되어 있다는 실험 결과가 나타나기 시작하였다. 오늘날 우리는 원자가 쪼개지지 않는 입자가 아니며, 더 작은 **아원자 입자**(**subatomic particle**)로 이루어져 있다는 사실을 알고 있다. 현대적인 원자 구조 모형을 요약하기 전에, 이 모형이 정립되기까지의 역사적 발견 들을 간략히 살펴본다. 원자는 양전하 또는 음전하를 띤 전하 입자로 구성되어 있다는 것을 알게 될 것이다. 현대적 원자 모형의 발전 과정을 이해하기 위해서는 전하를 띤 입자 간의 상호작용에 대한 이해가 필요하다. 즉, **같은 전하를 띠는 입자들은 서로 밀어내고, 다른 전하를 띠는 입자들은 서로 끌어당긴다.**

## 캐쏘드선과 전자

1800년대 중반에 **그림 2.2**에서 보는 것과 같은 진공관(공기가 거의 없는)을 이용하여 전기 방전에 관한 연구를 시작하였다. 높은 전압을 걸어 주면 관 내부에서 방사선이 생긴다. 이 방사선은 (−)극에서 방출되어 (+)극으로 이동하기 때문에 **캐쏘드선**(**cathode ray**)이라고 부른다. 캐쏘드선 자체는 볼 수 없지만 특정 물질에서 **형광**(fluoresce)을 발생시킴으로써 검출할 수 있다.

캐쏘드선은 마치 음전하의 흐름처럼 전기장이나 자기장에 의해 굴절되는 것이 실험적으로 관찰되었다. 영국의 과학자 J. J. Thomson(1856~1940)은 캐쏘드선의 특성이 (−)극 물질의 종류와 관

**형광 물질을 관에서 제거하여도 캐쏘드선이 발생하는가? 캐쏘드선을 볼 수 있는가?**

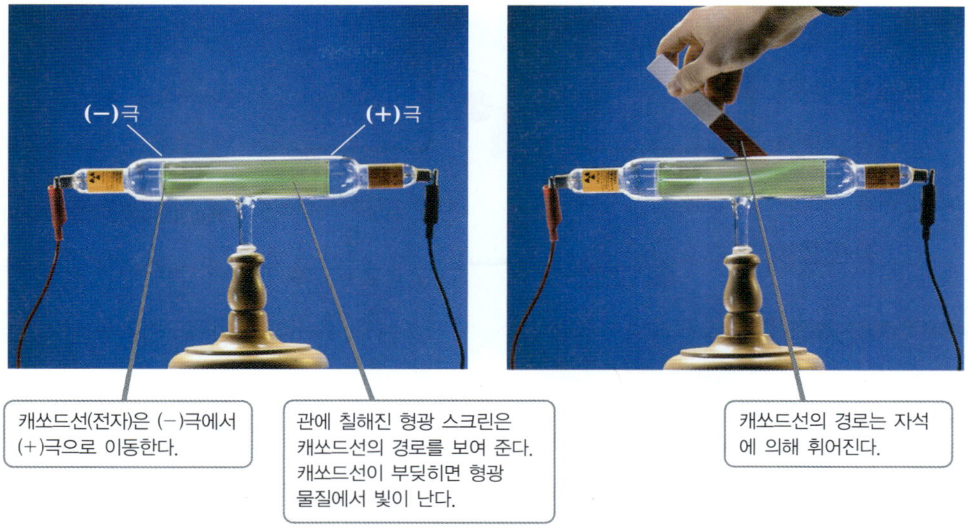


▲ 그림 2.2 캐쏘드선관

계가 없음을 확인하였다. Thomson은 1897년에 발표된 논문에서 캐쏘드선을 음전하를 띠는 입자의 흐름이라고 설명하였는데, 이것이 우리가 **전자(electron)**라고 부르는 입자이다.

Thomson은 (+)극에 뚫려진 구멍으로 전자살이 통과할 수 있는 캐쏘드선관을 고안하였다. 전기적으로 하전된 판과 자석을 캐쏘드선과 수직이 되게 배열하고, 관 끝에는 형광 스크린이 놓여 있는 구조이다(**그림 2.3**). 전기장은 전자살을 한쪽으로 굴절되게 하고, 자기장은 반대 방향으로 굴절이 일어나게 한다. Thomson은 전기장과 자기장의 세기를 조절하여 전자가 직선으로 형광 스크린에 충돌하도록 하였다. 전기장과 자기장의 세기를 측정한 결과 전자의 전하량과 질량의 비가 $1.76 \times 10^8$ C/g이 됨을 알 수 있었다.*

**자기장을 걸어 주지 않았을 때, 전자살은 전기장에 의해 어느 방향(위쪽 또는 아래쪽)으로 굴절되는가?**

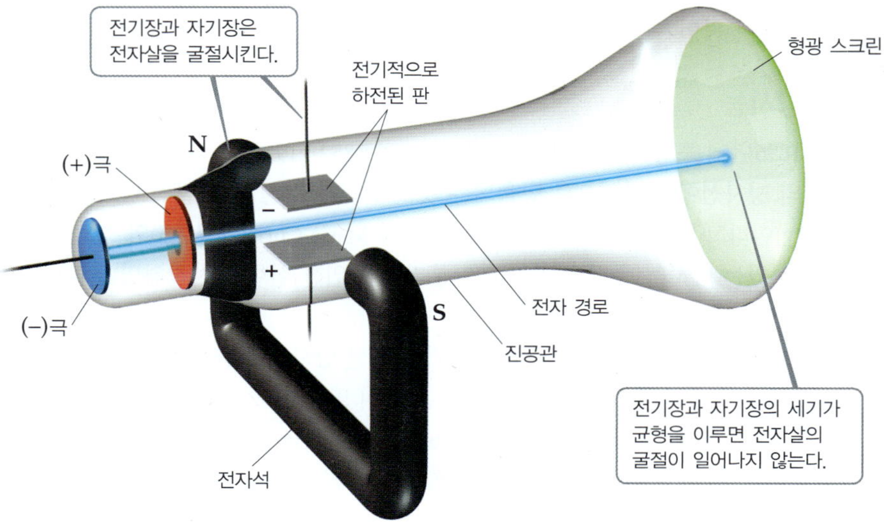


▲ 그림 2.3 자기장과 전기장이 서로 수직인 캐쏘드선관 캐쏘드선(전자)은 (−)극에서 발생하여 중앙에 구멍이 뚫린 (+)극으로 가속된다. 구멍을 통과한 좁은 전자살은 형광 스크린에 충돌하여 빛을 낸다.

---

*Coulomb(C)은 전하의 SI 단위이다.

전자가 누적되면 기름방울의 질량에 큰 변화가 일어나는가?

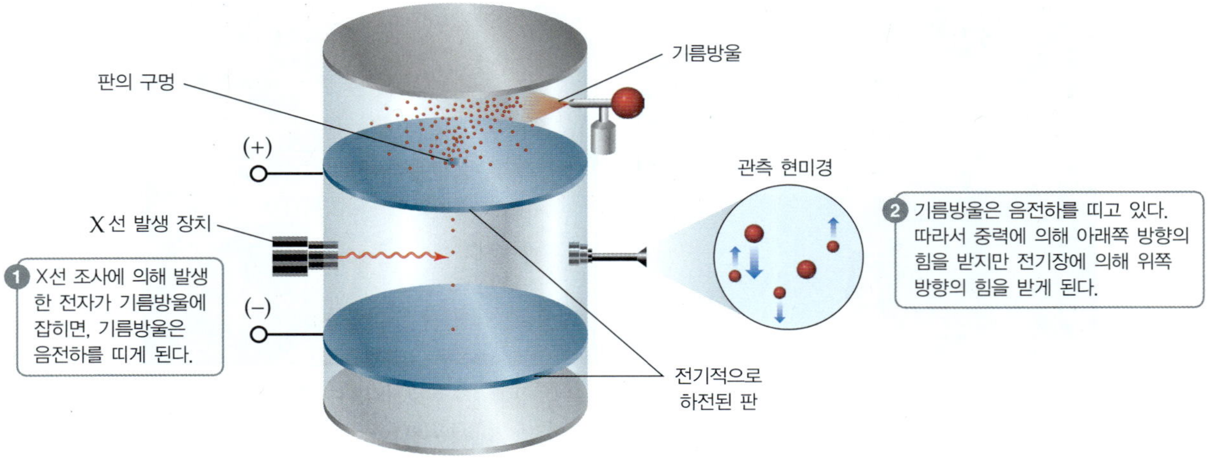


▲ **그림 2.4** 전자의 전하량을 측정할 수 있는 Millikan의 기름방울 실험 전하를 띤 두 판 사이로 작은 기름방울이 낙하하게 한다. Millikan은 두 판 사이에 걸어 주는 전압의 변화에 따라 기름방울의 낙하 속도가 어떻게 변화하는지를 관찰하였다. 이 결과로부터 기름방울의 전하량은 $1.602 \times 10^{-19}$ C의 정수배가 됨을 알 수 있었다. Millikan은 이 값으로부터 전자 1개의 전하량을 추론하였다.

▲ **그림 2.5** Marie Sklodowska Curie (1867~1934) 1903년에 Henri Becquerel, Marie Curie와 그녀의 남편 Pierre는 방사능(그녀가 제안한 용어) 분야의 선구적인 연구로 노벨 물리학상을 받았다. 1911년에 Marie Curie는 폴로늄과 라듐을 발견한 공로로 두 번째 노벨상을 화학 분야에서 받았다.

일단 전자의 전하-대-질량비(e/m)를 알게 되었으므로, 전자 1개에 대한 전하 또는 질량을 측정하면 다른 양을 쉽게 구할 수 있게 되었다. 1909년에 Chicago 대학의 Robert Millikan(1868~1953)이 **그림 2.4**에 나타낸 실험을 통하여 전자의 전하량을 측정하는 데 성공하였다. Millikan은 또한 자신이 구한 전자의 전하량 $1.602 \times 10^{-19}$ C과 Thomson의 전하-대-질량비 ($1.76 \times 10^8$ C/g)를 이용하여 전자의 질량을 구하였다.

$$\text{전자 질량} = \frac{1.602 \times 10^{-19}\,\text{C}}{1.76 \times 10^{8}\,\text{C/g}} = 9.10 \times 10^{-28}\,\text{g}$$

이 값은 오늘날 전자의 질량으로 알려진 $9.10938 \times 10^{-28}$ g과 잘 일치하고 있다. 이 값은 가장 가벼운 원자인 수소 원자 질량의 약 1/2000에 해당하는 작은 값이다.

## 방사능

1896년에 프랑스 과학자 Henri Becquerel(1852~1908)은 우라늄 화합물을 연구하던 중, 고에너지의 방사선이 자발적으로 방출되는 것을 발견하였다. 이 자발적 방사선 방출을 **방사능(radioactivity)**이라고 한다. Becquerel의 제안에 따라 Marie Curie(**그림 2.5**)와 그의 남편 Pierre는 화합물에 들어 있는 방사성 물질을 확인하고 분리하기 위한 실험을 시작하였다. 두 사람은 우라늄 원자에서 방사능이 발생한다고 결론지었다.

영국의 과학자 Ernest Rutherford가 주도한 방사능에 관한 후속 연구로부터 알파($\alpha$), 베타($\beta$), 감마($\gamma$) 세 종류의 방사선이 존재한다는 것이 밝혀졌다. Rutherford(1871~1937)는 원자 구조에 관한 연구에 크게 기여한 과학자이다. Rutherford는 Cambridge 대학에서 J. J. Thomson과 같이 연구를 한 후, Montreal에 있는 McGill 대학으로 자리를 옮겼다. 이곳에서 시작한 방사능에 관한 연구를 계기로 그는 1908년 노벨 화학상을 받게 된다. 1907년에 영국으로 돌아와 Manchester 대학의 교수가 된 Rutherford는 그곳에서 유명한 $\alpha$-입자 산란 실험을 하게 되었다. 이 장에 그 내용이 설명되어 있다.

Rutherford는 $\alpha$선과 $\beta$선은 전기장에 의하여 서로 반대 방향으로 굴절되며, $\gamma$선은 전기장의 영

$\beta$선은 어떤 아원자 입자(양성자, 중성자, 또는 전자)에 해당하는가? $\beta$선이 $\alpha$선보다 더 많이 꺾이는 이유는 (a) 더 가볍기 때문에, (b) 전하가 더 크기 때문이다.

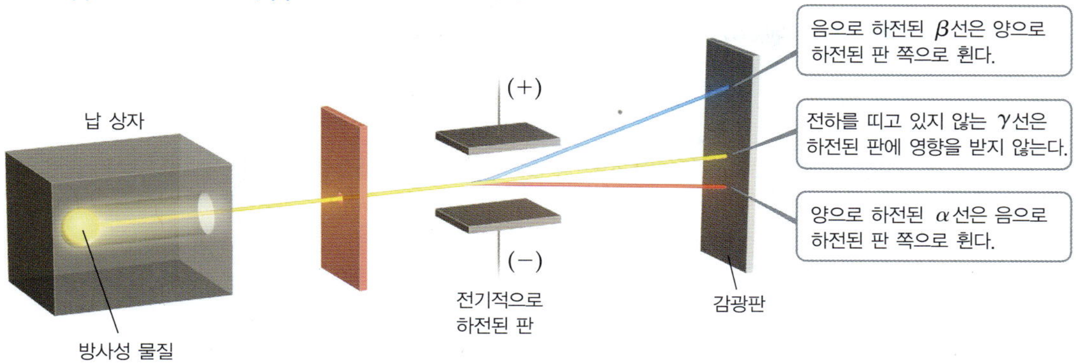


▲ 그림 2.6 전기장 속에서의 알파($\alpha$), 베타($\beta$), 감마($\gamma$) 방사선의 거동

향을 받지 않는다는 것을 증명하였다(그림 2.6). 실험 결과로부터 $\alpha$선과 $\beta$선은 빠르게 운동하는 전하를 띤 입자라고 결론을 내렸다. 실제로 $\beta$ 입자는 고속의 전자로, 캐소드선관에서 방출되는 방사선에 해당한다고 할 수 있다. $\beta$ 입자는 양으로 하전된 판으로 이끌린다. $\alpha$ 입자는 양전하를 띠고 있으며, (−)극판으로 이끌린다. $\beta$ 입자의 전하는 전자의 전하 단위로 1−이며, $\alpha$ 입자의 전하는 2+이다. $\alpha$ 입자 하나의 질량은 전자의 7400배 정도이다. 또한 $\gamma$ 방사선은 X선과 같이 높은 에너지의 전자기파이며, 입자로 구성되어 있지 않고, 전하도 띠고 있지 않다.

## 원자핵 모형

원자가 더 작은 입자로 구성되어 있다는 사실이 실험적으로 입증됨에 따라, 그 입자들이 서로 어떻게 배열되어 있는지에 대한 관심이 집중되었다. 1900년대 초에 J. J. Thomson은 원자 질량에서 전자의 비중이 매우 낮으므로 전자가 원자 내에서 차지하는 부분이 작을 거라고 생각하였다. 그는 원자는 질량과 양전하가 균일하게 분포한 구형 물질이고, 과자 속의 건포도나 사과 씨처럼 여기에 전자들이 박혀 있다는 모형을 제안하였다(그림 2.7). 영국 사람들이 즐겨 먹는 후식에서 이름을 따온 이 **자두 푸딩**(plum-pudding) 모형은 그러나 그리 오래가지는 못하였다.

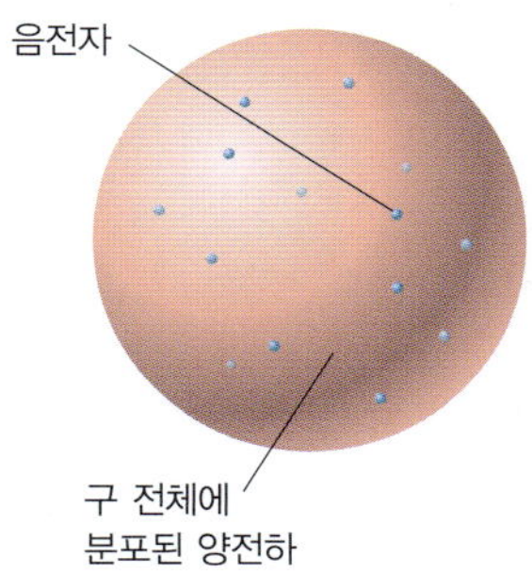


▲ 그림 2.7 J. J. Thomson의 자두 푸딩(plum-pudding) 원자 모형 Ernest Rutherford와 Ernest Marsden(1889~1970)은 이 모형이 잘못되었음을 증명하였다.

1910년에 Rutherford는 $\alpha$ 입자가 원자 수천 개 정도 두께의 얇은 금박을 통과할 때 **산란**되거나 반사되는 각도를 연구하고 있었다(그림 2.8). 그는 매우 적은 수의 $\alpha$ 입자만이 단지 1° 정도 휠 뿐 그 외 거의 모든 입자들은 반사되지 않고 금박을 통과한다는 사실을 발견하였다. 이는 Thomson의 자두 푸딩 모형과 일치하는 결과였다. Rutherford는 이를 다시 확인하기 위하여 학부 연구생 Ernest Marsden(1889~1970)에게 큰 각도 산란 실험을 하도록 하였다. 이 실험에서는 놀랍게도 소수의 입자가 매우 큰 각도로 산란되는 것을 관찰할 수 있었다. 또한 몇 개의 입자들은 곧바로 뒤로 반사되어 입자가 출발한 방향으로 산란되었다. Rutherford는 이 결과를 바로 이해할 수는 없었지만, 분명히 Thomson의 원자 모형과는 일치하지 않는다는 것을 알 수 있었다.

Rutherford는 **원자핵 모형(nuclear model)**이라는 가설로 그의 실험 결과를 설명할 수 있었다. 이 모형에서 금 원자의 질량 대부분과 모든 양전하는 크기가 매우 작고 밀도가 극도로 높은 **원자핵(nucleus)**이라는 곳에 모여 있다. 또한 원자 부피의 대부분은 빈 공간이며, 그 빈 공간에서 전자가 핵 주위를 움직이고 있다고 가정하였다. $\alpha$ 입자 산란 실험에서 대부분의 $\alpha$ 입자들은 금박을 구성하는 원자들의 빈 공간을 통과할 뿐이다. 그러나 일부 $\alpha$ 입자들은 금원자핵 가까이에 접근하게 된다. 이때는 높은 양전하를 띤 금 원자핵과 $\alpha$ 입자의 강한 반발로, 그림 2.8에서 보듯이 질량이 작은 $\alpha$ 입자의 진로가 크게 휘어진다.

계속된 실험을 통해 핵을 이루고 있는 양전하 입자(**양성자**, **proton**)와 중성 입자(**중성자**, **neutron**)를 발견할 수 있었다. 양성자는 1919년에 Rutherford가, 중성자는 1932년에 영국의 과학자 James Chadwick(1891~1972)가 발견하였다. 즉, 원자는 전자, 양성자, 중성자로 이루어져 있음을 확인할 수 있게 되었다.

살(beam)을 형성하는 입자의 전하는 무엇인가? 양전하를 띠는 금 원자핵은 이 입자를 끌어당기는가, 밀어내는가?

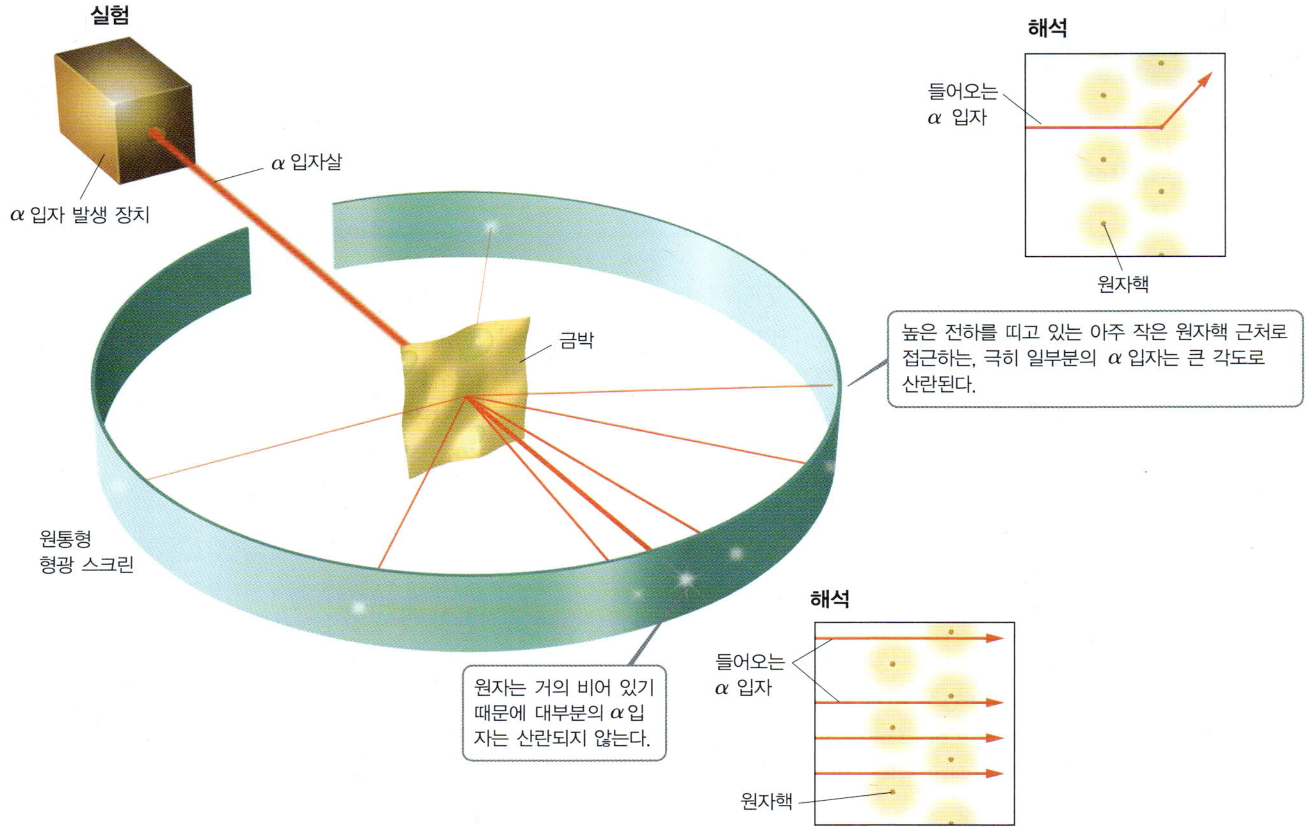


▲ **그림 2.8** Rutherford의 α **입자 산란 실험** α 입자가 금박을 통과할 때, 대부분의 입자는 굴절되지 않지만 일부는 산란되며, 매우 큰 각으로 휘기도 한다. 몇 개의 α 입자가 큰 각으로 휘는 이유는 원자핵 모형으로 설명할 수 있다. 노란색 원 모양으로 나타낸 원자에서, 핵 주위 대부분의 공간에는 질량이 매우 작은 전자만 존재한다는 것을 이해하는 것이 중요하다.

## 자기 평가 연습 문제

**2.4** 다음 중 전자의 질량을 계산해서 구할 수 있었던 실험은?

(a) J. J. Thompson의 캐쏘드선관 실험

(b) R. Millikan의 기름방울 실험

(c) E. Rutherford의 금박 실험

## 연습 문제

**2.5** 그림 2.6에서 볼 수 있는 것과 같이 미지의 입자가 두 개의 하전된 판 사이에서 움직이고 있다. 이 입자가 양성자라고 가정하자.

(**a**) 가정이 맞다면, 이 입자는 $\beta$선과 같은 방향으로 휘어지겠는가, 반대 방향으로 휘어지겠는가?

(**b**) 이 입자가 휘어지는 정도는 $\beta$선에 비해 크겠는가, 작겠는가?

**2.6** Rutherford의 금박 실험에서 큰 각도로 산란되는 $\alpha$ 입자의 비율은 얼마인가? 그림 2.8과 같이 금박은 2개의 원자층으로 이루어져 있으며, 금 원자와 원자핵의 대략적인 지름은 각각 270 pm와 $1.0 \times 10^{-2}$ pm이다(**힌트**: 원자의 단면적에서 원자핵이 차지하는 비율을 계산할 것. 각 원자층에서 금의 원자핵은 엇갈리게 배열되어 있다고 가정할 것).

자기 평가 연습 문제 답 **2.4** (b)

# 2.3 | 원자 구조의 현대적 이해

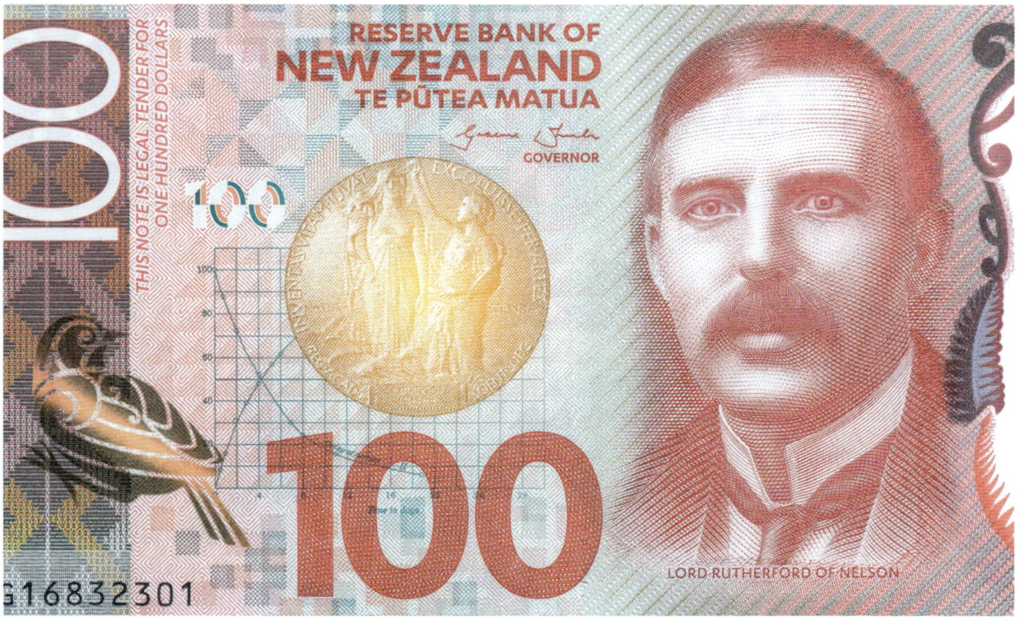


Einstein이 '제2의 Newton'이라고 불렀던 Ernest Rutherford(1871~1937)는 뉴질랜드에서 태어나고 교육을 받았다. 1895년에 해외 학생으로는 최초로 Cambridge 대학의 Cavendish 연구소에서 일하게 되었으며, J. J. Thompson과 함께 일했다. 1898년에는 캐나다의 McGill 대학의 교수가 되었고, 1908년에 노벨 화학상을 받게 된 방사능 연구를 하였다. 1907년에 영국으로 돌아와 Manchester 대학의 교수가 되었으며, 1910년에 원자핵 모형의 기초가 된 유명한 α 입자 산란 실험을 수행하였다. 1992년에는 고국 뉴질랜드에서 그의 초상과 노벨상 메달이 들어간 100달러 지폐가 발행되는 영예를 얻었다. 또한, 그의 업적을 기리기 위해 그의 이름으로 104번 원소명을 정하였다.

이 절을 끝나면 다음 사항을 수행할 수 있어야 한다.

- 원자의 구조를 아원자 입자로 나타내기
- 기호를 이용하여 동위 원소를 표기하기

Rutherford 이후, 원자핵에 대한 연구가 진행되면서 물리학자들은 원자핵을 이루고 있는 새로운 입자(소립자)를 계속 발견하고 있다. 하지만 화학에서는 물질의 화학적 특성에 관련된 세 개의 아원자 입자(양성자, 중성자, 전자)로 원자를 간단히 나타낸다.

핵의 지름은 pm 단위로 얼마인가?

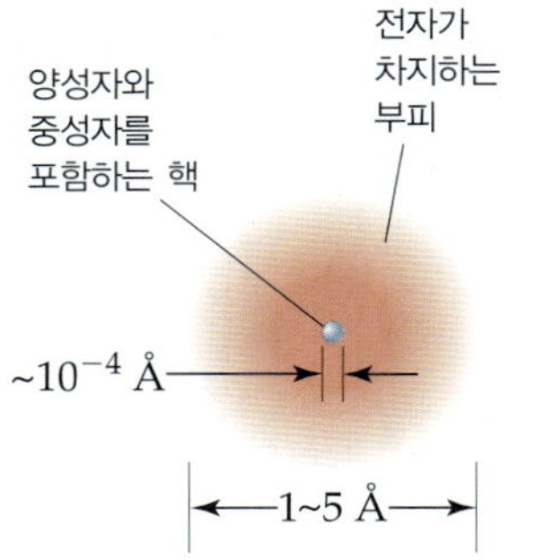


▲그림 2.9 **원자의 구조** 빠르게 운동하는 전자의 구름이 원자 부피의 대부분을 차지한다. 양성자와 중성자로 이루어진 핵은 원자 중앙의 극히 작은 영역을 차지한다. 핵의 질량이 원자의 실질적인 질량이다.

주지하였듯이 전자의 전하는 $-1.602 \times 10^{-19}$ C이다. 양성자의 전하는 이와 크기는 같고 부호는 반대인 $+1.602 \times 10^{-19}$ C이다. $1.602 \times 10^{-19}$ C을 **전자 전하(electronic charge)**라고 한다. 원자나 원자 구성 입자들의 전하는 쿨롱(coulomb)보다는 전자 전하의 배수로 표시하는 것이 간단하다. 그러므로 전자의 전하는 1−이고, 양성자의 전하는 1+이다. 중성자는 전하를 띠지 않으므로 전기적으로 중성이다(중성자라는 이름이 어떻게 정했는지를 알 수 있다). **모든 원자에는 같은 수의 전자와 양성자가 있기 때문에 알짜 전하를 띠지 않는다.**

양성자와 중성자는 매우 작은 원자핵 속에 함께 존재한다. 원자 부피의 대부분은 전자들이 존재하는 공간이다(그림 2.9). 대부분 원자의 지름은 30 pm에서 300 pm 사이이다. 예를 들어 염소 원자의 지름은 175 pm이다.

반대 전하의 입자들 사이에 작용하는 힘 때문에 전자는 핵 속의 양성자에 이끌린다. 뒷장에서 전자와 핵 사이의 인력의 세기가 원소들 사이의 여러 가지 차이를 설명할 수 있음을 배우게 될 것이다.

원자의 질량은 매우 작다. 예를 들면 가장 무거운 원소의 질량은 $4 \times 10^{-22}$ g 정도이다. 이와 같이 작은 질량을 g 단위로 반복해서 표기하는 것이 불편하기 때문에 **원자 질량 단위(atomic mass unit, u)**라는 단위를 사용한다. 1 u $= 1.66054 \times 10^{-24}$ g이다. 양성자는 1.0073 u, 중성자는 1.0087 u, 전자는 $5.486 \times 10^{-4}$ u의 질량을 갖는다(표 2.1). 양성자 1개의 질량은 전자 1836개의 질량에 해당하고, 중성자 1개의 질량은 전자 1839개의 질량에 해당하므로, 원자 질량의 대부분은 핵에 의한 것이다.

**표 2.1 양성자, 중성자, 전자의 비교**

| 입자 | 전하 | 질량(u) |
|---|---|---|
| 양성자 | 양(1+) | 1.0073 |
| 중성자 | 없음(중성) | 1.0087 |
| 전자 | 음(1−) | $5.486 \times 10^{-4}$ |

원자핵의 지름은 1 fm($10^{-15}$ m) 정도로, 원자 전체 크기에 비해 매우 작은 값이다. 수소 원자가 축구 경기장 크기라면 핵은 작은 구슬 정도 크기에 해당하므로, 원자와 핵의 상대적인 크기를 짐작할 수 있을 것이다. 이처럼 작은 부피의 극히 작은 핵이 원자 질량의 대부분을 차지하기 때문에 $10^{13} \sim 10^{14}$ g/cm$^3$ 정도의 믿을 수 없을 만큼 큰 밀도를 갖는다. 이처럼 큰 밀도의 물질이 성냥갑 정도의 크기가 되면, 질량은 무려 25억 톤이나 될 것이다!

지금까지 검토한 원자 모형을 그림 2.9에 나타내었다. 원자 전체 공간의 대부분을 차지하는 전자는 화학 반응에서 중요한 역할을 한다. 앞으로 전자의 에너지와 공간에서의 배열에 대해 공부하게 되면, 전자들이 위치한 영역을 희미한 구름 형태로 나타내는 이유를 알 수 있게 될 것이다. 하지만 지금까지 배운 것만으로도 일상적으로 사용할 화학의 기본 개념을 충분히 설명할 수 있다.

## 예제 2.1
### 원자 크기

작은 동전의 지름은 17.9 mm이며, 은 원자의 지름은 288 pm이다. 동전 1개의 지름에 해당하는 직선에 몇 개의 은 원자를 나란히 배열할 수 있는가?

### 해답

은(Ag) 원자수는 미지수이다. 거리와 원자수에 관한 환산 인자로 1 Ag 원자 = 288 pm를 이용할 수 있다. 우선 동전의 지름을 나타내는 단위를 환산한 후, 은 원자의 지름을 이용하여 동전의 지름에 대하여 은 원자수를 계산할 수 있다.

$$\text{Ag 원자} = (17.9\ \text{mm})\left(\frac{10^{-3}\ \text{m}}{1\ \text{mm}}\right)\left(\frac{1\ \text{pm}}{10^{-12}\ \text{m}}\right)\left(\frac{1\ \text{Ag 원자}}{288\ \text{pm}}\right)$$

$$= 6.22 \times 10^{7}\ \text{Ag 원자}$$

계산 결과 6,200만 개의 은 원자를 동전의 지름 직선상에 나란히 배열할 수 있다.

▶ **보충 예제**

탄소 원자의 지름은 1.54 Å이다.

**(a)** 이 원자의 지름을 피코미터(pm)로 나타내시오.

**(b)** 0.20 mm 연필심의 너비를 지나는 직선상에 몇 개의 탄소 원자를 나란히 배열할 수 있는가?

## 자세히 보기 기본 힘(basic force)

자연계에는 (1) 중력, (2) 전자기력, (3) 강한 핵력, (4) 약한 핵력과 같은 네 종류의 기본 힘이 알려져 있다. **중력**(gravitational force)은 모든 물체 사이에 작용하는 인력(잡아당기는 힘)이며, 질량에 비례한다. 원자 또는 아원자 입자 사이에 작용하는 인력은 매우 작기 때문에 화학적인 중요성은 없다.

**전자기력**(electromagnetic force)은 전하를 띤 물체나 자성체 사이에 작용하는 힘으로, 인력과 반발력 모두 가능하다. 전기력은 원자의 화학적 특성을 이해하는 데 매우 중요하다. 전하를 띤 두 입자 사이에 작용하는 전기력은 **Coulomb 법칙**($F = kQ_1Q_2/d^2$)에 따른다. 여기서 $Q_1$과 $Q_2$는 두 입자의 전하량이며, $d$는 입자 중심 간의 거리, $k$는 $Q$와 $d$의 단위에 따라 결정되는 상수이다. $F$가 음의 값이면 인력을 나타내며, 양의 값이면 반발력을 나타낸다. 전기력은 원소의 화학적 성질을 결정하는 데 있어 가장 중요하다.

수소를 제외한 모든 원자의 핵에는 두 개 이상의 양성자가 존재한다. 같은 전하의 입자 사이에는 반발력이 작용하지만, 양성자들이 서로 붙어서 원자핵을 이루고 있는 것은 **강한 핵력**(strong nuclear force)에 의한 것이다. 이 힘은 아원자 입자 사이에 작용하는 힘이다. 핵 속의 아주 짧은 거리에서는 밀어내려는 전자기힘보다 잡아당기는 강한 핵력이 크기 때문에 양성자들이 서로 뭉쳐 있게 된다.

**약한 핵력**(weak nuclear force)은 전기력보다 약하지만 중력보다는 큰 값이다. 특정 형태의 방사능에서만 약한 핵력의 존재를 확인할 수 있다.

**관련 연습 문제:** 2.124

## 원자 번호, 질량수, 동위 원소

한 원소의 원자와 다른 원소의 원자 간 차이는 원자가 갖고 있는 **고유한 양성자의 수**에 의한 것이다. 한 원소의 원자가 갖는 양성자의 수를 그 원소의 **원자 번호**(atomic number)라고 한다. 원자는 전기적으로 중성이기 때문에 전자수와 양성자수는 같아야 한다. 예를 들면 모든 탄소 원자는 양성자 6개와 전자 6개로 이루어져 있다. 반면에 모든 산소 원자에는 양성자 8개와 전자 8개가 있다. 따라서 탄소의 원자 번호는 6, 산소의 원자 번호는 8이 된다. 각 원소의 원자 번호는 이 교재의 앞표지 안쪽에 원소의 이름 및 기호와 함께 수록되어 있다.

같은 원소의 원자라도 가지고 있는 중성자의 수가 다를 수도 있다. 따라서 질량도 서로 다를 수 있다. 예를 들어 대부분의 탄소 원자에는 6개의 중성자가 있지만, 몇몇 탄소 원자에는 중성자 수가 더 많을 수도 있고 적을 수도 있다. 기호 $^{12}_{6}$C('탄소 12'라고 읽는다, 탄소-12)로 나타낸 탄소 원자는 양성자 6개와 중성자 6개로 이루어진 탄소 원자이다. 양성자 6개와 중성자 8개로 이루어진 탄소 원자는 질량수가 14이며, $^{14}_{6}$C로 나타내고 탄소-14라고 읽는다.

아래 첨자는 원자 번호이며, 위 첨자로 표시한 것은 **질량수**(mass number)로서, 원자의 양성자수와 중성자수를 더한 값이다.

한 원소의 모든 원자는 같은 원자 번호를 갖기 때문에 일일이 아래 첨자를 표기하는 것은 번거로운 일이므로 보통 생략한다. 따라서 탄소-12 원자는 간단히 $^{12}$C로도 나타낸다.

같은 원소 중에서 원자 번호는 같으나 질량수가 다른 원자(즉, 양성자수는 같고 중성자수가 다른 원자)들을 서로의 **동위 원소**(isotope)라고 한다. 탄소의 몇 가지 동위 원소들을 **표 2.2**에 수록하

**표 2.2 몇 가지 탄소의 동위 원소***

| 기호 | 양성자수 | 전자수 | 중성자수 |
|---|---|---|---|
| $^{11}C$ | 6 | 6 | 5 |
| $^{12}C$ | 6 | 6 | 6 |
| $^{13}C$ | 6 | 6 | 7 |
| $^{14}C$ | 6 | 6 | 8 |

*자연계에서 발견되는 탄소의 99%는 $^{12}C$이다.

였다. 일반적으로 위 첨자와 아래 첨자는 한 원소의 특정 동위 원소를 나타낼 때만 사용한다. 같은 원소의 동위 원소는 화학적 성질이 매우 유사하다. $^{13}C$ 원자로 이루어진 이산화 탄소의 화학적 특성은 $^{12}C$의 이산화 탄소와 동일하다고 할 수 있다.

### 예제 2.2
원자의 구성 입자 수 구하기

(a) $^{197}Au$ 원자와 (b) 스트론튬-90 원자는 몇 개의 양성자, 중성자, 전자로 이루어져 있는가?

**해답**

**(a)** 위 첨자 197은 양성자수와 중성자수를 합한 질량수이다. 이 책의 앞표지 안쪽 면에 있는 원소 목록에 따르면 금의 원자 번호는 79이다. 결과적으로 $^{197}Au$ 원자는 79개의 양성자, 79개의 전자, $197-79=118$개의 중성자로 이루어져 있다.

**(b)** 스트론튬의 원자 번호는 38이다. 따라서 38개의 양성자, 38개의 전자, $90-38=52$개의 중성자로 이루어져 있다.

**▶ 보충 예제**

다음 원자 중에서 중성자의 수가 가장 많은 것은?

**(a)** $^{148}Eu$ **(b)** $^{157}Dy$ **(c)** $^{149}Nd$ **(d)** $^{162}Ho$ **(e)** $^{159}Gd$

### 예제 2.3
원자의 완전한 화학 기호 쓰기

마그네슘에는 질량수가 24, 25, 26인 세 가지 동위 원소가 있다. (a) 이것들의 완전한 화학 기호를 쓰시오(위 첨자와 아래 첨자 포함). (b) 각각의 동위 원소에 있는 중성자는 각각 몇 개인가?

**해답**

**(a)** 마그네슘은 원자 번호가 12이다. 따라서 모든 마그네슘에는 12개의 양성자와 12개의 전자가 있다. 이들의 기호는 각각 $^{24}_{12}Mg$, $^{25}_{12}Mg$, $^{26}_{12}Mg$이다.

**(b)** 중성자의 수는 질량수에서 양성자의 수를 뺀 값이다. 따라서 중성자의 수는 각각 12, 13, 14개가 된다.

**▶ 보충 예제**

양성자 82개, 전자 82개, 중성자 126개를 가진 원자의 완전한 화학 기호를 쓰시오.

## 자기 평가 연습 문제

**2.7** 다음 중 헬륨 원자 질량의 대부분을 차지하는 아원자 입자는?

**(a)** 전자
**(b)** 양성자
**(c)** 중성자
**(d)** 전자와 양성자
**(e)** 양성자와 중성자

**2.8** 다음 중 산소-18 동위 원소의 기호는?

**(a)** $^{10}_{8}O$
**(b)** $^{18}_{8}O$
**(c)** $^{10}_{18}O$

## 연습 문제

**2.9** 텅스텐(W) 원자의 반지름은 약 2.10 Å이다.

**(a)** 이 길이를 나노미터(nm)와 피코미터(pm) 단위로 나타내시오.

**(b)** 2.0 mm의 선을 만들기 위한 텅스텐 원자의 수는?

**(c)** 원자의 모양이 구형이라고 가정하고, W 원자 1개의 부피를 $m^3$ 단위로 구하시오.

**2.10** 표 2.1을 참조하지 말고 다음 질문에 답하시오.

**(a)** 원자를 구성하는 입자는 무엇인가?

**(b)** 전자의 전하에 대한 각 입자들의 상대적인 전하는 얼마인가?

**(c)** 어떤 입자가 가장 무거운가?

**(d)** 어떤 입자가 가장 가벼운가?

**2.11** $^{32}P$ 원자에 대해 답하시오.

**(a)** 이 원자에 있는 양성자, 중성자, 전자의 수는?

**(b)** $^{32}P$에 양성자 1개가 더해진 원자의 기호는?

**(c)** $^{32}P$에 중성자 1개가 더해진 원자의 기호는?

**(d)** (b)와 (c)에서 만들어지는 원자는 $^{32}P$의 동위 원소인가? 만약 그렇다면 어떤 것인가?

**2.12** **(a)** 원자 번호와 질량수를 정의하시오. **(b)** 이들 중 값이 달라져도 원소의 종류가 바뀌지 않는 것은?

**2.13** 다음 각 원자에 있는 양성자, 중성자, 전자의 수는?

**(a)** $^{84}Kr$ **(b)** $^{200}Hg$ **(c)** $^{59}Co$ **(d)** $^{55}Mn$ **(e)** $^{239}U$ **(f)** $^{181}Ta$

**2.14** 다음 빈칸을 채우시오. 각 열은 중성 원자를 나타내는 것으로 가정한다.

| 기호 | $^{159}Tb$ | | | | |
|---|---|---|---|---|---|
| 양성자수 | | 29 | | | 37 |
| 중성자수 | | 34 | 53 | | |
| 전자수 | | | 42 | 34 | |
| 알짜 전하 | | | | 79 | 85 |

**2.15** 위 첨자와 아래 첨자를 사용하여 다음 물질의 올바른 화학 기호를 쓰시오. 필요하다면 이 책 앞표지 안쪽의 원소 목록을 이용할 것.

**(a)** 중성자가 106개인 하프늄(Hf)의 동위 원소

**(b)** 질량수가 201인 수은(Hg)의 동위 원소

**(c)** 질량수가 187인 레늄(Re)의 동위 원소

**(d)** 양성자 수와 중성자 수가 같은 칼슘(Ca)의 동위 원소

자기 평가 연습 문제 답 **2.7** (e) **2.8** (b)

## 2.4 원자량

골프공, 테니스공, 축구공처럼 모양은 같지만 크기가 다른 물체를 쉽게 볼 수 있다. 서로 다른 원소의 원자는 크기와 무게가 다르다. 이 절이 끝나면 다음 사항을 수행할 수 있어야 한다.

- 동위 원소의 상대적인 비율로부터 원소의 원자량을 계산하기

원자는 물질의 작은 조각이며, 질량이 있다. 이 단원에서는 원자에 사용되는 질량 단위를 설명하고, **원자량**(atomic weight)의 개념을 소개한다.

## 원자 질량 척도

19세기의 과학자들은 서로 다른 원소는 질량 역시 서로 다르다는 것을 알고 있었다. 예를 들어 100.0 g의 물은 11.1 g의 수소와 88.9 g의 산소로 되어있다는 것을 알고 있었다. 따라서 물은 질량비로 수소보다 8(=88.9/11.1)배에 해당하는 산소를 포함하는 것을 알 수 있었다. 과학자들이 물은 수소 원자 2개당 1개의 산소 원자로 구성된다는 것을 알게 되자, 산소 1개는 질량비로 수소의 16(=2×8)배가 된다는 것을 알 수 있었다. 수소가 가장 가벼운 원자였으므로 수소의 상대 질량을 1(단위 없음)로 하여, 다른 원자의 질량을 상대적으로 정하였다. 따라서 산소의 원자량은 16으로 정해졌다.

오늘날 우리는 각각의 원자의 질량을 아주 정확하게 결정할 수 있다. 예를 들어 $^{1}H$ 원자의 질량은 $1.6735 \times 10^{-24}$ g이며, $^{16}O$의 질량은 $2.6560 \times 10^{-23}$ g이다. 2.3절에서 다루었듯이 매우 작은 질량을 나타낼 때에는 **원자 질량 단위(atomic mass unit)**를 이용하는 것이 편리하다.

$$1\ \text{u} = 1.66054 \times 10^{-24}\ \text{g} \quad \text{또는} \quad 1\ \text{g} = 6.02214 \times 10^{23}\ \text{u}$$

현재의 원자 질량 단위는 탄소의 $^{12}C$ 동위 원소의 질량을 정확히 12 u라고 정한 것에 따른다. 이 단위에서 $^{1}H$ 원자의 질량은 1.0078 u이며 $^{16}O$ 원자의 질량은 15.9949 u에 해당한다.

## 원자량

자연에 존재하는 대부분의 원소들은 질량이 다른 동위 원소가 섞여 있는 상태로 존재한다. 각 동위 원소의 질량과 상대적인 존재비를 곱하여 더하면(그리스 문자 시그마(Σ)로 나타냄), **원자량(atomic weight)**이라고 하는 원소의 **평균 원자 질량**(average atomic mass)을 구할 수 있다.

$$\text{원자량} = \sum_{\substack{\text{원소의 모든}\\ \text{동위 원소}}} [(\text{동위 원소의 질량}) \times (\text{동위 원소의 존재비})] \tag{2.1}$$

예를 들어, 자연계에서 발견되는 탄소는 98.93%의 $^{12}C$와 1.07%의 $^{13}C$로 이루어져 있다. 이들 동위 원소의 질량은 각각 12 u(정확히)와 13.00335 u이므로 탄소의 원자량은 다음과 같다.

$$(0.9893)(12\ \text{u}) + (0.0107)(13.00335\ \text{u}) = 12.01\ \text{u}$$

이 책의 앞표지 안쪽의 주기율표와 원소 표에 원소의 원자량이 수록되어 있다.

### 예제 2.4
**동위 원소의 존재비에 따른 원소의 원자량 계산하기**

자연계에는 $^{35}Cl$ 원자(원자 질량: 34.969 u)가 75.78%, $^{37}Cl$ 원자(원자 질량: 36.966 u)가 24.22% 존재한다. 염소의 원자량을 구하시오.

#### 해답

각 동위 원소의 질량과 존재비를 곱한 후 모두 더하면 원자량을 구할 수 있다. 75.78% = 0.7578이며, 24.22% = 0.2422이므로,

$$\begin{aligned} \text{원자량} &= (0.7578)(34.969\ \text{u}) + (0.2422)(36.966\ \text{u}) \\ &= 26.50\ \text{u} + 8.953\ \text{u} \\ &= 35.45\ \text{u} \end{aligned}$$

원자량은 실제로 원자 질량의 평균값이다. 따라서 두 동위 원소의 질량 사이의 값이며, 상대적으로 많이 존재하는 $^{35}Cl$에 가까운 값이 될 것이다. 따라서 이 값은 타당한 결과이다.

**▶ 보충 예제**

자연계에서는 세 가지의 규소 동위 원소가 발견된다. $^{28}Si$(92.23%)는 27.97693 u이고, $^{29}Si$(4.68%)는 28.97649 u이며, $^{30}Si$(3.09%)는 29.97377 u이다. 규소의 평균 원자량을 계산하시오.

## 자세히 보기 질량 분석기

원자량을 정확하게 구하는 방법은 **질량 분석기**(mass spectrometer)를 사용하는 것이다(그림 2.10). 다양한 디자인의 질량 분석기가 있지만, 작동하는 원리는 유사하다. 첫 번째 단계는 원자나 분자를 기체 상태로 만드는 것이다. 시료가 기체 상태인 경우도 있지만, 기체가 아닐 경우에는 열, 전기장, 레이저 펄스 등을 이용하여 시료를 기화시킨다. 다음은 기체 원자나 분자를 (+)로 하전된 입자, 즉 **이온**(ion)으로 만드는 것이다. 높은 에너지의 전자살을 조사하거나 다른 기체 분자와의 화학 반응 등의 다양한 방법으로 이온을 만든다. 기체 상태의 이온이 만들어지면 (−)로 하전된 금속망(grid)을 향해 이온을 가속시킨다. 금속망을 통과하면 두 개의 슬릿을 이용하여 가는 이온살 형태가 된다. 이 이온살의 경로는 자석 사이를 지나면서 휘어지게 된다. 이온의 전하가 같다면 그 휘어지는 정도는 질량에 따라서만 달라진다. 무거운 이온일수록 덜 휘어지므로 질량에 따라 이온이 분리된다. 자기장의 세기를 변화시키거나 금속망에 걸어 주는 전압을 바꾸어 주면 선택된 질량의 이온만이 검출기로 들어가게 된다.

이온 원자의 질량에 대한 검출기 신호의 세기를 나타내는 그래프를 **질량 스펙트럼**(mass spectrum)이라고 한다(그림 2.11). 질량 스펙트럼을 분석하면 검출기에 도달하는 입자의 질량을 알 수 있으며, 신호의 세기로부터 상대적인 존재비를 구할 수 있다. 각 동위 원소의 원자 질량과 존재비를 알면, 예제 2.4와 같이 원소의 원자량을 구할 수 있다.

질량 분석기는 화합물을 확인하고 혼합물을 분석하는 데 광범위하게 이용되고 있다. 전자를 잃은 분자는 양전하를 띤 여러 조각의 이온으로 분해될 수 있다. 질량 분석기는 이러한 조각 이온들의 질량을 측정하며, 질량 스펙트럼은 분자를 확인하는 데 화학적 '지문(fingerprint)'처럼 사용될 수 있다. 또한 분자 내에서 원자들이 결합되어 있는 방식에 대한 정보를 얻을 수 있다. 따라서 화학자들은 새롭게 합성한 화합물의 구조를 분석하거나, 환경 오염 물질을 확인하는 등에 질량 분석기를 사용한다.

**관련 연습 문제: 2.19, 2.73, 2.74, 2.99, 2.109, 2.110**

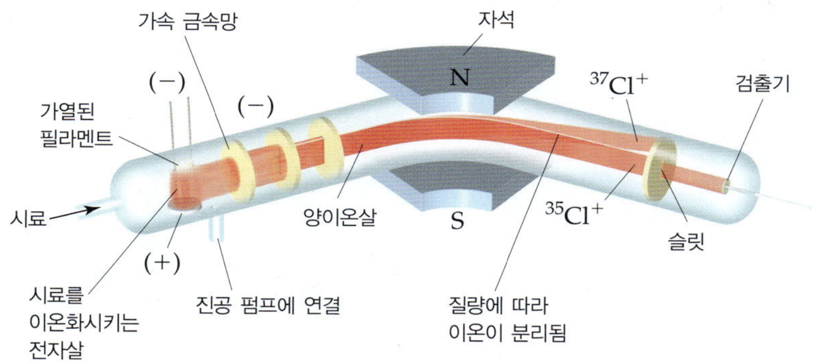


▲ 그림 2.10 질량 분석기 Cl 원자는 먼저 $Cl^+$로 이온화된 후 전기장으로 가속되어 자기장을 통과하게 된다. Cl의 두 동위 원소로부터 만들어진 이온은 자기장을 지나면서 경로가 달라진다.

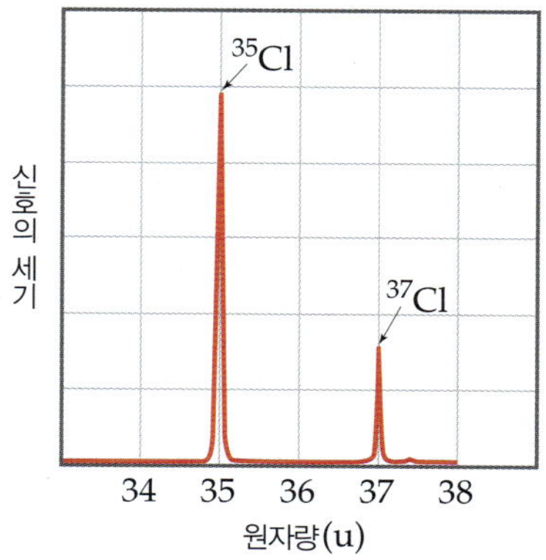


▲ 그림 2.11 염소 원자의 질량 스펙트럼 $^{35}Cl$과 $^{37}Cl$ 동위 원소의 존재비가 질량 분석기의 검출기 신호의 상대적인 세기로 나타난다.

## 자기 평가 연습 문제

**2.16** 브로민의 두 가지 주요 동위 원소는 존재비가 비슷한 $^{79}Br$과 $^{81}Br$이다. 계산기를 사용하지 말고 브로민의 원자량을 구하시오.

(a) ~79 u
(b) ~80 u
(c) ~81 u

## 연습 문제

**2.17** (a) 원자 질량 단위의 기준이 되는 원소는 무엇인가? (b) 붕소의 원자량은 10.81로 알려져 있다. 그러나 어떤 붕소 원자도 10.81 u에 해당하는 질량을 갖고 있지 않다. 그 이유를 설명하시오.

**2.18** 철에는 3가지의 주요 동위 원소가 있다: $^{54}Fe$(원자 질량 = 53.9396 u; 존재비 5.85%), $^{56}Fe$(원자 질량 = 55.9349 u; 존재비 91.75%), $^{57}Fe$(원자 질량 = 56.9354 u; 존재비 2.12%). 철의 원자량을 구하시오.

**2.19** (a) Thomson의 캐소드선관(그림 2.3)과 질량 분석기(그림 2.10)에서는 모두 전기장과 자기장을 이용하여 전하를 띤 입자를 굴절시킨다. 각각의 실험에서 전하를 띤 입자는 무엇인가?
(b) 질량 스펙트럼의 축들은 각각 어떤 값에 해당하는가?
(c) 어떤 원자의 질량 분석 스펙트럼을 얻으려면, 원자는 한 개 혹은 그 이상의 전자를 잃어야 한다. 그 이유는 무엇인가? 동일한 전기장과 자기장 하에서, $Cl^+$와 $Cl^{2+}$ 이온 중 더 많이 휘어지

는 것은?

**2.20** 자연계에서 얻어지는 납 동위 원소의 존재비는 다음과 같다.

| 동위 원소 | 존재비(%) | 원자 질량(u) |
|---|---|---|
| $^{204}Pb$ | 1.4 | 203.9730 |
| $^{206}Pb$ | 24.1 | 205.9744 |
| $^{207}Pb$ | 22.1 | 206.9759 |
| $^{208}Pb$ | 52.4 | 207.9766 |

**(a)** Pb의 평균 원자 질량은?
**(b)** Pb의 질량 스펙트럼을 대략적으로 그리시오.

자기 평가 연습 문제 답 **2.16** (b)

## 2.5 | 주기율표

금속은 반짝인다는 공통점이 있다. 하지만, 많은 원소가 겉으로 보이는 형태가 다름에도 비슷한 반응성을 보인다. 주기율표에 원소들을 배치한 것은 성공적인 원소 분류법이었다. 주기율표를 이용하면 원소 특성의 경향을 이해하고, 화학 반응성을 예측할 수 있으며, 아직 발견되지 않은 원소의 특성을 제안할 수도 있다.

이 절이 끝나면 다음 사항을 수행할 수 있어야 한다.

- 주기율표의 전반적인 설명

1800년대 초까지 많은 수의 원소가 알려지면서, 화학자들은 원소의 화학적 경향성을 찾으려고 시도하였다. 이와 같은 노력으로 1869년 마침내 주기율표가 만들어지게 되었다. 뒤에서 좀 더 구체적으로 설명하겠지만, 주기율표가 얼마나 중요하고 유용한지는 이해하여야 한다. 학생들은 곧 **주기율표가 화학자들이 화학적 사실을 정리하고 기억하기 위한 가장 유용한 도구**라는 것을 알게 될 것이다.

많은 원소는 서로 강한 유사성을 보인다. 리튬(Li), 소듐(Na), 포타슘(K)은 모두 매우 무르고 반응성이 큰 금속들이다. 헬륨(He), 네온(Ne), 아르곤(Ar) 등의 원소들은 반응성이 거의 없는 기체이다. 원소들을 원자 번호 순서로 배열하면, 화학적, 물리적 성질이 비슷한 원소가 반복해서 **주기적**으로 나타난다. 예를 들면 **그림 2.12**에서처럼 반응성이 없는 헬륨, 네온, 아르곤 등의 기체 바로 다음에 무르고 반응성이 큰 리튬, 소듐, 포타슘 등이 위치한다.

**만약 F가 반응성이 큰 비금속이라면, 여기에서 보여 주는 원소 중 비슷한 특성을 갖고 있을 것으로 예상되는 비금속 원소는 무엇인가?**

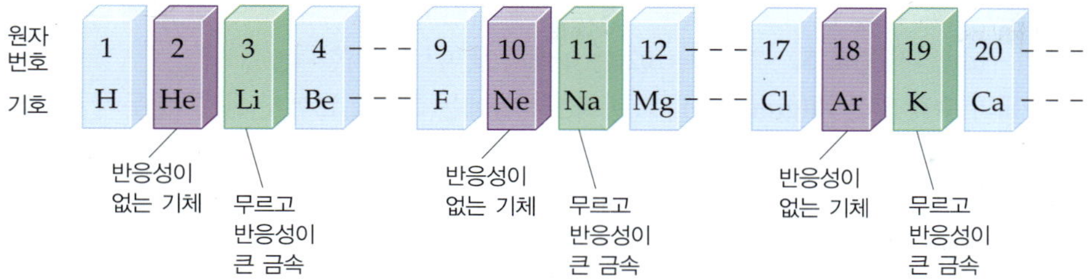


▲ **그림 2.12** 원소를 원자 번호 순으로 배열하면 특성이 주기적으로 나타난다. 이러한 경향성이 주기율표의 기초가 된다.

원소들을 원자 번호 순으로 배열하여, 비슷한 성질의 원소들이 수직으로 배열되게 만든 것을 **주기율표(periodic table)**라고 한다(그림 2.13). 주기율표에 있는 각각의 원소는 원자 번호, 원소 기호, 원자량을 다음과 같은 방법으로 표기한다.

여러분은 다른 교재나 또는 강의실에 있는 주기율표 사이에 약간씩 차이가 있는 것을 발견할지도 모른다. 하지만 이것은 표기 방법이나 원소에 대한 정보의 차이에 의한 것이며, 주기율표가 갖고 있는 근본적인 의미에는 차이가 없다.

**주기**–가로줄

**족**–수직 열에는 비슷한 성질의 원소가 위치함

원소는 원자 번호 순으로 배열됨

계단형 선은 금속과 비금속의 경계선임

| | 1 | 2 | 3 | 4 | 5 | 6 | 7 | 8 | 9 | 10 | 11 | 12 | 13 | 14 | 15 | 16 | 17 | 18 |
|---|---|---|---|---|---|---|---|---|---|---|---|---|---|---|---|---|---|---|
| 1 | 1 H | | | | | | | | | | | | | | | | | 2 He |
| 2 | 3 Li | 4 Be | | | | | | | | | | | 5 B | 6 C | 7 N | 8 O | 9 F | 10 Ne |
| 3 | 11 Na | 12 Mg | | | | | | | | | | | 13 Al | 14 Si | 15 P | 16 S | 17 Cl | 18 Ar |
| 4 | 19 K | 20 Ca | 21 Sc | 22 Ti | 23 V | 24 Cr | 25 Mn | 26 Fe | 27 Co | 28 Ni | 29 Cu | 30 Zn | 31 Ga | 32 Ge | 33 As | 34 Se | 35 Br | 36 Kr |
| 5 | 37 Rb | 38 Sr | 39 Y | 40 Zr | 41 Nb | 42 Mo | 43 Tc | 44 Ru | 45 Rh | 46 Pd | 47 Ag | 48 Cd | 49 In | 50 Sn | 51 Sb | 52 Te | 53 I | 54 Xe |
| 6 | 55 Cs | 56 Ba | 71 Lu | 72 Hf | 73 Ta | 74 W | 75 Re | 76 Os | 77 Ir | 78 Pt | 79 Au | 80 Hg | 81 Tl | 82 Pb | 83 Bi | 84 Po | 85 At | 86 Rn |
| 7 | 87 Fr | 88 Ra | 103 Lr | 104 Rf | 105 Db | 106 Sg | 107 Bh | 108 Hs | 109 Mt | 110 Ds | 111 Rg | 112 Cn | 113 Nh | 114 Fl | 115 Mc | 116 Lv | 117 Ts | 118 Og |

| 57 La | 58 Ce | 59 Pr | 60 Nd | 61 Pm | 62 Sm | 63 Eu | 64 Gd | 65 Tb | 66 Dy | 67 Ho | 68 Er | 69 Tm | 70 Yb |
|---|---|---|---|---|---|---|---|---|---|---|---|---|---|
| 89 Ac | 90 Th | 91 Pa | 92 U | 93 Np | 94 Pu | 95 Am | 96 Cm | 97 Bk | 98 Cf | 99 Es | 100 Fm | 101 Md | 102 No |

□ 금속
□ 준금속
□ 비금속

▲ **그림 2.13** 원소의 주기율표

주기율표의 가로줄을 **주기**(**period**)라고 한다. 첫 번째 주기에는 수소(H)와 헬륨(He), 두 원소만 있다. 두 번째와 세 번째 주기는 각각 8개의 원소로 이루어져 있다. 네 번째와 다섯 번째 주기에는 각각 18개의 원소가 있다. 여섯 번째 주기에는 32개의 원소가 있으나, 종이 한 쪽에 그릴 수 있도록 14개의 원소(원자 번호 57~70, 89~102)는 아래쪽에 따로 배치한다.

주기율표의 수직 열을 **족**(**group**)이라고 한다. 각 열에는 그림 2.13에서 볼 수 있듯이 1에서 18까지의 번호를 붙였다.

이 책에서는 IUPAC에서 제안한 방법에 따라 1에서 18의 번호로 각 족을 구분하였다.

동일한 족에 속하는 원소들은 흔히 화학적 성질과 물리적 성질이 비슷하다. 예를 들어 '화폐주조 금속(coinage metal)'—구리(Cu), 은(Ag), 금(Au)—은 11족에 속한다. 이들 원소는 다른 금속에 비해 반응성이 매우 낮기 때문에 전 세계적으로 화폐주조에 널리 사용된다. 주기율표의 다른 족들도 표 2.3과 같이 명칭을 붙여 사용한다.

같은 족 원소들은 원자의 외각에 있는 전자의 배열 형태가 같기 때문에 성질이 유사하다는 것을 앞으로 6장과 7장에서 배울 것이다. 그러나 주기율표를 효과적으로 이용하기 위하여 그때까지 기다릴 필요는 없다. 애초에 주기율표는 전자의 존재를 알지 못하였던 화학자들에 의해 만들어졌기 때문이다. 화학자들이 주기율표를 만들 때 그랬던 것처럼, 우리는 주기율표를 이용하여 원소 간의 상관관계를 예측하고, 많은 화학적 정보를 쉽게 기억할 수 있을 것이다.

그림 2.13의 색깔 표시를 보면, 주기율표의 왼쪽과 중앙에 있는 원소들은 수소를 제외하고는 모두 **금속 원소**(**metallic element**, 또는 **금속**(**metal**))이다. 모든 금속 원소는 광택이 있으며, 전기 및 열의 전도도가 높다는 공통점이 있다. 또한 수은(Hg)을 제외한 모든 금속은 상온에서 고체이다.* 붕소(B)에서 아스타틴(At)에 이르는 계단 모양의 선을 따라 금속과 **비금속 원소**(**nonmetallic element**, 또는 **비금속**(**nonmetal**))로 나뉜다(수소는 주기율표의 왼쪽에 있지만 비금속임에 유의하라). 상온에서 비금속은 기체나 고체 상태로 존재하며, 액체 상태인 비금속 원소는 1개가 있다. 비금속은 일반적으로 모양(그림 2.14)이나 물리적 성질이 금속과는 다르다. 금속과 비금속을 분류하는 선을 따라 놓여 있는 몇몇 원소들은 금속과 비금속의 중간적 성질을 나타낸다. 이들 원소를 흔히 **준금속**(**metalloid**)이라고 한다.

**표 2.3 주기율표에서 몇 가지 족의 명칭**

| 족 | 명칭 | 원소 |
|---|---|---|
| 1 | 알칼리 금속 | Li, Na, K, Rb, Cs, Fr |
| 2 | 알칼리 토금속 | Be, Mg, Ca, Sr, Ba, Ra |
| 16 | 칼코젠(chalcogen) | O, S, Se, Te, Po |
| 17 | 할로젠 | F, Cl, Br, I, At |
| 18 | 비활성 기체 | He, Ne, Ar, Kr, Xe, Rn |

*모든 금속은 충분히 가열하면 액체가 된다. Hg의 녹는점이 다른 모든 금속보다 낮을 뿐이다. 소듐(Na), 포타슘(K), 루비듐(Rb), 세슘(Cs), 갈륨(Ga)은 상온에서 고체지만, 100 °C 이하에서 녹는다.

**아래 그림에서 금속의 겉모양이 비금속과 다른 점 두 가지는?**

금속 비금속

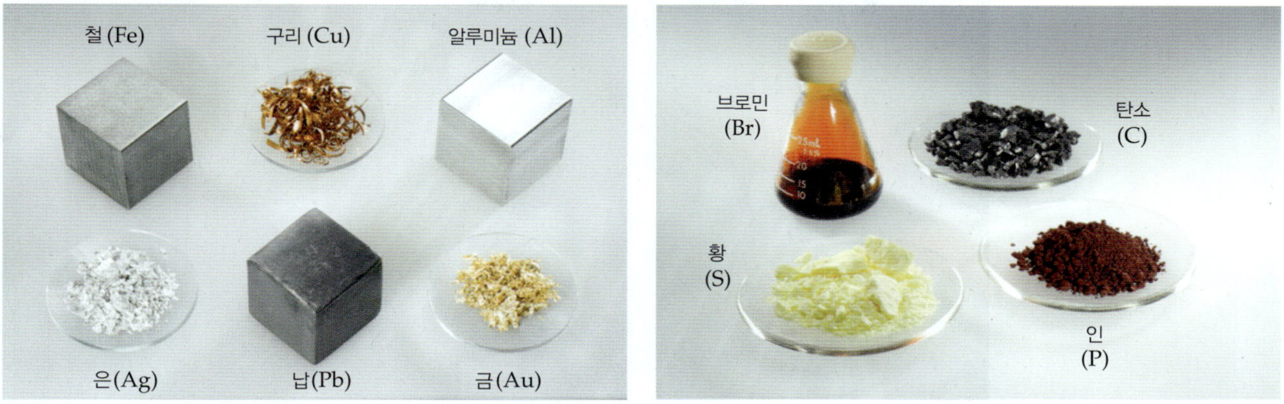


▲ 그림 2.14 금속과 비금속의 예

## 예제 2.5
### 주기율표 사용하기

다음 중 화학적, 물리적 성질이 비슷하리라고 예상되는 두 원소를 고르시오.
B, Ca, F, He, Mg, P

**해답**

주기율표의 같은 족에 속한 원소들은 성질이 비슷할 것으로 예상할 수 있다. 따라서 같은 족(2족, 알칼리 토금속)에 있는 Ca와 Mg는 성질이 비슷할 것으로 추측할 수 있다.

**▶ 보충 예제**

Na(소듐)와 Br(브로민)의 주기율표에서의 위치는? 각각의 원자 번호를 쓰시오. 또 이들이 각각 금속인지, 준금속인지, 비금속인지 쓰시오.

## 자기 평가 연습 문제

**2.21** 상온에서 할로젠에 속한 원소 중 두 개는 기체, 한 개는 액체, 다른 두 개는 고체이다. 이렇게 물리적 특성은 명백히 다르지만, 이들 원소의 화학적 특성은 매우 유사하다. 다음 중 할로젠으로 분류되는 원소는?

**(a)** Li, Be, B, C, N, O, F, Ne
**(b)** Be, Mg, Ca, Sr, Ba, Ra
**(c)** F, Cl, Br, I, At

## 연습 문제

**2.22** 다음 원소들의 화학 기호, 주기율표에서의 위치, 원자 번호는? 또한 금속, 준금속, 비금속 중 어디에 해당하는지를 나타내시오.
**(a)** 라돈 **(b)** 텔루륨(tellurium) **(c)** 카드뮴 **(d)** 크로뮴 **(e)** 바륨 **(f)** 셀레늄 **(g)** 황

**2.23** 14족 원소는 족의 밑으로 내려가면서 특성이 매우 흥미롭게 변한다. 이 족에 있는 각 원소의 화학 기호를 쓰고, 금속, 준금속, 비금속 중 어디에 해당하는지를 나타내시오.

자기 평가 연습 문제 답 **2.21** (c)

# 2.6 분자와 분자 화합물

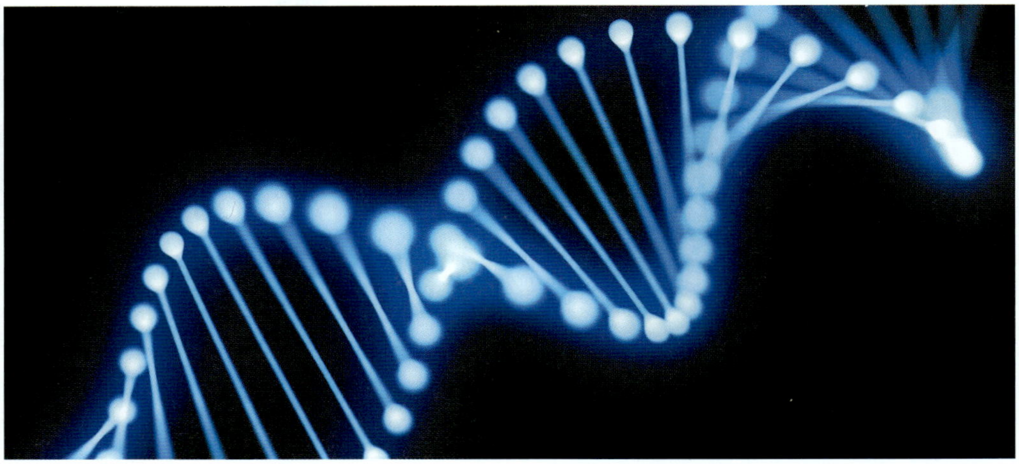

모든 유기체의 유전 정보가 포함되어 있는 DNA는 가장 복잡한 분자 중의 하나이지만, C, H, O, N, P의 다섯 종류의 원소로만 이루어져 있다. 원소들이 어떻게 합쳐지는가를 아는 것은 화학을 이해하는 기초가 된다. 이 절이 끝나면 다음 사항을 수행할 수 있어야 한다.

- 분자를 표시하는 식의 종류 이해하기

원소의 가장 작은 단위는 원자이다. 비활성 기체만이 자연계에서 고립된 원자 상태로 존재한다. 대부분의 물질은 원자로부터 생성된 분자 또는 이온으로 구성되어 있다. 여기서는 분자에 대하여 알아보기로 한다. 이온에 대하여는 2.7절에서 살펴볼 것이다.

## 분자와 화학식

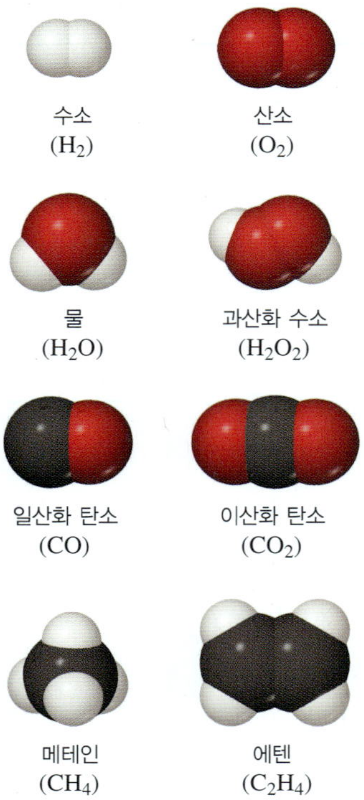


▲ **그림 2.15 분자 모형** 화학식이 분자의 성분과 어떤 관계인지를 주목하라.

몇몇 원소들은 자연계에서 같은 종류의 원자들이 둘 이상 서로 결합하여 이루어진 분자 형태로 발견된다. 예를 들면 공기 중에서 발견되는 산소는 2개의 산소 원자로 이루어진 분자로 구성되어 있다. 1.2절에서 보았듯이, 우리는 이 분자 상태의 산소를 $O_2$라는 **화학식(chemical formula)**으로 나타내고, '오 투(oh two)'라고 읽는다. 화학식의 아래 첨자는 산소 분자가 2개의 산소 원자로 이루어져 있다는 것을 나타낸다. 이와 같이 2개의 원자로 이루어진 분자를 **이원자 분자(diatomic molecule)**라고 한다.

산소는 **오존**(ozone)이라고 알려진 다른 형태의 분자로도 존재한다. 오존 분자는 3개의 산소 원자로 이루어져 있기 때문에 화학식은 $O_3$이다. '보통의' 산소($O_2$)와 오존($O_3$)은 둘 다 산소 원자로 이루어져 있지만, 이들의 화학적, 물리적 성질은 매우 다르다. 예를 들면 생명체에게 $O_2$는 필수적이지만 $O_3$는 유독하다. $O_2$는 냄새가 없지만 $O_3$는 비린내 같은 자극성 냄새가 있다.

일반적으로 이원자 분자의 형태로 존재하는 원소에는 수소($H_2$), 산소($O_2$), 질소($N_2$), 할로젠($F_2$, $Cl_2$, $Br_2$, $I_2$)이 있다. 수소를 제외한 이원자 분자들은 주기율표의 오른쪽에 모여 있다.

분자로 이루어진 화합물을 **분자 화합물(molecular compound)**이라 하며, 두 가지 이상의 원자들을 포함한다. 예를 들면 메테인(methane)은 1개의 탄소 원자와 4개의 수소 원자로 이루어져 있으며, 화학식은 $CH_4$가 된다. 탄소에 아래 첨자가 없는 것은 메테인 분자 1개에 탄소 원자 1개가 있음을 보여 준다. 그림 2.15는 원소 상태 및 화합물 상태로 존재하는 몇몇 분자를 보여 준다. 각 물질의 조성이 화학식에 따라 어떻게 달라지는지 유의하라. 또한, 이 물질들은 모두 비금속 원소로 이루어져 있음에 유의하자.

**우리가 보는 대부분의 분자성 물질은 비금속 원소로만 이루어져 있다.**

### 분자식과 실험식

분자를 구성하는 원자의 수와 종류를 나타내는 화학식을 **분자식**(molecular formula)이라고 한다(그림 2.15에 있는 화학식은 분자식이다). 그리고 분자 내에 존재하는 원자의 종류와 상대적인 수를 나타내는 화학식을 **실험식**(empirical formula)이라고 한다. 실험식에 있는 아래 첨자들은 항상 가장 작은 정수비를 나타낸다. 예를 들면 과산화 수소의 분자식은 $H_2O_2$이며 실험식은 HO이다. 에텐의 분자식은 $C_2H_4$이며, 실험식은 $CH_2$이다. 물 분자($H_2O$)와 같이 많은 물질은 분자식과 실험식이 같다.

어떤 화합물의 분자식을 알면 그 분자의 실험식도 알 수 있다. 하지만 그 반대의 경우는 가능하지 않다. 어느 물질의 실험식을 알고 있다고 할지라도 추가 정보가 없으면 분자식을 알아낼 수 없다. 그런데 화학자들은 왜 어떤 물질의 실험식에 관심을 가지는가? 3장에서 알게 되겠지만 몇 가지 자주 사용하는 물질 분석법은 그 결과로부터 실험식만 알아낼 수 있기 때문이다. 예를 들어 과산화 수소($H_2O_2$)를 원소 상태로 분해하여 무게를 측정하면, 수소와 산소 원자가 같은 수로 존재하는 것을 확인할 수 있을 것이다. 하지만 원래의 분자식이 HO, $H_2O_2$, $H_3O_3$ 등에서 어떤 분자에 해당하는지를 알 수는 없다. 일단 실험식이 결정되면, 추가 실험을 통하여 실험식을 분자식으로 바꾸기위해 필요한 정보를 얻을 수 있다. 또한 이온 결합 화합물과 같이 독립된 분자로 존재하지 않는 물질들도 있다. 이 경우에는 실험식으로 그 물질을 나타낸다.

#### 예제 2.6
실험식과 분자식의 연관성

다음 분자들의 실험식을 쓰시오. (a) 글루코스: 혈당 또는 덱스트로스(dextrose)라고 알려진 분자식이 $C_6H_{12}O_6$인 물질
(b) 산화 이질소: 마취제로 사용되고 보통 '웃음 가스(laughing gas)'라 부르는 분자식이 $N_2O$인 물질

**해답**

**(a)** 실험식의 아래 첨자는 가장 작은 정수의 비를 나타낸다. 최소 정수비는 각 아래 첨자를 최대공약수로 나누어 얻는다. 이 경우는 6이다. 따라서 실험식은 $CH_2O$이 된다.

**(b)** $N_2O$의 아래 첨자는 이미 최소 정수비이므로 산화 이질소의 실험식은 분자식 $N_2O$와 같다.

▶ **보충 예제**

탄소 산화물의 일종인 이산화 사탄소(tetracarbon dixoide)는 불안정한 물질이며, 분자 구조는 아래 그림과 같다.

이 물질의 분자식과 실험식은?
**(a)** $C_2O_2$, $CO_2$ **(b)** $C_4O$, CO **(c)** $CO_2$, $CO_2$ **(d)** $C_4O_2$, $C_2O$
**(e)** $C_2O$, $CO_2$

### 분자 그리기

어떤 물질의 분자식은 그 물질의 조성을 요약한 것이다. 그러나 분자를 구성하는 원자가 어떻게 결합되어 있는지를 보여 주지는 않는다. 분자를 구성하는 원자들이 분자 내에서 어떻게 결합하고 있는지 알기 위해서는 다음과 같은 **구조식**(structural formula)이 필요하다.

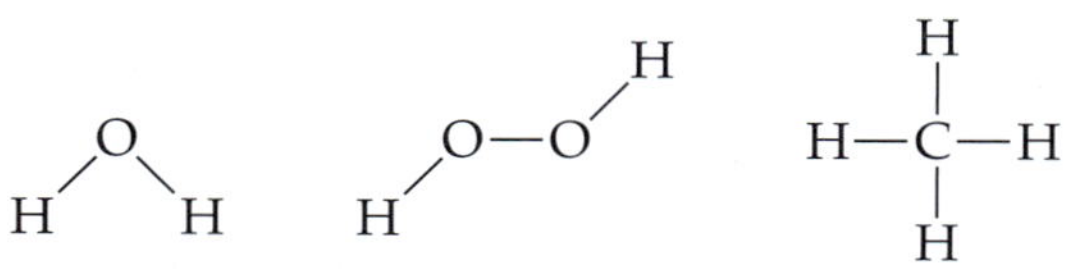

물 과산화 수소 메테인

원자들은 원소 기호로, 원자들이 서로 연결된 결합은 선으로 나타낸다.

**공–막대 모형과 공간 채움 모형 중, 중심 원자 주위의 결합각을 나타내는 데 보다 효과적인 것은 어느 것인가?**

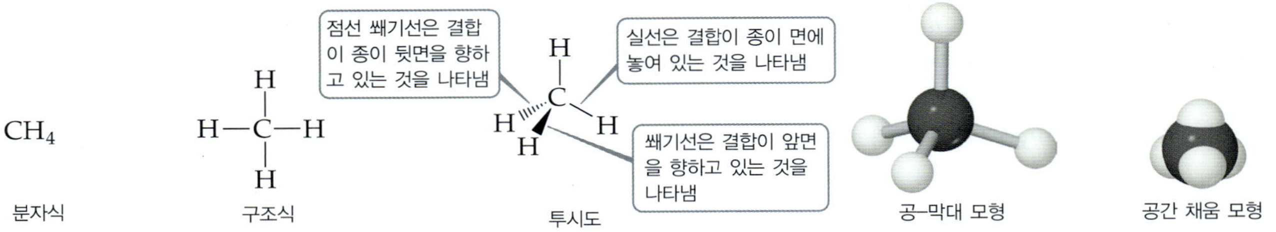


▲**그림 2.16** 메테인($CH_4$) 분자의 서로 다른 표기법 구조식, 투시도, 공–막대 모형, 공간 채움 모형

일반적으로 구조식으로부터 원자 간의 결합각과 같은 분자의 기하학적 구조를 알 수 있는 것은 아니다. 원자들이 어떤 각도로 결합되어 있는가를 나타내기 위해서는 보다 정교한 방법이 필요하다(**그림 2.16**).

- **투시도**(**perspective drawing**)에서는 쐐기선과 점선으로 종이면에 있지 않은 결합을 나타낸다. 이 방법으로 분자의 3차원적인 모양을 짐작할 수 있다.
- **공–막대 모형**(**ball-and-stick model**)에서는 원자를 공으로, 결합을 막대로 나타낸다. 이 모형의 장점은 분자 내에서 원자들이 결합한 각도를 정확하게 나타낼 수 있다는 것이다(그림 2.16). 일반적으로 원자들을 색으로 구분하지만, 원소 기호를 공에 적어 넣기도 한다.
- **공간 채움 모형**(**space-filling model**)에서는 원자의 크기를 확대하면 분자가 어떤 형태가 될 수 있는가를 보여 준다(그림 2.16). 이 모형은 원자의 상대적 크기를 보여 준다. 그러나 분자의 기하 구조를 파악할 때 유용한 원자간 각도는 공–막대 모형의 경우에 비하여 알아보기 어렵다. 각 원자의 종류는 공–막대 모형의 경우와 같이 색깔로 나타내거나 원소 기호를 써넣어 구별한다.

## 자기 평가 연습 문제

**2.24** 운동을 격렬히 하다 보면, 근육 조직에 젖산이 쌓여 쥐가 나는 경우가 있다. 젖산의 분자식은 $C_3H_6O_3$이다. 실험식은 무엇인가?

(**a**) CHO (**b**) $CH_2O$ (**c**) $C_3H_6O_3$

## 연습 문제

**2.25** 아래 그림은 *n*-뷰테인과 아이소뷰테인의 구조식이다.

(**a**) 각각의 분자식을 쓰시오.

(**b**) 각각의 실험식을 쓰시오.

(**c**) 두 화합물을 구분하려면 실험식, 분자식, 구조식 중 어떤 것을 사용해야 하는가?

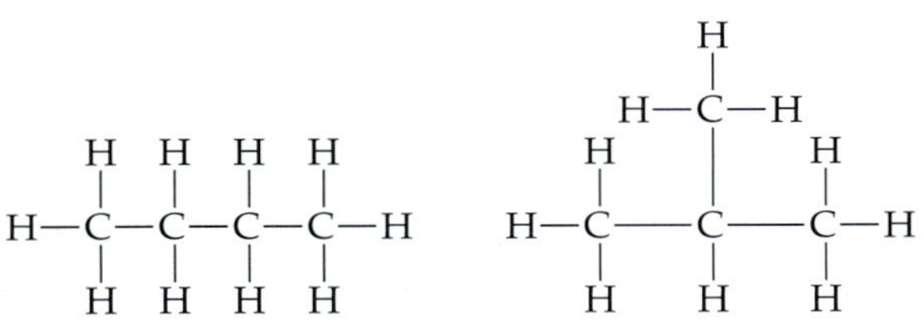

*n*-뷰테인 아이소뷰테인

**2.26** 다음 각 화합물의 분자식과 실험식은 무엇인가?

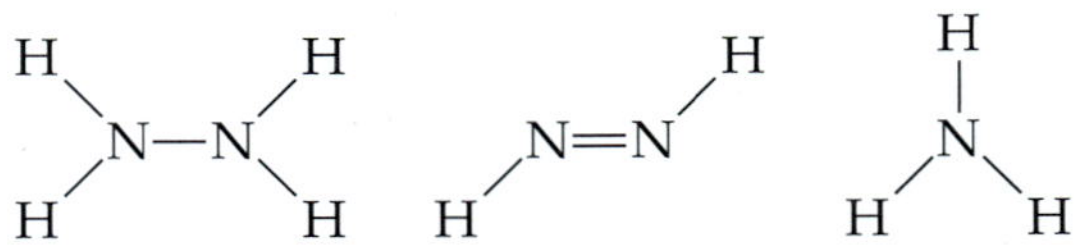

**2.27** 분자식이 다음과 같은 각 화합물의 실험식을 쓰시오.

(**a**) $Al_2Br_6$ (**b**) $C_8H_{10}$ (**c**) $C_4H_8O_2$

(**d**) $P_4O_{10}$ (**e**) $C_6H_4Cl_2$ (**f**) $B_3N_3H_6$

**2.28** 다음 각 분자에는 몇 개의 수소 원자가 있는가?

(**a**) $C_2H_5OH$ (**b**) $Ca(C_2H_5COO)_2$ (**c**) $(NH_4)_3PO_4$

**2.29** 다음 분자 모형이 다음과 같은 화합물의 분자식과 구조식을 쓰시오.

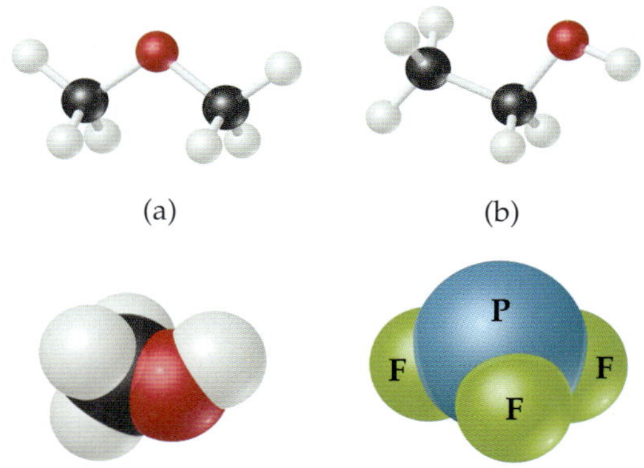


(a) (b) (c) (d)

자기 평가 연습 문제 답 **2.24** (b)

## 2.7 | 이온과 이온 결합 화합물

소금(salt)은 우리의 음식물에 필수적으로 사용되고 있다. 과거 소금이 귀한 지역에서는 그 가격이 매우 높았다. 로마 시대의 군인들은 봉급의 일부로 소금(*sal*은 라틴어로 salt를 의미한다)을 할당받았으며, 이것이 '봉급(salary)'이라는 단어의 기원이 되었다. 이 절이 끝나면 다음 사항을 수행할 수 있어야 한다.

- 1, 2, 15, 16, 17족 원소로부터 만들어지는 이온의 전하 예측하기
- 이온의 전하가 주어졌을 때, 이온 결합 화합물의 식 쓰기

원자가 전자를 잃거나 얻게 되면, **이온**(ion)이라고 하는 전하를 띤 입자가 만들어진다. 양전하를 띤 이온을 **양이온**(cation)이라고 하며, 음전하를 띤 이온을 **음이온**(anion)이라고 한다.

예를 들어 11개의 양성자와 11개의 전자로 이루어진 소듐 원자를 생각해 보자. 이 원자가 1개의 전자를 잃으면 양성자 11개와 전자 10개가 남으며 실제 전하는 1+가 된다.

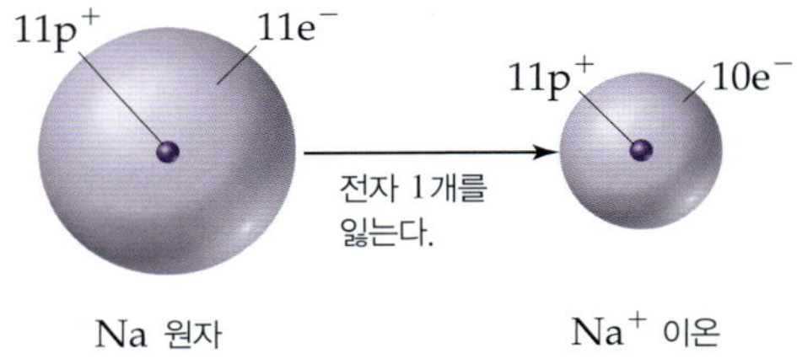


이온의 실제 전하는 위 첨자로 나타낸다. 위 첨자 +, 2+, 3+는 각각 전자를 1개, 2개, 3개씩 잃어버릴 때 생기는 실제 전하를 의미한다. 위 첨자 −, 2−, 3−는 각각 전자를 1개, 2개, 3개 얻을 때 생기는 전하를 의미한다. 양성자 17개와 전자 17개로 이루어진 염소는 흔히 화학 반응에서 전자 1개를 얻어 다음과 같이 $Cl^-$ 이온을 형성한다.

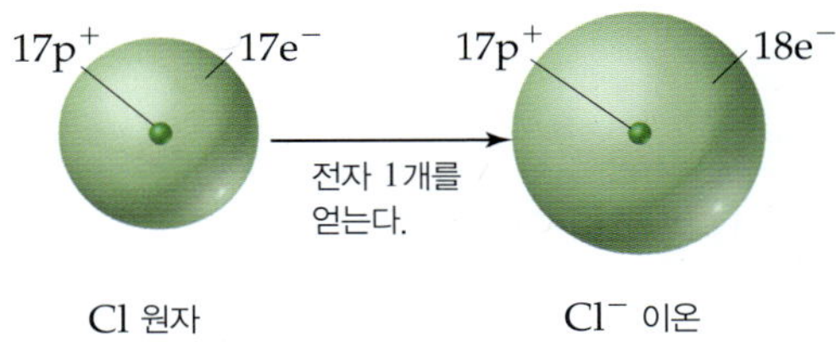


**일반적으로 금속 원자는 전자를 잃어 양이온이 되려는 경향이 있고, 비금속 원자는 전자를 얻어 음이온이 되려는 경향이 있다. 따라서 이온 결합 화합물은 NaCl과 같이, 금속과 비금속의 결합으로 이루어지는 경향이 있다.**

## 예제 2.7
### 이온의 화학 기호 쓰기

다음 이온들의 질량수와 위 첨자를 포함한 완전한 화학 기호를 쓰시오.
(a) 양성자 22개, 중성자 26개, 전자 19개로 이루어진 이온
(b) 중성자가 16개, 전자가 18개인 황 이온

### 해답

**(a)** 양성자수는 원소의 원자 번호이다. 주기율표와 원소 목록에서 양성자가 22개(원자 번호 22)인 원소는 타이타늄(Ti)이다. 이 타이타늄의 동위 원소의 질량수는 22+26=48(양성자와 중성자수의 합)이다. 전자수에 비하여 양성자수가 3개 더 많으므로 실제 전하는 3+이다. 그러므로 이 이온의 완전한 화학 기호는 $^{48}Ti^{3+}$이다.

**(b)** 주기율표에 의하면 황(원소 기호 S)은 원자 번호가 16이라는 것을 알 수 있다. 따라서 이 원자의 양성자 수는 16이다. 또한 이 이온의 중성자 수는 16이므로 질량수는 16+16=32이다. 이 이온에는 16개의 양성자와 18개의 전자가 있으므로 전자는 양성자보다 2개 많고, 실제 전하는 2−이다. 따라서 완전한 화학 기호는 $^{32}S^{2-}$이다.

일반적으로 특정한 동위 원소에 대해 설명하는 경우가 아니라면 이온의 실제 전하만 표시하고, 질량수는 표시하지 않는다.

**▶ 보충 예제**

다음 중 양성자수와 전자수의 차이가 가장 큰 물질은?
**(a)** $Tl^{2+}$ **(b)** $P^{3-}$ **(c)** Mn **(d)** $Se^{2-}$ **(e)** $Ce^{4+}$

$Na^+$나 $Cl^-$와 같은 간단한 단원자 이온뿐만 아니라, $NH_4^+$(암모늄 이온)나 $SO_4^{2-}$(황산 이온) 같은 **다원자 이온(polyatomic ion)**도 있다. 이 이온들은 원자들이 분자와 같은 형태로 결합되어 있지만, 실제로는 양전하나 음전하를 띤다. 2.8절에서 다원자 이온을 설명할 것이다.

이온의 화학적 성질이 이들을 이루고 있는 원래 원자와는 매우 다르다는 것을 알아야 한다. 전자를 몇 개 얻거나 잃으면, 원래 원자와는 전혀 다른 특성을 갖게 된다. 예를 들어 소듐 금속은 물과 격렬하게 반응하지만, 소듐을 포함하는 NaCl 같은 이온 결합 화합물은 물과 반응하지 않는다.

## 이온 전하 예측하기

표 2.3에 표시된 것과 같이, 18족 원소들을 비활성 기체(noble gas) 원소라고 한다. 많은 원자는 전자를 잃거나 얻음으로써 주기율표상에서 가장 가까이 있는 비활성 기체와 비슷한 수의 전자를 갖게 된다. 원자들이 이러한 전자 배열을 하려고 하는 경향은, 비활성 기체와 같은 전자 배열을 하면 매우 안정한 물질이 되기 때문이라고 추론할 수 있다. 비활성 기체와 이웃한 원소들은 전자를 잃거나 얻어 안정한 전자 배치가 이루어질 수 있다. 예를 들어 Na 원자가 전자 하나를 잃으면 중성의 Ne(원자 번호 10)과 같은 전자 배치를 할 수 있다. 마찬가지로 Cl 원자가 전자 하나를 얻으면 18개로 되고, 원자 번호 18의 Ar 같은 전자 배치가 된다. 8장에서 화학 결합을 다룰 때까지, 이와 같이 간단한 이온 생성 개념을 사용할 것이다.

### 예제 2.8
**이온 전하 예측하기**

바륨과 산소 각각으로부터 만들어질 수 있는 가장 안정한 이온의 전하를 예측하시오.

**해답**

바륨과 산소 이온은 가장 가까운 비활성 기체 원자와 같은 수의 전자를 갖게 될 것으로 예상할 수 있다. 주기율표로부터 바륨의 원자 번호는 56임을 알 수 있다. 가장 가까운 이웃 비활성 기체는 원자 번호 54의 Xe이다. 따라서 바륨은 2개의 전자를 잃고 $Ba^{2+}$ 이온을 생성하여 전자 54개의 안정한 전자 배치가 될 수 있다.

산소의 원자 번호는 8이다. 가장 가까운 이웃 비활성 기체는 Ne이고, 원자 번호는 10이다. 따라서 산소는 전자 2개를 얻어서 안정한 전자 배치를 이룰 것이고, $O^{2-}$ 음이온이 만들어질 것이다.

**▶ 보충 예제**

많은 이온이 비활성 기체와 같은 전자 배치를 한다는 것을 알고 있는 것은 큰 도움이 된다. 하지만 많은 원소, 특히 전이 금속 원소의 이온은 비활성 기체와는 다른 전자 배치를 하고 있다. 그림 2.13의 주기율표를 참조하여 아래의 이온 중 어떤 것이 비활성 기체와 같은 전자 배치를 하고 있으며, 어떤 것이 비활성 기체와는 다른 전자 배치를 갖는지 쓰시오. 비활성 기체와 같은 전자 배치를 하는 이온의 경우에는 어떤 원소와 유사한가?

**(a)** $Ti^{4+}$ **(b)** $Mn^{2+}$ **(c)** $Pb^{2+}$ **(d)** $Te^{2-}$ **(e)** $Zn^{2+}$

주기율표는 이온(특히 주기율표의 좌우 끝 원소 이온)의 전하가 얼마인지를 기억하려고 할 때 매우 유용하다. **그림 2.17**에서처럼 이온의 전하는 그 원소의 주기율표에서의 위치와 관련이 있다. 예를 들어 표 왼쪽의 1족(알칼리 금속) 원소들은 1+ 이온을 형성하고, 2족(알칼리 토금속) 원소들은 2+ 이온을 형성한다. 그리고 17족(할로젠) 원소들은 1− 이온을, 16족 원소들은 2− 이온을 형성한다(예제 2.8의 보충 예제에서와 같이, 다른 족 원소들은 이와 같은 단순한 규칙을 따르지는 않는다).

은, 아연, 스칸듐으로부터 만들어지는 가장 일반적인 이온은 $Ag^{+}$, $Zn^{2+}$, $Sc^{3+}$이다. 아래 표에서 이 이온들이 들어갈 수 있는 가장 적당한 칸은? 이들 이온 중 어떤 것이 비활성 기체 원소와 같은 수의 전자를 갖고 있는가?

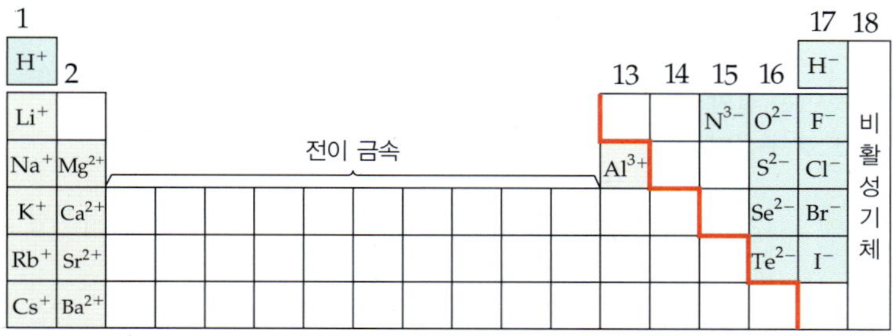


▲ **그림 2.17 몇 가지 흔한 이온의 예상 가능한 전하** 빨간색 계단형 선은 금속과 비금속을 구분하는 선인 동시에, 양이온과 음이온을 구분하는 선이기도 하다. 수소 원자로부터는 1+ 이온과 1− 이온이 모두 만들어진다.

## 이온 결합 화합물

수많은 화학 반응 과정에서는 한 물질에서 다른 물질로 전자가 이동한다. 그림 2.18과 같이 원소 상태의 소듐이 원소 상태의 염소와 반응할 때 전자 1개가 소듐 원자로부터 염소 원자로 이동한다. 그 결과 $Na^+$ 이온과 $Cl^-$ 이온이 각각 1개씩 생성된다. 반대 전하를 갖는 두 물체 간에는 인력이 작용하기 때문에 $Na^+$ 이온과 $Cl^-$ 이온이 결합하여 염화 소듐(NaCl)이라는 화합물을 형성한다. 우리가 소금이라고 알고 있는 염화 소듐은 대표적인 **이온 결합 화합물(ionic compound)**로서, 양이온과 음이온으로 이루어진 화합물이다.

일정한 수의 원자들을 모아놓은 것을 염화 소듐 분자라고 생각할 수 있겠는가?

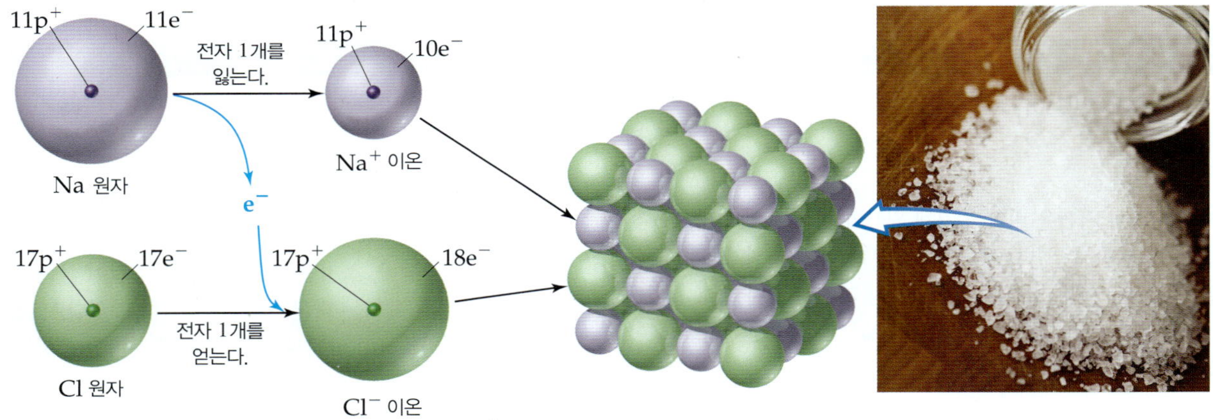


▲ 그림 2.18 이온 결합 화합물의 생성 Na 원자에서 전자 1개가 Cl 원자로 이동하면 $Na^+$와 $Cl^-$ 이온이 만들어진다. 이 이온들은 염화 소듐(NaCl) 고체에서 격자 형태로 배열되어 있다.

화합물의 조성으로부터 그 화합물이 이온으로 구성된 이온 결합 화합물인지, 분자들로 구성된 분자 화합물인지를 구별할 수 있다. 일반적으로 양이온은 금속 이온이고, 음이온은 비금속 이온이다. 따라서,

**이온 결합 화합물은 대개 NaCl의 경우와 같이, 금속과 비금속의 결합체이다.**

### 예제 2.9
**이온 결합 화합물과 분자 화합물의 식별**

다음 중 이온 결합 화합물인 것은?
$N_2O$, $Na_2O$, $CaCl_2$, $SF_4$

#### 해답

$Na_2O$와 $CaCl_2$는 금속과 비금속으로 이루어져 있으므로 이온 결합 화합물이라고 예측할 수 있다. $N_2O$와 $SF_4$는 모두 비금속으로 구성되어 있으므로 분자 화합물이라고 예측할 수 있다.

▶ **보충 예제**

다음과 같은 예측이 타당한 이유는?

**(a)** Rb와 비금속 원소가 만드는 모든 화합물은 이온 결합 화합물이다.

**(b)** 질소와 할로젠 원소가 결합하여 만들어지는 모든 화합물은 분자 화합물이다.

**(c)** 화합물 $MgKr_2$는 존재하지 않는다.

**(d)** Na와 K는 비금속 원소와 결합하여 매우 유사한 화합물을 만든다.

**(e)** 이온 결합 화합물 내에서 칼슘(Ca)은 $Ca^{2+}$ 이온 상태로 존재할 것이다.

이온 결합 화합물에서 이온들은 그림 2.18의 NaCl과 같이 삼차원 구조로 배열된다. 염화 소듐은 분리된 NaCl '분자' 형태로 존재하지 않기 때문에 실험식으로만 표기한다. 다른 대부분의 이온 결합 화합물도 실험식으로만 표기한다.

이온 결합 화합물의 경우, 화합물을 구성하는 이온의 전하를 알면 실험식을 쓰는 것은 매우 간단하다. 화학 물질은 항상 전기적으로 중성이다. 따라서 이온 결합 화합물에서 전체 양전하와 전체 음전하가 같아야 한다. 따라서 1개의 $Na^+$ 이온과 1개의 $Cl^-$ 이온이 결합하여 NaCl을, 1개의 $Ba^{2+}$ 이온과 2개의 $Cl^-$ 이온이 결합하여 $BaCl_2$를 형성한다.

이온 결합 화합물이 만들어질 때 양이온과 음이온의 전하량이 같으면, 각 이온의 아래 첨자는 1이다. 전하가 같지 않으면, 한 이온의 전하가 상대편 이온의 아래 첨자가 된다(부호는 생략). 예를 들어 Mg($Mg^{2+}$ 이온 형성)와 N($N^{3-}$ 이온 형성)으로부터 만들어지는 이온 결합 화합물의 실험식은 $Mg_3N_2$가 된다. 이것을 반응식으로 나타내면 다음과 같다.

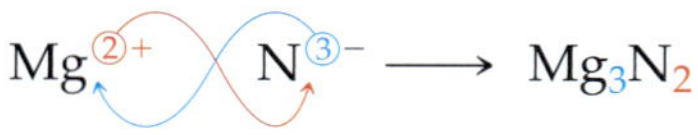


이 방법을 사용할 때는 주의할 점이 있다. 실험식은 두 원소의 가장 작은 정수비여야 한다는 것을 기억하라. 따라서 $Ti^{4+}$와 $O^{2-}$ 사이에서 형성된 이온 결합 화합물의 화학식은 $Ti_2O_4$가 아니라 $TiO_2$이다.

## 화학과 생명 생물의 생존에 필요한 원소

그림 2.19는 생명 유지에 필수적인 원소를 보여 준다. 대부분의 유기체 질량의 97%는 산소, 탄소, 수소, 질소, 인, 황의 6가지 원소가 차지한다. 물은 생체를 이루는 가장 주요한 화합물로 대부분의 세포 질량의 70% 이상을 차지한다. 세포의 고형 물질을 이루는 가장 주요한 원소는 탄소다. 탄소 원자는 다양한 유기 분자의 골격을 이루며, 탄소 혹은 다른 원소와 결합을 하고 있다. 예를 들어, 모든 단백질에는 다음과 같은 결합이 분자 내에서 반복적으로 연결되어 있다.

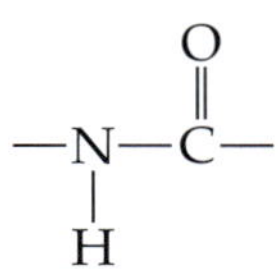


이 외에 23가지 원소가 다양한 유기체에서 발견된다. 모든 유기체는 $Ca^{2+}$, $Cl^-$, $Mg^{2+}$, $K^+$, $Na^+$ 등의 5가지 이온을 필요로 한다. 예를 들어, 칼슘 이온은 뼈를 만드는 데 필요하며, 신경 조직의 신호 전달에도 관여한다. 많은 원소들은 극소량만이 필요하기 때문에 **미량 원소**(trace element)라고 한다. 인체 내에서의 헤모글로빈 합성을 위해서는 미량의 구리를 섭취해야 한다.

**관련 연습 문제: 2.113**

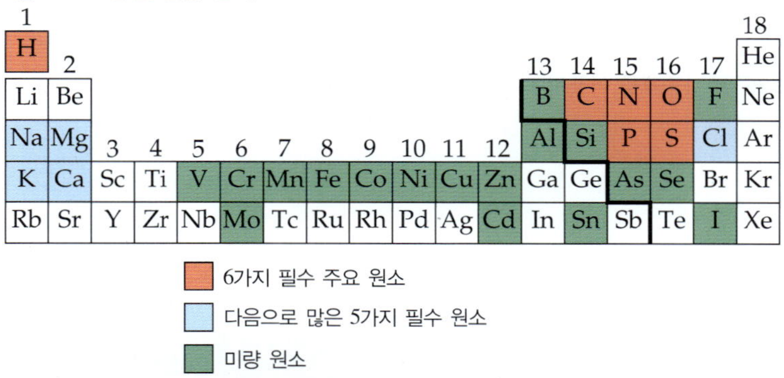


▲그림 2.19 생물의 생존에 필요한 원소

## 예제 2.10
### 이온 전하를 이용하여 이온 결합 화합물의 실험식 쓰기

다음 이온으로 이루어진 화합물의 실험식을 쓰시오.
(a) $Al^{3+}$와 $Cl^-$ 이온 (b) $Al^{3+}$와 $O^{2-}$ 이온 (c) $Mg^{2+}$와 $NO^{3-}$ 이온

**해답**

**(a)** $Al^{3+}$ 이온의 전하 균형을 맞추려면 3개의 $Cl^-$가 필요하므로, 실험식은 $AlCl_3$이다.

**(b)** 3개의 $O^{2-}$ 이온의 전하 균형을 맞추려면 2개의 $Al^{3+}$ 이온이 필요하다. 전체 양전하와 음전하가 각각 6+와 6−가 되도록 균형을 맞추기 위해서는 그 비가 2:3이 되어야 한다. 따라서 실험식은 $Al_2O_3$이다.

**(c)** 1개의 $Mg^{2+}$ 이온 전하와 균형을 맞추려면 2개의 $NO_3^-$ 이온이 필

요하므로 실험식은 $Mg(NO_3)_2$이다. 다원자 이온인 $NO_3^-$의 경우, 2개의 이온이 화합물을 형성한다는 것을 명확히 하기 위해 괄호를 하고, 아래 첨자 2를 쓴다.

▶ **보충 예제**

다음 비금속 원소 중, $Sc^{3+}$ 이온과 결합하여 양이온과 음이온의 비가 1:1인 이온 결합 화합물을 만드는 것은?

**(a)** Ne **(b)** F **(c)** O **(d)** N

## 자기 평가 연습 문제

**2.30** 주기율표에서 2− 음이온을 형성하는 원소가 있는 족은?
**(a)** 2족 **(b)** 12족 **(c)** 16족

**2.31** 소듐 양이온과 황 음이온의 결합으로 만들어지는 이온 결합 화합물의 식은?
**(a)** $Na_2S$ **(b)** NaS **(c)** $NaS_2$

## 연습 문제

**2.32** 다음 화합물은 분자 화합물인가, 이온 결합 화합물인가?
**(a)** $HClO_4$ **(b)** $CH_3OCH_3$ **(c)** $Mg(NO_3)_2$ **(d)** $H_2S$ **(e)** $TiCl_4$
**(f)** $K_2O$ **(g)** $PCl_5$ **(h)** $P(OH)_3$

**2.33** 다음 표의 빈칸을 채우시오.

| 기호 | $^{58}Fe^{2+}$ | | | |
|---|---|---|---|---|
| 양성자수 | | 50 | | 40 |
| 중성자수 | | 68 | 78 | 50 |
| 전자수 | | | 54 | 38 |
| 알짜 전하 | | 4+ | 2− | |

**2.34** 다음 각 원소는 화학 반응에서 이온이 될 수 있다. 주기율표를 참고하여 가장 안정한 이온의 전하를 예측하시오.
**(a)** Be **(b)** Rb **(c)** As **(d)** In **(e)** At

**2.35** 주기율표를 이용하여 다음 원소들로 만들어지는 화합물의 화학식을 예측하시오.
**(a)** Ga와 F **(b)** Li와 H **(c)** Al과 I **(d)** K와 S

**2.36** 다음 이온들에 의하여 생성된 이온 결합 화합물의 화학식을 예측하시오.
**(a)** $Fe^{3+}$와 $OH^-$ **(b)** $Cs^+$와 $NO_3^-$ **(c)** $V^{2+}$와 $CH_3COO^-$
**(d)** $Li^+$와 $PO_4^{3-}$ **(e)** $In^{3+}$와 $O^{2-}$

**2.37** 양이온과 음이온 쌍에 의해 만들어지는 이온 결합 화합물을 써넣어 다음 표를 완성하시오.

| 이온 | $K^+$ | $NH^{4+}$ | $Mg^{2+}$ | $Fe^{3+}$ |
|---|---|---|---|---|
| $Cl^-$ | KCl | | | |
| $OH^-$ | | | | |
| $CO_3^{2-}$ | | | | |
| $PO_4^{3-}$ | | | | |

자기 평가 연습 문제 답 **2.30** (c) **2.31** (a)

# 2.8 무기 화합물 명명법

화합물의 이름과 화학식은 화학을 공부하는 데 있어서 필수 불가결한 용어이다. 물질의 이름을 붙이는 방법을 **화합물 명명법(chemical nomenclature)**이라고 한다. 이 용어는 라틴어의 *nomen*(이름)과 *calare*(부르다)에서 유래하였다. 이 절이 끝나면 다음 사항을 수행할 수 있어야 한다.

- 무기 화합물의 이름과 화학식을 상호 변환하기

현재까지 5000만 개 이상의 화학 물질이 알려져 있다. 이 많은 물질의 이름을 하나하나 짓는 것은 불가능한 일이다. 물($H_2O$)이나 암모니아($NH_3$)같이 오랫동안 알려져 온 특별히 중요한 물질은 개별적으로 전통적 이름(즉 **일반명**(common name))을 사용한다. 그러나 대부분의 물질은 물질을 구성하는 성분에 기초한 체계적인 명명법을 사용하여 이름을 붙이고, 이름만 보고도 그 물질의 성분을 알 수 있도록 고유한 이름을 부여한다.

화학 명명법의 규칙은 물질을 종류별로 분류하는 방법에 기초하고 있다. 주요한 분류는 유기 화합물과 무기 화합물이다. 탄소와 수소를 포함하는 **유기 화합물**(organic compound)은 종종 산소, 질소, 또는 다른 원소들과도 결합한다. 이외의 다른 모든 물질은 **무기 화합물**(inorganic compound)이다. 초기 화학자들은 유기 화합물을 식물이나 동물과 관련지었고, 무기 화합물은 광물이나 물과 같이 생명이 없는 물질과 관련지었다. 생명체와 관련하여 물질을 구분하는 것은 더 이상 적합하지 않지만, 물질을 유기 화합물과 무기 화합물로 분류하는 것은 아직도 유용하다. 이 절에서는 무기 화합물을 이온 결합 화합물, 분자 화합물, 산으로 나누어 명명하는 규칙을 공부하게 된다(역자 주: 이 책에서는 한글 명명법과 국제 공인 명명법(영어식)을 병기하였다. 한글 이름은 대한화학회에서 제정한 명명법에 따른다. 참조: http://www.kcsnet.or.kr).

## 이온 결합 화합물의 이름과 화학식

이온 결합 화합물은 대개 금속과 비금속의 화학적 조합으로 이루어져 있음을 기억하자(2.7절). 금속은 양이온, 비금속은 음이온이 된다.

### 1. 양이온

**a. 금속 원자로부터 만들어지는 양이온은 금속과 동일한 이름을 갖는다.**

| | | | | | |
|---|---|---|---|---|---|
| $Na^+$ | 소듐(sodium) 이온 | $Zn^{2+}$ | 아연(zinc) 이온 | $Al^{3+}$ | 알루미늄(aluminum) 이온 |

**b. 만일 금속으로부터 전하가 다른 2가지 이상의 양이온이 만들어지면, 금속 이름 뒤의 괄호 안에 로마 숫자로 양전하를 표시한다.**

| | | | |
|---|---|---|---|
| $Fe^{2+}$ | 철(II) 이온(iron(II) ion) | $Cu^+$ | 구리(I) 이온(copper(I) ion) |
| $Fe^{3+}$ | 철(III) 이온(iron(III) ion) | $Cu^{2+}$ | 구리(II) 이온(copper(II) ion) |

이온의 전하가 다르면 화학적 성질과 색깔 같은 물리적 성질도 달라진다(그림 2.20).

여러 가지 전하를 갖는 금속의 대부분은 주기율표 중간의 3족부터 12족까지의 **전이 금속**(transition metal)이다. 한 종류(한 가지 전하)의 양이온만 만들어지는 금속은 1족 및 2족 원소, $Al^{3+}$(13족), 전이 금속인 $Ag^+$(12족), $Zn^{2+}$(11족)이다. 이들 이온의 이름을 붙일 때는 전하를 표시하지 않는다. 만일 금속이 둘 이상의 양이온을 생성하는지 확실하지 않으면 로마 숫자로 전하를 표시하라. 불필요할지 몰라도 잘못된 것은 아니다.

두 가지 전하를 갖는 금속 이온을 구별할 때 어미에 *-ous*나 *-ic*의 접미어를 붙이는 옛날 방식이 아직도 사용되고 있다(한글 이름에서는 제1철, 제2철 등으로 구분하기도 한다).

| | | | |
|---|---|---|---|
| $Fe^{2+}$ | 제1철 이온(ferrous ion) | $Cu^+$ | 제1구리 이온(cuprous ion) |
| $Fe^{3+}$ | 제2철 이온(ferric ion) | $Cu^{2+}$ | 제2구리 이온(cupric ion) |

▲ **그림 2.20** 같은 원소의 다른 이온은 특성이 다르다. 위의 두 물질은 철 산화물이다. 왼쪽의 물질은 $Fe_3O_4$로, $Fe^{2+}$와 $Fe^{3+}$ 이온이 있다. 오른쪽의 물질은 $Fe^{3+}$ 이온이 있는 $Fe_2O_3$이다.

이 책에서는 이와 같은 옛날식 명명법을 거의 사용하지 않지만, 실생활에서는 종종 사용되는 것을 볼 수 있을 것이다.

**c. 비금속 원자로부터 생성되는 양이온은 *-ium*(늄)으로 끝나는 이름을 갖는다.**

| $NH_4^+$ 암모늄 이온(ammonium ion) | $H_3O^+$ 하이드로늄 이온(hydronium ion) |
|---|---|

이 책에서 다루는 이온 중 이와 같이 이름을 붙이는 이온은 위의 두 이온밖에 없다.

가장 일반적인 양이온 몇 가지의 이름과 화학식을 표 2.4에 나타내었다. 책 뒤표지 안쪽 면에도 흔히 접할 수 있는 이온(common ions)의 표가 있다. 왼쪽에 나열한 이온은 한 가지 전하만을 갖는 단원자 이온이고, 오른쪽에 나열한 이온은 다원자 양이온이나 여러 가지 전하를 갖는 양이온이다. $Hg_2^{2+}$는 단원자가 아니라는 점이 특이하다. 이것은 2개의 $Hg^+$ 이온이 합쳐진 것으로 생각할 수 있기 때문에 수은(I) 이온이라고 한다. 자주 쓰이는 이온은 굵은 글씨로 나타내었으니, 이들 이온부터 알아두자.

**표 2.4** 일반적인 양이온*

| 전하 | 화학식 | 이름 | 화학식 | 이름 |
|---|---|---|---|---|
| 1+ | **$H^+$** | **수소(hydrogen) 이온** | **$NH_4^+$** | **암모늄(ammonium) 이온** |
| | $Li^+$ | 리튬(lithium) 이온 | $Cu^+$ | 구리(I) 또는 제1구리(cuprous) 이온 |
| | **$Na^+$** | **소듐(sodium) 이온** | | |
| | **$K^+$** | **포타슘(potassium) 이온** | | |
| | $Cs^+$ | 세슘(cesium) 이온 | | |
| | **$Ag^+$** | **은(silver) 이온** | | |
| 2+ | **$Mg^{2+}$** | **마그네슘(magnesium) 이온** | $Co^{2+}$ | 코발트(II) 또는 제1코발트(cobaltous) 이온 |
| | **$Ca^{2+}$** | **칼슘(calcium) 이온** | **$Cu^{2+}$** | **구리(II)** 또는 제2구리(cupric) 이온 |
| | $Sr^{2+}$ | 스트론튬(strontium) 이온 | **$Fe^{2+}$** | **철(II)** 또는 제1철(ferrous) 이온 |
| | $Ba^{2+}$ | 바륨(barium) 이온 | $Mn^{2+}$ | 망가니즈(II) 또는 제1망가니즈(manganous) 이온 |
| | **$Zn^{2+}$** | **아연(zinc) 이온** | $Hg_2^{2+}$ | 수은(I) 또는 제1수은(mercurous) 이온 |
| | $Cd^{2+}$ | 카드뮴(cadmium) 이온 | $Hg^{2+}$ | 수은(II) 또는 제2수은(mercuric) 이온 |
| | | | $Ni^{2+}$ | 니켈(II) 또는 제1니켈(nickelous) 이온 |
| | | | **$Pb^{2+}$** | **납(II)** 또는 제1납(plumbous) 이온 |
| | | | $Sn^{2+}$ | 주석(II) 또는 제1주석(stannous) 이온 |
| 3+ | **$Al^{3+}$** | 알루미늄(aluminum ion) 이온 | $Cr^{3+}$ | 크로뮴(III) 또는 제2크로뮴(chromic) 이온 |
| | | | **$Fe^{3+}$** | **철(III)** 또는 제2철(ferric) 이온 |

*자주 쓰이는 이온은 굵은 글씨로 나타내었다.

**역자 주: 제1구리, 제2구리 등은 일반명으로, 이 책에서는 사용하지 않는다.

### 2. 음이온

**a. 단원자 음이온은 원소 이름의 끝부분을 접미사 *-ide*로 바꾼다.**

한글 표기에서는 접미사 '**-화**'를 붙인다.

| $H^-$ 수소화(hydride) 이온 | $O^{2-}$ 산화(oxide) 이온 | $N^{3-}$ 질소화(nitride) 이온 |
|---|---|---|

몇 가지 간단한 다원자 음이온도 -ide(-화)로 끝나는 이름을 갖는다.

| $OH^-$ 수산화(hydroxide) 이온 | $CN^-$ 사이안화(cyanide) 이온 | $O_2^{2-}$ 과산화(peroxide) 이온 |
|---|---|---|

**b. 산소를 포함하는 다원자 이온은 *-ate*(-산) 또는 *-ite*(아-산)로 끝나는 접미사를 사용한다.**
이러한 음이온을 **산소산 음이온(oxyanion)**이라고 한다. 어미의 *-ate*(**-산**)는 원소의 가장 흔하거나 대표적인 산소산 음이온에 사용한다. *-ite*(**아-산**)는 전하는 같지만 산소가 하나 적은 산소산 음이온에 사용한다. 한글 표기에서는 접미사 '**-산**'을 붙이며, 산소 수가 적은 이온에는 '**아-**'를 붙여 구분한다.

| | | | |
|---|---|---|---|
| $NO_3^-$ | 질산 이온(nitrate ion) | $SO_4^{2-}$ | 황산 이온(sulfate ion) |
| $NO_2^-$ | 아질산 이온(nitrite ion) | $SO_3^{2-}$ | 아황산 이온(sulfite ion) |

산소가 할로젠과 결합할 때에는 산소산 음이온의 종류가 네 가지로 늘어날 수 있다. 이때는 접두사도 사용한다. 접두사 *per-*(**과-**)는 *-ate*(**-산**)로 끝나는 산소산 음이온보다 산소 원자가 1개 더 있을 때 사용한다. *hypo-*(**하이포-**)는 *-ite*(**아-산**)로 끝나는 산소산 음이온보다 산소 원자가 1개 적을 때 사용한다.

| | |
|---|---|
| $ClO_4^-$ | 과염소산 이온 (perchlorate ion): 염소산(chlorate)보다 O 원자가 1개 더 많음 |
| $ClO_3^-$ | 염소산 이온 (chlorate ion) |
| $ClO_2^-$ | 아염소산 이온 (chlorite ion): 염소산(chlorate)보다 O 원자가 1개 적음 |
| $ClO^-$ | 하이포염소산 이온 (hypochlorite ion): 아염소산(chlorite)보다 O 원자가 1개 적음 |

이 규칙을 **그림 2.21**에 요약하였다.

과브로민산(perbromate) 이온($BrO_4^-$)에서 산소 한 개를 제거한 음이온의 이름은 무엇인가?

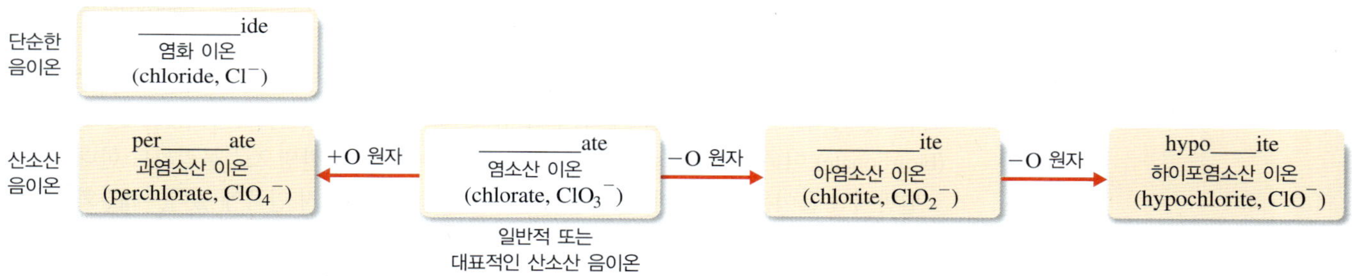


▲**그림 2.21 음이온 명명법의 순서 요약** 염소로부터 만들어지는 단순한 음이온과 다원자 산소산 음이온의 예를 들어 나타내었다.

**그림 2.22**를 참조하면 다양한 산소산 음이온의 전하와 산소 원자 수를 기억하는 데 도움이 될 것이다. 주기율표의 2주기 원소인 C와 N 원자는 최대 3개의 O 원자와 결합하지만, 3주기 원소인 P, S, Cl 원자는 4개의 O 원자와 결합할 수 있다는 것을 알 수 있다. 그림 2.22의 오른쪽 아래 칸부터 보면, 이온의 전하는 오른쪽에서 왼쪽으로 가면서 $ClO_4^-$의 1−에서 $PO_4^{3-}$의 3−로 증가한다.

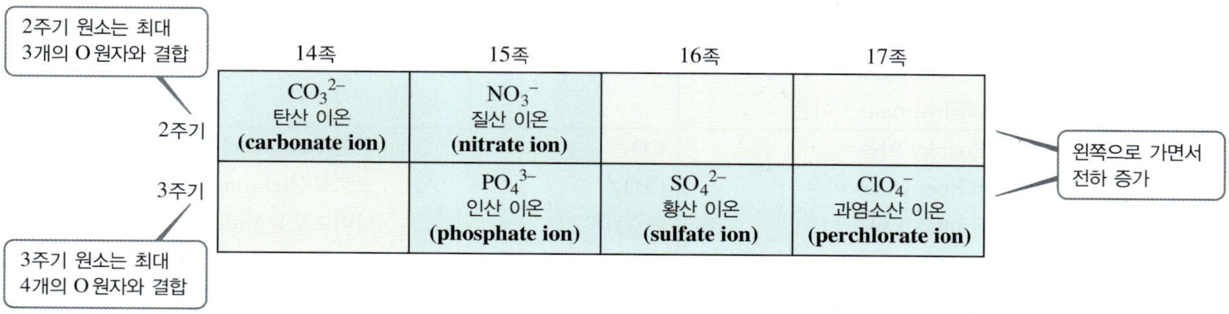


▲**그림 2.22 산소산 음이온** 일반적으로 산소산 음이온의 조성과 전하는 그 원소의 주기율표에서의 위치와 연관이 있다.

2주기 원소의 경우에도 오른쪽에서 왼쪽으로 가면서 $NO_3^-$의 1−에서 $CO_3^{2-}$의 2−로 증가한다. 그림 2.22에 있는 각 이온의 한글 이름은 -산(*-ate*)으로 끝나지만, $ClO_4^-$ 이온의 경우에는 접두사 과-(*per-*)를 사용한다.

## 예제 2.11
### 이름으로부터 산소산 이온의 화학식 결정하기

황산 이온의 화학식으로부터 (a) 셀레늄산 이온(selenate ion), (b) 아셀레늄산 이온(selenite ion)의 화학식을 예측하시오(황과 셀레늄은 16족에 속하며 유사한 산소산 음이온을 형성한다).

**해답**

**(a)** 황산 이온은 $SO_4^{2-}$이므로, 이와 유사한 셀레늄산 이온은 $SeO_4^{2-}$이다.

**(b)** 어미가 *-ite*인 아산소산 음이온은 어미가 *-ate*인 산소산 음이온과 전하는 같지만 산소 원자가 1개 적다. 따라서 아셀레늄산 이온의 화학식은 $SeO_3^{2-}$이다.

**▶ 보충 예제**

다음 산소산 음이온 중 이름이 잘못된 것은?

**(a)** $ClO_2^-$: 염소산 이온 **(b)** $IO_4^-$: 과아이오딘산 이온

**(c)** $SO_3^{2-}$: 아황산 이온 **(d)** $IO_3^-$: 아이오딘산 이온

**(e)** $NO_2^-$: 아질산 이온

**c. $H^+$를 첨가하여 만들어진 산소산 음이온은 H의 수에 맞추어 수소(hydrogen)나 이수소(dihydrogen)를 붙여 명명한다. 산의 이름과 '수소'는 띄어쓰지 않는다.**

| | | | |
|---|---|---|---|
| $CO_3^{2-}$ | 탄산(carbonate) 이온 | $PO_4^{3-}$ | 인산(phosphate) 이온 |
| $HCO_3^-$ | 탄산수소(hydrogen carbonate) 이온 | $H_2PO_4^-$ | 인산이수소(dihydrogen phosphate ion) 이온 |

각 $H^+$가 어미 음이온(parent anion)의 음전하를 하나 감소시킨 것에 주목하라. 예전에는 이러한 몇 가지 이온을 명명할 때 접두사 중-(*bi-*)을 사용하였다. 따라서 $HCO_3^-$는 중탄산(bicarbonate) 이온, $HSO_4^-$는 중황산(bisulfate) 이온이라는 일반명으로 불리기도 한다.

일반적인 음이온의 이름과 화학식은 표 2.5와 이 책의 뒤표지 안쪽에 있다. *-ide*(-화)로 끝나는 이름을 가진 이온은 왼쪽에, *-ate*(-산) 으로 끝나는 이온은 표의 오른쪽에 나열되어 있다. 먼저, 이들 이온의 화학식과 이름을 알아야 한다. *-ite*(아-산)로 끝나는 이름의 이온식은 *-ate*

**표 2.5 일반적인 음이온***

| 전하 | 화학식 | 이름 | 화학식 | 이름 |
|---|---|---|---|---|
| 1− | $H^-$ | 수소화(hydride) 이온 | **$CH_3COO^-$(또는 $C_2H_3O_2^-$)** | **아세트산(acetate) 이온** |
| | **$F^-$** | **플루오린화(fluoride) 이온** | $ClO_3^-$ | 염소산(chlorate) 이온 |
| | **$Cl^-$** | **염화(chloride) 이온** | **$ClO_4^-$** | **과염소산(perchlorate) 이온** |
| | **$Br^-$** | **브로민화(bromide) 이온** | **$NO_3^-$** | **질산(nitrate) 이온** |
| | **$I^-$** | **아이오딘화(iodide) 이온** | $MnO_4^-$ | 과망가니즈산(permanganate) 이온 |
| | $CN^-$ | 사이안화(cyanide) 이온 | | |
| | **$OH^-$** | **수산화(hydroxide) 이온** | | |
| 2− | **$O^{2-}$** | **산화(oxide) 이온** | **$CO_3^{2-}$** | **탄산(carbonate) 이온** |
| | $O_2^{2-}$ | 과산화(peroxide) 이온 | $CrO_4^{2-}$ | 크로뮴산(chromate) 이온 |
| | **$S^{2-}$** | **황화(sulfide) 이온** | $Cr_2O_7^{2-}$ | 다이크로뮴산(dichromate) 이온 |
| | | | **$SO_4^{2-}$** | **황산(sulfate) 이온** |
| 3− | $N^{3-}$ | 질소화(nitride) 이온 | **$PO_4^{3-}$** | **인산(phosphate) 이온** |

*자주 쓰이는 이온과 그 이름을 굵은 글씨로 나타내었다.

로 끝나는 이온으로부터 O를 1개 제거하여 만들 수 있다. 주기율표에서 이 이온의 위치에 주목하라. 17족($F^-$, $Cl^-$, $Br^-$, $I^-$) 단원자 이온은 항상 1−의 전하를 갖는다. 반면에 16족($O^{2-}$, $S^{2-}$) 이온은 2−의 전하를 갖는다.

**3. 이온 결합 화합물**

**이온 결합 화합물의 영어 이름은 양이온 이름을 먼저 쓰고 음이온 이름을 뒤에 쓴다.** 한글 이름의 경우에는 음이온 이름을 먼저 쓰고 양이온 이름을 뒤에 쓴다.

| | |
|---|---|
| $CaCl_2$ | 염화 칼슘(calcium chloride) |
| $Al(NO_3)_3$ | 질산 알루미늄(aluminum nitrate) |
| $Cu(ClO_4)_2$ | 과염소산 구리(II)(copper(II) perchlorate)<br>또는 과염소산 제2구리(cupric perchlorate) |

질산 알루미늄 또는 과염소산 구리(II)의 화학식을 쓸 때 괄호를 어떻게 사용했는지에 주목하라. 화합물이 2개 이상의 다원자 이온을 포함하는 경우, 괄호 다음에 그 이온의 수를 아래 첨자로 나타낸다.

### 예제 2.12
**화학식으로부터 이온 결합 화합물의 이름 결정하기**

다음 이온 결합 화합물의 이름을 쓰시오.
(a) $K_2SO_4$ (b) $Ba(OH)_2$ (c) $FeCl_3$

**해답**

이온 결합 화합물을 명명할 때에는 다원자 이온을 구별하는 것과 다양한 전하를 가질 수 있는 양이온의 전하를 결정하는 것이 중요하다.

**(a)** 이 화합물의 양이온은 $K^+$(포타슘 이온)이고, 음이온은 $SO_4^{2-}$이다(만일 여러분이 이 화합물이 $S^{2-}$와 $O^{2-}$를 포함한다고 생각하면, 다원자 이온인 황산 이온을 식별하지 못한 것이다). 이온의 이름을 결합하여 황산 포타슘(potassium sulfate)이라는 이름을 갖게 된다.

**(b)** 양이온은 $Ba^{2+}$(바륨 이온)이고, 음이온은 $OH^-$(수산화 이온)이므로, 이 화합물의 이름은 수산화 바륨(barium hydroxide)이 된다.

**(c)** 철 원자는 두 가지 이상의 양이온을 생성할 수 있으므로, 먼저 철의 전하를 결정해야 한다. 이 화합물은 3개의 $Cl^-$를 포함하므로 양이온은 철(III) 또는 제2철 이온, 즉 $Fe^{3+}$여야 한다. 따라서 이 화합물의 이름은 염화 철(III)(iron(III) chloride) 또는 염화 제2철(ferric chloride)이다.

**▶ 보충 예제**

다음 중 이름이 잘못 표기된 이온 결합 화합물은?
**(a)** $Zn(NO_3)_2$: 질산 아연(zinc nitrate) **(b)** $TeCl_4$: 염화 텔루륨(IV)(tellurium(IV) chloride) **(c)** $Fe_2O_3$: 산화 이철(diiron oxide) **(d)** BaO: 산화 바륨(barium oxide) **(e)** $Mn_3(PO_4)_2$: 인산 망가니즈(II)(manganese(II) phosphate)

## 산의 이름과 화학식

산은 수소를 포함하는 중요한 화합물이다. 따라서 특별한 방식으로 명명한다. 우선 물에 녹아 수소 이온($H^+$)을 내놓을 수 있는 물질을 **산**(acid)이라고 정의하자. 뒤에서 다시 배우겠지만, 산의 화학식을 살펴보면 HCl과 $H_2SO_4$처럼 첫 번째 원소가 수소이다.

산은 음이온에 그 음이온의 전하를 중화시킬 수 있는 충분한 수의 $H^+$ 이온이 결합되어 만들어진다. 따라서 $SO_4^{2-}$ 이온은 2개의 $H^+$ 이온이 필요하므로 $H_2SO_4$를 형성한다. 산의 이름은 그림 2.23에 요약한 대로, 음이온의 이름과 관련이 있다.

| 음이온 | | 산 |
|---|---|---|
| ________ide<br>염화 이온 (chloride, $Cl^-$) | $H^+$ 이온 첨가 → | hydro______ic acid<br>염화수소산(염산) (hydrochloric acid, HCl) |
| ________ate<br>염소산 이온(chlorate, $ClO_3^-$)<br>과염소산 이온(perchlorate, $ClO_4^-$) | $H^+$ 이온 첨가 → | ________ic acid<br>염소산(chloric acid, $HClO_3$)<br>과염소산(perchloric acid, $HClO_4$) |
| ________ite<br>아염소산 이온(chlorite, $ClO_2^-$)<br>하이포염소산 이온(hypochlorite, $ClO^-$) | $H^+$ 이온 첨가 → | ________ous acid<br>아염소산(chlorous acid, $HClO_2$)<br>하이포염소산(hypochlorous acid, HClO) |

▲ **그림 2.23 산의 이름 붙이는 방법** 염소를 포함하는 산을 예로 들었다. 산소산 음이온의 이름에 사용하는 과(*per-*)와 하이포(*hypo-*) 같은 접두사는 그대로 유지된다.

### 산 명명법

1. **이름이 *-ide*로 끝나는 음이온의 산은 *-ide*를 *-ic*로 바꾸고 접두사 *hydro-*를 붙인다.** 한글 이름에서는 음이온의 화를 -화수소산으로 바꾸어준다.

| 음이온 | 음이온의 산 |
|---|---|
| $Cl^-$ 염화(chloride) | HCl 염화수소산(hydrochloric acid)* |
| $S^{2-}$ 황화(sulfide) | $H_2S$ 황화수소산(hydrosulfuic acid) |

*기체 상태의 순수한 HCl은 염화 수소이며, HCl 수용액이 염화수소산이다. 하지만 HCl 수용액의 일반명인 염산을 더 많이 사용한다.

2. **이름이 *-ate* 또는 *-ite*로 끝나는 음이온으로부터 만들어진 산의 이름은, *-ate*로 끝나는 음이온은 *-ic*의 접미사로 바꾸어준 후 *acid*를 붙이고, *-ite*로 끝나는 음이온은 *-ous*의 접미사로 바꾸어준 후 *acid*를 붙인다. 음이온 이름의 접두어는 산의 이름에서 그대로 유지한다.** 한글 이름에서는 이온을 뺀 이름을 산의 이름으로 사용한다.

| 음이온 | 음이온의 산 |
|---|---|
| $ClO_4^-$ 과염소산 이온(perchlorate) | $HClO_4$ 과염소산(perchloric acid) |
| $ClO_3^-$ 염소산 이온(chlorate) | $HClO_3$ 염소산(chloric acid) |
| $ClO_2^-$ 아염소산 이온(chlorite) | $HClO_2$ 아염소산(chlorous acid) |
| $ClO^-$ 하이포염소산 이온(hypochlorite) | HClO 하이포염소산(hypochlorous acid) |

## 예제 2.13
### 산의 이름과 화학식과의 연관성

다음 산의 이름을 쓰시오.
(a) HCN (b) $HNO_3$ (c) $H_2SO_4$ (d) $H_2SO_3$

### 해답

**(a)** 이 산의 음이온은 사이안화 이온(cyanide ion, $CN^-$)이다. 접미사가 *-ide*이므로 *hydro-* 접두사와 *-ic* 접미사를 붙여 사이안화수소산(hydrocyanic acid)이라고 한다. HCN이 수용액일 경우에만 사이안화수소산(hydrocyanic acid)이라고 하며 순수한 기체 화합물은 사이안화 수소(hydrogen cyanide)라고 한다. 사이안화수소산과 사이안화 수소는 모두 독성이 매우 강하다.

**(b)** $NO_3^-$는 질산 이온(nitrate ion)이므로 $HNO_3$는 질산(nitric acid)이라고 한다(음이온의 접미사 *-ate*는 산의 이름을 지을 때 어미 *-ic*로 대치한다).

**(c)** $SO_4^{2-}$의 이름이 황산(sulfate) 이온이므로, $H_2SO_4$의 이름은 황산(sulfuric acid)이다.

**(d)** $SO_3^{2-}$는 아황산 이온(sulfite ion)이므로 $H_2SO_3$는 아황산(sulfurous acid)이다(음이온의 접미사 *-ite*는 접미사 *-ous*로 대치한다).

**▶ 보충 예제**

다음 중 이름이 틀린 산은? 틀린 이름이나 화학식은 바르게 고치시오.

**(a)** 플루오린화수소산(hydrofluoric acid), HF **(b)** 아질산(nitrous acid), $HNO_3$ **(c)** 과브로민산(perbromic acid), $HBrO_4$ **(d)** 아이오딘산(iodic acid), HI **(e)** 셀레늄산(selenic acid), $H_2SeO_4$

## 이성분 분자 화합물의 이름과 화학식

**이성분**(binary) 분자 화합물을 명명할 때 사용하는 규칙은 이온 결합 화합물을 명명할 때의 규칙과 비슷하다.

**이성분 분자 화합물의 명명법**

1. **일반적으로 주기율표상에서 더 왼쪽에 있는(금속에 가까운) 원소를 먼저 쓴다.** 단, 산소, 염소, 브로민, 아이오딘(플루오린을 제외한 할로젠 원소) 화합물의 경우는 예외이다. 이들 화합물에서는 산소를 마지막에 쓴다.
2. **두 개의 원소가 주기율표상에서 같은 족에 속하면, 아래쪽 원소를 먼저 쓴다.**
3. **뒤에 쓰는 원소의 이름에 -화(*-ide*)를 접미사로 붙인다.**
4. 각 원소의 원자 수를 나타낼 때 **그리스어 접두사**(표 2.6)를 사용한다. 접두사 *mono*-는 첫 번째 원소에는 사용하지 않는다. 음이온 이름이 *a*나 *o*의 모음으로 시작하면(oxide처럼) 접두사의 마지막 *a* 또는 *o*는 생략하는 것이 보통이다. 한글 이름에서는 일, 이, …, 십 등을 사용하여 수를 나타낸다(단, 원소의 이름이 우리말이 아닐 경우에는 모노, 다이, 트라이 등의 접두사를 사용한다).

다음 예를 보면 규칙을 알 수 있다.

| | | | |
|---|---|---|---|
| $Cl_2O$ | 일산화 이염소(dichlorine monoxide) | $NF_3$ | 트라이플루오린화 질소(nitrogen trifluoride) |
| $N_2O_4$ | 사산화 이질소(dinitrogen tetroxide) | $P_4S_{10}$ | 십황화 사인(tetraphosphorus decasulfide) |

**표 2.6** 비금속 간 결합으로 만들어진 이성분 화합물을 명명할 때 사용하는 접두사

| 접두사 | 의미 |
|---|---|
| 일- (mono-) | 1 |
| 이- (di-) | 2 |
| 삼- (tri-) | 3 |
| 사- (tetra-) | 4 |
| 오- (penta-) | 5 |
| 육- (hexa-) | 6 |
| 칠- (hepta-) | 7 |
| 팔- (octa-) | 8 |
| 구- (nona-) | 9 |
| 십- (deca-) | 10 |

4번 규칙이 필요한 이유는 이온 결합 화합물의 화학식을 예측하는 것과 동일한 방식으로는 분자 물질의 화학식을 예측하기 쉽지 않기 때문이다. 그러나 수소와 다른 한 원소를 포함하는 분자 화합물은 예외이다. 이들 화합물은 마치 $H^+$ 이온과 음이온을 포함하고 있는 것처럼 취급할 수 있다. 그래서 HCl은 $H^+$ 이온과 $Cl^-$ 음이온이 전기적으로 중화된 것으로 취급하여 **염화 수소**(hydrogen chloride)라고 부른다(이것은 순수한 화합물에 사용하는 이름이다. HCl의 수용액은 염화수소산(hydrochloric acid, 염산)이라고 하며, 4.1절에서 다시 배우게 된다). 같은 규칙을 적용하면, $S^{2-}$ 전하의 균형을 맞추려면 $H^+$가 2개 필요하므로 황화 수소(hydrogen sulfide)의 실험식은 $H_2S$이다.

### 예제 2.14
**이성분 분자 화합물의 이름과 화학식과의 연관성**

다음 화합물의 이름을 쓰시오.
(a) $SO_2$ (b) $PCl_5$ (c) $Cl_2O_3$

**해답**

위 화합물들은 모두 비금속으로 이루어져 있으므로, 이온성보다 분자성이다. 표 2.6의 접두사를 이용하면 다음과 같은 이름을 갖게 된다.

**(a)** 이산화 황(sulfur dioxide)
**(b)** 오염화 인(phosphorus pentachloride)
**(c)** 삼산화 이염소(dichlorine trioxide)

**▶ 보충 예제**

다음 탄소의 이성분 화합물의 이름을 쓰시오.

**(a)** $CS_2$ **(b)** CO **(c)** $C_3O_2$ **(d)** $CBr_4$ **(e)** CF

## 자기 평가 연습 문제

**2.38** $NaClO_2$의 이름은?

**(a)** 염소 소듐 산화물(sodium chlorine oxide)
**(b)** 아염소산 소듐(sodium chlorite)
**(c)** 염소산 소듐(sodium chlorate)

## 연습 문제

**2.39** 다음 화합물의 화학식을 쓰시오.

**(a)** 크로뮴산(chromate) 이온 **(b)** 브로민화(bromide) 이온
**(c)** 아질산(nitrite) 이온 **(d)** 아황산(sulfite) 이온
**(e)** 과망가니즈산(permanganate) 이온

**2.40** 다음 화합물의 양이온과 음이온의 전하량 및 이름을 쓰시오.

**(a)** CaO **(b)** $Na_2SO_4$ **(c)** $KClO_4$ **(d)** $Fe(NO_3)_2$ **(e)** $Cr(OH)_3$

**2.41** 다음 이온 결합 화합물의 이름을 쓰시오.

**(a)** $Li_2O$ **(b)** $FeCl_3$ **(c)** NaClO **(d)** $CaSO_3$ **(e)** $Cu(OH)_2$ **(f)** $Fe(NO_3)_2$ **(g)** $Ca(CH_3COO)_2$ **(h)** $Cr_2(CO_3)_3$ **(i)** $K_2CrO_4$ **(j)** $(NH_4)_2SO_4$

**2.42** 다음 화합물의 화학식을 쓰시오.

**(a)** 수산화 알루미늄(aluminum hydroxide) **(b)** 황산 포타슘(potassium sulfate) **(c)** 산화 구리(I)(copper(I) oxide) **(d)** 질산 아연(zinc nitrate) **(e)** 브로민화 수은(II)(mercury(II) bromide) **(f)** 탄산 철(III)(iron(III) carbonate) **(g)** 하이포브로민산 소듐(sodium hypobromite)

**2.43** 다음 산의 이름 또는 화학식을 쓰시오.

**(a)** $HBrO_3$ **(b)** HBr **(c)** $H_3PO_4$ **(d)** 하이포염소산(hypochlorous acid) **(e)** 아이오딘산(iodic acid) **(f)** 아황산(sulfurous acid)

**2.44** 다음 이성분 분자의 이름 또는 화학식을 쓰시오.

**(a)** $SF_6$ **(b)** $IF_5$ **(c)** $XeO_3$ **(d)** 사산화 이질소(dinitrogen tetroxide) **(e)** 사이안화 수소(hydrogen cyanide) **(f)** 육황화 사인(tetraphosphorus hexasulfide)

**2.45** 다음 설명 중에 언급된 각 물질의 화학식을 쓰시오(이 책의 앞표지 안쪽에 있는 원소 기호 사용).

**(a)** 탄산 아연(zinc carbonate)을 가열하면 산화 아연(zinc oxide)과 이산화 탄소(carbon dioxide)가 형성된다.
**(b)** 이산화 규소(silicon dioxide)를 플루오린화수소산(hydrofluoric acid)으로 처리하면 테트라플루오린화 규소(silicon tetrafluoride)와 물이 형성된다.
**(c)** 이산화 황(sulfur dioxide)은 물과 반응하여 아황산(sulfurous acid)으로 바뀐다.
**(d)** 삼수소화 인(phosphorous trihydride)은 보통 포스핀(phosphine)이라고 하며, 유해한 기체이다.
**(e)** 과염소산(perchloric acid)은 카드뮴과 반응하여 과염소산카드뮴(II)(cadmium(II) perchlorate)으로 변한다.
**(f)** 브로민화 바나듐(III)(vanadium(III) bromide)은 색깔을 띤 고체이다.

자기 평가 연습 문제 답 **2.38 (b)**

## 2.9 | 몇 가지 간단한 유기 화합물

유기 화합물은 식물이나 동물의 살아있는 세포에서만 합성될 수 있다고 여겨져 왔다. 그러나 현재는 다양한 방법으로 무기물로부터 유기 화합물을 합성할 수 있다. 알려진 모든 화합물의 99% 이상이 유기 화합물이며, 탄소가 중심 원소이다. 이 절이 끝다면 다음 사항을 수행할 수 있어야 한다.

- 유기 화합물을 확인하고 간단한 알케인과 알코올의 이름 붙이기

탄소 화합물에 관한 화학을 **유기 화학**(**organic chemistry**)이라고 한다. 앞에서 언급하였듯이, **유기 화합물**(organic compound)이란 탄소와 수소를 포함하고 있으며 산소, 질소, 또는 기타 원소로 구성된 화합물을 말한다. 유기 화합물은 그 종류가 다른 어떠한 화합물보다도 월등히 많기 때문에 화학에서 매우 중요한 부분을 차지한다. 뒷부분에서 유기 화합물을 체계적으로 공부하겠지만, 교재 전체에 걸쳐 많은 종류의 유기 화합물을 접하게 될 것이다. 여기에서는 가장 간단한 유기 화합물 몇 가지와 그들의 명명법을 소개하고자 한다.

## 알케인

탄소와 수소만으로 이루어진 화합물을 **탄화수소**(**hydrocarbon**)라고 한다. 가장 간단한 탄화수소에서는 탄소 원자가 4개의 다른 원자와 결합하고 있는데, 이런 화합물을 **알케인**(**alkane**)이라고 한다. 탄소가 1개, 2개, 3개인 세 가지 간단한 알케인을 각각 메테인(methane, $CH_4$), 에테인(ethane, $C_2H_6$), 프로페인(propane, $C_3H_8$)이라고 한다. 이들의 구조는 다음과 같다.

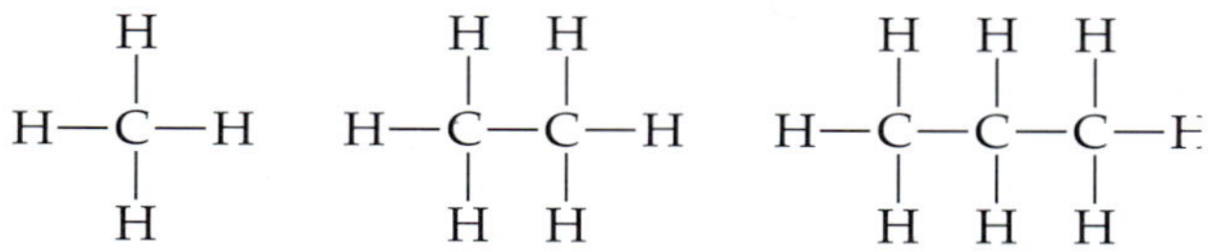

메테인 (methane) 에테인 (ethane) 프로페인 (propane)

탄화수소는 이성분 분자 화합물이기는 하지만, 유기 화합물의 명명법은 2.8절에서 다루었던 무기 이성분 화합물의 경우와는 다르다. 즉 각각의 알케인은 이름 끝에 *-ane*('**-에인**'이라고 발음한다)을 붙인다. 탄소수가 4개인 알케인은 뷰테인(butane)이다. 탄소수가 5개 이상인 알케인의 경우에는 표 2.6에 나타낸 접두사를 사용하여 알케인의 이름을 짓는다. 예를 들어 탄소가 8개인 $C_8H_{18}$의 경우에는 8에 해당하는 접두사 *octa-*(**옥타-**)와 알케인을 의미하는 어미 *-ane*을 붙여서 옥테인(octane)이 된다.

## 알케인의 몇 가지 유도체

많은 종류의 유기 화합물들은 알케인의 수소 원자가 **작용기**(functional group)라고 하는 특정 원자 집단으로 치환된 것이다. 예를 들어 **알코올**(**alcohol**)은 알케인의 H 원자를 −OH기로 바꾼 것이다. 알코올의 이름은 알케인 이름의 끝부분 *-ane*(**-에인**)을 *-ol*(**-올**)로 바꾸어 쓰면 된다.

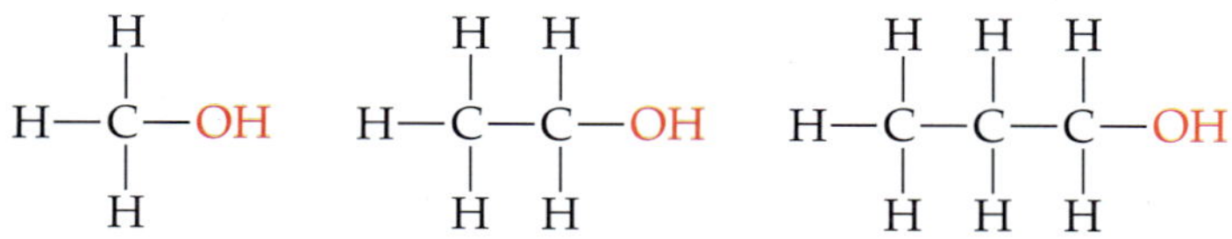

메탄올 (methanol) 에탄올 (ethanol) 1-프로판올 (1-propanol)

알코올의 성질은 알케인의 성질과는 매우 다르다. 예를 들어 메테인, 에테인과 프로페인은 보통 조건에서는 모두 무색 기체이지만, 메탄올, 에탄올과 프로판올은 무색 액체이다. 이들 화합물의 성질이 다른 이유를 11장에서 살펴볼 것이다.

1-프로판올(1-propanol)의 이름에서 '1'이라는 숫자는 H 원자와 치환된 OH 원자가 '중간' 탄소와 결합하지 않고 '바깥쪽' 탄소와 결합하고 있다는 뜻이다. 이를테면 다른 화합물인 2-프로판올(일명

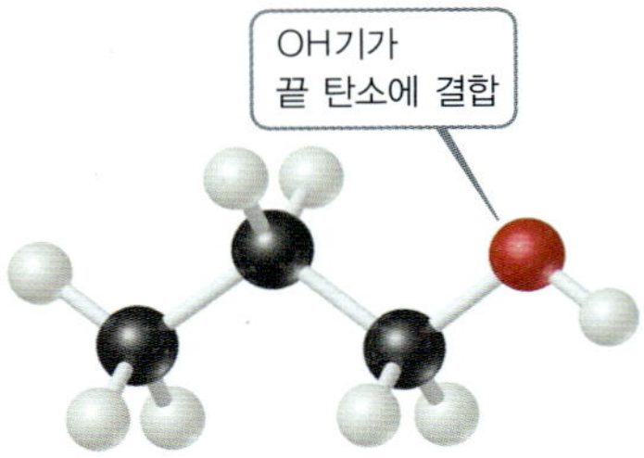


1-프로판올

2-프로판올

▲ 그림 2.24 프로판올($C_3H_7OH$)의 두 가지 구조(이성질체)

아이소프로필 알코올(isopropyl alcohol))은 OH 작용기가 중간에 위치한 탄소 원자와 결합하여 얻을 수 있는 화합물이다(그림 2.24).

분자식은 같지만 원자의 배열이 다른 화합물을 **이성질체(isomer)**라고 한다. 예를 들어 1-프로판올과 2-프로판올은 분자식이 같지만 구조식이 다른 **구조 이성질체**(structural isomer)이다. 앞으로 공부해 가면서 다양한 종류의 이성질체가 있음을 배울 것이다.

앞에서 설명한 것과 같이, 알케인에 결합된 한 개 혹은 그 이상의 수소 원자는 다양한 작용기로 바뀔 수 있다. 탄소와 산소 원자가 결합된 카복실기(−COOH)와 할로젠 등이 그 예이다. 다음은 앞으로 배우게 될 몇몇 작용기를 보여 준다(작용기는 파란색으로 나타냄).

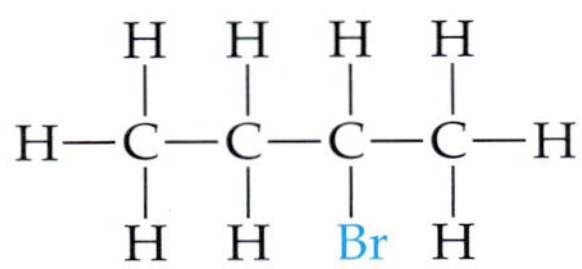

2-브로모뷰테인
(2-bromobutane)

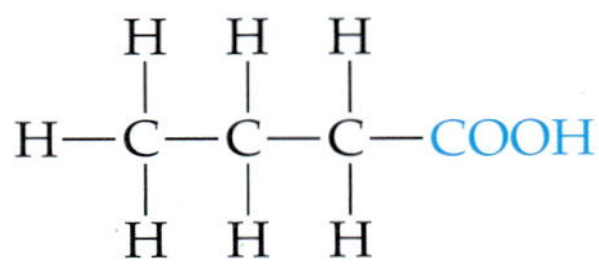

뷰티르산
(butyric acid)

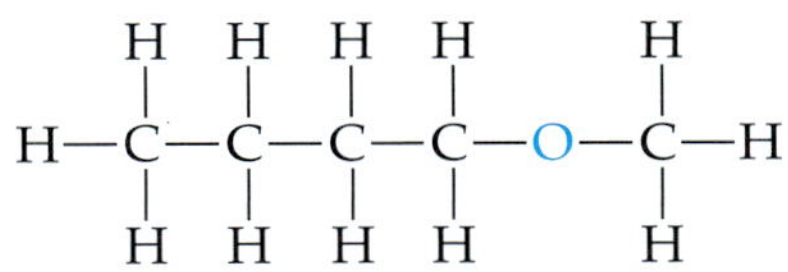

메틸 뷰틸 에터
(methyl butyl ether)

유기 화합물은 탄소−탄소 결합의 긴 사슬을 형성할 수 있기 때문에 매우 다양한 화합물이 만들어진다. 메테인, 에테인, 프로페인으로 시작되는 알케인 계열과 메탄올, 에탄올, 프로판올로 시작되는 알코올 계열은 원칙적으로 양쪽 모두 사슬을 연장할 수 있다. 사슬이 더 길어지게 되면 알케인과 알코올 성질은 변하게 된다. 옥테인(octane)은 8개의 탄소 원자로 이루어진 알케인으로, 일반적인 조건하에서 액체이다. 알케인이 수천 개의 탄소 원자까지 연장되면 비닐봉지, 음식 보관 용기, 실험실 장비와 같은 플라스틱 제품을 만들기 위해 사용되는 고체 물질인 **폴리에틸렌**(polyethylene)을 얻을 수 있다.

## 예제 2.15

### 탄화수소의 구조식과 화학식 쓰기

알케인 화합물인 펜테인(pentane)의 탄소가 한 줄로 연결되어 있다고 가정하고,

(a) 구조식을 쓰시오.

(b) 분자식을 쓰시오.

### 해답

**(a)** 알케인은 단지 탄소와 수소만으로 되어 있고, 각 탄소는 4개의 다른 원자와 연결되어 있다. 펜테인의 접두어 **펜타**(penta)는 5(표 2.6)를 뜻하므로 펜테인은 5개의 탄소가 한 줄로 나열된 모습일 것이다. 그리고 각 탄소가 4개의 원자와 연결되도록 충분한 수의 수소 원자와 연결하면 아래 그림과 같은 구조식을 얻게 된다.

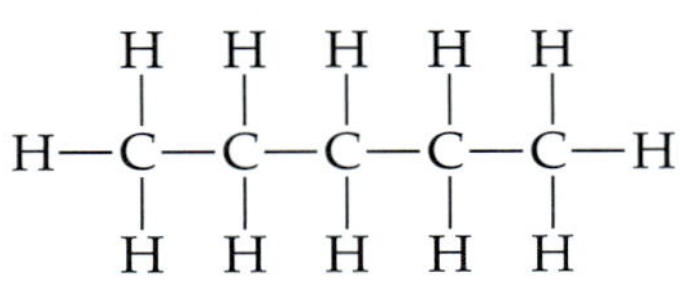

이러한 구조의 펜테인을 *n*-펜테인(*n*-pentane)이라고도 한다. *n*-은 'normal'을 뜻하며 탄소가 한 줄로 나열된 경우에 사용한다.

**(b)** 일단 화합물의 구조를 그린 후 원자의 개수를 센다. 따라서 펜테인의 분자식은 $C_5H_{12}$이다.

**▶ 보충 예제**

**(a)** 6개의 탄소로 이루어진 알케인인 헥세인(hexane)의 분자식은 무엇인가?

**(b)** 헥세인으로부터 만들어진 알코올의 이름과 분자식은 무엇인가?

## 성취를 위한 전략 시험을 잘 보는 방법

지금쯤이면 첫 번째 화학 시험 날짜가 가까워지고 있을 것이다. 화학 공부에서 가장 중요한 것은 숙제를 열심히 하고, 불명확하거나 혼동되는 개념에 대해 교수님에게 끊임없이 질문하는 것이다. 시험에 대한 일반적인 가이드라인을 다음과 같이 정리할 수 있다.

과목의 성격에 따라 다양한 종류의 시험 문제를 접하게 될 것이다.

1. **선다형 문제** 대형 강의에서는 선다형 문제가 자주 출제된다. 이 책의 많은 연습 문제는 이러한 종류의 시험에 대비할 수 있도록 만들어졌다. 선다형 문제를 출제할 때 강사들은 모든 보기들이 정답인 것처럼 보이도록 한다. 그러므로 끝까지 읽어보지 않고 성급하게 답을 고르는 오류를 범하지 말아야 한다.

   계산을 해야 할 선다형 문제일 경우, 먼저 본인이 계산을 한 후 보기와 비교하여야 한다. 그러나 강사들은 항상 학생들이 범하기 쉬운 실수를 염두에 두며 보기를 만들기 때문에 정확한 수치와 단위를 적은 답을 신중하게 골라야 한다.

   계산이 필요 없는 선다형 문제를 풀 때 답이 애매할 경우, 우선 확실한 오답을 제외시켜 본다. 그러다 보면 옳은 답을 유추하는 통찰력이 생길 수도 있다.

2. **주관식 계산 문제** 이런 유형의 문제에서는 답이 틀려도 식이 맞으면 부분 점수를 받을 수 있다. 그러므로 정갈한 글씨로 또박또박 계산과정을 적어야 한다. 또한 문제에서 주어진 정보가 무엇이고 어떤 답을 요구하는지를 정확히 파악해야 한다.

   필요하다면 간략한 글로 설명하거나 도표를 그려도 된다. 명료하게 계산하고 정확한 단위를 사용하며 차원 분석을 이용하여 단위가 생략되는 과정을 보여 준다.

3. **그림 문제** 그림 문제는 이 책 후반부에 가야 나오지만, 미리 이런 유형의 문제를 푸는 요령도 알아보자(시험 전에 항상 교과서로 복습하는 습관을 들일 필요가 있다). 그림에 대한 설명을 꼼꼼하게 덧붙여야 한다.

   마지막으로 답을 모를 때에는 그 문제에 시간을 너무 끌지 말고 나중에 보도록 체크한 후 다음 문제로 넘어가야 한다. 시간이 남으면 다시 풀어도 되지만, 모르는 문제에 계속 매달리다 보면 다른 문제를 풀 시간이 부족해진다.

# 자기 평가 연습 문제

**2.46** 이성질체의 분자식은 서로 같은가?
**(a)** 같다 **(b)** 다르다

# 연습 문제

**2.47** **(a)** 탄화수소란 무엇인가? **(b)** 펜테인(pentane)은 탄소 원자 5개의 사슬로 이루어진 알케인 화합물이다. 구조식, 분자식, 실험식을 쓰시오.

**2.48** **(a)** 작용기란 무엇인가? **(b)** 알코올을 나타내는 작용기는 무엇인가? **(c)** 펜테인(pentane)에서 수소 1개를 치환하여 만들어지는 알코올인 1-펜탄올(1-pentanol)의 구조식을 그리시오.

**2.49** 프로페인의 탄소 원자와 결합하고 있는 H 1개를 Cl로 치환하면 클로로프로페인(chloropropane)이 만들어진다.
**(a)** 클로로프로페인의 두 가지 이성질체의 구조식을 그리시오.
**(b)** 이 두 화합물의 이름으로 적합한 것은?

자기 평가 연습 문제 답 **2.46 (a)**

# 요약 및 중요 용어

물질에 대한 원자 이론, 원자 구조의 발견(2.1절, 2.2절) **원자**(**atom**)는 물질의 기본 구조이다. 원자는 다른 원소들과 결합할 수 있는 가장 작은 단위이다. 원자는 **아원자 입자**(**subatomic particle**)라는 더 작은 입자로 구성되어 있다. 아원자 입자 중 몇 가지는 전하를 띠고 있으며, 따라서 전하를 띠는 입자의 특성을 보인다. 같은 전하를 가진 입자는 서로 밀어내는 반면, 다른 전하를 가진 입자들은 서로 끌어당긴다.

이 장에서 아원자 입자의 발견과 특성에 관한 중요한 실험을 고찰하였다. 전기장 및 자기장 내의 **캐쏘드선**(**cathode ray**)에 대한 Thomson 실험에서 전자를 발견하였고, 또한 질량-대-전하비($m/e$)를 측정하였다. Millikan의 기름방울 실험으로 전자의 전하량을 알 수 있었다. Becquerel이 발견한 원자들에 의한 복사선의 자발적 방출, 즉 **방사능**(**radioactivity**)의 발견을 통해 원자 내에 더 작은 구조가 있다는 것이 증명되었다. Rutherford는 얇은 금속박에서 일어나는 α 입자 산란 연구를 통해 **원자핵 모형**(**nuclear model**)을 이끌어 냈고, 양전하를 띤 높은 밀도의 **핵**(**nucleus**)이 원자 내에 존재함을 밝혀내었다.

**원자 구조의 현대적 이해(2.3절)** 원자에는 **양성자**(proton)와 **중성자**(neutron)로 구성된 핵이 있다. **전자**(electron)는 핵 주위의 공간을 움직인다. 전자의 전하량을 **전자 전하**(electronic charge)라고 하며, $1.602 \times 10^{-19}$ C이다. 입자의 전하는 일반적으로 이 전하량의 배수로 나타낸다. 따라서 전자의 전하는 1−이며, 양성자의 전하는 1+가 된다. 원자의 질량은 일반적으로 **원자 질량 단위**(atomic mass unit, $1\ u = 1.66054 \times 10^{-24}$ g)로 나타낸다.

원소들은 **원자 번호**(atomic number), 즉 원자핵에 있는 양성자의 수로 분류된다. 주어진 원소의 모든 원자는 같은 원자수를 갖는다. 원자의 **질량수**(mass number)는 양성자수와 중성자수의 합이다. 같은 원소 중 질량수가 다른 원자를 **동위 원소**(isotope)라고 한다.

**원자량(2.4절)** 원자 질량 단위는 $^{12}C$ 원자의 질량을 정확히 12 u라고 정한 것을 기준으로 한다. 한 원소의 **원자량**(atomic weight, 평균 원자 질량)은 그 원소의 동위 원소의 존재비와 질량에 따라 계산된다. **질량 분석기**(mass spectrometer)를 이용하면 실험적으로 원자량 또는 분자량을 정확하게 직접 측정할 수 있다.

**주기율표(2.5절)** **주기율표**(periodic table)는 원자 번호가 증가하는 순으로 원소들을 배열한 표이다. 화학적 성질이 유사한 원소들이 세로줄에 배치되어 있다. 세로줄의 원소들을 **족**(group)이라고 한다. 원소들이 놓여 있는 가로열을 **주기**(period)라고 한다. 대다수의 원소들을 포함하는 **금속 원소**(metallic element, **금속**)는 주기율표의 왼쪽과 중간 부분에 있고, **비금속 원소**(nonmetallic element, **비금속**)는 오른쪽 상단에 위치한다. 금속 원소와 비금속 원소의 경계상에 있는 원소들을 **준금속**(metalloid)이라고 한다.

**분자와 분자 화합물(2.6절)** 원자들의 결합으로 **분자**(molecule)가 만들어진다. 분자로 구성된 **분자 화합물**(molecular compound)은 보통 비금속 원소로만 이루어져 있다. 원자 2개로 구성된 분자를 **이원자 분자**(diatomic molecule)라고 한다. 물질의 조성은 **화학식**(chemical formula)으로 나타낸다. 분자 물질은 구성 원자들의 상대적 개수로 주어지는 **실험식**(empirical formula)으로 나타낼 수 있다. 그러나 보통은 한 분자 내에 있는 각 종류 원자들의 실제 수로 주어지는 **분자식**(molecular formula)으로 표현한다. **구조식**(structural formula)은 분자 내에서 원자들의 결합 순서를 보여 준다. **공–막대 모형**(ball-and-stick model)과 **공간 채움 모형**(space-filling model)은 분자 구조에 대한 추가적인 정보를 제공한다.

**이온과 이온 결합 화합물(2.7절)** 원자는 전자를 잃거나 얻어 **이온**(ion)이라는 전하를 띤 입자가 된다. 금속은 전자를 잃고 양전하 이온, 즉 **양이온**(cation)을 생성한다. 비금속은 전자를 얻어 음전하 이온, 즉 **음이온**(anion)을 생성한다. 양이온과 음이온으로 이루어진 **이온 결합 화합물**(ionic compound)은 전기적으로 중성이며, 일반적으로 금속 원소와 비금속 원소를 모두 포함한다. 원자들이 분자 형태로 결합되어 알짜 전하를 띤 이온을 **다원자 이온**(polyatomic ion)이라고 한다. 이온 결합 화합물을 나타내는 화학식은 실험식이다. 이온의 전하를 알면, 이온 결합 화합물의 실험식을 쉽게 쓸 수 있다. 화합물에서 양이온의 전체 양전하는 음이온의 전체 음전하와 같다.

**무기 화합물 명명법(2.8절)** 화합물의 이름을 짓는 방법을 **화합물 명명법**(chemical nomenclature)이라고 한다. 우리는 이온 결합 화합물, 산, 이원자 분자 화합물 등 세 종류의 무기 화합물의 이름을 붙이는 체계적인 방법을 배웠다. 이온 결합 화합물의 이름은 양이온을 먼저 명명한 후 음이온을 명명한다(한글 이름은 순서가 반대). 금속 원자로 구성된 양이온은 금속과 동일한 이름을 가진다. 금속은 서로 다른 전하의 양이온을 생성할 수 있으며, 그 전하는 로마 숫자를 사용하여 표현한다. 일원자 음이온은 이름의 끝에 *-ide*(**-화 이온**)를 붙인다. 산소와 다른 원소를 포함하는 다원자 음이온(**산소산 음이온**(oxyanion))은 이름의 끝에 *-ate*(**-산 이온**) 또는 *-ite*(**아-산 이온**)를 붙인다. 이성분 분자 화합물의 분자식을 쓸 때는 주기율표의 왼쪽(금속 원소와 가까운)에 존재하는 원소를 먼저 적으며, 그리스 접두어로 분자식에서의 각 원소의 숫자를 나타낸다.

**몇 가지 간단한 유기 화합물(2.9절)** **유기 화학**(organic chemistry)은 탄소 화합물을 연구하는 분야이다. 유기 화합물 중에서 가장 간단한 것은 탄소와 수소로만 이루어진 **탄화수소**(hydrocarbon)이다. 각 탄소 원자가 4개의 다른 원자와 결합하고 있는 탄화수소를 **알케인**(alkane)이라고 한다. 알케인의 이름 끝에는 메테인과 에테인처럼 **-에인**(*-ane*)이라는 어미를 붙인다. 다른 종류의 유기 화합물들은 알케인의 수소 원자를 작용기로 치환한 것이다. 예를 들어 **알코올**(alcohol)은 알케인의 H 원자를 −OH기로 바꾼 것이다. 알코올의 이름은 메탄올과 에탄올에서 보듯이 알케인 이름의 끝부분을 **-올**(*-ol*)이라고 바꾸어 부른다. 분자식은 같지만 결합의 배열이 다른 화합물을 **이성질체**(isomer)라고 한다.

## 학습 정리 이 장을 공부한 후에 여러분은 다음을 할 수 있어야 한다.

- Dalton 원자론의 기본 가설을 설명하기(2.1절). **관련 연습 문제: 2.2, 2.3, 2.60, 2.61**
- 전자를 발견하고 원자의 원자핵 모형을 밝혀낸 주요 실험을 설명하기(2.2절). **관련 연습 문제: 2.5, 2.6, 2.62, 2.63**
- 원자의 구조를 양성자, 중성자, 전자를 사용하여 설명하며, 이들 아원자 입자들의 상대적인 전하와 질량을 구하기(2.3절). **관련 연습 문제: 2.10, 2.65**
- 원자 번호와 질량수를 포함한 화학 기호로 동위 원소를 이루는 아원자 입자를 표현하기(2.3절). **관련 연습 문제: 2.11, 2.12, 2.14, 2.33**
- 각 원자의 질량과 상대적인 존재비로부터 원소의 원자량을 구하기(2.4절). **관련 연습 문제: 2.18, 2.20, 2.71, 2.72**
- 원자 번호와 화학적 특성의 유사성을 고려하여 배열한 원소의 주기율표에서 볼 수 있는 주기와 족의 개념을 설명하기(2.5절). **관련 연습 문제: 2.23, 2.76**
- 주기율표에서 금속과 비금속의 위치를 설명하기(2.5절). **관련 연습 문제: 2.22, 2.75**
- 화합물의 성분으로부터 분자성 물질과 이온성 물질을 구별하기(2.6절, 2.7절). **관련 연습 문제: 2.32, 2.36, 2.37, 2.87**
- 실험식과 분자식을 구별하기(2.6절). **관련 연습 문제: 2.25, 2.26, 2.27, 2.77**

- 분자식과 구조식으로부터 분자의 성분과 구조를 설명하기(2.6절). **관련 연습 문제: 2.29, 2.81**
- 전자를 잃거나 얻어서 이온이 만들어진다는 것을 설명하고, 주기율표를 이용하여 일반적인 이온의 전하를 예측하기(2.7절). **관련 연습 문제: 2.34, 2.82, 2.83**
- 이온 결합 화합물의 실험식을 쓰고, 각 이온의 전하를 구하기(2.7절). **관련 연습 문제: 2.35, 2.36, 2.37, 2.85**
- 화학식으로부터 이온 결합 화합물의 이름을 쓰고, 화합물의 이름으로부터 화학식을 쓰기(2.8절). **관련 연습 문제: 22.41, 2.42, 2.90, 2.91**
- 이원자 무기 화합물과 산의 이름 및 화학식을 쓰기(2.8절). **관련 연습 문제: 2.43, 2.44, 2.92, 2.93**
- 유기 화합물을 확인하고, 간단한 알케인과 알코올의 이름을 붙이기(2.9절). **관련 연습 문제: 2.47, 2.48, 2.49, 2.96**

## 핵심 공식

- 원자량 $= \sum_{\text{원소의 모든 동위 원소}} [(\text{동위 원소의 질량}) \times (\text{동위 원소의 존재비})]$ [2.1] 동위 원소 질량의 가중 평균으로 계산한 원자량

## 연습 문제

### 눈으로 보는 개념

이 문제들은 식을 사용하여 계산을 하기보다는 주요 개념을 확인하는 것을 목적으로 한다.

**2.50** 전하를 띤 입자가 다음 그림과 같이 두 전극판 사이를 지나고 있다. [2.2절]

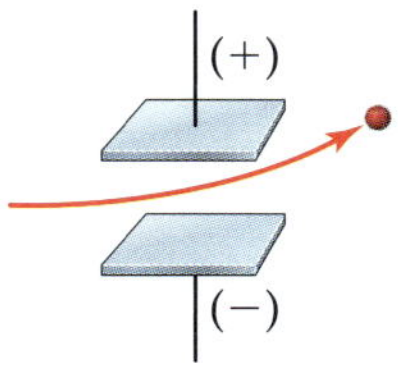


(a) 이 입자의 전하 부호는 무엇인가?

(b) 극판의 전하량이 증가하면 입자가 휘는 정도는 증가할 것인가, 감소할 것인가, 아니면 변화가 없을 것인가?

(c) 입자의 속도는 변함이 없고 입자의 질량이 증가하면, 입자가 휘는 정도는 증가할 것인가, 감소할 것인가, 변화가 없을 것인가?

**2.51** 다음 그림은 가상의 원소 nevadium(Nv)의 원자 20개를 나타낸 것이다. 붉은색 공은 $^{293}Nv$이며, 푸른색 공은 $^{295}Nv$이다. [2.4절]

(a) 이 시료가 Nv를 통계적으로 대표한다고 가정하고, 각 원소의 퍼센트 존재비를 구하시오.

(b) $^{293}Nv$의 질량이 293.15 u이고, $^{295}Nv$의 질량이 295.15 u라면, Nv의 원자량은 얼마인가?

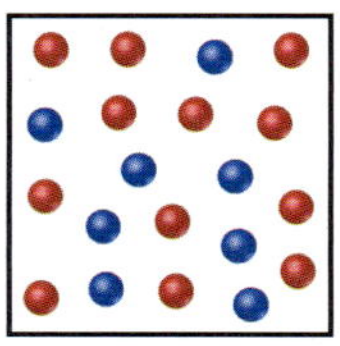

**2.52** 다음 주기율표에서 4개의 칸에 색이 칠해져 있다. 이 중 금속과 비금속은 각각 어느 것인가? 알칼리 토금속은 어떤 것인가? 비활성 기체는? [2.5절]

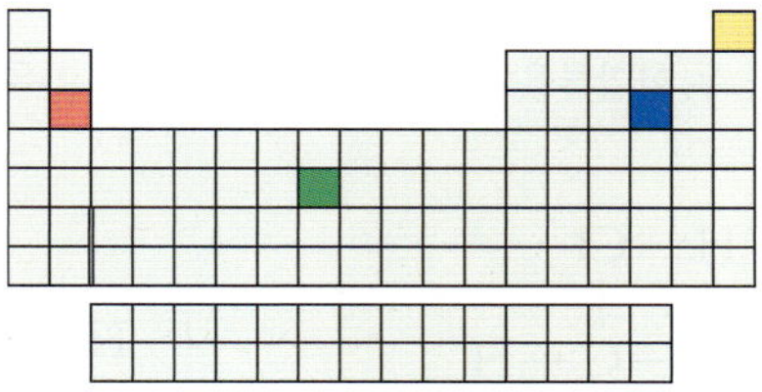

**2.53** 다음 그림은 중성 원자를 나타내는가, 이온을 나타내는가? 질량수, 원자 번호, 전하수를 포함한 이 원소의 완전한 화학 기호를 쓰시오. [2.3절, 2.7절]

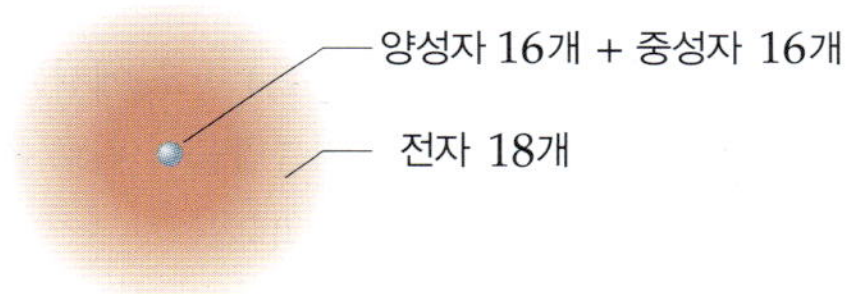


**2.54** 다음 그림 중 이온 결합 화합물을 나타내는 것은? 또 분자 화합물을 나타내는 것은? 그 이유를 설명하시오. [2.6절, 2.7절]

(i) (ii)

**2.55** 다음 화합물의 화학식을 쓰시오. 이 화합물은 이온성인가, 아니면 분자성인가? 화합물의 이름을 쓰시오. [2.6절, 2.8절]

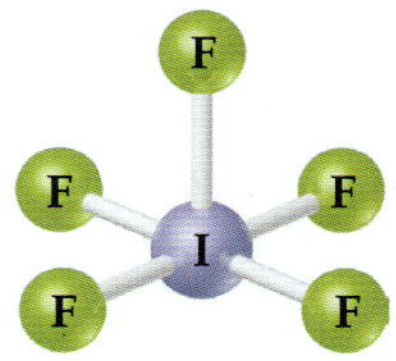

**2.56** 다음 주기율표에서 5개의 칸에 색이 칠해져 있다. 각 원소가 만드는 이온의 전하를 예측하시오. [2.7절]

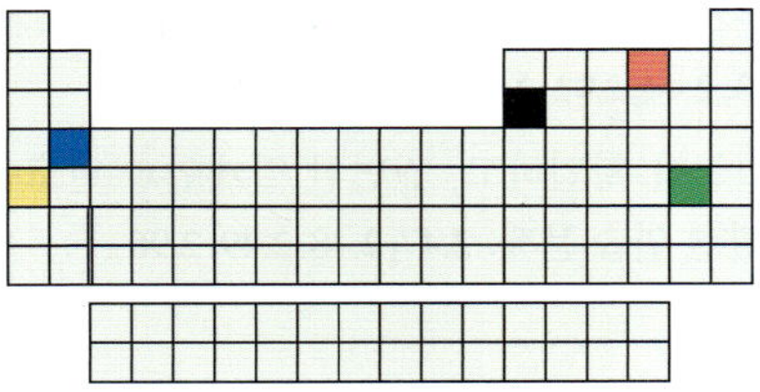

**2.57** 다음 그림은 이온 결합 화합물을 나타낸 것이다. 붉은색 공은 양이온이며, 푸른색 공은 음이온이다. 화합물 KBr, $K_2SO_4$, $Ca(NO_3)_2$, $Fe_2(SO_4)_3$ 중 아래 그림에 해당하는 화합물은? 화합물의 이름은? [2.7절, 2.8절]

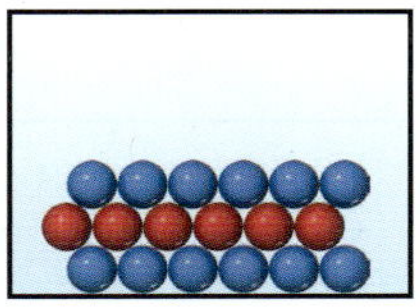

**2.58** 다음 두 화합물은 서로 이성질체인가? 그 이유를 설명하시오. [2.9절]

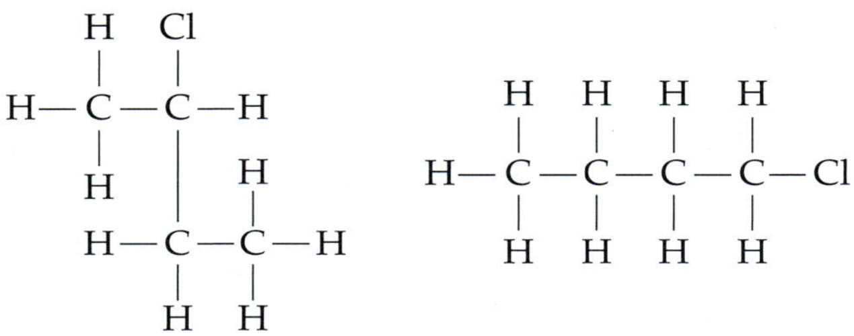

**2.59** Millikan의 기름방울 실험(그림 2.4 참조)에서는 아래 그림과 같이 관찰 렌즈를 통해 아주 작은 기름방울이 위로 올라가거나 멈춰 있거나 내려가는 것이 관찰된다. [2.2절]

**(a)** 전기장이 없을 때 낙하 속도가 달라지는 이유는?

**(b)** 위로 올라가는 기름방울이 생기는 이유는?

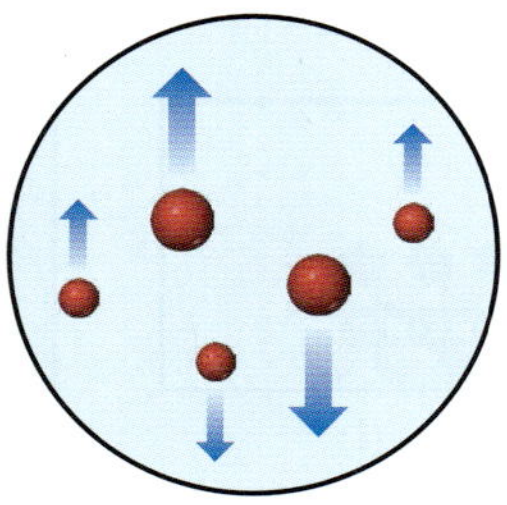

## 물질의 원자론과 원자 구조의 발견(2.1절, 2.2절)

**2.60** 소듐이 공기 중의 산소와 반응하면 산화 소듐(sodium oxide)과 과산화 소듐(sodium peroxide)이 만들어진다. 산화 소듐이 만들어질 때, 23.0 g의 소듐이 8.0 g의 산소와 결합한다. 과산화 소듐이 만들어질 때는, 23.0 g의 소듐이 16.0 g의 산소와 결합한다.

**(a)** 두 화합물에서 산소의 질량비는?

**(b)** 이 실험으로 입증할 수 있는 기본 법칙은?

**2.61** 일련의 실험을 통해 아이오딘과 플루오린으로만 이루어진 세 종류의 화합물을 합성하였다. 세 화합물을 이루고 있는 각 원소의 질량은 다음과 같았다.

| 화합물 | 아이오딘의 질량(g) | 플루오린의 질량(g) |
|---|---|---|
| 1 | 4.75 | 3.56 |
| 2 | 7.64 | 3.43 |
| 3 | 9.41 | 9.86 |

**(a)** 각 화합물에서 아이오딘 1 g당 플루오린의 질량은 얼마인가?

**(b)** (a)에서 구한 결과는 원자론을 증명하는가?

**2.62** 양성자, 중성자, 전자의 세 종류 아원자 입자 중 발견이 가장 어려웠던 것은? 그 이유는?

**2.63** Millikan은 그림 2.4에서와 같이 전기장 하에서 정전하를 띤 기름방울의 낙하를 연구하여 전자의 전하를 측정하였다. 한 학생이 이 실험을 여러 번 수행하여 기름방울의 전하를 다음과 같이 계산하였다.

| 기름방울 | 계산된 전하(C) |
|---|---|
| A | $1.60 \times 10^{-19}$ |
| B | $3.15 \times 10^{-19}$ |
| C | $4.81 \times 10^{-19}$ |
| D | $6.31 \times 10^{-19}$ |

**(a)** 기름방울의 전하가 서로 다른 것은 무엇을 의미하는가?

**(b)** 이 실험 결과로 전자의 전하에 대해 어떤 과학적 사실을 알 수 있는가?

**(c)** 전자의 전하(유효 숫자 주의)는 얼마라고 보고할 수 있는가?

## 원자 구조의 현대적 이해, 원자량(2.3절, 2.4절)

**2.64** 구리(Cu) 원자의 반지름은 약 140 pm이다.

**(a)** 이 길이를 밀리미터(mm) 단위로 나타내시오.

**(b)** 5.0 mm 길이에 나란히 늘어놓을 수 있는 구리 원자의 개수는?

**(c)** 구리 원자가 구형으로 생겼다면, 원자 한 개의 부피는 $cm^3$ 단위로 얼마이겠는가?

**2.65** 다음 설명이 맞는지, 틀리는지를 표시하시오. 잘못된 설명은 바르게 고치시오.

**(a)** 원자 질량의 대부분은 원자핵에 의한 것이며, 원자핵은 원자 대부분의 부피를 차지한다.

**(b)** 같은 원소의 모든 원자는 같은 수의 양성자를 갖고 있다.

**(c)** 모든 원자의 전자수는 원자의 중성자수와 같다.

**(d)** He 원자핵의 양성자들은 강한 핵력으로 잡혀 있다.

**2.66** $^{58}Ni$ 원자에 대해 답하시오.

**(a)** 이 원자에 있는 양성자, 중성자, 전자의 수는?

**(b)** $^{58}Ni$ 원자에서 전자 두 개를 제거하여 얻어지는 이온의 기호는?

**(c)** $^{58}Ni$의 동위 원소 중 중성자가 33개인 원자의 기호는?

**2.67** **(a)** $^{106}_{46}X$, $^{107}_{46}X$, $^{107}_{47}X$ 중 같은 원소의 동위 원소 두 개는 어느 것인가?

**(b)** (a)에서 선택한 동위 원소는 어떤 원소인가?

**2.68** 의약품에 사용되는 다음 동위 원소의 양성자, 중성자, 전자의 개

수는?

(a) 사마륨(Sm)-153 (b) 루테튬(Lu)-177 (c) 비스무트(Bi)-213 (d) 몰리브데넘(Mo)-99 (e) 납(Pb)-212 (f) 세슘(Cs)-131

**2.69** 다음 빈칸을 채우시오. 각 열은 중성 원자를 나타내는 것이라고 가정한다.

| 기호 | $^{89}Y$ | | | | |
|---|---|---|---|---|---|
| 양성자수 | | 78 | | | 89 |
| 중성자수 | | | 123 | | |
| 전자수 | | | 81 | 50 | |
| 질량수 | | 195 | | 119 | 227 |

**2.70** 지구가 행성이 된 과정을 연구하는 방법의 하나는 암석 속의 특정 동위 원소 함량을 측정하는 것이다. 최근에는 광물 속의 $^{129}Xe$와 $^{130}Xe$의 비율을 측정한다. 이 두 동위 원소의 같은 점과 다른 점은?

**2.71** (a) C-12 원자의 질량은 몇 u인가?

(b) 주기율표에 탄소의 원자량이 12.011로 표기된 이유는?

**2.72** 자연계에서 발견되는 브로민의 두 동위 원소에는 브로민-79(원자 질량 = 78.9183 u, 존재비 = 50.69%)와 브로민-81(원자 질량 = 80.9163 u, 존재비 = 49.31%)이 있다. 브로민의 원자량을 구하시오.

**2.73** 그림 2.10의 질량 스펙트럼을 보자. 다음 설명이 맞는가, 틀리는가? 잘못된 설명은 바르게 고치시오.

(a) 중성(전하를 띠고 있지 않은) 원자의 경로는 자기장에 의해 변하지 않는다.

(b) 질량 스펙트럼에서 각 피크의 높이는 동위 원소의 질량에 반비례한다.

(c) 주어진 원소에서, 질량 스펙트럼의 피크 개수는 자연적으로 존재하는 원소의 동위 원소 개수와 같다.

**2.74** 질량 분석기는 원자보다는 분자의 연구에 더 많이 사용된다. 3장에서 볼 수 있는 것과 같이, 분자량은 분자를 이루는 원자의 원자량의 합이다. $H_2$ 분자가 H 원자로 분해되지 않는 조건에서 $H_2$의 질량 스펙트럼을 얻었다. 자연계에 존재하는 수소의 동위 원소는 $^{1}H$(원자 질량 = 1.00783 u, 존재비 99.9885%)와 $^{2}H$(원자 질량 = 2.01410 u, 존재비 0.0115%)가 있다.

(a) 질량 스펙트럼에서 볼 수 있는 피크의 개수는?

(b) 각 피크의 상대적인 질량은?

(c) 가장 큰 피크와 가장 작은 피크는 어느 것인가?

## 주기율표, 분자와 분자 화합물, 이온과 이온 결합 화합물 (2.5, 2.6, 2.7절)

**2.75** 다음 각 원소의 화학 기호와 주기율표에서의 위치는? 또한 각 원소가 금속, 준금속, 비금속 중 어디에 해당하는지를 결정하시오.

(a) Hg (b) At (c) Mo (d) W (e) Sn (f) V (g) K

**2.76** 다음 각 원소의 화학 기호와 이들이 속한 족의 이름(표 2.3 참고)을 쓰고, 이것이 금속, 준금속, 비금속 중 어떤 것에 해당하는지를 결정하시오.

(a) 폴로늄 (b) 스트론튬 (c) 네온 (d) 루비듐 (e) 브로민

**2.77** 벤젠은 유기 화학 반응에 자주 사용되는 무색의 액체이며, 아세틸렌은 고온 용접의 연료로 사용되는 기체이다. 아래 그림은 두 화합물의 공-막대 모형이다.

(a) 각각의 분자식을 쓰시오.

(b) 각각의 실험식을 결정하시오.

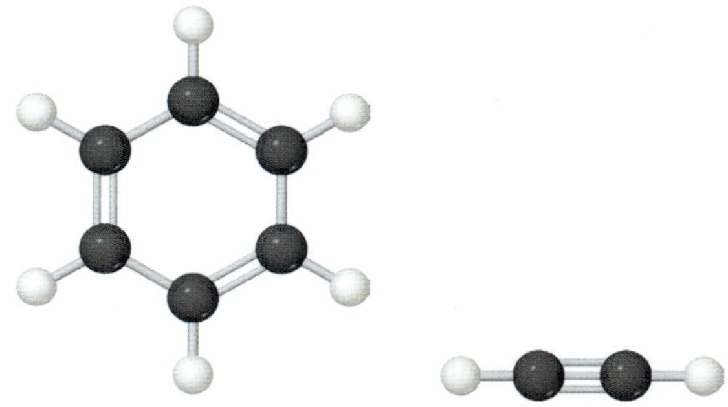

벤젠 아세틸렌

**2.78** 두 물질의 분자식과 실험식이 일치한다. 두 물질은 같은 화합물이라고 할 수 있는가?

**2.79** 다음 화합물의 실험식과 분자식을 구하시오.

(a) 탄소 원자 6개와 수소 원자 6개로 이루어진 유기 용매인 **벤젠**(benzene)

(b) 규소 원자 1개와 염소 원자 4개로 이루어진 컴퓨터 칩의 원료가 되는 **사염화 규소**(silicon tetrachloride)

(c) 붕소 원자 2개와 수소 원자 6개로 이루어진 반응성이 높은 물질인 **다이보레인**(diborane)

(d) 탄소 원자 6개, 수소 원자 12개, 산소 원자 6개로 이루어진 **포도당**(glucose)

**2.80** 다음 화학식에 있는 원자의 수는?

(a) $C_4H_9COOCH_3$ 속의 탄소 원자

(b) $Ca(ClO_3)_2$ 속의 산소 원자

(c) $(NH_4)_2HPO_4$ 속의 수소 원자

**2.81** 다음 분자 모형을 갖는 화합물의 분자식과 구조식을 쓰시오.

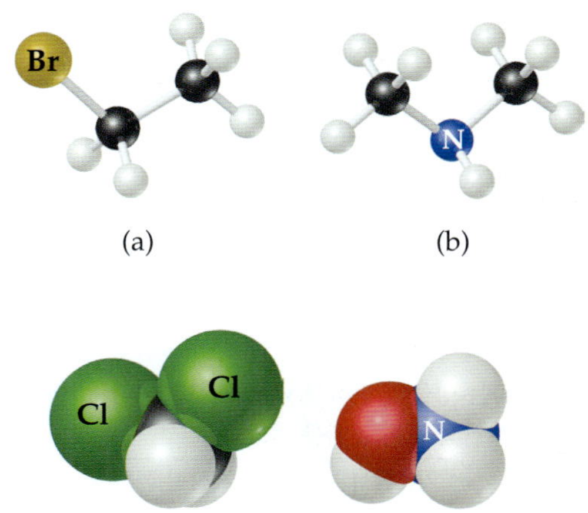


(a) (b) (c) (d)

**2.82** 다음 표의 빈칸을 채우시오.

| 기호 | $^{133}Cs^+$ | | | |
|---|---|---|---|---|
| 양성자수 | | 35 | 15 | |
| 중성자수 | | 46 | 16 | 30 |
| 전자수 | | | 18 | 20 |
| 알짜 전하 | | 1− | | 5+ |

**2.83** 주기율표를 이용하여 다음 원소로부터 만들어지는 이온의 전하를 예측하시오.
**(a)** Li **(b)** Ba **(c)** Po **(d)** I **(e)** Sb

**2.84** 셀레늄으로부터 가장 잘 만들어지는 이온의 전하는 2−이다. 셀레늄과 다음 원소가 화합물을 만들 때 예상되는 화학식은?
**(a)** 바륨 **(b)** 리튬 **(c)** 알루미늄

**2.85** 다음 이온쌍으로부터 만들어지는 화합물의 화학식을 예측하시오.
**(a)** $Cr^{3+}$와 $CN^-$ **(b)** $Mn^{2+}$와 $ClO_4^-$ **(c)** $Na^+$와 $Cr_2O_7^{2-}$
**(d)** $Cd^{2+}$와 $CO_3^{2-}$ **(e)** $Ti^{4+}$와 $O^{2-}$

**2.86** 양이온과 음이온 쌍에 의해 만들어지는 이온 결합 화합물을 써넣어 다음 표를 완성하시오.

| 이온 | $Na^+$ | $Ca^{2+}$ | $Fe^{2+}$ | $Al^{3+}$ |
|---|---|---|---|---|
| $O^{2-}$ | $Na_2O$ | | | |
| $NO_3^-$ | | | | |
| $SO_4^{2-}$ | | | | |
| $AsO_4^{3-}$ | | | | |

**2.87** 다음 화합물이 분자성인지, 이온성인지를 예측하시오.
**(a)** $BI_3$ **(b)** $N(CH_3)_3$ **(c)** $Zn(NO_3)_2$ **(d)** $N_2H_4$
**(e)** $OsCO_3$ **(f)** $H_2SO_4$ **(g)** HgS **(h)** IOH

### 무기 화합물 명명법, 간단한 유기 화합물(2.8절, 2.9절)

**2.88** 미량 영양 원소인 셀레늄은 황과 유사하게 화합물을 만든다. 다음 이온의 이름을 쓰시오.
**(a)** $SeO_4^{2-}$ **(b)** $Se^{2-}$ **(c)** $HSe^-$ **(d)** $HSeO_3^-$

**2.89** 다음 화합물의 양이온과 음이온의 전하량 및 이름을 쓰시오.
**(a)** CuS **(b)** $Ag_2SO_4$ **(c)** $Al(ClO_3)_3$ **(d)** $Co(OH)_2$ **(e)** $PbCO_3$

**2.90** 다음 이온 결합 화합물의 이름을 쓰시오.
**(a)** KCN **(b)** $NaBrO_2$ **(c)** $Sr(OH)_2$ **(d)** CoTe **(e)** $Fe_2(CO_3)_3$
**(f)** $Cr(NO_3)_3$ **(g)** $(NH_4)_2SO_3$ **(h)** $NaH_2PO_4$ **(i)** $KMnO_4$
**(j)** $Ag_2Cr_2O_7$

**2.91** 다음 이온 결합 화합물의 화학식을 쓰시오.
**(a)** 인산 소듐(sodium phosphate) **(b)** 질산 아연(zinc nitrate)
**(c)** 브로민산 바륨(barium bromate) **(d)** 과염소산 철(II)(iron(II) perchlorate) **(e)** 탄산수소 코발트(II)(cobalt(II) hydrogen carbonate)
**(f)** 아세트산 크로뮴(III)(chromium(III) acetate) **(g)** 다이크로뮴산 포타슘(potassium dichromate)

**2.92** 다음 산의 이름 또는 화학식을 쓰시오.
**(a)** 아이오딘화수소산(hydroiodic acid)
**(b)** 염소산(chloric acid) **(c)** 아질산(nitrous acid)
**(d)** $H_2CO_3$ **(e)** $HClO_4$ **(f)** $CH_3COOH$

**2.93** 질소 산화물은 도시 지역의 주요 공기 오염 물질이다. 다음 화합물의 이름을 쓰시오.
**(a)** $N_2O$ **(b)** NO **(c)** $NO_2$ **(d)** $N_2O_5$ **(e)** $N_2O_4$

**2.94** 책을 읽다 보면 다음과 같은 화학 관련 문장을 접할 수 있다. 여기에 언급된 각 물질의 화학식을 쓰시오.
**(a)** 탄산수소 소듐(sodium hydrogen carbonate)은 탈취제로 쓰인다.
**(b)** 하이포염소산 칼슘(calcium hypochlorite)은 표백 용액에 쓰인다.
**(c)** 사이안화 수소(hydrogen cyanide)는 맹독성 기체이다.
**(d)** 수산화 마그네슘(magnesium hydroxide)은 설사약으로 쓰인다.
**(e)** 플루오린화 주석(II)(tin(II) fluoride)은 치약의 플루오린 첨가제로 쓰인다.
**(f)** 황화 카드뮴(cadmium sulfide)을 황산으로 처리하면 황화 수소 기체가 발생한다.

**2.95** **(a)** 이성질체란 무엇을 말하는가? **(b)** 에테인(ethane), 프로페인(propane), 뷰테인(butane), 펜테인(pentane) 중에서 이성질체가 존재하는 화합물은?

**2.96** 에틸에타노에이트($CH_3-COO-CH_2-CH_3$), 에틸 메틸 에터, 헥산올, 프로판온($CH_3-CO-CH_3$)과 같은 유기물을 생각해 보자.
**(a)** 탄소수가 3개인 화합물은?
**(b)** C=O 작용기가 있는 화합물은?

**2.97** $C_4H_9Br$의 4개의 구조 이성질체의 구조식을 그리시오.

## 추가 연습 문제

이 연습 문제는 이 장에서 설명한 내용 순서로 나열되어 있지만, 주제별로 나뉘어 있지는 않다.

**2.98** 어떤 과학자가 Millikan의 기름방울 실험을 재현하였다. 그런데 이 과학자는 방울의 전하를 **warmomb**(wa)라는 가상의 단위로 표시하여 다음과 같은 결과를 얻었다.

| 기름방울 | 계산된 전하(wa) |
|---|---|
| A | $3.84 \times 10^{-8}$ |
| B | $4.80 \times 10^{-8}$ |
| C | $2.88 \times 10^{-8}$ |
| D | $8.64 \times 10^{-8}$ |

**(a)** 만약 모든 방울의 크기가 같다면, 어떤 방울이 가장 천천히 떨어지겠는가?
**(b)** 실험 결과에 기초하여 전자의 전하량을 warmomb 단위로 구하시오.
**(c)** (b)의 답에 따라 각 방울의 전하에 관련된 전자의 개수를 구하시오.
**(d)** warmomb 단위와 coulomb 단위의 환산 인자는?

**2.99** 자연계에서 $^3He$의 존재비는 0.000137%이다.
**(a)** $^3He$ 원자에는 몇 개의 양성자, 중성자 및 전자가 있는가?
**(b)** 이들의 아원자 입자의 질량 합이 원자의 질량이라고 가정한다

면, $^{3}He$ 원자와 $^{3}H$ 원자 중 어느 것이 더 무거운가?

**(c)** (b)의 답에 기초하여, $^{3}He^{+}$와 $^{3}H^{+}$ 이온을 구분하기 위해서는 질량 분석기의 정밀도가 어느 정도 되어야 하는지 설명하시오.

**2.100** 한 변이 1.00 cm인 정육면체 모양의 금의 질량은 19.3 g이다. 금 원자 1개의 질량은 197.0 u이다.

**(a)** 이 정육면체에는 금 원자 몇 개가 있는가?

**(b)** 금 원자의 지름은 Å 단위로 대략 얼마인가?

**(c)** (b)의 답을 얻기 위하여 어떤 가정이 필요한가?

**2.101** 루비듐(Rb) 원자의 지름은 495 pm이다. 표면의 원자가 다음 그림처럼 배열되어 있다고 가정하자. A의 배열에서는 모든 원자가 일렬로 배열되어 정사각형 격자를 이루고 있다. B와 같은 배열을 **조밀 쌓임**(close-packed) 배열이라고 하는데, 아래 원자층의 움푹한 곳에 원자들이 위치한다.

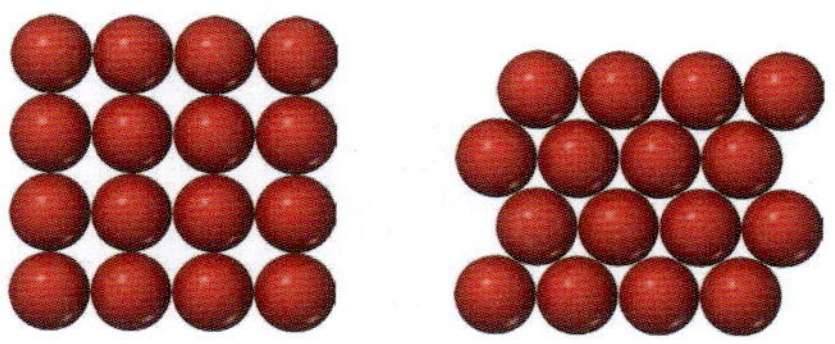

A B

**(a)** A 배열에서 한 변이 1.0 cm인 정사각형 안에 들어갈 수 있는 Rb 원자는 몇 개인가?

**(b)** 표면의 원자 배열이 B와 같을 때, 한 변이 1.0 cm인 정사각형 안에 들어갈 수 있는 Rb 원자는 몇 개인가?

**(c)** A 배열에서 B 배열로 변하면서 표면에 존재하는 원자의 개수는 어떤 비율로 증가하는가? 삼차원으로 확대한다면, Rb 금속의 밀도가 더 높은 배열은?

**2.102** **(a)** 원자와 원자핵의 크기가 그림 2.9와 같다고 가정할 때 원자의 부피에서 핵이 차지하는 비율은? **(b)** 양성자의 지름을 $1.0 \times 10^{-15}$ m라고 가정할 때, 양성자의 밀도를 g/cm$^3$ 단위로 구하시오(표 2.1의 양성자 질량을 사용할 것).

**2.103** 다음 기호로 표시한 원소는 무엇인가? 각 원소의 양성자와 중성자의 수를 적으시오.

**(a)** $^{11}_{5}X$ **(b)** $^{75}_{33}X$ **(c)** $^{86}_{36}X$ **(d)** $^{67}_{30}X$

**2.104** $^{6}Li$의 원자핵은 중성자를 쉽게 포획하며, 리튬 금속의 7.5% 정도가 $^{6}Li$ 동위 원소이다. 경쟁적으로 핵무기를 개발하던 때에는 수소 폭탄에 사용하기 위하여 다량의 리튬을 처리하여 $^{6}Li$를 분리하였다. 시장에서 거래되는 리튬은 $^{6}Li$를 추출하고 남은 금속이었다.

**(a)** $^{6}Li$와 $^{7}Li$ 원자핵의 구성 입자는 무엇인가?

**(b)** $^{6}Li$와 $^{7}Li$의 원자 질량은 각각 6.015122 u, 7.016004 u이다. $^{6}Li$를 분리하고 남은 리튬 금속 시료를 분석하였더니 $^{6}Li$의 양이 1.442%였다. 이 금속 시료의 평균 원자량은 얼마인가?

**2.105** 자연계에는 세 종류의 아르곤 원자가 있다. 각각의 중성자는 18, 20, 22개이다.

**(a)** 이 세 가지 동위 원소의 완전한 화학 기호를 쓰시오.

**(b)** 세 종류의 아르곤 원자의 같은 점과 다른 점을 설명하시오.

**2.106** 자연계에 존재하는 크로뮴(Cr) 동위 원소의 질량은 49.9460, 51.9405, 52.9407, 53.9389 u이며, 각 동위 원소의 존재비는 각각 4.3, 83.8, 9.5, 2.4%이다. 주어진 데이터를 사용하여 크로뮴의 원자량을 구하시오.

**2.107** 구리(Cu)는 자연계에 질량이 62.9296 u와 64.9278 u인 두 가지 동위 원소가 있다.

**(a)** 각 동위 원소의 원자핵에 있는 양성자와 중성자의 수는? 각 동위 원소의 원소 기호를 쓰고 원자 번호와 질량수를 표시하시오.

**(b)** Cu의 평균 원자 질량은 63.55 u이다. 각 동위 원소의 존재비를 구하시오.

**2.108** **CRC Handbook of Chemistry and Physics**나 http://www.webelements.com 등의 참고 문헌을 참조하여 Ni에 대해 다음을 조사하시오.

**(a)** 알려진 동위 원소의 수

**(b)** 원자 질량(u 단위)

**(c)** 자연에서 가장 많이 존재하는 5가지 동위 원소의 존재비

**2.109** 브로민 원자의 동위 원소는 두 종류이다. 보통의 조건에서는 원소 상태의 브로민은 $Br_2$ 분자 상태로 존재하며, $Br_2$ 분자의 질량은 두 원자의 질량의 합과 같다. $Br_2$의 질량 분석 스펙트럼에서는 다음과 같은 3개의 피크가 나타난다.

| 질량(u) | 피크의 상대적 크기 |
|---|---|
| 157.836 | 0.2569 |
| 159.834 | 0.4999 |
| 161.832 | 0.2431 |

**(a)** 세 개의 피크가 나타나는 이유는 무엇인가? (어떤 동위 원소가 관련되어 있는가?)

**(b)** 각 동위 원소의 질량은 얼마인가?

**(c)** $Br_2$ 분자의 평균 질량은 얼마인가?

**(d)** 브로민 원자의 평균 질량은 얼마인가?

**(e)** 두 동위 원소의 존재비를 구하시오.

**2.110** 질량 분석법에서는 이온화되기 전 물질과 이온화된 양이온의 질량이 같다고 가정한다.

**(a)** $^{1}H$와 $^{1}H^{+}$의 질량의 차이를 나타내기 위해서는 유효 숫자 몇 개가 필요한가?(표 2.1 참조)

**(b)** 전자의 질량은 $^{1}H$ 원자 질량의 몇 퍼센트를 차지하는가?

**2.111** Mg, Li, Tl, Pb, Se, Cl, Xe, Si, C 원소 중, 다음 설명에 가장 적합한 것을 한 가지만 선택하시오.

**(a)** 알칼리 금속 **(b)** 알칼리 토금속 **(c)** 비활성 기체 **(d)** 할로젠

**(e)** 준금속 **(f)** 14족의 준금속 **(g)** 3+ 이온을 형성하는 금속

**(h)** 2− 이온을 형성하는 비금속 **(i)** 방사능 차폐에 사용되는 원소

**2.112** 시보귬(Sg)의 최초 원자들은 1974년에 만들어졌다. 만들어진 후, 가장 오랫동안 존재한 동위 원소의 질량수는 266이었다.

**(a)** $^{266}Sg$ 원자의 양성자, 중성자, 전자의 수는?

**(b)** Sg 원자는 매우 불안정하기 때문에 원자의 특성을 연구하기가 매우 어렵다. 주기율표에서의 Sg의 위치를 고려하여 이 원자의 화학적 특성이 어떤 원소에 가장 가까운지 쓰시오.

**2.113** 원자 폭탄이 폭발할 때에는 스트론튬(Sr)-90과 같은 방사성 동위

원소가 발생한다. 주기율표에서의 Sr의 위치를 고려하여 이 동위원소가 인체에 특히 해로운 이유를 설명하시오.

**2.114** 미국의 1센트 동전은 지름이 19 mm이고 두께 1.5 mm이다. 동전은 순수한 구리로 만들어졌고, 밀도는 8.9 g/cm$^3$이며 구리 가격은 파운드당 2.40달러라고 가정하자. 동전의 두께가 균일하다고 가정하고, 동전에서 구리의 값을 계산하시오.

**2.115** 미국 조폐국은 거의 순은으로 만들어진 아메리칸 실버 이글(American Silver Eagle)이라고 불리는 1달러 동전을 생산한다. 이 동전은 지름이 41 mm이고 두께가 2.5 mm이다. 은의 밀도는 10.5 g/cm$^3$이며 대략적인 시장 가격은 그램당 0.51달러이다. 동전의 두께가 균일하다고 가정하고, 동전에서 은의 값을 계산하시오.

**2.116** 아래의 분자 구조 (i)~(v)와 다음의 화합물 (a)~(e)를 올바르게 연결하시오.

**(a)** 염소 기체 **(b)** 프로페인 **(c)** 질산 이온
**(d)** 삼산화 황 **(e)** 염화 메틸($CH_3Cl$)

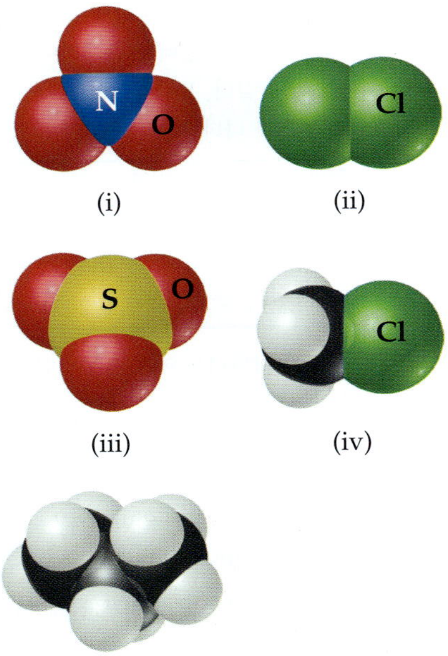


(i) (ii) (iii) (iv) (v)

**2.117** 다음 각 염화물의 이름을 쓰시오. 각 화합물이 이온 결합 화합물이라고 가정할 때, 금속 원소의 전하는?

**(a)** AgCl **(b)** $TiCl_4$ **(c)** $IrCl_3$ **(d)** LiCl

**2.118** 다음 표의 빈 칸을 채우시오.

| 양이온 | 음이온 | 화학식 | 이름 |
|---|---|---|---|
| | | | 탄산 소듐 |
| $Ni^{2+}$ | $CH_3COO^-$ | | |
| | | $Cu(ClO_4)_2$ | |
| | | | |
| $Ca^{2+}$ | $F^-$ | | |
| | | $NaMnO_4$ | |
| | | | 황화 아연 |
| | | $Mg_3N_2$ | |

**2.119** 사이클로프로페인(cyclopropane)은 흥미로운 탄화수소이다. 3개의 탄소 원자가 일렬로 배열되어 있지 않고 고리 형태로 배열되어 있다. 다음 그림은 이 화합물의 투시도이다(분자의 투시도는 그림 2.16 참조).

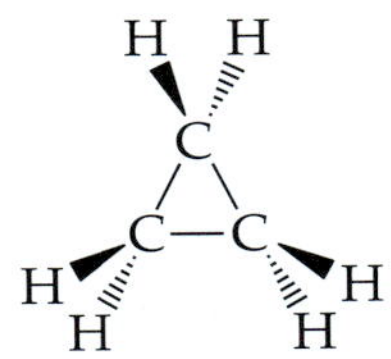

사이클로프로페인은 한때 마취제로 사용되기도 하였으나, 인화성이 너무 강해서 더는 사용되지 않고 있다.

**(a)** 사이클로프로페인의 실험식은 무엇인가? 프로페인(propane)의 실험식과는 어떻게 다른가?

**(b)** 3개의 탄소 원자는 평면에 놓여 있다. 두 종류의 쐐기선이 의미하는 것은 무엇인가?

**(c)** 위 그림을 참조하여 클로로사이클로프로페인(chlorocyclopropane)을 그려 보시오. 클로로사이클로프로페인은 이성질체가 존재하는가?

**2.120** 주기율표의 같은 족에 있는 원소들이 만드는 산소산 이온은 화학식이 유사하다. 음이온도 같은 방법으로 명명한다. 이러한 경향에 따라 다음 각 이온의 화학식 또는 이름을 쓰시오.

**(a)** $BrO_4^-$ **(b)** $SeO_3^{2-}$ **(c)** 비소산(arsenate) 이온
**(d)** 텔루륨산수소(hydrogen tellurate) 이온

**2.121** 탄산음료 속에는 녹아 있는 이산화 탄소로부터 탄산(carbonic acid)이 만들어진다. 탄산이 수산화 리튬과 반응하면 탄산 리튬이 만들어진다. 탄산 리튬은 우울증이나 조울증 치료에 사용된다. 탄산, 수산화 리튬, 탄산 리튬의 화학식을 쓰시오.

**2.122** 주변에서 쉽게 볼 수 있는 다음 화합물의 체계적인 이름을 쓰시오.

**(a)** NaCl(소금) **(b)** $NaHCO_3$(베이킹 소다) **(c)** NaOCl(표백제 성분)
**(d)** NaOH(가성 소다) **(e)** $(NH_4)_2CO_3$(방향염) **(f)** $CaSO_4$(소석고)

**2.123** 주변에서 많이 접하는 화학 물질은 체계적이지 않은 일반명을 갖고 있다. 다음 화합물의 체계적인 이름은?

**(a)** 초석($KNO_3$) **(b)** 소다회($Na_2CO_3$) **(c)** 석회(CaO)
**(d)** 무리아트산(HCl) **(e)** Epsom 염($MgSO_4$)
**(f)** 마그네시아유(milk of magnesia, $Mg(OH)_2$)

**2.124** 많은 이온과 화합물이 매우 비슷한 이름을 가지며, 이로 인하여 혼동하기 쉽다. 다음 각 쌍의 화학식을 쓰시오.

**(a)** 탄산 소듐, 탄산수소 소듐 **(b)** 과산화 포타슘, 산화 포타슘
**(c)** 황화 칼슘, 황산 칼슘 **(d)** 산화 망가니즈(II), 산화 망가니즈(III)
**(e)** 수소 이온, 수산화 이온 **(f)** 질소화 마그네슘, 아질산 마그네슘
**(g)** 질산 은, 아질산 은 **(h)** 산화 제1구리, 산화 제2구리

**2.125** 원자의 어떤 부분에서 강한 핵력이 작용하는가?

# 3

# 화학 반응과 반응 화학량론



## 3.1 질량 보존, 화학식, 화학량론

우리가 교통 이동 등 일상생활에서 사용하는 에너지는 화학 반응에서 발생된다. 내연기관 안에서 연료와 공기가 반응하여 에너지와 부산물이 만들어진다. 이산화 탄소, 물을 포함한 가스 부산물들은 차량의 배기관을 통하여 배출되는데 이는 기후 변화 논의의 중심이 되는 문제이다. 일정량의 연료를 사용할 때 얼마나 많은 $CO_2$ 분자가 생성되는지 알고 싶다면, 이 장에서 배울 내용을 바탕으로 몇 개의 탄화수소 분자와 산소 분자가 소모될 때 몇 개의 부산물들이 생기는지를 계산해 보면 된다.

이 절이 끝나면 다음 사항을 수행할 수 있어야 한다.

- 화학 반응에서 반응물과 생성물의 질량 보존을 설명하기
- 반응물과 생성물의 화학식과 계수를 쓰고, 균형 맞춘 화학 반응식을 작성하기

**화학량론**(**stoichiometry**)이란, 화학 반응에서 소모되거나 생성되는 물질의 양을 다루는 분야이다. 이 단어는 그리스어의 *stoicheion*(원소)과 *metron*(측정)이라는 단어에서 유래하였다. 세계에 퍼져있는 화학산업에서 사용되는 화학 반응에서 화학자와 화학공학자들은 화학량론을 매일 사용한다.

화학량론의 기초는 원자 질량(2.4절), 화학식, **질량 보존 법칙**(**law of conservation of mass**, 2.1절)을 이해하는 것이다. 이 중요한 법칙은 **화학 반응의 전후에 원자가 생성되거나 파괴되지 않는다**고 이야기한다. 화학 반응 중 일어나는 변화는 원자의 재배열일 뿐이다. 반응 전과 후에 같은 원자들이 존재한다.

화학 반응은 **화학 반응식**(**chemical equation**)으로 표시한다. 예를 들면 수소($H_2$)는 공기 중에서 연소할 때 산소($O_2$)와 반응하여 물($H_2O$)을 생성한다. 이 반응의 화학 반응식은 다음과 같다.

$$2\,H_2 + O_2 \longrightarrow 2\,H_2O \qquad [3.1]$$

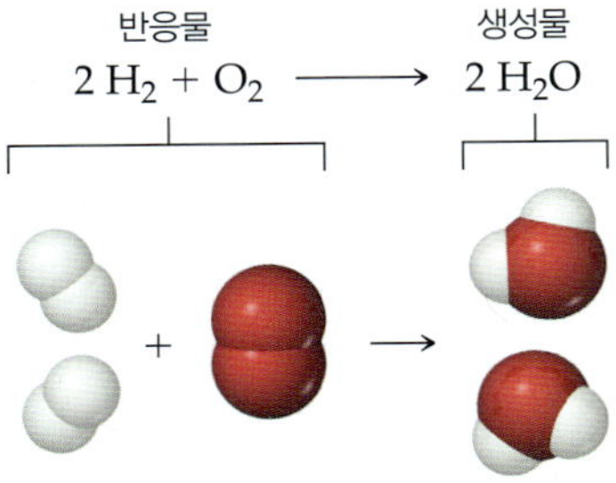

▲ 그림 3.1 균형 맞춘 화학식

우리는 + 기호를 '~과(와) 반응한다'로, 그리고 화살표를 '생성한다(produce)'라고 읽는다. 화살표 왼쪽의 화학식(chemical formula)은 **반응물**(**reactant**)이라는 출발 물질을 나타낸다. 반응으로부터 새로 생긴 물질은 **생성물**(**product**)이라 하며, 화살표의 오른쪽에 나타낸다. 화학식 앞에 쓴 숫자는 계수이다. 이는 반응에 참여하는 분자의 상대적 수를 뜻한다(대수 방정식에서와 같이, **계수 1은 보통 쓰지 않는다**).

어떤 반응이든 원자들은 창조되거나 파괴되지 않는다. 따라서 균형 화학 반응식은 화살표 양쪽의 각 원소의 원자수가 같아야 한다. 예를 들면 식 3.1의 오른쪽에 2개의 $H_2O$ 분자가 있는데, 각 물 분자에는 수소 원자 2개와 산소 원자 1개가 있다(**그림 3.1**). 그러므로 2 $H_2O$에는 $2\times2=4$개의 H 원자와 $2\times1=2$개의 O 원자가 있다. **원자의 수는 계수와 화학식의 아래 첨자의 곱으로 얻어짐**을 유의하라. 반응식의 양쪽에 각각 4개의 H 원자와 2개의 O 원자가 있으므로, 이 반응식은 균형 맞춘 반응식이라고 할 수 있다.

## 균형 맞춘 화학식을 작성하는 방법

화학자는 화학 반응에서 반응물과 생성물을 나타내기 위하여 반응식을 쓴다. 만들어지는 생성물의 양과 필요한 반응물의 양을 결정하기 위해 화학 반응식을 균형 맞출 필요가 있다.

**균형 맞춘 화학 반응식**(**balanced chemical equation**)을 만들기 위해서는 먼저 왼쪽에는 반응물들의 화학식을, 오른쪽에는 생성물들의 화학식을 쓴다. 그 후에 반응식의 양쪽에 각 원자수가 같아지도록 계수를 결정하여 화학 반응식을 완결한다. 일반적으로 가장 작은 정수를 계수로 사용한다.

반응식의 균형을 맞출 때는 화학식 앞의 계수와 화학식의 아래 첨자의 차이를 이해하는 것이 중요하다. **그림 3.2**을 보자. 한 화학식의 아래 첨자가 변하는 것은(예를 들면 $H_2O$가 $H_2O_2$로) 화

▶ 그림 3.2 화학 반응식에서 첨자 변화와 계수 변화의 차이

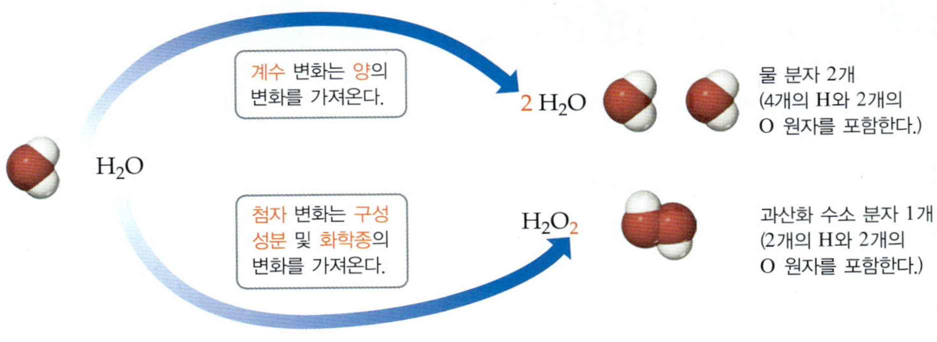

학 물질의 종이 바뀌는 것이다. 과산화 수소($H_2O_2$) 물질과 물($H_2O$)은 아주 다르다. **아래 첨자는 화학 반응식을 완결할 때 결코 변하지 않아야 한다.** 이와는 달리, 화학식 앞에 계수를 붙이는 것은 단지 물질의 양(amount)이 변하는 것이지, 물질의 종(identity)까지 변하는 것은 아니다. 따라서 2 $H_2O$는 물 분자 2개를 의미하는 것이고, 3 $H_2O$는 물 분자 3개를 의미한다.

## 화학 반응식의 균형을 단계별로 맞추는 예

화학 반응식을 완결하는 과정의 예로, 천연가스의 주성분인 메테인($CH_4$)이 공기 중에서 연소하여 이산화 탄소($CO_2$) 기체와 수증기($H_2O$)를 생성하는 반응을 생각해 보자(**그림 3.3**). 이 두 생성물에는 공기 중 $O_2$에서 오는 산소 원자가 있다. 따라서 $O_2$는 반응물이고, 균형 맞지 않은 반응식은 다음과 같다.

$$CH_4 + O_2 \longrightarrow CO_2 + H_2O \quad \text{(균형 맞지 않음)} \qquad [3.2]$$

반응식의 양쪽에서 가장 적게 나타나는 원소를 지닌 분자의 균형을 먼저 맞추는 것이 좋다. 위의 예에서 C는 한 가지 반응물($CH_4$)과 한 가지 생성물($CO_2$)에 존재한다. H도 마찬가지이다($CH_4$와 $H_2O$). 그러나 O는 한 가지 반응물($O_2$)과 두 가지 생성물($CO_2$와 $H_2O$)에 나타남을 주목하라. 따라서 C부터 시작하자. 반응물 $CH_4$의 탄소수와 생성물 $CO_2$의 탄소수는 같다. 따라서 이들 물질의 계수는 같아야 하므로, 우선 계수를 모두 1(쓰지 않음)로 하겠다.

그다음으로는 H에 주목하자. 반응식 왼쪽에는 $CH_4$에 4개의 H 원자가 있고, 반응식 오른쪽에는 $H_2O$에 2개의 H 원자가 있다. 반응식에서 H 원자의 균형을 맞추기 위해 $H_2O$ 앞 계수로 2를 쓴다. 그러면 양쪽이 모두 4개의 수소를 갖게 된다.

$$CH_4 + O_2 \longrightarrow CO_2 + 2\,H_2O \quad \text{(균형 맞지 않음)} \qquad [3.3]$$

반응식에서 수소와 탄소는 균형이 맞지만 산소의 균형은 아직 맞지 않는다. 왼쪽에는 2개의 O 원자가 있지만, 오른쪽에는 총 4개의 O 원자가 있다. 계수로 2를 넣으면 식의 양쪽에 O 원자수가 같게 되어 균형 맞춘 반응식으로 완결된다.

$$CH_4 + 2\,O_2 \longrightarrow CO_2 + 2\,H_2O \quad \text{(균형 맞음)} \qquad [3.4]$$

화학식에는 반응물과 생성물의 물리적 상태 및 반응이 진행되기 위한 조건의 자세한 정보를 제공할 수 있다. 기체, 액체, 고체, 수용액은 각각 (*g*), (*l*), (*s*), (*aq*)라는 기호를 사용한다. 따라서 반응

그림에 주어진 반응을 분자 수준에서 보았을 때 반응물에는 C, H, O 원자가 몇 개씩 있는가? 생성물에도 같은 수의 원자가 있는가?

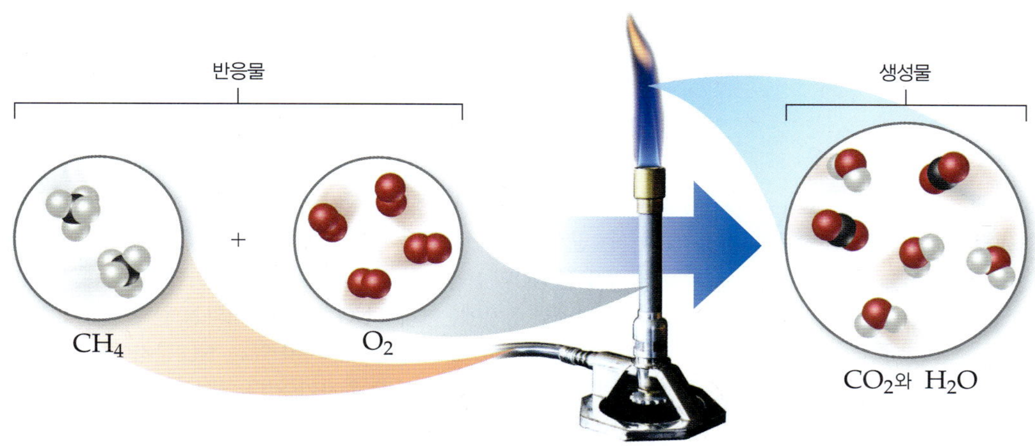


▲ **그림 3.3** 메테인은 Bunsen 버너에서 산소와 반응한다.

▶ 그림 3.4 $CH_4$ 연소 반응의 균형 맞춘 화학 반응식

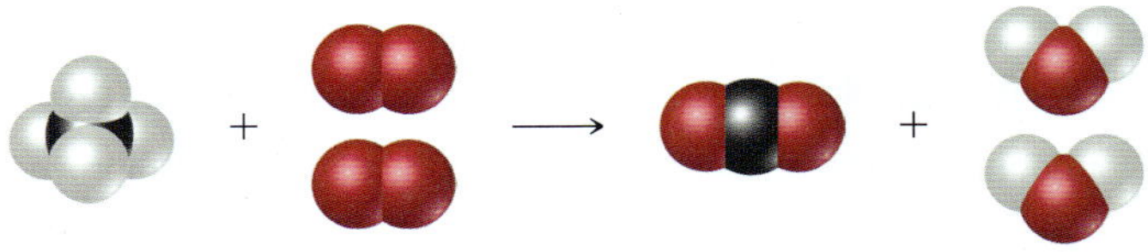


식 3.4는 아래와 같이 쓸 수 있다.

$$CH_4(g) + 2\,O_2(g) \longrightarrow CO_2(g) + 2\,H_2O(g) \qquad [3.5]$$

경우에 따라 반응 진행 조건을 나타내는 기호를 식의 양쪽 사이에 있는 화살표의 위쪽이나 아래쪽에 나타내기도 한다. 이 장에서 나중에 보게 되겠지만, 기호 Δ는 열의 첨가를 나타내기 위하여 화살표 위에 사용하기도 한다.

식 3.5에 나타낸 화학 반응에 대하여, 그림 3.3과 **그림 3.4**는 Bunsen 버너에서 발생하고 있는 균형 맞춘 반응식의 분자들을 그림으로 제시하고 있다.

## 예제 3.1
### 균형 맞춘 반응식 쓰기

다음 그림은 어떤 화학 반응을 나타낸 것이다. 붉은색 공은 산소 원자이고, 푸른색 공은 질소 원자이다. **(a)** 이 반응의 반응물과 생성물을 쓰시오. **(b)** 이 반응을 균형 맞춘 반응식으로 나타내시오. **(c)** 이 반응은 질량 보존 법칙을 따르는가?

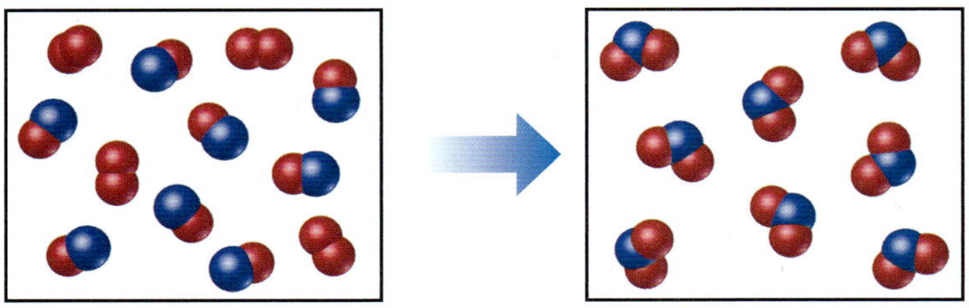

### 해답

**(a)** 반응물에 해당하는 왼쪽 상자에는 두 종류의 분자, 즉 2개의 산소 원자로 이루어진 분자($O_2$)와, 산소와 질소 원자가 각각 1개씩으로 이루어진 분자(NO)가 들어 있다. 생성물에 해당하는 오른쪽 상자에는 질소 원자 1개와 산소 원자 2개로 이루어진 한 종류의 분자($NO_2$)만 들어 있다.

**(b)** 균형 맞지 않은 반응식은 다음과 같다.

$$O_2 + NO \longrightarrow NO_2 \quad (\text{균형 맞지 않음})$$

위 반응식 양쪽의 원자 목록을 보면, 화살표 왼쪽에는 1개의 N과 3개의 O가 있고, 오른쪽에는 1개의 N과 2개의 O가 있다. O의 균형을 맞추기 위해 NO와 $NO_2$의 계수를 같게 만들면서 오른쪽에 있는 O의 개수를 늘려야 한다. 때때로 시행착오 접근이 필요하다. 즉, 반응식의 한쪽에서 다른 쪽으로 여러 번 왔다갔다 하면서 균형이 맞을 때까지 한쪽의 계수와 그다음 다른 쪽의 계수를 바꿀 필요가 있다. 현재의 경우에는 $NO_2$에 계수 2를 사용하여 반응식 오른쪽의 O 원자수를 늘리도록 하자.

$$O_2 + NO \longrightarrow 2\,NO_2 \quad (\text{균형 맞지 않음})$$

그러면 오른쪽에는 2개의 N 원자와 4개의 O 원자가 있다. 따라서 왼쪽으로 돌아가서 NO의 계수를 2로 하면 N과 O 모두 균형이 맞는다.

$$O_2 + 2\,NO \longrightarrow 2\,NO_2 \quad (\text{균형 맞음})$$
$$(2\,N, 4\,O) \qquad (2\,N, 4\,O)$$

**(c)** 반응물 상자에는 4개의 $O_2$ 분자와 8개의 NO 분자가 있다. 따라서 균형 맞춘 반응식을 이루기 위하여 산소 분자당 2개의 NO 분자가 있어야 한다. 생성물 상자에는 8개의 $NO_2$ 분자가 있다. 이는 균형 맞춘 반응식을 이루기 위하여 생성물 $NO_2$의 분자수는 반응물 NO의 분자수와 일치한다는 것을 의미한다.

반응물 상자에는 8개의 NO 분자에 8개의 N 원자가 있다. 또한 $O_2$ 분자에는 $4 \times 2 = 8$개의 O 원자가 있고, NO 분자에는 8개의 O 원자가 있어 총 16개의 O 원자가 있다. 생성물 상자에는 8개의 $NO_2$ 분자에서 8개의 N 원자와 $8 \times 2 = 16$개의 O 원자가 있다. 두 상자에는 똑같은 수의 N 및 O 원자수가 있으므로 그림은 질량

보존 법칙을 만족한다.

▶ **보충 예제**

다음 그림에서 흰색 공은 수소 원자를, 검은색 공은 탄소 원자를, 빨간색 공은 산소 원자를 나타낸다.

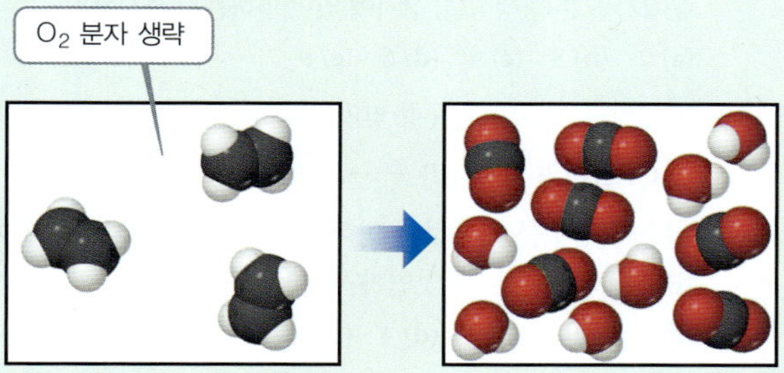


이 반응에는 두 가지 반응물이 있다. 보이는 바와 같이 에틸렌($C_2H_4$)과 생략된 $O_2$가 있고, 두 가지 생성물인 $CO_2$와 $H_2O$가 있다. 이들은 모두 나타나 있다.

**(a)** 균형 맞춘 화학 반응식을 쓰시오.

**(b)** 왼쪽(반응물) 상자에 있어야 하는 $O_2$ 분자수를 쓰시오.

## 예제 3.2

### 화학 반응식 균형 맞추기

다음 반응식의 균형을 맞추시오.

$$Na(s) + H_2O(l) \longrightarrow NaOH(aq) + H_2(g)$$

### 해답

화살표 양쪽에 있는 각 원소의 원자수를 세어 보자. 왼쪽에는 Na 원자 1개, O 원자 1개, H 원자 2개가 있고, 오른쪽에는 Na 원자 1개, O 원자 1개, H 원자 3개가 있다. Na와 O는 균형이 맞지만, H 원자수는 그렇지 않다. 왼쪽의 H 원자수를 늘리기 위하여 $H_2O$에 계수 2를 넣어 보자.

$$Na(s) + 2\,H_2O(l) \longrightarrow NaOH(aq) + H_2(g)$$

이렇게 해도 H 원자의 균형이 맞지 않지만 필요한 H 원자수를 증가시킨다(또한 $H_2O$의 계수 2로 인해 O의 균형도 맞지 않지만 H의 균형을 맞춘 후에 다루어 보자). 왼쪽에 2 $H_2O$가 있으므로 NaOH 앞에 2를 넣어 H의 균형을 맞춘다.

$$Na(s) + 2\,H_2O(l) \longrightarrow 2\,NaOH(aq) + H_2(g)$$

이렇게 하여 H 원자의 균형을 맞추면 O 원자의 균형이 맞게 되지만, 왼쪽에 1개의 Na와 오른쪽에 2개의 Na가 있어 Na의 균형이 맞지 않는다. Na의 균형을 맞추기 위해 반응물 앞에 계수 2를 적는다.

$$2\,Na(s) + 2\,H_2O(l) \longrightarrow 2\,NaOH(aq) + H_2(g)$$

이제 양쪽에 2개의 Na, 4개의 H, 2개의 O 원자가 있으므로, 반응식은 균형을 이루게 된다.

**주의** 좌우를 왔다갔다 하면서 계수를 맞추는 순서는 $H_2O$, NaOH, Na 순서임에 유의하라. 화학 반응식의 균형을 맞출 때, 반응 화살표의 한쪽과 다른 쪽을 왔다갔다 하면서, 한쪽의 계수를 먼저 쓰고 나서 다른 쪽의 계수도 맞추어 쓰고 균형을 맞춘다. 반응식의 균형이 잘 맞추어졌는지를 확인하는 방법은 화살표 양쪽에 있는 원소의 원자수를 세어 보는 것이다. 그리고 반응식에 균형이 맞는 최소의 계수를 선택한다.

▶ **보충 예제**

적절한 계수를 써서 다음 각 반응식의 균형을 맞추시오.

**(a)** $\_\,Fe(s) + \_\,O_2(g) \longrightarrow \_\,Fe_2O_3(s)$

**(b)** $\_\,Al(s) + \_\,HCl(aq) \longrightarrow \_\,AlCl_3(aq) + \_\,H_2(g)$

**(c)** $\_\,CaCO_3(s) + \_\,HCl(aq) \longrightarrow \_\,CaCl_2(aq) + \_\,CO_2(g) + \_\,H_2O(l)$

## 자기 평가 연습 문제

여기에 물질에 대한 이해를 시험해보기 위한 몇 개의 문제가 있다.

**3.1** 3 $Mg(OH)_2$에는 몇 개의 산소 원자가 있는가?

**(a)** 1 **(b)** 2 **(c)** 3 **(d)** 5 **(e)** 6

**3.2** 다음 그림에서 흰색 공은 수소 원자를, 푸른색 공은 질소 원자를 나타낸다.

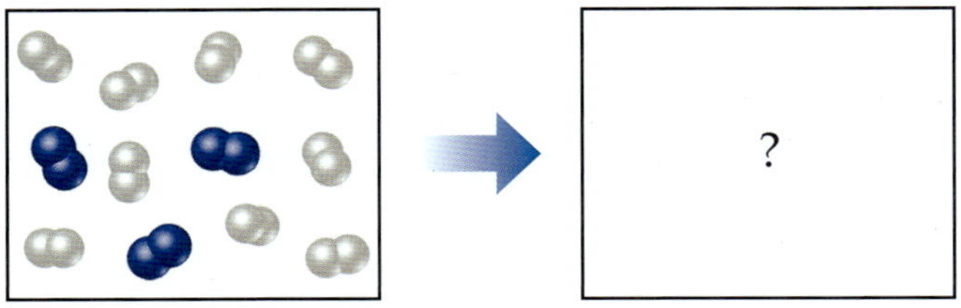


두 반응물은 결합하여 하나의 생성물인 암모니아($NH_3$)를 형성한다. 그러나 그림에 나타나 있지 않다. 균형 맞춘 화학 반응식을 쓰시오. 반응식과 왼쪽(반응물) 상자의 내용물에 근거하여, 몇 개의 $NH_3$ 분자가 오른쪽(생성물) 상자에 있어야 하는지 쓰시오.

**(a)** 2 **(b)** 3 **(c)** 4 **(d)** 6 **(e)** 9

**3.3** 메테인과 브로민의 균형 맞지 않는 반응식은 다음과 같다.

$$\_\_CH_4(g) + \_\_Br_2(l) \longrightarrow \_\_CBr_4(s) + \_\_HBr(g)$$

최소의 정수를 이용하여 화학식의 균형을 맞추고자 할 때, 브로민($Br_2$) 앞의 계수는 무엇인가?

**(a)** 1 **(b)** 2 **(c)** 3 **(d)** 4 **(e)** 6

## 연습 문제

**3.4** 다음 각 문장이 맞는지(○) 틀리는지(×) 표기하시오.

**(a)** 에너지가 보존되어야 하므로 화학 반응식의 균형이 맞추어져야 한다.

**(b)** 화학 반응 $2\,O_3(g) \rightarrow 3\,O_2(g)$가 완료되어 모든 $O_3$가 $O_2$로 전환되면, 반응 전 $O_3$의 질량과 반응 후 $O_2$의 질량은 같다.

**(c)** 물이 분해되는 반응($H_2O(l) \rightarrow H_2(g)+O_2(g)$)의 균형을 맞추면 $H_2O_2(l) \rightarrow H_2(g)+O_2(g)$이다.

**3.5** 다음 화학 반응의 균형을 맞추시오.

**(a)** $SiCl_4(l) + H_2O(l) \longrightarrow Si(OH)_4(s) + HCl(aq)$

**(b)** $CO_2(g) + H_2O \longrightarrow C_6H_{12}O_6(s) + O_2(g)$

**(c)** $Al(OH)_3(s) + H_2SO_4(l) \longrightarrow Al_2(SO_4)_3(s) + H_2O(l)$

**(d)** $H_3PO_4(aq) \longrightarrow H_4P_2O_7(aq) + H_2O(l)$

**3.6** 다음 화학 반응의 균형을 맞추시오.

**(a)** $CaS(s) + H_2O(l) \longrightarrow Ca(HS)_2(aq) + Ca(OH)_2(aq)$

**(b)** $NH_3(g) + O_2(g) \longrightarrow NO(g) + H_2O(g)$

**(c)** $FeCl_3(s) + Na_2CO_3(aq) \longrightarrow Fe_2(CO_3)_3(s) + NaCl(aq)$

**(d)** $FeS_2(s) + O_2(g) \longrightarrow Fe_2O_3(s) + SO_2(g)$

**3.7** 다음 각 설명에 부합하는 화학 반응의 균형 맞춘 반응식을 쓰시오.

**(a)** 사이안화 포타슘이 황산 수용액과 반응하여 사이안화 수소 기체가 생성되었다.

**(b)** 질산 암모늄($NH_4NO_2$) 수용액이 수산화 포타슘과 반응하여 암모니아 기체, 물, 금속 질산염이 생성되었다.

**(c)** 수소 기체가 뜨거운 고체 산화 철(III) 위를 지나가면서 반응한 결과, 철과 수증기가 생성되었다.

**(d)** 액체 에탄산($CH_3COOH$)이 연소하여 이산화 탄소와 물이 생성되었다.

자기 평가 연습 문제 답 **3.1** (e) **3.2** (d) **3.3** (d)

## 3.2 | 화학 반응의 간단한 종류: 결합 반응, 분해 반응, 연소 반응

지난 수백 년간 화학의 가장 큰 공헌 중 하나는 세상을 먹일 수 있는 비료를 개발한 것이다. 암모니아($NH_3$)는 작물의 생산을 늘리기 위하여 농부들이 사용하는 가장 중요한 화합물 중 하나이다. 질소와 산소 원소들을 암모니아로 전환시키는 공업적 과정은 세계에서 가장 중요한 화학 반응 중 하나이다.

이 절에서는 다양한 부류의 화학 반응을 배울 것이다. 이 절이 끝나면 다음 사항을 수행할 수 있어야 한다.

- 결합 반응, 분해 반응, 연소 반응을 확인하기
- 각 반응들의 생성물을 예측하기
- 각 반응들의 균형 맞춘 화학 반응식을 작성하기

### 결합 반응과 분해 반응

**결합 반응(combination reaction)**이란 다음의 화학식과 같이 두 가지 이상의 물질들이 서로 반응하여 한 가지 생성물을 생성하는 반응이다.

$$A + B \longrightarrow C \qquad [3.6]$$

예를 들면 마그네슘 금속은 공기 중에서 눈부신 빛을 내며 연소하여 산화 마그네슘을 생성한다. 이 반응이 진행될 때는 플레어와 불꽃을 동반한 밝은 흰색의 화염을 볼 수 있다(**그림 3.5**)

$$2\,Mg(s) + O_2(g) \longrightarrow 2\,MgO(s) \qquad [3.7]$$

금속과 비금속 사이에서 결합 반응이 일어날 때, 식 3.7에서 보듯이 생성물은 이온성 고체이다. 이온 결합 화합물의 화학식은 구성 이온의 전하에 따라 결정되는 것을 상기하라(2.7절). 마그네슘과 산소가 반응할 때, 마그네슘은 전자를 잃고 마그네슘 이온($Mg^{2+}$)이 되고, 산소는 전자를 얻어서 산화 이온($O^{2-}$)이 된다. 따라서 반응 생성물은 MgO이다.

이제 여러분은 어떤 반응이 결합 반응인지, 반응물이 금속과 비금속인 결합 반응의 생성물은 무엇인지를 알아볼 수 있어야 한다.

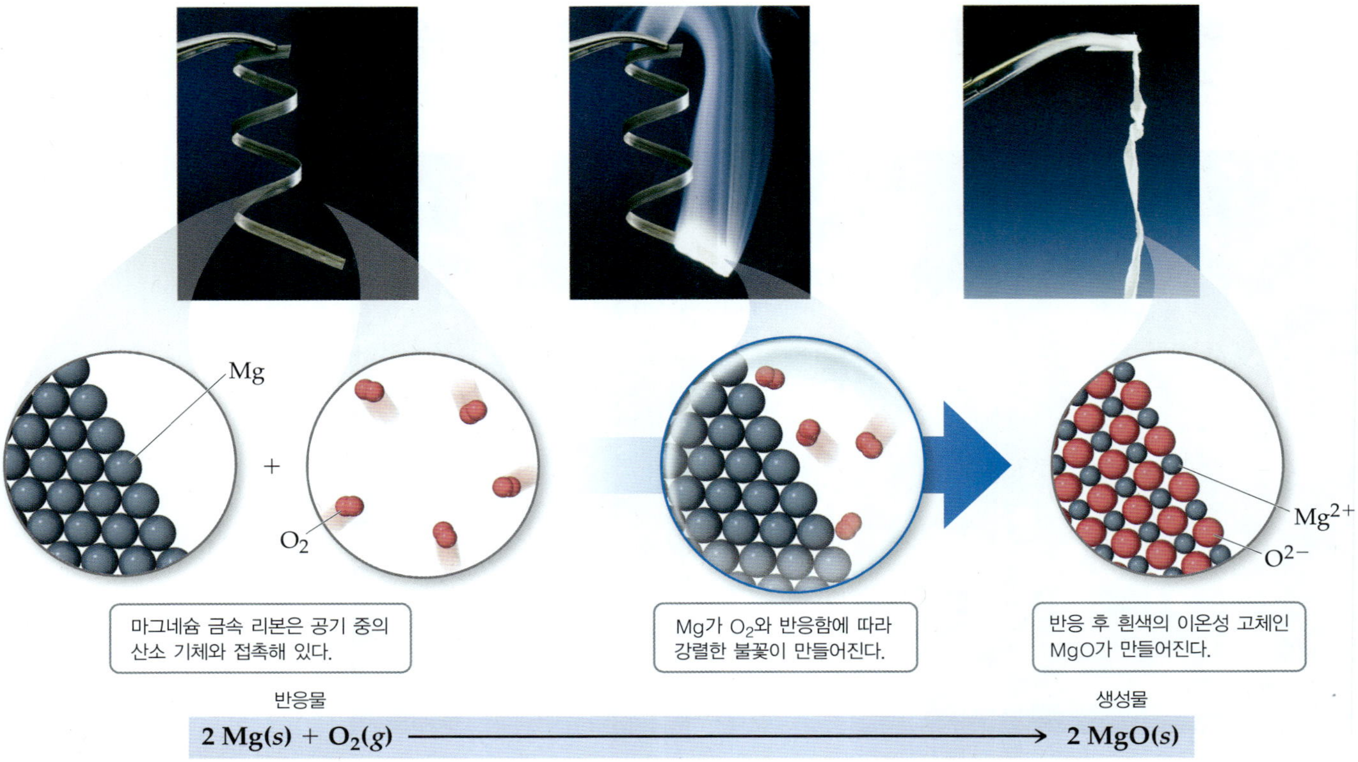


▲ **그림 3.5** 마그네슘 금속의 공기 중 연소 이것은 결합 반응이다.

결합 반응의 다른 예로 $CO_2$와 $NH_3$ 같은 작은 기체 분자들이 각각의 원소로부터 생성되는 반응과 산화 칼슘이 물과 반응하여 수산화 칼슘을 생성하는 반응이 있다.

$$C(s) + O_2(g) \longrightarrow CO_2(g) \qquad [3.8]$$

$$N_2(g) + 3\,H_2(g) \longrightarrow 2\,NH_3(g) \qquad [3.9]$$

$$CaO(s) + H_2O(l) \longrightarrow Ca(OH)_2(aq) \qquad [3.10]$$

**분해 반응(decomposition reaction)**이란, 한 물질이 두 가지 이상의 물질을 생성하는 반응이다(표 3.1).

$$C \longrightarrow A + B \qquad [3.11]$$

예를 들어 대부분의 금속 탄산염은 가열할 때 금속 산화물과 이산화 탄소를 생성하면서 분해된다.

$$CaCO_3(s) \xrightarrow{\Delta} CaO(s) + CO_2(g) \qquad [3.12]$$

▲ **그림 3.6** 아자이드화 소듐 ($NaN_3(s)$)의 분해는 자동차 에어백을 부풀리는 데 사용된다.

$CaCO_3$ 분해는 상업적으로 중요한 과정이다. $CaCO_3$가 주성분인 석회석(limestone)이나 조개껍데기를 가열하면 CaO가 생성된다. CaO는 '석회(lime)' 또는 '생석회(quicklime)'라고 알려져 있다. 미국에서는 매년 수천만 톤 이상의 CaO가 유리를 만들거나, 광석으로부터 금속을 얻거나, 불순물을 제거하여 강철을 만드는 데 사용된다.

분해 반응의 다른 중요한 예는 아자이드화 소듐(sodium azide, $NaN_3(s)$)이 분해되면서 급격히 $N_2(g)$가 발생하는 반응이다.

$$2\,NaN_3(s) \longrightarrow 2\,Na(s) + 3\,N_2(g) \qquad [3.13]$$

이 반응은 자동차 에어백에서 사용된다(그림 3.6). 약 100 g에 해당되는 적은 양의 $NaN_3$는 다량의 질소 기체(약 50 L)를 생성한다.

**표 3.1 결합 반응과 분해 반응**

| 결합 반응 | |
|---|---|
| $A + B \longrightarrow C$ | 두 가지 이상의 반응물이 합쳐져서 한 가지 물질을 생성한다. 많은 원소는 이러한 방식으로 서로 반응하여 화합물을 생성한다. |
| $C(s) + O_2(g) \longrightarrow CO_2(g)$ | |
| $N_2(g) + 3\,H_2(g) \longrightarrow 2\,NH_3(g)$ | |
| $CaO(s) + H_2O(l) \longrightarrow Ca(OH)_2(aq)$ | |
| **분해 반응** | |
| $C \longrightarrow A + B$ | 한 가지 반응물이 두 가지 이상의 물질로 분리된다. 많은 화합물이 가열되면 이러한 방식으로 반응한다. |
| $2\,KClO_3(s) \longrightarrow 2\,KCl(s) + 3\,O_2(g)$ | |
| $PbCO_3(s) \longrightarrow PbO(s) + CO_2(g)$ | |
| $Cu(OH)_2(s) \longrightarrow CuO(s) + H_2O(g)$ | |

## 연소 반응

**연소 반응**(**combustion reaction**)은 불꽃을 내는 빠른 반응이다. 우리가 볼 수 있는 대부분의 연소 반응에서는 공기 중 $O_2$를 반응물로 사용한다. 식 3.5는 탄화수소 화합물(탄소와 수소만을 포함하는 화합물)의 연소 반응의 일반적인 예를 보여 준다.

탄화수소가 공기 중에서 연소될 때, 이들은 $O_2$와 반응하여 $CO_2$와 $H_2O$를 생성한다. 이 반응에 필요한 $O_2$ 분자수와, 반응에서 생성된 $H_2O$ 및 $CO_2$ 분자수는 이 반응의 연료에 해당하는 탄화수소의 조성에 의존한다. 예를 들어, 요리나 난방에 사용하는 기체인 프로페인($C_3H_8$, **그림 3.7**)의 연소를 다음 식으로 나타낼 수 있다.

$$C_3H_8(g) + 5\,O_2(g) \longrightarrow 3\,CO_2(g) + 4\,H_2O(g) \quad [3.14]$$

이 반응에서 물의 상태를 $H_2O(g)$ 또는 $H_2O(l)$로 표기하는 것은 반응 조건에 따른다. 이 경우 $H_2O(g)$는 공기 중의 높은 온도에서 연소될 때 형성된다.

수백만 개의 화합물들이 탄소, 산소, 수소로부터 만들어진다. 가장 대표적인 화합물의 종류는 설탕과 알코올이다. 탄화수소와 산소 원자를 함유하는 탄화수소 유도체 화합물들이 공기 중에서 연소할 때 $CO_2$, $H_2O$와 에너지를 생성한다. 이런 화합물들 다수는 대사 과정에서 에너지원으로 사용된다. 포도당($C_6H_{12}O_6$) 같은 당류들은 우리 몸 안에서 $O_2$와 반응하여 $CO_2$와 $H_2O$를 생성한다. 그러나 실제로 우리 몸속에서는 이러한 반응들이 체온에서 연속적인 단계를 거쳐 일어난다. 이런 반응들은 연소 반응이라기보다는 **산화 반응**(oxidation reaction)으로 설명된다.

이 반응은 열에너지를 생성하는가, 흡수하는가?

▲**그림 3.7** 공기 중 프로페인의 연소 통에 있는 액체 프로페인($C_3H_8$)은 증발하여 용기의 출구를 빠져나갈 때 공기와 섞인다. $C_3H_8$와 $O_2$의 연소 반응은 푸른색 불꽃을 낸다.

### 예제 3.3
**결합 반응과 분해 반응의 균형 맞춘 반응식 쓰기**

다음 반응의 균형 맞춘 반응식을 쓰시오. **(a)** 리튬 금속과 플루오린 기체가 반응할 때 일어나는 결합 반응, **(b)** 고체 탄산 바륨을 가열할 때 일어나는 분해 반응(두 가지 생성물이 형성된다. 즉 한 고체와 한 기체)

#### 해답

**(a)** 수은을 제외한 모든 금속은 실온에서 고체이다. 플루오린은 이원자 분자로 생성된다. 따라서 반응물은 $Li(s)$와 $F_2(g)$이다. 생성물은 금속과 비금속으로 되어 있으므로 이온성 고체로 예상된다. 리튬 이온의 전하는 1+, 즉 $Li^+$이고, 플루오린화 이온의 전하는 1−, 즉 $F^-$이다. 따라서 생성물의 화학식은 LiF이다. 균형 맞춘 화학 반응식은 다음과 같다.

$$2\,Li(s) + F_2(g) \longrightarrow 2\,LiF(s)$$

**(b)** 탄산 바륨의 화학식은 $BaCO_3$이다. 언급한 바와 같이 여러 가지 금속 탄산염을 가열하면, 분해되어 금속 산화물과 이산화 탄소를 생성한다. 실제로 식 3.7과 같이 $CaCO_3$는 분해되어 CaO와 $CO_2$를 생성한다. 마찬가지로 $BaCO_3$는 분해되어 BaO와 $CO_2$를 생성

할 것으로 예상할 수 있다. 바륨과 칼슘은 모두 주기율표 2족에 있으므로, 같은 방식으로 반응할 것이라고 생각할 수 있다.

$$BaCO_3(s) \longrightarrow BaO(s) + CO_2(g)$$

**▶ 보충 예제**

다음 반응의 균형 맞춘 반응식을 쓰시오.

**(a)** 고체 황화 수은(II)는 가열할 때 원소로 분해된다.

**(b)** 알루미늄 금속 표면은 공기 중의 산소와 결합 반응을 한다.

## 예제 3.4

### 연소 반응의 균형 맞춘 반응식 쓰기

메탄올 $CH_3OH(l)$이 공기 중에서 연소할 때 일어나는 반응을 균형 맞춘 반응식으로 쓰시오.

**해답**

C, H, O를 함유하는 화합물이 연소할 때, 이 화합물은 공기 중 $O_2(g)$와 반응하여 $CO_2(g)$와 $H_2O(g)$를 생성한다. 그러므로 균형 맞지 않은 반응식은 다음과 같다.

$$CH_3OH(l) + O_2(g) \longrightarrow CO_2(g) + H_2O(g)$$

C 원자는 양쪽에 1개씩 있으므로 균형이 맞는다. $CH_3OH$에는 4개의 H 원자가 있다. 따라서 H 원자수의 균형을 맞추려면 $H_2O$ 앞에 계수 2를 넣는다.

$$CH_3OH(l) + O_2(g) \longrightarrow CO_2(g) + 2\,H_2O(g)$$

이것은 H의 균형을 맞추지만, 생성물 중 4개의 O 원자를 제공한다. 반응물에 O 원자가 3개만 있으므로, 아직 완성되지 않았다. 반응물들이 4개의 O 원자를 갖도록 $O_2$ 앞에 계수 $\frac{3}{2}$을 넣어야 한다($\frac{3}{2}O_2$에는 $\frac{3}{2}\times2=3$개의 O 원자가 있다).

$$CH_3OH(l) + \tfrac{3}{2}\,O_2(g) \longrightarrow CO_2(g) + 2\,H_2O(g)$$

반응식은 균형이 맞추어졌지만, 식이 분수 계수를 포함하므로 가장 편리한 형태로 나타난 것은 아니다. 식의 양쪽에 각각 2를 곱하면 분수 계수는 없어지고, 다음과 같은 균형 맞춘 반응식이 된다.

$$2\,CH_3OH(l) + 3\,O_2(g) \longrightarrow 2\,CO_2(g) + 4\,H_2O(g)$$

**▶ 보충 예제**

에탄올 $C_2H_5OH(l)$이 공기 중에서 연소할 때 일어나는 반응을 균형 맞춘 반응식으로 쓰시오.

## 자기 평가 연습 문제

**3.8** Na와 S가 결합 반응을 하여 생성되는 생성물의 화학식은?

**(a)** NaS **(b)** $Na_2S$ **(c)** $NaS_2$ **(d)** $Na_2S_3$ **(e)** $Na_3S_2$

**3.9** 다음 반응 중 어느 것이 산화 은(I)이 가열되었을 때 일어나는 균형 맞춘 분해 반응을 나타내는가?

**(a)** $AgO(s) \longrightarrow Ag(s) + O(g)$

**(b)** $2\,AgO(s) \longrightarrow 2\,Ag(s) + O_2(g)$

**(c)** $Ag_2O(s) \longrightarrow 2\,Ag(s) + O(g)$

**(d)** $2\,Ag_2O(s) \longrightarrow 4\,Ag(s) + O_2(g)$

**(e)** $Ag_2O(s) \longrightarrow 2\,Ag(s) + O_2(g)$

**3.10** 다음 중 에틸렌 글라이이콜($C_2H_4(OH)_2$)이 공기 중에서 연소할 때 일어나는 균형 맞춘 반응식을 쓰시오.

**(a)** $C_2H_4(OH)_2(l) + 5\,O_2(g) \longrightarrow 2\,CO_2(g) + 3\,H_2O(g)$

**(b)** $2\,C_2H_4(OH)_2(l) + 5\,O_2(g) \longrightarrow 4\,CO_2(g) + 6\,H_2O(g)$

**(c)** $C_2H_4(OH)_2(l) + 3\,O_2(g) \longrightarrow 2\,CO_2(g) + 3\,H_2O(g)$

**(d)** $C_2H_4(OH)_2(l) + 5\,O(g) \longrightarrow 2\,CO_2(g) + 3\,H_2O(g)$

**(e)** $4\,C_2H_4(OH)_2(l) + 10\,O_2(g) \longrightarrow 8\,CO_2(g) + 12\,H_2O(g)$

## 연습 문제

**3.11** **(a)** 금속 원소 리튬이 비금속 원소 염소($Cl_2(g)$)와 결합하여 생성되는 생성물의 화학식은 무엇인가? **(b)** 실온에서 생성물은 고체, 액체, 기체 중 어느 것인가? **(c)** 만일 균형 맞춘 반응식에서 $Cl_2(g)$의 계수가 1이라면, 생성물의 계수는 얼마인가?

**3.12** 다음 각 경우에 해당하는 균형 맞춘 화학 반응식을 쓰시오.

**(a)** $Mg(s)$와 $Cl_2(g)$가 반응할 때

**(b)** 탄산 바륨을 가열하여 산화 바륨과 이산화 탄소 기체로 분해될 때

(c) 탄화수소 스타이렌($C_8H_8(l)$)을 공기 중에서 연소할 때
(d) 다이메틸 에터($CH_3OCH_3(g)$)를 공기 중에서 연소할 때

**3.13** 다음 반응식의 균형을 맞추고, 결합, 분해, 연소 반응인지를 표시하시오.

**(a)** $C_7H_{16}(s) + O_2(g) \longrightarrow CO_2(g) + H_2O(l)$
**(b)** $Li_3N(s) + BN(s) \longrightarrow Li_3BN_2(s)$
**(c)** $Zn(OH)_2(s) \longrightarrow ZnO(s) + H_2O(l)$
**(d)** $Ag_2O(s) \longrightarrow Ag(s) + O_2(g)$

자기 평가 연습 문제 답 **3.8** (b) **3.9** (d) **3.10** (b)

# 3.3 화학식량과 물질의 원소 조성

황산($H_2SO_4$)은 화학 실험실에서 흔히 사용되는 화합물이다. 이 물질은 화학 산업의 다양한 화학 반응에서 톤 단위로 사용되고 있다. $H_2SO_4$ 분자 한 개는 한 개의 황 원자와 네 개의 산소 원자, 두 개의 수소 원자를 포함한다. 그러나 실험실에서, 우리는 밀리리터 단위의 $H_2SO_4$ 액체나 밀리리터 단위의 $H_2SO_4$ 수용액을 사용한다. 우리가 작성한 화학 반응식(개별 분자를 나타내는)과 실험실에서 수행하는 화학 반응(그램 혹은 밀리그램을 사용하는)을 어떻게 연결할 수 있을까? 이 절에서 다룰 주제들이 바로 이와 관련된 것이다.

이 절이 끝나면 다음 사항을 수행할 수 있어야 한다.

- 실험식으로부터 물질의 화학식량을 계산하거나, 분자식으로부터 분자량을 계산하기
- 물질을 구성하는 원소의 질량 백분율로부터 원소 조성을 계산하기

## 화학식량과 분자량

한 물질의 **화학식량(formula weight**, FW)은 그 물질을 나타내는 화학식에 존재하는 각 원자의 원자량(atomic weight, AW)을 합한 것이다. 예를 들어 주기율표에 있는 원자량 값을 이용하여 계산하면, 황산($H_2SO_4$)은 98.1 u(atomic mass unit)의 화학식량을 갖는다.

$$\begin{aligned} H_2SO_4\text{의 FW} &= 2(\text{H의 AW}) + (\text{S의 AW}) + 4(\text{O의 AW}) \\ &= 2(1.0\ u) + (32.1\ u) + 4(16.0\ u) \\ &= 98.1\ u \end{aligned}$$

편의상, 각 원자량을 소수점 이하 첫째 자리까지 반올림하였다. 앞으로 이 책에서는 이러한 방식으로 원자량 값을 반올림할 것이다.

만일 한 물질의 화학식이 Na와 같이 원소의 화학식과 같을 때는, 원소의 원자량이 화학식량과 같다. 이 경우는 23.1 u이다. 또 한 물질의 화학식이 분자식과 같으면, 화학식량을 **분자량**(**molecular weight**, MW)이라고도 한다.

모든 물질이 분자는 아니다. 예를 들어, 이온 결합 물질은 이온의 삼차원적 배열로 존재하기 때문에(그림 2.18 참조), 분자를 언급하는 것은 적절하지 않다. 대신 화학식 단위로 실험식을 사용하고, 이온 결합 물질의 화학식량은 실험식에 있는 원자들의 질량의 합으로 나타낸다. 예를 들면 $CaCl_2$의 화학식 단위는 1개의 $Ca^{2+}$ 이온과 2개의 $Cl^-$ 이온으로 구성되어 있다. 따라서 $CaCl_2$의 화학식량은

$$CaCl_2\text{의 FW} = (\text{AW Ca}) + 2\,(\text{AW Cl}) = 40.1\text{ u} + 2(35.5\text{ u}) = 111.1\text{ u}$$

## 물질의 원소 조성

당신이 범죄 연구소의 법의학 화학자라고 하자. 당신의 동료가 범죄 현장에서 미지의 하얀색 가루를 발견했다. 이 물질은 과연 소금일까 아니면 설탕일까, 그도 아니면 마약이나 다른 물질일까?

물질을 확인할 수 있는 하나의 방법은, **원소 조성**(**elemental composition**)을 측정하고 예측되는 물질의 원소 조성과 비교하는 것이다. 원소 조성은 물질을 이루는 원소의 질량으로부터 다음식에 의하여 계산된다.

$$\text{원소의 조성 백분율} = \frac{(\text{원소의 원자수})(\text{원소의 원자량})}{\text{화합물의 화학식량}} \times 100\% \qquad [3.15]$$

화합물을 이루는 각각 원소의 질량 백분율을 합하면 100%가 된다.

예를 들어, 황산에서 황의 질량 백분율을 계산해 보자. 각각의 황산 분자에는 1개의 황산 원자가 있지만, 황이 황산 무게의 1/7을 차지하지는 않는다. 이는 각각 원소들의 무게가 다르기 때문이다.

$$H_2SO_4\text{에서 S의 질량 백분율} = \frac{(1)(32.1\text{ u})}{98.1\text{ u}} \times 100\% = 32.7\%$$

그러므로 황이 순수한 황산 무게의 약 1/3을 차지하다는 것을 알 수 있다.

### 예제 3.5
### 화학식량 계산하기

다음 물질의 화학식량을 계산하시오. (a) 슈크로스($C_{12}H_{22}O_{11}$, 설탕), (b) 질산 칼슘($Ca(NO_3)_2$)

**해답**

(a) 슈크로스를 구성하는 원자의 원자량을 더하면 화학식량은 342.0 u이다.

$$\begin{aligned} \text{C 원자 12개} &= 12(12.0\text{ u}) = 144.0\text{ u} \\ \text{H 원자 22개} &= 22\,(1.0\text{ u}) = 22.0\text{ u} \\ \text{O 원자 11개} &= 11(16.0\text{ u}) = \underline{176.0\text{ u}} \\ & \qquad 342.0\text{ u} \end{aligned}$$

(b) 화학식에 괄호가 있으면, 괄호 밖의 아래 첨자를 괄호 안 각 원자의 개수와 곱하여 계산한다. 따라서 $Ca(NO_3)_2$의 화학식량은 164.1 u이다.

$$\begin{aligned} \text{Ca 원자 1개} &= 1(40.1\text{ u}) = 40.1\text{ u} \\ \text{N 원자 2개} &= 2(14.0\text{ u}) = 28.0\text{ u} \\ \text{O 원자 6개} &= 6(16.0\text{ u}) = \underline{96.0\text{ u}} \\ & \qquad 164.1\text{ u} \end{aligned}$$

▶ **보충 예제**

다음 물질의 화학식량을 계산하시오.

(a) $Al(OH)_3$ (b) $CH_3OH$ (c) TaON

## 성취를 위한 전략 문제 풀기

연습이야말로 문제를 성공적으로 푸는 열쇠이다. 연습을 할 때, 다음과 같은 단계를 따르면 문제를 푸는 능력을 키울 수 있다.

1. **문제를 분석한다.** 문제를 주의깊게 읽는다. 문제가 무엇을 의미하는가? 문제를 시각적으로 나타내 주는 그림이나 개략도를 그린다. 주어진 자료와 구하려는 양(모르는 것)을 적는다.
2. **문제 풀이 계획을 세운다.** 주어진 정보와 모르는 것 사이의 가능한 방법을 생각한다. 알려진 자료와 모르는 자료를 연관시키는 원리나 식은 무엇인가? 어떤 자료는 문제에 주어지지 않을 수도 있다는 것을 인식한다. 어떤 양은 알고 있을 것으로 기대되고, 표(원자량과 같은 것)를 통해 알 수도 있다. 또한 계획이 한 단계로 진행되는지, 중간에 답이 있는 다단계로 진행되는지를 인식한다.
3. **문제를 푼다.** 알려진 정보, 적당한 식이나 관계를 사용하여 문제를 푼다. 차원 분석(1.7절)은 많은 문제를 푸는 데 유용한 도구가 된다. 유효 숫자, 부호, 단위에 주의한다.
4. **답을 검토한다.** 문제를 다시 읽고 모든 답을 풀었는지를 확인한다. 답이 이치에 맞는가? 즉 답이 터무니 없이 큰가, 작은가, 또는 타당한가? 마지막으로 단위와 유효 숫자가 맞는가?

### 예제 3.6
조성 백분율 계산하기

$C_{12}H_{22}O_{11}$에서 탄소, 수소, 산소의 질량 조성 백분율을 계산하시오.

#### 해답

이 문제를 위의 “성취를 위한 전략: 문제 풀기”에서 소개한 문제를 푸는 단계에 따라 풀어보기로 한다.

**분석** 화학식을 주고, 각 원소의 질량 조성 백분율을 계산하는 문제이다.

**계획** 식 3.10을 사용하여 주기율표로부터 원자량을 근거로 계산하기로 하자. $C_{12}H_{22}O_{11}$의 화학식량은 예제 3.5에서 계산한 바 있다(342.0 u). 이 값을 사용하여 이제 세 가지 원소에 대하여 계산하기로 한다.

**풀이**

$$\%C = \frac{(12)(12.0\,u)}{342.0\,u} \times 100\% = 42.1\%$$

$$\%H = \frac{(22)(1.0\,u)}{342.0\,u} \times 100\% = 6.4\%$$

$$\%O = \frac{(11)(16.0\,u)}{342.0\,u} \times 100\% = 51.5\%$$

**검토** 각 원소의 백분율을 다시 합하면 100%여야 한다. 유효 숫자의 수를 더 많이 할 수는 있으나, 원자량의 유효 숫자를 소수점 아래 첫째 자리 정도에서 사용하였으므로, 답의 유효 숫자도 이 정도이면 만족스럽다.

**▶ 보충 예제**

$K_2PtCl_6$에서 포타슘의 질량 조성 백분율을 구하시오.

## 자기 평가 연습 문제

**3.14** 인산 칼슘의 화학식량으로 맞는 것을 고르시오.
(a) 310.2 u (b) 135.1 u (c) 182.2 u (d) 278.2 u (e) 175.1 u

**3.15** 질산 칼슘에서 질소의 질량 조성 백분율은 얼마인가?
(a) 8.54% (b) 17.1% (c) 13.7% (d) 24.4% (e) 82.9%

**3.16** 범죄 현장에서 발견된 미지의 하얀색 가루를 분석하였더니, 탄소의 질량 백분율이 66.8±0.5%임을 알아내었다. 수사관은 가루가 코카인($C_{17}H_{21}NO_4$)인 것으로 의심하였다. 코카인에서 탄소의 질량 백분율은 얼마인가?

## 연습 문제

**3.17** 다음 화합물의 화학식량을 구하시오.
(a) 염화 납(IV) (b) 산화 구리(II) (c) 아이오딘산($HIO_3$) (d) 염화 과염소산($NaClO_4$) (e) 질산 인듐 (f) 오산화 인($P_2O_5$) (g) 삼염화 보론

**3.18** 다음 화합물에서 산소의 질량 백분율을 계산하시오.
(a) 바닐린($C_8H_8O_3$) (b) 아이소프로필 알코올($C_3H_8O$)
(c) 아세트아미노펜($C_8H_9NO_2$) (d) 사이클로프로페인($C_3H_4O$)

(e) 다이옥신($C_{12}H_4Cl_4O_2$) (f) 페니실린($C_{16}H_{18}N_2O_4S$)

3.19 다음 구조식에 근거하여, 각각의 화합물 중 탄소의 질량 백분율을 구하시오.

(a) 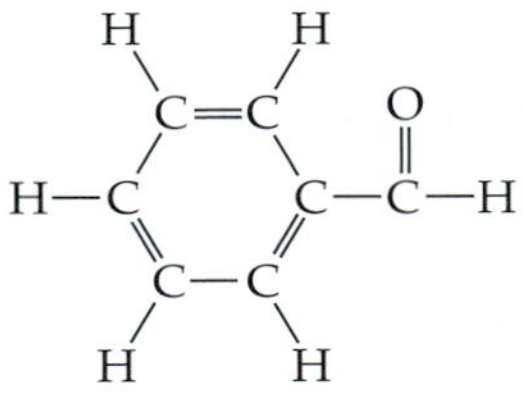

벤즈알데하이드 (아몬드향)

(b) 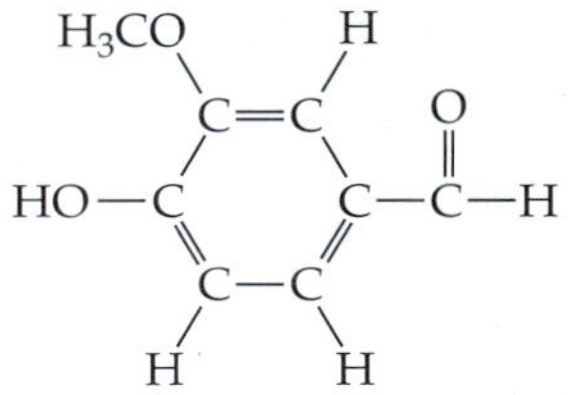

바닐린 (바닐라향)

(c) 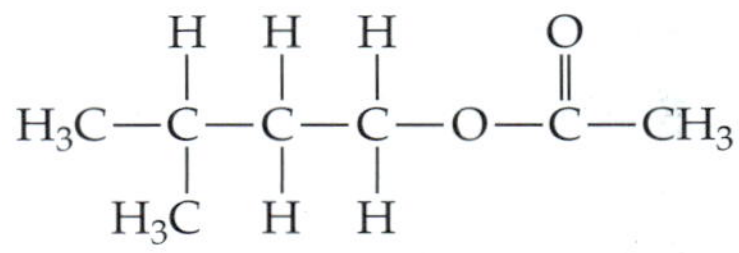

아세트산 아이소펜틸 (바나나향)

자기 평가 연습 문제 답 **3.14** (a) **3.15** (b) **3.16** (c)

## 3.4 Avogadro 수와 몰, 몰질량

실험실에서 취급하는 아주 작은 시료라고 할지라도, 이들은 엄청나게 많은 수의 원자와 이온, 분자를 포함한다. 예를 들면 찻숟가락 하나 분량의 물(약 5 mL)은 약 $2 \times 10^{23}$개의 물 분자를 포함한다. 이 숫자는 이해하기 어려울 정도로 큰 숫자이다. 따라서 이렇게 큰 원자나 분자의 수를 표현하는 특별한 단위를 사용하는 것이 편리하다.

이 절이 끝나면 다음 사항을 수행할 수 있어야 한다.

- **몰**과 **Avogadro 수**의 기원을 설명하기
- 화합물의 **몰질량**을 계산하고 화학식량과 관련 짓기
- 화합물의 그램 질량, 분자수, 몰수 사이를 환산하기

### Avogadro 수와 몰

일상생활에서 양을 다룰 때 쓰는 단위인 다스(dozen, 12개)나 그로스(gross, 144개)는 어느 정도 많은 개수를 다룰 때 사용한다. 화학에서 원자, 이온, 분자를 다루는 단위는 실험용 크기 시료에서

몰(mole, 약자로 mol)이다. 1**몰(mole)**은 정확하게 순수한 동위 원소 $^{12}C$ 원자 12 g에 있는 원자수에 해당하는 물체(원자, 분자 또는 그 밖의 어떤 물체이든지)를 함유하는 물질의 양으로 정의한다. 과학자들은 실험으로부터 이 숫자를 $6.0221415 \times 10^{23}$으로 결정하였고, 반올림하면 $6.02 \times 10^{23}$이 된다. 이 값을 이탈리아의 과학자 Amedeo Avogadro(1776~1856)를 기념하기 위하여 **Avogadro 수(Avogadro's number**, $N_A$)로 명명하였고, 종종 역수 몰 단위인 $\mathbf{6.02 \times 10^{23}\ mol^{-1}}$로 인용된다.* 이 단위(역수 몰(inverse mole) 또는 몰당(per mole)으로 읽는다.)는 몰당 $6.02 \times 10^{23}$개가 있음을 의미한다. 원자 1 mol, 분자 1 mol 또는 어떤 것이든지 1 mol은 Avogadro 수만큼 그 물체를 함유한다.

$$^{12}\text{C 원자 } 1\ \text{mol} = {}^{12}\text{C 원자 } 6.02 \times 10^{23}\text{개}$$
$$\text{H}_2\text{O 분자 } 1\ \text{mol} = \text{H}_2\text{O 분자 } 6.02 \times 10^{23}\text{개}$$
$$\text{NO}_3^- \text{ 이온 } 1\ \text{mol} = \text{NO}_3^- \text{ 이온 } 6.02 \times 10^{23}\text{개}$$

Avogadro 수는 상상하기 어려울 정도로 매우 큰 수이다. $6.02 \times 10^{23}$개의 구슬을 지표면에 깔아 놓으면 그 두께가 약 3마일이나 된다. 만약 이 수에 해당하는 동전을 한 줄로 나열하면, 지구를 약 30조($3 \times 10^{14}$)번 감을 수 있다.

## 몰질량

1다스(dozen)는 달걀이든 코끼리든 상관없이 똑같이 12개이다. 그러나 분명히 달걀 12개의 질량과 코끼리 12마리의 질량은 같지 않다. 유사하게 1 mol은 같은 개수($6.02 \times 10^{23}$)이지만, 다른 시료 1 mol은 서로 **다른 질량**을 가진다.

예를 들어 $^{12}C$ 1 mol, $^{24}Mg$ 1 mol을 비교해 보자. $^{12}C$는 12 u의 질량을 가지지만, $^{24}Mg$ 원자는 두 배 무거운 24 u를 가진다(유효 숫자 두 자리를 취할 경우). 1 mol은 항상 같은 개수의 입자를 가지므로, $^{24}Mg$ 1 mol은 $^{12}C$ 1 mol보다 두 배 더 무겁다. $^{12}C$ 원자 1 mol은 12 g(정의에 따라)의 질량을 갖기 때문에, $^{24}Mg$ 원자 1 mol은 24 g의 질량을 가져야 한다. 이와 같은 예는 원자 1개의 질량과 이 원자의 Avogadro 수(1 mol)의 질량의 관계를 보여 준다. **원자 질량 단위에서 원소의 원자량은 원소 1 mol을 그램 단위로 나타낸 질량과 수적으로 같다.**

예를 들면 Cl 원자 1개는 35.5 u의 원자량을 갖는다. ⇒ Cl 원자 1 mol은 35.5 g의 질량을 갖는다.
Au 원자 1개는 197 u의 원자량을 갖는다. ⇒ Au 원자 1 mol은 197 g의 질량을 갖는다.

다른 종류의 물질에 대해서도 동일한 수적 관계가 화학식량과 물질 1 mol의 질량 사이에 존재한다.

$H_2O$ 분자 1개의 화학식량은 18.0 u이다. ⇒ $H_2O$ 분자 1 mol의 질량은 18.0 g이다.
NaCl의 화학식량은 58.5 u이다. ⇒ NaCl 1 mol의 질량은 58.5 g이다.

어떤 물질 1 mol의 그램 질량(즉 몰당 g)을 그 물질의 **몰질량(molar mass)**이라고 한다. **어떤 물질이든지 그 물질의 몰질량(g 단위로 표시)은 언제나 그 물질의 화학식량(u 단위로 표시)과 동일한 수치이다.** 예를 들어 NaCl의 화학식량은 58.5 u이고, 몰질량은 58.5 g/mol이다. 여러 물질의 몰 관계를 표 3.1, 그림 3.8과 그림 3.9에 나타내었다. 그림 3.9는 일반적인 몇 가지 물질의 1 mol에 해당하는 양을 보여 준다.

표 3.2에 나타낸 N과 $N_2$는 몰 개념을 사용할 때 어떤 물질의 화학적 형태를 정확하게 설명하는 것이 중요함을 지적하고 있다. 가령 '어떤 반응에서 질소 1 mol을 생성한다'는 문장을 읽었다고 하자. 이때 이 문장은 질소 원자 1 mol(14.0 g)을 의미한다고 해석할 수도 있다. 그러나 특별히 달리 언급하지 않으면, 이 문장이 의미하는 것은 질소 분자 1 mol, 즉 $N_2$(28.0 g)이다. 왜냐하면 $N_2$가 그 원소의 일반적인 화학적 형태이기 때문이다. 애매모호한 점을 피하려면, 설명하는 화학적 형

1 mol의 물 시료에는 몇 개의 $H_2O$ 분자가 들어 있는가?

▲ **그림 3.8 $H_2O$ 분자 1개와 1 mol의 질량 비교** 질량 수치는 같으나, 질량을 표현하는 단위(원자 질량 단위와 그램 단위)가 다르다는 것을 유의하라. 모두 그램 단위로 표현하면 거대한 질량 차이가 있다. $H_2O$ 분자 1개는 $2.99 \times 10^{-23}$ g이고, $H_2O$ 1 mol은 18.0 g이다.

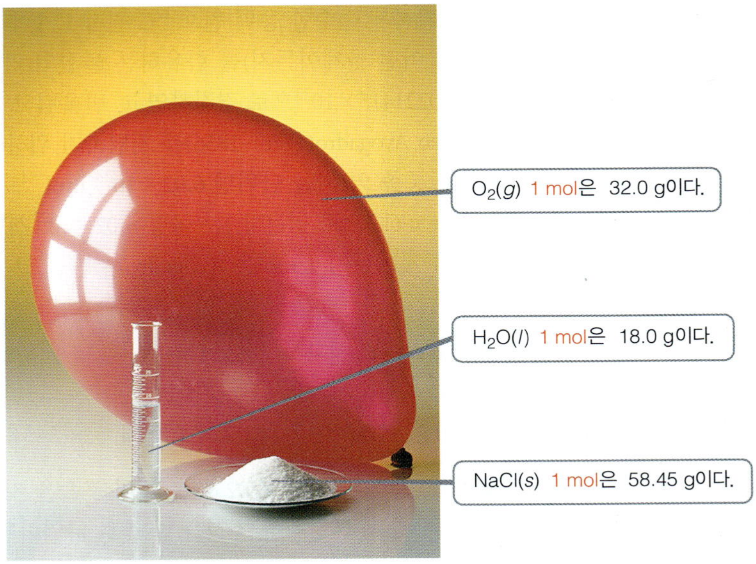


▲그림 3.9 고체(NaCl), 액체($H_2O$), 기체($O_2$) 각각의 1 mol 각각에서 1 mol의 질량(몰질량)은 원자 질량 단위인 화학식량과 수치가 같다. 각 시료는 $6.02 \times 10^{23}$개의 화학식 단위를 포함한다.

**표 3.2 몰의 관계**

| 물질의 이름 | 화학식 | 화학식량 (u) | 몰질량 (g/mol) | 1몰 중 입자의 수와 종류 |
|---|---|---|---|---|
| 질소 원자 | N | 14.0 | 14.0 | N 원자 $6.02 \times 10^{23}$개 |
| 질소 분자 | $N_2$ | 28.0 | 28.0 | $N_2$ 분자 $6.02 \times 10^{23}$개<br>N 원자 $2(6.02 \times 10^{23})$개 |
| 은 | Ag | 107.9 | 107.9 | Ag 원자 $6.02 \times 10^{23}$개 |
| 은 이온 | $Ag^+$ | 107.9[a] | 107.9 | $Ag^+$ 이온 $6.02 \times 10^{23}$개 |
| 염화 바륨 | $BaCl_2$ | 208.2 | 208.2 | $BaCl_2$ 화학식 단위 $6.02 \times 10^{23}$개<br>$Ba^{2+}$ 이온 $6.02 \times 10^{23}$개<br>$Cl^-$ 이온 $2(6.02 \times 10^{23})$개 |

[a]전자의 질량은 양성자 및 중성자의 질량보다 1800배 작다는 것을 기억하라. 따라서 이온은 원자의 질량과 같다.

태를 분명하게 설명하는 것이 중요하다. 이 예에서는 '질소'를 N 또는 $N_2$라는 화학식으로 표시하면 애매모호한 점을 피할 수 있다.

## 질량, 몰, 원자/분자/이온수 사이의 환산

이제 화학 반응식을 기반으로 생성되고 사용되는 화합물의 양을 계산하는 방법을 배울 준비가 되었다. 몰 개념을 바탕으로 한 단위 환산(1.7절)을 이용할 것이다(그림 3.10).

**몰질량과 Avogadro 수를 사용해 단위를 어떻게 환산하는가?**

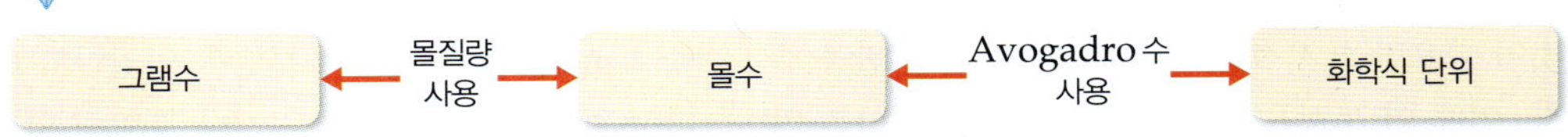


▲그림 3.10 질량과 물질의 화학식 단위의 수를 환산하는 순서 물질의 몰수는 계산 과정의 중심이다. 따라서 몰의 개념은 물질의 그램 단위 질량과 화학식 단위를 연결하는 교량과 같다.

어떻게 질량과 입자 수를 환산하는지 알아보기 위하여 구리 동전 1개에 있는 구리의 원자수를 계산해 보자. 구리 동전 1개는 질량이 약 3 g이다. 이것이 100% 순수한 구리라고 가정하면, 다음과 같이 계산할 수 있다.

$$\text{Cu의 원자수} = (3\,\text{g}\,\cancel{\text{Cu}})\left(\frac{1\,\cancel{\text{mol Cu}}}{63.5\,\text{g}\,\cancel{\text{Cu}}}\right)\left(\frac{\text{Cu 원자 } 6.02 \times 10^{23}\text{개}}{1\,\cancel{\text{mol Cu}}}\right)$$
$$= \text{Cu 원자 } 3 \times 10^{22}\text{개}$$

동전 질량의 유효 숫자가 1개이기 때문에, 답도 반올림하여 유효 숫자를 1개로 맞추었다. 원자의 그램수로부터 원자수를 계산하는 직접적인 방법으로 차원 해석을 어떻게 이용할 수 있었는지 알아보자. 몰질량과 Avogadro 수는 그램수 → 몰수 → 원자수로 바꾸는 환산 인자로 사용된다. 이때 구한 수치는 매우 큰 숫자라는 것을 주목해야 한다. 보통 시료 물질의 원자, 분자, 이온의 수를 계산할 때 구한 수치는 매우 큰 수라고 예상할 수 있다. 반면에 시료 물질의 몰수는 대개 1보다 아주 작거나 약간 작은 수이다. 페니 동전에 있는 원자의 수도 마찬가지이다.

$$\text{Cu의 몰수} = (3\,\text{g Cu})\left(\frac{1\,\text{mol Cu}}{63.5\,\text{g Cu}}\right)$$
$$= 5 \times 10^{-2}\,\text{mol Cu}$$

## 화학과 생명 혈당 측정기

우리 몸은 섭취한 대부분의 음식을 포도당으로 바꾼다. 포도당은 소화된 후 피를 통해 세포로 전달된다. 세포는 살기 위해 포도당이 필요하고, 인슐린은 포도당이 세포로 들어오는 데 필요하다. 보통, 몸은 식사 후 혈당과 함께 인슐린 농도를 정상 혈당 농도인 70~120 mg/dL로 자동적으로 조절한다. 그러나 당뇨병 환자는 거의 또는 전혀 인슐린이 분비되지 않거나(1형 당뇨), 인슐린이 분비되더라도 세포가 적절하게 사용하지 못한다(2형 당뇨). 두 경우 모두 혈당 수치가 정상인보다 높다. 8시간 이상 식사를 하지 않고도 혈당이 126 mg/dL 이상이면 당뇨로 판정된다.

혈당 측정기는 보통 손가락을 찔러서 당과 반응하는 화합물이 있는 종이에 혈액을 주입하여 측정한다. 조그만 건전지로 작동하는 장치에 종이를 집어 넣으면 혈당의 농도를 읽게 된다(그림 3.11). 데이터를 송신하는 메커니즘은 장치 모니터에 따라 다른데, 작은 전류를 읽거나 화학 반응에서 나오는 빛을 측정할 것이다. 측정한 수치에 따라 당뇨병 환자는 인슐린 주사를 맞거나 당분간 단 것을 먹지 말아야 한다.

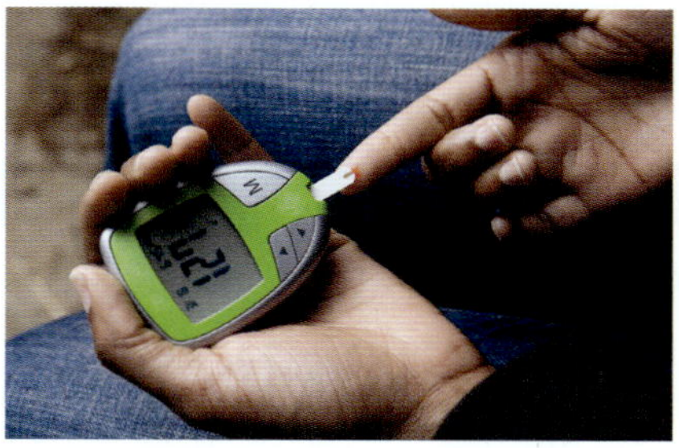

▲ 그림 3.11 혈당 측정기

## 예제 3.7
### 원자의 개수 예상하기

계산기를 사용하지 말고 탄소 원자를 가장 많이 포함하는 순으로 나열하시오.
$^{12}$C 원자 12 g, $C_2H_2$ 1 mol, $CO_2$ $9\times10^{23}$개

### 해답

**분석**

세 가지 물질의 양을 그램, 몰, 분자수로 표시하였고, 이들을 C 원자의 수가 증가하는 순서로 나열해야 한다.

**계획**

각 시료의 C 원자수를 결정하려면 $^{12}$C 원자 12 g, $C_2H_2$ 1 mol, $CO_2$ 분자 $9\times10^{23}$개 중 탄소의 수를 몰의 정의와 Avogadro 수를 이용하여 환산해야 한다.

**풀이**

1몰은 정확히 12 g의 $^{12}$C에 있는 C 원자수를 나타내는 물질의 양으로 정의한다. 따라서 12 g의 $^{12}$C는 1몰의 C$=6.02\times10^{23}$ C 원자를 포함한다.

$C_2H_2$ 1몰에는 $6.02\times10^{23}$개의 $C_2H_2$ 분자가 들어 있다. 각 분자에는 2개의 C 원자가 있기 때문에 이 시료에는 $12.04\times10^{23}$ C 원자가 포함

되어 있다.

각 $CO_2$ 분자는 1개의 C 원자를 포함하기 때문에 $CO_2$ 샘플은 $9\times10^{23}$개의 C 원자를 포함한다.

그러므로 $^{12}$C 12 g($6.02\times10^{23}$의 C 원자) < $9\times10^{23}$ $CO_2$ 분자($9\times10^{23}$개의 C 원자) < 1몰 $C_2H_2$($12\times10^{23}$ C 원자)의 순서이다.

**검토** 몰수는 원자수에 비례하기 때문에 각 시료의 C 원자수를 비교하여 결과를 확인할 수 있다. 12 g의 $^{12}$C는 1 mol C 원자, 1 mol의 $C_2H_2$는 2 mol C 원자, $CO_2$ $9\times10^{23}$개는 1.5 mol C 원자에 해당하므로, 같은 순서가 된다.

**▶ 보충 예제**

계산기를 사용하지 말고, 다음 시료를 산소 원자 개수가 증가하는 순으로 나열하시오.

$H_2O$ 1 mol, $CO_2$ 1 mol, $O_3$ 분자 $3\times10^{23}$개

## 예제 3.8
### 그램을 몰로 환산하기

포도당($C_6H_{12}O_6$) 5.380 g의 몰수를 계산하시오.

### 해답

**분석** 물질의 그램수와 화학식이 주어지고, 몰수를 계산하는 문제이다.

**계획** 물질의 몰질량은 그램을 몰로 변환하는 환산 인자를 제공한다. $C_6H_{12}O_6$의 몰질량은 180.0 g/mol이다(예제 3.9).

**풀이** $C_6H_{12}O_6$ 1 mol = $C_6H_{12}O_6$ 180.0 g이라는 관계를 이용하여, 적당한 환산 인자를 사용하면 다음과 같다.

$$C_6H_{12}O_6\text{의 몰수} = (5.380\ \text{g}\ \cancel{C_6H_{12}O_6})\left(\frac{1\ \text{mol}\ C_6H_{12}O_6}{180.0\ \text{g}\ \cancel{C_6H_{12}O_6}}\right) = 0.02989\ \text{mol}\ C_6H_{12}O_6$$

**검토** 5.380 g은 몰질량보다 작으므로 해답에서 1 mol보다 작은 몰수를 얻어야 한다. 몰 단위는 적절하다. 처음에 제시한 자료는 유효 숫자가 4개이므로 구한 답도 유효 숫자 4개를 갖는다.

**▶ 보충 예제**

물 1.00 L에는 몇 mol의 물이 있는가? (단, 물의 밀도는 1.00 g/mL이다.)

## 예제 3.9
### 몰을 그램으로 환산하기

질산 칼슘(calcium nitrate) 0.433 mol은 몇 그램인가?

### 해답

**분석** 물질의 몰수와 이름을 주고, 그램수를 계산하는 문제이다.

**계획** 몰수를 그램으로 변환하려면, 화학식과 원자량을 이용하여 계산할 수 있는 몰질량이 필요하다.

**풀이** 칼슘 이온은 $Ca^{2+}$이고 질산 이온은 $NO_3^-$이므로, 질산 칼슘의 화학식은 $Ca(NO_3)_2$이다. 이 화합물을 구성하는 각 원소의 원자량을 합하면 164.1 u의 화학식량을 얻는다. 적당한 환산 인자로 1 mol $Ca(NO_3)_2$ = 164.1 g $Ca(NO_3)_2$를 사용하면

$$Ca(NO_3)_2\text{의 그램수} = (0.433\ \text{mol}\ \cancel{Ca(NO_3)_2})\left(\frac{164.1\ \text{g}\ Ca(NO_3)_2}{1\ \text{mol}\ \cancel{Ca(NO_3)_2}}\right) = 71.1\ \text{g}\ Ca(NO_3)_2$$

**검토** 몰수가 1보다 작기 때문에 그램수도 몰질량 164.1 g보다 작아야 한다. 반올림한 숫자를 사용하면 $0.5\times150=75$ g이다. 따라서 답은 합리적이다. 단위(g)와 유효 숫자의 개수(3)도 옳다.

**▶ 보충 예제**

**(a)** $NaHCO_3$ 6.33 mol의 질량은 몇 그램인가? **(b)** 황산 $3.0\times10^{-5}$ mol은 몇 그램인가?

## 예제 3.10
### 질량으로부터 분자수 또는 원자수 구하기

**(a)** $C_6H_{12}O_6$ 5.23 g에는 포도당 분자가 몇 개 있는가? **(b)** 이 시료에는 산소 원자가 몇 개 있는가?

**해답**

**분석** 주어진 포도당의 그램수와 화학식을 근거로 (a) 분자수, (b) O 원자수를 계산하는 문제이다.

**계획** (a) 한 물질의 주어진 양으로부터 분자수를 결정하는 방법은 그림 3.12에 요약되어 있다. $C_6H_{12}O_6$ 5.23 g을 $C_6H_{12}O_6$의 몰수로 환산한 다음, 이것을 $C_6H_{12}O_6$의 분자수로 바꾸어야 한다. 첫 번째 환산에서 $C_6H_{12}O_6$의 몰질량 180.0 g/mol을 사용한다. 두 번째 환산에서는 Avogadro 수를 사용한다.

(b) O 원자의 수를 결정하기 위하여 $C_6H_{12}O_6$ 분자 1개에 O 원자가 6개 있다는 것을 이용한다. 따라서 (a)에서 계산한 분자수에 환산 인자(O 원자 6개/$C_6H_{12}O_6$ 분자 1개)를 곱하면, O 원자의 수를 알 수 있다.

**풀이**

(a) $C_6H_{12}O_6$ 그램수를 $C_6H_{12}O_6$ 분자수로 환산한다.

$$C_6H_{12}O_6\text{의 분자수} = (5.23\text{ g } C_6H_{12}O_6)\left(\frac{1\text{ mol } C_6H_{12}O_6}{180.0\text{ g } C_6H_{12}O_6}\right)\left(\frac{C_6H_{12}O_6\text{ 분자 } 6.02\times10^{23}\text{개}}{1\text{ mol } C_6H_{12}O_6}\right)$$
$$= C_6H_{12}O_6\text{ 분자 } 1.75\times10^{22}\text{개}$$

(b) $C_6H_{12}O_6$ 분자수를 O 원자수로 환산한다.

$$\text{O의 원자수} = (C_6H_{12}O_6\text{ 분자 } 1.75\times10^{22}\text{개})\left(\frac{\text{O 원자 6개}}{C_6H_{12}O_6\text{ 분자 1개}}\right)$$
$$= \text{O 원자 } 1.05\times10^{23}\text{개}$$

**검토**

(a) 시작할 때 질량이 몰질량보다 작기 때문에 시료는 $6.02\times10^{23}$개보다 작은 분자수를 가져야 한다. 따라서 구한 답의 크기는 합리적이다. 대략적으로 계산하면 $5/200 = 2.5\times10^{-2}$ mol, $2.5\times10^{-2}\times6\times10^{23} = 15\times10^{21} = 1.5\times10^{22}$ 분자수. 단위(분자수)와 유효 숫자의 개수(3개)는 타당하다.

(b) 구한 답은 (a)에서 구한 값의 6배이어야 하므로, 정확하게 맞다. 유효 숫자 개수(3개)와 단위수(O 원자수)의 개수가 적당하다.

▶ **보충 예제**

(a) $HNO_3$ 4.20 g에는 질산 분자가 몇 개 있는가? (b) 이 시료에는 산소 원자가 몇 개 있는가?

## 자기 평가 연습 문제

**3.20** 다음 시료 중 가장 적은 소듐 원자를 포함하는 것은?
(a) 1.0몰의 산화 소듐
(b) 45 g의 플루오린화 소듐
(c) 50 g의 염화 소듐
(d) 1.0몰의 질산 소듐

**3.21** 철과 염소를 포함하는 이온 화합물을 분석하였더니 몰질량이 126.8 g/mol이었다. 이 화합물에서 철의 전하로 올바른 것은?
(a) 1+ (b) 2+ (c) 3+ (d) 4+

**3.22** $CCl_4$ 12.2 g에는 염소 원자가 몇 개 있는가?
(a) $4.77\times10^{22}$ (b) $7.34\times10^{24}$ (c) $1.91\times10^{23}$ (d) $2.07\times10^{23}$

## 연습 문제

**3.23** 각 문제에 대해 '참' 또는 '거짓'으로 답하시오.
(a) 1 mol의 오리에는 1 mol의 털이 있다.
(b) 1 mol의 암모니아 기체는 17.0 g이다.
(c) 암모니아 1분자의 질량은 17.0 g이다.
(d) $MgSO_4(s)$ 1 mol은 4 mol의 산소 원자를 포함한다.

**3.24** 주기율표의 원자 질량을 이용하되 자세한 계산을 하지 않고, 원자 숫자가 증가하도록 다음의 시료를 나열하시오: 0.5몰 $BCl_3$ 분자, 197 g 금, $6.0\times10^{23}$ $CCl_4$ 분자

**3.25** 다음의 양을 계산하시오.
(a) 슈크로스($C_{12}H_{22}O_{11}$) 0.105 mol의 그램 단위 질량
(b) $Zn(NO_3)_2$ 143.50 g의 몰수
(c) $CH_3CH_2OH$ $1.0\times10^{-6}$ mol의 분자수
(d) $NH_3$ 0.410 mol에서 N의 원자수

**3.26** (a) 인산 암모늄 $2.50\times10^{-3}$ mol의 질량(g)은 얼마인가?
(b) 염화 알루미늄 0.2550 g에 있는 염화 이온의 몰수는?
(c) 카페인($C_8H_{10}N_4O_2$) $7.70\times10^{20}$ 분자의 질량(g)은?
(d) 콜레스테롤 0.00105 mol의 질량은 0.406 g이다. 콜레스테롤의 몰질량은?

**3.27** 인공감미료인 사카린의 분자식은 $C_7H_5NO_3S$이다.
(a) 사카린의 몰질량은 얼마인가?
(b) 이 물질 2.00 mg에 몇 몰의 사카린이 있는가?
(c) 이 물질 2.00 mg에는 몇 개의 분자가 있는가?
(d) 2.00 mg의 사카린에는 몇 개의 C 원자가 존재하는가?

**3.28** 포도당 샘플 $C_6H_{12}O_6$은 $1.250\times10^{21}$ 탄소 원자를 포함한다.
(a) 몇 개의 수소 원자가 포함되어 있는가?
(b) 포도당 분자는 몇 개인가?

(c) 몇 몰의 포도당이 들어 있는가?
(d) 이 시료의 질량은 몇 그램인가?

**3.29** 화학 공장의 대기 중 염화 바이닐($C_2H_3Cl$)의 허용 농도는 $2.0\times10^{-6}$ g/L이다. 이것은 리터당 몇 몰의 염화 바이닐을 나타내는가? 허용 농도에서 리터당 염화 바이닐 분자는 몇 개인가?

**자기 평가 연습 문제 답** **3.20** (c) **3.21** (b) **3.22** (c)

## 3.5 | 화학 분석으로 얻는 실험식

© Pineapple studio/Shutterstock

물질의 실험식은 그 물질이 함유하는 각 원소의 상대적 원자수를 말해 준다(2.6절). 실험식 $H_2O$는 O 원자 1개에 대하여 H 원자 2개씩 구성됨을 의미한다. 이 비율은 몰 단위에도 적용된다. $H_2O$ 1 mol은 H 원자 2 mol과 O 원자 1 mol을 포함한다. 바꾸어 말하면, **한 화합물을 구성하는 각 원소의 몰비는 그 화합물의 실험식에 쓴 아래 첨자와 동일하다**. 그러므로 몰 개념은, 화학 물질의 실험식을 계산하는 한 가지 방법을 제공한다.

이 절이 끝나면 다음 사항을 수행할 수 있어야 한다.

- 화합물을 이루는 원소의 질량 백분율로부터 화합물의 실험식을 계산하기
- 몰질량과 실험식으로부터 화합물의 분자식을 계산하기

수은(Hg)과 염소(Cl)가 결합하여 질량으로 수은 74.0%와 염소 26.0%로 구성된 화합물을 생성한다. 이것은 화합물의 시료 100.0 g이 수은 74.0 g과 염소 26.0 g을 함유한다는 것을 의미한다(이런 형태의 문제는 어떠한 양의 시료라도 사용할 수 있지만, 백분율로부터 질량을 쉽게 계산하기 위해 일반적으로 시료 질량을 100.0 g으로 사용한다). 원소의 원자량을 합해서 몰질량을 구하였듯이, 각 원소의 몰수를 구할 때 원자량으로부터 계산한다.

$$(74.0\ \text{g Hg})\left(\frac{1\ \text{mol Hg}}{200.6\ \text{g Hg}}\right) = 0.369\ \text{mol Hg}$$

$$(26.0\ \text{g Cl})\left(\frac{1\ \text{mol Cl}}{35.5\ \text{g Cl}}\right) = 0.732\ \text{mol Cl}$$

다음으로, Cl : Hg의 몰비를 구하기 위하여 큰 몰수를 작은 몰수로 나눈다.

$$\frac{\text{Cl 의 몰수}}{\text{Hg의 몰수}} = \frac{0.732\ \text{mol Cl}}{0.369\ \text{mol Hg}} = \frac{1.98\ \text{mol Cl}}{1\ \text{mol Hg}}$$

실험 오차로 인하여, 구한 몰비는 여기서 계산한 것처럼 정확한 정수가 아닐 수도 있다. 1.98은

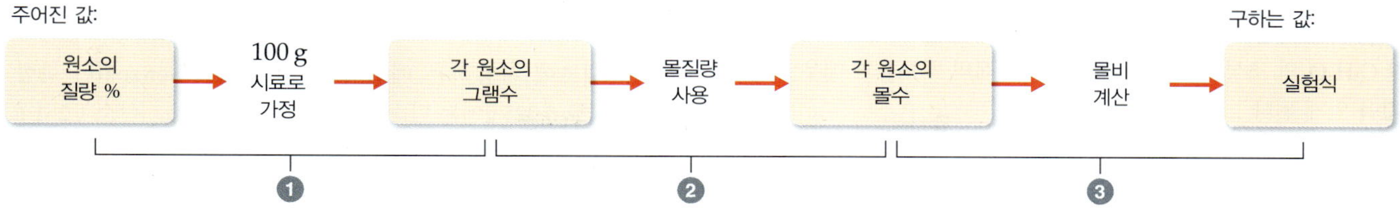


▲그림 3.12 물질의 조성 백분율로부터 실험식을 계산하는 과정

2에 가깝기 때문에 이 화합물의 실험식은 $HgCl_2$라고 확실히 결정할 수 있다. 이 화합물에 존재하는 원자의 비를 나타내는 가장 작은 정수를 아래 첨자로 사용하였기 때문에 이 실험식은 옳다.

실험식을 결정하는 일반적 과정은 **그림 3.12**에 요약되어 있다.

## 예제 3.11
### 실험식 구하기

아스코브산(바이타민 C)은 질량비로 C 40.92%, H 4.58%, O 54.50%를 포함한다. 아스코브산의 실험식을 구하시오.

### 해답

**분석** 아스코브산에 존재하는 각 원소의 질량 백분율을 주고, 실험식을 구하는 문제이다.

**계획** 실험식을 결정하는 방법은 그림 3.13에 주어진 세 단계를 사용하는 것이다.

**풀이**

**(1)** 간단하게, 정확히 물질 100 g이 있다고 가정한다(사실상 어떤 크기의 질량값을 사용해도 좋다). 100 g의 아스코브산에는 탄소 40.92 g, 수소 4.58 g, 산소 54.50 g이 있다.

**(2)** 다음, 각 원소의 몰수를 계산한다. 실험적 질량의 정밀도와 맞추기 위해 유효 숫자 4개인 원자 질량을 이용한다.

$$\text{C의 몰수} = (40.92\ \text{g C})\left(\frac{1\ \text{mol C}}{12.01\ \text{g C}}\right) = 3.407\ \text{mol C}$$

$$\text{H의 몰수} = (4.58\ \text{g H})\left(\frac{1\ \text{mol C}}{1.008\ \text{g H}}\right) = 4.54\ \text{mol H}$$

$$\text{O의 몰수} = (54.50\ \text{g O})\left(\frac{1\ \text{mol O}}{16.00\ \text{g O}}\right) = 3.406\ \text{mol O}$$

**(3)** 각 원소의 몰수를 가장 작은 몰수로 나누어 가장 간단한 정수의 몰비를 결정한다.

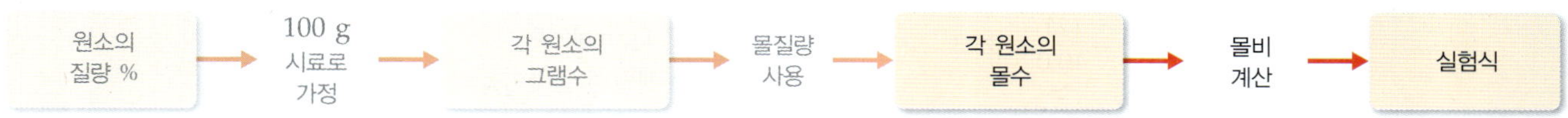


$$\text{C}:\frac{3.407}{3.406} = 1.000 \quad \text{H}:\frac{4.54}{3.406} = 1.33 \quad \text{O}:\frac{3.406}{3.406} = 1.000$$

H의 몰비는 실험 오차에 따른 것이라고 보기에는 1과 너무 차이가 있다. 사실 이것은 $1\frac{1}{3}$에 가깝다. 이제 3을 각 몰비에 곱하면 정수를 얻을 수 있다.

$$\text{C : H : O} = (3 \times 1 : 3 \times 1.33 : 3 \times 1) = (3 : 4 : 3)$$

따라서 실험식은 $C_3H_4O_3$이다.

**검토** 아래 첨자는 비교적 적당한 크기의 정수임을 확인할 수 있다. 또한 $C_3H_4O_3$의 조성 백분율을 계산하면 원래의 백분율과 매우 가까운 값을 얻게 된다.

**▶ 보충 예제**

향수 제조에 사용하는 메틸 벤조산(methyl benzoate) 화합물의 시료 5.325 g에는 탄소 3.758 g, 수소 0.316 g, 산소 1.251 g이 포함되어 있다. 이 물질의 실험식은 무엇인가?

## 실험식에서 분자식 구하기

분자 물질의 경우, 실험식과 분자식은 보통 다르다. 예를 들어서, 벤젠은 $C_6H_6$의 분자식을 가지지만 실험식은 아세틸렌($C_2H_2$)과 같은 CH이다. 이 두 화합물을 실험식으로 구별할 수 없다. 만일 화합물의 분자량이나 몰질량을 2.4절에 설명되어 있는 질량 분석을 포함한 다양한 방법으로 측정하면 실험식으로부터 분자식을 구할 수 있다. **물질의 분자식에 쓰여 있는 아래 첨자는 언제나 실험식에 있는 아래 첨자의 정수배이다**(2.6절). 이 배수는 실험식량을 분자량과 비교해서 구한다.

$$\text{정수배} = \frac{\text{분자량}}{\text{실험식량}}$$

아스코브산(바이타민 C)의 실험식은 $C_3H_4O_3$이다. 실험식의 화학식량은 3(12.0 u)+4(1.0 u)+3(16.0 u)=88.0 u이다. 실험적으로 구한 이 화합물의 분자량은 176 u이다. 그러므로 실험식을 분자식으로 환산하는 정수배는

$$\text{정수배} = \frac{\text{분자량}}{\text{실험식량}} = \frac{176\ \text{u}}{88.0\ \text{u}} = 2$$

이다. 결과적으로, 실험식의 아래 첨자에 이 정수배를 곱해야 옳은 분자식인 $C_6H_8O_6$을 구하게 된다.

### 예제 3.12
**분자식 구하기**

원유에 소량으로 존재하는 한 탄화수소인 메시틸렌(mesitylene)의 실험식은 $C_3H_4$이다. 실험적으로 결정한 이 화합물의 분자량은 121 u이다. 메시틸렌의 분자식은 무엇인가?

**해답**

**분석** 메시틸렌의 실험식과 분자량을 근거로 하여 분자식을 구하는 문제이다.

**계획** 화합물에 대한 분자식의 아래 첨자는 실험식 아래 첨자의 정수배여야 한다. 식 3.11을 사용하여 적당한 정수배를 얻는다.

**풀이** 실험식 $C_3H_4$의 화학식량은

$$3(12.0\ \text{u}) + 4(1.0\ \text{u}) = 40.0\ \text{u}$$

이다. 다음에 이 값을 식 3.11에 대입한다.

$$\text{정수배} = \frac{\text{분자량}}{\text{실험식량}} = \frac{121}{40.0} = 3.03$$

분자는 정수의 원자를 포함하고 있으므로 오직 정수비만 물리적으로 의미가 있다. 이 문제에서 얻은 정수배 3.03은 분자량의 실험 오차에서 비롯된다. 그러므로 실험식의 아래 첨자에 3을 곱해 $C_9H_{12}$의 분자식을 얻는다.

**검토** 분자량을 실험식량으로 나누어 얻은 값이 정수에 가깝기 때문에, 얻은 결과는 믿을 만하다.

**▶ 보충 예제**

자동차 부동액으로 사용되는 에틸렌 글라이콜은 질량 백분율로 C 38.7%, H 9.7%, O 51.6%로 구성되어 있다. 이것의 몰질량은 62.1 g/mol이다.

**(a)** 에틸렌 글라이콜의 실험식은 무엇인가?

**(b)** 그것의 분자식은 무엇인가?

## 연소 분석

실험실에서 실험식을 결정하는 한 방법으로 **연소 분석**(combustion analysis)이 있다. 이는 보통 탄소와 수소가 주성분 원소인 화합물에 사용하는 방법이다.

탄소와 수소를 포함하는 한 화합물이 **그림 3.13**과 같은 장치 안에서 완전히 연소할 때, 그 화합

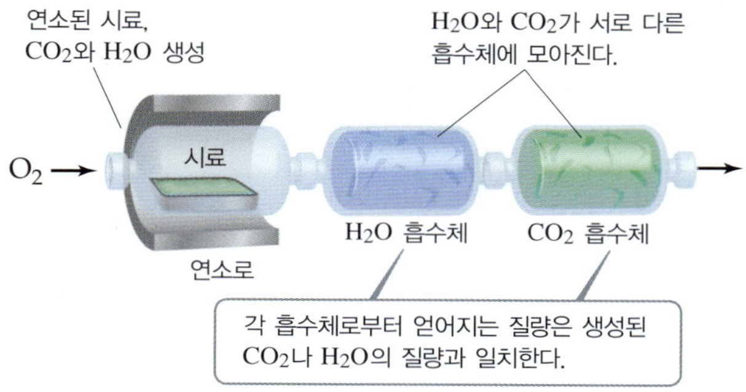


◀그림 3.13 연소 분석 장치

물의 모든 탄소는 $CO_2$로, 모든 수소는 $H_2O$로 변한다(3.2절). $CO_2$와 $H_2O$의 질량으로부터 원래 화합물 중 C와 H의 몰수를 결정하고, 더 나아가 실험식을 결정한다. 만약 탄소와 수소 이외의 세 번째 원소가 존재한다면, 이 원소의 함량은 원래의 질량으로부터 탄소와 수소의 질량을 뺀 질량으로 구한다.

## 예제 3.13
### 연소 분석법으로 실험식 구하기

소독용 알코올로 판매되는 2-프로판올(2-propanol)은 C, H, O로 이루어져 있다. 2-프로판올 0.255 g을 연소시켜 $CO_2$ 0.561 g과 $H_2O$ 0.306 g을 얻었다. 2-프로판올의 실험식을 구하시오.

### 해답

**분석** 2-프로판올은 C, H, O로 이루어져 있고, 연소 분석 결과 생성된 $CO_2$와 $H_2O$의 양을 근거로 분자식을 구하는 문제이다. 시료 중 C, H, O의 몰수를 계산해야 한다.

**계획** $CO_2$ 중 C의 그램수와 $H_2O$ 중 H의 그램수를 알기 위하여 몰의 개념을 이용한다. 이 질량은 연소 전 2-프로판올 중의 C와 H의 질량이다. 화합물 중 O의 질량은 화합물의 질량에서 C와 H의 질량을 뺀 값이다. 시료에 있는 C, H, O의 질량을 일단 알면, 예제 3.13의 방법을 이용하면 된다.

**풀이** 시료에 있는 모든 탄소는 $CO_2$로 변환되었으므로 차원 해석 및 다음 과정을 사용해 시료 속 탄소 질량을 계산할 수 있다.

생성된 $CO_2$ 질량 → ($CO_2$ 몰질량 44.0 g/mol) → 생성된 $CO_2$ 몰수 → ($CO_2$ 분자당 C 1개) → 시료 속 C 몰수 → (C의 몰질량 12.0 g/mol) → 시료 속 C 질량

예제에 주어진 값들을 사용하면 C의 질량은

$$\text{C의 그램수} = (0.561\ \text{g}\ \cancel{CO_2})\left(\frac{1\ \cancel{\text{mol}\ CO_2}}{44.0\ \cancel{\text{g}\ CO_2}}\right)\left(\frac{1\ \cancel{\text{mol C}}}{1\ \cancel{\text{mol}\ CO_2}}\right)\left(\frac{12.0\ \text{g C}}{1\ \cancel{\text{mol C}}}\right)$$
$$= 0.153\ \text{g C}$$

시료 속 모든 수소는 $H_2O$로 변환되었으므로 차원 해석과 다음 과정을 사용하면, 시료 속 H 질량을 계산할 수 있다. $H_2O$ 질량의 3개의 유효 숫자에 맞게 H 질량에도 3개 유효 숫자를 사용한다.

생성된 $H_2O$ 질량 → ($H_2O$ 몰질량 18.0 g/mol) → 생성된 $H_2O$ 몰수 → ($H_2O$ 분자당 H 2개) → 시료 속 H 몰수 → (H의 몰질량 1.01 g/mol) → 시료 속 H 질량

예제에 주어진 값들을 사용하면 H의 질량은

$$\text{H의 그램수} = (0.306\ \text{g}\ \cancel{H_2O})\left(\frac{1\ \cancel{\text{mol}\ H_2O}}{18.0\ \cancel{\text{g}\ H_2O}}\right)\left(\frac{2\ \cancel{\text{mol H}}}{1\ \cancel{\text{mol}\ H_2O}}\right)\left(\frac{1.01\ \text{g H}}{1\ \cancel{\text{mol H}}}\right) = 0.0343\ \text{g H}$$

시료 0.255 g은 C, H, O 질량의 합이므로, O의 질량은

$$\text{O의 질량} = \text{시료의 질량} - (\text{C의 질량} + \text{H의 질량}) = 0.255\ \text{g} - (0.153\ \text{g} + 0.0343\ \text{g}) = 0.068\ \text{g O}$$

따라서 시료 속 C, H, O 몰수는

$$\text{C의 몰수} = (0.153\text{ g C})\left(\frac{1\text{ mol C}}{12.0\text{ g C}}\right) = 0.0128\text{ mol C}$$

$$\text{H의 몰수} = (0.0343\text{ g H})\left(\frac{1\text{ mol H}}{1.01\text{ g H}}\right) = 0.0340\text{ mol H}$$

$$\text{O의 몰수} = (0.068\text{ g O})\left(\frac{1\text{ mol O}}{16.0\text{ g O}}\right) = 0.0043\text{ mol O}$$

예제 3.15에서 보았듯이, 시료 내 각 원소의 상대적 몰수를 비교해 보면 실험식을 얻을 수 있다.

$$\text{C:}\frac{0.0128}{0.0043} = 3.0 \quad \text{H:}\frac{0.0340}{0.0043} = 7.9 \quad \text{O:}\frac{0.0043}{0.0043} = 1.0$$

처음 두 수는 정수 3과 8에 매우 가까운 수이므로, 실험식은 $C_3H_8O$이다.

**▶ 보충 예제**

**(a)** 더러운 양말에서 나는 냄새의 원인 중 하나인 카프로산(caproic acid)은 C, H, O로 이루어져 있다. 이 화합물의 시료 0.225 g을 연소하여 $CO_2$ 0.521 g과 $H_2O$ 0.209 g을 얻었다. 카프로산의 실험식을 구하시오.

**(b)** 카프로산의 몰질량은 116 g/mol이다. 이것의 분자식은 무엇인가?

## 자기 평가 연습 문제

**3.30** 제1차 세계 대전 중 화학 무기로 사용된 화합물인 포스젠 시료 2.144 g에는 탄소 0.260 g, 산소 0.347 g, 염소 1.537 g이 들어 있다. 이 물질의 실험식은?
**(a)** $CO_2$ **(b)** $COCl_2$ **(c)** $C_{0.022}O_{0.022}Cl_{0.044}$ **(d)** $C_2OCl_2$

**3.31** 일반적으로 사용되는 유기 용매인 사이클로헥세인은 질량 기준으로 탄소 85.6%, 수소 14.4%이며, 몰질량은 84.2 g/mol이다. 분자식은 무엇인가?
**(a)** $C_6H$ **(b)** $CH_2$ **(c)** $C_5H_{24}$ **(d)** $C_6H_{12}$ **(e)** $C_4H_8$

**3.32** 다양한 산업 공정에서 용매로 사용되는 화합물 다이옥세인은 C, H 및 O 원자로 구성된다. 이 화합물 시료 2.203 g을 연소시키면 4.401 g의 $CO_2$와 1.802 g의 $H_2O$가 생성된다. 별도의 실험을 통해 이 화합물의 몰질량을 88.1 g/mol로 결정하였다. 다음 중 다이옥세인의 분자식으로 옳은 것은?
**(a)** $C_2H_4O$ **(b)** $C_4H_4O_2$ **(c)** $CH_2$ **(d)** $C_4H_8O_2$

## 연습 문제

**3.33** 시료가 다음 성분으로 구성될 때, 각 화합물의 실험식을 구하시오.
**(a)** C 0.052 mol, H 0.103 mol, O 0.017 mol
**(b)** 니켈 2.10 g과 산소 0.58 g
**(c)** 질량 백분율로 K 26.56%, Cr 35.41%, O 38.03%

**3.34** 원소의 질량 조성비가 다음과 같은 화합물의 실험식을 구하시오.
**(a)** C 74.0%, H 8.7%, N 17.3%
**(b)** Na 57.5%, O 40.0%, H 2.5%
**(c)** N 41.1%, H 11.8%, 나머지는 S

**3.35** 실험식이 $XF_3$인 화합물에서 F의 질량 백분율은 65%이다. X의 원자량은 얼마인가?

**3.36** 다음 각 화합물의 분자식은 무엇인가?
**(a)** 실험식 CH, 몰질량 = 78.0 g/mol
**(b)** 실험식 OH, 몰질량 = 34.0 g/mol

**3.37** 다음 각 물질의 실험식과 분자식은 무엇인가?
**(a)** 컵과 절연체로 사용되는 스타이로폼의 원료인 스타이렌의 질량 조성비는 C 92.3%와 H 7.7%이며, 몰질량은 104 g/mol이다.
**(b)** 커피 속의 자극 물질인 카페인은 C 49.5%, H 5.15%, N 28.9%, O 16.5%의 질량비로 이루어졌으며, 몰질량은 195 g/mol이다.
**(c)** 조미료로 사용되는 글루탐산 모노소듐(monosodium glutamate, MSG)은 C 35.51%, H 4.77%, O 37.85%, N 8.29%, Na 13.60%의 질량비로 이루어졌으며, 몰질량은 169 g/mol이다.

**3.38** **(a)** 일반적인 유기 용매인 톨루엔(toluene)의 연소 분석 값은 $CO_2$ 5.86 mg과 $H_2O$ 1.37 mg이다. 이 화합물이 탄소와 수소만 함유한다면, 실험식은 무엇인가?
**(b)** 박하향이 들어 있는 기침약에서 냄새로 알 수 있는 멘톨(menthol)은 C, H, O만으로 이루어졌다. 멘톨 시료 0.1005 g을 연소 분석하면 $CO_2$ 0.2829 g과 $H_2O$ 0.1159 g을 얻는다. 멘톨의 실험식은 무엇인가? 멘톨의 몰질량이 156 g/mol이라면, 분자식은 무엇인가?

**3.39** 발작과 조울증의 치료에 사용되는 발프로산(valproic acid)은 C, H, O로 구성된다. 시료 0.165 g을 연소시켰더니 물 0.166 g과 $CO_2$ 0.403 g이 생성되었다. 발프로산의 실험식은 무엇인가? 몰질량이 144 g/mol이라면, 분자식은?

**3.40** 세탁기용 세척수를 만들기 위해 사용하는 세척용 소다는 고체 구조에 물 분자가 포함된 수화물이다. 이것의 화학식은 $Na_2CO_3 \cdot xH_2O$이며, $x$는 $Na_2CO_3$ 1몰당 $H_2O$의 몰수이다. 세척용 소다 시료 2.558 g을 125 °C에서 가열하였더니, 수화된 모든 물 분자는 없어지고 0.948 g이 되었다. $x$ 값은 얼마인가?

자기 평가 연습 문제 답 **3.30** (b) **3.31** (d) **3.32** (d)

## 3.6 | 반응 화학량론

화학 반응이 수행될 때, 반응물과 생성물의 양을 이해하는 것은 매우 중요하다. 이러한 지식 없이 수행되는 화학 반응은 원하지 않는 결과를 발생시킬 수 있다. 필요 이상의 양을 사용하여 비싼 반응물을 낭비할 수도 있고, 컨테이너가 담을 수 있는 양 이상의 기체가 생성되어 폭발을 일으킬 수 있다. 고체를 사용하는 화학 반응에서는 생성물을 과량의 반응물과 분리하기 어려울 수 있다. 이 절에서는 소모된 반응물의 양과 생성된 생성물의 양을 반응의 균형 맞춘 반응식을 기반으로 하여 계산하는 법을 배우게 된다.

이 절이 끝나면 다음 사항을 수행할 수 있어야 한다.

- 화학 반응에서 주어진 반응물의 양(그램 혹은 몰수)을 이용해 생성물의 양(그램 혹은 몰수) 계산

화학 반응식의 계수는 반응에 참여하는 분자의 상대적인 수를 나타낸다. 몰의 개념을 이용하면 이 정보를 물질의 질량으로 바꿀 수 있다. 예로서 다음 균형 맞춘 반응식의 계수에 대하여 알아보자.

$$2\,H_2(g) + O_2(g) \longrightarrow 2\,H_2O(l) \qquad [3.16]$$

$H_2$ 분자 2개는 $O_2$ 분자 1개와 반응하여 $H_2O$ 분자 2개를 생성한다. 이때 상대적 몰수는 상대적 분자수에 해당한다.

| $2\,H_2(g)$ | + | $O_2(g)$ | $\longrightarrow$ | $2\,H_2O(l)$ |
|---|---|---|---|---|
| 분자 2개 | | 분자 1개 | | 분자 2개 |
| $2(6.02 \times 10^{23})$개 분자 | | $1(6.02 \times 10^{23})$개 분자 | | $2(6.02 \times 10^{23})$개 분자 |
| 2 mol | | 1 mol | | 2 mol |

우리는 이것을 모든 균형 맞춘 반응식에 대하여 일반화할 수 있다. **균형 맞춘 화학 반응식의 계수는 반응에 참여한 상대적 분자(또는 화학식 단위)수와 상대적 몰수로 해석할 수 있다.** 그림 3.14에서는 이 결과가 질량 보존 법칙과 어떤 연관성이 있는지를 보여 주고 있다.

식 3.16의 계수로 주어진 $H_2$ 2 mol, $O_2$ 1 mol, $H_2O$ 2 mol의 양을 화학량론적 당량(stoichiometrically equivalent quantity)이라고 한다. 이 물질들 사이의 양적 관계는 다음과 같다.

$$2\text{ mol } H_2 \bumpeq 1\text{ mol } O_2 \bumpeq 2\text{ mol } H_2O$$

여기서 부호 $\bumpeq$는 '화학량론적 당량'을 나타낸다. 이와 같은 화학량론적인 관계를 이용하면 어떤 화학 반응의 반응물과 생성물의 양적 관계를 계산할 수 있다. 예로서 $O_2$ 1.57 mol로부터 생성된 $H_2O$의 몰수는 다음과 같다.

$$H_2O\text{의 몰수} = (1.57\text{ mol } O_2)\left(\frac{2\text{ mol } H_2O}{1\text{ mol } O_2}\right) = 3.14\text{ mol } H_2O$$

다른 예로, 일회용 담배 라이터의 연료로 사용하는 뷰테인($C_4H_{10}$)의 연소를 생각해 보자.

$$2\,C_4H_{10}(l) + 13\,O_2(g) \longrightarrow 8\,CO_2(g) + 10\,H_2O(g) \qquad [3.17]$$

$C_4H_{10}$ 1.00 g이 연소할 때 생성되는 $CO_2$의 질량을 계산해 보자. 식 3.17에 나타난 계수는 사용한 $C_4H_{10}$의 양이 생성된 $CO_2$의 양과 어떠한 관계가 있는지를 알려 준다. 즉 2 mol $C_4H_{10} \bumpeq$ 8 mol $CO_2$이다. 이러한 화학량론적 관계를 사용하려면 $C_4H_{10}$의 몰질량인 58.0 g/mol을 사용하여 $C_4H_{10}$의 질량을 몰수로 환산해야 한다.

$$C_4H_{10}\text{의 몰수} = (1.00\text{ g } C_4H_{10})\left(\frac{1\text{ mol } C_4H_{10}}{58.0\text{ g } C_4H_{10}}\right) = 1.72 \times 10^{-2}\text{ mol } C_4H_{10}$$

그다음 균형 맞춘 반응식으로부터 화학량론 인자를 이용하여 $CO_2$의 몰수를 계산한다.

$$CO_2\text{의 몰수} = (1.72 \times 10^{-2}\text{ mol } C_4H_{10})\left(\frac{8\text{ mol } CO_2}{2\text{ mol } C_4H_{10}}\right) = 6.88 \times 10^{-2}\text{ mol } CO_2$$

마지막으로 $CO_2$의 몰질량인 44.0 g/mol을 이용하여 $CO_2$의 질량을 그램으로 계산한다.

▶ 그림 3.14 균형 맞춘 반응식을 정량적으로 해석하기

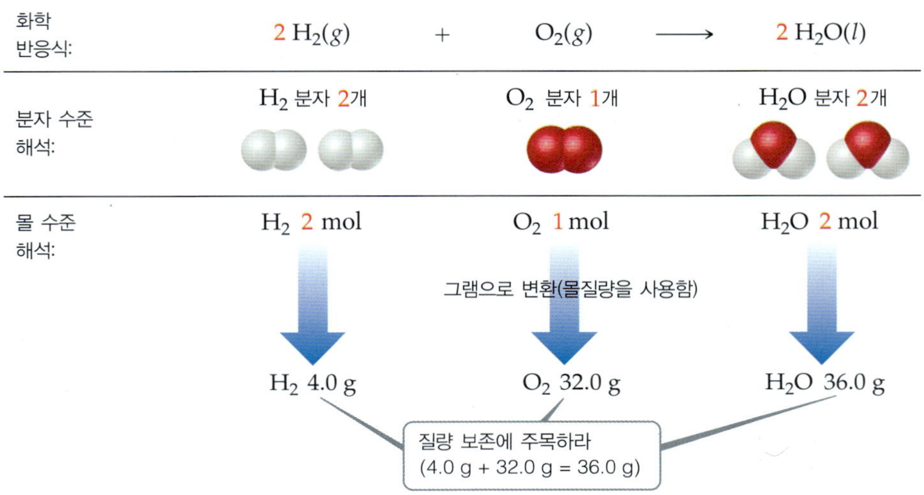

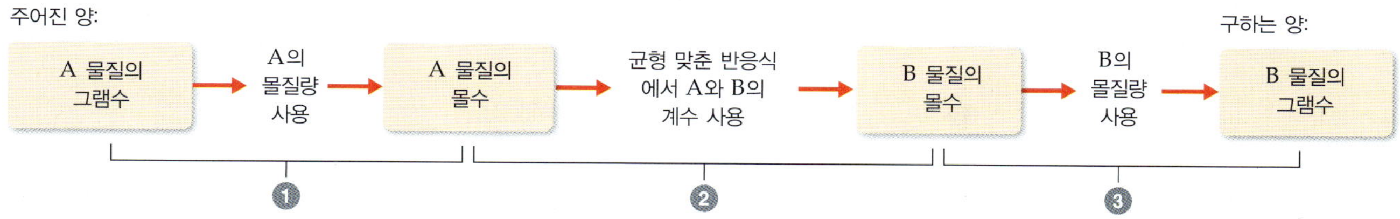


▲ **그림 3.15 반응에서 소모된 반응물 또는 형성된 생성물의 양을 계산하는 과정** 반응에서 소모된 반응물의 그램수 또는 반응에서 생성된 생성물의 그램수는 임의의 반응물 또는 생성물의 그램수를 사용하여 세 단계로 계산될 수 있다.

$$\begin{aligned} CO_2\text{의 그램수} &= (6.88 \times 10^{-2}\ \text{mol}\ \cancel{CO_2})\left(\frac{44.0\ \text{g}\ CO_2}{1\ \text{mol}\ \cancel{CO_2}}\right) \\ &= 3.03\ \text{g}\ CO_2 \end{aligned}$$

이 환산 과정은 **그림 3.15**에 제시된 것과 같이 세 단계로 이루어져 있다. 이러한 세 단계 환산을 하나의 식으로 표시하면 다음과 같다.

$$\begin{aligned} CO_2\text{의 그램수} &= (1.00\ \text{g}\ \cancel{C_4H_{10}})\left(\frac{1\ \cancel{\text{mol}\ C_4H_{10}}}{58.0\ \text{g}\ \cancel{C_4H_{10}}}\right)\left(\frac{8\ \cancel{\text{mol}\ CO_2}}{2\ \cancel{\text{mol}\ C_4H_{10}}}\right)\left(\frac{44.0\ \text{g}\ CO_2}{1\ \cancel{\text{mol}\ CO_2}}\right) \\ &= 3.03\ \text{g}\ CO_2 \end{aligned}$$

반응식 3.17에서 소비된 $O_2$의 양을 계산하기 위해서는 균형 맞춘 반응식의 계수로부터 화학량론적 환산 인자를 알아내야 한다. 즉 $2\ \text{mol}\ C_4H_{10} \simeq 13\ \text{mol}\ O_2$이다.

$$\begin{aligned} O_2\text{의 그램수} &= (1.00\ \text{g}\ \cancel{C_4H_{10}})\left(\frac{1\ \cancel{\text{mol}\ C_4H_{10}}}{58.0\ \text{g}\ \cancel{C_4H_{10}}}\right)\left(\frac{13\ \cancel{\text{mol}\ O_2}}{2\ \cancel{\text{mol}\ C_4H_{10}}}\right)\left(\frac{32.0\ \text{g}\ O_2}{1\ \cancel{\text{mol}\ O_2}}\right) \\ &= 3.59\ \text{g}\ O_2 \end{aligned}$$

많은 화학 반응에서 열이 발생한다(그림 3.7). 이 열 역시 화학량론적 양에 해당된다. 예를 들면 주어진 반응에서 100 J의 열이 발생할 때 반응물의 양을 2배로 하면 200 J의 열이 발생한다. 이를 5장에서 배우게 될 것이다.

## 예제 3.14
### 반응물과 생성물의 양 계산하기

포도당($C_6H_{12}O_6$) 1.00 g을 연소하면 물 몇 그램이 생성될지를 결정하시오.

$$C_6H_{12}O_6(s) + 6\,O_2(g) \longrightarrow 6\,CO_2(g) + 6\,H_2O(l)$$

**해답**

**분석** 주어진 반응에서 반응물의 질량을 주고, 생성된 물의 질량을 알아내는 문제이다.

**계획** 그림 3.16에 요약한 일반적 방법을 따른다.

**(1)** $C_6H_{12}O_6$의 몰질량을 사용하여 $C_6H_{12}O_6$의 그램수를 몰수로 바꾼다.

**(2)** 화학량론적 관계식인 $1\ \text{mol}\ C_6H_{12}O_6 \simeq 6\ \text{mol}\ H_2O$를 사용하여 $C_6H_{12}O_6$의 몰수를 $H_2O$의 몰수로 바꾼다.

**(3)** $H_2O$의 몰질량을 사용하여 $H_2O$의 몰수를 그램수로 바꾼다.

**풀이**

**(1)** 먼저, $C_6H_{12}O_6$의 그램수를 몰질량을 사용하여 몰수로 바꾼다.

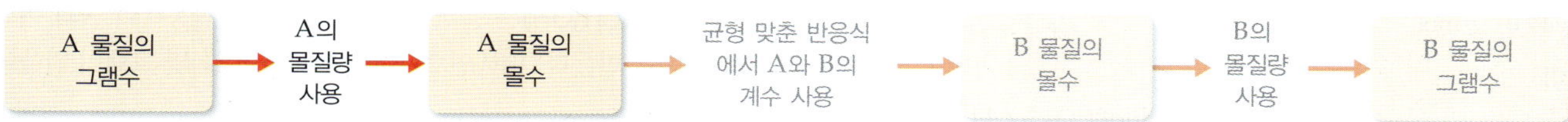


$$C_6H_{12}O_6\text{의 몰수} = (1.00\ \text{g}\ \cancel{C_6H_{12}O_6})\left(\frac{1\ \text{mol}\ C_6H_{12}O_6}{180.0\ \text{g}\ \cancel{C_6H_{12}O_6}}\right)$$

(2) 다음으로 화학량론적 관계식인 1 mol $C_6H_{12}O_6 \simeq$ 6 mol $H_2O$를 사용하여 $C_6H_{12}O_6$의 몰수를 $H_2O$의 몰수로 바꾼다.

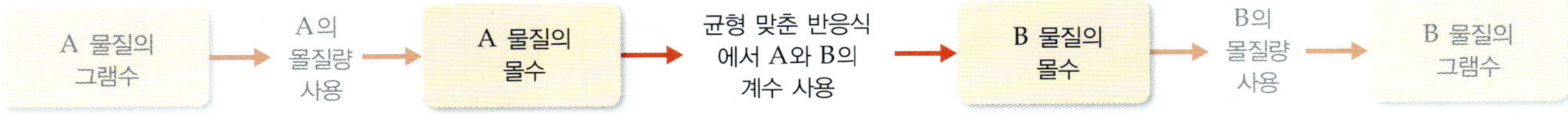


$$H_2O\text{의 몰수} = (1.00\text{ g } C_6H_{12}O_6)\left(\frac{1\text{ mol } C_6H_{12}O_6}{180.0\text{ g } C_6H_{12}O_6}\right)\left(\frac{6\text{ mol } H_2O}{1\text{ mol } C_6H_{12}O_6}\right)$$

(3) 마지막으로, $H_2O$의 몰질량을 사용하여 $H_2O$의 몰수를 그램수로 바꾼다.

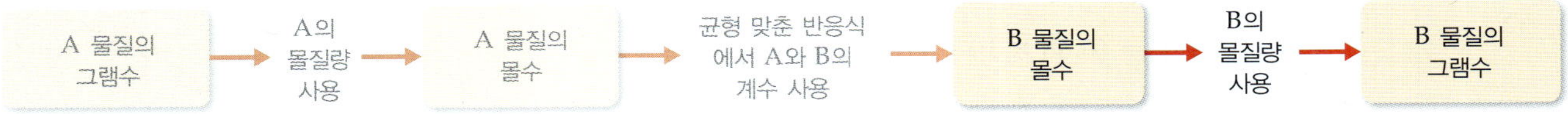


$$H_2O\text{의 그램수} = (1.00\text{ g } C_6H_{12}O_6)\left(\frac{1\text{ mol } C_6H_{12}O_6}{180.0\text{ g } C_6H_{12}O_6}\right)\left(\frac{6\text{ mol } H_2O}{1\text{ mol } C_6H_{12}O_6}\right)\left(\frac{18.0\text{ g } H_2O}{1\text{ mol } H_2O}\right)$$
$$= 0.600\text{ g } H_2O$$

**검토** $H_2O$의 질량을 대략적으로 계산하면, 위의 결과가 합당한지를 점검할 수 있다. 포도당의 몰질량이 180 g/mol이므로 포도당 1 g은 1/180 mol이다. 포도당 1 mol은 6 mol의 $H_2O$를 만들 때, 6/180=1/30 mol의 $H_2O$를 얻을 것이다. 물의 몰질량이 18 g/mol이므로 1/30×18 =6/10=0.6 g $H_2O$이고, 위의 계산과 일치한다. $H_2O$의 그램 단위도 옳다. 처음에 제시한 자료의 유효 숫자는 세 개이므로 세 개의 유효 숫자를 갖는 해답이 옳다.

**▶ 보충 예제**

실험실에서는 소량의 $O_2$를 만든다. 따라서 $KClO_3$의 분해 반응을 종종 이용한다.

$$2\,KClO_3(s) \longrightarrow 2\,KCl(s) + 3\,O_2(g)$$

$KClO_3$ 4.50 g으로 몇 그램의 $O_2$를 얻을 수 있는가?

## 예제 3.15
### 반응물과 생성물의 양 계산하기

고체 수산화 리튬(lithium hydroxide)은 우주선에서 우주인이 호흡으로 내뿜은 이산화 탄소를 제거하는 데 사용된다. 수산화 리튬은 이산화 탄소와 반응하여 고체 탄산 리튬(lithium carbonate)과 액체 물을 생성한다. 수산화 리튬 1.00 g이 흡수하는 이산화 탄소는 몇 그램인가?

### 해답

**분석** 반응물 1.00 g과 반응하는 또 다른 반응물의 그램수를 계산하라는 문제이다.

**계획** 반응 설명으로부터 균형 맞춘 반응식을 쓴다.

$$2\,LiOH(s) + CO_2(g) \longrightarrow Li_2CO_3(s) + H_2O(l)$$

LiOH의 그램 질량이 주어져 있고, $CO_2$의 그램 질량을 계산하는 문제이다. 그림 3.15에 있는 세 단계의 변환 과정을 사용하면, 이 문제를 풀 수 있다. 1단계 변환에서는 LiOH의 몰질량(6.94+16.00+1.01 =23.95 g/mol)이 필요하다. 2단계 변환에서는 균형 맞춘 화학 반응식으로부터 화학량론적 관계식을 사용한다. 2 mol LiOH $\simeq$ 1 mol $CO_2$. 3단계 변환에서는 $CO_2$의 몰질량을 사용한다. 12.01+2(16.00) = 44.01 g/mol

**풀이**

$$(1.00\text{ g LiOH})\left(\frac{1\text{ mol LiOH}}{23.95\text{ g LiOH}}\right)\left(\frac{1\text{ mol } CO_2}{2\text{ mol LiOH}}\right)\left(\frac{44.01\text{ g } CO_2}{1\text{ mol } CO_2}\right)$$
$$= 0.919\text{ g } CO_2$$

**검토** 23.95 g LiOH/mol ≈ 24 g LiOH/mol이고, 24 g LiOH/mol× 2 mol LiOH=48 g LiOH이다. (44 g $CO_2$/mol)/(48 g LiOH)는 1보다 약간 작다는 것에 주의하라. 따라서 답의 크기, 즉 0.919 g $CO_2$는 처음 사용한 LiOH의 양을 기준으로 볼 때 타당하다. 유효 숫자와 단위도 적절하다.

**▶ 보충 예제**

메탄올($CH_3OH$)은 공기 중의 산소와 연소 반응하여 물과 이산화 탄소를 만든다. 메테인 23.6 g이 연소하면 물 몇 그램이 만들어지는가?

## 자기 평가 연습 문제

**3.41** 이 절에서 1.00 g의 뷰테인($C_4H_{10}$)이 3.59 g의 산소($O_2$)와 반응할 때 3.03 g의 이산화 탄소($CO_2$)를 생성한다는 것을 배웠다. 생성된 $H_2O$의 그램수를 계산하기 위해 덧셈 및/또는 뺄셈만 사용하는 것이 가능한지 참 또는 거짓으로 답하시오.

**3.42** 수산화 소듐은 이산화 탄소와 반응하여 탄산 소듐과 물을 만든다.

$$2\,NaOH(s) + CO_2(g) \longrightarrow Na_2CO_3(s) + H_2O(l)$$

NaOH 2.40 g으로부터 $Na_2CO_3$ 몇 그램을 얻을 수 있는가?

**(a)** 3.18 g **(b)** 6.36 g **(c)** 1.20 g **(d)** 0.0300 g

**3.43** 프로페인($C_3H_8$, 그림 3.7)은 요리와 가정용 난방에 사용되는 일반 연료이다. 1.00 g의 프로페인이 연소하는 데 $O_2$는 몇 그램이 소비되는가?

**(a)** 5.00 g **(b)** 0.726 g **(c)** 2.18 g **(d)** 3.63 g

**3.44** 수소화 칼슘은 물과 반응하여 수산화 칼슘과 수소 기체를 형성한다. 4.50 g의 수소를 형성하기 위해 필요한 수소화 칼슘의 그램수는 얼마인가?

**(a)** 1.11 g **(b)** 2.25 g **(c)** 46.9 g **(d)** 93.8 g

## 연습 문제

**3.45** 유리에는 규산염(silicate)이라는 화합물이 있기 때문에, 플루오린화수소산(HF(*aq*))은 유리병에 보관할 수 없다. 예를 들면 규산 소듐($Na_2SiO_3$)은 다음과 같이 반응한다.

$$Na_2SiO_3(s) + 8\,HF(aq) \longrightarrow H_2SiF_6(aq) + 2\,NaF(aq) + 3\,H_2O(l)$$

**(a)** $Na_2SiO_3$ 0.300 mol을 반응시키려면 HF 몇 몰이 필요한가?

**(b)** HF 0.500 mol이 과량의 $Na_2SiO_3$와 반응하면 몇 그램의 NaF를 생성하는가?

**(c)** HF 0.800 g과 반응하는 $Na_2SiO_3$의 그램수는 얼마인가?

**3.46** 시판되는 제산제 중 몇 종류에는 위산의 주성분인 HCl과 반응하는 $Al(OH)_3$가 들어 있다.

$$Al(OH)_3(s) + HCl(aq) \longrightarrow AlCl_3(aq) + H_2O(l)$$

**(a)** 이 반응의 균형을 맞추시오.

**(b)** $Al(OH)_3$ 0.500 g과 반응하는 HCl의 그램수를 계산하시오.

**(c)** $Al(OH)_3$ 0.500 g이 반응할 때 생성되는 $AlCl_3$와 $H_2O$의 그램수를 계산하시오.

**(d)** (b)와 (c)의 계산이 질량 보존 법칙을 만족함을 보이시오.

**3.47** 황화 알루미늄은 물과 반응하여 수산화 알루미늄과 황화 수소를 생성한다.

**(a)** 이 반응의 균형 맞춘 화학 반응식을 쓰시오.

**(b)** 황화 알루미늄 14.2 g으로부터 몇 몰의 수산화 알루미늄이 생성되는가?

**3.48** 아자이드화 소듐($NaN_3$)은 빠르게 분해하여 자동차 에어백을 부풀게 만든다.

$$2\,NaN_3(s) \longrightarrow 2\,Na(s) + 3\,N_2(g)$$

**(a)** $NaN_3$ 1.50 mol을 분해하면 $N_2$ 몇 몰이 생성되는가?

**(b)** 질소 기체 10.0 g을 생성하려면, $NaN_3$ 몇 그램이 필요한가?

**(c)** 질소 기체의 밀도가 1.25 g/L라면, 10.0 $ft^3$의 질소 기체를 얻으려면 $NaN_3$ 몇 그램이 필요한가?

**3.49** 두께 0.550 mm, 면적 1.00 $cm^2$의 알루미늄 포일이 브로민과 다음 그림과 같이 반응하여 브로민화 알루미늄을 생성한다.

**(a)** 사용한 알루미늄은 몇 몰인가? (알루미늄의 밀도는 2.699 g/$cm^3$이다.)

**(b)** 알루미늄이 완전히 반응하면 브로민화 알루미늄 몇 그램을 생성하는가?

**3.50** 옥테인($C_8H_{18}$) 1 mol이 연소하면 5470 kJ의 열이 발생한다. 20,000 kJ의 열을 얻는 데 필요한 옥테인의 질량(g)은 얼마인가?

자기 평가 연습 문제 답 **3.41** True **3.42** (a) **3.43** (d) **3.44** (c)

# 3.7 한계 반응물

많은 경우, 화학 반응에 사용되는 반응물이 정확한 반응 계수의 비율에 맞추어 사용되지는 않는다. 예를 들어, 천연가스를 태워서 작동되는 발전소에서 터빈을 돌리기 위하여 사용되는 연소 반응은 다음과 같다.

$$CH_4(g) + 2\,O_2(g) \longrightarrow CO_2(g) + 2\,H_2O(g) \quad [3.18]$$

발전소에서는 탄화수소 연료로부터 최대의 에너지를 얻고 일산화 탄소와 같은 유해한 부산물이 적게 생산되도록 과량의 산소를 사용한다. 결과적으로, 사용되는 $CH_4$의 양이 생성되는 에너지, $CO_2$, $H_2O$의 양을 결정한다. 이 절에서는 반응물이 반응 계수 비율에 맞지 않게 존재하는 경우, 화학 반응의 정량적인 계산을 배우게 된다.

이 절이 끝나면 다음 사항을 수행할 수 있어야 한다.

- 한계 반응물을 확인하고 반응물과 생성물의 양을 그램이나 몰수로 계산하기
- 생성되는 생성물의 양과 사용된 반응물의 양을 이용하여 화학 반응의 퍼센트 수득률을 계산하기

빵 두 조각에 치즈 한 장을 넣은 샌드위치를 서너 개 만든다고 가정해 보자. Bd = 빵, Ch = 치즈, $Bd_2Ch$ = 샌드위치라고 가정하고, 샌드위치 만드는 조리법을 화학 반응식처럼 표현하면 다음과 같다.

$$2\,Bd + Ch \longrightarrow Bd_2Ch \quad [3.19]$$

빵 10조각과 치즈 7장이 있다면, 만들 수 있는 샌드위치는 5개이고, 치즈 2장이 남을 것이다. 사용 가능한 빵의 개수가 샌드위치의 개수를 제한하게 된다.

이와 유사하게 화학 반응에서도 한 가지 반응물이 다른 반응물보다 먼저 소진되는 경우가 있다. 어느 한 가지 반응물이 완전히 소비되면 과량의 반응물들은 남고, 이때 반응은 멈춘다. 예를 들어 $H_2$ 10 mol과 $O_2$ 7 mol을 섞어서 물을 생성한다고 가정할 때의 반응은 다음과 같다.

$$2\,H_2(g) + O_2(g) \longrightarrow 2\,H_2O(g) \quad [3.20]$$

2 mol $H_2 \simeq$ 1 mol $O_2$이므로 모든 $H_2$와 반응하는 데 필요한 $O_2$ 몰수는 다음과 같다.

$$O_2\text{의 몰수} = (10\,\cancel{\text{mol}\,H_2})\left(\frac{1\,\text{mol}\,O_2}{2\,\cancel{\text{mol}\,H_2}}\right) = 5\,\text{mol}\,O_2$$

$H_2$ 양이 2배로 되면 $H_2O$ 몇 몰이 만들어지는가?

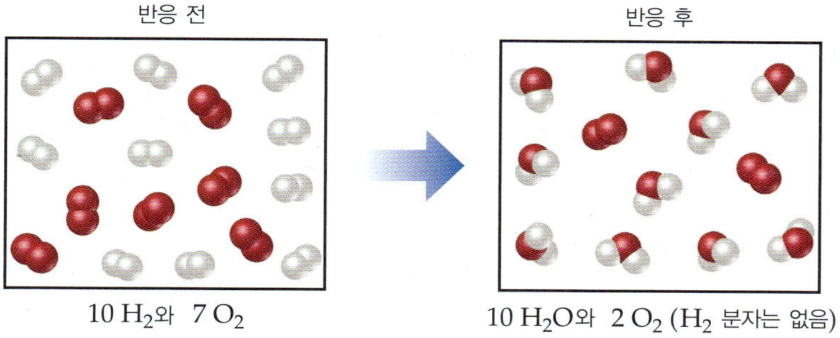


▲그림 3.16 한계 반응물 $H_2$는 완전히 소비되므로 한계 반응물이다. $O_2$는 반응이 완결된 후 약간 남기 때문에 과량 반응물이다. $H_2O$의 생성량은 한계 반응물 $H_2$의 양에 따라 결정된다.

$O_2$ 7 mol이 반응 초기에 존재하므로 $H_2$가 완전히 소비되고 나면 7 mol $O_2$ − 5 mol $O_2$ = 2 mol $O_2$가 존재할 것이다.

한 반응에서 완전히 소비되는 반응물을 **한계 반응물(limiting reactant)**이라고 한다. 그 이유는 이 물질이 생성물의 양을 결정 또는 제한하기 때문이다. 그 외의 다른 반응물들을 **과량 반응물**(excess reactant)이라고 한다. 예를 들면 **그림 3.16**에서처럼, 일단 모든 $H_2$가 완전히 소비되면 반응이 멈추므로 $H_2$는 한계 반응물이다. $O_2$는 과량 반응물이므로 반응이 멈추었을 때 남게 된다.

어떤 반응이든 반응이 시작할 때는 반응물의 양에 제한이 없다. 실제로 여러 반응에서 한 가지 시약을 과량으로 사용한다. 그러나 소비된 반응물의 양과 생성된 생성물의 양은 한계 반응물의 양에 의해 제한을 받는다. 예를 들면 대기 중에서 연소 반응이 일어날 때 산소는 충분하므로 과량 반응물이라고 할 수 있다. 자동차를 운행하던 도중에 가솔린이 모두 소모되면, 자동차를 움직이는 연소 반응에서의 한계 반응물인 연료가 모두 소모된다. 따라서 자동차는 정지할 것이다. 그림 3.16에 주어진 예의 자료를 정리하면 다음과 같다.

| | $2\,H_2(g)$ | + | $O_2(g)$ | $\longrightarrow$ | $2\,H_2O(g)$ |
|---|---|---|---|---|---|
| 반응 전: | 10 mol | | 7 mol | | 0 mol |
| 변화(반응): | −10 mol | | −5 mol | | +10 mol |
| 반응 후: | 0 mol | | 2 mol | | 10 mol |

표의 두 번째 줄(변화)은, 반응에서 소비된 반응물(−부호로 표시)과 생성된 생성물(+부호로 표시)의 양을 요약한 것이다. 이 양들은 한계 반응물의 양에 따라 제한되며, 균형 맞춘 반응식의 계수에도 의존한다. 몰비 $H_2:O_2:H_2O = 10:5:10$은 균형 맞춘 반응식의 계수비 2:1:2의 배수이다. 표의 마지막 줄의 양은 초기 양과 그것의 변화에 의존하며, 이 항은 초기 양과 변화량을 합쳐서 얻어진다. 반응의 끝에는 한계 반응물($H_2$)은 남아 있지 않다. 남아 있는 것은 $O_2$(과량 반응물) 2 mol과 $H_2O$(생성물) 10 mol이다.

## 예제 3.16
### 한계 반응물로부터 만들어진 생성물의 양 계산하기

공기 중의 $N_2$를 질소 화합물로 변환하는 중요한 공업적 과정은, $N_2$와 $H_2$를 반응시켜 $NH_3$로 만드는 것이다.

$$N_2(g) + 3\,H_2(g) \longrightarrow 2\,NH_3(g)$$

$N_2$ 3.0 mol과 $H_2$ 6.0 mol로부터 $NH_3$ 몇 몰이 생성될 수 있는가?

### 해답

**분석** 반응에 사용되는 각 반응물 $H_2$와 $N_2$의 양을 주고, 생성물 $NH_3$의 양을 계산하는 문제이다. 즉 한계 반응물 문제이다.

**계획** 한 반응물이 완전히 반응한다면, 다른 한 반응물이 얼마나 필요한지를 계산할 수 있다. 계산한 양과 주어진 양을 비교하면 어떤 것이 한계 반응물인지를 정할 수 있다. 그러면 한계 반응물의 양에 따라 계산한다.

**풀이** $N_2$ 3.0 mol을 완전히 소비하는 데 필요한 $H_2$의 몰수는 다음과 같다.

$$H_2\text{의 몰수} = (3.0\ \text{mol}\ \cancel{N_2})\left(\frac{3\ \text{mol}\ H_2}{1\ \text{mol}\ \cancel{N_2}}\right) = 9.0\ \text{mol}\ H_2$$

$H_2$ 6.0 mol만 주어졌으므로 $N_2$가 없어지기 전에 $H_2$가 먼저 소진될 것이므로, $H_2$가 한계 반응물이다. 따라서 $H_2$의 양으로 생성되는 $NH_3$의 양을 계산할 수 있다.

$$NH_3\text{의 몰수} = (6.0\ \text{mol}\ \cancel{H_2})\left(\frac{2\ \text{mol}\ NH_3}{3\ \text{mol}\ \cancel{H_2}}\right) = 4.0\ \text{mol}\ NH_3$$

생성된 $NH_3$의 양을 계산할 수 있을 뿐 아니라, 반응 후 남아 있는 반응물의 양도 계산할 수 있다는 것에 주목하라. 또 반응 초기의 $H_2$의 양이 반응 후 $N_2$의 양보다 더 많지만, 균형 맞춘 반응식에서 $H_2$의 계수가 더 크기 때문에 $H_2$가 한계 반응물이 되는 것에 주목하라.

**검토** 요약한 표에 있는 '변화' 줄은, 소비된 반응물과 만들어진 생성물의 몰비인 2:6:4가 균형 맞춘 반응식의 계수인 1:3:2의 배수임을 보여 준다. $H_2$는 한계 반응물이므로 반응에서 완전히 소모되고 반응 후에는 0 mol이 된다. 6.0 mol의 $H_2$가 유효 숫자 2개를 가지므로, 답도 2개의 유효 숫자를 갖는다.

**주의** 표에 반응 데이터를 다음과 같이 요약해 놓으면 유용하다.

| | $N_2(g)$ | + | $3\ H_2(g)$ | $\longrightarrow$ $2\ NH_3(g)$ |
|---|---|---|---|---|
| 반응 전: | 3.0 mol | | 6.0 mol | 0 mol |
| 변화(반응): | −2.0 mol | | −6.0 mol | +4.0 mol |
| 반응 후: | 1.0 mol | | 0 mol | 4.0 mol |

▶ **보충 예제**

**(a)** $2\ Al(s) + 3\ Cl_2(g) \longrightarrow 2\ AlCl_3(s)$ 반응을 고려해 보자. Al 1.5 mol과 $Cl_2$ 3.0 mol을 섞어 반응시킨다. 한계 반응물은 무엇인가? **(b)** $AlCl_3$ 몇 몰이 생성되는가? **(c)** 반응 후에는 과량 반응물이 몇 mol 남아 있는가?

## 예제 3.17
### 한계 반응물로부터 만들어진 생성물의 양 계산하기

다음 반응은 수소 연료 전지에서 전기를 생산할 때 일어난다.

$$2\ H_2(g) + O_2(g) \longrightarrow 2\ H_2O(g)$$

연료 전지에 $H_2(g)$ 150 g, $O_2(g)$ 1500 g(유효 숫자 2개로 측정됨)이 있다고 가정해 보자. 물은 몇 그램이 만들어지는가?

### 해답

**분석** 두 반응물의 양을 주고 생성물의 양을 계산하는 문제이다. 이는 한계 반응물 문제이다.

**계획** 한계 반응물을 알기 위해 각 반응물의 몰수를 계산하고, 균형 맞춘 반응식의 계수 비와 비교한다. 그리고 한계 반응물의 양을 사용하여 만들어진 물의 양을 계산한다.

**풀이** 균형 맞춘 반응식으로부터 화학량론적 관계식을 얻는다.

$$2\ \text{mol}\ H_2 \simeq 1\ \text{mol}\ O_2 \simeq 2\ \text{mol}\ H_2O$$

각 물질의 몰질량을 사용하여 각 반응물의 몰수를 계산한다.

$$H_2\text{의 몰수} = (150\ \text{g}\ \cancel{H_2})\left(\frac{1\ \text{mol}\ H_2}{2.02\ \text{g}\ \cancel{H_2}}\right) = 74\ \text{mol}\ H_2$$

$$O_2\text{의 몰수} = (1500\ \text{g}\ \cancel{O_2})\left(\frac{1\ \text{mol}\ O_2}{32.0\ \text{g}\ \cancel{O_2}}\right) = 47\ \text{mol}\ O_2$$

균형 맞춘 반응식에서 계수는 $O_2$ 1 mol당 $H_2$ 2 mol이 필요하다는 것을 보여 준다. 따라서 모든 $O_2$가 반응하려면 $H_2$가 $2\times47=94$ mol 필요하다. $H_2$가 74 mol만 있으므로 모든 $O_2$는 반응을 할 수 없고, 따라서 $O_2$가 과량 반응물이다(한계 반응물은 가장 적은 양으로 존재하는 것이 아니라는 것에 유의하라).

주어진 $H_2$(한계 반응물)의 양을 사용하여 생성된 물의 양을 계산한다. 주어진 $H_2$의 질량인 150 g으로 출발하여 계산을 시작할 수도 있지만, $H_2$ 74 mol로 출발하여 한 단계를 줄일 수 있다. 계산하면 다음과 같다.

$$H_2O\text{의 그램수} = (74\ \text{mol}\ \cancel{H_2})\left(\frac{2\ \text{mol}\ \cancel{H_2O}}{2\ \text{mol}\ \cancel{H_2}}\right)\left(\frac{18.0\ \text{g}\ H_2O}{1\ \text{mol}\ \cancel{H_2O}}\right)$$

$$= 1.3\times10^2\ \text{g}\ H_2O$$

**검토** 답의 크기는 반응물의 양에 비추어 볼 때 타당하다. 단위도 옳고, 유효 숫자(2개)도 문제에 주어진 값에 해당한다.

**주의** 한계 반응물 $H_2$의 양은 소비된 $O_2$의 양을 계산하는 데에도 사용될 수 있다.

$$O_2\text{의 그램수} = (74\ \text{mol}\ \cancel{H_2})\left(\frac{1\ \text{mol}\ \cancel{O_2}}{2\ \text{mol}\ \cancel{H_2}}\right)\left(\frac{32.0\ \text{g}\ O_2}{1\ \text{mol}\ \cancel{O_2}}\right)$$

$$= 1.2\times10^3\ \text{g}\ O_2$$

반응이 끝난 후 남아 있는 $O_2$의 질량은 초기의 양에서 소비된 양을 뺀 것과 같다.

$$1500\ g - 1200\ g = 300\ g$$

▶ **보충 예제**

아연 금속 조각 2.00 g을 질산 은(silver nitrate) 2.50 g이 포함된 수용액에 넣으면 다음 반응이 일어난다.

$$Zn(s) + 2\,AgNO_3(aq) \longrightarrow 2\,Ag(s) + Zn(NO_3)_2(aq)$$

**(a)** 어떤 반응물이 한계 시약인가? **(b)** Ag는 몇 그램 생기는가? **(c)** $Zn(NO_3)_2$는 몇 그램이 생기는가? **(d)** 반응이 끝날 때 과량 반응물은 몇 그램이 남는가?

## 이론적 수득량과 퍼센트 수득률

모든 한계 반응물이 반응할 때 생성되는, 계산된 생성물의 양을 **이론적 수득량(theoretical yield)**이라고 한다. 실제로 얻는 생성물의 양을 **실제 수득량**(actual yield)이라고 한다. 실제 수득량은 항상 이론적 수득량보다 적다(결코 이론적 수득량보다 클 수 없다). 이러한 차이에는 여러 가지 이유가 있다. 예를 들어 일부 반응물이 반응하지 않을 수도 있고, 의도하였던 것과 다른 방향으로 반응할 수도 있다(부반응). 또한 반응 혼합물로부터 모든 반응 생성물을 회수하는 것이 항상 가능한 것은 아니다. 어떤 반응의 **퍼센트 수득률(percent yield)**은 실제 수득량 및 계산한 이론적 수득량으로부터 구할 수 있다.

$$\text{퍼센트 수득률} = \frac{\text{실제 수득량}}{\text{이론적 수득량}} \times 100\%$$

## 예제 3.18

### 반응의 이론적 수득량과 퍼센트 수득률 계산하기

아디프산(adipic acid, $H_2C_6H_8O_4$)은 나일론 생산에 사용하는 물질로, 상업적으로 사이클로헥세인(cyclohexane, $C_6H_{12}$)과 산소와의 반응으로 얻을 수 있다.

$$2\,C_6H_{12}(l) + 5\,O_2(g) \longrightarrow 2\,H_2C_6H_8O_4(l) + 2\,H_2O(g)$$

**(a)** 사이클로헥세인 25.0 g으로 반응을 수행하였고, 사이클로헥세인이 한계 반응물이라고 가정해 보자. 아디프산의 이론적 수득량은 얼마인가? **(b)** 만일 아디프산 33.5 g을 얻었다면, 아디프산의 퍼센트 수득률은 얼마인가?

### 해답

**분석** 화학 반응식과 한계 반응물의 양($C_6H_{12}$ 25.0 g)이 주어졌다. 우선 생성물인 $H_2C_6H_8O_4$의 이론적 수득량을 계산하고, 생성물 33.5 g을 실제로 얻었을 때 퍼센트 수득률을 계산한다.

**계획**

**(a)** 이론적 수득량은 만들어지는 아디프산의 계산된 양으로, 그림 3.15에 나타낸 변환 과정을 사용하면 계산될 수 있다.

**(b)** 식 3.14를 사용하여 퍼센트 수득률을 계산하고, 주어진 실제 수득량(33.5 g)과 이론적 수득량을 비교한다.

**풀이**

**(a)** 이론적 수득량은 다음과 같다.

$$H_2C_6H_8O_4\text{의 그램수} = (25.0\ g\ \cancel{C_6H_{12}})\left(\frac{1\ \cancel{mol\ C_6H_{12}}}{84.0\ g\ \cancel{C_6H_{12}}}\right)\left(\frac{2\ \cancel{mol\ H_2C_6H_8O_4}}{2\ \cancel{mol\ C_6H_{12}}}\right)\left(\frac{146.0\ g\ H_2C_6H_8O_4}{1\ \cancel{mol\ H_2C_6H_8O_4}}\right) = 43.5\ g\ H_2C_6H_8O_4$$

**(b)** 퍼센트 수득률은 다음과 같다.

$$\text{퍼센트 수득률} = \frac{\text{실제 수득량}}{\text{이론적 수득량}} \times 100\% = \frac{33.5\ g}{43.5\ g} \times 100\% = 77.0\%$$

**검토** **(a)**에서 얻은 답을 대략적인 계산으로 점검할 수 있다. 균형 맞춘 반응식으로부터 사이클로헥세인 1 mol은 아디프산 1 mol을 생성한다는 것을 알고 있다. $25/84 \approx 25/75 = 0.3$ mol 사이클로헥세인이 있어 아디프산 0.3 mol이 예상되는데, 이는 $0.3 \times 150 = 45$ g으로, 앞에서 정확하게 계산하여 얻은 43.5 g과 거의 같은 크기이다. 또한 답은 올바른 단위와 유효 숫자를 갖는다. **(b)**에서 답은 100%보다 작은데, 퍼센트 수득률의 정의에 따라 당연한 값이다.

▶ **보충 예제**

$Fe_2O_3$를 포함하는 철광석을 철로 변환하는 공정 개선 방법을 연구 중이라고 가정해 보자.

$$Fe_2O_3(s) + 3\,CO(g) \longrightarrow 2\,Fe(s) + 3\,CO_2(g)$$

**(a)** $Fe_2O_3$ 150 g을 한계 반응물로 시작하면, Fe의 이론적 수득량은 얼마인가?

**(b)** 실제 수득량이 87.9 g이면, 퍼센트 수득률은 얼마인가?

## 성취를 위한 전략 실험 설계

학교에서 습득하는 중요한 소양 중 하나는 과학자처럼 사고하는 습관이다. "이 가설을 시험하려면 어떤 실험을 해야 하나?", "데이터를 어떻게 해석하나?", "데이터는 가설을 뒷받침하나?" 이런 질문은 화학자를 포함한 과학자들에게는 일상이다.

여러분이 예리하게 생각하고, 활발하면서도 논리적이고, 호기심이 많은 학생이길 바란다. 이를 위해 3장부터 각 장 끝에 '실험 설계 문제'라는 특별 연습 문제를 만들었다. 예를 들면 다음과 같다.

**우유는 순수한 액체인가, 물속에 있는 여러 화합물의 혼합물인가? 이 두 가지 가능성을 구별하는 실험 계획을 세워라.**

여러분은 아마도 이미 답을 알고 있을 것이다. 우유는 물속에 있는 혼합물이다. 그러나 목표는 실제로 이것을 어떻게 증명하냐는 것이다. 생각해 보면, 이 실험의 주요 요점은 분리이다. 혼합물 성분을 어떻게 분리하는지를 알아내면 우유가 혼합물이라는 것을 증명할 수 있다.

가설을 시험하기 위해서는 창의적인 노력이 필요하다. 실험 방법 중 더 효율적인 방법이 있다면, 가설을 시험하는 방법에는 여러 가지 좋은 방법이 있을 수 있다. 예를 들면 우유에 관한 질문에서 우유가 고체가 될 때까지 끓이는 실험으로 조사할 수 있다. 만일 고체가 남는다면, 무게를 달아 우유 속에 있는 고체 성분의 비율을 계산할 수 있고, 이는 우유가 혼합물이라는 좋은 증거가 된다. 만일 끓인 후에 아무런 잔여물이 없다면, 아직은 두 가지 가능성을 구별할 수 없다.

우유가 혼합물이라는 것을 입증하기 위한 다른 실험은 없을까? 우유를 원심분리기 안에 놓고, 생물실험실에서 사용하듯이 돌려서 관 밑에 고체가 가라앉아 있는지를 관찰할 수도 있다. 이렇게 하면 거대 분자를 분리할 수 있다. 관 밑에 가라앉은 고체의 질량을 측정하면 우유 속에 있는 고체의 질량 퍼센트를 알게 된다. 그리고 우유가 진짜 혼합물이라는 것을 알 수 있다.

마음을 열라. 원심분리기가 없으면 우유 속의 고체를 분리하는 다른 방법은 없는가? 아주 작은 구멍이 있는 필터나 미세 구멍이 있는 여과기를 생각할 수 있다. 우유를 필터에 부었을 때 큰 고체는 필터 위에 남고, 물과 작은 분자나 이온은 통과할 것이라고 제안할 수 있다. 그 결과는 우유가 혼합물이라는 증거가 된다. 그러한 필터가 실제로 존재하는지는 중요하지 않다(있기는 하다). 중요한 점은 여러분의 상상과 화학 지식을 사용하여 합리적인 실험을 계획할 수 있는가이다. '실험 설계 문제'를 풀기 위해 정확히 필요한 실험 도구는 걱정할 필요가 없다.

이 문제의 목표는 답을 찾아가는 과정에서 필요한 것이 무엇이고, 어떠한 데이터를 얻는 것이 필요한지를 아는 것이다. 만일 담당 교수님이 허락한다면, 아이디어를 발전시키기 위해 다른 학생들과 공동 연구를 할 수도 있다. 과학자는 항상 다른 과학자와 생각을 토론한다. 생각을 토론하고 다듬는 것은, 우리를 더 훌륭한 과학자가 되게 하며, 중요한 질문에 통합적인 결론을 내릴 수 있게 도와준다.

과학 실험을 계획하고 해석하는 것은 과학적 방법의 핵심이다. 실험 설계 문제를 여러 방법으로 해결할 수 있는 퍼즐로 생각하고 탐구를 즐기기를 바란다.

## 자기 평가 연습 문제

**3.51** 메탄올 24몰과 산소 15몰이 다음과 같은 연소 반응에서 결합한다.

$$2\,CH_3OH(l) + 3\,O_2(g) \longrightarrow 2\,CO_2(g) + 4\,H_2O(g)$$

이 반응의 과잉 반응물은 무엇이며 반응이 끝날 때 남은 반응물의 몰수는 얼마인가?

**(a)** 9 mol $CH_3OH(l)$
**(b)** 10 mol $CO_2(g)$
**(c)** 10 mol $CH_3OH(l)$
**(d)** 14 mol $CH_3OH(l)$
**(e)** 1 mol $O_2(g)$

**3.52** 용융된 갈륨이 비소와 반응하면 발광 다이오드와 태양 전지에 사용되는 반도체인 비소화 갈륨(GaAs)이 생성된다.

$$Ga(l) + As(s) \longrightarrow GaAs(s)$$

만일 갈륨 4.00 g이 비소 5.50 g과 반응했다면, 반응 후에 과량 반응물은 몇 그램 남겠는가?

**(a)** As 1.20 g **(b)** As 1.50 g **(c)** As 4.30 g **(d)** Ga 8.30 g

**3.53** 타이타늄 금속 3.00 g이 염소 기체 6.00 g과 반응하여 염화 타이타늄(IV) 7.7 g이 만들어진다면, 생성물의 퍼센트 수득률은 얼마인가?

**(a)** 65% **(b)** 96% **(c)** 48% **(d)** 86%

## 연습 문제

**3.54** **(a)** **한계 반응물**과 **과량 반응물**의 용어를 정의하시오.
**(b)** 한 반응에서 형성된 생성물의 양은 왜 한계 반응물의 양에 의해서만 결정되는지 설명하시오.
**(c)** 어느 화합물이 한계 반응물인지를 선택하는 기준을 그램 단위의 질량이 아니라 몰수로 잡은 이유를 설명하시오.

**3.55** 아래 그림에 나타난 에탄올($C_2H_5OH$)과 $O_2$의 혼합물을 생각해 보자.
**(a)** 에탄올과 산소와의 균형 맞춘 화학 반응식을 쓰시오.
**(b)** 한계 반응물은 무엇인가?

(c) 반응이 완결된 후에 남아 있는 $CO_2$, $H_2O$, $C_2H_5OH$, $O_2$의 분자 수는 각각 얼마인가?

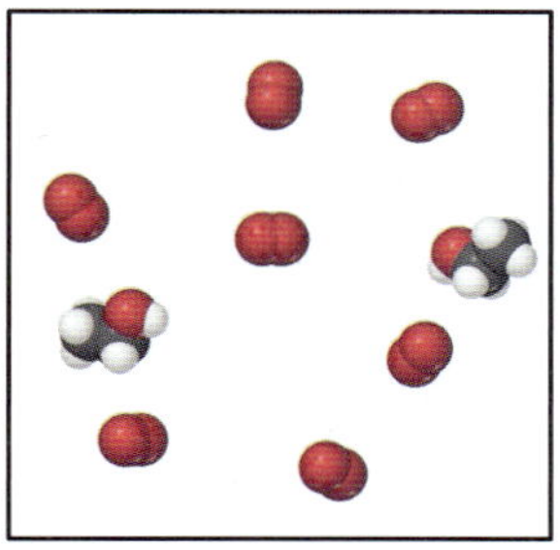

**3.56** 수산화 소듐과 이산화 탄소의 반응은 다음과 같다.

$$2\,NaOH(s) + CO_2(g) \longrightarrow Na_2CO_3(s) + H_2O(l)$$

NaOH 1.85 mol과 $CO_2$ 1.00 mol이 반응한다면, 어떤 것이 한계 반응물인가? $Na_2CO_3$ 몇 몰이 생성되는가? 반응이 완결된 후 과량의 반응물 중 남아 있는 양은 몇 몰인가?

**3.57** Alka-Selzer® 알약이 물에 녹을 때 내는 '피식' 소리는 탄산수소 소듐($NaHCO_3$)과 시트르산($H_3C_6H_5O_7$)의 반응에 의한 것이다.

$$3\,NaHCO_3(aq) + H_3C_6H_5O_7(aq) \longrightarrow 3\,CO_2(g) + 3H_2O(l) + Na_3C_6H_5O_7(aq)$$

어떤 실험에서 탄산수소 소듐 1.00 g과 시트르산 1.00 g이 반응한다면 **(a)** 어떤 것이 한계 반응물인가? **(b)** 몇 그램의 $CO_2$가 생성되는가? **(c)** 반응이 완결된 후 남은 과량 반응물은 몇 그램인가?

**3.58** 탄산 소듐 용액과 질산 은 용액을 혼합하면 고체 탄산 은과 질산 소듐 용액이 생성된다. 탄산 소듐 3.50 g을 포함하는 용액과 질산 은 5.00 g을 포함하는 용액을 혼합하였다. 반응이 완결된 후 탄산 소듐, 질산 은, 탄산 은, 질산 소듐은 각각 몇 g씩 존재하는가?

**3.59** 벤젠($C_6H_6$)과 브로민($Br_2$)을 반응시키면 브로모벤젠($C_6H_5Br_2$)이 생성된다.

$$C_6H_6 + Br_2 \longrightarrow C_6H_5Br + HBr$$

**(a)** 벤젠 30.0 g과 브로민 65.0 g이 반응할 때 생성되는 브로모벤젠의 이론적 수득량은 얼마인가?

**(b)** 브로모벤젠의 실제 수득량이 42.3 g이라면, 퍼센트 수득률은 얼마인가?

**3.60** 황화 수소는 천연가스로부터 제거되어야 하는 불순물이다. 일반적인 제거 방법은 다음과 같은 Claus 반응이다.

$$8\,H_2S(g) + 4\,O_2(g) \longrightarrow S_8(l) + 8\,H_2O(g)$$

최적 조건하에서 Claus 반응은 $H_2S$에서 98%의 수득률로 $S_8$을 얻는다. 만일 $H_2S$ 30.0 g과 $O_2$ 50.0 g으로부터 출발하면, 98% 수득률이라고 가정할 때, $S_8$ 몇 그램이 만들어지는가?

**자기 평가 연습 문제 답** **3.51** (d) **3.52** (a) **3.53** (b)

# 요약 및 중요 용어

**화학 반응식(도입 및 3.1절)** 화학식과 화학 반응식 사이의 정량적 관계에 대한 연구를 **화학량론(stoichiometry)**이라고 한다. 화학량론의 중요한 개념 중 하나는 **질량 보존 법칙(law of conservation of mass)**으로, 어떤 반응의 생성물 질량의 합은 반응물 질량의 합과 같다는 것이다. 화학 반응의 전과 후에 각 원자는 동일한 수로 존재한다. **균형 맞춘 화학 반응식(balanced chemical equation)**은 반응식의 양쪽에 같은 수의 원자들이 존재함을 보여준다. 반응식들은 화학식에서 첨자를 변화시키는 것이 아니라, 한 반응의 **반응물(reactant)**과 **생성물(product)**의 화학식 앞에 계수를 붙여 균형을 맞춘다.

**화학 반응의 간단한 종류(3.2절)** 이 장에서 다루는 반응의 형태는 (1) 두 가지 반응물이 한 종류의 생성물을 생성하게 결합하는 **결합 반응(combination reaction)**, (2) 한 반응물이 두 가지 이상의 생성물로 나누어지는 **분해 반응(decomposition reaction)**, (3) 탄화수소나 이와 유사한 화합물이 산소와 반응하여 $CO_2$와 $H_2O$를 생성하는 **연소 반응(combustion reaction)**이다.

**화학식량(3.3절)** 원자량을 이용하면 화학식과 균형 화학 반응식으로부터 많은 정량적 정보를 얻을 수 있다. 한 화합물의 **화학식량(formula weight)**은 그 화학식을 구성하는 각 원자의 원자량 총합과 같다. 만일 화학식이 분자식이면, 그 화학식량을 **분자량(molecular weight)**이라고 한다. 원자량과 분자량을 이용하여 화합물의 **원소 조성(elemental composition)**을 결정할 수 있다.

**Avogadro 수와 몰(3.4절)** 어떤 물질 1 mol은 그 물질의 화학식 단위가 **Avogadro 수(Avogadro's number**, $6.02 \times 10^{23}$)만큼 존재하는 것이다. 원자, 분자, 이온의 1**몰(mole)**에 대한 질량(**몰질량(molar mass)**)이란, 그램으로 표시하는 그 물질의 화학식량이다. 예를 들어 $H_2O$의 분자량은 18.0 u이다. 따라서 $H_2O$ 1 mol은 18.0 g에 해당한다. 즉 $H_2O$의 몰질량은 18.0 g/mol이다.

**화학 분석으로 얻는 실험식(3.5절)** 어떤 물질의 실험식은 그 물질 100 g에 존재하는 각 원자의 상대적 몰수를 계산하여 조성 백분율로부터 결정할 수 있다. 그 물질이 분자의 형태로 자연계에 존재하고, 분자량이 알려져 있으면, 그 물질의 분자식은 실험식으로부터 결정할 수 있다. 연소 분석이란, 탄소, 수소, 또는/그리고 산소를 포함하는 화합물의 실험식을 결정하는 데 사용되는 특별한 방법이다.

**반응 화학량론과 한계 반응물(3.6절, 3.7절)** 몰의 개념은 화학 반응에 포함된 반응물들과 생성물들의 상대적인 양의 계산에 사용될 수 있다. 균형 맞춘 반응식의 계수들은 반응물과 생성물의 상대적 몰수를 제공한다. 한 반응물의 그램수로부터 그 반응으로 생성된 한 생성물의 그램수를 계산하려면, 우선 반응물의 그램을 반응물의 몰수로 환산한다. 그다음 균형 맞춘 반응식의 계수들을 이용하여 반응물의 몰수를 생성물의 몰수로 환산한다. 마지막으로 생성물의 몰수를 생성물의 그램으로 환산한다.

**한계 반응물(limiting reactant)**은 반응에서 완전히 소비되는 반응물이다. 한계 반응물이 완전히 소비되면 그 반응은 멈추고, 따라서 생성되는 생성물의 양이 제한된다. 반응의 **이론적 수득량(theoretical yield)**은 한계 반응물이 모두 반응할 때 계산된 생성물의 양이다. 반응의 실제 수득량은 이론적 수득량보다 항상 적다. **퍼센트 수득률(percent yield)**은 실제 수득량과 이론적 수득량을 비교한 값이다.

## 학습 정리 이 장을 공부한 후에 여러분은 다음을 할 수 있어야 한다.

- 화학 반응식의 균형을 맞추기(3.1절). **관련 연습 문제: 3.5, 3.70**
- 간단한 결합, 분해, 연소 반응의 생성물을 예측하기(3.2절). **관련 연습 문제: 3.12, 3.74**
- 화학식량을 계산하기(3.3절). **관련 연습 문제: 3.17, 3.76**
- 몰질량을 사용하여 그램을 몰수로, 몰수를 그램으로 변환하기(3.4절). **관련 연습 문제: 3.25, 3.81**
- Avogadro 수를 사용하여 분자수를 몰수로, 몰수를 분자수로 변환하기(3.4절). **관련 연습 문제: 3.27, 3.83**
- 조성 백분율과 분자량을 사용한 화합물의 실험식과 분자식을 계산하기(3.5절). **관련 연습 문제: 3.37, 3.90**
- 한계 반응물을 구분하고, 반응에서 소비된 반응물과 생성된 생성물의 양을 그램수와 몰수로 계산하기(3.6절). **관련 연습 문제: 3.47, 3.96**
- 반응의 퍼센트 수득률을 계산하기(3.7절). **관련 연습 문제: 3.59, 3.105**

## 핵심 공식

- $\text{원소의 조성 백분율} = \dfrac{(\text{원소의 원자수})(\text{원소의 원자량})}{\text{화합물의 화학식량}} \times 100\%$ [3.15]

  이 식은 화합물에서 각 원소의 질량 백분율을 계산하는 식이다. 화합물의 모든 원소의 백분율의 합은 100%이다.

- $\text{퍼센트 수득률} = \dfrac{\text{실제 수득량}}{\text{이론적 수득량}} \times 100\%$

  이 식은 반응의 퍼센트 수득률을 계산하는 식이다. 퍼센트 수득률은 100% 이상일 수 없다.

## 연습 문제

### 눈으로 보는 개념

**3.61** 반응물 A(푸른색)와 B(붉은색) 사이의 반응은 다음 그림과 같다.

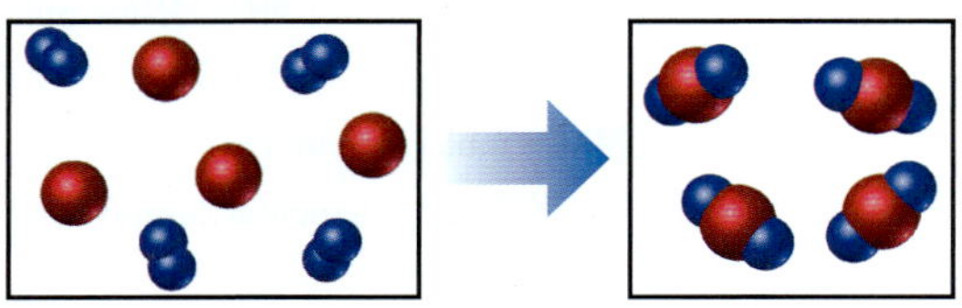

이 그림을 기초로 할 때, 다음 중 어느 반응식이 반응을 가장 잘 설명하는가? [3.1절]

**(a)** $A_2 + B \longrightarrow A_2B$
**(b)** $A_2 + 4\,B \longrightarrow 2\,AB_2$
**(c)** $2\,A + B_4 \longrightarrow 2\,AB_2$
**(d)** $A + B_2 \longrightarrow AB_2$

**3.62** 아래 그림은 수소($H_2$)와 일산화 탄소(CO)가 반응하여 메탄올($CH_3OH$)을 만드는 결합 반응을 나타낸다(흰색 공은 H, 검은색 공은 C, 붉은색 공은 O). 이 반응에 포함된 CO 분자의 올바른 수는 나타내지 않았다. [3.1절]
**(a)** 왼쪽(반응물) 상자에 있어야 할 CO 분자의 수를 결정하시오.
**(b)** 균형 맞춘 반응식을 쓰시오.

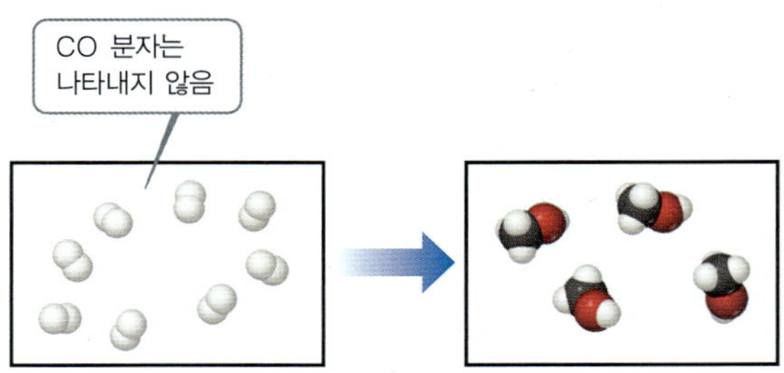


**3.63** 다음 그림은 분해 반응으로 생성된 원소들을 나타낸 것이다. [3.2절]
**(a)** 푸른색 공은 N 원자를, 붉은색 공은 O 원자를 나타낸다면, 원

래 화합물의 실험식은 무엇인가?

**(b)** 분해된 화합물 분자를 나타내는 그림을 그릴 수 있는가? 왜 그런가, 아니면 왜 그렇지 않은가?

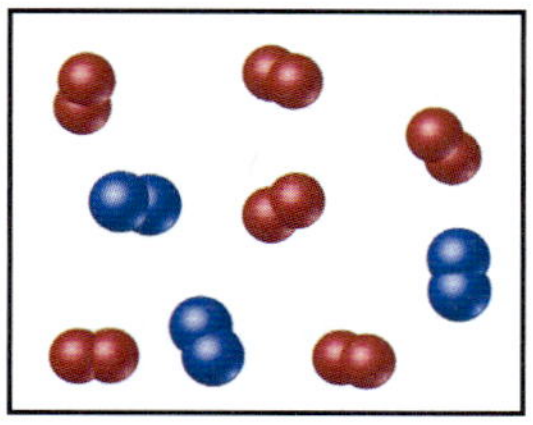

**3.64** 다음 그림은 탄화수소를 완전 연소하여 생성되는 $CO_2$와 $H_2O$ 분자의 집합을 나타낸 것이다. 이 탄화수소의 실험식은 무엇인가? [3.2절]

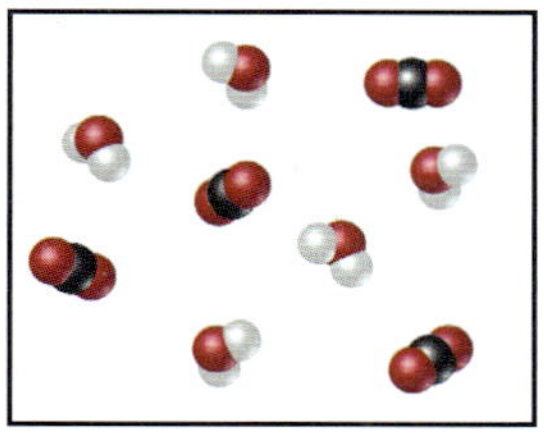

**3.65** 유기체에서 단백질을 만드는 데 사용되는 아미노산인 글라이신(glycine)은 다음 분자 모형으로 나타낼 수 있다. [3.3절, 3.5절]

**(a)** 분자식을 쓰시오.

**(b)** 몰질량을 결정하시오.

**(c)** 글라이신 시료 100.0 g에 들어 있는 글라이신의 몰수를 계산하시오.

**(d)** 글라이신에서 질소의 질량 백분율을 계산하시오.

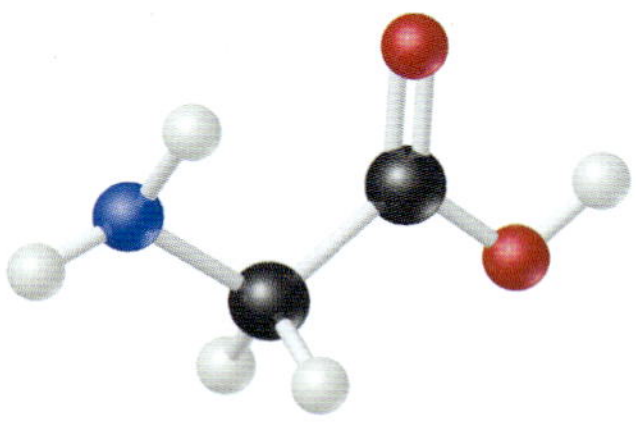

**3.66** 다음 그림은 $CH_4$와 $H_2O$ 사이의 고온 반응을 나타낸 것이다. 이 반응에 기초하여 볼 때, $CH_4$ 4.0 mol로 출발하여 얻을 수 있는 각 생성물의 몰수는? [3.6절]

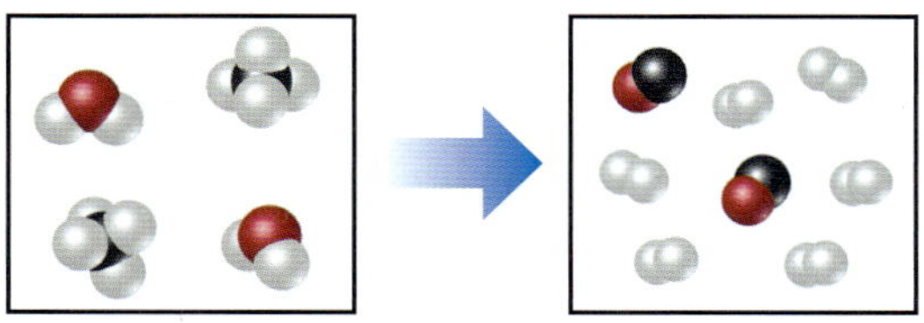

**3.67** 질소($N_2$)와 수소($H_2$)가 반응하여 암모니아($NH_3$)가 된다. 다음 그림은 $N_2$와 $H_2$의 혼합물을 나타낸 것이다. 푸른색은 N을, 흰색은 H를 나타낸다. [3.7절]

**(a)** 균형 맞춘 화학 반응식을 쓰시오.

**(b)** 한계 반응물은 무엇인가?

**(c)** 그림에 기초하여 볼 때, 완결 반응을 가정하면, 생성되는 암모니아 분자의 수는?

**(d)** 그림에 기초하여 볼 때, 반응 후 남게 되는 분자 및 분자의 수는?

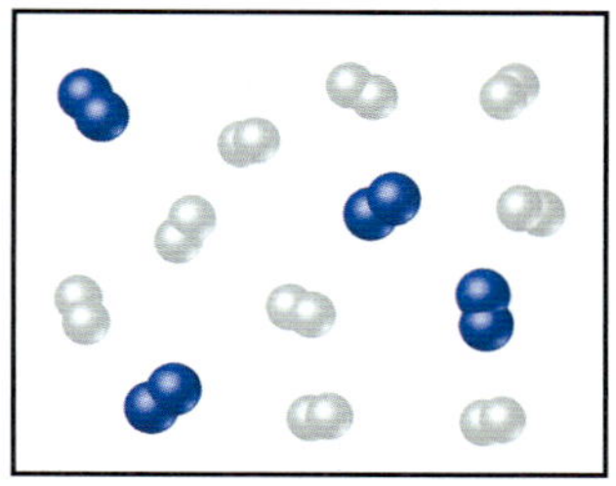

**3.68** 일산화 질소는 산소와 반응하여 이산화 질소를 형성한다. 다음 그림과 같은 NO와 $O_2$ 혼합물을 생각해 보자. 푸른색 공은 N을, 붉은색 공은 O를 나타낸다. [3.7절]

**(a)** 반응이 완결되었다고 가정하면 생성되는 $NO_2$ 분자의 수는?

**(b)** 한계 반응물은 무엇인가?

**(c)** 실제 수득량이 75%라면, 반응 후 존재하는 각각의 분자의 수는?

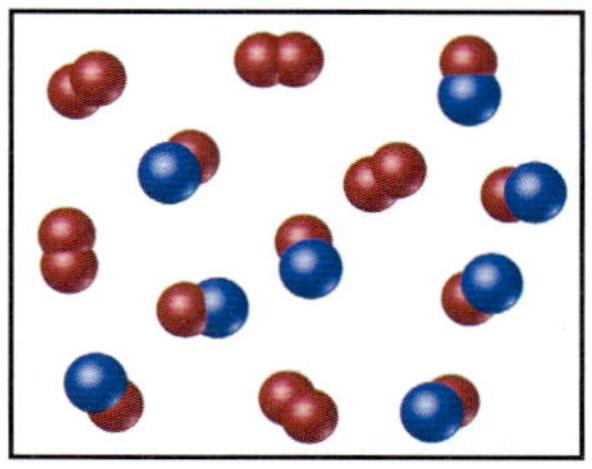

### 화학 반응식 및 화학 반응의 간단한 종류(3.1절, 3.2절)

**3.69** 화학 반응식의 균형을 맞추는 데 가장 중요한 단계는 반응물과 생성물의 화학식을 밝히는 것이다. 예로서 산화 칼슘($CaO(s)$)과 $H_2O(l)$이 반응하여 수산화 칼슘 용액을 만드는 반응을 살펴보자.

**(a)** 생성물을 $Ca(OH)_2(aq)$로 하고, 이 결합 반응의 균형 맞춘 화학 반응식을 쓰시오.

**(b)** 만일 생성물을 잘못하여 $CaOH(aq)$로 하였다면, 균형 맞춘 반응식을 적는 것이 가능한가? 가능하다면, 반응식을 쓰시오.

**3.70** 다음 반응식의 균형을 맞추시오.

**(a)** $HClO_4(aq) + P_4O_{10}(s) \longrightarrow HPO_3(aq) + Cl_2O_7(l)$

**(b)** $Au_2S_3(s) + H_2(g) \longrightarrow Au(s) + H_2S(g)$

**(c)** $Ba_3N_2(s) + H_2O(aq) \longrightarrow Ba(OH)_2(aq) + NH_3(g)$

**(d)** $Na_2CO_3(aq) + HCl(aq) \longrightarrow NaCl(aq) + H_2O(l) + CO_2(g)$

**3.71** 다음 반응식의 균형을 맞추시오.

**(a)** $CF_4(l) + Br_2(g) \longrightarrow CBr_4(l) + F_2(g)$

**(b)** $Cu(s) + HNO_3(aq) \longrightarrow Cu(NO_3)_2(aq) + NO_2(g) + H_2O(l)$

**(c)** $MnO_2(s) + HCl(aq) \longrightarrow MnCl_2(s) + H_2O(l) + Cl_2(g)$

**(d)** $KOH(aq) + H_3PO_4(aq) \longrightarrow K_3PO_4(aq) + H_2O(l)$

**3.72** 다음의 각 설명의 균형 맞춘 화학 반응식을 쓰시오.

**(a)** 삼산화 황 기체가 물과 반응하여 황산 용액을 만든다.

**(b)** 황화 붕소($B_2S_3(s)$)가 물과 격렬하게 반응하여 붕산($H_3BO_3$) 용액과 황화 수소 기체를 만든다.

**(c)** 포스핀($PH_3(g)$)이 연소하여 수증기와 십산화 사인을 만든다.

**(d)** 고체 질산 수은(II)을 가열하면 산화 수은(II) 고체와 이산화 질소와 산소로 분해된다.

**(e)** 구리는 뜨거운 황산 용액과 반응하여 황산 구리(II) 수용액과 이산화 황 기체와 물을 만든다.

## 화학 반응의 종류(3.2절)

**3.73** (**a**) C, H, O로 구성된 화합물이 공기 중에서 완전 연소할 때 탄화수소 외의 다른 반응물은 무엇인가? (**b**) 이 반응의 생성물은 무엇인가? (**c**) 1 mol 아세톤($C_3H_6O(l)$)의 연소 반응의 경우, 균형 맞춘 화학 반응식의 모든 계수를 합하면 얼마인가?

**3.74** 다음 각 경우의 균형 맞춘 화학 반응식을 쓰시오.
(**a**) Ti 금속이 $O_2(g)$와 결합 반응을 할 때
(**b**) 산화 은(I)을 가열하여 은과 산소 기체로 분해할 때
(**c**) 프로판올($C_3H_7OH(l)$)이 공기 중에서 탈 때
(**d**) 메틸-*tert*-뷰틸 에터($C_5H_{12}O(l)$)가 공기 중에서 연소할 때

**3.75** 다음 반응식의 균형을 맞추고, 반응의 종류(결합, 분해, 연소)를 표시하시오.
(**a**) $NaClO_3(s) \longrightarrow NaCl(s) + O_2(g)$
(**b**) $NH_4OH(aq) \longrightarrow H_2O(l) + NH_3(g)$
(**c**) $K(s) + Cl_2(g) \longrightarrow KCl(s)$
(**d**) $C_2H_5OH(l) + O_2(g) \longrightarrow CO_2(g) + H_2O(l)$

## 화학식량(3.3절)

**3.76** 다음 각 화합물의 화학식량을 결정하시오.
(**a**) 뷰티르산($CH_3CH_2CH_2COOH$, 부패한 식품의 썩은 냄새를 유발한다.)
(**b**) 과붕산 소듐($NaBO_3$, 표백제로 사용된다.)
(**c**) 탄산 칼슘($CaCO_3$, 대리석에서 발견된다.)
(**c**) 프레온으로 알려진 냉매인 $CF_2Cl_2$
(**d**) $NaHCO_3$, 베이킹소다로 알려져 있으며 빵과 페이스트리를 만들 때 사용된다.
(**e**) 황철석($FeS_2$, 황금색 외관을 가지며 '바보의 금'으로 알려져 있다.)

**3.77** 다음 화합물 중 표시된 원소의 질량 백분율을 계산하시오.
(**a**) 천연가스의 주요 탄화수소인 메테인($CH_4$)의 수소
(**b**) 바이타민 E($C_{29}H_{50}O_2$)의 산소
(**c**) 건조제로 사용되는 황산 마그네슘($MgSO_4$)의 황
(**d**) 아드레날린으로도 알려져 있으며, 투쟁-도피 반응에 중요한 호르몬인 에피네프린($C_9H_{13}NO_3$)의 질소
(**e**) 곤충의 페로몬인 설카톨($C_8H_{16}O$)의 산소
(**f**) 설탕의 단맛을 담당하는 화합물인 자당($C_{12}H_{22}O_{11}$)의 탄소

**3.78** 다음 모형으로 나타낸 각 화합물에서 탄소의 질량 백분율을 계산하시오.

(a)

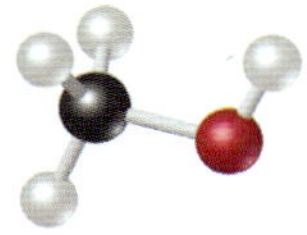
(b)

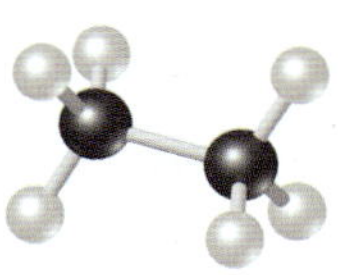
(c)

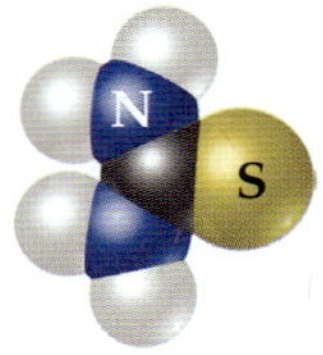

(d)

## Avogadro 수와 몰(3.4절)

**3.79** (**a**) $^{79}Br$ 1몰의 질량은 몇 그램인가? (**b**) $^{79}Br$ 1몰에는 몇 개의 브로민 원자가 존재하는가?

**3.80** 다음 시료들을 원자의 개수가 증가하는 순으로 나열하시오. 정확한 계산을 하지 말고, 주기율표의 원자량을 사용하여 추정하시오.
$PCl_5$ 분자 0.2 mol, $Fe_2O_3$ 80 g, CO 분자 $3.0 \times 10^{21}$개

**3.81** 다음을 계산하시오.
(**a**) CdS $1.50 \times 10^{-2}$ mol의 그램 단위 질량
(**b**) $NH_4Cl$ 86.6 g의 몰수
(**c**) $C_6H_6$ $8.447 \times 10^{-2}$ mol의 분자수
(**d**) $Al(NO_3)_3$ $6.25 \times 10^{-3}$ mol에서 O의 원자수

**3.82** (**a**) 황산 철(III) 1.223 mol의 질량은 몇 그램인가?
(**b**) 탄산 암모늄 6.955 g 중 암모늄 이온은 몇 몰인가?
(**c**) 아스피린($C_9H_8O_4$) 분자 $1.50 \times 10^{21}$개의 질량은 몇 그램인가?
(**d**) 다이아제팜(발륨®) 0.05570 mol의 질량이 15.86 g이면, 몰질량은 얼마인가?

**3.83** 세안제에서 흔히 발견할 수 있는 화합물인 살리실산의 분자식은 $C_7H_6O_3$이다.
(**a**) 살리실산의 몰질량은 얼마인가?
(**b**) 이 물질 0.5 mg에는 살리실산이 몇 몰 있는가?
(**c**) 이 물질 0.5 mg에는 살리실산 분자가 몇 개 있는가?
(**d**) 0.5 mg 살리실산에는 산소 원자가 몇 개 있는가?

**3.84** 남성 호르몬인 테스토스테론($C_{19}H_{28}O_2$) 시료에는 $3.88 \times 10^{21}$개의 수소 원자가 있다.
(**a**) 이 시료에 탄소 원자는 몇 개 있는가?
(**b**) 이 시료에 테스토스테론 분자는 몇 개 있는가?
(**c**) 이 시료에 테스토스테론은 몇 몰이 있는가?
(**d**) 이 시료의 질량은 몇 그램인가?

**3.85** 마리화나에 도취되기 위해서는 활성 성분인 테트라하이드로칸나비놀(tetrahydrocannabinol, THC)이 최소한 25 $\mu$g 필요하다. THC의 분자식은 $C_{21}H_{30}O_2$이다. THC 25 $\mu$g의 몰수와 분자수는 얼마인가?

## 화학 분석으로 얻은 실험식(3.5절)

**3.86** 시료가 다음 성분으로 구성될 때, 각 화합물의 실험식을 구하시오.
(**a**) C 3.92 mol, H 5.99 mol, O 2.94 mol
(**b**) 칼슘 12.0 g, 질소 2.8 g
(**c**) 질량으로 금(Au) 89.14%, 산소(O) 10.86%

**3.87** 원소의 질량 조성비가 다음과 같은 화합물의 실험식을 구하시오.
(**a**) Na 42.1%, P 18.9%, O 39.0%
(**b**) Li 18.7%, C 16.3%, O 65.0%
(**c**) C 60.0%, H 4.4%, 나머지 O

**3.88** 화합물 $XCl_4$는 질량으로 Cl이 75.0%이다. 원소 X는 무엇인가?

**3.89** 다음 각 화합물의 분자식은 무엇인가?
(**a**) 실험식 $CH_3O$, 몰질량 = 62.0 g.mol
(**b**) 실험식 $NH_2$, 몰질량 = 32.0 g/mol

**3.90** 다음 각 물질의 실험식과 분자식은 무엇인가?

(a) 두통약인 이부프로펜은 C 75.69%, H 8.80%, O 15.51%의 질량 백분율로 되어 있다. 몰질량은 206 g/mol이다.

(b) 고기에서 세균에 의해 생성되는 불결한 냄새의 원인인 카다베린은 C 58.55%, H 13.81%, N 27.40%의 질량 백분율로 되어 있다. 몰질량은 102.2 g/mol이다.

(c) 위험할 때나 스트레스를 받을 때 분비되는 호르몬인 에피네프린(아드레날린)은 C 59.0%, H 7.1%, O 26.2%, N 7.7%의 질량 백분율로 되어 있다. 분자량은 대략 180 u이다.

**3.91** (a) 파인애플의 독특한 향은 탄소, 수소, 산소로 이루어진 화합물인 뷰티르산 에틸(ethyl butyrate) 때문이다. 뷰티르산 에틸 2.78 mg을 연소하면 $CO_2$ 6.32 mg, $H_2O$ 2.58 mg이 생성된다. 화합물의 실험식은 무엇인가?

(b) 담배의 성분인 니코틴은 C, H, N으로 되어 있다. 니코틴 시료 5.250 mg을 연소하면 $CO_2$ 14.242 mg, $H_2O$ 4.083 mg이 생성된다. 니코틴의 실험식은 무엇인가? 몰질량이 160±5 g/mol이면, 분자식은 무엇인가?

**3.92** 프로펜산(propenoic acid, $C_3H_4O_2$)은 플라스틱, 코팅, 접착제 생산에 사용되는 반응성이 있는 유기 액체이다. 라벨이 없는 용기에 이 산이 들어 있는 것으로 추정된다. 시료 0.275 g을 연소시켰더니 $H_2O$ 0.102 g과 $CO_2$ 0.374 g이 생성되었다. 미지의 액체는 프로펜산인가? 계산을 통해 당신의 추론을 확인하시오.

**3.93** 수의학에서 사용되는 강한 설사제인 엡섬염(Epsom salt)은 고체 구조에 물 분자가 포함된 수화물이다. 엡섬염의 화학식은 $MgSO_4 \cdot xH_2O$이고, $x$는 $MgSO_4$ 1 mol당 물의 몰수이다. 이 수화물 5.601 g이 250 °C에서 가열되면, 모든 물 분자는 없어지고 $MgSO_4$ 2.472 g이 남는다. $x$ 값은 얼마인가?

## 반응 화학량론(3.6절)

**3.94** 초과산화 포타슘(potassium superoxide, $KO_2$)과 $CO_2$ 사이의 반응은 다음과 같다.

$$4\,KO_2 + 2\,CO_2 \longrightarrow 2K_2CO_3 + 3\,O_2$$

이것은 구조자가 사용하는 호흡 장치에 있는 것으로, $O_2$를 발생시키고 $CO_2$를 흡수한다.

(a) $KO_2$ 0.400 mol이 반응하면 $O_2$ 몇 몰이 만들어지는가?

(b) $O_2$ 7.50 g이 생성되려면 몇 그램의 $KO_2$가 필요한가?

(c) $O_2$ 7.50 g이 생성되려면 몇 그램의 $CO_2$가 사용되는가?

**3.95** 철광석 시료는 $Fe_2O_3$를 포함한 여러 물질을 포함하고 있다. CO와 반응하면 금속 철을 생성한다.

$$Fe_2O_3(s) + CO(g) \longrightarrow Fe(s) + CO_2(g)$$

(a) 이 반응의 균형을 맞추시오.

(b) $Fe_2O_3$ 0.350 kg과 반응하는 CO의 그램수를 계산하시오.

(c) $Fe_2O_3$ 0.350 kg이 반응할 때 생성되는 Fe와 $CO_2$의 그램수를 계산하시오.

(d) (b)와 (c)가 질량 보존 법칙을 만족함을 보이시오.

**3.96** 수소화 칼슘은 물과 반응하여 수산화 칼슘과 수소 기체를 생성한다.

(a) 균형 맞춘 화학 반응식을 쓰시오.

(b) 수소 4.500 g을 만드는 데 필요한 수소화 칼슘의 그램수는 얼마인가?

**3.97** 가솔린의 주요 성분인 옥테인($C_8H_{18}$)의 완전한 연소 반응은 다음과 같다.

$$2\,C_8H_{18}(l) + 25\,O_2(g) \longrightarrow 16\,CO_2(g) + 18\,H_2O(g)$$

(a) 옥테인 1.50 mol을 연소하려면 $O_2$ 몇 몰이 필요한가?

(b) 옥테인 10.0 g을 연소하려면 $O_2$ 몇 그램이 필요한가?

(c) 옥테인은 20 °C에서 밀도가 0.692 g/mL이다. 옥테인 15.0 gal(평균 연료 탱크 크기)을 연소하려면 $O_2$ 몇 그램이 필요한가?

(d) 15.0 gal의 $C_8H_{18}$이 연소될 때 몇 g의 $CO_2$가 생성되겠는가?

**3.98** 나이트로글리세린(nitroglycerin)은 다음과 같이 폭발한다.

$$4\,C_3H_5N_3O_9(l) \longrightarrow 12\,CO_2(g) + 6\,N_2(g) + O_2(g) + 10\,H_2O(g)$$

(a) 나이트로글리세린(밀도=1.592 g/mL) 시료 2.00 mL가 폭발하면 기체 몇 몰이 발생하는가?

(b) 폭발 조건에서 각 기체 1 mol이 55 L를 차지하면, 기체 몇 L가 만들어지는가?

(c) 폭발에서 몇 그램의 $N_2$가 만들어지는가?

**3.99** 액체 옥테인($CH_3(CH_2)_6CH_3$) 1 mol이 연소하면 5470 kJ의 열이 발생한다. 옥테인 1.000 gal이 연소할 때 발생하는 열에너지를 구하시오(옥테인에 대해 필요한 정보는 연습 문제 3.97을 참조하라.)

## 한계 반응물(3.7절)

**3.100** (a) 다음 용어를 정의하시오.

**이론적 수득량, 실제 수득량, 퍼센트 수득률**

(b) 왜 반응에서 실제 수득량은 이론적 수득량보다 항상 적은가?

(c) 반응에서 110% 실제 수득률이 가능한가?

**3.101** 아래 그림에 나타난 프로페인($C_3H_8$)과 $O_2$의 혼합물을 생각해 보자.

(a) 프로페인과 산소와의 균형 맞춘 연소 반응식을 쓰시오.

(b) 한계 반응물은 무엇인가?

(c) 반응이 완결된 후에 남아 있는 $CO_2$, $H_2O$, $C_3H_8$, $O_2$의 분자수는 각각 얼마인가?

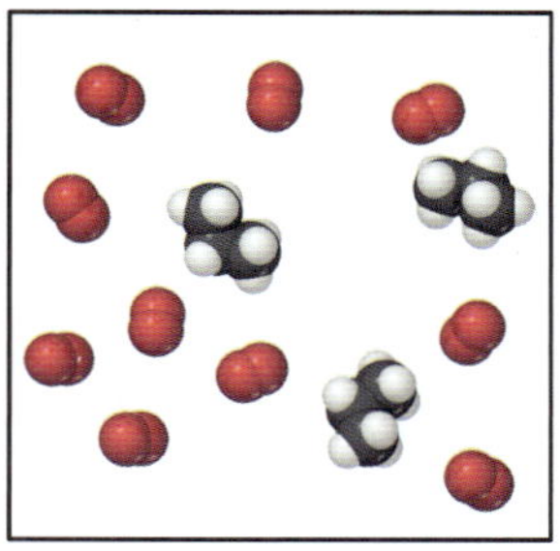

**3.102** 수산화 알루미늄은 황산과 다음과 같이 반응한다.

$$2\,Al(OH)_3(s) + 3\,H_2SO_4(aq) \longrightarrow Al_2(SO_4)_3(aq) + 6\,H_2O(l)$$

$Al(OH)_3$ 0.500 mol이 $H_2SO_4$ 0.500 mol과 반응한다면, 한계 반응물은 어느 것인가? 이 조건에서 몇 몰의 $Al_2(SO_4)_3$가 생성되는가? 반응이 완결된 후 과량의 반응물 중 남아 있는 양은 몇 몰인가?

**3.103** 상용 공정에서 암모니아를 질산으로 바꾸는 단계 중 하나는 $NH_3$를 NO로 바꾸는 것이다.

$$4\,NH_3(g) + 5\,O_2(g) \longrightarrow 4\,NO(g) + 6\,H_2O(g)$$

어떤 실험에서 $NH_3$ 2.00 g이 $O_2$ 2.50 g과 반응한다.

**(a)** 어떤 것이 한계 반응물인가?

**(b)** NO와 $H_2O$는 몇 그램 생성되는가?

**(c)** 반응이 완결된 후 남은 과량 반응물은 몇 그램인가?

**(d)** (b)와 (c)에서의 계산이 질량 보존 법칙을 만족함을 보이시오.

**3.104** 황산과 아세트산 납(II) 용액이 반응하면 고체 황산 납(II)과 아세트산 용액이 생성된다. 황산 5.00 g을 아세트산 납 (II) 5.00 g과 혼합한다고 할 때, 반응이 완결된 후 존재하는 황산, 아세트산 납(II), 황산 납(II), 아세트산의 질량을 구하시오.

**3.105** 에테인($C_2H_6$)이 염소($Cl_2$)와 반응하면 주생성물은 $C_2H_5Cl$이고, Cl이 포함된(예를 들어 $C_2H_4Cl_2$) 생성물이 약간 생긴다. 이들은 $C_2H_5Cl$의 양을 감소시킨다.

**(a)** $C_2H_6$ 125 g이 $Cl_2$ 255 g과 반응하는 경우, $C_2H_6$와 $Cl_2$가 반응하여 $C_2H_5Cl$와 HCl만이 생성된다고 가정하면, $C_2H_5Cl$의 이론적 수득량은 얼마인가?

**(b)** $C_2H_5Cl$ 206 g이 만들어진다면, $C_2H_5Cl$의 퍼센트 수득률은 얼마인가?

**3.106** $H_2S$ 기체를 NaOH 용액에 통과하여 거품을 일으키면 $Na_2S$와 물이 만들어진다. $H_2S$ 1.25 g이 NaOH 2.00 g이 들어 있는 용액을 통과할 때, $Na_2S$의 수득률이 92.0%라고 하면 몇 그램의 $Na_2S$가 만들어지는가?

# 추가 연습 문제

**3.107** 다음 각 반응의 균형 맞춘 화학 반응식을 쓰시오.

**(a)** 일반적 유기 용매인 아세톤($CH_3COCH_3$)의 완전 연소 반응

**(b)** 고체 수은(I) 탄산염이 분해되어 이산화 탄소 기체, 수은, 고체 산화 수은이 생성되는 반응

**(c)** 이산화 황 기체와 액체 물이 결합하여 아황산이 생성되는 반응

**3.108** 2.0몰 $CH_3CH_2CH_2COOH$, 2.0몰 $C_4H_{10}$, 2.0몰 $C_6H_6$가 각각 산소에서 완전 연소될 때, 가장 많은 몰수의 $H_2O$를 생성하는 것은? 어느 것이 가장 적게 생성하는지도 설명하시오.

**3.109** 칼슘은 우리 몸에 필수적인 영양소로 뼈 건강에 중요하다. 4가지 일반적인 칼슘 함유 보충제는 탄산 칼슘($CaCO_3$), 시트르산 칼슘($Ca_3C_{12}H_{10}O_{14}$), 글루콘산 칼슘($CaC_{12}H_{22}O_{14}$), 젖산 칼슘($CaC_6H_{10}O_6$)이다. 포함된 칼슘의 질량 백분율 측면에서 이러한 칼슘 보충제의 순위를 매기시오.

**3.110** **(a)** 이부프로펜($C_{13}H_{18}O_2$)은 일반 처방전 없이 구입할 수 있는 진통제이다. 이부프로펜 500 mg 정제에 몇 몰의 $C_{13}H_{18}O_2$가 있는가? 정제가 100% 이부프로펜으로 구성되어 있다고 가정하시오.

**(b)** 정제에 있는 $C_{13}H_{18}O_2$의 분자수는?

**(c)** 정제에는 몇 개의 산소 원자가 있는가?

**3.111** 대략 1000~10,000개의 원자로 구성된 아주 작은 반도체 결정을 양자점이라고 한다. 반도체 CdSe로 된 양자점은 빛을 잘 내고, 양자점 크기에 따라서 다양한 색깔을 내기 때문에 전자 판독기나 테블릿 디스플레이로 현재 사용된다. CdSe의 밀도는 5.82 g/cm$^3$이다.

**(a)** 지름이 2.5 nm인 CdSe 양자점 한 개의 질량은?

**(b)** 지름이 2.5 nm인 CdSe 양자점은 들뜨면 푸른색을 내놓는다. 양자점을 구형이고 빈 공간이 없다고 가정하면, 한 개의 양자점에 있는 Cd 원자의 개수는?

**(c)** 지름이 6.5 nm인 CdSe 양자점 한 개의 질량은?

**(d)** 지름이 6.5 nm인 CdSe 양자점은 들뜨면 붉은색을 내놓는다. 양자점을 완전한 구형이라 가정하면, 한 개 양자점에 있는 Cd 원자의 개수는?

**(e)** 만일 여러 개의 2.5 nm 양자점을 사용해 6.5 nm 양자점을 만든다면, 몇 개의 2.5 nm 양자점이 필요한가? 남게 되는 CdSe 화학 단위는 몇 개인가?

**3.112** **(a)** 항체 페니실린 G 분자 1개의 질량은 $5.342 \times 10^{-21}$ g이다. 페니실린 G의 몰질량은 얼마인가?

**(b)** 적혈구에서 산소 운반 단백질인 헤모글로빈은 분자당 4개의 철 원자를 가지며, 질량으로 Fe가 0.340%이다. 헤모글로빈의 몰질량은 얼마인가?

**3.113** 신남알데하이드(cinnamaldehyde)는 계피의 독특한 향을 담당하는 화합물로, C 81.79%, H 6.10%를 포함하며 나머지는 산소이다. 이 화합물의 몰질량이 132 g/mol라고 할 때 분자식을 결정하시오.

**3.114** 일반적으로 과일 설탕이라고 하는 과당은 많은 식물에서 발견되는 단당류로 C 40%, H 6.71%를 포함하며 나머지는 산소이다.

**(a)** 과당의 실험식은 무엇인가?

**(b)** 과당의 질량 스펙트럼은 약 180 u에서 피크를 나타낸다. 물질의 분자식은 무엇인가?

**3.115** 바닐라의 주요 향인 바닐린(vanilin)은 C, H, O를 포함한다. 바닐린 1.05 g이 완전히 연소하면 $CO_2$ 2.43 g, $H_2O$ 0.50 g이 만들어진다. 바닐린의 실험식은 무엇인가?

**3.116** 어떤 유기 화합물은 C, H, Cl의 세 가지 원소만 포함하고 있다. 이 화합물 시료 1.50 g이 공기 중에서 완전히 연소하면 $CO_2$ 3.52 g이 생성된다. 별도의 실험에서 이 화합물 시료 1.00 g에 있는 염소로부터 AgCl 1.27 g이 생성된다. 이 화합물의 실험식을 결정하시오.

**3.117** $Na_2Cr_2O_x$을 분석하여 Cr이 39.70%가 포함되어 있음을 알았다. $x$ 값은 얼마인가?

**3.118** 원소 X는 $XI_3$ 및 $XCl_3$을 형성한다. $XI_3$는 $Cl_2$하에서 가열하면 $XCl_3$로 바뀐다.

$$2\,XI_3 + 3\,Cl_2 \longrightarrow 2\,XCl_3 + 3\,I_2$$

$XI_3$ 0.5000 g을 사용하여 $XCl_3$ 0.2360 g을 얻었을 때 **(a)** 원소 X의 원자량을 계산하시오. **(b)** 원소 X는 무엇인가?

**3.119** 공기 중의 오존 농도를 계산하기 위해 미국의 환경보호청 (EPA)이 사용하는 방법은 아이오딘화 소듐을 포함하는 버블러(bubbler)에 공기 시료를 통과하는 것으로, 이 물질은 다음 반응에 의해 오존을 제거한다.

$$O_3(g) + 2\,NaI(aq) + H_2O(l) \longrightarrow O_2(g) + I_2(s) + 2\,NaOH(aq)$$

**(a)** $O_3$ $5.95 \times 10^{-6}$ mol을 제거하는 데 필요한 아이오딘화 소듐의 몰수는 얼마인가?

**(b)** $O_3$ 1.3 mg을 제거하는 데 필요한 아이오딘화 소듐의 그램수는 얼마인가?

**3.120** 화학 공장에서는 전기 에너지를 사용하여 NaCl 수용액을 분해하여 $Cl_2$, $H_2$, NaOH로 바꾼다.

$$2\,NaCl(aq) + 2\,H_2O(l) \longrightarrow 2\,NaOH(aq) + H_2(g) + Cl_2(g)$$

공장에서 매일 $1.5 \times 10^6$ kg(1500톤)의 $Cl_2$를 생산한다고 할 때, 생성되는 $H_2$ 및 NaOH의 양을 추정하시오.

**3.121** 낙타의 육봉에 저장된 지방은 에너지와 물을 제공하는 원천이다. 지방은 모두 전형적 동물성 지방인 트라이스테아린(tristearin, $C_{57}H_{110}O_6$)으로 이루어져 있고, 세포 대사 과정 동안 트라이스테아린이 $O_2$와 반응하여 $CO_2$와 $H_2O$만 만든다고 가정할 때, 지방 1.0 kg의 대사로 생성되는 $H_2O$의 질량을 계산하시오.

**3.122** 탄화수소를 소량의 공기에서 태우면 CO와 $CO_2$가 생성된다. 탄화수소 0.450 g을 공기 중에서 태웠더니 CO 0.467 g, $CO_2$ 0.733 g, $H_2O$ 0.450 g이 생성되었다.

**(a)** 화합물의 실험식은 무엇인가?

**(b)** 반응에서 몇 그램의 $O_2$가 사용되었는가?

**(c)** 완전 연소를 위해서는 몇 그램의 $O_2$가 필요한가?

**3.123** $N_2(g)$와 $H_2(g)$의 혼합물이 밀폐된 용기 안에서 반응하여 $NH_3(g)$을 생성한다. 반응은 반응물 중 어느 것이 완전히 소비되기 전에 멈춘다. 이때 $N_2$ 3.0 mol, $H_2$ 3.0 mol, $NH_3$ 3.0 mol이 존재한다. 원래 몇 몰의 $N_2$와 $H_2$가 있었는가?

**3.124** $KClO_3$, $K_2CO_3$, $KHCO_3$, KCl을 포함하는 혼합물을 가열하면 다음 반응식에 따라 $CO_2$, $O_2$, $H_2O$ 기체를 생성한다.

$$2\,KClO_3(s) \longrightarrow 2\,KCl(s) + 3\,O_2(g)$$
$$2\,KHCO_3(s) \longrightarrow K_2O(s) + H_2O(g) + 2\,CO_2(g)$$
$$K_2CO_3(s) \longrightarrow K_2O(s) + CO_2(g)$$

KCl은 이 반응 조건에서 반응하지 않는다. 혼합물 100.0 g이 $H_2O$ 1.80 g, $CO_2$ 13.20 g, $O_2$ 4.00 g을 생성한다면, 원래 혼합물의 조성은 무엇인가? (혼합물은 완전히 분해된다고 가정한다.)

**3.125** 아세틸렌($C_2H_2$) 10.0 g과 산소($O_2$) 10.0 g의 혼합물이 발화하면 연소 반응 결과, $CO_2$와 $H_2O$가 생성된다.

**(a)** 이 반응의 균형 맞춘 화학 반응식을 쓰시오.

**(b)** 한계 반응물은 어느 것인가?

**(c)** 반응이 완결된 후 몇 그램의 $C_2H_2$, $O_2$, $CO_2$, $H_2O$가 존재하는가?

# 통합 연습 문제

이 연습 문제들을 풀기 위해서는 3장뿐 아니라 이전 장에서 배운 내용도 필요하다.

**3.126** 질소화 붕소(BN)는 열 및 화학적 안정성이 뛰어난 전기 절연체로 밀도는 2.1 g/cm³이다. 질소화 붕소는 붕산($H_3BO_3$)을 암모니아와 반응시켜서 만들 수 있다. 반응의 다른 생성물은 물이다.

**(a)** BN 합성에 대한 균형 맞춘 화학 반응식을 작성하시오.

**(b)** 붕산 225 g과 암모니아 150 g을 반응시킬 때 생성된 BN의 질량은 얼마인가?

**(c)** 남아 있다면 어떤 반응물이 남을 것이며, 남은 반응물의 몰수는 얼마인가?

**(d)** BN의 한 응용 분야는 전기 절연용 박막이다. (b)에서 얻어진 BN을 이용하여 0.4 mm 박막을 만든다면 면적이 몇 cm²일지 계산하시오.

**3.127** Viridicatumtoxin B($C_{30}H_{31}NO_{10}$)은 천연 항생제 화합물로, 실험실에서 12단계를 거쳐 합성된다. 모든 단계가 85%의 등가 수득률을 갖는다고 가정하면, 전체 합성의 최종 수득률(%)은?

**3.128** 어떤 탄산 칼슘 시료는 한 변이 2.005 in.인 정육면체이다. 이 시료의 밀도가 2.71 g/cm³라면, 이 시료 속의 산소 원자는 몇 개인가?

**3.129** **(a)** 모서리 길이가 1.000 cm인 정육면체의 은 금속이 있다. 밀도는 10.5 g/cm³이다. 원자수는 몇 개인가?

**(b)** 원자는 구형이므로 정육면체의 모든 공간을 채울 수 없다. 따라서 74%를 채운다. 단일 은 원자의 부피를 계산하시오.

**(c)** 은 원자의 부피와 부피 공식을 사용하여, 은 원자의 반지름을 옹스트롬으로 구하시오.

**3.130** **(a)** 자동차가 9.0 km/L의 연비로 350 km를 주행하는 경우 몇 킬로그램의 $CO_2$가 생성되는가? 가솔린이 액체인 옥테인($C_8H_{18}$)으로만 구성되어 있으며, 밀도는 0.692 g/mL이라고 가정한다.

**(b)** 연비가 2 km/L인 트럭에 대해 같은 계산을 하시오.

**3.131** 2.9절에서 구조 이성질체 개념이 도입되었다. 예를 들면 1-프로판올과 2-프로판올이다. 다음 특성 중 어느 것이 이 두 가지 물질에서 다른가?

**(a)** 끓는점 **(b)** 연소 분석 결과

**(c)** 분자량 **(d)** 주어진 온도와 압력에서의 밀도

이 두 물질의 특성은 다음에서 찾아볼 수 있다. *Wolfram Alpha*(http://www.wolframalpha.com/) 또는 *CRC Handbook of Chemistry and Physics*.

**3.132** $NO_x$는 질소 산화물, 즉 NO 및 $NO_2$의 총칭이다. $NO_x$ 가스는 스모그와 산성비를 형성하는 대기 오염 물질이다. 차량에서 배출되는 $NO_x$ 배출량을 줄이기 위해 자동차 배기가스에 촉매 변환기를 설치하여 NO와 $NO_2$를 각각 $N_2$와 $O_2$로 분해한다.

(a) NO와 $NO_2$의 분해에 대한 각각의 균형 맞춘 화학 반응식을 쓰시오.

(b) 자동차가 하루에 100 g의 $NO_x$를 생산한다면, NO와 $NO_2$의 몰비가 동일할 때 생성되는 NO와 $NO_2$는 각각 몇 그램인가?

**3.133** 사이안화 수소(HCN)는 독가스이다. 치사량은 공기 1 kg당 300 mg HCN이다.

(a) 부피가 3.5×4.5×2.5 m인 실험실에서의 HCN 치사량을 계산하시오(공기 밀도는 26 °C에서 0.00118 g/cm$^3$이다).

(b) HCN이 NaCN과 황산과 같은 산의 반응으로부터 만들어진다면, 치사량을 만들기 위해서는 몇 그램의 NaCN이 필요한가?

$$2\,NaCN(s) + H_2SO_4(aq) \longrightarrow Na_2SO_4(aq) + 2\,HCN(g)$$

(c) 합성 섬유인 Orlon® 또는 Acrilan®이 탈 때에는 HCN이 만들어진다. Acrilan®의 실험식은 $CH_2CHCN$이고, 따라서 HCN이 질량으로 이 화학식의 50.9%를 차지한다. 양탄자의 크기가 3.5×4.5 m이고, yd$^2$당 850 g의 Acrilan® 섬유를 포함하고 있다. 양탄자가 탄다면, 실험실에 치사량의 HCN이 만들어지겠는가? (섬유의 HCN 수득률이 20%이고, 양탄자는 50%가 탔다고 가정한다.)

**3.134** 자동차 내연 기관의 산소는 공기로부터 온다. 공기는 혼합 기체로, $N_2$(~79%), $O_2$(~20%)로 되어 있다. 자동차 엔진 실린더 안에서 질소는 산소와 반응하여 산화 질소 기체(NO)를 만든다. NO가 자동차 배기관으로부터 배출될 때, 산소와 반응하여 이산화 질소 기체($NO_2$)를 만든다.

(a) 두 반응의 균형 맞춘 화학 반응식을 쓰시오.

(b) NO와 $NO_2$는 모두 공해 물질로, 산성비를 만들고 온실 효과를 가져온다. 이들을 '$NO_x$' 기체라고 한다. 2009년에 미국에서 1,900만 톤의 $NO_2$가 대기로 배출되었다. 이는 몇 그램에 해당하는가?

(c) 연소 기관에서 생성되는 $NO_x$ 기체는 옥테인($C_8H_{18}$)이 $CO_2$와 $H_2O$로 연소할 때 만들어지는 원치 않는 부산물이다. 만일 85%의 산소가 옥테인을 연소하기 위해 엔진에서 사용되고, 나머지는 $NO_2$를 만드는 데 사용된다면, 옥테인 500 g이 연소하는 동안에 몇 그램의 $NO_2$가 만들어지는가?

**3.135** 테르밋 반응, $Fe_2O_3 + Al \longrightarrow Al_2O_3 + Fe$에서는 많은 열이 발생하여 생성물인 Fe가 녹는다. 이 반응은 불꽃이 발생할 수 없는 수중에서 산업적으로 철을 용접할 때 사용된다. 이는 강의실(작은 규모)에서도 인기 있는 시범 화학 반응이다.

(a) 물질의 상태를 포함해서 반응의 균형을 맞추시오.

(b) 500.0 g의 $Fe_2O_3$와 반응하는 데 필요한 Al의 질량은?

(c) $Fe_2O_3$ 1몰당 852 kJ의 열이 발생한다. 1.00×10$^4$ kJ의 열이 발생하려면, 몇 그램의 $Fe_2O_3$가 필요한가?

(d) 만일 역반응을 일으켰다면 열에너지는 반응물로 쓰였는가, 아니면 생성물로 쓰였는가?

**3.136** 화학에서 특이한 반응 중 하나는 Ugi 반응이다.

$$R_1C(=O)R_2 + R_3 - NH_2 + R_4COOH + R_5NC \longrightarrow$$
$$R_4C(=O)N(R_3)C(R_1R_2)C{=}ONHR_5 + H_2O$$

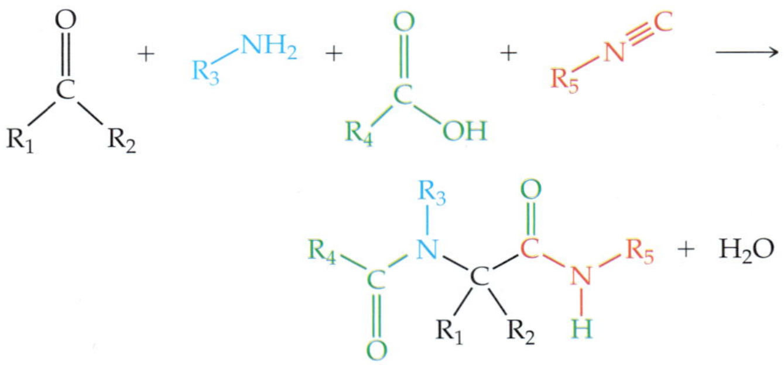


(a) 모든 화합물에서 R=$CH_3CH_2CH_2CH_2CH_2CH_2$—(**헥실기**라 부름)일 경우에, Ugi 반응의 균형 맞춘 화학 반응식을 쓰시오.

(b) 만일 435.0 mg의 $CH_3CH_2CH_2CH_2CH_2CH_2NH_2$가 한계 반응물이었다면, '헥실 Ugi 생성물'의 질량은 얼마인가?

## 실험 설계 문제

이 책의 뒷부분에서, 황은 두 가지 흔한 산화물인 $SO_2$와 $SO_3$를 형성한다는 것을 배울 것이다. 묻고자 하는 한 가지 질문은 황과 산소가 직접 반응하면 $SO_2$, $SO_3$, 또는 이들 혼합물 중 어느 것이 형성되는가이다. 이 질문은 중요하다. $SO_3$는 물과 반응하여 공업적으로 대량 생산되는 $H_2SO_4$를 형성하기 때문이다. 이 질문에 대한 답은 각 화합물의 상대적인 양과 반응 온도에 좌우된다. 예를 들면 탄소는 산소와 반응하여 보통 $CO_2$를 형성하지만, 산소가 부족할 경우에는 CO가 만들어진다. 한편, 정상적인 반응 조건하에서는 반응하는 $H_2$와 $O_2$는 상대적인 양에 관계없이 항상 $H_2O$를 만든다($H_2O_2$ 대신에).

노란색 고체인 황이 담긴 병, $O_2$ 실린더와 황, 산소 및 생성물을 담을 투명한 반응 용기, 반응물과 생성물의 질량을 잴 수 있는 저울, 반응할 때 반응 용기를 200 °C까지 가열할 수 있는 가열 장치가 있다고 하자.

(a) 0.10 mol의 황이 반응 용기에 있다면, 그리고 반응에서 $SO_2$만 형성된다면, 필요한 $O_2$는 몇 몰인가?

(b) 반응에서 $SO_3$만 형성된다면, 필요한 $O_2$는 몇 몰인가?

(c) 위 주어진 실험 도구를 갖고, 반응 용기에 각 반응물의 몰수를 정확하게 넣었는지 알려면 어떻게 해야 하는가?

(d) 반응 생성물을 확인하려면 어떤 관찰이나 실험 방법이 필요한가? $SO_2$와 $SO_3$의 물리적 성질 차이를 사용하여 생성물을 구별할 수 있는가? 1~3장 중에서 생성물을 구별하는 실험 장치가 언급된 적이 있는가?

(e) 황과 산소의 비를 변화시켜, 이 반응의 생성물($SO_2$, $SO_3$, 또는 이들 혼합물)을 조절할 수 있을지를 알기 위해 어떤 실험을 하겠는가? 이 질문에 답하기 위해 S와 $O_2$의 어떤 비를 시험하겠는가?

# 4



# 수용액에서의 반응

## 4.1 수용액의 일반적인 성질

물은 지구상에서 가장 풍부한 액체이다. 물은 지구의 2/3를 덮고 있으며, 단순한 물질이지만 지구 진화 역사의 많은 부분에서 핵심이었다. 생명이 물에서 기원했다는 것은 거의 확실하다. 모든 형태의 생명체는 물을 필요로 하는데, 이는 다양한 생물학적 구조를 결정하는 데 도움이 되었다. 사실, 우리 몸도 대부분은 물로 이루어져 있고, 바닷물과 유사한 조성을 가지고 있다. 생명을 유지하기 위한 화학 반응은 물에서 일어난다. 이 절이 끝나면 다음 사항을 수행할 수 있어야 한다.

- 물질이 물에 녹을 때 어떤 일이 일어나는지 파악하기

**용액**(solution)은 두 가지 이상의 물질로 구성된 균일 혼합물이다. 이 물질 중 가장 많은 양을 차지하는 성분을 **용매**(**solvent**)라고 하고, 그 외 다른 물질을 **용질**(**solute**)이라고 한다. 용질은 용매에 **용해**된다. 예를 들면, 소량의 염화 소듐(NaCl)을 과량의 물에 용해하였을 때 물은 용매, 염화 소듐은 용질이다.

## 전해질과 비전해질

유년 시절에 감전의 위험 때문에 전기 기구들을 물이 있는 욕조에 가져가면 안 된다는 것을 배웠을 것이다. 이는 우리가 일상생활에서 접하게 되는 대부분의 물이 전기적인 전도성을 갖기 때문에 알고 있어야 할 유용한 정보이다. 그러나 순수한 물은 매우 약한 전도체이다. 목욕물의 전도도는 물 그 자체가 아니라 물에 녹아 있는 물질들에서 비롯된다.

용액의 전도성이 물에 녹아 있는 모든 물질로부터 비롯되는 것은 아니다. **그림 4.1**은 순수한 물, 물에 식탁용 설탕(슈크로스)을 녹인 용액, 물에 식탁용 소금(NaCl)을 녹인 용액의 전기 전도성을 알아보는 실험을 나타낸 것이다. 전구는 각 용액의 비커에 잠긴 두 개의 전극을 포함하는 배터리 구동 전기 회로에 연결되어 있다. 전구가 켜지려면, 용액에 담근 두 전극 사이에 전류(전하를 띤 입자의 흐름)가 있어야 한다. 순수한 물에서는 전구가 켜지지 않기 때문에, 순수한 물속에는 회로를 만들기에 충분한 전하를 띤 입자가 없다는 결론을 얻을 수 있다. 물은 대부분 $H_2O$ 분자로 존재해야만 한다. 슈크로스($C_{12}H_{22}O_{11}$)를 포함한 용액에서도 전구는 켜지지 않는다. 따라서 용액 속의 슈크로스 분자는 전하를 띠지 않는다는 결론도 내릴 수 있다. 그러나 NaCl이 녹은 용액은 전기 회로를 만들기에 충분한 전하를 띤 입자를 내놓으므로 백열전구에 불이 켜진다. 이는 $Na^+$와 $Cl^-$ 이온들이 수용액에서 형성된다는 실험적 증거이다.

NaCl처럼 해당 수용액에 이온이 포함된 물질을 **전해질**(**electrolyte**)이라고 한다. 설탕($C_{12}H_{22}O_{11}$)처럼 용액에서 이온을 생성하지 않는 물질을 **비전해질**(**nonelectroyte**)이라고 한다. NaCl은 이온 결합 화합물이고, $C_{12}H_{22}O_{11}$은 분자 화합물이므로, 이 둘은 서로 다른 부류의 화학종이다.

▲ **그림 4.1** 전해질로 전기 회로를 만들면 전구에 불이 켜진다.

## 물에서 일어나는 화합물의 용해

고체 NaCl은 규칙적으로 배열된 $Na^+$와 $Cl^-$ 이온으로 구성되었음을 상기하라(그림 2.17). NaCl이 물에 녹으면 각 이온은 고체 구조로부터 분리되어 용액 전체에 분산된다(**그림 4.2**(a)). 이온성 고체는 용해되어서 그 구성 이온으로 **해리**된다.

물은 이온 결합 화합물에 대해서 매우 좋은 용매이다. 비록 $H_2O$는 전기적으로 중성 분자이지만, O 원자는 전자가 풍부하여 부분 음전하($\delta^-$)를 띠며, H 원자는 부분 양전하($\delta^+$)를 띤다. δ는 부분 전하를 의미하는 기호이며, 부분 음전하는 $\delta^-$('delta minus'), 부분 양전하는 $\delta^+$('delta plus')로 나타낸다. 양이온은 $H_2O$의 음전하 끝에 끌리고, 음이온은 양전하 끝에 끌린다.

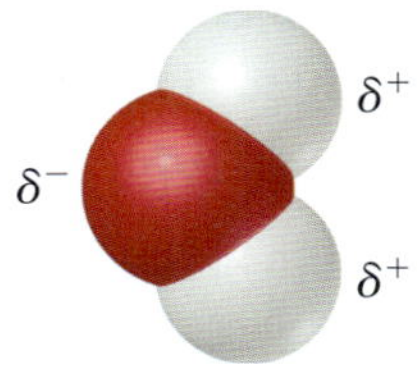


이온 결합 화합물이 녹으면 이온은 그림 4.2(a)처럼 $H_2O$ 분자로 둘러싸인다. 이 과정을 이온이 '**용매화되었다**'고 한다. 화학 반응식에서는 용매화된 이온을 $Na^+(aq)$, $Cl^-(aq)$와 같이 $(aq)$를 붙여 표기한다. 여기서 *aq*는 '수용액(aqueous)'의 약어이다. **용매화(solvation)**는 용액 속에서 이온이 안정화되는 것을 돕고, 양이온과 음이온이 재결합하는 것을 막는다. 더 나아가서 이온과 물 분자들로 둘러싸인 이온들은 자유롭게 움직일 수 있기 때문에 이온은 용액 전체에 균일하게 분산된다.

이온 결합 화합물의 용액에 존재하는 이온의 성질은 그 물질의 화학명으로부터 보통 예측할 수 있다. 예를 들면 황산 소듐($Na_2SO_4$)은 소듐 이온($Na^+$)과 황산 이온($SO_4^{2-}$)으로 해리된다. 수용액에 존재하는 이온 결합 화합물의 형태를 이해하려면 일반적인 이온의 전하와 화학식(표 2.4, 2.5)을 기억하는 것이 중요하다.

설탕이나 메탄올 같은 분자 화합물(그림 4.2(**b**))이 물에 녹으면 용액 전체에 분자들이 퍼져 있게

다음 용액 중 하나만 전기가 통하는가? 혹은 둘다 전기가 통하는가? 만약 하나라면 어느 쪽인가?

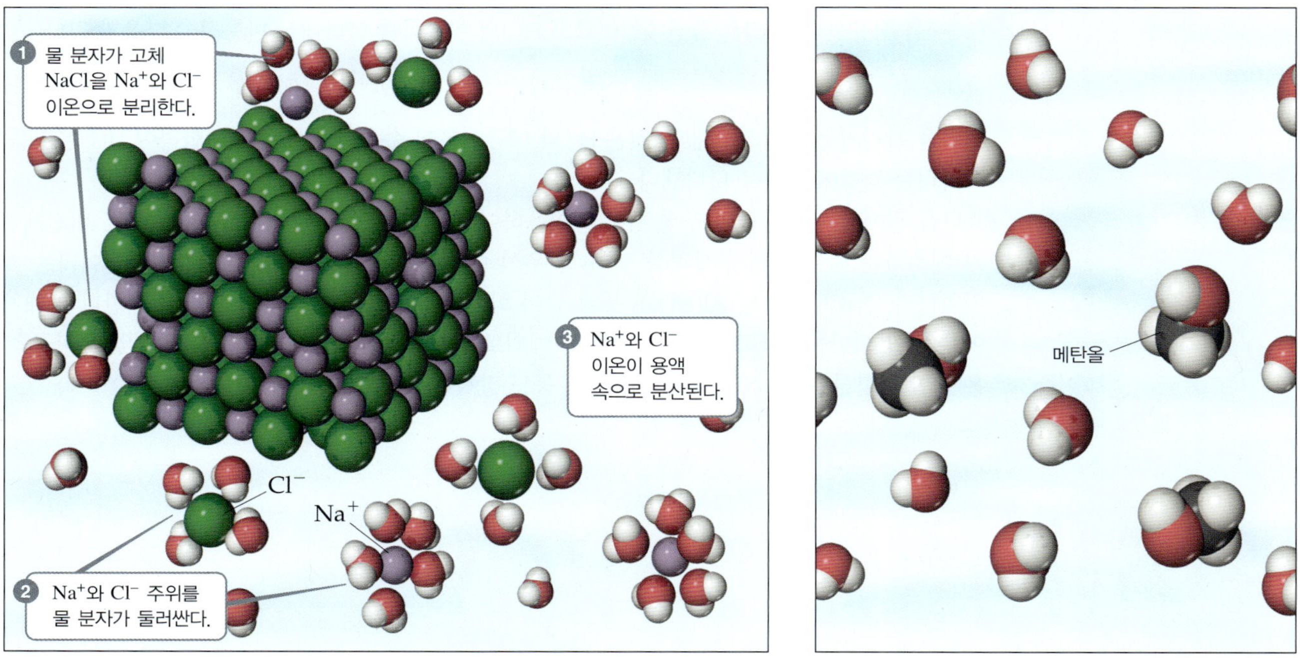


**(a)** 이온 결합 화합물인 염화 소듐(NaCl)은 녹아 이온을 생성한다.

**(b)** 분자성 물질인 메탄올($CH_3OH$)은 이온 생성 없이 녹는다.

▲ **그림 4.2** 물에서의 용해 (a) 염화 소듐과 같은 이온 결합 화합물이 물에 녹을 때 $H_2O$ 분자는 이온을 분리하고 둘러싸서 액체로 분산시킨다. (b) 분자성 물질인 메탄올($CH_3OH$)은 이온을 생성하지 않고 녹는다. 물속의 메탄올은 단순한 혼합으로 생각할 수 있다. (a)와 (b) 모두에서 물 분자들에 의해 떨어져 나간 용질 입자들이 보인다.

된다. 그러므로 대부분의 분자 화합물은 비전해질이다. 그러나 어떤 분자성 물질은 수용액에서 이온을 생성한다. 이들 중 가장 중요한 것은 산이다. 예를 들면 HCl(*g*)이 물에 녹아 염산(HCl(*aq*)) 을 생성할 때 용액에서 $H^+(aq)$와 $Cl^-(aq)$ 이온으로 **이온화**된다.

## 강전해질과 약전해질

전해질은 그 종류마다 전기 전도성의 차이가 있다. **강전해질(strong electrolyte)**이란, 용액에서 완전히 또는 거의 완전히 이온으로 존재하는 용질이다. 본질적으로 NaCl과 같은 모든 수용성 이온 결합 화합물과, HCl과 같은 몇 가지 분자 화합물은 강전해질이다. **약전해질(weak electrolyte)**이란, 용액에서 소량의 이온을 생성하기는 하지만, 대부분 중성 분자로 존재하는 용질이다. 예를 들면 아세트산($CH_3COOH$) 용액은 용질의 거의 대부분이 $CH_3COOH(aq)$ 분자로 존재한다. $CH_3COOH$의 일부분(약 1%)만이 $H^+$와 $CH_3COO^-$ 이온으로 존재한다.*

전해질이 녹는 정도(용해도)와 전해질이 강한지 약한지를 혼동하지 않도록 주의해야 한다. 예를 들면 $CH_3COOH$는 물에 매우 잘 녹지만, 약전해질이다. 반면에 $Ca(OH)_2$는 물에 잘 녹지 않지만, 녹은 물질의 대부분이 거의 완전히 해리하므로 강전해질이다.

아세트산과 같은 약전해질이 용액에서 해리할 때의 반응은 다음과 같다.

$$CH_3COOH(aq) \rightleftharpoons CH_3COO^-(aq) + H^+(aq) \qquad [4.1]$$

서로 반대 방향을 가리키고 있는 반쪽 화살표($\rightleftharpoons$)는 반응이 양쪽 방향으로 진행하는 것을 의미한다. 어떤 주어진 순간에 $CH_3COOH$ 분자의 일부는 이온화하여 $H^+$와 $CH_3COO^-$ 이온을 생성한다. 또한 같은 순간에 일부 $H^+$와 $CH_3COO^-$ 이온은 재결합하여 $CH_3COOH$를 생성한다. 이 두 가지 반대 과정 사이의 균형은 중성 분자와 이온의 상대적인 수를 결정한다. 이 균형은 **화학 평형(chemical equilibrium)** 상태, 즉 시간이 지남에 따라 반응에서 존재하는 각각의 이온 또는 분자의 상대적인 수가 일정해지는 상태를 이룬다. 화학자들은 약전해질의 이온화를 나타낼 때는 서로 반대 방향을 가리키고 있는 양쪽 화살표($\rightleftharpoons$)를, 강전해질의 이온화를 나타낼 때는 단일 화살표($\longrightarrow$)를 사용한다. HCl은 강전해질이므로 HCl의 이온화를 나타내는 반응식은 다음과 같다.

$$HCl(aq) \longrightarrow H^+(aq) + Cl^-(aq) \qquad [4.2]$$

왼쪽을 가리키는 화살표가 없는 것은 $H^+$와 $Cl^-$ 이온이 수용액 중에서 재결합하여 HCl 분자를 생성하려는 경향이 없음을 나타낸다.

다음 절에서는 화합물의 구성 성분을 이용하여 해당 화합물이 강전해질, 약전해질, 비전해질인지 예측하는 법에 대해서 살펴볼 것이다. 우선 **수용성 이온 결합 화합물은 강전해질**이라는 것을 기억하라. NaCl, $FeSO_4$, $Al(NO_3)_3$ 등과 같이 화학식에 금속과 비금속이 모두 존재한다면 대체로 이온 결합 화합물이라고 식별할 수 있다. 예외로 암모늄 이온($NH_4^+$)을 포함하고 있는 비금속 이온 결합 화합물, 가령 $NH_4Br$, $(NH_4)_2CO_3$ 등도 강전해질이다.

---

*아세트산의 화학식은 종종 $HC_2H_3O_2$라고 쓴다. 이렇게 쓰면 HCl처럼 일반적인 산의 화학식처럼 보인다. 화학식 $CH_3COOH$는 아세트산의 분자 구조와 일치한다. 즉 화학식의 말단에 있는 O 원자 옆에 산성을 나타내는 H가 있다.

## 예제 4.1
### 음이온과 양이온의 상대적인 수와 화학식과의 관계

다음 그림은 $MgCl_2$, KCl, $K_2SO_4$ 중 하나의 수용액 상태를 나타낸 것이다. 어떤 것의 용액을 나타낸 것인가?(물 분자는 생략하였다.)

### 해답

**분석** 그림에서 전하를 가진 구를 이온성 물질이 녹아 있는 용액에 존재하는 이온들과 연관시켜야 한다.

**계획** 문제에 주어진 각각의 화합물과 관련된 이온의 수와 전하를 결정해 보자. 그리고 그림에서 보이는 이온들과 확인해 보자.

**풀이** 그림에서는 양이온이 음이온보다 두 배 더 많다. 이는 $K_2SO_4$에서와 같다.

**검토** 이온성 물질은 전체 알짜 전하가 0임을 명심하라.

**▶ 보충 예제**
**(a)** $NiSO_4$, **(b)** $Ca(NO_3)_2$, **(c)** $Na_3PO_4$, **(d)** $Al_2(SO_4)_3$가 수용액 상태에서 각각 6개의 양이온을 갖는다면, 음이온은 각각 몇 개인가?

## 자기 평가 연습 문제

**4.1** 다음 물질 그룹 중 강전해질만 포함하고 있는 것은 무엇인가?
**(a)** KBr, $SO_2$, $CaCl_2$
**(b)** HCl, $NH_3$, NaOH
**(c)** $NaNO_3$, HCl, $Rb_2SO_4$

## 연습 문제

**4.2** 다음 설명이 참인지 거짓인지를 결정하고, 그 이유를 설명하시오.
**(a)** 전해질 용액은 전자가 용액을 통해 이동하기 때문에 전도체이다.
**(b)** 전해질 수용액에 비전해질을 첨가해도 전도도는 변하지 않을 것이다.

**4.3** 많은 이온성 고체는 물에 녹아 이온으로 해리되어 강전해질이 됨을 이 장에서 배웠다. 이 과정에 대한 가장 옳은 설명은?
**(a)** 물은 강한 산성으로 이온성 고체를 잘 녹인다.
**(b)** 물 분자의 수소와 산소 원자는 부분적으로 하전되어 있어 이온을 잘 용매화한다.
**(c)** 물 분자에서 수소와 산소의 결합은 이온성 고체에 의해 쉽게 끊어진다.

**4.4** 양성자 분해 반응(즉, 양성자 전달 반응)은 무시하고, 물속에 다음 물질을 각각 녹였을 때, 용액 속에 존재하는 이온들을 명시하시오.
**(a)**$Li_2CO_3$ **(b)**$(NH_4)_3PO_4$ **(c)** $Na_2Cr_2O_7$ **(d)** $NaPF_6$

**4.5** 이산화 탄소가 물에 녹으면 약산인 탄산($H_2CO_3$)과 평형 상태를 이룬다. 이 화합물 수용액에는 어떤 용질 입자들이 존재하는가? $H_2CO_3$의 이온화 반응식을 쓰시오.

자기 평가 연습 문제 답 **4.1** (c)

# 4.2 침전 반응

'센물(경수)'에는 칼슘 이온과 마그네슘 이온이 포함되어 있다. 이 이온들은 비누와 반응하여 욕조, 샤워기 및 대야 주변에 형성되는 흰색 고체를 만들 수 있다. 이는 두 가지 가용성 물질이 불용성 물질을 형성하는 화학 반응의 예이다. 무해하지만 미관상 좋지 않은 이 흰색 침전물(scum)을 제거하기 위한 많은 청소 제품들이 있다. 이 절이 끝나면 다음 사항을 수행할 수 있어야 한다.

- 두 수용액을 섞었을 때 침전물이 생기는지 예측하기

**그림 4.3**은 두 가지 투명한 용액의 혼합을 보여 준다. 그중 한 용액은 물에 녹은 아이오딘화 포타슘(KI)을, 다른 용액은 물에 녹은 질산 납($Pb(NO_3)_2$)을 포함한다. 이들 두 용질 간의 반응은 노란색의 불용성 고체를 만든다. 불용성 생성물을 형성하는 반응을 **침전 반응(precipitation reaction)**이라고 한다. **침전물(precipitate)**이란, 용액 반응에서 생긴 불용성 고체이다. 그림 4.3에서 침전물은 아이오딘화 납($PbI_2$)이고, 물에서 용해도가 매우 낮은 화합물이다.

$$Pb(NO_3)_2(aq) + 2\,KI(aq) \longrightarrow PbI_2(s) + 2\,KNO_3(aq) \qquad [4.3]$$

이 반응의 다른 생성물은 질산 포타슘($KNO_3$)이고, 이것은 물에 잘 녹으므로 용액에 남는다.

침전 반응은 반대 전하를 띠는 이온 쌍이 서로 강하게 끌어당길 때 불용성의 이온성 고체 화합물을 형성하면서 일어난다. 이온들의 결합이 불용성 화합물을 형성하는지를 예측하기 위해서는 일반적인 이온 결합 화합물의 용해도와 관련된 지침을 고려해야 한다.

## 이온 결합 화합물의 용해도 지침

물질의 **용해도(solubility)**란, 일정한 온도에서 일정한 양의 용매에 녹는 물질의 양이다. 어떤 물질이 0.01 mol/L 이하의 용해도를 가지면 **불용성**(insoluble)으로 간주한다. 이 경우에 고체 내 반대 전하 간 이온의 인력은 이온을 분리하려는 물 분자와의 인력보다 훨씬 크다. 따라서 그 물질은 대부분 녹지 않고 남아 있다.

불행하게도 이온 전하와 같은 간단한 물리적 성질만으로는 어떤 이온 결합 화합물이 용해될지 예측하기 어렵다. 그러나 실험적 관찰을 토대로한 지침을 통해서 이온 결합 화합물의 용해도를 어느 정도 예측할 수 있다. 예를 들어 질산 음이온(nitrate anion, $NO_3^-$)을 포함하는 모든 일반적인 이온 결합 화합물은 물에 잘 녹는다는 것이 실험적으로 알려져 있다. **표 4.1**은 일반적인 이온 결합

$PbI_2$의 침전이 완결된 후 용액에는 어떤 이온이 남는가?

반응물 / 생성물

$$2\,\mathrm{KI}(aq) + \mathrm{Pb(NO_3)_2}(aq) \longrightarrow 2\,\mathrm{KNO_3}(aq) + \mathrm{PbI_2}(s)$$

▲그림 4.3 침전 반응

**표 4.1 물에서 일반적인 이온 결합 화합물의 용해도 지침**

| 가용성 이온 결합 화합물 | | 중요한 예외 |
|---|---|---|
| 화합물이 다음 이온을 포함할 때 | $NO_3^-$ | 없다 |
| | $CH_3COO^-$ | 없다 |
| | $Cl^-$ | $Ag^+$, $Hg_2^{2+}$, $Pb^{2+}$ 화합물 |
| | $Br^-$ | $Ag^+$, $Hg_2^{2+}$, $Pb^{2+}$ 화합물 |
| | $I^-$ | $Ag^+$, $Hg_2^{2+}$, $Pb^{2+}$ 화합물 |
| | $SO_4^{2-}$ | $Sr^{2+}$, $Ba^{2+}$, $Hg_2^{2+}$, $Pb^{2+}$ 화합물 |
| **불용성 이온 결합 화합물** | | **중요한 예외** |
| 화합물이 다음 이온을 포함할 때 | $S^{2-}$ | $NH_4^+$, 알칼리 금속 양이온, $Ca^{2+}$, $Sr^{2+}$, $Ba^{2+}$ 화합물 |
| | $CO_3^{2-}$ | $NH_4^+$, 알칼리 금속 양이온 화합물 |
| | $PO_4^{3-}$ | $NH_4^+$, 알칼리 금속 양이온 화합물 |
| | $OH^-$ | $NH_4^+$, 알칼리 금속 양이온, $Ca^{2+}$, $Sr^{2+}$, $Ba^{2+}$ 화합물 |

화합물의 용해도 지침을 요약한 것이다. 표에서는 화합물이 음이온에 따라 요약되어 있지만, 양이온에 대해서도 많은 중요한 사실을 나타낸다. **모든 알칼리 금속 이온(주기율표의 1족)과 암모늄 이온($NH_4^+$)을 포함하는 일반적인 이온 결합 화합물은 물에 잘 녹는다**는 점에 주목하라.

**두 가지의 강전해질 수용액을 섞었을 때, 침전물 생성 여부를 예측하는 방법**

1. 반응물에 이온들이 존재하는지 주목한다.
2. 양이온−음이온 결합이 가능한지를 생각한다.
3. 표 4.1을 이용하여 결합한 화합물들이 불용성인지를 결정한다.

예를 들어 $Mg(NO_3)_2$와 NaOH 용액을 섞으면 침전물이 생성되는가? $Mg(NO_3)_2$와 NaOH는 모두 이온 결합 화합물이므로 모두 강전해질이다. $Mg(NO_3)_2(aq)$와 NaOH(*aq*)를 섞으면 우선 $Mg^{2+}$, $NO^-$, $Na^+$, $OH^-$ 이온을 포함하는 용액이 생성된다. 어떤 양이온이 어떤 음이온과 상호 작용하여 불용성 화합물을 만드는가? 표 4.1로부터 $Mg(NO_3)_2$와 NaOH는 모두 물에 녹는 것을 알 수 있으므로 $Mg^{2+}$와 $OH^-$의 반응 또는 $Na^+$와 $NO_3^-$의 반응만 가능하다. 표 4.1로부터 수산화물은 일반적으로 불용성임을 알 수 있다. $Mg^{2+}$도 예외가 아니므로 $Mg(OH)_2$는 불용성, 즉 침전물이다. 그러나 $NaNO_3$는 가용성이므로 $Na^+$와 $NO_3^-$ 이온은 용액에 남는다.

침전 반응의 균형 맞춘 반응식은 다음과 같다.

$$Mg(NO_3)_2(aq) + 2\,NaOH(aq) \longrightarrow Mg(OH)_2(s) + 2\,NaNO_3(aq) \qquad [4.4]$$

## 교환(복분해) 반응

반응식 4.4를 살펴 보면, 반응 양이온들이 음이온들을 서로 교환하는 것을 알 수 있다. 즉 $Mg^{2+}$는 $OH^-$와, $Na^+$는 $NO_3^-$와 상호 작용하는 것을 알 수 있다. 생성물의 화학식은 이온 전하에 기초한다. 즉 $Mg^{2+}$가 중성 화합물로 되려면 두 개의 $OH^-$ 이온이 필요하고, $Na^+$가 중성 화합물로 되려면 한 개의 $NO_3^-$ 이온이 필요하다. **생성물들의 화학식이 결정되어야 균형 맞춘 반응식을 완성할 수 있다.**

양이온과 음이온이 상호 교환 상대로 나타나는 반응의 일반식은 다음과 같다.

$$AX + BY \longrightarrow AY + BX \qquad [4.5]$$

**예:** $AgNO_3(aq) + KCl(aq) \longrightarrow AgCl(s) + KNO_3(aq)$

이러한 반응을 **교환 반응(exchange reaction)** 또는 **상호 교환 반응(metathesis reaction)**이라고 한다. 침전 반응은 이러한 유형에 부합하고, 4.3절에서 학습하게 될 많은 산−염기 중화 반응들도 같은 유형이다.

### 예제 4.2
**용해도 규칙 사용**

다음 이온 결합 화합물이 가용성인지 불용성인지 분류하시오. **(a)** 탄산 소듐($Na_2CO_3$), **(b)** 황산 납($PbSO_4$).

#### 해답

**분석** 두 가지 이온 결합 화합물의 이름과 화학식을 주고, 물에 녹는지, 녹지 않는지를 묻는 문제이다.

**계획** 질문의 해답은 표 4.1을 이용하되 각 화합물 중 음이온에 초점을 둘 필요가 있다. 표 4.1은 음이온에 따라 체계화되었기 때문이다.

**풀이**

**(a)** 표 4.1에 의하면, 대부분의 탄산염이 불용성이지만, 예외로 소듐 이온과 같은 알칼리 금속 양이온의 탄산염은 물에 녹는다. 그러므로 $Na_2CO_3$는 물에 가용성이다.

**(b)** 표 4.1을 보면 대부분의 황산염은 물에 가용성이지만, $Pb^{2+}$의 황산염은 예외이다. 그러므로 $PbSO_4$는 물에 불용성이다.

**▶ 보충 예제**

다음 화합물 중 물에 불용성인 것은 무엇인가?

**(a)** $(NH_4)_2S$ **(b)** $CaCO_3$ **(c)** NaOH **(d)** $Ag_2SO_4$ **(e)** $Pb(CH_3COO)_2$

## 예제 4.3
### 상호 교환 반응의 예측

(a) $BaCl_2$와 $K_2SO_4$ 수용액을 섞을 때 생성되는 침전물을 예측하시오. (b) 이 반응의 균형 맞춘 화학 반응식을 쓰시오.

**해답**

**분석** 두 가지 이온 반응물이 주어졌고, 그들로부터 생성되는 불용성 생성물을 예측하는 문제이다.

**계획** 반응물에 존재하는 이온들을 쓰고, 두 양이온 사이에서 음이온을 서로 교환한다. 생성물들에 대한 화학식을 쓰고, 표 4.1을 이용하여 생성물이 물에서 불용성인지를 결정한다. 이제 생성물을 알고 있으므로 반응에 대한 반응식을 쓸 수 있다.

**풀이**

(a) 반응물은 $Ba^{2+}$, $Cl^-$, $K^+$, $SO_4^-$ 이온을 포함한다. 음이온을 교환하면 $BaSO_4$와 KCl이 만들어진다. 표 4.1로부터 대부분의 $SO_4^{2-}$ 화합물은 가용성이지만, $Ba^{2+}$와의 화합물은 불용성임을 알 수 있다. 즉, $BaSO_4$는 불용성이므로 용액에서 침전이 될 것이다. 반면에 KCl은 가용성이다.

(b) (a)에서 생성물의 화학식은 $BaSO_4$와 KCl임을 알 수 있다. 균형 맞춘 반응식은 다음과 같다.

$$BaCl_2(aq) + K_2SO_4(aq) \longrightarrow BaSO_4(s) + 2\,KCl(aq)$$

**▶ 보충 예제**

(a) $Fe_2(SO_4)_3$ 수용액과 LiOH 수용액을 섞으면 어떤 화합물이 침전되는가?

(b) 이 반응의 균형 맞춘 화학 반응식을 쓰시오.

---

**상호 교환 반응의 균형을 맞추는 방법**

1. 반응물의 화학식을 사용하여 어떤 이온이 존재하는지 결정한다.
2. 생성물의 화학식을 쓴다. 이를 위해서 한 반응물의 양이온과 다른 반응물의 음이온을 결합시키고, 이온 전하를 사용하여 화학식의 아래 첨자를 결정한다.
3. 생성물의 물에 대한 용해도를 점검한다. 침전 반응이 일어나기 위해서는 적어도 하나의 생성물은 불용성이어야 한다.
4. 반응식의 균형을 맞춘다.

## 이온 반응식과 구경꾼 이온

수용액에서의 반응을 식으로 쓸 때, 우선 녹아 있는 물질들이 이온 또는 분자로 존재하는지를 분명하게 나타내는 것이 유용하다. $Pb(NO_3)_2$와 2KI 사이에서 일어나는 침전 반응을 다시 살펴보자(식 4.3).

$$Pb(NO_3)_2(aq) + 2\,KI(aq) \longrightarrow PbI_2(s) + 2\,KNO_3(aq)$$

이렇게 반응물과 생성물의 완성된 화학식을 보여 주는 반응식을 **분자 반응식**(**molecular equation**)이라고 한다. 그것은 이 방식이 화학식만 보여 주고 이온 특성을 나타내지는 않기 때문이다. $Pb(NO_3)_2$, KI, $KNO_3$는 모두 물에 녹는 이온 결합 화합물이고 강전해질이므로, 용액에서 이온으로 존재하는 화학종들을 나타내는 반응식을 쓸 수도 있다.

$$Pb^{2+}(aq) + 2\,NO_3^-(aq) + 2\,K^+(aq) + 2\,I^-(aq) \longrightarrow PbI_2(s) + 2\,K^+(aq) + 2\,NO_3^-(aq) \qquad [4.6]$$

이렇게 모든 가용성 강전해질을 이온으로 나타낸 반응식을 **완결 이온 반응식**(**complete ion equation**)이라고 한다.

$K^+(aq)$와 $NO_3^-(aq)$가 식 4.6의 양쪽에 나타남을 주목하라. 완결 이온 반응식의 반응물과 생성물 양쪽에 동일한 형태로 나타나는 이온을 **구경꾼 이온**(**spectator ion**)이라고 한다. 구경꾼 이온은 반응에 직접 관여하지 않는다. 수학식처럼 구경꾼 이온을 반응식 양쪽에서 생략하면 **알짜 이온 반응식**(**net ionic equation**)이 남는다. 알짜 이온 반응식은 반응에 직접 관여하는 이온과 분자만을 포함한 것이다.

$$Pb^{2+}(aq) + 2\,I^{-}(aq) \longrightarrow PbI_2(s) \qquad [4.7]$$

전하는 반응 중에 보존되므로 이온 전하의 합계는 균형 맞춘 알짜 이온 반응식의 양쪽에서 같아야 한다. 이 경우에 $2^+$ 양전하와 두 개의 $1^-$ 음전하가 합해져서 0이 되므로 전기적으로 중성인 생성물이 된다. **완결 이온 반응식에 나타난 모든 이온이 구경꾼 이온이라면, 반응이 일어나지 않음을 의미한다.**

알짜 이온 반응식은 전해질과 관련된 여러 반응들 사이의 유사성을 설명하는 데 널리 사용한다. 예를 들어 식 4.7은 $Pb^{2+}(aq)$를 포함하는 강전해질과 $I^{-}(aq)$를 포함하는 강전해질 사이의 침전 반응의 본질적인 특성을 보여 준다. 즉 $Pb^{2+}$와 $I^-$ 이온은 결합하여 $PbI_2$ 침전을 형성한다. 따라서 알짜 이온 반응식은 한 쌍 이상의 반응물이 동일하게 알짜 반응을 일으킬 수 있음을 보여 준다. 예를 들어 KI와 $MgI_2$ 수용액은 모두 $I^-$를 포함하기 때문에 여러 가지 화학적인 유사성을 공유한다. 이 두 수용액에 $Pb(NO_3)_2$를 혼합하면 모두 $PbI_2(s)$를 생성한다. 반면에, 완결 이온 반응식은 어떤 반응에서 침전되는 실제 반응물들을 알 수 있다.

**알짜 이온 반응식 쓰는 방법**

1. 반응에 대한 균형 맞춘 분자 반응식을 쓴다.
2. 가용성 강전해질이 이온으로 해리될 때 용액 중에 생성되는 이온을 나타내는 완결 이온 반응식으로 다시 쓴다. 이때 **수용액에 녹아 있는 강전해질만 이온 형태로 쓴다.**
3. 구경꾼 이온을 식별하고 소거한다.

## 예제 4.4
### 알짜 이온 반응식 쓰기

염화 칼슘과 탄산 소듐의 수용액이 혼합될 때 일어나는 침전 반응의 알짜 이온 반응식을 쓰시오.

### 해답

**분석** 우리가 할 일은 용액에 존재하는 반응물들의 이름을 이용하여 침전 반응의 알짜 이온 반응식을 쓰는 것이다.

**계획** 우선 반응물과 생성물의 화학식을 쓰고, 어느 생성물이 불용성인지를 결정한다. 그런 다음 분자식을 쓰고, 균형을 맞춘다. 가용성 강전해질을 이온으로 쓰고, 완결 이온 반응식을 구한다. 마지막으로, 구경꾼 이온을 제거하여 알짜 이온 반응식을 구한다.

**풀이** 염화 칼슘은 칼슘 이온($Ca^{2+}$)과 염화 이온($Cl^-$)으로 이루어져 있다. 그러므로 그 물질의 수용액은 $CaCl_2(aq)$이다. 탄산 소듐은 $Na^+$ 이온과 $CO_3^{2-}$ 이온으로 이루어져 있다. 그러므로 이 화합물의 수용액은 $Na_2CO_3(aq)$로 표시된다. 침전 반응의 분자 반응식에는 음이온과 양이온이 교환 상대로 나타난다. 따라서 $Ca^{2+}$와 $CO_3^{2-}$를 합치면 $CaCO_3$가 되고, $Na^+$와 $Cl^-$를 합치면 NaCl이 된다. 표 4.1의 용해도 지침에 따라 $CaCO_3$는 불용성이고, NaCl은 가용성이다. 균형 맞춘 분자 반응식은 다음과 같다.

$$CaCl_2(aq) + Na_2CO_3(aq) \longrightarrow CaCO_3(s) + 2\,NaCl(aq)$$

완결 이온 반응식에서는 녹은 강전해질(예를 들어 가용성 이온 화합물)만 이온으로 쓴다. $(aq)$가 뜻하듯이 $CaCl_2$, $Na_2CO_3$, NaCl은 모두 수용액에 녹는다. 게다가 그들은 모두 강전해질이다. $CaCO_3$는 이온 결합 화합물이지만 불용성이다. 불용성 화합물의 화학식은 성분 이온으로 쓰지 못한다. 따라서 완결 이온 반응식은 다음과 같다.

$$Ca^{2+}(aq) + 2\,Cl^{-}(aq) + 2\,Na^{+}(aq) + CO_3^{2-}(aq) \longrightarrow CaCO_3(s) + 2\,Na^{+}(aq) + 2\,Cl^{-}(aq)$$

구경꾼 이온인 $Cl^-$와 $Na^+$ 이온을 제거하면, 다음과 같은 알짜 이온 반응식이 얻어진다.

$$Ca^{2+}(aq) + CO_3^{2-}(aq) \longrightarrow CaCO_3(s)$$

**검토** 원소와 전하의 균형이 맞는지를 확인한다. 한 개의 Ca, 한 개의 C, 세 개의 O가 양쪽에 있고, 알짜 전하는 0이다.

**주의** 이온 반응식에서 어떤 이온도 용액으로부터 제거되지 않았거나 어떤 방법으로도 변하지 않았다면, 모든 이온은 구경꾼 이온이고 반응은 일어나지 않는다.

▶ **보충 예제**
질산 은 수용액과 인산 포타슘 수용액을 섞을 때 일어나는 침전 반응의 알짜 이온 반응식을 쓰시오.

## 자기 평가 연습 문제

**4.6** 다음 중 용액을 혼합했을 때 침전물이 생기는 것은 어느 것인가?
(a) $KOH(aq)$와 $MgSO_4(aq)$
(b) $NaOH(aq)$와 $KNO_3(aq)$
(c) $NH_4Cl(aq)$와 $Rb_2CO_3(aq)$

## 연습 문제

**4.7** 용해도 지침을 이용하여 다음 각 화합물이 물에 녹는지, 녹지 않는지를 예측하시오.
(a) $Hg_2SO_4$ (b) $NH_4OH$ (c) $Ni(CH_3COO)_2$
(d) $AgNO_3$ (e) $FeCO_3$

**4.8** 다음 용액을 섞으면 침전물이 생성되는가? 그렇다면 균형 맞춘 화학 반응식을 쓰시오.
(a) $Ca(CH_3COO)_2$와 $NaOH$ (b) $K_2CO_3$와 $NH_4NO_3$
(c) $Na_2S$와 $FeCl_3$

**4.9** 다음 각 경우에서 일어나는 반응의 균형 맞춘 알짜 이온 반응식을 쓰시오. 반응에서 알짜 이온과 구경꾼 이온을 구별 하시오.
(a) $Ba(OH)_2(aq) + FeCl_3(aq)$ (b) $ZnCl_2(aq) + Cs_2CO_3(aq)$
(c) $Na_2S(aq) + CoSO_4(aq)$

**4.10** 미지의 염 용액 시료를 묽은 $HBr$, $H_2SO_4$, $NaOH$ 용액으로 처리하여 분리하였더니 세 경우 모두에서 침전물이 생성되었다. $K^+$, $Pb^{2+}$, $Ba^{2+}$ 중 어느 양이온이 미지 용액에 포함되어 있었겠는가?

**4.11** $AgNO_3$, $CaCl_2$, $Al_2(SO_4)_3$ 중 하나의 수용액이 라벨 없는 병에 들어 있다. 친구가 이 용액 일부를 $Ba(NO_3)_2$ 용액과 $NaCl$ 용액으로 실험해 보기를 권하였다. 친구의 논리에 의하면, 어떤 화학 반응이 일어나 병 속의 미지 용액을 확인할 수 있는가?
(a) 황산 바륨이 침전된다.
(b) 염화 은이 침전된다.
(c) 황산 은이 침전된다.
(d) 전부는 아니고 (a)~(c) 중 하나 이상의 반응이 일어난다.
(e) (a)~(c)의 세 반응이 모두 일어난다.

자기 평가 연습 문제 답 **4.6** (a)

# 4.3 산–염기 및 중화 반응

여러 가지 산과 염기는 공업용 및 가정용 물질로 쓰이며, 생물학적 체액의 중요한 성분이기도 하다. 예를 들어 염산(hydrochloric acid)은 중요한 공업용 화학 약품일 뿐만 아니라 위액의 중요한 성분이다. 식초와 레몬 주스는 가정에서 사용하는 일반적인 산이다. 암모니아와 베이킹 소다(탄산수소 소듐)는 가정에서 사용하는 일반적인 염기이다. 또한 산과 염기는 흔한 전해질이다.

이 절이 끝나면 다음 사항을 수행할 수 있어야 한다.

- 산과 염기가 겪는 일반적인 반응 유형들을 알기

## 산

2.8절에서 언급한 **산(acid)**은 수용액에서 이온화하여 수소 이온($H^+$)을 생성한다. 수소 원자는 한 개의 양성자와 한 개의 전자로 구성되므로, $H^+$는 곧 양성자이다. 그러므로 산을 종종 **양성자 주개**(proton donor)라고도 부른다. 네 가지 흔한 산의 분자 모형을 **그림 4.4**에 나타내었다.

다른 양이온들과 마찬가지로 양성자도 물 분자에 의해 용매화된다(그림4.2(a)). 수용액 상태의 양성자를 화학식으로는 $H^+(aq)$로 나타낸다.

다른 산 분자들은 해리하여 다른 개수의 $H^+$ 이온을 생성하기도 한다. HCl과 $HNO_3$는 모두 하나의 산 분자로부터 한 개의 $H^+$를 생성하는 **일양성자산**(monoprotic acid)의 예이다. 황산($H_2SO_4$)은 하나의 산 분자로부터 두 개의 $H^+$를 생성하는 **이양성자산**(diprotic acid)의 예이다. 황산과 그 밖의 다른 이양성자산의 이온화는 다음과 같이 두 단계로 일어난다.

$$H_2SO_4(aq) \longrightarrow H^+(aq) + HSO_4^-(aq) \quad [4.8]$$

$$HSO_4^-(aq) \rightleftharpoons H^+(aq) + SO_4^{2-}(aq) \quad [4.9]$$

비록 $H_2SO_4$는 강전해질이지만 첫번째 이온화 반응만 완전하게 일어난다(식 4.8). 그 결과 황산 수용액은 $H^+(aq)$, $HSO_4^-(aq)$, $SO_4^{2-}(aq)$의 혼합물을 포함한다.

아세트산($CH_3COOH$) 분자는 식초의 주성분이다. 그림 4.4에서 보듯이, 아세트산은 네 개의 수소를 가지고 있지만, $-COOH$기의 H 하나만 물에서 이온화된다. 아세트산에 있는 나머지 세 개의 수소는 탄소와 결합하고 있는데, 이 C–H 결합은 물에서 분리되지 않는다. 이러한 차이에 대한 이유는 매우 흥미로우며, 자세한 내용은 16장에서 논의할 것이다.

## 염기

**염기(base)**란 $H^+$ 이온을 받는, 즉 $H^+$ 이온과 반응하는 물질이다. 염기는 물에 녹아 수산화 이온(hydroxide, $OH^-$)을 생성한다. NaOH, KOH 및 $Ca(OH)_2$와 같은 이온성 수산화물들은 가장 일반적인 염기이다. 이들이 물에 녹으면 용액에 $OH^-$ 이온을 내면서 해리한다.

$OH^-$ 이온을 포함하지 않은 화합물도 염기가 될 수 있다. 예를 들면 암모니아($NH_3$)는 일반적인 염기이다. 암모니아를 물에 첨가하면 물로부터 $H^+$ 이온을 받아 $OH^-$ 이온을 생성한다(**그림 4.5**).

$$H_2O(l) + NH_3(aq) \rightleftharpoons OH^-(aq) + NH_4^+(aq) \quad [4.10]$$

$NH_3$의 약 1%만 $NH_4^+$와 $OH^-$ 이온을 생성하므로, 암모니아는 약전해질이다.

염산 (HCl) 질산 ($HNO_3$) 황산 ($H_2SO_4$) 아세트산 ($CH_3COOH$)

▶ **그림 4.4** 네 가지 일반적인 산의 분자 모형

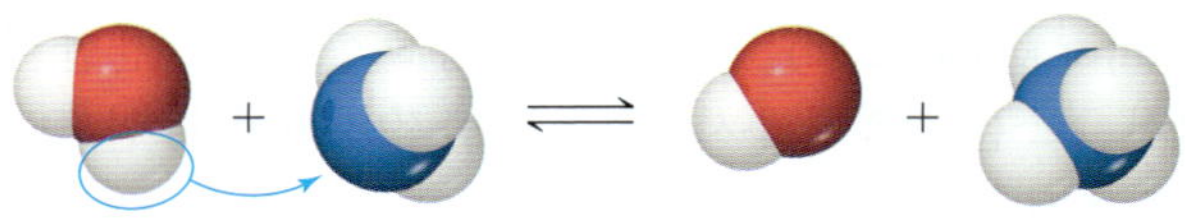

$H_2O$ + $NH_3$ ⇌ $OH^-$ + $NH_4^+$

▶ **그림 4.5** 양성자 전달 물 분자는 양성자 주개(산), $NH_3$는 양성자 받개(염기)이다. 수용액에서 소량의 $NH_3$ 분자만 물과 반응한다. 따라서, $NH_3$는 약전해질이다.

## 강산, 강염기와 약산, 약염기

용액에서 완전히 해리되는 강전해질의 산과 염기를 **강산(strong acid)**과 **강염기(strong base)**라고 한다. 일부만 해리되는 약전해질의 산과 염기를 **약산(weak acid)**과 **약염기(weak base)**라고 한다. 반응성이 $H^+(aq)$ 농도에만 의존한다면, 강산은 약산보다 반응성이 더 크다. 그러나 산의 반응성은 $H^+(aq)$ 농도뿐만 아니라 음이온에도 의존한다. 예를 들면 플루오린화 수소산(HF)은 수용액에서 일부만 이온화하는 약산이지만 매우 반응성이 크고, 유리를 비롯한 많은 물질과 격렬하게 반응한다. 이러한 반응성은 $H^+(aq)$와 $F^-(aq)$의 협동적인 작용 때문이다.

흔히 접할 수 있는 일반적인 강산과 강염기는 표 4.2에 나타내었다. 정확하게 강전해질을 구별하고 알짜 이온 반응식을 쓰기 위해서는 강산과 강염기를 반드시 기억해야 한다. 이 목록이 간결하다는 것은 대부분의 산이 약하다는 것을 의미한다. $H_2SO_4$의 경우 앞선 언급한 것처럼 첫 번째 양성자만이 완전히 이온화된다. 일반적으로 강염기는 일반적인 가용성 금속 수산화물이다. 가장 일반적인 약염기는 $NH_3$로서, 물과 함께 반응하여 $OH^-$ 이온을 생성한다(식 4.10).

## 강전해질과 약전해질의 확인

일반적인 강산과 강염기(표 4.2)를 기억하고, $NH_3$가 약염기임을 기억한다면, 많은 **수용성** 물질들의 전해질 세기를 합리적으로 예측할 수 있다. 표 4.3은 전해질들에 대해서 관찰한 것을 요약한 것이다. 우선 물질이 이온성인지, 분자성인지를 확인한다. 그 물질이 이온성이면 그것은 강전해질이다. 만약 그 물질이 분자성이면 산인지, 염기인지를 생각해 본다. 화학식에서 H를 첫 번째로 가지거나 COOH기가 있으면 그것은 산이다. 만약 그 물질이 산이면, 표 4.2를 이용하여 강전해질인지, 약전해질인지를 결정한다. 모든 강산은 강전해질이고, 약산은 약전해질이다. 어떤 산이 표 4.2

**표 4.2 일반적인 강산과 강염기**

| 강산 | 강염기 |
|---|---|
| 염산(HCl) | 1족 금속 수산화물[LiOH, NaOH, KOH, RbOH, CsOH] |
| 브로민화 수소산(HBr) | |
| 아이오딘화 수소산(HI) | 2족 금속 수산화물들 중 일부[$Ca(OH)_2$, $Sr(OH)_2$, $Ba(OH)_2$] |
| 염소산($HClO_3$) | |
| 과염소산($HClO_4$) | |
| 질산($HNO_3$) | |
| 황산($H_2SO_4$) (첫번째 수소) | |

### 예제 4.5
**산의 세기 비교**

다음은 물 분자가 생략된 세 가지 산(HX, HY, HZ)의 수용액 상태를 표현한 그림이다. 강산에서 약산의 순서로 나타내시오.

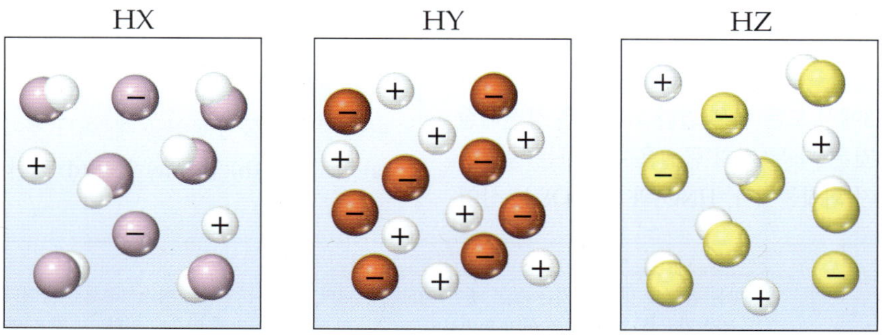

### 해답

**분석** 각 용액의 그림에 기초하여, 가장 센 산부터 가장 약한 산의 순서로 나열하는 문제이다.

**계획** 그림에서 전하를 띠지 않는 분자들의 상대적인 수를 결정할 수 있다. 용액 상태에서 가장 센 산은 가장 많은 수소 이온($H^+$)을 가지고, 동시에 해리되지 않은 분자를 가장 적게 가진다. 가장 약한 산은 해리되지 않은 분자를 가장 많이 가진다.

**풀이** 순서는 HY > HZ > HX이다. HY는 강산이다. 왜냐하면 완전히 이온화되어 있기 때문이다, 즉 용액에 HY 분자가 없다. 반면, 분자와 이온의 혼합물로 이루어진 HX와 HZ는 약산이다. 여기서는 HZ가 더 센 산인데, 이는 HZ가 HX보다 더 많은 $H^+$ 이온을 포함하고 있고, 분자수가 적기 때문이다.

**▶ 보충 예제**
같은 농도의 다른 산을 포함한 수용액들(아세트산, 염소산, 브로민화 수소산)을 준비했다. 어느 용액(들)이 전기가 가장 잘 통하는가?
**(a)** 염소산 **(b)** 브로민화 수소산 **(c)** 아세트산 **(d)** 염소산과 브로민화 수소산 **(e)** 세 용액 모두 동일한 전기 전도성을 갖는다.

**표 4.3 일반적인 수용성 이온 결합 화합물 및 분자 화합물의 전해질 거동에 대한 요약**

| | 강전해질 | 약전해질 | 비전해질 |
|---|---|---|---|
| **이온성** | 모두 | 없다 | 없다 |
| **분자성** | 강산, 강염기( 표 4.2 참조) | 약산, 약염기 | 기타 모든 화합물 |

에 없다면, 그것은 아마도 약산이고 약전해질일 가능성이 높다.

만약 어떤 물질이 염기라면, 표 4.2를 이용하여 강염기인지를 결정한다. $NH_3$는 이 장에서 취급하는 유일한 염기성 분자로, 약염기이다. 따라서 표 4.3을 통해서 약전해질임을 알 수 있다. 마지막으로, 이 장에서 볼 수 있는 어떤 분자성 물질은 산이나 $NH_3$가 아니면 비전해질일 것이다.

## 중화 반응과 염

산성 용액과 염기성 용액은 아주 다른 특성을 갖는다. 산은 신맛을 내지만, 염기는 쓴맛을 낸다.*

### 예제 4.6
**강전해질, 약전해질, 비전해질 확인하기**

다음 물질을 강전해질, 약전해질, 비전해질로 분류하시오. $CaCl_2$, $HNO_3$, $C_2H_5OH$(에탄올), HCOOH(폼산), KOH.

### 해답

**분석** 몇 가지 화학식을 제시하고, 이들을 각각 강전해질, 약전해질, 비전해질로 분류하는 문제이다.

**계획** 이것을 푸는 방법은 표 4.3에 요약되어 있다. 물질이 이온성 인지, 분자성인지는 그 물질의 조성을 알면 예측할 수 있다. 2.7절에서 본 대로, 이 책에서 취급하는 대부분의 이온 결합 화합물은 금속과 비금속을 포함하는 반면에, 대부분의 분자 화합물은 비금속만으로 구성된다.

**풀이** 위의 화합물 중 두 화합물, 즉 $CaCl_2$와 KOH가 이온 결합 화합물의 기준에 맞는다. 표 4.3에서 모든 이온 결합 화합물은 강전해질이라고 하였기 때문에, 그것은 이 두 가지 물질을 분류하는 방법이다. 나머지 세 화합물은 분자 화합물이다. $HNO_3$와 HCOOH는 산이다. 질산($HNO_3$)은 표 4.2에서 보는 바와 같이, 강산(강전해질)이다. 대부분의 산은 약산이므로, HCOOH는 약산(약전해질)이라는 것이 가장 적절한 추측이다. 나머지 분자 화합물은 $C_2H_5OH$인데, 산도 아니고 염기도 아니므로 비전해질이다.

**주의** 에탄올($C_2H_5OH$)은 OH기를 갖지만, 금속 수산화물이 아니므로 염기가 아니다. 에탄올은 알코올(2.9절)로서, C−OH 결합을 가진 유기 화합물이다. COOH기를 포함하고 있는 유기 화합물은 카복실산(16장)이라고 한다. COOH기를 가지는 분자는 약산이다.

**▶ 보충 예제**
다음 물질을 물에 녹였을 때, 어느 것이 강전해질인가?
**(a)** 암모니아 **(b)** 염산 **(c)** 엽산 **(d)** 질산 소듐 **(e)** 설탕

*화합물 용액을 맛보는 것은 물론 좋은 태도는 아니다. 그러나 우리는 아스코르브산(바이타민 C), 아세틸살리실산(아스피린), 시트르산(감귤류) 같은 것을 이미 먹어보았고, 그들의 독특한 신맛에 익숙해 있다. 그 맛은 염기성인 비누 맛과는 다르다.

산은 염기와 다른 방식으로 특정 염료의 색을 변화시킨다. 이것이 리트머스 종이(그림 4.6)로 알려진 지시약의 원리이다. 여기서 다루는 산–염기 화학은 화학 전반에 걸쳐 중요한 주제이다.

산 용액과 염기 용액을 섞으면 **중화 반응(neutralization reaction)**이 일어난다. 반응의 생성물은 산성 용액 또는 염기성 용액의 특성을 나타내지 않는다. 예를 들면 염산을 수산화 소듐 용액과 섞으면 다음과 같은 반응이 일어난다.

$$\underset{(산)}{HCl(aq)} + \underset{(염기)}{NaOH(aq)} \longrightarrow \underset{(물)}{H_2O(l)} + \underset{(염)}{NaCl(aq)} \quad [4.11]$$

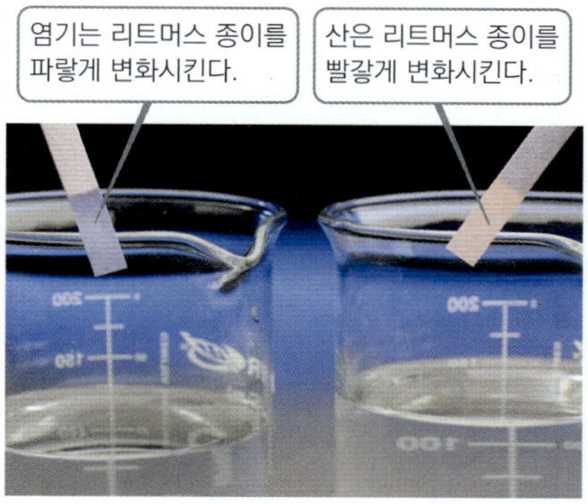


▲ **그림 4.6 리트머스 종이** 리트머스 종이 겉면에는 염료가 도포되어 산이나 염기와 만나면 색깔이 변한다.

여기서 물과 염(NaCl)은 이 반응의 생성물이다. **염(salt)**이라는 용어는 이온 결합 화합물을 뜻한다. 염의 양이온은 염기로부터(예를 들면 NaOH로부터 온 $Na^+$), 음이온은 산으로부터(예를 들면 HCl로부터 온 $Cl^-$) 온 것이다. 일반적으로 **산과 금속 수산화물 사이의 중화 반응은 물과 염을 생성한다.**

HCl, NaOH, NaCl은 모두 수용성의 강전해질이므로, 식 4.11과 연관된 완결 이온 반응식은 다음과 같다.

$$H^+(aq) + Cl^-(aq) + Na^+(aq) + OH^-(aq) \longrightarrow H_2O(l) + Na^+(aq) + Cl^-(aq) \quad [4.12]$$

따라서 알짜 이온 반응식은 다음과 같다.

$$H^+(aq) + OH^-(aq) \longrightarrow H_2O(l) \quad [4.13]$$

식 4.13은 어떤 강산과 어떤 강염기 간의 중화 반응에 대한 기본적인 특성을 요약한 것이다. $H^+(aq)$와 $OH^-(aq)$ 이온은 결합하여 $H_2O(l)$를 형성한다.

그림 4.7은 염산과 물에 불용성 염기인 $Mg(OH)_2$의 반응을 보여 준다.

**분자 반응식:** $$Mg(OH)_2(s) + 2\,HCl(aq) \longrightarrow MgCl_2(aq) + 2\,H_2O(l) \quad [4.14]$$

**알짜 이온 반응식:** $$Mg(OH)_2(s) + 2\,H^+(aq) \longrightarrow Mg^{2+}(aq) + 2\,H_2O(l) \quad [4.15]$$

여기서는 고체 반응물에 있는 $OH^-$ 이온과 $H^+$ 이온이 결합하여 $H_2O$가 된다. 이들은 이온 교환 상대이므로, 산과 금속 수산화물 사이의 중화 반응은 일종의 상호 교환 반응이다.

## 예제 4.7
### 중화 반응에 대한 화학 반응식 쓰기

아세트산($CH_3COOH$)과 수산화 바륨($Ba(OH)_2$) 수용액의 반응에 대한 다음 물음에 답하시오.
**(a)** 균형 맞춘 분자 반응식을 쓰시오. **(b)** 완결 이온 반응식을 쓰시오. **(c)** 알짜 이온 반응식을 쓰시오.

### 해답

**분석** 산과 염기의 화학식을 제시하고, 중화 반응을 위한 균형 맞춘 분자 반응식, 완결 이온 반응식, 알짜 이온 반응식을 쓰는 문제이다.

**계획** 식 4.11과 굵은 글씨의 설명처럼, 중화 반응은 두 가지 생성물, 즉 $H_2O$와 염을 생성한다. 염의 조성을 결정하기 위해 염기의 양이온과 산의 음이온을 조사한다.

**풀이**

**(a)** 생성 염은 염기의 양이온($Ba^{2+}$)과 산의 음이온($CH_3COO^-$)을 포함한다. 그러므로 염의 화학식은 $Ba(CH_3COO)_2$이다. 표 4.1에 따르면, 이 화합물은 물에서 가용성이다. 중화 반응의 균형 맞지 않은 분자 반응식은 오른쪽과 같다.

$$CH_3COOH(aq) + Ba(OH)_2(aq) \longrightarrow H_2O(l) + Ba(CH_3COO)_2(aq)$$

이 반응식의 균형을 맞추기 위해서는 $CH_3COOH$의 계수를 2로 두어야 한다. 이는 두 개의 $CH_3COO^-$ 이온을 공급하고, 두 개의 염기성 $OH^-$ 이온과 결합하는 데 필요한 두 개의 $H^+$ 이온을 공급해야 하기 때문이다. 균형 맞춘 분자 반응식은 다음과 같다.

$$2\,CH_3COOH(aq) + Ba(OH)_2(aq) \longrightarrow 2\,H_2O(l) + Ba(CH_3COO)_2(aq)$$

**(b)** 완결 이온 반응식을 쓸 때 강전해질을 확인하고, 그것들을 이온으로 분리한다. 이 경우, $Ba(OH)_2$와 $Ba(CH_3COO)_2$는 모두 수용성 이온 결합 화합물이므로 강전해질이다. 따라서 완결 이온 반응식은 다음과 같다.

$$2\,CH_3COOH(aq) + Ba^{2+}(aq) + 2OH^-(aq) \longrightarrow 2\,H_2O(l) + Ba^{2+}(aq) + 2\,CH_3COO^-(aq)$$

**(c)** 구경꾼 이온($Ba^{2+}$)을 제거하고, 계수를 간단히 하면 알짜 이온 반응식이 된다.

$$CH_3COOH(aq) + OH^-(aq) \longrightarrow H_2O(l) + CH_3COO^-(aq)$$

**검토** 분자 반응식은 화살표 양쪽에 있는 각종 원자수를 계산하여 균형이 맞았는지를 확인할 수 있다. 즉 양쪽에는 각각 10개의 H, 6개의 O, 4개의 C, 1개의 Ba가 있다. 그러나 때때로 작용기를 세면, 반응식을 더 쉽게 검토할 수 있다. 반응식 양쪽에는 각각 2개의 $CH_3COO$기, 1개의 Ba, 그 밖에 4개의 H, 2개의 O가 있다. 반응식 양쪽의 각종 원소의 수와 알짜 전하가 동일한가에 유의하며, 알짜 이온 반응식을 검토한다.

▶ **보충 예제**

질산과 암모니아 수용액의 반응에 대한 옳은 알짜 이온 반응식은 어느 것인가?

**(a)** $NH_4^+(aq) + H^+(aq) \longrightarrow NH_5^{2+}(aq)$
**(b)** $NH_3(aq) + NO_3^-(aq) \longrightarrow NH_2^-(aq) + HNO_3(aq)$
**(c)** $NH_2^-(aq) + H^+(aq) \longrightarrow NH_3(aq)$
**(d)** $NH_3(aq) + H^+(aq) \longrightarrow NH_4^+(aq)$
**(e)** $NH_4^+(aq) + NO_3^-(aq) \longrightarrow NH_4NO_3(aq)$

이 반응에서 염산 대신 질산을 사용하면 어떤 생성물이 생길까?

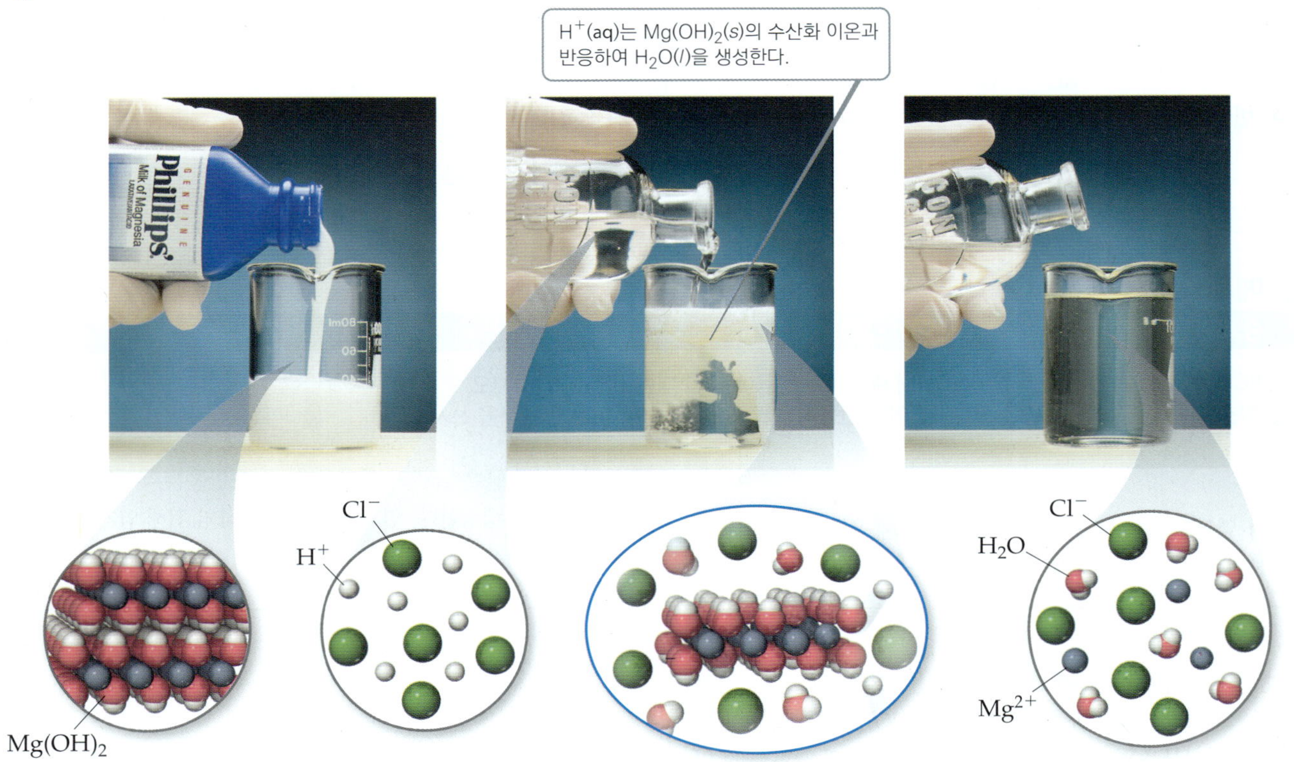


| 반응물 | | 생성물 |
|---|---|---|
| $Mg(OH)_2(s) + 2\,HCl(aq)$ | $\longrightarrow$ | $MgCl_2(aq) + 2\,H_2O(l)$ |

▲ **그림 4.7 $Mg(OH)_2(s)$와 염산의 중화 반응** 마그네시아유(milk of magnesia)는 수용액 중 불용성인 수산화 마그네슘($Mg(OH)_2(s)$)의 현탁액이다. 수산화 마그네슘에 염산($HCl(aq)$)을 충분히 첨가하면 반응의 결과로 $Mg^{2+}(aq)$와 $Cl^-(aq)$를 포함하는 수용액이 된다.

## 기체 생성 중화 반응

$OH^-$ 외에도 많은 염기성 물질들이 $H^+$와 반응하여 분자 화합물을 생성한다. 실험실에서 흔히 볼 수 있는 것 중 두 가지는 황화 이온과 탄산 이온이다. 이 두 가지 이온은 산과 반응하여 물에 약간 녹는 기체를 만든다.

썩은 달걀 냄새가 나는 황화 수소($H_2S$)는 $HCl(aq)$과 같은 산이 $Na_2S$ 같은 금속 황화물과 반응할 때 생성된다.

**분자 반응식:** $$2\,HCl(aq) + Na_2S(aq) \longrightarrow H_2S(g) + 2\,NaCl(aq) \quad [4.16]$$

**알짜 이온 반응식:** $$2\,H^+(aq) + S^{2-}(aq) \longrightarrow H_2S(g) \quad [4.17]$$

탄산염과 탄산수소염이 산과 반응하면 $CO_2(g)$가 발생한다. 산이 $CO_3^{2-}$ 또는 $HCO_3^-$ 이온과 반응하면 우선적으로 탄산($H_2CO_3$)이 만들어진다. 예를 들어 염산을 탄산수소 소듐에 가하면 다음 반응이 일어난다.

$$HCl(aq) + NaHCO_3(aq) \longrightarrow NaCl(aq) + H_2CO_3(aq) \quad [4.18]$$

하지만, 탄산은 불안정하다. 만약 용액 중 탄산의 농도가 충분하면 탄산은 분해되어 $H_2O$와 $CO_2$를 생성하고, 기체는 용액에서 빠져나간다.

$$H_2CO_3(aq) \longrightarrow H_2O(l) + CO_2(g) \quad [4.19]$$

전체 반응은 다음과 같이 요약된다.

**분자 반응식:** $$HCl(aq) + NaHCO_3(aq) \longrightarrow NaCl(aq) + H_2O(l) + CO_2(g) \quad [4.20]$$

**알짜 이온 반응식:** $$H^+(aq) + HCO_3^-(aq) \longrightarrow H_2O(l) + CO_2(g) \quad [4.21]$$

$NaHCO_3(s)$와 $Na_2CO_3(s)$는 산을 쏟았을 때 중화제로 사용하는데, 이때 탄산수소염이나 탄산염을 $CO_2(g)$ 거품이 멈출 때까지 첨가한다. 때때로 탄산수소 소듐은 배탈을 진정시키는 제산제로 사용한다. 이런 경우 $HCO_3^-$가 위산과 반응하면 $CO_2(g)$가 발생한다.

### 작동하는 화학 제산제

우리의 위장은 산을 분비하여 음식물의 소화를 돕는다. 염산을 포함하는 이들 산은 용액 1리터당 0.1 mol의 $H^+$을 포함한다. 위장과 소화기관은 점막에 의해 위산의 부식 효과로부터 보호된다. 그러나 점막에 구멍이 생겨 조직이 공격을 받으면 고통을 느낀다. 궤양이라고 불리는 이 구멍은 소화기의 점막이 약하거나 위산의 과다 분비로 생긴다. 많은 소화성 궤양은 **헬리코박터 파일로리**(*Helicobacter pylori*)라는 세균 감염으로부터 생긴다. 미국인의 10~20%는 평생 동안 궤양으로 고통받고 있는데, 나머지 다수의 사람들도 종종 위산이 식도로 역류하면서 생기는 소화불량이나 속쓰림을 경험한다.

위산 과다를 해결하는 두가지 방법은 (1) 과다 위산 제거, (2) 위산 분비 감소 등이다. 과다 위산을 제거하는 물질을 **제산제**(antiacid)라고 하고, 산 분비를 감소시키는 물질을 **산 억제제**(acid inhibitor)라고 한다. **그림 4.8**은 일반적인 제산제를 보여 준다. 제산제는 위산을 중화시키는 수산화 이온, 탄산 이온, 탄산수소 이온 등을 포함하는 염기이다. **표 4.4**에 제산제의 활성 성분이 나열되어 있다. Tagamet®과 Zantc® 같은 새로운 항궤양제는 위산 억제제이다. 이들은 위 점막의 위산 생성 세포에 영향을 준다. 이와 같은 위산 억제제는 처방전 없이도 구입할 수 있다.

**관련 연습 문제: 4.99**

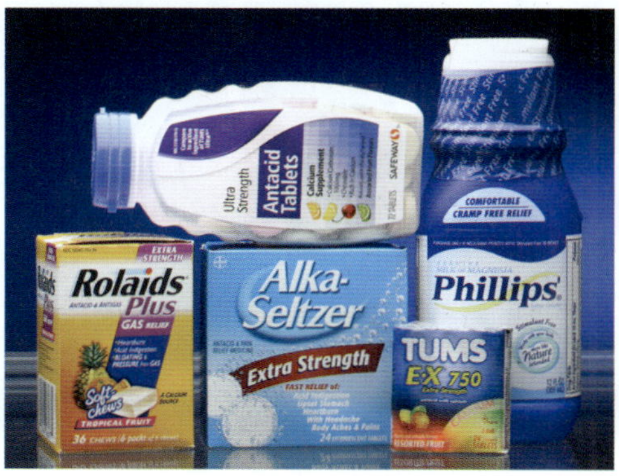


▲ **그림 4.8 제산제** 이 제품들은 위산 중화제이다.

**표 4.4 일반적인 제산제**

| 상표명 | 산 중화제 |
|---|---|
| Alka–Seltzer® | $NaHCO_3$ |
| Amphojel® | $Al(OH)_3$ |
| Di–Gel® | $Mg(OH)_2$, $CaCO_3$ |
| 마그네시아유 | $Mg(OH)_2$ |
| Maalox® | $Mg(OH)_2$, $Al(OH)_3$ |
| Mylanta® | $Mg(OH)_2$, $Al(OH)_3$ |
| Rolaids® | $Mg(OH)_2$, $CaCO_3$ |
| Tums® | $CaCO_3$ |

## 자기 평가 연습 문제

**4.12** $Al(OH)_3$을 포함하는 제산제와 위산과의 반응에 대한 알짜 이온 반응식은 어느 것인가?

**(a)** $HCl(aq) + Al(OH)_3(s) \longrightarrow H_2O(l) + AlCl_3(aq)$

**(b)** $3HCl(aq) + Al(OH)_3(s) \longrightarrow 3H_2O(l) + AlCl_3(aq)$

**(c)** $3H^+(aq) + Al(OH)_3(s) \longrightarrow 3H_2O(l) + Al^{3+}(aq)$

## 연습 문제

**4.13** 다음 설명이 참인지 거짓인지를 결정하고, 그 이유를 설명하시오.

**(a)** 황산은 일양성자산이다.

**(b)** HCl은 약산이다.

**(c)** 메탄올은 염기이다.

**4.14** 다음 각 물질이 산인지, 염기인지, 염인지, 아니면 아무것도 아닌지를 나타내시오. 수용액에서 모두 분자 형태로 존재하는 물질과 전부 이온으로 존재하는 물질, 분자와 이온의 혼합 형태로 존재하는 물질로 나타내시오.

**(a)** HF **(b)** 아세토나이트릴($CH_3CN$) **(c)** $NaClO_4$ **(d)** $Ba(OH)_2$

**4.15** 다음 각 화합물을 물에서 비전해질, 약전해질, 강전해질로 분류하시오.

**(a)** HF **(b)** $C_6H_5COOH$(벤조산) **(c)** $C_6H_6$(벤젠)

**(d)** $CoCl_3$ **(e)** $AgNO_3$

**4.16** 다음 분자 반응식을 완결하고, 균형을 맞추고, 각각의 알짜 이온 반응식을 쓰시오.

**(a)** $HBr(aq) + Ca(OH)_2(aq) \longrightarrow$

**(b)** $Cu(OH)_2(s) + HClO_4(aq) \longrightarrow$

**(c)** $Al(OH)_3(s) + HNO_3(aq) \longrightarrow$

**4.17** 다음 반응의 균형 맞춘 분자 반응식과 알짜 이온 반응식을 쓰고, 각각에서 생성된 기체를 나타내시오.

**(a)** 고체 황화 카드뮴과 황산 수용액의 반응

**(b)** 고체 탄산 마그네슘과 과염소산 수용액의 반응

**4.18** 탄산 마그네슘, 산화 마그네슘, 수산화 마그네슘은 모두 흰색 고체이고, 산성 용액과 반응한다.

**(a)** 이 고체를 각각 염산과 반응시켰을 때 일어나는 반응에 대한 균형 맞춘 분자 반응식과 알짜 이온 반응식을 쓰시오.

**(b)** (a)의 반응의 관찰로부터 세 가지 마그네슘 물질 중 하나를 다른 두 가지와 어떻게 구별할 수 있는가?

자기 평가 연습 문제 답 **4.12** (c)

# 4.4 산화-환원 반응

거의 모든 금속은 대기에 노출되면 부식된다. 이 과정에서 금속은 반응하여 화합물을 형성하고,

특유의 광택을 잃게 된다. 금과 백금은 예외이므로 이러한 금속들은 보석류로 높이 평가받는다. 표면의 부식 코팅이 단지 미관상 흉한 것에 그치는 소수의 경우를 제외하면, 많은 경우에는 경제적으로도 바람직하지 않은 영향을 준다. 금속으로부터 화합물을 형성하는 것은 거의 항상 부피의 증가를 동반하여, 온전한 구조에 손상을 초래할 수 있다. 극단적인 상황에서는, 부식에 의해 구조가 회복 불능의 치명적인 손상을 입기도 한다. 2018년 8월 14일, 이탈리아 Genova의 Morandi 다리가 붕괴되어 43명이 사망했다.

이 절이 끝나면 다음 사항을 수행할 수 있어야 한다.

- 산화–환원 반응을 수반하는 과정들을 이해하기

침전 반응에서는 양이온과 음이온이 합쳐져서 불용성 이온 결합 화합물을 생성한다. 중화 반응에서는 $H^+$ 이온과 $OH^-$ 이온이 합쳐져서 $H_2O$를 생성한다. 세 번째 유형은 하나의 반응물에서 다른 반응물로 전자가 이동하는 반응이다. 이러한 반응을 **산화–환원 반응**(**oxidation–reduction reaction**, 또는 **redox reaction**)이라고 한다. 이 절에서는 반응물을 이루는 금속 원소의 산화–환원 반응을 주로 다룬다. 산화–환원 반응은 심해 열수 분출구 주위에서 일어나는 현상을 포함하여 많은 생물학적, 지질학적 변화 과정을 이해하는 데 필수적이다. 산화–환원 반응은 또한 건전지나 연료 전지 같은 에너지 관련 기술의 기초가 된다(20장).

## 산화와 환원

가장 일반적인 산화–환원 반응은 금속의 **부식**(corrosion)이다(그림 4.9). 구리 지붕이나 동상의 표면에 생성되는 녹색층처럼, 부식이 금속 표면에서만 일어나기도 한다. 그러나 철이 부식되는 것과 같이 부식이 금속 내부까지 진행되어 금속의 강도가 약해지는 경우도 있다.

부식이란 어떤 환경에서 금속이 다른 물질과 반응하여 금속 화합물로 전환되는 것이다. 금속이 부식될 때 각 금속 원자는 전자를 잃어서 양이온이 되고, 이후 음이온과 결합하여 이온 결합 화합물을 생성한다. 자유의 여신상의 녹색 녹은 $Cu^{2+}$가 수산화 이온 및 탄산 이온과 결합한 것이고, 철의 녹은 $Fe^{3+}$와 산화 이온 및 수산화 이온이 결합한 것이며, 은의 녹은 $Ag^+$와 황화 이온이 결합한 것이다.

원자, 이온, 분자가 전자를 잃어서 더 많은 양전하를 띠게 되면, **산화되었다**고 한다. 즉, 물질에 의해 전자를 잃는 것이 **산화**(**oxidation**)이다. **산화**라는 용어는 산소와 반응한 연구가 이 유형의 첫 번째 반응이기 때문이다. 많은 금속들은 공기 중에서 $O_2$와 직접 반응하여 금속 산화물을 만든다. 이 반응에서 금속은 산소에 전자를 잃어버리고, 금속 이온과 산화 이온의 이온 결합 화합물을 생성한다. 철이 녹스는 과정은 물이 존재하는 곳에서 일어나는 철 금속과 산소의 반응이다. 이 과정에서 철은 **산화되어**(전자를 잃고) $Fe^{3+}$ 이온을 생성한다.

(a) (b) (c)

▲ 그림 4.9 잘 알려진 부식의 생성물 (a) 구리가 산화된 녹색 구리 녹 (b) 철의 부식으로 생성된 철 녹 (c) 은의 부식으로 생성된 광택을 잃은 검은색의 은 녹

철과 산소의 반응은 비교적 느린 반응이지만, 알칼리 금속이나 알칼리 토금속은 공기 중에서도 매우 빠르게 반응한다. **그림 4.10**은 광택이 있는 칼슘 금속 표면이 반응에서 생성된 CaO로 변색되는 과정을 보여 준다.

$$2\,Ca(s) + O_2(g) \longrightarrow 2\,CaO(s) \qquad [4.22]$$

이 반응에서 Ca는 $Ca^{2+}$로 산화되고, 중성의 $O_2$는 $O^{2-}$ 이온으로 바뀐다. 식 4.22와 같이, 산화는 Ca 금속에서 전자가 $O_2$로 이동하여 궁극적으로 CaO를 생성하게 한다. 원자, 이온 혹은 분자들이 더 많은 음전하를 띠면(즉 전자를 얻으면), 그것은 **환원되었다**고 한다. 즉 물질이 전자를 얻는 것이 **환원**(**reduction**)이다. 한 반응물이 전자를 잃으면(산화되면), 다른 반응물은 반드시 전자를 얻어야 한다. 즉 한 물질의 산화는 항상 다른 물질의 환원을 수반한다. 그래서 식 4.22와 같이, 산소 분자는 $O^{2-}$ 이온으로 환원된다.

## 산화수

산화–환원 반응을 알아보기 전에, 물질이 전자를 얻으면 환원되고 전자를 잃으면 산화된다는 개념을 정립해야 한다. 산화수(**산화 상태**(oxidation state)라고도 함)는 이러한 개념을 토대로 고안되었다. 중성 물질 또는 이온 내의 각 원자는 특정한 **산화수**(**oxidation number** 혹은 **산화 상태**(**oxidation state**))를 갖는다. 단원자 이온의 산화수는 전하와 같다. 중성 분자와 다원자 이온에서 어떤 원자의 산화수는 가상의 전하(hypothetical charge)이다. 이 전하는 분자나 이온의 원자들 사이의 인위적인 전자 분할로 결정된다. 산화수를 부여하는 방법은 다음 규칙을 사용한다.

1. **원소 형태의 원자에 대한 산화수는 항상 0이다.** 따라서 $H_2$ 분자의 각 H 원자의 산화수는 0이고, $P_4$ 분자의 P 원자의 산화수 역시 0이다.
2. **단원자 이온의 산화수는 이온 전하와 같다.** 따라서 $K^+$의 산화수는 +1이고, $S^{2-}$의 산화수는 −2이다. 이온 결합 화합물에서 알칼리 금속 이온(1족)의 전하는 항상 1+이므로 화합물에서 알칼리 금속의 산화수는 항상 +1이다. 마찬가지로, 이온 결합 화합물에서 알칼리 토금속(2족)의 산화수는 항상 +2이고, 알루미늄(13족)의 산화수는 항상 +3이다(산화수를 쓸 때는 실제 전하와 구분하기 위해 부호를 숫자 앞에 쓴다).
3. **비금속**은 가끔 양전하를 띠기도 하지만, 일반적으로는 음의 산화수를 갖는다.
   (a) **산소의 산화수는 일반적으로 이온 결합 화합물과 분자 화합물에서 −2이다.** 주요한 예외는 과산화물이라고 하는 화합물이다. 과산화물은 $O_2^{2-}$ 이온을 포함한다. 이때 각 산소의

아래의 반응이 진행되는 동안 각각의 산소 원자는 몇 개의 전자를 얻는가?

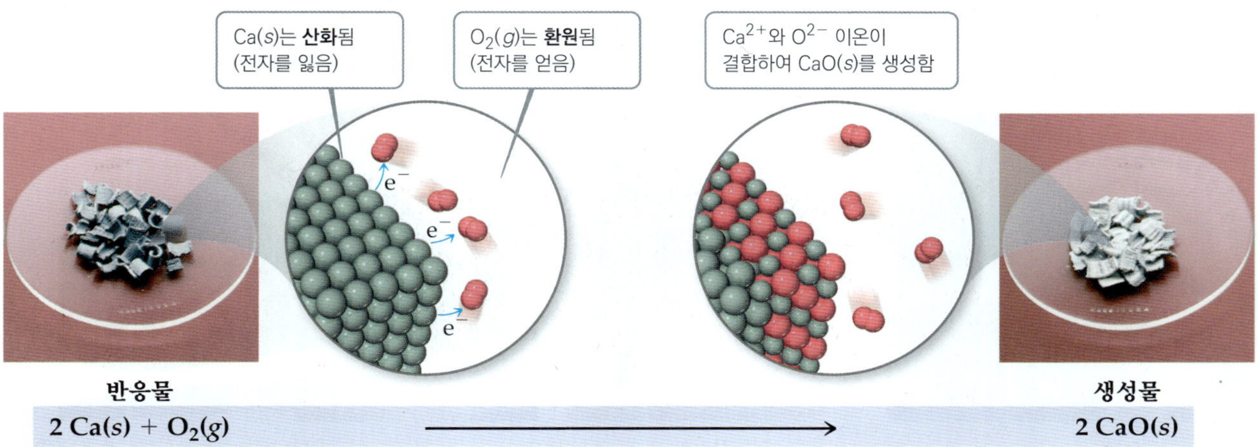


▲ **그림 4.10** 산소 분자에 의한 칼슘 금속의 산화

산화수는 −1이다.

(b) **수소의 산화수는 일반적으로 비금속과 결합할 때는 +1이고, 금속과 결합할 때(예를 들면 수소화 소듐(NaH)과 같은 금속 수소화물)는 −1이다.**

(c) **플루오린의 산화수는 모든 화합물에서 −1이다.** 다른 **할로젠**의 산화수는 대부분 이성분 화합물에서 −1이다. 그러나 산소산 음이온(oxyanion)과 같이 산소와 결합할 때는 양의 산화수를 갖는다.

4. **중성 분자에서 모든 원자의 산화수의 합은 0이다. 다원자 이온의 산화수의 합은 이온의 전하와 같다.** 예를 들어, 하이드로늄 이온($H_3O^+$)에서 각 수소의 산화수는 +1이고, 산소의 산화수는 −2이다. 따라서 산화수의 합은 3(+1)+(−2)=+1이고, 이는 이온의 알짜 전하와 같다. 이 규칙은 예제 4.8에서 설명한 것처럼, 화합물 중 다른 원자의 산화수를 알고 있을 때 한 원자의 산화수 계산에 매우 유용하다.

## 산에 의한 금속의 산화와 염

금속과 산 또는 금속 염 사이의 반응은 다음과 같은 일반적인 유형을 따른다.

$$A + BX \longrightarrow AX + B \qquad [4.23]$$

예: $Zn(s) + 2\,HBr(aq) \longrightarrow ZnBr_2(aq) + H_2(g)$

$Mn(s) + Pb(NO_3)_2(aq) \longrightarrow Mn(NO_3)_2(aq) + Pb(s)$

이들 반응은 용액 중 이온이 원소의 산화를 통하여 **치환**(대체)되므로 **치환 반응(displacement reaction)**이라고 한다.

많은 금속들이 산과 치환 반응을 일으켜서 염과 수소 기체를 생성한다. 예를 들어, 마그네슘 금속은 염산과 반응하여 염화 마그네슘과 수소 기체를 생성한다(**그림 4.11**).

$$Mg(s) + 2\,HCl(aq) \longrightarrow MgCl_2(aq) + H_2(g)$$

산화수 0   +1 −1   +2 −1   0    [4.24]

## 예제 4.8
### 산화수 결정하기

다음 각 화합물에서 황의 산화수를 구하시오.
(a) $H_2S$ (b) $S_8$ (c) $SCl_2$ (d) $Na_2SO_3$ (e) $SO_4^{2-}$

### 해답

**분석** 두 개의 분자 화합물 , 한 개의 원소 형태, 두 개의 이온을 포함하는 물질에서 황의 산화수를 결정하는 문제이다.

**계획** 각 물질에서 모든 원자의 산화수의 합은 해당 물질의 전하와 같아야 한다. 앞에 설명된 산화수 결정 규칙을 사용해 보자.

**풀이**

(a) 비금속과 결합할 때, 수소의 산화수는 +1이다. $H_2S$ 분자는 중성이므로 산화수의 합은 0이어야 한다. S의 산화 수를 $x$라고 하면, $2(+1)+x=0$이다. 따라서 S의 산화수는 −2이다.

(b) $S_8$은 황의 원소 형태이므로 S의 산화수는 0이다.

(c) $SCl_2$는 이성분 화합물이므로 염소의 산화수는 −1일 것으로 예상된다. 산화수의 총합은 0이어야 한다. S의 산화수를 $x$라 하면, $x+2(-1)=0$이다. 결과적으로 S의 산화수는+2여야 한다.

(d) 소듐은 알칼리 금속으로, 화합물에서의 산화수는 항상 +1이다. 산소의 산화수는 보통 −2이다. S의 산화수를 $x$라 하면, $2(+1)+x+3(-2)=0$이다. 그러므로 이 화합물($Na_2SO_3$) 중 S의 산화수는 +4이다.

(e) O의 산화수는 −2이다. 산화수의 합은 −2($SO_4^{2-}$ 이온의 알짜 전하)이다. 따라서 $x+4(-2)=-2$이다. 이 관계로부터 이 이온 중 S의 산화수는 +6이라고 결론을 내릴 수 있다.

**주의** 이 예들은 원소의 산화수가 화합물의 종류에 따라 다름을 보여준다. 여기서 본 것처럼, 황의 산화수는 −2에서 +6의 범위를 갖는다.

▶ **보충 예제**
다음 중 산소의 산화수가 −1인 화합물은 어느 것인가?
(a) $O_2$ (b) $H_2O$ (c) $H_2SO_4$ (d) $H_2O_2$ (e) $KCH_3COO$

마그네슘의 산화수는 0에서 +2로 변한다. 산화수 증가는 원자가 전자를 잃고 산화되는 것을 나타낸다. 산의 $H^+$ 이온은 +1에서 0으로 산화수가 감소한다. 이는 이온이 전자를 얻어 환원된다는 것을 나타낸다. $Cl^-$ 이온은 반응 전후에서 −1의 산화수를 유지하는데, 이는 산화되지도, 환원되지도 않는 것을 나타낸다. 실제로 $Cl^-$ 이온은 구경꾼 이온으로, 알짜 이온 반응식에서는 생략된다.

$$Mg(s) + 2\,H^+(aq) \longrightarrow Mg^{2+}(aq) + H_2(g) \qquad [4.25]$$

금속은 여러 가지 염의 수용액에서 산화될 수 있다. 예를 들어 금속 철(Fe)은 $Ni(NO_3)_2(aq)$와 같은 $Ni^{2+}$ 수용액에 의해 $Fe^{2+}$로 산화된다.

**분자 반응식:** $$Fe(s) + Ni(NO_3)_2(aq) \longrightarrow Fe(NO_3)_2(aq) + Ni(s) \qquad [4.26]$$

**알짜 이온 반응식:** $$Fe(s) + Ni^{2+}(aq) \longrightarrow Fe^{2+}(aq) + Ni(s) \qquad [4.27]$$

이 반응에서 Fe는 $Fe^{2+}$로 산화되며, $Ni^{2+}$는 Ni로 환원된다. **한 물질이 산화될 때, 다른 물질이 환원되어야 한다**는 것을 기억하라.

## 활동도 서열

어떤 금속이 산에 의해 산화될 것인지, 아니면 다른 금속의 염에 의해 산화될 것인지를 예측할 수 있을까? 이런 질문은 화학적으로 관심의 대상일 뿐만 아니라 실질적으로도 중요하다. 예를 들어 식 4.26에 의하면, 질산 니켈 용액은 철을 녹이므로, 질산 니켈 용액을 철 용기에 저장하는 것은 현명하지 못한 일이다. 금속이 산화할 때는 여러 가지 화합물이 형성된다. 과도한 산화가 일어나

마그네슘 1 mol을 HCl 용액에 첨가하면 몇 몰의 수소 가스가 발생하는가?

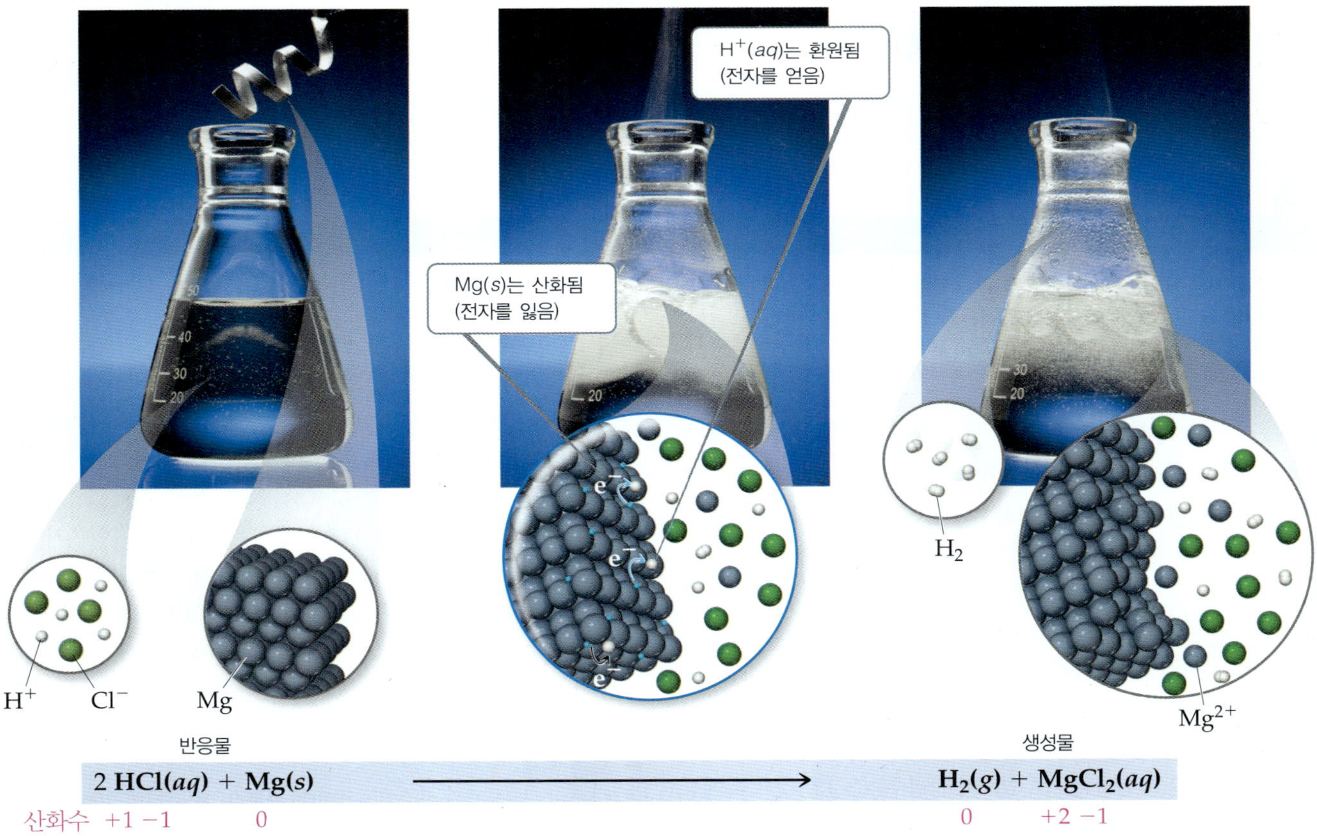


▲ **그림 4.11 마그네슘 금속과 염산의 반응** 금속은 산에 의해 빠르게 산화되고, $H_2(g)$와 $MgCl_2(aq)$가 생성된다.

## 예제 4.9
### 산화-환원 반응의 반응식 쓰기

알루미늄이 브로민화 수소산과 반응할 때, 균형 맞춘 분자 반응식과 알짜 이온 반응식을 쓰시오.

### 해답

**분석** 금속과 산의 산화–환원 반응에서 분자 반응식과 알짜 이온 반응식을 쓰는 문제이다.

**계획** 금속은 산과 반응하여 염과 $H_2$ 기체를 생성한다. 균형 맞춘 반응식을 쓰려면 두 반응물의 화학식을 쓰고, 염의 화학식을 결정해야 한다. 염은 금속의 양이온과 산의 음이온으로 이루어져 있다.

**풀이** 주어진 반응물은 Al과 HBr이다. 알루미늄은 $Al^{3+}$ 이온을 만들고, 브로민화 수소산의 음이온은 $Br^-$이다. 따라서 이들 사이에서 생성된 염은 $AlBr_3$이다. 반응물과 생성물을 쓰고, 그다음 분자 반응식의 균형을 맞춘다.

$$2\,Al(s) + 6\,HBr(aq) \longrightarrow 2\,AlBr_3(aq) + 3\,H_2(g)$$

HBr과 $AlBr_3$는 모두 물에 잘 녹는 강전해질이다. 따라서 완결 이온 반응식은 다음과 같다.

$$2\,Al(s) + 6\,H^+(aq) + 6\,Br^-(aq) \longrightarrow 2\,Al^{3+}(aq) + 6\,Br^-(aq) + 3\,H_2(g)$$

$Br^-$는 구경꾼 이온이므로, 알짜 이온 반응식은 다음과 같다.

$$2\,Al(s) + 6\,H^+(aq) \longrightarrow 2\,Al^{3+}(aq) + 3\,H_2(g)$$

**주의** 알루미늄 금속은 산화수가 0에서 +3으로 증가하므로 산화되는 물질이다. $H^+$는 +1에서 0으로 변화하기 때문에 환원된다.

**▶ 보충 예제**

아연과 황산 구리의 반응에 대한 다음 설명 중 옳은 것은?

**(a)** 아연은 산화되고, 구리 이온은 환원된다.
**(b)** 아연은 환원되고, 구리 이온은 산화된다.
**(c)** 모든 반응물과 생성물이 물에 잘 녹는 강전해질이다.
**(d)** 황산 구리에서 구리 이온의 산화수는 0이다.
**(e)** 옳은 설명이 하나 이상이다.

면, 금속제 기계 부품이 고장 나거나 금속 구조물이 부식될 수 있다.

각기 다른 금속은 산화하는 정도가 모두 다르다. 예를 들면, Zn은 $Cu^{2+}$ 수용액에 의해 산화되지만, Ag는 그렇지 않다. 그러므로 Zn은 Ag보다 더 쉽게 전자를 잃어버린다. 즉, Zn은 Ag보다 쉽게 산화된다.

산화 용이성이 감소하는 순서에 따라 나열한 금속의 도표(표 4.5)를 **활동도 서열(activity series)**이라고 한다. 예를 들어 도표의 위에 있는 금속(알칼리 금속과 알칼리 토금속)은 매우 쉽게 산화되며, 매우 빠르게 반응하여 화합물을 생성한다. 그들을 **활성 금속**(active metal)이라고 한다. 활동도 서열의 아래쪽에 위치한 금속(8~11족 전이 원소)은 매우 안정하고, 쉽게 화합물을 만들지 않는다. 동전과 보석을 만들 때 사용되는 금속들은 낮은 반응성 때문에 **귀금속**(noble metal)이라고 한다.

활동도 서열은 금속과  금속의 염 혹은 산과 반응 결과를 예측하는데 사용할 수 있다. **목록에 있는 어떤 금속이든 그 금속 아래에 위치한 원소의 이온에 의해 산화될 수 있다.** 예로서 구리는 이 서열에서 은 위에 있다. 따라서 금속 구리는 은 이온에 의해 산화된다.

$$Cu(s) + 2\,Ag^+(aq) \longrightarrow Cu^{2+}(aq) + 2\,Ag(s) \qquad [4.28]$$

구리가 구리 이온으로 산화되는 반응은 은 이온이 금속 은으로 환원되는 반응을 수반한다. 그림 4.12에서 처럼, 금속 은이 구리선 표면에 분명하게 보인다. 그림 4.12의 오른쪽 사진에서 분명히 볼 수 있듯이, 질산 구리(II)가 용액에서 푸른색을 띤다.

활동도 서열에서 수소보다 위에 있는 금속들만 산과 반응하여 $H_2$를 생성한다. 예를 들면 Ni는 HCl(*aq*)와 반응하여 $H_2$를 생성한다.

$$Ni(s) + 2\,HCl(aq) \longrightarrow NiCl_2(aq) + H_2(g) \qquad [4.29]$$

활동도 서열에서 수소보다 아래에 있는 원소들은 $H^+$에 의해 산화되지 않기 때문에 Cu는 HCl(*aq*)와 반응하지 않는다. 흥미롭게도 그림 1.11처럼 구리는 질산과 반응한다. 그러나 이 반응은 $H^+$ 이온에 의한 산화가 아니다. 대신에, 금속이 질산 이온에 의해 $Cu^{2+}$로 산화되고, 갈색의 이

**표 4.5 수용액에서 금속의 활동도 서열**

| 금속 | 산화 반응 |
|---|---|
| 리튬(lithium) | $Li(s) \longrightarrow Li^{+}(aq) + e^{-}$ |
| 포타슘(potassium) | $K(s) \longrightarrow K^{+}(aq) + e^{-}$ |
| 바륨(barium) | $Ba(s) \longrightarrow Ba^{2+}(aq) + 2e^{-}$ |
| 칼슘(calcium) | $Ca(s) \longrightarrow Ca^{2+}(aq) + 2e^{-}$ |
| 소듐(sodium) | $Na(s) \longrightarrow Na^{+}(aq) + e^{-}$ |
| 마그네슘(magnesium) | $Mg(s) \longrightarrow Mg^{2+}(aq) + 2e^{-}$ |
| 알루미늄(aluminum) | $Al(s) \longrightarrow Al^{3+}(aq) + 3e^{-}$ |
| 망가니즈(manganese) | $Mn(s) \longrightarrow Mn^{2+}(aq) + 2e^{-}$ |
| 아연(zinc) | $Zn(s) \longrightarrow Zn^{2+}(aq) + 2e^{-}$ |
| 크로뮴(chromium) | $Cr(s) \longrightarrow Cr^{3+}(aq) + 3e^{-}$ |
| 철(iron) | $Fe(s) \longrightarrow Fe^{2+}(aq) + 2e^{-}$ |
| 코발트(cobalt) | $Co(s) \longrightarrow Co^{2+}(aq) + 2e^{-}$ |
| 니켈(nickel) | $Ni(s) \longrightarrow Ni^{2+}(aq) + 2e^{-}$ |
| 주석(tin) | $Sn(s) \longrightarrow Sn^{2+}(aq) + 2e^{-}$ |
| 납(lead) | $Pb(s) \longrightarrow Pb^{2+}(aq) + 2e^{-}$ |
| 수소(hydrogen) | $H_2(g) \longrightarrow 2H^{+}(aq) + 2e^{-}$ |
| 구리(copper) | $Cu(s) \longrightarrow Cu^{2+}(aq) + 2e^{-}$ |
| 은(silver) | $Ag(s) \longrightarrow Ag^{+}(aq) + e^{-}$ |
| 수은(mercury) | $Hg(l) \longrightarrow Hg^{2+}(aq) + 2e^{-}$ |
| 백금(platinum) | $Pt(s) \longrightarrow Pt^{2+}(aq) + 2e^{-}$ |
| 금(gold) | $Au(s) \longrightarrow Au^{3+}(aq) + 3e^{-}$ |

산화의 용이성 증가 (↑)

이 용액은 왜 푸른색으로 변하는가?

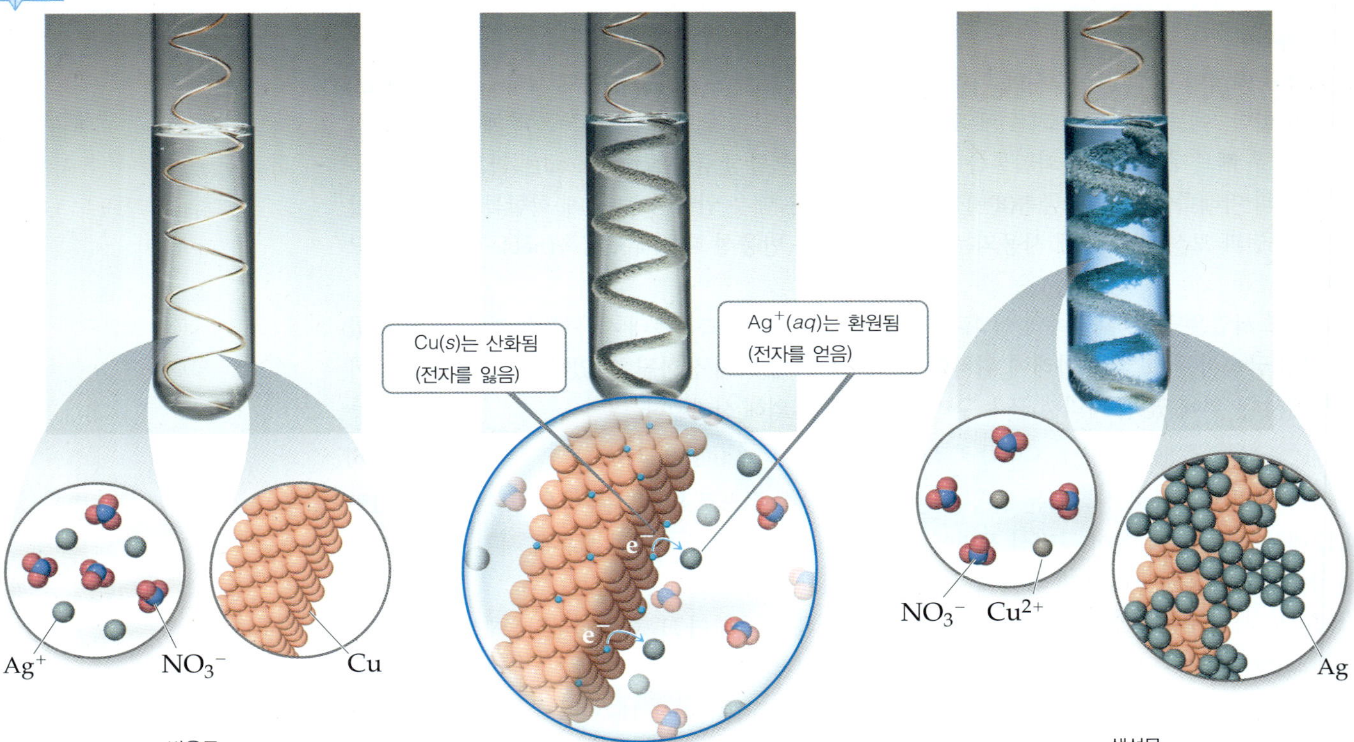


$$2\,AgNO_3(aq) + Cu(s) \longrightarrow Cu(NO_3)_2(aq) + 2\,Ag(s)$$

▲그림 4.12 금속 구리와 은 이온의 반응 구리 금속을 질산 은 수용액에 담그면 산화–환원 반응이 일어나서 금속 은과 푸른색의 질산 구리(II) 용액이 생성된다.

산화 질소($NO_2(g)$)를 생성한다.

$$Cu(s) + 4\,HNO_3(aq) \longrightarrow Cu(NO_3)_2(aq) + 2\,H_2O(l) + 2\,NO_2(g) \qquad [4.30]$$

이 반응에서는 구리가 산화될 때 $NO_3^-$(질소의 산화수가 +5)가 $NO_2$(질소의 산화수가 +4)로 환원된다. 앞으로 20장에서 이러한 형태의 반응을 살펴볼 것이다.

## 예제 4.10

### 산화-환원 반응이 일어나는지 결정하기

염화 철(II) 수용액이 금속 마그네슘을 산화시킬 것인가? 만약 그렇다면, 그 반응의 균형 맞춘 분자 반응식과 알짜 이온 반응식을 쓰시오.

### 해답

**분석** 두 가지 물질, 즉 염인 $FeCl_2$ 수용액과 금속 Mg를 주고 그들이 서로 반응할 것인가를 묻는 문제이다.

**계획** 표 4.5에서 금속의 원소 형태인 반응물(Mg)이 산화된 형태의 금속인 반응물($Fe^{2+}$) 위에 있으면 반응이 일어난다. 반응이 일어나면 $FeCl_2$의 $Fe^{2+}$ 이온은 Fe 로 환원될 것이고, Mg는 $Mg^{2+}$ 이온으로 산화된다.

**풀이** 표에서 Mg 가 Fe보다 위에 있으므로 반응이 일어난다. 이 반응에서 생성된 염의 화학식을 쓰려면 일반적인 이온의 전하를 기억해야 한다. 마그네슘은 화합물 중에서 항상 $Mg^{2+}$로 존재하고, 염화 이온은 $Cl^-$이다. 이 반응에서 생성된 마그네슘 염은 $MgCl_2$이고, 균형 맞춘 반응식은 다음과 같다.

$$Mg(s) + FeCl_2(aq) \longrightarrow MgCl_2(aq) + Fe(s)$$

$FeCl_2$와 $MgCl_2$는 모두 물에 잘 녹는 강전해질이고, 이온의 형태로 쓸 수 있다. $Cl^-$는 이 반응에서 구경꾼 이온이다. 알짜 이온 반응식은 다음과 같다.

$$Mg(s) + Fe^{2+}(aq) \longrightarrow Mg^{2+}(aq) + Fe(s)$$

알짜 이온 반응식에서 보는 바와 같이, 이 반응에서 Mg는 산화되고, $Fe^{2+}$는 환원된다.

**검토** 알짜 이온 반응식은 전하와 질량의 관점에서 균형을 맞추게 된다는 점에 주목하라.

**▶ 보충 예제**

다음 중 어느 금속이 가장 쉽게 산화되는가?

**(a)** 금 **(b)** 리튬 **(c)** 철 **(d)** 소듐 **(e)** 알루미늄

## 성취를 위한 전략 화학 반응 분석하기

이 장에는 많은 화학 반응들이 소개된다. 화학 반응이 일어날 때 실제로 어떤 일이 일어나는가에 대한 '느낌'을 얻는 것은 쉽지 않다. 이 책의 목적 중 하나는 여러분이 반응의 결과를 보다 잘 예측하는 데 도움을 주는 것이다. '화학적 직관'을 얻기 위해서는 화학 반응을 잘 분류하는 방법을 배우는 것이 중요하다.

각각의 반응을 개별적으로 기억하는 것은 헛된 일이다. 상호 교환 반응 또는 산화–환원 반응과 같이, 반응의 일반적인 범주를 결정하여 패턴을 인식하는 것이 더 효과적이다. 따라서 화학 반응의 결과를 예측해야 한다면 스스로 다음의 질문을 해 보라.

- 반응물이 무엇인가?
- 반응물이 전해질인가, 비전해질인가?
- 반응물이 산인가, 염기인가?
- 반응물이 전해질일 때, 상호 교환 반응이 일어나서 침전물, 물, 기체가 생성되는가?
- 상호 교환 반응이 일어날 수 없다면 반응물이 산화–환원 반응에 참여할 수 있는가? 이것은 산화될 수도 있고, 환원될 수도 있는 반응물을 모두 필요로 한다.

위와 같은 기본적인 질문을 해 보면 반응 중에 어떤 일들이 일어날지 예측할 수 있을 것이다. 각 질문은 가능한 결과의 범위를 좁혀주기 때문에 가장 그럴듯한 결과를 도출할 수 있게 해준다. 이러한 지식을 유지한다면 예측이 항상 완전히 옳은 것은 아니더라도 아주 많이 벗어나지는 않을 것이다. 경험이 쌓일수록 대기 중의 산소나 용액 중의 물처럼, 즉각적으로 분명하지 않은 반응물에 대해서도 생각할 수 있을 것이다. 양성자 이동(산–염기)과 전자 이동(산화–환원)은 많은 화학 반응에서 일어나기 때문에, 그런 반응들의 특징을 아는 것은 훌륭한 화학자가 될 자질을 갖추었다는 것을 의미한다.

## 자기 평가 연습 문제

**4.19** 다음 금속과 금속 이온의 혼합에서 산화–환원 반응이 일어날 것으로 예상되는 조합은 어느 것인가?
(**a**) $Ca(s)$와 $K^+(aq)$
(**b**) $Fe(s)$와 $Al^{3+}(aq)$
(**c**) $Ag(s)$와 $Cu^{2+}(aq)$
(**d**) $Fe(s)$와 $Pb^{2+}(aq)$

## 연습 문제

**4.20** 다음 그림과 같은 주기율표의 원으로 표시된 영역 중 (**a**) 가장 쉽게 산화되는 원소를 포함하는 영역은 어느 것인가? (**b**) 어느 것이 가장 산화되지 않는 영역인가?

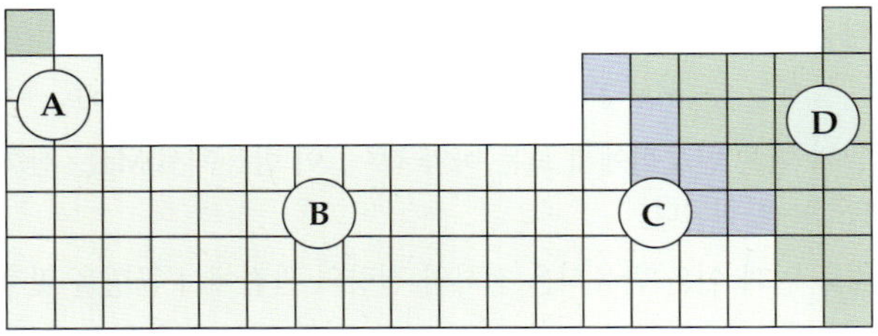


**4.21** 다음 각 물질에 포함된 황의 산화수를 결정하시오.
(**a**) 황산 바륨($BaSO_4$) (**b**) 아황산($H_2SO_3$)
(**c**) 황화 스트론튬(SrS) (**d**) 황화 수소($H_2S$)
(**e**) 황은 연습 문제 **4.20**에 있는 주기율표에서 어느 구역에 위치하는가?
(**f**) +와 − 산화수를 모두 가질 수 있는 원소는 위 주기율표의 어느 구역에 위치하겠는가?

**4.22** 다음 각 물질에서 지적한 원소의 산화수를 결정하시오.
(**a**) $SO_3$ 중 S (**b**) $TiCl_4$ 중 Ti (**c**) $AgPF_6$ 중 P
(**d**) $HNO_3$ 중 N (**e**) $H_2SO_3$ 중 S (**f**) $OF_2$ 중 O

**4.23** 다음 각 반응에서 어떤 원소가 산화되고, 어떤 원소가 환원되는가?
(**a**) $N_2(g) + 3\ H_2(g) \longrightarrow 2\ NH_3(g)$
(**b**) $3\ Fe(NO_3)_2(aq) + 2\ Al(s) \longrightarrow 3\ Fe(s) + 2\ Al(NO_3)_3(aq)$
(**c**) $Cl_2(aq) + NaI(aq) \longrightarrow I_2(aq) + 2\ NaCl(aq)$
(**d**) $PbS(s) + 4\ H_2O_2(aq) \longrightarrow PbSO_4(s) + 4\ H_2O(l)$

**4.24** 다음 반응에 대한 균형 맞춘 분자 반응식과 알짜 이온 반응식을 쓰시오.
(**a**) 망가니즈와 묽은 황산 (**b**) 크로뮴과 브로민화 수소산
(**c**) 주석과 염산 (**d**) 알루미늄과 폼산(HCOOH)

**4.25** 활동도 서열(표 **4.5**)을 이용하여 다음 반응의 균형 맞춘 화학 반응식을 쓰시오. 만약 반응이 일어나지 않으면 간단히 NR이라고 쓰시오.
(**a**) 질산 구리(II) 용액에 철 금속을 넣는다.
(**b**) 황화 마그네슘 용액에 아연 금속을 넣는다.
(**c**) 주석 금속에 브로민화 수소산이 첨가된다.
(**d**) 염화 니켈(II) 수용액에서 수소 기체가 끓어오른다.
(**e**) 황산 코발트(II) 용액에 알루미늄 금속을 넣는다.

자기 평가 연습 문제 답 **4.19** (d)

## 4.5 | 용액의 농도

최근 몇 년 동안, 건강 보조 식품의 광고가 폭발적으로 증가했다. 이들 중 많은 부분은 신체의 건강 기능을 위해서 소량이 필요한 물질, 즉 '미량 원소(trace elements)'와 관련된 것이다. 이러한 필수 원소가 결핍된 식단뿐만 아니라 과잉 섭취 또한 생리학적으로 바람직하지 않은 영향을 미칠 수 있다. 예를 들어, 성인 여성의 몸에는 약 2.3 g의 철분이 있고, 성인 남성의 몸에서는 약 3.8 g의 철분이 있다. 철분의 결핍은 피로감이 주된 증상으로 나타나는 빈혈을 유발할 수 있다. 하지만 철분을 과잉 섭취하면 복통과 대사성 산증을 유발할 수 있다. 신체의 화학은 본질적으로 용액 화학이기 때문에, 이를 이해하기 위해서는 용액 내 물질의 양을 정량화하는 능력이 필요하다. 이 절이 끝나면 다음 사항을 수행할 수 있어야 한다.

- 가용성 물질의 질량, 몰 및 농도 사이를 변환하기

과학자들은 일정량의 용매 또는 용액에 녹은 용질의 양을 나타낼 때 **농도(concentration)**라는 용어를 사용한다. 어떤 일정량의 용매에 녹은 용질의 양이 많을수록 용액의 농도는 더 진하다. 화학에서는 용액의 농도를 정량적으로 자주 나타낸다.

## 몰농도

용액의 **몰농도(molarity**, *M*)는 용액(soln) 1 L에 녹아 있는 용질의 몰수로 정의한다.

$$\text{몰농도} = \frac{\text{용질의 몰수}}{\text{용액의 부피(L)}} \qquad [4.31]$$

1.00몰 용액(1.00 *M*)은 용액 1리터에 1.00 mol의 용질을 포함한다. 그림 4.13은 1.00 *M* $CuSO_4$ 용액 0.250 L를 만드는 방법을 보여 준다. 용액의 몰농도는 (0.250 mol $CuSO_4$)/(0.250 L 용액) = 1.00 *M*이다. '용액(solution)'의 약어로 'soln'을 사용한다.

## 전해질의 농도 표시

생물학에서 용액 중 이온의 총 농도는 대사 및 세포 과정에서 매우 중요하다. 이온 결합 화합물을 녹였을 때 용액 중 이온의 상대 농도는 화합물의 화학식에 의해 결정된다. 예를 들어 1.0 *M* NaCl 용액은 $Na^+$ 이온 1.0 *M*과 $Cl^-$ 이온 1.0 *M*이다. 마찬가지로 $Na_2SO_4$ 1.0 *M* 용액에는 $Na^+$ 이온

▲ 그림 4.13 1.00 *M* $CuSO_4$ 용액 0.250 L를 만드는 과정

2.0 *M*과 $SO_4^{2-}$ 이온 1.0 *M*이 있다. 전해질 용액의 농도는 용액을 만들 때 사용한 화합물(1.0 *M* $Na_2SO_4$) 또는 용액에 함유된 이온($Na^+$ 2.0 *M*과 $SO_4^{2-}$ 1.0 *M*)으로 나타낸다.

## 예제 4.11
### 몰농도 계산하기

황산 소듐($Na_2SO_4$) 23.4 g을 충분한 물에 녹여 용액 125 mL를 만들었다. 이 용액의 몰농도를 계산하시오.

### 해답

**분석** 용질의 그램수(23.4 g)와 화학식($Na_2SO_4$), 용액의 부피(125 mL)를 주고, 용액의 몰농도를 구하는 문제이다.

**계획** 식 4.31을 이용하여 몰농도를 구한다. 용질의 그램수를 몰수로 바꾸고, 용액의 부피를 mL에서 L로 바꾼다.

**풀이**

$NaSO_4$의 몰수는 몰질량을 이용하여 구한다.

$$Na_2SO_4\text{의 몰수} = (23.4\ \text{g}\ \cancel{Na_2SO_4})\left(\frac{1\ \text{mol}\ Na_2SO_4}{142.1\ \text{g}\ \cancel{Na_2SO_4}}\right) = 0.165\ \text{mol}\ Na_2SO_4$$

용액의 부피를 리터로 변환한다.

$$\text{용액의 리터수} = (125\ \cancel{\text{mL}})\left(\frac{1\ \text{L}}{1000\ \cancel{\text{mL}}}\right) = 0.125\ \text{L}$$

따라서 몰농도는 다음과 같다.

$$\text{몰농도} = \frac{0.165\ \text{mol}\ Na_2SO_4}{0.125\ \text{L 용액}} = 1.32\ \frac{\text{mol}\ Na_2SO_4}{\text{L 용액}} = 1.32\ M$$

**검토** 분자가 분모보다 아주 약간 크기 때문에 답은 1 *M*을 조금 넘는다. 단위(mol/L)는 몰농도의 단위이고, 처음에 주어진 자료의 유효 숫자가 세 개이므로, 이 답의 유효 숫자 세 개는 타당하다.

▶ **보충 예제**

설탕($C_{12}H_{22}O_{11}$) 3.68 g을 완전히 녹여 용액 275.0 mL를 만들었다. 용액의 몰농도는 얼마인가?

**(a)** 13.4 *M* **(b)** $7.43 \times 10^{-2}$ *M* **(c)** $3.91 \times 10^{-2}$ *M*
**(d)** $7.43 \times 10^{-5}$ *M* **(e)** $3.91 \times 10^{-5}$ *M*

## 예제 4.12
### 이온의 몰농도 계산하기

0.025 *M* 질산 칼슘 수용액에 존재하는 각 이온의 몰농도는 얼마인가?

### 해답

**분석** 용액을 만들 때 사용한 이온 결합 화합물의 농도를 주고, 용액 중 이온의 농도를 구하는 문제이다.

**풀이** 질산 칼슘은 칼슘 이온($Ca^{2+}$)과 질산 이온($NO_3^-$)으로 이루어져 있고, 화학식은 $Ca(NO_3)_2$이다. 화합물 중 각 $Ca^{2+}$ 이온마다 두 개의 $NO_3^-$ 이온이 있으므로 녹은 1 *M* $Ca(NO_3)_2$마다 1 *M*의 $Ca^{2+}$와 2 *M*의 $NO_3^-$ 이온이 해리된다. 따라서 0.025 *M* $Ca(NO_3)_2$ 용액에는 $Ca^{2+}$ 0.025 *M*과 2 × 0.025 *M* = 0.050 *M*의 $NO_3^-$ 이온이 녹아 있다.

**검토** $Ca(NO_3)_2$ 화학식에는 $NO_3^-$ 뒤에 아래 첨자 2가 있으므로 $NO_3^-$ 이온의 농도는 $Ca^{2+}$ 이온 농도의 두 배라는 것을 알 수 있다.

▶ **보충 예제**

0.015 *M* 탄산 포타슘 용액에서 탄산 이온의 농도와 포타슘 이온의 농도비는 얼마인가?

**(a)** 1:0.015 **(b)** 0.015:1 **(c)** 1:1 **(d)** 1:2 **(e)** 2:1

## 몰농도, 몰, 부피의 상호 변환

식 4.31의 몰농도 정의에는 몰농도, 용질의 몰수, 용액의 부피(L)의 세 가지 값이 포함되어 있다. 따라서 이 변수 중 두 가지를 알면 세 번째 변수를 계산할 수 있다. 예를 들어 용액의 몰농도를 알 때, 부피가 주어지면 용질의 몰수를 쉽게 구할 수 있다. 0.200 *M*(용액 1리터당 $HNO_3$ 0.200 mol이 녹아 있는) $HNO_3$ 2.0 L 중 $HNO_3$ 몰수는 부피와 몰농도의 곱과 같다. 따라서 몰농도는 용액의 부피와 용질의 몰 사이의 환산 인자이다.

$$HNO_3\text{의 몰수} = (2.0\,\text{L 용액})\left(\frac{0.200\,\text{mol}\,HNO_3}{1\,\text{L 용액}}\right) = 0.40\,\text{mol}\,HNO_3$$

몰을 부피로 환산하기 위해서 2.0 mol의 $HNO_3$에 해당하는 0.30 $M$ $HNO_3$ 용액의 부피를 구한다.

$$\text{용액의 부피} = (2.0\,\text{mol}\,HNO_3)\left(\frac{1\,\text{L 용액}}{0.30\,\text{mol}\,HNO_3}\right) = 6.7\,\text{L 용액}$$

이 경우는 환산할 때 몰농도의 역수를 사용해야 한다.

$$\text{리터} = \text{mol} \times 1/M = \text{몰} \times \text{리터}/\text{mol}$$

용질이 액체라면 액체의 밀도를 이용하여 부피를 질량으로 변환할 수 있다. 예를 들어 맥주는 보통 물(다른 성분 포함)에 부피비로 5.0%의 에탄올($CH_3CH_2OH$)이 있다. 에탄올의 밀도는 0.789 g/mL이다. 맥주의 에탄올(보통 '알코올'로 불리는) 몰농도를 계산하기 위해 맥주를 1.00 L로 가정하자.

1.00 L의 맥주는 물 0.950 L와 에탄올 0.050 L로 구성되어 있다.

$$5\% = 5/100 = 0.050$$

또한, 에탄올의 밀도와 몰질량(46.0 g/mol)을 활용하면 적당한 단위 변환으로 몰수를 계산할 수 있다.

$$\text{에탄올의 몰수} = (0.050\,\text{L})\left(\frac{1000\,\text{mL}}{\text{L}}\right)\left(\frac{0.789\,\text{g}}{\text{mL}}\right)\left(\frac{1\,\text{mol}}{46.0\,\text{g}}\right) = 0.858\,\text{mol}$$

1.00 L의 맥주에 에탄올이 0.858 mol 들어 있으므로, 맥주에서 에탄올의 농도는 0.86 $M$이다(유효 숫자를 고려해서).

## 예제 4.13

### 몰농도를 사용하여 용질의 그램 수 계산하기

0.500 $M$ $Na_2SO_4$ 0.350 L를 만들려면 $Na_2SO_4$이 몇 g 필요한가?

### 해답

**분석** 용액의 부피(0.350 L), 용액의 농도(0.500 $M$), 용질($Na_2SO_4$)이 주어졌을 때, 용액 중 용질의 그램수를 구하는 문제이다.

**계획** 몰농도의 정의(식 4.31)를 이용하여 용질의 몰수를 구하고, 용질의 몰질량을 이용하여 몰수를 그램수로 환산한다.

$$M_{Na_2SO_4} = \frac{Na_2SO_4\text{의 몰수}}{\text{L 용액}}$$

**풀이** 주어진 몰농도와 용액의 부피를 이용하여 $Na_2SO_4$의 몰수를 계산한다.

$$M_{Na_2SO_4} = \frac{Na_2SO_4\text{의 몰수}}{\text{L 용액}}$$

$$Na_2SO_4\text{의 몰수} = \text{L 용액} \times M_{Na_2SO_4}$$

$$= (0.350\,\text{L 용액})\left(\frac{0.500\,\text{mol}\,Na_2SO_4}{1\,\text{L 용액}}\right)$$

$$= 0.175\,\text{mol}\,Na_2SO_4$$

$Na_2SO_4$ 1 mol은 142.1 g이므로, 구하려는 $Na_2SO_4$의 그램수는

$$Na_2SO_4\text{의 그램수} = (0.175\,\text{mol}\,Na_2SO_4)\left(\frac{142.1\,\text{g}\,Na_2SO_4}{1\,\text{mol}\,Na_2SO_4}\right)$$

$$= 24.9\,\text{g}\,Na_2SO_4$$

**검토** 이 답의 크기, 단위, 유효 숫자는 모두 타당하다.

**▶ 보충 예제**

**(a)** 0.50 $M$ $NaSO_4$ 15 mL에는 몇 그램의 $Na_2SO_4$가 들어 있는가?

**(b)** 이 염 0.038 mol을 만들려면, 0.50 $M$ $Na_2SO_4$ 용액 몇 mL가 필요한가?

## 묽힘

실험실에서 일상적으로 사용하는 용액은 때때로 진한 상태(모액(stock soln)이라고 함)로 구입하거나 조제한다. 좀 더 묽은 농도의 용액은 **묽힘(dilution)***이라는 과정, 즉 물을 첨가하여 얻을 수 있다.

진한 용액으로 묽은 용액을 만드는 방법을 알아보자. 1.00 *M* $CuSO_4$ 모액을 희석하여 0.100 *M* $CuSO_4$ 250.0 mL(즉 0.2500 L)를 만든다고 가정해 보자. 기억해야 할 것은 용액에 용매를 가할 때, 용질의 몰수는 변함없이 유지된다는 것이다.

$$\text{묽히기 전 용질의 몰수} = \text{묽힌 후 용질의 몰수} \quad [4.32]$$

묽은 용액의 부피(250.0 mL)와 농도(0.100 mol/L)를 모두 알기 때문에 $CuSO_4$의 몰수를 계산할 수 있다.

$$\text{묽은 용액에서 } CuSO_4\text{의 몰수} = (0.2500\ \text{L 용액})\left(\frac{0.100\ \text{mol } CuSO_4}{\text{L 용액}}\right)$$
$$= 0.0250\ \text{mol } CuSO_4$$

이제 0.0250 mol $CuSO_4$를 얻기 위해 필요한 진한 용액의 부피를 계산할 수 있다.

$$\text{진한 용액의 부피(L)} = (0.0250\ \text{mol } CuSO_4)\left(\frac{1\ \text{L 용액}}{1.00\ \text{mol } CuSO_4}\right) = 0.0250\ \text{L}$$

그림 4.14는 실험실에서 용액을 묽히는 과정을 보여 준다. 묽은 용액은 진한 용액보다 연한 색을 나타낸다는 것에 주목하라.

용질의 몰수가 진한 용액과 묽은 용액에서 같다는 것을 알면, 실험실에서 이런 방법의 계산은 간단한 방정식을 이용하여 빠르게 계산할 수 있다. 몰수 = 몰농도 × 리터이므로,

$$\text{진한 용액에서 용질의 몰수} = \text{묽은 용액에서 용질의 몰수}$$
$$M_{\text{진한}} \times V_{\text{진한}} = M_{\text{묽은}} \times V_{\text{묽은}} \quad [4.33]$$

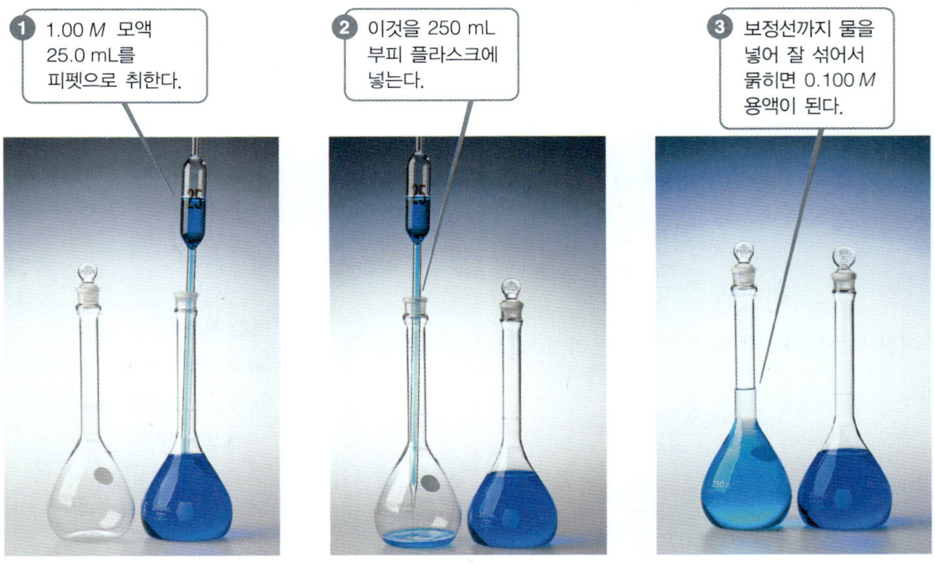


▲ 그림 4.14 1.00 *M* $CuSO_4$를 묽혀 0.100 *M* $CuSO_4$ 250.0 mL를 만드는 과정

*진한 산이나 염기를 묽힐 때에는 반드시 산이나 염기를 물에 첨가해야 한다. 그런 후에 물을 더 첨가하여 희석시킨다. 진한 산이나 염기에 직접 물을 첨가하면 격렬한 발열로 인하여 용액이 튀어나와 위험할 수 있다.

리터 단위로 식 4.33을 유도하였지만, 식의 양변에 같은 단위가 사용된다면 어떤 부피 단위라도 사용할 수 있다. 예를 들어 $CuSO_4$ 용액에 대해서 다음과 같이 쓸 수 있다.

$$(1.00\ M)(V_{진한}) = (0.100\ M)(250.0\ \text{mL})$$

$V_{진한}$에 대해서 풀면 $V_{진한} = 25.0$ mL이다.

## 예제 4.14

### 묽힘에 의한 용액 제조

0.10 $M$ $H_2SO_4$ 450 mL를 만들려면, 3.0 $M$ $H_2SO_4$ 몇 mL가 필요한가?

### 해답

**분석** 진한 용액을 묽히는 것이 필요하다. 진한 용액(3.0 $M$)의 몰농도 및 묽은 용액의 부피와 몰농도(0.10 $M$ 용액 450 mL)가 주어졌다. 묽은 용액을 만들 때 필요한 진한 용액의 부피를 계산하는 문제이다.

**계획** 묽은 용액에서 $H_2SO_4$ 용질의 몰수를 계산할 수 있고, 해당하는 양의 용질을 취하기 위해 필요한 진한 용액의 부피를 계산한다. 다른 방법으로는 식 4.33을 이용하여 바로 구하는 것이 있다. 두 가지 방법을 비교해 보자.

**풀이**

묽은 용액에서 $H_2SO_4$의 몰수를 계산한다.

$$\text{묽은 용액에서 } H_2SO_4\text{의 몰수} = (0.450\ \text{L 용액})\left(\frac{0.10\ \text{mol } H_2SO_4}{1\ \text{L 용액}}\right) = 0.045\ \text{mol } H_2SO_4$$

0.045 mol $H_2SO_4$를 포함하는 진한 용액의 부피를 계산한다. L를 mL로 바꾸면 15 mL이다.

$$\text{진한 용액의 부피(L)} = (0.045\ \text{mol } H_2SO_4)\left(\frac{1\ \text{L 용액}}{3.0\ \text{mol } H_2SO_4}\right) = 0.015\ \text{L 용액}$$

식 4.33을 이용해도 같은 결과를 얻는다.

$$(3.0\ M)(V_{진한}) = (0.10\ M)(450\ \text{mL})$$

$$(V_{진한}) = \frac{(0.10\ M)(450\ \text{mL})}{3.0\ M} = 15\ \text{mL}$$

어떤 방법이든 3.0 $M$ $H_2SO_4$ 15 mL를 사용하여 전체 부피를 450 mL가 되도록 묽히면 원하는 0.10 $M$ 용액을 얻을 수 있다.

**검토** 많은 양의 묽은 용액을 만들기 위해서는 적은 양의 진한 용액이 필요하므로 구한 부피는 타당하다.

**주의** 첫 번째 방법은 농도가 다른 두 용액이 혼합될 때 최종 농도를 찾는 데도 사용될 수 있다. 그러나 식 4.33을 이용하는 두 번째 방법은 진한 용액을 순수한 용매로 희석하는 경우에만 사용할 수 있다.

▶ **보충 예제**

$1.75 \times 10^{-2}$ $M$ 포도당 용액 500.0 mL를 만들려면 1.00 $M$ 포도당 수용액 몇 mL가 필요한가?

**(a)** 1.75 mL **(b)** 8.75 mL **(c)** 48.6 mL **(d)** 57.1 mL **(e)** 28,570 mL

## 자기 평가 연습 문제

**4.26** 분자 혹은 이온 수가 가장 많은 용액은 어느 것인가??

**(a)** 1.00 $M$ $FeCl_3$

**(b)** 1.50 $M$ HCl

**(c)** 2.00 $M$ $C_6H_{12}O_6$

## 연습 문제

**4.27** **(a)** 0.175 mol $ZnCl_2$를 포함하는 용액 150 mL의 몰농도를 계산하시오. **(b)** 4.50 $M$ 질산 용액 35.0 mL에 존재하는 양성자의 몰수는 얼마인가? **(c)** 0.350 mol NaOH를 공급하는 데 필요한 6.00 $M$ NaOH용액의 부피는 밀리리터로 얼마인가?

**4.28** 성인 남자의 총 혈액 부피의 평균값은 5.0 L이다. 소듐 이온의 평균 농도가 0.135 $M$이라면, 혈액에 포함된 소듐 이온의 질량은 얼마인가?

**4.29** 혈중 알코올($CH_3CH_2OH$) 농도(blood alcohol concentration, BAC)는 혈액 100 mL당 알코올의 그램수이다. 미국 여러 주에서 알코올 중독의 법적 기준치는 BAC가 0.08 이상이다. BAC가 0.08일 때 혈액에 존재하는 알코올의 농도는 몇 *M* 인가?

**4.30** **(a)** 다음 중 소듐 이온의 농도가 가장 큰 것은?
0.25 *M* NaCl, 0.15 *M* $Na_2CO_3$, 0.075 *M* $Na_3PO_4$
**(b)** 다음 중 소듐 이온의 몰수가 더 큰 것은?
0.15 *M* $NaHCO_3$ 용액 20.0 mL, 0.04 *M* $Na_2S$ 용액 15.0 mL

**4.31** 양성자 분해 반응을 무시한다면, 다음 각 용액에서 분자나 이온의 농도는 얼마인가? (부피는 더할 수 있다고 가정한다.)
**(a)** 0.35 *M* $K_3PO_4$
**(b)** $5 \times 10^{-4}$ *M* $CuCl_2$
**(c)** 0.0184 *M* $CH_3CH_2OH$
**(d)** 0.010 *M* $Na_2CO_3$ 용액 35 mL와 0.200 *M* $K_2SO_4$ 용액 50.0 mL의 혼합물

**4.32** **(a)** 14.8 *M* $NH_3$의 진한 용액이 있다. 0.250 *M* $NH_3$ 1000.0 mL를 만들려면, 진한 용액 몇 밀리리터를 취하여 묽혀야 하는가? **(b)** 진한 용액에서 10.0 mL를 취하여 묽혀서 0.500 L를 만든다면, 최종 용액의 농도는 얼마가 되겠는가?

**4.33** 실험실에서 암세포에 작용하는 새로운 암 치료약을 실험하고 있다. 제조한 약의 용액 농도는 $1.5 \times 10^{-9}$ *M*이고, 5.00 mL의 물에 $2.0 \times 10^5$개의 암세포가 있는 실험 접시에 이 용액 1.00 mL를 넣었다. 이때 암세포 수와 치료약 분자수의 비는 얼마인가?

**4.34** 빙초산이라고 알려진 순수한 아세트산은 25°C에서 밀도가 1.049 g/mL이다. 25 °C에서 빙초산 20.00 mL를 250.0 mL 용액이 되도록 묽힌 아세트산 용액의 몰농도는 얼마인가?

자기 평가 연습 문제 답 **4.26** (a)

## 4.6 | 용액의 화학량론과 화학 분석

많은 반응들이 용액 형태에서 일어난다. 3장에서는 반응에 대한 화학 반응식과 반응에서 소비된 한 반응물의 양을 알면, 다른 반응물과 생성물의 양을 계산할 수 있다는 것을 배웠다.

이 절이 끝나면 다음 사항을 수행할 수 있어야 한다.

- 용액과 관련된 화학량론적 계산하기

균형 맞춘 반응식의 계수는 반응물과 생성물의 상대적인 몰수를 나타낸다는 것을 상기하라. 이런 사실을 이용하려면, 반응에 관련된 물질의 양을 몰로 환산해야 한다. 이러한 환산에는 3장에서처럼 물질의 질량을 몰수로 바꾸기 위한 몰질량을 이용해야 한다. 용액의 경우에는 용매와 용질이 동시에 존재하므로 이러한 환산이 유용하지 못하다. 그렇지만 용액의 농도를 알고 있다면, 몰농도와 부피를 활용하여 몰수를 결정할 수 있다(용질의 몰수$= M \times V$). 그림 4.15에 순수한 물질과 용액의 반응에 대한 화학량론을 이용하는 접근법을 요약했다.

### 적정

화학자는 용액에서 특정 용질의 농도를 결정하기 위해서, 이미 알려진 농도의 시약 용액(**표준 용액(standard solution)**)을 이용하여 **적정(titration)**을 한다. 미지 농도의 용액 속에 있는 용질과 완

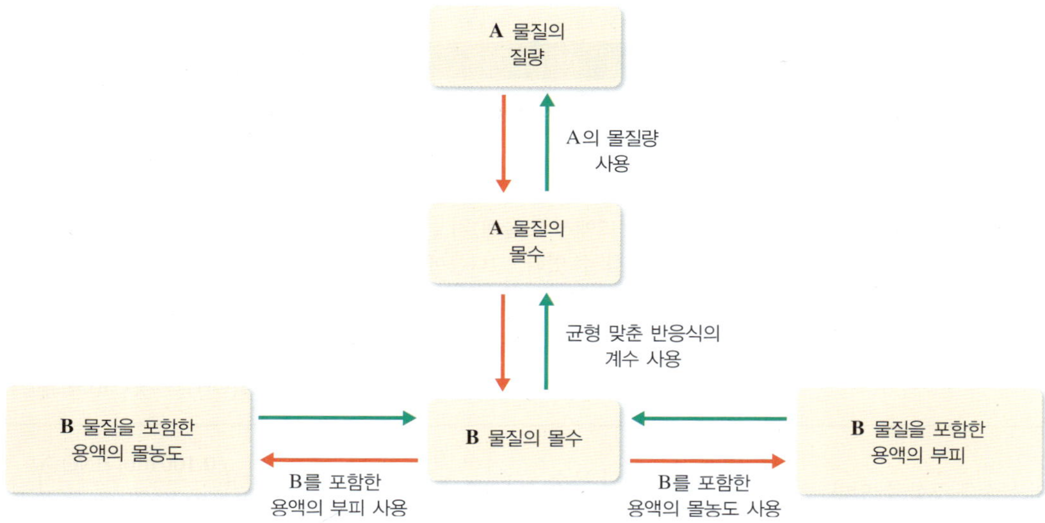


▲ **그림 4.15 순물질 A와 물질 B를 포함하는 농도가 알려진 용액 사이의 반응과 관련된 화학량론적 문제 풀이 과정** A 물질의 알려진 질량을 시작으로 붉은색 화살표를 따라가면, B를 포함한 용액의 몰농도로부터 B를 포함한 용액의 부피를 결정하거나, B 물질을 포함한 용액의 부피로부터 용액의 몰농도를 결정할 수 있다. B를 포함한 용액의 부피나 몰농도를 시작으로 녹색 화살표를 따라가면 A 물질의 질량을 결정할 수 있다.

전히 반응할 수 있도록 충분한 양의 표준 용액을 첨가해야 한다. 화학량론적으로 동일한 양을 사용한 지점을 적정의 **당량점(equivalent point)**이라고 한다.

적정은 중화 반응, 침전 반응, 산화–환원 반응에 이용될 수 있다. **그림 4.16**은 표준 NaOH 용액과 미지의 농도인 HCl 용액 간의 전형적인 중화 적정을 설명한 것이다. HCl 용액의 농도를 결정하려면 첫째, 일정한 부피의 HCl 용액(여기서는 20.0 mL)을 플라스크에 넣는다. 다음으로, 몇 방울의 산–염기 **지시약(indicator)**을 첨가한다. 산–염기 지시약은 당량점을 지나면 색깔이 변하는

NaOH(*aq*) 대신 $Ba(OH)_2$(*aq*)를 사용하면 첨가한 표준 용액의 부피는 어떻게 변하는가?

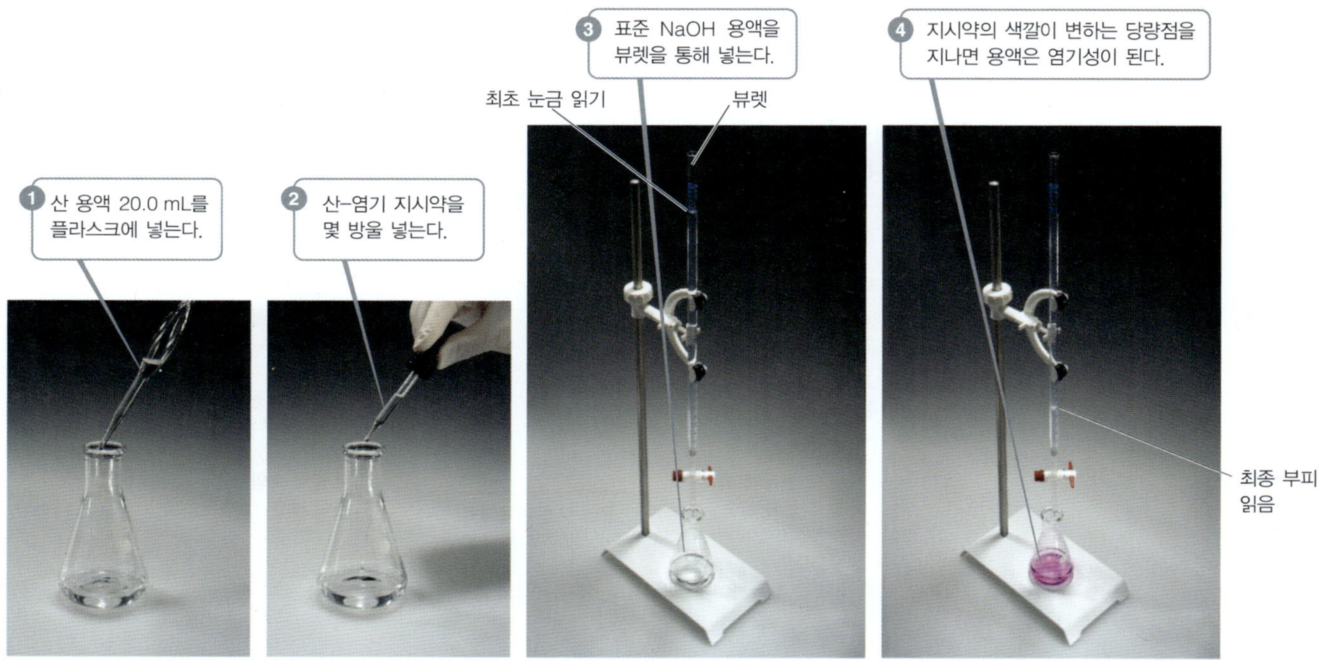


▲ **그림 4.16 NaOH 표준 용액으로 산성 용액을 적정하는 과정** 산–염기 지시약인 페놀프탈레인은 산성 용액에서는 무색이고, 염기성 용액에서는 분홍색이다.

## 예제 4.15

### 중화 반응에서 질량 관계 이용하기

0.100 $M$ $HNO_3$ 용액 25.0 mL를 완전히 중화시키려면 $Ca(OH)_2$ 몇 그램이 필요한가?

### 해답

**분석** 반응물은 산($HNO_3$)과 염기($Ca(OH)_2$)이다. $HNO_3$의 몰농도와 부피가 주어지고, 이 $HNO_3$를 중화하기 위해 필요한 $Ca(OH)_2$의 질량을 구하는 문제이다.

**계획** 그림 4.17에서 녹색 화살표로 표시된 단계에 따라 $HNO_3$ 용액(그림 4.17에서 B 물질)의 몰농도와 부피를 이용하여 $HNO_3$의 몰수를 계산할 수 있다. 그다음에 $HNO_3$의 몰수와 $Ca(OH)_2$(A 물질)의 몰수 관계를 위해 균형 맞춘 반응식을 이용한다. 마지막으로 $Ca(OH)_2$의 몰수를 그램으로 환산하기 위해 몰질량을 사용한다.

$$V_{HNO_3} \times M_{HNO_3} \Rightarrow \text{mol } HNO_3 \Rightarrow \text{mol } Ca(OH)_2 \Rightarrow \text{g } Ca(OH)_2$$

**풀이**

용액의 몰농도와 부피로 용질의 몰수를 구할 수 있다.

$$HNO_3\text{의 몰수} = V_{HNO_3} \times M_{HNO_3} = (0.0250 \cancel{\text{L}})\left(\frac{0.100 \text{ mol } HNO_3}{\cancel{\text{L}}}\right)$$
$$= 2.50 \times 10^{-3} \text{ mol } HNO_3$$

이 반응은 중화 반응이므로, $HNO_3$와 $Ca(OH)_2$는 반응하여 물과 $Ca^{2+}$ 및 $NO_3^-$를 포함하는 염을 생성한다.

$$2\,HNO_3(aq) + Ca(OH)_2(s) \longrightarrow 2\,H_2O(l) + Ca(NO_3)_2(aq)$$

따라서 2 mol $HNO_3$ = 1 mol $Ca(OH)_2$이다. 그러므로

$$Ca(OH)_2\text{의 그램수} = (2.50 \times 10^{-3} \cancel{\text{mol } HNO_3}) \times \left(\frac{1 \cancel{\text{mol } Ca(OH)_2}}{2 \cancel{\text{mol } HNO_3}}\right)\left(\frac{74.1 \text{ g } Ca(OH)_2}{1 \cancel{\text{mol } Ca(OH)_2}}\right)$$
$$= 0.0926 \text{ g } Ca(OH)_2$$

**검토** 적은 부피의 묽은 산을 중화하기 위해서는 적은 양의 염기가 필요하므로 답은 타당하다.

▶ **보충 예제**

0.0100 $M$ 질산 카드뮴 수용액 25.00 mL와 완전히 반응하여 $CdS(s)$ 침전물을 만들려면 황화 소듐은 몇 mg이 필요한가?
**(a)** 13.8 mg **(b)** 19.5 mg **(c)** 23.5 mg **(d)** 32.1 mg **(e)** 39.0 mg

염료 화합물이다.* 예를 들면 페놀프탈레인이라고 알려진 염료는 산성 용액에서는 무색이지만 염기성 용액에서는 분홍색이다. 혼합 용액이 분홍색으로 변할 때까지 NaOH 표준 용액이 첨가되었다면, HCl과 NaOH 간의 중화 반응이 끝났다는 것이다. 첨가되는 NaOH 용액의 부피를 정확하게 측정하기 위하여 뷰렛(burette)을 사용하여 표준 용액을 첨가한다. 이때 첨가된 표준 용액의 부피와 농도로부터 **그림 4.17**의 도표에서처럼 미지 용액의 농도를 결정할 수 있다.

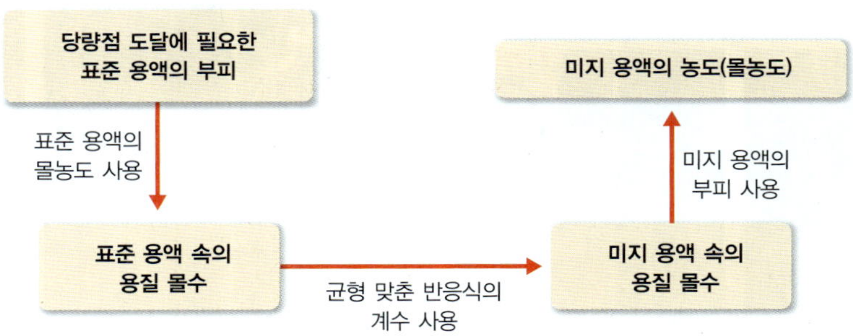


▲ **그림 4.17** 표준 용액을 활용하여 적정을 통해 미지 용액의 농도를 결정하는 과정

*지시약의 색깔이 변하는 지점을 정확히 종말점이라고 한다. 종말점이 당량점 근처이면 타당한 지시약을 선택한 것이다. 산- 염기 적정은 17.3절에서 보다 상세히 다룬다.

## 예제 4.16
### 산-염기 적정을 이용한 용액의 농도 결정

감자 껍질을 벗기기 위한 상업적 방법으로 NaOH를 이용하기도 한다. 감자를 NaOH 용액에 잠깐 담근 다음 물로 씻으면 대량으로 감자 껍질을 쉽게 벗길 수 있다. 이때 NaOH 용액의 농도는 보통 3~6 *M*이고, 정기적으로 용액의 농도를 검사해야 한다. 한 검사에서 NaOH 용액 20.0 mL를 중화하는 데 0.500 *M* $H_2SO_4$ 용액 45.7 mL가 소모되었다. 이 NaOH 용액의 농도는 얼마인가?

### 해답

**분석** NaOH 용액 20.0 mL와 완전히 반응한 $H_2SO_4$의 부피(45.7 mL)와 몰농도(0.500 *M*)가 주어지고, NaOH 용액의 몰농도를 계산하는 문제이다.

**계획** 그림 4.19의 단계에 따라 $H_2SO_4$의 몰수를 계산하기 위해서 $H_2SO_4$의 부피와 몰농도를 이용한다. 다음으로, 반응에서 사용된 NaOH의 몰수를 계산하기 위해 $H_2SO_4$의 몰수와 균형 맞춘 반응식을 사용한다. 마지막으로, NaOH의 부피와 몰수를 통해 NaOH의 몰농도를 계산한다.

**풀이**

$H_2SO_4$의 몰수는 이 용액의 부피와 몰농도의 곱이다.

$$H_2SO_4\text{의 몰수} = (45.7\ \text{mL 용액})\left(\frac{1\ \text{L 용액}}{1000\ \text{mL 용액}}\right)\left(\frac{0.500\ \text{mol}\ H_2SO_4}{\text{L 용액}}\right) = 2.28 \times 10^{-2}\ \text{mol}\ H_2SO_4$$

산은 금속 수산화물과 반응하여 물과 염을 만든다. 따라서 중화 반응에 대한 균형 맞춘 반응식은 다음과 같다.

$$H_2SO_4(aq) + 2\,NaOH(aq) \longrightarrow 2\,H_2O(l) + Na_2SO_4(aq)$$

균형 맞춘 반응식에 따르면, 1 mol $H_2SO_4$ = 2 mol NaOH이다. 따라서

$$NaOH\text{의 몰수} = (2.28 \times 10^{-2}\ \text{mol}\ H_2SO_4)\left(\frac{2\ \text{mol NaOH}}{1\ \text{mol}\ H_2SO_4}\right) = 4.56 \times 10^{-2}\ \text{mol NaOH}$$

20.0 mL 용액에 들어 있는 NaOH의 몰수를 구하면, 이 용액의 농도를 계산할 수 있다.

$$NaOH\text{의 몰농도} = \frac{\text{mol NaOH}}{\text{L 용액}} = \left(\frac{4.56 \times 10^{-2}\ \text{mol NaOH}}{20.0\ \text{mL 용액}}\right)\left(\frac{1000\ \text{mL 용액}}{1\ \text{L 용액}}\right) = 2.28\,\frac{\text{mol NaOH}}{\text{L 용액}} = 2.28\ M$$

**▶ 보충 예제**
0.0165 *M* $Ba(OH)_2$ 용액 134.5 mL를 중화하는 데 HCl 용액 27.3 mL를 사용하였다면, HCl 용액의 농도는 얼마인가?

**(a)** 0.0444 *M* **(b)** 0.0813 *M* **(c)** 0.163 *M* **(d)** 0.325 *M* **(e)** 3.35 *M*

## 예제 4.17
### 적정을 이용한 용질의 양 결정

수돗물 중 $Cl^-$ 이온의 양은 $Ag^+$ 이온으로 적정하여 결정할 수 있다. 적정할 때 일어나는 침전 반응은 다음과 같다.

$$Ag^+(aq) + Cl^-(aq) \longrightarrow AgCl(s)$$

**(a)** 시료 중 녹아 있는 $Cl^-$ 이온을 적정할 때 0.100 *M* $Ag^+$ 20.2 mL가 필요하다면, 시료 중 녹아 있는 $Cl^-$의 그램수는 얼마인가?
**(b)** 시료의 질량이 10.0 g이라면, $Cl^-$의 백분율은 얼마인가?

### 해답

**분석** $Ag^+$ 용액의 부피(20.2 mL)와 몰농도(0.100 *M*), 그리고 $Cl^-$와 $Ag^+$의 반응의 화학 반응식이 주어졌다. 첫째로 시료 속의 $Cl^-$의 g수를 구하고, 그다음 $Cl^-$의 질량 백분율을 구한다.

**계획** **(a)** 그림 4.17에서 녹색 화살표로 표시된 과정을 따라간다. 적정에서 사용된 $Ag^+$의 몰수를 계산하기 위해 $Ag^+$의 부피와 몰농도를 이용한다. $Cl^-$의 그램수로부터 시료 속의 $Cl^-$의 몰수를 결정하기 위해 균형 맞춘 반응식을 이용한다.

(b) 시료 중 $Cl^-$ 이온의 백분율을 계산하기 위해 시료에서 $Cl^-$의 그램수(7.17×10−2 g)와 시료의 처음 질량 10.0 g을 비교한다.

**풀이**

(a) 적정에서 사용된 $Ag^+$의 몰수를 계산한다.

$$Ag^+\text{의 몰수} = (20.2\ \text{mL 용액})\left(\frac{1\ \text{L 용액}}{1000\ \text{mL 용액}}\right)\left(\frac{0.100\ \text{mol}\ Ag^+}{\text{L 용액}}\right) = 2.02\times10^{-3}\ \text{mol}\ Ag^+$$

균형 맞춘 반응식으로부터 1 mol $Ag^+ \simeq$ 1 mol $Cl^-$임을 알 수 있다. 이 식과 Cl의 몰질량을 이용하면

$$Cl^-\text{의 그램수} = (2.02\times10^{-3}\ \text{mol}\ Ag^+)\left(\frac{1\ \text{mol}\ Cl^-}{1\ \text{mol}\ Ag^+}\right)\left(\frac{35.5\ \text{g}\ Cl^-}{\text{mol}\ Cl^-}\right) = 7.17\times10^{-2}\ \text{g}\ Cl^-$$

(b) 시료에 사용된 $Cl^-$의 백분율을 계산한다.

$$Cl^-\text{의 백분율} = \frac{7.17\times10^{-2}\ \text{g}}{10.0\ \text{g}}\times100\% = 0.717\%\ Cl^-$$

▶ **보충 예제**

범죄 현장에서 발견된 의문의 흰색 가루를 화학 분석한 결과, 암모니아처럼 약한 염기인 모르핀($C_{17}H_{19}NO_3$)과 설탕의 혼합물로 확인되었다. 범죄 연구소에서 의문의 흰색 가루10.00 mg을 100.00 mL의 물에 녹였다. 이 용액을 당량점까지 적정하는 데 0.0100 *M* HCl 용액 2.84 mL가 사용되었다면, 흰색 가루에 포함된 모르핀은 몇 %인가?

(a) 8.10% (b) 17.3% (c) 32.6% (d) 49.7% (e) 81.0%

## 통합 예제
### 종합 개념

유의: 통합 예제는 이전의 장과 현재 장에 대한 내용이 필요하다.
인산 포타슘 시료 70.5 mg을 0.050 *M* 질산 은 용액 15.0 mL에 첨가하였더니 침전물이 생성되었다.
(a) 이 반응의 분자 반응식을 쓰시오. (b) 반응에서 한계 반응물은 어느 것인가? (c) 생성되는 침전물의 이론적 수득량을 그램으로 계산하시오.

**해답**

(a) 인산 포타슘과 질산 은($AgNO_3$)은 모두 이온 결합 화합물이다. 인산 포타슘은 $K^+$와 $PO_4^{3-}$ 이온을 포함하므로 화학식은 $K_3PO_4$이다. 질산 은은 $Ag^+$와 $NO_3^-$를 포함하므로 화학식은 $AgNO_3$이다. 두 반응물은 모두 강전해질이므로 반응 전의 용액은 $K^+$, $PO_4^{3-}$, $Ag^+$, $NO_3^-$ 이온을 포함한다. 용해도 지침(표 4.1)에 따르면, $Ag^+$와 $PO_4^{3-}$가 반응하여 불용성 화합물을 만든다. 따라 서 용액에는 $Ag_3PO_4$가 침전된다. 반면에, $K^+$와 $NO_3^-$는 용액에 남는다. 왜냐하면 $KNO_3$는 물에 녹기 때문이다. 균형 맞춘 분자 반응식은 다음과 같다.

$$K_3PO_4(aq) + 3\,AgNO_3(aq) \longrightarrow Ag_3PO_4(s) + 3\,KNO_3(aq)$$

(b) 한계 반응물을 구할 때는 각 반응물의 몰수를 살펴야 한다. $K_3PO_4$의 몰수는 몰질량을 환산 인자로 이용하면 시료의 질량으로부터 계산할 수 있다. $K_3PO_4$의 몰질량은 3(39.1)+31.0+4(16.0)=212.3 g/mol이다. 밀리그램을 그램으로 변환한 다음, 몰수로 환산하면 다음과 같다.

$$(70.5\ \text{mg}\ K_3PO_4)\left(\frac{10^{-3}\ \text{g}\ K_3PO_4}{1\ \text{mg}\ K_3PO_4}\right)\left(\frac{1\ \text{mol}\ K_3PO_4}{212.3\ \text{g}\ K_3PO_4}\right) = 3.32\times10^{-4}\ \text{mol}\ K_3PO_4$$

용액의 부피와 몰농도로부터 $AgNO_3$의 몰수를 구한다(4.5절). 밀리리터를 리터로 변환한 다음, 몰수로 환산하면 다음과 같다.

$$(15.0\ \text{mL})\left(\frac{10^{-3}\ \text{L}}{1\ \text{mL}}\right)\left(\frac{0.050\ \text{mol AgNO}_3}{\text{L}}\right) = 7.5 \times 10^{-4}\ \text{mol AgNO}_3$$

두 반응물의 양을 비교하면, $AgNO_3$의 몰수는 $K_3PO_4$ 몰수의 $(7.5\times10^{-4})/(3.32\times10^{-4})=2.3$배이다. 그러나 균형 맞춘 반응식에 따르면, 1 mol $K_3PO_4$는 3 mol $AgNO_3$가 필요하다. 따라서 $K_3PO_4$를 소비하기에 $AgNO_3$는 불충분하다. 그러므로 $AgNO_3$가 한계 반응물이다.

**(c)** 침전물은 $Ag_3PO_4$이고, 몰질량은 3(107.9)+31.0+ 4(16.0)= 418.7 g/mol이다. 이 반응에서 생성되는 $Ag_3PO_4$의 그램수(이론적 수득량)를 계산하기 위해서는, 한계 반응물의 몰수를 이용하여 $AgNO_3$의 몰수 ⇒ $Ag_3PO_4$의 몰수 ⇒ $Ag_3PO_4$의 그램수로 변환해야 한다. $AgNO_3$의 몰수를 $Ag_3PO_4$의 몰수로 변환할 때는 균형 맞춘 반응식의 계수를 이용하고, 이 물질의 몰수를 그램으로 환산할 때는 $Ag_3PO_4$의 몰질량을 사용하면 다음과 같다. $AgNO_3$의 양은 두 개의 유효 숫자만 가지고 있으므로, 답도 두 개의 유효 숫자만 갖는다.

$$(7.5 \times 10^{-4}\ \text{mol AgNO}_3)\left(\frac{1\ \text{mol Ag}_3\text{PO}_4}{3\ \text{mol AgNO}_3}\right)\left(\frac{418.7\ \text{g Ag}_3\text{PO}_4}{1\ \text{mol Ag}_3\text{PO}_4}\right) = 0.10\ \text{g Ag}_3\text{PO}_4$$

## 자기 평가 연습 문제

**4.35** 경수(센물)에는 $Ca^{2+}$, $Mg^{2+}$ 및 $Fe^{2+}$ 이온이 포함되어 있고, 이들은 비누와 반응하여 흰색 침전(scum)을 형성한다. 물의 연수기에서는 이러한 이온을 $Na^+$로 대체한다. 만약 1500 L의 경수에 0.020 *M*의 $Ca^{2+}$ 이온과 0.0040 *M*의 $Mg^{2+}$이온이 포함되어 있다면, 이들을 대체하기 위해서는 몇 그램의 NaCl이 필요한가? (전하의 균형을 항상 맞추어야 한다는 것을 명심하라.)

**(a)** 1800 g

**(b)** 2100 g

**(c)** 3500 g

**(d)** 4200 g

## 연습 문제

**4.36** 질산 은(silver nitrate) 용액을 분석하려고 한다.

**(a)** 0.200 *M* $AgNO_3$ 수용액 15.0 mL에 존재하는 은 이온을 모두 침전시키는 데 필요한 0.150 *M* HCl(*aq*)의 부피는 얼마인가?

**(b)** 0.200 *M* $AgNO_3$ 수용액 15.0 mL에 존재하는 은 이온을 모두 침전시키는 데 필요한 KCl의 질량은 얼마인가?

**(c)** 0.150 *M* HCl(*aq*) 500 mL의 값은 39.95달러이고, KCl 1톤의 값은 10달러이다. **(a)**와 **(b)** 중 어느 것이 더 값싼 분석 과정인가?

**4.37** **(a)** 0.0875 *M* NaOH 용액 50.00 mL를 중화하는 데 필요한 0.115 *M* $HClO_4$ 용액의 부피는 얼마인가?

**(b)** 2.87 g의 $Mg(OH)_2$를 중화하는 데 필요한 0.128 *M* HCl의 부피는 얼마인가?

**(c)** 785 mg KCl(AgCl 형성) 시료에서 모든 $Cl^-$ 이온을 침전시키기 위해 25.8 mL의 $AgNO_3$ 용액이 필요하다면, $AgNO_3$ 용액의 몰농도는 얼마인가?

**(d)** KOH 용액을 중화시키는 데 0.108 *M* HCl 용액 45.3 mL가 필요하다면, 용액에 존재하는 KOH는 몇 그램인가?

**4.38** 실험용 탁자에 황산 용액이 엎질러졌다. 이 용액을 탄산수소 소듐(sodium hydrogen carbonate)으로 중화한 후 닦아냈다. 탄산수소 소듐과 황산의 반응은 다음과 같다.

$$2\ \text{NaHCO}_3(s) + \text{H}_2\text{SO}_4(aq) \longrightarrow \text{Na}_2\text{SO}_4(aq) + 2\ \text{H}_2\text{O}(l) + 2\ \text{CO}_2(g)$$

$CO_2(g)$의 발생이 멈출 때까지 탄산수소 소듐을 첨가하였다. 6.0 *M* $H_2SO_4$ 27 mL가 엎질러졌다면, 이것을 중화시키는 데 필요한 $NaHCO_3$의 최소 질량은 얼마인가?

**4.39** 미지의 알칼리 금속 수산화물 시료 4.36 g을 100.0 mL의 물에 녹였다. 이 용액에 산-염기 지시약을 넣고 2.50 *M* HCl(*aq*) 용액으로 적정하였다. 17.0 mL의 염산 용액을 넣었더니, 당량점에 도달하였음을 나타내도록 지시약의 색이 변하였다.

**(a)** 금속 수산화물의 몰질량은 얼마인가?

**(b)** 알칼리 금속 이온은 $Li^+$, $Na^+$, $K^+$, $Rb^+$, $Cs^+$ 중 어느 것 인가?

**4.40** 0.300 *M* NaOH 용액 105.0 mL를 0.060 *M* $AlCl_3$ 용액 150.0 mL와 섞었다.

**(a)** 일어나는 반응의 균형 맞춘 화학 반응식을 쓰시오.
**(b)** 어떤 침전물이 생기는가?
**(c)** 무엇이 한계 반응물인가?
**(d)** 이 침전물은 몇 그램이 생기는가?
**(e)** 용액 중 남아 있는 각 이온의 농도는 얼마인가?

**4.41** 순수하지 않은 수산화 마그네슘 시료 0.5895 g을 0.2050 $M$ HCl 용액 100.0 mL에 녹였다. 과량의 산을 중화시키기 위해 0.1020 $M$ NaOH 19.85 mL가 필요하였다. 시료 중 HCl 용액과 반응하는 유일한 물질로 추정되는 수산화 마그네슘의 질량 백분율을 계산하시오.

자기 평가 연습 문제 답 **4.35** (d)

# 요약 및 중요 용어

수용액의 일반적인 성질(서론과 4.1절) 물이 용해 매질인 용액을 **수용액(aqueous solution)**이라고 한다. 용액의 성분들 중에서 가장 많은 양을 차지하는 것이 **용매(solvent)**이고, 다른 성분들은 **용질(solute)**이다.

수용액에서 어떤 물질의 이온이 포함된다면, 이 물질을 **전해질(electrolyte)**이라고 한다. 용액에 이온이 포함되지 않는 물질을 **비전해질(nonelectrolyte)**이라고 한다. 용액에서 모두 이온으로 존재하는 전해질을 **강전해질(strong electrolyte)**이라고 한다. 일부분은 이온으로, 일부분은 분자로 존재하는 물질을 **약전해질(weak electrolyte)**이라고 한다. 이온 결합 화합물은 녹으면 이온으로 해리하므로 강전해질이다. 이온성 물질의 용해도는 극성 용매 분자를 가진 이온의 상호 작용, 즉 **용매화(solvation)**로 가능한 것이다. 분자 화합물은 약전해질도 있고 강전해질도 있지만, 대부분이 비전해질이다. 약전해질이 용액에서 이온화하면 서로 반대 반향을 가리키는 반쪽 화살표를 사용하여 정반응과 역반응을 나타내고, **화학 평형(chemical equilibrium)**이라는 화학 균형을 이룰 수 있다.

침전 반응(4.2절) **침전 반응(precipitation reaction)**이란 **침전물(precipitate)**이라는 불용성 생성물을 만드는 반응이다. 용해도 지침은 이온 결합 화합물이 물에 녹는지를 결정하는 데 도움을 준다(한 물질의 **용해도**는 일정량의 용매에 녹는 양이다). 양이온과 음이온이 교환 상대로 나타나는 침전 반응과 같은 반응을 **교환 반응(exchange reaction)** 또는 **상호 교환 반응(metathesis reaction)**이라고 한다.

용해된 물질이 용액 중에서 대부분 이온 또는 분자로 존재하는지를 나타낼 때 화학 반응식을 쓸 수 있다. **분자 반응식(molecular equation)**이란 모든 반응물과 생성물을 완성된 화학식으로 나타내는 반응식이다. **완결 이온 반응식(complete ionic equation)**은 강전해질이 모두 녹아 이온 성분이 된 것을 나타낸다. **알짜 이온 반응식(net ionic equation)**에서는 반응을 통하여 변하지 않는 이온(**구경꾼 이온, spectator ion**)은 생략한다.

산-염기 및 중화 반응(4.3절) 산과 염기는 중요한 전해질이다. **산(acid)**은 양성자 주개이다. 수용액에 산을 가하면 $H^+(aq)$의 농도가 증가한다. **염기(base)**는 양성자 받개이다. 수용액에 염기를 가하면 $OH^-(aq)$의 농도가 증가한다. 강전해질인 산과 염기를 각각 **강산(strong acid)**과 **강염기(strong base)**라고 한다. 약전해질인 산과 염기를 **약산(weak acid)**과 **약염기(weak base)**라고 한다. 산과 염기 용액을 섞으면 중화 반응이 일어난다. 산과 금속 수산화물 사이의 **중화 반응(neutralization reaction)**은 물과 **염(salt)**을 만든다. 중화 반응의 결과로 기체가 생성될 수도 있다. 황화물과 산이 반응하면 $H_2S(g)$를 만든다. 탄산염과 산이 반응하면 $CO_2(g)$가 생긴다.

산화-환원 반응(4.4절) **산화(oxidation)**란 물질이 전자를 잃는 것이고, **환원(reduction)**이란 물질이 전자를 얻는 것이다. **산화수(oxidation number)**는 화학 반응 동안에 전자를 추적하여 특정 규칙을 적용하여 원자에 할당된 것이다. 원소가 산화되면 산화수가 증가하는 반면, 환원되면 산화수가 감소한다. 산화는 항상 환원을 수반하므로, **산화-환원 반응(oxidation-reduction(redox) reaction)**이 된다.

많은 금속들은 산, 염, $O_2$에 의해 산화된다. 금속과 염, 금속과 산의 산화-환원 반응을 **치환 반응(displacement reaction)**이라고 한다. 이러한 치환 반응의 생성물은 항상 원소($H_2$ 또는 금속)와 염이다. 그러한 반응을 비교하여 금속을 산화되기 쉬운 순서로 배열할 수 있다. 금속을 산화되기 쉬운 순서로 배열한 목록을 **활동도 서열(activity series)**이라고 한다. 목록 중의 금속은 그 서열 아래의 금속 이온(또는 $H^+$)에 의해 산화될 수 있다.

용액의 농도(4.5절) 용액의 **농도(concentration)**는 용액 중에 녹아 있는 용질의 양으로 나타낸다. 용액 중 용질의 농도를 나타내는 일반적인 방법 중 하나는 몰농도이다. 용액의 **몰농도(molarity)**는 용액 리터당 용질의 몰수이다. 이 농도 단위는 용액의 부피와 용질의 몰수를 서로 환산할 수 있게 해준다. 용질이 액체이면 용질의 밀도를 이용하여 질량, 부피, 몰 사이를 변환할 수 있고, 이를 통해 몰농도를 계산한다. 용질의 질량을 잰 뒤 정해진 부피로 묽히거나, 알려진 농도의 더 진한 용액(모액)을 **묽힘(dilution)**으로써 원하는 농도의 용액을 얻을 수 있다. 용액에 첨가하는 용매(묽힘 과정)는 용액 중 용질의 몰수 변화 없이 용질의 농도를 감소시킨다($M_{진한} \times V_{진한} = M_{묽은} \times V_{묽은}$).

용액의 화학량론과 화학 분석(4.6절) **적정(titration)**이란 농도를 모르거나 용매의 양을 결정하고자 할 때 농도를 알고 있는 용액(표준 용액)을 미지 농도의 용액과 반응시키는 과정이다. 적정에서 반응물이 화학량론적으로 동일한 양을 소모한 지점을 **당량점(equivalence point)**이라고 한다. 지시약은 당량점과 거의 일치하는 적정의 종말점을 알고자 할 때 사용한다.

## 학습 정리 이 장을 공부한 후에 여러분은 다음을 할 수 있어야 한다.

- 혼합물이 산 또는 염기인지, 그리고 강전해질, 약전해질, 비전해질 중 어느 것인지 확인하기(4.1절 및 4.3절). **관련 연습 문제: 4.13~4.15, 4.63~4.65**
- 반응을 유형별로 알고, 간단한 산–염기 반응, 침전 반응, 산화–환원 반응의 생성물을 예측하기(4.2~4.4절). **관련 연습 문제: 4.16~4.18, 4.24~4.25, 4.43~4.45, 4.66~4.68, 4.73~4.76**
- 용액의 부피와 용질의 몰수를 활용하여 몰농도를 계산하기(4.5절). **관련 연습 문제: 4.27~4.31, 4.79~4.85**
- 원하는 농도의 용액을 만들기 위해 묽힘의 개념을 이해하기(4.5절). **관련 연습 문제: 4.32~4.34, 4.86~4.88**
- 적정을 수행하고 그 결과를 해석하는 방법을 이해하기(4.6절). **관련 연습 문제: 4.38~4.41, 4.91~4.94**

## 핵심 공식

- $\text{몰농도} = \dfrac{\text{용질의 몰수}}{\text{용액의 부피(L)}}$ [4.31] 몰농도는 화학에서 농도를 표현할 때 가장 일반적으로 사용하는 단위이다.
- $M_{\text{진한}} \times V_{\text{진한}} = M_{\text{묽은}} \times V_{\text{묽은}}$ [4.33] 진한 용액에 용매를 첨가하여 묽은 용액을 만들 때, 진한 용액과 묽은 용액 각각의 몰농도와 부피 중 세 개의 값이 주어진다면 나머지 하나를 계산할 수 있다.

## 연습 문제

### 눈으로 보는 개념

**4.42** 다음 중 물속의 $Li_2SO_4$ 용액을 가장 잘 나타낸 그림은? (단순화시키려고 물 분자들은 나타내지 않았다.) [4.1절]

(a) (b) (c)

**4.43** 세 가지의 다른 물질 AX, AY, AZ의 수용액을 다음과 같은 세 개의 그림으로 나타내었다. 각 물질을 강전해질, 약전해질, 비전해질로 구분하시오. [4.1절]

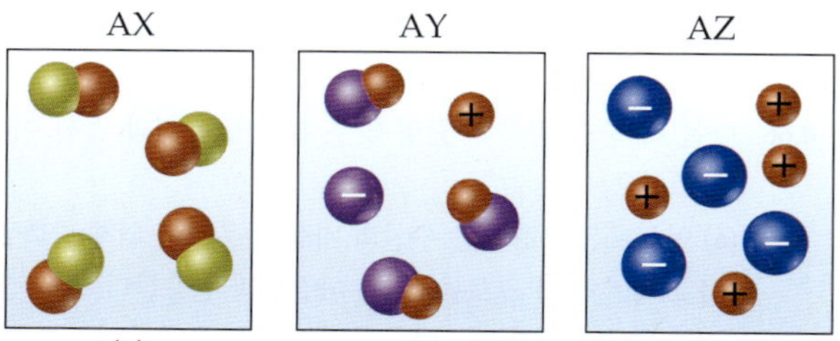


(a) (b) (c)

**4.44** 다음 세 가지 분자 모형을 강전해질, 약전해질, 비전해질로 구분하시오(원소의 색체는 그림 4.4 참조). [4.1절, 4.3절]

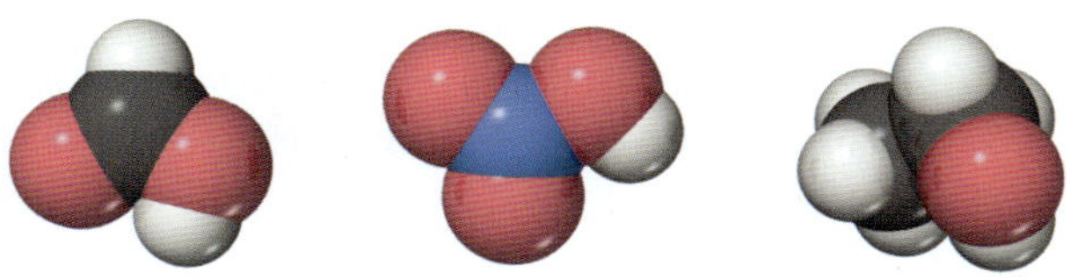

(a) (b) (c)

**4.45** 화학 평형의 개념은 매우 중요하다. 평형에 대한 다음 설명 중 가장 올바른 것은? [4.1절]

**(a)** 계가 평형에 도달하였다면, 아무 일도 일어나지 않는다.

**(b)** 계가 평형에 도달하였다면, 정반응의 속도와 역반응의 속도가 같다.

**(c)** 계가 평형에 도달하였다면 생성물의 농도가 계속 변한다.

**4.46** 라벨이 손상되어 명확히 알 수 없는 흰색 고체가 있다. 이 물질은 염화 바륨($BaCl_2$), 염화 납($PbCl_2$), 염화 아연($ZnCl_2$) 중 하나일 것으로 예상된다. 이 고체를 비커에 넣고 물에 녹였더니 맑은 용액이 되었다. 그다음 $Na_2SO_4(aq)$ 용액을 넣었더니 흰색 침전물이 생겼다. 이 화합물은 무엇인가? [4.2절]

**4.47** 다음 이온 중 침전 반응에서 항상 구경꾼 이온이 되는 것은? [4.2절]

**(a)** $Cl^-$ **(b)** $NO_3^-$ **(c)** $NH_4^+$ **(d)** $S^{2-}$ **(e)** $SO_4^{2-}$

**4.48** 라벨이 떨어진 세 개의 병에 금속 분말 시료가 들어있다. 각각의 병에는 아연, 납, 백금이 들어 있다. 이들을 처리하기 위한 세 가지 용액(1 *M* 질산 소듐, 1 *M* 질산, 1 *M* 질산 니켈)이 있을 때, 각 금속 분말을 식별하기 위해서는 이 용액들을 어떻게 사용해야 할까? [4.4절]

**4.49** 중화 반응이 양성자를 포함하는 것과 마찬가지로, 산화–환원 반응에서 전자가 어떻게 관여하는지를 설명하시오. [4.3절, 4.4절]

**4.50** '물 분해' 반응은 어떤 종류의 반응인가? [4.4절]

$H_2O(l) \longrightarrow H_2(g) + \frac{1}{2}O_2(g)$

**(a)** 산–염기 반응

(b) 복분해 반응
(c) 산화–환원 반응
(d) 침전 반응

**4.51** 총 이온의 농도가 1.2 m*M*인 수용액이 있다. [4.5절]
(a) 만약 이 용액이 $NaCl(aq)$라면, 염화 이온의 농도는 얼마인가?
(b) $FeCl_3(aq)$라면, 염화 이온의 농도는 얼마인가?

**4.52** 다음 그림의 두 그래프 중 그림 4.18에 나타낸 적정의 결과로 예측되는 것은? [4.6절]

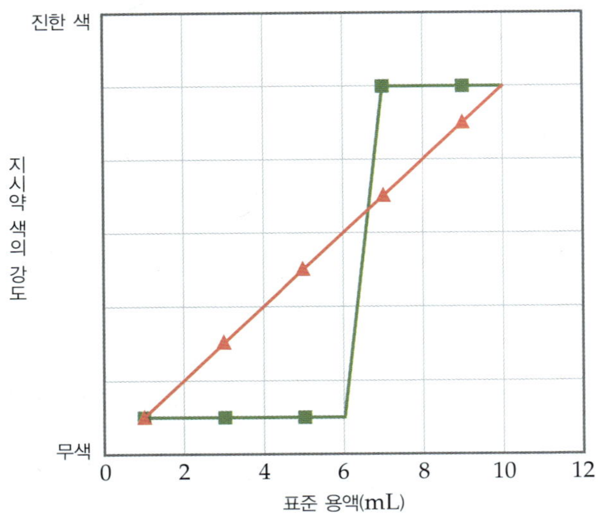


**4.53** 염기 용액으로 산 용액을 적정할 때, 깜빡 잊고 당량점에 도달하였는지를 알려 주는 지시약을 넣지 않고 진행하였다. 당량점에서 무색에서 푸른색으로 변하는 지시약을 적정 비커에 갑자기 넣었더니 전체 용액이 진한 푸른색으로 변하였다. 어떻게 해야 하는가? [4.6절]

## 수용액의 일반적인 성질(4.1절)

**4.54** 다음 설명이 참인지 거짓인지를 결정하고, 그 이유를 설명하시오.
(a) 아세톤($CH_3COCH_3$)이 물에 녹으면 전기가 통한다.
(b) 질산 암모늄($NH_4NO_3$)이 물에 녹으면 약전해질이고 염기성이다.

**4.55** 수용액에서 음이온은 물 분자의 산소나 수소 원자 중 어느 것에 가까이 존재하는가?

**4.56** 물속에 다음 물질을 각각 녹일 때, 용액 속에 존재하는 이온들을 명시하시오.
(a) $HIO_3$ (b) $Ba(OH)_2$ (c) HCN (d) $CuSO_4$

**4.57** 아세톤($CH_3COCH_3$)은 비전해질, 하이포염소산(HClO)은 약전해질, 염화 암모늄($NH_4Cl$)은 강전해질이다.
(a) 각 화합물의 수용액에 존재하는 용질 입자는 무엇인가?
(b) 각 화합물 0.1 mol이 용액에 녹아 있다면, 어느 화합물이 0.2 mol 용질 입자와 동일한 행동을 하는가? 어느 화합물이 0.1 mol 용질 입자와 동일한 행동을 하는가? 어느 화합물이 0.1 mol과 0.2 mol 중간의 용질 입자와 동일한 행동을 하는가?

## 침전 반응(4.2절)

**4.58** 다음 각 화합물이 물에 녹는지, 녹지 않는지를 예측하시오.
(a) MgS (b) $Cr(OH)_3$ (c) $ZnCl_2$ (d) $Pb_3(PO_4)_2$ (e) $Sr(CH_3COO)_2$

**4.59** 다음 용액을 섞을 때 침전물이 생기는지를 확인하고, 각 반응의 균형 맞춘 화학 반응식을 쓰시오.
(a) $NH_4I$와 $CuCl_2$
(b) LiOH와 $MnCl_2$
(c) $K_3PO_4$와 $CoSO_4$

**4.60** 다음 용액이 혼합되면 어떤 이온이 반응하지 않고 용액에 남는가?
(a) 탄산 포타슘과 황산 마그네슘
(b) 질산 납과 황화 리튬
(c) 인산 암모늄과 염화 칼슘

**4.61** 미지의 이온 결합 화합물 시료 용액을 묽은 $AgNO_3$, $Pb(NO_3)_2$, $BaCl_2$ 용액으로 처리하여 분리하였다. 세 경우 모두 침전물이 생성되었다. $Br^-$, $CO_3^{2-}$, $NO_3^-$ 중 어느 것이 미지 염의 음이온인가?

**4.62** 0.2 mol $Pb(CH_3COO)_2$, 0.1 mol $Na_2S$, 0.1 mol $CaCl_2$의 세 가지 용액을 섞어 한 용액으로 만들었다. 고체로 침전되는 것은 무엇인가?

## 산–염기 및 중화 반응(4.3절)

**4.63** 다음 설명이 참인지 거짓인지를 결정하고, 그 이유를 설명하시오.
(a) $NH_3$에는 $OH^-$ 이온이 없지만 그 수용액은 염기이다.
(b) HF는 강산이다.
(c) 강전해질인 $H_2SO_4$의 수용액에는 $SO_4^{2-}$ 이온보다 $HSO^-$ 이온이 더 많다.

**4.64** 미지 용질의 수용액을 리트머스 종이로 실험하여 산성임을 알았다. 이 용액은 같은 농도의 NaCl 용액보다 약한 전도성을 나타내었다. 이 물질은 다음 중 어느 것인가?
KOH, $NH_3$, $HNO_3$, $KClO_2$, $H_3PO_3$, $CH_3COCH_3$(아세톤)

**4.65** 수용액에서 다음 화합물이 비전해질인지, 약전해질인지, 강전해질인지 분류하시오.
(a) $PbCl_2$ (b) $N(CH_3)_3$ (c) CsOH
(d) $H_2S$ (e) $CrCl_2$ (f) $Ni(CH_3COO)_2$.

**4.66** 다음 각 중화 반응의 균형 맞춘 분자 반응식과 알짜 이온 반응식을 쓰시오.
(a) 아세트산 수용액은 수산화 바륨 수용액에 의해 중화된다.
(b) 고체 수산화 크로뮴(III)은 아질산과 반응한다.
(c) 질산 수용액과 암모니아 수용액이 반응한다.

**4.67** 산화 이온이 염기성이기 때문에, 금속 산화물은 산과 잘 반응한다.
(a) 다음 반응의 알짜 이온 반응식을 쓰시오.

$$FeO(s) + 2\,HClO_4(aq) \longrightarrow Fe(ClO_4)_2(aq) + H_2O(l)$$

(b) (a)의 반응식을 참조하여 $NiO(s)$와 질산 수용액의 반응에 대한 알짜 이온 반응식을 쓰시오

**4.68** $K_2O$는 물에 녹을 때 산화 이온이 물 분자와 반응하여 수산화 이온을 생성한다.

(a) 이 반응의 분자 반응식과 알짜 이온 반응식을 쓰시오.
(b) 산과 염기의 정의를 참조하면, 이 반응에서 어느 이온이 염기인가?
(c) 이 반응에서 산은 어느 것인가?
(d) 이 반응에서 구경꾼 이온은 어느 것인가?

## 산화-환원 반응(4.4절)

**4.69** 다음 설명은 참인가, 거짓인가?
(a) 어떤 물질이 산화되면 전자를 얻는다.
(b) 어떤 이온이 산화되면 산화수가 증가한다

**4.70** 다음 설명은 참인가, 거짓인가?
(a) 원소의 산화수가 증가할 때 환원이 일어난다.
(b) 산화와 환원은 하나의 반응에서 반드시 동시에 일어난다.

**4.71** 다음 각 물질에서 지적한 원소의 산화수를 결정하시오.
(a) $N_2H_4$ 중 N (b) $NO_2$ 중 N (c) $MnCl_3$ 중 Mn
(d) $FeSO_4$ 중 Fe (e) $PtCl_3$ 중 Pt (f) $NaClO_4$ 중 Cl

**4.72** 다음 중 어느 것이 산화–환원 반응인가? 산화–환원 반응이라면 어느 원소가 산화되고, 환원되는지를 표시하시오. 아니면 침전 반응인지, 중화 반응인지를 표시하시오.
(a) $P_4(s) + 10\,HClO(aq) + 6\,H_2O(l) \longrightarrow 4\,H_3PO_4(aq) + 10\,HCl(aq)$
(b) $Br_2(l) + 2\,K(s) \longrightarrow 2\,KBr(s)$
(c) $CH_3CH_2OH(l) + 3\,O_2(g) \longrightarrow 3\,H_2O(l) + 2\,CO_2(g)$
(d) $ZnCl_2(aq) + 2\,NaOH(aq) \longrightarrow Zn(OH)_2(s) + 2\,NaCl(aq)$

**4.73** 다음 반응의 균형 맞춘 분자 반응식과 알짜 이온 반응식을 쓰시오.
(a) 니켈과 염산
(b) 철과 묽은 황산
(c) 마그네슘과 브로민화 수소산
(d) 아연과 아세트산($CH_3COOH$)

**4.74** 활동도 서열(표 4.5)을 이용하여 다음 반응의 균형 맞춘 화학 반응식을 쓰시오. 만약 반응이 일어나지 않으면 간단히 NR이라고 쓰시오.
(a) 질산 구리(II)에 니켈 금속을 넣는다.
(b) 황화 마그네슘 용액에 질산 아연 용액을 첨가한다.
(c) 금속 금에 염산을 넣는다.
(d) 크로뮴 금속을 염화 크로뮴(II) 수용액에 담근다.
(e) 질산 은 용액에서 수소 기체가 끓어오른다.

**4.75** 금속 카드뮴은 $Cd^{2+}$ 이온을 잘 생성한다. 다음 관찰이 이루어졌다.
(i) 아연 금속 조각을 $CdCl_2$ 수용액에 담그면 카드뮴 금속이 조각 표면에 석출된다.
(ii) 카드뮴 금속 조각을 $Ni(NO_3)_2(aq)$에 담그면 니켈 금속이 조각 표면에 석출된다.
(a) 각각의 관찰을 설명하는 알짜 이온 반응식을 쓰시오.
(b) 어떤 원소들이 카드뮴의 활동도 서열을 더 정확하게 결정할 수 있을까?
(c) 활동도 서열에서 카드뮴의 더 정확한 위치를 정하기 위해 어떤 실험을 수행해야 하는가?

**4.76** 다음 반응(화살표는 한 방향만을 표시)은 할로젠 원소들의 활동도 서열을 결정할 때 사용된다.

$$Br_2(aq) + 2\,NaI(aq) \longrightarrow 2\,NaBr(aq) + I_2(aq)$$
$$Cl_2(aq) + 2\,NaBr(aq) \longrightarrow 2\,NaCl(aq) + Br_2(aq)$$

(a) 다른 할로젠 음이온과 섞을 때 가장 안정한 할로젠 원소는 어느 것인가?
(b) 염소 원소와 아이오딘화 포타슘을 섞을 때 반응이 일어날지 예측하시오.
(c) 브로민 원소와 염화 리튬을 섞을 때 반응이 일어날지 예측하시오.

## 용액의 농도(4.5절)

**4.77** (a) 용액에 존재하는 이온의 몰수는 세기 성질인가? 아니면 크기 성질인가?
(b) 0.10 mol 염화 아연($ZnCl_2$)과 0.1 $M$ 염화 아연 중 어느 것이 더 많은 $Zn^{2+}$ 이온을 포함하는지 결정할 수 있는가? 그 이유는 무엇인가?

**4.78** 35.0 g의 설탕이 들어있는 수용액 1.000 L를 만들었다.
(a) 설탕의 몰농도는 얼마인가?
(b) (a)에서 계산한 농도를 2배로 낮추기 위해서 몇 L의 물을 이 용액에 첨가해야 하는가?

**4.79** (a) $Na_2CrO_4$ 12.5 g을 물에 녹여 정확히 750 mL의 용액을 만들었다면 이 용액의 몰농도는 얼마인지 계산하시오.
(b) 0.112 $M$ KBr 용액 150 mL 중 KBr의 몰수는 얼마인가?
(c) 0.150 mol HCl을 얻는 데 필요한 6.1 $M$ HCl 용액의 부피는 몇 mL인가?

**4.80** 저소듐혈증인 사람의 혈중 소듐 이온 농도는 0.118 $M$이고, 총 혈액 부피는 4.6 L이다. 혈액의 부피가 일정하다고 가정할 때, 정상 수치인 0.138 $M$의 소듐 이온 농도가 되기 위해서는 어느 정도의 염화 소듐을 섭취해야 하는가?

**4.81** 성인 남자의 총 혈액 부피의 평균은 5.0 L이다. 맥주를 마신 후 혈중 알코올 농도(BAC, 100 mL 혈액당 알코올의 그램수)가 0.10이라면, 혈액에 존재하는 알코올의 질량은 얼마인가?

**4.82** (a) 보드카(6.86 $M$ 에탄올 수용액) 1.00 L를 만들려면 에탄올($CH_3CH_2OH$) 몇 g을 물에 섞어야 하는가?
(b) 에탄올의 밀도(0.789 g/mL)를 이용하여 보드카 1.00 L를 만드는 데 필요한 에탄올의 부피를 계산하시오.

**4.83** 설탕 내성 검사를 위해서 환자는 100 g의 포도당($C_6H_{12}O_6$)을 포함한 포도당 용액을 마셔야 한다. 한 컵이 350 mL라고 할 때, 이 용액 속에 존재하는 포도당의 몰농도를 계산하시오.

**4.84** 다음 각 쌍에서 $Cl^-$ 이온의 농도가 더 높은 쪽을 나타내시오.
(a) 0.10 $M$ $AlCl_3$ 용액, 0.25 $M$ LiCl 용액
(b) 0.05 $M$ $MnCl_3$ 용액 150 mL, 0.10 $M$ KCl 용액 200 mL
(c) 2.8 $M$ HCl 용액, 물 100 mL에 23.5 g KCl을 녹인 용액

**4.85** 두 시료를 혼합하여 얻은 용액에서 각 이온의 농도를 계산하시오

(부피는 더할 수 있다고 가정한다).

(a) 0.30 $M$ $KMnO_4$ 시료 32.0 mL와 0.60 $M$ KMnO4 시료 15.0 mL

(b) 0.100 $M$ $ZnCl_2$ 시료 60.0 mL와 0.200 $M$ $Zn(NO_3)_2$ 시료 5.0 mL

(c) 0.02 $M$ KCl 용액 150.0 mL에 4.2 g $CaCl_2$를 첨가한 경우

**4.86** (a) 6.0 $M$ $HNO_3$의 진한 용액이 있다. 0.500 $M$ $HNO_3$ 110 mL를 만들려면, 진한 용액 몇 밀리리터를 취하여 묽혀야 하는가?

(b) 만약 진한 용액에서 10.0 mL를 취하여 묽혀서 0.250 L를 만든다면, 묽힌 용액의 농도는 얼마가 되겠는가?

**4.87** 칼리키아마이신 감마-1(Calicheamicin gamma-1, $C_{55}H_{74}IN_3O_{21}S_4$)은 아주 강한 항생제이다. 이 항생제 한 분자는 세균 1개를 죽인다. $1.0 \times 10^8$개의 세균을 죽이기 위해서 $5.0 \times 10^{-9}$ $M$의 항생제 용액을 가지고 25.00 mL의 항생제 용액을 만드는 방법을 서술하시오.

**4.88** 글리세롤($C_3H_8O_3$)은 화장품, 식품, 부동액, 플라스틱 공업에 광범위하게 사용된다. 글리세롤은 15 ℃에서 밀도가 1.2656 g/mL인 수용성 액체이다. 15 ℃에서 50.000 mL의 글리세롤을 물에 녹여 250.00 mL 용액을 만들었을 때, 글리세롤 용액의 몰농도를 계산하시오.

### 용액의 화학량론과 화학 분석(4.6절)

**4.89** 질산 은 용액을 분석하고자 한다. 0.2500 $M$ $AgNO_3$ 수용액 45.0 mL에 존재하는 은 이온을 모두 침전시키기 위해 필요한 NaCl의 질량은 얼마인가?

**4.90** (a) 0.101 $M$ $Ba(OH)_2$ 용액 50.0 mL를 중화하는 데 몇 mL의 0.120 $M$ HCl 용액이 필요한가?

(b) 0.200 g의 NaOH를 중화하는 데 필요한 0.125 $M$ $H_2SO_4$ 용액은 몇 밀리리터인가?

(c) 752 mg $Na_2SO_4$ 시료 중의 황산 이온을 침전시키기 위해 55.8 mL의 $BaCl_2$ 용액이 필요하다면, 이 용액의 몰농도는 얼마인가?

(d) $Ca(OH)_2$ 용액을 중화시키기 위해 0.208 $M$ HCl 용액 42.7 mL가 필요하다면, 용액에 존재하는 $Ca(OH)_2$는 몇 그램인가?

**4.91** 식초의 냄새는 아세트산($CH_3COOH$) 때문이다. 이 아세트산과 수산화 소듐의 반응은 다음과 같다.

$$CH_3COOH(aq) + NaOH(aq) \longrightarrow H_2O(l) + NaCH_3COO(aq)$$

0.115 $M$ NaOH 용액 42.5 mL를 중화하는 데 3.45 mL의 식초가 필요하다면, 1.00쿼트(0.94 L)의 식초에 존재하는 아세트산은 몇 그램인가?

**4.92** 미지의 2족 금속 수산화물 시료 8.65 g을 85.0 mL의 물에 녹였다. 이 용액에 산-염기 지시약을 넣고 2.50 $M$ HCl($aq$) 용액으로 적정하였다. 56.9 mL의 염산 용액을 넣었더니, 지시약이 당량점에 도달하였을 때 나타내는 색으로 변하였다.

(a) 금속 수산화물의 몰질량은 얼마인가?

(b) 금속 양이온은 $Ca^{2+}$, $Sr^{2+}$, $Ba^{2+}$ 중 어느 것인가?

**4.93** 1.5 g LiOH와 1.000 $M$ $HNO_3$ 23.5 mL를 섞었다.

(a) 일어나는 반응의 균형 맞춘 화학 반응식을 쓰시오.

(b) 용액에 남아 있는 각 이온의 농도는 얼마인가?

(c) 이 혼합 용액은 산성인가, 염기성인가?

**4.94** 석회석 1.248 g을 분쇄하여 1.035 $M$ HCl 용액 30.00 mL에 녹였다. 과량의 산을 중화하는 데 1.010 $M$ NaOH 11.56 mL가 필요하였다. 시료 중 HCl 용액과 반응하는 유일한 물질로 추정되는 탄산 칼슘의 질량 백분율을 계산하시오.

## 추가 연습 문제

**4.95** 헥사플루오린화 우라늄($UF_6$)은 핵연료나 핵무기용 우라늄을 생산하기 위한 원료이다. 우라늄 원소와 $ClF_3$의 반응으로 $UF_6$가 생성되며 $Cl_2$가 부산물로 나온다.

(a) U와 $ClF_3$가 $UF_6$와 $Cl_2$로 변환되는 반응의 균형 맞춘 분자 반응식을 쓰시오.

(b) 이것은 상호 교환 반응인가?

(c) 이것은 산화-환원 반응인가?

**4.96** 다음 사진은 $Cd(NO_3)_2$ 용액과 $Na_2S$의 반응을 나타낸 것이다.

(a) 침전물은 무엇인가?

(b) 용액에는 어떤 이온이 남아 있는가?

(c) 이 반응에 대한 알짜 이온 반응식을 쓰시오.

(d) 이것은 산화-환원 반응인가?

**4.97** $Ni^{2+}$, $Ag^+$, $Sr^{2+}$, $Mn^{2+}$ 중 일부 또는 전부를 포함하는 용액이 있다. HCl 용액을 첨가하니 침전물이 생성되었다. 거르기로 침전물을 제거한 후 $H_2SO_4$ 용액을 첨가하였더니 다른 침전물이 생성되었다. 이 침전물을 거르기로 제거한 후 NaOH 용액을 첨가하였더니 침전물이 생성되지 않았다. 각 침전물에 존재하는 이온은 무엇인가? 위의 네 가지 이온 중 원래 용액에 없었던 이온은 어느 것인가?

**4.98** 표 4.1에 없는 두 이온인 크로뮴산 이온($CrO_4^{2-}$)과 옥살산 이온($C_2O_4^{2-}$)의 용해도를 조사하는 방법을 선택해 보자. 농도가 0.01 *M*인 네 가지의 물에 잘 녹는 염 A, B, C, D는 다음과 같다.

| 용액 | 용질 | 용액의 색 |
|---|---|---|
| A | $Na_2CrO_4$ | 노란색 |
| B | $(NH_4)_2C_2O_4$ | 무색 |
| C | $AgNO_3$ | 무색 |
| D | $CaCl_2$ | 무색 |

다음은 이 용액들을 섞었을 때 관찰된 것이다.

| 실험 번호 | 섞인 용액 | 결과 |
|---|---|---|
| 1 | A + B | 침전물 없음, 노란색 용액 |
| 2 | A + C | 붉은색 침전물 생성 |
| 3 | A + D | 노란색 침전물 생성 |
| 4 | B + C | 흰색 침전물 생성 |
| 5 | B + D | 흰색 침전물 생성 |
| 6 | C + D | 흰색 침전물 생성 |

**(a)** 각 실험에서 일어나는 반응의 알짜 이온 반응식을 쓰시오.

**(b)** 각 실험에서 침전물이 형성된다면, 어떤 것인지 확인하시오.

**4.99** 제산제는 통증을 완화하고 경미한 위궤양 치료에 도움이 된다. 위산인 $HCl(aq)$과 다음 제산제의 반응에 대한 균형 맞춘 알짜 이온 반응식을 쓰시오.

**(a)** $Al(OH)_3(s)$ **(b)** $Mg(OH)_2(s)$ **(c)** $MgCO_3(s)$

**(d)** $NaAl(CO_3)(OH)_2(s)$ **(e)** $CaCO_3(s)$

**4.100** 질산의 상업적 생산에 포함되는 화학 반응은 다음과 같다.

$$4\,NH_3(g) + 5\,O_2(g) \longrightarrow 4\,NO(g) + 6\,H_2O(g)$$

$$2\,NO(g) + O_2(g) \longrightarrow 2\,NO_2(g)$$

$$3\,NO_2(g) + H_2O(l) \longrightarrow 2\,HNO_3(aq) + NO(g)$$

**(a)** 이들 반응 중 어느 것이 산화–환원 반응인가?

**(b)** 각 산화–환원 반응에서 어떤 원소가 산화되고, 어떤 원소가 환원되는지 나타내시오.

**(c)** 0.150 *M* 질산 수용액 1000.0 L를 만들려면 몇 g의 암모니아가 필요한가? (반응 수득률이 100%라고 가정한다.)

**4.101** 아연, 구리, 수은(밀도 13.6 g/mL), 질산 은 용액, 질산이 준비되어 있다.

**(a)** 500 mL 삼각 플라스크와 풍선이 준비되어 있다. 풍선을 부풀리는 반응이 일어날 수 있도록 앞의 시약 중 2개 또는 그 이상을 조합할 수 있는가? 이 과정을 나타내는 균형 맞춘 화학반응식을 쓰시오. 풍선을 부풀리는 물질의 정체는 무엇인가?

**(b)** 풍선을 채우는 물질의 이론적 수득량은 얼마인가?

**(c)** 금속 은의 생성을 위한 화학 반응이 일어나도록 두 개 이상의 반응물을 선택하시오. 이 과정을 나타내는 균형 화학 반응식을 쓰시오. 마지막으로 용액에 남는 것은 무엇인가?

**(d)** 은의 이론적 수득량은 얼마인가?

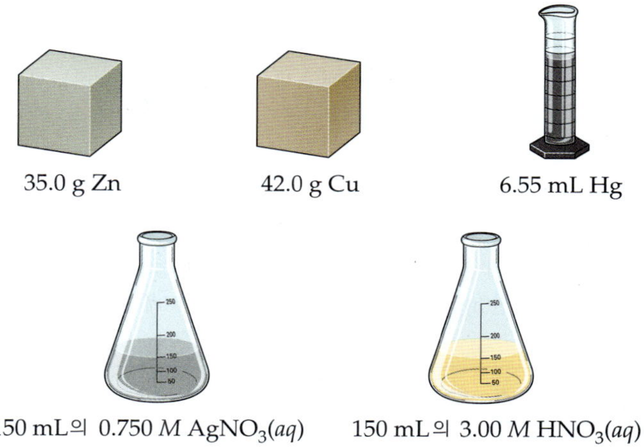


**4.102** 청동은 구리와 주석의 **고체 용액**이다. 이와 같은 금속 용액은 **합금**이라 부른다. 청동을 용액이라 할 때는 성분의 범위가 존재한다. 청동은 구리 자체나 주석 자체보다 강하고 단단하다.

**(a)** 100.0 g의 청동은 질량비로 90.0 %의 구리와 10.0 %의 주석으로 이루어져 있다. 어떤 금속이 용매이고, 어떤 금속이 용질인가?

**(b)** 청동의 밀도를 7.9 g/cm³로 가정하고, (a)의 데이터를 가지고 용액의 몰농도를 계산하시오.

**(c)** 이 청동에서 주석을 모두 제거해서 순수한 구리를 얻을 수 있는 반응을 제시하고, 그 이유를 설명하시오.

**4.103** 1.00 *M* $Co(NO)_3$ 시료 35.0 mL와 0.600 *M* $Co(NO)_3$ 시료 80.0 mL를 섞는다. 그 용액을 총 부피가 50.0 mL가 될 때까지 가열하여 증발시킨다. 최종 용액에서 인산 코발트(cobalt(III) phosphate)로 침전시키는 데 필요한 0.20 *M* $H_3PO_4$의 부피는 몇 mL인가?

**4.104** 신경 전달 물질은 인체에서 신경세포에서 다른 세포로 분비되는 분자이고, 근육 운동, 생각, 느낌, 기억 등을 위해서 필요하다. 도파민은 사람의 뇌신경 세포의 신경 전달 물질이다.

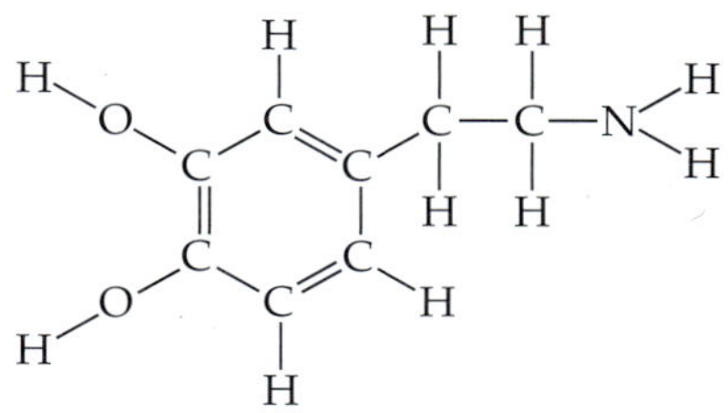

**(a)** 물에서 도파민의 반응은 산화–환원, 산–염기, 침전, 복분해 반응 중 어떤 반응일지 예측하시오.

**(b)** 파킨슨병 환자는 부족한 도파민을 투여하여 증상을 줄일 수 있다. 어떤 정맥 수액 250 mL에 400.0 mg의 도파민이 포함되어 있다면, 이 수액의 도파민 몰농도는 얼마인가?

**(c)** 쥐를 대상으로 실험한 결과, 쥐에게 3.0 mg/kg의 코카인(즉 동물 질량 kg당 3.0 mg의 코카인)을 투여하면 60초 후에 뇌 속의 도파민 농도가 0.75 $\mu M$ 증가한다. 3.0 mg/kg 용량의 코카인을 투여하고 60초 후에, 쥐에서 생성되는 도파민 분자의 수를 계산하시오. (쥐의 평균 뇌 부피 = 5.00 mm³).

**4.105** 구연산(citric acid, $C_6H_8O_7$)은 삼양성자산이다. 이 산은 레몬과 같

은 감귤류에서 자연적으로 생성되어 식품 향료 및 방부제로 활용된다. 미지 농도의 구연산 용액을 KOH 용액으로 적정하고자 한다. 100.00 mL 구연산 용액의 세 개의 양성자를 중화하는 데 0.500 *M* KOH 용액 23.20 mL가 사용되었다. 이 중화 반응의 균형 맞춘 알짜 이온 반응식을 쓰고, 구연산 용액의 몰농도를 계산하시오.

**4.106** **(a)** $Cs(OH)_2$ 12.50 g을 물에 녹여 50.00 mL의 수산화 세슘 용액을 만들었다. 이 용액의 몰농도는 얼마인가?

**(b)** (a)에서 만든 수산화 세슘 용액을 미지 농도의 아이오딘화 수소산(hydroiodic acid) 용액으로 적정하고자 한다. 수산화 세슘 용액과 아이오딘화 수소산의 반응을 나타내는 균형 맞춘 화학 반응식을 쓰시오.

**(c)** 질산 용액 42.3 mL를 중화시키는 데 18.65 mL의 수산화 세슘 용액이 사용되었다면, 아이오딘화 수소산의 몰농도는 얼마인가?

**4.107** 0.250 *M* $H_2SO_4$ 용액 0.500 L에 고체 $Fe(OH)_3$ 시료를 넣었더니 용액은 여전히 산성이었다. 여기에 0.500 *M* NaOH 용액 12.5 mL를 첨가하였더니 당량점에 도달했다. $H_2SO_4$ 용액에 넣었던 $Fe(OH)_3$의 질량은 얼마인가?

## 통합 연습 문제

**4.108** 3.00 g의 아연 금속 분말, 3.00 g의 은 금속 분말, 0.2 *M* 질산 구리(copper(II) nitrate) 용액 500.00 mL가 있다.

**(a)** 어느 금속이 질산 구리 용액과 반응할 수 있는가?

**(b)** 이 반응을 나타내는 알짜 이온 반응식은 무엇인가?

**(c)** 이 반응의 한계 반응물은 무엇인가?

**(d)** 생성된 용액 속에 들어 있는 $Cu^{2+}$ 이온의 몰농도는 얼마인가?

**4.109** **(a)** 약산 시료 0.2053 g을 완전히 중화하는 데 0.1008 *M* 수산화 소듐 용액 15.0 mL가 필요하다. 일양성자산이라고 가정하면 산의 몰질량은 얼마인가?

**(b)** 산의 원소 분석값은 H 5.89%, C 70.6%, O 23.5%이다. 분자식은 무엇인가?

**4.110** 구리는 구리 광석에서 $CuFeS_2$ 형태로 존재한다. 구리는 2단계 과정으로 분리된다. 먼저, $CuFeS_2$를 산소 존재하에 $SiO_2$와 함께 가열하면 황화 구리(copoper(I) sulfide, CuS)가 형성된다. 다음으로 $Cu_2S$를 산소 존재하에서 가열하면 구리와 $SO_2(g)$가 형성된다.

**(a)** 두 번째 단계의 균형 맞춘 화학 반응식을 쓰시오.

**(b)** 화합물에서 어떤 원자들이 산화되고 환원되는가?

**(c)** 85.36 g의 $CuFeS_2$로부터 몇 그램의 구리를 얻을 수 있는가?

**4.111** 129,840 L의 30%(질량으로) 암모니아 수용액을 실은 화물 기차 칸이 넘어져 쏟아졌다. 이 암모니아 수용액의 밀도는 0.88 g/cm³이다. 쏟아진 모든 암모니아 용액을 시트르산($C(OH)(COOH)(CH_2COOH)_2$, 삼양성자산)으로 중화시키려면, 시트르산 몇 g이 필요한가?

**4.112** $Zn(OH)_2$ 8.69 g을 0.750 *M* $H_2SO_4$ 용액 155.0 mL에 넣었다.

**(a)** 일어나는 반응의 화학 반응식을 쓰시오.

**(b)** 반응에서 한계 반응물은 어느 것인가?

**(c)** 반응이 완결된 후 얼마의 $Zn(OH)_2$, $H_2SO_4$, $ZnSO_4$가 남는가?

**4.113** 청소년의 주의력 결핍 과잉행동 장애(ADHD) 치료약인 메틸페니데이트의 상표명은 리타린이다. 화학 구조는 다음과 같다.

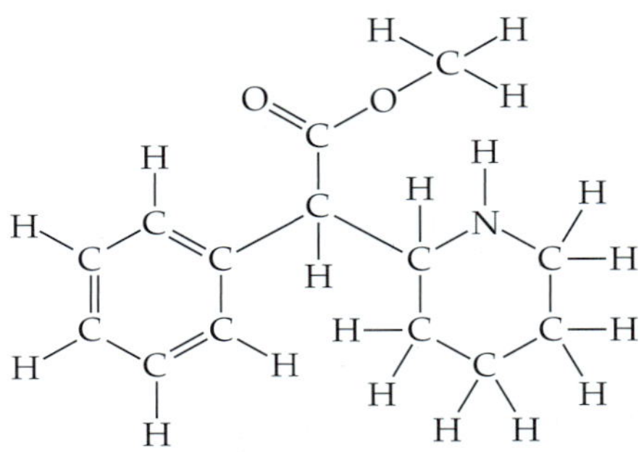

**(a)** 리타린은 산인가, 염기인가? 전해질인가, 비전해질인가?

**(b)** 한 알의 리타린에는 10.0 mg의 성분약이 포함되어 있다. 혈액의 양이 5.0 L인 사람의 혈액에 리타린이 골고루 분포할 때 몰농도는 얼마인가?

**(c)** 3시간이 지나면 리타린의 혈중 농도가 반으로 줄어든다면, (b) 문제의 사람에 대하여 6시간 후 혈액 속의 리타린 농도는 얼마인가?

**4.114** 납(lead)과 주석(tin)이 포함된 합금 3.50 g을 뜨거운 $HNO_3$에 녹였다. 이 용액에 과량의 황산을 첨가하였더니, 1.57 g의 $PbSO_4(s)$가 얻어졌다.

**(a)** $PbSO_4$ 형성의 알짜 이온 반응식을 쓰시오.

**(b)** 합금 속의 납이 완전히 반응하여 $PbSO_4$를 형성한다고 가정하면 합금 속의 납과 주석은 각각 몇 g인가?

**4.115** 살충제 시료 1.22 g 속의 비산염을 적당히 화학 처리하여 $AsO_4^{3-}$로 변환시켰다. 이것은 $Ag^+$와 반응하여 염화 은으로 침전된다.

**(a)** $AsO_4^{3-}$에서 As의 산화 상태는 무엇인가?

**(b)** $Ag_3PO_4$의 화합물명에 기초할 때, $Ag_3AsO_4$의 화합물명은 무엇인가?

**(c)** 이 적정에서 당량점에 도달하는 데 0.102 *M* $Ag^+$ 용액 25.0 mL가 소모되었다면, 이 살충제에 있는 비산염의 질량 백분율은 얼마인가?

**4.116** 미국에서 음료수에 포함된 비산염에 대한 새로운 기준은 2006년 1월에 제정된 안전 음료수 법령에 의해 결정되었다. 이 법령에 따라 공공의 물은 비소 함량이 10 ppb를 넘지 못한다. 비소가 비산염($AsO_4^{3-}$)의 형태로 존재한다고 가정하고, 새로운 기준(10 ppb)에

맞는 음료수 1.00 L에 존재하는 $Na_3AsO_4$의 질량을 구하시오.

$$\text{ppb} = \frac{\text{용질의 그램수}}{\text{용액의 그램수}} \times 10^9$$

**4.117** 미국 연방 정부의 작업장 환경 내 공기 중 $NH_3$의 규제 상한치는 50 ppm(즉 공기 중 백만 분자당 암모니아 분자의 수가 50이라는 뜻)이다. 제조 작업에서 분출되는 공기를 0.0105 *M* 농도의 HCl $1.00 \times 10^2$ mL 을 포함하는 용액에 통과시켜 포집하였다. $NH_3$와 HCl의 반응식은 다음과 같다.

$NH_3(aq) + HCl(aq) \longrightarrow NH_4Cl(aq)$

공기를 10.0 L/min의 속도로 10.0분 동안 산 용액에 통과시킨 후 산을 적정하였다. 산의 적정에는 0.0588 *M* NaOH 13.1 mL가 소모되어 당량점에 도달하였다.

**(a)** 산 용액에 포집된 $NH_3$의 g수를 계산하시오.

**(b)** 공기 중에 있던 $NH_3$의 ppm을 계산하시오(실험 조건에서 공기의 밀도는 1.20 g/L이고, 공기의 평균 몰질량은 29.0 g/mol이다).

**(c)** 이 생산 회사는 규제를 준수하고 있는 것인가?

## 실험 설계 문제

화학 실험실을 청소하면서 흰색 고체가 담긴 라벨 없는 시약병 3개를 발견하였다. 이들 병 부근에는 '황화 소듐(sodium sulfide)', '탄산수소 소듐(sodium bicarbonate)', '염화 소듐(sodium chloride)'의 라벨이 떨어져 있었다. 세 가지 시약을 확인하기 위한 실험을 설계해 보자.

**(a)** 여러분은 이들을 구별하기 위해 세 고체의 물리적 성질을 활용해야 한다. 인터넷이나 *CRC Handbook of Chemistry and Physics* 등을 활용하여 녹는점, 물에 대한 용해도, 또 다른 물리적 성질들을 조사할 수 있다. 이들의 물리적 성질이 확실히 다른 점이 있는가? 만약 있다면, 상이한 여러 특성을 활용하여 옳은 라벨을 찾을 수 있도록 실험을 설계하시오.

**(b)** 여러분은 각 염을 다른 것과 구별하기 위해 이 염들의 화학 반응성을 활용할 수 있다. 산 또는 염기와 반응하는 것이 있는 가? 강전해질이 있는가? 쉽게 산화되고 환원되는 것이 있는가? 반응하여 기체를 발생하는 것이 있는가? 이들 질문의 해답을 근거하여 각 병의 옳은 라벨을 찾도록 실험을 설계하시오.

# 5

# 열화학



## 5.1 | 화학 에너지의 본질

에너지와 그 전환을 다루는 학문은 **열역학**(thermodynamics, 그리스어 *thérme*–('열'), *dy'namis*('힘'))으로 알려져 있다. 이러한 학문 분야는 산업 혁명 시기에 열, 일, 연료 사이의 관계를 발전시키기 위해 시작되었다. 이들은 여기 사진에 보이는 것과 같은 증기 기관에서 사용되었다. 이 장에서는 화학 반응과 열을 포함하는 에너지의 변화를 알아보도록 한다. 이런 열역학의 관계를 **열화학**(thermochemistry)이라 한다. 열역학의 추가적인 측면은 19장에서 논의할 것이다.

이 절이 끝나면, 다음 사항을 수행할 수 있어야 한다.

- 화학 결합의 형성(혹은 파괴)과 에너지 사이의 관계를 이해하기

1장(1.4절)에서 배운 바와 같이, 에너지는 일을 하거나 열을 이동시킬 수 있는 능력으로 정의된다. 난로 옆에 앉아 있거나 프로페인 그릴을 사용하는 사람이면 누구나, 열을 방출하는 화학 반응을 목격하게 된다(**그림 5.1(a)**). 어떤 화학 반응은 요리를 할 때 일어나는 것과 같이, 열을 흡수하기도 한다. 또한 화학 반응은 여러 가지 방법으로 일을 할 수 있다. 1장으로부터 다음과 같은 일의 정의를 상기하자.

$$w = F \times d \tag{5.1}$$

예를 들어, 가솔린과 산소 사이의 연소 반응은 팽창하는 기체를 생성한다. 이 과정에서 자동차에 동력을 공급하는 데 사용될 수 있는 일을 하게 한다. 설탕이 에탄올과 이산화 탄소로 발효되는 화학 반응에 이스트가 첨가되면 샴페인이 만들어진다. 코르크 마개로 닫힌 병에서 발효의 마지막 단계가 완료되면 발생된 $CO_2$로부터 압력이 축적되어 코르크가 '뻥'하고 튀어나오는 일을 하는 데 사용될 수 있다(그림 5.1(**b**)). 또 다른 예로서 일을 하는 데 사용될 수 있는 전기 에너지를 산화–환원 반응이 생성하는 것을 들 수 있다.

모든 형태의 에너지는 운동 에너지나 퍼텐셜 에너지 중 하나로 분류될 수 있다(1.4절). 화학 반응으로부터 비롯되는 에너지는 주로 퍼텐셜 에너지의 변화와 관련되어 있다. 퍼텐셜 에너지는 원자 수준에서 정전기적 상호 작용으로부터 생긴다. 따라서 화학 반응에 관련된 에너지를 이해하려고 한다면 우선 전하를 띤 입자들 사이에서의 상호 작용으로부터 일어나는 정전기 퍼텐셜 에너지를 이해하여야 한다.

전하를 띤 두 입자에 관련된 정전기 퍼텐셜 에너지(electrostatic potential energy, $E_{el}$)는 두 입자의 전하($Q_1$과 $Q_2$)에 비례하고, 둘 사이의 거리($d$)에 반비례한다.

$$E_{el} = \frac{\kappa Q_1 Q_2}{d} \tag{5.2}$$

여기서 $\kappa$는 $8.99 \times 10^9$ J-m/$C^2$의 값을 갖는 비례 상수이다.* 1장에서 에너지를 측정하는 데 사용되는 단위는 줄(J)이며, $1\ J = 1\ kg\text{-}m^2/s^2$이었음을 상기하라. 분자 수준에서 전하 $Q_1$과 $Q_2$의 값은 보통 전자의 전하($1.60 \times 10^{-19}$ C)에 대응하는 정도의 크기인 반면에, 거리는 나노미터($1\ nm = 1 \times 10^{-9}$ m)의 십분의 1에서 10배의 범위를 갖는다.

▲ **그림 5.1 화학 반응과 에너지** 화학 반응의 에너지 변화는 열로 이동되거나 일을 하는 데 사용될 수 있다.

*결합된 단위 J-m/$C^2$는 '줄-미터 퍼 쿨롬 제곱'과 같이 읽는다. 단위를 분리하는 짧은 선 대신에 점을 사용한 J·m/$C^2$나 아예 생략한 J m/$C^2$과 같이 표시하기도 한다.

양전하를 띤 입자와 음전하를 띤 입자들은 초기에 멀리 떨어져 있다. 그들을 서로 가까이 접근하도록 만들면 정전기 퍼텐셜 에너지는 어떻게 될까?

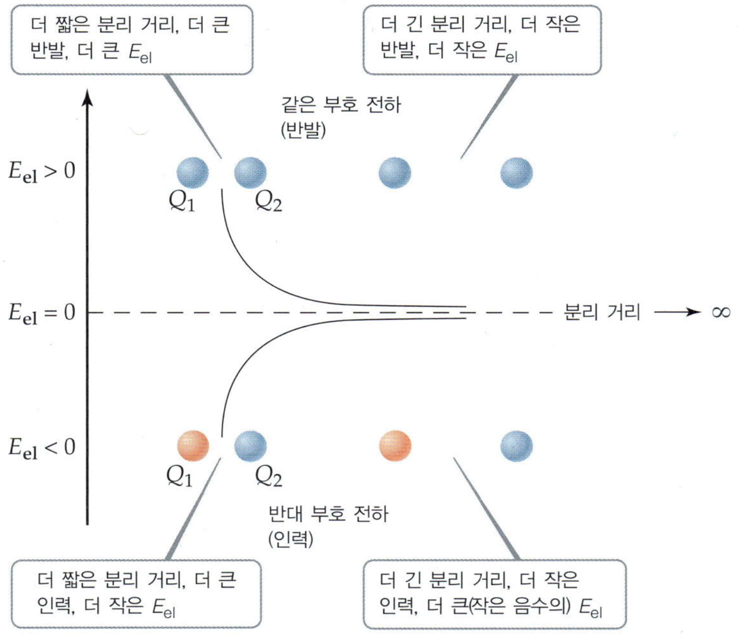


▲**그림 5.2** **정전기 퍼텐셜 에너지** 전하를 띤 두 입자가 일정한 거리를 유지하고 있을 때, 전하가 같은 부호이면 $E_{el}$은 양의 값을 가지며, 반대 부호이면 음의 값을 갖는다. 입자들이 움직여 더 멀리 떨어짐에 따라 정전기 퍼텐셜 에너지는 점점 0에 가까워진다.

식 5.2는 $d$가 무한대가 되면 정전기 퍼텐셜 에너지가 0이 됨을 보여 주고 있다. 다시 말하면, 정전기 퍼텐셜 에너지가 0이면 전하를 띤 입자들이 무한대로 분리된다고 정의된다. **그림 5.2**는 이 두 전하 사이의 거리가 변할 때 $E_{el}$이 어떻게 거동하는지를 보여 준다. $Q_1$과 $Q_2$가 같은 부호(예를 들어 둘 다 양의 값)일 때, 전하를 띤 두 입자는 서로 반발하며, 이 반발력은 서로를 밀어내어 떨어지게 한다. 양으로 하전된 두 물체를 서로 가깝게 가져오기 위해서는 두 물체 사이에 존재하는 반발력을 극복하기 위하여 일을 해야만 할 것이다. 이들을 구속에서 벗어나게 하려면 퍼텐셜 에너지가 운동 에너지로 전환됨에 따라 서로에서 멀리 이동할 수 있을 것이다. 이 경우 $E_{el}$은 양의 값이고, 입자들이 멀어질수록 퍼텐셜 에너지는 감소한다. $Q_1$과 $Q_2$가 반대 부호를 가질 경우 입자들은 서로를 끌어당기며, 이 인력이 서로를 가깝게 하도록 잡아당긴다. 이 경우 $E_{el}$은 음의 값이고, 입자들이 멀어질수록 퍼텐셜 에너지는 증가한다(즉 덜 음의 값이 된다).

정전기 퍼텐셜 에너지와 화학 결합에 저장된 에너지 사이의 관계를 이해하기 위해서는 NaCl과 같은 이온 결합 화합물을 생각해 보는 것이 유익하다. $Na^+$ 양이온과 $Cl^-$ 음이온은 반대 전하를 갖는 두 이온 사이의 정전기적 인력에 의해서 서로 결합되어 있다. 화학에서 이 힘을 이온 결합으로 나타낸다. 이온 결합의 자세한 설명은 8장에서 다룰 것이다. 다만, 여기에서는 소듐 이온과 염화 이온이 결합하는 이온 결합은 양전하와 음전하 사이의 정전기적 인력에 근거를 두고 있다는 것만을 이해하면 충분하다. 이온들의 거리를 떨어뜨리기 위해서는 **그림 5.3**에 나타낸 바와 같이, 퍼텐셜 에너지를 증가시키면서 $Na^+$와 $Cl^-$ 사이의 이온 결합을 극복하거나 끊어내야만 한다. 이렇게 하기 위한 에너지는 다른 근원에서 나올 수밖에 없다. 먼 거리로 분리된 이온들이 가까이 접근하여 이온 결합을 형성하도록 하는 역과정은 퍼텐셜 에너지를 낮추며, 따라서 에너지를 방출한다. 이와 같은 현상이 열화학의 기본 원리를 설명하게 한다.

**화학 결합이 형성될 때는 에너지가 방출되고, 화학 결합이 끊어질 때는 에너지가 소모된다.**

그림 오른쪽의 이온들을 놓아 주어 움직이게 한다면 그 이온들은 가까워지는가, 아니면 서로 멀어지겠는가?

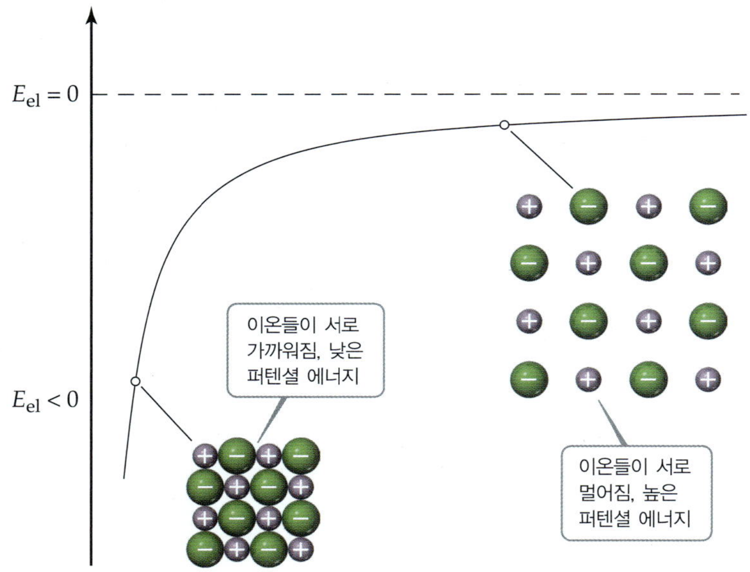


▲ **그림 5.3 정전기 퍼텐셜 에너지와 이온 결합** 이온들 사이의 거리가 증가함에 따라 정전기 퍼텐셜 에너지는 증가한다(덜 음의 값으로). 이온들의 거리가 무한대로 가게 되면 정전기 퍼텐셜 에너지는 0에 도달하게 된다. 실제 화합물에서 이온들이 서로 얼마나 가까워질 수 있는지가 핵 전자들 사이 반발의 최저 한계를 결정한다.

양전하와 음전하가 포함되지 않은 물($H_2O$)과 메테인($CH_4$)과 같은 분자성 물질에 어떻게 이와 동일한 원리가 적용되는지를 궁금해할 수 있을 것이다. 8장과 9장에서 배우게 되는 바와 같이, 분자 속의 원자들은 공유 결합으로 서로 결합되어 있다. 정전기 퍼텐셜 에너지의 연관성은 덜 명확하지만, 공유 결합의 기저가 되는 힘 또한 본질상 정전기적이다. 이온 결합의 경우와 똑같이, 공유 결합을 끊기 위해서는 에너지가 공급되어야만 하며 공유 결합이 형성될 때 에너지가 방출된다.

## 자기 평가 연습 문제

**5.1** 어떤 고체의 퍼텐셜 에너지가 좀 더 낮을까?

**(a)** NaCl

**(b)** CaO

## 연습 문제

**5.2.** **(a)** 230 pm의 거리로 떨어져 있는 전자와 양성자 사이의 정전기 퍼텐셜 에너지는 joule 단위로 얼마인가? **(b)** 전자와 양성자의 간격이 1.0 nm 만큼 증가한다면, 퍼텐셜 에너지의 변화는 얼마나 되는가? **(c)** 두 입자 사이의 거리가 1.0 nm 증가할 때 두 입자의 퍼텐셜 에너지는 증가하는가, 감소하는가?

**5.3** $1.6 \times 10^{-19}$ C의 전하를 갖는 소듐 이온($Na^+$)과 $-1.6 \times 10^{-19}$ C을 갖는 염화 이온($Cl^-$)이 0.50 nm의 거리로 떨어져 있다. 두 이온의 간격을 무한대로 증가시키려면, 얼마의 일이 필요한가?

**5.4** 다음 경우에 대해서 가해진 힘을 밝히고, 일이 행해졌는지를 설명하시오.

**(a)** 책상 위의 책을 들어 올렸다.

**(b)** 자전거 펌프에서 공기가 압축되었다.

**자기 평가 연습 문제 답** **5.1** (b)

## 5.2 열역학 제1법칙

태양 에너지를 제외하면 일상생활에서 쓰이는 에너지의 대부분은 화학 반응으로부터 나온다. 연료의 연소, 석탄을 이용한 발전, 천연가스에 의한 가정 난방, 전자 기기 전원인 배터리의 사용이 모두 화학 반응이 에너지 생산에 어떻게 이용되는지를 보여 주는 예이다. 그러나 이는 시작에 불과하다. 화학 반응은 생명 시스템을 지탱하는 에너지를 제공한다. 식물은 광합성을 수행하기 위해 태양 에너지를 사용하여 자신이 성장하도록 한다. 이러한 과정에서, 이들은 태양 에너지의 일부를 광합성에서 생성되는 분자의 화학 결합에 저장한다. 한편, 동물은 식물을 먹고 소화할 때, 바로 그 에너지를 통해 움직이며 체온을 유지하고, 다른 신진대사를 수행한다.

에너지는 1장에서 접한 운동 에너지와 다양한 형태의 퍼텐셜 에너지를 포함하여 여러 가지 종류로 나타난다. 한 형태에서 다른 형태로의 에너지 전환이 수반되는 과정을 먼 곳에서 찾을 필요는 없다. 돌멩이를 깊은 우물에 떨어뜨리면 중력 퍼텐셜 에너지가 운동 에너지로 전환된다. 천연가스를 산소와 반응시켜 집 안을 가열하면 화학 에너지는 열로 전환된다. 이와 같은 두 경우 모두(우리가 상상할 수 있는 다른 모든 것도)에서 **에너지는 한 형태에서 다른 형태로 전환될 수는 있으나, 창조되거나 소멸될 수 없다.** 이 관찰은 모든 과학에서 가장 중요한 것의 하나로, **열역학 제1법칙(first law of thermodynamics)**으로 알려져 있다. 이 법칙을 정량적으로 적용하기 위하여 우주를 우리가 관심을 갖는 한정된 계로 나누고 계의 에너지를 정확하게 정의할 필요가 있다. 다음에서 이러한 개념을 탐구한다.

### 계와 주위

에너지 변화를 분석할 때는 에너지 변화가 일어나는 것을 추적하기 위해 우주의 제한되고 명확히 정의된 특정 부분에 초점을 맞출 필요가 있다. 이때 연구를 위해 선택된 부분을 **계(system)**라고 하고, 그 외의 모든 다른 부분을 **주위(surrounding)**라고 한다. 실험실에서 화학 반응에 수반되는 에너지 변화를 연구할 때 반응물과 생성물은 계를 이루고, 반응 용기와 그 바깥의 모든 것은 주위로 간주된다.

계는 열려 있거나 닫혀 있거나 또는 고립되어 있을 수 있다. **열린계**(open system)란 물질과 에너지가 주위와 교환될 수 있는 계이다. 난로 위의 끓는 물이 담긴 뚜껑 없는 그릇은 열린계이다. 즉 실린더 안의 $H_2$와 $O_2$ 분자가 반응하여 $H_2O$를 생성한다면, 실린더 안의 분자수는 변할 것인가? 실린더 속의 질량은 변할 것인가?

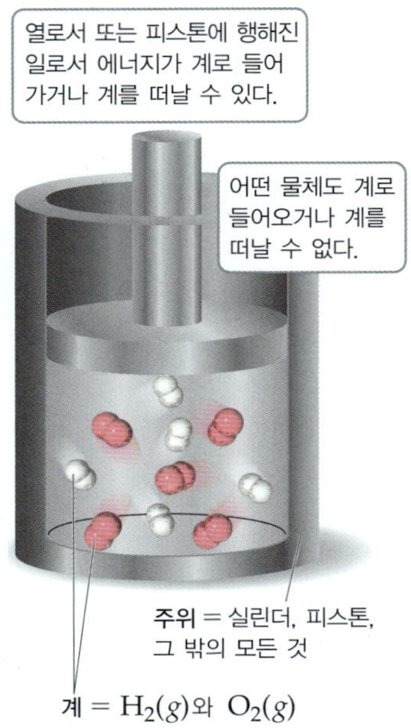


▲그림 5.4 닫힌계

열이 난로에서 계로 들어오고, 물은 증기가 되어 주위로 방출된다.

열화학에서 가장 쉽게 연구할 수 있는 계는 **닫힌계**(closed system)이며, 이 계는 주위와 에너지는 교환할 수 있지만, 물질은 교환할 수 없다. 예를 들어 피스톤이 장착된 실린더에 들어 있는 수소 기체($H_2$)와 산소 기체($O_2$)의 혼합물을 생각해 보자(**그림 5.4**). 수소와 산소는 계이고, 실린더와 피스톤을 포함하여 그 외의 (우리를 포함한) 모든 것은 주위이다. 이 기체들이 반응하여 물을 생성하면, 에너지가 방출된다.

$$2\,H_2(g) + O_2(g) \longrightarrow 2\,H_2O(g) + \text{에너지}$$

계에 있는 수소 원자와 산소 원자의 화학적 형태는 이 반응에 의해 변했지만, 계는 질량을 얻거나 잃지 않았다. 이것은 계가 주위와 어떠한 물질도 교환하지 않았음을 의미한다. 그러나 이 계는 주위와 일과 열의 형태로 에너지를 교환할 수 있다.

**고립계**(isolated system)란 주위와 에너지와 물체를 모두 교환할 수 없는 계이다. 뜨거운 커피를 담고 있는 단열 보온병이 고립계에 가깝다. 그러나 커피는 결국 식을 것이며, 따라서 이 계가 완벽하게 고립된 것은 아니다.

## 내부 에너지

계의 구성 성분들의 **모든** 운동 에너지와 퍼텐셜 에너지의 합을 계의 **내부 에너지(internal energy,** $E$)라고 정의한다. 예를 들어 그림 5.4의 계에서 내부 에너지는 $H_2$와 $O_2$ 분자들의 운동 및 상호 작용만이 아니라, 그 분자들의 구성 성분인 핵과 전자들의 운동 및 상호 작용도 포함한다. 일반적으로 계의 내부 에너지의 절댓값은 모른다. 열역학에서는 계의 변화에 따라 수반되는 $E$의 **변화**(나중에 보겠지만, 다른 양의 변화에 대해서도)에 주로 관심을 갖는다.

초기 내부 에너지가 $E_{초기}$인 계를 생각해 보자. 계는 변화를 겪게 될 것이고, 이 변화에는 수행된 일 또는 이동한 열이 관계될 수 있다. 계의 변화 후 계의 최종 내부 에너지는 $E_{최종}$이다. 내부 에너지의 **변화**, $\Delta E$('델타 E'라고 읽음)*는 $E_{최종}$과 $E_{초기}$의 차이로 정의한다.

$$\Delta E = E_{최종} - E_{초기} \qquad [5.3]$$

일반적으로 실제 상황에서 어떤 계의 $E_{최종}$과 $E_{초기}$의 실제 값은 측정할 수 없다. 그럼에도 불구하고 열역학 제1법칙을 이용하면 실험적으로 $\Delta E$ 값을 측정할 수 있다.

$\Delta E$와 같은 열역학적 양은 세 부분으로 되어 있다.

1. 수치
2. 단위
3. 부호

(1)은 (2)와 함께 변화의 크기를 나타내며, (3)은 변화의 방향을 나타낸다. $E_{최종} > E_{초기}$일 때 $\Delta E$는 **양**의 값이고, 계가 주위로부터 에너지를 얻음을 가리킨다. $E_{최종} < E_{초기}$일 때 $\Delta E$는 **음**의 값이고, 계가 주위에 에너지를 빼앗김을 가리킨다. 에너지 변화를 논의할 때는 주위가 아니라 계의 관점에서 보고 있다는 것을 알아야 한다. 그러나 계의 에너지 증가는 어떤 경우에나 주위의 에너지 감소를 수반하며, 그 반대로도 에너지 변화가 일어남을 기억할 필요가 있다. 이러한 에너지 변화의 특징을 **그림 5.5**에 요약하였다.

화학 반응에서 계의 초기 상태는 반응물을 뜻하고, 최종 상태는 생성물을 뜻한다. 예를 들어 다음 반응에서

$$2\,H_2(g) + O_2(g) \longrightarrow 2\,H_2O(l)$$

*기호 $\Delta$는 **변화**를 나타내는 데 일반적으로 사용된다. 예를 들어 높이 $h$의 변화는 $\Delta h$로 나타낼 수 있다.

$E_{최종}$과 $E_{초기}$가 같다면, $\Delta E$의 값은 얼마인가?

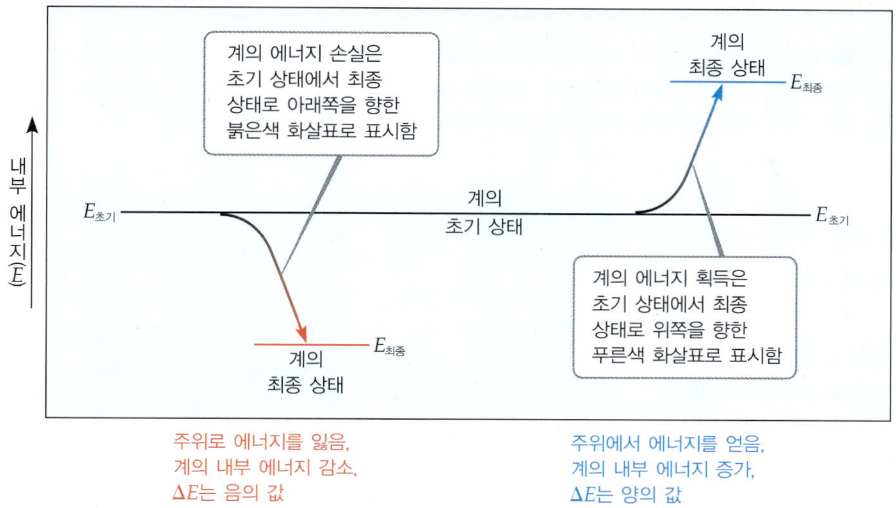


▲ **그림 5.5** 내부 에너지의 변화

$Mg(s)$와 $Cl_2(g)$ 혼합물의 내부 에너지가 $MgCl_2(s)$의 내부 에너지보다 크다고 할 때, 반응 $MgCl_2(s) \longrightarrow Mg(s) + Cl_2(g)$를 나타내는 에너지 도표를 그리시오.

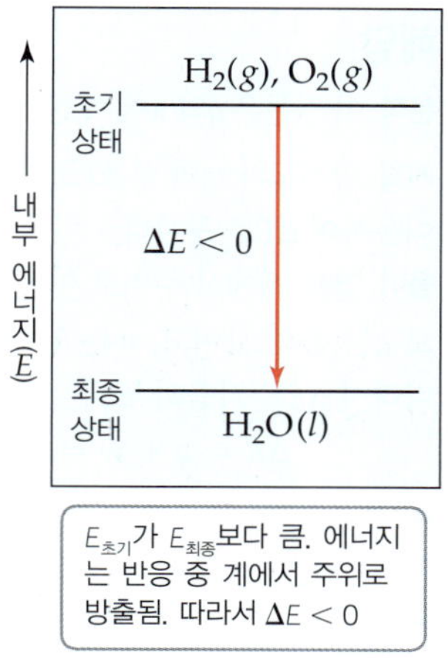


▲ **그림 5.6** $2\ H_2(g) + O_2(g) \longrightarrow 2\ H_2O(l)$ 반응의 에너지 도표

초기 상태는 $2\ H_2(g) + O_2(g)$이고, 최종 상태는 $2\ H_2O(l)$이다. 어떤 온도에서 수소와 산소가 반응하여 물을 생성할 때, 계는 에너지를 주위로 잃어버린다. 계가 에너지를 잃었기 때문에 생성물(최종 상태)의 내부 에너지는 반응물(초기 상태)의 내부 에너지보다 작으며, 이 과정의 $\Delta E$는 음의 값이다. 이와 같이 **그림 5.6**의 **에너지 도표**(energy diagram)는 $H_2$와 $O_2$ 혼합물의 내부 에너지가 반응에서 생성된 $H_2O$의 내부 에너지보다 크다는 것을 보여 주고 있다.

## $\Delta E$를 열 및 일과 연관짓기

5.1절에서 본 바와 같이, 계는 에너지를 두 가지 방법인 열 또는 일의 형태로 주위와 교환할수 있다. 열이 계에 가해지거나 계에서 제거됨으로써, 또는 일이 계에 행해지거나 계에 의해 수행됨으로써, 계의 내부 에너지 크기는 변한다. 만약 내부 에너지를 계의 에너지 저축용 은행 계좌라고 생각한다면, 입금과 출금을 열 또는 일의 형태로 만들 수 있다. 예금은 계의 에너지를 증가시키며(양의 $\Delta E$), 인출은 계의 에너지를 감소시킨다(음의 $\Delta E$).

이러한 아이디어를 이용하면 열역학 제1법칙을 매우 유용한 식으로 나타낼 수 있다. 하나의 계가 화학적 또는 물리적인 변화를 수행할 때 수반되는 내부 에너지 변화($\Delta E$)는 계에 가하거나 계로부터 나온 열($q$)과, 계에 행해지거나 계에 의해 수행된 일($w$)을 합한 것이다.

$$\Delta E = q + w \quad [5.4]$$

**열이 계에 가해지거나 일이 계에 행해질 때는 계의 내부 에너지가 증가한다.** 따라서 열이 주위에서 계로 이동할 때 $q$는 양의 값을 갖는다. 계에 열을 가하는 것은 에너지 계좌에 예금하는 것과 같으며, 계의 에너지는 증가한다(**그림 5.7**). 마찬가지로, 주위에 의해 계에 일이 행해질 때 $w$는 양의 값을 갖는다. 반대로, 계가 주위로 열을 잃게 되거나 계에 의해 주위에 일이 수행되면 $q$와 $w$는 음의 값을 갖게 되며, 다시 말해서 계의 내부 에너지가 낮아진다. 이는 에너지 인출이며 에너지 계좌에 있는 에너지 총량이 줄어드는 것이다.

$q$, $w$, $\Delta E$에 대한 부호 규약이 **표 5.1**에 정리되어 있다. 열이든 일이든 계로 유입된 에너지는 양의 부호를 갖는다.

## 예제 5.1
### 원자의 구성 입자 수 구하기

그림 5.4에서처럼, 실린더와 피스톤이 장착된 장치 안에 들어 있는 기체 A(*g*)와 B(*g*)가 반응하여 고체 생성물 C(*s*)를 생성한다. $A(g) + B(g) \longrightarrow C(s)$. 이 반응에서 계는 1150 J의 열을 주위에 빼앗긴다. 기체들이 반응해서 고체를 형성할 때, 피스톤은 아래쪽으로 움직인다. 일정한 대기압하에서 기체의 부피가 감소하면, 주위는 계에 대해 480 J의 일을 수행한다. 계의 내부 에너지 변화는 얼마인가?

### 해답

**분석** 이 질문은 $q$와 $w$에 대한 정보가 주어지고, $\Delta E$를 구하는 문제이다.

**계획** 먼저 $q$와 $w$의 부호(표 5.1)를 결정하고, 식 5.4($\Delta E = q + w$)를 이용하여 $\Delta E$를 구한다.

**풀이** 열은 계에서 주위로 이동하고, 일은 주위에 의해 계에 행해지므로 $q$는 음의 값이고, $w$는 양의 값이다. $q = -1150$ J이며, $w = 480$ J. 따라서 $\Delta E$는 다음과 같다.

$$\Delta E = q + w = (-1150\,\text{J}) + (480\,\text{J}) = -670\,\text{J}$$

$\Delta E$가 음의 값인 것으로부터 총 670 J의 에너지가 계에서 주위로 이동하였음을 알 수 있다.

**주의** 이러한 변화는 계의 에너지 은행 계좌의 알짜 값이 670 J 감소한 것으로 생각할 수 있다(따라서 음의 부호). 1150 J이 열의 형태로 인출되고, 480 J이 일의 형태로 예금되었다. 기체의 부피가 감소함에 따라 주위에 의해 계에 일이 행해졌고, 그 결과 에너지가 예금되었음에 주목하라.

#### ▶ 보충 예제

기체 $A_2$와 $B_2$의 혼합 기체가 가느다란 금속 실린더에 주입된다. 이때 실린더의 한쪽은 막혀 있으며, 다른 한쪽은 기체가 새지 않게 밀폐된 피스톤과 연결되어 기체는 닫힌계가 된다. 실린더를 25 °C의 물이 담긴 커다란 비커에 담그고 실린더 속에서 불꽃으로 발화시켜 반응을 촉발시킨다. 반응이 완결되었을 때 피스톤은 아래쪽으로 움직였으며, 중탕 냄비의 온도는 28 °C로 상승하였다. 계를 실린더 속의 기체로 정의하면, 다음 중 이 반응에서의 $q$, $w$, $\Delta E$의 부호를 가장 잘 설명하는 것은 어느 것인가?

**(a)** $q<0$, $w<0$, $\Delta E<0$
**(b)** $q<0$, $w>0$, $\Delta E<0$
**(c)** $q<0$, $w>0$, $\Delta E$의 부호는 주어진 정보로는 결정할 수 없음
**(d)** $q>0$, $w>0$, $\Delta E>0$
**(e)** $q>0$, $w<0$, $\Delta E$의 부호는 주어진 정보로는 결정할 수 없음

계가 주위로부터 50 J의 일을 '예금'으로 받고, 주위에 85 J의 열을 '인출' 하였다고 생각해 보자. 이 과정에 대한 $\Delta E$의 부호와 크기는 얼마인가?

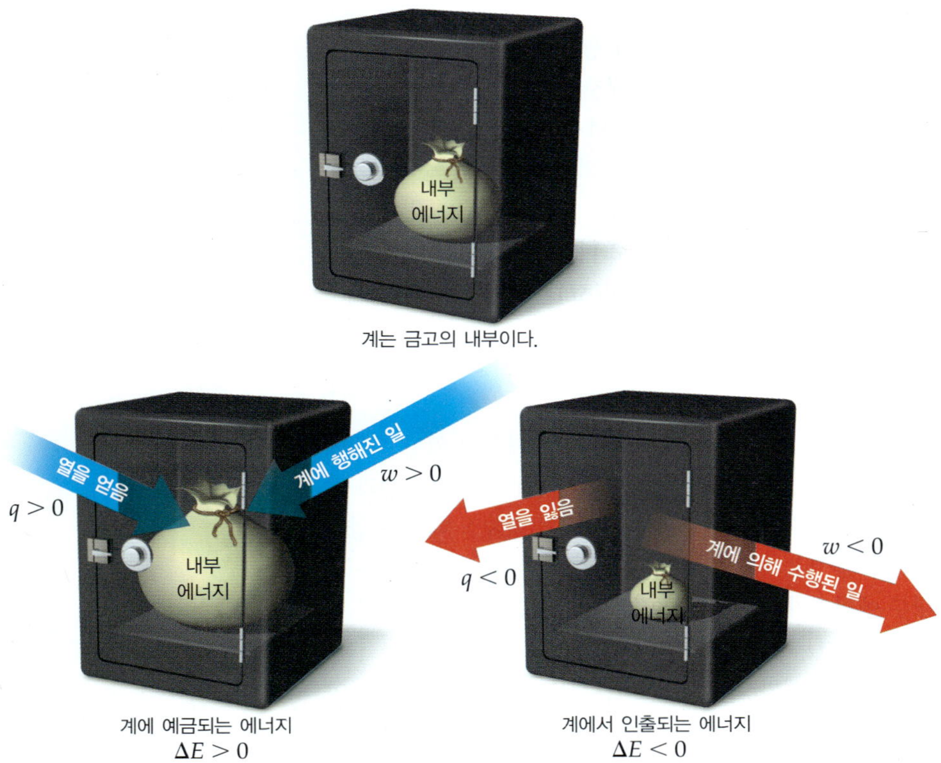


▲ **그림 5.7 열과 일에 대한 부호 규약** 계에 이동된 열(*q*)과 계에 행해진 일(*w*)은 모두 양의 값이며, 계에 내부 에너지를 '예금'하는 것에 해당한다. 반대로, 계에서 주위로 이동한 열과 계가 주위에 행한 일은 두 가지 모두 계로부터 내부 에너지의 '인출'이다.

**표 5.1 $q$, $w$, $\Delta E$의 부호 규약**

| | | |
|---|---|---|
| $q$의 경우 | +는 계가 열을 **얻음**을 의미 | −는 계가 열을 **잃음**을 의미 |
| $w$의 경우 | +는 계**에 대해** 수행된 일을 의미 | −는 계**에 의해** 수행된 일을 의미 |
| $\Delta E$의 경우 | +는 계에 의한 에너지의 **순획득**을 의미 | −는 계에 의한 에너지의 **순손실**을 의미 |

## 흡열 과정과 발열 과정

계로 또는 계에서의 열의 이동이 이 장의 중심 논제이므로, 이동의 방향을 가리키는 몇 가지 특별한 용어를 살펴보자. 어떤 과정이 일어날 때 계가 열을 흡수한다면, 그 과정을 **흡열**(**endothermic**, *endo*-는 '안으로'를 의미함)이라고 한다. 얼음이 녹는 것과 같은 흡열 과정에서 열은 주위에서 계의 안으로 흐른다(**그림 5.8**(**a**)). 우리가 주위의 한 부분인 얼음이 녹고 있는 용기를 만지면, 용기가 차갑게 느껴진다. 그 이유는 열이 우리 손에서 용기로 빠져나가기 때문이다.

**(a)** $Ba(OH)_2 \cdot 8H_2O + 2\ NH_4SCN \longrightarrow Ba(SCN)_2 + 2\ NH_3 + 10\ H_2O$

흡열 반응

**(b)** $2\ K + 2\ H_2O \longrightarrow 2\ KOH + H_2$

발열 반응

◀ **그림 5.8** 흡열 반응과 발열 반응 두 가지 예 모두에서 계는 반응물과 생성물로 정의되며, 반면에 주위는 용기와 우주의 나머지 모든 것이 된다.

▲ **그림 5.9** 상태 함수인 내부 에너지($E$) 어떠한 상태 함수도 계의 현재 상태에만 의존하고, 계가 그 상태에 도달한 경로와는 무관하다.

계가 열을 잃어버리는 과정을 **발열**(**exothermic**, *exo*-는 '밖으로'를 의미함)이라고 한다. 휘발유의 연소와 같은 발열 과정에서 열은 계를 떠나거나 또는 계의 밖으로 나와 주위로 흘러간다(그림 5.8(**b**))

## 상태 함수

일반적으로 계의 내부 에너지 $E$의 정확한 값을 알 방법은 없다. 그러나 $E$는 주어진 일련의 조건하에서 정해진 하나의 값을 갖는다. 내부 에너지에 영향을 미치는 조건에는 온도와 압력이 포함된다. 또한 에너지는 크기 성질이므로 계의 내부 에너지는 계에 있는 물질의 총량에 비례한다.

25 °C의 물 50 g을 하나의 계로 정의한 경우를 생각해 보자(**그림 5.9**). 이 계는 100 °C의 물 50 g을 25 °C로 냉각함으로써, 또는 50 g의 얼음을 녹인 후 연속해서 물을 25 °C로 가열함으로써 그 상태에 도달할 수 있을 것이다. 어느 경우든 25 °C에 있는 물의 내부 에너지는 동일하다. 내부 에너지는 **상태 함수**(**state function**)의 한 예이며, 상태 함수는 계의 조건이나 상태(온도, 압력 등의 관점에서)를 명시함으로써 결정되는 계의 성질이다. **상태 함수의 값은 계의 현재 상태에만 의존하며, 계가 그 상태에 도달하기 위해 취한 경로에는 의존하지 않는다.** $E$는 상태 함수이므로, $\Delta E$는 계의 초기 상태와 최종 상태에만 의존하고, 변화가 어떻게 일어났는지는 상관이 없다.

다음의 비유가 상태 함수인 양과 상태 함수가 아닌 양의 차이를 이해하는 데 도움이 될 것이다. 해발 180 m에 위치한 어떤 도시에서 해발 1610 m에 위치한 다른 도시까지 운전을 해서 간다고 생각해 보자. 어떤 경로를 취하든 관계없이 높이 변화는 1430 m이다. 그러나 여행 거리는 경로에 의존한다. 고도 변화는 취한 경로와 무관하므로, 고도는 상태 함수와 유사하다. 여행 거리는 상태 함수가 아니다.

$E$와 같은 몇 가지 열역학적 양은 상태 함수이다. 그러나 $q$나 $w$와 같은 다른 양들은 상태 함수가 아니다. 이것이 의미하는 것은, $\Delta E = q + w$는 변화가 어떻게 일어났는가에 의존하지 않지만, 생성된 열과 일의 특정 양들은 변화가 일어나는 과정에 의존하며, 따라서 계가 초기 상태에서 최종 상태로 가는 경로를 바꿈으로써 $q$의 값이 증가한다면, 그 경로 변화는 $w$의 값도 정확히 똑같은 양만큼 감소시킬 것이다. 그 결과는 $\Delta E$가 두 경로에 대해 동일하다는 것이다.

손전등 건전지를 하나의 계로 생각하여 이 원리를 설명할 수 있다. 건전지가 방전되면 건전지에 저장된 에너지가 주위로 방출되므로 그 내부 에너지는 감소한다. **그림 5.10**은 일정한 온도에서 건전지가 방전되는 두 가지 방법을 보여 준다. 그림 5.10(a)와 같이, 건전지를 전선으로 합선시키면 어떤 일도 수행되지 않는데, 그것은 힘에 반하여 움직인 것이 전혀 없기 때문이다. 건전지가 잃어버린 에너지는 모두 열의 형태이다(전선은 더 뜨거워지고 열을 주위로 방출한다). 그림 5.10(b)에서 건전지가 모터를 돌리는 데 사용된다면, 방전은 일을 한다. 열이 좀 발생하지만 건전지가 합선될 때만큼 많지는 않다. $q$와 w의 크기는 이 두 가지 경우에 분명한 차이가 있음을 알 수 있다. 그러나 건전지의 초기 상태와 최종 상태가 이 두 가지 경우에 동일하다면, $E$가 상태 함수이므로 $\Delta E = q + w$는 두 가지 경우가 같아야 한다. **$\Delta E$는 계의 초기와 최종 상태에만 의존하며, 초기 상태에서 최종 상태로 갈 때 택한 특정 경로에는 의존하지 않는다는 것을 기억하라.**

건전지를 계라고 정의한다면, (b)에서 $w$의 부호는 무엇인가?

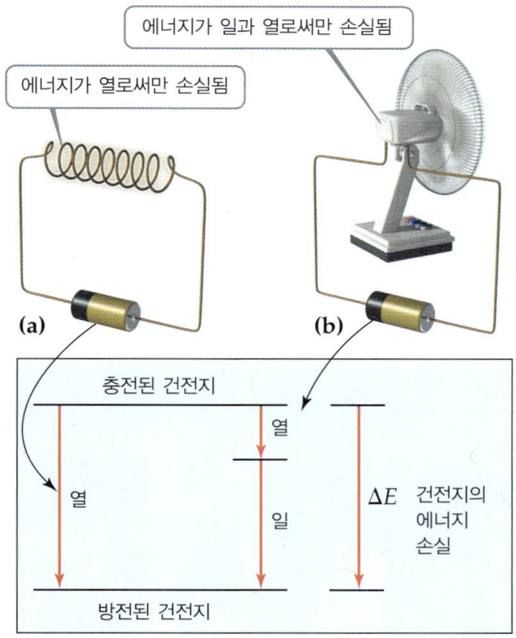


▲ **그림 5.10 내부 에너지는 상태 함수이지만, 일과 열은 상태 함수가 아니다. (a)** 전선에 의해 합선된 건전지는 에너지를 열의 형태로만 주위로 잃어버리며, 일은 수행되지 않는다. **(b)** 모터를 통해 방전된 건전지는 (선풍기를 돌리기 위한) 일로써 에너지를 잃으며, 약간의 에너지는 열로써 잃는다. 비록 (a)에서의 $q$와 $w$의 값이 (b)에서의 값들과는 다르지만, $\Delta E$의 값은 두 과정에서 동일하다.

## 자기 평가 연습 문제

**5.5** 청량음료가 담긴 알루미늄 캔이 냉장고에 놓여있다. 나중에, 캔이 따져 있고 내용물이 얼어 있음을 발견했다. 일이 행해져 캔이 따져서 열린 것이다. 이 일을 하게 된 에너지는 어디서 나온 것인가?

(a) 물의 동결로부터 방출된 에너지
(b) 저온의 냉장고가 제공한 에너지

## 연습 문제

**5.6** (a) 열, 일, 물질 중에서 닫힌계에 들어오거나 나갈 수 없는 것은 무엇인가? (b) 열, 일, 물질 중에서 고립계에 들어오거나 나갈 수 없는 것은 무엇인가? (c) 우주의 일부이지만 계의 일부가 아닌 것은 무엇이라고 하는가?

**5.7** (a) 열역학 제1법칙에 따르면 어떤 양이 보존되는가? (b) 계의 **내부 에너지**는 무엇을 의미하는가? (c) 닫힌계의 내부 에너지 증가는 무엇을 의미할 수 있는가?

**5.8** 다음 과정이 흡열인지, 발열인지를 결정하고, $\Delta E$를 계산하시오.

(a) $q = 0.763$ kJ이며 $w = -840$ J인 과정

(b) 계는 66.1 kJ의 열을 주위에 방출하고, 주위는 44.0 kJ의 일을 계에 하는 과정

**5.9** 오른쪽 그림과 같이 피스톤과 전기 히터가 달린 실린더에 기체가 갇혀 있다. 이때 전기 히터에 전류를 통해서 100 J의 에너지를 가하였다.

이 경우 우리는 두 가지를 생각할 수 있다. (1) 에너지를 가함에 따라 피스톤이 움직이는 경우, (2) 피스톤이 고정되어 움직이지 않는 경우. 이때 **(a)** 어떤 경우가 전기 에너지를 가한 후 기체가 더 높은 온도를 가지게 되는가? **(b)** 각 경우에 대해서 $q$와 $w$ 값의 부호(양, 음, 0)는 무엇인가? **(c)** 각 경우에서 계(실린더 내부의 기체)의 $\Delta E$의 값이 더 큰 것은 어떤 것인가?

**5.10** **(a)** **상태 함수**는 무엇을 의미하는가? **(b)** 상태 함수인 것과 상태 함수가 아닌 것의 예를 드시오. **(c)** 계의 부피는 상태 함수인가? 이유를 설명하시오.

자기 평가 연습 문제 답 **5.5** (a)

## 5.3 엔탈피

금속 알루미늄과 산화 철이 반응하면 산화 알루미늄과 금속 철이 생성된다. 반응 과정에서는 형성된 금속 철을 녹일 수 있을 정도의 열이 발생하기도 한다. 따라서 이 반응은 철로를 용접하는 데 쓰이거나 고온 용접 토치를 사용하지 않고도 용융 철을 만드는 편리한 방법을 제공한다. 이런 반응은 화학 결합에 저장된 퍼텐셜 에너지가 어떻게 열로 바뀌는지를 극적으로 보여 준다.

이 절이 끝나면 다음 사항을 수행할 수 있어야 한다.

- 엔탈피와, 화학 반응에서의 열 사이의 관계를 이해하기

우리 주위에서 일어나는 화학적 · 물리적 변화들, 예를 들면 식물 잎에서의 광합성, 호수에서 물의 증발, 실험실의 밀폐되지 않은 비커에서의 반응 등은 본질적으로 일정한 지구의 대기압하에서 일어난다.* 이러한 변화의 결과로 열의 방출 또는 흡수가 일어날 수 있으며, 또한 계에 의해 또는 계에 대해 수행된 일이 수반될 수 있다. 이들 변화를 탐구함에 있어서, 상태 함수인 열역학적 함수를 주로 열의 흐름과 관련시키면 유용하다. 일정한 압력하에서 **엔탈피**(enthalpy, 그리스어 *enthalpein*, '따뜻하게 함')라고 하는 열역학 양은 이러한 함수로 쓸 수 있다.

기호 $H$로 표시되는 **엔탈피(enthalpy)**는 계의 내부 에너지에 압력($P$)과 부피($V$)의 곱을 더한 것으로 정의된다.

*아마도 이전의 화학 과정에서 대기압의 개념에 관해 배웠을 것이다. 10장에서 이를 자세히 논의하게 된다. 여기서는 단지 대기가 지구 표면에 거의 일정한 압력을 가하고 있다는 것을 알면 된다.

$$H = E + PV \qquad [5.5]$$

내부 에너지 $E$와 같이 $P$와 $V$는 둘 다 상태 함수이다. 따라서 이들은 계의 현재 상태에만 의존하고 계에 도달한 경로에는 의존하지 않는다. 에너지, 압력, 부피는 모두 상태 함수이기 때문에 엔탈피 역시 상태 함수이다.

## 압력-부피 일

엔탈피의 중요성을 더 잘 이해하려면 식 5.4로부터 다음을 상기하라. $\Delta E$는 계에 첨가되거나 계에서 제거된 열 $q$뿐만 아니라, 계에 의해 수행되거나 계에 행해진 일 $w$도 포함한다. 가장 일반적으로, 대기압에 노출된 화학적 또는 물리적 변화에 의해 일어나는 일의 종류는 단 한 가지인데, 그것은 부피 변화로 생기는 기계적인 일이다. 예를 들어 아연 금속과 염산 용액의 반응을 생각해 보자.

$$Zn(s) + 2\,H^+(aq) \rightarrow Zn^{2+}(aq) + H_2(g) \qquad [5.6]$$

그림 5.11에서 보여 주는 기구 내에서 이 반응이 일정 압력하에서 일어날 때, 피스톤은 용기의 압력을 일정하게 유지하기 위해 아래위로 움직인다. 단순화시키기 위해 피스톤의 질량이 없다고 가정하면, 기구 내의 압력은 대기압과 같을 것이다. 반응이 진행됨에 따라 $H_2$ 기체가 생성되고, 피스톤은 올라갈 것이다. 즉 플라스크 내의 기체가 대기압에 반하여 피스톤을 밀어 올림으로써 주위에 일을 수행한다.

기체의 팽창 또는 압축과 관계된 일을 **압력-부피 일(pressure-volume work**, 또는 $P$-$V$ 일)이라고 한다. 앞의 예에서와 같이, 한 과정에서 압력이 일정할 때 압력-부피 일의 부호와 크기는 다음 식에 의해 주어진다.

$$w = -P\,\Delta V \qquad [5.7]$$

이 식에서 $P$는 압력이고, $\Delta V = V_{최종} - V_{초기}$는 계의 부피 변화이다. 압력 $P$는 항상 양의 값이거나 0이다. 만약 계의 부피가 팽창한다면, $\Delta V$는 양의 값이다. 식 5.7의 음의 부호는 $w$에 대한 부호 규약을 따르기 위해 필요하다(표 5.1). 기체가 팽창하면 계는 주위에 일을 행하기 때문에, $w$는 음의

반응물과 생성물을 계로 정의한다면, 이 과정에서 일은 양의 부호를 갖는가, 음의 부호를 갖는가?

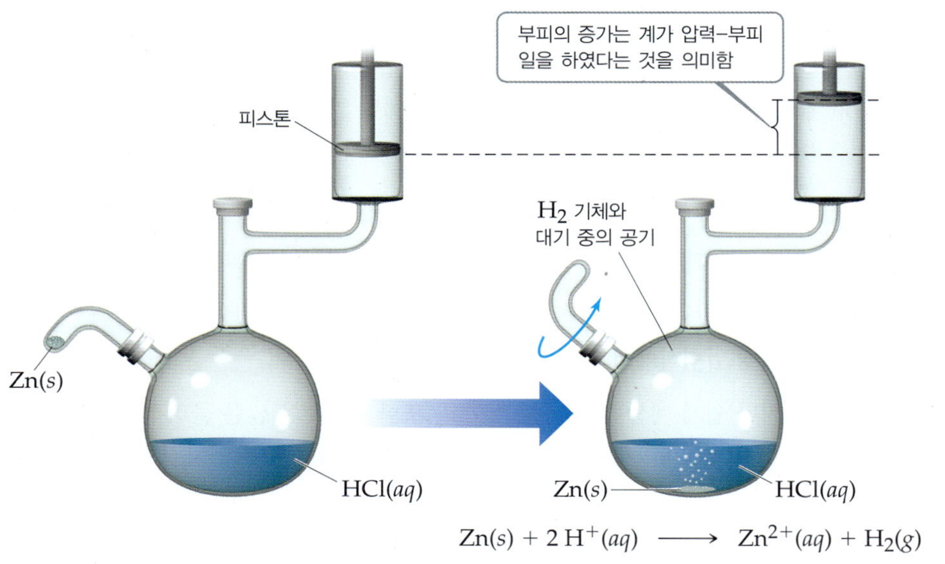


▲그림 5.11 주위에 일을 행하는 계

값이다(음의 부호×양의 P×양의 $\Delta V$는 음수의 $w$를 만든다). 반면에 기체가 압축되면, $\Delta V$는 음의 값(부피 감소)이 된다. 이때 $w$는 양의 값임을 식 5.7로부터 알 수 있으며, 이는 주위에 의해 계에 일이 행해짐을 의미한다. “자세히 보기: 에너지, 엔탈피, $P-V$ 일”에서 압력–부피 일에 관하여 자세히 논의하겠지만, 지금은 일정 압력하에서 일어나는 과정에 적용되는 것은 식 5.7뿐이라는 것만 유념하면 된다.

식 5.7을 사용하여 얻은 일의 단위들은 압력의 단위(일반적으로 kPa)에 부피의 단위(일반적으로 L)를 곱한 것이다. 일을 좀 더 친근한 단위인 줄(joule)로 표현하기 위해서는 환산 계수 1 L-kPa = 1 J을 사용하면 된다.

## 예제 5.2
### P-V 일 계산하기

피스톤이 장착된 실린더에서 어떤 연료를 태우고 있다. 이 실린더의 초기 부피는 0.250 L이고, 최종 부피는 0.980 L이다. 만일 피스톤이 136.8 kPa의 일정한 압력 상태로 팽창하였다면, 얼마의 일(J로)을 한 것일까?

**해답**

**분석** 주어진 초기 부피와 최종 부피로부터 $\Delta V$를 계산할 수 있다. 압력($P$)도 주어져 있어 일($w$)을 계산할 수 있다.

**계획** $w = -P\Delta V$를 이용하면 주어진 정보로부터 계가 수행한 일을 계산할 수 있다.

**풀이** 부피 변화는 다음과 같다.

$$\Delta V = V_{최종} - V_{초기} = 0.980\ \text{L} - 0.250\ \text{L} = 0.730\ \text{L}$$

따라서, 일의 양은 다음과 같다.

$$w = -P\Delta V = -(136.8\ \text{kPa})(0.730\ \text{L}) = 99.8\ \text{L-kPa}$$
$$= -99.8\ \text{J}$$

**검토** 유효 숫자(3)가 올바르고, 단위가 원하는 에너지 단위(J)이다. 음의 부호는 기체가 팽창하면서 주위에 일을 한 것과 일치한다.

▶ **보충 예제**

일정한 99.8 kPa에서 어떤 계의 부피가 1.55 L에서 0.85 L로 수축되었을 때의 일을 J로 계산하시오.

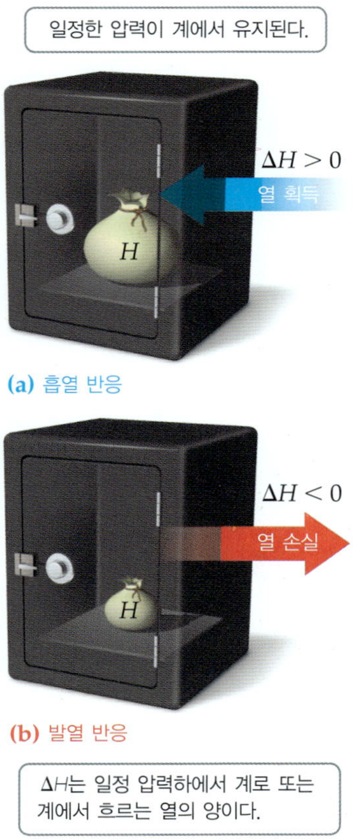


## 엔탈피 변화

이제 엔탈피에 관한 논의로 돌아가자. 변화가 일정 압력하에서 일어날 때 엔탈피 변화($\Delta H$)는 다음과 같이 주어진다.

$$\Delta H = \Delta(E + PV)$$
$$= \Delta E + P\Delta V \ (\text{일정 압력}) \qquad [5.8]$$

다시 말하면, 엔탈피 변화는 내부 에너지 변화에 일정 압력과 부피 변화의 곱을 더한 것이다.

$\Delta E = q + w$(식 5.4)이고, 기체의 팽창 또는 압축과 관계된 일은 $w = -P\Delta V$(일정 압력에서)임을 기억하자. 식 5.8의 $P\Delta V$ 대신 $-w$를 대입하고, $\Delta E$ 대신 $q + w$를 대입하면 다음을 얻는다.

$$\Delta H = \Delta E + P\Delta V = (q_P + w) - w = q_P \qquad [5.9]$$

$q$에 있는 아래 첨자 $P$는 과정이 일정 압력하에서 일어남을 가리킨다. 따라서 이 식은 다음을 나타낸다.

**엔탈피 변화는 일정 압력하에서 얻거나 잃는 열 $q_P$와 같다.**

$q_P$는 측정 가능하거나 쉽게 계산할 수 있는 것이고, 또한 흥미로운 많은 물리적 · 화학적 변화들이 일정 압력하에서 일어나기 때문에, 엔탈피는 대부분의 반응에서 내부 에너지보다 더 유용한 함수이다. 더구나 대부분의 반응에서 $P\Delta V$ 값이 작기 때문에 $\Delta H$와 $\Delta E$의 차이는 작다.

◀ **그림 5.12** 흡열 및 발열 과정 (a) 흡열 과정($\Delta H > 0$)은 계에 열을 예금한다. (b) 발열 과정($H < 0$)은 계에서 열을 빼낸다.

$\Delta H$가 양의 값일 때(즉 $q_P$가 양의 값일 때) 계는 주위에서 열을 얻는데(표 5.1), 이는 그 과정이 흡열임을 의미한다. $\Delta H$가 음의 값이면 계는 열을 주위로 방출하는데, 이는 그 과정이 발열임을 의미한다. 그림 5.7의 은행 비유를 계속하면, 일정 압력하의 흡열 과정은 에너지를 계에 열의 형태로 예금하는 것이며, 발열 과정은 열의 형태로 에너지를 인출하는 것이다(**그림 5.12**).

$H$가 상태 함수이므로 $\Delta H$($q_P$와 같음)는 초기 상태와 최종 상태에만 의존하며, 변화가 어떻게 일어났는지와는 관계가 없다. 얼핏 보기에 이 말은 $q$는 상태 함수가 아니라고 말한 5.2절의 논의와 상반되는 것처럼 보일지도 모른다. 그러나 $\Delta H$와 $q_P$의 관계는 단지 $P-V$ 일만이 관여하고, 압력이 일정하다는 특별한 제한을 받기 때문에 그 말은 모순이 아니다.

## 예제 5.3
### $\Delta H$의 부호 결정하기

대기압하에서 수행된 다음 과정들의 엔탈피 변화($\Delta H$)의 부호를 말하고, 각 과정이 흡열인지, 발열인지 말하시오.
(a) 얼음 조각이 녹는다. (b) 뷰테인($C_4H_{10}$) 1 g이 충분한 양의 산소 속에서 완전 연소하여 $CO_2$와 $H_2O$를 생성한다.

#### 해답

**분석** 목표는 각 과정에서 $\Delta H$가 양수인지, 음수인지를 결정하는 것이다. 각 과정은 일정한 압력하에서 일어나기 때문에 엔탈피 변화는 흡수되거나 방출된 열의 양과 같다. $\Delta H = q_P$

**계획** 각 과정에서 계에 의해 열이 흡수되었는지, 방출되었는지 예측해야 한다. 열이 흡수된 과정은 흡열이고, $\Delta H$는 양의 부호를 갖는다. 열이 방출된 과정은 발열이고, $\Delta H$는 음의 부호를 갖는다.

**풀이** (a)에서는 얼음 조각을 만드는 물이 계이다. 얼음 조각은 주위에서 열을 흡수하여 녹으므로 $\Delta H$는 양의 값이다. 따라서 그 과정은 흡열이다. (b)에서 계는 뷰테인 1 g과, 연소에 필요한 산소이다. 산소 속에서 뷰테인의 연소는 열을 방출하므로 $\Delta H$는 음의 값이다. 따라서 그 과정은 발열이다.

▶ **보충 예제**

어떤 화학 반응이 주위로 열을 방출하면 이것을 ________이라고 하며, $\Delta H$는 ________의 값을 갖는다.
**(a)** 흡열, 양 **(b)** 흡열, 음 **(c)** 발열, 양 **(d)** 발열, 음

## 자세히 보기 에너지, 엔탈피, P-V 일

화학에서는 두 가지 유형의 일, 즉 전기적 일과 기체 팽창에 의한 기계적 일에 주로 관심을 갖는다. 여기서는 압력–부피 일 또는 $P-V$ 일이라고 하는 후자에 초점을 맞춘다. 자동차 엔진의 실린더에서 팽창하는 기체는 피스톤에 $P-V$ 일을 행하며, 이 일이 결국 바퀴를 돌린다. 열린 반응 용기에서 팽창하는 기체는 대기에 $P-V$ 일을 행한다. 이 일은 실용적 의미에서 아무 것도 수행한 것이 없지만, 계의 에너지 변화를 관찰할 때는 그것이 유용하든 아니든 반드시 모든 일을 추적해야 한다.

단면적이 $A$이며 움직이는 피스톤을 가진 실린더 내에 들어 있는 어떤 기체를 생각해 보자(**그림 5.13**). 아래쪽으로 향한 힘 $F$가 피스톤에 작용한다. 기체에 미치는 압력 $P$는 단위 면적당 힘이다. $P = F/A$. 피스톤은 질량이 없으며, 피스톤에 작용하는 유일한 압력은 지구 대기에 의한 **대기압**이라고 가정하며, 대기압도 일정하다고 가정한다.

기체가 팽창하여 피스톤이 거리 $\Delta h$만큼 움직였다고 하자. 식 5.1로부터 계에 의해 수행된 일의 크기는 다음과 같다.

$$\text{일의 크기} = \text{힘} \times \text{거리} = F \times \Delta h \quad [5.10]$$

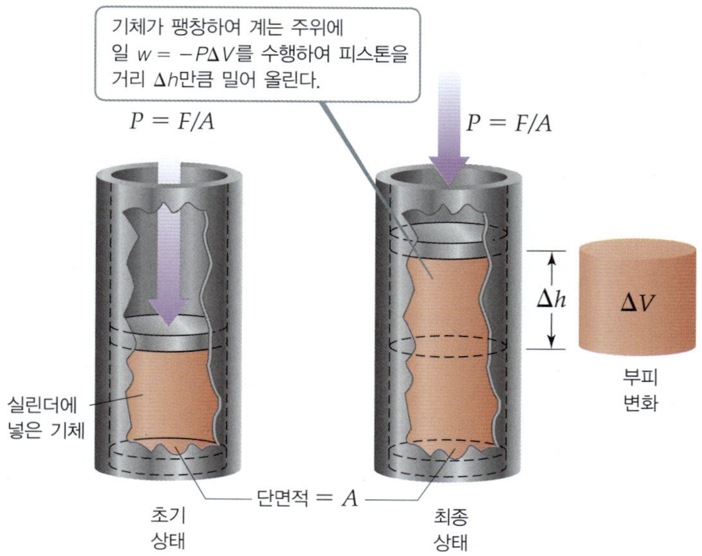


▲ **그림 5.13 압력–부피 일** 계에 의해 주위에 수행된 일의 양은 $w = -P\Delta V$이다.

압력의 정의 $P=F/A$는 $F=P\times A$로 다시 쓸 수 있다. 피스톤 운동에 의해 생기는 부피 변화($\Delta V$)는 피스톤의 단면적과 피스톤이 움직인 거리를 곱한 값이다. $\Delta V=A\times\Delta h$. 식 5.10에 이들을 대입하면 다음과 같다.

$$\text{일의 크기} = F \times \Delta h = P \times A \times \Delta h$$
$$= P \times \Delta V$$

계(갇힌 기체)가 주위에 일을 하였기 때문에 그 일은 음의 값이다.

$$w = -P\Delta V \qquad [5.11]$$

만약 수행 가능한 일이 $P$–$V$일 뿐이라고 한다면 식 5.11을 식 5.4에 대입할 수 있고, 그 결과는 다음과 같다.

$$\Delta E = q + w = q - P\Delta V \qquad [5.12]$$

따라서 반응이 일정 부피 용기에서 수행될 때($\Delta V=0$), 이동한 열은 내부 에너지 변화와 같다.

$$\Delta E = q - P\Delta V = q - P(0) = q_V \ \text{(일정 부피)} \qquad [5.13]$$

아래 첨자 $V$는 부피가 일정함을 가리킨다.

대부분의 반응은 일정 압력하에서 수행되므로 식 5.12는 다음과 같이 된다.

$$\Delta E = q_P - P\Delta V$$
$$q_P = \Delta E + P\Delta V \ \text{(일정 압력)} \qquad [5.14]$$

식 5.14의 우변이 일정 압력 조건하에서의 엔탈피 변화임을 식 5.8로부터 알 수 있다. 따라서 식 5.9에서 보았던 바와 같이 $\Delta H=q_P$이다.

요약하면, 내부 에너지의 변화는 일정 부피에서 얻거나 잃은 열과 같고, 엔탈피 변화는 일정 압력에서 얻거나 잃은 열과 같다. $\Delta E$와 $\Delta H$의 차이는 일정 압력의 과정에서 계에 의해 수행된 $P$–$V$ 일의 값인 $-P\Delta V$이다. 많은 반응에서 수반되는 부피 변화는 0에 가까우므로 $P\Delta V$는 작은 값이 된다. 따라서 $\Delta E$와 $\Delta H$의 차이는 작다. 화학 과정의 에너지 변화의 척도로서 $\Delta H$를 사용하는 것은 대부분의 상황에서 대체로 만족할 만하다.

**관련 연습 문제: 5.15, 5.73~5.75**

# 자기 평가 연습 문제

**5.11** 다음 중 어떠한 조건에서 열의 흐름으로부터 엔탈피를 측정할 수 있는가?
**(a)** 일정 압력
**(b)** 일정 부피

# 연습 문제

**5.12** 일반적으로 호흡할 때 폐는 외부 압력이 101.3 kPa일 때 약 2.0 L 만큼 팽창한다. 이때의 일(J)은 얼마인가?

**5.13** **(a)** 내부 에너지의 변화를 측정하는 것보다 엔탈피 변화를 측정하기 쉬운 이유는 무엇인가? **(b)** $H$는 상태 함수이지만 $q$는 상태 함수가 아니다. 이를 설명하시오. **(c)** 일정 압력 과정에서 $\Delta H$가 양의 값이면 발열 과정인가, 흡열 과정인가?

자기 평가 연습 문제 답 **5.11** (a)

# 5.4 | 반응 엔탈피

테르밋(thermite) 반응은 작은 양의 고체 반응물로부터 엄청난 양의 열이 발생하는 굉장한 반응이다. 이번 절에서는, 화학 반응에 수반되는 에너지 변화를 중점적으로 살펴볼 것이며, 이는 지금 공부하고 있는 과정에 대한 이해도를 한층 더 깊어지게 할 것이다.

이 절이 끝나면 다음 사항을 수행할 수 있어야 한다.

- 열화학 반응을 이용하여 일정 압력하의 $\Delta H$ 반응에서 전달되는 열에너지 양과 반응에 참여하는 물질의 양을 연관짓기

$\Delta H = H_{최종} - H_{초기}$이므로 화학 반응의 엔탈피 변화는 다음과 같다

$$\Delta H = H_{생성물} - H_{반응물} \qquad [5.15]$$

한 반응에 수반되는 엔탈피 변화를 **반응 엔탈피(enthalpy of reaction)** 또는 **반응열**(heat of reaction)이라고 하고, 가끔 $\Delta H_{rxn}$이라고 쓴다('rxn'은 일반적으로 'reaction'의 약자로 사용한다).

$\Delta H_{rxn}$의 수치를 쓸 때에는 관련 반응을 명시해야 한다. 예를 들어 일정한 압력에서 2 mol의 $H_2(g)$가 연소하여 2 mol의 $H_2O(g)$를 생성할 때, 이 계는 483.6 kJ의 열을 방출한다. 이것은 다음과 같이 요약할 수 있다.

$$2\,H_2(g) + O_2(g) \longrightarrow 2\,H_2O(g) \qquad \Delta H = -483.6\text{ kJ} \qquad [5.16]$$

$\Delta H$의 음의 부호는 반응이 발열 반응임을 의미한다. $\Delta H$는 관련 화합물의 양을 분명하게 명시하지 않고 균형 맞춘 반응식의 끝에 $\Delta H$ 값을 표시하는 것에 주목하라. 이 경우 균형 맞춘 반응식의 계수가 관련 엔탈피 변화를 이끌어내는 반응물과 생성물의 몰수를 나타낸다. 이와 같이 관계되는 엔탈피 변화를 나타내는 균형 화학 반응식을 **열화학 반응식**(thermochemical equation)이라고 한다.

이 반응이 발열 반응이라는 사실은 **그림 5.14**에 있는 **엔탈피 도표**(enthalpy diagram)로도 나타낼 수 있다. 반응물의 엔탈피가 생성물의 엔탈피보다 더 크다는(더 큰 양의 값) 사실에 주목하라. 따라서 $\Delta H = H_{생성물} - H_{반응물}$은 음의 값을 갖는다.

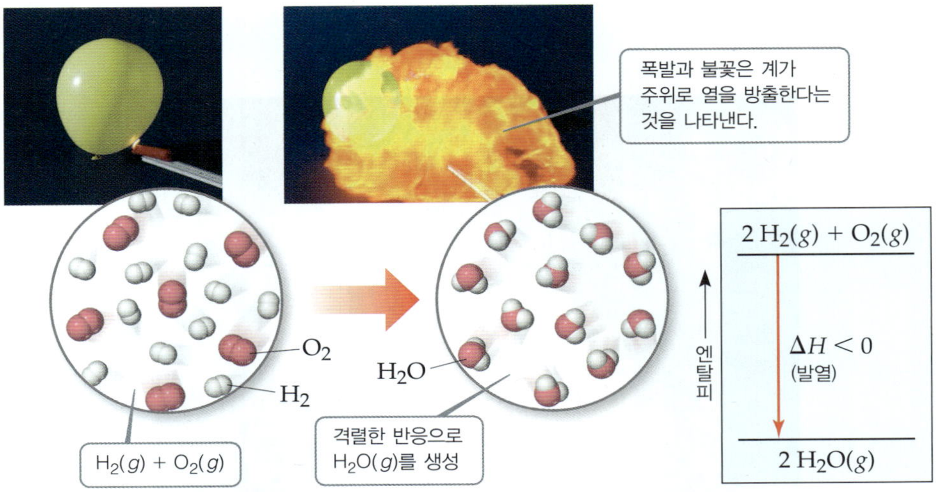


$$2\,H_2(g) + O_2(g) \longrightarrow 2\,H_2O(g)$$

▶ **그림 5.14** 산소와 수소의 발열 반응 $H_2(g)$와 $O_2(g)$의 혼합물을 발화시키면 $H_2O(g)$가 생성되면서 폭발과 함께 불덩어리가 생긴다. 이때 계에서 주위로 열을 방출하기 때문에, 이 반응은 엔탈피 도표에 표시한 바와 같이 발열 반응이다.

열화학 반응식과 엔탈피 도표를 사용할 때 다음의 지침이 도움이 될 것이다.

1. **엔탈피는 크기 성질이다.** 이 사실은 $\Delta H$의 크기가 그 과정에서 소모된 반응물의 양에 비례한다는 것을 의미한다. 예를 들어 일정한 압력에서 $CH_4$ 1 mol이 연소할 때 890 kJ의 열이 발생한다.

$$CH_4(g) + 2\,O_2(g) \longrightarrow CO_2(g) + 2\,H_2O(l) \qquad \Delta H = -890\ \text{kJ} \qquad [5.17]$$

$CH_4$ 1 mol과 $O_2$ 2 mol이 반응하여 연소하면 890 kJ의 열을 내기 때문에, $CH_4$ 2 mol과 $O_2$ 4 mol이 반응하여 연소하면 두 배인 1780 kJ만큼의 열이 발생한다. 화학 반응식이 보통 정수의 계수를 사용한다고 할지라도 열화학 반응식에서는 앞의 반응식에서와 같이 가끔 분수를 사용하기도 한다.

2. **반응의 엔탈피 변화 $\Delta H$ 값은 역반응의 $\Delta H$와 크기는 같지만 부호가 반대이다.** 예를 들어 식 5.17이 다음과 같이 반대로 진행될 때 이 과정의 $\Delta H$는 +890 kJ이다.

$$CO_2(g) + 2\,H_2O(l) \longrightarrow CH_4(g) + 2\,O_2(g) \qquad \Delta H = +890\ \text{kJ} \qquad [5.18]$$

반응을 거꾸로 하면 생성물과 반응물의 역할이 반대가 된다. 식 5.15에서 생성물과 반응물을 뒤집으면 $\Delta H$의 크기는 같지만 부호가 반대가 된다(**그림 5.15**).

3. **반응의 엔탈피 변화는 반응물과 생성물의 상태에 의존한다.** 식 5.17의 생성물이 $H_2O(l)$가 아니라 $H_2O(g)$라면, $\Delta H_{rxn}$는 −890 kJ이 아니라 −802 kJ일 것이다. $H_2O(g)$의 엔탈피가 $H_2O(l)$의 엔탈피보다 크기 때문에 주위로 적은 열이 전달될 것이다. 이를 알 수 있는 한 가지 방법은 생성물이 처음에는 액체 물이었다고 가정하는 것이다. 이 액체 물은 액체 증기로 변환되어야 하고, $H_2O(l)$ 2 mol이 $H_2O(g)$ 2 mol로 변환되는 반응은 88 kJ을 흡수하는 흡열 반응이다.

$$2\,H_2O(l) \longrightarrow 2\,H_2O(g) \qquad \Delta H = +88\ \text{kJ} \qquad [5.19]$$

따라서 열화학 반응식에서는 반응물과 생성물의 상태를 명시하는 것은 중요하다. 그밖에도 특별한 지시가 없으면, 일반적으로 반응물과 생성물은 둘 다 동일한 온도인 25 °C에 있다고 가정한다.

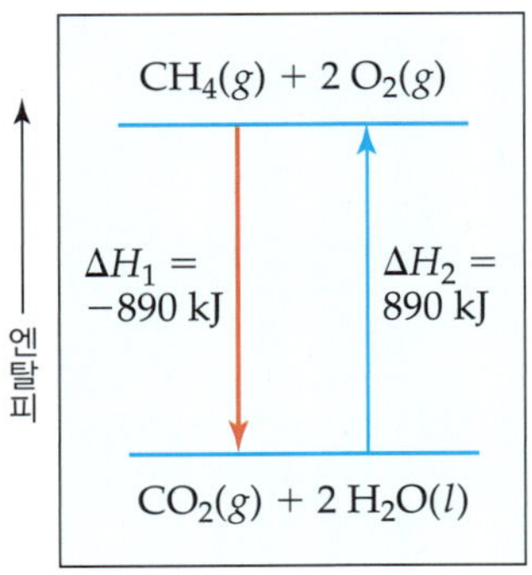


▲ **그림 5.15** 역반응의 $\Delta H$ 역반응은 기호가 변하지만, 엔탈피 변화의 크기는 변하지 않는다. $\Delta H_2 = -\Delta H_1$

## 예제 5.4

### 온도와 상변화에 대한 $\Delta H$의 계산

메테인 기체 4.50 g을 일정 압력의 계에서 연소시킬 때, 얼마의 열이 방출되는가? (식 5.17의 자료를 이용하라.)

**해답**

**분석** 목표는 열화학 반응식을 이용하여 특정한 양의 메테인 기체를 태웠을 때 생기는 열을 계산하는 것이다. 식 5.17에 따르면, 일정한 압력에서 메테인 기체 1 mol을 태우면 890 kJ이 계에서 방출된다.

**계획** 식 5.17은 화학량론적인 환산 인자를 알려 주는데, 1 mol의 $CH_4$는 약 −890 kJ이다. 이것을 이용하여 $CH_4$의 몰수를 에너지의 kJ로 바꿀 수 있다. 그러나 먼저 그램 단위의 $CH_4$를 몰수로 바꾸어야 하며 다음의 과정을 거친다.

**풀이**

변환 단계는 다음과 같다.

$CH_4$의 그램수 (주어짐) → $CH_4$의 몰질량 16.0 g/mol → $CH_4$의 몰수 → $\Delta H = -890$ kJ/mol → 열(kJ) (미지)

C와 4 H의 원자량을 더하면 1 mol $CH_4$ = 16.0 g $CH_4$라는 것을 알 수 있다. 적당한 환산 인자를 사용하여 $CH_4$의 그램수를 $CH_4$의 몰수로, 다시 kJ로 환산한다.

$$\text{열} = (4.50\text{ g CH}_4)\left(\frac{1\text{ mol CH}_4}{16.0\text{ g CH}_4}\right)\left(\frac{-890\text{ kJ}}{1\text{ mol CH}_4}\right) = -250\text{ kJ}$$

음의 부호는 계에서 주위로 250 kJ이 방출된다는 것을 나타낸다.

**▶ 보충 예제**

과산화 수소는 다음 반응과 같이 물과 산소로 분해된다.

$$2\,H_2O_2(l) \longrightarrow 2\,H_2O(l) + O_2(g) \qquad \Delta H = -196\text{ kJ}$$

$H_2O_2(l)$ 5.00 g이 일정한 압력하에서 분해될 때 방출되는 열량을 계산하시오.

## 자세히 보기 척도로서의 엔탈피

우리는 벽돌을 공중에 들어 올린 후 손을 놓으면 어떻게 될지 알고 있다. 즉 중력이 지구 쪽으로 작용하여 벽돌이 떨어지게 된다. 벽돌이 땅으로 떨어지는 것과 같이, 열역학적으로 저절로 일어나려고 하는 과정을 **자발적 과정**(spontaneous process)이라고 한다. 자발적 과정은 빠를 수도 있고 느릴 수도 있는데, 이 과정이 일어나는 속도는 열역학의 지배를 받지 않는다.

화학 과정은 열역학적으로 유리하거나 자발적일 수도 있다. 그러나 자발적이라는 것이 아무런 간섭 없이 반응이 일어나 생성물을 만든다는 것을 의미하지는 않는다. 그런 경우도 있지만, 때로는 어느 정도의 에너지를 가해 주어야 반응이 시작된다. 바위가 한번 언덕길을 구르기 시작하면 자발적으로 굴러 내려가는 것과 같이, 화학 반응도 충분한 에너지가 한번 가해지면 자발적으로 진행될 수가 있다(그림 5.16). 반응에서 엔탈피 변화란 반응이 자발적인지, 아닌지를 말하는 한 가지 표시일 뿐이다. 예를 들어 $H_2(g)$와 $O_2(g)$의 연소는 매우 큰 발열 반응이다.

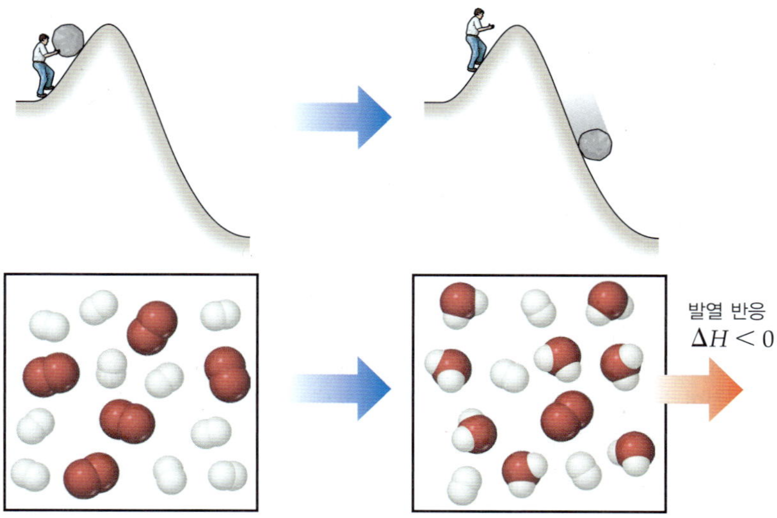


▲ 그림 5.16 **발열 반응과 자발성** 매우 발열적인($\Delta H$가 0보다 훨씬 작은) 화학 반응은 보통 자발적으로 일어난다. 바위를 퍼텐셜 에너지가 낮은 지점으로 굴러 내려가도록 바위를 밀치는 것과 같이, 이러한 반응들은 반응이 개시되게 하기 위하여 얼마간의 에너지를 가할 필요가 있다. 그러나 이러한 반응들은 한번 반응이 시작되면 낮은 퍼텐셜 에너지를 갖는 생성물이 형성되도록 자발적으로 반응이 진행된다.

$$H_2(g) + \tfrac{1}{2}\,O_2(g) \longrightarrow H_2O(g) \qquad \Delta H = -242\text{ kJ}$$

수소 기체와 산소 기체는 반응이 일어나는 것이 감지됨이 없이 무한정의 부피로 함께 존재할 수 있다. 그러나 한번 반응이 시작되면 에너지가 열의 형태로 계(반응물)에서 주위로 빠르게 전달된다. 따라서 계는 주위로 열을 전달함으로써 엔탈피를 잃게 된다(계와 주위의 전체 에너지 총량은 변하지 않고 에너지는 보존된다는 열역학 제1법칙을 기억하라).

반응의 자발성에서 엔탈피 변화만이 고려 대상은 아니며, 가장 확실한 것도 아니다. 예를 들면 얼음이 녹는 과정은 흡열 반응이지만, 물의 어는점(0 °C) 이상의 온도에서의 이 과정은 자발적이다.

$$H_2O(s) \longrightarrow H_2O(l) \qquad \Delta H = +6.01\ \text{kJ}$$

반대 과정인 물이 어는 것은 0 °C 이하의 온도에서 자발적이다. 즉 상온에서는 얼음이 녹고 물을 −20°C의 냉동고에 넣으면 언다는 것을 안다. 두 과정이 서로 반대이긴 하지만, 다른 조건에서 둘 다 자발적인 반응이다. 19장에서 좀 더 확실하게 반응의 자발성에 대하여 공부할 것이다. 물이 얼음으로 변하는 것과 같이, 왜 어떤 과정은 어떤 온도에서 자발적이고, 다른 온도에서는 그렇지 않은지를 알게 될 것이다.

반응에는 이렇게 복잡한 요소들이 있지만, 엔탈피 변화에 주의를 기울여야만 한다. 일반적으로 엔탈피 변화가 클 때에는 이것이 반응의 자발성을 결정하는 데 주된 요인으로 작용한다. 따라서 $\Delta H$가 **큰** (대략 100 kJ 이상) **음**의 값을 갖고 있는 반응은 자발성인 경향이 있고, $\Delta H$가 **큰 양**의 값을 갖고 있는 반응은 역반응에서만 자발성을 갖는 경향이 있다.

**관련 연습 문제: 5.20, 5.80**

많은 경우에서 주어진 화학 과정과 관련된 엔탈피 변화의 부호와 크기를 아는 것이 매우 중요하다는 것을 알게 될 것이다. 다음 절에서 볼 수 있는 바와 같이, $\Delta H$는 실험으로 직접 측정하거나 다른 반응들로부터 알려진 엔탈피 변화값으로부터 계산하여 알아낼 수도 있다.

## 자기 평가 연습 문제

**5.14** $2\,H_2(g) + O_2(g) \longrightarrow 2\,H_2O(g)\,\Delta H = -484$ kJ이다. 1몰의 수증기로부터 수소와 산소가 형성될 때의 엔탈피 변화는 얼마인가?

$$H_2O(g) \longrightarrow H_2(g) + \tfrac{1}{2}O_2(g)$$

**(a)** $\Delta H = +242$ kJ
**(b)** $\Delta H = +484$ kJ
**(c)** $\Delta H = +968$ kJ

## 연습 문제

**5.15** 그림 5.4와 같이 기체가 일정 대기압에서 실린더에 들어 있다. 이 기체가 특정한 화학 반응을 할 때 824 J의 열을 주위에서 흡수하고, 주위는 계에 0.65 kJ $P-V$ 일을 한다. 이 과정의 $\Delta H$와 $\Delta E$의 값은 얼마인가?

**5.16** 일정 압력에서 메테인, 즉 $CH_4(g)$의 완전 연소 반응은 $H_2O(l)$와 $CO_2(g)$를 생성하고 $CH_4$ 1 몰당 890 kJ의 열을 방출한다.
**(a)** 이 반응의 균형 열화학 반응식을 쓰시오.
**(b)** 이 반응의 엔탈피 도표를 그리시오.

**5.17** 원자 수소(H)는 용접에 쓰인다. 다음과 같은 반응으로 수소 원자는 결합하여 수소 분자를 형성하며 많은 양의 열을 내놓는다.

$$2\,H(g) \longrightarrow H_2(g)$$

**(a)** 부록 C의 열역학 자료를 이용하여, $H_2$ 1몰당 엔탈피 변화를 구하시오.
**(b)** 이 상태에서 2 H(*g*)와 $H_2(g)$ 중 어느 것이 더 큰 엔탈피를 갖는가?

**5.18** 다음 반응을 생각해 보자.

$$2\,Mg(s) + O_2(g) \longrightarrow 2\,MgO(s) \quad \Delta H = -1204\ \text{kJ}$$

**(a)** 이 반응은 발열인가, 흡열인가?
**(b)** 일정 압력에서 Mg(*s*) 3.55 g이 반응할 때, 이동하는 열의 양을 계산하시오.
**(c)** −234 kJ의 엔탈피 변화 동안 몇 g의 MgO가 생성되는가?
**(d)** 일정 압력에서 40.3 g의 MgO(*s*)가 Mg(*s*)와 $O_2(g)$로 분해될 때 몇 kJ의 열을 흡수하는가?

**5.19** 은 이온과 염화 이온이 들어 있는 용액을 섞으면 염화 은이 침전된다.

$$Ag^+(aq) + Cl^-(aq) \longrightarrow AgCl(s) \qquad \Delta H = -65.5\ \text{kJ}$$

**(a)** 이 반응에서 AgCl 0.450 mol이 생성될 때 $\Delta H$를 계산하시오.
**(b)** AgCl 9.00 g이 생성될 때 $\Delta H$를 계산하시오.
**(c)** AgCl $9.25 \times 10^{-4}$ mol을 물에 녹일 때 $\Delta H$를 계산하시오.

**5.20** 액체 메탄올($CH_3OH(l)$)의 연소 반응을 생각해 보자.

$$CH_3OH(l) + \tfrac{3}{2}O_2(g) \longrightarrow CO_2(g) + 2\,H_2O(l) \qquad \Delta H = -726.5\ \text{kJ}$$

**(a)** 역반응의 엔탈피 변화는 얼마인가?
**(b)** 정반응을 정수의 계수로 균형을 맞추시오. 이 식으로 나타낸 반응의 $\Delta H$는 얼마인가?
**(c)** 정반응과 역반응 중 어느 것이 열역학적으로 더 유리한가?
**(d)** 이 반응이 $H_2O(l)$ 대신에 $H_2O(g)$를 생성한다고 기록하면 $\Delta H$의 크기는 증가하는가, 감소하는가, 또는 그대로인가? 설명하시오.

자기 평가 연습 문제 답 **5.14** (a)

# 5.5 열계량법

**온도계**(thermometer)의 어원은 그리스어 'thermos'(뜨거움)과 'metron'(측정)에서 유래한다. 온도를 측정하기 위한 초기 계측기는 한쪽은 막히고 다른 한쪽은 물에 담긴 공기 방울을 포함한 유리관을 이용하였다. 온도가 변할 때, 갇힌 공기의 부피가 변하였다. 그러나 이 계측기는 대기압에서도 쉽게 변했다. 첫 번째 믿을만한 온도계는 1714년 Daniel Gabriel Fahrenheit에 의해서 발명되었다. 그는 대기압 변화의 효과를 최소화하기 위하여 밀봉한 튜브를 사용하였으며, 수은의 높은 팽창 계수로 인해 온도 변화에 따라 튜브 안을 움직이는 수은을 가시적으로 볼 수 있었다. Fahrenheit는 출생도시인 Poland의 Gdansk에 비석으로 기념되고 있지만, 대부분의 일생을 네덜란드에서 살았다. 그는 또한 자신의 이름을 갖는 온도에 대한 척도를 제안하였다.

이제는 온도를 측정하는 다양한 기기가 있고 수은 온도계는 점점 사라지고 있다. Celsius 척도의 사용이 널리 퍼져있지만, 이는 여전히 Fahrenheit 단위로 날씨 온도 등을 기록하는 나라에게는 낯설다.

이 절이 끝나면 다음 사항을 수행할 수 있어야 한다.

- 과정에서 전달되는 열을 열용량이나 비열을 이용한 온도 측정으로부터 계산하기

$\Delta H$ 값은 일정한 압력에서 반응에 동반되는 열흐름을 측정하는 실험을 통하여 결정될 수 있다. 전형적으로, 열흐름이 만드는 온도 변화의 크기를 측정하면 열흐름의 크기를 알아낼 수 있다. 이때 열흐름을 측정하는 방법을 **열계량법(calorimetry)**이라고 하고, 열흐름을 측정하는 기기는 **열량계(calorimeter)**라고 한다.

## 열용량과 비열

물체가 열을 더 흡수하면 물체는 더욱 뜨거워진다. 모든 물질이 열을 받으면 온도가 변하지만, 일정량의 열에 의해 생성되는 온도 변화의 정도는 물질에 따라 다르다. 일정량의 에너지를 흡수할 때 물체에 흡수된 온도 변화는 $C$로 표시되는 물체의 **열용량(heat capacity)**에 의해 결정된다. 어떤 물체의 열용량은 물체의 온도를 1 K(또는 1 °C) 높이는 데 필요한 열의 양으로 정의한다. 물질의 열용량이 클수록 그 물질의 온도를 주어진 만큼 높이는 데 더 많은 열이 필요하다.

이 그림에서 볼 수 있는 과정은 발열인가, 흡열인가?

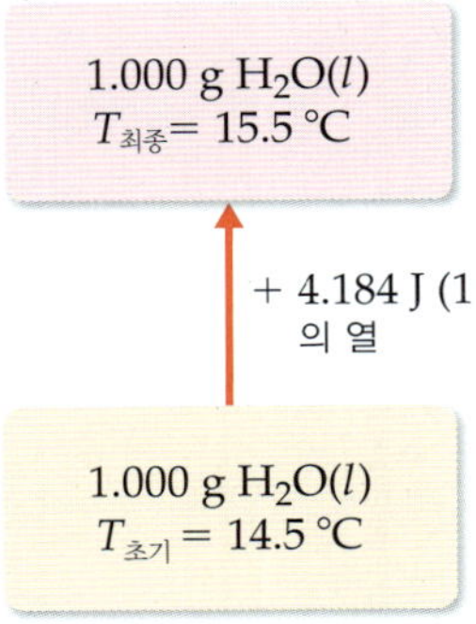


▲ 그림 5.17 물의 비열

순물질의 열용량은 일반적으로 일정한 물질의 양에 대하여 나타낸다. 물질 1 mol의 열용량을 **몰열용량(molar heat capacity**, $C_m$)이라고 한다. 물질 1 g의 열용량을 **비열 용량**(specific heat capacity) 또는 간단히 **비열(specific heat**, $c$)이라고 한다. 물질의 비열($c$)은 물질이 특정한 열량($q$)을 얻거나 잃을 때, 그 물질의 알려진 질량($m$)의 온도 변화($\Delta T$)를 측정하여 실험적으로 결정한다.

$$비열 = \frac{(열전달량)}{(물질의\ 그램수) \times (온도\ 변화)}$$

$$c = \frac{q}{m \times \Delta T} \qquad [5.20]$$

예를 들어 물 50.0 g의 온도가 1.00 K 상승할 때 209 J이 필요하다면 물의 비열은

$$c = \frac{209\ J}{(50.0\ g)(1.00\ K)} = 4.18\ J/g\ K$$

단위가 계산에서 어떻게 결합되는지 주목하라. 켈빈 온도의 변화 크기는 섭씨 온도의 변화 크기와 같다. 즉 $\Delta T$ ln $K = \Delta T$ ln °C이다(1.5절). 따라서 물의 비열은 4.18 J/g-°C로도 나타낼 수 있다.

주어진 물질의 비열 값은 온도에 따라 약간씩 달라질 수 있기 때문에 온도를 정확하게 표시한다. 예를 들어 우리가 여기서 사용하고 있는 물의 비열인 4.18 J/g-K는 초기 온도 14.5 °C에서의 값이다(그림 5.17). 이 온도에서의 물의 비열은 칼로리를 정의하는 데 사용된다. 정확히 1 cal = 4.184 J이다.

시료가 열을 얻을 때(양수의 $q$) 시료의 온도는 올라간다(양수의 $\Delta T$). 식 5.20을 재정리하면 다음과 같다.

$$q = c \times m \times \Delta T \qquad [5.21]$$

따라서 측정한 질량과 온도 변화와 함께 비열을 사용하면 그 물질이 얻거나 잃는 열량을 계산할 수 있다.

여러 가지 물질의 비열 값을 표 5.2에 나타냈다. 액체인 물의 비열은 수록된 다른 어떤 물질보다도 크다는 것을 주목하라. 물의 큰 비열은 지구의 기후에도 영향을 미친다. 그 이유는 이것이 해양의 온도 변화에 비교적 크게 저항하기 때문이다.

**표 5.2 온도 298 K에서 몇 가지 물질의 비열**

| 원소 | | 화합물 | |
|---|---|---|---|
| 물질 | 비열(J/g-K) | 물질 | 비열(J/g-K) |
| $N_2(g)$ | 1.04 | $H_2O(l)$ | 4.18 |
| $Al(s)$ | 0.90 | $CH_4(g)$ | 2.20 |
| $Fe(s)$ | 0.45 | $CO_2(g)$ | 0.84 |
| $Hg(l)$ | 0.14 | $CaCO_3(s)$ | 0.82 |

## 예제 5.5
### 열, 온도 변화, 열용량의 관계

(a) 따뜻한 물 250 g(대략 한 컵)을 22 °C(실온)에서 거의 끓는점(98 °C)까지 가열할 때 필요한 열은 얼마인가? (b) 물의 몰열용량은 얼마인가?

### 해답

**분석** (a)에서는 주어진 물의 질량($m$), 온도 변화($\Delta T$), 물의 비열($c$)을 사용하여 물 시료를 데우는 데 필요한 열량($q$)을 찾아야만 한다. (b)에서는 물의 비열(그램당 열용량)로부터 몰 열용량(몰당 열용량, $C_m$)을 구해야 한다.

**계획** (a) 주어진 $c$, $m$, $\Delta T$와 식 5.21을 이용해서 열량 $q$를 계산할 수 있다. (b) 물의 몰질량과 차원 분석을 사용하여 물의 그램당 열용량을 몰당 열용량으로 변환시킨다.

**풀이**

| | |
|---|---|
| **(a)** 물의 온도 변화는 다음과 같다. | $\Delta T = 98\,°C - 22\,°C = 76\,°C = 76\,K$ |
| 식 5.21을 이용하여 $q$를 구한다. | $q = c \times m \times \Delta T$<br>$= (4.18\,J/g\,K)(250\,g)(76\,K) = 7.9 \times 10^4\,J$ |
| **(b)** 몰열용량은 물질 1 mol의 열용량이다. 수소와 산소의 원자량을 사용하면 다음과 같다. | $1\,mol\,H_2O = 18.0\,g\,H_2O$ |
| (a)에서 사용한 비열로부터 다음을 얻는다. | $C_m = \left(4.18\,\frac{J}{g\,K}\right)\left(\frac{18.0\,g}{1\,mol}\right) = 75.2\,J/mol\text{-}K$ |

▶ **보충 예제**

**(a)** 큰 암반층이 태양열 주택에서 열의 저장에 이용된다. 50.0 kg 암석이 온도가 12.0 °C 상승할 때 흡수한 열량을 계산하시오 (암석의 비열은 0.82 J/g-K라고 가정하라).

**(b)** 이 암석에서 450 kJ의 열이 방출될 때, 이 암석의 온도 변화는 얼마인가?

## 일정 압력 열계량법

열계량법에서 사용하는 방법과 장치는 연구하고자 하는 과정의 성질에 달려 있다. 용액 중에서 일어나는 많은 반응은 압력 조절이 쉬우므로 $\Delta H$를 직접 측정한다. 매우 정확한 연구에서는 정밀한 열량계를 사용하지만, 매우 간단한 '커피컵(coffee-cup)' 열량계(**그림 5.18**)도 열계량법 원리를 설명하는 일반화학 실험실에서 종종 사용한다. 열량계를 밀봉하지 않으므로, 본질적으로 반응이 일정한 대기압에서 일어난다.

커피컵에 두 개의 반응물이 녹아 있는 수용액을 가한다고 가정해 보자. 반응물들은 섞자마자 반응하여 생성물을 만들 것이다. 이 경우 계와 주위 사이에는 물리적인 경계가 없다. 반응의 반응물과 생성물은 계에 있고, 이들이 녹아 있는 물은 주위의 일부이다(열량계도 주위의 일부분이다). 만일 열량계가 완전하게 단열되어 있다고 가정한다면, 반응을 통하여 방출되거나 흡수되는 열은 용액에 있는 물의 온도를 높이거나 낮출 수 있을 것이다. 따라서 반응에서 물로 전해지는 열(발열 반응의 경우) 또는 물에서 반응으로 전해지는 열(흡열 반응의 경우)에 따른 온도 변화를 측정할 수 있다. 다시 말하면, 용액의 온도 변화를 측정함으로써 계(용액에 있는 반응물과 생성물)와 주위(용액의 대부분을 차지하고 있는 물) 사이에서 전달되는 열흐름을 알 수 있게 되는 것이다.

발열 반응의 경우, 반응에 의해 열을 '잃게'되고, 용액의 물이 열을 '얻게'되므로 용액의 온도는 올라간다. 흡열 반응은 그 반대인데, 반응이 열을 얻고 물이 열을 잃기 때문에 용액의 온도는 내려간다. 그러므로 용액이 얻거나 잃은 열($q_{soln}$)은 반응이 흡수하거나 방출한 열($q_{rxn}$)과 크기는 같고 부호는 반대이다. 즉 $q_{soln} = -q_{rxn}$이다. 용액이 얻은 열($q_{soln}$)은 용액의 질량, 비열, 온도 변화로부터 쉽게 계산할 수 있다.

$$q_{soln} = (\text{용액의 비열}) \times (\text{용액의 그램수}) \times \Delta T = -q_{rx} \qquad [5.22]$$

묽은 수용액의 비열은 대략 물과 같다고 가정하며, 4.18 J/g-K이다.

식 5.22를 이용하면 반응이 일어나는 용액의 온도 변화로부터 $q_{rxn}$을 계산할 수 있다. 온도 증가($\Delta T > 0$)는 반응이 발열($q_{rxn} < 0$)임을 의미한다.

**왜 한 개보다 두 개의 스타이로폼 컵을 사용하는 것이 일반적일까?**

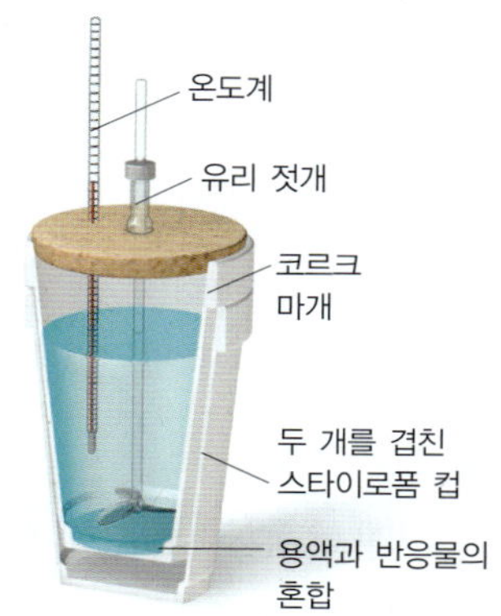


▲**그림 5.18 커피컵 열량계** 이 간단한 기구는 일정한 압력하에서 반응에서의 온도 변화를 측정하는 데 사용된다.

## 예제 5.6

### 커피컵 열량계를 사용한 $\Delta H$ 측정

어떤 학생이 1.0 *M* HCl 50 mL와 1.0 *M* NaOH 50 mL를 커피컵 열량계에 섞을 때, 용액의 온도가 21.0 °C에서 27.5 °C로 상승하였다. 열량계의 열량 손실은 무시할 정도이고, 용액의 전체 부피가 100 mL, 밀도가 1.0 g/mL, 비열이 4.18 J/g-K라고 가정하고, 반응의 엔탈피 변화를 kJ/mol HCl 단위로 계산하시오.

### 해답

**분석** HCl과 NaOH 혼합 용액의 산–염기 반응은 다음과 같다.

$$HCl(aq) + NaOH(aq) \longrightarrow H_2O(l) + NaCl(aq)$$

용액의 증가한 온도, HCl과 NaOH의 몰수, 용액의 밀도와 비열을 사용하여, 이 반응 과정에서 발생한 HCl의 몰당 열을 계산할 필요가 있다.

**계획** 발생된 모든 열은 식 5.22를 이용하여 계산할 수 있다. 반응에서 소모된 HCl의 몰수는 이 물질의 몰농도와 부피를 이용해서 계산할 수 있다. 이 양으로부터 HCl의 몰당 생성되는 열을 결정할 수 있다.

**풀이**

용액의 전체 부피가 100 mL이므로 질량은 $(100\ mL)(1.0\ g/mL) = 100\ g$

온도 변화는 $\Delta T = 27.5\ °C - 21.0\ °C = 6.5\ °C = 6.5\ K$

식 5.22를 사용하면

$$q_{rxn} = -c \times m \times \Delta T = -(4.18\ J/g\ K)(100\ g)(6.5\ K) = -2.7 \times 10^3\ J = -2.7\ kJ$$

이 반응은 일정한 압력에서 일어나므로 $\Delta H = q_P = -2.7\ kJ$

1 mol에 대한 엔탈피 변화를 알기 위해서 HCl의 몰수는 HCl 용액의 부피(50 mL = 0.050 L)와 농도(1.0 *M* = 1.0 mol/L)를 곱한 것이라는 것을 사용한다. $(0.050\ L)(1.0\ mol/L) = 0.050\ mol$

따라서 HCl의 몰당 엔탈피 변화는 $\Delta H = -2.7\ kJ/0.050\ mol = -54\ kJ/mol$

**검토** 온도가 증가되는 것으로 볼 때, $\Delta H$는 음수(발열 반응)이다. 산출된 몰엔탈피 변화의 크기도 합리적이다.

**▶ 보충 예제**

0.100 *M* $AgNO_3$ 50.0 mL와 0.100 HCl 50.0 mL를 일정 압력 열량계에서 섞을 때, 혼합물 온도는 22.30 °C에서 23.11 °C로 상승한다. 온도 상승은 다음 반응에 의해 일어난다.

$$AgNO_3(aq) + HCl(aq) \longrightarrow AgCl(s) + HNO_3(aq)$$

혼합한 용액의 질량이 100.0 g이고, 비열이 4.18 J/g-°C라고 가정하여, 이 반응의 $\Delta H$를 kJ/mol $AgNO_3$의 단위로 계산하시오.

반응 용기를 둘러싸고 있는 물은 계의 일부인가, 주위의 일부인가?

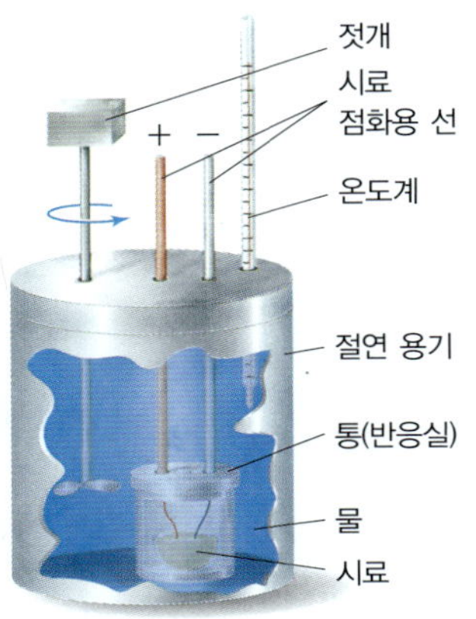


▲그림 5.19 통열량계

## 통열계량법(일정 부피 열계량법)

열계량법을 이용하여 연구된 중요한 형태의 반응은 화합물이 충분한 양의 산소와 완전히 반응하는 연소이다(3.2절). 연소 반응은 **통열량계(bomb calorimeter**, 그림 5.19)를 사용하여 가장 정확하게 연구할 수 있다. 연구할 물질을 **통**(bomb)이라는 밀폐된 단열 용기 안의 작은 컵에 넣는다. 고압을 견딜 수 있게 설계된 통에는 산소를 공급하기 위한 흡입 밸브와 반응을 개시하기 위한 전기 리드가 있다. 시료를 통 안에 넣은 다음, 통을 밀봉하고 산소를 채워 일정 압력을 유지한다. 그다음 절연 용기로 만든 열량계에 이 통을 넣고, 정확하게 양을 측정한 물로 용기를 채운다. 시료와 접촉하는 가는 도선에 전류를 통하게 하면 연소 반응이 시작된다. 도선이 충분히 가열되면 시료는 발화한다.

연소할 때 방출되는 열은 열량계의 물과 내용물(이 모든 것이 주위를 형성하는 것들임)에 흡수되어 물의 온도를 상승시킨다. 반응에 의해 발생하는 물의 온도 변화를 매우 정확하게 측정한다.

열량계의 온도 증가 측정값으로부터 연소열을 계산하기 위해서는 열량계의 총 열용량($C_{cal}$)을 알아야 한다. 이 값은 열량을 알고 있는 시료를 연소시키고 이때의 온도 변화를 측정하여 알아낼 수 있다. 예를 들면 통열량계에서 정확하게 벤조산($C_6H_5COOH$) 1 g을 연소시키면 26.38 kJ의 열이 발생한다. 벤조산 1.000 g이 열량계에서 연소될 때 4.857 °C의 온도 상승이 관찰된다고 하자. 이때 열량계의 열용량은 $C_{cal}$=26.38 kJ/4.857 °C=5.431 kJ/°C이다. 일단 열량계의 열용량을 알면, 다른 반응에서 생성된 온도 변화를 측정한 후, 이것으로부터 반응에서 발생한 열($q_{rxn}$)을 계산할 수 있다.

$$q_{rxn} = -C_{cal} \times \Delta T \qquad [5.23]$$

통열량계의 반응은 일정 부피 조건에서 행해진다. 따라서 열의 변화는 엔탈피의 변화($\Delta H$)보다 내부 에너지의 변화($\Delta E$)와 더 일치한다(식 5.13). 그러나 대부분의 반응에서 $\Delta E$와 $\Delta H$의 차이는 매우 작다. 예를 들어 예제 5.7의 경우 $\Delta E$와 $\Delta H$의 차이는 약 1 kJ/mol로, 0.1% 이하의 차이밖에 나지 않는다. $\Delta E$로부터 $\Delta H$를 계산할 수 있지만, 이렇게 작은 보정에 관심을 기울일 필요는 없다.

## 예제 5.7
### 온도와 상변화에 대한 $\Delta H$의 계산

액체 로켓 연료인 메틸하이드라진(methylhydrazine, $CH_6N_2$)을 연소시키면 $N_2(g)$, $CO_2(g)$, $H_2O(l)$가 발생된다.

$$2\,CH_6N_2(l) + 5\,O_2(g) \longrightarrow 2\,N_2(g) + 2\,CO_2(g) + 6\,H_2O(l)$$

메틸하이드라진 4.00 g을 통열량계에서 연소시켰을 때 열량계의 온도가 25.00 °C에서 39.50 °C로 상승하였다. 다른 실험에서 열량계의 열용량이 7.794 kJ/°C로 측정되었다면, 1 mol $CH_6N_2$의 연소에 대한 반응열은 얼마인가?

**해답**

**분석** 온도 변화와 열량계의 총 열용량을 알고 있고, 또한 연소한 반응물의 양을 알고 있다. 이때 연소된 반응물의 몰당 엔탈피 변화를 계산하는 문제이다.

**계획** 먼저 시료 4.00 g의 연소에서 산출된 열을 계산하고, 이 열을 몰당의 양으로 변환시켜야 한다.

**풀이**

메틸하이드라진 시료 4.00 g이 연소될 때, 열량계의 온도 변화는 다음과 같다.

$$\Delta T = (39.50\,°C - 25.00\,°C) = 14.50\,°C$$

$\Delta T$와 $C_{cal}$ 값을 이용하면 반응열을 계산할 수 있다(식 5.23).

$$q_{rxn} = -C_{cal} \times \Delta T = -(7.794\,kJ/°C)(14.50\,°C) = -113.0\,kJ$$

이 값을 $CH_6N_2$의 몰당 반응열로 바꾸면 된다.

$$\left(\frac{-113.0\,kJ}{4.00\,g\,CH_6N_2}\right) \times \left(\frac{46.1\,g\,CH_6N_2}{1\,mol\,CH_6N_2}\right) = -1.30 \times 10^3\,kJ/mol\,CH_6N_2$$

**검토** 단위를 제대로 소거하고, 이 반응은 발열 반응이므로 (−) 부호이다. 답의 크기도 합리적이다.

**▶ 보충 예제**

락트산($HC_3H_5O_3$) 시료 0.5865 g을 열용량이 4.812 kJ/°C인 열량계에서 산소와 반응시켰다. 온도가 23.10 °C에서 24.95 °C로 상승하였다. 락트산의 **(a)** 그램당, **(b)** 몰당 연소열을 계산하시오.

## 화학과 생명 체온 조절

대부분 우리는 "열이 나세요?"라는 질문을 받을 때, 이것을 의료 진단의 첫 단계 가운데 하나로 생각한다. 사실 우리 몸의 체온이 몇 도만 벗어나도 몸이 정상이 아니라는 것을 의미한다. 거의 일정한 체온을 유지하는 것은 인체의 주요한 생리적 기능 중의 하나이다.

몸을 덥히고 식히는 메커니즘이 어떻게 작동하는지를 이해하기 위해서는 우리 몸을 열역학적 계로 볼 필요가 있다. 몸은 주위로부터 음식을 섭취함으로써 내부 에너지 함량을 증가시킨다. 글루코스($C_6H_{12}O_6$)와 같은 음식은 대사되는데, 이 과정에서는 이들을 산화시켜 $CO_2$와 $H_2O$로 변환시킨다.

$$C_6H_{12}O_6(s) + 6\,O_2(g) \longrightarrow 6\,CO_2(g) + 6\,H_2O(l)$$
$$\Delta H = -2803\,kJ$$

생성되는 에너지의 약 40%는 궁극적으로 근육 수축과 신경 세포 활동과 같은 형태로 일하는 데에 쓰인다. 나머지는 열로 방출되는데, 이 중 일부는 체온을 유지하는 데 사용된다. 심한 운동을 할 때와 같이 몸에서 너무 많은 열이 발생되면 과량의 열을 주위로 빼앗긴다.

열은 주로 **복사**(radiation), **대류**(convection), **증발**(evaporation)을 통해 몸에서 주위로 전달된다. 복사는 몸에서 더 차가운 주위로 열을 직접 잃어버리는 것이다. 이는 뜨거운 스토브 윗면이 주위로 열을 방출하는 것과 같다. 대류는 몸과 접촉하는 공기를 가열하는 덕택으로 열을 빼앗기는 것이다. 가열된 공기가 위로 올라가고 찬 공기가 대체되며, 이러한 과정이 계속된다. 따뜻한 의복은 차가운 날씨에도 대류에 의한 열손실을 감소시켜 준다. 땀샘에 의해 피부 표면에서 땀이 나면

▲그림 5.20 땀

증발 냉각이 일어난다(그림 5.20). 땀이 주위로 증발됨에 따라 열이 몸으로부터 제거된다. 땀은 주로 물인데, 이 과정은 액체 물이 수증기로 변환되는 흡열 과정이다.

$$H_2O(l) \longrightarrow H_2O(g) \qquad \Delta H = +44.0\ kJ$$

대기의 습도가 증가할수록 증발 냉각이 일어나는 속도는 감소하는데, 이것이 덥고 습한 날 땀이 더 많이 나고 불쾌하게 느끼는 이유이다.

체온이 너무 높이 올라가면, 두 가지 방법으로 열손실이 증가한다. 첫째는, 피부 표면 근처에 있는 혈류량을 증가시킴으로써 복사와 대류 냉각을 증가시킨다. 더워서 '붉게 상기된' 사람은 표피 밑의 혈류량이 증가하였기 때문이다. 두 번째는, 땀이 나면, 증발 냉각을 증가시킨다. 극도로 왕성한 활동을 하면 땀으로 분비되는 액체의 양은 시간당 2~4리터까지 높아진다. 따라서 이 기간 동안 몸에 물을 보충해 주어야 한다. 만일 몸이 땀으로 너무 많은 양의 액체를 잃어버리면 그 자신을 더 이상 냉각시킬 수 없고, 혈액의 양도 감소한다. 이 경우 **열탈진**(heat exhaustion)을 일으키거나, 심각한 **열사병**(heat stroke)에 걸릴 수 있다. 그러나 땀을 흘리는 동안 전해질 소모의 보충 없이 물만 보충하는 것도 심각한 문제를 일으킬 수 있다. 정상적인 혈중 소듐 농도가 너무 낮아지게 되면 어지럼증이나 혼란 상태에 빠지게 되며, 매우 심각한 상황이 되기도 한다. 여러 가지 전해질이 포함된 스포츠 음료를 마시는 것은 이러한 상황을 막는 데 도움이 된다.

체온이 너무 떨어지게 되면, 피부 표면을 흐르는 혈류를 감소시키게 되며 열의 손실을 줄이게 된다. 낮은 온도는 무의식적인 근육의 약한 수축(몸의 떨림)도 유발하는데, 이런 작용을 하는 데 드는 에너지를 생산하는 생화학 반응도 몸의 열을 발생시킨다. 만일 몸이 정상적인 온도를 유지할 수 없을 때에는 **저체온증**(hypothermia)이라는 매우 위험한 상태에 빠질 수도 있다.

## 자기 평가 연습 문제

**5.21** 1.0 L 물이 담긴 알루미늄 프라이팬(0.20 kg)을 가열한다면, 상온(20 °C)에서 끓을 때까지 얼마나 많은 에너지(열)가 필요한가? 팬과 물 사이에 열적 평형은 항상 유지된다고 가정한다(Al과 $H_2O$의 비열은 0.90 J/g-K과 4.18 J/g-K이다. 물의 밀도는 1 g/mL이다).

**(a)** $q = +15$ kJ
**(b)** $q = +87$ kJ
**(c)** $q = +330$ kJ
**(d)** $q = +380$ kJ

## 연습 문제

**5.22** **(a)** 순물질의 비열을 몰열용량으로 바꾸는 수식을 유도하시오. **(b)** 알루미늄의 비열은 0.9 J/g-K이다. 몰열용량을 계산하시오. **(c)** 알루미늄의 비열을 안다면, 알루미늄 성분의 열용량을 계산하기 위한 추가적인 정보는 무엇인가?

**5.23** **(a)** 1 g의 물을 1 K만큼 올리는 데 필요한 열(J)은 얼마인가? **(b)** 370 g 액체 물의 열용량은 몇인가? **(c)** 5.00 kg 액체 물을 24.6 °C에서 46.2 °C로 올리는 데 필요한 열(kJ)은 얼마인가?

**5.24** 옥테인($C_8H_{18}(l)$)의 비열은 2.22 J/g-K이다.

**(a)** 80.0 g의 옥테인을 10.0 °C에서 25.0 °C로 높일 때 필요한 열은 몇 J인가?

**(b)** $C_8H_{18}(l)$ 1 mol의 온도를 임의의 양만큼 올리는 것과 $H_2O(l)$ 1 mol의 온도를 동일한 양만큼 올리는 것 중 어느 것이 더 많은 열을 필요로 하는가?

**5.25** 고체 수산화 칼슘 18.6 g을 커피컵 열량계(그림 5.18) 안에 들어 있는 200.0 g의 물에 녹이면, 온도가 23.7 °C에서 44.5 °C로 상승한다.

**(a)** 이 반응에서 방출되는 열의 양(kJ)을 계산하시오.

**(b)** (a)의 결과를 이용하여 용액의 $\Delta H$(kJ/mol KOH)를 계산하시오(단, 그 용액의 비열은 순수한 물과 같다고 가정하라).

**5.26** 퀴논(quinone, $C_6H_4O_2$) 1.50 g이 총 열용량 8.500 kJ/°C의 통열량계에서 연소된다. 온도는 25.00 °C에서 29.49 °C로 증가한다.

**(a)** 통열량계 반응에 대한 균형 맞춘 화학 반응식을 쓰시오.

**(b)** 퀴논의 몰당 연소열과 그램당 연소열은 얼마인가?

**5.27** 일정 부피 조건에서 글루코스($C_6H_{12}O_6$)의 연소열은 16.49 kJ/g이다. 3.00 g의 글루코스 시료가 통열량계에서 연소했다. 열량계의 온도는 21.94 °C에서 24.62 °C로 증가하였다.

**(a)** 열량계의 총 열용량은 얼마인가?

**(b)** 글루코스 시료의 양을 정확하게 두 배로 늘리면 열량계의 온도는 어떻게 변화하는가?

자기 평가 연습 문제 답 **5.21** (d)

# 5.6 Hess 법칙

물고기가 지나다니는 통로에 둑과 같은 방해물이 지어질 때, 강의 상류로 물고기가 움직일 수 있도록 물고기 사다리(fish ladder)를 설치한다. 이것은 같은 종착점에 도달할 수 있는 다른 길을 제공한다. 엔탈피 변화를 결정하기에 어려움이 있는 많은 화학 반응이 있다. Hess 법칙은 쉽게 얻을 수 있는 자료로부터 그러한 변화를 계산하는 것이 가능하게 한다.

이 절이 끝나면 다음 사항을 수행할 수 있어야 한다.

- Hess 법칙을 사용하여 반응들의 엔탈피 변화를 결정하기

어느 화학 반응이 −88 kJ 엔탈피 변화에 해당하는가?

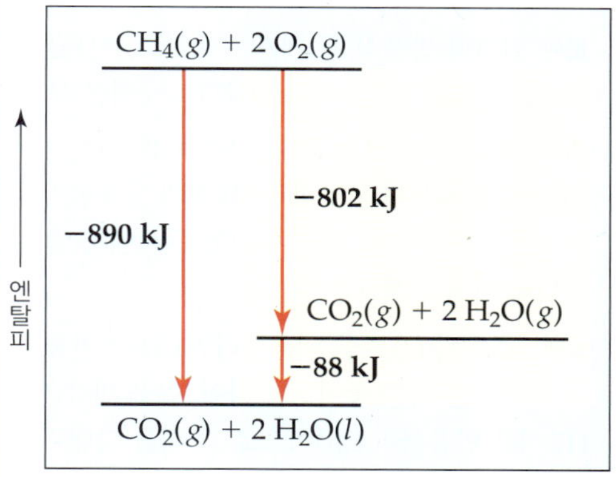


▲ **그림 5.21** 메테인 1 mol의 연소에 대한 엔탈피 도표 한 단계 반응의 엔탈피 변화는 두 단계로 일어나는 반응의 엔탈피 변화의 합과 같다.
−890 kJ = −802 kJ + (−88 kJ)

어떤 반응의 엔탈피 변화($\Delta H$) 값을 다른 반응들의 $\Delta H$ 값이 있는 표로부터 계산할 수 있다. 따라서 모든 반응의 $\Delta H$ 값을 열량계로 측정할 필요는 없다.

엔탈피는 상태 함수이므로, 어떤 화학 과정과 관련된 $\Delta H$는 변하는 물질의 양과 반응물의 초기 상태와 생성물의 최종 상태의 성질에만 의존한다. 이것은 어떤 반응이 한 단계로 일어나든지 연속 단계로 일어나든지에 상관없이, 여러 단계의 각 반응의 엔탈피 변화의 합은 한 단계 과정의 엔탈피 변화와 같아야 한다는 것을 의미한다. 예를 들어 메테인 $CH_4(g)$ 기체가 연소하여 $CO_2(g)$와 $H_2O(l)$를 생성하는 것을 **그림 5.21**의 왼쪽에 표시한 바와 같이 한 단계로 일어나는 것으로 생각할 수도 있고, 그림 5.21의 오른쪽에 표시한 바와 같이 다음과 같은 두 단계로 일어난다고 생각할 수도 있다: (1) $CH_4(g)$는 연소하여 $CO_2(g)$와 $H_2O(g)$을 생성하고 (2) $H_2O(g)$가 응축하여 $H_2O(l)$를 형성하는 것이다. 전 과정의 엔탈피 변화는 이러한 두 단계 엔탈피 변화의 합이다.

$$
\begin{array}{llll}
 & CH_4(g) + 2\,O_2(g) \longrightarrow CO_2(g) + 2\,H_2O(g) & & \Delta H = -802\text{ kJ} \\
\text{(Add)} & 2\,H_2O(g) \longrightarrow 2\,H_2O(l) & & \Delta H = -88\text{ kJ} \\
\hline
 & CH_4(g) + 2\,O_2(g) + 2\,H_2O(g) \longrightarrow CO_2(g) + 2\,H_2O(l) + 2\,H_2O(g) & & \Delta H = -890\text{ kJ}
\end{array}
$$

따라서 알짜 반응은 다음과 같다.

$$CH_4(g) + 2\,O_2(g) \longrightarrow CO_2(g) + 2\,H_2O(l) \quad \Delta H = -890\text{ kJ}$$

Hess 법칙(Hess's law)은 다음과 같이 설명할 수 있다. 즉, **어떤 반응이 연속적으로 일어나면, 그 반응의 $\Delta H$는 각 단계의 엔탈피 변화의 합과 같다.** 그 과정의 전체 엔탈피 변화는 반응 단계의 수 또는 반응이 일어나는 경로와 무관하다. 이 법칙은 엔탈피가 상태 함수라는 것을 말해 준다. 따라서 어떤 과정의 각 단계의 $\Delta H$ 값을 알기만 하면 그 과정의 $\Delta H$ 값을 계산해 낼 수 있다. 이것은 비교적 적은 수의 실험 측정값을 사용하여 다른 많은 반응의 $\Delta H$ 값을 계산할 수 있다는 것을 의미한다.

Hess 법칙은 직접 측정하기 어려운 에너지 변화를 계산하는 데 유용하다. 예를 들어 탄소를 연소시켜 일산화 탄소를 생성하는 엔탈피는 직접 측정할 수 없다. 1 mol의 탄소를 0.5 mol의 $O_2$로 연소시키면 CO뿐만 아니라 $CO_2$도 생성되고, 약간의 반응하지 않은 탄소도 남는다. 그러나 고체 탄소와 일산화 탄소는 $O_2$와 완전히 연소하여 $CO_2$를 생성한다. 이 반응의 엔탈피는 예제 5.8처럼 부록 C로부터 CO의 연소열 계산에 이용할 수 있다.

## 예제 5.8
### Hess 법칙을 이용하여 $\Delta H$ 계산하기

C가 $CO_2$로 연소할 때의 반응 엔탈피는 −393.5 kJ/mol이고, CO가 $CO_2$로 연소할 때의 엔탈피는 −283.0 kJ/mol이다.

**(1)** $C(s) + O_2(g) \longrightarrow CO_2(g) \qquad \Delta H = -393.5\ \text{kJ}$

**(2)** $CO(g) + \frac{1}{2}O_2(g) \longrightarrow CO_2(g) \qquad \Delta H = -283.0\ \text{kJ}$

이 자료를 이용하여, C가 CO로 변할 때의 연소 엔탈피를 계산하시오.

**(3)** $C(s) + \frac{1}{2}O_2(g) \longrightarrow CO(g) \qquad \Delta H = ?$

### 해답

**분석** 열화학 반응식 두 개가 주어지고, 이들을 결합하여 세 번째 반응식을 완성한 뒤, 그것의 엔탈피를 구하는 문제이다.

**계획** Hess 법칙을 사용한다. 먼저 목표한 (3) 식에서 반응물과 생성물의 몰수를 적는다. (1) 식과 (2) 식의 몰수를 맞춰서 두 식을 더해 주어 (3) 식이 되도록 만들어준다. 동시에 엔탈피의 변화에 대해서도 각각을 더해서 계산할 수 있다.

**풀이** (1) 식과 (2) 식을 이용하려면 $C(s)$는 반응물 쪽에, $CO(g)$는 화살표의 생성물 쪽에 놓이도록 하여, 목표 반응의 (3) 식처럼 배열한다. (1) 식은 반응물이 $C(s)$이므로 그 식을 그대로 이용할 수 있다. 목표 반응은 생성물이 $CO(g)$라는 것에 유의하라. 따라서 (2) 식은 $CO(g)$를 생성물로 뒤집을 필요가 있다. 반응을 뒤집을 때 $\Delta H$의 부호는 반대라는 것을 기억하라. 두 식을 목표 반응식이 될 수 있도록 다음과 같이 배열한다.

$$
\begin{array}{lll}
C(s) + O_2(g) \longrightarrow CO_2(g) & \Delta H = & -393.5\ \text{kJ} \\
CO_2(g) \longrightarrow CO(g) + \frac{1}{2}O_2(g) & -\Delta H = & 283.0\ \text{kJ} \\
\hline
C(s) + \frac{1}{2}O_2(g) \longrightarrow CO(g) & \Delta H = & -110.5\ \text{kJ}
\end{array}
$$

두 식을 합치면 $CO_2(g)$가 화살표 양쪽에 있으므로 소거된다. 이와 같이 $\frac{1}{2}O_2(g)$도 양쪽에서 소거된다.

**▶ 보충 예제**

$2\,NO(g) + O_2(g) \longrightarrow N_2O_4(g)$ 반응의 엔탈피 변화를 다음 정보를 이용하여 구하시오.

$$N_2O_4(g) \longrightarrow 2\,NO_2(g) \qquad \Delta H = +57.9\ \text{kJ}$$
$$2\,NO(g) + O_2(g) \longrightarrow 2\,NO_2(g) \qquad \Delta H = -113.1\ \text{kJ}$$

**(a)** 2.7 kJ **(b)** −55.2 kJ **(c)** −85.5 kJ **(d)** −171.0 kJ **(e)** +55.2 kJ

## 예제 5.9
### Hess 법칙을 이용하여 $\Delta H$ 계산하기

다음 정보를 이용하여 $2\,C(s) + H_2(g) \longrightarrow C_2H_2(g)$ 반응의 $\Delta H$를 구하시오.

$$C_2H_2(g) + \frac{5}{2}O_2(g) \longrightarrow 2\,CO_2(g) + H_2O(l) \qquad \Delta H = -1299.6\ \text{kJ}$$
$$C(s) + O_2(g) \longrightarrow CO_2(g) \qquad \Delta H = -393.5\ \text{kJ}$$
$$H_2(g) + \frac{1}{2}O_2(g) \longrightarrow H_2O(l) \qquad \Delta H = -285.8\ \text{kJ}$$

**분석** 화학 반응식 세 개와 관련된 엔탈피 변화를 사용하여 $\Delta H$ 값을 계산하는 문제이다.

**계획** Hess 법칙을 사용하여 세 개의 식을 합치거나, 뒤집거나, 각기 일정한 계수를 곱해 목표 반응식을 만든다. 동시에 $\Delta H$ 값은 유지하면서 반응식이 뒤집어졌다면 부호를 바꿔 주고, 배수를 곱해 준다.

**풀이** 목표 반응식에는 생성물로 $C_2H_2$가 있으므로 첫 번째 반응식을 바꾼다. 따라서 이때 $\Delta H$의 부호가 바뀐다. 목표 반응식에는 반응물로 $2\,C(s)$가 있으므로 두 번째 식과 $\Delta H$에 2를 곱한다. 목표 반응식에는 반응물에 $H_2$가 있으므로 세 번째 반응식은 그대로 유지한다. 그 다음 Hess 법칙에 따라 세 개의 반응식과 엔탈피 변화를 모두 합한다.

$$\begin{array}{lll}
2\,CO_2(g) + H_2O(l) \longrightarrow C_2H_2(g) + \frac{5}{2}\,O_2(g) & & -\Delta H = 1299.6\text{ kJ} \\
2\,C(s) + 2\,O_2(g) \longrightarrow 2\,CO_2(g) & & \Delta H = -787.0\text{ kJ} \\
H_2(g) + \frac{1}{2}\,O_2(g) \longrightarrow H_2O(l) & & \Delta H = -285.8\text{ kJ} \\
\hline
2\,C(s) + H_2(g) \longrightarrow C_2H_2(g) & & \Delta H = 226.8\text{ kJ}
\end{array}$$

식을 더하면 화살표 양쪽에 $2\,CO_2$, $\frac{5}{2}O_2$, $H_2O$가 있다. 이들을 모두 소거하면 목표 반응식을 쓸 수 있다.

**검토** 보정된 목표 반응식을 얻었으므로 그 과정도 보정해야 한다. $\Delta H$의 값은 검산을 통해 부호 등의 실수가 없었는지 확인해야 한다.

**▶ 보충 예제**

아래의 열화학 반응식을 이용하여

$$\begin{array}{ll}
NO(g) + O_3(g) \longrightarrow NO_2(g) + O_2(g) & \Delta H = -198.9\text{ kJ} \\
O_3(g) \longrightarrow \frac{3}{2}\,O_2(g) & \Delta H = -142.3\text{ kJ} \\
O_2(g) \longrightarrow 2\,O(g) & \Delta H = 495.0\text{ kJ}
\end{array}$$

다음 반응의 $\Delta H$를 계산하시오.

$$NO(g) + O(g) \longrightarrow NO_2(g)$$

이러한 예의 주안점은 엔탈피(H)가 상태 함수라는 것이다.

***H*가 상태 함수이기 때문에, 어떤 특정 반응물과 생성물에 대한 반응이 한 단계로 일어나든지, 여러 단계로 일어나든지에 상관없이 $\Delta H$는 같다.**

엔탈피 도표와 Hess 법칙의 한 가지 예를 더 들어 이 점을 보강하고자 한다. 그림 5.21의 메테인이 연소하여 $CO_2$와 $H_2O$를 생성하는 예를 다시 생각해 보자. 이번에는 처음에 CO가 생성되고, 이것이 연소하여 $CO_2$로 변환되는 두 단계 반응을 상상해 보자(**그림 5.22**). 이 두 단계 반응이 그림 5.21의 것과는 다르더라도, 전체 반응의 $\Delta H_1$은 −890 kJ로 같다. $H$는 상태 함수이므로 두 과정 모두 같은 값의 $\Delta H$를 **생성해야 한다**. 이것은 그림 5.22에서와 같이 $\Delta H_1 = \Delta H_2 + \Delta H_3$라는 것을 의미한다. 이러한 방법으로 반응을 분해함으로써, 실험실에서 수행하기 어려운 반응들의 엔탈피 변화 값을 유도해 낼 수 있음을 곧 알 수 있을 것이다.

전체 반응을 변화시켜 $2\,H_2O(l)$ 대신에 $2\,H_2O(g)$가 생성된다고 가정하자. 도표에서 어느 $\Delta H$ 값이 동일하게 남는가?

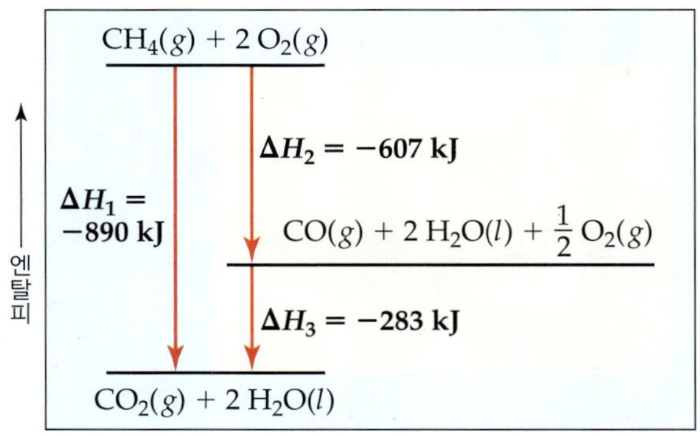


**▲ 그림 5.22** Hess 법칙을 설명하는 엔탈피 도표 알짜 반응은 그림 5.21과 같지만, 여기서는 두 단계 반응에 대해 다른 반응을 제시하였다. 일련의 반응식을 더해서 원하는 반응식을 만들 수 있고, 이들 모든 중간 반응의 $\Delta H$ 값을 알고 있으면 총 $\Delta H$ 값을 계산해 낼 수 있다.

## 자기 평가 연습 문제

**5.28** 주어진 다음 반응의 엔탈피 변화로부터

$$CO(g) + \frac{1}{2}O_2(g) \longrightarrow CO_2(g) \quad \Delta H = -283 \text{ kJ/mol}$$
$$NO(g) \longrightarrow \frac{1}{2}N_2(g) + \frac{1}{2}O_2(g) \quad \Delta H = -90.3 \text{ kJ/mol}$$

다음 반응에 대한 엔탈피 변화를 구하시오.

$$CO(g) + NO(g) \longrightarrow CO_2(g) + \frac{1}{2}N_2(g)$$

**(a)** $\Delta H = +373$ kJ/mol
**(b)** $\Delta H = +193$ kJ/mol
**(c)** $\Delta H = -193$ kJ/mol
**(d)** $\Delta H = -373$ kJ/mol

## 연습 문제

**5.29** 다음과 같은 가상의 반응을 생각해 보자.

$$A \longrightarrow B \quad \Delta H_I = +60 \text{ kJ}$$
$$B \longrightarrow C \quad \Delta H_{II} = -90 \text{ kJ}$$

**(a)** Hess 법칙을 이용하여 $A \longrightarrow C$ 반응에 대한 엔탈피 변화를 계산하시오.

**(b)** 물질 A, B, C에 대한 엔탈피 도표를 구하시오. 또한 Hess의 법칙이 어떻게 적용하는지를 보이시오.

**5.30** 주어진 다음 반응의 엔탈피로부터

$$P_4(s) + 3\,O_2(g) \longrightarrow P_4O_6(s) \quad \Delta H = -1640.1 \text{ kJ}$$
$$P_4(s) + 5\,O_2(g) \longrightarrow P_4O_{10}(s) \quad \Delta H = -2940.1 \text{ kJ}$$

다음 반응의 엔탈피 변화를 구하시오.

$$P_4O_6(s) + 2\,O_2(g) \longrightarrow P_4O_{10}(s)$$

**5.31** 주어진 다음 반응의 엔탈피로부터

$$H_2(g) + F_2(g) \longrightarrow 2\,HF(g) \quad \Delta H = -537 \text{ kJ}$$
$$C(s) + 2\,F_2(g) \longrightarrow CF_4(g) \quad \Delta H = -680 \text{ kJ}$$
$$2\,C(s) + 2\,H_2(g) \longrightarrow C_2H_4(g) \quad \Delta H = +52.3 \text{ kJ}$$

에틸렌과 $F_2$ 반응의 $\Delta H$를 계산하시오.

$$C_2H_4(g) + 6\,F_2(g) \longrightarrow 2\,CF_4(g) + 4\,HF(g)$$

자기 평가 연습 문제 답 **5.28** (d)

# 5.7 생성 엔탈피

자료 은행(data banks)은 관련 자료에 쉽게 접근하여 많은 정보를 토대로 결정을 내리게 하므로 현대 사회에서 중요한 역할을 한다. 열화학의 분야에서는, 표준 생성 엔탈피의 적절한 조합이 가장 중요하다. 이 절에서 이러한 풍부한 지식을 사용하는 방법을 설명한다.

이 절이 끝나면 다음 사항을 수행할 수 있어야 한다.

• 표준 생성 엔탈피를 이용하여 반응열을 계산하기

도표화된 $\Delta H$ 값을 사용하면 많은 반응의 엔탈피 변화를 계산하기 위해 앞서 언급한 방법을 사용할 수 있다. 예를 들어 **증발 엔탈피**(enthalpy of vaporization, 액체를 기체로 변환할 때의 $\Delta H$), **융용 엔탈피**(enthalpy of fusion, 고체를 녹일 때의 $\Delta H$), **연소 엔탈피**(enthalpy of combustion, 산소로 물질을 연소할 때의 $\Delta H$) 등의 방대한 표들이 있다. 열화학 자료를 표로 만들 때 사용되는 특히 중요한 과정은 그것의 성분 원소로부터 화합물을 만드는 것이다. 이 과정과 관련 있는 엔탈피 변화를 **생성 엔탈피(enthalpy of formation)** 또는 **생성열**(heat of formation)이라고 하고, $\Delta H_f$로 표기한다. 여기에서 아래 첨자 $f$는 물질이 구성 원소로부터 생성되었다(formed)는 것을 나타낸다.

어떤 엔탈피 변화의 크기는 반응물과 생성물의 온도, 압력, 상태(기체, 액체, 고체 결정 형태)의 조건에 따라 다르다. 서로 다른 반응의 엔탈피를 비교할 때 대부분의 표 작성에 사용한 **표준 상태**(standard state)라는 하나의 특별한 조건을 정의하는 것이 편리하다. 한 물질의 표준 상태는 순수한 물질이 대기압(100 kPa)에서 관심 있는 온도(일반적으로 298 K(25 °C))에 있는 상태이다. 어떤 반응의 **표준 엔탈피 변화(standard enthalpy change)**는 모든 반응물과 생성물이 표준 상태에 있을 때 엔탈피 변화로서 정의한다. 표준 엔탈피는 $\Delta H°$라고 표시한다. 위 첨자 °는 표준 상태 상황을 나타낸다.

어떤 화합물의 **표준 생성 엔탈피(standard enthalpy of formation**, $\Delta H_f^\circ$)는 모든 물질이 표준 상태에 있을 때, 1 mol의 화합물이 그 구성 원소로부터 생성되는 반응에서의 엔탈피 변화이다.

$$\underset{(\text{표준 상태})}{\text{원소}} \longrightarrow \underset{(\text{표준 상태의 1 mol})}{\text{화합물}} \qquad \Delta H_{\text{rxn}} = \Delta H_f^\circ \qquad [5.24]$$

보통 298 K에서의 $\Delta H_f^\circ$를 사용한다. 만약 표준 상태에서 원소가 하나 이상으로 존재한다면, 원소의 가장 안정한 형태가 생성 반응을 위해 일반적으로 쓰인다. 예를 들면, 에탄올 $C_2H_5OH$의 표준 생성 엔탈피는 다음 반응의 엔탈피 변화이다.

$$2\,\text{C(흑연)} + 3\,H_2(g) + \tfrac{1}{2}\,O_2(g) \longrightarrow C_2H_5OH(l) \qquad \Delta H_f^\circ = -277.7\text{ kJ} \qquad [5.25]$$

산소 원소의 기준은 $O_2$이지, O나 $O_3$가 아니다. 왜냐하면 $O_2$는 298 K과 표준 대기압에서 산소의 안정한 형태이기 때문이다. 그와 마찬가지로 탄소 원소의 기준은 흑연이지, 다이아몬드가 아니다. 왜냐하면 흑연이 298 K와 대기압에서 더 안정한(더 낮은 에너지) 형태이기 때문이다. 이와 같이 표준 조건에서 가장 안정한 수소의 형태는 $H_2(g)$이다. 따라서 이것을 식 5.25에서 수소의 기준

**표 5.3 298 K에서의 표준 생성 엔탈피($\Delta H_f^\circ$)**

| 물질 | 화학식 | $\Delta H_f^\circ$(kJ/mol) | 물질 | 화학식 | $\Delta H_f^\circ$(kJ/mol) |
|---|---|---|---|---|---|
| 아세틸렌(acetylene) | $C_2H_2(g)$ | 226.7 | 염화 수소(hydrogen chloride) | $HCl(g)$ | −92.30 |
| 암모니아(ammonia) | $NH_3(g)$ | −46.19 | 플루오린화 수소(hydrogen fluoride) | $HF(g)$ | −268.60 |
| 벤젠(benzene) | $C_6H_6(l)$ | 49.0 | 아이오딘화 수소(hydrogen iodide) | $HI(g)$ | 25.9 |
| 탄산 칼슘(calcium carbonate) | $CaCO_3(s)$ | −1207.1 | 메테인(methane) | $CH_4(g)$ | −74.80 |
| 산화 칼슘(calcium oxide) | $CaO(s)$ | −635.5 | 메탄올(methanol) | $CH_3OH(l)$ | −238.6 |
| 이산화 탄소(carobon dioxide) | $CO_2(g)$ | −393.5 | 프로페인(propane) | $C_3H_8(g)$ | −103.85 |
| 일산화 탄소(carobon monoxide) | $CO(g)$ | −110.5 | 염화 은(silver chloride) | $AgCl(s)$ | −127.0 |
| 다이아몬드(diamond) | $C(s)$ | 1.88 | 탄산수소 소듐(sodium bicarbonate) | $NaHCO_3(s)$ | −947.7 |
| 에테인(ethane) | $C_2H_6(g)$ | −84.68 | 탄산 소듐(sodium carbonate) | $Na_2CO_3(s)$ | −1130.9 |
| 에탄올(ethanol) | $C_2H_5OH(l)$ | −277.7 | 염화 소듐(sodium chloride) | $NaCl(s)$ | −410.9 |
| 에틸렌(ethylene) | $C_2H_4(g)$ | 52.30 | 설탕(sucrose) | $C_{12}H_{22}O_{11}(s)$ | −2221 |
| 글루코스(glucose) | $C_6H_{12}O_6(s)$ | −1273 | 물(water) | $H_2O(l)$ | −285.8 |
| 브로민화 수소(hydogen bromide) | $HBr(g)$ | −36.23 | 수증기(water vapor) | $H_2O(g)$ | −241.8 |

으로 사용한다.

생성 반응의 화학량론은 항상 식 5.25처럼 원하는 물질 1 mol의 생성을 나타낸다. 결과적으로 표준 생성 엔탈피는 생성된 물질의 kJ/mol로 나타낸다. 몇 가지 표준 생성 엔탈피 값이 표 5.3에 있다. 보다 완전한 표는 부록 C에 있다.

**정의에 따라 모든 원소의 가장 안정한 형태의 표준 생성 엔탈피는 0이다.** 왜냐하면 원소는 이미 표준 상태에 있을 때 생성 반응이 필요 없기 때문이다. 따라서 C(**흑연**), $H_2(g)$, $O_2(g)$, 다른 원소의 $\Delta H_f^\circ$ 값은 정의에 따라 0이다.

## 예제 5.10

### 생성 엔탈피와 관련된 반응식

온도 25 °C에서 아래 반응의 엔탈피 변화를 표준 생성 엔탈피 변화라고 할 수 있는가? 그렇지 않다면 $\Delta H$가 생성 엔탈피를 나타내는 반응식으로 만들기 위해서 어떤 변화를 주어야 하는가?

(a) $2\,Na(s) + \frac{1}{2}\,O_2(g) \longrightarrow Na_2O(s)$

(b) $2\,K(l) + Cl_2(g) \longrightarrow 2\,KCl(s)$

(c) $C_6H_{12}O_6(s) \longrightarrow 6\,C(\text{다이아몬드}) + 6\,H_2(g) + 3\,O_2(g)$

### 해답

**분석** 각 반응물이 표준 상태의 원소이고, 생성물이 화합물 1 mol인 반응에서의 표준 생성 엔탈피를 나타낸다.

**계획** (1) 이 반응에서 1 mol의 물질이 그 원소들로부터 형성된 물질의 반응인지 아닌지와, (2) 반응 원소들이 표준 상태인지를 확인해야 한다.

**풀이** (a)에서 $Na_2O$ 1 mol이 그들 각각의 적합한 상태인 고체 Na와 $O_2$ 기체로부터 만들어진다. 그러므로 반응 (a)의 엔탈피 변화는 표준 생성 엔탈피와 일치한다.

(b)에서는 포타슘이 액체로 주어졌다. 포타슘은 실온 표준 상태에서 고체이다. 더욱이 KCl(*s*)의 표준 생성 엔탈피가 두 배가 되었으므로 생성물이 2 mol이 된다. KCl(*s*) 1 mol의 생성 반응식은 다음과 같다.

$$K(s) + \tfrac{1}{2}\,Cl_2(g) \longrightarrow KCl(s)$$

반응 (c)는 그것의 원소로부터 물질이 형성되지 않는다. 대신에 물질이 원소로 분해된다. 따라서 이 반응은 역으로 진행되어야 한다. 다음으로, 탄소 원소로 다이아몬드가 주어져 있지만, 흑연이 상온 101.3 kPa에서의 탄소의 표준 상태이다. 원소로부터 글루코스를 만드는 생성 엔탈피를 정확하게 나타낸 식은 다음과 같다.

$$6\,C(\text{흑연}) + 6\,H_2(g) + 3\,O_2(g) \longrightarrow C_6H_{12}O_6(s)$$

▶ **보충 예제**

액체 사염화 탄소($CCl_4$)의 표준 생성 엔탈피를 보여 주는 적당한 반응식을 쓰고, 부록 C에서 이 물질의 $\Delta H_f^\circ$를 찾으시오.

## 생성 엔탈피를 이용한 반응 엔탈피의 계산

Hess 법칙과 표 5.3과 부록 C에 있는 $\Delta H_f^\circ$ 값을 사용하여 모든 반응물과 생성물의 $\Delta H_f^\circ$ 값을 아는 어떤 반응의 표준 엔탈피 변화를 계산할 수 있다. 예를 들어, 표준 조건에서 프로페인의 연소를 생각해 보자.

$$C_3H_8(g) + 5\,O_2(g) \longrightarrow 3\,CO_2(g) + 4\,H_2O(l)$$

우리는 세 가지 생성 반응을 합하여 이 반응식을 쓸 수 있다.

$$C_3H_8(g) \longrightarrow 3\,C(s) + 4\,H_2(g) \qquad \Delta H_1 = -\Delta H_f^\circ[C_3H_8(g)] \qquad [5.26]$$

$$3\,C(s) + 3\,O_2(g) \longrightarrow 3\,CO_2(g) \qquad \Delta H_2 = 3\Delta H_f^\circ[CO_2(g)] \qquad [5.27]$$

$$4\,H_2(g) + 2\,O_2(g) \longrightarrow 4\,H_2O(l) \qquad \Delta H_3 = 4\Delta H_f^\circ[H_2O(l)] \qquad [5.28]$$

$$C_3H_8(g) + 5\,O_2(g) \longrightarrow 3\,CO_2(g) + 4\,H_2O(l) \qquad \Delta H_{rxn}^\circ = \Delta H_1 + \Delta H_2 + \Delta H_3 \qquad [5.29]$$

(때로는 여기에서 한 것과 같이 반응과 그들의 $\Delta H$ 값 사이의 관계를 추적하기 위하여 엔탈피 변화에 아래 첨자를 표시하는 것이 유용할 때가 있다는 것에 주목하라.)

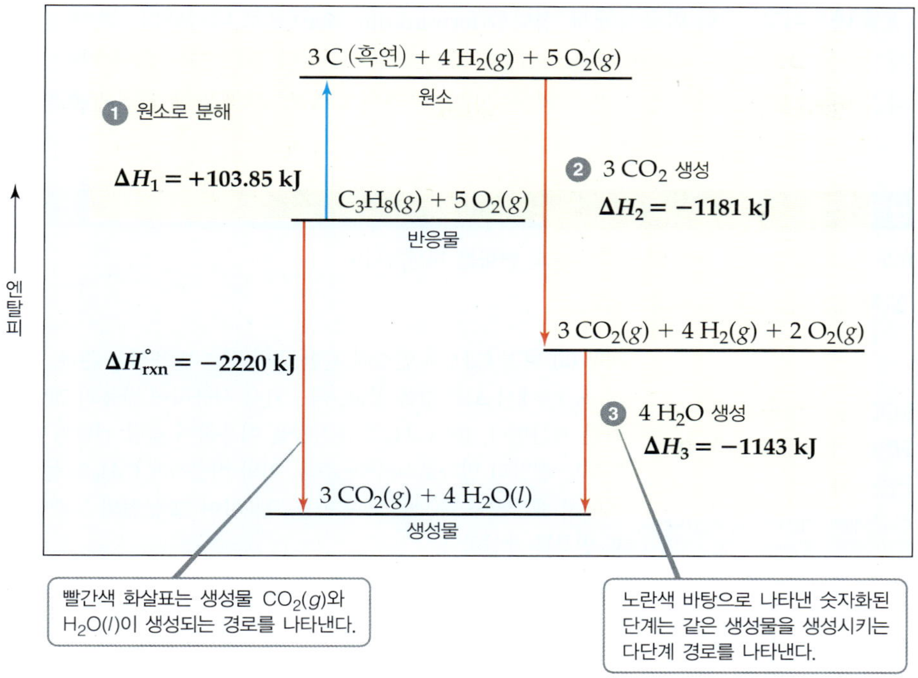


◀ **그림 5.23** 프로페인 연소에 대한 엔탈피 도표

Hess 법칙을 사용하여 식 5.29에 대한 표준 엔탈피 변화를 식 5.26 ~ 5.28의 엔탈피 변화의 합으로 쓸 수 있음을 기억하라. 표 5.3의 값을 사용하여 $\Delta H^\circ_{rxn}$ 값을 산출할 수 있다.

$$\begin{aligned}\Delta H^\circ_{rxn} &= \Delta H_1 + \Delta H_2 + \Delta H_3 \\ &= -\Delta H_f^\circ[C_3H_8(g)] + 3\Delta H_f^\circ[CO_2(g)] + 4\Delta H_f^\circ[H_2O(l)] \\ &= -(-103.85\ kJ) + 3(-393.5\ kJ) + 4(-285.8\ kJ) = -2220\ kJ \end{aligned} \quad [5.30]$$

**그림 5.23**의 엔탈피 도표는 이 계산의 구성 요소를 나타내고 있다. 단계 ❶은 표준 상태에서 반응물이 구성 원소로 분해되는 과정이다. 단계 ❷와 ❸은 각각의 원소로부터 생성물이 생성되는 과정이다. 이 과정에서 엔탈피 변화를 다루는 몇 가지 방법에 대해서는 5.4절에서 배운 지침을 따른다.

❶ **분해** 식 5.26은 $C_3H_8(g)$의 생성 반응의 반대이다. 결과적으로 이 분해 반응의 엔탈피 변화는 프로페인 생성 반응의 $\Delta H_f^\circ$ 값의 반대 부호인 $-\Delta H_f^\circ[C_3H_8(g)]$이다.

❷ **$CO_2$ 생성** 식 5.27은 $CO_2(g)$ 3 mol의 생성 반응이다. 엔탈피는 크기 성질이므로 이 단계의 엔탈피 변화는 $3\ \Delta H_f^\circ[CO_2(g)]$이다.

❸ **$H_2O$ 생성** $H_2O$ 4 mol을 생성하는 식 5.28의 엔탈피 변화는 $4\ \Delta H_f^\circ[H_2O(l)]$이다. 이 반응은 $H_2O(l)$이 생성된다는 것을 명시하고 있는데, $H_2O(g)$가 아닌 $H_2O(l)$의 $\Delta H_f^\circ$ 값이 사용된다는 점에 주의하라.

이러한 분석에서 균형 맞춘 반응식의 화학량론 계수는 각 원소의 몰수를 나타낸다고 가정한다. 따라서 식 5.29의 $\Delta H^\circ_{rxn} = -2220$ kJ 값은 $C_3H_8$ 1 mol과 $O_2$ 5 mol이 반응하여 $CO_2$ 3 mol과 $H_2O$이 4 mol이 생성되는 엔탈피 변화를 나타낸다.

위에서 설명한 것처럼 어떠한 반응도 생성 반응들로 분해할 수 있다. 이 반응의 표준 엔탈피 변화는 생성물의 표준 생성 엔탈피의 합에서 반응물의 표준 생성 엔탈피의 합을 뺀 것이다.

$$\Delta H^\circ_{rxn} = \Sigma n \Delta H_f^\circ(\text{생성물}) - \Sigma m \Delta H_f^\circ(\text{반응물}) \quad [5.31]$$

기호 Σ(sigma)는 '합'을 의미하고, $n$과 $m$은 반응의 화학량론 계수이다. 식 5.31의 첫째 항은 생성물의 생성 반응이고, 화학 반응식에서 '정방향(forward direction)'으로 나타낸다. 즉, 원소가 반응하여 생성물을 만드는 것이다. 이 항은 식 5.27, 식 5.28과 비슷하다. 식 5.31의 둘째 항이 나타내는 것은 식 5.26처럼 반응물의 생성 반응의 역반응이다. 따라서 $\Sigma n\Delta H_f^\circ$ 값의 앞에 음의 부호를 붙인다.

## 예제 5.11
### 생성 엔탈피로부터 반응 엔탈피 계산하기

(a) 벤젠($C_6H_6(l)$) 1 mol이 연소하여 $CO_2(g)$와 $H_2O(l)$를 만드는 반응의 표준 엔탈피 변화를 계산하시오.

(b) 프로페인 1.00 g과 벤젠 1.00 g이 연소할 때 생성되는 열량을 비교하시오.

### 해답

**분석** (a) $C_6H_6(l)$가 연소하여 $CO_2(g)$와 $H_2O(l)$를 생성하는 반응이 주어졌다. 이 반응의 표준 엔탈피 변화($\Delta H^\circ$)를 계산해야 한다. (b) $C_6H_6$ 1.00 g의 연소 과정과 $C_3H_8$ 1.00 g의 연소 과정에서 발생한 열의 양을 비교해야 하는데, 이 연소는 앞의 본문에서 이미 취급하였다(식 5.29와 5.30 참조).

**계획** (a) 먼저 $C_6H_6$의 연소에 관한 균형 맞춘 반응식을 쓴다. 부록 C나 표 5.3에서 $\Delta H_f^\circ$ 값을 찾고, 식 5.31을 사용하여 반응의 엔탈피 변화를 계산한다. (b) $C_6H_6$의 몰질량을 이용하여 몰당 엔탈피 변화를 그램당 엔탈피 변화로 바꾸어 준다. 이와 비슷하게 $C_3H_8$의 몰질량과 위에서 계산된 몰당 엔탈피 변화를 사용하여 그 물질의 그램당 엔탈피 변화를 계산한다.

**풀이**

(a) 연소 반응은 반응물로서 $O_2(g)$가 관련된다는 것을 알고 있다. 따라서 $C_6H_6(l)$ 1 mol의 연소 반응의 균형 반응식을 쓴다.

$$C_6H_6(l) + \tfrac{15}{2}O_2(g) \longrightarrow 6\,CO_2(g) + 3\,H_2O(l)$$

식 5.31과 표 5.3의 자료를 사용하여 반응의 $\Delta H^\circ_{rxn}$을 계산할 수 있다. 각 반응물의 $\Delta H_f^\circ$ 값과 물질의 화학량론 계수를 곱한다는 것을 기억하라. 표준 상태하에서 가장 안정한 형태의 원소는 $\Delta H_f^\circ=0$, 즉 $\Delta H_f^\circ[O_2(g)]=0$이라는 것도 기억하라.

$$\begin{aligned}\Delta H^\circ_{rxn} &= [6\Delta H_f^\circ(CO_2) + 3\Delta H_f^\circ(H_2O)] - [\Delta H_f^\circ(C_6H_6) + \tfrac{15}{2}\Delta H_f^\circ(O_2)]\\ &= [6(-393.5\text{ kJ}) + 3(-285.8\text{ kJ})] - [(49.0\text{ kJ}) + \tfrac{15}{2}(0\text{ kJ})]\\ &= (-2361 - 857.4 - 49.0)\text{ kJ}\\ &= -3267\text{ kJ}\end{aligned}$$

(b) 본문에 있는 예로부터 프로페인 1 mol의 연소는 $\Delta H^\circ = -2220$ kJ이다. 이 예제의 (a)에서 1 mol 벤젠의 연소는 $\Delta H^\circ = -3267$ kJ이라고 계산하였다. 각 물질의 그램당 연소열을 알아내려면 몰질량을 사용하여 몰을 그램으로 환산해야 한다.

$$C_3H_8(g):\quad (-2220\text{ kJ/mol})(1\text{ mol}/44.1\text{ g}) = -50.3\text{ kJ/g}$$

$$C_6H_6(l):\quad (-3267\text{ kJ/mol})(1\text{ mol}/78.1\text{ g}) = -41.8\text{ kJ/g}$$

**주의** 프로페인과 벤젠은 모두 탄화수소이다. 일반적으로 탄화수소 1 g의 연소로부터 얻을 수 있는 에너지는 40~50 kJ이다.

**▶ 보충 예제**

$2\,H_2O_2(l) \longrightarrow 2\,H_2O(l) + O_2(g)$ 반응의 엔탈피 변화를 다음의 생성 엔탈피를 이용하여 계산하시오.

$\Delta H_f^\circ[H_2O_2(l)] = -187.8$ kJ/mol $\Delta H_f^\circ[H_2O(l)] = -285.8$ kJ/mol

(a) −88.0 kJ (b) −196.0 kJ
(c) +88.0 kJ (d) +196.0 kJ
(e) 정보가 더 필요함

## 예제 5.12
### 반응 엔탈피를 이용하여 생성 엔탈피 계산하기

반응 $CaCO_3(s) \longrightarrow CaO(s) + CO_2(g)$의 표준 엔탈피 변화는 178.1 kJ이다. 표 5.3을 사용하여 $CaCO_3(s)$의 표준 생성 엔탈피를 계산하시오.

### 해답

**분석** $\Delta H_f^\circ[CaCO_3(s)]$ 값을 구하는 문제이다.

**계획** 이 반응의 표준 엔탈피 변화를 써 본다.

$$\Delta H^\circ_{rxn} = \Delta H_f^\circ[CaO] + \Delta H_f^\circ[CO_2] - \Delta H_f^\circ[CaCO_3]$$

**풀이** 표 5.3과 부록 C로부터 알려진 값과 $\Delta H^\circ_{rxn}$ 값을 대입하여

$$178.1\text{ kJ} = -635.5\text{ kJ} - 393.5\text{ kJ} - \Delta H_f^\circ[CaCO_3]$$

$\Delta H_f^\circ[CaCO_3]$에 대해서 풀면 $\Delta H_f^\circ[CaCO_3] = -1207.1\ kJ/mol$

**검토** 이미 얻은 답과 같이, 탄산 칼슘과 같은 안정한 고체의 생성 엔탈피가 음수임을 예측할 수 있다.

**▶ 보충 예제**

반응 $2\,SO_2(g) + O_2(g) \longrightarrow 2\,SO_3(g)$가 주어졌을 때 다음 중 어느 반응식이 올바른가?

**(a)** $\Delta H_f^\circ[SO_3] = \Delta H_{rxn}^\circ - \Delta H_f^\circ[SO_2]$
**(b)** $\Delta H_f^\circ[SO_3] = \Delta H_{rxn}^\circ + \Delta H_f^\circ[SO_2]$
**(c)** $2\Delta H_f^\circ[SO_3] = \Delta H_{rxn}^\circ + 2\Delta H_f^\circ[SO_2]$
**(d)** $2\Delta H_f^\circ[SO_3] = \Delta H_{rxn}^\circ - 2\Delta H_f^\circ[SO_2]$
**(e)** $2\Delta H_f^\circ[SO_3] = 2\Delta H_f^\circ[SO_2] - \Delta H_{rxn}^\circ$

# 자기 평가 연습 문제

**5.32** 요소의 연소에 관한 반응은 다음과 같다.

$$(NH_2)_2CO(s) + 1\tfrac{1}{2}\,O_2(g) \longrightarrow CO_2(g) + N_2(g) + 2\,H_2O(l)$$

표 5.3의 값과 요소의 $\Delta H_f^\circ = -333$ kJ을 이용하여 요소의 연소 엔탈피를 계산하시오.

**(a)** $\Delta H = -346$ kJ
**(b)** $\Delta H = -632$ kJ
**(c)** $\Delta H = -1300$ kJ

# 연습 문제

**5.33** **(a)** 엔탈피의 변화와 관련하여 **표준 상태**의 의미는 무엇인가? **(b)** **생성 엔탈피**는 무엇을 의미하는가? **(c)** **표준 생성 엔탈피**는 무엇을 의미하는가?

**5.34** 다음의 각 화합물에 대하여 표준 상태의 원소로부터 1 mol 화합물 생성을 설명하는 균형 열화학 반응식을 쓰고, 부록 C를 사용하여 $\Delta H_f^\circ$ 값을 구하시오.
**(a)** $NO_2(g)$ **(b)** $SO_3(g)$ **(c)** $NaBr(s)$ **(d)** $Pb(NO_3)_2(s)$

**5.35** 테르밋(thermite) 반응은 다음과 같이 알려져 있다.

$$2\,Al(s) + Fe_2O_3(s) \longrightarrow Al_2O_3(s) + 2\,Fe(s)$$

이러한 대단히 큰 발열 반응은 큰 배의 프로펠러 같은 큰 물체의 용접에 사용된다. 부록 C의 생성 엔탈피를 사용하여 이 반응의 $\Delta H^\circ$를 계산하시오.

**5.36** 부록 C의 값을 이용하여 다음 각 반응의 표준 엔탈피 변화를 계산하시오.
**(a)** $2\,SO_2(g) + O_2(g) \longrightarrow 2\,SO_3(g)$
**(b)** $Mg(OH)_2(s) \longrightarrow MgO(s) + H_2O(l)$
**(c)** $N_2O_4(g) + 4\,H_2(g) \longrightarrow N_2(g) + 4\,H_2O(g)$
**(d)** $SiCl_4(l) + 2\,H_2O(l) \longrightarrow SiO_2(s) + 4\,HCl(g)$

**5.37** 아세톤($C_3H_6O$) 1 mol을 완전 연소하면 1790 kJ을 방출한다.

$$C_3H_6O(l) + 4\,O_2(g) \longrightarrow 3\,CO_2(g) + 3\,H_2O(l) \qquad \Delta H^\circ = -1790\ kJ$$

이 자료와 부록 C에 있는 $O_2(g)$, $CO_2(g)$, $H_2O(l)$의 표준 생성 엔탈피를 함께 사용하여 아세톤의 표준 생성 엔탈피를 계산하시오.

**5.38** 휘발유는 **옥테인**(octane)이라는 8개 탄소 원자와 여러 가지를 포함한 탄화수소로 구성된다. 가장 깨끗하게 연소하는 옥테인 중 하나는 2,3,4-트라이메틸펜테인이라는 화합물이다. 그 구조식은 다음과 같다.

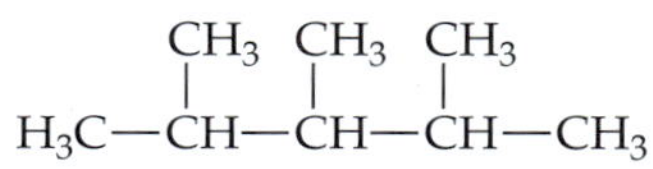

이 화합물 1 mol이 완전 연소하면 $CO_2(g)$와 $H_2O(g)$로 변하고 $\Delta H^\circ = -5064.9$ kJ이다.
**(a)** $C_8H_{18}(l)$ 1 mol 연소의 균형 맞춘 반응식을 쓰시오.
**(b)** 이 문제의 정보와 표 5.3의 자료를 사용하여 2,3,4-트라이메틸펜테인의 $\Delta H_f^\circ$를 계산하시오.

**5.39** 에탄올($C_2H_5OH$)은 가솔린과 혼합되어 현재 자동차 연료로 사용된다.
**(a)** 공기 중에서 액체 에탄올 연소의 균형 맞춘 반응식을 쓰시오.
**(b)** $H_2O(g)$를 생성물이라고 가정할 때, 이 반응의 표준 엔탈피 변화를 구하시오.
**(c)** 일정 압력하에서 에탄올의 연소에 대한 에탄올 1리터당 생성되는 열을 계산하시오(단, 에탄올의 밀도는 0.789 g/mL이다).
**(d)** 방출되는 열 1 kJ당 생성되는 $CO_2$의 질량을 계산하시오.

자기 평가 연습 문제 답 **5.32 (b)**

# 5.8 결합 엔탈피

사용하는 자료의 한계를 인지하는 것은 오차를 추정하기 위해 중요한 부분이다. 결합 엔탈피와 함께 볼 수 있듯이, 자료는 기체를 포함한 반응으로부터 얻어진 것이다. 이러한 자료는 몇몇 반응의 엔탈피 변화(특히 기체상 반응)를 예측하는 데 유용하지만, 고체 상태나 액체상의 반응에 대해서는 덜 정확할 수 있다. 그럼에도 불구하고, 이 방법은 에너지 변화에 대해 효율적으로 근사할 수 있다. 이 절이 끝나면, 다음 사항을 수행할 수 있어야 한다.

- 평균 결합 엔탈피를 이용하여 반응물과 생성물이 기체상인 반응의 반응 엔탈피를 예측하기

화학 반응을 수반하는 에너지 변화는 화학 결합을 생성하거나 끊는 데(결합을 끊는 데 에너지가 필요하고 결합을 생성시키는 것은 에너지를 방출한다) 관련된 변화와 밀접한 관계가 있다. 만약 반응 엔탈피를 측정하고 생성되거나 소멸된 결합을 추적할 수 있다면, 엔탈피 값을 특정한 결합에 할당할 수 있다. **결합 엔탈피(bond enthalpy)**는 가스 상태의 물질 1 mol에서 특정 결합을 끊는 데 필요한 엔탈피 변화 $\Delta H$이다. 염소($Cl_2(g)$)의 해리처럼 오직 하나의 결합만 끊어지는 단순한 반응으로부터 결합 엔탈피를 결정하는 것이 가장 쉽다. 염소 분자는 단일 공유 결합으로 같이 묶여있고 이것을 Cl—Cl처럼 표기한다. 염소 분자의 염소 원자로의 해리는 Cl—Cl 결합이 끊어질 때 일어난다.

$$Cl_2(g) \longrightarrow 2Cl(g)$$

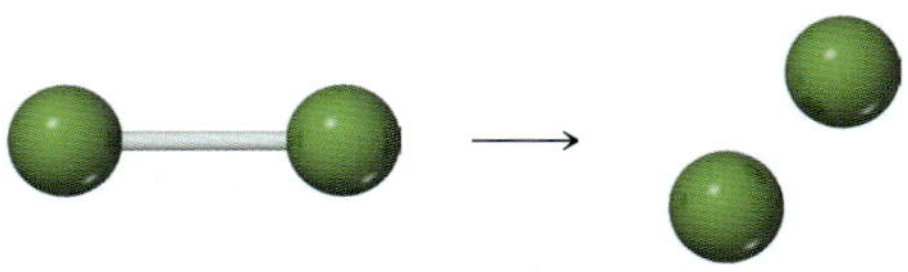

Cl−Cl 결합의 결합 엔탈피는 이 반응의 엔탈피 242 kJ/mol와 같다. 결합 엔탈피는 에너지가 주위로부터 Cl−Cl 결합을 끊는 데 공급되어야 하기 때문에 양수이다. 결합 엔탈피는 문자 $D$에 궁금한 결합을 써서 나타낸다. 예를 들어, $D$(Cl−Cl)는 $Cl_2$ 결합에 대한 결합 엔탈피이고 $D$(H−Br)은 HBr 결합의 결합 엔탈피이다.

이원자 분자 내부의 결합을 깨는 데 필요한 반응의 결합 엔탈피를 할당하는 것은 복잡하지 않다. 결합 엔탈피는 반응 엔탈피와 같다. 하지만 C−H 결합과 같이 다양하고 중요한 결합은 다원자 분자에서만 존재한다. 이러한 결합에 대해서는 평균 결합 엔탈피를 사용한다. 예를 들어 메테

인 분자가 다섯 구성 원소로 분해되는 다음과 같은 과정의 엔탈피 변화는 C−H 결합에 대한 평균 결합 에너지를 정의하기 위해 사용할 수 있다.

$$CH_4(g) \longrightarrow C(g) + 4\,H(g) \qquad \Delta H = 1660\text{ kJ}$$

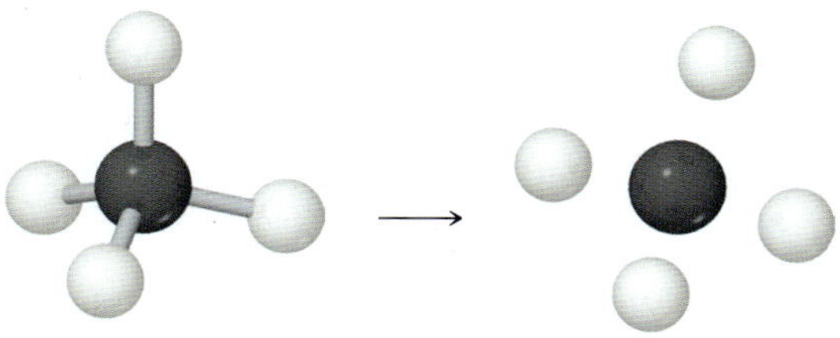

메테인의 C−H는 네 개의 동등한 결합으로 이루어져 있으므로, 이 반응의 엔탈피는 C−H 결합을 끊기 위한 엔탈피의 네 배이다. 따라서, 메테인에서 평균 C−H 결합 엔탈피는 $D(\text{C—H}) = (1660/4)$ kJ/mol = 415 kJ/mol이다.

주어진 원자 쌍의 정확한 결합 엔탈피는 원자 쌍을 포함한 분자 나머지에 의존한다. 그러나, 분자 간의 변화는 일반적으로 작다. 만일 많은 화합물에서 C−H 결합 엔탈피를 고려한다면 평균 결합 엔탈피는 413 kJ/mol가 된다. 이것은 방금 전 $CH_4$ 해리에서 계산했던 415 kJ/mol에 근접한다.

**결합 엔탈피는 화학 결합을 깨는 데 필요한 에너지이므로 항상 양의 값을 갖는다. 반대로, 두 개의 기체 상태의 원자나 분자 조각 사이에 결합을 만들 때는 에너지가 방출된다. 결합 엔탈피가 크면 클수록 결합이 더 강하다.**

표 5.4는 많은 원소 쌍에 대한 평균 결합 엔탈피를 나타낸다. 더욱이, 강한 화학 결합을 갖는 분자는 약한 결합을 갖는 분자보다 화학적 변화를 일으킬 가능성이 적다. 이번 절 후반에서 배울 것처럼, 원소 쌍은 때때로 다중 결합에 의해서 연결되어 있다. 예를 들어 산소 분자에서 산소 원소는 O—O 단일 결합이 아니라 O=O 이중 결합에 의해서 연결되어 있다.

$$\text{O}{=}\text{O}(g) \longrightarrow 2\,\text{O}(g) \qquad \Delta H = 495\text{ kJ}$$

표 5.4를 자세히 보면 $D(\text{O}{=}\text{O})$ = 495 kJ/mol이고 이것은 산소−산소 단일 결합의 엔탈피 $D(\text{O—O})$ = 146 kJ/mol보다 크지만 정확히 두 배는 아니다. 이중 결합이나 삼중 결합에서의 결합 엔

**표 5.4 평균 결합 엔탈피(kJ/mol)**

| | | | | | | | |
|---|---|---|---|---|---|---|---|
| C—H | 413 | N—H | 391 | O—H | 463 | F—F | 155 |
| C—C | 348 | N—N | 163 | O—O | 146 | | |
| C=C | 614 | N—O | 201 | O=O | 495 | Cl—F | 253 |
| C—N | 293 | N—F | 272 | O—F | 190 | Cl—Cl | 242 |
| C—O | 358 | N—Cl | 200 | O—Cl | 203 | | |
| C=O | 799 | N—Br | 243 | O—I | 234 | Br—F | 237 |
| C—F | 485 | | | | | Br—Cl | 218 |
| C—Cl | 328 | H—H | 436 | | | Br—Br | 193 |
| C—Br | 276 | H—F | 567 | | | | |
| C—I | 240 | H—Cl | 431 | | | I—Cl | 208 |
| | | H—Br | 366 | | | I—Br | 175 |
| | | H—I | 299 | | | I—I | 151 |

탈피의 변화를 8장에서 보다 자세히 다룰 것이다.

## 결합 엔탈피와 반응 엔탈피

엔탈피는 상태 함수이므로, 평균 결합 엔탈피를 이용하여 끊어지거나 새롭게 생성된 결합이 있는 반응 엔탈피를 추정할 수 있다. 이러한 과정은 반응에 관여되는 모든 종류의 $\Delta H_f^\circ$에 대해서는 모르더라도 주어진 반응이 흡열(endothermic, $\Delta H>0$) 혹은 발열(exothermic, $\Delta H<0$)인지에 관해서 빠르게 예측할 수 있도록 한다.

반응 엔탈피를 예측하는 데 필요한 전략은 Hess 법칙을 직접적으로 적용하는 것이다. 깨진 결합은 항상 흡열 반응이고 생성되는 결합은 항상 발열 반응이라는 사실을 이용한다. 따라서 반응은 두 단계로 이루어진다는 것을 상상할 수 있다.

1. 생성물에는 존재하지 않는 반응물의 결합을 깨는 데 필요한 충분한 에너지를 공급한다. 계의 엔탈피는 깨진 결합의 결합 엔탈피의 합만큼 증가한다.
2. 반응물에 존재하지 않는 생성물의 결합을 생성한다. 이 단계는 생성된 결합의 에너지를 방출하고 계의 엔탈피를 낮춘다.

반응 엔탈피 $\Delta H_{rxn}$은 깨진 결합의 결합 엔탈피의 합으로부터 생성된 결합 엔탈피의 합을 뺀 것으로 예측된다.

$$\Delta H_{rxn} = \Sigma(\text{끊어진 결합의 결합 엔탈피}) - \Sigma(\text{생성된 결합의 결합 엔탈피}) \qquad [5.32]$$

만약 깨진 결합의 총 엔탈피가 크면 반응은 흡열($\Delta H_{rxn}>0$)이고 새로 생성된 결합의 엔탈피가 크면 반응은 발열($\Delta H_{rxn}<0$)이다.

다음 반응은 발열인가, 흡열인가?

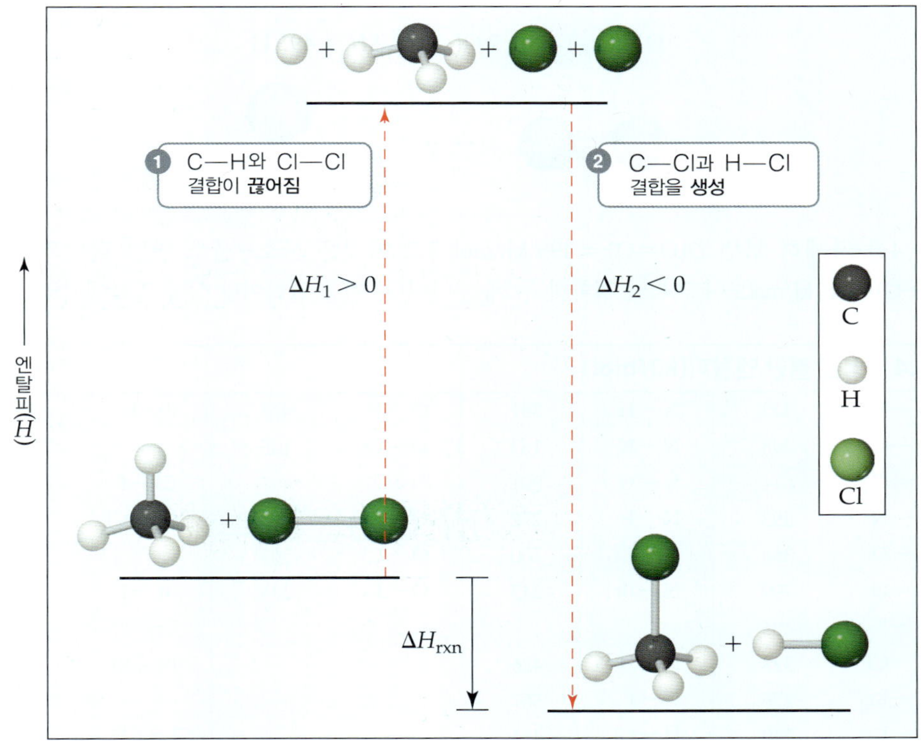


▲ 그림 5.24 결합 엔탈피를 이용하여 $\Delta H_{rxn}$ 예측하기 평균 결합 엔탈피는 메테인과 염소의 반응으로 염화 메틸과 염화 수소를 생성하는 데 필요한 $\Delta H_{rxn}$을 예측하는 데 쓰일 수 있다.

메테인($CH_4$)과 염소($Cl_2$)가 기체 반응을 하여 클로로메테인($CH_3Cl$)과 염화 수소(HCl)를 생성하는 반응을 생각해 보자.

$$H-CH_3(g) + Cl-Cl(g) \longrightarrow Cl-CH_3(g) + H-Cl(g) \qquad \Delta H_{rxn} = ? \qquad [5.33]$$

두 단계 과정은 **그림 5.24**처럼 묘사된다. 다음과 같은 결합이 깨지고 생성되는 것을 주목하라.

**끊어진 결합:** 1 mol C—H, 1 mol Cl—Cl
**생성된 결합:** 1 mol C—Cl, 1 mol H—Cl

충분한 에너지를 공급하여 C—H와 Cl—Cl 결합을 깨면 계의 엔탈피는 증가된다(그림 5.24에서 $\Delta H_1 > 0$으로 표시된 것처럼). 다음 C—Cl과 H—Cl 결합을 생성하면 에너지를 방출하고 계의 엔탈피는 낮아진다(그림 5.24에서 $\Delta H_2 < 0$으로 표시된 것처럼). 식 5.32를 이용하여 반응 엔탈피를 예측한다.

$$\Delta H_{rxn} = [D(C-H) + D(Cl-Cl)] - [D(C-Cl) + D(H-Cl)]$$
$$\Delta H_{rxn} = (413\ kJ + 242\ kJ) - (328\ kJ + 431\ kJ) = -104\ kJ$$

이 반응은 생성물의 결합이 반응물의 결합보다 강한 발열 반응이다.

일반적으로, 결합 엔탈피는 $\Delta H_f^\circ$ 값을 입수할 수 없을 때만 $\Delta H_{rxn}$을 예측하는 데 쓰인다. 앞선 반응에서, 클로로메테인에 대한 $\Delta H_f^\circ$ 값이 부록 C에서 주어지지 않았기 때문에 $\Delta H_f^\circ$과 Hess의 법칙으로 $\Delta H_{rxn}$을 계산할 수 없다. 만약 다른 출처로부터 클로로메테인의 $\Delta H_f^\circ$ 값을 얻을 수 있고 식 5.31을 사용한다면 식 5.33의 반응에 대해서 $\Delta H_{rxn} = -99.8$ kJ이다. 위의 두 값이 약간 다른데 이것은 결합 엔탈피가 많은 화합물에 대해서 얻은 평균값이기 때문이다. 하지만 평균 결합 엔탈피를 사용하면 실제 반응 엔탈피 변화에 대해 합리적으로 정확하게 예측할 수 있다.

결합 엔탈피는 기체 분자로부터 얻어졌다는 것을 기억하는 것이 중요하다. 고체, 액체, 용액에서 다른 분자 간에 작용하는 힘을 반드시 고려해야 한다. 이러한 힘의 세기에 대해서 11장에서 알아볼 것이다. 하지만 지금으로써는 결합 엔탈피가 고체, 액체, 혹은 용액을 포함하는 반응 엔탈피를 예측하는 데 정확하게 사용될 수 없다는 것을 기억하는 것으로 충분하다.

## 예제 5.13

### 결합 엔탈피로부터 반응 엔탈피 예측하기

표 5.4를 이용하여 다음 연소 반응의 $\Delta H$를 예측하시오.

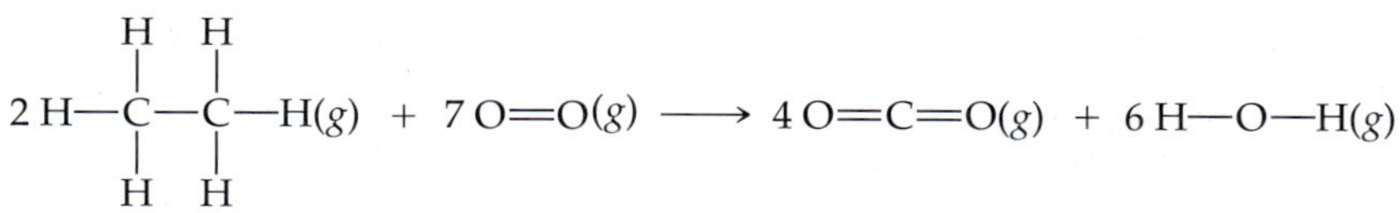

### 해답

**분석** 평균 결합 엔탈피를 사용하여 화학 반응의 엔탈피 변화를 예측한다.

**계획** 에테인($C_2H_6$) 두 분자에 포함된 12개의 C—H 결합과 2개의 C—C 결합과, 7개의 $O_2$ 분자에 있는 7개의 O=O 결합을 끊는 데 에너지가 필요하다. $CO_2$ 분자당 2개인 총 8개의 C=O 결합과 $H_2O$ 분자당 2개인 총 12개의 O—H 결합을 생성하는 데 에너지를 방출한다.

**풀이** 식 5.32와 표 5.4의 자료를 이용하여,

$$\begin{aligned}\Delta H &= [12D(C-H) + 2D(C-C) + 7D(O=O)] \\ &\quad - [8D(C=O) + 12D(O-H)] \\ &= [12(413\ kJ) + 2(348\ kJ) + 7(495\ kJ)] \\ &\quad - [8(799\ kJ) + 12(463\ kJ)] \\ &= 9117\ kJ - 11948\ kJ \\ &= -2831\ kJ\end{aligned}$$

**검토** 이러한 예측은 보다 정확한 열화학적인 자료로부터 계산된 값인 −2856 kJ과 비교할 수 있으며, 잘 일치하고 있다.

▶ **보충 예제**

표 5.4에 수록되어 있는 평균 결합 엔탈피를 사용하여 에탄올의 연소 반응의 $\Delta H$를 계산하시오.

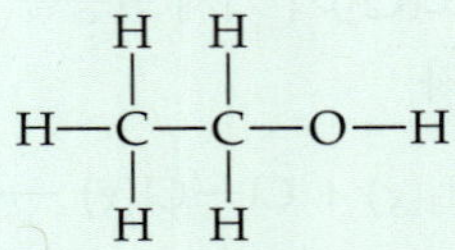

## 자기 평가 연습 문제

**5.40** 표 5.4의 평균 결합 엔탈피를 사용하여 다음 반응의 엔탈피 변화를 예측하시오.

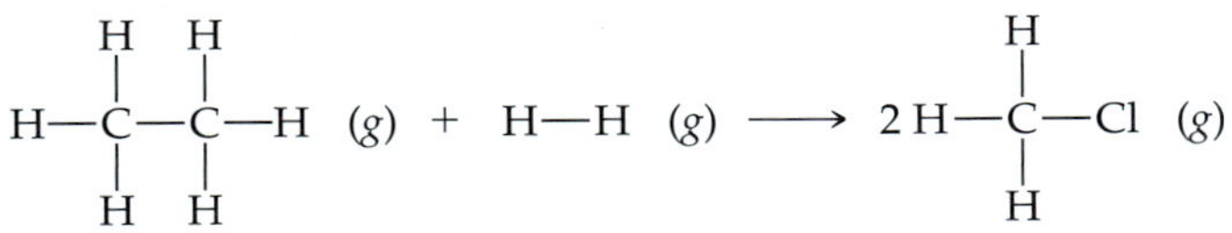

(a) $\Delta H = -42$ kJ
(b) $\Delta H = +42$ kJ
(c) $\Delta H = +371$ kJ

## 연습 문제

**5.41** 별다른 계산 없이, 다음 반응에 대한 $\Delta H$의 부호를 예측하시오.

(a) $NaCl(s) \longrightarrow Na^+(g) + Cl^-(g)$
(b) $2\,H(g) \longrightarrow H_2(g)$
(c) $Na(g) \longrightarrow Na^+(g) + e^-$
(d) $I_2(s) \longrightarrow I_2(l)$

**5.42** 표 5.4의 결합 엔탈피를 이용하여 다음 반응의 $\Delta H$를 예측하시오.

(a) $H-H(g) + Br-Br(g) \longrightarrow 2\,H-Br(g)$
(b)

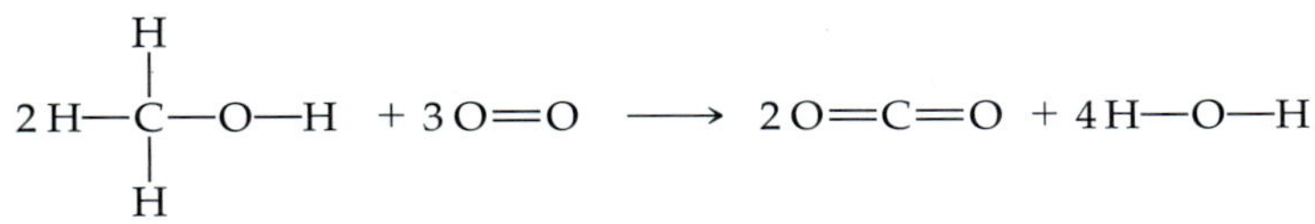

**5.43** (a) 부록 C에 주어진 생성 엔탈피를 사용하여 $Br_2(g) \longrightarrow 2\,Br(g)$ 반응의 $\Delta H$를 계산하고, 이 값을 이용하여 결합 엔탈피 $D$(Br—Br)을 예측하시오. (b) (a)에서 계산된 값과 표 5.4에 주어진 값의 차이는 얼마나 큰가?

**5.44** 반응에 대해서 다음 물음에 답하시오.

(a) 표 5.4의 결합 엔탈피를 이용하여 이 반응의 $\Delta H$를 예측하시오 (단, 물이 액체 상태인 것을 무시할 것).
(b) 계산 없이, (a)에서 예측된 값이 실제 반응 엔탈피에 비해 음의 값인지, 양의 값인지 예측하시오.
(c) 부록 C의 생성 엔탈피를 사용하여 실제 반응 엔탈피를 결정하시오.

자기 평가 연습 문제 답 **5.40** (a)

# 5.9 식품과 연료

우리가 하는 모든 일은 어떤 방식으로든 에너지와 관련되어 있다. 에너지 없이는 현대 사회가 제 기능을 할 수 없으며 삶 자체도 존재할 수 없다. 에너지—그 원천, 생산, 분배, 소비, 환경적인 영향—와 관련된 문제는 과학, 정치, 경제, 공공 정책의 대화에 스며들어 있다.

이 절이 끝나면 다음 사항을 얻을 수 있어야 한다.

- 글로벌 에너지 문제에 대한 통찰력

열을 발생시키기 위해서 사용되는 대부분의 반응은 연소 반응이다. 어떤 물질 1그램을 연소할 때 방출되는 에너지를 물질의 **연료 값(fuel value)**이라고 한다. 어떤 음식이나 연료의 연료 값은 열량계로 측정할 수 있다.

## 식품

우리 몸에 필요한 에너지는 대부분 탄수화물과 지방에서 나온다. 녹말로 대표되는 탄수화물은 장에서 글루코스($C_6H_{12}O_6$)로 분해된다. 글루코스는 수용성이며, 혈액에 녹아 있는 글루코스를 혈당이라고 한다. 글루코스는 혈액에 의해 세포로 운반되며, 여러 단계로 $O_2$와 반응하여 결과적으로 $CO_2(g)$, $H_2O(l)$, 에너지를 생성한다.

$$C_6H_{12}O_6(s) + 6\,O_2(g) \longrightarrow 6\,CO_2(g) + 6\,H_2O(l) \qquad \Delta H^\circ = -2803\ \text{kJ}$$

탄수화물의 분해는 빠르게 진행되므로 발생되는 에너지를 단시간 내에 체내로 공급할 수 있다. 그러나 인체는 매우 소량의 탄수화물만 저장하며, 탄수화물의 평균 연료 값은 17 kJ/g(4 kcal/g)이다. 연료 값은 연소 반응에 의해서 생성되는 열을 나타내지만, 관습적으로 연료 값은 양수로 표현한다.

지방은 탄수화물과 동일하게 물질대사를 통해서 $CO_2$와 $H_2O$를 생성한다. 대표적 지방인 트라이스테아린(tristearin, $C_{57}H_{110}O_6$)의 연소 반응은 다음과 같다.

$$2\,C_{57}H_{110}O_6(s) + 163\,O_2(g) \longrightarrow 114\,CO_2(g) + 110\,H_2O(l) \qquad \Delta H^\circ = -71{,}609\ \text{kJ}$$

인체는 식품에서 얻어지는 화학 에너지를 체온 유지, 근육 수축, 조직 생성과 재생에 사용한다이 성분표가 전지우유에서 지방분을 제거한 탈지우유(skim milk)용이라면, 지방, 탄수화물, 단백질 중 어떤 값의 변화가 가장 클 것인가?

▲ 그림 5.25 전지우유의 영양 라벨

(5.5절의 "화학과 생명" 참조). 과량의 에너지는 지방의 형태로 저장된다. 적어도 다음과 같은 두 가지 이유로 인하여 지방은 인체에 에너지를 저장하기에 적당하다. (1) 물에 녹지 않기 때문에 체내에서의 저장이 용이하다. (2) 단백질 또는 탄수화물보다 그램당 더 많은 에너지를 생성하기 때문에 단위 질량당 에너지원으로 더 효율적이다. 지방의 평균 연료 값은 38 kJ/g이다.

탄수화물과 지방을 열량계에서 연소시키면 체내에서의 물질대사를 통해서 얻어지는 생성물과 동일한 물질을 생성한다. 단백질의 인체 내 대사 작용은 열량계에서의 연소 반응을 통해서 얻어지는 에너지보다 작다. 이는 생성물이 다르기 때문이다. 단백질은 질소를 포함하며, 열량계에서는 $N_2$의 형태로 배출된다. 체내에서의 질소는 주로 요소($(NH_2)_2CO$)를 마지막으로 대사 작용이 끝나게 된다. 단백질은 체내에서 주로 피부, 모발, 근육, 기관의 벽 등의 구조 물질로 이용한다. 단백질 대사 작용은 평균적으로 탄수화물과 동일하게 17 kJ/g을 생성한다.

**표 5.5**에 일반적인 식품에 대한 연료 값이 기술되어 있다. 포장된 식품에 표지에는 평균적으로 먹을 때 공급되는 에너지의 양뿐만 아니라 탄수화물, 지방, 단백질의 양을 나타낸다(**그림 5.25**).

인체가 필요로 하는 에너지의 양은 체중, 나이, 근육 활동 같은 요소에 따라 상당히 다르다. 약 1킬로그램 체중에 대하여 하루당 100 kJ이 최소한으로 육체의 기능을 유지시키는 데 필요하다. 몸무게가 평균 70킬로그램인 사람은 가벼운 일을 할 때 800 kJ/h를 소비하며 강도 높은 활동은 때로는 2000 kJ/h나 그 이상을 필요로 한다. 소화되는 식품의 연료 값 혹은 칼로리양이 우리가 소비하는 에너지를 초과할 때, 우리의 몸은 여분을 지방으로 축적하게 된다.

**표 5.5 몇 가지 식품의 구성 성분과 연료 값**

| | 대략의 성분(질량 %) | | | 연료 값 |
|---|---|---|---|---|
| | 탄수화물 | 지방 | 단백질 | kJ/g |
| 탄수화물 | 100 | — | — | 17 |
| 지방 | — | 100 | — | 38 |
| 단백질 | — | — | 100 | 17 |
| 사과 | 13 | 0.5 | 0.4 | 2.5 |
| 맥주[a] | 1.2 | — | 0.3 | 1.8 |
| 빵 | 52 | 3 | 9 | 12 |
| 치즈 | 4 | 37 | 28 | 20 |
| 달걀 | 0.7 | 10 | 13 | 6.0 |
| 퍼지 | 81 | 11 | 2 | 18 |
| 콩 | 7.0 | — | 1.9 | 1.5 |
| 햄버거 | — | 30 | 22 | 15 |
| 우유(전유) | 5.0 | 4.0 | 3.3 | 3.0 |
| 땅콩 | 22 | 39 | 26 | 23 |

[a]맥주는 전형적으로 에탄올을 3.5% 함유하며 연료 값을 갖는다.

## 예제 5.14

### 조성으로 식품의 연료 값 예측하기

(a) 시리얼 1회분 식사는 시리얼(cereal) 28 g(1 oz)과 탈지우유 120 mL(1/2컵)를 포함한다. 이것은 단백질 8 g, 탄수화물 26 g, 지방 2 g을 제공한다. 이러한 물질의 평균 연료 값을 사용하여 1회분의 식품에 포함되는 에너지 양을 측정하시오. (b) 평균 체중의 사람은 달리기를 하거나 조깅을 할 때 약 420 kJ/km를 사용한다. 3 km를 달릴 때 필요한 연료 값에 해당하는 시리얼은 몇 회분인가?

**해답**

**분석** **(a)** 음식의 연료 값은 단백질, 탄수화물, 지방의 연료 값의 총합이다. **(b)** 여기에서는 특정한 연료 값을 제공하는 음식의 양을 계산하는, 역의 문제에 해당한다.

**계획** **(a)** 단백질, 탄수화물, 지방의 질량이 제시되어 있다. 이들의 질량은 표 5.4의 자료를 이용하여 그들의 연료 값으로 환산할 수 있고, 합산하여 전체 연료 값을 얻을 수 있다. **(b)** 이 문제는 열량과 km 사이의 환산 인자를 제공한다. (a)의 답은 식사와 열량 간 환산 인자를 제공한다.

**풀이**

**(a)**

$$(8\text{ g 단백질})\left(\frac{17\text{ kJ}}{1\text{ g 단백질}}\right) + (26\text{ g 탄수화물})\left(\frac{17\text{ kJ}}{1\text{ g 탄수화물}}\right) + (2\text{ g 지방})\left(\frac{38\text{ kJ}}{1\text{ g 지방}}\right) = 650\text{ kJ (유효 숫자 두 개까지)}$$

**(b)** 필요한 1회분의 수량을 결정하려면, 이 환산 인자를 직접 단위 분석에 사용할 수 있다. 답은 정수로 반올림한다.

$$1\text{ 회분의 수량} = (3\text{ km})\left(\frac{420\text{ kJ}}{1\text{ km}}\right)\left(\frac{1\text{ 회분}}{650\text{ kJ}}\right) = 2\text{ 회분}$$

▶ **보충 예제**

**(a)** 건조된 팥은 62% 탄수화물, 22% 단백질, 1.5% 지방으로 구성된다. 연료 값을 예측하시오.

**(b)** 일반 성인은 독서나 TV 시청 같은 매우 가벼운 활동으로 7 kJ/min을 소비한다. 13 g의 단백질, 15 g의 탄수화물, 5 g의 지방이 포함된 닭고기 수프에 의해서 공급되는 에너지로 몇 분간 그런 활동을 유지할 수 있는가?

**표 5.6 몇 가지 일반 연료의 연료 값과 성분**

| | 대략의 원소 성분(질량 %) | | | |
|---|---|---|---|---|
| | C | H | O | 연료 값(kJ/g) |
| 목재(소나무) | 50 | 6 | 44 | 18 |
| 무연탄(Pennsylvania) | 82 | 1 | 2 | 31 |
| 유연탄(Pennsylvania) | 77 | 5 | 7 | 32 |
| 목탄 | 100 | 0 | 0 | 34 |
| 원유(Texas) | 85 | 12 | 0 | 45 |
| 휘발유 | 85 | 15 | 0 | 48 |
| 천연가스 | 70 | 23 | 0 | 49 |
| 수소 | 0 | 100 | 0 | 142 |

## 연료

연료가 완전 연소하는 동안 탄소는 $CO_2$로 변하고 수소는 $H_2O$로 변하게 되며, 두 과정 모두 큰 음의 생성 엔탈피 값을 갖는다. 따라서 연료 중의 탄소와 수소 백분율이 클수록 연료 값은 커진다. 예를 들어 표 5.6에서 역청탄과 목재들의 성분 및 연료 값을 비교해 보자. 석탄은 탄소 함량이 더 높기 때문에 연료 값이 크다.

세계의 주요 에너지원인 석탄, 석유, 천연가스는 **화석 연료(fossil fuel)**라고 알려져 있다. 화석 연료는 식물과 동물의 분해에 의해 수백만 년에 걸쳐 형성되었고, 현재는 그들이 형성한 것보다 훨씬 더 빠르게 자원이 소비되고 있다.

**천연가스(natural gas)**는 수소와 탄소 화합물인 기체 탄화수소들로 구성되어 있다. 천연가스는 주성분이 메테인($CH_4$)이고, 소량의 에테인($C_2H_6$), 프로페인($C_3H_8$), 뷰테인($C_4H_{10}$)을 포함한다. 예제 5.10에서 프로페인의 연료 값이 측정되었다. 천연가스는 석유나 석탄이 연소할 때보다 $CO_2$를 비롯한 다른 부산물을 적게 배출한다. **석유(petroleum)**는 수백 가지 성분으로 구성된 액체이다. 이 화합물의 대부분은 탄화수소이고, 나머지는 주로 황, 질소, 산소를 포함하는 유기 화합물이다. **석탄(coal)**은 분자량이 큰 탄화수소를 포함하고 있는 고체로서 황, 산소, 질소를 함유한 화합물들을 포함한다. 석탄은 가장 풍부한 화석 연료이다. 현재의 소비 속도를 고려할 때 100년 이상 사용할 수 있는 매장량을 가지고 있다. 그러나 석탄의 사용은 수많은 문제를 일으킨다.

석탄은 복잡한 혼합물이고, 대기오염을 일으키는 성분을 포함한다. 석탄이 소비될 때 석탄에 포함되어 있는 황은 이산화 황($SO_2$)으로 바뀌며, 대기오염의 원인이 된다. 석탄은 고체이므로 지하 매장물을 채굴할 때 비용이 많이 들고 큰 위험이 따르기도 한다. 게다가 석탄 매장 장소가 에너지 사용처와 가깝지 않기 때문에 수송 비용이 많이 든다.

화석 연료는 연소 반응을 통하여 에너지를 생성할 때 이상적으로는 $CO_2$와 $H_2O$만을 생성한다. $CO_2$의 생성은 대기 중의 $CO_2$ 농도 증가를 통한 기후 변화와 관련이 있으며, 과학 및 정치적으로 중요한 문제가 되고 있다. 대기 $CO_2$가 환경에 미치는 영향에 대해서는 18장에서 논의하게 될 것이다.

## 기타 에너지원

**핵에너지**(nuclear energy)는 원자핵의 분열(쪼개짐)이나 융합(결합)으로 방출되는 에너지이다. 이론상 핵에너지는 화석 연료의 주된 문제인 오염물 방출이 없다. 그러나 핵 발전소는 방사성 폐기물을 생성한다. 따라서 핵 발전소의 이용은 많은 논란이 있다. 원자력과 관련된 내용은 21장에서 다룰 예정이다.

화석 연료와 핵에너지는 **재생할 수 없는** 에너지원이다. 화석 연료는 재생되는 것보다 훨씬 더 빠른 속도로 소비되므로 한정된 자원이다. 소비 정도에 따라 그 기간은 크게 달라지겠지만, 화석 연료는 결국 고갈되고 말 것이다. 재생 불가능한 에너지원은 고갈될 것이므로 **재생 에너지원(renewable energy source)**, 즉 근본적으로 고갈되지 않는 에너지원의 연구가 활발히 진행되고 있다. 재생 에너지원으로는 태양으로부터 오는 **태양 에너지**(solar energy), 풍차로부터 얻어지는 **풍력 에너지**(wind energy), 지구에 저장된 열로부터 얻는 **지열 에너지**(geothermal energy), 흐르는 강물로부터 얻는 **수력 에너지**(hydroelectric energy), 나무와 곡물 같은 곡식과 생물 폐기물에서 얻는 **바이오매스 에너지**(biomass energy) 등이 있다. 현재 재생 에너지원은 미국에서 연간 에너지 소비의 약 9.9%에 달한다. 태양광 발전 등의 예외는 있지만 전기는 일반적으로 기체나 액체가 움직이면서 발전기에 연결된 터빈을 돌리는 방식으로 생산된다. 2015년 미국에서 소비되는 $4.0 \times 10^{13}$ kJ의 전기 중에서 67%가 화석 연료를 태움으로써 나왔다. 다른 전력원은 핵에너지(20%), 수력(6%), 풍력(4.7%), 바이오매스(1.6%), 태양광(0.6%) 등이다.

미래 에너지 수요의 충족은 고효율로 태양 에너지를 이용할 수 있는 기술을 발전시키는 것에 의존할 것이다. 태양 에너지는 가장 큰 에너지원이다. 맑은 날 약 1 kJ의 태양 에너지가 1초당 1제곱미터의 지표에 도달한다. 미국 국토 면적의 0.1%에 도달하는 평균 태양 에너지가 현재 미국이 사용하는 전체 에너지에 해당된다. 그러나 태양 에너지 수집은 집중되는(넓은 면적에 분포한다) 시간과 기후 조건에 따라 변하므로 어려운 일이다. 태양 에너지의 효과적인 이용은 저장과 분배 방식에 달려 있다. 이것을 해결하는 실제적 방법으로 이용되는 것은 역반응을 통하여 열로 방출할 수 있는 흡열 화학 과정을 이용하는 방법이다.

반응의 한 예는 다음과 같다.

$$CH_4(g) + H_2O(g) + \text{열} \longrightarrow CO(g) + 3\,H_2(g)$$

이 반응은 고온에서 정반응으로 진행되며, 태양로에서 얻을 수 있다. 반응에서 생성된 CO와 $H_2$는 저장될 수 있으며, 나중에 반응시킴으로써 방출되는 열로 유용한 일을 할 수 있다.

## 작동하는 화학 바이오 연료에 대한 과학적·정치적 과제*

21세기 우리들이 직면하고 있는 가장 큰 과제는 식량과 연료를 포함한, 풍부한 에너지원의 확보이다. 2015년 말에 이르러 세계 인구는 74억 명이 되었으며, 10년당 7억 5000만 명의 속도로 증가하고 있다. 이러한 인구 증가는 세계 인구의 약 75%에 해당되는 아시아와 아프리카에, 특히 식량 공급이라는 중요한 문제를 발생시키게 되었다.

또한 인구 증가에 따라 수송, 공업 생산, 전력, 난방과 냉방을 위한 연료 수요가 증가하고 있다. 더욱 심각하게는 중국, 인도와 같은 인구가 많은 국가에서 1인당 에너지 사용량이 급증하고 있다. 예를 들어 중국의 1인당 에너지 사용량은 1990년과 2010년 사이에 두 배 가까이 증가하였다.

2012년 지구 전체의 연료 에너지 사용량은 $5 \times 10^{17}$ kJ을 초과하는 놀라운 수치를 나타낸다. 현재 에너지 수요의 80% 이상이 재생 불가능한 화석 연료, 특히 석유와 석탄에서 얻어지고 있다. 새로운 화석 연료 자원의 탐사는 환경적으로 중요한 영역까지 이루어지고 있기 때문에, 원유 공급 증가는 중요한 정치 및 경제 문제가 되고 있다.

원유에 대한 의존도는 운수 산업에 결정적인 역할을 수행하는 가솔린과 같은 연료의 공급이 가장 큰 비중을 차지한다. 아직까지 많은 논란이 되고 있지만, 원유를 대체할 수 있는 가장 유망한 액체 연료인 바이오 연료는 생체 물질로부터 얻는다. **바이오 연료**(biofuel)를 생산하기 위한 가장 일반적인 방법은 식물의 당이나 탄수화물을 가연성 액체로 변환시키는 것이다.

가장 일반적으로 많이 생산되는 바이오 연료는 식물성 당과 탄수화물을 발효시켜 얻는 **바이오 에탄올**(bioethanol)이다. 에탄올($C_2H_5OH$)의 연료 값은 가솔린의 2/3 정도이며, 석탄과 비슷하다(표 5.6). 미국과 브라질은 바이오 에탄올의 주요 생산국으로, 전 세계 생산량의 85%를 생산한다.

미국에서는 대부분의 바이오 에탄올이 사료용 옥수수로부터 생산된다. 옥수수의 글루코스($C_6H_{12}O_6$)는 에탄올과 $CO_2$로 변환된다.

$$C_6H_{12}O_6(s) \longrightarrow 2\,C_2H_5OH(l) + 2\,CO_2(g) \qquad \Delta H = 15.8\text{ kJ}$$

이 반응은 **혐기성**(anaerobic)이므로 산소가 요구되지 않으며, 엔탈피의 변화가 양의 값으로, 대부분의 연소 반응에서 얻어지는 값보다 매우 작다는 것에 주목할 필요가 있다. 다른 종류의 탄수화물도 비슷한 반응을 통하여 에탄올로 바꿀 수 있다.

옥수수로 바이오 에탄올을 생산하는 것은, 두 가지 이유로 논란이 있다. 먼저, 옥수수의 재배와 수송은 에너지가 요구되는 과정이며, 재배 과정에 비료가 사용된다. 옥수수를 통해서 얻어지는 바이오 에탄올의 **에너지 이득**(energy return)은 34%에 지나지 않는다. 즉 옥수수를 재배하기 위해서 1.00 J의 에너지를 소비할 때 바이오 에탄올을 통해서 얻을 수 있는 에너지는 1.37 J에 불과하다. 두 번째로, 바이오 에탄올을 얻기 위해 사용되는 옥수수는 식량의 중요한 원료로 사용되고 있다(따라서 식량과 연료의 경쟁이라 부른다).

복합 탄수화물 셀룰로스로 이루어진 **셀룰로스**(cellulose) 식물로부터 바이오 에탄올을 생산하기 위한 연구가 현재 진행되고 있다. 셀룰로스는 쉽게 대사되지 않으며, 식량을 생산하는 것과 경쟁하지 않는다. 하지만 셀룰로스를 에탄올로 바꾸는 것은 옥수수를 이용하는 것보다 더 어려운 과정이다. 셀룰로스로부터 얻어지는 바이오 에탄올은 비료 없이도 빠르게 자라면서도 식량으로 사용되지 않는 초원 잔디나 지팽이풀과 같은 식물로부터 얻을 수 있을 것이다.

브라질의 바이오 에탄올 공장에서는 사탕수수를 원료로 사용하고 있다(그림 5.26). 사탕수수는 비료나 손질이 필요하지 않으며, 옥수수보다 훨씬 빨리 자란다. 이러한 차이 때문에 옥수수보다 훨씬 많은 양의 에너지 이득을 얻을 수 있다. 재배를 위해 사용된 1.0 J의 에너지에 대하여 8.0 J의 에너지를 바이오 에탄올로의 변환을 통해서 얻을 수 있다.

원유로부터 얻어지는 디젤 연료를 대체하기 위한 **바이오 디젤**(biodiesel)을 포함한 다른 종류의 바이오 연료가 세계 경제에서 중요한 부분을 차지하고 있다. 바이오 디젤은 카놀라나 콩과 같은 지방 함량이 높은 곡물로부터 얻는다. 식품과 식당에서 사용되는 폐유와 동물성 지방으로부터도 얻을 수 있다.

**관련 연습 문제: 5.122**

▲ 그림 5.26 사탕수수는 지속 가능한 생성물인 바이오 에탄올로 변환될 수 있다.

*2012년 연간 에너지 보고서, 미국 에너지부, 연방 에너지 정보국

식물은 태양 에너지를 이용한 **광합성**(photosynthesis)을 통하여 $CO_2$와 $H_2O$를 탄수화물과 산소로 변환한다.

$$6\,CO_2(g) + 6\,H_2O(l) + \text{태양광} \longrightarrow C_6H_{12}O_6(s) + 6\,O_2(g) \qquad [5.34]$$

광합성은 대기 산소를 재생하고, 연료로 사용이 가능한 고에너지 분자를 생성하며, 대기 $CO_2$를 줄여 주기 때문에 지구 환경에 있어서 매우 중요하다.

태양 에너지를 직접적으로 사용하는 방법으로는 **태양 전지**(solar cell)라고 하는 광전 소자를 이용한 직접적인 전류 생산이 있다. 과거 몇 년 동안 이러한 소자의 효율은 급속도로 증가해 왔다. 기술적 진보는 태양 전지 패널의 내구성과 효율성을 크게 개선하였으며, 단가를 점진적으로 낮추어 가고 있다. 실제로 태양 에너지의 미래는 태양처럼 매우 밝다.

## 통합 예제
### 종합 개념

트라이나이트로글리세린(trinitroglycerin, $C_3H_5N_3O_9$, 보통 나이트로글리세린(nitroglycerin)이라고 함)은 폭약으로 사용된다. Alfred Nobel이 1866년에 다이너마이트를 제조하기 위하여 사용하였다. 다소 놀라운 것은, 나이트로글리세린이 협심증(심장에서 부분적으로 동맥이 막혀서 오는 흉부 고통)의 혈관 확장을 위한 약물 치료로 사용된다는 점이다. 온도 25 °C, 100 kPa에서 트라이나이트로글리세린이 질소 기체, 이산화 탄소 기체, 물, 산소 기체로 분해될 때 엔탈피 변화는 −1541.4 kJ/mol이다.

(a) 트라이나이트로글리세린이 분해되는 균형 화학 반응식을 쓰시오.
(b) 트라이나이트로글리세린의 표준 생성열을 계산하시오.
(c) 협심증을 치료하기 위한 트라이나이트로글리세린의 표준 용량은 0.60 mg이다. 이 시료는 결과적으로 인체 내에서 산화되어(폭발하지는 않지만) 질소 기체, 이산화 탄소 기체, 물이 발생할 것이다. 이때 발생되는 열량은 얼마인가?
(d) 트라이나이트로글리세린은 보통 3 °C에서 녹는다. 이러한 정보와 물질의 분자식으로부터, 생성되는 분자 또는 이온 결합 화합물을 예측하여 설명하시오.
(e) 트라이나이트로글리세린이 고속도로 건축 공사에서 암벽을 파괴하기 위해 폭발물로 사용되었을 때, 에너지 형태의 여러 가지 변화를 설명하시오.

### 해답

**(a)** 일반 반응식은 다음과 같고, 균형을 맞추어야 한다.

$$C_3H_5N_3O_9(l) \longrightarrow N_2(g) + CO_2(g) + H_2O(l) + O_2(g)$$

일반적인 방법을 이용하여 균형을 맞춘다. 왼쪽의 질소 원자 수를 맞추기 위하여 $C_3H_5N_3O_9(s)$에 2를 곱한다. 이를 통해 3 mol의 $N_2(g)$, 6 mol의 $CO_2(g)$, 5 mol의 $H_2O(l)$를 얻는다. 산소를 제외한 모든 원소가 균형이 잡혔다. 오른쪽에 있는 산소 원자의 개수는 홀수이다. 오른쪽 식의 $O_2$에 대한 계수 1/2를 이용하여 산소의 균형을 맞춘다.

$$2\,C_3H_5N_3O_9(l) \longrightarrow 3\,N_2(g) + 6\,CO_2(g) + 5\,H_2O(l) + \tfrac{1}{2}\,O_2(g)$$

정수가 되도록 모든 계수에 2를 곱한다.

$$4\,C_3H_5N_3O_9(l) \longrightarrow 6\,N_2(g) + 12\,CO_2(g) + 10\,H_2O(l) + O_2(g)$$

(폭발하는 온도에서 물은 기체 상태이다. 이것은 기체 생성물의 빠른 팽창으로 폭발력이 생긴다.)

**(b)** 나이트로글리세린의 표준 생성 엔탈피는 트라이나이트로글리세린의 다음 분해 반응식에서 다른 물질의 표준 생성 엔탈피 반응열을 사용하여 얻을 수 있다.

$$4\,C_3H_5N_3O_9(l) \longrightarrow 6\,N_2(g) + 12\,CO_2(g) + 10\,H_2O(l) + O_2(g)$$

이 분해 반응의 엔탈피 변화는 4(−1541.4 kJ) = −6165.6 kJ이다(이것은 균형 맞춘 화학 반응식에서 4 mol $C_3H_5N_3O_9(l)$이기 때문에 4를 곱한다).

이 엔탈피 변화는 각 생성물의 생성열에서 반응물의 생성열을 뺌으로써 얻을 수 있으며, 이때 각각의 균형 반응식의 계수를 곱해야 한다.

$$-6165.6\text{ kJ} = 6\Delta H_f^\circ[N_2(g)] + 12\Delta H_f^\circ[CO_2(g)] + 10\Delta H_f^\circ[H_2O(l)] + \Delta H_f^\circ[O_2(g)] - 4\Delta H_f^\circ[C_3H_5N_3O_9(l)]$$

$N_2(g)$와 $O_2(g)$의 $\Delta H_f^\circ$ 값은 정의에 의하여 0이다. $H_2O(l)$와 $CO_2(g)$의 $\Delta H_f^\circ$ 값은 표 5.3 혹은 부록 C에 나타내었다.

$$-6165.6\text{ kJ} = 12(-393.5\text{ kJ}) + 10(-285.8\text{ kJ}) - 4\Delta H_f^\circ[C_3H_5N_3O_9(l)]$$

$$\Delta H_f^\circ[C_3H_5N_3O_9(l)] = -353.6\text{ kJ/mol}$$

**(c)** 1 mol $C_3H_5N_3O_9(l)$가 분해되었을 때, 엔탈피는 1541.4 kJ을 얻었다. 그러므로 $C_3H_5N_3O_9(l)$ 0.60 mg을 몰수로 변환해야 한다.

$$(0.60 \times 10^{-3}\text{ g } C_3H_5N_3O_9)\left(\frac{1\text{ mol } C_3H_5N_3O_9}{227\text{ g } C_3H_5N_3O_9}\right)\left(\frac{1541.4\text{ kJ}}{1\text{ mol } C_3H_5N_3O_9}\right) = 4.1 \times 10^{-3}\text{ kJ} = 4.1\text{ J}$$

**(d)** 트라이나이트로글리세린은 분자 화합물이기 때문에 상온 이하에서 녹는다. 예외는 있지만, 이온성 물질은 대체로 고체이며, 높은 녹는점을 가진 결정성 물질이다(2.6절, 2.7절). 또한 분자식에 따르면, 이 물질은 구성 원소들이 모두 비금속이므로 분자 화합물일 것으로 추측된다.

**(e)** 트라이나이트로글리세린에 저장된 에너지는 화학 퍼텐셜 에너지이다. 이 물질이 폭발적으로 반응할 때, 낮은 퍼텐셜 에너지를 가

진 이산화 탄소, 물, 질소 기체를 생성한다. 이 화학 전환 과정에서는 에너지가 열의 형태로 방출되고, 이 기체 반응 생성물은 매우 고온일 것이다. 이와 같은 매우 큰 열에너지가 주위로 이동하고, 이 기체는 주위에 대하여 팽창을 하고, 다시 고체 물질로 변환될 것이다. 에너지는 고체 물질로 움직이는 일로 변환되면서 운동 에너지로 전환된다. 예를 들면 큰 돌덩어리가 솟아오르게 되면, 그것은 열로부터 에너지 전이가 운동 에너지로 전환된 것이다. 바위가 위로 올라감에 따라, 운동 에너지는 퍼텐셜 에너지로 전환된다. 결과적으로, 바위는 지구로 떨어지면서 운동 에너지를 가질 것이다. 바위가 지구에 부딪쳤을 때, 운동 에너지는 열에너지로 전환되고, 주위로 일을 수행하게 된다.

## 연습 문제

**5.45** **(a)** **연료 값**은 무엇을 의미하는가? **(b)** 식품에서 에너지원으로 지방 5 g과 탄수화물 9 g 중 어느 것이 더 큰가? **(c)** 글루코스의 대사는 $CO_2(g)$와 $H_2O(l)$을 생성한다. 사람의 몸은 이러한 반응 결과물을 어떻게 배출하는가?

**5.46** **(a)** 한 끼 분량의 닭고기 스프 즉석 요리에는 지방 2.5 g, 탄수화물 14 g, 단백질 7 g이 들어 있다. 한 끼 분량 스프의 열량은 얼마인가? **(b)** 영양소 표에 따르면, 같은 스프에 소듐 역시 690 mg이 포함되어 있다. 이 소듐이 스프의 열량에 기여할 것이라 생각하는가?

**5.47** 프럭토스($C_6H_{12}O_6$)의 연소열은 −2812 kJ/mol이다. 사과 한 개는 120 g이고 프럭토스가 16.0 g 포함되어 있다면, 이 사과에서 프럭토스의 열량 기여도는 얼마인가?

**5.48** 기체상 프로파인($C_3H_4$), 프로펜($C_3H_6$), 프로페인($C_3H_8$)의 표준 생성 엔탈피는 각각 +185.4, +20.4, −103.8 kJ/mol이다.

**(a)** 각 물질 1몰이 연소 반응을 통해서 $CO_2(g)$와 $H_2O(g)$를 생성할 때 발생한 열을 계산하시오.

**(b)** 각 물질 1 kg을 연소할 때 발생한 열을 계산하시오.

**(c)** 단위 질량당 발생한 열량으로 볼 때, 어느 물질이 가장 효율적인 연료인가?

## 요약 및 중요 용어

**화학 에너지(서론, 5.1절)** **열역학**(thermodynamics)은 에너지와 그 변환에 관한 연구이다. 이 장의 초점은 화학 반응 동안 에너지, 특히 열의 변환인 **열화학**(thermochemistry)이다.

물체는 두 가지 형태로 에너지를 갖는다. (1) **운동 에너지**(kinetic energy)는 물체를 움직임으로 인한 에너지이고 (2) **퍼텐셜 에너지**(potential energy)는 어떤 물체가 다른 물체와의 상대적 위치 때문에 갖는 에너지이다. 양성자 근처에 있는 운동 중인 전자는 움직임에 의한 운동 에너지와 양성자의 정전기 인력에서 생기는 위치 에너지를 갖는다.

화학 에너지는 대부분 원자 수준에서는 정전기적 상호작용으로부터 기인한다. 화학 결합을 깨는 데는 에너지가 반드시 공급되어야 하고 이는 퍼텐셜 에너지의 증가로 이어진다. 반대로 화학 결합이 형성될 때는 퍼텐셜 에너지가 감소하므로 에너지가 방출된다.

**열역학 제1법칙(5.2절)** 열역학 성질을 공부할 때 **계**(system)로써 물질의 양을 특정한다. 이 계 밖의 모든 물질은 **주위**(surroundings)이다. 닫힌계는 주위와 에너지는 교환할 수 있지만, 물질은 교환할 수 없다. 계의 **내부 에너지**(internal energy)는 구성 성분의 모든 운동 에너지와 위치 에너지의 합이다. 계의 내부 에너지는 계와 주위 사이에 이동한 에너지 때문에 변할 수 있다.

**열역학 제1법칙**(first law of thermodynamic)에 따르면 계의 내부 에너지의 변화($\Delta E$)는 계의 안 또는 밖으로 전달하는 열($q$)과, 계에 의해 또는 계에서 행해지는 일($w$)의 합, 즉 $\Delta E = q + w$이다. $q$와 $w$는 에너지 이동의 방향을 표시하는 기호를 갖는다. 열이 주위에서 계로 이동할 때는 $q > 0$, 주위가 계에 일을 할 때는 $w > 0$이다. **흡열**(endothermic) 과정은 계가 주위로부터 열을 흡수하고, **발열**(exothermic) 과정은 열이 계에서 주위로 방출된다.

내부 에너지 $E$는 **상태 함수**(state function)이다. 어떤 상태 함수의 값은 계의 상태 또는 조건에만 의존하며, 그 상태에 도달하는 상세한 어떤 과정과 무관하다. 열($q$)과 일($w$)의 값은 계가 그들의 상태를 변화시키는 특정한 방법에 의존하므로 상태 함수가 아니다.

**엔탈피(5.3과 5.4절)** 일정한 압력에서 기체가 생성되거나 소비되는 화학 반응이 진행될 때, 계는 주위의 압력에 대해서 **압력–부피 일**($P-V$ work)을 수행한다. 이러한 이유로, 에너지에 대한 새로운 상태 함수인 **엔탈피**(enthalpy) $H$를 정의할 수 있다. $H = E + PV$. 압력–부피 일만 포함하는 계에서 엔탈피의 변화($\Delta H$)는 일정한 압력하에서 계에 의해 얻거나 잃은 열과 같다. $\Delta H = q_P$ (아래 첨자 P는 일정한 압력을 의미한다). 흡열 과정에서는 $\Delta H > 0$이고, 발열 과정에서는 $\Delta H < 0$이다.

화학 과정에서 **반응 엔탈피**(enthalpy of reaction)는 생성물의 엔탈피에서 반응물의 엔탈피를 뺀 값인 $\Delta H_{rxn} = H(\text{생성물}) - H(\text{반응물})$이다. 반응 엔탈피는 다음과 같은 간단한 규칙을 따른다. (1) 반응 엔탈피는 반응하는 반응물의 양에 비례한다. (2) 반응이 반대로 진행하면 $\Delta H$의 부호가 변한다. (3) 반응 엔탈피는 반응물과 생성물의 물리적 상태에 의존한다.

**열계량법(5.5절)** 계와 주위 간에 전달된 열량은 **열계량법**(calorimetry)을 통해 실험적으로 측정한다. **열량계**(calorimeter)로는 한 과정에 수반하는 온도 변화를 측정한다. 열량계의 온도 변화는 1 K 온도 상승에 필요한 열량인 **열용량**(heat capacity)에 의존한다. 순물질 1몰의 열용량을 **몰열용량**(molar heat capacity)이라 하고, 물질 1 g의 열용량은 **비열**(specific heat)이라고 한다. 물은 4.18 J/g-K의 매우 큰 비열을 가진다. 물질이 흡수한 열($q$)은 비

열($c$), 질량, 온도 변화를 곱한 값이다: $q = c \times m \times \Delta T$

열계량법을 일정 압력에서 실험할 때, 전달되는 열은 반응 엔탈피 변화를 직접적으로 잴 수 있다. 일정 부피 열계량법은 **통열량계(bomb calorimeter)**라고 하는 일정 부피의 용기에서 측정한다. 일정 부피 조건하에서 이동한 열은 $\Delta E$와 같다. $\Delta H$를 산출하기 위해서 $\Delta E$ 값의 보정을 적용할 수 있다.

Hess 법칙(5.6절) 엔탈피는 상태 함수이므로, $\Delta H$는 계의 초기 상태와 최종 상태에만 의존한다. 따라서 한 과정의 엔탈피 변화는 한 단계로 일어나든, 연속 단계로 일어나든 똑같다. **Hess 법칙(Hess's law)**에서는 한 반응이 연속 단계로 일어날 때, 그 반응의 $\Delta H$는 그 단계의 엔탈피 변화의 합과 같다. 따라서 $\Delta H$ 값이 알려진 연속 단계로 그 과정을 기록하면 어떠한 과정이든지 $\Delta H$를 계산할 수 있다.

생성 엔탈피(5.7절) 한 물질의 **생성 엔탈피(enthalpy of formation, $\Delta H_f$)**는 그 물질이 성분 원소로부터 생성된 반응의 엔탈피 변화이다. 일반적으로 엔탈피는 **표준 상태**에서의 반응물과 생성물의 반응을 기록한다. 한 물질의 표준 상태란 기압 100 kPa와 온도 298 K에서 가장 안정하고 순수한 상태이다. 따라서 반응에서의 **표준 엔탈피 변화(standard enthalpy change)**, $\Delta H°$는 표준 상태에 있는 모든 반응물과 생성물의 엔탈피 변화를 말한다. 한 물질의 **표준 생성 엔탈피(standard enthalpy of formation)**, $\Delta H_f°$는 표준 상태에 있는 원소들로부터 물질 1몰을 만드는 반응에서의 엔탈피 변화이다. 대부분의 표준 상태에 있는 원소들은 $\Delta H_f° = 0$이다.

어떤 반응의 표준 엔탈피 변화는 반응 중 반응물과 생성물의 표준 생성 엔탈피로부터 쉽게 계산할 수 있다.

$$\Delta H°_{rxn} = \Sigma n\Delta H_f° \text{ (생성물)} - \Sigma m\Delta H_f° \text{ (반응물)}$$

결합 엔탈피(5.8절) 공유 결합의 강도는 특정 결합을 끊는 데 필요한 몰당 엔탈피 변화인 결합 엔탈피로 측정된다. 평균 결합 엔탈피는 매우 다양한 공유 결합에 대해서 결정할 수 있다. 기체 상태의 물질에 깨진 결합의 평균 결합 엔탈피를 더하고 생성된 결합의 평균 결합 엔탈피를 뺌으로써 화학 반응 동안의 엔탈피 변화를 예측할 수 있다. 결합을 깨는 데 필요한 에너지가 결합을 형성하는 에너지보다 클 때 반응 엔탈피는 양수이고 반대 상황일 때는 반응 엔탈피는 음수이다.

식품과 연료(5.9절) 한 물질의 **연료 값(fuel value)**은 물질 1 g이 연소할 때 방출한 열이다. 종류가 다른 식품은 다른 연료 값을 갖고, 인체에 저장하는 능력도 다르다. 가장 보편적으로 사용되는 연료는 **천연가스(natural gas)**, **석유(petroleum)**, **석탄(coal)**과 같은 **화석 연료(fossil fuel)**라고 알려진 탄화수소이다. **재생 에너지원(renewable energy sources)**에는 태양 에너지, 풍력 에너지, 바이오매스 에너지, 수력 에너지 등이 있다. 원자력은 화석 연료를 사용하지는 않지만 논란의 여지가 있는 폐기물 처리 문제를 야기시킨다.

## 학습 정리 이 장을 공부한 후에 여러분은 다음을 할 수 있어야 한다.

- 화학 결합을 생성하거나 끊는 데 수반되는 퍼텐셜 에너지의 변화를 기술하기(5.1절). **관련 연습 문제: 5.3, 5.64**
- 열역학에서 계와 주위를 구분하기(5.2절). **관련 연습 문제: 5.6, 5.66**
- 열과 일로부터 내부 에너지를 계산하고 이 값들의 부호를 표기하기(5.2절). **관련 연습 문제: 5.8, 5.9, 5.68, 5.69**
- 상태 함수의 개념을 설명하고 예를 들기(5.2절). **관련 연습 문제: 5.10, 5.70**
- $\Delta E$와 $P\Delta V$로부터 $\Delta H$를 계산하기(5.3절). **관련 연습 문제: 5.15, 5.74, 5.75**
- $q_p$와 $\Delta H$를 연관짓고, $q$와 $\Delta H$의 부호에 따라 발열 또는 흡열 반응임을 나타내기(5.2절, 5.3절). **관련 연습 문제: 5.18, 5.78**
- 열화학 반응식을 이용하여 일정 압력($\Delta H$)에서의 반응에 전달된 열에너지와 반응에 참가한 물질의 양을 관련시키기(5.4절). **관련 연습 문제: 5.19, 5.20, 5.79, 5.80**
- 온도 측정과 함께 열용량 또는 비열(열계량법)을 통한 열 이동을 계산하기(5.5절). **관련 연습 문제: 5.24, 5.81~5.83**
- Hess 법칙을 이용하여 반응의 엔탈피 변화를 계산하기(5.6절). **관련 연습 문제: 5.30, 5.31, 5.88, 5.89**
- 표준 생성 엔탈피를 이용하여 반응의 $\Delta H°$를 계산하기(5.7절). **관련 연습 문제: 5.34~5.37**
- 평균 결합 엔탈피를 이용하여 모든 반응물과 생성물이 기체 상태인 반응의 반응 엔탈피를 예측하기(5.8절). **관련 연습 문제: 5.41~5.44**

## 핵심 공식

| 공식 | | |
|---|---|---|
| $w = F \times d$ | [5.1] | 일을 힘과 거리와 연결짓는다. |
| $E_{el} = \kappa Q_1 Q_2 / d$ | [5.2] | 정전기적 퍼텐셜 에너지 |
| $\Delta E = E_{최종} - E_{초기}$ | [5.3] | 내부 에너지의 변화 |
| $\Delta E = q + w$ | [5.4] | 내부 에너지의 변화를 열과 일로 연결짓는다(열역학 제1법칙) |
| $H = E + PV$ | [5.5] | 엔탈피 정의 |
| $w = -P\Delta V$ | [5.7] | 일정 압력에서 기체 팽창에 의해서 한 일 |
| $\Delta H = \Delta E + P\Delta V = q_P$ | [5.9] | 일정 압력에서 엔탈피 변화 |

- $q = C_s \times m \times \Delta T$ [5.21] 비열, 질량, 온도 변화에 의존하는 열 변화
- $q_{rxn} = -C_{cal} \times \Delta T$ [5.23] 반응과 열량계 사이에 교환된 열
- $\Delta H^\circ_{rxn} = \Sigma n \Delta H^\circ_f$ (생성물) $- \Sigma m \Delta H^\circ_f$ (반응물) [5.31] 반응의 표준 엔탈피 변화
- $\Delta H_{rxn} = \Sigma$(끊어진 결합의 결합 엔탈피)$-\Sigma$(형성된 결합의 결합 엔탈피) [5.32] 기체 상태 분자가 관련된 반응에 대한 평균 결합 엔탈피의 함수로서의 반응 엔탈피

# 연습 문제

## 눈으로 보는 개념

**5.49** 양전하를 띤 두 개의 구가 전하 $2.0 \times 10^{-5}$ C, 질량 1.0 kg을 갖고 1.0 cm의 거리에 떨어져 있으며 마찰이 없는 트랙에 고정되어 있다. [5.1절]

**(a)** 이 계의 정전기적 퍼텐셜 에너지는 얼마인가?

**(b)** 이 구슬을 고정에서 풀어준다면 서로 가까워지겠는가, 아니면 멀어지겠는가?

**(c)** 구 사이의 거리가 무한대로 되면, 각 구는 얼마의 속도에 이르게 되는가?

**5.50** 다음 사진은 나비 유충이 나뭇가지를 오르고 있는 모습을 나타낸 것이다. [5.1절]

**(a)** 유충이 올라감에 따라 퍼텐셜 에너지는 증가하게 된다. 퍼텐셜 에너지가 변화하기 위해 어떠한 에너지를 사용하고 있는가?

**(b)** 유충을 계로 생각한다면, 유충이 올라가는 것에 대한 $q$의 부호를 예측할 수 있는가?

**(c)** 유충은 가지를 오르기 위해서 일을 하고 있는가? 이유를 설명하시오.

**(d)** 유충이 30 cm 구간을 오르기 위해 한 일의 양은 유충이 오르는 속도와 상관이 있는가?

**(e)** 퍼텐셜 에너지의 변화는 유충이 올라가는 속도와 상관이 있는가?

**5.51** 다음 에너지 도표를 보고 답하시오. [5.2절]

**(a)** 이 그림은 계의 내부 에너지의 증가를 나타내는가, 감소를 나타내는가?

**(b)** 이 과정에서 $\Delta E$의 부호는?

**(c)** 만일 이 과정에서 어떠한 일도 수행하지 않았다면, 이 과정은 흡열 과정인가, 발열 과정인가?

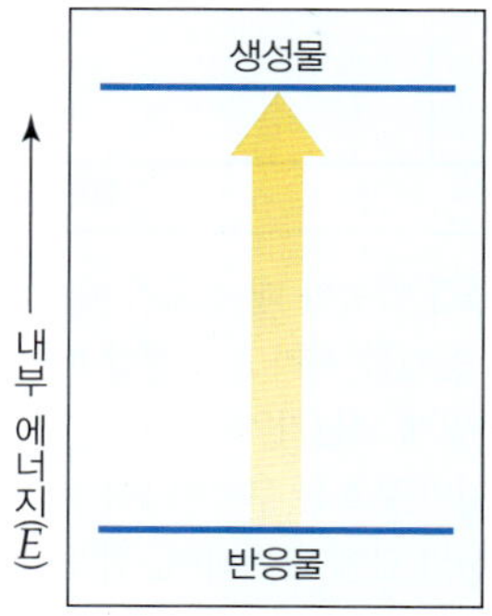


**5.52** 다음 각 그림의 닫힌 상자는 각각 계를 나타내고 있으며, 화살표는 어떤 과정에서의 변화를 나타내고 있다. 화살표의 길이는 $q$와 $w$의 상대적인 세기를 나타낸다. [5.2절]

**(a)** 어느 과정이 흡열 과정인가?

**(b)** 만일 존재한다면 어느 과정이 $\Delta E < 0$인 과정인가?

**(c)** 계의 내부 에너지가 실제로 증가하는 과정이 있다면 어느 과정인가?

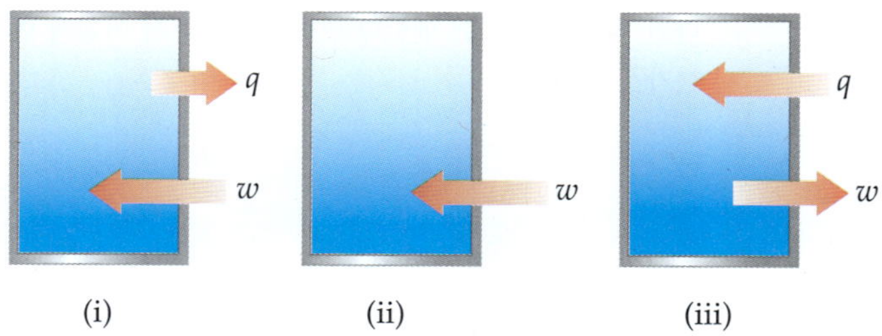


**5.53** 등산을 하고 있다고 상상해 보자. [5.2절]

**(a)** 이때 정상까지 등반한 거리는 상태 함수인가? 이유를 설명하시오.

**(b)** 베이스 캠프와 정상 사이의 고도의 변화는 상태 함수인가? 이유를 설명하시오.

**5.54** 다음 도표는 서로 다른 내부 에너지($E$)를 가진 네 개의 상태를 나타낸 것이다. [5.2절]

**(a)** 내부 에너지가 가장 높은 상태는 어느 것인가?

**(b)** $\Delta E$ 값을 사용하여 상태 A와 B의 내부 에너지 차이의 두 가지 표현을 기술하시오.

**(c)** C와 D 상태의 에너지 차이를 표현하시오.

**(d)** 이 계에서 상태 E라는 다른 상태가 있으며, 그것의 에너지는 상태 A에 대하여 $\Delta E = \Delta E_1 + \Delta E_4$라고 하자. 상태 E는 이 도표에서 어디에 위치할 수 있는가?

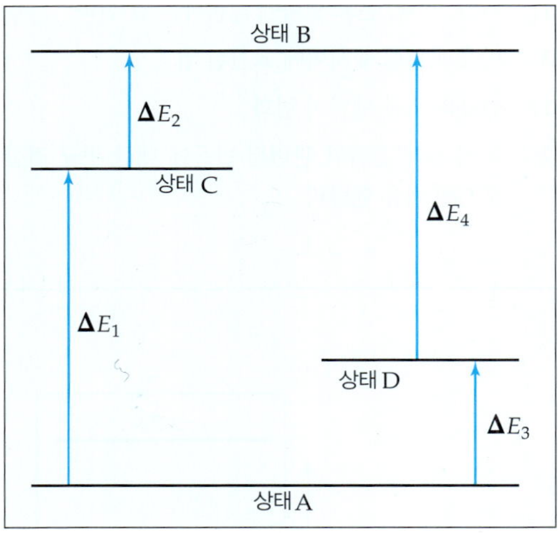


**5.55** 자전거 펌프를 압축할 때 펌프가 따뜻해짐을 알 수 있다. [5.2절]

**(a)** 펌프와 공기를 계라고 가정할 때, 공기를 압축할 때의 $w$의 부호는 어떻게 되는가?

**(b)** 이때의 $q$의 부호는 무엇이 되는가?

**(c)** (a)와 (b)의 답에 근거하여, 펌프의 공기를 압축할 때 $\Delta E$의 부호를 결정할 수 있는가? 만일 불가능하다면 $\Delta E$의 부호를 어떻게 예측할 수 있는가? 그 이유는 무엇인가?

**5.56** 다음 그림과 같이 용기가 물이 담긴 통에 담겨 있다고 생각해 보자. [5.2절, 5.3절]

**(a)** 용기 속의 내용물을 계라고 하고, 용기의 벽을 통한 열의 이동이 가능하다고 할 때, 계와 주위의 온도 변화는 어떻게 되는가? 계의 관점에서 볼 때 이 과정은 흡열인가, 발열인가?

**(b)** 위와 같은 과정이 이루어지는 동안 부피와 압력의 변화가 없다면, 내부 에너지는 엔탈피 변화와 관련해서 어떻게 변화하는가?

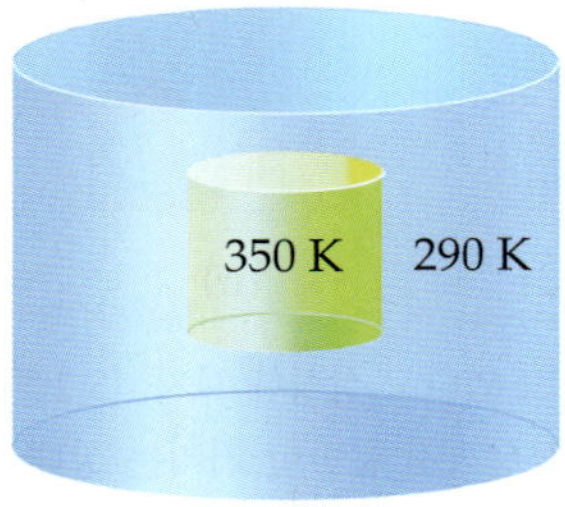


**5.57** 다음 실린더 그림에서, 일정한 온도와 압력에서 화학 과정이 이루어진다. [5.2절, 5.3절]

**(a)** 이 변화에서 $w$는 양으로 변화하는가, 음으로 변화하는가?

**(b)** 만일 흡열 과정이라면, 이러한 변화가 일어날 때 실린더 내부의 계에 대하여 내부 에너지가 증가할 것인가, 감소할 것인가? 또 $\Delta E$는 양인가, 음인가?

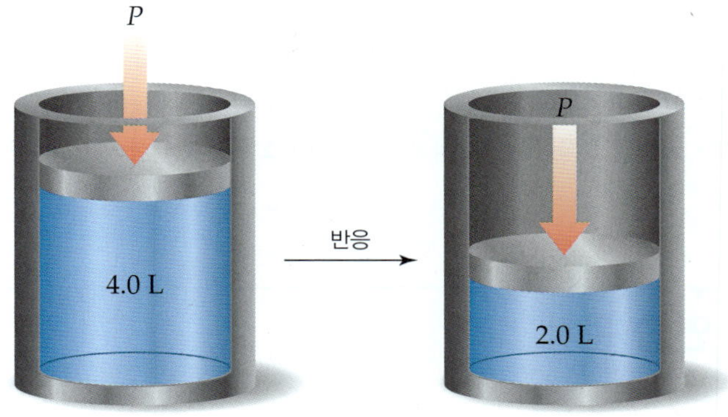


**5.58** 일정 압력이 유지되도록 고안된 기기 내부에서 $N_2$와 $O_2$ 사이의 기체상 반응을 진행시켰다. [5.3절, 5.7절]

**(a)** 이 반응의 균형 화학 반응식을 쓰고, $w$가 양인지, 음인지, 0인지를 예측하시오.

**(b)** 부록 C의 자료를 사용하여, 생성물 1 mol이 형성될 때의 $\Delta H$를 구하시오.

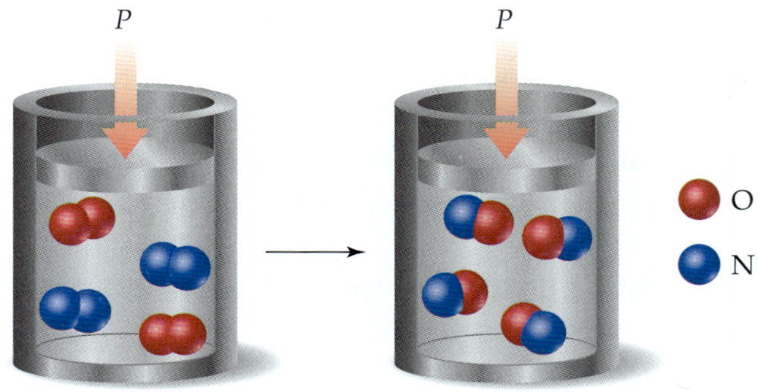


**5.59** 다음 두 도표에 대한 물음에 답하시오. [5.6절]

**(a)** (i)에 근거하여, $\Delta H_B$와 $\Delta H_C$가 어떻게 $\Delta H_A$와 연관이 되는지 식으로 나타내시오.

**(b)** (ii)에 근거하여, $\Delta H_Z$가 도표에서 다른 엔탈피 변화와 관계되는 식을 쓰시오.

**(c)** (a)와 (b)에서 구한 식들은 어떤 법칙에 근거를 둔 것인가?

**(d)** 각 과정과 연관된 일에 대하여 유사한 관계가 성립되는가?

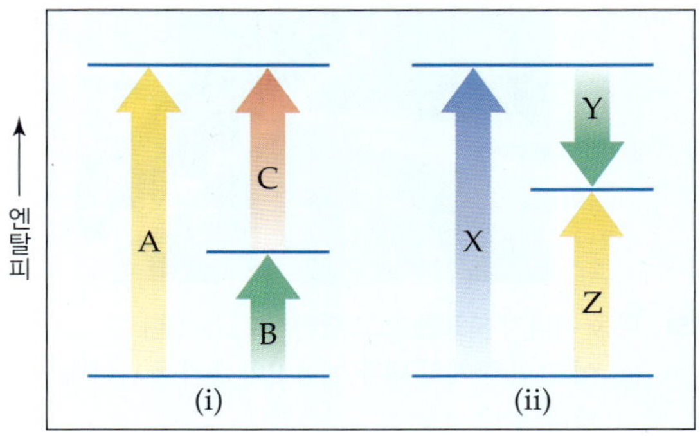


**5.60** 화합물 A에서 B로의 변화를 생각해 보자.

$$A \longrightarrow B$$

두 화합물 A와 B에 대하여 $\Delta H_f^\circ > 0$이다. [5.7절]

**(a)** 그림 5.23과 유사한 형태로 반응의 엔탈피 도표를 그리시오.

(b) 전체 반응이 발열 반응일 때 어떤 결론을 내릴 수 있겠는가?

### 화학 에너지의 성질(5.1절)

**5.61** (a) 460 pm의 거리로 떨어져 있는 두 전자 사이의 정전기 퍼텐셜 에너지(J)는 얼마인가? (b) 만약 이 거리가 1.0 nm 만큼 증가한다면, 퍼텐셜 에너지의 변화는 얼마나 되는가? (c) 두 입자 사이의 거리가 1.0 nm 증가할때 두 입자의 퍼텐셜 에너지는 증가하는가, 아니면 감소하는가?

**5.62** (a) 반대 전하를 띤 두 물체 사이의 정전기적 인력(에너지가 아님)은 $F=\kappa(Q_1Q_2/d^2)$으로 주어진다. 여기에서 $\kappa=8.99\times10^9$ N-m²/C²이고, $Q_1$과 $Q_2$는 두 물체의 전하(쿨롬 단위)이며, $d$는 두 물체 사이의 간격(미터 단위)이다. 0.23 nm 간격으로 떨어져 있는 전자와 양성자 사이의 정전기적 인력(N)은 얼마인가? (b) 두 물체 사이의 중력은 $F=G(m_1m_2/d^2)$의 식으로 주어진다. 여기서 $G$는 중력 가속도로, $G=6.674\times10^{-11}$ N-m²/kg²이며, $m_1$과 $m_2$는 두 물체의 질량이고, $d$는 두 물체의 간격이다. 전자와 양성자가 잡아당기는 중력은 얼마인가(Newton 단위로)? (c) 정전기적 인력은 중력보다 몇 배나 더 큰가?

**5.63** 문제 5.62에 주어진 식들을 사용하여 다음을 계산하시오.
(a) 75 pm 떨어진 두 전자에 대한 정전기적 반발력
(b) 75 pm 떨어진 두 전자가 잡아당기는 중력
(c) 두 전자가 움직일 수 있도록 내버려 둔다면 두 전자는 서로 잡아당기는가, 반발하겠는가?

**5.64** $3.2\times10^{-19}$ C의 전하를 갖는 마그네슘 이온($Mg^{2+}$)과 $-3.2\times10^{-19}$ C을 갖는 산화 이온($O^{2-}$)이 0.35 nm의 거리로 떨어져 있다. 두 이온의 간격을 무한대로 증가시키려면, 얼마의 일이 필요한가?

**5.65** 다음 각 경우에서 가해진 힘을 밝히고, 일이 행해졌는지를 설명하시오.
(a) 양성자로부터 고정된 거리에서 원을 그리며 움직이는 전자의 경우
(b) 쇠못을 자석을 이용하여 당기는 경우

### 열역학 제1법칙(5.2절)

**5.66** 열역학 연구를 수행하는 한 과학자가 그림처럼 생긴 기구에 들어 있는 용액의 성질을 주목하고 있다. 용액은 위쪽에서 기구로 들어가며, 아래쪽으로 빠져나간다. 기구 내부의 용액의 양은 시간과 무관하게 일정하다.
(a) 기구 내부의 용액은 열린계인가, 닫힌계인가, 고립계인가?
(b) 만약 입구와 출구가 막히게 된다면, 이 계는 어떠한 종류의 계가 되겠는가?

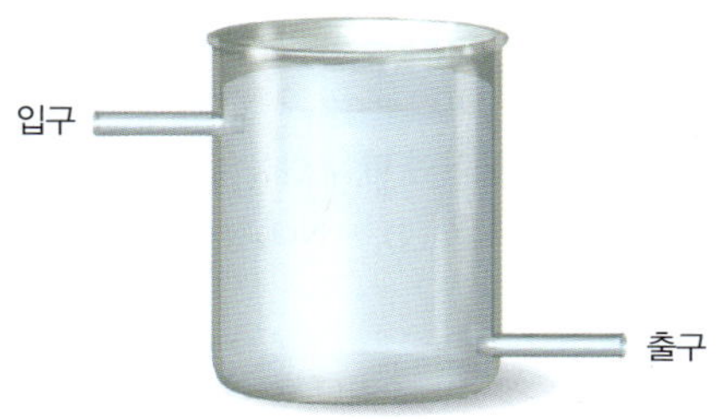


**5.67** (a) 열과 일에 관한 열역학 제1법칙을 나타내는 식을 쓰시오. (b) 어떠한 조건에서 $q$와 $w$가 음의 값이 되는가?

**5.68** 다음 과정이 흡열인지, 발열인지를 결정하고, 계의 내부 에너지의 변화를 계산하시오.
(a) 0.655 kJ의 열을 제거하여 풍선이 냉각되었다. 풍선이 냉각에 의해서 수축되었고, 대기는 382 J의 일을 풍선에 수행하였다.
(b) 100.0 g의 금괴가 25 °C에서 50 °C까지 가열되었으며, 322 J의 열을 흡수하였다(단, 금괴의 부피는 일정하다고 가정한다).

**5.69** 다음 그림과 같이 거리 $r_1$만큼 떨어져 있고 줄에 매달려 있는 반대 전하를 띤 두 개의 구로 이루어진 계를 생각해 보자. 이들을 보다 먼 거리인 $r_2$까지 이동시켰다고 가정해 보자.
(a) 계의 퍼텐셜 에너지에는 어떠한 변화가 발생하였는가?
(b) 이 과정을 통하여 $\Delta E$ 값에는 어떤 변화가 발생하였는가?
(c) 이 과정에서 $q$와 $w$에는 어떤 변화가 발생하였는가?

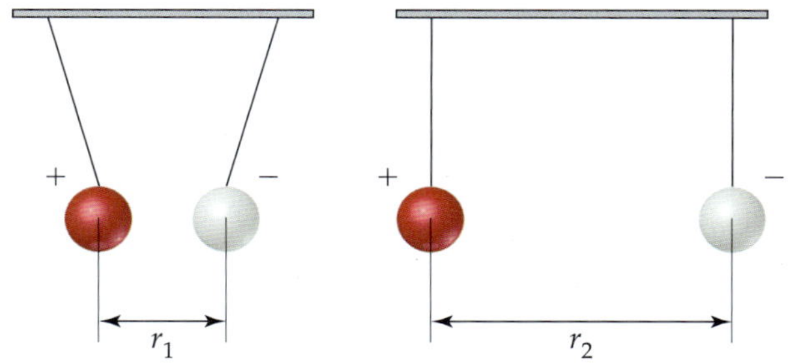


**5.70** 다음 변화가 경로와 무관한가를 밝히시오.
(a) 책을 책상에서 책장으로 옮길 때의 퍼텐셜 에너지 변화
(b) 각설탕 한 조각이 $CO_2(g)$와 $H_2O(g)$로 산화될 때의 발열량
(c) 1갤런의 가솔린이 탈 때 수행된 일

### 엔탈피(5.3절, 5.4절)

**5.71** 90.5 kPa의 일정 압력하에 33.6 L에서 11.2 L로 부피가 감소하였다면, 이 화학 반응과 관련된 일(J)은 얼마인가?

**5.72** (a) 어떤 조건에서 한 과정의 엔탈피 변화가 그 계의 내부 또는 외부로 전달되는 열의 양과 동일한가? (b) 일정 압력 과정 동안 계는 열을 주위로 방출한다. 이 과정 동안 계의 엔탈피는 증가하는가, 감소하는가? (c) 일정한 압력 과정에서 $\Delta H=0$이다. $\Delta E$, $q$, $w$에 대해 무슨 결론을 내릴 수 있는가?

**5.73** 2몰의 물이 100 kPa의 일정 압력과 298 K의 일정 온도에서 다음과 같은 반응으로 형성되었다고 가정하자.

$$2\,H_2(g) + O_2(g) \longrightarrow 2\,H_2O(l)$$

(a) 이 반응의 압력−부피 일을 계산하시오.
(b) (a)의 답을 이용하여 반응의 $\Delta E$를 계산하시오.

**5.74** 기체상 반응 $2\,NO(g) + O_2(g) \longrightarrow 2\,NO_2(g)$가 일정 온도에서 일정한 부피의 용기 안에서 진행되었다고 가정해 보자.
(a) 측정된 열 변화는 $\Delta H$를 표현하는가, $\Delta E$를 표현하는가?
(b) 만일 차이가 있다면, 이 반응에 대해 어느 것이 더 큰가?
(c) (b)에 대한 답의 이유를 설명하시오.

**5.75** 그림 5.4와 같이 기체가 일정 대기압에서 실린더에 들어 있다. 이 기체가 특정한 화학 반응을 할 때 0.49 kJ의 열을 주위에서 흡수하고, 계는 주위에 214 J의 $P-V$ 일을 한다. 이 과정의 $\Delta H$와 $\Delta E$의 값은 얼마인가?

**5.76** 일정 압력하에서 탄산수소 소듐(일명 베이킹소다, $NaHCO_3(s)$)를 $Na_2(CO)_3(s)$와 $CO_2(g)$와 $H_2O(g)$로 분해하기 위해 2몰의 $NaHCO_3(s)$당 85 kJ의 열을 가해야 한다.

**(a)** 이 반응의 균형 맞춘 열화학 반응식을 쓰시오.

**(b)** 이 반응의 엔탈피 도표를 그리시오.

**5.77** 표를 참조하지 말고, 다음 중 어느 것의 엔탈피가 더 클지를 예상하시오.

**(a)** 동일 온도의 $I_2(s)$ 1 mol 혹은 $I_2(g)$ 1 mol

**(b)** 2 mol의 아이오딘 원자 혹은 1 mol의 $I_2$

**(c)** 25 °C에서 1 mol의 $I_2(g)$과 1 mol의 $H_2(g)$ 혹은 25 °C에서 2 mol의 $HI(g)$

**(d)** 100 °C에서 1 mol의 $H_2(g)$ 혹은 300 °C에서 1 mol의 $H_2(g)$

**5.78** 다음 반응을 생각해 보자.

$$2\,CH_3OH(g) \longrightarrow 2\,CH_4(g) + O_2(g) \quad \Delta H = +252.8\text{ kJ}$$

**(a)** 이 반응은 발열인가, 흡열인가?

**(b)** 일정 압력에서 24.0 g의 $CH_3OH(g)$이 분해될 때, 전달된 열을 계산하시오.

**(c)** $CH_3OH(g)$이 주어졌을 때, 반응 과정 동안 엔탈피의 변화는 82.1 kJ이다. 얼마만큼(g)의 메테인 기체가 생성되었는가?

**(d)** 일정 압력에서 38.5 g의 $CH_4(g)$가 $O_2(g)$와 반응하여 $CH_3OH(g)$를 형성할 때, 발생된 열(kJ)은 얼마인가?

**5.79** 소량의 산소 기체를 실험실에서 생성시키는 일반적 방법은 $KClO_3$를 가열하는 것이다.

$$2\,KClO_3(s) \longrightarrow 2\,KCl(s) + 3\,O_2(g) \quad \Delta H = -89.4\text{ kJ}$$

이 반응에서 **(a)** $O_2$ 1.36 mol, **(b)** KCl 10.4 g을 생성하기 위한 $\Delta H$를 계산하시오. **(c)** $KClO_3$의 분해는 가열 시 자발적으로 진행된다. 이것의 가역 반응, 즉 KCl과 $O_2$로부터 $KClO_3$의 생성이 일반 조건에서 쉽게 일어날 것으로 생각되는가? 이에 대한 답을 설명하시오.

**5.80** 액체 벤젠($C_6H_6(l)$)의 분해를 통해 기체상의 아세틸렌($C_2H_2(g)$)이 생성되는 반응을 생각해 보자.

$$C_6H_6(l) \longrightarrow 3\,C_2H_2(g) \quad \Delta H = +630\text{ kJ}$$

**(a)** 역반응의 엔탈피 변화는 얼마인가?

**(b)** 1 mol 아세틸렌의 생성을 위한 $\Delta H$는 얼마인가?

**(c)** 정반응과 역반응 중 어느 것이 열역학적으로 우세한가?

**(d)** 이 반응에서 $C_6H_6(l)$ 대신에 $C_6H_6(g)$를 사용한다면, $\Delta H$의 크기는 증가하는가, 감소하는가, 그대로인가? 설명하시오.

## 열계량법(5.5절)

**5.81** 두 고체 물질 A와 B를 끓는 물에 넣어 물과 같은 온도가 되도록 한다. 그런 다음 각 물질을 꺼내어 10.0 °C의 물 1000 g이 들어 있는 비커 두 개에 각각 넣는다. 물질 A는 물의 온도를 3.50 °C 높였고, 물질 B는 2.60 °C만큼 높였다.

**(a)** 어느 물질이 더 큰 열용량을 갖는가?

**(b)** A와 B의 비열에 대해 무엇을 말할 수 있는가?

**5.82** **(a)** 표 5.2에 있는 물질 중에서 50.0 g을 10 K 올릴 때 가장 적은 양의 에너지를 필요로 하는 것은 어느 것인가? **(b)** 이 온도 변화에 필요한 에너지를 계산하시오.

**5.83** 문제 5.68(b)의 금 금속에 대한 자료를 생각해 보자.

**(a)** 이 자료를 근거로 $Au(s)$의 비열을 계산하시오.

**(b)** 같은 양의 열이 초기에 같은 온도에서 두 개의 10.0 g 금속 막대에 가해진다고 생각해 보자. 한 막대는 금이고, 다른 하나는 철이다. 열이 가해진 후 어느 막대의 온도가 더 높아질 것인가?

**(c)** $Au(s)$의 몰열용량은 얼마인가?

**5.84** **(a)** 고체 질산 암모늄($NH_4NO_3(s)$) 시료 8.50 g을 커피컵 열량계(그림 5.18) 안에 들어 있는 120.0 g의 물에 녹이면, 온도는 24.0 °C에서 18.9 °C로 낮아진다. 다음 용해 과정의 $\Delta H$(kJ/mol $NH_4NO_3$)를 계산하시오(단, 그 용액의 비열은 순수한 물과 같다고 가정하라).

$$NH_4NO_3(s) \longrightarrow NH_4^+(aq) + NO_3^-(aq)$$

**(b)** 이 과정은 흡열인가, 발열인가?

**5.85** 페놀($C_6H_5OH$) 시료 2.20 g이 총 열용량 11.90 kJ/°C의 통열량계에서 연소된다. 온도는 21.50 °C에서 27.50 °C로 증가한다.

**(a)** 통열량계 반응의 균형 화학 반응식을 쓰시오.

**(b)** 페놀의 그램당 연소열과 몰당 연소열은 각각 얼마인가?

**5.86** 일정 부피 조건에서 나프탈렌($C_{10}H_8$)의 연소열은 40.18 kJ/g이다. 2.50 g의 나프탈렌 시료를 통열량계에서 연소했더니, 열량계 온도가 21.50 °C에서 28.83 °C로 증가했다.

**(a)** 열량계의 총 열용량은 얼마인가?

**(b)** 1.50 g의 새로운 유기 시료를 같은 열량계에서 연소시켰다. 열량계의 온도는 21.14 °C에서 25.08 °C로 증가한다. 새로운 시료의 그램당 연소열은 얼마인가?

**(c)** 시료를 바꾸는 동안 열량계의 소량의 물이 손실되었다. 이런 식으로, 열량계의 열용량이 달라지는가?

## Hess 법칙(5.6절)

**5.87** Hess 법칙과 비슷하게 전체 내부 에너지의 변화 $\Delta E$를 계산하기 위하여 각 반응의 내부 에너지 $\Delta E$를 합함으로써 얻을 수 있는가?

**5.88** 주어진 다음 반응의 엔탈피로부터

$$2\,C(s) + O_2(g) \longrightarrow 2\,CO(g) \quad \Delta H = -221.0\text{ kJ}$$
$$2\,C(s) + O_2(g) + 4\,H_2(g) \longrightarrow 2\,CH_3OH(g) \quad \Delta H = -402.4\text{ kJ}$$

다음 반응의 $\Delta H$를 구하시오.

$$CO(g) + 2\,H_2(g) \longrightarrow CH_3OH(g)$$

**5.89** 주어진 다음 자료로부터

$$N_2(g) + O_2(g) \longrightarrow 2\,NO(g) \quad \Delta H = +180.7\text{ kJ}$$
$$2\,NO(g) + O_2(g) \longrightarrow 2\,NO_2(g) \quad \Delta H = -113.1\text{ kJ}$$
$$2\,N_2O(g) \longrightarrow 2\,N_2(g) + O_2(g) \quad \Delta H = -163.2\text{ kJ}$$

Hess 법칙을 이용하여 다음 반응의 $\Delta H$를 계산하시오.

$$N_2O(g) + NO_2(g) \longrightarrow 3\,NO(g)$$

## 생성 엔탈피(5.7절)

**5.90** **(a)** 매우 반응성이 높은 플루오린($F_2$)과 거의 반응성이 없는 질소($N_2$) 모두의 표준 생성 엔탈피는 0인가? **(b)** 엔탈피 변화가 나프탈렌($C_{10}H_8$)의 표준 생성 엔탈피와 같은 화학 반응을 쓰시오.

**5.91** 표준 상태에서 원소들로부터 다음 화합물의 생성을 나타내는 균형 맞춘 반응식을 쓰시오. 그리고 부록 C를 사용하여 이들의 표준 생성 엔탈피 값을 구하시오.

**(a)** $CH_3OH(l)$ **(b)** $CaSO_4(s)$ **(c)** $NO(g)$ **(d)** $P_4O_6(s)$

**5.92** 산화 아세틸렌은 가장 뜨거운 일반 연료 기체이므로, 아세틸렌($C_2H_2(g)$)을 용접에 사용하고 있다. 표준 생성 엔탈피를 사용하여, 10 g의 아세틸렌을 표준 상태에서 완전 연소시켰을 때 생성되는 열의 양을 계산하시오.

**5.93** 부록 C의 값을 이용하여 다음 각 반응의 표준 엔탈피 변화를 계산하시오.

**(a)** $CaO(s) + 2HF(g) \longrightarrow CaF_2(s) + H_2O(g)$
**(b)** $Fe_2O_3(s) + 3C(s) \longrightarrow 2Fe(s) + 3CO(g)$
**(c)** $2\,CO(g) + 2\,NO(g) \longrightarrow N_2(s) + 2\,CO_2(g)$
**(d)** $4\,NH_3(g) + 5\,O_2(g) \longrightarrow 4\,NO(g) + 6\,H_2O(g)$

**5.94** 칼슘 카바이드($CaC_2$)는 물과 반응하여 아세틸렌($C_2H_2$)과 수산화 칼슘($Ca(OH)_2$)을 생성한다. 다음의 반응 엔탈피 자료와 부록 C의 자료들로부터 $CaC_2(s)$의 $\Delta H_f^\circ$를 계산하시오.

$$CaC_2(s) + 2\,H_2O(l) \longrightarrow Ca(OH)_2(s) + C_2H_2(g) \qquad \Delta H^\circ = -127.2\ \text{kJ}$$

**5.95** 다이에틸 에터($C_4H_{10}O(l)$)는 불붙기 쉽고 오랫동안 외과용 마취제로 사용되었으며 구조식은 다음과 같다.

$$H_3C-CH_2-O-CH_2-CH_3$$

$C_4H_{10}O(l)$ 1 mol을 완전 연소하여 $CO_2(g)$와 $H_2O(l)$로 생성하는 반응의 표준 엔탈피 변화는 $\Delta H^\circ = -2723.7$ kJ이다.

**(a)** $C_4H_{10}O(l)$ 1 mol 연소의 균형 맞춘 반응식을 쓰시오.
**(b)** 이 문제의 정보와 표 5.3의 자료를 사용하여 다이에틸 에터의 $\Delta H_f^\circ$를 계산하시오.

**5.96** 메탄올($CH_3OH$)은 경주용 차의 연료로 사용한다.

**(a)** 공기 중에서 액체 메탄올 연소의 균형 맞춘 반응식을 쓰시오.
**(b)** $H_2O(g)$를 생성물이라고 가정할 때, 이 반응의 표준 엔탈피 변화를 구하시오.
**(c)** 메탄올 1리터당 연소에 의해 생성되는 열을 계산하시오. 메탄올의 밀도는 0.791 g/mL이다.
**(d)** 방출되는 열 1 kJ당 생성되는 $CO_2$의 질량을 계산하시오.

## 결합 엔탈피(5.8절)

**5.97** 별도의 계산 없이, 다음 반응의 $\Delta H$의 부호를 예측하시오.

**(a)** $2\,NO_2(g) \longrightarrow N_2O_4(g)$
**(b)** $2\,F(g) \longrightarrow F_2(g)$
**(c)** $Mg^{2+}(g) + 2\,Cl^-(g) \longrightarrow MgCl_2(s)$
**(d)** $HBr(g) \longrightarrow H(g) + Br(g)$

**5.98** 표 5.4의 결합 엔탈피를 이용하여 다음 반응의 $\Delta H$를 예측하시오.

**(a)**

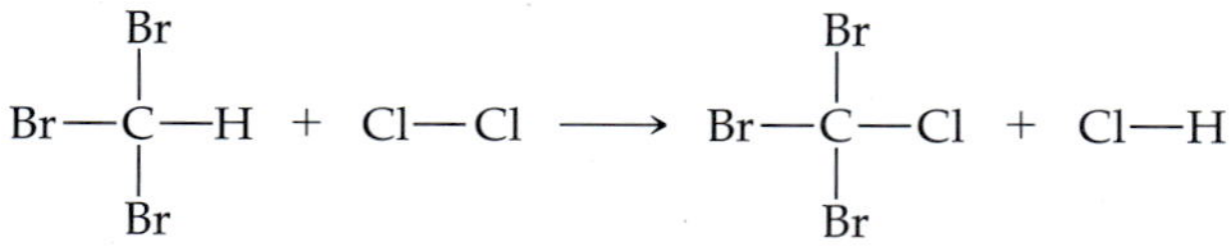

**(b)**

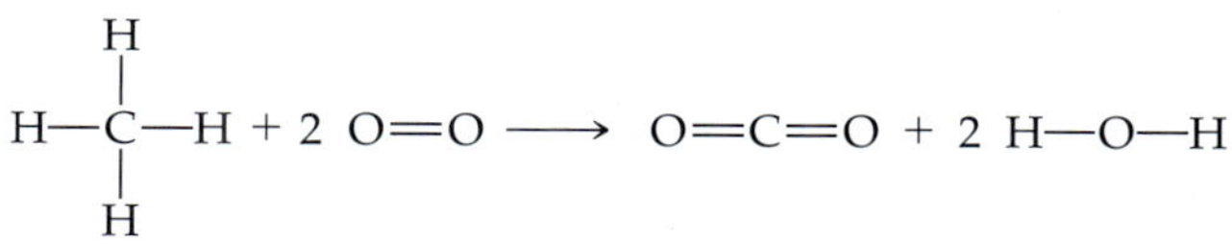

**5.99** **(a)** 질소 분자에서 질소 원자는 삼중 결합으로 연결되어 있다. 부록 C의 생성 엔탈피를 이용하여 이 결합의 엔탈피 $D(N{\equiv}N)$를 예측하시오. **(b)** 하이드라진(hydrazine)과 수소와의 반응으로 암모니아를 생성하는 반응 $N_2H_4(g) + H_2(g) \longrightarrow 2\,NH_3(g)$를 생각해 보자. 생성 엔탈피와 결합 엔탈피를 이용하여 하이드라진의 질소–질소 결합의 엔탈피를 예측하시오. **(c)** (a)와 (b)의 답을 근거로 하이드라진의 질소–질소 결합이 질소 분자의 결합에 비해서 어떠한지를 예측할 수 있는가?

**5.100** $H_2(g) + Br_2(s) \longrightarrow 2\,HBr(g)$ 반응을 생각해 보자.

**(a)** 표 5.4의 결합 엔탈피를 사용하여 이 반응의 $\Delta H$를 예측하시오. 단, 아이오딘이 고체 상태라는 것을 무시하라.
**(b)** 계산 없이 (a)에서 예측된 값이 실제 반응 엔탈피에 비해 음의 값인지, 양의 값인지 예측하시오.
**(c)** 부록 C의 생성 엔탈피를 사용하여 실제 반응 엔탈피를 결정하시오.

## 식품과 연료(5.9절)

**5.101** **(a)** 탄수화물 1 g과 지방 1 g 중 대사가 되었을 때 더 큰 에너지를 방출하는 것은? **(b)** 특정 감자칩은 단백질 12%, 지방 14%, 나머지는 탄수화물로 이루어져 있다. 이 음식 중에 지방의 칼로리는 몇 %인가? **(c)** 지방 25 g의 연료 값과 같은 연료 값을 갖는 단백질은 몇 g인가?

**5.102** 햄버거에는 28 g의 지방, 46 g의 탄수화물, 25 g의 단백질이 있다. 햄버거 하나의 연료 값(kJ)은 얼마인가? 햄버거 하나는 얼마나 많은 칼로리를 제공하는가?

**5.103** 에탄올($C_2H_5OH(l)$)의 연소열은 −1367 kJ/mol이다. 어떤 흑맥주에는 에탄올이 질량비로 6.0% 포함되어 있다. 이 맥주의 밀도가 1.0 g/mL라고 가정한다면, 흑맥주 한 병(500 mL)에 포함되어 있는 알코올(에탄올)의 칼로리는 얼마인가?

**5.104** 산소가 연소제가 아닌 가상적인 세계에서 탄화수소의 '연료 값'을 비교해 보는 것은 흥미롭다. $CF_4(g)$의 생성 엔탈피는 −679.9 kJ/mol이다. 다음 두 반응 중에서 어떤 것이 더 발열인가?

$$CH_4(g) + 2\,O_2(g) \longrightarrow CO_2(g) + 2\,H_2O(g)$$
$$CH_4(g) + 4\,F_2(g) \longrightarrow CF_4(g) + 4\,HF(g)$$

# 추가 연습 문제

**5.105** 자동차 사고에서 보호 장비인 에어백은 빠른 화학적 반응으로 인해 팽창한다. 화학 반응물을 계로 생각할 때 이 반응의 $q$와 $w$의 부호는 어떠한가?

**5.106** 한쪽 플라스크에 기체가 담겨 있고 다른 한쪽에는 진공으로 되어 있는 다음 기구를 생각해 보자.

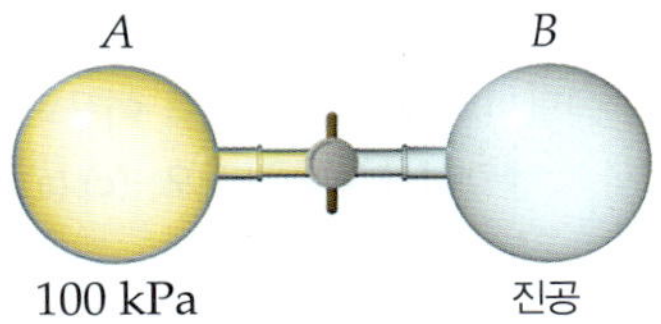


이 두 플라스크는 밸브에 의해 나누어져 있으며, 밸브를 열면 두 플라스크가 연결된다. 이 플라스크들은 완벽하게 절연처리가 되어 플라스크 주위로 열의 입출이 없다고 가정한다. 밸브가 열렸을 때 기체는 가득 찬 곳에서부터 없는 곳으로 옮겨가게 된다.

**(a)** 기체가 팽창하는 동안 일이 행해지는가?

**(b)** 왜 그런가, 또는 왜 그렇지 않은가?

**(c)** 이 과정에서 $\Delta E$ 값을 결정할 수 있는가?

**5.107** 기체 시료가 실린더-피스톤에 담겨 있다. 다음 그림과 같이 상태가 변한다.

**(a)** 첫 번째 실린더-피스톤은 완벽하게 단열이 되어 열교환이 없다고 가정하자. 상태 변화에 따른 $q$ 값은 어떻게 되는가? 이 상태 변화에 따른 $w$의 부호는 무엇인가? 이 상태 변화에 따른 $\Delta E$를 어떻게 말할 수 있는가?

**(b)** 실린더-피스톤이 금속과 같은 열전도체로 이루어졌다고 가정해 보자. 상태가 변화될 때 실린더를 만져 보면 따뜻하다. 이런 경우에 $q$의 부호는 무엇인가? 이 두 경우의 마지막 과정에서 계의 상태의 차이에 대해서 설명하시오. $\Delta E$ 값의 상대적인 값은 무엇이라 말할 수 있는가?

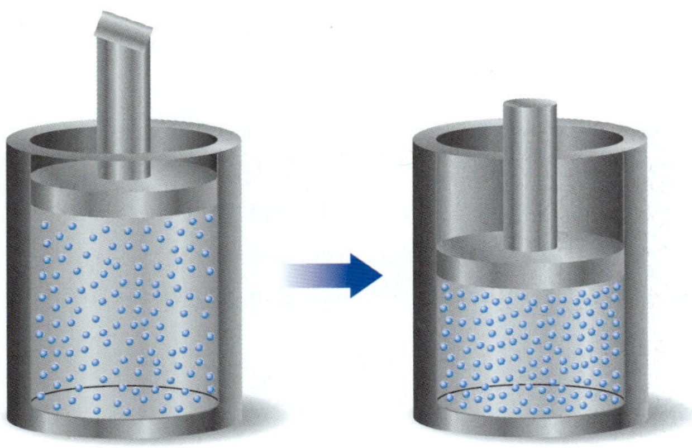

**5.108** 산소가 없는 물에서 철의 부식은 다음 반응처럼 철로부터 수산화철(II)의 생성을 동반한다.

$$Fe(s) + 2\,H_2O(l) \longrightarrow Fe(OH)_2(s) + H_2(g).$$

만약 1 mol의 철이 101.3 kPa의 압력과 298 K에서 반응한다면, 이 반응은 $P$–$V$ 일로 2.48 kJ을 수행하고, 기체상의 $H_2$를 형성하면서 대기를 밀어낸다. 동시에, 11.73 kJ의 열을 외부로 내놓는다. 이 반응의 $\Delta H$와 $\Delta E$ 값은 무엇인가?

**5.109** 산소-수소 토치와 연료 전지는 에너지를 생성하기 위해 다음과 같은 반응을 사용한다.

$$2\,H_2(g) + O_2(g) \longrightarrow 2\,H_2O(l)$$

두 과정 모두 일정 압력에서 일어난다. 두 경우에, 계의 상태 변화는 동일하다. 반응물이 산소-수소이고 생성물은 물이다. 다만, 산소-수소 토치의 경우에는 관련된 열이 크고, 연료 전지의 경우에는 열이 작다. 만약 일정 압력에서 열이 상태 함수라고 가정한다면, 열은 경로에 의존하는가?

**5.110** 어떤 가옥은 태양 에너지를 받도록 설계되어 있다. 열 흡수제로 작용하도록 가옥의 내장재로서 벽돌을 사용한다. 각 벽돌의 무게는 1.8 kg이다. 벽돌의 비열은 0.85 J/g-K이다. 물 $1.7 \times 10^3$ gal과 같은 총 열용량을 갖게 만들려면, 가옥의 내장재로 사용해야 하는 벽돌은 몇 개인가?

**5.111** 그림 5.18과 같은 종류의 커피컵 열량계에 25.2 °C의 물 150.0 g이 들어 있다. 200 g의 은 덩어리를 끓는 물이 담긴 비커에 넣어 100.5 °C까지 열을 가하였다. Ag(s)의 비열은 0.233 J/g-K이다. 열량계에 이 Ag를 가하고 얼마만큼 시간이 흘렀더니 온도가 30.2 °C에 도달하여 변함이 없었다.

**(a)** 은 덩어리가 잃은 열량을 J로 나타내시오.

**(b)** 물이 얻은 열량을 나타내시오. 물의 비열은 4.18 J/g-K이다.

**(c)** (a) 와 (b)의 답이 다른 이유는 스타이로폼 컵의 열손실과 이 장치의 내부의 온도를 올리기 위해 필요한 열이 달라서이다. 열량계의 열용량은 이 장치(컵과 마개)의 온도를 1 K 올릴 때 필요한 열량이다. 이 열량계의 열용량을 J/K로 계산하시오.

**(d)** 만약 열량계 안에 있는 물이 은 덩어리가 잃은 열을 모두 흡수한다면, 이 계의 최종 온도는 얼마가 되는가?

**5.112** **(a)** 벤조산 시료 0.47 g이 통열량계(그림 5.19) 안에서 연소될 때, 온도가 3.284 °C만큼 상승하였다. 카페인($C_8H_{10}O_2N_4$) 시료 0.53 g이 연소되면 온도는 3.05 °C 상승한다. 벤조산의 연소열은 26.38 kJ/g이다. 이를 이용하여 일정 부피에서 1 mol당 카페인의 연소열을 계산하시오. **(b)** 온도를 읽을 때 0.002 °C의 오차가, 무게를 잴 때 0.001 g의 오차가 있다고 가정하자. 카페인 1 mol당 오차로 추정되는 연소열을 계산하시오.

**5.113** 산소가 없는 물에서 철의 부식은 다음 반응처럼 철로부터 수산화철(II)의 생성을 동반한다.

$$Fe(s) + 2\,H_2O(l) \longrightarrow Fe(OH)_2(s) + H_2(g)$$

**(a)** 이 반응의 표준 엔탈피를 계산하시오($Fe(OH)_2$의 몰당 생성 엔탈피는 −583.39 kJ/mol이다). **(b)** 이 반응을 통해 250 mL의 물을 22 °C에서 30 °C까지 올리기 위한 에너지를 방출하기에 충분한 Fe의 양을 계산하시오.

**5.114** 메테인을 산소 중에서 태우면 탄소를 포함하는 세 가지 다른 생성물, 즉 그을음(매우 고운 입자의 흑연), $CO(g)$, $CO_2(g)$을 만들 수

있다.

(a) 메테인 기체와 산소로 생성되는 세 가지 생성물들의 균형 맞춘 반응식을 쓰시오. 각각의 경우 $H_2O(l)$은 다른 생성물로 가정하라.

(b) (a) 반응에서 각각의 표준 엔탈피를 결정하시오.

(c) 산소의 공급이 충분할 때 탄소를 포함하는 메테인의 연소 생성물 중 왜 $CO_2(g)$가 지배적인가?

**5.115** 측정할 수 없는 엔탈피의 변화를 Hess 법칙을 이용하여 계산할 수 있다. 다음은 메테인이 에틸렌으로 변환되는 반응이다.

$$2\,CH_4(g) \longrightarrow C_2H_6(g) + H_2(g)$$

다음의 열화학 정보를 이용하여 이 반응의 $\Delta H°$를 계산하시오.

$$CH_4(g) + 2\,O_2(g) \longrightarrow CO_2(g) + 2\,H_2O(l) \qquad \Delta H° = -890.3\text{ kJ}$$
$$2\,H_2(g) + O_2(g) \longrightarrow 2\,H_2O(l) \qquad \Delta H° = -571.6\text{ kJ}$$
$$2\,C_2H_6(g) + 7\,O_2(g) \longrightarrow 4\,CO_2(g) + 6\,H_2O(l) \qquad \Delta H° = -3120.8\text{ kJ}$$

**5.116** 다음 자료에 있는 세 가지 장래성 있는 연료들을 보고, 어떤 것이 단위 부피당 에너지가 가장 높은지 계산하시오.

| 연료 | 101.3 kPa에서 밀도(g/cm$^3$) | 몰 연소 엔탈피(kJ/mol) |
|---|---|---|
| 옥테인($C_8H_{18}(l)$) | 20 °C에서 0.70 | −5.53 |
| 액체 뷰테인($C_4H_{10}(l)$) | −1 °C에서 0.60 | −2.88 |
| 액체 수소($H_2(l)$) | −253 °C에서 0.07 | −0.29 |

**5.117** 탄화수소인 사이클로헥세인($C_6H_{12}(l)$, $\Delta H_f° = -156$ kJ/mol)과 1-헥센($C_6H_{12}(l)$, $\Delta H_f° = -74$ kJ/mol)은 동일한 실험식을 가진다.

(a) 사이클로헥세인을 1-헥센으로 변환시킬 때 표준 엔탈피 변화를 계산하시오.

(b) 사이클로헥세인과 1-헥센 중 어떠한 것이 더 큰 엔탈피는 갖는가?

(c) (b)의 답에 대한 사전지식이나 심화된 계산 없이, 어떠한 화합물이 더 큰 연소 엔탈피를 가질 것으로 기대하는가?

**5.118** 뷰테인 $C_4H_{10}(l)$은 −0.5 °C에서 끓는다. 이 온도에서, 이 물질의 밀도는 0.60 g/cm$^3$이다. $C_4H_{10}(g)$의 생성 엔탈피는 −124.7 kJ/mol이고, $C_4H_{10}(l)$의 기화 엔탈피는 22.44 kJ/mol이다. 1 L의 $C_4H_{10}(l)$이 공기 중에서 연소되어 $CO_2(g)$와 $H_2O(g)$를 생성할 때 엔탈피 변화량을 계산하라. 1 L의 메탄올($CH_3OH(l)$)의 완전 연소와 비교할 때 엔탈피 변화량은 어떠한가? 단, $CH_3OH(l)$의 25 °C에서의 밀도는 0.792 g/cm$^3$이고, $\Delta H_f° = -239$ kJ/mol이다.

**5.119** 네 개의 탄소가 있는 탄화수소와 그 생성 엔탈피 값이 나열되어 있다.

| 탄화수소 | 화학식 | $\Delta H_f°$(kJ/mol) |
|---|---|---|
| 뷰테인 | $C_4H_{10}(g)$ | −125 |
| 1-뷰텐 | $C_4H_8(g)$ | −1 |
| 1-뷰타인 | $C_4H_6(g)$ | 165 |

(a) 각 물질에 대해서, $CO_2(g)$와 $H_2O(l)$를 생성하는 몰 연소 엔탈피를 구하시오.

(b) 이들 화합물의 연료 값을 kJ/g의 단위로 구하시오.

(c) 각 탄화수소에 대해서, 수소의 질량 백분율을 구하시오.

(d) (b)와 (c)의 답을 비교함으로써 수소의 백분율과 탄화수소 연료값의 관계를 제안하시오.

**5.120** 몸무게가 100 kg인 사람이 하루에 10회씩 30 m의 높이에 해당하는 6층의 계단을 올라가기로 하였다. 그는 운동은 퍼텐셜 에너지의 증가를 필요로 하므로 그의 식단에 245 Cal의 프렌치프라이를 추가로 먹어도 몸무게의 변화가 없다고 계산하였다. 그의 가정은 옳은 것인지 설명하시오.

**5.121** 슈크로스($C_{12}H_{22}O_{11}$)는 다음과 같이 식물에 의해서 생산된다.

$$12\,CO_2(g) + 11\,H_2O(l) \longrightarrow C_{12}H_{22}O_{11} + 12\,O_2(g)$$
$$\Delta H = 5645\text{ kJ}$$

약 4.8 g의 슈크로스가 지표면의 제곱미터당 하루에 생산된다. 이러한 흡열 반응의 에너지는 태양광에 의해 공급된다. 지구에 도달하는 태양광의 약 0.1%가 슈크로스를 생산하는 데 쓰인다. 지표면의 제곱미터당 태양이 공급하는 총 에너지를 계산하시오. 답을 제곱미터당 킬로와트로 쓰시오(kW/m$^2$, 1 W =1 J/s).

**5.122** 지구 대륙에서 광합성에 의해 고정되는 이산화 탄소의 양은 $5.5 \times 10^{16}$ g/년으로 측정되었다. $CO_2$가 모두 글루코스로 바뀐다고 가정하고, **(a)** 매년 광합성으로 대륙에 저장되는 에너지를 kJ로 계산하시오. **(b)** 태양 에너지를 식물 에너지로 변환하는 평균 비율을 메가와트 단위로 계산하시오(MW, 1 W =1 J/s). 한 개의 원자력 발전소는 약 $10^3$ MW를 생산한다. 태양 에너지 변환과 동일한 에너지를 생성하기 위하여 몇 개의 원자력 발전소가 필요한가?

## 통합 연습 문제

**5.123** 온도 20 °C(대략 실온)에서 대기 중 Ar 분자의 평균 속력은 1553 km/h이다.

(a) 평균 속도는 몇 m/s인가?

(b) 이 속도로 움직이는 Ar 분자의 운동 에너지는 몇 J인가?

(c) 이 속도로 움직이는 Ar 분자 1 mol의 총 운동 에너지는 얼마인가?

**5.124** 몸무게가 52.0 kg인 올림픽 다이빙 선수가 플랫폼으로부터 10 m 아래로 다이빙을 하였다. 다이빙 선수가 뛰어든 최고점부터 다이빙한 물 표면까지의 거리는 10.8 m이다.

(a) 다이빙 선수가 뛰어든 최고점과 물 표면에서의 퍼텐셜 에너지 차이는?

(b) 물 표면에서 모든 퍼텐셜 에너지가 운동 에너지로 바뀐다면, 다이빙 선수가 물로 들어갈 때의 속도는 몇 m/s인가?

(c) 다이빙 선수가 물로 들어갈 때 한 일이 있는가? 설명하시오.

**5.125** $CH_4(g)$의 단일 분자는 연소 후 $H_2O(l)$를 생성한다.

(a) 이 반응이 일어나는 동안 생산되는 에너지(J)는 얼마인가?

(b) 일반적인 X선 광원은 8 keV의 에너지를 가진다(eV와 J 사이의 변환은 뒤표지 안쪽 면을 보시오). X선 광원의 에너지와 $CH_4(g)$의 연소 에너지를 비교하시오.

**5.126** 다음의 균형이 맞춰지지 않은 산화–환원 반응을 수용액에서 생각해 보자.

$$Ag^+(aq) + Li(s) \longrightarrow Ag(s) + Li^+(aq)$$
$$Fe(s) + Na^+(aq) \longrightarrow Fe^{2+}(aq) + Na(s)$$
$$K(s) + H_2O(l) \longrightarrow KOH(aq) + H_2(g)$$

(a) 각 반응의 균형을 맞추시오.
(b) 부록 C를 이용하여 각 반응의 $\Delta H°$를 계산하시오.
(c) 얻은 $\Delta H°$ 값으로 볼 때, 어떤 반응이 열역학적으로 안정한가?
(d) 활동도 서열을 이용하여 어떤 반응이 일어나는지 예측하시오(4.4절). 이 결과는 (c)의 결과와 일치하는가?

**5.127** 다음은 강염기 $NaOH(aq)$가 참여하는 산–중화 반응이다.

$$HNO_3(aq) + NaOH(aq) \longrightarrow NaNO_3(aq) + H_2O(l)$$
$$HCl(aq) + NaOH(aq) \longrightarrow NaCl(aq) + H_2O(l)$$
$$NH_4^+(aq) + NaOH(aq) \longrightarrow NH_3(aq) + Na^+(aq) + H_2O(l)$$

(a) 부록 C를 이용하여 각 반응의 $\Delta H°$를 계산하시오.
(b) 4.3절에서 보았듯이, 질산과 염산은 강산이다. 이러한 산들의 중화를 나타내는 알짜 이온 반응식을 쓰시오.
(c) 처음 두 반응의 $\Delta H°$ 값을 비교하시오. 어떤 결론을 얻을 수 있는가?
(d) 세 번째 반응식에서 $NH_4^+(aq)$는 산처럼 작용한다. $\Delta H°$ 값에 근거하여 $NH_4^+$가 강산인지, 약산인지 설명하시오.

**5.128** 1.00 *M* $CuSO_4$ 50.0 mL와 2.00 *M* KOH 50.0 mL 두 용액이 있다. 이 두 용액이 일정한 압력 열량계에서 혼합되면, 침전을 형성하고 온도는 21.5 ℃에서 27.7 ℃로 상승한다.
(a) 혼합 전에 $CuSO_4$의 용액 안에 있는 Cu의 질량(g)은 얼마인가?
(b) 이 반응의 침전물이 무엇인지를 예측해 보시오.
(c) 두 용액이 혼합되는 경우에 일어나는 완결 이온 반응식과 알짜 이온 반응식을 각각 적으시오.
(d) 열량계 자료를 이용하여 혼합 반응의 반응열 $\Delta H$를 구하시오(열량계의 열 흡수는 무시한다고 가정하라. 용액의 총부피는 100.0 mL이고 용액을 혼합 후에 용액의 열과 밀도는 순수한 물과 같다).

**5.129** $AgNO_3(aq)$와 $NaCl(s)$ 사이의 침전 반응은 다음과 같다.

$$AgNO_3(aq) + NaCl(aq) \longrightarrow NaNO_3(aq) + AgCl(s)$$

(a) 부록 C를 이용하여 이 반응의 알짜 이온 반응식의 $\Delta H°$를 계산하시오.
(b) 알짜 이온 반응식과 비교하였을 때 전체 분자 반응식의 $\Delta H°$ 값은 어떻게 되는지 설명하시오.
(c) 부록 C, (a)의 결과, (b)의 결과를 이용하여 $AgNO_3(aq)$의 $\Delta H°$ 값을 결정해 보시오.

**5.130** 어떤 탄화수소는 $O_2(g)$ 중에서 완전 연소되어 $CO_2(g)$ 21.83 g, $H_2O(g)$ 4.47 g과 311 kJ의 열을 생성한다.
(a) 연소된 탄화수소의 질량은 얼마인가?
(b) 탄화수소의 실험식은 무엇인가?
(c) 탄화수소의 실험식 단위당 $\Delta H°$ 값을 계산하시오.
(d) 이 탄화수소는 부록 C에 수록된 것 중 하나인지 설명해 보시오.

**5.131** 메테인($CH_4$) 분자는 그림 2.15에 나타나 있는 기하 구조를 가진다. 이 메테인 분자가 팽창하여 동시에 모든 C–H 결합이 무한히 '확장'되는 가설적 과정을 생각해 보자.

$$CH_4(g) \longrightarrow C(g) + 4\,H(g)$$

(a) $CH_4(g)$의 표준 생성 엔탈피를 나타내는 이 반응의 역반응과 이 과정을 함께 비교해 보시오.
(b) 각 경우의 엔탈피 변화를 계산하시오. 어떤 반응이 더 흡열 반응인가? $\Delta H°$ 값의 차이는 얼마인가?
(c) $CH_4(g)$ 3.45 g이 $F_2(g)$ 1.22 g과 반응하여 $CF_4(g)$와 $HF(g)$를 생성한다고 가정하자. 이 반응의 한계 반응물은 무엇인가? 만약 이 반응이 일정 압력에서 일어난 경우, 생성열은 얼마인가?

# 실험 설계 문제

열역학의 가장 중요한 개념은 에너지가 열이나 일의 형태로 전환될 수 있다는 것이다. 180년 전에는 열과 일 간의 관계가 잘 정립되지 않았다는 것을 상상해 보라. 같은 양의 일은 같은 양의 열로 전환될 수 있다는 가설을 설정하였다. 이러한 생각을 시험해 보기 위해, 다음과 같은 장치를 사용하는 실험을 고안하였다. 낙하하는 무게 추가 도르래에 연결되고 도르래의 축은 물속에 담긴 물레방아와 연결되어 있다. 이 실험은 James Joule이 1840년대에 했던 고전 실험이다. 인터넷에 'Joule experiment images'를 검색하면 다양한 실험 장치를 볼 수 있다.

(a) 이 장치를 이용하여 가정을 검증하려면 무엇을 측정해야 하는가?
(b) 실험을 분석하기 위해 어떠한 식을 사용할 것인가?
(c) 한 번의 실험으로 합리적인 결과를 얻을 것으로 생각되는가? 왜인가, 왜 그렇지 않은가?
(d) 어떠한 방식으로 실험의 정밀도가 결과에 영향을 끼치는가?
(e) 180년 전이 아니라 현재 이 실험을 수행한다면, 실험 결과를 향상시키기 위해서 어떤 장치들을 수정할 수 있을지 그 방법을 제시하시오.
(f) 열과 다른 에너지 형태(기계적 일 제외)와의 관계를 어떻게 증명할 수 있을지 예를 들어보시오.

6

# 원자의 전자 구조



## 6.1 빛의 파동성

21세기 초는 과학 발전의 혁명적 시기 중 하나였다. 두 개 이론의 발전이 우리가 세상을 보는 시각의 큰 변화를 가져왔다. 첫 번째로 Einstein의 상대성 이론은 공간과 시간의 관계에 대한 이해를 크게 바꾸었다. 두 번째 이론인 **양자 이론**(quantum theory)은 이 장의 주요 내용이며, 원자 내에 존재하는 전자들의 거동을 설명할 수 있다.

이 장에서는 먼저 빛의 성질에 대해 좀 더 깊이 살펴보고, 빛에 대한 설명이 양자 이론에 의해 어떻게 바뀌었는지 살펴볼 것이다. 또한 원자를 옳게 설명할 수 있도록 발전해 온 '새로운' 물리학

▲ **그림 6.1 물의 파동** 물 위의 배의 움직임은 파동을 형성한다. 파동의 골과 마루의 규칙적인 변화는 배로부터 파동이 멀어져가는 것을 느끼게 해준다.

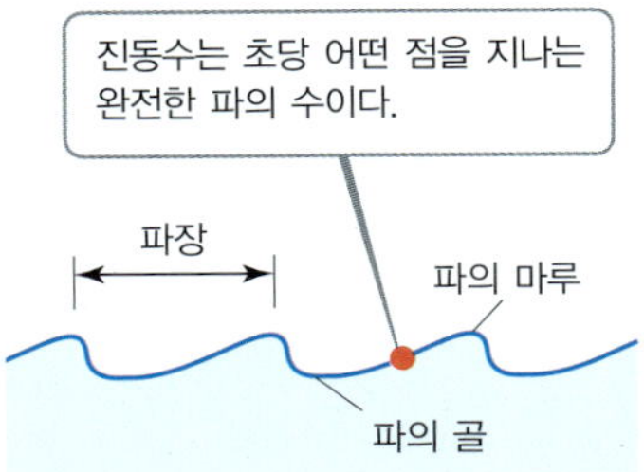


▲ **그림 6.2 물의 파동** 파장은 인접한 두 개의 마루(또는 골) 사이의 간격을 말한다.

**그림 (a)의 파동에 대한 파장이 2.0 m이고, 진동수가 $1.5 \times 10^8$ cycles/s이면, 그림 (b)에서 파동의 파장과 진동수는 각각 얼마인가?**

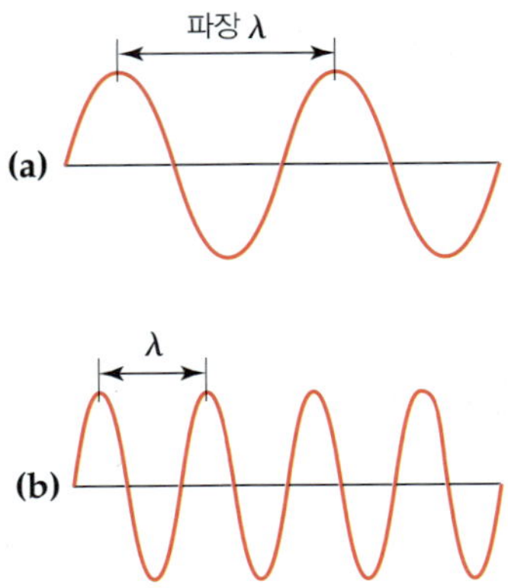


▲ **그림 6.3 전자기 복사선** 물에서의 파동과 같이, 전자기 복사선도 파장으로 규정된다. 짧은 파장(λ)일수록 큰 진동수(ν)를 갖는다. (b)의 파장은 (a)의 파장의 반이므로, (b)의 진동수는 (a)의 진동수의 두 배이다.

인 **양자 역학**(quantum mechanics)에서 사용되는 몇 가지 방법을 살펴볼 것이다. 원자의 **전자 구조(electronic structure)**, 즉 원자에서 전자들의 배치를 설명하기 위해 양자 이론을 사용하게 될 것이다. 원자의 전자 구조는 원자에 있는 전자의 개수뿐만 아니라 핵 주위의 전자 분포와 에너지를 나타낸다. 원자의 전자 구조에 대한 양자적 설명은 주기율표에서 원소의 배열을 이해하는 데 도움을 준다는 것을 알게 될 것이다. 예를 들면 소듐과 포타슘은 무르고 반응성이 큰 금속이지만, 헬륨과 네온은 모두 활성이 없는 기체인지를 이해할 수 있을 것이다.

이 절이 끝나면 다음 사항을 수행할 수 있어야 한다.

• 파동을 파장과 진동수로 이해하기

원자의 전자 구조에 관한 지식 대부분은 물질이 방출하거나 흡수하는 빛을 분석하여 얻어진다. 그러므로 전자 구조를 이해하려면 우선 빛에 관하여 알아야 한다. 우리 눈으로 볼 수 있는 빛, 즉 가시광선(visible light)은 **전자기 복사선(electromagnetic radiation)**의 한 종류이다. 전자기 복사선은 공간을 통해 에너지를 운반하므로 **복사 에너지**(radiant energy)라고 알려져 있다.

가시광선 이외에도 전자기 복사선은 라디오파, 적외선(열), X선과 같은 여러 종류가 있다. 다양한 종류의 전자기 복사선은 서로 매우 다른 것처럼 보이지만, 이들은 근본적인 공통점을 갖고 있다.

모든 종류의 전자기 복사선은 진공에서 **빛의 속도**(speed of light)인 $2.998 \times 10^8$ m/s로 움직인다. 모든 형태의 전자기 복사선은 물을 통하여 움직이는 파동과 비슷한 특성을 갖는다. 물 위에 떠 있는 배가 움직이거나 물에 돌멩이를 던질 때 물에 전달되는 에너지의 결과로 물의 파동이 생긴다(**그림 6.1**). 이 에너지는 물의 상하 운동으로 나타난다.

물의 파동 단면(**그림 6.2**)은 **주기성**(periodic)을 보이는데, 이는 파동의 마루와 골의 모양이 규칙적인 간격으로 반복됨을 의미한다. 계속해서 이어지는 두 개의 마루(또는 골) 사이의 간격을 **파장(wavelength)**이라고 한다. 일정한 점을 통과하는 파장의 개수 또는 **주기**(cycle)를 1초의 시간으로 계산한 파동의 수를 파동의 **진동수(frequency)**라고 한다.

**그림 6.3**에서 설명한 물의 파동과 마찬가지로, 전자기 복사선에 대해 진동수와 파장을 지정할 수 있다. 전자기 복사선의 모든 파동 특성은 복사선과 관련된 전기장과 자기장 세기의 주기적인 진동 때문에 나타난다.

물의 파동 속도는 파동의 원인에 따라 다르다. 예를 들면 고속 모터보트에 의해 생성된 파동은 노를 이용하여 움직이는 보트에 의해 생성된 파동보다 빠르다. 반면에, **모든 전자기 복사선은 모두 같은 속도로 움직이며, 이 속도는 빛의 속도이다.** 결과적으로 전자기 복사선의 파장과 진동수는 직접적인 연관성을 가진다. 파장이 길 때 초당 일정한 점을 통과하는 파동의 횟수는 더 적으므로, 진동수는 작다. 반대로, 큰 진동수의 파동은 짧은 파장을 가진다. 이러한 전자기 복사선의 진동수와 파장 간의 반비례 관계는 다음과 같은 식으로 나타낼 수 있다.

$$\lambda \nu = c \qquad [6.1]$$

여기서 λ(lamda)는 파장, ν(nu)는 진동수, $c$는 빛의 속도를 나타낸다.

전자기 복사선의 종류가 다르면 왜 다른 성질을 갖는가? 그 차이는 파장이 다르기 때문이다. **그림 6.4**는 **전자기 스펙트럼**(electromagnetic spectrum)이라고 하는데, 여러 종류의 전자기 복사선을 파장이 증가하는 순서로 배열하였다. 파장의 범위가 대단히 넓다는 것에 주목하라. 감마선의 파장은 원자핵의 지름과 비슷하지만, 라디오파의 파장은 축구장보다 더 길 수 있다. 약 400~750 nm ($4 \times 10^{-7}$~$7 \times 10^{-7}$ m)의 파장에 해당하는 가시광선도 전자기 스펙트럼 중 극히 작은 일부분이라는 것에 주목하라. 파장을 표시하기 위해 선택하는 길이 단위는 **표 6.1**에 나타낸 것과 같이 복사선의 종류에 의존한다.

진동수는 **헤르츠**(Hertz, Hz)라는 단위를 가지며, 초당 진동 횟수를 뜻한다. 진동수 단위는 간

마이크로파의 파장은 가시광선의 파장보다 짧은가, 긴가? 두 파동의 파장 차이는 10의 몇 제곱인가?

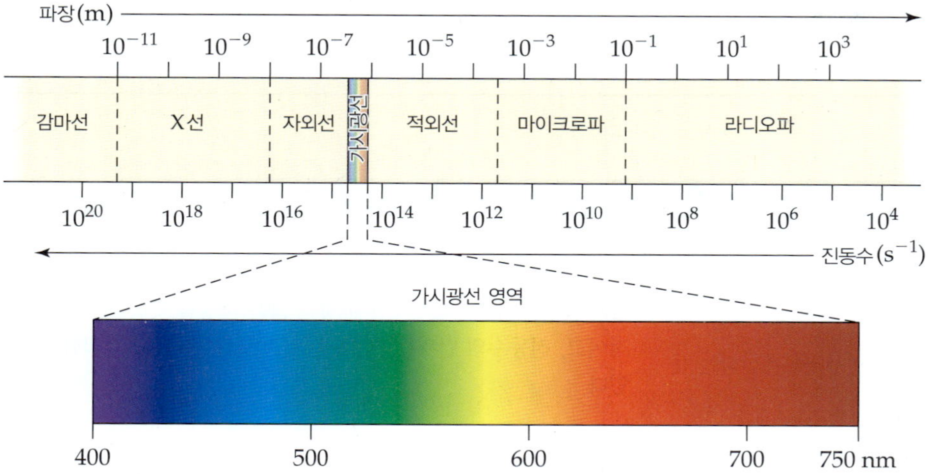


▲**그림 6.4** 전자기 스펙트럼* 스펙트럼의 파장은 매우 짧은 감마선부터 매우 긴 라디오파에 걸쳐 있다.

**표 6.1 전자기 복사선의 일반적인 파장 단위**

| 단위 | 기호 | 길이(m) | 복사선의 종류 |
|---|---|---|---|
| 옹스트롬 | Å | $10^{-10}$ | X선 |
| 나노미터 | nm | $10^{-9}$ | 자외선, 가시광선 |
| 마이크로미터 | $\mu$m | $10^{-6}$ | 적외선 |
| 밀리미터 | mm | $10^{-3}$ | 마이크로파 |
| 센티미터 | cm | $10^{-2}$ | 마이크로파 |
| 미터 | m | 1 | 텔레비전, 라디오 |
| 킬로미터 | km | 1000 | 라디오 |

단히 매초당의 횟수 단위로 나타내고, $s^{-1}$ 또는 /s라고 표기한다. 예를 들어 휴대전화의 대표적인 진동수인 698메가헤르츠(MHz)의 진동수는 698 MHz, 698,000,000 Hz, 698,000,000 $s^{-1}$, 또는 698,000,000 /s라고 쓸 수 있다.

## 예제 6.1

### 파장과 진동수의 개념

두 전자기파를 오른쪽 그림에 나타냈다. (a) 어느 것이 더 큰 진동수를 가지고 있는가? (b) 둘 중 하나는 가시광선을, 다른 하나는 적외선을 나타내는 것이라면, 각각 어떤 것인가?

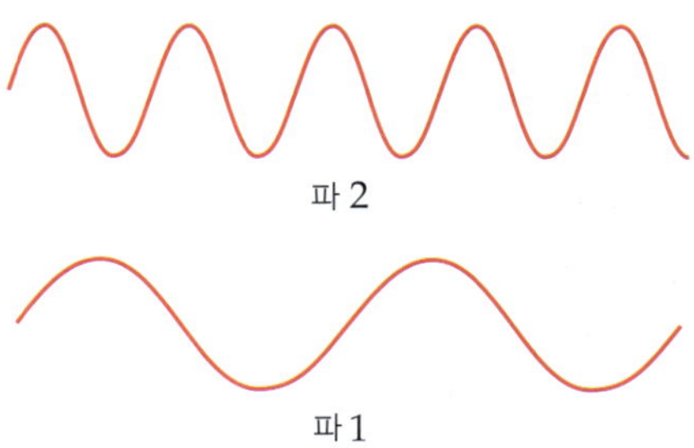


### 해답

**(a)** 파 1이 더 긴 파장을 가지고 있다(두 마루 사이의 간격이 더 길다). 긴 파장은 더 작은 진동수를 나타낸다($\nu = c/\lambda$). 따라서 파 1이 더 작은 진동수를 가지고, 파 2가 더 큰 진동수를 갖는다.

**(b)** 전자기 스펙트럼(그림 6.4)에서 적외선은 가시광선보다 긴 파장을 갖는다. 따라서 밑에 있는 파 1이 적외선이 된다.

*Based on B.A. Averill and P. Eldredge, *Chemistry: Principles, Patterns, and Applications* 1e, © 2007 Pearson Education, Inc.

▶ **보충 예제**

전자기 복사선의 광원이 적외선 빛을 발생한다면, 다음 중 어느 파장이 이 빛의 파장인가?

**(a)** 3.0 nm **(b)** 4.7 cm **(c)** 66.8 m **(d)** 34.5 $\mu$m **(e)** 16.5 Å

## 예제 6.2
### 파장으로부터 진동수 계산하기

가로등 불빛에 사용되는 소듐 증기등에서 방출되는 노란 빛의 파장은 589 nm이다. 이 복사선의 진동수는 얼마인가?

### 해답

**분석** 복사선의 파장($\lambda$)이 주어지고, 그것의 진동수($\nu$)를 계산하는 문제이다.

**계획** 파장과 진동수 사이의 관계는 식 6.1로 나타낸다. $\lambda$와 $c$의 값을 사용하고, $\nu$에 대해 푼다면 값을 구할 수 있다(빛의 속도 $c$는 유효 숫자 세 자리로 나타내면 $3.00 \times 10^8$ m/s이다).

**풀이** 진동수에 대하여 식 6.1은 $\nu = c/\lambda$로 나타낸다. $c$와 $\lambda$ 값을 넣을 때, 두 값의 길이 단위가 다른 점을 주의하라. 파장의 나노미터(nanometer)를 미터(meter)로 환산하기 위해 변환 인자를 사용한다. 그러면 파장의 단위는 없어진다.

$$\nu = \frac{c}{\lambda} = \left(\frac{3.00 \times 10^8\ \text{m/s}}{589\ \text{nm}}\right)\left(\frac{1\ \text{nm}}{10^{-9}\ \text{m}}\right) = 5.09 \times 10^{14}\ \text{s}^{-1}$$

**검토** 큰 진동수 값으로 계산된 것은 짧은 파장을 갖는 것이므로 합리적이고, 진동수의 단위는 '/s', 또는 $s^{-1}$이므로 단위도 적절함을 알 수 있다.

▶ **보충 예제**

**(a)** 정형외과의 척추 수술에는 파장이 2.10 $\mu$m인 레이저가 사용된다. 이 복사선의 진동수는 얼마인가? **(b)** FM 라디오 방송국에서 103.4 MHz(1 MHz $= 10^6\ s^{-1}$)의 진동수를 갖는 전자기 복사선을 송출할 때, 이 복사선의 파장을 계산하시오(단, 빛의 속도는 네 자리 유효 숫자로 표시하면 $2.998 \times 10^8$ m/s이다).

# 자기 평가 연습 문제

**6.1** 지역 라디오 방송국은 106.5 MHz의 라디오파를 송출한다. 이 라디오파의 파장은 얼마인가?

**(a)** 0.355 m
**(b)** 2.82 m
**(c)** $2.82 \times 10^6$ m

# 연습 문제

**6.2** 다음 각 진술에 대하여 '예' 또는 '아니오'로 표기하시오.
**(a)** 가시광선은 전자기 복사선의 형태이다.
**(b)** 자외선은 가시광선보다 긴 파장을 갖는다.
**(c)** X선은 마이크로파보다 더 빠르게 진행한다.
**(d)** 전자기 복사선과 음파는 같은 속도로 진행한다.

**6.3** 다음 전자기 복사선의 종류들을 파장이 증가하는 순으로 나열하시오.
적외선, 녹색광, 적색광, 라디오파, X선, 자외선

**6.4** 파수($\bar{\lambda}$)는 특정한 거리(보통 1 cm)에 존재하는 파동의 수를 나타낸다. 파수는 파장의 역수를 취하여 쉽게 구할 수 있다. **(a)** X선($\lambda = 1$ nm), **(b)** 가시광선($\lambda = 500$ nm), **(c)** 마이크로파($\lambda = 1$ mm)의 파수는 얼마인가?

**6.5** **(a)** 파장이 세균의 대략적인 크기인 10 $\mu$m를 갖는 복사선의 진동수는 얼마인가?
**(b)** $5.50 \times 10^{14}\ s^{-1}$의 진동수를 갖는 복사선의 파장은 얼마인가?
**(c)** 앞의 (a)와 (b) 문제에서의 복사선은 눈으로 볼 수 있는가?
**(d)** 전자기파는 50.0 $\mu$s 동안에 얼마만큼의 거리를 진행하는가?

**6.6** 강당에서 사용되는 레이저 포인터는 650 nm의 빛을 발생한다. 이 복사선의 진동수는 얼마인가? 그림 6.4를 이용하여 이 파장에 연관된 색을 예측하시오.

자기 평가 연습 문제 답 **6.1** (b)

# 6.2 에너지 양자화와 광자

우리 주변의 백색광은 가시광선 스펙트럼의 모든 색, 즉 400~750 nm 영역인 모든 파장의 빛이 혼합되어 만들어진다. 이와는 다르게 레이저로부터 나오는 빛은 양자화의 결과로 얻어진 단일 파장으로 구성되어 있다. 현대 사회에서 레이저는 바코드 리더, 건물 건축에 사용되는 수평계, 용접 도구, 수술, 통신, 군사, 및 엔터테인먼트 등의 일상생활 속, 다양한 분야에 응용되고 있다. 1960년 초에 처음 개발된 레이저(LASER)는 '유도 방출에 의한 빛의 증폭(Light Amplification by Stimulated Emission of Radiation)'의 약자이다.

이 절이 끝나면 다음 사항을 수행할 수 있어야 한다.

- 광자가 무엇인지 설명하고 진동수와 파장으로부터 광자의 에너지를 계산하기

빛의 파동 모형으로 빛의 여러 거동을 설명할 수 있지만, 몇 가지 관측들은 이 모형으로 해결할 수 없다. 다음 세 가지는 전자기 복사선과 원자가 어떻게 상호 작용을 하는지를 이해하는 데 특히 적절하다. (1) 뜨거운 물체로부터의 빛의 방출(물체가 가열 전에 이미 검은색을 나타내기 때문에 **흑체 복사**(blackbody radiation)라고 한다), (2) 빛을 조사한 금속 표면에서의 전자 방출(**광전 효과**(photoelectric effect)), (3) 들뜬 전자 상태의 기체 원자에서의 빛의 방출(**방출 스펙트럼**(emission spectrum)). 여기서는 처음 두 가지 현상들을 설명하고, 세 번째 내용은 6.3절에서 살펴본다.

못이 노란색으로 빛나는 부분과 붉은색으로 빛나는 부분 중 어느 것이 더 높은 온도일까?

▲ **그림 6.5** **온도에 따른 색** 가열한 못과 같이, 뜨거운 물체에서 방출된 빛의 색과 세기는 물체의 온도에 의존한다.

## 뜨거운 물체와 에너지의 양자화

고체를 가열하면, 전기난로의 붉은 빛이나 텅스텐 전구의 밝은 흰색 빛에서 보는 것과 같은 복사선을 방출한다. 복사선의 파장 분포는 온도에 의존하고, 붉은색의 뜨거운 물체는 노란색이나 흰색의 뜨거운 물체보다 온도가 더 낮다(그림 6.5). 1800년대 후반에 많은 물리학자는 방출 복사선의 온도와 이들의 세기 및 파장 간의 관계를 이해하려고 이 현상을 연구하였다. 그러나 그 시기의 물리학 법칙은 이러한 현상을 설명할 수 없었다.

1900년에 독일의 물리학자 Max Planck(1858~1947)가, 에너지는 어떤 최소 크기를 갖는 불연속적인 '덩어리(chunks)' 형태로만 원자에서 방출되거나 흡수된다는 대담한 가설을 도

입하여 문제를 해결하였다. Planck는 전자기 복사선으로 방출되거나 흡수될 수 있는 에너지의 최소량을 **양자**(**quantum**, '일정한 양'을 뜻함)라고 불렀다. 그는 단일 양자의 에너지($E$)는 복사선의 진동수에 상수를 곱한 것과 같다고 하여, 다음과 같이 제안하였다.

$$E = h\nu \qquad [6.2]$$

상수 $h$는 **Planck 상수**(**Planck's constant**)라고 하며, $6.626 \times 10^{-34}$ J-s 값을 갖는다.

Planck 이론에 의하면, 물질은 항상 $h\nu$, $2h\nu$, $3h\nu$ 등과 같이, $h\nu$의 정수배로만 에너지를 흡수하거나 방출한다. 예를 들어 한 원자에서 $3h\nu$라는 양자화된 에너지가 방출된다면, 양자 세 개의 에너지가 방출되었다고 말한다. 이 에너지는 특정된 양으로만 방출되기 때문에, 허용된 에너지는 **'양자화되었다'**라고 말한다. 즉 이러한 값들은 어떤 일정한 양으로 제한되는 것이다. 에너지가 양자화된다는 Planck의 혁명적 제안은 옳은 것으로 증명되었고, 그는 1918년 양자 이론의 업적으로 노벨 물리학상을 받았다.

양자화된 에너지의 개념이 생소하다면, **그림 6.6**에 나타난 것과 같이, 경사진 길과 계단을 비교하는 것을 상상하면 도움이 될 것이다. 경사진 길을 올라감에 따라 여러분의 퍼텐셜 에너지는 계속해서 일정하게 증가한다. 계단을 올라갈 때는 각각의 계단만을 밟을 수 있으며, 그 중간을 디딜 수 없다. 즉 퍼텐셜 에너지는 특정 값들에 한정되어 있으며, 따라서 양자화되어 있는 것이다.

Planck의 양자 이론이 옳다면, 양자 효과는 왜 우리의 일상생활에서 분명하게 나타나지 않는가? 왜 에너지의 변화가 계단식으로 양자화되어 있지 않고 연속적인 것처럼 보이는가? Planck 상수가 극히 작은 수치라는 것에 주목하라. 그러므로 양자 에너지 $h\nu$는 대단히 작은 양이다. 일상생활에서 취급하는 크기 규모에 상당하는 물체든 미시적인 물체든, 에너지를 잃거나 얻는 것에 관한 Planck 규칙은 항상 똑같다. 일상생활에서 취급되는 것에서 에너지 단일 양자의 손실이나 취득은 너무 작아 완전히 무시될 뿐이다. 반면에, 원자 수준에서의 물질을 취급할 때 양자화된 에너지의 영향은 훨씬 더 중요하다.

경사진 길을 올라가는 사람의 퍼텐셜 에너지는 일정하게 연속적인 형태로 증가한다.

계단을 올라가는 사람의 퍼텐셜 에너지는 단계적이고 양자화된 개념으로 증가된다.

▲ **그림 6.6** 양자화된 것과 연속적인 에너지의 변화

## 광전 효과와 광자

Planck가 양자 이론을 제시하고 나서 몇 년 후에, 과학자들은 많은 실험적 관찰을 통해 그 이론의 응용 가능성을 알기 시작하였다. 1905년에 Albert Einstein(1879~1955)은 **그림 6.7**에서와 같이 **광전 효과**(**photoelectric effect**)를 설명하기 위하여 Planck의 이론을 사용하였다. 깨끗한 금속 표면에 빛을 조사하면, 표면에서 전자가 방출된다. 전자를 방출하기 위한 빛의 최소 진동수는 금속의 종류에 따라 다르다. 예를 들어 $4.60 \times 10^{14}\ s^{-1}$ 또는 더 큰 진동수의 빛은 세슘 금속에서 전자를 방출한다. 그러나 이보다 더 작은 진동수의 빛은 전혀 영향을 주지 못하여 전자를 방출하지 못한다.

Einstein은 광전 효과를 설명하기 위해, 금속 표면을 때리는 복사 에너지는 작은 에너지 다발의 흐름처럼 행동한다고 가정하였다. 각 에너지 다발은 에너지의 '입자'와 같으며, 그 입자를 **광자**(**photon**)라고 한다. Einstein은 Planck의 양자 이론을 확장하여, 각 광자는 빛의 진동수에 Planck 상수를 곱한 양과 같은 에너지를 가져야 한다고 추론하였다:

$$\text{광자의 에너지} = E = h\nu \qquad [6.3]$$

따라서 복사 에너지 자체는 양자화되어 있다.

적절한 조건에서 금속 표면에 충돌하는 광자는 그 에너지를 금속 내의 전자에 전달할 수 있다. 에너지의 일정량은 금속 안에서 전자들이 결합하고 있는 인력을 극복하기에 필요한 양으로, **일함수**(work function)라고 한다. 금속에 충돌한 광자가 일함수보다 더 작은 에너지를 가지면, 전자가 금속 표면에서 떨어져 나가기 위한 충분한 에너지를 갖지 못한다. 광원의 세기를 증가시키는 것이 금속으로부터 전자를 방출하는 것으로 이어지지 않는다. 들어오는 빛 의 진동수를 변화시키는 것만이 전자 방출의 결과를 가져온다. 빛의 세기(밝기)는 단위 시간 동안 표면에 충돌하는 광자의

**들어오는 빛의 진동수가 커졌다면, 방출되는 전자의 에너지는 증가하는가, 감소하는가, 아니면 같은 상태로 있겠는가?**

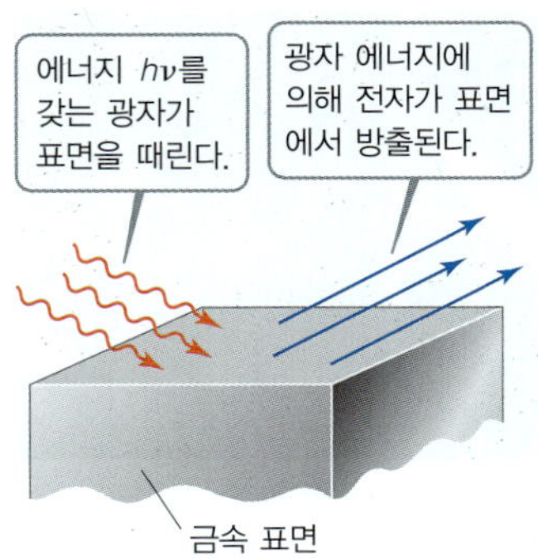


▲ **그림 6.7** 광전 효과

수와 연관되어 있을 뿐, 각 광자의 에너지와는 연관되지 않는다. Einstein은 광전 효과를 설명함으로써 1921년에 노벨 물리학상을 받았다.

광자가 무엇인지 더 잘 이해하기 위해서 단일 파장 복사선을 생성하는 광원을 생각해보자. 더 나아가 그 광원을 더욱 빠르게 켜고 끔으로써 더 작은 에너지가 한꺼번에 터트려지는 것을 생각해보자. Einstein의 광자 이론은 $E = h\nu$로 주어지는 가장 작은 에너지의 방출에 궁극적으로 도달하는 것을 예측하게 한다. 이 가장 작은 에너지의 방출이 빛 한 개의 광자이다.

### 예제 6.3

**광자의 에너지**

파장이 589 nm인 노란색 빛 광자의 에너지를 계산하시오.

**해답**

**분석** 주어진 $\lambda = 589$ nm를 갖는 광자의 에너지($E$)를 계산하는 문제이다.

**계획** 식 6.1을 사용하면 파장을 진동수로 나타낼 수 있다($\nu = c/\lambda$). 식 6.3에 의해 에너지를 계산할 수 있다($E = h\nu$).

**풀이** 진동수($\nu$)는 주어진 파장으로부터 예제 6.2에서와 같이 구할 수 있다.

$$\nu = (3.00 \times 10^{8}\,\text{m/s})/(589 \times 10^{-9}\,\text{m}) = 5.09 \times 10^{14}\,\text{s}^{-1}$$

Planck 상수($h$) 값은 책의 내용 안이나 책의 뒤표지 안쪽의 물리상수 표에 주어진다. 이를 이용하여 $E$를 쉽게 계산할 수 있다.

$$E = (6.626 \times 10^{-34}\,\text{J-s})(5.09 \times 10^{14}\,\text{s}^{-1}) = 3.37 \times 10^{-19}\,\text{J}$$

**주의** 복사 에너지의 광자 한 개가 $3.37 \times 10^{-19}$ J로 주어진다면, 이들 광자의 mole당 에너지는 다음과 같다.

$$(6.02 \times 10^{23}\ \text{광자/mol})(3.37 \times 10^{-19}\ \text{J/광자}) = 2.03 \times 10^{5}\ \text{J/mol}$$

**▶ 보충 예제**

다음 중 파장이 $\lambda$인 광자 1 mol의 에너지를 올바르게 나타낸 식은 어떤 것인가?

**(a)** $E = \dfrac{h}{\lambda}$ **(b)** $E = N_A\dfrac{\lambda}{h}$ **(c)** $E = \dfrac{hc}{\lambda}$ **(d)** $E = N_A\dfrac{h}{\lambda}$ **(e)** $E = N_A\dfrac{hc}{\lambda}$

빛의 에너지 값이 빛의 진동수에 의존한다는 아이디어는 다른 전자기 복사선이 물질에 미치는 여러 가지 효과를 이해하는 데 도움을 준다. 예를 들어 X선(그림 6.4)이 큰 진동수(짧은 파장)를 가지므로, X선 광자는 조직에 손상을 입힌다. X선 장비 주변에 경고 표지가 부착되는 것은 이 때문이다.

빛을 파동보다는 광자의 흐름으로 설명한 Einstein의 이론은 광전 효과와 다른 많은 관측들을 설명할 수 있지만, 한 가지 난제에 부딪히게 된다. 빛은 파동인가, 아니면 입자로 구성된 것인가? 현재까지 이러한 난제를 해결하기 위한 단 한 가지 방법은 특이한 상태처럼 보이는 것을 받아들이는 것이다. 즉 빛은 파동과 같은 성질과 입자와 같은 성질을 동시에 갖는다고 간주해야 하며, 상황에 따라 빛은 파동에 더 가깝게, 또는 입자와 더 유사하게 행동할 것이다. 이러한 빛의 파동–입자 이중성도 물질의 특유한 성질이라는 것을 알게 될 것이다.

## 자기 평가 연습 문제

**6.7** 다음 중 어떤 빛이 더 큰 에너지를 가지는가?

(a) 450 nm의 파장을 가지는 UV 광선

(b) 635 nm의 파장을 가지는 적색 레이저 포인터

(c) 12.24 cm의 파장을 가지는 작동 중인 전자레인지

## 연습 문제

**6.8** 어린이의 키가 1 cm 증가하는 것으로 양자화된다면, 성장함에 따라 그 어린이의 키는 어떻게 되는가?
(i) 어린이의 키는 절대 변하지 않을 것이다.
(ii) 어린이의 키는 계속해서 자랄 것이다.
(iii) 어린이의 키는 한 번에 6 cm씩 자랄 것이다.
(iv) 어린이의 키는 한 번에 1 cm씩 자랄 것이다.

**6.9** (**a**) 진동수가 $2.94 \times 10^{14}\ \mathrm{s}^{-1}$인 전자기 복사선의 광자 에너지를 계산하시오.
(**b**) 파장이 413 nm인 복사선의 광자 에너지를 계산하시오.
(**c**) 광자 에너지가 $6.06 \times 10^{-19}$ J인 복사선의 파장은 얼마인가?

**6.10** (**a**) 파장이 3.0 mm인 광자와, 파장이 0.3 nm인 광자의 에너지를 비교하고 계산하시오.
(**b**) 그림 6.4를 참조하여, 각 파장이 속한 전자기 스펙트럼의 영역을 확인하시오.

**6.11** 325 nm 파장 부근의 UV 빛은 피부를 검게 태운다.
(**a**) 이 파장의 광자 에너지는 얼마인가?
(**b**) 이 광자의 몰에너지는 얼마인가?
(**c**) 이 복사선이 방출될 때 1.00 mJ 안에 존재하는 광자의 수는 얼마인가?
(**d**) 이 UV 광자는 사람의 피부에 있는 화학적 결합을 끊어 피부 세포에 손상을 주며 검게 태운다. 325 nm의 복사선이 피부에 있는 화학 결합을 끊을 수 있는 평균 에너지를 제공한다면, 그 화학 결합들의 평균 에너지는 어떻게 되는지 kJ/mol 단위로 근사적으로 계산하시오.

**6.12** 다이오드 레이저는 987 nm 파장의 빛을 방출한다.
(**a**) 이 복사선은 전자기파 스펙트럼 중 어느 영역에 해당되는가?
(**b**) 이 복사선의 모든 에너지가 검출기에 32초 동안 흡수되었을 때 측정된 에너지는 0.52 J이다. 이 레이저가 방출하는 광자수는 초당 얼마인가?

**6.13** 몰리브데넘 금속은 광전 효과를 통해 그 표면에서 전자를 튀어나오게 하기 위해서는 최소 $7.22 \times 10^{-19}$ J의 에너지를 가지는 복사선을 흡수해야 한다.
(**a**) 이 전자를 튀어나오게 하기 위해 필요한 빛의 진동수는 얼마인가?
(**b**) 이 에너지의 광자를 제공할 수 있는 복사선의 파장을 계산하시오.
(**c**) 몰리브데넘에 240 nm의 파장을 가진 빛이 조사되었다면, 방출된 광전자의 최대 운동 에너지는 얼마인가?

자기 평가 연습 문제 답 **6.7** (a)

## 6.3 | 선 스펙트럼과 Bohr 모형

Planck와 Einstein의 연구로, 원자에 전자들이 어떻게 배치되는가에 대한 이해의 길이 열렸다. 1913년에 덴마크의 물리학자 Niels Bohr(1885~1962)는 19세기 과학자들의 수수께끼였던 또 다른 현상인 **선 스펙트럼**(line spectra)의 이론적인 설명을 제안하였다. Bohr가 어떻게 Planck와 Einstein의 아이디어를 이용하여 수소 원자의 선 스펙트럼을 설명했는지 살펴볼 것이다.

이 절이 끝나면 다음 사항을 수행할 수 있어야 한다.

- 선 스펙트럼을 원자 내 전자들의 양자화된 에너지의 개념을 연관 지어 설명하기

## 선 스펙트럼

어떤 특정한 복사 에너지 광원은 레이저 빛처럼 단일 파장을 발생하며, 이와 같이 단일 파장으로 구성된 복사선을 **단색**(monochromatic)광이라고 한다. 그러나 백열전구 또는 별과 같이, 대부분의 보통 복사선 광원은 서로 다른 많은 파장을 포함하는 복사선을 발생하며, 이를 **다색**(polychromatic)광이라고 한다. 그러한 다색 광원에서 나오는 복사선을, 이를 구성하는 파장 성분으로 분리하면 그림 6.8에서와 같은 **스펙트럼**(**spectrum**)을 얻는다. 이렇게 얻은 스펙트럼은 보라색은 남색에, 남색은 청색 등등, 여백이 (거의) 없이 어우러져 합쳐지는 것과 같은 연속적인 범위의 색으로 구성된다. 모든 파장의 빛을 포함하는 이러한 무지개색을 **연속 스펙트럼**(**continuous spectrum**)이라고 한다. 연속 스펙트럼의 가장 유사한 예는 빗방울이나 안개에 의한 햇빛 분산으로 생긴 무지개이다.

모든 복사선 광원이 연속 스펙트럼을 내는 것은 아니다. 유리관에 낮은 압력으로 서로 다른 기체를 넣고 높은 전압을 걸면, 기체는 서로 다른 빛을 방출한다(그림 6.9). 네온 기체에 의해 방출된

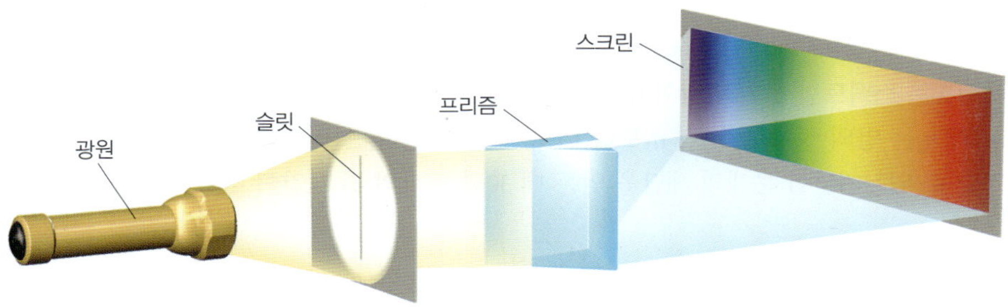


◀ **그림 6.8** **스펙트럼의 생성** 가느다란 백색광 빛살이 프리즘을 통과할 때, 연속적인 가시광 스펙트럼이 생성된다. 백색광은 태양광(햇빛)이거나, 백열전구에서 나오는 빛일 수 있다.

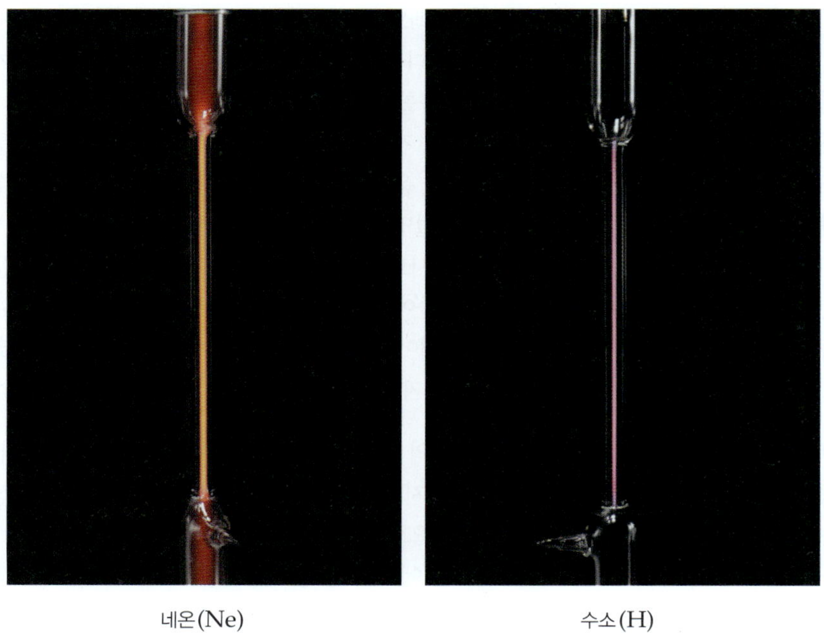


◀ **그림 6.9** **네온 원자와 수소 원자에서 방출되는 빛** 서로 다른 기체에 높은 전압을 걸어 주면 각각 독특한 색깔의 빛이 방출된다.

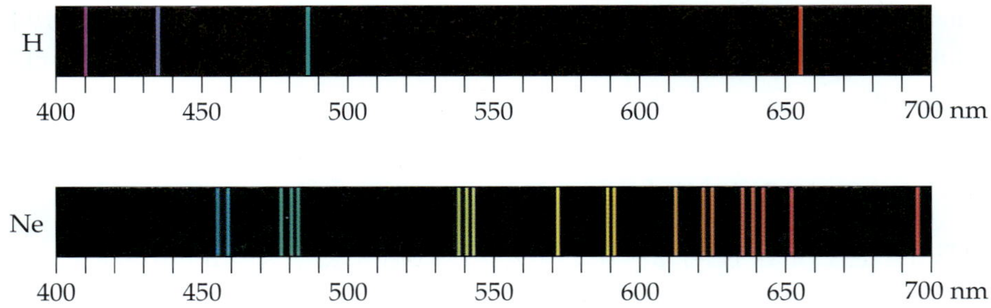


▶ **그림 6.10** **수소와 네온의 선 스펙트럼** 방출이 발생하는 파장에서 색을 띠는 선이 나타나며, 검은색 영역의 파장에서는 어떠한 빛도 방출되지 않는다.

빛은 '네온 빛'이라고 알려진 친근한 적황색의 불빛이다. 소듐 증기는 현대 가로등의 노란색 빛을 방출한다. 그러한 전등에서 나온 빛을 프리즘에 통과시키면 **그림 6.10**의 결과처럼 몇 개의 파장만 나타나게 된다. 이 스펙트럼에서 색을 띤 각각의 선은 한 가지 파장의 빛을 나타내며, 이처럼 특정한 파장의 복사선만 포함하는 스펙트럼을 **선 스펙트럼(line spectrum)**이라고 한다.

1800년대 중반에 처음으로 수소의 선 스펙트럼이 검출되었을 때, 그것의 단순성 때문에 과학자들이 매혹되었다. 그 당시에는 그림 6.10에 나타난 것과 같이 파장이 410 nm(보라색), 434 nm(파란색), 486 nm(청록색), 656 nm(빨간색)인 네 개의 선만이 관찰되었다. 1885년에 스위스의 학교 교사였던 Johann Balmer는 이 네 개의 선에 대한 파장들은 다음과 같이 파장이 정수와 연관되는 간단한 식과 일치하는 것을 밝혀냈다. 그 후 수소 선 스펙트럼의 자외선과 적외선 영역에서 추가적인 선들이 발견되었다. Balmer의 식은 다음과 같은 **Rydberg 식**(Rydberg equation) 형태로 확장되어 모든 수소 스펙트럼의 선들에 대한 파장을 계산할 수 있게 되었다:

$$\frac{1}{\lambda} = (R_{\mathrm{H}})\left(\frac{1}{n_1^2} - \frac{1}{n_2^2}\right) \qquad [6.4]$$

이 식에서 $\lambda$는 스펙트럼 선의 파장이고, $R_{\mathrm{H}}$는 **Rydberg 상수**(Rydberg constant, $1.096776 \times 10^7\ \mathrm{m}^{-1}$)이며, $n_1$과 $n_2$는 양의 정수로, $n_2$가 $n_1$보다 더 큰 값을 갖는다. 놀라울 정도로 간단한 이 식을 어떻게 설명할 수 있는가? 이 문제의 해답을 얻는 데 30년 이상의 긴 시간이 걸렸다.

## Bohr 모형

Rutherford의 원자핵 발견으로, 원자는 전자가 원자핵의 궤도를 도는, 즉 '미시적 태양계'와 같은 생각이 제안되게 되었다. Bohr는 수소의 선 스펙트럼을 설명하기 위해 수소 원자의 전자가 핵을 중심으로 하는 원 궤도로 운동한다고 가정하였다. 그러나 이 가정에 대한 문제점이 제기되었다. 고전 물리학에 의하면, 원 궤도로 움직이는 전하를 띤 입자(전자와 같은)는 계속하여 에너지를 잃어야 한다. 따라서 전자들이 에너지를 잃게 되면 전자들은 나선형으로 선회하여 양전하를 띤 핵과 충돌해야 한다. 수소 원자는 안정하므로 이러한 움직임은 발생하지 않는다. 이와 같이 수소 원자가 명확한 물리 법칙을 위반하는 것을 어떻게 설명할 것인가? Bohr는 뜨거운 물체에서 방출되는 복사선의 성질에 관한 문제에 대하여 Planck가 시도한 것과 대단히 유사한 방식으로 이 문제에 접근하였다. Bohr는 그 당시 지배적인 물리 법칙들이 원자들의 모든 양상을 설명하기에 부적합하다고 가정하였다. 이에 Bohr는, 에너지는 양자화되어 있다는 Planck의 아이디어를 채택하였다.

Bohr는 다음의 세 가지 가정에 기초한 모형을 제시하였다.

1. 특정 값의 에너지에 해당하는 특정 반지름의 궤도만이 수소 원자의 전자에 허용된다.
2. '허용된' 궤도에 있는 전자는 '허용된' 에너지 상태에 있다고 한다. 허용된 에너지 상태의 전자는 에너지를 방출하지 않으므로, 나선형으로 선회하며 핵과 충돌하지 않는다.
3. 전자가 허용된 한 에너지 상태로부터 다른 에너지 상태로 변화할 때 에너지가 방출되거나 흡수된다. 이 에너지는 광자($E = h\nu$)의 형태로 방출되거나 흡수된다.

## 수소 원자의 에너지 상태

위에 나열한 세 가지 가정으로 출발하여, Bohr는 고전적인 운동 방정식과 전하의 상호 작용에 대한 고전적인 식을 이용하여, 수소 원자에 있는 전자의 각 허용된 궤도에 해당하는 에너지를 계산하였다. 궁극적으로 계산된 에너지는 다음과 같은 식에 의해 얻어진다.

$$E = (-hcR_{\mathrm{H}})\left(\frac{1}{n^2}\right) = (-2.18 \times 10^{-18}\,\mathrm{J})\left(\frac{1}{n^2}\right) \qquad [6.5]$$

여기서 $h$, $c$, $R_{\mathrm{H}}$는 각각 Planck 상수, 빛의 속도, Rydberg 상수이다. 정수인 $n$은 1, 2, 3, ... ∞의 정수값을 가지며, **주양자수(principal quantum number)**라고 한다.

허용된 각 궤도는 서로 다른 $n$ 값을 가지며, 그 궤도의 반지름은 $n$ 값이 증가할수록 증가한다. 따라서 첫 번째 허용 궤도(핵에 가장 접근한 궤도)는 $n=1$이고, 다음의 허용 궤도(핵에 두 번째로 근접한 궤도)는 $n=2$의 궤도 등등이 된다. 수소 원자의 전자는 어떠한 허용된 궤도에도 존재할 수 있으며, 식 6.5는 각 허용된 궤도에 있는 전자의 에너지를 나타낸다.

식 6.5로 표시한 수소 원자의 전자 에너지는 모든 $n$ 값에 대하여 음수임을 주목하라. 더 작은(음수값이 클수록) 에너지일수록 원자는 더 안정하다. $n=1$일 때 에너지가 가장 낮다(가장 큰 음수이다). $n$이 커질수록 에너지는 더 작은 음수값이 되기 때문에 에너지가 증가한다. 사다리의 계단을 밑에서부터 위로 올라가면서 번호를 붙이는 상황으로 비유할 수 있다. 사다리가 더 높이 올라갈수록($n$ 값이 커질수록) 에너지는 더 높아진다. 가장 낮은 에너지 상태($n=1$, 사다리 맨 밑의 계단과 유사하다)를 원자의 **바닥 상태(ground state)**라고 한다. 전자들이 더 큰 에너지 상태($n=2$ 또는 그 이상)에 있을 때, 원자는 **들뜬 상태(excited state)**에 있다고 말한다. 그림 6.11은 몇 가지 $n$ 값에 대해 수소 원자에서 허용된 에너지 준위를 나타낸 것이다.

$n$이 무한히 커지면 어떤 일이 생기는가? 반지름이 증가하면, 핵과 전자 사이의 인력은 0이 된다. 따라서 $n=\infty$이면, 전자는 핵으로부터 완전히 분리되므로 전자의 에너지는 0이다.

$$E = (-2.18 \times 10^{-18}\,\mathrm{J})\left(\frac{1}{\infty^2}\right) = 0$$

전자가 핵에서 완전히 분리된 상태를 수소 원자의 **기준 상태(reference state)** 또는 0의 에너지 상태라고 한다.

Bohr는 세 번째 가정에서, 전자는 허용된 두 궤도 사이의 에너지 차이에 정확히 일치하는 복사 에너지의 광자를 흡수하거나 방출함으로써 한 에너지 상태에서 다른 에너지 상태로 '도약'할 수 있다고 가정하였다. 전자가 더 높은 에너지 상태(더 큰 $n$ 값)로 도약하기 위해서는 에너지를 흡수해야 한다. 역으로, 전자가 낮은 에너지 상태(더 낮은 $n$ 값)로 떨어지면 복사 에너지가 방출된다.

전자가 주양자수 $n_{\mathrm{i}}$와 에너지 $E_{\mathrm{i}}$를 갖는 초기 상태에서 주양자수 $n_{\mathrm{f}}$와 에너지 $E_{\mathrm{f}}$를 갖는 최종 상태로 도약하는 경우를 생각하자. 이와 같은 전이에서의 에너지 변화는 식 6.5를 사용하면 다음과 같이 나타낼 수 있다.

$$\Delta E = E_{\mathrm{f}} - E_{\mathrm{i}} = (-2.18 \times 10^{-18}\,\mathrm{J})\left(\frac{1}{n_{\mathrm{f}}^2} - \frac{1}{n_{\mathrm{i}}^2}\right) \qquad [6.6]$$

$\Delta E$의 부호가 가진 의미는 무엇인가? $n_{\mathrm{f}}$가 $n_{\mathrm{i}}$보다 클 때 $\Delta E$는 양의 값이다. 즉 이것은 전자가 높은 궤도로 올라가는 것이기 때문에 이치에 맞다. 반대로 $n_{\mathrm{f}}$가 $n_{\mathrm{i}}$보다 작을 때는 음의 값을 가지며, 이때 전자는 낮은 에너지 궤도로 떨어지게 된다.

위에서 설명한 바와 같이, 허용된 한 상태에서 다른 상태로 전이하는 데는 광자가 연관될 것이다. **광자의 에너지($E_{\text{광자}}$)는 두 상태 사이의 에너지 차이($\Delta E$)와 같아야 한다.**

전자가 $n = 3$ 상태에서 $n = 2$ 상태로 전이할 때 가시광선이 방출된다면, $n = 2$ 상태에서 $n = 1$ 상태로 전이할 때는 적외선과 자외선 중 어느 것이 방출되겠는가?

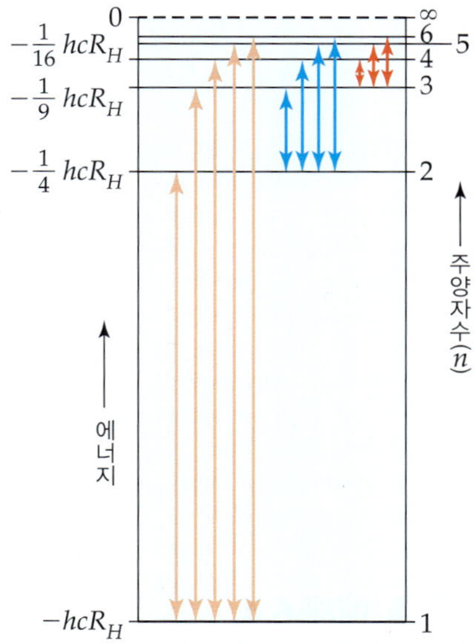


▲ **그림 6.11 Bohr 모형에 따른 수소 원자의 에너지 준위** 화살표는 전자가 허용된 한 에너지 상태에서 다른 에너지 상태로 전이하는 것을 나타낸다. 표시된 상태는 $n = 1$에서 $n = 6$까지와, 에너지($E$)가 0이 되는 $n = \infty$ 상태이다.

$n$ = 3에서 $n$ = 2로 전이하는 경우와, $n$ = 4에서 $n$ = 3으로 전이하는 경우 중 어느 것이 더 긴 파장의 빛이 방출되는가?

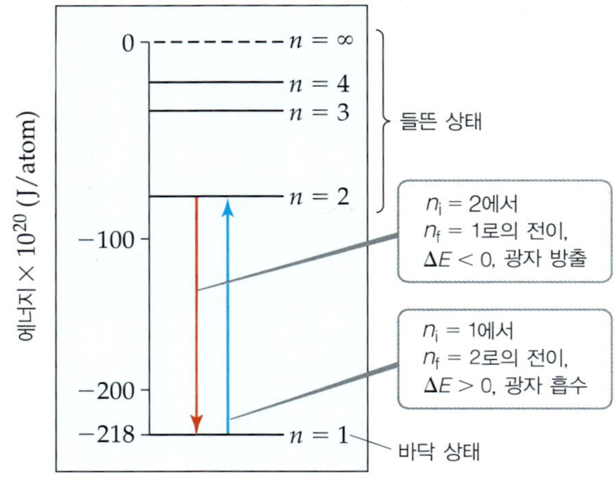


▲ 그림 6.12 수소 원자의 광자 흡수와 방출의 에너지 상태 변화

$\Delta E$가 양의 값이면 전자가 높은 에너지로 도약함에 따라 광자가 흡수되어야 한다. $\Delta E$가 음의 값이면 전자가 낮은 에너지 준위로 떨어지면서 광자가 방출된다. 두 가지 경우 모두 광자의 에너지는 두 상태 사이의 에너지 차이와 일치해야 한다. 진동수 $\nu$는 항상 양수이므로 광자의 에너지($h\nu$)는 항상 양수여야 한다. 따라서 $\Delta E$의 부호는 다음과 같이 광자가 흡수되었는가 또는 방출되었는가를 나타낸다.

$\Delta E > 0 (n_f > n_i)$: $E_{광자} = h\nu = \Delta E$를 갖는 광자가 **흡수**되는 경우

$\Delta E < 0 (n_f < n_i)$: $E_{광자} = h\nu = -\Delta E$를 갖는 광자가 **방출**되는 경우 [6.7]

이러한 두 가지 상황을 **그림 6.12**에 요약하였다. 수소 원자의 Bohr 모형은 오로지 식 6.7을 만족하는 특정된 진동수를 갖는 빛만이 원자에 의해 흡수되거나 방출된다는 결론을 이끌어 낸다.

전자가 $n_i = 3$에서 $n_f = 1$로 이동하는 전이에 대하여 위의 개념이 어떻게 적용되는가를 알아보자. 식 6.6으로부터 다음과 같이 나타낼 수 있다.

$$\Delta E = (-2.18 \times 10^{-18}\,\text{J})\left(\frac{1}{1^2} - \frac{1}{3^2}\right) = (-2.18 \times 10^{-18}\,\text{J})\left(\frac{8}{9}\right) = -1.94 \times 10^{-18}\,\text{J}$$

$\Delta E$ 값이 음수인 것은 전자가 높은 에너지 궤도($n = 3$)에서 낮은 에너지 궤도($n = 1$)로 떨어지기 때문인 것으로 타당한 결과이다. 이와 같은 전이에서 광자가 **방출되며** 광자의 에너지는 $E_{광자} = h\nu = -\Delta E = +1.94 \times 10^{-18}$ J과 같다.

방출된 광자의 에너지를 알게 됨으로써 이 광자의 주파수와 파장을 계산할 수 있다. 파장의 경우, 식 6.1($\lambda = c/\nu$)와 식 6.3($E_{광자} = h\nu$)을 다음과 같이 이용한다.

$$\lambda = \frac{c}{\nu} = \frac{hc}{E_{광자}} = \frac{hc}{-\Delta E} = \frac{(6.626 \times 10^{-34}\,\text{J-s})(2.998 \times 10^8\,\text{m/s})}{+1.94 \times 10^{-18}\,\text{J}} = 1.02 \times 10^{-7}\,\text{m}$$

따라서 파장이 $1.02 \times 10^{-7}$ m(102 nm)인 광자가 **방출된다**(emitted).

이제 우리는 Balmer에 의해 처음 발견된 수소 원자의 선 스펙트럼에 관한 놀랄 만큼 간단한 원리를 이해할 수 있게 되었다. 선 스펙트럼은 방출의 결과임을 확인하였고, 이러한 전이에서 $E_{광자} = h\nu = hc/\lambda = -\Delta E$가 된다. 식 6.5와 식 6.6을 합치면

$$E_{광자} = \frac{hc}{\lambda} = -\Delta E = hcR_H\left(\frac{1}{n_f^2} - \frac{1}{n_i^2}\right) \text{(방출의 경우)}$$

가 된다. 이 식을 정리하면 다음과 같이 나타낼 수 있다.

$$\frac{1}{\lambda} = \frac{hcR_H}{hc}\left(\frac{1}{n_f^2} - \frac{1}{n_i^2}\right) = R_H\left(\frac{1}{n_f^2} - \frac{1}{n_i^2}\right), n_f < n_i\text{의 경우}$$

따라서 불연속적인 스펙트럼선들이 존재하는 것은 에너지 준위 사이에서 전자들이 양자화된 도약을 하기 때문이라고 결론을 내릴 수 있다.

## 예제 6.4

### 수소 원자에서의 전자 전이

수소 원자의 Bohr 모형에서, 전자는 계산이 가능한 고정된 반지름의 궤도에 국한되어 있다. 궤도 반지름은 아래 그림과 같고, 반지름의 길이는 각각 0.53, 2.12, 4.76, 8.46 Å이다.

**(a)** 만약 전자가 $n_i$=4 준위에서 $n_f$=3, 2, 1의 낮은 에너지 준위로 전이가 일어난다면, 어떤 전이가 가장 짧은 파장의 광자를 생성하는가?

**(b)** 이러한 광자의 에너지와 파장은 얼마이며, 전자기 스펙트럼에서 어느 영역에 있겠는가?

**(c)** 오른쪽 그림은 각각의 원자가 $n=4$ 상태에서 시작되어 들뜬 상태의 수소 원자의 시료에서 방출된 빛의 세기를 측정한 검출기의 결과를 나타낸 것이다. 관측되는 전이의 마지막 상태($n_f$)는 무엇인가?

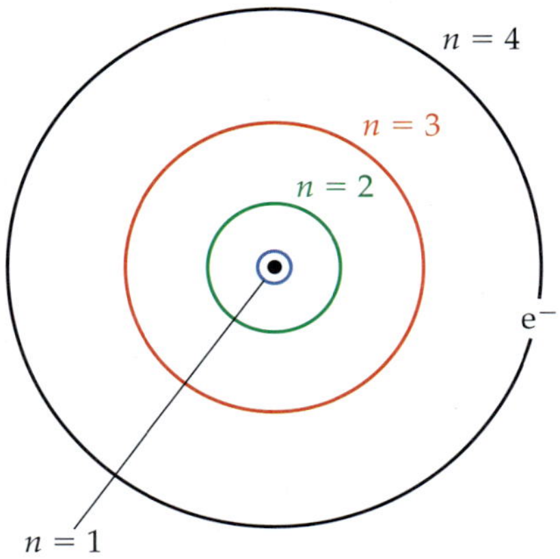


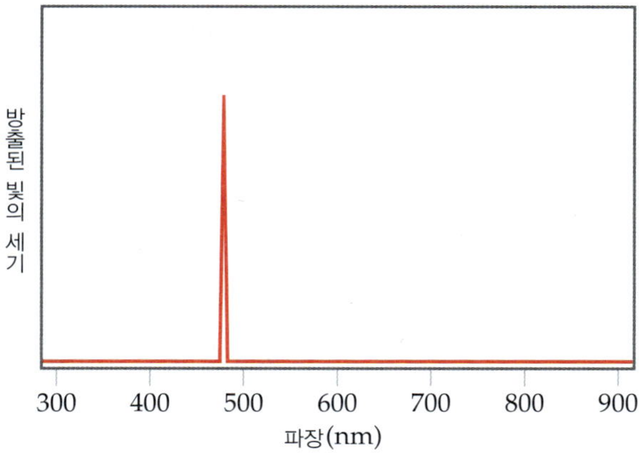


## 해답

**분석** 수소 원자의 $n=4$ 상태에서 세 가지 더 낮은 에너지 상태 중 하나로, 전자가 떨어지는 다양한 전이에서 에너지와 파장을 구하는 문제이다.

**계획** 주어진 정수값은 전자의 초기 상태와 최종 상태를 나타낸다. 식 6.6을 사용하여 광자로부터 방출된 에너지를 계산하고, $E=h\nu$, $c=\nu\lambda$ 식을 이용하여 에너지를 파장으로 변환할 수 있다. 에너지와 파장은 반비례하기 때문에, 가장 높은 에너지의 광자가 가장 짧은 파장을 가지게 될 것이다.

**풀이**

**(a)** $E=h\nu=hc/\lambda$ 관계식에 의해 광자의 파장은 에너지와 연관되어 있기 때문에, 가장 짧은 파장의 광자는 가장 높은 에너지를 가진다. 전자 궤도의 에너지 준위는 $n$이 감소함에 따라 감소한다.

전자는 $n_i=4$ 상태에서 $n_f=1$인 상태로 전이하여 대부분의 에너지를 잃고, 전이에서 광자는 가장 높은 에너지와 가장 짧은 파장을 방출한다.

**(b)** 식 6.6을 사용하고 $n_i=4$, $n_f=1$을 대입하여 광자의 에너지를 계산한다.

$$\Delta E = -2.18 \times 10^{-18}\,\text{J}\left(\frac{1}{1^2} - \frac{1}{4^2}\right) = -2.04 \times 10^{-18}\,\text{J}$$

$$E_{\text{광자}} = -\Delta E = 2.04 \times 10^{-18}\,\text{J}$$

다음으로 Plank 관계식을 통해 방출된 광자의 진동수를 계산한다.

$$\nu = E/h = (2.04 \times 10^{-18}\,\text{J})/(6.626 \times 10^{-34}\,\text{J-s}) = 3.02 \times 10^{15}\,\text{s}^{-1}$$

최종적으로 진동수를 이용하여 파장을 구한다. 이러한 파장의 빛은 전자기 스펙트럼에서 자외선 영역으로 변화된다.

$$\lambda = c/\nu = (2.998 \times 10^{8}\,\text{m/s})/(3.02 \times 10^{15}\,\text{s}^{-1}) = 9.72 \times 10^{-8}\,\text{m} = 97.2\,\text{nm}$$

**(c)** 그래프로부터 광자의 파장은 대략적으로 480 nm로 추정할 수 있다. 파장으로부터 출발하여, 식 6.4를 사용하여 $n_f$ 값을 쉽게 추측할 수 있다.

$$\frac{1}{\lambda} = R_H\left(\frac{1}{n_f^2} - \frac{1}{n_i^2}\right)$$

다시 말하면,
$n_f=2$일 때, $n_f=4$에서 $n_f=2$ 상태로 전이된 전자에서 방출된 광자가 검출기에 관측된 것이다.

$$\frac{1}{n_f^2} = \frac{1}{n_i^2} + \frac{1}{R_H\lambda} = \frac{1}{4^2} + \frac{1}{(1.097 \times 10^7\,\text{m}^{-1})(480 \times 10^{-9}\,\text{m})}$$

$$\frac{1}{n_f^2} = 0.25$$

**검토** 그림 6.11에 의하면, $n=4$에서 $n=1$로의 전이는 가능한 세 가지의 전이 중 가장 큰 에너지 값을 가질 수 있음을 확인하였다.

**▶ 보충 예제**

그림 6.10의 윗부분에 나타낸 수소 스펙트럼의 4개 선은 $n_i>2$ 준위에서 $n_f=2$ 준위로 전이되는 것에 기인한다. 이 스펙트럼에서 붉은색 선의 $n_i$ 값은 다음 중 어느 것인가?

**(a)** 3 **(b)** 4 **(c)** 5 **(d)** 6 **(e)** 7

### Bohr 모형의 한계

Bohr 모형은 수소 원자의 선 스펙트럼을 설명하지만, 다른 원자의 스펙트럼은 설명할 수 없다. Bohr는 음으로 하전된 전자가 양으로 하전된 핵으로 바로 빨려 들어가지 않는 문제점을, 단순히 그러한 일이 벌어지지 않는다고 가정함으로써 피해 나갔다. 더욱이 정해진 거리에서 핵 주위 궤도를 도는 전자에 대한 Bohr 모형은 실제 이론에 부합하지 않는다. 6.4절에서 알 수 있듯이, 전자는 파동의 성격을 나타내며, 전자 구조에 대한 어떠한 적합한 모형도 이러한 사실을 포함해야 한다.

마침내 Bohr 모형은 좀 더 포괄적인 모형의 발전을 끌어내는 데 중요한 역할을 한, 한 가지로 평가되었다. Bohr 모형에서 가장 중요한 것은 현재의 모형을 함께 포함하는 다음 두 가지 아이디어를 도입한 것이다.

1. **전자는 양자수로 정의될 수 있는 어떤 특정한 불연속적인 에너지 준위에서만 존재한다.**
2. **전자가 한 에너지 준위에서 다른 에너지 준위로 전이하기 위해서는 에너지가 관련된다.**

이제부터 물질의 특성과 관련된 상세한 개념을 이용하여 Bohr 모형을 발전시키는 일을 시작해 보자.

## 자기 평가 연습 문제

**6.14** 다음 중 가장 짧은 파장의 광자를 방출하는 것은 무엇인가?
**(a)** $n=4 \rightarrow n=2$
**(b)** $n=6 \rightarrow n=4$
**(c)** $n=10 \rightarrow n=6$
**(d)** $n=100 \rightarrow n=10$

## 연습 문제

**6.15** 수소 원자의 전자가 $n=1$ 상태에서 $n=3$ 상태로 들떴을 때 수소 원자는 '팽창'하는가?, '수축'하는가?

**6.16** 수소 원자에서 다음 전자 전이가 일어날 때 에너지가 방출되는가, 흡수되는가?
**(a)** $n=3$에서 $n=2$로
**(b)** 반지름이 0.846 nm인 궤도에서 반지름이 0.212 nm인 궤도로 전이할 때
**(c)** $H^+$ 이온에 전자 한 개가 더해져서 n=2인 궤도에 있을 때

**6.17** **(a)** 수소 원자 내의 전자가 $n=3$과 $n=6$에 있을 때 식 6.5를 사용하여 이 전자의 에너지를 각각 계산하시오. 이 전자가 $n=6$에서 $n=3$으로 전이될 때 방출되는 복사선의 파장을 계산하시오.
**(b)** 이 복사선은 전자기 스펙트럼의 가시광선 영역 안에 있는가? 그렇다면 어떤 색인가?

**6.18** Balmer에 의해 관찰된 가시광 방출선은 모두 $n_f=2$의 에너지 준위를 포함한다.
**(a)** 다음 중 가시광 영역의 스펙트럼에서 $n_f=3$의 선은 발견할 수 없는 가장 옳은 설명을 고르시오.
(i) $n_f=3$으로의 전이는 허용되지 않는다.
(ii) $n_f=3$으로의 전이는 스펙트럼의 적외선 영역으로 광자가 방출된다.
(iii) $n_f=3$으로의 전이는 스펙트럼의 자외선 영역으로 광자가 방출된다.
(iv) $n_f=3$으로의 전이는 $n_f=2$일 때와 정확하게 같은 파장으로 광자가 방출된다
**(b)** Balmer 계열에서 $n_i=3$, 4, 5일 때 얻어지는 처음 세 개의 선의 파장을 계산하고, 그림 6.10의 방출 스펙트럼에서 그 방출 선들을 확인하시오.

**6.19** 수소 원자의 방출 선 중에 파장이 94.974 nm인 복사선이 있다.
**(a)** 이 복사선은 전자기 스펙트럼의 어떤 영역에 해당하는가?
**(b)** 이 복사선과 관련된 에너지 준위($n$)의 초깃값과 최종값을 결정하시오.

**6.20** 다음과 같이 나열된 수소 원자의 에너지 전이를 흡수되는 빛의 진동수가 최소인 것에서 최대인 것의 순으로 나열하시오.
$n=3$에서 $n=7$로, $n=4$에서 $n=8$로, $n=2$에서 $n=5$로, $n=1$에서 $n=3$로

자기 평가 연습 문제 답 **6.14** (a)

## 6.4 물질의 파동성

때때로 사물은 보이는 것과 다르다. 영화는 움직임을 기본으로 만들지만, 속도를 충분히 늦추면 영화는 진행하는 스틸 사진으로 구성되어 있음을 알 수 있다. 우리는 아주 많은 수의 원자로 구성된 사물들이 존재하는 거시적 세계에 살고 있지만 원자 규모로 내려가게 되면 우리는 또 다른 영역을 볼 수 있게 된다.

이 절이 끝나면 다음 사항을 수행할 수 있어야 한다.

- 전자를 기술할 때 파동-입자 이중성과 위치-운동량 불확정성의 중요성 인식하기

수소 원자에 관한 Bohr 모형이 제시되고 복사 에너지의 이중성(dual nature)의 개념이 더욱 친숙해졌다. 실험 환경에 따라 복사선은 파동 또는 입자(광자)와 같은 성질을 갖는 것처럼 보인다. Louis de Broglie(1892~1987)는 Paris Sorbonne 대학의 물리학 박사학위 논문에서 대담하게 이러한 아이디어를 전개하였다. 적당한 조건에서 복사 에너지가 입자(광자)의 흐름처럼 거동한다면, 적절한 조건에서 물질이 파동의 성질을 나타내는 것이 가능한가?

De Broglie는 원자의 핵 주위를 운동하는 전자가 파동과 같이 거동하고, 따라서 파장을 갖는다고 제안하였다. 그는 전자 또는 다른 어떤 다른 입자의 파장은 물체의 질량($m$)과 속도($v$)에 의존한다고 다음과 같이 제시하였다:

$$\lambda = \frac{h}{mv} \qquad [6.8]$$

여기에서 $h$는 Planck 상수이다. 어떤 물체의 $mv$ 값을 그 물체의 **운동량(momentum)**이라고 한다. De Broglie는 물질의 입자 특성을 기술하기 위하여 **물질파(matter wave)**라는 용어를 사용하였다.

De Broglie의 가설은 모든 물질에 응용될 수 있으므로 질량 $m$과 속도 $v$를 갖는 어떤 물체도 물질파의 특성을 가지게 된다. 그러나 식 6.8에서 나타나듯이, 골프공 같은 보통 크기의 물체와 관계된 파장은 너무나 짧아 전혀 관측할 수 없게 된다. 한편, 예제 6.5에서 볼 수 있듯이, 전자는 질량이 매우 작으므로 이러한 현상을 관측할 수 있다.

## 예제 6.5
물질파

$5.97 \times 10^6$ m/s의 속력으로 움직이는 전자의 파장은 얼마인가? (단, 전자의 질량은 $9.11 \times 10^{-31}$ kg이다).

### 해답

**분석** 전자의 질량($m$)과 속도($\nu$)를 주고, 전자의 de Broglie 파장($\lambda$)을 계산하는 문제이다.

**계획** 움직이는 입자의 파장은 식 6.8에 의해 풀 수 있다. 따라서 $\lambda$는 알고 있는 $h$, $m$, $\nu$를 대입하여 풀면 된다. 그런데 이때 단위에 주의해야 한다.

**풀이**

Planck 상수 값을 이용한다.

$$h = 6.626 \times 10^{-34}\ \text{J-s}$$

다음과 같은 답을 얻는다.

$$\lambda = \frac{h}{m\nu} = \frac{(6.626 \times 10^{-34}\ \text{J-s})}{(9.11 \times 10^{-31}\ \text{kg})(5.97 \times 10^6\ \text{m/s})}\left(\frac{1\ \text{kg-m}^2/\text{s}^2}{1\ \text{J}}\right) = 1.22 \times 10^{-10}\ \text{m} = 0.122\ \text{nm} = 122\ \text{pm}$$

**주의** 이 값을 그림 6.4의 전자기 복사선 파장과 비교하면, 이 전자가 갖는 파장은 X선 파장과 대략 같음을 알 수 있다.

**▶ 보충 예제**

다음 움직이는 세 물체에 대하여 생각해 보자.

(i) 50.0 m/s의 속력으로 움직이는 45.9 g의 골프공

(ii) $3.50 \times 10^5$ m/s의 속력으로 움직이는 전자

(iii) $2.3 \times 10^2$ m/s의 속력으로 움직이는 중성자

위의 세 가지 물체를 de Broglie 파장이 짧은 것에서 긴 순으로 나열하시오.

**(a)** i < iii < ii **(b)** ii < iii < i **(c)** iii < ii < i **(d)** i < ii < iii **(e)** iii < i < ii

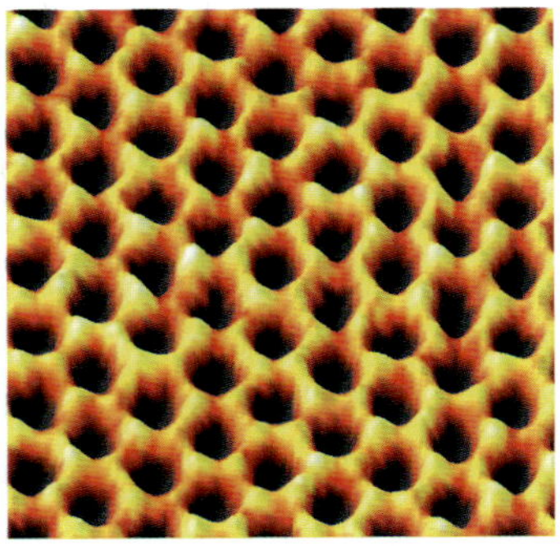

▲ **그림 6.13 파동으로서의 전자** 탄소 원자가 육각형의 벌집 배열을 갖는 그래핀의 투과 전자 현미경(TEM, transmission electron micrograph) 사진. 밝은 노란색을 띠는 '산(mountain)'들은 탄소 원자를 나타낸다.

De Broglie가 그의 이론을 발표한 지 수년 후에 전자의 파동성이 실험적으로 증명되었다. X선이 결정을 통과하면 전자기 복사선의 파동과 같은 특성인 회절 무늬가 생성된다. 이 현상을 **X선 회절**(X-ray diffraction)이라고 한다. 전자가 결정을 통과함에 따라 이와 유사하게 회절 된다. 따라서 움직이는 전자의 흐름은 X선 및 다른 형태의 모든 전자기 복사선에서와 같은 종류의 파동성을 나타낸다.

전자 회절법은 크게 발전되어 왔다. 예를 들어 전자 현미경에서 전자의 파동 특성은 원자 크기의 영상을 얻는 데 사용된다. 이 현미경은 대단히 큰 배율로 확대하여 표면 현상을 연구하는 데 중요한 기기이다(그림 6.13). 전자 현미경은 가시광선을 사용할 때(광학 현미경의 경우, 1000배)보다 훨씬 더 큰 3,000,000배까지 대상 물체를 확대할 수 있다. 이것은 전자의 파장이 가시광선의 파장보다 엄청나게 짧기 때문이다.

## 불확정성 원리

물질의 파동성 발견은 몇 가지 새롭고 흥미로운 문제를 제기하였다. 예를 들어 경사진 길을 굴러 내려오는 공을 생각해보자. 고전 물리학을 이용하면 어떤 시간에 공의 위치, 운동 방향, 운동 속력을 대단히 정확하게 계산할 수 있다. 파동성을 나타내는 전자에 대해서도 똑같이 계산할 수 있을까? 파동은 공간으로 퍼져나가며, 파동의 위치는 정확하게 결정되지 못한다. 그러므로 어떤 특정한 순간에 전자가 어디에 위치하는가를 정확하게 결정하는 것은 불가능하다고 예상할 수 있다.

독일의 물리학자 Werner Heisenberg(그림 6.14)는 물체의 이중성이 주어진 순간에 물체의 위치와 운동량 모두를 얼마나 정확하게 알 수 있는지에 근본적인 한계를 정한다고 제안하였다. 그 한계는 원자나 이보다 작은 크기의(subatomic) 수준, 즉 전자와 같이 작은 물질을 취급할 때만 중요해진다. Heisenberg 원리를 **불확정성 원리**(**uncertainty principle**)라고 한다. 불확정 원리를 원자의

전자에 응용할 때, 우리는 전자의 정확한 운동량과 공간에서의 정확한 위치를 동시에 아는 것은 본질적으로 불가능하다는 것을 알 수 있다.

Heisenberg는 수학적으로 위치의 불확정성($\Delta x$)과 운동량의 불확정성$\Delta(mv)$을 Planck 상수를 포함하여 다음과 같이 나타내었다.

$$\Delta x \cdot \Delta(mv) \geq \frac{h}{4\pi} \qquad [6.9]$$

간단한 계산으로 불확정성 원리의 놀랄 만한 결과를 설명할 수 있다. 전자는 $9.11 \times 10^{-31}$ kg의 질량을 가지고 약 $5 \times 10^6$ m/s의 평균 속력으로 수소 원자 내에서 움직인다. 속도의 1%의 불확정성이 있고(이 경우, 불확정성은 $(0.01)(5 \times 10^6\ \text{m/s}) = 5 \times 10^4\ \text{m/s}$이 된다), 이 요인만이 운동량($\Delta(mv) = m\Delta v$)의 불확정성에 중요하다고 가정하자. 식 6.9를 사용하면 다음과 같이 전자의 위치에 대한 불확정성을 계산할 수 있다.

$$\Delta x \geq \frac{h}{4\pi m \Delta v} = \left(\frac{6.626 \times 10^{-34}\,\text{J-s}}{4\pi(9.11 \times 10^{-31}\,\text{kg})(5 \times 10^4\,\text{m/s})}\right) = 1 \times 10^{-9}\,\text{m}$$

수소 원자의 지름은 약 $1 \times 10^{-10}$ m이다. 따라서 위 계산에서 알 수 있듯이, 원자에서 전자의 위치에 대한 불확정성은 원자의 크기보다도 10배 정도 큰 값을 갖는다. 따라서 본질적으로 원자에서 전자가 어디에 위치하는지 전혀 알 수 없다. 반면에 테니스공과 같이 보통의 질량을 갖는 물체에 대해 같은 방법으로 계산을 반복해 본다면, 불확정성은 매우 작게 나와서 중요하지 않음을 알 수 있다. 이 경우 질량 $m$은 크고, 불확정성 $\Delta x$는 너무 작아 측정 불가능하므로, 실제로 중요하지 않게 된다.

De Broglie 가설과 Heisenberg의 불확정성 원리는 새롭고 더 폭넓게 응용할 수 있는 원자 구조에 대한 이론의 기초를 닦아 놓았다. 이러한 접근법에 따라 전자의 순간 위치와 운동량을 정확하게 규정하려는 어떠한 시도도 포기되었다. 전자의 파동성이 인정되었고, 전자의 거동은 파동의 적절한 용어로 설명되었다. 그 결과 정확하지 않은 전자의 위치보다는 확률이라는 용어로 설명하면서 전자의 에너지를 정확하게 기술하는 모형이 나타나게 되었다.

▲ 그림 6.14 Werner Heisenberg(1901~1976) Heisenberg는 Niels Bohr에게서 박사 후 과정을 거치는 동안 유명한 불확정성 원리를 완성하였다. 32세에 노벨상을 받은 그는 가장 젊은 나이에 노벨상을 받은 한 사람이다.

## 자세히 보기 측정과 불확정성 원리

어떠한 측정을 할 때마다 얼마간의 불확정성은 존재하기 마련이다. 공, 기차, 또는 실험실 장비와 같이 우리 일상생활에서 접하는 크기의 물체에서 더욱 정교한 장비일수록 측정에 대한 불확정성을 줄여 준다는 것을 경험하였을 것이다. 실제로 측정에서의 불확정성은 정하기 어려울 정도로 작게 할 수 있다고 기대할 수 있다. 그러나 불확정성 원리는 측정의 정확도에 실제로 한계가 있음을 말한다. 이러한 한계는 장비를 어떻게 잘 만들 수 있는가에 대한 제약이 아니라 오히려 자연의 본질적인 것이다. 이 한계는 보통 크기의 물체를 다룰 때는 현실적으로 전혀 중요하지 않지만, 전자와 같이 아원자(subatomic) 입자를 취급할 경우에는 큰 의미를 지닌다.

물체를 측정하기 위해서는 최소한 조금이라도 측정 기구로 물체를 건드려야 한다. 암실에서 손전등을 사용하여 커다란 고무공을 찾는다고 생각해 보자. 손전등에서 나온 빛이 고무공에서 반사되어 눈에 들어오면 공을 보게 된다. 한 줄기의 광자가 이와 같은 크기의 물체에 부딪치면 물체의 위치나 운동량에 있어서 어떤 실질적인 정도의 변화도 생기지 않는다. 그러나 위와 유사하게 빛이 반사되어 어떤 검출기 속으로 들어가는 방법으로 전자의 위치를 정확하게 찾아내고자 한다고 상상해 보자. 물체들의 위치는 사용된 복사선의 파장보다는 작은 범위의 정확도로서 알아낼 수 있다. 따라서 전자의 정확한 위치와 운동량을 알고 싶다면 짧은 파장을 사용해야 한다. 이것은 높은 에너지의 광자가 사용되어야 함을 의미한다. 광자가 더 큰 에너지를 가질수록 광자가 전자에 부딪칠 때 더 많은 운동량이 전달되며, 이것이 전자의 운동을 예측할 수 없는 방식으로 변화시키게 된다. 전자의 위치를 정확하게 측정하고자 시도하면 전자의 운동량에 있어서 상당한 불확정성이 제기되게 된다. 즉 한순간의 전자 위치를 측정하는 행위는 향후 그 위치를 정확하게 알 수 없게 만드는 것이다.

이번에는 긴 파장의 광자를 사용하는 경우를 생각해 보자. 이들의 광자는 낮은 에너지를 갖는다. 따라서 측정하는 동안 전자의 운동량은 눈에 띄는 정도의 변화는 별로 없을 테지만 위치는 상대적으로 덜 정확하게 알려질 것이다. 이것이 불확정성 원리의 본질이다. **즉 전자의 위치와 운동량 모두를 동시에 알고자 하는 것에는 불확정성이 존재한다는 것이며, 이러한 불확정성은 어떤 특정된 최소 수준 이하로 줄일 수 없다.** 하나를 더 확실하게 알게 되면 다른 하나는 덜 정확해지는 것이다.

전자의 위치와 운동량을 정확히 안다는 것은 절대로 불가능하지만, 공간상에서 어떤 지점에 존재하는 확률에 대해서는 말할 수 있다. 6.5절에서는 원자의 어떤 위치에서 특정한 에너지를 갖는 전자를 발견하는 확률을 제시하는 원자의 모형을 소개할 것이다.

**관련 연습 문제: 6.25, 6.75, 6.105, 6.106**

## 자기 평가 연습 문제

**6.21** 다음 문장이 '참'인지 '거짓'인지를 밝히시오: **전자와 같이 작고 빠른 물체는 큰 정확도를 가지고 위치와 속도를 측정할 수 없다.**
(**a**) 참
(**b**) 거짓

**6.22** 다음 문장이 '참'인지 '거짓'인지를 밝히시오: **전자와 같은 크기를 가진 물체에서는 파동-물질의 이중성이 중요해진다.**
(**a**) 참
(**b**) 거짓

## 연습 문제

**6.23** De Broglie 관계식을 이용하여 다음 물체의 파장을 결정하시오.
(**a**) 50 km/hr로 스키를 타는 85 kg의 사람
(**b**) 250 m/s로 발사된 10.0 g의 총알
(**c**) $2.5 \times 10^5$ m/s로 움직이는 $11.5 \times 10^{-27}$ kg의 리튬 원자

**6.24** 중성자 회절은 분자 구조를 결정하기 위한 중요한 기술이다. 125 pm의 파장을 얻기 위한 중성자의 속도를 계산하시오(중성자의 질량은 표지 안쪽에 언급되어 있다).

**6.25** 다음 문제에서 Heisenberg 불확정성 원리를 이용하여 위치의 불확정성을 계산하시오.
(**a**) $\pm 0.01$ m/s의 정확성을 가지고 1.40 m/s의 속력으로 움직이는 1.50 mg의 모기
(**b**) $(5.00 \pm 0.01) \times 10^4$ m/s로 움직이는 양성자(양성자의 질량은 책 표지 안쪽에 기본 상수표에 제시되어 있다.)

자기 평가 연습 문제 답 **6.21** (a) **6.22** (a)

## 6.5 양자 역학과 원자 오비탈

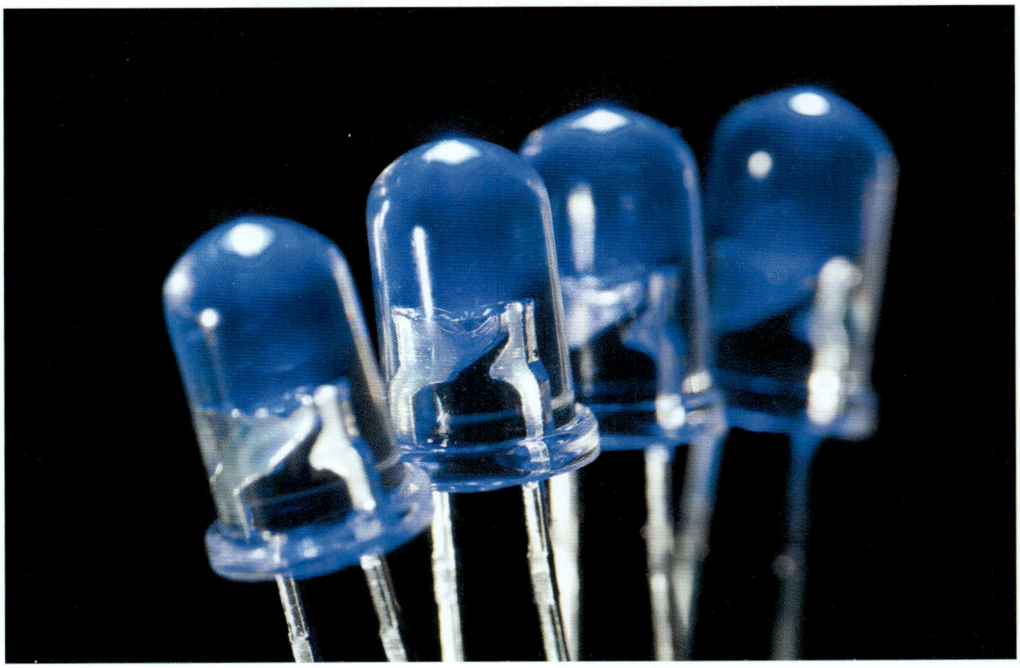

양자 이론은 20세기의 LED 및 레이저와 같은 새로운 광원들을 포함하는 기술 혁신으로 이어졌다. LED는 고품질, 저전력 광원으로 사용되고 있고 레이저는 우리 생활 주변에서 쉽게 찾아볼 수 있다. 양자 이론은 또한 컴퓨터, 휴대전화 및 기타 수많은 전자 장치의 핵심인 고체 전자 소재의 개발로 이어졌다.

이 절이 끝나면 다음 사항을 수행할 수 있어야 한다.

- 양자수를 오비탈의 종류와 수와 연관 짓고 오비탈의 모양을 구별하기

1926년에 오스트리아 물리학자 Erwin Schrödinger(1887~1961)는 전자의 파동성과 입자성을 함께 포함한 **Schrödinger 파동 방정식**(Schrödinger's wave equation)이라고 알려진 식을 제안하였다. 그의 연구는 현재 **양자 역학**(quantum mechanics) 또는 **파동 역학**(wave mechanics)이라고 하는, 즉 원자나 이보다 작은 소립자들을 취급하는 새로운 방법을 제안하였다. Schrödinger 방정식의 해를 구하려면 고등 미적분학이 필요하지만, 이를 여기서 자세하게 언급하지는 않을 것이다. 그러나 이것은 전자 구조를 세심히 살펴보기 위한 강력하면서도 새로운 방법을 제공하기 때문에 Schrödinger가 구한 결과를 정성적으로 고찰할 것이다. 가장 간단한 원자인 수소 원자의 전자 구조를 살펴보는 것부터 시작해 보자.

Schrödinger는 수소 원자의 전자를 기타 줄을 튕길 때 생기는 파(wave)와 같이 취급하였다(그림 6.15). 이와 같은 파는 공간상으로 진행하지 않으므로 **정상파**(standing wave)라고 한다. 튕기는 기타 줄이 기본 진동수(fundamental frequency)와 고차 배진동수(higher overtone; 조화 진동수(harmonic frequency))를 가지는 정상파를 생성하는 것과 같이, 전자는 가장 낮은 에너지의 정상파와 높은 에너지의 정상파를 보여 준다. 게다가 기타 줄의 배진동이 파동의 진폭이 0이 되는 점인 **마디**(node)를 갖는 것과 마찬가지로, 전자의 파동 특성도 같은 특징을 갖게 된다.

수소 원자에 대하여 Schrödinger 방정식을 풀면, 원자 안에서의 전자를 기술하는 **파동 함수**(**wave function**)라는 일련의 수학적인 함수가 얻어진다. 이러한 파동 함수는 일반적으로 기호 $\psi$(그리스어 psi)로 나타낸다. 파동 함수 그 자체는 직접적인 물리학적 의미는 없지만, 파동 함수의 제곱($\psi^2$)은 전자가 허용된 에너지 상태에 있을 때 전자의 위치에 대한 정보를 제공한다.

수소 원자에 있어서 허용된 에너지들은 Bohr 모형을 사용하여 예측된 것들과 같다. 그러나

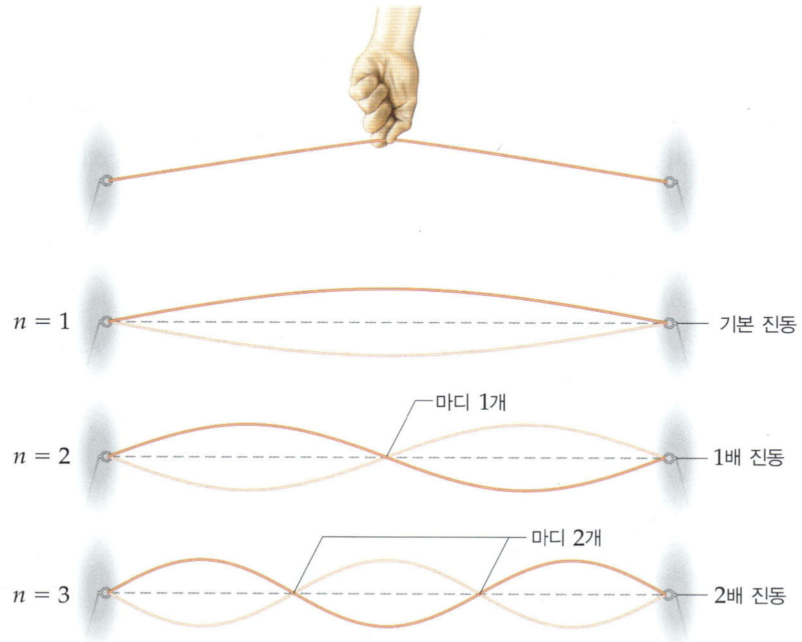


◀그림 6.15 진동하는 줄의 정상파

그림에서 전자 밀도가 가장 높은 부분은 어느 곳인가?

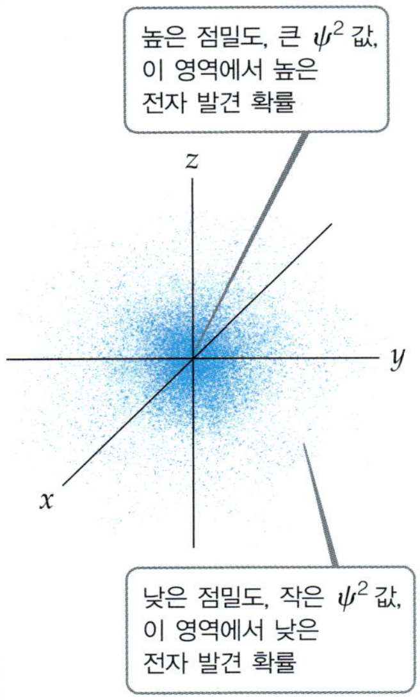


▲ **그림 6.16 전자 밀도 분포** 이 컴퓨터 도형은 바닥 상태의 수소 원자에서 전자를 발견할 확률인 $\psi^2$을 묘사한다. 좌표계에서 원점은 원자핵이다.

Bohr 모형에서는 전자들이 핵 주위의 어떤 특정한 반지름을 갖는 원형 궤도에 존재한다고 가정하였지만, 양자 역학적 모형에서 전자의 위치는 그렇게 간단하게 설명할 수 없다.

불확정성 원리에 따르면, 전자의 운동량을 대단히 정확하게 안다고 할 경우에 전자의 위치를 동시에 알 수 있는 정보는 매우 불확실해진다. 따라서 원자핵 주위 각 전자의 정확한 위치를 명시하는 것은 기대할 수 없게 된다. 단지 통계적인 지식과 같은 것만으로 만족해야 한다. 그러므로 전자가 어느 순간에 공간의 어떤 영역에 존재할 **확률**(probability)을 언급하는 것이다. 결국 공간의 일정한 점에서 파동 함수의 제곱($\psi^2$)은 그 위치에서 전자를 발견할 수 있는 확률을 나타낸다. 이러한 이유로 $\psi^2$을 **확률 밀도(probability density)** 또는 **전자 밀도(electron density)**라고 한다.

원자 내 여러 영역에서 전자를 발견할 확률을 나타내는 방법의 하나를 그림 6.16에 나타냈으며, 이 그림에서 점의 밀도는 전자를 발견할 확률을 나타낸다. 점의 밀도가 높은 영역은 비교적 큰 $\psi^2$ 값에 해당한다. 따라서 전자를 발견할 확률이 높은 영역이 된다. 이와 같은 표시에 근거하여 원자는 전자구름으로 둘러싸인 원자핵으로 이루어진 것으로 묘사된다.

## 오비탈과 양자수

수소 원자에 대한 Schrödinger 방정식의 해는 **오비탈(orbital)**이라고 하는 한 조합의 파동 함수를 제공하며, 각 오비탈은 특징적인 모양과 에너지를 갖게 된다. 예를 들면 수소 원자의 가장 낮은 에너지의 오비탈은 그림 6.16에 나타낸 것과 같이 구 모양을 가지며, $-2.18\times10^{-18}$ J의 에너지를 갖는다. **오비탈**(orbital, 전자를 "전자구름" 모양으로 그린 확률 용어로 의미하는 양자 역학적 모형)은 **궤도**(orbit, 별의 주위를 행성이 돌 때의 물리적인 궤도와 같이 전자가 핵 주위를 움직이는 것을 나타낸 Bohr 모형)와 같지 않다는 것에 유의하라. 원자에서 전자의 운동은 정확히 결정될 수 없으므로(Heisenberg 불확정성 원리), 양자 역학적 모형은 궤도라는 개념을 적용할 수 없다.

Bohr 모형에서는 궤도를 설명하기 위하여 하나의 양자수 $n$을 도입하였다. 한편, 양자 역학적 모형에서는 오비탈을 설명하기 위하여 세 가지 양자수 $n$, $l$, $m_l$을 사용한다. 이러한 세 가지 양자수는 수학적으로 Schrödinger 방정식을 풀 때 자연스럽게 나오는 결과이다.

1. 주양자수($n$)는 1, 2, 3, ... 등과 같이 양의 정수값을 가질 수 있다. $n$이 증가할수록 오비탈은 더 커지고, 전자는 핵으로부터 더 멀리 떨어진 곳에 많이 머물게 된다. $n$ 값의 증가는 전자들이 더 높은 에너지를 갖는다는 것이며, 따라서 핵에 약하게 결합 되어있음을 의미한다. 수소의 경우 Bohr 모형에서와 같이 에너지는 $E_n = -(2.18\times10^{-18}\text{ J})(1/n^2)$이다.
2. 두 번째 양자수인 **각운동량 양자수(angular momentum quantum number,** $l$)는 각 $n$ 값에 대하여 0에서 $(n-1)$까지의 정숫값을 가질 수 있다. 이 양자수는 오비탈의 모양을 결정한다. 한 특정한 오비탈에서 $l$ 값은 일반적으로 $s$, $p$, $d$, $f$*의 문자로 표시된다. 이들의 $l$ 값은 각각 0, 1, 2, 3이다.

| $l$값 | 0 | 1 | 2 | 3 |
|---|---|---|---|---|
| 사용되는 문자 | $s$ | $p$ | $d$ | $f$ |

3. **자기 양자수(magnetic quantum number,** $m_l$)는 0을 포함하여 $-l$에서 $l$ 사이의 정숫값을 가질 수 있다. 이 양자수는 6.6절에서 설명하는 바와 같이, 공간에서 오비탈의 배향(orientation)을 나타낸다.

$n$ 값은 모든 양의 정수가 되기 때문에 수소 원자에서는 무한한 개수의 오비탈이 있다. 어떤 주어진 순간에 수소 원자의 전자는 이 오비탈 중의 하나로만 설명된다. 이때 전자가 그 오비탈을 **차**

*이 문자들은 각각 sharp, principal, diffuse, fundamental의 단어에서 유래한 것이며, 양자 역학이 소개되기 전에 스펙트럼의 형태를 설명하기 위하여 사용되었다.

지(occupied)한다고 말한다. 남아 있는 오비탈은 수소 원자의 그 특정된 상태에 대하여 **점유되어 있지 않다**(unoccupied)고 한다. 앞으로는 주로 작은 값의 $n$을 갖는 오비탈에 초점을 맞추어 설명할 것이다.

같은 $n$ 값을 갖는 오비탈의 집합체를 **전자 껍질(electron shell)**이라고 한다. 예를 들어 $n = 3$의 모든 오비탈은 세 번째 껍질에 있다고 한다. 같은 $n$ 값과 같은 $l$ 값을 갖는 오비탈의 집합을 **부껍질(subshell)**이라고 한다. 각 부껍질은 숫자($n$ 값)와 문자($l$ 값에 해당하는 $s$, $p$, $d$, $f$)로 표기한다. 예를 들어 $n = 3$과 $l = 2$를 갖는 오비탈은 $3d$ 오비탈이라고 하고, 이들은 $3d$ 부껍질에 있다고 말한다.

## 자세히 보기 사고 실험(thought experiment)과 Schrödinger의 고양이

상대성 이론과 양자 이론에 의해 야기된 과학적 생각의 혁명은 과학을 바꾸어 놓았을 뿐만 아니라 우리 주위의 세상을 어떻게 이해해야 하는가에 대하여 엄청난 변화를 가져왔다. 상대성 이론과 양자 이론 이전에 만연한 물리학 이론은 본질적으로 **결정론적**(deterministic)인 것으로, 물체의 특정 조건(위치, 속도, 물체에 미치는 힘)이 주어지면 미래 어느 시간에서의 물체의 위치와 운동은 정확하게 결정된다는 것이다. Newton 법칙으로부터 Maxwell의 전자기학 이론에 이르는 이 이론은 행성의 운동, 발사체의 궤도 및 빛의 회절과 같은 물리적 현상을 성공적으로 설명하였다.

상대성 이론과 양자 이론은 모두 우주의 결정론적인 관점에 대한 도전이었다. 심지어 이 이론들을 개발한 과학자들 사이에서조차도 상당한 정도의 의구심을 일으켰다. 이러한 새로운 이론을 시험하는 데 과학자들이 사용한 한 가지 보편적인 방법은 소위 '사고 실험(thought experiment)'이라고 불리는 방법을 통한 것이었다. 이 사고 실험은 주어진 이론 안에서 역설을 이끌어 낼 수 있는 가상의 시나리오이다. 양자 이론 속에서 아이디어를 시험하기 위해 사용된 이와 같은 사고 실험의 하나를 간략히 논의해 보자.

양자 이론은 물체의 비결정론적 서술에 대하여 상당한 토론을 이끌어 냈다. 이 장에서는 이러한 두 가지 부분에 대하여 언급해 왔다. 첫째로 빛은 입자와 같은 성질을, 움직이는 물체는 파동과 같은 성질을 갖는다는 것과 같이, 빛과 물체에 대한 묘사가 덜 뚜렷해진다는 것이다. 전자가 어디에 있는가를 정확히 알고 있다는 것에 반하여, 단지 전자가 어느 지점에 있을 확률에 대해서만 이야기할 수 있다는 결과를 가져오는 물체에 대한 묘사는 여러 면에서 매우 짜증나는 생각일 수도 있다. 예를 들어 Einstein은 이러한 확률론적인 설명에서 "신은 세상과 주사위 놀이를 하지 않는다."[*]라는 유명한 말을 하였다. 입자의 위치와 운동량은 정확히 알 수 없음을 확인하는 Heisenberg의 불확정성 원리도 많은 철학적인 질문들을 낳았다. 실제로 대단히 많은 것이 1958년에 Heisenberg가 출판한 "**물리학과 철학**(Physics and Philosophy)"이라는 책에 나타나 있다.

양자 이론 시대 초기에 제안된 가장 유명한 사고 실험 중의 하나는 Schrödinger가 이론을 체계화하였으며 현재 "Schrödinger의 고양이(Schrödinger cat)"라고 알려진 것이다. 이 실험은 한 계를 측정하기에 앞서 계가 다수의 허용된 파동 함수를 가질 수 있는지의 의문을 제기한다. 다른 말로, 우리가 실제로 계를 관측하지 못한다면, 그 속의 상태에 대한 어떤 것이라도 아는 것이 있겠는가? 이와 같은 역설에서, 가상의 고양이가 밀폐된 상자 속에 있으며, 이 상자에는 고양이에게 치사량의 독을 무작위로 발포하는 장치가 달려 있다. 양자 이론의 일부 해석에 따르면, 상자를 열고 고양이를 관찰할 때까지 고양이가 살아 있거나 죽었거나 하는 관점은 똑같이 간주되어야 한다.

Schrödinger는 이 역설을 양자 이론의 일부 해석에 대한 약점을 지적하기 위하여 제기하였으나, 대신에 이 역설은 Schrödinger의 고양이의 숙명과 의미에 대하여 지속적이고 생생한 토론을 이끌어 냈다. 2012년에 노벨 물리학상은 프랑스의 Serge Haroche와 미국의 David Wineland에게 수여되었는데, 이것은 상태를 파괴하는 관측 행동 없이 광자와 입자의 양자 상태를 측정하는 기발한 방법에 관한 것이었다. 여기에서 그들은 어떤 것을 일반적인 계의 '고양이 상태(cat state)'라고 부르는가를 관측하였으며, 이 상태에는 광자와 입자가 두 가지 다른 양자 상태에서 동시에 존재한다. 정말로 수수께끼 같은 역설이지만, 우리는 소위 양자 컴퓨터나 더욱 정교한 시계를 창조하기 위한 동시 상태를 견고히 하는 새로운 방법에 궁극적으로 이르게 될 수도 있다.

**관련 연습 문제: 6.106**

표 6.2에 $n = 4$까지에서 각 $n$ 값에 대한 가능한 $l$과 $m_l$ 값을 요약해 놓았다. 양자수의 가능한 값에 대한 제한은 다음과 같은 몇 가지 매우 중요한 사실을 보여 준다.

1. **주양자수 $n$을 갖는 껍질은 정확히 $n$개의 부껍질로 구성된다.** 각 부껍질은 0에서 $(n-1)$까지의 허용된 각기 다른 $l$ 값에 해당한다. 따라서 첫 번째 껍질($n = 1$)은 단지 한 개의 부껍질, 즉 $1s(l = 0)$만으로 구성된다. 두 번째 껍질 $(n = 2)$은 두 개의 부껍질,

[*] Hermanns, William, *Einstein and the Poet: In Search of the Cosmic Man*, 1st edition, Branden Books, 1983.

**표 6.2 주양자수 $n = 4$까지에 대한 $n$, $l$, $m_l$ 값 사이의 관계**

| $n$ | 가능한 $l$ 값 | 부껍질의 표시 | 가능한 $m_l$ 값 | 부껍질의 오비탈 수 | 껍질의 전체 오비탈 수 |
|---|---|---|---|---|---|
| 1 | 0 | 1$s$ | 0 | 1 | 1 |
| 2 | 0 | 2$s$ | 0 | 1 | |
| | 1 | 2$p$ | 1, 0, −1 | 3 | 4 |
| 3 | 0 | 3$s$ | 0 | 1 | |
| | 1 | 3$p$ | 1, 0, −1 | 3 | |
| | 2 | 3$d$ | 2, 1, 0, −1, −2 | 5 | 9 |
| 4 | 0 | 4$s$ | 0 | 1 | |
| | 1 | 4$p$ | 1, 0, −1 | 3 | |
| | 2 | 4$d$ | 2, 1, 0, −1, −2 | 5 | |
| | 3 | 4$f$ | 3, 2, 1, 0, −1, −2, −3 | 7 | 16 |

즉 $2s(l=0)$와 $2p(l=1)$로 구성된다. 세 번째 껍질은 세 개, 즉 3$s$, 3$p$, 3$d$로 구성되며, 이후에도 이러한 방식을 따른다.

2. **각 부껍질은 일정한 수의 오비탈로 구성된다.** 각 오비탈은 허용된 다른 $m_l$ 값에 해당한다. 주어진 $l$ 값에 대하여 $-l$에서 $l$까지의 범위에서 $(2l+1)$개의 허용된 $m_l$ 값을 갖는다. 따라서, 각 $s(l=0)$ 부껍질은 한 개의 오비탈로 구성되고, 각 $p(l=1)$ 부껍질은 세 개의 오비탈로, 각 $d(l=2)$ 부껍질은 다섯 개의 오비탈로 구성된다. 이후에도 동일한 방식을 따른다.
3. **한 껍질 내의 전체 오비탈 수는 $n^2$이다. 여기에서 $n$은 껍질의 주양자수이다.** 결과적으로 껍질의 오비탈 수는 1, 4, 9, 16개가 되며, 이는 주기율표의 나타난 모양과 관련있다. 주기율표의 한 주기에 있는 원소 수는 2, 8, 18, 32개로, 이 오비탈 수의 두 배와 같은 값이다. 이 관계는 6.9절에서 더 설명할 것이다.

여기 그려 있는 $n = 1, 2, 3$ 껍질의 에너지 그림은, 그림 6.11의 Bohr 모형에 대한 원자의 에너지 준위 그림과 같은가, 다른가?

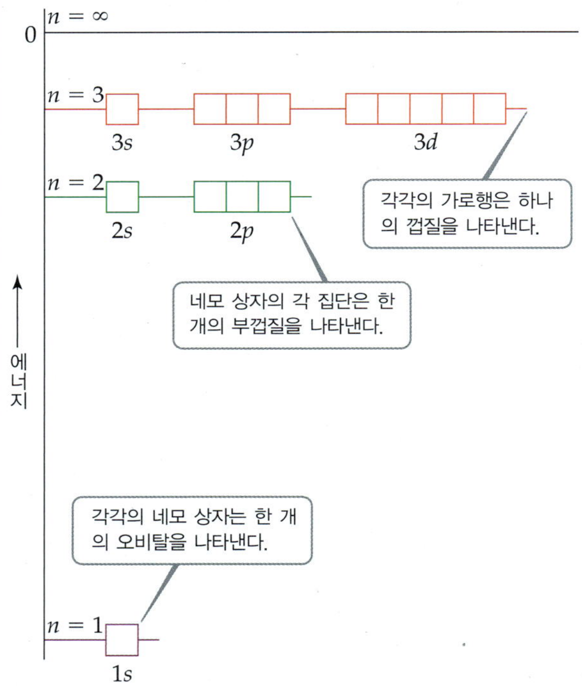


$n = 1$ 껍질은 1개의 오비탈을 갖는다.
$n = 2$ 껍질은 4개의 오비탈로 이루어진 2개의 부껍질을 갖는다.
$n = 3$ 껍질은 9개의 오비탈로 이루어진 3개의 부껍질을 갖는다.

▲ 그림 6.17 수소 원자의 오비탈 에너지 준위

그림 6.17에 $n = 3$까지 수소 원자 오비탈의 상대적인 에너지를 나타내었다. 각각의 네모는 오비탈을 나타내며, 세 개의 2$p$ 오비탈과 같이 동일한 부껍질의 오비탈들을 함께 묶어 표시하였다. 수소의 전자들이 가장 낮은 에너지 오비탈(1$s$ 오비탈)에 있을 때, 수소 원자는 **바닥 상태**(ground state)에 있다고 말한다. 그 전자가 이외의 다른 어떤 오비탈에 있을 때, 그 원자는 **들뜬 상태**(excited state)에 있다고 말한다(전자들은 적절한 에너지의 광자를 흡수하여 높은 에너지 상태로 들뜰 수 있다). 보통의 온도에서 모든 수소 원자는 기본적으로 바닥 상태에 있다.

## 예제 6.6
### 수소 원자의 부껍질

(a) 표 6.2를 참고하지 않고, 네 번째 껍질 $n = 4$의 부껍질 개수를 예측하시오. (b) 각 부껍질을 표시하시오. (c) 각 부껍질에 있는 오비탈의 수는 몇 개인가?

### 해답

**분석과 계획** 주양자수인 $n$의 값이 주어졌다. 주어진 주양자수 $n$에 대하여 허용되는 $l$과 $m_l$의 값을 결정한 후, 각 부껍질의 오비탈 수를 결정하는 문제이다.

**풀이** 네 번째 껍질에는 네 개의 가능한 $l$ 값인 0, 1, 2, 3에 해당하는 네 개의 부껍질이 있다.

이러한 부껍질은 4*s*, 4*p*, 4*d*, 4*f*로 표시된다. 부껍질에 표시된 숫자는 주양자수($n$)이고, 문자는 각운동량 양자수($l$)의 값을 나타낸다. 즉 $l=0$이면 *s*, $l=1$이면 *p*, $l=2$이면 *d*, $l=3$이면 *f*이다.

4*s* 오비탈은 1개가 있다($l=0$일 때는 오직 한 가지의 가능한 $m_l$의 값을 가지며, 0이다). 4*p* 오비탈에는 3개가 있다($l=1$일 때 $m_l$의 가능한 3개의 값은 1, 0, −1이다). 4*d* 오비탈은 5개가 있다($l=2$일 때 $m_l$의 허용값은 5개로 2, 1, 0, −1, −2이다). 4*f* 오비탈은 7개가 있다($l=3$일 때 7개 허용값은 3, 2, 1, 0, −1, −2, −3이다).

**▶ 보충 예제**

**(a)** $n=5$와 $l=1$인 부껍질은 어떻게 표시하는가? **(b)** 이 부껍질의 오비탈 수는? **(c)** 이들 오비탈 각각의 $m_l$ 값을 표시하시오.

## 자기 평가 연습 문제

**6.26** 다음 양자수 조합 중 오비탈을 표현하기 적합한 것은 무엇인가?

**(a)** $n=2;\ l=2;\ m_l=0$

**(b)** $n=0;\ l=2;\ m_l=2$

**(c)** $n=3;\ l=2;\ m_l=1$

**(b)** $n=2;\ l=0;\ m_l=1$

## 연습 문제

**6.27** 다음의 문장이 '참'인지, '거짓'인지를 밝히시오.

**(a)** 여기서 나타낸 2*p* 오비탈의 등고도 표현에서, 2*p* 오비탈의 전자는 모형의 바깥 표면에만 국한해서 움직인다.

**(b)** 확률 밀도 $[\psi(r)]^2$은 핵으로부터 특정한 거리에서 전자를 발견할 확률을 알려 준다.

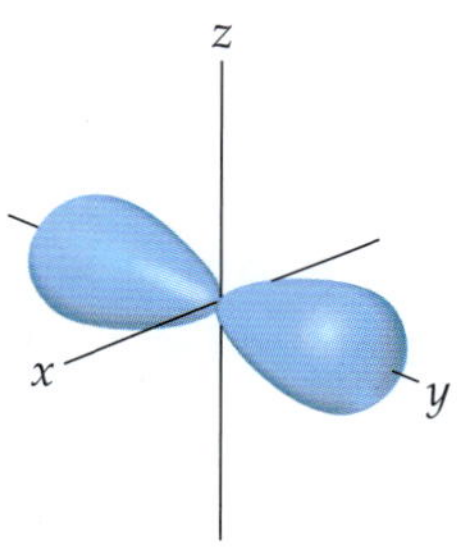


**6.28** **(a)** $n=4$일 때 가능한 $l$ 값은? **(b)** $l=2$일 때 가능한 $m_l$ 값은? **(c)** $m_l=2$일 때 가능한 $l$ 값은?

**6.29** 다음 각 오비탈에 해당하는 $n$과 $l$의 값을 구하시오.

**(a)** 3*p* **(b)** 2*s* **(c)** 4*f* **(d)** 5*d*

**6.30** 수소 원자의 어떤 오비탈이 $n=4$, $l=3$을 갖는다.

**(a)** 이 오비탈에서 가능한 $m_l$ 값은?

**(b)** 이 오비탈에서 가능한 $m_s$ 값은?

**6.31** 다음 오비탈 중 $n$과 $l$의 조합의 관점에서 불가능한 것은?

**(a)** 1*p* **(b)** 4*s* **(c)** 5*f* **(d)** 2*d*

자기 평가 연습 문제 답 **6.26** (c)

# 6.6 | 오비탈의 표현

큰 호숫가나 해안에서 파도가 부딪쳐 부서지는 것을 보는 것은 매혹적이고 마음을 편안하게 해준

다. 우리는 다른 형태의 파도를 생각할 수 있는데, 1차원의 파도는 뽑아낸 기타 줄이나 움직이는 줄넘기 모양으로 나타날 수 있다. 2차원의 파도는 돌을 물에 던진 후 연못의 잔물결로 표현될 수 있고, 3차원의 파도는 크기가 맥동하는 풍선의 표면처럼 생각할 수 있다. 간단하게 표현하기 위해서 파도의 단면을 시간의 스냅숏으로 그릴 수 있지만, 파도는 움직이고 있다는 것을 항상 염두에 두고 있어야 한다.

이 절이 끝나면 다음 사항을 수행할 수 있어야 한다.

- 양자수 $n$과 $l$로 표현되는 오비탈의 모양과 크기를 알기

지금까지는 오비탈 에너지를 강조해 왔다. 그러나 전자들이 특정 오비탈에 있을 때, 파동 함수는 공간 중 전자 위치에 관한 정보도 제공한다. 이제 오비탈을 표현하는 방법을 살펴보자. 이 오비탈의 모양을 통해, 우리는 핵 주변에 분포된 전자의 밀도를 가시화할 수 있다.

## *s* 오비탈

가장 낮은 에너지를 갖는 수소 원자의 1*s* 오비탈을 그림 6.16에 나타냈다. 전자 밀도를 나타내는 이러한 그림은 오비탈을 나타내는 몇 가지 방법의 하나다. 먼저 1*s* 오비탈은 **구면 대칭**(spherically symmetric)의 전자 밀도를 가진다. 이는 다시 말해, 핵으로부터 같은 거리에 있는 곳에서는 방향과 관계없이 전자 밀도가 같다는 것을 의미한다. 다른 *s* 오비탈인 2*s*, 3*s*, 4*s* 등도 구면 대칭의 전자 밀도를 가진다.

*s* 오비탈은 $l$ 양자수가 0이라는 것을 살펴본 바 있다. 따라서 $m_l$ 양자수도 0이어야 한다. 따라서 각각의 $n$ 주양자수에 대하여 *s* 오비탈은 오직 한 개만 존재한다. 그렇다면 다른 $n$ 주양자수를 가지고 있는 *s* 오비탈들의 차이점은 무엇인가? 예를 들어 수소 원자에서 전자가 1*s* 오비탈에서 2*s* 오비탈로 들뜰 때 전자 밀도 분포는 어떻게 달라지는가? 이에 답하기 위해서는 핵으로부터 일정 거리 떨어진 위치에서 전자를 발견할 수 있는 확률을 의미하는 오비탈의 **방사 방향 확률 밀도**(radial probability density)를 생각해야 한다.

핵으로부터 떨어진 거리 $r$의 함수로서 수소의 1*s*, 2*s*, 3*s* 오비탈의 방사 방향 확률 밀도를 그림

수소 원자의 4*s* 오비탈의 방사 방향 확률 함수를 나타낸 그래프를 생각할 때, 최대 봉우리는 몇 개를 예상할 수 있는가? 또한 마디는 몇 개를 예상할 수 있는가?

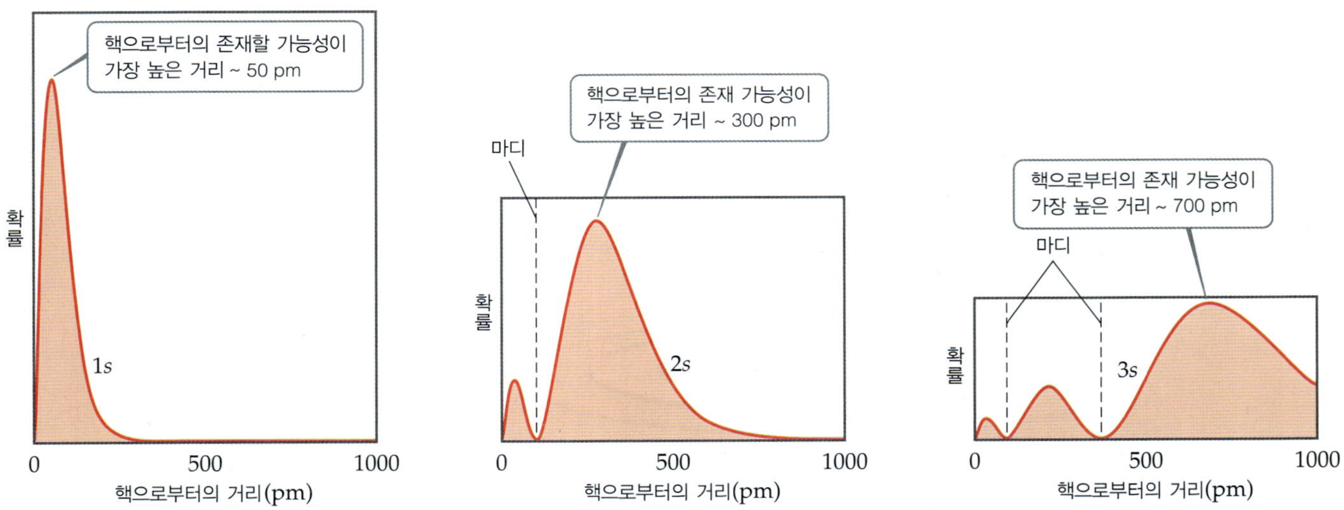


▲ **그림 6.18** 1*s*, 2*s*, 3*s* 오비탈의 방사 방향 확률 함수 이 그림들이 보여주는 것은, 핵으로부터의 거리에 따른 전자 발견 확률이다. 주양자수($n$) 값이 증가함에 따라 핵으로부터 전자가 발견될 최대 확률을 가진 거리(가장 높은 봉우리)는 더 멀어진다.

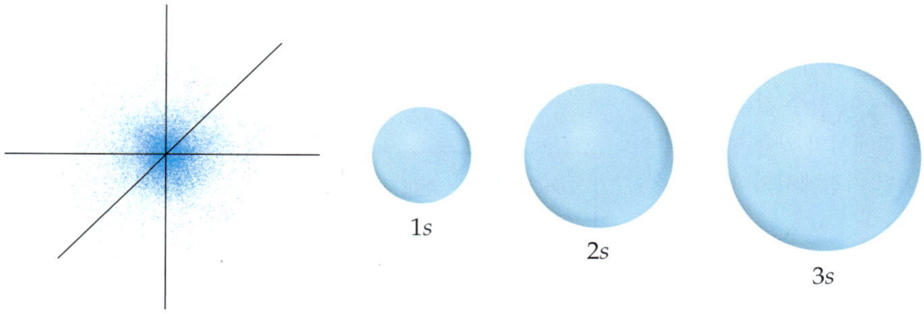


(a) 전자 밀도 모형 (b) 등고도 모형

◀ 그림 6.19 1s, 2s, 3s 오비탈의 비교 (a) 1s 오비탈에서의 전자 밀도 분포, (b) 등고도 표현법을 통한 1s, 2s, 3s 오비탈. 각각의 구는 원자의 핵을 중심으로 하며, 전자의 발견 확률이 90% 이상 되는 경계 표면이다.

6.18에 나타냈다. 이 곡선들을 각 오비탈의 **방사 방향 확률 함수(radial probability function)**라고 한다. 이 방사 방향 확률 함수에서 세 개의 특징, 즉 봉우리의 개수, 확률 함수가 0으로 접근하는 **마디(node)**의 개수, 오비탈의 크기를 결정지을 수 있는 전자 분포의 퍼짐이 그것이다.

1*s* 오비탈의 방사 방향 확률 함수에서 핵으로부터 전자의 거리가 약 50 pm일 때 전자가 발견될 확률은 급격히 최대로 증가하고, 그 이후에 급격히 감소하는 것을 관찰할 수 있다. 따라서 전자가 1*s* 오비탈에 점유될 때, 50 pm의 거리에서 전자를 발견할 확률이 최대가 된다.* 이때 우리는 여전히 불확정성 원리에 부합하는 확률의 개념을 사용한다. 또한 핵으로부터 300 pm보다 더 먼 거리에서는 전자를 발견할 확률이 거의 0이 되는 것을 알 수 있다.

1*s*, 2*s*, 3*s* 오비탈의 방사 확률 분포를 비교하면 다음 세 가지 경향을 보인다.

1. ***ns* 오비탈에서 봉우리의 개수는 주양자수 *n*과 같으며, 바깥쪽의 봉우리는 안쪽의 봉우리보다 크다.**
2. ***ns* 오비탈에서 마디의 수는 $n-1$이다.**
3. ***n*이 증가함에 따라 전자 분포는 핵으로부터 더 멀리 퍼져 있다. 즉 핵에서 더 먼 곳에서 전자를 발견할 확률이 높아진다.**

오비탈의 **모양(shape)**을 표현하는 데 폭넓게 사용하는 방법의 하나는 오비탈의 전자 밀도 값이 90% 이상 되는 경계면으로 나타내는 것이다. 이러한 방법을 **등고도 표현법(contour representation)**이라고 한다. 이 방법을 통한 *s* 오비탈의 등고도는 구형이다(그림 6.19). 모든 *s* 오비탈은 같은 모양이지만 크기는 다르다. 이를 통해 주양자수 *n*이 증가할수록 오비탈의 크기는 커지는 것을, 즉 주양자수가 증가할수록 전자 밀도가 핵으로부터 멀리 퍼져 있음을 확인할 수 있다. 전자 밀도가 표면에서 어떻게 변하는가에 대한 자세한 정보는 이 표현법으로 나타낼 수 없지만, 이것이 그리 큰 문제는 아니다. 정성적인 고찰에서 가장 중요한 오비탈의 특징은 등고도 표현법으로 잘 나타낼 수 있는 오비탈의 상대적인 크기와 모양이다.

### 자세히 보기 확률 밀도와 방사 방향 확률 함수

양자 화학에 따르면, 수소 원자 내 전자의 위치는 정확한 위치보다는 확률의 개념을 이용하여 표현해야 한다. 확률에 대한 정보는 Schrödinger 방정식으로부터 얻어지는 파동 함수($\psi$)에 포함되어 있다. 앞서 언급하였던 것과 같이, 확률 밀도 또는 전자 밀도라고 하는 이 파동 함수의 제곱($\psi^2$)은 임의의 **지점**에서 전자가 존재할 확률을 나타낸다. *s* 오비탈은 구면 대칭이기 때문에 *s* 오비탈의 파동 함수는 오직 핵으로부터의 거리 *r*에 대한 함수로 나타나게 된다. 따라서 *r*에서의 $\psi$를 $\psi(r)$이라고 하면, 확률 밀도 함수는 $[\psi(r)]^2$이 된다. 이 $[\psi(r)]^2$ 함수는 핵으로부터 거리 *r*만큼 떨어진 어떤 지점에서의 확률 밀도 값을 나타낸다.

*양자 역학 모형에서 1*s* 오비탈의 전자를 발견할 최대 확률 거리는 52.9 pm이다. 이는 Bohr가 예측하였던 $n = 1$ 궤도의 반지름과 같다. 52.9 pm를 Bohr 반지름이라고도 한다.

그림 6.18의 방사 방향 확률 함수는 확률 밀도와는 다르다. 방사 방향 확률 함수는 핵으로부터 거리 $r$만큼 떨어진 모든 지점에서 전자를 발견할 수 있는 **총** 확률을 의미한다. 다시 말해, 이 함수 값을 구하기 위해서는 핵으로부터의 거리가 $r$인 모든 지점에서의 확률 밀도 $[\psi(r)]^2$을 모두 '더해' 주어야 한다. **그림 6.20**은 어떤 지점에서의 확률 밀도($[\psi(r)]^2$)와 방사 방향 확률 함수를 비교한 것이다.

이 둘의 차이를 좀 더 자세히 살펴보자. **그림 6.21**는 수소 원자 1*s*, 2*s*, 3*s* 오비탈의 확률 밀도 $[\psi(r)]^2$을 $r$에 대해 나타낸 것이다. 그림 6.18에 나타낸 방사 방향 확률 함수와는 이것이 크게 차이가 있음을 확인할 수 있다.

그림 6.20에 나타냈던 것처럼, 핵으로부터의 거리가 $r$인 점들을 합하면 반지름이 $r$인 구가 된다. 그 구 표면의 **각 지점에서** 확률 밀도는 $[\psi(r)]^2$이다. 이 각각의 확률 밀도 값을 더하는 과정은 적분을 필요로 하지만, 이는 이 책에서 우리가 다룰 내용은 아니다. 적분을 통한 결과를 살펴보면, 방사 방향 확률 함수는 확률 밀도 $[\psi(r)]^2$과 구의 표면적 $4\pi r^2$의 곱임을 알 수 있다.

$$\text{거리 } r\text{에서의 방사 방향 확률 함수} = 4\pi r^2[\psi(r)]^2$$

따라서 그림 6.18의 방사 방향 확률 함수는 그림 6.21의 확률 밀도 함수에 $4\pi r^2$을 곱한 것과 같다. $4\pi r^2$은 $r$이 증가함에 따라 그 값이 급격히 증가하기 때문에, 방사 방향 확률 함수와 확률 밀도 함수는 그 모양이 크게 차이가 있다. 예를 들어 그림 6.21에서 3*s* 오비탈의 $[\psi(r)]^2$ 그래프는 핵에서 점점 멀어질수록 함수 값이 작아진다. 그러나 $4\pi r^2$을 곱해 얻은 방사 방향 확률 함수에서는 핵에서 멀어질수록 봉우리가 점점 더 커지는 것을 볼 수 있다(그림 6.18).

그림 6.18의 방사 방향 확률 함수는 특정한 한 지점에서가 아닌, 핵에서 $r$ 만큼 떨어진 모든 점에서 전자를 발견할 수 있는 확률을 의미하기 때문에 우리에게 더욱 유용한 정보가 된다.

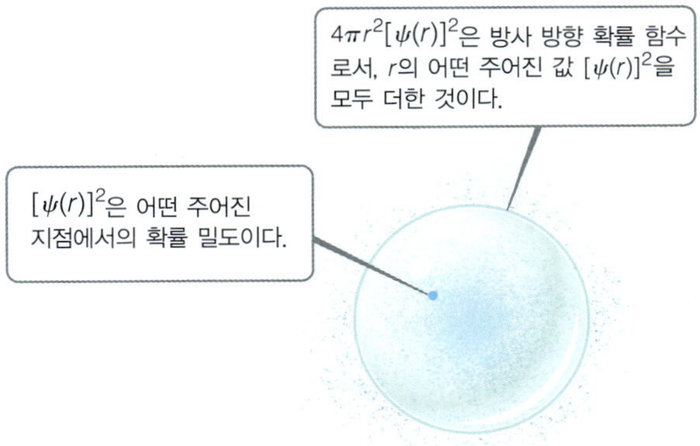


▲ **그림 6.20** 확률 밀도 함수 $[\psi(r)]^2$와 방사 방향 확률 함수 $4\pi r^2[\psi(r)]^2$의 비교

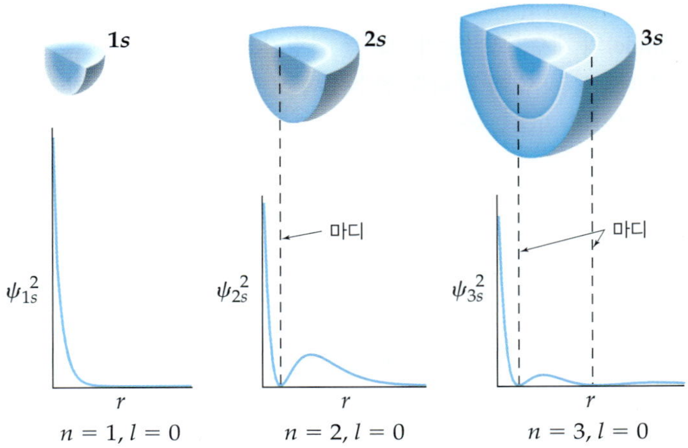


▲ **그림 6.21** 수소 원자의 1*s*, 2*s*, 3*s* 오비탈에서의 확률 밀도 $[\psi(r)]^2$

**관련 연습 문제: 6.34, 6.76, 6.82, 6.107**

## *p* 오비탈

$l=1$인 오비탈은 *p* 오비탈임을 기억하라. *p* 부껍질에는 각각 $-1$, 0, 1의 세 $m_l$ 양자수에 대응되는 세 개의 오비탈이 존재한다. 2*p* 오비탈의 전자 밀도 분포는 **그림 6.22(a)**에 나타나 있다. 이 그림에서 볼 수 있는 바와 같이, 전자 밀도는 *s* 오비탈처럼 구면 대칭 모양으로 분포하지 않는다. 그 대신, 전자 밀도는 핵의 양쪽에 집중되고, 핵 주위는 마디로 분리된다. 이러한 오비탈을 두 개의 **로브**(lobe)를 가진 아령 모양의 오비탈이라고 한다. 전자들이 오비탈 내에서 어떻게 움직이는지 설명하지 못하는 것에 유의하라. 그림 6.22(a)는 공간에서 2*p* 오비탈 내에서 전자 밀도의 **평균** 분포(averaged distribution)를 나타낸다.

$n=2$인 껍질부터는 각각 세 개의 *p* 오비탈을 갖는다(표 6.2). 각각의 *p* 오비탈은 각각의 $m_l$ 값에 해당하도록 3개의 2*p* 오비탈, 3개의 3*p* 오비탈, 등과 같이 세 개씩 존재하게 된다. 그리고 이 세 개의 *p* 오비탈은 그림 6.22(a)의 2*p* 오비탈과 같이 아령 모양이다. 같은 주양자수를 가지는 세 개의 *p* 오비탈은 크기와 모양은 같지만, 그 배향은 다르다. 우리는 주로 그림 6.22(b)와 같이 등고도 표현법을 이용하여 *p* 오비탈의 모양과 방향을 나타낸다. 이러한 오비탈을 $p_x$, $p_y$, $p_z$ 오비탈로 표현한다. 아래 첨자는 오비탈이 배향한 축을 나타낸다. 즉, 어떤 두 오비탈은 $n$과 $l$이 같지만, 공간 배향의 차이에 따른 $m_l$ 값이 다르다.* *s* 오비탈처럼 *p* 오비탈은 2*p*에서 3*p*, 4*p*로 갈수록 크기가 증가한다.

*우리는 *p* 오비탈의 각 첨자($x$, $y$, $z$)와 $m_l$ 양자수를 단순하게 연결할 수는 없다. 이유를 설명하는 것은 이 책에서 다루는 내용을 넘어서므로 생략하기로 한다.

각 $p$ 오비탈은 확률 밀도가 0이 되는 평면인 마디 평면(nodal plane)을 가진다. 아래의 오비탈 중 $yz$ 평면을 마디 평면으로 가지는 것은 무엇인가?

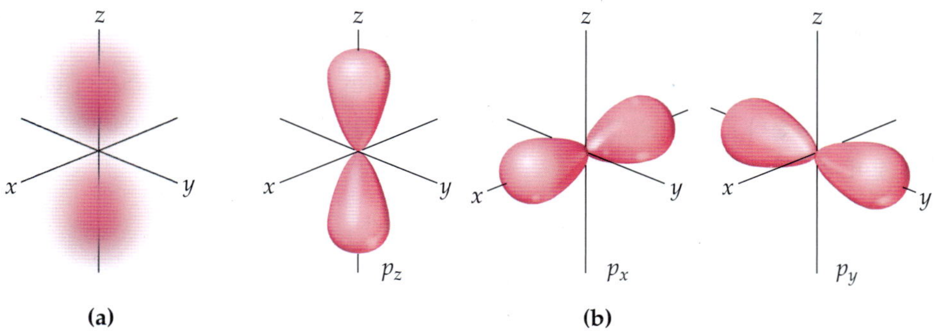


▲그림 6.22 $p$ 오비탈 (a) $2p$ 오비탈의 전자 밀도 분포, (b) 세 개의 $p$ 오비탈 표현법. 오비탈의 아래 첨자는 오비탈이 놓인 축을 나타낸다.

## *d* 오비탈과 *f* 오비탈

$n$의 값이 3 이상일 때는 $d$ 오비탈($l=2$)이 있다. 이때 $m_l$ 양자수는 $-2$, $-1$, 0, 1, 2의 5개의 값이 가능하므로 $3d$, $4d$ 등의 $d$ 오비탈은 각각 5개씩 존재한다. 일정한 껍질 중 서로 다른 $d$ 오비탈은 **그림 6.23**처럼 서로 다른 모양과 배향을 가진다. $d$ 오비탈의 4개는 '4개의 클로버 잎사귀' 모양이라는 것에 유의하라. 각 오비탈은 원칙적으로 평면에 놓여 있다. $xy$, $xz$, $yz$ 평면에 놓인 $d_{xy}$, $d_{xz}$, $d_{yz}$ 오비탈은 각 로브가 축 사이로 배향한다. $d_{x^2-y^2}$ 오비탈은 $xy$ 평면에 위치하지만, 그 로브는 $x$와 $y$ 축상에 나란히 배향한다. $d_{z^2}$ 오비탈은 다른 네 개와 다른 모양을 가지고 있다. 이것은 $z$축을 따라 두 개의 로브와 $xy$ 평면에 한 개의 '도넛(doughnut)' 모양을 가진다. $d_{z^2}$ 오비탈은 다르게 보이지만, 에너지는 다른 네 개의 오비탈과 같다. 그림 6.23의 표시법은 주양자수와 관계없이 모든 $d$ 오비탈

$d_{xy}$ 오비탈을 2차원으로 나타낼 때 확률 밀도가 0이 되는 마디는 모두 몇 개가 있는가?

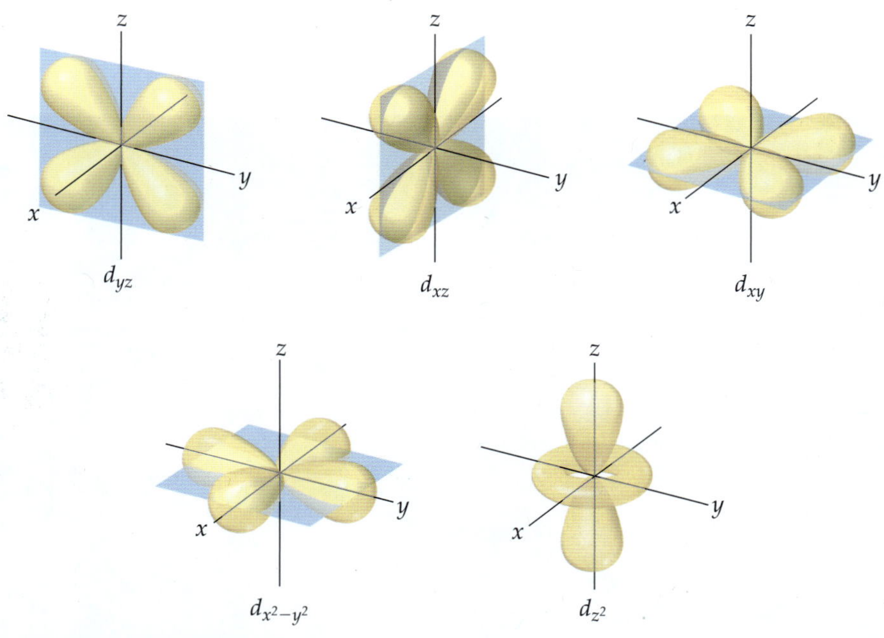


▲그림 6.23 5개 $d$ 오비탈의 등고도 표현

에 일반적으로 사용된다.

$n$ 값이 4 이상일 때는 7개의 $f$ 오비탈($l=3$)이 존재한다. $f$ 오비탈 모양은 $d$ 오비탈의 모양보다 훨씬 더 복잡하여, 이 절에서는 다루지 않겠다. 그러나 다음 절에서 주기율표 밑 부분에 있는 원자의 전자 구조를 고려하려면 $f$ 오비탈을 알아야 한다.

원자 오비탈의 수와 모양에 관한 지식은 앞으로 다룰 여러 가지 적절한 분자 수준의 화학을 이해하기 위해 중요하다. 그러므로 그림 6.19, 6.22, 6.23에 나타낸 각각의 $s$, $p$, $d$ 오비탈 모양을 기억하는 것이 유용하다.

## 자기 평가 연습 문제

**6.32** 5$s$ 오비탈에는 몇 개의 마디가 있는가?
**(a)** 4 **(b)** 5 **(c)** 6

## 연습 문제

**6.33** 다음 오비탈의 모양과 배향을 그리시오.
**(a)** $s$ **(b)** $p_z$ **(c)** $d_{xy}$

**6.34** **(a)** 수소 원자의 1$s$ 오비탈과 2$s$ 오비탈의 공통점과 차이점은 무엇인가?
**(b)** 2$p$ 오비탈이 방향적 특성을 가진다는 것은 무엇을 의미하는가? $p_x$ 오비탈과 $d_{x^2-y^2}$ 오비탈의 '방향적' 특성을 비교하시오(즉 어떤 방향으로 또는 공간상 어느 영역에서 전자 밀도가 집중되어 있는가?).
**(c)** 2$s$ 오비탈과 3$s$ 오비탈에서, 핵에서 전자까지의 평균 거리를 비교 논의하시오.
**(d)** 수소 원자의 경우, 다음 오비탈들을 에너지가 증가하는 순서대로 나열하시오(가장 안정한 것을 첫 번째로 하시오).
4$f$, 6$s$, 3$d$, 1$s$, 2$p$

자기 평가 연습 문제 답 **6.32** (a)

## 6.7 | 다전자 원자

일련의 관찰 결과를 설명하기 위한 모델을 제안할 때, 모델의 유용성을 검증하기 위해서 가장 간단한 경우부터 시작해서 더욱 복잡한 상황에 적용한다. 이 장의 목표는 원자의 전자 구조를 결정하는 것이라고 설명하였다. 또한 양자 역학은 수소 원자의 전자 모형을 매우 잘 설명한다는 것을 알았다. 그러나 수소 원자는 단지 하나의 전자를 가진 가장 간단한 원자이다. 그렇다면 두 개 이상의 전자를 가진 원자(**다전자** 원자: many-electron atom)가 있을 때 원자의 전자 구조 변화를 어떻게 설명해야 하는가? 이러한 원자들은 오비탈의 특징과 이에 상응하는 에너지뿐만 아니라 이용할 수 있는 오비탈의 전자 밀도까지도 고려해야 한다.

이 절이 끝나면 다음 사항을 수행할 수 있어야 한다.

- 수소 원자와 다전자 원자의 오비탈 에너지가 다른 이유와 어떻게 달라지는지 설명하기

## 오비탈과 그 에너지

우리는 다전자 원자의 전자 구조를 수소 원자에서 사용한 오비탈을 이용하면 설명할 수 있다(표 6.2). 따라서 다전자 원자에서도 1*s*, $2p_x$ 등으로 오비탈을 표기할 것이다(표 6.2). 또한 이러한 오비탈은 수소 원자의 오비탈과 같은 모양을 가진다.

다전자 원자의 오비탈 모양은 수소 원자의 경우와 같지만, 한 개 이상의 전자가 존재하면 오비탈 에너지는 크게 변한다. 수소의 오비탈 에너지는 주양자수 *n*에만 의존한다(그림 6.17). 예를 들면, 3*s*, 3*p*, 3*d* 부껍질은 같은 에너지를 갖는다. 그러나 다전자 원자의 경우, 전자–전자 반발 때문에 서로 다른 부껍질은 서로 **다른**(different) 에너지를 갖는다. 이에 대한 이유를 이해하려면 전자–전자 반발력이 오비탈에 미치는 영향을 고려해야 한다. 이것에 대한 분석은 7장에서 다루도록 하겠다.

중요한 요점은 다음과 같다. **같은 주양자수(*n*) 값을 갖는 다전자 원자에서의 오비탈 에너지는 *l* 값이 증가함에 따라 그림 6.24에 나타난 것과 같이 증가한다.** 예를 들어 $n=3$일 때 오비탈 에너지가 3*s*, 3*p*, 3*d*의 순으로 증가한다. 같은 부껍질을 갖는 오비탈(5개의 3*d* 오비탈과 같은)은 수소 원자의 경우와 같이 같은 에너지를 갖는다는 것에 주목하라. 이렇게 같은 에너지를 가지는 오비탈을 **축퇴되었다**(**degenerate**)고 한다.

그림 6.24는 **정성적인**(qualitative) 에너지 준위 도표이다. 오비탈의 정확한 에너지와 그 간격은 원자에 따라 차이가 있다.

## 전자 스핀과 Pauli 배타 원리

다전자 원자를 설명하는 데 있어서 수소 원자와 같은 오비탈을 이용한다는 것을 알았다. 그렇다면, 무엇이 전자들이 어느 오비탈에 점유되는가를 결정하는가? 다시 말해, 다전자 원자의 전자가 오비탈에 어떻게 채워지는가? 이 질문에 답하려면 전자에 관한 추가적인 성질을 고려해야 한다.

과학자들은 다전자 원자의 선 스펙트럼을 깊이 연구하다가 매우 특이한 성질에 주목하였다. 본래 한 개라고 생각했던 선이 실제로 매우 근접한 두 개의 선이었기 때문이다. 이것은 추측하고 있던 것보다 두 배나 더 많은 에너지 준위를 가지고 있음을 의미한다. 1925년에 네덜란드의 물리학자 George Uhlenbeck(1900~1988)와 Samuel Goudsmit(1902~1978)는 이 난제의 해답을 제시하였다. 그들은 전자들이 자신의 축에 대해 작은 구형의 형태로 스핀 운동을 하는 것처럼 **전자 스핀**(**electron spin**)이라는 고유한 성질을 갖는다고 제안하였다.

이러한 제안은 전자 스핀이 양자화되어 있다고 배우는 요즘, 전혀 놀랍지 않을 것이다. 이 제안에 따라, 이미 앞에서 설명한 *n*, *l*, $m_l$ 이외에 새로운 양

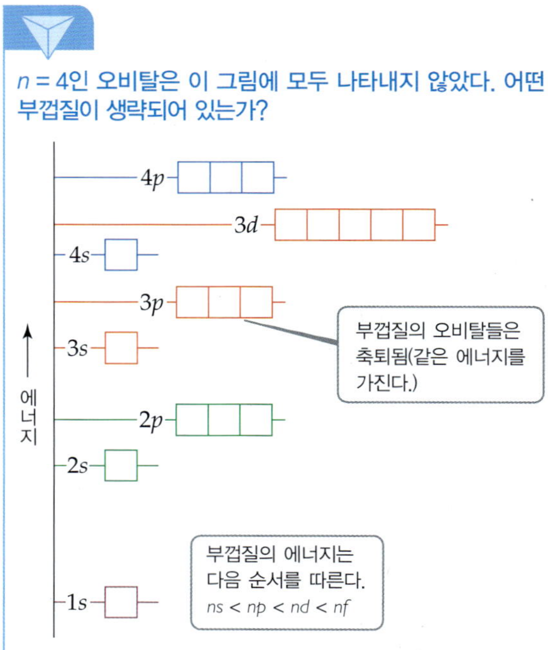

▲ 그림 6.24 다전자 원자의 오비탈 에너지의 일반적인 순서

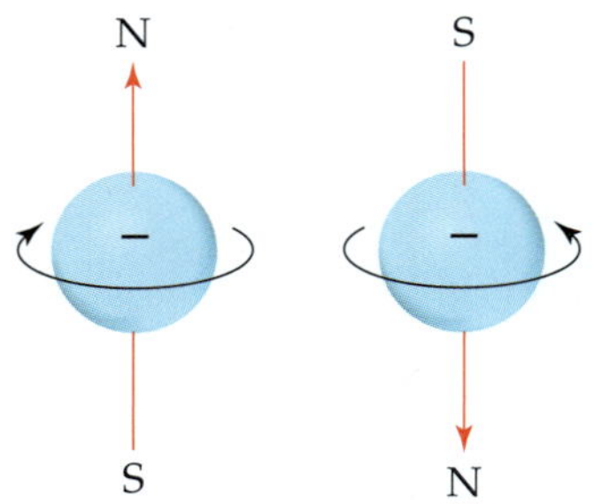


▲**그림 6.25** **전자 스핀** 전자는 축을 중심으로 주위를 스핀 운동하는 것처럼 거동한다. 이 전자 스핀 운동은 자기장을 발생시키고, 자기장의 방향은 스핀 운동 방향에 의존한다. 두 가지 스핀 운동 방향은 스핀 양자수($m_s$)의 가능한 두 가지 값에 해당한다. 철처럼, 자기장을 발생시키는 물질의 경우, 한쪽의 스핀을 가진 전자가 반대의 스핀을 갖는 전자보다 많은 경우이다.

자수가 도입되게 되었다. 새로운 양자수인 **스핀 자기 양자수(spin magnetic quantum number)**는 $m_s$라고 표시한다(아래 첨자 s는 **spin**의 약자이다). $m_s$는 두 가지의 가능한 값, 즉 $+\frac{1}{2}$ 또는 $-\frac{1}{2}$을 가지는데, 이는 스핀 운동하는 전자의 서로 다른 두 가지 반대 방향을 의미한다. 스핀 운동하는 전하는 자기장을 생성하며, 두 가지 반대 방향의 스핀 운동으로 생기는 자기장은 서로 반대 방향이다(**그림 6.25**).* 이러한 두 가지 자기장은 매우 근접한 한 쌍의 선 스펙트럼으로 분리되게 만든다.

전자 스핀은 원자의 전자 구조를 이해하는 데 중요하다. 1925년에 오스트리아 출신 물리학자 Wolfgang Pauli(1900~1958)는 다전자 원자의 전자 배치를 설명하는 원리를 발견하였다. **Pauli 배타 원리(Pauli exclusion principle)**는 **한 원자 내에 같은 조합의 $n$, $l$, $m_l$, $m_s$ 양자수를 갖는 전자는 두 개가 존재할 수 없다**고 설명하고 있다. 일정한 오비탈(1*s*, 2$p_z$ 등) 내의 $n$, $l$, $m_l$ 값은 고정된 값을 갖는다. 따라서 한 오비탈에 한 개 이상 전자를 넣으려면, Pauli 배타 원리를 만족하기 위해 $m_s$ 값이 다른 전자를 선택해야 한다. $m_s$ 값은 두 종류뿐이므로, **한 개의 오비탈은 최대로 두 개의 전자를 가질 수 있고, 두 개의 전자들은 반대 스핀을 가져야 한다.** 이러한 제한은 원자에 있는 전자를 양자수로 표시할 수 있도록 하고, 전자를 가장 많이 발견하는 공간 영역을 규정하게 한다. 또한 원소 주기율표의 구조를 이해하는 중요한 단서를 제공한다.

## 자기 평가 연습 문제

**6.35** 3*d* 부껍질에 점유될 수 있는 최대 전자 수는 얼마인가?
**(a)** 3
**(b)** 5
**(c)** 10

## 연습 문제

**6.36** **(a)** $He^+$ 이온에서 2*s*와 2*p* 오비탈은 같은 에너지를 가지는가? 만일 아니라면, 어떤 오비탈이 낮은 에너지를 가지는가?
**(b)** 만일 He 원자에 한 개의 전자를 넣는다면 (a)의 답은 틀려지는가?

**6.37** Li 원자의 가능한 두 가지 전자 배치는 다음과 같다.
**(a)** 이 각각의 전자 배치는 Pauli 배타 법칙에 어긋나는가?
**(b)** 이 각각의 전자 배치는 Hund 규칙에 어긋나는가?
**(c)** 외부 자기장이 없을 때, 한 전자 배치가 다른 전자 배치보다 에너지가 낮을 수 있는가? 그렇다면 어느 전자 배치가 더 낮은 에너지를 가지고 있는가?

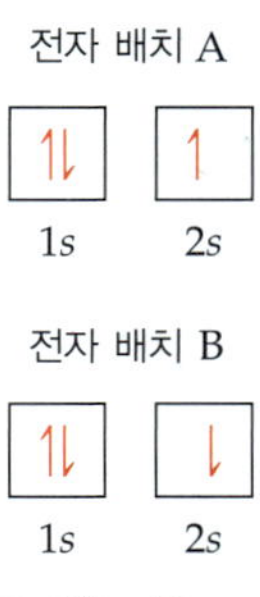


**6.38** 다음 부껍질을 채울 수 있는 최대 전자 수는 얼마인가?
**(a)** 3*s*
**(b)** 2*p*
**(c)** 4*d*
**(d)** 5*s*

**자기 평가 연습 문제 답** **6.35** (c)

*전자는 입자와 파동의 두 가지 성질을 모두 가지고 있다. 따라서 전하를 가지고 스핀 운동하는 구형 모양의 전자 그림은 엄격히 말해 전자가 점유할 수 있는 자기장의 두 가지 방향을 이해하는 데 도움이 되는 상징일 뿐이다.

# 6.8 | 전자 배치

수소의 선 스펙트럼은 수소 방전관에서 나오는 빛이 프리즘이나 유사한 장치를 통과해야만 볼 수 있다. 우리가 보는 것은 수소에 의해 방출되는 다양한 파장의 빛의 섞여 있는 옅은 보라색의 빛이다. 불꽃놀이는 서로 다른 원소의 다양한 원자 방출 스펙트럼을 나타낸다. 빛을 프리즘에 통과시키면 서로 다른 원소에 의한 선 스펙트럼을 볼 수 있다. 우리는 다양한 원소의 스펙트럼을 측정하고 이를 원소의 전자 배치를 검증하는 데 사용할 수 있다. 따라서 양자 역학은 이론적으로 생각될 수 있지만 분광학 실험을 통해서 이를 검증할 수 있다.

이 절이 끝나면 다음 사항을 수행할 수 있어야 한다.

- 다전자 원자의 오비탈 에너지 도표를 그리고, 파울리의 배타 원리와 훈트의 규칙을 사용하여 다전자 원자의 바닥 상태 전자 배치를 설명하기

오비탈의 에너지와 Pauli 배타 원리에 관한 지식을 갖고 원자의 전자 배치에 관해 알아보자. 원자의 여러 가지 오비탈에 전자를 배열하는 방법을 원자의 **전자 배치(electron configuration)**라고 한다.

바닥 상태라고 하는 원자의 가장 안정한 상태의 전자 배치는 전자들이 가장 낮은 에너지 상태에 있다. 전자의 가능한 양자수 값이 제한받지 않으면, 모든 전자는 가장 낮은 에너지 상태인 1*s* 오비탈에만 있을 것이다(그림 6.24). 그러나 Pauli 배타 원리는 한 오비탈에 들어가는 전자는 최대 두 개라고 말해 준다. 따라서 **각 오비탈은 전자 두 개를 초과하지 않으면서 에너지가 증가하는 순으로 채워진다.** 예를 들어 전자가 세 개인 리튬 원자를 생각해보자(중성 원자의 전자 수는 원자 번호와 같음을 기억하라). 1*s* 오비탈은 전자 두 개를 수용한다. 세 번째 전자는 다음으로 에너지가 낮은 오비탈, 즉 2*s*에 들어간다.

전자 배치는 전자가 있는 부껍질 기호를 쓰고, 존재하는 전자의 개수를 위 첨자로 표시하여 나타낼 수 있다. 예를 들어 리튬은 $1s^22s^1$이다. 또한 전자 배치는 다음처럼 나타낼 수 있다.

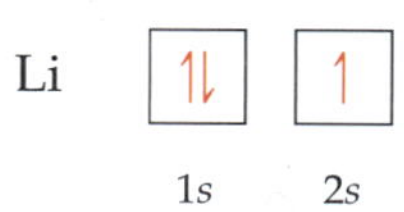

## 화학과 생명 핵스핀과 자기 공명 영상

질병을 진단하기 위해서는 인체의 내부를 보는 것이 중요한 과제이다. 최근까지 이것은 주로 X선 기술을 이용하는 것으로 수행되었다. 그러나 X선은 겹쳐져 있는 생리학적 구조를 고분해능으로 형상화하지 못한다. 그리고 가끔은 질병에 걸리거나 손상된 조직을 찾아내는데 실패하기도 한다. 또한 X선은 고에너지의 방사선이므로, 적은 양의 측정이라고 해도 생리적인 손상을 가져올 수 있다. 그런데 1980년대에 개발된 **자기 공명 영상**(magnetic resonance imaging, MRI)이라는 기술은 이러한 단점들을 가지고 있지 않다.

MRI는 1940년대 중반에 발견된 **핵자기 공명**(nuclear magnetic resonance, NMR) 현상을 이용한다. 오늘날 NMR은 화학 분야에서 가장 중요한 분광학 방법의 하나가 되었다. 이것은 많은 원자의 핵이 전자와 마찬가지로 고유의 스핀을 갖는 것에 기초한다. 전자 스핀과 마찬가지로, 핵의 스핀도 양자화되어 있다. 예를 들어 $^{1}H$의 핵은 $+\frac{1}{2}$과 $-\frac{1}{2}$의 두 가지 자기 핵스핀 양자수를 가질 수 있다.

스핀 운동하는 수소 핵은 마치 하나의 작은 자석처럼 거동한다. 외부의 영향이 없다면 이 두 스핀 상태는 같은 에너지를 가진다. 그러나 핵이 외부 자기장 속에 존재한다면 그 스핀 운동의 방향에 따라 자기장에 평행하게, 또는 반대 방향으로 배열될 것이다. 자기장에 평행한 방향으로 배열된 상태는 반대(역평행) 방향으로 배열된 상태보다 $\Delta E$ 만큼 낮은 에너지를 가진다(그림 6.26). 만약 핵이 정확하게 $\Delta E$와 같은 에너지를 가지는 광자와 충돌한다면, 핵의 스핀 상태는 '뒤집힌다'. 즉 자기장에 평행한 스핀 상태에서 반대 방향의 스핀 상태로 들뜨게 된다. 이러한 두 스핀 상태의 변화를 감지하여 NMR 스펙트럼을 얻는다. NMR 실험에 이용되는 복사선은 100~900 MHz에 해당하는 라디오파 영역으로, X선에 이용되는 광자의 에너지보다 훨씬 낮다.

수용성 체액과 지방 조직을 이루는 주요한 구성 성분이 수소이기 때문에, 수소 핵은 MRI를 위한 가장 편리한 방법이 된다. MRI를 측정하기 위해 환자는 강한 자기장 안으로 들어간다. 환자의 몸에 라디오파 영역의 복사선의 파동(pulse)을 조사하고 복잡한 검출 과정을 거치면, 몸속 특정 깊이에 있는 조직을 매우 정교하게 영상화할 수 있다(그림 6.27). 다른 깊이에서의 측정 또한 가능하므로, 삼차원적으로 인체 내부 영상을 얻을 수 있다.

MRI는 현대 의학에 엄청난 영향을 주었기 때문에, 화학자인 Paul Lauterbur와 물리학자인 Peter Mansfield가 MRI를 개발한 공로를 인정받아 2003년에 노벨 생리의학상을 수상하였다. 이 기술의 가장 큰 단점은 비용으로, 현재 의학적으로 이용되는 표준적인 MRI 장비는 15억 이상이다. 2000년대에 **PMRI**(prepolarized MRI)라는 기술이 개발되었는데, 이는 MRI에 비해 훨씬 저렴한 장비를 이용할 수 있을 뿐 아니라, 이 중요한 진단 기기의 더 폭넓은 응용이 가능하다.

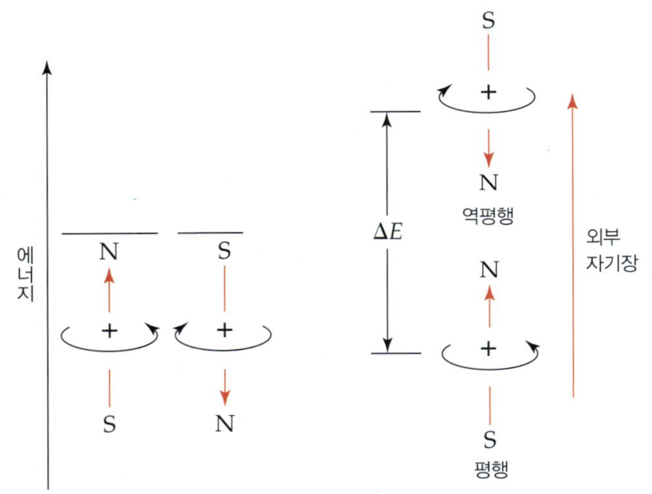


(a) 외부 자기장 없음 (b) 외부 자기장 발생

▲ 그림 6.26 **핵 스핀** 전자의 스핀과 마찬가지로, 핵의 스핀 또한 작은 자기장을 발생시키고, 두 개의 값을 갖는다. (a) 외부 자기장이 없을 때에는 두 스핀 상태가 같은 에너지를 가진다. (b) 외부 자기장이 발생하면 외부 자기장과 같은 방향의 스핀 상태는 반대 방향의 스핀 상태보다 낮은 에너지를 가진다. 그 에너지 차($\Delta E$)는 전자기 스펙트럼의 라디오파 영역에 해당한다.

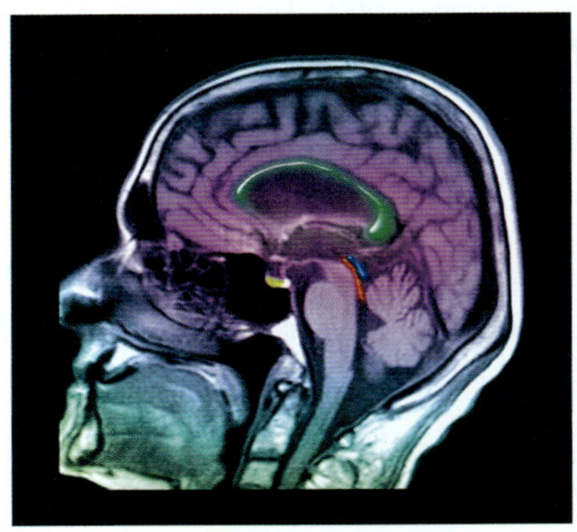

▲ 그림 6.27 **MRI 영상** 자기 공명 영상을 이용하여 얻은 인간 머리의 영상은 뇌, 기도, 안면 조직을 보여 준다.

이러한 종류의 표시법을 **오비탈 도표(orbital diagram)**라고 한다. 각 오비탈은 네모 상자로 나타내고, 각 전자는 반쪽 화살표로 나타낸다. 위쪽으로 향한 화살표(↿)는 양수의 스핀 양자수($m_s = +\frac{1}{2}$)를 나타내고, 아래로 향한 화살표(⇂)는 음수의 스핀 양자수($m_s = -\frac{1}{2}$)를 나타낸다. 따라서 이러한 그림 6.25의 자기장 방향을 이용한 전자 스핀 표현법은 대단히 편리하다. 화학자들은 두 가지의 스핀 상태를 반쪽 화살표의 방향에 따라 '스핀-업(spin-up)'과 '스핀-다운(spin-down)'으로 부른다.

반대 방향 스핀의 전자들이 같은 오비탈(⇅)에 있으면 **짝지었다**(paired)라고 말한다. **홀전자**(unpaired electron)는 반대 방향의 스핀 전자와 짝짓지 않은 전자이며, 리튬 원자 중 1*s* 오비탈의 전자 두 개는 짝지었고, 2*s* 오비탈의 전자는 홀전자이다.

## Hund 규칙

이제 원소의 전자 배치가 주기율표에서 어떻게 변하는지 살펴보자.

**수소** 수소는 바닥 상태에서 1*s* 오비탈을 점유하는 전자 한 개를 가진다.

H [↑] : $1s^1$
1*s*

여기에서 스핀-업 전자의 선택은 임의적이다. 1*s* 오비탈의 바닥 상태 전자를 스핀-다운으로도 나타낼 수 있지만, 일반적으로 홀전자는 스핀-업으로 나타낸다.

**헬륨** 다음 원소인 헬륨은 전자 두 개를 갖는다. 반대 방향의 전자 두 개는 한 오비탈을 점유하므로, 헬륨의 전자 두 개는 1*s* 오비탈에 있다.

He [⇅] : $1s^2$
1*s*

헬륨의 전자 두 개는 첫 번째 껍질을 완전히 채운다. 이러한 전자 배치는 매우 안정하며, 헬륨이 화학적 비활성을 나타내는 증거가 된다.

**리튬** 주기율표에서 헬륨 다음에 위치하는 리튬 및 몇 가지 원소의 전자 배치는 **표 6.3**에 있다. 세 번째 원소 리튬의 전자를 살펴보면, 주양자수가 2인 세 번째 전자는 주양자수가 1인 처음 두 전자에 비해 에너지가 크게 증가하고, 핵과의 평균 거리도 크게 증가한다. 이것은 새로운 껍질에 전자가 채워지기 시작한다는 것을 나타낸다. 주기율표를 보면 알 수 있듯이, 리튬은 주기율표의 새로운 주기의 시작이다. 리튬은 알칼리 금속(1족)의 첫 번째 원소이다.

**표 6.3 몇 가지 가벼운 원소의 전자 배치**

| 원소 | 총 전자수 | 오비탈 도표 1*s* | 2*s* | 2*p* | 3*s* | 전자 배치 |
|---|---|---|---|---|---|---|
| Li | 3 | [⇅] | [↑] | [ ][ ][ ] | [ ] | $1s^22s^1$ |
| Be | 4 | [⇅] | [⇅] | [ ][ ][ ] | [ ] | $1s^22s^2$ |
| B | 5 | [⇅] | [⇅] | [↑][ ][ ] | [ ] | $1s^22s^22p^1$ |
| C | 6 | [⇅] | [⇅] | [↑][↑][ ] | [ ] | $1s^22s^22p^2$ |
| N | 7 | [⇅] | [⇅] | [↑][↑][↑] | [ ] | $1s^22s^22p^3$ |
| Ne | 10 | [⇅] | [⇅] | [⇅][⇅][⇅] | [ ] | $1s^22s^22p^6$ |
| Na | 11 | [⇅] | [⇅] | [⇅][⇅][⇅] | [↑] | $1s^22s^22p^63s^1$ |

**베릴륨과 붕소** 리튬 다음의 원소는 베릴륨이며, 그 전자 배치는 $1s^22s^2$이다(표 6.3). 원자 번호 5인 붕소의 전자 배치는 $1s^22s^22p^1$이다. 다섯 번째 전자는 $2s$ 오비탈이 모두 채워졌기 때문에 $2p$ 오비탈에 채워진다. 세 개의 $2p$ 오비탈은 에너지가 모두 같으므로, 어떤 $2p$ 오비탈을 점유해도 문제가 되지 않는다.

**탄소** 탄소는 새로운 상황에 직면한다. 여섯 번째 전자는 $2p$ 오비탈에 놓여야 한다는 것을 알 수 있다. 새로운 전자는 이미 전자 한 개가 채워진 $2p$ 오비탈로 들어가야 할까? 아니면 남아 있는 두 개의 다른 오비탈로 들어가야 할까?

**Hund 규칙(Hund's rule)은, 축퇴된 오비탈은 전자들이 최대한 같은 스핀으로 있을 때 가장 낮은 에너지를 가진다는 것을 말한다.**

이것은 전자들이 가능한 한 홀전자로 있으려고 한다는 의미이며, 같은 부껍질에 있는 홀전자들은 같은 스핀 양자수를 가진다는 것을 의미한다. 이러한 방법으로 배열된 전자를 **평행 스핀**(parallel spin)이라고 한다. 그러므로 가장 낮은 에너지를 갖는 탄소 원자의 $2p$ 전자 두 개는 같은 스핀을 갖는다. 이와 같이 되려면 전자들은 표 6.3처럼 서로 다른 $2p$ 오비탈을 점유해야 한다. 바닥 상태 탄소 원자는 두 개의 홀전자를 갖는다.

**질소, 산소, 플루오린** 마찬가지로, 바닥 상태의 질소는 Hund 규칙에 따라 세 개의 $2p$ 전자가 세 개의 다른 $2p$ 오비탈을 점유한다. 이것은 세 개의 전자가 모두 같은 스핀을 갖는 유일한 방법이다. 산소와 플루오린은 각각 4개와 5개 전자를 세 개의 $2p$ 오비탈에 채워야 한다. 이렇게 하면 $2p$ 오비탈에 짝진 전자들이 있게 되며, 이것은 예제 6.7에서 볼 수 있을 것이다.

Hund 규칙은 전자들이 서로 반발한다는 사실에 근거를 둔다. 서로 다른 오비탈을 점유하면 전자들은 가능한 한 서로 먼 거리를 유지하려고 한다. 따라서 전자–전자 반발이 최소화된다.

### 예제 6.7
**오비탈 도표와 전자 배치**

원자 번호 8인 산소의 전자 배치를 오비탈 도표로 나타내시오. 산소의 홀전자는 몇 개인가?

#### 해답

**분석과 계획** 산소는 원자 번호가 8이기 때문에 8개의 전자를 갖는다. 그림 6.24는 오비탈의 상태를 나타낸다. 전자(반쪽 화살표로 표현)는 에너지가 가장 낮은 $1s$ 오비탈(네모 상자로 표현)에서 시작하여 채워진다. 각 오비탈은 최대 전자 2개까지 수용할 수 있다(Pauli 배타 원리에 따라). $2p$ 오비탈은 축퇴되었기 때문에 짝진 전자가 생기기 전까지는 각 오비탈에 전자가 하나씩(스핀–업) 들어간다(Hund 규칙).

**풀이** 각각 전자 2개씩 $1s$와 $2s$ 오비탈로 짝지어 들어간다. 이것은 전자 4개가 세 개의 $2p$ 오비탈에 있도록 한다. Hund 규칙에 따라 세 개의 오비탈에 전자가 모두 채워질 때까지 각 $2p$ 오비탈에 전자를 1개씩 넣는다. 다음으로 네 번째 전자는 이미 $2p$ 오비탈을 점유한 세 개의 전자 중 한 개의 전자와 짝짓는다. 다음과 같다.

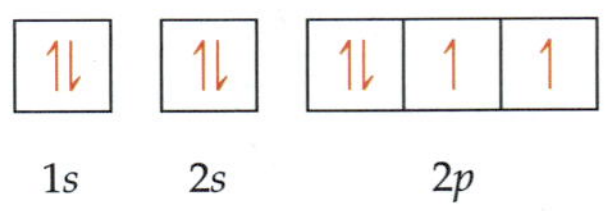


따라서 전자 배치는 $1s^22s^22p^4$이다. 이 원자는 두 개의 홀전자를 가진다.

**▶ 보충 예제**

주기율표에서 2주기(Li부터 Ne까지)의 원소들 중 한 개 이상의 홀전자를 가지는 원소는 몇 개인가?

**(a)** 3 **(b)** 4 **(c)** 5 **(d)** 6 **(e)** 7

## 축약형 전자 배치

네온의 경우, 전자는 $2p$ 부껍질을 완전히 채운다(표 6.3). 따라서 8개의 전자(**옥텟**(octet))가 최외각에 있는 안정한 전자 배치를 갖는다. 네온 다음의 원소는 원자 번호 11인 소듐으로, 주기율표에서 새로운 주기를 시작하는 원소이다. 소듐은 안정한 네온의 전자 배치보다 $3s$ 전자를 1개 더 갖는다. 소듐의 전자 배치는 다음처럼 간략하게 나타낼 수 있다.

$$\text{Na:}\quad [\text{Ne}]3s^1$$

[Ne]의 기호는 네온의 10개 전자 배치, 즉 $1s^22s^22p^6$를 나타낸다. 전자 배치를 $[\text{Ne}]2s^1$처럼 기록하면 원자의 최외각 전자에 관심이 집중되어 도움을 준다. 최외각 전자는 주로 원소의 화학적 거동에 영향을 준다.

앞에서 소듐의 전자 배치를 나타낸 것과 같은 방법으로 모든 전자 배치를 나타낼 수 있다. 원소의 **축약형 전자 배치**(condensed electron configuration)에서는 낮은 원자 번호를 갖는 가장 가까운 비활성 기체의 전자 배치를 화학 기호에 대괄호를 사용하여 나타낸다. 예를 들어 리튬의 전자 배치는 다음과 같이 나타낼 수 있다.

$$\text{Li:}\quad [\text{He}]2s^1$$

괄호로 표현된 부분을 원자의 **비활성 기체 핵심**(noble gas core)이라고 한다. 좀 더 보편적으로 이 안쪽 껍질에 있는 전자를 **핵심부 전자(core electron)**라고 한다. 비활성 기체의 핵심부 전자 바깥에 채워지는, **원자가 전자(valence electron)**라고 하는 **최외각 전자**(outer-shell electron)는 화학 결합에 참여한다. 가벼운 원자(원자 번호 30 또는 그 이하)에서 모든 최외각 전자는 원자가 전자이다. 리튬의 축약형 전자 배치와 소듐의 축약형 전자 배치를 비교함으로써, 왜 두 원소가 비슷한 화학적 성질을 나타내는지를 알 수 있다. 그들은 동일한 형태의 최외각 껍질 전자 배치를 갖는다. 모든 알칼리족(1족) 원소는 비활성 기체 전자 배치 다음에 *s* 오비탈에 전자를 1개 더 갖는다(**그림 6.28**).

| 1 |
|---|
| 3 **Li** $[\text{He}]2s^1$ |
| 11 **Na** $[\text{Ne}]3s^1$ |
| 19 **K** $[\text{Ar}]4s^1$ |
| 37 **Rb** $[\text{Kr}]5s^1$ |
| 55 **Cs** $[\text{Xe}]6s^1$ |
| 87 **Fr** $[\text{Rn}]7s^1$ |

알칼리 금속

▲ **그림 6.28** 알칼리 금속(주기율표의 1족)의 축약형 전자 배치

## 전이 금속

비활성(18족) 기체 원소인 아르곤($1s^22s^22p^63s^23p^6$)은 소듐에서 시작하는 주기의 끝에 있다. 주기율표 중 Ar 다음의 원소는 원자 번호 19인 포타슘(K)이다. 모든 화학적 성질로 보아, 포타슘은 분명히 알칼리 금속 원소이다. 포타슘의 성질에 관한 실험적 사실로 보아, 포타슘 원소의 최외각 전자가 *s* 오비탈을 점유하는 것이 틀림없고, 3*d* 오비탈에 채워지지 않음을 알 수 있다. 여기에서 에너지 준위 순서는 4*s* 오비탈이 3*d*보다 더 낮다(그림 6.24). 따라서 포타슘의 축약형 전자 배치는 다음과 같다.

$$\text{K:}\quad [\text{Ar}]4s^1$$

4*s* 오비탈을 완전히 채운 다음(이 경우는 칼슘 원자에서 발생한다) 3*d* 오비탈을 채운다(이 책의 앞표지 안쪽에 있는 주기율표를 참고하면 도움이 될 것이다). 스칸듐에서 시작하여 아연까지는 5개 3*d* 오비탈을 완전히 채울 때까지 전자가 첨가된다. 이렇게 해서 주기율표의 네 번째 주기는 앞의 두 개의 주기보다 원소가 10개 더 많다. 이 10개의 원소를 **전이 원소(transition element)** 또는 **전이 금속(transition metal)**이라고 한다. 주기율표 중 이 원소들의 위치에 주목하라.

Hund 규칙에 따라, 전이 원소의 전자 배치는 5개의 모든 오비탈에 전자가 각각 한 개씩 채워질 때까지 3*d* 오비탈에 첨가된다. 그다음 추가되는 전자에 의해 스핀이 짝지어지며, 3*d* 오비탈이 채워진다. 두 가지 전이 원소의 축약형 전자 배치와 오비탈 도표 표시법은 다음과 같다.

| | | 4*s* | 3*d* | | | | |
|---|---|---|---|---|---|---|---|
| Mn: $[\text{Ar}]4s^23d^5$ 또는 | [Ar] | ↑↓ | ↑ | ↑ | ↑ | ↑ | ↑ |
| Zn: $[\text{Ar}]4s^23d^{10}$ 또는 | [Ar] | ↑↓ | ↑↓ | ↑↓ | ↑↓ | ↑↓ | ↑↓ |

3*d* 오비탈이 짝지은 전자들로 모두 채워지면 원자 번호 36인 크립톤(Kr)의 외부 전자들이 완전히 팔전자($4s^24p^6$)를 만족할 때까지 4*p* 오비탈이 채워지기 시작한다. 크립톤은 비활성 기체의 또

다른 원소이다. 루비듐(Rb)은 주기율표에서 5주기 원소의 시작이다. 이 책의 앞표지 안쪽에 있는 주기율표를 다시 한번 참조하라. 다섯 번째 주기는 $n$ 값이 1이 더 큰 것을 제외하면, 앞의 주기와 모든 점이 비슷하다.

### 란타넘족과 악티늄족

주기율표의 여섯 번째 주기는 $[Xe]6s^1$의 전자 배치를 갖는 세슘(Cs)과 $[Xe]6s^2$의 전자 배치를 갖는 바륨(Ba)으로 시작한다. 하지만 주기율표에 끊어진 부분이 있고, 그 이후의 원소(57~70번)는 표의 중간 아래에 있음에 유의하라. 이것은 4$f$ 오비탈이 들어가기 시작하는 곳이다.

4$f$ 오비탈에는 3에서 −3까지 허용되는 $m_l$ 값 7개에 해당하는 축퇴된 7개의 오비탈이 있다. 따라서 4$f$ 오비탈을 모두 채우려면 14개의 전자가 필요하다. 4$f$ 오비탈을 채우는 14개 원소를 **란타넘족 원소(lanthanide element)** 또는 **희토류 원소(rare earth element)**라고 한다. 지나친 주기율표의 확장을 피하기 위해 란타넘족 원소들은 다른 원소들 밑에 별도로 배치한다. 란타넘족 원소의 성질은 모두 비슷하고, 자연계에 함께 존재한다. 란타넘족 원소들은 실제로 오랫동안 분리하지 못하고 있었다.

4$f$와 5$d$ 오비탈의 에너지는 매우 가깝기 때문에 란타넘족의 전자 배치는 5$d$ 전자를 포함한다. 예를 들어 란타넘(La), 세륨(Ce), 프라세오디뮴(Pr) 원소의 전자 배치는 아래와 같다.

| $[Xe]6s^25d^1$ | $[Xe]6s^25d^14f^1$ | $[Xe]6s^24f^3$ |
|---|---|---|
| 란타넘 | 세륨 | 프라세오디뮴 |

La는 1개의 5$d$ 홀전자를 가진다. 따라서 그들의 화학적 성질 때문에 셋째 전이 원소 계열의 시작으로서 이트륨(Y) 아래에 놓고, Ce를 란타넘족의 시작에 쓴다. 그러나 그들의 화학적 성질 때문에 La를 란타넘족의 처음 원소로 간주한다. 이러한 방법으로 배열된 란타넘족의 원소들은 거의 예외 없이 일반적인 방법으로 4$f$ 오비탈을 채운다.

란타넘족 다음의 셋째 전이 원소 계열은 완전히 5$d$ 오비탈을 채우고, 6$p$ 오비탈을 채워 나가며 라돈(Rn)에서 끝나고, 라돈은 가장 무거운 비활성 기체 원소이다.

주기율표의 마지막 주기는 7$s$ 오비탈을 채우면서 시작한다. 이것을 **악티늄족 원소(actinide element)**라고 하고, 가장 잘 알려진 원소는 우라늄(U, 원자 번호 92)과 플루토늄(Pu, 원자 번호 94)이고, 5$f$ 오비탈을 채운다. 악티늄족 원소는 방사성 원소이고, 그들의 대부분은 자연계에서 발견되지 않는다.

## 자기 평가 연습 문제

**6.39** 다음 중 Se의 축약형 전자 배치로 옳은 것은?
(**a**) $[Ar]4s^23d^{10}4p^4$
(**b**) $[Ar]4s^24d^{10}4p^4$
(**c**) $[Ar]4s^25d^{10}4p^4$

## 연습 문제

**6.40** (**a**) '원자가 전자'란 무엇인가?
(**b**) '핵심부 전자'란 무엇인가?
(**c**) 오비탈 도표 안의 각각의 상자는 무엇을 의미하는가?
(**d**) 오비탈 도표에서 반쪽 화살표가 나타내는 양은 무엇인가? 화살표의 방향은 무엇을 나타내는가?

**6.41** 비활성 기체 핵심부 축약형 전자 배치를 사용하여, 다음 원자에 대해 축약형 전자 배치를 쓰시오.
(**a**) Cs (**b**) Ni (**c**) Se (**d**) Cd (**e**) U (**f**) Pb

**6.42** 다음 각 전자 배치에 해당하는 원소를 결정하고, 홀전자의 개수를 쓰시오.
(**a**) $1s^22s^2$ (**b**) $1s^22s^22p^4$ (**c**) $[Ar]4s^13d^5$ (**d**) $[Kr]5s^24d^{10}5p^4$

**6.43** 다음은 Pauli 배타 원리를 위배했거나 오비탈의 에너지가 증가하는

순으로 전자가 채워지지 않았기 때문에 원자에 대한 바닥 상태 전자 배치를 나타내지 않는다. 각 예에서 두 원칙 중 어느 것이 위배되었는지 나타내시오.

(a) $[Ne]3s^23p^63d^5$
(b) $[Xe]6s^3$
(c) $1s^23s^1$

자기 평가 연습 문제 답 6.39 (a)

# 6.9 | 전자 배치와 주기율표

거의 모든 화학 강의실 및 교육 공간에는 주기율표가 있다. 주기율표는 화학에 대한 우리의 생각에 중심적인 역할을 한다. 주기율표가 나타내는 패턴은 다양한 원소의 전자 배치와 관련된 화학 반응을 반영한다. 따라서 주기율표는 다양한 원소의 반응성 이해에 대한 로드맵이다.

이 절이 끝나면 다음 사항을 수행할 수 있어야 한다.

- 주기율표를 이용하여 다양한 원소의 전자 배치를 작성하고 홀전자의 개수를 결정하기

주기율표를 통하여 원소의 전자 배치를 간단히 다루었다. 주기율표의 같은 족 원소는 최외각(원자가) 전자 배치와 관련이 있다. 예를 들어 **표 6.4**와 같이 2족 원소들은 모두 $ns^2$의 최외각 전자 배치를 갖고, 13족 원소들은 모두 $ns^2np^1$의 최외각 전자 배치를 갖는다. 이때 $n$ 값은 각 족에서 아래로 내려감에 따라 증가한다.

표 6.2에서 볼 수 있듯이, 각 껍질에 있는 오비탈의 총 개수는 $n^2$(1, 4, 9, 16)과 같다. 각 오비탈에는 전자가 두 개씩 채워질 수 있으므로, 각 껍질에 채워질 수 있는 전자는 $2n^2$(2, 8, 18, 32)개이다. 주기율표의 각 주기가 2, 8, 18, 32개의 원소를 포함하는 것을 통해 주기율표의 구조도 이러한 전자의 개수를 보여 줌을 알 수 있다. **그림 6.29**과 같이 주기율표는 오비탈을 채우는 순서에 따라 네 개의 구역으로 나누어진다. 왼쪽에 푸른색으로 칠해진 **두 개**의 족이 있다. 알칼리 금속(1족)과 알칼리 토금속(2족)이라고 알려진 이들 원소는 원자가 $s$ 오비탈을 채우는 원소들이다. 이 두 족이 주기율표의 $s$ 구역을 구성한다.

오른쪽에는 분홍색으로 된 6개 족의 구역이 있다. 이들은 최외각의 $p$ 오비탈을 채우는 원소들이

**표 6.4 2족과 13족 원소의 전자 배치**

| | |
|---|---|
| **2족** | |
| Be | $[He]2s^2$ |
| Mg | $[Ne]3s^2$ |
| Ca | $[Ar]4s^2$ |
| Sr | $[Kr]5s^2$ |
| Ba | $[Xe]6s^2$ |
| Ra | $[Rn]7s^2$ |
| **13족** | |
| B | $[He]2s^22p^1$ |
| Al | $[Ne]3s^23p^1$ |
| Ga | $[Ar]3d^{10}4s^24p^1$ |
| In | $[Kr]4d^{10}5s^25p^1$ |
| Tl | $[Xe]4f^{14}5d^{10}6s^26p^1$ |

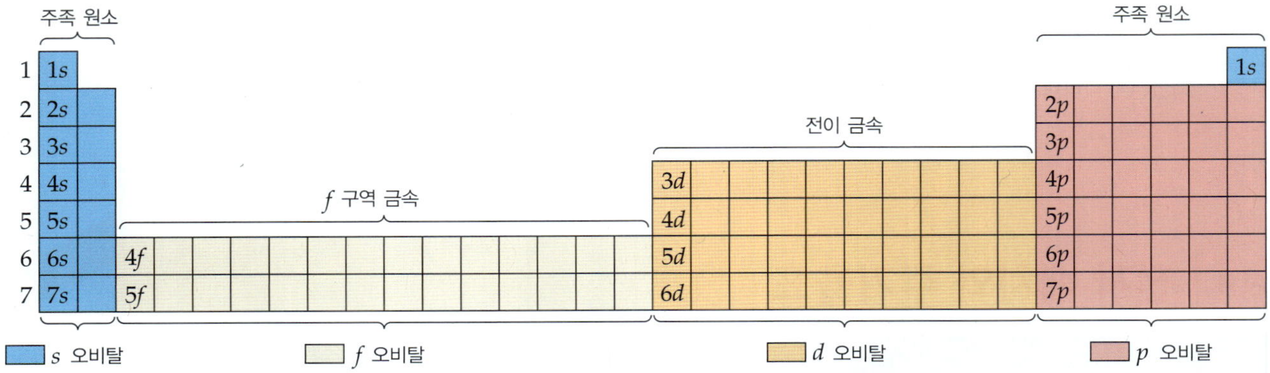


▲그림 6.29 주기율표의 여러 영역 전자가 오비탈에 추가되는 순서는 왼쪽 위에서 시작하여 왼쪽에서 오른쪽으로 읽는다.

다. 주기율표 중 *s* 구역과 *p* 구역은 **주족 원소(representative element, main-group element)**라고 한다.

그림 6.29에서 오렌지색으로 칠해진 구역은 **전이 금속(transition metal)**을 포함하는 **10개** 족의 구역이고, 이들은 원자가 *d* 오비탈을 채우는 원소들이다.

주기율표의 중간 아래에 황갈색으로 칠해진 **14개**의 두 주기가 있다. 이 원소들은 가끔 ***f* 구역 금속(*f*-block metal)**이라고 한다. *f* 구역은 공간을 줄이기 위해 대부분의 주기율표에서 주기율표 아래에 위치한다.

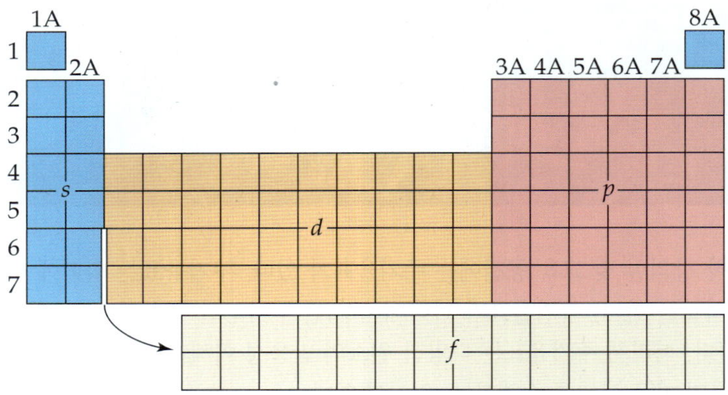


각 구역의 족 수는 각 부껍질을 최대로 채우는 전자수와 일치한다. 2, 6, 10, 14 숫자는 각기 *s*, *p*, *d*, *f* 부껍질을 정확하게 채우는 전자수라는 것을 기억하라. 따라서 *s* 구역은 2개의 족을 가지고, *p* 구역은 6개, *d* 구역은 10개, *f* 구역은 14개의 족을 가진다. 그리고 그림 6.29에 나타냈듯이, 1*s* 부껍질은 첫째 *s* 부껍질이고, 2*p*는 첫째 *p* 부껍질이고, 3*d*는 첫째 *d* 부껍질이고, 4*f*는 첫째 *f* 부껍질이라는 것도 기억하라. 이러한 사실들을 이용하면, 주기율표 내 원소의 위치에 따라 전자 배치를 기술할 수 있다. **주기율표는 오비탈이 채워지는 순서를 알 수 있는 가장 좋은 안내서임을 기억하라.**

셀레늄(Se, 원자 번호 34)의 전자 배치를 주기율표를 이용하여 기술해 보자. 먼저 Se를 표에 위치시키고, Se에 앞서는 비활성 기체에 도달할 때까지 주기율표를 따라 원자 번호 34, 33, 32 등으로 거슬러간다. 이 경우에는 원자 번호 18인 아르곤(Ar)이 Se에 앞서는 비활성 기체에 해당한다. 따라서 Se의 비활성 기체 핵심은 [Ar]이다. 다음 단계는 최외각(원자가) 전자에 대한 기술이다. 이것은 Ar 다음에 위치하는 포타슘(K, 원자 번호 19번)에서 시작하여 네 번째 주기를 따라 Se까지 이동하며 기술한다.

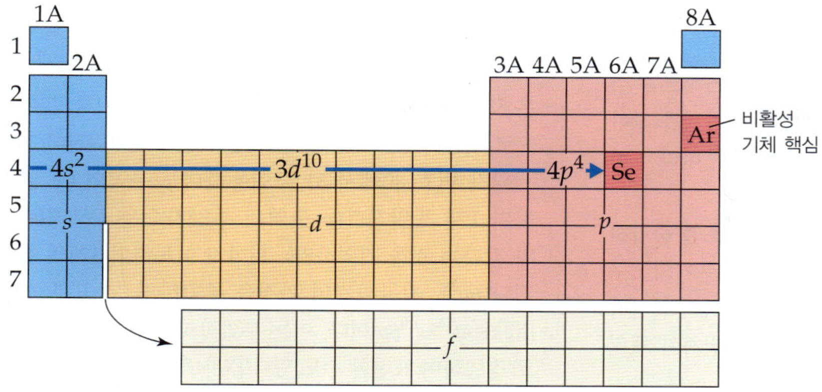


K는 4번째 주기의 *s* 구역에 위치하므로, 처음 두 개의 최외각 전자는 4*s* 전자부터 시작하여 $4s^2$라고 기술할 수 있다. 그리고 *d* 구역으로 넘어가서 3*d* 전자가 채워지기 시작한다(그림 6.29에서와 같이, *d* 구역의 주양자수는 앞선 *s* 구역의 주양자수보다 항상 1이 작다). *d* 구역을 가로지르며 전자가 10개 더해지고, 이는 $3d^{10}$으로 기술된다. 마지막으로, *s* 구역과 주양자수가 같은 *p* 구역을 기술한다. 주기율표의 한 칸을 전자 1개로 생각하면 Se에 도달할 때까지 네 개의 전자가 필요하고, 이는 $4p^4$로 기술한다. 따라서 Se의 전자 배치는 $[Ar]4s^23d^{10}4p^4$이다. 이 전자 배치는 주양자수가 증가하는 순서로 $[Ar]3d^{10}4s^24p^4$로 기술되기도 한다.

전자 배치를 확인하기 위해 [Ar] 핵심의 전자 18개와 4*s*, 3*d*, 4*p* 부껍질의 전자의 개수를 더한다. 이 전자 개수의 합($18+2+10+4=34$)은 Se의 원자 번호 34와 일치해야 한다.

## 예제 6.8
### 각 족의 전자 배치

17족 할로젠 원소의 원자가 전자 배치의 특성은 무엇인가?

**해답**

**분석과 계획** 먼저 주기율표에서 할로젠의 위치를 확인한 다음, 처음 두 원소의 전자 배치를 그려 두 원소 사이의 일반적인 유사성을 찾아볼 수 있다.

**풀이** 할로젠족의 첫 번째 원소는 플루오린이다(F, 원자 번호 9). F에서 거슬러 올라가면 비활성 기체 핵심이 [He]라는 것을 찾을 수 있다. He의 다음 원자 번호에 해당하는 원소는 원자 번호 3인 리튬(Li)이다. 리튬은 두 번째 주기의 *s* 구역에 위치하므로 2*s* 부껍질에 두 개의 전자를 위치시킨다. 이는 $2s^2$로 표현된다. 주기율표의 오른쪽으로 플루오린에 도달할 때까지 칸을 세어 보면 $2p^5$가 된다. 따라서 플루오린의 축약형 전자 배치는 다음과 같다.

$$F:\ [He]2s^22p^5$$

마찬가지로, 두 번째 할로젠 원소인 염소의 축약형 전자 배치는 다음과 같다.

$$Cl:\ [Ne]3s^23p^5$$

이러한 두 가지 예로부터 할로젠의 원자가 전자 배치 특성은 $ns^2np^5$라는 것을 알 수 있다. 여기에서 *n*은 플루오린인 경우의 2부터 아스타틴인 경우의 6까지의 값을 갖는다.

**▶ 보충 예제**

어떤 족의 원소들이 $ns^2np^2$ 최외각 전자의 전자 배치 특성을 갖는가?

## 예제 6.9
### 주기율표를 이용한 전자 배치

(a) 주기율표에서의 위치에 근거하여, 원자 번호 83인 비스무트의 축약형 전자 배치를 쓰시오.

(b) 비스무트의 홀전자는 몇 개인가?

## 해답

**(a)** 먼저 비활성 기체 핵심을 찾는다. 원자 번호 83의 비스무트를 주기율표에 위치시킨다. 그리고 가장 가까운 비활성 기체를 찾아 거슬러 올라가면 원자 번호 54의 제논(Xe)에 도달한다. 따라서 비활성 기체 핵심은 [Xe]이다.

다음으로 Xe에서 Bi까지 주기율표를 따라 원자 번호를 증가시킨다. Xe의 다음 원자 번호인 원자 번호 55의 Cs는 6주기의 *s* 구역에 위치한다. 이 주기와 구역을 바탕으로 우리가 최외각 전자를 배치할 부껍질은 6*s*이다. *s* 구역을 지나며 2개의 전자가 채워진다($6s^2$).

*s* 구역을 지나 원자 번호 57로 이동하면 주기율표 아래의 *f* 구역에 위치한다. *f* 구역의 첫 번째 줄은 4*f* 부껍질에 해당하고, 이 구역을 지나며 14개의 전자가 채워진다($4f^{14}$).

원자 번호 71의 원소는 *d* 구역의 세 번째 줄에 위치한다. *d* 구역의 첫 번째 줄은 3*d*에 해당하므로, 두 번째 줄은 4*d*, 세 번째 줄은 5*d*에 해당한다. 따라서 *d* 구역을 지나며 원자 번호 71에서 80으로 이동하면 5*d* 부껍질에 10개의 전자가 채워진다($5d^{10}$).

원자 번호 80에서 81로 이동하며 *p* 구역의 6*p* 부껍질에 전자가 1개 채워진다(*p* 구역의 주양자수는 *s* 구역의 주양자수와 같다는 것을 기억하라). Bi까지 이동하며 3개의 전자가 채워진다($6p^3$). 지금까지의 과정을 종합하면, 축약형 전자 배치는 $[Xe]6s^24f^{14}5d^{10}6p^3$이다. 이는 부껍질의 주양자수가 증가하는 순서로 정렬하여 표현할 수도 있다($[Xe]4f^{14}5d^{10}6s^26p^3$).

마지막으로, 축약형 전자 배치에서의 전자수가 Bi의 원자 번호 83과 같은지 확인한다. Xe는 54개(원자 번호)의 전자를 가지므로, 전자 개수는 $54+2+14+10+3=83$(만약 14개의 전자가 부족하다면 *f* 구역을 생략하였을 것이다).

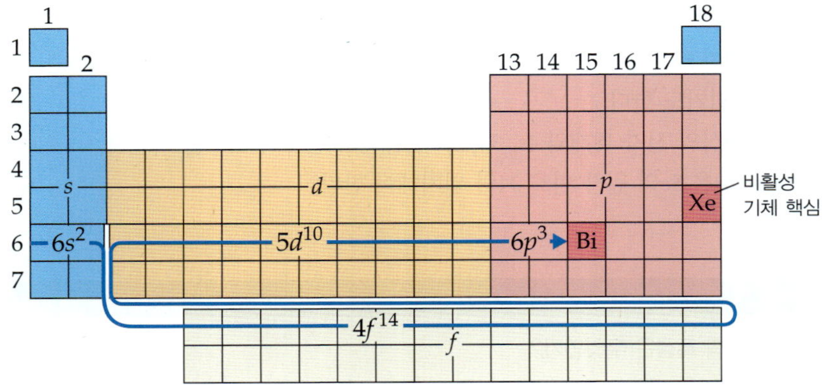


**(b)** 축약형 전자 배치를 살펴보면 6*p* 부껍질만 부분적으로 채워져 있다. 이 부껍질을 오비탈 도표로 나타내면 다음과 같다.

| ↿ | ↿ | ↿ |
|---|---|---|

Hund 규칙에 따라, 3개의 6*p* 전자는 세 개의 6*p* 오비탈을 1개씩 차지하고, 그들의 전자 스핀은 평행하다. 따라서 비스무트 원자에는 3개의 홀전자가 있다.

### ▶ 보충 예제

[비활성 기체] $5s^24d^{10}5p^4$의 전자 배치를 가지는 원소는 다음 중 무엇인가?

**(a)** Cd **(b)** Te **(c)** Sm **(d)** Hg **(e)** 정보가 부족하여 알 수 없음

그림 6.30은 모든 원소에 대해 최외각 전자의 바닥 상태 전자 배치를 보여 준다. 이 표는 전자 배치를 연습할 때 해답을 확인하는 데 쓰도록 하자. 여기서는 전자 배치를 주양자수가 증가하는 순서로 오비탈을 써서 기록하였다. 예제 6.9에서처럼, 오비탈은 주기율표에서 읽혀지는 순서로 표현할 수도 있다.

그림 6.30에서 전자 배치는 **원자가 전자**(valence electron)의 개념을 재확인하도록 한다. 예를 들어 Cl($[Ne]3s^23p^5$)에서 Br($[Ar]3d^{10}4s^24p^5$)에 이르기까지 Ar의 핵심부 전자를 채우고 최외각 껍질의 3*d* 전자가 부껍질을 완전히 채운다. 3*d* 전자가 최외각 껍질에 있을지라도 그것들은 화학 결합에 참여하지 않는다. 그러므로 그들은 원자가 전자로 간주되지 않는다. 그러므로 Br의 4*s*와 4*p* 전자만이 원자가 전자로 간주된다. 유사하게 Ag(원자 번호 47)와 Au(원자 번호 79)의 전자 배치를 비교해 보면, Au 비활성 기체 핵심 뒤에 완전히 꽉 찬 $4f^{14}$ 부껍질을 가지는 반면에, 이 4*f* 전자들은 결합에 참여하지 않는다. 일반적으로 **주족 원소와 전이 금속에서 완전하게 채워진 *d* 오비탈과**

한 친구가 말하길, 자신이 가장 좋아하는 원소는 [비활성 기체]$6s^24f^{14}5d^6$의 전자 배치를 갖는다고 한다. 이 원소는 무엇인가?

| | 1A 1 | 2A 2 | 3B 3 | 4B 4 | 5B 5 | 6B 6 | 7B 7 | 8B 8 | 8B 9 | 8B 10 | 1B 11 | 2B 12 | 3A 13 | 4A 14 | 5A 15 | 6A 16 | 7A 17 | 8A 18 |
|---|---|---|---|---|---|---|---|---|---|---|---|---|---|---|---|---|---|---|
| 핵심 | 1 **H** $1s^1$ | | | | | | | | | | | | | | | | | 2 **He** $1s^2$ |
| [He] | 3 **Li** $2s^1$ | 4 **Be** $2s^2$ | | | | | | | | | | | 5 **B** $2s^22p^1$ | 6 **C** $2s^22p^2$ | 7 **N** $2s^22p^3$ | 8 **O** $2s^22p^4$ | 9 **F** $2s^22p^5$ | 10 **Ne** $2s^22p^6$ |
| [Ne] | 11 **Na** $3s^1$ | 12 **Mg** $3s^2$ | | | | | | | | | | | 13 **Al** $3s^23p^1$ | 14 **Si** $3s^23p^2$ | 15 **P** $3s^23p^3$ | 16 **S** $3s^23p^4$ | 17 **Cl** $3s^23p^5$ | 18 **Ar** $3s^23p^6$ |
| [Ar] | 19 **K** $4s^1$ | 20 **Ca** $4s^2$ | 21 **Sc** $4s^23d^1$ | 22 **Ti** $4s^23d^2$ | 23 **V** $4s^23d^3$ | 24 **Cr** $4s^13d^5$ | 25 **Mn** $4s^23d^5$ | 26 **Fe** $4s^23d^6$ | 27 **Co** $4s^23d^7$ | 28 **Ni** $4s^23d^8$ | 29 **Cu** $4s^13d^{10}$ | 30 **Zn** $4s^23d^{10}$ | 31 **Ga** $4s^23d^{10}4p^1$ | 32 **Ge** $4s^23d^{10}4p^2$ | 33 **As** $4s^23d^{10}4p^3$ | 34 **Se** $4s^23d^{10}4p^4$ | 35 **Br** $4s^23d^{10}4p^5$ | 36 **Kr** $4s^23d^{10}4p^6$ |
| [Kr] | 37 **Rb** $5s^1$ | 38 **Sr** $5s^2$ | 39 **Y** $5s^24d^1$ | 40 **Zr** $5s^24d^2$ | 41 **Nb** $5s^24d^3$ | 42 **Mo** $5s^14d^5$ | 43 **Tc** $5s^24d^5$ | 44 **Ru** $5s^14d^7$ | 45 **Rh** $5s^14d^8$ | 46 **Pd** $4d^{10}$ | 47 **Ag** $5s^14d^{10}$ | 48 **Cd** $5s^24d^{10}$ | 49 **In** $5s^24d^{10}5p^1$ | 50 **Sn** $5s^24d^{10}5p^2$ | 51 **Sb** $5s^24d^{10}5p^3$ | 52 **Te** $5s^24d^{10}5p^4$ | 53 **I** $5s^24d^{10}5p^5$ | 54 **Xe** $5s^24d^{10}5p^6$ |
| [Xe] | 55 **Cs** $6s^1$ | 56 **Ba** $6s^2$ | 71 **Lu** $6s^24f^{14}5d^1$ | 72 **Hf** $6s^24f^{14}5d^2$ | 73 **Ta** $6s^24f^{14}5d^3$ | 74 **W** $6s^24f^{14}5d^4$ | 75 **Re** $6s^24f^{14}5d^5$ | 76 **Os** $6s^24f^{14}5d^6$ | 77 **Ir** $6s^24f^{14}5d^7$ | 78 **Pt** $6s^14f^{14}5d^9$ | 79 **Au** $6s^14f^{14}5d^{10}$ | 80 **Hg** $6s^24f^{14}5d^{10}$ | 81 **Tl** $6s^24f^{14}5d^{10}6p^1$ | 82 **Pb** $6s^24f^{14}5d^{10}6p^2$ | 83 **Bi** $6s^24f^{14}5d^{10}6p^3$ | 84 **Po** $6s^24f^{14}5d^{10}6p^4$ | 85 **At** $6s^24f^{14}5d^{10}6p^5$ | 86 **Rn** $6s^24f^{14}5d^{10}6p^6$ |
| [Rn] | 87 **Fr** $7s^1$ | 88 **Ra** $7s^2$ | 103 **Lr** $7s^25f^{14}6d^1$ | 104 **Rf** $7s^25f^{14}6d^2$ | 105 **Db** $7s^25f^{14}6d^3$ | 106 **Sg** $7s^25f^{14}6d^4$ | 107 **Bh** $7s^25f^{14}6d^5$ | 108 **Hs** $7s^25f^{14}6d^6$ | 109 **Mt** $7s^25f^{14}6d^7$ | 110 **Ds** $7s^25f^{14}6d^8$ | 111 **Rg** $7s^25f^{14}6d^9$ | 112 **Cn** $7s^25f^{14}6d^{10}$ | 113 **Nh** $7s^25f^{14}6d^{10}7p^1$ | 114 **Fl** $7s^25f^{14}6d^{10}7p^2$ | 115 **Mc** $7s^25f^{14}6d^{10}7p^3$ | 116 **Lv** $7s^25f^{14}6d^{10}7p^4$ | 117 **Ts** $7s^25f^{14}6d^{10}7p^5$ | 118 **Og** $7s^25f^{14}6d^{10}7p^6$ |

| | | | | | | | | | | | | | | | |
|---|---|---|---|---|---|---|---|---|---|---|---|---|---|---|---|
| [Xe] | 란타넘족 | 57 **La** $6s^25d^1$ | 58 **Ce** $6s^24f^15d^1$ | 59 **Pr** $6s^24f^3$ | 60 **Nd** $6s^24f^4$ | 61 **Pm** $6s^24f^5$ | 62 **Sm** $6s^24f^6$ | 63 **Eu** $6s^24f^7$ | 64 **Gd** $6s^24f^75d^1$ | 65 **Tb** $6s^24f^9$ | 66 **Dy** $6s^24f^{10}$ | 67 **Ho** $6s^24f^{11}$ | 68 **Er** $6s^24f^{12}$ | 69 **Tm** $6s^24f^{13}$ | 70 **Yb** $6s^24f^{14}$ |
| [Rn] | 악티늄족 | 89 **Ac** $7s^26d^1$ | 90 **Th** $7s^26d^2$ | 91 **Pa** $7s^25f^26d^1$ | 92 **U** $7s^25f^36d^1$ | 93 **Np** $7s^25f^46d^1$ | 94 **Pu** $7s^25f^6$ | 95 **Am** $7s^25f^7$ | 96 **Cm** $7s^25f^76d^1$ | 97 **Bk** $7s^25f^9$ | 98 **Cf** $7s^25f^{10}$ | 99 **Es** $7s^25f^{11}$ | 100 **Fm** $7s^25f^{12}$ | 101 **Md** $7s^25f^{13}$ | 102 **No** $7s^25f^{14}$ |

금속 / 준금속 / 비금속

▲ **그림 6.30** 원소의 최외각 전자 배치

**$f$ 오비탈의 전자는 원자가 전자로 간주하지 않는다.**

## 변칙적인 전자 배치

그림 6.30을 자세히 살펴보면, 어떤 원소의 전자 배치는 방금 설명한 규칙에서 벗어나는 것을 볼 수 있다. 예를 들어 원자 번호 24인 크로뮴의 전자 배치는 [Ar]$3d^44s^2$가 아니고, [Ar]$3d^54s^1$이다. 마찬가지로, 원자 번호 29인 구리의 전자 배치는 [Ar]$3d^94s^2$가 아니고, [Ar]$3d^{10}4s^1$이다.

이러한 예외적인 현상은 $3d$와 $4s$ 오비탈 에너지 준위가 서로 가깝게 배열되기 때문에 나타난다. 크로뮴처럼 축퇴된 오비탈을 정확하게 반을 채울 전자를 가질 때나, 구리처럼 $d$ 부껍질을 모두 채울 때 가끔 이러한 현상이 나타난다. 이와 같은 현상은 무거운 전이 금속이 $4d$ 오비탈이나 $5d$ 오비탈을 부분적으로 채울 때나, $f$ 구역의 금속에서도 가끔 발생한다. 예상에서 벗어나는 이러한 차이는 흥미 있기는 하지만, 화학적으로 크게 중요하지는 않다.

## 통합 예제
### 종합 개념

원자 번호 5인 붕소는 두 가지 동위 원소로 자연에 존재한다. $^{10}$B과 $^{11}$B는 존재비가 각각 19.9%와 80.1%이다. **(a)** 두 가지 동위 원소는 서로 어떻게 다른가? $^{10}$B과 $^{11}$B의 전자 배치는 어떻게 다른가? **(b)** $^{11}$B 원자의 오비탈 전자 배치 도표를 그리시오. 어떤 것이 원자가 전자인가? **(c)** 붕소의 1*s*와 2*s* 전자들이 다른 중요한 이유 세 가지를 지적하시오. **(d)** 붕소 원소는 플루오린과 반응하여 $BF_3$ 기체를 만든다. 고체 붕소와 플루오린 기체 반응의 균형 맞춘 반응식을 쓰시오. **(e)** $BF_3(g)$의 $\Delta H_f^\circ$은 $-1135.6$ kJ/mol이다. 붕소와 플루오린의 반응에서 표준 엔탈피 변화를 계산하시오. **(f)** $^{10}BF_3$와 $^{11}BF_3$에서 F의 질량 백분율은 같은가? 다르다면, 그 이유는 무엇인가?

#### 해답

**(a)** 붕소의 두 동위 원소는 핵에 있는 중성자수가 다르다. 두 동위 원소는 5개의 양성자를 갖는다. $^{10}$B는 5개의 중성자, $^{11}$B는 6개의 중성자를 갖는다. 붕소의 두 동위 원소는 동일한 $1s^22s^22p^1$의 전자 배치를 갖는다. 왜냐하면 두 동위 원소는 5개의 전자를 갖기 때문이다.

**(b)** 완성된 오비탈의 전자 배치는 다음과 같다.

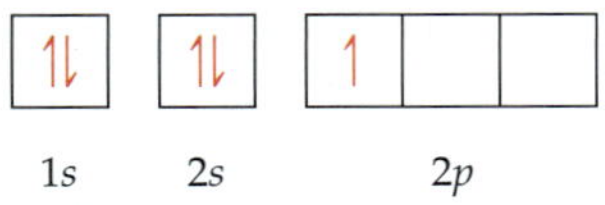


원자가 전자는 최외각 껍질의 $2s^2$와 $2p^1$ 전자이다. $1s^2$ 전자는 [He]라고 표현되는 핵심 전자로 축약형 전자 배치를 나타내면 [He]$2s^22p^1$이라고도 쓴다.

**(c)** 1*s*와 2*s* 오비탈은 모두 구형이다. 그러나 중요한 세 가지 차이점이 있다. 첫째, 1*s* 오비탈은 2*s* 오비탈보다 에너지가 낮다. 둘째, 핵으로부터 2*s* 전자의 평균 거리는 1*s* 전자보다 더 크므로 1*s* 오비탈은 2*s* 오비탈보다 작다. 셋째, 2*s* 오비탈은 한 개의 마디를 갖고, 1*s* 오비탈은 마디가 없다(그림 6.18).

**(d)** 균형 맞춘 화학 반응식은 다음과 같다.

$$2\,B(s) + 3\,F_2(g) \longrightarrow 2\,BF_3(g)$$

**(e)** $\Delta H^\circ = 2(-1135.6) - [0+0] = -2271.2$ kJ이고, 반응은 강력한 발열 반응이다.

**(f)** 식 3.10(3.3절)에서 알 수 있듯이, 어떤 물질의 구성 원소들의 질량 백분율은 화학식량에 따라 달라진다. 두 동위 원소의 원자량이 다르기 때문에($^{10}$B: 10.01294 u, $^{11}$B: 11.00931 u), $^{10}BF_3$와 $^{11}BF_3$의 화학식량도 다르다. 따라서 식 3.10에서 분자는 변하지 않지만 분모가 달라지므로 플루오린의 질량 백분율도 달라진다.

## 요약 및 중요 용어

빛의 파장과 진동수(서론, 6.1절) 원자의 **전자 구조(electronic structure)**는 에너지와 원자의 전자 배치를 설명한다. 대부분은 빛과 물체의 상호 작용을 관찰하면 원자의 전자 구조를 알 수 있다.

가시광선과 여러 가지 복사 에너지라고 알려진 **전자기 복사선(electromagnetic radiation)**은 $c = 2.998 \times 10^8$ m/s의 빛의 속도로 진공을 통해 이동한다. 전자기 복사선은 파동처럼 주기적으로 변하는 전기적 성분과 자기적 성분을 갖는다. 복사 에너지의 파동 특성은 **파장(wavelength, $\lambda$)**과 **진동수(frequency, $\nu$)**로 설명할 수 있다. $\lambda\nu = c$의 관계가 있다.

양자화된 에너지와 광자(6.2절) Planck는 어떠한 물체가 얻거나 잃을 수 있는 최소의 복사 에너지는 복사선의 진동수와 $E = h\nu$의 관계가 있다고 제안하였다. 이러한 최소량을 에너지의 **양자(quantum)**라고 한다. 상수 $h$를 **Planck 상수(Planck constant)**라고 하고, $h = 6.626 \times 10^{-34}$ J-s이다.

양자 이론에서 에너지는 양자화되고, 이것은 어떤 허용 값만 가질 수 있다는 것을 의미한다. Einstein은 금속 표면에서 빛으로 전자를 떼어 내는 **광전 효과(photoelectric effect)**의 설명에 양자 이론을 사용하였다. 그는 빛이 마치 **광자(photon)**라는 양자 에너지 다발로 구성된 것처럼 거동한다고 제안하였다. 각 양자는 $E = h\nu$의 에너지를 운반한다.

수소 원자에서의 Bohr 모형(6.3절) 복사선을 성분 파장으로 분산하면 **스펙트럼(spectrum)**을 생성한다. 스펙트럼이 모든 파장을 포함하면 **연속 스펙트럼(continuous spectrum)**이라고 한다. 어떤 특수한 파장만 존재하면, 그 스펙트럼을 **선 스펙트럼(line spectrum)**이라고 한다. 들뜬 수소 원자에서 방출한 복사선은 선 스펙트럼을 생성한다.

Bohr는 선 스펙트럼을 설명하는 수소 원자의 모형을 제안하였다. 이 모형의 수소 원자 에너지는 **주양자수(principal quantum number)**라는 $n$ 값에 의존한다. $n$ 값은 양의 정수(1, 2, 3, ...)여야 하고, $n$의 각 값은 서로 다른 특정한 에너지 $E_n$에 해당한다. 원자 에너지는 $n$이 증가할수록 증가한다. 가장 낮은 에너지는 $n = 1$의 경우이다. 이것을 수소 원자의 **바닥 상태(ground state)**라고 한다. 또 다른 $n$ 값은 원자의 **들뜬 상태(excited state)**에 해당한다. 전자들이 높은 에너지 상태에서 낮은 에너지 상태로 내려올 때 빛을 방출한다. 낮은 에너지 상태에서 높은 에너지 상태로 전자들이 들뜰 때 빛을 흡수한다. 방출 또는 흡수한 빛의 진동수는 $h\nu$ 값이 원자의 두 가지 허용 상태 간의 에너지 차와 같을 때 빛을 방출하거나 흡수한다.

물질의 파동성(6.4절) De Broglie는 전자와 같은 물질이 파동과 같은 성질을 나타낸다고 제안하였다. **물질파(matter wave)**의 가설은 실험적으로 전자 회절을 관찰하여 증명하였다. 물체는 그 물체의 **운동량(momentum)**, 즉 $\lambda = h/mv$에 의존하는 특정 파장을 갖는다.

Heisenberg의 **불확정성 원리(uncertainty principle)**를 유도한 전자의 파동 성질을 발견한 일은, 입자의 위치와 운동량을 동시에 발견하는 정확도를 본질적으로 제한한다고 지적한다.

**양자 역학과 오비탈(6.5절)** 수소 원자의 양자 역학 모형에서 전자의 거동은 **파동 함수(wave function)**라는 수학적 함수로 설명하고, 그리스 문자 $\psi$로 표기한다. 각 허용 파동 함수는 정확하게 알려진 에너지를 갖지만, 전자 위치는 정확하게 측정할 수 없고, 오히려 공간의 특정한 점에 존재할 확률, 즉 **확률 밀도(probability density, $\psi^2$)**로 나타낸다. **전자 밀도(electron density)** 분포는 공간의 모든 점에서 전자 발견의 척도이다.

수소 원자의 허용 파동 함수를 **오비탈(orbital)**이라고 한다. 한 오비탈은 세 가지 양자수 값에 해당하는 정수와 문자의 조합으로 설명한다. **주양자수** $n$은 1, 2, 3, ...의 정수로 나타낸다. 이 양자수는 오비탈의 크기 및 에너지와 가장 직접적으로 관계가 있다. **각운동량 양자수(angular momentum quantum number,** $l$**)**는 $s$, $p$, $d$, $f$ 문자로 나타내고 0, 1, 2, 3, ...의 값에 해당한다. $l$ 양자수는 오비탈 모양을 결정한다. 일정한 $n$ 값의 $l$은 0에서 $(n-1)$ 범위의 정수를 갖는다. **자기 양자수(magnetic quantum number,** $m_l$**)**는 0을 포함하여 $-l$에서 $l$ 범위의 정수를 갖는다. 아래 첨자는 오비탈 배향을 표시할 때 사용한다. 예를 들어 세 개의 $3p$ 오비탈은 오비탈이 배향된 축을 나타내는 아래 첨자와 함께 $3p_x$, $3p_y$, $3p_z$로 나타낸다.

전자 껍질은 $3s$, $3p$, $3d$처럼 같은 $n$ 값을 이용하여 모든 오비탈을 나타낸다. 수소 원자에서 전자 껍질의 모든 오비탈은 같은 에너지를 갖는다. **부껍질(subshell)**은 같은 $n$과 $l$ 값을 갖는 한 개 이상의 오비탈로 구성된다. 예를 들어 $3s$, $3p$, $3d$는 $n=3$ 껍질의 부껍질이다. $s$ 부껍질은 1개, $p$ 부껍질은 3개, $d$ 부껍질은 5개, $f$ 부껍질은 7개의 오비탈이 있다.

**오비탈의 표현(6.6절)** 등고도 표현법은 오비탈의 공간 특성(모양)을 눈에 보이게 나타낼 때 유용하다. 이 방법으로 나타낸 $s$ 오비탈은 $n$의 증가에 따라 크기가 증가하는 구형으로 나타낸다. **방사 방향 확률 함수(radial probability function)**는 핵으로부터의 거리에 따라 전자가 발견될 확률에 대한 정보를 준다. 각 $p$ 오비탈의 파동 함수는 핵의 서로 반대편에 두 개의 로브를 갖는다. 그들은 $x$, $y$, $z$축에 따라 배향한다. 네 개의 $d$ 오비탈은 핵 주위에 네 개 로브 모양을 갖는다. 다섯째 오비탈 $d_{z^2}$는 $z$축에 놓인 두 개 로브와 $xy$ 평면의 '도넛' 모양이다. 0의 파동 함수 값이 0이 되는 지점을 **마디(node)**라고 한다. 마디에서 전자를 발견할 확률은 0이다.

**다전자 원자(6.7절)** 다전자 원자에서 같은 전자 껍질 중 서로 다른 부껍질은 서로 다른 에너지를 갖는다. 주어진 주양자수 $n$에 대하여 부껍질의 에너지는 각운동량 양자수 $l$이 증가할수록 커진다($ns < np < nd < nf$). 같은 부껍질의 오비탈은 **축퇴되어(degenerate)** 있다. 축퇴란, 같은 에너지를 갖는다는 것이다.

전자들은 양자화된 **전자 스핀(electron spin)**이라는 고유한 성질을 갖는다. **스핀 양자수(spin magnetic quantum number,** $m_s$**)**는 $+\frac{1}{2}$과 $-\frac{1}{2}$의 두 값을 가질 수 있고, 핵 주위를 회전 운동하는 두 가지 방향으로 나타난다. **Pauli 배타 원리(Pauli exclusion principle)**는 한 원자에 있는 두 개의 전자가 동일한 $n$, $l$, $m_l$, $m_s$ 값을 가질 수 없다고 설명한다. 이 원리에서는 어떤 원자 오비탈이든 점유할 수 있는 전자는 두 개로 제한한다. 이러한 두 전자는 서로 다른 $m_s$ 값을 갖는다.

**전자 배치와 주기율표(6.8절, 6.9절)** 한 원자의 **전자 배치(electron configuration)**는 원자 오비탈에 어떻게 전자들이 분포하는가를 설명한다. 바닥 상태 전자 분포는 일반적으로 각 오비탈에 두 개 이상 전자를 가질 수 없다는 제한을 이용하여 가장 낮은 에너지의 원자 오비탈에 전자를 놓는다. **오비탈 도표(orbital diagram)**를 이용하여 전자 배치를 그린다. 전자들이 $2p$ 부껍질처럼 축퇴된 오비탈의 부껍질을 점유할 때 가장 낮은 에너지는 같은 전자 스핀을 갖는 전자수가 최대로 되는 경우라고 **Hund 규칙(Hund's rule)**은 설명한다. 예를 들어 탄소의 바닥 상태 중 두 개의 $2p$ 전자는 같은 스핀을 가지며, 두 개의 다른 $2p$ 오비탈을 점유한다.

주기율표 중 어떤 족의 원소들은 최외각 껍질에 같은 형태의 전자 분포를 갖는다. 예를 들어 할로젠인 플루오린과 염소의 전자 배치는 각각 [He]$2s^22p^5$와 [Ne]$3s^23p^5$이다. 최외각 껍질의 전자들은 비활성 기체의 전자 배치 바로 다음으로 바깥에 놓인다. 화학 결합에 관여하는 최외각 껍질의 전자들을 **원자가 전자(valence electron)**라고 한다. 원자 번호 30 이하의 원소에서 모든 최외각 전자는 원자가 전자이다. 원자가 전자가 아닌 전자들은 **핵심부 전자(core electron)**라고 한다.

주기율표는 전자 배치에 바탕을 두고 서로 다른 종류의 원소들을 분배한다. $s$ 또는 $p$ 부껍질의 최외각 부껍질을 갖는 원소를 **주족 원소(representative(혹은 main-group) element)**라고 한다. $d$ 부껍질을 채우는 원소를 **전이 원소(transition element)** 또는 **전이 금속(transition metal)**이라고 한다. $4f$ 부껍질을 채우는 원소를 **란타넘족(lanthanide 또는 희토류(rare earth)) 원소(element)**라고 한다. $5f$ 부껍질을 채우는 원소는 **악티늄족 원소(actinide element)**이다. 란타넘족과 악티늄족 원소를 합쳐 ***f* 구역 금속(*f*-block metal)**이라고 한다. 이들 원소는 주기율표의 중앙부 밑에 2열로 14개 원소를 나타낸다. 그림 6.30에 요약한 주기율표의 구조가, 주기율표에서의 위치를 통하여 원소의 전자 배치를 알아내는 데 도움을 준다.

## 학습 정리 이 장을 공부한 후에 여러분은 다음을 할 수 있어야 한다.

- 전자기 복사선의 파장이 주어졌을 때 진동수를 계산하거나, 진동수가 주어졌을 때 파장을 계산하기(6.1절). **관련 연습 문제: 6.5, 6.6, 6.59**
- 전자기 스펙트럼에서 복사선의 종류를 파장과 에너지에 따라 나열하기(6.1절). **관련 연습 문제: 6.2, 6.3, 6.57, 6.58**
- 광자의 진동수나 파장에 의하여 에너지를 계산하고, 그 근거에 대해 설명하기(6.2절). **관련 연습 문제: 6.9, 6.11, 6.12, 6.62**
- 원자 내 전자의 양자화된 상태와 원자의 선 스펙트럼을 관련지어 설명하기(6.3절). **관련 연습 문제: 6.18, 6.67, 6.70, 6.71**
- 움직이는 물체의 파장을 구하기(6.4절). **관련 연습 문제: 6.23, 6.24, 6.73, 6.74**
- 전자와 같은 아원자 입자의 위치와 운동량을 기술할 때 불확정성 원리에 의해 그 정확성이 어떠한 제한을 받는가를 설명하기(6.4절). **관련 연습 문제: 6.25, 6.75**
- 양자수를 오비탈의 개수 및 종류와 연관짓고, 오비탈 모양의 차이에 대해 인식하기(6.5절). **관련 연습 문제: 6.28, 6.29, 6.31, 6.80**
- 원자 오비탈의 방사 방향 확률 함수를 해석하기(6.6절). **관련 연습 문

제: 6.27, 6.76, 6.82

- 다전자 원자의 오비탈의 에너지와 수소 원자의 오비탈의 에너지가 어떻게, 또 왜 다른지 설명하기(6.7절). **관련 연습 문제: 6.36, 6.83**
- 다전자 원자의 오비탈에 대한 에너지 준위 도표를 그리고, Pauli 배타 원리와 Hund 규칙을 이용하여 원자의 바닥 상태에서 전자가 오비탈에 어떻게 채워지는지를 설명하기(6.8절). **관련 연습 문제: 6.37, 6.54**
- 주기율표를 이용하여 축약형 전자 배치를 기술하고, 원자에 있는 홀전자의 개수를 결정하기(6.9절). **관련 연습 문제: 6.41, 6.42, 6.87, 6.88**

## 핵심 공식

- $\lambda\nu = c$ [6.1] 파동으로서의 빛: $\lambda$ = 파장(m), $\nu$ = 진동수($s^{-1}$), $c$ = 빛의 속도($2.998 \times 10^8$ m/s)
- $E = h\nu$ [6.2] 입자(광자)로서의 빛: $E$ = 광자의 에너지(J), $h$ = Planck 상수 ($6.626 \times 10^{-34}$ J-s), $\nu$ = 진동수($s^{-1}$)
- $E = (-hcR_H)\left(\frac{1}{n^2}\right) = (-2.18 \times 10^{-18}\,\text{J})\left(\frac{1}{n^2}\right)$ [6.5] 수소 원자의 허용된 상태에서의 에너지: $h$ = Planck 상수, $c$ = 빛의 속도, $R_H$ = Rydberg 상수($1.096776 \times 10^7\ m^{-1}$), $n$ = 1, 2, 3, ... (양의 정수)
- $\lambda = h/mv$ [6.8] 입자의 파동성: $\lambda$ = 파장, $h$ = Planck 상수, $m$ = 물체의 질량 (kg), $v$ = 물체의 속도(m/s)
- $\Delta x \cdot \Delta(mv) \geq \frac{h}{4\pi}$ [6.9] Heisenberg 불확정성 원리. 물체가 갖는 위치($\Delta x$)의 불확정성과 운동량[$\Delta(mv)$]의 불확정성은 0이 될 수 없다. 곱의 최솟값은 $h/4\pi$이다.

## 연습 문제

### 눈으로 보는 개념

**6.44** 20°C, 건조한 공기에서의 음속은 343 m/s이고, 인간의 귀가 감지할 수 있는 가장 낮은 음파의 진동수는 대략 20 Hz이다. [6.1절]
(a) 이 음파의 파장을 계산하시오.
(b) 위와 같은 파장을 가진 전자기파의 주파수는 얼마인가?
(c) 이는 어떤 유형의 전자기파에 속하는가?

**6.45** 일반적인 가정용 주방 기기에서는 진동수가 2450 MHz인 전자기파가 방출된다. 그림 6.4를 참조하여 다음 질문에 답하시오. [6.1절]
(a) 이 전자기파의 파장을 계산하시오.
(b) 주방 기기에 의해 생성된 전자기파는 육안으로 관찰할 수 있는가?
(c) 관찰되지 않는다면, 이 전자기파의 광자는 가시광선의 광자보다 더 많은 에너지를 갖는가, 더 적은 에너지를 갖는가?
(d) 이 진동수의 전자기파를 방출하는 주방 기기는 무엇인가?
(i) 오븐토스터, (ii) 전자레인지, (iii) 전기핫플레이트

**6.46** 다음 그림은 두 가지 전자기파를 같은 척도로 나타내었다. [6.2절]
(a) 더 긴 파장을 갖는 파동은?
(b) 더 높은 진동수를 갖는 파동은?
(c) 어느 파동이 더 큰 에너지를 갖는가?

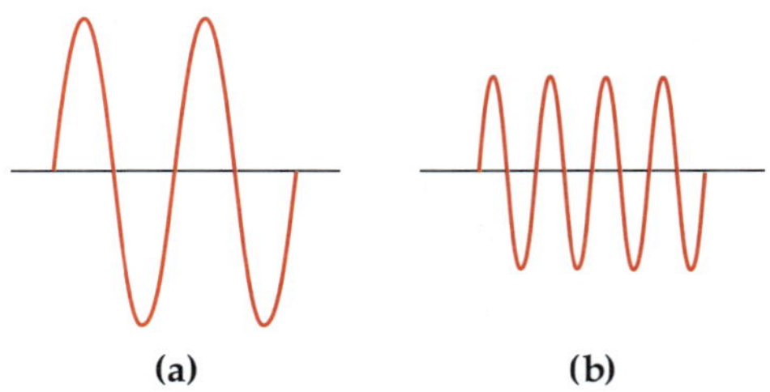


**6.47** 별의 온도는 모두 다르다. 별이 빛날 때 색깔은 고온에서 방출되는 빛의 특성에 의해 나타난다. 다음은 세 가지 별의 망원경 사진이다. (i) **노란색** 별로 분류되는 태양, (ii) **파란색** 별로 분류되는 오리온자리의 리겔, (iii) **붉은색**을 띠는 별 중 오리온자리의 베텔게우스 [6.2절]
(a) 온도가 증가하는 순으로 세 별을 나열하시오.
(b) (a)의 답을 선택할 때 다음에서 어떤 원리에 근거하였는가?
불확정성 원리, 광전 효과, 흑체 복사, 선 스펙트럼

(i) 태양 (ii) 리겔 (iii) 베텔게우스

**6.48** 햇빛이 빗방울에 의해 회절되면 무지개 현상이 나타난다. [6.3절]
(a) 무지개의 안쪽에서 바깥쪽으로 갈수록 무지개 빛의 파장은 증

가하는가, 감소하는가? (**b**) 무지개의 바깥쪽으로 갈수록 빛의 진동수는 증가하는가, 감소하는가?

**6.49** 하나의 양자 역학적 계가 그림과 같은 에너지 준위를 가진다. 이때 에너지 준위는 정수인 단일 양자수 $n$에 의해 표시된다. [6.3절]

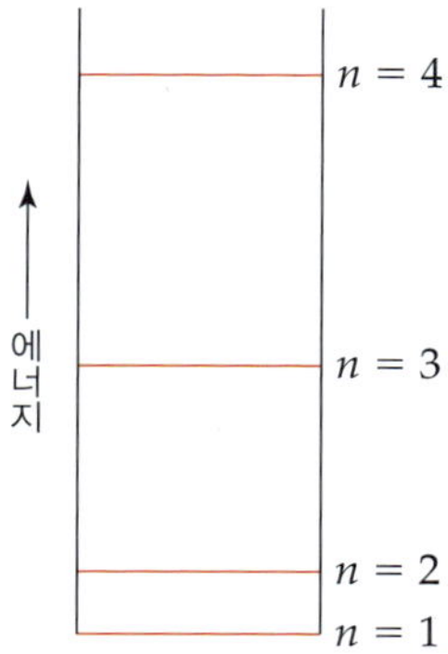


(**a**) 그림의 에너지 준위에서 어떤 양자수들이 가장 많은 에너지가 필요한 전이 과정에 포함되는가?

(**b**) 이와 반대로, 가장 적은 에너지가 필요한 전이 과정에 포함되는 양자수들은 어떤 것인가?

(**c**) 그림의 에너지 준위를 근거로, 전이하는 동안 방출하거나 흡수되는 빛의 파장이 증가하는 순으로 나열하시오.
(i) $n=1$에서 $n=2$, (ii) $n=2$에서 $n=3$, (iii) $n=2$에서 $n=4$, (iv) $n=1$에서 $n=3$

**6.50** 수소 원자의 세 가지 전자 전이 A, B, C를 고려하시오. [6.3절]

(**a**) 3개의 전자기파는 모두 동일 척도로 그려져 있으며, 각각의 전이는 모두 독립된 전이에 해당된다. 전자 전이 C와 관계가 있는 전자기파는 (i), (ii), (iii) 중 어느 것에 해당되는가?

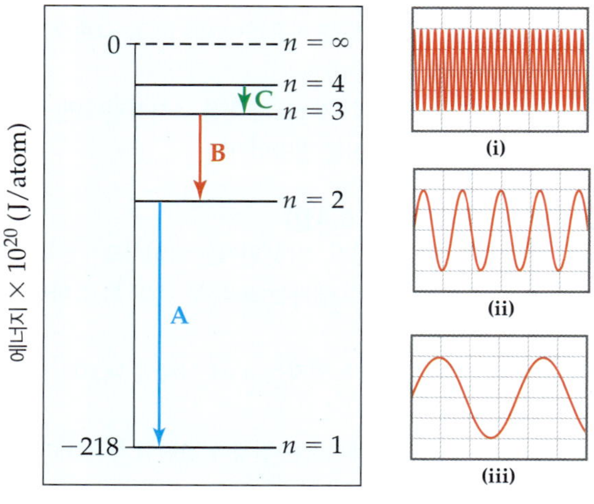


(**b**) 각 전이에 대해 방출되는 광자의 에너지를 계산하시오.

(**c**) 각 전이에 대해 방출되는 광자의 파장을 계산하시오.
이러한 전이 중 어떤 것이 가시광선의 방출이 발생하는가? 만약 그렇다면 어떤 것인가?

**6.51** 한 개의 전자를 가지고 있는 가상의 일차원 계가 있다. 아래 그림에 나타난 전자에 대한 파동 함수는 $x=0$에서 $x=2\pi$까지에서 $\psi(x)=\sin(x)$이다. [6.5절]

(**a**) $x=0$부터 $x=2\pi$까지 전자를 발견할 확률 밀도 $\psi^2(x)$를 그리시오.

(**b**) 어느 $x$의 값들에서 전자를 발견할 확률이 가장 큰가?

(**c**) 전자가 $x=\pi$에서 전자가 발견될 확률은 얼마인가? 파동 함수에서 그러한 지점을 무엇이라고 하는가?

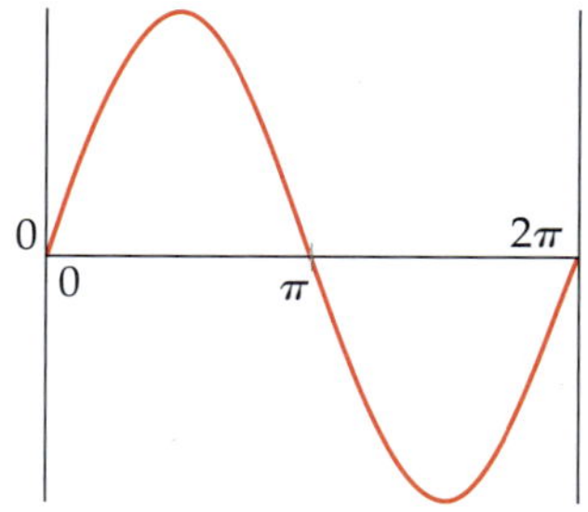


**6.52** 수소 원자의 $n=3$ 껍질에 대한 오비탈 중 하나의 삼차원적 모양이 그림과 같다. [6.6절]

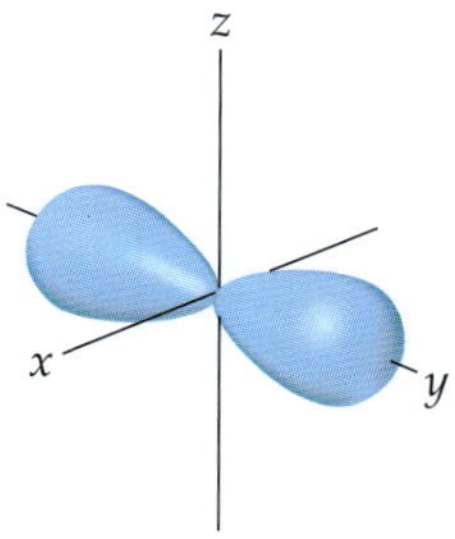


(**a**) 이 오비탈의 양자수 $l$은 얼마인가?

(**b**) 이 오비탈을 어떻게 표시하는가?

(**c**) 자기 양자수 $m_l$의 값이 달라지면 이 모양은 어떻게 수정해야 하는가? (i) 더 크게 그려야 한다. (ii) 로브의 수가 변한다. (iii) 오비탈의 로브 방향이 다른 방향을 가리킬 것이다. (iv) 모양에 변화가 없을 것이다.

**6.53** 오른쪽 도면은 $d_{yz}$ 오비탈에 대한 등고선도를 표시한다. 이 오비탈에 해당되는 양자수를 고려하시오.

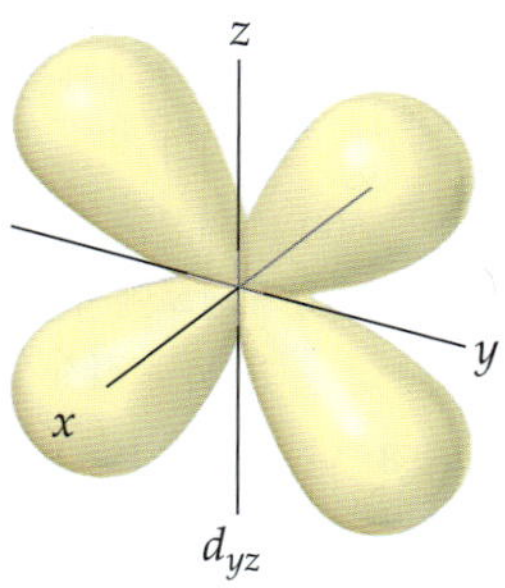


(**a**) 가능한 가장 작은 값의 주양자수($n$)는 얼마인가?

(**b**) 각운동량 양자수($l$) 값은 얼마인가?

(**c**) 가능한 가장 큰 값의 자기 양자수($m_l$) 값은 얼마인가?

(**d**) $xy$, $xz$, $yz$ 중 어느 평면을 따라서 확률 밀도가 0이 되는가?

**6.54** 질소 원자의 네 가지 가능한 전자 배치가 아래에 주어졌다. 그런데 이 중 하나만이 질소 원자의 바닥 상태를 나타내는 올바른 전자 배치이다. 어느 것이 올바른 전자 배치인가? Pauli 배타 원리에 위배되는 전자 배치는 어느 것인가? 어느 전자 배치가 Hund 규칙에 위배되는가? [6.8절]

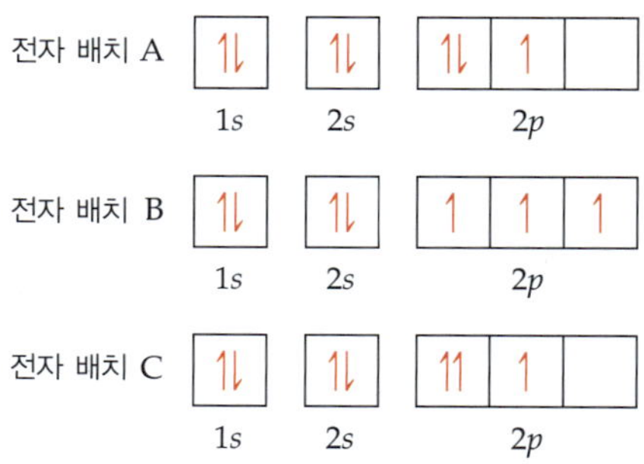

전자 배치 D 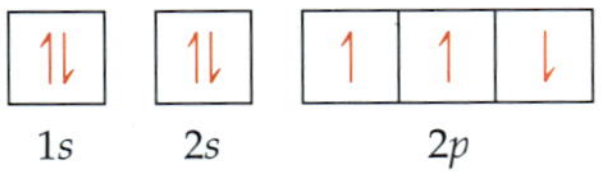

**6.55** 다음 원소들이 주기율표에서 어디에 위치하는지 답하시오. [6.9절]

**(a)** 원자가 전자의 전자 배치가 $ns^2np^5$인 원소

**(b)** 세 개의 $p$ 홀전자를 갖는 원소

**(c)** 원자가 전자가 $4s^24p^1$인 원소

**(d)** $d$ 구역 원소

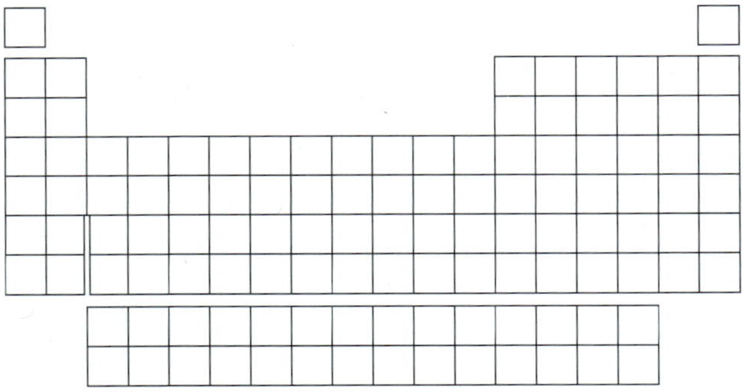

## 빛의 파동성(6.1절)

**6.56** 대기 중의 이산화 탄소는 4.0~4.5 μm 영역의 빛 에너지를 흡수한다. **(a)** 4.0 μm 파장을 가지는 복사선의 진동수를 계산하시오. **(b)** 이 파장의 복사선은 전자기 스펙트럼의 어느 부분에 해당하는가?

**6.57** 다음 진술 중 어느 것이 틀렸는지 결정하고, 그것들을 고치시오.

**(a)** 복사선의 진동수는 파장이 증가함에 따라 증가한다.

**(b)** 전자기 복사선은 파장과 관계없이 진공 중에서 일정한 속도를 가진다.

**(c)** 적외선은 가시광선보다 더 높은 진동수를 갖는다.

**(d)** 벽난로에서의 발광, 전자레인지 내부의 에너지, 안개 속 경적은 모두 전자기 복사선의 형태이다.

**6.58** 다음 전자기 복사선들을 파장이 감소하는 순으로 나열하시오.

**(a)** 태닝 살롱에서 사용하는 UV 영역의 빛(300~400 nm)

**(b)** 93.1 MHz에 있는 FM 라디오의 전파

**(c)** 휴대전화에 사용되는 전파(450~2100 MHz)

**(d)** 소듐 가로등으로부터의 발생 되는 노란 빛

**(e)** 계산기 표시판과 같은 발광 다이오드의 빨간 빛

**6.59** **(a)** 파장이 0.86 nm인 복사선의 진동수는 얼마인가?

**(b)** $6.4 \times 10^{11}\ s^{-1}$의 진동수를 갖는 복사선의 파장은 얼마인가?

**(c)** 앞의 (a)와 (b) 문제에 있는 복사선은 X선 검출기에 의해서 감지되는가?

**(d)** 전자기파는 0.38 ps 동안에 얼마의 거리를 진행하는가?

**6.60** 광전지를 이용하면 복사 에너지를 전기 에너지로 전환하는 것이 가능하다. 전환 효율이 동등하다고 가정할 때, 적외선과 자외선 중 어느 것이 광자 한 개당 전기 에너지를 더 많이 생산하는가?

## 에너지 양자화와 광자(6.2절)

**6.61** Einstein의 1905년 광전 효과에 대한 연구 논문은 Planck의 양자 가설을 최초로 응용한 중요한 결과이다. Planck의 가설을 서술하고, Einstein이 자신의 이론인 광전 효과를 설명할 때 어떻게 양자 가설을 사용하였는지 논의하시오.

**6.62** **(a)** 레이저 포인터에서 방출된 녹색 빛의 파장은 532 nm이다. 이 빛의 진동수는 얼마인가?

**(b)** 광자 한 개의 에너지는 얼마인가?

**(c)** 레이저 포인터는 물질 안의 전자가 전지에 의해 바닥 상태에서 들뜬 상태로 전이되기 때문에 빛이 방출된다. 전자들은 바닥 상태로 다시 되돌아갈 때 532 nm의 광자의 형태로 과량의 에너지를 잃는다. 이 레이저 물질의 바닥 상태와 들뜬 상태 사이의 에너지 간격은 얼마인가?

**6.63** AM 라디오는 1000 kHz에서 방송된다. 또한 파트너 FM 방송은 100 MHz에서 방송된다. 두 라디오 방송에 의해 방출되는 광자 에너지를 계산하고 비교하시오.

**6.64** 복사선으로부터 나온 에너지는 화학 결합을 끊을 수 있다. $Br_2$의 브로민–브로민 결합을 끊는 데 필요한 최소 에너지는 192 kJ/mol이다. 이 결합을 끊을 수 있는 복사선이 가질 수 있는 가장 긴 파장은 얼마인가? 이 파장은 전자기 복사선의 어느 종류에 해당되는가?

**6.65** 어떤 별이 3.0 mm의 복사선을 방출한다.

**(a)** 이 복사선에 해당 되는 전자기파 스펙트럼의 종류는 무엇인가?

**(b)** 검출기가 위의 파장에서 초당 $3.0 \times 10^8$개의 광자를 흡수한다면, 하루 동안 검출된 광자의 전체 에너지는 얼마인가?

**6.66** 타이타늄 금속에서 광전자가 방출되기 위한 빛의 최대 파장은 286 nm이다.

**(a)** 광전 효과를 통해 타이타늄으로부터 전자가 방출되는 데 필요한 최소 에너지는 얼마인가?

**(b)** 이 빛의 진동수를 계산하시오.

**(c)** 적외선 영역의 빛을 이용하여 타이타늄 금속으로부터 전자를 방출시킬 수 있는가?

**(d)** 타이타늄 금속에 276 nm의 빛을 조사시킨다면, 방출된 전자의 최대 운동 에너지는 얼마인가?

## Bohr 모형, 물질파(6.3절, 6.4절)

**6.67** 다음의 문장이 '참'인지, '거짓'인지를 밝히시오

**(a)** $n=3$ 상태인 수소 원자는 오직 두 개의 특정 파장에서만 빛을 방출할 수 있다.

**(b)** $n=2$ 상태인 수소 원자는 $n=1$ 상태일 때보다 낮은 에너지를 갖는다.

**(c)** 광자가 방출한 에너지는 발광에 관련된 두 상태의 에너지 차이와 같다.

**6.68** 수소 원자에서 다음 전자 전이가 일어날 때 에너지가 방출되는가, 흡수되는가?

**(a)** $n=2$에서 $n=3$으로

**(b)** 반지름이 0.529 nm인 궤도에서 반지름이 0.476 nm인 궤도로 전이될 때

**(c)** $n=9$에서 $n=6$으로

**6.69** 수소 원자 내의 전자가 $n=8$에서 $n=3$으로 전이되었을 때, **(a)** $\Delta E$

는 양의 값을 갖는가, 음의 값을 갖는가? **(b)** 위의 전이와 관련된 빛의 파장을 결정하시오. 이 경우 빛은 방출되는가, 흡수되는가? **(c)** (b)에 해당하는 빛의 전자기파 스펙트럼의 종류는 무엇인가?

**6.70** Lyman 계열의 수소 원자의 모든 방출 선은 $n_f = 1$의 에너지 준위를 포함한다.

**(a)** Lyman 계열의 방출 선이 관찰되는 영역은 전자기 스펙트럼에서 어느 부분에 해당되는가?

**(b)** Lyman 계열에서 $n_i = 2, 3, 4$일 때 얻어지는 첫 번째 선 세 개의 파장을 계산하시오.

**6.71** 수소 원자는 1094 nm 파장의 빛을 흡수할 수 있다.

**(a)** 전자기 스펙트럼의 어느 영역에서 이 흡수를 찾을 수 있는가?

**(b)** 이 흡수와 관련된 $n$의 초깃값과 최종값을 결정하시오.

**6.72** 다음과 같이 나열된 수소 원자의 에너지 전이를 방출되는 빛의 파장이 가장 짧은 것에서 가장 긴 것의 순으로 나열하시오.

$n = 5$에서 $n = 2$, $n = 4$에서 $n = 3$, $n = 8$에서 $n = 4$, $n = 4$에서 $n = 2$

**6.73** 물리학에서 보면, 아원자 입자 중에는 형성되고 나서 수 나노초 이내에 자연 붕괴를 하는 뮤온(muon)이 있다. 뮤온은 전자 질량의 206.8배나 되는 질량을 가지고 있다. 뮤온이 $8.85 \times 10^5$ cm/s의 속도로 움직일 때, 이것의 de Broglie 파장을 계산하시오.

**6.74** 전자 현미경은 생물학적 물질이거나 다른 종류의 물질에 대한 확대된 영상을 얻기 위해 널리 사용되고 있다. 전자가 특정 퍼텐셜 영역에서 가속되었을 때 $9.47 \times 10^6$ m/s의 속력을 얻었다. 이 전자가 가지는 파장은 얼마인가? 이 파장은 원자 크기와 비슷한가?

**6.75** **(a)** $(3.00 \pm 0.01) \times 10^5$ m/s의 속도로 움직이는 전자, **(b)** 같은 속도로 움직이는 중성자의 위치 불확정성을 계산하시오(중성자의 질량은 책 표지 안쪽 기본 상수표에 제시되어 있다). **(c)** (a)와 (b)의 값을 바탕으로, 어떤 것이 전자 또는 중성자의 위치를 보다 정확하게 알 수 있는가?

## 양자 역학과 원자 오비탈(6.5절, 6.6절)

**6.76** 그림은 $2s$ 오비탈의 방사 방향 확률 함수를 나타낸 것이다.

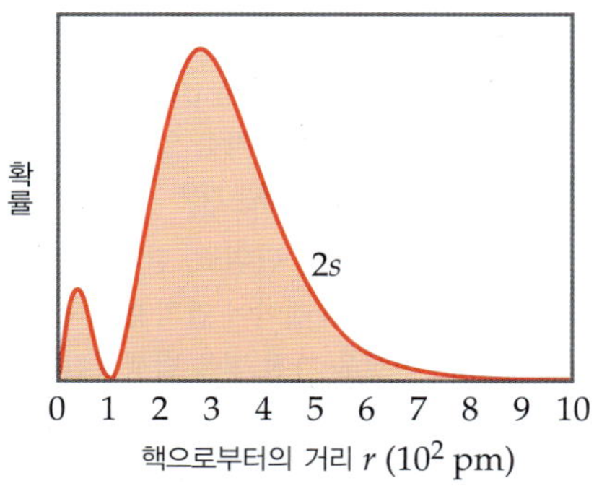


다음의 문장이 '참'인지, '거짓'인지를 밝히시오

**(a)** 이 함수에서 두 개의 봉우리를 보이는 이유는 한 전자는 핵으로부터 50 pm에, 다른 전자는 300 pm에 주로 존재하기 때문이다.

**(b)** 여기에 나타낸 방사 방향 확률 함수와 확률 밀도 $[\psi(r)]^2$은 모두 핵으로부터 약 100 pm 되는 일정한 거리에서 0이다.

**(c)** $s$ 오비탈에서 마디의 수는 주양자수 $n$의 값과 같다.

**6.77** **(a)** $n = 1$, **(b)** $n = 5$일 때 $l$과 $m_l$의 가능한 조합의 수는?

**6.78** 다음 경우에 대하여 $n$, $l$, $m_l$의 값을 구하시오.

**(a)** $3p$ 부껍질에 있는 각 오비탈

**(b)** $4f$ 부껍질에 있는 각 오비탈

**6.79** 수소 원자의 어떤 오비탈이 $n = 4$, $m_l = -2$를 갖는다.

**(a)** 이 오비탈에서 가능한 $l$ 값은?

**(b)** 이 오비탈에서 가능한 $m_s$ 값은?

**6.80** 다음 표에서 양자수의 조합에 맞는 오비탈을 쓰시오. $x$, $y$, $z$의 아래 첨자는 무시하시오. 양자수가 허락되지 않으면 '허용되지 않음'이라고 쓰시오.

| $n$ | $l$ | $m_l$ | 오비탈 |
|---|---|---|---|
| 2 | 1 | −1 | $2p$(예) |
| 1 | 0 | 0 | |
| 3 | −3 | 2 | |
| 3 | 2 | −2 | |
| 2 | 0 | −1 | |
| 0 | 0 | 0 | |
| 4 | 2 | 1 | |
| 5 | 3 | 0 | |

**6.81** 다음 오비탈의 모양과 배향을 그리시오.

**(a)** $p_x$ **(b)** $d_{z^2}$ **(c)** $d_{x^2-y^2}$

**6.82** **(a)** $s$ 오비탈에 있는 마디의 수와 주양자수 값의 관계는 무엇인가? 그림 6.18을 참고하시오.

**(b)** $2p_x$ 오비탈과 $3s$ 오비탈에서 전자 밀도가 0인 마디 수를 확인하시오.

**(c)** 그림 6.18에 있는 방사 방향 확률 함수로부터 얻을 수 있는 정보는 무엇인가?

**(d)** 수소 원자에서 다음 오비탈들을 에너지가 증가하는 순으로 나열하시오.

$3s$, $2s$, $2p$, $5s$, $4d$

## 다전자 원자와 전자 배치(6.7절~6.9절)

**6.83** **(a)** 염소 원자의 $3s$ 전자와 핵과의 평균 거리는 $3p$ 전자보다 작다. 위 사실을 고려할 때 어느 오비탈의 에너지가 더 높은가?

**(b)** 염소 원자의 $3s$ 전자를 제거하기 위해 에너지가 더 필요한지, 덜 필요한지 $2p$ 전자와 비교하여 예상하시오.

**6.84** Stern–Gerlach 실험을 통해 전자 스핀의 존재가 확인되었다. 이 실험에서 은 원자의 흐름을 외부 자기장을 지나가게 했을 때, 절반은 한 방향으로, 나머지는 반대 방향으로 휘어졌다. 외부 자기장의 크기를 높였을 때 두 흐름의 분리도는 더 커졌다.

**(a)** 은 원자의 전자 배치는?

**(b)** 카드뮴(Cd) 원자의 흐름을 이 실험에 응용하면 어떤 결과를 얻을 수 있을까?

**(c)** 플루오린(F) 원자의 흐름을 이 실험에 응용하면 어떤 결과를 얻을 수 있을까?

**6.85** 다음 양자수들을 갖는 원자 내 전자의 최대 수를 계산하시오.

**(a)** $n = 3$, $m_l = -1$

**(b)** $n=4$, $l=2$
**(c)** $n=4$, $l=3$, $m_l=-2$
**(d)** $n=5$, $l=2$, $m_l=0$

**6.86** 다음 각 원소에 대해 바닥 상태에서의 원자가 전자, 핵심부 전자, 홀전자의 수를 나타내시오.
**(a)** 소듐 **(b)** 황 **(c)** 플루오린

**6.87** 다음 원자에 대한 축약형 전자 배치와 각각의 홀전자의 개수를 쓰시오.
**(a)** Mg **(b)** Ge **(c)** Br **(d)** V **(e)** Y **(f)** Lu

**6.88** 다음 전자 배치에 해당하는 원소의 족을 결정하고, 홀전자의 개수를 쓰시오.
**(a)** [비활성 기체] $ns^2np^5$
**(b)** [비활성 기체] $ns^2(n-1)d^2$
**(c)** [비활성 기체] $ns^2(n-1)d^{10}np^1$
**(d)** [비활성 기체] $ns^2(n-2)f^6$

**6.89** 다음의 전자 배치는 들뜬 상태를 나타낸다. 각각에 해당하는 원소를 결정하고, 바닥 상태의 축약형 전자 배치를 쓰시오.
**(a)** $1s^22s^22p^43s^1$ **(b)** $[Ne]3s^13p^44p^1$ **(c)** $[Ar]4s^23d^64p^1$

## 추가 연습 문제

**6.90** 다음 두 개의 전자기파에 대하여 물음에 답하시오.

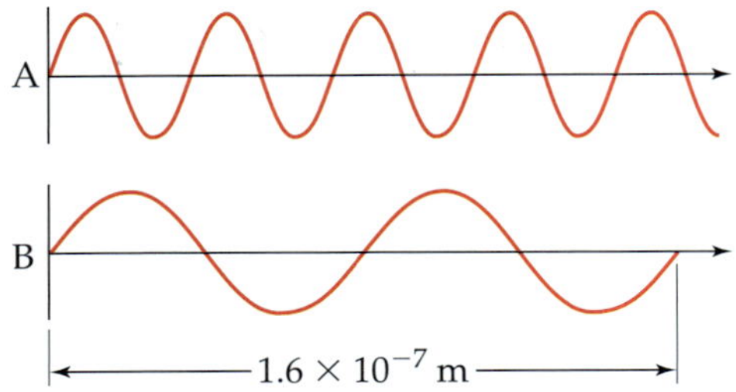


**(a)** 파동 A와 파동 B의 파장은 얼마인가?
**(b)** 파동 A와 파동 B의 진동수는 얼마인가?
**(c)** 파동 A와 파동 B가 속하는 전자기 스펙트럼의 영역을 결정하시오.

**6.91** 염화 칼슘 샘플을 비 발광 불꽃에 넣게 되면, 오렌지색의 빛이 나기 시작한다. 이때, 칼슘 원자가 들뜬 상태에서 다시 바닥 상태로 돌아가면서 빛이 방출된다.
**(a)** 방출된 빛의 파장은 422.7 nm이다. 이 빛의 진동수를 계산하시오.
**(b)** 이 광자 1.00 mol의 에너지는 얼마인가?
**(c)** 칼슘 원자의 들뜬 상태와 바닥 상태 사이의 에너지 간격을 계산하시오.

**6.92** 특정 원소가 연소될 때 특정 파장의 빛이 방출된다. 오래전부터 화학자들은 특정 원소가 시료 안에 존재하는지를 결정하는데 이와 같은 발광 파장을 사용하였다. 다음 표는 여러 원소의 고유 파장이다.

| Ag | 328.1 nm | Fe | 372.0 nm |
|---|---|---|---|
| Au | 267.6 nm | K | 404.7 nm |
| Ba | 455.4 nm | Mg | 285.2 nm |
| Ca | 422.7 nm | Na | 589.6 nm |
| Cu | 324.8 nm | Ni | 341.5 nm |

**(a)** 스펙트럼의 자외선 영역의 복사선이 방출되는 원소를 결정하시오.
**(b)** 어떤 원소가 가장 높은 진동수의 광자를 방출하는가? 또한 가장 낮은 에너지의 광자를 방출하는 원소는 무엇인가?
**(c)** 미지의 시료가 연소될 때 $6.58\times10^{14}\ s^{-1}$의 진동수를 가지는 빛이 방출되었다. 주어진 표 안의 원소 중 시료 안에 존재하는 원소는 무엇인가?

**6.93** 2006년 1월, 명왕성의 접근 통과를 목표로 지구에서 발사되었던 New Horizon 우주선은 그로부터 거의 9년 뒤인 2015년 명왕성에 목성에 도착하였다. 지구와 명왕성 사이의 거리는 각각의 행성이 자기 궤도 중 어디에 있는지에 따라 달라지지만, 두 행성 간 가장 가까운 거리는 4억 2000만 km이다. 명왕성에서 지구까지 신호가 이동하는 최소 시간은 얼마인가?

**6.94** 태양 광선은 전자기 스펙트럼의 자외선 영역을 포함하고 있기 때문에 타거나 검게 그을리는 현상을 일으키게 된다. 이러한 태양 광선은 파장을 기준으로 분류된다. 이른바 UV−A 복사선의 파장 범위는 320~380 nm이고, UV−B 복사선의 파장 범위는 290~320 nm이다.
**(a)** 380 nm의 파장을 가진 빛의 진동수를 계산하시오.
**(b)** 380 nm의 파장을 가진 광자의 몰 에너지를 계산하시오.
**(c)** UV−A선의 광자와 UV−B선의 광자 중 어느 것이 더 큰 에너지를 갖는가?
**(d)** 태양으로부터 나온 UV−B선은 UV−A선에 비해 사람의 피부에 화상을 입히거나 색소 침착을 일으킬 가능성이 크다. 이러한 관측은 (c)의 답과 일치하는가?

**6.95** 와트(Watt)는 전력의 SI 유도 단위로, 단위 시간당 에너지를 나타낸다(1 W = 1 J/s). DVD 플레이어 안의 반도체 레이저는 5.0 mW의 전력과 650 nm 파장을 가진 빛을 발생시킨다. DVD를 90분간 재생하는 동안 DVD 표면에 부딪히는 광자의 수는 얼마인가?

**6.96** 카로티노이드(carotenoid)는 식물로부터 합성된 노란색, 주황색, 빨간색 색소이다. 어느 물체에서 관찰된 색은 오른쪽 색상환에 나타나 있는 것처럼, 그것이 흡수한 빛이 아니라 그것의 보색이다.

**(a)** 이 색상환을 참고하여 식물의 색이 주황색이라면, 이 식물이 가장 많이 흡수하는 색은 무엇인가?

(b) 특정 카로티노이드가 455 nm에서 광자를 흡수한다면, 그 광자의 에너지는 얼마인가?

**6.97** 광전 효과를 연구하기 위한 실험에서, 금속 표면에 조사하는 복사선의 진동수의 함수로서 방출되는 전자의 운동 에너지가 측정되었고, 다음과 같은 실험 결과를 얻었다. 이때 '$\nu_0$'로 표시된 점은 542 nm 파장의 빛에 해당된다.

(a) $\nu_0$의 값을 $s^{-1}$의 단위로 표시하시오.

(b) 방출된 전자에 대한 금속의 일함수 값을 kJ/mol의 단위로 계산하시오.

(c) 조사하는 빛의 진동수가 $\nu_0$보다 클 때 0이 아닌 기울기의 직선을 보인다. 그 이유는 무엇인가?

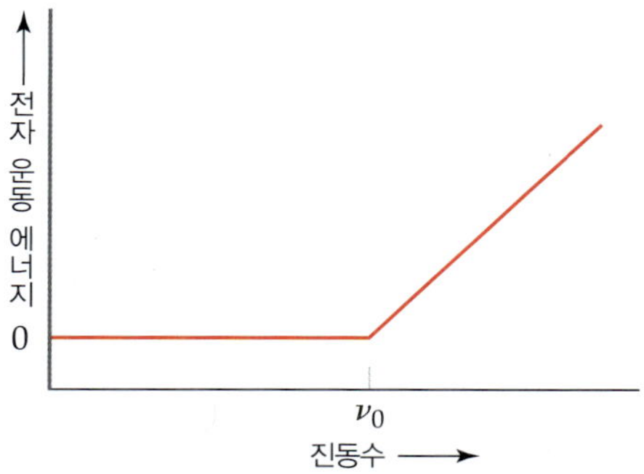


**6.98** 수소 원자 안의 전자가 $n=1$에서 $n=\infty$로 들뜰 때 다음 물음에 답하시오.

(a) 이 전이의 최종 결과는 무엇인가?

(b) 전이가 이루어지기 위해 흡수해야 하는 빛의 파장은 얼마인가?

(c) 수소 원자를 들뜨게 하기 위해 사용된 (b)에서의 빛보다 짧은 파장의 빛을 사용할 때 어떻게 되는가?

(d) (b)와 (c)에서의 결과는 연습 문제 6.97에서 나타낸 도표와 어떻게 관련지을 수 있는가?

**6.99** 사람 망막에는 세 종류의 빛 감지체가 있으며, 다음 그림에서처럼 각 감지체들은 각자 다른 파장의 가시광에 반응을 한다. 그림에서의 선 색상은 단지 선을 구분하기 위한 것이다.

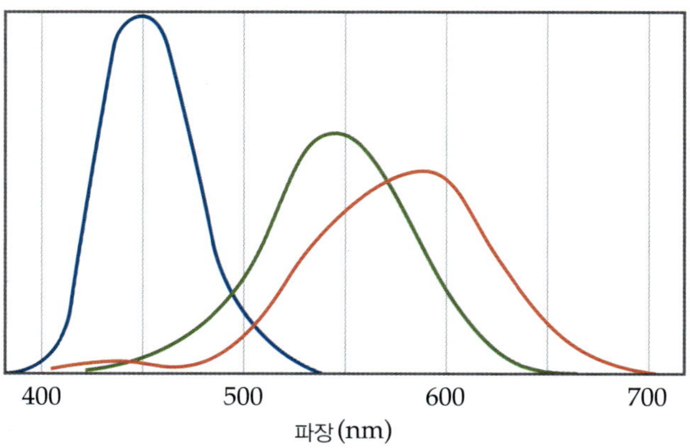


(a) 이 그림에서 각 종류의 빛 감지체에 대하여 최대 봉우리에 대한 광자 에너지를 계산하시오.

(b) 하늘색은 대기 분자에 의한 태양빛의 산란으로 결정된다. 이와 같은 빛산란 현상을 최초로 연구한 과학자 중 한 사람은 Rayleigh경이었다. 그는 분자와 같은 매우 작은 입자에 의한 산란 세기는 파장의 4제곱에 반비례함을 보였다. '푸른색' 선과 '녹색' 선의 봉우리에 해당되는 파장에서의 산란 효율의 비율을 계산하시오.

(c) 전체 태양빛의 파장이 대기에 의해 산란되는데, 왜 하늘은 푸른색을 나타내는지를 설명하시오.

**6.100** $n_f=4$을 포함하는 수소 원자의 방출선을 **Brackett 계열**이라고 한다.

(a) Brackett 계열이 관찰되는 전자기파 스펙트럼의 영역을 결정하시오.

(b) $n_i=5$, 6, 7인 Brackett 계열의 처음 세 개 선의 파장을 계산하시오.

**6.101** 그림 6.8에서와 유사한 실험으로, 태양광의 스펙트럼을 고분해능으로 검출하면 암흑선들이 분명하게 나타난다. 이런 선들을, 19세기 초 이 현상을 집중적으로 연구한 과학자의 이름을 따서 Fraunhofer 선이라고 명명하였다. 1000 nm과 295 nm 사이의 태양 스펙트럼에서 대략 25,000개의 선이 존재하는 것으로 관찰되었다. Fraunhofer 선이란 태양 대기에 있는 기체 분자에 의해 태양의 '흰색' 광의 일정한 파장이 흡수되어 생긴 것이다.

(a) 태양 스펙트럼에서 특정한 파장의 빛을 흡수하는 과정을 설명하시오.

(b) 어느 Fraunhofer 선이 어떤 원소(예를 들면 네온)에 해당하는지 결정하려면, 지구상에서는 어떤 실험을 수행해야 하는지 기술하시오.

**6.102** 수소 원자에 대한 다음 양자수 조합이 각각 허용되는지 서술하시오. 허용되지 않는 양자수 조합의 경우에는 무엇이 잘못되었는지를 지적하시오.

(a) $n=3$, $l=3$, $m_l=2$, $m_s=+\frac{1}{2}$

(b) $n=4$, $l=3$, $m_l=-3$, $m_s=+\frac{1}{2}$

(c) $n=3$, $l=1$, $m_l=2$, $m_s=+\frac{1}{2}$

(d) $n=5$, $l=0$, $m_l=0$, $m_s=0$

(e) $n=2$, $l=1$, $m_l=1$, $m_s=-\frac{1}{2}$

**6.103** Bohr 모형은 수소 형태의 이온, 즉 $He^+$나 $Li^{2+}$와 같이, 전자를 한 개만 가지고 있는 이온에 응용될 수 있다.

(a) Bohr 모형이 $Li^{2+}$ 이온에 적용되지만, 중성인 Li 원자에는 적용할 수 없는 이유는 무엇인가?

(b) $B^{4+}$, $C^{5+}$, $N^{6+}$의 바닥 상태 에너지가 다음 표에 나타나 있다.

| 원자 또는 이온 | $B^{4+}$ | $C^{5+}$ | $N^{6+}$ |
|---|---|---|---|
| 바닥 상태 에너지 | $-5.45\times10^{-17}$ J | $-7.85\times10^{-17}$ J | $-1.07\times10^{-16}$ J |

이 값들을 근거로, 수소 형태의 이온에서 핵전하($Z$)와 바닥 상태 에너지 사이에 상관관계를 제시하시오. (**힌트**: 수소 원자의 바닥 상태 에너지 값인 $-2.18\times10^{-18}$ J을 이용하여 유도하시오.)

(c) (b)에서 제안한 관계를 사용하여 $Be^{3+}$ 이온의 바닥 상태 에너지를 예측하시오.

**6.104** 전자 한 개가 $1.6\times10^{-15}$ J의 운동 에너지를 가지도록 전기장 속에서 가속되었다. 이 전자의 물질파 파장은 얼마인가? (**힌트**: 움직이는 물체의 운동 에너지는 $E=\frac{1}{2}mv^2$이고, 이때 $m$은 물체의 질량이고, $v$는 물체의 속도이다.)

**6.105** 텔레비전 영상물인 Star Trek에서 사용하는 이동 수단인 '빔 다운(beam down)'은 Starship Enterprise 우주선으로부터 행성의 표면과 같은 다른 위치로 공간 이동할 때 사용하는 수단이다. 이 드라마의 제작자는 'Heisenberg 보정기(compensator)'라는 장치를 이동빔의 원리에 사용하였다. 이는 허구적인 개념이지만 Heisenberg의 불확정성 원리를 피하기 위하여 이러한 원리를 사용한 것인데, 어떠한 관점에서 사용된 것인가? 그 이유를 설명하시오.

**6.106** 6.4절에 있는 "자세히 보기: 측정과 불확정성 원리"에서 설명된 대로, 불확정성의 본질은 측정 시 측정하고자 하는 계에 교란 없이는 측정이 불가능하다는 것이다.

**(a)** 교란 없이 아원자 입자들의 위치를 측정할 수 없는 이유는?

**(b)** 위 개념과 6.5절의 "자세히 보기: 사고 실험과 Schrödinger의 고양이"에서 논의된 역설을 어떻게 관련지어 설명할 수 있는가?

**6.107** 6.6절에서 논의된 방사 방향 확률 함수에 대하여 다음 물음에 답하시오.

**(a)** $r$의 함수인 확률 밀도와 방사 방향 확률 함수의 차이점은 무엇인가?

**(b)** $s$ 오비탈에 대한 방사 방향 확률 함수에 있어서 $4\pi r^2$의 의미는 무엇인가?

**(c)** 그림 6.18와 6.21에 근거하여, 수소 원자의 $4s$ 오비탈에 대하여 $r$의 함수로서의 확률 밀도와 방사 방향 확률 함수를 도시하시오.

**6.108** 대칭적이지만 구형이 아닌 오비탈에 대하여 그림 6.22와 6.23에서처럼, 등고도 표현법은 어디에 전자 밀도가 0인 마디 평면이 있는지를 나타낸다. 예를 들어 $p_x$ 오비탈은 $x=0$인 위치에서 항상 마디를 갖는다. 이러한 사실은 $yz$ 평면 위의 모든 점에 해당된다. 그러므로 이 평면은 $p_x$ 오비탈의 마디 평면이라고 한다.

**(a)** $p_z$ 오비탈에서 마디 평면을 결정하시오.

**(b)** $d_{xy}$ 오비탈에서 두 개의 마디 평면은 무엇인가?

**(c)** $d_{x^2-y^2}$ 오비탈에서 두 개의 마디 평면은 무엇인가?

**6.109** 스핀 $x^2$양자수($m_s$)는 두 가지가 아니라 **세 가지** 값을 가질 수 있다고 가정하면, 이러한 가정이 주기율표의 처음부터 네 번째 주기까지의 원자 번호에 어떤 영향을 미치는가?

**6.110** 주기율표를 사용하여 축약형 전자 배치를 쓰고, 바닥 상태에 있는 홑전자의 수를 결정하시오.

**(a)** Cl **(b)** Al **(c)** Zr **(d)** As **(e)** Sb **(f)** W

**6.111** 과학자들은 126번 원소는 합성될 수 있고 특성화될 수 있을 정도로 적절한 안정성을 가지고 있을 것이라고 추측해 왔다. 이 원소를 축약형 전자 배치로 나타내시오.

**6.112** 다음 그림은 중성 원자살이 자기장을 통과하는 실험 모식도이다. 홀전자를 가지는 원자들은 자기장 안에서 전자 스핀 양자수의 값에 의해 각기 다른 방향으로 휘어진다. 그림의 실험에서 수소 원자살이 두 개의 살로 분리되는 것을 상상해 보자.

**(a)** 홑살이 두 개의 살로 분할되는 현상에 있어서 중요한 요인은 무엇인가?

**(b)** 자석의 강도가 증가될 경우, 어떤 일이 일어나는가?

**(c)** 수소 원자살이 헬륨 원자살로 대체될 경우, 어떤 일이 일어나는가? 그 이유는 무엇인가?

**(d)** 1921년에 Otto Stern과 Walter Gerlach은 이와 관련된 실험을 처음으로 연구하였다. 이들은 Ag 원자살을 실험에 사용하였다. 은 원자의 전자 배치를 고려하였을 때, 홑살이 두 개의 살로 분리되는 이유를 설명하시오.

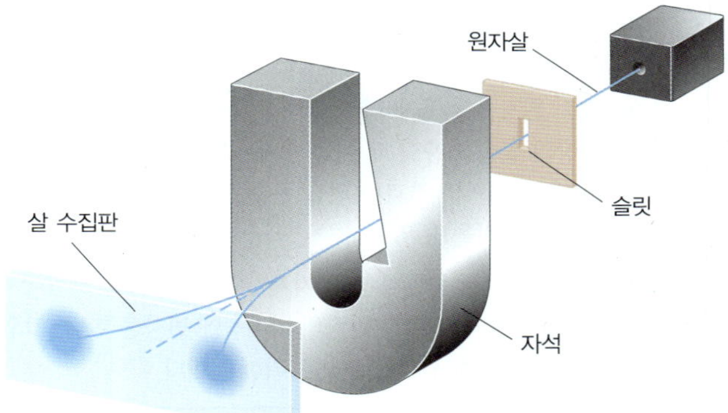


## 통합 연습 문제

**6.113** 전자레인지는 음식을 데우기 위해 마이크로파를 사용한다. 마이크로파의 에너지는 음식 속의 수분에 의해 흡수되고 음식의 다른 성분들로 이동된다.

**(a)** 파장이 10 cm인 마이크로파가 있다고 가정해 보자. 200 mL의 물을 25 °C에서 75 °C로 데우는 데 필요한 광자의 수는 얼마인가?

**(b)** 마이크로파의 전력이 1000 W라고 가정해 보자(1 Watt = 1 joule-second). (a)와 같은 조건으로 물을 데우려면 얼마나 걸리는가?

**6.114** 성층권의 오존($O_3$)층은 유해한 자외선으로부터 우리를 보호한다. 오존은 자외선을 흡수하여 산소 분자와 산소 원자로 광분해된다.

$$O_3(g) \longrightarrow O_2(g) + O(g)$$

부록 C를 사용하여 이 반응의 엔탈피 변화를 계산하시오. 이 자외선이 광분해를 위한 충분한 에너지를 가지고 있다면, 광분해를 위한 광자의 최대 파장은 얼마인가? 스펙트럼의 어느 부분이 이 파장에 해당되는가?

**6.115** 원자 번호 72인 하프늄(hafnium)은 화학에서 많은 논란을 불러일으켰다. 프랑스의 화학자 G. Urbain은 1911년에 희토류(58~71번

원소) 화합물들의 시료로부터 원자 번호 72의 원자를 분리하였다고 주장하였다. 그러나 Niels Bohr는 하프늄이 다른 희토류들보다는 지르코늄(zirconium)과 함께 더 잘 발견될 것이라고 믿었다. Copenhagen의 Bohr의 실험실에서 연구하는 D. Coster와 G. von Hevesy는 1922년에 지르코늄 광물인 노르웨이의 지르콘 시료에 원자 번호 72의 원자가 있다는 것을 실험적으로 증명하였다(**하프늄**의 이름은 Copenhagen의 Latin 이름인 Hafnia에서 왔다).

**(a)** 전자 배치도를 이용하여 Bohr의 예상이 사실임을 제안하시오.

**(b)** 4족에서 하프늄의 이웃인 지르코늄은 용해된 소듐 금속과 함께 고체 $ZrCl_4$의 환원으로써 금속으로 생산할 수 있다. 이 반응의 균형 맞춘 화학 반응식을 쓰시오. 이 반응은 산화–환원 반응인가? 이 반응이 산화–환원 반응이라면, 무엇이 환원되고 무엇이 산화되는가?

**(c)** 고체 이산화 지르코늄($ZrO_2$)은 탄소의 존재하에 염소 기체와 함께 반응한다. 반응의 생성물은 $ZrCl_4$와 1 : 2의 비율로 생성되는 $CO_2$와 CO 기체이다. 이 반응의 균형 맞춘 화학 반응식을 쓰시오. $ZrO_2$가 한계 시약이고, 100%의 수율이라고 가정하고, 55.4 g의 $ZrO_2$ 시료가 사용되었을 때 생성된 $ZrCl_4$의 질량을 계산하시오.

**(d)** 전자 배치를 사용하여 지르코늄과 하프늄이 $MCl_4$와 $MO_2$를 형성함을 설명하시오.

**6.116** **(a)** 원소들의 전자 배치 관점에서 다음 산화물들과 2.7절의 이온 결합 화합물의 형성을 설명하시오. $K_2O$, CaO, $Sc_2O_3$, $TiO_2$, $V_2O_5$, $CrO_3$ **(b)** 이 산화물들의 이름을 쓰시오. **(c)** 다음 목록에는 금속 산화물의 생성 엔탈피(kJ mol$^{-1}$) 값이 있다.

| 산화물 | $K_2O(s)$ | $CaO(s)$ | $TiO_2(s)$ | $V_2O_5(s)$ |
|---|---|---|---|---|
| $\Delta H_f^o$ | −363.2 | −635.1 | −938.7 | −1550.6 |

다음 일반적인 반응에서 각 경우의 엔탈피 변화를 계산하시오.

$$M_nO_m(s) + H_2(g) \longrightarrow nM(s) + mH_2O(g)$$

(각 경우를 위한 균형 맞춘 화학 반응식을 기록하는 것이 필요할 것이다. 그러고 나서 $\Delta H^o$를 계산하시오.) **(d)** 주어진 자료에 기초하여 $Sc_2O_3(s)$의 $\Delta H_f^o$ 값을 구하시오.

**6.117** 20세기 들어서 처음 25년은, 과학자들이 물질의 본질을 이해하는 개념이 변화무쌍했던 중요한 시기였다.

**(a)** 금박의 $\alpha$ 입자들의 산란에 있어서 Rutherford 실험이 어떻게 Bohr의 수소 원자 이론을 설명할 수 있었는가?

**(b)** 전자가 질량을 가진다는 J. J. Thomson의 결과가 전자에 적용되는 de Broglie의 가설과 어떤 방법으로 일치하는가? 캐소드선이 파동이라는 Thomson의 이론 이전의 제안들이 어떤 의미로 이것과 일치하는가?

**6.118** 우라늄의 가장 일반적인 동위 원소는 $^{235}U$와 $^{238}U$이다.

**(a)** 이 두 동위 원소의 양성자수, 전자수, 중성자수를 비교하시오.

**(b)** 이 책의 앞표지 안쪽에 있는 주기율표를 이용하여 우라늄(U) 원자의 전자 배치를 쓰시오.

**(c)** (b)에서 답한 내용과 그림 6.29에 주어진 전자 배치를 비교하시오. 이 두 전자 배치의 차이점을 어떻게 설명할 수 있는가?

**(d)** $^{238}U$는 $^{234}Th$로 방사성 붕괴가 일어난다. 이 과정 동안 $^{238}U$ 원자는 몇 개의 양성자, 전자, 중성자를 얻거나 잃는가?

**(e)** 그림 6.30에 있는 Th의 전자 배치를 설명하시오.

## 실험 설계 문제

이 장에서는 **광전 효과**와, 광자와 같은 빛의 형성이 미치는 영향을 배웠다. 또한 Cr 원자의 [Ar] $4s^1 3d^5$ 전자 배치와 같이, 각각의 원자의 전자 배치가 하나 또는 반 이상 채워진 전자 껍질을 갖는 경우 변칙적인 전자 구성이 유리하다는 것을 보았다. 하나 또는 반 이상 채워진 전자 껍질을 갖는 원소로 이루어진 금속이, 그렇지 않은 원소로 이루어진 금속보다 전자를 방출하는 데 더 많은 에너지를 필요로 한다는 가설을 가정해 보자.

**(a)** 이 가설을 검증하기 위해 광전 효과를 포함한 일련의 실험을 설계하시오.

**(b)** 가설을 검증하기 위해 어떤 실험 장치가 필요한가? 어떤 장비가 필요한지 구체적으로 생각할 필요는 없지만, 그 기기가 어떻게 작동하는지는 상상할 수 있어야 한다. 어떤 종류의 측정이 필요하며, 그것을 수행하기 위해 어떤 장비가 필요한지 생각해 보시오.

**(c)** 수집할 자료의 유형을 기술하고, 가설의 진위 여부를 확인하기 위한 결과를 분석하시오.

**(d)** 실험을 확장하여, 란타넘족 또는 악티늄족 원소들 같은 주기율표의 다른 부분에 대한 가설을 검증할 수 있을까?

# 7 원소의 주기적 성질

## 7.1 주기율표의 발전

화학 원소의 발견은 오래전부터 진행되어 왔다. 금(Au)과 같은 원소들은 원소의 형태로 자연에서 석출된다. 따라서 이미 몇천 년 전에 발견되었다. 이와 대조적으로 테크네튬(Tc)과 같은 몇몇 원소들은 방사성 물질로, 본질적으로 불안정하다. 20세기 들어 기술이 발달하면서 이런 방사성 원소들을 알게 되었다.

대부분의 원소들은 쉽게 화합물을 형성하기 때문에 자연계에서 원소 상태로 발견되지 않는다. 그래서 수 세기 동안 과학자들은 이들 원소의 존재를 알지 못하였다. 19세기 초 화학의 발전으로, 화합물로부터 보다 쉽게 원소들을 분리할 수 있게 되었다. 그 결과, 알려진 원소의 수는 1800년에 31개, 1865년에 63개로 두 배 이상 증가하였다.

이 절이 끝나면 다음 사항을 수행할 수 있어야 한다.

- 주기율표의 역사적 맥락 이해하기

발견된 원소의 수가 증가함에 따라(**그림 7.1**), 과학자들은 원소의 분류 가능성을 연구하기 시작하였다. 1869년, 러시아의 Dmitri Mendeleev(1834~1907)와 독일의 Lothar Meyer(1830~1895)는 거의 동일한 분류표를 발표하였다. 두 과학자는 원소를 원자량이 증가하는 순으로 배열하였을 때, 비슷한 화학적, 물리적 성질들이 주기적으로 반복되는 것을 알았다. 그 당시에 과학자들은 원자 번호를 알지 못하였다. 그러나 원자량은 일반적으로 원자 번호 증가와 함께 증가하므로, Mendeleev와 Meyer는 우연하지만 적당한 순서로 원자들을 배열하게 된 것이다.

비록 Mendeleev와 Meyer는 원소 성질의 주기성에 대해서 본질적으로 같은 결론에 도달하였지만, Mendeleev는 보다 적극적으로 그의 생각을 발전시켜 화학에 새로운 연구를 촉진하는 업적을 남겼다. Mendeleev는 비슷한 특성을 가진 원소들이 같은 족에 표시되어야 한다고 생각하여 주기율표에 몇 개의 빈 공간을 남겨 놓았다. 예를 들면 갈륨(Ga)과 저마늄(Ge)은 그 당시에는 발견되지 않았다. Mendeleev는 Ga와 Ge를 각각 eka-aluminum('under' aluminum)과 eka-silicon('under' silicon)이라고 하고, 이들의 존재와 성질을 과감하게 예측하여 그 원소들을 주기율표에 나타내었다. 나중에 이 원소들을 발견해 보니 그 성질은 **표 7.1**처럼 Mendeleev가 예측한 것과 거의 일치하였다.

Rutherford가 원자핵 모형을 제안한 2년 뒤인 1913년에, 영국의 물리학자 Henry Moseley(1887~1915)가 원자 번호의 개념을 밝혔다. Moseley는 여러 가지 원소들이 고에너지 전자와 충돌하였을 때 방출되는 X선의 진동수를 측정하여, 각 원소가 독특한 진동수를 갖는 X선을 방출한다는 것을 알았다. 그는 각 원소에 **원자 번호**(atomic number)라는 독특한 정수를 할당하여 X선 진동수에 따라 정렬하였다. Moseley는 원자 번호가 원자핵의 양성자수와 같다는 것을 정확히 확인하였다.

원자 번호의 개념은 원자량에 기준을 둔 초기 주기율표의 몇 가지 문제를 분명하게 해결하였다. 예를 들면 Ar(원자 번호 18)의 원자량은 K(원자 번호 19)의 원자량보다 더 크다. 하지만, Ar의 화학적 및 물리적 특성은 Na와 Rb보다 Ne과 Kr에 훨씬 더 비슷하다. 원소들을 원자량이 증가하는 순서보다 오히려 원자 번호가 증가하는 순서로 배열할 때, Ar과 K가 주기율표의 위치에 맞게 나타났다. 또한 Moseley의 연구는 새로운 원소들을 발견할 수 있도록 주기율표의 '빈칸'을 예측하게 하였다.

고대로부터 알려진 금속은 구리, 은, 금뿐이었으며, 대부분의 다른 금속은 한참 후까지 분리되지 않았다. 그 이유를 설명할 수 있는가?

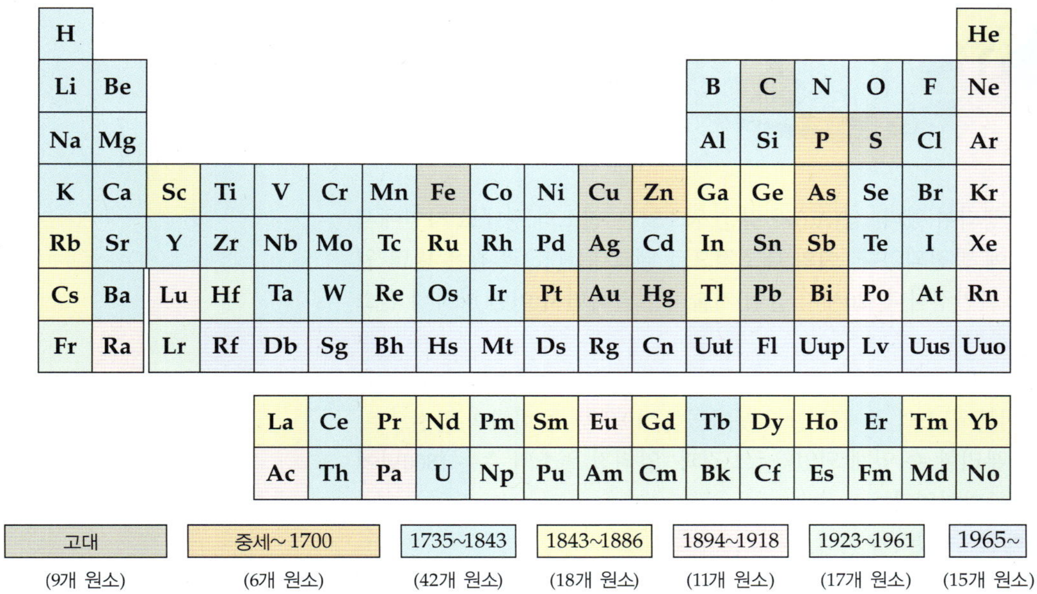


▲**그림 7.1** 원소의 발견

**표 7.1 저마늄의 성질과 Mendeleev가 예측한 Eka-Silicon의 성질 비교**

| 성질 | Eka-silicon에 대한 Mendeleev의 예측(1871년) | 관찰된 저마늄의 성질 (1886년에 발견) |
|---|---|---|
| 원자량 | 72 | 72.59 |
| 밀도(g/cm$^3$) | 5.5 | 5.35 |
| 비열(J/g-K) | 0.305 | 0.309 |
| 녹는점(°C) | 높음 | 947 |
| 색 | 짙은 회색 | 회백색 |
| 산화물의 화학식 | $XO_2$ | $GeO_2$ |
| 산화물의 밀도(g/cm$^3$) | 4.7 | 4.70 |
| 염화물의 화학식 | $XCl_4$ | $GeCl_4$ |
| 염화물의 끓는점(°C) | 100 °C 이하 | 84 |

## 자기 평가 연습 문제

**7.1** 20세기 초, 냉장 기술의 발전으로 William Ramsay는 어떤 원소를 발견할 수 있었는가?
(a) 구리, 은, 금
(b) 소듐, 포타슘, 루비듐
(c) 네온, 아르곤, 크립톤

## 연습 문제

**7.2** 접두사 eka-는 '하나'를 의미하는 산스크리트어에서 유래되었다. Mendeleev는 이 접두사를 발견된 원소에서 한 칸 떨어져 있는 발견되지 않는 원소를 나타내는 데 사용하였다. 예를 들면, 우리가 지금 저마늄(germanium)이라고 부르는 eka-Silicon은 주기율표에서 규소 하나 아래에 위치하고 있다. Mendeleev는 eka-manganese의 존재도 예측하였지만, 이 원소는 방사성 물질로 자연에서 발생하지 않기 때문에 1937년까지는 실험적으로 확인되지 않았다. 그림 7.1의 주기율표로부터, Mendeleev가 eka-manganese라고 불렀던 원소를 우리가 지금 무엇으로 부르고 있는지 답하시오.

**7.3** (a) 지구의 지각에서 가장 풍부한 5가지 원소는 산소, 규소, 알루미늄, 칼슘이다. 그림 7.1을 참조하여, 이들 중에 1700년 이전에 알려진 원소가 있는가? 있다면 무엇인가?
(b) 고대부터 알려진 9가지 원소 중 7가지 원소는 금속이다. 표 4.5를 참고하여, 금속의 활동도 서열의 아래 또는 위 중 어디에 이 금속들은 위치하고 있는가?

자기 평가 연습 문제 답 **7.1** (c)

## 7.2 유효 핵전하

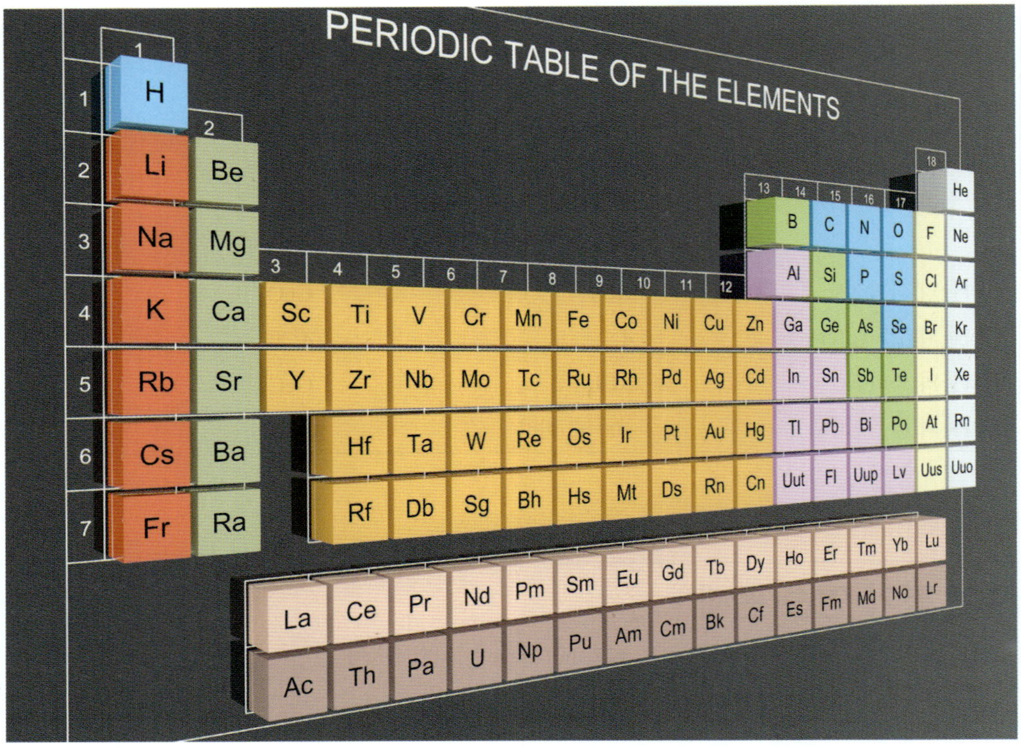


주기율표는 원소의 물리적 화학적 성질을, 이해하고 예측할 수 있는 강력한 도구이다. 일반적으로, 주기율표의 같은 족의 원소들은 성질이 비슷하다. 소듐, 포타슘, 루비듐은 물과 만나면 격렬하게 반응하는 무른 금속이다. 네온, 아르곤, 크립톤은 무색의 반응성이 없는 기체이다. 구리, 은, 금은 공기, 물과 아주 서서히 반응하는 전도성이 높은 금속이다. 주기에 걸쳐 관찰되는 경향성을 이해하는 것이 가능하며, 이 모든 현상은 핵전하와 주변 전자 사이의 인력에 기반한다.

이 절이 끝나면 다음 사항을 수행할 수 있어야 한다.

- 유효 핵전하에 기여하는 요소 이해하기

전자 배치뿐 아니라 최외각 전자들이 핵에 얼마만큼 강하게 결합되어 있는가에 따라 원자의 성질은 변화한다. 두 전하 간 상호 작용의 세기가 전하의 부호와 크기, 그들 사이의 거리에 의존한다는 것을 Coulomb 법칙은 설명해 준다. 따라서 전자와 핵 사이의 인력은 전자에 미치는 알짜 핵전하와, 핵과 전자 사이의 평균 거리에 의존한다. 인력은 핵전하가 증가함에 따라 증가하고, 전자가 핵으로부터 멀리 떨어져 움직일수록 감소한다.

수소 원자에서 핵과 전자 사이의 인력을 이해하는 것은, 전자와 양성자가 각각 한 개이기 때문에 단순하다. 그러나 다전자 원자에서 상황은 복잡해진다. 전자가 핵에 인력을 느낄 뿐만 아니라, 전자 간의 반발력도 느낀다. 전자 간의 반발력은 핵과 전자의 인력의 일부를 상쇄시켜 전자들이 없을 때보다 인력을 작게 느끼게 한다. 즉, 다전자 원자에서 각 전자는 다른 전자에 의해서 핵의 전하를 **가리게** 된다. 그 결과, 다전자 원자의 전자들은 다른 전자가 없을 때보다 작은 알짜 인력을 느끼게 된다.

관심 전자의 핵 인력과 전자의 반발력의 조합을 어떻게 설명할 수 있을까? 가장 간단한 방법은 전자 간의 반발력에 의해서 핵의 인력이 감소할 때 전자가 느끼는 알짜 인력을 상상해 보는 것이다. 부분적으로 가려진 핵전하를 **유효 핵전하**(effective nuclear charge, $Z_{\text{eff}}$)라고 한다. 핵의 완전한 인력이 전자 간의 반발에 의해 줄어들었기 때문에, 유효 핵전하는 **실제** 핵전하보다 항상 작다 ($Z_{eff} < Z$). 핵전하를 가리는 정도는 **가림 상수**(screening constant, $S$, $S$는 양수)를 사용하여, 정량적으로 정의할 수 있다.

$$Z_{eff} = Z - S \qquad [7.1]$$

원자가 전자의 경우, 가장 큰 가림은 핵에 가까운 핵심부 전자에 기인하며, **$S$ 값은 원자의 핵심부 전자의 수와 비슷하다**(동일한 원자가 껍질에 있는 전자들끼리는 서로 거의 가리지 않으며, $S$ 값에 약간의 영향을 준다. "자세히 보기: 유효 핵전하" 참조).

유효 핵전하 개념을 이해하기 위하여, 이것을 간유리로 만들어진 전구에 비유해 볼 수 있다(그림 7.2). 전구를 원자핵이라고 가정하고, 관찰자를 원자가 전자에 비유할 때, 관찰되는 빛의 양은 이 전자가 느끼는 알짜 핵전하에 비유할 수 있다. 특히 핵심부 전자는 전구의 간유리처럼 관찰자에게 도달하는 빛의 양을 줄인다. 간유리가 같을 때, 전구가 더 밝아지면($Z$가 커지면) 더 많은 빛이 관찰될 것이다. 마찬가지로, 간유리가 두꺼워지면($S$가 커지면) 더 적은 양의 빛이 관찰될 것이다.

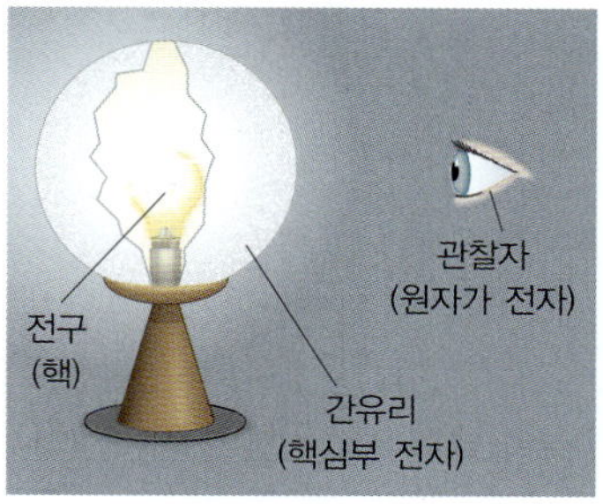


▲ **그림 7.2 유효 핵전하의 비유** 원자핵을 전구, 핵심부 전자를 간유리 전등갓, 원자가 전자를 관찰자라고 가정해 보자. 관찰자가 보는 빛의 양은 전구의 빛의 세기와 간유리 전등갓에 의해 빛이 차단되는 정도에 달려 있다.

이러한 비유는 유효핵 전하의 경향을 논의하는 데 도움이 될 것이다. 소듐 원자의 $Z_{eff}$가 얼마나 되는지 생각해 보자. 소듐은 [Ne]$3s^1$의 전자 배치를 가진다. 핵전하는 $Z$=11+이고, $3s$ 전자가 핵전하를 느낄 때 10개의 핵심부 전자($1s^22s^22p^6$)는 간유리처럼 작용하여 핵전하를 가린다. 간단한 접근 방법으로, $S$는 10이고 $3s$ 전자가 느끼는 유효 핵전하는 $Z_{eff}$=11−10=1+이다(그림 7.3). 그런데 $3s$ 전자는 핵과 내부 핵심부 전자들에 가까운 곳에서 발견될 확률이 약간 있기 때문에, 이러한 상황은 더욱 복잡하다. 따라서 $3s$ 전자는 단순 모형($S$=10)으로 제시된 것보다 더 큰 인력을 느끼게 된다. 소듐의 $3s$ 전자의 실제 $Z_{eff}$ 값은 2.5+이다. 다시 말하면, $3s$ 전자가 핵에 가까이 있을 확률이 작아진다. 따라서 식 7.1의 $S$ 값은 10에서 8.5로 바뀐다.

또한 유효 핵전하의 개념은 6.7절에서 논의하였던 중요한 효과를 설명한다. 다전자 원자의 경우, $n$ 값이 같은 오비탈의 에너지는 $l$ 값이 증가함에 따라 증가한다. 예를 들면 $1s^22s^22p^2$의 전자 배치를 갖는 탄소 원자는 두 오비탈 $2s$와 $2p$가 같은 $n$=2 껍질에 있다고 해도, $2p$ 오비탈($l$=1)의 에너지가 $2s$ 오비탈($l$=0) 보다 크다(그림 6.24). 이와 같은 에너지의 차이는 오비탈의 방사 방향 파동함수에 기인한다(그림 7.4). 첫 번째로, $1s$ 전자가 원자핵에 더 가깝게 있어 $2s$와 $2p$ 전자에 대해서 램프의 갓과 같은 효과를 보여준다. 두 번째로, $2s$ 확률 함수가 핵에 상당히 가까운 곳에서 작은 봉우리를 가진다. 반면에, $2p$ 확률 함수는 핵에 가까운 곳에서 봉우리를 가지지 않는다. 이러한 결과로 인하여 $2s$ 전자는 내부 오비탈에 의해 $2p$ 전자만큼 가려지지 않는다. $2s$ 전자와 핵 사이

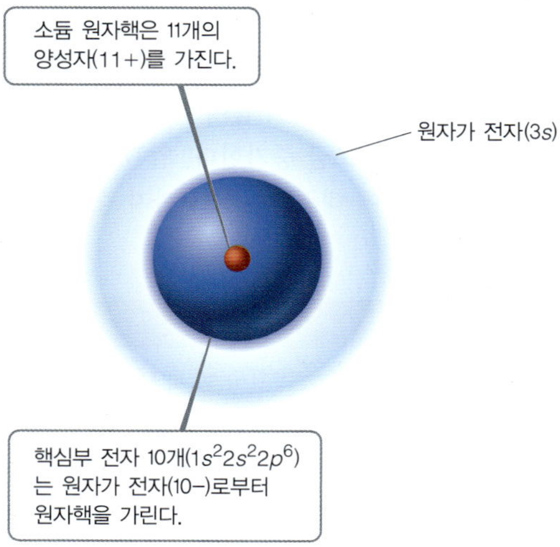


◀ **그림 7.3 유효 핵전하** 소듐의 $3s$ 전자가 느끼는 유효 핵전하는 핵의 11+ 전하와 내부의 10− 전하에 의존한다.

2s 오비탈에 있는 전자와 2p 오비탈에 있는 전자 중 핵의 50 pm 이내에서 발견될 확률이 높은 것은 어느 것일까? 다전자 원자에서 에너지가 낮은 것은 2s 오비탈과 2p 오비탈 중 어느 것일까?

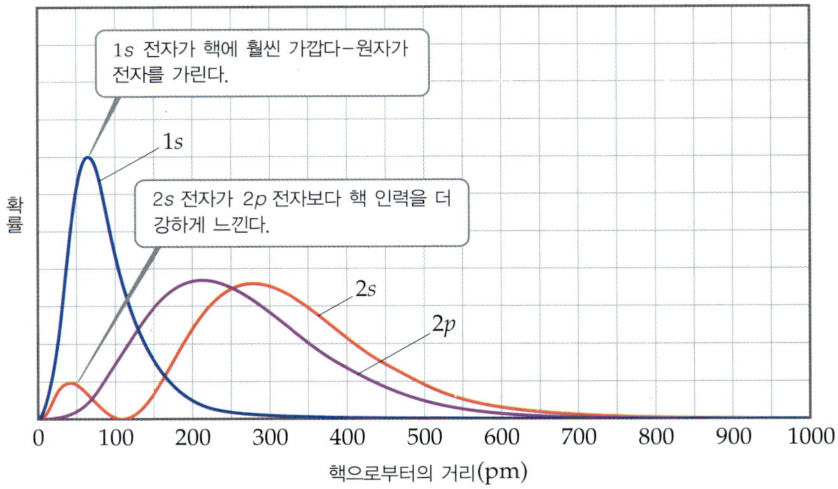


▲그림 7.4 1s, 2s, 2p의 방사 방향 확률 함수의 비교

에 인력이 클수록 2p 오비탈보다 2s 오비탈의 에너지가 더 낮아지게 된다. 마찬가지 이유로, 다전자 원자에서 오비탈 에너지($ns < np < nd$)의 일반적인 순서를 설명할 수 있다.

마지막으로, 원자가 전자의 $Z_{eff}$의 경향성을 조사해 보자.

**주기율표의 같은 주기에서 왼쪽에서 오른쪽으로 갈수록 유효 핵전하는 증가한다.**

같은 주기 원소들의 핵심부 전자의 수는 동일하지만, 양성자의 수는 증가한다. 앞의 비유에서 보자면, 가림은 동일하게 유지되면서 전구의 밝기는 증가하는 것이다. 균형을 맞추기 위하여 첨가되는 원자가 전자는 서로를 증가하는 유효 핵전하로부터 효과적으로 가리지 못한다. 따라서 $Z_{eff}$는 꾸준하게 증가한다. 예를 들면 리튬($1s^22s^1$)의 핵심부 두 개 전자는 3+의 핵으로부터 2s의 원자가 전자를 매우 효과적으로 가린다. 결과적으로 원자가 전자는 대략 3−2=1+의 유효 핵전하를 느끼게 된다. 베릴륨($1s^22s^2$)의 경우, 각 원자가 전자에 대하여 느끼는 유효 핵전하는 더 크다. 이 경우 1s의 핵심부 전자 두개는 4+ 핵을 가리고, 각각의 2s 전자는 다른 전자에 대해서 부분적으로만 핵을 가리기 때문이다. 결과적으로, 각각의 2s 전자는 약 4−2=2+의 유효 핵전하를 느낀다.

**족의 아래로 내려갈수록, 원자가 전자가 느끼는 유효 핵전하의 변화는 같은 주기에 대한 것보다 훨씬 더 작다.** 예를 들면 리튬과 소듐의 원자가 전자가 느끼는 유효 핵전하는 대략 리튬에 대해서는 3−2=1+, 소듐에 대해서는 11−10=1+로, 거의 동일하다고 예측할지도 모른다. 그러나 실제로 **같은 족을 따라 아래로 갈수록 핵심부 전자 구름이 확산되어 핵전하로부터 원자가 전자를 가리는 효과가 작다. 따라서 유효 핵전하는 조금 증가한다.** 알칼리 금속에 대한 $Z_{eff}$는 리튬의 1.3+에서 소듐의 2.5+까지 증가하고, 포타슘에 대해서는 3.5+까지 증가한다.

## 자세히 보기 유효 핵전하

핵전하와 전자의 수가 증가하면 유효 핵전하가 어떻게 변하는가를 이해하기 위해 **그림 7.5**를 생각해 보자. 그래프에 있는 $Z_{eff}$ 값이 어떻게 계산되었는가에 대한 자세한 내용은 논의 범위에서 벗어나지만, 그 경향을 이해하는 것은 유익하다.

내부 전자가 가리고 있기 때문에, 최외각 전자가 느끼는 유효 핵전하는 내부 전자가 느끼는 것보다 작다. 또한 최외각 전자는 가림 상수 $S$에 작은 영향을 주기 때문에, 급격하게 원자 번호가 증가한다고 해도, 최외각 전자가 느끼는 유효 핵전하는 급격하게 증가하지 않는

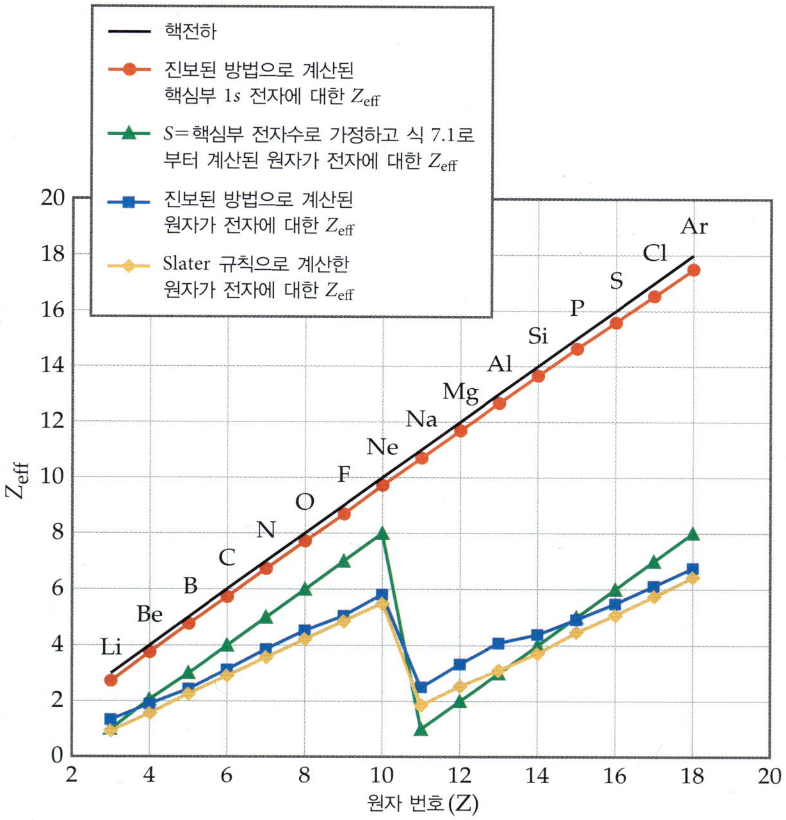


▲ **그림 7.5 2주기와 3주기 원소의 유효 핵전하의 변화** 주기율표에서 한 원소에서 다음 원소로 넘어갈 때 가장 안쪽(1s)의 전자(붉은색 원)들이 느끼는 $Z_{eff}$의 증가는 핵전하 Z(검은색 선)의 증가를 밀접하게 따라간다. 이것은 전자들이 차단되지 않기 때문이다. 최외각 전자의 $Z_{eff}$를 계산하기 위한 여러 가지 방법의 결론을 다른 색으로 나타내었다.

다. 최외각 전자의 $Z_{eff}$ 값과 연관하여 주목할 만한 것은, 2주기의 마지막 원소(Ne)와 3주기 첫 번째 원소(Na) 사이의 급격한 감소이다. 이는 핵심부 전자가 최외각 전자보다 더 효과적으로 핵전하를 가린다는 사실을 반영한다.

$Z_{eff}$ 값은 물리적으로 예측 가능한 양을 이해하는 데 사용될 수 있기 때문에, 이 값을 계산하는 간단한 방법을 이해할 필요가 있다. 식 7.1에 Z 값이 명확하게 나와 있기 때문에, S 값을 추정하는 것이 핵심이다. 본문에서, 각각의 핵심부 전자는 1.00만큼 S에 기여하고, 외각 전자는 기여하지 않는다고 가정하여 S를 추정하였다. John Slater(1900~1976)가 개발한 더 정확한 방법이 있는데, 그의 방법은 d나 f 부껍질에 전자가 없는 원소로 제한했을 때 사용할 수 있다.

주양자수 n의 값이 관심 전자의 n 값보다 큰 전자들은 S 값에 아무런 기여를 못한다. 관심 전자와 같은 n 값을 가지는 전자들은 S 값에 0.35를 기여한다. 관심 전자의 n 값보다 1이 작은 전자들은 0.85를 기여하고, 그것보다 낮은 n 값은 1을 기여한다. 예를 들어 플루오린을 생각해 보자. 이것의 바닥 상태 전자 배치는 $1s^2 2s^2 2p^5$이다. 플루오린의 원자가 전자에서, Slater 규칙은 $S = (0.35 \times 6) + (0.85 \times 2) = 3.8$이라는 것을 말해준다(Slater의 규칙에서 고려하는 전자 자신의 가림 기여를 무시한다. 따라서 오직 6개의 n=2 전자를 고려한다). 따라서 $Z_{eff} = Z - S = 9 - 3.8 = 5.2+$이다. 단순한 계산인 $9 - 2 = 7+$보다 약간 작다.

$Z_{eff}$ 값을 Slater 규칙으로 추정한 것과 마찬가지로, 본문의 간단한 방법을 사용하여 그림 7.5에서 보는 바와 같은 그래프를 그려보았다. 이 방법들은, 좀 더 수준 높은 계산으로 얻어진 $Z_{eff}$ 값을 완벽히 대체할 수는 없지만, $Z_{eff}$의 주기적 변화 정도는 보여준다. Slater의 방법이 더 정확하지만, 본문에 있는 방법은 비교적 단순함에도 $Z_{eff}$를 잘 보여준다. 따라서 우리가 목적하는 바, 식 7.1에 있는 가림 상수 S는 핵심부 전자의 수와 비슷하다고 가정할 수 있다.

**관련 연습 문제: 7.6, 7.16, 7.54, 7.62, 7.89, 7.90, 7.119**

## 자기 평가 연습 문제

**7.4** 다음 보기 중 어느 쪽의 유효 핵전하가 더 클 것으로 예상하는가?

(a) 아르곤 원자의 3p 전자

(b) 칼슘 원자의 4s 전자

## 연습 문제

**7.5** 만약 식 7.1 사용하여 $Z_{eff}$를 계산하였을 때, 질소, 산소, 인, 황 중에 어떤 원소(들)의 유효 핵전하가 가장 작은가? 그리고 어떤 원소의 유효 핵전하가 가장 높은가?

**7.6** 소듐(Na)과 포타슘(K) 원자의 최외각 전자에 대한 $Z_{eff}$의 자세한 계산값은 2.51+과 3.49+이다.

(a) 핵심부 전자와 원자가 전자가 각각 1.00, 0.00만큼 가림 상수에

기여한다고 가정했을 때, 소듐과 포타슘의 최외각 전자가 느끼는 $Z_{eff}$ 값은 얼마인가?

**(b)** Slater 규칙을 사용하여 계산한 $Z_{eff}$ 값은 얼마인가?

**(c)** 어떠한 계산 방법이 더 정확한 $Z_{eff}$ 값을 나타내는가?

**(d)** 위 두 가지 근사법 중 어떤 방법이 족의 아래로 이동할 때 발생하는 $Z_{eff}$의 점진적인 증가를 설명하는가?

**(e)** 소듐과 포타슘의 $Z_{eff}$ 계산에 기반하여 루비듐 원자에서 최외각 전자의 $Z_{eff}$를 예측하시오.

**7.7** 플루오린(F)의 $n=2$인 껍질과 붕소(B)의 $n=2$인 껍질에 있는 전자 중 어느 것이 더 큰 유효 핵전하를 느끼겠는가? 어느 전자가 핵에 더 가까운가?

자기 평가 연습 문제 답 **7.4** (a)

## 7.3 | 원자와 이온의 크기

수소는 차량에 동력을 공급하는 청정원료로서의 가능성을 보여준다. 그러나 현재 수소를 상용화하는 데 큰 걸림돌은 효율적인 저장 수단을 찾기 어렵다는 점이다. 수소의 끓는점(−253 °C)은 매우 낮으므로 값비싼 극저온 저장을 요구하며, 수소를 탱크에 압축해서 사용하기 위해서는 모든 차량에 허용할 수 없는 무게가 추가된다. 수소 분자의 매우 작은 크기는 수소 저장의 핵심 요소가 될 수 있다. MOF(금속 유기 골격체, metal organic framework)라고 하는 새로운 물질은 수소 분자를 충분히 수용할 크기의 기공을 갖는 다공성 구조가 되도록 화학자들에 의해 설계되었다. 스펀지 속의 물처럼 MOF 구조로의 수소 흡착은 가역적이며, 기체 압축 탱크보다 더 큰 저장 용량을 달성할 수 있다.

이 절이 끝나면 다음 사항을 수행할 수 있어야 한다.

- 주기율표를 사용하여 원자 반지름의 추세를 예측하기
- 전자를 잃어 양이온을 형성하거나 전자를 얻어 음이온을 형성할 때, 원자의 반지름이 어떻게 변하는지 설명하기

흔히 원자를 단단한 공 모양이라고 생각한다. 그러나 양자 역학적 모형에 의하면, 전자의 분포가 0이 되는 원자의 경계를 명확하게 정하기 어렵다. 그럼에도 불구하고, 다양한 상황에서의 원자 간 거리를 기반으로 하는 몇 가지 방법으로 원자의 크기를 정의할 수 있다.

기체 상태에 있는 아르곤 원자를 생각해 보자. 원자들의 운동 과정에서 서로 충돌할 때 원자는 당구공처럼 되튄다. 충돌 원자의 전자 구름이 서로 크게 침투할 수 없기 때문에 되튀김이 일어난다. 그러한 충돌이 일어날 때 핵 사이의 가장 가까운 거리는 원자 반지름의 두 배이다. 이 반지름을 **비결합 원자 반지름**(nonbonding atomic radius) 또는 **van der Waals 반지름**(van der Waals radius)이라고 한다(그림 7.6).

분자에서 원자 간의 화학적 결합을 이룰 때, 분자 내의 인접한 두 원자 사이에 상호 인력이 존재한다. 8, 9장에서 이러한 결합을 설명한다. 지금은 이러한 상호 인력이 두 원자를 비결합 충돌할 때보다 더 가깝게 만든다는 것을 인식할 필요가 있다. 따라서 원자들이 서로 화학 결합을 할 때의 원자핵 간 거리를 근거로 원자 반지름을 정의할 수 있다. 이를 그림 7.6에서 거리 $d$로 나타냈다. 한 분자에서 원자의 **결합 원자 반지름(bonding atomic radius)**은 결합 거리 $d$의 1/2과 같다. 그림 7.6은 결합 원자 반지름(또는 **공유 반지름**(covalent radius))이 비결합 원자 반지름보다 더 짧음을 나타내고 있다. 별도의 언급이 없으면, 원자의 '크기'는 결합 원자 반지름을 의미한다.

원자의 비결합 원자 반지름을 측정하기는 매우 어렵지만, 과학자들은 분자에서 분리되어 있는 핵간 거리를 측정하는 여러 가지 방법을 연구하였다. 여러 가지 분자의 원자간 거리를 측정함으로써 각 원소의 결합 원자 반지름을 결정할 수 있다. 예를 들어 $I_2$ 분자에서 아이오딘의 핵간 거리는 266 pm로 측정되었는데, 이것은 아이오딘 원자의 결합 원자 반지름이 (266 pm)/2 = 133 pm임을 의미한다. 마찬가지로, 탄소 원자의 삼차원 고체 그물 구조인 다이아몬드에서 이웃 탄소의 핵간 거리는 154 pm이며, 따라서 다이아몬드에서 탄소의 결합 원자 반지름은 77 pm이다. 같은 식으로 3만 개 이상의 물질 정보로부터 다른 원소의 반지름도 알아낼 수 있다(그림 7.7). 가벼운 비활성 기체의 경우는 이 원소들의 화합물이 알려져 있지 않으므로 결합 원자 반지름을 추정할 수밖에 없다.

그림 7.7의 원자 반지름을 이용하면 분자 내 결합 길이를 추정할 수 있다. 예를 들어 C와 Cl의 결합 원자 반지름은 각각 76 pm, 102 pm이다. $CCl_4$ 화합물에서, 측정된 C−Cl 결합 길이는 177 pm로, 원자 C와 Cl의 결합 원자 반지름의 합(76 + 102 pm)과 매우 근사하다.

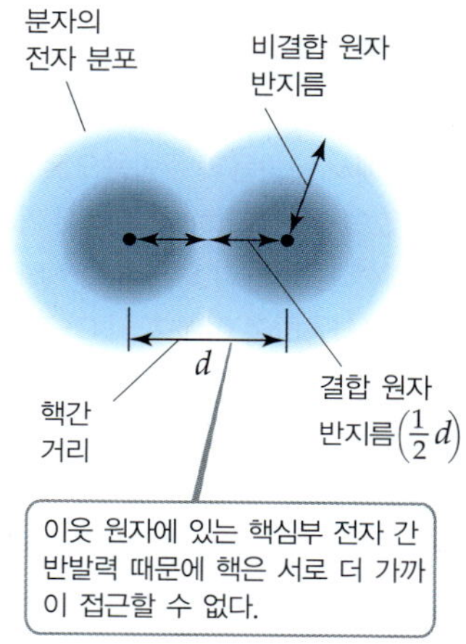


▲ 그림 7.6 분자 내 비결합 원자 반지름과 결합 원자 반지름 사이의 구별

가장 큰 원자들은 주기율표에서 어느 부분(위/아래, 왼쪽/오른쪽)에 있는가?

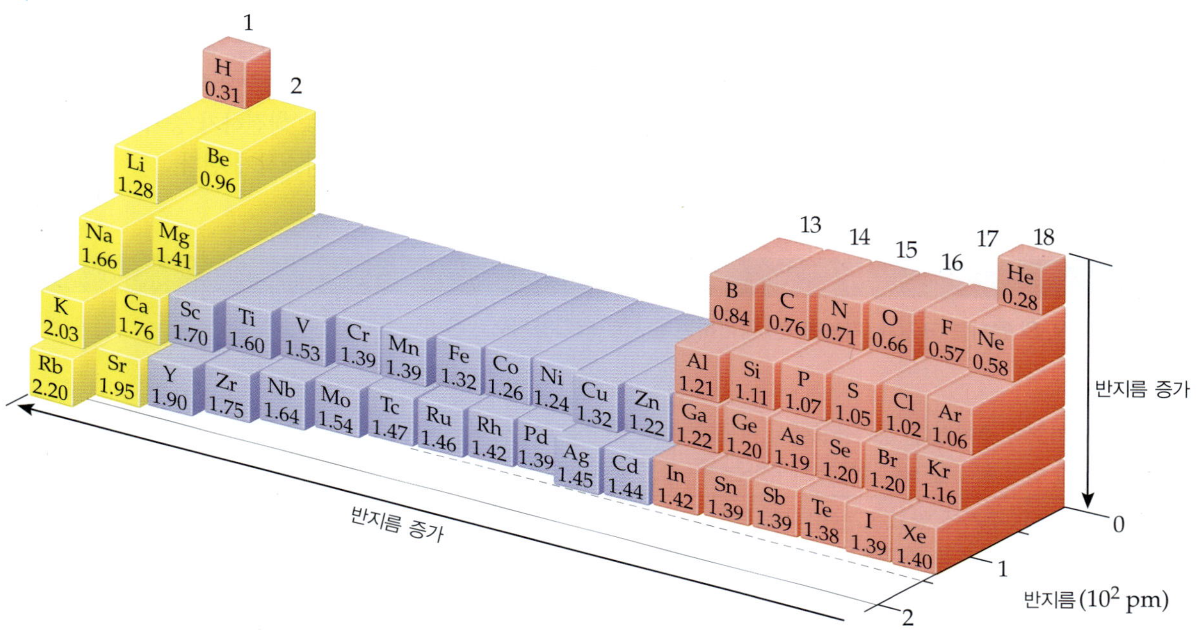


▲ 그림 7.7 1~5주기의 경우, 결합 원자 반지름의 경향

## 예제 7.1
### 분자에서의 결합 길이

가정에서 난방용과 주방용으로 사용하는 천연가스는 냄새가 없다. 천연가스의 누출은 폭발과 질식사로 이어질 수 있으므로 위험하다. 따라서 가스 누출을 감지하기 위해 다양한 냄새나는 물질을 천연가스에 첨가하고 있다. 그러한 물질 중의 하나가 $CH_3SH$(메틸 머캅탄, methyl mercaptan)이고, 그 구조를 오른쪽에 나타냈다. 그림 7.7을 사용하여 이 분자의 C—S, C—H, S—H 결합 길이를 예측하시오.

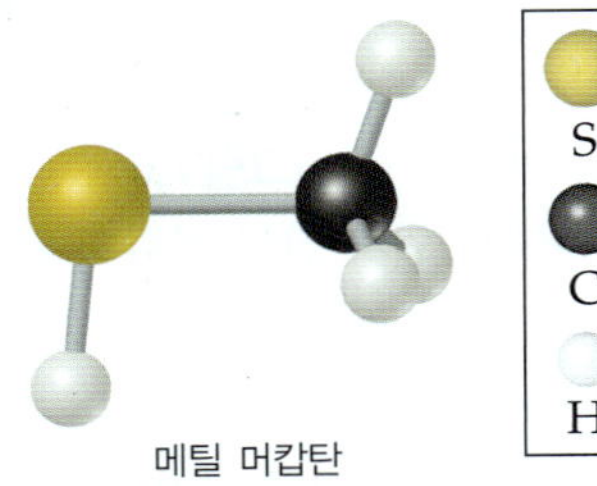

메틸 머캅탄
(methyl mercaptan)

### 해답

**분석과 계획** 세 개의 결합이 주어져 있고, 그림 7.7의 결합 원자 반지름을 이용할 수 있다. 각 결합의 길이는 두 원자의 결합 원자 반지름의 합이라고 가정한다.

**풀이** C—S 결합 길이=C의 결합 원자 반지름 +S의 결합 원자 반지름 =76 pm+105 pm=181 pm

C—H 결합 길이=76 pm+31 pm=107 pm

S—H 결합 길이=105 pm+31 pm=136 pm

**검토** 실험적으로 측정된 결합 길이는 C—S=182 pm, C—H=110 pm, S—H=133 pm이다(일반적으로 수소 원자가 포함된 결합 길이는, 더 큰 다른 원자들을 포함한 결합 원자 반지름으로부터 예측한 값과 큰 차이를 나타낸다).

**주의** 결합 원자 반지름을 사용하여 계산한 결합 길이는 실험적인 결합 길이와 비슷하긴 하지만 정확히 일치하지는 않는다. 결합 길이를 계산할 때 결합 원자 반지름을 주의하여 사용해야 한다.

**▶ 보충 예제**
그림 7.7을 이용하여, $PBr_3$의 P—Br 결합 길이와 $AsCl_3$ 결합 길이 중 어느 것이 더 클지를 예측하시오.

## 원자 반지름의 주기적 경향

그림 7.7은 두 가지 흥미로운 경향을 보여준다.

1. **같은 족에서 결합 원자 반지름은 위에서 아래로 내려갈수록 증가하는 경향이 있다.** 이러한 경향은 우선적으로, 최외각 전자의 주양자수($n$)의 증가에 기인한다. 족을 따라 아래로 내려갈수록 최외각 전자들이 핵으로부터 더 멀리 존재할 확률이 커진다. 따라서 원자의 크기가 증가하게 된다.
2. **같은 주기에서 원자 반지름은 왼쪽에서 오른쪽으로 갈수록 감소하는 경향이 있다**(Cl과 Ar 또는 As와 Se와 같은 예외가 있지만). 이러한 경향성에 영향을 주는 주요 인자는 주기의 왼쪽에서 오른쪽으로 감에 따른 유효 핵전하($Z_{eff}$)의 증가이다. 유효 핵전하가 증가하면 원자가 전자를 핵에 더 가깝게 끌어당긴다. 이 때문에 원자 반지름이 감소하게 된다.

## 예제 7.2
### 자발성 결정하기

주기율표를 참조하여, B, C, Al, Si 원자를 크기가 (가능한 한) 증가하는 순서로 배열하시오.

### 해답

**분석과 계획** 네 원소의 화학 기호가 주어졌다. 주기율표에서 이들의 상대적 위치를 이용하여, 원자 반지름의 상대적 크기를 예측하는 문제이다. 본문에서 설명된 두 가지 주기적 경향을 살펴보면 이 문제를 해결할 수 있다.

**풀이** B와 C는 주기율표에서 같은 주기에 있고, C는 B의 오른쪽에 있다. 따라서 원자 반지름은 주기율표 왼쪽에서 오른쪽으로 갈수록 감소한다. 즉, C의 반지름이 B의 반지름보다 작을 것이라고 예측할 수 있다.

C 반지름 < B 반지름

| | |
|---|---|
| Al과 Si는 주기율표에서 같은 주기에 있고, Si는 Al의 오른쪽에 있다. | Si 반지름 < Al 반지름 |
| Al과 B는 같은 족에 속하는데 위에서 아래로 가면서 반지름이 증가하며, C와 Si도 마찬가지다. | B 반지름 < Al 반지름<br>C 반지름 < Si 반지름 |
| 이러한 비교를 조합하면, C가 반지름이 가장 작고, Al이 가장 크다는 결론에 도달한다. 그러나 이러한 두 가지 주기적 경향성만으로는 B와 Si 중 어느 것이 더 큰 원자 반지름을 갖고 있는지 알아낼 수 없다. | C 반지름 < B 반지름 ~Si 반지름 < Al 반지름 |

**검토** 그림 7.7로부터 각 원자 반지름 값을 얻을 수 있다. 이로부터 Si의 반지름이 B의 반지름보다 큰 것을 알 수 있다.

$$\text{C (76 pm)} < \text{B (84 pm)} < \text{Si (111 pm)} < \text{Al (121 pm)}$$

그림 7.7을 자세히 살펴보면, *s* 및 *p* 구역 원소들은 족의 아래로 내려갈수록 원자 반지름의 증가가 더 커지는 경향을 갖는 것을 발견할 것이다. 그러나 이런 경향에도 예외는 있다.

**주의** 이러한 경향은 *s* 및 *p* 구역 원소들임을 주목하라. 그림 7.7에서 전이 금속 원소는 주기에서 왼쪽에서 오른쪽으로 감에 따라 규칙적으로 감소하지 않는다.

**▶ 보충 예제**

예제 원자 Be, C, K, Ca를 원자 반지름이 증가하는 순서로 나열하시오.

## 이온 반지름의 주기적 경향

분자에서 원자간 거리로부터 결합 원자 반지름을 알아낼 수 있는 것과 같이, 이온 반지름은 이온 결합 화합물의 원자간 거리로부터 알아낼 수 있다. 원자의 크기에서와 같이, 이온의 크기는 이온의 핵전하, 전자수, 원자가 전자가 들어 있는 오비탈에 의존한다. 중성 원자로부터 양이온이 형성될 때, 전자들은 핵으로부터 공간적으로 퍼져 있는 채워진 원자 오비탈로부터 제거된다. 또한 양이온이 생성되면 전자–전자 반발이 감소한다. 따라서 **양이온은 원래 원자보다 작다**(그림 7.8). 음이온의 경우는 이와 반대이다. 음이온을 형성하기 위해서 중성 원자에 전자가 첨가될 때, 전자–전자 반발의 증가는 전자들이 더 넓은 공간을 차지하게 한다. 그 결과, **음이온은 원래 원자보다 크다.**

**동일한 전하를 갖는 이온의 경우, 주기율표의 족에서 아래로 내려갈수록 이온 반지름이 증가한다**(그림 7.8). 다시 말해, 이온의 최외각 오비탈의 주양자수가 증가함에 따라 이온 반지름도 증가한다.

**등전자 계열**(isoelectronic series)이란 동일한 전자수를 갖는 모든 이온 집단을 말한다. 예를 들어 등전자 계열인 $O^{2-}$, $F^-$, $Na^+$, $Mg^{2+}$, $Al^{3+}$에서 각 이온은 10개의 전자를 갖는다. 어떤 등전자 계열의 경우, 각 이온을 원자 번호가 증가하는 순서로 나열할 수 있으며, 그에 따라 핵전하도 증가한다. 전자수가 일정하므로, 이온 반지름은 핵전하가 증가할수록 감소하고, 전자들은 더 강하게 핵에 끌린다.

핵전하 증가 ⟶

| 양성자 8개<br>전자 10개 | 양성자 9개<br>전자 10개 | 양성자 11개<br>전자 10개 | 양성자 12개<br>전자 10개 | 양성자 13개<br>전자 10개 |
|---|---|---|---|---|
| $O^{2-}$ | $F^-$ | $Na^+$ | $Mg^{2+}$ | $Al^{3+}$ |
| 126 pm | 119 pm | 116 pm | 86 pm | 68 pm |

이온 반지름 감소 ⟶

## 예제 7.3

### 원자와 이온 반지름의 상대적인 크기 비교하기

$Mg^{2+}$, $Ca^{2+}$, Ca를 반지름의 크기가 감소하는 순으로 배열하시오.

**해답**

양이온은 중성 원자보다 작으므로 $Ca^{2+} < Ca$이다. Ca 원자는 주기율표에서 2족의 Mg 아래에 있으므로 $Ca^{2+}$ 이온은 $Mg^{2+}$이온보다 더 크다. 따라서 $Ca > Ca^{2+} > Mg^{2+}$이다.

**▶ 보충 예제**

다음 F, $S^{2-}$, Cl, $Se^{2-}$를 반지름이 증가하는 순으로 나열한 것은?

**(a)** $F < S^{2-} < Cl < Se^{2-}$
**(b)** $F < Cl < S^{2-} < Se^{2-}$
**(c)** $F < S^{2-} < Se^{2-} < Cl$
**(d)** $Cl < F < Se^{2-} < S^{2-}$
**(e)** $S^{2-} < F < Se^{2-} < Cl$

주기율표에서 아래로 내려갈수록 같은 전하를 가진 양이온들의 반지름은 어떻게 변화하는가?

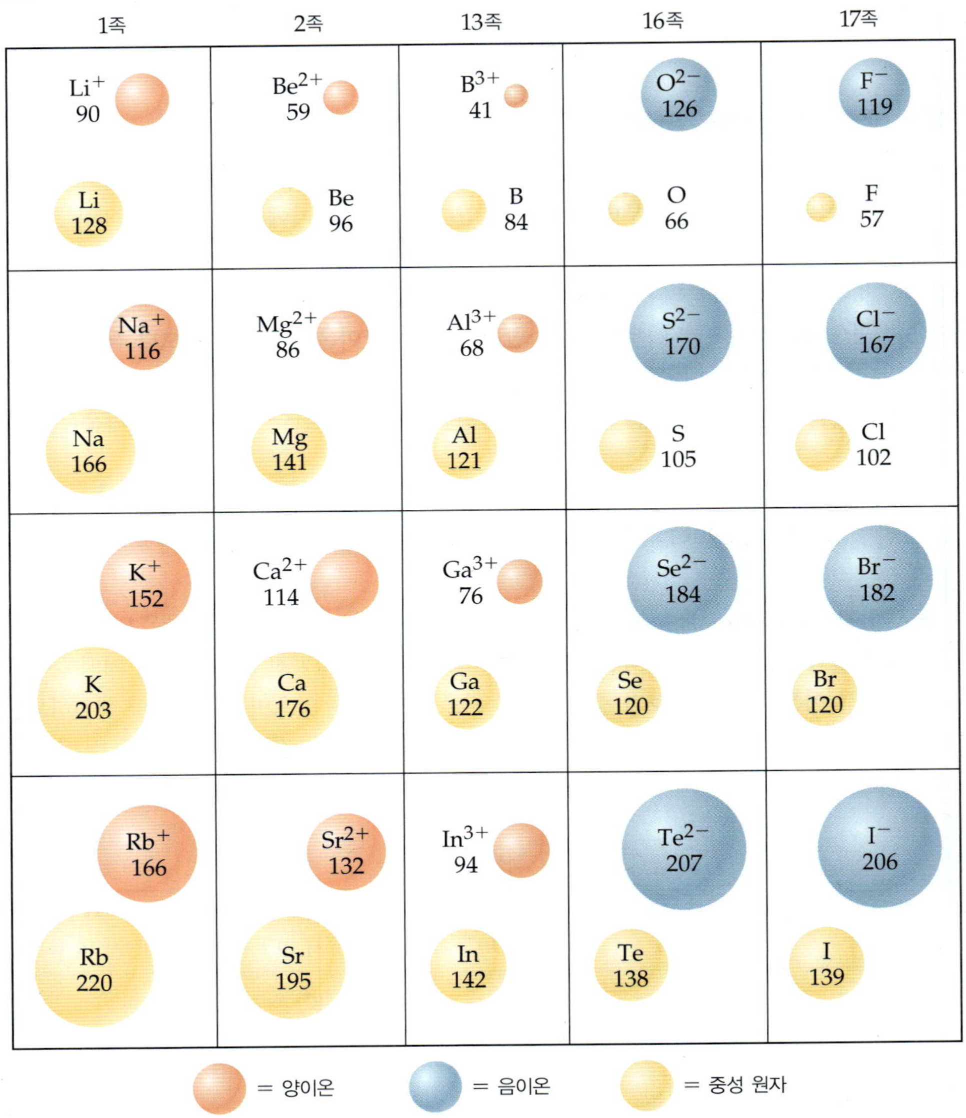


▲그림 7.8 양이온과 음이온의 크기 5가지 주족 원소들의 원자 반지름과 이온 반지름(pm)

## 예제 7.4
### 등전자 계열에서의 이온 반지름

다음 이온 $K^+$, $Cl^-$, $Ca^{2+}$, $S^{2-}$를 크기가 감소하는 순으로 나열하시오.

**해답**

우선 모든 이온이 18개의 전자를 갖는 등전자 계열임을 주목하라. 이러한 계열에서 이온의 크기는 핵전하(원자 번호)가 증가함에 따라 감소한다. 이온의 원자 번호는 S 16, Cl 17, K 19, Ca 20이다. 따라서 이온들은 $S^{2-} > Cl^- > K^+ > Ca^{2+}$ 순으로 크기가 감소한다.

**▶ 보충 예제**

$Br^-$, $Rb^+$, $Se^{2-}$, $Sr^{2+}$, $Te^{2-}$를 이온 반지름이 증가하는 순으로 나열한 것은?

**(a)** $Sr^{2+} < Rb^+ < Br^- < Se^{2-} < Te^{2-}$
**(b)** $Br^- < Sr^{2+} < Se^{2-} < Te^{2-} < Rb^+$
**(c)** $Rb^+ < Sr^{2+} < Se^{2-} < Te^{2-} < Br^-$
**(d)** $Rb^+ < Br^- < Sr^{2+} < Se^{2-} < Te^{2-}$
**(e)** $Sr^{2+} < Rb^+ < Br^- < Te^{2-} < Se^{2-}$

## 작동하는 화학 이온의 크기와 리튬 이온 배터리

이온의 크기는, 이온의 이동에 의존하는 장치의 특성에 중요한 역할을 한다. '리튬 이온' 전지는 핸드폰, 태블릿 PC, 노트북 같은 전자기기의 주요 에너지원이 되었으며, 전기 자동차의 상용화 역시 부분적으로는 리튬 이온의 작은 크기에 달려 있다고 할 수 있다.

완전히 충전된 전지는 자발적으로 전류를 생산하고, (−)극과 (+)극이 전기 회로에 연결될 때 전원이 공급된다. (+)극은 애노드(anode)라 하고, (−)극은 캐쏘드(cathode)라고 한다. 리튬 이온 전지에서 전극으로 사용되는 물질은 많이 발전하고 있다. 현재 많이 사용되는 애노드 물질은 탄소로 이루어진 흑연이며, 캐쏘드는 대부분 산화 코발트 리튬($LiCoO_2$)이다(그림 7.9). 애노드와 캐쏘드 사이에는 **격리판**(seperator)이 존재하며, 격리판은 리튬 이온이 통과할 수 있으나 전자들은 통과할 수 없는 다공성 고체 물질로 되어 있다.

전지가 외부 공급원에 의해 충전될 때, 리튬 이온은 격리판을 통해 캐쏘드에서 애노드로 이동하여, 애노드의 탄소 원자로 되어 있는 층들 사이에 삽입된다. 고체에서 이온이 이동하는 능력은 이온의 크기와 전하가 감소할수록 증가한다. 리튬 이온은 대부분의 다른 이온보다 작으며, +1 전하를 띠기 때문에 다른 이온보다 쉽게 이동한다. 게다가 리튬은 가장 가벼운 원소 가운데 하나이기 때문에 전기 자동차에 사용하기에도 매력적이다. 전지가 방전되면, 리튬 이온은 애노드에서 캐쏘드로 이동한다. 전하 균형을 유지하기 위해서, 전자들도 리튬을 따라 외부 회로를 통해 애노드에서 캐쏘드로 이동하면서 전기가 생성된다.

캐쏘드에서 리튬 이온은 산화물에 삽입된다. 이때에도 리튬 이온의 작은 크기가 장점이다. 리튬 코발트 산화물 캐쏘드에 삽입되는 모든 리튬 이온의 경우, $Co^{4+}$ 이온이 $Co^{3+}$ 이온으로 환원된다. 이는 외부 회로를 통과한 전자에 의해서이다.

리튬 이온이 전극 물질로 들어가고 나옴으로 인해 생기는 이동과 구조의 변화는 복잡하다. 더욱이, 작동하는 모든 배터리는 효율성이 완벽하지 않기 때문에 열을 발생시킨다. 리튬 이온 배터리의 경우 에너지 용량을 증가시키기 위해 배터리 크기가 더 커짐에 따라 격리막 재료(일반적으로 고분자)의 발열이 문제가 된다. 몇몇 경우에 리튬 이온 전지의 과열로 인해 화재가 발생하기도 하였다.

전 세계 많은 연구팀은 여러 번 재사용해도 손실 없이 리튬 이온을 쉽게 받아들이고 방출하는 새로운 캐쏘드와 애노드 물질을 발견하기 위해 노력하고 있다. 또한 열을 덜 발생시키고, 빠르게 리튬 이온을 통과시킬 수 있는 새로운 격리판을 개발하고 있다. 일부 연구진들은 소듐 이온이 리튬 이온보다 훨씬 풍부하기 때문에 소듐 이온으로 리튬 이온을 대체하려는 연구도 진행하고 있다. 물론 소듐 이온의 크기가 크다는 문제를 추가적으로 해결해야 하지만 말이다. 앞으로 몇 년 동안, 알칼리 금속 이온에 기반한 배터리 기술의 발전이 지속될 것이다.

**관련 연습 문제: 7.98**

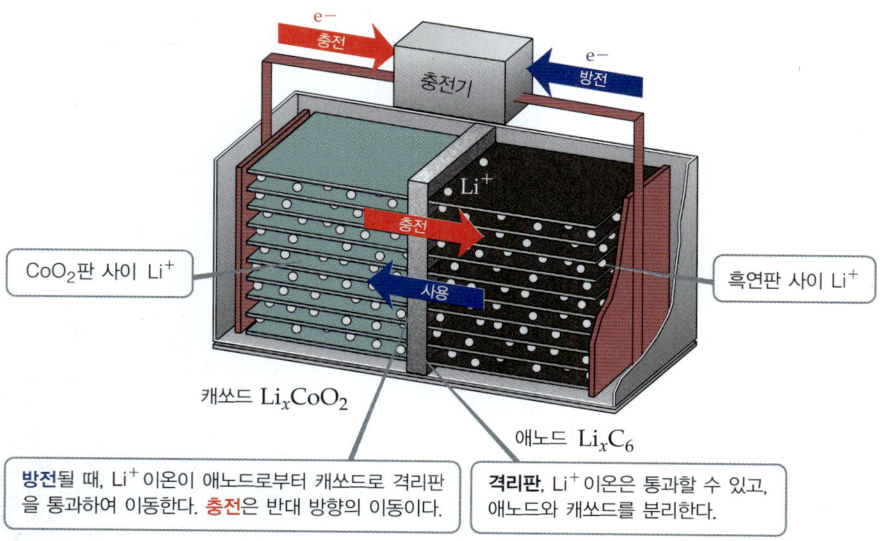


▲ 그림 7.9 리튬 이온 전지의 도식도

## 자기 평가 연습 문제

7.8 주기율표의 왼쪽에서 오른쪽으로 가로지를 때, 원자 크기가 감소하는 이유는 무엇인가?

(a) 더 높은 원자 번호의 원자가 더 많은 전자를 갖기 때문이다.

(b) 같은 주기에서 $Z_{eff}$가 증가하기 때문이다.

(c) 주기에 걸쳐 최외각 전자의 주양자수가 증가하기 때문이다.

7.9 원자가 양성자를 형성할 때, 그 종의 반지름은 증가하는가, 감소하는가?

(a) 증가한다.

(b) 감소한다.

## 연습 문제

7.10 원자의 결합 원자 반지름을 결정하기 위해 실험적으로 결정해야 하는 것은 무엇인가?

(a) 핵으로부터 전자가 발견될 확률이 0인 곳까지의 거리

(b) 함께 결합된 두 원자의 핵간 거리

(c) 원자의 유효 핵전하

7.11 텅스텐의 녹는점은 3422°C로, 주기율표의 어떤 금속보다 높다. 텅스텐 금속에서 텅스텐 원자 사이의 거리는 274 pm이다.

(a) 이 환경에서 텅스텐(W) 원자의 원자 반지름은 얼마인가? (이 반지름을 **금속 반지름**이라고 한다.)

(b) 만약 텅스텐 금속에 고압을 가하면 텅스텐(W) 원자 사이의 거리에 어떤 일이 일어날지 예측하시오.

7.12 그림 7.7을 이용하여 P−Cl의 결합 길이를 추정하고, 사염화 인($PCl_4$)에서의 실험적 P−Cl 결합 길이인 204 pm와 비교하시오.

7.13 주기율표만 사용하여 다음의 원자들을 가장 큰 것부터 작은 순으로 배열하시오.

(a) Ar, As, Kr (b) Cd, Rb, Te (c) C, Cl, Cu

7.14 각 서술의 참 또는 거짓을 판별 하시오.

(a) 양이온은 그것과 동일한 중성자 원소보다 크다.

(b) $Li^+$는 Li보다 작다.

(c) $Cl^-$는 $I^-$보다 크다.

7.15 다음 이온과 등전자인 중성 원자는 무엇인가?

$H^-$, $Ca^{2+}$, $In^{3+}$, $Ge^{2+}$

7.16 $F^-$와 $Na^+$가 등전자 이온임을 고려할 때, (a) 어느 이온이 더 작은가? (b) 식 7.1을 사용하여 두 이온의 2$p$ 전자에 대한 $Z_{eff}$를 계산하시오. 이때 핵심부 전자는 1.00, 원자가 전자는 0.00을 가림 상수 $S$에 기여한다고 가정한다. (c) 이번에는 Slater 규칙을 사용하여 같은 전자에 대한 가림 상수 $S$를 추정하시오. (d) 등전자 이온의 경우, 유효 핵전하와 이온 반지름은 어떤 관련이 있는가?

자기 평가 연습 문제 답 **7.8** (b) **7.9** (b)

## 7.4 이온화 에너지

태양풍은 태양에서 지속적으로 방출되는 전하를 띠는 입자의 흐름이다. 이 입자들은 주로 전자나 양성자 혹은 알파 입자이다. 지구의 자기권은 이 방사선으로부터 우리를 보호한다. 그러나 자기장의 차폐와 태양풍이 상호 작용하여 들뜬 상태가 된 원자, 분자, 이온이 발생하는 경우가 있다. 이러한 원자, 분자, 이온은 지구의 극 근처 하늘에서 아름다운 빛놀이인 오로라로 관찰된다.

이 절이 끝나면 다음 사항을 수행할 수 있어야 한다.

- 전자가 원자에서 연속적으로 제거될 때 이온화 에너지의 경향을 예측하기

원자나 이온으로부터 전자를 얼마나 쉽게 제거할 수 있느냐 하는 것은 화학적 거동에 대한 중요한 지표이다. 원자나 이온의 **이온화 에너지(ionization energy)**란 기체 상태의 원자나 이온의 바닥 상태로부터 전자 한 개를 제거하는 데 필요한 최소의 에너지이다. Bohr의 수소 원자 모형을 설명할 때 이온화 에너지를 처음으로 논의하였다. 수소 원자의 전자가 $n=1$에서(바닥 상태)에서 $n=\infty$로 들뜰 때, 전자는 원자로부터 완저히 제거되어 **이온화**(ionized)된다.

일반적으로 **1차 이온화 에너지**(first ionization energy, $I_1$)는 중성 원자에서 첫 번째 전자를 제거하는 데 필요한 에너지이다. 예를 들면 소듐 원자의 1차 이온화 에너지는 다음 반응에 필요한 에너지이다.

$$Na(g) \longrightarrow Na^+(g) + e^- \qquad [7.2]$$

**2차 이온화 에너지**(second ionization energy, $I_2$)는 두 번째 전자를 제거하는 데 필요한 에너지이고, 이어지는 전자들의 제거는 3차, 4차 이온화 에너지이다. 따라서 소듐 원자의 $I_2$는 다음 반응과 관련이 있는 에너지이다.

$$Na^+(g) \longrightarrow Na^{2+}(g) + e^- \qquad [7.3]$$

## 순차적 이온화 에너지의 변화

이온화 에너지의 크기는 전자를 제거하는 데 필요한 에너지가 얼마인지를 알려준다. 즉, 이온화 에너지 값이 클수록 전자를 제거하기가 더 어렵다. **표 7.2**에 원소의 이온화 에너지를 나타냈는데, 순차적으로 전자가 제거됨에 따라 원소의 이온화 에너지 값이 $I_1 < I_2 < I_3$ 등으로 증가함을 알 수 있다. 이런 경향은 쉽게 이해가 되는데, 전자를 제거할수록 양전하가 증가하고 양이온으로부터 전자를 떼어내려면 더 많은 에너지가 필요하기 때문이다.

표 7.2에서 두 번째 중요한 특징은 내부 껍질의 전자를 제거할 때 일어나는 이온화 에너지의 가파른 증가이다. 예를 들어 규소의 $1s^22s^22p^63s^23p^2$를 생각해 보자. $3s$와 $3p$ 부껍질의 네 개 전자를 잃어버림에 따라 이온화 에너지는 786 kJ/mol에서 4356 kJ/mol로 꾸준히 증가한다. $2p$ 부껍질의 다섯 번째 전자를 제거하려면 16,091 kJ/mol의 훨씬 더 큰 에너지가 필요하다. 큰 에너지 증가는 네 개의 $n=3$의 전자보다 $2p$ 전자가 핵에 더 가까워서, 원자가 껍질인 $3s$와 $3p$ 전자보다 훨씬 더 큰

**표 7.2 소듐에서 아르곤까지 원소의 순차적 이온화 에너지 $I$ 값 (kJ/mol)**

| 원소 | $I_1$ | $I_2$ | $I_3$ | $I_4$ | $I_5$ | $I_6$ | $I_7$ |
|---|---|---|---|---|---|---|---|
| Na | 496 | 4562 | | | | | |
| Mg | 738 | 1451 | 7733 | | (내부 전자 껍질) | | |
| Al | 578 | 1817 | 2745 | 11,577 | | | |
| Si | 786 | 1577 | 3232 | 4356 | 16,091 | | |
| P | 1012 | 1907 | 2914 | 4964 | 6274 | 21,267 | |
| S | 1000 | 2252 | 3357 | 4556 | 7004 | 8496 | 27,107 |
| Cl | 1251 | 2298 | 3822 | 5159 | 6542 | 9362 | 11,018 |
| Ar | 1521 | 2666 | 3931 | 5771 | 7238 | 8781 | 11,995 |

유효 핵전하를 느끼기 때문이다.

내부 껍질 전자의 첫 번째 전자가 제거될 때 모든 원소는 이온화 에너지가 크게 증가한다. 이러한 현상을 뒷받침하는 것은 최외각 전자만이 화학 결합과 반응이 일어날 때 전자의 공유와 이동에 관여한다는 것이다. 8장과 9장에서 화학 결합에 대해 논의할 때 보겠지만, 내부 전자들은 핵과 너무 단단히 결합하고 있다. 따라서 원자로부터 내부 전자를 제거하거나 다른 원자와 공유할 수 없다.

## 예제 7.5
### 이온화 에너지의 경향

아래의 주기율표에서 세 원소를 네모 칸에 각각 다른 색을 칠해 나타냈다. 주기율표에서의 위치를 근거로 하여, 2차 이온화 에너지가 가장 큰 원소를 예측하시오.

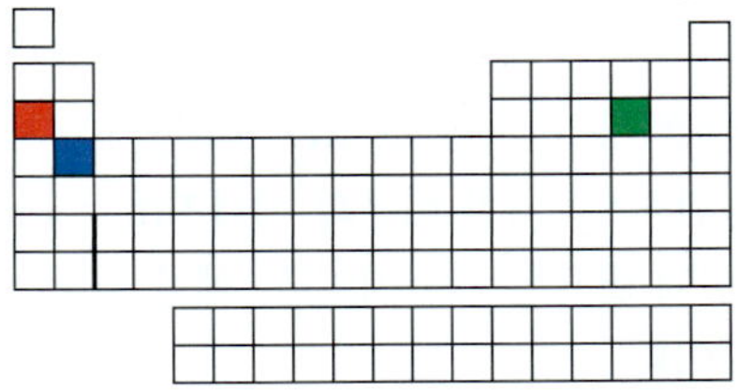

### 해답

**분석과 계획** 주기율표에서 원소의 위치를 알면 전자 배치를 예측할 수 있다. 이온화 에너지가 가장 클 때는 핵심부 전자를 제거할 때이다. 따라서 최외각에 한 개의 전자를 갖는 원소를 우선적으로 생각할 수 있다.

**풀이** 붉은색 네모 칸의 1족 원소(Na)는 원자가 전자를 한 개 갖는다. 따라서 이런 원소의 2차 이온화 에너지는 핵심부 전자의 제거와 관련된다. S(녹색)와 Ca(파란색)로 나타낸 다른 원소들은 두 개 이상의 원자가 전자를 갖는다. 따라서 Na가 가장 큰 2차 이온화 에너지를 갖는다.

**검토** 문헌에서, 각 원소의 2차 이온화 에너지 $I_2$를 찾아보면 다음과 같다.

Ca (1145 kJ/mol), S (2252 kJ/mol), Na (4562 kJ/mol)

**▶ 보충 예제**

브로민의 3차 이온화 에너지는 다음 중 어떤 과정에 해당하는 것인가?

(a) $Br(g) \longrightarrow Br^{+}(g) + e^{-}$
(b) $Br^{+}(g) \longrightarrow Br^{2+}(g) + e^{-}$
(c) $Br(g) \longrightarrow Br^{2+}(g) + 2\,e^{-}$
(d) $Br(g) \longrightarrow Br^{3+}(g) + 3\,e^{-}$
(e) $Br^{2+}(g) \longrightarrow Br^{3+}(g) + e^{-}$

## 1차 이온화 에너지의 주기적 경향

그림 7.10은 처음 57개 원소에 대하여, 주기율표에서 한 원소에서 다른 원소로 이동할 때 1차 이온화 에너지의 경향을 보여준다. 중요한 경향은 다음과 같다.

1. **같은 주기에서, $I_1$은 일반적으로 왼쪽에서 오른쪽으로 이동함에 따라 증가한다.** 알칼리 금속은 각 주기에서 가장 낮은 이온화 에너지를 나타내고, 비활성 기체는 가장 높은 이온화 에너지를 나타낸다. 이와 같은 경향성에는 약간의 예외가 있다.
2. **같은 족에서, $I_1$은 일반적으로 위에서 아래로 이동함에 따라 감소한다.** 예를 들면 비활성 기체의 이온화 에너지는 He > Ne > Ar > Kr > Xe 순이다.
3. ***s*와 *p* 구역 원소들은 전이 금속 원소의 $I_1$ 값보다 더 큰 범위의 $I_1$ 값을 나타낸다.** 일반적으로 전이 금속 원소의 이온화 에너지는 주기율표상에서 왼쪽에서 오른쪽으로 갈수록 조금씩 증가한다. 그림 7.10에 나타내지 않은 *f* 구역 금속도 $I_1$ 값의 변화가 매우 작다고 알려져 있다.

일반적으로 크기가 작은 원자일수록 더 큰 이온화 에너지를 갖는다. 원자의 크기에 영향을 주는 인자가 동일하게 이온화 에너지에도 영향을 준다. 최외각 껍질에 있는 전자를 제거하는 데 필요한 에너지는 유효 핵전하와 핵으로부터 전자까지의 평균 거리 모두에 의존한다. 유효 핵전하의 증가 또는 핵으로부터 거리 감소는 전자와 핵 사이의 인력을 증가시킨다. 이 인력이 증가하면 전자 제 그림에는 아스타틴(At)의 값이 빠져 있다. At의 1차 이온화 에너지를 100 kJ/mol의 오차 범위에서 추측하시오.

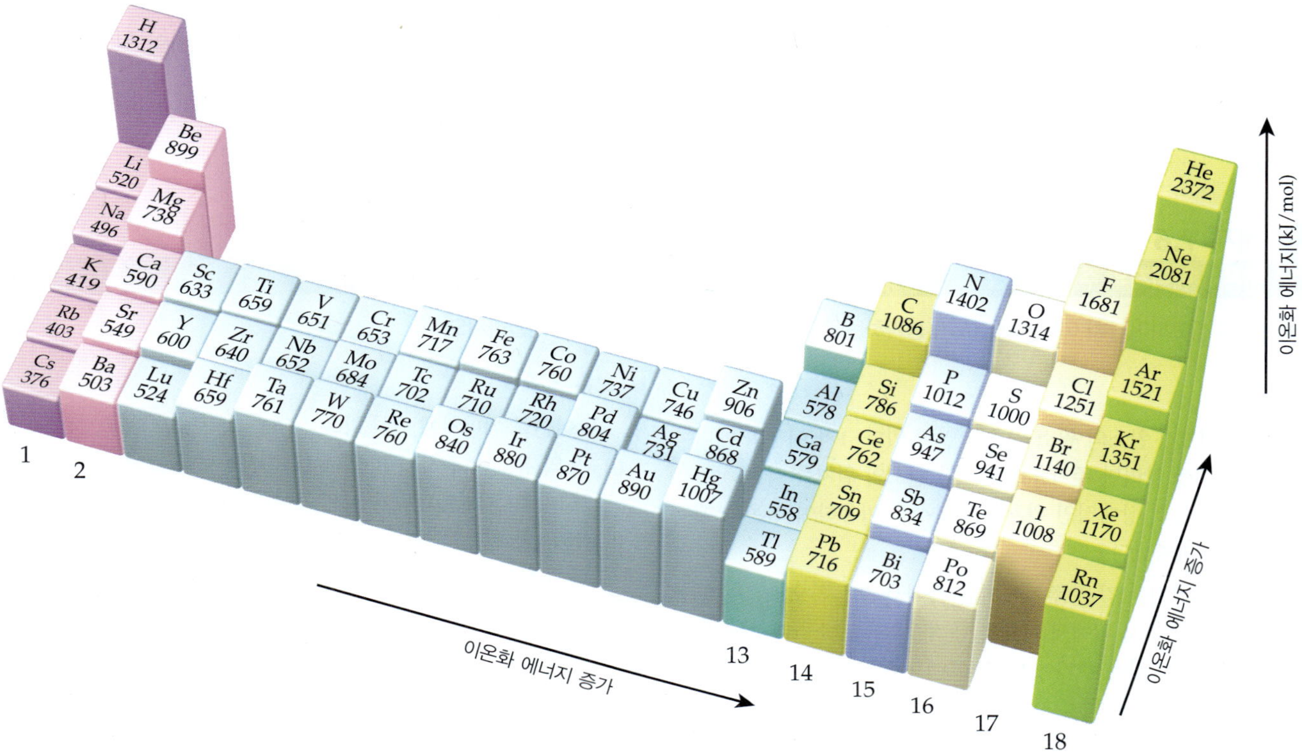


▲ **그림 7.10** 원소의 1차 이온화 에너지(kJ/mol)

거가 더 어려워지므로 이온화 에너지는 증가한다. 같은 주기에서 왼쪽으로부터 오른쪽으로 가면서 유효 핵전하가 증가하고 원자 반지름이 감소하므로 이온화 에너지는 증가한다. 그러나 같은 족에서 아래로 내려가면 원자 반지름이 증가하지만 유효 핵전하는 천천히 증가한다. 결국 반지름의 증가가 주로 작용하기 때문에 핵과 전자 사이의 인력이 감소하게 되어 이온화 에너지를 감소시킨다.

같은 주기에서 규칙성을 벗어나는 것은 감지하기 힘들지만 쉽게 설명된다. 예를 들면 그림 7.10에 나타낸 바와 같이, 베릴륨([He]$2s^2$)에서 붕소([He]$2s^2 2p^1$)로 갈수록 이온화 에너지가 감소한다. 그 이유는 B의 세 번째 원자가 전자가 Be의 경우 비어 있던 $2p$ 부껍질을 채우기 때문이다. 앞에서 살펴본 바와 같이, $2p$는 $2s$보다 더 높은 에너지 상태에 있다는 것을 상기하라(그림 6.24) 질소([He]$2s^2 2p^3$)에서 산소([He]$2s^2 2p^4$)로 갈수록 이온화 에너지가 감소하는 것은 산소의 $p^4$ 전자 배치에서 짝진 전자의 반발 때문이다(**그림 7.11**). Hund 규칙에 따라 질소의 $p^3$ 전자 배치의 각 전자는 세 개의 $2p$ 전자들 간에 전자–전자 반발을 최소로 하는 서로 다른 $p$ 오비탈에 있다는 것을 기억하라.

질소 원자보다 산소 원자로부터 $2p$ 전자를 제거하는 것이 더 쉬운 이유를 설명하시오.

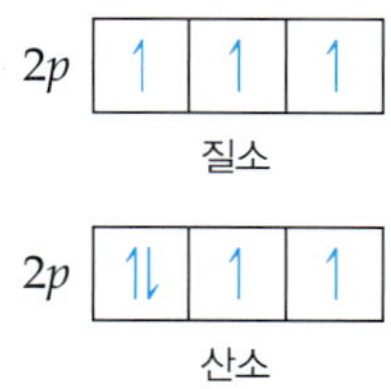


▲ **그림 7.11** 질소와 산소에서의 $2p$ 오비탈 채움

## 이온의 전자 배치

원자에서 전자가 제거되어 양이온을 형성할 때는, 가장 큰 주양자수($n$)를 갖는 오비탈로부터 우선 제거된다. 예를 들면 Li 원자($1s^2 2s^1$)로부터 전자 한 개가 제거될 때는 $2s^1$ 전자가 제거된다.

$$\mathrm{Li}(1s^2 2s^1) \Rightarrow \mathrm{Li}^+(1s^2) + e^-$$

마찬가지로, $Fe([Ar]4s^23d^6)$로부터 두 개의 전자가 제거될 때는 $4s^2$ 전자가 제거된다.

$$Fe([Ar]4s^23d^6) \Rightarrow Fe^{2+}([Ar]3d^6) + 2e^-$$

$Fe^{3+}$를 형성하기 위하여 전자 한 개를 더 제거하려면, $n=4$의 모든 오비탈이 비어 있으므로 $3d$ 오비탈에서 제거된다.

$$Fe^{2+}([Ar]3d^6) \Rightarrow Fe^{3+}([Ar]3d^5) + e^-$$

## 예제 7.6
### 이온화 에너지의 주기적 경향

주기율표만을 참고하여, 1차 이온화 에너지가 증가하는 순으로 Ne, Na, P, Ar, K 원자를 나열하시오.

### 해답

**분석과 계획** 이 5개 원소의 원소 기호를 알고 있다. 1차 이온화 에너지의 증가 순서를 알려면 주기율표에서 각 원소의 위치를 아는 것이 필요하다. 원소들의 상대적인 위치와 경향성을 이용하여 이온화 에너지의 순서를 예측한다.

**풀이** 이온화 에너지는 같은 주기에서 왼쪽에서 오른쪽으로 갈수록 증가하고, 같은 족에서 위에서 아래로 내려갈수록 감소한다. Na, P, Ar은 주기율표에서 같은 주기에 있다. 그러므로 세 원소의 1차 이온화 에너지 $I_1$ 값은 Na < P < Ar의 순으로 예상할 수 있다. Ne은 18족에서 Ar 바로 위에 있기 때문에, Ne가 Ar보다 큰 이온화 에너지를 나타낼 것으로 예측된다. 마찬가지로, K는 1족에서 Na 아래에 있어서 K < Na로 예측된다.

이러한 결과로부터 이온화 에너지의 순서는 다음과 같다.

$$K < Na < P < Ar < Ne$$

**검토** 이 예측값은 그림 7.10에서 확인할 수 있다.

**▶ 보충 예제**

1차 이온화 에너지에 대한 다음 설명을 생각해 보자.

(i) Mg의 유효 핵전하가 Be의 유효 핵전하보다 크기 때문에, Mg의 1차 이온화 에너지가 Be의 것보다 크다.

(ii) O의 1차 이온화 에너지가 N의 것보다 작은 것은 O의 $2p$ 오비탈에 전자가 쌍을 이루고 있기 때문이다.

(iii) Ar의 1차 이온화 에너지가 Ne의 것보다 작은 것은 Ar의 $3p$ 전자가 Ne의 $2p$ 전자보다 핵으로부터 멀리 떨어져 있기 때문이다.

위의 (i), (ii), (iii)의 설명 중 참인 것은?

**(a)** 한 개의 설명만이 옳다.
**(b)** (i)과 (ii)
**(c)** (i)과 (iii)
**(d)** (ii)와 (iii)
**(e)** 위의 모든 설명이 옳다.

전이 금속 양이온을 형성할 때, $3d$ 전자보다 $4s$ 전자가 먼저 제거되는 것이 이상하게 보일 것이다. 결국 전자 배치를 쓸 때는 $3d$ 전에 $4s$ 전자를 먼저 쓴다. 원자의 전자 배치를 쓸 때 주기율표의 한 원소로부터 다른 원소로 이동하는 과정을 상상해 보자. 이 과정에서, 전자를 오비탈에 더하거나 양성자를 핵에 더함으로써 원소의 정체성을 변화시킨다. 이온화할 때는 어떠한 양성자도 제거되지 않기 때문에, 이 과정이 뒤집어지지 않는다. 예를 들면 Ca와 $Ti^{2+}$는 모두 20개의 전자를 갖고 있지만, $Ti^{2+}$ 이온은 Ca 원자보다 더 많은 양성자를 갖고 있다(22대 20). 이런 사실은 두 화학종이 다른 전자 배치($Ca([Ar]4s^2)$와 $Ti^{2+}([Ar]3d^2)$)를 할 만큼 오비탈의 에너지 준위를 변화시킨다.

만약 주어진 $n$ 값이 어떤 채워진 부껍질보다 크면, 전자들은 가장 큰 $l$ 값을 가진 오비탈에서부터 먼저 제거된다. 예를 들어 주석 원자는 $5s$ 전자를 잃기 전에 $5p$ 전자를 잃는다.

$$Sn([Kr]5s^24d^{10}5p^2) \Rightarrow Sn^{2+}([Kr]5s^24d^{10}) + 2e^- \Rightarrow Sn^{4+}([Kr]4d^{10}) + 4e^-$$

어떤 원자에 전자가 첨가되어 음이온을 형성할 때, 이 전자는 가장 낮은 $n$ 값을 갖고 있는 빈 오비탈이나 부분적으로 채워진 오비탈에 첨가된다. 예를 들면 플루오린에 전자가 첨가되어 $F^-$ 이온을 형성할 때, $2p$ 부껍질에 남아 있는 한 개의 빈자리에 전자가 들어간다.

$$F(1s^22s^22p^5) + e^- \Rightarrow F^-(1s^22s^22p^6)$$

## 예제 7.7
### 이온의 전자 배치

(a) $Ca^{2+}$, (b) $Co^{3+}$, (c) $S^{2-}$의 전자 배치를 쓰시오.

**해답**

**분석과 계획** 세 이온의 전자 배치를 쓰는 문제이다. 그러기 위해서 먼저 중성 원자의 전자 배치를 써 본다. 그 다음 전자를 제거하거나 첨가하여 이온을 만든다. 가장 높은 $n$ 값을 갖는 오비탈부터 전자가 제거된다. 가장 낮은 $n$ 값을 갖는, 비어 있거나 부분적으로 채워진 오비탈부터 전자를 더한다.

**풀이**

**(a)** 칼슘(원자 번호 20)의 전자 배치는 $[Ar]4s^2$이다. 2+ 이온을 형성하기 위하여 두 개의 최외각 전자가 제거되어야 한다. 그 결과 Ar과 등전자 이온이 된다.

$$Ca^{2+}: [Ar]$$

**(b)** 코발트(원자 번호 27)의 전자 배치는 $[Ar]4s^23d^7$이다. 3+이온을 형성하기 위하여 세 개의 전자가 제거되어야 한다. 앞에서 언급한 바와 같이, $4s$ 전자는 $3d$ 전자보다 먼저 제거되어야 한다. 그 결과 $Co^{3+}$의 전자 배치는 다음과 같다.

$$Co^{3+}: [Ar]3d^6$$

**(c)** 황(원자 번호 16)의 전자 배치는 $[Ne]3s^23p^4$이다. 2− 이온을 형성하기 위하여 두 개의 전자가 첨가되어야 한다. $3p$ 오비탈에는 두 개의 전자가 첨가될 수 있는 빈 오비탈이 있다. 따라서 $S^{2-}$의 전자 배치는 다음과 같다.

$$S^{2-}: [Ne]3s^23p^6 = [Ar]$$

**주의** $s$와 $p$ 구역 원소, 예를 들어 $Ca^{2+}$나 $S^{2-}$와 같은 이온들은 가장 가까운 비활성 기체와 동일한 수의 전자를 갖는다는 것을 기억하라(2.7절).

**▶ 보충 예제**

Tc 원자의 바닥 상태 전자 배치는 $[Kr]5s^24d^5$이다. $Tc^{3+}$ 이온의 전자 배치는 어느 것인가?

**(a)** $[Kr]4d^4$ **(b)** $[Kr]5s^24d^2$ **(c)** $[Kr]5s^14d^3$ **(d)** $[Kr]5s^24d^8$ **(e)** $[Kr]4d^{10}$

## 자기 평가 연습 문제

**7.17** 황 원자의 1차 이온화 에너지($I_1$)와 알루미늄 원자의 2차 이온화 에너지($I_2$) 중 어느 것이 더 클 것이라고 예상되는가?

**(a)** 황 원자의 $I_1$

**(b)** 알루미늄 원자의 $I_2$

## 연습 문제

**7.18** 염소 원자의 1차, 2차, 3차 이온화 에너지를 설명하는 과정을 보여 주는 식을 쓰시오. 어느 과정에서 가장 적은 양의 에너지가 필요한가?

**7.19** Li, K, Be 중 어느 원소가 가장 높은 2차 이온화 에너지를 필요로 하는가?

**7.20** **(a)** 원자의 크기와 1차 이온화 에너지 사이의 일반적인 관계는 무엇인가? **(b)** 주기율표에서 어떤 원소가 가장 큰 이온화 에너지를 갖는가? 가장 작은 이온화 에너지를 갖는 원소는 무엇인가?

**7.21** 주기율표에서의 위치에 따라 다음 쌍 중 어느 원자가 더 작은 1차 이온화 에너지를 갖는지 예측하시오.

**(a)** Br, Kr **(b)** C, Ca **(c)** Li, Rb **(d)** Pb, Si **(e)** Al, B

**7.22** 다음 이온의 전자 배치를 쓰고, 어떤 이온이 비활성 기체의 전자 배치를 갖는지 결정하시오.

**(a)** $Cu^{2+}$ (b) $Ca^{2+}$ (c) $N^{3-}$ (d) $Ru^{2+}$ (e) $H^-$

**7.23** 전자 배치가 $nd^{10}$인 2+ 이온의 3가지 예를 들어보시오($n$ = 3, 4, 5...).

자기 평가 연습 문제 답 **7.17** (b)

# 7.5 전자 친화도

플라스틱 식품 랩은 산소와 수증기에 대한 투과성이 낮다. 따라서 음식을 신선하게 유지하는 데 사용할 수 있으며, 다양한 모양과 크기의 접시, 그릇, 주전자를 덮는 데 편리한 수단이다. 신축성이 있어 물체를 쉽게 감쌀 수 있으며 정전기는 그릇과 들러붙는 데 도움이 된다. 식품 랩을 롤에서 떼어내면 한 표면의 전자가 제거되고 다른 표면에 추가될 수 있다. 이 현상은 덮고 있는 물체에 달라붙는 데 도움이 되는 작은 전하를 형성한다.

앞 절에서는 원자의 이온화를 살펴보았다. 이 절에서는 전자를 원자에 더하여 음이온을 형성하는, 전자 친화도라는 과정을 살펴 보고자 한다. 이 절이 끝나면 다음 사항을 수행할 수 있어야 한다.

- 전자 친화도와 이온화 에너지가 어떻게 관련되어 있고 전자 친화도에 대한 주기적인 경향의 불규칙성이 전자 구성과 어떻게 관련될 수 있는지 설명하기

어떤 원자의 1차 이온화 에너지는 원자에서 전자를 제거하여 양이온을 생성할 때 수반되는 에너지 변화의 양이다. 예를 들어, Cl($g$)의 1차 이온화 에너지 1251 kJ/mol은 다음 반응에 수반되는 에너지 변화이다.

$$\textbf{이온화 에너지:}\quad \underset{[\mathrm{Ne}]3s^2 3p^5}{\mathrm{Cl}(g)} \longrightarrow \underset{[\mathrm{Ne}]3s^2 3p^4}{\mathrm{Cl}^+(g)} + \mathrm{e}^- \qquad \Delta E = 1251\ \mathrm{kJ/mol} \qquad [7.4]$$

이온화 에너지 값이 양의 값을 갖는다는 것은 에너지를 원자에 가해야만 전자를 제거할 수 있음을 의미한다. **원자의 모든 이온화 에너지 값은 양의 값이다. 즉 전자를 제거하기 위해서는 에너지를 흡수해야 한다.**

대부분의 원자는 전자를 얻어서 음이온을 생성할 수 있다. 기체 상태의 원자에 전자를 첨가할 때 발생하는 에너지 변화를 **전자 친화도(electron affinity)**라고 한다. 에너지 변화가 첨가한 전자에 대한 원자의 인력 또는 **친화도**(affinity)를 나타내기 때문이다. 대부분의 원자는 전자가 첨가될 때 에너지를 **방출**한다. 예를 들면 염소 원자에 전자 한 개를 첨가할 때 수반되는 에너지 변화는

$-349$ kJ/mol이다. 여기서 음의 부호는 반응이 진행하는 동안 에너지가 방출됨을 나타낸다. 따라서 Cl의 전자 친화도는 $-349$ kJ/mol이다.*

$$\textbf{전자 친화도:}\quad \underset{[\mathrm{Ne}]3s^2 3p^5}{\mathrm{Cl}(g)} + \mathrm{e}^- \longrightarrow \underset{[\mathrm{Ne}]3s^2 3p^6}{\mathrm{Cl}^-(g)} \qquad EA = -349\ \mathrm{kJ/mol} \qquad [7.5]$$

이온화 에너지와 전자 친화도 사이의 차이를 이해하는 것이 중요하다.

- 이온화 에너지란 원자가 전자를 잃을 때의 에너지 변화량이다.
- 전자 친화도란 원자가 전자를 얻을 때의 에너지 변화량이다.

첨가된 전자와 원자 사이에 인력이 증가할수록 원자의 전자 친화도는 더 큰 음의 값이 될 것이다. 비활성 기체와 같은 몇 가지 원소의 전자 친화도는 양의 값을 갖는다. 이것은 음이온의 경우가, 중성 원자와 전자가 따로 있는 상태보다 에너지가 더 높다는 것을 의미한다.

$$\underset{[\mathrm{Ne}]3s^2 3p^6}{\mathrm{Ar}(g)} + \mathrm{e}^- \longrightarrow \underset{[\mathrm{Ne}]3s^2 3p^6 4s^1}{\mathrm{Ar}^-(g)} \qquad EA > 0 \qquad [7.6]$$

전자 친화도가 양의 값이라는 것은 전자가 자발적으로 Ar 원자에 붙지 않는다는 것이다. 즉 $\mathrm{Ar}^-$ 이온은 불안정하므로 생성되지 않는다.

## 전자 친화도의 주기적 경향

**그림 7.12**는 주기율표의 1주기에서 5주기까지 *s*와 *p* 구역 원소에 대한 전자 친화도를 나타낸 것이다. 전자 친화도 변화의 경향성은 이온화 에너지처럼 분명한 것이 아님을 유의하라. *p* 부껍질을 채울 때 한 개의 전자가 부족한 할로젠 원소는 가장 큰 음의 전자 친화도를 가진다. 전자 한 개를 얻은 할로젠 원자는 비활성 기체의 전자 배치를 갖는 안정한 음이온을 생성한다(식 7.5). 그러나 비활성 기체에 전자를 첨가하려면 더 높은 새로운 에너지 부껍질에 전자를 배치할 필요성이 생긴다(식 7.6). 더 높은 에너지의 부껍질에 전자를 배치하는 것은 에너지적으로 불리하므로, 전자 친화도는 양의 값이 된다. Be와 Mg의 전자 친화도 값도 같은 이유로 양의 값을 갖는다. 즉 첨가되는 전자가, 에너지 값이 더 큰, 비어 있는 *p* 부껍질에 놓이기 때문이다.

15족 원소들의 전자 친화도 역시 흥미롭다. 이 원소들은 절반이 채워진 *p* 부껍질을 갖기 때문에 첨가된 전자는 전자–전자 반발력이 더 큰, 이미 전자가 점유된 오비탈에 놓여야만 한다. 따라서 이러한 원소들은 양의 전자 친화도 값(N의 경우)을 갖거나, 왼쪽에 인접한 원자들보다 더 작은 음의 전자 친화도 값(P, As, Sb의 경우)을 갖는다. 같은 이유로 1차 이온화 에너지의 경향성이 불연속적임을 7.4절에서 보았다.

전자 친화도는 족에서 아래로 내려갈수록 크게 변하지 않는다(그림 7.12). 예를 들어 F의 경우는 첨가된 전자가 2*p* 오비탈에 놓이고, Cl의 경우는 3*p* 오비탈에, Br의 경우는 4*p* 오비탈에 각각 놓인다. 따라서 F에서 I로 갈수록 전자와 핵 사이의 평균 거리가 점차 증가하여 전자–핵 간 인력은 감소한다. 그러나 F에서 I로 최외각 전자를 갖는 오비탈은 점점 넓게 퍼져 전자–전자 간 반발력이 감소된다. 결과적으로 전자–핵 간 인력의 감소는 전자–전자 간 반발력의 감소로 상쇄된다.

14족 원소의 전자 친화도가 15족 원소의 전자 친화도보다 더 큰 음의 값인 이유는 무엇인가?

| 1 | 2 | 13 | 14 | 15 | 16 | 17 | 18 |
|---|---|---|---|---|---|---|---|
| H<br>−73 | | | | | | | He<br>> 0 |
| Li<br>−60 | Be<br>> 0 | B<br>−27 | C<br>−122 | N<br>> 0 | O<br>−141 | F<br>−328 | Ne<br>> 0 |
| Na<br>−53 | Mg<br>> 0 | Al<br>−43 | Si<br>−134 | P<br>−72 | S<br>−200 | Cl<br>−349 | Ar<br>> 0 |
| K<br>−48 | Ca<br>−2 | Ga<br>−30 | Ge<br>−119 | As<br>−78 | Se<br>−195 | Br<br>−325 | Kr<br>> 0 |
| Rb<br>−7 | Sr<br>−5 | In<br>−30 | Sn<br>−107 | Sb<br>−103 | Te<br>−190 | I<br>−295 | Xe<br>> 0 |

▲ **그림 7.12** 선택된 *s*와 *p* 구역 원소들의 전자 친화도(단위 kJ/mol)

*전자 친화도를 나타내는 방법에는 두 가지 부호 규약이 사용된다. 이 교재를 포함한 대부분의 교재에서는 열역학적 부호 규약을 사용한다. 즉 염소의 전자 친화도 값이 $-349$ kJ/mol일 때, 음의 부호는 전자를 첨가하는 과정이 발열 과정임을 나타낸다. 그러나 전통적으로 전자 친화도의 정의는 기체상 원자나 이온에 한 개의 전자를 첨가할 때 방출하는 에너지이다. 전자를 Cl(*g*)에 첨가할 때는 349 kJ/mol을 방출하기 때문에, 이 정의에 따르면 전자 친화도는 $+349$ kJ/mol이 된다.

## 자기 평가 연습 문제

**7.24** $Cl^-(g)$의 1차 이온화 에너지 값과 $Cl(g)$의 전자 친화도 사이의 관계에 대한 다음 두 설명 중 옳은 것은?

(a) 값의 크기는 같지만 부호가 반대이다.
(b) $Cl(g)$의 전자 친화도 > $Cl^-(g)$의 1차 이온화 에너지

## 연습 문제

**7.25** 헬륨의 1차 전자 친화도에 대한 식을 쓰시오. 이 반응의 에너지 값이 양의 값인지 음의 값인지 예측하시오. 헬륨의 전자 친화도를 직접 측정할 수 있는가?

**7.26** I와 $I^-$ 중 음의 전자 친화도를 갖는 것은 무엇인가?

**7.27** 네온의 1차 이온화 에너지와 플루오린의 전자 친화도를 고려할 때, (a) 각 과정의, 전자 배치를 포함하는 식을 작성하시오. (b) 이 두 양은 부호가 반대이다. 어느 것이 양의 값이고 어느 것이 음의 값인가? (c) 이 두 양이 크기가 같을 것으로 예측하는가? 그렇지 않다면 어느 것이 더 클 것으로 예측하는가?

자기 평가 연습 문제 답 **7.24** (a)

# 7.6 | 금속, 비금속, 준금속

원자 반지름, 이온화 에너지, 전자 친화도 개념은 각 원자의 성질이다. 그러나 비활성 기체를 제외한 어떤 원소도 자연에 원자 상태로 존재하지 않는다. 원소의 성질을 더욱 폭넓게 이해하려면, 다양한 원자들이 갖는 성질의 주기적 경향을 조사해야 한다.

탄소(C), 규소(Si), 저마늄(Ge), 주석(Sn), 납(Pb). 동일한 족에 속하는 원소 간의 차이가 14족 원소만큼 분명한 원소는 없다. 14족에서 가장 가벼운 원소인 탄소는 매우 단단한 다이아몬드에서 거

친 질감의 목탄에 이르기까지 다양한 형태로 제공된다. 목탄은 밝거나 진한 선을 그릴 수 있으면서 쉽게 제거할 수도 있어 다양한 용도로 사용할 수 있다. 14족의 맨 아래로 이동하면 비교적 무른 금속인 납이 있다. 우리 몸과 지구상의 거의 모든 생물체는 탄소를 함유한 분자로 이루어져 있으며, 납의 독성에 대해서는 잘 문서화되어 있다. 그 사이에 규소와 저마늄이 있으며, 둘 다 다이아몬드와 같은 원자 배열을 한다. 이 두 원소는 집적 회로와 컴퓨터에 광범위하게 사용되는 반도체이다. 주석은 13 ℃ 이상의 온도에서는 금속(베타-Sn 또는 백색 주석)으로, 13 ℃ 미만에서는 반도체(알파-Sn 또는 회색 주석)로 거동한다는 점에서 이중 거동을 보인다.

이 절이 끝나면 다음 사항을 수행할 수 있어야 한다.

- 원소와 원소 산화물의 일반적인 특성을 이해하기

원소는 금속, 비금속, 준금속으로 크게 분류할 수 있다(**그림 7.13**). 금속과 비금속을 구별하는 몇 가지 성질을 **표 7.3**에 요약하였다.

다음 절들에서는 주기율표 전체에 걸쳐서 나타나는 반응성의 공통적인 성향에 대해서 알아본다. 또한 이후 장에서는 비금속의 반응성과 금속의 반응성을 심도 있게 검토할 것이다.

어떤 원소가 금속의 물리적, 화학적 성질을 많이 나타낼수록 **금속성(metallic character)**이 증가한다. 그림 7.13에서 볼 수 있는 바와 같이, 금속성은 주기율표의 같은 족에서는 아래로 갈수록 증가하고, 같은 주기에서는 오른쪽으로 갈수록 감소한다. 이제 금속, 비금속, 준금속의 성질과 전자

금속성과 이온화 에너지의 주기적 경향을 비교하시오.

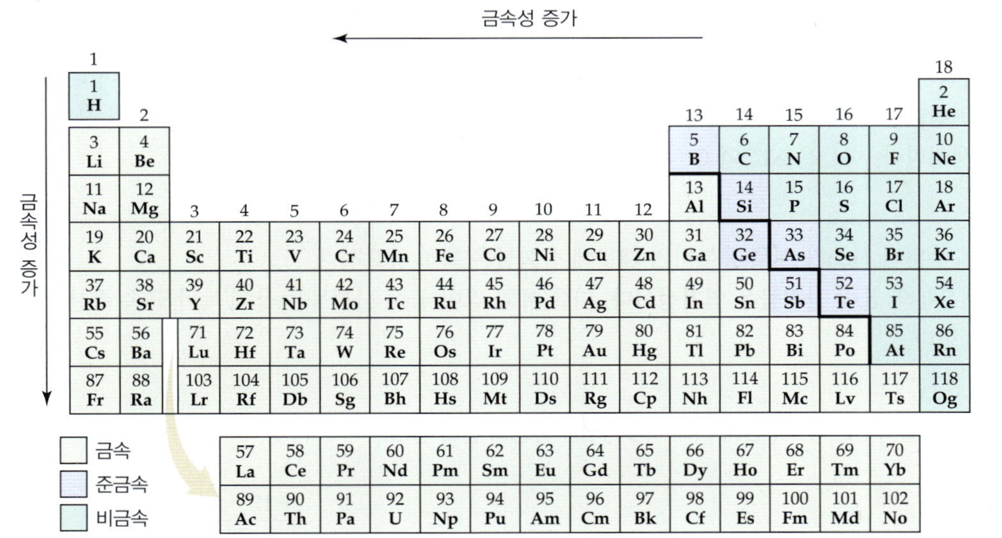


▲ 그림 7.13 금속, 준금속, 비금속

**표 7.3 금속과 비금속의 특성**

| 금속 | 비금속 |
|---|---|
| 빛나는 광택이 있다. 대부분은 은색이지만 다양한 색을 띤다. | 광택을 띠지 않는다. 다양한 색을 갖는다. |
| 고체는 전성과 연성이 있다. | 고체는 보통 깨지기 쉽다. 단단한 것도 있고 무른 것도 있다. |
| 전기와 열의 전도성이 좋은 도체이다. | 전기와 열의 전도성이 나쁘다. |
| 대부분의 금속 산화물은 염기성을 띤 이온성 고체이다. | 대부분의 비금속 산화물은 산성 용액을 생성하는 분자 물질이다. |
| 수용액에서 양이온을 형성하는 경향이 있다. | 수용액에서 음이온 또는 산소 음이온을 형성하는 경향이 있다. |

배치 사이에 존재하는 밀접한 관계를 살펴보자.

▲ 그림 7.14 금속은 빛이 나며, 전성과 연성이 있다.

## 금속

대부분의 금속 원소는 금속 특유의 빛나는 광택이 있다(그림 7.14). 금속은 열과 전기의 전도성이 있으며, 일반적으로 전성(두드려서 종이와 같이 얇게 퍼지는 성질)과 연성(가늘고 길게 늘여 전선과 같이 만들 수 있는 성질)이 있다. 실온에서 액체로 존재하는 수은(녹는점: −39°C)을 제외한 모든 금속은 실온에서 고체이다. 실온보다 약간 높은 온도에서 녹는 금속도 있지만 세슘(28.4°C)과 갈륨(29.8°C) 두 가지뿐이다. 이들을 제외한 많은 금속은 매우 높은 온도에서 녹는다. 예를 들면 형광등의 필라멘트에 쓰이는 텅스텐은 3422°C에서 녹는다.

**금속은 낮은 이온화 에너지**(그림 7.10)**를 갖는 경향이 있어서 비교적 쉽게 양이온을 형성하는 성질이 있다.** 그 결과, 금속은 화학 반응이 일어날 때 산화(전자를 잃음)된다. 기본적인 원자의 성질(반지름, 전자 배치, 전자 친화도 등) 가운데 1차 이온화 에너지는 원소가 금속과 비금속 중 어느 쪽으로 행동할 것인지를 가늠할 수 있는 가장 좋은 지표이다.

금속과 비금속의 대표적인 몇 가지 이온의 산화 상태를 그림 7.15에 나타내었다. 2.7절에서 언급한 것처럼, 화합물 중 알칼리 금속의 전하는 항상 1+이고, 알칼리 토금속의 전하는 항상 2+이다. 이러한 족들에 속하는 원자는 바깥 *s* 오비탈의 전자를 쉽게 잃고 비활성 기체의 전자 배치를 갖는다. *p* 오비탈이 부분적으로 채워진 족(13~17족)의 금속은 바깥 *p* 오비탈의 전자를 잃거나(예를 들어 $Sn^{2+}$의 경우) *s* 오비탈과 *p* 오비탈의 전자를 함께 잃어(예를 들어 $Sn^{4+}$의 경우) 양이온이 된다. 전이 금속 이온의 전하는 일정한 방식을 따르지 않는다. 전이 금속의 특징 중 하나는 두 가지 이상의 양이온을 형성할 수 있다는 것이다. 예를 들면 $Fe^{2+}$와 $Fe^{3+}$ 화합물은 모두 매우 흔한 화합물이다.

**금속과 비금속으로 이루어진 화합물은 이온 결합 물질이 되는 경향이 있다.** 예를 들어 대부분의 금속 산화물과 할로젠화물은 이온성 고체이다. 한 예로, 니켈 금속과 산소가 반응하면 산화 니켈을 생성한다. 이들은 $Ni^{2+}$와 $O^{2-}$를 포함하는 이온성 고체이다.

$$2\,Ni(s) + O_2(g) \longrightarrow 2\,NiO(s) \quad [7.7]$$

우리 주위에 산소가 매우 풍부하기 때문에 산화물은 특히 중요하다.

**대부분의 금속 산화물은 염기성이다.** 다음 예와 같이 금속 산화물은 물에 녹아 금속 수산화물을 생성한다.

붉은색의 계단형 선은 금속과 비금속을 구분한다. 이 선에 의해 나누어지는 공통적 산화 상태는 어떠한가?

| 1 | 2 | | | | | | 전이 금속 | | | | | 13 | 14 | 15 | 16 | 17 | 18 |
|---|---|---|---|---|---|---|---|---|---|---|---|---|---|---|---|---|---|
| $H^+$ | | | | | | | | | | | | | | | | $H^-$ | |
| $Li^+$ | | | | | | | | | | | | | | $N^{-3}$ | $O^{-2}$ | $F^-$ | |
| $Na^+$ | $Mg^{+2}$ | | | | | | | | | | | $Al^{+3}$ | | $P^{-3}$ | $S^{-2}$ | $Cl^-$ | 비활성 기체 |
| $K^+$ | $Ca^{+2}$ | $Sc^{+3}$ | $Ti^{+4}$ | $V^{+5}$ $V^{+4}$ | $Cr^{+3}$ | $Mn^{+2}$ $Mn^{+4}$ | $Fe^{+2}$ $Fe^{+3}$ | $Co^{+2}$ $Co^{+3}$ | $Ni^{+2}$ | $Cu^+$ $Cu^{2+}$ | $Zn^{+2}$ | | | | $Se^{-2}$ | $Br^-$ | |
| $Rb^+$ | $Sr^{+2}$ | $Y^{+3}$ | $Zr^{+4}$ | | | | | | $Pd^{+2}$ | $Ag^+$ | $Cd^{+2}$ | | $Sn^{+2}$ $Sn^{+4}$ | $Sb^{+3}$ $Sb^{+5}$ | $Te^{-2}$ | $I^-$ | |
| $Cs^+$ | $Ba^{+2}$ | $Lu^{+3}$ | $Hf^{+4}$ | | | | | | $Pt^{+2}$ | $Au^+$ $Au^{+3}$ | $Hg_2^{+2}$ $Hg^{+2}$ | | $Pb^{+2}$ $Pb^{+4}$ | $Bi^{+3}$ $Bi^{+5}$ | | | |

▲ 그림 7.15 원소의 대표적인 산화 상태 수소는 양의 산화수(+1)와 음의 산화수(−1)를 모두 나타낸다.

$$\text{금속 산화물} + \text{물} \longrightarrow \text{금속 수산화물}$$

$$Na_2O(s) + H_2O(l) \longrightarrow 2\,NaOH(aq) \quad [7.8]$$

$$CaO(s) + H_2O(l) \longrightarrow Ca(OH)_2(aq) \quad [7.9]$$

금속 산화물의 염기성은 물과 반응하는 산화 이온에 기인한 것이다.

$$O^{2-}(aq) + H_2O(l) \longrightarrow 2\,OH^-(aq) \quad [7.10]$$

## 예제 7.8
### 금속 산화물의 성질

**(a)** 산화 스칸듐은 실온에서 고체, 액체, 기체 중 어떤 상태로 존재할지 예측하시오.
**(b)** 산화 스칸듐이 질산과 반응할 때의 균형 맞춘 화학 반응식을 쓰시오.

**해답**

**분석과 계획** 산화 스칸듐의 물리적 성질(실온에서의 상태)과 화학적 성질(질산과의 반응)에 대한 질문이다.

**풀이**

**(a)** 산화 스칸듐은 금속 산화물이므로 이온성 고체일 것으로 예측할 수 있다. 실제로 그러하며, 2485 °C의 매우 높은 녹는점을 갖고 있다.

**(b)** 화합물에서, 스칸듐의 전하는 3+($Sc^{3+}$)이며, 산화 이온은 $O^{2-}$이다. 따라서 산화 스칸듐의 화학식은 $Sc_2O_3$이다. 금속 산화물은 염기성이 되는 경향이 있으므로, 산과 반응하여 염과 물을 생성한다. 이 경우 생성되는 염은 질산 스칸듐($Sc(NO_3)_3$)이다.

$$Sc_2O_3(s) + 6\,HNO_3(aq) \longrightarrow 2\,Sc(NO_3)_3(aq) + 3\,H_2O(l)$$

**▶ 보충 예제**

어떤 금속 산화물의 화학식이 $M_2O_3$이고, 물에 용해된다고 가정하자. 다음 물질들이 물에 용해되었을 때의 주요 생성물(들)이 무엇인지 쓰시오.

**(a)** $MH_3(aq) + O_2(g)$
**(b)** $M(s) + H_2(g) + O_2(g)$
**(c)** $M^{3+}(aq) + H_2O_2(aq)$
**(d)** $M(OH)_2(aq)$
**(e)** $M(OH)_3(aq)$

**그림 7.16**에서처럼, 물에 녹지 않는 금속 산화물조차도 산과 반응하여 염과 물을 생성함으로써 염기성을 나타낸다.

$$\text{금속 산화물} + \text{산} \longrightarrow \text{염} + \text{물}$$

$$NiO(s) + 2\,HNO_3(aq) \longrightarrow Ni(NO_3)_2(aq) + H_2O(l) \quad [7.11]$$

NiO가 $NaNO_3$ 수용액에 녹을 것이라고 예상하는가?

▲ **그림 7.16** 금속 산화물은 산과 반응한다. NiO는 물에 녹지 않지만, 질산($HNO_3$)과 반응하여 녹색의 $Ni(NO_3)_2$ 용액이 된다.

황은 전성을 가질까?

▲그림 7.17 중세 시대에 '유황(brimstone)'으로 알려진 황은 비금속이다.

## 비금속

비금속은 고체, 액체, 기체로 존재할 수 있다. 비금속은 광택이 없으며, 일반적으로 열과 전기 등의 전도성이 좋지 못하다. 비금속의 녹는점은 일반적으로 금속보다 낮다(다만, 탄소로 구성된 다이아몬드는 예외적으로 3570°C에서 녹는다.) 일반적인 조건에서는 7개의 비금속이 이원자 분자로 존재한다. 이들 중 5가지는 기체($H_2$, $N_2$, $O_2$, $F_2$, $Cl_2$), 한 가지는 액체($Br_2$), 다른 한 가지는 휘발성 고체($I_2$)이다. 비활성 기체를 제외하고, 나머지 비금속은 다이아몬드처럼 단단하거나 황처럼 부드러운 고체이다(그림 7.17).

**비금속은 상대적으로 큰 음의 전자 친화도를 갖고 있기 때문에, 금속과 반응하였을 때 전자를 얻고자 하는 경향이 있다.** 예를 들어 브로민과 알루미늄이 반응하면, 이온 결합 화합물인 브로민화 알루미늄이 생성된다.

$$2\,Al(s) + 3\,Br_2(l) \longrightarrow 2\,AlBr_3(s) \qquad [7.12]$$

비금속은 충분한 전자를 받아들여 바깥 $p$ 부껍질을 완전히 채우고, 비활성 기체의 전자 배치를 갖는다. 예를 들면 브로민 원자는 전자 한 개를 얻어 $4p$ 부껍질을 완전히 채운다.

$$Br([Ar]4s^23d^{10}4p^5) + e^- \Rightarrow Br^-([Ar]4s^23d^{10}4p^6)$$

**비금속만으로 구성된 화합물은 전형적인 분자성 물질**이고, 실온에서 기체, 액체, 낮은 녹는점을 가지는 고체로 존재한다. 예로 연료로 사용되는 탄화수소(메테인($CH_4$), 프로페인($C_3H_8$), 옥테인($C_8H_{18}$))와 HCl, $NH_3$, $H_2S$ 기체 등이 있다. 많은 의약품은 C, H, N, O 및 다른 비금속으로 구성된 분자들이다. 예를 들어 의약품인 셀레브렉스(Celeblex®)의 분자식은 $C_{17}H_{14}F_3N_3O_2S$이다.

**대부분 비금속 산화물은 산성이다.** 이는 이들이 물에 녹아 산을 생성한다는 것을 의미한다.

$$\text{비금속 산화물} + \text{물} \longrightarrow \text{산}$$

$$CO_2(g) + H_2O(l) \longrightarrow H_2CO_3(aq) \qquad [7.13]$$

$$P_4O_{10}(s) + 6\,H_2O(l) \longrightarrow 4\,H_3PO_4(aq) \qquad [7.14]$$

물과 이산화 탄소의 반응(그림 7.18)은 탄산수가 산성을 나타내는 이유와 빗물이 약간의 산성을 띠는 이유를 설명해 준다. 황은 석유와 석탄에 존재하기 때문에, 이와 같은 연료가 연소하면 이산화 항과 삼산화 황을 생성한다. 이런한 물질은 물에 녹아 세계 곳곳에서 주된 환경 오염원인 **산성비**(acid rain)을 만든다. 산과 같이 대부분의 비금속 산화물은 염기성 용액에 녹아 염과 물을 생성한다.

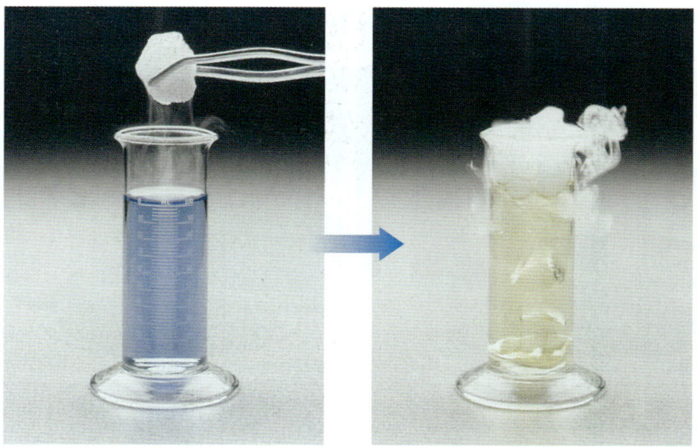

▲그림 7.18 브로모티몰 블루(bromothymol blue) 지시약을 녹인 물과 $CO_2$의 반응 초기의 푸른색 용액은 물이 약간의 염기성을 띠는 것을 나타낸다. 고체 상태의 이산화 탄소(드라이아이스, $CO_2(s)$) 조각을 넣으면 노란색으로 변하는데, 이는 산성 용액임을 나타낸다. 연기는 반응 전 승화하는 차가운 $CO_2$ 기체에 의해 공기로부터 응축된 물방울이다.

$$\text{비금속 산화물} + \text{염기} \longrightarrow \text{염} + \text{물}$$
$$CO_2(g) + 2\,NaOH(aq) \longrightarrow Na_2CO_3(aq) + H_2O(l) \quad [7.15]$$

▲그림 7.19 규소 원소

## 준금속

준금속은 금속과 비금속의 중간 성질을 갖는다. 준금속은 약간의 금속성을 갖고 있으나 나머지는 갖고 있지 않다. 예를 들어 규소는 금속처럼 보이지만(그림 7.19), 전성이 없고 오히려 깨지기 쉬우며, 금속만큼 열과 전기를 잘 전달하지도 않는다.

### 예제 7.9
비금속 산화물의 반응

고체 이산화 셀레늄($SeO_2$)과 (a) 물, (b) 수산화 소듐 수용액이 반응할 때, 각각의 균형 맞춘 화학 반응식을 쓰시오.

**해답**

**분석과 계획** 우선 셀레늄(Se)이 비금속이라는 것에 주목한다. 따라서 물 또는 NaOH와 같은 염기와 비금속 산화물이 반응할 때의 화학 반응식을 쓴다. 비금속 산화물은 산성이므로, 물과 반응하여 산을 생성하고, 염기와 반응하여 염과 물을 생성한다.

**풀이**

(a) 이산화 셀레늄과 물의 반응은 이산화 탄소와 물의 반응과 비슷하다(식 7.13).

$$SeO_2(s) + H_2O(l) \longrightarrow H_2SeO_3(aq)$$

(일반적으로 $SeO_2$는 고체이고, $CO_2$가 기체라는 사실은 중요하지 않다. 중요한 것은 둘 다 수용성 비금속 산화물이라는 사실이다.)

(b) 수산화 소듐과의 반응은 식 7.15의 것과 비슷하다.

$$SeO_2(s) + 2\,NaOH(aq) \longrightarrow Na_2SeO_3(aq) + H_2O(l)$$

**▶ 보충 예제**

다음 산화물 $SO_2$, $Y_2O_3$, MgO, $Cl_2O$, $N_2O_5$ 중에서 물에서 산성 용액이 되는 것은 몇 가지인가?

(a) 1 (b) 2 (c) 3 (d) 4 (e) 5

몇몇 준금속, 특히 규소는 전기 반도체로, 집적회로와 컴퓨터 칩의 제조에 사용되는 중요한 원소이다. 준금속이 집적 회로에 사용될 수 있는 한 가지 이유는 전기 전도도가 금속과 비금속의 중간 정도이기 때문이다. 매우 순수한 규소는 전기 부도체이지만 **혼입물**(dopant)이라고 하는 특정한 불순물을 첨가함으로써 전도도가 매우 향상될 수 있다. 즉 화학 조성을 조절함으로써 전기 전도도의 조절이 가능하다. 이러한 준금속의 성질을 12장에서 다시 논의할 것이다.

# 자기 평가 연습 문제

**7.28** X가 원소인 화합물 $XCl_2$의 녹는점은 −121°C이다. 이 화합물이 이온성인지, 분자성인지 예측하시오.

(a) 이온성
(b) 분자성

# 연습 문제

**7.29** (a) 주기율표의 행을 가로질러 왼쪽에서 오른쪽으로 갈 때 금속성은 증가하는 경향을 보이는가, 감소하는 경향을 보이는가, 혹은 변하지 않는가? (b) 금속성은 주기율표의 열에서 내려갈수록 증가하는 경향을 보이는가, 감소하는 경향을 보이는가, 혹은 변하지 않는가? (c) (a)와 (b)의 주기적인 경향은 1차 이온화 에너지의 주기적인 경향과 같은가 또는 다른가?

**7.30** 이 장을 대해 토론하면서, 동급생이 "일반적으로 양이온을 형성하는 원소는 금속이야."라고 말했다. 이 말에 동의하는가? 동의하지 않는가?

**7.31** 다음 각 산화물 ZnO, $K_2O$, $SO_2$, $OF_2$, $TiO_2$가 이온성인지 분자성인지 예측하시오.

**7.32** 지르코늄(II) 산화물, ZrO가 HCl(*aq*)과 NaOH(*aq*) 중 어느 물질과 더 쉽게 반응할 것으로 예상하는가?

**7.33** 염소는 산소와 반응하여 $Cl_2O_7$을 형성한다. (a) 이 생성물의 이름은 무엇인가(표 2.6을 보시오)? (b) 원소로부터 $Cl_2O_7(l)$ 형성에 대한 균형 맞춘 반응식을 작성하시오. (c) $Cl_2O_7$이 $H^+(aq)$ 또는

$OH^-(aq)$에 대해 어느 것에 더 반응성이 있을 것으로 예측하는가? **(d)** $Cl_2O_7$의 산소가 −2 산화 상태를 갖는다고 가정할 때, Cl의 산화 상태는 얼마인가? 이 산화 상태에서 Cl의 전자 배열은 무엇인가?

**7.34** 다음 반응의 균형 맞춘 반응식을 작성하시오. **(a)** 삼염화 붕소와 물 **(b)** 코발트(II) 산화물과 질산 **(c)** 오산화 인과 물 **(d)** 이산화 탄소와 수산화 바륨 수용액

자기 평가 연습 문제 답 **7.28 (b)**

# 7.7 | 1족 금속과 2족 금속의 경향

▲ **그림 7.20** 소듐은 다른 알칼리 금속과 마찬가지로, 칼로 자를 수 있을 정도로 부드럽다.

1820년대에 Goldsworth Gurney는 칼슘 산화물을 수소–산소와 함께 가열하였을 때 강렬한 백색광으로 빛나는 것을 발견하였다. 이것은 1830년대와 1840년대에 극장에서 채택되어 '각광을 받으며'라는 표현이 탄생했다. 이 조명이 효과적이기는 했지만, 지속적인 주의가 필요했고 화재의 위험이 있었다. 결과적으로 1789년 Thomas Edison이 전기 조명을 발명하자, 이내 대체되었다.

이 절이 끝나면 다음 사항을 수행할 수 있어야 한다.

• 1족과 2족 금속의 화학적 개요 파악하기

지금까지 살펴본 것처럼, 같은 족의 원소들은 일반적인 유사점을 갖는다. 그런데 같은 족 안에서도 경향이 존재한다. 이 절에서는 주기율표와 전자 배치의 지식을 이용하여 **알칼리 금속(alkali metal)**과 **알칼리 토금속(alkaline earth metal)**의 화학을 알아보고자 한다.

## 1족: 알칼리 금속

알칼리 금속은 부드러운 금속 고체이다(그림 7.20). 모든 알칼리 금속은 은빛, 금속 광택, 높은 열 전도성, 전기 전도도와 같은 금속성을 갖는다. **알칼리**(alkali)라는 명칭은 '재(ash)'를 의미하는 아랍어에서 나왔다. 초기 화학자들은 알칼리 금속인 소듐과 포타슘의 많은 화합물을 나무 재로부터 분리하였다.

표 7.4에서 보는 바와 같이, 알칼리 금속은 밀도와 녹는점이 낮으며, 이러한 성질은 원자 번호가 증가함에 따라 상당히 규칙적으로 바뀐다. 같은 족에서는 아래로 내려갈수록, 원자 반지름의 증

**표 7.4 알칼리 금속의 몇 가지 성질**

| 원소 | 전자 배치 | 녹는점(°C) | 밀도($g/cm^3$) | 원자 반지름(pm) | $I_1$(kJ/mol) |
|---|---|---|---|---|---|
| 리튬 | [He]$2s^1$ | 181 | 0.53 | 128 | 520 |
| 소듐 | [Ne]$3s^1$ | 98 | 0.97 | 166 | 496 |
| 포타슘 | [Ar]$4s^1$ | 63 | 0.86 | 203 | 419 |
| 루비듐 | [Kr]$5s^1$ | 39 | 1.53 | 220 | 403 |
| 세슘 | [Xe]$6s^1$ | 28 | 1.88 | 244 | 376 |

가, 1차 이온화 에너지의 감소 등과 같은 일반적인 경향을 보인다. 알칼리 금속은 자기가 속한 주기 내에서 가장 낮은 $I_1$ 값을 갖는데(그림 7.10), 바깥 $s$ 오비탈의 전자는 상대적으로 쉽게 제거될 수 있기 때문이다. 결과적으로, 알칼리 금속은 매우 반응성이 좋아 전자 한 개를 쉽게 잃고 1+ 전하를 갖는 이온이 된다.

알칼리 금속은 자연에서 오직 화합물 형태로만 존재한다. 소듐과 포타슘은 상대적으로 지표, 바닷물, 생물체 내에 풍부하며, 이온 결합 화합물에서 양이온으로 존재한다. 모든 알칼리 금속은 대부분 비금속과 직접 결합한다. 예를 들어 알칼리 금속은 수소와 반응하여 수소화물을 만들고, 황과 반응하여 황화물을 만든다.

$$2\,M(s) + H_2(g) \longrightarrow 2\,MH(s) \quad [7.16]$$

$$2\,M(s) + S(s) \longrightarrow M_2S(s) \quad [7.17]$$

위 식에서 M은 임의의 알칼리 금속을 나타낸다. 알칼리 금속의 수소화물(LiH, NaH 등)에서 수소는 $H^-$(**수소화 이온(hydride ion)**)로 존재한다. 수소 원자가 전자 한 개를 얻어 생성된 수소화 이온은, 중성의 수소 원자에서 전자를 한 개 잃어 생성된 수소 이온인 $H^+$와 구별된다.

알칼리 금속은 물과 격렬하게 반응하여 수소 기체와 수산화 알칼리 금속 용액을 생성한다.

$$2\,M(s) + 2\,H_2O(l) \longrightarrow 2\,MOH(aq) + H_2(g) \quad [7.18]$$

이러한 반응은 매우 많은 열을 내는 발열 반응이다(**그림 7.21**). 많은 경우, $H_2$를 점화시키기에 충분한 열이 발생되며, 불꽃이 생기거나 때로는 K가 물과 반응하는 것과 같이 폭발하기도 한다.

포타슘 금속과 비교할 때, 루비듐 금속의 물과의 반응성이 더 좋을 것이라고 생각하는가, 나쁠 것이라고 생각하는가?

Li Na K

▲그림 7.21 알칼리 금속은 물과 격렬하게 반응한다.

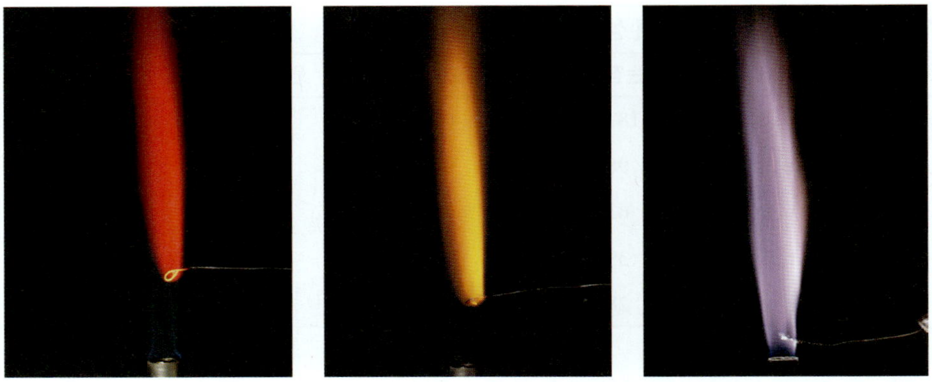

Li Na K

▲ 그림 7.22 알칼리 금속의 이온을 불꽃 속에 넣으면, 특정한 파장의 빛을 낸다.

이 반응은 K보다 이온화 에너지가 작은 알칼리 금속인 Rb와, 특히 Cs의 경우 더욱 격렬하다.

가장 흔한 산소 이온은 산화 이온($O^{2-}$)이다. 알칼리 금속과 산소의 반응으로 금속 산화물을 생성할 것으로 예상할 수 있다. 실제로 Li 금속과 산소의 반응으로 산화 리튬이 생성된다.

$$4\,Li(s) + O_2(g) \longrightarrow \underset{\text{산화 리튬}}{2\,Li_2O(s)} \quad [7.19]$$

$Li_2O$ 및 기타 용해성 금속 산화물은 물에 용해될 때 $O^{2-}$가 $H_2O$와 반응하여 수산화 이온을 생성한다(식 7.10).

반면에, 다른 알칼리 금속과 산소의 반응은 좀 더 복잡하다. 예를 들어 소듐이 산소와 반응할 때, 주 생성물은 $O_2^{2-}$ 이온을 포함한 **과산화**(peroxide) 소듐이다.

$$2\,Na(s) + O_2(g) \longrightarrow \underset{\text{과산화 소듐}}{Na_2O_2(s)} \quad [7.20]$$

포타슘, 루비듐, 세슘은 산소와 반응하여 $O_2^-$ 이온(**초과산화 이온**(superoxide ion)이라고 하는)을 포함한 화합물을 생성한다. 예를 들어 포타슘은 다음과 같이 초과산화 포타슘($KO_2$)을 생성한다.

$$K(s) + O_2(g) \longrightarrow \underset{\text{초과산화 포타슘}}{KO_2(s)} \quad [7.21]$$

대개의 경우, 금속과 산소의 반응은 금속 산화물을 만들기 때문에 식 7.20과 7.21의 반응은 쉽게 예상할 수 있는 것이 아니다.

반응식 7.18~7.21을 통해 분명히 알 수 있듯이, 알칼리 금속은 물과 산소에 대하여 매우 반응성이 크다. 이러한 이유로, 알칼리 금속은 보통 등유 또는 광유와 같은 액체 탄화수소에 보관한다.

알칼리 금속 이온은 무색이지만, 불꽃에 넣으면 특정 색깔의 빛을 방출한다(**그림 7.22**). 알칼리 금속 이온은 불꽃 속에서 기체 상태의 금속 원자로 환원된다. 불꽃의 높은 온도로 인해 원자가 전자가 바닥 상태에서 고에너지 오비탈로 들뜨게 되어 원자가 들뜬 상태로 된다. 이후에 전자가 낮은 에너지 오비탈로 떨어지면서 가시광선의 형태로 에너지를 방출하게 된다. 각 원소마다 특정한 파장의 빛을 방출하는데, 이것은 앞의 장에서 살펴본 수소와 소듐의 선 스펙트럼과 같다. 소듐에서 방출되는 589 nm의 노란 빛이 소듐 가스등의 기본 원리이다(**그림 7.23**).

## 2족: 알칼리 토금속

알칼리 금속처럼 모든 알칼리 토금속은 실온에서 고체이고, 전형적인 금속성을 갖는다(**표 7.5**). 알칼리 금속과 비교해 보면, 알칼리 토금속은 더 단단하고, 더 밀도가 높고, 더 높은 온도에서 녹는다.

만약 포타슘 가스등이 있다면, 어떤 색깔을 띠겠는가?

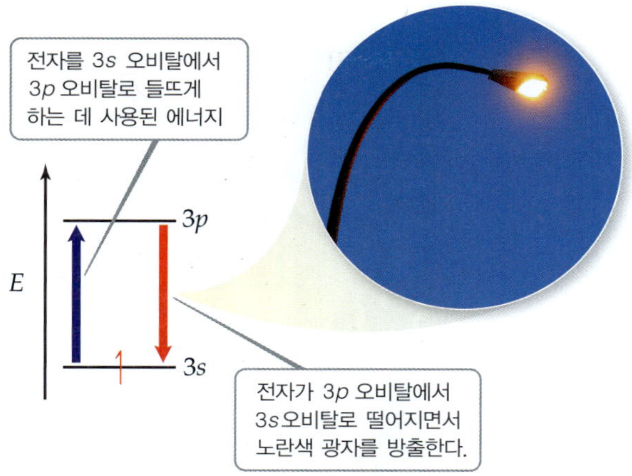


▲ **그림 7.23** 소듐 램프에서 나오는 특유의 노란색 빛은 고에너지 3p 오비탈의 전자들이 저에너지 3s 오비탈로 떨어진 결과물이다.

## 예제 7.10
### 알칼리 금속의 반응

세슘 금속과 (a) $Cl_2(g)$, (b) $H_2O(l)$, (c) $H_2(g)$가 반응할 때, 각 경우의 균형 맞춘 화학 반응식을 쓰시오.

### 해답

**분석과 계획** 세슘은 알칼리 금속이므로 세슘의 화학은 Cs가 $Cs^+$ 이온으로 산화하는 것에 달려 있다. 또한 세슘은 주기율표의 아래쪽에 있는데, 이는 모든 금속 중에서 반응성이 가장 큰 것 중의 하나임을 의미하므로, 세 물질 모두와 반응할 것이다.

**풀이** Cs와 $Cl_2$ 사이의 반응은 금속과 비금속 사이의 간단한 결합 반응으로, 이온 결합 화합물 CsCl을 생성한다.

$$2\,Cs(s) + Cl_2(g) \longrightarrow 2\,CsCl(s)$$

반응식 7.18과 7.16으로부터, 세슘은 물, 수소와 다음과 같이 반응할 것으로 예측할 수 있다.

$$2\,Cs(s) + 2\,H_2O(l) \longrightarrow 2\,CsOH(aq) + H_2(g)$$
$$2\,Cs(s) + H_2(g) \longrightarrow 2\,CsH(s)$$

세 반응은 모두 세슘이 $Cs^+$ 이온을 만드는 산화–환원 반응이다. $Cl^-$, $OH^-$, $H^-$는 모두 1− 이온이므로, 생성물과 $Cs^+$ 이온의 화학량론은 1∶1이다.

▶ **보충 예제**

알칼리 금속 M과 산소 기체의 반응성에 대한 다음 세 문장에 대하여 답하시오.

(i) 주기율표에서의 위치로 볼 때, 예상되는 생성물은 $M_2O$이다.
(ii) 몇몇 알칼리 금속은 산소와 반응하여 금속 과산화물 또는 금속 초과산화물을 생성한다.
(iii) 알칼리 금속 산화물은 물에 용해되어 염기성 용액을 만든다.

(i), (ii), (iii)에 대한 설명 중 옳은 것은 어느 것인가?
**(a)** 한 문장만이 참이다.
**(b)** (i)과 (ii)만 참이다.
**(c)** (i)과 (iii)만 참이다.
**(d)** (ii)와 (iii)만 참이다.
**(e)** 모두 참이다.

**표 7.5 알칼리 토금속의 몇 가지 성질**

| 원소 | 전자 배치 | 녹는점(°C) | 밀도($g/cm^3$) | 원자 반지름(pm) | $I_1$(kJ/mol) |
|---|---|---|---|---|---|
| 베릴륨 | $[He]2s^2$ | 1287 | 1.85 | 96 | 899 |
| 마그네슘 | $[Ne]3s^2$ | 650 | 1.74 | 141 | 738 |
| 칼슘 | $[Ar]4s^2$ | 842 | 1.55 | 176 | 590 |
| 스트론튬 | $[Kr]5s^2$ | 777 | 2.63 | 195 | 549 |
| 바륨 | $[Xe]6s^2$ | 727 | 3.51 | 215 | 503 |

## 화학과 생명 놀라운 리튬 약물의 개발

알칼리 금속 이온은 대부분의 화학 반응에서 그 역할이 별로 중요하지 않다. 4.2절에서 보인 것처럼, 모든 알칼리 금속의 염은 물에 녹고, 그 이온은 대부분의 수용액상 반응에서 구경꾼이다(알칼리 금속이 식 7.16~7.21과 같이 원소 형태로 있을 때만 예외이다). 하지만 이러한 이온들은 인간의 생리 작용에서는 매우 중요한 역할을 하고 있다. 예를 들어 소듐 이온과 포타슘 이온은 혈장과 세포 내액의 중요한 요소이며, 그 농도가 각각 평균 0.1 *M*에 이른다. 이러한 전해질들은 일반적인 세포 기능에 있어 매우 중요한 이온의 전달자이다. 이와 달리, 리튬 이온은 보통의 인간 생리 작용에서 알려진 기능이 없었다. 하지만 1817년에 처음 리튬을 발견한 이후로, 사람들은 리튬 금속의 염이 거의 신비적인 치료 효과가 있다고 믿어 왔다. 그중에는 리튬 이온이 고대 '젊음의 샘'의 구성 성분이라고 주장한 것도 있다. 1927년에 C. L. Grigg는 리튬이 들어 있는 음료수를 팔기 시작했다. 그 음료수의 거창하였던 초창기 이름은 "Bib-Label Lithiated Lemon-Lime Soda"였는데, 곧 우리에게 친숙한 7UP®이라는 이름으로 바뀌었다(그림 7.24).

▲**그림 7.24 리튬은 이제 그만** 청량 음료인 7UP®은 원래 리튬염을 함유하였다. 이것이 '풍부한 에너지, 열정, 건강한 안색, 빛나는 머릿결, 반짝이는 눈'을 가능하게 한다 하여 건강에 유익한 것으로 여겨졌다. 리튬은 1950년대 초반에 음료수에서 사라졌지만, 같은 시기에 $Li^+$가 정신병 치료에 사용될 수 있다는 것이 발견되었다.

미국 식품안전의약청의 권고로, 1950년대 초반 리튬은 7UP®에서 제거되었다. 거의 동시에, 정신과 의사들은 리튬 이온이 정신병인 **조울증**(bipolar disorder)에 뛰어난 치료 효과가 있음을 발견하였다. 이 질환으로 고통받는 사람들은 깊은 우울 상태로부터 극도의 행복감에 이르는 급격한 감정의 기복을 겪는다. 리튬 이온은 이러한 기분의 변화를 진정시켜 조울증 환자들이 효과적으로 일상생활을 할 수 있도록 돕고 있다.

이러한 $Li^+$의 정신 질환 치료 역할은 1940년대 호주의 정신과 의사인 John Cade(1912~1980)에 의해 우연히 발견되었다. 당시 그는 소변의 성분이었던 요산을 이용하여 조울증을 치료하는 연구를 수행 중이었다. 그는 조울증이 있는 동물에 요산을 투여하였는데, 가장 안정하면서 용해 가능한 염인 요산 리튬을 이용한 결과, 많은 경우에 조울증이 없어지는 것을 발견하였다. 나중에 요산 자체는 전혀 치료 효과가 없다는 것이 밝혀지고 $Li^+$ 이온이 효과적이라는 것이 밝혀졌다. 리튬의 과다 섭취는 사람들에게 심각한 부작용을 초래할 수 있기 때문에, 1970년대에 이르기까지 인간의 정신 질환 치료제로서 리튬염의 사용은 승인되지 못하였다. 오늘날 $Li^+$는 보통 $Li_2CO_3$의 형태로 경구 투여되며, 이는 현재 처방되는 약물인 Eskalith®의 활성 성분이다. 리튬 약물은 약 70%의 조울증 처방 환자에 효과가 있는 것으로 알려졌다.

현재처럼 정교한 약물 설계 및 바이오기술이 발전된 시대에도, 간단한 리튬 이온은 여전히 해로운 정신질환에 가장 효과적인 치료제이다. 놀랍게도 수많은 연구에도 불구하고 아직 과학자들은 리튬이 치료 효과를 유발하는 생화학 과정을 완전히 이해하지 못하고 있다. $Li^+$는 $Na^+$와 유사하기 때문에, 혈장 내에 포함되어 있고 신경과 근육 세포의 행동에 영향을 미친다. 하지만 $Li^+$는 $Na^+$보다 작기 때문에(그림 7.8), $Li^+$가 인간 세포에서 분자들과 상호 작용하는 방법은 $Na^+$와는 다르다. 또 다른 연구에 따르면 $Li^+$가 정신 질환 치료제로서 효과를 나타내는 것으로 생각되는 특정 신경 전달 물질의 기능을 변화시키는 것이 밝혀졌다.

알칼리 토금속은 1차 이온화 에너지가 낮지만, 알칼리 금속의 1차 이온화 에너지만큼 낮지는 않다. 결과적으로, 알칼리 토금속은 이웃한 알칼리 금속보다 반응성이 작다. 7.4절에서 설명한 바와 같이, 원소들이 전자를 잃기 쉬운 정도는 주기율표의 왼쪽에서 오른쪽으로 갈수록 감소하고, 같은 족에서 아래로 갈수록 증가한다. 따라서 가장 가벼운 알칼리 토금속 원소인 베릴륨과 마그네슘은 가장 반응성이 작다.

2족에서 반응성이 증가하는 경향은 알칼리 토금속과 물의 반응으로 나타난다. 베릴륨은 물이나, 심지어 아주 뜨겁게 가열된 수증기와도 반응하지 않는다. 마그네슘은 물과 반응하지 않지만, 수증기와는 좀 더 쉽게 반응한다.

$$Mg(s) + H_2O(g) \longrightarrow MgO(s) + H_2(g) \qquad [7.22]$$

칼슘과 그 아래의 다른 원소들은 실온에서 물과 쉽게 반응한다(하지만 주기율표의 이웃에 있는 알칼리 금속보다는 느리게 반응한다). 예를 들어 칼슘과 물의 반응은 다음과 같다(그림 7.25).

$$Ca(s) + 2\,H_2O(l) \longrightarrow Ca(OH)_2(aq) + H_2(g) \quad [7.23]$$

식 7.22와 7.23에 나타낸 반응은 알칼리 토금속 원소들의 반응성에 나타나는 중요 패턴을 보여 준다. 즉 최외각의 전자 두 개를 잃고, 2+ 이온을 생성하는 경향을 나타낸다. 예를 들어 마그네슘은 실온에서 염소와 반응하여 $MgCl_2$를 생성하고, 공기(주로 산소) 중에서 눈부신 빛을 내면서 연소하여 MgO를 생성한다.

$$Mg(s) + Cl_2(g) \longrightarrow MgCl_2(s) \quad [7.24]$$

$$2\,Mg(s) + O_2(g) \longrightarrow 2\,MgO(s) \quad [7.25]$$

$O_2$가 존재할 때, 마그네슘 금속을 보호하는 것은 물에 녹지 않는 MgO의 얇은 코팅이다. 따라서 비록 Mg가 반응성이 크더라도, 자동차 비퀴 등에 사용되는 경량 구조 합금 재료를 만드는 혼합 재료로 사용된다. 알칼리 토금속 중 무거운 원소(Ca, Sr, Ba)는 비금속에 대한 반응성이 마그네슘보다 크다.

무거운 알칼리 토금속 이온은 강한 불꽃에서 특유의 색깔을 낸다. 스트론튬염은 불꽃놀이에서 번쩍이는 붉은색을, 바륨염은 녹색을 낸다.

이웃 족의 소듐이나 포타슘처럼, 마그네슘과 칼슘은 지표나 바닷물에 상대적으로 풍부하며, 생명체 내에서 이온 결합 화합물의 양이온으로 필수적이다. 칼슘은 골격과 치아의 발육 및 유지에 특히 중요하다.

기포를 생성시키는 원인은 무엇인가? 제시한 답을 어떻게 확인해 볼 수 있는가?

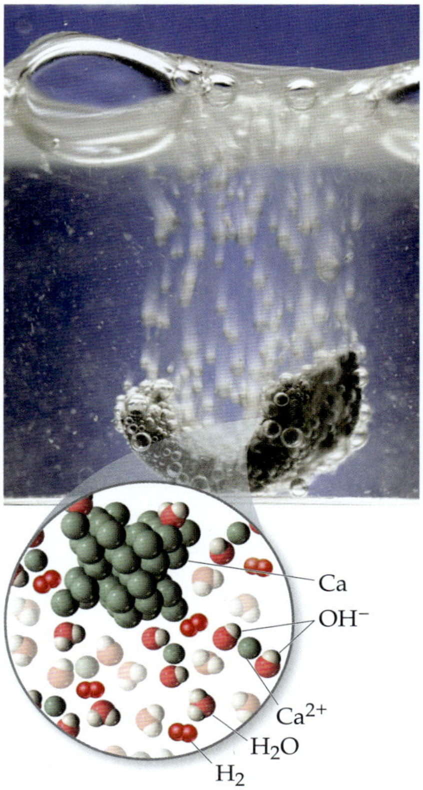


▲ 그림 7.25 칼슘 원소는 물과 반응한다.

## 자기 평가 연습 문제

**7.35** 다음 이온 중 반지름이 더 작은 것을 예측하시오.
**(a)** $K^+$
**(b)** $Ca^{2+}$

## 연습 문제

**7.36** **(a)** 칼슘이 일반적으로 베릴륨보다 반응성이 더 큰 이유는 무엇인가? **(b)** 칼슘이 일반적으로 루비듐보다 반응성이 낮은 이유는 무엇인가?

**7.37** 다음 각 경우에 일어나는 반응의 균형 맞춘 반응식을 작성하시오.
**(a)** 포타슘 금속이 염소 기체 대기에 노출되었다.
**(b)** 산화 스트론튬을 물에 첨가한다.
**(c)** 리튬 금속의 새로운 표면이 산소 기체에 노출된다.
**(d)** 금속 소듐이 용융된 황과 반응한다.

**7.38** **(a)** 7.7절에 설명한 대로 알칼리 금속은 수소와 반응하여 수소화물을 형성하고 할로젠과 반응하여 할로젠화물을 형성한다. 이 반응에서 수소와 할로젠의 역할을 비교하시오. 플루오린과 칼슘의 반응 그리고 수소와 칼슘의 반응의 균형 맞춘 화학 반응식을 쓰시오. **(b)** 각 생성물에서 칼슘의 산화수는 얼마이며, 전자 배열은 어떻게 되는가?

자기 평가 연습 문제 답 **7.35** (b)

# 7.8 일부 비금속의 경향

묽은 산과 철 분말의 반응에서 생성된 수소는 1671년 Robert Boyle에 의해 처음 보고되었다. 90년 후 이 기체는 '가연성 공기'라고 불렀던 Henry Cavendish에 의해 새로운 물질로 인식되었지만 1783년 Antoine Lavoisier에 의해 기체가 공기 중에서 연소되어 물이 되는 것을 보고 수소(hydrogen)로 명명되었다. 그 이름은 그리스어로 물을 뜻하는 하이드로(*hydro*)와 창조주를 뜻하는 *genes*에서 유래된 것이다.

수소는 가장 가벼운 원소로서 1900년경에 등장한 초기 비행선을 위한 기체로 더할 나위 없는 선택이었다. 그러나 1937년 5월 6일, New Jersey주 Lakehurst에 정박하려던 비행선이, 수소의 높은 인화성으로 인해 화염에 휩싸인 Hindenburg의 참사가 발생했다. 항공 여행은 아직 초기 단계에 있었고 유럽에서 미국으로 비행선의 첫 비행이 도착했음을 보도하는 기자들도 있었다. 수소에 불이 붙은 뒤 비행선을 통한 여행 산업이 끝장나는 데는 단 90초가 걸릴 뿐이었다.

이 절이 끝나면 다음 사항을 수행할 수 있어야 한다.

- 선택된 비금속의 화학적 개요 파악하기

## 수소

지금껏 우리는 알칼리 금속의 화학이 바깥 껍질의 $ns^1$ 전자를 잃고 양이온이 되는 것이 지배적이라는 것을 보아 왔다. 수소는 $1s^1$ 전자 배치를 갖기 때문에 알칼리 금속과 유사성이 있는 것처럼 보인다. 그러나 수소의 화학은 알칼리 금속보다 더 복잡하고 다양하다. 이는 수소의 이온화 에너지가 1312 kJ/mol로, 알칼리 금속의 이온화 에너지의 두 배에 달하기 때문이다. 그 결과 수소는 알칼리 금속과는 달리 비금속이며, 대개의 경우 무색의 이원자 기체($H_2(g)$) 상태로 존재한다.

수소와 비금속의 반응성을 보면, 수소가 전자를 품는 경향이 알칼리 금속보다 더 큼을 알 수 있다. 수소는 알칼리 금속과 달리, 대부분의 비금속과 반응할 때 수소의 전자가 반응하는 비금속으로 완전히 이동하기보다는 서로 공유하는 분자 화합물을 형성한다. 예를 들어 소듐 금속은 염소 기체와 격렬한 반응을 하며, 소듐의 전자가 완전히 염소 원자로 이동하여 이온 결합 화합물을 형

성한다(그림 2.19)

$$\mathrm{Na}(s) + \tfrac{1}{2}\,\mathrm{Cl_2}(g) \longrightarrow \underset{\text{이온성}}{\mathrm{NaCl}(s)} \qquad \Delta H^\circ = -410.9\,\mathrm{kJ} \qquad [7.26]$$

반면에, 수소 분자가 염소 기체와 접촉하면 염화 수소(HCl) 기체를 생성한다.

$$\tfrac{1}{2}\mathrm{H_2}(g) + \tfrac{1}{2}\mathrm{Cl_2}(g) \longrightarrow \underset{\text{분자성}}{\mathrm{HCl}(g)} \qquad \Delta H^\circ = -92.3\,\mathrm{kJ} \qquad [7.27]$$

수소는 물($H_2O(l)$), 암모니아($NH_3(g)$), 메테인($CH_4(g)$)과 같이 다른 비금속과 반응하여 분자 화합물을 생성한다. 수소가 탄소와 결합을 형성하는 것은 유기 화학에서는 가장 중요한 현상 가운데 하나이며, 뒷장에서 공부하게 될 것이다.

특히 물에 있을 때, 수소 원자는 전자를 잃은 $H^+$ 이온을 쉽게 형성한다. 예를 들어 $HCl(g)$은 물에 녹아 염화수소산 용액($HCl(aq)$)을 만든다. 이때 수소의 전자가 염소 원자로 전이되어, $H^+(aq)$와 $Cl^-(aq)$ 이온을 생성한다. 이들은 물 용매에 의해 안정화됨으로써 다량의 $H^+(aq)$와 $Cl^-(aq)$ 이온을 함유한 염화수소산 용액이 된다.* 실제로 수소와 비금속 분자 화합물이 수용액상에서 산이 되는 것은 수용액 화학의 관점에서 볼 때 매우 중요하다. 산과 염기 화학에 대해서는 16장을 포함한 뒷장에서 자세히 다룰 것이다.

마지막으로 수소는 비금속과 마찬가지로 낮은 이온화 에너지를 갖는 금속으로부터 전자를 얻는다. 예를 들어 식 7.16에서처럼 수소는 반응성이 큰 금속과 반응하여 수소화 이온($H^-$)을 포함한 고체 수소화 금속을 생성한다. 수소의 전자를 얻는 능력을 볼 때, 수소가 금속보다는 비금속에 가깝다는 사실을 다시 한번 확인할 수 있다.

## 16족: 산소족

16족은 위에서 아래로 내려갈수록 비금속에서 금속으로의 성질 변화가 있다(그림 7.13). 산소, 황, 셀레늄은 전형적인 비금속이다. 텔루륨은 준금속이며, 방사성 물질이면서 매우 희귀한 폴로늄은 금속이다. 산소는 실온에서 무색의 기체이지만, 다른 16족 원소들은 고체이다. 16족 원소의 몇 가지 물리적 성질을 표 7.6에 나타내었다.

2.6절에서 알 수 있듯이, 산소는 두 가지 분자 형태 산소($O_2$와 $O_3$)로 존재한다. $O_2$ 형태는 **이산소**(dioxygen)가 맞는 표현이지만, 이 형태가 더 흔하기 때문에 사람들은 이를 보통 '산소'라고 부른다. $O_3$ 형태는 **오존(ozone)**이라고 한다. 산소의 이러한 두 가지 형태는 **동소체**(allotrope)의 한 예이다. 동소체는 같은 원소가 다른 형태를 갖는 것을 말한다. 건조한 공기 중 약 21%는 $O_2$이다. 오존은 성층권과 오염된 공기에 미량으로 존재한다. 오존은 또한 번개와 같은 전기 방전에 의해 $O_2$로부터 생성된다.

**표 7.6 16족 원소의 몇 가지 성질**

| 원소 | 전자 배치 | 녹는점(°C) | 밀도 | 원자 반지름(pm) | $I_1$(kJ/mol) |
|---|---|---|---|---|---|
| 산소 | $[He]2s^22p^4$ | −218 | 1.43 g/L | 66 | 1314 |
| 황 | $[Ne]3s^23p^4$ | 115 | 1.96 g/cm³ | 105 | 1000 |
| 셀레늄 | $[Ar]3d^{10}4s^24p^4$ | 221 | 4.82 g/cm³ | 120 | 941 |
| 텔루륨 | $[Kr]4d^{10}5s^25p^4$ | 450 | 6.24 g/cm³ | 138 | 869 |
| 폴로늄 | $[Xe]4f^{14}5d^{10}6s^26p^4$ | 254 | 9.20 g/cm³ | 140 | 812 |

*보다 더 사실적인 표현으로는 하나의 $H^+$ 이온이 HCl로부터 $H_2O$로 전이되면 $Cl^-$와 $H_3O^+$를 생성하는 것이다. 이러한 화학에 관해서는 16장에서 상세하게 배울 것이다.

$$3\,O_2(g) \longrightarrow 2\,O_3(g) \quad \Delta H^\circ = 284.6\text{ kJ} \tag{7.28}$$

이 반응은 강한 흡열 반응이다. 이는 $O_3$가 $O_2$보다 불안정하다는 것을 나타낸다.

비록 $O_2$와 $O_3$가 모두 무색이어서 가시광선을 흡수하지 않지만, $O_3$는 $O_2$와 달리 자외선의 특정 파장을 흡수한다. 이러한 차이로 인해, 성층권의 오존은 해로운 자외선을 걸러주므로 유익하다. 오존과 산소는 또한 서로 다른 화학적 성질을 가진다. 자극적인 냄새가 있는 오존은 매우 강력한 산화제이다. 이러한 특성 때문에, 오존은 가끔 물에 첨가되어 세균을 죽이거나 소량의 공기정화에 사용된다. 그러나 오존이 지표 부근의 오염된 공기에 있을 경우, 이러한 반응성은 인간의 건강을 해친다.

산소는 다른 원소로부터 전자를 끌어당기는(**산화시키는**) 경향이 크다. 산소가 금속과 함께 존재할 때는 거의 항상 산화 이온($O^{2-}$)으로 존재한다. 산화 이온은 비활성 기체의 전자 배치를 하고 있어 특히 안정하다. 그림 5.14에서 보았듯이, 비금속 산화물의 생성 반응은 흔히 발열 반응이고, 에너지 측면에서 유리하다.

알칼리 금속에 대한 설명에서, 흔하지 않은 산소 음이온인 과산화 이온($O_2^{2-}$)과 초과산화 이온($O_2^-$)을 논의하였다. 이러한 이온으로 이루어진 화합물은 반응을 통해 산화물과 $O_2$를 생성하기도 한다.

$$2\,H_2O_2(aq) \longrightarrow 2\,H_2O(l) + O_2(g) \quad \Delta H^\circ = -196.1\text{ kJ} \tag{7.29}$$

16족 원소 중 산소 다음으로 중요한 원소는 황이다. 황에는 몇 가지의 동소체가 있다, 그중 가장 보편적이고 안정한 것은 $S_8$ 분자식을 가지고 있는 노란색의 고체이다. 이 분자는 8개의 황 원자가 고리 형태로 구성되어 있다(**그림 7.26**). 비록 고체 황은 $S_8$ 고리로 되어 있지만, 화학량론을 맞추기 위해 보통 화학식에서 간단히 $S(s)$라고 쓴다.

$S_8$ 고리를 편평하게 만드는 것이 가능하다고 가정하자. 펴진 고리는 어떤 모양을 가질 것이라고 예상하는가?

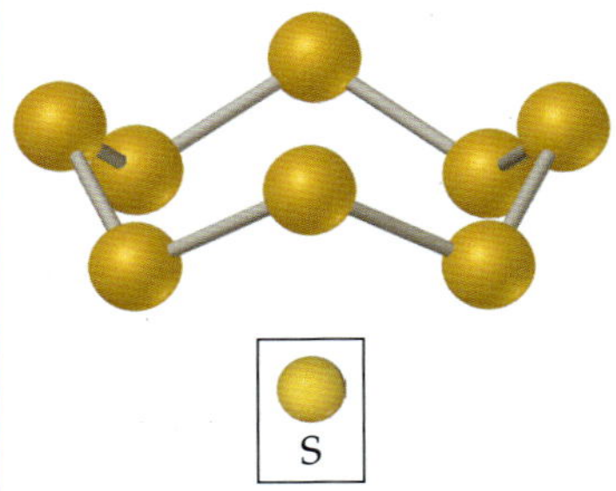


▲ **그림 7.26 황 원소는 $S_8$ 분자로 존재한다.** 이는 실온에서 황의 가장 흔한 동소체이다.

황은 산소와 마찬가지로 다른 원소로부터 전자를 받아 $S^{2-}$ 이온을 가지고 있는 황화물을 생성하는 경향이 크다. 실제로 대부분의 황은 자연에서 금속 황화물로 존재한다. 황은 주기율표에서 산소 아래쪽에 위치하므로, 황화 이온을 생성하려는 경향이 산소가 산화 이온을 생성하려는 경향보다 작다. 결과적으로, 황의 화학 반응은 산소의 화학 반응보다 더 복잡하다. 사실 황과 황 화합물(석탄과 석유에 함유된 황을 포함해서)은 산소 중에서 연소될 수 있다. 이때 주된 생성물은 주요한 공기 오염 물질인 이산화 황이다.

$$S(s) + O_2(g) \longrightarrow SO_2(g) \tag{7.30}$$

16족에서 황 아래에 있는 원소는 셀레늄(Se)이다. 상대적으로 흔하지 않은 이 원소는 과량으로는 독성이 있지만, 매우 미량으로는 생명체에 대단히 중요하다. Se에는 많은 동소체가 있는데, 여기에는 황의 $S_8$ 고리와 비슷한 Se의 팔원자 고리 구조 등이 있다.

다음 원소는 텔루륨(Te)이다. 이것의 구조는 Se보다 더 복잡한데, 길게 꼬여 있는 Te−Te 결합으로 이루어져 있다. Se와 Te는 O나 S처럼 −2 산화 상태를 선호한다.

O에서부터 S, Se, Te에 이르기까지, 원소들은 점점 더 큰 분자를 형성하며 점차 금속성을 띠게 된다. 16족 수소 화합물의 열적 안정도는 족의 아래로 내려갈수록 점점 감소한다. $H_2O > H_2S > H_2Se > H_2Te$이며 $H_2O$(물)가 가장 안정하다.

## 17족: 할로젠

**할로젠(halogen)**이라고 하는 17족 원소의 몇 가지 특징을 **표 7.7**에 나타내었다. 매우 희귀하며, 방사성 물질인 아스타틴은 아직 많은 성질이 알려지지 않았기 때문에 생략하였다. 또한 최근에 알려진 테네신의 경우에는 성질이 더 적게 알려져 있다.

16족 원소들과 다르게, 모든 할로젠족 원소는 전형적인 비금속이다. 할로젠은 원자 번호가 커질수록 녹는점과 끓는점이 증가한다. 실온에서 플루오린과 염소는 기체, 브로민은 액체, 아이오딘

**표 7.7 할로젠의 몇 가지 성질**

| 원소 | 전자 배치 | 녹는점(°C) | 밀도 | 원자 반지름(pm) | $I_1$(kJ/mol) |
|---|---|---|---|---|---|
| 플루오린 | $[He]2s^22p^5$ | −220 | 1.69 g/L | 57 | 1681 |
| 염소 | $[Ne]3s^23p^5$ | −102 | 3.12 g/L | 102 | 1251 |
| 브로민 | $[Ar]4s^23d^{10}4p^5$ | −7.3 | 3.12 g/cm³ | 120 | 1140 |
| 아이오딘 | $[Xe]5s^24d^{10}5p^5$ | 114 | 4.94 g/cm³ | 139 | 1008 |

$Cl_2$ 분자에 비해서 $I_2$ 분자가 더 많이 보이는 이유를 분자적 관점에서 설명하시오.

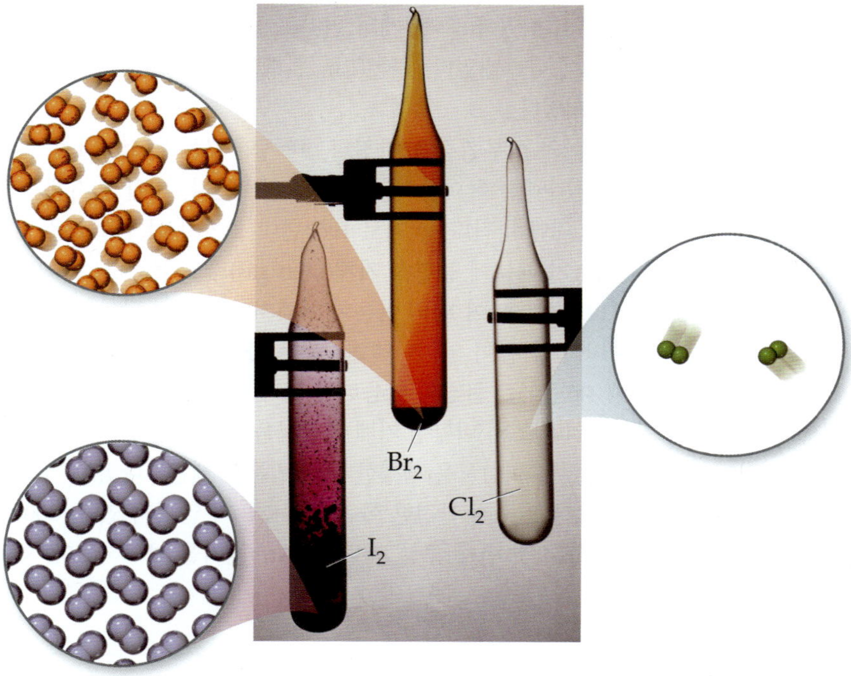


▲**그림 7.27** 할로젠 원소는 이원자 분자로 존재한다.

은 고체이다. 각 원소는 이원자 분자($F_2$, $Cl_2$, $Br_2$, $I_2$)로 존재한다(**그림 7.27**)

할로젠족은 큰 음수의 전자 친화도 값을 갖는다(그림 7.12). 따라서 할로겐의 화학적 성질이 할로겐화물 이온 $X^-$를 형성하기 위해 다른 원소로부터 전자를 얻는 경향에 의해 지배된다는 것은 놀라운 일이 아니다. (많은 반응식에서 X는 할로겐 원소를 나타내는 데 사용된다.) 플루오린과 염소는 브로민이나 아이오딘보다 반응성이 더 크다. 사실 플루오린은 접촉하는 대부분의 물질(물을 포함)로부터 전자를 제거하고, 보통은 다음의 예처럼 발열적으로 반응한다.

$$2\,H_2O(l) + 2\,F_2(g) \longrightarrow 4\,HF(aq) + O_2(g) \quad \Delta H = -758.9\text{ kJ} \qquad [7.31]$$

$$SiO_2(s) + 2\,F_2(g) \longrightarrow SiF_4(g) + O_2(g) \quad \Delta H = -704.0\text{ kJ} \qquad [7.32]$$

결과적으로 플루오린 기체는 실험실에 다루기 어렵고, 위험하다. 따라서 플루오린을 다룰 때는 특별한 장치가 필요하다.

염소는 할로겐 원소 중 공업적으로 가장 유용하다. 염소는 전기 분해 과정으로 만들어지는데, 이는 전류를 이용하여 염소 음이온을 분자 염소($Cl_2$)로 산화시키는 것이다. 염소는 플루오린과 달리, 물과 천천히 반응하여 상대적으로 안정한 HCl과 HOCl(하이포염소산)의 수용액을 만든다.

$$Cl_2(g) + H_2O(l) \longrightarrow HCl(aq) + HOCl(aq) \qquad [7.33]$$

염소는 보통 음용수와 수영장에 섞어 넣는다. 이때 생성된 HOCl(*aq*)은 살균제로 작용한다.

할로젠은 대부분의 금속과 직접 반응하여, 이온성 할로젠 화합물을 만든다. 또한 할로젠은 수소와 반응하여 기체의 할로젠화 수소 화합물을 만든다.

$$H_2(g) + X_2 \longrightarrow 2\,HX(g) \qquad [7.34]$$

이러한 화합물들은 모두 물에 매우 잘 녹고 할로젠화수소산을 생성한다. 4.3절에서 설명한 바와 같이 HCl(*aq*), HBr(*aq*), HI(*aq*)는 강산이고, HF(*aq*)는 약산이다.

### 18족: 비활성 기체

**비활성 기체**(**noble gas**)라고 알려진 18족 원소는 모두 비금속이며, 실온에서 기체이다. 비활성 기체는 모두 **단원자**(monatomic)로 되어 있다(즉 한 개의 원자로 구성되어 있다). 비활성 기체 원소의 몇 가지 물리적 성질을 표 7.8에 나타내었다. 라돈(Rn, 원자 번호 86)의 큰 방사성으로, Rn의 화학 반응과 성질의 연구는 제한되었다.

비활성 기체는 완전히 채워진 *s*와 *p* 부껍질을 가진다. 18족의 모든 원소는 1차 이온화 에너지 값이 크고, 족이 아래로 내려갈수록 1차 이온화 에너지는 감소한다. 비활성 기체는 안정한 전자 배치를 하기 때문에 반응성이 대단히 작다. 실제로 1960년대 초까지 이 원소들은 어떤 화합물도 만들 수 없을 것으로 생각되었기 때문에 **불활성 기체**(inert gas)라고 불렸다. 1962년에 영국의 Columbia 대학의 Neil Bartlett(1932~2008)이 Xe의 이온화 에너지가 충분히 낮아 화합물을 만들 수 있을 것이라고 추론하였다. 이러한 반응이 일어나려면, Xe는 플루오린과 같은 다른 물질로부터 전자를 제거할 수 있는 능력이 대단히 큰 물질과 반응해야 할 것이다. Bartlett는 플루오린을 함유한 화합물인 $PtF_6$와 Xe을 반응시켜 최초의 비활성 기체 화합물을 합성하였다. 또한 제논은 $F_2(g)$와 직접 반응하여 $XeF_2$, $XeF_4$, $XeF_6$ 분자 화합물을 생성한다. 크립톤은 제논보다 $I_1$이 더 크기 때문에 반응성이 더 작다. 사실 크립톤은 유일하게 안정한 화합물로 $KrF_2$가 알려져 있다. 2000년에 핀란드의 과학자들은 아르곤을 포함하는 첫 번째 중성 분자로 HArF 분자를 보고하였다. 이것은 낮은 온도에서만 안정하게 존재한다.

**표 7.8 비활성 기체의 몇 가지 성질**

| 원소 | 전자 배치 | 녹는점(K) | 밀도(g/L) | 원자 반지름*(pm) | $I_1$(kJ/mol) |
|---|---|---|---|---|---|
| 헬륨 | $1s^2$ | 4.2 | 0.18 | 28 | 2372 |
| 네온 | $[He]2s^22p^6$ | 27.1 | 0.90 | 58 | 2081 |
| 아르곤 | $[Ne]3s^23p^6$ | 87.3 | 1.78 | 106 | 1521 |
| 크립톤 | $[Ar]4s^23d^{10}4p^6$ | 120 | 3.75 | 116 | 1351 |
| 제논 | $[Kr]5s^24d^{10}5p^6$ | 165 | 5.90 | 140 | 1170 |
| 라돈 | $[Xe]6s^24f^{14}5d^{10}6p^6$ | 211 | 9.73 | 150 | 1037 |

*가장 무거운 비활성 기체 원소만이 화합물을 형성한다. 그러므로 가벼운 비활성 기체 원소의 원자 반지름은 추정값이다.

## 자기 평가 연습 문제

**7.39** 브로민의 밀도는 염소에 비해 1000배가 크다. 이러한 차이를 만드는 요인은 다음 중 어느 것인가?

(a) 브로민 원자의 큰 질량

(b) 브로민은 액체이며 염소는 기체이다.

(c) 브로민의 큰 원자 반지름

## 연습 문제

**7.40** 브로민 원소와 염소 원소의 다음 성질을 비교하시오. **(a)** 전자 배열, **(b)** 가장 일반적인 이온 전하, **(c)** 1차 이온화 에너지, **(d)** 물에 대한 반응성, **(e)** 전자 친화도, **(f)** 원자 반지름. 두 원소의 차이를 설명하시오.

**7.41** 1960년대 초반까지는 18족 원소는 불활성 기체라고 불렸다.
**(a)** 불활성 기체라는 용어가 없어진 이유는 무엇인가?
**(b)** 어떤 발견으로 인해 이러한 이름 변경이 촉발되었는가?
**(c)** 지금 18족은 어떤 이름으로 부르는가?

**7.42** 다음 각 경우에 일어나는 반응의 균형 맞춘 반응식을 작성하시오.
**(a)** 백린(white phorphrous, $P_4(s)$)과 염소 기체의 반응
**(b)** 소듐 금속과 물의 반응
**(c)** 브로민화수소 기체와 염소 기체의 반응
**(d)** 삼염화 알루미늄과 수산화 소듐 수용액의 반응

자기 평가 연습 문제 답 **7.39 (b)**

## 통합 예제
### 종합 개념

비스무스 원소(Bi, 원자 번호 83)는 15족에서 가장 무거운 원소이다. 비스무스 원소의 염인 아살리실산 비스무트(bismuth subsalicylate)는 위 통증 치료약인 Pepto-Bismol®의 활성 성분이다.

(a) 그림 7.7, 표 7.5, 7.6의 값을 이용하여, 비스무트 원소의 결합 원자 반지름을 예측하고 설명하시오.
(b) 15족 원소의 족을 따라 내려갈수록 일반적으로 원자 반지름이 증가하는 이유는 무엇인가?
(c) 비스무트는 낮은 녹는점을 가지는 합금 성분으로 사용되어, 화재 시 살수 시스템 또는 활자 조판 등에 중요하게 사용된다. 비스무트 자체는 깨지기 쉬운 흰색 결정성 고체이다. 비스무트의 금속성을 고려할 때, 비금속인 질소 및 인과 같은 족이라는 사실을 어떻게 설명할 수 있는가?
(d) $Bi_2O_3$는 염기성 산화물이다. 비스무트가 묽은 질산과 반응할 때의 균형 맞춘 화학 반응식을 쓰시오. $Bi_2O_3$ 6.77 g을 묽은 산에 녹여 용액 0.500 L를 만들었다면, $Bi^{3+}$ 이온 용액의 몰농도는 얼마인가?
(e) $^{209}Bi$는 가장 무겁고 안정한 동위 원소이다. 이 핵에 존재하는 양성자와 중성자는 몇 개인가?
(f) 비스무트의 밀도는 25 °C에서 9.808 g/cm$^3$이다. 한 모서리가 5.00 cm인 정육면체 안에 Bi 원자는 몇 개 존재하는가? 존재하는 비스무트는 몇 몰인가?

### 해답

**(a)** 비스무트는 15족에서 안티모니(Sb) 바로 아래 위치한다. 족의 위에서 아래로 내려갈수록 원자 반지름이 증가한다는 사실로부터, Bi의 반지름이 Sb의 반지름(139 pm)보다 클 것으로 예상할 수 있다. 또 일반적으로 원자 반지름은 주기의 왼쪽에서 오른쪽으로 가면서 줄어든다. 표 7.5와 7.6은 같은 주기의 원소인 Ba와 Po 원소에 대한 정보를 주고 있다. 즉 Bi의 반지름은 Ba(215 pm)보다 작고 Po(140 pm)보다는 클 것으로 예상할 수 있다. 다른 주기에서는 이웃한 15족과 16족 원소들의 반지름 차이가 상대적으로 작다. 따라서 Bi의 반지름이 Ba의 반지름보다 Po의 반지름에 더 가까우면서 Po의 반지름보다 약간 더 클 것으로 예상된다. 따라서 표의 값으로부터 예측할 수 있는 Bi의 반지름은 148 pm이다.

**(b)** 일반적으로 15족 원소는 원자 번호가 증가할수록 원자 반지름이 증가한다. 이것은 핵전하가 증가하는 것과 함께 전자 껍질이 증가되는 것과 관계가 있다. 핵심부 전자는 핵으로부터 최외각 전자를 가려 유효 핵전하는 원자 번호 증가에 따라 크게 변하지 않는다. 그러나 최외각 전자의 주양자수($n$)는 계속해서 증가하여 오비탈 반지름의 증가를 가져온다.

**(c)** 비스무트의 성질과 질소, 인의 성질을 비교해 보면, 족에서 아래로 이동할수록 금속성이 증가하는 경향의 일반적 규칙을 설명해 준다. 비스무트는 실제로 금속이다. 이러한 금속성은 이온화 에너지가 낮아 결합 시에 최외각 전자를 쉽게 잃어버리기 때문에 생긴다.

**(d)** 4.2절에서 분자 반응식과 알짜 이온 반응식을 설명한 방법에 따라 반응식을 쓰면, 다음과 같다.

**분자 반응식:**

$$Bi_2O_3(s) + 6\,HNO_3(aq) \longrightarrow 2\,Bi(NO_3)_3(aq) + 3\,H_2O(l)$$

**알짜 이온 반응식:**

$$Bi_2O_3(s) + 6\,H^+(aq) \longrightarrow 2\,Bi^{3+}(aq) + 3\,H_2O(l)$$

알짜 이온 반응식에서 질산은 강산이고, $Bi(NO_3)_3$는 강용성 염이므로 물과 $Bi^{3+}(aq)$ 이온을 생성하는 고체와 수소 이온의 반응만으로 나타내야 한다. 용액의 농도를 계산하려면 다음과 같이 진행한다(4.5절).

$$\frac{6.77\text{ g }Bi_2O_3}{0.500\text{ L 용액}} \times \frac{1\text{ mol }Bi_2O_3}{466.0\text{ g }Bi_2O_3} \times \frac{2\text{ mol }Bi^{3+}}{1\text{ mol }Bi_2O_3} = \frac{0.0581\text{ mol }Bi^{3+}}{\text{L 용액}} = 0.0581\,M$$

**(e)** 어떠한 원소의 원자 번호는 원소의 중성 원자의 양성자수 및 전자의 수와 같다는 것을 기억하라. 비스무트의 원자 번호는 83이다. 따라서 핵에 양성자 83개가 있다. 원자 질량수 209이므로, 핵에 209−83=126개의 중성자가 있다.

**(f)** 밀도와 원자량을 이용하여, Bi의 몰수를 먼저 결정한다. Avogadro 수를 이용하여, 원자 개수로 변환한다. 정육면체의 부피는 $(5.00)^3\ cm^3 = 125\ cm^3$이다. 따라서

$$125\ \text{cm}^3\ \text{Bi} \times \frac{9.808\ \text{g Bi}}{1\ \text{cm}^3} \times \frac{1\ \text{mol Bi}}{209.0\ \text{g Bi}} = 5.87\ \text{mol Bi}$$

$$5.87\ \text{mol Bi} \times \frac{6.022 \times 10^{23}\text{개 Bi 원자}}{1\ \text{mol Bi}} = 3.53 \times 10^{24}\text{개 Bi 원자}$$

## 요약 및 중요 용어

**주기율표의 발전(서론, 7.1절)** 주기율표는 어떤 원소들이 나타내는 화학적 성질과 물리적 성질의 유사성에 근거하여 Mendeleev와 Meyer에 의해 최초로 만들어졌다. Moseley는 각 원소들이 고유한 원자 번호를 가지고 있다는 사실을 확립하였으며, 주기율표에 강한 규칙성을 부여하였다.

주기율표에서 같은 족의 원소들은 **원자가 오비탈(valence orbital)**에 같은 수의 전자를 갖는 것을 알고 있다. 원자가 전자 구조의 이러한 유사성이, 같은 족 원소들 사이의 유사성을 나타내는 이유가 된다. 같은 족 원소들 사이의 차이점은 원자가 오비탈 껍질이 다르기 때문에 생긴다.

**유효 핵전하(7.2절)** 핵으로부터 최외각 전자까지의 평균 거리와, 최외각 전자가 느끼는 **유효 핵전하(effective nuclear charge)**에 의해 원자의 많은 성질이 결정된다. 핵심부 전자는 핵전하로부터 최외각 전자를 가리는 데 매우 효과적이다. 반면에, 같은 껍질에 있는 전자들은 상호 간에 효과적으로 가리지 못한다. 그 결과 원자가 전자에 의해 느끼는 유효 핵전하는 같은 주기에서는 왼쪽에서 오른쪽으로 갈수록 증가한다.

**원자와 이온의 크기(7.3절)** 원자의 크기는 **결합 원자 반지름(bonding atomic radius)**을 이용하여 계량되는데, 이는 화합물 속에서 원자 간 떨어져 있는 거리이다. 일반적으로 원자 반지름은 주기율표의 족에서 아래로 내려갈수록 증가하고, 주기에서는 왼쪽에서 오른쪽으로 갈수록 감소한다.

양이온은 그것의 중성 원자보다 더 작고, 음이온은 그것의 중성 원자보다 더 크다. 동일 전하를 갖는 이온의 크기는 주기율표의 족에서 아래로 내려갈수록 증가한다. **등전자 계열(isoelectronic series)**은 동일한 수의 전자를 갖는 이온의 계열이다. 그와 같은 계열에서 이온의 크기는 전자들이 핵전하에 강하게 끌리기 때문에 양전하가 증가할수록 감소한다.

**이온화 에너지(7.4절)** 원자의 1차 **이온화 에너지(ionization energy)**는 양이온을 생성하기 위하여 기체 상태의 원자로부터 전자 한 개를 제거할 때 필요한 최소한의 에너지이다. 2차 이온화 에너지는 두 번째 전자를 제거할 때 필요한 에너지이다. 모든 원자가 전자를 제거한 후 이온화 에너지는 급격한 증가를 보이는데, 이는 핵심부 전자들이 느끼는 유효 핵전하가 매우 높기 때문이다. 원소의 1차 이온화 에너지는 원자의 반지름과 반대의 경향성을 나타내는데, 작은 원자가 높은 1차 이온화 에너지를 갖는다. 따라서, 1차 이온화 에너지는 같은 족에서 아래로 내려갈수록 감소하며, 같은 주기에서는 왼쪽에서 오른쪽으로 갈수록 증가한다.

이온의 전자 배치를 쓰기 위해서는, 먼저 중성 원자의 전자 배치를 적은 뒤에 전자를 더하거나 빼면 된다. 양이온의 경우, 전자는 가장 큰 $n$ 값을 갖는 중성 원자의 오비탈에서부터 먼저 제거된다. 만약 같은 $n$ 값을 갖는 중성 원자의 오비탈이 두 개가 있다면(예를 들어 $4s$와 $4p$), 전자는 더 큰 $l$ 값을 갖는 오비탈(이 경우는 $4p$)에서부터 먼저 제거된다. 음이온의 경우에는 전자가 반대의 순서로 오비탈에 더해진다.

**전자 친화도(7.5절)** **전자 친화도(electron affinity)**란 기체 상태의 한 원자에 전자 한 개를 더해서 음이온을 만들 때 일어나는 에너지의 변화를 말한다. 음수의 전자 친화도는 전자가 더해질 때 에너지가 방출되는 것을 의미한다. 따라서 전자 친화도가 음수이면, 음이온은 안정하다. 이에 반해 양수 전자 친화도는 분리된 원자와 전자에 비해 음이온이 안정하지 못함을 의미한다. 할로젠은 가장 음수의 전자 친화도 값을 갖는다. 비활성 기체의 전자 친화도는 첨가되는 전자가 보다 높은 에너지의 부껍질에 채워야 하기 때문에 모두 양수의 값을 나타낸다.

**금속, 비금속, 준금속(7.6절)** 원소들은 금속, 비금속, 준금속으로 분류할 수 있다. 대부분의 원소는 금속이다. 금속 원소는 주기율표의 왼쪽과 중앙에 있다. 비금속은 주기율표의 오른쪽 윗부분에 있다. 준금속은 금속과 비금속 사이의 좁은 범위에 위치한다. 금속의 성질을 나타내는 원소의 경향을 **금속성(metallic character)**이라고 한다. 금속성은 같은 족에서는 아래로 갈수록 증가하고, 같은 주기에서는 왼쪽에서 오른쪽으로 갈수록 감소한다.

금속은 특유의 광택을 가지고 있으며, 열과 전기의 좋은 도체이다. 금속과 비금속이 반응하면 금속 원자는 양이온으로 산화하고 일반적으로 이온성 물질을 형성한다. 대부분의 금속 산화물은 염기성이다. 금속 산화물은 산과 반응하여 염과 물을 생성한다.

비금속은 금속성의 광택이 없으며, 열과 전기를 잘 통하지 않는다. 몇 가지 원소는 실온에서 기체로 존재한다. 전체적으로 비금속으로 구성된 화합물은 분자성이다. 비금속은 보통 금속과 반응하여 음이온을 생성한다. 비금속 산화물은 산성이며, 염기와 반응하여여 염과 물을 생성한다. 준금속은 금속과 비금속의 중간 성질을 가진다.

**1족 금속과 2족 금속의 경향(7.7절)** 원소들의 주기적 성질은 주족 원소의 성질을 이해하는 데 도움을 준다. **알칼리 금속(alkali metal, 1족)**은 녹는점과 밀도가 낮은 무른 금속이다. 알칼리 금속은 원소들 중 가장 작은 이온화 에너지를 가진다. 결과적으로 알칼리 금속은 비금속에 대하여 매우 반응성이 크며, 쉽게 바깥 전자를 잃고 1+ 이온을 생성한다.

**알칼리 토금속(alkaline earth metal, 2족)**은 보다 단단하고, 보다 더 치밀하며, 알칼리 금속보다 더 높은 녹는점을 가진다. 알칼리 토금속은 반응성이 알칼리 금속보다는 작지만, 비금속에 대한 반응성이 매우 좋다. 알칼리 토금속은 쉽게 두 개의 바깥 $s$ 전자를 잃고 2+ 이온을 생성한다. 알칼리 금속과 알칼리 토금속은 모두 수소와 반응하여 **수소화 이온(hydride ion, $H^-$)**을 포함한 이온성 물질을 생성한다.

**일부 비금속의 경향(7.8절)** 수소는 주기율표의 그 어떤 족과 구별되는 성질을 가진 비금속이다. 수소는 산소와 할로젠 같은 비금속과 분자성 화합물을 생성한다.

산소와 황은 16족에서 가장 중요한 원소이다. 산소는 보통 이원자 분자($O_2$)이다. **오존(ozone**, $O_3$)은 산소의 중요한 동소체이다. 산소는 다른 원소로부터 전자를 얻으려는 경향이 강해서 그들을 산화시킨다. 산소는 가끔 과산화 이온($O_2^{2-}$)과 초과산화 이온($O_2^-$)의 염을 생성하지만, 금속과 결합하여 보통 산화 이온($O^{2-}$)으로 발견된다. 원소 황은 가장 흔하게 $S_8$ 분자로 발견된다. 금속과 결합하는 경우, 황은 황화 이온($S^{2-}$)으로 가장 흔히 발견된다.

**할로젠(halogen**, 17족)은 이원자 분자로 존재하는 비금속이다. 할로젠은 원소들 중 가장 큰 음수의 전자 친화도를 가진다. 따라서 할로젠 화학은 1− 음이온을 생성하는 경향이 우세적이며, 이런 경향은 특히 금속과의 반응에서 나타난다.

**비활성 기체(noble gas**, 18족)는 일원자 기체로 존재하는 비금속이다. 이들은 완전히 채워진 *s*와 *p* 부껍질을 갖기 때문에 반응성이 아주 작다. 즉 이들은 플루오린과 같이 활성이 매우 큰 비금속과만 화합물을 형성한다.

## 학습 정리 이 장을 공부한 후에 여러분은 다음을 할 수 있어야 한다.

- 유효 핵전하($Z_{eff}$)의 개념을 이해하고, 핵전하 및 전자 배치와 어떤 관계가 있는지를 이해하기(7.2절). **관련 연습 문제: 7.5~7.7, 7.53**
- 주기율표를 이용하여 원자 반지름, 이온 반지름, 이온화 에너지, 전자 친화도 등을 예측하기(7.2절, 7.3절, 7.4절, 7.5절). **관련 연습 문제: 7.27, 7.59, 7.69, 7.70**
- 전자를 잃어 양이온이 되거나, 전자를 얻어 음이온이 될 때 원자의 반지름이 어떻게 변하는지를 설명하기(7.3절). **관련 연습 문제: 7.60, 7.63~7.65**
- 주기율표를 이용하여 이온의 전자 배치를 쓰기(7.3절). **관련 연습 문제: 7.15, 7.22, 7.61, 7.71**
- 전자를 순차적으로 제거할 때 이온화 에너지가 어떻게 변하는지 경향을 예측하는데, 특히 핵심부 전자를 제거하여 이온화할 때 이온화 에너지가 불연속적으로 변화하는 것을 인식하기(7.4절). **관련 연습 문제: 7.18, 7.19, 7.67, 7.69**
- 전자 친화도와 이온화 에너지가 연관이 된 것과, 전자 친화도의 주기적 경향의 불규칙성이 전자 배치와 어떤 관계가 있는지를 이해하기(7.5절). **관련 연습 문제: 7.27, 7.75, 7.101, 7.104**
- 금속 산화물의 염기성과 비금속 산화물의 산성을 포함하여, 금속과 비금속의 화학적 성질 및 물리적 성질의 차이를 이해하기(7.6절). **관련 연습 문제: 7.31, 7.76, 7.78, 7.79**
- 이온화 에너지 및 전자 배치와 같은 원자의 특성이 어떻게 알칼리 금속(1족)과 알칼리 토금속(2족)의 화학적 반응성 및 물리적 특성과 관계되는지를 설명하기(7.7절). **관련 연습 문제: 7.36, 7.82**
- 1족, 2족의 금속이 물, 산소, 수소, 할로젠과 반응할 때의 균형 맞춘 화학 반응식을 쓰기(7.7절, 7.8절). **관련 연습 문제: 7.37, 7.83**
- 수소의 독특한 특성을 나열하고 설명하기(7.7절). **관련 연습 문제: 7.38, 7.84, 7.108**
- 이온화 에너지 및 전자 배치와 같은, 16, 17, 18족 원소의 특징이 화학적 반응성 및 물리적 성질과 어떻게 연관이 있는지 설명하기(7.8절). **관련 연습 문제: 7.40, 7.85, 7.86**

## 핵심 공식

- $Z_{eff} = Z - S$ [7.1] 유효 핵전하의 예측

## 연습 문제

### 눈으로 보는 개념

**7.43** 본문에서 논의한 바와 같이, 전자와 핵의 인력과, 그림과 같이 반투명 유리 갓을 통해 전구에서 빛을 보는 것의 유사점을 생각해 볼 수 있다.

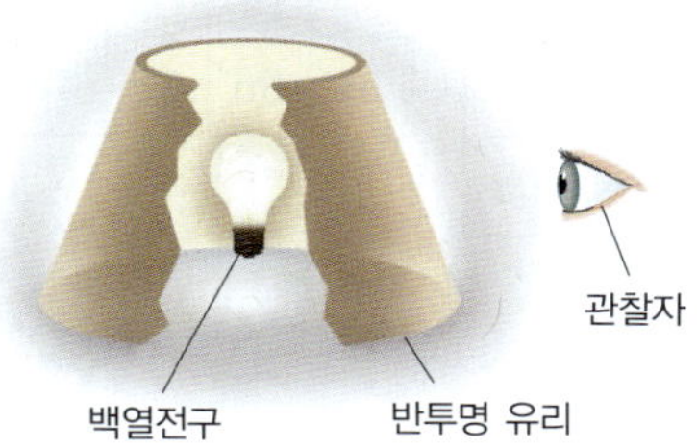


유효 핵전하를 추정하는 간단한 방법(식 7.1)을 사용하여 볼 때, 백열전구의 강도 및/또는 반투명 유리의 두께가 다음과 같은 경우에 어떻게 변하는가? **(a)** 붕소에서 탄소로 이동? **(b)** 붕소에서 알루미늄으로 이동? [7.2절]

**7.44** 아래의 구들 중 F, Br, $Br^-$를 나타내는 구는 각각 어느 것인가? [7.3절]

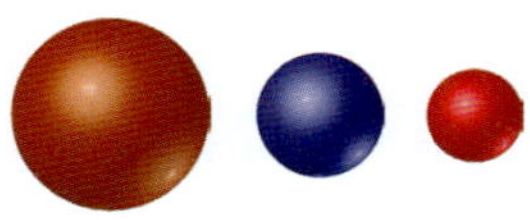

**7.45** 다음 네 개의 다른 크기의 구는 $Mg^{2+}$, $Cl^-$, $K^+$, $Se^{2-}$ 이온을 나타낸다. [7.3절]

**(a)** 그림 7.8을 참조하지 말고, 각각의 이온과 구를 짝지으시오.

**(b)** 크기를 고려하였을 때, (i) $Ca^{2+}$ 이온은 어떤 두 구 사이에 존재하겠는가? (ii) $S^{2-}$ 이온의 경우는?

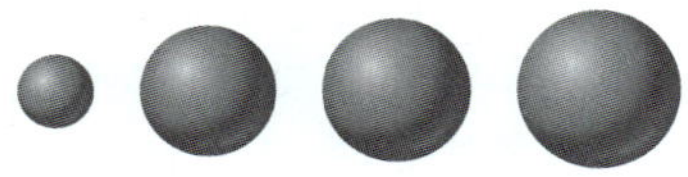

**7.46** 다음 반응에서 금속, 비금속을 나타내는 구는 각각 어느 것인가? 그 이유를 설명하시오. [7.3절]

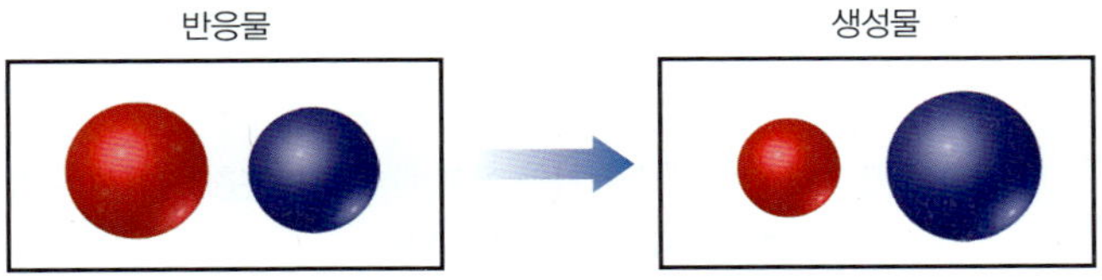


**7.47** 다음 그림과 같은 $A_2X_4$ 분자를 생각해 보자(A와 X는 원소이다). 이 분자에서 A−A 결합 길이는 $d_1$이고, 네 개의 A−X 결합 길이는 각각 $d_2$이다. [7.3절]

**(a)** 원자 A와 X의 결합 원자 반지름을 $d_1$과 $d_2$의 단위를 사용하여 나타내시오.

**(b)** $X_2$ 분자의 X−X 결합 길이를 $d_1$과 $d_2$의 단위를 사용하여 나타내시오.

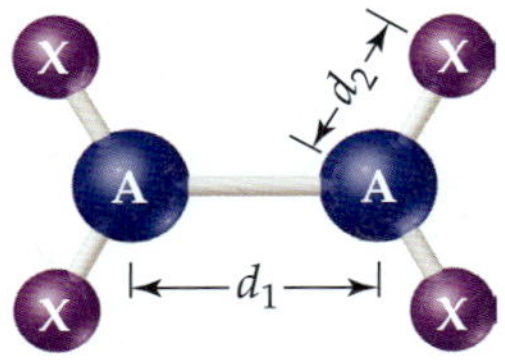


**7.48** 아래 그림은 Na 원자의 원자 오비탈 에너지 도표이다. 각 부껍질에 있는 오비탈의 수는 나타내지 않았다. [7.7절]

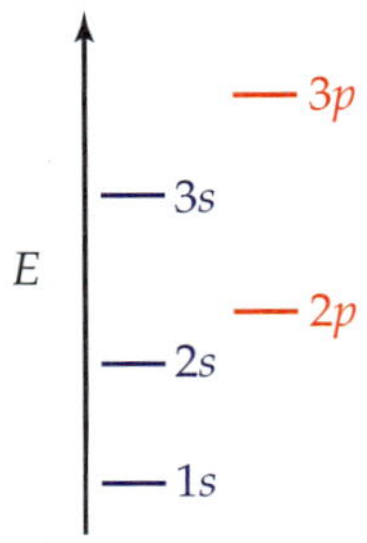


**(a)** $n=1$, $n=2$, $n=3$의 모든 부껍질이 모두 표시되었는가? 만약 아니라면, 무엇이 빠졌는가?

**(b)** 2*s*와 2*p*의 에너지 준위가 다르게 그려져 있다. 그 이유를 가장 잘 설명하는 문장을 고르시오.

(i) 수소 원자의 2*s*와 2*p* 에너지 준위가 다르듯이, 소듐 원자의 2*s*와 2*p* 에너지 준위가 다를 것이다.

(ii) 모든 다전자 원자에서는 2*p*의 에너지가 2*s*의 에너지보다 높다.

(iii) Na의 2*s*에는 전자가 채워져 있으나, 2*p*에는 전자가 채워져 있지 않다.

**(c)** 에너지가 가장 큰 전자가 소듐 원자의 어떤 에너지 준위에 채워져 있는가?

**(d)** 소듐 기체 램프(그림 7.23)는 전기에 의해 에너지가 가장 큰 준위에 채워진 전자가 그다음 에너지 준위로 이동하면서 작동된다. 이때 이동한 전자가 낮은 에너지 준위로 돌아오면서 빛이 발생한다. Na 원자에서 어떤 두 에너지 준위가 이 과정에 관여하는지 답하시오.

**7.49** 아래에 기술되어 있는 주족 원소의 성질의 경향성을 나타내는 그림을 고르시오(단, 경향성에서 조금 벗어나는 것은 무시하시오). [7.2~7.6절]

**(1)** 결합 원자 반지름 **(2)** 1차 이온화 에너지 **(3)** 유효 핵전하

**(i)**

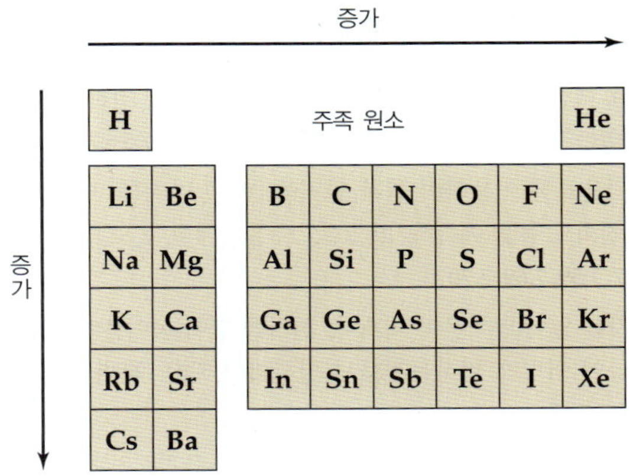


**(ii)**

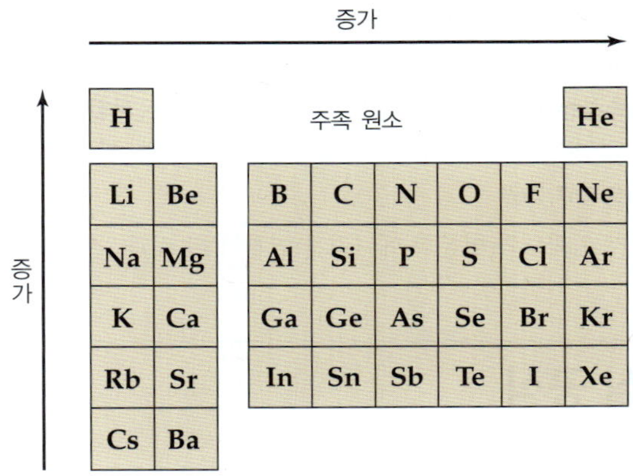


**(iii)**

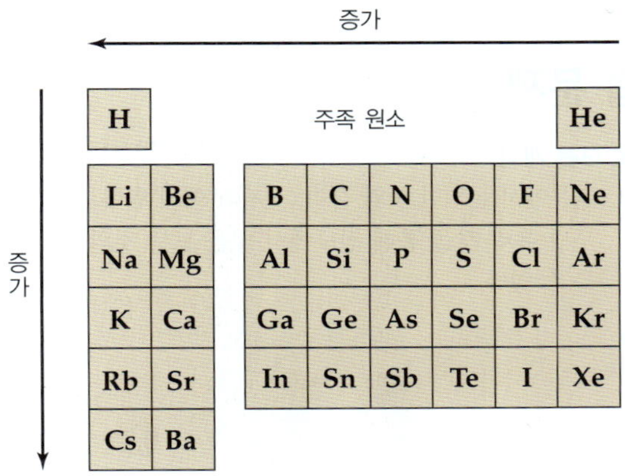

(iv)

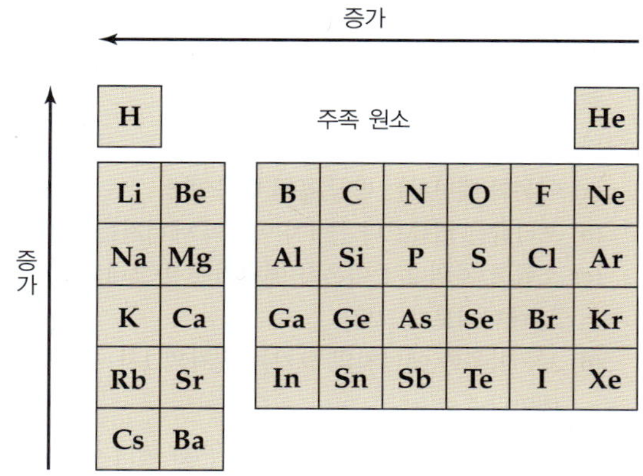


**7.50** 원소 X는 $F_2(g)$와 반응하여 다음과 같은 분자를 형성한다. [7.6절]

**(a)** 이 반응의 균형 맞춘 반응식을 쓰시오(단, X와 생성물의 상은 무시한다).

**(b)** X는 금속인가, 비금속인가? 그 이유를 설명하시오.

## 주기율표, 유효 핵전하(7.1절, 7.2절)

**7.51** **(a)** 다음 식이 어떤 의미를 가지는지 분석하시오.

$2\times1$, $2\times(1+3)$, $2\times(1+3+5)$, $2\times(1+3+5+7)$

**(b)** 비활성 기체의 원자 번호는 (a)의 수와 어떤 관련이 있는가?

**(c)** 6장에서 배운 어떤 내용이 (a)에서 나타난 숫자 '2'와 관계되는지 서술하시오.

**7.52** Moseley는 원자들로부터 방출되는 X선 실험을 통해 원자 번호의 개념을 이끌어냈다.

**(a)** 원자량이 증가하는 순서로 나열한다면, 염소 다음에 오는 원소는 무엇인가?

**(b)** 18족의 다른 원소들과 이 원소가 다른 두 가지 성질을 제시하시오.

**7.53** 원자의 최외각 원자가 전자의 유효 핵전하에 관한 다음 설명 중 **틀린** 문장을 고르시오.

**(i)** 유효 핵전하는 원자 내 다른 전자에 의해 가려지는 부분을 제거해 준 실제 핵전하로 생각할 수 있다.

**(ii)** 유효 핵전하는 주기율표의 한 주기에서 왼쪽에서 오른쪽으로 갈수록 커진다.

**(iii)** 원자가 전자는 핵심부 전자보다 훨씬 효과적으로 핵전하를 가린다.

**(iv)** 유효 핵전하는 주기율표의 한 주기의 끝에서 다음 주기의 처음으로 갈 때 급격히 감소한다.

**(v)** 주기율표의 한 족에서 아래로 이동할 때의 유효 핵전하 크기 변화는 옆으로 이동할 때의 변화보다 작다.

**7.54** Si와 Cl 원자에 존재하는 최외각 전자의 $Z_{eff}$ 값은 각각 4.29+, 6.12+이다.

**(a)** 핵심부 전자와 원자가 전자의 가림 상수를 각각 1.00, 0.00이라고 가정하고, Si와 Cl에 있는 최외각 전자가 느끼는 $Z_{eff}$ 값을 예측하시오.

**(b)** Slater 규칙을 사용하여 예측되는 $Z_{eff}$ 값을 계산하시오.

**(c)** 어느 방법이 보다 정확한 $Z_{eff}$ 값을 예측하는가?

**(d)** 두 방법 중 한 주기에서 왼쪽에서 오른쪽으로 갈수록 점차적인 $Z_{eff}$의 안정된 증가를 보다 잘 설명하는 것은 어느 것인가?

**(e)** Si와 Cl의 계산을 바탕으로, P에서 최외각 전자의 $Z_{eff}$를 예측하시오.

**7.55** $n=2$인 껍질 내 전자들이 느끼는 유효 핵전하가 증가하는 순으로 다음 원자들을 배열하시오. Be, Br, Na, P, Se.

## 원자 반지름과 이온 반지름(7.3절)

**7.56** 헬륨을 제외한 비활성 기체들은 충분히 낮은 온도에서 응축해서 고체로 변한다. 아르곤은 83 K 아래 온도에서 다음 그림과 같은 밀집 구조를 만든다.

**(a)** 그림과 같이 원자들이 서로 붙어 있다면, 고체 아르곤에서 아르곤의 반지름은 어떻게 되는가?

**(b)** 이 경우 아르곤의 반지름은 그림 7.7에서 예측된 원자 반지름보다 큰가, 작은가?

**(c)** 이러한 비교를 바탕으로, 고체 아르곤에서 각 원자는 서로 화학적 결합으로 연결되어 있다고 할 수 있는가?

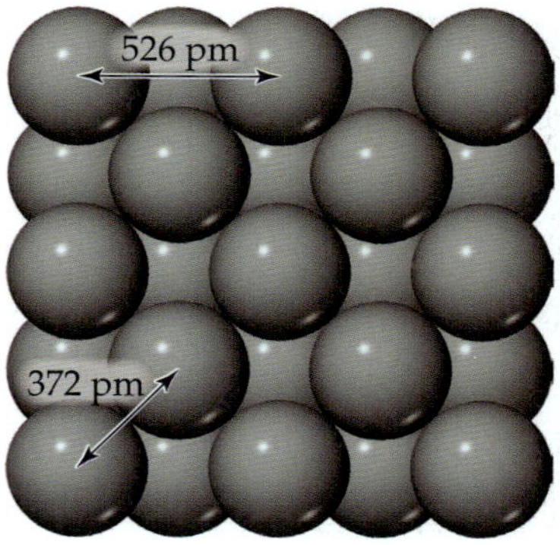


**7.57** 그림 7.7의 결합 원자 반지름에 관한 다음 설명 중 **틀린** 문장을 고르시오.

**(i)** 한 주기 내에서, 주족 원소의 반지름은 왼쪽에서 오른쪽으로 갈수록 작아진다.

**(ii)** $n=3$인 주기에 속하는 주족 원소의 반지름은 $n=2$인 주기에 상응하는 원소의 반지름보다 항상 크다.

**(iii)** 대부분의 주족 원소에 대해, $n=2$에서 $n=3$으로 바뀔 때 발생하는 반지름의 변화는 $n=3$에서 $n=4$로 바뀔 때 발생하는 반지름의 변화보다 크다.

**(iv)** 전이 원소의 반지름은 한 주기 내 왼쪽에서 오른쪽으로 이동할수록 커진다.

**(v)** 1족 원소가 큰 반지름을 가지는 이유는 그들이 상대적으로 작은 유효 핵전하를 가지기 때문이다.

**7.58** 염화 납(II)(lead(II) chloride, $PbCl_2$)에서 실험적인 Pb−Cl 결합 길이는 244 pm이다. 이 결합 길이와 그림 7.7의 자료로부터 Pb의 원자 반지름을 예측하시오.

**7.59** 주기율표만 사용하여 다음 원자들을 원자 반지름이 커지는 순서로 배열하시오.

**(a)** Cs, Se, Te **(b)** S, Si, Sr **(c)** P, Po, Pb

**7.60** 원자 반지름 또는 이온 반지름의 다음과 같은 경향을 설명하시오.

**(a)** $I^- > I > I^+$

**(b)** $Ca^{2+} > Mg^{2+} > Be^{2+}$

**(c)** $Fe > Fe^{2+} > Fe^{3+}$

**7.61** 어떤 이온들은 같은 전자 배치를 가지지만 상응하는 중성 원자가 없는 경우가 있다. 아래의 각 이온에 대해 같은 수의 전자를 가지는 중성 원자를 쓰고, 이 원자가 같은 전자 배치를 가지는지 결정하시오. 만약 이러한 원자가 존재하지 않는다면, 왜 그런지 설명하시오.

**(a)** $Cl^-$ **(b)** $Sc^{3+}$ **(c)** $Fe^{2+}$ **(d)** $Zn^{2+}$ **(e)** $Sn^{4+}$

**7.62** 등전자 이온인 $Cl^-$와 $K^+$를 생각해 보자.

**(a)** 어떤 이온이 작은가?

**(b)** 식 7.1을 사용하고, 핵심부 전자와 원자가 전자의 가림 상수($S$)를 각각 1.00과 0.00이라고 가정하고, 두 이온의 $Z_{eff}$를 계산하시오.

**(c)** 이번에는 Slater 규칙을 사용하여 가림 상수($S$)를 예측하고, 두 이온의 $Z_{eff}$를 계산하시오.

**(d)** 등전자 이온들에서 유효 핵전하와 이온 반지름 간에는 어떠한 상관관계가 있는가?

**7.63** S, Cl, K와 이들의 일반적인 이온들을 생각해 보자.

**(a)** 크기가 증가하는 순서로 원자들을 배열하시오.

**(b)** 크기가 증가하는 순서로 이온들을 배열하시오.

**(c)** 원자들의 크기와 이온들의 크기 순서에서의 차이점을 설명하시오.

**7.64** 다음 화학종들을 크기가 증가하는 순으로 각각 배열하시오.

**(a)** Pb, $Pb^{2+}$, $Pb^{4+}$ **(b)** $V^{3+}$, $Co^{2+}$, $Co^{3+}$

**(c)** $Se^{2-}$, $S^{2-}$, $Sn^{2+}$ **(d)** $K^+$, $Rb^+$, $Br^-$

**7.65** 아래와 같은 이유를 간략히 설명하시오.

**(a)** $Cl^-$가 Ar보다 크다. **(b)** $P^{3-}$가 $S^{2-}$보다 크다.

**(c)** $K^+$가 $Na^+$보다 크다. **(d)** $F^-$가 F보다 크다.

**7.66** 이온 결합 화합물 LiF, NaCl, KBr, RbI에서 측정된 양이온–음이온 거리는 201 pm(Li–F), 282 pm(Na–Cl), 330 pm(K–Br), 367 pm(Rb–I)이다.

**(a)** 그림 7.8에서 주어진 이온 반지름 값을 이용하여 양이온–음이온의 거리를 예측하시오.

**(b)** (a)에서 얻은 거리와, 실험적으로 측정된 거리의 차를 계산하시오. 측정에서 0.04 Å의 정확성을 가졌다고 가정하였을 때, 두 가지 방법으로 얻은 양이온–음이온의 거리는 같다고 할 수 있는가?

**(c)** **결합 원자 반지름**을 이용하여 얻은 이들 네 개의 화합물의 양이온–음이온 간 거리는 얼마인가? 얻은 반지름 값은 이온 반지름으로부터 얻은 값만큼 정확한가?

## 이온화 에너지, 전자 친화도(7.4절, 7.5절)

**7.67** **(a)** 아연의 1차, 2차 이온화 에너지, **(b)** 칼슘의 4차 이온화 에너지를 나타내는 식을 쓰시오.

**7.68** 다음 문장이 참인지 거짓인지 판단하시오.

**(a)** 이온화 에너지는 항상 흡열 반응이다.

**(b)** 포타슘은 리튬보다 큰 1차 이온화 에너지를 가진다.

**(c)** 소듐 원자의 2차 이온화 에너지는 마그네슘 원자의 2차 이온화 에너지보다 크다.

**(d)** 3차 이온화 에너지의 크기는 원자의 1차 이온화 에너지의 세 배이다.

**7.69** **(a)** 17족에서 아래로 갈수록 1차 이온화 에너지 변화의 경향은 어떠한가? 이 경향성이 원자 반지름의 변화와 어떻게 관계되는지 설명하시오. **(b)** 4주기에서 K로부터 Kr로 이동할수록 1차 이온화 에너지 변화의 경향은 어떠한가? 이 경향성이 원자 반지름의 변화와 어떻게 관계되는지 설명하시오.

**7.70** 다음 각 쌍 중 1차 이온화 에너지가 더 작은 원소는 무엇인가?

**(a)** Cs와 Cl **(b)** Fe와 Zn **(c)** I와 Cl **(d)** Se와 Sn

**7.71** 다음 이온들의 전자 배치를 쓰시오. 이 중에서 비활성 기체와 같은 전자 배치를 가지는 것을 고르시오.

**(a)** $Ti^{2+}$ **(b)** $Br^-$ **(c)** $Mg^{2+}$ **(d)** $Po^{2-}$ **(e)** $Pt^{2+}$ **(f)** $V^{3+}$

**7.72** $nd^5$($n$ = 3, 4, 5, ...)의 전자 배치를 갖는 +3 전하의 전이 금속의 예를 쓰시오.

**7.73** 원소의 전자 친화도가 음의 값이라면, 이것이 원소의 음이온이 중성 원자보다 안정하다는 것을 의미하는가? 설명하시오.

**7.74** $F^-$와 같이 1−의 전하를 갖는 음이온의 이온화 에너지와, 중성인 F 원자의 전자 친화도의 상관관계는 어떻게 되는가?

**7.75** 아래 화학 반응식을 생각해 보자.

$$Al^{3+}(g) + e^- \longrightarrow Al^{2+}(g)$$

다음 설명 중 옳은 것은 어느 것인가?

**(i)** 이 과정의 에너지 변화는 $Al^{2+}(g)$가 형성되기 때문에 Al 원자의 2차 전자 친화도이다.

**(ii)** 이 과정의 에너지 변화는 Al 원자의 3차 이온화 에너지의 음수 값이다.

**(iii)** 이 과정의 에너지 변화는 $Al^{2+}$ 이온의 전자 친화도이다.

## 금속과 비금속의 성질(7.6절)

**7.76** 두 원소 X, Y가 존재한다. 이 중 하나는 좋은 전기 전도체이고, 다른 것은 반도체이다. 실험적으로 보면 X의 1차 이온화 에너지는 Y의 두 배라고 한다. 이 중 어떤 것이 더 금속성을 지니고 있는가?

**7.77** 이 장을 논하며 한 학생이 "양이온을 형성하는 원소는 금속이고, 음이온을 형성하는 원소는 비금속이기 때문에, 이온을 형성하지 않는 원소는 준금속이다."라는 말을 하였다. 여러분은 이 말에 동의하는가, 동의하지 않는가?

**7.78** 어떤 금속 산화물(예: $Sc_2O_3$)은 순수한 물과는 반응하지 않지만, 산성 또는 염기성 용액과는 반응을 한다. $Sc_2O_3$가 산성 용액과 반응할 것으로 예상하는가, 아니면 염기성 용액과 반응할 것으로 예상하는가? 알맞은 균형 맞춘 화학 반응식을 쓰시오.

**7.79** 다음 산화물들을 산의 세기가 증가하는 순으로 나열하시오.
$K_2O$, BaO, ZnO, $H_2O$, $CO_2$, $SO_2$

**7.80** 원소 X는 산소와 반응하여 $XO_2$를 형성하고, 염소와 반응하여 $XCl_4$를 형성한다. $XO_2$는 흰색 고체이며, 높은 온도에서 녹는다(1000 ℃ 이상). 보통의 조건에서, $XCl_4$는 무색의 액체이며, 58 ℃에서 끓는다.

**(a)** $XCl_4$는 물과 반응하여 $XO_2$와 또 다른 화합물을 생성한다. 이때 또 다른 화합물은 무엇인가?

**(b)** 원소 X는 금속, 비금속, 중금속 중 어느 것이라고 생각하는가?

**(c)** 이화학 CRC 편람과 같은 참고 서적을 참조하여 원소 X가 어떤 원소인지 결정하시오.

**7.81** 다음 각 반응의 균형 맞춘 반응식을 쓰시오.
**(a)** 이산화 황과 물 **(b)** 산화 리튬과 물 **(c)** 산화 아연과 묽은 염산 **(d)** 삼산화 비소와 수산화 포타슘 수용액

### 금속과 비금속의 경향(7.7절, 7.8절)

**7.82** 구리와 칼슘은 모두 +2 이온을 형성하지만 구리의 반응성이 훨씬 낮다. 원소의 바닥 상태 전자 배치와 원자 반지름을 고려하여 그 이유를 설명하시오.

**7.83** 다음 각 반응의 균형 맞춘 반응식을 쓰시오.
**(a)** 리튬을 물에 첨가한다. **(b)** 칼슘을 물에 첨가한다. **(c)** 포타슘을 염소 기체와 반응시킨다. **(d)** 루비듐을 산소와 반응시킨다.

**7.84** 포타슘은 수소와 반응하여 이온 결합 화합물인 수소화 포타슘을 생성한다.

**(a)** 이 반응의 균형 맞춘 반응식을 쓰시오.

**(b)** 그림 7.10과 7.12의 자료를 활용하여, 아래 두 반응의 에너지 변화량(kJ/mol)을 구하시오.

$$K(g) + H(g) \longrightarrow K^+(g) + H^-(g)$$
$$K(g) + H(g) \longrightarrow K^-(g) + H^+(g)$$

**(c)** (b)에서 계산된 에너지 변화량으로부터 어떤 반응이 잘 일어날지 고르시오.

**(d)** (c)에서의 선택이 수소화 이온을 포함하는 수소화 포타슘의 생성과 일맥상통하는가?

**7.85** 아스타틴(At)은 희귀성과 방사능 때문에 성질에 대해서는 알려진 것이 거의 없다. 하지만 이것의 성질들을 예측하는 것은 가능하다.

**(a)** 이 원소가 실온에서 기체, 액체, 고체일지를 예측하고, 설명하시오.

**(b)** At가 금속, 비금속, 준금속일지를 예측하고, 그 이유를 설명하시오.

**(c)** Na와 함께 형성되는 화합물의 화학식은 무엇인가?

**7.86** 제논(xenon)은 플루오린과 반응하고, 네온(neon)은 플루오린과 반응하지 않는 이유는 무엇인가? **(b)** 적당한 참고 자료를 이용하여, 여러 분자들 내의 Xe—F 결합 길이를 조사해 보시오. 이들 값을 원소의 원자 반지름에서 계산된 결합 길이와 비교하시오.

**7.87** 다음 각 반응의 균형 맞춘 반응식을 쓰시오.

**(a)** 칼슘 금속이 산소 기체하에서 가열된다.

**(b)** 산화 구리가 수소 기체하에서 가열된다.

**(c)** 염소가 질소 기체와 반응한다.

**(d)** 트라이브로민화 붕소가 물과 반응한다.

# 추가 연습 문제

**7.88** 처음부터 안정한 원소 납(Z=82)까지 살펴보았을 때, 원자량이 원자 번호의 순서와 반대인 경우의 원소는 몇 개인가?

**7.89** 그림 7.4는 2*s* 오비탈과 2*p* 오비탈의 방사 방향 확률 분포 함수를 나타낸 것이다.

**(a)** 2*s*와 2*p* 오비탈 중 핵에서의 전자 밀도가 큰 것은 어느 것인가?

**(b)** 2*s*와 2*p* 오비탈에서 핵의 전자 투과의 차이를 조정하기 위해서 Slater 규칙을 어떻게 변경해야 하는가?

**7.90** **(a)** 핵심부 전자들이 원자가 전자들을 완벽하게 가리고, 원자가 전자들끼리는 전혀 가리지 않는다면, P의 3*s*와 3*p* 원자가 전자들에 작용하는 유효 핵전하는 얼마인가? **(b)** Slater 규칙을 이용하여 이 계산을 하시오. **(c)** 자세한 계산에 따르면, 3*s* 전자의 유효 핵전하는 5.6+이고, 3*p* 전자의 유효 핵전하는 4.9+이다. 3*s*와 3*p* 전자의 유효 핵전하 값이 다른 이유는 무엇인가? **(d)** P 원자로부터 전자 한 개를 제거하면, 전자는 어떤 오비탈로부터 제거될 것인가? 이유를 설명하시오.

**7.91** 주기율표의 한 주기를 따라 이동할 때, 전이 원소의 크기 변화가 주족 원소의 크기 변화보다 작은 이유는 무엇인가?

**7.92** 일반식이 $MH_2$인 16족 수소화물에서 측정된 결합 길이가 O—H 96 pm, S—H 134 pm, Se—H 146 pm이다.

**(a)** 이 값들을 그림 7.7에 있는 원자 반지름을 이용하여 얻은 값들과 비교하시오.

**(b)** M—H 결합 길이가 점차 증가하는 이유를 M 원자들의 전자 배치 관점에서 설명하시오.

**7.93** 표 7.8에는 네온의 결합 원자 반지름이 58 pm로, 제논은 140 pm로 표시되어 있다. 당신의 학우가 제논 값이 네온보다 더 현실적이라고 주장한다면, 그것이 옳은가? 그렇다면 당신의 학우의 설명은 무엇에 기초를 두고 있는가?

**7.94** 백린에서 P—P 결합 길이는 189 pm이고, $Cl_2$에서 Cl—Cl의 결합 길이는 199 pm이다.

**(a)** 이 데이터를 기반으로 삼염화 인($PCl_3$)에서 세 개의 염소 원자가 인 원자에 붙어있을 때 P—Cl의 결합 길이를 예측 하시오.

**(b)** 그림 7.7의 원자 반지름 데이터를 사용하여 $PCl_3$에 대해 예상되는 결합 길이는 얼마인가?

**7.95** 가상의 원소 A, B에 대해 다음의 정보가 있다. A—A, B—B 결합 길이는 각각 236 pm, 194 pm이다. A와 B는 반응하여 $AB_2$를 생성한

다. 이때 화합물은 **직선형** 구조를 가진다(∠B−A−B = 180°). 이 정보를 기초로 $AB_2$ 화합물에서 두 B 핵 사이의 거리를 예측하시오.

**7.96** 주기율표의 17족 원소는 할로젠, 16족 원소는 칼코젠이라고 한다.
**(a)** 할로젠과 비교했을 때 칼코젠의 가장 일반적인 산화 상태는 무엇인가?
**(b)** 다음 주기적 성질들이 할로젠과 칼코젠 중 어떤 족에서 클지 기술하시오.
원자 반지름, 일반적인 산화 상태의 이온 반지름, 1차 이온화 에너지, 2차 이온화 에너지

**7.97** 다음 표에 나타낸 바와 같이, Y에서 La로 이동할 때는 원자 반지름이 크게 증가하지만 Zr에서 Hf로 이동할 때는 변화가 없다. 그 이유를 설명하시오.

| 원자 반지름(pm) | | | |
|---|---|---|---|
| Sc | 170 | Ti | 160 |
| Y | 190 | Zr | 175 |
| La | 207 | Hf | 175 |

**7.98** **(a)** $Co^{3+}$와 $Co^{4+}$ 중 어떤 이온이 더 작은가? **(b)** 리튬 이온 전지에서는 $Li^+$ 이온이 전극으로 들어갈 때마다 전하 균형을 위해서 $Co^{4+}$ 이온은 $Co^{3+}$ 이온으로 환원되어야 한다. 이화학 CRC 편람 또는 다른 참고 서적을 활용하여 $Li^+$, $Co^{3+}$, $Co^{4+}$의 이온 반지름을 알아내시오. 작은 이온부터 큰 이온 순서로 나열하시오. **(c)** 리튬 이온이 삽입됨에 따라 산화 리튬 코발트 환원 전극은 팽창되는가, 수축되는가? **(d)** 리튬은 소듐만큼 풍부하지 않다. 리튬 이온 전지처럼 작동하도록 소듐 이온 전지가 개발된다면, '산화 소듐 코발트'가 여전히 전극 물질로 사용될 수 있을 것이라 생각하는가? 설명하시오. **(e)** 소듐 이온 전지에서 코발트가 사용될 수 없다고 생각하였다면, 사용될 수 있는 대체 금속 이온을 제시하고, 선택 이유를 설명하시오.

**7.99** 이온성 물질인 산화 스트론튬(SrO)은 스트론튬 금속과 산소 분자의 반응으로부터 생성된다. 고체 SrO에서의 이온 배열은 고체 NaCl의 이온 배열과 유사하다.

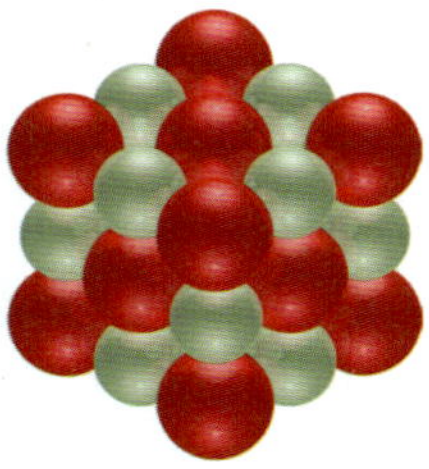

**(a)** 원소 상태에서 SrO(*s*)가 형성되는 균형 맞춘 반응식을 쓰시오.
**(b)** 그림 7.8의 이온 반지름을 이용하여, 그림 속 정육면체의 한 모서리의 길이를 예측하시오(모서리의 한 원자의 중심에서 옆 모서리에 있는 원자의 중심까지의 거리).
**(c)** SrO의 밀도는 5.10 g/cm³이다. (b)에서 주어진 답에서, 여기서 보인 정육면체는 몇 개의 SrO의 화학식 단위를 포함하고 있는가?

**7.100** 다음 그래프에서 보여 주듯이, 탄소의 이온화 에너지의 변화를 설명하시오.

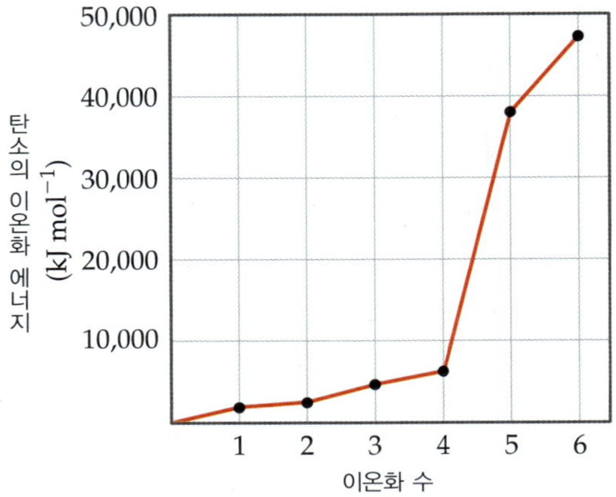


**7.101** 14족 원소는 13족이나 15족 원소에 비해 훨씬 큰 음의 전자 친화도를 가진다(그림 7.12). 다음 중 이 사실을 가장 잘 설명하는 문장을 고르시오.
**(i)** 14족 원소는 13족이나 15족 원소보다 큰 음의 1차 이온화 에너지를 가진다.
**(ii)** 14족 원소에 전자를 첨가하면 절반이 채워진 $np^3$ 바깥 전자 배치가 된다.
**(iii)** 일반적으로 14족 원소는 큰 원자 반지름을 가진다.
**(iv)** 14족 원소는 13족이나 15족 원소보다 쉽게 기화된다.

**7.102** **전자 이동**(electron transfer)이라고 하는 화학 과정에서는 한 원자나 분자로부터 다른 원자나 분자로 전자가 이동한다(전자 이동은 20장에서 광범위하게 다룰 것이다). 다음은 간단한 전자 이동 반응을 나타낸 것이다.

$$A(g) + A(g) \longrightarrow A^+(g) + A^-(g)$$

원자 A의 이온화 에너지와 전자 친화도 관점에서, 이 반응의 에너지 변화를 설명하시오. 염소와 같은 비금속에서는 위 반응은 발열 반응인가? 소듐과 같은 금속에서는 위 반응은 발열 반응인가?

**7.103** 오비탈 도표를 사용하여 산소 원자가 두 개의 전자를 얻을 때 일어나는 현상을 설명하시오. **(b)** $O^{3-}$가 존재하지 않는 이유는 무엇인가?

**7.104** 전자 배치를 이용하여 다음 현상을 설명하시오.
**(a)** 인의 1차 이온화 에너지는 황의 1차 이온화 에너지보다 크다.
**(b)** 질소의 전자 친화도는 탄소와 산소의 전자 친화도보다 낮다(더 작은 음의 값).
**(c)** 산소의 2차 이온화 에너지는 플루오린의 1차 이온화 에너지보다 크다.
**(d)** 망가니즈의 3차 이온화 에너지는 크로뮴과 철의 3차 이온화 에너지보다 크다.

**7.105** 다음과 같은 바닥 상태 전자 배치를 가지는 이온을 두 개 쓰시오.
**(a)** [Ne] **(b)** $[Ar]3d^9$ **(c)** $[Xe]4f^{14}5d^{10}6s^2$

**7.106** 다음 정의에 해당하는 화학 반응식을 고르시오.
**(a)** 산소의 1차 이온화 에너지
**(b)** 산소의 2차 이온화 에너지
**(c)** 산소의 전자 친화도

**(i)** $O(g) + e^- \longrightarrow O^-(g)$ **(ii)** $O(g) \longrightarrow O^+(g) + e^-$
**(iii)** $O(g) + 2\,e^- \longrightarrow O^{2-}(g)$ **(iv)** $O(g) \longrightarrow O^{2+}(g) + 2\,e^-$
**(v)** $O^+(g) \longrightarrow O^{2+}(g) + e^-$

**7.107** 다음 표는 11족과 12족 금속에 대한 전자 친화도를 kJ/mol로 나타낸 것이다.

| Cu<br>−119 | Zn<br>> 0 |
|---|---|
| Ag<br>−126 | Cd<br>> 0 |
| Au<br>−223 | Hg<br>> 0 |

**(a)** 12족 원소의 전자 친화도가 0보다 큰 이유는 무엇인가?
**(b)** 11족 원소의 전자 친화도가 아래로 이동할수록 더 큰 음의 값을 가지는 이유는 무엇인가? (**힌트:** 주기율표에서 다른 족 원소의 전자 친화도의 족에 따른 경향성을 조사하라.)

**7.108** 수소는 어떤 면에서는 알칼리 금속과 비슷한 성질을, 어떤 면에서는 비금속과 비슷한 성질을 가지는 원소이다. 이러한 성질 중 일부는 전자 배치에 의해, 일부는 이온화 에너지와 전자 친화도의 값으로 설명할 수 있다.
**(a)** 수소의 전자 친화도가 할로젠보다 알칼리 금속과 더 비슷한 이유를 설명하시오.
**(b)** 다음 서술은 사실인가?
"수소는 화합물을 형성하는 모든 원소 중에서 결합 원자 반지름이 가장 작다."
만약 아니라면, 서술을 수정하시오. 만약 맞는다면, 전자 배치의 관점에서 설명하시오.
**(c)** 수소의 이온화 에너지가 알칼리 금속보다 할로젠의 이온화 에너지 값과 비슷한 이유를 설명하시오.
**(d)** 수소화 이온은 $H^-$이다. 수소화 이온의 1차 이온화 에너지에 해당하는 식을 쓰시오.
**(e)** (d)에서 답한 식을 H의 전자 친화도를 나타내는 식과 비교하시오.

**7.109** 산소 분자의 1차 이온화 에너지는 다음 반응에서 필요한 에너지이다.

$$O_2(g) \longrightarrow O_2^+(g) + e^-$$

이 반응에서 필요한 에너지는 1175 kJ/mol이며, 이 값은 Xe의 1차 이온화 에너지와 매우 비슷하다. $O_2$가 $F_2$와 반응할 것이라 예상하는가? 만약 그렇다면 이 반응의 생성물(혹은 생성물들)을 예측하시오.

**7.110** 이 책에서 언급한 대로 **금속성**을 정의할 수도 있지만, 원소의 반응성과 얼마나 쉽게 전자를 잃어버리는 척도를 기초로 금속성을 정의할 수도 있다. 또한 얼마나 잘 전기를 전도하는지의 척도에 기초하여 금속성을 결정할 수도 있다. 전기 전도도에 기초하여, 주기율표에는 많은 경향성이 존재하지 않는다. 은은 전기 전도도가 가장 큰 금속이며, 망가니즈는 전기 전도도가 가장 작다. 은과 망가니즈의 1차 이온화 에너지를 살펴보자. 이 책에서 배운 대로라면, 이 두 원소 중 어떤 원소의 금속성이 더 큰가?

**7.111** 아래의 화합물 중에서 Mg(s)와 $N_2(g)$의 반응으로부터 예상되는 생성물을 고르시오.
**(i)** $Mg_3N(s)$ **(ii)** $MgN_2(s)$ **(iii)** $Mg_3N_2(s)$ **(iv)** Mg(s)과 $N_2(g)$는 반응하지 않는다.

**7.112** 바륨 원소는 칼슘 원소보다 물과 더 격렬하게 반응한다. 다음 중 이 반응성의 차이를 가장 잘 설명한 것은 무엇인가?
**(i)** 칼슘은 바륨보다 금속성이 더 크다.
**(ii)** 칼슘의 전자 친화력이 바륨의 전자 친화력보다 작다.
**(iii)** 바륨의 1차 및 2차 이온화 에너지는 칼슘보다 작다.
**(iv)** 바륨의 원자 반지름이 칼슘의 원자 반지름보다 작다.
**(v)** 바륨 이온의 이온 반지름이 칼슘 이온의 이온 반지름보다 크다.

**7.113** **(a)** 알칼리 금속 중 한 금속이 산소와 반응하여 흰색 고체 물질을 생성한다. 이 고체 물질을 물에 녹이면, 용액에서 과산화 수소($H_2O_2$)가 검출된다. 이 용액의 불꽃 실험을 하면 연보라 불꽃을 보여 준다. 이를 바탕으로, 처음에 사용한 알칼리 금속이 무엇인지 추측하시오. **(b)** 생성된 흰색 물질과 물과의 균형 맞춘 화학 반응식을 쓰시오.

**7.114** $Zn^{2+}$는 생명에 중요한 금속 이온이다. $Zn^{2+}$는 생체 내 반응에 관여하는 여러 단백질에 결합된 형태로 발견되지만, 불행하게도 일반적인 화학적 방법으로는 감지하기 어렵다. 따라서 $Cd^{2+}$가 훨씬 더 감지하기 쉽기 때문에, $Zn^{2+}$를 포함하는 단백질을 연구하기 위해서 $Zn^{2+}$를 $Cd^{2+}$로 치환하는 경우가 자주 있다.
**(a)** 이 장에서 배운 원소 및 이온들의 성질과 주기율표상의 이들의 위치를 고려하여, $Zn^{2+}$ 치환체로서의 $Cd^{2+}$ 사용의 장단점을 기술하시오.
**(b)** 화학 반응의 속도를 증가시키는 단백질을 **효소**라고 한다. 많은 효소들은 생체 내 알맞은 대사 작용에 꼭 필요한 물질이다. 효소에서 $Zn^{2+}$ 대신 $Cd^{2+}$를 사용할 경우 생기는 문제점 중 하나는, $Cd^{2+}$ 치환체가 효소의 활성을 감소시키거나 비활성으로 만든다는 것이다. $Cd^{2+}$ 이외에 $Zn^{2+}$를 대체할 수 있는 다른 금속 이온을 제시하고, 제시한 이유를 기술하시오.

**7.115** 역사가가 새로운 원소에 대해 기록되어 있는 19세기 실험 노트(1822년)를 발견하였다. 여기에 실험 노트 기록의 일부가 있다.
"연성의 은백색, 금속처럼 보임. 납보다 무름. 물에 영향을 받지 않음. 공기 중에서 안정함. 녹는점은 153°C. 밀도는 7.3 g/cm$^3$. 전기 전도도는 구리 전기 전도도의 20%. 강도는 철 강도의 약 1%. 이 물질 4.20 g을 다량의 산소 존재하에서 가열하면 5.08 g의 흰색 고체가 형성된다. 고체는 800°C 이상에서 승화된다."
**(a)** 이 교재와 이화학 CRC 편람의 정보를 활용하고, 현재 알려진 자료들과의 오차를 고려하여, 이 원소가 무엇인지 알아내시오.
**(b)** 산소와의 반응의 균형 맞춘 화학 반응식을 쓰시오.
**(c)** 그림 7.1로부터 판단하였을 때, 이 19세기 연구원의 새로운 원소의 발견은 첫 번째인가?

**7.116** 2010년 4월, 한 연구진에 의해서 117번 원소가 보고되었다. 이 발견은 2012년에 추가적인 실험으로 검증받았다. 이 원소의 바닥 상태 전자 배치를 쓰고, 1차 이온화 에너지, 전자 친화도, 원자 크기, 일반적인 산화 상태를 주기율표상의 위치로부터 예측하시오.

**7.117** 반도체가 비금속보다는 효과적으로, 금속보다는 덜 효과적으로 전기를 전달하는 물질이라는 것을 12장에서 배우게 될 것이다. 주기율표상에 있는 원소 중에는 오직 규소와 저마늄만이 기술적으로 유용한 반도체이다. 오늘날 컴퓨터 칩상의 집적 회로는 규소를 기초로 하고 있다. 반도체 화합물 또한 전기 산업에도 사용된다. 예를 들어 비소화 갈륨(GaAs), 인화 갈륨(GaP), 황화 카드뮴(CdS), 셀레늄화 카드뮴(CdSe) 등이 있다.

**(a)** 반도체 화합물의 조성과, Si와 Ge에 대비한 이들 원소의 주기율표상의 위치는 어떤 관계에 있는가?

**(b)** 반도체 산업의 관계자들은 로마 숫자를 사용하여 'II−VI'과 'III−V' 물질이라고 부른다. II−VI과 III−V가 어떤 혼합 반도체일지 추측해 보시오.

**(c)** 주기율표상의 원소들의 위치에 근거하여, 새로운 조성의 반도체 화합물을 제시하시오.

# 통합 연습 문제

**7.118** Moseley는 원소에 의해 방출되는 X선 연구로부터 원자 번호 개념을 정립하였다. 몇몇 원소에 의해 방출되는 X선의 파장은 다음과 같다.

| 원소 | 파장(pm) |
|---|---|
| Ne | 1461 |
| Ca | 335.8 |
| Zn | 143.5 |
| Zr | 78.6 |
| Sn | 49.1 |

**(a)** 각 원소에 의해 방출되는 X선의 진동수($\nu$)를 계산하시오(Hz 단위로).

**(b)** 적당한 프로그램을 사용하여, 원소의 진동수의 제곱근과 원자 번호를 두 축으로 하는 그래프를 그리시오.

**(c)** Moseley가 발견되지 않은 원소의 존재를 어떻게 예측할 수 있었는지 (b)의 그래프를 통해 설명하시오.

**(d)** (b)의 결과를 이용하여, 철에 의해 방출되는 X선의 파장을 예측하시오.

**(e)** 어떤 원소가 98.0 pm의 X선을 방출한다. 이 원소는 무엇이라고 생각하는가?

**7.119** **(a)** Li의 전자 배치를 쓰고, 원자가 전자가 느끼는 유효 핵전하를 추정하시오. **(b)** 일전자 원자나 이온에서 전자 에너지는 $(-2.18\times10^{-18}\text{ J})\left(\dfrac{Z^2}{n^2}\right)$이다. 여기서 $Z$는 핵전하이고, $n$은 자의 주양전자수이다. Li의 1차 이온화 에너지를 예측하시오. **(c)** 계산 결과를 표 7.4의 보고된 값과 비교하고, 그 차이를 설명하시오. **(d)** 알맞은 이온화 에너지 값을 제공할 수 있는 유효 핵전하 값은 얼마인가? 이 값은 (c)에서 설명한 것과 일치하는가?

**7.120** 이온화 에너지를 측정하는 한 가지 방법은 광전 효과를 기초로 하는 자외선 광전자 분광법(ultraviolet photoelectron spectroscopy, UPS 또는 PES)이다. PES에서는 전자 방출을 야기하기 위해, 단색광이 시료에 조사된다. 방출되는 전자의 운동 에너지가 측정되었다. 광자의 에너지와 전자의 운동 에너지 간 차이가 전자를 제거하는 데 필요한 에너지에 해당한다(이온화 에너지에 해당). PES 실험을 다음 조건에서 수행하였다고 하자. 수은 증기를 파장이 58.4 nm인 자외선 빛과 함께 조사하였다.

**(a)** 이 빛의 광자 에너지는 얼마인가? (J 단위로)

**(b)** Hg의 1차 이온화 에너지를 나타내는 식을 쓰시오.

**(c)** 방출되는 전자의 운동에너지가 $1.72\times10^{-18}$ J로 측정되었다. Hg의 1차 이온화 에너지는 얼마인가? (kJ/mol 단위로)

**(d)** 그림 7.10을 사용하여, 어떤 할로젠 원소의 1차 이온화 에너지가 수은의 1차 이온화 에너지와 가장 비슷할지 결정하시오.

**7.121** 수은은 0, +1, +2의 산화 상태로 존재할 수 있다. 환경 화학 연구의 중요한 관심사 중 하나는 자연 상태에서의 수은의 산화 상태를 정확하게 측정하는 것이다. 수은이 용액상에서와는 다르게, 표면에서는 환원되거나 산화된다는 사실이 이 측정을 어렵게 만든다. X선 광전자 분해법(X-ray photoelectron spectroscopy, XPS)은 PES(문제 7.120 참조)와 비슷한 기술이다. 그러나 원자가 전자를 방출하기 위해 자외선 빛을 사용하는 대신 핵심부 전자를 방출시키기 위해 X선을 사용한다. 핵심부 전자의 에너지는 원소의 산화 상태에 따라 다른 값을 가진다. 어떤 실험에서, 연구자가 물속 광물의 수은 오염을 조사하였다. 그들은 1253.6 eV의 에너지를 제공하는 X선을 사용하여, 수은의 4$f$ 오비탈로부터 방출되는 전자에 해당하는 XPS 신호(105 eV)를 측정하였다. 광물 표면의 산소는 산소의 1$s$ 오비탈에 해당하는 531 eV의 전자에너지가 측정되었다. 위 결과로부터, 연구자는 Hg는 +2, O는 −2의 산화 상태를 가졌다고 결론을 내렸다.

**(a)** 이 실험에서 사용한 X선의 파장을 계산하시오.

**(b)** 수은의 4$f$ 전자와 산소의 1$s$ 전자의 에너지이에 대한 문제의 자료와 7장의 자료로부터 수은과 산소의 1차 이온화 에너지를 비교하시오.

**(c)** $Hg^{2+}$, $O^{2-}$의 바닥 상태 전자 배치를 쓰시오. 각각의 경우 원자가 전자는 어떤 전자들인가?

**7.122** 마그네슘 금속이 공기 중에서 연소할 때(그림 3.5) 두 가지 생성물이 생성된다. 하나는 산화 마그네슘(MgO)이고, 다른 하나는 Mg와 질소 분자와의 반응 생성물인 질소화 마그네슘이다. 질소화 마그네슘에 물을 첨가하면, 산화 마그네슘과 암모니아 기체가 생성된다.

**(a)** 질소화 이온의 전하에 근거하여(표 2.5), 질소화 마그네슘의 화학식을 예측하시오.

**(b)** 질소화 마그네슘과 물과의 반응의 균형 맞춘 반응식을 쓰시오. 이 반응의 추진력은 무엇인가?

**(c)** 이 실험에서는 마그네슘 리본 한 조각을 도가니 속에서 공기 존재하에서 연소시켰다. 연소 후 MgO와 질소화 마그네슘 혼

합물의 질량은 0.470 g이다. 물을 도가니에 첨가하면 후속 반응이 일어난다. 최종 생성물인 MgO 0.486 g이 얻어질 때까지 도가니를 건조하기 위하여 가열하였다. 처음 연소 후 얻어진 혼합물에서 질소화 마그네슘의 질량 백분율은 얼마인가?

**(d)** 질소화 마그네슘은 또한 높은 온도에서 금속과 암모니아의 반응에 의하여 생성할 수 있다. 이 반응의 균형 맞춘 반응식을 쓰시오. 6.3 g의 Mg 리본과 2.57 g의 $NH_3(g)$와의 반응이 완전히 진행되었다면, 한계 반응물은 어느 것인가? 이때 생성된 $H_2$의 질량은 얼마인가?

**(e)** 고체 질소화 마그네슘의 표준 생성 엔탈피는 −461.08 kJ/mol이다. 마그네슘 금속과 암모니아 기체의 반응에서 표준 생성 엔탈피 변화를 계산하시오.

**7.123** **(a)** 트라이브로민화 비스무트(bismuth tribromide, $BiBr_3$)에서 측정된 Bi−Br 결합 길이는 263 pm이다. 이 값과 그림 7.8의 자료를 활용하여, Bi의 원자 반지름을 예측하시오. **(b)** 트라이브로민화 비스무트는 산성 용액에 녹는다. 이 물질은 고체 산화 비스무트(III)를 브로민화수소산(hydrobromic acid) 수용액에 가하면 얻어진다. 이 반응의 균형 맞춘 화학 반응식을 쓰시오. **(c)** 산화 비스무트(III)는 산성 용액에 녹지만, NaCl(*aq*)과 같은 염기성 용액에는 용해되지 않는다. 이러한 성질에 기초하여, 비스무트가 금속, 준금속, 비금속 원소 중 어디에 속할지 예측하시오. **(d)** 비스무트를 플루오린 기체와 반응시키면 $BiF_5$를 생성한다. Bi의 전자 배치를 이용하여, $BiF_5$와 같은 조성의 화합물 생성을 설명하시오. **(e)** $BiF_5$의 생성은 가능하지만, 다른 할로젠들과의 비스무트의 펜타할로젠화물(pentahalide) 생성은 알려지지 않았다. 이유를 설명하시오. 제논(xenon)은 플루오린과는 반응하여 화합물을 생성하지만, 다른 할로젠들과는 그렇지 않다. 이 사실과 (a)~(d)에서 살펴본 비스무트의 행동 양식을 관련지으시오.

**7.124** 초과산화 포타슘(potassium superoxide, $KO_2$)은 $CO_2$와 반응하여 $O_2$를 생성하기 때문에, 산소 마스크(소방관들이 사용하는)로 종종 사용된다. 실험 결과, 2 mol의 $KO_2(s)$는 1 mol의 $CO_2(g)$와 반응한다.

**(a)** 이 반응의 생성물은 $K_2CO_3(s)$와 $O_2(g)$이다. 이 반응의 균형 맞춘 반응식을 쓰시오.

**(b)** (a) 반응에 관여하는 모든 원자의 산화수를 쓰시오. 어떤 원소가 산화되었고, 어떤 원소가 환원되었는가?

**(c)** 18.0 g의 $CO_2(g)$를 소비하려면 몇 그램의 $KO_2(s)$가 필요한가? 이 반응으로부터 생성되는 $O_2(g)$의 질량은 얼마인가?

# 실험 설계 문제

이 장에서는 포타슘 금속과 산소의 반응이 우리가 흔히 기대하지 않는 생성물인 초과산화 포타슘($KO_2(s)$)을 만들어 낸다는 것을 보았다. 이러한 흔하지 않은 생성물을 만들기 위한 몇 가지 실험을 고안하여 보자.

**(a)** 여러분의 팀원 중 한 명이 $KO_2$와 같은 초과산화물을 만들어 내기 위한 능력이 1차 이온화 에너지가 낮아야 하는 것과 관련이 있다고 제안을 한다. 여러분은 이러한 가설을 1족 금속에 대해서 검증하기 위하여 어떠한 실험을 하겠는가? 알칼리 금속의 다른 어떠한 주기적 성질이 초과산화 이온을 만들기 위하여 선호되는 기준이라고 또한 생각이 되는가?

**(b)** $KO_2(s)$는 산소(*g*)를 만들어 내기 때문에 소방관들이 사용하는 여러 산소 마스크의 활성을 가지는 물질로 사용되어 왔다. 원리적으로는 $KO_2(s)$는 인간 호흡의 두 가지 주성분인 $H_2O(g)$ 및 $CO_2(g)$와 반응하여, $O_2(g)$와 다른 화합물을 만들 수 있다(모두 다 우리가 지금껏 보아온 반응성의 경향을 따라서). 이러한 반응의 또 다른 생성물을 예측하고 실제로 $KO_2(s)$가 $H_2O(g)$ 및 $CO_2(g)$와 반응을 하는지 확인할 수 있는 실험들을 고안하시오.

**(c)** 위에서 제시된 (b)의 반응들이 실제로 소방관들의 산소 마스크의 작용에 더 중요한 역할을 수행할 수 있는지를 결정하는 실험을 고안하시오.

**(d)** $K(s)$와 $O_2(g)$의 반응은 $KO_2(s)$와 $K_2O(s)$의 혼합물을 생성한다. 이 연습 문제에서 제안된 아이디어를 이용하여 $K(s)$와 과량의 $O_2(g)$가 반응을 하였을 때 생성되는 $KO_2(s)$와 $K_2O(s)$의 퍼센트를 결정하는 실험을 고안하시오.

# 8

# 화학 결합의 기본 개념



## 8.1 | Lewis 기호와 팔전자 규칙

화학 결합에 참여하는 전자를 **원자가 전자**(valence electron)라고 한다. 대부분 원자의 원자가 전자는 전자가 채워진 최외각 껍질에 들어 있다. 미국의 화학자 G. N. Lewis(1875~1946)는 원자가 전자를 표시함으로써 결합 생성 과정 관여하는 전자들을 간단히 추적하는 방법을 제시하였다. 이를 **Lewis 전자점 기호**(Lewis electron dot symbol), 또는 간단하게 Lewis 기호라 한다.

이 절이 끝나면 다음 사항을 수행할 수 있어야 한다.

- 원소의 Lewis 기호 그리기

두 개의 원자나 이온이 서로 단단히 붙어 있을 때, 이들 사이에 **화학 결합**(**chemical bond**)이 존재한다고 한다. 화학 결합에는 **이온 결합**, **공유 결합**, **금속 결합**의 세 유형이 있다. 이 세 가지 결합 유형을 간단히 알아보기 위하여, 그림 8.1과 같이 스테인리스 수저를 사용하여 물이 든 컵에 식염을 넣는 것을 생각해 보자.

**만약 흰색 가루가 설탕($C_{12}H_{22}O_{11}$)이라면, 그림을 어떻게 바꾸어야 하는가?**

▲ 그림 8.1 이온 결합, 공유 결합, 금속 결합 그림에 있는 세 가지 다른 물질은 서로 다른 화학 결합에 의해 연결되어 있다.

식염은 소듐 이온($Na^+$)과 염화 이온($Cl^-$)으로 구성된 염화 소듐이다. 식염은 반대 전하를 띤 이온들 사이에 작용하는 인력에 의하여 유지되는 **이온 결합(ionic bond)**을 갖는다. 물은 $H_2O$ 분자로 구성되어 있다. 수소와 산소 원자는 원자 사이에 전자를 공유함으로써 결합이 이루어지는 **공유 결합(covalent bond)**에 의해 서로 연결되어 있다. 수저는 철이 주성분이며, 철 원자들은 **금속 결합(metallic bond)**을 하고 있다. 금속 결합에서는 전자들이 비교적 자유로이 움직인다. NaCl, $H_2O$, Fe 금속처럼, 다른 유형의 물질이 다른 성질을 나타내는 것은 구성 원자들의 연결 방식이 서로 다르기 때문이다. 예를 들면 NaCl은 물에 쉽게 녹지만, Fe 금속은 물에 녹지 않는다.

## Lewis 기호

어떤 원소의 **Lewis 기호(Lewis symbol)**는 그 원소의 화학 기호와 원자가 전자를 표시하는 점으로 구성된다. 예를 들어 황은 [Ne]$3s^23p^4$의 전자 배치를 가지며, 아래와 같이 6개의 원자가 전자로 표시된다.

$$\cdot\ddot{\underset{\cdot\cdot}{S}}\cdot$$

전자점은 원소 기호의 상하좌우의 네 곳에 표시한다. 각 위치에는 전자를 두 개까지 놓을 수 있다. 네 위치는 모두 동등하며, 임의로 어떤 위치에 한 개 또는 두 개의 전자를 위치시킬 수 있다. 전자는 가능한 한 넓게 펼쳐 놓는다. S의 전자 배치를 예로 들면, 위에 있는 S의 전자 배치가, 전자쌍을 세 곳에만 놓고 나머지 한 곳은 비워 두는 배치보다 바람직하다.

주기율표 내 2주기와 3주기 주족 원소의 Lewis 기호와 전자 배치를 **그림 8.2**에 나타내었다. 주족 원소의 원자가 전자 수는 그 원소의 족의 끝자리 번호와 같다. 예를 들어 16족 원소인 산소와 황의 Lewis 기호는 모두 6개의 점으로 표시한다.

## 팔전자 규칙

원자는 전자를 얻거나 잃거나 공유함으로써, 주기율표상에서 그 자신과 가장 가깝게 위치한 비활성 기체와 같은 수의 전자를 갖는다. 큰 이온화 에너지, 낮은 전자 친화도, 낮은 화학 반응성으로부터 알 수 있듯이, 비활성 기체는 매우 안정된 전자 배치를 하고 있기 때문이다. He를 제외한 모든 비활성 기체가 8개의 원자가 전자를 가지고 있으며, 이처럼 화학 반응에 참여하는 대부분의 원자는 8개의 원자가 전자를 가질 때까지 반응한다. 이와 같은 관찰에 기초하여, **원자는 8개의 원자가 전자를 가질 때까지 전자를 얻거나, 잃거나, 공유한다**는 **팔전자 규칙(octet rule)**이라는 지침이 만들어졌다.

팔전자는 원자의 $s$ 부껍질과 $p$ 부껍질을 모두 채운다. 팔전자의 Lewis 기호는 그림 8.2의 Ne나 Ar의 Lewis 기호처럼, 원소 기호 주위에 원자가 전자를 네 개의 쌍으로 나타낸다. 8.7절에서 팔전자 규칙의 예외가 되는 경우를 제시하겠지만, 팔전자 규칙은

| 족 | 1 | 2 | 13 | 14 | 15 | 16 | 17 | 18 |
|---|---|---|---|---|---|---|---|---|
| 원소 | **Li** | **Be** | **B** | **C** | **N** | **O** | **F** | **Ne** |
| 전자 배치 | [He]$2s^1$ | [He]$2s^2$ | [He]$2s^22p^1$ | [He]$2s^22p^2$ | [He]$2s^22p^3$ | [He]$2s^22p^4$ | [He]$2s^22p^5$ | [He]$2s^22p^6$ |
| Lewis 기호 | Li· | ·Be· | ·Ḃ· | ·Ċ· | ·N̈: | :Ö: | ·F̈: | :N̈e: |
| 원소 | **Na** | **Mg** | **Al** | **Si** | **P** | **S** | **Cl** | **Ar** |
| 전자 배치 | [Ne]$3s^1$ | [Ne]$3s^2$ | [Ne]$3s^23p^1$ | [Ne]$3s^23p^2$ | [Ne]$3s^23p^3$ | [Ne]$3s^23p^4$ | [Ne]$3s^23p^5$ | [Ne]$3s^23p^6$ |
| Lewis 기호 | Na· | ·Mg· | ·Ȧl· | ·Ṡi· | ·P̈: | :S̈: | ·C̈l: | :Äṛ: |

▲ 그림 8.2 Lewis 기호

화학 결합에 대한 여러 가지 중요한 개념을 설명하는 데 매우 유용한 틀을 제공한다. 팔전자 규칙은 대부분 *s* 부껍질과 *p* 부껍질까지만을 갖는 원자에 적용한다. *d* 부껍질에 원자가 전자가 있는 전이 금속들은 23장에서 살펴볼 것이다.

## 자기 평가 연습 문제

**8.1** 다음 중 As의 Lewis 기호로 올바른 것은?
**(a)** $\ddot{\underset{\cdot\cdot}{\dot{A}s}}$ **(b)** $\ddot{\underset{\cdot\cdot}{\dot{A}s}}\cdot$ **(c)** $\cdot\ddot{\underset{\cdot}{\dot{A}s}}\cdot$

## 연습 문제

**8.2** **(a)** 참 또는 거짓: 원소의 원자가 전자의 수와 원자 번호는 일치한다. **(b)** 질소 원자는 몇 개의 원자가 전자를 갖는가? **(c)** 전자 배치가 $1s^2 2s^2 2p^6 3s^2 3p^2$인 원자는 몇 개의 원자가 전자를 갖는가?

**8.3** 규소(Si)에 대해서 다음을 답하시오.
**(a)** 전자 배치를 나타내시오.
**(b)** 규소 원자는 몇 개의 원자가 전자를 갖는가?
**(c)** 어떤 부껍질이 원자가 전자를 포함하는가?

**8.4** 다음 원소들의 Lewis 기호를 나타내시오.
**(a)** Te **(b)** Si **(c)** Kr **(d)** P

자기 평가 연습 문제 답 **8.1** (c)

# 8.2 | 이온 결합

우크라이나의 동굴 깊숙한 곳에서 발견된 이 석고 결정은 $CaSO_4 \cdot 2H_2O$로 구성되어 있다. 원자 단위의 칼슘과 황산염 이온 사이에 이루어진 이온 결합은 거시적인 관점에서의 특징적인 결정 모양을 이끌게 된다.

이 절이 끝나면 다음을 수행할 수 있어야 한다.

- 이온 결합의 발생을 예측하기
- 이온성 고체의 격자 에너지에 영향을 미치는 요인들을 이해하기

이온성 물질은 일반적으로 주기율표의 왼쪽에 위치한 금속과 오른쪽에 위치한 비금속(18족

**포타슘 금속과 브로민 원소 사이에도 유사한 반응을 예상할 수 있는가?**

▲**그림 8.3** 이온 결합 화합물인 염화 소듐을 생성하는 소듐 금속과 염소 기체 간의 반응

**만일 색깔별로 이온의 종류를 표기하지 않은 경우, 어느 색깔의 구가 $Na^+$ 또는 $Cl^-$인지 아는 방법은 무엇인가?**

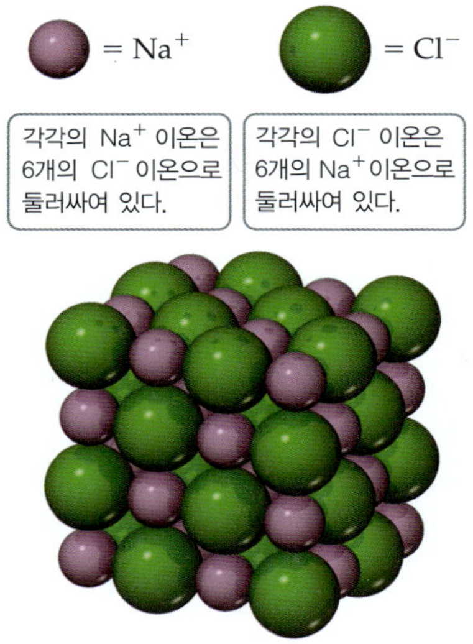


▲**그림 8.4** 염화 소듐의 결정 구조

의 비활성 기체 제외) 간의 반응에서 생성된다. 예를 들어 금속 소듐(Na($s$))과 염소 기체($Cl_2(g)$)가 접촉하면 격렬히 반응한다(**그림 8.3**). 이 발열 반응의 생성물이 염화 소듐(NaCl($s$))이다.

$$Na(s) + \frac{1}{2}Cl_2(g) \longrightarrow NaCl(s) \qquad \Delta H_f^\circ = -410.9\ \text{kJ} \qquad [8.1]$$

염화 소듐은 $Na^+$이온과 $Cl^-$이온의 삼차원 배열로 구성되어 있다(**그림 8.4**).

Na로부터 $Na^+$가 생성되고 $Cl_2$로부터 $Cl^-$가 생성되는 것은, 소듐 원자는 전자 한 개를 잃게 되고 염소 원자는 전자 한 개를 얻게 되는 것이다. 즉, Na 원자로부터 Cl 원자로 **전자 이동**(electron transfer)이 일어난 것으로 볼 수 있다. 7장에서 검토한 원자의 성질 중 두 가지, 즉 이온화 에너지와 전자 친화도를 살펴보면, 전자 이동이 얼마나 쉽게 이루어질 것인지 판단할 수 있다. 이온화 에너지는 원자로부터 한 개의 전자를 얼마나 쉽게 제거할 수 있는가를 나타내며, 전자 친화도는 한 개의 전자를 얼마나 쉽게 받아들이는가를 나타낸다. 전자 이동이 일어나서 전하가 반대인 두 이온이 생성되기 위해서 한 원자는 전자를 쉽게 잃을 수 있어야 하고(작은 이온화 에너지), 다른 원자는 전자를 쉽게 받아들일 수 있어야 한다(높은 전자 친화도). 따라서 NaCl은 이온화 에너지가 작은 금속과 전자 친화도가 큰 비금속으로 이루어져 있으므로 전형적인 이온 결합 화합물이다. Lewis 전자점 기호를 사용하고, $Cl_2$ 분자 대신 Cl 원자로 나타낼 때, 이 반응은 다음과 같이 나타낼 수 있다.

$$Na\cdot + \cdot\ddot{\underset{\cdot\cdot}{Cl}}\!: \longrightarrow Na^+ + [:\ddot{\underset{\cdot\cdot}{Cl}}:]^- \qquad [8.2]$$

파란색 화살표는 Na 원자로부터 Cl 원자로의 전자 이동을 나타낸다. 두 이온은 모두 팔전자를 갖는다. $Na^+$의 팔전자계는 $2s^22p^6$이며, Na 원자에서 $3s$에 속한 원자가 전자가 없는 것과 같다. 대괄호([ ])를 사용하여 염화 이온 주위가 8개의 전자로 채워진 것을 강조하였다.

이온성 물질은 몇 가지 특성이 있다. 이들은 일반적으로 녹는점이 높고 부서지기 쉬운 물질이며, 대부분 결정성이다. 이온 결정은 결정면을 따라서 쉽게 깨진다. 이러한 성질들은 정전기적 힘에 의한 결과이다. 이로 인해 그림 8.4과 같은 견고하게 잘 정렬된 삼차원 배열을 유지할 수 있다.

## 이온 결합 생성 에너지

식 8.1에 표시된 매우 큰 음의 생성 엔탈피($\Delta H_f^\circ = -410.9$ kJ)는 소듐과 염소로부터의 염화 소듐 생성이 **매우 큰** 발열 과정임을 나타낸다. 부록 C에서 다른 이온성 물질의 생성열도 역시 큰 음수 값임을 알 수 있다. 이온성 물질이 생성될 때 큰 열이 발생하는 이유는 무엇일까?

식 8.2에서 NaCl의 생성을 Na로부터 Cl로 전자가 이동하는 것으로 표시하였다. 7.4절에서 원자가 전자를 잃는 과정은 항상 흡열 과정임을 배웠다. $Na^+(g)$를 생성하기 위하여 Na(*g*)로부터 전자 한 개를 제거하려면 496 kJ/mol이 필요하다. 반면에 7.5절에서, 비금속 원자가 전자 한 개를 얻는 것은 일반적으로 발열 과정(즉, 원소의 전자 친화도가 음의 값)이라는 것을 배웠다. 예를 들어 Cl(*g*)에 전자 한 개를 첨가하면 349 kJ/mol의 열이 방출된다. 위의 두 값만 볼 때, 한 개의 Na 원자에서 한 개의 Cl 원자로의 전자 이동은 발열 과정이 아니다. 전체 과정은 496−349=147 kJ/mol의 에너지가 요구되는 흡열 과정이다. 이 흡열 과정은 소듐 이온과 염화 이온이 생성되어 서로 무한 거리로 떨어져 있는 것에 해당한다. 바꾸어 말하면, 이 양의 에너지 값은 두 이온 사이에 상호 인력이 작용하지 않는 것을 상정한 것이다. 이것은 이온성 고체와는 매우 다른 상황이다.

이온 결합 화합물이 안정한 주된 이유는 반대 전하를 가진 이온 사이의 인력 때문이다. 이 인력은 이온들을 서로 끌어당겨 에너지를 방출하고, 많은 이온이 그림 8.4와 같이 고체상 배열 즉, 격자 구조를 형성한다. 이온성 고체에서 반대 전하를 가진 이온들의 배열로 인해 얻어지는 안정화의 정도를 **격자 에너지(lattice energy)**라고 한다. **1몰의 고체 이온 화합물의 모든 이온을 기체 상태의 이온으로 완전히 분리하는 데 필요한 에너지**이다.

NaCl을 예로 들면, 그림 8.4의 결정을 계속 팽창시켜, 각 이온 간 거리가 무한대로 되어 모든 이온이 완전히 떨어지는 것을 생각해 보자. 이 과정은 788 kJ/mol의 에너지가 필요하고, 이것이 격자 에너지의 값이 된다.

$$NaCl(s) \longrightarrow Na^+(g) + Cl^-(g) \qquad \Delta H_{격자} = +788\ kJ/mol \qquad [8.3]$$

이 과정은 매우 높은 흡열 과정이다. 반대로 $Na^+(g)$와 $Cl^-(g)$가 서로 접근하여 NaCl(*s*)를 생성하는 역과정은 큰 발열 과정이 된다($\Delta H = -788$ kJ/mol).

표 8.1에는 여러 가지 이온 결합 화합물의 격자 에너지 값이 수록되어 있다. 큰 양의 값이 나타내는 것은, 이온성 고체 내 이온들 사이에 매우 강한 인력이 작용한다는 것이다. 반대 전하를 띤 이온 간 인력 때문에, 방출하는 에너지는 이온화 과정에 필요한 흡열보다 크다. 결과적으로 이온성 물질 생성은 발열 과정이 된다. 이러한 강한 인력 때문에 이온성 물질의 대부분은 딱딱하고 부스러지기 쉬우며, 녹는점이 높다. 예를 들어 NaCl은 801℃에서 녹는다.

이온성 고체의 격자 에너지 크기는 이온들의 전하와 크기, 고체 내의 정렬 방식에 따라 결정된다. 전하를 띤 두 입자 상호 간의 정전기적 퍼텐셜 에너지(5.1절)는 다음 식과 같다.

**표 8.1 이온 결합 화합물의 격자 에너지**

| 화합물 | 격자 에너지(kJ/mol) | 화합물 | 격자 에너지(kJ/mol) |
|---|---|---|---|
| LiF | 1030 | $MgCl_2$ | 2526 |
| LiCl | 834 | $SrCl_2$ | 2127 |
| LiI | 730 | | |
| NaF | 910 | MgO | 3795 |
| NaCl | 788 | CaO | 3414 |
| NaBr | 732 | SrO | 3217 |
| NaI | 682 | | |
| KF | 808 | ScN | 7547 |
| KCl | 701 | | |
| KBr | 671 | | |
| CsCl | 657 | | |
| CsI | 600 | | |

$$E_{el} = \frac{\kappa Q_1 Q_2}{d} \quad [8.4]$$

이 식에서 $Q_1$과 $Q_2$는 각각 두 이온의 부호를 포함한 쿨롱 전하, $d$는 두 이온의 중심 간 거리, $k$는 상수로 $8.99\times10^9$ J m/C$^2$이다. 식 8.4에 나타낸 바와 같이, 전하의 크기가 증가할수록, 이온 중심 사이의 거리가 감소할수록, 반대 전하를 가진 두 이온 사이의 인력은 증가한다. 따라서, **이온의 공간 배열이 같은 경우, 격자 에너지는 이온 전하가 커질수록 증가하고, 이온 반지름이 감소할수록 증가한다.** 이온 반지름은 전하의 크기에 비해서 변화의 범위가 제한적이다. 따라서 격자 에너지의 크기 변화는 이온 반지름보다는 이온의 전하 크기에 의존한다.

## 예제 8.1

### 격자 에너지의 크기

표 8.1을 보지 않고, 이온 결합 화합물인 NaF, CsI, CaO를 격자 에너지가 증가하는 순으로 나열하시오.

#### 해답

**분석** 세 가지 이온 결합 화합물의 화학식으로부터 상대적인 격자 에너지를 결정하라는 문제이다.

**계획** 화합물에 들어 있는 이온들의 전하수와 상대적인 크기를 결정할 필요가 있다. **(a)** 이온의 전하수가 클수록 에너지는 증가하고, **(b)** 이온 간 거리가 멀수록 에너지는 감소한다는 사실에 기초하여, 식 8.4를 이용하여 상대적인 에너지 크기를 정성적으로 결정한다.

**풀이** NaF는 $Na^+$ 이온과 $F^-$ 이온으로, CsI는 $Cs^+$ 이온과 $I^-$ 이온으로, CaO는 $Ca^{2+}$ 이온과 $O^{2-}$ 이온으로 구성되어 있다.

전하의 곱인 $Q_1Q_2$는 식 8.4의 분자에 있으므로, 이온의 전하가 증가하면 격자 에너지는 급격히 증가한다. 따라서 2+와 2−의 전하를 갖는 이온으로 이루어진 CaO가 세 화합물 중에서 가장 큰 격자 에너지를 가질 것이다.

NaF와 CsI는 이온 전하가 같다. 이 화합물의 격자 에너지 차이는 각 결정 내 이온 중심 간 거리에 의해 결정될 것이다. 주기율표에서 같은 족에서 아래로 내려갈수록 이온의 크기는 증가하므로, $Cs^+$ 이온이 $Na^+$ 이온보다, $I^-$가 $F^-$보다 크다는 것을 알 수 있다. 따라서 NaF에서 $Na^+$와 $F^-$ 이온 간 거리는 CsI에서 $Cs^+$와 $I^-$ 이온 사이의 거리보다 짧다. 그 결과 NaF의 격자 에너지가 CsI의 격자 에너지보다 더 크다. 따라서 격자 에너지가 증가하는 순서는 CsI < NaF < CaO 순이다.

**검토** 예측한 순서가 올바른가를 표 8.1에서 확인한다.

**▶ 보충 예제**

표 8.1를 보지 말고, 다음 중 어떤 것이 이온 결합 화합물들의 격자 에너지 순서를 올바르게 나타낸 것인지 예측하시오.

**(a)** NaCl > MgO > CsI > ScN
**(b)** ScN > MgO > NaCl > CsI
**(c)** NaCl > CsI > ScN > CaO
**(d)** MgO > NaCl > ScN > CsI
**(e)** ScN > CsI > NaCl > MgO

이온 간의 거리가 증가하면 격자 에너지는 감소하므로, 격자 에너지의 변동은 그림 7.8과 같이 이온 반지름의 경향을 따른다. 특히 주기율표상에서 같은 족에서 아래로 내려갈수록 이온 반지름이 증가하기 때문에 주어진 이온 결합 화합물의 경우, 주기율표에서 아래로 내려갈수록 격자 에너지는 감소한다. 그림 8.5는 염화 알칼리 금속 MCl(M = Li, Na, K, Rb, Cs)과 할로젠화 소듐 NaX(X = F, Cl, Br, I)에서의 이러한 경향성을 보여 준다.

## *s*와 *p* 구역 원소 이온의 전자 배치

이온 결합 생성의 에너지 분석은 많은 이온이 비활성 기체의 전자 배치를 가지려 하는 경향을 설명하는 데 도움을 준다. 예를 들어 소듐은 쉽게 전자 한 개를 잃어버리고 $Na^+$를 생성하여, Ne와 같은 전자 배치를 갖는다.

$$\text{Na} \quad 1s^2 2s^2 2p^6 3s^1 = [\text{Ne}]3s^1$$
$$\text{Na}^+ \quad 1s^2 2s^2 2p^6 = [\text{Ne}]$$

다음 그림을 이용하여 KF의 격자 에너지 값의 범위를 구하시오.

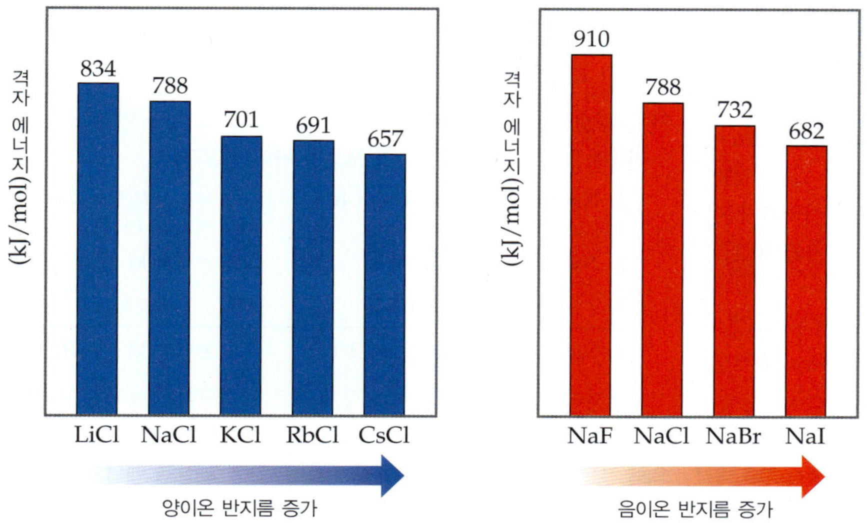


▲**그림 8.5** 양이온 또는 음이온 반지름에 따른 격자 에너지의 주기적 경향성

격자 에너지는 이온의 전하가 증가함에 따라 증가하지만, $Na^{2+}$ 이온을 포함하는 이온 화합물은 찾아볼 수 없다. 두 번째 전자는 소듐 원자의 내부 껍질로부터 제거되어야 하므로 매우 큰 에너지가 필요하다. 격자 에너지의 증가량은 내부 껍질 전자를 떼어낼 때 소모된 에너지를 보상하기에는 충분하지 않다. 따라서 소듐과 다른 1족 금속들은 이온성 물질에서 1+ 이온으로만 발견된다.

이와 유사하게, 비금속 원자에 전자를 넣어줄 때는 원자가 껍질에 전자가 추가되는 한 발열 또는 약간의 흡열이 일어난다. 따라서 Cl 원자는 전자 한 개를 쉽게 받아들여 $Cl^-$ 이온으로 되어, Ar과 동일한 전자 배치를 갖는다.

$$\text{Cl} \quad 1s^2 2s^2 2p^6 3s^2 3p^5 = [\text{Ne}]3s^2 3p^5$$

$$\text{Cl}^- \quad 1s^2 2s^2 2p^6 3s^2 3p^6 = [\text{Ne}]3s^2 3p^6 = [\text{Ar}]$$

$Cl^{2-}$ 이온을 생성하기 위해서는 두 번째 전자를 Cl 원자의 한 단계 위쪽의 전자 껍질에 채워야 하므로 에너지 측면에서 매우 어렵다. 따라서 이온 결합 화합물에서 $Cl^{2-}$ 이온은 찾아볼 수 없다. 이와 같은 논리로, 1, 2, 13족의 대표적인 금속 원소는 각각 1+, 2+, 3+의 양이온을 포함하는 이온 화합물의 형성을, 15, 16, 17족의 비금속 원소는 각각 −3, −2, −1 전하를 가진 음이온을 포함하는 이온 화합물의 형성을 예상할 수 있다.

## 전이 금속 이온

이온화 에너지는 제거하는 전자수가 추가될 때마다 급격히 증가하기 때문에, 이온 화합물의 격자 에너지 크기는 일반적으로 최대 세 개 전자까지만 보상할 수 있는 양이다. 따라서 이온 화합물에 존재하는 양이온의 전하는 주로 1+, 2+, 3+이다. 그러나 전이 금속은 대부분 비활성 기체의 내부 전자보다 세 개 이상 많은 전자를 가진다. 예로, 금속 은은 $[\text{Kr}]4d^{10}5s^1$의 전자 배치를 갖는다. 11족(Cu, Ag, Au)은 (CuBr와 AgCl처럼) 1+ 이온이 되기도 한다. $Ag^+$의 생성에서는 $5s$ 전자를 잃고 $4d$ 부껍질은 모두 채운 상태가 된다. 이처럼 전이 금속은 일반적으로 비활성 기체 전자 배치 상태의 이온을 생성하지 않는다. 팔전자 규칙이 유용하지만, 적용 범위는 명백하게 제한적이다.

한 원자로부터 양이온을 생성할 때는 가장 큰 $n$ 값을 가진 오비탈의 전자를 제일 먼저 잃는다는

## 자세히 보기 격자 에너지 계산: Born-Haber 순환

격자 에너지를 실험으로 직접 구할 수는 없다. 하지만, 이온 화합물의 형성 과정에서 일어나는 잘 정의된 일련의 단계들을 고려하면 계산할 수 있다. 그런 다음 Hess 법칙을 사용하여 각 단계를 결합함으로써 격자 에너지를 계산할 수 있다. 이를 통해 **Born – Haber 순환(Born – Haber cycle)**이라고 하는 열역학적 순환 과정을 구성할 수 있다. 이는 독일의 과학자 Max Born(1882~1970)과 Fritz Haber(1868~1934)의 이름을 딴 것이다. 이들은 이온 결합 화합물의 안정도에 미치는 요인을 분석하기 위해 이를 도입하였다.

NaCl을 예로 들어 보자. 격자 에너지를 정의한 식 8.3에서 NaCl(*s*)이 반응물이고, $Na^+(g)$와 $Cl^-(g)$가 생성물이다. 이것이 Hess 법칙을 적용하고자 하는 화학식이다.

서로 합하면 우리가 목표로 하는 식이 되는 일련의 다른 식들을 찾는 데 있어서 NaCl의 생성열을 이용할 수 있다.

$$Na(s) + \tfrac{1}{2}Cl_2(g) \longrightarrow NaCl(s) \quad \Delta H_f^\circ[NaCl(s)] = -411\text{ kJ} \quad [8.5]$$

물론 이 반응의 역반응을 취하여 격자 에너지를 나타내는 식처럼 NaCl(*s*)이 반응물이 되도록 하여야 한다. 목표한 식이 되도록 아래와 같이 두 개의 다른 식을 사용할 수 있다.

1. $NaCl(s) \longrightarrow Na(s) + \tfrac{1}{2}Cl_2(g) \qquad \Delta H_1 = -\Delta H_f^\circ[NaCl(s)] = +411\text{ kJ}$
2. $Na(s) \longrightarrow Na^+(g) + e^- \qquad \Delta H_2 = ??$
3. $e^- + \tfrac{1}{2}Cl_2(g) \longrightarrow Cl^-(g) \qquad \Delta H_3 = ???$
4. $NaCl(s) \longrightarrow Na^+(g) + Cl^-(g) \qquad \Delta H_4 = \Delta H_1 + \Delta H_2 + \Delta H_3 = \Delta H_{격자}$

2단계는 고체 소듐에서 소듐 이온이 생성되는 과정이다. 이는 소듐 기체 생성 에너지와 소듐의 1차 이온화 에너지를 포함하고 있다(부록 C와 그림 7.10에 이 과정에 대한 수치가 있다).

$$Na(s) \longrightarrow Na(g) \qquad \Delta H = \Delta H_f^\circ[Na(g)] = 108\text{ kJ} \quad [8.6]$$

$$Na(g) \longrightarrow Na^+(g) + e^- \qquad \Delta H = I_1(Na) = 496\text{ kJ} \quad [8.7]$$

이 두 과정을 합하면 2단계에서 필요한 에너지, 604 kJ을 얻을 수 있다.

마찬가지로 3단계에 대해서는 두 단계에 거쳐 $Cl_2$ 분자로부터 염소 원자와 음이온을 생성한다. 이 두 단계에 대한 엔탈피 변화는 Cl(*g*) 생성 엔탈피와 염소의 전자 친화도(*EA*(Cl))의 합이다.

$$\tfrac{1}{2}Cl_2(g) \longrightarrow Cl(g) \qquad \Delta H = \Delta H_f^\circ[Cl(g)] = 122\text{ kJ} \quad [8.8]$$

$$e^- + Cl(g) \longrightarrow Cl^-(g) \qquad \Delta H = EA(Cl) = -349\text{ kJ} \quad [8.9]$$

이 두 과정을 합하면 3단계에 필요한 에너지, −227 kJ을 얻는다.

최종적으로 이들을 모두 함께 모으면 아래와 같다.

1. $NaCl(s) \longrightarrow Na(s) + \tfrac{1}{2}Cl_2(g) \qquad \Delta H_1 = -\Delta H_f^\circ[NaCl(s)] = +411\text{ kJ}$
2. $Na(s) \longrightarrow Na^+(g) + e^- \qquad \Delta H_2 = 604\text{ kJ}$
3. $e^- + \tfrac{1}{2}Cl_2(g) \longrightarrow Cl^-(g) \qquad \Delta H_3 = -227\text{ kJ}$
4. $NaCl(s) \longrightarrow Na^+(g) + Cl^-(g) \qquad \Delta H_4 = 788\text{ kJ} = \Delta H_{격자}$

지금까지 계산한 모든 양이 어떻게 서로 연결되어 있는지를 보여주는 **그림 8.6**에 있는 일련의 과정에 해당하기 때문에 이 과정을 '순환'으로 기술한다. 이 순환에서 '위로' 향한 파란색 화살표 에너지의 합이 '아래로' 향한 빨간색 화살표 에너지의 합과 같아야 한다. 격자 에너지를 제외하고 순환 안에 있는 다른 모든 값을 알 경우, 이 순환으로부터 격자 에너지를 계산할 수 있다는 것을 Born과 Haber는 인식했다.

**관련 연습 문제: 8.60~8.62, 8.90**

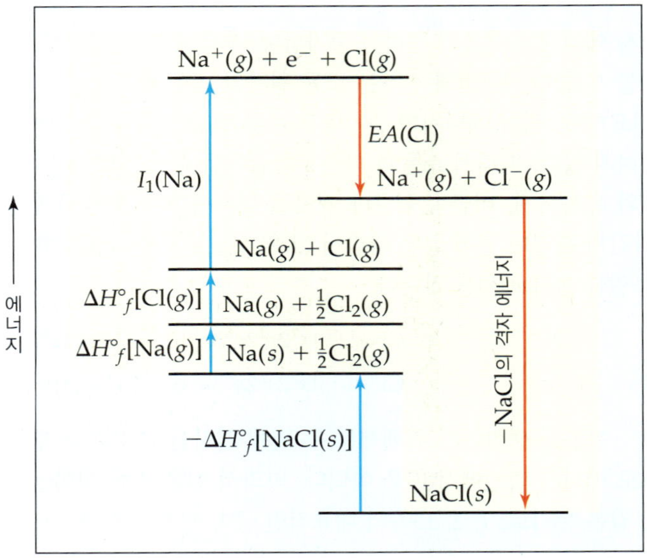


▲**그림 8.6** NaCl 형성에 대한 Born–Haber 순환 이 Hess 법칙의 표현은 원소로부터 이온성 고체를 생성할 때의 에너지 관계를 보여 준다.

7.4절의 내용을 기억하자. 이에 따르면 **전이 금속이 이온을 생성할 때 가장 먼저 원자가 껍질의 전자를 잃고, 다음으로 해당 이온의 전하에 이를 때까지 필요한 만큼의 *d* 전자를 잃게 된다.** 예를 들어 $[Ar]3d^64s^2$ 전자 배치를 갖는 Fe에서 $Fe^{2+}$를 생성할 때 두 개의 4*s* 전자를 잃고 $[Ar]3d^6$ 전자 배치를 갖는다. 추가로 전자가 제거되면, $[Ar]3d^5$의 전자 배치를 갖는 $Fe^{3+}$가 생성된다.

## 예제 8.2
### 이온의 전하

(a) Sr, (b) S, (c) Al로부터 일반적으로 생성되는 이온을 예측하시오.

**해답**

**분석** Sr, S, Al이 몇 개의 전자를 얻거나 잃을 수 있는가를 결정하라는 문제이다.

**계획** 각각의 경우, 어떤 원소가 양이온 또는 음이온을 생성할 것인지를 주기율표에서의 위치로부터 예측할 수 있다. 다음으로 그 원소의 전자 배치를 이용하여 생성될 가능성이 가장 큰 이온을 결정할 수 있다.

**풀이** (a) 스트론튬은 2족 금속이므로 양이온을 생성할 것이다. 전자 배치는 [Kr]$5s^2$이므로, 두 개의 원자가 전자를 잃고 $Sr^{2+}$ 이온으로 될 것이다.

(b) 황은 16족 비금속이므로 음이온 생성이 예상된다. 전자 배치는 [Ne]$3s^23p^4$이고, 비활성 기체의 전자 배치보다 두 개의 전자가 부족하다. 따라서 $S^{2-}$ 이온의 생성이 예상된다.

(c) 알루미늄은 13족 금속이므로 $Al^{3+}$ 이온 생성이 예상된다.

**검토** 예측한 이온 전하를 표 2.4와 2.5에서 확인한다.

▶ **보충 예제**
마그네슘이 질소와 반응할 때 생성되는 이온들의 전하를 예측하시오.

# 자기 평가 연습 문제

**8.5** 다음 중 이온 화합물을 형성하는 원소들의 조합은?
(a) H와 Cl
(b) Ca와 Br
(c) S와 F

**8.6** 다음 중 가장 큰 격자 에너지를 가지는 이온들의 조합은?
(a) $Al^{3+}$와 $O^{2-}$
(b) $Ba^{2+}$와 $O^{2-}$
(c) $K^+$와 $O^{2-}$

# 연습 문제

**8.7** (a) 포타슘 원자와 브로민 원자가 반응하여 이온성 물질인 KBr을 생성하는 반응을, Lewis 기호를 사용하여 나타내시오. (b) 몇 개의 전자가 이동하였는가? (c) 어떤 원자가 반응에서 전자를 잃었는가?

**8.8** 다음 각 원소의 쌍으로부터 생성되는 이온 결합 화합물의 화학식을 예측하시오.
(a) Al과 Cl (b) Mg와 O (c) Zn와 Cl (d) Li와 O

**8.9** 다음 각 이온의 전자 배치를 표시하고, 어느 것이 비활성 기체의 전자 배치를 갖는지 결정하시오.
(a) $Be^{2+}$ (b) $Mn^{2+}$ (c) $Cd^{2+}$ (d) $Fe^{3+}$ (e) $Tl^+$ (f) $At^-$

**8.10** (a) 격자 에너지는 일반적으로 발열인가, 흡열인가? (b) NaCl의 경우, 격자 에너지의 과정을 설명하는 화학 반응식을 적으시오. (c) NaCl과 같이, 1가 전하 이온으로 이루어진 염은 CaO와 같이 2가 전하 이온으로 이루어진 염과 비교해 격자 에너지가 크겠는가, 작겠는가?

**8.11** 이온성 물질인 NaF와 CaO는 등전자성이다(원자가 전자의 수가 같음).
(a) 각 화합물에서 양이온의 전하를 구하시오.
(b) 각 화합물에서 음이온의 전하를 구하시오.
(c) 격자 에너지를 찾아보지 않은 상태에서, 어떤 화합물이 더 큰 격자 에너지를 가진다고 예상되는가?
(d) 표 8.1의 격자 에너지를 이용하여, ScN의 격자 에너지를 예측하시오.

**8.12** 이온 결합 화합물 KF, NaCl, NaBr, LiCl에서 (a) 이온 반지름(그림 7.8)을 이용하여 각 화합물의 양이온–음이온 간의 거리를 추정하시오. (b) (a)의 답을 바탕으로 격자 에너지가 감소하는 순으로 화합물을 나열하시오. (c) (b)에서의 예측과 표 8.1에 나타난 격자 에너지의 실험값을 비교할 때, 이온 반지름에 대한 예측이 정확한가?

**8.13** Ca에서 전자 두 개를 제거하여 $Ca^{2+}$를 생성하려면 에너지가 필요하고, O에 전자 두 개를 첨가하여 $O^{2-}$를 생성할 때에도 에너지가 필요하다. 그런데도 CaO가 자유 상태의 원소에 비해 안정하다. 이것을 가장 잘 설명하는 것은 다음 중 어느 것인가?
(a) CaO의 격자 에너지는 반응을 일으키기에 충분히 크다.
(b) CaO는 공유 결합 화합물이므로 주어진 이온화 과정은 관련이 없다.
(c) CaO는 Ca나 O보다 더 큰 몰질량을 갖는다.
(d) CaO의 생성 엔탈피는 작다.
(e) CaO는 대기 상태에서 안정하다.

자기 평가 연습 문제 답 **8.5** (b) **8.6** (a)

## 8.3 공유 결합

미국의 조각가 Jonathan Borofsky가 만든 높이 30 m의 이 조각품은 'Molecular Man(분자 사람)'이라고 불리며, Berlin의 세 구역이 교차하는 Spree 강에 서 있다.

물, 우리가 호흡하는 공기, 우리가 먹는 음식, 실제로 우리 자신의 구성물과 같이 우리가 매일 접촉하는 대부분 물질은 이온이 아니라 분자 물질이다. 이 절에서는 분자의 결합에 대해서 다루고 있다. 이 절이 끝나면 다음을 수행할 수 있어야 한다.

- 전자 배열과 옥텟 규칙을 사용하여 분자의 Lewis 구조 그리기

많은 종류의 화합물은 이온성 물질처럼 거동하지 않는다. 따라서 이러한 물질에 적용할 수 있는 결합 모형이 필요하다. G. N. Lewis는 한 원자가 다른 원자와 전자를 공유하여 비활성 기체의 전자 배치를 갖는다고 생각하였다. 전자쌍을 공유함으로써 생기는 화학 결합을 **공유 결합**(covalent bond)이라고 한다.

수소 분자($H_2$)는 가장 간단한 공유 결합의 예이다. 두 개의 수소 원자가 서로 접근할 때 그림 8.7(**a**)처럼 양전하를 띤 두 핵이 서로 반발하고, 음전하를 띤 두 전자도 서로 반발한다. 그러나 핵과 전자는 서로 끌어당긴다. 수소 분자가 안정하다는 것은 인력이 반발력보다 큰 것을 의미한다. 이 분자에 존재하는 인력을 좀 더 자세히 관찰하자.

6.5절에서 원자에 적용한 양자 역학적 방법과 유사한 방법을 이용하면, 분자 내의 전자 밀도 분포를 계산할 수 있다. $H_2$ 분자에 대한 그와 같은 계산은 핵과 전자 간의 인력으로 인해, 그림 8.7(**b**)처럼 전자 밀도가 핵 사이에 집중된다. 결과적으로, 전체적인 정전기적 상호 작용의 결과는 인력이 된다. 따라서 $H_2$에 있는 원자들은 서로 붙잡혀 있는데, 주된 이유는 양전하를 띤 두 핵이 핵 사이에 집중적으로 분포된 음전하에 이끌리기 때문이다. 공유 결합에 존재하는 공유 전자쌍은 원자를 결합시키는 '접착제'처럼 작용한다.

### Lewis 구조

공유 결합의 형성은 Lewis 기호로 나타낼 수 있다. 예를 들어 두 개의 H 원자로부터 $H_2$ 분자 생성은 다음과 같이 나타낼 수 있다.

$$\mathrm{H\cdot + \cdot H \longrightarrow H{:}H}$$

공유 결합을 생성하면서 각 수소 원자는 두 번째 전자를 받아들여 비활성 기체인 헬륨과 같은 안정한 두 개의 전자 배치를 갖는다.

두 개의 Cl 원자가 결합하여 $Cl_2$ 분자로 되는 결합 생성도 같은 방법으로 나타낼 수 있다.

$$:\ddot{\underset{\cdot\cdot}{Cl}}\cdot + \cdot\ddot{\underset{\cdot\cdot}{Cl}}: \longrightarrow :\ddot{\underset{\cdot\cdot}{Cl}}:\ddot{\underset{\cdot\cdot}{Cl}}:$$

결합 전자쌍을 공유함으로써 각 염소 원자는 원자가 껍질에 8개의 전자(octet)를 갖게 되어 비활성 기체인 아르곤과 전자 배치가 같아진다.

여기서 $H_2$나 $Cl_2$에 대하여 나타낸 구조를 **Lewis 구조(Lewis structure)** 또는 **Lewis 점 구조**(Lewis dot structure)라고 한다. 이들 구조에서 전자 공유를 원으로 나타내었지만 각 공유 전자쌍, 즉 **결합 쌍(bonding pair)**은 선으로, 비공유 전자쌍(**고립 쌍(lone pairs)** 혹은 **비결합 쌍(nonbonding pairs)**이라고도 함)은 점으로 나타내는 것이 더 일반적이다. 이러한 방법으로 $H_2$와 $Cl_2$의 Lewis 구조를 나타내면 다음과 같다.

$$H—H \qquad :\ddot{\underset{\cdot\cdot}{Cl}}—\ddot{\underset{\cdot\cdot}{Cl}}:$$

비금속의 경우, 중성 원자의 원자가 전자 수는 족 번호에서 10을 뺀 값과 같다. 따라서 F와 같은 17족 원소는 팔전자를 이루기 위해 한 개의 공유 결합을 형성하고, O와 같은 16족 원소는 두 개의 공유 결합을, N과 같은 15족 원소는 세 개의 공유 결합을, C와 같은 14족 원소는 네 개의 공유 결합을 생성할 것을 예측할 수 있다. 이러한 예측은 주기율표의 2주기 비금속 원소의 수소 화합물과 같은, 많은 화합물에 적용할 수 있다.

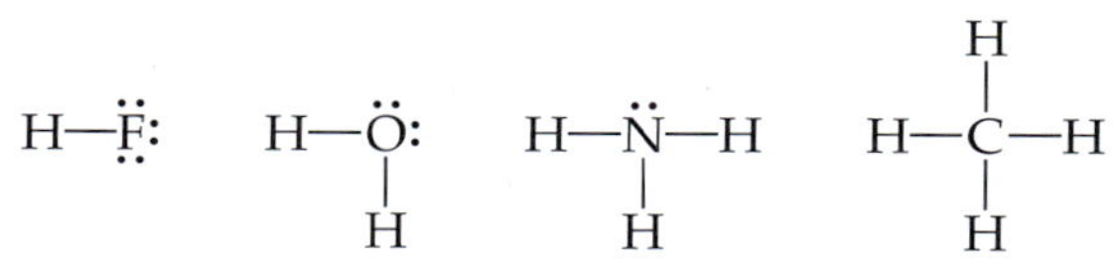

## 다중 결합

한 개의 공유 전자쌍은 한 개의 공유 결합을 생성한다. 이를 간단히 **단일 결합(single bond)**이라고 한다. 많은 분자의 원자들은 한 개 이상의 전자쌍을 공유하여 팔전자를 이룬다. 두 원자가 두 개의 전자쌍을 공유하면 Lewis 구조에서 두 선으로 나타내고, 이를 **이중 결합(double bond)**이라고 한다. 예를 들어 이산화 탄소에서 결합은 원자가 전자가 각각 4개와 6개인 탄소와 산소 사이에 형성된다.

$$\cdot\ddot{\underset{\cdot\cdot}{O}}\cdot + \cdot\dot{\underset{\cdot}{C}}\cdot + \cdot\ddot{\underset{\cdot\cdot}{O}}\cdot \longrightarrow \ddot{\underset{\cdot\cdot}{O}}::C::\ddot{\underset{\cdot\cdot}{O}} \quad (\text{or } \ddot{\underset{\cdot\cdot}{O}}=C=\ddot{\underset{\cdot\cdot}{O}})$$

위에 나타낸 바와 같이, 각 산소는 탄소와 두 개의 전자쌍을 공유하여 팔전자를 이룬다. $CO_2$의 경우, 탄소는 두 산소 원자와 각각 두 개의 전자쌍을 공유하여 팔전자를 이룬다.

$N_2$ 분자에서와 같이 **삼중 결합(triple bond)**은 세 개의 전자쌍을 공유한다.

$$:\dot{\underset{\cdot}{N}}\cdot + \cdot\dot{\underset{\cdot}{N}}: \longrightarrow :N:::N: \quad (\text{or } :N\equiv N:)$$

질소 원자는 원자가 껍질에 5개의 전자를 가진다. 따라서 팔전자를 이루려면 세 개의 전자쌍을 공유해야 한다.

$N_2$의 성질은 이 Lewis 구조와 완전히 일치한다. 질소는 지극히 반응성이 낮은 이원자 기체 분자이다. 그 원인은 매우 안정된 질소–질소 결합 때문이다. 질소의 원자 간 거리는 110 pm에 불과하다. 두 질소 원자 사이의 짧은 결합 길이는 삼중 결합의 결과이다. 질소 원자와 한 개 이상의 전자쌍을 공유하는 다른 여러 가지 분자의 구조 연구로부터 질소 원

핵이 더 멀어지면 (b)에서 핵 사이의 전자 밀도의 집중도에 어떤 변화가 일어나겠는가?

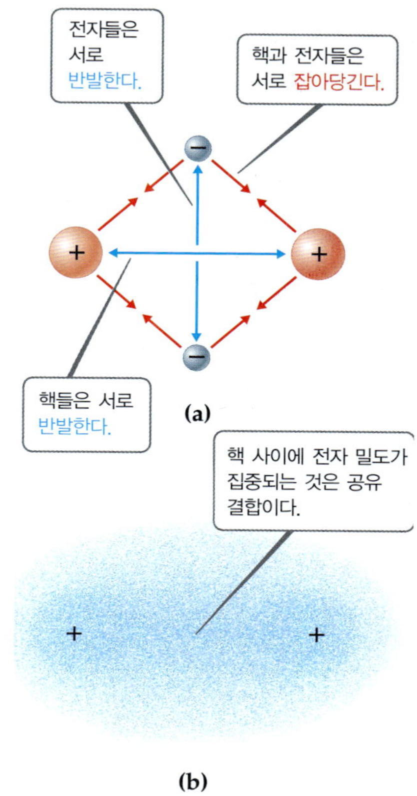


▲ 그림 8.7 $H_2$의 공유 결합 (a) 수소 분자에 있는 전자와 핵 사이의 인력과 반발력. (b) $H_2$ 분자 내 전자 분포

## 예제 8.3
### 화합물의 Lewis 구조

그림 8.2에 나타낸 질소와 플루오린 원소의 Lewis 기호를 바탕으로, 질소와 플루오린이 반응할 때 생성되는 안정한 이성분 화합물(두 가지 성분으로 구성된 화합물)의 화학식을 예측하고, Lewis 구조를 그리시오.

### 해답

**분석** 질소와 플루오린의 Lewis 기호는 질소와 플루오린의 원자가 전자가 각각 5개와 7개임을 나타낸다.

**계획** 각 원자가 팔전자를 만족하도록 두 원소를 조합해야 한다. 질소는 팔전자를 갖기 위하여 세 개의 전자가 필요한 반면, 플루오린은 한 개의 전자가 필요하다. 한 개의 질소와 한 개의 플루오린 사이에 공유하는 한 쌍의 전자쌍은 플루오린에 대해서는 팔전자를 만족시키지만, 질소 원자를 만족시키지는 못한다. 따라서 N 원자가 두 개 이상의 전자를 얻도록 하는 방안을 생각해야 한다.

**풀이** 질소 원자는 팔전자를 완성하기 위하여 세 개의 플루오린 원자와 각각 한 쌍의 전자를 공유해야 한다. 결과적으로 두 원소로 구성된 화합물은 $NF_3$가 되어야 한다.

**검토** 중간에 위치한 Lewis 구조에서 모든 원자가 팔전자로 둘러싸인 것을 볼 수 있다. 두 결합 전자를 하나의 선으로 나타내는 Lewis 구조에 익숙해지면, 오른쪽 구조를 사용하여 쉽게 팔전자를 확인할 수 있다.

▶ **보충 예제**
공유 전자쌍과 비공유 전자쌍의 수가 같은 분자는 다음 중 어느 것인가?
**(a)** HCl **(b)** $H_2S$ **(c)** $PF_3$ **(d)** $CCl_2F_2$ **(e)** $Br_2$

자 간 결합 길이는 공유 전자쌍의 수에 따라 차이가 있음을 알 수 있다.

| N—N | N═N | N≡N |
|---|---|---|
| 147 pm | 124 pm | 110 pm |

일반적으로 원자간 결합 길이는 공유 전자쌍의 수가 많을수록 짧아진다. 이 점에 대해서는 8.8절에서 보다 자세하게 다루게 될 것이다.

## 자기 평가 연습 문제

**8.14** 아세틸렌 분자의 원자 결합 순서는 HCCH이다. 다음 중 아세틸렌의 Lewis 구조를 올바르게 나타낸 것은?
**(a)** $\mathrm{H{-}\dot{\underset{\cdot}{C}}{-}\dot{\underset{\cdot}{C}}{-}H}$
**(b)** $\mathrm{H{-}\ddot{\underset{\cdot\cdot}{C}}{-}\ddot{\underset{\cdot\cdot}{C}}{-}H}$
**(c)** H−C≡C−H

## 연습 문제

**8.15** Lewis 기호와 Lewis 구조를 사용하여 N과 Cl 원자로부터 $NCl_3$가 생성되는 반응 과정 및 원자가 전자를 나타내시오. **(a)** 초기에 N의 원자가 전자 수는? **(b)** Cl 원자가 팔전자를 만족하기 위해서 몇 개의 결합을 해야 하는가? **(c)** $NCl_3$ 분자에서 N 주위의 원자가 전자 수는? **(d)** $NCl_3$ 분자에서, 각 Cl 주위의 원자가 전자 수는? **(e)** $NCl_3$ 분자에는 몇 개의 비공유 전자쌍이 존재하는가?

**8.16** **(a)** $O_2$의 각 원자가 모두 팔전자 규칙을 만족하는 Lewis 구조를 설계하시오. **(b)** 이 구조에서 결합 전자의 수는? **(c)** $O_2$의 O−O 결합은 O−O 단일 결합을 포함하고 있는 화합물에서의 O−O 결합에 비해 짧을지, 길지 예상하고 그 이유를 설명하시오.

**8.17** 다음 분자들의 Lewis 구조를 그리시오.
$H_2S$, HF, $NCl_3$, $H_3CCH_3$, $H_2CCH_2$

**8.18** 다음 분자 및 다원자 이온들의 Lewis 구조를 그리시오.
HCN, −CN, $H_2O$, −OH

**8.19** 다음 분자 및 다원자 이온의 Lewis 구조를 그리시오.
$NH_3$, $NH_4^+$

자기 평가 연습 문제 답 **8.14** (c)

# 8.4 | 결합의 극성과 전기 음성도

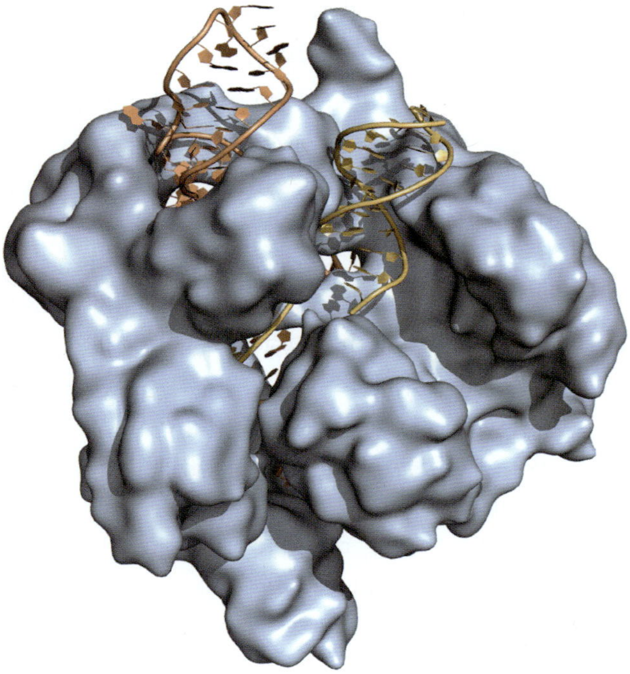

'공과 막대기'의 형태로 분자 모형을 구축하는 것은 그 분자의 크기와 모양을 시각화하는 데 도움이 되는 유용한 방법이다. 이런 시도가 미시적(분자) 규모와 거시적(인간) 경험 간의 격차를 해소하는 데 도움이 될 수는 있지만, 한계도 존재한다. 이러한 모형은 일반적으로 분자의 동적 특성이나 결합을 형성하고 있는 원자 표면의 전자구름 분포를 나타내지는 않는다. 컬러 디스플레이와 연결된 강력한 데스크톱 컴퓨터가 등장하면서 **분자 그래픽**(molecular graphic) 영역이 탄생했다.

이 절에서는 이를 사용하여 몇몇 이원자 분자의 전자 분포를 시각화하고 있다. 분자 그래픽은 효소 표면의 돌기와 동공을 모사하거나, 제약 회사가 특정 기질과의 상호 작용의 가능성을 예측하기 위해 유용하게 사용된다.

이 절이 끝나면 다음 사항을 수행할 수 있어야 한다.

- 비극성 공유, 극성 공유, 이온 결합을 식별하기 위해 전기 음성도의 차이 활용하기

$Cl_2$나 $H_2$와 같이, 동종의 원자 두 개가 서로 결합할 때, 전자쌍은 균등하게 공유되어야 한다. NaCl과 같이 주기율표의 양쪽 끝에 있는 두 원자가 결합할 때는 전자의 공유가 거의 없으며, $Na^+$ 이온과 $Cl^-$ 이온으로 구성된 이온 화합물로 기술하는 것이 최선이다. 실제로 Na 원자의 3*s* 전자는 염소 원자 쪽으로 완전히 이동한다. 대부분 물질이 갖는 결합은 이와 같은 두 가지 극단적 결합 사이에 위치한다.

**결합의 극성**(bond polarity)은 공유 결합 전자가 두 원자에 의해 균등하게 공유되었는지, 불균등하게 공유되었는지를 나타내는 하나의 척도이다. **무극성 공유 결합**(nonpolar covalent bond)은 $Cl_2$나 $N_2$와 같이, 전자들이 균등하게 공유된 결합이다. **극성 공유 결합**(polar covalent bond)에서는 한 원자가 다른 한 원자보다 결합 전자를 더 세게 잡아당긴다. 만약 전자를 끌어당기는 능력의 차이가 충분히 크면, 이온 결합이 형성된다.

## 전기 음성도

어떤 결합이 무극성 공유 결합인지, 극성 공유 결합인지, 이온 결합인지를 평가할 때는 전기 음성

도를 이용한다.

**전기 음성도**(electronegativity)는 **분자 내**에서 원자가 전자를
자기 쪽으로 끌어당기는 세기로 정의한다.

전기 음성도 값이 클수록 자기 쪽으로 전자를 끌어당기는 세기가 크다. 원자의 전기 음성도는 이온화 에너지나 전자 친화도와 관련성이 있다. 이온화 에너지와 전자 친화도는 원자가 고립 상태(결합 상태가 아닌)일 때의 성질이다. 매우 큰 음수값의 전자 친화도와 큰 이온화 에너지값을 갖는 원자는 다른 원자들로부터 전자를 끌어당기며, 자신의 전자가 끌려가지 않게 하는 성향이 있다. 이들 원자는 전기 음성도가 매우 크다.

전기 음성도의 값은 이온화 에너지와 전자 친화도뿐만 아니라 여러 성질에 기초한다. 맨 처음 도입되었고, 또 가장 널리 이용되는 전기 음성도 값은, 미국의 화학자 Linus Pauling(1901~1994)이 열화학적 데이터를 기반으로 개발한 것이다. **그림 8.8**에서 보는 바와 같이, 전기 음성도는 주기율표의 왼쪽에서 오른쪽, 즉 금속에서 비금속 원소로 갈수록 증가한다. 몇몇 예외(특히 전이 금속)를 제외하고, 같은 족에서는 원자 번호가 증가할수록 전기 음성도가 감소한다. 이와 같은 경향은 같은 족에서 원자 번호가 증가할수록 이온화 에너지는 감소하고 전자 친화도는 크게 변하지 않는 사실로부터 예상되는 결과이다.

전기 음성도 값을 꼭 암기할 필요는 없다. 대신에 주기율표상의 전기 음성도 변화 경향을 알아야 두 원소 중 어느 것의 전기 음성도 값이 더 큰지를 예측할 수 있다.

## 전기 음성도와 결합의 극성

두 원자가 가진 전기 음성도 값의 차로부터 결합의 극성을 가늠할 수 있다. 아래 세 종류의 플루오린 화합물을 생각해 보자.

| | $F_2$ | HF | LiF |
|---|---|---|---|
| 전기 음성도 차 | 4.0 − 4.0 = 0 | 4.0 − 2.1 = 1.9 | 4.0 − 1.0 = 3.0 |
| 결합 형태 | 무극성 공유 결합 | 극성 공유 결합 | 이온 결합 |

16족 원소에서, 원자 번호가 증가할수록 전기 음성도는 어떤 경향성을 보이는가?

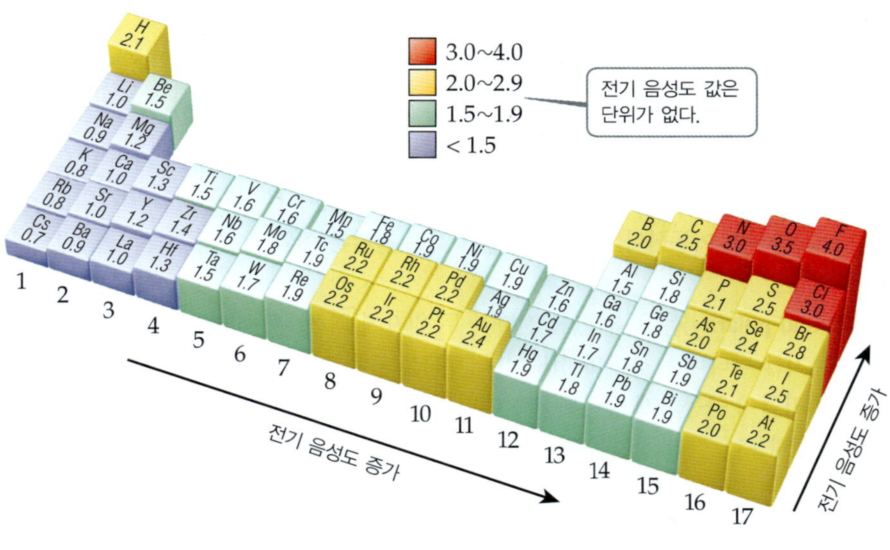


▲ **그림 8.8** Pauling의 열화학 자료에 기초한 전기 음성도 값

$F_2$의 경우, 전자들은 두 개의 플루오린 원자 사이에 균등하게 공유되므로, 공유 결합은 **무극성**(nonpolar)이다. 결합을 이루는 원자의 전기 음성도가 같을 때 무극성 공유 결합이 형성된다.

HF의 경우, 플루오린 원자는 수소 원자에 비해 큰 전기 음성도 값을 가진다. 그 결과 전자의 공유가 균등하지 못하게 되어 결합은 **극성**(polar)이다. 일반적으로 극성 공유 결합은 원자들의 전기 음성도가 다를 때 나타난다. 상대적으로 큰 전기 음성도를 가진 플루오린 원자는 상대적으로 작은 전기 음성도를 갖는 수소 원자로부터 전자 밀도를 끌어당겨서 수소 원자에 부분적인 양전하를, 플루오린 원자에 부분적인 음전하를 형성한다. 이와 같은 전하 분포를 다음과 같이 나타낼 수 있다.

$$\overset{\delta+}{\mathrm{H}}-\overset{\delta-}{\mathrm{F}}$$

$\delta+$와 $\delta-$('델타 플러스'와 '델타 마이너스'라고 읽는다)는 각각 부분적인 양전하와 음전하를 상징한다. 극성 결합에서 이 부분 전하의 수치는 이온의 전하값보다는 작다.

LiF의 경우, 플루오린 원자와 리튬 원자 사이의 큰 전기 음성도 차로 인해 전자 대부분이 Li에서 F 쪽으로 이동한다. 이 결과로 생기는 결합은 **이온성**이라고 하는 것이 더 정확한 표현이다. 따라서 LiF를 완전한 이온 결합으로 보면 Li의 $\delta+$는 $1+$이고, F의 $\delta-$는 $1-$가 된다. 두 원자의 전기 음성도 차이가 2.0 이상이면, 이들 간의 결합을 이온 결합이라 한다.

결합에서 전기 음성도가 더 큰 원자로 전자 밀도가 이동하는 것은 전자 밀도 분포 계산으로 알 수 있다. 예로 든 세 화학종의 계산된 전자 밀도 분포를 그림 8.9에 나타내었다. 전자 밀도 분포는 $F_2$에서는 대칭적이고, HF에서는 F 원자 쪽으로 치우치며 LiF에서는 치우침의 정도가 더 큰 것을 볼 수 있다. 따라서 이들 예는 **두 원자의 전기 음성도 차가 클수록 결합은 극성이 더 크다**는 것을 의미한다.

## 쌍극자 모멘트

H와 F의 전기 음성도 차로 인해, HF 분자는 극성 공유 결합을 한다. 따라서 음전하는 전기 음성도가 더 큰 F 원자에 집중되고, 전기 음성도가 더 작은 H 원자는 양전하를 띤다. HF 분자와 같이, 양전하 중심과 음전하 중심이 일치하지 않는 분자를 **극성 분자**(**polar molecule**)라고 한다. 따라서 극성과 무극성의 개념은 결합 자체만이 아니라 전체 분자도 설명한다.

HF 분자의 극성은 두 가지 방법으로 나타낼 수 있다.

$$\overset{\delta+}{\mathrm{H}}-\overset{\delta-}{\mathrm{F}} \quad \text{또는} \quad \overset{\longleftrightarrow}{\mathrm{H}-\mathrm{F}}$$

오른쪽 표기 방법에서는 화살표가 전자 밀도가 플루오린 원자 쪽으로 치우친 것을 나타낸다. 화살표에서 +자로 된 왼쪽의 끝부분은 분자의 양전하 끝을 나타내는 +기호라고 생각할 수 있다.

극성은 실험실에서나 일상에서 거시적 수준에서 관찰되는 물질의 여러 가지 성질을 결정하는 데 도움을 준다. 극성 분자는 한 분자의 음전하와 다른 분자의 양전하를 서로 잡아당기도록 배열

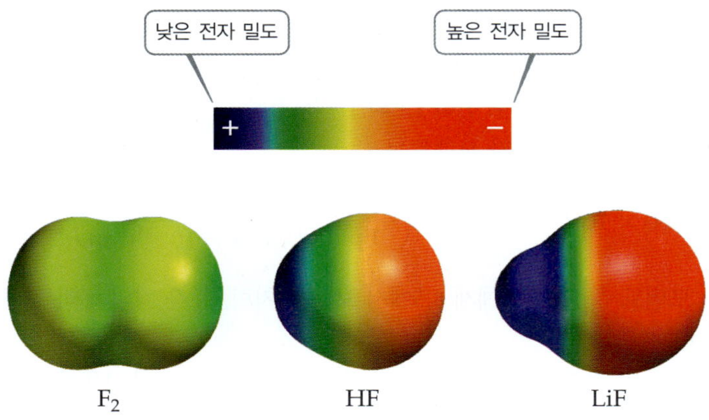


◀그림 8.9 전자 밀도 분포 컴퓨터가 만든 다음 그림은 $F_2$, HF, LiF 분자 표면의 전자 밀도 분포를 보여 준다.

## 예제 8.4
### 결합의 극성

다음의 결합 중 어느 결합이 더 큰 극성을 갖는가? **(a)** B–Cl 또는 C–Cl, **(b)** P–F 또는 P–Cl. 각 경우에서 어느 원자가 부분적인 음전하를 갖는지를 나타내시오.

### 해답

**분석** 결합 원자만을 고려하여 결합의 상대적인 극성을 결정하는 문제이다.

**계획** 정량적인 답을 요구하지 않기 때문에 주기율표상에 있는 전기 음성도 경향에 대한 지식으로부터 답할 수 있다.

**풀이** **(a)** 두 결합에는 염소 원자가 공통으로 존재한다. 따라서 이 문제는 B와 C의 전기 음성도 크기 비교로 좁혀진다. 주기율표에서 붕소는 탄소보다 왼쪽에 위치하므로 붕소의 전기 음성도가 상대적으로 작을 것을 예측할 수 있다. 주기율표에서 오른쪽에 위치하는 염소는 더 큰 전기 음성도 값을 갖는다. 전기 음성도의 차가 클수록 원자들 사이의 결합이 더 큰 극성을 가질 것이다. 결과적으로 B–Cl 결합이 더 큰 극성을 갖는다. 전기 음성도가 가장 더 큰 염소 원자가 부분적인 음전하를 띤다.

**(b)** 인이 두 결합에 공통으로 존재하므로, F와 Cl의 전기 음성도를 비교하면 된다. 플루오린이 주기율표에서 염소보다 위에 위치하기 때문에 더 큰 전기 음성도 값을 가진다. 따라서 P와 더 극성이 큰 결합을 형성한다. 전기 음성도가 더 큰 플루오린이 부분적인 음전하를 띨 것이다.

**검토** **(a)** 그림 8.8로부터 염소와 붕소의 전기 음성도 차는 $3.0-2.0 = 1.0$이다. 염소와 탄소의 전기 음성도 차는 $3.0-2.5 = 0.5$이다. 따라서 예측한 대로 B–Cl 결합이 더 극성이 크다.

**(b)** 그림 8.8로부터 염소와 인의 전기 음성도 차는 $3.0-2.1 = 0.9$이다. 플루오린과 인의 전기 음성도 차는 $4.0-2.1 = 1.9$이다. 따라서 예측한 대로 P–F 결합이 더 극성이 크다.

**▶ 보충 예제**
다음 중 가장 극성이 강한 결합은?
**(a)** H–F **(b)** H–I **(c)** Se–F **(d)** N–P **(e)** Ga–Cl

한다. 마찬가지로 극성 분자는 이온에 이끌린다. 극성 분자의 음전하 말단은 양이온에 끌리고, 양전하 말단은 음이온에 끌린다. 이러한 상호 작용은 11, 12, 13장에서 배울 액체, 고체, 용액의 많은 성질을 설명하기 위해 활용된다. 분자 내의 전하 분리는 광합성이나 태양 전지에서와 같은 에너지 변환 과정에서 중요한 역할을 한다.

한 분자의 극성을 어떻게 정량화할 수 있을까? 크기는 같고 부호가 반대인 두 전하가 서로 떨어져 있을 때 **쌍극자(dipole)**가 형성된다. 쌍극자 크기의 정량적 척도를 **쌍극자 모멘트(dipole moment)**라 하고, 그리스 문자 $\mu$(뮤)로 표시한다. 그림 8.10과 같이, 크기는 같고 부호가 반대인 두 전하 $Q+$와 $Q-$가 거리 $r$만큼 떨어져 있을 때 쌍극자 모멘트의 크기는 $Q$와 $r$의 곱이다.

$$\mu = Qr \qquad [8.10]$$

이 식은 $Q$와 $r$이 증가할수록 쌍극자 모멘트가 커진다는 것을 의미한다. 쌍극자 모멘트가 클수록 결합의 극성은 커진다. $F_2$와 같은 무극성 분자의 쌍극자 모멘트는 전하의 분리가 없으므로 0이다.

쌍극자 모멘트는 실험적으로 측정할 수 있으며, 통상 debye(D)로 나타낸다. 1 debye는 $3.34 \times 10^{-30}$ 쿨롱–미터(C–m)이다. 분자에 대해서는 일반적으로 전하는 전자 한 개의 전하 e($1.60 \times 10^{-19}$ C)를, 길이는 미터 단위를 사용한다. 이는 쌍극자 모멘트를 debye로 표현하기 위해서는 단위의 변환이 필요하다는 것을 의미한다. 두 전하 1+와 1–의 전하(단위 e의 값)가 100 pm 떨어져 있는 경우를 생각해 보자. 생성되는 쌍극자 모멘트는

$$\mu = Qr = (1.60 \times 10^{-19}\,\text{C})(100\,\text{pm})\left(\frac{10^{-12}\,\text{m}}{1\,\text{pm}}\right)\left(\frac{1\,\text{D}}{3.34 \times 10^{-30}\,\text{C-m}}\right) = 4.79\,\text{D}$$

이다. 분자의 쌍극자 모멘트 측정값은, 예제 8.5에서 보는 것처럼, 분자 내의 전하 분포에 관한 중요한 정보를 제공한다.

표 8.2는 할로젠화 수소의 결합 길이와 쌍극자 모멘트를 나타낸 것이다. HF에서 HI로 가면서

**전하를 띤 입자가 서로 가까이 접근하면, $\mu$는 증가하는가, 감소하는가, 아니면 변하지 않는가?**

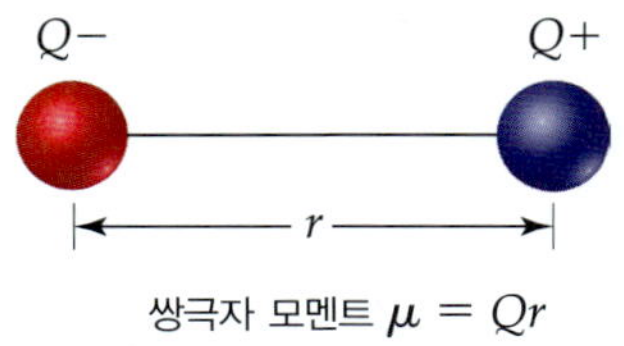


▲ **그림 8.10 쌍극자와 쌍극자 모멘트** 같은 크기의 반대 전하 $Q+$와 $Q-$가 $r$ 거리에 떨어져 있을 때, 쌍극자를 생성한다.

## 예제 8.5
### 이원자 분자의 쌍극자 모멘트

HCl 분자의 결합 길이는 127 pm이다. (a) H와 Cl 원자의 전하가 각각 1+와 1−일 때, 쌍극자 모멘트를 D 단위로 계산하시오. (b) 실험적으로 측정된 HCl(g)의 쌍극자 모멘트는 1.08 D이다. 이 쌍극자 모멘트 값을 갖기 위해서는 H와 Cl 원자의 전하 크기가 e 단위로 얼마여야 하는가?

**해답**

**분석과 계획** (a) H에서 Cl로 전하가 완전히 이동한 경우 HCl의 쌍극자 모멘트를 계산하라는 문제이다. 이 값은 식 8.10을 사용하여 계산할 수 있다. (b)에서 분자의 쌍극자 모멘트의 실측값이 주어졌으며, 이로부터 H와 Cl 원자의 부분 전하를 계산할 것이다.

**풀이**

(a) 각 원자의 전하는 전자 전하($e = 1.60 \times 10^{-19}$ C)이다. 127 pm 만큼 떨어져 있으므로 쌍극자 모멘트는 다음과 같다.

$$\mu = Qr = (1.60 \times 10^{-19}\ \text{C})(127\ \text{pm})\left(\frac{10^{-12}\ \text{m}}{1\ \text{pm}}\right)\left(\frac{1\ \text{D}}{3.34 \times 10^{-30}\ \text{C-m}}\right) = 6.08\ \text{D}$$

(b) $m$ = 1.08 D이고 $r$ = 127 pm임이 주어졌으므로 $Q$ 값을 계산할 수 있다.

$$Q = \frac{\mu}{r} = \frac{(1.08\ \text{D})\left(\frac{3.34 \times 10^{-30}\ \text{C-m}}{1\ \text{D}}\right)}{(127\ \text{pm})\left(\frac{10^{-12}\ \text{m}}{1\ \text{pm}}\right)} = 2.84 \times 10^{-20}\ \text{C}$$

이 전하값은 e 단위로 간단히 환산할 수 있다.

$$e\ \text{단위의 전하량} = (2.84 \times 10^{-20}\ \text{C})\left(\frac{1e}{1.60 \times 10^{-19}\ \text{C}}\right) = 0.178e$$

따라서 쌍극자 모멘트의 실측값은 HCl 분자 내의 전하 분리가 오른쪽과 같음을 나타낸다. 쌍극자 모멘트의 실측값이 (a)에서 계산한 값보다 작으므로 원자들의 전하는 전자 전하보다 훨씬 작다. H−Cl 결합이 이온 결합보다는 오히려 극성 공유 결합이라는 사실로부터 이와 같은 결과를 예측할 수 있다.

$$\overset{0.178+}{\text{H}} — \overset{0.178-}{\text{Cl}}$$

▶ **보충 예제**
플루오린화 염소(ClF($g$))의 쌍극자 모멘트는 0.88 D이다. 이 분자의 결합 길이는 163 pm이다. (a) 어느 원자가 부분적인 음전하를 갖겠는가? (b) 이 원자의 전하는 e 단위로 얼마인가?

전기 음성도 차는 감소하고, 결합 길이는 증가한다는 것을 주목하라. HF에서 HI로 가면서 결합 길이는 커지지만, 전기 음성도 차가 작아지면서 분리된 전하량이 감소하고, 쌍극자 모멘트가 작아진다. 예제 8.5에서 사용한 것과 같은 계산은 HF에서 0.41+와 0.41−이던 전하가, HI에서는 0.057+와 0.057−로 줄어드는 것을 보여준다. 그림 8.11에서 보는 것과 같은 컴퓨터 계산에서 얻은 전자 분포로부터, 이들 화합물에서 전자 전하의 변화 정도를 눈으로 확인할 수 있다. 이 분자들의 경우, 전기 음성도 차의 변화가 쌍극자 모멘트에 미치는 영향은 결합 길이의 변화가 주는 영향보다 더 크다.

이 절을 마치기 전에, 그림 8.9의 LiF **분자**로 돌아가 보자. 표준 상태에서 LiF는 이온성 고체로 존재한다. LiF의 원자 배열은 그림 8.4의 염화 소듐 구조와 유사하다. 그런데 이온성 고체를 고온에서 증발시켜 LiF **분자**를 생성할 수 있다. 이 분자는 쌍극자 모멘트가 6.28 D이고 결합 길이가 153 pm이다.

이 값으로부터 리튬과 플루오린의 전하가 각각 0.857+와 0.857−임을 계산할 수 있다. 이 결합은 매우 큰 극성을 띤다. 또한 큰 전하의 존재로 인해, 리튬 이온은 플루오린화 이온으로 둘러싸이고, 플루오린화 이온은 리튬 이온으로 둘러싸인 이온성 격자의 생성을 강하게 선호한다. 하지만 이와 같은 경우에도 실험적으로 측정한 이온 전하는 1+와 1−가 되지 않는다. 이 사실은 이온

**표 8.2 할로젠화 수소의 결합 길이, 전기 음성도 차, 쌍극자 모멘트**

| 화합물 | 결합 길이 (pm) | 전기 음성도 차 | 쌍극자 모멘트(D) |
|---|---|---|---|
| HF | 92 | 1.9 | 1.82 |
| HCl | 127 | 0.9 | 1.08 |
| HBr | 141 | 0.7 | 0.82 |
| HI | 161 | 0.4 | 0.44 |

HF에서 HI로 감에 따라 H—X 결합은 더 큰 극성을 갖는가, 더 작은 극성을 갖는가?

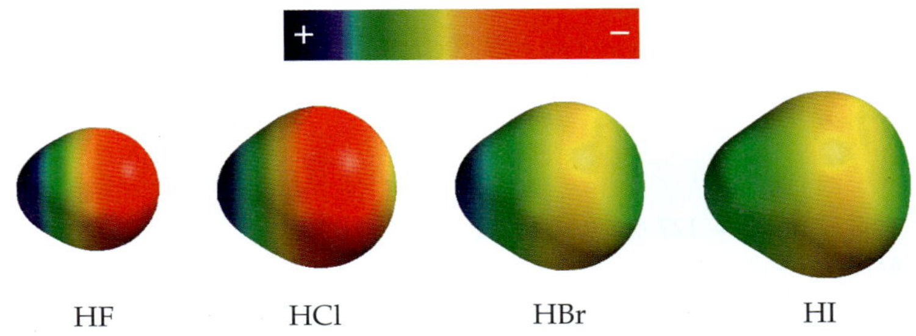


▲그림 8.11 할로젠화 수소의 전하 분리 HF에서 큰 전기 음성도를 갖는 F는 H로부터 전자 밀도를 강하게 끌어당긴다. HI에서 F보다 전기 음성도가 낮은 I는 F만큼 공유 전자를 강하게 끌어당기지 않는다. 따라서 결합의 극성은 더 작다.

화합물에서조차도 결합에 약간의 공유성이 존재함을 말해 준다.

## 이온 결합과 공유 결합의 비교

화학 결합의 원인이 되는 상호 작용은 이온 결합과 공유 결합으로 나누어서 이해하는 것이 유용하다. 이 장에서는 물론, 학부 수준의 화학 교재 대부분에서도 이온 결합과 공유 결합으로 구분하여 취급한다. 그러나 실제 결합들은 이온 결합과 공유 결합 양극단의 중간에 연속으로 위치한다. 두 가지 결합 유형 간의 명확한 구분이 없다는 것이 처음에는 약간 혼란스럽게 보일 수도 있다.

화합물의 구조와 성질을 정확히 이해하고 실제로 예측하기 위해서는 이 장에서 취급한 이온 결합과 공유 결합에 대한 단순한 모형으로부터 많은 부분을 극복해야 한다. 공유 결합이 주도적인 화합물은 분자*로 존재하여 분자 물질의 성질, 즉 녹는점과 끓는점이 낮고 물에 녹으면 이온화되지 않는 성질을 가질 것으로 예상할 수 있다. 반면, 이온 결합이 주도적인 화합물은 부서지기 쉽고, 녹는점이 높은 격자 구조를 가지며, 물에 녹으면 강전해질이 되는 물질로 예상한다.

물론, 이러한 개괄적인 분류에는 예외가 존재하며, 이는 이 교재의 뒷부분에서 다루게 될 것이다. 그렇다고 하더라도, 어떤 물질의 결합에서 공유 결합과 이온 결합 중 어느 것이 더 우세한지 빠르게 분류하는 능력은 그 물질의 성질에 대한 상당한 통찰력을 준다. 그렇다면 어느 결합이 더 우세한지 어떻게 알아볼 수 있을까?

가장 간단한 방법은, 금속과 비금속 간의 상호 작용은 이온성이고, 두 비금속 간의 상호 작용은 공유성이라고 가정하는 것이다. 이 분류법에 따른 예측은 매우 합리적이지만, 무턱대고 사용하기에는 예외가 너무 많다. 예를 들어 주석은 금속이고 염소는 비금속이지만, $SnCl_4$는 분자 화합물이고 상온에서 무색인 액체이다. $SnCl_4$의 어는점은 −33 °C이고 끓는점은 114 °C이다. $SnCl_4$는 이온성 물질의 특징을 갖고 있지 않다.

* 여기에는 몇 가지 예외가 존재한다. 예외로는 다이아몬드, 규소, 저마늄을 들 수 있는데, 이들은 결합은 분명 공유 결합이지만 서로 길게 연결된 그물 구조의 고체이다. 이들 물질은 12.4절에 기술되어 있다.

어떤 화합물에서 지배적인 결합 유형이 무엇인지를 더 잘 예측하도록 결정하는 방법이 있는가? 이온 결합이 주도적인지, 공유 결합이 주도적인지를 결정하는 더 정교한 방법은 전기 음성도의 차를 주요 기준으로 이용하는 것이다. 이 방법을 이용하면, 전기 음성도의 차가 1.2인 $SnCl_4$ 결합은 공유 결합이고, 전기 음성도의 차가 2.1인 NaCl은 주로 이온성임을 올바르게 예측할 수 있다.

전기 음성도의 차를 이용하는 결합 구분법은 유용하지만, 한 가지 단점을 가지고 있다. 그림 8.8에 주어진 전기 음성도 값은 금속의 산화 상태 변화에 수반되는 결합의 변화를 고려하지 않았다. 예를 들어 그림 8.8에서 망가니즈와 산소의 전기 음성도 차는 $3.5-1.5 = 2.0$으로 이온 결합을 예상할 수 있다(NaCl에서 전기 음성도 차는 $3.0-0.9 = 2.1$이다). 따라서 산화 망가니즈(II)(MnO)의 녹는점이 1842 °C이고, NaCl과 같은 결정 구조를 갖는 녹색 고체라는 사실은 별로 놀랍지 않다.

그러나 망가니즈와 산소 간의 결합이 항상 이온성인 것은 아니다. 산화 망가니즈(VII)($Mn_2O_7$)는 어는점이 5.9 °C인 녹색 액체로, 이온성보다는 공유성이 강한 화합물이다. 망가니즈의 산화 상태 변화가 결합의 변화를 일으킨다. 일반적으로 금속의 산화 상태가 증가하면 공유성도 증가한다. 금속의 산화 상태가 매우 높은 양의 값(대략 +4 이상)을 가지면, 이 금속이 비금속과 이루는 결합은 상당히 큰 공유성을 가질 것임을 예측할 수 있다. 따라서 높은 산화 상태인 금속은 이온 결합 화합물이 아닌 $Mn_2O_7$과 같은 분자성 물질, 또는 $MnO_4^-$나 $CrO_4^{2-}$와 같은 다원자 이온을 형성한다.

## 자기 평가 연습 문제

**8.20** 다음 화합물 중 극성 공유 결합을 포함하고 있는 것은?
**(a)** $N_2$ **(b)** $NH_3$ **(c)** $K_3N$

## 연습 문제

**8.21** 전기 음성도에 대한 다음 설명 중 틀린 것은?
- **(a)** 전기 음성도는 분자 내의 한 원자가 전자 밀도를 자기 쪽으로 끌어당기는 능력이다.
- **(b)** 전기 음성도는 전자 친화도와 같다.
- **(c)** 전기 음성도의 수치는 단위가 없다.
- **(d)** 플루오린은 전기 음성도가 가장 높은 원소이다.
- **(e)** 세슘은 전기 음성도가 가장 낮은 원소이다.

**8.22** 주기율표만을 참고하여, 다음 각 그룹에서 전기 음성도가 가장 큰 원자를 고르시오.
- **(a)** Se, Te, Br, I
- **(b)** Be, Mg, C, Si
- **(c)** Al, Si, P, S
- **(d)** O, P, Ge, In

**8.23** 다음 결합 중 극성인 것은 어느 것인가?
**(a)** C−O **(b)** Si−F **(c)** N−Cl **(d)** C−Cl
각 극성 결합에서 전기 음성도가 더 큰 원자는 어느 것인가?

**8.24** **(a)** 표 8.2로부터, HBr 분자를 구성하는 H와 Br 원자의 유효 전하를 전자 전하 단위 e로 계산하시오. **(b)** 원자들의 유효 전하가 변하지 않는다고 가정하고, HBr 분자에 높은 압력을 가해서 결합 길이가 크게 줄었다면 쌍극자 모멘트는 증가하겠는가, 감소하겠는가, 변하지 않겠는가?

**8.25** 다음 각 쌍의 이성분 화합물 중 어느 것이 분자성 물질이고, 어느 것이 이온성 물질인지 결정하시오. 적절한 명명법(이온성 또는 분자성 물질의)을 사용하여 각 화합물을 명명하시오.
**(a)** $SiF_4$와 $LaF_3$ **(b)** $FeCl_2$와 $ReCl_6$ **(c)** $PbCl_4$와 RbCl

자기 평가 연습 문제 답 **8.20** (b)

# 8.5 Lewis 구조 그리기

미시적(원자가 배열되는 방식), 거시적(물질의 측정 가능한 속성), 상징적(물질의 구조를 묘사하는 방식) 사이의 연결은 종종 불완전하다. 우리는 과학자들이 이룬 것을 쉽게 이해할 수 있도록 여러 설명 모형을 개발했지만, 모두 한계가 있음을 명심해야 한다. 가장 성공적인 모형 중 하나는 공유 결합을 설명한 것이다. 이를 통해 우리는 원자의 안정적인 결합 배열을 예측하고 화합물이 겪을 수 있는 반응의 종류에 대한 통찰력을 얻을 수 있다.

이 절이 끝나면 다음 사항을 수행할 수 있어야 한다.

- Lewis 구조에서 형식 전하를 계산하고, 형식 전하를 사용하여 분자 또는 이온의 지배적인 Lewis 구조 식별하기

Lewis 구조는 화합물 내의 결합을 이해하는 데 도움을 주며, 분자의 특성을 설명할 때 자주 사용된다. 이와 같은 이유로 Lewis 구조를 그리는 것은 중요하므로 반드시 알아둘 필요가 있다.

**Lewis 구조를 그리는 방법**

1. **전체 전하를 고려하여, 모든 원자의 원자가 전자를 합산한다.** 주기율표를 사용하여 각 원자의 원자가 전자 수를 결정한다. 음이온의 경우, 음전하 하나당 전자 한 개를 더한다. 양이온의 경우 양전하 하나당 전자 한 개를 빼 준다. 어떤 원자로부터 전자가 오고 가는지는 신경 쓸 필요가 없다. 총 전자의 개수만 중요하다.
2. **원자를 기호로 표시하고, 어느 원자끼리 결합된 것인지를 나타내기 위해 단일 결합으로 해당 원자들을 연결한다**(하나의 선은 두 개의 전자를 나타낸다). 화학식은 분자나 이온에서 원자가 연결된 순서대로 쓰기도 한다. 예를 들면 화학식 HCN은 탄소가 H와 N에 결합되어 있음을 나타낸다. $CO_3^{2-}$와 $SF_4$와 같은 다원자 분자나 이온은 중심 원자를 맨 먼저 표기한다. 중심 원자는 일반적으로 중심 원자를 둘러싸고 있는 다른 원자들보다 전기 음성도가 작다는 것을 기억하라. 어떤 경우는 Lewis 구조를 그리기 전에 더 많은 정보가 필요하다.

3. **중심 원자에 결합된 모든 원자에 대하여 팔전자를 완성한다.** 수소는 한 쌍의 전자만 가질 수 있음을 기억하라.
4. **팔전자를 초과하는 전자는 중심 원자에 놓는다.** 이와 같이 함으로써 중심 원자는 팔전자 이상의 전자를 갖게 된다.
5. **중심 원자가 팔전자를 만족할 만큼 충분한 전자를 갖지 못하면 다중 결합을 시도한다.** 중심 원자에 결합된 원자의 두 개 이상의 비공유 전자쌍을 사용하여 이중 결합이나 삼중 결합을 만든다.

다음 예제들이 이 과정을 연습하는 데 도움을 줄 것이다.

## 예제 8.6
### Lewis 구조 그리기

삼염화 인($PCl_3$)의 Lewis 구조를 그리시오.

### 해답

**분석과 계획** 분자식으로부터 Lewis 구조를 그리라는 문제이다. 위에서 설명한 5단계 과정을 이용한다.

**풀이** 첫째, 원자가 전자의 총수를 계산한다. 인(15족)은 5개의 원자가 전자를 가지며, 각 염소(17족)는 7개의 원자가 전자를 갖는다. 따라서 원자가 전자의 총수는 다음과 같다.

$$5+(3\times 7)=26$$

둘째, 어느 원자가 어느 원자에 연결되어 있는가를 나타내기 위하여 원자들을 정렬하고, 그들 사이에 단일 결합을 그린다. 원자들을 정렬하는 방법은 다양하다. 하지만 일반적으로 이성분 화합물에서 화학식의 앞에 표시된 원소가 나머지 원소들에 의해 둘러싸여 있다. 따라서 인과 각 염소 원자를 연결해 주는 단일 결합으로 골격 구조를 그릴 수 있다.

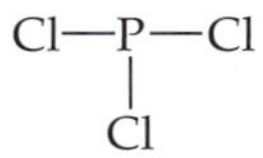

(왜 굳이 Cl 원자를 P 원자의 왼쪽, 오른쪽, 아래쪽에 배치하였는지는 중요하지 않다. 세 개의 Cl 원자가 P 원자에 결합되어 있는 것을 보여 주는 어떤 구조도 가능하다.)

셋째, 중심 원자에 결합한 원자들이 팔전자를 만족시키도록 Lewis 전자점을 찍는다. 각 Cl 원자가 팔전자를 만족시키기 위해서는 24개의 전자가 필요하다(구조에서 각 선은 2개의 전자를 나타낸다는 것을 기억하라).

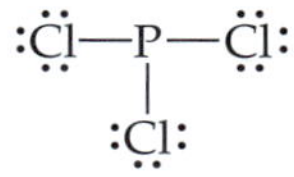

넷째, 총 전자가 26개인 것을 기억하고, 남은 2개 전자를 중심 원자 P에 위치시키면 팔전자가 완성된다.

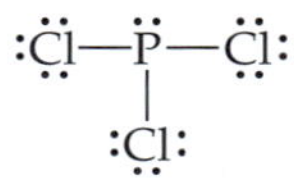

이 구조는 모든 원자가 팔전자를 만족하므로 이 단계에서 마치면 된다(팔전자를 만족하는지를 확인할 때는 단일 결합은 전자 두 개임을 기억하라).

**▶ 보충 예제**

**(a)** $CH_2Cl_2$의 Lewis 구조에는 몇 개의 원자가 전자가 나타나는가?
**(b)** Lewis 구조를 그리시오.

## 예제 8.7
### 다중 결합을 갖는 Lewis 구조

HCN의 Lewis 구조를 그리시오.

### 해답

수소는 1개, 탄소(14족)는 4개, 질소(15족)는 5개의 원자가 전자를 가진다. 따라서 원자가 전자의 전체 합은 1+4+5=10이다. 원칙적으로 원자들을 배치하는 방법은 여러 가지가 있다. 수소는 한 개의 전자쌍만 가질 수 있으므로 항상 한 개의 단일 결합만 갖는다. 따라서 C—H—N과 같은 배열은 불가능하다. 남은 두 가지 가능성은 H—C—N과 H—N—C이다. 첫 번째 배치는 실험적으로 확인된 것이다. 화학식에서 원자들이 이와 같이 배열되어 있고, 탄소가 질소보다 전기 음성도가 낮아 이와 같이 추측할 수 있다. 따라서 아래와 같은 골격 구조에서 시작한다.

H—C—N

두 개의 결합은 전자 4개이다. H 원자는 두 개의 전자만을 가질 수 있으므로 수소에는 더 이상의 전자를 배치할 수 없다. 만약 남은 6개의 전자를 질소의 팔전자를 만족하게 배치하면 C는 팔전자를 이룰 수 없다.

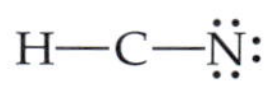

따라서 N이 가진 한 개의 비공유 전자쌍을 사용하여 C와 N 사이에 이중 결합을 그려 본다. 그래도 C의 주위에 배치된 전자가 8개가 되지 못한다. 이번에는 삼중 결합을 그려 본다. 이 구조는 C와 N 주위에 모두 팔전자를 만족한다.

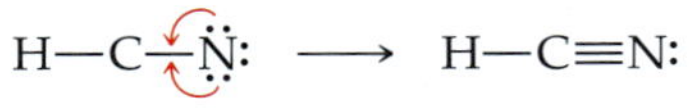

C와 N 원자에 대한 팔전자가 만족되었으며, 수소 원자 주위에 전자 두 개가 배치되었다. 이것이 올바른 Lewis 구조이다.

▶ **보충 예제**

분자식이 $C_2H_3N$이며, N이 다른 원자 하나에만 결합된 분자의 Lewis 구조를 그리시오. 올바른 Lewis 구조에서 이중 결합은 몇 개인가?

**(a)** 없음 **(b)** 1개 **(c)** 2개 **(d)** 3개 **(e)** 4개

## 예제 8.8
### 다원자 이온의 Lewis 구조

$BrO_3^-$ 이온의 Lewis 구조를 그리시오.

### 해답

브로민(17족)은 7개의 원자가 전자를 가지고 있고, 산소(16족)는 6개의 원자가 전자를 가지고 있다. 이온의 1− 전하를 고려하여 전체 전자 숫자에 전자 한 개를 추가해서 계산한다. 따라서 전체 원자가 전자 수는 $7+(3\times6)+1=26$이다. $SO_4^{2-}$, $NO_3^-$, $CO_3^{2-}$ 등의 산소산 음이온의 경우, 산소 원자들이 중심 비금속 원자 주위에 배열된다. Br 원자 주위에 O 원자들을 배열하고, 단일 결합을 그리고, 비공유 전자쌍을 배열하면 다음을 얻는다.

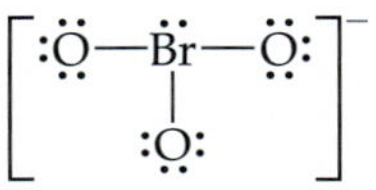

대괄호 안에 이온의 Lewis 구조를 그리고, 전하는 대괄호 오른쪽 상단에 표기함에 주목하라.

▶ **보충 예제**

과산화 이온($O_2^{2-}$)의 Lewis 구조에서 비결합 전자쌍은 몇 개인가?

**(a)** 7 **(b)** 6 **(c)** 5 **(d)** 4 **(e)** 3

## 형식 전하와 가능한 Lewis 구조

Lewis 구조를 그려서 분자 또는 다원자 이온의 전자 분포를 설명한다. 때로는 팔전자 규칙을 만족하는 올바른 Lewis 구조가 여러 개 가능할 수도 있다. 분자 내 전자의 **실제** 배열에 이 구조들이 모두 기여한다고 생각할 수 있지만, 모든 가능한 구조가 동등하게 기여하지는 않을 것이다. 여러 Lewis 구조 중 어느 것이 가장 중요한가? 한 가지 접근 방법은 원자가 전자들의 '회계장부(bookkeeping)'를 통해 각 Lewis 구조에서 각 원자의 **형식 전하**를 결정하는 것이다. 한 분자에서 특정 원자의 **형식 전하(formal charge)**란 분자 내 결합 전자쌍을 두 원자가 동등하게 나누어 가진다고 가정하였을 때 각 원자가 갖게 되는 전하이다.

**Lewis 구조에서 원자의 형식 전하를 계산하는 방법**

1. **모든** 비공유(비결합) 전자는 그 전자가 위치하고 있는 원자에 할당한다.
2. 모든 결합(단일 결합, 이중 결합, 삼중 결합)의 **절반**은 결합에 참여한 각 원자에 할당한다.
3. 각 원자의 형식 전하는 중성 원자의 원자가 전자수에서 그 원자에 할당한 전자수를 뺀 값이다.

$$\text{형식 전하} = \text{원자가 전자의 수} - \tfrac{1}{2}(\text{결합 전자의 수}) - \text{비공유 전자의 수} \qquad [8.11]$$

다음과 같은 Lewis 구조를 가지는 사이안화 이온($CN^-$)의 경우를 통해, 원자들의 형식 전하 계산을 연습해 보자.

$$[:C\equiv N:]^-$$

중성 C 원자는 4개의 원자가 전자를 가진다. 사이안화 이온 내의 삼중 결합에는 6개의 전자와 C에 2개의 비공유 전자가 있다. C의 형식 전하는 $4-\frac{1}{2}(6)-2=-1$로 계산한다. N에 대해서는 원자가 전자 5개, 사이안화 이온 삼중 결합의 전자 6개, 질소의 비공유 전자 2개이다. N의 형식 전하는 $5-\frac{1}{2}(6)-2=0$이다. 형식 전하를 표시한 전체 이온은 다음과 같이 그릴 수 있다.

$$\overset{-1}{[:\text{C}}\equiv\overset{0}{\text{N}:]^-}$$

각 원자의 형식 전하를 모두 합하면 이온의 전체 전하와 같은 −1인 것에 유념하라. 중성 분자의 형식 전하의 합은 0이어야 하고, 이온의 경우 형식 전하의 합은 이온의 전하량과 같다.

어떤 분자에 대해 여러 가지 Lewis 구조를 그릴 수 있다면, 형식 전하 개념은 어느 구조가 더 중요한지, 즉 어느 구조가 더 **우세한** Lewis 구조인지를 결정하는 데 도움을 준다. 예를 들어 $CO_2$ 분자의 Lewis 구조 중 하나는 두 개의 이중 결합을 가지고 있다. 그러나 한 개의 단일 결합과 한 개의 삼중 결합을 가진 다른 구조도 팔전자계를 만족할 수 있다. 이들 구조에 대하여 형식 전하를 계산해 보면,

| | Ö | =C= | Ö | :Ö̤ | —C≡ | O: |
|---|---|---|---|---|---|---|
| 원자가 전자: | 6 | 4 | 6 | 6 | 4 | 6 |
| −(원자에 할당된 전자): | 6 | 4 | 6 | 7 | 4 | 5 |
| 형식 전하: | 0 | 0 | 0 | −1 | 0 | +1 |

$CO_2$는 중성 분자이므로 양쪽 Lewis 구조 모두 형식 전하의 합은 0이어야 한다. 그렇다면 어느 구조가 더 우세한 구조인가? 일반적으로 두 개 이상의 Lewis 구조가 가능할 때, 다음의 기준을 이용하면 우세한 구조를 선택할 수 있다.

**우세한 Lewis 구조 결정하기**

1. 일반적으로 원자들의 형식 전하가 0에 가까운 Lewis 구조가 우세하다.
2. 전기 음성도가 큰 원자에 음전하가 위치한 구조가, 전기 음성도가 작은 원자에 음전하가 위치한 구조보다 더 우세한 Lewis 구조이다.

따라서 $CO_2$ Lewis 구조 중 첫 번째가 더 우세한 구조이다. 그 이유는 위 지침 1에 따라 모든 원자의 형식 전하 값이 0이기 때문이다. 삼중 결합과 단일 결합을 가진 다른 Lewis 구조는 실제 구조에 기여하기는 하지만, 그 기여 정도가 매우 낮다.

형식 전하의 개념은 서로 다른 Lewis 구조 가운데 한 가지를 결정할 때 유용하지만, **형식 전하가 원자의 실제 전하를 나타내는 것이 아님**을 명심해야 한다. 형식 전하는 단지 회계장부와 같은 개념이며, 원자나 이온의 실제 전하 분포는 형식 전하에 의해 결정되는 것이 아니라, 원자 간의 전기 음성도 차이와 같은 일련의 다른 요인들에 의해 결정된다.

## 예제 8.9

### Lewis 구조와 형식 전하

싸이오사이안산 이온($NCS^-$)의 가능한 Lewis 구조는 다음과 같다.

[:N̤̈—C≡S:]⁻ [N̤̈=C=S̤̈]⁻ [:N≡C—S̤̈:]⁻

(a) 각 구조에서 각 원자의 형식 전하를 구하시오.

(b) 형식 전하에 기초하여 가장 타당한 Lewis 구조는 어느 것인가?

### 해답

(a) 중성 상태의 N, C, S 원자는 각각 5개, 4개, 6개의 원자가 전자를 갖는다. 앞에 설명한 기준에 따라 세 구조의 형식 전하를 계산하면 다음과 같다.

| $-2\ \ 0\ \ +1$ | $-1\ \ 0\ \ 0$ | $0\ \ 0\ \ -1$ |
|---|---|---|
| $[:\ddot{\underset{..}{N}}-C\equiv S:]^-$ | $[\ddot{\underset{..}{N}}=C=\ddot{\underset{..}{S}}]^-$ | $[:N\equiv C-\ddot{\underset{..}{S}}:]^-$ |

세 가지 구조 모두, 형식 전하의 합은 이온의 전체 전하인 1−이다.

**(b)** 우세한 Lewis 구조는 일반적으로 형식 전하의 값이 가장 작은 상태를 갖게 된다(기준 1). 따라서 왼쪽의 구조는 우세한 구조가 아님을 알 수 있다. 또한 8.4절에서 논의한 것처럼, N은 C와 S에 비해 전기 음성도가 크다. 따라서 음의 형식 전하는 N 원자에 있어야 한다(기준 2). 이 두 가지 원칙을 적용하면 $NCS^-$ 이온의 Lewis 구조는 중앙에 위치한 구조가 우세한 것이 된다.

**▶ 보충 예제**

황산 이온($SO_4^{2-}$)의 Lewis 구조는 다양하게 그릴 수 있다. 황 원자의 형식 전하가 최소화된 구조에서는 몇 개의 S=O 이중 결합이 존재하는가?

**(a)** 0개 **(b)** 1개 **(c)** 2개 **(d)** 3개 **(e)** 4개

## 자세히 보기 산화수, 형식 전하, 실제 부분 전하

원자에 **산화수**(oxidation number)를 부여하는 규칙을 4장에서 소개하였다. 전기 음성도의 개념이 산화수의 기초 개념으로서, 원자의 산화수는 원자 간 결합이 완전히 이온 결합이라고 가정할 때의 원자의 전하에 해당한다. 즉 산화수를 결정할 때 모든 공유 전자들이 전기 음성도가 큰 원자에 할당되어야 한다는 것이다. 예를 들어 그림 8.12**(a)**에서 HCl의 Lewis 구조를 생각해 보자. 산화수를 부여하기 위해, 원자 간의 공유 결합에 참여한 두 개 전자는 전기 음성도가 큰 Cl 원자에 할당한다. 결과적으로 Cl 원자에 8개의 원자가 전자가 할당되고, 중성 원자일 때보다 전자가 한 개 많아서 Cl 원자의 산화수는 −1이 된다. 수소 원자의 경우, 이 방법으로 하면 원자가 전자가 없는 상태가 되면서, 산화수는 +1이 된다.

HCl 내 원자에 형식 전하를 배정할 경우에는 전기 음성도를 무시한 상태에서 결합에 참여한 두 원자에 각각 결합 전자를 동등하게 할당한다(그림 8.12(**b**)). Cl의 경우 7개의 할당된 전자를 가지게 되므로, 중성 Cl 원자의 원자가 전자수와 같게 되며, 수소의 경우에는 한 개의 전자가 할당된다. 따라서 Cl과 H 원자의 형식 전하는 각각 0이 된다.

산화수나 형식 전하 모두, 원자의 실제 전하를 정확하게 나타내는 것은 아니다. 산화수는 전기 음성도의 역할을 지나치게 과장한 것이고, 형식 전하는 그 역할을 무시한 것이기 때문이다. 결합에 참여한 원자들의 상대적 전기 음성도에 따라 공유 결합 전자들이 배분되는 것이 합리적일 것이다. 그림 8.8에 나타내었듯이, Cl의 전기 음성도는 3.0이며, 수소는 2.1이다. 따라서 전기 음성도가 높은 Cl 원자의 경우 대략 $3.0/(3.0+2.1)=0.59$인 반면, H의 경우 $2.1/(3.0+2.1)=0.41$에 해당하는 전자 분포를 가지게 될 것으로 예상할 수 있다. 해당 결합에는 두 개의 전자가 참여하게 되므로 Cl 원자는 $0.59\times 2e=1.18e$의 전자를 가진다고 할 수 있다. 다른 말로 하면 Cl 중성 원자에 비하여 $0.18e$ 만큼 많게 된다. 이로 인해 Cl 원자에는 0.18− 만큼의 부분 음전하가 증가하게 되고, 반대로 H의 경우는 0.18+ 만큼의 부분 양전하가 증가한다(산화수와 형식 전하를 표기할 때 숫자 앞에 음과 양의 부호를 추가하였지만, 실제 전하를 표시할 때에는 숫자 뒤에 표기하였다는 것에 주의하라).

HCl의 쌍극자 모멘트는 각 원자의 부분 전하에 대한 실험적인 척도를 제공한다. 예제 8.5에서 HCl의 쌍극자 모멘트는 H의 경우는 0.178+, Cl의 경우는 0.178−의 부분 전하에 해당한다. 이는 앞서 전기 음성도를 기준으로 간단히 예측한 수치에 상당히 근접함을 볼 수 있다. 이러한 근사법이 원자의 전하 값에 대한 대략적인 수치를 제공하기는 하지만, 전기 음성도와 전하 분리 사이의 관계는 일반적으로 더 복잡하다. 앞서 보았듯이 양자 역학적 원리를 이용한 컴퓨터 프로그램이 개발되어, 복잡한 분자 내의 원자들의 부분 전하까지도 정확히 추정할 수 있다. 그림 8.12(**c**)에 HCl의 전하 분포를 컴퓨터로 계산하여 나타내었다.

**관련 연습 문제: 8.28, 8.29, 8.37, 8.50, 8.71, 8.72, 8.78, 8.97, 8.98**

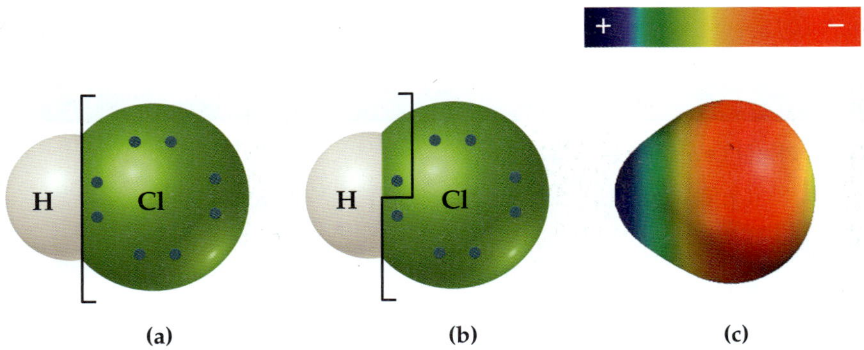


▲ 그림 8.12 HCl 분자의 (a) 산화수, (b) 형식 전하, (c) 전자 밀도 분포

## 자기 평가 연습 문제

**8.26** 산화 이질소의 화학식은 $N_2O$이다. 다음의 세 가지 유효한 Lewis 구조 중 가장 주도적인 구조는 무엇인가?

**(a)** $\underset{..}{\ddot{N}}=N=\underset{..}{\ddot{O}}$

**(b)** $\ddot{N}\equiv N-\underset{..}{\ddot{O}}:$

**(c)** $:\underset{..}{\ddot{N}}-N\equiv\ddot{O}$

## 연습 문제

**8.27** 다음 화학식의 Lewis 구조를 그리시오.
**(a)** $CH_2Cl_2$ **(b)** ClCN **(c)** $AsF_5$ **(d)** $CH_2O$(중심 원자는 C) **(e)** $OF_2$

**8.28** 형식 전하에 대한 다음 설명 중 옳은 것은?
**(a)** 형식 전하는 산화수와 같다.
**(b)** 최상의 Lewis 구조를 그리려면 형식 전하를 최소화해야 한다.
**(c)** 형식 전하는 분자 내 원자의 다양한 전기 음성도를 고려한다.
**(d)** 형식 전하는 이온성 화합물에서 가장 유용하다.
**(e)** 형식 전하는 이원자 분자의 쌍극자 모멘트를 계산하는 데 사용된다.

**8.29** 다음 각각에 대해 옥텟 규칙을 따르는 Lewis 구조를 작성하고 각 원자의 산화수와 형식 전하를 말하시오.
**(a)** OCS **(b)** $SOCl_2$ (중심 원자는 S) **(c)** $BrO_3^-$
**(d)** $HClO_2$(H는 O에 결합됨)

자기 평가 연습 문제 답 **8.26** (b)

# 8.6 | 공명 구조

예술가가 개발하는 기술 중 하나는 제한된 범위의 안료를 혼합하여 무수한 색상을 만드는 것이다. 이 절에서는 분자 또는 이온의 실제 구조를 더 잘 설명하는 혼합물을 만들기 위해 유효한 Lewis 구

이 구조의 어떤 특징으로부터 두 개의 바깥쪽 O 원자가 서로 동등하다는 것을 알 수 있는가?

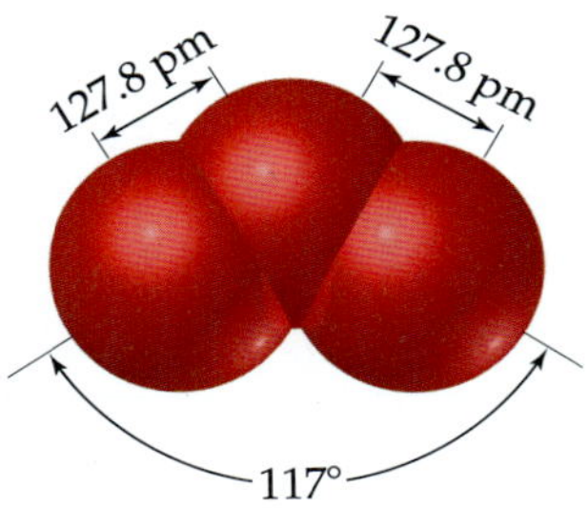


▲그림 8.13 오존의 분자 구조

그림에 보이는 전자 밀도는, $O_3$의 두 공명 구조에서 두 구조의 동등한 기여와 일치하는가? 설명하시오.

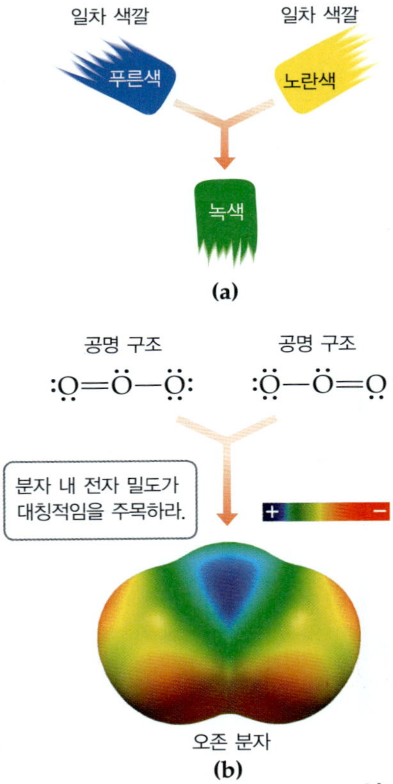


▲그림 8.14 **공명** 서로 다른 공명 구조의 혼합으로 분자를 나타내는 것은, 일차 색깔의 혼합으로 물감의 색깔을 설명하는 것과 비슷하다. (a) 녹색 물감은 푸른색과 노란색의 혼합으로 만들어진다. 녹색은 한 가지 일차 색깔로 설명할 수 없다. (b) 오존 분자는 두 공명 구조의 혼합으로 설명된다. 오존 분자를 한 개의 Lewis 구조만으로 설명할 수 없다.

조를 혼합한다. 이 절이 끝나면 다음 사항을 수행할 수 있어야 한다.

- 결합을 설명하는 데 공명 구조가 필요한 분자들을 인식하고, 지배적인 공명 구조 그리기

분자나 이온에 있어서, 실험적으로 결정된 원자의 배열을 단 한 개의 우세한 Lewis 구조로 나타내기에는 적절하지 않은 경우가 있다. 오존($O_3$)은 두 개의 O—O 결합 길이가 같은 굽은 구조의 분자이다(**그림 8.13**). 각 산소 원자는 6개의 원자가 전자를 가지므로 오존 분자는 18개의 원자가 전자를 갖는다. 이것은 Lewis 구조가 반드시 한 개의 O—O 단일 결합과 한 개의 O=O 이중 결합을 가져야 각 원자가 모두 팔전자계를 만족함을 의미한다.

$$:\ddot{\underset{..}{O}}-\ddot{O}=\ddot{O}$$

그러나 이 단일 구조는 우세한 구조가 아니다. 왜냐하면 실험적으로 관측된 구조에서와 달리, 산소 원자들 사이에 존재하는 두 결합의 길이가 서로 다르기 때문이다(O=O 이중 결합이 O—O 단일 결합보다 짧을 것으로 예상된다). 그러나 Lewis 구조를 그릴 때 왼쪽에 O=O 결합이 위치하도록 그릴 수도 있다.

$$\ddot{O}=\ddot{O}-\ddot{\underset{..}{O}}:$$

두 가지 Lewis 구조는 분자의 구조를 표현하는 데 있어 똑같이 타당하기 때문에, 두 가지 구조 가운데 어느 하나가 우세하지 않다. 이 두 가지 구조를 그릴 때 원자의 배치는 완벽하게 동일하지만, 전자의 배치는 서로 다르게 된다. 이러한 종류의 Lewis 구조를 **공명 구조(resonance structure)**라고 한다. 오존의 구조를 적절히 설명하려면 양쪽 Lewis 구조를 모두 그리고, 양쪽 방향 화살표로 표시한다. 이는 실제 분자는 두 구조의 평균으로 설명될 수 있음을 나타낸다.

$$\ddot{O}=\ddot{O}-\ddot{\underset{..}{O}}: \longleftrightarrow :\ddot{\underset{..}{O}}-\ddot{O}=\ddot{O}$$

어떤 분자는 왜 두 개 이상의 공명 구조가 필요한가를 이해하기 위하여, 물감의 혼합에 비유하여 설명할 수 있다(**그림 8.14**). 푸른색과 노란색은 물감 안료의 일차 색깔이다. 같은 양의 푸른색과 노란색 안료를 혼합하여 녹색 안료를 만든다. 녹색은 한 가지의 일차 색깔로 나타낼 수 없지만, 자신의 정체성을 가진다. 녹색 물감은 일차의 두 가지 색깔 사이를 왔다 갔다 하는 것이 아니다. 어떨 때는 푸른색이었다가 다른 때는 노란색을 나타내는 것도 아니다. 마찬가지로 오존과 같은 분자가 두 가지 Lewis 구조 사이를 왔다 갔다 한다고 설명할 수 없다. 단지 분자의 실제 구조에 동등하게 기여하는 두 개의 동등한 우세한 Lewis 구조가 있다.

$O_3$와 같은 분자에서의 실제 전자 배열은 두 개(또는 그 이상)의 Lewis 구조의 혼합으로 고려되어야 한다. 녹색 물감과 유사하게, 분자는 각 공명 구조와는 다른 고유한 특성을 가지고 있다. 예를 들면 오존 분자는 결합 길이가 산소–산소 간 단일 결합과 산소–산소 간 이중 결합의 중간 정도인 두 개의 동등한 O—O 결합을 갖는다. 또 다른 관점에서 생각해 보면 오존과 같은 분자 구조는, Lewis 구조 규칙에 의하면 한 가지 우세한 구조로만 표시할 수 없다는 것이다. 예를 들어 절반 결합(half-bond)을 그릴 수 있는 규칙은 없다. 이러한 한계를, 실험적으로 관측된 결과와 일치하도록 평균화하여 나타내면서, 두 개의 동등한 Lewis 구조를 그리는 방법으로 극복할 수 있다.

공명 구조의 또 다른 예로서, 세 개의 동등한 Lewis 구조를 갖는 질산 이온($NO_3^-$)을 생각해 보자.

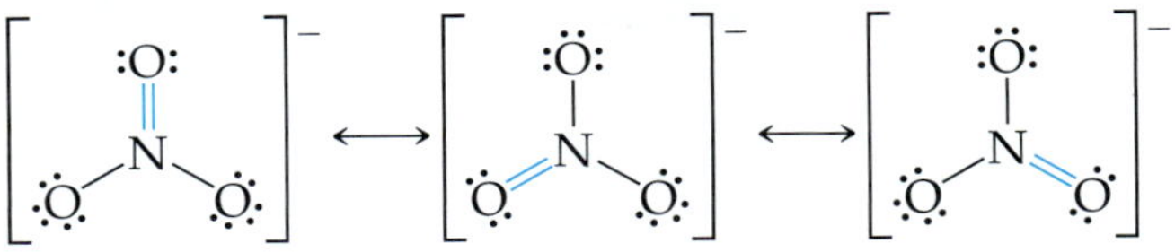

각 구조에서 원자의 배열은 같고 전자의 위치만 다르다는 점에 주목하라. 공명 구조를 그릴 때 세 가지 구조는 같은 원자들이 모든 구조에서 동일하게 결합하고, 전자 배치만 다를 뿐이다. 세 개의 Lewis 구조는 동등하게 우세하다. 이 구조들을 모두 합친 것이 질산 이온의 실제 구조를 적절하게 묘사하는 것이고, 이때 세 개의 N—O 결합 길이는 동일하다.

어떤 분자나 이온의 경우에는 모든 가능한 Lewis 구조가 서로 동등하지 않을 수도 있다. 다른 말로 하면, 하나 또는 두 개 이상의 어떤 구조가 다른 구조보다 더 우세할 수 있다. 앞으로 이러한 예를 만나게 될 것이다.

## 벤젠의 공명

공명은 유기 분자, 특히 $C_6H_6$의 분자식을 갖는 **벤젠**(benzene)이라고 하는 탄화수소를 포함한 **방향족**(aromatic) 유기 분자의 결합을 설명하는 데 있어서 중요한 개념이다. 벤젠의 6개 탄소 원자는 육각형 고리 안에서 서로 결합되어 있고, 각 탄소 원자에 한 개의 수소 원자가 결합되어 있다. 벤젠은 두 개의 동등한 Lewis 구조를 가지며, 각각 팔전자 규칙을 만족한다. 이 두 구조는 공명 관계이다.

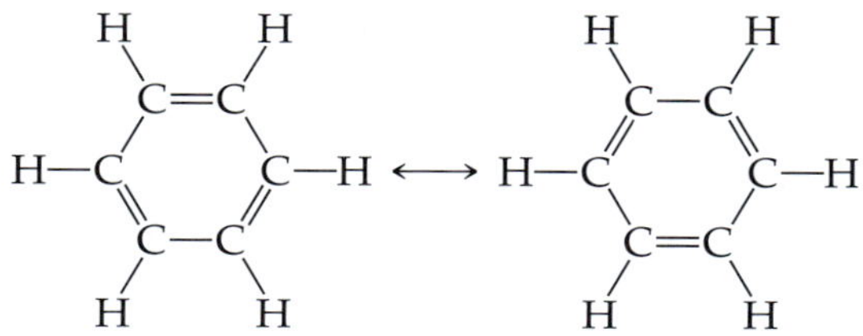

두 구조에서 이중 결합의 위치가 다름에 주목하라. 각각의 공명 구조는 세 개의 탄소–탄소 단일 결합과 세 개의 탄소–탄소 이중 결합을 가지고 있다. 그러나 벤젠 구조에 대한 실험적 결과를 통하여 6개의 C—C 결합의 길이가 모두 동일한 140 pm임을 알 수 있다. 이것은 C—C 단일 결합 길이(154 pm)와 C=C 이중 결합 길이(134 pm)의 중간 값이다. 따라서 벤젠에서 각각의 C—C 결합은 단일 결합과 이중 결합이 혼합된 것으로 생각할 수 있다.

벤젠의 결합 배열은 분자에 특별한 안정성을 부여한다. 그 결과 수백만 개의 유기 화합물이 이러한 벤젠의 육각 고리 특성을 가지고 있다. 이러한 화합물들은 생화학 분야, 의약품 분야 및 첨단 재료 생산에 있어서 중요하다.

### 예제 8.10
공명 구조

$SO_3$와 $SO_3^{2-}$ 중 황–산소 결합이 상대적으로 더 짧은 것은 어느 것인가?

#### 해답

산소와 마찬가지로, 황은 6개의 원자가 전자를 갖는다. 따라서 $SO_3$는 24개의 원자가 전자를 갖는다. Lewis 구조를 그려 보면, 세 개의 동등한 공명 구조를 그릴 수 있다.

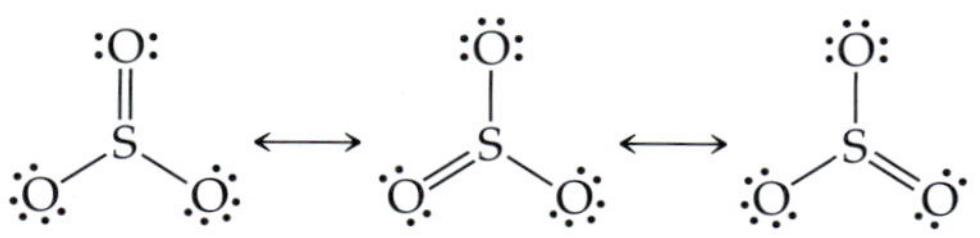

앞의 $NO_3^-$와 같이, $SO_3$의 실제 구조는 이 구조들의 혼합과 같다. 따라서 각 S—O 결합 길이는 단일 결합 길이와 이중 결합 길이 사이의 약 1/3 정도가 될 것이다. 이것은 단일 결합보다 짧고, 이중 결합에 비해 길다.

$SO_3^{2-}$ 이온은 26개의 전자를 가지므로, 모든 S—O 결합이 단일 결합인 Lewis 구조를 우세한 구조로 가지게 된다.

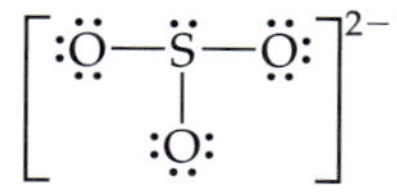

각 경우에 대한 이런 분석은, S—O 결합이 $SO_3$의 경우 상대적으로 짧고, $SO_3^{2-}$의 경우는 상대적으로 길다는 것을 나타낸다. 이것은 $SO_3$의 S—O 결합 길이는 142 pm이고, $SO_3^{2-}$의 경우는 151 pm인 실험적 결과와 일치한다.

**▶ 보충 예제**

공명에 대한 다음 설명 중 옳은 것은?

**(a)** 공명 구조를 그릴 때, 원자의 연결 방법을 바꿀 수 있다.

**(b)** 질산 이온은 하나의 긴 N—O 간 결합과 두 개의 짧은 N—O 결합을 가진다.

**(c)** '공명'은 분자들이 서로 다른 결합 패턴 사이에서 빠르게 공명한다는 생각을 나타낸다.

**(d)** 사이안화 이온($CN^-$)은 단 하나의 우세한 공명 구조를 가진다.

**(e)** 위의 모든 설명이 옳다.

## 자기 평가 연습 문제

**8.30** 다음에 주어진 쌍 중 공명 구조는 무엇인가?

**(a)** 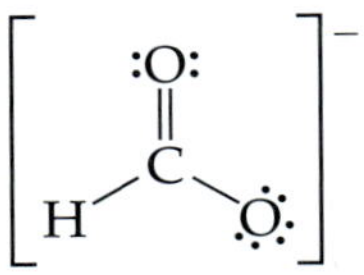 과 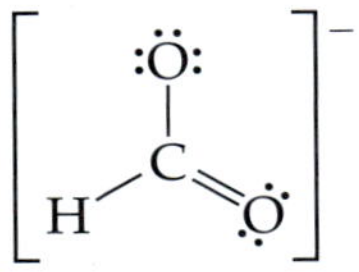

**(b)** 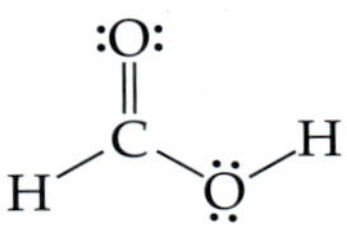 과 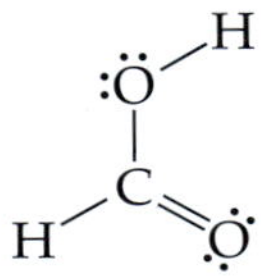

**(c)** 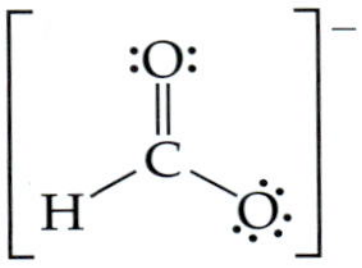 과 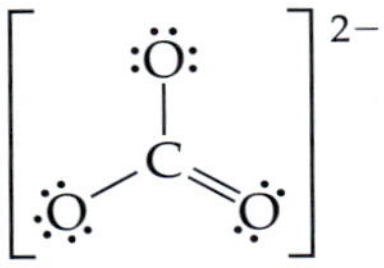

## 연습 문제

**8.31** **(a)** 아질산 이온 $NO_2^-$의 가장 적합한 Lewis 구조를 그리시오. **(b)** 산소 동소체 중 등전자인 것은 무엇인가? **(c)** $NO_2$의 결합 길이를 N—O 단일 결합 및 이중 결합과 비교하여 예측하시오.

**8.32** Lewis 구조에 기반하여 $NO^+$, $NO_2^-$ 및 $NO_3^-$에서 N—O 결합 길이가 짧은 것부터 긴 순으로 나열하시오.

자기 평가 연습 문제 답 **8.30** (a)

# 8.7 팔전자 규칙의 예외

8.5절의 시작 부분에서 Lewis 구조는 분자와 이온의 공유 결합을 설명하는 간단하고 효과적인 모형을 제공한다고 언급했다. 모든 모형과 마찬가지로 이 모형에도 한계가 있으며 이로 인해 '규칙'의 예외가 생긴다. 이러한 예외의 존재를 이해하는 것이 중요하다. 그러나 Lewis 구조에 의해 적절하게 기술된 수백만 개의 화합물 중에서 이러한 예외는 상당히 적은 수의 화합물이라는 점도 염두에 두어야 한다.

이 절이 끝나면 다음 사항을 수행할 수 있어야 한다.

- 팔전자 규칙의 예외를 인식하고 팔전자 규칙을 따르지 않는 경우에도 정확한 Lewis 구조 나타내기

팔전자 규칙은 결합의 기본 개념을 소개하는 데 있어 매우 간단하고 유용해서 모든 경우에 적용 가능하다고 생각할 수 있다. 그러나 8.2절에서 본 바와 같이, 전이 금속의 이온 결합 화합물에 적용할 때는 한계가 있다는 것에 주목해야 한다. 팔전자 규칙은 공유 결합을 포함한 많은 경우에 적용되지 않는다. 팔전자 규칙의 예외에는 다음의 세 가지 유형이 있다.

**1.** 홀수 개의 전자를 갖는 분자나 다원자 이온
**2.** 8개보다 적은 원자가 전자를 갖는 원자들로 이루어진 분자나 다원자 이온
**3.** 8개보다 많은 원자가 전자를 갖는 원자들로 이루어진 분자나 다원자 이온

## 홀수 개의 전자를 가진 경우

거의 대부분의 분자나 다원자 이온의 경우, 전체 원자가 전자는 짝수 개이고, 전자들은 완전히 쌍을 이루고 있다. 그러나 $ClO_2$, NO, $NO_2$, $O_2^-$와 같은 일부 분자나 다원자 이온들은 원자가 전자가 홀수 개이다. 이러한 경우에 전자들이 완전하게 쌍을 이루는 것은 불가능할 뿐만 아니라 각 원자 주위에 팔전자 규칙이 만족될 수 없다. 예를 들어 NO는 $5+6=11$개의 원자가 전자를 가지며, 이 분자의 가장 중요한 두 Lewis 구조는 다음과 같다.

## 원자가 전자가 8개보다 적은 경우

팔전자 규칙의 예외 중 두 번째 유형은 분자 또는 다원자 이온 내에서 한 원자 주위에 원자가 전자가 8개보다 적은 경우이다. 이런 경우는 비교적 드물고(이미 설명한 대로 수소와 헬륨의 예외적인 경우를 제외하고), 거의 대부분 붕소와 베릴륨 화합물에서 발견된다. 예를 들어 트라이플루오린화 붕소($BF_3$)를 생각해 보자. Lewis 구조를 그리는 과정 중 첫 순서부터 차례대로 그려 보면 붕소 원자 주위에 6개의 전자만 존재하는 다음 구조를 얻을 수 있다.

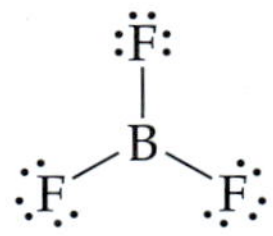

이 구조에서 B와 F의 형식 전하는 0이다. 이중 결합의 생성을 통해 붕소 주위에 8개의 전자를 배치할 수도 있다(중심 원자에 팔전자를 만들 수 있는 충분한 전자가 없다면, 다중 결합이 답일 수 있다는 것을 상기하라). 그렇게 하면 세 가지의 동등한 공명 구조가 생성된다(형식 전하를 붉은색으로 나타내었다).

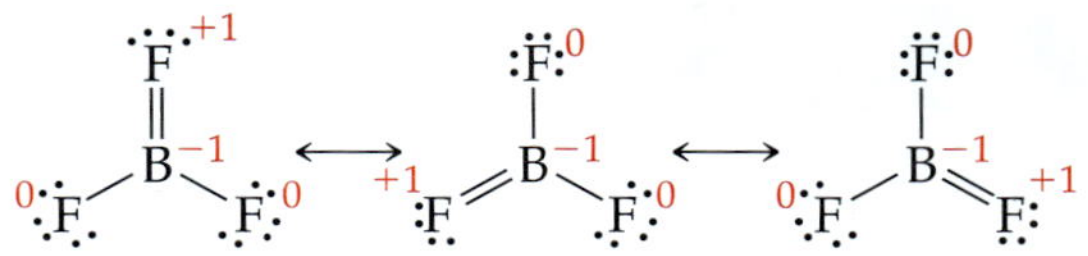

각각의 Lewis 구조는 모두 플루오린 원자로 하여금 붕소 원자와 추가 전자를 공유하도록 한다. 하지만 플루오린의 전기 음성도가 큰 것을 고려하면 이것은 맞지 않다. 실제로 형식 전하는 이러한 구조가 적절한 것이 아님을 말해 준다. 각각의 Lewis 구조에서, B=F 이중 결합을 하는 F 원자의 형식 전하는 +1인 반면, 상대적으로 전기 음성도가 낮은 B 원자의 형식 전하는 −1이다. 따라서 B=F 이중 결합을 갖는 Lewis 구조는 붕소 주위에 8개 미만의 원자가 전자를 갖는 구조보다 덜 중요하다.

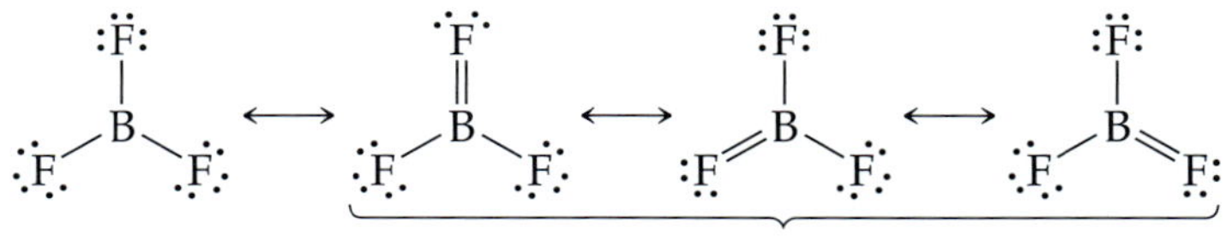

우세한 구조 기여도가 적은 구조

보통 $BF_3$를 표현할 때 맨 왼쪽의 우세한 공명 구조만으로 나타내는데, 이때 붕소 주위의 원자가 전자는 6개뿐이다. $BF_3$의 화학적 거동은 이 표현과 일치한다. 특히 $BF_3$는 아래 반응처럼 붕소와 결합할 수 있는 비공유 전자쌍을 가진 분자와 격렬히 반응한다.

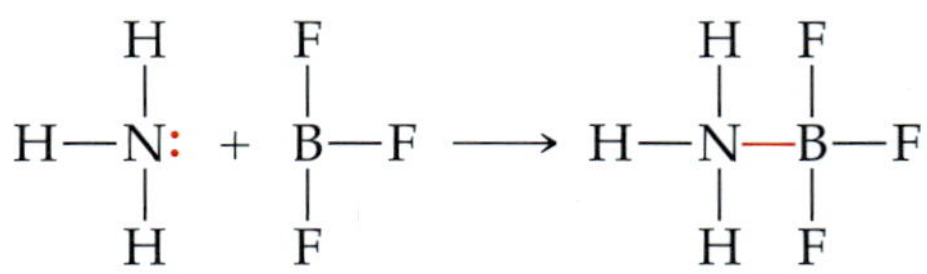

이러한 안정한 화합물($NH_3BF_3$)에서 붕소는 8개의 원자가 전자를 갖는다.

## 원자가 전자가 8개보다 많은 경우

팔전자계의 예외 중 세 번째이면서 가장 많은 예외 유형은 분자 또는 다원자 이온을 이루는 원자의 원자가 껍질에 8개보다 많은 전자가 있는 경우이다. 예를 들어 $PF_5$의 Lewis 구조를 그릴 때, 중심의 인 원자 주위에 10개의 전자가 있도록 전자를 배열해야 한다.

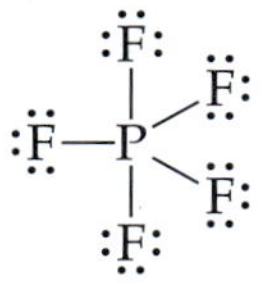

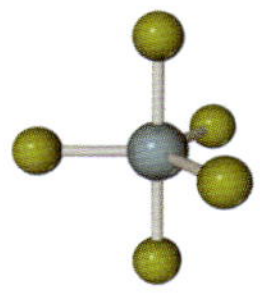

중심 원자 주변에 8개를 초과하는 전자를 갖는 분자나 이온을 **초원자가**(hypervalent)라고 한다. 초원자가 분자와 이온의 다른 예는 $SF_4$, $AsF_6^-$, $ICl_4^-$이다. $NCl_5$ 및 $OF_4$와 같이 중심 원자가 2주기 원자인 초원자가 분자나 이온은 존재하지 않는다.

초원자가 분자는 중심 원자가 주기율표상으로 3주기 또는 그 아래일 때만 생성된다. 이러한 확장된 분자들이 생성되는 주된 이유는 중심 원자의 크기가 상대적으로 크기 때문이다. 예를 들어 P 원자는 5개의 F 원자(심지어는 5개의 Cl)와 결합해도 지나치게 빽빽해지지 않을 만큼 충분히 크다. 반면에 N 원자는 5개의 결합된 원자를 수용하기에는 너무 작다. 크기가 하나의 변수이기 때문에, 초원자가 분자는 중심 원자가 F, Cl, O와 같이 크기가 매우 작고 전기 음성도가 매우 큰 원자와 결합할 때 주로 만들어진다.

원자가 껍질이 팔전자를 초과할 수 있다는 개념은, 주기율표상으로 3주기 또는 그 아래에 있는 원자들이 비어 있는 *nd* 오비탈을 가지고 있다는 사실과 일치한다. 이에 비해 2주기의 원소는 2*s*와 2*p* 원자가 오비탈만을 결합에 사용한다. $PF_5$와 $SF_6$ 같은 분자들의 결합에 대한 이론적 연구는 P와 S 원자의 빈 3*d* 오비탈은 초원자가 분자의 형성에 상대적으로 영향이 작다는 것을 암시한다. 대부분의 화학자들은 현재, 3~6주기 원자들의 크기가 크다는 사실이, 비어 있는 *d* 오비탈의 존재보다 초원자성을 설명하는 데 더 중요하다고 믿고 있다.

## 예제 8.11
### 8개를 초과하는 원자가 전자를 갖는 Lewis 구조

$ICl_4^-$의 Lewis 구조를 그리시오.

**해답**

아이오딘(17족)은 7개의 원자가 전자를 갖는다. 각각의 염소(17족) 원자도 7개를 갖는다. $ICl_4$는 1− 전하를 가진 이온이므로 한 개의 전자를 추가해야 한다. 그러므로 전체 원자가 전자의 수는 $7+(4\times7)+1=36$이다.

이온의 중심 원자는 I 원자이다. 각 Cl 원자에 8개씩 전자를 배치하면 (I과 Cl 사이에 단일 결합을 표현하는 한 쌍의 전자를 포함해서) $8\times4=32$개의 전자가 필요하다.

결국 남은 전자는 $36-32=4$이므로 상대적으로 큰 아이오딘에 4개의 전자를 배치한다.

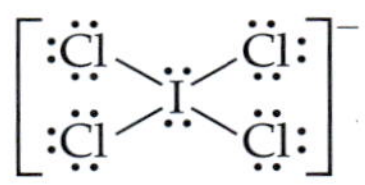

아이오딘은 주위에 12개의 전자를 가지므로 팔전자보다 전자가 4개 더 많다.

**▶ 보충 예제**

다음 분자나 이온 중에서 중심 원자인 S에 한 개의 비공유 전자쌍을 가지고 있는 것은?

**(a)** $SF_4$ **(b)** $SF_6$ **(c)** $SOF_4$ **(d)** $SF_2$ **(e)** $SO_4^{2-}$

마지막으로, 팔전자 규칙을 만족하는 Lewis 구조와 팔전자를 초과하면서 형식 전하의 배치가 잘된 구조 사이에서 선택을 해야 하는 경우가 있다. 예를 들어 인산 이온($PO_4^{3-}$)의 Lewis 구조를 생각해 보자.

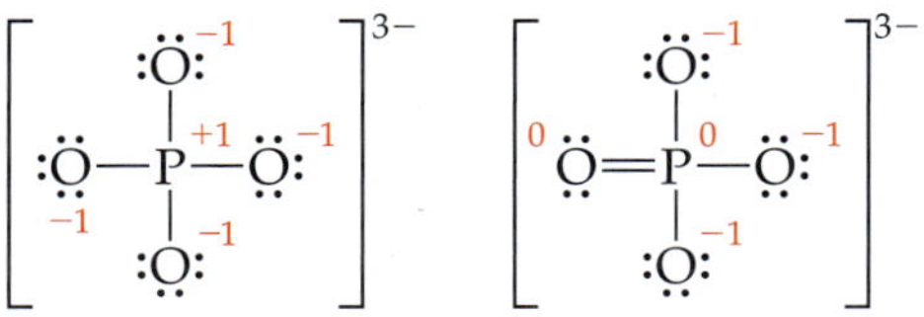

원자의 형식 전하는 붉은색으로 표시되어 있다. 왼쪽 구조에서 P 원자는 팔전자 규칙을 만족하지만, 오른쪽 구조는 P 원자가 5개의 전자쌍을 가지면서 형식 전하가 상대적으로 작은 상태이다(오른쪽 Lewis 구조의 경우, 추가로 3개의 공명 구조가 있음을 알 수 있다).

화학자들은 아직도 $PO_4^{3-}$에 대한 위의 두 구조 중 어느 것이 우세한가에 대한 논쟁을 벌이고 있다. 최근의 양자 역학을 근거로 한 이론적인 계산을 바탕으로 일부 연구자들은 왼쪽 구조가 더 우세하다고 주장한다. 다른 연구자들은 이온 내의 결합 길이를 고려할 때, 오른쪽 구조가 더 우세하다고 주장한다. 이렇게 상반된 의견은 여러 개의 Lewis 구조가 원자나 분자 내의 실제 전자 분포에 기여할 수 있다는 점을 상기시켜 준다.

## 자기 평가 연습 문제

**8.33** 형식 전하를 사용하여 다음 구조 중 삼산화황 $SO_3$를 가장 잘 나타내는 것은 무엇인지 결정하시오.

**(a)** 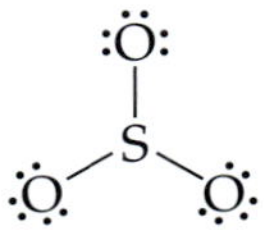

**(b)** 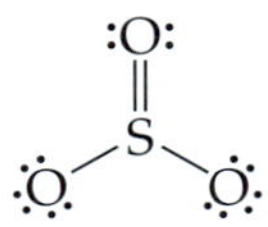

**(c)** 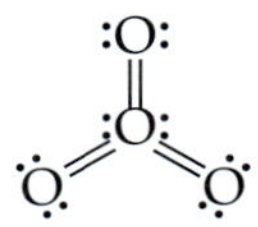

## 연습 문제

**8.34** 다음 염소–산소 분자/이온의 우세한 Lewis 구조를 그리시오.

$ClO$, $ClO^-$, $ClO_2^-$, $ClO_3^-$, $ClO_4^-$

이 중 팔전자 규칙을 따르지 않는 것은 무엇인가?

**8.35** 다음 이온 또는 분자 각각에 대한 Lewis 구조를 그리시오. 팔전자 규칙을 따르지 않는 것을 고르시오. 각 화합물에서 팔전자 규칙을 따르지 않는 원자를 말하고, 그 원자를 몇 개의 전자가 그들을 둘러싸고 있는지 설명하시오.

**(a)** $HCl$ **(b)** $ICl_5$ **(c)** $NO$ **(d)** $CF_2Cl_2$ **(e)** $I_3^-$

**8.36** $BeCl_2$는 기체상에서 개별 분자로 존재한다.

**(a)** 단일 결합만을 사용하여 이 분자의 Lewis 구조를 그리시오. 이 Lewis 구조는 팔전자 규칙을 만족하는가?

**(b)** 팔전자 규칙을 만족하는 다른 어떤 공명 구조가 가능한가?

**(c)** 형식 전하에 기초하여 $BeCl_2$에 대해 어떤 Lewis 구조가 우세할 것으로 예측되는가?

**8.37** 황산($H_2SO_4$)에 대해 그릴 수 있는 Lewis 구조는 많다(각 H는 O에 결합되어 있음).

**(a)** 팔전자 규칙을 만족시키는 Lewis 구조를 그리시오.

**(b)** 형식 전하가 최소인 Lewis 구조를 그리시오.

자기 평가 연습 문제 답 **8.33** (c)

# 8.8 공유 결합의 세기와 길이

공유 결합은, 늘어나거나 압축될 수 있지만 자연스럽게 고유의 휴식 길이(resting legth)로 돌아가는 스프링과 같은 것으로 설명되기도 한다. 19.2절의 공유 결합에 존재하는 진동을 조사할 때 우리는 이 비유를 조금 더 발전시켜볼 수 있다. 이 절에서는 결합 세기와 결합 길이 사이의 상관관계를 살펴본다. 이 절이 끝나면 다음 사항을 수행할 수 있어야 한다.

- 결합 유형(단일, 이중 및 삼중), 결합 세기(또는 엔탈피), 결합 길이 간의 관계 이해하기

분자의 안정성은 분자들이 갖는 공유 결합의 세기와 관련이 있다. 우리는 5장에서 많은 단일 결합의 평균 결합 엔탈피를 측정할 수 있다는 것을 보았다(표 5.4). 표 5.4는 여기에서 **표 8.3**에 다시 한번 반복된다. 표에서 볼 수 있듯이, 다중 결합은 일반적으로 단일 결합에 비해 강하다. 평균 결합 엔탈피를 나타낼 수 있는 것처럼, 일반적인 많은 종류의 결합의 평균 결합 길이도 나타낼 수 있다(**표 8.4**). 특히 흥미로운 점은 어떠한 원자 쌍에서 원자간 결합에 대한 결합 엔탈피, 결합 길이, 결합수 간의 상관관계이다. 예를 들어 탄소–탄소 단일 결합, 이중 결합, 삼중 결합의 결합 엔탈피와 결합 길이를 비교할 때 표 8.3과 표 8.4의 자료를 사용할 수 있다.

| C—C | C═C | C≡C |
|---|---|---|
| 154 pm | 134 pm | 120 pm |
| 348 kJ/mol | 614 kJ/mol | 839 kJ/mol |

탄소 원자 간 결합수가 증가함에 따라 결합 엔탈피는 증가하고, 결합 길이는 감소한다. 이것은 탄소 원자가 더 가깝게 위치하고, 상호 간에 더욱 더 강하게 붙잡고 있음을 나타낸다. **일반적으로 두 원자 간 결합수가 증가함에 따라 결합은 길이가 짧아지고 더 강해진다.** N–N 단일 결합, 이중 결합, 삼중 결합에 대한 이러한 경향을 **그림 8.15**에 나타내었다.

**표 8.3 평균 결합 엔탈피(kJ/mol)**

| 단일 결합 | | | | | | | |
|---|---|---|---|---|---|---|---|
| C—H | 413 | N—H | 391 | O—H | 463 | F—F | 155 |
| C—C | 348 | N—N | 163 | O—O | 146 | | |
| C—N | 293 | N—O | 201 | O—F | 190 | Cl—F | 253 |
| C—O | 358 | N—F | 272 | O—Cl | 203 | Cl—Cl | 242 |
| C—F | 485 | N—Cl | 200 | O—I | 234 | | |
| C—Cl | 328 | N—Br | 243 | | | Br—F | 237 |
| C—Br | 276 | | | S—H | 339 | Br—Cl | 218 |
| C—I | 240 | H—H | 436 | S—F | 327 | Br—Br | 193 |
| C—S | 259 | H—F | 567 | S—Cl | 253 | | |
| | | H—Cl | 431 | S—Br | 218 | I—Cl | 208 |
| Si—H | 323 | H—Br | 366 | S—S | 266 | I—Br | 175 |
| Si—Si | 226 | H—I | 299 | | | I—I | 151 |
| Si—C | 301 | | | | | | |
| Si—O | 368 | | | | | | |
| Si—Cl | 464 | | | | | | |
| **다중 결합** | | | | | | | |
| C=C | 614 | N=N | 418 | O=O | 495 | | |
| C≡C | 839 | N≡N | 941 | | | | |
| C=N | 615 | N=O | 607 | S=O | 523 | | |
| C≡N | 891 | | | S=S | 418 | | |
| C=O | 799 | | | | | | |
| C≡O | 1072 | | | | | | |

**표 8.4 단일, 이중, 삼중 결합의 평균 결합 길이**

| 결합 | 결합 길이(pm) | 결합 | 결합 길이(pm) |
|---|---|---|---|
| C—C | 154 | N—N | 147 |
| C=C | 134 | N=N | 124 |
| C≡C | 120 | N≡N | 110 |
| C—N | 143 | N—O | 136 |
| C=N | 138 | N=O | 122 |
| C≡N | 116 | | |
| | | O—O | 148 |
| C—O | 143 | O=O | 121 |
| C=O | 123 | | |
| C≡O | 113 | | |

N—N 단일 결합과 이중 결합이 동등한 기여를 하는 공명 구조에 있어서 N—N 결합의 결합 엔탈피를 예측하시오.

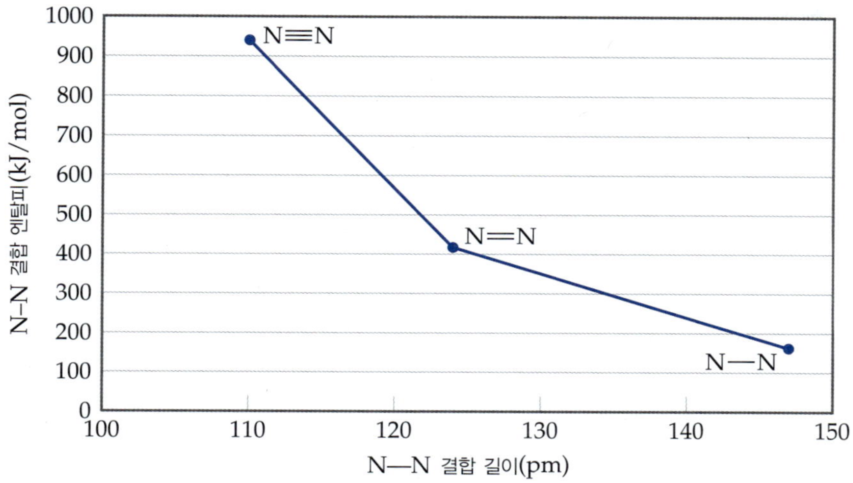


▲**그림 8.15** 질소–질소 간 결합에서 결합 세기와 결합 길이의 관계

## 자기 평가 연습 문제

**8.38** 오존($O_3$)은 두 개의 공명 구조로 나타낼 수 있다. 측정된 결합 길이는 127.8 pm이다.

$$:\ddot{\underset{\cdot\cdot}{O}}-\ddot{O}=\ddot{O} \longleftrightarrow \ddot{O}=\ddot{O}-\ddot{\underset{\cdot\cdot}{O}}:$$

평균 결합 엔탈피와 결합 길이는 표 8.3 및 8.4에 있다. 오존에서 결합의 평균 결합 엔탈피는 얼마일 것으로 예측하는가?
**(a)** 148 kJ/mol **(b)** 364 kJ/mol **(c)** 495 kJ/mol

## 연습 문제

**8.39** 표 8.3을 이용하여, 다음 기체상 반응의 $\Delta H$를 계산하시오(원자의 비공유 전자쌍은 나타내지 않았다).

**(a)**

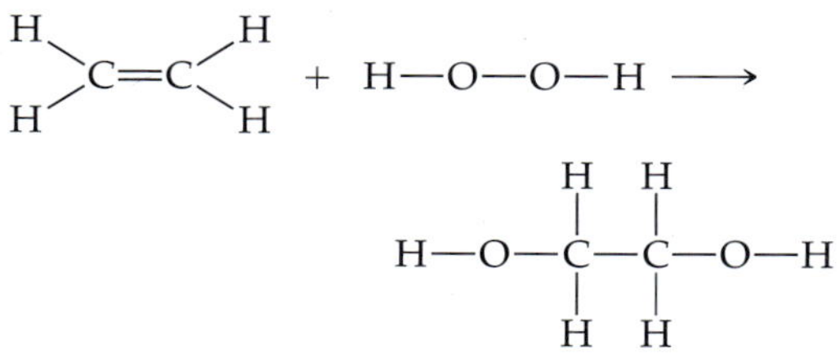

**(b)**

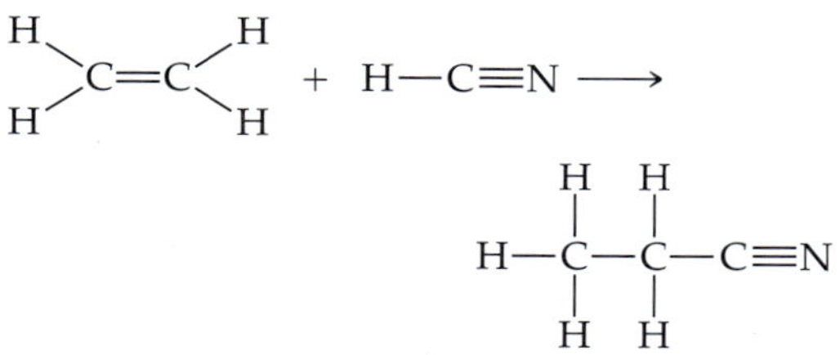

**(c)** $2\,\text{Cl—N(—Cl)—Cl} \longrightarrow \text{N}\equiv\text{N} + 3\,\text{Cl—Cl}$

**8.40** 다음 설명들이 참인지, 거짓인지를 설명하시오.
**(a)** 결합의 길이가 길수록 결합 엔탈피가 커진다.
**(b)** C—C 결합은 C—H 결합보다 강하다.
**(c)** 일반적으로 이중 결합의 길이는 500~1000 pm 범위 내에 있다.
**(d)** 화학 결합에는 에너지가 저장되어 있다.
**(e)** 결합 길이가 길수록 더 많은 에너지를 화학 결합에 저장하고 있다.

**8.41** 공유 결합에서처럼, 이온 결합에서도 평균 결합 엔탈피와 평균 결합 길이를 구할 수 있다. 다음 이온 결합 중 어떤 것의 결합 세기가 더 세다고 예상되는가? Na—Cl, Ca—O

**8.42** $NO^+$의 Lewis 구조를 그리고, 산소 원자와 질소 원자 사이의 결합이 NO에서보다 길지, 짧을지, 같을지 설명하시오.

자기 평가 연습 문제 답 **8.38** (b)

## 통합 예제

### 종합 개념

제1차 세계 대전에서 독가스 무기로 사용된 포스젠(phosgene)은 일산화 탄소와 염소 기체의 혼합물을 태양빛으로 반응시켜 처음으로 합성해 냈기 때문에 그렇게 명명되었다. 그 이름은 그리스어의 *phos*(빛)와 *genes*(태어나다)에서 유래하였다. 포스젠의 원소 조성 백분율은 질량 기준으로 C 12.14%, O 16.17%, Cl 71.69%이다. 몰질량은 98.9 g/mol이다.

**(a)** 이 화합물의 분자식을 구하시오.

**(b)** 모든 원자가 팔전자 규칙을 만족하도록, 분자의 세 가지 Lewis 구조를 그리시오(Cl과 O 원자는 C와 결합한다).

**(c)** 형식 전하를 사용하여 어느 Lewis 구조가 가장 우세한 것인지 결정하시오.

**(d)** 평균 결합 에너지를 사용하여, $CO(g)$와 $Cl_2(g)$로부터 기체 포스젠의 생성 반응의 $\Delta H$를 계산하시오.

### 해답

**(a)** 포스젠의 실험식은 원소 조성으로부터 구할 수 있다. 100 g의 화합물이라고 가정하고, 이 화합물 중 C, O, Cl의 몰수를 계산한다.

$$(12.14\ \text{g C})\left(\frac{1\ \text{mol C}}{12.01\ \text{g C}}\right) = 1.011\ \text{mol C}$$

$$(16.17\ \text{g O})\left(\frac{1\ \text{mol O}}{16.00\ \text{g O}}\right) = 1.011\ \text{mol O}$$

$$(71.69\ \text{g Cl})\left(\frac{1\ \text{mol Cl}}{35.45\ \text{g Cl}}\right) = 2.022\ \text{mol Cl}$$

각 몰수를 그중 최솟값으로 나누어 구한 각 원소의 몰수비는, 두 개의 Cl에 대하여 한 개의 C와 한 개의 O가 있다는 것을 나타내고, 따라서 실험식이 $COCl_2$임을 알 수 있다.

실험식의 몰질량은 분자량과 같은 $12.01 + 16.00 + 2(35.45) = 98.91$ g/mol이다. 따라서 $COCl_2$가 분자식이다.

**(b)** 탄소는 4개, 산소는 6개, 염소는 7개의 원자가 전자를 가지므로, Lewis 구조에 전체 $4 + 6 + 2(7) = 24$개의 전자를 갖는다. 모두 단일 결합을 갖는 Lewis 구조를 그려 보면, 중심 탄소 원자는 팔전자를 만족하지 못한다. 다중 결합을 이용하면 다음의 세 가지 구조가 팔전자 규칙을 만족함을 알 수 있다.

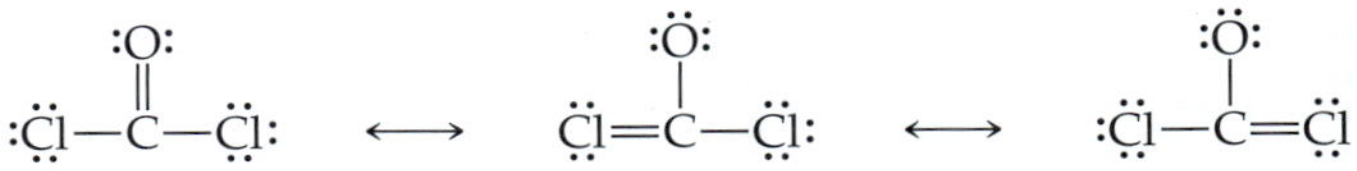

**(c)** 각 원자의 형식 전하를 계산하면 다음과 같다.

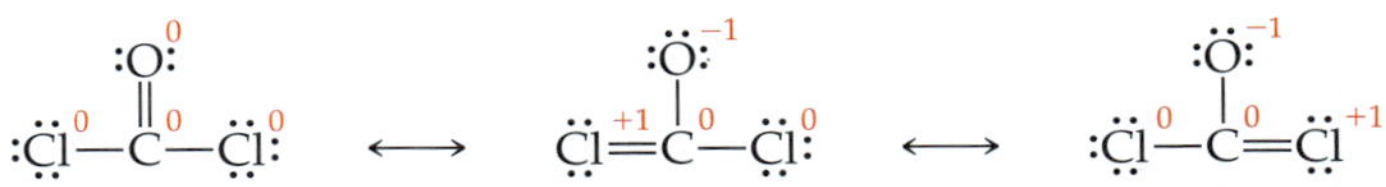

각 원자가 가장 작은 형식 전하를 갖기 때문에, 첫 번째 구조가 가장 우세한 구조로 예측된다. 실제로 포스젠 분자는 보통 이 Lewis 구조로 나타낸다.

**(d)** 분자의 Lewis 구조로 화학 반응식을 쓰면 다음과 같다.

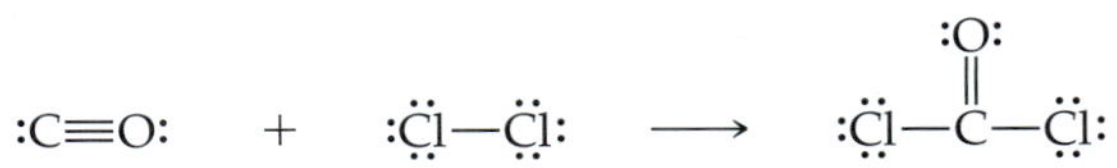

따라서 이 반응은 C≡O 결합과 Cl—Cl 결합이 끊어지고, 한 개의 C=O 결합과 두 개의 C—Cl 결합이 생성된다. 표 8.3의 결합 에너지를 이용하면

$$\begin{aligned}\Delta H &= [D(\text{C}\equiv\text{O}) + D(\text{Cl}-\text{Cl})] - [D(\text{C}=\text{O}) + 2D(\text{C}-\text{Cl})] \\ &= [1072\ \text{kJ} + 242\ \text{kJ}] - [799\ \text{kJ} + 2(328\ \text{kJ})] = -141\ \text{kJ}\end{aligned}$$

이 반응은 발열 반응임을 주목하라. 그럼에도 불구하고 이 반응이 일어나기 위해서는 태양 빛이나 다른 에너지원을 통해 에너지가 공급되어야 하는데, 그것은 $H_2(g)$와 $O_2(g)$가 연소하여 $H_2O(g)$를 생성하는 경우와 같다.

## 요약 및 중요 용어

**화학 결합, Lewis 기호 및 팔전자 규칙(서론, 8.1절)** 이 장에서는 **화학 결합(chemical bond)**을 형성하는 상호 작용에 초점을 맞추었다. 화학 결합은 크게 세 종류로 분류한다. **이온 결합(ionic bond)**은 반대 전하를 가진 이온들 사이에 존재하는 정전기적인 힘이다. **공유 결합(covalent bond)**은 두 원자가 전자를 공유하여 이루어지고, **금속 결합**(metallic bond)은 금속 원자에 있는 전자들의 비편재화로부터 형성된다. 결합의 형성은 원자가 전자라는 원자의 최외각 전자들의 상호 작용으로 이루어진다. 한 원자의 원자가 전자를 표현할 때 **Lewis 기호**(Lewis symbol)라고 하는 전자점 기호를 사용한다. 원자들은 **팔전자 규칙**(octet rule)을 따르기 위해 원자가 전자를 얻거나, 잃거나, 공유한다. 이 규칙은 분자나 이온에 있는 원자들이 (일반적으로) 8개의 원자가 전자를 갖는 것이다.

이온 결합(8.2절) 이온 결합은 한 원자로부터 다른 원자로 완전하게 전자가 이동한 결과인데, 전하를 띤 입자가 삼차원 격자 구조를 생성한다. 이온성 물질의 안정성은 한 이온과 그 이온 주위를 둘러싼 반대 부호의 전하를 띤 이온 사이의 강한 정전기 인력의 결과이다. 이 인력의 세기는 **격자 에너지**(lattice energy)로 측정된다. 이는 이온 격자를 기체 상태의 이온으로 분리하는 데 필요한 에너지를 말한다. 이온 전하가 증가하거나 이온 간의 거리가 가까울수록 격자 에너지는 커진다. **Born–Haber 순환**(Born–Haber cycle)은 유용한 열역학적 순환 과정이며, 이로부터 우리는 Hess 법칙을 이용하여 이온 화합물이 생성되는 여러 단계에서의 에너지를 합산하여 격자 에너지를 계산한다.

공유 결합(8.3절) 공유 결합은 원자 간에 원자가 전자를 공유한 결과이다. 분자 내의 전자 분포는 **Lewis 구조**(Lewis structure)로 표현할 수 있다. 이 방법을 통해 몇 개의 원자가 전자가 결합의 생성에 관여하는지, 몇 개의 전자가 **비공유 전자쌍**(nonbonding electron pair, 또는 **고립 전자쌍**(lone pair))으로 남아 있는지를 알 수 있다. 팔전자 규칙은 두 원자 간 결합수를 결정하는 데 유용하다. 한 개의 전자쌍을 공유하는 것은 **단일 결합**(single bond)을 이루고, 두 원자 사이에 두 개 또는 세 개의 전자쌍을 공유하면 각각 **이중 결합**(double bond)과 **삼중 결합**(triple bond)을 생성한다. 이중 결합과 삼중 결합은 원자 간 다중 결합의 예이다. 결합 길이는 두 원자 간 결합수가 증가함에 따라 감소한다.

결합 극성 및 전기 음성도(8.4절) 공유 결합일지라도 전자들이 두 원자 사이에서 동등하게 공유되지 않을 수도 있다. **결합 극성**(bondpolarity)은 하나의 결합에서 전자가 동등하게 공유되지 않는 것을 말한다. **무극성 공유 결합**(nonpolar covalent bond)에서 결합에 참여한 전자들은 두 원자에 동등하게 공유되지만, **극성 공유 결합**(polarcovalent bond)에서는 어느 한 원자의 전자에 대한 인력이 다른 원자보다 더 크게 작용한다.

**전기 음성도**(electronegativity)란 다른 원자와 공유하는 전자를 경쟁적으로 끌어당기는 능력을 나타내는 수치이다. 플루오린은 전기 음성도가 가장 큰 원소인데, 다른 원자로부터 전자를 끌어당기는 능력이 가장 크다는 것을 의미한다. 전기 음성도 값은 Cs의 0.7에서 F의 4.0까지의 범위를 가진다. 전기 음성도는 주기율표에서 같은 주기일 경우 일반적으로 왼쪽에서 오른쪽으로 갈수록 증가하고, 같은 족일 경우 아래로 내려갈수록 감소한다. 결합 원자의 전기 음성도 차이는 결합의 극성을 결정할 때 이용할 수 있다. 그 차가 클수록 결합은 극성이다.

**극성 분자**(polar molecule)는 양전하와 음전하의 중심이 일치하지 않는 분자이다. 극성 분자는 양전하 부분과 음전하 부분을 갖는 것으로 설명할 수 있다. 이러한 전하 분리는 **쌍극자**(dipole)를 형성하며, 그 크기는 **쌍극자 모멘트**(dipole moment)에 의해 결정되고 단위는 debye(D)이다. 전하가 분리된 정도와 분리 거리의 증가에 따라 쌍극자 모멘트의 크기는 커지게 된다. X와 Y 원자가 서로 다른 전기 음성도를 가질 때, X–Y 이원자 분자는 극성 분자가 된다.

대부분의 결합은 공유 결합과 이온 결합의 양극단 사이에서 결정된다. 금속과 비금속 간의 결합의 경우, 이온 결합 형태가 우세하게 나타나기는 하지만, 원자 간의 전기 음성도 차가 작거나 금속의 산화 상태가 큰 경우에는 예외가 존재하기도 한다.

Lewis 구조 그리기 및 공명 구조(8.5절, 8.6절) 원자들이 서로 어떻게 연결되는지 알 수 있다면, 간단한 과정을 통해 그 분자나 이온의 Lewis 구조를 그릴 수 있다. 이 경우 Lewis 구조에서 각 원자의 **형식 전하**(formal charge)를 결정할 수 있다. 형식 전하란 모든 원자가 같은 전기 음성도를 갖는다는 가정하에서 원자가 갖는 전하를 말한다. 일반적으로 가장 우세한 Lewis 구조란, 전기 음성도가 보다 큰 원자들이 음의 형식 전하를 가지면서 형식 전하가 작은 구조이다. 때로는 특정한 분자(또는 이온)의 구조를 표현할 때, 한 가지의 우세한 Lewis 구조만으로 표현하기가 적절하지 않을 때도 있다. 이런 경우 그 분자를 설명할 때, 그 분자에 대하여 두 개 또는 그 이상의 **공명 구조**(resonance structure)를 사용하며, 해당 분자는 여러 공명 구조의 혼합으로 나타낸다. 오존($O_3$)이나 유기 분자인 벤젠($C_6H_6$) 결합을 설명할 때 공명 구조는 중요하다.

팔전자 규칙의 예외(8.7절) 팔전자 규칙이 모든 경우에 적용되지는 않는다. 예외의 경우는 다음과 같다. (a) 홀수 개의 전자를 갖는 분자, (b) 부자연스러운 전자 분포를 강제하지 않고서는 원자 주위에 팔전자를 완성하지 못할 때, (c) 큰 원자 주위에 작고 전기 음성적인 원자들이 많이 둘러싸여 8개를 초과하는 전자가 그 주위에 분포되는 경우 등이다. 팔전자를 초과하는 Lewis 구조는 주기율표에서 3주기 이상의 원자에서 나타난다.

공유 결합의 세기와 길이(8.8절) 다양한 공유 결합 형태에 대하여 평균 결합 엔탈피를 측정할 수 있다. 일반적으로 다중 결합의 평균 결합 엔탈피는 단일 결합의 평균 결합 엔탈피보다 크다. 원자 간 결합수가 증가함에 따라 두 원자 간 평균 결합 길이는 감소하고, 이는 결합의 세기가 더 강해지는 것과 일치한다.

## 학습 정리 이 장을 공부한 후에 여러분은 다음을 할 수 있어야 한다.

- 원자와 이온의 Lewis 기호를 쓰기(8.1절). **관련 연습 문제: 8.4, 8.9, 8.53, 8.56**
- 격자 에너지를 이해하고, 이온의 크기와 전하에 기초하여 격자 에너지가 증가하는 순으로 화합물을 나열하기(8.2절). **관련 연습 문제: 8.10, 8.11, 8.57, 8.58**
- 원자의 전자 배치와 팔전자 규칙을 이용하여, 분자의 전자 분포를 결정할 수 있는 Lewis 구조를 그리기(8.3절). **관련 연습 문제: 8.16, 8.27, 8.64, 8.70**
- 전기 음성도 차를 이용하여 무극성 공유 결합, 극성 공유 결합, 이온 결합을 식별하기(8.4절). **관련 연습 문제: 8.21. 8.22, 8.65**

- 실험적으로 측정된 쌍극자 모멘트와 결합 길이를 근거로, 이원자 분자의 전하 분리를 계산하기(8.4절). **관련 연습 문제: 8.24, 8.68**
- Lewis 구조로부터 형식 전하를 계산하고, 형식 전하를 이용하여 분자나 이온의 우세한 Lewis 구조가 무엇인지 식별하기(8.5절). **관련 연습 문제: 8.28, 8.29, 8.71, 8.72**
- 결합을 설명하는 데 공명 구조를 사용해야 하는 분자들을 식별하고, 우세한 공명 구조 그리기(8.6절). **관련 연습 문제: 8.31, 8.32, 8.73**
- 팔전자 규칙의 예외를 파악하고, 팔전자 규칙을 충족시키지 못할 때에도 정확한 Lewis 구조 그리기(8.7절). **관련 연습 문제: 8.35, 8.77**
- 결합 형태(단일, 이중, 삼중), 결합 세기(또는 엔탈피), 결합 길이 사이의 관계를 예측하기(8.8절). **관련 연습 문제: 8.40, 8.41, 8.81, 8.82**

## 핵심 공식

- $E_{el} = \dfrac{\kappa Q_1 Q_2}{d}$ [8.4] 상호 작용하는 두 전하의 퍼텐셜 에너지
- $\mu = Qr$ [8.10] $r$의 거리만큼 떨어져 있는 크기는 같고 방향이 다른 두 전하의 쌍극자 모멘트
- 형식 전하 = 원자가 전자 $-\frac{1}{2}$(결합 전자) $-$ 비공유 전자 [8.11] 형식 전하의 정의

## 연습 문제

### 눈으로 보는 개념

**8.43** 다음 각 Lewis 기호에서, 원소 X가 속하는 주기율표상의 족을 쓰시오. [8.1절]

(a) ·Ẋ· (b) ·X· (c) :Ẋ·

**8.44** 다음 그림은 네 가지 이온 A, B, X, Y의 상대적인 이온 반지름을 나타내고 있다. 2+의 전하를 띠는 A, 1+의 전하를 띠는 B와 같은 양전하는 붉은색으로 나타내었다. 1−의 전하를 띠는 X, 2−의 전하를 띠는 Y와 같은 음전하는 푸른색으로 나타내었다. [8.2절]

(a) 어느 이온들의 조합에서 양이온과 음이온의 비가 1:1인 이온 결합 화합물이 생성될 수 있는가?

(b) (a)에서의 조합 중 가장 큰 격자 에너지를 갖는 이온 결합 화합물이 생성되는 것은?

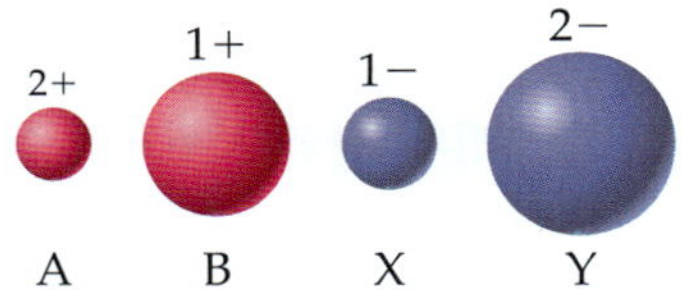


**8.45** 다음 그림은 NaCl($s$)의 '결정판'의 일부분으로, 각 이온은 번호로 표시되어 있다(그림 8.4 참조). [8.2절]

(a) 어느 색의 공이 소듐 이온을 나타내는가?

(b) 어느 색의 공이 염화 이온을 나타내는가?

(c) 5번 이온의 경우, 몇 개의 끌리는 정전기적 상호 작용을 가지는가?

(d) 5번 이온의 경우, 몇 개의 반발 상호 작용을 가지는가?

(e) (c)의 끌리는 상호 작용의 합은 (d)의 반발 상호 작용의 합보다 큰가, 작은가?

(f) 이러한 이온들 간의 패턴이 이차원으로 무한 확장된다고 가정할 때, 격자 에너지 값의 부호는 양인가, 음인가?

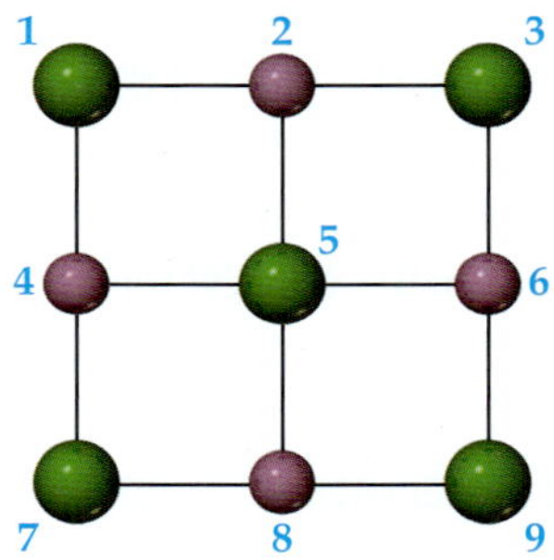


**8.46** 다음 오비탈 도표는 어떤 원소의 2+ 이온의 원자가 전자를 나타내고 있다. [8.2절]

(a) 이 원소는 무엇인가?

(b) 이 원소의 원자의 전자 배치를 쓰시오.

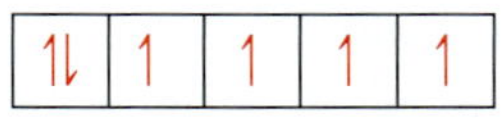

4$d$

**8.47** 다음 Lewis 구조에서, A, D, E, Q, X, Z는 주기율표의 처음 두 주기의 원소들을 나타내고 있다. 모든 원자의 형식 전하가 0이 되는 원소 6개를 모두 찾으시오. [8.3절]

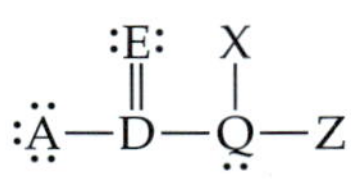


**8.48** 다음 그림은 아질산 분자($HNO_2$)와 아질산 이온($NO_2^-$)의 미완성 Lewis 구조를 보여 주고 있다. [8.5절, 8.6절]

H—O—N═O O—N═O

(a) 필요한 전자쌍을 첨가하여 Lewis 구조를 완성하시오.

(b) 이 두 화합물에서 N의 형식 전하는 같은가, 아니면 다른가?

(c) $HNO_2$와 $NO_2^-$ 중 하나가 공명 구조를 보일 것이라 예상할 수

있는가?

(d) $HNO_2$의 N=O 결합이 $NO_2^-$의 N—O 결합에 비해 길지, 짧을지, 같을지를 예측하시오.

**8.49** 어떤 탄화수소 분자의 부분적인 Lewis 구조는 다음과 같다. 완전한 Lewis 구조에서 각 탄소 원자는 팔전자 규칙을 만족하며, 분자 내에 비공유 전자쌍은 없다. 탄소–탄소 결합은 1, 2, 3으로 나타내었다. [8.3절, 8.8절]

$$C \overset{1}{=} C \overset{2}{-} C \overset{3}{\equiv} C$$

(a) 분자 내 수소 원자는 몇 개인가?

(b) 탄소–탄소의 결합 길이가 증가하는 순으로 나열하시오.

(c) 탄소–탄소 결합 중 어떤 것이 가장 강하게 결합되어 있는가?

**8.50** X가 3주기(Na~Ar) 원소인 다원자성 산화 음이온의 Lewis 구조를 생각해 보자. 전체 전하 $n$을 1−에서 2−, 3−로 바꾸게 되면 세 가지의 다른 다원자성 이온을 얻을 수 있다. 각 이온에 대해 (a) 중심 원자 X를 찾으시오. (b) 중심 원자 X의 형식 전하를 구하시오. (c) 중심 원자의 형식 전하가 0이 되는 Lewis 구조를 그리시오. [8.5절, 8.6절, 8.7절]

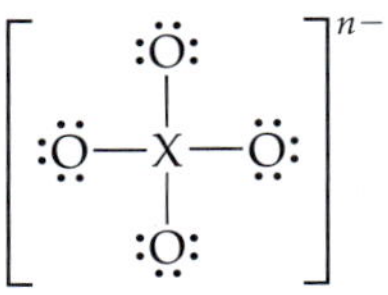

## Lewis 기호(8.1절)

**8.51** (a) 참 또는 거짓: 수소 원자는 팔전자를 채울 때 가장 안정하다. (b) 황 원자가 팔전자 규칙을 만족하려면, 원자가 껍질에 몇 개의 전자가 더 필요한가? (c) 어떤 원자의 전자 배치가 $1s^22s^22p^3$라면 팔전자 규칙을 만족하기 위해 몇 개의 전자가 더 필요한가?

**8.52** (a) 타이타늄(Ti)의 전자 배치를 쓰시오. 이 원자는 몇 개의 원자가 전자를 가지고 있는가? (b) 타이타늄과 같은 4족 원소인 하프늄(Hf)의 전자 배치를 쓰시오. (c) Ti와 Hf는 마치 같은 수의 원자가 전자를 가지고 있는 것처럼 행동한다. Hf의 전자 배치 중 원자가 오비탈로 작용하는 부껍질은 무엇인가? 내부 오비탈로 작용하는 것은 무엇인가?

**8.53** 다음의 각 원자 혹은 이온의 Lewis 기호를 쓰시오.

(a) Be (b) Rb (c) $I^-$ (d) $Se^{2-}$

## 이온 결합(8.2절)

**8.54** (a) Lewis 기호를 사용하여 Li와 O 원자 사이에서 일어나는 반응을 나타내시오. (b) 가장 가능성이 높은 생성물의 화학식은 무엇인가? (c) 몇 개의 전자가 이동하였는가? (d) 어떤 원자가 반응에서 전자를 잃었는가?

**8.55** 다음 각 원소 쌍이 결합하여 생성될 것으로 예측되는 이온성 화합물은 무엇인가?

(a) 칼슘과 질소 (b) 세슘과 브로민 (c) 스트론튬과 황 (d) 알루미늄과 셀레늄

**8.56** 다음 각 이온의 전자 배치를 쓰시오. 어느 것이 비활성 기체의 전자 배치를 가지는가?

(a) $Fe^{2+}$ (b) $V^{3+}$ (c) $Ni^{2+}$ (d) $Pt^{2+}$ (e) $Ge^{2-}$ (f) $Ba^{2+}$

**8.57** NaCl과 KF는 동일한 결정 구조를 가지고 있다. 둘 사이의 유일한 차이점은 양이온과 음이온 사이의 거리이다.

(a) 이 둘의 격자 에너지가 표 8.1에 주어져 있다. 격자 에너지를 근거로 하였을 때, Na—Cl과 K—F 결합 중 어느 것이 더 길 것으로 생각되는가?

(b) 그림 7.8의 이온 반지름을 사용하여 Na—Cl, K—F 사이의 거리를 추정하시오.

**8.58** (a) 이온성 고체의 격자 에너지는 다음 상황, (i) 이온의 전하가 증가함에 따라, (ii) 이온들의 크기가 증가함에 따라 각각 증가하는가 혹은 감소하는가? (b) 표 8.1에 표시되지 않은 다음 물질들의 격자 에너지를 예측하여 에너지가 낮은 것부터 배열하시오. MgS, KI, GaN, LiBr

**8.59** 다음의 격자 에너지 경향 중에서 어느 것이 이온 반지름의 차이에 의한 것인가?

(a) LiF > NaF > CsF (b) CaO > KCl (c) PbS > $Li_2O$

**8.60** 원소로부터 $BaI_2$를 생성하기 위해 Born–Haber 순환을 설계하는 데 이용된 각 단계를 열거하시오. 어느 단계가 발열 반응일 것으로 예상하는가?

**8.61** 부록 C, 그림 7.10, 그림 7.12의 자료를 이용하여 RbCl의 격자 에너지를 계산하시오.

**8.62** (a) 표 8.1에 주어진 $MgCl_2$와 $SrCl_2$의 격자 에너지를 근거로, $CaCl_2$의 격자 에너지 범위를 예상하시오. (b) 부록 C, 그림 7.10, 7.12 및 Ca의 2차 이온화 에너지(1145 kJ/mol)를 이용하여, $CaCl_2$의 격자 에너지를 계산하시오.

## 공유 결합, 전기 음성도, 결합 극성(8.3절, 8.4절)

**8.63** Lewis 기호와 Lewis 구조를 사용하여 B와 F로부터 $BF_3$가 생성되는 과정을 그리고, 원자가 전자를 표시하시오.

(a) 초기에 B의 원자가 전자는 몇 개인가?

(b) 팔전자 규칙을 만족하기 위해 F는 몇 개의 결합을 형성하는가?

(c) $BF_3$ 분자에서 B를 둘러싸고 있는 원자가 전자는 몇 개인가?

(d) $BF_3$ 분자에서 F를 둘러싸고 있는 원자가 전자는 몇 개인가?

(e) $BF_3$는 팔전자 규칙을 만족하는가?

**8.64** (a) 과산화 수소($H_2O_2$)의 각 원자가 모두 팔전자 규칙을 만족하는 Lewis 구조를 그리시오. (b) 두 산소 원자 사이의 결합 전자는 몇 개인가? (c) $H_2O_2$에서 O—O 결합이 $O_2$의 O—O 결합보다 길 것인가, 짧을 것인가? 그 이유와 함께 설명하시오.

**8.65** (a) 주기율표의 한 주기에서, 왼쪽에서 오른쪽으로 갈수록 전기 음성도는 어떻게 변화하는가? (b) 주기율표상에서 같은 족 원소의 전기 음성도는 아래로 내려갈수록 어떻게 달라지는가? (c) 참 또는 거짓: 가장 이온화가 잘 되는 원소의 전기 음성도가 가장 높다.

**8.66** 주기율표만을 참고하여 다음에 답하시오.

(a) 13족에서 전기 음성도가 가장 큰 원소

(b) As, Se, Br 중 전기 음성도가 가장 작은 원소

(c) K, Mg, Al, In 중 전기 음성도가 가장 큰 원소

(d) Na, Be, Si, Ar 중 Br와 이온 결합 화합물을 형성할 가능성이 가장 큰 원소

**8.67** 다음을 극성이 커지는 순으로 각각 배열하시오.
(a) C—F, O—F, Be—F (b) O—Cl, S—Br, C—P
(c) C—S, B—F, N—O

**8.68** 브로민화 아이오딘(IBr) 분자의 결합 길이는 249 pm이고, 쌍극자 모멘트는 1.21 D이다.
(a) 이 분자에서 어떤 원소가 음전하를 띨 것으로 예상되는가?
(b) IBr 분자에서 I와 Br 원자가 가진 유효 전하를 전자 단위 e로 계산하시오.

**8.69** 다음 각 쌍의 이성분 화합물 중 어느 것이 분자성 물질이고, 어느 것이 이온성 물질인지 결정하시오. 적절한 명명법을 사용하여 각 화합물을 명명하시오.
(a) $TiCl_4$와 $CaF_2$ (b) $ClF_3$와 $VF_3$ (c) $SbCl_5$와 $AlF_3$

## Lewis 구조, 공명 구조(8.5절, 8.6절)

**8.70** 다음의 Lewis 구조를 그리시오.
(a) $H_2CO$(두 H 원자 모두 C와 결합됨) (b) $H_2O_2$
(c) $C_2F_6$(C—C 결합 포함) (d) $AsO_2^{3-}$ (e) $H_2SO_3$(H가 O에 결합됨)
(f) $NH_2Cl$

**8.71** (a) 삼염화 인($PF_3$)의 우세한 Lewis 구조를 그리시오. (b) 원자 P와 F의 산화수를 구하시오. (c) 원자 P와 F의 형식 전하를 계산하시오.

**8.72** 황과 산소로 된 다음 분자나 이온에 대해, 팔전자 규칙을 따르는 Lewis 구조를 그리고, 각 원자의 산화수와 형식 전하를 구하시오.
(a) $SO_2$ (b) $SO_3$ (c) $SO_3^{2-}$
(d) 이 분자나 이온들을 S—O 결합 길이가 커지는 순서로 나열하시오.

**8.73** 폼산 이온($HCO_2^-$)은 폼산이 $H^+$ 이온을 잃으면서 생성되는 음이온으로, H와 두 O 원자가 중심의 C 원자에 결합되어 있다.
(a) 이 이온에 대해 하나 이상의 Lewis 구조를 그리시오.
(b) 이 구조를 설명하기 위하여 공명 구조가 필요한가?
(c) 폼산 이온에서의 C—O 결합 길이는 $CO_2$에 비해 길 것인가, 짧을 것인가?

**8.74** $O_2$와 $H_2O_2$의 O—O 결합 길이를 비교하시오. 어떤 결합이 더 짧은가? 이유는?

## 팔전자 규칙의 예외(8.7절)

**8.75** (a) 다음 화합물 중 팔전자 규칙의 예외에 해당하는 것은 무엇인가? 이산화 탄소, 물, 암모니아, 트라이플루오린화 인, 펜타플루오린화 비소 (b) 다음 이온이나 물질 중 팔전자 규칙의 예외에 해당하는 것은 무엇인가? $BH_4^-$, $B_3N_3H_6$(벤젠 고리와 유사한 형태로 B와 N으로 이루어짐), $BCl_3$

**8.76** 주기율표에서 3주기 이하의 13~17족 원소들은 팔전자 규칙을 따르지 않는 경우가 종종 있다. 이를 설명하는 데 있어, 어떤 사람은 무거운 원소들이 일반적으로 이중 결합이나 삼중 결합을 만들기 쉽다고 이야기하고, 또 어떤 사람은 무거운 원소들이 일반적으로 크기가 커서 동시에 네 개 이상의 원자와 결합을 할 수 있다고 설명한다. 누구의 설명이 옳은가?

**8.77** 다음 각 이온 혹은 분자의 Lewis 구조를 그리시오. 팔전자 규칙을 따르지 않는 것을 찾아 이유를 설명하시오. 이때 각 화합물에서 어느 원자가 팔전자 규칙에서 벗어나는지, 또한 그 원자의 주변에 할당되는 전자는 몇 개인지 설명하시오.
(a) $PF_6^-$ (b) $BeCl_2$ (c) $NH_3$ (d) $XeF_2O$(중심 원자는 Xe)
(e) $SO_4^{2-}$

**8.78** (a) 삼산화 제논($XeO_3$) 분자의 가능한 Lewis 구조 네 가지를 그리시오. 이 구조들은 각각 0, 1, 2, 3개의 Xe—O 이중 결합을 가지고 있다. (b) 이 공명 구조 중 분자 내 모든 원자에 대해 팔전자 규칙을 만족시키는 것이 있는가? (c) 이 네 가지 구조 중 복수의 공명 구조를 가지고 있는 것이 있는가? 있다면 몇 개의 공명 구조가 존재하는가? (d) (a)의 Lewis 구조 중 이 분자에 가장 적합한 형식 전하를 갖는 것은 어느 것인가?

**8.79** 어떤 화학자들은 분자나 이온의 Lewis 구조에서 가장 우세한 구조를 결정하는 데 팔전자 규칙이 첫 번째 기준이 되어야 한다고 생각한다. 또 다른 학자들은 최적의 형식 전하를 가지느냐가 첫 번째 기준이 되어야 한다고 본다. H 원자가 O 원자들에 결합된 인산 이수소 이온($H_2PO_4^-$)을 예로 들어 다음에 답하시오.
(a) 팔전자 규칙이 첫 번째 기준이라고 한다면, 예측되는 가장 우세한 Lewis 구조는 어느 것인가?
(b) 형식 전하가 첫 번째 기준이라고 한다면, 예측되는 가장 우세한 Lewis 구조는 어느 것인가?

## 공유 결합의 세기와 길이(8.8절)

**8.80** 표 8.3를 이용하여, 다음 기체상 반응의 $\Delta H$를 계산하시오:

(a)

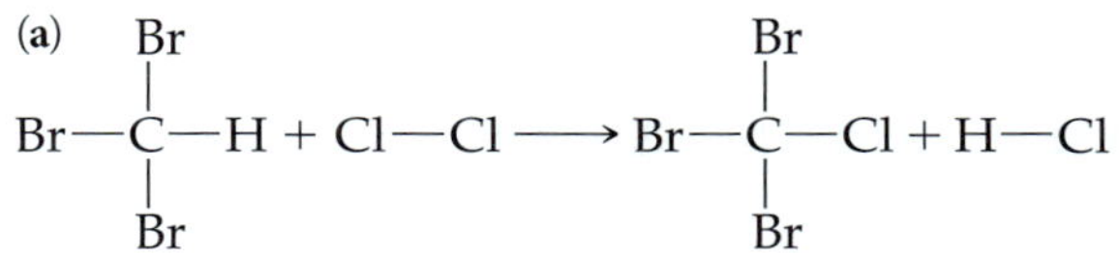

(b)

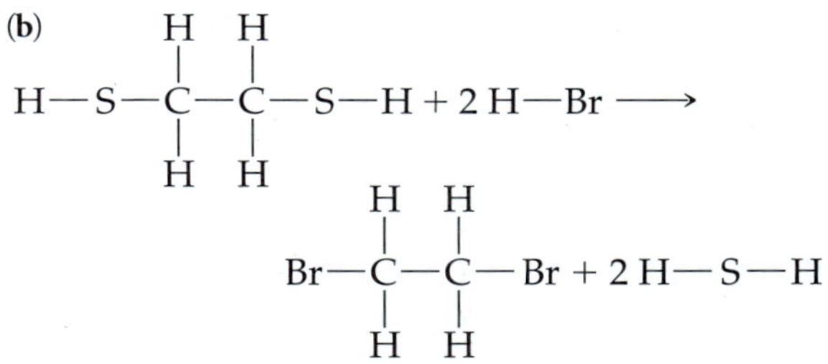

(c)

**8.81** 다음 설명들이 참인지, 거짓인지를 설명하시오.
(a) 산소–산소 이중 결합은 산소–산소 단일 결합보다 짧다.
(b) $NH_3$ 분자에는 3개의 고립 전자쌍이 존재한다.
(c) 에텐(ethene)에 있는 C—C 결합은 폴리에텐(polyethene)에 있는 C—C 결합보다 길다.

(d) C—Cl 결합은 C—Br 결합보다 짧다.

(e) 결합한 원자 사이의 전기 음성도 차이가 클수록 결합의 세기는 증가한다.

**8.82** 공유 결합에서 했던 것처럼, 이온 결합에서 평균 결합 엔탈피와 평균 결합 길이를 구할 수 있다. 다음 이온 결합 중 어느 것의 결합 엔탈피가 더 작을 것으로 예측되는가? Li—F, Cs—F

**8.83** **카르벤**(carbene)은 탄소가 두 원자에 결합되어 있고 하나의 비공유 전자쌍이 탄소에 남아 있는 화합물이다. 많은 카르벤들은 반응성이 매우 크다.

(a) 가장 간단한 카르벤인 $H_2C$의 Lewis 구조를 그리시오.

(b) 두 $H_2C$ 분자가 서로 반응하여 결합하였을 때, C—C 결합 길이를 예측하시오.

# 추가 연습 문제

**8.84** 길이가 120 pm인 C—O 결합을 가진 새로운 물질이 만들어졌다. 이 결합은 단일, 이중, 삼중 결합 중 어느 것에 해당할까?

**8.85** 결합 길이가 118 pm인 C—N 결합을 가진 새로운 물질이 만들어졌다. 이 결합은 단일, 이중, 삼중 결합 중 어느 것에 해당할까?

**8.86** 다음 2족 화합물들의 격자 에너지는 $BeH_2$ 3205 kJ/mol, $MgH_2$ 2791 kJ/mol, $CaH_2$ 2410 kJ/mol, $SrH_2$ 2250 kJ/mol, $BaH_2$ 2121 kJ/mol이다.

(a) 이 화합물 중 H의 산화수는 각각 얼마인가?

(b) 주어진 화합물이 고체 상태에서 모두 같은 삼차원 배열을 가지고 있다고 가정했을 때, 양이온–음이온 거리가 가장 가장 짧은 것은 무엇인가?

(c) $BeH_2$의 경우 1 mol의 고체를 이온으로 쪼개는 데 3205 kJ의 에너지가 필요한가? 아니면 3205 kJ의 에너지를 방출하는가?

(d) $ZnH_2$의 격자 에너지는 2870 kJ/mol이다. 2족 화합물에 대한 격자 에너지의 경향을 고려했을 때 2족 원소 중 이온 반지름이 $Zn^{2+}$와 가장 비슷한 것은 무엇일지 예측하시오.

**8.87** 표 8.1의 값을 기초로 하여, 다음 화합물의 격자 에너지(30 kJ/mol 이내)를 예측하시오.

(a) LiBr (b) CsBr (c) $CaCl_2$

**8.88** 격자 에너지가 3300 kJ/mol 정도인 금속 산화물이 있다. 금속 이온 M의 전하는 1+, 2+, 3+ 중 어느 것인가? 이유를 설명하시오.

**8.89** 이온 화합물 CaO는 염화 소듐과 같은 구조로 결정화된다(그림 8.3).

(a) 이 구조에서, 몇 개의 $O^{2-}$가 각각 $Ca^{2+}$ 이온과 맞닿아 있는가? (**힌트**: 그림 8.3에 나타나 있는 이온의 패턴은 세 방향으로 계속해서 반복된다는 것을 기억하라.)

(b) CaO 결정이 멀리 떨어진 Ca—O 이온쌍으로 쪼개진다면, 에너지가 흡수되겠는가, 방출되겠는가?

(c) 그림 7.8에 주어진 이온 반지름으로부터 맞닿아 있는 하나의 Ca—O 이온쌍에 대한 퍼텐셜 에너지를 구하시오(전하의 크기는 책 맨 뒷장에 주어져 있다).

(d) 이러한 쌍 1 mol의 에너지를 구하시오. 이것을 CaO의 격자 에너지와 비교하면 어떠한가?

(e) CaO의 결합이 이온 결합보다는 공유 결합에 가까운 것, 혹은 결정 격자의 전기적 상호 작용이 단일 이온쌍의 경우보다 훨씬 복잡한 것 중 어떤 요인이 (d)의 에너지들 사이의 차이에 가장 큰 영향을 주었다고 생각하는가?

**8.90** 소듐 이온이 2+의 전하를 띠는 가상 화합물 $NaCl_2$의 생성에 대한 Born–Haber 순환을 그리시오(소듐의 2차 이온화 에너지는 표 7.2에 주어져 있다).

(a) $NaCl_2$를 생성하는 반응이 발열 반응이 되려면 격자 에너지는 얼마나 커야 하는가?

(b) $NaCl_2$의 격자 에너지가 대략 $MgCl_2$의 격자 에너지(2326 kJ/mol)와 같다고 할 때, $NaCl_2$의 표준 생성 엔탈피($\Delta H_f^\circ$) 값은 얼마인가?

**8.91** 어떤 친구가 전기 음성도에 관해 모든 것을 알고 있다고 한다.

(a) 원자 X와 Y는 전기 음성도가 서로 다르다. 친구는 이원자 분자 X—Y는 반드시 극성을 가져야 한다고 말하는데, 그 말은 옳은가?

(b) 또 그 친구의 말에 의하면, 결합에서 두 원자가 멀리 떨어져 있을수록 쌍극자 모멘트는 더 커진다고 하는데, 옳은 것인가?

**8.92** 비금속 원소 B, As, O, I에 대해 다음을 답하시오.

(a) 가장 극성이 큰 단일 결합을 형성하는 두 원소는 무엇인가?

(b) 가장 긴 단일 결합을 형성하는 두 원소는 무엇인가?

(c) $XY_3$의 화학식을 가진 화합물을 생성할 가능성이 가장 큰 조합은 무엇인가?

(d) 두 개의 공유 결합에 참여할 가능성이 가장 큰 원소는 무엇인가?

**8.93** 일산화 염소(ClO($g$))는 오존층 파괴에 이르게 되는 대기상의 과정에서 중요하다. ClO 분자의 쌍극자 모멘트는 $4.1 \times 10^{-30}$ C-m이고, Cl—O 결합 길이는 160 pm이다.

(a) Cl과 O 원자가 가진 전하의 크기를 전자 전하 단위(e)로 계산하시오.

(b) 원소의 전기 음성도를 고려할 때 ClO 분자에서 어떤 원자가 부분적으로 음전하를 띨 것으로 예상하는가?

(c) 형식 전하를 고려할 때, 이 분자의 우세한 Lewis 구조를 그리시오.

(d) $ClO^-$ 음이온이 존재한다. 이 $ClO^-$에 대한 최적의 Lewis 구조에서 Cl 원자의 형식 전하는 얼마인가?

**8.94** (a) Br과 Cl의 전기 음성도를 이용하여 Br—Cl 분자 내 원자들의 부분 전하를 예상하시오. (b) 이 부분 전하와 그림 7.8의 원자 반지름을 이용하여 이 분자의 쌍극자 모멘트를 구하시오. (c) BrCl의 실

제 측정된 쌍극자 모멘트 값은 0.57 D이다. BrCl의 결합 길이가 원자 반지름의 합이라고 가정한다면, 실험에서 측정한 쌍극자 모멘트 값을 이용하여 BrCl에서 원자들의 부분 전하를 계산하시오.

**8.95** '수소 경제(hydrogen economy)'를 실행할 때 가장 어려운 점은, 연료로 사용할 수소를 안전하고, 가볍고, 작게 저장할 방법을 찾는 것이다. 가벼운 금속의 수소 화합물은 작은 부피로 상당한 무게의 수소를 저장할 수 있어 수소를 효과적으로 저장할 수 있다. 예를 들어 $NaAlH_4$는 $NaH(s)$, $Al(s)$, $H_2(g)$로 분해되는 과정에서 질량의 5.6%를 $H_2(g)$로 방출한다. $NaAlH_4$는 공유 결합과 이온 결합을 모두 가지고 있고, 공유 결합을 통해 다원자 음이온들이 서로 연결되어 있다.

(a) $NaAlH_4$가 분해되는 과정의 균형 맞춘 반응식을 쓰시오.

(b) $NaAlH_4$에서 전기 음성도가 가장 큰 원소는 무엇인가? 또 전기 음성도가 가장 작은 원소는 무엇인가?

(c) 전기 음성도 차이를 고려하여 다원자 음이온이 무엇인지 밝히고, 이 이온의 Lewis 구조를 그리시오.

(d) 다원자 이온에 있는 수소의 형식 전하는 얼마인가?

**8.96** $I_3^-$ 이온은 잘 알려져 있지만, $F_3^-$ 이온은 그렇지 않다.

(a) $I_3^-$의 Lewis 구조를 그리시오(삼각형이 아니라 선형이다).

(b) 같은 반 친구가, F는 다른 F 원자와 결합하기에는 전기 음성도가 너무 커서 $F_3^-$는 존재할 수 없다고 한다. 친구가 틀렸다는 것을 증명하기 위한 예시를 제시하시오.

(c) 다른 친구는 $F_3^-$는 팔전자 규칙을 위반할 것이기 때문에 존재할 수 없다고 한다. 이 친구의 말은 옳을까?

(d) 또 다른 친구는 F가 한 개보다 많은 원자와 결합하기에는 너무 작기 때문에 $F_3^-$는 존재할 수 없다고 한다. 이 친구의 말은 옳을까?

**8.97** 다음 각 분자나 이온 중에서 언급한 원자의 형식 전하를 구하시오.

(a) $O_3$의 중심 원자인 산소

(b) $PF_6^-$의 인

(c) $NO_2$의 질소

(d) $ICl_3$의 아이오딘

(e) $HClO_4$의 염소(수소는 산소에 결합되어 있다.)

**8.98** 하이포염소산 이온($ClO^-$)은 표백제의 활성 성분이다. 과염소산 이온($ClO_4^-$)은 로켓 분사제의 가장 중요한 성분이다. 두 이온에 대한 Lewis 구조를 각각 그리시오.

(a) 하이포염소산 이온에서 Cl의 형식 전하를 구하시오.

(b) Cl−O 결합이 모두 단일 결합이라고 했을 때, 과염소산 이온에서 Cl의 형식 전하를 구하시오.

(c) 하이포염소산 이온에서 Cl의 산화수를 구하시오.

(d) Cl−O 결합이 모두 단일 결합이라고 했을 때, 과염소산 이온에서 Cl의 산화수를 구하시오.

(e) 산화−환원 반응에서, 어느 이온이 더 쉽게 환원될까?

**8.99** $N_2O$는 다음과 같은 세 가지 Lewis 구조를 가진다.

:N≡N—Ö: ⟷ :N̈—N≡O: ⟷ :N̈=N=Ö:

(a) 형식 전하를 사용하여, 위의 세 가지 공명 구조 중 어떤 것이 가장 중요할지 결정하시오.

(b) $N_2O$에서 N−N 간 결합 길이는 112 pm로, 일반적인 N≡N 삼중 결합보다 약간 길다. 또 N−O 간 결합 길이는 119 pm로, 일반적인 N=O보다 약간 짧다(표 8.4). 이 값들을 토대로 할 때, 어느 공명 구조가 $N_2O$를 가장 잘 대표하겠는가?

## 통합 연습 문제

**8.100** 가상의 굽은형 분자 A−A=A에 대하여 다음 설명은 참인가, 거짓인가?

(a) 이 분자는 존재할 수 없다.

(b) 이 분자가 존재한다면 반드시 홀수 개의 전자를 가진다.

**8.101** 천연가스가 유용한 탄화수소로 전환되는 반응 중, 메테인을 에테인으로 변환하는 반응은 매우 중요하다.

$$2\,CH_4(g) \longrightarrow C_2H_6(g) + H_2(g)$$

실제 이 반응은 산소의 존재하에서 진행되며, 산소가 수소를 물로 전환한다.

$$2\,CH_4(g) + \tfrac{1}{2}O_2(g) \longrightarrow C_2H_6(g) + H_2O(g)$$

표 8.3을 이용하여 이 두 반응의 $\Delta H$를 추정하시오. 메테인에서 에테인으로 변환되는 과정에서 산소가 사용됐을 때 반응이 더 잘 일어나는 이유는 무엇인가?

**8.102** 화학식은 같으나 원자들의 배열 상태가 다른 화합물을 이성질체라고 한다. 표 8.3을 이용하여 기체 상태에서의 다음 각 이성질화 반응의 $\Delta H$를 구하고, 어느 이성질체가 가장 낮은 엔탈피를 가지는지 찾으시오.

(a)

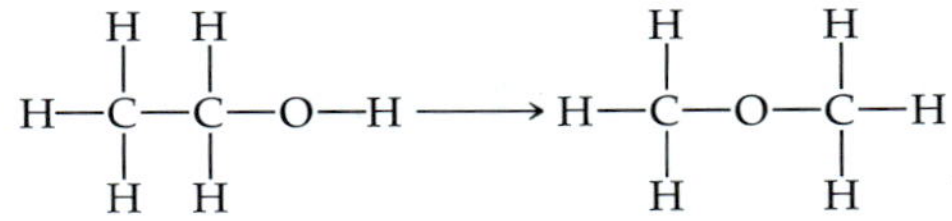

에탄올 다이메틸 에터

(b)

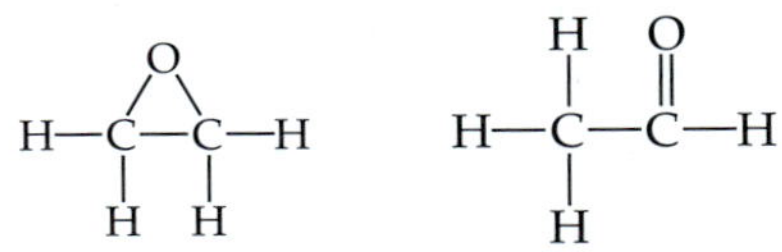

산화 에틸렌 아세트알데하이드

(c) 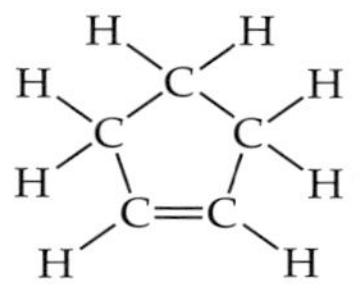 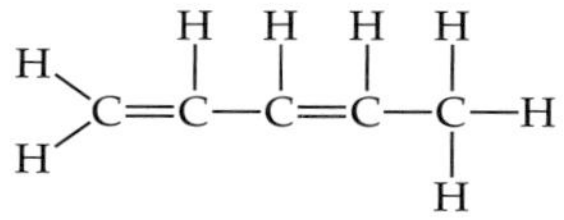

사이클로펜텐 펜타다이엔

(d) 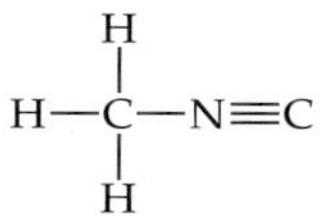 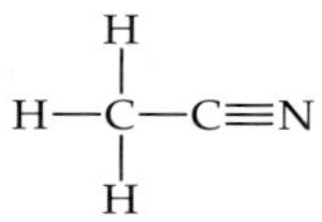

아이소사이안화 메틸 아세토나이트릴

**8.103** $Ti^{2+}$ 이온은 Ca 원자와 등전자성이다.

**(a)** $Ti^{2+}$와 Ca의 전자 배치를 쓰시오.

**(b)** $Ti^{2+}$와 Ca의 비공유 전자수를 계산하시오.

**(c)** Ti가 $Ca^{2+}$와 등전자가 되려면, 전하는 몇 가여야 하는가?

**8.104** **(a)** 과산화 수소($H_2O_2$)의 Lewis 구조를 그리시오. **(b)** 과산화 수소에서 가장 약한 결합은 무엇인가? **(c)** 과산화 수소는 빛으로부터 보호해야 하기 때문에, 주로 갈색 병에 수용액 형태 넣어 판매된다. 과산화 수소의 가장 약한 결합을 깨기에 충분한 에너지를 가진 빛의 최대 파장을 구하시오.

**8.105** 산소의 전자 친화도는 −141 kJ/mol이고, 이에 해당하는 반응식은 다음과 같다.

$$O(g) + e^- \longrightarrow O^-(g)$$

$K_2O(s)$의 격자 에너지는 2238 kJ/mol이다. 이 값들 및 부록 C와 그림 7.10을 이용하여, 다음 반응에 해당되는 산소의 '2차 전자 친화도'를 계산하시오.

$$O^-(g) + e^- \longrightarrow O^{2-}(g)$$

**8.106** 동료와 함께 '2족 금속의 탄산염'이라는 제목의 실험을 두 단계에 걸쳐 완성해야 한다. 첫 실험에서 동료는 성분 분석 실험을 진행하여 2족 금속(M)이 무엇인지 확인해야 한다. 두 번째 실험에서 당신은 이 화합물의 녹는점을 결정해야 한다. 실험실에 흰색 분말이 들어 있는 라벨이 없는 두 개의 바이알을 발견할 수 있다. 또한 동료의 실험 노트에서 다음의 메모를 찾았다. **1번 화합물**: 40.04% M, 12.00% C, 47.96% O(질량 기준), **2번 화합물**: 69.59% M, 6.09% C, 24.32% O(질량 기준).

**(a)** 1번 화합물의 실험식은 무엇이며 M은 무엇인가?

**(b)** 2번 화합물의 실험식은 무엇이며 M은 무엇인가?

이 두 화합물의 녹는점을 결정하려고 하였으나, 두 화합물은 장치의 최대 온도까지 녹지 않았고 대신 화합물이 분해되어 무색의 기체를 방출하였다.

**(c)** 무색 기체는 무엇인가?

**(d)** 1번 화합물과 2번 화합물이 분해되는 반응의 화학 반응식을 쓰시오.

**(e)** 1번 화합물과 2번 화합물는 이온성인가, 분자성인가?

**8.107** 전기 음성도의 척도는 '원자의 전기 음성도는 그 원자의 이온화 에너지에서 전자 친화도를 뺀 값에 비례한다'는 개념에 기반하고 있다. 전기 음성도$=k(I-EA)$, $k$는 비례 상수

**(a)** Cl의 전자 친화도가 F의 전자 친화도보다 큼에도 불구하고, F의 전기 음성도가 Cl보다 큰 이유를 이 정의를 이용하여 설명하시오.

**(b)** 이온화 에너지와 전자 친화도는 모두 전기 음성도와 관련이 있는 이유는 무엇인가?

**(c)** 7장에 주어진 값을 사용하여 F의 전기 음성도가 4.0이 되는 $k$값을 정하시오.

**(d)** (c)의 결과를 이용하여 Cl과 O의 전기 음성도를 결정하시오.

**(e)** 전기 음성도에 대한 또 다른 척도는 원자의 1차 이온화 에너지와 전자 친화도의 평균으로 정의한다. 이 방식을 사용하여 할로젠 원소들의 전기 음성도를 계산하고 플루오린의 전기 음성도는 4.0이 되게 한다. 이 방식을 따른다면 Br의 전기 음성도는 얼마인가?

**8.108** 클로랄 하이드레이트(chloral hydrate)는 탐정 소설에서 수면제로 알려져 있고, C 14.52%, H 1.83%, Cl 64.30%, O 13.35%로 구성되어 있으며, 분자량은 165.4 g/mol이다.

**(a)** 이 물질의 실험식은 무엇인가?

**(b)** 이 물질의 분자식은 무엇인가?

**(c)** 이 분자의 Cl 원자들은 한 개의 C 원자에 결합되어 있으며, 분자 내에 한 개의 C—C 결합과 2개의 C—O 결합이 있다고 가정하고, 이 분자의 Lewis 구조를 그리시오.

**8.109** 과산화 포타슘은 70.96% K와 29.04% O로 구성된다. 여기서 과산화 이온의 알짜 전하는 $2^-$이다.

**(a)** 화합물의 분자량이 110.19일 때 과산화 포타슘의 화학식을 결정하시오.

**(b)** 과산화 이온에서 원자가 전자쌍은 몇 개인가?

**(c)** 과산화 이온의 Lewis 구조를 그리시오.

**(d)** 산소 분자와 과산화 포타슘에서 O—O 결합 거리를 비교하시오.

**8.110** 아세틸렌($C_2H_2$)과 질소($N_2$) 분자는 둘 다 삼중 결합을 가지지만, 그 화학적 성질은 매우 다르다.

**(a)** 두 물질의 Lewis 구조를 그리시오.

**(b)** 부록 C에서 아세틸렌과 질소 분자의 생성 엔탈피를 확인하시오. 어느 화합물이 더 안정적인가?

**(c)** $N_2$가 완전 산화하여 $N_2O_5(g)$를 생성하는 반응과, 아세틸렌이 $CO_2(g)$와 $H_2O(g)$를 생성하는 반응의 균형 맞춘 화학 반응식을 쓰시오.

**(d)** $N_2$와 $C_2H_2$의 몰당 산화 엔탈피를 계산하시오($N_2O_5(g)$의 생성 엔탈피는 11.30 kJ/mol이다).

**(e)** $N_2$와 $C_2H_2$는 결합 엔탈피가 상당히 높은 삼중 결합을 가지고 있다(표 8.3). 다음 두 화합물 각각에서 몰당 수소화 반응의 엔탈피를 계산하시오.

아세틸렌이 수소와 반응하여 생성된 메테인($CH_4$), 질소가 수소와 반응하여 생성된 암모니아($NH_3$).

**8.111** 특정 조건에서 황은 액체 암모니아와 반응하여 황과 질소로 된 이성분 화합물을 만든다. 이 화합물은 S 69.0%와 N 30.4%로 이루어져 있다. 몰질량은 184.3 g/mol로 측정되었다. 이 화합물은 충격을 받거나 빠르게 가열되었을 때 폭발하기도 한다. 이 분자 내에서

황과 질소는 고리 구조를 이루고, 고리 내 모든 결합 길이는 같다.

(a) 이 물질의 실험식과 분자식을 쓰시오.

(b) 주어진 정보를 근거로, 이 분자의 Lewis 구조를 그리시오(**힌트**: 비교적 작은 수의 우세한 Lewis 구조를 찾아라).

(c) 고리 내 원자 간의 결합 길이를 예상하시오(**참고**: $S_8$ 고리에서 S—S 길이는 205 pm이다).

(d) 이 화합물의 생성 엔탈피는 480 kJ/mol로 예상된다. S(*g*)의 $\Delta H_f^\circ$는 222.8 kJ/mol이다. 이 화합물의 평균 결합 엔탈피를 추정하시오.

**8.112** 인의 가장 일반적인 형태는 사면체 구조의 백린($P_4$) 분자이다. 여기서 인 원자 4개는 동등하다.

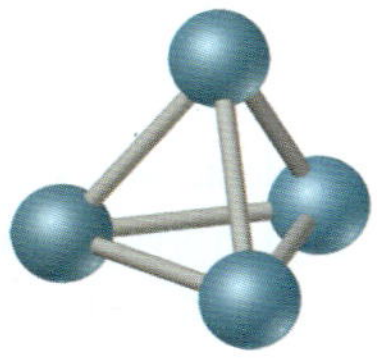

백린은 공기 중의 산소와 자발적으로 반응하여 $P_4O_6$를 만든다.

(a) $P_4O_6$ 분자에 몇 개의 원자가 전자쌍이 존재하는가?

(b) $P_4O_6$가 물에 녹으면 $H_3PO_3$을 생성한다. $H_3PO_3$는 두 가지 형태로 존재하는데, 첫 번째 형태에서 P는 세 개의 공유 결합을 형성하고, 두 번째 형태에서 P는 다섯 개의 공유 결합을 형성한다. $H_3PO_3$ Lewis 구조를 그리시오.

(c) 어느 구조가 팔전자 규칙을 따르는가?

**8.113** 트라이플루오린화 아세트산(trifluoroacetic acid)의 화학식은 $CF_3CO_2H$이고, 밀도가 1.489 g/mL인 무색 액체이다.

(a) 트라이플루오린화 아세트산은 하나의 $CF_3$ 단위를 포함하고, 이는 두 개의 O에 결합된 C 원자에 연결되어 있다. 트라이플루오린화 아세트산의 Lewis 구조를 그리시오.

(b) 트라이플루오린화 아세트산은 수용액에서 NaOH와 반응하여 트라이플루오린화 아세트산 이온인 $CF_3COO^-$를 생성할 수 있다. 이 반응의 균형 맞춘 화학 반응식을 쓰시오.

(c) $CF_3COO^-$ 이온의 Lewis 구조를 그리시오. 만약 공명 구조가 존재한다면 함께 그리시오.

(d) 10.5 mL의 트라이플루오린화 아세트산을 중화시키려면 0.500 M NaOH 용액 몇 mL가 필요한가?

**8.114** 8.7절에서 본 것처럼 암모니아는 트라이플루오린화 붕소(boron trifluoride)와 반응하여 안정한 화합물을 형성한다.

(a) 암모니아–트라이플루오린화 붕소 반응 생성물의 Lewis 구조를 그리시오.

(b) B—N 결합은 C—C 결합보다 확실히 더 강한 극성을 나타낸다. 분자에서 B—N의 전하 분포를 예측하시오(8.4절에 언급된 $\delta^+$와 $\delta^-$ 기호를 사용하시오).

(c) 삼염화 붕소는 트라이플루오린화 붕소와 비슷한 방식으로 암모니아와 반응한다. 삼염화 붕소 반응의 B—N 결합이 트라이플루오린화 반응의 결합에 비해 극성이 더 클지 작을지를 예측하고, 설명하시오.

**8.115** 염화 암모늄(ammonium chloride, $NH_4Cl$)은 매우 물에 잘 녹는 염이다.

(a) 암모늄 이온과 염화 이온의 Lewis 구조를 그리시오.

(b) 고체 염화 암모늄에 N—Cl 결합이 존재하는가?

(c) 14 g의 염화 암모늄을 500.0 mL의 물에 녹였다. 용액의 몰농도(molarity)를 계산하시오.

(d) (c)의 수용액의 모든 염화 이온을 염화 은으로 바꾸기 위해서 몇 그램의 질산 은(silver nitrate)을 넣어 주어야 하는가?

## 실험 설계 문제

벤젠($C_6H_6$)의 공명 구조가 화합물을 특별히 안정하게 만든다는 것을 배웠다.

(a) 부록 C의 데이터를 이용하여, 1.0 mol의 $C_6H_6$(*g*)와 3.0 mol의 아세틸렌($C_2H_2$(*g*))의 연소열을 비교하시오. 둘 중에 어느 것이 더 연료로서의 가치가 높은가? 계산 결과는 벤젠이 특별히 안정하다는 것과 일치하는가?

(b) 벤젠의 H 한 개가 $-CH_3$기로 치환된 톨루엔($C_6H_5CH_3$) 분자에 대해 위 (a)의 계산을 반복하시오.

(c) 분자들을 비교할 수 있는 또 다른 반응은 C=C 이중 결합을 $H_2$와 반응시켜 C—C 단일 결합과 두 개의 C—H 단일 결합을 만드는 **수소화 반응**(hydrogenation)이다. 벤젠이 수소화 반응을 통하여 사이클로헥세인($C_6H_{12}$, 6개의 C—C 단일 결합과 12개의 C—H 단일 결합을 가진 육원자 고리 화합물)으로 전환될 때 실험적인 수소화 열은 208 kJ/mol이다. 사이클로헥센($C_6H_{10}$, 1개의 C=C 이중 결합, 5개의 C—C 단일 결합, 10개의 C—H 단일 결합을 가진 육원자 고리 화합물)을 사이클로헥세인으로 수소화 반응을 시킬 때 실험적으로 얻은 수소화 열은 120 kJ/mol이다. 이 결과를 이용하여 벤젠의 **공명 안정화 에너지**가 어느 정도일지 예측하시오.

(d) 다른 탄화수소와 비교할 때, 벤젠의 결합 길이와 결합각은, 벤젠이 공명 구조를 가질 경우 특별히 안정하다는 것을 설명하기에 충분한가? 이에 대해 논하시오.

# 9

# 분자의 기하 구조와 결합 이론



## 9.1 | 분자 모양

난초 꽃은 모양과 기능 사이의 밀접한 관계를 보여준다. 예를 들어, 꿀벌 난초(*ophrys apifera*)에는 꿀벌의 복부를 모방한 중앙 입술꽃잎이 있고, 약간의 털도 있다. 난초의 향기는 암컷 꿀벌의 향기와 비슷하다. 꽃가루는 난초와 짝짓기를 시도하는 수컷 꿀벌에 묻고, 이후 무의식적으로 다른 꿀벌 난초로 옮겨진다.

이 장의 첫 번째 목표는 이차원 Lewis 구조와 삼차원 분자 형태 사이의 관계를 이해하는 것이다.

우리는 분자 내의 전자수와 분자 전체 모양 사이의 밀접한 관계를 확인하게 될 것이다. 이러한 지식을 바탕으로 공유 결합의 본질을 보다 면밀히 검토할 수 있다. Lewis 구조에서 결합을 묘사하는 데 사용된 선은 분자가 결합에 사용하는 오비탈에 대한 중요한 단서를 제공한다. 이 오비탈을 조사함으로써 분자의 거동을 더 잘 이해할 수 있다.

이 절이 끝나면 다음 사항을 수행할 수 있어야 한다.

- $AB_n$ 분자의 기하 구조에서 파생되는 다섯 가지 기본 분자 모양을 이해하기

8장에서는 Lewis 구조를 사용하여 공유 결합 화합물의 분자식을 설명하였다. 그러나 Lewis 구조는 분자 모양을 제시하지 못한다. Lewis 구조는 단순히 원자 간 결합수와 결합의 종류만을 나타낸다. 예를 들어 $CCl_4$의 Lewis 구조는 네 개의 Cl 원자가 중심 탄소 원자에 결합되어 있다는 것만을 알려 준다.

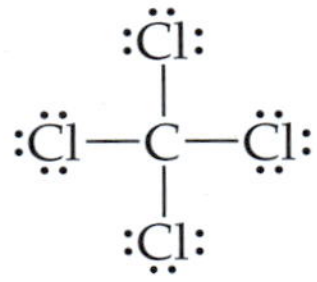

Lewis 구조는 동일한 평면에 모든 원자들을 그린다. 그러나 **그림 9.1**과 같이 실제 삼차원 배열에서는 Cl 원자가 **사면체**(tetrahedron) 모서리에 위치해 있다. 사면체는 네 개의 모서리와 네 개의 정삼각형 면을 갖는 입체 도형이다.

분자의 모양은 **결합각(bond angle)**에 의해 결정되고, 결합각은 분자에 존재하는 원자핵을 연결하는 선에 의해 만들어진다. 분자의 결합각은 결합 길이와 함께, 분자 크기와 모양을 결정한다. 그림 9.1에서 $CCl_4$에는 모두 6개의 Cl—C—Cl 결합각이 존재하고, 이들 모두는 동일한 109.5°이며, 이 각도는 사면체의 특성이다. 또한 네 개의 C—Cl 결합 길이는 모두 동일하게 178 pm이다. 그래서 $CCl_4$의 크기와 모양은 178 pm 길이의 C—Cl 결합으로 이루어진 사면체로 완벽하게 설명할 수 있다. 화학자는 종이에 분자의 삼차원 구조를 그리기 위해 그림 9.1에 나와 있는 규칙을 사용한다. 일반적인 선은 종이 면에 있는 결합을 의미하고, 굵은 쐐기는 종이 앞쪽으로 여러분을 향해 튀어나온 결합을 나타내며, 점선은 종이 뒤쪽으로 여러분에게서 멀어지는 결합을 나타내는 데 사용된다.

$CCl_4$처럼 한 개의 중심 원자에 두 개 이상의 같은 종류의 원자가 결합한 분자(또는 이온)부터 분자의 모양에 대한 논의를 시작해 보자. 이러한 분자의 일반식은 $AB_n$이며, 중심 원자 A에 $n$개의 B 원자가 연결되어 있다. $CO_2$와 $H_2O$는 모두 $AB_2$ 분자이며, $SO_3$와 $NH_3$는 $AB_3$ 분자이다.

$AB_n$ 분자의 가능한 모양의 수는 $n$ 값에 의존한다. $AB_2$와 $AB_3$ 분자에서 일반적으로 발견되는

공간 채움 모형에서 구의 상대적인 크기를 결정하는 것은 무엇인가?

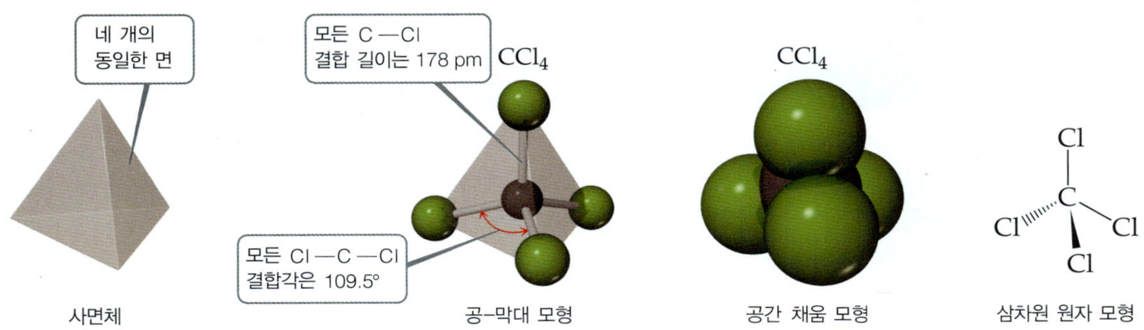


▲ **그림 9.1** $CCl_4$의 사면체 구조

이들 중 평면 구조가 아닌 것은 어느 것인가?

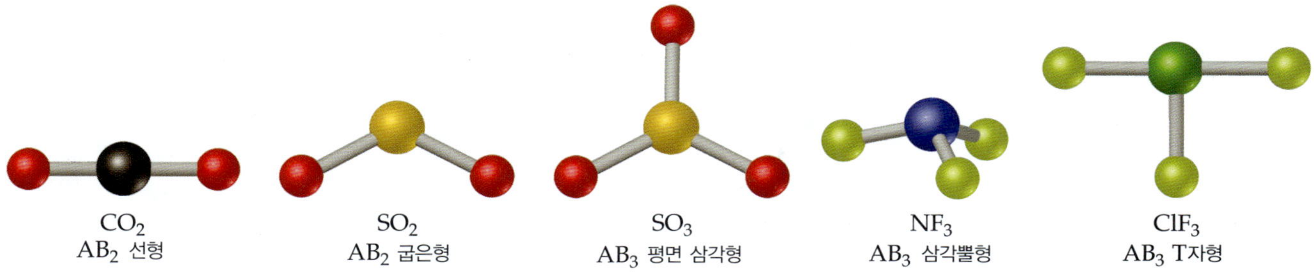


▲ 그림 9.2 $AB_2$와 $AB_3$ 분자들의 모양

모양을 **그림 9.2**에 나타냈다. $AB_2$ 분자는 **선형**(linear, 결합각=180°)이거나 **굽은형**(bent, 결합각≠180°)이다. $AB_3$ 분자의 가장 일반적인 두 가지 모양은 정삼각형 모서리에 B 원자가 위치한다. A 원자가 B 원자와 같은 평면에 있으면 그 모양은 **평면 삼각형**(trigonal planar)이고, A 원자가 B 원자의 평면보다 위에 있으면 **삼각뿔형**(trigonal pyramidal), 즉 바닥이 정삼각형인 피라미드 모양이다. $ClF_3$와 같은 일부 $AB_3$ 분자는 그림 9.2에 나타낸 바와 같이, 비교적 특이한 모양의 **T자형**(T-shape)이다. 원자들은 같은 평면에 놓여 있으며 두 개의 B—A—B 각은 약 90°, 세 번째 각은 180°에 가깝다.

매우 놀랍게도 대부분의 $AB_n$ 분자의 모양은 **그림 9.3**에 나타낸 5개의 기본 기하 구조에서 파생될 수 있다. 모든 구조에서 중심 원자 A 주변에 $n$개의 B 원자가 매우 대칭적으로 존재한다. 우리는 이미 앞에서 세 가지 모양, 즉 선형, 평면 삼각형, 사면체 구조를 다루었다. **삼각 쌍뿔형**(trigonal bipyramid) $AB_5$는 적도 위치에 놓인 평면 삼각형($AB_3$)에 아래 위로 하나씩 두 개의 원자를 추가로 가지고 있는 구조로 간주할 수 있다. 팔면체 모양의 $AB_6$은 A 원자로부터 같은 거리에 6개의 B 원자가 존재하며, 이웃하는 B 원자 사이의 B—A—B 사이의 각도는 모두 90°이다. 이것의 대칭 모양과 이름은 모두 8개의 정삼각형의 면을 가지고 있는 **팔면체**(octahedron)로부터 파생되었다.

그림 9.3에 있는 5개 모양에는 우리가 이미 논의한 일부의 모양이 포함되어 있지 **않다**. 예를 들면 그림 9.2에 논의한 $SO_2$ 분자의 굽은형과 $NF_3$ 분자의 삼각뿔형은 그림 9.3의 모양에는 없다. 그러나 굽은형과 삼각뿔형과 같은 추가적인 모양은 5개 기본 구조로부터 유도될 수 있고, 곧 다루게 될 것이다. 예를 들면 **그림 9.4**에 보는 바와 같이, 정사면체에서 꼭짓점에 존재하는 원자를 연속적으로 제거할 수 있다. 정사면체 꼭짓점에서 제거하면 $AB_3$의 삼각뿔형 구조가 된다. 두 번째 원자를 한 개의 원자를 제거하면 나머지 $AB_2$는 굽은형 구조가 된다.

$SF_6$ 분자는 다음 중 어느 분자 모양을 가지는가?

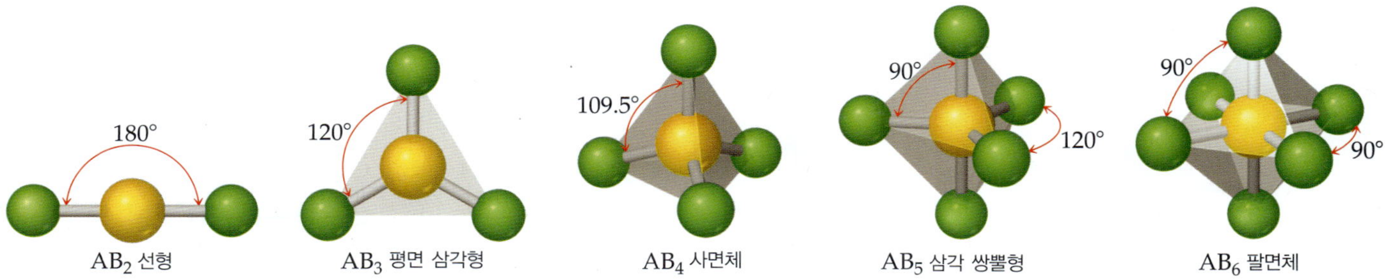


▲ 그림 9.3 $AB_n$ 분자에서 B 원자들 간의 거리를 최대로 하는 모양

**정사면체형에서 굽은형으로 변화할 때, 제거한 두 개의 원자를 어떻게 선택하느냐가 중요한가?**

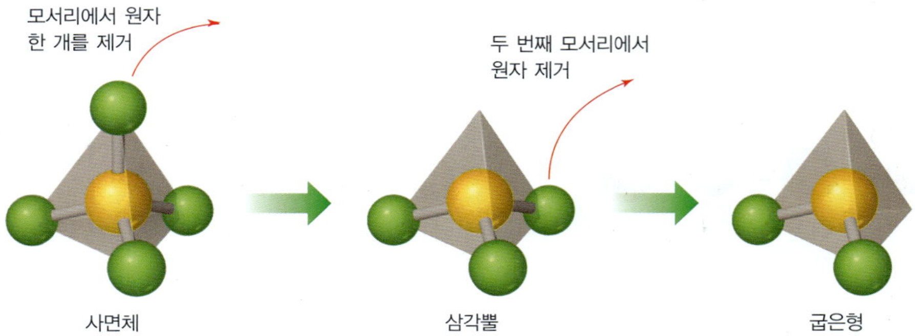


▲**그림 9.4** 사면체 분자 모양의 유도체

왜 $AB_n$ 분자는 대부분 그림 9.3의 기본 구조와 관련된 모양을 가지고 있으며, 우리는 이러한 모양을 예측할 수 있는가? A가 주족 원소일 때(주기율표의 *s*나 *p* 구역 중의 하나) **원자가 껍질 전자쌍 반발 모형(valence shell electron pair repulsion(VSEPR) model)**을 이용하면 이러한 질문에 답할 수 있다. 이름이 다소 인상적이긴 하지만, 모형은 매우 간단하다. 9.2절에서 알 수 있듯이, VSEPR 모형은 분자의 모양을 예측하는 데 매우 유용하다.

## 자기 평가 연습 문제

**9.1** 정사면체와 더불어, $AB_4$ 분자의 일반적인 모양 가운데 하나는 **평면 사각형**(square planar) 구조이다. 즉 5개의 원자가 모두 같은 평면에 놓여 있으며, 원자 B는 사각형의 모서리에 있고, 원자 A는 사각형의 중심에 존재한다. 그림 9.3에서 한 개 이상의 원자를 제거할 때, 평면 사각형 기하 구조로 되는 것은 어느 모양인가?

**(a)** 사면체
**(b)** 삼각 쌍뿔형
**(c)** 팔면체

## 연습 문제

**9.2** 다음 분자에는 몇 개의 비공유 전자쌍이 있는가?
**(a)** $N(CH_3)_3$ **(b)** CO **(c)** $BF_3$ **(d)** $SO_2$

**9.3** 다음 그림은 $AF_3$ 분자에서 가능한 세 개 구조의 공–막대 그림을 나타낸 것이다.

**(a)** 분자의 기하 구조에 근거하여 각 분자 모양의 전자 영역의 기하 구조를 제시하시오.
**(b)** 각 분자 모양에서, 원자 A에 몇 개의 비결합 전자 영역이 존재하는가?
**(c)** 다음 원소들 중 어느 것이 그림 (ii)의 모양으로 된 $AF_3$ 분자를 만드는가? Li, B, N, Al, P, Cl.
**(d)** 그림 (iii)의 $AF_3$ 구조를 만든다고 예상되는 원소 A를 쓰고 이유를 설명하시오.

(i) (ii) (iii)

**9.4** 다음 분자에서 지적한 결합각의 근삿값을 제시하시오.

**(a)** 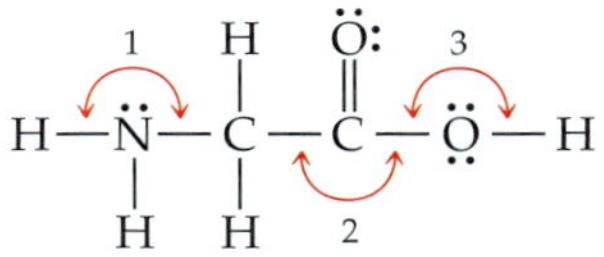

**(b)** 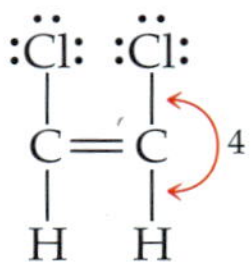

**(c)** 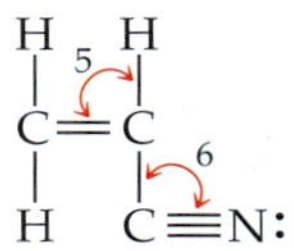

**(d)** 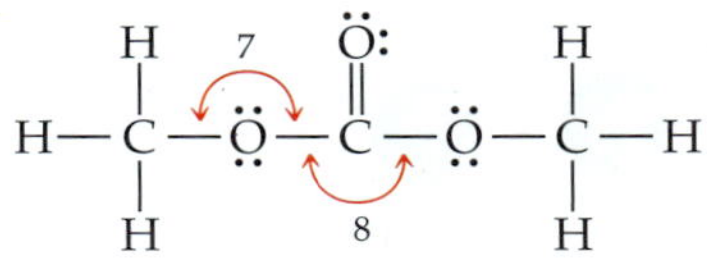

## 9.2 VSEPR 모형

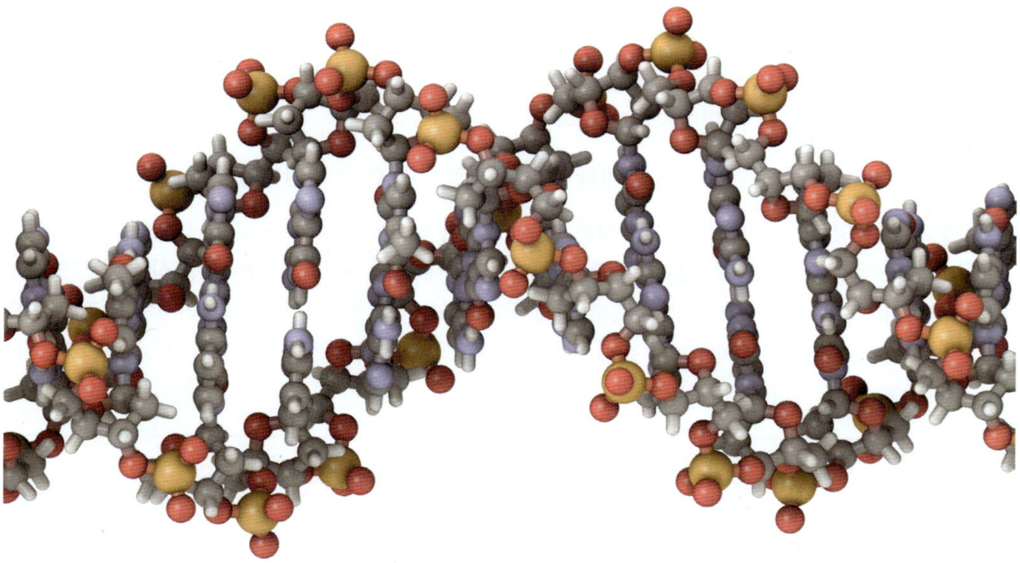

거대 분자의 가장 상징적인 모양 중 하나는 DNA의 이중 나선 구조이다. 우리는 이 구조를 3차원 사물로 곧바로 인식한다. 글자로 쓰인 화학식과 물질의 모양 사이의 연관성은 덜 분명하지만, 모든 화합물에는 고유한 크기와 모양이 있다.

Lewis 구조는 분자의 조성과 공유 결합을 이해하는 데 도움을 준다. 그러나 Lewis 구조는 분자의 가장 중요한 특징 중 하나인 분자 전체의 모양을 나타내지는 않는다. 분자의 모양과 크기(분자 구조라고도 함)는 구성 원자들의 핵 사이의 각과 거리에 의하여 결정된다.

이 절이 끝나면 다음 사항을 수행할 수 있어야 한다.

- VSEPR 모형을 이용하여 예측할 수 있는 분자의 3차원 모양 그리기 및 모양 이름 부여하기

두 개의 똑같은 풍선 끝을 함께 묶은 것을 생각해 보자. 그림 9.5에서 보는 바와 같이, 두 개의 풍선은 자연적으로 서로 멀리 배향한다. 즉 가능하면 '서로 멀리 떨어져 있으려고' 한다. 세 번째 풍선을 추가하면 풍선들은 정삼각형의 꼭짓점을 향한다. 네 번째 풍선을 추가하면 사면체가 된다. 이처럼 풍선 수에 따라 최적의 기하 구조가 존재함을 알 수 있다.

분자에서 전자들은 어떤 면에서 풍선과 같이 거동한다. 한 개의 전자쌍이 원자 사이의 공간을 차지할 때, 하나의 공유 결합이 생성됨을 알고 있다. **결합 전자쌍**(bonding pair)은 전자가 가장 많이 발견되는 영역에 있다고 정의한다. 그러한 영역을 **전자 영역**(electron domain)이라고 정의한다. 비슷하게 8.3절에서 논의했던 **비공유 전자쌍**(nonbonding pair) 또는 **고립 전자쌍**(lone pair)도 하나의 원자에 위치한 전자 영역으로 정의한다. 예를 들어 암모니아의 Lewis 구조는 질소 원자 주위에 네 개의 전자 영역을 가지고 있다(짧은 선으로 표시된 세 개의 공유 전자쌍과 점들로 표시된 한 개의 비공유 전자쌍).

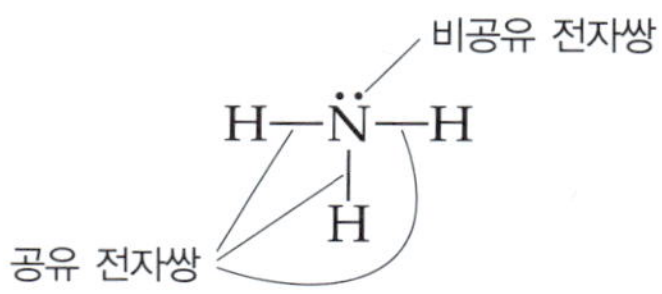


분자에 존재하는 다중 결합은 하나의 전자 영역을 구성한다. 따라서 $O_3$의 공명 구조는 중심 산소 원자 주위에 세 개의 전자 영역을 갖는다(단일 결합 한 개, 이중 결합 한 개, 비공유 전자쌍 한 개).

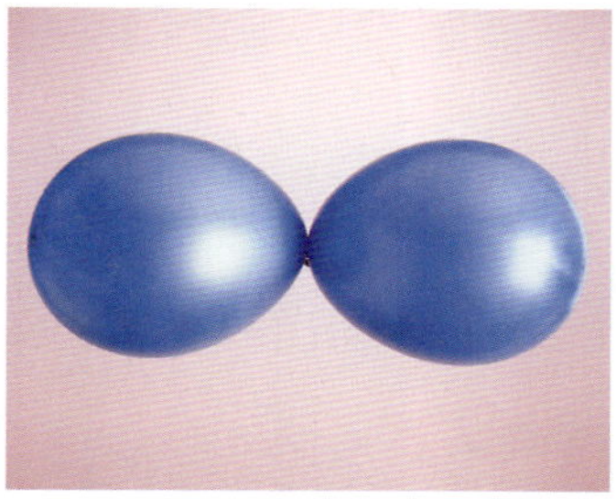

두 개의 풍선
선형 배열

세 개의 풍선
평면 삼각 배열

네 개의 풍선
사면체 배열

▲ 그림 9.5 풍선으로 보여 준 전자 영역

:Ö—Ö=Ö:

일반적으로 **비공유 전자쌍, 단일 결합, 다중 결합은 분자의 중심 원자 주위에서 각각 한 개씩의 전자 영역을 만든다.**

VSEPR 모형은 전자 영역이 음전하를 띠고 있어서 서로 반발한다는 것에 기초한다. 그림 9.5의 풍선처럼 전자 영역은 서로 멀어지려고 한다.

**주어진 전자 영역의 개수에 근거한 대한 최상의 배열은 상호 간의 반발을 최소로 하는 것이다.**

실제로 전자 영역과 풍선 간의 유사성은 대단히 커서 선호하는 기하 구조가 동일하다. 그림 9.5의 풍선처럼 두 개의 전자 영역은 **선형**으로 배열하고, 세 개의 전자 영역은 **평면 삼각형** 모양으로 배열하며, 네 개의 전자 영역은 **사면체**로 배열한다. 이러한 배열들과 함께 5개와 6개의 전자 영역을 갖는 경우를 **표 9.1**에 나타냈다. 표 9.1과 그림 9.3의 기하 구조를 비교해 보면, 동일한 구조라는 것을 알게 될 것이다.

**표 9.1 전자 영역수에 따른 전자 영역의 기하 구조**

| 전자 영역수* | 전자 영역 배열 | 전자 영역의 기하 구조 | 예측 결합각 |
|---|---|---|---|
| 2 | 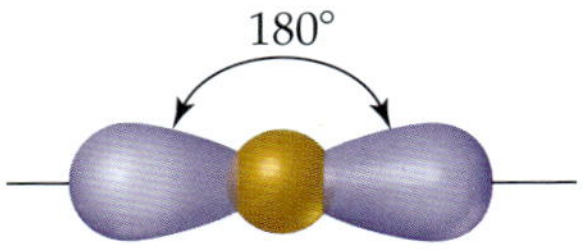 | 선형 | 180° |
| 3 | 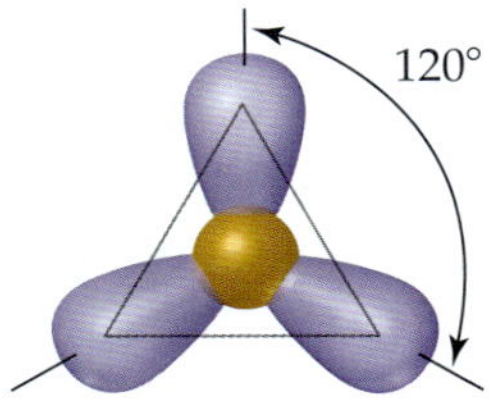 | 평면 삼각형 | 120° |
| 4 | 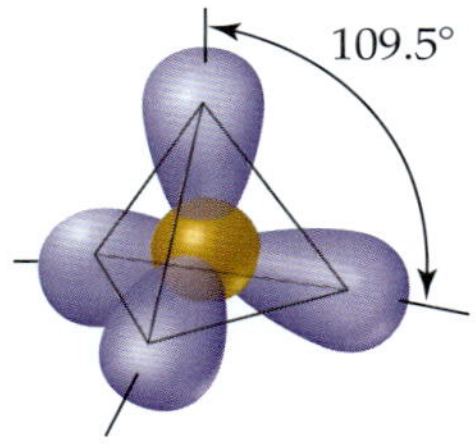 | 사면체 | 109.5° |
| 5 | 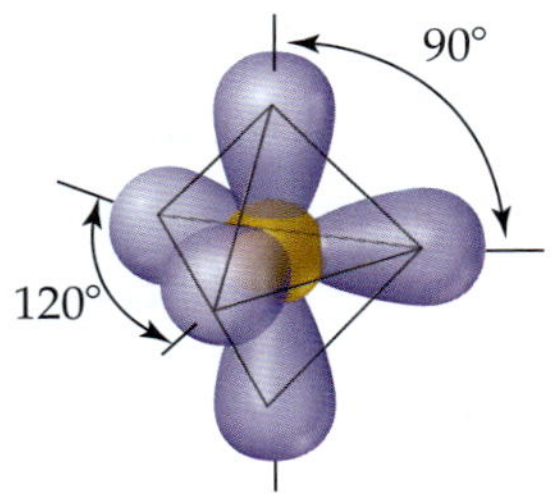 | 삼각 쌍뿔형 | 120°<br>90° |
| 6 | 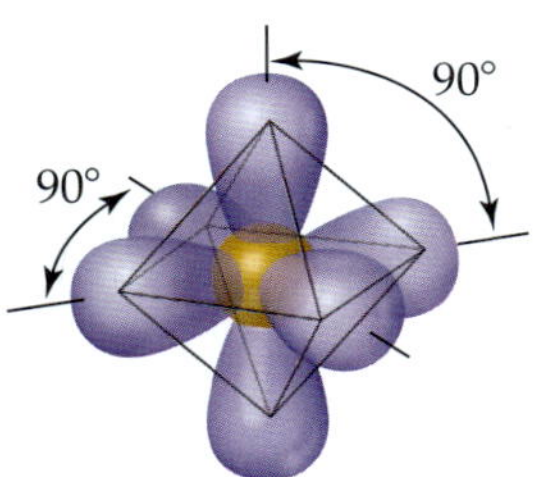 | 팔면체 | 90° |

*전자 영역의 수는 때때로 원자의 **배위수**(coordination number)라고 말하기도 한다.

**서로 다른 $AB_n$ 분자 또는 이온의 모양은 중심 원자 A 주위의 전자 영역의 수에 따라 달라진다.**

$AB_n$ 분자 또는 이온의 중심 원자 주위의 전자 영역의 배열을 **전자 영역의 기하 구조(electron-domain geometry)**라고 한다. 이와는 달리, 분자나 이온 중의 **원자만**의 배열을 **분자의 기하 구조(molecular geometry)**라고 한다. 분자의 기하 구조를 묘사할 때 모든 비공유 전자쌍은 생략한다.

## 분자 모양을 결정할 때 VSEPR 모형 적용하기

분자의 모양을 결정할 때는 먼저 VSEPR 모형을 이용하여 전자 영역의 기하 구조를 예측한다. 비공유 전자쌍에 의한 전자 영역수가 몇 개인지 알면 분자의 기하 구조를 예측할 수 있다. 분자의 전자 영역이 모두 결합으로부터 생성되었을 경우 분자의 기하 구조는 전자 영역의 기하 구조와 동일하다. 그러나 하나 이상의 영역이 비공유 전자쌍을 포함하는 경우에 분자 모양을 예측할 때는, 비공유 전자쌍이 전자 영역 기하 구조에는 기여할지라도 **분자의 기하 구조는 결합에 기인하는 전자 영역만을 포함한다**는 것을 기억해야 한다.

VSEPR **모형을 이용한 분자나 이온의 모양 예측 방법**

1. 분자나 이온의 Lewis 구조를 그리고, 중심 원자 주위의 전자 영역수를 센다. 비공유 전자쌍, 단일 결합, 이중 결합, 삼중 결합을 각각 하나의 전자 영역으로 간주한다.
2. 표 9.1과 같이, 전자 영역 간의 반발이 최소가 되도록 중심 원자 주변에 전자 영역을 배열하여 **전자 영역의 기하 구조**를 결정한다.
3. 결합된 원자의 배열을 사용하여 **분자의 기하 구조**를 결정한다.

**표 9.2**는 $AB_n$ 분자의 중심 원자 주위에 네 개 이하의 전자 영역이 있을 때 가능한 분자의 기하 구조를 요약한 것이다. 팔전자 규칙을 따르는 분자나 이온에서 볼 수 있는 모든 모양을 포함하고 있기 때문에 표 9.2의 기하 구조는 중요하다.

**그림 9.6**은 VSEPR 모형의 세 단계를 적용하여 $NH_3$ 분자의 기하 구조를 예측하는 방법을 보여준다. Lewis 구조에서 세 개의 결합과 한 개의 비공유 전자쌍의 존재는 네 개의 전자 영역이 존재함을 말한다. 따라서 표 9.1로부터 $NH_3$의 전자 영역 기하 구조는 사면체이다. Lewis 구조로부터 한 개의 전자 영역은 비공유 전자쌍에 기인함을 알고 있으며, 이것은 사면체의 네 개 꼭짓점 중 하나를 차지하고 있다. 분자의 기하 구조를 결정할 때 세 개의 N—H 결합만 고려하며, 따라서 삼각뿔 기하 구조가 된다. 그림 9.4의 중간에 있는 구조, 즉 사면체 구조에서 한 개의 원자를 제거하였을 때 나오는 삼각뿔 분자 구조가 된다. 네 개의 전자 영역을 갖는 사면체 구조로부터 삼각뿔 분자 구조를 예측할 수 있음을 주목하라.

삼각뿔 분자의 기하 구조는 사면체 전자 영역의 기하 구조에 기초한 것이다. 따라서 이상적인 결합각은 109.5°이다. 주변 원자와 전자 영역의 수가 동일하지 않을 때, 결합각은 이상적인 각도로부터 벗어난다는 것을 곧 알게 될 것이다.

또 다른 예로, $CO_2$ 분자의 모양을 결정해 보자. Lewis 구조를 보면, 중심 원자 주변에 두 개의 전자 영역(각각 한 개의 이중 결합)이 있다.

$$\ddot{\underset{\cdot\cdot}{O}}=C=\ddot{\underset{\cdot\cdot}{O}}$$

두 개의 전자 영역은 선형의 전자 영역의 기하 구조로 배향한다(표 9.1). 둘 다 비공유 전자쌍이 아니기 때문에 분자의 기하 구조도 선형이며, O—C—O 결합각은 180°이다.

## 비공유 전자쌍과 다중 결합이 결합각에 미치는 영향

표 9.2에 요약한 이상적인 기하 구조로부터 약간 벗어나는 것들은 VSEPR 모형을 이용하여 설명할

**표 9.2 중심 원자 주위에 2, 3, 4개 전자 영역을 갖는 분자의 전자 영역 및 분자의 기하 구조**

| 전자 영역수 | 전자 영역의 기하 구조 | 결합 영역 | 비결합 영역 | 분자의 기하 구조 | 예 |
|---|---|---|---|---|---|
| 2 | <br>선형 | 2 | 0 | <br>선형 | $\ddot{O}=C=\ddot{O}$ |
| 3 | 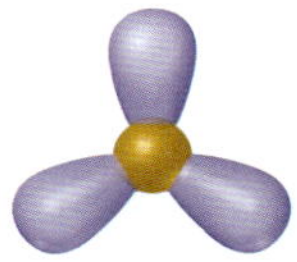<br>평면 삼각형 | 3 | 0 | 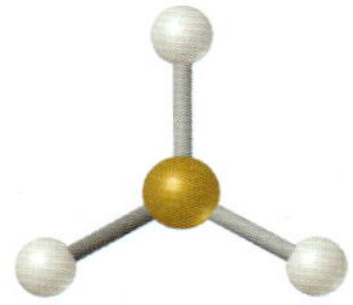<br>평면 삼각형 | 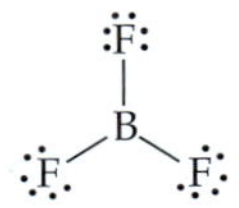 |
| | | 2 | 1 | 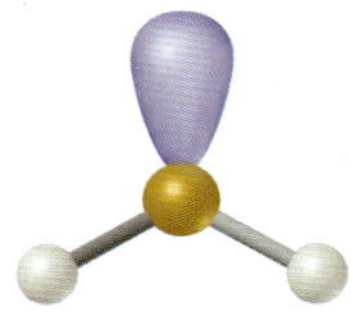<br>굽은형 | 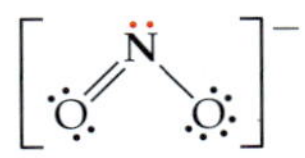 |
| 4 | <br>사면체 | 4 | 0 | 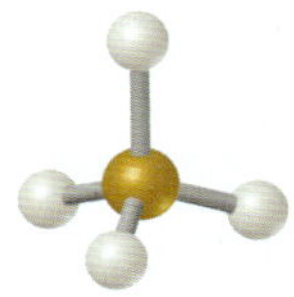<br>사면체 | 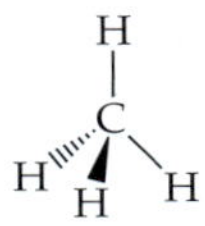 |
| | | 3 | 1 | 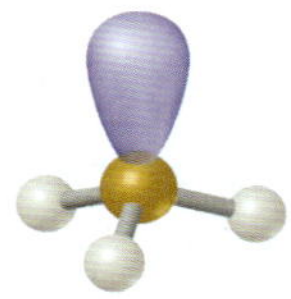<br>삼각뿔형 | 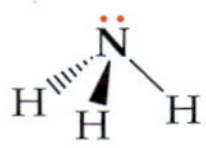 |
| | | 2 | 2 | <br>굽은형 | 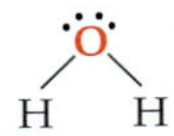 |

수 있다. 메테인($CH_4$), 암모니아($NH_3$), 물($H_2O$)을 예로 들어 보자. 세 가지 모두 전자 영역의 기하 구조가 사면체이지만, 그들의 결합각은 약간 다르다.

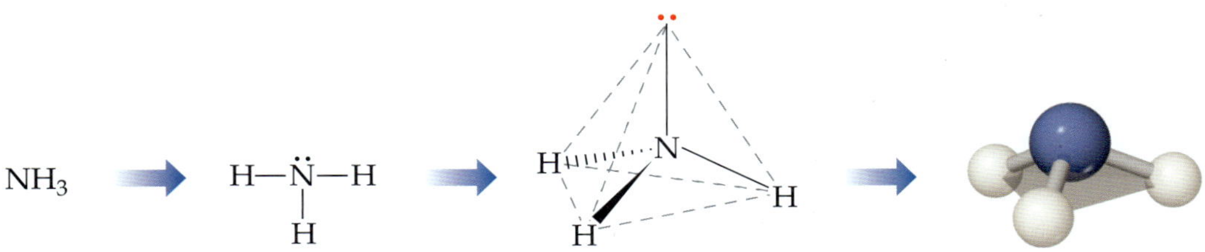

1 Lewis 구조를 그린다.

2 **모든** 전자 영역의 개수를 파악하여 전자 영역의 기하 구조를 결정한다. 즉, 표 9.1를 사용하여 적절한 전자 영역의 기하 구조를 결정한다 (사면체).

3 결합에 사용된 전자 영역의 개수**만**을 파악하여 결합한 원자들의 배열이 보이는 분자의 기하 구조를 결정한다 (삼각뿔형).

▶ **그림 9.6** $NH_3$ 분자 기하 구조의 결정

## 예제 9.1
### VSEPR 모형 사용

VSEPR 모형을 사용하여 다음 분자의 기하 구조를 예측하시오. **(a)** $O_3$, **(b)** $SnCl_3^-$

### 해답

**분석** 모두 일반식이 $AB_n$이고, 주기율표의 $p$ 구역에 해당하는 중심 원자를 가지고 있는 분자와 다원자 이온의 분자식이 주어졌다($O_3$에 있어서는 A와 B가 모두 산소 원자임을 주목하라).

**계획** 분자의 기하 구조를 예측하기 위하여 우선 Lewis 구조를 그린 후 중심 원자 주위의 전자 영역수를 계산하고, 전자 영역의 기하 구조를 얻는다. 결합에 의한 전자 영역의 배열로부터 분자 구조를 알아낸다.

**풀이**

**(a)** $O_3$의 경우, 두 개의 공명 구조를 그릴 수 있다.

공명을 이루고 있기 때문에, 중심 O 원자와 외부 O 원자 간 결합 길이는 동일하다. 두 가지의 공명 구조에서 중심 O 원자는 두 개의 외부 O 원자와 결합하고 있고, 한 개의 비공유 전자쌍을 가지고 있다. 따라서 중심 O 원자에 대하여 세 개의 전자 영역을 갖는다(기하 구조를 예측할 때 이중 결합은 하나의 전자 영역으로 계산한다는 것을 명심하라). 세 개의 전자 영역을 가진 배열은 평면 삼각형이다(표 9.1). 전자 영역 중 두 개는 결합이며, 하나는 비공유 전자쌍이다. 따라서 분자 기하 구조는 이상적인 결합각이 120°인 굽은형이 된다(표 9.2).

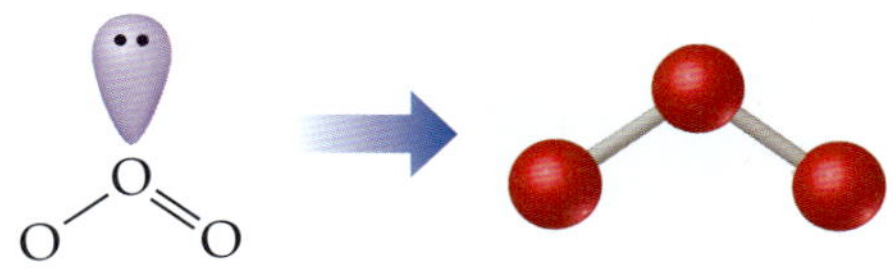

**주의** 이 예에서 보듯이, 분자가 공명 구조를 가질 때 공명 구조 중 하나를 이용하여 분자 구조를 예측할 수 있다.

**(b)** $SnCl_3^-$ 이온의 Lewis 구조는 다음과 같다.

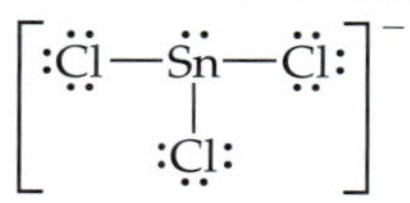

중심 Sn 원자는 세 개의 Cl 원자와 결합하고, 한 개의 비공유 전자쌍을 가지므로 Sn 원자 주위에 네 개의 전자 영역을 갖는다. 이는 하나의 꼭짓점에는 비공유 전자쌍이 존재하는 사면체 전자 영역의 기하 구조를 갖는다는 것을 의미한다(표 9.1). 세 개의 결합과 한 개의 비공유 전자 영역을 가지는 사면체 전자 영역의 분자 기하 구조는 삼각뿔형이다(표 9.2).

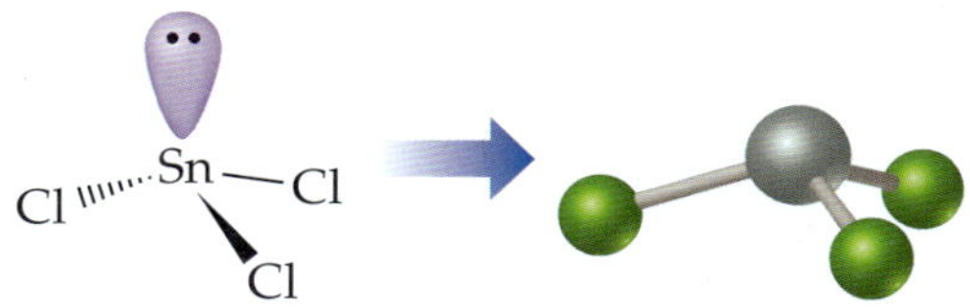

**▶ 보충 예제**
**(a)** $SeCl_2$, **(b)** $CO_3^{2-}$에 대하여 전자 영역의 기하 구조와 분자의 기하 구조를 예측하시오.

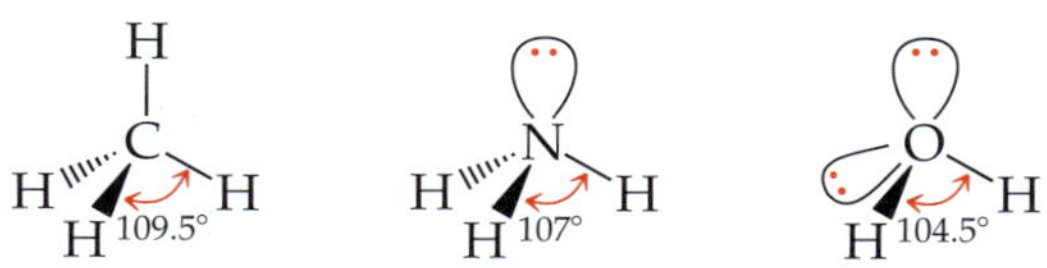


비공유 전자쌍의 수가 증가할수록 결합각이 감소함을 주목하라. 공유 전자쌍은 두 결합 원자의 핵에 의하여 끌리지만, 비공유 전자쌍은 한 핵에 의해서만 인력이 작용한다. 비공유 전자쌍은 핵의 인력을 약하게 느끼기 때문에, 전자 영역은 공유 전자쌍의 전자 영역보다 공간에서 더 넓게 퍼진다(**그림 9.7**). 따라서 비공유 전자쌍이 공유 전자쌍보다 더 넓은 공간을 차지한다. 본질적으로 비공유 전자쌍은 그림 9.5의 비유에서 더 크고 뚱뚱한 풍선과 같다. 결과적으로, **비공유 전자쌍의 전**

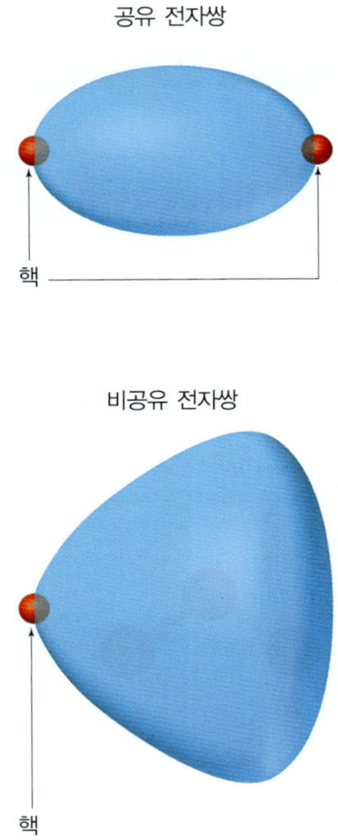


▲ 그림 9.7 결합 및 비결합 전자 영역의 상대적인 부피

**자 영역은 이웃 전자 영역에 더 큰 반발력을 작용하여 결합각을 감소시킨다.**

다중 결합은 단일 결합보다 전자 전하 밀도가 크므로 다중 결합도 더 큰 전자 영역을 차지 한다. **포스젠**(phosgene, $Cl_2CO$)의 Lewis 구조를 생각해 보자.

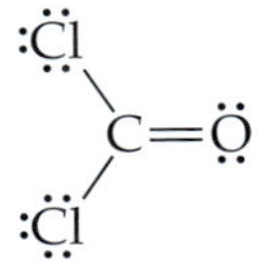

세 개의 전자 영역이 중심 탄소 원자를 둘러싸고 있으므로, 결합각이 120°인 평면 삼각형의 기하 구조로 예상할 수 있다. 그러나 이중 결합은 비공유 전자쌍처럼 거동하여 Cl—C—Cl 결합각은 줄어들어 111.4°가 된다.

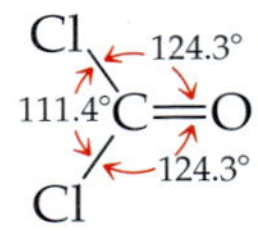


일반적으로 **다중 결합의 전자 영역은 단일 결합의 전자 영역보다 이웃 전자 영역에 더 큰 반발력을 가한다.**

## 확장된 원자가 껍질을 갖는 분자

주기율표의 3주기나 그 이상의 주기에 있는 원자는 네 개보다 많은 전자쌍에 의해 둘러싸일 수 있다. 중심 원자 주위에 5개 또는 6개의 전자 영역을 갖는 분자는 **삼각 쌍뿔형**(trigonal bipyramidal, 5개의 전자 영역)이나 **팔면체형**(octahedral, 6개의 전자 영역)에 기반한 분자의 기하 구조를 나타낸다(**표 9.3**).

5개의 전자 영역을 가지는 경우, 가장 안정한 전자 영역의 기하 구조는 삼각 쌍뿔(하나의 밑면을 공유하는 두 삼각뿔)이다. 지금까지 공부한 다른 배열과는 달리, 삼각 쌍뿔의 전자 영역은 기하학적으로 분명히 다른 두 종류의 위치가 있다. 두 개의 영역은 **축 방향**(axial position)을 향하고, 세 개의 영역은 **적도 방향**(equatorial position)을 향한다(**그림 9.8**). 각 축 방향 영역은 모든 적도 방향 영역과 90°를 이룬다. 하나의 적도 방향 영역은 다른 두 개의 적도 방향 영역과 120°를, 축방향 영역과는 90°를 이룬다.

어떤 분자가 5개의 전자 영역을 가지고 있다고 가정해 보자. 그중 하나 이상의 비공유 전자쌍이 존재한다면 비공유 전자쌍은 축방향 또는 적도 방향 중 어느 영역을 점유하는가? 이 질문에 대답하려면 먼저 어느 위치가 영역 간 반발을 최소화하는가를 결정해야 한다. 전자쌍이 서로 120° 위치에 있을 때보다 90° 위치에 있을 때 두 영역 사이의 반발이 훨씬 더 크다. 적도 방향 영역은 단지 두 개 영역(축방향 영역)과 90°를 이루지만, 축 방향 영역은 **세 개**의 다른 영역(적도 방향 영역)과 90°이다. 따라서 적도 방향 영역은 축 방향 영역보다 전자 반발을 덜 느낀다. 비공유 전자쌍 영역이 공유 전자쌍보다 반발력을 더 크게 발휘한다. 따라서 비공유 전자쌍은 **항상** 삼각 쌍뿔의 적도 방향 영역을 차지한다.

**축방향 원자, 중심 원자, 적도 방향 원자 사이의 각도는 각각 얼마인가?**

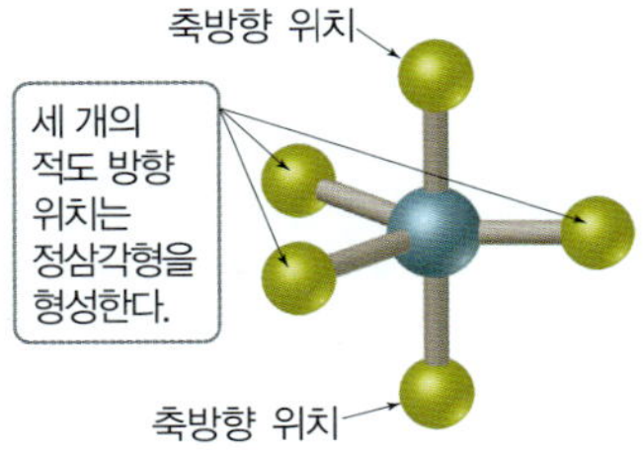


▲ 그림 9.8 삼각 쌍뿔형 기하 구조의 경우 바깥 원자들은 두 가지의 서로 다른 위치에 존재한다.

6개 전자 영역의 가장 안정한 전자 영역의 기하 구조는 **팔면체**(octahedron)이다. 팔면체는 6개의 꼭짓점과 8개의 정삼각형 면을 가진 다면체이다. 표 9.3에서 보듯이, 6개의 전자 영역을 갖는 분자는 전자 영역이 6개의 꼭짓점을 향하고, 팔면체 중심에 원자가 있는 것으로 간주할 수 있다. 모든 결합각은 90°이며, 6개의 꼭짓점은 모두 동일하다. 따라서 만일 5개의 결합 전자 영역과 하나의 비결합 전자 영역을 갖는다면, 비결합 전자 영역은 팔면체의 6개의 꼭짓점 중 어느 곳에도 위치할 수 있다. 그 결과는 항상 **사각뿔형** 분자 기하 구조가 된다. 그러나 두 개의 비결합 전자 영역이 있을 때는 팔면체의 서로 반대쪽에 비공유 전자쌍이 위치해야 반발력이 최소가 되고, 표 9.3에서와 같이 분자 구조는 **평면 사각형**이 된다.

**표 9.3 중심 원자 주위에 5개와 6개 전자 영역에 대한 전자 영역의 기하 구조와 분자의 기하 구조**

| 전자 영역수 | 전자 영역의 기하 구조 | 결합 영역 | 비결합 영역 | 분자의 기하 구조 | 예 |
|---|---|---|---|---|---|
| 5 |  삼각 쌍뿔형 | 5 | 0 | 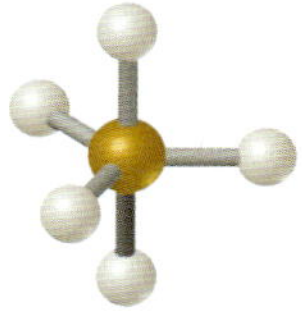 삼각 쌍뿔형 | $PCl_5$ |
| | | 4 | 1 | 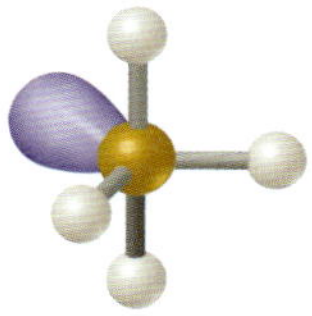 시소형 | $SF_4$ |
| | | 3 | 2 | 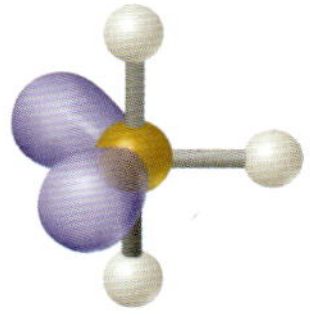 T자형 | $ClF_3$ |
| | | 2 | 3 |  선형 | $XeF_2$ |
| 6 |  팔면체형 | 6 | 0 | 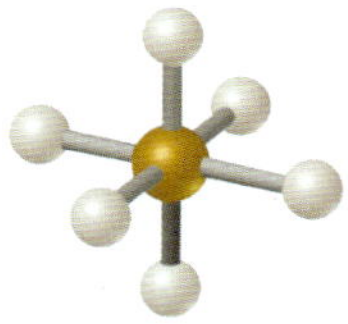 팔면체형 | $SF_6$ |
| | | 5 | 1 | 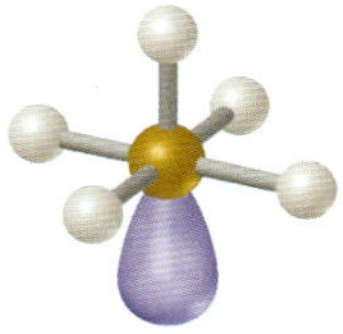 사각뿔형 | $BrF_5$ |
| | | 4 | 2 | 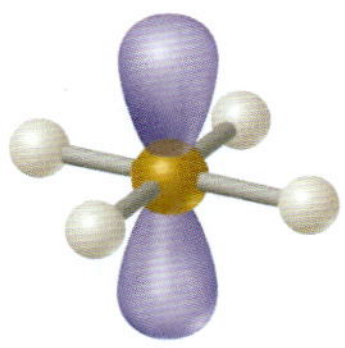 사각 평면형 | $XeF_4$ |

## 큰 분자의 모양

지금까지 논의한 분자와 이온들은 단지 하나의 중심 원자를 포함하고 있지만, VSEPR 모형은 더 복잡한 분자로도 확장할 수 있다. 아세트산 분자를 고찰해 보자.

## 예제 9.2
### 확장된 원자가 껍질을 갖는 분자의 기하 구조

VSEPR 모형을 사용하여 (a) $SF_4$, (b) $IF_5$ 분자의 기하 구조를 예측하시오.

### 해답

**분석** 중심 원자가 주기율표의 *p* 구역에 있는 $AB_n$형 분자들이다.

**계획** 우선 Lewis 구조를 그린 후, VSEPR 모형을 사용하여 전자 영역의 기하 구조와 분자의 기하 구조를 결정한다.

**풀이**

(a) $SF_4$의 Lewis 구조는 다음과 같다.

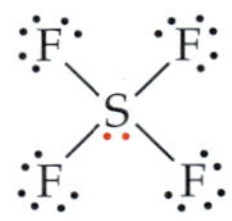

황은 주위에 5개의 전자 영역(4개의 S—F 결합과 1개의 비공유 전자쌍)을 갖는다. 각 전자 영역은 삼각 쌍뿔의 모서리를 향한다. 1개의 비공유 전자쌍 전자 영역은 적도 방향 위치에 놓인다. 4개의 결합 전자 영역은 나머지 4개에 위치하므로 분자의 기하 구조는 시소 모양이 된다.

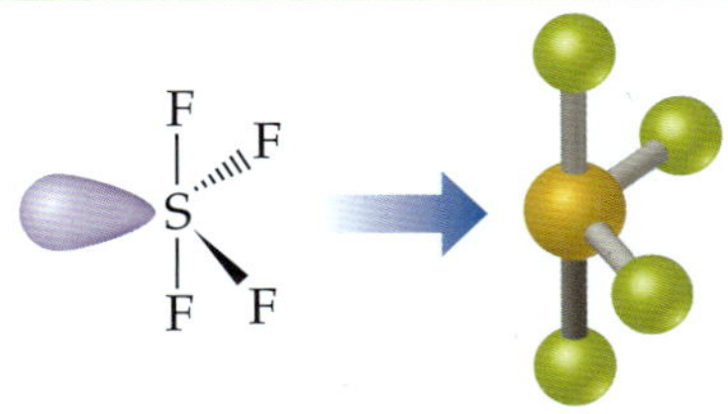

**주의** 실험적으로 관찰된 구조는 오른쪽에 있다. 예상한 것과 같이, 비결합 전자 영역은 적도 방향 위치에 있다. 축 방향과 적도 방향 S—F 결합은 비공유 전자쌍 구역으로부터 약간 뒤로 굽어 있다. 이것은 반발력이 더 큰 비공유 전자쌍 영역이 결합 영역을 '밀어낸다'는 것을 의미한다(그림 9.7).

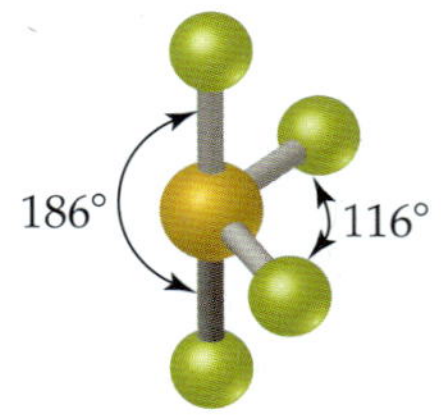


(b) $IF_5$의 Lewis 구조는 다음과 같다.

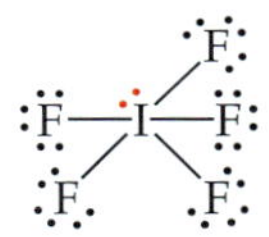

아이오딘은 원자 주위에 전체 6개의 전자 영역이 있고, 그중 한 개는 비공유 전자쌍이다. 따라서 전자 영역의 기하 구조는 비공유 전자쌍이 하나의 위치를 차지하고 있는 팔면체이며, 분자의 기하 구조는 **사각뿔형**이다(표 9.3).

**주의** 비공유 전자쌍 영역은 결합 전자 영역에 비하여 더 크므로, 피라미드 바닥에 있는 4개의 F는 꼭대기의 F 원자를 향하여 약간 위로 솟아 있다. 실험적으로 바닥과 꼭대기 F 원자 사이의 각도는 팔면체의 이상적인 각도인 90°보다 작은 82°이다.

**▶ 보충 예제**

어떤 $AB_4$ 분자가 사각 평면형 분자 기하 구조를 가진다. 이 분자에 대한 다음 서술 중 맞는 것은?

(i) 분자는 중심 원자 A 주위에 네 개의 전자 영역을 가지고 있다.
(ii) 이웃한 B 원자 사이의 B—A—B 각은 90°이다.
(iii) 분자는 원자 A에 두 개의 비공유 전자쌍을 가지고 있다.

(a) 하나의 서술만이 맞다.
(b) 서술 (i)과 (ii)가 맞다.
(c) 서술 (i)과 (iii)이 맞다.
(d) 서술 (ii)와 (iii)이 맞다.
(e) 모두 맞다.

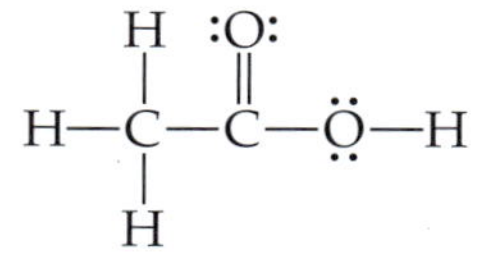

VSEPR 모형을 이용하여 각 탄소 원자의 기하 구조를 예측할 수 있다.

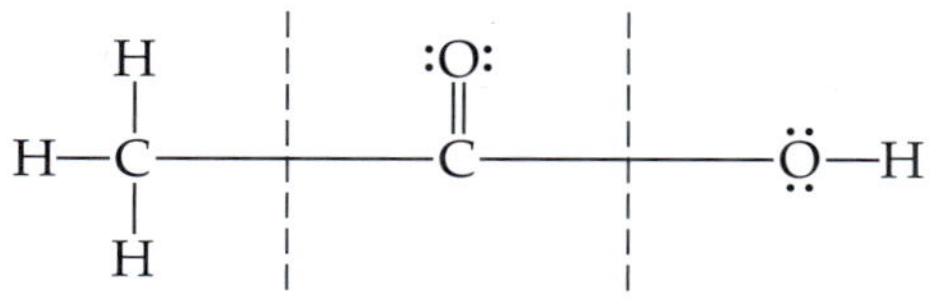

| 전자 영역수 | 4 | 3 | 4 |
|---|---|---|---|
| 전자 영역의 기하 구조 | 사면체형 | 평면 삼각형 | 사면체형 |
| 예상 결합각 | 109.5° | 120° | 109.5° |

왼쪽 C는 4개의 전자 영역(모두 결합)을 가지므로, 그 원자 주위의 전자 영역 기하 구조와 분자 기하 구조는 모두 사면체이다. 중심 C는 3개의 전자 영역(이중 결합은 하나의 영역으로 계산)을 가지며, 전자 영역의 기하 구조와 분자의 기하 구조는 둘 다 평면 삼각형이다. 오른쪽 O 원자는 4개의 전자 영역(두 개의 결합과 두 개의 비결합)을 가지므로 전자 영역의 기하 구조는 사면체이고 분자의 기하 구조는 굽은형이다. 다중 결합과 비공유 전자쌍은 공간을 많이 차지하기 때문에 중심 C와 O 원자 주위의 결합각은 이상적인 120°와 109.5°로부터 약간 벗어난 것으로 예상할 수 있다.

아세트산 분자의 구조에 대한 분석은 **그림 9.9**에 있다.

## 예제 9.3
### 결합각 예측

건조한 눈에 사용되는 안약은 폴리 바이닐 알코올[poly(vinyl alcohol)]이라고 하는 수용성 고분자를 포함하며, 바이닐 알코올이라고 하는 불안정한 유기물 분자를 기본으로 한다

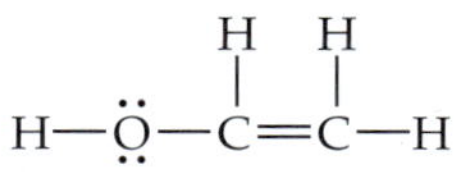

바이닐 알코올의 H—O—C와 O—C—C의 결합각의 근사값을 예측하시오.

### 해답

**분석** Lewis 구조가 주어지고, 두 결합각을 예측하는 문제이다.

**계획** 특정한 결합각을 예측하기 위하여 결합 사이에 있는 원자의 주위를 둘러싸고 있는 전자 영역수를 결정한다. 이상적인 각은 그 원자 주위의 전자 영역의 기하 구조에 의존한다. 이 각은 비공유 전자쌍이나 다중 결합에 의하여 다소 줄어들 것이다.

**풀이** H—O—C에서 O 원자는 주위에 4개의 전자 영역(2개의 결합과 2개의 비결합)을 가지고 있다. 그러므로 O 주위의 전자 영역의 기하 구조는 사면체이며, 이상적인 결합각은 109.5°이다. H—O—C 각도는 비공유 전자쌍에 의하여 약간 줄어들어 109.5°보다 약간 작을 것으로 예상된다.

O—C—C 결합각을 예측하기 위하여 중간에 있는 C 원자를 살펴야 한다. 이 C 원자에 결합한 원자는 세 개이고, 비공유 전자쌍은 없다. 따라서 C 주위에 세 개의 전자 영역이 있다. 예상되는 전자 영역의 기하 구조는 평면 삼각형이고, 이상적인 결합각은 120°이다. 그러나 C=C 영역이 더 크기 때문에 결합각은 120°보다 약간 더 커야 한다.

**▶ 보충 예제**

로켓 추진체로 사용되는 화합물인 메틸하이드라진($CH_6N_2$)에 존재하는 원자들은 다음과 같이 연결되어 있다.

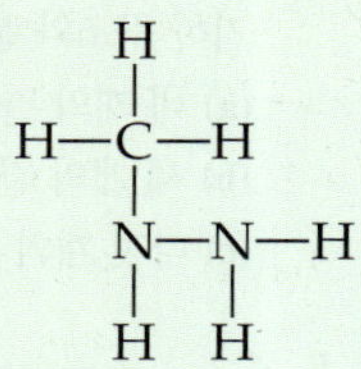

C—N—N과 H—N—H의 이상적인 결합각은 각각 얼마인가?

**(a)** 109.5°, 109.5° **(b)** 109.5°, 120° **(c)** 120°, 109.5° **(d)** 120°, 120° **(e)** 답이 없다.

아세트산의 실제 구조에서 어떤 결합각이 가장 작은가?

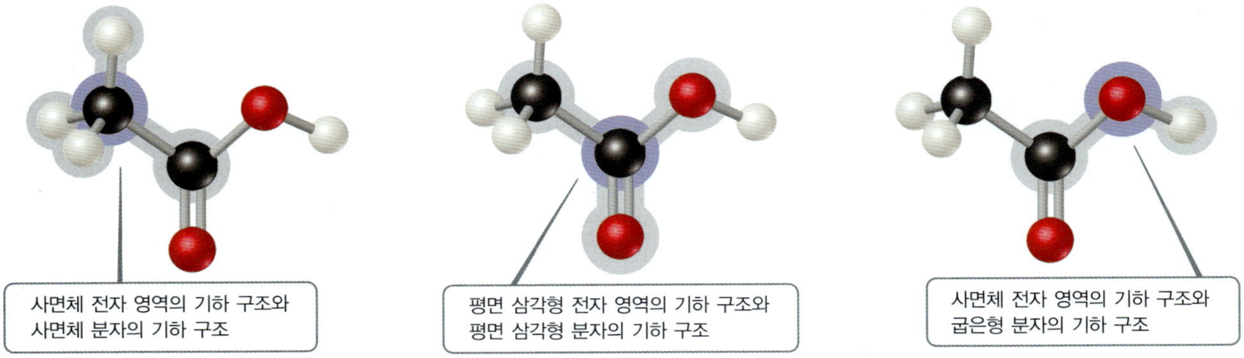


▲그림 9.9 아세트산($CH_3COOH$)의 세 개의 중심 원자 주위의 전자 영역과 분자 기하 구조

## 자기 평가 연습 문제

**9.5** 삼산화 황($SO_3$)의 O—S—O 결합각은 얼마인가?

**(a)** 90°

**(b)** 109.5°

**(c)** 120°

**(d)** 180°

## 연습 문제

**9.6** **(a)** $AB_2$ 분자는 선형이다. 이 정보로부터, A 원자 주위에 있는 비공유 전자쌍은 몇 개인가?

**(b)** $XeF_2$에서 Xe 원자 주위에 몇 개의 비공유 전자쌍이 있는가?

**(c)** $XeF_2$의 구조는 선형인가?

**9.7** **(a)** A 원자에 비공유 전자쌍이 없는 $AB_6$의 분자 구조는 무엇인가?

**(b)** A 원자에 두 개의 비공유 전자쌍이 있는 $AB_4$ 분자의 전자 영역 기하 구조는 무엇인가?

**(c)** (b)에서 기술한 분자의 분자 기하 구조는 무엇인가?

**9.8** 비공유 전자쌍의 존재가 분자 모양에 영향을 주는 분자나 이온은 어느 것(들)인가?

**(a)** $CO_2$ **(b)** $CH_2Br_2$ **(c)** $OF_2$ **(d)** $BCl_3$ **(e)** $SF_6$

**9.9** 중심 원자가 다음 전자 영역을 가지는 분자의 경우, 전자 영역의 기하 구조와 분자의 기하 구조를 나타내시오.

**(a)** 네 개의 결합 영역과 0개의 비결합 영역

**(b)** 세 개의 결합 영역과 두 개의 비결합 영역

**(c)** 다섯 개의 결합 영역과 한 개의 비결합 영역

**(d)** 네 개의 결합 영역과 두 개의 비결합 영역

**9.10** 다음 분자와 이온의 경우, 전자 영역의 기하 구조와 분자의 기하 구조를 쓰시오.

**(a)** $BeF_2$ **(b)** $AsCl_5$ **(c)** $NO_2^-$ **(d)** $CS_2$ **(e)** $SF_4$ **(f)** $BrF_5$

**9.11** 암모니아($NH_3$)는 아주 강한 염기와 반응하여 아마이드화 이온($NH_2^-$)을 생성한다. 암모니아는 산과 반응하여 암모늄 이온($NH_4^+$)도 생성할 수 있다.

**(a)** $NH_2^-$, $NH_3$, $NH_3^+$ 세 가지 중, H—N—H 결합각이 가장 큰 것은?

**(b)** $NH_2^-$ $NH_3$, $NH_3^+$ 세 가지 중, H—N—H 결합각이 가장 작은 것은?

**9.12** **(a)** $BF_4^-$는 사면체인 반면에, $BrF_4^-$는 사각 평면형인 이유를 설명하시오. **(b)** $H_2O$, $H_2S$, $H_2Se$에서 H—X—H 결합각의 변화가 어떻게 되겠는가? 설명하시오(**힌트**: 전자쌍 영역의 크기는 중심 원자의 전기 음성도에 어느 정도는 의존한다).

자기 평가 연습 문제 답 **9.5** (c)

# 9.3 분자 모양과 분자 극성

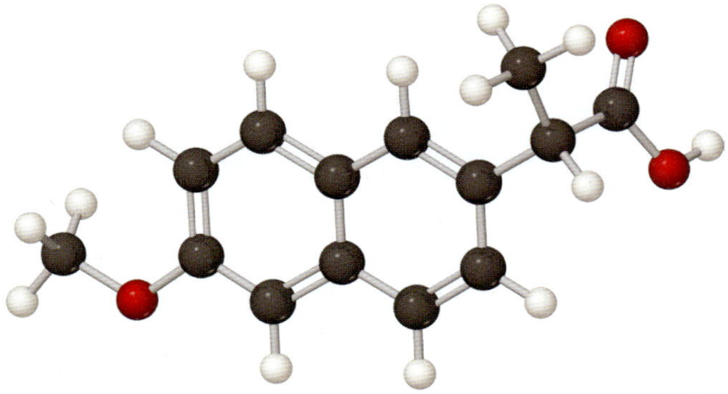

(*S*)-naproxen

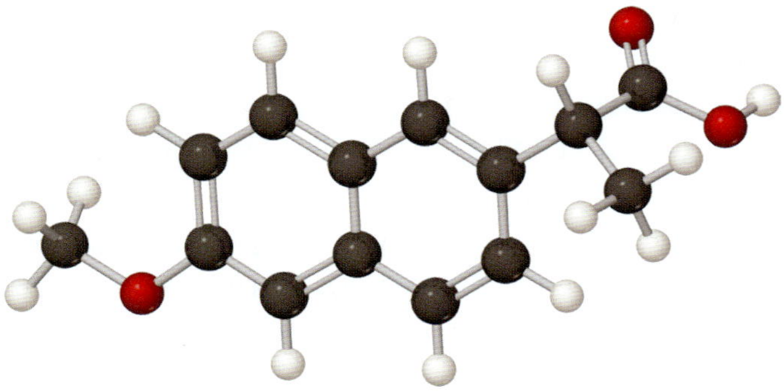

(*R*)-naproxen

결합의 세기와 극성과 더불어, 물질 분자의 모양과 크기는 그 물질의 성질을 크게 좌우한다. 분자 구조의 중요한 역할을 보여주는 몇 가지 극적인 예는 생화학 반응에서 볼 수 있다. 약(drug)은 원자의 삼차원 배열의 작은 변화가 결과애 큰 변화를 초래하는 분자의 예이다. 그림에 두 개의 서로 다른 분자가 있다. 이들의 상표명은 (*S*)−naproxen과 (*R*)−naproxen이다. 이들은 화학식이 동일하며, 화학 결합의 종류와 수도 같다. 그러나 면밀히 살펴보면 H와 $CH_3$기의 위치가 서로 뒤집혀있음을 볼 수 있다. (*S*) 화합물은 관절염 통증이 있는 환자를 치료하기 위해 처방된다. (*R*) 화합물은 인간에게 유익한 효과가 없으며, 실제로는 간독성이 있다. 이 화합물은 **거울상 이성질체**(enantiomers)라고 불리는 특별한 종류의 이성질체이고, 이 책의 후반부에서 더 배우게 된다. 제약업계에서는 많은 노력을 기울여 한 화합물의 이성질체로부터 다른 이성질체를 만들고, 분리하고, 정제한다.

이 절이 끝나면 다음 사항을 수행할 수 있어야 한다.

- 분자의 구조와 각각 결합의 쌍극자 모멘트에 근거하여 분자의 극성 여부 결정하기

이제는 분자가 왜 특정한 모양과 형태를 가졌는지에 대한 이해하게 되었다. 따라서 8.4절에서 처음 논의한 **결합 극성**(bond polarity)과 **쌍극자 모멘트**(dipole moments)에 대한 주제로 돌아갈 것이다. 결합의 극성은 결합을 이루고 있는 두 결합 원자 사이에 전자가 얼마나 균등하게 공유되었는지에 대한 하나의 척도라는 것을 기억하라. 두 결합 원자 간 전기 음성도 차가 증가할수록 결합의 극성도 그만큼 증가한다. 이원자 분자의 쌍극자 모멘트는 분자에 존재하는 전하량 분리에 대한 척도라는 것을 알고 있다.

세 개 이상의 원자로 이루어진 분자의 경우, **쌍극자 모멘트는 각 결합의 극성과 분자의 기하 구조에 의존한다.** 분자의 각각 결합에 대하여 **결합 쌍극자(bond dipole)**를 고려해야 하는데, 이것

은 결합한 두 원자에서 기인하는 쌍극자 모멘트이다. 선형의 $CO_2$ 분자를 예로 들어 보자. 그림 9.10(**a**)에서 보이는 것처럼 각 C=O 결합은 극성이고, C=O 결합 둘은 동일하므로 결합 쌍극자의 크기는 같다. 이 분자의 전자 밀도 그림은 각 결합이 극성이라는 것을 분명히 보여 주지만, 분자의 **전체** 쌍극자 모멘트는 어떤가?

결합 쌍극자와 쌍극자 모멘트는 **벡터양**이다. 즉 이들은 크기와 방향을 갖는다. 다원자 분자의 쌍극자 모멘트는 결합 쌍극자의 벡터의 합이다. 벡터를 합할 때 결합 쌍극자의 크기와 방향을 모두 고려해야 한다. $CO_2$의 두 개의 결합 쌍극자는 크기는 같지만 방향은 정확하게 반대이다. 이들을 합하는 것은 $100+(-100)$처럼, 크기는 같지만 반대 부호의 두 수를 더하는 것과 같다. 수의 합이 0이 되는 것처럼, 결합 쌍극자는 서로 '상쇄된다'. 그러므로 각 결합이 극성일지라도 전체 쌍극자 모멘트는 0이 된다. 분자의 기하 구조를 먼저 파악해야 전체 쌍극자 모멘트가 0이 되는 것을 알 수 있다. 따라서 선형의 $CO_2$ 분자는 **무극성**(nonpolar)이 된다.

다음으로 두 개의 극성 결합을 갖는 굽은형 분자인 $H_2O$를 생각해 보자(그림 9.10(**b**)). 두 결합은 동일하고, 결합 쌍극자의 크기는 같다. 그러나 분자는 굽은형이어서 결합 쌍극자는 서로 완전히 반대 방향이 아니므로 상쇄되지 않는다. 그러므로 $H_2O$ 분자의 전체 쌍극자 모멘트는 0이 아니고 (측정된 쌍극자 모멘트, $\mu = 1.85$ D), 따라서 물은 **극성**(polar) 분자이다. 그림 9.10(b)에서 보듯이, 산소 원자는 부분적인 음전하를 띠고 있고, 각 수소 원자는 부분적인 양전하를 갖는다.

그림 9.11에는 몇 가지 극성 분자와 무극성 분자의 예를 나타냈으며, 이들 모두는 극성 결합을 가지고 있다. 중심 원자가 동일한 원자에 의해 대칭적으로 싸여 있는 분자는 무극성이다($BF_3$와 $CCl_4$). 모든 B 원자가 동일한 $AB_n$ 분자 중 모양이 대칭인 것은 각 결합이 극성이라고 할지라도 무극성 분자이다(선형($AB_2$), 평면 삼각형($AB_3$), 사면체와 평면 사각형($AB_4$), 삼각 쌍뿔($AB_5$)과 팔면체($AB_6$)).

왼쪽 그림 위의 두 빨간 벡터의 합은 얼마인가?

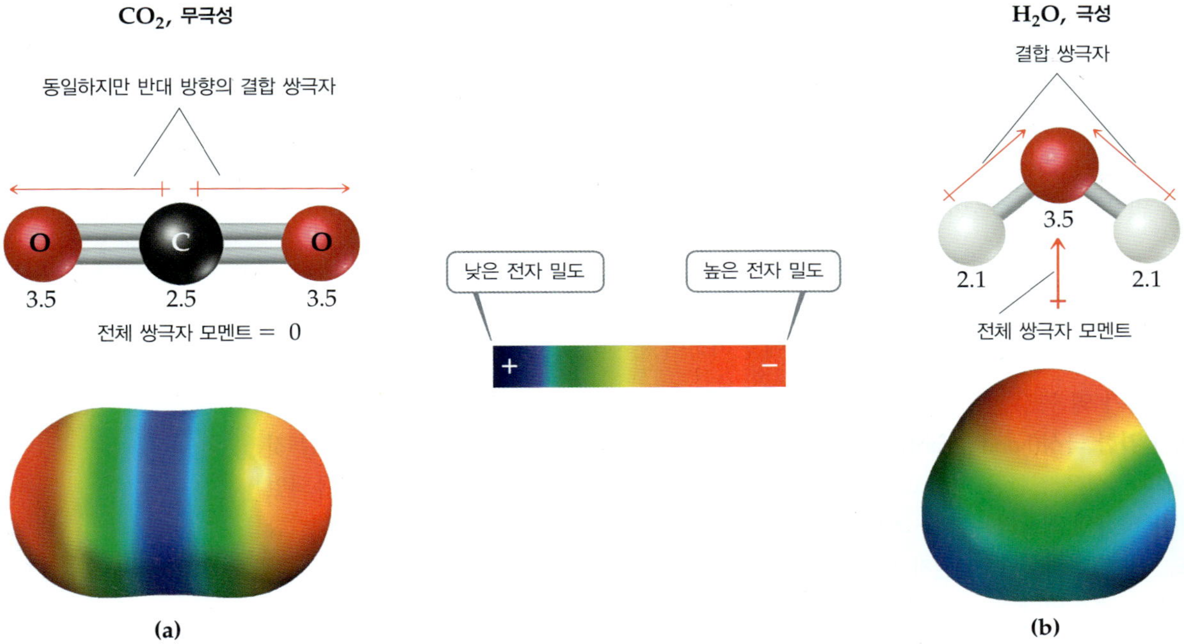


▲그림 9.10 무극성 분자인 $CO_2$ 및 극성 분자인 $H_2O$(숫자는 원자의 전기 음성도 값)

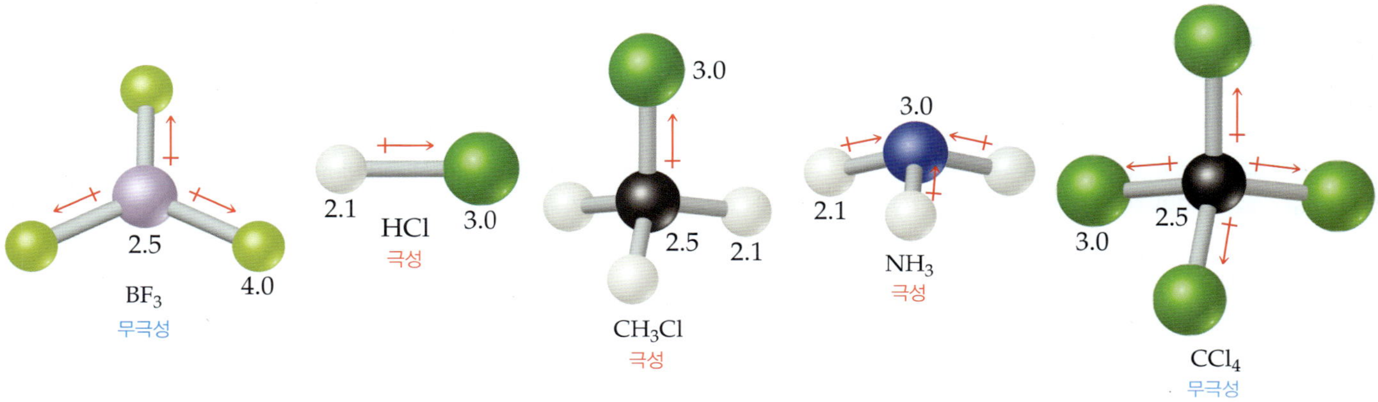


▲ **그림 9.11** 극성 결합을 가지고 있는 극성 및 무극성 분자들(숫자는 전기 음성도 값)

## 예제 9.4
### 분자의 극성

다음 분자들이 극성인지, 무극성인지를 예측하시오. **(a)** BrCl **(b)** $SO_2$ **(c)** $SF_6$

### 해답

**분석** 세 개의 분자식이 주어지고, 분자가 극성인지를 예측하는 문제이다.

**계획** 전기 음성도가 다른 두 개의 원자로 이루어진 분자는 극성이다. 세 개 이상의 원자로 구성된 분자의 극성은 분자의 기하 구조와 각 결합의 극성에 달려 있다. 따라서 세 개 이상의 원자를 포함하는 각 분자의 경우는 Lewis 구조를 그려서 분자의 기하 구조를 결정해야 한다. 그리고 전기 음성도 값을 이용하여 결합 쌍극자의 방향을 결정한다. 마지막으로 결합 쌍극자가 서로 상쇄되어 무극성 분자로 될 것인지, 아니면 서로 강화하여 극성 분자가 될 것인지를 알아본다.

**풀이** **(a)** 염소는 브로민보다 전기 음성도가 크다. 극성 결합을 갖는 모든 이원자 분자는 극성 분자이다. 따라서 BrCl은 부분 음전하를 띠는 염소를 가지고 있는 극성 분자이다.

$$\overset{\longmapsto}{\text{Br—Cl}}$$

BrCl의 쌍극자 모멘트의 측정값은 $\mu = 0.57$ D이다.

**(b)** 산소는 황보다 전기 음성도가 크기 때문에 $SO_2$는 극성 결합을 가지고 있다. 세 가지 공명 구조는 다음과 같다.

:Ö—S̈=O: ⟷ :O=S̈—Ö: ⟷ :O=S̈=O:

VSEPR 모형에 의하면, 이들 각각은 굽은형의 분자 기하 구조로 예측된다. 분자가 굽어 있으므로 결합 쌍극자는 상쇄되지 않으며, 분자는 극성이다.

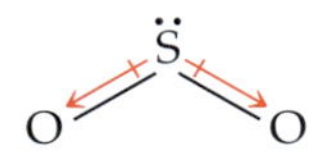

$SO_2$의 쌍극자 모멘트의 실험값은 $\mu = 1.63$ D이다.

**(c)** 플루오린은 황보다 전기 음성도가 커서 결합 쌍극자는 플루오린을 향한다. 6개 S—F 결합은 중심 황 주위에 팔면체 모양으로 배열한다.

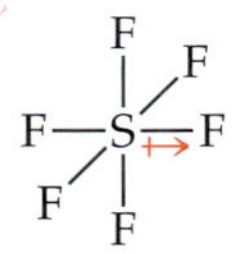

팔면체 분자의 기하 구조는 대칭이기 때문에, 결합 쌍극자는 상쇄되고, 분자는 무극성이다. 즉 $\mu = 0$이다.

▶ **보충 예제**

A와 B의 전기 음성도가 다른 $AB_3$ 분자를 고려하자. 분자의 쌍극자 모멘트가 0일 때 분자의 기하 구조는 다음 중 어느 것인가?

**(a)** 삼각뿔형 **(b)** 평면 삼각형 **(c)** T자형 **(d)** 사면체형
**(e)** 답이 두 개 이상

## 자기 평가 연습 문제

**9.13** 오염화 인($PCl_5$)은 극성인가, 무극성인가?

**(a)** 극성
**(b)** 무극성

## 연습 문제

**9.14** $AX_2$ 분자를 생각해 보자. A−X 결합이 극성이고 $AX_2$ 분자의 X−A−X 결합각이 180°에서 100°로 감소할 때, 쌍극자 모멘트는 어떻게 변하겠는가?

**9.15** **(a)** $CS_2$는 쌍극자 모멘트를 갖는가? 만일 갖는다면, 알짜 쌍극자 방향은 어느 방향인가? **(b)** $SO_2$는 쌍극자 모멘트를 갖는가? 만일 갖는다면, 알짜 쌍극자 방향은 어느 방향인가?

**9.16** **(a)** $BF_3$ 분자는 극성인가, 무극성인가? **(b)** $BF_3^{2-}$는 평면 구조인가? **(c)** $BF_2Cl$ 분자는 쌍극자 모멘트를 가질 것인가?

**9.17** 다음 각 분자가 극성인지, 무극성인지를 예측하시오.
**(a)** IF **(b)** $CS_2$ **(c)** $SO_3$ **(d)** $PCl_3$ **(e)** $SF_6$ **(f)** $IF_5$

**9.18** 다이클로로에텐(dichloroethylene, $C_2H_2Cl_2$)은 서로 다른 물질인 세 가지 구조(이성질체)를 갖는다.
**(a)** 세 가지 이성질체의 Lewis 구조를 그리시오. 모두 탄소−탄소 이중 결합을 가진다.
**(b)** 이 이성질체 중 쌍극자 모멘트가 0인 것은 어느 것인가?
**(c)** 클로로에텐(chloroethylene, $C_2H_3Cl$)은 몇 개의 이성질체가 가능한가? 이들은 쌍극자 모멘트를 가지겠는가?

자기 평가 연습 문제 답 **9.13** (b)

# 9.4 | 공유 결합과 오비탈 겹침

지퍼의 양쪽 부분이 함께 결합하여 안정적으로 잠기는 것처럼, 전자 오비탈이 겹쳐서 화학 결합을 형성한다. 두 경우 모두 두 구성 요소의 교합 가능한(compatible) 크기와 모양이 필요하다! 이 절이 끝나면 다음 사항을 수행할 수 있어야 한다.

• 화학 결합에서 오비탈 겹침을 이해하기

VSEPR 모형은 분자 기하 구조를 예측하는 데 편리한 방법이지만, 원자 사이에 왜 결합이 존재하는지를 설명하지 못한다. 공유 결합 이론을 개발할 때 화학자들은 양자 역학을 이용하여 다른 방법으로 그 문제에 접근하였다. 원자 오비탈을 이용하여 결합을 어떻게 설명하고, 분자의 기하 구조를 어떻게 설명할 수 있는가? Lewis의 전자쌍 결합 개념과 원자 오비탈 아이디어의 만남은 결합 전자쌍은 원자들 사이의 영역에 집중되어 있고, 비결합 전자쌍은 특정 공간을 향해 놓여 있는 화학 결합의 모형인 **원자가 결합 이론(valence-bond theory)**으로 이어진다. 원자 오비탈을 서로 혼성할 수 있는 방법을 포함하여 이 접근법을 확장함으로써, VSEPR 모형에 대응하는 설명법을 얻는다.

Lewis 이론에서는 원자들이 전자를 공유할 때 전자 밀도를 핵 사이에 집중시키기 때문에 공유 결합이 생성된다. 원자가 결합 이론에서는 한 원자의 원자가 원자 오비탈이 다른 원자의 원자가 원자 오비탈과 공간을 공유할 때, 즉 **겹칠 때**(overlap) 두 핵 사이에 전자 밀도가 증가하는 것으로 볼 수 있다. 오비탈의 겹침으로 반대 스핀을 가진 두 전자가 핵 사이의 공간을 공유하고, 공유 결합이 생성된다.

**그림 9.12**에는 두 개의 원자가 접근하여 하나의 분자를 형성하는 세 가지 예를 원자가 결합 이론으로 기술하고 있다. $H_2$를 형성하는 예에서, 각 수소 원자는 1*s* 오비탈에 한 개의 전자를 가지고 있다. 오비탈이 겹칠 때 전자 밀도는 두 핵 사이에 집중된다. 겹친 영역에 있는 전자는 양쪽 핵에 동시에 끌리기 때문에 원자를 서로 끌어 당겨 하나의 공유 결합을 생성한다.

오비탈의 겹침으로 공유 결합을 생성한다는 아이디어는, 다른 분자에도 마찬가지로 잘 적용될 수 있다. HCl을 예로 들면, 염소는 [Ne]$3s^2 3p^5$의 전자 배치를 갖는다. 염소의 원자가 오비탈은 전자 한 개만 가진 3*p* 오비탈 하나를 제외하고 모두 채워져 있다. 이 3*p* 전자는 H의 1*s* 전자와 짝을 이루어 공유 결합을 생성하여 HCl을 함께 잡고 있다(그림 9.12). 염소의 다른 두 개의 3*p* 오비탈은 각각 한 쌍의 전자로 이미 채워져 있으므로 수소와의 결합에 참여하지 않는다. 마찬가지로 $Cl_2$ 분자의 공유 결합은, 전자 한 개가 채워져 있는 Cl 원자의 전자 한 개가 채워져있는 3*p* 오비탈이 다른 Cl 원자의 3*p* 오비탈과 겹쳐 공유 결합을 생성하는 것으로 설명할 수 있다.

공유 결합에서 결합한 두 핵 사이에는 항상 최적 거리가 존재한다. **그림 9.13**은 원자들이 서로 접근하여 $H_2$ 분자를 생성할 때, 두 개의 H 원자로 이루어진 계의 퍼텐셜 에너지가 어떻게 변하는가를 보여 준다. 원자들이 무한정 멀리 떨어져 있을 때는 서로 '느끼지' 못하고, 따라서 에너지가 0에 근접한다. 원자 간 거리가 감소할수록 그들의 1*s* 오비탈 간 겹침은 증가한다. 결과적으로 핵 사이의 전자 밀도가 증가하므로 그 계의 퍼텐셜 에너지는 감소한다. 즉 이원자 계의 퍼텐셜 에너지 감소에서 보듯이, 결합의 세기는 증가한다. 그러나 그림 9.13은 원자들이 74 pm보다 더 가까이 접근하면 에너지는 급격하게 증가한다는 것을 보여 준다. 이러한 급격한 증가는 주로 핵 사이의 정전기적 반발 때문이며, 핵간 거리가 짧을 때 나타난다. 퍼텐셜 에너지 곡선의 최솟값에서 핵간 거리는 그 분자의 결합 길이에 해당한다(이 예에서는 74 pm). 이 최솟값의 퍼텐셜 에너지가 결합의 세기에 해당한다. 그러므로 관측된 결합 길이는 서로 다른 전하(전자와 핵) 사이의 인력이, 같은 전하(전자–전자, 핵–핵) 사이의 반발력과 균형을 이루고 있는 거리이다.

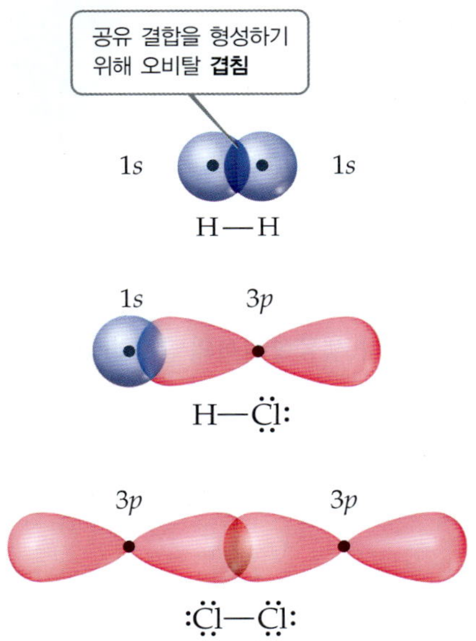


▲ **그림 9.12** $H_2$, HCl, $Cl_2$의 공유 결합은 원자 오비탈이 겹침으로써 생성된다.

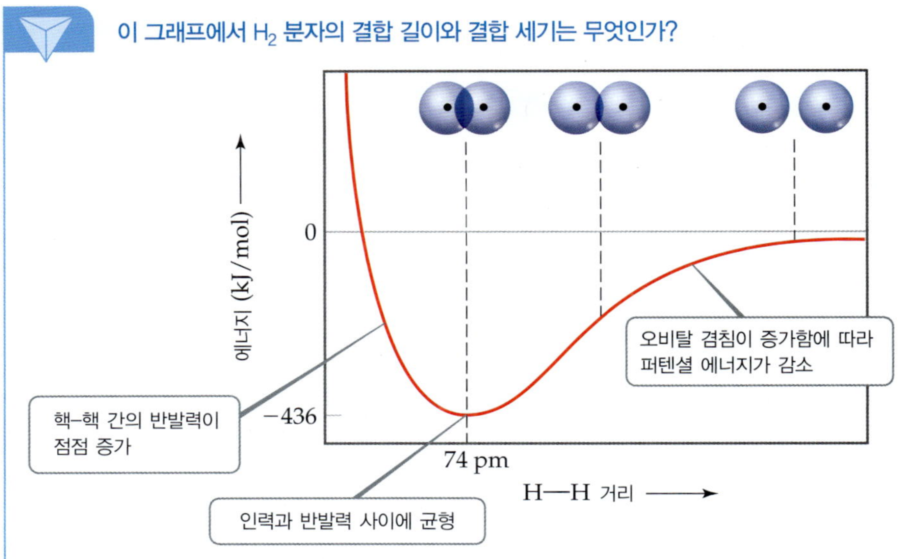


▲ **그림 9.13** 원자 오비탈의 겹침에 따른 $H_2$ 분자의 생성

## 자기 평가 연습 문제

**9.19** FCl에서의 결합은 어떤 원자 오비탈의 겹침이라고 예측하는가?

**(a)** F 2*s*와 Cl 2*s* **(b)** F 2*s*와 Cl 3*s*

**(c)** F 2*p*와 Cl 2*p* **(d)** F 2*p*와 Cl 3*p*

## 연습 문제

**9.20** 다음 두 원자의 오비탈 사이에서의 겹침을 표현하는 그림을 그리시오.

**(a)** 각 원자의 2*s* 오비탈

**(b)** 각 원자의 $2p_z$ 오비탈(두 원자가 *z*축에 있다고 가정)

**(c)** 한 원자의 2*s* 오비탈과 다른 원자의 $2p_z$ 오비탈

자기 평가 연습 문제 답 **9.19** (d)

# 9.5 | 혼성 오비탈

하이브리드(hybrid) 자동차는 추진력을 위해 전기와 휘발유라는 두 가지 다른 에너지원을 사용하는데, 이러한 에너지원은 서로 다른 것이고 구별될 수 있다. 그러나 생물학에서의 혼종(hydrid)은 서로 다른 두 종의 특성이 혼합된 것이다. 예를 들어, 노새는 당나귀와 말 사이의 혼종으로 당나귀보다 힘이 강하고 말보다 작다. 화학에서 혼성(hybrid) 오비탈을 이야기할 때는, 혼성에 기여하는 오비탈들의 모양과 크기 특성이 일부 나타나는 혼합을 의미한다.

이 절이 끝나면 다음 사항을 수행할 수 있어야 한다.

- 관찰된 분자 구조에 근거하여 분자 내 원자의 혼성화를 결정하기

VSEPR 모형은 원자 오비탈의 채움과 모양에 직접적인 관계가 없음에도 불구하고, 분자 구조를 예측하는 데 아주 유용하다. 예를 들어 중심 탄소 원자의 2*s*와 2*p* 오비탈(이들은 사면체 꼭짓점

을 향하고 있지 않다)을 이용하여, 메테인에서 C—H 결합이 사면체 꼭짓점을 향해 배열된 것을 설명하는 방법을 이해하고자 한다. 공유 결합이 원자 오비탈의 겹침으로부터 형성된다는 개념과, VSEPR 모형을 이용하여 얻은 분자 구조를 어떻게 조화시킬 수 있는가?

우선, 원자 오비탈은 원자 구조에 대한 양자 역학적 모형에서 오는 수학 함수라는 것을 상기하자. 분자 구조를 설명하기 위해서, 한 원자의 원자 오비탈(보통 중심 원자)은 **혼성 오비탈(hybrid orbital)**이라고 하는 새로운 오비탈을 형성하기 위하여 혼합된다고 가정한다. 어떤 혼성 오비탈이든지 그 모양은 원래의 원자 오비탈 모양과 다르다. 원자 오비탈을 섞는 과정은 **혼성화(hybridization)**라고 하는 수학적인 연산이다. 한 원자의 원자 오비탈의 총 수는 일정하기 때문에, 원자의 혼성 오비탈의 수는 혼성되는 데 이용된 원자 오비탈의 수와 같다.

혼성화의 일반적인 형태를 알아보기 위하여, VSEPR 모형에 의해 예측된 선형, 굽은형, 평면 삼각형, 사면체 등의 분자 구조와 혼성화 형태 사이의 연관성을 주의 깊게 살펴보자.

## *sp* 혼성 오비탈

혼성화 과정을 설명하기 위하여, 다음과 같은 Lewis 구조를 갖는 $BeF_2$ 분자를 고려해 보자.

:F̤̈—Be—F̤̈:

VSEPR 모형에 따르면, $BeF_2$가 두 개의 동등한 Be—F 결합을 갖는 선형 구조라는 것을 예측할 수 있다. 원자가 결합 이론을 이용하여 어떻게 결합을 설명할 수 있는가? F의 전자 배치($1s^2 2s^2 2p^5$)는 $2p$ 오비탈에 한 개의 홀전자가 있다는 것을 보여 준다. 이 홀전자는 Be의 한 개의 홀전자와 짝을 지어 극성 공유 결합을 형성한다. 그러나 Be 원자의 어느 오비탈이 F 원자의 어느 오비탈과 겹쳐서 Be—F 결합을 생성하는가?

Be 원자의 바닥 상태 오비탈 도표는 다음과 같다.

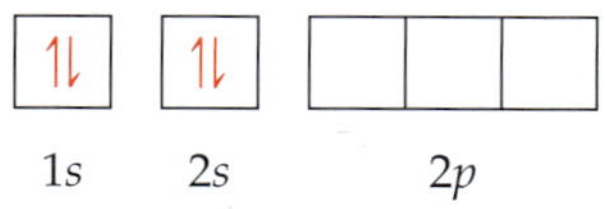


Be 원자는 바닥 상태에서 홀전자가 없기 때문에 플루오린 원자와 결합을 이룰 수 없다. 그러나 Be 원자는 $2s$ 전자 중 하나를 $2p$ 오비탈로 '촉진'한다고 가정함으로써 두 개의 결합을 형성 할 수 있다.

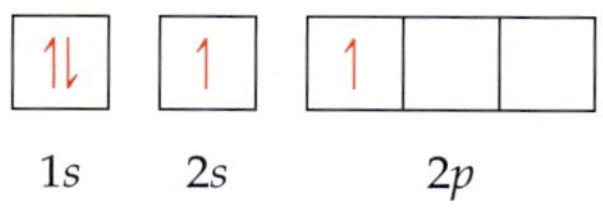


Be 원자는 이제 두 개의 홀전자를 가지므로 F 원자와 두 개의 극성 공유 결합을 형성할 수 있다. 그러나 Be의 $2s$ 오비탈을 한 개의 결합을 형성하는 데 이용하고, $2p$ 오비탈을 다른 한 개의 결합을 형성하는 데 이용하기 때문에, 두 개의 결합이 동등하지 않을 것이다. 따라서 한 전자를 '촉진'하여 두 개의 Be—F 결합을 만들 수 있더라도, $BeF_2$의 구조를 여전히 설명할 수는 없다.

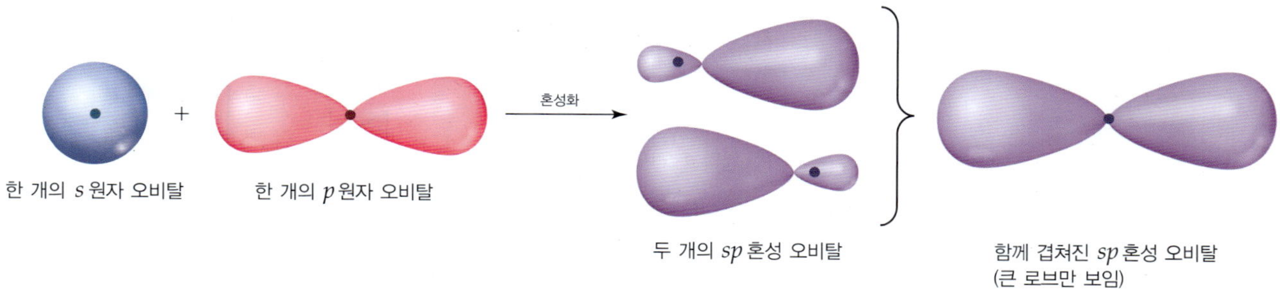


▲그림 9.14 *sp* 혼성 오비탈의 형성

이 난제는 **그림 9.14**와 같이 2*s* 오비탈과 한 개의 2*p* 오비탈을 '혼합'하여 두 개의 새로운 오비탈을 만듦으로써 해결할 수 있다. 형성된 각각의 새로운 오비탈은 *p* 오비탈처럼 두 개의 로브(lobe)를 갖는다. 그러나 *p* 오비탈과는 다르게, 한 로브는 다른 로브보다 훨씬 크다. 두 개의 새로운 오비탈은 모양은 같지만, 큰 로브의 방향은 서로 반대이다. 그림 9.14에서 보라색으로 표시한 두 개의 새로운 오비탈이 혼성 오비탈이다. 그리고 한 개의 *s* 오비탈과 한 개의 *p* 오비탈을 혼성화하였기 때문에 각각의 혼성을 *sp* 혼성 오비탈이라고 한다. **원자가 결합 모형에 따르면, 전자 영역의 선형 배열은 sp 혼성화를 의미한다.**

$BeF_2$의 Be 원자로부터 두 개의 *sp* 혼성 오비탈을 만드는 오비탈 도표는 다음과 같다.

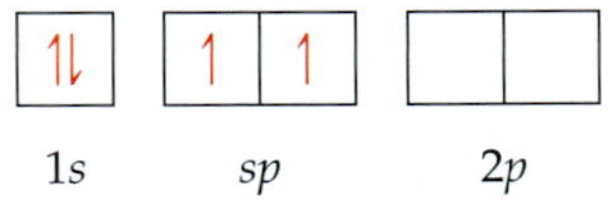


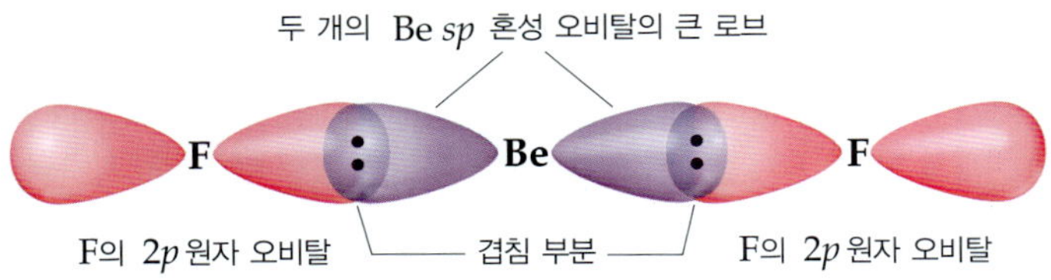


▲ **그림 9.15** $BeF_2$에서 두 개의 동등한 Be—F 결합의 생성

*sp* 혼성 오비탈의 전자는 두 개의 플루오린 원자와 결합한다(**그림 9.15**). *sp* 혼성 오비탈은 동등하지만 반대 방향이므로 $BeF_2$는 두 개의 결합이 동등한 선형 구조를 갖는다. 우리는 하나의 2*p* 오비탈을 사용하여 혼성을 했고, Be의 남아 있는 두 개의 2*p* 원자 오비탈은 비혼성화 상태이며 비어 있다. 각 플루오린 원자는 두 개의 다른 *p* 원자 오비탈에 비공유 전자쌍을 가지고 있음을 기억하라. 그림 9.15에서는 그림을 간략하게 하기 위하여 플루오린의 두 개의 원자 오비탈을 생략하였다.

## $sp^2$와 $sp^3$ 혼성 오비탈

일정 수의 원자 오비탈을 혼성하였을 때는 같은 수의 혼성 오비탈을 얻는다. 각 혼성 오비탈은 서로 동등하지만 방향이 다르다. 따라서 한 개의 2*s* 오비탈과 한 개의 2*p* 오비탈을 섞으면 서로 반대 방향인 두 개의 동등한 혼성 오비탈이 만들어진다(그림 9.14). 원자 오비탈을 $sp^2$와 $sp^3$ 같은 다른 조합으로 혼성화하여 다른 기하 구조를 얻을 수 있다.

예를 들어 $BF_3$에서 2*s* 오비탈과 두 개의 2*p* 오비탈을 섞으면, 세 개의 동등한 $sp^2$ 혼성 오비탈이 형성된다(**그림 9.16**). 세 개의 $sp^2$ 혼성 오비탈은 같은 평면에 있고, 120° 떨어져 있다. 이들 혼성

세 개의 $sp^2$ 혼성 오비탈의 큰 로브 사이의 각도는 얼마인가?

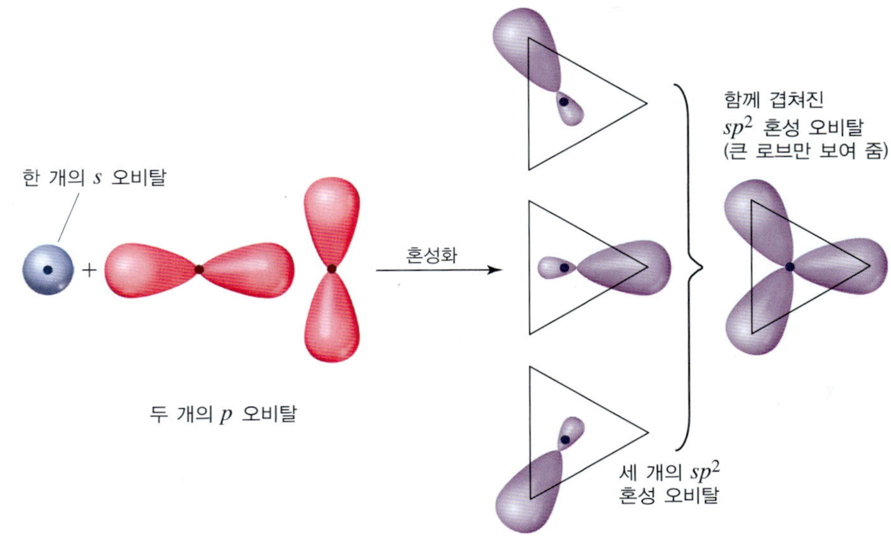


▲ **그림 9.16** $sp^2$ 혼성 오비탈의 형성

오비탈은 $BF_3$가 평면 삼각형 구조가 되도록 세 개의 플루오린 원자와 세 개의 동등한 결합을 만드는 데 사용된다. 비어 있는 $2p$ 원자 오비탈은 혼성화되지 않고 남아 있다는 것에 유의하라. 이것은 세 개의 $sp^2$ 혼성 오비탈이 놓여 있는 평면에 수직으로 배향하고 있으며, 하나의 로브는 평면 위쪽에, 다른 하나는 아래쪽에 놓여 있다. 혼성화되지 않은 오비탈은 9.6절의 이중 결합을 설명할 때 중요하다.

*s* 원자 오비탈은 같은 부껍질에 있는 세 개의 모든 *p* 원자 오비탈과 혼합될 수도 있다. 예를 들어 $CH_4$의 탄소 원자는 수소 원자와 네 개의 동등한 결합을 만든다. 이 과정은 탄소의 $2s$ 원자 오비탈과 세 개의 $2p$ 원자 오비탈이 섞여서 네 개의 동등한 $sp^3$ 혼성 오비탈을 만드는 것으로 볼 수 있다. 각 $sp^3$ 혼성 오비탈은 사면체 꼭짓점으로 배향한 큰 로브를 가진다(**그림 9.17**). 이 혼성 오비탈은 H와 같은 다른 원자의 원자 오비탈과 겹쳐 두 개의 전자로 이루어진 결합을 만드는 데 사용된다. 원자가 결합 이론을 사용하여, C의 네 개의 동등한 $sp^3$ 혼성 오비탈이 네 개의 H 원자의 $1s$ 오비탈과 겹침으로써 네 개의 동등한 결합을 형성하는 것으로 $CH_4$의 결합을 설명할 수 있다.

혼성화의 개념은 비공유 전자쌍을 포함하는 분자의 결합을 설명할 때도 이용된다. 예를 들어 $H_2O$의 중심 O 원자 주위에 있는 전자 영역 기하 구조는 대략 사면체이다(**그림 9.18**). 따라서 네 개의 전자쌍은 $sp^3$ 혼성 오비탈에 들어 있는 것으로 생각할 수 있다. 이 혼성 오비탈 중 두 개는 비공유 전자쌍을 포함하고 있고, 다른 두 개는 수소 원자와 결합한다.

*p* 오비탈 중에서 어떤 것이 두 번째 줄 그림의 맨 오른쪽 $sp^3$ 혼성 오비탈을 만드는 혼성에 가장 큰 기여를 한다고 생각하는가?

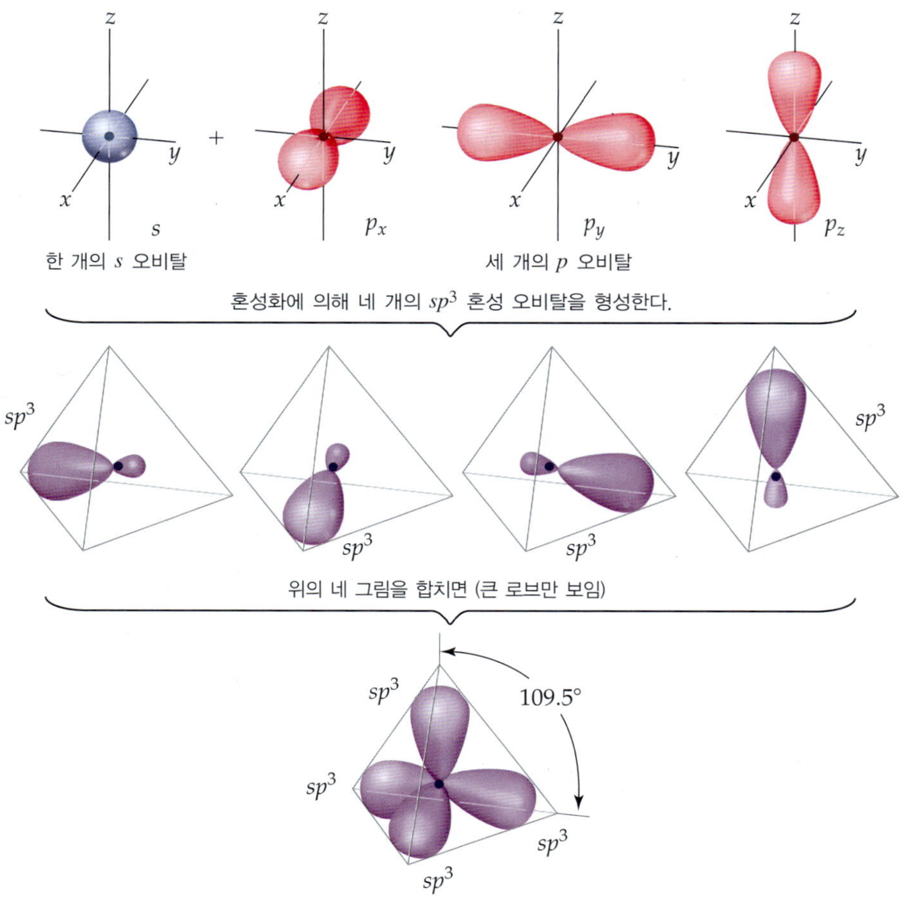


▲**그림 9.17** $sp^3$ 혼성 오비탈의 형성

$sp^3$ 혼성 오비탈 중 어떤 두 개가 비결합 전자쌍에 사용되는지가 중요한가?

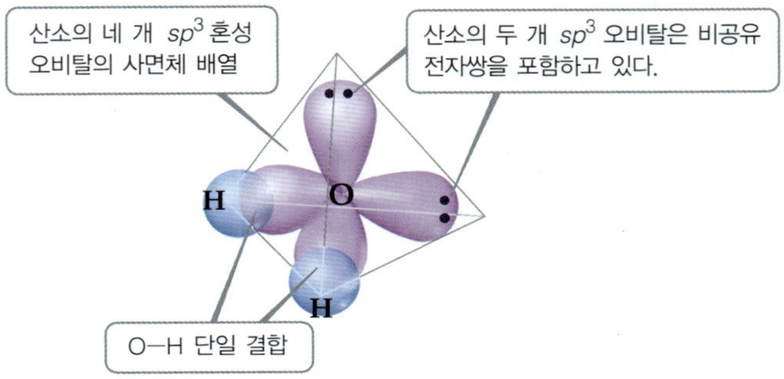


▲ 그림 9.18 $H_2O$의 혼성 오비탈 설명

## 초원자가 분자

지금까지 혼성화에 대한 논의를 탄소, 질소, 산소와 같은 2주기 원소까지만 확장하였다. 3주기 이상의 원소들은 중심 원자 주위에 8개보다 많은 전자를 갖는 **초원자가(hypervalent)**이기 때문에 새로운 생각을 도입해야 한다. 9.2절에서 $PCl_5$, $SF_6$, $BrF_5$와 같은 초원자가 분자들의 기하 구조를 예측할 때, VSEPR 모형이 잘 맞는다는 것을 보았다. 그러나 이들 분자의 결합을 기술하기 위해서 혼성 오비탈을 사용할 수 있는가? 간단히 질문에 답하면 아니다. 초원자가 분자에 대해서 혼성 오비탈을 사용해서는 안된다. 그 이유를 살펴보자.

2주기 원소에 대해 개발한 원자가 결합 모형은 원자가 껍질 오비탈에 8개 이하의 전자를 가지고 있는 한, 3주기 원소 화합물에도 잘 적용된다. 예를 들어 $PF_3$와 $H_2Se$의 결합을 설명할 때 중심 원자의 $s$와 $p$ 오비탈의 혼성으로 논의하는 것은 적절하다.

팔전자를 넘어선 화합물에 대해서는 원자가 껍질 $d$ 오비탈을 포함시켜 혼성 오비탈을 만들어, 혼성 오비탈의 수를 증가시키는 것을 상상해 볼 수 있다. 예를 들면 $SF_6$에 있어서 6개의 혼성 오비탈을 만들기 위하여 황의 $3s$ 오비탈과 세 개의 $3p$에 추가로 황의 2개 $3d$ 오비탈을 혼합하는 것을 생각해 볼 수 있다. 그러나 황의 $3d$ 오비탈은 $3s$와 $3p$보다 에너지가 훨씬 높기 때문에, 6개의 혼성 오비탈을 생성하기 위하여 필요한 에너지의 양은 6개의 플루오린 원자와 결합하여 얻는 에너지보다 크다. 이론적 계산에 의하면, 황의 $3d$ 오비탈은 황과 6개의 플루오린 원자와의 결합에 크게 참여하지 않는다. 따라서 $SF_6$에 존재하는 결합을 6개의 혼성 오비탈로 기술하는 것은 타당하지 않다. $SF_6$와 다른 초원자가 분자의 결합을 논의하는 데 필요한 좀 더 자세한 결합 모형은 일반 화학 범위를 벗어난다. 다행히도 분자들의 기하학적 특성을 정전기적 반발력으로 설명하는 VSEPR 모형이 이들 분자의 기하 구조를 예측하는 데 매우 유용하다.

과학에서 사용되는 모형은 실체가 아니라 결합 길이, 결합 에너지, 분자 구조 등과 같이 측정할 수 있는 실체의 단면을 서술하는 시도이다. 혼성 오비탈의 경우처럼 하나의 모형은 어느 정도까지는 잘 맞지만 그것을 넘어서서는 그렇지 않다. 2주기 원소에 대한 혼성 오비탈 모형은 매우 유용하다는 것이 증명되었으며, 현재 유기 화학에서 결합과 분자 기하 구조를 논의할 때 필수적이다. 그러나 $SF_6$와 같은 분자들에 대해서는 모형의 한계가 있다.

## 혼성 오비탈 요약

분자의 중심 원자 주위에 8개 이하의 전자를 가지고 있고, 분자 기하 구조가 VSEPR 모형으로 예측한 전자 영역 기하 구조를 따르는 경우, 전반적으로 원자가 결합 이론을 이용한 혼성 오비탈은 분자의 공유 결합을 서술하는 데 편리하다. 혼성 오비탈 개념이 한계를 가지고 있지만, 전자 영역의 기하 구조를 알고 있을 때, 결합을 이루는 중심 원자의 원자 오비탈을 서술하기 위해 혼성화를 사용할 수 있다.

**결합 내 원자에 의한 혼성 오비탈을 서술하는 방법**

1. 분자나 이온의 **Lewis 구조**를 그린다.
2. 중심 원자의 전자 영역 기하 구조를 결정하기 위하여 VSEPR 모형을 사용한다.
3. 기하학적 배열에 기초하여, 전자쌍을 수용하는 데 필요한 **혼성 오비탈**을 명시한다(표 9.4).

이러한 단계는 그림 9.19에 예를 들어 나타냈고, $NH_3$의 N의 혼성화가 어떻게 결정되는지를 보여 준다.

**표 9.4 혼성 오비탈의 기하학적 배열 특성**

| 원자 오비탈 | 혼성 오비탈 | 기하 구조 | 예 |
|---|---|---|---|
| *s*, *p* | 두 개의 *sp* | 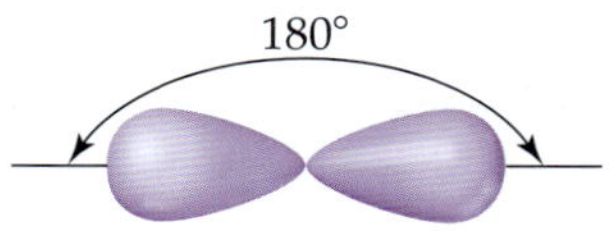 선형 | $BeF_2$, $HgCl_2$ |
| *s*, *p*, *p* | 세 개의 $sp^2$ | 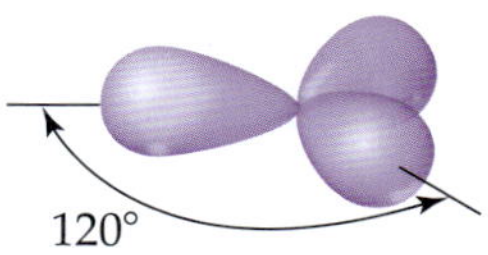 평면 삼각형 | $BF_3$, $SO_3$ |
| *s*, *p*, *p*, *p* | 네 개의 $sp^3$ | 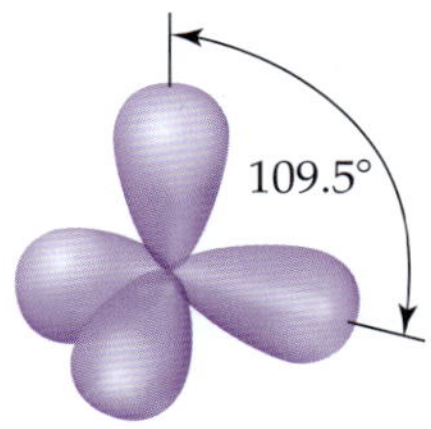 사면체 | $CH_4$, $NH_3$, $H_2O$, $NH_4^+$ |

$NH_3$가 아닌 $PH_3$를 생각할 때, 아래 그림을 어떻게 수정할 수 있는가?

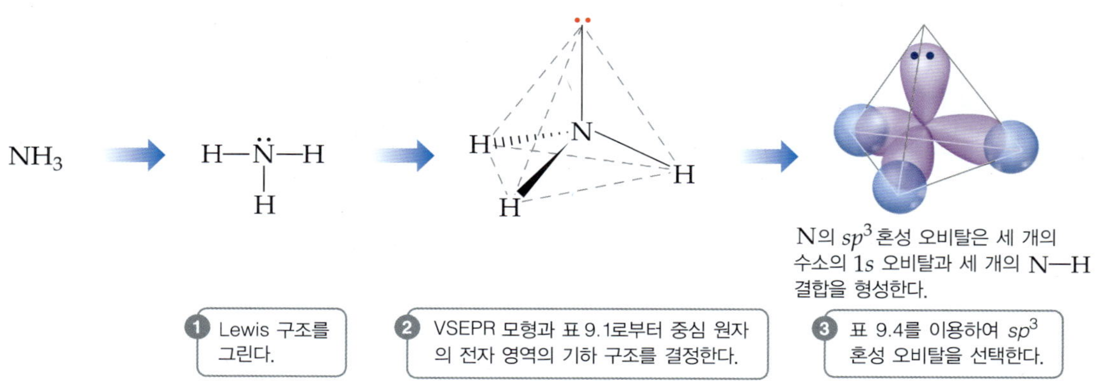


▲ **그림 9.19** $NH_3$의 **결합의 혼성 오비탈 설명** 그림 9.6과 비교해 보라. 여기서는 결합을 형성하고 비공유 전자쌍을 수용하는 혼성 오비탈에 초점을 두었다.

## 예제 9.5
### 중심 원자의 혼성화에 대한 기술

$NH_2^-$의 중심 원자가 사용한 혼성 오비탈을 설명하시오.

### 해답

**분석** 다원자 음이온에 대한 화학식이 주어졌고, 중심 원자를 둘러싼 혼성 오비탈의 종류를 설명할 것을 요구하는 문제이다.

**계획** 중심 원자를 둘러싼 혼성 오비탈을 결정하기 위하여 그 원자 주위의 전자 영역의 기하 구조를 알아야 한다. 그러므로 먼저 중심 원자 주위의 전자 영역의 수를 결정하기 위하여 Lewis 구조를 그린다. VSEPR 모형에 의해 예측된 것과 같이, 혼성화는 중심 원자 주위의 전자 영역의 수와 기하 구조에 따른다.

**풀이** Lewis 구조는 다음과 같다.

$$[\mathrm{H{:}\ddot{\underset{..}{N}}{:}H}]^-$$

N 주위에 4개의 전자 영역이 있으므로, 전자 영역 구조는 정사면체이다. 정사면체 전자 영역의 기하 구조를 나타내는 혼성화는 $sp^3$이다(표 9.4). 네 개의 $sp^3$ 혼성 오비탈 중 두 개의 오비탈은 비공유 전자쌍을 수용하고, 다른 두 개의 오비탈은 수소 원자와 결합을 형성하는 데 이용된다.

**▶ 보충 예제**
다음 서술을 적용할 수 있는 분자나 이온은 어느 것인가?
"중심 원자의 $sp^2$ 혼성 오비탈로 결합을 설명할 수 있고, 하나의 혼성 오비탈은 비공유 전자쌍을 가지고 있다."
**(a)** $CO_2$ **(b)** $H_2S$ **(c)** $O_3$ **(d)** $CO_3^{2-}$ **(e)** 답이 두 개 이상

## 자기 평가 연습 문제

**9.21** $BH_4^-$의 B가 사용한 혼성 오비탈은 무엇인가?
- **(a)** $sp$
- **(b)** $sp^2$
- **(c)** $sp^3$

## 연습 문제

**9.22** 다음 진술이 각각 참인지, 거짓인지를 표시하시오.
- **(a)** 결합에서 오비탈의 겹침이 커질수록, 결합은 약해진다.
- **(b)** 결합에서 오비탈의 겹침이 커질수록, 결합 길이는 짧아진다.
- **(c)** 혼성 오비탈을 만들기 위해서, 한 원자의 $s$ 오비탈과 다른 원자의 $p$ 오비탈을 이용한다.
- **(d)** 비공유 전자쌍은 혼성 오비탈에 참여할 수 없다.

**9.23** $BF_3$ 분자에 대해 생각해 보자.
- **(a)** B 원자(결합하지 않았을 때)의 전자 배치를 쓰시오.
- **(b)** F 원자(결합하지 않았을 때)의 전자 배치를 쓰시오.
- **(c)** B—F 결합을 형성하려면, 어떤 혼성 오비탈이 필요한가?
- **(d)** 혼성화되지 않고 남아 있는 B 원자의 최외각 오비탈은 무엇인가?

**9.24** 중심 원자의 혼성 오비탈을 쓰시오.
**(a)** $H_2S$ **(b)** $SeF_6$ **(c)** $P(OH)_3$ **(d)** $AlI_3$

**9.25** 아래 세 개의 혼성 오비탈 쌍은 각각 특정한 각을 가지고 있다. 각 쌍에 대해 주어진 각을 가지기 위한 혼성 오비탈의 혼성화 종류를 결정하시오. 가능한 것만 결정하시오.

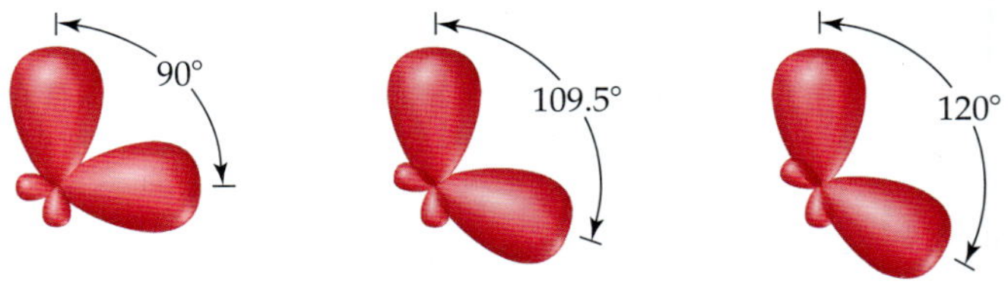


자기 평가 연습 문제 답 **9.21** (c)

# 9.6 | 다중 결합

시각은 눈의 렌즈에 의해 빛이 눈의 안쪽을 감싸고 있는 세포층인 망막에 초점이 맞춰질 때 시작된다. 망막은 막대와 원뿔이라고 하는 광수용체(photoreceptor) 세포를 포함한다. 막대 세포(간상 세포)는 약한 빛에 민감하며, 야간에 사물을 볼 때 사용된다. 원뿔 세포는 색깔에 민감하다. 막대 세포와 원뿔 세포의 꼭대기에는 **로돕신**(rhodopsin)이라는 분자가 있는데, 이 분자는 **레티날**(retinal)이라고 하는 적자색 색소가 결합된 **옵신**(opsin) 단백질로 구성되어 있다.

인간의 시각은 레티날의 이중 결합의 견고성(경직성)에 달려 있다. 정상 형태(normal form)에서 레티날은 이중 결합으로 단단하게 붙잡혀 있다. 눈으로 빛이 들어와서 로돕신에 의해 흡수되면, 이 에너지가 이중 결합의 $\pi$ 결합을 끊는 데 사용된다. $\pi$ 결합이 끊어지면 결합은 회전할 수 있게 되고 결과적으로 레티날 분자의 기하 구조가 바뀐다. 레티날은 옵신으로부터 분리되어, 뇌에서 시각이라는 감각으로 해석될 신경 자극을 만드는 반응을 일으킨다. 밀접하게 위치한 적어도 5개의 분자가 이러한 방식으로 반응에 참여하면, 시각이라는 감각을 만든다. 따라서 눈을 자극하는 데는 단지 5개의 빛의 광자만 필요하다.

이 절이 끝나면 다음 사항을 수행할 수 있어야 한다.

- 단일, 이중, 삼중 결합에서 오비탈의 배열을 이해하기
- $\pi$ 전자의 비편재화가 일어나는 위치 확인하기

지금까지 고려한 공유 결합의 전자 밀도는 핵을 연결하는 직선(**핵간 축**, internuclear axis)상에 집중되어 있다. 두 핵을 잇는 선은 오비탈이 겹치는 영역의 가운데를 지나고, **시그마**($\sigma$) **결합**(**sigma bond**)이라고 하는 공유 결합의 한 형태를 형성한다. 시그마 결합의 형성 사례는 다음과 같다.

- $H_2$에서 각각의 H로부터 온 두 개의 $s$ 오비탈의 결합(그림 9.12)
- HCl에서 H 한 개의 $s$와 Cl 한 개의 $p$ 오비탈 간의 겹침(그림 9.12)
- $Cl_2$에서 각각의 Cl로부터 온 두 개의 $p$ 오비탈 간의 겹침(그림 9.12)
- $BeF_2$에서 F의 $p$ 오비탈과 Be의 $sp$ 혼성 오비탈 간의 겹침(그림 9.15)

다중 결합을 설명하려면, 핵간 축(**그림 9.20**)에 수직으로 배향된 두 개의 $p$ 오비탈 간의 겹침에서 생긴 두 번째 종류의 결합을 고려해야 한다. $p$ 오비탈이 옆으로 겹쳐서 **파이**($\pi$) **결합**(**pi bond**)이 생성된다. $\pi$ 결합은 핵간 축의 위와 아래에서 겹쳐지는 결합이다. $\sigma$ 결합과 달리, $\pi$ 결합은 전

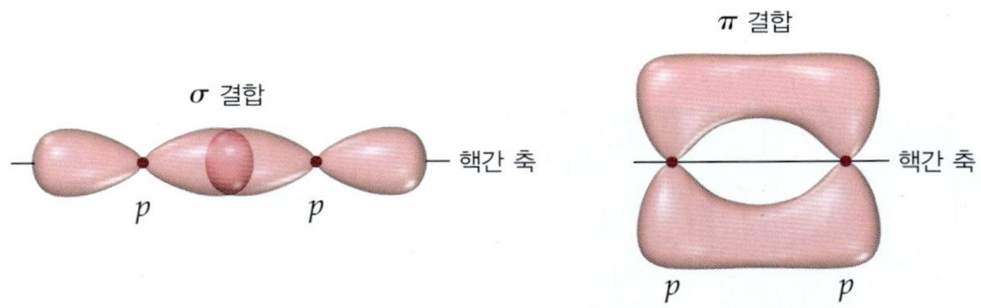


▲그림 9.20 σ 결합과 π 결합의 비교 π 결합에서 핵간 축 위와 아래에서 겹쳐지는 두 영역이 하나의 π 결합을 이루고 있다는 것을 주목하라.

자 밀도가 핵간 축에 집중되어 있지 않다. 비록 그림 9.20에서 분명하게 보이지 않지만, π 결합에서 $p$ 오비탈의 측면 겹침은 상대적으로 약한 겹침이다. 그 결과 π 결합은 σ 결합보다 일반적으로 더 약하다.

거의 모든 경우에 단일 결합은 σ 결합이다. 이중 결합은 한 개의 σ 결합과 한 개의 π 결합으로 구성되어 있고, 삼중 결합은 한 개의 σ 결합과 두 개의 π 결합으로 구성되어 있다.

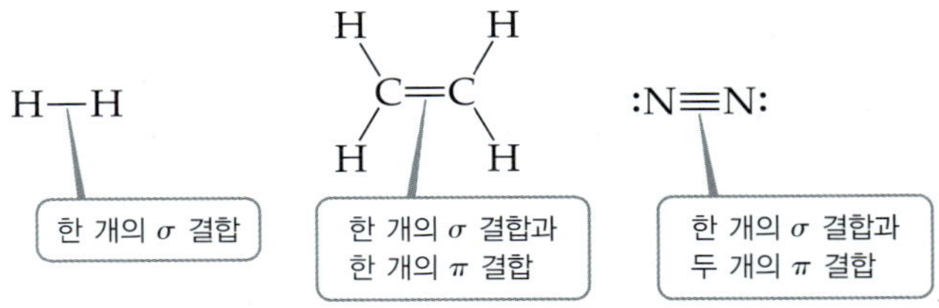


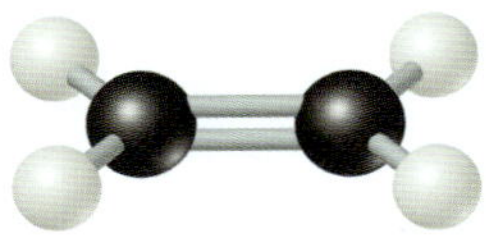

▲그림 9.21 에텐의 평면 삼각 구조 이중 결합은 한 개의 C—C σ 결합과 한 개의 C—C π 결합으로 이루어져 있다.

이러한 개념들이 어떻게 사용되는가를 알아보기 위해 C=C 이중 결합을 갖는 에텐($C_2H_4$)을 살펴보자. **그림 9.21**의 공–막대 모형에서 보여 주는 것과 같이, 각 탄소의 세 개의 결합각이 약 120° 라는 것은 각 탄소 원자는 다른 탄소 및 두 개의 수소와 σ 결합을 형성하기 위해 $sp^2$ 혼성 오비탈(그림 9.16)을 사용함을 의미한다. 탄소는 네 개의 원자가 전자를 가지므로, $sp^2$ 혼성화 후에 각 탄소의 한 개의 전자는 **비혼성**(unhybridized) $2p$ 오비탈에 남아 있다. 이 비혼성 오비탈은 세 개의 $sp^2$ 혼성 오비탈을 포함하고 있는 평면과 수직 방향으로 놓여 있음을 주목하라.

에텐 분자의 결합을 형성하는 과정을 생각해 보자. 탄소 원자의 각 $sp^2$ 혼성 오비탈은 한 개의 전자를 갖는다. **그림 9.22**를 보면 우선 C—C σ 결합은 각 탄소 원자에서 한 개씩 두 개의 $sp^2$ 혼성 오비탈의 겹침으로 생성됨을 알 수 있다. 두 개의 전자가 C—C σ 결합을 형성하는 데 사용된다. 다음으로 C—H σ 결합은 탄소에 남아 있는 $sp^2$ 혼성 오비탈이 각 H 원자의 $1s$ 오비탈과 겹쳐 생성된다. 이러한 C—H 결합을 형성하기 위해서 8개 전자를 사용한다. 따라서 $C_2H_4$ 분자에서 전체 12개의 원자가 전자 중 10개는 5개의 σ 결합을 형성하는 데 이용된다.

남은 두 개의 원자가 전자는 각 탄소에 한 개씩 비혼성 $2p$ 오비탈에 놓인다. 그림 9.22에서 보듯이, 이들 두 오비탈은 측면으로 서로 겹쳐질 수 있다. 결과적으로 전자 밀도는 C—C 결합축의 위와 아래에 집중되어 있고, 이것이 π 결합이다(그림 9.20). 따라서 에텐의 C=C 이중 결합은 한 개의 σ 결합과 한 개의 π 결합으로 구성된다.

π 결합은 직접 실험적으로 관찰할 수 없지만(우리가 관찰할 수 있는 것은 원자의 위치뿐이다), 에텐 구조는 π 결합의 존재를 강하게 뒷받침 해준다. 첫째, 에텐의 C—C 결합 길이(134 pm)는 C—C 단일 결합(154 pm)보다 훨씬 짧으므로, 이는 강한 C=C 이중 결합이 있다는 증거가 된다. 둘째, $C_2H_4$의 6개의 모든 원자는 같은 평면에 놓여 있다. 2개의 $CH_2$ 조각은 같은 평면에 놓일 때만 각 탄소의 $p$ 오비탈이 잘 겹쳐 π 결합을 형성할 수 있다. 분자의 특정 부분이 평면 구조를 가져야만 π 결합이 형성되므로, 분자는 견고하게 된다.

삼중 결합도 혼성 오비탈을 사용하여 설명할 수 있다. 예를 들면 에타인($C_2H_2$)은 삼중 결합이 있는 선형 분자이다(H—C≡C—H). 선형 구조는 각 탄소 원자가 $sp$ 혼성 오비탈을 사용하여, 탄두 개의 탄소 원자의 $sp^2$ 혼성 오비탈이 동일 평면에 위치하는 것이 왜 중요한가?

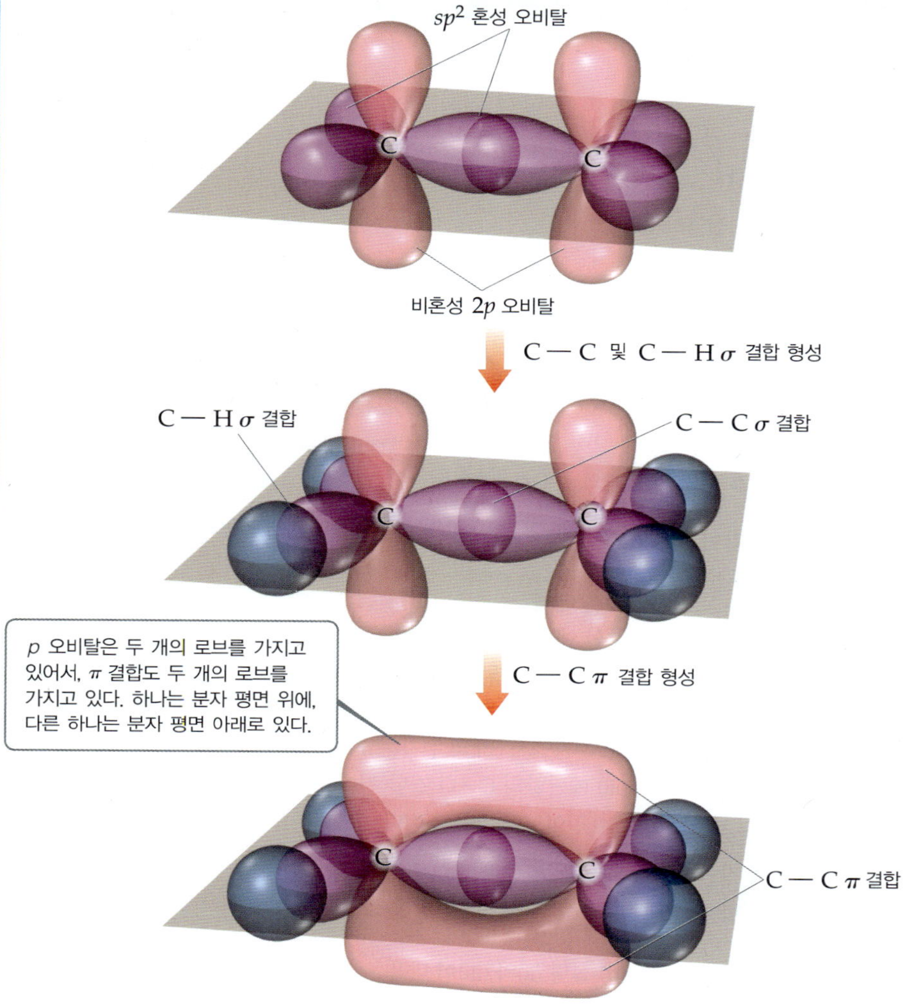


▲ **그림 9.22** 에텐($C_2H_4$)의 혼성 오비탈 결합

소 간 및 탄소–수소 간에 σ 결합을 형성한다는 것을 말해 준다. 또한 각 탄소 원자는 서로 직각이면서 *sp* 혼성 축에도 직각인 두 개의 비혼성 2*p* 오비탈을 가지고 있다(**그림 9.23**). 따라서 *sp* 혼성 탄소 원자에 **두 개의** *p* 오비탈이 남아 있다. 이들 중 각각 한 개의 *p* 오비탈이 겹쳐져서 한 쌍의 π 결합을 형성한다. 따라서 에타인의 삼중 결합은 한 개의 σ 결합과 두 개의 π 결합으로 구성되어 있다.

*d* 오비탈로부터 π 결합을 만들 수도 있지만, 여기서는 *p* 오비탈의 겹침으로 형성되는 π 결합만을 고려한다. 이러한 π 결합은 결합된 원자에 비혼성 *p* 오비탈이 존재할 때만 형성된다. 따라서 *sp* 또는 $sp^2$ 혼성 오비탈을 가진 원자들만 π 결합을 형성할 수 있다. 2주기 원자로 만들어진 분자에서 이중 결합과 삼중 결합(그러므로 π 결합)은 더 보편적이고, 특히 C, N, O의 경우에 보편적이다. S, P, Si와 같은 더 큰 원자들은 π 결합을 형성하기가 쉽지 않다.

## 공명 구조, 비편재화, π 결합

지금까지 이 절에서 논의한 분자에서 결합 전자는 **편재화되었다**(localized). 이것은 σ 및 π 전자가 결합을 형성하는 두 개의 원자와만 전적으로 연관되어 있음을 의미한다. 그러

에텐과 에타인의 결합 모형을 토대로 생각할 때, 어떤 분자의 C—C 결합 세기가 더 커야만 하는가?

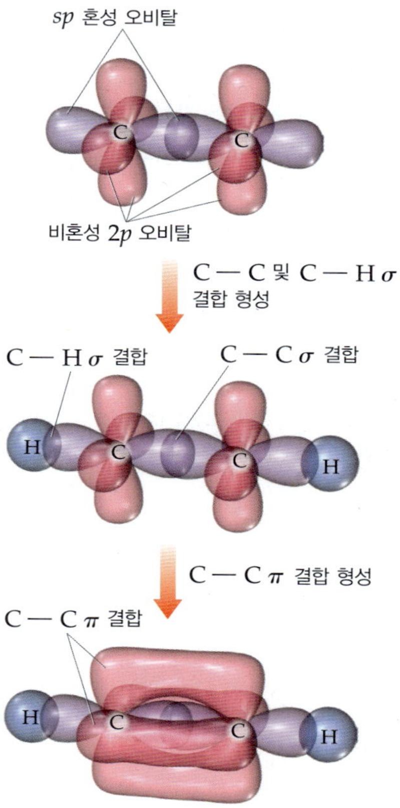


▲ **그림 9.23** 에타인($C_2H_2$)에서 두 개의 π 결합 형성

## 예제 9.6

### 분자 내 $\sigma$ 결합과 $\pi$ 결합의 서술

메탄알(methanal)은 다음과 같은 Lewis 구조를 갖는다.

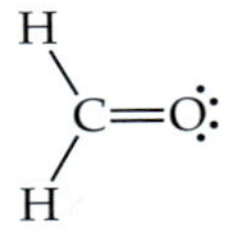

메탄알 분자 내의 화학 결합을 혼성 및 비혼성 오비탈의 겹침으로 설명하시오.

### 해답

**분석** 메탄알 분자 내의 화학 결합을 혼성 오비탈로 설명할 것을 요구하는 문제이다.

**계획** 단일 결합은 $\sigma$ 결합이며, 이중 결합은 $\sigma$ 결합과 $\pi$ 결합으로 이루어진다. 이러한 결합이 형성되는 방법은 VSEPR 모형을 사용하여 예측한 분자의 기하 구조로부터 추론할 수 있다.

**풀이** C 원자는 그 주위에 세 개의 전자 영역을 가지므로, 결합각이 약 120°인 평면 삼각형 구조이다. 이러한 구조는 C가 $sp^2$ 혼성 오비탈을 갖고 있다는 것을 의미한다(표 9.4). 이 혼성 오비탈은 $\sigma$ 결합인 두 개의 C—H 결합과 한 개의 C—O 결합을 만드는 데 사용한다. 탄소의 비혼성 $2p$ 오비탈은 그대로 남아 있고, 이는 세 개의 $sp^2$ 혼성 오비탈 면에 수직으로 놓여 있다.
O 원자도 주위에 세 개의 전자 영역을 가지므로 $sp^2$ 혼성 오비탈을 가질 것으로 추측할 수 있다. 이들 혼성 오비탈 중 하나는 C—O $\sigma$ 결합에 참여하고, 다른 두 개는 O 원자에 있는 두 개의 비공유 전자쌍을 갖고 있다. 그러므로 C 원자처럼 O 원자도 분자 평면에 수직인 한 개의 $p$ 오비탈을 갖는다. 총 두 개의 $p$ 오비탈이 C—O $\pi$ 결합을 형성하기 위해 겹쳐진다(그림 9.24).

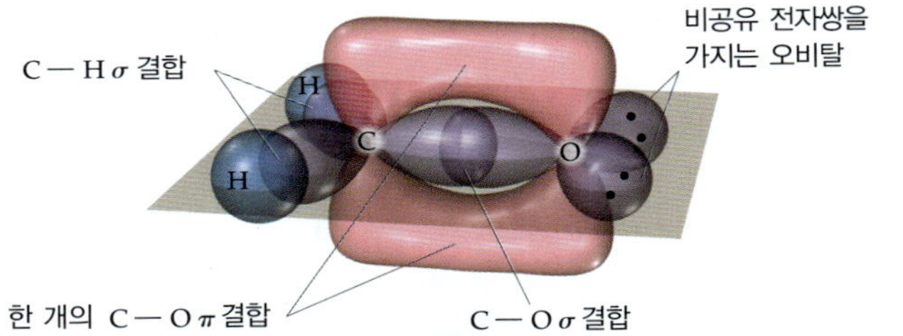


▲그림 9.24 메탄알($H_2CO$)에서의 $\sigma$ 결합과 $\pi$ 결합의 형성

**▶ 보충 예제**

앞선 예제에서, 메탄알의 결합에 대해서 알아보았다. 이와 관련하여 다음 설명 중 맞는 것을 찾으시오.

(i) 분자에서 2개의 전자는 $\pi$ 결합을 형성하는 데 사용되었다.
(ii) 분자에서 6개의 전자는 $\sigma$ 결합을 형성하는 데 사용되었다.
(iii) 메탄알의 C—O 결합 길이는 메탄올($H_3COH$)의 C—O 결합 길이보다 짧을 것이다.

**(a)** 하나의 설명만 맞음
**(b)** 설명 (i)과 (ii)가 맞음
**(c)** 설명 (i)과 (iii)이 맞음
**(d)** 설명 (ii)와 (iii)이 맞음
**(e)** 모든 설명이 맞음

나 많은 분자에서 편재화만으로 결합을 적절하게 기술할 수 없다. 이러한 상황은 $\pi$ 결합을 포함하는 2개 이상의 공명 구조를 갖는 분자에서 특히 많이 생긴다.

편재된 $\pi$ 결합으로 설명할 수 없는 분자의 예로, 두 개의 공명 구조를 갖고 있는 벤젠($C_6H_6$)이 있다.

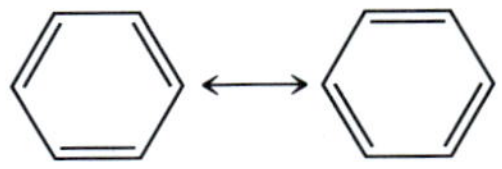

벤젠은 총 30개의 원자가 전자를 가지고 있다. 혼성 오비탈을 이용하여 벤젠 결합을 설명하려면, 우선 그 분자의 구조와 일치하는 혼성화 도표를 선택한다. 각 탄소는 120°의 각으로 3개의 원자에 둘러싸여 있으므로 적절한 혼성 오비탈은 $sp^2$이다. 6개의 편재된 C—C $\sigma$ 결합과 6개의 편재된 C—H $\sigma$ 결합은 그림 9.25(**a**)에서 보이는 대로, $sp^2$ 혼성 오비탈로부터 형성된다. 따라서 벤젠의 24개의 원자가 전자가 $\sigma$ 결합을 형성하는 데 사용된다.

벤젠에 있는 두 종류의 $\sigma$ 결합은 무엇인가?

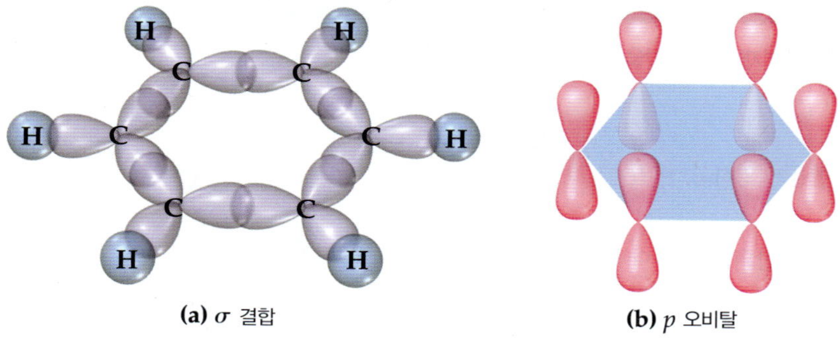


▲ 그림 9.25 벤젠($C_6H_6$)에서 $\sigma$ 및 $\pi$ 결합 (a) $\sigma$ 결합 구조, (b) $\pi$ 결합은 6개 탄소 원자의 비혼성 $2p$ 오비탈이 겹쳐짐으로써 형성된다.

각 C 원자의 혼성은 $sp^2$이므로, 각 C 원자마다 분자의 평면에 수직 방향으로 배열한 한 개의 $p$ 오비탈이 있다. 6개의 $p$ 오비탈이 고리에 배열된 것을 제외하면, 이 상황은 에텐과 대단히 비슷하다(그림 9.25(**b**)). 남은 6개의 원자가 전자는 각 $p$ 오비탈을 한 개씩 채워 총 6개의 $p$ 오비탈을 채운다.

우리는 $p$ 오비탈을 이용하여 세 개의 편재된 $\pi$ 결합의 형성을 생각해 볼 수 있다. 그림 9.26에서 보여 주는 것처럼, 이러한 편재된 결합을 만드는 동등한 방법이 두 가지 있는데, 이들 각각이 분자의 공명 구조 중 하나에 해당된다. 그러나 두 가지 공명 구조를 **모두** 반영하는 표현은 그림 9.26의 오른쪽에 보이는 것처럼, 모든 6개 탄소 원자에 '널리 퍼진' 6개의 $\pi$ 전자를 갖게 하는 것이다.

이 모형은 벤젠의 탄소-탄소 결합 길이가 모두 동일하고, 결합 길이가 C—C 단일 결합(154 pm)과 C=C 이중 결합(134 pm) 사이일 것으로 예측하게 한다. 이 예측은 실험적으로 관찰된 벤젠의 탄소-탄소 결합 길이(140 pm)와 일치한다.

벤젠의 $\pi$ 결합은 이웃 원자 사이의 개별 결합으로 설명할 수 없으므로, 6전자 $\pi$계는 6개의 탄소 원자 사이에 **비편재되어 있다(delocalized)**고 말한다. 벤젠은 $\pi$ 결합 전자의 비편재 때문에 특별히 안정하다. 또한 $\pi$ 결합의 전자 비편재화는 많은 유기 분자가 색을 띠는 이유를 설명하는 데 유용하다. 비편재된 $\pi$ 결합에 대한 마지막 중요한 점은 분자의 기하 구조에 제한이 발생한다는 것이다. 비편재된 $\pi$ 오비탈이 최적으로 중첩되기 위해서는 비편재화된 $\pi$ 결합에 관여된 모든 원자가 같은 평면에 놓여야만 한다. 이러한 구조적 제한 때문에 $\sigma$ 결합만을 포함하고 있는 분자에서는 볼 수 없는 분자의 견고성(경직성)을 보여 준다.

## $\sigma$ 결합과 $\pi$ 결합에 대한 일반적인 결론

지금까지 살펴본 예를 기초로 하여, 혼성 오비탈의 개념을 이용하여 분자 구조를 설명하는 데에

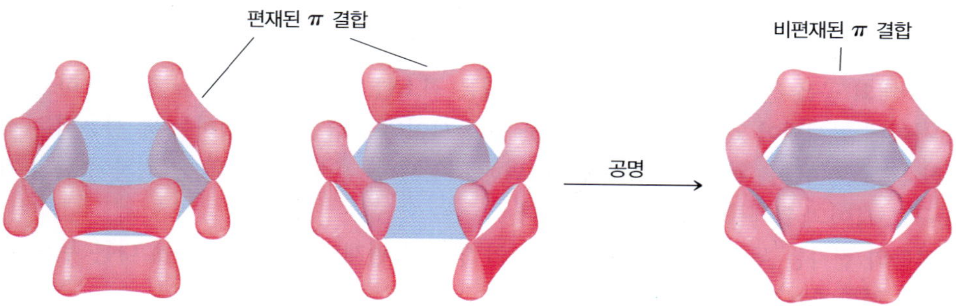


◀ 그림 9.26 벤젠의 비편재된 $\pi$ 결합

## 예제 9.7
### 비편재된 결합

질산 이온($NO_3^-$)의 결합을 설명하시오. 이 이온은 비편재된 $\pi$ 결합을 갖는가?

**해답**

**분석** 주어진 다원자 음이온의 화학식에 대해 결합을 설명하고, 비편재된 $\pi$ 결합인지를 결정하는 문제이다.

**계획** 첫 단계는 Lewis 구조를 그리는 것이다. 이중 결합의 위치만 다른 여러 개의 공명 구조가 존재한다는 것은 이중 결합의 $\pi$ 성분이 비편재되어 있음을 암시한다.

**풀이** 8.6절에서 $NO_3^-$의 세 개의 공명 구조를 보았다.

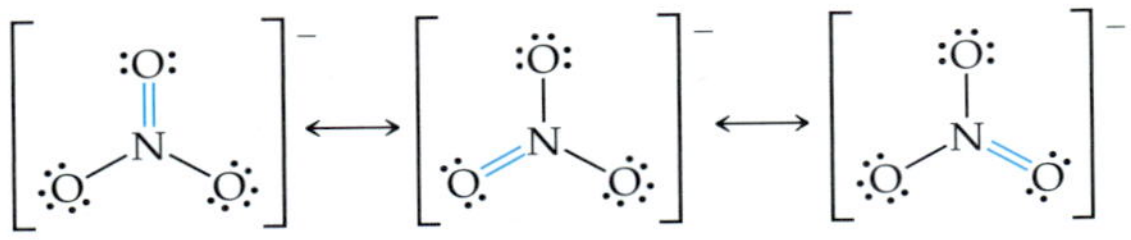

각 공명 구조에서 전자 영역의 기하 구조는 평면 삼각형이므로, N 원자가 $sp^2$ 혼성을 가짐을 알 수 있다. 비편재된 $\pi$ 결합을 파악하려고 할 때, 중심 원자에 결합하고 있으면서 고립 전자쌍을 가진 원자가 $sp^2$ 혼성인지 생각해 볼 필요가 있다. 따라서 각각의 O 원자가 이온의 평면상에 $sp^2$ 혼성 오비탈을 가지고 있고, 각 4개 원자(질소 원자 및 산소 원자)가 비혼성 $p$ 오비탈을 하나씩 가지며, 이 비혼성 $p$ 오비탈은 이온의 평면에 수직으로 위치해 있는 것을 그려볼 수 있다.

$NO_3^-$ 이온은 24개의 원자가 전자를 가진다. 먼저 4개 원자의 $sp^2$ 혼성 오비탈을 활용하여 세 개의 N—O $\sigma$ 결합을 형성시킬 수 있다. N 원자의 모든 $sp^2$ 혼성을 사용하고, 각 O 원자의 한 개의 $sp^2$ 혼성을 사용하면 세 개의 N—O $\sigma$ 결합을 형성할 수 있다. 각각의 O 원자에 남은 두 개씩의 $sp^2$ 혼성은 비결합 전자쌍을 가지고 있다. 따라서 어느 공명 구조든지 다음과 같은 평면 형태의 이온을 그릴 수 있다.

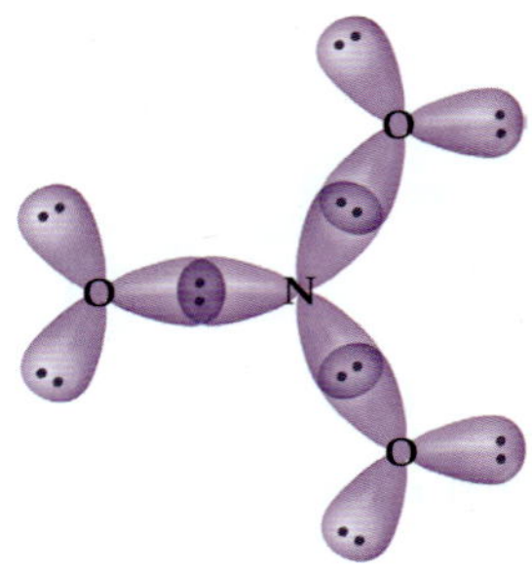

N—O $\sigma$ 결합에 6개의 전자를 사용하였고, O 원자의 비결합 전자쌍으로 12개의 전자를 사용하여, 18개의 전자를 사용하였다. 따라서 남아 있는 6개의 전자를 이온의 $\pi$계에 배치할 수 있다.

4개 원자에서 기인한 총 4개의 $p$ 오비탈이 $\pi$ 결합을 형성하는 데 사용된다. 세 개의 공명 구조 중에 어느 것이든, 질소 원자와 한 개의 산소 원자 간의 $p$ 오비탈 겹침으로 형성된 한 개의 편재된 N—O $\pi$ 결합, 나머지 두 개의 O의 비결합 전자쌍이 $p$ 오비탈에 존재하는 형태를 상상해 볼 수 있다(**그림 9.27**). 그러나 각각의 공명 구조는 동등하게 $NO_3^-$의 관측된 구조에 기여하므로, $\pi$ 결합은 세 개의 N—O 결합에 비편재되어 있는 것으로 나타낸다. $NO_3^-$ 이온은 6전자 $\pi$계를 가지고 있고, $\pi$ 결합은 4개의 원자에 비편재되어 있다.

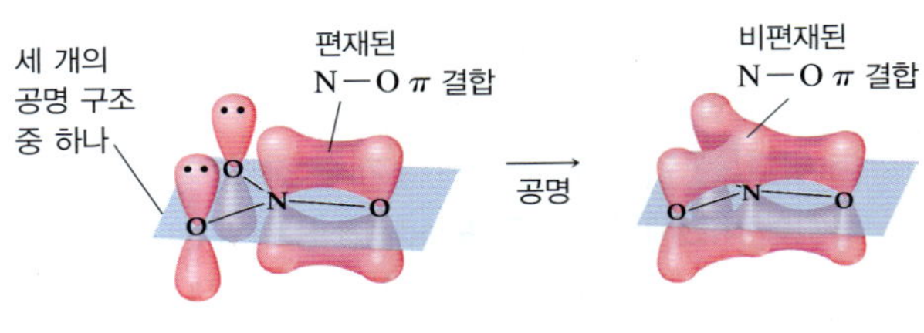


▲ **그림 9.27** $NO_3^-$에서 편재 및 비편재된 6전자 $\pi$계

▶ **보충 예제**

오존 분자($O_3$)의 $\pi$계에는 몇 개의 전자가 있는가?

**(a)** 2 **(b)** 4 **(c)** 6 **(d)** 14 **(e)** 18

도움을 줄 수 있는 결론을 이끌어낼 수 있다.

- 결합된 원자들의 모든 쌍은 한 개 이상의 전자쌍을 공유한다. Lewis 구조에 나타나는 선은 두 개의 공유 전자를 나타낸다. 모든 결합은 최소한 한 쌍의 전자가 $\sigma$ 결합을 하는 원자 사이에 편재되어 있다. 한 원자와 이웃 원자 사이의 $\sigma$ 결합을 형성하는 데 사용되는 적절한 혼성 오비탈은 관측된 분자 구조에 의해 결정된다. 혼성 오비탈과 한 원자 주위의 기하 구조 사이의 관계를 표 9.4에 나타냈다.
- $\sigma$ 결합의 전자는 두 개의 결합 원자 사이의 영역에 편재되어 있기 때문에 다른 두 원자 사이의 결합에는 많은 기여를 하지 못한다.

- 원자들이 두 개 이상의 전자쌍을 공유할 때, 한 쌍은 $\sigma$ 결합을 형성하는 데 사용되고, 그 이상의 전자쌍은 $\pi$ 결합을 형성하는 데 사용된다. $\pi$ 결합의 전자 밀도 중심은 핵간 축의 위와 아래에 존재한다.
- 분자는 세 개 이상의 결합 원자에 걸쳐 있는 $\pi$계를 가질 수 있다. 확장된 $\pi$계의 전자들은 '비편재'되어 있다고 말한다. 이 절에서 기술한 방법을 이용하여, 분자의 $\pi$계 내에 있는 전자의 개수를 파악할 수 있다.

## 자기 평가 연습 문제

**9.26** 탄산 이온 $CO_3^{2-}$의 공명 구조 한 개를 그리시오. 탄산 이온에 몇 개의 $\sigma$ 결합과 $\pi$ 결합이 있는가?

**(a)** $\sigma$ 결합 3개
**(b)** $\sigma$ 결합 3개와 $\pi$ 결합 하나
**(c)** $\sigma$ 결합 3개와 $\pi$ 결합 2개
**(d)** $\sigma$ 결합 4개

**9.27** $HCO_2^-$ 이온의 $\pi$ 결합은 편재되어 있는가? 비편재되어 있는가?

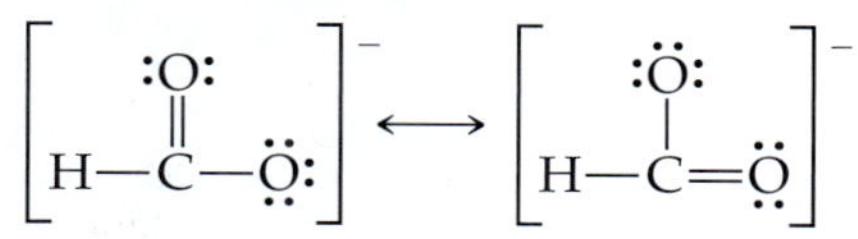

**(a)** 편재 **(b)** 비편재

## 연습 문제

**9.28** **(a)** 두 개의 다른 원자에 있는 두 개의 $p$ 오비탈을 결합해서 $\sigma$ 결합을 어떻게 만드는지를 그림으로 그리시오. **(b)** $p$ 오비탈로 구성된 $\pi$ 결합을 그리시오. **(c)** 일반적으로 $\sigma$ 결합과 $\pi$ 결합 중 어느 것이 더 강한 결합인가? 설명하시오. **(d)** 두 개의 $s$ 오비탈로부터 $\pi$ 결합을 만들 수 있는가? 설명하시오.

**9.29** 바이닐 클로라이드($C_2H_3Cl$)는 중요한 고분자인 PVC(polyvinyl chloride)을 만드는 데 사용되는 기체이다. Lewis 구조식은 아래와 같다.

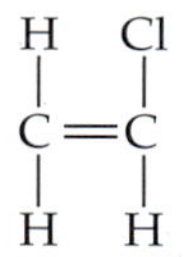

**(a)** 바이닐 클로라이드 분자의 전체 원자가 전자수는 얼마인가?
**(b)** 몇 개의 원자가 전자가 분자의 $\sigma$ 결합을 만드는 데 사용되는가?
**(c)** 몇 개의 원자가 전자가 분자의 $\pi$ 결합을 만드는 데 사용되는가?
**(d)** 몇 개의 원자가 전자가 분자의 비공유 전자쌍으로 남아 있는가?
**(e)** 이 분자에서 각 탄소 원자의 혼성화는 무엇인가?

**9.30** 파라세타몰(paracetamol)로 더 잘 알려진 아세트아미노펜(acetaminophen)의 Lewis 구조식은 다음과 같다.

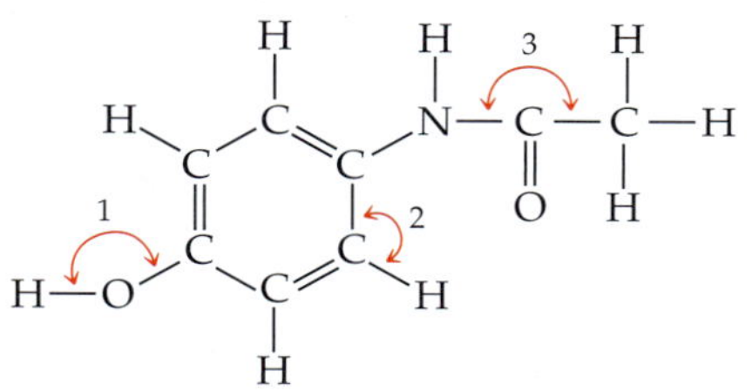

**(a)** 1, 2, 3의 결합각은 대략 얼마인가?
**(b)** 이들 각의 중심 원자에 사용되는 혼성 오비탈은 무엇인가?
**(c)** 이 분자에는 σ 결합이 몇 개 있는가?

**9.31** **(a)** 편재 $\pi$ 결합과 비편재 $\pi$ 결합 간의 차이는 무엇인가?
**(b)** 분자나 이온이 비편재 $\pi$ 결합을 가지는지 어떻게 결정할 수 있는가?
**(c)** $NO_2^-$의 $\pi$ 결합은 편재인가, 비편재인가?

**9.32** 황산 이온 $SO_4^{2-}$에는 중심 황 원자에 4개의 산소 원자가 결합을 이루고 있다.
**(a)** 황산 이온의 Lewis 구조식을 그리시오.
**(b)** 황 원자의 혼성화는 무엇인가?
**(c)** 이 이온에 여러 개의 동등한 공명 구조가 있는가?
**(d)** 몇 개의 전자가 $\pi$ 계에 있는가?

**9.33** 다음 각 분자의 분자 기하 구조를 예측하시오.

**(a)** H—C≡C—C≡C—C≡N

**(b)** 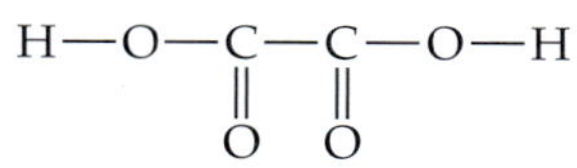

**(c)** H—N=N—H

# 9.7 | 분자 오비탈

덴마크의 최북단에는 바다로 뻗어 있는 긴 모래톱인 Skagen과 Grenen 해변이 있다. 놀라운 것은 그것이 Skagerrak(북해의 일부)과 Kattegat(발트해의 일부)의 두 바다가 만나는 지점에 있다는 것이다. 이 두 바다가 만나는 곳에서 물은 '혼란'되는데, 한 바다의 파도가 다른 파도를 만나면 때로는 서로를 강화하고 때로는 서로를 상쇄시킨다.

이 절에서는 전자를 서로 상호 작용하기도 하고, 강화하기도 하며, 상쇄하기도 하는 파동으로 취급하는 결합 모델을 살펴본다.

이 절이 끝나면 다음 사항을 수행할 수 있어야 한다.

- 두 개의 1*s* 원자 오비탈로부터 형성된 분자 오비탈을 이해하기

원자가 결합 이론은 Lewis 구조, 원자 오비탈 및 분자 기하 구조의 관계를 설명하는 데 부분적으로 도움을 준다. 그러나 원자가 결합 이론이 결합의 모든 것을 설명해 주지는 않는다. 예를 들면 분자가 어떻게 빛을 흡수하고 색깔을 띠는지 설명하기 위해서 분자의 들뜬 상태를 파악해야 하는데, 원자가 결합 이론으로 이를 설명하기는 어렵다.

**분자 오비탈 이론(molecular orbital theory)**은 결합에 대해서 더 잘 설명할 수 있는 조금 더 복잡한 모형이다. 원자 오비탈이라고 하는 파동 함수로 원자 내 전자를 기술할 수 있음을 6장에서 살펴보았다. 비슷한 방식으로, 분자 오비탈 이론은 **분자 오비탈(molecular orbital, MO)**이라고 하는 특정한 파동 함수를 이용하여 분자 내 전자를 기술한다.

분자 오비탈은 원자 오비탈과 같은 특성을 많이 가지고 있다. 예를 들어 하나의 MO는 최대 (다른 스핀을 갖는) 두 개의 전자를 가질 수 있고, 일정한 에너지를 가지며, 원자 오비탈처럼 등고선 표현법으로 전자 밀도 분포를 살펴볼 수 있다. 그러나 MO는 원자 오비탈과 달리, 하나의 원자가 아니라 전체 분자와 관련되어 있다.

## 수소 분자의 분자 오비탈

수소 분자($H_2$)를 이용하여 MO 이론에 대한 공부를 시작하겠다. 각각의 H 원자의 1*s* 원자 오비탈을 이용하여 $H_2$의 분자 오비탈을 만들어 볼 것이다. **두 개의 원자 오비탈이 겹쳐지면, 반드시 두**

**개의 분자 오비탈이 생긴다.** 그러므로 $H_2$를 형성하기 위해 두 개의 수소 원자의 1*s* 오비탈이 겹쳐서 두 개의 MO를 만든다. **그림 9.28**의 오른쪽 하단에 보이는 첫 번째 MO는 두 개의 1*s* 오비탈의 파동 함수가 더해져서 생긴다. 우리는 이것을 **보강 조합**(constructive combination)이라고 한다. 이런 결과로 생긴 MO의 에너지는 분자를 형성하는 두 개의 원자 오비탈의 에너지보다 낮다. 이 분자 오비탈을 **결합성 분자 오비탈(bonding molecular orbital)**이라고 한다.

두 번째 MO는 두 개의 원자 오비탈이 겹쳐지는 중심 영역에서 전자 밀도가 상쇄되는 방법으로 합쳐짐으로써 생성된다. 이것을 **상쇄 조합**(destructive combination)이라고 한다. 이 과정은 이 장 끝의 "자세히 보기"에서 더 자세히 살펴볼 것이다. 이런 결과로 생긴 MO를 **반결합성 분자 오비탈 (antibonding molecular orbital)**이라고 하는데, 그 에너지는 원자 오비탈들의 에너지보다 더 높다. $H_2$의 반결합성 MO가 그림 9.28의 오른쪽 상단에 있다.

그림 9.28에서 볼 수 있듯이, 결합성 MO의 전자 밀도는 두 개의 핵 사이에 집중되어 있다. 이 소시지 모양의 MO는 두 개의 원자 오비탈을 더함으로써 생성되므로, 원자 오비탈의 파동 함수는 두 개의 핵 사이에서 합쳐진다. 이 MO의 전자는 두 개의 핵이 잡아당기고 있으므로, 이 전자는 고립 상태의 수소 원자의 1*s* 오비탈에 있을 때보다 더 안정하다(낮은 에너지를 갖는다). 더욱이 이 결합성 MO는 핵 사이에 전자 밀도가 집중되기 때문에 공유 결합에서 원자들을 서로 붙잡는다.

반면, 반결합성 MO는 핵 사이에 전자 밀도가 거의 없다. 원자 오비탈의 파동 함수는 핵 사이에서 합쳐지는 대신에 서로를 상쇄시켜서, 가장 큰 전자 밀도는 두 개의 핵 반대편에 있게 된다. 따라서 반결합성 MO는 결합이 형성되는 영역에서 전자를 내쫓는다. 반결합성 오비탈은 반드시 전자 밀도가 0이 되는 핵 사이 영역인 **마디 평면(nodal plane)**을 갖는다(그림 9.28과 그 이후의 그림에서 마디는 점선으로 표시된다). 반결합성 MO의 전자는 결합 영역에서 밀려나므로 수소 원자의 1*s* 오비탈에서보다 덜 안정하다(높은 에너지를 갖는다).

그림 9.28에서 $H_2$의 결합성 MO와 반결합성 MO 모두의 전자 밀도는 두 핵을 통과하는 축에 위치함을 주목하라. 이러한 유형의 MO를 **시그마 분자 오비탈(sigma($\sigma$) molecular orbital)**이라고 한다($\sigma$ 결합과 비슷하다). $H_2$의 결합성 시그마 MO를 $\sigma_{1s}$로 쓴다. 아래 첨자는 그 MO가 두 개의 1*s* 오비탈로 만들어졌음을 의미한다. $H_2$의 반결합성 시그마 MO는 $\sigma^*_{1s}$("sigma-star-one-s"라고 읽는

반결합성 분자 오비탈의 마디 평면에서 전자를 발견할 확률은 얼마인가?

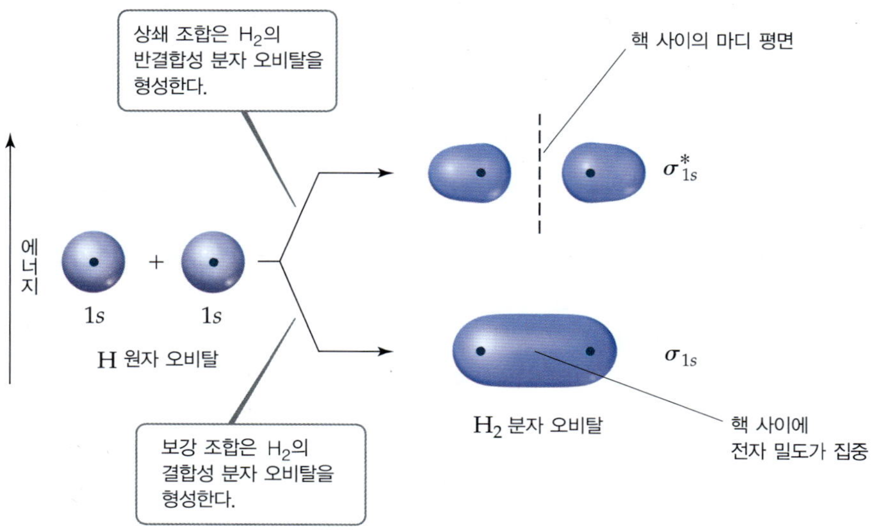


▲ **그림 9.28** $H_2$의 두 개의 분자 오비탈 하나는 결합성 분자 오비탈이고, 다른 하나는 반결합성 분자 오비탈이다.

만약 $H_2$ 분자의 H 원자들이 정상적인 결합 길이보다 두 배 더 떨어져 있다면, $\sigma_{1s}$ MO의 에너지는 어떻게 되겠는가?

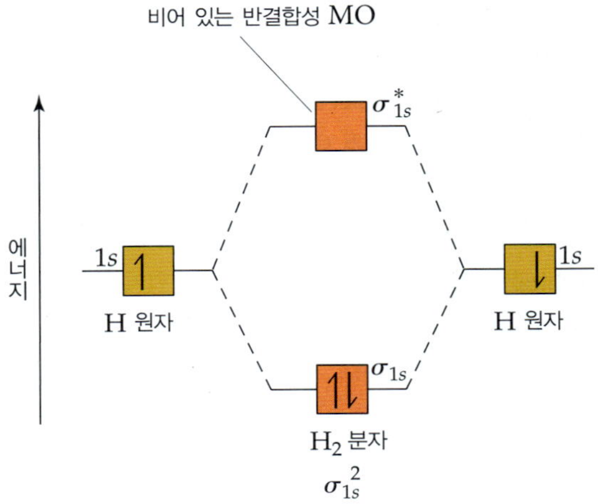


▲ 그림 9.29 수소 분자($H_2$)의 에너지 준위 도표와 전자 배치

다.)로 쓴다. 별표(star)는 이 MO가 반결합성임을 나타낸다.

두 개의 1*s* 원자 오비탈과 그들로부터 생성된 분자 오비탈의 상대적 에너지를 **에너지 준위 도표(energy level diagram, 분자 오비탈 도표(molecular orbital diagram)**라고도 한다)로 나타낸다. 이런 도표는 그림 9.29에서처럼, 왼쪽과 오른쪽에 원자 오비탈을 가운데에 MO를 보여 주고 있다. 원자 오비탈처럼 각각의 MO도 쌍을 이룬 두 개의 전자를 수용할 수 있다(Pauli 배타 원리).

그림 9.29의 $H_2$ MO 도표에서 나타냈듯이, 각각의 수소 원자(H)는 분자에 한 개의 전자를 제공하여 수소 분자($H_2$)에는 두 개의 전자가 있다. 이 두 개의 전자는 낮은 에너지의 결합성 MO($\sigma_{1s}$)에 들어가고, 그 스핀들은 쌍을 이룬다. 결합성 분자 오비탈에 들어간 전자를 **결합 전자(bonding electron)**라고 한다. $\sigma_{1s}$ MO는 1*s* 원자 오비탈보다 에너지가 낮기 때문에 $H_2$ 분자는 분리된 두 개의 H에 비해 더 안정하다.

원자의 전자 배치와 마찬가지로, 분자에서의 전자 배치는 몇 개의 전자가 채워져 있음을 위 첨자로 표시할 수 있다. 따라서 $H_2$의 전자 배치는 $\sigma_{1s}^2$이다.

## 결합 차수

분자 오비탈 이론에서, 공유 결합의 안정성은 **결합 차수(bond order)**와 관련이 있다. 결합 차수는 결합성 전자의 개수와 반결합성 전자의 개수와의 차이를 2로 나눈 것으로 정의된다.

$$\text{결합 차수} = \frac{1}{2}(\text{결합성 전자 개수} - \text{반결합성 전자 개수}) \qquad [9.1]$$

결합은 전자쌍이므로 전자 개수 차이의 $\frac{1}{2}$을 결합 차수로 한다. **결합 차수가 1이면 단일 결합, 2이면 이중 결합, 3이면 삼중 결합을 뜻한다.** MO 이론은 홀수 개의 전자를 가지는 분자도 다루므로, $\frac{1}{2}$, $\frac{3}{2}$, $\frac{5}{2}$와 같은 결합 차수도 가능하다.

이제 $H_2$와 $He_2$의 결합 차수를 그림 9.29와 9.30을 참조하여 살펴보자. $H_2$는 2개의 결합 전자를 가지고 있고, 반결합 전자는 가지고 있지 않으므로, 결합 차수는 1이다.

그림 9.30은 가상의 헬륨 분자($He_2$)를 위한 에너지 준위 도표를 나타내는데, 헬륨 분자는 분자 오비탈에 네 개의 전자를 채워야 한다. 단지 두 개의 전자만이 $\sigma_{1s}$ 분자 오비탈에 들어갈 수 있기 때문에 다른 두 개의 전자는 $\sigma^*_{1s}$ 분자 오비탈에 들어가야 한다. 따라서 $He_2$의 전자 배치는 $\sigma_{1s}^2\sigma_{1s}^{*2}$이다. He 원자 오비탈이 He 결합성 MO를 이루면서 생기는 에너지 감소는 He 원자 오비탈이 He

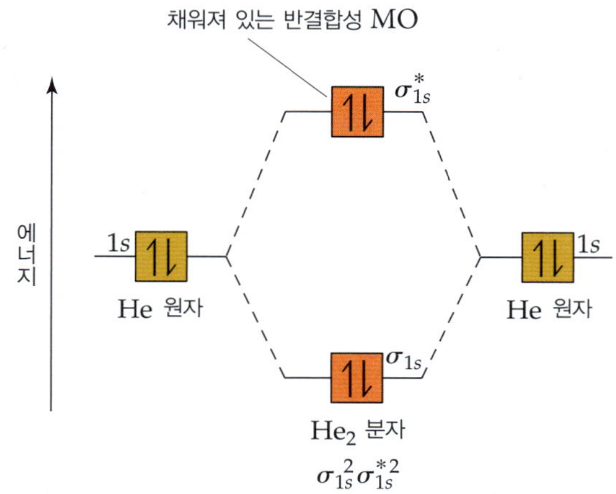


◀ **그림 9.30** 헬륨 분자($He_2$)의 에너지 준위 도표와 전자 배치

반결합성 MO를 형성하면서 증가하는 에너지에 의해 상쇄된다.* $He_2$는 2개의 결합 전자와 2개의 반결합 전자가 있으므로, 결합 차수는 0이다. 결합 차수가 0이라는 의미는 결합이 없다는 것이다. 분자 오비탈 이론에 의해 수소는 이원자 분자를 이루지만, 헬륨은 그렇지 않다는 것을 정확하게 예측할 수 있다.

## 예제 9.8
### 결합 차수

$He_2^+$ 이온의 결합 차수는 얼마인가? 이 이온이 He 원자와 $He^+$ 이온으로 분리되는 것과 비교하여 안정할 것으로 예측하는가?

**해답**

**분석** $He_2^+$ 이온의 결합 차수를 결정하고 그것을 이용하여 이온이 안정한지, 아닌지를 예측하는 문제이다.

**계획** 결합 차수를 결정하기 위해, 분자의 전자 개수와 이 전자들이 비어 있는 MO를 어떻게 차지하는지를 결정해야 한다. He의 원자가 전자는 1*s* 오비탈에 있고, 이 1*s* 오비탈은 합쳐져서 $H_2$나 $He_2$와 같은 분자 오비탈 도표를 만들 것이다(그림 9.30). 만약 결합 차수가 0보다 크면 결합이 존재하고, 그 이온은 안정하다고 예측할 수 있다.

**풀이** $He_2^+$ 이온의 에너지 준위 도표를 **그림 9.31**에 나타냈다. 이 이온은 세 개의 전자를 가지고 있다. 두 개는 결합성 오비탈에 위치하고, 세 번째 전자는 반결합성 오비탈에 위치한다. 따라서 결합 차수는

결합 차수 $= \frac{1}{2}(2 - 1) = \frac{1}{2}$

결합 차수가 0보다 크므로, $He_2^+$ 이온이 분리된 He 원자와 $He^+$ 이온과 비교하여 안정하다고 예측할 수 있다. 기체 상태에서 $He_2^+$ 이온의 형성은 실험적으로 증명되었다.

▶ **보충 예제**

다음 분자 및 이온 중 결합 차수가 $\frac{1}{2}$인 것은 몇 개인가?

$H_2$, $H_2^+$, $H_2^-$, $He_2^{2+}$

**(a)** 0 **(b)** 1 **(c)** 2 **(d)** 3 **(e)** 4

$He_2^+$ 이온의 전자 배치를 쓰시오.

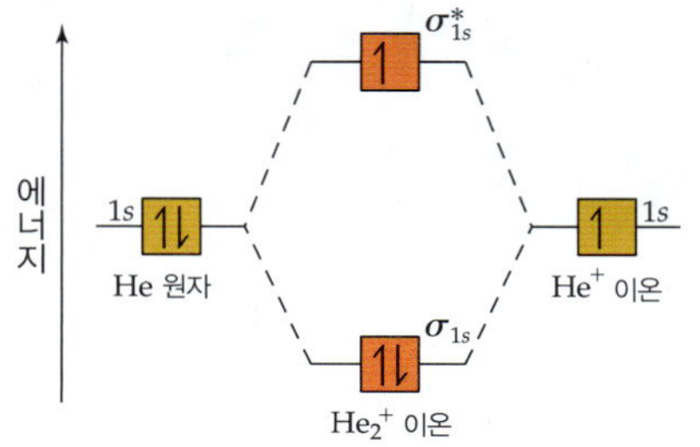


▲ **그림 9.31** $He_2^+$ 이온의 에너지 준위 도표

*반결합성 MO는 결합성 MO가 에너지적으로 유리한 것에 비해 에너지적으로 조금 더 불리하다. 따라서 결합성 오비탈과 반결합성 오비탈에 같은 개수의 전자가 들어가면, 분자의 에너지는 분리된 상태의 원자들의 에너지보다 조금 더 높다. 결과적으로 결합이 형성되지 않는다.

## 자기 평가 연습 문제

**9.34** $H_2^{2+}$의 결합 차수는 얼마인가?

**(a)** 0

**(b)** ½

**(c)** 1

## 연습 문제

**9.35** **(a)** 혼성 오비탈과 분자 오비탈의 차이점은 무엇인가? **(b)** 분자의 각 분자 오비탈에 몇 개의 전자를 넣을 수 있는가? **(c)** 반결합성 분자 오비탈은 전자를 가질 수 있는가?

**9.36** $H_2^+$ 이온을 생각해 보자.

**(a)** 이 이온의 분자 오비탈을 그리고, 에너지 준위 도표를 그리시오.

**(b)** $H_2^+$ 이온에는 몇 개의 전자가 있는가?

**(c)** 이 이온의 전자 배치를 MO 관점에서 쓰시오.

**(d)** $H_2^+$의 결합 차수는 얼마인가?

**(e)** 빛에 의해 낮은 에너지의 분자 오비탈로부터 높은 에너지의 분자 오비탈로 전자 한 개를 들뜨게 하였다고 가정해 보자. 이 들뜬 상태의 $H_2^+$ 이온은 안정한가, 아니면 끊어지는가?

**(f)** 다음 중 (e)에 대한 설명으로 맞는 것은?

(i) 빛이 결합성 오비탈의 전자를 반결합성 오비탈로 들뜨게 한다.

(ii) 빛이 반결합성 오비탈의 전자를 결합성 오비탈로 들뜨게 한다.

(iii) 들뜬 상태에서 결합 오비탈 전자가 반결합성 전자보다 더 많이 있다.

자기 평가 연습 문제 답 **9.34** (a)

# 9.8 | 2주기 이원자 분자의 결합

© Boonchuay1970/Shutterstock

어떤 이원자 분자(예: $N_2$)는 인체에 무해하며, 어떤 이원자 분자(예: CO 및 CN)는 유해하고, 어떤 분자(예: $O_2$ 및 NO)는 생명체에 필수적이다. 단순한 분자라도 생리학에서 중심적인 역할을 할 수 있다!

NO 분자를 알아보자. 이는 몇 가지 중요한 인체 생리 기능을 제어한다. 우리 몸은 근육을 이완시키고, 외부 세포를 죽이고, 기억을 강화하기 위해 NO를 사용한다. 1998년 노벨 생리의학상은 심혈관계의 '신호 전달' 분자로서 NO의 중요성을 밝혀낸 연구로 3명의 과학자에게 수여되었다. NO는 또한 신경 전달 물질로 작용하며 다른 많은 생물학적 과정과 관련이 있다. NO는 홀수개의 전자를 갖고 있고 반응성이 높기 때문에, NO가 인간의 신진대사에 중요한 역할을 한다는 사실은 1987년 이전에도 별 의심 없이 받아들여졌다. NO는 심지어 1992년에는 '올해의 분자'로 선정되기도 했다. 잎이 많은 채소와 비트 뿌리(beetroot)에는 체내에서 NO로 대사될 수 있는 질산염이 풍부하다.

이 절에서는 분자 오비탈을 이용한 이원자 분자의 결합에 대한 접근에 집중한다. 이 절이 끝나면 다음 사항을 수행할 수 있어야 한다.

- 분자 오비탈 도표를 활용하여 이원자 분자의 결합을 이해하기

$H_2$ 이외의 이원자 분자의 MO를 알아보되, 우선 주기율표의 2주기 원소 중 **동핵**(homonuclear) 이원자 분자(두 개의 같은 원자로 구성)의 설명으로 출발하겠다.

2주기 원자는 $2s$와 $2p$ 오비탈을 가지며, MO를 형성하기 위하여 $2s$와 $2p$ 오비탈이 어떻게 상호 작용하는지를 고려할 필요가 있다. MO의 형성에 대한 원리와, 전자를 그 오비탈에 놓는 방법에 대한 몇 가지 규칙은 다음과 같다.

1. 생성된 분자 오비탈의 수는 원자 오비탈의 총 개수와 같다.
2. 한 원자 오비탈은 다른 원자의 오비탈들 중에서 비슷한 에너지를 가진 오비탈과 가장 효과적으로 결합한다.
3. 두 원자 오비탈의 효과적인 결합은 그들 상호 간의 겹침에 비례한다. 즉 상호 겹침이 증가할수록 결합성 MO의 에너지는 낮아지고, 반결합성 MO의 에너지는 높아진다.
4. 각 MO는 짝지어진 스핀(Pauli 배타 원리) 형태로 최대 두 개의 전자를 수용할 수 있다.
5. 동일한 에너지의 MO에 전자를 채울 때, 스핀이 쌍을 이루기 전에 각 오비탈에 한 개씩, 동일한 스핀 상태로 전자가 들어간다(Hund 규칙).

## $Li_2$와 $Be_2$의 분자 오비탈

리튬은 $1s^22s^1$의 전자 배치를 갖는다. 리튬 금속을 끓는점(1342°C) 이상으로 가열할 때 $Li_2$ 분자는 기체상으로 존재한다. $Li_2$의 Lewis 구조는 Li—Li 단일 결합을 나타낸다. 분자 오비탈을 사용하여 $Li_2$ 분자 결합을 설명하면 다음과 같다.

그림 9.32에 나타낸 바와 같이, Li의 $1s$와 $2s$ 원자 오비탈 에너지 준위가 서로 다르므로, 한 Li 원자의 $1s$ 오비탈은 오직 다른 Li 원자의 $1s$ 오비탈과 함께 상호 작용한다고 가정한다(규칙 2). 마찬가지로, $2s$ 오비탈은 다른 Li 원자의 $2s$ 오비탈과 서로 상호 작용할 뿐이다. 전체 네 개의 원자 오비탈이 합쳐 네 개의 MO를 생성한다(규칙 1).

Li의 $1s$ 오비탈은 $H_2$처럼 결합하여 $\sigma_{1s}$ 결합성 MO와 $\sigma^*_{1s}$ 반결합성 MO를 생성한다. $2s$ 오비탈도 같은 방법으로, 다른 $2s$ 오비탈과 상호 작용하여 결합성($\sigma_{2s}$) MO와 반결합성($\sigma^*_{2s}$) MO를 생성한다. 일반적으로 결합성 MO와 반결합성 MO 간의 차이는 원자 오비탈 간의 상호 작용의 정도에 따라 결정된다. Li의 $2s$ 오비탈은 $1s$보다 핵으로부터 더 멀기 때문에 더 효과적으로 겹친다. 결과적으로, $\sigma_{2s}$와 $\sigma^*_{2s}$ 오비탈 사이의 에너지 차는 $\sigma_{1s}$와 $\sigma^*_{1s}$ 오비탈의 에너지 차보다 더 크다. Li의 $1s$ 오비탈의 에너지 준위는 $2s$ 오비탈보다 훨씬 더 낮으므로 그들의 $\sigma^*_{1s}$의 반결합성 MO의 에너지 준위는 $\sigma_{2s}$ 결합성 MO의 에너지 준위보다 크게 낮다.

각 Li 원자는 세 개의 전자를 가지므로, $Li_2$ 분자 오비탈은 6개의 전자를 포함한다. 그림 9.32처럼, 각각 두 개의 전자가 $\sigma_{1s}$, $\sigma_{1s}$, $\sigma_{2s}$ MO를 점유한다. 따라서 $Li_2$의 전자 배치는 $\sigma_{1S}^2$, $\sigma^*{}_{1S}^2$, $\sigma_{2S}^2$이다. 결합성 오비탈에 네 개의 전자, 반결합성 오비탈에 두 개의 전자가 있으므로, 결합 차수는 $\frac{1}{2}(4-2)=1$이 된다. 분자는 단일 결합을 가지고, 이는 Lewis 구조와 일치한다.

어느 MO가 마디 평면을 가지겠는가?

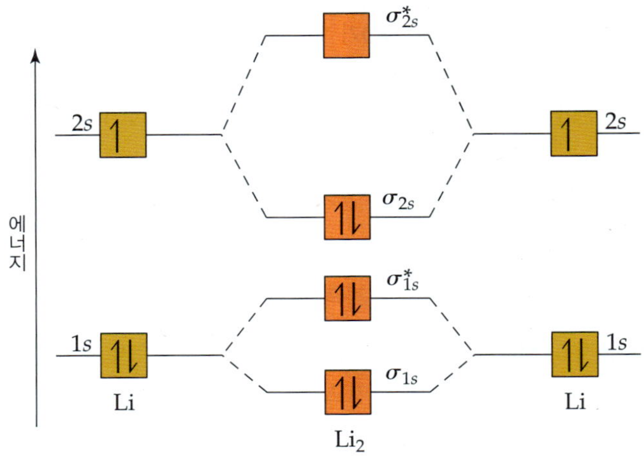


▲ 그림 9.32 $Li_2$ 분자의 에너지 준위 도표

$Li_2$의 $\sigma_{1s}$와 $\sigma^*_{1s}$ MO는 모두 완전히 채워지므로 1*s* 오비탈은 결합에 거의 아무것도 기여하지 못한다. $Li_2$의 단일 결합은 근본적으로 Li 원자의 2*s* 원자가 오비탈의 상호 작용에 기인한다. 이 예는 다음과 같은 일반적인 규칙을 설명한다. **핵심부 전자는 일반적으로 분자 생성의 결합에 크게 기여하지 못한다.** 이 규칙은 Lewis 구조를 그릴 때 원자가 전자만 사용하는 것과 같은 것이다. 따라서 다른 2주기의 이원자 분자를 설명할 때는 더 이상 1*s* 오비탈을 고려할 필요가 없다.

$Be_2$의 MO는 $Li_2$의 에너지 준위 도표로부터 쉽게 알 수 있다. 각 Be 원자는 네 개의 전자($1s^22s^2$)를 가지므로 분자 오비탈에 8개의 전자를 놓아야 한다. 따라서 $\sigma_{1s}$, $\sigma^*_{1s}$, $\sigma_{2s}$, $\sigma^*_{2s}$ MO를 완전히 채운다. 같은 수의 결합성과 반결합성 전자를 가지므로 결합 차수는 0이다. 이러한 분석과 일치하게 $Be_2$는 존재하지 않는다.

## 2*p* 원자 오비탈로부터 분자 오비탈의 생성

나머지 2주기 이원자 분자를 고려하기 전에, 2*p* 원자 오비탈의 결합으로부터 생기는 분자 오비탈을 살펴야 한다. *p* 오비탈 사이의 상호 작용은 그림 9.33에 나타나 있다. 여기에서는 핵간 축으로 *z*축을 임의로 선택한다. $2p_z$ 오비탈은 서로 정면으로 맞대게 된다. *s* 오비탈이 결합한 것처럼, $2p_z$ 오비탈도 두 가지 방법으로 결합할 수 있다. 한 가지 결합은 전자 밀도가 핵 사이에 증가하여 결합성 MO를 만든다. 또 다른 결합은 결합 영역에서 전자 밀도를 배제하는 반결합성 MO를 만든다. 이러한 각 분자 오비탈의 전자 밀도는 핵간 축을 따라 놓인다. 그러므로 그것들은 $\sigma_{2p}$와 $\sigma^*_{2p}$라는 $\sigma$ 분자 오비탈이다.

다른 두 개의 2*p* 오비탈은 측면으로 겹쳐 핵간 축의 위와 아래에 전자 밀도가 증가한다. 이러한 종류의 MO를 **$\pi$ 분자 오비탈(pi($\pi$) molecular orbital)**이라고 한다($\pi$ 결합과 유사하다). $2p_x$ 원자 오비탈들 간의 결합 및 $2p_y$ 원자 오비탈들 간의 결합이 각각 $\pi$ 결합성 MO를 만든다. 이러한 두 개의 $\pi_{2p}$ 분자 오비탈은 같은 에너지를 갖는다. 다른 말로는 축퇴(degenerate)되었다라고 한다. 마찬가지로, 두 개의 축퇴 $\pi^*_{2p}$ 반결합성 MO도 얻어진다. 두 개의 $\pi^*_{2p}$ 오비탈은 서로 직각이 된다(두 개의 2*p* 오비탈이 직각인 것처럼). 이러한 $\pi^*_{2p}$들은 네 개의 로브를 가지며, 이러한 로브들은 그림 9.33에서 보는 바와 같이, 두 개의 핵으로부터 멀어지는 방향으로 나와 있다.

두 원자의 $2p_z$ 오비탈은 서로 정면으로 결합한다. 따라서 두 개의 $2p_z$ 오비탈의 겹침은 두 개의 $2p_x$ 또는 $2p_y$ 오비탈의 겹침보다 크다. 따라서 $\sigma_{2p}$ MO는 $\pi_{2p}$ MO보다 더 낮은 에너지(더 안정하다)

$\sigma_{2p}$와 $\pi_{2p}$ 중 어떤 형태의 MO에서 원자 오비탈의 겹침이 크겠는가?

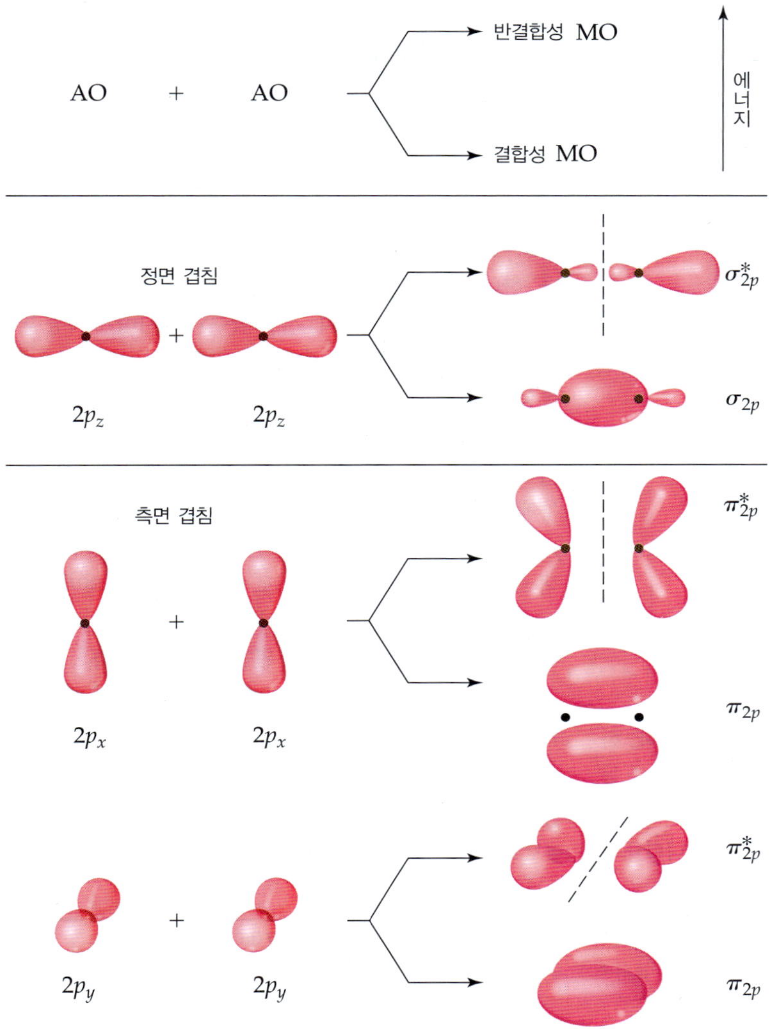


▲ **그림 9.33** 2*p* 오비탈로부터 생성된 분자 오비탈의 등고도 표시

상태에 있는 것으로 예측된다. 마찬가지로, $\sigma^*_{2p}$ MO는 $\pi^*_{2p}$ MO보다 더 높은 에너지(더 불안정하다) 상태에 있게 된다.

## 자세히 보기 원자 오비탈과 분자 오비탈의 위상

6장에서의 원자 오비탈에 대한 설명과 이 장에서의 분자 오비탈에 대한 설명은, 화학 분야에서 양자 역학의 가장 중요한 응용에 관한 것이다. 원자와 분자에서의 전자에 대한 양자 역학적인 논의 중에서, 우리는 전자의 두 특성(전자의 에너지와 공간상에서의 분포)을 결정하는 데 주로 관심이 있다. Schrödinger 파동 방정식이 전자 에너지($E$), 파동 함수($\psi$)를 제공하지만, $\psi$는 직접적인 물리적 의미가 없음을 기억하라. 원자와 분자 오비탈의 등고도 표시는 $\psi^2$(**확률 밀도**)에 근거하고 있고, 이것은 공간상의 주어진 위치에서 전자를 찾을 확률을 의미한다.

확률 밀도는 함수의 제곱으로 표시되기 때문에, 그 값들은 공간상의 모든 지점에서 음수가 될 수 없다. 그러나 함수 그 자체는 음수값을 가질 수도 있다. 예를 들어 **그림 9.34**의 사인 함수를 생각해 보자. 이 그래프에서 사인 함수는 $x$가 $-\pi$에서 0까지의 범위 안에 있을 때 음수값을, $x$가 0에서 $+\pi$까지의 범위 안에서 양수값을 가진다. 따라서 사인 함수의 위상은 $x$가 $-\pi$에서 0까지의 범위 안에서 음수, $x$가 0에서 $+\pi$까지의 범위 안에서 양수이다. 만약 사인 함수를 제곱하면(아래 그래프), 대칭인 두 개의 봉우리를 얻을 수 있다. 음수의 제곱은 양수이기 때문에 두 봉우리는 모두 양수이다. 다시 말해, **제곱을 하면 함수의 위상 정보는 잃는다.**

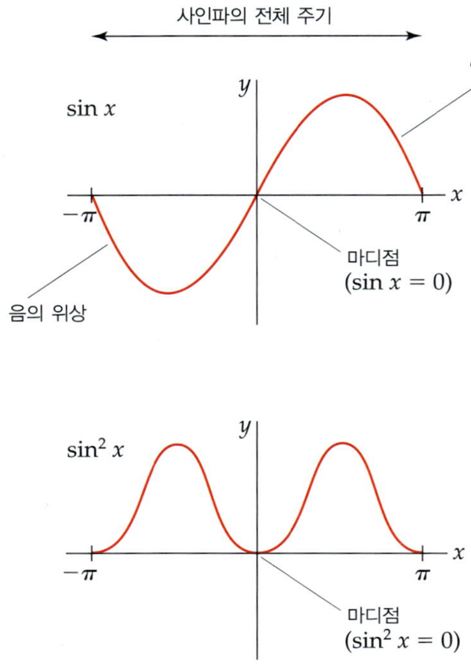


▲ **그림 9.34** 사인 함수와 사인 제곱 함수의 그래프

원자 오비탈의 파동 함수는 간단한 사인 함수보다 더 복잡하다. 하지만 이 파동 함수도 사인 함수와 같이 위상을 가질 수 있다. 예를 들어 **그림 9.35**에서 보이는 1*s* 오비탈의 표시를 살펴 보자. 이 표시는 6.6절에서 보인 것과 약간 차이가 있다. 핵 주변의 1*s* 오비탈을 나타내는 파동 함수는 원점으로부터 공간으로 확장한다(원점은 핵이 위치한 자리를 말한다). 그래프는 *z*축을 따라 자른 단면의 $\psi$ 값을 보여 준다. 그래프에 이어 등고도 표시로 그린 1*s* 오비탈이 보인다. 1*s* 파동 함수의 값은 항상 양수임을 주목하라(그림 9.35에서 붉은색은 양의 값이다). 그러므로 하나의 위상만을 가진다. 또 파동 함수는 핵으로부터 먼 거리에 있을 때만 0에 가까워짐을 생각하자. 따라서 그림 6.21에서 보았듯이 마디가 없다.

$2p_z$ 오비탈을 나타내는 그림 9.35의 그래프에서 파동 함수의 부호는 $z=0$을 지나면서 바뀌게 된다. 파동의 두 반쪽이 모양은 서로 같으나, 하나의 반쪽은 양의(붉은색) 값을 가지고, 다른 반쪽은 음의(파란색) 값을 가짐을 주목하라. 사인 함수와 유사하게 파동 함수도 원점을 지나면서 그 상을 변화시킨다. 수학적으로 $z=0$일 때 $2p_z$ 파동 함수는 항상 0의 값을 가진다. 이것은 *xy* 평면의 모든 값을 의미하며, 따라서 *xy* 평면을 $2p_z$ 오비탈의 **마디 평면**(nodal plane)라고 부른다. *p* 오비탈의 파동 함수는 두 개의 동일한 부분이 반대의 위상을 가지고 있기 때문에 사인 함수와 더욱 비슷하다. 그림 9.35는 화학자들이 사용하는 $p_z$ 오비탈의 파동 함수에 관한 전형적인 표시법이다.* 붉은색 및 파란색 로브는 오비탈의 위상이 서로 다르다는 것을 의미한다(그림 9.10과 9.11에서 보았듯이, 색깔이 전하를 설명하는 것이 **아님**을 기억해야 한다). 사인 함수와 마찬가지로, 원점이 마디가 된다.

그림 9.35의 세 번째 그래프는 $2p_z$ 오비탈의 파동 함수를 제곱하였을 때 원점에 대하여 대칭인 두 개의 봉우리를 얻는 것을 보여 준다. 음수를 제곱하면 양의 값이 나오기 때문에 두 개의 봉우리가 모두 양

*이러한 삼차원 함수의 수학적 계산은 이 책의 범위를 벗어난다. 이러한 계산은 주로 화학자들에 의해 수행되며, 그림 9.35에 보이는 것과 같은 로브를 사용한다.

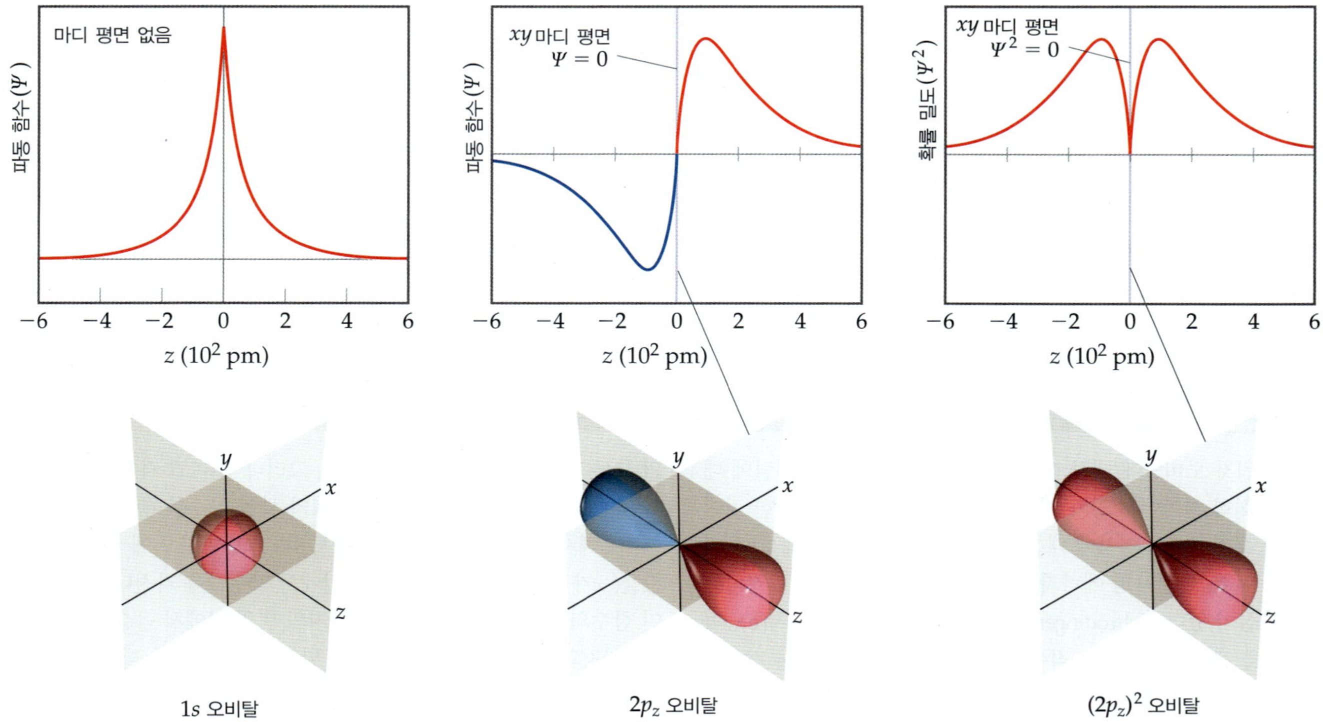


▲ **그림 9.35** *s*와 *p* **원자 오비탈 파동 함수의 위상** 붉은색은 파동 함수에서 양의 값, 파란색은 음의 값을 각각 의미한다.

계속

의 값을 가진다. 따라서 **함수를 제곱하게 되면, 사인 함수에서처럼 파동 함수의 위상에 대한 정보를 잃어버리게 된다.** $p_z$ 오비탈의 파동 함수를 제곱하게 되면 그 오비탈에 대하여 확률 밀도를 얻게 된다. 이것이 그림 9.35에 등고도 표시로 나타낸 그림이고, 이것이 우리가 $p$ 오비탈에 대하여 일찍이 보아오던 묘사 방법이다. 이렇게 제곱된 파동 함수에 대하여, 두 개의 로브는 같은 위상을 가지고, 따라서 같은 부호를 가진다. 이것은 파동 함수의 어떤 점에서 그 값을 제곱하게 되면, 그것은 그 점에서의 전자 밀도를 나타낸다는 간단한 물리적인 이해를 활용하고 있기 때문에, 이러한 명시법을 이 책 전반에 걸쳐서 사용할 것이다.

$d$ 오비탈에 대한 파동 함수의 로브 또한 서로 다른 위상을 가진다. 예를 들어 $d_{xy}$ 오비탈의 파동 함수는 네 개의 로브를 가지는데, 각각의 로브는 이웃하는 로브와 반대 위상을 가진다(**그림 9.36**). 다른 $d$ 오비탈도 마찬가지로, 하나의 로브는 인접한 로브의 반대 위상을 가진다.

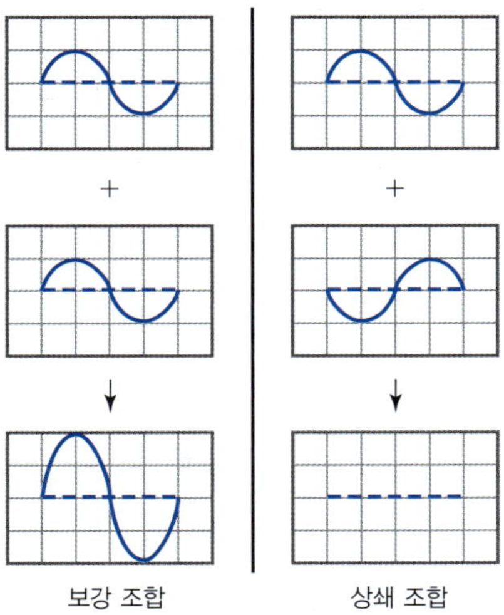


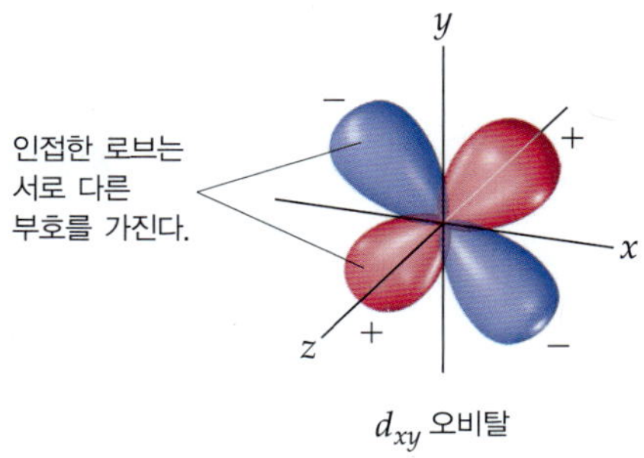


▲ 그림 9.36 $d$ 오비탈의 위상

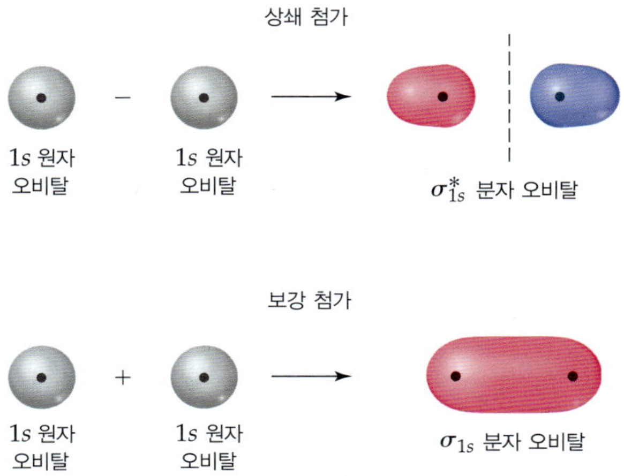


▲ 그림 9.37 원자 오비탈의 파동 함수로부터 구한 분자 오비탈

왜 우리는 파동 함수의 위상을 고려함으로써 생긴 복잡성을 이해해야 할까? 고립된 원자에서 원자 오비탈의 모양을 가시화하는 것에서 위상이 꼭 필요한 일은 아니지만, 분자 오비탈 이론에서 오비탈의 겹침을 설명할 때는 이러한 위상에 대한 이해가 매우 중요해진다. 다시 한번 사인 함수를 예로 사용하여 보자. 같은 위상을 가지는 두 개의 사인 함수를 더하게 되면, 그 두 개는 서로 **보강**되어 그 크기가 증가된다. 하지만 서로 다른 반대의 위상을 가지는 사인 함수를 더하게 되면 그 둘은 서로 **상쇄**된다.

파동 함수의 보강과 상쇄의 상호 작용 개념은 결합 분자 오비탈과 반결합 분자 오비탈에 대한 이해에 꼭 필요한 개념이다. 예를 들어 $H_2$의 $\sigma_{1s}$ MO의 파동 함수는 서로의 위상이 같은 하나의 원자의 $1s$ 오비탈과 다른 하나의 원자의 $1s$ 오비탈이 더해지면서 형성된다. 두 개의 원자 파동 함수는 두 원자 사이에 전자 밀도를 증가시키면서 보강하는 겹침이 일어난다(**그림 9.37**). $H_2$의 $\sigma^*_{1s}$ MO의 파동 함수는 하나의 원자의 $1s$ 오비탈과 다른 하나의 원자의 $1s$ 오비탈을 빼면서 형성된다. 이러한 결과로 원자 오비탈의 겹침은 **상쇄되며**, 두 원자 사이에 전자 밀도가 0이 되는 부분을 만들어 낸다. 이것이 마디가 된다. 이 그림과 그림 9.29의 유사점을 주목하라. 그림 9.37의 H 원자 오비탈에서 양의 위상과 음의 위상을 표시하기 위해 붉은색과 파란색을 사용한다. 그러나 화학자들은 두 개의 서로 다른 위상을 나타내기 위해 가끔 다른 색을 사용하여 등고도 표시로 나타내기도 하고, 빗금을 치거나 치지 않는 표현을 사용하기도 한다.

$\sigma^*_{1s}$ MO의 파동 함수를 제곱하였을 때, 그림 9.29에서 주어진 것처럼 전자 밀도를 얻게 된다. 전자 밀도를 보게 될 때에는 위상에 대한 정보를 잃음을 다시 한번 주목하라.

원자 및 분자 오비탈의 파동 함수는 화학 결합, 분광학, 반응성의 많은 측면을 이해하는 데 활용되고 있다.

**관련 연습 문제: 9.116, 9.127, 9.129**

## $B_2$에서 $Ne_2$까지의 전자 배치

2*s*와 2*p* 원자가 오비탈을 갖는 B에서 Ne 원소까지 동핵 이원자 분자의 에너지 준위 도표(**그림 9.38**)를 작성할 때, *s* 오비탈(그림 9.29)과 *p* 오비탈(그림 9.33)로부터 생기는 분자 오비탈의 분석을 결부시킬 수 있다. 에너지 준위 도표의 몇 가지 특징은 다음과 같다.

- 2*s* 원자 오비탈은 2*p* 원자 오비탈보다 더 낮은 에너지 상태에 있다. 결과적으로, 2*s* 오비탈에서 생기는 두 가지 MO는 2*p* 원자 오비탈에서 생긴 가장 낮은 MO보다 더 낮은 에너지 상태에 있다.
- 두 개의 $2p_z$ 오비탈 겹침은 두 개의 $2p_x$와 $2p_y$ 오비탈의 겹침보다 크다. 결과적으로, 결합성 $\sigma_{2p}$ MO는 $\pi_{2p}$ MO보다 더 낮은 에너지 상태에 있고, 반결합성 $\sigma^*_{2p}$ MO는 $\pi^*_{2p}$ MO보다 더 높은 에너지 상태에 있다.
- $\pi_{2p}$와 $\pi^*_{2p}$ MO는 모두 **이중으로 축퇴**되어 있다. 즉 각 종류마다 두 개의 축퇴 MO가 있다.

그림 9.38의 에너지 준위 도표에 전자를 채우기 전에 고려해야 할 효과가 한 가지 더 있다. 에너지 준위 도표를 작성할 때 한 원자의 2*s* 오비탈과 다른 원자의 2*p* 오비탈 사이에 상호 작용이 없다고 가정해왔다. 실제로 그러한 상호 작용은 있을 수 있고, 또한 일어난다. **그림 9.39**는 한 원자의 2*s* 오비탈과 다른 원자의 2*p* 오비탈의 겹침을 나타낸다. 이러한 상호 작용은 $\sigma_{2s}$의 에너지를 감소시키고 $\sigma_{2p}$의 에너지를 증가시켜, $\sigma_{2s}$와 $\sigma_{2p}$의 에너지 차이를 크게 만든다(그림 9.39). 이러한 2*s*−2*p* 상호 작용은 대단히 클 수 있어, 분자 오비탈의 에너지 순서를 다음처럼 바뀌게 한다. $B_2$, $C_2$, $N_2$의 $\sigma_{2p}$ MO 에너지는 $\pi_{2p}$ MO 에너지보다 위에 있다. $O_2$, $F_2$, $Ne_2$의 $\sigma_{2p}$ MO 에너지는 $\pi_{2p}$ MO 에너지보다 아래에 있다.

분자 오비탈의 에너지 순서가 주어지면 $B_2$에서 $Ne_2$까지 2주기 이원자 분자의 전자 배치는 간단하다. 예를 들어 붕소 원자는 세 개의 원자가 전자를 갖는다(내부 껍질의 1*s* 전자는 무시한다는 것을 기억하라). 그리하여 $B_2$는 6개의 전자를 분자 오비탈에 놓아야 한다. 이들 중 네 개는 $\sigma_{2s}$와 $\sigma^*_{2s}$를 모두 점유하므로 알짜 결합은 없다. 나머지 두 개의 전자는 $\pi_{2p}$ 결합성 MO에 놓인다. 즉 한 개의 전자는 한 $\pi_{2p}$ 오비탈에 놓이고, 또 한 개의 전자는 다른 한 $\pi_{2p}$ MO에 놓이며, 두 개 전자는 동일한 스핀 상태를 갖는다. 그러므로 $B_2$의 결합 차수는 1이다.

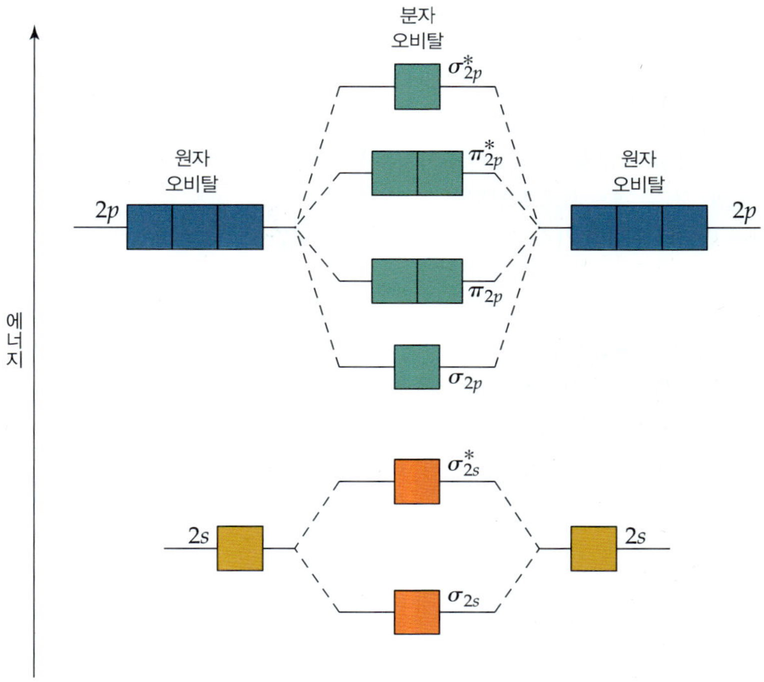


▶ **그림 9.38** **2주기 동핵 이원자 분자의 분자 오비탈 에너지 준위 도표** 도표는 한 원자의 2*s* 오비탈과 다른 원자의 2*p* 원자 오비탈 사이에 상호 작용이 없다고 가정한 것이다. 이것은 $O_2$, $F_2$, $Ne_2$에 대해서만 잘 맞는 것으로 실험적으로 알려졌다.

어느 분자 오비탈이 상대적 에너지의 위치가 바뀌었는가? (왼쪽, 오른쪽 그룹 비교)

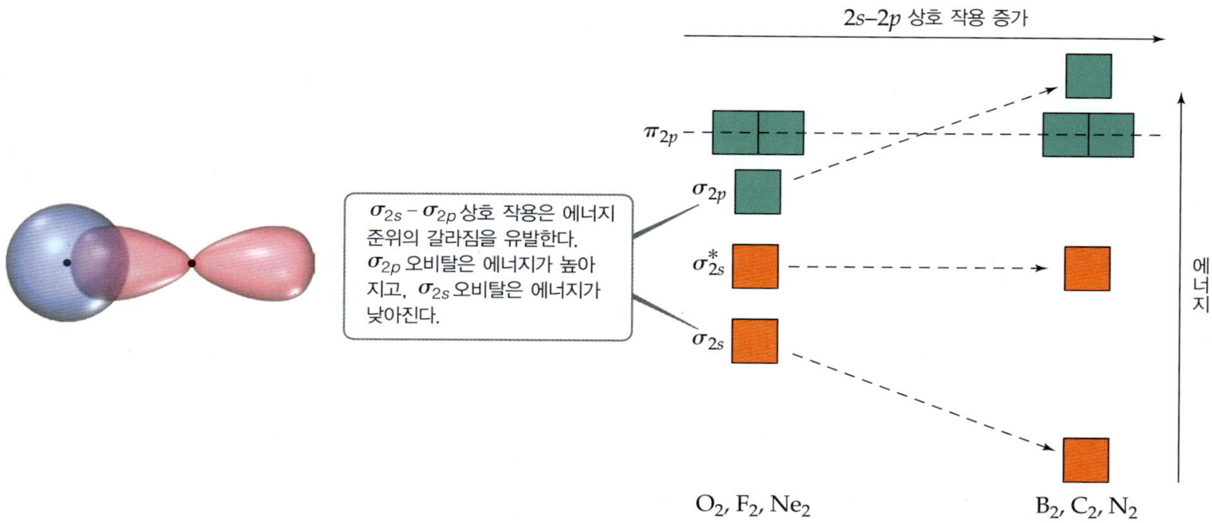


▲그림 9.39 $2s$ 원자 오비탈과 $2p$ 원자 오비탈 사이의 상호 작용 효과

2주기의 오른쪽으로 한 원소씩 이동할 때마다 두 개의 전자를 그림 9.38에 있는 에너지 준위 도표에 더 배치해야 한다. 예를 들어 $C_2$로 가면 $B_2$보다 전자 두 개를 더 갖는다. 이들 전자는 $\pi_{2p}$ MO에 놓여 분자 $\pi_{2p}$ 오비탈을 완전히 채운다. $B_2$에서 $Ne_2$까지 이원자 분자의 전자 배치와 결합 차수는 **그림 9.40**에 있다.

## 전자 배치와 분자의 성질

자기장 내 물질의 거동은 물질의 전자 배치에 대한 중요한 정보를 제공하기도 한다. 한 개 이상의

가장 높은 에너지를 가지는 반결합성 오비탈에 전자를 채우는 안정한 분자(들)은 어느 것인가?

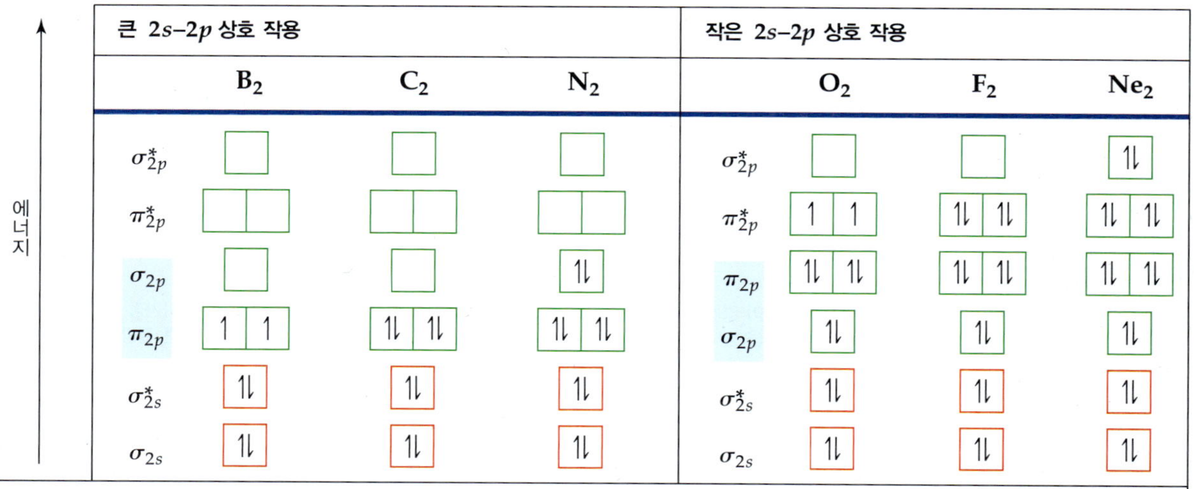


| | $B_2$ | $C_2$ | $N_2$ | $O_2$ | $F_2$ | $Ne_2$ |
|---|---|---|---|---|---|---|
| 결합 차수 | 1 | 2 | 3 | 2 | 1 | 0 |
| 결합 엔탈피 (kJ/mol) | 290 | 620 | 941 | 495 | 155 | — |
| 결합 길이 (pm) | 159 | 131 | 110 | 121 | 143 | — |
| 자기적 성질 | 상자기성 | 반자기성 | 반자기성 | 상자기성 | 반자기성 | — |

▲그림 9.40 2주기 이원자 분자의 분자 오비탈 전자 배치와 몇 가지 실험 자료

홀전자를 갖는 분자는 자기장에 이끌린다. 화학종에 홀전자가 많을수록 인력은 더 강해진다. 이러한 종류의 자기적 거동을 **상자기성**(**paramagnetism**)이라고 한다.

홀전자가 없는 물질은 자기장에 약하게 반발한다. 이러한 성질을 **반자기성**(**diamagnetism**)이라고 한다. **그림 9.41**에 자기적 성질을 측정하는 고전적인 방법이 나타나 있는데, 이 방법으로 상자기성과 반자기성의 차이를 명확하게 볼 수 있다. 이 방법은 자기장이 있거나 없는 상태에서 물질의 무게를 측정한다. 그 물질이 상자기성이면, 자기장에서 더 많은 무게를 나타낼 것이다. 반자기성이면 더 작은 무게를 나타낼 것이다. 그림 9.40에서 2주기 원소인 이원자 분자의 전자 배치와 일치하는 자기적 거동이 실험을 통해 관찰되었다.

전자 배치는 분자의 결합 거리 및 결합 엔탈피와도 관련이 있다. 결합 차수가 증가할수록, 결합 거리는 감소하고 결합 엔탈피는 증가한다. 예를 들면 결합 차수가 3인 $N_2$는 짧은 결합 거리와 큰 결합 엔탈피를 갖는다. $N_2$ 분자는 다른 물질과 질소 화합물을 생성하려고 쉽게 반응하지 않는다. 큰 결합 차수의 분자는 그 분자의 예외적인 안정성을 설명할 때 도움을 준다. 그러나 같은 결합 차수를 갖는 분자라도 같은 결합 길이와 같은 결합 엔탈피를 갖지 않음에 유의하라. 결합 차수는 이들의 성질에 영향을 주는 한 인자일 뿐이다. 다른 인자는 핵전하와 오비탈의 겹침의 크기이다.

산소 분자($O_2$)의 결합은 분자 오비탈 이론으로 설명하는 흥미로운 예이다. 산소 분자의 Lewis 구조는 다음과 같이 이중 결합과 완전히 쌍을 이룬 전자들로 나타낸다.

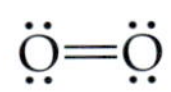

짧은 O–O 결합 길이(121 pm)와 비교적 높은 결합 엔탈피(495 kJ/mol)는 이중 결합의 존재와 일치한다. 그러나 그림 9.40에 나타낸 바와 같이, 산소 분자는 두 개의 홀전자를 가지고 있으므로 상자기성 물질인데, Lewis 구조에서는 이를 식별할 수 없다. MO 이론에서 예측한 대로, $O_2$의 상자기성이 **그림 9.42**에 증명되어 있다. MO 설명은 산소의 결합 차수가 2라는 것도 정확하게 예측한다(이것은 Lewis 구조에서도 예측되었다).

$O_2$로부터 $F_2$로 가면 두 개의 전자를 첨가하여 $\pi^*_{2p}$ MO를 완전히 채운다. 따라서 $F_2$는 반자기성이라 예측되고, Lewis 구조와 일치하는 F—F 단일 결합을 가진다. 마지막으로 두 개의 전자를 첨가하여 $Ne_2$를 만들면, 전자는 모든 결합성 및 반결합성 MO를 채운다. 그러므로 $Ne_2$의 결합 차수는 0이고, $Ne_2$ 분자는 존재하지 않는 것으로 예측된다.

## 이핵 이원자 분자

동핵 이원자 분자의 MO를 전개하는 데 사용한 것과 동일한 원리를 확장하여, 분자를 구성하는

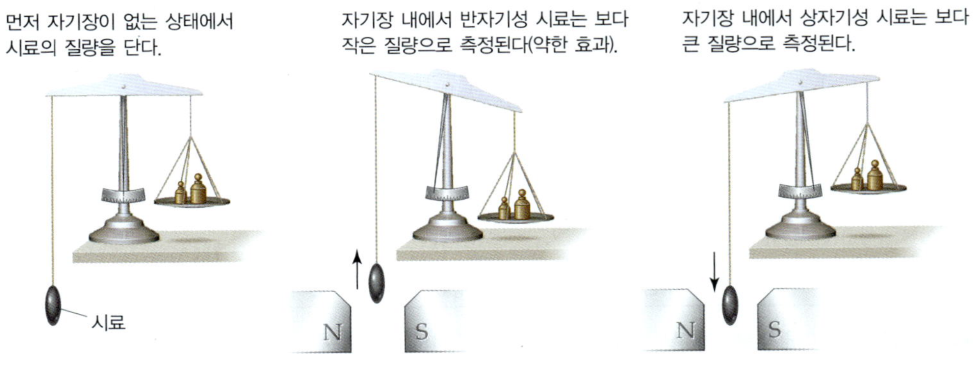


▶ **그림 9.41** 시료의 자기성을 측정하는 실험

막대 자석 사이로 액체 질소를 부을 경우, 어떤 결과가 예측되는가?

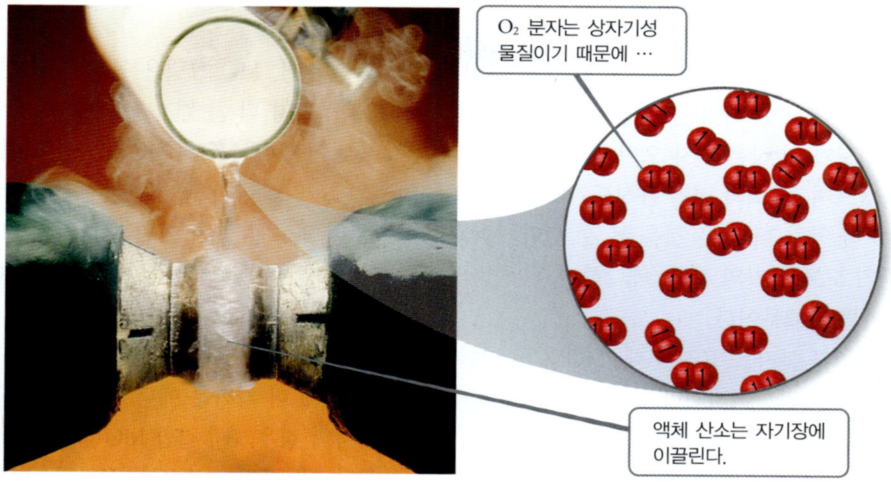


▲ **그림 9.42** $O_2$의 상자기성 액체 산소를 자석 사이에 부으면, 액체 산소가 자석에 달라붙는다.

## 예제 9.9
### 2주기 이원자 이온의 분자 오비탈

$O_2^+$ 이온에 대하여 다음을 예측하시오. (a) 홀전자수, (b) 결합 차수, (c) 결합 엔탈피와 결합 길이

### 해답

**분석** $O_2^+$ 양이온의 여러 가지 성질을 예측하는 문제이다.

**계획** $O_2^+$의 성질을 결정하기 위하여 $O_2^+$의 MO 그림을 이용할 것이다. 우선 전자수를 결정하고, MO 에너지 도표를 그린다. 홀전자는 반대 스핀을 가진 짝이 없는 전자이다. 결합 차수는 결합성 오비탈과 반결합성 오비탈 전자수 차이의 1/2이다. 결합 차수를 계산한 후 그림 9.40의 자료를 사용하여 결합 엔탈피와 결합 길이를 예측한다.

**풀이** **(a)** $O_2^+$ 이온은 11개의 원자가 전자를 가지며, $O_2$보다 한 개가 작다. $O_2^+$를 생성하기 위하여 $O_2$로부터 제거된 전자는 두 개의 $\pi^*_{2p}$ 홀전자 중의 하나이다(그림 9.40 참조). 따라서 $O_2^+$는 남은 한 개의 홀전자를 가진다.

**(b)** 분자는 8개의 결합성 전자($O_2$와 같은)와 세 개의 반결합성 전자($O_2$보다 한 개가 적은)를 갖는다. 따라서 결합 차수는 다음과 같다.

$$\tfrac{1}{2}(8 - 3) = 2\tfrac{1}{2}$$

**(c)** $O_2^+$의 결합 차수는 $O_2$(결합 차수 = 2)와 $N_2$(결합 차수 = 3) 사이에 있다. 따라서 결합 엔탈피와 결합 길이는 $O_2$와 $N_2$ 사이의 대략 중간값이 되어야 하며, 각각 대략 700 kJ/mol과 115 pm이다. 이 이온의 실험적 결합 엔탈피와 결합 길이는 각각 625 kJ/mol과 112.3 pm이다.

▶ **보충 예제**
다음 이온들을 결합 차수가 작은 것에서 큰 순서로 나열하시오.
$C_2^{2+}$, $N_2^-$, $O_2^-$, $F_2^-$

**(a)** $C_2^{2+} < N_2^- < O_2^- < F_2^-$ **(b)** $F_2^- < O_2^- < N_2^- < C_2^{2+}$
**(c)** $O_2^- < C_2^{2+} < F_2^- < N_2^-$ **(d)** $C_2^{2+} < F_2^- < O_2^- < N_2^-$
**(e)** $F_2^- < C_2^{2+} < O_2^- < N_2^-$

두 원자가 다른 **이핵**(heteronuclear) 이원자 분자까지 설명할 수 있다. 이 절에서는 이핵 이원자 분자인 산화 질소(NO) 분자에 대해 설명한다.

NO 분자는 11개의 원자가 전자를 가지고, 두 개의 가능한 Lewis 구조를 그릴 수 있다. 더 낮은 형식 전하의 Lewis 구조는 질소 원자에 홀전자를 배치시킨다.

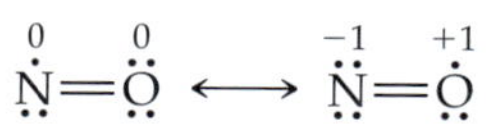

두 구조는 모두 이중 결합을 가지고 있다. 그러나 그림 9.40에 있는 분자들과 비교할 때 NO의 실험적인 결합 길이(115 pm)는, 결합 차수가 2보다 크다는 것을 제시한다. MO 모형을 사용하여 NO를 어떻게 설명할 수 있는가?

이핵 이원자 분자의 원자들이 전기 음성도 차이가 크지 않으면, MO 그림은 동핵 이원자 분자의 MO 도표에서 한 가지 중요한 수정만 하면 된다. 전기 음성도가 더 큰 원자 오비탈의 에너지는 전기 음성도가 더 작은 원자 오비탈보다 더 낮은 에너지 상태에 있다. NO의 MO 도표를 **그림 9.43**에 나타냈으며, 산소의 전기 음성도가 크기 때문에, 산소의 2*s*와 2*p* 원자 오비탈은 질소의 2*s*와 2*p* 오비탈보다 약간 더 낮은 것을 볼 수 있다. MO 에너지 준위 도표는 동핵 이원자 분자의 MO 에너지 준위 도표와 거의 같다. 왜냐하면 두 원자의 2*s*와 2*p* 오비탈이 상호 작용하여 동일한 형태의 MO를 만들기 때문이다.

이핵 이원자 분자를 고려할 때, MO의 또 다른 중요한 차이가 있다. MO는 두 원자의 원자 오비탈의 혼합으로 만들어지지만, 일반적으로 **MO의 에너지 준위에 더 가까운 에너지 준위를 가진 원자 오비탈이 더 많은 기여를 하게 된다.** 예를 들어 NO 분자의 경우, $\sigma_{2s}$ 결합 MO는 N의 2*s* 원자 오비탈보다 O의 2*s* 원자 오비탈에 에너지 준위가 더 가깝다. 그 결과 $\sigma_{2s}$ MO는 N보다 O가 약간 더 많은 기여를 한다. 이것은 오비탈이 더 이상 동핵 이원자 분자의 경우와 같이 두 원자의 동등한 혼합물이 아니라는 것을 말해 준다. 비슷하게, $\sigma^*_{2s}$ 반결합성 MO는 에너지에 있어서 N의 2*s* 원자 오비탈에 가깝기 때문에 N 원자가 더 큰 기여를 한다.

그림 9.43의 MO에 11개의 원자가 전자를 채움으로써 NO의 MO 에너지 준위 도표가 완성된다. 8개의 결합성 전자와 3개의 반결합성 전자가 있다는 것은 결합 차수가 $\frac{1}{2}(8-3)=2\frac{1}{2}$임을 알게 해

NO에는 몇 개의 원자가 껍질 전자가 있는가?

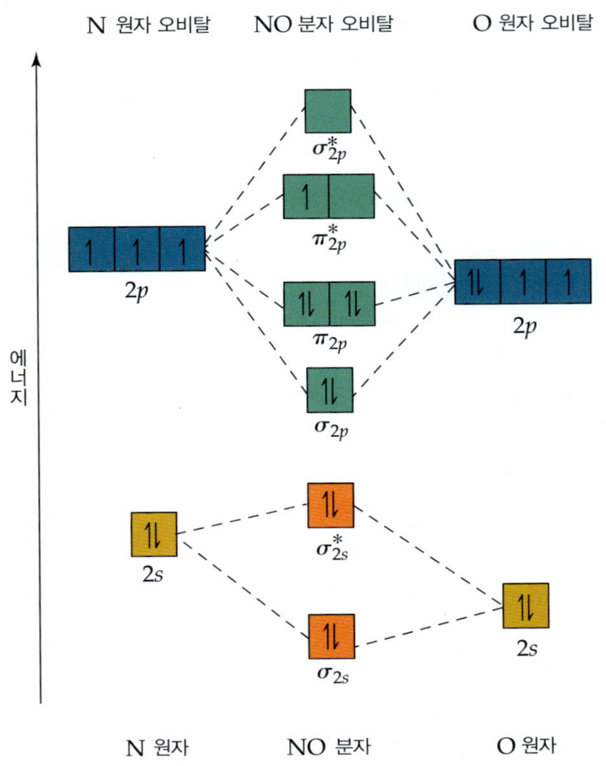


▲ **그림 9.43** NO의 원자 오비탈과 분자 오비탈에 대한 에너지 준위 도표

준다. 이것은 Lewis 구조보다 실험적인 결과와 더 잘 일치한다. 홀전자는 N 원자로부터 더 큰 기여를 받는 $\pi^*_{2p}$ MO에 자리하게 된다(홀전자는 $\pi^*_{2p}$ MO의 오른쪽이나 왼쪽 어느 곳이나 들어갈 수 있다). 따라서 앞의 Lewis 구조 중에서 홀전자가 N 원자에 있는 Lewis 구조(형식 전하에 기초할 때 우선되는 구조)가 사실적인 전자 분포를 더 정확히 설명한다.

## 작동하는 화학 오비탈과 에너지

21세기에 가장 중요한 기술적 도전이 무엇이냐고 물어본다면 '에너지'라고 대답할 것이다. 지속 가능한 에너지 원천을 개발하는 것은 우리 후세들이 지구에서 살아가는 데 있어 중대한 문제이기 때문이다. 가장 주목할 만한 청정 에너지원은 태양이다. 우리 행성은 수백만 년 동안(충분히 오랜 기간 동안) 동력으로 사용할 수 있는 충분한 양의 에너지를 태양으로부터 받아들이고 있다. 우리의 도전은 충분한 태양 에너지를 담아서 우리가 필요할 때 사용할 수 있는 형태로 만드는 것이다. **광전기력 태양 전지**(photovoltaic solar cell)로 태양빛을 사용 가능한 전기로 바꾸고, 보다 효율적인 태양 전지를 개발하는 것이 미래 에너지 문제를 해결하는 방법 중의 하나이다.

어떻게 태양 에너지 전환이 일어날까? 근본적으로는 태양으로부터 온 광자(주로 가시광선)를 사용하여 분자와 물질에 있는 전자를 다른 에너지 준위의 들뜬 상태로 만들 필요가 있다. 우리 주위의 밝은 색, 예를 들면 옷, 사진, 음식 같은 것들은 그것들을 구성하는 화학 물질들이 특정 가시광선을 선택하여 흡수함으로써 색을 갖는다. 이 과정을 분자 오비탈 이론과 관련지어 생각하는 것이 도움이 된다. 빛은 전자가 채워져 있는 분자 오비탈의 전자를 비어 있는 한층 높은 에너지 단계로 들뜨게 한다. MO들은 일정한 에너지 준위를 가지고 있기 때문에, 적절한 파장의 빛만이 전자를 들뜨게 만들 수 있다.

분자에 의한 빛 흡수에 대해 이야기하기 위하여 두 가지 MO에 대해 생각해 보아야 한다(그림 9.44). **HOMO**(highest occupied molecular orbital, **최고 점유 분자 오비탈**)란 전자가 들어가 있는 최고 높은 에너지 상태의 MO이고, **LUMO**(lowest unoccupied molecular orbital, **최저 비점유 분자 오비탈**)란 전자를 갖지 않은 최저 낮은 에너지 상태의 MO를 말한다. $N_2$의 경우 $\sigma_{2p}$ MO가 HOMO이고, $\pi^*_{2p}$ MO가 LUMO이다(그림 9.40).

HOMO와 LUMO의 에너지 차이, 즉 HOMO−LUMO 간격은 분자의 전자를 들뜨게 하는 데 필요한 최소의 에너지와 관련이 있다. 무색이거나 흰색인 물질들은 보통 가시광선이 전자를 높은 상태의 MO로 이동시킬 수 없을 정도로 HOMO−LUMO 간격이 큰 물질이다. $N_2$의 경우 HOMO에서 LUMO로 전자를 들뜨게 만드는 최소의 빛에너지는 200 nm 이하의 파장에 해당된다. 이 파장은 스펙트럼의 자외선 영역에서도 가시광선 영역에서 먼 쪽에 속한다. 결과적으로 $N_2$는 가시광선을 흡수할 수 없어 무색을 갖게 된다.

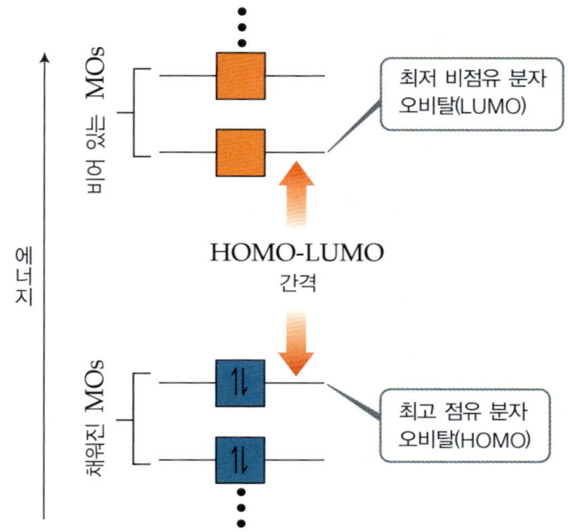


▲그림 9.44 HOMO와 LUMO의 정의 두 분자 오비탈의 에너지 차이를 HOMO−LUMO 간격이라고 한다.

전자가 채워져 있는 상태와 빈 상태의 에너지 간격의 크기는 태양 에너지 전환에서 중요하다. 우리는 이상적으로 태양 광자를 가능한 많이 흡수하고, 광자 에너지를 사용 가능한 에너지 형태로 바꾸어 주는 물질이 필요하다. 이산화 타이타늄은 빛으로부터 직접 전기를 생산할 수 있는데, 꽤 높은 효율을 가져서 쉽게 사용할 수 있는 물질이다. 그러나 $TiO_2$는 흰색이기 때문에 매우 적은 양의 태양 복사 에너지만을 흡수한다. 그래서 과학자들은 HOMO−LUMO 에너지 간격 차이가 가시광선이나 적외선 근처의 빛에너지에 해당하는 색을 가진 분자와 $TiO_2$를 섞어 태양 전지를 만드는 일을 하고 있다. 이러한 방법을 통해서 분자들은 더 많은 태양의 스펙트럼을 흡수할 수 있다. 만약 이 분자의 HOMO가 $TiO_2$의 HOMO 에너지보다 높다면, 들뜬 전자들은 이 분자로부터 $TiO_2$로 흐를 것이다. 이 장치가 빛에 노출되고 외부 회로에 연결되면 전기를 발생시킨다.

태양 에너지의 효율적 전환은 미래 과학과 기술의 발전에서 흥미롭고 중요한 분야 중의 하나이다. 여러분들 중에 많은 사람들이 세상의 에너지 포트폴리오에 영향을 줄 영역에서 궁극적으로 일하게 될지도 모른다.

**관련 연습 문제: 9.113, 9.118, 9.128, 실험 설계 문제**

## 통합 예제
### 종합 개념

원소 황은 $S_8$ 분자로 구성되는 노란색 고체이다. $S_8$ 분자 구조는 주름잡힌 팔원자 고리 구조이다(그림 7.26 참조). 원소 황을 고온으로 가열하면 기체상 $S_2$ 분자가 생성된다.

$$S_8(s) \longrightarrow 4\,S_2(g)$$

**(a)** 주기율표의 2주기 원소에서 황과 가장 비슷한 전자 구조를 갖는 것은 어느 원소인가?
**(b)** VSEPR 모형을 사용하여 $S_8$의 S—S—S 결합각과 S의 혼성화를 예측하시오.
**(c)** MO 이론을 이용하여 $S_2$의 S—S 결합 차수를 예측하시오. $S_2$ 분자는 반자기성인가, 상자기성인가?
**(d)** 평균 결합 엔탈피(표 8.3)를 이용하여, 위 반응의 엔탈피 변화 값을 예측하시오. 반응은 흡열 반응인가, 발열 반응인가?

### 해답

**(a)** 황은 16족 원소이고, [Ne]$3s^2 3p^4$의 전자 배치를 갖는다. 황과 가장 비슷한 전자 구조를 갖는 원소는 산소(전자 배치 [He]$2s^2 2p^4$)이고, 주기율표에서 황 바로 위에 있다.

**(b)** $S_8$의 Lewis 구조는 다음과 같다.

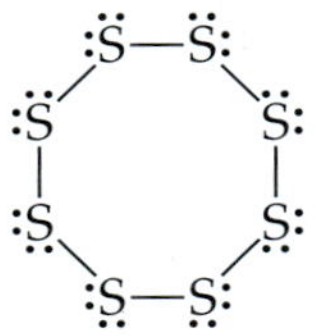

각 황 원자 사이에 단일 결합이 있고, 각 황 원자에는 두 개의 비공유 전자쌍이 있다. 따라서 각각의 황 원자 주위에는 네 개의 전자 영역이 있다. 그리고 $sp^3$ 혼성화에 해당하는 사면체 전자 영역의 기하 구조라고 예상된다. 비공유 전자쌍 때문에 S—S—S 결합각은 사면체의 109.5°보다 약간 작을 것으로 예상할 수 있다. 실험적으로 $S_8$ 중 S—S—S 결합각은 108°로 예상값과 잘 일치한다. 흥미롭게도 $S_8$이 평면 고리이면, S—S—S 결합각은 135°여야 한다. 대신에 $S_8$ 고리는 주름을 잡아서 $sp^3$ 혼성화가 요구하는 더 작은 각도를 가지게 된다.

**(c)** $S_2$의 MO는 황의 3$s$와 3$p$ 원자 오비탈로부터 구성되지만, 그것은 $O_2$의 MO와 비슷하다. 게다가 $S_2$는 $O_2$와 동일한 원자가 전자를 갖는다. 따라서 $O_2$와 비슷하게, $S_2$는 2의 결합 차수(한 개의 이중 결합)를 갖고, $S_2$의 $\pi^*_{3p}$ MO에 두 개의 홀전자를 갖는 상자기성이라고 예상한다.

**(d)** $S_8$ 분자는 네 개의 $S_2$ 분자로 나누어지는 반응을 생각한다. (b)와 (c)로부터 $S_8$은 S—S 단일 결합을 갖고, $S_2$는 S=S 이중 결합을 갖는다고 본다. 따라서 8개의 S—S 단일 결합이 끊어지고, 4개의 S=S 이중 결합이 생성되는 반응이다. 반응 엔탈피는 식 5.33을 이용하여 계산할 수 있고, 표 8.3에서 평균 결합 엔탈피는 다음과 같다.

$$\begin{aligned}\Delta H_{\text{rxn}} &= 8\,D(\text{S—S}) - 4\,D(\text{S=S}) \\ &= 8(266\text{ kJ}) - 4(418\text{ kJ}) = +456\text{ kJ}\end{aligned}$$

$D$(X—Y)는 X—Y 결합 엔탈피를 의미함을 상기하라. $\Delta H_{\text{rxn}} > 0$이므로 흡열 반응이다(5.3절). 매우 큰 양수 값의 $\Delta H_{\text{rxn}}$ 는 반응이 일어날 때 고온이 필요한 것을 암시한다.

## 자기 평가 연습 문제

**9.37** CO의 결합 차수는 얼마인가?
**(a)** 1 **(b)** 2 **(c)** 3

## 연습 문제

**9.38** 세 개의 2$p$ 오비탈이 한 원자에 있는 그림을 그리고, 세 개의 2$p$ 오비탈이 다른 원자에 있는 그림을 그리시오.

**(a)** 두 원자가 가까이 접근해서 결합을 만든다고 상상해 보자. 2개의 오비탈 쌍으로부터 몇 개의 $\sigma$ 결합이 만들어질 수 있는가?

**(b)** 2개의 오비탈 쌍으로부터 몇 개의 $\pi$ 결합이 만들어질 수 있는가?

**(c)** 2개의 오비탈 쌍으로부터 몇 개의 반결합성 오비탈이 만들어질 수 있는가? 또 어떤 종류의 반결합성 오비탈이 만들어지는가?

**9.39** **(a)** 결합 차수, 결합 길이, 결합 에너지 사이의 관계는 무엇인가?
**(b)** 분자 오비탈 이론에 따르면, $Be_2$나 $Be_2^+$는 존재할 것으로 예측되는가? 설명하시오.

**9.40** 짝지은 전자쌍만 포함하고 자기장에는 약하게 반발하는 물질을 어떻게 설명할 수 있는가? 다음 이온 중 이와 유사한 특성을 가질 것으로 예상되는 물질은 무엇인가? $H_2^-$, $Ne_2^+$, $F_2$, $O_2^{2+}$

**9.41** 그림 9.32와 9.40을 이용하여 다음의 MO 전자 배치를 그리시오.
(**a**) $B_2^+$, (**b**) $Li_2^+$, (**c**) $N_2^+$, (**d**) $Ne_2^{2+}$
각 이온에 전자 한 개를 첨가하면, 그 화학종의 결합 차수는 증가하는가? 감소하는가?

**9.42** $CN^+$, CN, $CN^-$의 전자 배치를 결정하시오.
(**a**) 어떤 종이 가장 강한 C—N 결합을 가지는가?
(**b**) 만약 있다면, 어떤 종이 홀전자를 가지는가?

**9.43** $P_2$ 분자의 분자 오비탈을 고려해 보자. 주기율표의 3주기 이원자 분자의 MO는 2주기 이원자 분자의 MO와 유사하다고 가정해 보자.
(**a**) P의 어느 원자가 원자 오비탈이 $P_2$의 MO를 구성하는 데 사용되는가?
(**b**) 다음 그림은 $P_2$의 MO 중의 하나를 그린 것이다. 이 MO의 명칭은 무엇이겠는가?
(**c**) $P_2$ 분자에서, 다음 그림의 MO에 몇 개의 전자가 채워지는가?
(**d**) $P_2$는 반자기성으로 예측되는가, 상자기성으로 예측되는가?

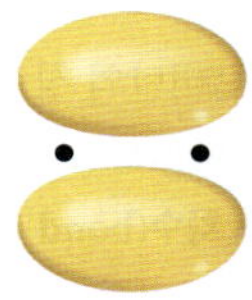

자기 평가 연습 문제 답 **9.37** (c)

## 요약 및 중요 용어

**분자 모양(서론, 9.1절)** 분자의 삼차원 모양과 크기는 **결합각(bond angle)**과 결합 길이로 결정한다. 중심 원자 A가 *n*개의 B 원자로 둘러싸인 분자는 $AB_n$으로 나타내며, 기하 구조 모양은 *n* 수와, 관여한 특정한 원자에 따라 달라진다. 대부분의 경우 이들 기하 구조는 다섯 가지 기본 모양(선형, 삼각뿔, 사면체, 삼각 쌍뿔, 팔면체)과 관련된다.

**VSEPR 모형(9.2절)** **원자가 껍질 전자쌍 반발 모형(valence-shell electron-pair repulsion(VSEPR) model)**은 중심 원자 주위의 전자가 발견되기 쉬운 영역인 **전자 영역(electron domain)**들 간의 반발에 의한 분자의 기하 구조를 합리적으로 설명한다. 전자쌍은 결합을 이룰 때 관여한 **공유 전자쌍(bonding pair)**과, **고립 전자쌍(lone pair)**이라고도 부르는 **비공유 전자쌍(nonbonding pair)**으로 분류하고, 이 둘은 원자 주위의 전자 영역을 형성한다. 이 모형에 의하면, 전자 영역은 그들 자신이 정전기적 반발이 최소가 되도록 배향한다. 즉 그들은 가능하면 멀리 떨어져 있다.

비공유 전자쌍은 공유 전자쌍보다 더 큰 반발력을 나타내므로, 비공유 전자쌍이 선호하는 특정 위치가 있고 이상적 결합각으로부터 벗어나게 한다. 다중 결합의 전자 영역은 단일 결합보다 다소 큰 반발력을 나타낸다. 중심 원자 주위의 전자쌍 배열을 **전자 영역의 기하 구조(electron-domain geometry)**라고 한다. 원자의 배열은 **분자의 기하 구조(molecular geometry)**라고 한다.

**분자 극성(9.3절)** 다원자 분자의 쌍극자 모멘트는 **결합 쌍극자(bond dipole)**라고 하는 각 결합의 쌍극자 모멘트의 벡터합에 따라 달라진다. 선형의 $AB_2$와, 평면 삼각형의 $AB_3$와 같은 분자 모양은 결합 쌍극자가 상쇄되어 무극성 분자를 만들며, 쌍극자 모멘트는 0이 된다. 굽은형의 $AB_2$와 삼각뿔의 $AB_3$와 같은 모양은 결합 쌍극자를 상쇄하지 못한다. 따라서 그 분자는 극성이 될 것이다(쌍극자 모멘트가 0이 아니다).

**공유 결합과 원자가 결합 이론(9.4절)** **원자가 결합 이론(valence-bond theory)**은 Lewis의 전자쌍 결합 개념을 확장한 것이다. 원자가 결합 이론에서 공유 결합은 이웃 원자의 원자 오비탈이 서로 겹쳐서 생성된다. 겹침 영역은 두 핵에 대해 두 개의 전자가 동시에 인력을 만들어 더 안정화되는 영역이다. 두 오비탈 간의 겹침이 클수록 형성되는 결합은 세다.

**혼성 오비탈(9.5절)** 원자가 결합 이론을 다원자 분자에 확장하기 위하여 *s*, *p*를 혼합하여 **혼성 오비탈(hybrid orbital)**을 만드는 것을 상상해야 한다. **혼성화(hybridization)**는 결합을 형성하기 위하여 다른 원자의 오비탈과 겹칠 수 있는 방향으로 더 큰 **로브(lobe)**를 갖는 혼성 원자 오비탈을 만든다. 혼성 오비탈은 비공유 전자쌍을 수용할 수도 있다. 특정 방식의 혼성화는 세 가지의 일반적인 전자 영역의 기하 구조와 관련지을 수 있다(선형=*sp*, 평면 삼각=$sp^2$, 사면체=$sp^3$). 팔전자보다 더 많은 원자를 갖는 **초원자가(hypervalent)** 분자의 결합은 혼성 오비탈로 설명하기 쉽지 않다.

**다중 결합(9.6절)** 원자를 연결하는 선(핵간 축)을 따라 전자 밀도가 분포한 공유 결합을 **시그마(σ) 결합(sigma bond)**이라고 한다. 결합은 *p* 오비탈의 측면 겹침으로부터 생성할 수도 있다. 그러한 결합을 **파이(π) 결합(pi bond)**이라고 한다. $C_2H_4$의 이중 결합은 한 개의 σ 결합과 한 개의 π 결합으로 구성된다. 각각의 탄소 원자에 혼성화되지 않은 *p* **오비탈(*p* orbital)**이 있고, 이들의 겹침으로 π 결합이 만들어진다. $C_2H_2$의 삼중 결합은 한 개의 σ 결합과 두 개의 π 결합으로 구성된다. π 결합의 생성은 분자의 특수한 배향이 필요하다. 예를 들어 $C_2H_4$ 중 두 개의 $CH_2$기는 결합을 생성하는 같은 평면에 놓여야 한다. 결과적으로 π 결합의 존재는 분자가 견고성을 갖도록 만든다. $C_6H_6$처럼 다중 결합을 가지며 두 개 이상의 공명 구조를 갖는 분자의 π 결합은 **비편재된다(delocalized)**. 즉 π 결합은 여러 원자 사이에 퍼진다.

**분자 오비탈(9.7절)** **분자 오비탈 이론(molecular orbital theory)**은 분자 결합을 설명하는 또 다른 모형이다. 이 모형에서 전자들은 **분자 오비탈(molecular orbital, MO)**이라는 허용된 에너지 상태에 존재한다. MO는 분자의 모든 원자에 확장될 수 있다. 원자 오비탈처럼 분자 오비탈은 일정한 에너지를 가지며, 반대 스핀의 전자 두 개를 가질 수 있다. 서로 다른 원자의 원자 오비탈을 결합해 분자 오비탈을 만들 수 있다. 가장 간단한 경우로, 두 개의 원자 오비탈의 결합은 두 가지 분자 오비탈을 생성하는데, 하나는 원자 오비탈의 에너지보다 더 낮고, 다른 하나는 더 높은 에너지를 갖는다. 그중 낮은 에너지의 오비탈의 MO는 핵 사이 영역에 전하 밀도를 증가시키며, 이것을 **결합성 분자 오비탈(bonding molecular orbital)**이라고 한다.

보다 높은 에너지의 **반결합성 분자 오비탈(antibonding molecular orbital)**은 핵 사이의 영역으로부터 전자를 배제한다. 반결합성 MO는 핵 사이의 영역에 전자를 배제하고 핵 사이의 전자 밀도가 0인 **마디 평면(nodal plane)**을 가진다. 결합성 MO의 점유는 결합 생성에 유리한 반면, 반결합성 MO의 점유는 결합 생성에 불리하다. $s$ 오비탈이 겹쳐서 생성된 결합성 MO와 반결합성 MO를 **시그마($\sigma$) 분자 오비탈(sigma molecular orbital)**이라고 하며, 핵 사이의 축에 놓인다.

원자 오비탈의 결합과 분자 오비탈의 상대적 에너지는 **에너지 준위(또는 분자 오비탈) 도표(energy-level diagram)**로 나타낸다. 적절한 개수의 전자를 분자 오비탈에 놓을 때 **결합 차수(bond order)**를 계산할 수 있고, 결합 차수는 결합성 오비탈 전자수와 반결합성 오비탈 전자수 차이의 반이다. 1의 결합 차수는 단일 결합에 해당한다. 결합 차수는 분수일 수도 있다.

2주기 이원자 분자의 결합(9.8절) 핵심부 내부 오비탈의 전자는 원자 사이의 결합에 관여하지 못하기 때문에, 분자 오비탈 설명에 있어서 일반적으로 최외각 껍질의 전자만을 고려하면 된다. 2주기 동핵 이원자 분자의 MO를 설명하려면, $p$ 오비탈이 결합하여 생성할 수 있는 MO를 고려할 필요가 있다. 서로를 직접 향하는 $p$ 오비탈은 $\sigma$ 결합성 MO와 $\sigma^*$ 반결합성 MO를 생성할 수 있다. 핵간 축에 수직하게 배향한 $p$ 오비탈은 결합하여 **파이($\pi$) 분자 오비탈(pi molecular orbital)**을 생성한다. 이원자 분자의 $\pi$ 분자 오비탈은 축퇴(같은 에너지) 상태의 결합성 오비탈 쌍과 반결합성 오비탈 쌍을 생성한다. $\sigma_{2p}$ 결합성 MO는 핵간 축으로 향한 $p$ 오비탈들의 겹침이므로 더 큰 겹침을 형성하여 $\pi_{2p}$ 결합성 MO보다 에너지가 더 낮은 것으로 예측된다. 그러나 이러한 에너지 순서는 $B_2$, $C_2$, $N_2$에서 뒤바뀐다. 왜냐하면 서로 다른 원자의 2$s$와 2$p$ 원자 오비탈 간의 상호 작용 때문이다.

2주기 이원자 분자의 분자 오비탈 도표는 이 분자의 Lewis 구조와 일치하는 결합 차수를 나타낸다. 게다가 이 모형은 $O_2$가 홑전자의 영향으로 자기장에서 분자가 끌리는 **상자기성(paramagnetism)**을 나타내야 한다는 것을 정확하게 예측한다. 모든 전자가 짝지어져 있는 분자들은 **반자기성(diamagnetism)**을 나타내며, 자기장으로부터 약한 반발을 나타낸다. 이핵 이원자 분자의 분자 오비탈은 동핵 이원자 분자의 분자 오비탈과 종종 아주 유사하다.

## 학습 정리 이 장을 공부한 후에 여러분은 다음을 할 수 있어야 한다.

- VSEPR 모형을 이용하여 분자의 삼차원 구조를 예측하고 명명하며, 그리기(9.2절). **관련 연습 문제: 9.10, 9.63**
- 분자의 기하 구조와 각 결합의 쌍극자 모멘트를 기초로 하여, 분자의 극성을 결정하기(9.3절). **관련 연습 문제: 9.17. 9.71**
- 공유 결합 형성에서 오비탈 겹침의 역할을 설명하기(9.4절). **관련 연습 문제: 9.22, 9.74**
- 관찰된 분자 구조를 기초로 하여 분자 내 원자에 대한 혼성화 상태를 명시하기(9.5절). **관련 연습 문제: 9.24, 9.76**
- 시그마($\sigma$), 파이($\pi$) 결합을 형성하는 오비탈 겹침을 그리기(9.6절). **관련 연습 문제: 9.28, 9.78**
- 벤젠과 같은 분자의 $\pi$ 결합 비편재화를 설명하기(9.6절). **관련 연습 문제: 9.31, 9.83**
- 비편재 $\pi$계의 전자의 개수를 세기(9.6절). **관련 연습 문제: 9.32, 9.84**
- 결합성 오비탈과 반결합성 오비탈의 개념을 설명하고, $\sigma$와 $\pi$ MO의 예를 그리기(9.7절). **관련 연습 문제: 9.35, 9.86**
- 분자 오비탈 이론을 이용하여, 이원자 분자의 분자 오비탈 에너지 준위 도표를 그리고, 전자를 배치하고, 결합 차수를 구하기(9.7절, 9.8절). **관련 연습 문제: 9.36, 9.87**
- 결합 차수, 결합 세기(엔탈피)와 결합 길이, 자기적 성질과 분자의 분자 오비탈 묘사와의 관계를 이해하기(9.8절).
  **관련 연습 문제: 9.41, 9.91**

## 핵심 공식

- 결합 차수 $= \frac{1}{2}$(결합 전자의 수 − 반결합 전자의 수) [9.1]

## 연습 문제

### 눈으로 보는 개념

**9.44** 어떤 $AB_4$ 분자는 '시소(seesaw)' 모양이다.

그림 9.3에 주어진 기본 기하 구조 중에서, 하나 이상의 원자를 제거하여 이 시소 모양의 분자를 만들 수 있는 것은 어떤 것인가? [9.1절]

**9.45** **(a)** 다음 세 개의 풍선이 같은 크기라면, 붉은색과 초록색 풍선 사이의 각은 얼마인가? **(b)** 만약 푸른색 풍선에 공기를 더 넣어 커지면, 붉은색과 초록색 풍선 사이의 각은 어떻게 되겠는가? **(c)** VSEPR 모형의 어떤 점이 (b)에 의해 설명되는가?

(i) 전자 영역수 4의 기하 구조는 사면체이다.

(ii) 비공유 전자쌍의 전자 영역은 공유 전자쌍의 전자 영역보다 더 크다.

(iii) 전자 영역의 평면 삼각형 기하 구조에 상응하는 혼성화는 $sp^2$이다. [9.2절]

**9.46** 각 분자 (a)~(f)에 대해, 다음 분자의 기하 구조와 일치하는 서로 다른 전자 영역 기하 구조는 몇 개인가? [9.2절]

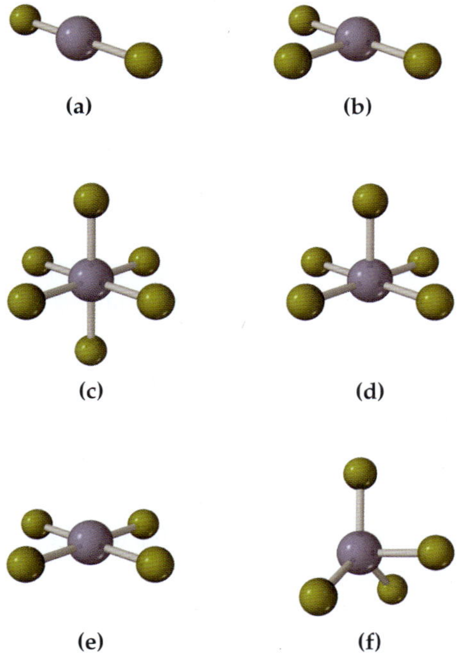


**9.47** 다음 분자는 냉매제 R-32로 불리는 **다이플루오로메테인**($CH_2F_2$)이다. [9.2절, 9.3절]

**(a)** 구조에 따르면, 이 분자에서 몇 개의 전자 영역이 C 원자를 둘러싸고 있는가?

**(b)** 이 분자는 0이 아닌 쌍극자 모멘트를 가지는가?

**(c)** 만약 이 분자가 극성이면, 전체 쌍극자 모멘트의 벡터는 어떤 방향인가?

(i) 탄소로부터 플루오린을 향해 있는

(ii) 탄소로부터 플루오린 원자들 사이의 중심까지

(iii) 탄소로부터 수소 원자들 사이의 중심까지

(iv) 탄소로부터 수소 원자를 향해 있는

**9.48** 다음 도표는 두 Cl 원자의 거리에 따른 퍼텐셜 에너지를 나타낸 것이다.

**(a)** 만약 두 원자가 대단히 멀리 떨어져 있다면, 이때 퍼텐셜 에너지는 얼마이겠는가?

**(b)** $Cl_2$ 분자는 실제로 존재한다. 다음 도표를 보고, $Cl_2$ 분자의 대략의 결합 길이와 결합 세기를 예측하시오.

**(c)** 만약 대단히 큰 압력하에서 $Cl_2$ 분자가 압축이 된다면, 결합은 강해지겠는가, 약해지겠는가?

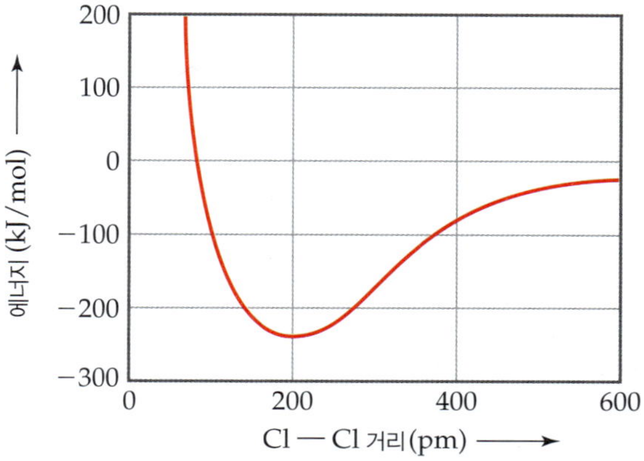


**9.49** 다음 오비탈 도표는 규소 원자의 혼성 오비탈 형성의 최종 단계를 나타낸다. [9.5절]

**(a)** 이 도표에 표시된 단계 전에 어떤 것이 전 단계를 가장 잘 설명하는가?

(i) 2개의 $3p$ 전자가 홀전자가 된다.

(ii) 한 개의 전자가 $2p$ 오비탈에서부터 $3s$ 오비탈까지 올라간다.

(iii) 한 개의 전자가 $3s$ 오비탈에서부터 $3p$ 오비탈까지 올라간다.

**(b)** 이 혼성화에서 어떤 형태의 혼성화 오비탈이 생성되는가?

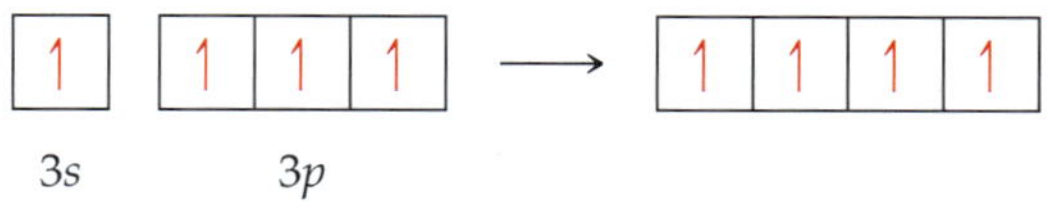


**9.50** 다음 탄화수소를 보고 물음에 답하시오. [9.6절]

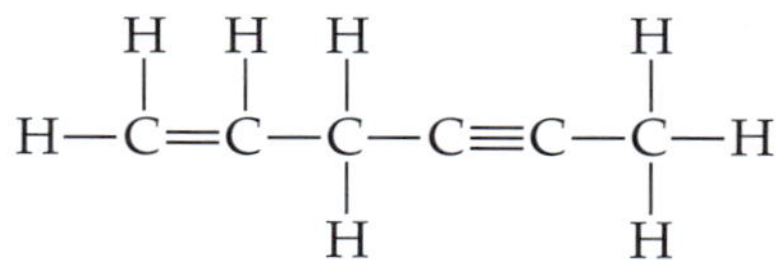

**(a)** 각 탄소 원자의 혼성화는 무엇인가?

**(b)** 이 분자에 몇 개의 $\sigma$ 결합이 있는가?

**(c)** 몇 개의 $\pi$ 결합이 있는가?

**(d)** 이 분자에서 120° 결합각을 모두 찾으시오.

**9.51** 아래 그림은 탄화수소 화합물에서 결합을 형성하려는 두 개의 혼성 오비탈의 겹침을 보여 준다. [9.6절]

**(a)** 다음 중 어떤 결합이 생성되었는가?

(i) C—C $\sigma$ (ii) C—C $\pi$ (iii) C—H $\sigma$

**(b)** 다음 중 어떤 탄화수소 화합물이겠는가?

(i) $CH_4$ (ii) $C_2H_6$ (iii) $C_2H_4$ (iv) $C_2H_2$

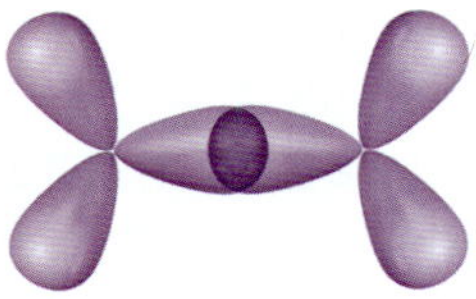

**9.52** 다음 분자는 **퓨란**(furan)이다. 유기 분자를 간단히 표시하는 방법으로 수소는 생략하였고, 4개의 꼭짓점에는 탄소가 각각 있다. [9.5절]

(a) 퓨란의 분자식은 무엇인가?
(b) 이 분자에서 원자가 전자는 몇 개인가?
(c) 각 탄소 원자의 혼성화는 무엇인가?
(d) 이 분자의 $\pi$ 계에는 몇 개의 전자가 있는가?
(e) 퓨란의 C—C—C 결합각은 벤젠의 결합각보다 훨씬 작다. 다음 중 타당한 이유는 어느 것인가?
  (i) 퓨란에서 탄소 원자의 혼성화는 벤젠에서의 혼성화와 다르다.
  (ii) 퓨란은 위에 나타낸 것과 동등한 다른 공명 구조가 없다.
  (iii) 오원자 고리의 원자는 육원자 고리보다 구조적으로 작은 각도를 가질 수밖에 없다.

**9.53** 아래 그림은 1$s$ 원자 오비탈로부터 생성된 MO의 분자 오비탈 에너지 준위 도표의 일부이다. [9.7절]

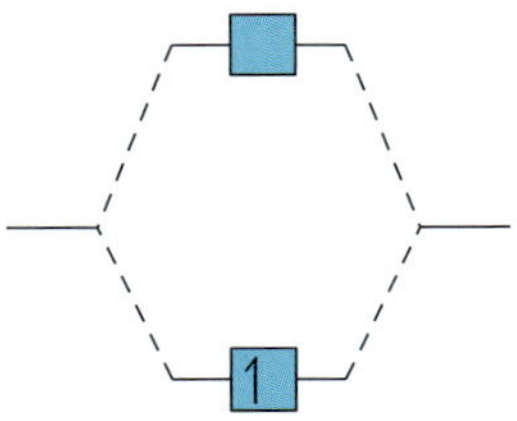

(a) 그림의 두 MO를 나타내기 위해 어떤 표식을 사용하는가?
(b) 다음의 분자나 이온 중 어떤 것이 위 에너지 준위 도표에 해당하는가?

$H_2$, $He_2$, $H_2^+$, $He_2^+$, $H_2^-$

(c) 이 분자나 이온의 결합 차수는 얼마인가?
(d) 만약 전자 한 개를 이 계에 추가하면, 어떤 MO에 채워지는가?

**9.54** 다음 분자 오비탈의 등고도 표시에서, **(a)** MO를 만드는 데 사용한 원자 오비탈($s$ 또는 $p$), **(b)** MO의 형태($\sigma$ 또는 $\pi$), **(c)** MO가 결합성인지 반결합성인지와, **(d)** 마디 평면의 위치를 각각 결정하시오. [9.7절, 9.8절]

(i)

(ii)

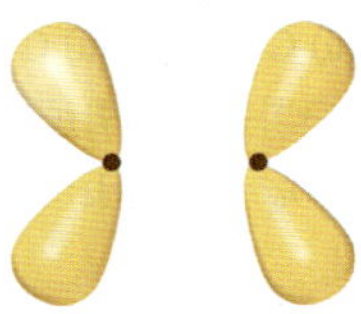
(iii)

**9.55** 다음 도표는 한 중성 분자 CX의 최고 점유 MO를 나타내고 있다. 여기서 원소 X는 C(탄소)와 같은 주기에 속한다. [9.8절]
(a) 전자의 개수를 고려하여 X를 결정하시오.
(b) 이 분자는 상자기성이겠는가, 반자기성이겠는가?
(c) 이 분자의 $\pi_{2p}$ MO를 고려하면, C가 더 크게 기여하겠는가, X가 더 크게 기여하겠는가, 아니면 두 원자의 원자 오비탈이 동등하게 기여하겠는가?

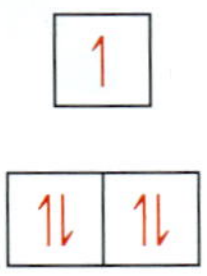


## 분자 모양, VSEPR 모형(9.1절, 9.2절)

**9.56** (a) 삼염화 붕소($BCl_3$) 및 탄산 이온($CO_3^{2-}$)은 모두 삼각 형태이다. 이것은 결합각이 어떻다는 의미인가? **(b)** $PCl_3$ 분자는 삼각뿔형이고 $ICl_3$는 T자형이다. 이 중 평평한 분자는 무엇인가?

**9.57** 분자의 기하 구조만 고려할 때, 삼각뿔 구조는 사면체 구조와 어떻게 다른가?

**9.58** 다음 분자 구조에서 발견될 결합각을 설명하시오.
(a) 삼각 평면 (b) 사면체 (c) 팔면체 (d) 선형

**9.59** $NCl_3$에서 비공유 전자쌍 영역의 크기가 $PCl_3$에서보다 더 클지, 작을지 예상하시오.

**9.60** 다음 분자들 중 중심 원자에 대한 결합각을 확실하게 예측할 수 있는 경우와 불확실한 경우는 어떤 것인가? 각 경우에 대해 설명하시오.
(a) $H_2S$ (b) $BCl_3$ (c) $CH_3I$ (d) $CBr_4$ (e) $TeBr_4$

**9.61** 다음과 같은 기하 구조를 가질 때, 중심 원자의 전자 영역의 개수는 몇 개인가?
(a) 선형 (b) 삼각 평면 (c) 삼각뿔형 (d) 삼각쌍뿔형

**9.62** 중심 원자가 다음의 전자 영역을 가지는 분자의 전자 영역의 기하 구조와 분자의 기하 구조는 무엇인가?
(a) 세 개의 결합 전자 영역과 0개의 비결합 전자 영역
(b) 세 개의 결합 전자 영역과 한 개의 비결합 전자 영역
(c) 두 개의 결합 전자 영역과 두 개의 비결합 전자 영역

**9.63** 다음 각 분자나 이온의 Lewis 구조를 그리고, 전자 영역의 기하 구조와 분자의 기하 구조를 예측하시오.
(a) $AsF_3$ (b) $CH_3^+$ (c) $BrF_3$ (d) $ClO_3^-$ (e) $XeF_2$ (f) $BrO_2^-$

**9.64** 다음 그림은 $AF_4$ 분자에서 가능한 구조 세 개의 공–막대 그림을 나타낸 것이다.
(a) 분자의 기하 구조에 근거하여, 각 분자 모양의 전자 영역의 기하 구조를 제시하시오.
(b) 각 분자 모양에서 원자 A에 몇 개의 비결합 전자 영역이 존재하는가?
(c) 다음 원소들 중 어느 것이 그림 (iii)의 모양으로 된 $AF_4$ 분자를 만드는가? Be, C, S, Se, Si, Xe
(d) 그림 (i)의 $AF_4$ 구조를 만든다고 예상되는 원소 A를 쓰시오.

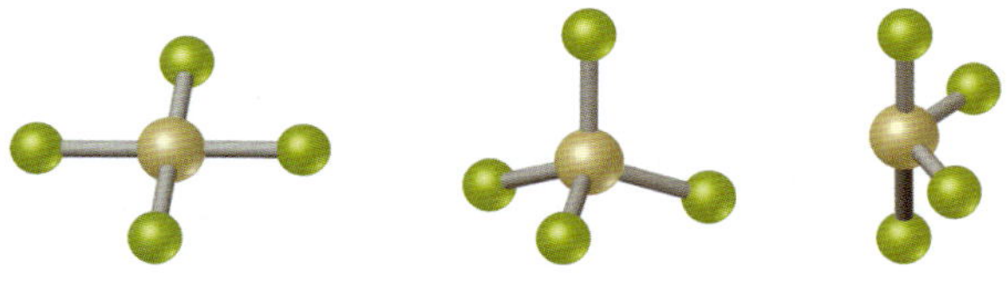

(i) (ii) (iii)

**9.65** 다음 분자에서 표시된 결합각의 근삿값을 제시하시오.

**(a)** 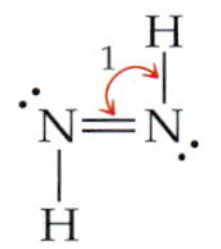

**(b)** 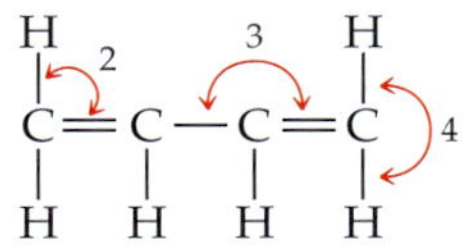

**(c)** 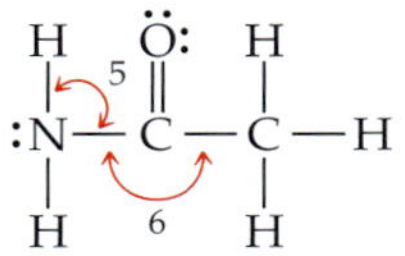

**(d)** 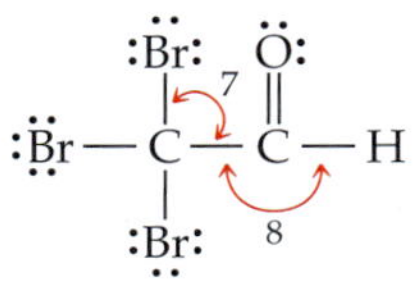

**9.66** 다음 $AF_n$ 분자나 이온에서 두 개 이상의 F—A—F 결합각을 가지는 것은 어느 것인가?
$PF_6^-$, $SbF_5$, $SF_4$

**9.67** 다음 분자나 이온의 삼차원 구조를 그리시오(비공유 전자쌍이 있으면 표시하시오).
**(a)** $ClO_2^-$ **(b)** $SO_4^{2-}$ **(c)** $NF_3$ **(d)** $CH_2Br_2$ **(e)** $SF_4^{2+}$

## 다원자 분자의 모양과 극성(9.3절)

**9.68** 결합 쌍극자와 분자 쌍극자 모멘트의 차이점은 무엇인가?

**9.69** **(a)** $PH_3$ 분자는 극성이다. 이것은 이 분자가 평면 구조가 될 수 없는 실험적 증거를 제공하는가? 설명하시오. **(b)** 오존($O_3$)은 작은 쌍극자 모멘트를 가진다고 한다. 모든 원자가 동일한데, 이것이 어떻게 가능한가?

**9.70** **(a)** $PCl_3$ 및 $BCl_3$ 분자 중 어느 것의 쌍극자 모멘트값이 0이 아닌가? **(b)** $XeF_4$ 및 $SF_4$ 분자 중 어느 것의 쌍극자 모멘트 값이 0인가?

**9.71** 다음 각 분자가 극성인지, 무극성인지를 예측하시오.
**(a)** $CCl_4$ **(b)** $NH_3$ **(c)** $SF_4$ **(d)** $XeF_4$ **(e)** $CH_3Br$ **(f)** $GaH_3$

**9.72** 다이하이드록시벤젠(Dihydroxybenzene, $C_6H_6O_2$)은 **오쏘**, **메타**, **파라**의 세 가지 이성질체를 가진다.

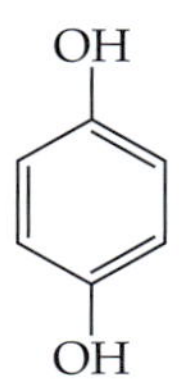

파라(*para*)

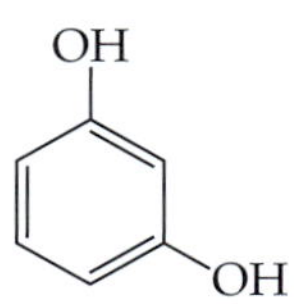

메타(*meta*)

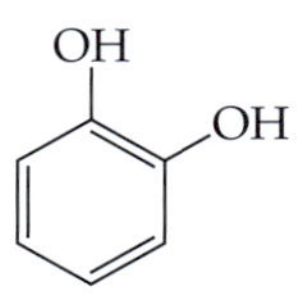

오쏘(*ortho*)

어느 것의 쌍극자 모멘트가 0이 아니겠는가?

## 오비탈 겹침, 혼성 오비탈(9.4절, 9.5절)

**9.73** 다음 진술이 각각 참인지, 거짓인지를 표시하시오.
**(a)** 공유 결합을 형성하려면 결합에 있는 각 원자의 오비탈은 반드시 겹쳐져야 한다.
**(b)** 한 원자의 *p* 오비탈과 다른 원자의 *s* 오비탈이 겹쳐서 결합을 만들 수는 없다.
**(c)** 분자 내 원자의 비공유 전자쌍은 분자 형태에 영향을 준다.
**(d)** 1*s* 오비탈은 마디 평면을 가진다.
**(e)** 2*p* 오비탈은 마디 평면을 가진다.

**9.74** IF, ICl, IBr, $I_2$에서 결합 원자 오비탈의 겹침 정도는 어떻게 달라지겠는가? 설명하시오.

**9.75** $SCl_2$ 분자에 대해 생각해 보자.
**(a)** S 원자(결합하지 않았을 때)의 전자 배치를 쓰시오.
**(b)** Cl 원자(결합하지 않았을 때)의 전자 배치를 쓰시오.
**(c)** S—Cl 결합을 형성하려면, 어떤 혼성 오비탈이 필요한가?
**(d)** 혼성화되지 않고 남아 있는 S 원자의 최외각 오비탈은 무엇인가?

**9.76** 다음 중심 원자의 혼성화를 쓰시오. (a) $PBr_5$ (b) $CH_2O$ (c) $O_3$ (d) $NO_2$

**9.77** **(a)** $BH_4^-$, $CH_4$, $NH_4^+$에서 기하 구조와 중심 원자의 혼성화를 예측하시오. **(b)** 이 분자들에서 결합 쌍극자의 크기와 방향을 예측하시오. **(c)** 3주기 원소의 유사 화합물에 해당하는 구조식을 각각 쓰시오(H는 동일). 이들은 중심 원자가 (a)와 동일한 혼성화를 가질 것으로 예측되는가?

## 다중 결합(9.6절)

**9.78** **(a)** 한 원자의 최외각 원자 오비탈이 *sp* 혼성화되면, 혼성화되지 않은 *p* 오비탈은 최외각에 몇 개 남아 있는가? 이 원자는 몇 개의 $\pi$ 결합을 만들 수 있는가? **(b)** 서로 결합된 두 개의 원자를 여러분이 잡고 있을 수 있다고 가정하고, 이 원자들을 비틀 때 결합 길이는 변하지 않는다고 하자. 단일 $\sigma$ 결합을 중심으로 비트는(회전하는) 것이 쉬운가, 아니면 이중($\sigma+\pi$) 결합을 중심으로 비트는(회전하는) 것이 쉬운가, 아니면 같은가? 설명하시오.

**9.79** **(a)** 클로로메테인($CH_3Cl$), 클로로에텐($C_2H_3Cl$), 클로로에타인($C_2HCl$)의 Lewis 구조를 그리시오. **(b)** 각 분자에서 탄소 원자의 혼성화는 무엇인가? **(c)** 만약 있다면, 평면 구조의 분자는 어느 것인가? **(d)** 각 분자에는 몇 개의 $\sigma$ 결합과 $\pi$ 결합이 있는가?

**9.80** $O_2$에서 산소 원자는 다중 결합에 참여하지만, 과산화 수소($H_2O_2$)에서는 그렇지 않다.
**(a)** 두 분자의 Lewis 구조를 그리시오.
**(b)** 각 분자에서 산소 원자의 혼성화는 무엇인가?
**(c)** 어떤 분자가 더 강한 O–O 결합을 가지는가?

**9.81** 벤즈알데하이드(Benzaldehyde, $C_7H_6O$)는 아몬드의 향기를 나게 하는 물질이다. 이것의 Lewis 구조는 다음과 같다.

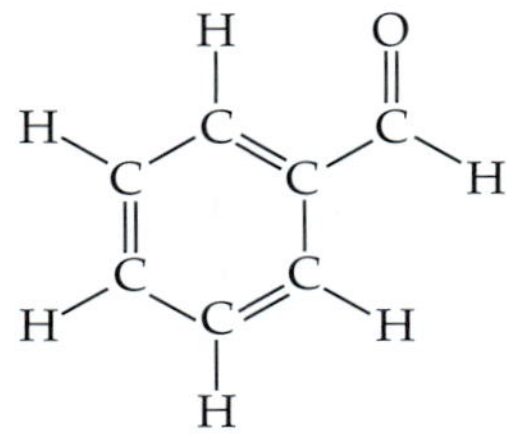

(a) 이 분자에서 각 탄소 원자의 혼성화는 무엇인가?

(b) 벤즈알데하이드의 전체 원자가 전자수는 얼마인가?

(c) 몇 개의 원자가 전자가 분자의 $\sigma$ 결합을 만드는 데 사용되는가?

(d) 몇 개의 원자가 전자가 $\pi$ 결합을 만드는 데 사용되는가?

(e) 몇 개의 원자가 전자가 분자의 비공유 전자쌍으로 남아 있는가?

**9.82** 식초라고 불리는 아세트산의 Lewis 구조는 다음과 같다.

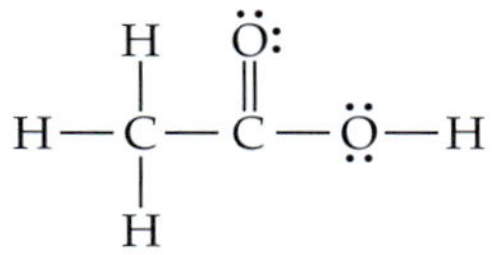

(a) 두 개의 탄소 원자 주위의 결합각은 대략 얼마인가? 그리고 각 탄소의 오비탈 혼성화는 무엇인가?

(b) 두 개의 산소 원자의 오비탈 혼성화는 무엇인가? 그리고 탄소와 수소가 연결된 산소의 결합각은 대략 얼마인가?

(c) 전체의 분자 $\sigma$ 결합수는 얼마인가? 전체 $\pi$ 결합수는 얼마인가?

**9.83** (a) 한 개의 $N_2O$의 Lewis 구조를 그리고, N 원자의 혼성화를 결정하시오. (b) 이 분자에 다른 Lewis 구조가 가능한가? (c) $N_2O$가 비편재 $\pi$ 결합을 가질 것으로 예상하는가?

**9.84** 다음은 어떤 화합물의 Lewis 구조이다.

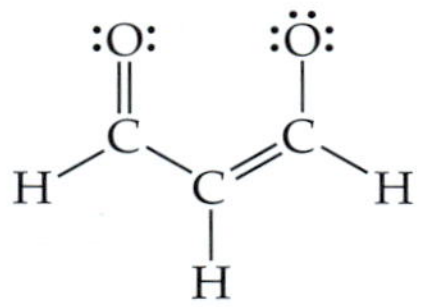

(a) 이 Lewis 구조의 화학종은 중성 분자인가, 이온인가? 만약 이온이라면, 전하는 얼마인가?

(b) 각 탄소 원자의 혼성화는 무엇인가?

(c) 이 화학종은 동등한 다른 공명 구조가 있는가?

(d) 이 화학종의 $\pi$계에는 몇 개의 전자가 있는가?

**9.85** 다음 밑줄 친 원자의 혼성화는 무엇인가?

(a) $\underline{I}O_2^-$ (b) $\underline{N}H_4^+$ (c) $S\underline{C}N^-$ (d) $\underline{Br}Cl_3$

## 분자 오비탈과 2주기 이원자 분자(9.7절, 9.8절)

**9.86** (a) 두 개의 서로 다른 원자로부터 두 개의 원자 오비탈을 조합하여 새로운 오비탈을 만들면, 이것은 혼성 오비탈인가, 분자 오비탈인가? (b) 한 원자의 두 개의 원자 오비탈을 조합하여 새로운 오비탈을 만들면, 이것은 혼성 오비탈인가, 분자 오비탈인가? (c) Pauli 배타 원리(6.7절)는 MO에 적용되는가? 설명하시오.

**9.87** (a) $H_2^-$ 이온의 분자 오비탈을 그리고, 에너지 준위 도표를 그리시오. (b) 이 이온의 전자 배치를 MO 관점에서 그리시오. (c) $H_2^-$의 결합 차수를 계산하시오. (d) 빛에 의해 낮은 에너지의 분자 오비탈로부터 높은 에너지의 분자 오비탈로 전자 한 개를 들뜨게 하였다고 가정해 보자. 이 들뜬 상태의 $H_2^-$ 이온은 안정한가? 설명하시오.

(e) 다음 중 (d)에 대한 설명으로 옳은 것은?

(i) 빛이 결합성 오비탈의 전자를 반결합성 오비탈로 들뜨게 한다.

(ii) 빛이 반결합성 오비탈의 전자를 결합성 오비탈로 들뜨게 한다.

(iii) 들뜬 상태에서 결합 오비탈 전자가 반결합성 전자보다 더 많이 있다.

**9.88** 다음 진술이 참인지, 거짓인지를 표시하시오.

(a) p 오비탈은 $\sigma$ 또는 $\sigma^*$ MO만 형성할 수 있다.

(b) 반결합 오비탈에서 전자를 발견할 수 있는 확률은 항상 0%이다.

(c) 반결합 오비탈에 전자가 채워진 분자는 반드시 불안정하다.

(d) 전자는 비결합(nonbonding) 오비탈에 들어갈 수 없다.

**9.89** 다음을 설명하시오.

(a) **과산화** 이온($O_2^{2-}$)은 **초과산화** 이온($O_2^-$)보다 더 긴 결합 길이를 가진다.

(b) $B_2$의 자기적 성질은 $\pi_{2p}$ MO가 $\sigma_{2p}$ MO보다 에너지가 낮은 경우와 일치한다.

(c) $O_2^{2+}$ 이온은 $O_2$보다 더 강한 O—O 결합을 가진다.

**9.90** (a) **상자기성**이라는 용어가 의미하는 것은 무엇인가?

(b) 상자기성 물질은 자기장에서 어떻게 반응하는가?

(c) 다음 이온들 중 어떤 것이 상자기성으로 예측되는가?

$O_2^+$, $N_2^{2-}$, $Li_2^+$, $O_2^{2-}$

상자기성인 이온들의 홀전자 수를 결정하시오.

**9.91** 그림 9.40에 나타낸 동핵 이원자 분자의 에너지 준위 도표를 이핵 이원자 분자나 이온에 적용할 수 있다고 가정하고, 다음 분자나 이온의 결합 차수와 자기적 성질을 예측하시오.

(a) $CC^-$ (b) $NO^+$ (c) $HHe^+$ (d) ClF

**9.92** (a) 산화 질소(nitric oxide, NO) 분자는 전자 한 개를 쉽게 잃어 $NO^+$ 이온이 된다. 왜 이러한 현상이 일어나는지에 대한 설명으로 가장 적합한 것은 다음 중 어떤 것인가?

(i) 산소는 질소보다 전기 음성도가 크다.

(ii) NO에서 가장 높은 에너지의 전자는 $\pi^*_{2p}$ 분자 오비탈에 놓여 있다.

(iii) NO의 $\pi^*_{2p}$ 분자 오비탈은 완전히 채워져 있다.

(b) NO, $NO^+$, $NO^-$에서 N—O 결합의 세기 순서를 예측하고, 각각의 자기적 성질을 설명하시오.

(c) 중성의 동핵 이원자 분자 중에서 $NO^+$ 및 $NO^-$ 이온과 등전자(전자수가 같은)인 것은 무엇인가?

**9.93** IBr 분자는 **할로젠간 화합물**이다. IBr의 분자 오비탈은 동핵 이원

자 분자 $F_2$와 유사하다고 가정해 보자.

(a) I과 Br의 어느 원자가 원자 오비탈이 IBr의 MO를 구성하는 데 사용되는가?

(b) IBr 분자의 결합 차수는 얼마인가?

(c) 다음 그림은 IBr의 MO 중의 하나를 그린 것이다. 이 MO에서 원자 오비탈의 기여도가 크기 측면에서 왜 다른가?

(d) 이 MO의 명칭은 무엇이겠는가?

(e) IBr 분자에서 이 MO에 몇 개의 전자가 채워지는가?

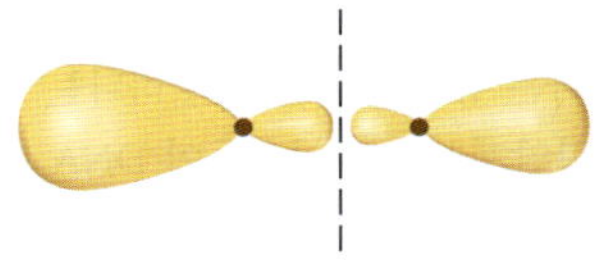

## 추가 연습 문제

**9.94** (a) VSEPR 모형의 물리적 기초는 무엇인가? (b) VSEPR 모형을 적용할 때, 이중 결합이나 삼중 결합을 단일 전자 영역으로 계산한다. 왜 그런가?

**9.95** 어떤 $AB_2$ 분자는 사면체 전자 영역의 기하 구조로 표현된다.

(a) A 원자에는 몇 개의 비공유성 영역이 존재하는가?

(b) 주어진 정보에 의하면, 이 분자는 다음 중 어떤 분자의 기하 구조인가?

(i) 선형 (ii) 굽은형 (iii) 평면 삼각형 (iv) 사면체

**9.96** 다음의 $XF_4$ 이온을 고려하시오. $PF_4^-$, $BrF_4^-$, $ClF_4^+$, $AlF_4^-$

(a) 어떤 이온의 경우, 중심 원자가 팔전자보다 많은 전자를 가지는가?

(b) 어떤 이온의 경우, 전자 영역과 분자의 기하 구조가 같은가?

(c) 어떤 이온이 팔면체 전자 영역의 기하 구조를 가지는가?

(d) 어떤 이온이 시소형 분자의 기하 구조를 가지는가?

**9.97** $PF_4Cl$ 분자를 고려해 보자.

(a) 이 분자의 Lewis 구조를 그리고, 전자 영역의 기하 구조를 예측하시오.

(b) P—F 결합과 P—Cl 결합 중 어떤 것이 더 많은 공간을 차지할 것으로 예측되는가? 설명하시오.

(c) $PF_4Cl$ 분자의 기하 구조를 예측하시오. (b)에서의 답이 (c)의 답에 어떻게 영향을 주었는가?

(d) 이 분자는 이상적인 전자 영역의 기하 구조로부터 변형될 것으로 예상되는가? 그렇다면 어떻게 변형되겠는가?

**9.98** 사면체의 꼭짓점은 팔면체의 인접하지 않는 네 개의 모서리에 해당한다. 분석적인 기하 구조 계산으로, 팔면체의 중심과 두 개의 꼭짓점을 연결해서 만든 각이 사면체 분자의 특징적인 각 109.5°임을 보이시오.

**9.99** 다음 표의 빈칸을 채우시오. 분자의 세로단이 비어 있는 경우에는 나머지 조건을 만족시키는 예를 찾으시오.

| 분자 | 전자 영역의 기하 구조 | 중심 원자의 혼성화 | 쌍극자 모멘트 유무 |
|---|---|---|---|
| $CO_2$ | | | |
| | | $sp^3$ | 있음 |
| | | $sp^3$ | 없음 |
| | 평면 삼각형 | | 없음 |
| $SF_4$ | | | |
| | 팔면체 | | 없음 |
| | | $sp^2$ | 있음 |
| | 삼각 쌍뿔 | | 없음 |
| $XeF_2$ | | | |

**9.100** Lewis 구조로부터 다음 분자나 이온의 $\sigma$ 및 $\pi$ 결합수를 결정하시오.

(a) 하이드라진(hydrazine), $N_2H_4$

(b) 사이안화 수소, HCN

(c) 삼산화 황, $SO_3$

(d) 오존, $O_3$

**9.101** 프로판산 에틸(ethyl propanoate, $CH_3CH_2COOCH_2CH_3$)은 파인애플 향을 내는 물질이다.

(a) 탄소는 안정한 화합물에서 항상 네 개의 결합을 만든다고 가정하고, 이 분자의 Lewis 구조를 그리시오.

(b) 이 분자에는 몇 개의 $\sigma$ 결합과 $\pi$ 결합이 있는가?

(c) 이 분자에서 어떤 CO 결합이 가장 짧은가?

(d) 이 짧은 결합에 관여하는 탄소 원자에 대한 원자 오비탈의 혼성화는 무엇인가?

(e) 이 분자에서 각 탄소 원자의 결합각은 대략 얼마인가?

**9.102** $AB_5$ 분자는 그림과 같은 기하 구조를 가진다.

(a) 이 기하 구조의 이름은 무엇인가?

(b) 원자 A에 비공유 전자쌍이 있는가? 이유는 무엇인가?

(c) 원자 B가 할로젠 원자라고 가정하면, 원자 A는 주기율표에서 어떤 족에 속하는가?

(i) 15족 (ii) 16족 (iii) 17족 (iv) 18족 (v) 정보가 더 필요함

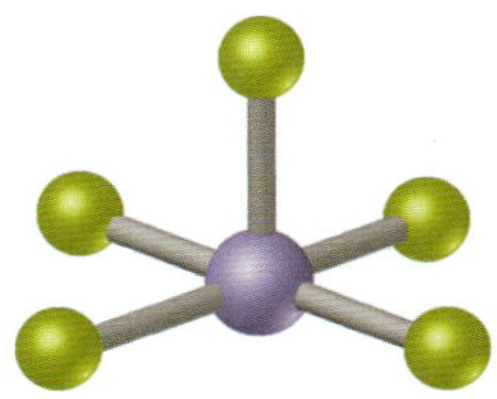

**9.103** $Pt(NH_3)_2Cl_2$의 화학식을 갖는 두 가지 화합물이 있다.

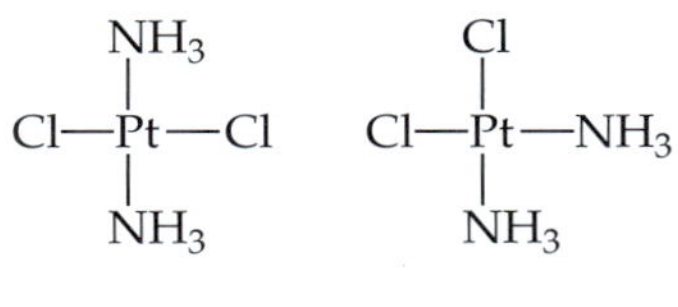

오른쪽은 **시스플라틴**(cisplatin)이라는 화합물이고, 왼쪽은 **트랜스 플라틴**(transplatin)이다.

**(a)** 어느 화합물이 0이 아닌 쌍극자 모멘트를 갖는가?

**(b)** 이 중 하나는 항암제이고, 다른 하나는 항암 효과가 없다. 항암 작용은 항암제의 $Cl^-$ 이온들이 DNA 내에 가까이 있는 질소 원자들에 의해 치환되면서 일어난다. 생성된 N—Pt—N의 결합각은 90 °에 가깝다. 어느 화합물이 항암제인지 예측하시오.

**9.104** $H_2O$의 O—H 결합 길이는 96 pm이고, H—O—H 각은 104.5°이다. 물 분자의 쌍극자 모멘트는 $6.17 \times 10^{-30}$ C-m이다.

**(a)** O—H 결합의 결합 쌍극자는 어떤 방향을 향하는가? 물 분자의 쌍극자 모멘트 벡터는 어느 방향으로 향하는가?

**(b)** O—H 결합의 결합 쌍극자의 크기를 계산하시오(**비고**: 계산을 위해서는 벡터합이 필요하다).

**(c)** (b)의 답을 할로젠화 수소의 쌍극자 모멘트(표 8.3)와 비교하시오. 여러분의 답이 산소의 상대적인 전기 음성도에 부합하는가?

**9.105** **(a)** $SF_2$, $SF_4$, $SF_6$의 S 중심 원자의 전자 영역의 기하 구조를 예측하시오. **(b)** $IO_4^-$는 사면체 구조를 가진다. 세 개의 산소는 이중 결합으로 중심 원자인 I와 연결되어 있고, 한 개의 산소 원자는 음이온을 가지면서 단일 결합으로 연결되어 있다. $IO_6^{5-}$의 분자 기하 구조를 예측하시오.

**9.106** 혼성 오비탈에 대한 다음 내용 중 옳은 것은?

(i) 원자가 *sp* 혼성화를 거치면 원자에는 하나의 혼성화가 되지 않은 *p* 오비탈이 있다.

(ii) $sp^2$ 혼성화에서 더 큰 로브는 정삼각형의 꼭짓점을 향한다.

(iii) $sp^3$ 혼성에서 큰 로브 간의 각도는 109.5°이다.

**9.107** 알렌(allene)의 Lewis 구조는 다음과 같다.

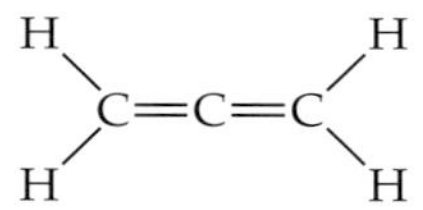

그림 9.25와 비슷한 방식으로 이 분자의 구조를 그리고, 다음의 세 가지 질문에 답하시오.

**(a)** 이 분자는 평면인가?

**(b)** 쌍극자 모멘트가 0이 아닌가?

**(c)** 알렌의 결합은 비편재인가? 설명하시오.

**9.108** 아래와 같은 결합을 가지는 $C_4H_5N$ 분자를 고려하시오.

**(a)** Lewis 구조를 완성하면, 이 분자에 몇 개의 $\sigma$ 결합과 $\pi$ 결합이 있는가?

**(b)** 이 분자에서 몇 개의 원자가 (i) *sp* 혼성화, (ii) $sp^2$ 혼성화, (iii) $sp^3$ 혼성화를 가지는지 각각 쓰시오.

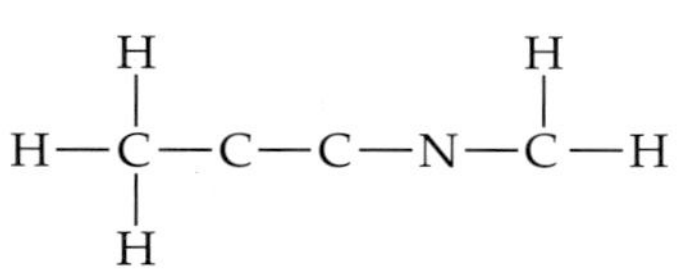

**9.109** 아자이드화 소듐($NaN_3$)은 물리적 충격에 $N_2$를 방출하는 충격 민감형 화합물이다. 이 화합물은 자동차의 에어백에 사용된다.

**(a)** 형식 전하를 최소화하는 $N_3^-$의 Lewis 구조를 그리시오(고리 형태는 아니다). 직선형인가, 굽은형인가?

**(b)** 아자이드화 이온에서 중심 N 원자의 혼성화를 쓰시오.

**(c)** 아자이드화 이온에서 중심 N 원자에는 각각 몇 개의 $\sigma$ 결합과 $\pi$ 결합이 있는가?

**9.110** 오존($O_3$)에서 분자의 끝에 있는 두 산소 원자는 서로 동등하다.

**(a)** 오존의 원자에 대한 가장 적절한 혼성화는 무엇인가?

**(b)** 오존의 공명 형태 중 하나에서, 어떤 오비탈이 결합을 만드는 데 사용되고, 또 어떤 것이 비공유 전자쌍을 잡아주기 위해 사용되는가?

**(c)** 어떤 오비탈이 $\pi$ 전자를 비편재화하는 데 사용될 수 있는가?

**(d)** 오존의 $\pi$계에 몇 개의 전자가 비편재되어 있는가?

**9.111** 뷰타다이엔(butadiene, $C_4H_6$)은 평면 분자이고, 탄소–탄소 결합 길이는 다음과 같다.

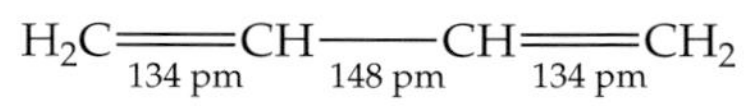

**(a)** 각 탄소 원자의 결합각을 예측하고, 분자를 그리시오.

**(b)** 왼쪽부터 오른쪽 순으로 각 탄소의 혼성화를 쓰시오.

**(c)** 가운데 C—C 결합 길이(148 pm)는 일반적인 C—C 단일 결합 길이(평균 154 pm)보다 짧다. 이는 가운데 C—C 결합이 일반적인 C—C 단일 결합보다 강하다는 의미인가, 약하다는 의미인가?

**(d)** (c)의 답에 근거하여, 가운데의 짧은 C—C 결합 길이를 설명할 수 있는 뷰타다이엔의 결합 특성을 논하시오.

**9.112** **보라진**(borazine, $B_3N_3H_6$)은 B와 N 원자가 교대로 존재하는 육원자 고리이다. 각각의 B와 N 원자에는 한 개의 H가 결합하고 있고 이 분자는 평면 구조이다.

**(a)** 모든 원자의 형식 전하가 0인 보라진의 Lewis 구조를 그리시오.

**(b)** 모든 원자에 대해 팔전자 규칙을 만족하는 Lewis 구조를 그리시오.

**(c)** (b)에서 그린 Lweis 구조에서 원자들의 형식 전하는 무엇인가? B와 N의 전기 음성도를 고려하면, 이들 형식 전하는 타당한가, 아닌가?

**(d)** (a)와 (b)에서 나타낸 Lewis 구조 중에 여러 개의 공명 구조를 가지는 것이 있는가?

**(e)** (a)와 (b)에서 나타낸 Lewis 구조에서 B와 N 원자의 혼성화는 무엇인가? 두 Lewis 구조의 분자들은 평면 구조로 예상되는가?

**(f)** 보라진 분자의 6개의 B—N 결합은 모두 144 pm으로 동일하다. 일반적인 B—N 결합의 길이는 단일 결합이 151 pm이고 이중 결합이 131 pm이다. B—N 결합 길이의 값을 고려할 때, 두 가지 Lewis 구조 중 어떤 것을 선호하는가?

**(g)** 보라진의 $\pi$계에는 몇 개의 전자가 있는가?

**9.113** 최고 점유 MO를 HOMO라고 하고, 최저 비점유 MO를 LUMO라고 한다. 실험적으로 분자의 흡광(자외선–가시광선) 스펙트럼을 얻으면 HOMO와 LUMO 간의 에너지 차이를 알 수 있다. 흡광 스펙트럼에서 관찰된 피크들에 $\pi_{2p}-\pi^*_{2p}$, $\sigma_{2s}-\sigma^*_{2s}$ 등을 표시할 수 있다. 이는 전자가 이동한 출발점과 도착점을 표시한 것이다. HOMO-LUMO 이동은 바닥 상태에서 첫 번째 들뜬 상태로의 이동이다.

(**a**) $N_2$의 바닥 상태와 첫 번째 들뜬 상태의 MO 원자가 전자 배치를 쓰시오.

(**b**) 첫 번째 들뜬 상태에서 $N_2$는 상자기성인가, 반자기성인가?

(**c**) $N_2$의 흡광 스펙트럼에서 가장 낮은 에너지 피크는 170 nm에서 관찰된다. 이는 어떤 오비탈 사이에서의 이동인가?

(**d**) (a)에서 HOMO-LUMO 이동의 에너지(kJ/mol)를 계산하시오.

(**e**) 들뜬 상태의 N—N 결합은 바닥 상태의 N—N 결합보다 강하겠는가, 약하겠는가?

**9.114** 아래 그림은 $H_2^-$의 분자 오비탈 중 하나이다.

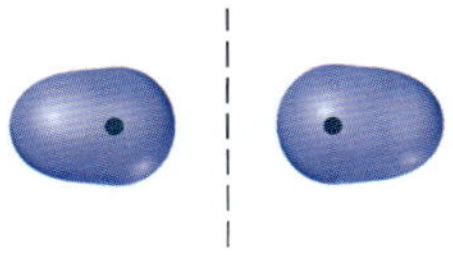

(**a**) 이 분자 오비탈은 $\sigma$ MO인가, $\pi$ MO인가? 또 이것은 결합성인가, 반결합성인가?

(**b**) $H_2^-$에서 몇 개의 전자가 위 MO에 채워지는가?

(**c**) $H_2^-$ 이온의 결합 차수는 얼마인가?

(**d**) $H_2$의 H—H 결합과 비교할 때, $H_2^-$의 H—H 결합은 다음 중 어떨 것으로 예상되는가?
(i) 더 짧고 더 강하다. (ii) 더 길고 더 강하다. (iii) 더 짧고 더 약하다. (iv) 더 길고 더 약하다. (v) 같은 길이와 같은 세기이다.

**9.115** 다음 분자나 이온들을 결합 차수가 작은 것부터 큰 순으로 나열하시오. $N_2^{2+}$, $He_2^+$, $Cl_2$ $H_2^-$, $O_2^{2-}$.

**9.116** 다음 그림은 동핵 이원자 분자의 MO를 만들 때 사용되는 원자 오비탈(위상 포함)을 나타낸 것이다. 각 그림에서 원자 오비탈이 그려진 대로 중첩할 때 생기는 MO의 종류를 결정하시오. "자세히 보기: 원자 오비탈과 분자 오비탈의 위상"에서 제시된 MO와 같은 위상 표시를 사용하시오.

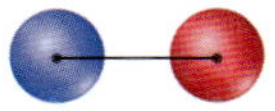

(a)

(b)

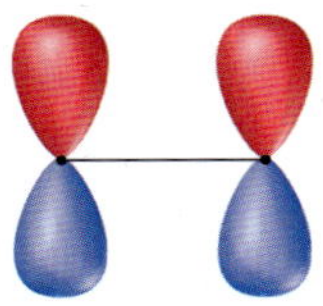

(c)

**9.117** 밝게 착색된 분자는 채워진 전자 준위와 비어 있는 전자 준위 사이에 작은 에너지 갭이 있다(HOMO−LUMO 간격, 연습문제 9.113 참조). 두 개의 시료가 있다고 가정하자. 하나는 토마토가 붉은색을 띠게 하는 라이코펜(lycopene)이고 다른 하나는 강황이 노란색을 띠게 하는 커큐민(curcumin)이다. 어느 것이 더 큰 HOMO−LUMO 간격을 가지고 있는가?

**9.118** **아조 염료**(azo dye)는 옷감의 색을 내는 것과 같이, 다양한 응용에 사용되는 유기 염료이다. 많은 아조 염료는 유기 물질인 **아조벤젠**(azobenzene, $C_{12}H_{10}N_2$)의 유도체이다. 유사한 구조의 물질은 **하이드라조벤젠**(hydrazobenzene, $C_{12}H_{12}N_2$)이다. 이 두 물질의 Lewis 구조는 다음과 같다(벤젠 구조의 간단한 표현을 상기하라).

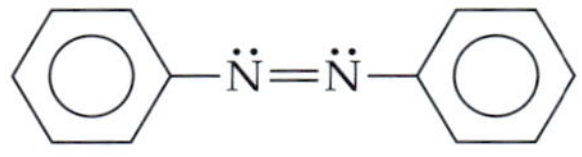

아조벤젠

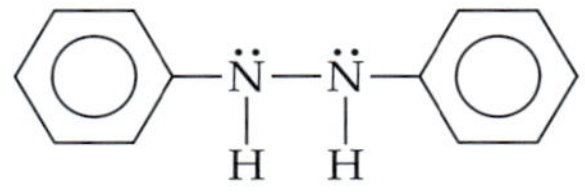

하이드라조벤젠

(**a**) 각 물질에서 N 원자의 혼성화는 무엇인가?

(**b**) 각 물질에서 N과 C 원자의 비혼성화 원자 오비탈은 몇 개인가?

(**c**) 각 물질에서 N—N—C 각을 예측하시오.

(**d**) 아조벤젠은 하이드라조벤젠보다 $\pi$ 전자를 더 비편재화한다고 한다. (a)와 (b)의 답을 기초로 하여 이를 논의하시오.

(**e**) 아조벤젠의 모든 원자는 같은 평면에 있지만, 하이드라조벤젠의 경우는 그렇지 않다. 이 사실은 (d)에서 논의한 내용에 부합되는가?

(**f**) 아조벤젠은 강한 붉은 오렌지색이지만, 하이드라조벤젠은 거의 색이 없다. 어떤 물질이 태양 에너지 변환 장치에 사용하기에 더 좋은가? ("오비탈과 에너지" 참조)

**9.119** (**a**) 수소 원자와 플루오린 원자의 최외각 원자 오비탈만을 사용하고 그림 9.43의 모형을 따르면, HF 분자에서 몇 개의 MO를 예측할 수 있는가? (**b**) (a)에서 얻은 MO 중 몇 개에 전자가 채워지는가? (**c**) H와 F의 최외각 원자 오비탈 사이의 에너지 차이는 충분히 달라서 H의 1*s* 오비탈과 F의 2*s* 오비탈 사이의 상호 작용은 무시할 수 있다. H의 1*s* 오비탈은 F의 2*p* 오비탈 한 개와 섞인다. H의 1*s* 오비탈과 F의 세 개의 2*p* 오비탈이 상호 작용하는 적당한 방향을 표현하는 그림을 그리시오. 원자들이 *z*축에 있다고 가정하면, 어떤 2*p* 오비탈이 1*s* 오비탈과 결합을 만들 수 있는가? (**d**) HF의 가장 일반적인 그림에서, F의 남은 모든 원자 오비탈은 HF의 분자 오비탈 에너지 준위 도표에서 같은 에너지 상태로 움직인다. 이들은 '비결합 오비탈(nonbonding orbital)'이다. 이 정보를 이용하여 HF의 에너지 준위 도표를 그리고, 결합 차수를 계산하시오(비결합 전자는 결합 차수에는 영향을 주지 않는다). (**e**) HF의 Lewis 구조에서 비결합 전자는 어디에 있는가?

**9.120** 일산화 탄소(CO)는 $N_2$와 등전자성이다.

(**a**) 팔전자를 만족하는 CO의 Lewis 구조를 그리시오.

(**b**) CO의 MO를 그리기 위하여 그림 9.43의 도표를 이용할 수 있다고 가정해 보자. 예상되는 CO의 결합 차수는 얼마인가? 이 답은 (a)에서 그린 Lewis 구조와 부합하는가?

(**c**) 실험적으로 CO의 가장 높은 에너지의 전자는 $\sigma$형의 MO에 있다는 것이 알려졌다. 이 관측 결과는 그림 9.43에 부합하는가? 그렇지 않다면, 도표를 만들기 위하여 어떤 수정이 필요한가? 이러한 수정은 그림 9.40과 어떤 관련이 있는가?

(**d**) CO의 $\pi_{2p}$ MO는 C와 O 원자의 원자 오비탈이 동등하게 기여한다고 예측하는가? 그렇지 않다면, 더 많이 기여하는 원자는 어느 것인가?

**9.121** 그림 9.33의 에너지 준위 도표는 한 쌍의 *p* 오비탈이 측면으로 중첩해서 만드는 결합성과 반결합성에 해당하는 두 개의 분자 오비탈을 나타낸다. 에텐(ethylene)에서 두 개의 탄소 원자 사이의 결합 $\pi$ 오비탈에는 한 개의 전자쌍이 있다. 적당한 파장의 광자를 흡수

하면 결합 전자 중 한 개를 $\pi_{2p}$에서 $\pi^*_{2p}$ 분자 오비탈로 전이시킬 수 있다.

(a) 이러한 전자 전이가 HOMO-LUMO 전이라면, 에텐에서의 HOMO는 무엇인가?

(b) 이러한 전자 전이가 HOMO-LUMO 전이라면, 에텐에서의 LUMO는 무엇인가?

(c) 들뜬 상태에서의 C—C 결합이 바닥 상태에서의 C—C 결합보다 강하겠는가?

(d) C—C 결합은, 들뜬 상태와 바닥 상태 중 어느 상태에서 뒤틀리기 쉬운가?

# 통합 연습 문제

**9.122** 6.7%의 H, 40.0%의 C, 53.3%의 O로 구성된 어떤 화합물이 대략 60 g/mol의 몰질량을 갖는다.

(a) 이 화합물의 분자식은 무엇인가?

(b) 두 개의 O가 각각 C에 결합하고 있다면, Lewis 구조는?

(c) 두 개의 O가 결합된 C의 기하 구조와 오비탈 혼성화는 무엇인가?

(d) 이 분자에는 $\sigma$ 결합과 $\pi$ 결합이 몇 개 있는가?

**9.123** $SF_4$는 $O_2$와 천천히 반응하여 다음 균형 맞지 않는 반응에 따라 $OSF_4$를 만든다.

$$SF_4(g) + O_2(g) \longrightarrow OSF_4(g)$$

$OSF_4$의 O 원자와 4개의 F 원자는 중심 원자 S에 결합한다.

(a) 이 반응식을 완결하시오.

(b) 모든 원자의 형식 전하가 0인 $OSF_4$의 Lewis 구조를 그리시오.

(c) 평균 결합 엔탈피(표 8.3)를 이용하여 이 반응의 반응 엔탈피를 예상하시오. 이 반응은 흡열인가, 발열인가?

(d) $OSF_4$의 전자 영역의 기하 구조를 결정하고, 전자 영역의 기하 구조에 기초한 가능한 두 개의 분자의 기하 구조를 쓰시오.

(e) (d)에서 제시한 두 개의 구조에서, 각각 몇 개의 F가 적도 방향과 축 방향에 있는가?

**9.124** $PX_3$의 X—P—X 결합각은 다음과 같이 변한다.

$PF_3$ 96.3°, $PCl_3$ 100.3°, $PBr_3$ 101.0°, $PI_3$ 102.0°

이 경향성은 보통 할로젠 원자의 전기 음성도에 기인한다.

(a) 모든 전자 영역의 크기가 같다고 가정하면, VSEPR 모형으로 예측되는 X—P—X 각은 얼마인가?

(b) 할로젠의 전기 음성도 증가에 따른 X—P—X 각은 어떤 일반적인 경향성을 나타내는가?

(c) VSEPR 모형을 이용하여 X의 전기 음성도에 따른 X—P—X 각의 관측된 경향을 설명하시오.

(d) (c)의 답에 기초해서, $PBrCl_4$의 구조를 예측하시오.

**9.125** (a) 탄소−탄소 단일, 이중, 삼중 결합의 결합 엔탈피(표 8.3)를 비교해서, $\pi$ 결합의 평균 엔탈피 기여도를 유추하시오. 단일 결합이 이 양에 기여하는 비율은 얼마인가? (b) N—N 결합에 대해 비슷한 비교를 하시오. 무엇을 알 수 있는가? (c) $N_2H_4$, $N_2H_2$, $N_2$의 Lewis 구조를 그리고, 각각의 경우에서 질소 주위의 혼성화를 결정하시오. (d) (a)와 (b)의 결과에서 가장 큰 차이점의 이유를 제시하시오.

**9.126** (a) 평균 결합 엔탈피(표 8.3)를 사용하여 나프탈렌($C_{10}H_8$)의 원자화 반응의 $\Delta H$를 예측하시오.

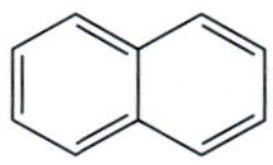$(g) \longrightarrow 10\,C(g) + 8\,H(g)$

(b) Hess 법칙과 부록 C의 데이터를 사용하여 나프탈렌의 원자화 반응의 $\Delta H$를 계산하시오. (고체 나프탈렌의 $\Delta H^\circ_f$는 77.1 kJ/mol이고 나프탈렌의 몰 승화열은 72.9 kJ/mol이다.) (c) 두 값이 크게 차이나는 이유를 설명하시오.

**9.127** 많은 전이 금속 원소 화합물은 금속 원자 사이에 직접적인 결합을 가지고 있다. $z$축이 금속−금속 결합 축이라고 가정해 보자.

(a) 어느 3$d$ 오비탈(그림 6.22)이 금속 원자 사이의 $\sigma$ 결합을 만드는 데 사용될 수 있는가?

(b) $\sigma_{3d}$ 결합과 $\sigma^*_{3d}$ 반결합성 MO를 그리시오.

(c) 오비탈의 위상(phase)에 대한 설명(자세히 보기)을 참고하여, $\sigma^*_{3d}$ MO에 하나의 마디가 왜 생기는지 설명하시오.

(d) (a)의 3$d$ 오비탈만이 중요하다고 가정하고, $Sc_2$의 에너지 준위 도표를 그리시오.

(e) $Sc_2$의 결합 차수는 얼마인가?

**9.128** 다음 유기 분자는 정육각형의 모서리에 육원자 고리가 접합되어 있는 벤젠 유도체이다.

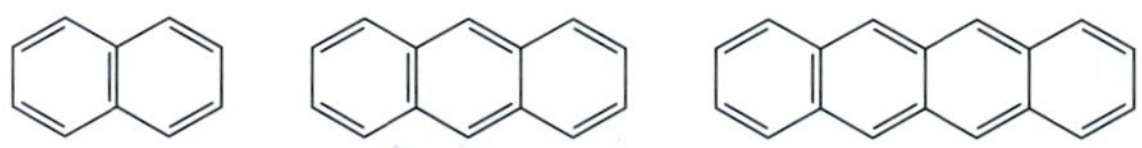

나프탈렌　　안트라센　　테트라센

(a) 벤젠과 이들 세 화합물의 실험식을 결정하시오.

(b) 이 화합물 중 하나가 주어진다면, 연소 분석을 통해 세 가지 중 어떤 것인지 확실히 알 수 있는가?

(c) 좀약의 주성분인 나프탈렌은 흰색 고체이다. 나프탈렌이 연소하여 $CO_2(g)$와 $H_2O(g)$로 되는 반응을 완결하시오.

(d) 나프탈렌의 Lewis 구조와 표 8.3에 있는 평균 결합 엔탈피를 이용하여 나프탈렌의 연소열(kJ/mol)을 예측하시오.

(e) 벤젠, 나프탈렌, 안트라센은 무색이지만, 테트라센은 오렌지색이다. 이것은 이 분자의 상대적인 HOMO-LUMO 에너지 차이에서 무엇을 의미하는가? ("작동하는 화학: 오비탈과 에너지" 참조)

**9.129** 반결합성 분자 오비탈은 한 분자에서 다른 원자와 결합하는 데 사용될 수 있다. 예를 들면 금속 원자는 적당한 $d$ 오비탈을 사용하

여 CO 분자의 $\pi^*_{2p}$ 오비탈과 중첩할 수 있다. 이것은 $d$-$\pi$ 역결합(backbonding)으로 불린다.

**(a)** $y$축을 수직으로, $x$축을 수평으로 하는 좌표를 그리시오. 원점에 금속 원자를 표시하는 'M'을 쓰시오.

**(b)** 이제 M의 오른쪽 $x$축에 탄소를 M 쪽으로 하는 CO의 Lewis 구조를 그리시오. CO 결합축이 $x$축에 있어야 한다.

**(c)** 종이 평면에 위상을 가지는 CO $\pi^*_{2p}$ 오비탈을 그리시오. 두 개의 로브는 M을 향해야 한다.

**(d)** 이제 위상과 함께 M의 $d_{xy}$ 오비탈을 그리시오. 이들이 CO의 $\pi^*_{2p}$ 오비탈과 어떻게 중첩하는지 보이는가?

**(e)** M과 C의 오비탈 사이에는 $\sigma$와 $\pi$ 중에 어떤 종류의 결합이 만들어지는가?

**(f)** CO가 단독으로 있을 때와 비교해서, M−CO 복합체의 CO 결합의 세기가 어떻게 될지 예측하시오.

**9.130** 1984년에 인도의 Bhopal에 있는 저장 탱크에서 아이소사이안산 메틸($CH_3NCO$)이 유출되어 3,800명이 죽고 수천 명이 장기적이고 심각한 상해를 입었다.

**(a)** 이 분자의 Lewis 구조를 그리시오.

**(b)** 이 화합물의 모든 예측 결합각과 함께 공-막대 모형을 그리시오.

**(c)** 이 분자의 모든 결합 길이를 예측하시오.

**(d)** 이 분자가 쌍극자 모멘트를 가질 것으로 예상되는가? 설명하시오.

# 실험 설계 문제

이 장에서는 분자의 $\pi$계의 비편재화와 분자 오비탈과 같은 새로운 개념들을 살펴보았다. 비편재된 $\pi$계를 가지는 분자로 색을 나타내는 **유기 염료**(organic dye) 분야는 이들 개념들의 연관성을 제공한다. 색은 전자가 **최고 점유 분자 오비탈** (highest occupied molecular orbital, HOMO)에서 **최저 비점유 분자 오비탈**(lowest unoccupied molecular orbital, LUMO)로의 전이에 의해 생긴다. HOMO와 LUMO의 에너지 차이는 $\pi$계의 길이에 의존한다고 가정한다. 이 가정을 검증하기 위해 다음의 물질들이 시료로 주어졌다고 가정해 보자.

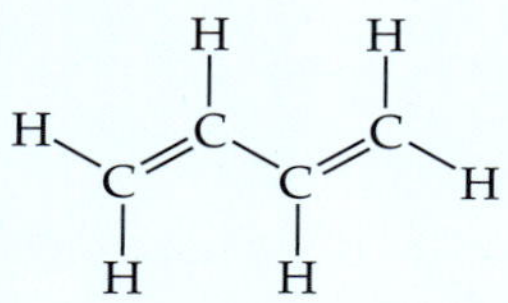

또는 유기 분자의 간단한 표현으로는

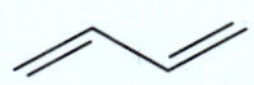

뷰타다이엔(butadiene)

헥사트라이엔(hexatriene)

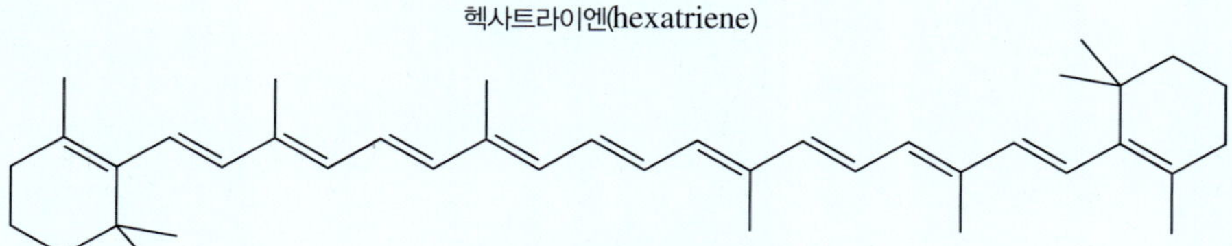

$\beta$-카로틴($\beta$-carotene)

$\beta$-카로틴은 당근의 밝은 오렌지색을 나타내는 주요 물질이다. 또한 이는 몸 안에서 레티날(retinal)을 생성하기 위한 중요한 영양소이다.

**(a)** 이들 분자들이 HOMO에서 LUMO로 전자를 전이하는 데 필요한 에너지의 양을 결정하기 위해 어떤 실험을 고안할 수 있는가?

**(b)** $\pi$계의 길이와 전이 에너지 사이의 관계가 존재하는지를 결정하기 위해 데이터를 그래프로 어떻게 표현하겠는가?

**(c)** 여기서 개발된 개념을 더 심도 있게 검증하기 위해 어떤 분자들이 추가적으로 필요하겠는가?

**(d)** 분자 길이나 $\pi$ 결합의 존재와 같은 분자의 특성이 아니라, 비편재된 $\pi$계가 스펙트럼의 가시광선 영역에서 일어나는 전자 전이에 중요한지를 결정하기 위해 어떠한 실험을 고안하겠는가? (**힌트:** 여기에 없는 다른 분자들을 검증해 볼 필요가 있을 것이다.)

# 10

# 기체



## 10.1 기체의 특성

이 장에서는 우리는 기체의 물리적인 성질들, 즉 대기압은 무엇인지, 기체는 압력과 온도의 변화에 어떻게 반응하는지, 분자 수준에서 온도는 어떠한 의미가 있는지 등을 살펴 보려고 한다. 기체는 가장 단순한 물질의 형태이므로, 기체에 대한 이런 논의는 원자 또는 분자로 구성된 더 큰 집합체의 거동을 이해하는 데 좋은 출발점을 제공한다. 사실 대부분의 일반적인 조건에서 기체의 거동은 단순한 기체 분자 모형을 통하여 설명할 수 있다. 우리는 조건이 변화함에 따라서 이러한 이상적인 모델이 실제 기체와 다른 점들을 비교하여, 보다 심층적인 안목을 얻도록 한다. 따라서 모든 기체에 대해서 각각의 화학적 특성과 관계없는 동일한 설명으로 시작한 뒤, 분자의 물리적인 거동에 관한 중요한 면들에 대한 이해를 얻는 것으로 이 장을 맺으려고 한다.

이 장이 끝나면 다음 사항을 수행할 수 있어야 한다.

- 기체와 응축상(액체와 고체)의 분자 화합물이 가지는 근원적인 차이들을 이해하기

보통의 온도와 압력에서 기체로 존재하는 몇 가지 원소 중 He, Ne, Ar, Kr, Xe는 단원자 기체이고, $H_2$, $N_2$, $O_2$, $F_2$, $Cl_2$ 등은 이원자 기체이다. 많은 분자 화합물은 기체이다. **표 10.1**에 이들 중 일부가 나열되어 있다. 이 기체들은 모두 비금속 원소로 구성된 것을 주목하라. 또한 이들은 모두 간단한 분자식과 그에 따른 작은 몰질량을 갖는다.

보통 상태에서 액체와 고체로 존재하는 물질도, 일반적으로 기체 상태로 존재할 수 있다. 이것을 흔히 **증기(vapor)**라고 한다. 예를 들어 물질 $H_2O$는 액체인 물, 고체인 얼음, 기체인 수증기로 존재한다.

여러 기체 물질들은 매우 다른 **화학적**(chemical) 성질을 가지고 있지만, **물리적**(physical) 성질에 관한 한 매우 유사한 거동을 보인다. 예를 들어 대기의 약 99%를 차지하는 $N_2$와 $O_2$는 전혀 다른 화학적 성질을 가지고 있다(한 가지 차이점만을 얘기하면 $O_2$는 인간 생명을 유지해 주지만, $N_2$는 그렇지 않다). 공기의 이 두 성분은 물리적 성질이 본질적으로 같기 때문에 물리적으로는 거의 하나의 기체처럼 거동한다.

기체의 물리적 성질은 고체 및 액체와 크게 다르다. 예를 들어 기체는 자발적으로 팽창하여 용기를 채운다. 결과적으로, 기체의 부피는 기체가 들어 있는 용기의 부피와 같다. 기체는 압축성이 매우 크다. 따라서 기체에 압력을 가하면 기체의 부피는 감소한다. 반면에 고체와 액체는 팽창해서 용기를 채우지 못하고, 쉽게 압축할 수 없다.

둘 이상의 기체들은 성분이나 상대적인 존재 비율과 상관없이 균일 혼합물을 형성한다. 대기가 가장 좋은 예 중의 하나이다. 둘 이상의 액체들 또는 고체들은 그들의 화학적 성질에 따라 균일 혼합물을 형성하기도 하고, 그렇지 않을 수도 있다. 예를 들면 물과 가솔린을 섞으면 두 액체는 분리된 층으로 남아 있게 된다. 이와는 대조적으로, 액체 위에 존재하는 수증기와 가솔린 증기는 균일한 기체 혼합물을 형성한다.

기체 분자는 서로 멀리 떨어져 있어서, 기체의 독특한 특성(확장하여 용기를 꽉 채우고, 매우 압

**표 10.1 실온에서 기체인 몇 가지 화합물**

| 분자식 | 이름 | 특성 |
|---|---|---|
| HCN | 사이안화 수소(hydrogen cyanide) | 매우 유독, 쓴맛의 아몬드 냄새 |
| $H_2S$ | 황화 수소(hydrogen sulfide) | 매우 유독, 썩은 달걀 냄새 |
| CO | 일산화 탄소(carbon monoxide) | 독성, 무색, 무취 |
| $CO_2$ | 이산화 탄소(carbon dioxide) | 무색, 무취 |
| $CH_4$ | 메테인(methane) | 무색, 무취, 가연성 |
| $C_2H_4$ | 에텐(ethylene, 에틸렌) | 무색, 과일 숙성 |
| $C_3H_8$ | 프로페인(propane) | 무색, 무취, 병에 담긴 기체 |
| $N_2O$ | 산화 아질소(nitrous oxide) | 무색, 단맛, 웃음 가스 |
| $NO_2$ | 이산화 질소(nitrogen dioxide) | 독성, 적갈색, 자극성 냄새 |
| $NH_3$ | 암모니아(ammonia) | 무색, 톡 쏘는 냄새 |
| $SO_2$ | 이산화 황(sulfur dioxide) | 무색, 자극성 냄새 |

축성이 높으며, 균일 혼합물을 형성한다)을 갖는다. 예를 들어 일정한 부피의 공기의 경우, 기체 분자는 전체 부피의 약 0.1%를 차지하고 있고, 나머지는 빈 공간이다. 따라서 각 분자는 대부분 다른 분자들이 없는 것처럼 거동한다. 결과적으로 여러 기체는 서로 다른 분자들로 구성되어 있더라도 비슷하게 거동한다.

## 자기 평가 연습 문제

**10.1** 다음은 참인가 거짓인가: 모든 기체는 같은 온도에서 응축한다.

**(a)** 참
**(b)** 거짓

## 연습 문제

**10.2** 다음 설명 중 거짓인 것은?

**(a)** 기체는 액체보다 밀도가 훨씬 작다.
**(b)** 기체는 액체보다 압축성이 매우 좋다.
**(c)** 액체 상태의 물과 사염화 탄소는 섞이지 않기 때문에, 기체 상태에서도 섞이지 않는다.
**(d)** 기체가 차지하는 부피는 용기의 부피로 구한다.

자기 평가 연습 문제 답 **10.1** (b)

# 10.2 압력

오늘 또는 이번 주의 날씨는 어떠한가? 날씨에 대한 이러한 정보는 우리가 매일 어떤 옷을 선택할 것인가를 도울 뿐만 아니라 농부들이 식물을 재배하고 수확하거나, 어부들이 항로를 선택할 때에도 큰 도움을 준다. 대기상에 존재하는 기체는 주로 $N_2$와 $O_2$ 분자로 이루어져 있으며, 태양광에 의해 가열되며 압력차에 의해 다양한 방향으로 이동한다. 이러한 이동이 바로 바람을 일으킨다.

부드러운 바람, 거친 폭풍우, 습기, 비와 같은 날씨를 만드는 것은 기체의 거동이다. 사진 속의 토네이도는, 낮은 고도의 습하고 따뜻한 공기가 위쪽의 차갑고 건조한 공기와 만날 때 형성된다. 결과적으로 공기 흐름은 최대 500 km/h의 속도에 도달할 수 있는 바람을 생성한다.

이 절이 끝나면 다음 사항을 수행할 수 있어야 한다.

- 압력의 분자적 기초에 대해 이해하기

기체 분자들은 무질서하게 움직이며 서로 간에 또는 용기의 벽에 충돌하게 된다. 용기의 벽에 충돌하면서 발생하는 충격은 벽을 바깥쪽으로 밀어내는 힘을 가하게 된다. **압력**(**pressure**, $P$)이란 기체가 가한 힘($F$)을 힘이 가해진 표면의 면적($A$)으로 나눈 값으로 정의된다.

$$P = \frac{F}{A} \qquad [10.1]$$

기체는 접촉하는 모든 표면에 압력을 가하게 된다. 예를 들어 부푼 풍선 속의 기체는 풍선의 내부 표면에 압력을 가한다.

## 대기압과 압력계

사람, 코코넛, 질소 분자들은 모두 지구의 중심으로 당기는 힘인 중력을 받고 있다. 예를 들어 코코넛이 나무에서 떨어질 때 작용하는 중력에 의해 위치 에너지가 운동 에너지로 변화되면서 지구로 향해 떨어지는 속도는 점점 빨라지게 된다. 대기 중의 기체 원자 또는 분자도 마찬가지로, 중력 가속도의 영향을 받는다. 하지만 대기를 구성하는 입자들은 크기가 매우 작으므로 열에너지에 의한 빠른 움직임(운동 에너지)이 중력을 극복함으로써 지구 표면에 축적되지 않는다. 그런데도 중력이 작용하여 대기 전체가 지표면에 압력을 가함으로써 단위 면적에 가해지는 대기의 힘으로 정의되는 **대기압**(atmospheric pressure)을 형성한다.

뜨거운 물이나 청량음료를 담을 수 있는 빈 플라스틱 병으로 대기압의 존재를 증명해 보일 수 있다. 빈 병 입구를 빨아들이면 병이 부분적으로 찌그러지는 현상을 볼 수 있다. 이렇게 만든 부분적인 진공 상태를 제거하면, 병은 다시 원래 상태로 되돌아간다. 병 내부의 공기를 빨아들이면 병 내부의 공기 분자는 줄어들며, 줄어든 공기 분자들에 의해 병의 내부에서 바깥쪽으로 밀어내는 힘보다 대기 중의 공기 분자들이 병의 외부에서 가하는 힘이 커진다. 결국 병은 찌그러지게 된다.

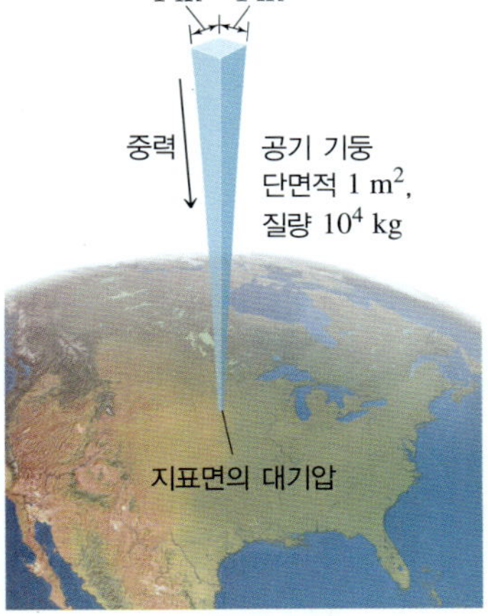

▲그림 10.1 대기압의 계산

대기압의 크기는 식 10.1을 이용하여 계산할 수 있다. 임의의 물체에 의해 가해지는 힘($F$)은 질량($m$)과 가속도($a$)를 곱한 값으로 $F = ma$이다. 지구의 중력에 의해 지표면에 있는 물체에 주어지는 가속도 $g$는 9.8 m/s$^2$이다. 따라서 대기에 의해서 지구 표면에 가해지는 중력(대기의 질량)은 $F = mg$로 나타낼 수 있다.

이제 전체 대기권을 관통하는, 단면적이 1 m$^2$인 공기 기둥을 상상해 보자(**그림 10.1**). 이 기둥은 대략 10,000 kg의 질량을 갖는다. 이 기둥에 의해 아래 방향으로 가해지는 중력은 다음과 같다.

$$F = (10{,}000 \text{ kg})(9.8 \text{ m/s}^2) = 1 \times 10^5 \text{ kg m/s}^2 = 1 \times 10^5 \text{ N}$$

여기서 N은 힘의 SI 단위인 **뉴턴**(newton)의 약자로, 1 N = 1 kg m/s$^2$이다.

이 기둥에 의해 가해지는 압력은, 힘을 힘이 작용하는 단면적($A$)으로 나눈 값이다. 이 공기 기둥의 단면적은 1 m$^2$이므로, 해수면에서의 대기압은 다음과 같다.

$$P = \frac{F}{A} = \frac{1 \times 10^5\,\mathrm{N}}{1\,\mathrm{m}^2} = 1 \times 10^5\,\mathrm{N/m^2} = 1 \times 10^5\,\mathrm{Pa} = 1 \times 10^2\,\mathrm{kPa}$$

압력의 SI 단위는 **파스칼(pascal**, Pa)로, 압력을 연구했던 프랑스 과학자인 Blaise Pascal(1623~1662)의 이름을 딴 것이다(1 Pa = 1 $\mathrm{N/m^2}$). 이와 관련된 압력의 단위는 **바(bar)**이다(1 bar = $10^5$ Pa = $10^5$ $\mathrm{N/m^2}$). 따라서 앞에서 계산한 해수면에서의 대기압인 100 kPa은 1 bar로 보고할 수 있다(일정 지점에서의 실제 대기압은 기후 조건과 고도에 따라 달라진다). 압력의 또 다른 단위로 제곱인치당 파운드(psi, lbs/in.$^2$)를 사용하기도 한다. 해수면에서의 대기압은 14.7 psi이다.

17세기에 많은 과학자와 철학자들은 대기는 무게가 없다고 믿었다. Galileo의 학생이었던 Evangelista Torricelli(1608~1647)는 이것이 거짓임을 증명하였다. 그는 760 mm보다 긴 유리관의 한쪽 끝을 막아 수은으로 가득 채운 후, 수은이 들어 있는 그릇에 거꾸로 세워(관 내부로 공기가 들어가지 않도록 주의해야 한다) 만든 **기압계**(barometer)를 발명하였다(**그림 10.2**). 이 기압계는 유리관을 그릇 안에서 거꾸로 세울 때, 일부 수은이 관 밖으로 흘러나오지만 수은 기둥은 관 안에 그대로 남는다. Torricelli는, 그릇의 수은 표면은 지구 대기에 의한 모든 힘을 받고 있고, 중력에 의해 수은 기둥의 아래 방향으로 가해지는 압력과 유리관 바닥의 대기압이 같아질 때까지 수은을 위로 밀어 올린다고 주장하였다. 따라서 **수은 기둥의 높이($h$)는 대기압의 척도이고, 대기압의 변화에 따라 변하게 된다.**

해수면에서의 전형적인 압력에 해당하는 **표준 대기압(standard atmospheric pressure)**은 760 mm 높이의 수은 기둥을 지지하기에 충분한 압력이다. 이 압력은 SI 단위로 1.01325×$10^5$ Pa이다. 표준 대기압은 기체 압력을 표기하기 위하여 **대기압(atmosphere**, atm)과 **밀리미터 수은**(millimeter of mercury, mm Hg) 등과 같은 몇 가지 비 SI 단위를 보편적으로 사용한다. 후자의 단위를 Torricelli의 이름을 따서 **토르(torr)**라고도 한다. 1 torr = 1 mm Hg이다. 따라서 성립하는 관계식은 다음과 같다.

$$1\,\mathrm{atm} = 760.\,\mathrm{mm\,Hg} = 760.\,\mathrm{torr} = 1.01325 \times 10^5\,\mathrm{Pa} = 101.325\,\mathrm{kPa} = 1.01325\,\mathrm{bar}$$

갇혀 있는 기체의 압력을 측정하는 데에는 다양한 기기를 사용할 수 있다. 예를 들어 타이어 계측기는 자동차 또는 자전거 타이어의 공기 압력을 측정하기 위해 사용된다. 실험실에서는 기압계의 비슷한 작동 원리를 가지며 예제 10.2에 제시된 **압력계**(manometer)라는 장치를 사용한다.

대기압이 증가하면 수은 기둥의 높이($h$)는 어떻게 되겠는가?

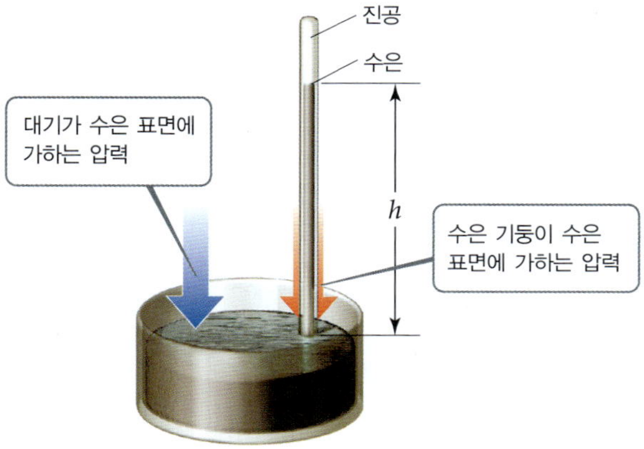


▲**그림 10.2** 수은 기압계

## 예제 10.1
### 압력 계산하기

해수면의 대기압이 98 kPa일 때, 잠수부가 수심 31.0 m 아래에 있다면 잠수부에게 가해지는 압력은 kPa 단위로 얼마인가?(단, 물의 밀도는 1.00 g/cm$^3$ = 1.00 × 10$^3$ kg/m$^3$, 중력 가속도는 9.81 m/s$^2$, 1 Pa = 1 kg/m-s$^2$이다.)

### 해답

**분석** 대기압(98 kPa)과 수심(31.0 m)을 주고, 잠수부가 받는 압력을 계산하라는 문제이다.

**계획** 잠수부에게 전해지는 전체 압력은 대기압과 수압의 합과 같다. 수압은 식 10.1($P = F/A$)을 이용하여 구할 수 있다. 물에 의해서 잠수부에게 주어지는 힘($F$)은 중력에 의한 가속도와 질량의 곱($F = mg$)으로 나타낼 수 있으며, $g$ = 9.81 m/s$^2$에 해당한다.

**풀이** 물에 의한 압력은 다음과 같다.

$$P = \frac{F}{A} = \frac{mg}{A}$$

물의 질량은 밀도($d = m/V$이므로 $m = d \times V$)와 관련이 있다. 물을 기둥으로 볼 수 있으며, 부피는 단면적과 높이의 곱($V = A \times h$)과 같다. 질량($m = d \times V$)과 부피($V = A \times h$)를 대입하면 다음과 같이 표현할 수 있다.

$$P = \frac{mg}{A} = \frac{dVg}{A} = \frac{d(\cancel{A}h)g}{\cancel{A}} = dhg$$

SI 양을 대입하면

$$P = dhg = (1.00 \times 10^3\ \text{kg/m}^3)(31.0\ \cancel{\text{m}})(9.81\ \cancel{\text{m}}/\text{s}^2)$$
$$= 3.00 \times 10^5 \frac{\text{kg}}{\text{m s}^2} = 3.00 \times 10^5\ \text{Pa}$$

이 된다. 따라서 잠수부에 전해지는 전체 압력은

$$P_{\text{total}} = 98\ \text{kPa} + 300\ \text{kPa} = 398\ \text{kPa}$$

이다.

**▶ 보충 예제**

만일 외부 압력이 101 kPa이고, 수은을 대신하여 물($d$ = 1.00 g/cm$^3$)을 사용하였다면, 기압계의 기둥 높이는 얼마이겠는가?

**(a)** 0.0558 m **(b)** 0.760 m **(c)** 1.03 × 10$^4$ m **(d)** 10.3 m **(e)** 0.103 m

## 예제 10.2
### 압력계를 이용한 기체 압력 측정

어느 날, 실험실의 기압계가 대기압이 764.7 torr임을 나타내고 있다. 기체 시료를 플라스크에 채우고 한쪽 끝이 열린 수은 압력계에 부착하였다(그림 10.3). 미터 단위의 자를 사용하여 U자관의 두 팔의 수은 높이를 측정하였다. 열린 끝 쪽에서의 수은 높이는 136.4 mm였고, 플라스크 안의 기체와 접촉하고 있는 팔에서의 높이는 103.8 mm였다. 플라스크 내부에 있는 기체의 압력은 (a) atm 단위로, (b) kPa 단위로 얼마인가?

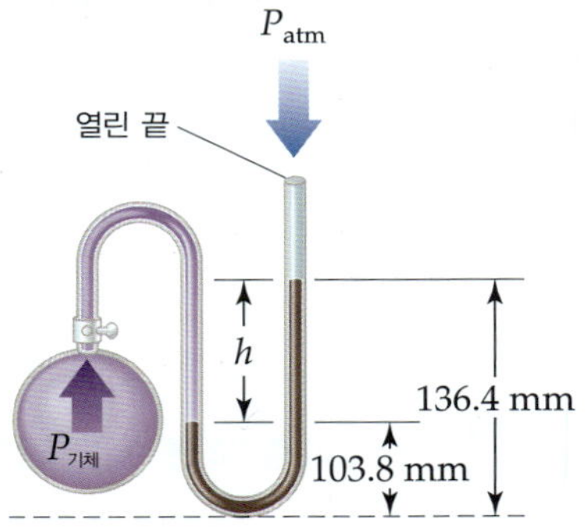


▲그림 10.3 수은 압력계

### 해답

**분석** 대기압(764.7 torr)과 압력계의 두 팔의 수은 높이가 주어지고, 플라스크 안의 기체 압력을 구하라는 문제이다. 이 실험에서 수은의 높이를 밀리미터 단위로 측정하고 있음을 주목하라. 플라스크 쪽에 있는 팔에서의 수은 높이(103.8 mm)가 대기 쪽으로 열린 팔에서의 높이(136.4 mm)보다 낮으므로, 플라스크 쪽의 기체 압력이 대기압보다 높음을 알 수 있다. 따라서 플라스크 쪽의 기체가 플라스크와 접촉된 팔로부터 대기 쪽으로 열린 팔 방향으로 수은을 밀어내게 된다.

**계획** 두 팔에서의 높이차(그림 10.3의 h)를 이용하여 대기압을 초과하는 기체 압력의 양을 구한다. 한쪽 끝이 열린 압력계를 사용하기 때문에, 높이차로부터 바로 기체와 대기압의 압력차를 mm Hg 또는 torr 단위로 측정할 수 있다.

**풀이**

(a) 기체의 압력은 대기압에 $h$를 더한 것과 같다.

$$P_{기체} = P_{\text{atm}} + h$$
$$= 764.7\ \text{torr} + (136.4\ \text{torr} - 103.8\ \text{torr})$$
$$= 797.3\ \text{torr}$$

기체의 압력을 atm 단위로 환산한다.

$$P_{기체} = (797.3\ \cancel{\text{torr}})\left(\frac{1\ \text{atm}}{760\ \cancel{\text{torr}}}\right) = 1.049\ \text{atm}$$

**(b)** 압력을 kPa로 구하기 위하여 atm과 kPa 사이의 환산 인자를 사용한다.

$$1.049\ \text{atm}\left(\frac{101.3\ \text{kPa}}{1\ \text{atm}}\right) = 106.3\ \text{kPa}$$

**검토** 계산된 압력은 약 101 kPa로 1 atm보다 조금 더 높다. 이것이 타당한 이유는 플라스크 내부의 압력이 대기압(764.7 torr = 1.01 atm)보다 클 것으로 예측하였기 때문이다.

**▶ 보충 예제**

플라스크 내부의 기체 압력이 증가하고 열린 끝부분에서의 기둥의 높이가 5.0 mm 상승한 경우, 플라스크 내부의 새로운 기체 압력은 몇 kPa인가?

## 화학과 생명 혈압

인간의 심장은 동맥을 통해 신체의 각 부분에 혈액을 공급하고, 혈액은 정맥을 통해 심장으로 돌아간다. 당신의 혈압이 측정되면, 120/80과 같은 두 가지 값이 보고되는데, 이는 정상 수치이다. 첫 번째 측정은 **수축기 혈압**(systolic pressure)으로 심장이 뛸 때의 최대 압력이다. 두 번째는 **이완기 혈압**(diastolic pressure)으로 심장이 휴식기에 있을 때의 압력이다. 이러한 압력 측정과 관련된 단위는 torr이다.

공기가 채워진 닫힌 재킷이나 소매를 팔에 지혈대처럼 채우고, 거기에 부착된 압력계를 사용하여 혈압을 측정한다(**그림 10.4**). 압력계는 수은 압력계일 수도, 다른 장치일 수도 있다. 소매 내부의 공기 압력은 작은 펌프를 사용하여 증가시키는데, 수축기 혈압보다 높아져서 혈액의 흐름이 멈출 때까지 증가한다. 그다음, 청진기를 통해 맥박이 다시 뛰는 것을 확인해 가며 소매 내부의 공기 압력을 천천히 감소시킨다. 이 시점에서 소매의 압력은 혈액이 동맥 내부에 가하는 압력과 같다. 이는 수축기 혈압이다. 그 다음 소매의 압력이 혈액이 자유롭게 흐를 때까지 더욱 감소한다. 이 때의 압력은 이완기 혈압이다.

**고혈압**(hypertension)은 비정상적으로 혈압이 높은 것이다. 고혈압의 일반적인 기준은 140/90보다 혈압이 높은 것이지만, 최근 연구에서는 수축기 혈압이 120 이상인 경우 건강이 위험하다고 제안하고 있다. 고혈압은 심장의 부담을 크게 증가시키고, 또한 몸 전체의 혈관벽에 스트레스를 준다. 이러한 영향으로 동맥류, 심장마비 및 뇌졸중의 위험이 증가한다.

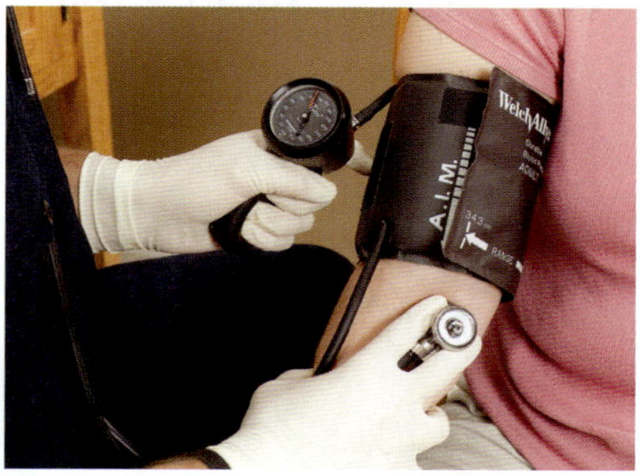


▲그림 10.4 혈압의 측정

## 자기 평가 연습 문제

**10.3** 고도계는 항공기의 고도를 측정하는 데 사용되는 도구로, 일반적으로 지상 위에서 측정되는 수치를 기준으로 피트 단위 값을 제공한다. 이는 항공기 외부의 대기압을 감지한다. 고도계의 수치가 증가함에 따라, 항공기 외부의 대기압은 어떻게 되는가?

**(a)** 증가
**(b)** 감소

## 연습 문제

**10.4** 책꽂이 세트가 단단한 바닥 표면 위에 네 개의 다리로 놓여 있다. 각각의 다리는 단면 치수가 4.0×5.0 cm로 바닥과 접촉해 있다. 선반과 그 위에 쌓인 책의 총 질량 200 kg이다. 책꽂이의 다리에 의해 바닥 표면에 가해지는 대기압을 계산하시오.

**10.5** **(a)** 1-아이오도도데케인(1-iodododecane)은 1.20 g/mL의 밀도를 가지는 비휘발성 액체이다. 수은의 밀도는 13.6 g/mL이다. 대기압이 749 torr일 때, 1-아이오도도데케인이 채워진 기압계의 높이는 얼마인가? **(b)** 대기압이 742 torr일 때, 다이버가 수면 아래 21 ft에 있는 경우 다이버의 몸에 가해지는 압력은 얼마인가?

**10.6** 다음 단위로 변환하시오.
**(a)** 0.912 atm에서 torr
**(b)** 0.685 bar에서 kPa
**(c)** 655 mmHg에서 atm
**(d)** $1.323\times10^5$ Pa에서 atm
**(e)** 2.50 atm에서 psi

**10.7** 2005년의 허리케인 Wilma는 대서양 분지에서 저기압 수치가 882

mbar(millibars)를 기록한 역사상 가장 강력한 허리케인이다. 이 수치를 각각의 단위로 변환하시오.

**(a)** atm **(b)** torr **(c)** Hg의 inches

**10.8** 수은을 포함한 개방형 압력계는 예제 10.2에 설명된 대로 기체의 용기에 연결된다. 다음 각 상황에서 밀폐된 기체의 압력은 torr로 얼마인가?

**(a)** 기체에 부착된 팔의 수은은 대기(대기압 0.985 atm)에 개방되었을 때보다 높은 15.4 mm이다.

**(b)** 기체에 부착된 팔의 수은은 대기(대기압 0.99 atm)에 개방되었을 때보다 낮은 12.3 mm이다.

자기 평가연습 문제 답 **10.3** (b)

# 10.3 | 기체 법칙

Joseph Montgolfier는 세탁물이 불 위에서 건조되다가 때때로 공기가 갇혀 위로 부풀어오르는 것을 관찰하면서 처음으로 열기구에 대한 아이디어를 얻었다고 한다. 그는 형제 Etienne의 도움으로 이글거리는 양털과 건초를 열원으로 사용하여 무인 풍선을 만들고 테스트했다. 이것은 매우 성공적인 것으로 판명되어 풍선은 통제 불능 상태로 솟아올라 약 2 km 떨어진 곳에서 추락했다. 1783년 9월 19일, 형제들은 프랑스의 Louis 16세와 Marie Antoinette 왕비 앞에서 자신들의 발명품을 시연했다. 풍선에는 양, 오리, 수탉을 실은 바구니가 달려 있었다. 세 동물 모두 풍선이 약 1500 ft에 도달한 3 km 비행에서 살아남았다. 이를 본 왕은 열기구를 타고 인간의 첫 비행을 허가했다. 이는 밧줄로 묶인 풍선에서 Etienne에 의해 수행되었고, 같은 해 11월에 처음으로 밧줄이 없는 풍선에서도 수행되었다.

열기구의 밝은 색상은 때때로 이른 아침의 고요한 대기에서 볼 수 있다. 이 절에서는 기체의 몇 가지 기본적인 물리적 특성을 공부한다. 이 절이 끝나면 다음 사항을 수행할 수 있어야 한다.

- 기체의 부피, 온도, 압력 사이의 관계를 이해하기

기체의 물리적 조건, 즉 **상태**(state)를 정의하기 위해서는 네 가지 변수가 필요하다. 바로 온도, 압력, 부피, 그리고 기체의 양(주로 몰수로 표현됨)이다. 이들 네 가지 변수 간의 관계를 나타내는 식을 **기체 법칙**(gas law)이라고 한다. 부피는 쉽게 측정될 수 있으므로, 연구된 첫 번째 기체 법칙은 두 가지 변수는 일정하게 유지한 상태에서, 부피에 대한 다른 한 가지 변수의 효과를 나타낸 것이다.

고도가 높아짐에 따라 기압은 증가하는가, 감소하는가? (온도 변화는 무시하라.)

▲ 그림 10.5 대기 중에서 풍선이 위로 올라감에 따라 풍선의 부피는 증가한다.

## 압력-부피 관계: Boyle 법칙

기체에 가해진 압력이 감소할수록 기체의 부피는 늘어나게 된다. 따라서 고도가 높을수록 기압이 낮아지기 때문에, 지표면에서 띄워 올린 기상 관측용 풍선(**그림 10.5**)은 상승할수록 팽창하게 된다.

영국의 화학자 Robert Boyle(1627~1691)은 기체의 압력과 부피 간의 관계를 정량적으로 조사한 최초의 인물이다. 예를 들어 그는 기체의 압력을 절반으로 낮추면 부피가 초기 부피의 두 배로 증가한다는 사실을 발견하였다. 반대로 압력을 두 배로 증가시키면 부피는 초기 부피의 절반으로 줄어들게 된다.

이런 관찰들을 요약하는 **Boyle 법칙**(**Boyle's law**)은 다음과 같이 나타낸다.

**일정한 온도에서 일정한 양의 기체의 부피는 압력에 반비례한다.**

두 개의 측정값이 반비례하면, 하나가 커지면 다른 하나는 작아진다. Boyle 법칙은 수학적으로 다음과 같이 표현된다.

$$V = \text{상수} \times \frac{1}{P} \quad \text{또는} \quad PV = \text{상수} \tag{10.2}$$

상수의 값은 온도와 시료 내 기체의 양에 의존한다.

**그림 10.6**의 $P$에 대한 $V$의 그래프는 일정한 온도에서 일정한 양의 기체에 관하여 얻은 곡선이다. $V$를 $1/P$에 대하여 도시하면, 그림 10.6의 오른쪽에서와 같이 선형 관계식을 얻을 수 있다.

Boyle 법칙은 간단해 보이지만, 과학사에서 중요한 위치를 차지한다. Boyle은 최초로 한 가지 변수를 체계적으로 변화시키는 일련의 실험을 통하여 다른 변수에 미치는 영향을 조사하였다. 이 실험들의 자료는 실험적 관계인 '법칙'을 확립하는 데 활용되었다.

우리는 호흡할 때마다 Boyle 법칙을 적용한다. 폐의 부피는 팽창과 수축을 할 수 있는 흉강과 허파 아래의 근육인 횡격막에 의해 지배를 받는다. 흉강이 팽창하고 횡격막이 아래로 움직일 때 들숨이 일어난다. 이런 두 가지 작용 때문에 폐의 부피가 증가하고, 폐 내부의 기체 압력은 감소한다. 이어서 폐의 압력이 다시 대기압과 같아질 때까지 대기압은 폐 속으로 공기를 밀어 넣는다.

일정한 온도에서 일정한 양의 기체에 대한 $P$ 대 $1/V$의 그래프는 어떤 모양일까?

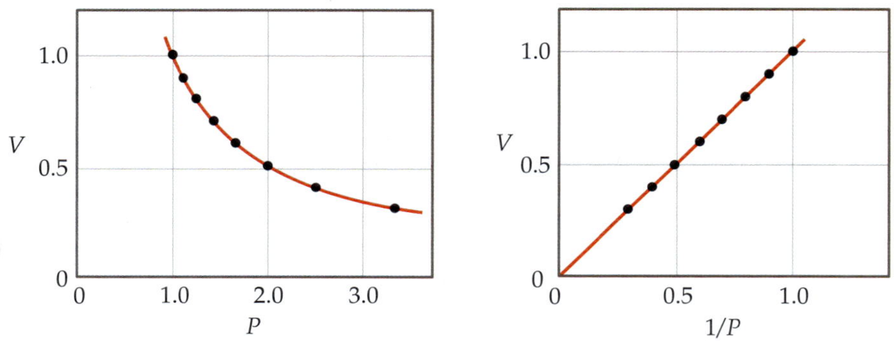


▲ **그림 10.6** Boyle 법칙 일정한 온도에서 일정량의 기체의 부피는 압력에 반비례한다.

날숨은 반대의 과정이다. 즉 흉강은 수축하고 횡격막은 위쪽으로 움직이며, 폐의 부피는 감소한다. 결과적으로 압력 증가로 공기를 폐 밖으로 내보낸다.

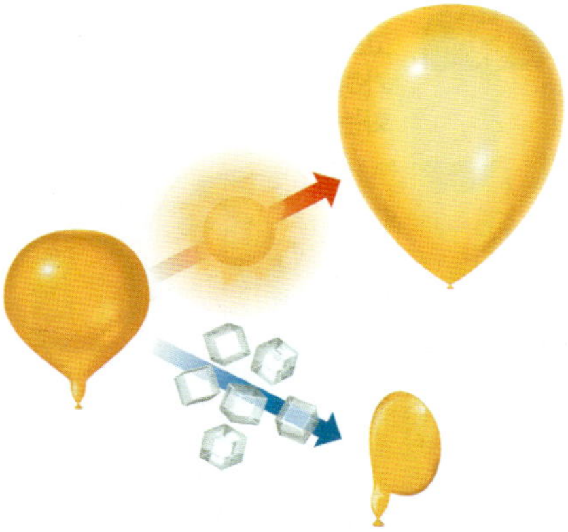

▲그림 10.7 온도가 부피에 미치는 영향

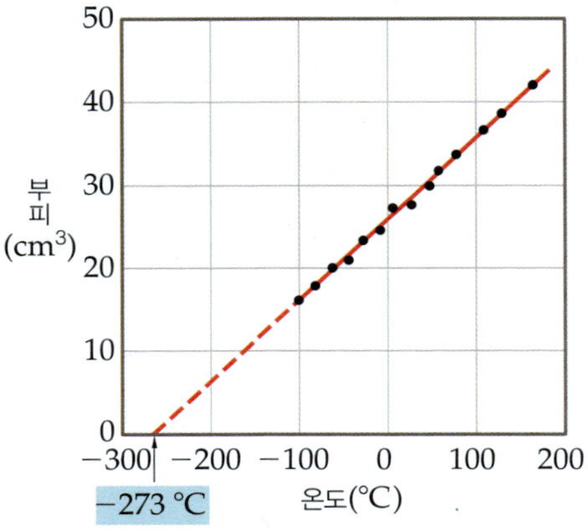


▲그림 10.8 Charles 법칙 일정한 압력에서 기체 일정량의 부피는 온도에 비례한다.

## 온도-부피 관계: Charles 법칙

그림 10.7에서 보여 주듯이, 부푼 풍선의 부피는 풍선 안의 기체 온도가 올라갈 때 증가하고, 온도가 내려갈 때 감소한다. 기체 부피와 온도 사이의 관계는 1787년에 프랑스의 과학자 Jacques Charles(1746~1823)에 의해 발견되었다. 몇 가지 전형적인 부피-온도 자료를 그림 10.8에 나타내었다. 외삽한 선(점선)이 −273 °C를 통과하는 것을 주목하라. 또한 기체는 이 온도에서 부피가 0이 되는 것으로 예측되는 것을 유의하라. 그러나 모든 기체는 이 온도에 도달하기 전에 액화되거나 고체화되기 때문에, 이 조건은 결코 실현될 수 없다.

1848년에 Kelvin 경이라는 작위를 받은 영국의 물리학자 William Thomson(1824~1907)은 오늘날 Kelvin 척도로 알려진 절대 온도의 척도를 제안하였다. 이 척도에서 **절대 영도**(absolute zero)라고 하는 0 K는 −273.15 °C와 같다. Kelvin 척도의 관점에서 **Charles 법칙(Charles's law)**을 다음과 같이 진술한다.

**일정한 압력에서 일정한 양의 기체 부피는 절대 온도에 정비례한다.**

따라서 절대 온도가 두 배로 증가하면 기체 부피도 두 배로 증가한다. 수학적으로 Charles 법칙은 다음과 같은 형태를 보인다.

$$V = \text{상수} \times T \quad \text{또는} \quad \frac{V}{T} = \text{상수} \qquad [10.3]$$

여기서 상수의 값은 기체의 압력과 양에 의존한다.

## 양-부피 관계: Avogadro 법칙

기체의 양과 부피 사이의 관계는 Joseph Louis Gay-Lussac(1778~1823)과 Amedeo Avogadro(1776~1856)의 연구 결과를 따르고 있다.

Gay-Lussac은 과학사에서 진정한 모험가로 불릴 만한 독특한 인물 중 한 사람이다. 1804년에 그는 열기구를 타고 7,000 m까지 올라갔다(이 위업은 수십 년 간 최고 고도의 기록으로 유지되었다). Gay-Lussac은 기구를 좀 더 잘 조절하기 위해 기체의 성질을 연구하였다. 1808년에 그는 **부피 결합의 법칙**(law of combining volume)을 관찰하였다. 일정 압력과 온도에서, 다른 기체와 반응하는 기체의 부피는 작은 정수비 관계를 갖는다. 예를 들면 수소 기체 2부피는 산소 기체 1부피와 반응하여 수증기 2부피를 생성한다.

Amedeo Avogadro는 3년 후에, 오늘날 **Avogadro 가설(Avogadro's hypothesis)**로 알려진 제안을 함으로써 Gay-Lussac의 관찰을 해석하였다.

**같은 온도와 압력에서, 기체의 부피가 같으면 같은 수의 분자를 포함한다.**

예를 들어 그림 10.9에서의 설명처럼 0 °C, 101.3 kPa에서 임의의 기체 22.4 L 속에는 $6.02 \times 10^{23}$개의 기체 분자(즉 1 mol)가 포함되어 있다.

**Avogadro 법칙(Avogadro's law)**은 Avogadro 가설을 따르고 있다. 즉

**일정한 온도와 압력에서 기체의 부피는 기체의 몰수에 정비례한다.**

$$V = \text{상수} \times n \quad \text{또는} \quad \frac{V}{n} = \text{상수} \qquad [10.4]$$

여기서 $n$은 몰수이다. 따라서 $T$와 $P$가 일정할 때, 기체의 몰수를 두 배 증가시키면 부피는 두 배가 된다.

각 용기에는 몇 몰의 기체가 존재하는가?

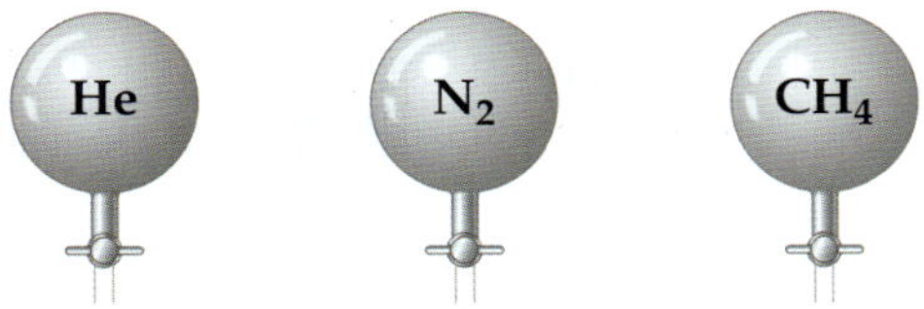


| | He | $N_2$ | $CH_4$ |
|---|---|---|---|
| 부피 | 22.4 L | 22.4 L | 22.4 L |
| 압력 | 101.3 kPa | 101.3 kPa | 101.3 kPa |
| 온도 | 0 ℃ | 0 ℃ | 0 ℃ |
| 기체 질량 | 4.00 g | 28.0 g | 16.0 g |
| 기체 분자수 | $6.02 \times 10^{23}$ | $6.02 \times 10^{23}$ | $6.02 \times 10^{23}$ |

▲ **그림 10.9** Avogadro 가설 동일한 부피, 압력, 온도에서 서로 다른 기체는 동일한 수의 분자를 갖지만, 질량은 서로 다르다.

## 예제 10.3

### *P*, *V*, *n*, *T*의 변화가 기체에 미치는 영향 평가하기

움직일 수 있는 피스톤이 장착된 실린더에 기체가 빠져나가지 않도록 잘 봉인된 상태로 갇혀 있다고 가정하자. 다음의 각 변화가 (i) 기체의 압력, (ii) 실린더 내의 기체의 몰수, (iii) 분자 간 평균 거리에 어떠한 영향을 미치는지 밝히시오.
**(a)** 일정한 압력에서 기체를 가열한다. **(b)** 일정한 온도에서 부피를 감소시킨다. **(c)** 온도와 부피를 일정하게 유지하면서 기체를 추가로 주입한다.

### 해답

**분석** 각 변화가 (1) 기체의 압력, (2) 실린더 내의 기체 몰수, (3) 분자 간의 평균 거리 등에 어떻게 영향을 미치는가를 생각하는 것이 필요하다.

**계획** 압력 변화를 평가하기 위하여 기체 법칙을 사용한다. 실린더 내의 기체 몰수는 기체가 추가로 도입되거나 제거되지 않는 한 일정하다. 분자 간의 평균 거리를 계산하는 것은 그리 간단하지 않다. 주어진 기체의 분자수에 대해서 부피가 증가하면 분자 간의 평균 거리는 증가한다. 역으로 일정한 부피에서 기체의 몰수가 증가하면 분자 간의 평균 거리는 감소한다. 따라서 분자 간의 평균 거리는 $V/n$에 비례할 것이다.

**풀이**

**(a)** 압력이 일정하게 유지되기 때문에, 이 문제에서 압력은 변수가 아니다. 또한 기체의 전체 몰수는 일정하게 유지될 것이다. Charles 법칙에 따르면, 일정한 압력을 유지하면서 기체를 가열하면 피스톤이 움직여서 부피는 증가하게 된다. 따라서 분자 간의 거리는 증가할 것이다.

**(b)** 부피의 감소는 압력을 증가시키게 된다(Boyle 법칙). 기체를 좀 더 작은 부피로 압축시킬 때, 기체의 전체 몰수에는 변화가 없다. 따라서 전체 몰수는 일정하게 유지된다. 그러나 기체가 더 작은 부피에 갇혀 있으므로 분자 간의 평균 거리는 감소한다.

**(c)** 실린더에 기체를 추가로 주입한다는 것은 실린더 내에 더 많은 분자가 존재한다는 것을 의미하므로, 실린더 내의 기체의 몰수가 증가할 것이다. 부피를 일정하게 유지한 가운데 분자를 추가하였기 때문에 분자 간의 평균 거리는 감소해야 한다. Avogadro 법칙에 따르면, 온도와 압력을 일정하게 유지한 조건에서 기체를 추가로 주입하면 실린더의 부피는 증가한다. 여기서 부피가 일정하게 유지되고 온도도 마찬가지이므로, 이는 압력이 변해야 한다는 것을 의미한다. Boyle 법칙에 따르면, 부피와 압력 사이에는 반비례의 관계가 있으므로($PV$=상수), 기체를 추가로 주입하여 부피가 증가하지 않는다면 압력이 증가해야 한다고 결론을 내릴 수 있다.

**▶ 보충 예제**

병원에서 사용되는 산소통은 15.16 GPa의 압력에서 35.4 L의 산소를 포함하고 있다. 온도가 일정하게 유지되는 조건에서 압력을 101.3 kPa으로 유지한 용기로 이동시킨다면, 산소가 차지하는 부피는 얼마가 되겠는가?

## 자기 평가 연습 문제

**10.9** 온도가 일정하게 유지되는 상태에서 밀폐된 용기의 부피가 두 배로 증가하면 기체의 압력은 어떻게 되는가?

(a) 압력은 반이 될 것이다.
(b) 압력은 그대로 유지될 것이다.
(c) 압력은 두 배가 될 것이다.

## 연습 문제

**10.10** 25 °C에서 움직일 수 있는 피스톤 실린더에 기체가 들어 있다. 다음 중 어떤 행동에 의해 기체 압력이 두 배가 되겠는가?

**(a)** 온도를 유지한 채 부피가 두 배 되도록 피스톤을 들어 올림

**(b)** 부피를 유지한 채 기체의 온도를 25 °C에서 50 °C로 가열함

**(c)** 온도를 유지한 채 부피가 반이 되도록 피스톤을 내림

**10.11** 접촉 과정에서 이산화 황(sulfur dioxide)과 산소 기체는 다음과 같이 반응하여 삼산화 황(sulfur trioxide)을 형성한다.

$$2\,SO_2(g) + O_2(g) \longrightarrow 2\,SO_3(g)$$

특정 온도와 압력에서, 50 L의 $SO_2$는 25 L의 $O_2$와 반응한다. 모든 $SO_2$와 $O_2$가 소비될 경우, 동일한 온도와 압력에서 생성되는 $SO_3$의 부피는 얼마인가?

자기 평가 연습 문제 답 **10.9** (a)

## 10.4 | 이상 기체식

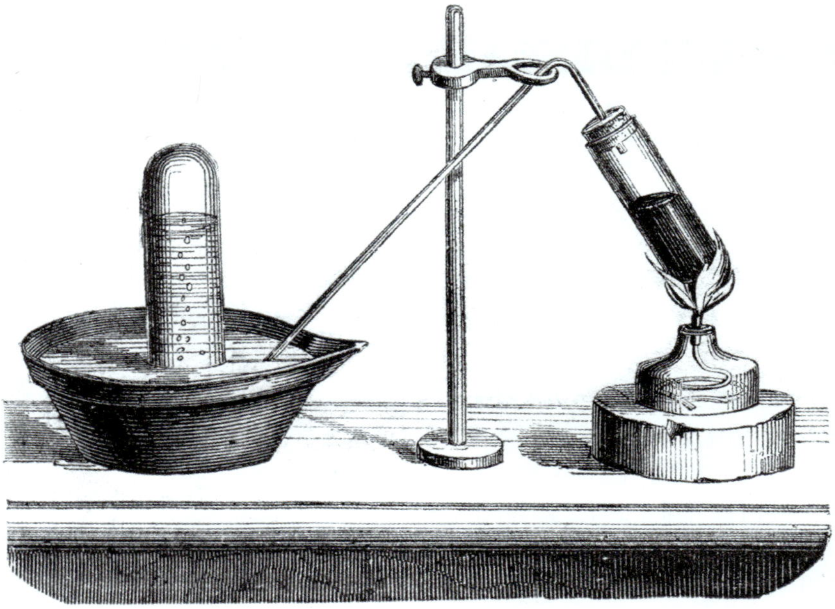

기체에 대한 초기 연구에서는 기체가 독립적인 원자로 구성되어 있다고 가정했다. 이러한 가정은 원자간 상호 작용을 배제할 수 있고 기체의 물리적인 특성만을 이용해 원자의 세계를 바라볼 수 있기 때문에 화학자들에게 매력적으로 여겨졌다. 그러나 일부 혼란스러운 관측도 있었다. 예를 들어, 프랑스의 화학자 Gay-Lussac은 기체 사이의 일부 반응이 그가 예상했던 것보다 두 배의 부피를 가지는 생성물을 형성한다는 것을 알아챘다. 이것은 나중에 이탈리아 Turin 대학의 물리학 교수인 Amedeo Avogadro에 의해 설명되었는데, 그는 기체가 현재 우리가 분자라고 부르는 원자들로 이루어진 집단으로 만들어졌다고 제안했다. 이 발견은 물질과 화학적 결합을 이해하는 발단으로 이어졌다.

이 절이 끝나면 다음 사항을 수행할 수 있어야 한다.

- 이상 기체 방정식을 사용하여 기체의 양을 부피와 압력, 온도와 연관시키기
- 기체의 밀도로부터 몰 질량 계산하기

지금까지 살펴본 세 가지 기체의 법칙은 모두 $P$, $V$, $T$, $n$ 등 네 가지 변수 중에서 두 가지 변수를 일정하게 유지하면서 다른 두 가지 변수가 서로 어떻게 영향을 주는지를 관찰하여 얻은 것이다.

각 법칙은 비례 관계식으로 표현할 수 있다. '비례한다'라는 뜻의 ∝ 부호를 사용하면 다음과 같이 나타낼 수 있다.

$$\textbf{Boyle 법칙:} \quad V \propto \frac{1}{P} \quad (n, T \text{ 일정})$$

$$\textbf{Charles 법칙:} \quad V \propto T \quad (n, P \text{ 일정})$$

$$\textbf{Avogadro 법칙:} \quad V \propto n \quad (P, T \text{ 일정})$$

이 관계식들을 조합하면 일반적인 기체 법칙을 만들 수 있다.

$$V \propto \frac{nT}{P}$$

비례 상수를 $R$이라고 하면, 등식은 다음과 같다.

$$V = R\left(\frac{nT}{P}\right)$$

이 식을 재정리하면, 다음과 같이 **이상 기체식(ideal gas equation)** 또는 **이상 기체 법칙(ideal gas law)**이라고 하는 식이 얻어진다.

$$PV = nRT \qquad [10.5]$$

**이상 기체(ideal gas)**란 압력, 부피, 온도 사이의 관계식이 이상 기체식으로 완벽하게 기술되는 가상의 기체를 말한다.

이상 기체식을 유도할 때, 두 가지 가정이 존재한다.

- 이상 기체 분자들은 서로 상호 작용하지 않으며,
- 분자들의 전체 부피는 기체가 차지하는 부피에 비해 훨씬 작다.

이런 이유로 용기 속에서 분자들이 차지하는 공간은 없다고 생각한다. 많은 경우 이런 가정으로 인해 도입되는 작은 오차는 허용될 수 있다. 좀 더 정확한 계산이 필요하다면, 분자 간에 존재하는 인력과 분자의 크기에 대해 알고 있으면 이 가정을 보정할 수 있다.

이상 기체식에서 $R$을 **기체 상수(gas constant)**라고 한다. $R$의 값과 단위는 사용된 $P$, $V$, $n$, $T$의 단위에 의존한다. 이상 기체식에서 $T$의 값은 **항상** 절대 온도(섭씨 대신에 켈빈으로)여야 한다. 기체의 양 $n$은 보통 몰수로 나타낸다. 압력의 단위는 보통 atm이나 Pa를 사용하며, 부피는 리터(L)로 나타낸다. **표 10.2**는 여러 가지 단위로 표현된 $R$의 수치를 나타내고 있다. 이상 기체식을 사용할 때는 문제에서 주어진 $P$, $V$, $n$, $T$의 단위들과 일치하도록 $R$의 형태를 선택해야한다.

**표 10.2 여러 가지 단위의 기체 상수 *R*의 수치**

| 단위 | 수치 |
|---|---|
| L atm/mol K | 0.08206 |
| J/mol K* | 8.314 |
| $m^3$ Pa/mol K* | 8.314 |
| L torr/mol K | 62.36 |
| L kPa>mol K | 8.314 |

*SI 단위

101.325 kPa, 0.00 °C(273.15 K)에서 1.000 mol의 이상 기체를 생각해 보자. 이상 기체식에 따라 기체의 부피는 다음과 같다.

$$\begin{aligned} V &= \frac{nRT}{P} \\ &= \frac{(1.000 \text{ mol})(8.314 \text{ m}^3\text{ Pa/mol K})(273.15 \text{ K})}{101.325 \times 10^3 \text{ Pa}} = 22.41 \text{ L} \end{aligned}$$

0 °C, 101.325 kPa 상태를 **표준 온도 압력(standard temperature and pressure, STP)**이라고 한다. STP에서 1 mol의 이상 기체가 차지하는 부피는 22.41 L인데, 이것은 STP에서 이상 기체의 **몰부피(molar volume)**로 알려져 있다.

이상 기체식은 다양한 상황에 존재하는 대부분의 기체의 성질을 잘 설명해 준다. 그러나 이상 기체식은 실제 기체를 정확하게 설명하지는 못한다. 따라서 $P$, $n$, $T$가 일정한 값을 가질 때 측정된 부피는 $PV=nRT$로부터 계산된 부피와 다를 수 있다(**그림 10.10**). 실제 기체들은 항상 이상적인 거동을 하지는 않지만, 이상적 거동과 비교하여 그 차이가 매우 작다. 따라서 가장 정교한 연구를 제외한 모든 연구에서 그 차이를 무시할 수 있다.

어느 기체가 이상적인 거동으로부터 가장 많이 벗어났는가?

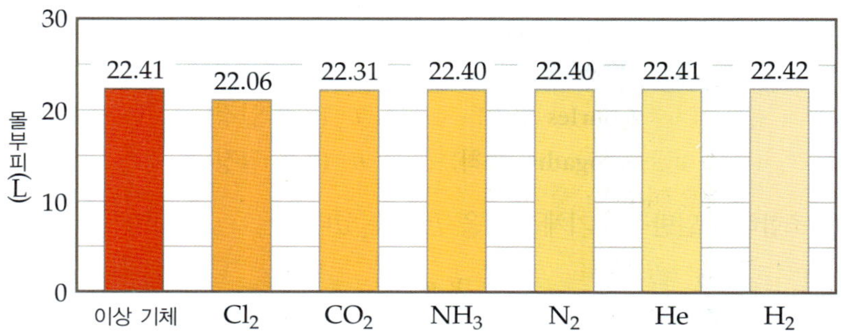


▲그림 10.10 STP에서의 몰부피 비교

## 예제 10.4
### 이상 기체식의 활용

석회석의 주성분인 탄산 칼슘($CaCO_3(s)$)은 가열할 때 $CaO(s)$와 $CO_2(g)$로 분해된다. $CaCO_3$ 시료가 분해되어 생긴 이산화 탄소를 250 mL 플라스크에 포집하였다. 완전히 분해된 후, 31 °C에서의 기체의 압력은 131.72 kPa이다. $CO_2$는 몇 몰이 발생하였는가?

**해답**

**분석** $CO_2$ 기체 시료가 부피(250 mL), 압력(131.72 kPa), 온도(31 °C) 상태로 존재한다고 주어졌고, 이때 시료 속 $CO_2$ 기체의 몰수를 계산하라는 문제이다.

**계획** $V$, $P$, $T$는 주어졌으므로, 미지의 $n$ 값은 이상 기체식으로 구할 수 있다.

**풀이** 기체 법칙의 문제들을 분석하고 풀 때는 문제에서 제시된 정보들을 표로 만들고, 이어서 값들을 $R$(8.314 m$^3$ Pa/mol K)의 단위와 일치하는 단위로 환산한다.

$$V = 250\,\text{mL} = 0.250\,\text{L} = 2.5 \times 10^{-4}\,\text{m}^3$$
$$P = 131.72\,\text{kPa} = 131.72 \times 10^3\,\text{Pa}$$
$$T = 31\,°\text{C} = (31 + 273)\,\text{K} = 304\,\text{K}$$

**이상 기체식을 풀 때 항상 절대 온도를 사용해야 한다**는 것을 기억하라.

$n$에 대해 풀기 위해 이상 기체식(식 10.5)을 재정리한다.

$$n = \frac{PV}{RT}$$

$$n = \frac{(131.72 \times 10^3\,\text{Pa})(2.5 \times 10^{-4}\,\text{m}^3)}{(8.314\,\text{m}^3\,\text{Pa/mol K})(304\,\text{K})}$$
$$= 0.013\,\text{mol CO}_2$$

**검토** 단위들이 적절하게 소거되어야만, 이상 기체식을 적절히 재배열되었고 올바른 단위로 전환되었음을 확신할 수 있다.

**▶ 보충 예제**

테니스공은 잘 튀어 오를 수 있도록 일반적으로 대기압 이상의 압력으로 공기나 $N_2$ 기체를 채운다. 어떤 테니스공의 부피가 144 cm$^3$이고 0.33 g의 $N_2$ 기체를 포함하고 있다면, 24 °C에서 테니스공의 내부 압력은 얼마인가?

## 성취를 위한 전략 많은 변수를 포함하는 계산

이 장에서는 네 가지 변수($P$, $V$, $n$, $T$)와 한 개의 상수 $R$이 있는 이상 기체식에 근거한 몇 가지 문제를 살펴보았다. 문제의 종류에 따라서, 네 가지 변수 중 임의의 한 변수에 대해서 풀 것을 요구한다.

두 가지 이상의 변수를 포함하는 문제들로부터 필요한 정보를 추출하기 위하여 다음과 같은 과정을 제안한다.

1. **정보를 표로 만들라.** 문제를 주의 깊게 읽고 어떤 변수들이 미지 변수이고, 어떤 변수들이 수치가 주어져 있는지를 판단하라. 하나의 수치를 볼 때마다 메모하라. 많은 경우에 주어진 정보들을 표로 작성하는 것이 도움이 될 것이다.
2. **일관성 있는 단위로 환산하라.** 값들이 적절한 단위로 환산되었음을 확인하라. 예를 들어 이상 기체식을 사용할 때, 우리는 주로 m$^3$ Pa/mol K 단위의 R을 사용한다.
3. **한 개의 식이 변수들을 서로 연관시키고 있다면 미지 변수에 대해 그 식을 풀어라.** 이상 기체식을 다음과 같이 재정리한 대수식은 모두 한 번씩은 사용될 것이다.

$$P = \frac{nRT}{V}, \quad V = \frac{nRT}{P}, \quad n = \frac{PV}{RT}, \quad T = \frac{PV}{nR}$$

4. **차원 분석을 활용하라.** 계산 과정에 단위를 사용하라. 차원 분석을 활용함으로써 식을 올바르게 풀었는지를 검토할 수 있다. 식의 단위들이 서로 소거되어 원하는 변수의 단위가 나온다면, 아마도 식을 올바르게 사용한 것이다.

때때로 몇 가지 변수의 분명한 값을 주지 않아서 문제가 풀릴 수 없는 것처럼 보일 수 있다. 하지만 이런 경우에는 필요한 변수들의 값을 결정하기 위하여 활용될 수 있는 정보들이 주어질 것이다. 예를 들어 $T$ 값은 주어지고, $n$ 또는 $V$ 값은 주어지지 않는 문제에서, 이상 기체식을 사용하여 압력을 구하는 경우를 생각해보자. 하지만 문제에서 '시료는 1 L당 0.15 mol의 기체를 포함하고 있다'는 점을 진술하고 있다. 우리는 이 진술을 다음과 같은 식으로 표현할 수 있다.

$$\frac{n}{V} = 0.15\ \text{mol/L}$$

이상 기체식을 압력에 대해 풀면,

$$P = \frac{nRT}{V}$$

이며, 다음과 같이 바꿀 수 있게 된다.

$$P = \left(\frac{n}{V}\right)RT$$

따라서 $n$과 $V$의 값을 주지 않았지만, 이 식을 풀 수 있다.

계속해서 강조하였듯이, 화학 문제를 푸는 것에 익숙해지기 위해 여러분이 할 수 있는 가장 중요한 것은 보충 예제와 장의 마지막에 있는 연습 문제를 풀어 보는 것이다. 여기에서 설명한 것과 같이, 체계적인 방법을 사용함으로써 많은 변수를 포함하는 문제를 푸는 데 어려움을 최소화할 수 있을 것이다.

## 이상 기체식과 기체 법칙의 관계

10.3절에서 설명한 기체 법칙들은 이상 기체식의 특별한 경우들이다. 예를 들어 $n$과 $T$가 일정하게 유지될 때, 곱 $nRT$는 세 개의 상수를 포함하고 있다. 따라서 그 자체로 일정한 값이어야 한다.

$$PV = nRT = \text{상수} \quad \text{또는} \quad PV = \text{상수} \qquad [10.6]$$

따라서 Boyle 법칙이 성립한다. $n$과 $T$ 값이 일정하면 $P$와 $V$ 값은 각각 변할 수 있지만, $PV$는 일정해야 한다.

Boyle 법칙을 사용하면 압력이 변할 때 기체 부피가 어떻게 변하는지를 예측할 수 있다. 예를 들면 움직일 수 있는 피스톤이 장착된 실린더에 1.875 MPa, 21 °C의 $O_2$ 기체 50.0 L를 채우고 있을 때, 압력이 101.3 kPa으로 감소하는 동안 온도가 21 °C로 유지된다면, 기체가 차지하는 부피에는 어떤 변화가 있을까? 기체의 $n$과 $T$가 일정하게 유지할 때, $PV$ 값은 일정하므로 다음과 같다.

$$P_1V_1 = P_2V_2 \qquad [10.7]$$

여기서 $P_1$과 $V_1$은 초깃값이고, $P_2$와 $V_2$는 최종값이다. 이 식의 양변을 $P_2$로 나누면 최종 부피 $V_2$는 다음과 같다.

$$V_2 = V_1 \times \frac{P_1}{P_2} = (50.0\ \text{L})\left(\frac{1.875\ \text{MPa}}{101.3\ \text{kPa}}\right) = 925\ \text{L}$$

이 답은 압력이 감소함에 따라 기체가 팽창하기 때문에 합리적이다.

이와 비슷한 방식으로 이상 기체식으로부터 출발하여 임의의 두 가지 변수, 즉 $V$와 $T$(Charles 법칙), $n$과 $V$(Avogadro 법칙), $P$와 $T$ 간의 관계식을 유도할 수 있다.

우리는 기체 몰수가 일정할 때, $P$, $V$, $T$가 모두 변하는 상황에 자주 직면한다. $n$은 이런 상태에서 일정하므로, 이상 기체식은 다음과 같다.

$$\frac{PV}{T} = nR = \text{상수}$$

압력, 온도, 부피의 초기 상태와 최종 상태를 각각 아래 첨자 1과 2로 표시하면

$$\frac{P_1V_1}{T_1} = \frac{P_2V_2}{T_2} \qquad [10.8]$$

이고, 이 식은 흔히 **결합 기체 법칙**(combined gas law)이라고 한다.

이제 이상 기체식을 사용하여 기체의 밀도와 그 몰질량 사이의 관계를 정의하고, 이를 통해 화학 반응에서 소모되거나 생성된 기체의 부피를 계산해볼 것이다.

## 예제 10.5
### 온도 변화가 압력에 미치는 영향 계산하기

에어로솔 캔의 기체 압력은 25 ℃에서 152 kPa이다. 기체가 이상 기체식을 따른다고 가정하면, 캔을 450 ℃로 가열할 때 압력은 얼마인가?

### 해답

**분석** 기체의 초기 압력(152 kPa)과 온도(25 ℃)가 주어지고, 더 높은 온도(450 ℃)에서의 압력을 구하라는 문제이다.

**계획** 기체의 부피와 몰수는 변하지 않으므로, 압력과 온도를 연관시키는 관계식을 이용해야 한다. 온도를 켈빈 척도로 환산하고, 제시한 정보를 표로 만들면 다음과 같다.

| | *P* | *T* |
|---|---|---|
| 초기 | 152 kPa | 298 K |
| 최종 | $P_2$ | 723 K |

**풀이** *P*와 *T*가 어떤 관계식을 갖는지를 결정하려면, 이상 기체식으로부터 출발하여 한쪽은 변하지 않는 양($n$, $V$, $R$)으로, 다른 쪽은 변수($P$와 $T$)로 분리한다.

$$\frac{P}{T} = \frac{nR}{V} = \text{상수}$$

$P/T$의 비는 일정하므로

$$\frac{P_1}{T_1} = \frac{P_2}{T_2}$$

(여기서 아래 첨자 1과 2는 각각 초기 상태와 최종 상태를 나타낸다). $P_2$에 대해 풀기 위해 식을 재정리하고, 주어진 자료를 대입한다.

$$P_2 = (152\ \text{kPa})\left(\frac{723\ \text{K}}{298\ \text{K}}\right) = 368.8\ \text{kPa}$$

**검토** 이 답은 기체 온도가 증가함에 따라 압력이 증가하므로, 직관적으로 합리적이다.

**주의** 이 예제로부터 왜 에어로솔 캔을 소각하지 말라는 경고가 붙어 있는지를 명백하게 알 수 있다.

**▶ 보충 예제**

천연가스 탱크의 압력이 222.9 kPa으로 유지되고 있다. 기온이 −15 ℃인 어느 차가운 날에, 탱크 안의 기체 부피는 $3.25 \times 10^3\ \text{m}^3$이다. 기온이 31 ℃인 날에 같은 양의 기체의 부피는 얼마인가?

## 예제 10.6
### 결합 기체 법칙 이용하기

해수면(101.3 kPa)에서 부피가 6.0 L인 풍선이 압력이 45.6 kPa이 될 때까지 상승한다. 상승하는 동안 기체의 온도는 22 ℃에서 −21 ℃로 감소한다. 최종 고도에서의 풍선의 부피를 계산하시오.

### 해답

**분석** 압력과 온도가 모두 변하는 상황에서 기체 시료의 새로운 부피를 결정하라는 문제이다.

**계획** 온도를 켈빈 척도로 환산하고, 주어진 정보를 표로 만들어서 문제를 풀어 보자.

| | *P* | *V* | *T* |
|---|---|---|---|
| 초기 | 101.3 kPa | 6.0 L | 295 K |
| 최종 | 45.6 kPa | $V_2$ | 252 K |

$n$은 일정하므로, 식 10.8을 사용할 수 있다.

**풀이** $V_2$에 대하여 식 10.8을 재정리하면, 다음과 같다.

$$V_2 = V_1 \times \frac{P_1}{P_2} \times \frac{T_2}{T_1}$$

$$= (6.0\ \text{L})\left(\frac{101.3\ \text{kPa}}{45.6\ \text{kPa}}\right)\left(\frac{252\ \text{K}}{295\ \text{K}}\right) = 11\ \text{L}$$

**검토** 결과는 합리적으로 보인다. 계산 과정에 초기 부피에 압력비와 온도비의 곱을 구하고 있는 점을 주목하라. 직관적으로 압력이 감소하면 부피는 증가하지만, 온도가 감소하면 부피가 감소해야 한다. 압력차가 온도차보다 더 크기 때문에, 압력 변화의 효과가 최종 부피 결정에서 주된 역할을 할 것으로 기대된다.

**▶ 보충 예제**

움직일 수 있는 피스톤이 장착된 실린더에 0.50 mol의 산소 기체 시료를 채우고 0 ℃, 101.3 kPa으로 유지하고 있다. 이어서 피스톤으로 기체를 압축하여 부피는 초기 부피의 절반으로, 최종 압력은 222.9 kPa으로 변화되었다. 이 기체의 최종 온도는 섭씨 몇 도인가?

## 기체의 밀도와 몰질량

밀도는 단위 부피당 질량($d = m/V$)의 단위를 갖는다는 것을 기억하라. 이상 기체식을 정리하여,

이와 유사한 단위인 단위 부피당 몰수의 단위를 얻을 수 있다.

$$\frac{n}{V} = \frac{P}{RT}$$

물질 1 mol에 들어 있는 그램수로 정의되는 몰질량($\mathcal{M}$)을 이 식의 양변에 곱하면 다음과 같이 표현할 수 있다.

$$\frac{n\mathcal{M}}{V} = \frac{P\mathcal{M}}{RT} \qquad [10.9]$$

왼쪽 항은 리터당 그램수로 표현되는 밀도에 해당한다.

$$\frac{\text{mol}}{\text{L}} \times \frac{\text{g}}{\text{mol}} = \frac{\text{g}}{\text{L}}$$

따라서 기체의 밀도는 식 10.9의 오른쪽 식으로 주어진다.

$$d = \frac{n\mathcal{M}}{V} = \frac{P\mathcal{M}}{RT} \qquad [10.10]$$

## 예제 10.7
### 기체 밀도 계산하기

압력 95.19 kPa, 온도 125 °C에서, 사염화 탄소($CCl_4$)의 밀도는 얼마인가?

**해답**

**분석** 기체의 이름, 압력, 온도가 주어진 상태에서, 기체의 밀도를 구하라는 문제이다. 이름으로부터 물질의 화학식을 쓸 수 있고, 몰질량을 결정할 수 있다.

**계획** 밀도를 구하기 위하여 식 10.10을 사용할 수 있다. 그러나 이 식을 사용하기 전에 주어진 양을 적당한 단위로 환산할 필요가 있다. 압력을 대기압으로, 온도를 절대 온도로 환산해야 한다. 또한 $CCl_4$의 몰질량을 계산해야 한다.

**풀이** 절대 온도는 125 + 273 = 398 K이다. 압력은 95.19 kPa이다. $CCl_4$의 몰질량은 12.01 + (4) (35.45) = 153.8 g/mol이다. 따라서 밀도는 다음과 같다.

$$d = \frac{P\mathcal{M}}{RT} = \frac{(95.19\times10^3\,\text{Pa})(153.8\,\text{g/mol})}{(8.314\,\text{m}^3\,\text{Pa/mol K})(398\,\text{K})} = 4424\,\text{g/m}^3 = 4.42\,\text{g/L}$$

**검토** 몰질량(g/mol)을 밀도(g/L)로 나누면 L/mol이 나온다. 이 값은 대략 154/4.4=35이다. 이것은 대기압 근처에서 125 °C로 가열된 기체의 몰질량으로, 적절한 범위 안에 있다. 따라서 답은 합리적이다.

**▶ 보충 예제**

토성의 가장 큰 위성인 타이탄(titan)의 표면에서 대기의 평균 몰질량은 28.6 g/mol이다. 타이탄의 표면 온도는 95 K이고, 압력은 162 kPa이다. 이상 기체라고 가정하고, 타이탄의 대기 밀도를 계산하시오.

이 식으로부터 기체의 밀도는 압력, 몰질량, 온도에 의존하는 것을 알 수 있다. 몰질량과 압력이 클수록 기체의 밀도는 더 커진다. 온도가 높을수록 기체의 밀도는 작아진다. 기체는 균일 혼합물을 형성하지만, 섞이지 않으면 덜 조밀한 기체는 더 조밀한 기체 위에 놓인다. 예를 들어 $CO_2$는 $N_2$ 또는 $O_2$보다 몰질량이 더 크므로 공기보다 더 조밀하다. 이런 이유로 인해 $CO_2$ 소화기로부터 방출된 $CO_2$는 불을 덮어 $O_2$가 연소 물질에 닿는 것을 차단한다. 고체 $CO_2$인 '드라이아이스'는 실온에서 곧바로 $CO_2$ 기체로 전환되는데, 이렇게 형성된 '안개'(실제로는 $CO_2$에 의해 냉각된 물방울)는 공기 중에서 아래로 흐르게 된다(그림 10.11).

▲ 그림 10.11 이산화 탄소 기체는 공기보다 밀도가 더 크기 때문에 아래로 흐른다.

같은 몰질량을 갖는 두 개의 기체가, 압력은 같지만 온도는 서로 다른 상태로 유지되고 있을 때, 뜨거운 기체는 차가운 기체보다 밀도가 작아서 뜨거운 공기가 위로 올라가게 된다. 뜨거운 공기와 차가운 공기의 밀도 차이는 열기구 상승의 원인이다. 또한 폭풍우가 칠 때 커다란 소나기구름이 생성되는 것처럼, 기후와 관련된 다양한 현상의 원인이 된다.

식 10.10을 재정리하면 기체의 몰질량을 구할 수 있다.

$$\mathcal{M} = \frac{dRT}{P} \qquad [10.11]$$

따라서 예제 10.8과 같이, 실험적으로 측정한 기체 밀도를 사용하여 그 기체 분자의 몰질량을 결정할 수 있다.

### 예제 10.8
#### 기체의 몰질량 계산하기

어떤 커다란 진공 플라스크는 질량이 134.567 g이다. 31 °C에서 이 플라스크에 몰질량을 모르는 기체를 채워 압력이 97.99 kPa가 되도록 만들면, 그 질량은 137.456 g이 된다. 플라스크를 다시 진공 상태로 만든 다음, 31 °C에서 물로 채우고 질량을 측정하였을 때, 그 질량은 1067.9 g이다(이 온도에서 물의 밀도는 0.997 g/mL이다). 이상 기체식을 따른다고 가정하고, 이 기체의 몰질량을 계산하시오.

**해답**

**분석** 기체의 질량과 부피를 결정할 수 있는 정보와 더불어, 온도(31 °C)와 압력(97.99 kPa)을 주고, 기체의 몰질량을 계산하라는 문제이다.

**계획** 용기의 부피를 계산하기 위하여 플라스크에 물을 채워 데이터를 얻는다. 비어 있는 플라스크의 질량과 기체를 채운 플라스크의 질량은 기체의 질량을 계산하는 데 이용될 수 있다. 이러한 값들로부터 기체의 밀도를 계산하고, 식 10.11을 적용하여 기체의 몰질량을 계산한다.

**풀이** 기체의 부피는 플라스크에 채워진 물의 부피와 같다. 물의 부피는 질량과 밀도로부터 계산한다. 물의 질량은 물이 채워진 플라스크와 진공 상태의 플라스크의 질량 차이이다.

$$1067.9\text{ g} - 134.567\text{ g} = 933.3\text{ g}$$

밀도 식($d = m/V$)을 $V$에 대해 재배열하면,

$$V = \frac{m}{d} = \frac{(933.3\text{ g})}{(0.997\text{ g/mL})} = 936\text{ mL} = 0.936\text{ L}$$

가 된다.

기체의 질량은 기체가 채워진 플라스크의 질량과 진공 상태의 플라스크의 질량의 차이이다.

$$137.456\text{ g} - 134.567\text{ g} = 2.889\text{ g}$$

이제, 기체의 질량(2.889 g)과 부피(0.936 L)를 알면, 기체의 밀도를 계산할 수 있다.

$$d = 2.889\text{ g}/0.936\text{ L} = 3.09\text{ g/L} = 3.09 \times 10^3\text{ g/m}^3$$

온도를 켈빈으로 환산한 후, 식 10.11에 대입하면 몰질량을 계산할 수 있다.

$$\mathcal{M} = \frac{dRT}{P}$$
$$= \frac{(3.09 \times 10^3\text{ g/m}^3)(8.314\text{ m}^3\text{ Pa/mol K})(304\text{ K})}{(97.99 \times 10^3\text{ Pa})}$$
$$= 79.7\text{ g/mol}$$

**검토** 단위들이 적절하게 산출되었고, 구해진 몰질량 값은 실온 근처에서 기체로 존재하는 물질에 대하여 합리적인 값이다.

**▶ 보충 예제**

STP에서 밀도가 1.97 g/L로 측정된 미지 탄화수소의 몰질량은 얼마인가?

**(a)** 4.04 g/mol **(b)** 30.7 g/mol **(c)** 44.1 g/mol **(d)** 48.2 g/mol

## 화학 반응에서 기체의 부피

우리는 자주 화학 반응에 관여된 기체의 종류와 양에 관하여 관심을 둔다. 그러므로 반응에서 소모되거나 생성된 기체의 부피를 계산할 수 있다면 도움이 될 것이다. 이러한 계산은 몰의 개념과 균형 맞춘 화학 반응식을 토대로 한다. 균형 맞춘 화학 반응식의 계수는 반응에 참여하는 반응물과 생성물의 상대적인 양(몰수)을 알려 준다. 이상 기체식은 기체의 몰수와 $P$, $V$, $T$와의 관계를 말해 준다.

### 예제 10.9
#### 기체 변수와 화학양론 관련짓기

자동차의 에어백은 아자이드화 소듐(sodium azide, $NaN_3$)의 빠른 분해 반응 때문에 발생하는 질소 기체에 의해 팽창하게 된다.

$$2\ NaN_3(s) \longrightarrow 2\ Na(s) + 3\ N_2(g)$$

에어백의 부피가 36 L이고, 116.5 kPa, 26.0 °C에서 질소 기체로 에어백을 채우려면, 몇 그램의 $NaN_3$가 분해되어야 하는가?

**해답**

**분석** 이 문제는 다단계 문제이다. $N_2$ 기체의 부피, 압력, 온도를 주었고, $N_2$를 발생하는 반응의 화학 반응식도 제시되어 있다. 이 정보들을 이용하여 $N_2$ 발생에 필요한 $NaN_3$의 양을 그램 단위로 계산하라는 문제이다.

**계획** 기체의 자료($P$, $V$, $T$)와 이상 기체식을 이용하여 에어백이 올바르게 작동하기 위해 발생해야 하는 $N_2$ 기체의 몰수를 계산하는 것이 필요하다. 다음으로, 균형 맞춘 반응식을 이용하면 $NaN_3$의 몰수를 계산할 수 있다. 마지막으로, $NaN_3$의 몰수를 그램 단위로 환산하면 된다.

**풀이** 변환 과정은 다음과 같다.

기체 자료 → $N_2$의 몰수 → $NaN_3$의 몰수 → $NaN_3$의 그램수

이상 기체식을 이용하여 $N_2$의 몰수를 결정한다.

$$n = \frac{PV}{RT} = \frac{(116.5 \times 10^3\ \text{Pa})(0.036\ \text{m}^3)}{(8.314\ \text{m}^3\ \text{Pa/mol K})(299\ \text{K})}$$

$$= 1.7\ \text{mol N}_2$$

균형 맞춘 반응식의 계수를 이용하여 $NaN_3$의 몰수를 계산한다.

$$(1.7\ \text{mol N}_2)\left(\frac{2\ \text{mol NaN}_3}{3\ \text{mol N}_2}\right) = 1.1\ \text{mol NaN}_3$$

마지막으로, $NaN_3$의 몰질량을 사용하여 $NaN_3$의 몰수를 그램으로 환산한다.

$$(1.1\ \text{mol NaN}_3)\left(\frac{65.0\ \text{g NaN}_3}{1\ \text{mol NaN}_3}\right) = 72\ \text{g NaN}_3$$

**검토** 계산의 각 단계에서 단위들을 적절하게 소거시켜 답에서 올바른 $NaN_3$의 그램 단위가 나오도록 한다.

**▶ 보충 예제**

공업적 질산 제조의 첫 단계는 적절한 촉매하에서 암모니아와 산소가 반응하여 산화 질소와 수증기를 생성하는 반응이다.

$$4\,NH_3(g) + 5\,O_2(g) \longrightarrow 4\,NO(g) + 6\,H_2O(g)$$

850 °C, 506.6 kPa에서 이 반응에 따라 $O_2(g)$ 1.00 mol과 반응하는 $NH_3(g)$는 몇 L인가?

## 자기 평가 연습 문제

**10.12** 종종 운동 경기 행사 위로 날아다니는 Goodyear 비행선은 대략 4955 $m^3$의 헬륨을 싣고 있다. 23 °C, 101.33 kPa에서 비행선에 들어 있는 헬륨의 질량은 얼마인가?

**(a)** 816 g **(b)** 2.63 kg **(c)** 816 kg **(d)** 2630 kg

**10.13** 111.5 kPa, 0 °C에서 사산화 이질소 기체($N_2O_4$)의 밀도를 계산하시오.

**(a)** 0.0491 g/L **(b)** 4.52 g/L **(c)** 472 g/L

**10.14** 134.7 kPa, 100 °C에서 어떤 기체 2.70 g이 0.97 L를 차지한다. 이 기체의 몰질량을 계산하시오.

**(a)** 8.27 g/mol **(b)** 17.2 g/mol **(c)** 64.1 g/mol

## 연습 문제

**10.15** 두 개의 플라스크가 있는데, 동일 온도에서 하나의 부피는 2 L이고, 다른 하나의 부피는 3 L이다. 2 L 들이 플라스크는 4.8 g의 기체를 포함하고 있는데, 그 기체의 압력은 $x$ kPa이다. 3 L 들이 플라스크는 0.36 g의 기체를 포함하고 있는데, 그 기체의 압력은 $0.1x$ kPa이다. 두 기체는 동일한 몰질량을 가지고 있는가? 그렇지 않다면, 어느 플라스크가 더 큰 몰질량을 가지고 있는가?

**10.16** 이상 기체에 대해 다음을 계산하시오.

**(a)** 온도 −6 °C에서 압력이 126.7 kPa인 기체 1.50 mol의 부피(L)

**(b)** $3.33 \times 10^{-3}$ mol의 기체가 99.99 kPa에서 478 mL를 차지하고 있을 때 기체의 절대 온도

**(c)** 기체 0.00245 mol이 138 °C에서 413 mL를 차지하고 있을 때의 압력(Pa)

**(d)** 126.5 L가 54 °C에서 11.25 kPa의 압력을 가질 때의 기체의 양(mol)

**10.17** 어떤 네온사인은 내부 지름이 3.0 cm이고 길이가 10.0 m인 유리관으로 만들어졌다. 이 네온사인이 30 °C, 265 Pa의 압력하에 있다면, 몇 그램의 네온이 네온사인에 존재하는가? (실린더의 부피는 $\pi r^2 h$이다.)

**10.18** 많은 기체들은 고압 용기에 적재된다. 23 °C에서 16,500 kPa의 압력으로 $O_2$ 기체를 포함하고 있는 부피 210.0 L의 강철탱크를 생각해 보자.

**(a)** 탱크에 들어 있는 $O_2$의 질량은 얼마인가?

**(b)** STP에서 기체가 차지하는 부피는 얼마인가?

**(c)** 어떤 온도에서 탱크의 압력이 15.2 MPa과 같아지는가?

**(d)** 24 °C에서 부피가 55.0 L인 용기로 기체가 이동하면, 기체의 압력은 kPa 단위로 얼마가 되겠는가?

**10.19** 운동 선수들의 신체적 적합성은 '최대 $V_{O_2}$'로 측정되는데, 이는 부하 운동(예를 들어 러닝 머신) 과정 동안 소모되는 최대의 산소 부피이다. 평균적인 남성의 최대 $V_{O_2}$는 45 mL $O_2$/kg 몸무게/min이다. 그러나 세계적인 수준의 운동 선수들의 최대 $V_{O_2}$는 88.0 mL

$O_2$/kg 몸무게/min이다.

**(a)** 몸무게가 85 kg이고 최대가 47.5 mL $O_2$/kg 몸무게/min인 평균적인 남성이 1시간 동안 소모하는 산소의 부피를 mL의 단위로 계산하시오.

**(b)** 이 남성이 10 kg의 몸무게를 빼고, 운동을 통해 최대 $O_2$를 65.0 mL $O_2$/kg 몸무게/min으로 증가시켰다면, 1시간 동안 소모한 산소는 몇 mL인가?

**10.20** 101.33 kPa, 298 K에서, 수증기($H_2O(g)$), 질소($N_2$), 황화 수소($H_2S$) 기체를 밀도가 커지는 순으로 나열하시오.

**10.21** **(a)** 94.26 kPa, 21 ℃에서 헥사플루오린화 황(sulfur hexafluoride) 기체의 밀도를 계산하시오. **(b)** 12 ℃, 99.06 kPa에서 밀도가 7.135 g/L인 증기의 몰질량을 계산하시오.

**10.22** 수소화 칼슘($CaH_2$)은 물과 반응하여 수소 기체를 발생한다.

$$CaH_2(s) + 2\,H_2O(l) \longrightarrow Ca(OH)_2(aq) + 2\,H_2(g)$$

이 반응은 때로 구명 보트를 부풀리는 데 사용되는데, 풍선이나 이와 유사한 것이든, $H_2$를 발생시키는 간단한 방법이 필요할 때 사용한다. 21 ℃에서 $H_2$의 압력이 110 kPa일 때, 145 L의 $H_2$ 기체를 발생시키기 위해 필요한 $CaH_2$는 몇 그램인가?

**10.23** Jacques Charles과 Joseph Louis Guy-Lussac은 열기구광이었다. 1783년에 Jacques Charles은 그의 첫 비행에서 약 31,150 L의 $H_2$를 포함한 열기구를 사용하였다. 그는 철과 염산의 반응을 이용하여 $H_2$를 발생시켰다.

$$Fe(s) + 2\,HCl(aq) \longrightarrow FeCl_2(aq) + H_2(g)$$

22 ℃에서 이러한 부피의 $H_2$를 발생시키기 위해서는 몇 kg의 철이 필요한가?

자기 평가 연습 문제 답 **10.12** (c) **10.13** (b) **10.14** (c)

## 10.5 기체 혼합물과 부분 압력

© sfam_photo/Shutterstock

Humphry Davy는 아산화 질소($N_2O$) 가스를 흡입하면 행복감을 주는 것을 관찰한 후 '웃음 가스'라는 이름을 붙였다. 웃음 가스 파티는 1800년경 영국의 부유한 사람들 사이에서 인기를 얻었다. 아산화 질소는 마취제로도 중요하게 사용되었으며, 일반적으로 산소와 2:1 비율로 투여되었다. 환자가 흡입하는 두 기체의 비율을 조절하는 것은 통증 완화를 보장하는 동시에 정상적으로 호흡하기에 충분한 산소가 존재하도록 하는 데에 중요하다.

아산화 질소의 다른 용도로는 로켓 연료, 경주용 자동차의 연료 부스터, 식용유 및 휘핑크림과 같은 식품의 에어로솔 추진제가 있다. $N_2O$는 지방에 잘 용해되며 지방을 산패시키지 않으면서도 공기로부터 얻을 수 있는 부피의 2배의 거품을 만들어낼 수 있다.

이 절이 끝나면 다음 사항을 수행할 수 있어야 한다.

- 부분 압력과 몰분율을 이해하고 사용하기

지금까지는 한 가지 물질로만 구성된 순수한 기체의 거동만 고려하였다. 두 가지 이상의 물질로 구성된 기체는 어떻게 취급하는가? John Dalton은 공기의 성질을 연구하는 동안, 중요한 특성을 관찰하였다.

**기체 혼합물의 전체 압력은 기체가 홀로 존재할 때 각각 작용하는 압력의 합과 같다.**

기체 혼합물 중 하나의 특정한 기체가 만들어 내는 압력을 기체의 **부분 압력(partial pressure)**이라고 한다. Dalton의 관찰 결과를 **Dalton 부분 압력 법칙(Dalton's law of partial pressure)**이라고 한다.

$P_t$를 기체 혼합물의 전체 압력이라고 하고, $P_1$, $P_2$, $P_3$ …를 혼합물에 포함된 각 기체의 부분 압력이라고 하면, Dalton 법칙은 다음과 같다.

$$P_t = P_1 + P_2 + P_3 + \ldots \qquad [10.12]$$

다음 분석에서 보는 것처럼, 이 식은 혼합물 중 각 기체가 다른 기체들에 대하여 독립적으로 거동하는 것을 의미한다. 혼합물 중 각 기체의 몰수를 $n_1$, $n_2$, $n_3$, …라고 하고, $n_t$는 전체 기체의 몰수 ($n_t = n_1 + n_2 + n_3 + \cdots$)라고 하자. 각 기체가 이상 기체식을 따른다면

$$P_1 = n_1\left(\frac{RT}{V}\right),\quad P_2 = n_2\left(\frac{RT}{V}\right),\quad P_3 = n_3\left(\frac{RT}{V}\right),\quad \ldots$$

이 된다.

용기 내의 모든 기체는 같은 온도와 부피를 가지므로, 식 10.12에 대입하면

$$P_t = (n_1 + n_2 + n_3 + \ldots)\left(\frac{RT}{V}\right) = n_t\left(\frac{RT}{V}\right) \qquad [10.13]$$

이 된다. 이 식은 일정한 온도와 부피에서 기체의 전체 압력은, 전체가 한 가지 기체이든 혼합 기체든 상관없이 전체 기체의 총 몰수로 결정된다는 것을 의미한다.

## 예제 10.10
### Dalton의 부분 압력 법칙 응용하기

$O_2(g)$ 6.00 g과 $CH_4(g)$ 9.00 g의 기체 혼합물을 0 °C의 15.0 L 용기에 넣었다. 각 기체의 부분 압력과, 용기의 전체 압력은 얼마인가?

### 해답

**분석** 동일한 부피와 온도에서 두 종류의 기체의 압력을 구하라는 문제이다.

**계획** 각 기체는 독립적으로 거동한다. 따라서 다른 기체가 존재하지 않는 것처럼 이상 기체식을 이용하여 각 기체가 제공하는 압력을 계산할 수 있다. Dalton 법칙에서, 전체 압력은 두 부분 압력의 합이다.

**풀이** 우선 각 기체의 질량을 몰수로 환산해야 한다.

$$n_{O_2} = (6.00\ \text{g}\ \cancel{O_2})\left(\frac{1\ \text{mol}\ O_2}{32.0\ \text{g}\ \cancel{O_2}}\right) = 0.188\ \text{mol}\ O_2$$

$$n_{CH_4} = (9.00\ \text{g}\ \cancel{CH_4})\left(\frac{1\ \text{mol}\ CH_4}{16.0\ \text{g}\ \cancel{CH_4}}\right) = 0.563\ \text{mol}\ CH_4$$

이상 기체식을 사용하면 각 기체의 부분 압력을 계산할 수 있다.

$$P_{O_2} = \frac{n_{O_2}RT}{V} = \frac{(0.188\ \cancel{\text{mol}})(8.314\ \text{m}^3\ \text{Pa/mol K})(273\ \cancel{\text{K}})}{0.015\ \text{m}^3} = 28.45\ \text{kPa}$$

$$P_{CH_4} = \frac{n_{CH_4}RT}{V} = \frac{(0.563\ \cancel{\text{mol}})(8.314\ \text{m}^3\ \text{Pa/mol K})(273\ \cancel{\text{K}})}{0.015\ \text{m}^3} = 85.19\ \text{kPa}$$

Dalton 부분 압력 법칙(식 10.12)에 의하면, 용기 안의 전체 압력은 부분 압력의 합이다.

$$P_t = P_{O_2} + P_{CH_4} = 28.45\ \text{kPa} + 85.19\ \text{kPa} = 113.64\ \text{kPa}$$

**검토** 1 mol의 이상 기체가 101.3 kPa, 0 °C에서 약 22 L의 부피를 차지하므로, 대략 0.2 mol의 $O_2$와 0.5 mol의 $CH_4$의 혼합물이 대략 101.3 kPa의 압력에서 15 L의 부피를 차지하는 것은 적절해 보인다.

**▶ 보충 예제**

273 K에서 $H_2(g)$ 2.00 g과 $N_2(g)$ 8.00 g의 혼합물이 10.0 L 용기에 있을 때, 전체 압력은 얼마인가?

## 부분 압력과 몰분율

각 기체는 독립적으로 거동하므로, 혼합물에 들어 있는 기체의 일정량은 그것의 부분 압력과 쉽게 관련지을 수 있고, 따라서 이상 기체의 경우 다음과 같은 관계식을 유도할 수 있다.

$$\frac{P_1}{P_t} = \frac{n_1RT/V}{n_tRT/V} = \frac{n_1}{n_t} \quad [10.14]$$

$n_1/n_t$ 비를 **기체 1의 몰분율**이라 하고, $X_1$으로 나타낸다. **몰분율(mole fraction)** $X$는 혼합물 중 전체 몰수에 대한 한 성분의 몰수비를 나타내며, 무차원 수이다. 따라서 기체 1에 대해 다음과 같이 나타낼 수 있다.

$$X_1 = \frac{\text{기체 1의 몰수}}{\text{전체 몰수}} = \frac{n_1}{n_t} \quad [10.15]$$

식 10.14와 10.15를 결합하면 다음 식이 얻어진다.

$$P_1 = \left(\frac{n_1}{n_t}\right)P_t = X_1P_t \quad [10.16]$$

공기 중 $N_2$의 몰분율은 0.78이다(즉 공기 중 질소 분자는 78%에 해당한다). 전체 대기압이 101.3 kPa일 때, $N_2$의 부분 압력은 다음과 같다.

$$P_{N_2} = (0.78)(101.3\ \text{kPa}) = 79.04\ \text{kPa}$$

이 결과는 $N_2$가 혼합물 중 78%이므로 전체 압력의 78%를 차지하게 된다는 직관적인 사실과 일치한다.

### 예제 10.11

**몰분율과 부분 압력 연관짓기**

식물 성장에 미치는 기체의 영향에 관한 연구에 의하면, $CO_2$ 1.5 mol %, $O_2$ 18.0 mol %, Ar 80.5 mol %로 이루어진 조합의 대기가 필요하다. **(a)** 대기의 전체 압력이 99.33 kPa일 때, 혼합물 중 $O_2$의 부분 압력을 계산하시오. **(b)** 이 대기가 295 K에서 121 L의 부피를 차지한다면, $O_2$는 몇 몰이 필요한지 계산하시오.

#### 해답

**분석** **(a)** 혼합물의 전체 압력과 산소의 mol %로부터 산소의 부분 압력을 구하라는 문제이다. **(b)** 주어진 부피(121 L), 온도(295 K)와 (a)에서 구한 부분 압력을 이용하여 $O_2$의 몰수를 구한다.

**계획** 식 10.16을 사용하여 부분 압력을 계산하고 $P_{O_2}$, $V$, $T$와 이상 기체식을 이용하여 $O_2$의 몰수를 계산한다.

**풀이** **(a)** mol %는 몰분율 × 100이다. 그러므로 $O_2$의 몰분율은 0.180이다.
식 10.16을 사용하면

$$P_{O_2} = (0.180)(99.33\ \text{kPa}) = 17.88\ \text{kPa}$$

**(b)** 주어진 변수를 표로 만들고, 적당한 단위로 변환하면 다음과 같다.

$$P_{O_2} = 17.88\ \text{kPa}$$
$$V = 121\ \text{L} = 0.121\ \text{m}^3$$
$$n_{O_2} = ?$$
$$R = 8.314\ \text{m}^3\ \text{Pa/mol K}$$
$$T = 295\ \text{K}$$

$n_{O_2}$에 대하여 이상 기체식을 풀면 다음과 같다.

$$n_{O_2} = P_{O_2}\left(\frac{V}{RT}\right)$$
$$= 17.88\ \text{kPa}\frac{0.121\ \text{m}^3}{(8.314\ \text{m}^3\ \text{Pa/mol K})(295\ \text{K})} = 0.882\ \text{mol}$$

**검토** 단위 및 답의 수치가 적절해 보인다.

**▶ 보충 예제**

STP에서 $N_2$를 포함한 4.0 L 용기와, $N_2$를 포함한 2.0 L 용기가 밸브로 연결되어 있다. 밸브를 열어 두 기체를 섞을 때, 혼합물 중 수소의 몰분율은 얼마인가?

**(a)** 0.034 **(b)** 0.33 **(c)** 0.50 **(d)** 0.67 **(e)** 0.96

## 자기 평가 연습 문제

**10.24** 수심 100 m에서의 압력은 1.11 MPa이다. 잠수용 기체 혼합물 중 산소의 몰분율이 공기 중과 동일하게 0.21일 때, 혼합물 중 산소의 부분 압력은 얼마인가?

**(a)** $P_{O_2} = 210$ kPa
**(b)** $P_{O_2} = 233$ kPa
**(c)** $P_{O_2} = 5.29$ MPa

## 연습 문제

**10.25** 밀폐된 용기에 들어 있는 두 기체 A, B를 생각해 보자. 제3의 기체 C 일정량이 동일한 온도에서 동일 용기에 추가된다. 기체 C의 추가가 다음 사항에 어떤 영향을 미치겠는가?
**(a)** 기체 A의 부분 압력 **(b)** 용기에서의 전체 압력
**(c)** 기체 B의 몰분율

**10.26** 심해 잠수부는 51.2 g의 $O_2$와 32.6 g의 He가 포함된 10.0 L 부피의 기체통을 사용한다. 기체의 온도가 19 °C일 때, 각 기체의 부분 압력과 전체 압력을 계산하시오.

**10.27** $CO_2$ 기체의 대기 농도는 407 ppm(부피에 기초하여 part per million, 즉 $10^6$ L의 대기에 $CO_2$ 407 L가 존재한다)이다. 대기에서 $CO_2$의 몰분율은 얼마인가?

**10.28** 5.00 mL의 다이에틸에터($C_2H_5OC_2H_5$, 밀도 = 0.7134 g/mL) 시료를 6.00 L의 용기에 넣었다. 이 용기에는 이미 $N_2$와 $O_2$의 혼합물이 들어 있고, 이들의 부분 압력은 $P_{N_2} = 21.08$ kPa, $P_{O_2} = 76.1$ kPa이다. 온도는 35.0 °C로 유지되었고, 다이에틸에터는 완전히 기화되었다.
**(a)** 다이에틸에터의 부분 압력을 계산하시오.
**(b)** 용기 안의 전체 압력을 계산하시오.

**10.29** 200 °C에서 단단한 용기에 이산화 탄소와 수증기가 3 : 1의 몰비로 들어 있고, 이때의 총 압력은 202.7 kPa이다. 용기가 10 °C로 냉각되었고 수증기는 모두 액화되었다면, 이산화 탄소의 압력은 얼마인가? (단, 액화된 물의 부피는 무시하라.)

**10.30** **(a)** $O_2$ 15.08 g, $N_2$ 8.17 g, $H_2$ 2.64 g의 기체 혼합물에 들어 있는 각 성분의 몰분율은 얼마인가? **(b)** 혼합물을 15 °C에서 15.50 L 용기에 넣었다면, 각 성분의 부분 압력은 atm 단위로 얼마인가?

자기 평가 연습 문제 답 **10.24** (b)

# 10.6 기체 분자 운동론

로마 철학자 루크레티우스는 이렇게 썼다.

**햇빛이 건물에 들어오고 그늘진 곳에 빛을 비출 때 어떤 일이 일어나는지 관찰하라. 당신은 수많은 작은 입자들… 춤을 볼 수 있을 것이다.**

약 1900년 후인 1827년 스코틀랜드의 식물학자 Robert Brown은 물에 떠 있는 꽃가루를 연구하면서 미세한 입자의 움직임을 관찰했다. 처음에 그는 움직임이 어떤 생물의 움직임에 의한 것이라고 생각했지만 연기에서 발견되는 것과 같이 무생물 입자에서도 발생한다는 것을 확인하였다. 이는 Brown 운동으로 알려지게 되었다. Lucretius와 Brown은 무작위 운동이 입자가 원자와 분자보다 더 작은 물체에 지속적으로 충돌하기 때문에 일어난다고 결론지었다. 아인슈타인은 1905년에 관찰된 무작위 운동의 수학적 모델을 제시하고 이를 원자와 분자의 존재에 대한 간접적인 증거로 활용하였다.

이 절이 끝나면 다음 사항을 수행할 수 있어야 한다.

- 기체 분자 운동론을 사용하여 기체 법칙을 설명하고, 분출 및 확산의 속도를 설명하기

이상 기체식은 기체들이 **어떻게** 거동하는가에 대하여 설명할 수 있지만, 기체들이 **왜** 그렇게 거동하는가에 관해서는 설명할 수 없다. 기체를 일정 압력 하에서 가열할 때, 팽창하는 이유는 무엇인가? 또는 기체를 일정 온도에서 압축할 때 기체 압력이 증가하는 이유는 무엇인가? 기체의 물리적 성질을 이해하려면, 압력이나 온도와 같은 실험 조건이 변화할 때 기체 입자에게 무슨 일이 일어나는지를 설명할 수 있는 모형이 필요하다. 이러한 모형으로, **기체 분자 운동론(kinetic molecular theory of gas)**은 약 100년에 걸쳐 발전하였고, 1857년에 Rudolf Clausius(1822~1888)에 의해 비로소 완성되었다.

분자 운동론(움직이는 분자에 대한 이론)을 요약하면 다음과 같다.

1. **무질서한 운동** 기체는 끊임없이 무질서하게 움직이는 많은 분자로 구성된다(단, **분자**는 어떤 기체를 구성하는 최소 입자를 표현한다. 예를 들어 비활성 기체와 같은 몇 가지 기체의 최소 입자는 개별 원자이다. 모든 기체 원자에 적용된 분자 운동론을 통하여 기체의 움직임을 알 수 있다).
2. **무시 가능한 분자의 부피** 기체 분자가 실제로 차지하는 부피는, 기체가 차지한 전체 부피에 비해 무시할 수 있을 정도로 작다.
3. **무시 가능한 힘** 기체 분자 간의 인력과 반발력은 무시할 수 있을 정도이다.
4. **일정한 평균 운동 에너지** 분자의 충돌로 인해 분자 사이에 에너지가 이동할 수 있지만, 기체 온도를 일정하게 유지하면 평균 분자 운동 에너지는 시간에 따라 변하지 않는다.
5. **평균 운동 에너지는 온도에 비례** 분자의 평균 운동 에너지는 절대 온도에 비례한다. 특정 온도에서, 모든 기체 분자는 같은 평균 운동 에너지를 갖는다.

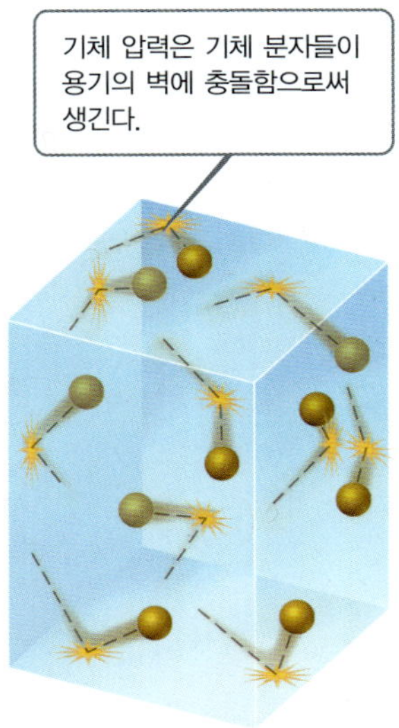


▲ 그림 10.12 기체 압력을 나타내는 분자

분자 운동론은 분자 수준에서 압력과 온도를 이해할 수 있게 한다. 기체의 압력은 용기의 벽과 분자의 충돌로 인해 발생한다(그림 10.12). 분자들이 얼마나 자주, 얼마나 세게 벽을 때리는가에 의해 압력의 크기가 결정된다.

기체의 절대 온도는 분자가 갖는 **평균** 운동 에너지의 척도이다. 주어진 온도에서 서로 다른 두 가지 기체의 분자들은 동일한 평균 운동 에너지를 갖는다(분자 운동론 요약 5번). 기체의 절대 온도가 두 배로 상승하면, 분자의 평균 운동 에너지도 두 배로 증가한다. 따라서 분자의 움직임은 온도가 상승함에 따라 커진다.

## 분자 속력의 분포

종합적으로 고려할 때, 기체 시료 분자는 **평균** 운동 에너지와 평균 속도를 갖지만, 각 분자는 다

100 °C에서 속도가 300 m/s보다 작은 분자의 분율을 예측하시오.

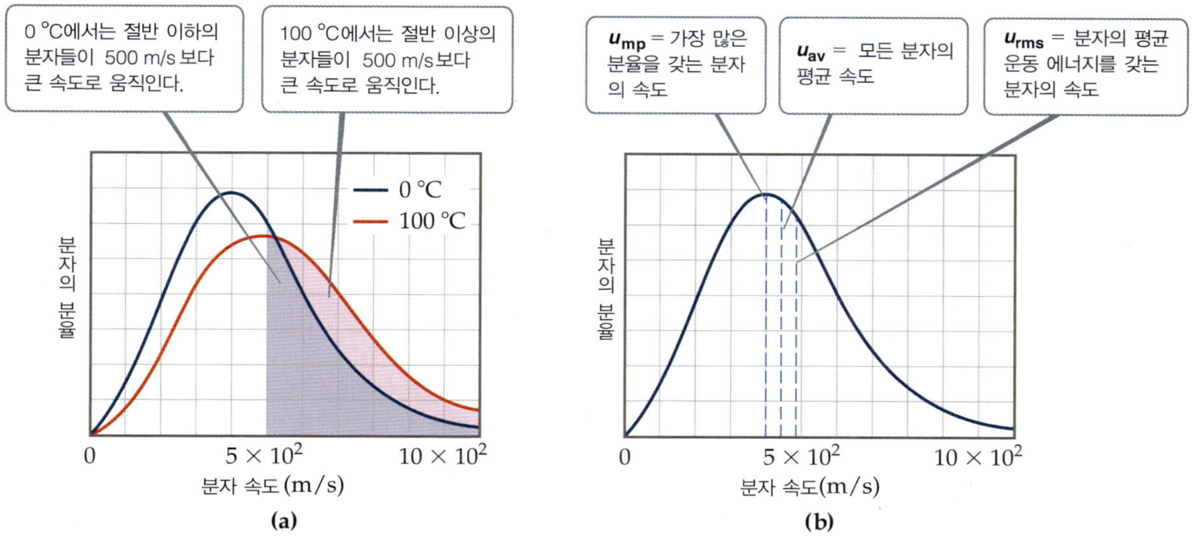


▲ **그림 10.13 질소 기체의 분자 속도 분포** (a) 분자 속도에 미치는 온도의 영향. 어떤 속도 구간에서 곡선 아래의 상대적 면적은 그러한 속도를 갖는 분자들의 상대적 분율을 나타낸다. (b) 기체의 최빈 속도($u_{mp}$), 평균 속도($u_{av}$), 평균 제곱근 속도($u_{rms}$)의 위치. 이 자료는 0 °C에서 질소 기체에 대한 것이다.

양한 속도로 움직인다. 움직이는 분자들은 주위의 분자와 자주 충돌한다. 각 충돌에서 운동량은 보존되지만, 어떤 경우에는 충돌하는 분자 중 하나는 큰 속도로 되돌아가고, 다른 분자는 거의 멈출 수도 있다. 결과적으로 임의의 순간에 분자들은 넓은 범위의 속도를 가진다. **그림 10.13**(**a**)는 0 °C와 100 °C에서 질소 기체의 분자 속도 분포를 보여 준다. 온도가 높을수록, 빠른 속도로 움직이는 분자의 분율이 더 크다. 즉 100 °C의 시료가 더 큰 평균 운동 에너지를 가짐을 알 수 있다.

기체 시료의 분자 속도 분포에서 분포 곡선의 봉우리는 가장 많은 분자가 갖는 속도를 나타내고, 최빈 속도(most probable speed, $u_{mp}$)에 해당한다(그림 10.13(**b**)). 예를 들어 그림 10.13(a)의 최빈 속도는 0 °C에서 약 $4 \times 10^2$ m/s, 100 °C에서는 $5 \times 10^2$ m/s이다. 또한 그림 10.13(b)에서 분자의 **평균 제곱근 속도(root-mean-square(rms) speed,** $u_{rms}$) 값을 알 수 있다. 이 값은 평균 운동 에너지를 갖는 한 분자의 속도이다. 평균 제곱근 속도는 평균 속도($u_{av}$)와 유사하지만, 약간의 차이를 보인다. 예를 들어 그림 10.13(b)에서 rms 속도는 $4.9 \times 10^2$ m/s이지만, 평균 속도는 $4.5 \times 10^2$ m/s이다.

rms 속도를 계산해 보면(10.7절에서 다루게 됨), 100 °C의 경우 거의 $6 \times 10^2$ m/s이지만 0 °C에서는 $5 \times 10^2$ m/s로 약간 줄어들게 된다. 온도가 높아질수록 분자의 속도 범위는 증가하여 분포 곡선이 넓게 퍼져 있음을 주목할 필요가 있다.

rms 속도는 기체 분자의 평균 운동 에너지 값이 $\frac{1}{2}m(u_{rms})^2$과 일치하므로 중요한 의미를 가진다. 질량($m$)은 온도에 따라 변하지 않으므로, 온도에 따른 평균 운동 에너지 $\frac{1}{2}m(u_{rms})^2$의 증가는 분자의 rms 속도($u_{av}$와 $u_{mp}$도 마찬가지임)의 증가를 의미한다.

## 분자 운동론을 기체 법칙에 적용해 보기

실험적으로 관찰된 기체의 성질과 그에 따라 수립된 여러 가지 기체 법칙은 분자 운동론의 관점에서 쉽게 이해할 수 있다. 다음은 그 예들을 나타낸다.

1. **일정 온도에서 부피가 증가하면 압력은 감소한다.** 일정한 온도는 기체 분자의 평균 운동 에너지가 변하지 않고 그대로 유지된다는 것을 의미한다. 따라서 분자의 rms 속도가 변하지 않는다. 그러나 부피가 증가하면 충돌하기 위해서는 더 먼 거리를 이동해야 한다. 결과적으로, 단

위 시간당 용기 벽과의 충돌수가 더 작아지므로 압력은 감소하게 된다. 즉 분자 운동론을 통해서 Boyle 법칙을 설명할 수 있게 된다.

2. **일정 부피에서 온도가 상승하면 압력은 증가한다.** 온도 상승은 분자의 평균 운동 에너지와 $u_{rms}$의 증가를 의미한다. 부피 변화가 없으므로, 기체 분자는 단위 시간당 용기 벽과 더 많이 충돌하게 된다. 더욱이 각 충돌에서 운동량 변화는 증가하게 되므로(분자는 용기 벽과 더 세게 충돌한다), 실험에서 관찰된 압력의 증가를 설명할 수 있다.

## 자세히 보기 이상 기체식

본문에서 설명한 분자 운동론에 대한 다섯 가지 진술로부터 이상 기체식의 유도가 가능하다. 그러나 여기서는 유도하기보다는 분자 운동론과 이상 기체식의 정성적인 상관관계에 대해서 알아보자. 분자와 벽이 충돌하는 힘, 즉 압력(단위 면적당 힘, 10.2절)은 얼마나 세게 벽에 충돌하는가(충돌 시 발생하는 충격량)와, 얼마나 자주 충돌하는가(충돌 빈도)와 관련이 있다.

$$P \propto \text{충돌 시 발생하는 충격량} \times \text{충돌 빈도}$$

rms 속도로 움직이는 분자의 경우, 벽면으로의 충돌에 의한 충격량은 분자의 운동량(분자의 질량과 속도의 곱, $mu_{rms}$)과 관련이 있다. 충돌 빈도는 단위 부피당 분자의 수($n/V$)와 rms 속도에 비례한다. 이는 이 속도로 이동하는 분자만을 고려하기 때문이다. 따라서 다음과 같은 관계식이 성립한다.

$$P \propto mu_{rms} \times \frac{n}{V} \times u_{rms} \propto \frac{nm(u_{rms})^2}{V} \qquad [10.17]$$

분자의 평균 운동 에너지 $\frac{1}{2}m(u_{rms})^2$은 온도에 비례하므로 $m(u_{rms})^2 \propto T$임을 알 수 있고, 이를 식 10.17에 대입해 보자.

$$P \propto \frac{nm(u_{rms})^2}{V} \propto \frac{nT}{V} \qquad [10.18]$$

여기에 기체 상수 $R$을 적용하면 다음과 같은 이상 기체식을 얻을 수 있다.

$$P = \frac{nRT}{V} \qquad [10.19]$$

**관련 연습 문제: 10.32, 10.91**

## 예제 10.12
### 분자 운동론 응용하기

초기에 STP 상태에 있는 $O_2$ 기체 시료를 일정 온도에서 더 작은 부피로 압축하였다. 이와 같은 변화는 다음에 어떤 영향을 주는지 예측하시오. (a) 분자의 평균 운동 에너지, (b) 분자의 평균 속도, (c) 용기의 벽과 $O_2$ 분자의 단위 시간당 충돌수, (d) 용기 벽면의 단위 면적에 대한 $O_2$ 분자의 단위 시간당 충돌수, (e) 압력

### 해답

**분석** 일정 온도에서 기체가 압축되는 상황에 분자 운동론의 개념을 적용하라는 문제이다.

**계획** 일정 온도에서 (a)~(e)가 부피 변화에 어떻게 영향을 받는지 결정해야 한다.

**풀이** **(a)** $O_2$ 분자의 평균 운동 에너지는 온도에 의해서만 결정되므로, 이 에너지는 압축 여부에 따라 변하지 않는다. **(b)** $O_2$ 분자의 평균 운동 에너지가 변하지 않으므로, 평균 속도는 일정하게 유지된다. **(c)** 분자들은 전과 동일한 평균 속도로 더 작은 공간에서 움직이므로, 단위 시간당 용기 벽면과 충돌하는 수는 증가한다. 이 조건에서 그들은 용기 벽면에 더 자주 충돌할 것이다. **(d)** 벽과 충돌하는 전체 충돌수는 더 많고, 용기 벽면의 면적은 전보다 작으므로, 단위 면적당 충돌수는 증가한다. **(e)** 분자가 벽에 부딪히는 평균 힘은 일정하게 유지되지만, 단위 시간당, 단위 면적당 부딪히는 횟수가 증가하기 때문에 압력은 증가한다.

**검토** 이런 종류의 개념적 예제에서는 수치로 검토할 답이 없다. 이런 경우에는 문제를 푸는 과정의 논리 전개를 확인한다. (e)에서 압력이 증가하는 것은 Boyle 법칙과 일치한다.

**▶ 보충 예제**

온도와 부피가 같은 두 개의 기체 실린더에, 한 개에는 프로페인($C_3H_8$) 기체 1.0 mol이, 다른 실린더에는 메테인($CH_4$) 기체 2.0 mol이 들어 있다. 다음 설명 중 옳은 것은?

**(a)** $C_3H_8$와 $CH_4$ 분자는 같은 $u_{rms}$를 가진다.
**(b)** $C_3H_8$와 $CH_4$ 분자의 평균 운동 에너지는 같다.
**(c)** 두 개의 실린더 벽에 충돌하는 분자의 속도는 같다.
**(d)** 두 개의 실린더의 압력은 같다.

## 자기 평가 연습 문제

**10.31** 298 K에서 Kr, $N_2$, $NH_3$ 세 기체가 있다고 가정하자. 분자의 평균 속도가 증가하는 순으로 나열하라.

**(a)** Kr < $N_2$ < $NH_3$
**(b)** Kr < $NH_3$ < $N_2$
**(c)** $NH_3$ < $N_2$ < Kr
**(d)** $N_2$ < $NH_3$ < Kr

## 연습 문제

**10.32** 기체 분자 운동론에 관한 다음 설명 중 옳은 것을 고르시오.
**(a)** 주어진 온도에서 기체 분자 집합체의 평균 운동 에너지는 $m^{1/2}$에 비례한다.
**(b)** 기체 분자 사이에는 서로 힘을 주고받지 않는다고 가정한다.
**(c)** 주어진 온도에서 기체의 모든 분자는 동일한 운동 에너지를 갖는다.
**(d)** 기체 분자의 부피는 기체가 포함된 총 부피에 비해 무시할 수 있다.
**(e)** 모든 기체 분자는 온도가 같으면 같은 속도로 움직인다.

**10.33** 라돈(Rn)은 비활성 기체 중에서 가장 무거우며, 유일한 방사성 원소이다. 300 K에서 Rn의 평균 제곱근 속도는 He에 비해 몇 배나 느린가?

**10.34** **(a)** 제시된 기체들을 300 K에서 평균 속도가 증가하는 순으로 나열하시오. CO, $SF_6$, $H_2S$, $Cl_2$, HBr.
**(b)** 300 K에서 CO와 $Cl_2$ 기체 분자의 rms 속도를 계산하시오.
**(c)** 300 K에서 CO 및 $Cl_2$ 분자의 최빈 속도를 계산하시오.

자기 평가 연습 문제 답 **10.31** (a)

# 10.7 | 분자의 분출과 확산

천연가스는 편리하고 효율적인 연료이며, 파이프, 압력 탱크 및 가스 용기를 통해 수송된다. 천연가스는 색과 냄새가 없어 누출을 파악하기 어렵다. 따라서 밀폐된 공간에 가스가 축적되면 감지되지 않고 폭발할 수 있으므로 문제가 된다. 따라서 누출된 가스가 있음을 경고하기 위해, 에탄싸이 몰질량이 가장 큰 기체는 어느 것인가? 몰질량이 가장 작은 기체는 어느 것인가?

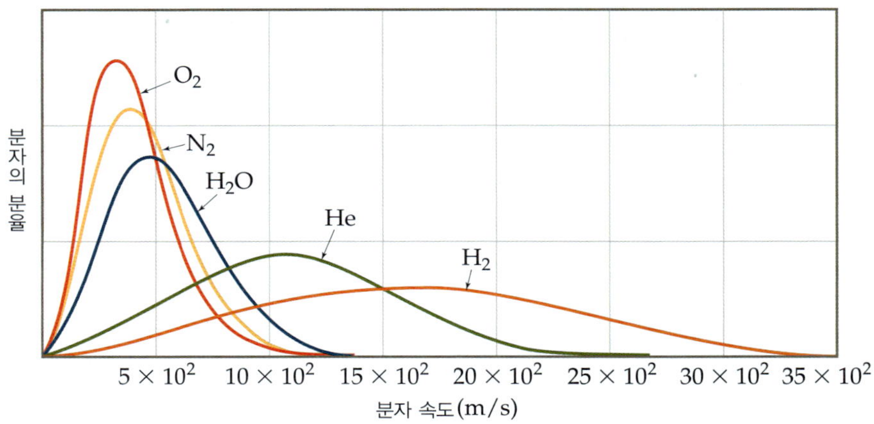


▲그림 10.14 25 °C에서 분자 속도에 대한 몰질량의 영향

올($CH_3CH_2SH$)과 같이 불쾌한 냄새를 내는 첨가제를 투입해 사람들이 알아챌 수 있게 만든다. 이 화합물은 매우 적은 양(10억분의 1 정도)만 있어도 사람의 코가 알아챌 수 있다는 장점이 있으며, 장기 보관 중에도 안정적이고, 천연가스의 연소를 방해하지 않는다. 그래서 때때로 '악취 가스'라고 불리며 일부 국가에서는 비상 사태가 발생했을 때 광부에게 경고하기 위해 지하 광산의 환기 시스템에서 방출하는 용도로도 사용된다.

이 절이 끝나면 다음 사항을 수행할 수 있어야 한다.

• 분출과 확산을 구별하고, 그것을 기체의 분자량과 연관짓기

기체의 분자 운동론에 의하면, 기체 분자의 집단으로서 기체가 갖는 평균 운동 에너지 $\frac{1}{2}m(u_{\text{rms}})^2$은 일정한 온도에서 특정한 값을 갖는다. 따라서 두 가지 기체가 같은 온도에 있을 경우, He와 같은 가벼운 입자로 구성된 기체는, Xe와 같은 훨씬 더 무거운 입자로 구성된 기체와 같은 평균 운동 에너지를 갖는다. He 시료 입자의 질량은 Xe 시료 입자의 질량보다 작다. 결과적으로 He 입자는 Xe 입자보다 rms 속도가 높아야 한다. 이러한 사실을 정량적으로 나타내는 식은 다음과 같다.

$$u_{\text{rms}} = \sqrt{\frac{3RT}{\mathcal{M}}} \qquad [10.20]$$

여기서 $\mathcal{M}$은 입자의 몰질량으로, 분자 운동론으로부터 유도할 수 있다. 몰질량($\mathcal{M}$)이 분모에 있기 때문에, 기체 분자의 질량이 작을수록 rms 속도는 더 크다.

**그림 10.14**는 25 °C에서 몇 가지 기체의 분자 속도 분포를 나타낸다. 기체의 몰질량이 작을수록 분포 곡선이 큰 속도 쪽으로 이동하는 것에 주목하라. 기체 분자의 최빈 속도는 다음과 같이 유도될 수 있다.

$$u_{\text{mp}} = \sqrt{\frac{2RT}{\mathcal{M}}} \qquad [10.21]$$

질량에 대한 분자 속도의 의존성은 두 가지 흥미 있는 결과를 갖는다. 첫 번째는 **분출(effusion)**로, 기체 분자가 작은 구멍을 통하여 분출하는 현상(**그림 10.15**)이다. 두 번째는 **확산(diffusion)**으로, 한 물질이 공간상으로 또는 다른 물질 속으로 퍼져 나가는 현상이다. 예를 들어 향수 분자는 실내 전체로 확산된다.

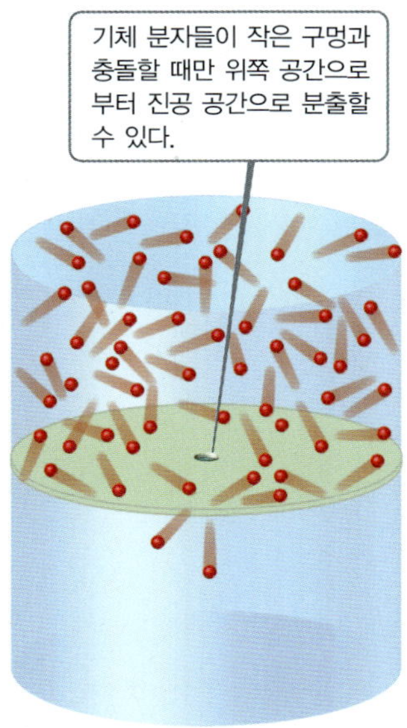


▲그림 10.15 분출

## 예제 10.13

**rms 속도의 계산**

온도 25 °C에서 $N_2$ 기체 분자의 rms 속도를 계산하시오.

### 해답

**분석** 주어진 기체의 종류와 온도로부터 rms 속도를 구하는 문 제이다.

**계획** 식 10.20을 이용하여 rms 속도를 계산한다.

**풀이** 식 10.20을 이용할 때, 각 값을 SI 단위로 환산해야 한다. 또한 단위를 정확히 소거하기 위해 기체 상수 $R$에 대해서도 J/mol-K(표 10.2) 단위를 사용한다.

$$T = 25 + 273 = 298\ \text{K}$$

$$\mathcal{M} = 28.0\ \text{g/mol} = 28.0 \times 10^{-3}\ \text{kg/mol}$$

$$R = 8.314\ \text{J/mol K} = 8.314\ \text{kg m}^2/\text{s}^2\ \text{mol K}\ (\text{Since } 1\ \text{J} = 1\ \text{kg m}^2/\text{s}^2)$$

$$u_{\text{rms}} = \sqrt{\frac{3RT}{\mathcal{M}}}$$

$$= \sqrt{\frac{3(8.314\ \text{kg m}^2/\text{s}^2\ \text{mol K})(298\ \text{K})}{28.0 \times 10^{-3}\text{kg/mol}}} = 5.15 \times 10^2\ \text{m/s}$$

**주의** 얻어진 결과는 1854 km/hr의 속도에 해당한다. 공기 분자의 평균 분자량은 $N_2$의 평균 분자량보다 약간 크기 때문에, 공기의 rms 속도는 $N_2$보다 약간 작다.

**▶ 보충 예제**

다음 설명의 빈 칸을 채우시오.

온도 300 K에서 시료 $H_2$ 분자의 rms 속도는 같은 온도의 $O_2$ 분자의 rms 속도보다 ______배 빠르며, $u_{\text{rms}}(H_2)/u_{\text{rms}}(O_2)$ 비는 온도가 증가함에 따라 ______.

**(a)** 4, 변하지 않는다 **(b)** 4, 증가한다

**(c)** 16, 변하지 않는다 **(d)** 16, 감소한다

**(e)** 이 질문에 답하기에 충분한 정보가 주어지지 않았다.

## Graham의 분출 법칙

Thomas Graham(1805~1869)은 1846년에 기체의 분출 속도가 몰질량의 제곱근에 반비례하는 것을 발견하였다. 같은 온도와 같은 압력에서 두 기체가 작은 구멍이 뚫린 두 개의 용기에 각각 들어 있다고 가정해 보자. 두 기체의 분출 속도를 각각 $r_1$과 $r_2$라고 하고, 몰질량을 $\mathcal{M}_1$과 $\mathcal{M}_2$라고 하면, **Graham 법칙(Graham's law)**은 다음과 같다.

$$\frac{r_1}{r_2} = \sqrt{\frac{\mathcal{M}_2}{\mathcal{M}_1}} \qquad [10.22]$$

이 관계는 가벼운 기체일수록 더 빠른 속도로 분출함을 나타낸다.

그림 10.15에서처럼 용기로부터 분자가 탈출하는 유일한 방법은 분자가 구멍과 '충돌하는' 것이다. 분자의 움직임이 빠를수록 분자가 구멍과 부딪쳐 분출할 가능성이 높아진다. 이것은 분출 속도가 분자의 rms 속도에 정비례하는 것을 의미한다. $R$과 $T$는 일정하므로, 식 10.22로부터 다음과 같은 관계를 얻을 수 있다.

$$\frac{r_1}{r_2} = \frac{u_{\text{rms1}}}{u_{\text{rms2}}} = \sqrt{\frac{3RT/\mathcal{M}_1}{3RT/\mathcal{M}_2}} = \sqrt{\frac{\mathcal{M}_2}{\mathcal{M}_1}} \qquad [10.23]$$

Graham 법칙에서 예상할 수 있듯이, 헬륨은 더 큰 분자량을 갖는 다른 기체에 비해 훨씬 빠르게 구멍을 통해 용기를 빠져나올 수 있다(**그림 10.16**).

다음 그림에서 압력과 온도는 일정하지만 부피가 변화하기 때문에, 이상 기체식에서 어떤 조건이 바뀌어야 하는가?

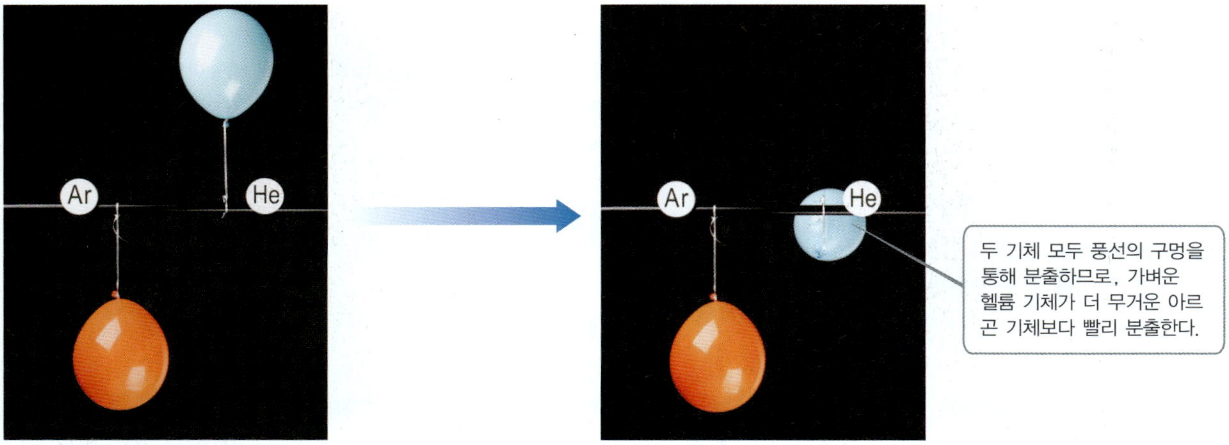


▲그림 10.16 Graham의 분출 법칙

## 예제 10.14
### Graham 법칙의 적용

동핵 이원자 분자로 이루어진 미지의 기체가 동일한 온도에서 $O_2$ 분자가 갖는 분출 속도의 0.355배 속도로 분출한다. 미지 기체의 몰질량을 계산하고, 어떤 기체인지를 밝히시오.

**해답**

**분석** $O_2$에 대한 미지 기체의 상대적 분출 속도를 주고, 미지 시료의 몰질량과 기체의 종류를 알아내라는 문제이다.

**계획** 미지 기체의 몰질량을 결정하기 위해 식 10.22를 이용한다. $r_x$와 $\mathcal{M}_x$를 미지 기체의 분출 속도와 몰질량이라고 하면, 식 10.22는 다음과 같이 쓸 수 있다.

$$\frac{r_x}{r_{O_2}} = \sqrt{\frac{\mathcal{M}_{O_2}}{\mathcal{M}_x}}$$

**풀이** 주어진 정보로부터

$$r_x = 0.355 \times r_{O_2}$$

따라서

$$\frac{r_x}{r_{O_2}} = 0.355 = \sqrt{\frac{32.0\ \text{g/mol}}{\mathcal{M}_x}}$$

$$\frac{32.0\ \text{g/mol}}{\mathcal{M}_x} = (0.355)^2 = 0.126$$

$$\mathcal{M}_x = \frac{32.0\ \text{g/mol}}{0.126} = 254\ \text{g/mol}$$

미지 기체는 동핵 이원자 분자로 이루어졌다고 하였으므로, 구성 원소를 찾아야 한다. 계산한 몰질량은 미지 기체 원자량의 두 배를 나타내므로, 미지 기체의 원자량은 127 g/mol이다. 따라서 미지 기체는 $I_2$이다.

▶ **보충 예제**

$N_2$ 기체와 $O_2$ 기체의 분출 속도비를 계산하시오.

## 확산과 평균 자유 행로

분출 현상과 마찬가지로, 확산 현상도 무거운 분자보다 가벼운 분자의 경우가 더 빠르게 일어난다. 단, 분자 사이의 충돌을 고려해야 하므로 분출보다 좀 더 복잡하다.

같은 실험 조건에서 두 가지 기체의 상대 확산 속도비는 Graham 법칙(식 10.22)과 유사하다. 그림 10.14의 수평축으로부터 분자의 운동 속도가 상당히 큼을 알 수 있다. 예를 들어 실온에서 $N_2$ 기체 분자의 rms 속도는 515 m/s이다. 이처럼 속도가 빠름에도 불구하고, 방의 한 쪽 끝에서 향수병을 열면, 대략 몇 분 정도의 시간이 흐른 후에야 방의 다른 쪽에서 향기를 맡을 수 있다. 이와 같이 기체의 확산 속도는 분자 충돌 때문에 분자의 속도보다 훨씬 느리다.* 이러한 기체 분자 충돌은 상당히 자주 일어난다. 대기압 상태에서 분자의 충돌수는 매초당 약 $10^{10}$회나 된다. 이와 같은 분자 충돌은 실제 기체 분자가 일정한 부피를 갖기 때문에 일어난다.

이러한 분자 충돌 때문에 기체 분자의 운동 방향은 계속 바뀐다. 따라서 한 위치에서 다른 위치로의 분자의 확산은 분자가 충돌할 때마다 무질서한 방향으로 짧은 직선 운동이 일어난다(그림 10.17).

충돌한 후 다음 충돌이 일어나기 전까지 분자의 평균 이동 거리를 **평균 자유 행로(mean free path)**라고 하며, 이는 압력에 따라 변화하는 양이다. 우리가 쇼핑몰을 지나간다고 상상해 보자. 사람이 많을수록(고압), 다른 사람과 부딪히지 않고 갈 수 있는 거리는 짧을 것이다(짧은 평균 자유 행로). 만약 쇼핑몰이 한산하다면(저압), 다른 사람과 부딪히지 않고 먼 거리를 갈 수 있을 것이다(긴 평균 자유 행로). 해수면에서 공기 분자의 평균 자유 행로는 약 60 nm이다. 공기 밀도가 훨씬 더 낮은 약 100 km 고도에서 평균 자유 행로는 약 10 cm로, 이는 지구 표면에서의 행로보다 약 백만 배 더 길다.

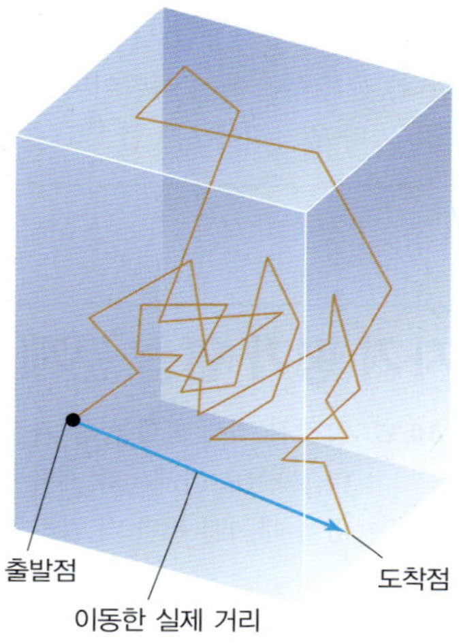


▲ 그림 10.17 기체 분자의 확산 명확하게 나타내려고, 용기 안에 있는 다른 기체 분자는 나타내지 않았다.

## 작동하는 화학 기체 분리

가벼운 분자가 무거운 분자보다 더 빠른 속도를 갖는다는 사실을 이용하여 흥미 있는 응용에 대해 고려해 볼 수 있다. 예를 들어 제2차 세계대전 중에 원자 폭탄을 만들기 위해서 다량의 $^{238}U$(99.3%) 동위 원소와, 상대적으로 희박한 $^{235}U$(0.7%) 동위 원소를 분리해야만 하였다. 우라늄 동위 원소를 분리시키기 위해 휘발성 화합물인 $UF_6$로 변환시키고, 다공성 장애물(그림 10.18)을 통과시켰다. 구멍의 크기 때문에 단순한 분출 과정은 아니지만, 구멍을 통과하는 속도가 몰질량에 달려 있다는 점에서는 분출의 경우와 근본적으로 동일하다. $^{235}UF_6$와 $^{238}UF_6$는 몰질량의 차이가 아주 작으므로 통과 속도에 있어서도 약간의 차이를 보인다.

$$\frac{r_{235}}{r_{238}} = \sqrt{\frac{352.04}{349.03}} = 1.0043$$

따라서 초기에는 다공성 장애물의 한쪽에 $^{235}U$가 풍부하지만, 수천 번을 반복하여 다공성 장애물을 통과시키는 과정을 통해 두 동위 원소를 거의 완벽하게 분리할 수 있다. 동위 원소를 적절히 분리하는 데에는 매우 여러 단계가 필요하므로, 기체 확산 시설은 대규모 구조체이다.

현재는 분출 현상을 대신해서 원심 분리기를 사용하여 우라늄 동위 원소를 분리한다. 빈 용기 안에서 $UF_6$ 증기로 채운 원통형 회전자를 높은 속력으로 회전시키면 $^{238}UF_6$는 회전벽 가까이에 모이는 반면, $^{235}UF_6$는 원통의 가운데에 머물러 있게 된다. 이때 기체를 흘려 $^{235}UF_6$를 한 원심 분리기에서 다음 원심 분리기로 이동시킨다. 분출 현상에 비해 원심 분리기를 사용하는 경우, 훨씬 좁은 공간에 집약적

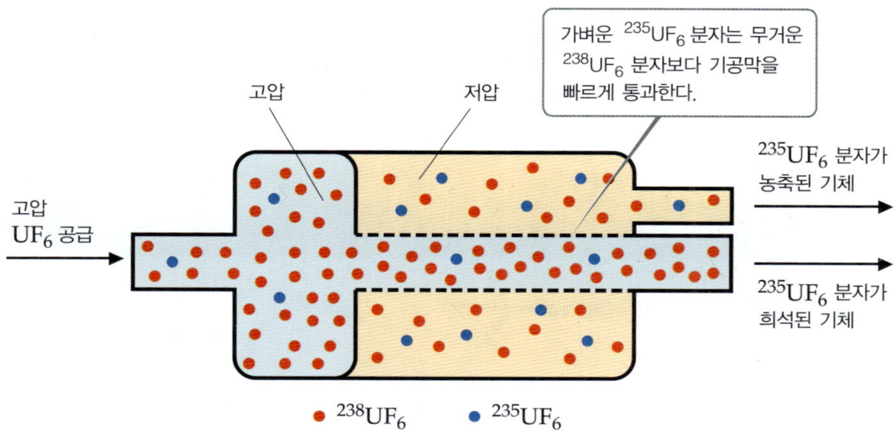


▲ 그림 10.18 기체 확산을 이용한 우라늄 농축 가벼운 $^{235}UF_6$은 $^{238}UF_6$보다 더 빠르게 기공벽을 통해 분출된다. 막 사이의 압력차가 분출을 일으킨다. 여기 보인 단일 과정 농축은 설명을 위해 다소 과장되었다.

*향수가 방을 통과하는 속도는 공기가 온도 기울기와 사람의 운동으로 인해 얼마나 잘 섞여 있는가에 달려 있다. 이러한 요인의 도움에도 불구하고 방을 통과하는 데는 rms 속도만으로 예측한 것보다 훨씬 오래 걸린다.

으로 모듈화가 가능한 시설을 건설할 수 있어서 적은 에너지를 소비한다. 간혹 뉴스에서 이란이나 북한이 이와 같은 핵시설을 이용하여 핵무기나 원자력에 사용할 $^{235}U$ 동위 원소를 분리한다는 내용을 접하였을 것이다.

**관련 연습 문제: 10.37, 10.97**

## 자기 평가 연습 문제

**10.35** 알려진 냄새 화합물 중 가장 지독한 것은 싸이오아세톤($C_3H_6S$)이다. 싸이오 아세톤과 에탄싸이올($C_2H_6S$) 시료를 실험실에 놓아두었을 때, 1분 동안 더 멀리 이동하는 화합물은 어느 것인가?

**(a)** $C_2H_6S$
**(b)** $C_3H_6S$

## 연습 문제

**10.36** 다음 중 옳은 것을 모두 고르시오.
**(a)** $O_2$가 $Cl_2$보다 빠르게 분출된다.
**(b)** 분출과 확산은 이름은 다르지만, 같은 과정을 의미한다.
**(c)** 향기나는 분자들은 분출 과정을 통해 코로 들어간다.
**(d)** 기체의 밀도가 높을수록 평균 자유 행로는 짧아진다.

**10.37** 이 절의 "작동하는 화학"에서 논의한 바와 같이 농축 우라늄은 다공성 막을 가로지르는 기체 $UF_6$의 분출에 의해 생성될 수 있다. 기체 우라늄 원자 $U(g)$의 분출을 허용하는 공정이 개발되었다고 가정할 때, $^{235}U$와 $^{238}U$의 분출율 비율을 계산하고 "작동하는 화학"에서 주어진 $UF_6$의 비율과 비교하시오.

**10.38** 분자량을 알 수 없는 기체가 일정한 압력 조건에서 작은 구멍을 통해 분출되었다. 1.0 L의 기체가 분출되는 데 105초 소요될 때, 동일한 실험 조건에서 1.0 L의 $O_2$ 가스가 분출되는 데 31초 소요되었다. 이 경우에서 미지의 기체의 몰질량을 계산하시오(분출 속도가 빠를수록 1.0 L의 분출에 필요한 시간이 짧아진다. 즉, 속도는 확산하는 데 걸리는 시간에 걸쳐 확산되는 양이다).

자기 평가 연습 문제 답 **10.35** (a)

# 10.8 | 실제 기체: 이상적 거동으로부터 벗어남

많은 사람들은 선진국의 지하에 위치한, 거대한 양의 액체와 기체를 상당한 거리에 걸쳐 이동시키는 방대한 지하 파이프라인 네트워크를 알지 못한다. 파이프라인 시스템은 고압에서는 큰 지름(120 cm)의 간선으로 구성되며, 간선에서 갈라져 국지적으로 수송하거나 혹은 역으로 간선으로 수송하는 분기선에서는 저압이며 작은 지름(35 cm)로 구성된다. 메테인 기체가 풍부한 천연가스는 미립자, 물, 황화 수소, 이산화 탄소와 같은 다양한 기체 불순물을 제거하기 위해 가공된다. 그런 다음 가스는 파이프 지름에 따라 3.5 MPa에서 10 MPa 사이의 압력으로 압축된다. 압력은 약 100 km 간격으로 파이프라인을 따라 설치되어 있는 압축기 스테이션에 의해 유지된다. 고압은 화학 공학자들이 더 이상 이상적인 기체 방정식에 의존할 수 없다는 것을 의미하지만 기체의 행동을 묘사하기 위해 더 정확한 방정식을 사용할 수 있음을 의미한다.

이 절이 끝나면 다음 사항을 수행할 수 있어야 한다.

- 실제 기체가 이상 기체 방정식과 일치하지 않는 이유를 설명하기

실제 기체가 이상적 거동에서 벗어나는 정도는, 이상 기체식을 재정리하여 표현한 *n* 값으로 알 수 있다.

$$\frac{PV}{RT} = n \qquad [10.24]$$

이상 기체 1 mol의 $PV/RT$ 값은 모든 압력에서 1이다. **그림 10.19**에 $PV/RT$를 몇 가지 실제 기체의 1 mol에 대한 $P$의 함수로 제시하였다. 기체의 종류에 따라 다르긴 하지만, 대개 높은 압력(1.013 MPa 이상)에서 이상적 거동($PV/RT=1$)으로부터 많이 벗어난다. 다시 말해, **실제 기체는 높은 압력에서 이상적으로 거동하지 않는다.** 그러나 낮은 압력(1.013 MPa 미만)에서는 이상적 거동에서 많이 벗어나지 않는다. 따라서 큰 오차 없이 이상 기체식을 사용할 수 있다.

실제 기체가 이상적 거동으로부터 벗어나는 것은 온도에도 의존한다. 즉 온도가 상승할수록 실제 기체의 거동은 이상 기체와 유사해진다(**그림 10.20**). 일반적으로 **이상적 거동으로부터 벗어남은 온도가 낮을수록 증가하고**, 특히 액화하는 온도에 가까울수록 오차가 크다.

기체 분자 운동론의 기본적 가정에서 실제 기체가 이상적 거동에서 벗어나는 이유를 살펴볼 수 있다. 이상 기체 분자는 공간을 차지하지 않고 분자 사이에 인력이 없다고 가정한다. **그러나 실제 분자는 일정한 부피를 가지고 있으며, 서로 인력이 작용한다.** **그림 10.21**에서처럼 실제 기체의 경우 분자들이 이동할 수 있는 빈 공간은 용기 부피보다 약간 더 작다. 비교적 낮은 압력에서 기체 분자의 부피는 용기 부피에 비해 무시할 정도이다. 따라서 분자들이 이용할 수 있는 자유 부피는 본질적으로 모든 용기의 부피이다. 높은 압력에서 기체 분자들이 차지하고 있는 부피는 용기의

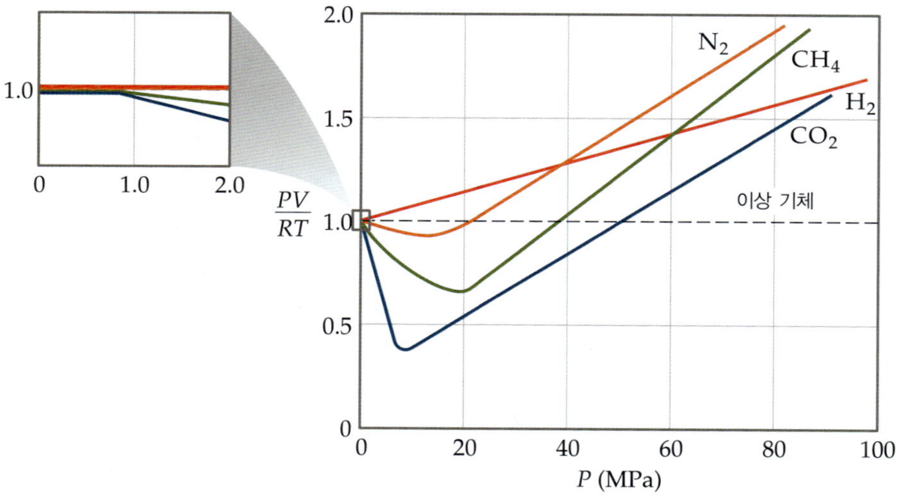


**◀그림 10.19 압력이 몇 가지 실제 기체의 거동에 미치는 영향** 모든 경우 기체 1 mol에 대한 자료 $N_2$, $CH_4$, $H_2$의 경우는 300 K에서의 자료이다. $CO_2$는 300 K에서 액화되므로, $CO_2$의 경우는 313 K에서의 자료이다.

참인가, 거짓인가: 질소 기체는 온도가 상승함에 따라 점점 더 이상 기체처럼 거동한다.

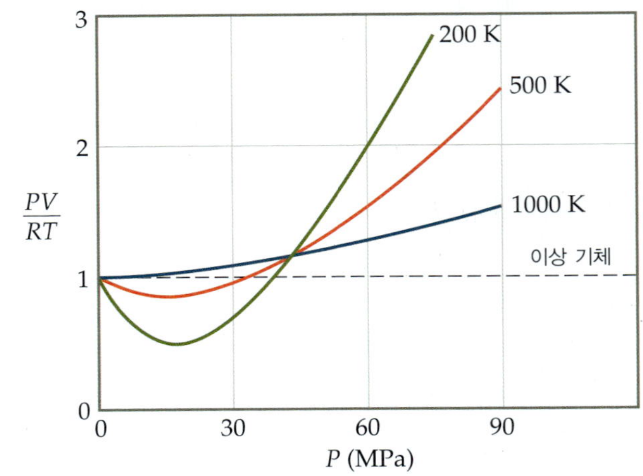


▲ 그림 10.20 온도와 압력이 질소 기체의 거동에 미치는 영향

▲ 그림 10.21 기체는 고압보다 저압에서 이상적으로 거동한다.

부피에 비해 더 이상 무시할 수 없을 정도로 커진다. 실제로 기체 분자가 자유롭게 이동할 수 있는 빈 공간은 용기의 부피보다 더 작을 수밖에 없다. 따라서 이러한 조건에서 기체의 부피는 이상 기체 방정식에 의해 예상할 수 있는 값보다 약간 커진다.

그 외에 기체 분자들이 고압 조건에서와 같이 가까이 모여 있으면, 분자 사이에 인력이 작용한다. 이러한 인력 때문에 용기 벽과 분자의 충돌은 감소하게 된다. 만약 기체의 움직임을 순간 정지시킨다면, **그림 10.22**와 비슷한 그림을 얻을 수 있을 것이다. 벽과 부딪치려는 분자는 이웃한 분자의 인력을 동시에 느낀다. 이와 같은 인력은 분자들이 벽과 부딪치는 힘을 약화시키게 되므로, 압력은 이상 기체의 경우보다 더 작아지게 된다. 따라서 그림 10.19와 10.20에서와 같이 $PV/RT$를 이상적인 값 아래로 감소하게 만든다. 그러나 압력이 충분히 높으면, 앞에서 설명한 부피 효과가 지배적이 되고, 따라서 $PV/RT$는 이상적인 값 이상으로 증가한다.

온도는 낮은 압력에서 기체 분자 사이의 인력이 얼마나 효과적인가를 결정한다.

만약 분자간 힘이 갑자기 인력에서 반발력으로 바뀐다면, 기체의 압력이 어떻게 될까?

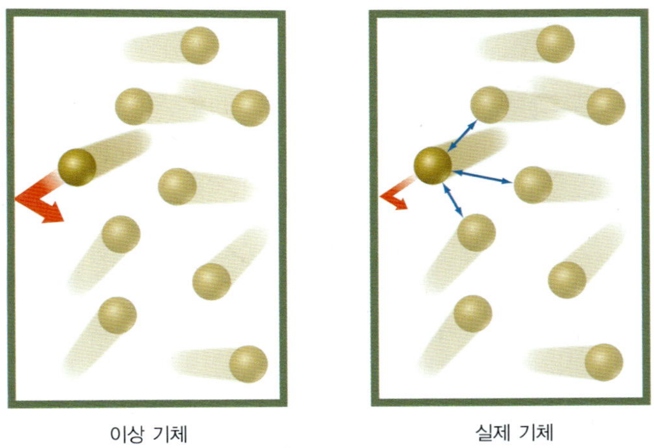


▲ 그림 10.22 실제 기체의 경우, 분자간 힘으로 인해 이상 기체보다 압력이 낮다.

그림 10.20과 같이 압력이 40 MPa 미만이면, 실제 기체는 냉각할수록 이상적 거동에서 벗어난다. 기체를 냉각하면 평균 운동 에너지는 감소하는 반면에, 분자 사이의 인력은 일정하게 유지된다. 따라서 기체를 냉각하면 기체 분자의 인력으로부터 벗어나는 데 필요한 에너지가 부족하게 된다. 결과적으로 기체 분자들이 서로 충돌하기보다는 확률적으로 가까이 붙어 있는 경우가 더 많아지게 된다.

그림 10.20은 온도가 200 K에서 1000 K로 증가할 때 $PV/RT$ 값이 점점 더 이상적 거동에 가까워짐을 보인다. 앞에서 언급한 것처럼, 고온에서 실제 기체의 거동은 주로 분자들의 일정한 부피 효과로부터 생긴다.

## van der Waals 식

고압에서는 실제 기체와 이상 기체의 거동이 큰 차이를 보인다. 그래서 고압 기체를 이용하는 공학자와 과학자는 기체의 압력-부피 성질 예측에 이상 기체식을 사용할 수 없다. 실제 기체의 거동을 예측하려고 시도한 가장 유용한 식 가운데 하나는 네덜란드의 과학자 Johannes van der Waals (1837~1923)에 의해 제안된 것이다.

실제 기체는 이상 기체와 비교하여 분자간 인력이 작용하므로 낮은 압력을 가지며, 아주 작게나마 부피가 크다. van der Waals는 기체 분자들이 차지한 일정한 부피와 기체 분자간 인력에 대한 보정을 하면 이상 기체식을 이용하여 실제 기체의 거동을 표현할 수 있음을 인식했다. 기체 분자 사이의 인력을 보정하는 $a$와 기체 분자의 부피를 보정하는 $b$의 두 가지 보정 상수를 도입하여, 다음과 같은 **van der Waals 식(van der Waals equation)**을 수립하였다.

$$\left(P + \frac{n^2a}{V^2}\right)(V - nb) = nRT \qquad [10.25]$$

$n^2a/V^2$은 인력을 나타내는 항이다. 분자 사이의 인력으로 인해 압력이 감소하므로, $n^2a/V^2$을 더하여 분자 사이의 인력에 의한 압력 감소를 보정한다(그림 10.22). 분자간 인력은 단위 부피당 분자 수의 제곱($(n/V)^2$)에 비례하므로 $n^2a/V^2$은 분자 한 쌍 사이의 인력을 나타낸다.

$nb$는 실제 기체 분자가 차지한 일정량의 부피를 표현한다(그림 10.21). 실제 기체는 $nb$만큼의 부피를 차지하고 있으므로 이상 기체가 움직일 수 있는 자유 부피에 대해 $nb$만큼 감소한 자유 부피를 갖는다. $a$와 $b$는 **van der Waals 상수**(van der Waals constant)라고 하는데, 실험적으로 측정되는 양의 값이며 기체에 따라 각기 다르다. 표 10.3에서 $a$와 $b$ 값은 일반적으로 분자량이 증가함에

**표 10.3 기체 분자의 van der Waals 상수**

| 물질 | $a$(L$^2$ kPa/mol$^2$) | $b$(L/mol) |
|---|---|---|
| He | 3.46 | 0.02370 |
| Ne | 21.4 | 0.0171 |
| Ar | 135 | 0.0322 |
| Kr | 235 | 0.0398 |
| Xe | 425 | 0.0510 |
| $H_2$ | 24.7 | 0.0266 |
| $N_2$ | 141 | 0.0391 |
| $O_2$ | 138 | 0.0318 |
| $F_2$ | 107 | 0.0290 |
| $Cl_2$ | 658 | 0.0562 |
| $H_2O$ | 553 | 0.0305 |
| $NH_3$ | 423 | 0.0371 |
| $CH_4$ | 228 | 0.0428 |
| $CO_2$ | 364 | 0.0427 |
| $CCl_4$ | 2067 | 0.1383 |

따라, 그리고 분자 복잡성이 증가함에 따라 커진다. 그 이유는 분자량과 크기가 클수록 부피는 더 커지고, 분자간 인력도 더 크기 때문이다.

## 예제 10.15

### Van der Waals 식 이용

10.00 mol의 이상 기체를 0.0 °C에서 22.41 L 용기에 채우면 1.013 MPa의 압력을 갖는다. 표 10.3과 van der Waals 식을 이용하여, 0.0 °C에서 22.41 L에 채운 10.00 mol $Cl_2(g)$의 압력을 계산하시오.

#### 해답

**분석** 압력을 계산해야 하므로, van der Waals 식을 이용하기 위해 적절한 상수 값을 알아야 한다.

**계획** 식 10.25를 $P$에 대해 정리한다.

**풀이** $n = 10.00$ mol, $R = 8.314\ m^3\ Pa/mol\ K$, $T = 273.2$ K, $V = 22.41$ L $= 2.241 \times 10^{-2}\ m^3$, $a = 658\ L^2\ kPa/mol^2$, $b = 0.0562$ L/mol을 대입하면

$$P = \frac{(10.00\ \text{mol})(8.314\ \text{m}^3\ \text{Pa/mol K})(273.2\ \text{K})}{2.241 \times 10^{-2}\ \text{m}^3 - (10.00\ \text{mol})(5.62 \times 10^{-5}\ \text{m}^3/\text{mol})} - \frac{(10.00\ \text{mol})^2(658\ \text{L}^2\ \text{kPa/mol}^2)}{(22.41\ \text{L})^2}$$

$$= 1039.6\ \text{kPa} - 130.7\ \text{kPa} = 908.9\ \text{kPa}$$

**주의** 1039.6 kPa은 분자 부피로 보정된 값임을 주목하라. 이 값은 이상적 값(1.013 MPa)보다 크다. 왜냐하면 분자들이 자유롭게 움직이는 부피는 용기 부피(22.41 L)보다 더 작기 때문이다. 따라서 분자들은 용기 벽과 더 자주 충돌해야 하고 압력은 실제 기체의 것보다 높다. 130.7 kPa 값은 분자간 힘에 대하여 반대 방향으로 보정한 것이다. 분자간 인력에 대한 보정은 둘 다 크고, 따라서 압력 908.9 kPa은 이상 기체에서 관찰된 것보다 작은 값이다.

**▶ 보충 예제**

1.000 mol의 $CO_2(g)$ 시료가 0.000 °C에서 3.000 L 부피 용기에 들어 있다고 생각해 보자. 다음을 이용하여 기체의 압력을 계산하시오.

**(a)** 이상 기체식 **(b)** van der Waals 식

## 통합 예제

### 종합 개념

상당한 독성 기체인 사이아노젠(cyanogen)은 C 46.2%, N 53.8%의 질량비로 이루어져 있다. 25 °C, 100.1 kPa에서 사이아노젠 1.05 g은 0.500 L의 부피를 차지한다. (a) 사이아노젠의 분자식은 무엇인가? (b) 분자 구조를 예측하시오. (c) 극성을 예측하시오.

#### 해답

**분석** 원소 분석 자료와 그것의 성질에 대한 자료로부터 기체의 분자식을 결정하라는 문제이다. 그 다음 분자의 구조와 극성을 예측할 필요가 있다.

**(a) 계획** 화합물의 조성 백분율을 이용하여 실험식을 계산할 수 있다. 그러고 나서 실험식량과 몰질량을 비교함으로써 분자식을 구할 수 있다.

**풀이** 실험식을 구하기 위해, 화합물 시료의 양이 100 g이라고 가정하고, 시료 중 각 원소의 몰수를 계산한다.

$$\text{C의 몰수} = (46.2\ \text{g C})\left(\frac{1\ \text{mol C}}{12.01\ \text{g C}}\right) = 3.85\ \text{mol C}$$

$$\text{N의 몰수} = (53.8\ \text{g N})\left(\frac{1\ \text{mol N}}{14.01\ \text{g N}}\right) = 3.84\ \text{mol N}$$

두 원소의 몰비는 기본적으로 1:1이므로, 실험식은 CN이다. 화합물의 몰질량을 구하기 위해 식 10.11을 이용한다.

$$\mathcal{M} = \frac{dRT}{P} = \frac{(1.05\ \text{g}/0.500\ \text{L}(10^3\ \text{m}^3/\text{L}))(8.314\ \text{m}^3\ \text{Pa/mol K})\ (298\text{K})}{100.1 \times 10^3\ \text{Pa}}$$

$$= 52.0\ \text{g/mol}$$

실험식 CN의 몰질량은 12.0 + 14.0 = 26.0 g/mol이다. 화합물의 몰질량을 실험식량으로 나누면 (52.0 g/mol)/(26.0 g/mol) = 2.00이다. 분자는 실험식보다 2배수의 원자를 가지므로 분자식은 $C_2N_2$이다.

**(b) 계획** 분자 구조를 결정하기 위해 먼저 Lewis 구조를 결정한다. 그 다음으로 VSEPR 모형을 이용하여 구조를 예측할 수 있다.

**풀이** 분자의 원자가 껍질 전자수는 2(4) + 2(5) = 18이다. 시행착오를 거치며 찾아낸 18개 원자가 전자의 Lewis 구조는, 각 원자는 팔전자를 갖고, 형식 전하는 될 수 있는 대로 작은 구조로 다음과 같다.

$$:\text{N}{\equiv}\text{C}{-}\text{C}{\equiv}\text{N}:$$

(이 구조에서는 모든 원자의 형식 전하가 0이다.)

위 Lewis 구조에서 각 원자는 두 개의 전자 영역을 갖는다(각각의 질소는 한 개의 비공유 전자쌍과 한 개의 삼중 결합을 갖는 반면, 탄소는 한 개의 삼중 결합과 한 개의 단일 결합을 갖는다). 따라서 각 원자 주위의 전자 영역의 기하 구조는 선형이며, 전체 분자는 선형이다.

**(c) 계획** 분자의 극성을 결정하기 위하여 개별 결합의 극성과 분자의 전체적인 기하 구조를 고려해야 한다.

**풀이** 분자가 선형이므로, 탄소–질소 결합의 극성에 의해 생성된 두 개의 쌍극자가 서로 상쇄되어 분자의 극성은 없다.

## 자기 평가 연습 문제

**10.39** 다음 세 조건 중 어떤 조건에서 $H_2$ 기체가 이상적인 행동에서 가장 많이 벗어날 것으로 예상되는가?

**(a)** 70 K과 101.3 kPa
**(b)** 70 K과 506.6 kPa
**(c)** 350 K과 202.7 kPa

## 연습 문제

**10.40** **(a)** 기체가 이상적인 거동에서 벗어나는 두 가지 실험 조건을 나열하시오. **(b)** 기체가 이상적인 거동에서 벗어나는 두 가지 이유를 나열하시오.

**10.41** Ar 또는 $CO_2$ 각각의 van der Waals 상수(표 10.3)를 고려했을 때 고압에서 어느 기체가 이상 기체와 더 유사하게 거동할 것으로 예상되는가?

**10.42** $CCl_4$ 1.00 mol이 33.3 L를 차지할 때 80 °C에서 $CCl_4$에 의해 발생되는 압력을 계산하시오. 이때 다음의 두 가정을 사용한다.
**(a)** $CCl_4$는 이상 기체식을 따른다.
**(b)** $CCl_4$는 van der Waals 식을 따른다(van der Waals 상수값은 표 10.3에 있다).
**(c)** 이러한 조건에서 이상 거동에서 더 벗어나는 것은 $Cl_2$와 $CCl_4$ 중 어느 것인가? 이유를 설명하시오.

**10.43** 표 10.3은 van der Waals $b$ 매개변수의 단위가 L/mol임을 보여주며 이는 $b$ 매개변수에서 원자 또는 분자의 크기를 계산할 수 있음을 의미한다. 표 10.3의 $b$ 매개변수에서 계산한 van der Waals 반지름은 7.3절에서 논의된 결합 반지름과 비결합 원자 반지름 중 어느 것에 더 밀접하게 연관되어 있는지 설명하시오.

자기 평가 연습 문제 답 **10.39** (b)

## 요약 및 중요 용어

기체의 특성(10.1절) 실온에서 기체로 존재하는 물질은 몰질량이 작은 분자 물질인 경향이 있다. 주로 $N_2$와 $O_2$로 이루어진 혼합물인 공기는 우리가 만나는 가장 흔한 기체이다. 몇 가지 액체와 고체도 **증기(vapor)**라고 하는 기체 상태로 존재할 수 있다. 기체는 압축할 수 있고, 분자들이 서로 멀리 떨어져 있으므로 모든 비율로 섞인다.

압력(10.2절) 기체의 상태 또는 조건을 표시하기 위해서는 반드시 네 가지 변수(압력($P$), 부피($V$), 온도($T$), 기체의 양($n$))를 명시해야 한다. 부피는 일반적으로 리터(L), 온도는 켈빈(K), 기체의 양은 몰(mol) 단위로 측정한다. **압력(pressure)**은 단위 면적당 힘으로 정의되고, SI 단위는 **파스칼(pascal**, $1\ Pa = 1\ N/m^2$)이다. 관련 단위인 **바(bar)**는 $10^5$ Pa이다. 화학에서 **표준 대기압(standard atmospheric pressure)**은 **기압(atmosphere**, atm)과 **torr**(수은주의 mm Hg)를 정의할 때 사용된다. 1기압은 101.325 kPa 또는 760 torr와 같다. 기압계는 대기압의 측정에 사용하고, 압력계는 갇혀 있는 기체의 압력 측정에 사용할 수 있다.

기체 법칙(10.3절) 연구를 통해 간단한 기체 법칙들이 밝혀졌다. 일정한 온도에서 일정량의 기체 부피는 압력에 반비례한다(**Boyle 법칙(Boyle's law)**). 일정한 압력에서 일정량의 기체 부피는 절대 온도에 정비례한다(**Charles's 법칙(Charles's law)**). 동일한 온도와 압력 조건에서 동일한 기체 부피를 갖는 기체는 동일한 분자수를 함유한다(**Avogadro 가설(Avogadro hypothesis)**). 일정한 온도와 압력 조건에서 기체 부피는 기체의 몰수에 정비례한다(**Avogadro 법칙(Avogadro's law)**). 이와 같은 기체 법칙은 이상 기체식의 특수한 경우에 해당한다.

이상 기체식(10.4절) **이상 기체식(ideal gas equation**, $PV = nRT$)은 **이상 기체(ideal gas)**에 대한 상태 방정식이다. 이 식의 $R$은 **기체 상수(gas constant)**이다. 이상 기체식은 하나 또는 두 가지의 조건이 변할 때 남은 조건의 변화를 계산하는 데 사용할 수 있다. 10 atm 이하의 압력과 273 K 또는 그 이상의 온도에서 대부분의 기체는 이상 기체식을 상당히 잘 따른다. 273 K(0 °C), 101.325 kPa의 조건은 **표준 온도 압력(standard temperature and pressure, STP)**이라고 알려져 있다. 이상 기체식을 이용한 모든 응용에서 온도는 반드시 절대 온도(켈빈 척도)를 사용해야 한다.

이상 기체식을 사용하여 기체의 밀도와 몰질량을 관련지을 수 있다($\mathcal{M} = dRT/P$). 또한 화학 반응식에서 반응물 또는 생성물로서 기체가 관여하는 문제의 경우에도 이상 기체식을 이용할 수 있다.

기체 혼합물과 부분 압력(10.5절) 기체 혼합물의 전체 압력은 동일한 조건에서 각 기체가 홀로 존재할 때 나타나는 **부분 압력(partial pressure)**의 합과 같다(**Dalton의 분압 법칙(Dalton's law of partial pressure)**). 혼합물에서 각 성분 기체의 부분 압력은 $P_1 = X_1P_t$(몰분율과 전체 압력의 곱)와 같다. **몰분율(mole fraction**, $X$)이란 혼합물의 전체 기체 몰수에 대한 한 성분의 몰수의 비이다.

기체 분자 운동론 (10.6절) **기체 분자 운동론(kinetic-molecular theory of gas)**은 기체의 성질을 이상 기체라고 가정하여 설명한다. 이 가정을 간단히 말하면 다음과 같다. 분자는 끊임없이 무질서하게 운동한다. 기체 분자의 부피는 용기의 부피에 비하여 무시할 정도로 작다. 기체 분자는 서로 간에 인력 또는 반발력이 없다. 기체 분자의 평균 운동 에너지는 절대 온도에 비례하므로, 온도가 일정하게 유지되면 변하지 않는다.

기체의 개별 분자들은 어떤 한 순간에 모두 동일한 운동 에너지를 갖지 않는다. 대신 분자의 속도는 넓은 범위로 분포하며, 그 분포는 기체의 몰질량과 온도에 따라 변한다. **평균 제곱근(rms) 속도(root-mean-square speed,** $u_{rms}$)는 절대 온도의 제곱근에 정비례하고, 몰질량의 제곱근에 반비례한다. 즉 $u_{rms} = \sqrt{3RT/\mathcal{M}}$이다. 최빈 속도는 $u_{mp} = \sqrt{2RT/\mathcal{M}}$이다.

**분자의 분출과 확산(10.7절)** 분자 운동론으로부터 기체가 **분출(effusion)**하는(작은 구멍을 통해 탈출하는) 속도는 몰질량의 제곱근에 반비례한다 **(Graham 법칙(Graham's law))**. 기체에 의해 점유된 공간으로 어떤 기체가 **확산(diffusion)**하는 것은 분자 이동 속도와 관련 있는 또 다른 현상이다. 기체 분자들은 서로 충돌하므로 **평균 자유 행로(mean free path**, 충돌 간 평균 이동 거리)가 짧다. 분자 사이의 충돌은 기체 분자의 확산 속도를 제한한다.

**실제 기체: 이상적 거동으로부터 벗어남(10.8절)** 실제 기체가 이상적 거동에서 벗어나는 정도의 크기는 압력이 증가함에 따라, 그리고 온도가 감소함에 따라 증가한다. 왜냐하면 (1) 실제 기체 분자는 일정한 부피를 가지며, (2) 분자들은 서로 충돌할 때 인력을 경험하기 때문이다. **van der Waals 식(van der Waals equation)**은 이상 기체식에 실제 기체의 부피와 분자간 힘을 보정한 식이다.

## 학습 정리 이 장을 공부한 후에 여러분은 다음을 할 수 있어야 한다.

- 압력을 계산하고 torr와 대기압의 압력 단위를 변환하기(10.2절). **관련 연습 문제: 10.57, 10.58, 10.59**
- 이상 기체식을 이용하여 $P$, $V$, $n$, $T$를 계산하기(10.4절). **관련 연습 문제: 10.66, 10.69, 10.73**
- 기체 법칙과 이상 기체식의 관계를 이해하고, 기체 법칙을 이상 기체식에 적용하여 계산하기(10.3절, 10.4절). **관련 연습 문제: 10.10, 10.69, 10.71**
- 기체의 밀도 및 분자량을 계산하기(10.4절). **관련 연습 문제: 10.13, 10.75, 10.78**
- 화학 반응에서 소모되거나 생성된 기체의 부피를 계산하기(10.4절). **관련 연습 문제: 10.80, 10.83**
- 기체 혼합물에서 부분 압력 및 전체 압력을 계산하기(10.5절). **관련 연습 문제: 10.50, 10.84, 10.85**
- 분자 운동론을 이용한 기체의 압력과 온도, 기체 법칙, 분출 속도, 확산 속도에 대하여 설명하기(10.6절, 10.7절). **관련 연습 문제: 10.52, 10.91, 10.93, 10.97**
- 고압 또는 저온에서 실제 기체가 이상 기체와는 다른 거동을 보이는 이유를 분자간 인력과 분자 부피로 설명하기(10.8절). **관련 연습 문제: 10.40, 10.100, 10.120**

## 핵심 공식

| 공식 | 번호 | 설명 |
|---|---|---|
| $PV = nRT$ | [10.5] | 이상 기체식 |
| $\dfrac{P_1V_1}{T_1} = \dfrac{P_2V_2}{T_2}$ | [10.8] | 결합 기체 법칙, $P$, $V$, $T$와 몰수 $n$의 관계 |
| $d = \dfrac{P\mathcal{M}}{RT}$ | [10.10] | 기체의 밀도 또는 몰질량 |
| $P_t = P_1 + P_2 + P_3 + \ldots$ | [10.12] | 혼합 기체의 전체 압력과 각 구성 성분의 부분 압력과의 관계 (Dalton의 부분 압력 법칙) |
| $P_1 = \left(\dfrac{n_1}{n_t}\right)P_t = X_1P_t$ | [10.16] | 부분 압력과 몰분율의 관계 |
| $u_{rms} = \sqrt{\dfrac{3RT}{\mathcal{M}}}$ | [10.20] | 기체 분자의 평균 제곱(rms) 속도의 정의 |
| $\dfrac{r_1}{r_2} = \sqrt{\dfrac{\mathcal{M}_2}{\mathcal{M}_1}}$ | [10.22] | 두 가지 기체의 몰질량과 분출 속도의 상관관계 |
| $\left(P + \dfrac{n^2a}{V^2}\right)(V - nb) = nRT$ | [10.25] | van der Waals 식 |

# 연습 문제

## 눈으로 보는 개념

**10.44** 화성의 평균 대기압은 709 Pa이다. 화성에서 빨대를 통해 음료수를 마실 때, 지구에 비해 더 쉬울지, 어려울지 예측하고 설명하시오. [10.2절]

**10.45** 그림에 보이는 것과 같은 이동 가능한 피스톤이 있는 용기에 기체 시료가 들어 있다고 하자. [10.3절]

**(a)** 일정 압력하에서 기체의 온도가 300 K에서 500 K로 증가할 경우, 용기의 모양을 다시 그리시오.

**(b)** 일정 온도하에서 피스톤의 외부 압력이 101.3 kPa에서 202.7 kPa로 증가할 경우, 용기의 모양을 다시 그리시오.

**(c)** 일정 압력하에서 기체의 온도가 300 K에서 200 K로 감소할 경우, 용기의 모양을 다시 그리시오(단, 기체가 액화되지 않는다고 가정한다).

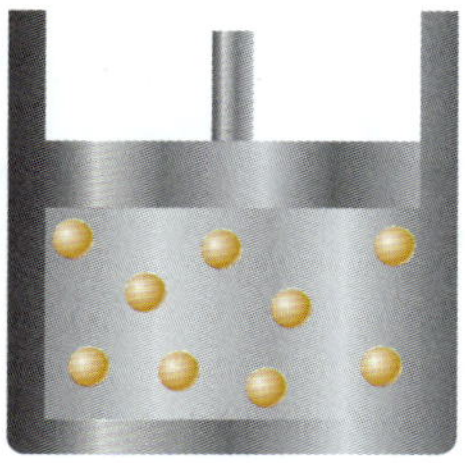

**10.46** 다음 그림과 같은 기체 시료를 생각해 보자. 압력을 반으로 줄이기 위해 기체를 충분히 제거할 때, 부피와 온도가 일정하다면 그림은 어떤 모습을 할까? [10.3절]

**(a)** 같은 수의 분자를 포함할 것이다.

**(b)** 절반의 분자를 포함할 것이다.

**(c)** 두 배의 분자를 포함할 것이다.

**(d)** 답하기에 자료가 부족하다.

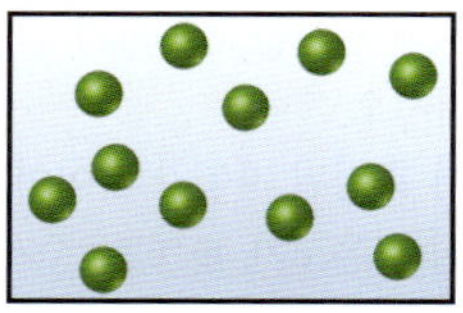

**10.47** 반응 $2\,CO(g) + O_2(g) \longrightarrow 2\,CO_2(g)$가 일정한 온도에서 일어날 때, 용기 내의 피스톤이 일정한 압력을 유지하기 위해 움직인다고 상상해 보자. 반응 용기의 부피가 다음과 같이 변화하였다면, 어떤 반응의 결과에 의한 것인지 설명하시오. [10.3절, 10.4절]

**(a)** 50% 부피 증가 **(b)** 33% 부피 증가 **(c)** 일정한 부피 유지
**(d)** 33% 부피 감소 **(e)** 50% 부피 감소

**10.48** 일정량의 이상 기체가 일정 부피로 있다고 가정해 보자. 부피가 일정하게 유지되는 상태에서 기체의 압력이 두 배로 증가하면 온도는 어떻게 되는가? [10.4절]

**10.49** 다음 실험 기구에는 기체가 채워진 두 개의 용기와 빈 용기 한 개가 있으며, 이들은 속이 빈 수평 연결관에 연결되어 있다. 마개를 열어 두 기체가 일정 온도에서 섞이게 할 때, 각 용기에서 원자의 분포는 어떻게 되겠는가? (단, 두 용기의 부피는 동일한 것으로 가정하고, 이들을 연결하는 연결관의 부피는 무시하라.) 마개를 연 후 어느 기체가 더 큰 부분 압력을 가지겠는가? [10.6절]

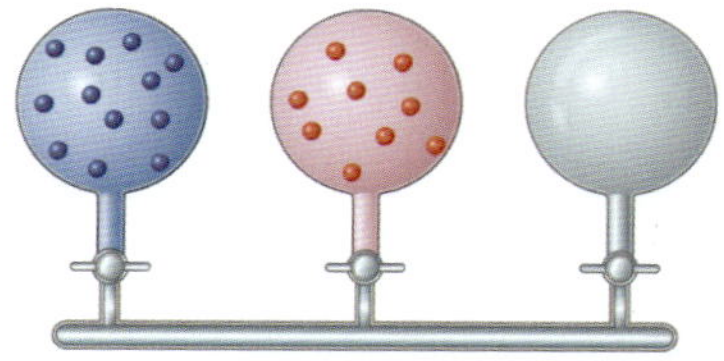

**10.50** 다음 그림은 각기 다른 세 가지 기체의 혼합물을 나타낸 것이다. [10.6절]

**(a)** 부분 압력이 증가하는 순으로 세 가지 성분을 나열하시오.

**(b)** 혼합 기체의 전체 압력이 141.9 kPa일 때, 각 기체의 부분 압력을 계산하시오.

**10.51** **(a)** −50 °C의 $Kr(g)$, **(b)** 0 °C의 $Kr(g)$, **(c)** 0 °C의 $Ar(g)$에 대한 분자 속도를 하나의 도표에 정성적으로 그리시오. [10.6절]

**10.52** 다음 그림에서, **(a)** A와 B 곡선이 동일 온도에서 종류가 다른 두 가지 기체 He과 $O_2$의 거동을 나타낸 것이라면, 어떤 곡선이 He에 해당하는 것인가? **(b)** A와 B가 두 가지 다른 온도에서 동일 기체를 나타낸 것이라면, 어느 것이 더 높은 온도를 나타내는가? **(c)** 각 곡선에 대하여 최빈 속도, 평균 제곱근 속도, 평균 속도 중 어떤 속도가 가장 빠른가? [10.6절]

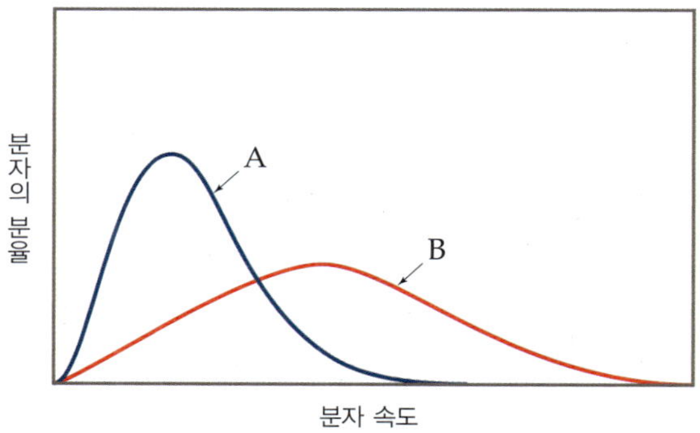


**10.53** 다음 기체를 생각해 보자. 세 가지 시료가 모두 동일한 온도에 존재한다면 **(a)** 전체 압력, **(b)** He의 부분 압력, **(c)** 밀도, **(d)** 입자들의 평균 운동 에너지 각각의 경우 이들 시료의 순서를 나열하시오. [10.5절, 10.6절]

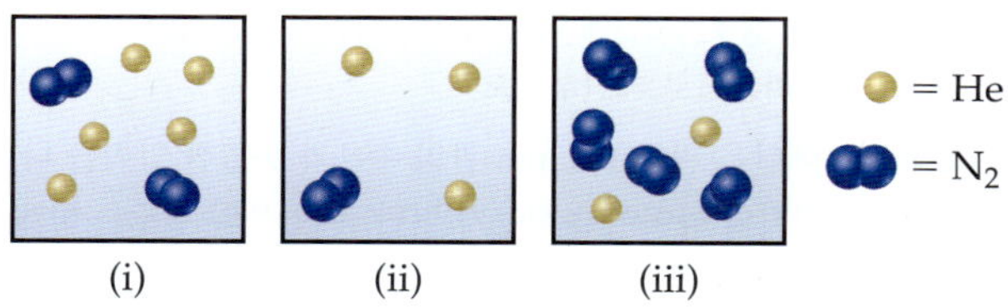


**10.54** 얇은 유리관의 길이는 1 m이고, 101.3 kPa의 Ar 기체로 채워져 있다. 아래에서 보는 바와 같이, 관의 양끝은 무명 솜 마개로 막혀 있다. 관의 한쪽 끝에서는 HCl 기체가 삽입되고, 동시에 다른 한

쪽 끝에서는 $NH_3$ 기체가 삽입된다. 두 기체가 무명 솜 마개를 통해 확산되어 만날 때 흰색의 고리 모양이 생긴다. 이는 $NH_4Cl(s)$가 형성되기 때문이다. 관의 a, b, c 중 어느 위치에서 고리가 형성될 것으로 예측하는가? [10.7절]

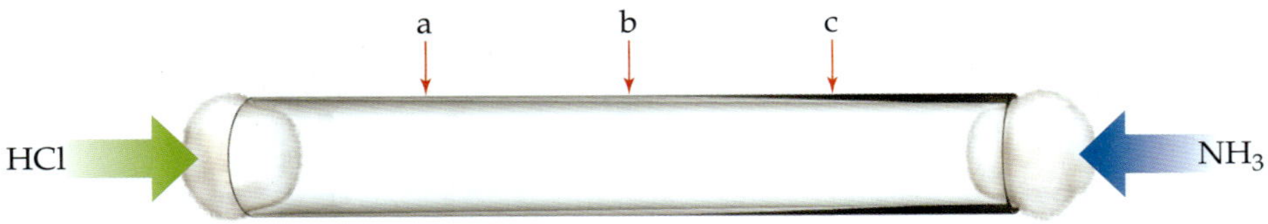


**10.55** 아래 그림은 1 L 용기 안의 기체 시료 1 mol의 온도 증가에 따른 압력의 변화를 보여 준다. 네 개의 직선은 한 개의 이상 기체와 세 개의 실제 기체($CO_2$, $N_2$, $Cl_2$)에 해당한다. [10.8절]

(**a**) 상온에서 모든 세 개의 실제 기체는 이상 기체보다 낮은 압력을 가진다. 실제 기체의 압력이 더 낮아지게 되는 영향을 주는 분자 간 인력에 해당하는 van der Waals 상수는 *a*인가, *b*인가?

(**b**) 표 10.3의 van der Waals 상수를 이용하여 직선 A, B, C에 해당하는 기체($CO_2$, $N_2$, $Cl_2$)를 표시하시오.

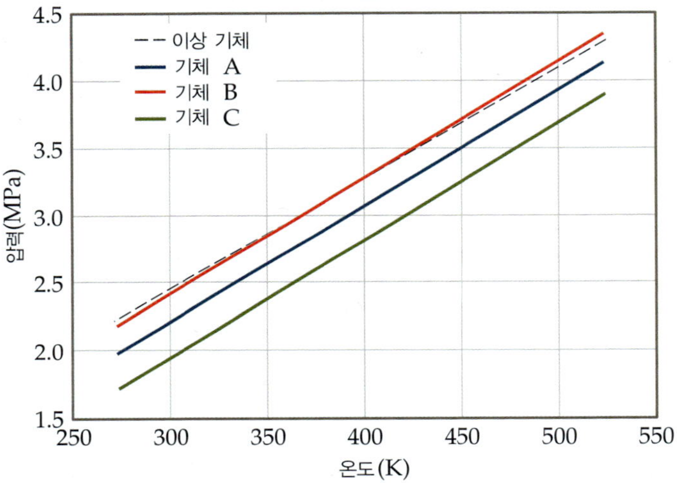


## 기체의 특성, 압력(10.1절, 10.2절)

**10.56** (**a**) g/mL, g/L, $kg/cm^3$ 단위 중 기체의 밀도를 더 잘 알 수 있는 것은?

(**b**) N, Pa, atm, $kg/m^2$ 중 대기압을 표현하기에 적절한 단위는?

(**c**) 실내 온도와 보통 대기압에서 기체일 가능성이 가장 큰 것은 $F_2$, $Br_2$, $K_2O$ 중 어느 것인가?

**10.57** 체중이 75 kg인 여성이 의자 위에 서있으면서, 순간적으로 모든 체중을 한쪽 신발에 싣는다고 가정해 보자. 접촉면의 면적이 5.0 $cm^2$일 경우, 표면에 작용하는 압력을 (a) bar, (b) 기압, (c) 제곱 인치당 파운드로 계산하시오.

**10.58** (**a**) 에탄올 관이 100 mm 관의 수은과 동일한 압력을 나타내려면 몇 미터의 높이여야 하는가? (단, 에탄올의 밀도는 0.79 g/mL이며, 수은의 밀도는 13.6 g/mL이다.) (**b**) 대기압이 100 kPa일 때 잠수부가 물의 표면으로부터 10 m 아래에 있다면, 잠수부의 몸에 가해지는 압력은? (단, 물의 밀도는 $1.00\ g/cm^3 = 1.00 \times 10^3\ kg/m^3$라고 가정한다. 중력 상수는 $9.81\ m/s^2$이며, $1\ Pa = 1\ kg/m/s^2$이다.)

**10.59** 지금까지 기록된 최고 기압은 1968년 12월 31일에 시베리아의 아가타에서 측정된 823.7 torr이다. 이 압력을 (**a**) atm, (**b**) mm Hg, (**c**) Pa, (**d**) bar, (**e**) psi 단위로 환산하시오.

**10.60** 대기압이 0.995 atm이라면, 그림에 표시된 세 경우 각각에서 담긴 기체의 압력은 얼마인가? (단, 회색의 액체는 수은이라고 가정한다.)

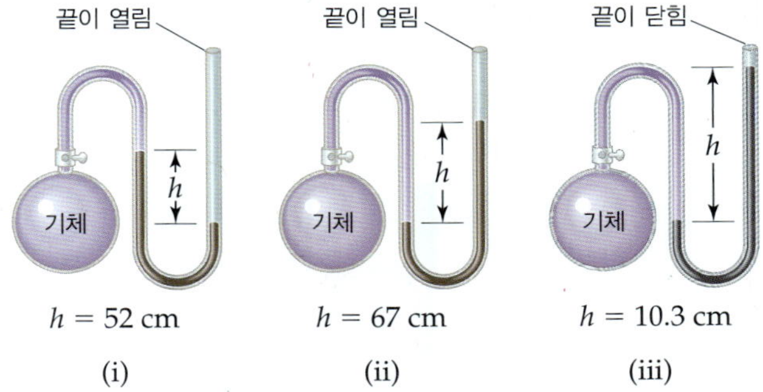


## 기체 법칙(10.3절)

**10.61** 일정량의 어떤 기체가, 25 °C에서 99 kPa의 압력을 나타내고, 4.00 L의 부피를 차지한다.

(**a**) 온도를 일정하게 유지하며 압력을 202.6 kPa으로 증가시킬 때, 기체가 차지하는 부피를 계산하시오.

(**b**) 압력을 일정하게 유지하며 온도를 100 °C로 증가시킬 때, 기체가 차지하는 부피를 계산하시오.

**10.62** (**a**) Amonton 법칙은 압력과 온도 사이의 관계를 나타낸다. *P*와 *T* 사이의 비례 관계를 유도하기 위해 Charles 법칙과 Boyle 법칙을 사용하시오.

(**b**) 25 °C에서 측정된 자동차 타이어 압력이 220.6 kPa이고, 운전 중에 타이어 온도가 49 °C로 증가되었다면, 타이어 압력은 얼마인가?

## 이상 기체식(10.4절)

**10.63** (**a**) 약자 STP가 나타내는 조건은 무엇인가? (**b**) STP에서 이상 기체의 몰부피는 얼마인가? (**c**) 실온은 흔히 25 °C라고 가정한다. 25 °C, 101.3 kPa에서 이상 기체의 몰부피를 계산하시오. (**d**) 압력을 atm 대신에 bar의 단위로 측정하고자 할 때, *R*의 값을 L bar/mol K의 단위로 계산하시오.

**10.64** 유도된 이상 기체식에서는 기체 원자나 분자의 부피를 무시할 수 있다고 가정한다. 아르곤의 원자 반지름이 0.097 mm이고, 원자 한 개의 부피가 $4\pi r^3/3$일 때, STP에서 네온 시료에 들어 있는 Ar 원자들이 차지하는 공간은 얼마인가?

**10.65** 두 개의 2 L들이 플라스크가 있다. 동일 온도, 동일 압력 조건에서 이 중 한 개에는 몰질량이 28인 기체가 있고, 다른 한 개에는 몰질량이 56인 기체가 있다고 가정하자. A 플라스크에 들어 있는 기체

의 질량은 1.0 g이고, B 플라스크에 들어 있는 기체의 질량은 2.0 g이다. 어느 플라스크가 몰질량이 28인 기체를 포함하고 있고, 어느 플라스크가 몰질량이 56인 기체를 포함하고 있는가?

**10.66** 이상 기체에 대한 다음 표를 완성하시오.

| $P$ | $V$ | $n$ | $T$ |
|---|---|---|---|
| 303.98 kPa | 3.00 L | 1.500 mol | ? K |
| 50.663 kPa | 0.750 L | ? mol | 300 K |
| 101.33 kPa | ? L | 3.333 mol | 300 K |
| ? kPa | 0.750 L | 0.750 mol | 298 K |

**10.67** **(a)** 체온(37 °C), 97.99 kPa의 압력에서, 사람이 한 번에 깊게 들이마신 2.25 L의 공기에 존재하는 분자수를 계산하시오. **(b)** 다 성장한 푸른 고래의 폐용량은 $5.0 \times 10^3$ L이다. 공기가 이상적으로 거동한다고 가정하고, 0.0 °C, 101.33 kPa의 조건에서 푸른 고래의 폐에 포함된 공기의 무게(평균 몰질량을 28.98 g/mol로 가정한다)를 계산하시오.

**10.68** **(a)** 성층권에 존재하는 오존($O_3$)에 의해 생기는 압력이 304 Pa이고 온도가 250 K라면, 리터당 오존 분자의 수는 얼마인가?
**(b)** 이산화 탄소는 지구 대기의 약 0.04%를 구성하고 있다. 따뜻한 어느 날(27 °C), 해수면의 압력(101.33 kPa)에서 2.0 L의 시료를 채취한다면, 시료 속에는 $CO_2$ 분자 몇 개가 존재하는가?

**10.69** 잠수부의 산소통에는 11.0 L의 부피에 2.50 kg의 $O_2$가 들어 있다. **(a)** 10 °C에서 통 내부의 기체 압력을 계산하시오. **(b)** 25 °C, 101.33 kPa에서 이 산소가 차지하는 부피는 얼마인가?

**10.70** 125 mL 부피의 에어로솔 스프레이 캔은 추진제로 프로페인 기체($C_3H_8$) 1.30 g을 포함하고 있다.
**(a)** 캔이 25 °C에 존재하면, 캔 내부의 압력은 얼마인가?
**(b)** STP에서 프로페인 기체가 차지하는 부피는 얼마인가?
**(c)** 50 °C 이상의 온도에서는 캔이 터질 수 있다는 문구가 라벨에 적혀 있다. 이 온도에서 캔 내부의 압력은 얼마인가?

**10.71** −100 °C에서 부피가 5.0 L인 용기에 50.0 g의 고체 $CO_2$(드라이아이스) 시료가 들어 있다. 용기 안의 모든 기체를 제거하고 밀봉한 후 상온(25 °C)으로 온도를 올려서 고체 $CO_2$가 모두 기체로 바뀌었다면, 용기 안의 압력은 얼마인가?

**10.72** 화학 실험에 사용할 334 mL 실린더에 23 °C의 헬륨 5.225 g이 들어 있다. 이상 기체 거동을 가정하였을 때, 압력이 7.60 MPa으로 감소되려면, 헬륨 몇 g이 방출되어야 하는가?

**10.73** 염소는 수돗물 정수와 수영장 물의 소독에 널리 사용된다. 119.3 kPa, 24 °C에서 특정 시료 $Cl_2$ 기체의 부피가 8.70 L라고 가정하자. **(a)** 시료 중 $Cl_2$는 몇 그램인가? **(b)** STP에서 $Cl_2$의 부피는 얼마인가? **(c)** 압력이 116.8 kPa일 때 그 부피가 15.00 L이면, 온도는 얼마인가? **(d)** 온도가 58 °C일 때 부피가 5.00 L이면, 압력은 얼마인가?

**10.74** 과학 논문에 보고된 실험에서 수컷 바퀴벌레를, 산소 소비를 측정하는 동안 각각 다른 속도로 소형 운동 기구인 디딜방아(treadmill)에서 달리도록 하였다. 30분 동안 0.08 km/h로 달리는 평균적인 바퀴벌레는 20 °C, 101.33 kPa에서 체중 1 g당 1.0 mL의 $O_2$를 소비한다.
**(a)** 이러한 속도로 움직이는 6.3 g의 바퀴벌레는 하루 동안 $O_2$를 몇 몰 소비하는가?
**(b)** 이와 동일한 바퀴벌레를 잡아 2.0 L 주스통에 넣었다. 연구하는 동안 바퀴벌레가 동일한 수준으로 지속적인 활동을 한다고 가정하면, 그 바퀴벌레는 하루 동안 $O_2$를 얼마나 소모할 수 있을까? (단, 공기는 21%의 산소가 존재한다.)

**10.75** 101.33 kPa, 298 K에서 $O_2$, Ar, $NH_3$, HCl 기체를 밀도가 가장 낮은 것부터 가장 큰 것의 순으로 나열하시오.

**10.76** 다음 중 헬륨 기체로 채워진 닫힌 풍선이 공기 중에서 떠오르는 이유를 가장 잘 설명한 것은?
**(a)** 헬륨은 단원자 기체인데, 질소나 산소와 같은 공기를 구성하는 거의 모든 분자는 이원자 기체이다.
**(b)** 헬륨 기체의 평균 속도는 공기 분자의 평균 속도보다 크며, 풍선벽과의 더 큰 충돌 속도가 풍선을 위로 상승하게 한다.
**(c)** 헬륨 원자는 평균 공기 분자보다 작은 질량을 가지기 때문에 헬륨 기체는 공기보다 밀도가 더 낮다. 따라서 헬륨 풍선의 질량은 전체 부피가 공기로 대체된 풍선보다 작다.
**(d)** 헬륨은 평균 공기 분자보다 작은 몰질량을 가지기 때문에 헬륨 원자는 더 빠르게 움직인다. 이는 헬륨의 온도가 공기 온도보다 높다는 것을 의미한다. 더운 기체는 떠오르는 경향이 있다.

**10.77** 다음 중 STP 조건하에서 질소 기체가 Xe보다 밀도가 낮은 이유를 가장 잘 설명한 것은?
**(a)** Xe은 비활성 기체이므로 Xe 원자가 서로 밀어내는 경향이 덜하여, 기체 상태에서 더 조밀하게 쌓일 수 있다.
**(b)** Xe 원자는 $N_2$ 분자보다 질량이 더 크다. STP하에서 두 기체는 단위 부피당 동일한 수의 분자를 가지므로 Xe 기체의 밀도가 더 크다.
**(c)** Xe 원자는 $N_2$ 분자보다 크기가 더 크므로 기체가 차지하는 공간이 더 크다.
**(d)** Xe 원자는 $N_2$ 분자보다 질량이 더 크므로 천천히 움직인다. 따라서 이들은 기체 용기에 대해 작은 상승력을 가하고, 기체의 밀도가 더 높게 보인다.

**10.78** 미지 액체의 몰질량을 측정하는 Dumas-bulb 기술은 액체 시료를 물중탕에서 100 °C 이하로 끓여 증발시키고, bulb(그림 참조)를 채우기 위해 필요한 증기의 질량을 측정한다. 다음 자료로부터 미지 액체의 몰질량을 계산하시오. 미지 증기의 질량은 1.012 g, bulb 부피는 354 cm³, 압력은 98.93 kPa, 온도는 99 °C이다.

**10.79** 휘발성 물질의 몰질량은 문제 10.78에서 설명한 Dumas-bulb 방법으로 측정한다. 미지 증기의 질량은 2.55 g, bulb 부피는 500 mL, 압력은 101.33 kPa, 온도는 37 °C이다. 미지 증기의 몰질량을 계산하시오.

**10.80** 우리 몸에서는 글루코스($C_6H_{12}O_6$)의 대사 산화를 통해 $CO_2$를 생산하여 폐에서 기체로 방출한다.

$$C_6H_{12}O_6(aq) + 6\,O_2(g) \longrightarrow 6\,CO_2(g) + 6\,H_2O(l)$$

(a) 37 °C, 101.33 kPa에서 10.0 g의 글루코스가 위 반응에서 소모될 때, 생성되는 건조한 $CO_2$의 부피를 계산하시오.

(b) 100 kPa, 298 K에서 15.0 g의 글루코스를 완전히 산화시키기 위해 필요한 산소의 부피를 계산하시오.

**10.81** 'Kipp 발생장치'에서 아연 조각들을 염산과 반응시켜 수소 기체를 생성한다:

$$2\,HCl(aq) + Zn(s) \longrightarrow ZnCl_2(aq) + H_2(g)$$

20 °C, 101.33 kPa 기압에서 30.0 mL의 젖은 $H_2$가 수집되었다면, 몇 g의 Zn을 소모한 것인가? (물의 증기압은 부록 B에 정리되어 있다).

**10.82** 아세틸렌($C_2H_2$) 기체는 탄화 칼슘과 물의 반응을 통해 만들 수 있다:

$$CaC_2(s) + 2\,H_2O(l) \longrightarrow Ca(OH)_2(aq) + C_2H_2(g)$$

기체의 총 압력이 100.4 kPa일 때, 1.524 g의 $CaC_2$가 23 °C에서 물과 반응할 때 생성된 $C_2H_2$의 부피를 계산하시오(물의 증기압은 부록 B에 정리되어 있다).

## 부분 압력(10.5절)

**10.83** 마그네슘은 진공관의 '게터(getter)'로, 마지막으로 남은 $O_2$와 반응할 때 사용된다(마그네슘은 일반적으로 그 금속의 도선 또는 리본에 전류를 통하여 가열한다). 30 °C에서 5.67 L 진공관에서 $O_2$의 부분 압력이 7.066 mPa일 때, 다음 반응식에 따라 반응하는 마그네슘의 질량은 얼마인가?

$$2\,Mg(s) + O_2(g) \longrightarrow 2\,MgO(s)$$

**10.84** 다음 그림의 실험 기구를 생각해 보자.

(a) 두 용기 사이의 밸브를 열고 기체가 혼합되도록 하면, $N_2$ 기체가 차지하는 부피는 얼마나 변하는가? 혼합 후 $N_2$의 부분 압력은 얼마인가?

(b) 기체들을 혼합할 때 $O_2$ 기체의 부피는 얼마나 변하는가? 혼합물 중 $O_2$의 부분 압력은 얼마인가?

(c) 기체 혼합 후 용기의 전체 압력은 얼마인가?

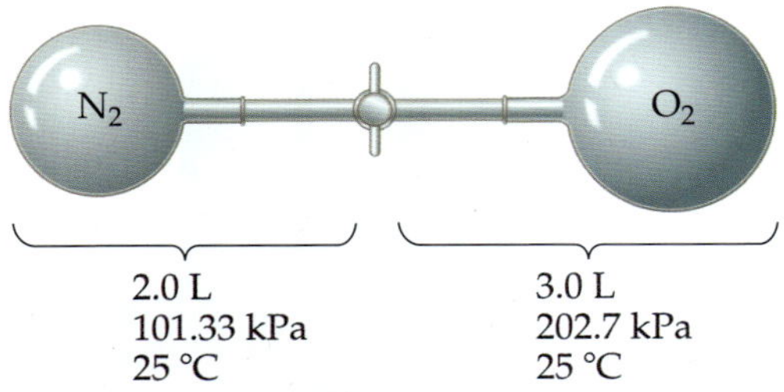


**10.85** $H_2(g)$ 0.50 mol, $O_2(g)$ 1.00 mol, $N_2(g)$ 3.50 mol을 포함하는 혼합물이 25 °C에서 25.0 L 용기에 들어 있다.

(a) 혼합물의 전체 압력을 계산하시오.

(b) 혼합물 중 각 기체의 부분 압력을 계산하시오.

**10.86** 플라스마-스크린 TV에는 Xe, Ne, He 기체 혼합물로 채워진 수천 개의 작은 셀이 있어, 전압을 가하면 특정 파장의 빛을 방출한다. 특정한 플라스마 셀(0.900 mm×0.300 mm×10.0 mm)은 전체 압력 66.66 kPa에서 1 : 1 Ne : He 혼합물에 4% Xe를 포함하고 있다. 셀에 있는 Xe, Ne, He 원자의 수를 계산하고, 계산을 위해 사용한 가정을 기술하시오.

**10.87** 질량이 20.0 g인 고체 드라이아이스(고체 이산화 탄소) 조각을 50.66 kPa, 25 °C에서 이미 공기를 포함한 25.0 L 용기에 넣는다. 이산화 탄소가 완전히 기화한 후 25 °C의 용기 내에서 $CO_2$의 부분 압력과 전체 압력은 얼마인가?

**10.88** 32 °C에서 질소 기체 101.3 kPa가 채워진 75.0 mL 관 안에 5.15 g의 산화 은($Ag_2O$)이 들어 있고, 관이 320 °C로 가열되면 산화 은은 산소와 은으로 분해된다. 관의 부피가 일정하다고 가정하면, 총 압력은 얼마인가?

**10.89** $N_2$ 기체가 원래 26 °C에서 1.00 L 용기에 531.96 kPa으로 들어 있었다. 이것을 20 °C에서 12.5 L 용기에 옮긴다. 원래 531.96 kPa, 26 °C에서 5.00 L 용기에 들어 있는 $O_2$ 기체를 앞의 동일한 용기에 옮긴다. 새로운 용기의 전체 압력은 얼마인가?

**10.90** 원래 21 °C에서 5.00 L의 용기에 들어 있던 3.00 g의 $SO_2(g)$ 시료를 26 °C에서 10.0 L의 용기로 옮긴다. 원래 20 °C에서 2.50 L의 용기에 들어 있던 2.35 g의 $N_2(g)$ 시료를 동일한 10.0 L의 용기로 옮긴다.

(a) 더 큰 용기에서 $SO_2(g)$의 부분 압력은 얼마인가?

(b) 이 용기에서 $N_2(g)$의 부분 압력은 얼마인가?

(c) 용기에서 전체 압력은 얼마인가?

## 기체 분자 운동론, 분출과 확산(10.6절, 10.7절)

**10.91** 다음의 변화로 기체 분자가 용기 벽을 충돌하는 속도가 증가하는지, 감소하는지, 아니면 영향이 없는지를 결정하시오.

(a) 용기 부피의 증가 (b) 온도의 증가 (c) 기체 몰질량의 증가

**10.92** 질량을 알고 있는 일정 부피의 진공 용기에, 질량을 알고 있는 기체 시료를 주입한다. 일정 온도하에서 시간 경과에 따른 압력을 측정할 때, 놀랍게도 압력은 천천히 떨어진다. 기체가 채워진 용기의 질량을 측정하면, 질량은 기체와 용기를 더한 값이 되어야 하며, 질량은 시간의 경과에 따라 변화하지 않는다. 이러한 관찰 결과를 설명하시오.

**10.93** 5.00 L의 $N_2$ 기체 용기의 온도가 20 °C에서 250 °C로 증가하였다. 부피가 일정하게 유지된다면, 이러한 변화가 다음에 어떻게 영향을 미치는지 정성적으로 예측하시오.

(a) 분자의 평균 운동 에너지

(b) 분자의 rms 속도

(c) 용기 벽에 가해지는 평균 분자의 충돌 세기

(d) 분자가 1초당 벽과 충돌하는 총 횟수

**10.94** 두 개의 1 L 플라스크가 있다. 한 개에는 STP하에서 $N_2$를 포함하고 있고, 다른 한 개는 STP하에서 $CH_4$를 포함하고 있다. 이들 계를 다음에 대하여 비교하시오.

(a) 분자의 수
(b) 밀도
(c) 분자의 평균 운동 에너지
(d) 작은 구멍을 통해 새어 나가는 분출 속도

**10.95** (a) $O_2$, Ar, CO, HCl, $CH_4$ 기체를 25 °C에서 평균 분자 속도가 증가하는 순으로 나열하시오. (b) 25 °C에서 CO 분자의 rms 속도를 계산하시오. (c) 온도가 0 °C인 성층권에서 아르곤 분자의 최빈 속도를 계산하시오.

**10.96** 일정 압력에서, 기체의 평균 자유 행로($\lambda$)는 온도에 정비례한다. 일정 온도에서 $\lambda$는 압력에 반비례한다. 동일한 온도와 압력에서 두 개의 다른 기체를 비교한다면, $\lambda$는 기체 분자 지름의 제곱에 반비례한다. 이러한 사실을 종합하여 비례 상수(이상 기체 상수와 같이 $R_{mfp}$로 명명)가 포함된 기체 분자의 평균 자유 행로에 대한 식을 만들고, $R_{mfp}$를 정의하시오.

**10.97** 수소는 자연적으로 생성된 두 가지의 $^1H$와 $^2H$ 동위 원소를 갖고 있다. 염소도 자연적으로 생성된 두 가지의 $^{35}Cl$과 $^{37}Cl$ 동위 원소를 갖고 있다. 따라서 염화 수소는 $^1H^{35}Cl$, $^1H^{37}Cl$, $^2H^{35}Cl$, $^2H^{37}Cl$의 네 종류 분자 형태를 갖게 된다. 이들 네 가지 분자를 분출 속도가 증가하는 순으로 나열하시오.

**10.98** 황화 비소(III)(arsenic(III) sulfide)는 쉽게 승화하는데, 심지어는 녹는점 320 °C 아래에서도 승화한다. 황화 비소의 증기상 분자는 작은 구멍을 통해 동일한 조건의 온도와 압력에서 Xe 원자의 분출 속도에 비해 0.52배로 분출하는 것으로 밝혀 졌다. 기체상에서 황화 비소(III)의 분자식은 무엇인가?

### 비이상적인 기체 거동(10.8절)

**10.99** 행성인 목성은 표면 온도가 140 K이고, 질량은 지구의 318배이다. 수성은 표면 온도가 600 K와 700 K 사이이고, 질량 이 지구의 0.05배이다. 어떤 행성에서 대기가 이상 기체 법칙을 더 잘 따르겠는가? 설명하시오.

**10.100** van der Waals 상수 $a$와 $b$에 관한 설명으로 옳은 것은?
(a) $a$의 크기는 분자의 규모를 나타내는 반면, $b$는 분자 사이의 끌림을 나타낸다.
(b) $a$의 크기는 분자 사이의 끌림을 나타내는 반면, $b$는 분자의 부피를 나타낸다.
(c) $a$와 $b$의 크기는 부피에 의존한다.
(d) $a$와 $b$의 크기는 온도에 의존한다.

**10.101** 예제 10.15에서, 0 °C에서 22.41 L에 존재하는 10 mol의 $Cl_2$는 이상 거동에서 다소 벗어난다는 것을 알았다. 25 °C에서 5.00 L에 존재하는 1.00 mol의 $Cl_2$에 의해 발생되는 압력을 계산하시오.
(a) 먼저 이상 기체식을 사용하시오.
(b) 다음으로 van der Waals 식을 계산에 사용하시오(van der Waals 상수 값은 표 10.3에 있다).
(c) 이상 기체에 대한 결과와 van der Waals 식을 사용하여 계산한 결과의 차이는, 기체가 5.00 L로 제한되었을 때가 22.4 L로 제한되었을 때보다 더 크다. 그 이유는 무엇인가?

**10.102** 표 10.3에서, van der Waals $b$ 변수는 L/mol의 단위를 갖는다. 이는 $b$로부터 원자나 분자의 크기를 계산할 수 있다는 것을 의미한다. Xe에 대한 $b$ 값을 이용하여 Xe 원자의 반지름을 계산하고, 그 값과 140 pm(그림 7.7)을 비교하시오. 구의 부피는 $(4/3)\pi r^3$임을 기억하라.

## 추가 연습 문제

**10.103** 기압계를 발명한 Torricelli는 수은이 밀도가 매우 높기 때문에 수은을 사용했다. 이는 밀도가 작은 액체를 기본으로 한 것보다 더 작은 기압을 만드는 것을 가능하게 한다. 대기압이 $1.01\times10^5$ Pa일 때 수은관의 높이가 760 mm로 관찰되는 것을 이용하여 수은의 밀도를 구해보시오.

**10.104** 압력이 405.3 kPa인 호수의 바닥에서 1.0 mm$^3$ 부피의 기포가 발생한다. 온도가 변하지 않는다고 가정하고, 기포가 압력 이 98 kPa인 호수 표면에 도달할 때의 부피를 계산하시오

**10.105** 6.0 L 용기 탱크가 2 MPa의 헬륨 기체로 채워졌다. 온도가 일정하게 유지되고 탱크를 101.3 kPa 이하로 비울 수 없다고 가정할 때, 101.3 kPa의 압력에서 몇 개의 풍선(2.00 L)을 팽창시킬 수 있는가?

**10.106** 500 mL 백열 전구는 제논 $1.5\times10^{-5}$ mol로 채워져 텅스텐 필라멘트의 증발 속도를 최소화하게 된다. 25 °C에서 전구 안의 제논의 압력은 얼마인가?

**10.107** '온실 기체'로 지구 온난화의 주범으로 인식되는 이산화 탄소는 화석 연료가 연소될 때, 그리고 전기 발전소가 석탄, 기름 또는 천연가스를 연료로 사용할 때 생성된다. 대기에 포함되는 $CO_2$의 양을 감소시키는 한 가지 가능성 있는 방법은 이를 고압 가스로 압축하여 지하에 저장하는 것이다. 석탄을 사용하는 1000 MW 화력 발전소가 매년 $6\times10^6$톤의 $CO_2$를 생성한다고 가정하자.
(a) 이상 기체 거동을 가정하고 101.3 kPa, 27 °C에서 이 화력 발전소가 생산하는 $CO_2$의 부피를 계산하시오.
(b) $CO_2$를 10 °C, 12.16 MPa에서 밀도 1.2 g/cm$^3$의 액체로 지하에 보관한다면, 그것이 차지하는 부피는 얼마가 되겠는가?
(c) 30 °C, 7.09 MPa에서 기체로 지하에 보관한다면, 그것이 차지하는 부피는 얼마가 되겠는가?

**10.108** 프로페인($C_3H_8$)은 적당한 압력에서 액화되어 많은 양을 용기에 저장할 수 있게 된다.
(a) 709.3 kPa, 25 °C에서 20 L 용기에 들어가는 프로페인 기체의 몰수를 계산하시오.
(b) 같은 부피에 저장되는 액체 프로페인의 몰수를 계산하시오. 이때 액체 프로페인의 밀도는 0.590 g/mL이다.
(c) 액체의 몰수와 기체 몰수의 비를 계산하시오. 이러한 비를 기

체 분자 운동론에 기초하여 논하시오.

**10.109** 니켈 카보닐(nickel carbonyl, $Ni(CO)_4$)은 대부분 독성이 있는 것으로 알려진 물질 중의 하나이다. 현재 실험실 공기에 최대로 허용되는 농도는 부피로 8시간 동안 1 ppb이며, 이는 기체 $10^9$ mol당 1 mol의 $Ni(CO)_4$가 존재한다는 것을 의미한다. 24 °C, 101.3 kPa의 조건에서 3.5 m×6.0 m×2.5 m의 실험실에 허용되는 $Ni(CO)_4$의 질량은 얼마인가?

**10.110** 큰 진공 플라스크가 아르곤 기체로 채워지면, 그 질량이 3.224 g 증가한다. 동일한 플라스크가 다시 진공으로 되어 미지 몰질량의 기체로 채워지면, 질량이 8.102 g 증가한다.

**(a)** 아르곤의 몰질량에 기초하여 미지 기체의 몰질량을 예측하시오.

**(b)** 답을 얻기 위하여 어떠한 가정을 하였는가?

**10.111** 그림에 나타낸 둥근 용기의 배열을 생각해 보자. 각 용기는 표기된 압력에서 기체를 포함하고 있다. 온도가 일정하게 유지된다고 가정한다면, 그림의 모든 잠금 꼭지가 열릴 때 이 시스템의 압력은 얼마가 되겠는가? (단, 둥근 용기를 연 결하는 모세관의 부피는 무시한다.)

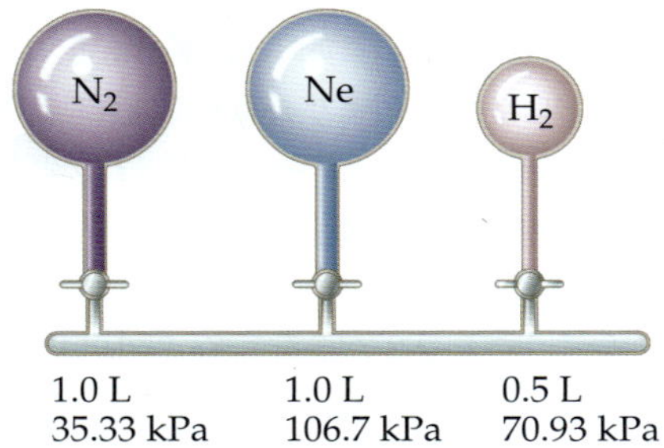


**10.112** 자동차 엔진의 한 실린더의 부피를 524 $cm^3$라고 가정해 보자.

**(a)** 74 °C, 99.3 kPa에서 실린더가 공기로 가득 차면, $O_2$ 몇 몰이 존재하는가? (건조한 공기에서 $O_2$의 몰분율은 0.2095이다.)

**(b)** 이러한 산소에 의해 $C_8H_{18}$ 몇 그램이 연소되겠는가? 이때 $CO_2$와 $H_2O$를 생성하는 완전 연소라고 가정한다.

**10.113** 인간의 날숨에는 $N_2$ 74.8%, $O_2$ 15.3%, $CO_2$ 3.7%, 수증기 6.2%를 포함하고 있다.

**(a)** 기체의 전체 압력이 99.8 kPa이라고 하면, 혼합물에서 각 성분의 부분 압력은 얼마인지 계산하시오.

**(b)** 내쉰 공기의 부피가 455 mL이고 온도가 37 °C라면, 내쉰 $CO_2$의 몰수는 얼마인지 계산하시오.

**(c)** 이러한 양의 $CO_2$를 생성하기 위해서는 글루코스($C_6H_{12}O_6$) 몇 그램이 대사되어야 하는지 계산하시오(화학 반응은 $C_6H_{12}O_6$의 연소 반응과 동일하다. 3.2절과 문제 10.80 참조).

**10.114** 상온에서 아르곤 시료 8.40 g과 미지 질량의 $H_2$가 플라스크에 섞여 있다. 아르곤의 부분 압력은 44.0 kPa이고, 수소의 부분 압력은 57.33 kPa이다. 수소의 질량은 얼마인가?

**10.115** 부피를 모르는 둥근 용기에 152 kPa의 이상 기체가 들어 있다. 그림에서와 같이, 이것은 미리 진공으로 만들어진 0.800 L 부피의 다른 둥근 용기와 잠금 꼭지로 연결되어 있다. 잠금 꼭지가 열리면 기체는 비어 있는 둥근 용기 쪽으로 팽창된다. 이 과정 동안 온도가 일정하게 유지되고 마지막 압력이 92.66 kPa라면, 원래 기체가 들어 있던 둥근 용기의 부피는 얼마인가?

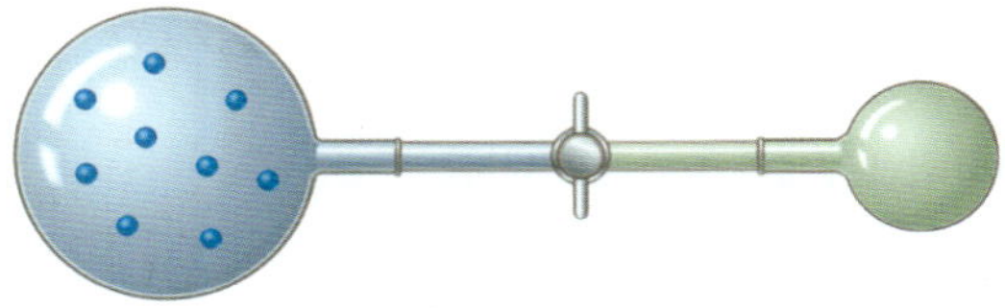

**10.116** 미지 몰질량의 기체 밀도는 다음 표에서처럼 0 °C에서 압력의 함수로 측정된다.

**(a)** 이 기체의 정확한 몰질량을 결정하시오. (**힌트:** $d/P$ 대 $P$의 그래프)

**(b)** $d/P$는 압력 함수에 따라 일정하게 유지되지 않는다. 그 이유는 무엇인가?

| **압력(kPa)** | 101.3 | 67.48 | 50.66 | 33.74 | 25.33 |
|---|---|---|---|---|---|
| **밀도(g/L)** | 2.3074 | 1.5263 | 1.1401 | 0.7571 | 0.5660 |

**10.117** 잠금 꼭지 밸브가 달린 유리 용기는 진공 시에 337.428 g의 질량을 가진다. 이 용기에 Ar이 채워지면, 그 질량은 339.854 g이 된다. 용기를 진공시킨 후, Ne과 Ar의 혼합물을 동일한 온도와 압력에서 다시 채우면 질량은 339.076 g이 된다. 기체 혼합물에서 Ne의 몰 백분율은 얼마인가?

**10.118** 0 °C에서 기체 시료가 있다. rms 속도를 세 배로 증가시키고자 한다. 기체를 몇 도까지 가열해야 하는가?

**10.119** STP에서 다음 기체를 생각해 보자. Ne, $SF_6$, $N_2$, $CH_4$

**(a)** 분자들 사이에는 인력 또는 반발력이 없다는 분자 운동론의 가정에 가장 벗어나는 기체는 어느 것인가?

**(b)** 이상 기체의 거동에 가장 근접한 것은 어느 것인가?

**(c)** 주어진 온도에서 rms 분자 속도가 가장 빠른 것은 어느 것인가?

**(d)** 기체가 차지하는 공간에 비해 전체 분자의 부피가 가장 큰 것은 어느 것인가?

**(e)** 평균 분자 운동 에너지가 가장 큰 것은 어느 것인가?

**(f)** $N_2$보다 빠르게 분출하는 것은 어느 것인가?

**(g)** van der Waals 상수 $b$가 가장 큰 것은 어느 것 인가?

**10.120** 다음의 경우에 기체의 성질에 관한 분자 사이의 인력의 영향이 더 중요해지는가, 덜 중요해지는가?

**(a)** 일정 온도에서 기체가 더 작은 부피로 압축되었다.

**(b)** 일정 부피에서 기체의 온도가 증가되었다.

**10.121** 비활성 기체 중 라돈보다 이상적 거동에서 가장 쉽게 벗어 나는 것은 어느 것인가? 표 7.8의 밀도 자료를 사용하여 답의 근거 자료를 보이시오.

**10.122** van der Waals 상수 $b$는 기체 분자 1 mol이 차지하는 전체 부피의 네 배와 같다는 것이 알려져 있다. 이러한 수치를 이용하여 용기에서 Ar 원자들이 실제로 차지하는 부피 분율을 다음의 조건에서 계산하시오.

**(a)** STP

**(b)** 20.27 MPa의 압력과 0 °C(단순히 하기 위해 이상 기체식이 여전히 유효하다고 가정한다).

**10.123** 많은 양의 질소 기체가 주로 비료로 사용되는 암모니아의 제조에 사용된다. 120.00 kg의 $N_2(g)$가 280 °C에서 1100.0 L 금속 실린더에 저장되었다.

(**a**) 이상 기체 거동을 가정하고, 기체의 압력을 계산하시오.

(**b**) 표 10.3의 자료를 사용하여 van der Waals 식에 따른 기체의 압력을 계산하시오.

(**c**) 이 문제의 조건에서 기체 분자의 유한한 부피에 대한 보정과 인력에 대한 보정 중 어느 것이 더 우세한가?

# 통합 연습 문제

**10.124** 일반 마취제로 산소와 함께 사용하는 사이클로프로페인(cyclopropane) 기체는 질량으로 C 85.7%와 H 14.3%로 구성되어 있다.

(**a**) 99.7 kPa, 50.0 °C에서 사이클로프로페인 1.56 g이 1.00 L 부피를 차지할 때, 사이클로프로페인의 분자식은 무엇인가?

(**b**) 분자식으로부터 판단할 때, 약간 높은 압력과 실온에서 사이클로프로페인이 Ar보다 이상 기체 거동에서 어떻게 벗어날지 예측하고, 설명하시오.

(**c**) 사이클로프로페인이 작은 구멍을 통해 분출할 때 $CH_4$보다 더 빠른가, 더 느린가?

**10.125** STP에서 측정한 액체 메탄올(밀도 = 0.850 g/mL) 1.00 L와 산소 기체 500 L 사이의 연소 반응에 대해 생각해 보자. 반응의 생성물은 $CO_2(g)$와 $H_2O(g)$이다. 반응이 완결되고 수증기를 응축시킨다면, 생성된 액체 $H_2O$의 부피는 얼마인지 계산하시오.

**10.126** 어떤 제초제가 C, H, N, Cl만을 포함하고 있는 것으로 나타났다. 제초제 시료 100.0 mg을 과량의 산소하에서 완전 연소시키면, STP에서 $CO_2$ 83.16 mL와 $H_2O$ 증기 73.30 mL를 생성한다. 또 다른 분석에 의하면, 시료는 16.44 mg의 Cl을 포함하고 있는 것으로 나타났다.

(**a**) 이 물질의 조성 백분율을 결정하시오.

(**b**) 실험식을 계산하시오.

(**c**) 실제 분자식을 얻기 위해 이 화합물에 대해 알아야 하는 추가 정보는 무엇인가?

**10.127** CaO와 BaO 혼합물 시료 4.00 g을 압력 97.33 kPa, 온도 25 °C에서 $CO_2$를 포함하고 있는 1.00 L 용기에 넣었다. $CO_2$는 CaO, BaO와 반응하여 $CaCO_3$와 $BaCO_3$를 생성하는데, 반응이 완결되었을 때 반응하고 남은 $CO_2$의 압력이 20.0 kPa였다.

(**a**) 반응한 $CO_2$의 몰수를 계산하시오.

(**b**) 혼합물에서 CaO의 질량 백분율을 계산하시오.

**10.128** 암모니아와 염화 수소가 반응하여 고체 염화 암모늄을 생성한다.

$$NH_3(g) + HCl(g) \longrightarrow NH_4Cl(s)$$

그림에서 보는 것과 같이, 25 °C에서 두 개의 2.00 L 플라스크가 하나의 밸브로 연결되었다. 한 플라스크에는 5.00 g의 $NH_3(g)$가, 다른 하나는 5.00 g의 $HCl(g)$가 들어있다. 밸브가 열렸을 때, 하나가 완전히 소모될 때까지 기체들이 반응한다.

(**a**) 반응이 완결된 후에 계에 남는 기체는 어느 것인가?

(**b**) 반응이 완결된 후에 계의 최종 압력은 얼마인가? (단, 생성되는 염화 암모늄의 부피는 무시한다.)

(**c**) 생성되는 염화 암모늄의 질량은 얼마인가?

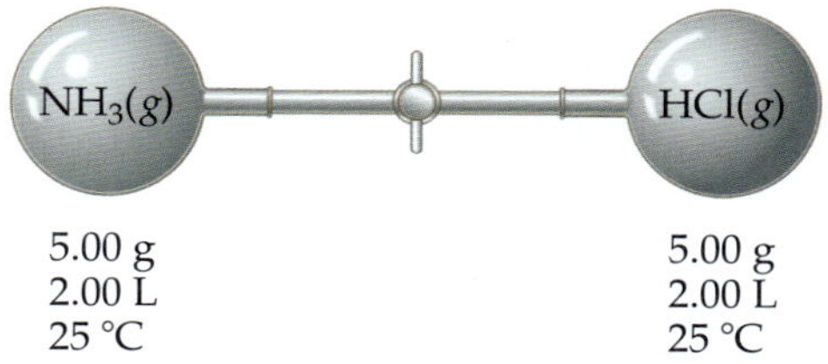


**10.129** 송유관은 미국 내 여러 지역에 천연가스(메테인, $CH_4$)를 운송하는데 사용된다. STP에서 하루에 $2.7\times10^{12}$ L의 천연 가스가 운송된다. 이 양의 메테인의 연소에 대한 총 엔탈피 변화를 계산하시오 (**참고**: 실제로는 이 양보다 적은 양의 메테인이 매일 연소된다. 운반된 기체의 일부는 다른 지역으로 전달된다).

**10.130** 이산화 염소($ClO_2$) 기체는 상업적인 표백제로 사용된다. 이는 산화 작용을 통해 물질을 표백한다. 이들 반응 경로에서 $ClO_2$ 자체가 환원된다.

(**a**) $ClO_2$의 Lewis 구조는 무엇인가?

(**b**) $ClO_2$가 쉽게 환원되는 이유는 무엇인가?

(**c**) $ClO_2$분자가 전자를 얻을 때 아염소산 이온(chlorite ion, $ClO_2^-$)이 형성된다. $ClO_2^-$의 Lewis 구조를 그리시오.

(**d**) $ClO_2^-$ 이온에서 O—Cl—O 결합각을 예측하시오.

(**e**) $ClO_2$를 제조하는 한 방법은 염소와 아염소산 소듐을 반응시키는 것이다.

$$Cl_2(g) + 2\,NaClO_2(s) \longrightarrow 2\,ClO_2(g) + 2\,NaCl(s)$$

$NaClO_2$ 15.0 g이 2.00 L의 염소 기체와 21 °C에서 152.0 kPa의 압력으로 반응한다면, $ClO_2$ 몇 그램이 생성되는가?

**10.131** 천연가스는 중동의 많은 유전에 풍부하게 존재한다. 그러나 다른 세계의 시장으로 기체를 운송할 때는 많은 비용이 든다. 이는 기체를 액화시켜야 하기 때문이다. 기체는 주로 메테인이고, 메테인의 끓는점은 대기압하에서 −164 °C이다. 하나의 다른 가능한 전략은 메테인을 메탄올($CH_3OH$)로 산화시키는 것이다. 메탄올은 끓는점이 65 °C이므로 보다 더 쉽게 운반을 할 수 있다. 대기압, 25 °C에서 $3.03\times10^8$ $m^3$의 메테인을 메탄올로 산화시킨다고 가정하자.

(**a**) $CH_3OH$의 밀도가 0.791 g/mL라면, 생성되는 메탄올의 부피는 얼마인가?

(**b**) 메테인과 메탄올이 $CO_2(g)$와 $H_2O(l)$로 산화되는 반응에 대한 균형 맞춘 화학 반응식을 쓰시오. $3.03\times10^8$ $m^3$ 메테인의 완전 연소와, 문제 (a)에서 계산된 메탄올 양의 완전 연소에 따른 전체 엔탈피 변화값을 계산하시오.

(**c**) 메테인은 액화되면 밀도가 0.466 g/mL가 된다. 25 °C에서 메탄올의 밀도는 0.791 g/mL이다. 액체 메테인과 액체 메탄올의

단위 부피당 연소에 따른 엔탈피 변화를 비교하시오. 에너지 생산 관점에서, 어떤 물질이 단위 부피당 연소 엔탈피가 더 큰가?

**10.132** 펜타플루오린화 아이오딘($IF_5$) 기체는 고체 아이오딘과 플루오린의 반응으로부터 제조될 수 있다.

$$I_2(s) + 5\,F_2(g) \longrightarrow 2\,IF_5(g)$$

10.0 g의 $I_2$를 포함한 5.00 L 플라스크가 10.0 g의 $F_2$로 충전되어 있고, 반응은 한개의 시약이 다 소모될 때까지 진행된다. 반응이 끝난 후 플라스크의 온도는 125 °C이다.

**(a)** 플라스크 내에서 $IF_5$의 부분 압력은 얼마인가?

**(b)** 플라스크에서 $IF_5$의 몰분율은 얼마인가?

**(c)** $IF_5$의 Lewis 구조를 그리시오.

**(d)** 플라스크에서 반응물과 생성물의 전체 질량은 얼마인가?

**10.133** 탄산 마그네슘과 탄산 칼슘의 혼합물 6.53 g이 과량의 염산으로 처리되었다. 반응 결과 1.72 L의 이산화 탄소 기체가 28 °C, 99.06 kPa에서 생성되었다.

**(a)** 염산과 혼합물의 각 성분 사이에 일어나는 반응에 대한 균형 맞춘 화학 반응식을 쓰시오.

**(b)** 이들 반응으로부터 생성되는 이산화 탄소의 전체 몰수를 계산하시오.

**(c)** 반응들이 완결된다고 가정하고, 혼합물에서 탄산 마그네슘의 질량 백분율을 계산하시오.

## 실험 설계 문제

여러분에게 비방사성의 미지 비활성 기체가 들어 있는 실린더가 주어졌다. 과제는 이 기체의 몰질량을 결정하고, 그 기체를 확인하는 방법들을 알아내는 것이다. 여러분이 사용할 수 있는 기구로는, 불었을 때 자몽 크기로 늘어나는 마일라 풍선(일반적으로 구입할 수 있는 라텍스 풍선보다 마일라 풍선 안의 기체가 더 느리게 분출한다), 분석 저울, 그리고 크기가 다른 유리 비커(100 mL, 500 mL, 2 L)가 있다.

**(a)** 어떤 기체인지 확인하기 위해 몰질량을 결정하는 데 필요한 유효숫자의 개수는?

**(b)** 미지 기체의 몰질량을 결정할 수 있는 실험이나, 일련의 실험을 제안하시오. 여러분이 사용하게 될 기구들, 계산들, 가정들을 기술하시오.

**(c)** 여러분이 분석 기기들을 더 다양하게 사용할 수 있는 경우라면, 이전 장에서 배운 실험 방법들을 사용하여, 기체를 식별하기 위해 대체할 수 있는 다른 방법을 제시하시오.

# 11 액체와 분자간 힘



## 11.1 | 기체, 액체, 고체의 분자 비교

약 2400년 전, 현재는 Sicily 섬 지역인 그리스 도시 Akragas에 Empedocles라는 철학자가 있었다. 그는 모든 물질이 공기, 물, 땅, 불의 네 가지 요소로부터 만들어진다고 제안하였다. 네 가지 요소는 물질의 세 가지 상태와 화학 반응에서 떼려야 뗄 수 없는 에너지를 상징한다.

이 절에서, 우리는 상태의 차이에 대해 알아볼 것이다. 이 절이 끝나면 다음 사항을 수행할 수 있어야 한다.

- 상태의 특성을 인식하기

10장에서 배운 것과 같이, 기체 분자는 계속 무작위적인 운동을 하면서 서로 멀리 떨어져 있다. 기체 분자 운동론의 중요한 가정 하나는 분자 사이의 상호 작용을 무시할 수 있다는 것이다. 액체와 고체에서는 분자간 힘이 매우 크기 때문에, 액체와 고체의 성질은 이러한 기체의 성질과 매우 다르다. 기체, 액체, 고체의 성질을 비교하여 표 11.1에 나타내었다.

**표 11.1 물질 상태의 몇 가지 특성**

| 기체 | 액체 | 고체 |
|---|---|---|
| 용기의 부피와 모양을 따른다. | 담긴 용기의 모양을 따른다. | 독자적인 부피와 모양을 가진다. |
| 팽창하여 용기를 채운다. | 용기를 채우기 위해 팽창하지 않는다. | 용기를 채우기 위해 팽창하지 않는다. |
| 압축된다. | 거의 압축되지 않는다. | 거의 압축되지 않는다. |
| 쉽게 흐른다. | 쉽게 흐른다. | 흐르지 않는다. |
| 빨리 확산된다. | 천천히 확산된다. | 매우 천천히 확산된다. |

액체의 분자간 인력은 매우 강하여 분자끼리 서로 가깝게 유지하게 한다. 따라서 액체는 기체보다 훨씬 더 밀도가 크고, 덜 압축된다. 액체는 기체와 달리, 용기의 크기 및 모양과 무관하게 일정한 부피를 가진다. 그러나 액체의 인력은 분자들이 서로 이동하는 것을 막을 만큼 세지는 않다. 따라서 액체는 흐를 수 있고, 액체 모양이 그 액체를 담는 용기의 모양과 같아진다.

고체에서의 분자간 인력은, 입자들이 서로 가깝게 존재하게 할 뿐만 아니라 서로 조밀하게 붙잡을 정도로 세다. 고체도 액체처럼 압력을 가해도 부피는 크게 줄지 않는다. 고체 분자 사이에는 자유로운 공간이 거의 없기 때문이다. 고체나 액체의 입자들은 기체에 비해 매우 가깝기 때문에, 고체나 액체를 **응축상**(condensed phases)이라고 한다. 고체에 대해서는 12장에서 배우게 될 것이다. 고체 입자들은 장거리 이동을 할 만큼 자유롭지 않기 때문에, 고체는 단단하다는 것만 알면 충분하다.*

그림 11.1은 물질의 세 가지 상태를 비교하고 있다. **물질의 상태는 입자(원자, 분자, 이온)의 운동 에너지와 입자간 인력의 균형에 따라 결정된다.** 운동 에너지는 온도에 의존하고, 입자를 서로 멀리 떨어져 움직이게 한다. 입자간 인력은 입자를 서로 모이게 한다. 상온에서 기체인 물질은 상온에서 액체인 물질보다 입자간 인력이 약하다. 액체인 물질은 고체인 물질보다 입자간 인력이 약하다. 상온에서 할로젠들이 다른 상태—아이오딘은 고체, 브로민은 액체, 염소는 기체—를 보이는 것은 $I_2$에서 $Br_2$를 거쳐 $Cl_2$로 갈수록 분자간 힘의 세기가 줄어드는 것이 직접적인 원인이다.

물질을 가열 또는 냉각함으로써 한 상태에서 다른 상태로 바꿀 수 있다. 이것은 입자의 평균 운동 에너지를 바꾸는 것이다. 예를 들어 상온에서 고체인 NaCl은 101.3 kPa에서는 1074 K에서 녹고, 1686 K에서 끓는다. 이와 반대로, 상온에서 기체인 $Cl_2$는 101.3 kPa에서는 239 K에서 액화되고, 172 K에서 고체화된다. 기체의 온도가 낮아짐에 따라 기체 입자의 평균 운동 에너지도 감소한다. 이는 입자 간의 인력이 입자를 서로 끌어당겨 액체를 형성하게 하고, 이어 위치가 고정되어 고체를 형성하게 한다. 기체에 가하는 압력을 증가시키면 역시 액체나 고체로 변환할 수 있다. 이는 압력을 가하면 분자가 서로 가깝게 유지되고, 결국 분자간 힘이 증가하기 때문이다. 예를 들어 프로페인($C_3H_8$)은 상온, 101.3 kPa에서 기체인 데 반하여, 액화 프로페인(liquefied propane, LP)은 높은 압력에서 저장되기 때문에 상온에서 액체이다.

*고체의 원자들은 제자리에서 진동할 수 있다. 고체의 온도가 올라갈수록 이 진동 운동이 격렬해진다.

어떤 물질이 액체 상태에 있을 때의 밀도는 그 물질의 고체 또는 기체 상태의 밀도 중 어느 쪽에 더 가까울까?

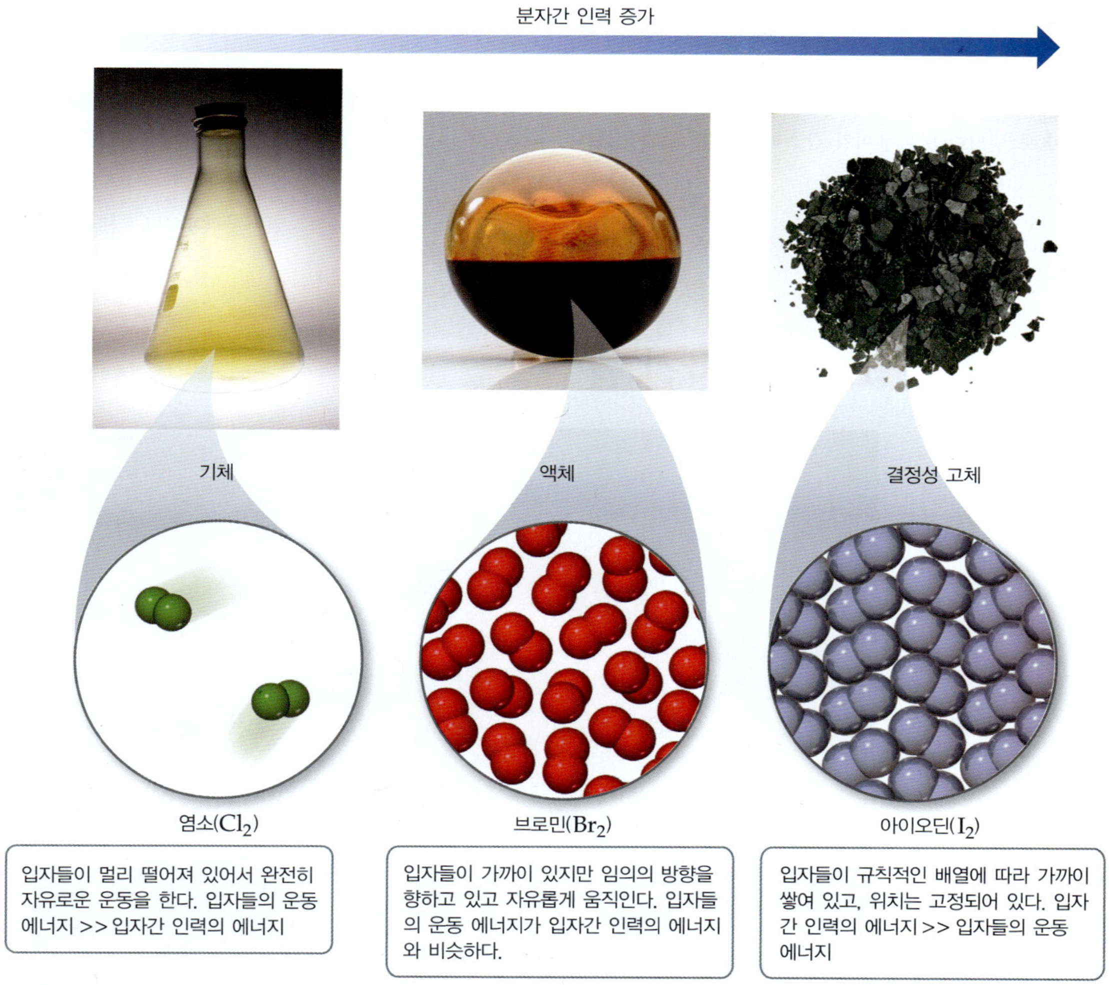


**▲그림 11.1 기체, 액체, 고체** 염소, 브로민, 아이오딘은 모두 공유 결합으로 만들어진 이원자 분자이다. 그러나 분자간 힘의 세기가 달라서 상온, 표준 압력에서 세 가지의 다른 상태, 즉 $Cl_2$는 기체, $Br_2$는 액체, $I_2$는 고체로 존재한다.

## 자기 평가 연습 문제

**11.1** 어떤 물질의 밀도가 약 1 g/L이다. 이 물질은 고체, 액체, 기체 중 어떤 상태일 것으로 생각되는가? 힌트: 물의 밀도와 비교하여 생각해 보시오.

**(a)** 고체
**(b)** 액체
**(c)** 기체

## 연습 문제

**11.2** **(a)** 고체, 액체, 기체의 각 상태에서 분자의 평균 운동에너지와 평균 분자간 인력 에너지의 크기를 비교하시오. **(b)** 고체 물질의 온도를 높이면 고체에서 액체, 기체로 변화하는 이유는 무엇인가? **(c)** 만약 기체를 매우 높은 압력에 놓으면 기체는 어떻게 되는가?

**11.3** 상온에서 $CO_2$는 기체, $CCl_4$는 액체, $C_{60}$(풀러렌)은 고체이다. 이 물질들을 다음의 순서에 따라 배열하시오.
**(a)** 분자간 인력 에너지가 증가하는 순서
**(b)** 끓는점이 증가하는 순서

**11.4** 표준 온도와 표준 압력에서 $Cl_2$와 $NH_3$ 기체의 몰부피는 각각 22.06 L와 22.40 L이다.

**(a)** 분자량, 쌍극자 모멘트, 분자 형태가 모두 다른데도, 이들의 몰부피가 비슷한 이유는 무엇인가?

**(b)** 두 물질을 160 K로 냉각하면 모두 결정성 고체를 형성한다. 기체를 160 K로 냉각하면 몰부피가 감소하겠는가? 증가하겠는가?

**(c)** 160 K에서 $Cl_2$와 $NH_3$ 결정의 밀도는 각각 2.02 및 0.84 g/cm$^3$이다. 몰부피를 계산하시오.

**(d)** 고체 상태의 몰부피는 기체 상태의 몰부피와 유사한지 설명하시오.

**(e)** 액체 상태의 몰부피가 고체 상태와 기체 상태의 몰부피 중 어느 것에 더 가까울 것으로 예상하는가?

자기 평가 연습 문제 답 **11.1** (c)

## 11.2 | 분자간 힘

연꽃 식물은 수중 환경에서 자란다. 이러한 환경에서 번영하기 위해 연꽃의 표면은 물에 잘 젖지 않는다. 과학자들은 이런 성질을 가진 표면을 '초소수성'이라고 말한다. 연꽃잎은 초소수성으로 인해 물에 뜰 수 있을 뿐 아니라, 그 위에 떨어진 물은 물방울을 이루며 굴러떨어진다. 물방울이 굴러가면서 먼지를 닦아 내어 연꽃이 주로 자라는 진흙 연못이나 호수 환경에서도 잎이 깨끗하게 유지되도록 한다. 이런 자체 세정 기능 때문에 여러 동양 문화권에서는 연꽃을 순수함의 상징으로 여기기도 한다.

이 절이 끝나면 다음 사항을 수행할 수 있어야 한다.

- 물질 내에 존재하는 분자간 힘을 식별하기

연꽃잎이 물을 그토록 효과적으로 반발하게 하는 힘은 무엇인가? 비록 이 식물의 자체 세정 능력은 수천 년 동안 알려져 있었지만, 그 효과는 1970년대에 주사 전자 현미경(SEM)으로 거친 잎 표면을 보기 전까지는 정확히 이해할 수 없었다(**그림 11.2**). 연꽃잎의 거친 표면이 물과 잎의 접촉을 최소화하는 데 도움을 줄 뿐만 아니라 잎과 먼지의 접촉도 최소화하여 먼지가 달라붙는 것을 방지한다.

▲ 그림 11.2 연꽃잎 표면의 물방울에 대한 현미경 사진

연꽃 효과는 과학자들이 초소수성 표면을 설계하여, 자체 세정 유리창이나 방수복 등을 만드는 데 영감을 주었다. 연꽃 효과와 더불어 액체와 고체가 관여하는 다른 현상들을 이해하기 위해서는 분자 사이에 존재하는 힘인 분자간 힘을 이해해야만 한다.

**분자간**(intermolecular) 힘은 물질의 종류마다 광범위하게 다른 세기를 가지지만, 이온 결합, 공유 결합, 금속 결합과 같은 **분자내**(intramolecular) 힘보다는 훨씬 약하다(그림 11.3). 따라서 공유 결합을 끊는 것보다 액체를 기화시키거나 고체를 녹이는 데 더 적은 에너지가 필요하다. 예를 들어 액체 HCl에서 HCl 분자간 인력을 끊어 기화시킬 때 단지 16 kJ/mol이 필요한 반면, HCl 공유 결합을 끊을 때는 431 kJ/mol이 필요하다. 따라서 HCl 같은 분자 물질이 고체에서 액체 또는 기체로 변할 때도 분자 자체는 그대로 유지된다.

끓는점을 포함하여, 액체의 여러 가지 특성은 분자간 힘의 세기를 잘 나타낸다. 액체 내부에서 기포가 생길 때, 액체는 끓는다. 액체 분자들이 분리되어 증기로 되려면 분자간 인력을 극복해야 한다. 분자간 인력이 강할수록 액체의 끓는점은 높다. 이와 유사하게 고체의 녹는점도 분자간 힘이 증가할수록 높아진다. 표 11.2에서 보는 것처럼, 입자들이 화학 결합에 의해 묶여 있는 물질의 녹는점과 끓는점은 분자간 힘에 의해 묶여 있는 물질에 비해 훨씬 높다.

붉은 점선으로 표시된 H—Cl의 거리는 HCl 분자내 H—Cl의 거리와 비교하여 어떠하겠는가?

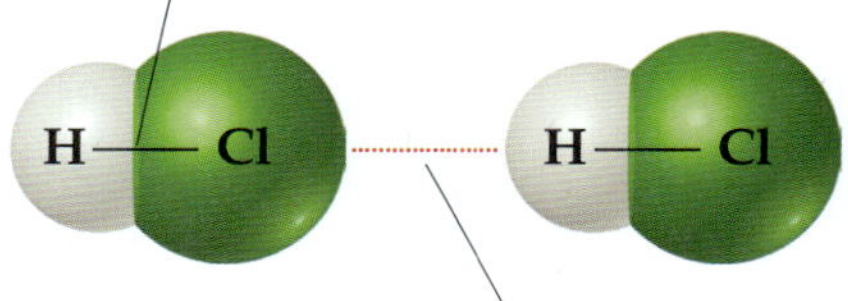


▲ 그림 11.3 분자간 상호 작용과 분자내 상호 작용

전기적으로 중성인 분자 사이에는 세 가지 형태의 분자간 인력이 존재한다고 알려져 있다.

- 분산력
- 쌍극자–쌍극자 인력
- 수소 결합

앞의 둘을 모아서 **van der Waals 힘**(van der Waals force)이라고 한다. 이는 기체가 이상 상태로부터 벗어남을 예견하는 기체 상태식을 연구한 Johannes van der Waals (1837~1923)의 이름을 딴 것이다. 또 다른 인력인 이온–쌍극자 힘은 용액 상태에서 매우 중요하다.

이 모든 분자간 인력은 이온 결합에서와 마찬가지로, 전기적으로 양성인 화학종과 음성인 화학종 사이에 인력이 관여하는 정전기적 힘이다. 그럼 왜 분자간 힘은 이온 결합보다 훨씬 약할까? 식 8.4를 보면, 정전기 상호 작용은 전하의 크기가 증가하면 강해지고, 거리가 멀어지면 약해진다. 분자간 힘을 만들어 내는 전하량은 이온 결합 화합물에서의 전하량보다 훨씬 작다. 예를 들면

**표 11.2 대표적 물질의 녹는점과 끓는점**

| 입자들을 붙잡는 힘 | 물질 | 녹는점(K) | 끓는점(K) |
|---|---|---|---|
| 화학 결합 | | | |
| 이온 결합 | 플루오린화 리튬(LiF) | 1118 | 1949 |
| 금속 결합 | 베릴륨(Be) | 1560 | 2742 |
| 공유 결합 | 다이아몬드(C) | 3800 | 4300 |
| 분자간 힘 | | | |
| 분산력 | 질소($N_2$) | 63 | 77 |
| 쌍극자–쌍극자 상호 작용 | 염화 수소(HCl) | 158 | 188 |
| 수소 결합 | 플루오린화 수소(HF) | 190 | 293 |

HCl 분자의 쌍극자 모멘트에서 수소와 염소 말단에 +0.178과 −0.178의 전하량이 있다고 추정할 수 있다(예제 8.5 참조). 더욱이 분자들 사이의 거리는 화학 결합으로 서로 묶인 원자들 사이의 거리보다 더 멀다.

## 분산력

전기적으로 중성이고 무극성인 원자 또는 분자 사이에는 정전기적 상호 작용이 존재하지 않는다고 생각할지 모르겠다. 그러나 헬륨, 아르곤, 질소와 같은 무극성 기체도 액화될 수 있기 때문에, 이런 입자 사이에도 어떤 종류의 인력이 존재하고 있다. 이러한 인력의 근원은 1930년에 독일계 미국인 물리학자 Fritz London에 의해 처음으로 제안되었다. London은 분자나 원자 내에 있는 전자의 움직임이 **순간 쌍극자 모멘트**(instantaneous dipole moment)를 유발한다는 것을 알았다.

예를 들어 헬륨 원자의 집합체에서 각 헬륨 핵 주위 전자의 **평균** 분포는 그림 11.4(a)에서 보는 것처럼 구형 대칭이다. 원자는 무극성이고, 영구 쌍극자 모멘트를 가지고 있지 않다. 그러나 **순간** 전자 분포는 평균 분포와 다를 수 있다. 예를 들면 어떤 순간에 헬륨 원자 내의 전자 움직임을 정지한다고 가정하면, 두 개 전자는 핵의 어느 한쪽에 모일 수 있다. 바로 그 순간에 그 원자는 그림 11.4(b)처럼 순간 쌍극자 모멘트를 가진다. 한 원자의 전자 운동은 인접 원자의 전자 움직임에 영향을 준다. 따라서 한 원자의 순간 쌍극자는 이웃 원자에 비슷한 순간적 쌍극자를 유발할 수 있고, 그림 11.4(c)처럼 이웃 원자를 서로 끌어당기는 상호 작용이 일어난다. 이와 같은 인력을 **분산력**(**dispersion force**, **London 분산력** 또는 **유발 쌍극자−유발 쌍극자 인력**)이라고 한다. 이런 힘은 분자들이 서로 매우 근접할 때만 중요하다.

분산력의 세기는 한 분자 내에서 순간적인 쌍극자를 유도하는 전하 분포의 불균일성의 용이도에 의존한다. 분자 내의 전자 분포가 얼마나 쉽게 균형이 깨질 수 있는가 하는 정도를 그 분자의 **편극도**(**polarizability**)라고 한다. 분자의 편극도를 분자 전자 구름의 '일그러짐'의 척도라고 생각할 수 있다. 분자의 편극도가 클수록 더 쉽게 분자 전자 구름이 일그러져 순간 쌍극자를 만든다. 따라서 더 많이 편극되는 분자일수록 분산력이 더 크다.

일반적으로 원자나 분자에 전자의 수가 많을수록 편극도가 커진다. 따라서 분산력 세기는 원자나 분자의 크기가 커질수록 증가하는 경향이 있다. 분자 크기와 질량은 일반적으로 서로 상관관계가 있기 때문에, **분자량이 증가할수록 분산력은 커진다**. 분산력이 유일한 분자간 힘인 할로젠과

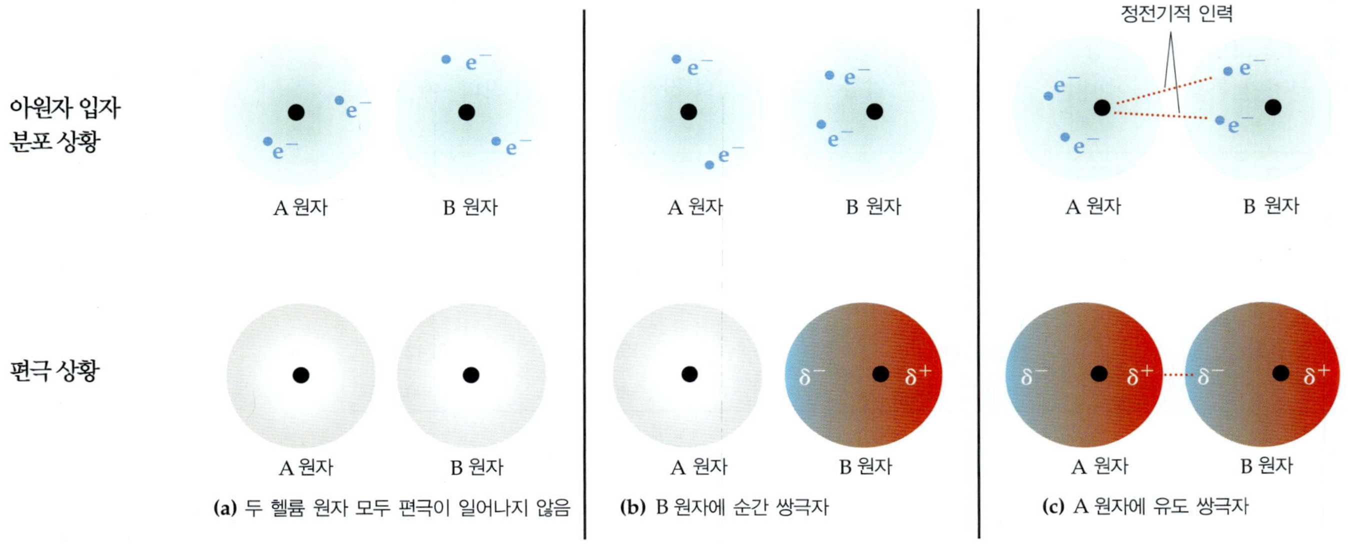


▲ **그림 11.4** **분산력** 세 가지 경우의 헬륨 원자 한 쌍의 전하 분포의 '스냅샷'

왜 각 주기에서 할로젠의 끓는점이 비활성 기체의 끓는점보다 높은가?

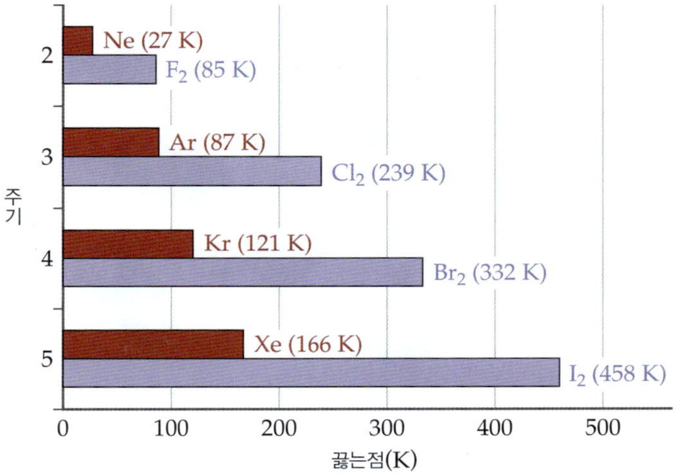


▲ **그림 11.5 할로젠과 비활성 기체의 끓는점** 분자량이 증가함에 따라 분산력의 세기가 증가하기 때문에 끓는점이 높아지는 것을 이 그림에서 알 수 있다.

비활성 기체의 경우, 분자량이 증가할수록 끓는점은 커진다(**그림 11.5**). 할로젠과 비활성 기체에서는 주기율표에서 아래쪽으로 내려갈수록 분자량(또는 원자량)이 증가한다. 분자량이 크다는 것은 분산력이 강하다고 생각할 수 있고, 그 결과 끓는점이 높아지는 결과를 얻는다.

분자 모양도 분산력의 크기에 영향을 준다. 예를 들면 펜테인(pentane)과 다이메틸프로페인(dimethylpropane)은 분자식($C_5H_{12}$)(**그림 11.6**)이 같지만, 펜테인의 끓는점이 다이메틸프로페인의 끓는점보다 27 K 더 높다. 이와 같은 차이는 서로 다른 두 분자의 모양으로부터 나온 것이다. 분자간 인력은 펜테인의 경우에 더 크다. 왜냐하면 긴 기둥 모양 분자는 그 전체 길이를 통하여 서로 접촉할 부분이 많기 때문이다. 보다 밀집되어 있고 거의 구형인 다이메틸프로페인 분자는 상대적으로 접촉 가능한 자리가 적다.

펜테인($C_5H_{12}$)
bp = 309.4 K

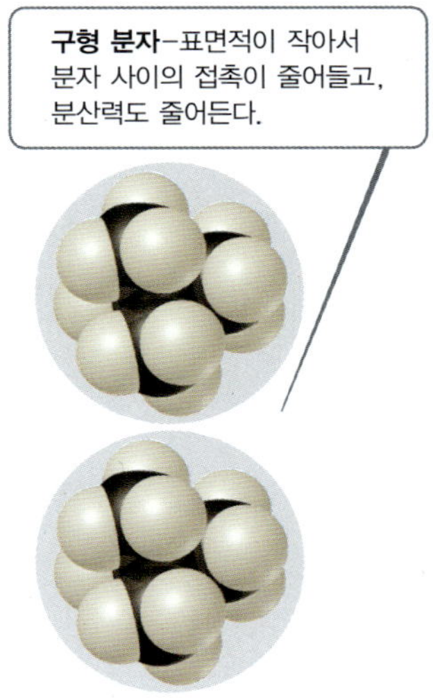


다이메틸프로페인($C_5H_{12}$)
bp = 282.7 K

▲ **그림 11.6 분자 모양은 분자간 힘에 영향을 준다.** 펜테인 분자는 다이메틸프로페인 분자보다 훨씬 더 많이 분자들끼리 접촉한다. 따라서 펜테인의 분자간 힘이 더 크고 끓는점도 더 높다.

## 쌍극자-쌍극자 상호 작용

극성 분자는 영구 쌍극자 모멘트가 있어서 **쌍극자–쌍극자 상호 작용(dipole–dipole interaction)**을 일으킨다. 이 힘은 한 분자의 (+)극과 이웃한 다른 분자의 (−)극 끝부분이 가까워질 때 생긴다. (+)극(또는 (−)극)들끼리 가까워지면 반발력이 생긴다. 쌍극자–쌍극자 상호 작용은 분자들이 매우 가까이 있을 때만 효력이 있다.

쌍극자–쌍극자 상호 작용의 효과를 보기 위해서, 분자량이 비슷한 두 화합물의 끓는점을 비교해 보자. 아세토나이트릴($CH_3CN$, MW 41 u, bp 355 K)과 프로페인($CH_3CH_2CH_3$, MW 44 u, bp 231 K)의 경우이다. 아세토나이트릴은 쌍극자 모멘트가 3.9 D인 극성 분자로, 쌍극자–쌍극자 상호 작용이 존재한다. 그러나 프로페인은 전형적인 무극성이다. 이 의미는 쌍극자–쌍극자 상호 작용이 없다는 것을 뜻한다. 아세토나이트릴과 프로페인은 분자량이 비슷하므로 분산력도 비슷하다. 따라서 아세토나이트릴의 끓는점이 높은 것은 쌍극자–쌍극자 상호 작용 때문이다.

이 힘을 보다 잘 이해하기 위해서, $CH_3CN$ 분자가 고체 상태와 액체 상태로 모여 있는 경우를 생각해 보자. 고체 상태(**그림 11.7(a)**)에서는 각 분자가 음전하를 띤 질소 분자 끝부분과 양전하를 띤 이웃한 $-CH_3$ 끝부분이 서로 가깝게 배치된다. 액체(그림 11.7(**b**))에서는 극성 분자가 서로 자유롭게 움직여서 분자들의 배열은 더 무질서해진다. 이것이 뜻하는 것은, 어떤 주어진 순간에 인력과 반발력의 쌍극자–쌍극자 상호 작용이 존재한다는 것이다. 그러나 반발력 상호 작용보다 인력 상호 작용이 클 뿐만 아니라, 서로 끌어당기는 분자들이 서로 반발하는 분자들보다 더 많은 시

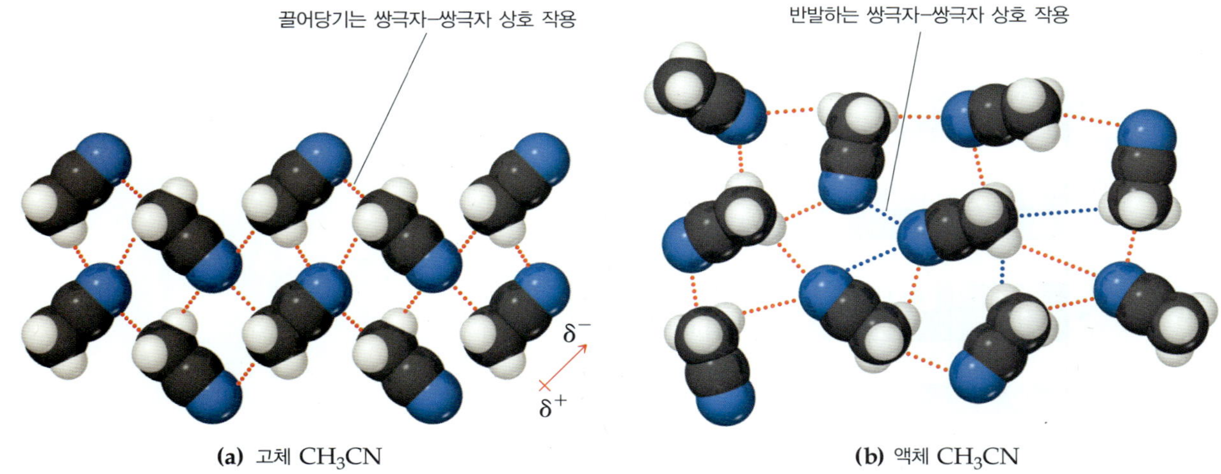


▲그림 11.7 쌍극자-쌍극자 상호 작용 (a) 결정 상태 $CH_3CN$, (b) 액체 상태 $CH_3CN$의 쌍극자-쌍극자 상호 작용

간을 상대 분자들 근처에서 보낸다. 전반적인 영향은 액체 상태에서 $CH_3CN$ 분자들이 서로 떨어져서 기체가 되는 것을 막을 만큼 충분한 인력이 된다.

그림 11.8에서 보여 주는 경향처럼, **대략 비슷한 질량과 크기를 가진 분자들은 극성이 증가하면 분자간 인력도 증가한다.** 쌍극자 모멘트가 증가함에 따라 어떻게 끓는점이 증가하는지를 주목하라.

## 수소 결합

그림 11.9는 14~17족 원소와 수소로 만들어진 이성분 화합물의 끓는점을 나타낸다. 14족 원소를 포함하는 화합물($CH_4$에서 $SnH_4$까지, 모두 무극성)의 끓는점은 족을 따라 내려가면서 규칙적으로 증가한다. 이것은 분자량이 증가함에 따라 편극도, 즉 분산력이 증가하기 때문에 예상할 수 있는 경향이다. 제15, 16, 17족의 무거운 원소들도 같은 경향을 따른다. 그러나 $NH_3$, $H_2O$, HF는 예상되는 것보다 끓는점이 훨씬 높다. 사실 이들 세 화합물은 비슷한 분자량과 극성을 가지는 다른 물질들과 구별되는 여러 다른 성질을 가지고 있다. 예를 들면 물은 높은 녹는점, 큰 비열, 큰 증발열

아래 제시된 분자들에서 왼쪽에서 오른쪽으로 가면서 분산력이 강해지는가, 약해지는가, 아니면 대체로 비슷한가?

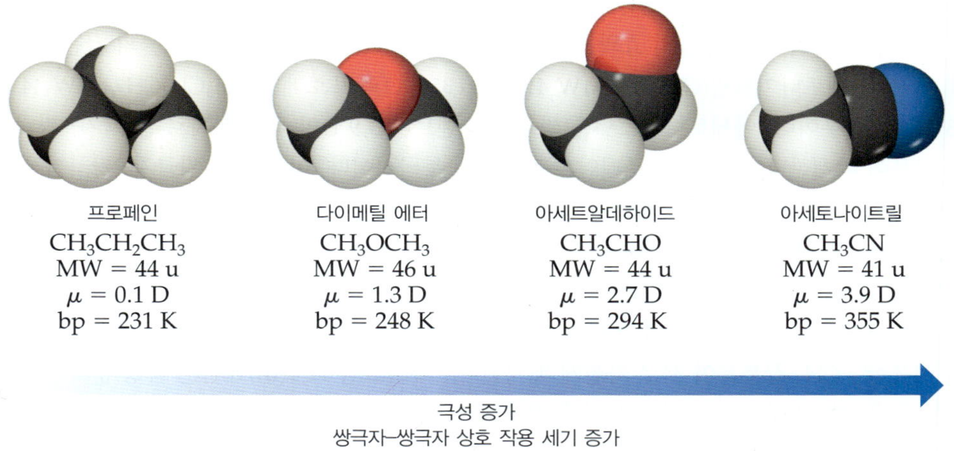


▲그림 11.8 몇 가지 간단한 유기 물질의 분자량, 쌍극자 모멘트, 끓는점

$PH_3$와 $AsH_3$의 끓는점 차이를 설명하시오.

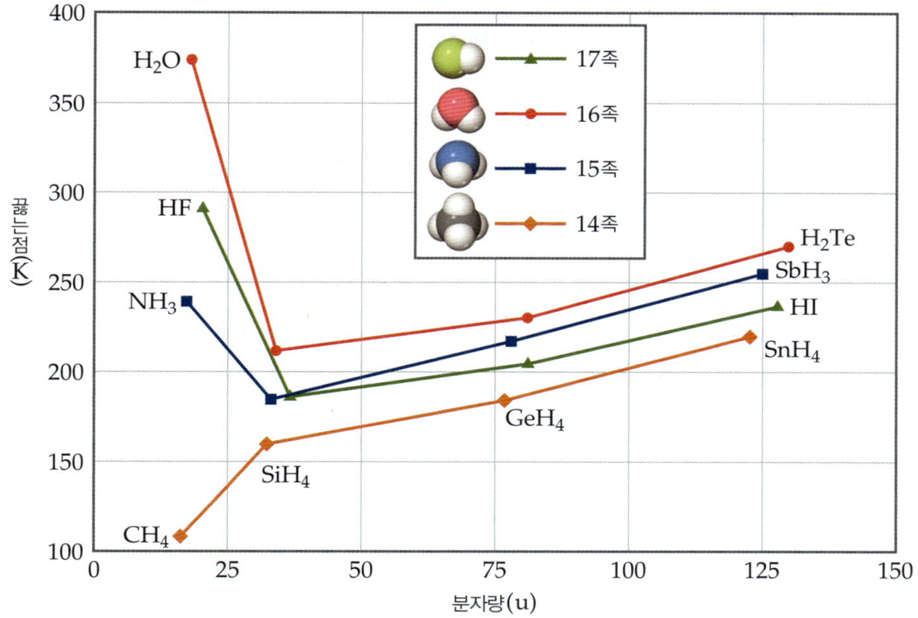


▲그림 11.9 14~17족 원소가 있는 공유성 수소화물의 끓는점을 분자량의 함수로 표시하였다.

을 가진다. 이런 성질들은 물의 분자간 힘이 비정상적으로 강하다는 것을 보여 준다.

HF, $H_2O$, $NH_3$의 강한 분자간 인력은 **수소 결합**으로부터 나온 결과이다. **수소 결합(hydrogen bonding)**은 **전기 음성도가 큰 원소(일반적으로 F, O, N)에 붙어 있는 수소 원자와, 인근의 다른 분자나 화학 작용기에 위치한 전기 음성도가 큰 원소 간의 인력이다.** 따라서 한 분자의 H−F, H−O, H−N 결합은 또 다른 분자에 있는 F, O, N과 수소 결합을 형성할 수 있다. 예를 들면 그림 11.10에서 보여 주는 것처럼, 수소 결합은 $H_2O$ 분자의 H 원자와 인접한 $H_2O$ 분자의 O 원자 사이에 존재한다. 각각의 경우에 수소 결합에 있는 H 원자가 비공유 전자쌍과 상호 작용을 함에 주목하라.

수소 결합은 특별한 종류의 쌍극자−쌍극자 인력으로 볼 수 있다. F, N, O 원자는 전기 음성도가 매우 크므로, 이들 원자와 수소 원자 사이의 결합은 극성이 매우 크고 수소 원자 쪽에 양전하를 띠게 한다(쌍극자 표시의 오른쪽에 있는 +표시는 쌍극자의 양전하를 띠는 쪽을 나타낸다).

$$\overset{\longleftarrow\!+}{\text{N—H}} \quad \overset{\longleftarrow\!+}{\text{O—H}} \quad \overset{\longleftarrow\!+}{\text{F—H}}$$

수소 원자는 내부 전자가 없다. 따라서 쌍극자의 양극 부분은, 수소 원자핵에 거의 전하가 모여 있다. 양전하는 근처에 있는 분자의 전기 음성도가 큰 원자의 음전하에 끌리게 된다. 전자가 별로 없는 수소는 매우 작기 때문에, 전기 음성도가 큰 원자에 매우 가깝게 다가가고, 그 결과 강한 상호 작용을 한다.

수소 결합은 생물학적 중요성을 가진 경우를 포함해서 많은 화학계에서 중요한 역할을 한다. 예를 들면 수소 결합은 단백질의 기능에 중요한 삼차원 구조를 안정화시키는 데 도움을 준다. 수소 결합은 또한 DNA의 유전적 기능에 중요한 이중 나선 구조를 형성하게 한다.

수소 결합을 형성하기 위해서는 결합에 참여하는 비수소 원자(N, O, F)가 무엇을 가지고 있어야 하는가?

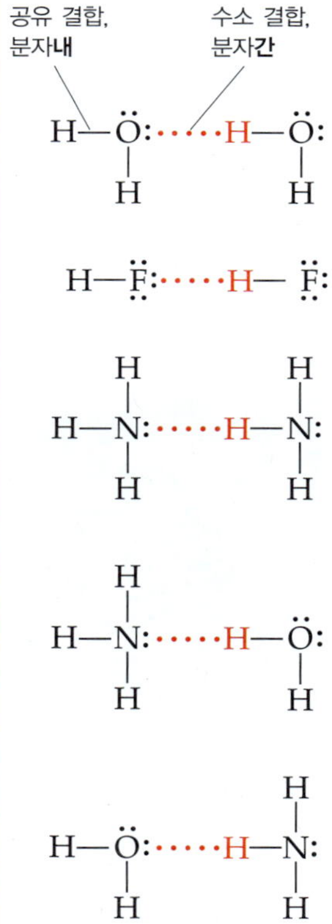


▲그림 11.10 수소 결합 수소 결합은 H 원자가 한 분자에서 N, O, F 원자에 결합되어 있을 때, 다른 분자의 N, O, F 원자와의 사이에서 일어날 수 있다.

## 예제 11.1
### 수소 결합을 형성하는 물질 찾기

다음 물질 중, 물리적 성질을 결정할 때 수소 결합이 중요한 역할을 할 것 같은 물질은 어느 것인가?
메테인($CH_4$), 하이드라진($H_2NNH_2$), 플루오린화 메틸($CH_3F$), 황화 수소($H_2S$)

### 해답

**분석** 네 가지 화합물의 화학식이 주어져 있고, 그들이 수소 결합에 참여할 것인가, 아닌가를 예측하는 문제이다. 주어진 모든 화합물은 수소를 가지고 있다. 그러나 수소 결합은 보통 수소가 N, O, F와 공유 결합으로 연결될 때만 일어난다.

**계획** 각 화학식을 분석하여 수소가 N, O, F 원자와 직접 결합을 하고 있는지 알아본다. 분자의 Lewis 구조를 그렸을 때, 인근 분자에 있는 전기 음성도가 큰 원자(일반적으로 N, O, F)의 비공유 전자쌍도 수소 결합에 필요하다.

**풀이** 수소가 N, O, F와 결합하지 않는 $CH_4$와 $H_2S$는 제외된다. Lewis 구조에서 중심 C 원자를 3개의 H 원자와 1개의 F 원자로 둘러싼 $CH_3F$도 제외한다(탄소는 항상 4개의 결합을 생성하고, 수소와 플루오린은 각각 1개의 결합을 생성한다). 이 분자는 1개의 C—F 결합을 갖고, H—F 결합은 1개도 없으므로 수소 결합을 생성하지 않는다. 그러나 $H_2NNH_2$의 경우, N—H 결합이 있다. 그리고 Lewis 구조에 각 N 원자에 비공유 전자쌍이 보인다. 따라서 수소 결합은 하이드라진 분자 사이에서 존재한다고 할 수 있다.

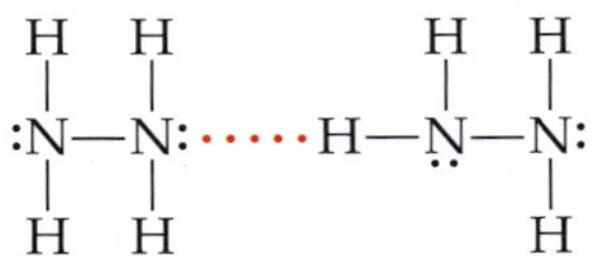

**검토** 일반적으로 수소와 공유 결합한 N, O, F를 포함하는지를 토대로, 수소 결합에 참여하는 물질을 구별할 수 있다. 상호 작용에 대한 Lewis 구조를 그리는 것도 예측을 점검하는 방법이 된다.

**▶ 보충 예제**

다음 중 상온에서 액체일 가능성이 가장 큰 물질은?

**(a)** 폼알데하이드($H_2CO$) **(b)** 플루오로메테인($CH_3F$)
**(c)** 사이안화 수소(HCN) **(d)** 과산화 수소($H_2O_2$)
**(e)** 황화 수소($H_2S$)

얼음과 물의 밀도를 비교해 보면, 수소 결합의 한 가지 놀라운 결과를 발견할 수 있다. 대부분의 물질은 액체 상태보다 고체 상태에서 더 조밀하게 쌓인다. 그러므로 고체상은 액체상보다 밀도가 더 크다. 그런데 0 °C에서 얼음의 밀도(0.917 g/mL)는 0 °C 액체 물의 밀도(1.00 g/mL)보다 작다. 따라서 얼음이 액체 물 위에 뜬다.

얼음의 밀도가 물의 밀도보다 작은 것을 수소 결합으로 이해할 수 있다. 얼음에서 $H_2O$ 분자는 **그림 11.11**처럼 질서 있게 배열된다. 이러한 배열은 물 분자 사이의 수소 결합을 최적화하여, 각각

H—O는 공유 결합이고, O⋯H는 수소 결합이라면, 얼음에서 H—O⋯H 결합각은 대략 얼마인가?

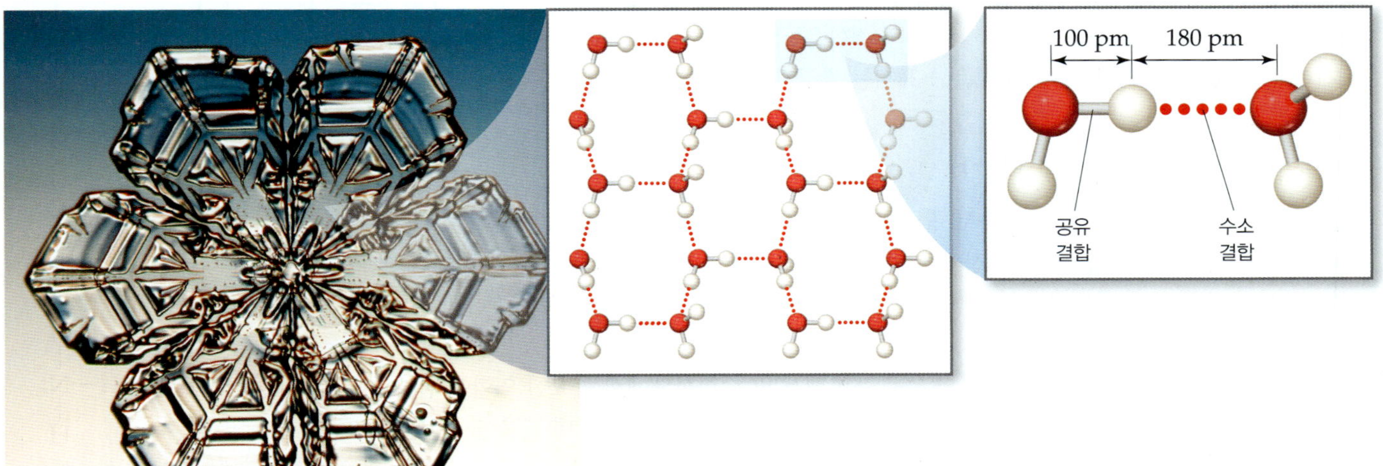


▲**그림 11.11 얼음에서의 수소 결합** 얼음 구조에 있는 비어 있는 공간 때문에, 고체 물이 액체 물보다 더 밀집된 구조를 만들지 못한다.

의 물 분자가 4개의 다른 수소 결합을 형성한다. 그러나 이들 수소 결합은 그림 11.11의 가운데에 보이는 빈 공간을 형성한다. 얼음이 녹게 되면 분자의 운동 때문에 이런 구조가 붕괴된다. 액체에서의 수소 결합은 고체에서보다 더 자유롭게 일어나지만, 분자들을 가까이에 잡아 둘 정도의 세기는 가지고 있다. 따라서 액체 물은 얼음보다 밀도가 큰 구조를 가진다. 이는 질량이 같을 때, 물이 얼음보다 작은 부피를 차지한다는 것을 의미한다.

얼면서 물이 팽창하는 것(**그림 11.12**)은 당연하다고 여겨지는 많은 자연 현상의 원인이 된다. 빙산이 물에 뜨고, 날씨가 추워지면 수도관이 터진다. 얼음의 밀도가 물의 밀도에 비해 작다는 사실은 지구상의 생명체에 상당한 영향을 미친다. 추운 날에 얼음이 얼면 물의 윗부분을 덮어 물의 열 출입을 차단한다. 만약 얼음이 물보다 밀도가 크다면, 호수 윗부분의 얼음은 바닥에 가라앉아 호수 전체가 고체 상태로 얼 것이다. 따라서 대부분의 수중 생물은 이러한 조건에서는 생존할 수 없을 것이다.

▲ 그림 11.12 물이 얼어 팽창한 모습

## 이온–쌍극자 힘

**이온–쌍극자 힘**(**ion–dipole force**)은 이온과 극성 분자 사이에 존재한다(**그림 11.13**). 양이온은 쌍극자의 음전하 말단에 끌리고, 음이온은 양전하 말단에 끌린다. 이온 전하량과 쌍극자 모멘트의 크기가 커질수록 이 인력의 크기는 증가한다. 이온–쌍극자 힘은 물속에 NaCl이 녹아 있는 용액처럼, 극성 액체 속에 이온 물질이 녹아 있는 용액에서 매우 중요하다.

왜 $H_2O$의 O 부분이 $Na^+$ 이온을 향하는가?

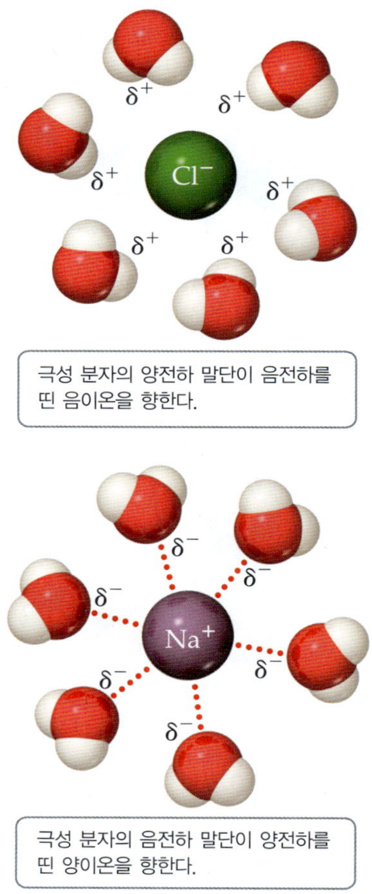


▲ 그림 11.13 이온–쌍극자 힘

## 분자간 힘의 비교

어떤 물질에 작용하고 있는 분자간 힘은 그 물질의 조성과 구조를 고려하여 알아낼 수 있다. **분산력은 모든 물질에서 발견된다.** 이 인력의 세기는 분자량 증가에 따라 증가하고, 분자 모양에도 의존한다. 극성 분자의 경우, 쌍극자–쌍극자 상호 작용은 분산력 효과에 더해져 나타나지만, 분산력보다는 분자간 인력에 더 적게 기여한다. 예를 들면 HCl의 경우 분산력은 분자 사이의 총 인력의 80% 이상을 차지한다고 추정한다. 반면, 쌍극자–쌍극자 인력은 그 나머지를 차지한다. 수소 결합이 존재할 경우, 전체 분자간 상호 작용에 가장 중요한 영향을 끼친다.

일반적으로 분산력에 해당하는 에너지는 약 0.1~30 kJ/mol이다. 이렇게 넓은 에너지 구간은 곧 분자 편극도의 다양한 분포를 반영한다. 그에 비해, 쌍극자–쌍극자 상호 작용이나 수소 결합에 해당하는 에너지는 각각 2~15 kJ/mol과 10~40 kJ/mol이다. 이온–쌍극자 힘은 앞서 언급한 분자간 힘보다 강한 경향이 있어, 보통 50 kJ/mol 이상이다. 이런 모든 상호 작용은 수백 kJ/mol의 에너지를 가지는 공유 결합이나 이온 결합보다는 상당히 작다.

**그림 11.14**는 특정한 계에서 분자간 힘을 결정하게 해 주는 규칙을 나타낸 것이다.

이러한 모든 인력의 효과가 합해져서 나타난다는 것을 아는 것이 중요하다. 예를 들면 아세트산($CH_3COOH$)과 1-프로판올($CH_3CH_2CH_2OH$)은 60 u로 같은 분자량을 가지고 있고, 둘 다 수소 결합을 할 수 있다. 그러나 아세트산 분자 한 쌍은 2개의 수소 결합을 할 수 있는데 반해, 1-프로판올 분자 한 쌍은 1개의 수소 결합만을 할 수 있다(**그림 11.15**). 그 결과 아세트산의 끓는점이 더 높다. 이런 효과는 표면에 여러 개의 쌍극자와 수소 결합을 하는 작용기를 가지는, 단백질과 같은 거대한 극성 분자에서는 매우 중요한 효과이다. 이런 분자들은 다수의 인력 때문에 용액 상태에서 놀라울 정도로 강하게 서로 뭉쳐질 수 있다.

**두 분자 사이에서 여러 개의 분산력은 수소 결합보다 에너지가 더 클 수 있을까?**

| 분자간 인력의 종류 | 원자<br>예: Ne, Ar | 무극성 분자<br>예: $BF_3$, $CH_4$ | OH, NH, HF<br>작용기가 없는 극성 분자<br>예: HCl, $CH_3CN$ | OH, NH, HF<br>작용기가 있는 극성 분자<br>예: $H_2O$, $NH_3$ | 극성 액체에 녹아 있는 이온성 고체<br>예: 물에 녹은 NaCl |
|---|---|---|---|---|---|
| 분산력<br>(0.1~30 kJ/mol) | √ | √ | √ | √ | √ |
| 쌍극자–쌍극자 상호 작용<br>(2~15 kJ/mol) | | | √ | √ | |
| 수소 결합<br>(10~40 kJ/mol) | | | | √ | |
| 이온–쌍극자 상호 작용<br>(>50 kJ/mol) | | | | | √ |

▲ **그림 11.14 분자간 인력을 결정하는 체크리스트** 어떤 물질이나 혼합물에는 다양한 종류의 분자간 인력이 작용하고 있을 수 있다. 분산력은 모든 물질에 작용한다는 것에 유의하라.

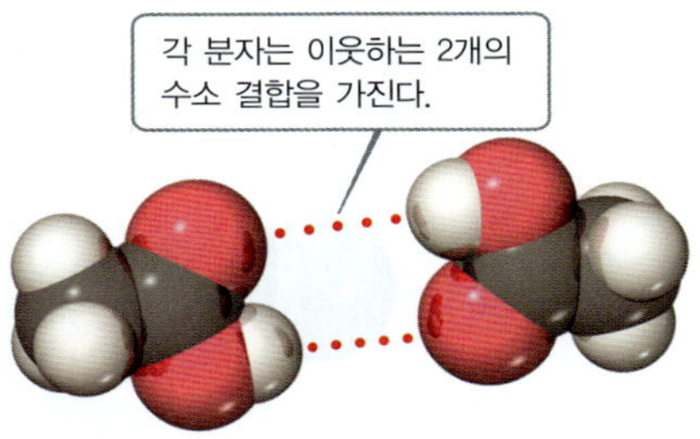


아세트산($CH_3COOH$)
MW = 60 u
bp = 391 K

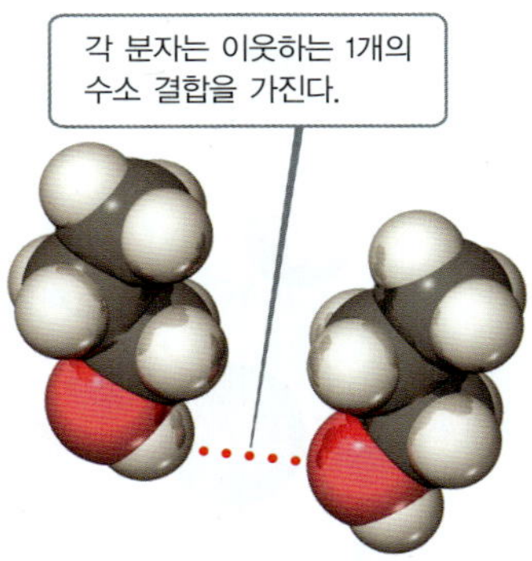


1-프로판올($CH_3CH_2CH_2OH$)
MW = 60 u
bp = 370 K

▲ **그림 11.15 아세트산과 1–프로판올의 수소 결합** 가능한 수소 결합의 수가 늘어날수록 분자들이 서로 더 강하게 끌어당겨서 끓는점이 높아진다.

분자간 인력의 상대적 세기를 비교할 때 고려해야 할 일반적인 사항은 다음과 같다.

1. **두 물질의 분자가 유사한 모양과 분자량을 가지면, 두 물질에서 분산력은 거의 같다. 이러한 분자들에서 분자간 인력의 크기 차이는 쌍극자–쌍극자 인력 세기 차이 때문이다.** 분자의 극성이 증가할수록 분자간 힘이 강하고, 수소 결합을 할 수 있는 분자가 가장 강한 상호 작용을 한다.
2. **두 물질의 분자량이 상당히 다르고 수소 결합이 없을 때, 분산력은 어떤 물질이 강한 분자간 인력을 가진 물질인지를 결정하게 해 준다.** 일반적으로 분자량이 큰 물질일수록 분자간 인력이 크다.

## 자기 평가 연습 문제

**11.5** 다음 분자들을 끓는 점이 낮은 것에서 높아지는 순서로 배열한 것은?
$CH_3CH_2CH_2OH$, $CH_3CH_2CH_2CH_3$, $CH_3CH_2OCH_3$
(a) $CH_3CH_2CH_2OH < CH_3CH_2CH_2CH_3 < CH_3CH_2OCH_3$
(b) $CH_3CH_2CH_2CH_3 < CH_3CH_2OCH_3 < CH_3CH_2CH_2OH$
(c) $CH_3CH_2OCH_3 < CH_3CH_2CH_2CH_3 < CH_3CH_2CH_2OH$

## 연습 문제

**11.6** (**a**) 일반적으로 분자간 상호 작용과 분자내 상호 작용 중 어느 것이 더 강한가? (**b**) 액체가 기체로 변할 때 끊어지는 것은 이 두 가지 상호 작용 중 어느 것인가?

**11.7** 다음 각각의 차이점은 어떤 형태의 분자간 힘으로 설명할 수 있는가?

(**a**) 아세톤($(CH_3)_2CO$)은 56 °C에서 끓고, 다이메틸 설폭사이드(dimethyl sulfoxide, DMSO, $(CH_3)_2SO$)는 189 °C에서 끓는다.

(**b**) $CCl_4$는 대기압, 상온에서 액체인 반면, $CH_4$는 같은 조건에서 기체 상태이다.

(**c**) $H_2O$는 100 °C에서 끓고, $H_2S$는 −60 °C에서 끓는다.

(**d**) 1-프로판올($CH_3CH_2CH_2OH$)은 97 °C에서 끓고, 2-프로판올($CH_3CH(OH)CH_3$)은 82.6 °C에서 끓는다.

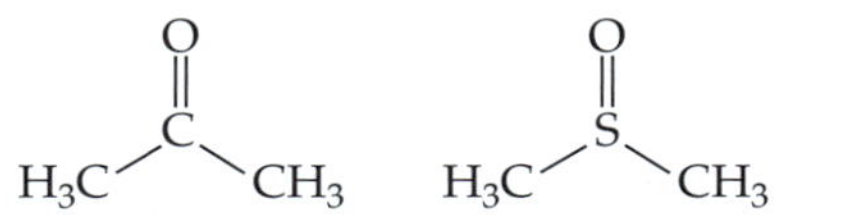

아세톤 다이메틸 설폭사이드(DMSO)

**11.8** 다음 내용이 참인지, 거짓인지를 답하시오.

(**a**) 극성 결합을 가지고 있는 분자는 극성 분자이고 쌍극자–쌍극자 힘을 가진다.

(**b**) 주기율표에서 족의 아래로 내려갈수록 할로젠 기체의 끓는점은 증가하는 반면, 분산력은 감소한다.

(**c**) 전체 인력의 측면에서, 분자 내에 더 많은 극성 결합이 있을수록, 쌍극자–쌍극자 상호 작용은 더 강해진다.

(**d**) 다른 모든 요소가 같을 때, 선형 분자 사이의 분산력은 거의 구형을 이루는 분자 사이의 분산력보다 더 크다.

(**e**) 원자의 전기 음성도가 더 클수록 더 편극화된다.

**11.9** 다음 각 쌍에서 어떤 것이 더 큰 분자간 분산력을 가지는가?

(**a**) $H_2O$와 $CH_3OH$

(**b**) $CBr_3CBr_3$와 $CCl_3CCl_3$

(**c**) $C(CH_3)_4$와 $CH_3CH_2CH_2CH_2CH_3$

**11.10** (**a**) 한 분자가 같은 종류의 다른 분자와 수소 결합을 할 것으로 예상하기 위해서는 어떤 원자를 포함해야만 하는가? (**b**) 다음 분자 중 어떤 것이 같은 종류의 다른 분자와 수소 결합을 형성할 수 있는가? $CH_3F$, $CH_3NH_2$, $CH_3OH$, $CH_3Br$

**11.11** 각 물질에서 분자간 힘의 형태를 설명하고, 다음 각 쌍 중에서 어떤 물질이 더 높은 끓는점을 갖는지 선택하시오.

(**a**) 프로페인($C_3H_8$)과 *n*-뷰테인($C_4H_{10}$)

(**b**) 다이에틸 에터($CH_3CH_2OCH_2CH_3$)와 1-뷰탄올($CH_3CH_2CH_2CH_2OH$)

(**c**) 이산화 황($SO_2$)과 삼산화 황($SO_3$)

(**d**) 포스젠($Cl_2CO$)과 폼알데하이드($H_2CO$)

**11.12** 프레온($CCl_2F_2$)과 다이클로로메테인($CH_2Cl_2$)은 흔한 유기 용매이다. 프레온과 다이클로로메테인의 정상 끓는점은 각각 −29.8 °C와 39.6 °C이다. 다음 중 이 결과에 대한 가장 적절한 설명은?

(**a**) 다이클로로메테인은 수소 결합을 할 수 있는 반면, 프레온은 그렇지 않다.

(**b**) 다이클로로메테인은 프레온보다 쌍극자 모멘트가 더 크다.

(**c**) 프레온은 다이클로로메테인보다 더 편극화되어있다.

자기 평가 연습 문제 답 **11.5** (b)

# 11.3 | 액체의 특별한 성질

꿀은 뉴턴 유체가 아닌 유체의 한 예로서, 가해지는 응력에 따라 점도가 변화한다. 여러분이 친숙

한 또 다른 예는 옥수수 전분을 물에 넣은 용액이다. 꿀의 경우 전단력이 가해지면 점도가 높아진다. 숟가락을 꿀단지에 담그고 빠르게 저어보면 꿀이 매우 점성이 강한 물질이라는 것을 알 수 있다. 숟가락을 꺼내면 꿀이 숟가락에서 부드럽게 흘러 내린다.

지금까지 분자간 인력을 소개했기 때문에, 이제 액체의 몇 가지 친숙한 특성을 이해하기 쉬울 것이다. 이 절에서 점도, 표면 장력, 모세관 작용의 세 가지에 대해 알아볼 것이다.

이 절이 끝나면 다음 사항을 수행할 수 있어야 한다.

- 점도, 표면 장력, 모세관 작용의 개념을 설명하기

## 예제 11.2
### 분자간 인력의 상대적 세기와 종류 예측

물질 $BaCl_2$, $H_2$, CO, HF, Ne를 끓는점이 증가하는 순서로 나열하시오.

**해답**

**분석** 나열된 물질의 분자간 힘을 파악하여 그 정보를 끓는점의 크기를 결정하는 데 사용한다.

**계획** 끓는점은 각 물질에서 분자들 사이의 인력에 부분적으로 의존한다. 다른 종류의 분자간 인력이 갖는 상대적 세기에 따라 이 물질들을 나열할 필요가 있다.

**풀이** 이온성 물질 사이의 인력은 분자간 인력보다 더 세다. 따라서 $BaCl_2$가 끓는점이 가장 높다. 남아 있는 물질의 분자간 힘은 분자량, 극성, 수소 결합에 달려 있다. 분자량은 $H_2$ 2u, CO 28 u, HF 20 u, Ne 20 u이다. $H_2$는 무극성이고 분자량이 가장 작기 때문에, 끓는점이 가장 낮아야 한다. CO, HF, Ne의 분자량은 거의 비슷하다. HF는 수소 결합을 하기 때문에, 이 세 가지 중에서 끓는점이 가장 높다. 다음은 CO로, 약간 극성이고 분자량이 가장 크다. 마지막으로, Ne는 무극성 분자이다. 따라서 셋 중에서는 끓는점이 가장 낮아야 한다. 예측되는 끓는점의 순서는 다음과 같다.

$$H_2 < Ne < CO < HF < BaCl_2$$

**검토** 문헌에서 끓는점을 찾아보면 $H_2$ 20 K, Ne 27 K, CO 83 K, HF 293 K, $BaCl_2$ 1813 K이다. 따라서 예측한 것과 잘 들어맞는다.

**▶ 보충 예제**

다음 물질 Ar, $Cl_2$, $CH_4$, $CH_3COOH$를 분자간 인력의 세기가 증가하는 순서로 나열하시오.

**(a)** $CH_4 < Ar < CH_3COOH < Cl_2$
**(b)** $Cl_2 < CH_3COOH < Ar < CH_4$
**(c)** $CH_4 < Ar < Cl_2 < CH_3COOH$
**(d)** $CH_3COOH < Cl_2 < Ar < CH_4$
**(e)** $Ar < Cl_2 < CH_4 < CH_3COOH$

SAE 40
큰 수치일수록 점성도가 크고, 천천히 쏟아진다.

SAE 10
작은 수치일수록 점성도가 작고, 빨리 쏟아진다.

▲ **그림 11.16** 점성도 비교 미국 자동차 기술자 협회(Society of Automotive Engineers, SAE)는 자동차 오일 점성도를 나타내는 수치를 만들었다.

## 점성도

당밀이나 엔진 오일과 같은 액체는 매우 느리게 흐른다. 반면에, 물이나 가솔린 같은 액체는 쉽게 흐른다. 액체의 흐름에 대한 저항을 **점성도(viscosity)**라고 한다. 액체의 점성도가 클수록 액체는 더 느리게 흐른다. 점성도는 어떤 일정량의 액체가 가는 관을 통과하는 시간을 측정하여 얻는다(**그림 11.16**). 점성도는 조그만 금속공이 액체를 통과하여 내려오는 속도를 측정하여 결정하기도 한다. 점성도가 클수록 조그만 금속공은 더 천천히 내려온다. 점성도의 SI 단위는 kg/m-s이다.

**표 11.3 20 °C에서 탄화수소 계열의 점성도**

| 물질 | 분자식 | 점성도(kg/m-s) |
|---|---|---|
| 헥세인(hexane) | $CH_3CH_2CH_2CH_2CH_2CH_3$ | $3.26 \times 10^{-4}$ |
| 헵테인(heptane) | $CH_3CH_2CH_2CH_2CH_2CH_2CH_3$ | $4.09 \times 10^{-4}$ |
| 옥테인(octane) | $CH_3CH_2CH_2CH_2CH_2CH_2CH_2CH_3$ | $5.42 \times 10^{-4}$ |
| 노네인(nonane) | $CH_3CH_2CH_2CH_2CH_2CH_2CH_2CH_2CH_3$ | $7.11 \times 10^{-4}$ |
| 데케인(decane) | $CH_3CH_2CH_2CH_2CH_2CH_2CH_2CH_2CH_2CH_3$ | $1.42 \times 10^{-3}$ |

점성도는 각 액체 분자들이 상대적으로 쉽게 움직일 수 있는지와 관련이 있다. 따라서 점성도는 분자 사이의 인력과 분자를 서로 묶어 줄 만한 구조(예를 들면 긴 분자는 스파게티처럼 서로 엉킬 수 있다)가 있는지, 없는지에 달려 있다. 따라서 표 11.3에서와 같이 일련의 분자의 점성도는 분자량이 증가함에 따라 증가한다.

## 작동하는 화학 이온성 액체

양이온과 음이온 간의 강한 정전기 인력은 대부분의 이온 결합 화합물이 상온에서 높은 녹는점과 끓는점을 갖도록 하여 고체 상태를 유지하게 해 준다. 그러나 이온 결합 화합물의 녹는 점은 이온 전하량이 너무 크지 않거나 양이온–음이온 거리가 충분히 멀어지게 되면 낮아질 수 있다. 예를 들어 양이온과 음이온이 모두 큰 다원자 이온인 $NH_4NO_3$의 녹는점은 170 °C이다. 만약 암모늄 양이온이 크기가 훨씬 더 큰 에틸암모늄 양이온($CH_3CH_2NH_3^+$, ethylammonium cation)으로 치환된다면 녹는점은 12 °C로 낮아지고, 상온에서 질산 에틸암모늄(ethylammonium nitrate) 액체를 만든다. 질산 에틸암모늄은 상온에서 액체 상태의 염인 **이온성 액체**(ionic liquid)의 한 예이다.

$CH_3CH_2NH_3^+$는 $NH_4^+$보다 크기가 훨씬 크지만, 대칭성은 더 작다. 일반적으로 이온성 물질에서는 이온의 크기가 더 클수록, 더 불규칙적인 형태를 가질수록, 이온성 액체를 형성할 수 있는 기회가 더 많다. 많은 양이온이 이온성 액체를 형성할 수 있지만, 가장 잘 알려진 것 중 하나는 오원자 중심 고리로부터 떨어진 두 팔의 길이가 다른 1-뷰틸-3-메틸이미다졸륨 양이온(1-butyl-3-methylimidazolium cation, 약자로 $bmim^+$, 그림 11.17과 표 11.4)이다. 이와 같은 특징은 $bmim^+$가 불규칙적인 모양을 갖게 하고, 고체 상태에서 분자들이 함께 무리를 이루는 것을 어렵게 만든다.

**표 11.4 네 가지 1-뷰틸-3-메틸이미다졸륨($bmim^+$) 염의 녹는점과 분해 온도**

| 양이온 | 음이온 | 녹는점(°C) | 분해 온도(°C) |
|---|---|---|---|
| $bmim^+$ | $Cl^-$ | 41 | 254 |
| $bmim^+$ | $I^-$ | −72 | 265 |
| $bmim^+$ | $PF_6^-$ | 10 | 349 |
| $bmim^+$ | $BF_4^-$ | −81 | 403 |

이온성 액체에서 공통적으로 발견되는 음이온은 $PF_6^-$, $BF_4^-$, 할로젠화 이온이다.

이온성 액체는 몇 가지 유용한 성질을 가진다. 대부분의 분자성 액체와 다르게, 이온성 액체는 비휘발성(즉, 이온성 액체는 증발되지 않는다)이기 때문에 비인화성을 가지는 경향이 있고, 약 400 °C 온도에서도 액체 상태로 존재한다. 대부분의 분자성 물질은 매우 낮은 온도, 예를 들어 많은 경우에 있어서 100 °C 또는 그 이하의 온도에서만 액체이다. 이온성 액체는 많은 물질의 좋은 용매이기 때문에, 다양한 반응과 분리에 사용될 수 있다. 이와 같은 성질 때문에, 이온성 용매는 많은 산업 과정에서 휘발성 유기 용매를 대신하는 매력적인 대체 물질이다. 전통적인 유기 용매에 비해 상대적으로 이온성 액체는 적은 부피, 더 안전한 처리, 쉬운 재사용의 가능성을 제공한다. 이와 같은 이유로, 산업적 화학 처리 과정에서 환경에 미치는 영향을 줄여 준다.

**관련 연습 문제: 11.59, 11.17, 11.89**

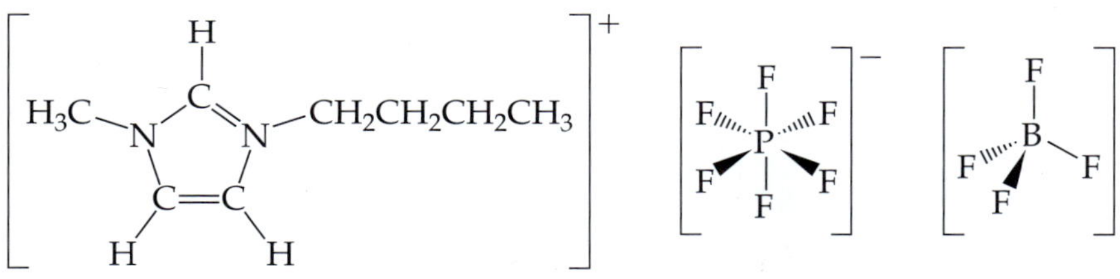
1-뷰틸-3- 메틸이미다졸륨($bmim^+$) 양이온 $PF_6^-$ 음이온 $BF_4^-$ 음이온

▲그림 11.17 이온성 액체에서 발견되는 대표적인 이온

어떤 물질의 점성도는 온도가 증가함에 따라 감소한다. 옥테인의 경우 아래와 같다.

$$0\ °C에서\ 7.06 \times 10^{-4}\ kg/m\text{-}s$$
$$40\ °C에서\ 4.33 \times 10^{-4}\ kg/m\text{-}s$$

높은 온도에서는 분자의 평균 운동 에너지가 커서 분자간 인력을 쉽게 극복할 수 있다.

### 표면 장력

물의 표면은 탄력 있는 피부처럼 거동한다. 일부 곤충이 물 위를 '걸을 수 있는' 능력이 이를 입증한다. 이러한 거동은 액체 표면에서 분자간 힘의 불균형 때문에 생긴다. 그림 11.18에서 보는 것처

▲그림 11.18 **분자 수준에서 본 표면 장력** 물의 표면 장력이 크기 때문에 소금쟁이는 물에 빠지지 않는다.

럼, 내부에 있는 분자는 모든 방향에서 똑같이 끌어당기는 반면에, 표면 분자들은 내부로 끌어당기는 힘만 받는다. 이같이 안쪽으로 향하는 힘은 표면 분자를 내부로 끌어당기고, 이에 따라 표면적이 줄어들어 표면에 있는 분자들이 가깝게 모이게 된다.

구는 주어진 부피에 대하여 가장 작은 표면적을 가지기 때문에, 물방울은 구형에 가까운 모양을 가진다. 연꽃잎이나 왁스를 새로 칠한 자동차 표면과 같이 무극성 분자로 이루어진 표면에서, 물이 '방울 모양'을 이루게 되는 경향은 바로 이 때문이다.

액체 표면적을 늘리기 위해 극복해야 하는, 내부로 향한 힘을 표면 장력이라고 한다. **표면 장력(surface tension)**이란 액체의 표면을 단위 면적만큼 증가시킬 때 필요한 힘이다. 예를 들면 20 ℃에서 물의 표면 장력은 $7.29 \times 10^{-2}$ J/m$^2$이다. 즉 일정량의 물의 표면적을 1 m$^2$만큼 늘리기 위해서는 $7.29 \times 10^{-2}$ J의 에너지를 공급해야 한다. 물은 강한 수소 결합 때문에 큰 표면 장력을 가진다. 수은의 표면 장력은 더 크다($4.6 \times 10^{-1}$ J/m$^2$). 이것은 수은 원자 사이의 금속 결합이 매우 강하기 때문이다.

## 모세관 작용

비슷한 분자들을 서로 묶어 주는 분자간 힘, 즉 물의 수소 결합 같은 것을 **응집력**(cohesive force)이라고 한다. 어떤 물질을 표면에 묶어 주는 분자간 힘을 **부착력**(adhesive force)이라고 한다. 물과 유리 사이의 부착력이 물 분자 사이의 응집력보다 더 크기 때문에 유리관 속의 물은 유리관에 부착한다. 따라서 물의 **메니스커스**(meniscus)는 U자형이다(그림 11.19). 그러나 수은의 경우는

만약 관의 내부를 왁스로 코팅한다면, 물의 메니스커스의 일반적인 모양이 변할까? 수은의 메니스커스의 일반적인 모양이 변할까?

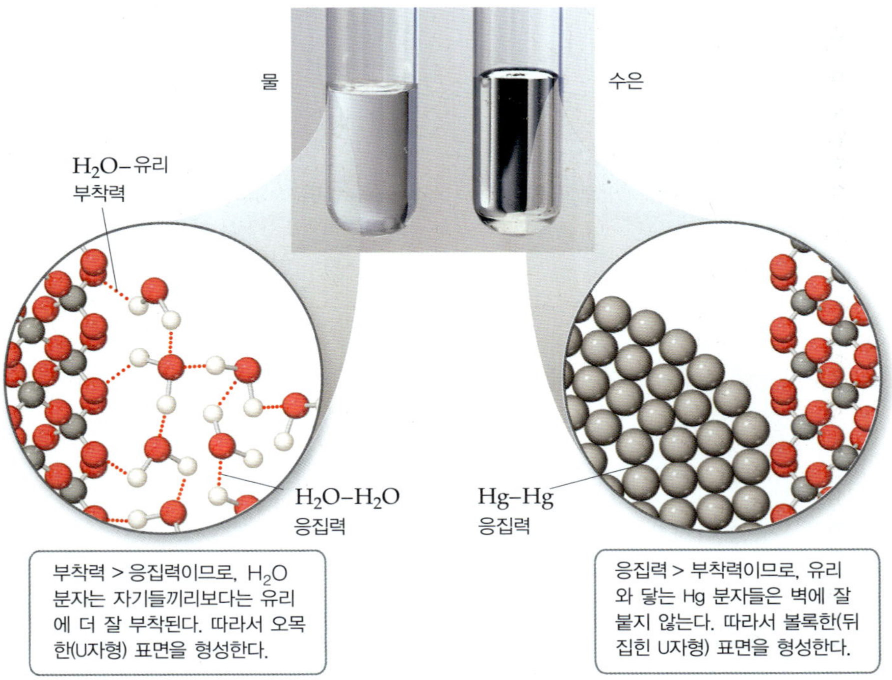


▲그림 11.19 유리관에 든 물과 수은의 메니스커스 모양

상황이 다르다. 수은 원자들은 원자들끼리는 결합할 수 있으나 유리와는 결합할 수 없다. 그 결과, 응집력이 부착력보다 훨씬 크고, 메니스커스는 뒤집힌 U자형처럼 된다.

가는 유리관이나 모세관을 물속에 넣으면 물이 관 속으로 올라간다. 액체가 매우 가는 관을 통해 올라가는 것을 **모세관 작용(capillary action)**이라고 한다. 액체와 관의 벽 사이의 부착력은 액체 표면적을 증가시키고, 액체 표면 장력은 표면적을 줄이려는 경향이 있다. 따라서 액체는 관의 벽을 타고 위로 올라간다. 액체는 액체에 가해진 중력에 의해 부착력과 응집력이 균형을 이룰 때까지 올라간다.

모세관 작용은 널리 나타난다. 예를 들어 수건은 액체를 흡수하고, 건조 상태를 유지하는 합성 직물은 모세관 작용을 통해서 피부로부터 땀을 제거한다. 모세관 작용은 물과 용해된 영양분이 식물의 위쪽으로 이동하는 것을 돕는다.

## 자기 평가 연습 문제

**11.13** 온도가 증가하면 액체의 표면 장력은 어떻게 변화하는가?
**(a)** 증가한다.
**(b)** 감소한다.
**(c)** 일정하게 유지된다.

## 연습 문제

**11.14** 각각의 조성과 구조에 기초하여, $CH_3COOH$, $CH_3COOCH_3$, $CH_3CH_2OH$를 **(a)** 분자간 힘의 증가, **(b)** 점성도의 증가, **(c)** 표면 장력의 증가 순서에 따라 나열하시오.

**11.15** 하이드라진($H_2NNH_2$), 과산화 수소(HOOH), 물($H_2O$)은 비슷한 분자량을 가지는 다른 물질들과 비교했을 때, 예외적으로 높은 표면 장력을 가진다.
**(a)** 이 세 가지 화합물을 Lewis 점 구조식으로 그리시오.
**(b)** 이 물질들이 공통적으로 가지는 구조적 성질은 무엇인가? 또한 그것이 어떻게 높은 표면 장력을 설명할 수 있는가?

**11.16** **(a)** 2-프로판올($(CH_3)_2CHOH$)의 점성도가 에탄올($CH_3CH_2OH$)의 점성도보다 클지 작을지 예상하시오. **(b)** 2-프로판올($(CH_3)_2CHOH$)의 점성도가 1-프로판올($CH_3CH_2CH_2OH$)의 점성도보다 클지 작을지 예상하시오.

**11.17** 1-알킬-3-메틸이미다졸륨 양이온의 구조는 다음과 같다.

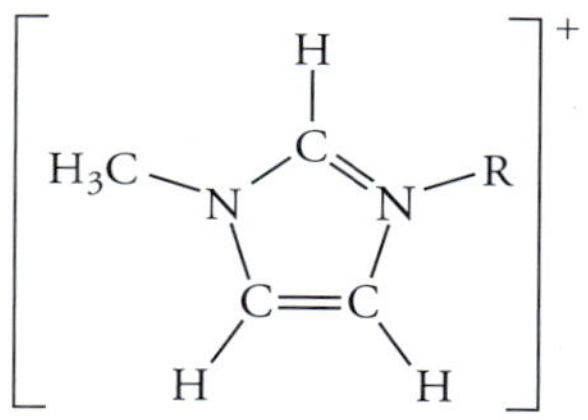


여기서 R은 $-CH_2(CH_2)_nCH_3$의 알킬기이다. 1-알킬-3-메틸이미다졸륨 양이온과 $PF_6^-$ 음이온이 형성한 염의 녹는점은 다음과 같다.
R=$CH_2CH_3$일 때, 60 ℃
R=$CH_2CH_2CH_3$일 때, 40 ℃
R=$CH_2CH_2CH_2CH_3$일 때, 10 ℃
R=$CH_2CH_2CH_2CH_2CH_3$일 때, −61 ℃
알킬기의 길이가 길어질수록 녹는점이 감소하는 이유를 쓰시오.

자기 평가 연습 문제 답 **11.13** (b)

# 11.4 상변화

**응축 및 응고와 연관된 석출에서 어떻게 에너지가 방출되는가?**

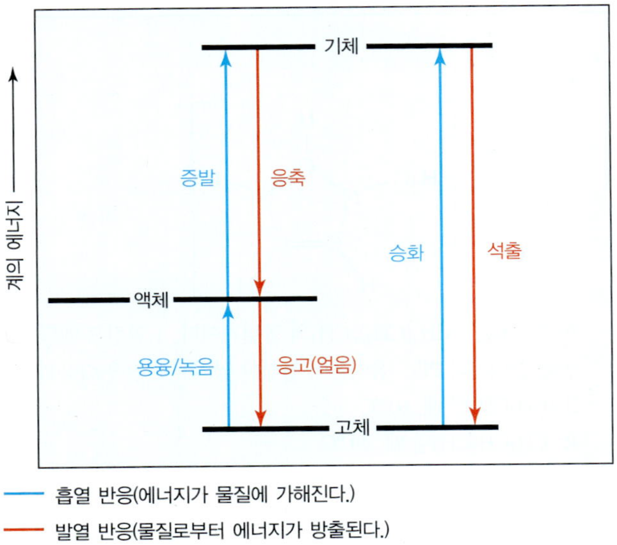


▲ 그림 11.20 상변화와 상변화의 이름

온열팩은 스포츠 부상의 현장 치료를 위해 종종 사용된다. 그것은 두 개의 구획으로 나뉜 유연한 두꺼운 플라스틱 백으로 이루어져 있는데, 하나는 물을, 다른 하나는 염을 포함하고 있다. 구획 사이의 봉인을 깨면 염이 물에 녹으면서 온도 변화를 일으킨다. 핫팩은 일반적으로 용해될 때 발열 반응을 하는 황산 마그네슘이나 염화 칼슘을 염으로 사용한다. 아이스팩은 질산 암모늄이나 요소를 사용한다. 이런 팩은 일회용이다. 재사용 가능한 핫팩은 과냉각된 아세트산 소듐 용액과 작은 금속 조각을 포함하고 있다. 금속이 구부러지면 표면의 작은 변화가 용액으로부터 아세트산 소듐을 결정화시켜 열을 방출한다. 이 팩은 끓는 물에 가열하여 아세트산 소듐을 재용해하고, 상온까지 천천히 냉각시키면 재사용할 수 있다.

이 절이 끝나면 다음 사항을 수행할 수 있어야 한다.

- 순수한 물질에 대한 다양한 상태 변화들의 이름을 나열하고, 어떤 것이 흡열이고 어떤 것이 발열인지 표시하기

유리잔에 뚜껑을 열어둔 채 놓아둔 액체 물은 증발해 버린다. 따뜻한 방에 놓아둔 얼음 한 조각은 빨리 녹는다. 고체 $CO_2$(드라이아이스)는 상온에서 **승화한다**. 즉 이것은 고체 상태에서 바로 기체 상태로 변한다. 일반적으로 물질의 각 상태(고체, 액체, 기체)는 다른 두 상태 중 한 상태로 변할 수 있다. **그림 11.20**은 이런 변화에 따른 이름을 나타낸다. 이런 변화를 **상변화(phase change)** 또는 **상태 변화**(change of state)라고 한다.

## 에너지 변화는 상변화를 동반한다

각각의 상변화는 계의 에너지 변화를 동반한다. 예를 들어 고체에서 입자(분자, 이온, 원자)들은 서로에 대해 어느 정도 일정한 위치를 차지하고 있고, 계의 에너지를 최소화하도록 가까이 배열되

어 있다. 고체의 온도가 증가함에 따라, 입자들은 점점 더 활기찬 운동을 하며 평형 위치에서 진동한다. 고체가 녹을 때 고체를 구성하는 입자는 서로에 대하여 자유롭게 움직인다. 이는 보통 입자의 평균 거리가 증가하는 것을 의미한다.

고체가 녹는 과정을 **용융**(fusion)이라고 한다. 입자들의 증가된 운동의 자유도는 에너지를 필요로 하며, **용융열(heat of fusion)** 또는 **용융 엔탈피**(enthalpy of fustion, $\Delta H_{용융}$)로 측정된다. 예를 들어 얼음의 용융열은 6.01 kJ/mol이다.

$$H_2O(s) \rightarrow H_2O(l) \qquad \Delta H_{용융} = 6.01\ kJ$$

액체상의 온도가 증가함에 따라 입자들은 보다 격렬하게 움직인다. 증가된 운동으로 인해 약간의 입자가 기체상으로 빠져나온다. 결과적으로 액체 표면 위에 있는 기체상 입자의 농도가 온도 증가에 따라 증가한다. 기체상 입자에 의한 압력을 **증기 압력**(vapor pressure)이라고 한다. 11.5절에서 증기 압력에 대하여 알아볼 것이다. 지금은 단지, 증기 압력이 액체 밖의 외부 압력인 대기압과 동일해질 때까지 온도 증가에 따라 증가한다는 것만 이해하면 된다. 이때 액체는 끓기 시작하여, 액체 내에 기포가 형성된다. 주어진 양의 액체를 증기로 전환시키는 데 필요한 에너지를 **증발열(heat of vaporization)** 또는 **증발 엔탈피**(enthalpy of vaporization, $\Delta H_{증발}$)라고 한다. 물의 증발열은 40.7 kJ/mol이다.

$$H_2O(l) \longrightarrow H_2O(g) \qquad \Delta H_{증발} = 40.7\ kJ$$

그림 11.21은 네 가지 물질에 대해서 $\Delta H_{용융}$과 $\Delta H_{증발}$을 비교한 값을 나타낸 것이다. $\Delta H_{증발}$값은 $\Delta H_{용융}$보다 큰 경향이 있다. 이는 액체에서 기체 상태로 변화할 때는 입자가 본질적으로 모든 분자간 인력을 끊어내야 하는 반면, 고체에서 액체로 녹을 때는 이러한 인력이 대부분 유지되기 때문이다.

고체 입자가 직접 기체 상태로 전환될 수도 있다. 이 전환에 필요한 엔탈피 변화를 **승화열(heat of sublimation**, $\Delta H_{승화}$)이라고 한다. 그림 11.20에 설명한 바와 같이, $\Delta H_{승화}$는 $\Delta H_{용융}$과 $\Delta H_{증발}$의 합이다. 따라서 물의 $\Delta H_{승화}$는 약 47 kJ/mol이다.

상변화는 일상생활에서 중요한 방식으로 나타난다. 액체 음료를 식히기 위하여 얼음을 사용하는데, 얼음의 용융열이 액체를 식힌다. 수영장이나 더운 샤워장에서 밖으로 나올 때는 시원하다고 느낀다. 이는 피부로부터 물이 증발할 때 몸으로부터 물의 증발열이 빠져나가기 때문이다. 우리의 몸은 특히 더운 날씨에 격렬한 운동을 할 경우, 피부로부터 물의 증발을 통해 체온을 조절한

물이 다이에틸 에터보다 증발열이 큰 이유는?

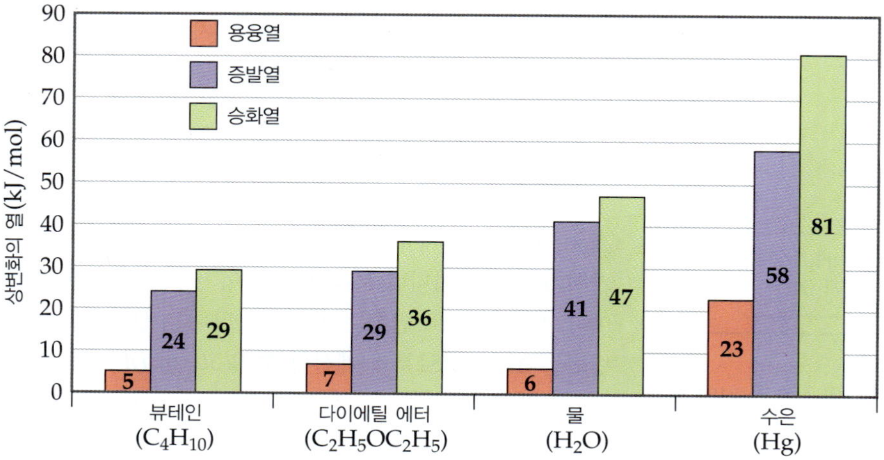


▲그림 11.21 용융열, 증발열, 승화열

다. 냉장고도 증발에 따른 냉각 효과와 관련이 있다. 냉장고의 작동 메커니즘은 어떤 압력하에서 액화할 수 있는 밀폐된 기체와 관련이 있다. 냉장고가 계속해서 액체를 증발시킴에 따라 액체는 열을 흡수한다. 그렇게 함으로써 냉장고 내부의 온도가 낮아진다.

액체 냉매가 증발할 때 흡수된 열은 어떻게 되는가? 열역학 제1법칙에 따라 증발 시 액체에 의해 흡수된 열은 기체가 액체로 응축될 때 방출되어야 한다. 이 상변화가 일어날 때 열은 냉장고 뒤의 냉각 코일을 통하여 방출된다. 주어진 물질의 **응축열**(heat of condensation)이 증발열과 크기는 같고 부호만 반대인 것처럼, 주어진 물질의 발열 과정인 **석출열**(heat of deposition)은 흡열 과정인 승화열과 같은 크기이면서 부호가 반대이며, 발열 과정인 **응고열**(heat of freezing) 역시 흡열 과정인 용융열과 같은 크기이다(그림 11.20 참조).

## 가열 곡선

얼음을 −25 °C, 101.3 kPa에서 가열하면, 처음에 얼음의 온도는 증가한다. 온도를 0 °C 이하로 유지하면 얼음은 계속 고체 상태이다. 그러다가 온도가 0 °C에 도달하면 얼음은 녹기 시작한다. 용융은 흡열 과정이므로, 0 °C에서 가한 열은 얼음을 액체 물로 바꾸는 데 사용하고, **얼음이 다 녹을 때까지 온도는 일정하게 유지된다.** 얼음이 녹은 후, 열을 더 가해 주면 액체 상태의 물의 온도는 상승하게 된다.

온도와 가해 준 열의 관계 도표를 **가열 곡선**(heating curve)이라고 한다. **그림 11.22**는 −25 °C 얼음($H_2O(s)$)을 125 °C 수증기($H_2O(g)$)까지 가열한 가열 곡선이다. 열이 일정한 속도로 가해짐에 따라 가열 곡선은 구별되는 구간들을 형성한다.

- 선 *AB*: 가열은 얼음의 온도를 −25 °C에서 0 °C로 상승시킨다.
- 선 *BC*: 가열은 0 °C에서 온도 변화 없이 $H_2O(s)$로부터 $H_2O(l)$로 변화시킨다.
- 선 *CD*: 가열은 $H_2O(l)$의 온도를 0 °C에서 100 °C로 상승시킨다.
- 선 *DE*: 가열은 100 °C의 일정한 온도에서 온도 변화 없이 $H_2O(l)$을 $H_2O(g)$로 변화시킨다.
- 선 *EF*: 가열은 $H_2O(g)$의 온도를 125 °C로 상승시킨다.

C 점과 D 점 사이에서 어떤 과정이 일어나는가?

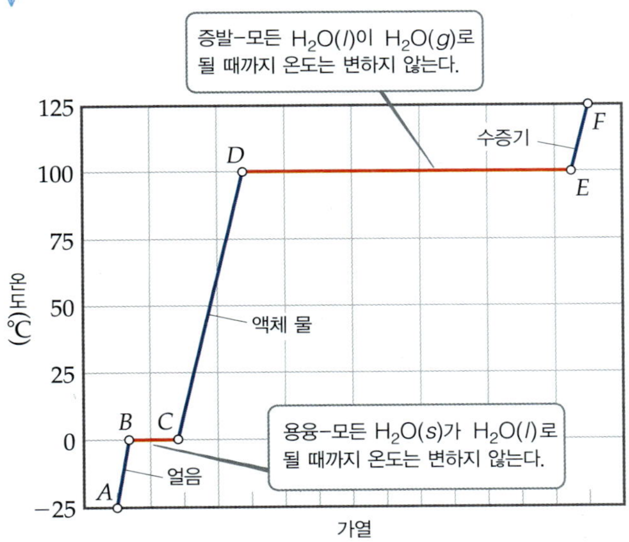


▲ **그림 11.22 물의 가열 곡선** 이 도표는 물 1.00 mol이 일정 압력(101.3 kPa)에서 −25 °C의 $H_2O(s)$를 125 °C의 $H_2O(g)$까지 가열될 때 일어나는 변화를 보여 준다. 그러나 열을 계속 가해도 두 상이 변할 동안에는(붉은 선) 계의 온도는 변하지 않는다.

가열 곡선의 각 구간에서, 계의 엔탈피 변화를 계산할 수 있다. 선 *AB*, *CD*, *EF*는 한 가지 상에 대해 어떤 한 온도에서 다른 온도로 가열한 것을 나타낸 것이다. 5.5절처럼, 어떤 한 물질의 온도를 올릴 때 필요한 열량은 비열, 질량, 온도 변화를 곱한 값이다(식 5.21). 물질의 비열이 클수록, 일정 온도를 올리는 데 더 많은 열을 가해야 한다. 물의 비열은 얼음의 비열보다 크기 때문에, 선 *CD*의 기울기는 선 AB의 기울기보다 작다. 작은 기울기는 물의 온도를 1 °C 올릴 때 같은 양의 얼음을 1 °C 올리는 것보다 더 많은 열을 가해야 한다는 것을 의미한다.

선 *BC*와 *DE*는 일정한 온도에서 하나의 상이 다른 상으로 변환된 것을 보여 준다. 이런 상변화가 일어나는 동안 온도는 일정하게 유지된다. 그 이유는 가해 준 열이 평균 분자 운동 에너지를 증가시키는 것이 아니라 분자간 힘을 이겨내는 데 사용되었기 때문이다. 얼음이 물로 변하는 과정을 나타내는 선 *BC*의 경우 엔탈피 변화는 $\Delta H_{용융}$으로부터 계산할 수 있고, 선 *DE*의 경우 $\Delta H_{증발}$을 이용할 수 있다.

만약 125 °C에서 수증기 1 mol을 냉각시키면, 그림 11.22의 오른쪽에서 왼쪽으로 이동하면 된다. 처음 $H_2O(g)$의 온도를 낮추게 되면($F \longrightarrow E$), 응결되어($E \longrightarrow D$) 액체 $H_2O(l)$가 된다.

때로는 액체로부터 열을 제거하여 고체가 만들어지지 않은 상태에서 액체를 어는점 이하로 순간적으로 식힐 수 있다. 이런 현상을 **과냉각**(supercooling)이라고 한다. 과냉각은 액체로부터 열이 매우 급격하게 제거될 때 일어나서, 분자가 말 그대로 고체의 질서 있는 구조를 형성할 시간이 없을 때 발생한다. 과냉각된 액체는 불안정하여 용액에 먼지 입자가 들어가거나 약하게 저어주기만 해도 순식간에 고체화된다.

## 임계 온도와 임계 압력

기체는 적절한 온도에서 압력을 가하여 액화할 수 있다. 100 °C 수증기가 피스톤으로 막혀 있는 실린더에 있다고 하자. 수증기 위의 압력을 증가시키면 101.3 kPa에서 액체인 물이 생성될 것이다. 그러나 온도가 110 °C이면, 액체상은 압력이 143.3 kPa가 될 때까지 형성되지 않을 것이다. 374 °C에서 액체상은 22.06 MPa에서만 형성된다. 이 온도 이상에서는 압력을 가해도 액체가 생성되지 않는다. 대신에 압력이 증가할수록 기체가 지속적으로 압축된다. 액체상이 생성될 수 있는 최고 온도를 **임계 온도**(**critical temperature**)라고 한다. **임계 압력**(**critical pressure**)이란 이 임계 온도에서 액화가 일어나는 데 필요한 최소 압력이다.

임계 온도는 액체가 존재할 수 있는 최고 온도이다. 임계 온도 이상에서는 물질을 아무리 세게 압축하여 분자들을 가깝게 해도 분자의 운동 에너지가 기체들을 액체 상태로 이끄는 인력보다 크다. **분자간 힘이 클수록 물질의 임계 온도가 증가한다.**

### 예제 11.3

**온도와 상변화에 대한 $\Delta H$의 계산**

1 atm의 일정한 압력에서 −25 ℃의 얼음 1.00 mol을 125 ℃의 수증기로 변환하는 과정의 엔탈피 변화를 계산하시오(얼음, 액체 물, 수증기의 비열은 각각 2.03, 4.18, 1.84 J/g-K이다. 물의 $\Delta H_{용융}$ = 6.01 kJ/mol, $\Delta H_{증발}$ = 40.67 kJ/mol이다).

**해답**

**분석** −25 °C의 얼음 1 mol을 125 °C의 수증기로 변환하는 데 필요한 총 열량을 계산하는 문제이다.

**계획** 각 과정의 엔탈피 변화를 계산하고 그들을 모두 합하면 총 엔탈피 변화를 계산할 수 있다(Hess 법칙, 5.6절).

**풀이** 그림 11.22의 선 $AB$에서 얼음의 온도를 25 °C만큼 올리기에 충분한 열량을 가했다. 25 °C의 온도 변화는 25 K의 온도 변화와 같다. 따라서 이 과정의 엔탈피 변화 계산은 얼음의 비열을 이용할 수 있다.

$$AB: \Delta H = (1.00\ \text{mol})(18.0\ \text{g/mol})(2.03\ \text{J/g K})(25\ \text{K}) = 914\ \text{J} = 0.91\ \text{kJ}$$

그림 11.22의 선 $BC$에서는 0 °C에서 얼음이 물로 변환되었다. 여기서 몰용융열을 직접 이용할 수 있다.

$$BC: \Delta H = (1.00\ \text{mol})(6.01\ \text{kJ/mol}) = 6.01\ \text{kJ}$$

선 $CD$, $DE$, $EF$의 엔탈피 변화는 같은 방법으로 계산할 수 있다.

$$CD: \Delta H = (1.00\ \text{mol})(18.0\ \text{g/mol})(4.18\ \text{J/g K})(100\ \text{K}) = 7520\ \text{J} = 7.52\ \text{kJ}$$

$$DE: \Delta H = (1.00\ \text{mol})(40.67\ \text{kJ/mol}) = 40.7\ \text{kJ}$$

$$EF: \Delta H = (1.00\ \text{mol})(18.0\ \text{g/mol})(1.84\ \text{J/g K})(25\ \text{K}) = 830\ \text{J} = 0.83\ \text{kJ}$$

전체 엔탈피 변화는 각 단계의 변화를 모두 합친 것이다.

$$\Delta H = 0.91\ \text{kJ} + 6.01\ \text{kJ} + 7.52\ \text{kJ} + 40.7\ \text{kJ} + 0.83\ \text{kJ} = 56.0\ \text{kJ}$$

**검토** 그림 11.22에 보이는 수평선의 길이와 비교할 때, 전체 에너지 변화의 각 성분의 상대적 크기는 합리적이다. 가장 큰 성분은 증발열임을 주목하라.

**▶ 보충 예제**

100 °C $H_2O(g)$ 1 mol이 80 °C $H_2O(l)$로 변환될 때의 엔탈피 변화를 계산하려고 한다. 이때 필요한 물에 대한 정보는 어느 것인가? **(a)** 융해열 **(b)** 증발열 **(c)** 증발열과 $H_2O(g)$의 비열 **(d)** 증발열과 $H_2O(l)$의 비열 **(e)** 융해열과 $H_2O(l)$의 비열

**표 11.5 몇 가지 물질의 임계 온도와 임계 압력**

| 물질 | 임계 온도(K) | 임계 압력(MPa) |
|---|---|---|
| 질소($N_2$) | 126.1 | 3.39 |
| 아르곤(Ar) | 150.9 | 4.86 |
| 산소($O_2$) | 154.4 | 5.04 |
| 메테인($CH_4$) | 190.0 | 4.60 |
| 이산화 탄소($CO_2$) | 304.3 | 7.40 |
| 포스핀($PH_3$) | 324.4 | 6.54 |
| 프로페인($CH_3CH_2CH_3$) | 370.0 | 4.26 |
| 황화 수소($H_2S$) | 373.5 | 9.01 |
| 암모니아($NH_3$) | 405.6 | 11.30 |
| 물($H_2O$) | 647.6 | 22.06 |

몇 가지 물질의 임계 온도와 압력이 표 11.5에 나열되어 있다. 분자간 인력이 약한, 무극성이고 분자량이 작은 물질이, 극성이고 분자량이 큰 물질보다 낮은 임계 온도와 압력을 갖는 점에 주목하라. 또한 물이나 암모니아는 강한 분자간 수소 결합 때문에 예외적으로 높은 임계 온도와 압력을 가진다.

물질의 임계 온도와 임계 압력은 기체를 다루는 사람이나 공학도에게 매우 중요하다. 이 임계 온도와 임계 압력이 기체가 액화되는 조건의 정보를 제공하기 때문이다. 때로는 기체를 액화하고 싶을 때도 있고, 기체를 액화하고 싶지 않을 때도 있다. 만일 기체가 임계 온도 이상의 온도에 있다면, 압력을 가해서 기체를 액화하려는 것은 쓸데없는 일이다. 예를 들면 $O_2$의 임계 온도는 154.4 K이다. 이 온도 이하로 낮추어야 압력으로 산소를 액화시킬 수 있다. 이와 반대로, 암모니아의 임계 온도는 405.6 K이다. 따라서 암모니아는 실온(약 295 K)에서 충분한 압력을 가함으로써 액화할 수 있다.

온도가 임계 온도 이상이 되고, 압력이 임계 압력 이상이 되었을 때, 액체와 기체 상태는 서로 구별할 수가 없게 되는데, 이러한 물질의 상태를 **초임계 유체(supercritical fluid)**라고 한다. 초임계 유체는 (기체와 같이) 용기를 채우도록 팽창한다. 그러나 분자들은 (액체와 같이) 아직 상당히 가까운 거리를 유지한다.

액체와 같이, 초임계 유체는 넓은 범위의 물질을 녹이는 용매와 같은 성질을 가진다. **초임계 유체 추출**(supercritical fluid extraction)을 이용하여, 혼합물의 성분을 서로 분리할 수 있다. 초임계 유체 추출은 화학, 식품, 의약, 에너지 산업에서 복잡한 혼합물을 완전히 분리하는 데 사용되어 왔다. 초임계 $CO_2$는 비교적 저렴하고 대기로의 $CO_2$ 배출을 줄일 수 있으므로 자주 이용된다.

## 자기 평가 연습 문제

**11.18** **석출**을 잘 설명하는 상태 변화와 엔탈피 변화는 무엇인가?
**(a)** 기체에서 액체로, 발열 과정
**(b)** 기체에서 고체로, 발열 과정
**(c)** 기체에서 고체로, 흡열 과정
**(d)** 액체에서 고체로, 발열 과정

## 연습 문제

**11.19** 다음 상황의 상전이의 이름을 말하고, 흡열 과정인지 발열 과정인지 나타내시오.
**(a)** 아이오딘 고체가 가열되면 아이오딘 기체로 변한다.
**(b)** 눈송이는 손바닥에 떨어지면 물로 변한다.

(c) 차갑고 습한 아침에 물방울이 풀잎에 맺힌다.

(d) 드라이아이스를 실온에 일정 시간 방치하면 점차 사라진다.

**11.20** 클로로에테인($C_2H_5Cl$)은 12 °C에서 끓는다. 압력하에서 액체 $C_2H_5Cl$이 상온(25 °C)의 표면으로 분사될 때, 그 표면은 상당히 냉각된다.

(a) 이 관찰 결과는 $C_2H_5Cl(l)$과 비교했을 때, $C_2H_5Cl(g)$의 비열에 관해 무엇을 말해 주는가?

(b) 표면으로부터 잃은 열이 클로로에테인에 의해 보상되었다고 가정해 보자. 표면의 최종 온도를 계산하고자 한다면 어떤 엔탈피를 고려해야 하는가?

**11.21** $CHClF_2$는 오존층에 상대적으로 영향을 덜 미치는 하이드로클로로플루오로카본(HCFC)의 한 종류이다. 이 화합물은 클로로플루오로카본(CFCs)의 대체제로 사용된다. $CHClF_2$의 증발열은 233.95 kJ/g이다. 초기 온도 15 °C에서 물 15 g이 얼기 위해서는 위 물질 $CHClF_2$이 몇 그램 증발되어야만 하는가? (물의 용융열은 334 J/g, 물의 비열은 4.18 J/g-K이다.)

**11.22** 아세톤($CH_3COCH_3$)은 많이 사용되는 유기 용매로서 낮은 녹는점(178 K)과 낮은 끓는점(329 K)를 갖는다. 아세톤의 용융 엔탈피는 5.72 kJ/mol이고, 증발 엔탈피는 29.1 kJ/mol이다. 아세톤 고체와 액체의 비열은 각각 96 J/mol K와 125.5 J/mol K이다.

(a) 273 K의 아세톤 23.0 g이 329 K의 증기상으로 변하기 위해서 필요한 열은 얼마인가?

(b) 같은 양의 아세톤이 77 K에서 329 K의 증기상으로 변하기 위해서 필요한 열은 얼마인가?

**11.23** 다음 각 문장의 참, 거짓을 밝히시오.

(a) 어떤 물질의 임계 압력은 그 물질이 상온에서 고체로 변할 때의 압력이다.

(b) 어떤 물질의 임계 온도는 그 물질의 액체상이 형성될 수 있는 가장 높은 온도이다.

(c) 일반적으로 어떤 물질의 임계 온도가 높을수록 임계 압력은 낮다.

(d) 일반적으로 어떤 물질의 분자간 힘이 강할수록, 임계 온도와 임계 압력은 높다.

자기 평가 연습 문제 답 **11.18** (b)

## 11.5 | 증기 압력

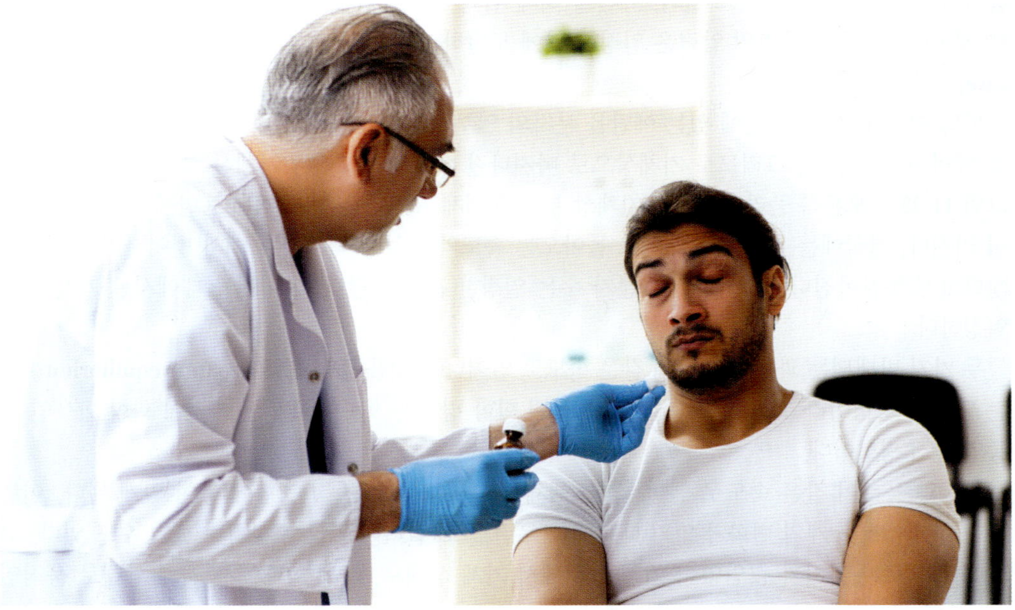

© Elnur/Shutterstock

후각 자극제(smelling salts)는 오랜 역사를 가지고 있다. 이 물질은 로마 시대 사람인 Pliny 및 영국의 작가 Chaucer의 저서에도 언급되어 있다. 전통적으로 이 물질은 기절한 사람을 깨우기 위해 사용되었지만, 현대에는 스포츠 경기장 앞에서 운동선수의 '주의를 환기시키고', 부상을 당한 운동선수를 운동장에서 소생시키기 위해 사용되고 있다. 그러나 뇌진탕으로 인한 더 심각한 신경학적 손상의 진단을 방해하거나 지연시킬 수 있기 때문에 더 이상 권장되는 치료법은 아니다. 활성 성분은 탄산 암모늄이지만, 물이나 알코올 용액에 용해되기도 하며, 향수나 유칼립투스 오일과 같은 향기로운 화합물과 함께 섞이기도 한다. 탄산 암모늄은 호흡기를 자극하는 암모니아를 형성한다. 다만 코와 호흡 기관의 조직이 화상을 입을 수 있어 조심스럽게 사용해야 한다.

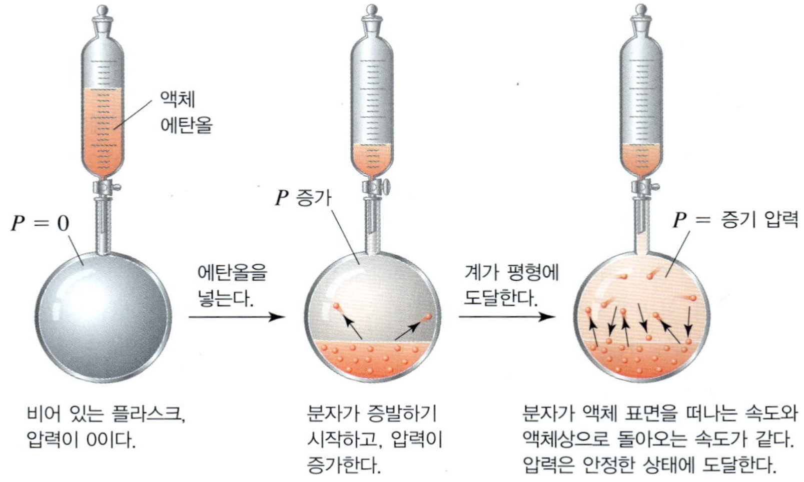


▶ **그림 11.23** 액체 위의 증기 압력

이 절에서는 화합물의 휘발성에 대해 논의할 것이다. 이 절이 끝나면 다음 사항을 수행할 수 있어야 한다.

- 화합물의 휘발성에 영향을 주는 요소들을 이해하기

분자는 증발로 인해 액체 표면으로부터 빠져나가 기체 상태로 될 수 있다. 일정량의 에탄올($CH_3CH_2OH$)을 **그림 11.23**에서와 같은 빈 밀폐 용기에 담았다고 가정해 보자. 이 에탄올은 즉시 증발하기 시작할 것이다. 그 결과, 에탄올 액체 위의 빈 곳에 채워진 증기 압력은 증가하기 시작할 것이다. 잠시 후 증기의 압력은 일정한 값에 도달하는데, 이것을 물질의 **증기 압력(vapor pressure)**이라고 한다.

어느 순간에, 액체 표면에 있는 에탄올 분자의 일부는 이웃 분자의 인력에서 벗어날 수 있는 운동 에너지를 가진다. 그러므로 기체상으로 빠져나갈 수 있다. 그러나 기체상 분자 수가 많을수록 그림 11.23의 오른쪽 플라스크처럼 기체상 분자가 액체 표면에 부딪혀 액체 표면에 달라붙을 확률이 커진다. 결국에는 분자들이 액체로 돌아오는 속도와 그들이 액체 상태에서 벗어나려는 속도가 정확하게 똑같아진다. 기체 상태의 분자 수는 일정한 값에 도달하고, 이런 상태에서 증기 압력은 일정하다.

두 가지 반대되는 과정이 동시에 같은 속도로 일어나는 것을 **동적 평형(dynamic equilibrium)** 또는 단순히 **평형**이라고 한다. 4.1절에서 보았던 화학 평형은 서로 반대되는 과정이 화학 반응인 일종의 동적 평형이다.

증발과 응축이 같은 속도로 일어날 때, 액체와 그의 기체는 동적 평형에 놓여 있게 된다. 이런 평형 상태에서는 계의 변화가 없기 때문에 아무런 일도 일어나지 않는 것처럼 보일 수도 있다. 그러나 실제로는 분자가 끊임없이 액체 상태에서 기체 상태로, 기체 상태에서 액체 상태로 움직인다. **어떤 액체의 증기 압력은 액체 상태와 기체 상태가 동적 평형에 놓여 있을 때, 그 증기에 의하여 형성된 압력이다.**

## 휘발성, 증기 압력, 온도

그릇에서 물이 증발할 때처럼, 열린 용기에서 증발이 일어날 때, 증기는 액체에서 빠져나와 흩어진다. 수증기는 액체 표면에 다시 붙잡히지 않는다. 평형은 결코 일어나지 않고, 액체가 모두 마를 때까지 증기를 생성한다. 높은 증기 압력을 가진 물질(가솔린과 같은)은 낮은 증기 압력을 가진 물질(엔진 오일과 같은)보다 빨리 증발한다. 쉽게 증발하는 액체를 **휘발성(volatile)**이 있다고 한다.

뜨거운 물은 차가운 물보다 빨리 증발한다. 왜냐하면 증기 압력은 온도가 높을수록 증가하기 때문이다. 왜 이런 상태가 일어나는지 알기 위해서는 액체 분자가 다양한 속도로 움직인다는 사실로부터 시작해야 한다. **그림 11.24**는 두 온도에서 액체 표면에 있는 분자들의 운동 에너지 분포를 나타낸 것이다(곡선은 10.6절에서의 기체와 비슷하다). 온도가 높아질수록 분자들은 좀 더 활발하게 움직이고, 많은 수의 분자가 이웃 분자들로부터 쉽게 빠져나와 기체상으로 들어갈 수 있으므로 기체의 압력이 증가한다.

**그림 11.25**는 휘발성이 크게 다른 네 가지 물질의 증기 압력이 온도에 따라 어떻게 변하는지를 보여 준다. 모든 경우에 증기 압력은 온도에 따라 비선형적으로 증가함에 주목하라. 액체에서 분자간 힘이 약할수록 분자가 더 쉽게 빠져나올 수 있다. 따라서 주어진 온도에서의 증기압은 더 커진다.

온도가 상승하면 분자가 기체상으로 빠져나가는 속도가 증가하는가, 감소하는가?

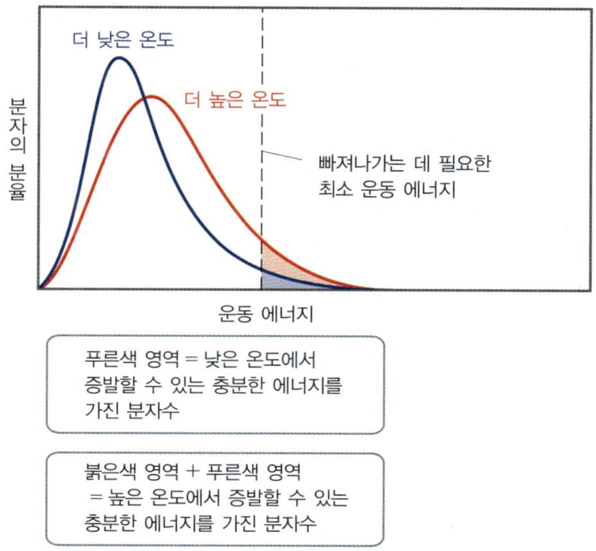


▲ 그림 11.24 액체에서 운동 에너지의 분포에 대한 온도의 영향

## 증기 압력과 끓는점

액체의 **끓는점(boiling point)**이란 액체 표면에 작용하는 외부 압력과 증기 압력이 같을 때의 온도이다. 이 온도에서는 분자의 열에너지가 액체 내부의 분자들이 이웃으로부터 떨어져 나와 기체상으로 변화하기에 충분하다. 따라서 액체 내에 기포가 생긴다. 외부 압력이 증가하면 끓는점도 증가한다. 101.3 kPa에서 액체의 끓는점을 **정상 끓는점(normal boiling point)**이라고 한다. 그림 11.25로부터, 물의 정상 끓는점은 100 ℃임을 알 수 있다.

끓는 물로 음식을 요리할 때, 물의 온도에 따라 요리에 필요한 시간이 달라진다. 열려 있는 용기에서는 끓는 온도가 100 ℃이지만, 더 높은 온도에서 끓게 하는 방법도 있다. 압력밥솥은 증기 압력이 미리 결정된 압력을 넘어설 때만 증기가 빠져나간다. 따라서 물 위의 압력은 대기압을 초과할 수 있다. 높은 압력은 물을 높은 온도에서 끓게 하고, 음식물을 더 뜨거워지게 하여 더 빨리 조리되게 한다.

압력이 끓는점에 미치는 영향은, 고도가 높은 지역이 바닷가보다 요리 시간이 좀 더 걸린다는 사실도 설명해 준다. 고도가 높은 곳은 대기압이 낮아 100 ℃보다 낮은 온도에서 물이 끓는다. 따라서 음식을 요리하는 데 일반적으로 오래 걸린다.

정상 끓는점에서 에틸렌 글라이콜의 증기 압력은 얼마인가?

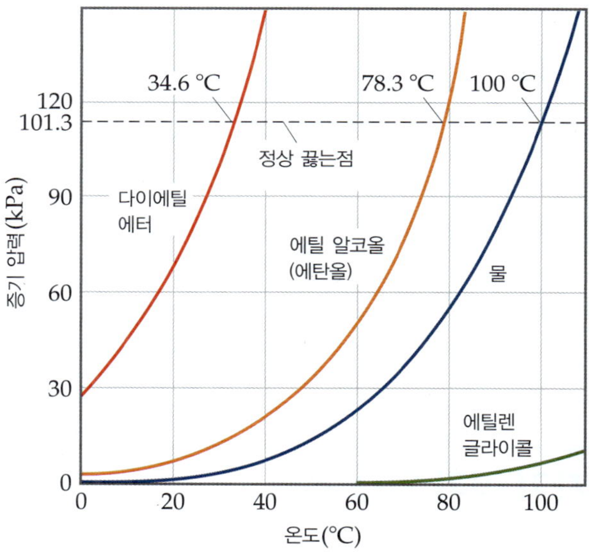


▲ 그림 11.25 온도의 함수로 표현한 네 가지 액체의 증기 압력

## 자세히 보기 Clausius-Clapeyron 식

그림 11.25의 그래프가 뚜렷한 모양을 가지는 것을 주목하라. 각각의 물질은 온도가 증가할수록 증기 압력 곡선이 급격히 증가한다. 증기 압력과 온도의 관계는 Clausius–Clapeyron 식으로 주어진다.

$$\ln P = \frac{-\Delta H_{증발}}{RT} + C \qquad [11.1]$$

이때 $P$는 증기 압력이고, $T$는 절대 온도, $R$은 기체 상수(8.314 J/mol-K), $\Delta H_{증발}$은 증발 몰엔탈피이며, $C$는 임의의 상수이다. 이 식은 $\ln P$와 $1/T$ 그래프의 직선 기울기가 $\Delta H_{증발}/R$과 같다는 것을 보여 준다. 그러므로 우리는 이 관계를 이용하여 물질의 증발 엔탈피를 결정할 수 있다.

$$\Delta H_{증발} = -\text{기울기} \times R$$

Clausius−Clapeyron 식을 어떻게 이용하는지 알아보기 위해, 그림 11.25에 나와 있는 에탄올의 증기 압력 값을 ln $P$ 값과 $1/T$ 값의 그래프로 그려 **그림 11.26**에 나타냈다. 그 결과 직선 위에 자료가 나타났고, 직선의 기울기는 음(−)이다. 직선의 기울기에서 에탄올의 $\Delta H_{증발}$을 구하면 38.56 kJ/mol이 된다. 또 직선을 외삽하면 자료로 주어진 온도 범위 밖에서의 에탄올의 증기 압력을 구할 수 있다.

**관련 연습 문제: 11.91∼11.93**

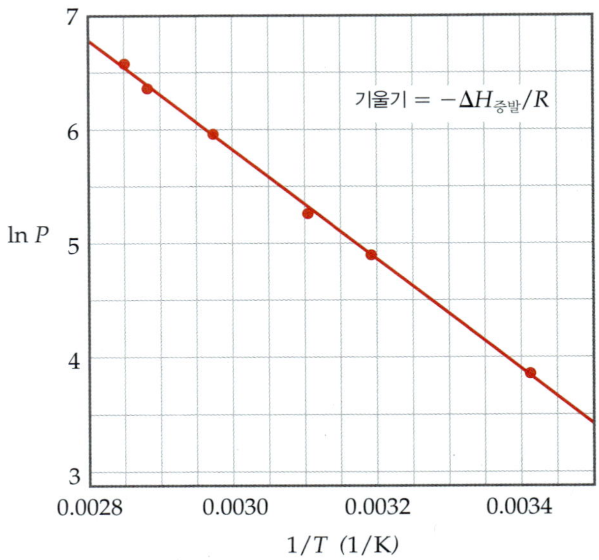


▲ **그림 11.26** 에탄올에 대한 증기 압력의 자연로그 값 대 $1/T$의 그래프

## 예제 11.4
### 끓는점과 증기 압력의 관계

그림 11.25를 이용하여 외부 압력이 81 kPa일 때, 다이에틸 에터(diethyl ether)의 끓는점을 계산하시오.

**해답**

**분석** 온도와 증기 압력 간 그래프를 읽고, 일정 압력에서 한 물질의 끓는점을 결정하는 문제이다. 끓는점은 증기 압력이 외부 압력과 같아지는 온도이다.

**계획** 그래프에서 그 압력의 위치를 예측하고, 수평으로 증기 압력 곡선으로 이동한 다음, 수직으로 내려가면 온도를 구할 수 있다.

**풀이** 압력은 81 kPa이다. 그림 11.25를 보면 이 압력에서 끓는점은 실온에 가까운, 약 27 °C이다.

**주의** 진공 펌프를 사용하여 다이에틸 에터 액체 위의 압력을 약 81 kPa까지 낮춤으로써 상온에서 이 액체를 끓일 수 있다.

**▶ 보충 예제**

그림 11.25를 이용하여 에탄올이 60 °C에서 끓을 때의 외부 압력을 구하시오.

## 자기 평가 연습 문제

**11.24** 25°C에서 $CCl_4$와 $CBr_4$ 중 어떤 화합물의 휘발성이 더 큰가?

(**a**) $CCl_4$

(**b**) $CBr_4$

## 연습 문제

**11.25** 과산화 수소($H_2O_2$)는 정상 끓는점이 150 °C이다. 그림 11.25에 주어진 자료를 이용해서 25 °C에서 과산화 수소가 물보다 더 큰 증기 압력을 가지는지, 더 작은 증기 압력을 가지는지 예상하시오.

**11.26** 다음 내용이 참인지, 거짓인지 말하시오.

(**a**) $CBr_4$는 $CCl_4$보다 휘발성이 더 크다.

(**b**) $CBr_4$는 $CCl_4$보다 끓는점이 더 높다.

(**c**) $CBr_4$는 $CCl_4$보다 분자간 힘이 약하다.

(**d**) $CBr_4$는 $CCl_4$보다 같은 온도에서 더 높은 증기 압력을 갖는다.

**11.27** 산에 올라 차를 만들기 위해 물을 끓였다. 하지만 차를 만들기에 물이 별로 뜨겁지 않았다. 이 결과를 가장 잘 설명한 것을 고르시

오.

(a) 높은 산은 매우 건조하여 물이 빨리 증발되면서 컵을 냉각시킨다.

(b) 높은 산은 바람이 많이 불어 물이 빨리 증발되면서 컵을 냉각시킨다.

(c) 높은 산에서는 압력이 101.3 kPa보다 다소 낮아서 물의 끓는점이 해수면보다 낮다.

(d) 높은 산에서는 압력이 101.3 kPa보다 다소 낮아서 물의 끓는점이 해수면보다 높다.

**11.28** 부록 B는 다양한 외부 압력하에서 물의 증기 압력을 나타내고 있다.

(a) 부록 B에 있는 자료를 증기 압력과 온도(°C)의 그래프로 나타내시오. 여러분의 그래프로부터 체온 37 °C에서 물의 증기 압력을 추정하시오.

(b) 101.3 kPa, 100 °C에서 자료 점의 의의를 설명하시오.

(c) 해수면보다 1525 m 위의 고도에 존재하는 도시는 84.3 kPa의 기압을 나타낸다. 이 도시에서 물이 끓으려면 몇 도까지 열을 가해야 하는가?

(d) 해수면보다 150 m 아래에 존재하는 도시는 103.14 kPa의 기압을 나타낸다. 이 도시에서 물이 끓으려면 몇 도까지 열을 가해야 하는가?

자기 평가 연습 문제 답 **11.24** (a)

## 11.6 상도표

빙상 스케이트가 모두 물의 고체–액체 상변화에 관한 것이라고 누가 생각이나 했겠는가! 스케이트의 얇은 날 위에 서 있는 사람의 무게는 그 날 아래에 상당한 압력을 발생시킨다. 압력은 얼음을 일시적으로 녹이고 이는 스케이트 날 아래의 마찰을 획기적으로 줄이기에 충분하다. 스케이트 선수는 빠르게 미끄러지면서 링크를 쉽게 활주할 수 있게 된다. 물 위의 압력이 해소되면, 물은 다시 얼게 된다.

이 절이 끝나면 다음 사항을 수행할 수 있어야 한다.

- 물질의 상도표를 해석하기

액체와 그 증기 사이의 평형이 물질의 상태 간에 존재할 수 있는 유일한 동적 평형은 아니다. 적절한 온도와 압력 조건에서 고체는 그것의 액체 상태와, 심지어는 증기 상태와도 평형을 이룰 수 있다. 고체상과 액체상이 평형을 이루며 공존하는 온도가 고체의 **녹는점**(melting point) 또는 액체의 **어는점**(freezing point)이다. 고체도 기화될 수 있기 때문에 증기 압력을 갖는다.

**상도표**(phase diagram)란 물질의 서로 다른 상태 사이에 평형이 존재하는 조건을 요약하는 도식적 방법이다. 따라서 이를 통해 주어진 온도와 압력에서 존재하는 물질의 상을 예측할 수 있다.

그림에서 고체상의 압력이 일정한 온도에서 감소한다고 상상해보자. 고체가 결국 승화되었다면, 온도에 대해서는 무엇을 말할 수 있는가?

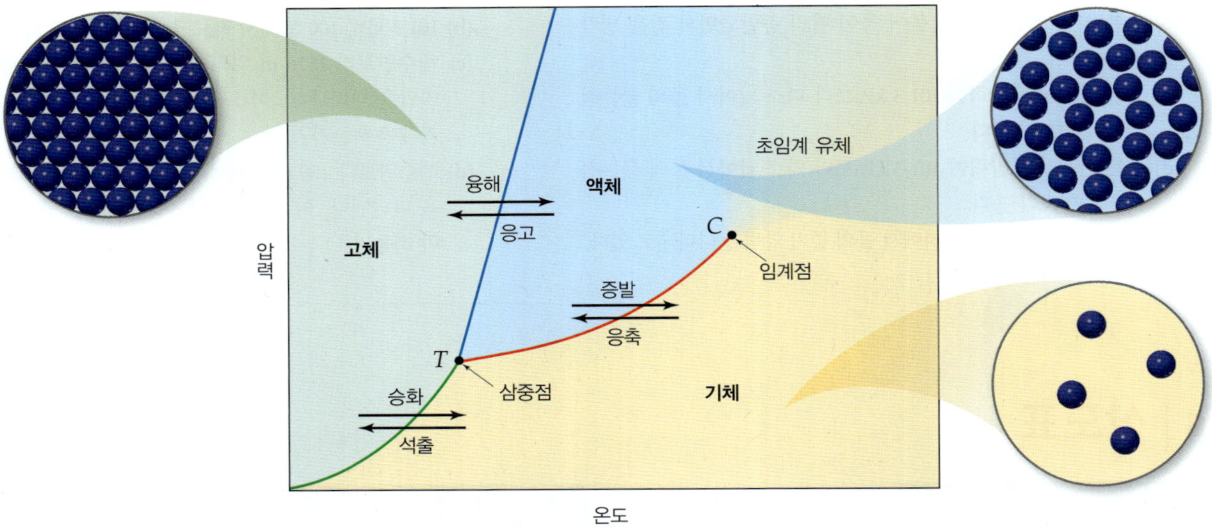


▲ **그림 11.27 어떤 순수한 물질의 일반적인 상도표** 초록색 선은 승화 곡선, 푸른색 선은 용융 곡선, 붉은색 선은 증기 압력 곡선을 나타낸다.

세 가지 상태로 존재할 수 있는 어떤 물질의 상도표를 **그림 11.27**에 나타내었다. 이 상도표는 중요한 세 개의 곡선으로 구성되며, 각 곡선은 여러 개의 상이 평형 상태에서 동시에 존재할 수 있는 온도와 압력 조건을 나타낸다. 상도표에 표기된 압력은 계에 적용된 압력이거나 물질 자체에 의해 생성되는 압력이다. 곡선들은 다음과 같이 설명된다.

1. 붉은색 곡선은 액체의 **증기 압력 곡선**이다. 이것은 액체상과 기체상 사이의 평형을 나타낸다. 이 곡선 위에서 증기 압력이 101.3 kPa일 때가 물질의 정상 끓는점이다. 증기 압력 곡선은 **임계점**(*C*)에서 끝난다. 이 점은 물질의 임계 온도와 임계 압력을 말한다. 임계점 이상에서 액체와 기체상은 서로 구별할 수 없으며, 이때의 물질을 **초임계 유체**라고 한다.
2. 초록색 곡선인 **승화 곡선**은 기체상에서 고체상으로 분리될 때를 보여 주며, 각각 다른 온도에서 승화할 때 고체 증기 압력의 변화를 나타낸다. 이 곡선의 각 점은 고체와 기체의 평형 상태를 나타낸다.
3. 푸른색 곡선인 **융해 곡선**은 고체상과 액체상을 분리해 주며, 압력 증가에 따른 고체의 녹는점 변화를 나타낸다. 이 선은 대개 압력이 증가함에 따라 약간 오른쪽으로 기운다. 이것은 대부분의 물질에서 고체 형태가 액체 형태보다 밀도가 크기 때문이다. 따라서 압력 증가는 더 조밀한 고체상을 선호한다. 그래서 압력이 높을수록 고체를 녹일 때 높은 온도가 필요하다. 101.3 kPa에서의 녹는점을 **정상 녹는점**(**normal melting point**)이라고 한다.

점 *T*는 세 개 곡선이 서로 만나는 점으로, **삼중점**(**triple point**)이라고 한다. 여기에서는 세 가지 모든 상이 평형에 도달한다. 세 가지 곡선 위의 다른 모든 점은 두 가지 상 사이의 평형을 의미한다. 선 위에 있지 않은 상도표 상의 점은 오직 한 가지 상만 존재함을 나타낸다. 낮은 압력과 높은 온도에서는 기체상이 안정함에 주목하라. 반면, 고체상이 안정한 조건은 낮은 온도와 높은 압력이다. 액체의 안정 범위는 고체와 기체 사이에 있다.

## $H_2O$와 $CO_2$의 상도표

**그림 11.28**은 $H_2O$의 상도표를 나타낸 것이다. 압력의 범위가 넓기 때문에 압력을 로그 값으로 나타낸다. $H_2O$의 융해 곡선(푸른색 선)은 이례적으로 압력이 증가할수록 왼쪽으로 비스듬히 기운다. 이는 압력이 증가할수록 물의 녹는점이 낮아짐을 보여 준다. 11.2절에서 배웠던 것과 같이, 물은 고체 형태일 때보다 액체 형태일 때 더욱 조밀한 특징을 갖는 물질이기 때문에, 흔치 않은 특징을 보여 준다.

만일 압력이 101.3 kPa으로 고정된다면, 상도표에서 고체상이 액체상을 거쳐 기체상으로 이동하는 것은 온도의 변화에 의해 가능하다. 이는 일상적으로 물을 접하면서 예상하는 결과와 일치한다. $H_2O$의 삼중점은 비교적 낮은 압력인 0.611 kPa으로 떨어진다. 이 압력하에서 액체 상태의 물은 안정하지 않으며, 열이 주어지면 얼음이 기체 상태로 승화한다. 이러한 물의 성질은 '동결-건조(freeze-dry)' 음식과 음료에 이용된다. 음식이나 음료수는 0 ℃ 이하에서 냉동된다. 그 다음 낮은 압력실(0.611 kPa 아래)에 놓고 따뜻하게 해 주면 동결된 물이 승화되고, 탈수된 음식과 음료만 남게 된다.

$CO_2$의 상도표는 **그림 11.29**와 같다. 융해 곡선(푸른색 선)은, 일반적으로 압력이 증가할수록 오른쪽으로 비스듬히 기운 것을 볼 수 있다. 이는 $CO_2$의 압력이 증가할수록 녹는점이 증가한다는

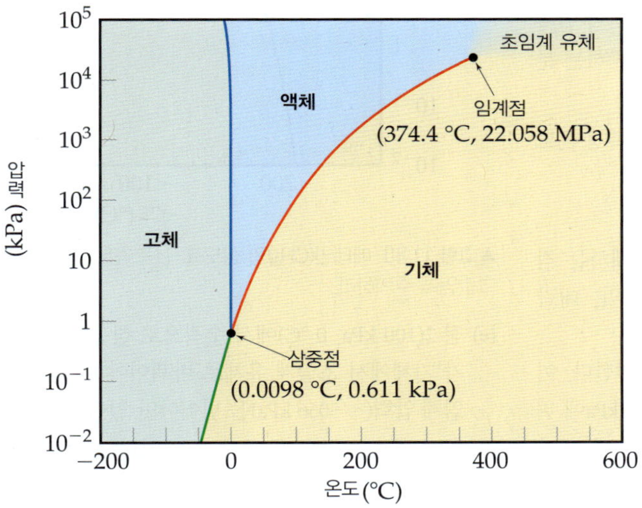


◀ **그림 11.28** $H_2O$의 상도표 온도축은 선형 눈금이고, 압력축은 로그값임에 주의하라.

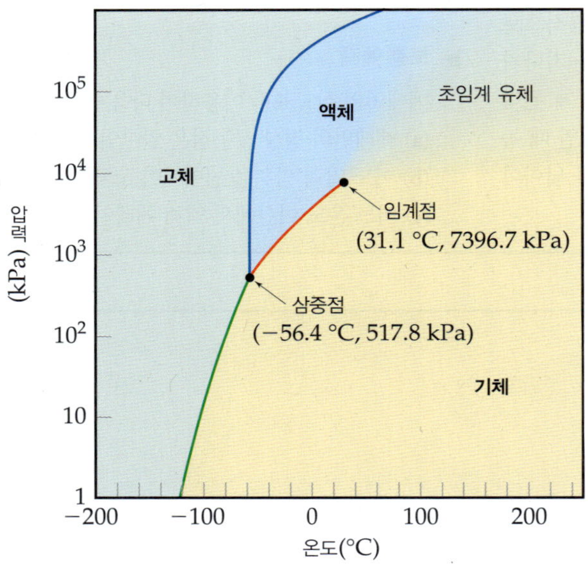


◀ **그림 11.29** $CO_2$의 상도표 온도축은 선형 눈금이고, 압력축은 로그값임에 주의하라.

것을 알려 준다. 삼중점에서의 압력은 517.8 kPa으로 비교적 높기 때문에, $CO_2$는 101.3 kPa에서 액체로 존재하지 않는다. 이는 고체 $CO_2$가 열에 의해 녹지 않는 대신 승화하는 것을 의미한다. 그러므로 $CO_2$는 정상 녹는점을 가지지 않는 대신, 정상 승화점(−78.5 °C)을 가진다. $CO_2$는 보통의 압력에서 열을 흡수할 때 녹기보다는 승화하기 때문에, 고체 $CO_2$(드라이아이스)는 편리한 냉각제이다.

## 예제 11.5
### 상도표의 해석

그림 11.30에 나와 있는 메테인($CH_4$)의 상도표를 이용하여 다음 질문에 답하시오.
(a) 임계점에서의 온도와 압력의 근사값을 구하시오. (b) 삼중점에서의 온도와 압력의 근사값을 구하시오. (c) 100 kPa, 0 °C일 때 메테인은 고체, 액체, 기체 중 어느 상태인가? (d) 만약 100 kPa에서의 고정된 압력에서, 고체 상태인 메테인에 열을 가하게 되면 메테인은 녹게 될까, 아니면 승화할까? (e) 만약 100 kPa, 0 °C의 메테인에 상태가 변화할 때까지 압력을 가한다면, 어떤 상태의 메테인이 만들어질까?

### 해답

**분석** 상도표의 중요한 부분을 분석하고, 그것을 사용하여 특정 압력과 온도 변화가 일어날 때, 어떤 상변화가 발생하는지를 추론하는 문제이다.

**계획** 상도표에서 삼중점과 임계점을 찾아내야 한다. 또한 특정 온도와 압력에서 어떤 상태가 존재하는지를 알아낸다.

**풀이**

**(a)** 임계점은 액체, 기체, 초임계 유체 상태가 동시에 존재하는 점을 말한다. 이는 상도표에서 점 3에 표시되어 있으며, 대략 −80 °C, 5066 kPa에 위치하고 있다.

**(b)** 삼중점은 고체, 액체, 기체상이 동시에 존재하는 점을 말한다. 이는 상도표에서 점 1에 표시되어 있으며, 약 −180 °C, 10 kPa에 위치하고 있다.

**(c)** 0 °C, 100 kPa의 좌표는 점 2에 표시되어 있다. 이 점은 상도표에서 기체 영역에 들어간다.

**(d)** 만약 $P = 100$ kPa 일 때, 고체 영역에서 시작해서 수평적으로 이동한다면(압력이 변하지 않는다), 먼저 액체 영역을 지나가며($T \approx -180$ °C), 그다음에는 기체 영역으로 들어가게 된다($T \approx -160$ °C). 그러므로 고체 메테인은 압력이 100 kPa일 때 녹게 된다(메테인이 승화하기 위해서는 압력이 삼중점보다 낮아야만 한다).

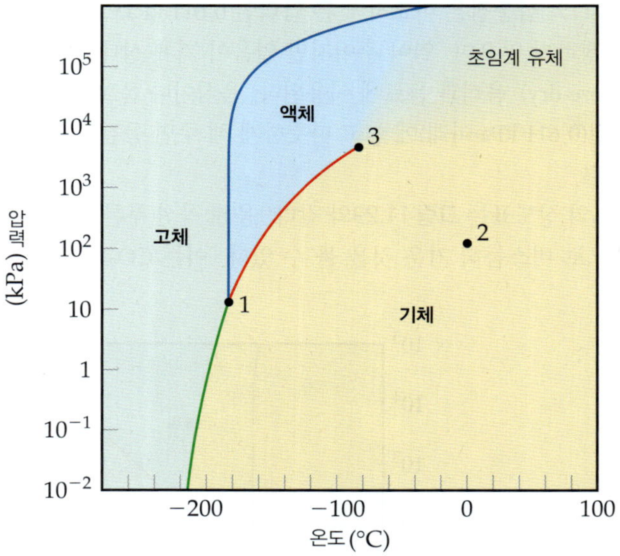


▲ **그림 11.30** 메테인($CH_4$)의 **상도표** 온도축은 선형 눈금이고, 압력축은 로그값임에 주의하라.

**(e)** 점 2(100 kPa, 0 °C)에서 수직으로 상승하기 위해서는 처음 상태가 기체에서 초임계 유체로 바뀌어야 한다. 이러한 상태 변화는 임계 압력(~ 5066 kPa)을 넘어야만 일어난다.

**검토** 임계점에서의 압력과 온도는, 삼중점의 압력과 온도보다 높을 것으로 예상된다. 메테인은 천연가스의 주성분이다. 따라서 100 kPa, 0 °C에서 메테인이 기체로 존재하는 것이 합리적으로 보인다.

**▶ 보충 예제**

메테인의 상도표를 이용하여 다음 물음에 답하시오.
**(a)** 메테인의 정상 끓는점은 얼마인가?
**(b)** 어느 압력 범위를 넘어가야 고체 메테인이 승화할까?
**(c)** 어느 온도 이상에서 액체 메테인이 존재하지 않는가?

## 자기 평가 연습 문제

**11.29** 상도표의 삼중점에서 어떤 상이 존재할 수 있는가?
**(a)** 고체와 액체
**(b)** 고체와 기체
**(c)** 액체와 기체
**(d)** 고체, 액체, 기체

## 연습 문제

**11.30** (a) 상도표에서 임계점의 의미는 무엇인가? (b) 임계점에서 기체와 액체의 상을 분리하는 선이 끝나는 이유는 무엇인가?

**11.31** 그림 11.29를 참조하여, $CO_2$를 −80 ℃에서 −20 ℃로 가열할 때, (a) 300 kPa의 일정 압력, (b) 600 kPa의 일정 압력에서 상변화(또한 그와 같은 현상이 일어나는 온도)를 설명하시오.

**11.32** 네온의 상도표는 다음과 같다.

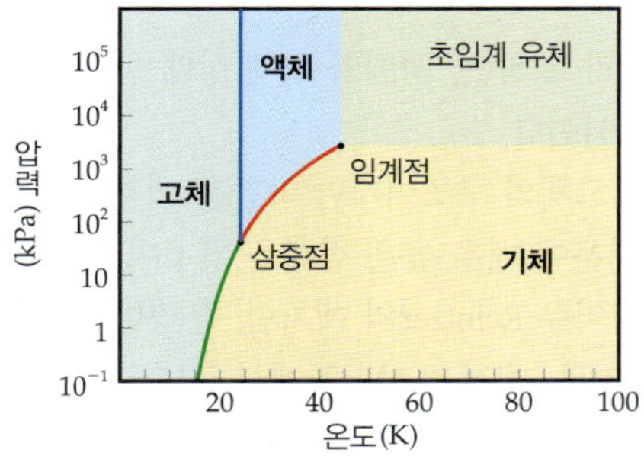


상도표를 이용하여 다음 질문에 답하시오

(a) 정상 녹는점의 대략적인 값은 무엇인가? (b) 어떤 압력 범위 이상에서 고체 네온이 승화할 수 있는가? (c) 실온($T$=25 ℃)에서 네온을 압축함으로써 액화시킬 수 있는가?

**11.33** 갈륨은 25 ℃에서 밀도가 5.91 g/cm$^3$인 고체이다. 갈륨의 녹는점은 29.8 ℃로, 갈륨을 손으로 만졌을 때 녹을 수 있을 만큼 충분히 낮다. 녹는점 약간 위에서 액체 갈륨의 밀도는 6.1 g/cm$^3$이다. 이 정보를 바탕으로, 갈륨의 상도표에서 발견할 수 있는 이상한 특징은 무엇이라고 예상되는가?

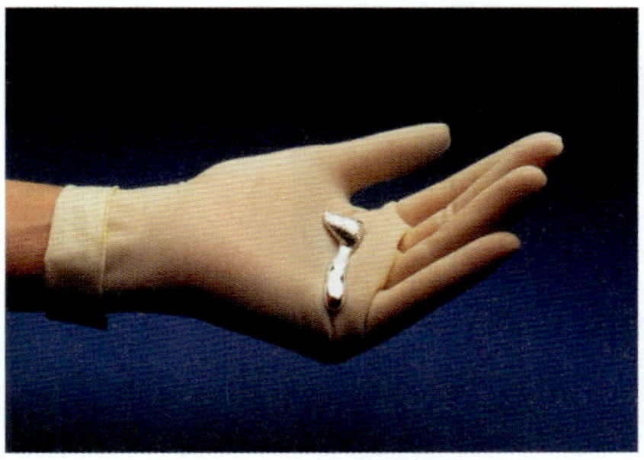

자기 평가 연습 문제 답 **11.29** (d)

# 11.7 | 액정

전자 종이(e-paper)는 콜레스테릭 액정 기술을 기반으로 한다. 전자 종이는 일반 종이에 잉크로 쓴 것을 모방한 것으로 벽걸이형 디스플레이, 전자 라벨, 전자책 등 다양하게 응용할 수 있다. 액정 분자의 배열 방향을 바꾸는 데는 매우 적은 전력만이 필요하며, 이 배열의 변화가 장치의 광학 특성에 영향을 미친다.

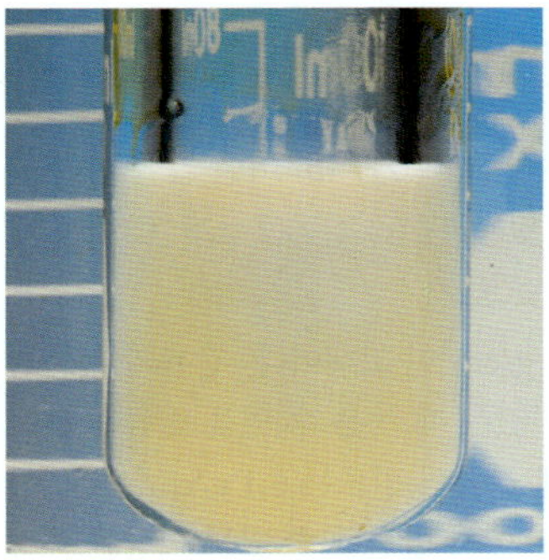

145 °C < $T$ < 179 °C
액정상

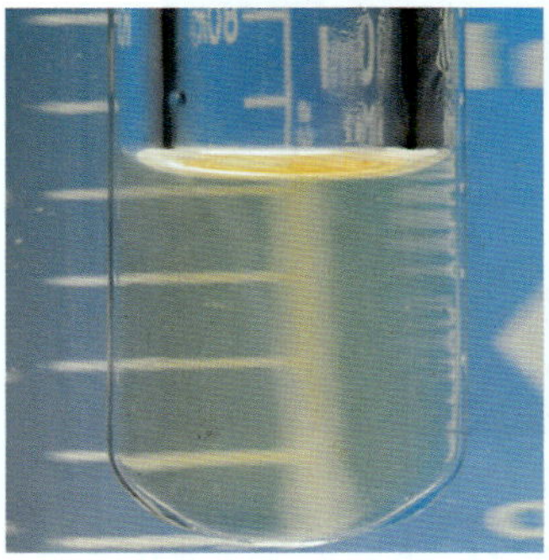

$T$ > 179 °C
액체상

▲ 그림 11.31 액체와 액정 상태의 콜레스테릴 벤조에이트

이 절이 끝나면 다음 사항을 수행할 수 있어야 한다.

- 액정을 만드는 분자의 특징과 다양한 액정의 상태를 알기

1888년에 오스트리아의 식물학자 Frederick Reinitzer는 연구 중에 콜레스테릴 벤조에이트(cholesteryl benzoate)라는, 흥미롭고 특이한 속성을 가지고 있는 유기 화합물을 발견하였다(그림 11.31). 열을 가했을 때, 고체 상태의 이 물질은 145 °C에서 점성이 있는 끈끈한 액체의 형태로 녹는다. 뿌연 액체는 179 °C에서 갑자기 맑아지며, 179 °C 이상의 온도에서 이 상태를 유지한다. 물질이 식으면 맑아진 액체는 179 °C에서 점성을 가지고 우윳빛으로 변하는 역과정이 발생한다. 그리고 우유빛 액체는 145 °C에서 응고된다.

Reinitzer의 연구는 **액정(liquid crystal)**이라고 하는, 액체와 고체 상태 중간의 점성이 있는 우유와 같은 상태에 대한 최초의 체계적인 보고서이다.

이 중간상(intermediate phase)은, 약간은 고체의 구조이지만 약간은 액체 이동의 자유성도 갖는다. 액정은 부분적으로 배열된 구조이기 때문에 매우 높은 점성을 가지며, 고체와 액체상의 중간 성질을 가진다. 이러한 속성을 나타내는 영역은 Reintzer의 예처럼, 분명한 전이 온도로서 명확하게 나타난다. 고체, 액체, 기체상과 마찬가지로, 액정은 상도표에서 구별되는 영역으로 표시된다.

오늘날 액정은 압력 및 온도 센서와 디지털 시계, TV, 컴퓨터와 같은 전기 장치의 액정 표시 장치(LCD)로 널리 사용된다. 액정 상태에서의 약한 분자간 힘은 온도, 압력, 전기장에 민감하게 영향을 받기 때문에 액정이 이러한 용도로 사용될 수 있다.

## 액정의 종류

액정을 만드는 물질들은 보통 다소 단단한, 막대 모양의 분자로 이루어져 있다. 액체상에서는 이러한 분자들이 무질서하게 배열된다. 이와는 대조적으로, 액정상에서 분자들은 그림 11.32와 같이 특정한 방식으로 배열된다. 배열의 성질에 따라 액정상을 네마틱, 스멕틱 A, 스멕틱 C, 콜레스테릭으로 분류할 수 있다.

**네마틱 액정(nematic liquid crystal)**에서는 분자들이 나란히 정렬되어 분자들의 긴 축이 같은 방향으로 배열되어 있지만 액정 분자들의 끝은 서로 정렬되어 있지 않다. **스멕틱 A 액정(smectic A liquid crystal)**과 **스멕틱 C 액정(smectic C liquid crystal)**에서 분자들은 네마틱 결정에서와 같이 나

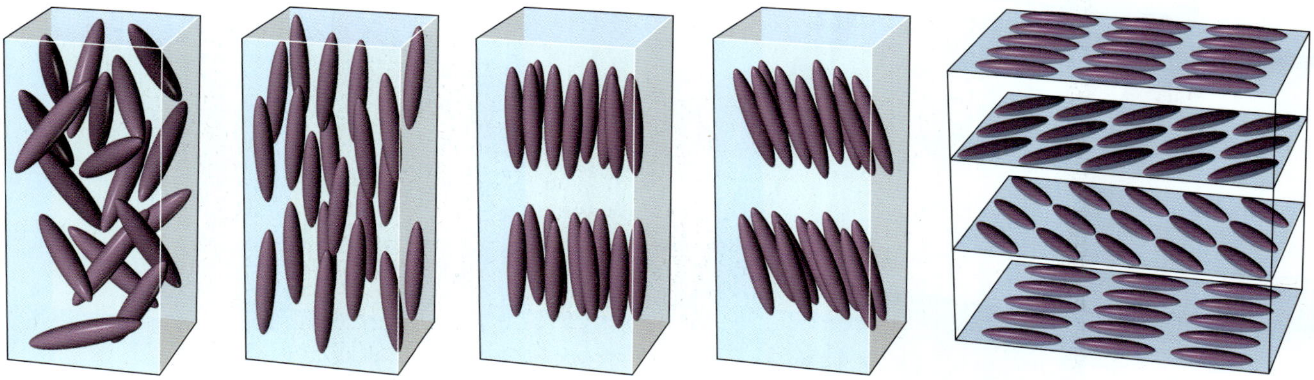

**액체상**
분자들이 무질서하게 배열되어 있다.

**네마틱 액정상**
분자의 긴 축이 일직선으로 배열되어 있으나, 그 끝은 배열되지 않는다.

**스멕틱 A 액정상**
분자들이 층으로 배열되어 있으며, 분자의 긴 축은 배열층 평면에 수직으로 층을 이룬다.

**스멕틱 C 액정상**
분자들이 층으로 배열되어 있으며, 분자의 긴 축은 배열층 평면에 대해 기울어져 있다.

**콜레스테릭 액정**
분자들이 여러 층으로 켜켜이 쌓여 있고, 한 층 안의 분자들의 긴 축이 그 위층의 분자들의 긴 축에 대해 일정 각도를 이루며 회전되어 있다.

▲ 그림 11.32 네마틱, 스멕틱, 콜레스테릭 액정의 분자 배열 물질의 액체상에서는 분자가 질서없이 배열되어 있으나, 액정상에서의 분자들은 부분적인 질서를 가지고 배열되어 있다.

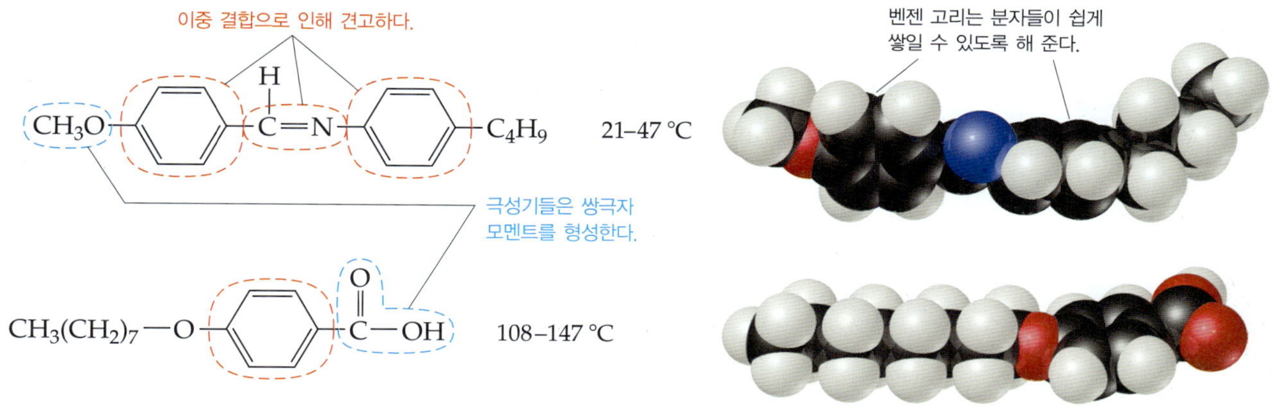


▲그림 11.33 두 종류의 액정 물질에 대한 분자 구조와 액정 온도 범위

란히 정렬하면서, 층의 형태로도 배열되어 있다.

액정상을 보이는 두 분자를 그림 11.33에 나타내었다. 이 분자는 두께에 비해서 상당히 길다. 이중 결합과 벤젠 고리는 견고함을 더해 준다. 그리고 평면 벤젠 고리는 분자들이 서로 쌓이는 것을 돕는다. 더욱이 극성인 $-OCH_3$기와 $-COOH$기는 쌍극자-쌍극자 상호 작용 때문에 분자 배열을 촉진한다. 따라서 분자들은 스스로 아주 자연스럽게 긴 축을 따라 배열한다. 분자는 축을 따라 회전하고, 서로 평행하게 이동할 수 있다. 스멕틱 액정에서는 분자간 힘(분산력, 쌍극자-쌍극자 인력, 수소 결합)이 분자의 미끄러짐을 막아 준다.

**콜레스테릭 액정(cholesteric liquid crystal)**에서는 분자들이 여러 층으로 배열되고, 각 배열층 안에서는 분자의 긴 축이 같은 층 안의 이웃 분자와 평행으로 배열된다.* 위층과 아래층의 분자들은 특정 각도를 이루며 회전하여, 결과적으로 나선형 무늬를 이룬다. 이런 액정 이름이 붙은 것은, 콜레스테롤의 많은 유도체가 이 구조를 가지기 때문이다.

## 화학과 생명 액정 디스플레이

액정 디스플레이(LCD)는 시계, 계산기, 컴퓨터 화면과 같은 전자기기에 널리 사용된다. 이러한 응용은 적용된 전기장이 액정 분자의 방향을 변화시켜 장치의 광학 특성에 영향을 미치기 때문에 가능하다.

LCD는 다양한 디자인으로 제공되지만, 그림 11.34에 도시된 구조가 일반적이다. 액정 물질의 얇은 층(5~20 μm)이 투명하고 전도성이 있는 유리 전극 사이에 위치한다. 일반적인 빛은 수직 편광기를 통과하여 수직 평면에서만 빛이 통과하도록 한다. 제작 시 특별한 공정을 이용하여 전면 전극에 있는 액정 분자는 수직으로, 후면 전극에 있는 액정 분자는 수평으로 배향하도록 배열된다. 두 전극 사이의 분자의 방향은 그림 11.34와 같이 수직에서 수평으로 체계적으로 변화한다. 빛의 편광면은 액정층을 통과할 때 90° 회전하므로 수평 편광기를 통과할 수 있는 바른 방향이 된다. 시계 디스플레이에서, 거울은 빛을 반사하고, 빛은 그 경로를 역행하여 장치가 밝게 보이도록 한다. 그림 11.34에서와 같이, 전극판에 전압이 인가되면 액체 결정 분자는 전압 방향으로 정렬된다. 따라서 광선이 수평 편광기를 통과할 수 없는 방향이 되어 장치가 어두워 보인다. 이런 종류의 디스플레이를 '비틀린 네마틱'이라고 한다. 이름에서 알 수 있듯이, 네마틱 액정 물질들이 이런 용도로 사용된다.

컴퓨터와 TV용 액정 디스플레이는 반사경 대신 광원을 사용한다는 것 외에는 같은 원리이다. 스크린은 많은 수의 작은 셀로 나뉘는데, 스크린 표면의 각 셀의 전압은 무정형의 실리콘 박막으로 만들어진 트랜지스터에 의해 제어된다. 빨간색-녹색-청색 필터가 색을 표현하기 위해 사용된다. 전체 디스플레이는 약 60 Hz의 주파수로 새로 고쳐지므로 사람의 눈의 응답 시간보다 빠르게 디스플레이가 변경될 수 있다. 이러한 종류의 디스플레이는 기초적인 과학적 발견과 창조적 공학의 조합에 기초한 주목할 만한 기술적 성과이다.

**관련 연습 문제: 11.86, 11.87**

*콜레스테릭 액정은 각 면에 있는 분자들이 네마틱 액정과 유사한 배열을 하기 때문에 카이랄 네마틱(chiral nematic) 상이라고도 한다.

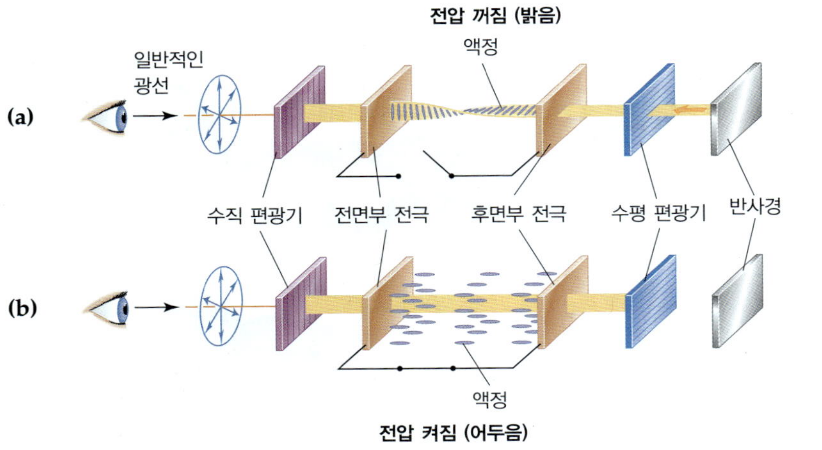


◀ **그림 11.34 비틀린 네마틱 액정 디스플레이(LCD) 작동의 개략도** (a) 전압이 꺼지면 액정의 분자가 빛의 편광을 90° 회전하도록 정렬된다. 이 정렬을 통해 빛이 수직 편광기와 수평 편광기를 통과하여 반사되고 경로를 역행하여 밝은 디스플레이를 제공한다. (b) 전극에 전압이 인가되면 액정 분자는 빛의 경로와 평행하게 정렬된다. 이 상태에서 빛의 편광은 수직 편광을 유지하고 수평 편광기를 통과할 수 없다. 따라서 전면 전극이 덮고 있는 영역이 어두워 보인다.

콜레스테릭 액정에서의 분자 배열은 가시광선 영역에서 특이한 색 형태를 보인다. 온도나 압력 변화는 배열을 변화시키고, 따라서 색깔도 변화시킨다. 콜레스테릭 액정은 온도 변화를 측정할 수 없는 곳의 온도 변화를 감지하는 데 사용되어 왔다. 예를 들어 전자 회로에서 열이 나는 부분을 감지하여 문제 부분을 알려 줄 수 있다. 또는 신생아의 피부 온도를 측정하기 위한 온도계에도 사용될 수 있다. 콜레스테릭 액정 디스플레이는 매우 작은 전압을 사용하도록 만들 수 있기 때문에, 전자 종이에 이용되는 방법이 연구되고 있다. 이러한 응용들은 가해지는 전기장이 액정 분자의 방향을 바꾸고 이에 따라 소자의 광학적 특성에 영향을 주기 때문에 가능하다.

## 예제 11.6
### 액정의 성질

다음 중 액정의 성질을 가장 잘 나타내는 물질은?

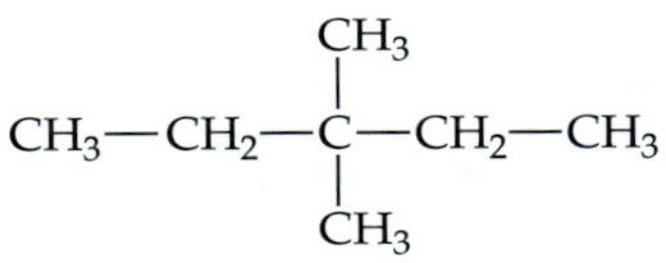
(i)

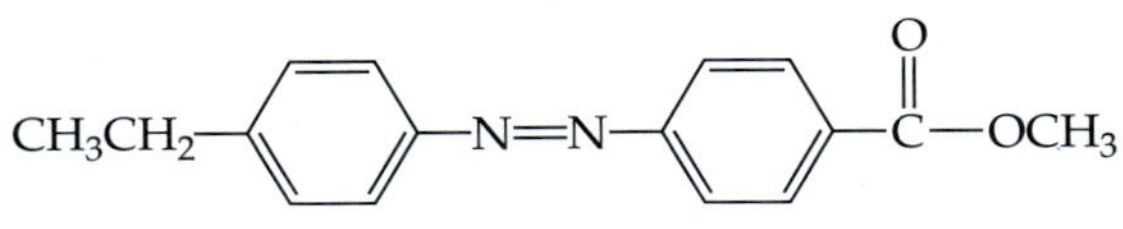
(ii)

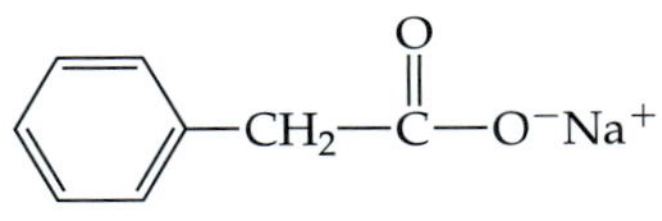
(iii)

### 해답

**분석** 구조가 다른 세 분자 중 어느 것이 액정 물질인지 결정하는 문제이다.

**계획** 각 경우에서 액정 성질을 나타내게 하는 구조적 특징을 파악해야 한다.

**풀이** 분자 (i)은 이중 결합이나 삼중 결합이 없어 단단하기보다는 잘 구부러질 것이므로 액정이 아닐 것이다. 분자 (iii)은 이온성이다. 이온성 물질은 일반적으로 녹는점이 높기 때문에, 이 물질이 액정일 것 같지는 않다. 분자 (ii)는 특징적인 긴 축을 가지고 있고, 액정에서 흔히 보이는 구조적 특성을 보인다. 이 분자는 막대 모양을 가지며, 이중 결합과 벤젠 고리가 견고함을 주고, 극성인 $COOCH_3$기는 쌍극자 모멘트를 가진다.

### ▶ 보충 예제

액정상은 다음 중 어느 것으로 만들어지는가?

**(a)** 짧고 유연한 분자
**(b)** 분자 간의 배열에 전혀 규칙이 없는 분자
**(c)** 분자 간에 삼차원 배열을 형성하는 분자
**(d)** 곁가지가 많은 분자
**(e)** 막대 모양의 분자

## 통합 예제
종합 개념

$CS_2$는 녹는점이 −110.8 °C이고, 끓는점이 46.3 °C이다. 그 밀도는 20 °C에서 1.26 g/cm$^3$이고, 쉽게 불이 붙는다. (a) 이 화합물의 이름은 무엇인가? (b) $CS_2$ 분자가 가질 수 있는 분자간 힘을 나열하시오. (c) 공기 중에서 이 화합물의 연소에 대한 균형 맞춘 반응식을 쓰시오(가장 가능성이 큰 산화 생성물이 무엇인지 결정해야 함). (d) $CS_2$의 임계 온도와 압력은 552 K, 7903.3 kPa이다. 이 값을 표 11.5에 제시된 $CO_2$의 임계값과 비교하고, 이러한 차이가 생기는 가능한 이유를 논의하시오.

### 해답

**(a)** 이 화합물은 이산화 탄소와 같은, 또 다른 이성분 분자 화합물로 이황화 탄소(carbon disulfide)라고 한다.

**(b)** H 원자가 없기 때문에, 수소 결합이 있을 수 없다. Lewis 구조를 그려 보면, 탄소가 각각의 황과 이중 결합을 하는 것을 알 수 있다.

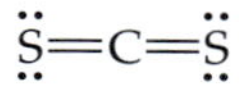

VSEPR 모형을 통해 분자가 선형이며, 쌍극자 모멘트가 없다고 결론지을 수 있다. 따라서 쌍극자–쌍극자 힘이 없다. 분산력만이 $CS_2$ 분자 간에 작용한다.

**(c)** 연소를 하면 $CO_2$와 $SO_2$가 생성될 것이다. 어떤 조건에서는 $SO_3$가 형성될 수도 있겠지만, 가능성은 작다. 따라서 연소 반응식은 다음과 같다.

$$CS_2(l) + 3\,O_2(g) \rightarrow CO_2(g) + 2\,SO_2(g)$$

**(d)** $CS_2$의 임계 온도와 압력(552 K, 7903.3 kPa)은 표 11.5에 나와 있는 $CO_2$(304 K, 7396.7 kPa)의 경우보다 모두 높다. 임계 온도가 특히 차이가 난다. $CS_2$의 임계 온도가 높은 것은 $CS_2$ 분자가 $CO_2$에 비해서 분산력이 크기 때문이다. 분자간 인력이 큰 것은 황이 산소에 비해서 크기가 크고, 편극도가 크기 때문이다.

## 자기 평가 연습 문제

**11.34** 다음 구조식 중 어느 것이 액정상을 형성할 것 같은가?

**(a)**

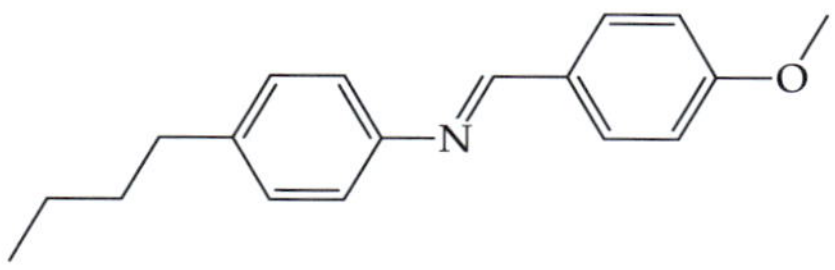


**(b)**

**(c)**

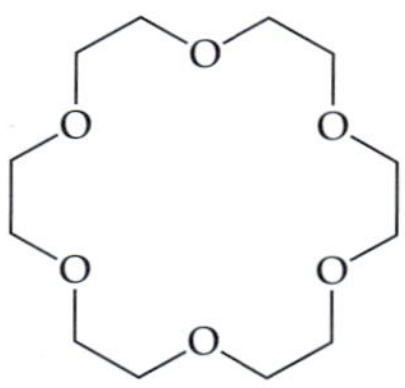


## 연습 문제

**11.35** 분자 운동의 자유도와 배열의 측면에서, 네마틱 액정상과 일반적인 액체상은 얼마나 유사한가? 어떻게 다른가?

**11.36** 두 개의 가열 곡선 A, B가 있다. 두 곡선에서 1번 지점은 고체상이다.

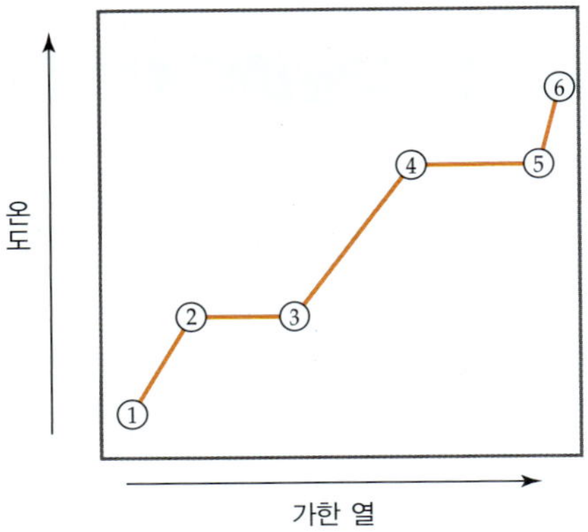


A

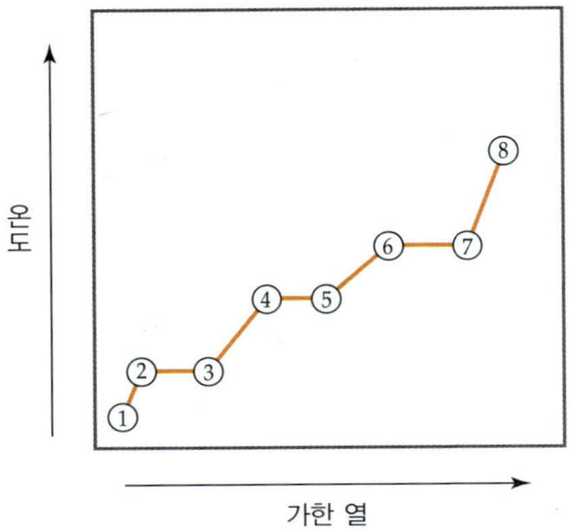


B

(a) 두 그래프 중 하나는 액정 물질에 대한 것이다. 어느 것인가?
(b) A 그래프에서 2–3 구간에 해당하는 과정은 무엇인가?
(c) B 그래프에서 2–3 구간에 해당하는 과정은 무엇인가?
(d) A 그래프에서 3–4 구간에 해당하는 과정은 무엇인가?
(e) B 그래프에서 3–4 구간에 해당하는 과정은 무엇인가?

**11.37** 콜레스테릭 액정상은 스멕틱 A 액정상과 어떻게 다른지 설명하시오.

**11.38** 스멕틱 액정상은 네마틱 액정상보다 더 많이 정렬되어 있다고 말할 수 있다. 어떤 점에서 이것이 사실인가?

자기 평가 연습 문제 답 **11.34** (a)

# 요약 및 중요 용어

**기체, 액체, 고체의 분자 비교(11.1절)** 상온에서 기체나 액체인 물질들은 대부분 분자로 이루어져 있다. 기체 상태에서 분자간 인력은 분자의 운동 에너지에 비해 무시할 만하다. 따라서 분자들은 멀리 떨어져 있고, 끊임없는 무질서 운동을 한다. 액체 상태에서 **분자간 힘(intermolecular force)**은 분자들이 가까이 밀집해 있게 할 만큼 충분히 크다. 그럼에도 불구하고, 분자들은 다른 분자의 영향 아래에서 자유롭게 움직인다. 고체 상태에서 분자간 인력은 분자의 움직임을 제한하고, 입자들이 삼차원 배열에서 특정 위치를 차지하도록 할 정도로 충분히 크다.

**분자간 힘(11.2절)** 중성 분자 사이에는 세 가지 형태의 분자간 힘, 즉 **분산력(dispersion force)**, **쌍극자–쌍극자 힘(dipole–dipole force)**, **수소 결합(hydrogen bonding)**이 존재한다. 분산력은 모든 분자(또한 He, Ne, Ar과 같은 단원자 물질의 원자들) 사이에 작용한다. 분자량이 증가함에 따라 분자의 **편극도(polarizability)**가 증가하는데, 그 결과 분산력이 증가한다. 분자의 모양도 중요한 요소가 된다. 쌍극자–쌍극자 힘은 분자의 극성이 증가하는 만큼 그 세기가 증가한다. 수소 결합은 O–H, N–H, F–H 결합을 포함하는 화합물에서 나타난다. 수소 결합은 일반적으로 쌍극자–쌍극자 힘이나 분산력보다 강하다. **이온–쌍극자 힘(ion–dipole force)**은 극성 용매에 이온 결합 화합물이 용해되어 있는 용액에서 중요하게 작용한다.

**액체의 특별한 성질(11.3절)** 분자간 힘이 더 강할수록 **점성도(viscosity)**, 즉 액체의 흐름에 대한 저항력이 더 커진다. 액체의 표면 장력도 분자간 힘의 세기가 증가할수록 증가한다. **표면 장력(surface tension)**이란 최소한의 표면적을 유지하려는 용액의 경향을 나타내는 척도이다. 모세관 벽에 대한 액체의 접착력과 액체의 응집력은 **모세관 작용(capillary action)**을 설명해 준다.

**상변화(11.4절)** 물질은 한 가지 이상의 물질 또는 상으로 존재할 수 있다. **상변화(phase change)**는 한 상으로부터 다른 상으로의 변화를 의미한다. 고체에서 액체로의 변화(융해), 고체에서 기체로의 변화(승화), 액체에서 기체로의 변화(증발)는 모두 흡열 과정이다. 따라서 **융해열(heat of fusion)**, **승화열(heat of sublimation)**, **증발열(heat of vaporization)**은 모두 양의 값이다. 그 역과정(응고, 석출, 응축)은 발열 과정이다.

온도가 **임계 온도(critical temperature)** 이상이면 기체는 압력을 가해도 액화될 수 없다. 임계 온도에서 기체를 액화시키는데 필요한 압력을 **임계 압력(critical pressure)**이라고 한다. 온도가 임계 온도를 넘고, 압력이 임계 압력을 넘을 때, 액체상과 기체상은 **초임계 유체(supercritical fluid)**를 형성하기 위해 합쳐진다.

증기 압력(11.5절) 액체의 **증기 압력**(vapor pressure)이란 증기가 액체와 **동적 평형**(dynamic equilibrium) 상태에 있을 때 증기의 부분 압력을 나타낸다. 평형 상태에서 액체가 증기로 변하는 속도는 증기가 액체로 변하는 속도와 같다. 액체의 증기 압력이 높을수록 액체는 더 쉽게 증발하고, 그런 물질은 **휘발성**(volatile)이 크다. 증기 압력은 온도가 증가함에 따라 증가한다. 증기 압력이 외부 압력과 같을 때 액체가 끓는다. 따라서 액체의 **끓는점**(boiling point)은 압력에 따라 다르다. **정상 끓는점**(normal boiling point)은 증기 압력이 101.3 kPa일 때의 온도이다.

상도표(11.6절) 온도와 압력의 함수로서 물질의 고체, 액체, 기체상 사이의 평형 관계는 **상도표**(phase diagram)에 나타난다. 선은 어떤 두 상 사이의 평형을 나타낸다. 일반적으로 고체가 액체보다 밀도가 더 크기 때문에, 녹는점을 나타내는 선은 압력이 증가함에 따라 다소 오른쪽으로 기운다. 101.3 kPa일 때의 녹는점이 **정상 녹는점**(normal melting point)이다. 상도표에서 보았을 때, 평형 상태에서 세 개의 상이 모두 존재하는 점을 **삼중점**(triple point)이라고 한다. **임계점**(critical point)은 임계 온도와 임계 압력에 상응한다. 임계점을 넘으면, 물질은 초임계 유체가 된다.

액정(11.7절) **액정**(liquid crystal)이란 고체의 녹는점 이상의 온도에서 하나 이상의 상들이 배열되어 있는 물질이다. **네마틱 액정**(nematic liquid crystal)에서는 분자들이 공통된 방향을 따라 일렬로 정렬해 있지만 분자의 끝이 정렬되어 있지는 않다. **스멕틱 액정**(smectic liquid crystal)에서는 분자들이 층을 형성하기 위해 그 끝이 일렬로 정렬되어 있다. **스멕틱 A 액정**(smectic A liquid crystal)에서는 분자의 긴 축이 층과 수직으로 정렬되어 있다. **스멕틱 C 액정**(smectic C liquid crystal)에서는 분자의 긴 축이 층을 따라 기울어져 있다. **콜레스테릭 액정**(cholesteric liquid crystal)은 분자들이 네마틱 액정상에 서 있는것 같이, 층 안에서 서로 평행하게 배열되어 있는 분자들로 이루어져 있다. 그러나 나선형 구조를 형성하기 위해서 분자의 긴 축 이 배열되어 있는 배향은 한 층으로부터 그 옆의 다른 층으로 회전하듯이 존재한다. 액정을 만드는 물질은 극성기들이 쌍극자–쌍극자 상호 작용을 통해 분자가 나란히 정렬할 수 있도록 도와줄 뿐 아니라, 꽤 단단하고 긴 형태의 분자로 이루어져 있다.

## 학습 정리 이 장을 공부한 후에 여러분은 다음을 할 수 있어야 한다.

- 분자의 조성과 구조에 의해, 분자들 또는 이온들 사이에 존재하는 분자간 인력 상호 작용(분산력, 쌍극자–쌍극자, 수소 결합, 이온–쌍극자)을 정의하고, 이들 분자 사이에 작용하는 힘의 상대적인 세기를 비교하기(11.2절). **관련 연습 문제: 11.7, 11.10, 11.51, 11.56**
- 편극도의 개념을 설명하고, 어떻게 분산력과 관계되는지를 설명하기(11.2절). **관련 연습 문제: 11.8, 11.9, 11.52, 11.53**
- 용액의 점성도와 표면 장력의 개념을 설명하기(11.3절). **관련 연습 문제: 11.15, 11.61**
- 순물질의 다양한 상변화의 이름을 열거하고, 이들이 발열 과정인지, 흡열 과정인지를 지적하기(11.4절). **관련 연습 문제: 11.19, 11.75**
- 가열 곡선을 해석하고, 상변화와 관계되는 온도와 엔탈피 값을 계산하기(11.4절). **관련 연습 문제: 11.22, 11.66**
- 임계 압력, 임계 온도, 증기 압력, 정상 끓는점, 정상 녹는점, 임계점, 삼중점을 정의하기(11.4절, 11.5절, 11.6절). **관련 연습 문제: 11.23, 11.26, 11.67, 11.69**
- 상도표를 해석하고, 그리기. 물의 상도표가 다른 물질들과 어떻게 다르며, 그 이유는 무엇인지 설명하기(11.6절). **관련 연습 문제: 11.30, 11.31, 11.72, 11.73**
- 네마틱, 스멕틱, 콜레스테릭 액정의 분자 배열 특징이 기존의 액체와 어떻게 다른지 이해하기. 액정상을 형성하기에 유리한 분자들의 특징을 이해하기(11.7절). **관련 연습 문제: 11.35, 11.78, 11.79**

## 연습 문제

### 눈으로 보는 개념

**11.39** (a) 다음 그림은 결정성 고체, 액체, 기체 중에서 무엇을 가장 잘 표현하는 것인가?

(b) 설명하시오. [11.1절]

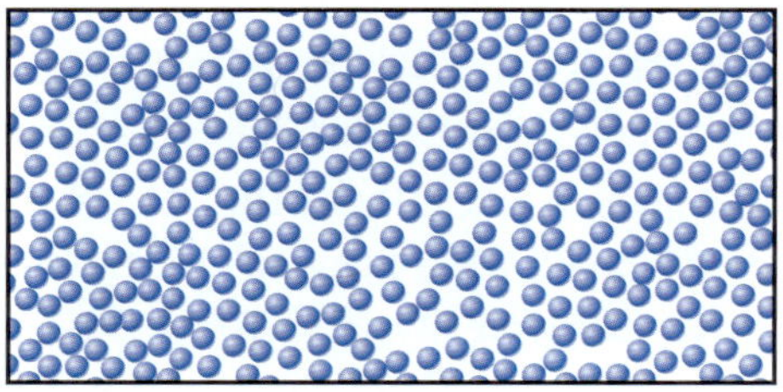

**11.40** (a) 다음 그림은 각각 어떤 종류의 분자간 인력을 나타낸 것인가?

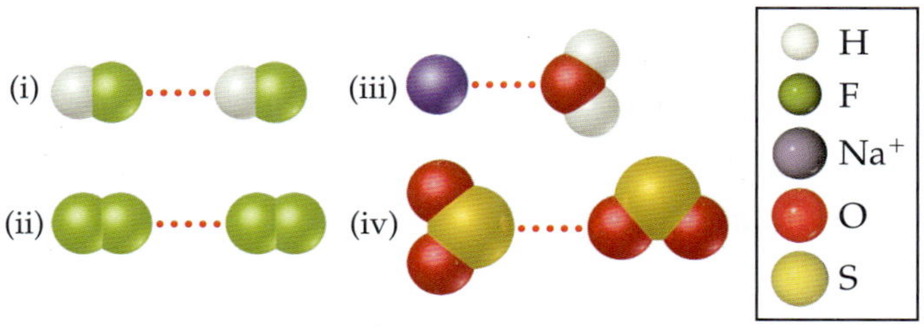


(b) 네 가지 인력 중에서 가장 약한 것을 예측하시오. [11.2절]

**11.41** (a) 글리세롤(glycerol, $C_3H_5(OH)_3$)의 점성도가 1-프로판올(1-propanol, $C_3H_7OH$)보다 더 클지, 작을지 예상할 수 있는가?

(b) 설명하시오. [11.3절]

글리세롤 1-프로판올

**11.42** 101.3 kPa, −170 ℃에서 액체 메테인 시료 32.0 g에 42.0 kJ의 열이 가해진다면, 계가 평형에 도달했을 때 메테인의 최종 상태와 온도는 무엇인가? (주위로 열이 손실되지 않았다고 가정한다. 메테인의 정상 끓는점은 −161.5 ℃이고, 메테인 액체와 기체의 비열은 각각 3.48 J/g K, 2.22 J/g K이다.) [11.4절]

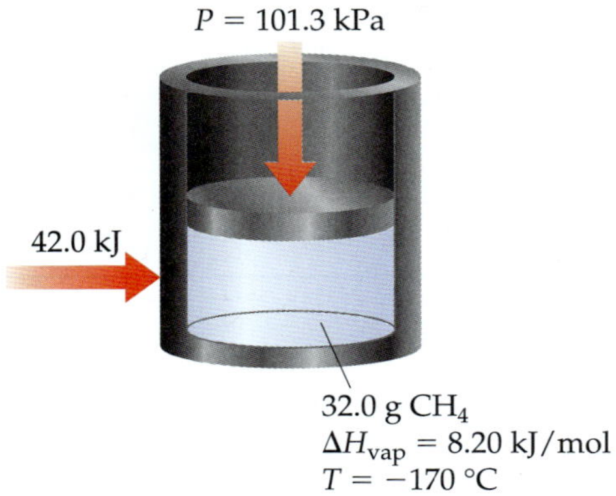


**11.43** $CS_2$의 그래프는 다음과 같다.

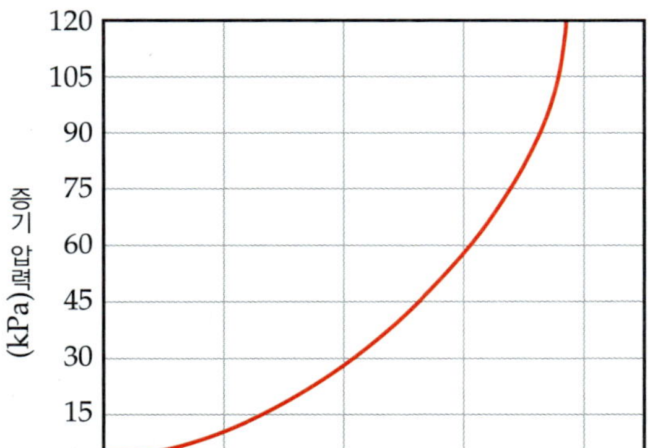


이를 이용해서, (**a**) 30 ℃에서 $CS_2$의 증기 압력, (**b**) 증기 압력이 45 kPa 일 때의 온도, (**c**) $CS_2$의 정상 끓는점을 구하시오. [11.5절]

**11.44** 다음 두 분자는 같은 분자식($C_3H_8O$)을 갖지만 끓는점이 다르다. [11.2절, 11.5절]

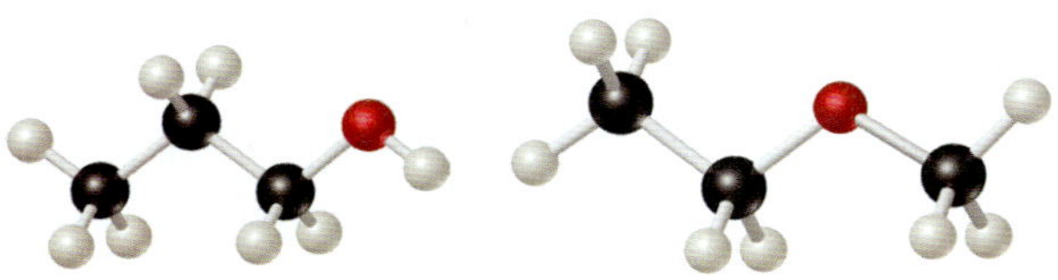

프로판올 에틸 메틸 에터

(**a**) 수소 결합에 관여할 것으로 생각되는 분자는 어느 것인가? (**b**) 쌍극자 모멘트가 더 클 것으로 생각되는 분자는 어느 것인가? (**c**) 이 둘 중 하나의 정상 끓는점은 97.2 ℃이고, 다른 하나는 10.8 ℃이다. 각 끓는점에 해당하는 분자는 어느 것인가?

**11.45** 미지 물질의 상도표가 다음과 같다. [11.6절]

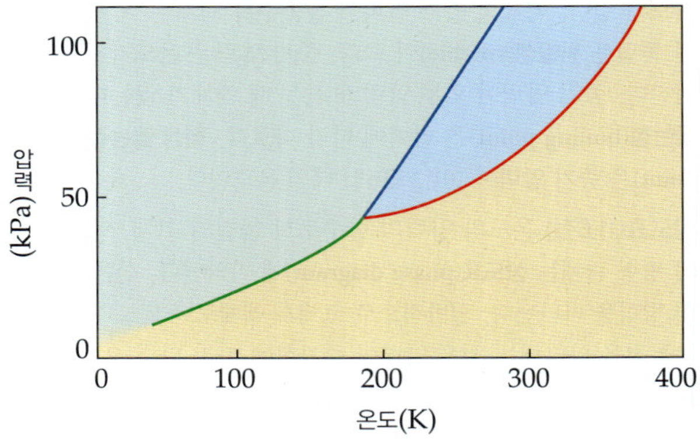


(**a**) 물질의 정상 끓는점과 정상 어는점을 추정하시오.

(**b**) 다음 조건하에서 물질의 물리적인 상태는 무엇인가?

(i) $T$=150 K, $P$=20 kPa

(ii) $T$=100 K, $P$=80 kPa

(iii) $T$=300 K, $P$=100 kPa

(**c**) 물질의 삼중점은 얼마인가?

**11.46** 세 가지 다른 온도 $T_1$, $T_2$, $T_3$에서 액정상의 분자는 다음과 같은 방식으로 정렬한다. [11.7절]

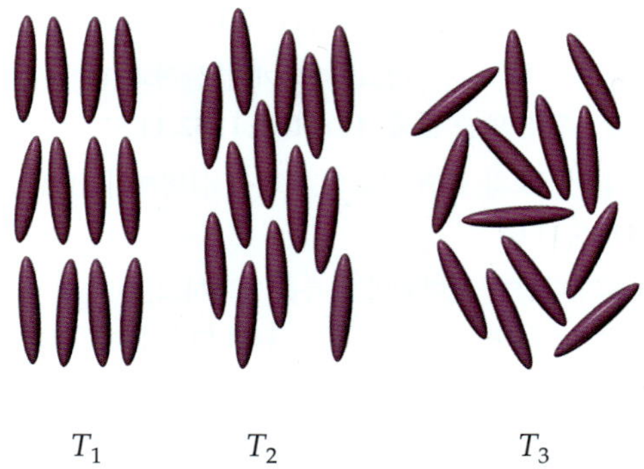


(**a**) 액정 상태에 있는 물질의 온도 또는 온도 구간을 말하시오. 그 온도에서, 어떤 형태의 액정상이 나타나는가?

(**b**) 세 온도 중 가장 높은 온도는?

### 기체, 액체, 고체의 분자 비교(11.1절)

**11.47** 물질의 세 가지 상태를 (**a**) 분자의 무질서도가 증가하는 순서로, (**b**) 분자간 인력이 증가하는 순서로 정렬하시오. (**c**) 어떤 물질의 상태가 가장 쉽게 압축되는가?

**11.48** 납과 같은 금속이 녹으면, (**a**) 원자들의 평균 운동 에너지는 어떻게 되고, (**b**) 원자들 간의 평균 거리는 어떻게 되는가?

**11.49** 벤조산(benzoic acid, $C_6H_5COOH$)은 122 ℃에서 녹는다. 130 ℃에서 액체 상태의 밀도는 1.08 g/cm$^3$이다. 15 ℃에서 고체 벤조산의 밀도는 1.266 g/cm$^3$이다. (**a**) 이 두 상태 중 분자 사이의 평균 거리가 더 큰 것은 어느 것인가? (**b**) 액체 벤젠이 고체로 전환되면, 고체는 원래 액체보다 부피가 더 커지겠는가, 줄어들겠는가?

### 분자간 힘(11.2절)

**11.50** (a) 모든 분자들 사이, (b) 극성 분자들 사이, (c) 극성 결합을 하고 있는 수소 원자와 근처에 위치하는 전기 음성도가 작은 원자 사이에는 각각 어떤 형태의 분자간 인력이 작용하는가?

**11.51** 다음 물질들이 액체에서 기체로 변하기 위해 극복해야 하는 분자간 힘을 설명하시오.
(a) $CF_4$ (b) $NH_3$ (c) $BCl_3$

**11.52** (a) 다음 분자를 편극도가 증가하는 순서로 나열하시오.
$GeCl_4$, $CH_4$, $SiCl_4$, $SiH_4$, $GeBr_4$
(b) (a)에 나열한 물질의 끓는점의 순서를 예측하시오.

**11.53** 다음 각 쌍에서 어떤 물질이 더 큰 분산력을 가지는가?
(a) $CH_3OH$와 $CH_3CH_2OH$ (b) $NH_3$와 $N(CH_3)_3$
(c) $CH_2Cl_2$와 $CH_2Br_2$

**11.54** 공간 채움 모형에서 보는 바와 같이, 뷰테인과 2-메틸프로페인은 둘 다 무극성이고, 같은 분자식($C_4H_{10}$)을 갖는다. 그러나 뷰테인이 더 높은 끓는점을 갖는다(−0.5 °C와 −11.7 °C). 이유를 설명하시오.

뷰테인

2−메틸프로페인

**11.55** 공간 채움 모형에서 보는 바와 같이, 1-프로판올($CH_3CH_2CH_2OH$)과 2-프로판올($(CH_3)_2CHOH$)은 각각 97.2 °C와 82.5 °C의 끓는점을 갖는다. 둘 다 같은 분자식($C_3H_8O$)을 가지나, 1-프로판올의 끓는점이 더 큰 이유를 설명하시오.

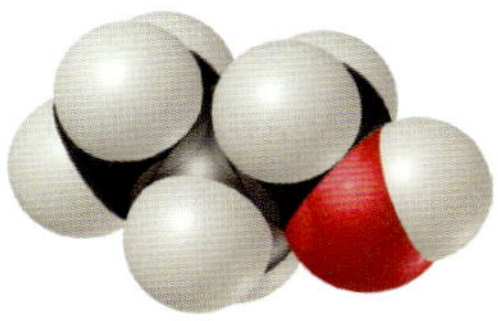
1−프로판올

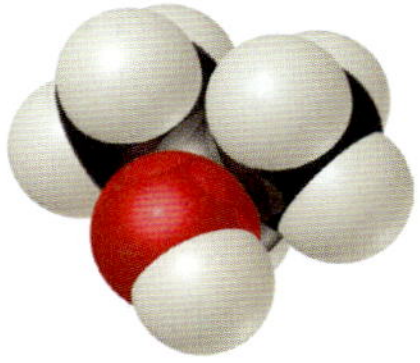
2−프로판올

**11.56** 다음 각 쌍에서 끓는점의 차이를 설명하시오.
(a) $(CH_3)_2O$(−23 °C)와 $CH_3CH_2OH$(78 °C)
(b) $CO_2$(−78.5 °C)와 $CS_2$(46.2 °C)
(c) $CH_3COCH_3$(50.5 °C)와 $CH_3COOH$(101 °C)

**11.57** 부동액에서 주된 물질인 에틸렌 글라이콜($HOCH_2CH_2OH$)의 정상 끓는점은 198 °C인 반면에, 에탄올($CH_3CH_2OH$)은 대기압하에 78 °C에서 끓는다. 에틸렌 글라이콜 다이메틸 에터($CH_3OCH_2CH_2OCH_3$)는 정상 끓는점이 83 °C이다. 에틸 메틸 에터($CH_3CH_2OCH_3$)는 정상 끓는점이 11 °C이다.
(a) $CH_3$기에서 수소 원자를 산소 원자로 대체하는 것이 끓는점을 낮추는 결과를 나타내는 이유를 설명하시오.
(b) 두 에터가 끓는점에서 차이를 나타내는 주된 요인은 무엇인가?

**11.58** $H_2O$와 $H_2S$의 정상 끓는점과 정상 녹는점을 비교하시오. 물리적 성질을 고려했을 때 어떤 물질이 더 강한 분자간 힘을 가지는가? 각 분자에는 어떤 종류의 분자간 힘이 존재하는가?

**11.59** 정사면체의 다원자인 음이온($BF_4^-$)을 포함하는 많은 염은 이온성 액체이다. 반면에, 더 큰 정사면체 이온 $SO_4^{2-}$를 포함하는 염은 이온성 액체를 형성하지 않는다. 이 관찰 결과를 설명하시오.

### 액체의 특별한 성질(11.3절)

**11.60** (a) 표면 장력과 온도 사이에는 어떤 관계가 있는가? (b) 점성도와 온도 사이에는 어떤 관계가 있는가? (c) 높은 표면 장력을 가지는 물질은 높은 점성도를 가지는 경향이 있는지 그 이유를 설명하시오.

**11.61** 액체는 모세관에서와 마찬가지로, 평편한 표면과도 상호 작용할 수 있다. 액체 내의 응집력은 액체와 표면과의 응집력보다 더 크거나 작을 수 있다.

(i)

(ii)

(a) 위의 두 그림 중, 액체와 표면과의 응집력이 액체 내의 응집력보다 더 큰 것에 해당하는 것은 어느 것인가?
(b) 위의 두 그림 중, 물이 무극성 표면에 있을 경우에 해당하는 것은 어느 것인가?
(c) 위의 두 그림 중, 물이 극성 표면에 있을 경우에 해당하는 것은 어느 것인가?

**11.62** 물과 몇 가지 알코올의 끓는점, 표면 장력, 점성도는 다음과 같다.

| | 끓는점 (°C) | 표면 장력 ($J/m^2$) | 점성도 (kg/m-s) |
|---|---|---|---|
| 물($H_2O$) | 100 | $7.3\times10^{-2}$ | $0.9\times10^{-3}$ |
| 에탄올($CH_3CH_2OH$) | 78 | $2.3\times10^{-2}$ | $1.1\times10^{-3}$ |
| 1-프로판올($CH_3CH_2CH_2OH$) | 97 | $2.4\times10^{-2}$ | $2.2\times10^{-3}$ |
| 1-뷰탄올($CH_3CH_2CH_2CH_2OH$) | 117 | $2.6\times10^{-2}$ | $2.6\times10^{-3}$ |
| 에틸렌 글라이콜($HOCH_2CH_2OH$) | 197 | $4.8\times10^{-2}$ | $26\times10^{-3}$ |

(a) 에탄올에서 1-프로판올, 1-뷰탄올로 갈수록 끓는점, 표면 장력, 점성도는 모두 증가한다. 그 이유는 무엇인가? (b) 1-프로판올과 에틸렌 글라이콜은 분자량이 비슷하지만(60 u 대 62 u), 에틸렌 글라이콜의 점성도는 1-프로판올보다 10배나 더 크다. 이 사실을 어떻게 설명할 수 있는가? (c) 물이 가장 높은 표면 장력을 가지는 반면, 가장 낮은 점성도를 갖는다는 사실을 어떻게 설명할 수 있는가?

## 상변화(11.4절)

**11.63** 다음 상황에 대해 상전이의 이름을 말하고, 흡열 과정인지 발열 과정인지 나타내시오.
- (a) 상온에서 아이스크림이 녹는다.
- (b) 감자칩을 구우면 바삭하게 된다.
- (c) 갓 구운 빵이 들어 있는 식품 용기 뚜껑에 물방울이 나타난다.
- (d) 추운 날에 입김이 보인다.

**11.64** (a) 물질의 '기화열'에 해당하는 상변화는 무엇인가? (b) 기화열은 흡열인가, 발열인가? (c) 어떤 물질의 기화열과 응축 중에 방출되는 열을 비교한다면, 일반적으로 어떤 것이 더 클까(부호가 아닌 숫자의 크기만 고려하시오)?

**11.65** 수년 동안 더운 기후의 지방에서 식수는 캔버스 가방이나 다공성 점토 냄비 표면에서 증발하여 냉각하는 방식으로 얻어졌다. 60 g의 물이 증발함으로써 35 °C에서 20 °C로 냉각될 수 있는 물의 질량은? (이 온도 범위에서 물의 증발열은 2.4 kJ/g, 물의 비열은 4.18 J/g K이다.)

**11.66** 플루오린화 탄소 냉매에 대한 환경상의 우려로 인해, 대체재로 탄화수소의 혼합물을 기반으로 한 냉매를 사용하고 있다. 그중에서 에테인, 프로페인, 뷰테인, 아이소뷰테인의 혼합물이 특허를 받았다. 아이소뷰테인의 정상 끓는점은 −12 °C이고, 액체상과 기체상에서의 몰비열은 각각 129.7 J/mol-K과 95.2 J/mol-K이다. 아이소뷰테인의 증발열은 21.3 kJ/mol이다. 액체 아이소뷰테인 25.0 g을 −50 °C에서 가열하여 40 °C의 기체로 바꾸기 위해 필요한 열을 계산하시오.

**11.67** 할로젠화 메테인들의 임계 온도(K)와 임계 압력(MPa)은 다음과 같다.

| 화합물 | $CCl_3F$ | $CCl_2F_2$ | $CClF_3$ | $CF_4$ |
|---|---|---|---|---|
| 임계 온도(K) | 471 | 385 | 302 | 227 |
| 임계 압력(MPa) | 4.41 | 4.11 | 3.87 | 3.75 |

- (a) 각 화합물들 사이에서 발생하는 분자간 힘을 나타내시오.
- (b) 화합물들의 목록에서 분자간 인력이 증가하는 순서, 즉 최소부터 최대까지의 순서를 예상하시오.
- (c) 위의 표에 나와 있는 경향을 바탕으로, $CCl_4$의 임계 온도와 임계 압력을 예측하시오. CRC Handbook of Chemistry and Physics와 같은 자료를 이용해서, 실험적으로 결정된 $CCl_4$의 임계 온도와 임계 압력을 조사하시오. 일치되지 않는 점에 대해 이유를 제시하시오.

## 증기 압력(11.5절)

**11.68** 다음 각각은 액체의 증기 압력에 어떻게 영향을 미치는지 설명하시오.
(a) 액체의 부피 (b) 표면적 (c) 분자간 인력 (d) 온도 (e) 액체의 밀도

**11.69** (a) 다음 물질들을 휘발성이 증가하는 순서에 따라 배열하시오. $CH_4$, $CBr_4$, $CH_2Cl_2$, $CH_3Cl$, $CHBr_3$, $CH_2Br_2$ (b) 위 물질들의 끓는점은 어떻게 변할까? (c) 분자간 힘의 측면에서 (b)의 답을 설명하시오.

**11.70** (a) 두 개의 물 냄비가 가스레인지의 다른 버너 위에 놓여 있다. 하나는 격렬하게 끓고 있는 반면, 다른 하나는 은근히 끓고 있다. 두 냄비에서의 물의 온도에 대해서 무엇이라고 말할 수 있겠는가? (b) 큰 용기의 물과 작은 용기의 물이 같은 온도에 있다. 두 용기에서 물의 상대적인 증기 압력은 어떠한가?

**11.71** 그림 11.25의 증기 압력 곡선을 이용하시오.
- (a) 133.7 kPa의 외부 압력에서 다이에틸 에터의 끓는점을 추정하시오.
- (b) 에틸렌 글라이콜이 100 °C에서 끓을 때, 외부 압력을 추정하시오.
- (c) 26.7 kPa에서 에탄올의 끓는점을 추정하시오.
- (d) 물이 80 °C에서 끓을 때, 외부 압력을 추정하시오.

## 상도표(11.6절)

**11.72** (a) 상도표에서 삼중점의 의미는 무엇인가? (b) 101.32 kPa 기압하에서 수증기, 액체 물, 얼음이 평형을 이루고 있는 그릇의 온도를 측정함으로써 물의 삼중점을 측정할 수 있는가? 설명하시오.

**11.73** 그림 11.28을 참조하여, 다음의 각 과정에서 일어날 수 있는 모든 상변화를 설명하시오.
- (a) 수증기를 초기 500 Pa, −0.5 °C에서 온도를 일정하게 유지하면서 최종 압력이 2000 kPa이 될 때까지 천천히 압축시킨다.
- (b) 물을 초기 100.0 °C, 50 kPa에서 압력을 일정하게 유지 시키면서 온도가 −10 °C가 될 때까지 냉각시킨다.

**11.74** 다음 질문에 답하기 위해 네온의 상도표를 이용하시오.
- (a) 20 K에서 네온의 압력이 101.3 kPa에서 0.1013 kPa로 줄어들 때 어떤 현상이 관찰되는가?
- (b) Ne와 Kr의 임계값(표 11.5 참조)을 기반으로, 네온과 크립톤에서 각 분자간 힘의 세기를 어떻게 설명할 수 있는가?

**11.75** 지구상에서 물이 세 가지 상태(고체, 액체, 기체)로 쉽게 발견될 수 있는 사실은 지구상에서 발견되는 온도와 압력의 범위 안에 물의 삼중점($T$=0.01 °C, $P$=608 Pa)이 존재한다는 결과의 한 부분이다. 토성의 가장 큰 위성인 타이탄은 대기 속에 상당한 양의 메테인을 가진다. 타이탄의 표면 조건은 $P$=162 kPa, $T$=−178 °C로 추정된다. 메테인의 상도표(그림 11.30)를 보았을 때, 이와 같은 조건은 타이탄에서 고체, 액체, 기체상의 메테인이 발견될 가능성을 나타내는 메테인의 삼중점과는 너무 멀다.
- (a) 타이탄 표면에서 메테인은 어떤 상태로 발견될 수 있다고 예상하는가?
- (b) 대기압이 위쪽으로 움직이면, 압력이 감소할 것이다. 온도가 변하지 않는다고 가정했을 때, 표면으로부터 멀어진다면 어떤

상변화를 볼 수 있을 것이라고 예상하는가?

### 액정(11.7절)

**11.76** Reinitzer가 콜레스테릴 벤조에이트에서 발견한 관찰 결과 중 무엇이 이 물질이 액정상에 있다는 것을 나타내는가?

**11.77** 다음 문장의 참, 거짓을 구분하시오.
(a) 액정상은 고체, 액체, 기체처럼 물질의 또 다른 상이다.
(b) 액정 분자는 대체로 구형 모양을 갖는다.
(c) 액정상을 보이는 분자는 특정한 온도와 압력하에서 그러한 성질을 보인다.
(d) 액정상을 보이는 분자는 예상보다 분자간 힘이 약하다.
(e) 탄소와 수소만으로 이루어진 분자는 액정상을 형성할 것으로 보인다.
(f) 분자들은 하나 이상의 액정상을 보인다.

**11.78** 어떤 물질에서 액정상은 액체상보다 더 큰 점성을 나타내는 경향이 보인다. 그 이유는 무엇인가?

**11.79** 녹는점 바로 위에서 스멕틱 액정상을 가지는 물질은 더 높은 온도에서 네마틱 액정상으로 변화하는 경향이 있다. 이러한 현상을 설명하시오.

## 추가 연습 문제

**11.80** 분자간 인력이 분자의 크기에 따라 증가한다고 할 때, 다음 각각은 크기에 따라 증가할지, 감소할지를 예상하시오.
(a) 증기 압력 (b) 증발열 (c) 끓는점 (d) 어는점 (e) 점성도 (f) 표면장력 (g) 임계 온도

**11.81** 아래 표에는 101.3 kPa 조건의 여러 온도에서 물질 X의 밀도를 제시하였다. X의 정상 녹는점은 80 K이다.

| 온도(K) | 밀도(mol/L) |
|---|---|
| 90 | 35.2 |
| 100 | 33.8 |
| 110 | 32.1 |
| 120 | 0.136 |
| 140 | 0.110 |
| 160 | 0.0893 |
| 180 | 0.0796 |

(a) 어떤 온도 범위에서 물질 X가 고체인가?
(b) 어떤 온도 범위에서 물질 X가 액체인가?
(c) 표의 어떤 온도 범위에서 물질 X가 기체인가?
(d) X의 정상 끓는점을 예측하시오.
(e) X가 무극성 분자라면, X에는 어떤 분자간 힘이 작용하는가?

**11.82** 두 가지 무색의 액체 분자 A, B가 있고 각각의 끓는점은 78 °C와 112 °C이다. 둘 다 대기압하에서 존재한다. 다음의 문장은 옳은 것인가? 옳지 않다면, 옳게 수정하시오.
(a) 25 °C에서 A, B 모두 특정한 증기압을 가지는 액체로 존재한다.
(b) 액체 A는 B에 비해서 분자량이 작은 무극성 분자로 구성되어 있다.
(c) 액체 A와 B 모두 물과 비교하여 더 큰 분자간 힘을 가진다.
(d) 액체 A는 끓는점이 더 낮기 때문에 액체 B보다 더 휘발성이다.
(e) 112 °C에서 두 액체의 증기압은 모두 1 atm이다.

**11.83** 평면 화합물 뷰텐다이산(butenedioic acid)의 두 가지 이성질체는 다음과 같다.

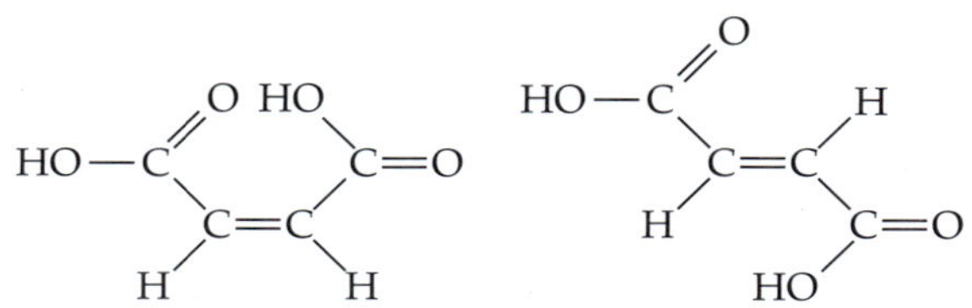


*cis*-이성질체 *trans*-이성질체

(a) 두 이성질체 중에서 수소 결합보다 강한 분자간 힘을 가지는 것은 어느 분자인가?
(b) 한 이성질체의 녹는점이 135 °C이고 다른 한 이성질체의 녹는점은 287 °C이다. 어느 이성질체의 녹는점인지 설명하시오.

**11.84** 아래 표는 O–H 기를 가지는 몇 가지 화합물의 물리적 성질을 나타낸다.

| 액체 | 분자량 | 쌍극자 모멘트 실험값 | 끓는점 |
|---|---|---|---|
| $CH_3OH$ | 32.04 | 1.7 | 64.7 °C |
| $CH_3CH_2CH_2OH$ | 74.12 | 1.66 | 117.7 °C |
| $HOCH_2CH_2OH$ | 62.07 | 1.5 | 197.3 °C |

다음 중 이 결과를 가장 잘 설명하는 진술은 어느 것인가?
(a) 쌍극자 모멘트가 클수록 분자간 인력이 강해지므로 가장 큰 쌍극자 모멘트를 갖는 분자의 끓는점이 가장 낮다.
(b) 분산력은 $CH_3OH$, $CH_3CH_2CH_2OH$, $HOCH_2CH_2OH$의 순서로 증가한다. 끓는점도 이 순서대로 증가하므로 분산력이 끓는점에 영향을 주는 가장 주된 요소이다.
(c) $CH_3OH$, $CH_3CH_2CH_2OH$이 분자당 하나의 수소 결합 부위가 있는 것에 반해 $HOCH_2CH_2OH$는 분자당 두 개의 수소 결합을 할 수 있는 부위가 있으므로 $HOCH_2CH_2OH$의 끓는점이 가장 크다.

**11.85** 아래 표는 C=O 기를 가지는 몇 가지 화합물의 정상 끓는점을 나타낸다.

| 화합물 | 구조 | 정상 끓는점(°C) |
|---|---|---|
| $C_2H_4O$(에탄알) | 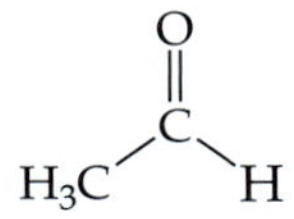 | 20.2 |
| $CH_2O_2$(메탄산) | 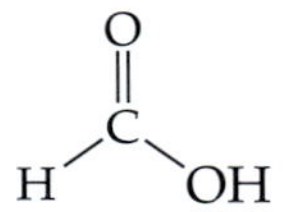 | 100.8 |
| $C_2H_4O_2$(에탄산) | 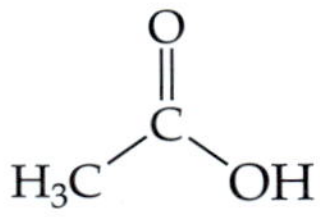 | 118.1 |
| $C_3H_6O_2$(에탄산 메틸) | 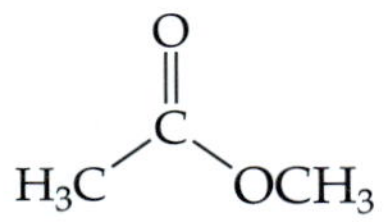 | 56.9 |

**(a)** 이들 화합물 중 분산력이 작용하는 것은 어느 것인가?

**(b)** 이들 화합물 중 쌍극자–쌍극자 상호 작용을 가지는 것은 어느 것인가?

**(c)** 이들 화합물 중 수소 결합을 가지는 것은 어느 것인가?

**(d)** 왜 에탄산의 끓는점이 메탄산의 끓는점보다 높은가?

**(e)** 왜 에탄알의 끓는점이 가장 낮은가?

**11.86** 원자 수준에서 DNA 이중 나선(9.2절 시작 그림)은 꼬인 사다리처럼 보인다. 또한 사다리의 '단'은 함께 수소 결합을 이루고 있는 분자로 구성된다. 당과 인산기는 사다리의 측면을 이룬다. 아래에 아데닌–타이민(AT) 구조의 '염기쌍'과 구아닌–사이토신(GC)의 염기쌍을 나타내었다.

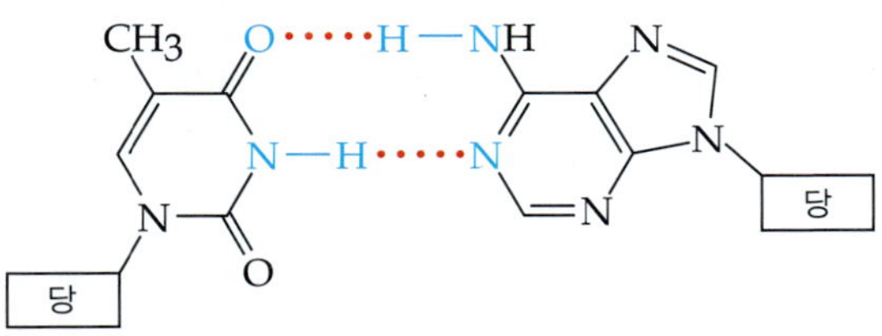


타이민 아데닌

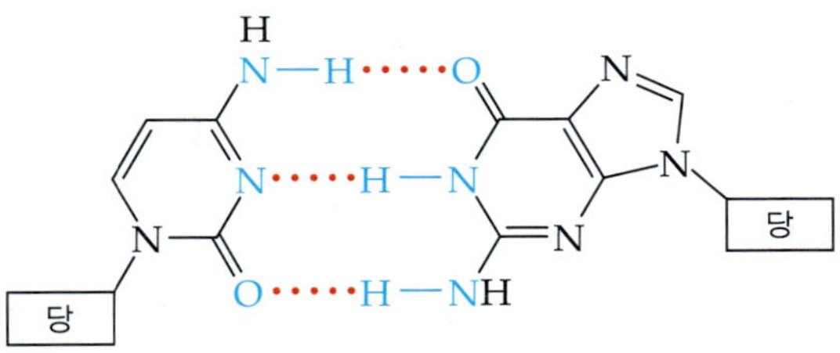


사이토신 구아닌

여러분은 두 개의 수소 결합으로 형성된 AT 염기쌍과, 세 개의 수소 결합으로 형성된 GC 염기쌍을 볼 수 있다. 어떤 염기쌍이 열에 더 안정한가? 그 이유는?

**11.87** 에틸렌 글라이콜($HOCH_2CH_2OH$)과 펜테인($C_5H_{12}$)은 상온, 상압에서 액체이며 분자량이 서로 같다.

**(a)** 이들 중 하나는 다른 것보다 훨씬 점성도가 높다. 어느 것일까?

**(b)** 이들 중 하나(36.1 °C)는 다른 것(198 °C)에 비해 훨씬 정상 끓는점이 낮다. 어느 것일까?

**(c)** 이들 중 하나는 자동차 엔진 부동액으로 사용된다. 어느 것일까?

**(d)** 이들 중 하나는 휘발성이 강해서 폴리스타이렌 폼 제조과정에서 '발포제'로 사용된다. 어느 것일까?

**1.88** 다음 정상 끓는점을 사용하여, 옥테인($C_8H_{18}$)의 정상 끓는점을 추정하시오. 또한 끓는점의 경향을 설명하시오.

| | |
|---|---|
| 프로페인($C_3H_8$) | −42.1 °C |
| 뷰테인($C_4H_{10}$) | −0.5 °C |
| 펜테인($C_5H_{12}$) | 36.1 °C |
| 헥세인($C_6H_{14}$) | 68.7 °C |
| 헵테인($C_7H_{16}$) | 98.4 °C |

**11.89** 이온성 액체의 매력적인 특징 중의 하나는 낮은 증기 압력이다. 그것은 이온성 액체가 불연성을 나타내도록 하는 경향을 가지게 한다. 이온성 액체가 대부분의 상온 상태의 액체 분자에 비해 낮은 증기 압력을 가지는 이유는 무엇인가?

**11.90** **(a)** 격렬하게 운동을 하면 땀이 흐른다. 이것은 몸을 시원하도록 하는 데 어떻게 도움을 주는가? **(b)** 물이 들어 있는 플라스크가 진공 펌프와 연결되어 있다. 펌프가 작동하고 나면 물이 끓기 시작한다. 몇 분 후면 물이 얼기 시작한다. 이 과정이 일어나는 이유를 설명하시오.

**11.91** 다음 표는 온도에 따른 테트라하이드로퓨란($C_4H_8O$)의 증기 압력을 나타낸 것이다.

| 온도(°C) | 증기 압력(Pa) |
|---|---|
| −50 | 99 |
| −10 | 3630 |
| 0 | 6390 |
| 30 | 26,800 |
| 50 | 58,600 |

**(a)** 적당한 방법으로 이 자료를 도시하고, Clausius–Clapeyron식(식 11.1)을 따르는지, 아닌지 결정하시오. 따른다면 여러분이 그린 그림을 사용하여 $C_4H_8O$의 $\Delta H_{증발}$를 결정하시오.

**(b)** 이 자료를 이용하여, 이 화합물의 끓는점을 결정하시오.

**11.92** 한 물질의 증기 압력을 두 가지 다른 온도에서 측정할 수 있다고 가정해 보자.

**(a)** Clausius–Clapeyron식(식 11.1)을 이용하여 증기 압력($P_1$, $P_2$)과 측정된 절대 온도($T_1$, $T_2$) 사이의 관계를 유도하시오.

$$\ln\frac{P_1}{P_2} = -\frac{\Delta H_{vap}}{R}\left(\frac{1}{T_1} - \frac{1}{T_2}\right)$$

**(b)** 가솔린은 옥테인($CH_3CH_2CH_2CH_2CH_2CH_3CH_2CH_3$)이 주성분인 탄화수소의 혼합물이다. 25 °C에서 옥테인의 증기 압력은 1.86 kPa이고, 75 °C에서는 19.3 kPa를 나타낸다. 위의 자료와 (a)의 식을 사용하여 옥테인의 증발열을 계산하시오.

**(c)** (a)의 식과 (b)의 주어진 자료를 이용하여 옥테인의 정상 끓는점을 계산하시오. 문제 11.88에서 얻어진 값과 계산한 값을 비교하시오.

**(d)** −30 ℃에서 옥테인의 증기 압력을 계산하시오.

**11.93** 다음 자료는 특정 증기 압력에서 다이클로로메테인($CH_2Cl_2$)과 아이오딘화 메틸($CH_3I$)이 나타내는 온도를 나타낸 것이다.

| 증기 압력(kPa) | 1.33 | 5.33 | 13.33 | 53.33 |
|---|---|---|---|---|
| $CH_2Cl_2$에 대한 $T$(℃) | −43.3 | −22.3 | −6.3 | 24.1 |
| $CH_3I$에 대한 $T$(℃) | −45.8 | −24.2 | −7.0 | 25.3 |

**(a)** 두 물질 중에서 더 큰 쌍극자–쌍극자 힘을 가질 것으로 예상되는 것은? 분산력이 더 크다고 생각되는 것은 어느 것인가? 이 답을 바탕으로 어떤 화합물이 더 휘발성을 나타내는지를 예측하는 것이 어려운 이유를 설명하시오.

**(b)** 어떤 화합물이 더 높은 끓는점을 가지는 것으로 예상되는가? CRC Handbook of Chemistry and Physics와 같은 참고 도서에서 답을 확인하시오.

**(c)** 온도가 증가함에 따라 이 두 화합물의 휘발성 순서는 변한다. 이와 같은 현상이 일어나기 위해 두 물질에서 얼마만큼의 양의 차이가 있어야 하는가?

**(d)** (c)에 대한 답을 적절한 그래프로 그려서 증명해 보시오.

**11.94** 고체 $CO_2$는 드라이아이스라고 불린다. 드라이아이스는 대기압 하에서 −78.5 ℃에서 승화한다. $CO_2$의 삼중점은 −56.6 ℃, 517.8 kPa이다. $CO_2$는 31 ℃, 7.487 MPa에서 초임계 유체가 된다. 이 데이터를 이용하여 $CO_2$의 상도표를 구성하고, 그림의 각 구역을 명시하시오.

**11.95** 액정 디스플레이(LCD)가 있는 시계는 남극 대륙을 여행하는 동안 낮은 온도에 노출될 때 제대로 그 기능을 하지 못한다. LCD가 낮은 온도에서 기능을 제대로 하지 못하는 이유를 설명하시오.

**11.96** 특별한 액정 물질은 다음 그림과 같은 상도표를 가진다. 비액정 물질에 대한 상도표와 비교를 통해, 각 구역에서 나타나는 상을 예측하시오.

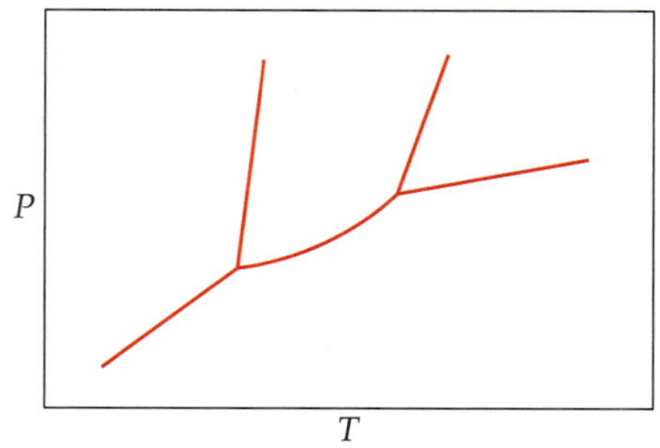


## 통합 연습 문제

**11.97** 표 11.3에서 일련의 탄화수소 화합물이 가진 점성도가 분자량에 따라 증가하는 것을 보았다. 6-탄소 분자에 비해 10-탄소 분자는 거의 2배 높은 점성도를 보였다.

**(a)** 8-탄소 화합물인 옥테인은 아이소옥테인이라는 이성질체를 갖는다. 아이소옥테인은 옥테인보다 점성도가 높을지, 낮을지 예상하고, 그 이유를 말하시오.

**(b)** 표 11.4에 있는 탄화수소의 상대적 끓는점 순서를, 가장 낮은 것에서 높은 순으로 예측하시오.

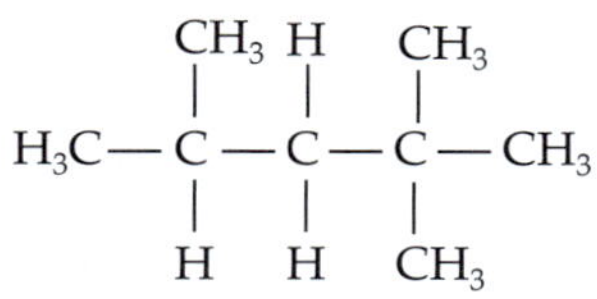

2,2,4-트라이메틸펜테인 또는 아이소옥테인

**(c)** 표 11.4의 탄화수소 액체의 표면 장력은 헥세인에서 데케인으로 갈수록 극히 작은 정도인 20%만 증가했다(점성도는 이에 비해 두 배 증가함). 다음 중 이 이 현상을 가장 잘 설명한 것은?

(i) 분자의 유연성은 표면 장력보다 점성도에 훨씬 큰 영향을 준다.

(ii) 점성도는 분자량에만 의존하는 반면, 표면 장력은 분자량과 분자간 힘에 의존한다.

(iii) 큰 분자일수록 더 큰 액체 방울을 형성하므로 표면 장력은 더 낮다.

**(d)** 20 ℃에서 노네인은 $7.11 \times 10^{-4}$ kg/m-s의 점성도를 갖는다. $n$-옥틸 알코올($CH_3(CH_2)_7OH$)은 20 ℃에서 분자량이 거의 같은 노네인보다 훨씬 더 큰 점성도 $1.01 \times 10^{-2}$ kg/m-s를 갖는다. 다음 중 이 이 현상을 가장 잘 설명한 것은?

(i) 액체에서 분자간 인력이 강할수록 점성도는 작아진다.

(ii) 액체에서 분자간 인력이 강할수록 점성도는 커진다.

**11.98** 소독용 알코올은 일반적으로 2-프로판올($CH_3CH(OH)CH_3$)이다.

**(a)** 2-프로판올 분자의 3차원 구조를 그리고, 각 탄소 원자의 기하 구조를 예측하시오.

**(b)** 2-프로판올 분자는 극성인가, 무극성인가?

**(c)** 2-프로판올 분자 사이에는 어떤 종류의 분자간 인력이 존재하는가?

**(d)** 이성질체인 1-프로판올은 2-프로판올과 같은 분자량을 갖지만, 2-프로판올의 끓는점이 82.6 ℃인 반면, 1-프로판올은 97.2 ℃에서 끓는다. 이 차이를 설명하시오.

**11.99** 다음 표는 몇 가지 유기 화합물의 몰증발열을 나타낸 것이다. 이 목록의 특정 분자들을 예로 들어 증발열이 **(a)** 분자량, **(b)** 분자 모양, **(c)** 분자의 극성, **(d)** 수소 결합 상호 작용에 따라 어떻게 변하는지에 대해 설명하시오. 분자간 힘의 측면에서 이러한 비교를 설명하시오(각 화합물의 구조식을 그려보는 것이 도움이 될 것이다).

| 화합물 | 증발열(kJ/mol) |
|---|---|
| $CH_3CH_2CH_3$ | 19.0 |
| $CH_3CH_2CH_2CH_2CH_3$ | 27.6 |
| $CH_3CHBrCH_3$ | 31.8 |
| $CH_3COCH_3$ | 32.0 |
| $CH_3CH_2CH_2Br$ | 33.6 |
| $CH_3CH_2CH_2OH$ | 47.3 |

**11.100** 아세톤($CH_3COCH_3$)의 증기 압력은 19 °C에서 5.33 kPa이다. 3.50 g 아세톤 시료를 22 °C에서 2.00 L의 용기에 넣었다. 용기를 닫은 후 아세톤 액체가 아세톤 증기와 평형을 이루었다면, 몇 그램의 아세톤 액체가 남아 있는가? (증기는 이상 기체처럼 행동한다고 가정한다.)

**11.101** 프로페인($C_3H_8$)이 연료로 사용되기 위해 실린더에 보관되어 있다. 프로페인의 정상 끓는점은 −42 °C로 기록되어 있다.

(a) 25 °C의 실온에서 프로페인을 액체로 변환할 때 탱크 내 압력이 대기압보다 커지겠는지 작아지겠는지 예상하시오. 탱크 내 압력은 탱크 내 액체 프로페인의 양에 따라 어떻게 달라지는가?

(b) 연료 탱크가 누출되어 프로페인 몇 리터가 빠르게 빠져나갔다고 가정하자. 탱크에 남아 있는 액체 프로페인의 온도는 어떻게 될 것으로 예상하는가? 설명하시오.

(c) 기화열이 18.8 kJ/mol인 프로페인 20 g을 기화시키기 위해 가해 주어야 하는 열은 얼마인가? 100 kPa와 25 °C에서 이 양의 프로페인이 차지하는 부피는 얼마인가?

**11.102** 부록 B와 C에 나와 있는 정보를 이용하여 −10 °C의 얼음 0.20 kg이 70 °C의 액체 물로 변하는데 필요한 열을 공급하기 위해서 연소되어야 하는 메테인($CH_4$)의 최소한의 질량을 계산하시오.

**11.103** 휘발성 액체의 증기 압력은 온도와 기압을 알고 있을 때, 총 부피를 아는 기체를 천천히 불어 넣어 거품이 일어나게 하여 휘발성 용액에 통과시킴으로써 결정될 수 있다. 실험에서 아르곤 기체 8.00 L가 30.0 °C에서 액체 헥세인($C_6H_{14}$) 11.7872 g을 통과시켰다. 실험 후에 남아 있는 용액은 4.875 g이다. 기체가 헥세인 증기에 포화되었고, 전체 기체의 부피와 온도는 일정하게 유지된다고 가정한다. 헥세인의 증기 압력은 얼마인가?

**11.104** 공기의 상대적인 습도는 공기 중에 있는 수증기의 부분 압력을 같은 온도에서 물의 평형 증기 압력으로 나눈 다음, 100%를 곱한 값이다. 사하라 사막의 평균 기온은 40 °C, 습도는 25%이다. 사하라 사막의 공기 1 $m^3$에는 얼마나 많은 물 분자가 존재하는가?

## 실험 설계 문제

분자간 힘은 어떤 물질의 물리적 특성을 예측하는 데 있어 매우 중요하다. 하지만 때로는 이러한 성질들의 경향을 예측하기가 어렵다. 이는 가능한 분자간 힘들이 동시에 작용할 뿐만 아니라 이들 상호 작용들의 에너지 영역이 아주 넓기 때문이다.

암모니아($NH_3$)를 생각해보자. 암모니아는 101.3 kPa, 25 °C에서 기체이지만 101.3 kPa, −33.5 °C에서 액화될 수 있다. 암모니아 유도체인 메틸아민($CH_3NH_2$)도 101.3 kPa, 25 °C에서 기체이지만 101.3 kPa, −6.4 °C에서 액화될 수 있다.

이러한 실험값을 이용하여 암모니아와 메틸아민 중 더 강한 분자간 인력 상호 작용을 갖는 것은 어느 것인지 알아내고, 그런 결론에 도달하게 된 이유를 제시하시오. 제시된 이유에 기반하여, 그 가설을 시험하기 위해 이들 분자 또는 연관된 분자들을 이용하여 어떤 다른 실험들을 할 수 있을까?

# 12 고체와 신소재



## 12.1 | 고체의 분류

© Lighthunter/Shutterstock

최신 컴퓨터나 휴대 전화와 같은 기기들은 매우 독특한 물리적 성질을 갖는 고체를 이용하여 만들어진다. 예를 들어 많은 전자 기기의 심장 역할을 하는 집적 회로는 규소와 같은 반도체, 구리와 같은 금속, 산화 하프늄과 같은 절연체로부터 만들어진다.

과학자와 공학자들은 자석과 비행기 터빈용 **합금**(alloy), 태양 전지와 발광 다이오드용 **반도체**

(semiconductor), 포장용과 의공학적 응용을 위한 **중합체**(polymer)와 같은 많은 기술 분야에서 거의 전적으로 고체 물질을 사용하기 위하여 집중하고 있다. 화학자들은 특정한 전기적, 자기적, 광학적 또는 기계적 특성을 갖는 물질을 제조하기 위하여 새로운 물질을 발명하거나, 이미 자연에 존재하는 물질에 대한 새로운 가공 방법을 개발하는 등, 신물질의 발견과 개발에 매우 많이 이바지해 왔다. 이 장에서는 고체의 구조와 특성에 대하여 살펴본다. 그러기 위해 현재 첨단 기술에 사용되고 있는 몇 가지 고체 물질에 대해서도 다룬다.

이 절이 끝나면 다음 사항을 수행할 수 있어야 한다.

- 결합력/분자간 힘에 따라 고체를 분류하고, 결합의 차이가 어떻게 물리적 특성과 연관되는지 이해하기
- 결정성 고체와 비결정성 고체의 차이를 설명하기
- 결정 격자를 설명하는 데 사용되는 용어를 이해하고, 5개의 2차원 격자 및 7개의 3차원 원시 격자를 인식하며, 체심 격자와 면심 격자의 격자점 위치 기술하기

고체는 다이아몬드처럼 단단하거나 왁스처럼 유연할 수 있다. 전기를 잘 통하는 물질이 있는 반면, 그렇지 못한 것도 있다. 어떤 고체는 쉽게 그 모양이 변형되지만, 다른 고체는 오히려 깨지기 쉬워 모양의 변형이 어렵다. 고체의 구조는 물론 물리적인 특성은 공간에서 원자들을 붙들고 있는 결합의 형태에 의해 기술된다. 그와 같은 힘에 따라 고체를 분류할 수 있다(그림 12.1).

**금속성 고체**(metallic solid)는 전체적으로 공유된 비편재화된 원자가 전자들의 '바다(sea)'에 의해 서로 붙들려 있다. 이와 같은 형태의 결합으로 인해 대부분의 금속은 전기를 통한다. 대부분의 금속이 깨지지 않고 상대적으로 강한 것도 이 때문이다. **이온성 고체**(ionic solid)는 양이온과 음이온 사이의 상호 정전기적 인력으로 서로 붙들려 있다. 이온 결합과 금속 결합의 차이로 인해, 이온성과 금속 결합의 전기적 및 기계적 특성이 서로 매우 다르다. 즉 이온성 고체는 전기를 잘 통하지 않으며 잘 깨진다. **공유성 그물 구조 고체**(covalent-network solid)는 공유 결합의 확장된 그물 구조

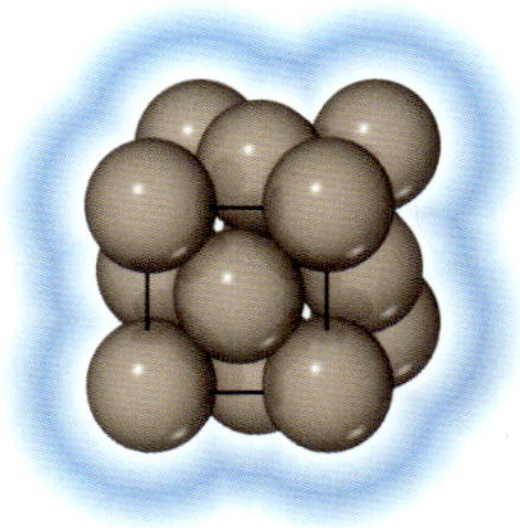

**금속성 고체**

금속 결합에 의해 서로 붙들려 있는 원자들의 확장된 그물 구조(Cu, Fe)

**이온성 고체**

양이온-음이온 상호 작용에 의해 서로 붙들려 있는 이온들의 확장된 그물 구조(NaCl, MgO)

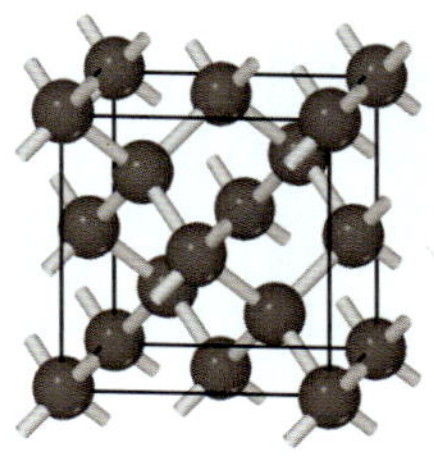

**공유성 그물 구조 고체**

공유 결합에 의해 서로 붙들려 있는 원자들의 확장된 그물 구조(C, Si)

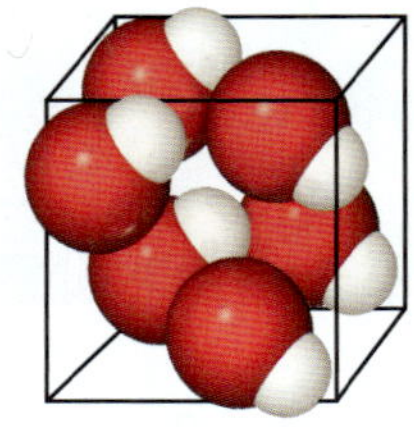

**분자성 고체**

분자간 힘에 의해 서로 붙들려 있는 개별적인 분자들(HBr, $H_2O$)

▲ 그림 12.1 결합의 형태에 따른 고체의 분류와 예

에 의해 서로 붙들려 있다. 이와 같은 결합의 형태는 물질을 다이아몬드와 같이 매우 단단하게 만들 수 있으며, 반도체의 독특한 특성도 이 때문이다. **분자성 고체(molecular solid)**에서 분자들은 11장에서 다룬 분자간 힘(분산력, 쌍극자–쌍극자 상호 작용, 수소 결합)으로 서로 붙들려 있다. 이와 같은 힘은 상대적으로 약하기 때문에 분자성 고체는 무르며, 녹는점이 낮다.

앞에서 기술한 분류에 포함시킬 수 없는 두 종류의 고체, 즉 중합체와 나노물질에 대해서도 기술할 것이다. **중합체(polymer)**는 공유 결합으로 서로 붙들려 있는 매우 긴 원자들의 사슬로 구성되어 있다. 이와 같은 사슬들은 일반적으로 약한 분자간 힘으로 서로 붙들려 있다. 중합체는 일반적으로 분자성 고체보다 강하며, 녹는점이 높다. 또한 금속성 고체, 이온성 고체, 공유성 그물 구조 고체보다 유연하다. **나노물질(nanomaterial)**은 개별 결정의 차원(dimension)이 1~100 nm 정도인 고체이다(역자 주: 삼차원 결정에서 한 쪽 방향의 크기라도 이 범주에 들면 나노물질의 독특한 특성을 나타내므로, 크기라는 일반적인 용어 대신, 차원이라는 용어를 사용한 것임). 앞으로 살펴보겠지만, 결정이 이 정도로 작아지게 되면 일반적인 물질의 특성이 변한다.

결정성 고체(황철석($FeS_2$))

비결정성 고체(흑요석(70% $SiO_2$))

▲ 그림 12.2 결정성 고체와 비결정성 고체의 예 결정성 고체에서는 원자들이 규칙적이고 주기적인 형태로 반복된다. 따라서 거시적인 수준에서 잘 정립된 면을 제공한다. 흑요석과 같은 비결정성 고체에서는 이와 같은 규칙성이 없다.

## 결정성 고체와 비결정성 고체

고체는 많은 원자를 포함한다. 예를 들어 1캐럿의 다이아몬드는 부피가 57 $mm^3$이고, 탄소 원자 $1.0 \times 10^{22}$개가 포함되어 있다. 이와 같이 많은 수의 원자 집단을 어떻게 기술할 수 있을 것인가? 다행스럽게도, 많은 고체의 구조에는 삼차원적으로 무한히 반복되는 패턴이 있다. 똑같은 벽돌들이 쌓여 건물의 벽이 만들어진 것과 마찬가지로, 작고 동등한 구조적 단위체가 수없이 쌓여 고체가 형성되는 것으로 나타낼 수 있다.

규칙적이고 반복적인 원자들의 배열 패턴을 갖는 고체를 **결정성 고체(crystalline solid)**라고 한다. 일반적으로 이와 같은 고체는 서로 일정한 각을 이루는 평평한 표면인 **면(face)**을 갖는다. 이와 같은 면을 만드는 입자의 규칙적인 배열로 인해 고체는 매우 규칙적인 모양을 갖는다(그림 12.2). 염화 소듐, 석영, 다이아몬드 등이 결정성 고체이다.

**비결정성 고체(amorphous solid**, 그리스어로 '형태 없음'으로부터 유래)에서는 결정성 고체에서 발견되는 규칙성이 존재하지 않는다. 원자 수준에서 비결정성 고체의 구조는 액체의 구조와 유사하다. 그러나 비결정성 고체에서 분자, 원자, 이온은 액체일 때 가지게 되는 운동에 대한 자유도가 결여되어 있다. 비결정성 고체에는 잘 정립된 결정면이나 결정 모양이 없다. 친숙한 비결정성 고체로는 고무, 유리, 흑요석(화산 유리) 등이 있다.

## 단위 세포와 결정 격자

결정성 고체 내에는 **단위 세포(unit cell)**라고 하는 상대적으로 작은 반복 단위가 있다. 단위 세포는 원자들의 독특한 배열에 의해 만들어지며, 고체의 구조 형체를 나타낸다. 이 단위체가 삼차원의 세 방향으로 수없이 쌓여 결정의 구조가 만들어진다. 따라서 결정성 고체의 구조는 (a) 단위 세포의 크기와 모양, (b) 단위 세포 내에 있는 원자들의 위치에 의해 결정된다.

단위 세포가 배열되는 점들의 기하학적 패턴을 **결정 격자(crystal lattice)**라고 한다. 실제로 결정 격자는 결정 구조의 가상적 틀이다. 우선 틀을 만들고, 같은 원자나 원자단으로 각각의 단위 세포를 채움으로써 온전한 결정 구조를 만들 수 있다.

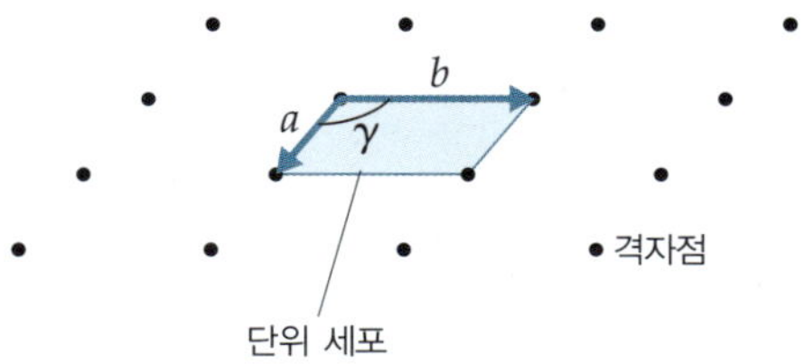


▲ 그림 12.3 이차원 결정 격자 격자 벡터 *a*와 *b*를 서로 더함으로써 무한정의 격자점 배열이 만들어진다. 단위 세포는 격자 벡터로 정의되는 평행사변형이다.

고체의 구조를 기술하기 전에, 결정 격자의 특성을 이해할 필요가 있다. 표현하기가 더 간단하기 때문에, 삼차원 격자보다는 이차원 격자로부터 시작하는 것이 편리하다. 그림 12.3에 **격자점(lattice point)**의 이차원 배열을 나타냈다. 각 격자점은 동등한 환경을 갖는

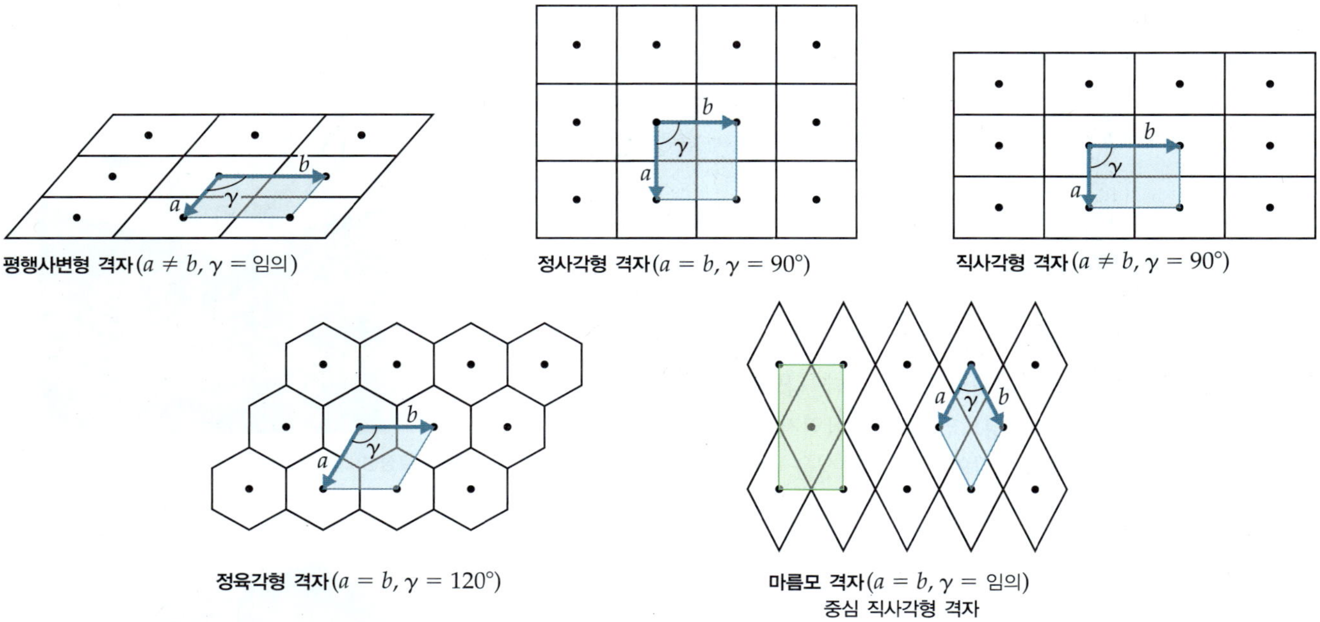


**▲ 그림 12.4 다섯 가지의 이차원 격자** 각 격자의 원시(primitive) 단위 세포는 파란색으로 나타내었다. 마름모 격자에서 중심 직사각형 단위 세포는 녹색 음영으로 나타내었다. 원시 마름모 단위 세포와는 달리, 중심 세포는 단위 세포당 두 개의 격자점을 갖는다.

**중심 직사각형 격자는 있으나 중심 정사각형 격자가 없는 이유는?**

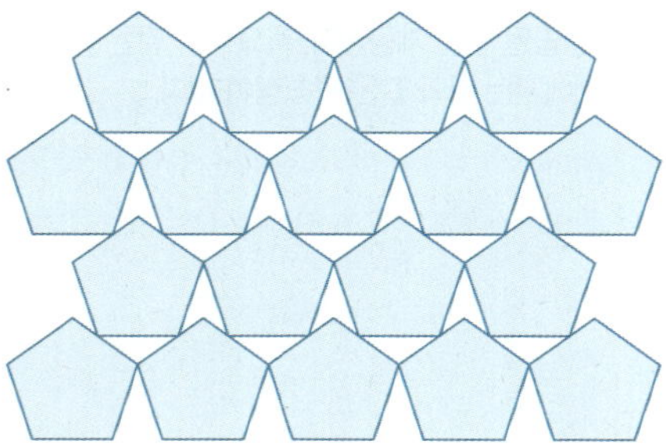

**▲ 그림 12.5 모든 모양이 공간 이어붙이기가 가능한 것이 아니다.** 이어붙이기는 표면을 완전히 덮는 것을 의미한다. 여기에 나타낸 정오각형과 같은 기하학적 모양은 이와 같은 이어붙이기가 불가능하다.

다. 격자점의 위치는 **격자 벡터(lattice vector)** $a$와 $b$에 의해 정의된다. 어떠한 격자점에서 시작하더라도, 두 격자 벡터의 정수배를 더함으로써 또 다른 격자점으로 이동하는 것이 가능하다.*

격자 벡터에 의해 형성된 평행사변형(그림 12.3에서 음영이 있는 부분)이 단위 세포를 정의한다. 이차원에서 단위 세포들을 이어붙이면 격자 면을 어떠한 틈새도 없이 완전히 덮을 수 있어야 한다. 삼차원에서는 공간을 채우기 위해 단위 세포를 위아래로 쌓아야 한다.

이차원 격자에서 단위 세포는 **그림 12.4**에 나타낸 다섯 가지의 모양 중 하나이다. 격자의 가장 일반적인 형태는 **비스듬하게 기운(평행사변형) 격자**(oblique lattice)이다. 이 격자에서 격자 벡터는 서로 길이가 다르며, 벡터 사이의 각 $\gamma$는 임의의 크기이다. 따라서 단위 세포는 임의의 모양을 갖는 평행사변형이다. **정사각형 격자**(square lattice), **직사각형 격자**(rectangular lattice), **정육각형 격자**(hexagonal lattice)**, **마름모 격자**(rhombic lattice)는 각 $\gamma$와 격자 벡터 $a$와 $b$의 길이의 관계의 고유한 조합을 가진다(그림 12.4). 마름모 격자는 격자점이 꼭짓점과 중심에 있는 직사각형의 단위 세포로도 설명할 수 있다(그림 12.4에 녹색으로 나타냄). 이 때문에 마름모 격자는 일반적으로 **중심 직사각형 격자**(centered rectangular lattice)로 간주된다. 그림 12.4에 정사각형 격자, 직사각형 격자, 정육각형 격자, 마름모(다이아몬드) 격자, 임의의 평행사변형 격자 등 다섯 가지의 기본 모양을 갖는 격자를 나타내었다. **그림 12.5**에 나타낸 것처럼, 정오각형과 같은 다른 정다각형은 틈새를 남기지 않은 채 면을 채울 수 없다.

*벡터는 방향과 크기를 갖는 물리량이다. 그림 12.3에서 벡터의 크기는 화살표의 길이로 나타내고, 벡터의 방향은 화살표의 방향으로 표시한다.

**여러분은 왜 육각형 단위 세포가 육각형처럼 생기지 않았는지 궁금할 것이다. 단위 세포의 크기와 모양이 격자 벡터 $a$와 $b$에 의해 정의되는 평행사변형임을 기억하라.

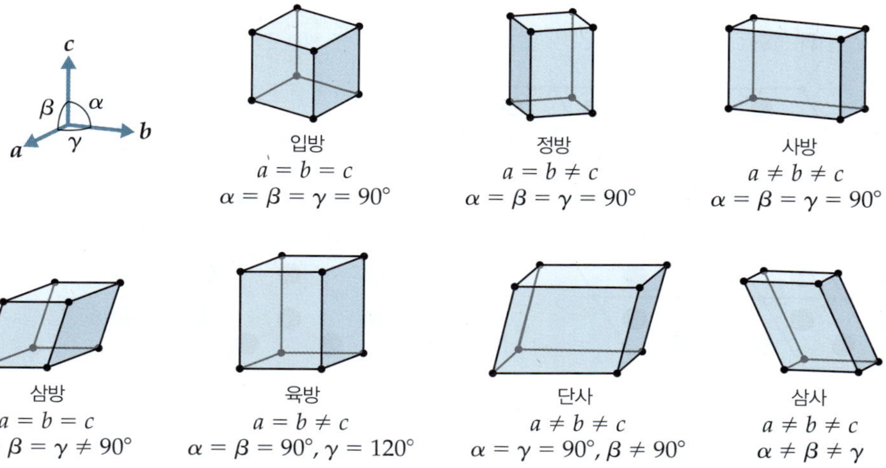


▲ 그림 12.6 7종류의 삼차원 원시 격자

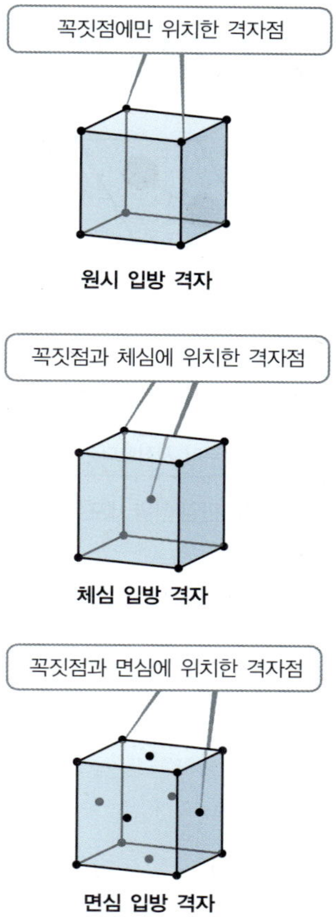


▲ 그림 12.7 세 종류의 입방 격자

실제 결정을 이해하려면 이차원에서 삼차원으로 전환해야 한다. 삼차원에서 격자는 세 개의 격자 벡터, *a*, *b*, *c*에 의해 정의된다(그림 12.6). 이와 같은 격자 벡터가 평행육면체(육면체이고 각 면은 평행사변형인) 단위 세포를 정의한다. 단위 세포는 세포의 모서리의 길이 *a*, *b*, *c*와 변과 변 사이의 각 $\alpha$, $\beta$, $\gamma$에 의해 기술된다. 그림 12.6에 나타낸 것과 같이 7종류의 삼차원 단위 세포의 형태가 가능하다.

격자점이 단위 세포의 꼭짓점에만 위치하고 있는 격자를 **원시 격자**(**primitive lattice**)라고 한다. 그림 12.6에 있는 7종류의 격자는 모두 원시 격자이다. 단위 세포의 특정한 위치에 추가적인 격자점을 위치시키면 **중심 격자**(centered lattice)라고 하는 새로운 격자를 만들 수 있다. 그림 12.7에 입방 격자에 대한 설명을 나타냈다. **체심 입방 격자**(**body-centered cubic lattice**)는 8개의 꼭짓점은 물론, 단위 세포의 체심에 격자점을 가지고 있다. **면심 입방 격자**(**face-centered cubic lattice**)는 8개의 꼭짓점은 물론, 단위 세포에 있는 6개 면의 중심에 격자점을 가지고 있다. 물론 다른 단위 세포에도 중심 격자는 존재한다. 이 장에서는 그림 12.6과 12.7에 나타낸 격자만을 다룰 것이다.

## 단위 세포 채움

격자 자체가 결정 구조를 정의하는 것은 아니다. 결정 구조를 만들기 위해서는 각 격자점에 원자나 원자단을 위치시킬 필요가 있다. 가장 간단한 경우로, 결정 구조는 동등한 원자들로 구성되어 있고, 각 원자가 격자점에 직접 놓여 있는 경우를 생각해볼 수 있다. 이때 결정 구조와 격자점의 패턴은 같다. 12.2절에서 살펴보겠지만, 많은 금속 원소가 이런 구조를 갖는다. 원소만이 이 구조를 형성할 수 있다는 것을 명심하라. 화합물에서는 한 개의 원자를 모든 격자점에 배치하더라도 원자들의 종류가 항상 모두 같지는 않기 때문에, 각 격자점이 모두 동등하지는 않다.

대부분의 결정에서 원자는 정확히 격자점에 놓이지는 않는다. 그 대신 **요소**(**motif**)라고 하는 원자단이 격자점에 위치한다. 단위 세포에는 원자로 이루어진 특정한 요소가 포함되며, 단위 세포가 계속적으로 반복되어 결정 구조가 만들어진다. 정육각형 단위 세포와 두 개의 탄소 원자로 이루어진 요소를 가진다. 이차원 결정에 대한 이와 같은 과정의 설명을 그림 12.8에 나타냈다. 결과적으로 얻어진 무한정의 이차원 벌집 구조는 **그래핀**(graphene)이라는 이차원 결정이며, 그 물질이 갖는 많은 흥미로운 성질 때문에 현대의 발견자들에게 2010년 물리학 분야의 노벨상이 수상되었다. 서로 연결된 무한정의 정육각형 고리로 이루어진 각 탄소는 인접한 세 개의 탄소 원자와 공유결합을 이룬다.

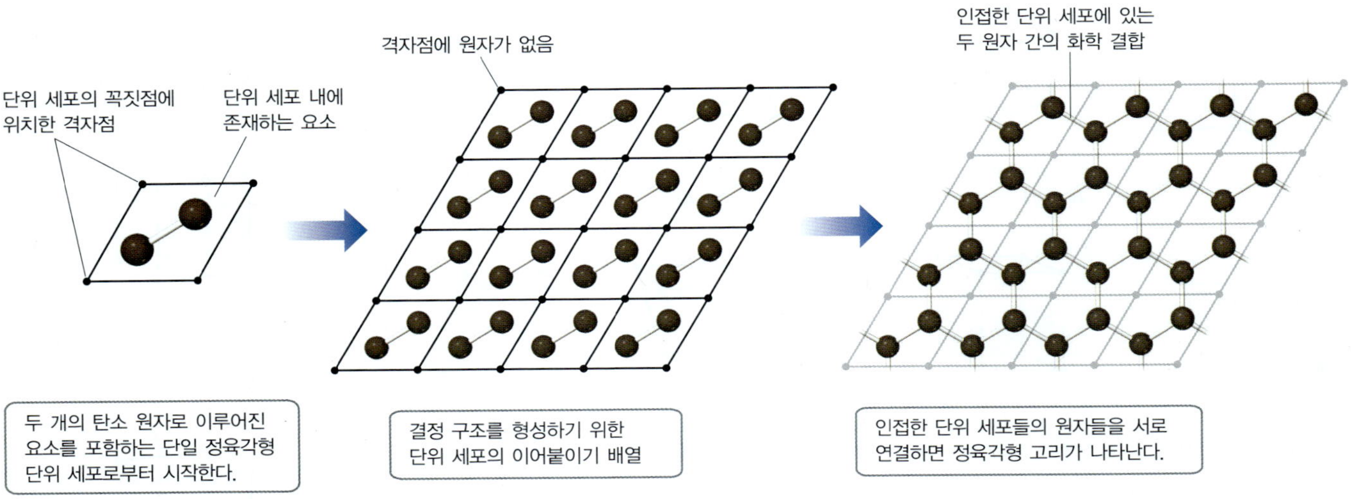


▲그림 12.8 단일 단위 세포로부터 만들어진 그래핀의 이차원 구조

그래핀의 결정 구조로부터 두 가지 중요한 결정의 특징을 알 수 있다. 첫째, 격자점에 놓여 있는 원자가 없다는 것이다. 이 장에서 다루는 구조 대부분은 격자점에 원자가 있기는 하지만, 그래핀처럼 그렇지 않은 예도 많다. 따라서 구조를 만들려면 요소에 존재하는 원자들의 위치와 배향을, 격자점을 기준으로 알아야 한다. 둘째, 인접한 단위 세포에 있는 원자 간 화학 결합을 형성할 수 있고 원자 간 결합이 격자 벡터에 평행할 필요가 없다는 것이다.

## 자세히 보기 X선 회절

빛의 파동이 좁은 슬릿을 지나갈 때, 파동은 펼쳐지듯이 산란된다. 이와 같은 물리적인 현상을 **회절**(diffraction)이라고 한다. 빛이 정해진 간격을 갖는 많은 좁은 슬릿(**회절발**, diffraction grating)을 지나게 될 때, 산란된 파동들은 서로 상호 작용을 하여 회절 무늬라고 알려진, 일련의 밝은 띠와 어두운 띠를 형성한다. 빛의 파동들이 보강 겹침을 하면 밝은 띠가 얻어지고, 빛의 파동들이 상쇄 겹침을 하면 어두운 띠가 얻어진다. 빛의 파장과 슬릿의 폭이 서로 유사할 때, 가장 효과적인 빛의 회절이 일어난다.

고체 결정에서 원자들의 층 간 거리는 대략 0.2~2 nm이다. X선의 파장도 이 범위에 속한다. 그러므로 결정은 X선에 대한 효과적인 회절발 역할을 할 수 있다. X선 회절은 원자, 분자, 이온의 규칙적인 배열에 의한 X선 산란으로 얻어진다. 결정 구조에 대하여 우리가 알고 있는 대부분은 **X선 결정학**(X-ray crystallography)이라고 알려진 기법을 이용하여, X선이 결정을 지나갈 때 얻어지는 회절 무늬를 고찰함으로써 얻어졌다. 그림 12.9에 나타낸 것과 같이, 단색화된 X선 살이 결정을 지나가고, 그 결과로부터 얻어지는 회절 무늬가 기록된다. 오랫동안, 회절된 X선은 사진 건판에 검출되었다. 오늘날 결정학자들은 디지털카메라에 사용되는 것과 유사한 장치인 **배열 검출기**(array detector)를 사용하여 회절된 X선을 포획하여 그 세기를 측정한다.

그림 12.9에 있는 검출기상 반점의 회절 무늬는 결정 내 원자들의 특정 배열에 따라 달라진다. 보강 겹침이 일어나서 생성되는 밝은 반점의 간격과 대칭성으로부터 단위 세포의 크기와 모양에 대한 정보를 얻을 수 있다. 반점의 세기는 단위 세포 내 원자들의 위치를 결정하는 데 사용될 수 있는 정보를 제공한다. 이와 같은 두 가지 종류의 정보를 조합하면 결정을 정의하는 원자 구조를 얻을 수 있다. X선 결정학은 결정 내의 분자 구조를 결정하는 데 널리 사용된다. **X선 회절기**(X-ray diffractometer)라고 알려진 X선 회절을 측정하는 기기는 요즘 컴퓨터에 의해 제어되고 있어서 회절 자료를 수집하는 방법이 고도로 자동화되어 있다. 수천 개의 회절 반점을 측정할 경우에도 결정의 회절 무늬를 매우 정교하고 빠르게(때로는 수 시간 내에) 결정할 수 있다. 그런 후에 컴퓨터 프로그램을 이용하여 회절 자료를 분석하고, 결정 내에서 분자 배열과 구조를 결정한다. X선 회절은 제철에서부터 시멘트 제조에 이르는 광범위한 산업 분야에서 사용하는 매우 중요한 기법이다.

**관련 연습 문제: 12.120~12.122**

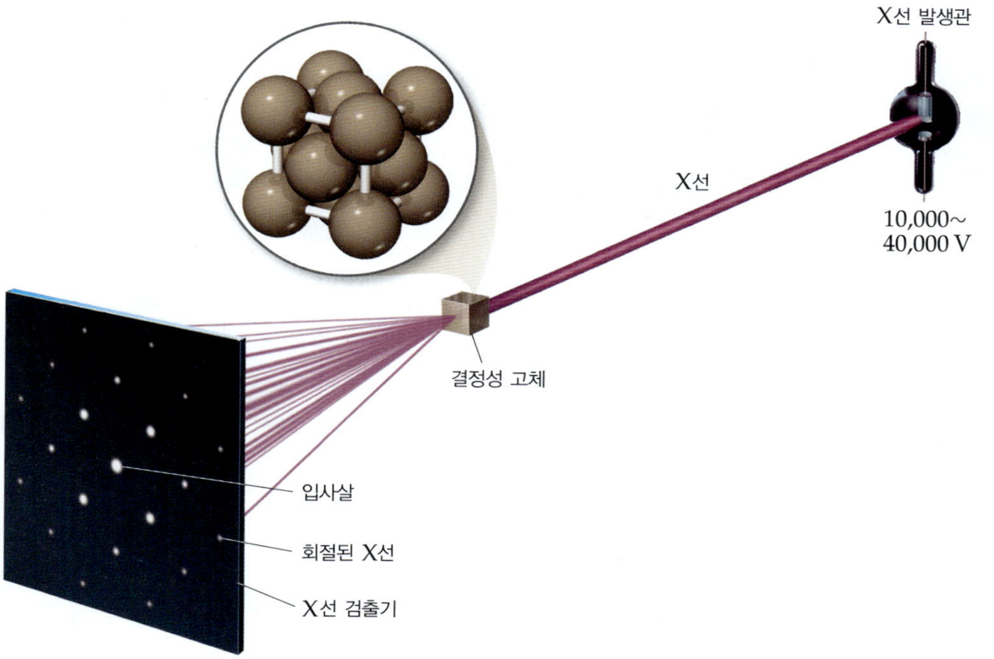


▲ **그림 12.9 결정에 의한 X선의 회절** X선 결정학에서 단색화 X선 살(beam)은 결정을 지나간다. X선은 회절되며, 결과적으로 얻어지는 간섭 무늬가 기록된다. 결정을 회전시켜 또 다른 회절 무늬를 기록한다. 많은 회절 무늬의 분석을 통해, 결정 내 존재하는 원자의 위치를 알아낸다.

## 자기 평가 연습 문제

**12.1** 왁스는 어떤 고체로 분류할 수 있는가?
**(a)** 금속성 고체
**(b)** 이온성 고체
**(c)** 분자성 고체
**(d)** 공유성 그물 구조 고체

**12.2** 그을음은 탄소의 다음 결정 중 어느 형태인가?
**(a)** 비결정성
**(b)** 결정성

**12.3** 그림 12.1에 묘사된 금속성 고체는 어떤 격자 구조를 보이는가?
**(a)** 체심 입방 격자
**(b)** 면심 입방 격자

## 연습 문제

**12.4** 규소는 집적 회로의 기본적인 성분이다. Si는 다이아몬드와 같은 구조를 갖는다.
**(a)** Si는 분자성 고체, 금속성 고체, 이온성 고체, 공유성 그물 구조 고체 중 어느 것인가?
**(b)** 규소는 쉽게 반응하여 이산화 규소($SiO_2$)를 만들고, 이산화 규소는 매우 단단하고, 물에 불용성이다. $SiO_2$는 분자성 고체, 금속성 고체, 이온성 고체, 공유성 그물 구조 고체 중 어느 것에 가까운가?

**12.5** 다음에 나열한 각각의 특징을 갖는 결정성 고체의 형태는 무엇인가?
**(a)** 고체 전체를 통해 전자의 유동성이 높음
**(b)** 무르고 녹는점이 상대적으로 낮음
**(c)** 녹는점이 높고 전기 전도도가 나쁨
**(d)** 공유 결합의 그물 구조

**12.6** 1500°C에서 녹는 흰색 물질이 있다. 이 물질은 잘 부서지며, 물에 녹는다. 용융체와 수용액 모두 전기를 통한다. 이 물질은 어떤 형태의 고체(분자성, 금속성, 공유성 그물 구조, 이온성)인가?

**12.7** 동일한 크기의 원을, 서로 다른 방법으로 쌓는 두 가지 패턴을 다음 그림에 나타내었다. 각 구조에 대하여 **(a)** 이차원 단위 세포를 그리시오. **(b)** 격자 벡터 사이의 각 $\gamma$를 구하고, 격자 벡터들의 길이가 같은지, 다른지를 결정하시오. **(c)** 이차원 격자의 종류를 결정하시오(그림 12.4로부터).

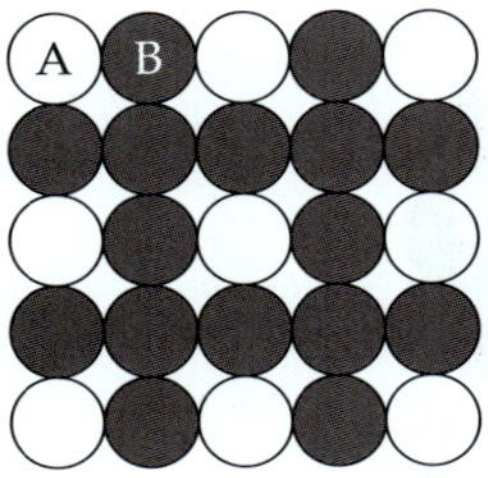


(i)

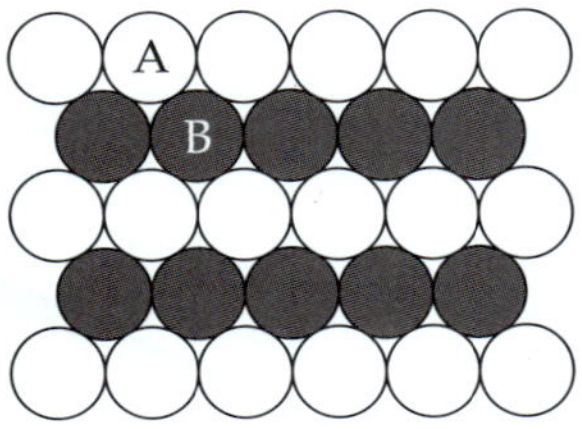


(ii)

**12.8** 원시 입방 격자를 상상하고 입방 격자를 반대 꼭짓점을 잡고 각 변의 길이를 동일하게 유지한 채 몸체 대각선 방향으로 늘려 보자. 격자 벡터 간의 세 각도는 동일하지만, 각은 더 이상 90°가 아니다. 어떤 종류의 원시 격자가 만들어지는가?

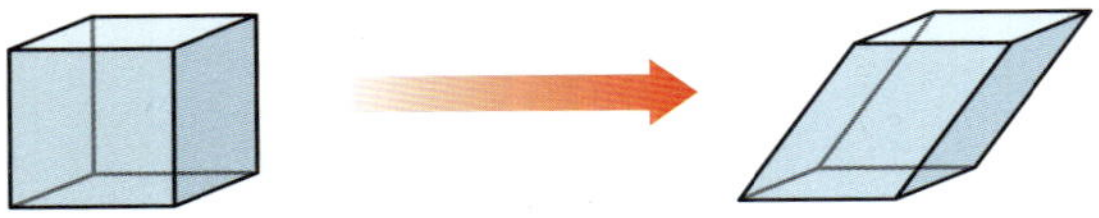

**12.9** 입방 단위 세포 외에 변의 길이가 모두 동일한 단위 세포는?
**(a)** 사방 격자 **(b)** 육방 격자 **(c)** 삼방 격자
**(d)** 삼사 격자 **(e)** 삼방 및 삼사 격자

**12.10** 면심 입방 격자를 갖는 원소의 단위 세포에 포함될 수 있는 최소 원자수는 몇 개인가?

**(a)** 1 **(b)** 2 **(c)** 3 **(d)** 4 **(e)** 5

**12.11** 포타슘, 알루미늄, 플루오린을 포함하는 화합물의 단위 세포를 그림에 나타냈다. **(a)** 이 결정의 격자 종류는 무엇인가? (세 개의 격자 벡터가 모두 서로 수직이다.) **(b)** 실험식은 무엇인가?

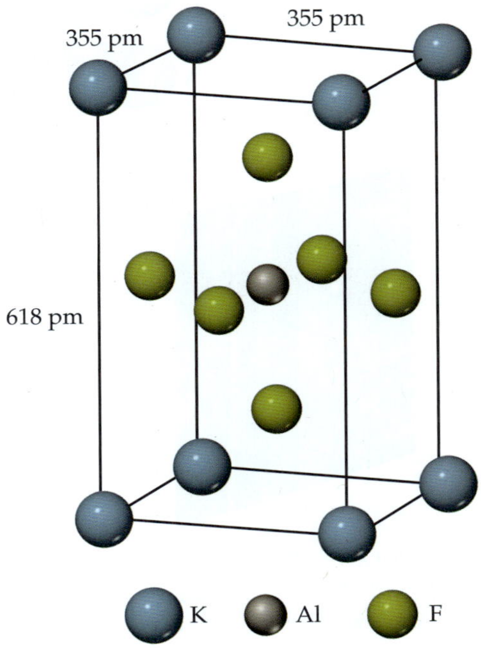


자기 평가 연습 문제 답 **12.1** (c) **12.2** (a) **12.3** (b)

## 12.2 금속성 고체

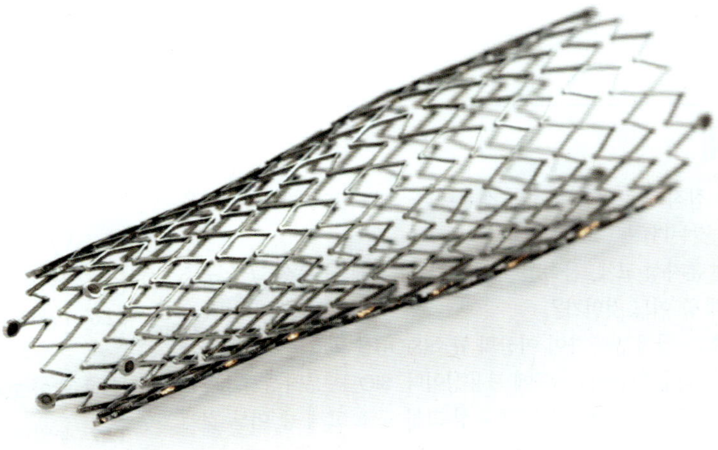

니티놀은 1:1 니켈-티타늄 합금으로 '형상 기억력'을 가지고 있다. 이 놀라운 성질은 1961년 미해군 무기 연구소(Ni-Ti-N-O-L)의 관리 회의에서 우연히 발견되었다. 회의실 참가자들에게 접힌 철

사가 나눠지고 있었는데, 그중 한 명이 시료를 데우기 위해 담배 라이터를 사용했다. 그 자리에 있던 사람들은, 놀랍게도 철사가 풀려서 원래의 모양으로 돌아가는 것을 목격했다. 와이어는 상호 변환이 쉬우면서, 서로 다른 온도에서 안정적인 두 개의 결정 구조를 가지고 있다. 원하는 모양을 유지한 채 와이어를 가열하면 형태와 결정 구조가 고정된다. 이를 냉각하면 와이어는 다른 형태로 변형되어 보다 복잡한 결정 구조를 나타낼 수 있다. 그러나 다시 가열하면, 원래의 결정 격자와 모양을 다시 형성한다.

니티놀은 의학 및 치의학에 응용되고 있다. 예를 들어, 심장 상태를 치료하는 데 사용되는 스텐트는 체내에서 기능적인, 개방된 형태로 먼저 '설정'된다. 이후 막힌 관상 동맥에 쉽게 삽입할 수 있도록 냉각 및 압축한다. 삽입된 스텐트(니티놀)는 체온에서 모양이 변형(개방)되어 혈액이 더 자유롭게 흐를 수 있게 한다.

이 절이 끝나면 다음 사항을 수행할 수 있어야 한다.

- 금속과 합금의 격자 구조를 설명하기
- 금속의 물리적 특성을 결합과 연관짓기

간단하게 **금속**(metal)이라 불리는 **금속성 고체(metallic solid)**는 전적으로 금속 원자로만 구성되어 있다. 금속에서 원자들 사이의 결합은 분산력만으로는 설명할 수 없을 정도로 매우 크지만, 원자들 사이에 공유 결합을 형성하는 데 필요한 원자가 전자는 충분하지 않다. 금속에서는 원자가 전자가 고체 전체에 **비편재화**(delocalized)되어 있어 **금속 결합**(metallic bonding)이라고 하는 결합이 생긴다. 즉 원자가 전자는 특정한 원자나 결합에 붙들려 편재화되어 있는 것이 아니라, 고체를 통하여 넓게 퍼져 있다. 실제로 금속을 비편재화된 원자가 전자의 '바다'에 잠긴 양이온들의 배열로 나타낼 수 있다.

금속의 화학 결합은 그들의 성질에 반영된다. 아마도 구리선이나 철제 볼트를 손에 쥐어본 적이 있을 것이다. 또한 소듐 금속을 조그만 조각으로 자를 때의 단면을 본 적이 있을 것이다. 이와 같은 물질들은 서로 구별되는 특성을 가지고 있다. 하지만 이들 모두는 금속성으로 분류될 수 있는 어떤 유사성을 공통으로 가지고 있다. 깨끗하게 잘린 금속의 단면은 특징적인 광택을 나타낸다. 또한 맨손으로 금속을 만지면 특유의 차가운 느낌을 받는데, 그것은 금속의 열전도도가 크기 때문에 생기는 특성이다. 금속은 전하를 띤 입자가 금속을 통하여 쉽게 흐를 수 있기 때문에 높은 전기 전도도를 갖는다. 일반적으로 금속의 열전도도와 전기 전도도는 서로 같은 경향을 갖는다. 예를 들어 원소 중에서 가장 높은 전기 전도도를 나타내는 은과 구리가 가장 높은 열전도도를 갖는다.

▲ **그림 12.10** 전성과 연성 금박은 금속 특유의 전성을 나타내며, 구리선은 금속 특유의 연성을 나타낸다.

대부분의 금속은 두드려서 얇은 판으로 만들 수 있는 **전성**(malleable)과 가늘게 선으로 뽑을 수 있는 **연성**(ductile)을 갖는다(**그림 12.10**). 금속에서 원자들이 서로 미끄러져 지나갈 수 있기 때문에 이와 같은 특성이 나타난다. 이온성 고체와 공유성 그물 구조 고체는 이와 같은 거동을 나타내지 못하고, 일반적으로 쉽게 부서지고 깨진다.

## 금속성 고체의 구조

각 격자점에 한 개의 원자를 배치하면 구조가 만들어질 정도로, 대부분의 금속 결정의 구조는 간단하다. 세 종류의 입방 격자 구조를 **그림 12.11**에 나타냈다. 원시 입방 구조를 갖는 금속은 흔치 않은데, 방사성 원소 폴로늄이 아주 희귀한 예 중 하나이다. 철, 크로뮴, 소듐, 텅스텐 등은 체심 입방 금속이다. 알루미늄, 납, 구리, 은, 금 등은 면심 입방 금속이다.

그림 12.11의 가장 아래 줄에 있는 그림에 주목하라. 단위 세포의 꼭짓점과 면에 위치한 원자들은 온전히 한 단위 세포에만 포함되는 것이 아니다. 꼭짓점과 면에 위치한 원자들은 인접한 또 다른 단위 세포에 의해 공유된다. 육면체는 8개의 꼭짓점을 가지고 있으므로 **그림 12.12(a)**에 나타낸 것처럼, 각 원시 입방 단위 세포는 $(1/8)\times 8=1$개 원자를 포함하고 있다. 같은 방법으로 체심 입방

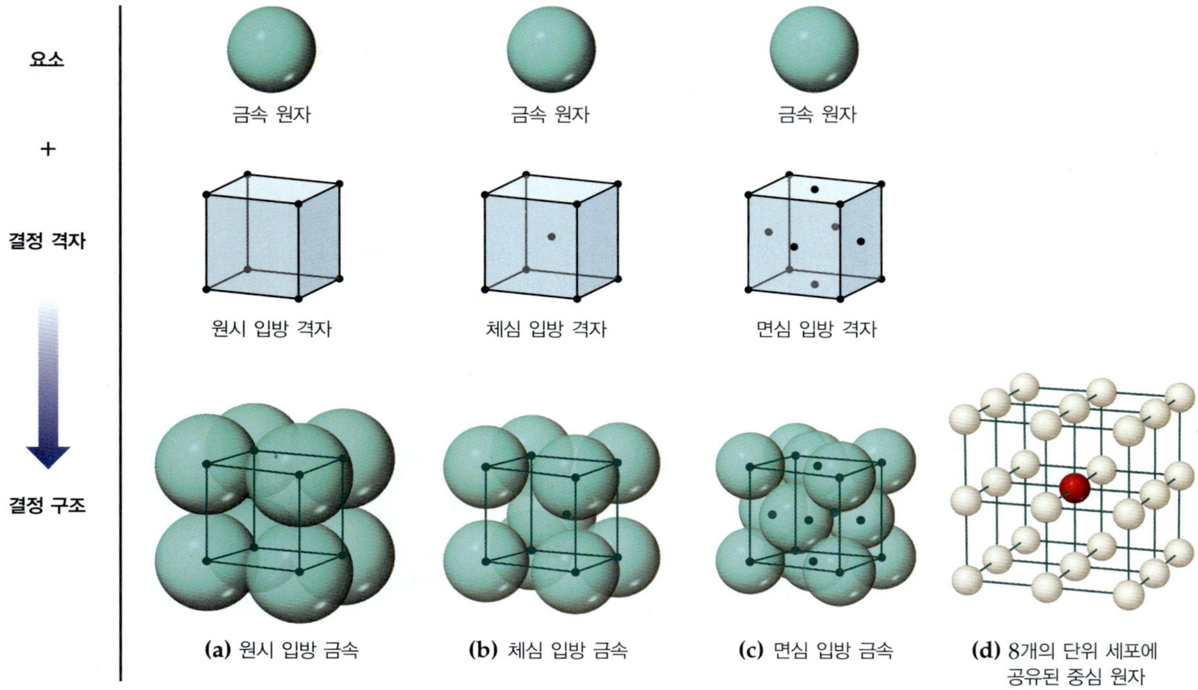


▲**그림 12.11** **(a) 원시 입방, (b) 체심 입방, (c) 면심 입방 금속의 구조** 각 구조는 단원자 요소와 적절한 격자의 조합으로 만들어진다. (d) 꼭짓점에 위치한 원자(붉은색으로 나타냄)는 8개의 이웃 입방 단위 세포에 공유된다.

**아래의 단위 세포 중 구를 가장 조밀하게 쌓을 수 있는 단위 세포는 어느 것일까?**

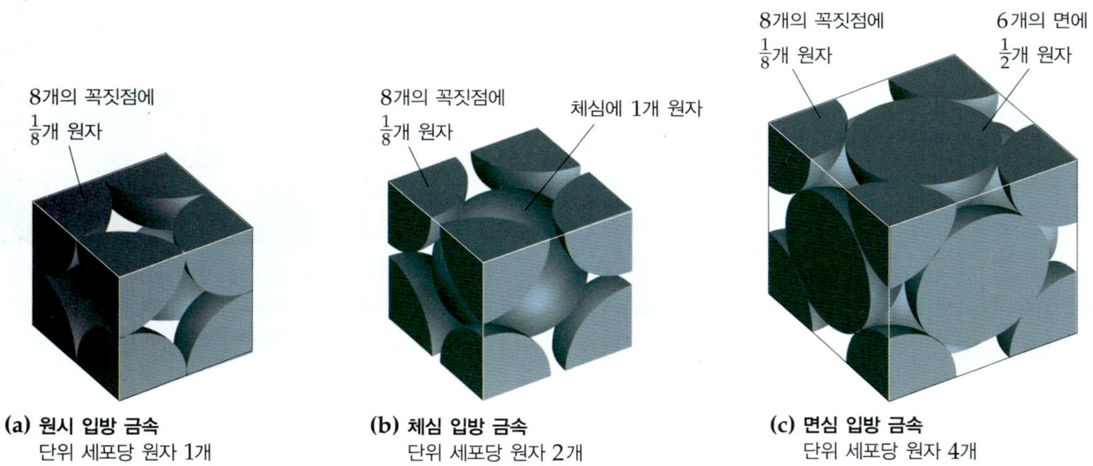


▲**그림 12.12** **입방 구조를 갖는 금속에 대한 단위 세포의 공간 채움** 각 원자에 대하여 단위 세포에 포함된 부분만을 나타내었다.

단위 세포(그림 12.12(**b**))는 두 개의 원자(꼭짓점으로부터 (1/8)×8=1개 원자와 단위 세포의 중심에 1개 원자)를 포함하고 있다. 면심 입방 금속에서와 같이, 단위 세포의 면에 놓여 있는 원자들은 두 개의 단위 세포에 의해 공유되기 때문에 단지 1/2 원자만이 각 단위 세포에 포함된다. 따라서 면심 입방 단위 세포(그림 12.12(**c**))에 포함된 전체 원자 수는 4이다(꼭짓점으로부터 (1/8)×8=1개 원자와 면으로부터 (1/2)×6=3개 원자).

단위 세포 내 원자의 위치에 따라 단위 세포 안에 존재하는 각 원자 조각의 분율이 어떻게 달라

**표 12.1 단위 세포 경계에 위치하는 각 원자의 분율***

| 원자 위치 | 원자를 공유하는 단위 세포의 수 | 단위 세포에 있는 원자의 분율 |
|---|---|---|
| 꼭짓점 | 8 | 1/8, 즉 12.5% |
| 모서리 | 4 | 1/4, 즉 25% |
| 면 | 2 | 1/2, 즉 50% |
| 다른 위치 | 1 | 1, 즉 100% |

*중요한 것은 단지 원자 중심의 위치이다. 단위 세포의 경계 근처에 있으면서 꼭짓점, 모서리, 면에 있지 않은 원자들은 단위 세포에 100% 속해 있는 것으로 간주하였다.

지는가를 **표 12.1**에 요약하였다.

## 조밀 쌓임

금속에서 원자들은 원자가 전자가 부족하고 원자가 전자를 전체적으로 공유해야 하기 때문에 서로 조밀하게 쌓게 된다. 원자들은 공 모양의 물체이므로, 공들의 조밀 쌓임을 살펴봄으로써 금속의 구조를 이해할 수 있다. 동일한 크기의 공으로 한 층을 만들 때 가장 효율적인 방법은, **그림 12.13**의 윗부분에 나타낸 것과 같이, 6개의 공으로 한 개의 공을 둘러싸는 방법이다. 삼차원 구조를 형성하기 위하여 이 기본 층의 윗부분에 추가적으로 층을 쌓아야 한다. 쌓임 효율을 극대화하기 위하여 두 번째 층을 이루는 공들은 첫 번째 층을 이루는 공들에 의해 생긴 홈에 위치해야 한다. 두 번째 층은 노란 점으로 표시된 홈에 놓거나 붉은 점으로 표시된 홈에 놓을 수 있다(공이 충분히 크기 때문에 한 층에서 두 종류의 홈 모두를 동시에 채울 수는 없다). 계속되는 논의를 위하여, 두 번째 층은 임의로 노란 점으로 표시된 홈에 공을 놓았다고 하자.

세 번째 층을 만들기 위하여 공을 놓는 방법은 두 가지이다. 한 가지 방법은 세 번째 층이 첫 번째 층의 바로 위에 올 수 있도록 공을 배치하는 것이다. 이 과정을 그림 12.13의 왼쪽에 나타냈으며, 그림 맨 아래에 옆에서 본 모습에서 붉은 점선으로 나타낸 것과 같이, 세번째 층은 첫 번째 층의 바로 위에 있다. 계속해서 층을 쌓으면 네 번째 층은 두 번째 층 바로 위에 놓이게 되고 …, 이와 같은 패턴이 계속되어, 그림 왼쪽에 나타낸 것과 같이 ABAB… 쌓임이 얻어진다. 이와 같은 쌓임의 형태를 **육방 조밀 쌓임(hexagonal close packing**, hcp)이라고 한다. 또 다른 한 가지 방법은, 세 번째 층의 공들이 첫 번째 층에서 붉은 점으로 나타낸 홈의 바로 위에 올 수 있도록 배치하는 것이다. 이와 같은 배열에서 세 번째 층에 있는 공들은 그림 12.13의 오른쪽 아래 옆에서 본 모습에서 붉은 점선으로 나타낸 것과 같이, 처음 두 층의 바로 위에 위치하지 않는다. 결과적으로 이와 같은 과정을 반복하여 얻어지는 층들은, 그림 오른쪽에 나타낸 것과 같이 ABCABC… 쌓임 패턴을 보여 준다. 이와 같은 쌓임의 형태를 **입방 조밀 쌓임(cubic close packing**, ccp)이라고 한다. 육방 조밀 쌓임과 입방 조밀 쌓임 모두에서 각 공은 동일한 거리에 인접한 12개의 공을 갖는다. 같은 층에 6개, 위에 있는 층에 3개, 아래에 있는 층에 3개를 갖는다. 각 공의 **배위수(coordination number)**는 12이다. 배위수는 결정 구조에서 어떤 한 원자를 직접 둘러싼 원자수이다.

육방 조밀 쌓임 금속의 확장된 구조를 **그림 12.14(a)**에 나타냈다. 원시 육방 단위 세포에는 각 층에서 한 개씩 두 개의 원자가 있다. 어떠한 원자도 단위 세포의 꼭짓점에 위치한 격자점에 똑바로 위치하지는 않는다. 단위 세포에 두 개의 원자가 존재하는 것은 육방 조밀 쌓임에 해당하는 두 층 ABAB 쌓임 순서와 일치한다.

당장 분명하게 이해되지는 않겠지만, 입방 조밀 쌓임 구조는 앞에서 설명한 면심 입방 단위 세포와 동등한 단위 세포를 갖는다(그림 12.11(**c**)). ABC… 층의 쌓임과 면심 입방 단위 세포 사이의 관계를 그림 12.14(**b**)에 나타냈다. 입방 단위 세포의 체대각선에 수직으로 층들이 쌓이는 것을 그림에서 볼 수 있다.

가장 조밀하게 쌓인 원자들의 한 층 구조를 설명할 수 있는 이차원 격자는 어느 것인가?

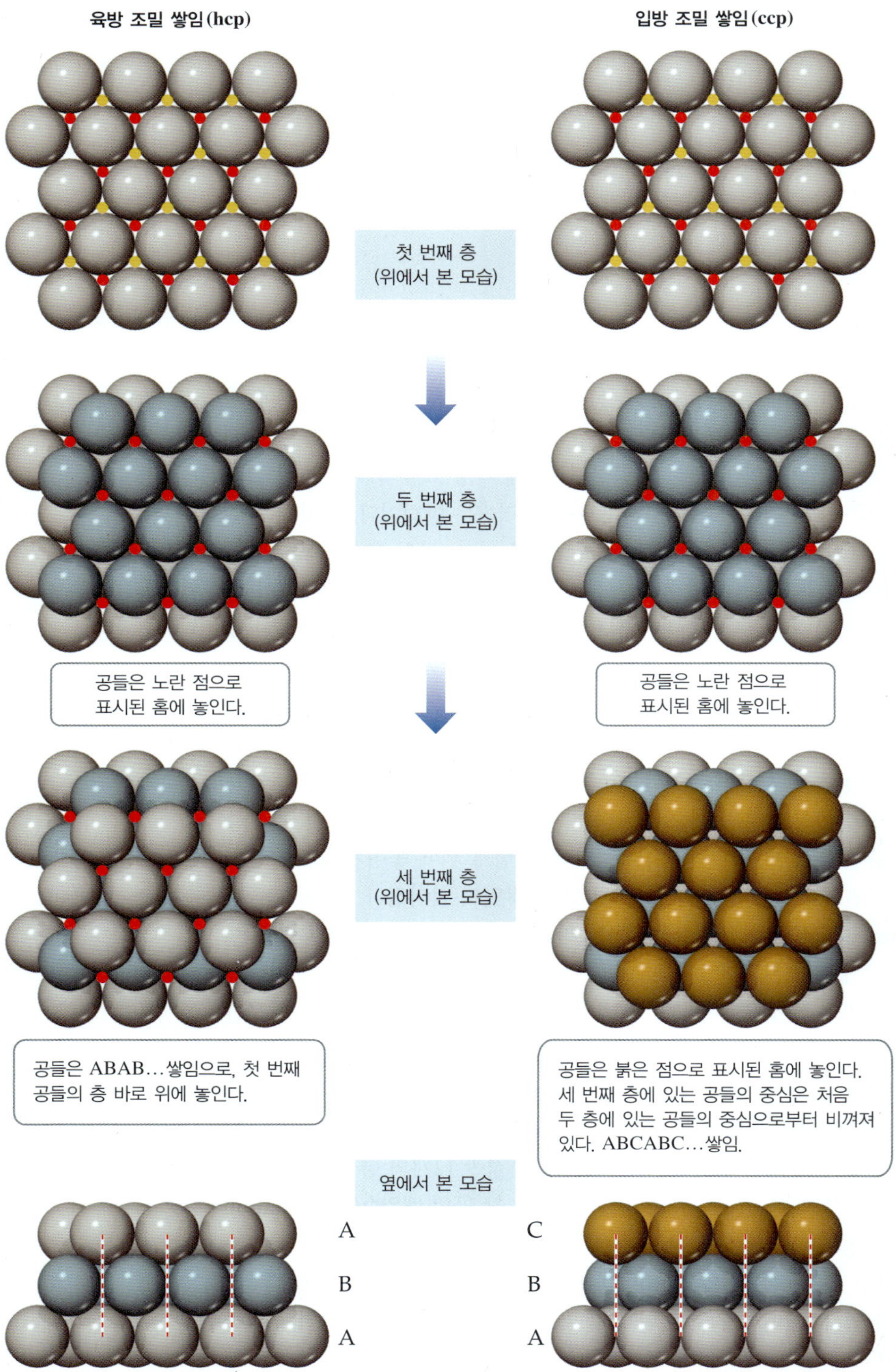


▲ **그림 12.13** **동일한 크기를 갖는 공들의 조밀 쌓임** 육방 조밀 쌓임(왼쪽)과 입방 조밀 쌓임(오른쪽)은 모두 공을 조밀하게 쌓는 효과적인 방법이다. 붉은색 점과 노란색 점은 원자들 사이의 홈을 나타낸다.

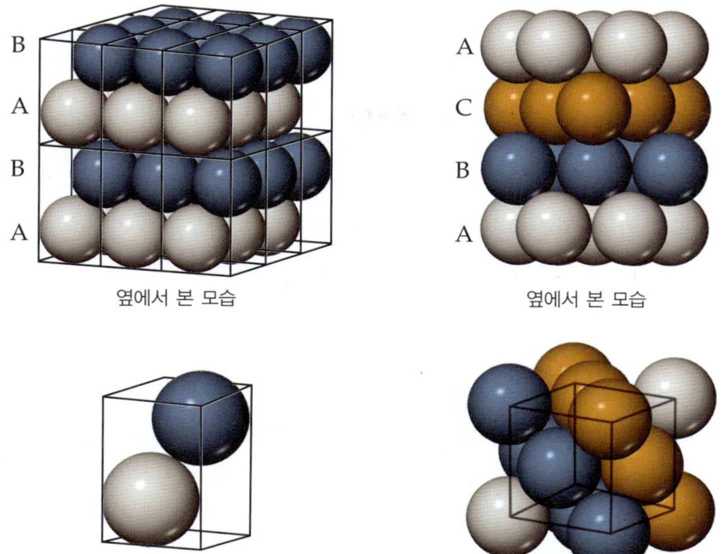


옆에서 본 모습　　옆에서 본 모습

단위 세포 모습　　단위 세포 모습

**(a) 육방 조밀 쌓임 금속**　　**(b) 입방 조밀 쌓임 금속**

◀ **그림 12.14** (a) 육방 조밀 쌓임 금속과 (b) 입방 조밀 쌓임 금속의 단위 세포 실선은 단위 세포의 경계를 나타낸다. 색들은 각 층을 구별하는 데 사용된다.

## 예제 12.1

### 쌓임 효율의 계산

공 쌓기를 할 때, 공과 공 사이에 빈 공간 없이 공을 쌓는 것은 불가능하다. **쌓임 효율**(packing efficiency)이란 결정 내 원자들이 실제로 차지하는 공간의 비율이다. 면심 입방 금속에 대하여 쌓임 효율을 계산하시오.

### 해답

**분석** 단위 세포에 존재하는 원자들이 차지하는 부피를 계산한 후, 그 값을 단위 세포의 부피로 나누어야 한다.

**계획** 단위 세포당 원자의 수에 공 한 개의 부피인 $4\pi r^3/3$을 곱하면, 전체 원자에 의해 점유된 부피를 계산할 수 있다. 단위 세포의 부피를 구하기 위하여 우선 원자들이 서로 맞닿아 있는 방향을 찾아야 한다. 그런 후에 기하 구조를 이용하여 입방 단위 세포의 모서리 길이를 원자의 반지름으로 나타낼 수 있다. 모서리 길이 $a$를 알면 단위 세포의 부피는 간단히 $a^3$이다.

**풀이** 그림 12.12에 나타낸 것과 같이, 면심 입방 금속에는 단위 세포에 4개의 원자가 있다. 따라서 원자들에 의해 점유된 부피는 다음과 같다.

$$\text{점유 부피} = 4 \times \left(\frac{4\pi r^3}{3}\right) = \frac{16\pi r^3}{3}$$

면심 입방 금속에서 원자들은 단위 세포의 면의 대각선을 따라 서로 맞닿아 있다.

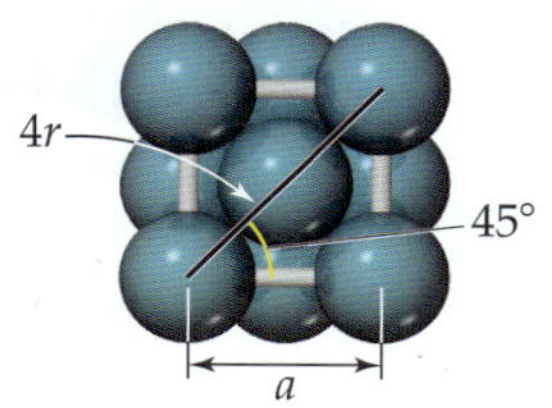


따라서 단위 세포의 면을 가로지르는 대각선은 원자 반지름($r$)의 4배가 된다. 간단한 삼각함수와 $\cos(45°) = \sqrt{2}/2$를 이용하여 단위 세포의 모서리 길이 $a$를 원자의 반지름 $r$로 나타내면 다음과 같다.

$$a = 4r\cos(45°) = 4r(\sqrt{2}/2) = (2\sqrt{2})r$$

마지막으로, 원자들이 점유한 부피를 단위 세포의 부피($a^3$)로 나누어 쌓임 효율을 계산한다.

$$\text{쌓임 효율} = \frac{\text{원자들의 부피}}{\text{단위 세포의 부피}} = \frac{(\frac{16}{3})\pi r^3}{(2\sqrt{2})^3 r^3}$$
$$= 0.74,\ \text{즉}\ \ 74\%$$

▶ **보충 예제**

이차원 격자의 '쌓임 효율'은 원자들의 면적을 단위 세포의 면적으로 나누어 100%를 곱하여 계산한다. 그림 12.4의 이차원 정사각형 격자를 참고하여, 원자 반지름이 $a/2$인 정사각형 격자의 쌓임 효율을 계산하시오.

**(a)** 3.14% **(b)** 15.7% **(c)** 31.8% **(d)** 74.0% **(e)** 78.5%

## 합금

**합금**(alloy)이란 두 가지 이상의 원소를 포함하고 있고, 금속의 고유한 특성을 갖는 물질이다. 금속의 합금을 만드는 것은, 순수한 금속 원소의 특성을 보완할 수 있는 주요한 방법 중의 하나이기 때문에 매우 중요하다. 예를 들어 철의 거의 모든 일반적 용도는 합금을 조성하는 것이다(예를 들면 스테인리스강). 청동(bronze)은 구리와 주석의 합금이며, 황동(brass)은 구리와 아연의 합금이다. 순수한 금은 너무 무르기 때문에 보석으로 사용하기 어렵지만, 순금의 합금은 훨씬 더 단단하다 (“작동하는 화학: 금의 합금” 참조). 일반적인 합금을 **표 12.2**에 나타냈다.

합금을 네 부류로 나누면, 치환 합금, 틈새 합금, 불균일 합금, 금속간 화합물이다. 치환 합금과 틈새 합금은 구성 성분이 무질서하고 균일하게 퍼져 있는 균일 혼합물이다(**그림 12.15**). 균일 혼합물을 이루는 고체들을 고체 용액이라고 한다. 고체 용액에서 일반적으로 용매 원자가 차지했던 자리를 용질 원자가 차지하게 되면 **치환 합금**(substitutional alloy)이 얻어지고, 용질 원자가 용매 원자 사이의 ‘구멍’인 틈새 위치로 들어가면 **틈새 합금**(interstitial alloy)이 얻어진다(그림 12.15).

두 개의 금속 성분이 비슷한 원자 반지름과 화학 결합 특성을 가질 때 치환 합금이 얻어진다. 예를 들어 은과 금은 원자 반지름이 거의 같아, 전체 조성 범위에서 치환 합금을 생성한다. 만약 두 금속의 원자 반지름이 약 15% 이상 차이가 나면, 일반적으로 용해도는 많은 제한을 받는다. 틈새 합금을 만들려면, 용질 원자는 용매 원자에 비해 훨씬 작은 결합 원자 반지름을 가져야 한다. 일반적으로 틈새 사이로 침입하는 원소는 인접한 금속 원자에 공유 결합을 할 수 있는 비금속 원소

**표 12.2 일반적인 합금**

| 명칭 | 주원소 | 일반적인 조성(질량 %) | 특성 | 용도 |
|---|---|---|---|---|
| 우드 합금 | 비스무트 | Bi 50%, Pb 25%, Sn 12.5%, Cd 12.5% | 녹는점(70 °C)이 낮음 | 퓨즈 플러그, 자동 스프링클러 |
| 황동 | 구리 | Cu 67%, Zn 33% | 연성, 광택이 있음 | 하드웨어 품목 |
| 청동 | 구리 | Cu 88%, Sn 12% | 내구성이 있고 건조 공기 속에서 화학적으로 안정함 | 초기 문명(청동기)에 대한 중요한 합금 |
| 스테인리스강 | 철 | Fe 80.6%, C 0.4%, Cr 18%, Ni 1% | 부식에 잘 견딤 | 식기, 외과용 기구 |
| 땜납 | 납 | Pb 67%, Sn 33% | 녹는점(275 °C)이 낮음 | 이음매 접합재 |
| 은잔 | 은 | Ag 92.5%, Cu 7.5% | 표면에 광택이 있음 | 식기 |
| 치과용 아말감 | 은 | Ag 70%, Sn 18%, Cu 10%, Hg 2% | 쉽게 가공할 수 있음 | 치과용 충전재 |
| 백랍 | 주석 | Sn 92%, Sb 6%, Cu 2% | 녹는점(230 °C)이 낮음 | 접시, 보석 세공 |

고체 용액에서 용질과 용매를 어떻게 결정하는가?

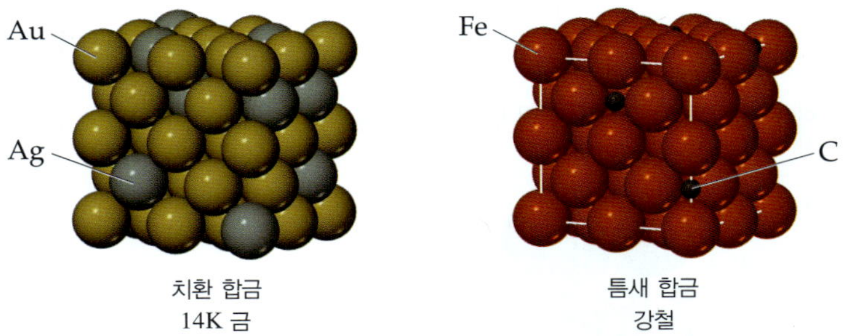


▲ **그림 12.15 치환 합금과 틈새 합금에서 용질 원자와 용매 원자의 분포** 두 종류의 합금은 고체 용액(균일 혼합물)이다.

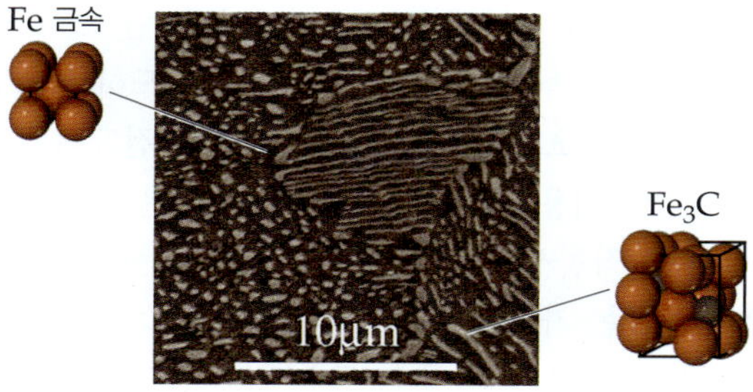


**◀ 그림 12.16 불균일 합금 펄라이트 구조의 현미경 사진** 어두운 부분은 체심 입방 철 금속이고, 밝은 부분은 시멘타이트(cementite, $Fe_3C$)이다.

이다. 금속 결정 격자는 틈새 성분으로 인하여 생긴 여분의 결합 때문에, 단단해지고 강해지며 연성이 약해진다. 예를 들어 순철(pure iron)보다 훨씬 단단하고 강한 강철(steel)은 탄소를 3% 정도까지 함유하는 철의 합금이다. **합금강**(alloy steel)을 제조하기 위해서는 또 다른 원소들을 첨가할 수 있다. 예를 들어 바나듐이나 크로뮴을 첨가하면 강도가 높아지고, 피로와 부식에 잘 견딜 수 있다.

가장 중요한 철 합금 중 하나는 0.4%의 탄소, 18%의 크로뮴, 1%의 니켈을 함유한 스테인리스강(stainless steel)이다. 강철에 존재하는 원소의 조성비가 매우 광범위하게 변하기 때문에, 그로부터 얻어지는 물질의 특정한 물리 · 화학적 특성이 매우 다양하다.

**불균일 합금**(**heterogeneous alloy**)에서 성분들은 균일하게 분포하지 않는다. 예를 들어 펄라이트(pearlite)라고 알려진 불균일한 합금은 두 개의 상(phase)을 가지고 있다(그림 12.16). 한 상은 본래 체심 입방을 갖는 순철이고, 다른 한 상은 시멘타이트(cementite)라고 알려진 $Fe_3C$ 화합물이다. 일반적으로 불균일 합금의 특성은 조성뿐만 아니라 용융 혼합물로부터 고체가 생성되는 방법에 따라 달라진다. 예를 들어 용융 혼합물로부터 급랭법으로 생성된 불균일 합금의 특성은 용융 혼합물로부터 서서히 식혀서 생성된 불균일 합금의 특성과 매우 다르다.

**금속간 화합물**(**intermetallic compound**)은 혼합물이 아니라 화합물이다. 화합물이기 때문에 정해진 특성을 가지며 조성은 변하지 않는다. 금속간 화합물에서는 서로 다른 형태의 원자들이 무질서하게 분포되어 있는 것이 아니라 질서 정연하게 분포되어 있다. 금속간 화합물에 있는 원자들의 규칙성으로 인하여, 금속간 화합물을 구성하는 각 금속보다 구조적으로 안정하며 녹는점이 높다. 이와 같은 특징 때문에 고온에서의 응용 가치가 있다. 금속간 화합물은 종종 치환 합금에 비해 깨지기 쉬운 단점이 있다.

현대 사회에서 금속간 화합물은 매우 중요한 역할을 한다. 금속간 화합물 $Ni_3Al$은 고온에서의 강도와 작은 밀도 때문에 제트기 엔진의 주요 구성 성분으로 사용된다. 면도날은 종종 $Cr_3Pt$로 표면을 처리하는데, 이것은 재질의 경도를 높여 오랫동안 면도날을 날카롭게 유지하기 위함이다.

오른쪽에 있는, 실험식이 $SmCo_5$인 화합물의 단위 세포를 그릴 때, 8개의 Sm 원자와 9개의 Co 원자를 나타내야 하는 이유는 무엇인가?

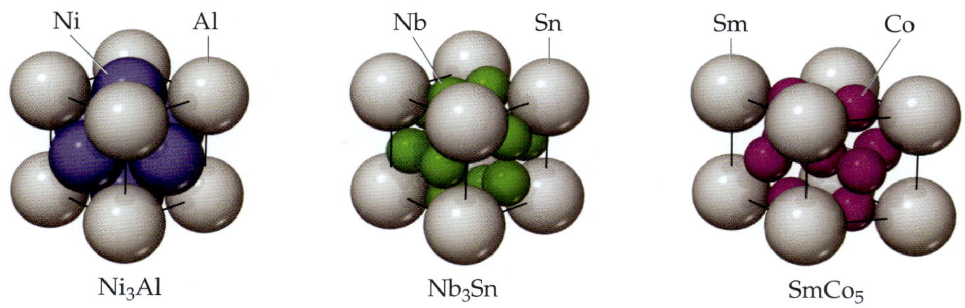


**▲ 그림 12.17** 금속간 화합물의 세 가지 예

이 두 화합물은 그림 12.17의 왼쪽에 나타낸 구조를 갖는다. 그림 12.17의 중간에 나타낸 화합물 $Nb_3Sn$은 임계 온도 이하로 온도를 낮추면 저항 없이 전기를 전도하는 초전도체이다. $Nb_3Sn$의 경우, 온도가 18 K 아래로 내려갈 때 초전도 현상이 관찰된다. 초전도체는 의료용 영상에 광범위하게 사용되는 MRI 장비의 자석에 이용된다. 이와 같이 매우 낮은 온도로 자석을 냉각시키고 유지해야 하기 때문에, MRI 장비를 작동시키는 것은 비용이 많이 든다. 그림 12.17의 오른쪽에 나타낸 육방 금속간 화합물인 $SmCo_5$는 가벼운 헤드셋이나 고감도 스피커에 사용되는 영구 자석을 만드는 데 사용된다. 동일한 구조를 갖는 화합물 $LaNi_5$는 니켈-금속 수소화물 전지의 산화 전극으로 사용된다.

## 작동하는 화학 금의 합금

**관련 연습 문제: 12.17, 12.78, 12.124**

금은 아주 오래전부터 장신구, 보석류, 화폐류에 사용되어 온 금속이다. 금은 금속으로서 독특한 색깔, 다양한 화학 반응에 대한 저항성, 쉽게 가공할 수 있는 성질 등으로 인해 대중적인 인기를 얻게 되었다. 하지만 순금(pure gold)은 너무 무르기 때문에 보석과 같은 많은 응용 분야에 사용하기 어렵다. 따라서 색깔을 바꾸거나 강도와 경도를 높이기 위하여 종종 다른 금속과 합금을 만든다. 보석 시장에서 순금은 24K(24캐럿)로 표현된다. 캐럿수는 금의 질량 백분율이 줄어들수록 감소한다. 보석으로 가장 흔하게 사용되는 합금은 14K와 18K인데, 14K에서 금의 함량은 $(14/24) \times 100 = 58\%$이고, 18K에서 금의 함량은 $(18/24) \times 100 = 75\%$이다.

금의 색깔은 합금을 이룬 금속에 따라 달라진다. 일반적으로, 금은 은 또는 구리와 합금을 형성한다. 세 원소는 모두 면심 입방 구조의 결정을 형성한다. 세 원소 모두 같은 구조의 결정을 형성하고, 비슷한 크기(Au와 Ag는 크기가 거의 같고, Cu는 Au보다 약 11% 작다)를 갖기 때문에, 어떠한 조성을 갖는 치환 합금의 형성도 가능하다. 그림 12.18에 나타낸 것과 같이, 조성에 따라 이들 합금의 색깔이 달라진다. 같은 양의 은이나 구리(푸른 점)를 포함하는 금의 합금은 18캐럿 금 보석에서 볼 수 있는 황금색을 나타낸다. 붉은색(14캐럿)을 띠는 로즈 골드(rose gold)는 구리가 많이 포함된 합금(붉은 점)이다. 은을 많이 함유하는 합금은 녹색을 띠다가, 점차 은이 주성분이 됨에 따라 은백색을 나타낸다.

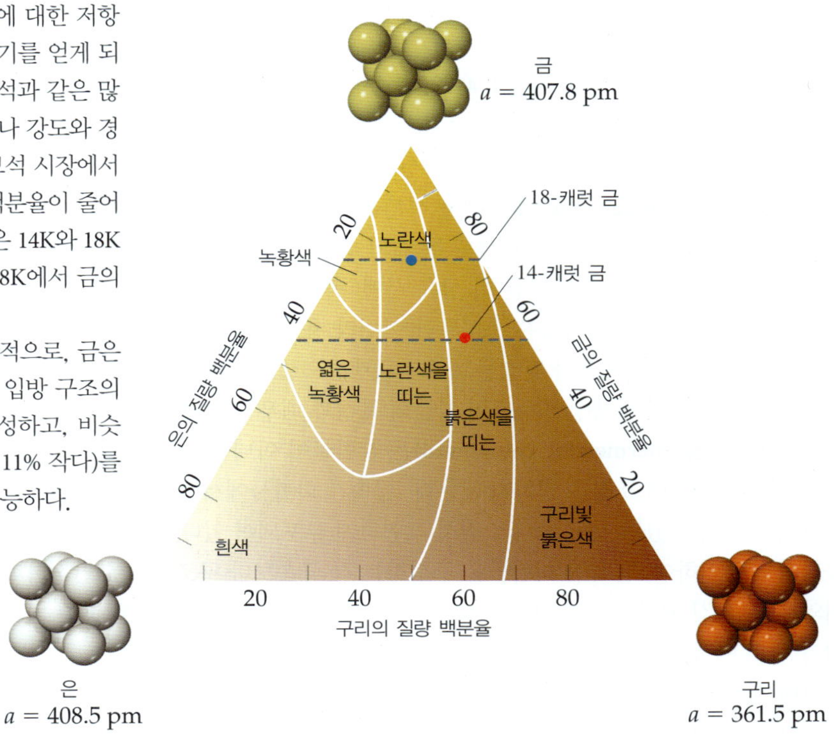


▲그림 12.18 조성에 따른 Au–Ag–Cu 합금의 색깔 변화

## 금속 결합

주기율표의 3주기 원소(Na~Ar)의 구조를 생각해 보자. 8개의 원자가 전자를 갖는 아르곤은 팔전자 규칙을 만족한다. 그 결과 아르곤은 어떠한 결합도 형성하지 않는다. 염소, 황, 인은 분자($Cl_2$, $S_8$, $P_4$)를 형성하기 위하여, 분자 내에 원자는 각각 1, 2, 3개의 결합을 한다(그림 12.19). 규소는 확장된 그물 구조 고체를 형성하며, 각 원자는 같은 거리에 있는 네 개의 인접한 원자와 결합하고 있다. $N$을 원자가 전자수라고 하면, 이들 각각의 원소는 $(8-N)$개의 결합을 형성한다. 팔전자 규칙을 적용하면 이와 같은 거동을 쉽게 이해할 수 있다.

주기율표의 같은 주기에서 왼쪽으로 가면서 $8-N$ 경향이 계속된다면, 알루미늄(3개의 원자가 전자를 갖는)은 5개의 결합을 형성할 것으로 예상된다. 그러나 많은 다른 금속과 마찬가지로, 알루미늄은 12개의 인접한 원자를 갖는 조밀 쌓임 구조를 형성한다. 마그네슘과 소듐도 금속성 구조를 형성한다. 이와 같이 선호하는 결합 메커니즘이 급격하게 바뀌는 이유는 무엇 때문일까? 그

다음 그림 중 분자를 나타내는 것은 어느 것인가?

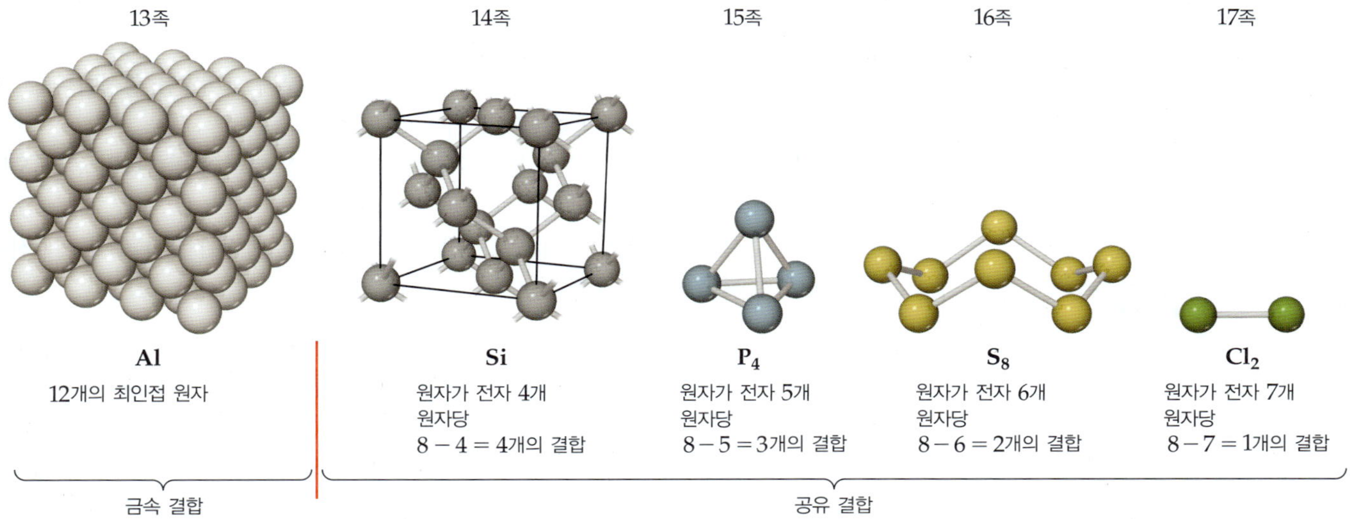


▲ 그림 12.19 3주기 원소에서의 결합

답은, 앞에서 언급한 바와 같이, 금속의 원자가 전자가 편재화된 전자쌍 결합을 형성할 수 있을 만큼 충분하지 못하기 때문이다. 이와 같은 원자가 전자의 부족함을 보상하기 위하여 원자가 전자를 전체적으로 공유하게 된다. 원자들이 조밀 쌓임 구조를 하고 있어 이와 같은 비편재화된 전자의 공유가 쉽게 일어난다.

## 전자 바다 모형

금속의 가장 중요한 몇 가지 특성을 설명할 수 있는 매우 간단한 모형으로 **전자 바다 모형(electron sea model)**이 있다(그림 12.20). 이 모형에서는 금속을 원자가 전자의 '바다'에 있는 금속 양이온의 배열로 기술한다. 전자들은 양이온과의 정전기적 인력으로 금속에 속박되어 있고, 구조 전체에 일정하게 분포한다. 그러나 전자들은 쉽게 움직일 수 있기 때문에 어떠한 개별 전자도 특정 금속 이온에 한정되어 있지 않다. 금속 도선에 전압을 걸면, 음전하를 띤 전자는 양전하를 띤 도선의 다른 단자 쪽으로 흐른다.

금속의 높은 열전도도 역시 유동성이 있는 전자의 존재로 설명할 수 있다. 온도 기울기에 따라 전자가 이동함으로써, 고체를 통한 운동 에너지의 전달이 쉬워진다.

금속의 변형 능력(전성과 연성)은 금속 원자들이 인접한 많은 원자와 결합을 형성하고 있다는 것으로 설명할 수 있다. 원자의 위치가 변하면 금속은 새로운 모양을 갖게 되며, 이때 전자들의 재분포가 부분적으로 수반된다.

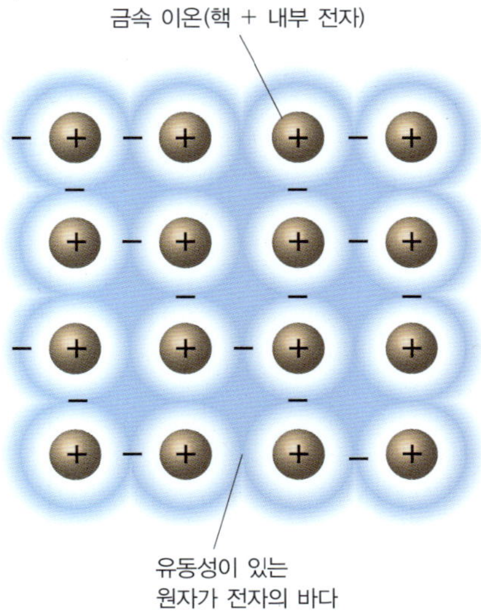


▲ 그림 12.20 금속 결합의 전자 바다 모형 원자가 전자는 확장된 금속 이온 배열의 주위에서 함께 결합하고 있는, 유동성이 있는 전자의 바다를 형성하기 위하여 비편재화된다.

## 분자 오비탈 모형

전자 바다 모형이 단순하고 놀랄 만큼 잘 적용될지라도, 금속의 많은 특성을 충분히 설명하지는 못한다. 예를 들어 전자 바다 모형에 의하면, 금속 원자 간 결합의 세기는 원자가 전자의 수가 증가함에 따라 증가해야 하고, 그 결과 녹는점도 증가해야 한다. 그러나 같은 주기의 전이 금속 계열에서 중앙에 있는 원소들이 오히려 각 끝에 있는 원소에 비해 녹는점이 가장 높다(그림 12.21). 이와 같은 경향이 의미하는 것은, 금속 결합의 세기가 처음에는 원자가 전자수의 증가에 따라 증가하다가 다시 감소한다는 것이다. 끓는점, 용융열, 경도 등 금속의 다른 물리적 특성에서도 유사한 경향이 나타난다.

각 주기에서 끓는점이 가장 높은 원소는 무엇인가? 각 경우, 그 원소는 각 주기의 시작, 중간, 끝 중 어디에 있는 원소인가?

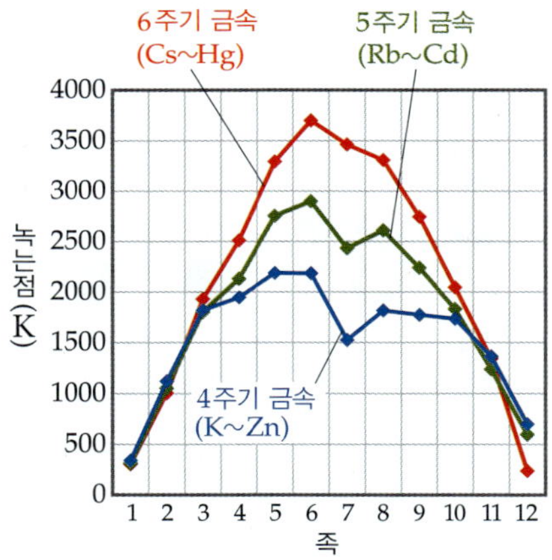


▲ 그림 12.21 4, 5, 6주기 금속의 녹는점

금속의 결합을 좀 더 정확하게 기술하기 위해서는 분자 오비탈 이론을 사용해야 한다. 9.7절과 9.8절에서 원자 오비탈의 겹침으로 생성되는 분자 오비탈을 살펴보았다. 분자 오비탈 이론에 대한 몇 가지 규칙을 간단하게 복습해 보자.

1. 원자 오비탈이 결합하여, 분자 전체에 걸쳐 확장되는 분자 오비탈을 형성한다.
2. 각 분자 오비탈은 0, 1, 2개의 전자를 가질 수 있다.
3. 분자 내의 분자 오비탈의 수는 분자 오비탈을 형성하기 위하여 결합하는 원자 오비탈의 수와 같다.
4. 결합 분자 오비탈에 전자를 더하면 결합을 강하게 하고, 반결합 분자 오비탈에 전자를 더하면 결합을 약하게 한다.

결정성 고체와 작은 분자가 갖는 전자 구조는 유사점뿐만 아니라 차이점도 동시에 갖는다. 이를 설명하기 위하여 사슬 길이가 증가할 때 리튬 원자의 사슬에 대한 분자 오비탈 도표가 어떻게 달라지는지를 살펴보자(그림 12.22). 각 리튬 원자는 원자가 껍질에 반이 채워진 2*s* 오비탈을 포함하고 있다. $Li_2$의 경우, 분자 오비탈 도표는 $H_2$ 분자의 도표와 유사하다. 한 개는 채워진 결합성 분자 오비탈이며, 다른 한 개는 원자와 원자 사이에 마디 평면을 갖는 비어 있는 반결합성 분자 오비탈이다. $Li_4$의 경우, 오비탈 상호 작용이 완전한 결합성(마디 평면 0)인 가장 에너지가 낮은 오비탈로부터 오비탈 상호 작용이 반결합성(마디 평면 3개)인 가장 에너지가 높은 오비탈까지 분자 오비탈 4개가 있다.

사슬 길이가 증가할수록 분자 오비탈의 수는 증가한다. 사슬 길이에 상관없이 에너지가 가장 낮은 오비탈은 항상 결합성이 가장 강하고, 에너지가 가장 높은 오비탈은 항상 반결합성이 가장 강하다. 더욱이 각 리튬 원자는 단 1개의 원자가 껍질 원자 오비탈을 갖기 때문에 분자 오비탈의 수는 각 사슬에 있는 리튬 원자의 수와 같다. 각 리튬 원자는 원자가 전자가 1개이므로, 사슬 길이에 상관없이 분자 오비탈의 반은 완전히 점유되고, 나머지 반은 비게 된다.*

사슬에 있는 원자수가 증가함에 따라 분자 오비탈 사이의 에너지 간격은 어떻게 되겠는가?

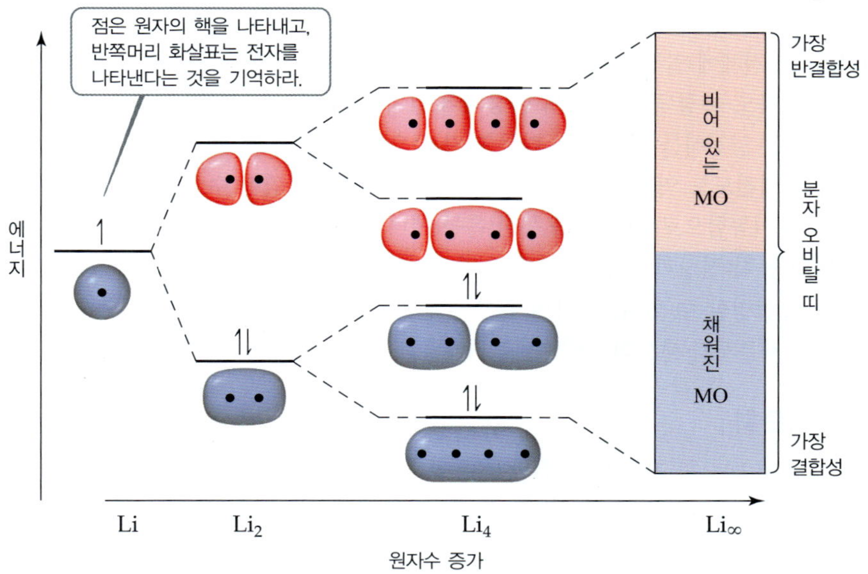


▲ 그림 12.22 개별 분자에서 분리된 에너지 준위는 고체에서 연속적인 에너지 띠가 된다. 채워진 오비탈은 푸른색으로, 비어 있는 오비탈은 붉은색으로 나타내었다.

*이것은 짝수 개의 원자를 가진 사슬에 잘 들어맞는다.

금속이 니켈 대신 포타슘이라면, 4*s*, 4*p*, 3*d* 띠 중 어느 것이 부분적으로 채워져 있는가?

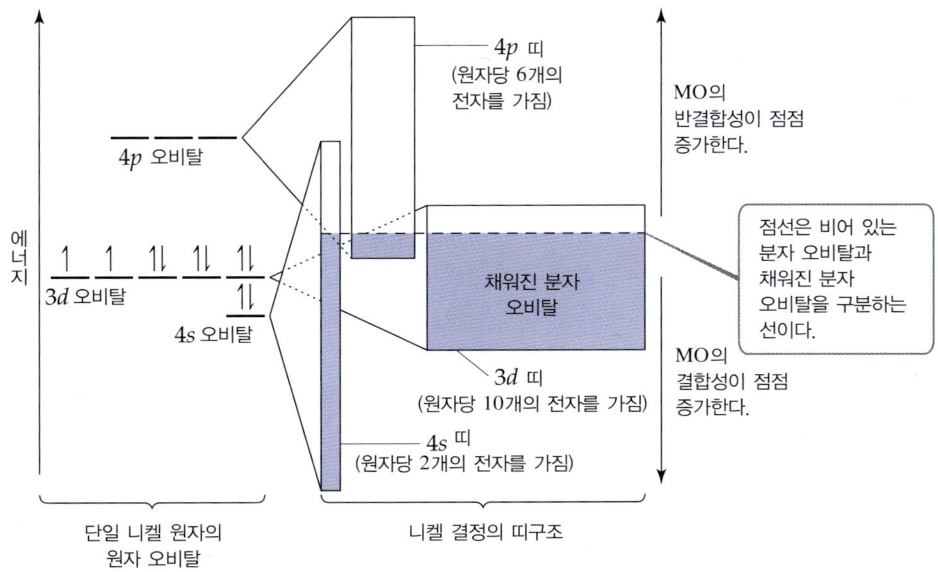


▲그림 12.23 니켈의 전자 띠구조

**전자 띠구조** 만약 사슬의 길이가 매우 길게 되면, 분자 오비탈 간 에너지 차이가 무시할 정도로 작은 분자 오비탈이 매우 많이 존재하게 된다. 사슬의 길이가 무한대로 되면, 허용된 에너지 상태는 연속적인 **띠(band)**가 된다. 눈(또는 광학 현미경)으로 보기에 충분히 큰 결정에는 매우 많은 원자가 있다. 결과적으로 결정의 전자 구조는 그림 12.22의 오른쪽에 나타낸 것과 같이, 띠로 이루어진 무한 길이를 갖는 사슬의 전자 구조와 같아진다.

각 원자에 대하여 한 종류 이상의 원자 오비탈을 고려해야 하기 때문에, 대부분 금속의 전자 구조는 그림 12.22에 나타낸 것보다 더 복잡하다. 각 오비탈은 자신의 띠를 제공할 수 있기 때문에, 고체의 전자 구조는 일반적으로 일련의 띠로 이루어져 있다. 따라서 거시 수준의 거대한 고체의 전자 구조를 **띠구조(band structure)**로 나타낸다.

전형적 금속에 대한 띠구조를 **그림 12.23**에 개략적으로 나타냈다. 니켈 금속의 전자 채움을 설명하고 있지만, 다른 금속들도 기본적인 특징은 유사하다. 그림의 왼쪽에 나타낸 바와 같이, 니켈 원자의 전자 배치는 [Ar]$4s^2 3d^8$이다. 이 오비탈 각각으로부터 형성된 에너지띠를 그림의 오른쪽에 나타냈다. 4*s*, 4*p*, 3*d* 오비탈은 서로 독립적으로 다루어졌으며, 각각은 분자 오비탈의 띠를 제공한다. 사실상, 이와 같이 겹쳐진 띠들은 서로 완전히 독립적일 수 없지만, 설명을 단순하게 하기 위한 목적에는 합리적으로 부합된다.

4*s*, 4*p*, 3*d* 띠들은 그들이 차지하고 있는 에너지 범위가 서로 다르고(그림 12.23의 오른쪽에 있는 직사각형의 높이로 표현됨), 그들이 가질 수 있는 전자의 수가 다르다(직사각형의 넓이로 표현됨). Pauli 배타 원리에 의해 기술된 것처럼, 오비탈당 2개씩의 전자이므로 4*s*, 4*p*, 3*d*의 띠는 원자당 각각 2, 6, 10개의 전자를 가질 수 있다. 3*d* 오비탈은 작아서 인접한 원자의 오비탈과의 겹침이 상대적으로 효과적이지 못하기 때문에, 3*d* 띠가 차지하는 에너지 범위는 4*s*, 4*p* 띠가 차지하는 에너지 범위보다 작다.

그림 12.23으로부터 금속의 많은 특성을 이해할 수 있다. 에너지띠는 전자가 부분적으로 채워진 용기로 간주할 수 있다. 불완전하게 채워진 에너지띠로 인해 금속 고유의 특성이 나타난다. 점유된 준위의 상부 가까이에 있는 오비탈의 전자에 아주 작은 에너지를 가하면, 전자들은 더 높은 에

너지를 갖는 비점유된 오비탈로 '들떠 올라간다'. 전위를 걸어 주든가 열에너지를 가하는 등 전자를 들뜨게 할 수 있는 조건에서, 전자들은 앞서 비어 있는 에너지 준위로 이동하게 되고, 격자 사이를 자유롭게 움직일 수 있게 되므로 전기 전도도와 열전도도를 갖게 된다.

에너지띠들의 겹침이 없다면, 금속의 주기적 성질은 설명할 수 없다. *d* 띠와 *p* 띠가 없는 알칼리 금속(1족)의 경우는 *s* 띠의 반이 채워질 것으로 예상되며, 알칼리 토금속(2족)의 경우는 *s* 띠가 완전히 채워질 것으로 예상된다. 만약 그것이 사실이라면, 마그네슘, 칼슘, 스트론튬과 같은 금속들은 좋은 전기 전도체나 열전도체가 되지 못할 것이다. 이는 실험적 관찰과는 일치하지 않는다.

금속의 전도도는 전자 바다 모형이나 분자 오비탈 모형을 사용하여 정성적으로 설명될 수 있는 반면, 그림 12.21에 나타낸 녹는점과 같이, 전이 금속의 많은 물리적인 성질은 분자 오비탈 모형만으로 설명될 수 있다. 우선 원자가 전자가 증가하고 결합성 오비탈에 전자가 채워질 때 결합성은 강해진다고 분자 오비탈 모형은 예측하였다. 전이 금속 계열에서 중간에 위치한 원소를 지나면서 반결합성 오비탈에 전자가 채워지면서 결합은 점점 약해진다.

## 자기 평가 연습 문제

**12.12** 스털링 은의 92.5%는 은이고, 구리는 7.5%이다. 두 순금속은 면심 입방 구조로 결정화한다. 스털링 은은 어떤 종류의 합금인가?
(a) 치환 합금
(b) 틈새 합금
(c) 불균일 합금
(d) 금속간 화합물

**12.13** Pt와 Re 중 어느 원소가 반결합성 오비탈에 더 많은 수의 전자를 가지고 있는가? 어느 것이 더 높은 녹는점을 가지겠는가?
(a) Pt가 반결합성 오비탈에 더 많은 수의 전자를 가지고 있고 더 낮은 녹는점을 가진다.
(b) Pt가 반결합성 오비탈에 더 많은 수의 전자를 가지고 있고 더 높은 녹는점을 가진다.
(c) Re가 반결합성 오비탈에 더 많은 수의 전자를 가지고 있고 더 낮은 녹는점을 가진다.
(d) Re가 반결합성 오비탈에 더 많은 수의 전자를 가지고 있고 더 높은 녹는점을 가진다.

## 연습 문제

**12.14** 원소 Cr, Mn, Fe 및 Cu의 밀도는 각각 7.15, 7.30, 7.87 및 8.96 g/$cm^3$이다. 이들 중 하나는 면심 입방 구조로 결정화하고, 다른 세 개는 체심 입방 구조로 결정화한다. 면심 입방 구조로 결정화하는 것은 어느 것이며, 그 이유를 설명하시오.

**12.15** Ba는 체심 입방 세포를 갖는 결정을 형성한다.
(a) 단위 세포에 있는 Ba 원자는 몇 개인가?
(b) 각 Ba 원자의 배위수는 얼마인가?
(c) Ba의 원자 반지름(0.215 nm)으로부터 단위 세포 한 모서리의 길이 *a*를 계산하시오.
(d) 이 온도에서 Ba 금속의 밀도를 계산하시오

**12.16** 다음 설명에 대하여 참과 거짓을 결정하시오.
(a) 치환 합금은 고체 용액이지만, 틈새 합금은 불균일 합금이다.
(b) 치환 합금은 격자 안에 있는 '용매' 원자가 '용질' 원자로 치환되지만, 틈새 합금은 격자 안에 있는 '용질' 원자가 '용매' 원자들 사이에 있다.
(c) 치환 합금에서는 원자들의 반지름은 서로 비슷하지만, 틈새 합금에서는 틈새 원자가 주인 격자 원자보다 훨씬 작다.

**12.17** 아래의 조성을 갖는 각각의 합금이 치환 합금, 틈새 합금, 금속간 화합물 중 어느 것인지를 결정하시오.
(a) $Cu_{0.66}Zn_{0.34}$ (b) $Ag_3Sn$ (c) $Ti_{0.99}O_{0.01}$

**12.18** 다음 각 문장의 참과 거짓을 결정하시오.
(a) 금속간 화합물은 정해진 화학적 조성을 갖는다.
(b) 황동과 청동의 주성분은 구리이다.
(c) 스테인리스강에서 크로뮴 원자는 틈새 위치를 차지한다.

**12.19** 금속 막대가 절반은 햇빛에, 다른 절반은 햇빛이 없는 상태에 노출되었을 때, 해가 비치는 날 햇빛에 노출된 금속 부분을 만졌을 때 뜨겁게 느껴진다. 햇빛에 노출되지 않은 금속 부분을 만졌을 때 차게 또는 뜨겁게 느껴졌다면, 그 이유를 열전도성 관점에서 답하시오.

**12.20** 리튬 원자 2개로 된 선형 사슬과 4개로 된 선형 사슬의 분자 오비탈 도표를 그림 12.22에 나타냈다. 리튬 원자 6개로 된 선형 사슬의 분자 오비탈 도표를 만들고, 도표를 사용하여 다음 물음에 답하시오.
(a) 도표에 몇 개의 분자 오비탈이 있는가?
(b) 가장 낮은 에너지를 갖는 분자 오비탈에 몇 개의 마디가 있는가?

(c) 가장 높은 에너지를 갖는 분자 오비탈에 몇 개의 마디가 있는가?
(d) 최고 에너지 점유 분자 오비탈(HOMO)에 몇 개의 마디가 있는가?
(e) 최저 에너지 비점유 분자 오비탈(LUMO)에 몇 개의 마디가 있는가?
(f) 이 경우의 HOMO–LUMO 에너지 차이와 4원자인 경우의 MO–LUMO 에너지 차이를 비교하면 어떠한가?

**12.21** 다음 각 쌍에서 어느 원소가 더 연성이 좋은가? 각각 이유를 설명하시오.
(a) Ag, Cr (b) Zn, Ge

자기 평가 연습 문제 답 **12.12** (a) **12.13** (a)

## 12.3 | 이온성 고체

압전 결정은 두 결정면에 걸쳐 전압 차를 발생시킴으로써 적용된 압력에 반응한다. 적용 전압이 결정 구조의 변형을 최대 0.1%까지 유발할 수 있기 때문에 효과는 양방향으로 작용한다. 가스 점화 라이터, 수중 음파 탐지기, 저울, 초음파 노즐, 잉크젯 프린터, 악기용 증폭 '픽업', 컴퓨터 회로 기판 동기화를 위한 펄스 발생기, 주사 현미경용 탐침 등 압전 효과를 활용하는 응용 분야는 다양하다. 다양한 재료가 압전 효과를 나타내지만, 초기에는 로셸염(타르트산 포타슘 소듐)이 축음기 픽업은 물론 결정이 2 V까지 출력할 수 있는 마이크와 수화기에 사용됐다. 불행하게도, 이 염은 물을 쉽게 흡수하고 습한 기후에서 빠르게 변질되었다.

이 절에서는 이온성 고체의 결정 구조를 살펴본다. 이 절이 끝나면 다음 사항을 수행할 수 있어야 한다.

- 이온성 고체의 구조를 그것의 실험식과 연관짓기

**이온성 고체(ionic solid)**는 양이온과 음이온 사이에 정전기적 인력, 즉 이온 결합으로 서로 붙들려 있다. 이온 결합 화합물은 이온 결합의 세기가 매우 크기 때문에 녹는점과 끓는점이 높다. 이온 결합의 세기는 이온의 전하와 크기에 의존한다. 8장과 11장에서 논의한 바와 같이, 이온의 전하가 커질수록 양이온과 음이온 사이의 상호 작용이 커진다. 따라서 1+와 1−의 전하를 갖는 이온으로 이루어진 NaCl의 녹는점이 801°C인 반면, 2+와 2−의 전하를 갖는 이온으로 이루어진 MgO의 녹는점은 2852°C이다. 표 12.3에 있는 알칼리 금속 할로젠화물의 녹는점으로부터 알 수 있듯이, 이

**표 12.3 알칼리 금속 할로젠화물의 특성**

| 화합물 | 양이온–음이온 거리(pm) | 격자 에너지(kJ/mol) | 녹는점(°C) |
|---|---|---|---|
| LiF | 201 | 1030 | 845 |
| NaCl | 283 | 788 | 801 |
| KBr | 330 | 671 | 734 |
| RbI | 367 | 632 | 674 |

**금속은 왜 이온성 물질과 같은 방식으로 쪼개지지 않는가?**

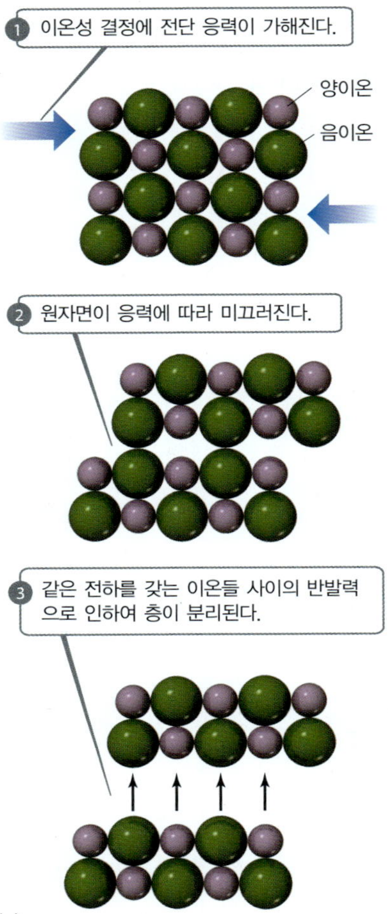


(a)

(b)

▲그림 12.24 이온 결정에서 깨어짐과 절단면의 형성 (a) 이온성 고체에 전단 응력(푸른색 화살표)이 가해질 때, 결정은 여기에 나타낸 원자 면을 따라 분리된다. (b) 이와 같은 이온성 결정의 특성으로 인해 루비(홍옥)와 같은 원석의 절단면을 얻을 수 있다.

온이 작아지면 양이온과 음이온 사이의 상호 작용은 증가한다. 이와 같은 경향은 8.2절에서 논의한 격자 에너지의 경향을 반영한다.

이온성 고체와 금속성 고체는 모두 녹는점과 끓는점이 매우 높지만, 그들의 물리적 특성을 나타내는 중요한 차이는 이온 결합과 금속 결합의 차이로 설명할 수 있다. 이온 결합 화합물의 경우, 원자가 전자가 비편재화되어 있지 않고 음이온에 한정되어 있기 때문에, 일반적으로 이온 결합 화합물은 전기 부도체이다. 이온 결합 화합물은 깨지기 쉬운 경향을 갖는데, 이것은 같은 전하를 갖는 이온들 사이의 반발력으로 설명할 수 있다. **그림 12.24**에 나타낸 것과 같이, 이온성 고체에 응력이 가해지면, 응력이 가해지기 전에 양이온과 음이온이 서로 인접하도록 배열된 원자 면이, 양이온–양이온, 음이온–음이온의 배열로 바뀐다. 결과적으로, 반발력에 의해 원자 면들은 서로 떨어져 나가게 된다. 이러한 성질은 보석 원석 세공에 이용된다(루비 원석의 주성분은 $Al_2O_3$이다).

## 이온성 고체의 구조

금속성 고체와 마찬가지로, 이온성 고체는 원자들이 대칭적이고 조밀 쌓임 배열을 하는 구조를 갖는다. 그러나 이온성 고체에서는 서로 다른 반지름과 반대의 전하를 갖는 구들을 함께 쌓아야 하는 것이 중요한 차이이다. 대체로 양이온은 음이온에 비해 상당히 작기 때문에, 이온 결합 화합물에서의 배위수는 조밀 쌓임 금속에서의 배위수보다 작다. 비록 음이온과 양이온이 크기가 같더라도, 같은 전하를 갖는 이온들을 서로 접촉하게 하지 않고서는 금속에서 설명한 조밀 쌓임 배열을 할 수 없다. 그러한 배열은 전하들 사이의 반발력으로 인해 바람직하지 않다. 가장 바람직한 구조는 양이온–음이온 사이의 거리는 이온 반지름이 허용하는 한 가장 가깝고, 음이온–음이온 사이의 거리와 양이온–양이온 사이의 거리는 최대가 되는 배열이다.

이온성 구조의 일반적인 형태 세 가지를 **그림 12.25**에 나타냈다. 염화 세슘(CsCl) 구조는 원시 입방 격자를 바탕으로 한다. 단위 세포의 꼭짓점인 격자점에 놓여 있는 음이온들과, 각 단위 세포의 안쪽에 놓여 있는 한 개의 양이온이 있다(원시 단위 세포의 안쪽에는 격자점이 없음을 상기하라). 이와 같은 배열에서, 양이온과 음이온 각각은 반대 전하를 띤 8개의 이온으로 만들어진 육면체로 둘러싸인다.

염화 소듐(NaCl; 암염 구조라고도 부른다) 구조와 섬아연광(ZnS) 구조는 면심 입방 격자를 바탕으로 한다. 두 구조 모두, 음이온은 단위 세포의 꼭짓점과 면에 놓여 위치하는 격자점에 놓인다. 그러나 두 구조의 2원자 요소는 약간 다르다. NaCl의 경우, $Na^+$ 이온이 단위 세포의 변을 따라 $Cl^-$ 이온으로부터 이동해 있는 반면, ZnS의 경우, $Zn^{2+}$ 이온들은 단위 세포의 체대각선을 따라 $S^{2-}$ 이온으로부터 이동해 있다. 이와 같은 차이 때문에 배위수에 차이가 생긴다. 염화 소듐의 경우, 각 양이온과 음이온은 6개의 반대 전하를 갖는 이온에 의해 둘러싸여 있어서 6배위 환경이 된다. 섬아연광의 경우, 각 양이온과 음이온은 4개의 반대 전하를 갖는 이온에 의해 둘러싸여 있어서 4배위 환경이 된다. 양이온의 배위 환경을 **그림 12.26**에 나타냈다.

주어진 이온 결합 화합물에 대해 어떤 형태의 구조가 가장 적합할지 질문할 수 있다. 그것에 영향을 미치는 많은 인자가 있지만, 이온의 상대적인 크기와 화학량론이 가장 중요한 인자이다. 우선 이온의 크기를 고려해 보자. 그림 12.26에 나타낸 것처럼, CsCl에서 NaCl로 갈 때, 배위수는 8에서 6으로 바뀌고, CsCl에서 ZnS로 갈 때, 배위수는 8에서 4로 변하는 것에 주목하라. 이 세 화합물의 경우, CsCl에서 ZnS로 갈수록 음이온의 반지름은 아주 조금 변하는 반면, 양이온의 반지름이 점차 줄어든다는 사실로 이와 같은 경향을 부분적으로 설명할 수있다. 양이온과 음이온의 크기가 비슷할 때는 큰 배위수가 선호되며, CsCl 구조가 세 가지 구조 중 어느 것에서 음이온들이 서로 접촉하는가? 그렇지 않다면 어떤 이온들이 서로 접촉하는가?

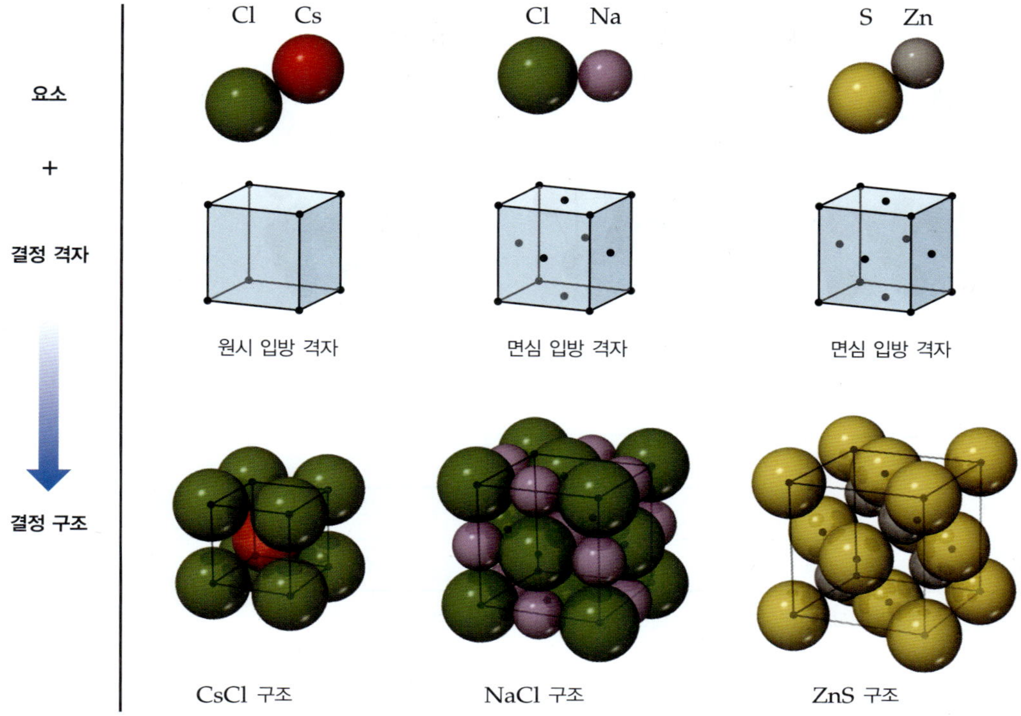


▲ 그림 12.25 **CsCl, NaCl, ZnS의 구조** 각 구조 형태는 2원자 요소와 적절한 격자를 조합함으로써 만들 수 있다.

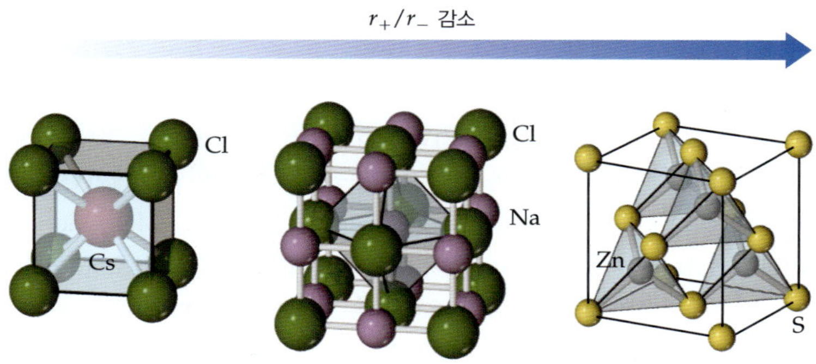


| | CsCl | NaCl | ZnS |
|---|---|---|---|
| 양이온 반지름, $r_+$ (pm) | 181 | 116 | 88 |
| 음이온 반지름, $r_-$ (pm) | 167 | 167 | 170 |
| $r_+/r_-$ | 1.08 | 0.69 | 0.52 |
| 양이온 배위수 | 8 | 6 | 4 |
| 음이온 배위수 | 8 | 6 | 4 |

▲ 그림 12.26 **CsCl, NaCl, ZnS의 배위 환경** 배위 환경을 명확히 나타내기 위하여, 이온의 크기를 줄여서 나타냈다.

형성된다.

양이온의 상대적인 크기가 작아지면, 결국에는 양이온−음이온이 접촉하고 있는 동시에 음이온들이 서로 접촉하지 않도록 하는 것이 더 이상 가능하지 않다. 이와 같은 일이 일어날 때, 배위수는 8에서 6으로 줄어들며, 염화 소듐의 구조가 선호된다. 양이온의 크기가 더 작아지면, 배위수는 각 구조에서 단위 세포당 몇 개의 양이온과 음이온이 존재하는가?

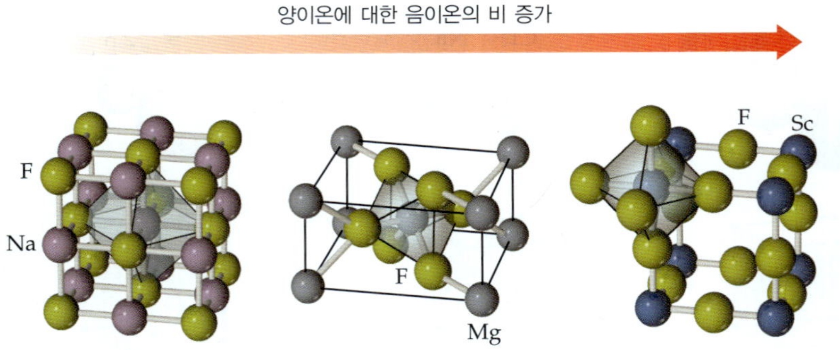


| | $NaF$ | $MgF_2$ | $ScF_3$ |
|---|---|---|---|
| 양이온 배위수 | 6 | 6 | 6 |
| 양이온 배위 기하 | 정팔면체 | 정팔면체 | 정팔면체 |
| 음이온 배위수 | 6 | 3 | 2 |
| 음이온 배위 기하 | 정팔면체 | 평면 삼각형 | 선형 |

▲그림 12.27 **배위수는 화학량론에 따라 달라진다.** 배위 환경을 명확히 나타내기 위하여 이온의 크기는 줄여서 나타내었다.

다시 6에서 4로 줄어들 것이며, 섬아연광의 구조가 선호된다. 이온성 결정에서 반대 전하를 갖는 이온들은 서로 접촉하고 있어야 하며, 같은 전하를 갖는 이온들은 접촉하지않아야 한다는 것을 명심하라.

양이온과 음이온의 상대적인 수도 가장 안정한 구조 형태를 결정하는 데 관여한다. 그림12.26에 나타낸 모든 구조는 양이온과 음이온의 수가 같다. 이와 같은 형태의 구조(염화 세슘, 염화 소듐, 섬아연광)는 양이온과 음이온의 수가 같은 이온 결합 화합물에서만 가능하다. 이와 같은 경우가 아닐 때는 다른 결정 구조를 가질 것이다. 예를 들어 $NaF$, $MgF_2$, $ScF_3$를살펴보자(그림 12.27). 플루오린화 소듐은 양이온과 음이온이 모두 6배위를 갖는 염화 소듐 구조이다. 그러나 플루오린화 마그네슘은 양이온 하나당 2개의 음이온을 가지므로, **루타일 구조**(rutile structure)라고 하는 정방 결정 구조를 갖는다. 양이온의 배위수는 여전히 6이지만, 플루오린화 음이온의 배위수는 이제 3으로 되었다. 각 양이온이 3개의 음이온을 가지는 플루오린화 스칸듐 구조에서 양이온의 배위수는 여전히 6이지만 플루오린화 이온의 배위수는 2이다. 양이온/음이온의 비가 작아지면, 각 음이온 주위를 둘러싸고 있는 양이온의 수는 줄어들며, 결과적으로 음이온의 배위수가 줄어든다. 따라서 다음과 같은 관계식으로 이를 정량화할 수 있다.

$$\frac{\text{화학식 단위당 양이온 수}}{\text{화학식 단위당 음이온 수}} = \frac{\text{음이온 배위수}}{\text{양이온 배위수}} \qquad [12.1]$$

## 예제 12.2
### 이온성 고체의 밀도 계산

아이오딘화 루비듐은 염화 소듐과 같은 구조로 결정화된다. (a) 단위 세포당 몇 개의 아이오딘화 이온이 있는가? (b) 단위 세포당 몇 개의 루비듐 이온이 있는가? (c) 아이오딘화 루비듐의 밀도를 $g/cm^3$로 계산하기 위하여 $Rb^+$의 이온 반지름 및 몰질량(166 pm, 85.47 g/mol)과, $I^-$의 이온 반지름 및 몰질량(206 pm, 126.90 g/mol)을 사용하시오.

## 해답

### 분석 및 계획

(a) 단위 세포의 꼭짓점, 모서리, 면에 위치한 이온들이 단위 세포 안쪽에는 부분적으로만 존재한다는 것을 기억하고, 염화 소듐 구조의 단위 세포에 존재하는 음이온의 수를 세어야 한다.

(b) 단위 세포에 존재하는 양이온의 수를 결정하기 위해서도 동일한 방법을 적용할 수 있다. 양이온과 음이온의 전하가 균형을 이루도록 실험식을 써서 답을 이중으로 확인할 수 있다.

(c) 밀도는 세기 성질이기 때문에, 단위 세포의 밀도는 결정의 밀도와 동일하다. 밀도는 단위 세포당 원자들의 질량을 단위 세포의 부피로 나누어 계산한다. 단위 세포의 부피를 결정하기 위하여 우선 이온들이 서로 접촉하고 있는 방향을 확인하고 이온들의 반지름을 사용하여 단위 세포 모서리의 길이를 계산해야 한다. 부피는 단위 세포의 모서리의 길이를 세제곱하여 구한다.

### 풀이

(a) 아이오딘화 루비듐의 결정 구조는 NaCl의 $Na^+$를 $Rb^+$로, $Cl^-$를 $I^-$로 대체한 것과 똑같아 보인다. 그림 12.25와 12.26에 있는 NaCl 구조로부터 단위 세포의 각 꼭짓점과 각 면의 중심에 한 개의 음이온이 있다는 것을 알 수 있다. 표 12.1로부터 꼭짓점에 놓인 이온들은 8개의 단위 세포에 동등하게 공유되고(단위 세포당 $\frac{1}{8}$개의 이온), 면에 놓인 이온들은 두 개의 단위 세포에 동등하게 공유된다(단위 세포당 $\frac{1}{2}$개의 이온). 입방체는 8개의 꼭짓점과 6개의 면을 가지므로 단위 세포당 총 이온의 수는 $8(\frac{1}{8})+6(\frac{1}{2})=4$이다.

(b) 루비듐 양이온에도 동일한 방식을 적용하면 각 모서리와 단위 세포의 중심에 한 개의 루비듐 이온이 위치한다는 것을 알 수 있다. 표 12.1로부터 각 모서리에 놓인 이온은 네 개의 단위 세포에 의해 동등하게 공유되고(단위 세포당 1/4개의 이온), 단위 세포의 중심에 놓인 양이온은 공유되지 않는다. 입방체는 12개의 모서리를 가지므로 총 루비듐 이온의 수는 $12(\frac{1}{4})+1=4$이다. 전하 균형을 맞추기 위하여 $Rb^+$ 이온과 $I^-$ 이온의 수는 같아야 하기 때문에 위의 결과는 합리적이다.

(c) 이온 결합 화합물에서 양이온과 음이온은 서로 접촉하고 있다. RbI에서 양이온과 음이온은 아래 그림에서와 같이 단위 세포의 모서리를 따라 접촉하고 있다.

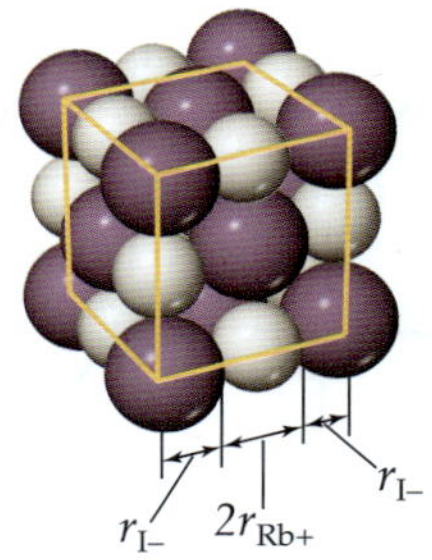


단위 세포의 모서리의 길이는 $r(I^-)+2r(Rb^+)+r(I^-) = 2r(I^-)+2r(Rb^+)$이다. 각 이온 반지름을 대입하면 2(206 pm) + 2(166 pm) = 744 pm이 된다. 입방 단위 세포의 부피는 모서리 길이의 세제곱이다. pm를 cm로 변환하고 세제곱하면, 부피는 아래와 같다.

$$\text{부피} = (7.44 \times 10^{-8}\,\text{cm})^3 = 4.12 \times 10^{-22}\,\text{cm}^3$$

(a)와 (b)로부터 단위 세포당 네 개의 루비듐 이온과 네 개의 아이오딘화 이온이 있다는 것을 알고 있다. 이러한 결과와 몰질량을 사용하면 단위 세포당 질량을 계산할 수 있다.

$$\text{질량} = \frac{4(85.47\,\text{g/mol}) + 4(126.90\,\text{g/mol})}{6.022 \times 10^{23}\,\text{mol}^{-1}} = 1.411 \times 10^{-21}\,\text{g}$$

밀도는 단위 세포당 질량을 부피로 나누어 얻는다.

$$\text{밀도} = \frac{\text{질량}}{\text{부피}} = \frac{1.411 \times 10^{-21}\,\text{g}}{4.12 \times 10^{-22}\,\text{cm}^3} = 3.43\,\text{g/cm}^3$$

**검토** 대부분의 고체의 밀도는 리튬의 밀도(0.5 g/cm$^3$)와 이리듐의 밀도(22.6 g/cm$^3$) 사이에 있기 때문에 얻어진 값은 타당하다.

**▶ 보충 예제**

CsCl(그림 12.25)에서 Cs의 이온 반지름(181 pm)과 염화 이온의 반지름(167 pm)으로부터, CsCl의 입방 단위 세포의 모서리 길이와 밀도를 계산하시오(**힌트**: CsCl의 이온들은 입방체의 한 꼭짓점에서 체심을 지나 반대 꼭짓점까지 이어지는 벡터인 체대각선을 따라 접촉하고 있다. 삼각함수법에 따라 입방체의 체대각선이 모서리보다 $\sqrt{3}$배만큼 길다는 것을 알 수 있다).

## 자기 평가 연습 문제

**12.22** 이산화 타이타늄의 결정에서 산화물 이온은 3개의 타이타늄 이온에 의해 배위되어 있다. 타이타늄의 배위수는?

**(a)** 1 **(b)** 2 **(c)** 3 **(d)** 6

## 연습 문제

**12.23** Co와 O를 포함하는 화합물의 단위 세포가 다음과 같다. Co 원자가 꼭짓점에 있고, O 원자가 완전하게 단위 세포 내부에 있다. 이 화합물의 실험식을 구하시오. 금속의 산화 상태는 얼마인가?

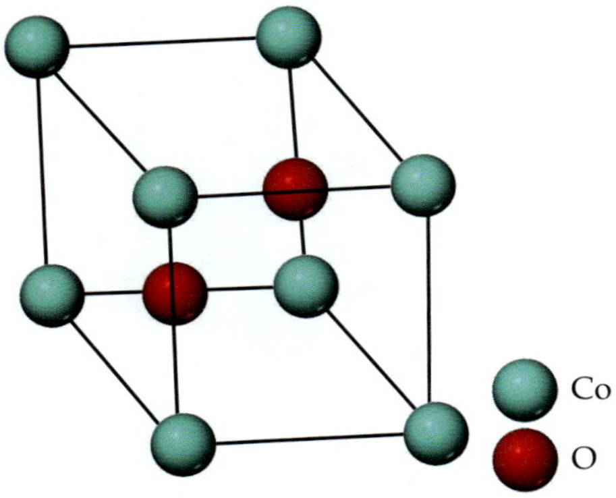


**12.24** AgCl는 암염 구조를 갖는다. 25°C에서 AgCl의 밀도는 5.56 $g/cm^3$이다. AgCl 단위 세포 한 모서리의 길이를 계산하시오.

**12.25** 실온, 대기압에서 RbCl는 NaCl형 구조를 갖는 결정을 형성한다.

(a) 이온 반지름을 이용하여 입방 단위 세포 한 모서리의 길이를 예측하시오.

(b) 이 값을 이용하여 밀도를 계산하시오.

(c) 고압에서 구조는 CsCl형 구조로 전이된다. 이온 반지름을 이용하여 고압의 RbCl 형태에 대한 입방 단위 세포 한 모서리의 길이를 예측하시오.

(d) 이 값을 이용하여 밀도를 계산하시오. 이 밀도와 (b)에서 계산한 밀도를 서로 비교하시오.

**12.26** 루타일(rutile)과 형석(fluorite) 구조를 아래의 그림에 나타냈다(음이온은 녹색으로). 이 두 물질은 양이온과 음이온의 비가 1:2인 이온 결합 화합물의 가장 일반적인 구조 형태이다.

(a) $CaF_2$와 $ZnF_2$에 있어서 이온 반지름 $Ca^{2+}$($r = 114$ pm), $Zn^{2+}$($r = 88$ pm), $F^-$($r = 119$ pm)를 이용하여 형석 구조를 갖는 화합물과 루타일 구조를 갖는 화합물을 각각 예측하시오.

(b) 각 구조에서 양이온과 음이온의 배위수는 각각 얼마인가?

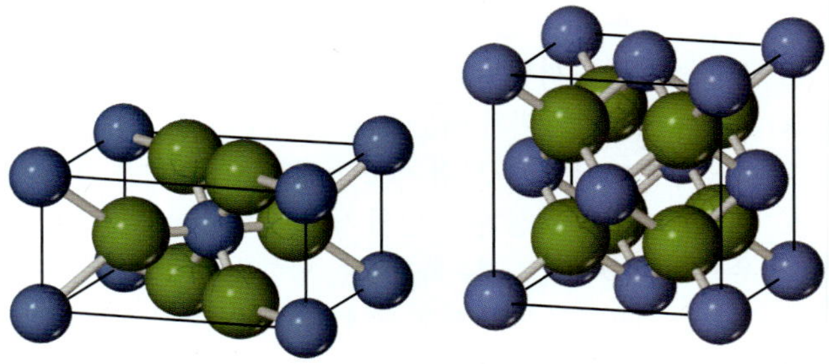

루타일 형석

**12.27** $Al^{3+}$ 이온의 배위수는 일반적으로 4나 6이다. 음이온의 배위수를 사용하여 다음 화합물에서 $Al^{3+}$의 배위수를 결정하시오.

(a) 플루오린화 이온은 2배위인 $AlF_3$

(b) 산화 이온은 6배위인 $Al_2O_3$

(c) 질소화 이온은 4배위인 AlN

자기 평가 연습 문제 답 **12.22** (d)

## 12.4 | 공유성 고체

다이아몬드는 알려진 것 중 가장 단단한 물질로 오랫동안 여겨졌으나, 더 이상 그렇지 않을 것으로 보인다. 만약 여러분이 매우 단단한 물질을 조사한다면, 여러분은 다이아몬드와 비슷한 구조

를 가진 물질들을 살펴보는 것으로 시작할 것이다. 우리는 접합과 크기에 따라 구조가 달라지는 것을 알고 있다. 질소화 붕소(BN)는 다이아몬드와 등전자이며 같은 구조인 물질이다. 계산에 따르면 다이아몬드보다 약 18% 더 많은 응력을 견딜 수 있다. 그러나 자연적으로는 거의 생기지 않기 때문에, 이것은 아직 천연 표본에 대해서는 검증되지 않았다. 실험실에서 제조할 수 있으며 고온에서의 산화 저항성과 결합된 BN의 강도는 절삭 및 연삭 공구 및 기타 고온 응용에 이상적인 후보이다.

매우 다른 성질을 가진 두 종류의 공유성 고체가 있다. 이 절이 끝나면 다음 사항을 수행할 수 있어야 한다.

- 결정 구조의 관점에서 융점 및 비등점 자료 해석하기
- *n*형 및 *p*형 도핑을 사용하여 반도체의 전도도를 제어할 수 있는 방법을 예측하기

## 분자성 고체

**분자성 고체(molecular solid)**란 쌍극자–쌍극자 힘, 분산력, 수소 결합과 같은 분자간 힘으로 결합된 원자나 분자로 이루어진 고체이다. 이와 같은 분자간 힘은 약하기 때문에 분자성 고체는 무르고 녹는점이 상대적으로 낮다(일반적으로 200°C 이하). 예를 들어 Ar, $H_2O$, $CO_2$와 같이 실온에서 기체 상태나 액체 상태인 물질들은 대부분, 낮은 온도에서 분자성 고체를 형성한다.

분자성 고체의 특성은 분자 사이에 작용하는 힘의 크기에 크게 영향을 받는다. 예를 들어 슈크로스(설탕, $C_{12}H_{22}O_{11}$)의 특성을 살펴보자. 각 슈크로스는 8개의 −OH기를 가지고 있어 많은 수소 결합을 형성한다. 결과적으로 슈크로스는 실온에서 결정성 고체로 존재하며, 녹는점은 다른 분자성 고체에 비해서 상대적으로 높은 184°C이다.

분자들이 삼차원으로 효과적으로 쌓이기 위해서는 분자 모양 역시 중요한 인자이다. 예를 들어 벤젠($C_6H_6$)은 고도의 대칭성을 갖는 평면형 분자이다. 톨루엔은 벤젠에서 수소 원자 한 개가 $CH_3$기로 치환된 화합물(**그림 12.28**)인데, 벤젠의 녹는점이 톨루엔의 녹는점보다 높다. 톨루엔 분자는 대칭성이 작기 때문에, 벤젠 분자에서처럼 효과적인 쌓임이 일어나지 않는다. 결과적으로 조밀한 접촉에 의존하는 분자간 힘이 별로 효과적이지 못하여 녹는점이 상대적으로 낮다. 반면에 톨루엔의 끓는점은 벤젠의 끓는점보다 **높다**. 이것은 액체 톨루엔에서의 분자간 인력이 액체 벤젠에서의 인력보다 크기 때문이다. 그림 12.28에 나타낸 벤젠의 또 다른 치환체인 페놀에서는 OH기가 수소 결합을 할 수 있기 때문에, 페놀의 끓는점과 녹는점이 모두 벤젠보다 높다.

## 공유성 그물 구조 고체

**공유성 그물 구조 고체(covalent-network solid)**는 공유 결합으로 형성된 커다란 그물 구조에 서로 붙들려 있는 원자들로 이루어져 있다. 공유 결합은 분자간 힘보다 훨씬 강하기 때문에 공유성 그

벤젠과 톨루엔 중 어느 것이 분자간 힘이 더 강한가? 분자들이 더 효율적으로 쌓이는 것은 어느 것인가?

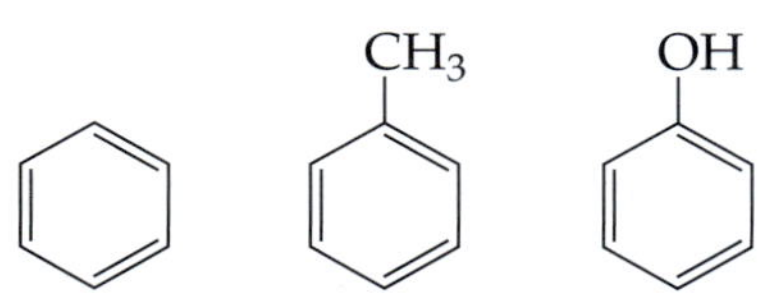


| | 벤젠 | 톨루엔 | 페놀 |
|---|---|---|---|
| 녹는점(°C) | 5 | −95 | 43 |
| 끓는점(°C) | 80 | 111 | 182 |

▲ **그림 12.28** 벤젠, 톨루엔, 페놀의 녹는점과 끓는점

▶ 그림 12.29 (a) 다이아몬드, (b) 흑연의 구조

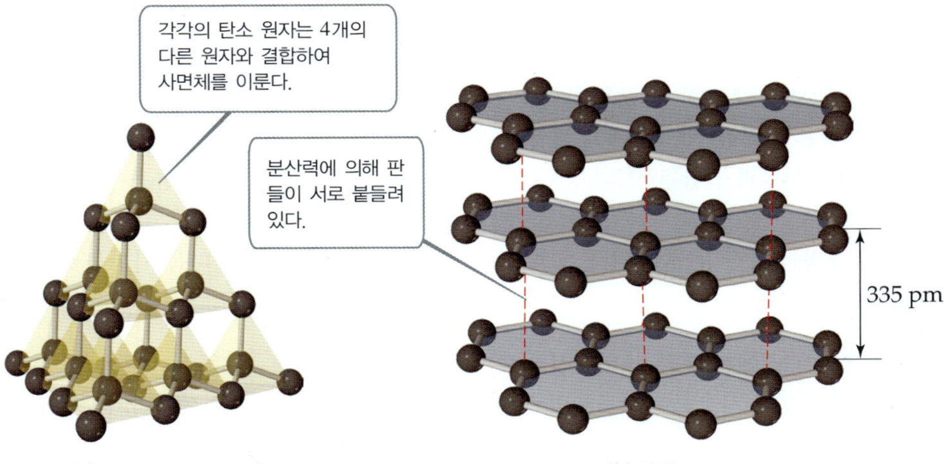


물 구조 고체는 분자성 고체보다 훨씬 단단하고 녹는점이 높다. 탄소의 동소체인 다이아몬드와 흑연이 가장 친숙한 공유성 그물 구조 고체이다. 또 다른 예로 규소, 저마늄, 석영($SiO_2$), 탄화 규소(SiC), 질소화 붕소(BN) 등이 있다. 모든 경우 원자 간 결합은 이온 결합보다는 완전한 공유 결합이거나 공유성에 더 가깝다.

다이아몬드에서 각 탄소 원자는 네 개의 다른 탄소 원자와 결합한다(그림 12.29). 섬아연광 구조(그림 12.26)에서 아연 이온과 황화 이온 모두를 탄소 원자로 치환하면, 다이아몬드 구조를 얻을 수 있다. 탄소 원자들은 $sp^3$ 혼성이며, 강한 탄소–탄소 단일 공유 결합으로 서로 붙들려 있다. 다이아몬드는 이들 결합의 세기와 방향성으로 인하여 지금까지 알려진 물질 중에서 가장 단단하다. 이와 같은 경도로 인하여 산업용 다이아몬드는 대부분의 절삭 작업에서 톱날로 사용된다. 다이아몬드는 단단하고 서로 연결된 결합인 그물 구조 때문에 가장 좋은 열전도체 중의 하나이지만 전기 전도체는 아니다. 다이아몬드의 녹는점이 3550°C로 매우 높은 것은 놀라운 일이 아니다.

흑연(그림 12.29(**b**))의 경우, 탄소 원자는 공유 결합을 이루는 층을 형성하며, 이 층들은 분자간 힘으로 서로 붙들려 있다. 흑연의 층은 그림 12.8에 나타낸 그래핀의 판과 같다. 흑연은 단위 세포에 두 개의 층을 포함하는 육방 단위 세포를 갖는다. 한 층에 있는 각 흑연 원자는 다른 층에 있는 탄소들로 이루어진 육각형의 중앙에 놓여 있다. 각 탄소는 같은 층의 다른 세 개의 탄소와 결합하여 서로 연결된 육각형 고리를 형성한다. 같은 평면에 존재하며 서로 인접하는 탄소–탄소 거리는 142 pm이다. 이는 벤젠에서의 탄소–탄소 거리(140 pm)와 매우 유사하다. 실제로 흑연의 탄소–탄소 결합은 벤젠의 탄소–탄소 결합과 유사한데, 흑연에서 비편재화된 $\pi$ 결합은 층 전체로 확장되어 있다. 전자들이 비편재화된 오비탈을 통해 자유스럽게 움직이므로, 흑연은 층을 따라 좋은 전기 전도체이다(흑연은 전지의 전도성 전극으로 사용된다). 흑연에서 $sp^2$ 혼성을 하고 있는 탄소 원자들의 층과 층은 서로 335 pm 정도 떨어져 있고, 이 층들은 분산력에 의해 서로 붙들려 있다. 따라서 흑연을 문지르면 층들이 서로 쉽게 미끄러지기 때문에 흑연은 미끌미끌한 느낌을 준다. 대부분의 상업적인 물질에서 일반적으로 나타나는 것처럼, 불순물 원자가 층간에 삽입되면 이와 같은 경향은 증대된다.

흑연은 윤활제로 사용되고 연필심을 만들 때도 사용된다. 흑연과 다이아몬드는 둘 다 순수한 탄소임에도 불구하고 삼차원 구조와 결합이 서로 다르기 때문에, 그들의 물리적 성질은 많이 다르다.

## 반도체

금속은 전기를 매우 잘 전도한다. 그러나 많은 고체는 금속만큼 전기를 잘 전도하지 못하며 약한 전도성을 갖기 때문에 그러한 물질을 **반도체**(**semiconductor**)라고 한다. 반도체의 두 가지 예로 규

부도체를 설명하기 위하여 이 그림 옆에 두 번째 그림을 그린다면, 어떤 관점을 다르게 나타내겠는가?

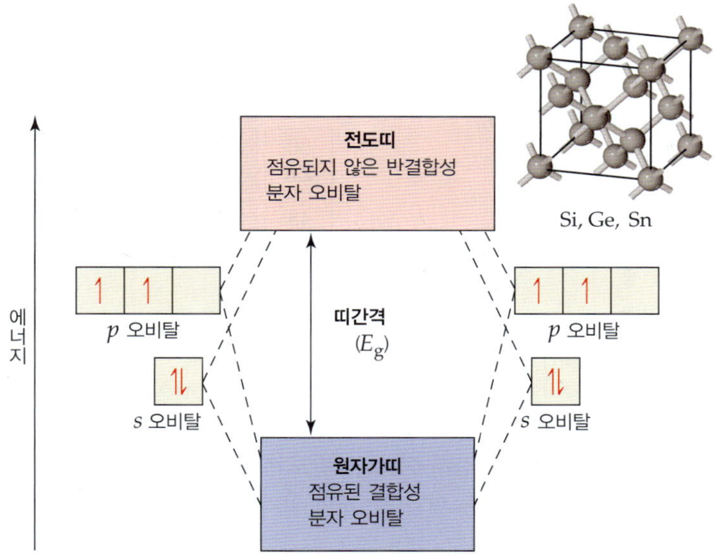


▲ 그림 12.30 다이아몬드 결정 구조를 갖는 반도체의 전자 띠구조

소(Si)와 저마늄(Ge)이 있는데, 주기율표에서 규소와 저마늄은 탄소 바로 아래에 있다. 각 원소는 탄소와 마찬가지로 4개의 원자가 전자를 가지고 있어, 팔전자 규칙을 만족시키기 위해서 인접하는 4개의 원소와 단일 공유 결합을 형성해야 한다. 그러므로 규소와 저마늄은 물론 회색 주석은 다이아몬드처럼 무한한 공유성 그물 구조를 갖는 결정을 형성한다.

*s* 원자 오비탈과 *p* 원자 오비탈이 겹치면 결합성 오비탈과 반결합성 오비탈이 형성된다. 한 쌍의 *s* 오비탈이 겹치면 1개의 결합성 분자 오비탈과 1개의 반결합성 분자 오비탈이 형성되고, 세 쌍의 *p* 오비탈이 겹치면 3개의 결합성 분자 오비탈과 3개의 반결합성 분자 오비탈이 형성된다. 결합들의 그물 구조가 확장되면, 12.2절에서 금속의 전자 구조를 논의할 때 보았던 것과 동일한 형태의 띠를 형성한다. 그러나 금속과는 다르게 반도체에서는 채워진 오비탈과 채워지지 않은 오비탈 사이의 에너지 간격이 결합 오비탈과 반결합 오비탈 사이의 에너지 간격처럼 발생한다. 결합성 분자 오비탈로부터 형성된 띠를 **원자가띠(valence band)**라고 하며, 반결합성 오비탈로부터 형성된 띠를 **전도띠(conduction band)**라고 한다(그림 12.30). 반도체에서 원자가띠는 전자들로 채워져 있고, 전도띠는 비어 있다. 이 두 띠 사이의 에너지 차이를 에너지 **띠간격(band gap**, $E_g$)이라고 한다. 반도체를 논할 때 에너지의 단위는 eV이며 그 크기는 $1\ \text{eV} = 1.602 \times 10^{-19}$ J이다. 띠간격이 약 3.5 eV 이상인 물질은 반도체가 아니라 **절연체(insulator)**이며 전기를 전도하지 않는다.

반도체는 원소 반도체와 화합물 반도체의 두 종류로 나누어진다. 원소 반도체는 한 가지 원소만으로 이루어져 있고, 화합물 반도체는 두 가지 이상의 원소로 이루어져 있다. 원소 반도체는 모두 14족 원소로 이루어져 있다. 주기율표에서 아래로 이동할수록 결합 길이는 증가하며, 오비탈 겹침은 감소한다. 이와 같은 겹침의 감소로 인하여 원자가띠의 결합성 분자 오비탈과 전도띠의 반결합성 분자 오비탈 사이의 에너지 차이(띠간격)가 작아진다. 결과적으로 다이아몬드(5.5 eV), 규소(1.11 eV), 저마늄(0.67 eV), 회색 주석(0.08 eV)으로 갈수록 띠간격은 감소한다. 주석 바로 아래에 있는 납에서는 띠간격이 없어지며, 그 결과 납은 금속의 구조와 특성을 갖는다.

화합물 반도체의 경우 **평균** 원자가 전자수는 원자당 4개로, 원소 반도체의 경우와 같은 수의 원자가 전자를 갖는다. 예를 들어 비소화 갈륨(GaAs)의 경우, 갈륨은 원자당 3개의 원자가 전자를 제공하고, 비소는 원자당 5개의 원자가 전자를 제공함으로써 규소나 저마늄과 같은 수인 원자당

**표 12.4 원소 반도체와 화합물 반도체의 띠간격**

| 물질 | 구조 형태 | $E_g$(eV)[†] |
|---|---|---|
| Si | 다이아몬드 | 1.11 |
| AlP | 섬아연광 | 2.43 |
| Ge | 다이아몬드 | 0.67 |
| GaAs | 섬아연광 | 1.43 |
| ZnSe | 섬아연광 | 2.58 |
| Sn[‡] | 다이아몬드 | 0.08 |
| InSb | 섬아연광 | 0.18 |
| CdTe | 섬아연광 | 1.50 |

[†] 띠간격 에너지는 실온에서 얻은 값이다. 1 eV = $1.602 \times 10^{-19}$ J

[‡] 이 자료는 반도체 성질을 나타내는 주석의 동소체인 회색 주석으로부터 얻은 값이다. 다른 동소체인 흰색 주석은 금속이다.

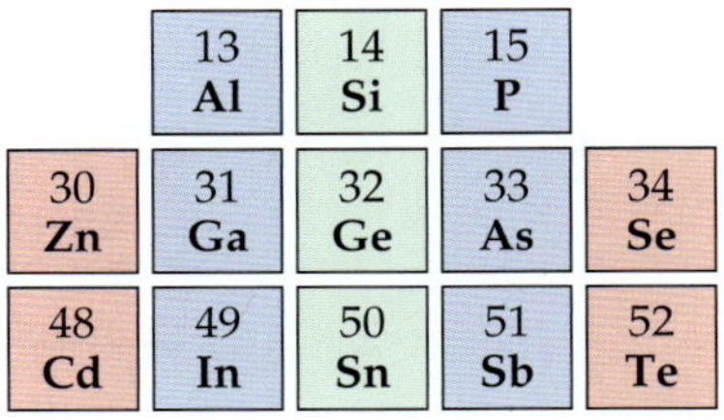


평균 4개의 원자가 전자를 갖는다. 따라서 GaAs는 반도체이다. 다른 예로 InP에서, 인듐은 원자당 3개의 원자가 전자를 제공하고, 인은 원자당 5개의 원자가 전자를 제공한다. CdTe에서 카드뮴은 원자당 2개의 원자가 전자를 제공하고, 텔루륨은 원자당 6개의 원자가 전자를 제공한다. 두 가지 경우 모두, 원자당 평균은 역시 4개의 원자가 전자를 가지고 있다. GaAs, InP, CdTe는 모두 섬아연광 구조의 결정을 형성한다.

화합물 반도체에서 구성 원소 간의 족 번호 차이가 클수록 띠간격은 증가하는 경향이 있다. 예를 들어 14족 원소로만 이루어진 저마늄 반도체에서 $E_g$ = 0.67 eV이지만, 13족 원소와 15족 원소로 이루어진 GaAs 반도체에서 $E_g$ = 1.43 eV이다. 12족 원소와 16족 원소로 이루어진 ZnSe처럼, 족 번호 차이를 4로 증가시키면 띠간격은 2.70 eV로 증가한다. 원소 반도체에서의 순수한 공유 결합이 화합물 반도체에서 극성 공유 결합으로 바뀌기 때문에, 이와 같이 띠간격이 증가한다. 원소들 사이의 전기 음성도 차이가 클수록 결합의 극성이 증가하여 띠간격은 증가한다.

전기공학자들은 다양한 전기 장치 및 광학 장치에 화합물 반도체를 활용하기 위하여 오비탈의 겹침과 결합의 극성을 조정하여 반도체의 띠간격을 조절한다. 몇 가지 원소 반도체와 화합물 반도체의 띠간격을 **표 12.4**에 나타냈다.

## 예제 12.3

### 반도체 띠간격의 정성적인 비교

GaP의 띠간격은 ZnS보다 큰가, 작은가? GaP의 띠간격은 GaN보다 큰가, 작은가?

### 해답

**분석** 띠간격의 크기는 주기율표에서 원소들의 족과 주기에 따라 달라진다. 다음과 같은 경우 띠간격은 증가한다. (1) 주기율표의 위쪽에 위치하는 원소는 오비탈의 겹침이 증가할수록 결합성 오비탈과 반결합성 오비탈 사이의 에너지 분리를 증가시킨다. 또는 (2) 주기율표에서 원소 간의 족 번호 차이가 클수록 전기 음성도의 차이와 결합의 극성이 증가한다.

**계획** 각각의 경우 주기율표에서 원소들의 상대적 위치를 비교해야 한다.

**풀이** 갈륨은 4주기 13족 원소이다. 인은 3주기 15족 원소이다. 아연은 갈륨과 같은 주기이고, 황은 인과 같은 주기이다. 그러나 12족인 아연은 갈륨의 왼쪽에 있는 원소이고, 16족에 있는 황은 인의 오른쪽에 있는 원소이다. 따라서 ZnS의 경우가 두 원소 사이의 전기 음성도 차이가 더 크며, 그 결과 ZnS의 띠간격이 GaP의 띠간격보다 더 클 것이다.

GaP와 GaN에서 공통으로 포함된 원소는 전기 음성도가 작은 Ga이다. 따라서 전기 음성도가 큰 원소인 P와 N에 대하여 주기율표에서의 위치만을 비교하면 된다. 15족에서 질소는 인보다 위쪽에 위치한다. 그 결과 오비탈의 겹침이 증가되어, GaN의 띠간격이 GaP의 띠간격보다 더 클 것이다.

**검토** 참고 문헌에 실린 각 화합물의 띠간격은 다음과 같다.
GaP: 2.26 eV, ZnS: 3.6 eV, GaN: 3.4 eV

**▶ 보충 예제**

ZnSe의 띠간격은 ZnS보다 큰가, 작은가?

n형 반도체에 도핑제를 두 배로 첨가하면 (b) 그림은 어떻게 될까?

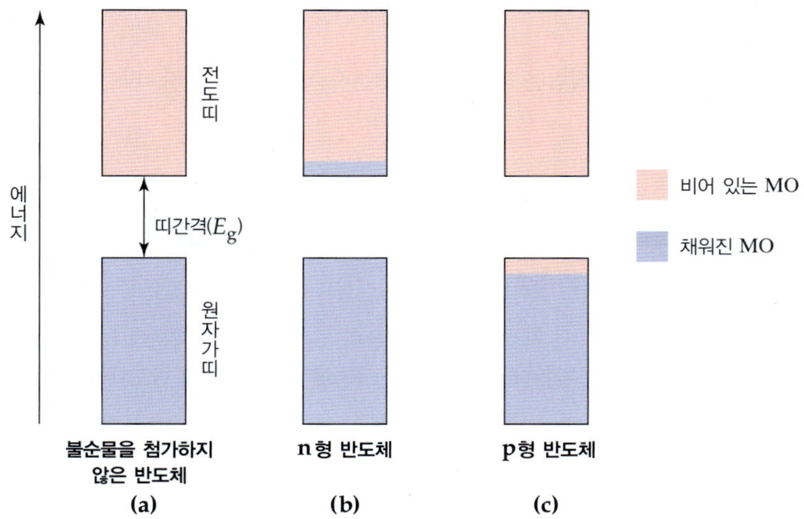


▲그림 12.31 반도체에 소량의 불순물(도핑제)을 첨가하면 물질의 전기적 특성이 변한다.

## 반도체 도핑

반도체에 소량의 불순물 원자가 포함되면 전기 전도도가 달라진다. 제어된 양의 불순물 원자를 물질에 첨가하는 과정을 **도핑(doping)**이라고 한다. 규소 결정에서 규소 원자 일부가 인(도핑제(dopant)로 알려진)으로 치환되었을 때를 생각해 보자. 그림 12.31(**a**)에 나타낸 것과 같이 순수한 Si 반도체에서 모든 원자가띠 분자 오비탈은 채워져 있고, 모든 전도띠 분자 오비탈은 비어 있다. 규소는 4개의 원자가 전자를 갖지만, 인은 5개의 원자가 전자를 갖기 때문에 도핑제인 원자로부터 나온 '여분'의 원자가 전자는 전도띠를 채우게 된다(그림 12.31(**b**)). 불순물을 포함하는 도핑된 물질을 **n형**(n-type) 반도체라고 한다. n이란 전도띠에 **음전하**(negative)를 띤 전자의 수가 증가되었음을 의미한다. 이 여분의 전자는 쉽게 전도띠에서 움직일 수 있다. 따라서 수 ppm의 인이 규소에 첨가되면, 규소의 고유 전기 전도도를 백만 배 정도 증가시킬 수 있다.

소량의 도핑제 첨가로 인하여 물질의 전기 전도도가 이처럼 놀랄 만하게 변하기 때문에 반도체에서는 불순물의 양을 조절하기 위하여 엄격한 통제가 이루어져야만 한다. 반도체 산업에서는 완벽한 회로를 만들기 위하여 'nine-nines'의 규소를 사용한다. 이것은 Si이 99.9999999%(소수점 아래 9개의 9)로 순수해야 한다는 것을 의미한다. 이는 도핑제의 종류와 농도를 정밀하게 제어하면 물질의 전기 전도도를 조절할 수 있음을 의미한다.

반도체의 주성분 물질보다 적은 수의 원자가 전자를 갖는 원자로 반도체를 도핑시킬 수도 있다. 규소 결정에서 규소 원자 일부가 소량의 알루미늄으로 치환되었을 때를 생각해 보자. 규소는 4개의 원자가 전자를 갖는 것에 비해, 알루미늄은 3개의 원자가 전자를 갖는다. 따라서 규소가 알루미늄으로 도핑될 때, 원자가띠에 **정공(hole)**으로 알려진 전자의 빈자리가 생긴다(그림 12.31(**c**)). 그 자리에 음전하를 띤 전자가 없기 때문에 정공은 양전하를 갖는다고 간주될 수 있다. 인접한 전자가 정공으로 옮겨갈 때 새로운 정공을 생성한다. 따라서 양전하를 띠는 정공은 격자에서 마치 입자처럼 움직인다.* 이와 같은 물질을 **p형**(p-type) 반도체라고 한다. p란 물질에 **양전하**(positive)를 띠는 정공의 수가 증가되었음을 의미한다.

*이와 같은 이동은 마치 교실에서 학생들이 서로 자리 바꾸기 하는 것을 관찰하는 것과 같다. 학생들(전자들)이 이리저리 다른 자리(원자)로 이동하는 것을 관찰할 수 있거나, 아니면 빈자리(정공)가 '움직이는' 것을 관찰할 수 있다.

n형 반도체의 전기 전도도와 유사하게, 수 ppm의 p형 도핑제가 반도체 물질에 첨가되면 반도체의 전기 전도도가 백만 배 정도 증가한다. 그러나 이 경우에는 원자가띠에 있는 정공이 전기 전도도에 관여한다(그림 12.31(c)).

p형 반도체와 n형 반도체의 접합은 다이오드, 트랜지스터, 태양 전지, 다른 장치의 기초가 된다.

## 예제 12.4
### 반도체 종류 판단하기

원소 Ga, As, C 중 규소에 도핑하여 n형 반도체를 얻을 수 있는 것은 어떤 원소인가?

**해답**

**분석** n형 반도체란 도핑제 원자가 반도체의 주성분 물질보다 더 많은 원자가 전자를 가져야 한다는 것을 의미한다. 이 경우에 규소가 반도체의 주성분 물질이다.

**계획** 주기율표에서 Si, Ga, As, C가 가지고 있는 원자가 전자수를 결정해야 한다. 규소보다 더 많은 원자가 전자를 갖는 원소가 도핑되면 n형 물질을 생성할 것이다.

**풀이** Si는 14족이기 때문에 4개의 원자가 전자를 갖는다. Ga는 13족이기 때문에 3개의 원자가 전자를 갖는다. As는 15족이기 때문에 5개의 원자가 전자를 갖는다. C는 14족이기 때문에 4개의 원자가 전자를 갖는다. 따라서 As를 규소에 도핑하면 n형 반도체를 얻게 될 것이다.

**▶ 보충 예제**

반도체 화합물은 n형과 p형 물질을 만들기 위하여 도핑을 할 수도 있지만 적절한 원자를 치환시키기도 한다. 예를 들면 Ge를 GaAs에 도핑한다고 했을 때, Ge가 Ga 대신 치환되면 n형 반도체가 되고, As 대신 치환되면 p형 반도체가 된다. p형 반도체를 만들기 위하여 CdSe에 도핑하는 방법을 제시하시오.

## 작동하는 화학 고체 상태 조명

인공조명은 널리 보급되어 있어서 이제 우리에게 당연한 것처럼 생각된다. 백열등을 발광 다이오드(LED)로 교체함으로써 실제로 매우 많은 에너지를 절약할 수 있다. LED를 반도체로 만들기 때문에, 여기서 LED의 작동에 대하여 심화 학습을 하는 것은 적절하다.

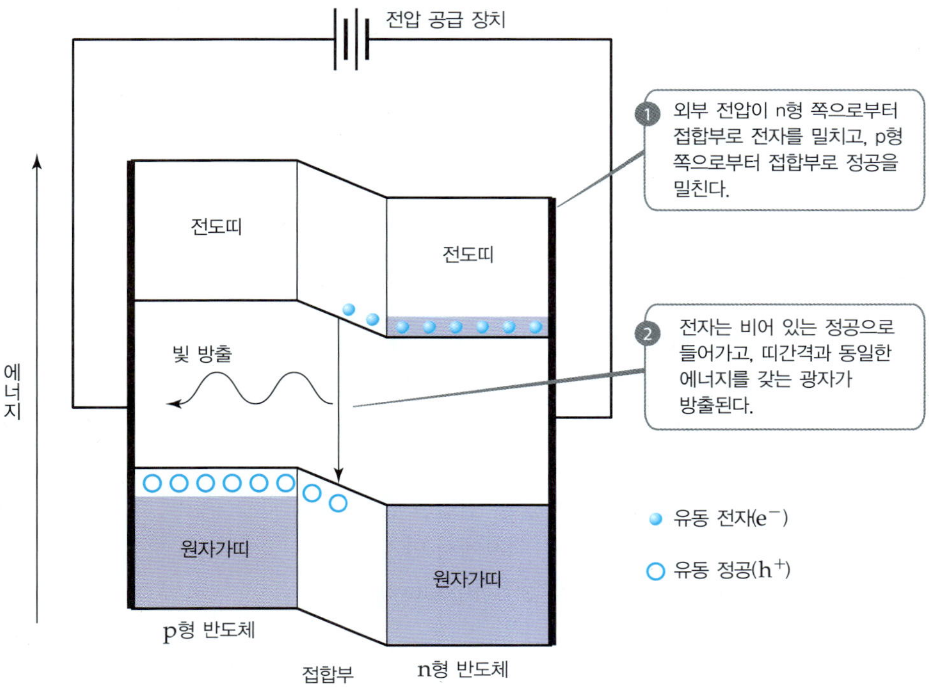


▲ **그림 12.32 발광 다이오드** 발광 다이오드의 핵심은 p–n 접합이다. 외부 전압이 가해지면, 접합부에서 전자와 정공이 결합하여 빛을 발생한다.

LED의 핵심은 n형 반도체와 p형 반도체가 서로 접합하여 생긴 p–n 다이오드(p–n diode)이다. 그들이 만나는 접합에는 전하를 수송할 전자와 정공이 매우 적어 전도도가 감소한다. 적절한 전압이 가해지면, 전자는 n–도핑된 쪽의 전도띠로부터 접합부로 이동한다. 접합부에서 전자는 p–도핑된 쪽의 원자가띠로부터 밀쳐진 정공과 만난다. 전자는 비어 있는 정공으로 들어가고, 그 에너지는 빛으로 전환된다. 빛의 광자가 갖는 에너지는 물질의 띠간격과 동일하다(그림 12.32). 이와 같은 방식으로 전기 에너지가 광학 에너지로 전환된다.

방출되는 빛의 파장은 반도체의 띠간격에 따라 달라지기 때문에, 적절한 반도체의 선택으로 LED에 의해 생성된 빛의 색깔을 조절할 수 있다. 대부분 붉은색 LED는 GaP와 GaAs의 혼합물로 만들어진다. GaP의 띠간격은 2.26 eV($3.62 \times 10^{-19}$ J)이며, 이는 549 nm의 파장을 갖는 초록색 광자에 해당된다. 반면 GaAs의 띠간격은 1.43 eV($2.29 \times 10^{-19}$ J)이며, 이는 867 nm의 파장을 갖는 적외선 광자에 해당된다. $GaP_{1-x}As_x$의 조성을 갖는 두 화합물의 고체 용액의 형성을 통하여 GaP와 GaAs 사이의 중간값으로 띠간격을 조절할 수 있다. 따라서 $GaP_{1-x}As_x$는 붉은색, 주황색, 노란색을 낼 수 있는 LED에 사용되는 고체 용액이다. 초록색 LED는 GaP와 AlP의 혼합물로 만들어진다($E_g = 2.43$ eV, $\lambda = 510$ nm).

붉은색 LED는 수십 년 동안 사용되었는데, 백색광을 만들기 위하여 효율이 좋은 푸른색 LED의 제작이 필요하였다. 밝은 색을 내는 푸른색 LED 시제품은 1993년에 일본에서 최초로 출시되었다. 그로부터 20년이 지난 2010년, 전 세계적으로 100억 달러 이상의 푸른색 LED가 팔렸다. 푸른색 LED는 GaN($E_g = 3.43$ eV, $\lambda =$ 365 nm)과 InN($E_g = 2.4$ eV, $\lambda = 517$ nm)의 조합으로 제조한다. 이제 다양한 색의 LED가 바코드나 교통 신호등처럼 어느 곳에서나 이용될 수 있다(그림 12.33). 아주 작게 만들 수 있는 반도체로부터 빛이 방출되고 열을 거의 발생하지 않기 때문에, 백열등이나 형광등을 LED로 교체하고 있다.

**관련 연습 문제: 12.29, 12.33, 12.94, 12.95**

▲ 그림 12.33 LED는 우리 주변 많은 곳에서 활용된다.

## 자기 평가 연습 문제

**12.28** 황의 녹는점은 115°C이다. 어떤 고체로 분류할 수 있는가?
**(a)** 분자성 고체
**(b)** 공유성 그물 구조 고체

**12.29** p형 반도체를 만들기 위해 GaAs를 도핑하고 싶다면 As를 대체할 원소로 어떤 원소를 선택할 것인가?
**(a)** Si **(b)** P **(c)** Se

## 연습 문제

**12.30** 다음 각 문항의 참 또는 거짓을 구분하시오.
**(a)** 분자성 고체의 경우 일반적으로 공유 결합의 강도가 증가함에 따라 녹는점이 증가한다.
**(b)** 분자성 고체의 경우 일반적으로 분자간 힘의 강도에 따라 녹는점이 증가한다.

**12.31** 공유성 그물 구조 고체와 금속성 고체 중 다음 특성을 갖는 것은 어느 것인가?
**(a)** 연성 **(b)** 경도 **(c)** 높은 녹는점

**12.32** 다음 반도체의 조합 중 띠간격이 더 큰 것은 어느 것인가?
**(a)** InP 혹은 InAs **(b)** Ge 혹은 AlP **(c)** AgI 혹은 CdTe

**12.33** 텔루륨화 카드뮴(CdTe)은 태양 전지로 매우 중요한 물질이다.
**(a)** CdTe의 띠간격은 얼마인가?
**(b)** 이 에너지에 해당하는 광자가 가지는 빛의 파장은 얼마인가?
**(c)** 파장의 함수로 태양빛의 에너지양을 나타내는 문제 12.95의 도표(이 장의 뒤에 있음)에서 이 파장을 갖는 빛의 위치를 수직선을 그어 나타내시오.
**(d)** 규소와 비교하여, CdTe는 태양 스펙트럼을 더 많이 흡수하는가, 더 적게 흡수하는가?

**12.34** 최초의 LED는 띠간격이 1.43 eV인 GaAs로 만들어졌다. GaAs로 만든 LED로부터 방출되는 빛의 파장은 얼마인가? 이 빛은 전자기 스펙트럼에서 자외선, 가시광선, 적외선 중 어느 영역에 속하는가?

자기 평가 연습 문제 답 **12.28** (a) **12.29** (a)

# 12.5 중합체

실리콘(silicone)은 각각의 규소(silicon, Si) 원자에 두 개의 탄소기(일반적으로 $-CH_3$기)가 부착된 Si와 O 원자의 교차 사슬로 구성된 중합체이다. 이 중합체는 통상적인 상황에서는 물에 강하고 불활성화되어 실란트(밀봉제) 및 의약품에 유용하다. 예를 들어, 재건 수술이나 성형 수술에 사용되는 유방 삽입물은 실리콘으로 만들어질 수 있다.

이 절이 끝나면 다음 사항을 수행할 수 있어야 한다.

- 중합체와 관련된 용어의 정의하기
- 고분자 사슬 사이의 상호 작용이 고분자의 물리적 특성에 미치는 영향 설명하기

자연에서 살아 있는 생물의 기관과 조직 등을 이루고 있는 물질 중 수백만 u의 매우 큰 분자량을 갖는 물질들이 많이 발견된다. 몇 가지 예로서, 식물에 많이 있는 녹말과 셀룰로스, 동식물 모두에서 찾을 수 있는 단백질 등이 있다. 1827년에 Jons Jakob Berzelius는 분자량이 작은 **단위체**(**monomer**)의 **중합**(polymerization, 함께 결합하여)에 의해 형성된 분자량이 큰 물질을 나타내기 위해 **중합체**(**polymer**, 그리스어로 *poly*는 '많은', *meros*는 '부분'이라는 뜻이다)라는 말을 만들었다.

인간은 오랫동안 털, 가죽, 비단, 천연고무와 같은 천연 중합체를 유용한 재료로 가공하였다. 지난 70여 년 동안, 화학자들은 제어된 화학 반응에서 단위체의 중합 반응에 의하여 합성 중합체가 생성되는 것을 연구해 왔다. 이러한 합성 중합체 대부분은 탄소-탄소 결합의 골격을 가지고 있는데, 이는 탄소 원자들 간에 매우 강하고 안정한 결합을 이루기 때문이다.

**플라스틱**(**plastic**)이란 일반적으로 열과 압력을 가해 다양한 형태를 만들 수 있는 중합 고체이다. 여러 가지 종류의 플라스틱이 있다.

**열가소성 플라스틱**(**thermoplastic**)은 재가공하여 형상을 만들 수 있다. 예를 들어 플라스틱 우유 용기는 **폴리에텐**(polyethene, 폴리에틸렌(polyethylene)) 중합체로 만들어진다. 이 용기는 녹일 수 있으며, 다른 용도로 재활용할 수 있다. 미국 내에서 연간 2백만 톤 이상의 플라스틱이 재활용된다. 그림 12.34에 나타낸 것과 같이, 플라스틱 용기의 바닥에는 숫자가 쓰여 있는 재활용 표지가 있다. 숫자와 그 아래의 약자로 된 문자는 표 12.5에 나타낸 것과 같이, 용기를 만든 중합체의 종류를 나타낸다. 이와 같은 표지를 통해 조성에 따라 용기들을 분류할 수 있다. 일반적으로 숫자가 작을수록, 그 물질을 재활용하기가 더 쉽다.

▲ 그림 12.34 재활용 표시 오늘날 제조되는 대부분의 플라스틱 용기에는 용기를 만들기 위해 사용한 중합체의 종류와 재활용에 대한 중합체의 적합성을 나타내는 재활용 표시가 새겨져 있다.

반면에 **열경화성 플라스틱**(**thermosetting plastic**, 또는 thermoset이라 불림)은 형상을 만들 때 비

**표 12.5 미국에서 사용되는 재활용 중합체 물질에 대한 분류**

| 숫자 | 약자 | 중합체 |
|---|---|---|
| 1 | PET 또는 PETE | 폴리에텐 테레프탈레이트 |
| 2 | HDPE | 고밀도 폴리에텐 |
| 3 | PVC | 폴리염화 바이닐(PVC) |
| 4 | LDPE | 저밀도 폴리에텐 |
| 5 | PP | 폴리프로펜 |
| 6 | PS | 폴리스타이렌 |
| 7 | 없음 | 기타 |

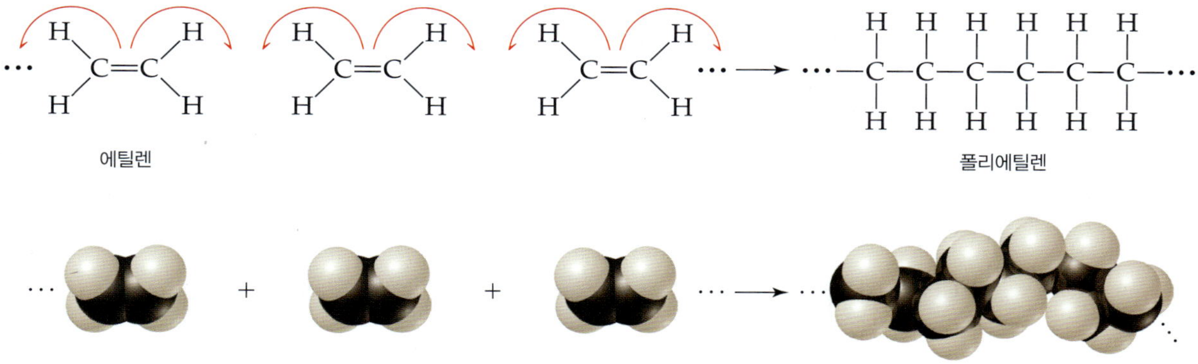


▲ **그림 12.35** 폴리에텐 중합체를 형성하기 위한 에텐 단위체의 중합 반응

가역적인 화학적 공정으로 만들어지기 때문에 다시 가공하여 형상을 만들 수 없다. 가황 처리된 고무, 단열 폼이나 매트리스 같은 상업성 물질에서 발견되는 폴리유레테인이 익숙한 열경화성 플라스틱의 예이다.

다른 형태의 플라스틱은 **탄성체(elastomer)**인데, 고무와 같은 성질, 즉 탄성을 나타내는 물질이다. 탄성체를 늘리거나 구부릴 때, 물질의 탄성 한계를 넘어 변형되지 않았다면, 변형력(distorting force)이 제거되고 나면 본래의 형상으로 되돌아간다. 가장 보편적인 탄성체의 예는 고무이다.

나일론이나 폴리에스터와 같은 중합체는 모두 열경화성 플라스틱이며, 머리카락과 같이 단위면적에 비해 상대적으로 매우 긴 섬유의 제작이 가능하다. 이와 같은 섬유로 직물과 실을 짤 수 있으며, 의류나 타이어 보강 재료와 같은 유용한 물질을 제조하는 데 사용된다.

## 중합체 제조

중합 반응의 가장 간단한 예는 에텐 분자로부터 폴리에텐을 형성하는 것이다(**그림 12.35**). 이 반응에서 각 에텐 분자의 이중 결합이 '열리고', 원래 이 결합에 있던 두 개의 전자는 또 다른 두 개의 에텐 분자와 새로운 탄소–탄소 단일 결합을 형성하기 위해 사용된다. 단위체에 있는 다중 결합을 통하여 단위체들이 계속해서 연결되기 때문에, 이와 같은 중합 반응을 **첨가 중합 반응(addition polymerization)**이라고 한다.

중합 반응의 반응식을 다음과 같이 쓸 수 있다.

$$n\,\mathrm{CH_2{=}CH_2} \longrightarrow \left[\begin{array}{c} \mathrm{H} \quad \mathrm{H} \\ | \qquad | \\ -\mathrm{C}-\mathrm{C}- \\ | \qquad | \\ \mathrm{H} \quad \mathrm{H} \end{array}\right]_n$$

여기서 $n$은 하나의 중합체 분자 형성을 위하여 반응하는 수백에서 수천에 이르는 단위체 분자(monomer molecule, 이 경우 에텐)의 수를 나타낸다. 중합체 내의 반복 단위(repeat unit, 위의 반응식에서 대괄호 안에 나타낸 단위)는 전체 사슬을 따라 반복적으로 계속 나타난다. 사슬의 끝부분은 탄소-수소 결합이나 다른 결합으로 이루어져 있다. 따라서 말단의 탄소는 4개의 결합을 갖는다.

폴리에텐은 중요한 물질이다. 매년 미국에서 1900억 파운드 이상이 생산된다. 간단한 조성임에도 불구하고 중합체를 만들기는 어렵다. 몇 년 동안의 연구 끝에서야 상업적으로 유용한 중합체의 제조에 필요한 조건을 찾을 수 있었다. 오늘날 다양한 물리적 특성을 갖는 많은 종류의 폴리에텐이 알려져 있다.

중합체의 화학적 조성의 변화를 통하여 다양한 물리적, 화학적 특성을 갖는 중합체를 얻을 수 있다. 첨가 중합 반응에 의해 합성된 일반적인 중합체들의 예를 표 12.6에 나타냈다.

**표 12.6 상업적으로 중요한 중합체**

| 중합체 | 구조 | 용도 |
|---|---|---|
| **첨가 중합체** | | |
| 폴리에텐 | $-\!(CH_2-CH_2)\!-_n$ | 필름, 포장재, 병 |
| 폴리프로펜 | $\left[CH_2-CH(CH_3)\right]_n$ | 주방용품, 섬유, 가전 용품 |
| 폴리스타이렌 | 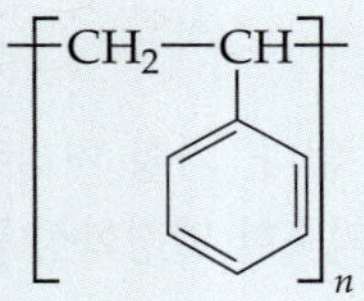 | 포장재, 1회용 음식 용기, 단열재 |
| 폴리염화 바이닐(PVC) | $\left[CH_2-CH(Cl)\right]_n$ | 배관 이음매, 배관 |
| **축합 중합체** | | |
| 폴리유레테인 | $\left[NH-R-NH-C(=O)-O-R'-O-C(=O)\right]_n$<br>R, R′ = $-CH_2-CH_2-$ (예) | 발포형 가구 충전재, 분무형 단열재, 자동차 부품, 신발류, 방수 코팅 |
| 폴리에텐 테레프탈레이트(폴리에스터) | 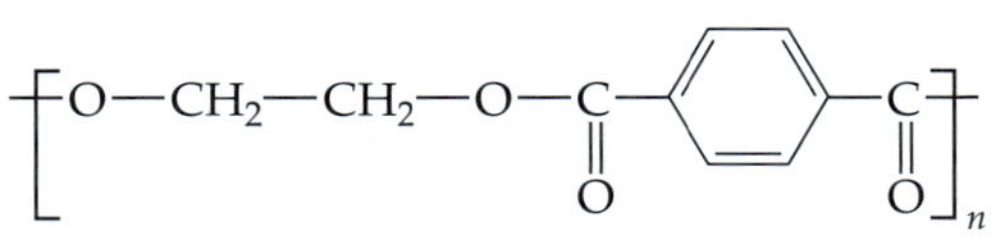 | 타이어 보강 재료, 자기 테이프, 의류, 음료수병 |
| 나일론 6,6 | $\left[NH-(CH_2)_6-NH-C(=O)-(CH_2)_4-C(=O)\right]_n$ | 가정용 설비, 의류, 카펫, 낚시줄, 칫솔모 |
| 폴리카보네이트 | 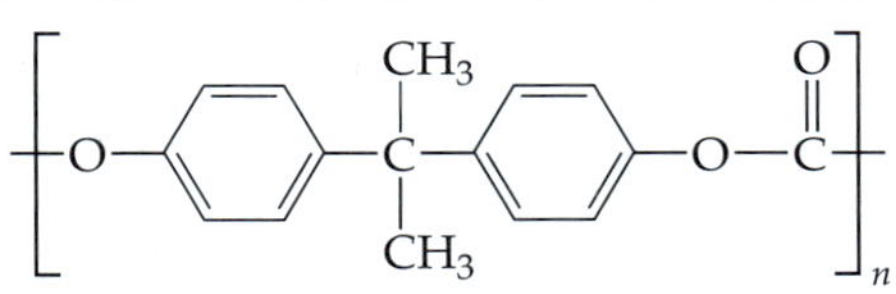 | 안전 안경 유리, CD, DVD, 방탄 창호, 온실 |

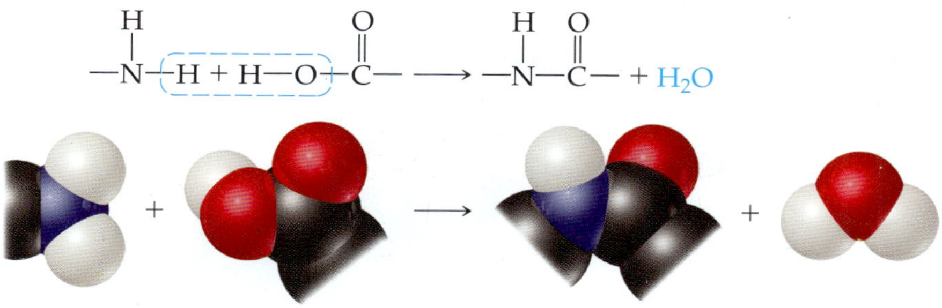

◀ **그림 12.36** 축합 중합 반응

상업적으로 중요한 중합체를 합성하기 위해 사용되는 또 다른 반응은 **축합 중합 반응(condensation polymerization)**이다. 축합 중합 반응에서는 $H_2O$와 같은 작은 분자가 제거되면서 두 개의 분자가 계속해서 결합하여 큰 분자를 형성한다. 예를 들어 아민($-NH_2$기를 포함하는 화합물)은 카복실산($-COOH$기를 포함하는 화합물)과 반응하여 N과 C 사이에 결합을 형성하고 $H_2O$ 분자를 생성한다(그림 12.36).

두 개의 다른 단위체로부터 형성된 중합체를 **공중합체(copolymer)**라고 한다. 많은 나일론의 형성에서 사슬의 양 끝에 $-NH_2$기를 갖는 화합물인 **다이아민**(diamine)은 양 끝에 $-COOH$를 갖는 화합물인 **이가산**(diacid)과 반응한다. 예를 들어 공중합체 나일론 6,6은 6개의 탄소 원자의 양 끝에 $-NH_2$기를 가진 다이아민과 6개의 탄소 원자를 가진 아디프산이 반응하여 형성된다(그림 12.37). 다이아민과 산의 양 끝에서 축합 중합 반응이 일어난다. 물이 이탈되고 분자 사이에 N−C 결합이 형성된다.

$$\underset{\text{다이아민}}{n\,\mathrm{H{-}N(H){-}(CH_2)_6{-}N(H){-}H}} + \underset{\text{아디프산}}{n\,\mathrm{HO{-}C(=O){-}(CH_2)_4{-}C(=O){-}OH}} \longrightarrow \underset{\text{나일론 6,6}}{\left[\mathrm{N(H)(CH_2)_6N(H){-}C(=O)(CH_2)_4C(=O)}\right]_n} + 2n\,\mathrm{H_2O}$$

◀ **그림 12.37** 공중합체인 나일론 6,6의 생성

축합 중합 반응에 의해 합성된 나일론 6,6 및 다른 일반적인 중합체의 예를 역시 표 12.6에 나타냈다. 이와 같은 중합체들의 골격에는, C 원자는 물론 N 원자와 O 원자도 함께 포함되어 있음을 주목하라.

## 작동하는 화학 | 자동차의 첨단 소재

전 세계에 1억 대가 넘는 자동차가 존재한다. 소재의 구조와 특성의 근본적인 이해의 개선에 따라 더 안전하고 마력과 연료 효율이 좋은 자동차의 개발이 가능하게 되었다. 이러한 첨단 소재를 잠시 살펴보기로 하자(그림 12.38).

금속과 금속 합금은 자동차의 여러 부위에 포함된다. 예를 들어 알루미늄은 방열기, 흡기관, 엔진틀의 주된 부품이다. 강철은 차체와 골격에 보통 사용된다. 스테인리스강은 배기 장치, 배기 소음 억제기와 촉매 변환기에 이용된다. 촉매 변환기의 내부에는 백금 계열의 금속들이 벌집 모양의 세라믹 위에 도포되어 있다. 세라믹은 근청석($Mg_2Al_4Si_5O_{18}$)에 이온성 고체인 알루미나($Al_2O_3$)가 입혀져 있다. 반도체 산화물은 배기 기체의 공기/연료 비를 추적하기 위한 산소 센서에 사용되는데, 이는 공유 결합 그물 구조 고체인 규소에 기반하고 있는 엔진 조절 컴퓨터에 의해 조절된다. 중합체들도 자동차에서 발견되는데, 의자 커버와 카펫으로 폴리에스터, 광학적 반사체로 폴리카보네이트, 범퍼와 자동차 전지에 폴리프로펜이 사용된다.

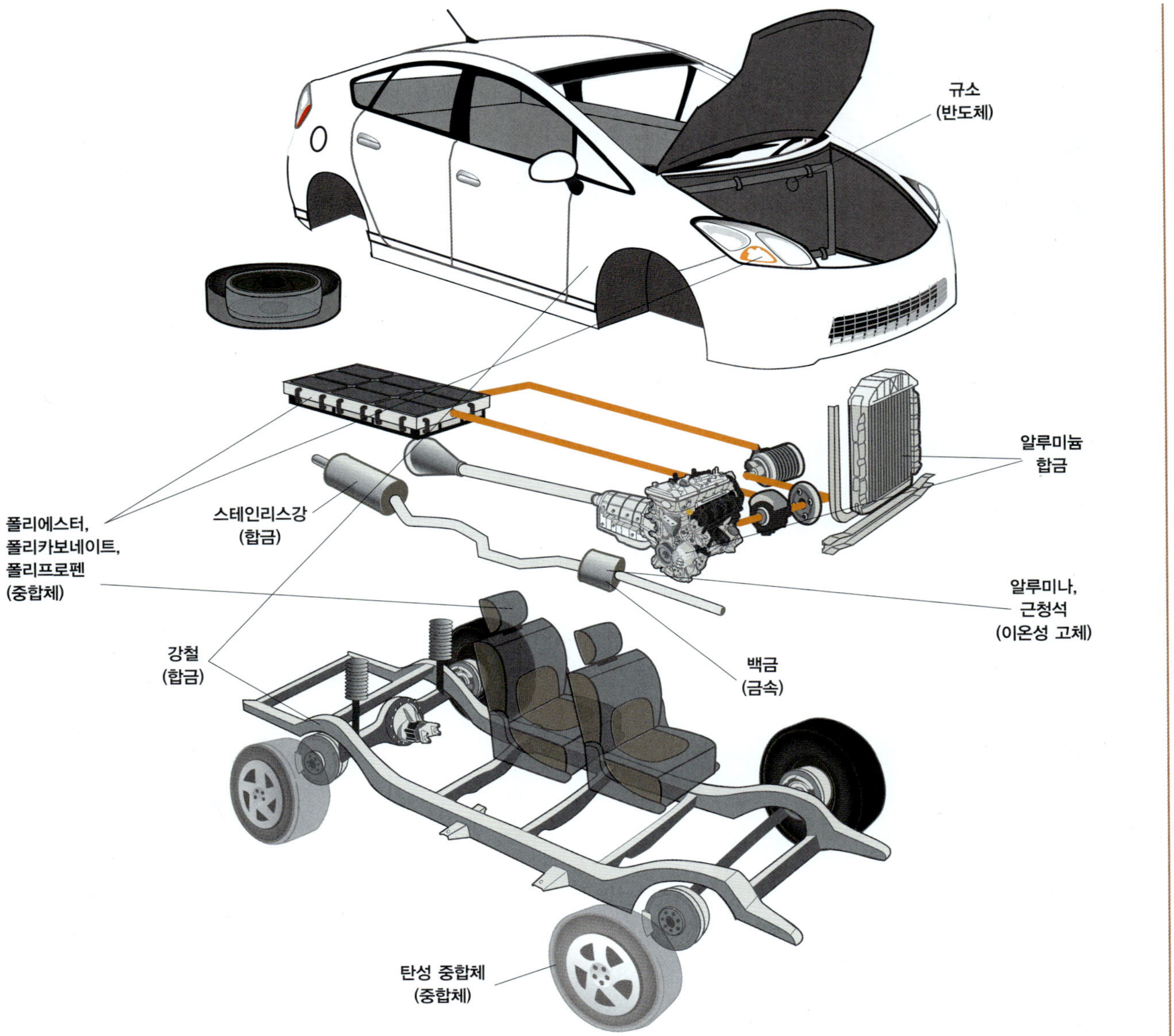


▲ 그림 12.38 자동차 구성물로 선택된 첨단 소재들

## 중합체의 구조와 물리적 특성

폴리에텐이나 다른 중합체에 대한 단순한 구조식은 실제 구조와는 다르다. 폴리에텐에서 각 탄소 원자는 네 개의 결합을 하기 때문에 사면체 배열을 하고 있다. 따라서 위에서 기술하였던 것과 같이, 실제 폴리에텐 분자는 일직선의 곧은 사슬은 아니다. 더욱이 원자들이 C−C 단일 결합 주위를 회전하는 것은 상대적으로 자유롭다. 따라서 사슬은 곧고 단단하기보다는 매우 유연하고 접히기 쉽다(그림 12.39). 분자 사슬의 유연성 때문에, 이와 같은 중합체로 제조한 물질 역시 매우 유연하다.

일반적으로, 합성 중합체와 천연 중합체는 모두 다양한 분자량 분포를 갖는 **거대 분자**(macromolecule, 큰 분자)의 집합체이다. 분자량은 생성 조건에 따라 매우 넓은 범위에서 광범위하게 분포하거나 평균값 근처에 밀집되어 있다. 이와 같은 분자량 분포 때문에 중합체는 주로 비결정형(비결정질) 물질이다. 중합체는 분명한 녹는점을 갖는 명확한 결정상으로 존재하기보다는 어느 온도 범위에 걸쳐서 유연해진다. 그러나 **그림 12.40**에 나타낸 것과 같이, 고체의 어떤 영역에서는 사슬들이 짧은 거리의 규칙적인 정렬을 한다. 이와 같은 정렬의 정도가 중합체의 **결정도(crystallinity)**를 나타낸다. 용융 상태 중합체가 작은 구멍을 통해 압출될 때, 사슬을 정렬하기 위해서 기계적으로 늘리거나 잡아당겨서, 중합체의 결정도를 향상시킬 수 있다. 정렬된 결정성 영역에서 중합체 사슬들은 분자간 힘에 의해 서로 붙들려 있다. 따라서 중합체는 더 밀집되고, 단단해지며, 용해도는 작아지고, 내열성은 강해진다. 결정도 증가에 따른 폴리에텐의 특성 변화를 **표 12.7**에 나타냈다.

선형 구조인 폴리에텐은 분자간 상호 작용에 의해 결정도가 생긴다. 그러나 폴리에텐의 결정도는 평균 분자 질량에 따라 크게 달라진다. 다양한 $n$ 값으로 다양한 분자량을 갖는 거대 분자들의 혼합물이 중합 반응으로 생성된다. 필름이나 판의 제작에 사용되는 저밀도 폴리에텐(LDPE)은 $10^4$ u 정도의 평균 분자량을 갖고, 0.94 g/cm$^3$ 이하의 밀도를 가지며, 많은 가지 사슬을 갖는다. 즉 중합체의 주사슬에 곁사슬이 존재한다. 이러한 곁사슬들은 결정도 영역의 형성을 제한하여 물질의 밀도를 감소시킨다. 병, 드럼, 배관의 제작에 사용되는 고밀도 폴리에텐(HDPE)은 $10^6$ u 정도의 평균 분자량을 갖고, 0.94 g/cm$^3$보다 큰 밀도를 갖는다. 고밀도 폴리에텐은 곁가지의 수가 적다. 따라서 높은 결정도를 갖는다.

중합체를 더 단단하게 만들 수 있는 방법은 사슬 사이에 화학 결합을 도입시키는 것이다. 사슬 사이의 결합 형성을 **교차 결합(cross linking)**이라고 한다(**그림 12.41**). 교차 결합이 많을수록 중합체는 더 단단하다. 열가소성 중합체가 독립적인 개별 중합체 사슬로 이루어진 반면, 열경화성 중합체는 열을 가하면 교차 결합을 하며, 교차 결합 때문에 중합체는 일정한 모양을 유지하게 된다.

교차 결합의 중요한 예는, 1839년에 Charles Goodyear가 발견한 천연 고무의 **가황 반응(vulcanization)**이다. 천연 고무는 *Hevea brasiliensis* 나무의 안쪽 껍질에서 나오는 액체 수지로부터 만들어진다. 천연 고무는 화학적으로 아이소프렌($C_5H_8$)의 중합체이다(**그림 12.42**). 탄소–탄소 이중 결합의 주위로는 회전이 쉽게 일어나지 않기 때문에, 탄소 주위에 결합된 작용기의 배향은 견고하여 바뀌지 않는다. 그림 12.42(**a**)에 나타낸 것과 같이, 천연 고무에서 사슬의 확장은 이중 결합이 있는 쪽에서 일어난다.

천연 고무는 유용한 중합체가 아니다. 너무 무르고, 화학적으로 반응성이 크기 때문이다. Goodyear는 우연히 고무에 황을 첨가하고 그 혼합물에 열을 가하였더니, 고무가 더 단단해지고, 산화나 다른 화학적 반응으로부터의 내성이 강해지는 것을 발견하였다. 그림 12.42(**b**)에 도식적으로 나타낸 것과 같이, 황은 중합체 사슬의 일부 이중 결합에 교차 결합을 생성시킨다. 따라서 고무를 열경화성 중합체로 변화시키는 것이다. 이중 결합의 약 5%가 교차 결합이 되면 유연하고 탄력 있는 고무가 된다. 고무가 늘어날 때, 교차 결합은 사슬이 미끄러지는 것을 막는다. 따라서 고무는 탄성을 유지하게 된다. 교차 결합을 형성하는 과정에서 가열 단계가 중요하기 때문에,

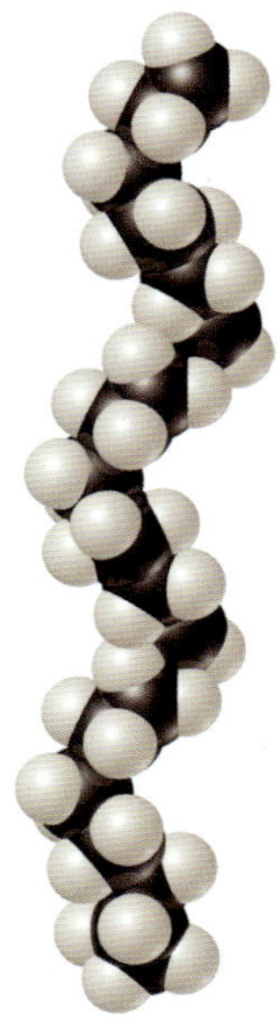

▲ **그림 12.39 폴리에텐 사슬의 일부분** 탄소 원자 28개로 이루어져 있다. 상업적으로 사용되는 폴리에텐의 사슬 길이는 $CH_2$ 단위로, 대략 $10^3$~$10^5$개의 길이이다.

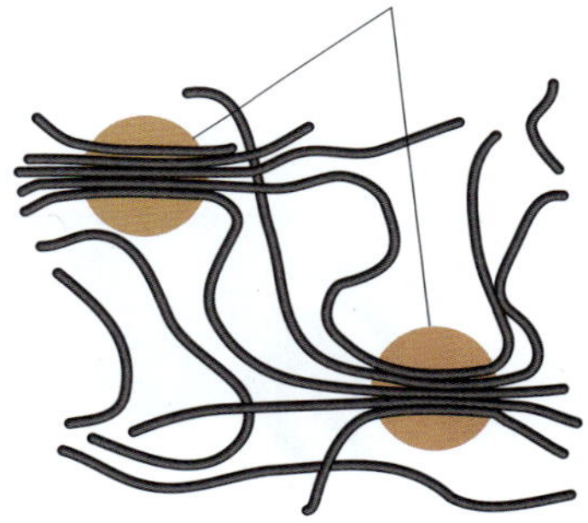


▲ **그림 12.40 중합체 사슬 간의 상호 작용** 원으로 표시된 영역에 나타낸 것처럼, 인접하는 사슬 간에 작용하는 힘으로 인해 부분적인 사슬의 정렬이 생긴다. 결정보다는 정렬의 정도가 덜 하지만, 결정과 유사한 정렬을 한다.

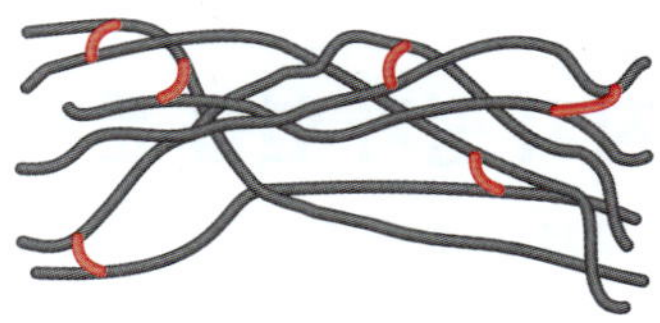

▲ **그림 12.41 중합체 사슬의 교차 결합** 교차 결합을 일으키는 작용기(붉은색)는 중합체 사슬의 상대적 운동을 억제한다. 또한 교차 결합이 없을 때보다도 경도는 높이고, 유연성은 낮게 한다.

**표 12.7 결정도의 함수로 나타낸 폴리에텐의 특성**

| 성질 | 결정도 | | | | |
|---|---|---|---|---|---|
| | 55% | 62% | 70% | 77% | 85% |
| 녹는점(℃) | 109 | 116 | 125 | 130 | 133 |
| 밀도(g/cm$^3$) | 0.92 | 0.93 | 0.94 | 0.95 | 0.96 |
| 강도* | 170 | 325 | 520 | 820 | 1140 |
| 항복 응력* | 11.72 | 17.24 | 22.75 | 28.96 | 35.16 |

*결정도가 증가할수록 중합체들의 기계적 강도가 증가하는 것을 보여 주고 있다. 강도에 대한 물리적 단위는 파스칼이다. 항복 응력에 대한 단위는 백만 파스칼이다. 이 시험법의 정확한 의미와 중요성에 대한 논의는 본 교재의 범주를 벗어난다.

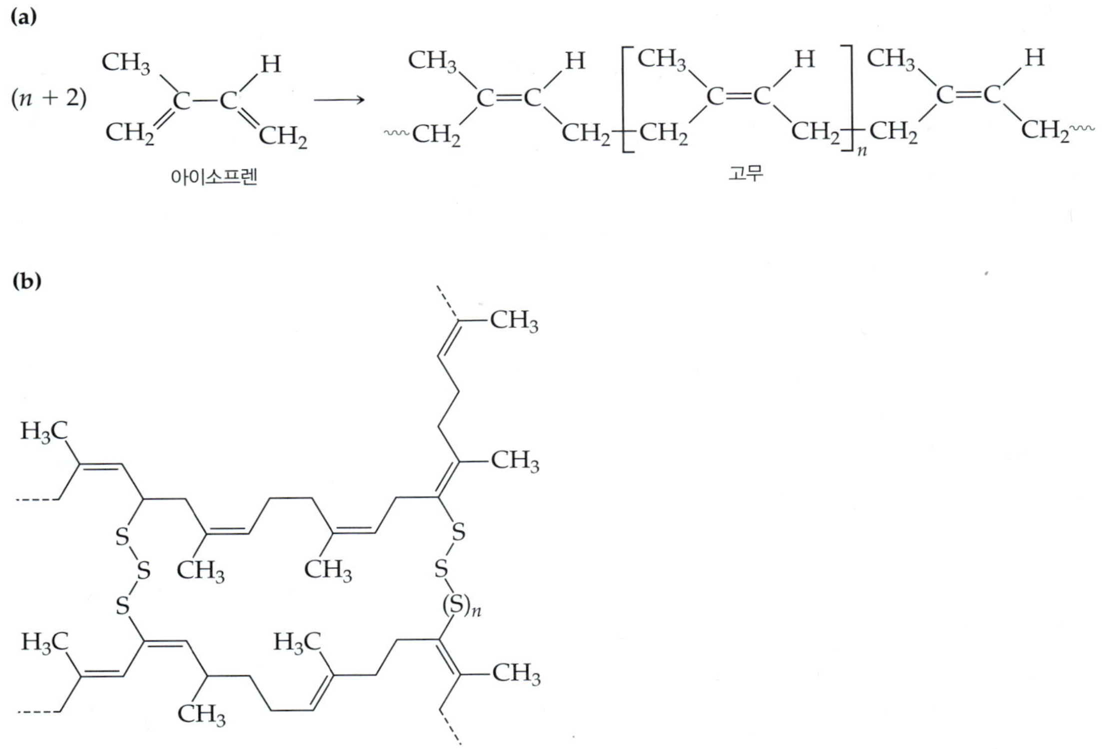


▲ 그림 12.42 **천연 고무의 가황 반응** (a) 아이소프렌 단위체로부터 천연 고무 중합체가 생성된다. (b) 고무에 황을 가하면 탄소–황 결합이 생기고, 황 원자들이 사슬과 사슬을 연결해 준다.

▲ 그림 12.43 **플라스틱 전자공학** 유연성을 갖는 유기 태양 전지는 전도성 중합체로 만들어진다.

Goodyear는 그 단계를 로마의 불의 신의 이름을 따서 불칸(Vulcan)이라고 명명하였다.

대부분의 중합체는 비편재화된 $\pi$ 전자가 없어지면서 $sp^3$ 혼성 탄소 원자를 포함하므로(9.6절), 일반적으로 전기 절연체이고 무색이다(띠간격이 크다는 것을 의미한다). 그러나 중합체의 골격이 공명 구조를 가지면, 전자들은 긴 거리에 걸쳐 비편재화되어 중합체에서 반도체의 거동이 나타날 수 있다. 그러한 '플라스틱 전자공학'이 현재 큰 관심을 받고 있는 대상은 다음과 같다. 가볍고 유연한 유기 태양 전지, 유기 트랜지스터, 유기 발광 다이오드, 실리콘과 같은 무기 반도체가 아닌, 탄소를 기반으로 하는 또 다른 소자이다(그림 12.43).

## 자기 평가 연습 문제

**12.35** 다음 분자는 첨가 중합체와 축합 중합체 중 어떤 것에 더 나은 출발 물질로 사용할 수 있는가?

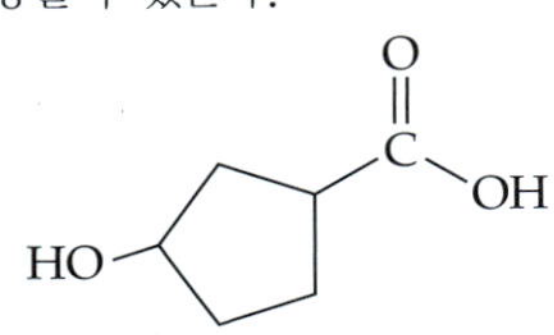

**(a)** 첨가 중합체
**(b)** 축합 중합체

**12.36** 베이클라이트(Bakelite)는 초기 전기 제품에서 절연체로 사용된 열경화성 고분자이다. 이 중합체의 강성 구조가 나타나는 이유는 무엇인가?

**(a)** 중합체의 고분자량
**(b)** 강성 단위체 분자로부터의 형성
**(c)** 중합체 사슬 사이의 광범위한 가교

## 연습 문제

**12.37** $n$-데케인의 분자식은 $CH_3(CH_2)_8CH_3$이다. 폴리에텐은 중합체로 간주하는 반면, 데케인은 중합체로 간주하지 않는다. 그 차이를 어떻게 구별할 수 있는가?

**12.38** 다음 설명은 참인가, 거짓인가? 첨가 중합 반응에서 반응의 부생성물은 없다(수율이 100%라고 가정할 때).

**12.39** 1,4-페닐렌다이아민($H_2NC_6H_4NH_2$)과 테레프탈산($HOOCC_6H_4COOH$) 단위체의 축합 반응으로 중합체를 형성하는 과정의 균형 맞춘 화학 반응식을 쓰시오.

**12.40** 다음 반응에 대한 화학 반응식을 나타내시오.

(a) 클로로프렌으로부터 폴리클로로프렌(폴리클로로프렌은 고속도로 포장 씰, 신축 이음매, 컨베이어 벨트, 와이어 및 케이블 재킷에 사용된다).

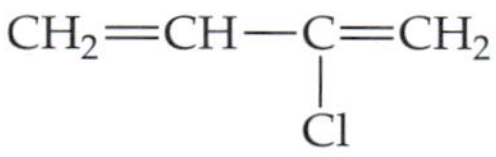

클로로프렌

(b) 아크릴로나이트릴로부터 폴리아크릴로나이트릴(폴리아크릴로나이트릴은 가정용 가구, 공예실, 의류, 기타 많은 품목에 사용된다.)

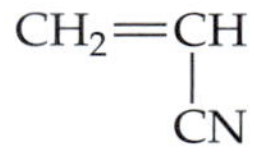

아크릴로나이트릴

**12.41** 고밀도 폴리에텐이 저밀도 폴리에텐보다 밀도가 더 큰 이유는 분자 구조의 어떤 특성 때문인가?

**12.42** 각 진술이 참인지 거짓인지를 나타내시오.

(a) 탄성체(elastomer)는 고무 같은 고체이다.

(b) 열경화성 중합체는 모양을 바꿀 수 없다.

(c) 열가소성 고분자는 재활용할 수 있다.

자기 평가 연습 문제 답 **12.35** (b) **12.36** (c)

# 12.6 나노물질

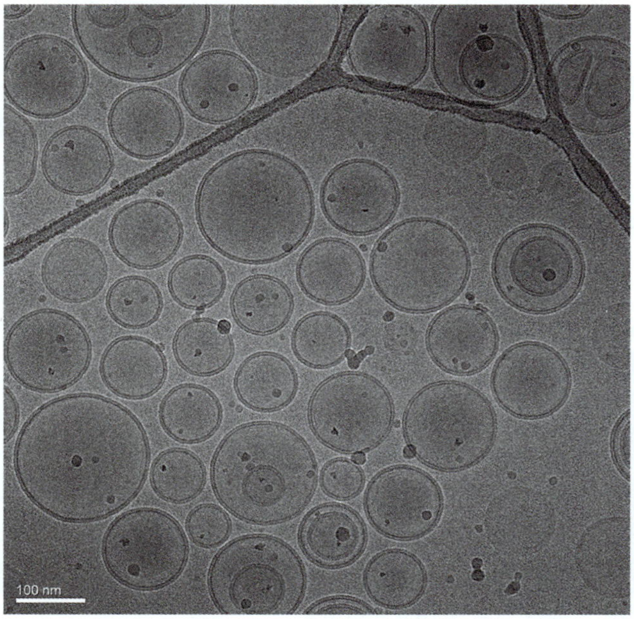


접두사 '**나노**(nano)'는 $10^{-9}$을 의미한다. 사람들이 흔히 말하는 '나노기술(nanotechnology)'이란, 1~100 nm 크기로 소자를 만드는 것을 의미한다. 반도체와 금속의 성질은 나노크기의 범위에서 변한다고 알려져 있다. 1~100 nm의 크기를 갖는 **나노물질**(**nanomaterial**)들이 전 세계 연구실에서 집중적으로 연구되고 있고, 화학은 나노물질 연구에서 중심적인 역할을 하고 있다. 나노입자는 원자보다 고작 10배~1000배 정도 크기의 입자이다.

이 절이 끝나면 다음 사항을 수행할 수 있어야 한다.

- 매우 작은 입자가 벌크 물질과 다른 특성을 가질 수 있다는 것을 인식하기

## 나노크기의 반도체

그림 12.22에서 살펴본 바와 같이, 작은 분자에서는 전자들이 분리된 분자 오비탈을 차지하고 있는 반면, 거대 규모의 고체에서는 전자들이 비편재화된 띠를 차지하고 있다. 분자가 어느 정도 크기로 커질 때, 분자 내에 있는 전자가 비로소 편재화된 분자 오비탈보다는 비편재화된 띠를 차지하게 될까? 이론 및 실험 결과에 의하면, 반도체의 경우, 그 답은 대략 1~10 nm(원자 10~100개의 크기) 정도이다. 반도체 물질의 종류에 따라 정확한 원자 수는 달라진다. 원자에 있는 전자에 대해 적용하였던 양자역학 방정식을 반도체의 전자(또는 정공)에 적용하면, 분자 오비탈에서 띠로 전환되는 지점의 물질의 크기를 대략적으로 계산할 수 있다. 1~10 nm 정도의 지름을 갖는 크기가 되면 이와 같은 효과가 중요해지기 때문에, 이 정도 크기의 지름을 갖는 반도체 입자들을 **양자점**(quantum dot)이라고 한다.

반도체 결정의 크기를 줄여서 얻을 수 있는 가장 주목할 만한 효과 중의 하나는, 크기가 1~10 nm 정도 되면 대체적으로 띠간격이 변한다는 것이다. 입자가 작아질수록 띠간격은 더 커지는데, 이와 같은 효과는 맨눈으로도 쉽게 관찰할 수 있다. 거시적 수준에서 인화 카드뮴(cadmium phosphide) 반도체는 띠간격($E_g = 0.5$ eV)이 작기 때문에 검은색으로 보인다. 즉 인화 카드뮴은 모든 가시광선을 흡수한다. 입자를 작게 만들면, 점차 물질의 색깔이 변해 최종적으로 흰색으로 보인다. 더 이상 가시광선을 흡수하지 않기 때문에 흰색으로 보이는 것이다. 띠간격이 매우 커서 높은 에너지를 갖는 자외선만이 전도띠로 전자를 들뜨게 할 수 있다($E_g > 3.0$ eV).

양자점을 쉽게 만들 수 있는 방법은 용액에서의 화학 반응이다. 예를 들어 CdS를 만들기 위해서는 물에 $Cd(NO_3)_2$와 $Na_2S$를 녹인 후 혼합해야 한다. 만약 물에서 $Cd(NO_3)_2$와 $Na_2S$만을 혼합한다면, 커다란 CdS 결정만이 침전할 것이다. 하지만 만약 폴리인산염($-(OPO_2^-)_n-$)과 같은 음전하를 띠는 중합체를 먼저 물에 첨가하면, $Cd^{2+}$는 '스파게티' 속의 작은 '미트볼'처럼 중합체에 결합하게 된다. 그런 후에 황화 이온을 첨가하면 CdS 입자가 성장하는데, 중합체로 인해 결정이 크게 형성되지 않는다. 일정한 크기와 모양을 갖는 나노결정을 생성하기 위해서는 반응 조건을 정밀하게 제어할 필요가 있다.

양자점의 크기가 감소할수록 방출되는 빛의 파장은 증가하는가, 감소하는가?

▲그림 12.44 나노 수준의 광발광은 입자 크기에 의존한다. 나노입자를 포함하고 있는 용액에 자외선 빛을 조사하면 띠간격 에너지에 상응되는 빛이 방출된다. 방출되는 빛은 각 용액에 존재하는 CdSe 나노입자의 크기에 따라 달라진다.

어떤 반도체 소자에 전압이 걸리면 빛이 방출된다는 것을 12.7절에서 살펴보았다. 또 다른 방법으로 반도체의 띠간격 에너지보다 더 큰 에너지를 갖는 빛을 조사해 주면 몇몇 반도체 역시 빛을 방출한다. 이 과정을 **광발광**(photoluminescence)이라고 한다. 원자가띠의 전자들이 광자를 흡수하여 전도띠로 들뜨게 된다. 이 들뜬 전자가 원자가띠에 남아 있는 정공으로 다시 떨어지면, 띠간격 에너지와 동일한 에너지를 갖는 광자가 방출된다. 양자점의 경우, 결정 크기에 따라 띠간격을 조절할 수 있다. 따라서 그림 12.44에 CdSe에 대해 나타낸 것과 같이, 한 가지 물질만으로도 무지개색 모두를 얻을 수 있다.

양자점은 매우 밝고 안정하며, 생체 적합성 분자로 표면층을 처리한 후에도 세포에 들어갈 수 있을 만큼 작기 때문에 전자공학, 레이저, 의료 영상 분야에 양자점을 응용하기 위한 연구가 활발하다.

새로운 특성을 나타내기 위하여 반도체의 삼차원 모두를 나노크기로 축소시킬 필요는 없다. 기판의 비교적 넓은 이차원 면을 반도체로 도포할

수 있으며, **양자 우물**(quantum well)을 만들기 위해서는 수 나노미터 두께만이 필요하다. 반도체 선의 지름은 수 나노미터이지만, 길이가 매우 긴 **양자선**(quantum wire) 역시 다양한 화학적 방법으로 만들어진다. 양자 우물과 양자선에서 나노크기 차원의 방향을 따라 측정한 물리량은 양자 거동을 보이지만, 긴 차원의 방향을 따라 얻어진 특성은 거시 물질의 특성과 똑같다.

## 작동하는 화학 미세 다공성과 중간 크기 다공성 소재

**거대 다공성**(macroporous) 소재는 육안으로 보이는 구멍을 가지고 있다. 구멍 크기가 mm 범위의 매일 사용하는 합성 스펀지(그림 12.45(**a**))나 수십 μm 범위의 자동차 촉매 변환기(그림 12.45(**b**))의 벌집 모양의 근청석 핵심 부위 등이 그 예이다. 미세 다공성과 중간 크기 다공성 소재는 육안으로 보이지 않는 매우 작은 구멍 크기를 가진다. **미세 다공성**(microporous)고체는 구멍 크기가 2 nm까지인 반면, **중간 크기 다공성**(mesoporous) 고체는 구멍 크기가 2~50 nm이다.

미세 다공성과 중간 크기 다공성 소재는 수많은 구멍 때문에 부피에 비해 큰 표면을 가진다. 반면에 **나노물질**(nanomaterial)은 그 작은 입자 크기 때문에 부피에 비해 상대적으로 큰 표면적을 가진다. 이들 소재의 크기 의존성 특성은 과학자들이 기초 과학과 응용에 대해 연구하게끔 하였다.

**제올라이트**(zeolite)는 천연과 합성으로 얻을 수 있는데, 1756년부터 알려진 알루미늄 규산염(aluminoslicate)의 한 종류이다. 수백 종류의 미세 다공성과 중간 크기 다공성 제올라이트가 있다. 이 물질들은 흔히 벌집과 유사한 구조를 가진 터널로 연결된 다면체 공동을 지닌 다양한 구조를 갖는다(그림12.45(**c**)). 내부 표면은 알루미늄, 규소, 산소 원자의 단단한 골격과 약하게 상호 작용을 하는 이온과 분자들을 이끈다. 다양한 구멍과 공동 크기는 화학적 조성과 합성 방법을 변화시켜 제조할 수 있다.

제올라이트는 공동을 차지하는 약하게 결합된 이온들과 함께 합성될 수 있다. 내부 표면과 더 강하게 상호 작용하는 이온에 노출되었을 때 강하게 상호 작용하는 이온에 대한 선호도가 더 높다. 이것은 이온성 스펀지라 할 수 있는 물질을 효과적으로 만든다. 이러한 거동을 잘 보여 주는 예는, 2011년 지진과 해일에 의해 손상된 일본의 후쿠시마 다이치 발전소 주위의 오염된 방사능 세슘($^{134}Cs$와 $^{137}Cs$)을 제거하는 데 사용된 소듐 제올라이트이다. 세슘 이온이 이온 교환($Na^+$ 대신 $Cs^+$)이 일어나는 제올라이트의 공동으로 유인된다. 또 다른 예는 고농도의 칼슘, 마그네슘, 철 이온을 함유하는 '경수'를 포함하는 우물물의 처리이다. 가열된 경수는 수도관 내에 침전을 형성하여 시간이 경과함에 따라 흐름을 방해하므로 문제를 일으킬 수 있다. 경수는 경수에 있는 칼슘을 대치시킬 수 있는 소듐을 포함한 제올라이트를 통과시켜 '연성화'시킨다. 고농도의 소듐 이온을 포함한 수용액을 사용하여 주기적으로 제올라이트를 통과시켜 주면, 칼슘 이온이 다시 제거되어 제올라이트를 재사용할 수 있다.

▲ **그림 12.45 다공성 소재** 스펀지(a)와 자동차의 촉매 변환기 핵심부(b)는 거대 다공성이다. 제올라이트 ZSM–5(c)는 구멍의 크기가 거의 0.5 nm인 미세 다공성 소재이다.

▲ **그림 12.46 프랑스 소재 샤르트르 대성당의 스테인드글라스** 12세기에 만들어진 이 창문의 붉은색은 금 나노입자 때문이다.

▲ **그림 12.47 1850년대에 Michael Faraday가 만든 금 나노 입자 콜로이드 용액** 런던의 왕립 박물관에 전시되어 있다.

## 나노크기의 금속

금속도 역시, 1~100 nm 크기에서 이례적인 특성을 나타낸다. 근본적으로, 이와 같은 현상이 나타나는 것은 금속에 있는 전자의 전형적인 평균 자유 행로가 실온에서 약 1~100 nm이기 때문이다. 따라서 금속 입자의 크기가 100 nm 이하가 되면 '전자 바다'가 '해변(입자의 표면)'을 만나는 것처럼 이례적 효과가 나타날 수 있다.

발견한 현상에 대하여 완전하게 이해하고 있었던 것은 아니지만, 수백 년 전부터 사람들은 금속을 매우 작게 쪼갤 때 금속의 특성이 달라진다는 것을 알고 있었다. 중세 초, 착색 유리 제조업자들은 용융 유리에 금을 분산시키면 짙고 아름다운 붉은색이 얻어진다는 것을 이미 알고 있었다(그림 12.46). 한참 후인 1857년에 Michael Faraday는 금을 작은 입자의 분산 상태로 안정하게 만들 수 있으며, 콜로이드 용액은 진한 색을 띤다는 것을 보고하였다. 그가 만든 본래의 콜로이드 용액 일부는 아직도 런던에 있는 대영 왕립 Faraday 박물관에 전시되어 있다(그림 12.47).

금속 나노입자가 갖는 다른 물리적, 화학적인 특성 또한 거시 물질의 특성과는 다르다. 예를 들어 지름이 20 nm 이하인 금 입자들은 입자의 크기가 넓게 분포된 금보다 훨씬 낮은 온도에서 녹는다. 또한 지름이 2~3 nm인 금 입자들은 더 이상 반응성이 없는 '비활성' 금속이 아니라, 화학적으로 반응성을 갖는다.

나노 수준의 크기에서, 은은 그것의 아름다운 색깔로는 금과 비슷한 성질을 가지고 있지만, 금보다 더 반응성이 크다. 현재 전 세계의 연구실에서는 생체 영상 및 화학 검출 분야에 금속 나노입자의 특이한 광학 특성을 이용하는 데 큰 관심을 보이고 있다.

## 나노크기의 탄소

이미 살펴보았듯이, 탄소는 용도가 매우 많은 원소이다. $sp^3$ 혼성을 갖는 고체 상태 동소체는 다이아몬드이고, $sp^2$ 혼성을 갖는 고체 상태 동소체는 흑연이다. 지난 30년 동안 과학자들은 $sp^2$ 혼성 탄소로 이루어진 일차원 튜브나 이차원 판과 같은 낱개 분자를 발견하였다. 이와 같은 탄소의 동소체들은 매우 흥미로운 특성을 나타낸다.

1980년대 중반까지, 순수한 고체 상태의 탄소는 공유성 그물 구조를 갖는 고체인 다이아몬드와 흑연 두 가지 상태로만 존재하는 것으로 생각하였다. 그러나 1985년에 Rice 대학교의 Richard Smalley와 Robert Curl, 영국의 Sussex 대학교의 Harry Kroto 연구진은 강한 펄스의 레이저 빛으로 흑연 시료를 기화시킨 후, 헬륨 기체를 운반 기체로 하여 기화된 탄소를 질량 분석기로 분석하였다. 질량 스펙트럼에 탄소 원자 다발에 해당하는 봉우리가 나타났다. 아주 큰 세기의 봉우리로, 이것은 탄소 원자 60개로 이루어진 분자($C_{60}$)에 해당되는 것이다.

주로 $C_{60}$ 다발이 생성되었기 때문에, 연구진은 근본적으로 탄소의 또 다른 형태인 거의 공 모양을 갖는 $C_{60}$ **분자**를 제안하였다. 그들은 $C_{60}$의 탄소 원자가 32개의 면, 12개의 오각형과 20개의 육각형을 갖는 축구공과 똑같은 '공'을 만든다고 제안하였다(**그림 12.48**). 이 분자의 모양은 미국의 공학자이자 철학자인 R. Buckminster Fuller가 발명한 측지선 돔(다각형의 격자를 짜 맞춰 만든 경량 돔)을 연상시킨다. 따라서 $C_{60}$을 별칭으로 '벅민스터풀러렌(buckminsterfullerene)', 또는 줄여서 '버키볼(buckyball)'이라고 부른다. $C_{60}$의 발견 이래로 유사한 다른 탄소 분자들이 발견되었다. 이와 같은 분자들을 통틀어서 풀러렌(fullerene)이라고 한다.

헬륨 기체 조건에서 전기적으로 흑연을 증발시켜 상당량의 버키볼을 얻을 수 있다. 얻어진 검댕 중에서 약 14%만이 $C_{60}$과 $C_{70}$으로 구성되어 있는데, $C_{70}$은 $C_{60}$보다 좀 더 길쭉해진 유사 분자이다. 탄소를 많이 포함하는 기체상과 응축상에도 다른 형태의 풀러렌이 포함되어 있다. 대부분 $C_{60}$보다 더 많은 탄소 원자를 포함하는 $C_{76}$이나 $C_{84}$와 같은 분자들이다. 가장 작은 형태의 풀러렌인 $C_{20}$은 2000년에 검출되었다. 이처럼 작고 공 모양으로 생긴 분자는 커다란 풀러렌보다 훨씬 더 반응성이 크다. 풀러렌은 개별적인 분자로 구성되어 있기 때문에 유기 용매에 잘 녹는다. 다이아몬드나 흑연은 유기 용매에 녹지 않지만, 이와 같은 용해도로 인해 검댕의 다른 성분들 또는 다른 종류의 풀러렌으로부터 특정 풀러렌을 분리할 수 있다. 풀러렌의 용액에서의 반응에 대한 연구도 이 때문에 가능하다.

$C_{60}$이 발견된 지 얼마 후에, 화학자들은 탄소 나노튜브(carbon nanotube)를 발견하였다(**그림 12.49**). 탄소 나노튜브는 흑연의 판을 말아 튜브를 만든 후에 한쪽 끝이나 양쪽 끝을 $C_{60}$ 분자의 반으로 막은 것으로 생각할 수 있다. $C_{60}$을 만들 때 사용한 방법과 유사한 방법으로, 탄소 나노튜브를 만들 수 있다. 탄소 나노튜브는 **다중벽**(multiwall) 또는 **단일벽**(single-wall) 형태로 만들어진다. 다중벽 탄소 나노튜브는 튜브 속에 또 다른 튜브가 들어 있는 반면, 단일벽 탄소 나노튜브는 한 개의 튜브로만 이루어져 있다. 단일벽 탄소 나노튜브는 1000 nm 이상 길게 만들 수 있는데, 튜브의 지름은 겨우 1 nm 정도이다. 탄소 나노튜브는 흑연판으로 만들어진 튜브의 지름과 흑연판을 말아 올리는 방법에 따라서 반도체나 금속처럼 거동할 수 있다.

모든 고체 상태 물질 중에서, 도핑 없이 반도체–금속 범위의 물성 조절이 가능한 유일한 물질이 탄소 나노튜브이다. 탄소를 기반으로 하는 전자 소자를 만들기 위한 많은 연구가 현재 진행 중이다. 탄소 나노튜브의 기계적 특성에 대한 연구도 활발하다. 나노튜브의 골격은 탄소–탄소 결합으로 이루어져 있기 때문에, 유사한 차원을 갖는 금속 나노선(nanowire)에는 존재할 수 있는 결함이 없다. 개별 탄소 나노튜브에 대한 실험 결과, 탄소 나노튜브가 유사한 크기를 갖는 철보다 더 강하다는 것이 밝혀졌다. 탄소 나노튜브를 중합체와 함께 혼합하여 섬유로 만들 수 있으며, 얻어진 복합 재료는 큰 강도와 높은 인장력을 갖는다.

이차원 형태 탄소의 동소체인 그래핀은 가장 최근에 실험적으로 분리되어 연구되어 온 저차원 형태 탄소의 하나이다. 비록 이론적으로는 60년 전부터 그래핀의 존재와 특성에 대해 예측해 왔지만, 2004년이 되어서야 영국 Manchester 대학교의 연구자들이 탄소 원자의 개별 판들을 분리하고 특성을 규명하여, **그림 12.50**에 나타낸 것과 같은 벌집 구조를 갖는다는 것을 알 수 있었다. 놀랍게도, 단일층 그래핀을 분리하기 위하여, 접착 테이프를 이용하여 흑연의 얇은 층을 연속해서 떼어내는 기법을 사용하였다. 그런 다음, 개별 층 그래핀을 정밀하게 정립된 $SiO_2$ 막을 갖는 Si 웨이퍼에 옮겼다. 웨이퍼 위에 단일층 그래핀이 놓이게 되면, 광학 현미경으로 볼 때 간섭과 유사한 대비 패턴이 나타난다. 이와 같이 단순하지만 효과적인 개별 그래핀 결정에 대한 조사 방법이 없었다면, 아마 지금까지도 그래핀을 발견하지 못하였을 수도 있다. 결과적으로, 그래핀은 다른 형태 결정의 깨끗한 표면에 증착될 수 있다. Manchester 대학의 Andre Geim과 Konstantin Novoselov는 이러한 기여를 인정받아 2010년 노벨 물리학상을 수상하였다.

그래핀은 놀랄만한 특성을 가지고 있다. 그래핀은 매우 단단하며, 기록적인 열전도도를 갖는다. 강도와 열전도도면에서, 탄소 나노튜브보다 좋은 특성을 나타낸다. 그래핀은 준금속이 다. 이

$C_{60}$에 있는 각 탄소 원자는 몇 개의 결합을 하는가? 이와 같은 관찰을 근거로 판단할 때, $C_{60}$의 결합은 다이아몬드와 흑연 중 어느 것에 더 가까울까?

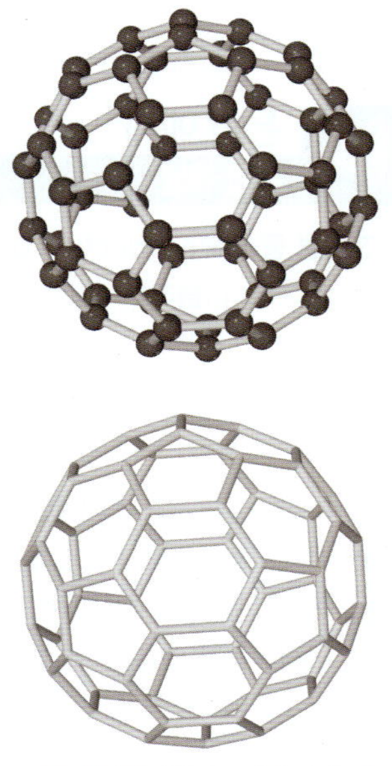

▲ **그림 12.48** 벅민스터풀러렌, $C_{60}$ 이 분자는 매우 대칭적인 구조를 갖는다. 60개의 탄소 원자는 정점을 평면으로 자른 20면체의 각 꼭짓점에 놓여 있다. 아래 그림에는 탄소 원자들 사이의 결합만을 나타냈다.

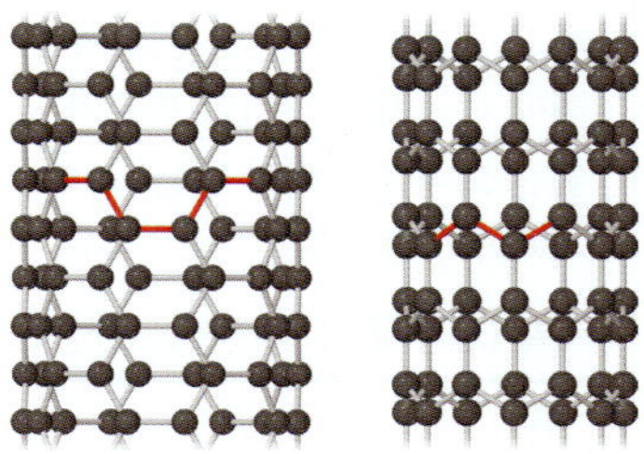

▲ **그림 12.49** 탄소 나노튜브의 원자 모형 왼쪽: 금속처럼 거동하는 '안락의자' 형태의 나노튜브, 오른쪽: 튜브의 지름에 따라 반도체 또는 금속처럼 거동하는 '지그재그' 형태의 나노튜브

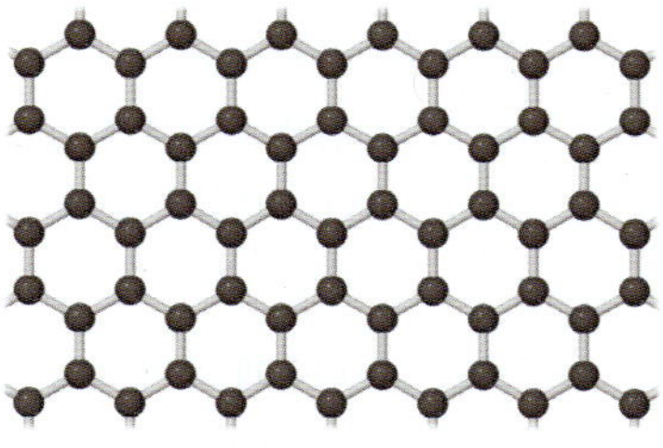

▲ **그림 12.50** 이차원 그래핀 판의 일부분

것의 의미는 그래핀의 전자 구조가 에너지 간격이 정확히 0인 반도체의 전자 구조와 비슷하다는 것이다. 그래핀이 갖는 이차원적 특성과 준금속이라는 사실로부터, 전자들이 다른 전자나 원자, 불순물에 의한 산란 없이 0.3 μm까지 매우 먼 거리를 움직일 수 있는 것을 설명할 수 있다. 그래핀은 구리보다 $10^6$배 이상의 전류 밀도를 지탱할 수 있다. 한 원자 두께의 그래핀에서도 들어오는 햇빛의 2.3%를 흡수할 수 있다. 최근 과학자들은 전자 제품, 센서, 배터리, 태양 전지 등 다양한 기술 분야에 그래핀을 도입하는 방법을 탐구하는 중이다.

## 통합 예제

### 종합 개념

**전도성 중합체**(conducting polymer)란 전기를 통할 수 있는 중합체이다. 어떤 중합체는 반도체로 만들 수도 있고, 어떤 것은 금속에 가깝게 만들 수도 있다. 폴리아세틸렌은 반도체인 중합체의 예이다. 전도도를 증가시키기 위해서 폴리아세틸렌을 도핑할 수도 있다. 폴리아세틸렌은 단순해 보이지만, 실제로는 까다로운 반응을 통해야만 아세틸렌으로부터 만들 수 있다.

$$\mathrm{H{-}C{\equiv}C{-}H} \qquad\qquad \mathrm{{+}CH{=}CH{+}_n}$$

아세틸렌 폴리아세틸렌

**(a)** 아세틸렌과 폴리아세틸렌의 탄소 원자가 갖는 혼성은 무엇인가? 또한 각 원자 주위의 기하학적 구조는 무엇인가?

**(b)** 아세틸렌으로부터 폴리아세틸렌이 만들어지는 균형 맞춘 화학 반응식을 완성하시오.

**(c)** 아세틸렌은 실온의 압력(298 K, 101.3 kPa)에서 기체이다. 실온의 압력에서 5.00 L 용기에 들어 있는 아세틸렌 기체로부터 몇 그램의 폴리아세틸렌을 만들 수 있는가? (아세틸렌은 이상 기체로 거동한다고 가정하고, 중합 반응의 수득률은 100%로 가정하라.)

**(d)** 표 8.4의 평균 결합 엔탈피를 사용하여, 아세틸렌으로부터 폴리아세틸렌을 생성하는 반응이 발열 반응인지, 흡열 반응인지를 판단하시오.

**(e)** 폴리아세틸렌은 300 ~ 650 nm의 빛을 흡수한다. 띠간격은 몇 eV인가?

### 해답

**분석** (a)를 풀기 위해서는 $sp$, $sp^2$, $sp^3$ 혼성과 기하학적 구조에 대해 배운 것을 상기할 필요가 있다. (b)를 풀기 위해서는 균형 맞춘 화학 반응식을 완성해야 한다. (c)를 풀기 위해서는 이상 기체식을 사용해야 한다. (d)를 풀기 위해서는 발열 반응과 흡열 반응의 정의를 상기하고, 전체 반응 엔탈피를 예측하는 데 결합 엔탈피를 어떻게 사용해야 하는지를 상기할 필요가 있다. (e)에서 빛의 흡수를 물질의 채워진 오비탈과 비어 있는 오비탈 사이의 에너지 준위의 차이와 관련시켜야 한다.

**계획** (a)를 풀기 위해서는 반응물과 생성물의 화학적 구조를 그려야 한다. (b)를 풀기 위해서는 화학 반응식이 적절하게 균형이 맞았는지 확인할 필요가 있다. (c)를 풀기 위해서는 이상 기체식($PV=nRT$)을 이용하여 기체의 부피를 기체의 몰수로 바꿔야 한다. (b)에서 얻은 반응식으로부터 아세틸렌 기체의 몰수를 생성된 폴리아세틸렌의 몰수로 바꾼 다음, 폴리아세틸렌의 그램수로 환산한다. (d)를 풀기 위해서는 $\Delta H_{rxn}=\Sigma$(끊어진 결합의 결합 엔탈피)$-\Sigma$(생성된 결합의 결합 엔탈피)임을 상기할 필요가 있다. (e)에서 물질에 의하여 흡수된 가장 낮은 에너지가 띠간격 $E_g$라는 것을 이해해야 한다(반도체 또는 절연체에 대하여). 그리고 $E_g$를 풀기 위하여 $E=h\nu$와 $c=\lambda\nu$를 결합하라($E=hc/\lambda$).

**풀이**

**(a)** 탄소는 항상 네 개의 결합을 형성한다. 따라서 아세틸렌에서 각 탄소 원자는 수소와 단일 결합을 이루어야 하고, 다른 탄소와 삼중 결합을 이루어야 한다. 그 결과 각 탄소는 두 개의 전자 영역을 가지며, $sp$ 혼성이 되어야만 한다. 이와 같은 $sp$ 혼성으로 인하여 아세틸렌에서 H−C−C의 결합각은 180°이고, 분자는 선형이다. 폴리아세틸렌의 부분적 구조를 나타내면 다음과 같다.

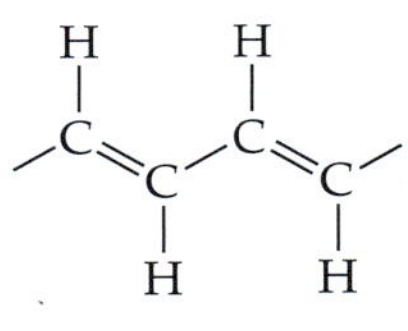

폴리아세틸렌에 있는 각 탄소는 모두 동등하다. 그러나 각 탄소의 주위에는 세 개의 결합성 전자 영역이 있다. 따라서 각 탄소의 혼성은 $sp^2$이고, 각 탄소는 120°의 결합각을 갖는 평면 삼각형의 기하 구조를 갖는다.

**(b)** 반응식을 다음과 같이 나타낼 수 있다.

$$n\,\mathrm{C_2H_2}(g) \longrightarrow \mathrm{{+}CH{=}CH{+}_n}$$

원래 아세틸렌에 존재하던 모든 원자가 폴리아세틸렌 생성물을 구성하고 있음을 주목하라.

**(c)** 이상 기체식을 사용하여 다음과 같이 나타낼 수 있다.

$$PV = nRT$$
$$(101.3\ \text{kPa})(5.00 \times 10^{-3}\ \text{m}^3) = n(8.314\text{m}^3\text{-Pa}/\text{K-}mol)(298\ \text{K})$$
$$n = 0.204\ \text{mol}$$

아세틸렌의 몰질량은 26.0 g/mol이므로 0.204 mol의 질량은 다음과 같다.

$$(0.204\ \text{mol})(26.0\ \text{g/mol}) = 5.32\ \text{g 아세틸렌}$$

(b)에서 얻은 반응식으로부터, 아세틸렌의 모든 원자가 폴리아세틸렌 생성물을 구성하고 있음을 알 수 있다. 아세틸렌이 모두 반응한다면, 질량 보존 법칙에 의해 얻어진 폴리아세틸렌의 질량은 5.32 g이 되어야 한다.

**(d)** $n = 1$인 경우를 생각해 보자. (b)에서 얻은 반응식의 반응물에는 1개의 C≡C 삼중 결합과 2개의 C—H 단일 결합이 있음을 알 수 있다. (b)에서 얻은 반응식의 생성물에는 1개의 C=C 이중 결합, (인접한 단위체를 연결하기 위한) 1개의 C—C 단일 결합, 2개의 C—H 단일 결합이 존재한다. 그러므로 1개의 C≡C 삼중 결합이 끊어져서 1개의 C=C 이중 결합과 1개의 C—C 단일 결합을 생성한다. 따라서 폴리아세틸렌 생성의 엔탈피 변화는 다음과 같다.

$$\Delta H_{rxn} = (\text{C}\equiv\text{C 엔탈피}) - (\text{C}=\text{C 엔탈피}) - (\text{C}-\text{C 엔탈피})$$
$$= (839\ \text{kJ/mol}) - (614\ \text{kJ/mol}) - (348\ \text{kJ/mol})$$
$$= -123\ \text{kJ/mol}$$

엔탈피 변화 $\Delta H$가 음의 값이므로, 반응은 열을 방출하는 발열반응이다.

**(e)** 폴리아세틸렌 시료는 넓은 파장의 빛을 흡수하지만, 가장 낮은 에너지에 상당하는 것이 가장 긴 파장의 빛임을 주목하자.

$$E = hc/\lambda$$
$$= (6.626 \times 10^{-34}\ \text{J-s})(3.00 \times 10^{8}\ \text{m-s}^{-1})/(650 \times 10^{-9}\ \text{m})$$
$$= 3.06 \times 10^{-19}\ \text{J}$$

이 에너지가 원자가띠의 가장 높은 부분과 전도띠의 가장 낮은 부분 사이의 에너지 차이인 띠간격 $E_g$에 해당한다는 것을 알았다. 이제 eV로 단위 환산을 하면, $1.602 \times 10^{-19}\ \text{J} = 1\ \text{eV}$이므로 다음과 같다.

$$E_g = 1.91\ \text{eV}$$

## 자기 평가 연습 문제

**12.43** ZnS의 큰 결정체는 광발광을 나타낼 수 있으며, 띠간격 에너지와 340 nm 파장에 해당하는 에너지를 가진 자외선 광자를 방출한다. 적절한 크기의 나노결정을 만들어 방출된 광자가 스펙트럼의 가시광선 영역에 오도록 발광을 이동시킬 수 있는가?
**(a)** 예
**(b)** 아니오

## 연습 문제

**12.44** GaP의 띠간격은 2.26 eV이다. 커다란 CdS의 결정에 자외선을 조사하면, 띠간격 에너지에 해당하는 빛이 방출된다.
**(a)** 방출된 빛의 색깔은 무엇인가?
**(b)** 푸른색 빛을 방출할 수 있는 적절한 크기의 GaP 양자점이 있는가?
**(c)** 붉은색 빛을 방출할 수 있는 적절한 크기의 GaP 양자점이 있는가?

**12.45** 다음 설명에 대하여 참 또는 거짓을 결정하시오.
만약 푸른색 빛을 방출하는 반도체를 얻고자 한다면, 푸른색 광자 에너지에 해당하는 띠간격을 갖는 물질을 사용하거나, 이보다 작은 띠간격을 갖는 물질이지만 적절하게 입자의 크기를 줄여서 만든 나노입자를 사용할 수 있다.

**12.46** 금은 단위 세포 한 모서리의 길이가 408 pm인 면심 입방 구조를 갖는다(그림 12.11). 지름이 20 nm인 구형체 안에 금 원자는 몇 개 있는가? (구의 부피는 $\frac{4}{3}\pi r^3$이다.)

**12.47** 버키볼(buckyball)은 분자이며 확장된 구조의 물질이 아니라는 것을 뒷받침해 주는 증거는 어느 것인가?
**(a)** 버키볼은 탄소로 만들어졌다.
**(b)** 버키볼은 명확히 정의된 원자 구조와 분자량을 갖는다.
**(c)** 버키볼은 명확히 정의된 녹는점을 갖는다.
**(d)** 버키볼은 반도체이다.
**(e)** 위의 설명 중 한 개 이상이 정답이다.

자기 평가 연습 문제 답 **12.43** (b)

## 요약 및 중요 용어

고체의 분류(서론, 12.1절) 고체 내에서 원자들을 서로 붙잡고 있는 힘에 따라 고체의 구조와 특성을 분류할 수 있다. **금속성 고체(metallic solid)**에서 원자들은 전체적으로 공유된 원자가 전자의 비편재화된 전자 구름에 의해 붙들려 있다. **이온성 고체(ionic solid)**에서는 양이온과 음이온 사이의 상호 인력에 의해 서로 붙들려 있다. **공유성 그물 구조 고체(covalent-network solid)**는 확장된 공유 결합의 그물 구조에 의해 서로 붙들려 있다. **분자성 고체(molecular solid)**는 약한 분자간 힘에 의해 서로 붙들려 있다. **중합체(polymer)**는 공유 결합에 의해 서로 붙들려 있는 원자들에 의해 형성된 매우 긴 사슬을 포함하고 있다. 일반적으로, 이 사슬들은 약한 분자간 힘에 의해 서로 붙들려 있다. **나노물질(nanomaterial)**은 개별 결정의 차원이 1~100 nm 정도로 줄어든 물질이다.

**결정성 고체(crystalline solid)**에서는 입자들이 규칙적인 반복 형태로 배열되어 있다. **비결정성 고체(amorphous solid)**란 입자들이 이와 같은 규칙성을 나타내지 않는 고체이다. 결정성 고체의 가장 작은 반복 단위는 **단위 세포(unit cell)**이다. 결정에서 모든 단위 세포는 동등한 원자 배열을 갖는다. 단위 세포가 배열되어 있는 점들의 기하학적 패턴을 **결정 격자(crystal lattice)**라고 한다. 결정 구조를 형성하기 위하여 원자나 원자단으로 이루어진 **요소(motif)**는 모든 **격자점(lattice point)**에 서로 대응되어야 한다.

이차원에서 단위 세포는 두 개의 **격자 벡터(lattice vector, *a*, *b*)**에 의해 정의된 크기와 모양을 갖는 평행사변형이다. 이차원에는 정사각형, 정육각형, 직사각형, 평행사변형, 마름모 격자와 같이 다섯 가지의 **원시 격자(primitive lattice)**가 있고, 격자점은 단위 세포의 꼭짓점에만 위치한다. 삼차원에서 단위 세포는 세 개의 격자 벡터(*a*, *b*, *c*)에 의해 정의된 크기와 모양을 갖는 평행육면체이다. 입방, 정방, 육방, 삼방, 사방, 단사, 삼사 격자의 7가지 원시 격자가 있다. 단위 세포의 중심에 1개의 격자점을 추가로 놓으면 **체심 입방 격자(body-centered cubic lattice)**가 얻어지고, 단위 세포의 각 면의 중심에 격자점을 추가로 놓으면 **면심 입방 격자(face-centered cubic lattice)**가 얻어진다.

금속성 고체(12.2절) **금속성 고체(metallic solid)**는 일반적으로 전기와 열에 대한 좋은 전도체이다. 금속은 또한 두드려서 얇은 판으로 만들 수 있는 성질인 전성과 선으로 뽑을 수 있는 성질인 연성을 갖는다. 금속에서 원자들은 조밀 쌓임 구조를 형성한다. **입방 조밀 쌓임(cubic close packing)** 및 **육방 조밀 쌓임(hexagonal close packing)**과 같이, 두 가지 형태의 조밀 쌓임이 가능하다. 두 가지 경우 모두, 각 공은 12개의 **배위수(coordination number)**를 갖는다.

**합금(alloy)**은 금속의 특성을 갖는 물질로, 둘 이상의 원소로 이루어져 있다. 합금에서 원소는 균일하게 또는 불균일하게 분포될 수 있다. 균일한 원소의 혼합물을 포함하는 합금은 치환형이나 틈새형 합금이 될 수 있다. **치환형 합금(substitutional alloy)**에서는 소수의 원소로 된 원자가 다수 원소의 원자 자리를 차지한다. **틈새형 합금(interstitial alloy)**에서는 소수의 원소로 된 원자가 다수의 주원소의 원자들 사이에 있는 '구멍'인 틈새 자리를 차지한다. **불균일 합금(heterogeneous alloy)**에서 원소들은 균일하게 분포되지 않는다. 그 대신 특성적인 조성을 갖는 두 개 이상의 뚜렷한 상이 존재한다. **금속간 화합물(intermetallic compound)**은 일정한 조성과 일정한 성질을 갖는 합금이다.

전자가 금속 구조 전체를 통하여 자유롭게 움직인다고 간주한 **전자 바다 모형(electron-sea model)**으로 금속의 특성을 정성적으로 설명할 수 있다. 분자 오비탈 모형에서, 금속 원자에 있는 원자가 전자의 원자 오비탈들이 상호 작용하여 에너지**띠(band)**를 생성한다. 이 에너지띠는 원자가 전자들에 의해 부분적으로 채워진다. 결과적으로 거시 고체의 전자 구조는 **띠구조(band structure)**를 형성한다. 금속에서는 *s*, *p*, *d* 오비탈의 원자가 껍질로부터 형성된 띠들이 서로 겹침으로써 모든 띠가 부분적으로 채워지게 된다. 에너지띠를 이루는 오비탈 간의 에너지 차이가 매우 작기 때문에, 전자가 더 높은 에너지 상태의 오비탈로 전이할 때 필요한 에너지는 매우 작다. 이 때문에 금속은 전기 전도도와 열전도도가 높고, 금속만의 고유한 특성을 갖는다.

이온성 고체(12.3절) **이온성 고체(ionic solid)**는 양이온과 음이온으로 구성되어 있으며, 그들은 정전기 인력으로 서로 붙들려 있다. 이온들의 상호 작용이 매우 크기 때문에 이온 결합 화합물의 녹는점은 매우 높다. 이온의 전하가 커지거나 이온의 크기가 감소하면 이온들 사이의 인력은 커진다. (양이온과 음이온 사이의) 인력과 (양이온과 양이온 사이, 음이온과 음이온 사이의) 반발력이 공존하기 때문에 이온 결합 화합물은 깨지기 쉽다. 금속과 같이 이온 결합 화합물의 구조는 대칭성이다. 그러나 같은 전하를 갖는 이온들이 직접적으로 접촉할 수 없으므로 배위수는 일반적으로 4 내지 8로 조밀 쌓임 금속에서보다 작다. 정확한 구조는 이온들의 상대적인 크기와 실험식에서 음이온 대 양이온의 비에 따라 달라진다.

분자성 고체(12.4절) **분자성 고체(molecular solid)**는 분자간 힘으로 서로 붙들려 있는 원자 또는 분자로 구성되어 있다. 이 힘은 상대적으로 작기 때문에 분자성 고체는 유연하고 녹는점이 낮다. 녹는점은 분자간 힘의 세기와 분자의 쌓임 효율성에 따라 달라진다.

**공유성 그물 구조 고체(covalent-network solid)**는 공유 결합에 의한 커다란 그물 구조로 서로 붙들려 있는 원자들로 구성되어 있다. 공유성 그물 구조 고체는 분자성 고체보다 훨씬 더 단단하며, 녹는점이 높다. 중요한 예로, 다이아몬드와 흑연이 있다. 다이아몬드에서 탄소 원자는 서로 다른 탄소들에 의해 4 배위되어 있고, 흑연에서 탄소 원자는 $sp^2$ 결합을 통하여 육각형층을 형성한다. **반도체(semiconductor)**란 금속보다는 훨씬 덜하지만 전기를 전도하는 고체이고, **절연체(insulator)**란 전혀 전기를 전도하지 않는 고체이다.

Ge와 같은 원소 반도체와 GaAs, InP, CdTe와 같은 화합물 반도체가 공유성 그물 구조의 중요한 예이다. 반도체에서 채워진 결합성 분자 오비탈이 **원자가띠(valence band)**를 형성하고, 비어 있는 반결합성 분자 오비탈이 **전도띠(conduction band)**를 형성한다. 원자가띠와 전도띠는 **띠간격(band gap, $E_g$)**이라고 하는 에너지만큼 서로 분리되어 있다. 결합 길이가 감소하거나 두 원소 간의 전기 음성도 차이가 증가하면 띠 간격의 크기는 증가한다.

불순물이 **도핑(doping)**된 반도체의 전기 전도도는 엄청나게 증가한다. n형 반도체란 불순물이 첨가되어 전도띠에 여분의 전자가 존재하는 반도체이고, p형 반도체란 불순물이 첨가되어 원자가띠에 전자를 잃고 생긴 여분의 **정공(hole)**이 존재하는 반도체이다.

중합체 (12.5절) **중합체(polymer)**란 소위 **단위체(monomer)**라고 하는 작은 분자가 여럿 결합하여 생성된 분자량이 큰 분자이다. **플라스틱(plastic)**

은 일반적으로 열과 압력을 가해 다양한 형태를 만들 수 있는 물질이다. 가열을 통해 형상을 다시 만들 수 있는 중합체를 **열가소성 플라스틱**(**thermoplastic**)이라고 하고, 비가역적 화학적 공정으로 만들기 때문에 가공하여 형상을 다시 만들 수 없는 중합체를 **열경화성 플라스틱**(**thermosetting plastic**)이라고 한다. **탄성체**(**elastomer**)란 중합체를 늘리거나 구부린 후 그 힘을 제거하면 원래 모양으로 되돌아가는 탄성 거동을 보이는 물질이다.

**첨가 중합 반응**(**addition polymerization**)에서는 분자들이 갖고 있던 π 결합을 열어 새로운 결합을 생성한다. 예를 들어 에텐의 탄소–탄소 이중 결합을 열어 폴리에텐의 새로운 결합을 만든다. **축합 중합 반응**(**condensation polymerization**)에서는 단위체들 사이에서 작은 분자가 제거되면서 결합이 생성된다. 예를 들어 아민과 카복실산 사이에서 물 분자가 제거되면서 결합이 생성되어 여러 종류의 나일론이 생성된다. 두 가지의 서로 다른 단위체로부터 생성된 중합체를 **공중합체**(**copolymer**)라고 한다.

중합체는 대부분 비결정형이다. 그러나 어느 정도의 **결정도**(**crystallinity**)를 갖는 중합체도 있다. 정해진 화학 조성에 대하여 결정도는 분자 질량과 중합체 주사슬의 가지치기 정도에 따라 달라진다. 긴 중합체 사슬을 짧은 원자 사슬로 연결하는 **교차 결합**(**cross-linking**)에 의해서도 중합체의 특성은 크게 영향을 받는다. 고무는 **가황 반응**(**vulcanization**) 공정으로 짧은 황 원자 사슬에 의해 교차 결합을 한 것이다.

나노물질(12.6절) 물질이 일차원 또는 이차원으로 충분히, 일반적으로 100 nm 이하로 작아지면, 물질의 특성은 변한다. 이 정도의 크기를 갖는 물질을 **나노물질**(**nanomaterial**)이라고 한다. 양자점은 지름이 1~10 nm인 반도체 입자이다. 이 크기 수준에서 물질의 띠간격 에너지는 크기에 따라 달라진다. 금속 나노입자는 1~100 nm 크기 범위에서 전체 물질과는 다른 물리·화학적 특성을 갖는다. 예를 들어 나노미터 크기의 금의 경우 반응성이 커지고, 색이 달라진다. 나노과학 분야의 연구 결과, 지금까지 알려지지 않았던 $sp^2$ 혼성을 갖는 새로운 탄소 동소체를 만들었다. $C_{60}$과 같은 풀러렌은 탄소 원자로만 형성된 커다란 분자이다. 탄소 나노튜브는 흑연판을 말아 올린 형태이다. 판을 말아 올린 방법에 따라 반도체나 금속처럼 거동할 수 있다. 흑연으로부터 분리된 단일층인 그래핀은 탄소의 이차원 형태이다. 이와 같은 나노물질을 전자공학, 배터리, 태양 전지, 의학에 응용하기 위한 연구가 진행되고 있다.

## 학습 정리 이 장을 공부한 후에 여러분은 다음을 할 수 있어야 한다.

- 결합/분자간 힘을 근거로 고체를 분류하고, 결합의 차이에 따른 물리적 특성의 차이를 이해하기(12.1절). **관련 연습 문제: 12.4, 12.5, 12.58, 12.59, 12.60**
- 결정성 고체와 비결정성 고체의 차이 이해하기(12.1절). **관련 연습 문제: 12.62, 12.63**
- 단위 세포, 결정 격자, 격자 벡터, 격자점 사이의 상관관계를 이해하고 정의하기(12.1절). **관련 연습 문제: 12.7, 12.64**
- 격자 종류의 수가 정해져 있는 이유를 설명하기. 5가지의 이차원 원시 격자와 7가지의 삼차원 원시 격자를 인지할 수 있도록 하기. 체심 격자와 면심 격자에서 격자점의 위치를 이해하기(12.1절). **관련 연습 문제: 12.7, 12.9, 12.10, 12.64, 12.66, 12.67**
- 금속의 특성과 성질 설명하기(12.2절). **관련 연습 문제: 12.14, 12.50, 12.69, 12.70**
- 단위 세포의 그림으로부터 이온성 고체와 금속성 고체의 실험식과 밀도를 계산하기. 존재하는 원자나 이온의 반지름으로부터 입방 단위 세포 한 모서리의 길이를 계산하기(12.2절, 12.3절). **관련 연습 문제: 2.15, 12.71~12.73, 12.75, 12.76**
- 균일 합금과 불균일 합금의 차이를 설명하기. 치환 합금, 틈새 합금, 금속간 화합물 사이의 차이 기술하기(12.2절). **관련 연습 문제: 12.16~12.18, 12.77~12.79**
- 금속 결합의 전자 바다 모형 설명하기(12.2절). **관련 연습 문제: 12.82**
- 금속의 전자띠 구조를 만들기 위해, 또 금속의 녹는점, 끓는점, 경도의 경향을 정성적으로 예측하기 위하여 분자 오비탈 모형 이용하기(12.2절). **관련 연습 문제: 12.20, 12.84, 12.85**
- 이온 반지름과 실험식으로부터 이온성 고체의 구조 예측하기(12.3절). **관련 연습 문제: 12.26, 12.89**
- 이온성 고체의 구조로부터 실험식 예측하기(12.3절). **관련 연습 문제: 12.23, 12.86**
- 분자성 고체의 녹는점과 끓는점 자료를 분자간 힘과 결정 쌓음 방법의 관점에서 해석하기(12.4절). **관련 연습 문제: 12.26**
- 반도체와 절연체에 대하여 원자가띠, 전도띠, 띠간격과 같은 용어 정의하기(12.4절). **관련 연습 문제: 12.55**
- 주기적 경향을 참고하여 반도체의 띠간격 에너지를 비교하기. 띠간격이 알려진 LED로부터 방출되는 광자의 파장 계산하기(12.4절). **관련 연습 문제: 12.32~12.34, 12.93, 12.95~12.98**
- n형 도핑과 p형 도핑을 통하여 반도체의 전도도를 어떻게 제어할 수 있는지 예측하기(12.4절). **관련 연습 문제: 12.29, 12.94**
- 단위체, 플라스틱, 열가소성 플라스틱, 열경화성 플라스틱, 탄성체, 공중합체, 교차 결합의 용어 정의하기(12.5절). **관련 연습 문제: 12.99**
- 단위체로부터 어떻게 중합체가 형성되는지를 이해하고, 중합체를 형성하는 분자의 특징과 반응을 이해하기. 첨가 중합 반응과 축합 중합 반응의 차이 이해하기(12.5절). **관련 연습 문제: 12.39, 12.101**
- 중합체 사슬 간의 상호 작용이 어떻게 중합체의 물리적 특성에 영향을 주는지 이해하기(12.5절). **관련 연습 문제: 12.41, 12.42, 12.104, 12.105**
- 결정의 크기가 나노미터 크기로 줄어들 때, 반도체와 금속의 특성이 어떻게 변하는지 기술하기(12.6절). **관련 연습 문제: 12.44, 12.107, 12.108**
- 풀러렌, 탄소 나노튜브, 그래핀의 구조와 고유한 특성 익히기(12.6절). **관련 연습 문제: 12.47, 12.109**

## 핵심 공식

- $\dfrac{\text{화학식 단위당 양이온수}}{\text{화학식 단위당 음이온수}} = \dfrac{\text{음이온 배위수}}{\text{양이온 배위수}}$ [12.1] 양이온 배위수 및 음이온 배위수와 이온 결합 화합물의 실험식 사이의 관계식

## 연습 문제

**12.48** 아래에 두 종류의 고체를 나타내었다. 하나는 반도체이고, 다른 하나는 절연체이다. 어느 것이 반도체이고, 어느 것이 절연체인지, 이유를 들어 설명하시오. [12.1절, 12.4절]

**12.49** 그림에 나타낸 이차원 구조에 대하여 (**a**) 단위 세포를 그리시오. (**b**) 이차원 격자의 형태를 결정하시오(그림 12.4로부터). (**c**) 단위 세포에 각 형태의 공(흰색과 검은색)이 몇 개나 있는가? [12.1절]

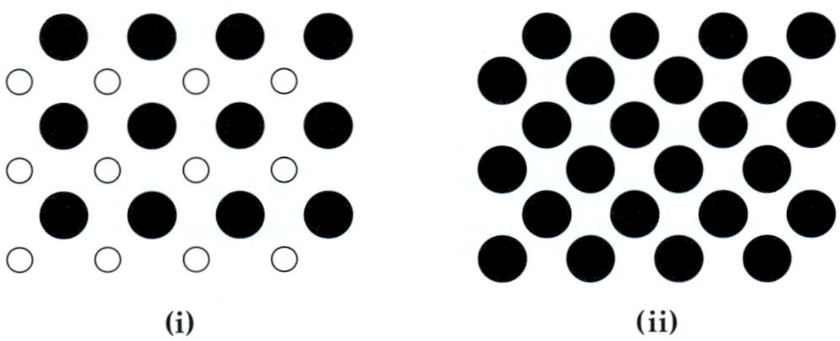

**12.50** 두 가지 과정의 요약 그림이 있다. 어느 과정이 금속의 연성과 전성을 나타내는 그림인가? [12.2절]

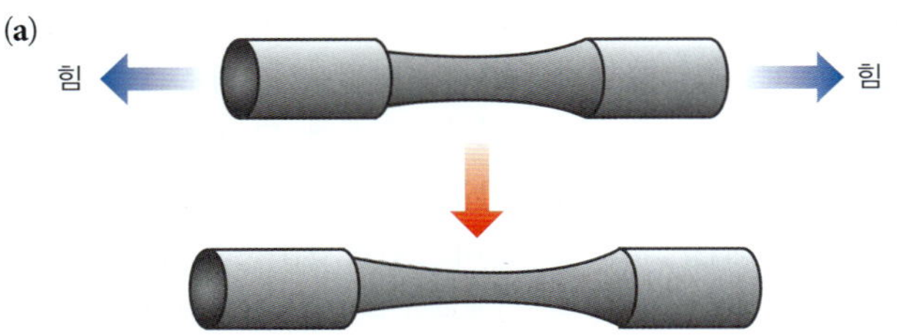


**12.51** 원자가 배열된 두 격자 중 어느 쪽이 조밀 쌓임인가? [12.2절]

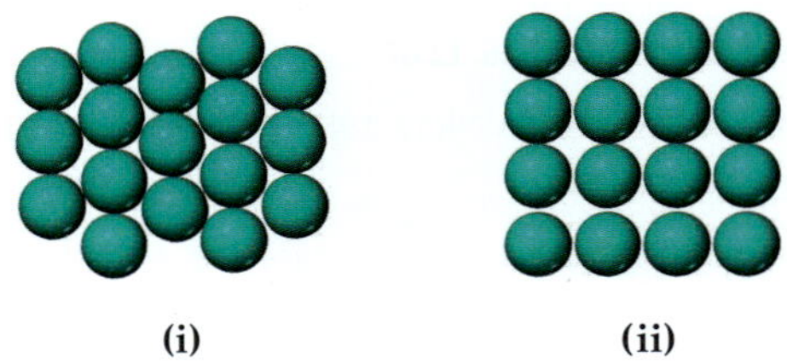

**12.52** (**a**) 주어진 사진에 나타낸 배열은 어떤 종류의 쌓임 배열인가? (**b**) 쌓임의 내부에 있는 각 포탄의 배위수는 얼마인가? (**c**) 쌓임의 보이는 곳에 있는 숫자로 표시된 포탄의 배위수는 얼마인가? [12.2절]

**12.53** 양이온(노란색)과 음이온(보라색)이 배열된 두 격자 중 더 안정한 배열은 어느 것인지 이유를 들어 설명하시오. [12.3절]

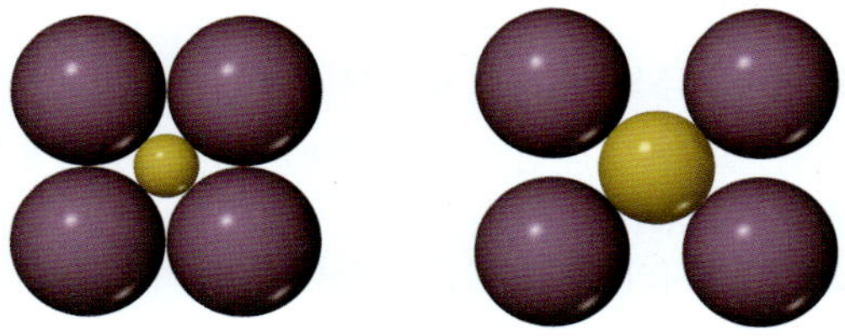

**(a)** **(b)**

**12.54** 다음 분자 중합체 중 전기 전도성을 나타내기 쉬운 것은 어느 것인지 그 이유를 들어 설명하시오. [12.4절, 12.5절]

**(a)** 

**(b)** 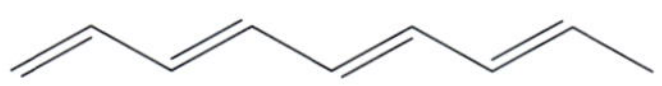

**12.55** 도핑된 반도체의 전자 구조를 그림에 나타내었다. **(a)** A띠와 B띠 중 어느 것이 원자가띠인가? **(b)** 어느 것이 전도띠인가? **(c)** 도표의 어느 부분이 띠간격을 나타내는가? **(d)** 결합성 분자 오비탈로 이루어져 있는 것은 어느 띠인가? **(e)** 이것은 n형 반도체인가, p형 반도체인가? **(f)** 반도체가 저마늄이라면 Ga, Si, P 중 도핑제로 사용된 원소는 무엇인가? [12.4절]

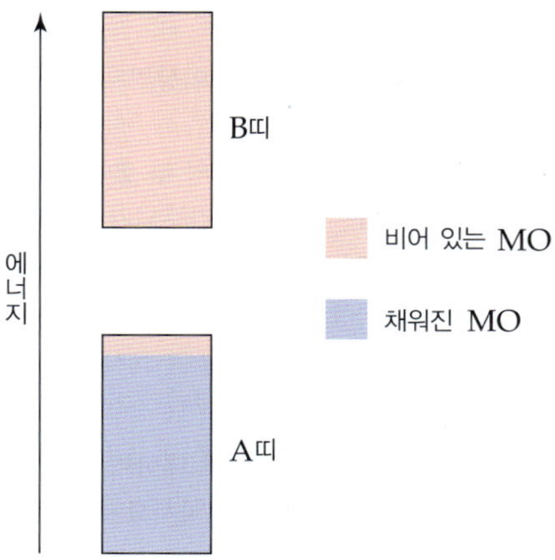


**12.56** 서로 다른 두 중합체의 개념도를 그림에 나타냈다. 그림에 근거하여, 어느 중합체가 더 조밀할 것으로 예상되는가? 어느 것의 녹는점이 더 높겠는가? [12.5절]

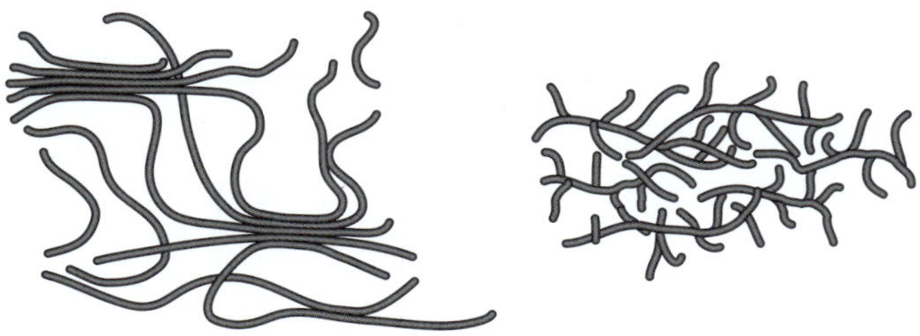

(a) (b)

## 고체의 분류(12.1절)

**12.57** 공유 결합은 분자성 고체 및 공유성 그물 구조 고체에서 일어난다. 다음 중 이들 두 종류의 고체가 경도와 녹는점에 있어서 매우 다른 이유를 가장 잘 설명한 것은?

**(a)** 분자성 고체는 공유성 그물 구조 고체보다 더 강한 공유 결합을 한다.

**(b)** 분자성 고체에서 분자들은 분자 간의 약한 상호 작용으로 결합되어 있다.

**(c)** 공유성 그물 구조 고체에서 원자들은 공유성 고체에서보다 더 편극되어 있다.

**(d)** 분자성 고체는 공유성 그물 구조 고체보다 더 조밀하다.

**12.58** 다음 입자(원자, 분자, 이온) 사이에는 어떤 형태의 인력이 존재하는가?

**(a)** 분자성 결정 **(b)** 공유성 그물 구조 결정 **(c)** 이온성 결정 **(d)** 금속성 결정

**12.59** 각 화합물이 분자성, 금속성, 이온성, 공유성 그물 구조 고체중 어디에 속하는지 나타내시오.

**(a)** B **(b)** Li **(c)** LiCl **(d)** $C_4H_{10}O$ **(e)** $CHCl_3$ **(f)** $Li_2O$

**12.60** 각 화합물이 분자성, 금속성, 이온성, 공유성 그물 구조 고체 중 어디에 속하는지 나타내시오.

**(a)** SiC **(b)** Ni **(c)** $CaCl_2$ **(d)** $C_{10}H_{16}O$ **(e)** $SiO_2$

**12.61** 700°C에서 녹는 회색 물질이 있다. 고체는 도체이고 물에 녹지 않는다. 이 물질은 어떤 형태의 고체(분자성, 금속성, 공유성 그물 구조, 이온성)인가?

**12.62** **(a)** 결정성 고체를 나타내는 그림을 원자 수준에서 그리시오. **(b)** 비결정성 고체를 나타내는 그림을 원자 수준에서 그리시오.

**12.63** 비결정성인 실리카($SiO_2$)의 밀도는 약 2.2 g/cm$^3$인 반면, 결정성인 석영의 밀도는 2.65 g/cm$^3$이다. 다음 중 이와 같은 밀도의 차이를 가장 잘 설명한 것은?

**(a)** 비결정성 실리카는 공유성 그물 구조 고체이지만, 석영은 금속성 고체이다.

**(b)** 비결정성 실리카는 원시 입방 격자로 결정화된다.

**(c)** 석영은 비결정성 실리카보다 더 단단하다.

**(d)** 석영은 비결정성 실리카보다 더 큰 단위 세포를 가져야 한다.

**(e)** 비결정성 실리카에 있는 원자는 석영에 있는 원자와 비교할 때 삼차원 구조에서 효과적으로 쌓이지 않는다.

**12.64** 같은 크기의 서로 다른 공의 쌓임에 대한 두 가지 패턴을 그림에 나타냈다. 각 구조에 대하여 **(a)** 이차원 단위 세포를 그리시오. **(b)** 격자 벡터 사이의 각 $\gamma$를 구하고, 격자 벡터들의 길이가 같은지, 다른지를 결정하시오. **(c)** 이차원 격자의 종류를 결정하시오(그림 12.4로부터).

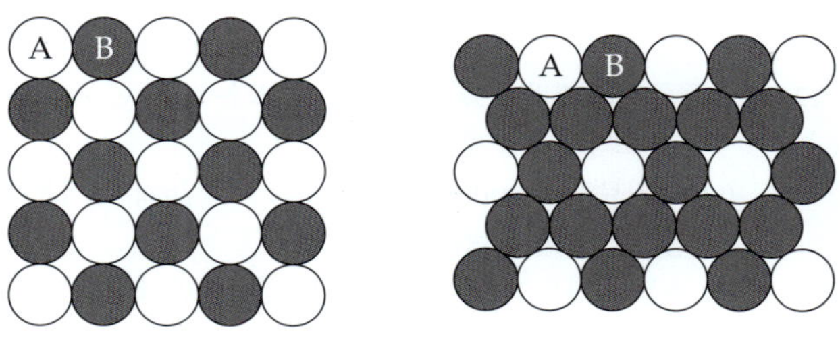


**(i)** **(ii)**

**12.65** 원시 입방 격자를 상상하고 입방 격자의 위쪽으로 잡아 늘여보자.

모든 각은 90°로 유지된다. 어떤 종류의 원시 격자가 만들어지는가?

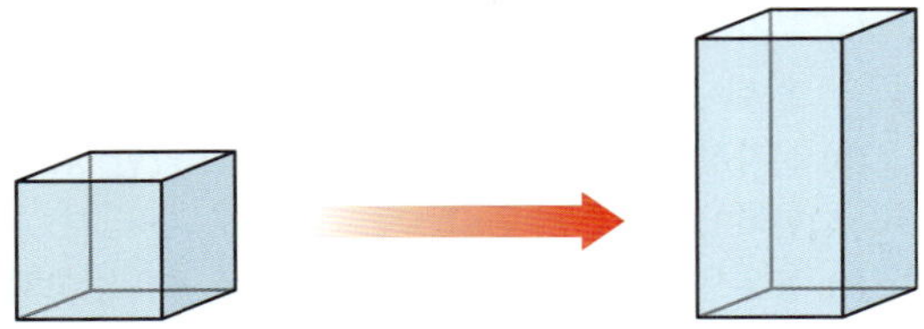

**12.66** 내각 중 어느 것도 90°가 아닌 단위 세포를 갖는 삼차원 원시 입방 격자는 어느 것인가?
**(a)** 사방 격자 **(b)** 육방 격자 **(c)** 삼방 격자 **(d)** 삼사 격자 **(e)** 삼방 및 삼사 격자

**12.67** 체심 입방 격자를 갖는 원소의 단위 세포에 포함될 수 있는 최소 원자수는 몇 개인가?
**(a)** 1 **(b)** 2 **(c)** 3 **(d)** 4 **(e)** 5

**12.68** 비소화 니켈(nickel arsenide)의 단위 세포를 그림에 나타냈다.
**(a)** 이 결정의 격자 종류는 무엇인가? **(b)** 실험식은 무엇인가?

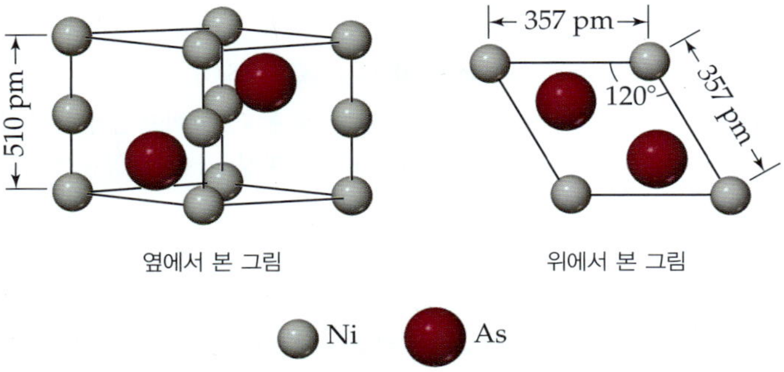


## 금속성 고체(12.2절)

**12.69** **(a)** $TiCl_4$, **(b)** NiCo 합금, **(c)** W, **(d)** Ge, **(e)** ScN 중 금속의 특성을 가질 것으로 예상되는 물질은 어느 것인가?

**12.70** 그림에 나타낸 것과 같이, 일반적으로 금속성 원소에서 관찰되는 세 개의 서로 다른 구조의 단위 세포를 고려해 보자.
**(a)** 가장 조밀하게 원자가 쌓이는 구조는 어느 것인가?
**(b)** 가장 성기게 원자가 쌓이는 구조는 어느 것인가?

**12.71** 소듐 금속(원자량이 39.10 g/mol)의 밀도는 0.856 $g/cm^3$이며, 체심 입방 구조의 결정을 형성한다.
**(a)** 이 자료와 Avogadro 수($N_A = 6.022 \times 10^{23}$/mol)를 이용하여, 소듐의 원자 반지름을 계산하시오.
**(b)** 소듐이 매우 격렬하게 반응하지 않는다면 소듐을 물 위에 띄울 수 있다. (a)에서 답한 자료를 이용하여, 입방 조밀 쌓임 구조를 갖는 소듐의 밀도를 계산하시오. 소듐은 여전히 물에 뜨겠는가?

**12.72** 이리듐은 한 모서리의 길이가 0.381 nm인 면심 입방 단위 세포를 갖는 결정을 형성한다.
**(a)** 이리듐 원자의 원자 반지름을 계산하시오.
**(b)** 이리듐 금속의 밀도를 계산하시오.

**12.73** 칼슘은 실온에서 각 변의 길이가 558.8 pm인 면심 입방 단위 세포를 갖는 결정을 형성한다.
**(a)** 칼슘 원자의 원자 반지름을 계산하시오.
**(b)** 이 온도에서 칼슘 금속의 밀도를 계산하시오.

**12.74** 원자 반지름이 182 pm인 원자로 구성된 다음 형태의 입방 단위 세포의 부피를 Å$^3$으로 계산하시오. **참고:** 1 Å = $1 \times 10^{-10}$ m
**(a)** 원시 **(b)** 면심 입방

**12.75** 알루미늄 금속은 면심 입방 세포를 갖는 결정을 형성한다.
**(a)** 단위 세포에 포함된 Al 원자는 몇 개인가?
**(b)** 각 알루미늄 원자의 배위수는 얼마인가?
**(c)** 알루미늄의 원자 반지름(143 pm)으로부터 단위 세포 한 모서리의 길이 $a$를 계산하시오.
**(d)** 알루미늄 금속의 밀도를 계산하시오.

**12.76** 어떤 원소가 체심 입방 격자를 갖는 결정을 형성한다. 단위 세포 한 모서리의 길이는 0.408 pm이고, 결정의 밀도는 10.49 $g/cm^3$이다. 원소의 원자량을 계산하고 원소를 식별하시오.

**12.77** 합금과 금속간 화합물에 대한 설명 중 잘못된 것은?
**(a)** 청동은 합금의 한 예이다.
**(b)** '합금'의 또 다른 말은 '두 종류 이상의 금속들로 만들어지는 조성이 변하지 않는 화합물'이다.
**(c)** 금속간 화합물은 일정한 조성의 두 종류 이상의 금속으로 만들어진 화합물이고, 합금으로 간주되지 않는다.
**(d)** 두 종류 이상의 금속들이 원자 수준에서 혼합되면 두 개 이상의 다른 조성을 갖는 상으로 분리되고, 불균일 합금이 생성된다.
**(e)** 합금은 합금을 구성하는 원자들의 크기가 매우 다를 때조차도 만들어질 수 있다.

**12.78** 아래의 조성을 갖는 각각의 합금에 대하여 치환 합금, 틈새 합금, 금속간 화합물 중 무엇인지를 결정하시오.
**(a)** $Fe_{0.97}Si_{0.03}$ **(b)** $Fe_{0.60}Ni_{0.40}$ **(c)** $SmCo_5$

**12.79** 다음 각 문장의 참과 거짓을 결정하시오.
**(a)** 치환 합금은 틈새 합금보다 연성이 좋다.
**(b)** 틈새 합금은 비슷한 이온 반지름을 갖는 원소들 사이에서 형성된다.
**(c)** 합금에서 비금속 원소는 전혀 발견되지 않는다.

**12.80** 다음과 같이 보석 산업에서 사용되는 '색을 갖는 금'을 만들기 위하여 금과 어떤 원소를 이용하여 합금을 만들어야 하는가? 각각에 대하여 어떤 형태의 합금이 생성되는지를 결정하시오.
**(a)** 흰색 금 **(b)** 붉은색 금 **(c)** 푸른색 금 **(d)** 초록색 금

**12.81** 온도 증가에 따라 모든 금속은 부피가 증가하는 **열팽창**(thermal expansion)을 겪는다. 열팽창은 단위 세포 길이에 어떻게 영향을 줄 것인가? 온도 증가가 금속의 밀도에 미치는 효과는 무엇인가?

**12.82** 다음 설명이 참인지, 거짓인지를 진술하시오.
**(a)** 금속은 전자들이 비편재화되어 있기 때문에 높은 전기 전도성

을 갖는다.

(b) 금속은 다른 고체들보다 조밀하기 때문에 높은 전기 전도성을 갖는다.

(c) 금속은 가열하였을 때 팽창하기 때문에 큰 열전도성을 갖는다.

(d) 금속은 열이 금속에 제공한 운동 에너지를 비편재화된 전자들이 쉽게 전달하지 못하기 때문에 열전도성이 작다.

**12.83** 다음 설명 중 알칼리 금속의 금속-금속 결합이 비교적 약하다는 사실에 따르지 않는 것은?

(a) 알칼리 금속은 다른 금속들보다 덜 조밀하다.

(b) 알칼리 금속은 칼로 자를 수 있을 만큼 무르다.

(c) 알칼리 금속은 다른 금속들보다 반응성이 크다.

(d) 알칼리 금속은 다른 금속들보다 녹는점이 더 높다.

(e) 알칼리 금속은 다른 금속들보다 이온화 에너지가 더 낮다.

**12.84** 원소 La, W, Ta, Hf를 녹는점이 증가하는 순으로 배열하시오. 녹는점의 경향을 설명하시오.

**12.85** 다음 각 무리에서 녹는점이 가장 높을 것으로 예상되는 금속은 무엇인가?

(a) 금(Au), 레늄(Re), 세슘(Cs)

(b) 루비듐(Rb), 몰리브데넘(Mo), 인듐(In)

(c) 루테늄(Ru), 스트론튬(Sr), 카드뮴(Cd)

## 이온성 고체(12.3절)

**12.86** Tausonite는 Sr, O, Ti로 이루어진 광물이며, 그림에 나타낸 것과 같이 입방 단위 세포를 갖는다.

(a) 이 광물의 실험식은 무엇인가?

(b) 타이타늄(Ti)에 배위되어 있는 산소의 수는 몇 개인가?

(c) 다른 이온들의 전체 배위 환경을 살펴보기 위해서는 인접하는 단위 세포까지 고려해야 한다. 스트론튬에 배위되어 있는 산소의 수는 몇 개인가?

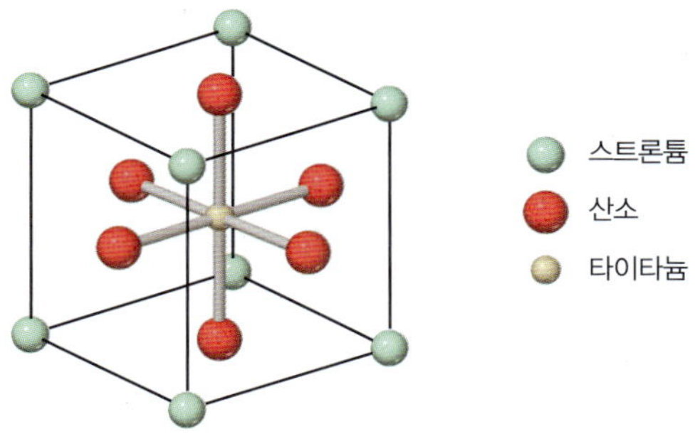


**12.87** 방연광(Galena)은 Pb와 S로 구성된 무기물이다. 이 무기물은 암염 구조를 취한다. PbS 단위 세포의 한 모서리의 길이는 25°C에서 0.593 nm이다. PbS의 밀도를 g/cm$_3$로 계산하시오.

**12.88** 인화 붕소(BP)는 섬아연광 구조를 갖는 결정을 형성한다. 단위 세포 한 모서리의 길이는 0.457 nm이다.

(a) 이 형태를 갖는 BP의 밀도를 계산하시오.

(b) 비소화 붕소(BAs) 역시 섬아연광 구조를 갖는 고체상을 형성한다. 이 광물에 대한 단위 세포 한 모서리의 길이는 0.478 nm이다. 단위 세포보다 큰 이유를 설명하시오.

(c) BAs와 BP 중 밀도가 더 큰 물질은 어느 것인가? 밀도의 차이를 어떻게 설명할 것인가?

**12.89** CuI, CsI, NaI는 각기 다른 구조를 갖는 결정을 형성한다. 그림 12.26에 세 가지의 서로 다른 구조가 나타나 있다.

(a) 이온 반지름 $Cs^+$($r$=181 pm), $Na^+$($r$=116 pm), $Cu^+$($r$=74 pm), 및 $I^-$($r$=206 pm)를 이용하여 각 화합물이 갖는 결정 구조를 예측하시오.

(b) 각 구조에서 아이오딘화 이온의 배위수는 얼마인가?

**12.90** $Mg^{2+}$ 이온의 배위수는 일반적으로 6이다. 이 가설이 항상 맞는다고 가정하고, 다음 화합물에서 음이온의 배위수를 구하시오.

(a) MgS (b) $MgF_2$ (c) MgO

## 공유성 고체(12.4절)

**12.91** 다음 각 문장의 참과 거짓을 결정하시오.

(a) 분자성 고체와 공유성 그물 구조 고체는 모두 공유 결합을 가지지만, 분자성 고체의 공유 결합이 훨씬 약하기 때문에 분자성 고체의 녹는점은 훨씬 낮다.

(b) 다른 요소들이 같다면, 대칭성이 좋은 분자가 비대칭적인 모양을 갖는 분자보다 녹는점이 높은 고체를 만드는 경향이 있다.

**12.92** 공유성 그물 구조 고체와 이온성 고체는 둘 다 녹는점이 모두 실온보다 높다. 순수한 상태에서 두 종류의 물질은 모두 전기 전도도가 나쁘다. 그러나 둘은 서로 매우 다른 특성을 나타낸다.

(a) 물에 용해가 잘 되는 고체는 어느 것인가?

(b) 화학적 치환을 통해 전도성을 갖게 되는 고체는 어느 것인가?

**12.93** 다음에 나타낸 반도체의 조합 각각에서 띠간격이 더 큰 것은 어느 쪽인가?

(a) CdS, CdTe (b) GaN, InP (c) GaAs, InAs

**12.94** n형 반도체를 만들기 위하여 Ga의 일부를 치환하여 GaAs를 도핑할 때 필요한 원소는 무엇인가?

**12.95** 실온에서 규소의 띠간격은 1.1 eV이다.

(a) 이 광자 에너지에 해당하는 빛의 파장은 얼마인가?

(b) 파장의 함수로 태양광의 에너지양을 나타내는 다음 도표에, 이 파장을 갖는 빛의 위치를 수직선을 그어 나타내시오. 규소는 태양의 가시광선 전부를 흡수하는가, 전혀 흡수하지 않는가, 아니면 일부분을 흡수하는가?

(c) 곡선 아래 영역의 면적을 고려하여 전체 태양 스펙트럼 중 규소가 흡수하는 부분을 계산할 수 있다. 전체 곡선 영역을 '100%'라고 하면, 규소에 의해 흡수되는 곡선 영역의 근사적인 %는 얼마인가?

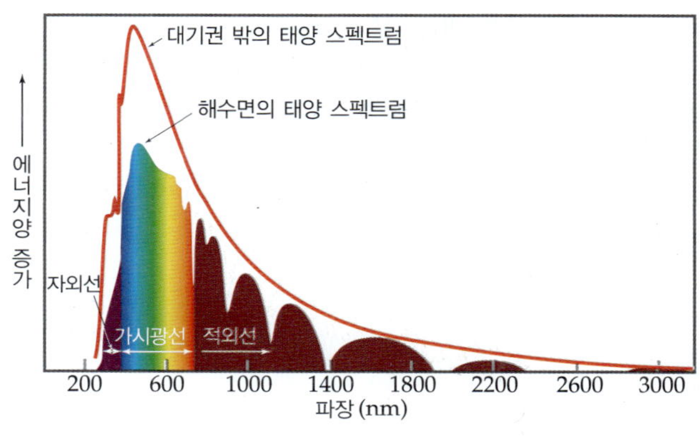

12.96 반도체 GaN의 띠간격은 3.4 eV이다. GaN로 만든 LED로부터 방출되는 빛의 파장은 얼마인가? 이 색은 무엇인가?

12.97 GaAs와 GaP는 자신과 동일한 결정 구조를 갖는 고체 용액을 만들고, As와 P는 결정 전체에 무질서하게 분포되어 있다. 어떤 $x$ 값에 대해서도 $GaP_xAs_{1-x}$가 존재한다. $x=0 \sim x=1$ 범위에서 물질의 띠간격이 화학적 조성에 정비례한다고 가정한 후, $GaP_{0.5}As_{0.5}$의 띠간격을 계산하시오(GaAs와 GaP 띠간격은 각각 1.43 eV와 2.26 eV이다). 이에 해당하는 빛의 파장은 얼마인가?

12.98 GaAs와 GaP의 고체 용액, $GaP_xAs_{1-x}$로 붉은색을 방출하는 LED를 만든다(예제 12.97 참조). 만들어진 붉은색 LED에서 방출되는 빛의 파장은 590 nm이다. $x=0 \sim x=1$ 범위에서 물질의 띠간격이 화학적 조성에 정비례한다고 가정한 후, 이 LED에 사용된 물질의 조성($x$ 값)을 계산하시오.

## 중합체(12.5절)

12.99 (a) 단위체란 무엇인가? (b) 다음 분자 중 단위체로 사용될 수 있는 것은 어느 것인가? 에탄올, 에텐, 메테인

12.100 중합체의 분자량 100 u, 10,000 u, 100,000 u, 1,000,000 u에 대하여 이 숫자가 타당한 값인지 설명하시오.

12.101 어떤 첨가 중합 반응은 SaranTM 랩이라고 사용되는 중합체를 형성한다. 그 구조는 $\text{+}CCl_2\text{—}CH_2\text{+}_n$이다. 이 단위체의 구조를 그리시오.

12.102 축합 중합체인 Kevlar는 자동차 타이어와 활줄 강화제 및 방탄조끼의 성분으로 사용된다.

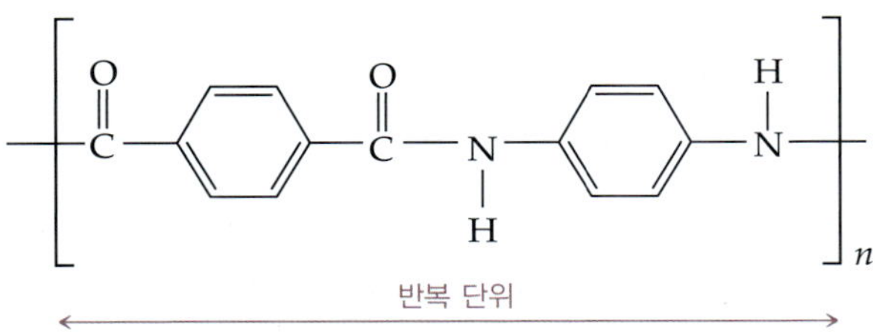


Kevlar를 생성하기 위해 사용한 두 단위체의 구조를 그리시오.

12.103 단백질은 아미노산의 축합 반응에 의해 생성된다. 아미노산의 일반적인 구조는 다음과 같다.

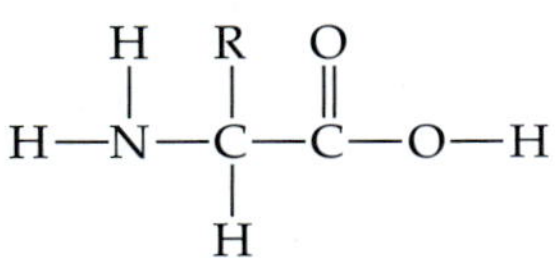

이 구조에서 −R은 −H, $-CH_3$, 또는 다른 작용기를 나타낸다. 20개의 다른 R기로 된 자연적인 아미노산이 20종 있다.

(a) 그림에 나타낸 분자의 축합 중합 반응에 의해 생성되는 단백질의 일반적인 구조를 그리시오.

(b) 단지 몇 개의 아미노산이 반응하여 사슬을 만들 때는 단백질이 아닌 '펩타이드'라고 한다. 50개 이상의 아미노산이 중합한 분자를 단백질이라고 한다. 세 개의 아미노산(R1, R2, R3의 다른 R기로 구분되는)에 대하여 축합 반응에 의해 생성되는 펩타이드 구조를 그리시오.

(c) 펩타이드나 단백질에 존재하는 R기의 배열 순서는 생물학적 활성에 큰 영향을 준다. 펩타이드와 단백질의 종류를 구별하기 위해 화학자는 먼저 'N 말단'의 치환기와 마지막 'C 말단'의 치환기에 따라 아미노산을 명명한다. (b)의 그림으로부터 'N 말단'과 'C 말단'의 의미하는 것을 이해할 수 있어야 한다. 세 개의 다른 아미노산으로부터 몇 개의 다른 펩타이드가 만들어질 수 있는가?

12.104 (a) 분자의 어떤 구조적 특성 때문에 중합체가 유연하게 되는가?

(b) 중합체에 교차 결합을 하면 전에 비해 더 유연해지는가, 덜 유연해지는가?

12.105 플라스틱 포장재를 만들려고 할 때, 결정도가 높은 중합체와 결정도가 낮은 중합체 중 어느 것을 선택해야 할까?

## 나노물질(12.6절)

12.106 고체가 나노 수준의 크기일 때, 고체의 결합을 '띠'로 가장 정확하게 기술하지 못할 수도 있다. 그 이유를 설명하시오.

12.107 다음 설명에 대하여 참 또는 거짓을 결정하시오.

(a) 1∼10 nm 정도에서 입자 크기가 감소하면 반도체의 띠간격은 감소한다.

(b) 외부 자극을 받아 반도체에서 방출되는 빛의 파장은 반도체의 입자 크기가 감소함에 따라 길어진다.

12.108 TV에 사용되기에 이상적인 양자점은 폐기의 문제 때문에 카드뮴을 포함하지 않는다. 이러한 목적에 맞는 가능성 있는 물질은 면심 입방의 섬아연광(ZnS) 구조를 가지는 InP이다. 단위 세포의 모서리 길이는 586.9 nm이다.

(a) 양자점이 입방체 모양으로 생겼다면 한 모서리의 길이가 3.00 nm와 5.00 nm일 경우, 입방체 결정에는 각 원자가 몇 개 있는가?

(b) (a)에서 한 나노입자가 푸른색을, 다른 입자가 노란색 빛을 방출할 경우, 3.00 nm와 5.00 nm 모서리의 길이를 가지는 결정은 어느 빛을 낼 것인가?

12.109 그래핀과 흑연의 차이점을 올바르게 설명한 것은 어느 것인가?

(a) 그래핀은 분자이지만, 흑연은 분자가 아니다.

(b) 그래핀은 단일층의 탄소 원자로 되어 있고, 흑연은 여러 층의, 더 큰 층의 탄소 원자로 되어 있다.

(c) 그래핀은 절연체이지만, 흑연은 금속이다.

(d) 흑연은 순수한 탄소이지만, 그래핀은 아니다.

(e) 그래핀에서 탄소는 $sp^2$ 혼성이지만, 흑연에서는 $sp^3$로 혼성화된다.

# 추가 연습 문제

**12.110** 선택된 염화물이 다음의 녹는점을 가진다.

NaCl(801°C), $MgCl_2$(714°C), $PCl_3$(−94°C), $SCl_2$(−121°C)

**(a)** 각 화합물은 어떤 형태의 고체(분자성, 금속성, 이온성, 공유성 그물 구조)인가?

**(b)** 다음 중 어느 화합물이 더 높은 녹는점을 가지는가?

$CaCl_2$와 $SiCl_4$

**12.111** 14개의 삼차원 격자 중 면심 사방 격자는 없다. 면심 사방 단위 세포는 더 작은 단위 세포를 갖는 체심 사방 격자로 다시 정의될 수 있음을 보이시오.

**12.112** 원시 입방 격자를 상상하자. 꼭대기에서 밑으로 누른 다음, 한 면을 오른쪽으로 당겼을 경우 모든 각도가 90°이다. 어떤 종류의 원시 격자를 만들었는가?

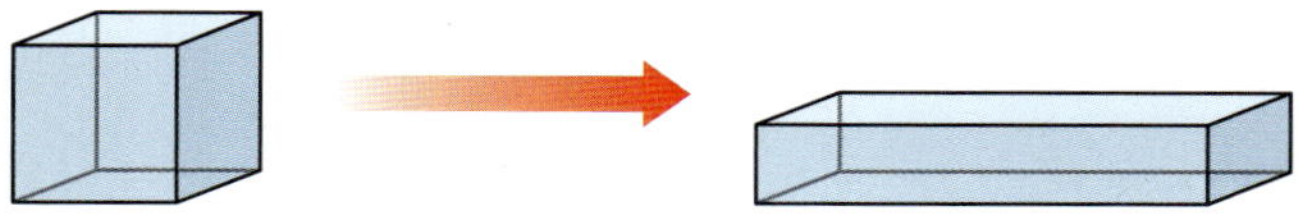

**12.113** 순수한 철은 체심 입방 구조를 갖는 결정을 형성한다. 그러나 소량의 불순물을 첨가하면 안정한 면심 입방 구조로 될 수 있다. 밀도가 큰 철의 형태는 무엇인가?

**12.114** 금속 격자에 탄소를 도입하면, 일반적으로 경도가 증가되고 연성이 낮아지며 전기 전도도 및 열전도도가 낮아진다. 그 이유를 설명하시오.

**12.115** $Ni_3Al$은 강도가 높고 밀도가 작기 때문에 비행기 엔진의 터빈에 사용된다. 니켈 금속은 면심 입방 단위 세포를 갖는 입방 조밀 쌓임 구조를 갖는 반면, 그림 12.17에 나타낸 바와 같이 $Ni_3Al$은 질서 배열된 입방 구조를 갖는다. 입방 단위 세포 한 모서리의 길이는 니켈의 경우 353 pm이고, $Ni_3Al$의 경우 356 pm이다. 이 자료를 이용하여 두 물질의 밀도를 계산하고 비교하시오.

**12.116** 그림 12.17에 나타낸 각 금속간 화합물에 대하여 단위 세포에 들어 있는 각 원자의 수를 결정하시오. 얻어진 답은 실험식 $Ni_3Al$, $Nb_3Sn$, $SmCo_5$으로부터 예상한 비율에 부합하는가?

**12.117** 다음 유형의 구조를 갖는 물질은 원시 입방, 체심 입방, 면심 입방 중 어떤 종류의 격자를 갖는가?

**(a)** NaF **(b)** Ag **(c)** Fe **(d)** CsCl **(e)** $ScF_3$

**12.118** CdS는 주홍이라고 알려진 염료로 사용된다. 실온 근처에서 거시 고체의 띠간격이 2.6 eV이다. 이 에너지의 광자는 어떤 파장 범위(nm)인가?

**12.119** 알루미늄의 전기 전도성은 주기율표에서 이웃한 원소보다 $10^9$배 더 크다. 알루미늄은 면심 입방 구조를 갖고, 규소는 다이아몬드 구조를 갖는다. 한 친구가 말하기를, 알루미늄은 금속이고, 규소는 금속이 아닌 이유가 밀도 때문이라고 한다. 규소에 높은 압력을 가하면 과연 금속처럼 거동할 것인지를, Al과 Si에 관해 필요한 모든 데이터를 찾아서 친구들과 토론해 보시오.

**12.120** 그림에 나타낸 것과 같이, 탄화 규소(SiC)는 삼차원 구조를 갖는다.

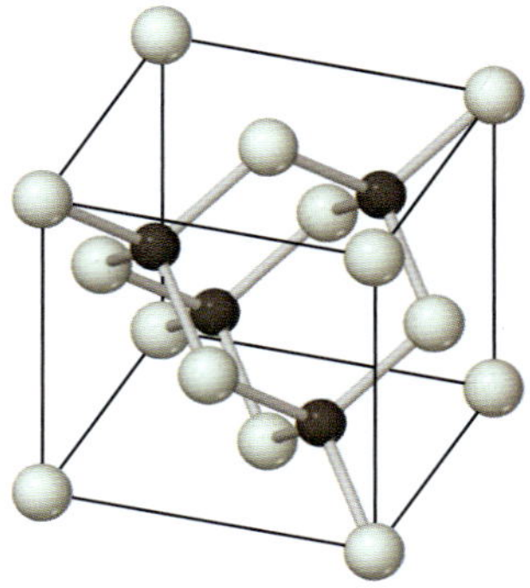

**(a)** 동일한 구조를 갖는 다른 화합물의 이름을 나열하시오.

**(b)** SiC에서 가장 우세한 결합은 이온성, 금속성, 공유성 중 어떤 것으로 예상하는가?

**(c)** SiC가 열안정성(2700°C)이 높고, 경도가 상당히 큰 것을, SiC의 결합 및 구조와 연관시켜 설명하시오.

**12.121** 에너지 띠는 많은 수의 가깝게 위치한 에너지 준위 때문에 연속적이라고 간주된다. 구리 결정에서 에너지 준위의 범위는 약 $1 \times 10^{-19}$ J이다. 인접한 준위가 등간격이라고 가정하면, 그 간격은 에너지 준위의 전체 범위를 결정 내의 원자수로 나누어 유추할 수 있다.

**(a)** 한 모서리의 길이가 0.5 mm인 입방체 모양의 구리 금속 조각에는 몇 개의 구리가 있는가? 구리의 밀도는 8.96 g/cm$^3$이다.

**(b)** (a)에서 구리 금속의 에너지 준위 사이의 평균 간격을 구하시오.

**(c)** 수소 원자의 에너지 준위 간격 $1 \times 10^{-18}$ J과 비교하여 이 간격이 더 큰지, 꽤 작은지 또는 유사한지 결정하시오.

**12.122** 금속과 달리 반도체의 전도도는 가열하면 어느 온도까지는 증가한다. 이에 대하여 설명하시오.

**12.123** 산화 소듐($Na_2O$)은 Na 원자가 초록색, 산소 원자가 붉은색 구로 표기되는 입방체 구조를 가진다.

**(a)** 단위 세포 내부에 각 종류의 원자가 몇 개 있는가?

**(b)** 소듐 이온의 배위수를 결정하고 배위 환경의 모양에 대해 서술하시오.

**(c)** 단위 세포의 한 모서리 길이가 555 pm일 경우, $Na_2O$의 밀도를 구하시오.

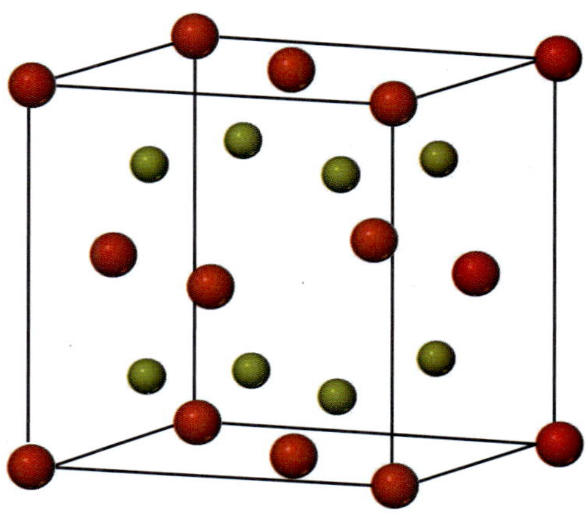

12.124 테플론(teflon)은 $F_2C{=}CF_2$의 중합에 의해 형성된 중합체이다.
(a) 이 중합체의 구조 일부를 그리시오.
(b) 테플론은 어떤 중합 반응으로 생성되는가?

12.125 나일론 6,6과 같은 나일론(표 12.6)의 특성을 결정하는 데 있어서 폴리아마이드 사슬 사이의 수소 결합이 중요한 역할을 한다. 인접하는 나일론 6,6 두 사슬의 구조식을 그리고, 사슬 사이에 일어나는 수소 결합 상호 작용을 나타내시오.

12.126 결정에서 원자간 거리를 측정하는 데 X선은 사용될 수 있지만 가시광선은 사용될 수 없음을 설명하시오.

12.127 X선 회절 연구에서 William과 Lawrence Bragg는 조사된 빛의 파장($\lambda$)과 빛의 회절 각도($\theta$) 사이의 관계식을 얻었다. 결정에서 회절을 일으키는 원자면 사이의 거리($d$)는 $n\lambda = 2d\sin\theta$로 주어진다. 154 pm의 파장을 갖는 구리 X선관으로부터 방출된 X선은 결정성 규소에 의해 14.22°의 각에서 회절된다. Bragg 식을 이용하여, 이 결정에서 이와 같은 회절에 해당하는 원자면 사이의 거리를 계산하시오(단, $n=1$(1차 회절)로 가정한다).

12.128 저마늄은 규소와 같은 구조를 갖는다. 그러나 Ge 원자와 Si 원자는 크기가 서로 다르기 때문에 단위 세포의 크기가 다르다. 앞의 문제에서 Si 결정 대신 Ge 결정을 사용하여 다시 실험한다면, X선의 회절각은 커지는가, 작아지는가?

12.129 (a) 다이아몬드의 밀도는 3.5 g/cm$^3$이고, 흑연의 밀도는 2.3 g/cm$^3$이다. 벅민스터풀러렌의 구조를 바탕으로 판단할 때, 벅민스터풀러렌의 밀도는 다이아몬드와 흑연에 비해 어떻게 될 것으로 예상하는가?
(b) X선 회절 연구에 의하면, 벅민스터풀러렌은 $C_{60}$ 분자의 면심 입방 격자를 갖는다. 단위 세포 한 모서리의 길이는 142 pm이다. 벅민스터풀러렌의 밀도를 계산하시오.

12.130 반도체에 띠간격에 해당하는 에너지나 더 높은 에너지의 빛을 비출 때 전자는 원자가띠에서 전도띠로 들뜨게 된다. 이때 반도체의 전도도는 어떻게 되는가?
(a) 변하지 않고 그대로 있다, (b) 증가한다, (c) 감소한다.

## 통합 연습 문제

12.131 캐럿 척도는 금의 합금에서 질량 백분율을 기반으로 기술하는 방식이다.
(a) 은 75 mol%와 금 25 mol%로 이루어진 합금은 몇 캐럿인가? 그림 12.18을 이용하여 이 합금의 색을 추정하시오.
(b) 구리 75 mol%와 금 25 mol%로 이루어진 합금은 몇 캐럿인가? 이 합금은 무슨 색을 띠는가?

12.132 스피넬(spinel)은 질량비로 Al 37.9%, Mg 17.1%, O 45.0%를 포함하는 광물이며, 밀도는 3.57 g/cm$^3$이다. 단위 세포는 한 모서리의 길이가 809 pm인 입방이다. 단위 세포에 들어 있는 각 원자의 수를 결정하시오.

12.133 (a) 다이아몬드에서 C−C−C 결합각은 얼마인가? (b) 흑연에서 C−C−C 결합각은 얼마인가? (c) 흑연의 단일층을 쌓아 올릴 때 어떤 원자 오비탈이 사용될까?

12.134 표 8.4에 나타낸 결합 엔탈피를 이용하여, 다음 반응의 엔탈피 변화를 추정하시오.
(a) 에텐의 중합 반응
(b) 나일론 6,6의 생성 반응
(c) 폴리에텐 테레프탈레이트(PET)의 생성 반응

12.135 폴리에텐은 무질서한 방식으로 구부러지고, 꼬일 수 있다. 가장 안정한 형태는 탄소 골격이 다음 그림처럼 배향된 선형이다.

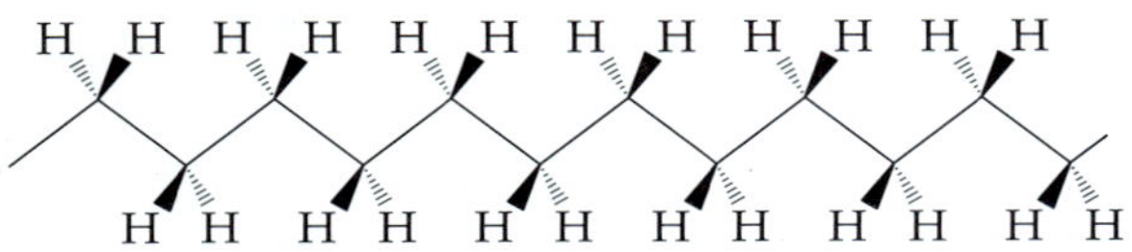

백본(backbone)의 탄소 원자는 간략하게 보이기 위해 표시하지 않았다. 그림에서 채워진 쐐기 모양은 지면 앞으로 나온 결합을 나타내고, 빗금친 쐐기 모양은 지면 뒤로 향한 결합을 나타낸다.
(a) 각 탄소 원자의 오비탈 혼성은 무엇인가? 결합각은 얼마인가?
(b) 폴리에텐 대신 폴리프로펜이라고 가정해 보자. 다음 각각에 대한 폴리프로펜의 구조를 그리시오. (i) $CH_3$기가 지면에 대하여 한쪽에만 위치한 경우(이 형태를 동일 배열 폴리프로펜이라고 한다.) (ii) $CH_3$기가 지면에 대하여 교대로 다른 면에 위치한 경우(이 형태를 교대 배열 폴리프로펜이라고 한다.) (iii) $CH_3$기가 지면에 대하여 양면에 무질서하게 위치한 경우(이 형태를 혼성 배열 폴리프로펜이라고 한다.) 결정성이 가장 좋고, 녹는점이 가장 높은 것은 어느 형태인가? 결정성이 가장 나쁘고, 녹는점이 가장 낮은 것은 어느 형태인가? 분자간 상호 작용과 분자 모양으로 이를 설명하시오.
(c) 폴리프로펜 섬유는 운동복에 사용되어 왔다. 몸에서 발생한 수분을 옷 밖으로 제거하는 능력에 있어서 폴리프로펜 제품이 면이나 폴리에스터 제품보다 우수하다. 물과 중합체 사이의 분자 간 인력으로 폴리프로펜과 폴리에스터(또는 분자 사슬을 따라 많은 −OH기를 갖는 면) 사이의 이와 같은 차이를 설명하시오.

12.136 (a) 표 12.6에 나타낸 폴리염화 바이닐에서 평균 결합 엔탈피가 가장 작은 결합은 어느 결합인가? (b) 고압에서 폴리염화 바이닐을 다이아몬드로 전환하기 위하여 물질을 가열할 때 가장 먼저 끊어지는 결합은 어느 결합인가? (c) 표 8.3에 나타낸 평균 결합 엔탈피를 이용하여, 폴리염화 바이닐이 다이아몬드로 전환되는 반응의 전체 엔탈피 변화를 추정하시오.

12.137 규소는 다이아몬드 구조를 갖는다. 단위 세포 한 모서리의 길이는 543 pm이고, 단위 세포당 8개의 원자가 들어 있다.

(a) 물질 1 $cm^3$ 속에 들어 있는 규소 원자의 수는 몇 개인가?

(b) 규소 시료 1 $cm^3$를 1 ppm의 인으로 도핑하면 전도도가 백만 배 증가한다고 가정하자. 필요한 인은 몇 mg인가?

**12.138** 이온성 고체를 합성하는 한 가지 방법은 고온에서 두 반응물을 가열하는 것이다. $MgTiO_3$를 형성하기 위한 MgO와 $TiO_2$의 반응을 생각해 보자. 반응이 완전하게 진행한다고 가정하고 3.250 g의 $MgTiO_3$를 마련하는 데 필요한 2가지 반응물의 양을 구하시오.

(a) 균형 맞춘 화학 반응식을 쓰시오.

(b) $MgTiO_3$의 화학식량을 구하시오.

(c) $MgTiO_3$의 몰수를 구하시오.

(d) 필요한 MgO의 몰수와 질량(g)을 구하시오.

(e) 필요한 $TiO_2$의 몰수와 질량(g)을 구하시오.

**12.139** 규소 원자의 지름을 pm 단위로 나타내시오. 최근의 반도체칩은 14 nm만큼 가는 선을 가지고 있다. 이에 해당되는 규소 원자의 수는 몇 개인가?

# 실험 설계 문제

중합체는 1920년대 후반 DuPont 회사에 의해 상업적으로 제조되었다. 그 당시 몇몇 화학자들은 중합체가 분자라는 것을 믿지 않았다. 그들은 수백만 개의 원자에 대하여 공유 결합이 지속될 수 없다고 생각했고, 중합체는 약한 분자 간의 힘에 의해 서로 잡혀 있는 덩어리라고 생각하였다. 중합체가 실제로 약한 분자간 힘에 의해 서로 잡혀 있는 작은 분자의 덩어리가 아니라 거대한 분자임을 설명하기 위한 실험을 설계하시오.

부록

# A

# 수학 연산

## A.1 | Exponential Notation

The numbers used in chemistry are often either extremely large or extremely small. Such numbers are conveniently expressed in the form

$$N \times 10^n$$

where $N$ is a number between 1 and 10, and $n$ is the exponent. Some examples of this *exponential notation*, which is also called *scientific notation*, follow.

| | |
|---|---|
| 1,200,000 is $1.2 \times 10^6$ | (read "one point two multi ten to the sixth power") |
| 0.000604 is $6.04 \times 10^{-4}$ | (read "six point zero four times ten to the negative fourth power") |

A positive exponent, as in the first example, tells us how many times a number must be multiplied by 10 to give the long form of the number:

$$\begin{aligned} 1.2 \times 10^6 &= 1.2 \times 10 \times 10 \times 10 \times 10 \times 10 \times 10 \quad \text{(six tens)} \\ &= 1{,}200{,}000 \end{aligned}$$

It is also convenient to think of the *positive exponent* as the number of places the decimal point must be moved to the *left* to obtain a number greater than 1 and less than 10. For example, if we begin with 3450 and move the decimal point three places to the left, we end up with $3.45 \times 10^3$.

In a related fashion, a negative exponent tells us how many times we must divide a number by 10 to give the long form of the number.

$$6.04 \times 10^{-4} = \frac{6.04}{10 \times 10 \times 10 \times 10} = 0.000604$$

It is convenient to think of the *negative exponent* as the number of places the decimal point must be moved to the *right* to obtain a number greater than 1 but less than 10. For example, if we begin with 0.0048 and move the decimal point three places to the right, we end up with $4.8 \times 10^{-3}$.

In the system of exponential notation, with each shift of the decimal point one place to the right, the exponent *decreases* by 1:

$$4.8 \times 10^{-3} = 48 \times 10^{-4}$$

Similarly, with each shift of the decimal point one place to the left, the exponent *increases* by 1:

$$4.8 \times 10^{-3} = 0.48 \times 10^{-2}$$

Many scientific calculators have a key labeled EXP or EE, which is used to enter numbers in exponential notation. To enter the number $5.8 \times 10^3$ on such a calculator, the key sequence is

$$\boxed{5}\boxed{\cdot}\boxed{8}\boxed{\text{EXP}}(\text{or }\boxed{\text{EE}})\boxed{3}$$

On some calculators the display will show 5.8, then a space, followed by 03, the exponent. On other calculators, a small 10 is shown with an exponent 3.

To enter a negative exponent, use the key labeled $+/-$. For example, to enter the number $8.6 \times 10^{-5}$, the key sequence is

$$\boxed{8}\boxed{\cdot}\boxed{6}\boxed{\text{EXP}}\boxed{+/-}\boxed{5}$$

*When entering a number in exponential notation, do not key in the 10 if you use the EXP or EE button.*

In working with exponents, it is important to recall that $10^0 = 1$. The following rules are useful for carrying exponents through calculations.

1. **Addition and Subtraction** In order to add or subtract numbers expressed in exponential notation, the powers of 10 must be the same.

$$\begin{aligned}(5.22 \times 10^4) + (3.21 \times 10^2) &= (522 \times 10^2) + (3.21 \times 10^2)\\ &= 525 \times 10^2 \quad \text{(3 significant figures)}\\ &= 5.25 \times 10^4\\ (6.25 \times 10^{-2}) - (5.77 \times 10^{-3}) &= (6.25 \times 10^{-2}) - (0.577 \times 10^{-2})\\ &= 5.67 \times 10^{-2} \quad \text{(3 significant figures)}\end{aligned}$$

When you use a calculator to add or subtract, you need not be concerned with having numbers with the same exponents because the calculator automatically takes care of this matter.

2. **Multiplication and Division** When numbers expressed in exponential notation are multiplied, the exponents are added; when numbers expressed in exponential notation are divided, the exponent of the denominator is subtracted from the exponent of the numerator.

$$\begin{aligned}(5.4 \times 10^2)(2.1 \times 10^3) &= (5.4)(2.1) \times 10^{2+3}\\ &= 11 \times 10^5\\ &= 1.1 \times 10^6\\ (1.2 \times 10^5)(3.22 \times 10^{-3}) &= (1.2)(3.22) \times 10^{5+(-3)} = 3.9 \times 10^2\end{aligned}$$

$$\frac{3.2 \times 10^5}{6.5 \times 10^2} = \frac{3.2}{6.5} \times 10^{5-2} = 0.49 \times 10^3 = 4.9 \times 10^2$$

$$\frac{5.7 \times 10^7}{8.5 \times 10^{-2}} = \frac{5.7}{8.5} \times 10^{7-(-2)} = 0.67 \times 10^9 = 6.7 \times 10^8$$

3. **Powers and Roots** When numbers expressed in exponential notation are raised to a power, the exponents are multiplied by the power. When the roots of numbers expressed in exponential notation are taken, the exponents are divided by the root.

$$\begin{aligned}(1.2 \times 10^5)^3 &= (1.2)^3 \times 10^{5\times3}\\ &= 1.7 \times 10^{15}\\ \sqrt[3]{2.5 \times 10^6} &= \sqrt[3]{2.5} \times 10^{6/3}\\ &= 1.3 \times 10^2\end{aligned}$$

Scientific calculators usually have keys labeled $x^2$ and $\sqrt{x}$ for squaring and taking the square root of a number, respectively. To take higher powers or roots, many calculators have $y^x$ and $\sqrt[x]{y}$ (or INV $y^x$) keys. For example, to perform the operation $\sqrt[3]{7.5 \times 10^{-4}}$ on such a calculator, you would key in $7.5 \times 10^{-4}$, press the $\sqrt[x]{y}$ key (or the INV and then the $y^x$ keys), enter the root, 3, and finally press =. The result is $9.1 \times 10^{-2}$.

## Sample Exercise 1
### Using Exponential Notation

Perform each of the following operations, using your calculator where possible:
**(a)** Write the number 0.0054 in standard exponential notation. **(b)** $(5.0 \times 10^{-2}) + (4.7 \times 10^{-3})$ **(c)** $(5.98 \times 10^{12})(2.77 \times 10^{-5})$ **(d)** $\sqrt[4]{1.75 \times 10^{-12}}$

### SOLUTION

**(a)** Because we move the decimal point three places to the right to convert 0.0054 to 5.4, the exponent is −3:

$$5.4 \times 10^{-3}$$

Scientific calculators are generally able to convert numbers to exponential notation using one or two keystrokes; frequently "SCI" for "scientific notation" will convert a number into exponential notation. Consult your instruction manual to see how this operation is accomplished on your calculator.

**(b)** To add these numbers longhand, we must convert them to the same exponent.

$$(5.0 \times 10^{-2}) + (0.47 \times 10^{-2}) = (5.0 + 0.47) \times 10^{-2} = 5.5 \times 10^{-2}$$

**(c)** Performing this operation longhand, we have

$$(5.98 \times 2.77) \times 10^{12-5} = 16.6 \times 10^{7} = 1.66 \times 10^{8}$$

**(d)** To perform this operation on a calculator, we enter the number, press the $\sqrt[x]{y}$ key (or the INV and $y^x$ keys), enter 4, and press the = key. The result is $1.15 \times 10^{-3}$.

**▶Practice Exercise**

Perform the following operations:
**(a)** Write 67,000 in exponential notation, showing two significant figures.
**(b)** $(3.378 \times 10^{-3}) - (4.97 \times 10^{-5})$
**(c)** $(1.84 \times 10^{15})(7.45 \times 10^{-2})$
**(d)** $(6.67 \times 10^{-8})^3$

# A.2 | Logarithms

## Common Logarithms

The common, or base-10, logarithm (abbreviated log) of any number is the power to which 10 must be raised to equal the number. For example, the common logarithm of 1000 (written log 1000) is 3 because raising 10 to the third power gives 1000.

$$10^3 = 1000\text{, therefore, } \log 1000 = 3$$

Further examples are

$$\log 10^5 = 5$$
$$\log 1 = 0 \quad \text{Remember that } 10^0 = 1$$
$$\log 10^{-2} = -2$$

In these examples the common logarithm can be obtained by inspection. However, it is not possible to obtain the logarithm of a number such as 31.25 by inspection. The logarithm of 31.25 is the number $x$ that satisfies the following relationship:

$$10^x = 31.25$$

Most electronic calculators have a key labeled LOG that can be used to obtain logarithms. For example, on many calculators we obtain the value of log 31.25 by entering 31.25 and pressing the LOG key. We obtain the following result:

$$\log 31.25 = 1.4949$$

Notice that 31.25 is greater than 10 ($10^1$) and less than 100 ($10^2$). The value for log 31.25 is accordingly between log 10 and log 100, that is, between 1 and 2.

## Significant Figures and Common Logarithms

For the common logarithm of a measured quantity, the number of digits after the decimal point equals the number of significant figures in the original number. For example, if 23.5 is a measured quantity (three significant figures), then log 23.5 = 1.371 (three significant figures after the decimal point).

## Antilogarithms

The process of determining the number that corresponds to a certain logarithm is known as obtaining an *antilogarithm*. It is the reverse of taking a logarithm. For example, we saw previously that log 23.5 = 1.371. This means that the antilogarithm of 1.371 equals 23.5.

$$\log 23.5 = 1.371$$
$$\text{antilog } 1.371 = 23.5$$

The process of taking the antilog of a number is the same as raising 10 to a power equal to that number.

$$\text{antilog } 1.371 = 10^{1.371} = 23.5$$

Many calculators have a key labeled $10^x$ that allows you to obtain antilogs directly. On others, it will be necessary to press a key labeled INV (for *inverse*), followed by the LOG key.

## Natural Logarithms

Logarithms based on the number $e$ are called natural, or base $e$, logarithms (abbreviated ln). The natural log of a number is the power to which $e$ (which has the value 2.71828...) must be raised to equal the number. For example, the natural log of 10 equals 2.303.

$$e^{2.303} = 10, \text{ therefore } \ln 10 = 2.303$$

Your calculator probably has a key labeled LN that allows you to obtain natural logarithms. For example, to obtain the natural log of 46.8, you enter 46.8 and press the LN key.

$$\ln 46.8 = 3.846$$

The natural antilog of a number is $e$ raised to a power equal to that number. If your calculator can calculate natural logs, it will also be able to calculate natural antilogs. On some calculators there is a key labeled $e^x$ that allows you to calculate natural antilogs directly; on others, it will be necessary to first press the INV key followed by the LN key. For example, the natural antilog of 1.679 is given by

$$\text{Natural antilog } 1.679 = e^{1.679} = 5.36$$

The relation between common and natural logarithms is as follows:

$$\ln a = 2.303 \log a$$

Notice that the factor relating the two, 2.303, is the natural log of 10, which we calculated earlier.

## Mathematical Operations Using Logarithms

Because logarithms are exponents, mathematical operations involving logarithms follow the rules for the use of exponents. For example, the product of $z^a$ and $z^b$ (where $z$ is any number) is given by

$$z^a \cdot z^b = z^{(a+b)}$$

Similarly, the logarithm (either common or natural) of a product equals the *sum* of the logs of the individual numbers.

$$\log ab = \log a + \log b \qquad \ln ab = \ln a + \ln b$$

For the log of a quotient,

$$\log(a/b) = \log a - \log b \qquad \ln(a/b) = \ln a - \ln b$$

Using the properties of exponents, we can also derive the rules for the logarithm of a number raised to a certain power.

$$\log a^n = n \log a \qquad \ln a^n = n \ln a$$

$$\log a^{1/n} = (1/n)\log a \qquad \ln a^{1/n} = (1/n)\ln a$$

## pH Problems

One of the most frequent uses for common logarithms in general chemistry is in working pH problems. The pH is defined as $-\log[H^+]$, where $[H^+]$ is the hydrogen ion concentration of a solution. The following sample exercise illustrates this application.

**Sample Exercise 2**
**Using Logarithms**

(a) What is the pH of a solution whose hydrogen ion concentration is 0.015 *M*?
(b) If the pH of a solution is 3.80, what is its hydrogen ion concentration?

**SOLUTION**

(1) We are given the value of $[H^+]$. We use the LOG key of our calculator to calculate the value of $\log[H^+]$. The pH is obtained by changing the sign of the value obtained. (Be sure to change the sign *after* taking the logarithm.)

$$[H^+] = 0.015$$
$$\log[H^+] = -1.82 \quad \text{(2 significant figures)}$$
$$pH = -(-1.82) = 1.82$$

(2) To obtain the hydrogen ion concentration when given the pH, we must take the antilog of $-$pH.

$$pH = -\log[H^+] = 3.80$$
$$\log[H^+] = -3.80$$
$$[H^+] = \text{antilog}(-3.80) = 10^{-3.80} = 1.6 \times 10^{-4}\,M$$

**Practice Exercise**
Perform the following operations:
**(a)** $\log(2.5 \times 10^{-5})$
**(b)** $\ln 32.7$
**(c)** antilog $-3.47$
**(d)** $e^{-1.89}$

# A.3 | Quadratic Equations

An algebraic equation of the form $ax^2 + bx + c = 0$ is called a *quadratic equation*. The two solutions to such an equation are given by the quadratic formula:

$$x = \frac{-b \pm \sqrt{b^2 - 4ac}}{2a}$$

Many calculators today can calculate the solutions to a quadratic equation with one or two keystrokes. Most of the time, $x$ corresponds to the concentration of a chemical species in solution. Only one of the solutions will be a positive number, and that is the one you should use; a "negative concentration" has no physical meaning.

**Sample Exercise 3**
**Using the Quadratic Formula**

Find the values of $x$ that satisfy the equation $2x^2 + 4x = 1$.

**SOLUTION**

To solve the given equation for x, we must first put it in the form

$$ax^2 + bx + c = 0$$

and then use the quadratic formula. If

$$2x^2 + 4x = 1$$

then

$$2x^2 + 4x - 1 = 0$$

Using the quadratic formula, where $a = 2$, $b = 4$, and $c = -1$, we have

$$x = \frac{-4 \pm \sqrt{4^2 - 4(2)(-1)}}{2(2)}$$
$$= \frac{-4 \pm \sqrt{16 + 8}}{4} = \frac{-4 \pm \sqrt{24}}{4} = \frac{-4 \pm 4.899}{4}$$

The two solutions are

$$x = \frac{0.899}{4} = 0.225 \quad \text{and} \quad x = \frac{-8.899}{4} = -2.225$$

If this was a problem in which $x$ represented a concentration, we would say $x = 0.225$ (in the appropriate units), since a negative number for concentration has no physical meaning.

# A.4 | Graphs

Often the clearest way to represent the interrelationship between two variables is to graph them. Usually, the variable that is being experimentally varied, called the *independent variable*, is shown along the horizontal axis ($x$-axis). The variable that responds to the change in the independent variable, called the *dependent variable*,

**TABLE A.1 Interrelation between Pressure and Temperature**

| Temperature (°C) | Pressure (kPa) |
|---|---|
| 20.0 | 12.16 |
| 30.0 | 12.56 |
| 40.0 | 12.97 |
| 50.0 | 13.37 |

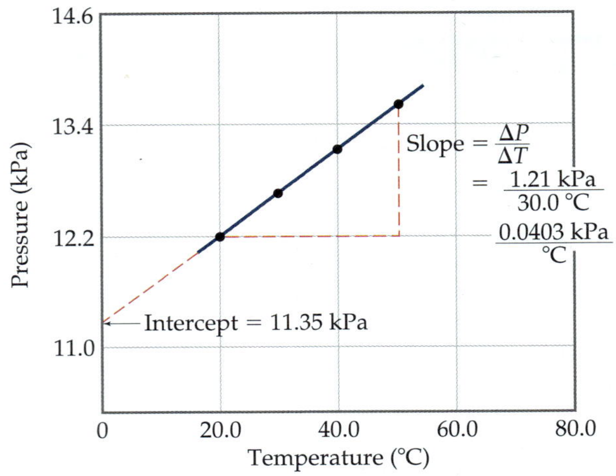


▲ **Figure A.1** A graph of pressure versus temperature yields a straight line for the data.

is then shown along the vertical axis ($y$-axis). For example, consider an experiment in which we vary the temperature of an enclosed gas and measure its pressure. The independent variable is temperature and the dependent variable is pressure. The data shown in **Table A.1** can be obtained by means of this experiment. These data are shown graphically in **Figure A.1**. The relationship between temperature and pressure is linear. The equation for any straight-line graph has the form

$$y = mx + b$$

where $m$ is the slope of the line and $b$ is the intercept with the $y$-axis. In the case of Figure A.1, we could say that the relationship between temperature and pressure takes the form

$$P = mT + b$$

where $P$ is pressure in kPa and $T$ is temperature in °C. As shown in Figure A.1, the slope is 0.0403 kPa/°C, and the intercept—the point where the line crosses the $y$-axis—is 11.35 kPa. Therefore, the equation for the line is

$$P = (0.0403\ \text{kPa/°C})T + 11.35\ \text{kPa}$$

# A.5 | Standard Deviation

The standard deviation from the mean, $s$, is a common method for describing precision in experimentally determined data. We define the standard deviation as

$$s = \sqrt{\frac{\sum_{i=1}^{N}(x_i - \bar{x})^2}{N - 1}}$$

where $N$ is the number of measurements, $\bar{x}$ is the average (also called the mean) of the measurements, and $xi$ represent the individual measurements. Electronic calculators with built-in statistical functions can calculate $s$ directly by inputting the individual measurements.

A smaller value of $s$ indicates a higher precision, meaning that the data are more closely clustered around the average. The standard deviation has statistical significance. If a large number of measurements is made, 68% of the measured values is expected to be within one standard deviation of the average, assuming only random errors are associated with the measurements.

## Sample Exercise 4
### Calculating an Average and Standard Deviation

The percent carbon in a sugar is measured four times: 42.01%, 42.28%, 41.79%, and 42.25%. Calculate (**a**) the average and (**b**) the standard deviation for these measurements.

### SOLUTION

(**a**) The average is found by adding the quantities and dividing by the number of measurements:

$$\bar{x} = \frac{42.01 + 42.28 + 41.79 + 42.25}{4} = \frac{168.33}{4} = 42.08$$

(**b**) The standard deviation is found using the preceding equation:

$$s = \sqrt{\frac{\sum_{i=1}^{N}(x_i - \bar{x})^2}{N - 1}}$$

Let's tabulate the data so the calculation of $\sum_{i=1}^{N}(x_i - \bar{x})^2$ can be seen clearly.

| Percent C | Difference between Measurement and Average, $(x_i - x)$ | Square of Difference, $(x_i - x)^2$ |
|---|---|---|
| 42.01 | $42.01 - 42.08 = -0.07$ | $(-0.07)^2 = 0.005$ |
| 42.28 | $42.28 - 42.08 = 0.20$ | $(0.20)^2 = 0.040$ |
| 41.79 | $41.79 - 42.08 = -0.29$ | $(-0.29)^2 = 0.084$ |
| 42.25 | $42.25 - 42.08 = 0.17$ | $(0.17)^2 = 0.029$ |

The sum of the quantities in the last column is

$$\sum_{i=1}^{N}(x_i - \bar{x})^2 = 0.005 + 0.040 + 0.084 + 0.029 = 0.16$$

Thus, the standard deviation is

$$s = \sqrt{\frac{\sum_{i=1}^{N}(x_i - \bar{x})^2}{N - 1}} = \sqrt{\frac{0.16}{4 - 1}} = \sqrt{\frac{0.16}{3}} = \sqrt{0.053} = 0.23$$

Based on these measurements, it would be appropriate to represent the measured percent carbon as $42.08 \pm 0.23$.

부록

# B 물의 성질

| | |
|---|---|
| Density: | 0.99987 g/mL at 0 °C<br>1.00000 g/mL at 4 °C<br>0.99707 g/mL at 25 °C<br>0.95838 g/mL at 100 °C |
| Heat (enthalpy) of fusion: | 6.008 kJ/mol at 0 °C |
| Heat (enthalpy) of vaporization: | 44.94 kJ/mol at 0 °C<br>44.02 kJ/mol at 25 °C<br>40.67 kJ/mol at 100 °C |
| Ion-product constant, $K_w$: | $1.14 \times 10^{-15}$ at 0 °C<br>$1.01 \times 10^{-14}$ at 25 °C<br>$5.47 \times 10^{-14}$ at 50 °C |
| Specific heat: | 2.092 J/g-K = 2.092 J/g · °C for ice at −3 °C<br>4.184 J/g-K = 4.184 J/g · °C for water at 25 °C<br>1.841 J/g-K = 1.841 J/g · °C for steam at 100 °C |

**Vapor Pressure (kPa) at Different Temperatures**

| T(°C) | P | T(°C) | P | T(°C) | P | T(°C) | P |
|---|---|---|---|---|---|---|---|
| 0 | 0.6106 | 21 | 2.486 | 35 | 5.626 | 92 | 75.59 |
| 5 | 0.8719 | 22 | 2.644 | 40 | 7.373 | 94 | 81.45 |
| 10 | 1.228 | 23 | 2.809 | 45 | 9.586 | 96 | 87.67 |
| 12 | 1.403 | 24 | 2.984 | 50 | 12.33 | 98 | 94.3 |
| 14 | 1.599 | 25 | 3.168 | 55 | 15.73 | 100 | 101.3 |
| 16 | 1.817 | 26 | 3.361 | 60 | 19.92 | 102 | 108.8 |
| 17 | 1.937 | 27 | 3.565 | 65 | 25 | 104 | 116.7 |
| 18 | 2.064 | 28 | 3.78 | 70 | 31.16 | 106 | 125 |
| 19 | 2.197 | 29 | 4.005 | 80 | 47.34 | 108 | 133.9 |
| 20 | 2.338 | 30 | 4.242 | 90 | 70.1 | 110 | 143.3 |

부록 C

# 298.15 K(25°C)에서의 몇 가지 물질의 열역학적 자료

| Substance | $\Delta H_f^\circ$ (kj/mol) | $\Delta G_f^\circ$ (kj/mol) | $S^\circ$ (j/mol-K) |
|---|---|---|---|
| Aluminum | | | |
| Al(*s*) | 0 | 0 | 28.32 |
| $AlCl_3(s)$ | −705.6 | −630.0 | 109.3 |
| $Al_2O_3(s)$ | −1669.8 | −1576.5 | 51.00 |
| Barium | | | |
| Ba(*s*) | 0 | 0 | 63.2 |
| $BaCO_3(s)$ | −1216.3 | −1137.6 | 112.1 |
| BaO(*s*) | −553.5 | −525.1 | 70.42 |
| Beryllium | | | |
| Be(*s*) | 0 | 0 | 9.44 |
| BeO(s) | −608.4 | −579.1 | 13.77 |
| $Be(OH)_2(s)$ | −905.8 | −817.9 | 50.21 |
| Bromine | | | |
| Br(*g*) | 111.8 | 82.38 | 174.9 |
| $Br^-(aq)$ | −120.9 | −102.8 | 80.71 |
| $Br_2(g)$ | 30.71 | 3.14 | 245.3 |
| $Br_2(l)$ | 0 | 0 | 152.3 |
| HBr(*g*) | −36.23 | −53.22 | 198.49 |
| Calcium | | | |
| Ca(*g*) | 179.3 | 145.5 | 154.8 |
| Ca(*s*) | 0 | 0 | 41.4 |
| $CaCO_3$(*s*, calcite) | −1207.1 | −1128.76 | 92.88 |
| $CaCl_2(s)$ | −795.8 | −748.1 | 104.6 |
| $CaF_2(s)$ | −1219.6 | −1167.3 | 68.87 |
| CaO(*s*) | −635.5 | −604.17 | 39.75 |
| $Ca(OH)_2(s)$ | −986.2 | −898.5 | 83.4 |
| $CaSO_4(s)$ | −1434.0 | −1321.8 | 106.7 |
| Carbon | | | |
| C(*g*) | 718.4 | 672.9 | 158.0 |
| C(*s*, diamond) | 1.88 | 2.84 | 2.43 |
| C(*s*, graphite) | 0 | 0 | 5.69 |
| $CCl_4(g)$ | −106.7 | −64.0 | 309.4 |
| $CCl_4(l)$ | −139.3 | −68.6 | 214.4 |
| $CF_4(g)$ | −679.9 | −635.1 | 262.3 |
| $CH_4(g)$ | −74.8 | −50.8 | 186.3 |
| $C_2H_2(g)$ | 226.77 | 209.2 | 200.8 |
| $C_2H_4(g)$ | 52.30 | 68.11 | 219.4 |
| $C_2H_6(g)$ | −84.68 | −32.89 | 229.5 |
| $C_3H_8(g)$ | −103.85 | −23.47 | 269.9 |
| $C_4H_{10}(g)$ | −124.73 | −15.71 | 310.0 |
| $C_4H_{10}(l)$ | −147.6 | −15.0 | 231.0 |
| $C_6H_6(g)$ | 82.9 | 129.7 | 269.2 |
| $C_6H_6(l)$ | 49.0 | 124.5 | 172.8 |
| $CH_3OH(g)$ | −201.2 | −161.9 | 237.6 |
| $CH_3OH(l)$ | −238.6 | −166.23 | 126.8 |
| $C_2H_5OH(g)$ | −235.1 | −168.5 | 282.7 |
| $C_2H_5OH(l)$ | −277.7 | −174.76 | 160.7 |
| $C_6H_{12}O_6(s)$ | −1273.02 | −910.4 | 212.1 |
| CO(*g*) | −110.5 | −137.2 | 197.9 |
| $CO_2(g)$ | −393.5 | −394.4 | 213.6 |
| $CH_3COOH(l)$ | −487.0 | −392.4 | 159.8 |
| Cesium | | | |
| Cs(*g*) | 76.50 | 49.53 | 175.6 |
| Cs(*l*) | 2.09 | 0.03 | 92.07 |
| Cs(*s*) | 0 | 0 | 85.15 |
| CsCl(*s*) | −442.8 | −414.4 | 101.2 |
| Chlorine | | | |
| Cl(*g*) | 121.7 | 105.7 | 165.2 |
| $Cl^-(aq)$ | −167.2 | −131.2 | 56.5 |
| $Cl_2(g)$ | 0 | 0 | 222.96 |
| HCl(*aq*) | −167.2 | −131.2 | 56.5 |
| HCl(*g*) | −92.30 | −95.27 | 186.69 |
| Chromium | | | |
| Cr(*g*) | 397.5 | 352.6 | 174.2 |
| Cr(*s*) | 0 | 0 | 23.6 |
| $Cr_2O_3(s)$ | −1139.7 | −1058.1 | 81.2 |
| Cobalt | | | |
| Co(*g*) | 439 | 393 | 179 |
| Co(*s*) | 0 | 0 | 28.4 |

| Substance | $\Delta H_f^\circ$ (kj/mol) | $\Delta G_f^\circ$ (kj/mol) | $S^\circ$ (j/mol-K) |
|---|---|---|---|
| Copper | | | |
| $Cu(g)$ | 338.4 | 298.6 | 166.3 |
| $Cu(s)$ | 0 | 0 | 33.30 |
| $CuCl_2(s)$ | −205.9 | −161.7 | 108.1 |
| $CuO(s)$ | −156.1 | −128.3 | 42.59 |
| $Cu_2O(s)$ | −170.7 | −147.9 | 92.36 |
| Fluorine | | | |
| $F(g)$ | 80.0 | 61.9 | 158.7 |
| $F^-(aq)$ | −332.6 | −278.8 | −13.8 |
| $F_2(g)$ | 0 | 0 | 202.7 |
| $HF(g)$ | −268.61 | −270.70 | 173.51 |
| Hydrogen | | | |
| $H(g)$ | 217.94 | 203.26 | 114.60 |
| $H^+(aq)$ | 0 | 0 | 0 |
| $H^+(g)$ | 1536.2 | 1517.0 | 108.9 |
| $H_2(g)$ | 0 | 0 | 130.58 |
| Iodine | | | |
| $I(g)$ | 106.60 | 70.16 | 180.66 |
| $I^-(g)$ | −55.19 | −51.57 | 111.3 |
| $I_2(g)$ | 62.25 | 19.37 | 260.57 |
| $I_2(s)$ | 0 | 0 | 116.73 |
| $HI(g)$ | 25.94 | 1.30 | 206.3 |
| Iron | | | |
| $Fe(g)$ | 415.5 | 369.8 | 180.5 |
| $Fe(s)$ | 0 | 0 | 27.15 |
| $Fe^{2+}(aq)$ | −87.86 | −84.93 | 113.4 |
| $Fe^{3+}(aq)$ | −47.69 | −10.54 | 293.3 |
| $FeCl_2(s)$ | −341.8 | −302.3 | 117.9 |
| $FeCl_3(s)$ | −400 | −334 | 142.3 |
| $FeO(s)$ | −271.9 | −255.2 | 60.75 |
| $Fe_2O_3(s)$ | −822.16 | −740.98 | 89.96 |
| $Fe_3O_4(s)$ | −1117.1 | −1014.2 | 146.4 |
| $FeS_2(s)$ | −171.5 | −160.1 | 52.92 |
| Lead | | | |
| $Pb(s)$ | 0 | 0 | 68.85 |
| $PbBr_2(s)$ | −277.4 | −260.7 | 161 |
| $PbCO_3(s)$ | −699.1 | −625.5 | 131.0 |
| $Pb(NO_3)_2(aq)$ | −421.3 | −246.9 | 303.3 |
| $Pb(NO_3)_2(s)$ | −451.9 | — | — |
| $PbO(s)$ | −217.3 | −187.9 | 68.70 |
| Lithium | | | |
| $Li(g)$ | 159.3 | 126.6 | 138.8 |
| $Li(s)$ | 0 | 0 | 29.09 |
| $Li^+(aq)$ | −278.5 | −273.4 | 12.2 |
| $Li^+(g)$ | 685.7 | 648.5 | 133.0 |
| $LiCl(s)$ | −408.3 | −384.0 | 59.30 |
| Magnesium | | | |
| $Mg(g)$ | 147.1 | 112.5 | 148.6 |
| $Mg(s)$ | 0 | 0 | 32.51 |
| $MgCl_2(s)$ | −641.6 | −592.1 | 89.6 |
| $MgO(s)$ | −601.8 | −569.6 | 26.8 |
| $Mg(OH)_2(s)$ | −924.7 | −833.7 | 63.24 |
| Manganese | | | |
| $Mn(g)$ | 280.7 | 238.5 | 173.6 |
| $Mn(s)$ | 0 | 0 | 32.0 |
| $MnO(s)$ | −385.2 | −362.9 | 59.7 |
| $MnO_2(s)$ | −519.6 | −464.8 | 53.14 |
| $MnO_4^-(aq)$ | −541.4 | −447.2 | 191.2 |
| Mercury | | | |
| $Hg(g)$ | 60.83 | 31.76 | 174.89 |
| $Hg(l)$ | 0 | 0 | 77.40 |
| $HgCl_2(s)$ | −230.1 | −184.0 | 144.5 |
| $Hg_2Cl_2(s)$ | −264.9 | −210.5 | 192.5 |
| Nickel | | | |
| $Ni(g)$ | 429.7 | 384.5 | 182.1 |
| $Ni(s)$ | 0 | 0 | 29.9 |
| $NiCl_2(s)$ | −305.3 | −259.0 | 97.65 |
| $NiO(s)$ | −239.7 | −211.7 | 37.99 |
| Nitrogen | | | |
| $N(g)$ | 472.7 | 455.5 | 153.3 |
| $N_2(g)$ | 0 | 0 | 191.50 |
| $NH_3(aq)$ | −80.29 | −26.50 | 111.3 |
| $NH_3(g)$ | −46.19 | −16.66 | 192.5 |
| $NH_4^+(aq)$ | −132.5 | −79.31 | 113.4 |
| $N_2H_4(g)$ | 95.40 | 159.4 | 238.5 |
| $NH_4CN(s)$ | 0.4 | — | — |
| $NH_4Cl(s)$ | −314.4 | −203.0 | 94.6 |
| $NH_4NO_3(s)$ | −365.6 | −184.0 | 151 |
| $NO(g)$ | 90.37 | 86.71 | 210.62 |
| $NO_2(g)$ | 33.84 | 51.84 | 240.45 |
| $N_2O(g)$ | 81.6 | 103.59 | 220.0 |
| $N_2O_4(g)$ | 9.66 | 98.28 | 304.3 |
| $NOCl(g)$ | 52.6 | 66.3 | 264 |
| $HNO_3(aq)$ | −206.6 | −110.5 | 146 |
| $HNO_3(g)$ | −134.3 | −73.94 | 266.4 |

| Substance | $\Delta H_f^\circ$ (kj/mol) | $\Delta G_f^\circ$ (kj/mol) | $S^\circ$ (j/mol-K) |
|---|---|---|---|
| Oxygen | | | |
| $O(g)$ | 247.5 | 230.1 | 161.0 |
| $O_2(g)$ | 0 | 0 | 205.0 |
| $O_3(g)$ | 142.3 | 163.4 | 237.6 |
| $OH^-(aq)$ | −230.0 | −157.3 | −10.7 |
| $H_2O(g)$ | −241.82 | −228.57 | 188.83 |
| $H_2O(l)$ | −285.83 | −237.13 | 69.91 |
| $H_2O_2(g)$ | −136.10 | −105.48 | 232.9 |
| $H_2O_2(l)$ | −187.8 | −120.4 | 109.6 |
| Phosphorus | | | |
| $P(g)$ | 316.4 | 280.0 | 163.2 |
| $P_2(g)$ | 144.3 | 103.7 | 218.1 |
| $P_4(g)$ | 58.9 | 24.4 | 280 |
| $P_4(s, \text{red})$ | −17.46 | −12.03 | 22.85 |
| $P_4(s, \text{white})$ | 0 | 0 | 41.08 |
| $PCl_3(g)$ | −288.07 | −269.6 | 311.7 |
| $PCl_3(l)$ | −319.6 | −272.4 | 217 |
| $PF_5(g)$ | −1594.4 | −1520.7 | 300.8 |
| $PH_3(g)$ | 5.4 | 13.4 | 210.2 |
| $P_4O_6(s)$ | −1640.1 | — | — |
| $P_4O_{10}(s)$ | −2940.1 | −2675.2 | 228.9 |
| $POCl_3(g)$ | −542.2 | −502.5 | 325 |
| $POCl_3(l)$ | −597.0 | −520.9 | 222 |
| $H_3PO_4(aq)$ | −1288.3 | −1142.6 | 158.2 |
| Potassium | | | |
| $K(g)$ | 89.99 | 61.17 | 160.2 |
| $K(s)$ | 0 | 0 | 64.67 |
| $K^+(aq)$ | −252.4 | −283.3 | 102.5 |
| $K^+(g)$ | 514.2 | 481.2 | 154.5 |
| $KCl(s)$ | −435.9 | −408.3 | 82.7 |
| $KClO_3(s)$ | −391.2 | −289.9 | 143.0 |
| $KClO_3(aq)$ | −349.5 | −284.9 | 265.7 |
| $K_2CO_3(s)$ | −1150.18 | −1064.58 | 155.44 |
| $KNO_3(s)$ | −492.70 | −393.13 | 132.9 |
| $K_2O(s)$ | −363.2 | −322.1 | 94.14 |
| $KO_2(s)$ | −284.5 | −240.6 | 122.5 |
| $K_2O_2(s)$ | −495.8 | −429.8 | 113.0 |
| $KOH(s)$ | −424.7 | −378.9 | 78.91 |
| $KOH(aq)$ | −482.4 | −440.5 | 91.6 |
| Rubidium | | | |
| $Rb(g)$ | 85.8 | 55.8 | 170.0 |
| $Rb(s)$ | 0 | 0 | 76.78 |
| $RbCl(s)$ | −430.5 | −412.0 | 92 |
| $RbClO_3(s)$ | −392.4 | −292.0 | 152 |

| Substance | $\Delta H_f^\circ$ (kj/mol) | $\Delta G_f^\circ$ (kj/mol) | $S^\circ$ (j/mol-K) |
|---|---|---|---|
| Scandium | | | |
| $Sc(g)$ | 377.8 | 336.1 | 174.7 |
| $Sc(s)$ | 0 | 0 | 34.6 |
| Selenium | | | |
| $H_2Se(g)$ | 29.7 | 15.9 | 219.0 |
| Silicon | | | |
| $Si(g)$ | 368.2 | 323.9 | 167.8 |
| $Si(s)$ | 0 | 0 | 18.7 |
| $SiC(s)$ | −73.22 | −70.85 | 16.61 |
| $SiCl_4(l)$ | −640.1 | −572.8 | 239.3 |
| $SiO_2(s, \text{quartz})$ | −910.9 | −856.5 | 41.84 |
| Silver | | | |
| $Ag(s)$ | 0 | 0 | 42.55 |
| $Ag^+(aq)$ | 105.90 | 77.11 | 73.93 |
| $AgCl(s)$ | −127.0 | −109.70 | 96.11 |
| $Ag_2O(s)$ | −31.05 | −11.20 | 121.3 |
| $AgNO_3(s)$ | −124.4 | −33.41 | 140.9 |
| Sodium | | | |
| $Na(g)$ | 107.7 | 77.3 | 153.7 |
| $Na(s)$ | 0 | 0 | 51.45 |
| $Na^+(aq)$ | −240.1 | −261.9 | 59.0 |
| $Na^+(g)$ | 609.3 | 574.3 | 148.0 |
| $NaBr(aq)$ | −360.6 | −364.7 | 141.00 |
| $NaBr(s)$ | −361.4 | −349.3 | 86.82 |
| $Na_2CO_3(s)$ | −1130.9 | −1047.7 | 136.0 |
| $NaCl(aq)$ | −407.1 | −393.0 | 115.5 |
| $NaCl(g)$ | −181.4 | −201.3 | 229.8 |
| $NaCl(s)$ | −410.9 | −384.0 | 72.33 |
| $NaHCO_3(s)$ | −947.7 | −851.8 | 102.1 |
| $NaNO_3(aq)$ | −446.2 | −372.4 | 207 |
| $NaNO_3(s)$ | −467.9 | −367.0 | 116.5 |
| $NaOH(aq)$ | −469.6 | −419.2 | 49.8 |
| $NaOH(s)$ | −425.6 | −379.5 | 64.46 |
| $Na_2SO_4(s)$ | −1387.1 | −1270.2 | 149.6 |
| Strontium | | | |
| $SrO(s)$ | −592.0 | −561.9 | 54.9 |
| $Sr(g)$ | 164.4 | 110.0 | 164.6 |
| Sulfur | | | |
| $S(s, \text{rhombic})$ | 0 | 0 | 31.88 |
| $S_8(g)$ | 102.3 | 49.7 | 430.9 |
| $SO_2(g)$ | −296.9 | −300.4 | 248.5 |
| $SO_3(g)$ | −395.2 | −370.4 | 256.2 |
| $SO_4^{2-}(aq)$ | −909.3 | −744.5 | 20.1 |

| Substance | $\Delta H_f^\circ$ (kj/mol) | $\Delta G_f^\circ$ (kj/mol) | $S^\circ$ (j/mol-K) |
|---|---|---|---|
| $SOCl_2(l)$ | −245.6 | — | — |
| $H_2S(g)$ | −20.17 | −33.01 | 205.6 |
| $H_2SO_4(aq)$ | −909.3 | −744.5 | 20.1 |
| $H_2SO_4(l)$ | −814.0 | −689.9 | 156.1 |
| Titanium | | | |
| $Ti(g)$ | 468 | 422 | 180.3 |
| $Ti(s)$ | 0 | 0 | 30.76 |
| $TiCl_4(g)$ | −763.2 | −726.8 | 354.9 |
| $TiCl_4(l)$ | −804.2 | −728.1 | 221.9 |
| $TiO_2(s)$ | −944.7 | −889.4 | 50.29 |

| Substance | $\Delta H_f^\circ$ (kj/mol) | $\Delta G_f^\circ$ (kj/mol) | $S^\circ$ (j/mol-K) |
|---|---|---|---|
| Vanadium | | | |
| $V(g)$ | 514.2 | 453.1 | 182.2 |
| $V(s)$ | 0 | 0 | 28.9 |
| Zinc | | | |
| $Zn(g)$ | 130.7 | 95.2 | 160.9 |
| $Zn(s)$ | 0 | 0 | 41.63 |
| $ZnCl_2(s)$ | −415.1 | −369.4 | 111.5 |
| $ZnO(s)$ | −348.0 | −318.2 | 43.9 |

부록

D

# 수용액의 평형 상수

**TABLE D.1 Dissociation Constants for Acids at 25 °C**

| Name | Formula | $K_{a1}$ | $K_{a2}$ | $K_{a3}$ |
|---|---|---|---|---|
| Acetic acid | $CH_3COOH$ (or $HC_2H_3O_2$) | $1.8 \times 10^{-5}$ | | |
| Arsenic acid | $H_3AsO_4$ | $5.6 \times 10^{-3}$ | $1.0 \times 10^{-7}$ | $3.0 \times 10^{-12}$ |
| Arsenous acid | $H_3AsO_3$ | $5.1 \times 10^{-10}$ | | |
| Ascorbic acid | $H_2C_6H_6O_6$ | $8.0 \times 10^{-5}$ | $1.6 \times 10^{-12}$ | |
| Benzoic acid | $C_6H_5COOH$ (or $HC_7H_5O_2$) | $6.3 \times 10^{-5}$ | | |
| Boric acid | $H_3BO_3$ | $5.8 \times 10^{-10}$ | | |
| Butanoic acid | $C_3H_7COOH$ (or $HC_4H_7O_2$) | $1.5 \times 10^{-5}$ | | |
| Carbonic acid | $H_2CO_3$ | $4.3 \times 10^{-7}$ | $5.6 \times 10^{-11}$ | |
| Chloroacetic acid | $CH_2ClCOOH$ (or $HC_2H_2O_2Cl$) | $1.4 \times 10^{-3}$ | | |
| Chlorous acid | $HClO_2$ | $1.1 \times 10^{-2}$ | | |
| Citric acid | $HOOCC(OH)(CH_2COOH)_2$ (or $H_3C_6H_5O_7$) | $7.4 \times 10^{-4}$ | $1.7 \times 10^{-5}$ | $4.0 \times 10^{-7}$ |
| Cyanic acid | $HCNO$ | $3.5 \times 10^{-4}$ | | |
| Formic acid | $HCOOH$ (or $HCHO_2$) | $1.8 \times 10^{-4}$ | | |
| Hydroazoic acid | $HN_3$ | $1.9 \times 10^{-5}$ | | |
| Hydrocyanic acid | $HCN$ | $4.9 \times 10^{-10}$ | | |
| Hydrofluoric acid | $HF$ | $6.8 \times 10^{-4}$ | | |
| Hydrogen chromate ion | $HCrO_4^-$ | $3.0 \times 10^{-7}$ | | |
| Hydrogen peroxide | $H_2O_2$ | $2.4 \times 10^{-12}$ | | |
| Hydrogen selenate ion | $HSeO_4^-$ | $2.2 \times 10^{-2}$ | | |
| Hydrogen sulfide | $H_2S$ | $9.5 \times 10^{-8}$ | $1 \times 10^{-19}$ | |
| Hypobromous acid | $HBrO$ | $2.5 \times 10^{-9}$ | | |
| Hypochlorous acid | $HClO$ | $3.0 \times 10^{-8}$ | | |
| Hypoiodous acid | $HIO$ | $2.3 \times 10^{-11}$ | | |
| Iodic acid | $HIO_3$ | $1.7 \times 10^{-1}$ | | |
| Lactic acid | $CH_3CH(OH)COOH$ (or $HC_3H_5O_3$) | $1.4 \times 10^{-4}$ | | |
| Malonic acid | $CH_2(COOH)_2$ (or $H_2C_3H_2O_4$) | $1.5 \times 10^{-3}$ | $2.0 \times 10^{-6}$ | |
| Nitrous acid | $HNO_2$ | $4.5 \times 10^{-4}$ | | |
| Oxalic acid | $(COOH)_2$ (or $H_2C_2O_4$) | $5.9 \times 10^{-2}$ | $6.4 \times 10^{-5}$ | |
| Paraperiodic acid | $H_5IO_6$ | $2.8 \times 10^{-2}$ | $5.3 \times 10^{-9}$ | |
| Phenol | $C_6H_5OH$ (or $HC_6H_5O$) | $1.3 \times 10^{-10}$ | | |
| Phosphoric acid | $H_3PO_4$ | $7.5 \times 10^{-3}$ | $6.2 \times 10^{-8}$ | $4.2 \times 10^{-13}$ |
| Propionic acid | $C_2H_5COOH$ (or $HC_3H_5O_2$) | $1.3 \times 10^{-5}$ | | |
| Pyrophosphoric acid | $H_4P_2O_7$ | $3.0 \times 10^{-2}$ | $4.4 \times 10^{-3}$ | $2.1 \times 10^{-7}$ |
| Selenous acid | $H_2SeO_3$ | $2.3 \times 10^{-3}$ | $5.3 \times 10^{-9}$ | |
| Sulfuric acid | $H_2SO_4$ | Strong acid | $1.2 \times 10^{-2}$ | |
| Sulfurous acid | $H_2SO_3$ | $1.7 \times 10^{-2}$ | $6.4 \times 10^{-8}$ | |
| Tartaric acid | $HOOC(CHOH)_2COOH$ (or $H_2C_4H_4O_6$) | $1.0 \times 10^{-3}$ | | |

**TABLE D.2 Dissociation Constants for Bases at 25 °C**

| Name | Formula | $K_b$ |
|---|---|---|
| Ammonia | $NH_3$ | $1.8 \times 10^{-5}$ |
| Aniline | $C_6H_5NH_2$ | $4.3 \times 10^{-10}$ |
| Dimethylamine | $(CH_3)_2NH$ | $5.4 \times 10^{-4}$ |
| Ethylamine | $C_2H_5NH_2$ | $6.4 \times 10^{-4}$ |
| Hydrazine | $H_2NNH_2$ | $1.3 \times 10^{-6}$ |
| Hydroxylamine | $HONH_2$ | $1.1 \times 10^{-8}$ |
| Methylamine | $CH_3NH_2$ | $4.4 \times 10^{-4}$ |
| Pyridine | $C_5H_5N$ | $1.7 \times 10^{-9}$ |
| Trimethylamine | $(CH_3)_3N$ | $6.4 \times 10^{-5}$ |

**TABLE D.3 Solubility-Product Constants for Compounds at 25 °C**

| Name | Formula | $K_{sp}$ | Name | Formula | $K_{sp}$ |
|---|---|---|---|---|---|
| Barium carbonate | $BaCO_3$ | $5.0 \times 10^{-9}$ | Lead(II) fluoride | $PbF_2$ | $3.6 \times 10^{-8}$ |
| Barium chromate | $BaCrO_4$ | $2.1 \times 10^{-10}$ | Lead(II) sulfate | $PbSO_4$ | $6.3 \times 10^{-7}$ |
| Barium fluoride | $BaF_2$ | $1.7 \times 10^{-6}$ | Lead(II) sulfide* | $PbS$ | $3 \times 10^{-28}$ |
| Barium oxalate | $BaC_2O_4$ | $1.6 \times 10^{-6}$ | Magnesium hydroxide | $Mg(OH)_2$ | $1.8 \times 10^{-11}$ |
| Barium sulfate | $BaSO_4$ | $1.1 \times 10^{-10}$ | Magnesium carbonate | $MgCO_3$ | $3.5 \times 10^{-8}$ |
| Cadmium carbonate | $CdCO_3$ | $1.8 \times 10^{-14}$ | Magnesium oxalate | $MgC_2O_4$ | $8.6 \times 10^{-5}$ |
| Cadmium hydroxide | $Cd(OH)_2$ | $2.5 \times 10^{-14}$ | Manganese(II) carbonate | $MnCO_3$ | $5.0 \times 10^{-10}$ |
| Cadmium sulfide* | $CdS$ | $8 \times 10^{-28}$ | Manganese(II) hydroxide | $Mn(OH)_2$ | $1.6 \times 10^{-13}$ |
| Calcium carbonate (calcite) | $CaCO_3$ | $4.5 \times 10^{-9}$ | Manganese(II) sulfide* | $MnS$ | $2 \times 10^{-53}$ |
| Calcium chromate | $CaCrO_4$ | $4.5 \times 10^{-9}$ | Mercury(I) chloride | $Hg_2Cl_2$ | $1.2 \times 10^{-18}$ |
| Calcium fluoride | $CaF_2$ | $3.9 \times 10^{-11}$ | Mercury(I) iodide | $Hg_2I_2$ | $1.1 \times 10^{-1.1}$ |
| Calcium hydroxide | $Ca(OH)_2$ | $6.5 \times 10^{-6}$ | Mercury(II) sulfide* | $HgS$ | $2 \times 10^{-53}$ |
| Calcium phosphate | $Ca_3(PO_4)_2$ | $2.0 \times 10^{-29}$ | Nickel(II) carbonate | $NiCO_3$ | $1.3 \times 10^{-7}$ |
| Calcium sulfate | $CaSO_4$ | $2.4 \times 10^{-5}$ | Nickel(II) hydroxide | $Ni(OH)_2$ | $6.0 \times 10^{-16}$ |
| Chromium(III) hydroxide | $Cr(OH)_3$ | $6.7 \times 10^{-31}$ | Nickel(II) sulfide* | $NiS$ | $3 \times 10^{-20}$ |
| Cobalt(II) carbonate | $CoCO_3$ | $1.0 \times 10^{-10}$ | Silver bromate | $AgBrO_3$ | $5.5 \times 10^{-13}$ |
| Cobalt(II) hydroxide | $Co(OH)_2$ | $1.3 \times 10^{-15}$ | Silver bromide | $AgBr$ | $5.0 \times 10^{-13}$ |
| Cobalt(II) sulfide* | $CoS$ | $5 \times 10^{-22}$ | Silver carbonate | $Ag_2CO_3$ | $8.1 \times 10^{-12}$ |
| Copper(I) bromide | $CuBr$ | $5.3 \times 10^{-9}$ | Silver chloride | $AgCl$ | $1.8 \times 10^{-10}$ |
| Copper(II) carbonate | $CuCO_3$ | $2.3 \times 10^{-10}$ | Silver chromate | $Ag_2CrO_4$ | $1.2 \times 10^{-12}$ |
| Copper(II) hydroxide | $Cu(OH)_2$ | $4.8 \times 10^{-20}$ | Silver iodide | $AgI$ | $8.3 \times 10^{-17}$ |
| Copper(II) sulfide* | $CuS$ | $6 \times 10^{-37}$ | Silver sulfate | $Ag_2SO_4$ | $1.5 \times 10^{-5}$ |
| Iron(II) carbonate | $FeCO_3$ | $2.1 \times 10^{-11}$ | Silver sulfide* | $Ag_2S$ | $6 \times 10^{-51}$ |
| Iron(II) hydroxide | $Fe(OH)_2$ | $7.9 \times 10^{-16}$ | Strontium carbonate | $SrCO_3$ | $9.3 \times 10^{-10}$ |
| Lanthanum fluoride | $LaF_3$ | $2 \times 10^{-19}$ | Tin(II) sulfide* | $SnS$ | $1 \times 10^{-26}$ |
| Lanthanum iodate | $La(IO_3)_3$ | $7.4 \times 10^{-14}$ | Zinc carbonate | $ZnCO_3$ | $1.0 \times 10^{-10}$ |
| Lead(II) carbonate | $PbCO_3$ | $7.4 \times 10^{-14}$ | Zinc hydroxide | $Zn(OH)_2$ | $3.0 \times 10^{-16}$ |
| Lead(II) chloride | $PbCl_2$ | $1.7 \times 10^{-5}$ | Zinc oxalate | $ZnC_2O_4$ | $2.7 \times 10^{-8}$ |
| Lead(II) chromate | $PbCrO_4$ | $2.8 \times 10^{-13}$ | Zinc sulfide* | $ZnS$ | $2 \times 10^{-25}$ |

* For a solubility equilibrium of the type $MS(s) + H_2O(l) \rightleftharpoons M^{2+}(aq) + HS^-(aq) + OH^-(aq)$

부록

# E

# 25 °C에서의 표준 환원 전위

| Half-Reaction | $E°(V)$ | Half-Reaction | $E°(V)$ |
|---|---|---|---|
| $Ag^+(aq) + e^- \longrightarrow Ag(s)$ | +0.80 | $2\,H_2O(l) + 2\,e^- \longrightarrow H_2(g) + 2\,OH^-(aq)$ | −0.83 |
| $AgBr(s) + e^- \longrightarrow Ag(s) + Br^-(aq)$ | +0.10 | $HO_2^-(aq) + H_2O(l) + 2\,e^- \longrightarrow 3\,OH^-(aq)$ | +0.88 |
| $AgCl(s) + e^- \longrightarrow Ag(s) + Cl^-(aq)$ | +0.22 | $H_2O_2(aq) + 2\,H^+(aq) + 2\,e^- \longrightarrow 2\,H_2O(l)$ | +1.78 |
| $Ag(CN)_2^-(aq) + e^- \longrightarrow Ag(s) + 2\,CN^-(aq)$ | −0.31 | $Hg_2^{2+}(aq) + 2\,e^- \longrightarrow 2\,Hg(l)$ | +0.79 |
| $Ag_2CrO_4(s) + 2\,e^- \longrightarrow 2\,Ag(s) + CrO_4^{2-}(aq)$ | +0.45 | $2\,Hg^{2+}(aq) + 2\,e^- \longrightarrow Hg_2^{2+}(aq)$ | +0.92 |
| $AgI(s) + e^- \longrightarrow Ag(s) + I^-(aq)$ | −0.15 | $Hg^{2+}(aq) + 2\,e^- \longrightarrow Hg(l)$ | +0.85 |
| $Ag(S_2O_3)_2^{3-}(aq) + e^- \longrightarrow Ag(s) + 2\,S_2O_3^{2-}(aq)$ | +0.01 | $I_2(s) + 2\,e^- \longrightarrow 2\,I^-(aq)$ | +0.54 |
| $Al^{3+}(aq) + 3\,e^- \longrightarrow Al(s)$ | −1.66 | $2\,IO_3^-(aq) + 12\,H^+(aq) + 10\,e^- \longrightarrow I_2(s) + 6\,H_2O(l)$ | +1.20 |
| $H_3AsO_4(aq) + 2\,H^+(aq) + 2\,e^- \longrightarrow H_3AsO_3(aq) + H_2O(l)$ | +0.56 | $K^+(aq) + e^- \longrightarrow K(s)$ | −2.92 |
| $Ba^{2+}(aq) + 2\,e^- \longrightarrow Ba(s)$ | −2.90 | $Li^+(aq) + e^- \longrightarrow Li(s)$ | −3.05 |
| $BiO^+(aq) + 2\,H^+(aq) + 3\,e^- \longrightarrow Bi(s) + H_2O(l)$ | +0.32 | $Mg^{2+}(aq) + 2\,e^- \longrightarrow Mg(s)$ | −2.37 |
| $Br_2(l) + 2\,e^- \longrightarrow 2\,Br^-(aq)$ | +1.07 | $Mn^{2+}(aq) + 2\,e^- \longrightarrow Mn(s)$ | −1.18 |
| $2\,BrO_3^-(aq) + 12\,H^+(aq) + 10\,e^- \longrightarrow Br_2(l) + 6\,H_2O(l)$ | +1.52 | $MnO_2(s) + 4\,H^+(aq) + 2\,e^- \longrightarrow Mn^{2+}(aq) + 2\,H_2O(l)$ | +1.23 |
| $2\,CO_2(g) + 2\,H^+(aq) + 2\,e^- \longrightarrow H_2C_2O_4(aq)$ | −0.49 | $MnO_4^-(aq) + 8\,H^+(aq) + 5\,e^- \longrightarrow Mn^{2+}(aq) + 4\,H_2O(l)$ | +1.51 |
| $Ca^{2+}(aq) + 2\,e^- \longrightarrow Ca(s)$ | −2.87 | $MnO_4^-(aq) + 2\,H_2O(l) + 3\,e^- \longrightarrow MnO_2(s) + 4\,OH^-(aq)$ | +0.59 |
| $Cd^{2+}(aq) + 2\,e^- \longrightarrow Cd(s)$ | −0.40 | $HNO_2(aq) + H^+(aq) + e^- \longrightarrow NO(g) + H_2O(l)$ | +1.00 |
| $Ce^{4+}(aq) + e^- \longrightarrow Ce^{3+}(aq)$ | +1.61 | $N_2(g) + 4\,H_2O(l) + 4\,e^- \longrightarrow 4\,OH^-(aq) + N_2H_4(aq)$ | −1.16 |
| $Cl_2(g) + 2\,e^- \longrightarrow 2\,Cl^-(aq)$ | +1.36 | $N_2(g) + 5\,H^+(aq) + 4\,e^- \longrightarrow N_2H_5^+(aq)$ | −0.23 |
| $2\,HClO(aq) + 2\,H^+(aq) + 2\,e^- \longrightarrow Cl_2(g) + 2\,H_2O(l)$ | +1.63 | $NO_3^-(aq) + 4\,H^+(aq) + 3\,e^- \longrightarrow NO(g) + 2\,H_2O(l)$ | +0.96 |
| $ClO^-(aq) + H_2O(l) + 2\,e^- \longrightarrow Cl^-(aq) + 2\,OH^-(aq)$ | +0.89 | $Na^+(aq) + e^- \longrightarrow Na(s)$ | −2.71 |
| $2\,ClO_3^-(aq) + 12\,H^+(aq) + 10\,e^- \longrightarrow Cl_2(g) + 6\,H_2O(l)$ | +1.47 | $Ni^{2+}(aq) + 2\,e^- \longrightarrow Ni(s)$ | −0.28 |
| $Co^{2+}(aq) + 2\,e^- \longrightarrow Co(s)$ | −0.28 | $O_2(g) + 4\,H^+(aq) + 4\,e^- \longrightarrow 2\,H_2O(l)$ | +1.23 |
| $Co^{3+}(aq) + e^- \longrightarrow Co^{2+}(aq)$ | +1.84 | $O_2(g) + 2\,H_2O(l) + 4\,e^- \longrightarrow 4\,OH^-(aq)$ | +0.40 |
| $Cr^{3+}(aq) + 3\,e^- \longrightarrow Cr(s)$ | −0.74 | $O_2(g) + 2\,H^+(aq) + 2\,e^- \longrightarrow H_2O_2(aq)$ | +0.68 |
| $Cr^{3+}(aq) + e^- \longrightarrow Cr^{2+}(aq)$ | −0.41 | $O_3(g) + 2\,H^+(aq) + 2\,e^- \longrightarrow O_2(g) + H_2O(l)$ | +2.07 |
| $Cr_2O_7^{2-}(aq) + 14\,H^+(aq) + 6\,e^- \longrightarrow 2\,Cr^{3+}(aq) + 7\,H_2O(l)$ | +1.33 | $Pb^{2+}(aq) + 2\,e^- \longrightarrow Pb(s)$ | −0.13 |
| $CrO_4^{2-}(aq) + 4\,H_2O(l) + 3\,e^- \longrightarrow Cr(OH)_3(s) + 5\,OH^-(aq)$ | −0.13 | $PbO_2(s) + HSO_4^-(aq) + 3\,H^+(aq) + 2\,e^- \longrightarrow PbSO_4(s) + 2\,H_2O(l)$ | +1.69 |
| $Cu^{2+}(aq) + 2\,e^- \longrightarrow Cu(s)$ | +0.34 | $PbSO_4(s) + H^+(aq) + 2\,e^- \longrightarrow Pb(s) + HSO_4^-(aq)$ | −0.36 |
| $Cu^{2+}(aq) + e^- \longrightarrow Cu^+(aq)$ | +0.15 | $PtCl_4^{2-}(aq) + 2\,e^- \longrightarrow Pt(s) + 4\,Cl^-(aq)$ | +0.73 |
| $Cu^+(aq) + e^- \longrightarrow Cu(s)$ | +0.52 | $S(s) + 2\,H^+(aq) + 2\,e^- \longrightarrow H_2S(g)$ | +0.14 |
| $CuI(s) + e^- \longrightarrow Cu(s) + I^-(aq)$ | −0.19 | $H_2SO_3(aq) + 4\,H^+(aq) + 4\,e^- \longrightarrow S(s) + 3\,H_2O(l)$ | +0.45 |
| $F_2(g) + 2\,e^- \longrightarrow 2\,F^-(aq)$ | +2.87 | $HSO_4^-(aq) + 3\,H^+(aq) + 2\,e^- \longrightarrow H_2SO_3(aq) + H_2O(l)$ | +0.17 |
| $Fe^{2+}(aq) + 2\,e^- \longrightarrow Fe(s)$ | −0.44 | $Sn^{2+}(aq) + 2\,e^- \longrightarrow Sn(s)$ | −0.14 |
| $Fe^{3+}(aq) + e^- \longrightarrow Fe^{2+}(aq)$ | +0.77 | $Sn^{4+}(aq) + 2\,e^- \longrightarrow Sn^{2+}(aq)$ | +0.15 |
| $Fe(CN)_6^{3-}(aq) + e^- \longrightarrow Fe(CN)_6^{4-}(aq)$ | +0.36 | $VO_2^+(aq) + 2\,H^+(aq) + e^- \longrightarrow VO^{2+}(aq) + H_2O(l)$ | +1.00 |
| $2\,H^+(aq) + 2\,e^- \longrightarrow H_2(g)$ | 0.00 | $Zn^{2+}(aq) + 2\,e^- \longrightarrow Zn(s)$ | −0.76 |

# 연습 문제의 답

## Chapter 1

**1.3** **(a)** Homogeneous mixture **(b)** homogeneous mixture **(c)** pure substance **(d)** homogeneous mixture. **1.4** **(a)** He **(b)** Pt **(c)** Co **(d)** Sn **(e)** Ag **(f)** antimony **(g)** lead **(h)** bromine **(i)** vanadium **(j)** mercury **1.5** C is a compound; it contains both carbon and oxygen. A is a compound; it contains at least carbon and oxygen. B is not defined by the data given; it is probably also a compound because few elements exist as white solids. **1.8** Physical properties: silvery white; lustrous; melting point = 649 °C, boiling point = 1105 °C; density at 20 °C = 1.738 g/cm$^3$; pounded into sheets; drawn into wires; good conductor. Chemical properties: burns in air; reacts with $Cl_2$. **1.9** **(a)** Physical **(b)** chemical **(c)** physical **(d)** chemical **(e)** chemical **1.10** Evaporation **1.12** **(a)** Kinetic energy **(b)** Potential energy decreases. **1.15** **(a)** $3 \times 10^{12}$ m **(b)** $2.5 \times 10^{-15}$ s **(c)** $5.7 \times 10^{-5}$ m **(d)** $8.3 \times 10^3$ kg **1.16** **(a)** 298 K **(b)** 383 K **(c)** 27 °C **(d)** 827 °C **1.17** **(a)** 1.62 g/mL. Tetrachloroethylene, 1.62 g/mL, is more dense than water, 1.00 g/mL; tetrachloroethylene will sink rather than float on water. **(b)** 11.7 g **1.18** **(a)** Calculated density = 0.86 g/mL. The substance is probably toluene, density = 0.866 g/mL. **(b)** 40.4 mL ethylene glycol **(c)** Yes, the graduated cylinder in Figure 1.21 will provide the appropriate level of accuracy. **(d)** $1.11 \times 10^3$ g nickel **1.19** 4 Tg **1.21** Exact: **(b)**, **(d)**, and **(f)** **1.22** **(a)** 4 **(b)** 1 **(c)** 2 **(d)** 3 **(e)** 4 **(g)** 6 **1.23** **(a)** $2.04 \times 10^6$ **(b)** $2.93 \times 10^{-4}$ **(c)** $-8.25 \times 10^4$ **(d)** $9.42 \times 10^3$ **(e)** $-3.25 \times 10^{-6}$ **1.24** **(a)** 43.052 **(b)** 879.30 **(c)** $2.14 \times 10^3$ **(d)** 0.101 **1.25** 5 significant figures

**1.27** **(a)** $\frac{2.54\ \text{cm}}{1\ \text{in}}$ **(b)** $\frac{1\ \text{kg}}{2.2\ \text{lb}} \times \frac{1\ \text{g}}{1 \times 10^{-3}\ \text{kg}}$

**(c)** $\frac{1\ \mu\text{g}}{1 \times 10^{-6}\ \text{kg}}$ **(d)** $\frac{(12)^2\ \text{in}^2}{1^2\ \text{ft}^2} \times \frac{(2.54)^2\ \text{cm}^2}{1^2\ \text{in}^2}$

**1.28** **(a)** 54.7 km/hr **(b)** $1.3 \times 10^3$ gal **(c)** 46.0 m **(d)** 0.984 in/hr **1.29** **(a)** $4.32 \times 10^5$ s **(b)** 88.5 m **(c)** \$0.499/L **(d)** 46.6km/hr **(e)** 1.420 L/s **(f)** 707.9 cm$^3$ **1.30** **(a)** $1.2 \times 10^2$ L **(b)** $5 \times 10^2$ mg **(c)** 19.9mi/gal ($2 \times 10^1$ mi/gal for 1 significant figure) **(d)** 1.81 kg **1.31** 67 kg air **1.32** \$9 $\times 10^4$ **1.33** **(a)** Pure element: i **(b)** mixture of elements: v, vi **(c)** pure compound: iv **(d)** mixture of an element and a compound: ii, iii **1.35** **(a)** Homogeneous mixture **(b)** Yes, brass is a solution. **1.37** Filtration **1.39** **(a)** The aluminum sphere is lightest, then nickel, then silver. **(b)** The platinum cube is smallest, then gold, then lead. **1.41** **(a)** 7.5 cm; two significant figures (sig figs) **(b)** 72 mi/hr (inner scale, two significant figures) or 115 km/hr (outer scale, three significant figures) **1.43** 464 jelly beans. The mass of an average bean has 2 decimal places and 3 sig figs. The number of beans then has 3 sig figs, by the rules for multiplication and division. **1.50** **(a)** $1.08 \times 10^2$ J **(b)** $2.58 \times 10^1$ cal **(c)** The kinetic energy is converted mostly to heat. **1.52** **(a)** $E_k$ = 11 J; v = 6.6 m/s **1.55** **(a)** 28 °C **(b)** 84 °F **(c)** 567 K **(d)** 559 °C **(e)** 838 °F **(f)** 275 K **1.60** 1054 J/Btu **1.75** 8.47 g O **1.77** **(a)** Set I, 22.51; set II, 22.61. Based on the average, set I is more accurate. **(b)** The average deviation for both set I and set II is 0.02. The two sets display the same precision. **1.79** **(a)** Volume **(b)** time **(c)** length **(d)** density **(e)** temperature **(f)** speed **(g)** pressure **1.82** Substances **(b)**, **(f)**, and **(g)** are pure or nearly pure. **1.83** **(a)** $1.13 \times 10^5$ quarters **(b)** $6.41 \times 10^5$ g **(c)** \$$2.83 \times 10^4$ **(d)** $5.74 \times 10^8$ stacks **1.87** The most dense liquid, acetic acid, sinks; the piece of oak wood floats on the surface of the acetic acid, in the liquid interphase. The hexane resides on top. **1.90** density of solid = 1.63 g/mL **1.93** **(a)** Density of peat = 0.13 g/cm$^3$,density of soil = 2.5g/cm$^3$. It is not correct to say that peat is "lighter" than topsoil. Volumes must be specified in order to compare masses. **(b)** Buy 16 bags of peat (more than 15 are needed). (Results to 1 significant figure are not meaningful.) **1.97** The inner diameter of the tube is 1.90 cm. **1.99** The separation with distinctly separated red and blue spots is more successful. To quantify the characteristics of the separation, calculate a reference value for each spot: distance traveled by spot/distance traveled by solvent. If the values for the two spots are fairly different, the separation is successful. **1.102** **(a)** Volume = 0.050 mL **(b)** surface area = 12.4 m$^2$ **(c)** 99.99% of the mercury was removed. **(d)** The spongy material weighs 17.7 mg after exposure to mercury.

## Chapter 2

**2.2** **(a)** mass O/mass C = 2.66 **(b)** mass O/mass C = 1.33 **(c)** CO **2.3** **(a)** 0.5711 g O/1 g N; 1.142 g O/1 g N; 2.284 g O/1 g N; 2.855 g O/1 g N **(b)** The numbers in part **(a)** obey the *law of multiple proportions*. Multiple proportions arise because atoms are the indivisible entities combining, as stated in Dalton's atomic theory. **2.6** The fraction of alpha particles deflected at a large angle is $2.7 \times 10^{-9}$. That is, 1 out of approximately 365 million alpha particles is deflected at a large angle. **2.9** **(a)** 0.21 nm; 2.10 × 102 pm **(b)** 4.76 × 106 W atoms **(c)** $3.88 \times 10^{-29}$ m$^3$ **2.10** **(a)** Proton, neutron, electron **(b)** proton = 1+, neutron = 0, electron = 1− **(c)** The neutron is most massive. (The neutron and proton have very similar masses.) **(d)** The electron is least massive. **2.11** **(a)** 15 protons, 15 electrons, 17 neutrons **(b)** $^{32}$S **(c)** $^{33}$P **(d)** $^{33}$P **2.12** **(a)** Atomic number is the number of protons in the nucleus of an atom. Mass number is the total number of nuclear particles, protons plus neutrons, in an atom. **(b)** mass number **2.13** **(a)** $^{84}$Kr: 36 p, 48 n, 36 e **(b)** $^{200}$Hg: 80 p, 120 n, 80 e **(c)** $^{59}$Co: 27 p, 32 n, 27 e **(d)** $^{55}$Mn: 25 p, 30 n, 25 e **(e)** $^{239}$U: 92 p, 147 n, 92 e **(f)** $^{181}$Ta: 73 p, 108 n, 73 e

**2.14**

| Symbol | $^{159}$Tb | $^{63}$Cu | $^{95}$Mo | $^{79}$Se | $^{85}$Rb |
|---|---|---|---|---|---|
| **Protons** | 65 | 29 | 42 | 34 | 37 |
| **Neutrons** | 94 | 34 | 53 | 45 | 48 |
| **Electrons** | 65 | 29 | 42 | 34 | 37 |
| **Mass no.** | 159 | 63 | 95 | 79 | 85 |

**2.15** **(a)** $^{178}_{72}$Hf **(b)** $^{201}_{80}$Hg **(c)** $^{187}_{75}$Re **(d)** $^{40}_{20}$Ca **2.17** **(a)** $^{12}_{6}$C **(b)** Atomic weights are average atomic masses, the sum of the mass of each naturally occurring isotope of an element times its fractional abundance. Each B atom will have the mass of one of the naturally occurring isotopes, while the "atomic weight" is an average value. **2.18** 55.84 u **2.19** **(a)** In Thomson's cathode ray tube, the charged particles are electrons. In a mass spectrometer, the charged particles are positively charged ions (cations). **(b)** The *x*-axis label is atomic mass (or particle mass), and the *y*-axis label is signal intensity. **(c)** The $Cl^{2+}$ ion will be deflected more. **2.20** **(a)** average atomic mass = 207.22 u

**(b)**

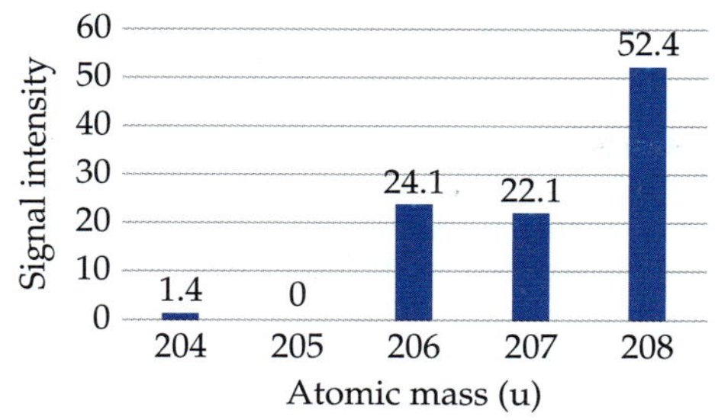


**2.22** **(a)** Rn, 86 (nonmetal) **(b)** Te, 52 (metalloid) **(c)** Cd, 48, (metal) **(d)** Cr, 24 (metal) **(e)** Ba, 56 (metal) **(f)** Se, 34, (nonmetal) **(g)** S, 16, (nonmetal) **2.25** **(a)** $C_4H_{10}$ is the molecular formula for both compounds. **(b)** $C_2H_5$ is the empirical formula for both compounds. **(c)** structural **2.26** From left to right: molecular, $N_2H_4$, empirical, $NH_2$; molecular, $N_2H_2$, empirical, NH, molecular and empirical, $NH_3$ **2.27** **(a)** $AlBr_3$ **(b)** $C_4H_5$ **(c)** $C_2H_4O$ **(d)** $P_2O_5$ **(e)** $C_3H_2Cl$ **(f)** $BNH_2$ **2.28** **(a)** 6 **(b)** 10 **(c)** 12

**2.29**

**(a)** $C_2H_6O$,

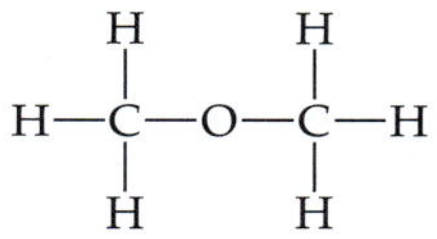

**(b)** $C_2H_6O$,

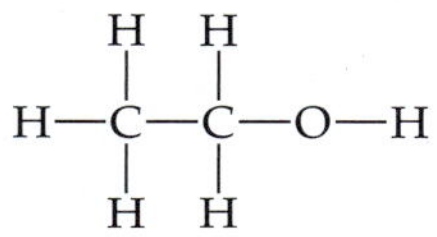

**(c)** $CH_4O$,

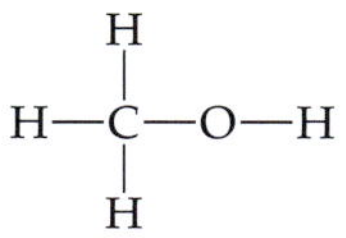

**(d)** $PF_3$,

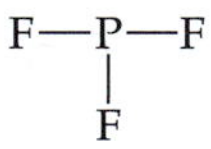

**2.31** Molecular: **(a)** $HClO_4$ **(b)** $CH_3OCH_3$ **(d)** $H_2S$ **(g)** $PCl_5$ **(h)** $P(OH)_3$ Ionic: **(c)** $Mg(NO_3)_2$ **(e)** $TiCl_4$ **(f)** $K_2O_2$

**2.32**

| Symbol | $^{58}Fe^{2+}$ | $^{118}Sn^{4+}$ | $^{130}Te^{2-}$ | $^{90}Zr^{2+}$ |
|---|---|---|---|---|
| **Protons** | 26 | 50 | 52 | 40 |
| **Neutrons** | 32 | 68 | 78 | 50 |
| **Electrons** | 24 | 46 | 54 | 38 |
| **Net charge** | 2+ | 4+ | 2− | 2+ |

**2.33** **(a)** $Be^{2+}$ **(b)** $Rb^+$ **(c)** $AS^{3-}$ **(d)** $In^+$ **(e)** $At^-$ **2.34** **(a)** $GaF_3$, gallium(III) fluoride **(b)** LiH, lithium hydride **(c)** $AlI_3$, aluminum iodide **(d)** $K_2S$, potassium sulfide **2.35** **(a)** $Fe(OH)_3$ **(b)** $CsNO_3$ **(c)** $V(CH_3COO)_2$ **(d)** $Li_3PO_4$ **(e)** $In_2O_3$

**2.36**

| Ion | $K^+$ | $NH_4^+$ | $Mg^{2+}$ | $Fe^{3+}$ |
|---|---|---|---|---|
| $Cl^-$ | KCl | $NH_4Cl$ | $MgCl_2$ | $FeCl_3$ |
| $OH^-$ | KOH | $NH_4OH$ | $Mg(OH)_2$ | $Fe(OH)_3$ |
| $CO_3^{2-}$ | $K_2CO_3$ | $(NH_4)_2CO_3$ | $MgCO_3$ | $Fe_2(CO_3)_3$ |
| $PO_4^{3-}$ | $K_3PO_4$ | $(NH_4)_3PO_4$ | $Mg_3(PO_4)_2$ | $FePO_4$ |

**2.38** **(a)** $CrO_4^{2-}$ **(b)** $Br^-$ **(c)** $NO_2^-$ **(d)** $SO_3^{2-}$ **(e)** $MnO_4^-$ **2.39** **(a)** calcium, 2+; oxide, 2− **(b)** sodium, 1+; sulfate, 2− **(c)** potassium, 1+; perchlorate, 1− **(d)** iron, 2+, nitrate, 1− **(e)** chromium, 3+; hydroxide, 1− **2.40** **(a)** lithium oxide **(b)** iron(III) chloride (ferric chloride) **(c)** sodium hypochlorite **(d)** calcium sulfite **(e)** copper(II) hydroxide (cupric hydroxide) **(f)** iron(II) nitrate (ferrous nitrate) **(g)** calcium acetate **(h)** chromium(III) carbonate (chromic carbonate) **(i)** potassium chromate **(j)** ammonium sulfate **2.41** **(a)** $Al(OH)_3$ **(b)** $K_2SO_4$ **(c)** $Cu_2O$ **(d)** $Zn(NO_3)_2$ **(e)** $HgBr_2$ **(f)** $Fe_2(CO_3)_3$ **(g)** NaBrO **2.42** **(a)** Bromic acid **(b)** hydrobromic acid **(c)** phosphoric acid **(d)** HClO **(e)** $HIO_3$ **(f)** $H_2SO_3$ **2.43** **(a)** Sulfur hexafluoride **(b)** iodine pentafluoride **(c)** xenon trioxide **(d)** $N_2O_4$ **(e)** HCN **(f)** $P_4S_6$ **2.44** **(a)** $ZnCO_3$, ZnO, $CO_2$ **(b)** HF, $SiO_2$, $SiF_4$, $H_2O$ **(c)** $SO_2$, $H_2O$, $H_2SO_3$ **(d)** $PH_3$ **(e)** $HClO_4$, Cd, $Cd(ClO_4)_2$ **(f)** $VBr_3$ **2.47** **(a)** A hydrocarbon is a compound composed of the elements hydrogen and carbon only.

**(b)**

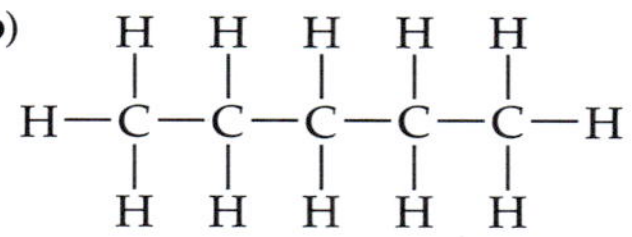

molecular and empirical formulas, $C_5H_{12}$

**2.48** **(a)** A functional group is a group of specific atoms that are constant from one molecule to the next. **(b)** —OH

**(c)**

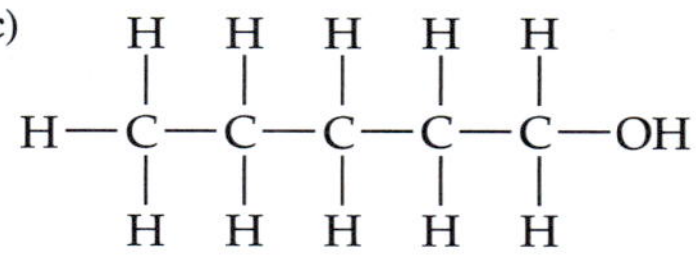

**2.49** (a, b)

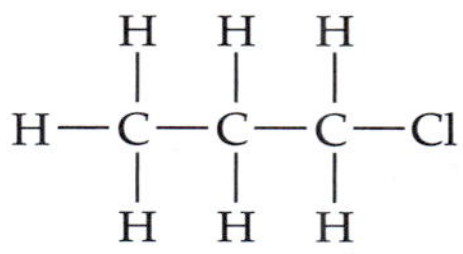

1-chloropropane

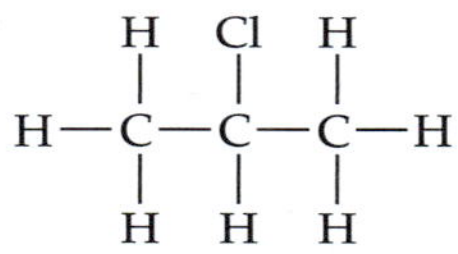

2-chloropropane

**2.50** **(a)** (−) **(b)** increase **(c)** decrease **2.53** The particle is an ion. $^{32}_{16}S^{2-}$ **2.55** Formula: $IF_5$; name: iodine pentafluoride; the compound is molecular. **2.57** Only $Ca(NO_3)_2$, calcium nitrate, is consistent with the diagram. **2.59** **(a)** In the presence of an electric field, there is electrostatic attraction between the negatively charged oil drops and the positively charged plate as well as electrostatic repulsion between the negatively charged oil drops and the negatively charged plate. These electrostatic forces oppose the force of gravity and change the rate of fall of the drops. **(b)** Each individual drop has a different number of electrons associated with it. If the combined electrostatic forces are greater than the force of gravity, the drop moves up. **2.62** The neutron was the most difficult to be discovered because it does not carry any charge. **2.76** **(a)** Po, chalcogens (metal) **(b)** Sr, alkaline earth metals (metal) **(c)** Ne, noble gases (nonmetal) **(d)** Rb, alkaline metals (metal) **(e)** Br, halogens (nonmetal) **2.99** **(a)** 2 protons, 1 neutron, 2 electrons **(b)** tritium, $^3H$, is more massive. **(c)** A precision of $1 \times 10^{-27}$ g would be required to differentiate between $^3H^+$ and $^3He^+$. **2.101** Arrangement A, $4.1 \times 10^{14}$ atoms/cm$^2$ **(b)** Arrangement B, $4.7 \times 10^{14}$ atoms/cm$^2$ **(c)** The ratio of atoms going from arrangement B to arrangement A is 1.2 to 1. In three dimensions, arrangement B leads to a greater density for Rb metal. **2.105** **(a)** $^{36}_{18}Ar$, $^{38}_{18}Ar$, $^{40}_{18}Ar$, **(b)** All isotopes are atoms of the same element, argon, with the same atomic number, 18 protons in the nucleus and 18 electrons. We expect their electron arrangements to be the same and their chemical properties to be very similar. Each has a different number of neutrons, a different mass number, and a different atomic mass. **2.107** **(a)** $^{63}_{29}Cu$ 29 protons, 34 neutrons; $^{65}_{29}Cu$ 29 protons, 36 neutrons **(b)** $^{63}_{29}Cu = 69\%$, $^{65}_{29}Cu = 30\%$. **2.110** **(a)** 5 significant figures **(b)** An electron is 0.05444% of the mass of an $^1H$ atom.

**2.117** **(a)** Silver (I) chloride, 1+ **(b)** Titanium (IV) chloride 4+ **(c)** Iridium (III) chloride, 3+ **(d)** Lithium chloride, 1+ **2.120** **(a)** Perbromate ion **(b)** selenite ion **(c)** $AsO_4^{3-}$ **(d)** $HTeO_4^-$ **2.123** **(a)** Potassium nitrate **(b)** sodium carbonate **(c)** calcium oxide **(d)** hydrochloric acid **(e)** magnesium sulfate **(f)** magnesium hydroxide

## Chapter 3

**3.4** **(a)** False **(b)** true **(c)** false
**3.5** **(a)** $SiCl_4(l) + 4\,H_2O(l) \longrightarrow Si(OH)_4(s) + 4\,HCl(aq)$
**(b)** $6\,CO_2(g) + 6\,H_2O \longrightarrow C_6H_{12}O_6(s) + 6\,O_2(g)$
**(c)** $2\,Al(OH)_3(s) + 3\,H_2SO_4(l) \longrightarrow Al_2(SO_4)_3(s) + 6\,H_2O(l)$
**(d)** $2\,H_3PO_4(aq) \longrightarrow H_4P_2O_7(aq) + H_2O(l)$
**3.6** **(a)** $CaS(s) + 2\,H_2O(l) \longrightarrow Ca(HS)_2(s) + Ca(OH)_2(aq)$
**(b)** $4\,NH_3(g) + 5\,O_2(g) \longrightarrow 4\,NO(g) + 6\,H_2O(g)$
**(c)** $FeCl_3(s) + 3\,Na_2CO_3(aq) \longrightarrow Fe_2(CO_3)_6(s) + 6\,NaCl(aq)$
**(d)** $4\,FeS_2(s) + 11\,O_2(g) \longrightarrow 2\,Fe_2O_3(s) + 8\,SO_2(g)$
**3.7** **(a)** $2\,KCN(g) + H_2SO_4(aq) \longrightarrow 2\,HCN(aq) + K_2SO_4(aq)$
**(b)** $4\,NH_4NO_2(aq) + 3\,KOH(aq) \longrightarrow 5\,NH_3(g) + 2\,H_2O(l) + 3\,KNO_3(aq)$ **(c)** $Fe_2O_3(s) + 3\,H_2(g) \longrightarrow 2\,Fe(s) + 3\,H_2O(g)$
**(d)** $CH_3COOH(l) + 2\,O_2(g) \longrightarrow 2\,CO_2(g) + 2\,H_2O(l)$
**3.11** **(a)** LiCl. **(b)** solid **(c)** 2 **3.12** **(a)** $Mg(s) + Cl_2(g) \longrightarrow MgCl_2(s)$
**(b)** $BaCO_3(s) \xrightarrow{\Delta} BaO(s) + CO_2(g)$
**(c)** $C_8H_8(l) + 10\,O_2(g) \longrightarrow 8\,CO_2(g) + 4\,H_2O(l)$
**(d)** $C_2H_6O(g) + 3\,O_2(g) \longrightarrow 2\,CO_2(g) + 3\,H_2O(l)$
**3.13** **(a)** $C_7H_{16}(s) + 11\,O_2(g) \longrightarrow 7\,CO_2(g) + 8\,H_2O(l)$ combustion
**(b)** $Li_3N(s) + BN(s) \longrightarrow Li_3BN_2(s)$ combination
**(c)** $Zn(OH)_2(s) \longrightarrow ZnO(s) + H_2O(l)$ decomposition
**(d)** $2\,Ag_2O(s) \longrightarrow 4\,Ag(s) + O_2(g)$ decomposition
**3.17** **(a)** 349.2 u **(b)** 79.5 u **(c)** 175.9 u **(d)** 122.5 u **(e)** 128.8 u **(f)** 284 u **(g)** 117.3 u **3.18** **(a)** 31.58% **(b)** 26.67% **(c)** 21.19% **(d)** 28.57% **(e)** 9.94% **(f)** 19.16% **3.19** **(a)** 79.2% **(b)** 63.2% **(c)** 64.6% **3.23** **(a)** False **(b)** true **(c)** false **(d)** true **3.24** 197 g gold contains 1 mol of atom; 0.5 mol $BCl_3$ contains 2.0 mol atoms; $6.0 \times 10^{23}$ $CCl_4$ molecules contains 5 mol of atoms. **3.25** **(a)** 35.9 g $C_{12}H_{22}O_{11}$ **(b)** 0.75766 mol $Zn(NO_3)_2$ **(c)** $6.0 \times 10^{17}$ $CH_3CH_2OH$ molecules **(d)** $2.47 \times 10^{23}$ N atoms **3.26** **(a)** 0.373 g $(NH_4)_3PO_4$ **(b)** $5.737 \times 10^{-3}$ mol $Cl^-$ **(c)** 0.248 g $C_8H_{10}N_4O_2$ **(d)** 387 g cholesterol/mol **3.27** **(a)** Molar mass = 83.0 g/mol **(b)** $1.09 \times 10^{-5}$ mol saccharin **(c)** $6.56 \times 10^{18}$ saccharin molecules **(d)** $4.59 \times 10^{19}$ C atoms **3.28** **(a)** $2.500 \times 10^{21}$ H atoms **(b)** $2.083 \times 10^{20}$ $C_6H_{12}O_6$ molecules **(c)** $3.460 \times 10^{-4}$ mol $C_6H_{12}O_6$ **(d)** 0.06227 g $C_6H_{12}O_6$ **3.29** $3.2 \times 10^{-8}$ mol $C_2H_3Cl$/L; $1.9 \times 10^{16}$ molecules/L **3.33** **(a)** $C_3H_6O$ **(b)** NiO **(c)** $K_2Cr_2O_7$ **3.34** **(a)** $C_5H_7N$ **(b)** NaOH **(c)** $N_2H_8S$ **3.35** 31 g/mol **3.36** **(a)** $C_6H_6$ **(b)** $H_2O_2$ **3.37** **(a)** Empirical formula, CH; molecular formula, $C_8H_8$ **(b)** empirical formula, $C_4H_5N_2O$; molecular formula, $C_8H_{10}N_4O_2$ **(c)** empirical formula and molecular formula, $NaC_5H_8O_4N$ **3.38** **(a)** $C_7H_8$ **(b)** The empirical and molecular formulas are $C_{10}H_{20}O$. **3.39** Empirical formula, $C_4H_8O$; molecular formula, $C_8H_{16}O_2$ **3.40** $x = 10$; $Na_2CO_3 \cdot 10\,H_2O$ **3.45** **(a)** 2.40 mol HF **(b)** 5.25 g NaF **(c)** 0.610 g $Na_2SiO_3$
**3.46** **(a)** $Al(OH)_3(s) + 3\,HCl(aq) \longrightarrow AlCl_3(aq) + 3\,H_2O(l)$
**(b)** 0.701 g HCl **(c)** 0.855 g $AlCl_3$; 0.347 g $H_2O$
**(d)** Mass of reactants = 0.500 g + 0.701 g = 1.201 g;
mass of products = 0.855 g + 0.347 g = 1.202 g.
Mass is conserved, within the precision of the data.
**3.47** **(a)** $Al_2S_3(s) + 6\,H_2O(l) \longrightarrow 2\,Al(OH)_3(s) + 3\,H_2S(g)$
**(b)** 14.7 g $Al(OH)_3$ **3.48** **(a)** 2.25 mol $N_2$ **(b)** 15.5 g $NaN_3$ **(c)** 548 g $NaN_3$ **3.49** **(a)** $5.50 \times 10^{-3}$ mol Al **(b)** 1.47 g $AlBr_3$ **3.50** 416.8 g. **3.54** **(a)** The *limiting reactant* determines the maximum number of product moles resulting from a chemical reaction; any other reactant is an *excess reactant*. **(b)** The limiting reactant regulates the amount of products because it is completely used up during the reaction; no more product can be made when one of the reactants is unavailable. **(c)** Combining ratios are molecule and mole ratios. Since different molecules have different masses, comparing initial masses of reactants will not provide a comparison of numbers of molecules or moles. **3.55** **(a)** $2\,C_2H_5OH + 6\,O_2 \longrightarrow 4\,CO_2 + 6\,H_2O$ [This equation corresponds to the mixture of reactants in the box, but it does not have the simplest ratio of coefficients. Divide all coefficients by 2 to obtain $C_2H_5OH + 3\,O_2 \longrightarrow 2\,CO_2 + 3\,H_2O$] **(b)** $C_2H_5OH$ limits **(c)** If the reaction goes to completion, there will be four molecules of $CO_2$, six molecules of $H_2O$, zero molecules of $C_2H_5OH$ and one molecule of $O_2$. **3.56** NaOH is the limiting reactant; 0.925 mol $Na_2CO_3$ can be produced; 0.075 mol $CO_2$ remains. **3.57** **(a)** $NaHCO_3$ is the limiting reactant. **(b)** 0.524 g $CO_2$ **(c)** 0.238 g citric acid remains **3.58** 0.00 g $AgNO_3$ (limiting reactant), 1.94 g $Na_2CO_3$, 4.06 g $Ag_2CO_3$, 2.50 g $NaNO_3$ **3.59** **(a)** The theoretical yield is 60.3 g $C_6H_5Br$. **(b)** 70.1% yield **3.60** 28 g $S_8$ actual yield **3.61** Equation **(a)** best fits the diagram. **3.63** **(a)** $NO_2$ **(b)** No, because we have no way of knowing whether the empirical and molecular formulas are the same. $NO_2$ represents the simplest ratio of atoms in a molecule but not the only possible molecular formula. **3.65** **(a)** $C_2H_5NO_2$ **(b)** 75.0 g/mol **(c)** 1.332 mol glycine **(d)** Mass %N in glycine is 18.7%. **3.67** **(a)** $N_2 + 3H_2 \longrightarrow 2\,NH_3$. **(b)** $H_2$ is the limiting reactant. **(c)** 6 $NH_3$ molecules can be made. **(d)** One $N_2$ molecule is left over. **3.107** **(a)** $CH_3COCH_3(l) + 4\,O_2(g) \longrightarrow 3\,CO_2(g) + 3\,H_2O(l)$ **(b)** $Hg_2CO_3(s) \longrightarrow CO_2(g) + H_gO(s) + Hg(l)$ **(c)** $SO_2(g) + H_2O(l) \longrightarrow H_2SO_3(aq)$ **3.111** **(a)** $4.8 \times 10^{-20}$ g CdSe **(b)** 150 Cd atoms **(c)** $8.4 \times 10^{-19}$ g CdSe **(d)** $2.6 \times 10^3$ Cd atom **3.115** $C_8H_8O_3$ **3.119** **(a)** $1.19 \times 10^{-5}$ mol NaI **(b)** $8.1 \times 10^{-3}$ g NaI **3.123** 7.5 mol $H_2$ and 4.5 mol $N_2$ present initially **3.128** $6.46 \times 10^{24}$ O atoms **3.132** **(a)** $2\,NO_2(g) \longrightarrow N_2(g) + 2\,O_2(g)$ **(b)** $3.95 \times 10^1$ g NO, $6.05 \times 10^1$ g $NO_2$

## Chapter 4

**4.2** **(a)** False. Electrolyte solutions conduct electricity because *ions* are moving through the solution. Because ions are mobile in solution, the added presence of uncharged molecules does not inhibit conductivity. **4.3** Statement **(b)** is most correct.
**4.4** **(a)** $Li_2CO_3(aq) \longrightarrow 2\,Li^+(aq) + CO_3^{2-}(aq)$
**(b)** $(NH_4)_3PO_4(aq) \longrightarrow 3\,NH_4^+(aq) + PO_4^{3-}(aq)$
**(c)** $Na_2Cr_2O_7(aq) \longrightarrow 2\,Na^+(aq) + Cr_2O_7^{2-}(aq)$
**(d)** $NaPF_6(aq) \longrightarrow Na^+(aq) + PF_6^-(aq)$
**4.5** $H^+$ and $CO_3^{2-}$ ions; $H_2CO_3(aq) \rightleftharpoons 2H^+(aq) + CO_3^{2-}(aq)$
**4.7** **(a)** Insoluble **(b)** soluble **(c)** soluble **(d)** soluble **(e)** insoluble
**4.8** **(a)** $Ca(CH_3COO)_2(aq) + 2\,NaOH(aq) \longrightarrow Ca(OH)_2(s) + 2\,NaCH_3COO(aq)$ **(b)** No precipitate
**(c)** $3\,Na_2S(aq) + 2\,FeCl_3(aq) \longrightarrow Fe_2S_3(s) + 6\,NaCl(aq)$
**4.10** Only $Pb^{2+}$ could be present. **4.11** **(a)** True **(b)** false **(c)** false **(d)** true **(e)** false **4.13** **(a)** False. $H_2SO_4$ is a diprotic acid; it has two ionizable hydrogen atoms. **(b)** False. HCl is a strong acid. **(c)** False. $CH_3OH$ is a molecular nonelectrolyte. **4.14** **(a)** Acid, mixture of ions and molecules (weak electrolyte) **(b)** none of the above, entirely molecules (nonelectrolyte) **(c)** salt, entirely ions (strong electrolyte) **(d)** base, entirely ions (strong electrolyte) **4.15** **(a)** HF, weak electrolyte **(b)** $C_6H_5COOH$, weak electrolyte **(c)** $C_6H_6$, nonelectrolyte **(d)** $CoCl_3$, strong electrolyte **(e)** $AgNO_3$, strong electrolyte
**4.16** **(a)** $2\,HBr(aq) + Ca(OH)_2(aq) \longrightarrow CaBr(aq) + 2\,H_2O(l)$;
$H^+(aq) + OH^-(aq) \longrightarrow H_2O(l)$;
**(b)** $Cu(OH)_2(s) + 2\,HClO_4(aq) \longrightarrow Cu(ClO_4)_2(aq) + 2\,H_2O(l)$;
$Cu(OH)_2(s) + 2\,H^+(aq) \longrightarrow 2\,H_2O(l) + Cu^{2+}(aq)$
**(c)** $Al(OH)_3(s) + 3\,HNO_3(aq) \longrightarrow Al(NO_3)_3(aq) + 3\,H_2O(l)$;
$Al(OH)_3(s) + 3\,H^+(aq) \longrightarrow 3\,H_2O(l) + Al^{3+}(aq)$
**4.17** **(a)** $CdS(s) + H_2SO_4(aq) \longrightarrow CdSO_4(aq) + H_2S(g)$;
$CdS(s) + 2H^+(aq) \longrightarrow H_2S(g) + Cd^{2+}(aq)$

**(b)** $MgCO_3(s) + 2\,HClO_4(aq) \longrightarrow Mg(ClO_4)_2(aq) + H_2O(l) + CO_2(g)$; $MgCO_3(s) + 2\,H^+(aq) \longrightarrow H_2O(l) + CO_2(g) + Mg^{2+}(aq)$
**4.18** **(a)** $MgCO_3(s) + 2\,HCl(aq) \longrightarrow MgCl_2(aq) + H_2O(l) + CO_2(g)$; $MgCO_3(s) + 2\,H^+(aq) \longrightarrow Mg^{2+}(aq) + H_2O(l) + CO_2(g)$; $MgO(s) + 2\,HCl(aq) \longrightarrow MgCl_2(aq) + H_2O(l)$; $MgO(s) + 2\,H^+(aq) \longrightarrow Mg^{2+}(aq) + H_2O(l)$; $Mg(OH)_2(s) + 2\,H^+(aq) \longrightarrow Mg^{2+}(aq) + 2\,H_2O(l)$ **(b)** We can distinguish magnesium carbonate, $MgCO_3(s)$, because its reaction with acid produces $CO_2(g)$, which appears as bubbles. The other two compounds are indistinguishable, because the products of the two reactions are exactly the same. **4.20** Metals in region A are most easily oxidized. Nonmetals in region D are least easily oxidized. **4.22** **(a)** +6 **(b)** +4 **(c)** +5 **(d)** +5 **(e)** +4 **(f)** +2 **4.23** **(a)** $N_2 \longrightarrow 2\,NH_3$, N is reduced; $3\,H_2 \longrightarrow 2\,NH_3$, H is oxidized **(b)** $Fe^{2+} \longrightarrow Fe$, Fe is reduced; $Al \longrightarrow Al^{3+}$, Al is oxidized **(c)** $Cl_2 \longrightarrow 2\,Cl^-$, Cl is reduced; $2\,I^- \longrightarrow I_2$, I is oxidized **(d)** $S^{2-} \longrightarrow SO_4^{2-}$, S is oxidized; $H_2O_2 \longrightarrow H_2O$, O is reduced
**4.24** **(a)** $Mn(s) + H_2SO_4(aq) \longrightarrow MnSO_4(aq) + H_2(g)$; $Mn(s) + 2\,H^+(aq) \longrightarrow Mn^{2+}(aq) + H_2(g)$
**(b)** $2\,Cr(s) + 6\,HBr(aq) \longrightarrow 2\,CrBr_3(aq) + 3\,H_2(g)$; $2\,Cr(s) + 6\,H^+(aq) \longrightarrow 2\,Cr^{3+}(aq) + 3\,H_2(g)$
**(c)** $Sn(s) + 2\,HCl(aq) \longrightarrow SnCl_2(aq) + H_2(g)$; $Sn(s) + 2\,H^+(aq) \longrightarrow Sn^{2+}(aq) + H_2(g)$
**(d)** $2\,Al(s) + 6\,HCOOH(aq) \longrightarrow 2\,Al(HCOO)_3(aq) + 3\,H_2(g)$; $2\,Al(s) + 6\,HCOOH(aq) \longrightarrow 2\,Al^{3+}(aq) + 6\,HCOO^-(aq) + 3\,H_2(g)$
**4.25** **(a)** $Fe(s) + Cu(NO_3)_2(aq) \longrightarrow Fe(NO_3)_2(aq) + Cu(s)$
**(b)** NR **(c)** $Sn(s) + 2\,HBr(aq) \longrightarrow SnBr_2(aq) + H_2(g)$
**(d)** NR **(e)** $2\,Al(s) + 3\,CoSO_4(aq) \longrightarrow Al_2(SO_4)_3(aq) + 3\,Co(s)$
**4.27** **(a)** 1.17 $M$ $ZnCl_2$ **(b)** 0.158 mol $H^+$ **(c)** 58.3 mL of 6.00 $M$ NaOH **4.28** 16 g $Na^+$ $(aq)$ **4.29** BAC of 0.08 = 0.02 $M$ $CH_3CH_2OH$ (alcohol) **4.30** **(a)** 0.15 $M$ $Na_2CO_3$ has the highest $Na^+$ concentration. **(b)** 20.0 mL of 0.15 $M$ $NaHCO_3$ has more $Na^+$ ions. **4.31** **(a)** 1.05 $M$ $K^+$, 0.35 $M$ $PO_4^{3-}$ **(b)** $5 \times 10^{-4}$ $M$ $Cu^{2+}$, $1 \times 10^{-3}$ $M$ $Cl^-$ **(c)** 0.0184 $M$ $CH_3CH_2OH$ **(d)** 0.082 $M$ $Na^+$, 0.041 $M$ $CO_3^{2-}$, 0.236 $M$ $K^+$, 0.118 $M$ $SO_4^{2-}$
**4.32** **(a)** 16.9 mL 14.8 $M$ $NH_3$ **(b)** 0.296 $M$ $NH_3$ **4.33** **(a)** The ratio of drug molecules to cancer cells is $4.5 \times 10^6$ **4.34** 1.398 $M$ $CH_3COOH$
**4.36** **(a)** 20.0 mL of 0.15 $M$ HCl **(b)** 0.224 g KCl **(c)** The KCl reagent is virtually free relative to the HCl solution. The KCl analysis is more cost-effective. **4.37** **(a)** 38.0 mL of 0.115 $M$ $HClO_4$ **(b)** 769 mL of 0.128 $M$ HCl **(c)** 0.408 $M$ $AgNO_3$ **(d)** 0.275 g KOH **4.38** 27 g $NaHCO_3$ **4.39** **(a)** Molar mass of metal hydroxide is 103 g/mol. **(b)** $Rb^+$
**4.40** **(a)** $3\,NaOH(aq) + AlCl_3(aq) \longrightarrow Al(OH)_3(s) + 3\,NaCl(aq)$ **(b)** $Al(OH)_3$ **(c)** $AlCl_3$ is the limiting reagent. **(d)** 0.70 g $Al(OH)_3$ **(e)** 0.124 $M$ $Na^+$, 0.106 $M$ $Cl^-$, and 0.018 $M$ $OH^-$.
**4.41** 91.39% $Mg(OH)_2$ **4.42** Diagram **(c)** represents $Li_2SO_4$
**4.46** $BaCl_2$ **4.48** Platinum will neither be oxidized by nor dissolve in any of the three available solutions. Lead is oxidized by and will dissolve in the nitric acid solution, but not the nickel nitrate solution. Zinc is oxidized by and will dissolve in both nitric acid and nickel nitrate solutions. **4.50** The "water-splitting" reaction is **(c)**, a redox reaction. **4.60** **(a)** $K^+$, $SO_4^{2-}$ **(b)** $Li^+$, $NO_3^-$ **(c)** $NH_4^+$, $Cl^-$ **4.69** **(a)** False **(b)** false **4.75** **(a)** i. $Zn(s) + Cd^{2+}(aq) \longrightarrow Cd(s) + Zn^{2+}(aq)$; ii. $Cd(s) + Ni^{2+}(aq) \longrightarrow Ni(s) + Cd^{2+}(aq)$ **(b)** The elements chromium, iron, and cobalt more closely define the position of cadmium in the activity series. **(c)** Place an iron strip in $CdCl_2(aq)$. If $Cd(s)$ is deposited, Cd is less active than Fe; if there is no reaction, Cd is more active than Fe. Do the same test with Co if Cd is less active than Fe or with Cr if Cd is more active than Fe. **4.77** **(a)** Extensive; it represents the amount of substances in a solution. The more the number of substances present in a solution, the larger the number of moles. **(b)** No. Concentration is an intensive property. It is the ratio of the amount of solute, in terms of number of moles, present in a certain quantity of solvent or solution. One cannot determine the number of moles of $Zn^{2+}$ in a 0.1 $M$ $ZnCl_2$ solution if the quantity of the solution is not given. **4.82** **(a)** 316 g ethanol **(b)** 401 mL ethanol
**4.95** **(a)** $UO_2(s) + 4\,HF(aq) \longrightarrow UF_4(s) + H_2O$; $UF_4(s) + F_2(g) \longrightarrow UF_6(s)$ **(b)** Step 1 **(c)** Step 2
**4.99** **(a)** $Al(OH)_3(s) + 3\,H^+(aq) \longrightarrow Al^{3+}(aq) + 3\,H_2O(l)$
**(b)** $Mg(OH)_2(s) + 2\,H^+(aq) \longrightarrow Mg^{2+}(aq) + 2\,H_2O(l)$
**(c)** $MgCO_3(s) + 2\,H^+(aq) \longrightarrow Mg^{2+}(aq) + H_2O(l) + CO_2(g)$
**(d)** $NaAl(CO_3)(OH)_2(s) + 4\,H^+(aq) \longrightarrow Na^+(aq) + Al^{3+}(aq) + 3\,H_2O(l) + CO_2(g)$
**(e)** $CaCO_3(s) + 2\,H^+(aq) \longrightarrow Ca^{2+}(aq) + H_2O(l) + CO_2(g)$
[In **(c)**, **(d)** and **(e)**, one could also write the equation for formation of bicarbonate, e.g., $MgCO_3(s) + H^+(aq) \longrightarrow Mg^{2+} + HCO_3^-(aq)$.]
**4.103** 415 mL $H_3PO_4$ **4.106** **(a)** 0.854 $M$ CsOH
**(b)** $CsOH(aq) + HI(aq) \longrightarrow CsI(aq) + H_2O(l)$
**(c)** 0.38 $M$ HI **4.112** **(a)** $Zn(OH)_2(s) + H_2SO_4(aq) \longrightarrow 2\,H_2O(l) + ZnSO_4(aq)$ **(b)** $Zn(OH)_2$ is the limiting reactant.
**(c)** 0 mol $Zn(OH)_2$, 0.026 mol of $H_2SO_4$, 0.0901 mol $ZnSO_4$ are present.
**4.115** **(a)** +5 **(b)** silver arsenate **(c)** 5.22% As

## Chapter 5

**5.3** $w = 2.6 \times 10^{-18}$ J. **5.4** **(a)** Gravity; work is done because the force of gravity is opposed and the book is lifted. **(b)** Gas spring force; Work is done because the force of the pump is opposed as the gas is compressed into it. **5.6** **(a)** Matter cannot leave or enter a closed system. **(b)** Neither matter nor energy can leave or enter an isolated system. **(c)** Any part of the universe not part of the system is called the surroundings. **5.7** **(a)** According to the first law of thermodynamics, energy is conserved. **(b)** The *internal energy* **(E)** of a system is the sum of all the kinetic and potential energies of the system components. **(c)** The internal energy of a closed system increases when work is done on the system and when heat is transferred to the system. **5.8** **(a)** $\Delta E = -0.077$ kJ, endothermic **(b)** $\Delta E = -22.1$ kJ, exothermic
**5.9** **(a)** Since no work is done by the system in case (2), the gas will absorb most of the energy as heat; the case (2) gas will have the higher temperature. **(b)** In case (1) energy will be used to do work on the surroundings $(-w)$, but some will be absorbed as heat $(+q)$. In case (2) $w = 0$ and $q$ is (+). **(c)** $\Delta E$ is greater for case (2) because the entire 100 J increases the internal energy of the system rather than a part of the energy doing work on the surroundings. **5.10** **(a)** A *state function* is a property that depends only on the physical state (pressure, temperature, etc.) of the system, not on the route used to get to the current state. **(b)** Internal energy is a state function; heat is not a state function. **(c)** Volume is a state function. The volume of a system depends only on conditions (pressure, temperature, amount of substance), not the route or method used to establish that volume.
**5.12** $w = 203$ J **5.13** **(a)** As $\Delta E = q + w$, measuring $\Delta E$ generally requires a means to measure both q and w. While, at constant pressure, the measured heat $q_p$ is identical to the change in enthalpy $\Delta H$. **(b)** $E$ is a property of a thermodynamic system; it only depends on its conditions, e.g. its temperature and pressure. Heat $q$ is not a property of a system, $q$ describes energy transferred to or from the system. We can equate change in internal energy, $\Delta E$, with heat only for the specific conditions of constant volume and no work. **(c)** The process is exothermic. **5.15** $\Delta E = 1.47$ kJ; $\Delta H = 0.824$ kJ **5.16** **(a)** $CH_4(g) + 2\,O_2(g) \longrightarrow CO_2(g) + 2H_2O(l)$; $\Delta H = -890$ kJ

**(b)**

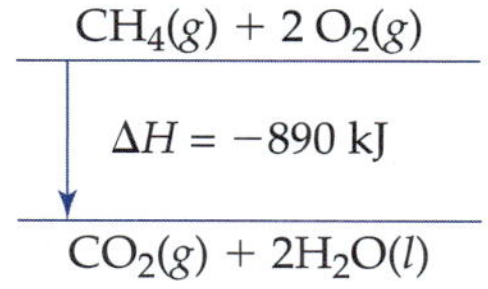

**5.17** **(a)** $\Delta H^0_{rxn} = -435.88$ kJ/mol **(b)** 2 H($g$) has the higher enthalpy. **5.18** **(a)** Exothermic **(b)** −87.9 kJ heat transferred **(c)** 15.7 g MgO produced **(d)** 602 kJ heat absorbed **5.19** **(a)** −29.5 kJ **(b)** −4.11 kJ **(c)** 60.6 J **5.20** **(a)** $\Delta H = 726.5$ kJ **(b)** $\Delta H = -1453$ kJ **(c)** The exothermic forward reaction is more likely to be thermodynamically favored. **(d)** Vaporization is endothermic. If the product were $H_2O(g)$, the reaction would be more endothermic and would have a less negative $\Delta H$. **5.22** **(a)** $C_m/C_s = MM$ **(b)** $C_m = 24.3$ J/mol-K **(c)** To calculate heat capacity from specific heat, the mass of the particular piece of aluminum component must be known. **5.23** **(a)** 4.184 J **(b)** 75.4 J **(c)** 1548 J/K **(d)** 452 kJ **5.24** **(a)** $2.66 \times 10^3$ J **(b)** It will require more heat to increase the temperature of one mole of octane, $C_8H_{18}(l)$, by a certain amount than to increase the temperature of one mole of water, $H_2O(l)$, by the same amount. **5.25** **(a)** $\Delta H = -19.024$ kJ **(b)** $\Delta H = -57.37$ kJ/mol **5.26** **(a)** $C_6H_4O_2(s) + 6O_2(g) \longrightarrow 2H_2O(l) + 6CO_2(g)$
**(b)** $\Delta H_{rxn} = -25.44$ kJ/g quinone or −2750 kJ/mol. **5.27** **(a)** Heat capacity of the complete calorimeter = 18.46 kJ/°C **(b)** 5.36 °C **5.30** $\Delta H = -1300.0$ kJ **5.31** $\Delta H = -2.49 \times 10^3$ kJ **5.33** **(a)** *Standard conditions* for enthalpy changes are $P = 1$ atm and some common temperature, usually 298 K. **(b)** *Enthalpy of formation* is the enthalpy change that occurs when a compound is formed from its component elements. **(c)** *Standard enthalpy of formation*, $\Delta H^\circ_f$, is the enthalpy change that accompanies formation of one mole of a substance from elements in their standard states.
**5.34** **(a)** $\frac{1}{2}N_2(g) + O_2(g) \longrightarrow NO_2(g)$, $\Delta H^\circ_f = 33.84$ kJ
**(b)** $S(s) + \frac{3}{2}O_2(g) \longrightarrow SO_3(g)$, $\Delta H^\circ_f = -395.2$ kJ
**(c)** $Na(s) + \frac{1}{2}Br_2(l) \longrightarrow NaBr(s)$, $\Delta H^\circ_f = -361.4$ kJ
**(d)** $Pb(s) + N_2(g) + 3O_2(g) \longrightarrow Pb(NO_3)_2(s)$, $\Delta H^\circ_f = -451.9$ kJ
**5.35** $\Delta H^\circ_{rxn} = -847.6$ kJ **5.36** **(a)** $\Delta H^\circ_{rxn} = -196.6$ kJ
**(b)** $\Delta H^\circ_{rxn} = 37.1$ kJ **(c)** $\Delta H^\circ_{rxn} = -976.94$ kJ **(d)** $\Delta H^\circ_{rxn} = -68.3$ kJ
**5.37** $\Delta H^\circ_f = -248$ kJ
**5.38** **(a)** $C_8H_{18}(l) + \frac{25}{2}O_2(g) \longrightarrow 8CO_2(g) + 9H_2O(g)$
**(b)** $\Delta H^\circ_f = -259.5$kJ
**5.39** **(a)** $C_2H_5OH(l) + 3O_2(g) \longrightarrow 2CO_2(g) + 3H_2O(g)$
**(b)** $\Delta H^\circ_{rxn} = -1234.8$ kJ **(c)** $2.11 \times 10^4$ kJ/L heat produced
**(d)** 0.071284 g $CO_2$/kJ heat emitted **5.41** **(a)** $+\Delta H$ **(b)** $-\Delta H$ **(c)** $+\Delta H$ **(d)** $+\Delta H$ **5.42** **(a)** $\Delta H = -103$ kJ **(b)** $\Delta H = -1295$ kJ **5.43** **(a)** $\Delta H$ for the reaction is 192.9 kJ. D(Br—Br) = 193 kJ **(b)** The difference between the value calculated in part **(a)** and the value from Table 5.4 is zero, to three significant figures. **5.44** **(a)** $\Delta H$ for the reaction calculated using bond enthalpies is −485 kJ. **(b)** The estimate from part **(a)** is less negative or larger than the true reaction enthalpy. **(c)** $\Delta H$ for the reaction calculated using enthalpies of formation is −572 kJ. **5.45** **(a)** *Fuel value* is the amount of energy produced when 1 g of a substance (fuel) is combusted. **(b)** 5 g of fat **(c)** These products of metabolism are expelled as waste via the alimentary tract, $H_2O(l)$ primarily in urine and feces, and $CO_2(g)$ as gas when breathing. **5.46** **(a)** 228 cal/ serving **(b)** Potassium is not metabolized by the body, so it does not contribute to the calorie content of the food. **5.47** 59.7 Cal **5.48** **(a)** $\Delta H_{comb} = -1850$ kJ/mol $C_3H_4$, −1926 kJ/mol $C_3H_6$, −2044 kJ/mol $C_3H_8$ **(b)** $\Delta H_{comb} = -4.616 \times 10^4$ kJ/kg $C_3H_4$, $-4.578 \times 10^4$ kJ/kg $C_3H_6$, $-4.635 \times 10^4$ kJ/kg $C_3H_8$ **(c)** These three substances yield nearly identical quantities of heat per unit mass, but propane is marginally higher than the other two. **5.49** **(a)** $E_{el} = 1.8 \times 10^2$ J **(b)** If the spheres are released, they will move away from each other. **(c)** v = 19 m/s **5.52** **(a)** (iii) **(b)** none of them **(c)** all of them **5.55** **(a)** The sign of $w$ is (+). **(b)** The sign of $q$ is (−). **(c)** The sign of $w$ is positive and the sign of $q$ is negative, so we cannot absolutely determine the sign of $\Delta E$. It is likely that the heat lost is much smaller than the work done on the system, so the sign of $\Delta E$ is probably positive. **5.58** **(a)** $N_2(g) + O_2(g) \longrightarrow 2NO(g)$. Since $\Delta V = 0$, $w = 0$. **(b)** $\Delta H = \Delta H_f = 90.37$ kJ. The definition of a formation reaction is one where elements combine to form one mole of a single product. The enthalpy change for such a reaction is the enthalpy of formation. **5.61** **(a)** $E_{el} = -1.0 \times 10^{-18}$ J **(b)** $\Delta E_{el} = 7.7 \times 10^{-19}$ J **(c)** The two objects carry opposite charges; they attract each other. As they move farther apart, their energy increases. **5.62** **(a)** $F_{el} = -4.4 \times 10^{-9}$ N **(b)** $F_g = 1.9 \times 10^{-48}$ N **(c)** The electrostatic force is $2.3 \times 10^{39}$ times larger than the gravitational force. Both forces are attractive, that is, they point in the same direction. **5.73** **(a)** $w = 7.4$ kJ **(b)** $\Delta E = -476.2$ kJ **(c)** Since the value of $\Delta n$ is negative, the quantity $(-P\Delta V)$ is positive. We add a positive quantity to $\Delta H$ to calculate $\Delta E$, so $\Delta E$ must be larger. **5.87** Yes, because internal energy is a state function. **5.105** The spontaneous air bag reaction is probably exothermic, with $-\Delta H$ and thus $-q$. When the bag inflates, work is done by the system, so the sign of $w$ is also negative. **5.108** $\Delta H = -11.73$ kJ; $\Delta E = -14.21$ kJ **5.110** $1.8 \times 10^4$ bricks **5.113** **(a)** $\Delta H^0_{rxn} = -11.73$ KJ **(b)** 39.7 g Fe needed **5.117** **(a)** $\Delta H^0_{rxn} = 82$ KJ/mol **(b)** 1-hexene has greater enthalpy than cyclohexane. **(c)** 1-hexene will have the larger combustion enthalpy. **5.120** If all work is used to increase the man's potential energy, the stair climbing uses 70 Cal and will not compensate for the extra order of 245 Cal fries. (More than 70 Cal will be required to climb the stairs because some energy is used to move limbs and some will be lost as heat.) **5.125** **(a)** $1.479 \times 10^{-18}$ J/molecule **(b)** $1 \times 10^{-15}$ J/photon. The X-ray has approximately 1000 times more energy than is produced by the combustion of 1 molecule of $CH_4(g)$. **5.127** **(a)** $\Delta H^\circ$ for neutralization of the acids is: $HNO_3$, −55.8 kJ; HCl, −56.1 kJ; $NH_4^+$, −4.1 kJ. **(b)** $H^+(aq) + OH^-(aq) \longrightarrow H_2O(l)$ is the net ionic equation for the first two reactions. $NH_4^+(aq) + OH^-(aq) \longrightarrow NH_3(aq) + H_2O(l)$ **(c)** The $\Delta H^\circ$ values for the first two reactions are nearly identical, −55.8 kJ and −56.1 kJ. Because spectator ions do not change during a reaction and these two reactions have the same net ionic equation, it is not surprising that they have the same $\Delta H^\circ$. **(d)** Strong acids are more likely than weak acids to donate $H^+$. Neutralization of the two strong acids is energetically favorable, while the third reaction is barely so. $NH_4^+$ is likely a weak acid. **5.129** **(a)** $\Delta H^\circ = -65.7$ kJ **(b)** $\Delta H^\circ$ for the complete molecular equation will be the same as $\Delta H^\circ$ for the net ionic equation. Since the overall enthalpy change is the enthalpy of products minus the enthalpy of reactants, the contributions of spectator ions cancel. **(c)** $\Delta H^\circ_f$ for $AgNO_3(aq)$ is −100.4 kJ/mol.

## Chapter 6

**6.2** **(a)** True **(b)** False. Ultraviolet light has shorter wavelengths than visible light. **(c)** False. X-rays travel at the same speed as microwaves. **(d)** False. Electromagnetic radiation and sound waves travel at different speeds. **6.3** Wavelength of X-rays < ultraviolet < green light < red light < infrared < radio waves **6.4** **(a)** $10^7$ 1/cm **(b)** $2 \times 10^4$ 1/cm **(c)** 10 1/cm **6.5** **(a)** $3.0 \times 10^{13}$ $s^{-1}$ **(b)** $5.45 \times 10^{-7}$ m = 545 nm. **(c)** The radiation in **(b)** is visible; the radiation in **(a)** is not. **(d)** $1.50 \times 10^4$ m **6.6** $4.6 \times 10^{14}$ $s^{-1}$; red. **6.8** (iv) **6.9** **(a)** $1.95 \times 10^{-19}$ J **(b)** $4.81 \times 10^{-19}$ J **(c)** 328 nm **6.10** **(a)** $\lambda = 3.0$ mm, $E = 6.6 \times 10^{-23}$ J, $\lambda = 3.0$ nm, $E = 6.6 \times 10^{-16}$ J **(b)** The 3.0 mm photon is in the microwave region and the 0.3 nm photon is in the x-ray region. The x-ray photon has the greater energy. **6.11** **(a)** $6.11 \times 10^{-19}$ J/photon **(b)** 368 kJ/mol **(c)** $1.64 \times 10^{15}$ photons **(d)** 368 kJ/mol **6.12** **(a)** The ~$1 \times 10^{-6}$ m radiation is in the infrared portion of the spectrum.
**(b)** $8.1 \times 10^{16}$ photons/s **6.13** **(a)** $v = 1.09 \times 10^{15}$ 1/s
**(b)** $\lambda = 275$ nm **(c)** $E_{240} = 8.28 \times 10^{-19}$ J. The excess energy of the 240-nm photon is converted into the kinetic energy of the emitted electron. $v = 4.82 \times 10^5$ m/s. **6.15** When an electron in a hydrogen atom transitions from $n = 1$ to $n = 3$, the atom "expands". **6.16** **(a)** Emitted **(b)** emitted **(c)** emitted **6.17** **(a)** $E_3 = -2.42 \times 10^{-19}$ J; $E_6 = -6.06 \times 10^{-20}$ J; $\Delta E = -1.82 \times 10^{-19}$ J; $\lambda = 1090$ nm
**(b)** infrared **6.18** **(a)** (ii) **(b)** $n_i = 3$, $n_f = 2$; $\lambda = 6.56 \times 10^{-7}$ m; this is the red line at 656 nm. $n_i = 4$, $n_f = 2$; $\lambda = 4.86 \times 10^{-7}$ m; this is

the blue-green line at 486 nm. $n_i = 5$, $n_f = 2$; $\lambda = 4.34 \times 10^{-7}$ m; this is the blue-violet line at 434 nm. **6.19** (**a**) Ultraviolet region (**b**) $n_i = 5$, $n_f = 1$ **6.20** The order of decreasing energy of light absorbed is: $n = 1$ to $n = 3$; $n = 2$ to $n = 5$; $n = 3$ to $n = 7$; $n = 4$ to $n = 8$ **6.23** (**a**) $\lambda = 5.6 \times 10^{-37}$ m (**b**) $\lambda = 2.65 \times 10^{-34}$ m (**c**) $\lambda = 2.3 \times 10^{-13}$ m (**d**) $\lambda = 1.51 \times 10^{-11}$ m **6.24** $3.16 \times 10^3$ m/s **6.25** (**a**) $\Delta x \geq 4 \times 10^{-27}$ m (**b**) $\Delta x \geq 3 \times 10^{-10}$ m **6.27** (**a**) False (**b**) false **6.28** (**a**) $n = 4$, $l = 3, 2, 1, 0$ (**b**) $l = 2$, $m_l = -2, -1, 0, 1, 2$ (**c**) $m_l = 2$, $l \geq 2$ or $l = 2, 3$ or $4$ **6.29** (**a**) $3p$: $n = 3$, $l = 1$ (**b**) $2s$: $n = 2$, $l = 0$ (**c**) $4f$: $n = 4$, $l = 3$ (**d**) $5d$: $n = 5$, $l = 2$ **6.30** (**a**) 3, 2, 1, 0, −1, −2, −3 (**b**) $\frac{1}{2}$, $-\frac{1}{2}$ **6.31** (**a**) Impossible, $1p$ (**b**) possible (**c**) possible (**d**) impossible, $2d$ **6.33**

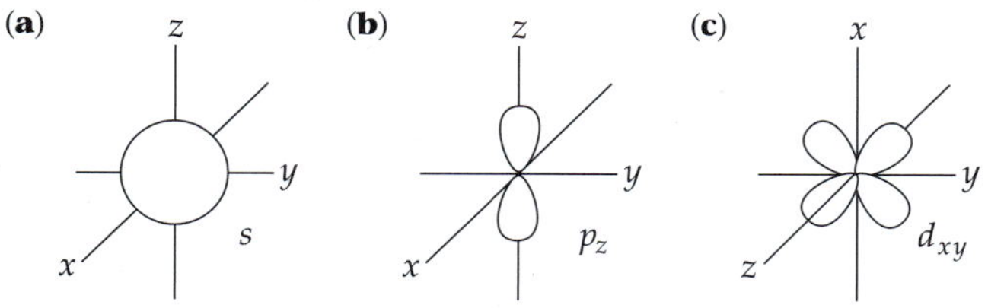


**6.34** (**a**) The hydrogen atom $1s$ and $2s$ orbitals have the same overall spherical shape, but the $2s$ orbital has a larger radial extension and one more node than the $1s$ orbital. (**b**) A single $2p$ orbital is directional in that its electron density is concentrated along one of the three Cartesian axes of the atom. The $d_{x^2-y^2}$ orbital has electron density along both the $x$- and $y$-axes, while the $p_x$ orbital has density only along the $x$-axis. (**c**) The average distance of an electron from the nucleus in a $3s$ orbital is greater than for an electron in a $2s$ orbital. (**d**) $1s < 2p < 3d < 4f < 6s$ **6.36** (**a**) For the $He^+$ ion, the $2s$ and $2p$ orbitals have the same energy. (**b**) Yes. In a helium atom, the $2s$ orbital is lower in energy than the $2p$ orbital. **6.37** (**a**) No. Both configurations follow the Pauli exclusion principle. (**b**) No. Both configurations follow Hund's rule. (**c**) No. In the absence of a magnetic field, we cannot say which configuration has the lower energy. **6.38** (**a**) 2 (**b**) 6 (**c**) 10 (**d**) 2 **6.40** (**a**) "Valence electrons" are those involved in chemical bonding. They are part or all of the outer-shell electrons listed after the core. (**b**) "Core electrons" are inner-shell electrons that have the electron configuration of the nearest noble-gas element. (**c**) Each box represents an orbital. (**d**) Each half-arrow in an orbital diagram represents an electron. The direction of the half-arrow represents electron spin. **6.41** (**a**) Cs, $[Xe]6s^1$ (**b**) Ni, $[Ar]4s^23d^8$ (**c**) Se, $[Ar]4s^23d^{10}4p^4$ (**d**) Cd, $[Kr]5s^24d^{10}$ (**e**) U, $[Rn]5f^36d^17s^2$ (**f**) Pb, $[Xe]6s^24f^{14}5d^{10}6p^2$ **6.42** (**a**) Be, 0 unpaired electrons (**b**) O, 2 unpaired electrons (**c**) Cr, 6 unpaired electrons (**d**) Te, 2 unpaired electrons **6.43** (**a**) The $4s$ subshell would fill before the $3d$. (**b**) The $s$ subshell can hold only 2 electrons. (**c**) The third electron would fill the $2s$ subshell before the $3s$. **6.45** (**a**) 0.1 m or 10 cm (**b**) No. Visible radiation has wavelengths much shorter than 0.1 m. (**c**) Energy and wavelength are inversely proportional. Photons of the longer 0.1-m radiation have less energy than visible photons. (**d**) Radiation with $\lambda = 0.1$ m is in the low-energy portion of the microwave region. The appliance is probably a microwave oven. **6.48** (**a**) Increase (**b**) decrease **6.52** (**a**) $l = 1$ (**b**) $3p_y$ (**c**) (iii) **6.90** (**a**) $\lambda_A = 3.6 \times 10^{-8}$ m, $\lambda_B = 8.0 \times 10^{-8}$ m (**b**) $\nu_A = 8.4 \times 10^{15}\ s^{-1}$, $\nu_B = 3.7 \times 10^{15}\ s^{-1}$ (**c**) A, ultraviolet; B, ultraviolet **6.93** 3.9 hr **6.95** $8.835 \times 10^{19}$ photons **6.100** (**a**) Lines with $n_f = 1$ lie in the ultraviolet, lines with $n_f = 2$ lie in the visible and lines with $n_f = 3$ lie near the infrared. Lines with $n_f = 4$ will have smaller energy differences and longer wavelengths and lie in the infrared. (**b**) $n_i = 5$, $\Delta E = -4.905 \times 10^{-20}$ J; $\lambda = 4050$ nm; $n_i = 6$, $\Delta E = -7.569 \times 10^{-20}$ J, $\lambda = 2624$ nm; $n_i = 7$, $\Delta E = -9.176 \times 10^{-20}$ J, $\lambda = 2165$ nm **6.104** $\lambda = 12.3$ pm **6.108** (**a**) The nodal plane of the $p_z$ orbital is the $xy$-plane. (**b**) The two nodal planes of the $d_{xy}$ orbital are the ones where $x = 0$ and $y = 0$. These are the $yz$- and $xz$-planes. (**c**) The two nodal planes of the $d_{x^2-y^2}$ orbital are the ones that bisect the $x$- and $y$-axes and contain the $z$-axis. **6.110** (**a**) Cl:$[Ne]3s^2\,3p^5$, 1 unpaired electron (**b**) Al:$[Ne]3s^2\,3p^1$, 1 unpaired electron (**c**) Zr:$[Kr]5s^2\,4d^2$, 2 unpaired electrons (**d**) As:$[Ar]4s^2\,3d^{10}\,4p^3$, 3 unpaired electrons (**e**) Sb:$[Kr]5s^2\,4d^{10}\,5p^3$, 3 unpaired electrons (f) W:$[Xe]6s^2\,4f^{14}\,5d^4$, 4 unpaired electrons **6.113** (**a**) $1.7 \times 10^{28}$ photons (**b**) 34 s **6.117** (**a**) Bohr's theory was based on the Rutherford nuclear model of the atom: a dense positive charge at the center and a diffuse negative charge surrounding it. Bohr's theory then specified the nature of the diffuse negative charge. The prevailing theory before the nuclear model was Thomson's plum pudding model: discrete electrons scattered about a diffuse positive charge cloud. Bohr's theory could not have been based on the Thomson model of the atom. (**b**) De Broglie's hypothesis is that electrons exhibit both particle and wave properties. Thomson's conclusion that electrons have mass is a particle property, while the nature of cathode rays is a wave property. De Broglie's hypothesis actually rationalizes these two seemingly contradictory observations about the properties of electrons.

## Chapter 7

**7.3** (**a**) Of the elements listed, only Fe was known before 1700. (**b**) The seven metals known in ancient times, Fe, Cu, Ag, Sn, Au, Hg, and Pb, are mostly near the bottom of the activity series, Table 4.5. **7.5** For elements N, O, P, and S, O and S have the largest effective nuclear charge; N and P have the smallest effective nuclear charge. **7.6** (**a**) For both Na and K, $Z_{eff} = 1$. (**b**) For both Na and K, $Z_{eff} = 2.2$. (**c**) Slater's rules give values closer to the detailed calculations: Na, 2.51; K, 3.49. (**d**) Both approximations give the same value of $Z_{eff}$ for Na and K; neither accounts for the gradual increase in $Z_{eff}$ moving down a group. (**e**) Following the trend from detailed calculations, we predict a $Z_{eff}$ value of approximately 4.5. **7.7** The $n = 2$ electrons in F experience a greater effective nuclear charge and thus have a greater probability of being closer to the nucleus. **7.10** Quantity (**b**) must be measured to determine the bonding atomic radius of an atom. **7.11** (**a**) 137 pm (**b**) The distance between W atoms will decrease. **7.12** From the bonding atomic radii, P—Cl = 107 + 102 pm = 209 pm. It is very close to the experimental values of 204 pm in $PCl_3$. **7.13** (**a**) As > Kr > Ar (**b**) Rb > Cd > Te (**c**) Cu > Cl > C **7.14** (**a**) False (**b**) true (**c**) false **7.15** $H^-$: He, $Ca^{2+}$: Ar, $In^{3+}$: Pd, Pd ($[Kr]4d^{10}$, irregular), $Ge^{2+}$: Zn **7.16** (**a**) $Na^+$ (**b**) $F^-$, $Z_{eff} = 7$; $Na^+$, $Z_{eff} = 9$ (**c**) $S = 4.15$; $F^-$, $Z_{eff} = 4.85$; $Na^+$, $Z_{eff} = 6.85$ (**d**) For isoelectronic ions, as nuclear charge ($Z$) increases, effective nuclear charge ($Z_{eff}$) increases and ionic radius decreases. **7.18** $Cl(g) \longrightarrow Cl^+(g) + e^-$; $Cl^+(g) \longrightarrow Cl^{2+}(g) + e^-$; $Cl^{2+}(g) \longrightarrow Cl^{3+}(g) + e^-$. The process for the first ionization energy requires the least amount of energy. **7.19** Of these three elements, Li has the highest second ionization energy. Both $Li^+$ and $K^+$ have the stable electron configurations of noble gases, but the unshielded $1s$ electron of $Li^+$ is much closer to the nucleus and requires more energy to remove. **7.20** (**a**) The smaller the atom, the larger its first ionization energy. (**b**) Of the nonradioactive elements, He has the largest and Cs has the smallest first ionization energy. **7.21** (**a**) Br (**b**) Ca (**c**) Rb (**d**) Pb (**e**) Al **7.22** (**a**) $Cu^{2+}$: $[Ar]\,3d^9$ (**b**) $Ca^{2+}$: [Ar], noble gas configuration (**c**) $N^{3-}$: [Ne], noble gas configuration (**d**) $Ru^{2+}$: $[Kr]4d^6$ (**e**) $H^-$: [He], noble gas configuration **7.23** $Zn^{2+}$, $[Ar]3d^{10}$; $Cd^{2+}$, $[Kr]4d^{10}$; $Hg^{2+}$, $[Xe]4f^{14}6d^{10}$ **7.25** Second electron affinity of Cl: $Cl^- + 1e^- \longrightarrow Cl^{2-}(g)$. We predict that the second electron affinity of chlorine will be positive. It is probably not possible to directly measure this quantity, because a positive value indicates that $Cl^{2-}$ ion is unstable and will not form.

**7.26** The electron affinity of I will be negative. The electron-electron repulsions created by adding an electron to an $I^-$ ion causes the electron affinity of $I^-$ to be a positive value. **7.27 (a)** Ionization energy ($I_1$) of Ne: $Ne(g) \longrightarrow Ne^+(g) + 1\ e^-$; $[He]2s^22p^6 \longrightarrow [He]2s^22p^5$; electron affinity ($E_1$) of F: $F(g) + 1\ e^- \longrightarrow F^-(g)$; $[He]2s^22p^5 \longrightarrow [He]2s^22p^6$. **(b)** $I_1$ of Ne is positive; $E_1$ of F is negative. **(c)** One process is apparently the reverse of the other, with one important difference. Ne has a greater $Z$ and $Z_{eff}$, so we expect $I_1$ for Ne to be somewhat greater in magnitude and opposite in sign to $E_1$ for F. **7.29 (a)** Decrease **(b)** Increase **(c)** The smaller the first ionization energy of an element, the greater the metallic character of that element. The trends in **(a)** and **(b)** are the opposite of the trends in ionization energy. **7.30** Agree. When forming ions, all metals form cations. The only nonmetallic element that forms cations is the metalloid Sb, which is likely to have significant metallic character. **7.31** Ionic: ZnO, $K_2O$, $TiO_2$; molecular: $SO_2$, $SiO_2$, $OF_2$. Ionic compounds are formed by combining a metal and a nonmetal; molecular compounds are formed by two or more nonmetals. **7.32** ZrO will react more readily with HCl(*aq*). **7.33 (a)** Dichlorine heptoxide **(b)** $2\,Cl_2(g) + 7\,O_2(g) \longrightarrow 2\,Cl_2O_7(l)$ **(c)** $Cl_2O_7$ is an acidic oxide, so it will be more reactive to base, $OH^-$. **(d)** The oxidation state of Cl in $Cl_2O_7$ is +7; the corresponding electron configuration for Cl is $[He]2s^22p^6$ or [Ne]. **7.34 (a)** $BCl_3(l) + 3\,H_2O(l) \longrightarrow B(OH)_3(aq) + 3\,HCl(aq)$ **(b)** $CoO\,(s) + 2\,HNO_3\,(aq) \longrightarrow Co(NO_3)_2\,(aq) + H_2O(l)$
**(c)** $P_4O_{10}(s) + 6H_2O(l) \longrightarrow 4H_3PO_4(aq)$
**(d)** $CO_2(g) + Ba(OH)_2(aq) \longrightarrow BaCO_3(s) + H_2O(l)$
**7.36 (a)** The first and second ionization energies of calcium are less than those of beryllium. **(b)** The first ionization energy of calcium is higher than that of rubidium. **7.37 (a)** $2\,K(s) + Cl_2(g) \longrightarrow 2\,KCl(s)$
**(b)** $SrO(s) + H_2O(l) \longrightarrow Sr(OH)_2(aq)$
**(c)** $4\,Li(s) + O_2(g) \longrightarrow 2\,Li_2O(s)$ **(d)** $2\,Na(s) + S(l) \longrightarrow Na_2S(s)$
**7.38 (a)** The reactions of the alkali metals with hydrogen and with a halogen are redox reactions. Both hydrogen and the halogen gain electrons and are reduced. (The alkali metal loses electrons and is oxidized.) $Ca(s) + F_2(g) \longrightarrow CaF_2(s)$; $Ca(s) + H_2(g) \longrightarrow CaH_2(s)$.
**(b)** The oxidation number of Ca in both products is +2. The electron configuration is that of Ar, $[Ne]3s^23p^6$. **7.40 (a)** Br, $[Ar]4s^24p^5$; Cl, $[Ne]3s^23p^5$ **(b)** Br and Cl are in the same group, and both adopt a 1− ionic charge. **(c)** The ionization energy of Br is smaller than that of Cl, because the 4*p* valence electrons in Br are farther from to the nucleus and less tightly held than the 3*p* electrons of Cl. **(d)** Both react slowly with water to form HX + HOX. **(e)** The electron affinity of Br is less negative than that of Cl, because the electron added to the 4*p* orbital in Br is farther from the nucleus and less tightly held than the electron added to the 3*p* orbital of Cl. **(f)** The atomic radius of Br is larger than that of Cl, because the 4*p* valence electrons in Br are farther from the nucleus and less tightly held than the 3*p* electrons of Cl. **7.41 (a)** The term *inert* was dropped because it no longer described all the Group 18 elements. **(b)** In the 1960s, scientists discovered that Xe would react with substances having a strong tendency to remove electrons, such as $F_2$. Thus, Xe could not be categorized as an "inert" gas. **(c)** The group is now called the noble gases. **7.42 (a)** $P_4(s) + 6\,Cl_2(g) \longrightarrow 4\,PCl_3(l)$ **(b)** $2Na(s) + 2H_2O(l) \longrightarrow H_2(g) + 2\,NaOH(aq)$ **(c)** $2HBr(g) + Cl_2(g) \longrightarrow 2HCl(g) + Br_2$
**(d)** $AlCl_3(s) + 3NaOH(aq) \longrightarrow Al(OH)_3(s) + 3NaCl(aq)$ **7.44** The largest brown sphere is $Br^-$, the intermediate blue one is Br, and the smallest red one is F. **7.47 (a)** The bonding atomic radius of A, $r_A$, is $d_1/2$; $r_x = d_2 - (d_1/2)$. **(b)** The length of the X—X bond is $2r_x$ or $2d_2 - d_1$. **7.50 (a)** $X + 2F_2 \longrightarrow XF_4$ **(b)** X in the diagram has about the same bonding radius as F, so it is likely to be a nonmetal. If X were a metal, the compound would be ionic and the charge on X would be 4+. The bonding (ionic) radius of $X^{4+}$ would be much smaller than that of fluorine. **7.51 (a)** The results are 2, 8, 18, 32. **(b)** The atomic numbers of the noble gases are 2, 10, 18, 36, 54, and 86. The differences between sequential pairs of these atomic numbers is 8, 8, 18, 18, and 32. These differences correspond to the results in **(a)**. They represent the filling of new subshells when moving across the next row of the periodic chart. **(c)** The Pauli exclusion principle is the source of the "2". **7.63 (a)** $Cl < S < K$ **(b)** $K^+ < Cl^- < S^{2-}$ **(c)** The neutral K atom has the largest radius because the *n*-value of its outer electron is larger than the *n*-value of valence electrons in S and Cl. The $K^+$ ion is smallest because, in an isoelectronic series, the ion with the largest Z has the smallest ionic radius. **7.65 (a)** $Cl^-$ is larger than Ar because the two are isoelectronic and Ar has the larger $Z$ and $Z_{eff}$. **(b)** $P^{3-}$ is larger than $S^{2-}$ because the two ions are isoelectronic and $S^{2-}$ has the larger Z and $Z_{eff}$. **(c)** $K^+$ is larger than $Na^+$ because for particles with like charges, size increases going down a family. **(d)** $F^-$ is larger than F because the increase in electron repulsions that accompany addition of an electron causes the electron cloud to expand. **7.88** Up to $Z = 82$, there are three instances where atomic weights are reversed relative to atomic numbers: Ar and K; Co and Ni; Te and I. **7.90 (a)** 5+ **(b)** 4.8+ **(c)** Shielding is greater for 3*p* electrons, owing to penetration by 3*s* electrons, so $Z_{eff}$ for 3*p* electrons is less than that for 3*s* electrons. **(d)** The first electron lost is a 3*p* electron because it has a smaller $Z_{eff}$ and experiences less attraction for the nucleus than a 3*s* electron does. **7.94 (a)** The P—Cl distance is 194 pm. **(b)** The predicted P—Cl bond length is 209 pm. **7.96 (a)** Chalcogens, −2; halogens, −1. **(b)** The family with the larger value is: atomic radii, chalcogens; ionic radii of the most common oxidation state, chalcogens; first ionization energy, halogens; second ionization energy, halogens **7.100** *C*: $1s^22s^22p^2$. $I_1$ through $I_4$ represent loss of the 2*p* and 2*s* electrons in the outer shell of the atom. The values of $I_1$–$I_4$ increase as expected. $I_5$ and $I_6$ represent loss of the 1*s* core electrons. These 1*s* electrons are much closer to the nucleus and experience the full nuclear charge, so the values of $I_5$ and $I_6$ are significantly greater than $I_1$–$I_4$. **7.105 (a)** $Mg^{2+}$ **(b)** $Cu^{2+}$ **(c)** $Pb^{2+}$ **7.108 (a)** For both H and the alkali metals, the added electron will complete an *ns* subshell, so shielding and repulsion effects will be similar. For the halogens, the electron is added to an *np* subshell, so the energy change is likely to be quite different. **(b)** True. The electron configuration of H is $1s^1$. The single 1*s* electron experiences no repulsion from other electrons and feels the full unshielded nuclear charge. The outer electrons of all other elements that form compounds are shielded by a spherical inner core of electrons and are less strongly attracted to the nucleus, resulting in larger bonding atomic radii. **(c)** Both H and the halogens have large ionization energies. The relatively large effective nuclear charge experienced by *np* electrons of the halogens is similar to the unshielded nuclear charge experienced by the H 1*s* electron. For the alkali metals, the *ns* electron being removed is effectively shielded by the core electrons, so ionization energies are low. **(d)** ionization energy of hydride, $H^-(g) \longrightarrow H(g) + 1e^-$ **(e)** electron affinity of hydrogen, $H(g) + 1\,e^- \longrightarrow H^-(g)$. The value for the ionization energy of hydride is equal in magnitude but opposite in sign to the electron affinity of hydrogen. **7.111** The most likely product is **(iii)**. **7.116** Electron configuration, $[Rn]7s^25f^{14}6d^{10}7p^5$; first ionization energy, 805 kJ/mol; electron affinity, −235 kJ/mol; atomic size, 1.65 Å; common oxidation state, −1. **7.119 (a)** Li, $[He]2s^1$; $Z_{eff} \approx 1+$ **(b)** $I_1 \approx 5.45 \times 10^{-19}$ J/atom $\approx$ 328 kJ/mol **(c)** The estimated value of 328 kJ/mol is less than the Table 7.4 value of 520 kJ/mol. Our estimate for $Z_{eff}$ was a lower limit; the [He] core electrons do not perfectly shield the 2*s* electron from the nuclear charge. **(d)** Based on the experimental ionization energy, $Z_{eff} = 1.26$. This value is greater than the estimate from part **(a)** but agrees well with the "Slater" value of 1.3 and is consistent with the explanation in part (c). **7.122 (a)** $Mg_3N_2$ **(b)** $Mg_3N_2(s) + 3\,H_2O(l) \longrightarrow 3\,MgO(s) + 2\,NH_3(g)$;

the driving force is the production of $NH_3(g)$. **(c)** 17% $Mg_3N_2$ **(d)** $3\ Mg(s) + 2\ NH_3(g) \longrightarrow Mg_3N_2(s) + 3\ H_2(g)$. $NH_3$ is the limiting reactant and 0.46 g $H_2$ is formed. **(e)** $\Delta H^\circ_{rxn} = -368.70$ kJ

## Chapter 8

**8.3** **(a)** $1s^22s^22p^63s^23p^5$ **(b)** seven **(c)** The 3*s* and 3*p* electrons are valence electrons. **8.4** **(a)** ·Te· **(b)** ·Si· **(c)** :Kr: **(d)** ·P·

**8.7**

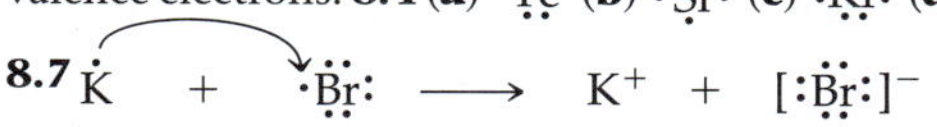

**(b)** one **(c)** K loses an electron. **8.8** **(a)** $AlCl_3$ **(b)** MgO **(c)** $ZnCl_2$ **(d)** $Li_2O$ **8.9** **(a)** $Be^{2+}$: $1s^2$ = [He], noble-gas configuration **(b)** $Mn^{2+}$: [Ar] $3d^5$ **(c)** $Cd^{2+}$: [Kr] $4d^{10}$ **(d)** $Fe^{3+}$: [Ar] $3d^5$ **(e)** $Tl^+$: [Xe]$4f^{14}5d^{10}6s^2$ **(f)** $At^-$: [Xe] $4f^{14}5d^{10}6s^26p^6$ = [Rn], noble-gas configuration **8.10** **(a)** Endothermic **(b)** $NaCl(s) \longrightarrow Na^+(g) + Cl^-(g)$ **(c)** Salts like NaCl, that have singly charged ions, will have smaller lattice energies compared with salts like CaO, that have doubly charged ions. **8.11** **(a)** $Na^+$, 1+; $Ca^{2+}$, 2+ **(b)** $F^-$, 1−; $O^{2-}$, 2− **(c)** CaO will have the larger lattice energy. **(d)** We expect the lattice energy of ScN to be slightly less than $8.10 \times 10^3$ kJ **8.12** **(a)** K—F, 271 pm; Na—Cl, 283 pm; Na—Br, 298 pm; Li—Cl, 257 pm **(b)** LiCl > KF > NaCl > NaBr **(c)** From Table 8.2: LiCl, 1030 kJ; KF, 808 kJ; NaCl, 788 kJ; NaBr, 732 kJ. The predictions from ionic radii are correct. **8.13** Statement **(a)** is the best explanation. **8.15**

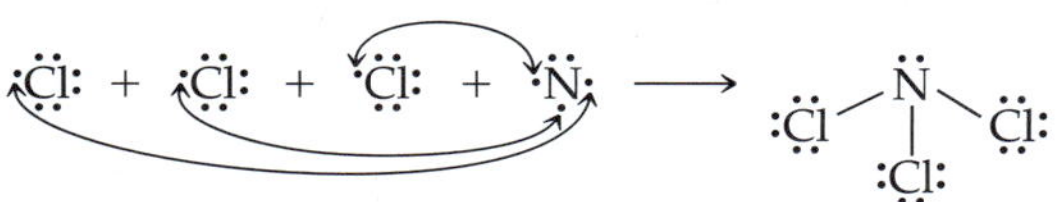

**(a)** 5 **(b)** 1 **(c)** 8 **(d)** 8 **(e)** 10 **8.16** **(a)** :Ö=O: **(b)** four bonding electrons (two bonding electron pairs) **(c)** An O=O double bond is shorter than an O—O single bond. The greater the number of shared electron pairs between two atoms, the shorter the distance between the atoms.

**8.17**

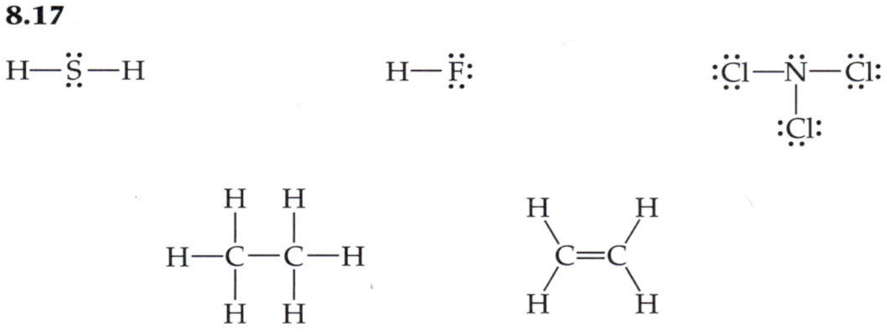

**8.18**

**8.19**

**8.21** Statement **(b)** is false. **8.22** **(a)** Mg **(b)** S **(c)** C **(d)** As **8.23** The bonds in **(a)**, **(b)** and **(d)** are polar. The more electronegative atom in each polar bond is: **(a)** O, **(b)** F **(d)** Cl. **8.24** **(a)** The calculated charge on H and Br is 0.12*e*. **(b)** Decrease **8.25** **(a)** $SiF_4$, molecular, silicon tetrachloride; $LaF_3$, ionic, lanthanum(III) fluoride **(b)** $FeCl_2$, ionic, iron(II) chloride; $ReCl_6$, molecular (metal in high oxidation state), rhenium hexachloride. **(c)** $PbCl_4$, molecular (by contrast to the distinctly ionic RbCl), lead tetrachloride; RbCl, ionic, rubidium chloride

**8.27**

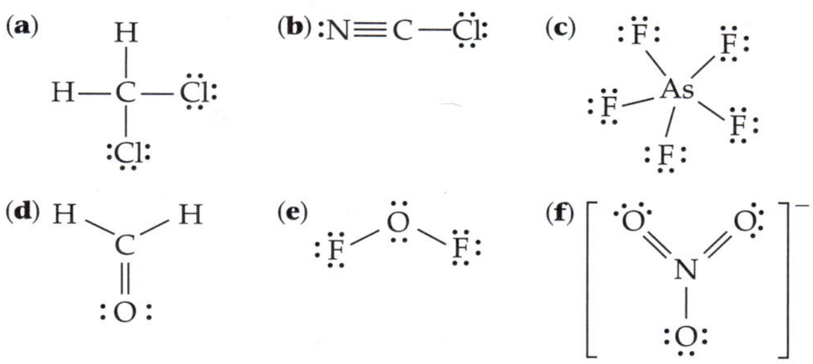

**8.28** Statement **(b)** is most true. Keep in mind that when it is necessary to place more than an octet of electrons around an atom in order to minimize formal charge, there may not be a "best" Lewis structure. **8.29** Formal charges are shown on the Lewis structures; oxidation numbers are listed below each structure.

**(a)**

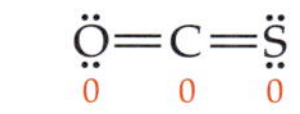

O, −2; C, +4; S, −2

**(b)**

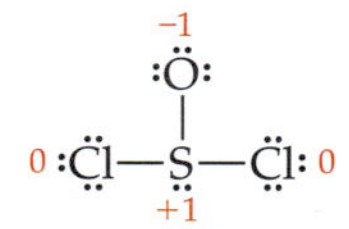

S, +4; Cl, −1; O, −2

**(c)**

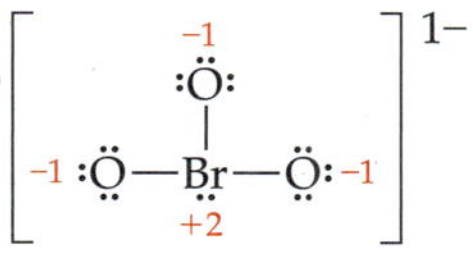

Br, +5; O, −2

**(d)**

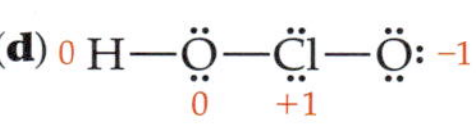

Cl, +3; H, +1; O, −2

**8.31** **(a)**

**(b)** $O_3$ is isoelectronic with $NO_2^-$; both have 18 valence electrons. **(c)** Since each N—O bond has partial double-bond character, the N—O bond length in $NO_2^-$ should be shorter than an N—O single bond but longer than an N=O double bond. **8.34** Assume that the dominant structure is the one that minimizes formal charge. Following this guideline, only $ClO^-$ obeys the octet rule. ClO, $ClO_2^-$, $ClO_3^-$, and $ClO_4^-$ do not obey the octet rule.

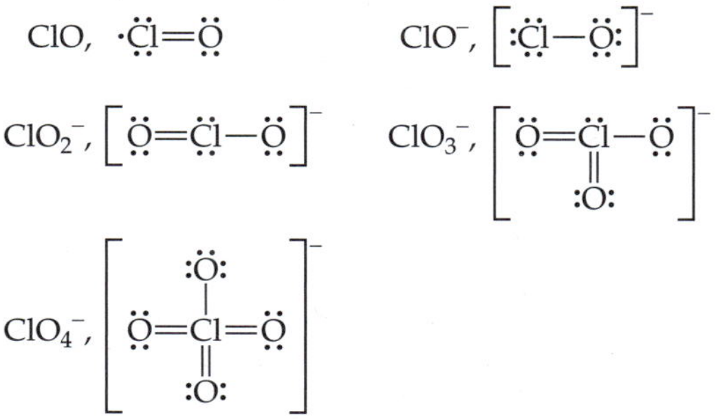

**8.35**

**(a)**

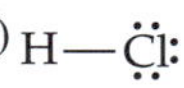

Does not obey the octet rule. H has 2 electrons.

**(b)**

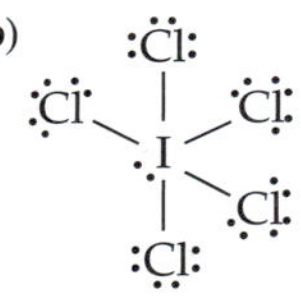

Does not obey the octet rule. Central I has 12 electrons.

**(c)**

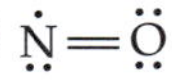

Does not obey the octet rule. N has only 7 electrons.

(d) 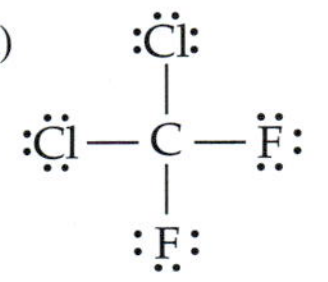 (e) 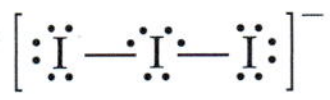

Does not obey the octet rule. Central I has 10 electrons.

**8. 36** (**a**) 

This structure violates the octet rule.

(**b**) 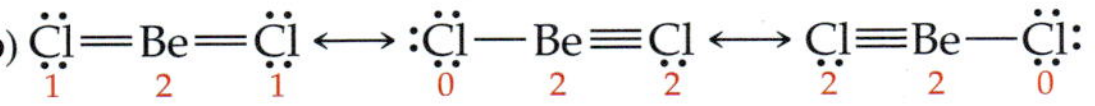

(**c**) Formal charges are minimized on the structure that violates the octet rule; this form is probably dominant.

**8.37** 32 e$^-$, 16 e$^-$ pr

(**a**) 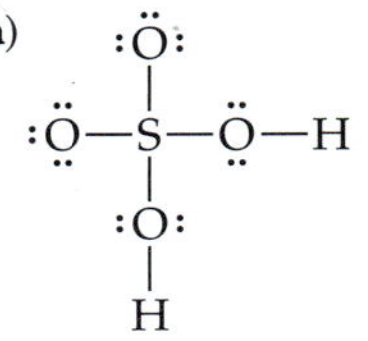 (**b**) 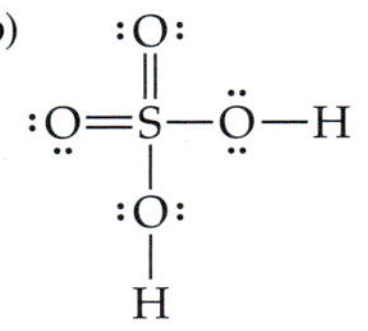

**8.39** (**a**) $\Delta H = -304$ kJ (**b**) $\Delta H = -82$ kJ (**c**) $\Delta H = -467$ kJ **8.40** (**a**) False (**b**) false (**c**) false (**d**) false (**e**) false **8.41** The Ca—O bond will be stronger than the Na—Cl bond, because the ion charges are greater. **8.43** (**a**) Group 14 (**b**) Group 2 (**c**) Group 15 **8.46** (**a**) Ru (**b**) [Kr]$5s^2 4d^6$. **8.49** (**a**) Four (**b**) In order of increasing bond length: $3 < 1 < 2$ (**c**) Bond 3 is the strongest C—C bond in the hydrocarbon molecule. For the same pair of bonded atoms, the greater the number of shared pairs of electrons, the shorter and stronger the bond. **8.61** The lattice energy of RbCl(*s*) is +692 kJ / mol. **8.74** The more electron pairs shared by the atoms, the shorter the bond. Thus, the bond length of $O_2$ is shorter than that of $H_2O_2$. **8.75** (**a**) $AsF_5$ is an exception to the octet rule. (**b**) $BCl_3$ is an exception to the octet rule. **8.83** (**a**) $CH_2$, 6 e$^-$, 3 e$^-$ pr H—C̈—H 2 $CH_2$, → $C_2H_4$. (**b**) The product of this reaction, $C_2H_4$, contains a C—C double bond, with a typical bond length of 134 pm. **8.84** A double C—O bond **8.92** (**a**) B—O. The most polar bond will be formed by the two elements with the greatest difference in electronegativity. (**b**) As—I. These elements have the two largest covalent radii among this group of elements. (**c**) $BCl_3$. B has three valence electron and participates in three covalent bonds. The Octet rule is satisfied by all three chlorine atoms. (**d**) O. O has 6 valence electrons and it needs to participate in two covalent bonds in order to satisfy the octet rule. **8.97** (**a**) +1 (**b**) −1 (**c**) +1 (assuming the odd electron is on N) (**d**) 0 (**e**) +3 **8.100** (**a**) False. One possible example is ozone $O_3$. (**b**) False. $O_3$ does not have an odd electron. **8.103** (**a**) $Ti^{2+}$, [Ar]$3d^2$; Ca, [Ar]$4s^2$. (**b**) Ca has no unpaired electrons and $Ti^{2+}$ has two. (**c**) In order to be isoelectronic with $Ca^{2+}$, Ti would have a 4+ charge. **8.109** (**a**) Potassium peroxide is $K_2O_2$. (**b**) 14 e$^-$, 7 e$^-$ pairs (**c**) $^-$:Ö—Ö:$^-$ (**d**) Based on the Lewis structure, it is a single bond in the peroxide ion, whereas a double bond for the oxygen molecule. Therefore, the O—O in peroxide ion is longer than that of the oxygen molecule.

**8.114**

(**a**) $NH_3BF_3$, 32 e$^-$, 16 e$^-$ pr (**b**) $\delta+$ $\delta-$ B—N

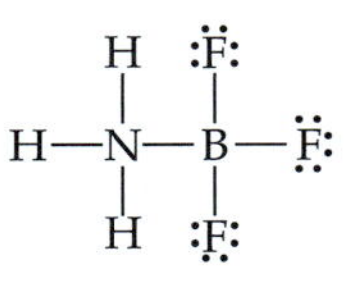

(**c**) Chlorine is less electronegative and less electron withdrawing than fluorine. The B—N bond in $NH_3BCl_3$ is less polar than the B—N bond in $NH_3BF_3$.

## Chapter 9

**9.2** (**a**) 1 (**b**) 2 (**c**) 9 (**d**) 5 **9.3** (**a**) i, trigonal planar; ii, tetrahedral; iii, trigonal bipyramidal (**b**) i, 0; ii, 1; iii, 2 (**c**) N and P (**d**) Cl (or Br or I). This T-shaped molecular geometry arises from a trigonal-bipyramidal electron-domain geometry with 2 nonbonding domains. Assuming each F atom has 3 nonbonding domains and forms only single bonds with A, A must have 7 valence electrons and be in or below the third row of the periodic table to produce these electron-domain and molecular geometries. **9.4** (**a**) 1, less than 109.5°; 2, close to 120°; 3, less than 109.5° (**b**) 4, close to 120° (**c**) 5, close to 120°; 6, close to 180° (**d**) 7, less than 109.5°; 8, close to 120° **9.6** (**a**) In a linear $AB_2$ molecule, there can be either 0 or 3 nonbonding electron pairs. (**b**) three (**c**) yes **9.7** (**a**) Octahedral (**b**) octahedral (**c**) square planar **9.8** (**a**) No effect (**b**) no effect (**c**) 2 nonbonding pairs on the central O influence the molecular shape. (**d**) no effect (**e**) no effect **9.9** (**a**) Tetrahedral, tetrahedral (**b**) trigonal bipyramidal, T-shaped (**c**) octahedral, square pyramidal (**d**) octahedral, square planar **9.10** (**a**) Linear, linear (**b**) trigonal bipyramidal, trigonal bipyramidal (**c**) trigonal planar, bent (**d**) linear, linear (**e**) trigonal bipyridimal, seesaw (**f**) octahedral, square pyridimal **9.11** (**a**) $NH_4^+$ has zero nonbonding electron pairs on N and the largest bond angles. (**b**) $NH_2^-$ has two nonbonding electron pairs on N and the smallest bond angles. **9.12** (**a**) Although both ions have 4 bonding electron domains, the 6 total domains around Br require octahedral domain geometry and square-planar molecular geometry, while the 4 total domains about B lead to tetrahedral domain and molecular geometry. (**b**) The angles will vary as $H_2O > H_2S > H_2Se$. The less electronegative the central atom, the larger the nonbonding electron domain, and the greater the effect of repulsive forces on adjacent bonding domains. The less electronegative the central atom, the greater the deviation from ideal tetrahedral angles. **9.15** (**a**) No. $CS_2$ does not have a dipole moment. (**b**) Yes. The net dipole moment vector points along the O—S—O angle bisector. **9.16** (**a**) Nonpolar. The polar B—F bonds are arranged in a symmetrical trigonal planar geometry. (**b**) No. The added nonbonding electron pair requires that the electron domain geometry is tetrahedral and the shape is a trigonal pyramid. (**c**) Yes. In $BF_2Cl$, the bond dipoles do not cancel. **9.17** (**a**) IF (**d**) $PCl_3$ and (**f**) $IF_5$ are polar.

**9.18** (**a**) Lewis structures

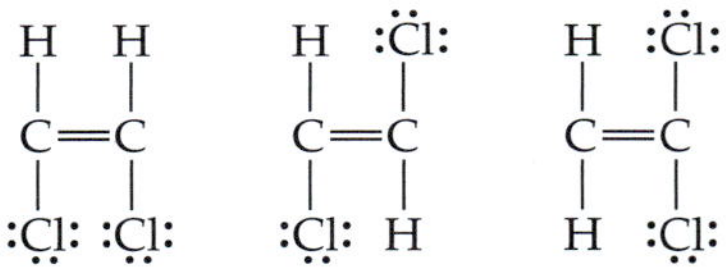

Molecular geometries

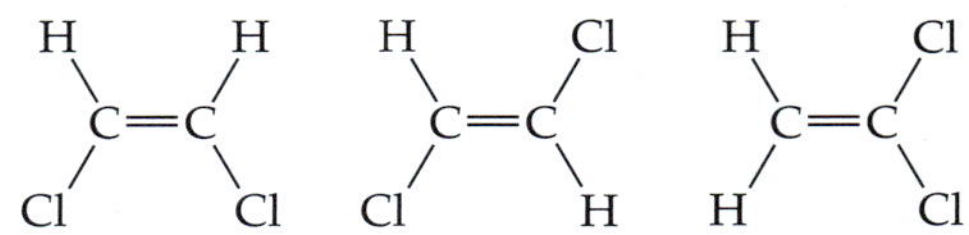

Polar Nonpolar Polar

(**b**) The middle isomer has a zero net dipole moment. (**c**) $C_2H_3Cl$ has only one isomer, and it has a dipole moment. **9.22** (**a**) False (**b**) true (**c**) false (**d**) false **9.23** (**a**) B, [He]$2s^2 2p^1$ (**b**) F, [He]$2s^2 2p^5$ (**c**) $sp^2$ (**d**) A single $2p$ orbital is unhybridized. It lies perpendicular to the trigonal plane of the $sp^2$ hybrid orbitals. **9.24** (**a**) $sp^3$ (**b**) $sp^3d^2$ (**c**) $sp^3$ (**d**) $sp^2$ **9.25** Left, no hybrid orbitals discussed in this chapter form angles of 90° with each other; *p* atomic orbitals are perpendicular to each other; center, 109.5°, $sp^3$; right, 120°, $sp^2$

**9.28** (**a**) 

(**b**) 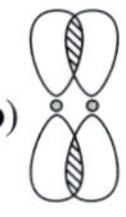


(**c**) A σ bond is generally stronger than a π bond because there is more extensive orbital overlap. (**d**) No. Overlap of two *s* orbitals results in electron density along the internuclear axis, while a π bond has none. **9.29** (**a**) 18 valence electrons (**b**) 10 valence electrons make σ bonds. (**c**) 2 valence electrons make π bonds. (**d**) 6 valence electrons are nonbonding. (**e**) Both carbon atoms in the molecule are $sp^2$ hybridized. **9.31** (**a**) In a localized π bond, the electron density is concentrated between the two atoms forming the bond. In a delocalized π bond, the electron density is spread over all the atoms that contribute *p* orbitals to the network. (**b**) The existence of more than one resonance form is a good indication that a molecule will have delocalized π bonding. (**c**) delocalized

**9.32**

(**a**) 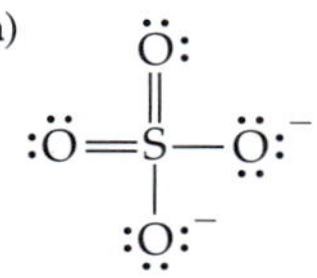

(**b**) $sp^3$
(**c**) Yes, there are five equivalent resonance structures of the type shown in (a).
(**d**) There are four electrons in the π system of the molecule.
**9.33** (**a**) Linear (**b**) The two central C atoms each have trigonal planar geometry with ~120° bond angles about them. The C and O atoms lie in a plane with the H atoms free to rotate in and out of this plane. (**c**) The molecule is planar with ~120° bond angles about the two N atoms. **9.35** (**a**) Hybrid orbitals are mixtures of atomic orbitals from a single atom and remain localized on that atom. Molecular orbitals are combinations of atomic orbitals from two or more atoms and are delocalized over at least two atoms. (**b**) Each MO can hold a maximum of two electrons. (**c**) Antibonding molecular orbitals can have electrons in them.

**9.36**

(**a**) 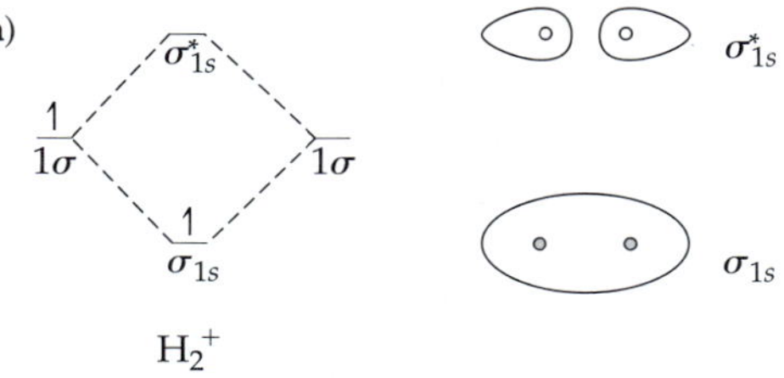


(**b**) There is one electron in $H_2^+$. (**c**) $\sigma_{1s}^1$ (**d**) BO $= \frac{1}{2}$ (**e**) Fall apart. If the single electron in $H_2^+$ is excited to the $\sigma^*_{1s}$ orbital, its energy is higher than the energy of an H 1*s* atomic orbital and $H_2^+$ will decompose into a hydrogen atom and a hydrogen ion. (**f**) Statement (**i**) is correct.

**9.38**

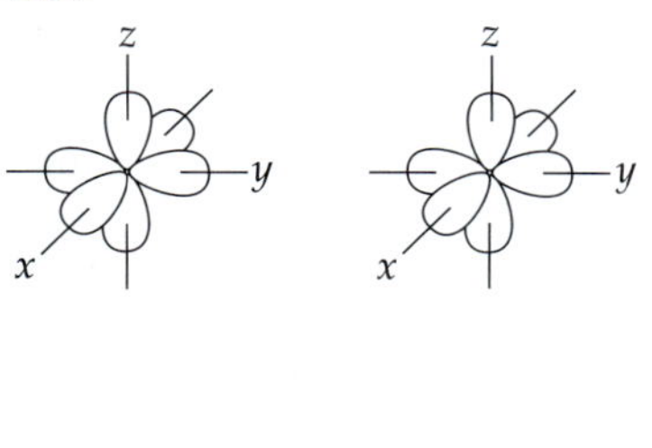


(**a**) 1 σ bond (**b**) 2 π bonds (**c**) 1 σ* and 2 π* **9.39** (**a**) When comparing the same two bonded atoms, as bond order increases, bond energy increases. As bond order increases, bond length decreases. When comparing different bonded nuclei, there are no simple relationships. (**b**) $Be_2$ is not expected to exist; it has a bond order of zero and is not energetically favored over isolated Be atoms. $Be_2^+$ has a bond order of 0.5 and is slightly lower in energy than isolated Be atoms. It will probably exist under special experimental conditions. **9.40** (**a**) Diamagnetic (**b**) $F_2$, $O_2^{2+}$ **9.41** (**a**) $B_2^+$, $\sigma_{2s}^2\sigma_{2s}^{*2}\pi_{2p}^1$, increase (**b**) $Li_2^+$, $\sigma_{1s}^2\sigma_{1s}^{*2}\sigma_{2s}^1$, increase (**c**) $N_2^+$, $\sigma_{2s}^2\sigma_{2s}^{*2}\pi_{2p}^4\sigma_{2p}^1$, increase (**d**) $Ne_2^{2+}$, $\sigma_{2s}^2\sigma_{2s}^{*2}\sigma_{2p}^2\pi_{2p}^4\pi_{2p}^{*4}$, decrease **9.42** CN, $\sigma_{2s}^2\sigma_{2s}^{*2}\sigma_{2p}^2\pi_{2p}^3$, bond order = 2.5; $CN^+$, $\sigma_{2s}^2\sigma_{2s}^{*2}\sigma_{2p}^2\pi_{2p}^2$, bond order = 2.0; $CN^-$, $\sigma_{2s}^2\sigma_{2s}^{*2}\sigma_{2p}^2\pi_{2p}^4$, bond order = 3.0. (**a**) $CN^-$ (**b**) CN, $CN^+$ **9.43** (**a**) 3*s*, $3p_x$, $3p_y$, $3p_z$ (**b**) $\pi_{3p}$ (**c**) 2 (**d**) If the MO diagram for $P_2$ is similar to that of $N_2$, $P_2$ will have no unpaired electrons and be diamagnetic. **9.44** Removing an atom from the equatorial plane of the trigonal bipyramid in Figure 9.3 creates a seesaw shape. **9.46** (**a**) Two electron-domain geometries, linear and trigonal bipyramidal (**b**) one electron-domain geometry, trigonal bipyramidal (**c**) one electron-domain geometry, octahedral (**d**) one electron domain geometry, octahedral (**e**) one electron domain geometry, octahedral (**f**) one electron-domain geometry, trigonal bipyramidal (This triangular pyramid is an unusual molecular geometry not listed in Table 9.3. It could occur if the equatorial substituents on the trigonal bipyramid were extremely bulky, causing the nonbonding electron pair to occupy an axial position.) **9.48** (**a**) Zero. Moving from left to right along the x-axis of the plot, the distance between the Cl atoms increases. At very large separation, the potential energy of interaction approaches zero. (**b**) The Cl—Cl bond distance is approximately 200 pm. The Cl—Cl bond energy is approximately 240 kJ/mol. (**c**) Weaker. Under extreme pressure, the Cl—Cl bond gets shorter. The potential energy of the atom pair increases and the bond gets weaker. **9.54** (**a**) i, Two *s* atomic orbitals; ii, two *p* atomic orbitals overlapping end to end; iii, two *p* atomic orbitals overlapping side to side (**b**) i, σ-type MO; ii, σ-type MO; iii, π-type MO (**c**) i, antibonding; ii, bonding; iii, antibonding (**d**) i, the nodal plane is between the atom centers, perpendicular to the interatomic axis and equidistant from each atom. ii, there are two nodal planes; both are perpendicular to the interatomic axis. One is left of the left atom and the second is right of the right atom. iii, there are two nodal planes; one is between the atom centers, perpendicular to the interatomic axis and equidistant from each atom. The second contains the interatomic axis and is perpendicular to the first. **9.57** A molecule with tetrahedral molecular geometry has an atom at each vertex of the tetrahedron. A trigonal-pyramidal molecule has one vertex of the tetrahedron occupied by a nonbonding electron pair rather than an atom. **9.68** A bond dipole is the asymmetric charge distribution between two bonded atoms with unequal electronegativities. A molecular dipole moment is the three-dimensional sum of all the bond dipoles in a molecule. **9.73** (**a**) True (**b**) false (**c**) true (**d**) false (**e**) true

**9.79**

(**a**) 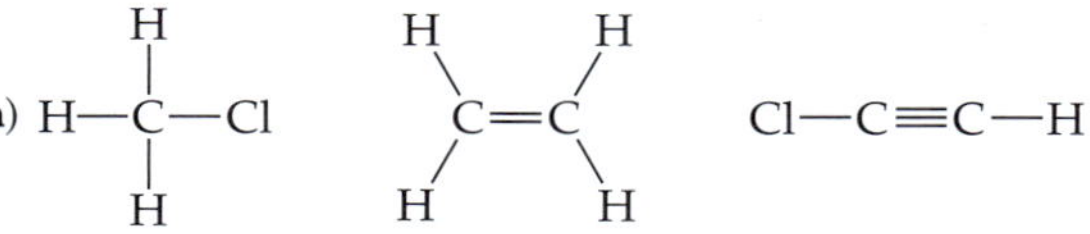

(**b**) $sp^3$, $sp^2$, *sp* (**c**) nonplanar, planar, planar (**d**) 4 σ, 0 π; 5 σ, 1 π; 3 σ, 2 π **9.82** (**a**) ~109° bond angles about the leftmost C, $sp^3$; ~120° bond angles about the right-hand C, $sp^2$. (**b**) The doubly bonded O can be viewed as $sp^2$, the other as $sp^3$; the bond angle of the $sp^3$ O is somewhat less than 109.5°. (**c**) Seven σ bonds, one π bond. **9.96** (**a**) $PF_4^-$, $BrF_4^-$ and $ClF_4^-$ (**b**) $AlF_4^-$ (**c**) $BrF_4^-$ (**d**) $PF_4^-$ and $ClF_4^+$

**9.99**

| Molecule | Electron-Domain Geometry | Hybridization of Central Atom | Dipole Moment? Yes or No |
|---|---|---|---|
| $CO_2$ | Linear | *sp* | No |
| $NH_3$ | Tetrahedral | $sp^3$ | Yes |
| $CH_4$ | Tetrahedral | $sp^3$ | No |
| $BH_3$ | Trigonal planar | $sp^2$ | No |
| $SF_4$ | Trigonal bipyramidal | Not applicable | Yes |
| $SF_6$ | Octahedral | Not applicable | No |
| $H_2CO$ | Trigonal planar | $sp^2$ | Yes |
| $PF_5$ | Trigonal bipyra-midal | Not applicable | No |
| $XeF_2$ | Trigonal bipyra-midal | Not applicable | No |

**9.100** (**a**) 5 $\sigma$ bonds (**b**) 2 $\sigma$ bonds 2 $\pi$ bonds (**c**) 3 $\sigma$ bonds 3 $\pi$ bonds (**d**) 2 $\sigma$ bonds 1 $\pi$ bond

**9.107**

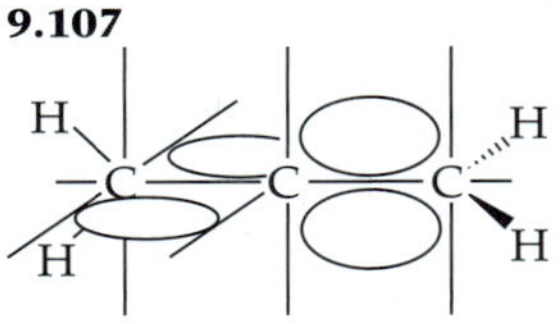

(**a**) The molecule is nonplanar. (**b**) Allene has no dipole moment. (**c**) The bonding in allene would not be described as delocalized. The $\pi$ electron clouds of the two adjacent C=C are mutually perpendicular, so there is no overlap and no delocalization of $\pi$ electrons. **9.110** (**a**) All O atoms have $sp^2$ hybridization. (**b**) The two $\sigma$ bonds are formed by overlap of $sp^2$ hybrid orbitals, the $\pi$ bond is formed by overlap of atomic *p* orbitals, one nonbonded pair is in a *p* atomic orbital and the other five nonbonded pairs are in $sp^2$ hybrid orbitals. (**c**) unhybridized *p* atomic orbitals (**d**) four, two from the $\pi$ bond and two from the nonbonded pair in the *p* atomic orbital **9.113** (**a**) Ground state, $\sigma_{2s}{}^2\sigma^*{}_{2s}{}^2\pi_{2p}{}^4\sigma_{2p}{}^2$; excited state, $\sigma_{2s}{}^2\sigma^*{}_{2s}{}^2\pi_{2p}{}^4\sigma_{2s}{}^1\pi^*{}_{2p}{}^1$ (**b**) paramagnetic (**c**) $\sigma_{2p}$ to $\pi^*{}_{2p}$ (**d**) $7.0 \times 10^2$ kJ/mol (**e**) The bond order of the N—N bond in the first excited state is smaller and the bond is weaker than in the ground state. The silicon analogs would have the same hybridization as the C compounds. Silicon, which is in the row below C, has a larger bonding atomic radius and atomic orbitals than C. The close approach of Si atoms required to form strong, stable $\pi$ bonds in $Si_2H_4$ and $Si_2H_2$ is not possible and these Si analogs do not readily form. **9.117** The yellow curcumin has the larger HOMO-LUMO gap because it absorbs visible violet light and appears yellow. **9.123** (**a**) $2\ SF_4(g) + O_2(g) \longrightarrow 2\ OSF_4(g)$

(**b**)

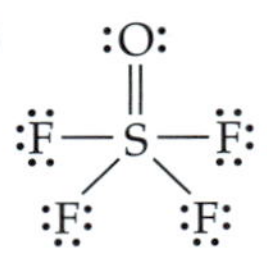

(**c**) $\Delta H = -551$ kJ, exothermic (**d**) The electron-domain geometry is trigonal bipyramidal. The O atom can be either equatorial or axial.

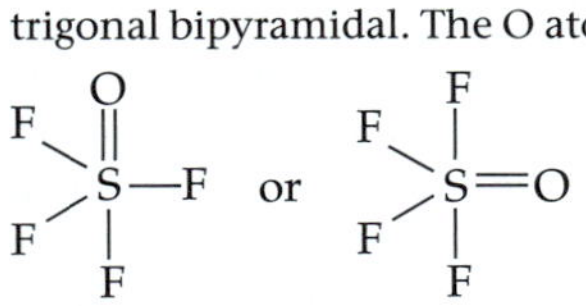

(**e**) In the structure on the left, there are 3 equatorial and 1 axial fluorine atoms. In the structure on the right, there are 2 equatorial and 2 axial fluorine atoms. **9.126** (**a**) 8462 kJ/mol (**b**) 8778 kJ/mol (**c**) Because the $\pi$ electrons are delocalized, the molecule has a lower overall energy than that predicted for the presence of localized C—C and C=C bonds.

**9.130**

(**a**)

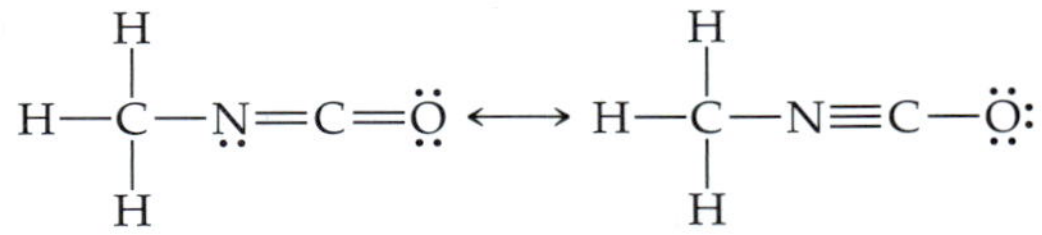

(The structure on the right does not minimize formal charges and will make a minor contribution to the true structure.)

(**b**)

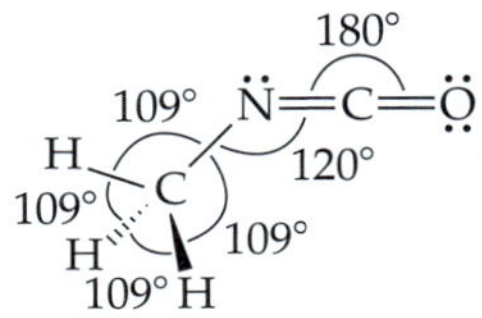


Both resonance structures predict the same bond angles. (**c**) The two extreme Lewis structures predict different bond lengths. These bond length estimates assume that the structure minimizing formal charge makes a larger contribution to the true structure. C—O, 1.28 Å; C=N, 1.33 Å; C—N, 1.43 Å; C—H, 1.07 Å (**d**) The molecule will have a dipole moment. The C=N and C=O bond dipoles are opposite each other, but they are not equal. And, there are nonbonding electron pairs that are not directly opposite each other and will not cancel.

## Chapter 10

**10.2** Statement (**c**) is false. Gaseous molecules are so far apart that there is no barrier to mixing, regardless of the identity of the molecules. **10.10** The action in (**c**) would double the pressure **10.27** $X_{CO_2} = 0.000407$ **10.29** $P_{CO_2} = 91.0$ kPa **10.33** The root-mean-square speed of Rn is approximately 7.5 times slower than that of He. **10.36** Statements (**a**) and (**d**) are true. **10.40** (**a**) Non-ideal-gas behavior is observed at very high pressures and low temperatures. (**b**) The real volumes of gas molecules and attractive intermolecular forces between molecules cause gases to behave nonideally. **10.44** It would be much easier to drink from a straw on Mars. When a straw is placed in a glass of liquid, the atmosphere exerts equal pressure inside and outside the straw. When we drink through a straw, we withdraw air, thereby reducing the pressure on the liquid inside. If only 709 Pa is exerted on the liquid in the glass, a very small reduction in pressure inside the straw will cause the liquid to rise. **10.46** At the same temperature, volume and the lower pressure, the container would have half as many particles as at the higher pressure. **10.48** For a fixed amount of ideal gas at constant volume, if the pressure is doubled, the temperature also doubles. **10.50** (**a**) $P_{red} < P_{yellow} < P_{blue}$ (**b**) $P_{red} = 28.4$ kPa; $P_{yellow} = 42.6$ kPa; $P_{blue} = 71.0$ kPa **10.52** (**a**) Curve B is helium. (**b**) Curve B corresponds to the higher temperature. (**c**) The root mean square speed is highest. **10.54** The $NH_4Cl(s)$ ring will form at location a. **10.57** (**a**) 14.72 bar (**b**) 14.52 atm (**c**) 213.5 lb/in$^2$ **10.58** (**a**) 1.72 m (**b**) 1.96 atm **10.59** (**a**) 1.084 atm (**b**) 823.7 mm Hg (**c**) $1.098 \times 10^5$ Pa (**d**) 1.098 bar (**e**) 15.93 psi **10.60** (**i**) 0.31 atm (ii) 1.88 atm (iii) 0.136 atm **10.62** (**a**) Boyle's Law, $PV =$ constant or $P_1V_1 = P_2V_2$, at constant $V$, $P_1/P_2 = 1$; Charles' Law, $V/T =$ constant or $V_1/T_1 = V_2/T_2$, at constant $V$, $T_1/T_2 = 1$; then $P_1/T_1 = P_2/T_2$ or $P/T =$ constant. Amonton's law is that pressure and Kelvin temperature are directly proportional at constant volume. (**b**) 239.2 kPa **10.63** (**a**) STP stands for standard temperature, 0 °C (or 273 K), and standard pressure, 101.3 kPa. (**b**) 22.4 L (**c**) 24.5 L (**d**) 0.08315 L-bar/mol-K **10.65** Flask A contains the gas with a molar mass of 28 g/mol and flask B contains the gas with a molar mass of 56 g/mol.

**10.66**

| $P$ | $V$ | $n$ | $T$ |
|---|---|---|---|
| 303.98 kPa | 3.00 L | 1.500 mol | 73.1 K |
| 50.663 kPa | 0.750 L | $1.52 \times 10^{-2}$ mol | 300 K |
| 101.33 kPa | 83.1 L | 0.333 mol | 300 K |
| $2.478 \times 10^6$ kPa | 0.750 L | 0.750 mol | 298 K |

**10.67** (**a**) $5.15 \times 10^{22}$ molecules (**b**) 6.5 kg air **10.69** (**a**) 16.72 MPa (**b**) $1.91 \times 10^3$ L **10.71** 567.4 kPa **10.73** (**a**) 29.8 g $Cl_2$ (**b**) 9.42 L (**c**) 501 K (**d**) 231.3 kPa **10.74** (**a**) $1 \times 10^{-2}$ mol $O_2$ (**b**) The roach needs 72% of the available $O_2$ in the jar. **10.75** The density of a gas increases with increasing molar mass. The order of increasing density is: $NH^3$ (17g/mol) $<$ $O_2$ (32g/mol) $<$ HCl (36.5g/mol) Ar (40g/mol) **10.76** (**c**) Because the helium atoms are of lower mass than the average air molecule, the helium gas is less dense than air. The balloon thus weighs less than the air displaced by its volume. **10.78** molar mass $=$ 89.4 g/mol **10.80** (**a**) 8.47 L $CO_2$ (**b**) 12.4 L $O_2$ **10.81** 0.0786 g Zn **10.83** $5.1 \times 10^{-7}$ g Mg **10.84** (**a**) When the stopcock is opened, the volume occupied by $N_2(g)$ increases from 2.0 L to 5.0 L. $P_{N_2} = 40.53$ kPa (**b**) When the gases mix, the volume of $O_2(g)$ increases from 3.0 L to 5.0 L. $P_{O_2} = 121.6$ kPa (**c**) $P_t = 162.1$ kPa **10.85** (**a**) $P_t = 495.5$ kPa (**b**) $P_{H_2} = 49.6$ kPa, $P_{O_2} = 99.3$ kPa, $P_{N_2} = 346.5$ kPa **10.87** $P_{CO_2} = 45.04$ kPa, $P_t = 95.70$ kPa **10.89** $P_t = 250.27$ k*Pa* **10.91** (**a**) Decrease (**b**) increase (**c**) decrease **10.93** (**a**) Average kinetic energy of the molecules increases. (**b**) Root mean square speed of the molecules increases. (**c**) Strength of an average impact with the container walls increases. (**d**) Total collisions of molecules with walls per second increases. **10.95** (**a**) In order of increasing speed and decreasing molar mass: Ar $<$ HCl, $<$ $O_2$ $<$ CO $<$ $CH_4$ (**b**) $u_{rms} = 515$ m/s (**c**) The most probable speed of an argon atom in the stratosphere is 337 m/s. **10.97** The order of increasing rate of effusion is $^2H^{37}Cl$ $<$ $^1H^{37}Cl$ $<$ $^2H^{35}Cl$ $<$ $^1H^{35}Cl$. **10.98** $As_4S_6$ **10.100** Statement (**b**) is true. **10.101** (**a**) $P = 495.48$ kPa (**b**) $P = 475.21$ kPa (**c**) Qualitatively, molecular attractions are more important as the amount of free space decreases and the number of molecular collisions increases. Molecular volume is a larger part of the total volume as the container volume decreases. **10.102** From the value of $b$ for Xe, the nonbonding radius is 272 pm. From Figure 7.7, the bonding atomic radius of Xe is 140 pm. We expect the bonding radius of an atom to be smaller than its nonbonding radius, but our calculated value is nearly twice as large. **10.104** $V_f = 2.2$ mm$^3$ **10.106** $P = 74.7$ Pa **10.108** (**a**) 5.73 mol $C_3H_8(g)$ (**b**) $2.68 \times 10^2$ mol $C_3H_8(l)$ (**c**) The ratio of moles liquid to moles gas is 47. Many more molecules and moles of liquid fit in a container of fixed volume because there is much less space between molecules in the liquid phase. **10.110** (**a**) Molar mass of the unknown gas is 100.4 g/mol (**b**) We assume that the gases behave ideally, and that $P$, $V$ and $T$ are constant. **10.112** (**a**) 0.00378 mol $O_2$ (**b**) 0.0345 g $C_8H_{18}$ **10.114** 0.552 g $H_2$ **10.116** (**a**) Molar mass of the unknown gas is 50.46 g/mol (**b**) The ratio d/P varies with pressure because of the finite volumes of gas molecules and attractive intermolecular forces. **10.118** $T_2 = 687$ °C **10.120** (**a**) More significant (**b**) less significant **10.122** (**a**) At STP, argon atoms occupy 0.0359% of the total volume. (**b**) At 20.27 MPa pressure and 0 °C, argon atoms occupy 7.19% of the total volume. **10.124** (**a**) The molecular formula of cyclopropane is $C_3H_6$. (**b**) Although the molar masses of Ar and $C_3H_6$ are similar, we expect intermolecular attractions to be more significant for the more complex $C_3H_6$ molecules, and that $C_3H_6$ will deviate more from ideal behavior at the conditions listed. If the pressure is high enough for the volume correction in the van der Waals equation to dominate behavior, the larger $C_3H_6$ molecules definitely deviate more than Ar atoms from ideal behavior. (**c**) Cyclopropane would effuse through a pinhole slower than methane, because it has the greater molar mass. **10.126** (**a**) 44.58% C, 6.596% H, 16.44% Cl, 32.38% N (**b**) $C_8H_{14}N_5Cl$ (**c**) Molar mass of the compound is required in order to determine molecular formula when the empirical formula is known. **10.128** (**a**) $NH_3(g)$ remains after reaction. (**b**) 96.97 kPa (**c**) 7.33 g $NH_4Cl$

**10.130**

(**a**) 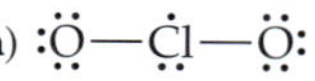

(**b**) $ClO_2$ is very reactive because it is an odd-electron molecule. Adding an electron pairs the odd electron and completes the octet of Cl. $ClO_2$ has a strong tendency to gain an electron and be reduced.

(**c**) 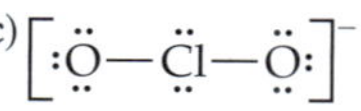

(**d**) The bond angle is less than 109°. (**e**) 11.2 g $ClO_2$

**10.132** (**a**) $P_{IF_3} = 52.18$ kPa (**b**) $X_{IF_5} = 0.544$

(**c**) 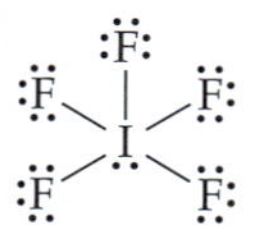

(**d**) Total mass in the flask is 20.00 g; mass is conserved.

## Chapter 11

**11.4** (**a**) The molar volumes of $Cl_2$ and $NH_3$ are nearly the same because they are both gases. (**b**) On cooling to 160 K, both compounds condense from the gas phase to the solid-state, so we expect a significant decrease in the molar volume. (**c**) The molar volumes are 0.0351 L/mol $Cl_2$ and 0.0203 L/mol $NH_3$ (**d**) Solid-state molar volumes are not as similar as those in the gaseous state, because most of the empty space is gone and molecular characteristics determine properties. $Cl_2(s)$ is heavier, has a longer bond distance and weaker intermolecular forces, so it has a significantly larger molar volume than $NH_3(s)$. (**e**) There is little empty space between molecules in the liquid state, so we expect their molar volumes to be closer to those in the solid state than those in the gaseous state. **11.10** (**a**) A molecule must contain H atoms, bound to either N, O, or F atoms, in order to participate in hydrogen bonding with like molecules. (**b**) $CH_3NH_2$ and $CH_3OH$ **11.22** (**a**) 14.3 kJ (**b**) 25.1 kJ **11.23** (**a**) False (**b**) true (**c**) false (**d**) true **11.30** (**a**) The critical point is the temperature and pressure beyond which the gas and liquid phases are indistinguishable. (**b**) The line that separates the gas and liquid phases ends at the critical point because at conditions beyond the critical temperature and pressure, there is no distinction between gas and liquid. In experimental terms a gas cannot be liquefied at temperatures higher than the critical temperature, regardless of pressure. At conditions beyond the critical point, a substance is known as a supercritical fluid. **11.32** (**a**) 24 K (**b**) Neon sublimes at pressures less than the triple point pressure, approximately 50.7 kPa. (**c**) No **11.35** In a nematic liquid crystalline phase, molecules are aligned along their long axes, but the molecular ends are not aligned. Molecules are free to translate in all dimensions, but they cannot tumble or rotate out of the molecular plane, or the order of the nematic phase is lost and the sample becomes an ordinary liquid. In an ordinary liquid, molecules are randomly oriented and free to move in any direction. No **11.39** (**a**) The diagram best describes a liquid. (**b**) In the diagram, particles are close together, mostly touching, but there is no regular arrangement or order. This rules out a gaseous sample, where the particles are far apart, and a crystalline solid, which has a regular repeating structure in all three directions. **11.42** In its final state, methane is a gas at 185 °C. **11.44** (**a**) Propanol can engage in hydrogen bonding. (**b**) While both molecules are somewhat polar, we expect propanol to have a larger dipole moment because of its O–H bond. (**c**) Propanol boils at 97.2 °C, while ethyl methyl ether boils at 10.8 °C. The stronger intermolecular forces in propanol cause it to have the higher boiling point. **11.47** (**a**) Solid < liquid < gas (**b**) gas < liquid < solid (**c**) Matter in the gaseous state is most easily compressed because particles are far apart and there is much empty space. **11.48** (**a**) It increases. Kinetic energy is the energy of motion. As melting occurs, the motion of atoms relative to each other increases. (**b**) It increases somewhat. The density of liquid lead is less than the density of solid lead. The smaller density means a greater sample volume and greater average distance between atoms in three dimensions. **11.50** (**a**) London dispersion forces (**b**) dipole–dipole forces (**c**) hydrogen bonding **11.51** (**a**) $SO_2$, London dispersion forces (**b**) $NH_3$, London dispersion, dipole–dipole, and hydrogen-bonding (N—H bonds) forces (**c**) $BCl_3$, non-polar covalent molecule **11.52** (**a**) In order of increasing polarizability: $CH_4 < SiH_4 < SiCl_4 < GeCl_4 < GeBr_4$ (**b**) The magnitudes of London dispersion forces and thus the boiling points of molecules increase as polarizability increases. The order of increasing boiling points is the order of increasing polarizability given in (a). **11.53** (**a**) $CH_3CH_2OH$ (**b**) $N(CH_3)_3$ (**c**) $CH_2Br_2$ **11.54** Both rodlike butane molecules and spherical 2-methylpropane molecules experience dispersion forces. The larger contact surface between butane molecules facilitates stronger forces and produces a higher boiling point. **11.57** (**a**) Replacing a hydroxyl hydrogen with a $CH_3$ group eliminates hydrogen bonding in that part of the molecule. This reduces the strength of intermolecular forces and leads to a lower boiling point. (**b**) $CH_3OCH_2CH_2OCH_3$ is a larger, more polarizable molecule with stronger London dispersion forces and thus a higher boiling point.

**11.58**

| Physical Property | $H_2O$ | $H_2S$ |
|---|---|---|
| Normal boiling point, °C | 100.00 | −60.7 |
| Normal melting point, °C | 0.00 | −85.5 |

(**a**) Based on its much higher normal melting point and boiling point, $H_2O$ has much stronger intermolecular forces. (**b**) $H_2O$ has hydrogen bonding, while $H_2S$ has dipole–dipole forces. Both molecules have London dispersion forces. **11.59** $SO_4^{2-}$ has a greater negative charge than $BF_4^-$, so ion–ion electrostatic attractions are greater in sulfate salts and they are less likely to form liquids. **11.60** (**a**) As temperature increases, surface tension decreases; they are inversely related. (**b**) As temperature increases, viscosity decreases; they are inversely related. (**c**) The same attractive forces that cause surface molecules to be difficult to separate (high surface tension) cause molecules elsewhere in the sample to resist movement relative to each other (high viscosity). **11.61** (**a**) Diagram (ii) shows stronger adhesive forces between the surface and the liquid. (**b**) Diagram (**i**) represents water on a nonpolar surface. (**c**) Diagram (ii) represents water on a polar surface. **11.62** (**a**) The three molecules have similar structures and experience the same types of intermolecular forces. As molar mass increases, the strength of dispersion forces increases and the boiling points, surface tension, and viscosities all increase. (**b**) Ethylene glycol has an —OH group at both ends of the molecule. This greatly increases the possibilities for hydrogen bonding; the overall intermolecular attractive forces are greater and the viscosity of ethylene glycol is much greater. (**c**) Water has the highest surface tension but lowest viscosity because it is the smallest molecule in the series. There is no hydrocarbon chain to inhibit their strong attraction to molecules in the interior of the drop, resulting in high surface tension. The absence of an alkyl chain also means the molecules can move around each other easily, resulting in the low viscosity. **11.63** (**a**) Fusion, endothermic (**b**) vaporization, endotermic (**c**) condensation exothermic (**d**) condensation exothermic **11.64** (**a**) vaporization (l) → (g) (**b**) endothermic (**c**) Same numerical value. **11.65** $2.3 \times 10^3$ g $H_2O$ **11.68** Properties (**c**) intermolecular attractive forces, (**d**) temperature and (**e**) density of the liquid affect vapor pressure of a liquid.

**11.69** (**a**) $CBr_4 < CHBr_3 < CH_2Br_2 < CH_2Cl_2 < CH_3Cl < CH_4$. (**b**) $CH_4 < CH_3Cl < CH_2Cl_2 < CH_2Br_2 < CHBr_3 < CBr_4$ (**c**) By analogy to attractive forces in HCl, the trend will be dominated by dispersion forces, even though four of the molecules are polar. The order of increasing boiling point is the order of increasing molar mass and increasing strength of dispersion forces. **11.70** (**a**) The temperature of the water in the two pans is the same. (**b**) Vapor pressure does not depend on either volume or surface area of the liquid. At the same temperature, the vapor pressures of water in the two containers are the same. **11.71** (**a**) Approximately 40 °C (**b**) approximately 7 kPa (**c**) approximately 50 °C (**d**) approximately 51 kPa **11.73** (**a**) $H_2O(g)$ will condense to $H_2O(s)$ at approximately 530 Pa; at a higher pressure, perhaps 500 kPa or so, $H_2O(s)$ will melt to form $H_2O(l)$. (**b**) At 100 °C and 50.7 kPa, water is in the vapor phase. As it cools, water vapor condenses to the liquid at approximately 82 °C, the temperature where the vapor pressure of liquid water is 50.7 kPa. Further cooling results in freezing at approximately 0 °C. The freezing point of water increases with decreasing pressure, so at 50.7 kPa the freezing temperature is very slightly above 0 °C. **11.75** (**a**) Methane on the surface of Titan is likely to exist in both solid and liquid forms. (**b**) As pressure decreases upon moving away from the surface of Titan, $CH_4(l)$ (at −178 °C) will vaporize to $CH_4(g)$, and $CH_4(s)$ (at temperatures below −180 °C) will sublime to $CH_4(g)$. **11.77** (**a**) True (**b**) false (**c**) true (**d**) false (**e**) false (**f**) true **11.78** Because order is maintained in at least one dimension, the molecules in a liquid-crystalline phase are not totally free to change orientation. This makes the liquid-crystalline phase more resistant to flow, more viscous, than the isotropic liquid. **11.79** Melting provides kinetic energy sufficient to disrupt molecular alignment in one dimension in the solid, producing a smectic phase with ordering in two dimensions. Additional heating of the smectic phase provides kinetic energy sufficient to disrupt alignment in another dimension, producing a nematic phase with one-dimensional order. **11.80** (**a**) Decrease (**b**) increase (**c**) increase (**d**) increase (**e**) increase (**f**) increase (**g**) increase **11.83** (**a**) The *trans* isomer will have stronger intermolecular hydrogen bonding, but the *cis* isomer will have stronger intramolecular hydrogen bonding. (**b**) The *trans* isomer melts at 287 °C and the *cis* isomer melts at 135 °C. **11.85** (**a**) All of these compounds exhibit dispersion interactions. (**b**) ) All of these compounds are polar and exhibit dipole–dipole interactions. (**c**) Only methanoic acid and ethanoic acid exhibit hydrogen bonding. (**d**) Methanoic acid and ethanoic acid both exhibit hydrogen bonding, but ethanoic acid has a higher molecular weight. Thus, it has a higher total intermolecular force resulting in a higher boiling point. (**e**) Ethanal does not exhibit hydrogen bonding and it has the lowest molecular weight. Therefore, it has the lowest boiling point. **11.88** A plot of number of carbon atoms versus boiling point indicates that the boiling point of $C_8H_{18}$ is approximately 130 °C. The more carbon atoms in the hydrocarbon, the longer the chain, the more polarizable the electron cloud, the higher the boiling point. **11.90** (**a**) Evaporation is an endothermic process. The heat required to vaporize sweat is absorbed from your body, helping to keep it cool. (**b**) The vacuum pump reduces the pressure of the atmosphere above the water until atmospheric pressure equals the vapor pressure of water and the water boils. Boiling is an endothermic process, and the temperature drops if the system is not able to absorb heat from the surroundings fast enough. As the temperature of the water decreases, the water freezes. **11.95** At low Antarctic temperatures, molecules in the liquid crystalline phase have less kinetic energy due to temperature, and the applied voltage may not be sufficient to overcome orienting forces among the ends of molecules. If some or all of the molecules do not rotate when the voltage is applied, the display will not function properly.

**11.99**

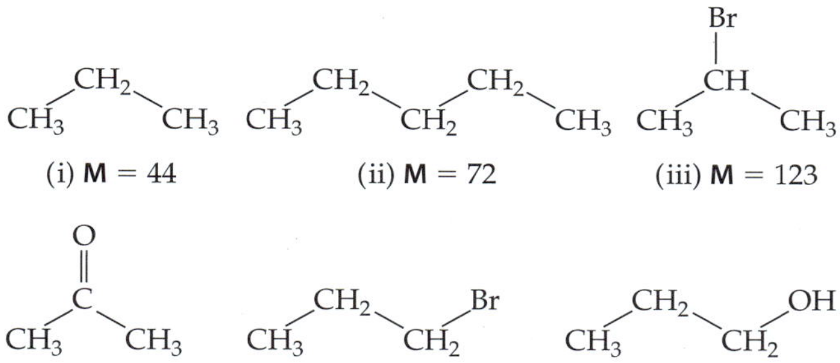

(i) **M** = 44 (ii) **M** = 72 (iii) **M** = 123

(iv) **M** = 58 (v) **M** = 123 (vi) **M** = 60

(**a**) Molar mass: Compounds (**i**) and (ii) have similar rodlike structures. The longer chain in (ii) leads to greater molar mass, stronger London dispersion forces, and higher heat of vaporization. (**b**) Molecular shape: Compounds (iii) and (v) have the same chemical formula and molar mass but different molecular shapes. The more rodlike shape of (v) leads to more contact between molecules, stronger dispersion forces, and higher heat of vaporization. (**c**) Molecular polarity: Compound (iv) has a smaller molar mass than (ii) but a larger heat of vaporization, which must be due to the presence of dipole–dipole forces. (**d**) Hydrogen bonding interactions: Molecules (v) and (vi) have similar structures. Even though (v) has larger molar mass and dispersion forces, hydrogen bonding causes (vi) to have the higher heat of vaporization. **11.103** $P$(hexane vapor) = 25,278 Pa

## Chapter 12

**12.14** Copper. A body-centered cubic structure has more empty space than a face-centered cubic one. The more empty space, the less dense the solid. We expect the element with the highest density, copper, to adopt the face-centered cubic structure.

**12.20**

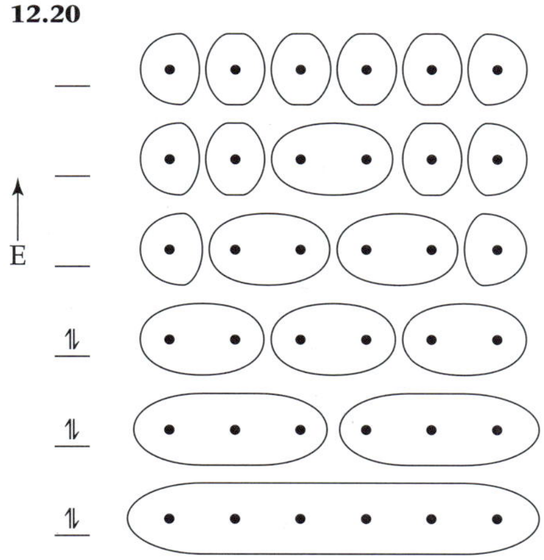


(**a**) Six AOs require six MOs (**b**) zero nodes in the lowest energy orbital (**c**) five nodes in highest energy orbital (**d**) two nodes in the HOMO (**e**) three nodes in the LUMO (**f**) The HOMO-LUMO energy gap for the six-atom diagram is smaller than the one for the four-atom diagram. In general, the more atoms in the chain, the smaller the HOMO-LUMO energy gap. **12.21** (**a**) Ag is more ductile. Cr has stronger metallic bonding, a stiffer lattice, and is less susceptible to distortion. (**b**) Zn is more ductile. Ge is a metalloid semi-conductor solid with a stiffer lattice than metallic Zn. **12.46** $2.47 \times 10^5$ Au atoms **12.48** The red-orange compound is more likely to be a semiconductor and the white one an insulator. The red-orange compound absorbs light in the visible spectrum (red-orange is reflected, so blue-green is absorbed), while the white compound does not. This indicates that the red-orange compound has a lower energy electron transition than the white one. Semiconductors have lower energy electron transitions than insulators. **12.52** (**a**) The structure is hexagonal close-packed. (**b**) The coordination number, CN, is twelve. (**c**) CN(1) = 9, CN(2) = 6. **12.54** Fragment (**b**) is more likely to give rise to electrical conductivity. Arrangement (**b**) has a delocalized $\pi$ system, in which electrons are free to move. Mobile electrons are required for electrical conductivity. **12.56** We expect linear polymer (**a**), with ordered regions, to be more crystalline and to have a higher melting point than branched polymer (**b**). **12.57** Statement (**b**) is the best explanation. **12.58** (**a**) Hydrogen bonding, dipole–dipole forces, London dispersion forces (**b**) covalent chemical bonds (**c**) ionic bonds (**d**) metallic bonds **12.59** (**a**) Covalent-network (**b**) metallic (**c**) ionic (**d**) molecular (**e**) molecular (**f**) ionic **12.61** Metallic, because of its melting point, conductivity, and insolubility in water

**12.62** (**a**) (**b**)

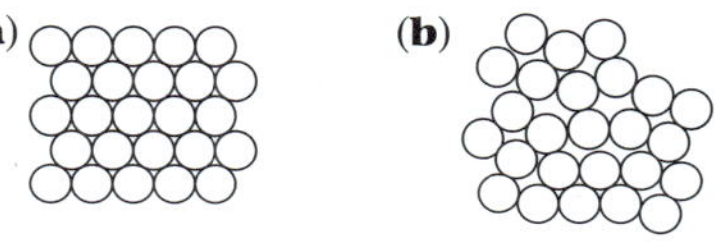

Crystalline Amorphous

**12.64**

| Two-dimensional structure | (i) | (ii) |
|---|---|---|
| (**a**) unit cell | 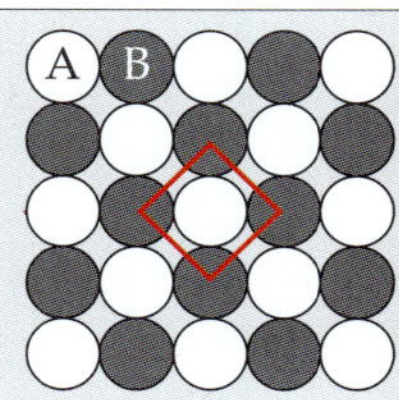 | 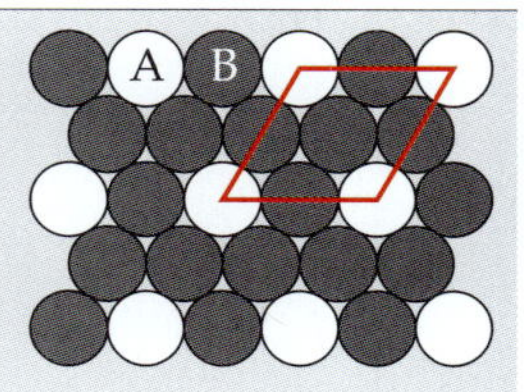 |
| (**b**) $\gamma$, $a$, $b$ | $\lambda = 90°$, $a = b$ | $\lambda = 120°$, $a = b$ |
| (**c**) lattice type | square | hexagonal |

**12.65** Tetragonal **12.66** (**e**) Triclinic and rhombohedral **12.67** (**b**) 2 **12.68** (**a**) Primitive hexagonal unit cell (**b**) NiAs **12.70** (**a**) Structure types A and C have equally dense packing and are more densely packed than structure type B. (**b**) Structure type B is least densely packed. **12.72** (**a**) The radius of an Rh atom is 135 pm. (**b**) The density of Rh is 12.4 g/cm$^3$. **12.73** (**a**) The radius of a Ca atom is 197.6 pm. (**b**) The density of Ca is 1.526 g/cm$^3$ **12.75** (**a**) 4 Al atoms per unit cell (**b**) coordination number = 12 (**c**) $a = 4.04 \times 10^{-8}$ cm (**d**) density = 2.71 g/cm$^3$ **12.77** Statement (**b**) is false. **12.78** (**a**) Interstitial alloy (**b**) substitutional alloy (**c**) intermetallic compound **12.79** (**a**) True (**b**) false (**c**) false **12.80** (**a**) Nickel or palladium, substitutional alloy (**b**) copper, substitutional alloy (**c**) silver, substitutional alloy **12.82** (**a**) True (**b**) false (**c**) false (**d**) false**12.84** The order of increasing melting points is La < Hf < Ta < W. Moving from La to W, the number of valence electrons, occupancy of the bonding band, and strength of metallic bonding increase. Stronger metallic bonding requires more energy to break bonds and mobilize atoms, resulting in higher melting points from La to W. **12.86** (**a**) $SrTiO_3$ (**b**) Six (**c**) Each Sr atom is coordinated to a total of twelve O atoms in the eight unit cells that contain the Sr atom. **12.87** The density of PbS is 7.60 $g/cm^3$. **12.88** (**a**) 2.90 $g/cm^3$ (**b**) We expect $As^{3-}$ to have a larger ionic radius than $P^{3-}$, so BAs will occupy a larger volume and the unit cell edge will be longer. (**c**) The density of BAs is 5.21 $g/cm^3$. The greater mass of As accounts for the greater density of BAs. **12.89** (**a**) $Cs^+$ and $I^-$ have the most similar radii and will adopt the CsCl-type structure. The radii of $Na^+$ and $I^-$ are somewhat different; NaI will adopt the NaCl-type structure. The radii of $Cu^+$ and $I^-$ are very different; CuI has the ZnS-type structure. (**b**) CsI, 8; NaI, 6; CuI, 4 **12.90** (**a**) 6 (**b**) 3 (**c**) 6 **12.91** (**a**) False (**b**) true **12.92** (**a**) Ionic solids are much more likely to dissolve in water. (**b**) Covalent-network solids can become considerably better conductors of electricity via chemical substitution. **12.93** (**a**) CdS (**b**) GaN (**c**) GaAs **12.94** Ge or Si (Ge is closer to Ga in bonding atomic radius.) **12.95** (**a**) A 1.1 eV photon corresponds to a wavelength of $1.1 \times 10^{-6}$ *M* (**b**) According to the figure, Si can absorb all wavelengths in the visible portion of the solar spectrum. (**c**) Si absorbs wavelengths less than 1100 nm. This corresponds to approximately 80–90% of the total area under the curve. **12.96** The emitted light has a wavelength of 365 nm. This is radiation in the ultraviolet region of the electromagnetic spectrum. **12.97** The band gap is approximately 2.09 eV, which corresponds to a wavelength of 593 nm. **12.99** (**a**) A monomer is a small molecule with low molecular mass that can be joined with other monomers to form a polymer. They are the repeating units of a polymer. (**b**) ethene (also known as ethylene) **12.100** Reasonable values for a polymer's molecular weight are 10,000 u, 100,000 u, and 1,000,000 u.

**12.101**

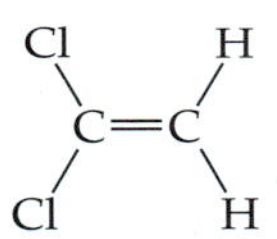

**12.102**

**12.104** (**a**) Flexibility of the molecular chains causes flexibility of the bulk polymer. Flexibility is enhanced by molecular features that inhibit order, such as branching, and diminished by features that encourage order, such as cross-linking or delocalized $\pi$ electron density. (**b**) Less flexible **12.105** Low degree of crystallinity **12.106** If a solid has nanoscale dimensions of 1–10 nm, there may not be enough atoms contributing atomic orbitals to produce continuous energy bands of molecular orbitals. **12.107** (**a**) False. As particle size decreases, the band gap increases. (**b**) False. As particle size decreases, wavelength decreases. **12.109** Statement (**b**) is correct. **12.116** 3 Ni atoms, 1 Al atom; 6 Nb atoms, 2 Sn atoms; 1 Sm atom, 5 Co atoms. In each case, the atom ratio matches the empirical formula given in the exercise. **12.118** The wavelength that corresponds to a photon with this energy is 477 nm. **12.120** (**a**) Zinc sulfide, ZnS (**b**) covalent (**c**) In the solid, each Si is bound to four C atoms in a tetrahedral arrangement, and each C is bound to four Si atoms in a tetrahedral arrangement, producing an extended three-dimensional network. SiC is high-melting because melting requires breaking covalent Si—C bonds, which takes a huge amount of thermal energy. It is hard because the three-dimensional lattice resists any deformation that would weaken the Si—C bonding network. **12.127** The distance between planes in crystalline silicon is 313 pm. **12.133** (**a**) 109° (**b**) 120° (**c**) atomic *p* orbitals **12.137** (**a**) $2.50 \times 10^{22}$ Si atoms (To 1 sig fig, the result is $2 \times 10^{22}$ Si atoms.) (**b**) $1.29 \times 10^{-3}$ mg P (1.29 $\mu$g P) **12.139** 63 Si atoms

# 그림으로 된 문제의 답

## Chapter 1

***Figure 1.1*** Aspirin. It contains 9 carbon atoms. ***Figure 1.4*** Vapor (gas) ***Figure 1.5*** Molecules of a compound are composed of more than one type of atom, and molecules of an element are composed of only one type of atom. ***Figure 1.6*** It would get larger because hydrogen atoms are lighter than the atoms of any other element. ***Figure 1.7*** (**c**) Each water molecule contains one oxygen atom and two hydrogen atoms. ***Figure 1.14*** The separations are due to physical processes of adsorption of the materials onto the column ***Figure 1.18*** True ***Figure 1.19*** 1000 ***Figure 1.23*** The darts would be scattered widely (poor precision) but their average position would be at the center (good accuracy).

## Chapter 2

***Figure 2.2*** Cathode rays would still be generated but without the fluorescent screen you would not be able to see them. ***Figure 2.3*** The electron beam would be deflected downward because of repulsion by the upper negative plate and attraction toward the positive plate. ***Figure 2.4*** No, the electrons are of negligible mass compared with an oil drop. ***Figure 2.6*** Beta rays are equivalent to electrons. (**a**) They are lighter. ***Figure 2.8*** The beam consists of alpha particles, which carry a +2 charge. They are repelled from the positively charged gold nuclei. ***Figure 2.9*** $10^{-2}$ pm ***Figure 2.12*** Based on the periodic trend, we expect that elements that precede a nonreactive gas, as F does, will also be reactive nonmetals. The elements fitting this pattern are H and Cl. ***Figure 2.14*** All of the metals shown here are solids, that exhibit varying degrees of luster to their appearance. In contrast, bromine is a liquid and none of the nonmetals shown here are lustrous. ***Figure 2.16*** The ball-and-stick model. ***Figure 2.17*** The elements are in the following groups: $Ag^+$ is 11, $Zn^{2+}$ is 12, and $Sc^{3+}$ is 3. Only $Sc^{3+}$ has the same number of electrons as a noble gas, Ar (element 18). ***Figure 2.18*** No it is not, ionic solids like NaCl do not contain discrete molecules. ***Figure 2.21*** Removing one O atom from the perbromate ion gives the bromate ion, $BrO_3^-$.

## Chapter 3

***Figure 3.3*** There are two $CH_4$ and four $O_2$ molecules on the reactant side, which contain 2 C atoms, 8 H atoms and 8 O atoms. The number of each type of atom remains the same on the product side as it must. ***Figure 3.7*** The flame gives off heat and therefore the reaction must release heat. ***Figure 3.8*** Avogadro's number ***Figure 3.10*** g/mol and $mol^{-1}$ ***Figure 3.16*** If the amount of $H_2$ is doubled then $O_2$ becomes the limiting reactant. In that case $(7\ mol\ O_2) \times (2\ mol\ H_2O/1\ mol\ O_2) = 14\ mol\ H_2O$ would be produced.

## Chapter 4

***Figure 4.2*** NaCl(*aq*) ***Figure 4.3*** $K^+$ and $NO_3^-$ ***Figure 4.7*** $Mg(NO_3)_2$ and water ***Figure 4.10*** Two. Each O atom becomes an $O^{2-}$ ion. ***Figure 4.11*** One, based on the reaction stoichiometry. ***Figure 4.12*** Because the Cu(II) ion produces a blue color in aqueous solution. ***Figure 4.16*** The volume needed to reach the end point if $Ba(OH)_2(aq)$ were used would be one-half the volume needed for titration with NaOH(*aq*), because there are two hydroxide ions for every barium ion.

## Chapter 5

***Figure 5.2*** The electrostatic potential energy of two oppositely charged particles is negative (Equation 5.2). As the particles become closer, the electrostatic potential energy becomes even more negative—that is, it decreases. ***Figure 5.3*** Attractions between oppositely charged ions would cause the ions to move closer together reducing the potential energy of the system. The lost potential energy is converted to kinetic energy needed to move the ions. ***Figure 5.4*** The number of molecules will change because three reactant molecules (2 $H_2$ and 1 $O_2$) are needed to make two product ($H_2O$) molecules. However, in a closed system like this one the total mass will not change. ***Figure 5.5*** If $E_{final} = E_{initial}$, then $\Delta E = 0$. ***Figure 5.6***

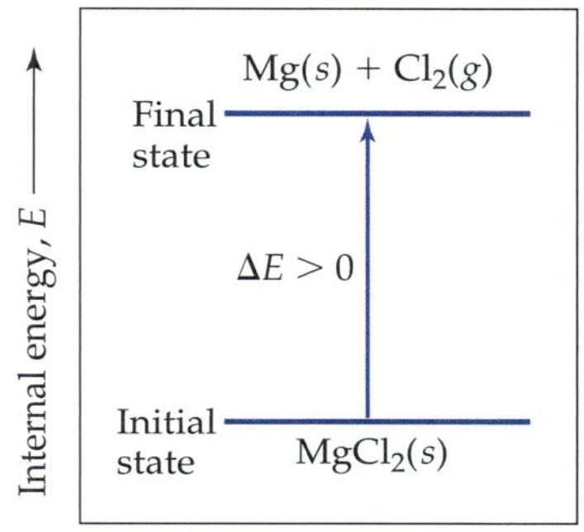


***Figure 5.7*** $\Delta E = 50\ J + (-85\ J) = -35\ J$ ***Figure 5.10*** The battery is doing work on the surroundings, so $w < 0$. ***Figure 5.11*** The system does work on the surroundings to move the piston upward, so $w < 0$. ***Figure 5.17*** Endothermic—heat is being added to the system to raise the temperature of the water. ***Figure 5.18*** Two cups provide more thermal insulation so less heat will escape the system. ***Figure 5.19*** In a calorimeter the system is defined as the reactants and products, so the water inside the calorimeter is part of the surroundings. ***Figure 5.21*** The condensation of $2\ H_2O(g)$ to $2\ H_2O(l)$ ***Figure 5.22*** Yes, $\Delta H_3$ would remain the same as it is the enthalpy change for the process $CO(g) + \frac{1}{2}O_2(g) \longrightarrow CO_2(g)$. ***Figure 5.24*** Exothermic, because the enthalpy of the products is lower than that of the reactants. ***Figure 5.25*** Grams of fat

## Chapter 6

***Figure 6.3*** Wavelength = 1.0 m, frequency = $3.0 \times 10^8$ cycles/s. ***Figure 6.4*** Longer by 3 to 5 orders of magnitude (depending on what part of the microwave spectrum is considered). ***Figure 6.5*** The part of the nail glowing yellow is hotter than the part glowing red. ***Figure 6.7*** As the frequency of the incoming light is increased the photon energy will increase and the kinetic energy of the ejected electrons will increase. ***Figure 6.11*** The $n = 2$ to $n = 1$ transition involves a larger energy change than the $n = 3$ to $n = 2$ transition. (Compare the lengths of the arrows connecting the states in the figure.) If the $n = 3$ to $n = 2$ transition produces visible light, the $n = 2$ to $n = 1$ transition must produce radiation of greater energy. Of the two choices only ultraviolet radiation has higher frequency and greater energy than visible light. ***Figure 6.12*** The $n = 4$ to $n = 3$ transition involves a smaller energy difference and will therefore emit light of longer wavelength. ***Figure 6.16*** The region of highest electron density is where the density of dots is highest, which is near the nucleus. ***Figure 6.17*** For a single electron atom like hydrogen the energies of the orbitals are the same as the energies of the orbits in the Bohr model. ***Figure 6.18*** There would be four maxima and three nodes. ***Figure 6.22*** The $p_x$ orbital. ***Figure 6.23*** There are two nodal planes for each of the $d$-orbitals. For the $d_{xy}$ orbital the nodal planes are the $xz$ and $yz$ planes. ***Figure 6.24*** The 4$d$ and 4$f$ subshells are not shown. ***Figure 6.30*** Osmium

## Chapter 7

***Figure 7.1*** These three metals do not readily react with other elements, especially oxygen, so they are often found in nature in the elemental form as metals (such as gold nuggets) ***Figure 7.4*** Because of the peak near the nucleus in the 2$s$ curve there is a higher probability of finding a 2$s$ within 50 pm of the nucleus. In a multielectron atom an electron in a 2$s$ orbital will have a lower energy than one in a 2$p$ orbital. ***Figure 7.7*** Bottom and left ***Figure 7.8*** They get larger, just like the atoms do. ***Figure 7.10*** 900 kJ/mol
***Figure 7.11*** There is more electron–electron repulsion in the case of oxygen because two electrons have to occupy the same orbital.
***Figure 7.12*** The added electron for the Group 14 elements leads to a half-filled $np^3$ configuration. For the Group 15 elements, the added electron leads to an $np^4$ configuration, so the electron must be added to an orbital that already has one electron in it, and thus experiences more electron-electron repulsion. ***Figure 7.13*** They are opposite: As ionization energy increases, metallic character decreases, and vice versa. ***Figure 7.15*** Anions are above and to the right of the line; cations are below and to the left of the line. ***Figure 7.16*** No. The $Na^+$ and $NO_3^-$ ions will simply be spectator ions. The $H^+$ ions of an acid are needed in order to dissolve NiO. ***Figure 7.17*** No. As seen in the photo, sulfur crumbles as it is hit with a hammer, typical of a solid nonmetal. ***Figure 7.21*** Because Rb is below K in the periodic table, and has a lower first ionization energy we expect Rb to be more reactive with water than K. ***Figure 7.23*** Lilac (see ***Figure 7.22***). ***Figure 7.25*** The bubbles are due to $H_2(g)$. This could be confirmed by carefully testing the bubbles with a flame—there should be popping as the hydrogen gas ignites.
***Figure 7.26*** A regular octagon. ***Figure 7.27*** $I_2$ is a solid whereas $Cl_2$ is a gas. Molecules are more closely packed together in a solid than they are in a gas, as will be discussed in detail in Chapter 11.

## Chapter 8

***Figure 8.1*** We would draw the chemical structure of sugar molecules (which have no charges and have covalent bonding between atoms in each molecule) and indicate weak intermolecular forces (especially hydrogen bonding) between sugar molecules.
***Figure 8.3*** Yes. ***Figure 8.4*** Cations have a smaller radius than their neutral atoms and anions have a larger radius. Because Na and Cl are in the same row of the periodic table, we would expect $Na^+$ to have a smaller radius than $Cl^-$, so we would infer that the larger green spheres represent the chloride ions and the smaller purple spheres represent the sodium ions. ***Figure 8.5*** The distance between ions in KF should be larger than that in NaF and smaller than that in KCl. We would thus expect the lattice energy of KF to be between 701 and 910 kJ/mol. ***Figure 8.7*** The repulsions between the nuclei would decrease, the attractions between the nuclei and the electrons would decrease, and the repulsions between the electrons would be unaffected. ***Figure 8.8*** The electronegativity decreases with increasing atomic number. ***Figure 8.10*** $\mu$ will decrease. ***Figure 8.11*** The bonds are not polar enough to cause enough excess electron density on the halogen atom to lead to a red shading. ***Figure 8.13*** The lengths of the bonds of the outer O atoms to the inner O atom are the same. ***Figure 8.14*** Yes. The electron densities on the left and right parts of the molecule are the same, indicating that resonance has made the two O — O bonds equivalent to one another. ***Figure 8.15*** It should be halfway between the values for single and double bonds, which we can estimate to be about 280 kJ/mol from the graph.

## Chapter 9

***Figure 9.1*** The radii of the atoms involved (see Section 7.3).
***Figure 9.2*** $NF_3$ ***Figure 9.3*** Octahedral. ***Figure 9.4*** No. We will get the same bent-shaped geometry regardless of which two atoms we remove. ***Figure 9.8*** 90°. ***Figure 9.9*** The C—O—H bond involving the right O because of the greater repulsions due to the nonbonding electron domains. The angle should be less than the ideal value of 109.5°. ***Figure 9.10*** Zero. Because they are equal in magnitude but opposite in sign, the vectors cancel upon addition. ***Figure 9.13*** 74 pm is the bond length, 436 kJ/mol is the bond strength. ***Figure 9.16*** 120° ***Figure 9.17*** The $p_z$ orbital. ***Figure 9.18*** No. All four hybrids are equivalent and the angles between them are all the same, so we can use any of the two to hold the nonbonding pairs. ***Figure 9.19*** Because the P 3$p$ orbitals are larger than the N 2$p$ orbitals, we would expect somewhat larger lobes on the hybrid orbitals in the right-most drawing. Other than that, the molecules are entirely analogous. ***Figure 9.22*** They have to lie in the same plane in order to allow the overlap of the $\pi$ orbitals to be effective in forming the $\pi$ bond. ***Figure 9.23*** Acetylene should have the higher carbon-carbon bond energy because it has a triple bond as compared to the double bond in ethylene. ***Figure 9.25*** It has six C—C $\sigma$ and six C—H $\sigma$ bonds. ***Figure 9.31*** $\sigma_{1s}{}^2$, $\sigma^\star_{1s}{}^1$. ***Figure 9.32*** $\sigma^\star_{1s}$ and $\sigma^\star_{2s}$.
***Figure 9.33*** The end-on overlap in the $\sigma_{2p}$ MO is greater than the sideways overlap in the $\pi_{2p}$. ***Figure 9.39*** The $\sigma_{2p}$ and $\pi_{2p}$ MOs have switched order. ***Figure 9.40*** $O_2$ and $F_2$ ***Figure 9.42*** $N_2$ is diamagnetic so it would not be attracted to the magnetic field. The liquid nitrogen would simply pour through the poles of the magnet without "sticking." ***Figure 9.43*** 11. All the electrons in the $n = 2$ level are valenceshell electrons.

## Chapter 10

***Figure 10.2*** It will increase. ***Figure 10.5*** Decreases ***Figure 10.6*** 1520 torr or 203 kPa ***Figure 10.9*** One ***Figure 10.10*** Chlorine, $Cl_2$. ***Figure 10.12*** About one-sixth ***Figure 10.13*** $O_2$ has the largest molar mass, 32 g/mol, and $H_2$ has the smallest, 2.0 g/mol.
***Figure 10.16*** $n$, moles of gas ***Figure 10.20*** True ***Figure 10.22*** It would increase.

## Chapter 11

***Figure 11.1*** The density in a liquid is much closer to a solid than it is to a gas. ***Figure 11.3*** The distance within the molecule (the covalent bond distance) represented by the solid black line is smaller than the intermolecular distance represented by the red dotted line. ***Figure 11.5*** The halogens are diatomic molecules and have much greater size and mass, and therefore greater polarizability, than the noble gases, which are monatomic. ***Figure 11.8*** They stay roughly the same because the molecules have roughly the same molecular weights. Thus, the change in boiling point moving left to right is due mainly to the increasing dipole-dipole attractions. ***Figure 11.9*** Both compounds are nonpolar and incapable of forming hydrogen bonds. Therefore, the boiling point is determined by the dispersion forces, which are stronger for the larger, heavier $AsH_3$. ***Figure 11.10*** The non-hydrogen atom must possess a nonbonding electron pair. ***Figure 11.11*** There are four electron pairs surrounding oxygen in a water molecule. Two of the electron pairs are used to make covalent bonds to hydrogen within the $H_2O$ molecule, while the other two are available to make hydrogen bonds to neighboring molecules. Because the electron-pair geometry is tetrahedral (four electron domains around the central atom), the $H—O\cdots H$ bond angle is approximately 109°. ***Figure 11.13*** The O atom is the negative end of the polar $H_2O$ molecule; the negative end of the dipole is attracted to the positive ion. ***Figure 11.14*** Yes, although not likely. ***Figure 11.19*** Wax is a hydrocarbon that cannot form hydrogen bonds. Therefore, coating the inside of tube with wax will dramatically decrease the adhesive forces between water and the tube and change the shape of the water meniscus to an inverted U-shape. Neither wax nor glass can form metallic bonds with mercury so the shape of the mercury meniscus will be qualitatively the same, an inverted U-shape. ***Figure 11.20*** Because energy is a state function, the energy to convert a gas to a solid is the same regardless of whether the process occurs in one or two steps. Thus, the energy of deposition equals the energy of condensation plus the energy of freezing. ***Figure 11.21*** Because water has stronger intermolecular interactions. ***Figure 11.22*** The temperature of the liquid water is increasing. ***Figure 11.24*** Increases, because the molecules have more kinetic energy as the temperature increases and can escape more easily ***Figure 11.25*** All liquids including ethylene glycol reach their normal boiling point when their vapor pressure is equal to atmospheric pressure, 101.3 kPa. ***Figure 11.27*** It must be lower than the temperature at the triple point.

## Chapter 12

***Figure 12.5*** There is not a centered square lattice, because if you tile squares and put lattice points on the corners and the center of each square it would be possible to draw a smaller square (rotated by 45°) that only has lattice points on the corners. Hence a "centered square lattice" would be indistinguishable from a primitive square lattice with a smaller unit cell. ***Figure 12.12*** Face-centered cubic, assuming similar size spheres and cell edge lengths, since there are more atoms per volume for this unit cell compared to the other two. ***Figure 12.13*** A hexagonal lattice ***Figure 12.15*** The solvent is the majority component and the solute the minority component. Therefore, there will be more solvent atoms than solute atoms. ***Figure 12.17*** The samarium atoms sit on the corners of the unit cell so there is only $8 \times (1/8) = 1$ Sm atom per unit cell. Eight of the nine cobalt atoms sit on faces of the unit cell, and the other sits in the middle of the unit cell so there are $8 \times (1/2) + 1 = 5$ Co atoms per unit cell. ***Figure 12.19*** $P_4$, $S_8$, and $Cl_2$ are all molecules, because they have strong chemical bonds between atoms and have well-defined numbers of atoms per molecule. ***Figure 12.21*** In the fourth period, vanadium and chromium have very similar melting points. Molybdenum and tungsten have the highest melting points in the fifth and sixth periods, respectively. All of these elements are located near the middle of the period where the bonding orbitals are mostly filled and the antibonding orbitals mostly empty. ***Figure 12.22*** The molecular orbitals become more closely spaced in energy. ***Figure 12.23*** Potassium has only one valence electron per atom ($4s^1$). Therefore we expect the 4*s* band to be approximately half full. If we fill the 4*s* band halfway a small amount of electron density might leak over and start to fill the 3*d* orbitals as well. The 4*p* orbitals should be empty. ***Figure 12.24*** Ionic substances cleave because the nearest neighbor interactions switch from attractive to repulsive if the atoms slide so that ions of like charge (cation–cation and anion–anion) touch each other. Metals don't cleave because the atoms are attracted to all other atoms in the crystal through metallic bonding. ***Figure 12.25*** No, ions of like charge do not touch in an ionic compound because they are repelled from one another. In an ionic compound the cations touch the anions. ***Figure 12.27*** In NaF there are four $Na^+$ ions $(12 \times 1/4)$ and four $F^-$ ions $(8 \times 1/8 + 6 \times 1/2)$ per unit cell. In $MgF_2$ there are two $Mg^{2+}$ ions $(8 \times 1/8 + 1)$ and four $F^-$ ions $(4 \times 1/2 + 2)$ per unit cell. In $ScF_3$ there is one $Sc^{3+}$ ion $(8 \times 1/8)$ and three $F^-$ ions $(12 \times 1/4)$ per unit cell. ***Figure 12.28*** The intermolecular forces are stronger in toluene, as shown by its higher boiling point. The molecules pack more efficiently in benzene, which explains its higher melting point, even though the intermolecular forces are weaker. ***Figure 12.30*** The band gap for an insulator would be larger than the one for a semiconductor. ***Figure 12.31*** If you doubled the amount of doping in panel (**b**), the amount of blue shading the conduction band would also double. ***Figure 12.44*** Decrease. As the quantum dots get smaller, the band gap increases and the emitted light shifts to shorter wavelength. ***Figure 12.48*** Each carbon atom in $C_{60}$ is bonded to three neighboring carbon atoms through covalent bonds. Thus, the bonding is more like graphite, where carbon atoms also bond to three neighbors, than diamond, where carbon atoms bond to four neighbors.

# 보충 예제의 답

## Chapter 1

**Sample Exercise 1.1**
Practice Exercise: It is a compound because it has constant composition and can be separated into several elements.

**Sample Exercise 1.2**
Practice Exercise: (**a**) $10^{12}$ pm, (**b**) 6.0 km, (**c**) $4.22 \times 10^{-3}$ g, (**d**) 0.00422 g.

**Sample Exercise 1.3**
Practice Exercise: (**c**) selenium, Se

**Sample Exercise 1.4**
Practice Exercise: (**a**) 8.96 g/cm$^3$, (**b**) 19.0 mL, (**c**) 340 g.

**Sample Exercise 1.5**
Practice Exercise: (**a**) a 500-kg motorcycle moving at 100 km/h

**Sample Exercise 1.6**
Practice Exercise: No. The number of cm$^3$ in a liter is a defined quantity and is therefore exact, but the volume represented by one cm$^3$ is not exact, although it is known to high accuracy.

**Sample Exercise 1.7**
Practice Exercise: (**c**) 4

**Sample Exercise 1.8**
Practice Exercise: 9.52 m/s (three significant figures).

**Sample Exercise 1.9**
Practice Exercise: (**e**) $2.9 \times 10^2$ g

**Sample Exercise 1.10**
Practice Exercise: $1.496 \times 10^8$ km

**Sample Exercise 1.11**
Practice Exercise: 12 km/L.

**Sample Exercise 1.12**
Practice Exercise: $2.24/gal

## Chapter 2

**Sample Exercise 2.1**
Practice Exercise: (**a**) 154 pm, (**b**) $1.3 \times 10^6$ C atoms

**Sample Exercise 2.2**
Practice Exercise: (**d**) $^{162}$Ho, (**e**) $^{159}$Gd

**Sample Exercise 2.3**
Practice Exercise: $^{208}_{82}$Pb

**Sample Exercise 2.4**
Practice Exercise: 28.09 u

**Sample Exercise 2.5**
Practice Exercise: Na, atomic number 11, is a metal; Br, atomic number 35, is a nonmetal.

**Sample Exercise 2.6**
Practice Exercise: (**d**) $C_4O_2$, $C_2O$

**Sample Exercise 2.7**
Practice Exercise: (**b**) $P^{3-}$, (**d**) $Se^{2-}$

**Sample Exercise 2.8**
Practice Exercise: (**a**) $Ti^{4+}$, (**d**) $Te^{2-}$

**Sample Exercise 2.9**
Practice Exercise: (**a**) Rb is from Group 1, and readily loses one electron to attain the electron configuration of the nearest noble gas element, Kr. (**b**) Nitrogen and the halogens are all nonmetallic elements, which form molecular compounds with one another. (**c**) Krypton, Kr, is a noble gas element and is chemically inactive except under special conditions. (**d**) Na and K are both from Group 1 and adjacent to one another in the periodic table. They would be expected to behave very similarly. (**e**) Calcium is an active metal and readily loses two electrons to attain the noble gas configuration of Ar.

**Sample Exercise 2.10**
Practice Exercise: (**d**) N

**Sample Exercise 2.11**
Practice Exercise: (**a**) $ClO^{2-}$, chlorate

**Sample Exercise 2.12**
Practice Exercise: (**c**) $Fe_2O_3$, diiron oxide

**Sample Exercise 2.13**
Practice Exercise: (**b**) nitrous acid, (**d**) iodic acid

**Sample Exercise 2.14**
Practice Exercise: (**a**) carbon disulfide (**b**) carbon monoxide (**c**) tricarbon dioxide (**d**) carbon tetrabromide (**e**) carbon monofluoride.

**Sample Exercise 2.15**
Practice Exercise: (**a**) $C_6H_{14}$, (**b**) hexanol, C–6$H_{14}$O

## Chapter 3

**Sample Exercise 3.1**
Practice Exercise: (**a**) $C_2H_4 + 3\,O_2 \longrightarrow 2\,CO_2 + 2\,H_2O$.
(**b**) Nine $O_2$ molecules

**Sample Exercise 3.2**
Practice Exercise: (**a**) 4, 3, 2; (**b**) 2, 6, 2, 3; (**c**) 1, 2, 1, 1, 1

**Sample Exercise 3.3**
Practice Exercise: (**a**) $HgS(s) \longrightarrow Hg(l) + S(s)$, or $\frac{1}{8}\,S_8(s)$
(**b**) $4\,Al(s) + 3\,O_2(g) \longrightarrow 2\,Al_2O_3(s)$

**Sample Exercise 3.4**
Practice Exercise: $C_2H_5OH(l) + 3\,O_2(g) \longrightarrow 2\,CO_2(g) + 3\,H_2O(g)$

**Sample Exercise 3.5**
Practice Exercise: (**a**) 78.0 u, (**b**) 32.0 u, (**c**) 211.0 u

**Sample Exercise 3.6**
Practice Exercise: 16.1%

**Sample Exercise 3.7**
Practice Exercise: 1 mol $H_2O$ ($6 \times 10^{23}$ O atoms) $<$ $3 \times 10^{23}$ molecules $O_3$ ($9 \times 10^{23}$ O atoms) $<$ 1 mol $CO_2$($12 \times 10^{23}$ O atoms)

**Sample Exercise 3.8**
Practice Exercise: 6.05 mol

**Sample Exercise 3.9**
Practice Exercise: 532 g

**Sample Exercise 3.10**
Practice Exercise: **(a)** $4.01 \times 10^{22}$ molecules $HNO_3$,
**(b)** $1.20 \times 10^{23}$ atoms O

**Sample Exercise 3.11**
Practice Exercise: $C_4H_4O$

**Sample Exercise 3.12**
Practice Exercise: **(a)** $CH_3O$, **(b)** $C_2H_6O_2$

**Sample Exercise 3.13**
Practice Exercise: **(a)** $C_3H_6O$, **(b)** $C_6H_{12}O_2$

**Sample Exercise 3.14**
Practice Exercise: 1.77 g

**Sample Exercise 3.15**
Practice Exercise: 26.5 g

**Sample Exercise 3.16**
Practice Exercise: **(a)** Al, **(b)** 1.50 mol, **(c)** 0.75 mol $Cl_2$

**Sample Exercise 3.17**
Practice Exercise: **(a)** $AgNO_3$, **(b)** 1.59 g, **(c)** 1.39 g,
**(d)** 1.52 g Zn

**Sample Exercise 3.18**
Practice Exercise: **(a)** 105 g Fe, **(b)** 83.7%

## Chapter 4

**Sample Exercise 4.1**
Practice Exercise: **(a)** 6, **(b)** 12, **(c)** 2, **(d)** 9

**Sample Exercise 4.2**
Practice Exercise: **(b)** $CaCO_3$

**Sample Exercise 4.3**
Practice Exercise: **(a)** $Fe(OH)_3$,
**(b)** $Fe_2(SO_4)_3(aq) + 6\,LiOH(aq) \longrightarrow 2\,Fe(OH)_3(s) + 3\,Li_2SO_4(aq)$

**Sample Exercise 4.4**
Practice Exercise: $3\,Ag^+(aq) + PO_4^{3-}(aq) \longrightarrow Ag_3PO_4(s)$

**Sample Exercise 4.5**
Practice Exercise: **(d)** both chloric acid and hydrobromic acid

**Sample Exercise 4.6**
Practice Exercise: **(d)** sodium nitrate

**Sample Exercise 4.7**
Practice Exercise: **(d)** $NH_3(aq) + H^+(aq) \longrightarrow NH_4^+(aq)$

**Sample Exercise 4.8**
Practice Exercise: **(d)** $H_2O_2$

**Sample Exercise 4.9**
Practice Exercise: **(b)** Zinc is reduced, and copper ion is oxidized.

**Sample Exercise 4.10**
Practice Exercise: **(d)** sodium

**Sample Exercise 4.11**
Practice Exercise: **(c)** $3.91 \times 10^{-2}\,M$

**Sample Exercise 4.12**
Practice Exercise: **(e)** 2:1

**Sample Exercise 4.13**
Practice Exercise: **(a)** 1.1 g, **(b)** 76 mL

**Sample Exercise 4.14**
Practice Exercise: **(b)** 8.75 mL

**Sample Exercise 4.15**
Practice Exercise: **(b)** 19.5 mg

**Sample Exercise 4.16**
Practice Exercise: **(c)** 0.163 $M$

**Sample Exercise 4.17**
Practice Exercise: **(e)** 81.0%

## Chapter 5

**Sample Exercise 5.1**
Practice Exercise: **(c)** $q < 0, w > 0$, the sign of $\Delta E$ cannot be determined from the information given

**Sample Exercise 5.2**
Practice Exercise: 70 J

**Sample Exercise 5.3**
Practice Exercise: **(d)** exothermic, negative

**Sample Exercise 5.4**
Practice Exercise: −14.4 kJ

**Sample Exercise 5.5**
Practice Exercise: **(a)** $4.9 \times 10^5$ J,
**(b)** 11 K decrease = 11 °C decrease

**Sample Exercise 5.6**
Practice Exercise: −68,000 J/mol = −68 kJ/mol

**Sample Exercise 5.7**
Practice Exercise: **(a)** −15.2 kJ/g, **(b)** −1370 kJ/mol

**Sample Exercise 5.8**
Practice Exercise: **(d)** −171.0 kJ

**Sample Exercise 5.9**
Practice Exercise: −304.1 kJ

**Sample Exercise 5.10**
Practice Exercise: $C(graphite) + 2\,Cl_2(g) \longrightarrow CCl_4(l)$;
$\Delta H_f^\circ = -106.7$ kJ/mol.

**Sample Exercise 5.11**
Practice Exercise: **(b)** −196.0 kJ

**Sample Exercise 5.12**
Practice Exercise: **(c)** $2\Delta H_f^\circ[SO_3] = \Delta H_{rxn}^\circ + 2\Delta H_f^\circ[SO_2]$

**Sample Exercise 5.13**
Practice Exercise: −1255 kJ

**Sample Exercise 5.14**
Practice Exercise: **(a)** 15 kJ/g, **(b)** 100 min

## Chapter 6

**Sample Exercise 6.1**
Practice Exercise: 34.5 $\mu$m

**Sample Exercise 6.2**
Practice Exercise: **(a)** $1.43 \times 10^{14}\,s^{-1}$, **(b)** 2.899 m

**Sample Exercise 6.3**
Practice Exercise: (**e**) $E = N_A\frac{hc}{\lambda}$

**Sample Exercise 6.4**
Practice Exercise: (**a**) 3

**Sample Exercise 6.5**
Practice Exercise: (**a**) i < iii < ii

**Sample Exercise 6.6**
Practice Exercise: (**a**) $5p$; (**b**) 3; (**c**) 1, 0, −1

**Sample Exercise 6.7**
Practice Exercise: (**a**) $1s^22s^22p^63s^23p^2$, (**b**) two

**Sample Exercise 6.8**
Practice Exercise: Group 14

**Sample Exercise 6.9**
Practice Exercise: (**b**) Te

## Chapter 7

**Sample Exercise 7.1**
Practice Exercise: P—Br

**Sample Exercise 7.2**
Practice Exercise: C < Be < Ca < K

**Sample Exercise 7.3**
Practice Exercise: (**b**) $F < Cl < S^{2-} < Se^{2-}$

**Sample Exercise 7.4**
Practice Exercise: (**a**) $Sr^{2+} < Rb^+ < Br^- < Se^{2-} < Te^{2-}$

**Sample Exercise 7.5**
Practice Exercise: (**e**) $Br^{2+}(g) \longrightarrow Br^{3+}(g) + e^-$

**Sample Exercise 7.6**
Practice Exercise: (**d**) Statements (ii) and (iii) are true.

**Sample Exercise 7.7**
Practice Exercise: (**a**) $[Kr]4d^4$

**Sample Exercise 7.8**
Practice Exercise: (**e**) $M(OH)_3(aq)$

**Sample Exercise 7.9**
Practice Exercise: (**c**) 3

**Sample Exercise 7.10**
Practice Exercise: (**e**) All three statements are true.

## Chapter 8

**Sample Exercise 8.1**
Practice Exercise: (**b**) ScN > MgO > NaCl > CsI

**Sample Exercise 8.2**
Practice Exercise: $Mg^{2+}$ and $N^{3-}$

**Sample Exercise 8.3**
Practice Exercise: (**b**) $H_2S$

**Sample Exercise 8.4**
Practice Exercise: (**a**) H—F

**Sample Exercise 8.5**
Practice Exercise: (**a**) F, (**b**) 0.11−

**Sample Exercise 8.6**
Practice Exercise: (**a**) 20, (**b**)

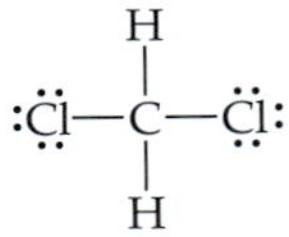


**Sample Exercise 8.7**
Practice Exercise: (**a**) zero

**Sample Exercise 8.8**
Practice Exercise: (**b**) 6

**Sample Exercise 8.10**
Practice Exercise: (**d**) The cyanide ion has only one dominant resonance structure.

**Sample Exercise 8.11**
Practice Exercise: (**a**) C, (**b**) 

## Chapter 9

**Sample Exercise 9.1**
Practice Exercise: (**a**) tetrahedral, bent; (**b**) trigonal planar, trigonal planar

**Sample Exercise 9.2**
Practice Exercise: (**d**) Statements (ii) and (iii) are true.

**Sample Exercise 9.3**
Practice Exercise: (**a**) 109.5° and 109.5°

**Sample Exercise 9.4**
Practice Exercise: (**b**) Trigonal planar

**Sample Exercise 9.5**
Practice Exercise: (**c**) $O_3$

**Sample Exercise 9.6**
Practice Exercise: (**e**) All three statements are true.

**Sample Exercise 9.7**
Practice Exercise: (**b**) 4

**Sample Exercise 9.8**
Practice Exercise: (**c**) 2

**Sample Exercise 9.9**
Practice Exercise: (**e**) $F_2^- < C_2^{2+} < O_2^- < N_2^-$

## Chapter 10

**Sample Exercise 10.1**
Practice Exercise: (**d**) 10.3 m

**Sample Exercise 10.2**
Practice Exercise: 107.6 kPa

**Sample Exercise 10.3**
Practice Exercise: $5.30 \times 10^3$ L

**Sample Exercise 10.4**
Practice Exercise: 202.65 kPa

**Sample Exercise 10.5**
Practice Exercise: $3.83 \times 10^3\ m^3$

**Sample Exercise 10.6**
Practice Exercise: 27 °C

**Sample Exercise 10.7**
Practice Exercise: 5.9 g/L

**Sample Exercise 10.8**
Practice Exercise: (**c**) 44.1 g/mol

**Sample Exercise 10.9**
Practice Exercise: 14.8 L

**Sample Exercise 10.10**
Practice Exercise: 289.8 kPa

**Sample Exercise 10.11**
Practice Exercise: (**b**) 0.33

**Sample Exercise 10.12**
Practice Exercise: (**b**) The $C_3H_8$ and $CH_4$ molecules have the same average kinetic energy

**Sample Exercise 10.13**
Practice Exercise: (**a**) four, will not change

**Sample Exercise 10.14**
Practice Exercise: $r_{N_2}/r_{O_2} = 1.07$

**Sample Exercise 10.15**
Practice Exercise: (**a**) 756.6 kPa, (**b**) 727.1 kPa

## Chapter 11

**Sample Exercise 11.1**
Practice Exercise: (**d**) hydrogen peroxide, $H_2O_2$

**Sample Exercise 11.2**
Practice Exercise: (**d**) $CH_3COOH < Cl_2 < Ar < CH_4$

**Sample Exercise 11.3**
Practice Exercise: (**d**) heat of vaporization and specific heat of $H_2O(l)$

**Sample Exercise 11.4**
Practice Exercise: about 45 kPa

**Sample Exercise 11.5**
Practice Exercise: (**a**) −162 °C; (**b**) It sublimes whenever the pressure is less than 10 kPa; (**c**) The highest temperature at which a liquid can exist is defined by the critical temperature. So we do not expect to find liquid methane when the temperature is higher than −80 °C.

**Sample Exercise 11.6**
Practice Exercise: (**e**) rod-shaped molecules

## Chapter 12

**Sample Exercise 12.1**
Practice Exercise: (**e**) 78.5%

**Sample Exercise 12.2**
Practice Exercise: $a$ = 402 pm and density = 4.31 g/cm$^3$

**Sample Exercise 12.3**
Practice Exercise: smaller.

**Sample Exercise 12.4**
Practice Exercise: A Group 15 element could be used to replace Se.

# 사진 출처

*원서에 대한 사진 출처입니다.

**FRONTMATTER** p. 11 (left) GL Archive/Alamy Stock Photos; p. 11 (right) Neirfy/Fotolia; p. 12 (top) Food and Drink Photos/Alamy Stock Photo; p. 12 (bottom left) EpicStockMedia/Shutterstock; p. 12 (bottom right) Richard Megna/Fundamental Photographs; p. 13 (left) Dphens/Fotolia; p. 13 (right) Cla78/Shutterstock; p. 14 Carsten Peter/Speleoresearch & Films/National Geographic/Getty Images; p. 15 (top left) EmiliaUngur/Shutterstock; p. 15 (top right) Pearson Education, Inc.; p. 15 (bottom) Bizu Tesfaye/Sipa USA/Newscom; p. 16 (left) Greenshoots Communications/Alamy Stock Photo; p. 16 (right) Design Pics Inc/Alamy Stock Photo; p. 17 (left) Yanlev/Fotolia; p. 17 (right) Sarsmis/Fotolia; p. 18 (top) Shutterstock; p. 18 (bottom left) Thousandsanimals/Fotolia; p. 19 (left) The Washington Post/Getty Images; p. 19 (right) Stocktrek Images/Getty Images; p. 20 (left) Anton Gvozdikov/Fotolia; p. 20 (right) Jeff Rotman/Alamy Stock Photo; p. 21 Byheaven/Fotolia **CHAPTER 1 CO-01** p. 46 Everett-Art/ Shutterstock; p. 50 (top) Sea Wave/Shutterstock; p. 49 (top) khlungcenter/Shutterstock; p. 49 (bottom) Travelpixs/Shutterstock; p. 54 (bottom left) Coleman Yuen/Pearson Education Asia Ltd; p. 56 (top) klyaksun/Shutterstock; p. 60 (top) OoddySmile Studio/Shutterstock; p. 62 (bottom) ANNVIPS/ Shutterstock; p. 71 (top) Fotaro1965/Shutterstock; 76 (middle) Yulia Grigoryeva/Shutterstock; **CHAPTER 2 CO-02** p. 89 Coleman Yuen. Pearson Education Asia Ltd; p. 92 (top) foxterrier2005/123rf.com; p. 97 (top) Prachaya Roekdeethaweesab/Shutterstock; p. 101 (bottom) Sphinx2013; p.104 (top) elbud/Shutterstock; p. 108 (top) Ron Dale/Shutterstock; p. 111 (top right) Yuttasak Chuntarothai/Shutterstock; p. 111 (middle left) Adisa/Shutterstock; p. 116 (left) ds.p.h.o.t.o/Shutterstock; **CHAPTER 3 CO-03** p. 134 Adisa/Shutterstock; p. 139 (bottom left) aleori/Shutterstock; p. 143 (bottom left) sulit.photos/Shutterstock; p. 146 (bottom right) Matthijs Wetterauw/Shutterstock; p. 152 (bottom right) pineapplestudio/123rf; p. 158 (top right) David Tadevosian/Shutterstock; p. 162 (bottom right) ETAJOE/Shutterstock; **CHAPTER 4 CO-04** p. 175 EpicStockMedia/Shutterstock; p. 180 (top right) dpa picture alliance archive/Alamy Stock Photo; p. 193. (top) Kudzina/Shutterstock; p. 201 (top) MAURO UJETTO/Shutterstock; p. 207 (top) www.hollandfoto.net/Shutterstock; p. 209 (top) Travelpixs/Shutterstock; **CHAPTER 5 CO-04** p. 209 colin13362/Shutterstock; p. 223 (top) Jesus Cervantes/Shutterstock; p. 230 (top) Kapuska/Shutterstock; p. 234 (right) Albert Russ/ Shutterstock; p. 238 (right) Atelier_A/Shutterstock; p. 244 (bottom) Philip Lange/Shutterstock; p. 248 (top) Gorodenkoff/Shutterstock; p. 254 (top) fewerton/Shutterstock; p. 258 (bottom) TY Lim/Shutterstock; **CHAPTER 6 CO-06** p. 274 42videography/Shutterstock; p. 278 (top) thomas eder/Shutterstock; p. 278 (bottom left) Panther Media GmbH/Alamy Stock Photo; p. 281 (middle) Hipix/Alamy Stock Photo; p. 287 (bottom) Dzmitry Skazau/123RF; p. 291 (top) SphinxHK/Shutterstock; p. 296 (top) Tonis Pan/Shutterstock; p. 300 (bottom) Jurik Peter/Shutterstock; p. 303 (top) mroz/Shutterstock; p. 309 (top) Nagel Photography/Shutterstock; **CHAPTER 7 CO-07** p. 323 Bjoern Wylezich/Shutterstock; p. 326 (top) concept w/Shutterstock; p. 330 (top) Daniel Fung/Shutterstock; p. 336 (top) Incredible Arctic/Shutterstock; p. 341 (top) goffkein.pro/Shutterstock; p. 343 (middle) AnastasiiaFirsova/Shutterstock; p. 349 (top) Nina.G/Shutterstock; p. 354 (right) Everett Historical/Shutterstock; **CHAPTER 8 CO-08** p. 369 Viktor88/Shutterstock; p. 371 (bottom) Bambuh/Shutterstock; p. 378 (right) footageclips/Shutterstock; p. 381 (bottom) petarg/123RF; p. 388 (right) Mawardi Bahar/123RF; p. 393 (bottom) Pressmaster/Shutterstock; p. 397 (top) Egorov Artem/Shutterstock; p. 400 (bottom) Stocksnapper/Shutterstock; **CHAPTER 9 CO-09** p. 412 PJ photography/Shutterstock; p. 416 (right) molekuul.be/Shutterstock; p. 429 (left) New Africa/Shutterstock; p. 431 (left) otomobil/Shutterstock; p. 438 (right) wong yu liang/Shutterstock; p. 445 (bottom) Raimundo79/Shutterstock; p. 450 (top) keiphotostudio/123RF; **CHAPTER 10 CO-10** p. 472 Zenobillis/Shutterstock; p. 474 (bottom) EmiliaUngur/Shutterstock; p. 479 (left) IgorGolovniov/Shutterstock; p. 483 Morphart Creation/Shutterstock; p. 491 (left) sudok1/123rf; p. 494 (bottom) Cameron Watson/Shutterstock; p. 498 (bottom) Kudryashova Vera/Shutterstock; p. 503 (left) Kodda/Shutterstock; **CHAPTER 11 CO-11** p. 517 BDCreations/Shutterstock; p. 520 (right) Rojchana Loonrasri/Shuttersock; p. 529 (left) DW2630/Shutterstock; p. 533 (bottom) solar22/Shutterstock; p. 539 (top) Elnur Amikishiyev/123RF; p. 542 (bottom) Sportlibrary/Shutterstock; p. 547 (top) Giamka/Shutterstock; **CHAPTER 12 CO-12** p. 560 Kacso Sandor/123RF; p. 567 (top) Alexey Kamenskiy/Shutterstock; p. 579 (top) SergeyPhoto18/Shutterstock; p. 584 (bottom) K.Kargona/Shutterstock; p. 591 (bottom) Anton Starikov/Shutterstock; p. 598 (right) Photos de Dodo/Shutterstock; p. 600 (bottom) Ann Juarez/Shutterstock; **CHAPTER 13 CO-13** p. 613 happystock/Shutterstock; p. 619 (top) Jomic/Shutterstock; p. 621 (top) Evgeny Karandaev/Shutterstock; p. 628 (right) GB Traveler/Shutterstock; p. 633 (top) fotoknips/Shutterstock; p. 644 (right) Pesh Siri/Shutterstock; **CHAPTER 14 CO-14** p. 658 Alla/Shutterstock; p. 660 (right) trabantos/Shutterstock; p. 666 (right) Vandathai/Shutterstock; p. 673 (bottom) Dmitry Rukhlenko/Shutterstock; p. 680 (bottom) sirtravelalot/Shutterstock; p. 687 (top) Alexandra Golubtsova/Shutterstock; p.695 (left) Andrey_Popov/Shutterstock; **CHAPTER 15 CO-15** p. 715 Laszlo66/Shutterstock; p. 718 (bottom) Nestor Rizhniak/Shutterstock; p. 724 (right) Dmitrii Shironosov/123RF.com; p. 731 (bottom) Natee Meepian/Shutterstock; p. 738 (bottom) Iakov Filimonov/123RF .com; **CHAPTER 16 CO-16** p. 757 Antonina Vlasova/Shutterstock; p. 764 (right) chudakov/123RF.com; p. 767 (left) liarocer/Shutterstock; p. 772 (right) Alexey Rezvykh/Shutterstock; p. 775 (top) Edyta Pawlowska/Shutterstock; p. 786 (top) Love Lego/Shutterstock; p. 792 (top) TualekPhoto/Shutterstock; p. 797(top) StudioMolekuul/Shutterstock; **CHAPTER 17 CO-17** p. 813 kubais/Shutterstock; p. 817 (left) giedre vaitekune/Shutterstock; p. 826 (bottom) Torychemistry/Shutterstock; p. 837 (bottom) Picsfive/Shutterstock; p. 841 (bottom) Volodymyr Goinyk/Shutterstock; p. 850 (right) People Image Studio/Shutterstock; **CHAPTER 18 CO-18** p. 864 Lyle Gregg/Shutterstock; p. 872 (right) David Hodges/Alamy Stock Photo; p. 881 (bottom) Nerthuz/Shutterstock; p. 885 (left) Rich Carey/Shutterstock; p. 886 (middle left) ETAJOE/Shutterstock; p. 891 (left) cooperr/Shutterstock; p. 890 (right) Michelle Pacitto/Shutterstock; **CHAPTER 19 CO-19** p. 904 Volodymyr Dvornyk/Shutterstock; p. 906 (top left) Waithaya Stock/Shutterstock; p. 910 (top) AS photostudio/Shutterstock; p. 914 (top) A. RICARDO/Shutterstock; p. 922 (right) viper-zero/Shutterstock; p. 926 (bottom) catwalker/Shutterstock; p. 932 (right) O_Lypa/Shutterstock; p. 935 (left) petrroudny43/Shutterstock; CHAPTER 20 **CO-20** p. 950 areeya_ann/Shutterstock; p. 953 (left) Designua/Shutterstock; p. 959 (left) Morphart Creation/Shutterstock; p. 963 (left) Vittee/Shutterstock; p. 972 (right) scharfsinn86/123RF.com; p. 977 (top) Greg Brave/123RF.com; p. 984 (top) mariva2017/Shutterstock; p. 990 (right) lunamarina/Shutterstock; p. 993 (left) Oliver Hoffmann/Shutterstock; CHAPTER 21 **CO-21** p. 1007 nasaimages/123RF.com; p. 1012 (right) hayirhah/Shutterstock; p. 1020 (right) Lerner Vadim/Shutterstock; p. 1026 (top) Andrey_Popov/Shutterstock; p. 1029 (left) Lukasz Pawel Szczepanski/Shutterstock; p. 1041 (top) SaraGiordano/Shutterstock; p. 1028 (bottom right) Science History Images/Alamy Stock Photo; CHAPTER 22 **CO-22** p. 1052 Zastolskiy Victor/Shutterstock; p. 1056 (right) Maxim Tupikov/Shutterstock; p. 1061 (left) Kim Christensen/Shutterstock; p. 1064 (top) Dafinchi/Shutterstock; p. 1068 (top) Darren Pullman/Shutterstock; p. 1072 (right) Filip Fuxa/Shutterstock; p. 1076 (right) LayalJebran/Shutterstock; p. 1081 (top) NatalyFox/Shutterstock; p. 1085 (bottom) Bjoern Wylezich/Shutterstock; p. 1089 (left) Sanit Ratsameephot/Shutterstock; p. 1093 (bottom) Bjoern Wylezich/Shutterstock; CHAPTER 23 **CO-23** p. 1102 PeskyMonkey/Shutterstock; p. 1108 (right) Suwin/Shutterstock; p. 1114 (right) Oskars Bormanis/Shutterstock; p. 1121 (top) Sasi Ponchaisang/123RF.com; p. 1128 (top) Ihor Matsiievskyi/Shutterstock; p. 1131 (top right) Byjeng/Shutterstock; p. 1131 (top left) Sararwut Jaimassiri/Shutterstock; CHAPTER 24 **CO-24** p. 1149 pirita/Shutterstock; p. 1152 (top) Rostislav Zatonskiy/123RF.com; p. 1160 (top) Corepics VOF/Shutterstock; p. 1168 (top) Victor Moussa/ Shutterstock; p. 1177 (top) captureandcompose/Shutterstock; p. 1179 (top) Raimundo79/Shutterstock; p. 1180 (top) GEMINI PRO STUDIO/Shutterstock; p. 1186 (top) jeep2499/Shutterstock; p. 1190 (bottom) Pixelbliss/Shutterstock; p. 1193 (top right) alice-photo/Shutterstock; p. 1193 (top left) Awe Inspiring Images/Shutterstock

# 찾아보기

ㅅ



ㅇ

## ㅈ



## ㅊ

**화학교재연구회** (번역)

**건국대학교:** 권성중 · 명노승 · 임 찬
**경북대학교:** 김성환 · 김창민 · 백승민 · 아브라모프 파벨 · 윤민영 · 이강호 · 이규의 · 이정규 · 이혜진 · 이효선 · 이홍인 · 정맹준 · 정성화 · 조대흠 · 조창우 · 최상일 · 최철호 · 황길태
**경상대학교:** 공호열 · 권기영 · 권승용 · 김병선 · 김성국 · 김윤희 · 김주영 · 김주현 · 박종근 · 서무룡 · 이경훈 · 이영욱 · 이준화 · 정성호 · 정종화 · 최명룡 · 최재원
**국민대학교:** 강태현 · 고혜민 · 김석찬 · 김영훈 · 김주은 · 김형민 · 도영락 · 유연규 · 이석묵 · 이찬우 · 임상규 · 전주원 · 정용주 · 허 균
**성균관대학교:** 김성규
**연세대학교:** 김병수 · 김태규 · 문명희 · 이보경 · 임대운 · 장두옥 · 장우동 · 조현모 · 주상용 · 최우준
**영남대학교:** 강미숙 · 김영수 · 김영일 · 김창섭 · 윤석준 · 윤영상 · 임희남 · 조대원 · 홍철암
**울산대학교:** 김범진 · 류광선 · 우상국 · 이민형 · 이승구 · 이영일 · 이형일 · 정재훈 · 하지원 · 홍종욱
**전북대학교:** 이왕로
**충북대학교:** 강성민 · 김기태 · 김남준 · 김 민 · 김영조 · 김종원 · 김철재 · 박재우 · 박준희 · 손운용 · 양민오 · 유태수
**한양대학교:** 강용한 · 이학준

**화학교재연구회** (감수)

**건국대학교:** 김연호 · 전종호
**동아대학교:** 김종식 · 김효준 · 손종우 · 송현민 · 이승훈 · 이재욱 · 장원준 · 조종현
**동의대학교:** 정민수


# 일반화학 제15판 ①


저 자 Brown · LeMay · Bursten · Murphy · Woodward · Stoltzfus
역 자 화학교재연구회
발 행 인 김지영
발 행 처 자유아카데미
주 소 경기도 파주시 회동길 37-42
파주출판도시
전 화 031-955-1321
팩 스 031-955-1322
홈페이지 www.freeaca.com
전자우편 main@freeaca.com (대표)
editor@freeaca.com (편집)
crm@freeaca.com (영업)
등 록 제406-2003-017호, 1980. 7. 12.
제15판1쇄 2023년 1월 10일 발행
제15판5쇄 2026년 3월 17일 발행

Printed in Korea
ISBN 979-11-5808-415-8 94430
Pearson www.pearsonhighered.com ISBN 979-11-5808-419-6 94430(세트)

# Common Ions

**Positive Ions (Cations)**

**1+**

ammonium ($NH_4^+$)
cesium ($Cs^+$)
copper(I) or cuprous ($Cu^+$)
hydrogen ($H^+$)
lithium ($Li^+$)
potassium ($K^+$)
silver ($Ag^+$)
sodium ($Na^+$)

**2+**

barium ($Ba^{2+}$)
cadmium ($Cd^{2+}$)
calcium ($Ca^{2+}$)
chromium(II) or chromous ($Cr^{2+}$)
cobalt(II) or cobaltous ($Co^{2+}$)
copper(II) or cupric ($Cu^{2+}$)
iron(II) or ferrous ($Fe^{2+}$)
lead(II) or plumbous ($Pb^{2+}$)
magnesium ($Mg^{2+}$)
manganese(II) or manganous ($Mn^{2+}$)
mercury(I) or mercurous ($Hg_2^{2+}$)
mercury(II) or mercuric ($Hg^{2+}$)
strontium ($Sr^{2+}$)
nickel(II) ($Ni^{2+}$)
tin(II) or stannous ($Sn^{2+}$)
zinc ($Zn^{2+}$)

**3+**

aluminum ($Al^{3+}$)
chromium(III) or chromic ($Cr^{3+}$)
iron(III) or ferric ($Fe^{3+}$)

**Negative Ions (Anions)**

**1−**

acetate ($CH_3COO^-$ or $C_2H_3O_2^-$)
bromide ($Br^-$)
chlorate ($ClO_3^-$)
chloride ($Cl^-$)
cyanide ($CN^-$)
dihydrogen phosphate ($H_2PO_4^-$)
fluoride ($F^-$)
hydride ($H^-$)
hydrogen carbonate or bicarbonate ($HCO_3^-$)
hydrogen sulfite or bisulfite ($HSO_3^-$)
hydroxide ($OH^-$)
iodide ($I^-$)
nitrate ($NO_3^-$)
nitrite ($NO_2^-$)
perchlorate ($ClO_4^-$)
permanganate ($MnO_4^-$)
thiocyanate ($SCN^-$)

**2−**

carbonate ($CO_3^{2-}$)
chromate ($CrO_4^{2-}$)
dichromate ($Cr_2O_7^{2-}$)
hydrogen phosphate ($HPO_4^{2-}$)
oxide ($O^{2-}$)
peroxide ($O_2^{2-}$)
sulfate ($SO_4^{2-}$)
sulfide ($S^{2-}$)
sulfite ($SO_3^{2-}$)

**3−**

arsenate ($AsO_4^{3-}$)
phosphate ($PO_4^{3-}$)

# Fundamental Constants*

| | | |
|---|---|---|
| Atomic mass constant | 1 u | $= 1.660539040 \times 10^{-27}$ kg |
| | 1 g | $= 6.022140859 \times 10^{23}$ amu |
| Avogadro's number† | $N_A$ | $= 6.022140857 \times 10^{23}$/mol |
| Boltzmann Constant | $k$ | $= 1.3806485 \times 10^{-23}$ J/K |
| Electron charge | $e$ | $= 1.6021766208 \times 10^{-19}$ C |
| Faraday constant | $F$ | $= 9.648533289 \times 10^{4}$ C/mol |
| Gas constant | $R$ | = 0.0820582 L-atm/mol-K |
| | | = 8.3144598 J/mol-K |
| Mass of electron | $m_e$ | $= 5.4857990946 \times 10^{-4}$ u |
| | | $= 9.10938356 \times 10^{-31}$ kg |
| Mass of neutron | $m_n$ | = 1.008664916 u |
| | | $= 1.674927471 \times 10^{-27}$ kg |
| Mass of proton | $m_p$ | = 1.007276466 u |
| | | $= 1.672621898 \times 10^{-27}$ kg |
| Pi | $\pi$ | = 3.1415926535 |
| Planck constant | $h$ | $= 6.626070040 \times 10^{-34}$ J-s |
| Speed of light in vacuum | $c$ | $= 2.99792458 \times 10^{8}$ m/s |

*Fundamental constants are listed at the National Institute of Standards and Technology (NIST) Web site: http://physics.nist.gov/cuu/Constants/index.html

†Avogadro's number is also referred to as the Avogadro constant. The latter term is the name adopted by agencies such as the International Union of Pure and Applied Chemistry (IUPAC) and the National Institute of Standards and Technology (NIST), but "Avogadro's number" remains in widespread usage and is used in most places in this book.

# Useful Conversion Factors and Relationships

## Length

*SI unit: meter (m)*

$$
\begin{aligned}
1\text{ km} &= 0.62137\text{ mi}\\
1\text{ mi} &= 5280\text{ ft}\\
&= 1.6093\text{ km}\\
1\text{ m} &= 1.0936\text{ yd}\\
1\text{ in.} &= 2.54\text{ cm (exactly)}\\
1\text{ cm} &= 0.39370\text{ in.}\\
1\text{ Å} &= 10^{-10}\text{ m}
\end{aligned}
$$

## Mass

*SI unit: kilogram (kg)*

$$
\begin{aligned}
1\text{ kg} &= 2.2046\text{ lb}\\
1\text{ lb} &= 453.59\text{ g}\\
&= 16\text{ oz}\\
1\text{ u} &= 1.660538921 \times 10^{-27}\text{ kg}
\end{aligned}
$$

## Temperature

*SI unit: Kelvin (K)*

$$
\begin{aligned}
0\text{ K} &= -273.15\ {}^{\circ}\text{C}\\
&= -459.67\ {}^{\circ}\text{F}\\
\text{K} &= {}^{\circ}\text{C} + 273.15\\
{}^{\circ}\text{C} &= \tfrac{5}{9}({}^{\circ}\text{F} - 32^{\circ})\\
{}^{\circ}\text{F} &= \tfrac{9}{5}\,{}^{\circ}\text{C} + 32^{\circ}
\end{aligned}
$$

## Energy (derived)

*SI unit: Joule (J)*

$$
\begin{aligned}
1\text{ J} &= 1\text{ kg-m}^2/\text{s}^2\\
&= 0.2390\text{ cal}\\
&= 1\text{C-V}\\
1\text{ cal} &= 4.184\text{ J}\\
1\text{ eV} &= 1.602 \times 10^{-19}\text{ J}
\end{aligned}
$$

## Pressure (derived)

*SI unit: Pascal (Pa)*

$$
\begin{aligned}
1\text{ Pa} &= 1\text{ N/m}^2\\
&= 1\text{ kg/m-s}^2\\
1\text{ atm} &= 1.01325 \times 10^5\text{ Pa}\\
&= 760\text{ torr}\\
&= 14.70\text{ lb/in}^2\\
1\text{ bar} &= 10^5\text{ Pa}\\
1\text{ torr} &= 1\text{ mm Hg}
\end{aligned}
$$

## Volume (derived)

*SI unit: cubic meter ($m^3$)*

$$
\begin{aligned}
1\text{ L} &= 10^{-3}\text{ m}^3\\
&= 1\text{ dm}^3\\
&= 10^3\text{ cm}^3\\
&= 1.0567\text{ qt}\\
1\text{ gal} &= 4\text{ qt}\\
&= 3.7854\text{ L}\\
1\text{ cm}^3 &= 1\text{ mL}\\
1\text{ in}^3 &= 16.4\text{ cm}^3
\end{aligned}
$$

# Color Chart for Common Elements

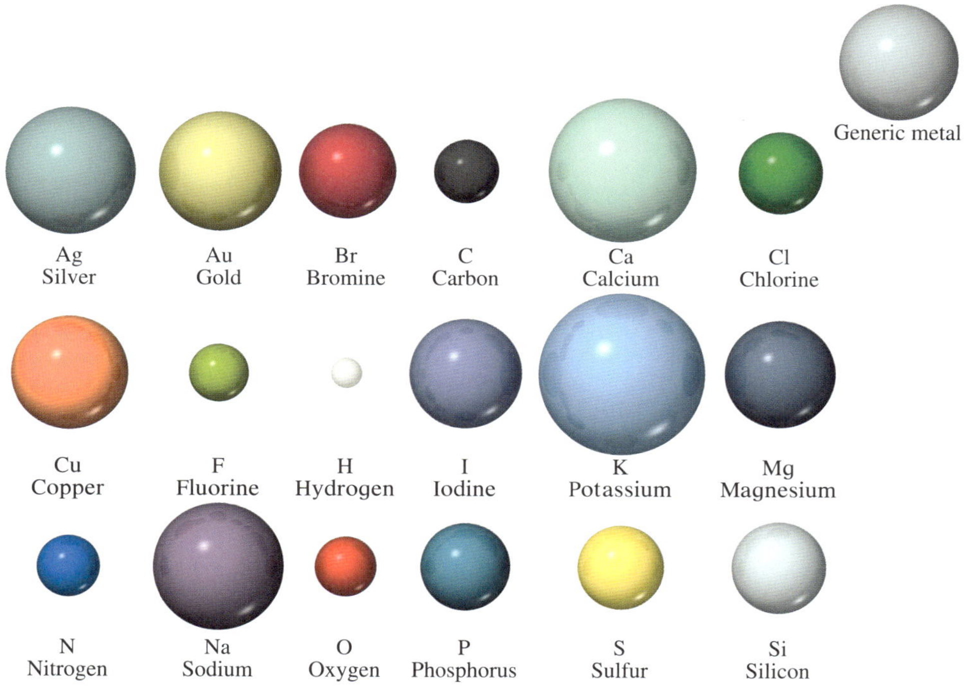

제15판 2

# 일반화학

화학교재연구회 옮김

Brown · Lemay · Bursten · Murphy · Woodward · Stoltzfus

# Chemistry
## The central science

Pearson

자유아카데미

# Periodic Table of the Elements

Main Group Representative Elements (groups 1–2); Transition metals (groups 3–12); Main Group Representative Elements (groups 13–18)

Metals | Metalloids | Nonmetals

| Period | 1A[a] 1 | 2A 2 | 3B 3 | 4B 4 | 5B 5 | 6B 6 | 7B 7 | 8B 8 | 8B 9 | 8B 10 | 1B 11 | 2B 12 | 3A 13 | 4A 14 | 5A 15 | 6A 16 | 7A 17 | 8A 18 |
|---|---|---|---|---|---|---|---|---|---|---|---|---|---|---|---|---|---|---|
| 1 | 1 **H** 1.00794 | | | | | | | | | | | | | | | | | 2 **He** 4.002602 |
| 2 | 3 **Li** 6.941 | 4 **Be** 9.012182 | | | | | | | | | | | 5 **B** 10.811 | 6 **C** 12.0107 | 7 **N** 14.0067 | 8 **O** 15.9994 | 9 **F** 18.998403 | 10 **Ne** 20.1797 |
| 3 | 11 **Na** 22.989770 | 12 **Mg** 24.3050 | | | | | | | | | | | 13 **Al** 26.981538 | 14 **Si** 28.0855 | 15 **P** 30.973761 | 16 **S** 32.065 | 17 **Cl** 35.453 | 18 **Ar** 39.948 |
| 4 | 19 **K** 39.0983 | 20 **Ca** 40.078 | 21 **Sc** 44.955910 | 22 **Ti** 47.867 | 23 **V** 50.9415 | 24 **Cr** 51.9961 | 25 **Mn** 54.938049 | 26 **Fe** 55.845 | 27 **Co** 58.933200 | 28 **Ni** 58.6934 | 29 **Cu** 63.546 | 30 **Zn** 65.39 | 31 **Ga** 69.723 | 32 **Ge** 72.64 | 33 **As** 74.92160 | 34 **Se** 78.96 | 35 **Br** 79.904 | 36 **Kr** 83.80 |
| 5 | 37 **Rb** 85.4678 | 38 **Sr** 87.62 | 39 **Y** 88.90585 | 40 **Zr** 91.224 | 41 **Nb** 92.90638 | 42 **Mo** 95.94 | 43 **Tc** [98] | 44 **Ru** 101.07 | 45 **Rh** 102.90550 | 46 **Pd** 106.42 | 47 **Ag** 107.8682 | 48 **Cd** 112.411 | 49 **In** 114.818 | 50 **Sn** 118.710 | 51 **Sb** 121.760 | 52 **Te** 127.60 | 53 **I** 126.90447 | 54 **Xe** 131.293 |
| 6 | 55 **Cs** 132.90545 | 56 **Ba** 137.327 | 71 **Lu** 174.967 | 72 **Hf** 178.49 | 73 **Ta** 180.9479 | 74 **W** 183.84 | 75 **Re** 186.207 | 76 **Os** 190.23 | 77 **Ir** 192.217 | 78 **Pt** 195.078 | 79 **Au** 196.96655 | 80 **Hg** 200.59 | 81 **Tl** 204.3833 | 82 **Pb** 207.2 | 83 **Bi** 208.98038 | 84 **Po** [208.98] | 85 **At** [209.99] | 86 **Rn** [222.02] |
| 7 | 87 **Fr** [223.02] | 88 **Ra** [226.03] | 103 **Lr** [262.11] | 104 **Rf** [261.11] | 105 **Db** [262.11] | 106 **Sg** [266.12] | 107 **Bh** [264.12] | 108 **Hs** [269.13] | 109 **Mt** [268.14] | 110 **Ds** [281.15] | 111 **Rg** [272.15] | 112 **Cn** [285] | 113 [284] | 114 **Fl** [289.2] | 115 [288] | 116 **Lv** [293] | 117 ** [294] | 118 [294] |

| Series | | | | | | | | | | | | | | |
|---|---|---|---|---|---|---|---|---|---|---|---|---|---|---|
| Lanthanide series | 57 **La** 138.9055 | 58 **Ce** 140.116 | 59 **Pr** 140.90765 | 60 **Nd** 144.24 | 61 **Pm** [145] | 62 **Sm** 150.36 | 63 **Eu** 151.964 | 64 **Gd** 157.25 | 65 **Tb** 158.92534 | 66 **Dy** 162.50 | 67 **Ho** 164.93032 | 68 **Er** 167.259 | 69 **Tm** 168.93421 | 70 **Yb** 173.04 |
| Actinide series | 89 **Ac** [227.03] | 90 **Th** 232.0381 | 91 **Pa** 231.03588 | 92 **U** 238.02891 | 93 **Np** [237.05] | 94 **Pu** [244.06] | 95 **Am** [243.06] | 96 **Cm** [247.07] | 97 **Bk** [247.07] | 98 **Cf** [251.08] | 99 **Es** [252.08] | 100 **Fm** [257.10] | 101 **Md** [258.10] | 102 **No** [259.10] |

[a] The labels on top (1A, 2A, etc.) are common American usage. The labels below these (1, 2, etc.) are those recommended by the International Union of Pure and Applied Chemistry (IUPAC).

Except for elements 114 and 116, the names and symbols for elements above 113 have not yet been decided.

Atomic weights in brackets are the names of the longest-lived or most important isotope of radioactive elements.

Further information is available at http://www.webelements.com

** Discovered in 2010, element 117 is currently under review by IUPAC.

# List of Elements with Their Symbols and Atomic Weights

| Element | Symbol | Atomic Number | Atomic Weight | Element | Symbol | Atomic Number | Atomic Weight | Element | Symbol | Atomic Number | Atomic Weight |
|---|---|---|---|---|---|---|---|---|---|---|---|
| Actinium(악티늄) | Ac | 89 | 227.03a | Hafnium(하프늄) | Hf | 72 | 178.49 | Praseodymium(프라세오디뮴) | Pr | 59 | 140.90766 |
| Aluminum(알루미늄) | Al | 13 | 26.981538 | Hassium(하슘) | Hs | 108 | 269.1a | Promethium(프로메튬) | Pm | 61 | 145a |
| Americium(아메리슘) | Am | 95 | 243.06a | Helium(헬륨) | He | 2 | 4.002602a | Protactinium(프로트악티늄) | Pa | 91 | 231.03588 |
| Antimony(안티모니) | Sb | 51 | 121.760 | Holmium(홀뮴) | Ho | 67 | 164.93033 | Radium(라듐) | Ra | 88 | 226.03a |
| Argon(아르곤) | Ar | 18 | 39.948 | Hydrogen(수소) | H | 1 | 1.00794 | Radon(라돈) | Rn | 86 | 222.02a |
| Arsenic(비소) | As | 33 | 74.92160 | Indium(인듐) | In | 49 | 114.818 | Rhenium(레늄) | Re | 75 | 186.207a |
| Astatine(아스탄틴) | At | 85 | 209.99a | Iodine(아이오딘) | I | 53 | 126.90447 | Rhodium(로듐) | Rh | 45 | 102.90550 |
| Barium(바륨) | Ba | 56 | 137.327 | Iridium(이리듐) | Ir | 77 | 192.217 | Roentgenium(뢴트게늄) | Rg | 111 | 282.2a |
| Berkelium(버클륨) | Bk | 97 | 247.07a | Iron(철) | Fe | 26 | 55.845 | Rubidium(루비듐) | Rb | 37 | 85.4678 |
| Beryllium(베릴륨) | Be | 4 | 9.012183 | Krypton(크립톤) | Kr | 36 | 83.80 | Ruthenium(루테늄) | Ru | 44 | 101.07 |
| Bismuth(비스무트) | Bi | 83 | 208.98038 | Lanthanum(란타넘) | La | 57 | 138.9055 | Rutherfordium(러더포듐) | Rf | 104 | 267.1a |
| Bohrium(보륨) | Bh | 107 | 270.1a | Lawrencium(로렌슘) | Lr | 103 | 262.11a | Samarium(사마륨) | Sm | 62 | 150.36 |
| Boron(붕소) | B | 5 | 10.81 | Lead(납) | Pb | 82 | 207.2 | Scandium(스칸듐) | Sc | 21 | 44.955908 |
| Bromine(브로민) | Br | 35 | 79.904 | Lithium(리튬) | Li | 3 | 6.941 | Seaborgium(시보귬) | Sg | 106 | 269.1a |
| Cadmium(카드뮴) | Cd | 48 | 112.414 | Livermorium(리버모륨) | Lv | 116 | 293[a] | Selenium(셀레늄) | Se | 34 | 78.97 |
| Calcium(칼슘) | Ca | 20 | 40.078 | Lutetium(루테늄) | Lu | 71 | 174.967 | Silicon(규소) | Si | 14 | 28.0855 |
| Californium(캘리포늄) | Cf | 98 | 251.08a | Magnesium(마그네슘) | Mg | 12 | 24.3050 | Silver(은) | Ag | 47 | 107.8682 |
| Carbon(탄소) | C | 6 | 12.0107 | Manganese(망가니즈) | Mn | 25 | 54.938044 | Sodium(소듐) | Na | 11 | 22.989770 |
| Cerium(세륨) | Ce | 58 | 140.116 | Meitnerium(마이트너륨) | Mt | 109 | 278.2a | Strontium(스트론튬) | Sr | 38 | 87.62 |
| Cesium(세슘) | Cs | 55 | 132.905452 | Mendelevium(멘델레븀) | Md | 101 | 258.10a | Sulfur(황) | S | 16 | 32.065 |
| Chlorine(염소) | Cl | 17 | 35.453 | Mercury(수은) | Hg | 80 | 200.59 | Tantalum(탄탈럼) | Ta | 73 | 180.9479 |
| Chromium(크로뮴) | Cr | 24 | 51.9961 | Molybdenum(몰리브데넘) | Mo | 42 | 95.95 | Technetium(테크네튬) | Tc | 43 | 98a |
| Cobalt(코발트) | Co | 27 | 58.933194 | Moscovium(모스코븀) | Mc | 115 | 289.2a | Tellurium(텔루륨) | Te | 52 | 127.60 |
| Copernicium(코페르니슘) | Cn | 112 | 285.2[a] | Neodymium(네오디뮴) | Nd | 60 | 144.24 | Tennessine(테네신) | Ts | 117 | 293.2a |
| Copper(구리) | Cu | 29 | 63.546 | Neon(네온) | Ne | 10 | 20.1797 | Terbium(터븀) | Tb | 65 | 158.92534 |
| Curium(퀴륨) | Cm | 96 | 247.07a | Neptunium(넵투늄) | Np | 93 | 237.05a | Thallium(탈륨) | Tl | 81 | 204.3833 |
| Darmstadtium(다름슈타튬) | Ds | 110 | 281.2a | Nickel(니켈) | Ni | 28 | 58.6934 | Thorium(토륨) | Th | 90 | 232.0377 |
| Dubnium(더브늄) | Db | 105 | 268.1a | Nihonium(니호늄) | Nh | 113 | 286.2[a] | Thulium(툴륨) | Tm | 69 | 168.93422 |
| Dysprosium(디스프로슘) | Dy | 66 | 162.50 | Niobium(니오븀) | Nb | 41 | 92.90637 | Tin(주석) | Sn | 50 | 118.710 |
| Einsteinium(아인슈타이늄) | Es | 99 | 252.08a | Nitrogen(질소) | N | 7 | 14.0067 | Titanium(타이타늄) | Ti | 22 | 47.867 |
| Erbium(어븀) | Er | 68 | 167.259 | Nobelium(노벨륨) | No | 102 | 259.10a | Tungsten(텅스텐) | W | 74 | 183.84 |
| Europium(유로퓸) | Eu | 63 | 151.964 | Oganesson(오가네손) | Og | 118 | 294.2a | Uranium(우라늄) | U | 92 | 238.02891 |
| Fermium(페르뮴) | Fm | 100 | 257.10a | Osmium(오스뮴) | Os | 76 | 190.23 | Vanadium(바나듐) | V | 23 | 50.9415 |
| Flerovium(플레로븀) | Fl | 114 | 289.2a | Oxygen(산소) | O | 8 | 15.9994 | Xenon(제논) | Xe | 54 | 131.293 |
| Fluorine(플루오린) | F | 9 | 18.9984016 | Palladium(팔라듐) | Pd | 46 | 106.42 | Ytterbium(이터븀) | Yb | 70 | 173.04 |
| Francium(프랑슘) | Fr | 87 | 223.02a | Phosphorus(인) | P | 15 | 30.973762 | Yttrium(이트륨) | Y | 39 | 88.90584 |
| Gadolinium(가돌리늄) | Gd | 64 | 157.25 | Platinum(백금) | Pt | 78 | 195.078 | Zinc(아연) | Zn | 30 | 65.39 |
| Gallium(갈륨) | Ga | 31 | 69.723 | Plutonium(플루토늄) | Pu | 94 | 244.06a | Zirconium(지르코늄) | Zr | 40 | 91.224 |
| Germanium(저마늄) | Ge | 32 | 72.64 | Polonium(폴로늄) | Po | 84 | 208.98a | | | | |
| Gold(금) | Au | 79 | 196.966569 | Potassium(포타슘) | K | 19 | 39.0983 | | | | |

[a]Mass of longest-lived or most important isotope.

Brown · Lemay · Bursten · Murphy · Woodward · Stoltzfus

제15판

# 일반화학

화학교재연구회 옮김

Pearson

자유아카데미

# 역자 서문

2022년 10월 5일, 이 책을 번역하던 중 소식 하나가 전해졌다. 2022년 노벨 화학상 수상자 3인이 선정되었다는 뉴스다. 스웨덴 왕립과학원 노벨 위원회의 웹사이트를 방문하니, Carolyn Bertozzi, Morten Meldal, Barry Sharpless의 순으로 3인의 수상자를 소개하고 있었다. 노벨 화학상은 1901년부터 2022년까지 114번, 총 189명이 수상했다. Carolyn Bertozzi(56, 미국) 교수가 수상함으로써, 노벨 화학상을 받은 여성 과학자는 이제 189명 중 8명으로 늘어났다.

2022년 노벨 화학상은 마치 블록을 조립하듯 두 분자를 합성하는 '클릭 화학(click chemistry)' 분야를 개척한 과학자들에게 돌아갔다. Morten Meldal(68, 덴마크) 교수와 Barry Sharpless(81, 미국) 교수는 기능적 형태의 화학인 클릭 화학의 토대를 마련했다. 클릭 화학에서는, 분자의 구성 요소들이 빠르게 그리고 효율적으로 결합된다.

Sharpless는 2001년에 이어 두 번째 노벨상을 받았다. 그는 탄소 결합 사이에 산소를 끼워 넣는 산화 반응에서 새로운 촉매(다른 물질의 화학 반응을 매개하는 물질)를 개발한 공로로 첫 노벨상을 받았다. 이때의 연구를 바탕으로, 심장병과 파킨슨병 등의 치료제가 개발됐다.

Sharpless의 두 수상 분야 사이에 큰 연관성이 있는 것은 아니다. 그가 이번 노벨 화학상에 선정된 이유는, 2000년경 클릭 화학의 개념을 처음으로 제시한 과학자였기 때문이라고 스웨덴 왕립과학원 노벨 위원회는 밝혔다.

Bertozzi는 클릭 화학을 새로운 차원으로 끌어올려 생물체에 사용하기 시작했다. 이를 생체 직교 화학이라고 한다. 몸 안에서 클릭 화학 합성 반응이 일어나더라도, 독성 없이 안정할 수 있도록 연구한 것이다. 이는 합성 과정에서 체내 독성을 일으킬 수 있는 구리를 다른 물질로 대체함으로써 가능했다. Bertozzi의 생체직교 화학 합성법은, 더 표적화된 암 치료에 클릭 화학이 응용되도록 기여했다.

클릭 화학은 의약품을 개발하는 과정에서 필요한 물질을 빠르고 쉽게 만드는 데 도움을 주고 있다. 이러한 클릭 화학과 같은 최신 소식까지 소개하는 일반화학 교재가 있으니, 바로 T. L. Brown의 「일반화학 제15판」이다. 이를 말씀을 드리고자, 클릭 화학 소식을 길게 소개하였다. 본서 877쪽을 보라. 훌륭한 책이다!

일반화학은 여러 학문의 기반이 된다. 다루는 주제와 범위가 넓어지고, 일반화학을 필요로 하는 전공이 많아졌다. 이에 따라 일반화학 교재의 종류도 다양해졌다. T. L. Brown의 일반화학 교재 역시, 초판이 발행된 이후 개정판이 나올 때마다 새로운 내용으로 개선되고 발전되어 왔다. 그러던 중 제15판이 새로 출간되었으니, 그동안 많은 일반화학 교재 중에서 중요한 역할을 담당해 온 것을 넘어서 명작의 반열에 올랐다고 할 수 있을 것이다.

이 책의 원서 제목은 "Chemistry: The Central Science"이다. 화학이 과학의 중심이라는 사실은, 이미 많은 사람이 느끼고 실감할 것이다. 인간 활동을 포함한 모든 물질과 물질의 변화를 연구하는 학문이 바로 화학이기 때문이다. 자연과학, 공학, 의학, 약학, 간호학 등의 전문 분야에서 필수 과목이었던 일반화학은, 이제 인문, 사회, 예술 분야의 일부 전공자들에게도 21세기 과학 문명사회의 교양으로써 반드시 갖추어야 하는 지식이 되었다.

본서는 화학의 개념과 기본 원리를 충실하게 담은 것은 물론, 일상생활에서 접할 수 있는 다양한 내용과 화학에 대한 다양한 읽을거리까지 다루어 흥미를 유발한다. 이에 더해 풍부한 소재의 그림과 명확한 색도의 컬러 사진을 사용하여 가독성을 높였다. 화학 개념에 대한 이해를 돕고자 여러 방면에서 많은 노력을 기울였음을 즉각 알 수 있다. 따라서 화학을 전공하지 않는 학생들의 필요(needs)를 충족시키기에도 충분할 것이다.

시간이 지날수록 과학기술은 더욱 빠르게 발전하고 있다. 화학 분야에서도 날마다 새롭고 놀라운 연구 결과가 인터넷과 대중 매체를 통해 신속하게 발표되고 있다. 또한 과학은 세분화되면서도 동시에 통합되는 복잡한 양상을 보이고 있다. 이러한 과학기술의 행보에 뒤지지 않도록, 화학 교과서의 내용을 보완하고 수정하는 것은 당연한 일일 것이다. 이에 발맞추어 Brown의「일반화학 제15판」교과서가 상당한 변모를 보여 준 것은 매우 바람직한 일이 아닐 수 없다.

원서를 번역함에 있어서, 가능한 한 원서에 충실하려고 하였다. 화학 용어와 명명법은 대한화학회 홈페이지에 게시된 화학술어집과 교육부의 편수자료를 따르려고 노력하였다. 그러나 이를 모든 경우에 적용하는 데는 한계가 있었다. 또한 번역상의 오류, 용어의 불일치, 편집상의 오자 등이 있을 수 있기에 염려가 되는 부분도 있다.

이에 앞으로도 수정과 보완을 거쳐, 보다 좋은 번역 교재가 되도록 노력할 것을 다짐한다. 본 교재로 공부하는 중에 오류가 발견된다면 알려주시고 충고해 주시기를 바란다. 출간 후라도 수정 사항이 있을 경우에는 자유아카데미 홈페이지(www.freeaca.com) 자료실에 제공할 예정이다.

끝으로 이 번역서를 펴내는 데 지원과 수고를 아끼지 않은 도서출판 자유아카데미의 열정적인 여러분께 깊은 감사를 드린다.

2023년 1월
역자 대표

# 차례

부록

# 13 용액의 성질



## 13.1 용해 과정

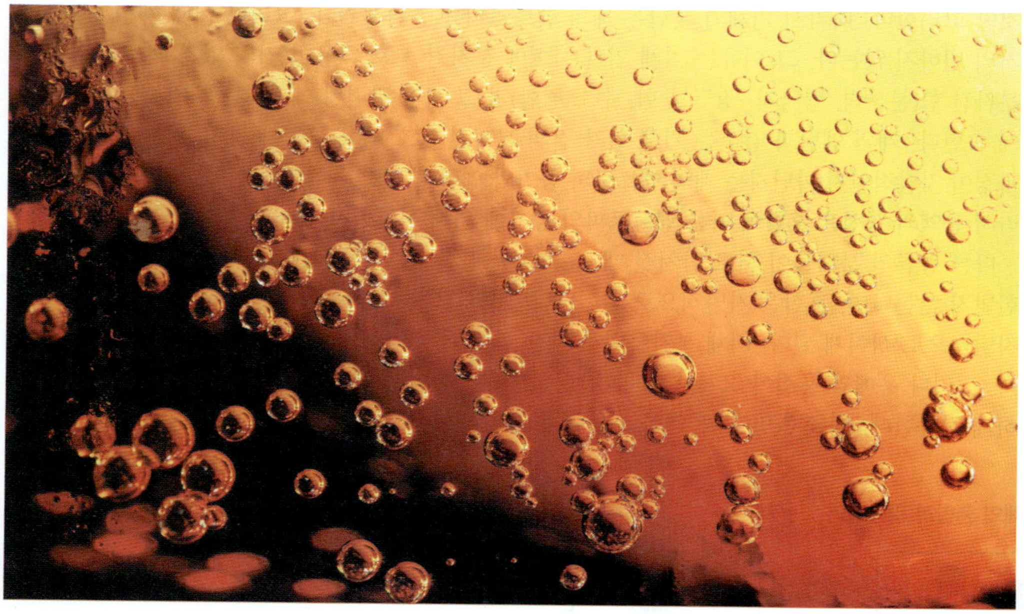

10장, 11장, 12장에서 순수한 기체, 액체, 고체의 성질을 탐구하였다. 그런데 소다, 공기, 유리와 같이 일상에서 마주치는 물질들은 대부분 혼합물이다. 이 장에서는 균일 혼합물을 살펴본다.

앞 장에서 언급하였듯이 균일 혼합물을 **용액**(solution)이라고 한다. 용액이라고 하면, 액체를 보통 생각하게 된다. 그러나 고체나 기체도 용액일 수 있다. 예를 들면 표준 은(sterling silver)은 약 7% 구리를 포함하는 균일 혼합물로서 고체 용액이다. 우리가 호흡하는 공기는 몇 가지 기체로 이루어진 균일 혼합물로, 기체 용액이다. 그러나 액체 용액이 가장 일반적인 경우이기 때문에, 이 장에서는 액체 용액에 주목하자. 특별히 물을 용매로 하고, 용질로서 기체, 액체, 고체를 포함하는 수용액(aqueous solution)에 관심을 가질 것이다.

이 절이 끝나면 다음 사항을 수행할 수 있어야 한다.

- 엔탈피와 엔트로피 변화가 용액 형성에 어떠한 영향을 주는지 설명하기

용액에 포함되어 있는 각 물질을 그 용액의 **성분**(component)이라고 한다. 4장에서 설명한 바와 같이, 일반적으로 **용매**(solvent)는 가장 많은 양으로 존재하는 성분이고, 나머지 다른 성분은 **용질**(solute)이라고 한다. **용액은 한 물질이 다른 물질 전체에 고르게 분산할 때 형성된다.** 용액을 형성하는 물질의 능력은 다음 두 가지 인자, 즉 (1) 물질이 서로 섞이려고 하고, 방해받지 않는 상태에서 더 큰 부피의 물질 속으로 퍼져 들어가려는 자연적인 경향과 (2) 용해 과정에 관여하는 분자간 상호 작용의 형태에 달려 있다.

## 혼합에 대한 자연적인 경향성

$O_2(g)$와 $Ar(g)$이 그림 13.1에서처럼 장벽으로 분리되어 있다고 하자. 장벽을 제거하면, 기체는 서로 섞여서 용액을 형성한다. 기체 분자들은 분자간 상호 작용이라고 할 만한 것을 거의 경험하지 못하고 마치 이상 기체 입자처럼 행동한다. 결과적으로 분자 운동으로 인하여 분자들이 큰 부피로 확산되고 기체 용액이 형성된다.

기체의 혼합은 **자발적**(spontaneous) 과정이다. 이는 계 밖으로부터 어떤 에너지의 투입 없이도 저절로 일어남을 의미한다. 분자가 서로 섞여서 무작위적으로 분포할 때 **엔트로피**(entropy)라고 하는 열역학량이 증가한다. 엔트로피는 19장에서 더 자세히 다룬다. 지금은 어떤 계의 무질서도가 증가하거나 또는 계의 에너지가 더 많은 수의 입자에 퍼질 때에 그 계의 엔트로피가 증가한다는 것만 고려한다. 따라서 기체의 혼합은 계의 엔트로피를 증가시킨다. 그러나 이때 계의 엔탈피는 거의 변하지 않는다. 그 이유는 기체 입자 사이에 분자간 상호 작용이 거의 없기 때문이다. 모든 분자간 힘(분산력, 쌍극자–쌍극자 힘, 수소 결합)과 그 힘과 관련된 에너지는 계의 엔탈피 일부분에 속한다. 계의 엔탈피 감소는 기체 입자 간의 분자간 상호 작용 증가에 해당한다. 더욱이 어떤 과정이 자발적인지 아닌지는 계의 엔트로피 증가와 엔탈피 감소 사이의 균형에 의해 결정된다. 따라서 **용액의 형성은 혼합에 따른 엔트로피의 증가에 의해 이루어진다.**

다른 종류의 분자들이 서로 합쳐질 때, 분자들이 강한 분자간 힘이나 물리적인 장벽에 의해 제한받지 않는다면, 혼합은 자발적으로 일어난다. 이와 같이 기체들은 용기에 의한 제한이 없다면, 자발적으로 섞이게 된다. 기체 분자들의 분자간 힘이 너무 약해 분자들을 잡아 둘 수 없기 때문이다. 그러나 용매와 용질이 고체나 액체일 때는 분자간 힘이 용액의 형성 여부를 결정하는 데 중요하게 작용한다. 예를 들면 고체 염화 소듐에서 이온 결합이 소듐 이온과 염화 이온을 잡고 있다고

기체 운동론의 어떤 면이 기체의 혼합과 관련되어 있는가?

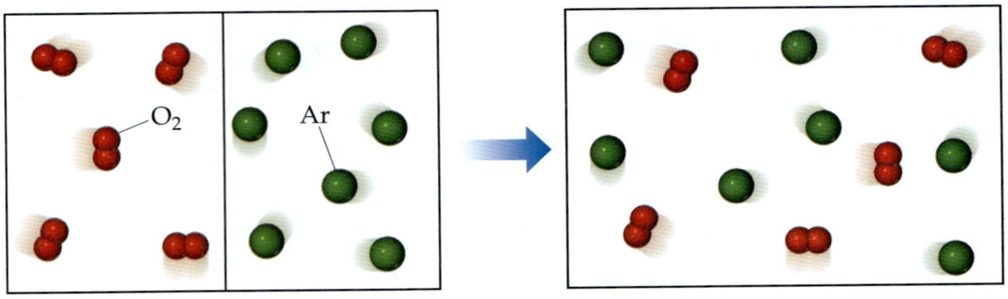


▲ 그림 13.1 두 기체가 혼합되어 균일 혼합물(용액)을 형성하는 자발적 과정

이온–쌍극자 상호 작용에서, 물에 있는 원자 중 어느 것이 $Na^+$로 향하는가? 그 이유는?

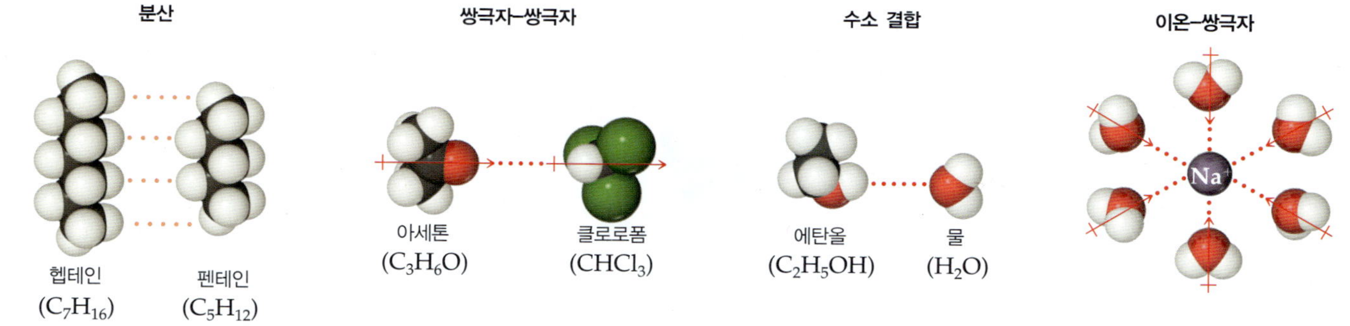


▲그림 13.2 용액에 관여하는 분자간 상호 작용

해도, 고체는 이온과 물 분자 사이의 인력의 세기에 의해 물에 용해된다. 그러나 염화 소듐은 가솔린에는 잘 녹지 않는다. 이온과 가솔린 분자 사이의 인력이 매우 약하기 때문이다.

## 분자간 힘이 용액 형성에 미치는 영향

11장에서 다룬 여러 가지 분자간 힘 중 어느 힘이든지, 용액 내의 용질 입자와 용매 입자 사이에서 작동할 수 있다. 이러한 분자간 힘을 그림 13.2에 정리하였다. 예를 들어 $C_7H_{16}$와 같은 무극성 물질이 $C_5H_{12}$와 같은 무극성 물질에 용해될 때는 분산력이 지배적인 역할을 하고, 이온성 물질이 물에 녹아 용액이 될 때는 이온–쌍극자 힘이 지배적인 역할을 한다.

세 종류의 분자간 상호 작용은 다음과 같이 용액 형성에 관여한다.

1. 용질 입자들 간의 **용질–용질** 상호 작용을 극복해야만 용질 입자들이 용매 속으로 분산된다.
2. 용매 입자들 간의 **용매–용매** 상호 작용을 극복해야만 용매에서 용질 입자들이 차지할 공간을 만든다.
3. 용매와 용질 입자 간의 **용매–용질** 상호 작용이 발생할 때는 입자들이 서로 혼합될 때이다.

한 물질이 다른 물질에 용해될 수 있는 정도는 이들 세 종류의 분자간 상호 작용의 상대적 크기에 의존한다. 용액이 형성될 때는 용매–용질 상호 작용의 크기가 용질–용질 상호 작용 및 용매–용매 상호 작용의 크기와 비슷하거나 더 클 때이다. 예를 들어 헵테인(heptane, $C_7H_{16}$)과 펜테인(pentane, $C_5H_{12}$)은 서로 완전히 용해한다. 이 논의를 위해 임의로 헵테인을 용매, 펜테인을 용질이라고 하자. 두 물질은 모두 무극성이고, 용매–용질 상호 작용의 크기는 용질–용질 및 용매–용매 상호 작용(분산력에 의한 인력)의 크기와 비슷하다. 따라서 혼합을 방해하는 힘이 없고, 서로 섞이려는 경향(엔트로피 증가)이 있어 자발적으로 용액을 형성한다.

물에 소금을 녹이는 것은 매일 일어나는 용액 형성의 일례이다. 고체 NaCl은 물에 잘 녹는다. 그 이유는 극성 물 분자와 이온 사이의 용매–용질 인력이, NaCl(*s*) 내의 이온들 사이의 용질–용질 인력과 물 분자 사이의 용매–용매 상호 작용을 극복할 만큼 크기 때문이다. 그림 13.3처럼 NaCl을 물에 넣으면 물 분자는 NaCl 결정 표면에 배열한다. 이때 물 쌍극자의 양전하 끝은 $Cl^-$ 쪽을 향하고, 음전하 끝은 $Na^+$ 쪽을 향하여 배열한다. 이들 이온–쌍극자 인력은 고체로부터 표면의 이온을 떼어낼 만큼, 다시 말해 용질–용질 상호 작용을 극복할 만큼 크다. 고체가 용해되려면 용매–용매 상호 작용도 극복되어야만 물 분자 사이에 이온에 '알맞은' 공간이 형성된다.

고체에서 일단 분리된 $Na^+$와 $Cl^-$ 이온은 물 분자로 둘러싸인다. 이러한 용질과 용매 분자 사이의 상호 작용을 **용매화**(solvation)라고 하고, 물이 용매일 때 이 상호 작용을 **수화**(hydration)라고 한다.

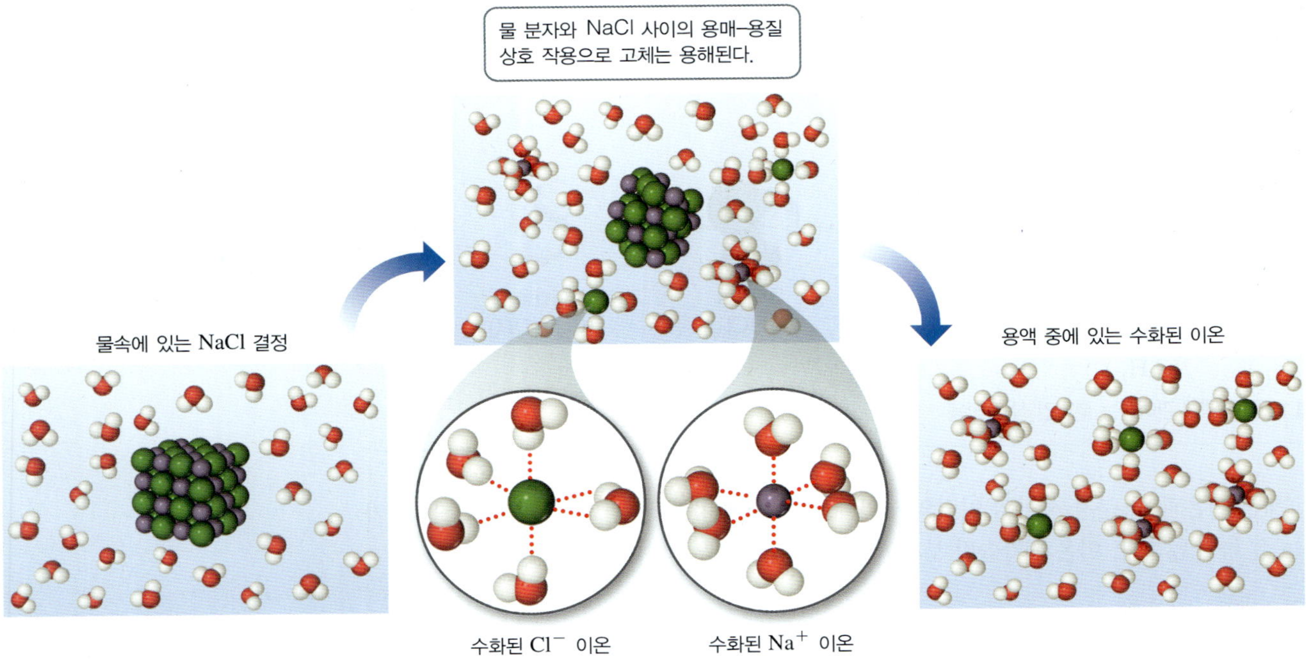


▲그림 13.3 물에서의 이온성 고체 NaCl의 용해

## 용액 형성의 에너지론

용해 과정은 일반적으로 엔탈피의 변화를 수반한다. 예를 들어 NaCl이 물에 용해될 때의 과정은 약간의 흡열 과정($\Delta H_{용액}=3.9$ kJ/mol)이다. Hess 법칙을 사용하면, 용질–용질, 용매–용매, 용질–용매 상호 작용이 어떻게 용액의 엔탈피 변화에 영향을 주는지를 알 수 있다.

용해 과정은 엔탈피 변화와 관련이 있는 세 가지 구성 요소를 가지는 것으로 간주된다. 즉 $n$개의 용질 입자로 이루어진 덩어리가 분리되고($\Delta H_{용질}$), m개의 용매 입자로 이루어진 덩어리가 분리되며($\Delta H_{용매}$), 이들 용질과 용매 입자가 혼합되는($\Delta H_{혼합}$) 세 가지이다.

| | |
|---|---|
| **1.** $(용질)_n \rightleftharpoons n$개 용질 | $\Delta H_{용질}$ |
| **2.** $(용매)_m \rightleftharpoons m$개 용매 | $\Delta H_{용매}$ |
| **3.** $n$개 용질 + $m$개 용매 $\rightleftharpoons$ 용액 | $\Delta H_{혼합}$ |
| **4.** $(용질)_n + (용매)_m \rightleftharpoons$ 용액 | $\Delta H_{용액} = \Delta H_{용질} + \Delta H_{용매} + \Delta H_{혼합}$ |

전체 엔탈피 변화량($\Delta H_{용액}$)은 이들 세 항의 합이다.

$$\Delta H_{용액} = \Delta H_{용질} + \Delta H_{용매} + \Delta H_{혼합} \qquad [13.1]$$

용질 입자들의 분리는 용질 입자들 사이의 인력 상호 작용을 끊기 위해 항상 에너지의 투입이 필요하다. 따라서 이 과정은 흡열 과정($\Delta H_{용질} > 0$)이다. 마찬가지로, 용질을 수용하기 위한 용매 분자의 분리에도 에너지가 필요하다($\Delta H_{용매} > 0$). 용질 입자와 용매 입자 사이의 인력 상호 작용에 의해 생기는 세 번째 구성 요소는 항상 발열($\Delta H_{혼합} < 0$)이다.

**그림 13.4**에서 보듯이, 식 13.1에 있는 세 개 엔탈피 항을 합하면, 고려하는 계의 실제 숫자에 따라 음 또는 양의 값으로 나타난다. 따라서 용액 형성은 발열이거나 흡열일 수 있다. 예를 들어 황산 마그네슘($MgSO_4$)을 물에 녹일 때, 용해 과정은 발열이다($\Delta H_{용액} = -91.2$ kJ/mol). 이와 대조적으로, 질산 암모늄($NH_4NO_3$)의 용해는 흡열이다($\Delta H_{용액}=26.4$ kJ/mol). 운동으로 인한 상처 치료에

발열 용해 과정에서, $\Delta H_{혼합}$의 크기와 $\Delta H_{용질}+\Delta H_{용매}$의 크기를 비교하시오.

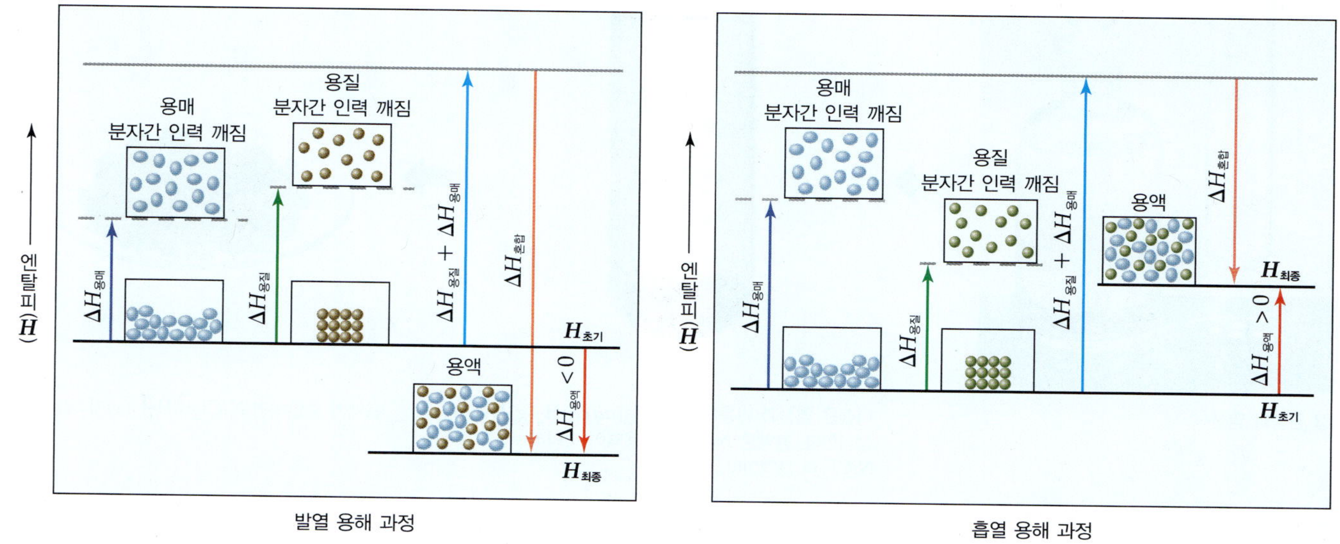


▲그림 13.4 용해 과정에 수반되는 엔탈피 변화

자주 사용되는 인스턴트 발열팩이나 얼음팩의 주요 구성 물질로 특히 이러한 염들이 사용된다.

용해 과정의 엔탈피 변화가 제공하는 정보에 의하며, 그 반응이 어느 방향으로 어느 정도 일어나는지를 알 수 있다. 발열 과정은 자발적으로 진행하는 경향이 있다. 반면에 $\Delta H_{용액}$이 너무 큰 흡열 과정이라면, 용질은 잘 용해되지 않을 것이다. 이와 같이 용액을 형성하기 위해서는 용매–용질 상호 작용($\Delta H_{혼합}$)이 $\Delta H_{용질}$과 $\Delta H_{용질}$을 합한 값과 비슷할 정도로 충분히 커야만 한다. 더 나아가 이 사실은, 이온성 용질이 무극성 용매에 녹지 않는 이유를 설명한다. 무극성 용매 분자와 이온의 인력은 매우 작다. 따라서 이 상호 작용은 이온의 분리에 필요한 에너지를 보상하기에 매우 부족하다.

비슷한 이유로, 물과 같은 극성 액체 용질은 옥테인($C_8H_{18}$) 같은 무극성 용매에 용해되지 않는다. 물 분자는 서로 강한 수소 결합을 한다. 옥테인 용매에 물 분자를 분산시키려면, 이러한 인력을 극복해야만 한다. $H_2O$ 분자끼리를 분리하는 데 필요한 에너지가 $H_2O$와 $C_8H_{18}$ 분자 사이의 인력보다 크기 때문이다.

## 용액 형성과 화학 반응

용액을 논의하는 데 있어서는 용액 형성의 물리적 과정과 용액을 형성하는 화학 반응을 조심스럽게 구분해야만 한다. 예를 들면 니켈 금속은 다음과 같은 반응에 의해 염산 용액에 용해된다.

$$Ni(s) + 2\,HCl(aq) \longrightarrow NiCl_2(aq) + H_2(g) \qquad [13.2]$$

이 예에서, 최종 용질은 Ni 금속이 아니라 Ni 금속의 염인 $NiCl_2$이다. 그 용액을 증발 건조시키면, $Ni(s)$가 아닌 $NiCl_2 \cdot 6\,H_2O(s)$가 회수된다(**그림 13.5**). $NiCl_2 \cdot 6\,H_2O(s)$와 같이, 결정 격자 내에 일정 수의 물 분자를 갖는 화합물은 **수화물**(hydrate)이라고 알려져 있다. 반면에 $NaCl(s)$을 물에 용해시켰을 때에는 어떠한 화학 반응도 일어나지 않는다. 그 용액을 증발 건조시키면 NaCl이 회수된다. 이 장 전체에서 우리의 관심은 용액으로부터 변하지 않는 형태의 용질을 회수할 수 있는 용액에 관한 것이다.

니켈 금속과 염산

니켈은 염산과 반응하여 $NiCl_2(aq)$와 $H_2(g)$를 생성한다. 용액은 Ni 금속의 용액이 아니라 $NiCl_2$의 용액이다.

용매가 증발하면 $NiCl_2 \cdot 6H_2O(s)$가 남는다.

▲ **그림 13.5 니켈 금속과 염산 반응은 단순한 용해 과정이 아니다.** 생성물은 염화 니켈(II) 6수화물($NiCl_2 \cdot 6\ H_2O$)이다. 이 화합물은 결정 격자 내에 니켈 이온 한 개당 6개의 수화 물 분자를 갖고 있다.

## 자기 평가 연습 문제

**13.1** $HCl(g)$과 $CO_2(g)$가 혼합될 때 엔탈피 변화는 어떻게 예측되는가?

**(a)** $\Delta H < 0$
**(b)** $\Delta H > 0$
**(c)** $\Delta H = 0$

## 연습 문제

**13.2** 다음 설명이 맞는지, 틀리는지를 말하시오.

**(a)** NaCl은 물에 녹지만 벤젠($C_6H_6$)에는 녹지 않는다.

**(b)** 물은 큰 쌍극자 모멘트를 가지고 있고 벤젠은 쌍극자 모멘트가 0이기 때문에 NaCl은 물에 녹지만 벤젠에는 녹지 않는다.

**(c)** 물–이온 상호 작용이 벤젠–이온 상호 작용보다 강하기 때문에 NaCl은 물에 녹지만 벤젠에는 녹지 않는다.

**13.3** 다음 각 용액에서 가장 중요한 용질–용매 사이의 상호 작용 형태를 지적하고, 용매–용질 상호 작용이 커지는 순으로 용액을 나열하시오.

**(a)** 물 중 KCl

**(b)** 벤젠($C_6H_6$) 중 $CH_2Cl_2$

**(c)** 물 중 메탄올($CH_3OH$)

**13.4** 물에 대한 $\Delta H_{용액}$이 큰 음의 값을 갖는 이온 결합 화합물이 있다.

**(a)** 이 화합물은 물에 잘 녹겠는가, 아니면 거의 녹지 않겠는가?

**(b)** $\Delta H_{용매}$, $\Delta H_{용질}$, $\Delta H_{혼합}$ 중 어느 항이 가장 큰 음의 값을 갖겠는가?

**13.5** 물에 NaCl이 용해되는 경우, $\Delta H_{용액} = +3$ kJ/mol이다. $\Delta H_{용질}$, $\Delta H_{용매}$, $\Delta H_{혼합}$ 중 어느 항이 가장 큰 음의 값을 갖겠는가?

**13.6** 두 무극성 유기 액체인 벤젠($C_6H_6$)과 톨루엔($C_7H_8$)은 섞인다.

**(a)** $\Delta H_{용액}$은 큰 양의 값을 갖는가, 큰 음의 값을 갖는가, 0에 가깝겠는가?

**(b)** 벤젠과 톨루엔은 모든 비율로 서로 섞인다. 이들의 용액을 만들 때, 분리되어 있는 순수한 액체들에 비해 이 계의 엔트로피는 증가하는가, 감소하는가, 아니면 0에 가까운가?

자기 평가 연습 문제 답 **13.1** (c)

## 13.2 포화 용액과 용해도

소금은 염으로서 우리의 음식에 필수적인 성분이다. 소금을 상업적으로 얻을 수 있는 한 가지 방법은 바다로부터 수확하는 것이다. 해수를 깊이가 얕은 도랑에서 증발되도록 하면, 증발 과정이 진행되면서 용액은 점점 더 녹아 있는 염이 농축된 상태가 된다. 용액이 포화 상태가 되는 지점에 이른 뒤에도 증발이 계속되면 염은 침전되고, 마침내 수확할 수 있게 된다.

이 절이 끝나면 다음 사항을 수행할 수 있어야 한다.

- 용해 과정에서 평형의 역할과 용질의 용해도와의 상관관계 설명하기

고체 용질이 용매에 녹기 시작하면서, 용액 중 용질 입자의 농도가 증가하고, 그 결과 일부 용질 입자는 고체의 표면과 충돌할 기회가 늘어나게 된다. 그러한 충돌로 용질 입자는 다시 고체와 결합하는 결과를 초래한다. 이 과정은 용액 형성의 반대 과정으로, **결정화**(**crystallization**)라고 한다. 따라서 녹지 않고 남아 있는 용질이 존재하는 용액에서는 이러한 반대되는 두 과정이 일어나게 된다. 이 상황을 화학 반응식으로 나타내면 다음과 같다.

$$\text{용질} + \text{용매} \underset{\text{결정화}}{\overset{\text{용해}}{\rightleftharpoons}} \text{용액} \qquad [13.3]$$

이들 두 가지 반대 과정의 반응 속도가 같을 때 **동적 평형**(dynamic equilibrium)이 이루어지며, 용액 중에서 용질의 양은 더 이상 증가하지 않는다.

용액이 용해되지 않은 용질과 평형 상태에 있을 때, 그 용액은 **포화**(**saturated**) 용액이다. 포화 용액에 용질을 더 첨가해도 용질은 녹지 않을 것이다. 주어진 양의 용매로 포화 용액을 만들 때 필요한 용질의 양을 그 용질의 **용해도**(**solubility**)라고 한다. 즉

**주어진 용매에 주어진 용질의 용해도는 특정 온도에서 주어진 양의 용매에 녹을 수 있는 용질의 최대량을 말하며, 초과로 가해진 용질은 용액 내에 남게 된다.**

예를 들면 0 °C에서 물에 대한 NaCl의 용해도는 물 100 mL당 35.7 g이다. 이것은 그 온도에서 안정한 평형 상태의 용액을 만들 때 물에 녹을 수 있는 최대 NaCl의 양이다.

포화 용액을 만드는 데 필요한 용질의 양보다 적은 양의 용질을 용해시키면, 그 용액은 **불포화**(**unsaturated**) 용액이다. 따라서, 0 °C 물 100 mL에 NaCl 10.0 g을 포함하는 용액은 더 많은 용질을 용해시킬 수 있는 잠재력이 있기 때문에 불포화 용액이라고 한다.

세 번째 비커에 있는 용액에는 아세트산 소듐이 몇 그램 녹아 있는가?

▲ **그림 13.6** **아세트산 소듐 과포화 용액으로부터의 침전** 왼쪽의 용액은 100 °C에서 100 mL의 물에 약 170 g의 아세트산 소듐을 용해시킨 다음 서서히 20 °C까지 냉각시켜 만들었다. 20 °C에서 아세트산 소듐의 용해도는 46 g/100 mL이므로, 그 용액은 과포화 용액이다. 이 과포화 용액에 아세트산 소듐 결정을 넣으면 과량의 용질이 용액에서 결정화된다.

적절한 조건에서 포화 용액을 만드는 데 필요한 용질의 양보다 더 많은 양의 용질을 포함하는 용액을 만들 수 있다. 그러한 용액을 **과포화(supersaturated)** 용액이라고 한다. 예를 들면 높은 온도에서 아세트산 소듐의 포화 용액을 만든 다음, 서서히 온도를 낮추면, 온도가 내려감에 따라 용해도가 감소함에도 불구하고, 모든 용질이 용해된 상태로 남게 된다. 과포화 용액에 있는 용질은 평형 농도보다 높은 농도로 존재하므로 과포화 용액은 불안정하다. 그러나 남아 있는 용질 분자들이 결정화하려면 결정 생성에 알맞게 적당히 배열되어야 한다. 작은 용질 결정(결정씨)을 넣으면, 과량 용질의 결정화를 위한 템플릿을 제공하게 되어 결정이 만들어지고, 과량의 고체 용질이 함께 존재하는 포화 용액이 된다(그림 13.6).

## 자기 평가 연습 문제

**13.7** 염화 마그네슘을 염화 마그네슘 포화 용액에 첨가한다면 녹겠는가?

**(a)** 아니오
**(b)** 예

## 연습 문제

**13.8** 물에 대한 황산 구리(II) 오수화물($CuSO_4 \cdot 5\ H_2O$)의 용해도는 30 °C에서 물 100 mL당 50 g이다.

**(a)** 30 °C에서 1.30 *M* $CuSO_4 \cdot 12\ H_2O$ 수용액은 포화, 불포화, 과포화 용액 중 어느 것인가?

**(b)** $CuSO_4 \cdot 12\ H_2O$ 용액의 농도가 주어지지 않은 경우, 용액이 포화, 불포화, 과포화인지를 알기 위해서는 어떤 실험을 수행해야 하는가?

자기 평가 연습 문제 답 **13.7** (a)

# 13.3 용해도에 영향을 주는 인자

집에서 물을 얼릴 때, 만들어진 얼음 조각의 중심 부분에 항상 공기가 있다는 것을 알아채고 있는지 모르겠다. 이는 온도가 내려갈 때 물에 대한 공기의 용해도가 감소하기 때문에 나타나는 현상이다. 얼음이 만들어지는 용기에서 물은 바깥 부분부터 얼게 된다. 이 현상으로 용해된 기체는 안쪽으로 농축되고, 물은 포화 상태가 되며, 계속해서 냉각될 경우 공기는 물에서 기포를 형성하며 빠져나와 얼음 사이에 갇히게 된다. 그러면 투명한 얼음은 어떻게 만들 수 있을까? 물을 얼리기 전에 끓이면 용해된 기체 대부분은 열에 의해 밀려 나가게 되어 투명한 얼음을 만들 수 있다.

이 절이 끝나면 다음 사항을 수행할 수 있어야 한다.

- 용해도에 영향을 주는 인자들 이해하기

한 물질이 다른 물질에 용해되는 정도는 두 물질의 성질에 의존한다. 또한 용해도는 온도에 의존하고, 기체의 경우에는 압력에도 의존한다.

**표 13.1 물에 대한 기체의 용해도 (20 °C, 101.3 kPa)**

| 기체 | 몰질량 (g/mol) | 용해도 (*M*) |
|---|---|---|
| $N_2$ | 28.0 | $0.69 \times 10^{-3}$ |
| $O_2$ | 32.0 | $1.38 \times 10^{-3}$ |
| Ar | 39.9 | $1.50 \times 10^{-3}$ |
| Kr | 83.8 | $2.79 \times 10^{-3}$ |

## 용질-용매 상호 작용

용해도를 결정하는 데 관여하는 것은 물질들끼리 서로 혼합하려는 자연적인 경향과, 용질과 용매 입자 사이의 다양한 상호 작용이지만, 용해도의 변화에 대한 통찰력은 용질과 용매 사이의 상호 작용을 주의 깊게 고찰해서 얻을 수 있다. 물에 대한 여러 가지 기체의 용해도를 나타낸 표 13.1의 자료를 보면, 분자량이 커질수록 용해도가 증가한다. 기체 분자와 용매 분자 사이의 인력은 주로 분산력인데, 이것은 분자의 크기와 분자량이 커질수록 증가한다. 따라서 물에 대한 기체의 용해도는 용질(기체)과 용매(물) 사이의 인력 증가에 따라 증가한다는 것을 이 자료로 알 수 있다. 일반적으로 다른 인자들이 비슷할 때, **용질과 용매 분자 사이의 인력이 강할수록 그 용매에 대한 그 용질의 용해도는 더 커진다.**

용매 분자와 용질 분자 사이에 존재하는 쌍극자–쌍극자 인력이 유리하게 작용하기 때문에, **극성 액체는 극성 용매에 쉽게 녹는 경향이 있다.** 물은 극성일 뿐만 아니라 수소 결합을 형성할 수 있다. 따라서 극성 분자, 특히 물 분자와 수소 결합을 형성할 수 있는 극성 분자는 물에 녹는 경향이 있다. 예를 들어 극성 분자인 아세톤은 물과 모든 비율로 섞인다. 아세톤 분자에는 물 분자와 수소 결합을 형성할 수 있는 강한 극성인 C=O 결합과 O 원자의 비공유 전자쌍이 있다.

아세톤

▲ **그림 13.7 헥세인은 물과 혼합되지 않는다.** 헥세인은 물보다 밀도가 작기 때문에 위층에 위치한다.

물과 아세톤의 경우처럼 액체가 모든 비율로 섞이는 것을 **'혼합되는(miscible)'**이라고 하고, 서로 섞이지 않는 것을 **'혼합되지 않는(immiscible)'**이라고 한다. 탄화수소 혼합물인 가솔린은 물과 혼합되지 않는다. 몇 가지 요인 때문에 탄화수소는 무극성 물질이다. C—C 결합은 무극성이고, C—H 결합은 거의 무극성이다. 또한 분자 모양이 대칭이어서 약한 C—H 결합 쌍극자들이 대부분 상쇄된다. 극성 물 분자와 무극성 탄화수소 분자간 인력은 용액 형성을 허용할 정도로 충분히 강하지 않다. **무극성 액체는 극성 액체에 녹지 않는 경향이 있다.** 그림 13.7은 헥세인($C_6H_{14}$)이 물에 녹지 않음을 보여 주고 있다.

많은 유기 화합물은 탄소와 수소 원자로 이루어진 무극성 골격에 극성기가 붙어 있다. 예를 들면 표 13.2에 정리된 일련의 유기 화합물은 모두 극성인 OH기를 갖고 있다. 이러한 분자 특성을 가진 유기 화합물을 **알코올**(alcohol)이라고 한다. O—H 결합은 수소 결합을 형성할 수 있다. 예를 들어 에탄올($CH_3CH_2OH$) 분자는 물 분자와는 물론 알코올끼리도 서로 수소 결합을 형성할 수 있다(그림 13.8). 그 결과 용질–용질, 용매–용매, 용질–용매 사이의 힘은 $CH_3CH_2OH$와 $H_2O$의 혼합물 내에서 크게 다르지 않다. 그들이 혼합될 때 분자 환경이 크게 변하지 않는다. 그러므로 성분이 혼합할 때 수반되는 엔트로피의 증가는 용액 형성에 의미 있는 큰 역할을 하며, 에탄올은 물과 완전히 혼합될 수 있다.

표 13.2에서 알코올을 구성하는 탄소 원자의 수가 물에 대한 알코올의 용해도에 영향을 주는 것에 주목하라. 탄소 원자의 수가 증가할수록 극성 OH기는 점점 분자 내의 작은 부분으로 되고, 분

**표 13.2 물과 헥세인에 대한 알코올의 용해도***

| 알코올 | 물에 대한 용해도 | $C_6H_{14}$에 대한 용해도 |
|---|---|---|
| $CH_3OH$ (methanol) | ∞ | 0.12 |
| $CH_3CH_2OH$ (ethanol) | ∞ | ∞ |
| $CH_3CH_2CH_2OH$ (propanol) | ∞ | ∞ |
| $CH_3CH_2CH_2CH_2OH$ (butanol) | 0.11 | ∞ |
| $CH_3CH_2CH_2CH_2CH_2OH$ (pentanol) | 0.030 | ∞ |
| $CH_3CH_2CH_2CH_2CH_2CH_2OH$ (hexanol) | 0.0058 | ∞ |

*∞는 알코올이 용매에 완전히 혼합된다(miscible)는 것을 의미한다. 용해도 단위는 mol 알코올/100 g 용매, 20 °C.

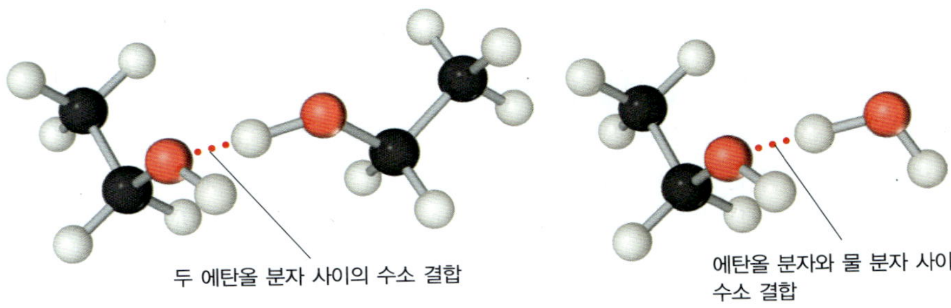


▲ 그림 13.8 OH기가 관여하는 수소 결합

자는 점점 더 탄화수소처럼 거동한다. 따라서 알코올의 물에 대한 용해도는 감소한다. 반면에 헥세인($C_6H_{14}$)과 같은 무극성 용매에 대한 알코올의 용해도는 무극성 탄화수소 사슬이 길어질수록 증가한다.

물에 대한 물질의 용해도를 증가시키는 방법은 물질 내의 극성기의 수를 증가시키는 것이다. 예를 들면 용질에서 OH기의 수가 증가하면, 용질과 물 사이의 수소 결합 정도가 증가하고, 결과적으로 용해도는 증가한다. 글루코스($C_6H_{12}O_6$, **그림 13.9**)는 6개의 탄소로 이루어진 골격에 5개의 OH기를 갖고 있어서 물에 매우 잘 녹는다(17.5 ℃의 물 1.00 L에 830 g이 녹는다). 반면에 사이클로헥세인($C_6H_{12}$)은 글루코스와 구조가 비슷하지만, 모든 OH기가 H로 치환되어 있어 물에 잘 녹지 않는다(25 ℃의 물 1.00 L에 55 mg만이 녹는다).

다양한 용매–용질의 조합에 관한 다년간의 연구 결과는 다음과 같은 중요한 일반론을 이끌어 내었다.

**유사한 분자간 인력을 갖는 물질은 서로 용해하는 경향이 있다.**

이 일반론은 '**비슷한 것은 비슷한 것을 녹인다**(like dissolves like)'라는 말로 간단히 나타낼 수 있다. 무극성 물질은 무극성 용매에 잘 녹는다. 이온성 용질과 극성 용질은 극성 용매에 잘 녹는다. 다이아몬드와 석영 같은 그물 구조 고체는 고체 내의 강한 결합력 때문에 극성 용매이든, 무극성 용매이든 어디에도 녹지 않는다.

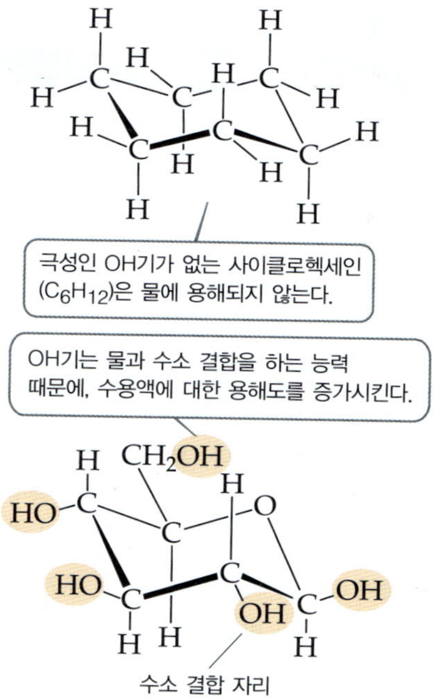


▲그림 13.9 분자 구조와 용해도의 상관관계

## 화학과 생명 지용성 바이타민과 수용성 바이타민

바이타민은 인체의 여러 다른 부분에서 용해도에 영향을 주는 독특한 화학적 구조를 가지고 있다. 예를 들면 바이타민 C와 B는 물에 녹는 반면, 바이타민 A, D, E, K는 무극성 용매와 지방 조직(무극성)에 녹는다. 바이타민 B와 C는 수용성이어서 몸에 잘 저장되지 않기 때문에, 이들 바이타민을 함유하는 음식물을 매일 섭취해야 한다. 반면에 지용성 바이타민은 오랫동안 바이타민 결핍 식단으로 근근이 먹고 살아온 사람조차도 바이타민 결핍증에 걸리지 않을 정도로 충분한 양이 저장되고 있다.

왜 어떤 바이타민은 수용성이고, 어떤 바이타민은 수용성이 아닌지는 그들이 가지는 구조로 설명할 수 있다. **그림 13.10**을 보자. 바이타민 A(레티놀)는 매우 긴 탄소 사슬을 가진 알코올이다. OH기가 분자의 아주 작은 부분을 차지하므로 표 13.2에 실려 있는 긴 사슬 알코올과 유사하다. 따라서 이런 바이타민은 거의 무극성이다. 반면에 바이타민 C 분자는 더 작으면서 4개의 OH기를 가지고 있어서 물과 수소 결합을 형성할 수 있다. 이러한 점에서 보면 바이타민 C는 어느 정도 글루코스와 같다.

**관련 연습 문제: 13.22, 13.46**

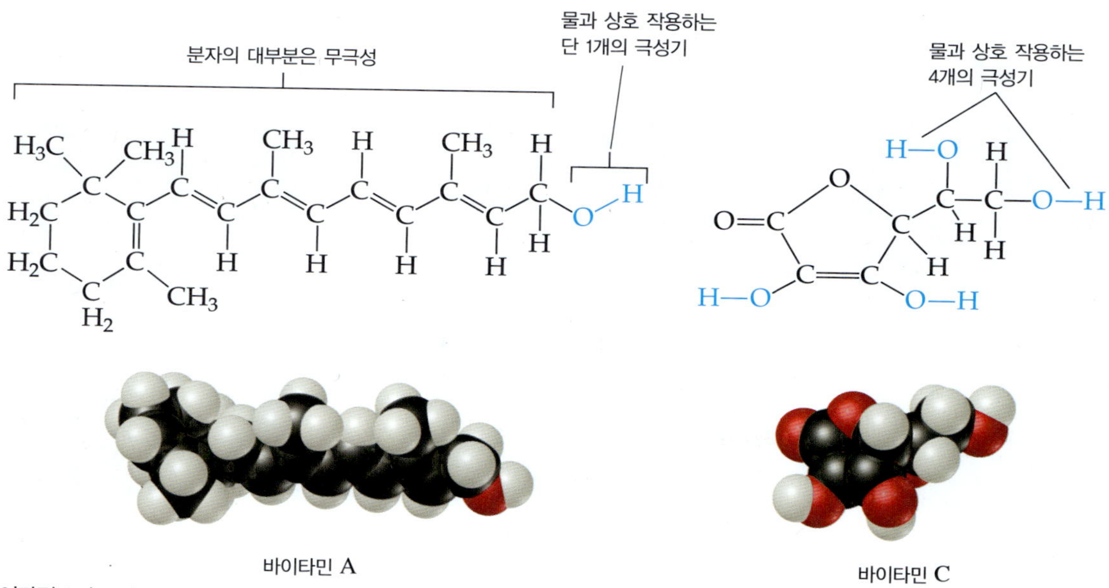


▲그림 13.10 바이타민 A와 C의 분자 구조

## 예제 13.1
### 용해도 경향 예측

다음 각 물질이 무극성 용매인 사염화 탄소($CCl_4$)와 극성 용매인 물 중 어느 쪽에 더 잘 녹는지를 예측하시오.
$C_7H_{16}$, $Na_2SO_4$, HCl, $I_2$

### 해답

**분석** 주어진 두 용매 중 하나는 무극성인 사염화 탄소($CCl_4$)이고, 다른 하나는 극성인 물($H_2O$)이다. 각 용질을 더 잘 녹일 수 있는 용매를 찾는 문제이다.

**계획** 용질의 화학식을 조사함으로써, 용질이 이온성인지 분자성인지를 예측할 수 있다. 분자성인 경우, 그들이 극성인지 무극성인지를 예측할 수 있다. 무극성 용매는 무극성 용질에 대해 더 좋은 반면, 극성 용매는 극성과 이온성 용질에 더 좋다는 개념을 적용하자.

**풀이** $C_7H_{16}$은 탄화수소이므로 분자성이고 무극성이다. $Na_2SO_4$ 화합물은 금속과 비금속을 포함하는 이온 결합 화합물이다. HCl은 전기 음성도 값이 다른 두 비금속 원소를 포함하는 극성 이원자 분자이다. $I_2$는 전기 음성도 값이 동등한 두 개의 원소를 포함하는 무극성 이원자 분자이다. 따라서 $C_7H_{16}$과 $I_2$(무극성 용질)는 극성인 $H_2O$보다 무극성인 $CCl_4$에 더 잘 녹는 반면, 물은 $Na_2SO_4$과 HCl(이온성, 극성 용질)을 더 잘 녹이는 용매이다.

**▶ 보충 예제**

다음의 용매 중 왁스를 가장 잘 녹이는 것은 무엇인가? 왁스는 대부분이 $CH_3-CH_2-CH_2-CH_2-CH_2-$인 화합물의 복잡한 혼합물이다.

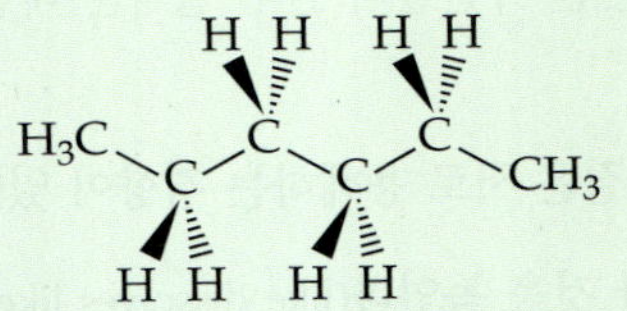
(a) 헥세인

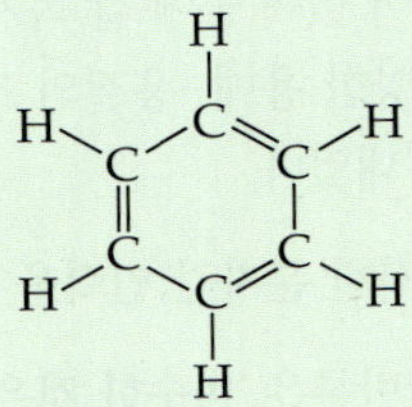
(b) 벤젠

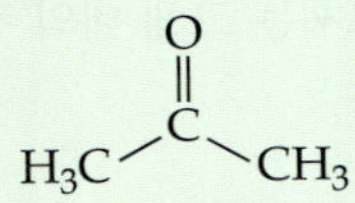
(c) 아세톤

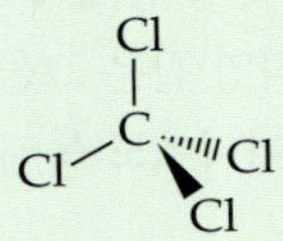
(d) 사염화 탄소

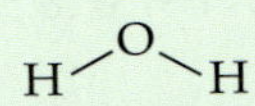
(e) 물

## 압력 효과

고체와 액체의 용해도는 압력에 의해 눈에 띄게 영향을 받지 않는다. 반면에 **어떤 용매에 대한 기체의 용해도는 용매 위에 있는 기체의 부분 압력이 증가할수록 증가한다.** 압력이 기체의 용해도에 미치는 영향은 이산화 탄소 기체가 기체상과 용액상으로 분포된 것을 보여 주는 **그림 13.11**로 이

용액 위에 있는 기체의 부분 압력이 두 배가 되면, 평형이 복원된 후 용액에 있는 기체 농도는 어떻게 변하는가?

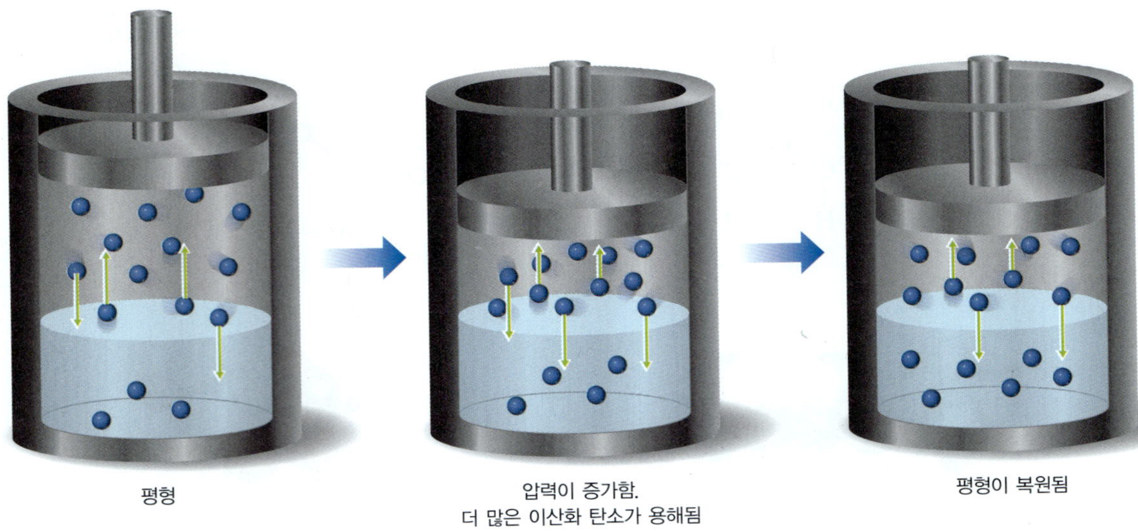


▲ **그림 13.11** 기체 용해도에 미치는 압력의 영향

해할 수 있다. 평형에 도달하면, 기체 분자들이 용액에 들어가는 속도와 용액에서 탈출한 용질 분자가 기체상으로 들어가는 속도가 동일하다. 그림 13.11의 왼쪽 용기에 상하로 표시된 화살표의 개수는 이러한 상반되는 과정을 나타낸다.

이제 그림 13.11의 중간에 있는 용기에서 보이는 것처럼, 피스톤에 큰 압력을 가하여 용액 위의 기체를 압축한다고 생각하자. 부피가 본래의 절반으로 감소하면 기체 압력은 본래 값의 두 배로 증가한다. 이러한 압력 증가의 결과로서, 기체 분자들이 액체 표면과 부딪치고 용액상으로 들어가는 속도가 증가한다. 따라서 용액에서 기체 용해도는 다시 평형에 도달할 때까지 증가한다. 즉 기체 분자들이 용액에 들어가는 속도와 용질 분자들이 용액으로부터 빠져나오는 속도가 같아질 때까지 기체의 용해도는 증가한다. 이와 같이 **어떤 액체 용매에 대한 기체의 용해도는 용액 위에 있는 기체의 부분 압력에 정비례하여 증가한다**(그림 13.12).

압력과 기체 용해도 사이의 관계는 **Henry 법칙**(**Henry's law**)에 의해 다음과 같이 나타낼 수 있다.

$$S_g = kP_g \qquad [13.4]$$

여기서 $S_g$는 용매에 대한 기체의 용해도이다(일반적으로 몰농도로 나타낸다). $P_g$는 용액 위에 있는 기체의 부분 압력이다. 그리고 $k$는 **Henry 법칙 상수**(Henry's law constant)로 알려진 비례 상수이다. 이 상수 값은 용질, 용매, 온도에 따라 다르다. 예를 들어 물에 대한 $N_2$ 기체의 용해도는 25 ℃, 79.03 kPa에서 $4.75 \times 10^{-4}$ $M$이다. 따라서 25 ℃ 물에 대한 $N_2$의 Henry 법칙 상수는 $(4.75 \times 10^{-4}$ mol/L)/79.03 kPa $= 6.1 \times 10^{-6}$ mol/m$^3$-Pa이다. $N_2$의 부분 압력이 두 배가 되면, Henry 법칙에 의해 25 ℃에서 물에 대한 용해도 값도 두 배인 $9.50 \times 10^{-4}$ $M$로 증가함을 예측할 수 있다.

탄산음료 제조업자는 탄산 음료를 제조할 때, 압력이 용해도에 미치는 영향을 이용한다. 이들은 이산화 탄소를 101.3 kPa보다 높은 압력으로 병에 채운다. 병이 공기 중에서 열리면, 용액 위 $CO_2$의 부분 압력이 감소한다. 따라서 $CO_2$의 용해도가 감소하여 $CO_2(g)$가 용액 밖으로 기포 상태로 빠져나온다(그림 13.13).

직선의 기울기는 각 기체의 분자량에 따라 어떻게 변하는가? 그 경향을 설명하시오.

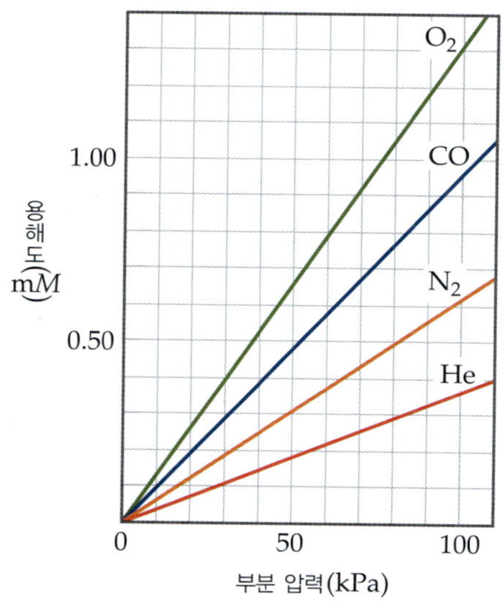


▲ **그림 13.12** 물에 대한 기체의 용해도는 기체의 부분 압력에 정비례한다. 용해도는 용액 L당 mmol수이다.

▲ **그림 13.13** 기체 용해도는 압력이 감소함에 따라 감소한다. 탄산음료의 뚜껑이 열렸을 때 용액에서 $CO_2$ 거품이 발생한다. 이는 용액 위에 있는 $CO_2$ 기체의 부분 압력이 감소하였기 때문이다.

## 예제 13.2
### Henry 법칙 계산

25 °C에서 액체 위에 있는 0.41 MPa의 $CO_2$ 부분 압력으로 채운 청량음료 내의 $CO_2$의 농도를 계산하시오. 이 온도에서 물에 대한 $CO_2$의 Henry 법칙 상수는 $3.4 \times 10^{-4}$ mol/m³-Pa이다.

### 해답

**분석** Henry 법칙 상수($k$)와 $CO_2$의 부분 압력($P_{CO_2}$)이 주어지고, 용액 중 $CO_2$의 농도를 계산하는 문제이다.

**계획** 주어진 정보를 가지고 Henry 법칙, 식 13.4를 사용해서 용해도 ($S_{CO_2}$)를 구한다.

**풀이** $S_{CO_2} = kP_{CO_2} = (3.4 \times 10^{-4}\,\text{mol/m}^3\,\text{Pa})(0.41\,\text{MPa})$

$= 0.14\,\text{mol/L} = 0.14\,M$

**검토** 용해도의 단위는 옳고, 답의 유효 숫자는 두 자리이다. 이것은 $CO_2$의 부분 압력과 Henry 상수 값의 두 자리 유효 숫자와 일치한다.

**▶ 보충 예제**

일정한 온도에서 액체 위 기체의 부분 압력을 두 배로 만들었다. 그렇다면 다음 중 참인 것은 어느 것인가?

**(a)** Henry 법칙 상수가 두 배가 되었다.
**(b)** Henry 법칙 상수가 절반으로 줄었다.
**(c)** 액체 속의 기체 분자수가 절반이 되었다.
**(d)** 액체 속의 기체 분자수가 두 배가 되었다.
**(e)** 액체 속에 있는 기체 분자의 개수에는 변화가 없다.

## 온도 효과

그림 13.14에 나타낸 것처럼, **대부분 고체 용질의 물에 대한 용해도는 용액의 온도가 상승하면 증가한다.** 그러나 이 규칙에도 예외가 있다. $Ce_2(SO_4)_3$의 경우, 온도가 증가할수록 용해도 곡선이 아래쪽으로 기운다.

고체 용질과는 달리, **물에 대한 기체의 용해도는 온도 상승에 따라 감소한다**(그림 13.15). 유리잔 속에 든 차가운 수돗물이 따뜻해지면, 유리잔 내부에서 공기 방울을 볼 수 있다. 이것은 용해된 얼마간의 공기가 용액 밖으로 빠져나오기 때문이다.

이와 마찬가지로, 탄산음료가 따뜻해지면 $CO_2$의 용해도가 감소하여 $CO_2(g)$가 용액에서 빠져나오게 된다.

80 °C에서 KCl의 용해도는 같은 온도에서 NaCl의 용해도와 비교 할 때 어떠한가?

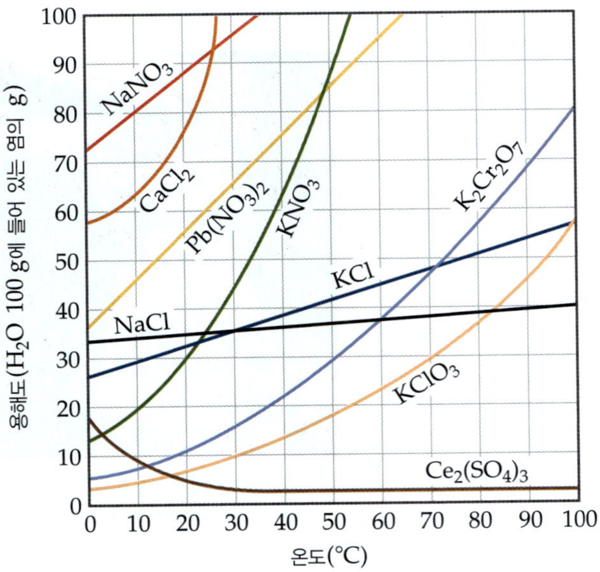


▲ 그림 13.14 물에 대한 몇 가지 이온 결합 화합물의 온도에 따른 용해도

질소의 용해도 곡선은 어느 두 기체 사이에 위치하겠는가?

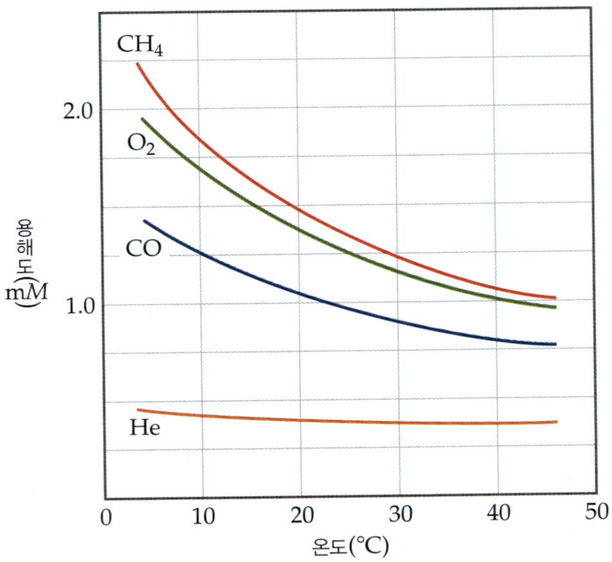


▲ 그림 13.15 물에 대한 네 가지 기체의 온도에 따른 용해도 기체상에서 전체 압력을 1 atm으로 일정하게 유지한 경우, 용해도의 단위는 mmol/L이다.

기체와 이온성 고체의 물에 대한 용해도가 온도 변화에 왜 서로 다르게 반응하는지는 생각을 해 보면 이해할 수 있다. 기체를 함유한 수용액을 가열하면 에너지가 기체 입자에 전달되고 용액에서 빠져나간다. 따라서 온도가 상승하면 기체 용해도는 감소한다. 반면에 물과 이온성 고체 혼합물을 가열하면 에너지가 고체에 전달되어 구성 이온들로 나누어진 후 물에 의해 수화된다. 따라서 온도가 상승하면 이온성 고체의 용해도가 증가한다.

## 화학과 생명 | 혈중 기체와 심해 잠수

기체의 용해도는 압력이 증가하면서 증가하기 때문에, 압축 공기로 호흡하는 잠수부는 혈액 내 기체의 용해도에 주의를 기울여야 한다(그림 13.16). 비록 기체는 해수면에서 잘 용해되지 않지만, 부분 압력이 더 큰, 깊은 곳에서는 용해도가 상당히 크다. 따라서 잠수부가 심해에서 올라올 때는 천천히 올라와야 한다. 용해된 기체가 빠르게 방출되면서, 몸 안의 혈액을 비롯한 여러 유체에서 거품을 일으키는 것을 방지해야 하기 때문이다. 이 거품은 신경 자극에 영향을 미칠 뿐 아니라 '잠수병'을 일으킨다. 이 병은 아주 고통스럽고, 치명적일 수 있다. 질소는 가장 많이 존재하는 기체이며, 호흡을 통해서만 체내에서 제거될 수 있기 때문에, 질소가 가장 큰 문제가 될 수 있다. 반면 산소는 물질대사에서 소모된다.

심해 잠수부는 가끔씩 그들이 호흡하는 공기 중 질소를 헬륨으로 대체한다. 그 이유는 헬륨이 질소보다 생명체의 유체(biological fluid)에 대한 용해도가 훨씬 낮기 때문이다. 예를 들면 30 m에서 작업하는 잠수부는 약 405.3 kPa의 압력을 느낀다. 이 압력하에서 95%의 헬륨과 5%의 산소 혼합물은 약 20.3 kPa의 산소 부분 압력을 나타내는데,

▲그림 13.16 **기체의 용해도는 압력이 증가함에 따라 증가한다.** 압축 기체를 사용하는 잠수부는 혈중 기체의 용해도에 주의를 기울여야 한다.

이 산소의 부분 압력은 보통 공기 101.3 kPa에서 나타내는 부분 압력과 같다. 산소의 부분 압력이 너무 높아지면 호흡이 늦어지고, $CO_2$가 몸 밖으로 배출되지 못하게 되므로 $CO_2$ 중독이 발생한다. $CO_2$는 몸에 과량이 존재하는 경우, 신경 독소 역할을 해서 신경 전도 및 신경 전달을 방해한다.

**관련 연습 문제: 13.25, 13.77, 13.112**

## 자기 평가 연습 문제

**13.9** 산에 있는 호수와 해수면과 높이가 같은 연못 중 어느 곳에 기체가 더 잘 녹겠는가?

**(a)** 산에 있는 호수
**(b)** 해수면과 높이가 같은 연못

## 연습 문제

**13.10** 그림 13.14를 참고하여, 20 °C에서 물 250 g에 녹아 포화 용액이 되는 데 필요한 각 염의 양을 계산하시오.
**(a)** NaCl **(b)** $CaCl_2$ **(c)** $KNO_3$

**13.11** 기름과 물은 혼합되지 않는다. 다음 중 가장 합당한 이유는 어느 것인가?
**(a)** 기름 분자가 물보다 밀도가 크다.
**(b)** 기름 분자는 대부분 탄소와 수소로 구성되어 있다.
**(c)** 기름 분자가 물보다 몰질량이 크다.
**(d)** 기름 분자가 물보다 증기압이 높다.
**(e)** 기름 분자가 물보다 끓는점이 높다.

**13.12** 아세톤($CH_3COCH_3$), 메탄올($CH_3OH$), 톨루엔($C_6H_5CH_3$), 물은 실험실에서 흔히 사용하는 용매이다. 이 중 무극성 용질에 가장 적합한 용매는 어느 것인가?

**13.13** 진통제로 널리 사용되는 이부프로펜은 물에 대한 용해도가 1 mg/mL 이하로 제한적이다. 분자 구조의 어느 부분(회색, 흰색, 붉은색)이 이 물질의 물에 대한 용해도에 기여하는가? 분자 구조의 어느 부분(회색, 흰색, 붉은색)이 이 물질의 물에 대한 불용성에 기여하는가?

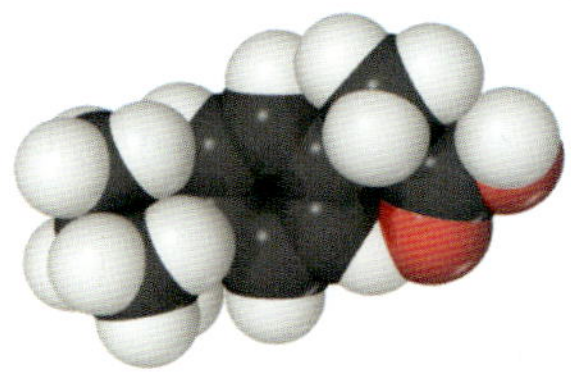

이부프로펜

**13.14** 다음 각 쌍 중 어느 것이 물에 더 잘 녹는가? 각 경우에 대하여 이유를 설명하시오.

(a) 사이클로헥세인($C_6H_{12}$)과 글루코스($C_6H_{12}O_6$)
(b) 프로피온산($CH_3CH_2COOH$)과 프로피온산 소듐($CH_3CH_2COONa$)
(c) HCl과 염화 에틸($CH_3CH_2Cl$)

13.15 다음 각 문장이 맞는지, 틀리는지 밝히시오.
(a) 서로 다른 두 온도에서 물에 대한 어느 한 기체의 용해도를 비교한다면, 낮은 온도에서 더 잘 녹는 것을 알게 된다.
(b) 대부분의 이온성 고체의 물에 대한 용해도는 용액의 온도가 증가할수록 감소한다.
(c) 물은 온도가 증가할수록 기체 분자와의 수소 결합을 끊어내기 때문에, 대부분 기체의 물에 대한 용해도는 온도가 증가할수록 감소한다.
(d) 온도가 증가할수록 일부 이온성 고체는 물에 더 잘 녹지않는다.

13.16 25 °C에서 수중 수소 기체($H_2$)의 Henry 법칙 상수는 $7.7\times10^{-6}$ M/kPa이다. 25 °C에서 Ar에 대한 상수는 $1.4\times10^{-5}$ M/kPa이다. 이 두 기체가 253 kPa에 있을 때, 각 기체의 용해도를 계산하시오.

자기 평가 연습 문제 답 **13.9 (b)**

## 13.4 | 용액 농도 표시법

용액의 농도는 정성적으로 또는 정량적으로 표시할 수 있다. ‘**묽은**(dilute)’, ‘**진한**(concentrated)’이라는 용어는 용액을 정성적으로 표시하는 데 사용한다. 용질의 농도가 비교적 작은 용액은 ‘묽다’라고 하며, 큰 농도의 용액은 ‘진하다’라고 말한다. 화학자들은 다양한 방법을 사용하여 농도를 정량적으로 표시한다. 몇 가지 방법을 살펴보자.

이 절이 끝나면 서로 다른 농도 단위 간의 변환을 수행할 수 있어야 한다.

### 질량 백분율, ppm, ppb

농도의 가장 간단한 정량적인 표시 중 하나는 용액 중에 있는 성분의 **질량 백분율**(**mass percentage**)로, 다음과 같이 주어진다.

$$\text{성분의 질량 백분율(\%)} = \frac{\text{용액 속의 성분의 질량}}{\text{용액의 총질량}} \times 100 \qquad [13.5]$$

**퍼센트**(percent)는 ‘100당(per hundred)’을 의미하기 때문에 질량 백분율 36% HCl의 염산 용액은 용액 100 g 중에 HCl이 36 g 포함되었음을 나타낸다.

매우 묽은 용액의 농도는 **백만분율**(**ppm, parts per million**) 또는 **십억분율**(**ppb, parts per bil-**

**lion**)로 표시한다. 이 양은 질량 백분율과 유사하다. 단지 용액의 질량 대 용질의 질량비를 위해 곱하는 수가 다르다. 100 대신에 각각 $10^6$(a million) 또는 $10^9$(a billion)을 사용한다. 따라서 백만분율의 정의는 다음과 같다.

$$\text{성분의 ppm} = \frac{\text{용액 속의 성분의 질량}}{\text{용액의 총질량}} \times 10^6 \qquad [13.6]$$

1 ppm 농도의 용액은 용액 백만($10^6$) g 중 1 g의 용질을 포함하거나, 용액 1 kg당 1 mg의 용질을 포함한다. 물은 밀도가 1 g/mL이므로 묽은 수용액 1 kg은 부피로 1 L이다. 따라서 1 ppm은 수용액 1 L당 1 mg의 용질을 포함한다.

독성 물질이나 발암 물질의 최대 허용 농도는 ppm 또는 ppb로 표시한다. 예를 들어, 세계보건기구는 음용수 중 비소의 최대 허용 농도를 0.010 ppm으로 권장하고 있다. 이는 물 1 L 에 0.010 mg의 비소가 포함된 양이다. 이 농도를 10 ppb로 표시할 수도 있다.

## 몰분율, 몰농도, 몰랄 농도

우리는 용액 중 한 개 이상의 성분 몰수에 기초한 농도 표시법을 자주 사용한다. 용액 중 성분의 **몰분율**(mole fraction)은 10.6절을 보면 다음과 같다.

$$\text{성분의 몰분율} = \frac{\text{성분의 몰수}}{\text{모든 성분의 총 몰수}} \qquad [13.7]$$

### 예제 13.3
**질량과 관련된 농도의 계산**

**(a)** 0.100 kg의 물에 글루코스($C_6H_{12}O_6$) 13.5 g을 용해시켜 용액을 만들었다. 이 용액에서 용질의 질량 백분율은 얼마인가?
**(b)** 지하수 시료 2.5 g에 $Zn^{2+}$가 5.4 $\mu$g 들어 있다. $Zn^{2+}$의 농도는 ppm 단위로 얼마인가?

**해답**

**(a) 분석** 용질의 그램수(13.5 g)와 용매의 그램수(0.100 kg = 100 g)가 주어졌고, 이로부터 용질의 질량 백분율을 계산하는 문제이다.

**계획** 식 13.5를 이용하여 질량 백분율을 계산한다. 용액의 질량은 용질(글루코스)의 질량과 용매(물)의 질량을 합한 것이다.

**풀이**

$$\text{글루코스의 질량 백분율(\%)} = \frac{\text{글루코스의 질량}}{\text{용액의 질량}} \times 100 = \frac{13.5\text{ g}}{(13.5 + 100)\text{ g}} \times 100 = 11.9\%$$

**검토** 이 용액에서 물의 질량 백분율은 (100 − 11.9)% = 88.1%이다.

**(b) 분석** 이 경우, 용질의 마이크로그램수가 주어졌다. 1 $\mu$g은 $1 \times 10^{-6}$ g이므로 5.4 $\mu$g $= 5.4 \times 10^{-6}$ g이다.

**계획** 식 13.6을 이용하여 ppm을 계산한다.

**풀이** $$\text{ppm} = \frac{\text{용질의 질량}}{\text{용액의 질량}} \times 10^6 = \frac{5.4 \times 10^{-6}\text{ g}}{2.5\text{ g}} \times 10^6 = 2.2\text{ ppm}$$

**▶ 보충 예제**

물 50.0 g에 NaCl 1.50 g을 포함하고 있는 용액에서 NaCl 질량 백분율을 계산하시오.

**(a)** 0.0291% **(b)** 0.0300% **(c)** 0.0513% **(d)** 2.91% **(e)** 3.00%

기호 $X$는 일반적으로 몰분율을 나타내고, 관심 성분은 $X$ 밑에 아래 첨자로 쓴다. 예를 들면 염산 용액 중 HCl의 몰분율은 $X_{HCl}$로 나타낸다. HCl 1.00 mol(36.5 g)과 물 8.00 mol(144 g)을 포함하는 용액에서, $X_{HCl}$ =(1.00 mol)/(1.00 mol + 8.00 mol) = 0.111이다. 몰분율은 분자와 분모에 있는 단위가 소거되므로 단위가 없는 값이다. 용액 중 모든 성분의 몰분율의 합은 1이어야 한다. 따라서 HCl 수용액에서 $X_{H_2O}$ = 1.000 − 0.111 = 0.889이다. 몰분율은 10.6절에서와 같이, 기체를 취급할 때는 유용하지만, 액체 용액을 취급할 때는 제한을 받는다.

4.5절에서 소개한 **몰농도**(molarity, $M$)를 상기해 보자. 용액 중 용질의 몰농도는 다음과 같이 정

의한다.

$$\text{몰농도} = \frac{\text{용질의 몰수}}{\text{용액의 리터수}} \quad [13.8]$$

예를 들어 0.500 mol의 $Na_2CO_3$를 충분한 물에 용해시켜 0.250 L의 용액을 만들면 $Na_2CO_3$ 용액의 몰농도는 (0.500 mol)/(0.250 L)=2.00 *M*이다. 몰농도는 적정을 논의할 때 다룬 것처럼, 용액의 부피를 그 부피에 포함된 용질의 양과 연관시킬 때 특별히 유용하다.

용액의 **몰랄 농도(molality)**는 *m*으로 표시한다. *m*은 용질의 몰수에 기초한 농도 단위이다. 몰랄 농도는 용매 1 kg에 들어 있는 용질의 몰수이다.

$$\text{몰랄 농도} = \frac{\text{용질의 몰수}}{\text{용매의 kg수}} \quad [13.9]$$

따라서 0.200 mol의 NaOH(8.00 g)와 0.500 kg(500 g)의 물을 섞어 용액을 만들면, 그 용액의 NaOH 농도는 (0.200 mol)/(0.500 kg)=0.400 *m*(즉 0.400몰랄 농도)이다.

몰농도와 몰랄 농도는 정의가 비슷해서 쉽게 혼동할 수 있다.

- 몰농도는 **용액의 부피**에 의존하고,
- 몰랄 농도는 **용매의 질량**에 의존한다.

물이 용매일 때, 묽은 용액의 몰랄 농도와 몰농도는 수치적으로 거의 같다. 왜냐하면 1 kg의 용매는 1 kg의 용액과 거의 같고, 1 kg의 용액은 거의 1 L의 부피이기 때문이다.

온도에 따라 질량이 변하지 않으므로, 용액의 몰랄 농도는 온도의 영향을 받지 않는다. 그러나 온도 변화에 따라 용액의 부피가 수축되거나 팽창하므로, 몰농도는 온도에 따라 변한다. 따라서 용액을 어떤 온도 범위 이상에서 사용하고자 할 때, 선택하는 농도의 단위는 몰랄 농도이다.

### 예제 13.4
#### 몰랄 농도의 계산

글루코스($C_6H_{12}O_6$) 4.35 g을 25°C의 물 25.0 mL에 녹여 용액을 만들었다. 용액 중 글루코스의 몰랄 농도(*m*)를 계산하시오(단, 물의 밀도는 1.00 g/mL이다).

**해답**

**분석** 몰랄 농도를 계산하는 문제이다. 먼저 용질(글루코스)의 몰수와 용매(물)의 kg수를 알아야 한다.

**계획** 글루코스($C_6H_{12}O_6$)의 몰질량을 이용해서 g을 mol로 바꿀 수 있다. 물의 밀도를 사용하여 mL를 kg으로 바꿀 수 있다. 몰랄 농도는 용질(글루코스)의 몰수를 용매(물)의 kg수로 나눈 것이다.

**풀이** 글루코스의 몰질량(180.2 g/mol)을 사용하여 그램수를 몰수로 환산한다.

$$\text{Mol } C_6H_{12}O_6 = (4.35 \text{ g } C_6H_{12}O_6)\left(\frac{1 \text{ mol } C_6H_{12}O_6}{180.2 \text{ g } C_6H_{12}O_6}\right) = 0.0241 \text{ mol } C_6H_{12}O_6$$

물의 밀도는 1.00 g/mL이므로 용매의 질량은

$$(25.0 \text{ mL})(1.00 \text{ g/mL}) = 25.0 \text{ g} = 0.0250 \text{ kg}$$

식 13.9를 사용하여 몰랄 농도를 계산한다.

$$C_6H_{12}O_6\text{의 몰랄 농도} = \frac{0.0241 \text{ mol } C_6H_{12}O_6}{0.0250 \text{ kg } H_2O} = 0.964\,m$$

**▶ 보충 예제**

어떤 용액에 용매를 더 넣어서 용매의 질량을 두 배가 되게 하였다. 이 새로운 용액에 용질을 더 넣어서 용질의 질량을 두 배가 되게 하였다. 마지막 용액의 몰랄 농도는 처음 용액의 몰랄 농도와 비교할 때 어떻게 되었는가?

**(a)** 두 배가 됨 **(b)** 반으로 감소함 **(c)** 변함 없음
**(d)** 용질의 몰질량에 따라 증가하거나 감소한다.
**(e)** 용질의 몰질량을 알아야 한다.

## 농도 단위의 환산

1장에서 배운 차원 해석 기술을 따른다면, 예제 13.5에서 보여 준 것처럼 농도 단위를 상호 변환할 수 있다. 몰랄 농도와 몰농도의 상호 변환은 예제 13.6에서와 같이, 용액의 밀도를 필요로 하게 될 것이다.

### 예제 13.5

**몰분율과 몰랄 농도의 계산**

염산 수용액은 질량으로 36%의 HCl을 포함한다. 이 용액에서 **(a)** HCl의 몰분율을 계산하시오. **(b)** HCl의 몰랄 농도($m$)를 계산하시오.

**해답**

**분석** 주어진 용액 중의 용질 질량 백분율만을 이용하여, 두 가지 관련된 농도의 단위로 용질(HCl)의 농도를 계산하는 문제이다.

**계획** 용질과 용매의 질량이나 몰수에 근거하여 농도의 단위(질량 백분율, 몰분율, 몰랄 농도)를 변환하는 데 있어서 용액의 전체 질량을 가정해서 푸는 것이 유용하다. 정확히 100 g의 용액이 있다고 하자. 36% HCl 용액이므로 HCl 36 g과 $H_2O$ 64 g(= 100 g − 36 g)을 포함하고 있다. 몰분율이나 몰랄 농도를 계산하기 위해 용질(HCl)의 그램수를 몰수로 바꾸어야 한다. 몰분율을 계산하기 위해서는 용매($H_2O$)의 그램수를 몰수로 환산해야 하고, 몰랄 농도를 계산하기 위해서는 kg수로 변환해야 한다.

**풀이**

**(a)** HCl의 몰분율을 구하기 위해서 HCl과 $H_2O$의 질량을 몰수로 변환한 후, 식 13.7을 사용한다.

$$\text{HCl의 몰수} = (36\ \text{g HCl})\left(\frac{1\ \text{mol HCl}}{36.5\ \text{g HCl}}\right) = 0.99\ \text{mol HCl}$$

$$H_2O\text{의 몰수} = (64\ \text{g}\ H_2O)\left(\frac{1\ \text{mol}\ H_2O}{18\ \text{g}\ H_2O}\right) = 3.6\ \text{mol}\ H_2O$$

$$X_{HCl} = \frac{\text{HCl의 몰수}}{H_2O\text{의 몰수} + \text{HCl의 몰수}} = \frac{0.99}{3.6 + 0.99} = \frac{0.99}{4.6} = 0.22$$

**(b)** 용액에서 HCl의 몰랄 농도($m$)를 구하려면 식 13.9를 사용한다. HCl의 몰수는 (a)에서 구하였다. 또한 용매(물)의 질량은 64 g = 0.064 kg이다.

용액의 부피를 모르기 때문에 용액의 몰농도는 쉽게 계산할 수 없음을 주목하라.

$$\text{HCl의 몰랄 농도} = \frac{0.99\ \text{mol HCl}}{0.064\ \text{kg}\ H_2O} = 15\ m$$

▶ **보충 예제**

40°C에서 물에 대한 산소 기체의 용해도는 용액 1 L당 1.0 mmol이다. 이 농도는 몰분율로 얼마인가?

**(a)** $1.00 \times 10^{-6}$ **(b)** $1.80 \times 10^{-5}$ **(c)** $1.00 \times 10^{-2}$
**(d)** $1.80 \times 10^{-2}$ **(e)** $5.55 \times 10^{-2}$

### 예제 13.6

**용액의 밀도를 사용한 몰농도의 계산**

톨루엔($C_7H_8$) 5.0 g과 벤젠 225 g을 포함하는 용액의 밀도가 0.876 g/mL이다. 용액의 몰농도($M$)를 구하시오.

**해답**

**분석** 주어진 용질의 질량(5.0 g), 용매의 질량(225 g), 용액의 밀도(0.876 g/mL)로부터 용액의 몰농도($M$)를 구하는 문제이다.

**계획** 용액의 몰농도는 용질의 몰수를 용액의 L수로 나눈 것이다(식 13.8). 용질($C_7H_8$)의 몰수는 용질의 g수와 몰질량으로부터 계산된다. 용액의 부피는 용액의 질량(용질의 질량 + 용매의 질량 = 5.0 g + 225 g = 230 g)과 그 밀도로부터 구한다.

**풀이**

용질의 몰수는

$$C_7H_8\text{의 몰수} = (5.0\ \text{g}\ C_7H_8)\left(\frac{1\ \text{mol}\ C_7H_8}{92\ \text{g}\ C_7H_8}\right) = 0.054\ \text{mol}$$

용액의 밀도는 용액의 질량을 부피로 변환할 때 사용된다.

$$용액\ mL = (230\ g)\left(\frac{1\ mL}{0.876\ g}\right) = 263\ mL$$

몰농도는 용액의 리터당 용질의 몰수이다.

$$몰농도 = \left(\frac{C_7H_8\ 몰수}{용액의\ L수}\right) = \left(\frac{0.054\ mol\ C_7H_8}{263\ mL\ 용액}\right)\left(\frac{1000\ mL\ 용액}{1\ L\ 용액}\right) = 0.21\ M$$

**검토** 답의 크기가 적당하다. 0.05 mol과 0.25 L일 경우, 몰농도는 (0.05 mol)/(0.25 L)=0.2 $M$이다.

답의 단위(mol/L)가 옳고, 용질의 질량의 유효 숫자가 두 자리이므로 답이 두 유효 숫자인 0.21 $M$이다.

**주의** 용매의 질량(0.225 kg)과 용액의 부피(0.263 L)가 크기에서 비슷하므로, 몰농도와 몰랄 농도의 크기도 비슷하다. (0.054 mol $C_7H_8$)/(0.225 kg 용매)=0.24 $m$

**▶ 보충 예제**

같은 질량의 글리세롤($C_3H_8O_3$)과 물을 포함하는 용액의 밀도가 1.10 g/mL이다. 이 용액에서 **(a)** 글리세롤의 몰랄 농도, **(b)** 글리세롤의 몰분율, **(c)** 글리세롤의 몰농도를 계산하시오.

## 자기 평가 연습 문제

**13.17** 상업용 진한 암모니아 수용액은 대부분 질량으로 28%이며 밀도는 0.90 g/mL이다. 이 용액의 몰농도를 구하시오.

**(a)** 15 $M$

**(b)** 16 $M$

**(c)** 252 $M$

1.00 L의 용액이라 가정하고 밀도를 이용하여 1 L 용액의 질량을 계산한다.

$$1.00\ L\ 용액 \times \frac{1000\ mL}{1\ L} \times \frac{0.90\ g\ 용액}{1\ mL\ 용액}$$

$$= 9.0 \times 10^2\ g\ 용액/L$$

질량%를 이용하여 $NH_3$의 질량을 구한 뒤 1.00 L에 있는 $NH_3$의 몰수를 계산한다.

$$\frac{900\ g\ 용액}{1.00\ L\ 용액} \times \frac{28\ g\ NH_3}{100\ g\ 용액} \times \frac{1\ 몰\ NH_3}{17.03\ g\ NH_3}$$

$$= 14.80 = 15\ mol\ NH_3/L\ 용액 = 15\ M\ NH_3$$

## 연습 문제

**13.18** **(a)** $CCl_4$ 125 g에 $I_2$ 0.035 mol을 포함하는 용액에서 아이오딘($I_2$)의 질량 백분율은? **(b)** 바닷물은 kg당 0.0079 g의 $Sr^{2+}$를 포함하고 있다. $Sr^{2+}$의 농도는 몇 ppm인가?

**13.19** 에탄올($C_2H_5OH$) 425 g에 페놀($C_6H_5OH$) 20.8 g을 녹인 용액이 있다. 다음을 계산하시오.

**(a)** 페놀의 몰분율

**(b)** 페놀의 질량 백분율

**(c)** 페놀의 몰랄 농도

**13.20** 다음 수용액의 몰농도를 계산하시오.

**(a)** 용액 0.250 mL 중 15.0 g의 $Al_2(SO_4)_3$

**(b)** 용액 175 mL 중 5.25 g의 $Mn(NO_3)_2 \cdot 2\ H_2O$

**(c)** 9.00 $M$ $H_2SO_4$ 35.0 mL를 0.500 L가 되도록 묽힌 용액

**13.21** **(a)** 물 16.0 mol에 KCl 1.12 mol을 녹인 용액의 몰랄 농도는?

**(b)** 0.12 $m$ 용액을 만들기 위해서는 나프탈렌($C_{10}H_8$) 100.0 g에 황($S_8$) 몇 g을 녹여야 하는가?

**13.22** 아스코브산(바이타민 C, $C_6H_8O_6$)은 수용성 바이타민이다. 물 210 g에 아스코브산 80.5 g이 녹아 있는 용액의 밀도는 55 °C에서 1.22 g/mL이다. 다음을 계산하시오. 아스코브산의 **(a)** 질량 백분율, **(b)** 몰분율, **(c)** 몰랄 농도, **(d)** 몰농도

**13.23** 다음 각 수용액에 존재하는 용질의 몰수를 계산하시오.

**(a)** 1.50 $M$ $HNO_3(aq)$ 255 mL

**(b)** 1.50 $m$ NaCl 수용액 50.0 mg

**(c)** 질량으로 1.50% 슈크로스($C_{12}H_{22}O_{11}$) 수용액 75.0 g

**13.24** 카페인($C_8H_{10}N_4O_2$)은 커피와 차에서 발견되는 자극제이다. 클로로폼($CHCl_3$)을 용매로 한 카페인 용액의 농도가 0.0500 $m$일 때,

**(a)** 카페인의 질량 백분율은 얼마인가?

**(b)** 카페인의 몰분율은 얼마인가?

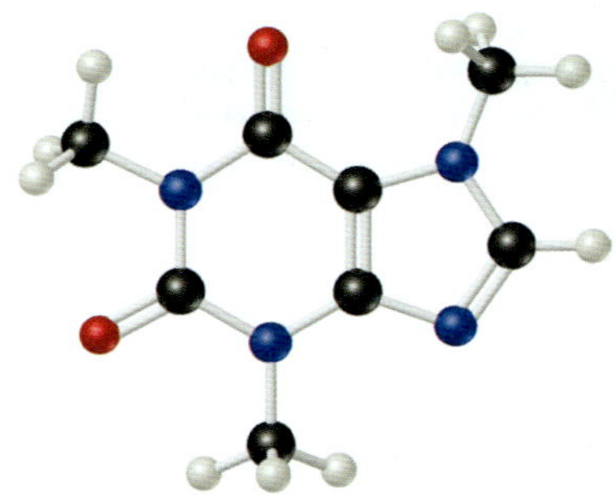

카페인

**13.25** 4.0%(부피 백분율) $CO_2$를 포함하는 공기를 장시간 호흡하면 호흡

이 빨라지고, 두통 및 구토가 동반된다. 이와 같은 공기의 농도를 (a) 몰백분율, (b) 몰농도로 표현하시오(단, 101.3 kPa, 체온 37 °C로 가정한다).

자기 평가 연습 문제 답 **13.17** (a)

## 13.5 | 총괄성

딸기에 설탕 가루를 뿌리면 과즙이 생긴다. 설탕이 과일의 세포내 과즙을 외부로 추출하는 것이다. 이와 같은 과정을 삼투 현상이라고 하며, 앞으로 공부할 네 개의 총괄성 중 하나이다. 이 절이 끝나면 다음 사항을 수행할 수 있어야 한다.

- 주어진 상황에서 총괄성의 종류를 구별하기
- 총괄성과 관련된 계산하기

용액의 어떤 물리적 성질들은 순수한 용매와 매우 다르다. 예를 들면 순수한 물은 0 °C에서 어는 반면에, 수용액은 그보다 낮은 온도에서 언다. 용액의 어는점을 낮추기 위하여 에틸렌 글라이콜 부동액을 자동차의 라디에이터에 첨가하였을 때, 이러한 현상이 이용될 수 있다. 첨가된 용질은 용액의 끓는점을 순수한 물의 끓는점보다 높임으로써 높은 온도에서 엔진의 작동을 가능하게 한다.

어는점이 낮아지고 끓는점이 높아지는 것은 **양**(농도)에 비례하고 용질 입자의 **종류**와는 무관한 용액의 물리적 성질이다. 이러한 성질을 **총괄성(colligative property)**이라고 한다(**총괄**은 집합에 의존한다는 의미이고, 총괄성은 용질 입자수의 집합적 효과에 의존한다는 의미이다).

어는점 내림과 끓는점 오름 이외에 증기 압력 내림과 삼투압도 총괄성이다. 용질의 농도가 이와 같은 성질에 정량적으로 어떻게 영향을 미치는지 살펴보고자 한다.

### 증기 압력 내림

닫힌 용기 안의 액체는 그것의 증기와 평형을 유지한다. **증기 압력**(vapor pressure)이란 증기가 액체와 평형에 있을 때(즉 증발 속도와 응축 속도가 같을 때) 증기에 의해서 가해지는 압력이다. 증기 압력을 측정할 수 없는 물질을 **비휘발성**(nonvolatile)이라고 하고, 증기 압력을 나타내는 물질을

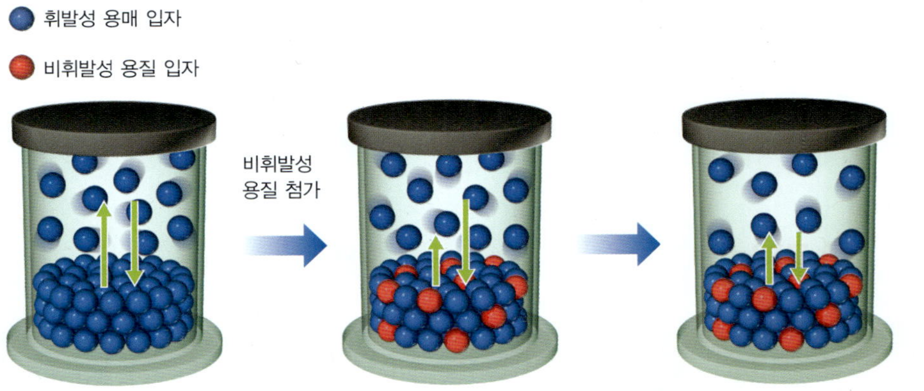


▶ **그림 13.17** **증기 압력 내림** 비휘발성 용질 입자가 액체 용매 속에 존재하면, 액체 위에 있는 증기의 압력이 감소한다.

**휘발성**(volatile)이라고 한다.

**휘발성** 액체 용매와 **비휘발성** 용질로 구성된 용액은 그들의 혼합이 수반하는 엔트로피의 증가 때문에 자발적으로 형성된다. 실제로 용매 분자는 이러한 과정에 의해 용액 상태에서 안정화되고, 그로 인해 증기 상태로 가려고 하는 경향이 낮아지게 된다. 그러므로 **비휘발성** 용질이 존재할 때, 용매의 증기 압력은 순수한 용매의 증기 압력보다 낮아지게 된다(**그림 13.17**).

이상적으로, 비휘발성 용질을 포함하는 용액 위에 있는 휘발성 용매의 증기 압력은 용액 속 용매의 농도에 비례한다. 이러한 관계는 **Raoult 법칙**(**Raoult's law**)에 의해 정량적으로 표현된다. 용액 위에 있는 용매 증기에 의한 부분 압력($P_{용액}$)은 용액 속 용매의 몰분율($X_{용매}$)에 순수한 용매의 증기 압력($P^{\circ}_{용매}$)을 곱한 것과 같다.

$$P_{용액} = X_{용매} P^{\circ}_{용매} \qquad [13.10]$$

예를 들면 순수한 물의 증기 압력은 20 ℃에서 $P^{\circ}_{H_2O} = 2.33$ kPa이고, 글루코스($C_6H_{12}O_6$)를 물에 첨가하는 동안 온도가 일정하게 유지되며, 용액의 몰분율은 $X_{H_2O} = 0.800$, $X_{C_6H_{12}O_6} = 0.200$이라고 가정하자. 식 13.10에 따르면, 용액 위에 있는 물의 증기 압력은 순수한 물의 증기 압력의 80.0%이다.

$$P_{용액} = (0.800)(2.33\ \text{kPa}) = 1.87\ \text{kPa}$$

**비휘발성** 용질이 존재함으로써 낮아지는 **휘발성** 용매의 증기 압력은 2.33 kPa − 1.87 kPa = 0.46 kPa이다.

증기 압력 내림($\Delta P$)은 용질의 몰분율($X_{용질}$)에 정비례한다.

$$\Delta P = X_{용질}\, P^{\circ}_{용매} \qquad [13.11]$$

따라서 글루코스가 물에 녹아 있는 용액의 경우, 증기 압력 내림은 다음과 같이 나타낼 수 있다.

$$\Delta P = X_{C_6H_{12}O_6}\, P^{\circ}_{H_2O} = (0.200)(2.33\ \text{kPa}) = 0.466\ \text{kPa}$$

**비휘발성** 용질을 첨가함으로써 일어나는 증기 압력 내림은 용질이 분자든 이온이든 관계없이 용질 입자의 전체 농도에 의존한다. 증기 압력 내림은 총괄성이다. 즉, 어떤 용액에 대한 총괄성의 값은 용질의 종류나 용질의 정체성에 의존하는 것이 아니라, 용질 입자의 농도에 의존한다는 것을 기억하라.

## 예제 13.7
### 용액의 증기 압력 계산

글리세린($C_3H_8O_3$)은 25 °C에서 밀도가 1.26 g/mL인 비휘발성 비전해질이다. 25 °C에서 물 500.0 mL에 글리세린 50.0 mL를 가하여 만든 용액의 증기 압력을 계산하시오(단, 25 °C에서 순수한 물의 증기 압력은 3.17 kPa(부록 B)이고, 순수한 물의 밀도는 1.00 g/mL이다).

### 해답

**분석** 주어진 용질과 용매의 부피와 용질의 밀도를 이용하여 용액의 증기 압력을 계산하는 문제이다.

**계획** Raoult 법칙(식 13.10)을 이용하여 용액의 증기 압력을 계산할 수 있다. 용액 중 용매의 몰분율($X_{용매}$)은 전체 용액의 몰수($C_3H_8O_3$ 몰수 + $H_2O$ 몰수)에 대한 용매($H_2O$)의 몰수비이다.

**풀이** 용액 중 물의 몰분율을 계산하기 위해서는 $C_3H_8O_3$ 몰수와 $H_2O$ 몰수를 결정해야 한다.

$$C_3H_8O_3\text{의 몰수} = (50.0\ \text{mL}\ C_3H_8O_3)\left(\frac{1.26\ \text{g}\ C_3H_8O_3}{1\ \text{mL}\ C_3H_8O_3}\right)\left(\frac{1\ \text{mol}\ C_3H_8O_3}{92.1\ \text{g}\ C_3H_8O_3}\right) = 0.684\ \text{mol}$$

$$H_2O\text{의 몰수} = (500.0\ \text{mL}\ H_2O)\left(\frac{1.00\ \text{g}\ H_2O}{1\ \text{mL}\ H_2O}\right)\left(\frac{1\ \text{mol}\ H_2O}{18.0\ \text{g}\ H_2O}\right) = 27.8\ \text{mol}$$

$$X_{H_2O} = \frac{\text{mol}\ H_2O}{\text{mol}\ H_2O + \text{mol}\ C_3H_8O_3} = \frac{27.8}{27.8 + 0.684} = 0.976$$

용액 중 물의 증기 압력을 계산하기 위해서 Raoult 법칙을 사용한다.

$$P_{H_2O} = X_{H_2O}P^\circ_{H_2O} = (0.976)(3.17\ \text{kPa}) = 3.09\ \text{kPa}$$

**주의** 용액의 증기 압력은 순수한 물의 증기 압력에 비해 3.17 kPa − 3.09 kPa = 0.08 kPa 낮아진다. 증기 압력 내림은 용질인 $C_3H_8O_3$의 몰분율을 식 13.11을 사용하여 직접적으로 계산할 수 있다 ($\Delta P = X_{C_3H_8O_3}P^\circ_{H_2O} = (0.024)(3.17\ \text{kPa}) = 0.076\ \text{kPa}$). 식 13.11을 사용하면, 순수한 용매의 증기 압력으로부터 용액의 증기 압력을 빼 줌으로써 얻어지는 숫자보다 유효 숫자가 한 개 더 많음에 유의하라.

**▶ 보충 예제**

순수한 물의 증기 압력은 110 °C에서 142.7 kPa이고, 에틸렌 글라이콜과 물의 혼합 용액의 증기 압력은 110 °C에서 1.00 atm이다. 이 용액이 Raoult 법칙을 따른다는 것을 가정할 때, 용액 중 에틸렌 글라이콜의 몰분율은 얼마인가?

## 자세히 보기 두 개 이상의 휘발성 성분으로 구성된 이상 용액

용액은 때때로 휘발성 성분을 두 개 이상 가지고 있다. 예를 들면 휘발유는 여러 가지 휘발성 액체의 용액이다. 이러한 혼합물을 이해하기 위해서 두 휘발성 액체의 이상 용액 A와 B를 생각해 보자(여기서 어떤 것이 용질이고 어떤 것이 용매인지 상관하지 말자). 용액 위에 있는 기체의 부분 압력은 Raoult 법칙에 의해 다음과 같이 주어진다.

$$P_A = X_AP^\circ_A, \quad P_B = X_BP^\circ_B$$

용액의 전체 증기 압력은 다음과 같다.

$$P_{전체} = P_A + P_B = X_AP^\circ_A + X_BP^\circ_B$$

1.0 mol의 벤젠($C_6H_6$)과 2.0 mol의 톨루엔($C_7H_8$)의 혼합물을 생각해 보자($X_{벤젠} = 0.33$, $X_{톨루엔} = 0.67$). 20 °C에서 순수한 물질의 증기 압력은 $P^\circ_{벤젠} = 10$ kPa이고, $P^\circ_{톨루엔} = 2.9$ kPa이다. 따라서 용액의 부분 압력은 다음과 같다.

$$P_{벤젠} = (0.33)(10\ \text{kPa}) = 3.3\ \text{kPa}$$
$$P_{톨루엔} = (0.67)(2.9\ \text{kPa}) = 1.9\ \text{kPa}$$

액체 위의 전체 증기 압력은

$$P_{전체} = P_{벤젠} + P_{톨루엔} = 3.3\ \text{kPa} + 1.9\ \text{kPa} = 5.2\ \text{kPa}$$

가 된다. 휘발성이 더 큰 벤젠의 증기가 더 많음을 주목하라.

증기 속 벤젠의 몰분율은 전체 압력에 대한 벤젠의 증기 압력의 비율로 주어진다(식 10.14, 10.15).

$$\text{증기 속의}\ X_{벤젠} = \frac{P_{벤젠}}{P_{전체}} = \frac{3.3\ \text{kPa}}{5.2\ \text{kPa}} = 0.63$$

벤젠이 용액에 있어서는 단지 분자의 33%를 구성하고 있지만, 증기에 있어서는 분자의 63%에 이르게 된다.

▲ 그림 13.18 이와 같은 증류탑에서 산업적인 규모로 유기 혼합물의 휘발성 성분을 분리할 수 있다.

두 가지 휘발성 성분을 포함하고 있는 이상 액체 용액이 증기 상태로 평형을 이루고 있을 때, 더 휘발성이 큰 성분의 증기가 상대적으로 더 많게 된다. 이와 같은 사실은 휘발성 성분을 포함하고 있는 혼합물을 분리하기(또는 부분적으로 분리하기) 위해 사용되는 기술인 **증류**(distillation)의 기초가 된다. 증류는 액체를 정제하는 한 가지 방법이다. 석유화학 공장에서서는 원유를 증류하여 가솔린, 디젤 연료, 윤활유 등을 분리한다(그림 13.18). 증류는 실험실에서도 소규모로 항상 사용된다.

**관련 연습 문제: 13.30, 13.82**

이상 기체는 이상 기체식이 적용되는 기체로 정의되고, **이상 용액(ideal solution)**은 Raoult 법칙에 따르는 용액으로 정의된다. 기체의 이상 상태는 분자간 상호 작용이 거의 없는 것에서 생기는 반면, 용액의 이상 상태는 상호 작용이 전체적으로 균일함을 함축하고 있다. 서로가 동일하게 영향을 미치는(즉 용질–용질, 용매–용매, 용질–용매 간의 상호 작용) 이상 용액에서 분자들은 서로가 구별되지 않는다. 실제 용액이 가장 근접한 이상 용액 성질을 나타낼 때는 용질 농도가 작고, 용질과 용매 분자의 크기가 비슷하고, 유사한 분자간 인력을 가질 때이다.

대부분의 용액은 Raoult 법칙을 정확하게 따르지 않기 때문에 이상 용액이 아니다. 예를 들면 용액에서 용매와 용질 사이의 상호 작용이 용매와 용매 또는 용질과 용질 사이의 상호 작용보다 약하면, 증기 압력은 Raoult 법칙에 의해 예상하는 값보다 더 큰 경향을 가지게 된다(즉 증기 압력 내림이 Raoult 법칙에 의해 예상되는 값보다 작아지게 된다). 용액에서 용질과 용매 사이의 상호 작용이 수소 결합처럼 예상 외로 강할 때, 증기 압력은 Raoult 법칙에 의한 예상 값보다 작다. 비록 이상 용액으로부터 생기는 편차가 있더라도 13장의 나머지 내용에 대해서는 편차를 무시한다.

## 끓는점 오름

11.5절과 11.6절에서 순수한 물질의 증기 압력을 살펴보고, 이들을 이용하여 어떻게 상도표를 그리는가를 살펴보았다. 용액의 상도표와 끓는점 및 어는점은 순수한 용매의 경우와 어떻게 다른가? 비휘발성 용질을 첨가하면 용액의 증기 압력이 낮아진다. 따라서 **그림 13.19**에서 용액의 증기 압력 곡선은 순수한 용매 증기 압력 곡선에 비해 아래로 이동된다.

액체의 정상 끓는점은 그 증기 압력이 101.3 kPa일 때의 온도라는 것을 기억하라(11.5절). 용액

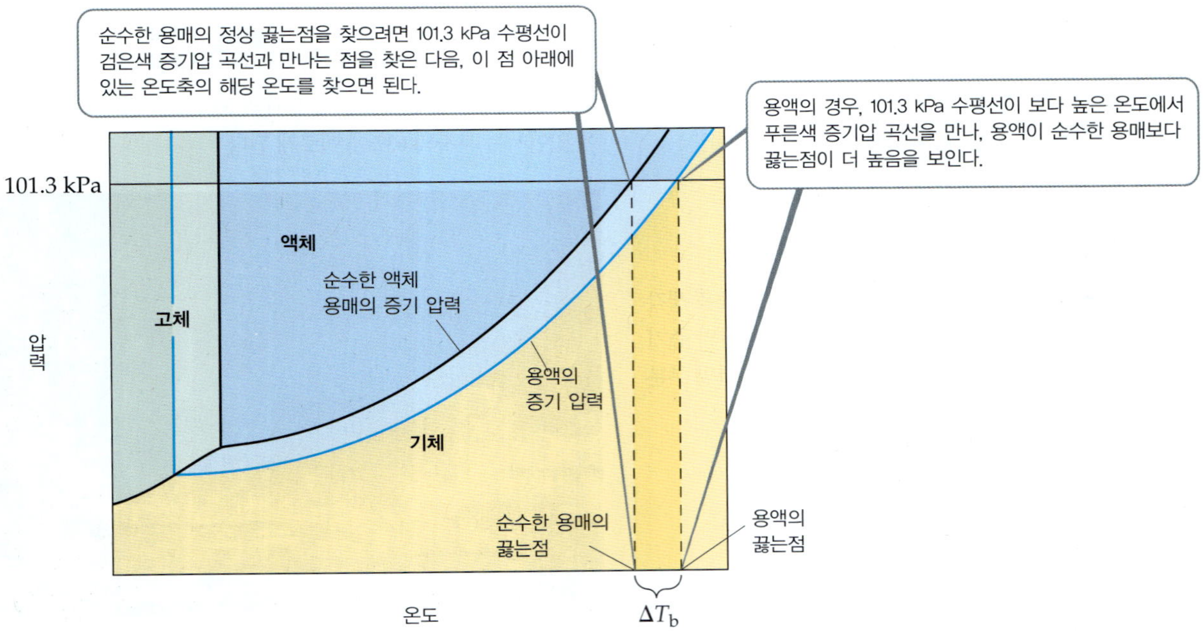


▲ **그림 13.19 끓는점 오름을 보여 주는 상도표** 검은색 선은 순수한 용액의 상평형 곡선을 나타내고, 푸른색 선은 용액의 상평형 곡선을 나타낸다.

은 순수한 용매보다 낮은 증기 압력을 갖기 때문에 용액이 101.3 kPa의 증기 압력에 도달하기 위해서 더 높은 온도가 필요하다. 따라서 **용액의 끓는점은 순수한 용매의 끓는점보다 더 높다**. 이와 같은 효과를 그림 13.19에서 볼 수 있다.

순수한 용매에 대한 용액의 끓는점 오름은 용질의 몰랄 농도에 의존한다. 그러나 끓는점 오름은 입자가 분자인지 이온인지에 관계없이 용질 입자의 전체 농도에 비례한다는 것을 기억해야 한다. NaCl이 물에 녹을 때, NaCl 1 mol에 대해서 용질 입자 2 mol($Na^+$ 1 mol과 $Cl^-$ 1 mol)이 생성된다. 용질이 특정한 용매 속에서 이온으로 분리될 때 분리된 이온의 수로 정의 되는 **van't Hoff 지수(van't Hoff factor**, $i$)를 고려해야 한다. 순수한 용매와 비교할 때, 용액에 대한 끓는점의 변화는 다음과 같다.

$$\Delta T_b = T_b(\text{용액}) - T_b(\text{용매}) = iK_bm \qquad [13.12]$$

이 식에서 $T_b$(용액)은 용액의 끓는점이고, $T_b$(용매)는 순수한 용매의 끓는점이며, $m$은 용질의 몰랄 농도, $K_b$는 용매의 **몰랄 끓는점 오름 상수(molal boiling-point-elevation constant)**(각 용매에 대해서 실험적으로 결정되는 비례 상수), $i$는 van't Hoff 지수이다. 비전해질의 경우 $i=1$이고, 전해질의 경우 $i$ 값은 물질이 용매에 이온화되는 정도에 의존한다. 예를 들면 물에서 NaCl의 경우, $i=2$이다. 따라서 1 $m$ NaCl 수용액에 대한 끓는점 오름은 설탕과 같은 비전해질 1 $m$ 용액의 끓는점 오름의 두 배가 된다. 그러므로 끓는점 오름(또는 어떤 다른 총괄성)에 특정 용질이 미치는 영향을 정확히 예상하기 위해서는 용질이 전해질인지 비전해질인지를 아는 것이 중요하다.

## 어는점 내림

액체상과 고체상의 증기 압력 곡선은 삼중점에서 만난다. **그림 13.20**에서 용액의 삼중점 온도가 순수한 액체의 삼중점 온도보다 낮은 것을 볼 수 있다. 이는 용액이 순수한 액체보다 낮은 증기 압력을 갖기 때문이다.

용액의 어는점은 평형에서 순수한 용매 결정이 생성되기 시작하는 온도이다. 11.6절을 보면, 고체와 액체 사이의 평형을 나타내는 선은 삼중점으로부터 거의 수직으로 상승한다. 그림 13.20에서 용액의 삼중점이 순수한 액체의 삼중점보다 낮다는 것을 쉽게 볼 수 있다. 또한 이것은 고체-액체 평형 곡선을 따라 있는 모든 점에서 사실이다. **용액의 어는점은 순수한 액체의 어는점보다 낮다.**

끓는점 오름과 마찬가지로, 어는점 내림($\Delta T_f$)은 van't Hoff 지수($i$)를 고려한 용질의 몰랄 농도에 정비례한다.

$$\Delta T_f = T_f(\text{용액}) - T_f(\text{용매}) = -iK_fm \qquad [13.13]$$

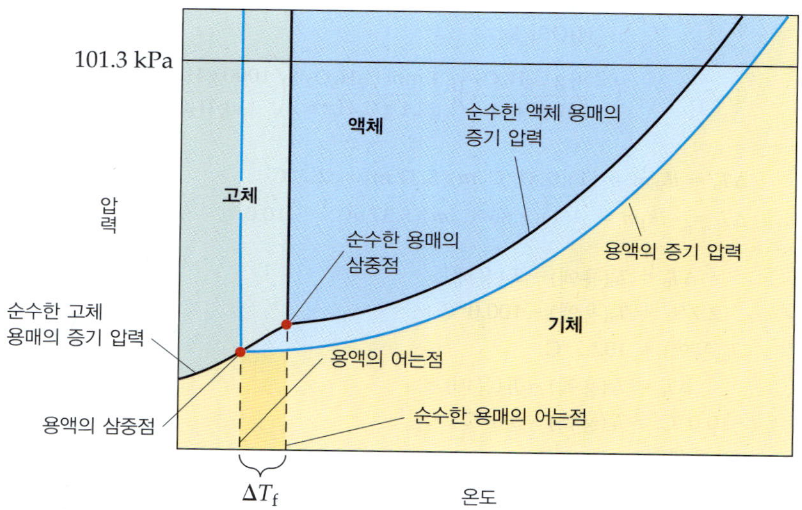


◀ **그림 13.20** 어는점 내림을 나타내는 **상도표** 검은색 선은 순수한 용매의 상평형 곡선을 보여 주고, 푸른색 선은 용액의 상평형 곡선을 보여 준다.

**표 13.3 몰랄 끓는점 오름 상수와 몰랄 어는점 내림 상수**

| 용매 | 정상 끓는점(°C) | $K_b$(°C/$m$) | 정상 어는점(°C) | $K_f$(°C/$m$) |
|---|---|---|---|---|
| 물($H_2O$) | 100.0 | 0.51 | 0.0 | 1.86 |
| 벤젠($C_6H_6$) | 80.1 | 2.53 | 5.5 | 5.12 |
| 에탄올($C_2H_5OH$) | 78.4 | 1.22 | −114.6 | 1.99 |
| 사염화 탄소($CCl_4$) | 76.8 | 5.02 | −22.3 | 29.8 |
| 클로로폼($CHCl_3$) | 61.2 | 3.63 | −63.5 | 4.68 |

비례 상수 $K_f$는 **몰랄 어는점 내림 상수(molal freezing-point-depression constant)**이다. 용액은 순수한 용매보다 낮은 온도에서 얼기 때문에 $\Delta T_f$는 음의 값을 갖는다.

여러 일반적인 용매에 대한 $K_b$와 $K_f$의 값을 **표 13.3**에 나타내었다. 표에서 물의 경우 $K_b$ = 0.51 °C/$m$로 나타나 있는데, 이것은 비휘발성 용질 입자가 1 $m$로 녹아 있는 수용액의 끓는점이 순수한 용매의 끓는점보다 0.51 °C 높다는 것을 의미한다. 용액은 일반적으로 이상적으로 거동하지 않기 때문에 표 13.3에 나타난 상수 값은 묽은 용액에 잘 적용된다.

물의 $K_f$값은 1.86 °C/m이다. 따라서 비휘발성 용질 입자 1 $m$ 수용액(1 $m$ $C_6H_{12}O_6$ 또는 0.5 $m$ NaCl과 같은)은 순수한 물의 어는점보다 1.86 °C 낮은 온도에서 언다.

## 예제 13.8

### 끓는점 오름과 어는점 내림의 계산

자동차 부동액은 비휘발성 비전해질인 에틸렌 글라이콜($CH_2(OH)CH_2(OH)$)을 포함한 물이다. 물에 질량으로 25.0%의 에틸렌 글라이콜을 포함하는 용액의 끓는점과 어는점을 계산하시오.

**해답**

**분석** 비휘발성 비전해질 용질이 질량으로 25.0% 들어 있는 용액의 끓는점과 어는점을 계산하는 문제이다. 이를 위해서는 끓는점 오름과 어는점 내림을 계산하는 것이 필요하다.

**계획** 식 13.12, 13.13을 사용하여 끓는점 오름과 어는점 내림을 계산하기 위해서는 용액 농도를 몰랄 농도로 나타내야 한다. 편의상 1000 g의 용액이 있다고 가정하자. 용액이 질량으로 25.0% 에틸렌 글라이콜 수용액이기 때문에, 용액 속에 있는 에틸렌 글라이콜과 물의 질량은 각각 250 g과 750 g이다. 이와 같은 양을 사용하여 용액의 몰랄 농도를 계산할 수 있다. 여기서 $\Delta T_b$와 $\Delta T_f$를 계산하기 위하여 몰랄 끓는점 오름 상수와 몰랄 어는점 내림 상수를 사용할 수 있다(표 13.3). 용액의 끓는점과 어는점을 얻기 위해서는 용매의 끓는점에 $\Delta T_b$를 더하고, 용매의 어는점에서 $\Delta T_f$를 빼야 한다.

**풀이** 용액의 몰랄 농도를 계산하면 다음과 같다.

$$\text{몰랄 농도} = \frac{C_2H_6O_2\text{의 몰수}}{H_2O\text{의 kg수}}$$

$$= \left(\frac{250\text{ g } C_2H_6O_2}{750\text{ g } H_2O}\right)\left(\frac{1\text{ mol } C_2H_6O_2}{62.1\text{ g } C_2H_6O_2}\right)\left(\frac{1000\text{ g } H_2O}{1\text{ kg } H_2O}\right) = 5.37\ m$$

식 13.12와 13.13을 사용하여 끓는점과 어는점의 변화를 계산한다.

$$\Delta T_b = iK_bm = (1)(0.51\,°C/m)(5.37\text{ m}) = 2.7\,°C$$

$$\Delta T_f = -iK_fm = -(1)(1.86\,°C/m)(5.37\ m) = -10.0\,°C$$

따라서 용액의 끓는점과 어는점은 쉽게 계산된다.

$$\Delta T_b = T_b(\text{용액}) - T_b(\text{용매})$$

$$2.7\,°C = T_b(\text{용액}) - 100.0\,°C$$

$$T_b(\text{용액}) = 102.7\,°C$$

$$\Delta T_f = T_f(\text{용액}) - T_f(\text{용매})$$

$$-10.0\,°C = T_f(\text{용액}) - 0.0\,°C$$

$$T_f(\text{용액}) = -10.0\,°C$$

**주의** 순수한 용매보다 용액의 경우가 더 큰 온도 범위를 가지는 액체임을 주목하라.

**▶ 보충 예제**

어떤 수용액이 어는점이 가장 낮겠는가?
**(a)** 0.050 *m* $CaCl_2$ **(b)** 0.15 *m* NaCl **(c)** 0.10 *m* HCl
**(d)** 0.050 *m* $CH_3COOH$ **(e)** 0.20 *m* $C_{12}H_{22}O_{11}$

용질에 의해 일어나는 용액의 어는점 내림을 유용하게 활용한 예로, 겨울철에 자동차 부동액의 사용 및 도로의 결빙 방지에 염화 칼슘($CaCl_2$)을 사용하는 것이 있다.

## 삼투 현상

생물계의 다양한 막과 셀로판 같은 합성 물질은 **반투과성**(semipermeable)이다. 이들은 용액과 접촉할 때 작은 분자(예를 들면 물 분자)만을 그물 구조의 작은 구멍을 통해 통과시킨다.

용매 분자만이 두 개의 다른 농도의 용액 사이에 놓여 있는 반투막을 통과할 수 있는 상황을 생각해 보자. 묽은 용액(용질의 낮은 농도, 그러나 용매의 높은 농도)으로부터 진한 용액(용질의 높은 농도, 그러나 용매의 낮은 농도)으로 용매가 이동하는 속도는 반대 방향으로 이동하는 속도보다 더 빠르다. 따라서 용질의 농도가 낮은 용액에서 농도가 높은 용액으로 용매 분자의 알짜 이동이 있게 된다. 이와 같은 과정을 **삼투 현상**(osmosis)이라고 한다. **용매의 알짜 이동은 항상 용매 농도가 낮은(용질 농도가 높은) 용액 쪽으로 일어나서** 용액이 같은 농도를 가지게 된다.

그림 13.21은 반투막에 의해 분리된 수용액과 순수한 물 사이에 일어나는 삼투 현상을 보여 준다. U자관은 왼쪽에 물이 있고, 오른쪽에 수용액이 있다. 처음에는 막을 통해 왼쪽에서 오른쪽으로 물의 알짜 이동이 있게 된다. 따라서 양쪽 용액의 높이는 달라진다. 결국 평형에서(그림 13.21의 중간) 서로 다른 액체 수면 높이로부터 생긴 압력의 차이가 너무 커서 물의 실질적 이동은 멈추게 된다. 삼투 현상을 멈추게 하기 위해 요구되는 압력을 용액의 **삼투압**(osmotic pressure, Π)이라 한다. 삼투압과 동일한 크기의 외부 압력을 용액에 가하면, 그림 13.21의 오른쪽에 보이는 것처럼

만약 U자관의 왼쪽 관에 있는 순수한 물을 오른쪽 관에 있는 용액보다 더 농도가 진한 용액으로 바꾼다면, 어떻게 될 것인가?

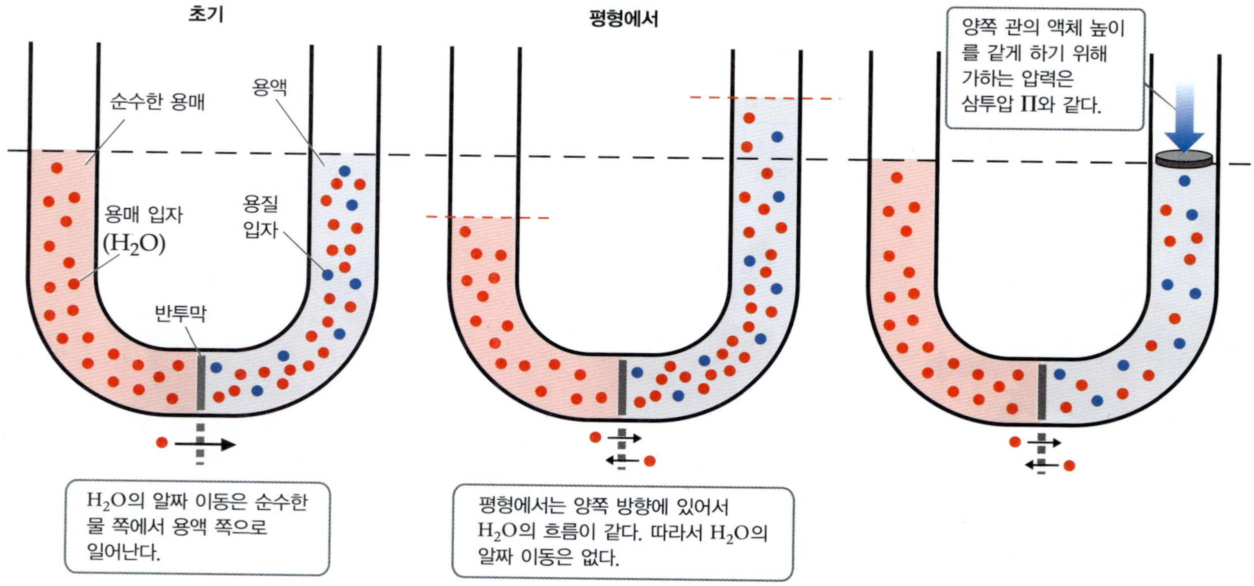


▲ **그림 13.21** 삼투 현상은 용질의 농도가 더 높은 쪽으로 반투막을 통한 한 구획으로부터 다른 구획으로의 용매의 이동 과정이다. 삼투압은 평형 상태에서 막의 양쪽에 있는 액체의 높이가 다르기 때문에 발생하며, 막 양쪽의 액체 높이가 같아지도록 하는 데 필요한 압력과 같다.

양쪽의 액체 높이는 같아질 것이다.

삼투압은 이상 기체 법칙과 유사한 $\Pi V = inRT$ 식으로 표시한다. $\Pi$는 삼투압, $V$는 용액의 부피, $i$는 van't Hoff 지수, $n$은 용질의 몰수, $R$은 이상 기체 상수, $T$는 절대 온도이다. 이 식을 정리하면

$$\Pi = i\left(\frac{n}{V}\right)RT = iMRT \qquad [13.14]$$

$M$은 용액의 몰농도이다. 어떤 용액의 삼투압은 용액의 농도에 의존하기 때문에 삼투압은 총괄성이다.

동일한 삼투압을 갖는 두 용액을 반투막으로 분리하면 삼투 현상은 일어나지 않을 것이다. 이와 같은 두 용액을 **등장성**(isotonic) 용액이라고 한다. 한 용액의 삼투압이 더 낮을 경우, 이 용액을 진한 농도 용액에 비해 **저장성**(hypotonic) 용액이라고 한다. 또한 더 진한 농도 용액은 묽은 용액에 비해 **고장성**(hypertonic) 용액이라고 한다.

삼투 현상은 생체계에 매우 중요한 역할을 한다. 예를 들어 적혈구막은 반투과성이다. 세포내액(intracellular solution)에 비해 **고장성**인 용액에 적혈구가 존재할 경우, **그림 13.22**처럼 물은 세포 밖으로 이동하여 세포가 줄어들게 되는데, 이 과정을 **축혈**(crenation)이라고 한다. 세포 내액에 비해 **저장성**인 용액에 세포가 놓이면, 물이 세포 내부로 이동하며 세포를 파괴하는데, 이 과정을 **용혈**(hemolysis)이라고 한다. 입으로 영양분을 섭취할 수 없는 상태의 사람은 직접 정맥을 통하여 영양분을 공급하는 정맥 주사(intravenous(IV) infusion)를 사용한다. 이와 같은 경우 적혈구가 축혈하거나 용혈되는 현상을 방지하기 위해서, 반드시 정맥 주사 용액은 세포 용액과 동일한 등장성 용액이어야 한다.

흥미 있는 삼투 현상의 생물학적 예들이 많이 있다. 진한 소금물에 오이를 넣어 두면 삼투 현상을 통해 물이 빠지면서 오그라든다. 소금기 많은 음식을 먹는 사람은 삼투 현상 때문에 세포 사이의 공간 및 조직 세포에 수분이 머무는 현상을 경험한다. 이것이 심하면 피부가 부풀어 오르는 **부종**(edema)을 일으킨다. 부분적으로 물은 삼투 현상 때문에 토양에서 식물 뿌리로 이동한다. 소금기가 있는 고기와 설탕에 절인 과일이 오랫동안 보존되는 까닭은, 삼투 현상에 의해 세균이 수분을 빼앗기고 세포들이 오그라들어 죽기 때문이다.

환자의 적혈구를 둘러싸고 있는 액체가 전해질 속에서 고갈된다면, 축혈 또는 용혈 중 어느 것이 일어날 것인가?

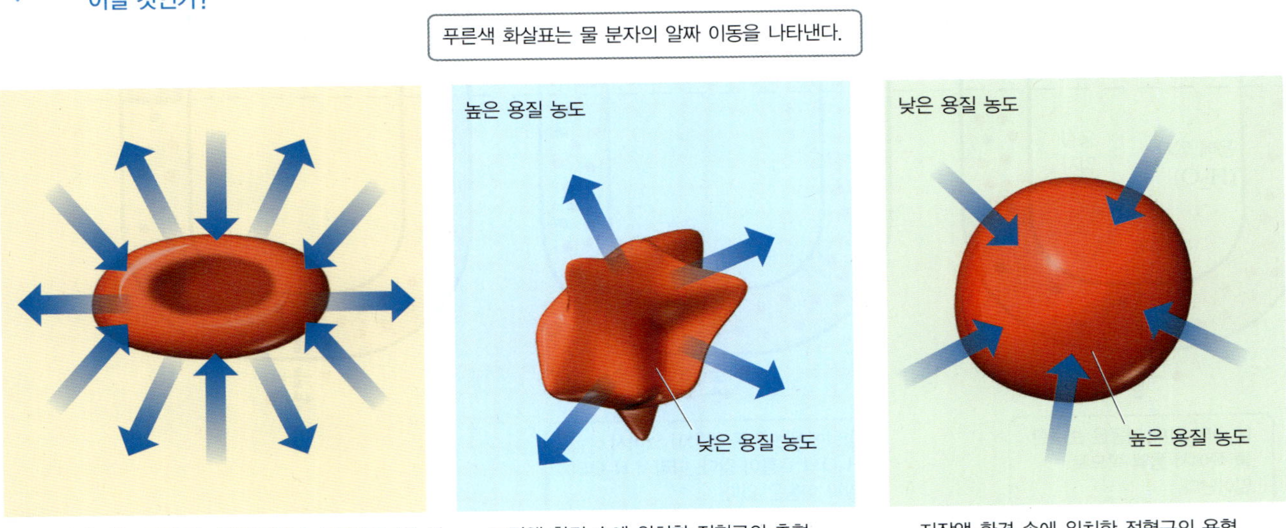


등장성계에 있는 적혈구는 팽창하거나 수축하지 않는다. 고장액 환경 속에 위치한 적혈구의 축혈 저장액 환경 속에 위치한 적혈구의 용혈

▲ **그림 13.22 적혈구의 세포벽을 통한 삼투 현상** 물이 적혈구 세포에서 빠져나가면 축혈이고, 물이 적혈구 세포 쪽으로 들어오면 세포는 팽창하고 이것이 용혈이 된다.

### 예제 13.9
**삼투압의 계산**

25 °C에서 혈액의 평균 삼투압은 780 kPa이다. 혈액과 등장액을 이루는 글루코스($C_6H_{12}O_6$) 용액의 몰농도는 얼마인가?

**해답**

**분석** 25 °C에서 혈액의 삼투압이 780 kPa로 주어질 때, 혈액과 등장액을 이루는 글루코스 용액의 농도를 계산하는 문제이다.

**계획** 삼투압과 온도가 주어졌으므로 식 13.14를 이용하면 농도에 대해 풀 수 있다. 글루코스는 비전해질이기 때문에 $i=1$이다.

**풀이** $\Pi = iMRT$

$$M = \frac{\Pi}{iRT} = \frac{(780\ \text{kPa})}{(1)\left(8.314\frac{\text{m}^3\,\text{Pa}}{\text{mol K}}\right)(298\ \text{K})} = 0.31\ M$$

**주의** 임상 환경에서 용액의 농도는 대개 질량 백분율로 표시한다. 0.31 $M$ 글루코스 용액의 질량 백분율은 5.3%이다. NaCl은 $Na^+$와 $Cl^-$의 두 입자로 이온화하므로, 혈액 등장액의 NaCl 농도는 0.16 $M$이다(0.155 $M$ NaCl 용액은 입자로 0.310 $M$이 된다). 0.16 $M$ NaCl 용액은 질량으로 0.9%를 나타내고, 이와 같은 용액은 생리학적 식염수로서 알려져 있다.

**▶ 보충 예제**

다음의 어떤 작용이 용액의 삼투압을 증가시키는가?
**(a)** 용질 농도의 감소 **(b)** 온도 내림 **(c)** 용매의 첨가
**(d)** 온도 올림 **(e)** 앞의 어떤 것도 해당 사항 없음

## 총괄성으로부터 몰질량의 결정

용액의 총괄성은 용질의 몰질량을 측정하는 유용한 방법을 제공한다. 네 가지의 총괄성 중 어느 것이라도 용질의 몰질량을 측정하는 데 사용할 수 있다. 이것은 예제 13.10과 13.11에 나타나 있다.

### 예제 13.10
**어는점 내림 또는 끓는점 오름으로부터 몰질량의 계산**

40.0 g의 $CCl_4$에 미지 용질 0.250 g을 녹여 미지의 비휘발성 비전해질 용액을 만들었다. 이 용액의 정상 끓는점은 순수한 용매의 끓는점보다 0.357 °C 더 높다. 용질의 몰질량을 계산하시오.

**해답**

**분석** $CCl_4$ 용액의 끓는점 오름($\Delta T_b = 0.357$ °C), 용질과 용매의 질량을 기초로 용질의 몰질량을 구하는 문제이다. 표 13.3에 의하면, $CCl_4$ 용매의 $K_b = 5.02$ °C/$m$이다.

**계획** 식 13.12의 $\Delta T_b = iK_b m$을 사용하면 용액의 몰랄 농도를 구할 수 있다. 용질은 비전해질이기 때문에 $i=1$이다. 몰랄 농도와 용매의 양(40.0 g $CCl_4$)을 사용하면 용질의 몰수를 계산할 수 있다. 마지막으로, 용질의 몰질량은 몰당 그램수와 같다. 따라서 용질의 그램수(0.250 g)를 지금 막 계산한 몰수로 나누어야 한다.

**풀이**

식 13.12에서

$$\text{몰랄 농도} = \frac{\Delta T_b}{iK_b} = \frac{0.357\ °\text{C}}{(1)5.02\ °\text{C}/m} = 0.0711\ m$$

따라서 용액은 용매 kg당 용질 0.0711 mol을 포함한다. 용액은 용매($CCl_4$) 40.0 g = 0.0400 kg을 사용하여 만든다. 따라서 용액 중 용질의 몰수는

$$(0.0400\ \text{kg}\ \cancel{CCl_4})\left(0.0711\frac{\text{mol 용질}}{\text{kg}\ \cancel{CCl_4}}\right) = 2.84 \times 10^{-3}\ \text{mol 용질}$$

용질의 몰질량은 그 물질의 몰당 그램수이다.

$$\text{몰질량} = \frac{0.250\ \text{g}}{2.84 \times 10^{-3}\ \text{mol}} = 88.0\ \text{g/mol}$$

**▶ 보충 예제**

미지의 흰색 가루는 가루 설탕($C_{12}H_{22}O_{11}$), 코카인($C_{17}H_{21}NO_4$), 코데인($C_{18}H_{21}NO_3$), 놀페네프린($C_8H_{11}NO_2$), 과당($C_6H_{12}O_6$) 중 하나이다. 가루 80 mg을 에탄올($d$ = 0.789 g/cm$^3$, 정상 어는점은 −114.6°C, $K_f$ = 1.99 °C/$m$) 1.50 mL에 녹였을 때, 어는점이 −115.5°C로 내려갔다. 이 흰색 가루는 어느 것인가?
**(a)** 가루 설탕 **(b)** 코카인 **(c)** 코데인 **(d)** 놀페네프린 **(e)** 과당

## 예제 13.11
### 삼투압으로부터 몰질량의 계산

어떤 단백질을 포함하는 수용액의 삼투압을 측정하여, 단백질의 몰질량을 결정하였다. 충분한 물에 3.50 mg의 단백질을 녹여 5.00 mL의 시료 용액을 만들었다. 이때 이 용액의 삼투압은 25 °C에서 205 Pa였다. 단백질이 비전해질이라고 가정하고, 이 단백질의 몰질량을 계산하시오

**해답**

**분석** 단백질의 질량, 용액의 부피에 대한 정보와 삼투압을 기초로, 큰 분자량을 갖는 단백질의 몰질량을 계산하는 문제이다. 단백질은 비전해질이기 때문에 $i=1$이다.

**계획** 온도($T=25$ °C)와 삼투압($\Pi=205$ Pa)이 주어졌고, $R$값을 알고 있으므로, 식 13.14를 이용하면 용액의 몰농도($M$)를 계산할 수 있다. 그러기 위해서 온도를 °C에서 K로 바꾸어야 한다. 또한 몰농도와 용액의 부피(5.00 mL)를 이용해서 용질의 몰수를 알아낸다. 마지막으로 몰질량을 구하는 방법은 용질의 질량(3.50 mg)을 용질의 몰수로 나누면 된다.

**풀이** 식 13.14를 사용하여, 용액의 몰농도를 계산하면 다음과 같다.

$$\text{몰농도} = \frac{\Pi}{iRT} = \frac{205\ \text{Pa}}{(1)\left(8.314\dfrac{\text{m}^3\ \text{Pa}}{\text{mol K}}\right)(298\ \text{K})} = 8.28 \times 10^{-5}\ \frac{\text{mol}}{\text{L}}$$

용액의 부피는 $5.00\ \text{mL} = 5.00 \times 10^{-3}$ L이므로 단백질의 몰수는

$$\text{몰수} = (8.28 \times 10^{-5}\ \text{mol/L})(5.00 \times 10^{-3}\ \text{L}) = 4.14 \times 10^{-7}\ \text{mol}$$

몰질량은 물질 1몰당 그램수이다. 시료 질량은 $3.50\ \text{mg} = 3.50 \times 10^{-3}$ g이다. 몰질량은 그램수를 몰수로 나눈 값이므로 다음과 같다.

$$\text{몰질량} = \frac{\text{그램수}}{\text{몰수}} = \frac{3.50 \times 10^{-3}\ \text{g}}{4.14 \times 10^{-7}\ \text{mol}} = 8.45 \times 10^{3}\ \text{g/mol}$$

**주의** 작은 압력이라도 쉽고 정확하게 측정할 수 있기 때문에, 삼투압 측정은 큰 분자의 몰질량을 결정하는 좋은 방법이다.

▶ **보충 예제**

폴리스타이렌 2.05 g을 충분한 양의 톨루엔에 녹여 용액 0.100 L를 만들었다. 이때 용액의 삼투압은 25 °C에서 1.21 kPa이었다. 폴리스타이렌의 몰질량을 계산하시오.

## 자세히 보기 van't Hoff 지수

용액의 총괄성은 용질 입자의 **전체** 농도에 의존한다. 입자가 이온이든 분자든 관계없다. 따라서 0.100 $m$ NaCl 용액은 $Na^+(aq)$ 0.100 $m$과 $Cl^-(aq)$ 0.100 $m$이기 때문에, 어는점 내림은 (2)(0.100 $m$)(1.86 °C/$m$) = 0.372 °C이다. 그러나 측정된 어는점 내림은 단지 0.348 °C이고, 상황은 다른 전해질에 대해서도 비슷하다. 예를 들면 0.100 $m$ KCl 용액은 −0.344 °C에서 언다.

강전해질의 이론적 총괄성과 측정된 총괄성 사이의 차이는 이온들 사이의 정전기적 인력에 의한 것이다. 이온들은 용액 속에서 움직이기 때문에 반대 전하의 이온들이 충돌하고 순간적으로 함께 붙게 된다. 그들이 함께 있는 동안 **이온쌍**(ion pair)이라는 하나의 입자로 작용한다(**그림 13.23**). 그러므로 독립적인 입자수는 감소하게 된다. 따라서 어는점 내림도 감소하게 된다(끓는점 오름, 증기 압력 내림, 삼투압도 감소한다).

van't Hoff 지수 $i$는 전해질 화학식 단위당 이온의 수와 같다. 물질이 비전해질이라고 가정할 때, 이 지수는 계산되는 값에 대한 총괄성의 실제값의 비이다. 예로서 어는점 내림을 사용하면

$$i = \frac{\Delta T_f(\text{측정값})}{\Delta T_f(\text{비전해질에 대한 계산값})} \qquad [13.15]$$

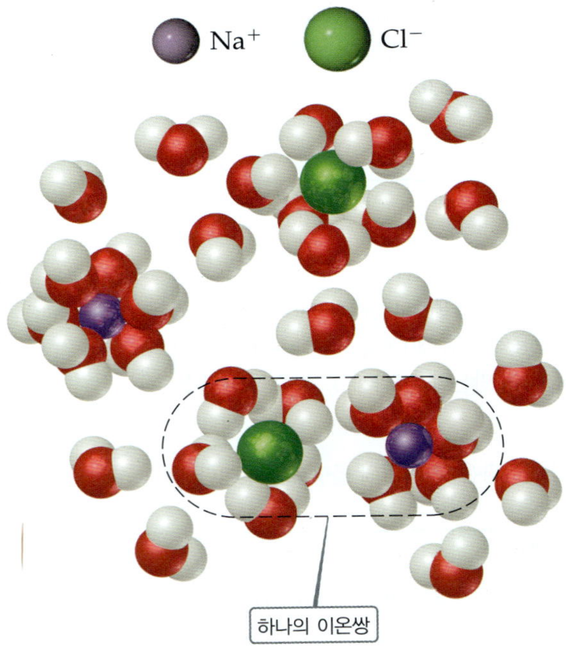


▲ **그림 13.23** 이온쌍과 총괄성 NaCl 용액은 분리된 $Na^+(aq)$와 $Cl^-(aq)$뿐만 아니라 이온쌍도 포함한다.

$i$의 제한값은 염의 화학식 단위당 이온수로부터 결정될 수 있다. 예를 들면 NaCl에 대해서 van't Hoff 지수는 2가 된다. NaCl은 화학식 단위당 한 개의 $Na^+$와 한 개의 $Cl^-$로 이루어지기 때문이다. $K_2SO_4$는 화학식 단위당 두 개의 $K^+$와 한 개의 $SO_4^{2-}$로 이루어지기 때문에 van't Hoff 지수는 3이 된다. 용액에 대한 $i$의 실제값에 대한 정보가 없으면 계산하는 데 있어서 한계값을 사용하게 될 것이다.

다른 묽은 농도에서 여러 물질의 측정된 van't Hoff 지수를 보여 주고 있는 **표 13.4**에서 두 가지 경향을 볼 수 있다. 첫째로, 희석은 전해질에 대해서 $i$ 값에 영향을 준다. 더 묽은 용액일수록 $i$ 값은 화학식 단위당 이온수에 기초한 기댓값에 가깝게 접근하게 된다. 따라서 전해질 용액에 있어서 이온쌍의 정도는 묽은 용액일수록 감소한다는 결론을 얻을 수 있다. 둘째로, 이온의 전하가 낮으면 낮을수록, $i$ 값이 기댓값으로부터 덜 작아진다. 그 이유는 이온쌍의 정도가 이온 전하 값이 감소함에 따라 감소하기 때문이다. 양쪽의 경향은 간단한 정전기학과 일치한다. 전하를 띤 입자들 사이에 존재하는 상호 작용의 힘은 그들의 거리가 증가할수록, 전하가 감소할수록 감소한다.

**관련 연습 문제: 13.35, 13.93, 13.108, 13.110**

**표 13.4 25 °C에서 여러 물질의 van't Hoff 지수**

| | 농도 | | | |
|---|---|---|---|---|
| 화합물 | 0.100 $m$ | 0.0100 $m$ | 0.00100 $m$ | 기댓값 |
| 슈크로스 | 1.00 | 1.00 | 1.00 | 1.00 |
| NaCl | 1.87 | 1.94 | 1.97 | 2.00 |
| $K_2SO_4$ | 2.32 | 2.70 | 2.84 | 3.00 |
| $MgSO_4$ | 1.21 | 1.53 | 1.82 | 2.00 |

## 자기 평가 연습 문제

**13.26** 담수화 시설은 역삼투 현상을 통하여 해수를 담수로 만든다. 다음 중 사실인 것을 고르시오.

**(a)** 물은 반투막을 통하여 자유롭게 담수 쪽에서 해수 쪽으로 이동한다.

**(b)** 물을 반투막의 담수 쪽으로 이동시키기 위해서 반투막의 해수 쪽에 용액의 삼투압보다 높은 압력을 가한다.

**(c)** 반투막은 이온은 통과시키지만 물 분자는 통과할 수 없다.

**13.27** 0.15 M $NaNO_3$ 용액의 삼투압은 0.10 M $Ca(NO_3)_2$ 용액의 삼투압보다 큰가, 작은가, 아니면 같은가?

**(a)** 0.15 M $NaNO_3$ 용액의 삼투압 > 0.10 M $Ca(NO_3)_2$ 용액의 삼투압

**(b)** 0.15 M $NaNO_3$ 용액의 삼투압 < 0.10 M $Ca(NO_3)_2$ 용액의 삼투압

**(c)** 0.15 M $NaNO_3$ 용액의 삼투압 ≃ 0.10 M $Ca(NO_3)_2$ 용액의 삼투압

## 연습 문제

**13.28** 비휘발성 용질과 액체 용매로 용액을 만들었다. 다음 진술이 맞는지, 틀리는지를 말하시오.

**(a)** 용액의 어는점은 용매를 첨가해도 변하지 않는다.

**(b)** 용액이 얼면서 생기는 고체는 거의 순수한 용질이다.

**(c)** 용액의 어는점은 용질의 농도와 무관하다.

**(d)** 용액의 끓는점은 용질의 농도에 비례하여 증가한다.

**(e)** 어느 온도에서든 용액 위의 용매의 증기압은 순수한 용매의 증기압보다 낮다.

**13.29** **(a)** 343 K에서 물 125 g에 28.5 g의 글리세린($C_3H_8O_3$)을 가하여 조제한 용액 위의 증기압을 계산하시오(물에 대한 증기압 자료는 부록 B에 주어져 있다). **(b)** 35 °C에서 증기압을 1.33 kPa 낮추기 위하여 에탄올($C_2H_5OH$) 1.00 kg에 가해 주어야 할 에틸렌 글리이콜($C_2H_6O_2$)의 질량을 계산하시오(35 °C에서 순수한 에탄올의 증기압은 13.3 kPa이다).

**13.30** 63.5 °C에서 $H_2O$의 증기압은 23.3 kPa이고, 에탄올($C_2H_5OH$)의 증기압은 53.3 kPa이다. 같은 질량의 $H_2O$와 $C_2H_5OH$을 혼합하여 한 용액을 만들었다.

**(a)** 이 용액에서 에탄올의 몰분율은 얼마인가?

**(b)** 이상 용액처럼 거동한다고 가정할 때, 63.5 °C에서 이 용액의 증기압은 얼마인가?

**(c)** 이 용액 위의 증기 중 에탄올의 몰분율은 얼마인가?

**13.31** 다음 수용액을 어는점이 감소하는 순서로 나열하시오.
0.040 $M$ 글리세린($C_3H_8O_3$), 0.020 $M$ KBr, 0.030 $M$ 페놀($C_6H_5OH$)

**13.32** 표 13.3의 자료를 이용하여 다음 용액의 어는점과 끓는점을 각각 계산하시오.

**(a)** 에탄올 중 0.25 $m$ 글루코스

**(b)** $CHCl_3$ 50.0 g 중 데카인($C_{10}H_{22}$) 20.0 g

**(c)** 물 175 g 중 NaOH 3.50 g

**(d)** 물 150 g 중 에틸렌글라이콜 0.45 mol과 KBr 0.15 mol

**13.33** 발트해의 염도는 1.0%이다. 즉, 바닷물은 L당 10 g의 염을 포함하고 있다. 용질이 NaCl(실제로 NaCl이 90% 이상임)로만 조성되어 있다고 가정할 때, 15 °C에서 이 바닷물의 삼투압을 계산하시오.

**13.34** 라이소자임은 세균 세포벽을 파괴하는 효소이다. 용액 210 mL에 이 효소 0.150 g을 포함하고 있는 용액의 삼투압은 25 °C에서 0.127 kPa이다. 라이소자임의 몰질량은 얼마인가?

**13.35** 표 13.4에 주어진 자료로 볼 때, 0.030 $m$ NaCl 용액과 0.020 $m$ $K_2SO_4$ 용액 중 어느 용액의 어는점 내림이 더 크겠는가?

자기 평가 연습 문제 답 **13.26** (b) **13.27** (c)

## 13.6 콜로이드

오팔 보석의 아름다운 색깔은 가시광선의 파장과 유사한 크기의 무결정 수화실리카 입자에 기인한다. 이들은 백색광을 분산시켜 색 스펙트럼을 나타낸다.

이 절이 끝나면, 다음 사항을 수행할 수 있어야 한다.

- 콜로이드의 성질 명확히 설명하기

어떤 물질은 초기에는 용매에 녹는 것 같지만, 시간이 지나면 순수한 용매로부터 분리가 된다. 예를 들어 물에 분산된 미세한 점토 입자는 중력 때문에 실제로 떠 있지 못하고 결국 물에 가라앉는다. 수천 또는 수백만 원자로 구성된 점토 입자는 대부분의 분자보다 훨씬 더 크기 때문에 이러한 현상이 일어난다. 반면에 참용액의 분산 입자(염 용액에 있어서는 이온, 설탕 용액에 있어서는 글루코스 분자)는 작다. 극단적 두 가지 입자 사이에 전형적인 분자보다 더 크고, 중력의 영향으로 혼합물의 성분이 분리될 정도로는 크지 않은 분산 입자가 존재한다. 이와 같은 분산의 중간 형태를 **콜로이드 분산**(**colloidal dispersion**) 또는 간단히 **콜로이드**(**colloid**)라고 한다. 콜로이드는 용액과 불균일 혼합물의 경계선상의 물질이다. 용액처럼 콜로이드는 기체, 액체, 고체일 수 있다. 각각의 예를 표 13.5에 열거하였다.

**표 13.5 콜로이드의 종류**

| 콜로이드의 상 | 분산시키는(용매와 같은) 물질 | 분산되는(용질과 같은) 물질 | 콜로이드 형태 | 예 |
|---|---|---|---|---|
| 기체 | 기체 | 기체 | — | 없음(모두 용액) |
| 기체 | 기체 | 액체 | 에어로솔 | 안개 |
| 기체 | 기체 | 고체 | 에어로솔 | 연기 |
| 액체 | 액체 | 기체 | 거품 | 거품 크림 |
| 액체 | 액체 | 액체 | 유제 | 우유 |
| 액체 | 액체 | 고체 | 솔 | 페인트 |
| 고체 | 고체 | 기체 | 고체 거품 | 마시멜로 |
| 고체 | 고체 | 액체 | 고체 유제 | 버터 |
| 고체 | 고체 | 고체 | 고체 솔 | 빨간 유리 |

◀ **그림 13.24** 실험실에서 Tyndall 효과 오른쪽 유리는 콜로이드 분산을 함유하고 있고, 왼쪽 유리는 용액을 포함하고 있다.

입자 크기는 혼합물을 콜로이드와 용액으로 분류하는 데 사용될 수 있다. 콜로이드 입자의 지름은 5~1000 nm까지 분포한다. 용질 입자는 지름은 5 nm보다 작다. 12장에서 본 나노 물질들을 액체에 분산시키면 콜로이드가 된다. 콜로이드 입자는 단일 거대 분자로 구성되기도 한다. 예를 들면 혈액에 산소를 전달하는 헤모글로빈은 분자 크기가 6.5×5.5×5.0 nm이고, 몰질량이 64,500 g/mol이다.

비록 콜로이드 입자는 너무 작아서 그들의 분산이 현미경에서 균일하게 보이지만, 그들은 빛을 산란시킬 정도로 크다. 따라서 대부분의 콜로이드는 충분히 묽히지 않으면 탁하거나 불투명하게 보인다(예를 들어 균질의 우유는 지방과 단백질 분자가 물에 분산되어 있는 콜로이드이다). 더욱이 그들은 빛을 산란시키기 때문에 빛이 콜로이드 분산을 통과할 때 광선이 보인다(그림 13.24). 콜로이드 입자에 의한 빛의 산란을 **Tyndall 효과(Tyndall effect)**라고 하는데, 먼지 가득 찬 거리에서 자동차로부터 나오는 광선 또는 숲이나 구름을 통하여 나오는 햇빛을 볼 수 있게 한다. 모든 파장은 같은 정도로 분산되지는 않는다. 가시광선 스펙트럼의 자줏빛 쪽의 색은 붉은빛 쪽의 색보다 대기 중의 분자들과 작은 입자들에 의해서 더 크게 산란이 일어난다. 이와 같은 이유로 하늘은 파란색을 띠게 된다. 해가 질 때, 태양으로부터 온 빛은 더 많은 대기를 통과한다. 푸른빛은 더 산란하게 되고, 붉은색과 노란색은 통과하여 볼 수 있게 된다.

## 친수성 및 소수성 콜로이드

가장 중요한 콜로이드는 분산매가 물인 콜로이드이다. 이러한 콜로이드는 주로 **친수성(hydrophilic**, 물을 좋아하는) 또는 **소수성(hydrophobic**, 물을 싫어하는)이다. 친수성 콜로이드는 앞에서 설명한 용액과 가장 유사하다. 사람에 있어서 효소와 항체와 같은 중요한 물질을 구성하는 거대 분자는 주위의 물 분자와 상호 작용에 의해 서스펜션으로 유지된다. 친수성 분자는 소수성기가 접혀 있는 분자의 안쪽에 있는 물 분자와 멀리 떨어져 있는 방식으로 접혀 있고, 반면에 그것의 친수성인 극성기는 물 분자와 상호 작용하면서 표면에 있게 된다. 이런 친수성기는 일반적으로 산소나 질소를 포함하고 있고, 종종 전하를 가지고 있다(그림 13.25).

소수성 콜로이드는 특정 방법으로 안정화되면 물속에 분산될 수 있다. 그렇지 않으면 물에 대한 소수성 콜로이드의 자연 친화도가 작기 때문에, 소수성 콜로이드는 물

음전하를 가지고 있는 기(group)의 화학적 성분은 무엇인가?

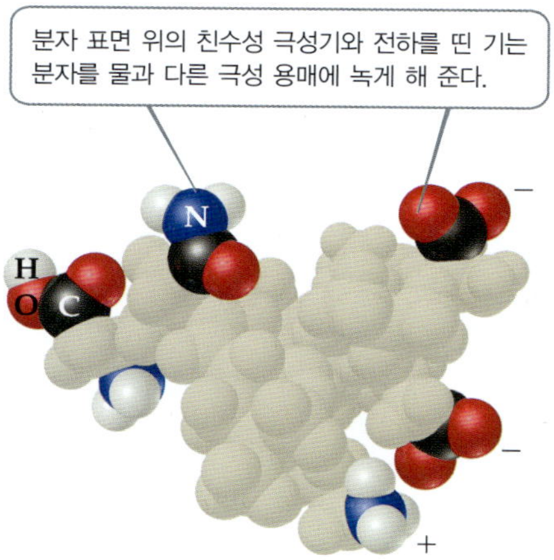


▲ **그림 13.25** 친수성 콜로이드 입자 친수성기는 거대 분자가 물속에서 서스펜션으로 유지될 수 있도록 해 준다.

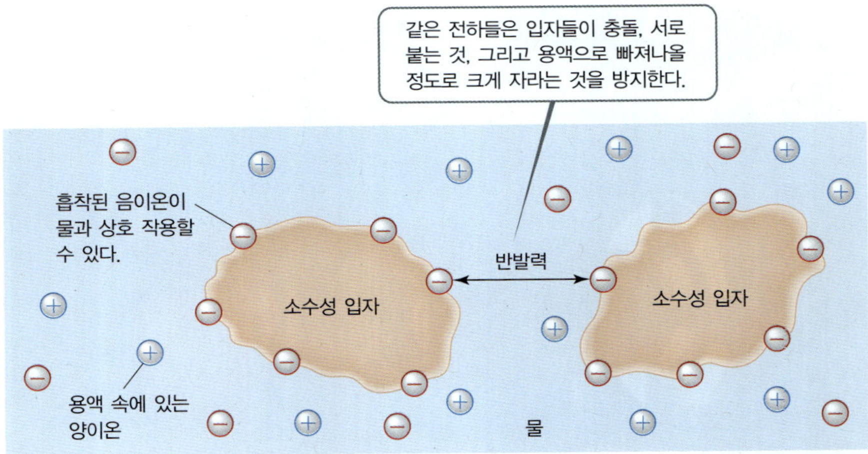


▲ **그림 13.26** 흡착된 음이온에 의해 안정화된 소수성 콜로이드

에서 분리된다. 안정화시키는 한 가지 방법은 소수성 입자 표면에 이온을 흡착시키는 것이다(**그림 13.26**). (**흡착**(**ad**sorption)은 표면에 붙어있는 것을 의미하고, **흡수**(**ab**sorption)와는 다르다. 흡수는 스펀지가 물을 흡수할 때 물이 안 쪽으로 들어가는 것과 같은 것을 뜻한다.) 이 흡착 이온은 물과 상호 작용하여 콜로이드를 안정화한다. 동시에 이웃한 콜로이드 입자 위에 흡착된 이온 사이의 반발력은 물속에서 입자들이 서로 붙는 것을 막아 준다.

소수성 콜로이드는 표면의 친수성기에 의해서 또한 안정화될 수 있다. 예를 들면 작은 기름방울은 소수성이다. 따라서 기름방울은 물속에서 서스펜션으로 존재하지 않고 대신에 그들은 집합하여 물의 표면에 기름막을 형성한다. 스테아르산 소듐(sodium stearate, **그림 13.27**), 또는 한쪽은 친수성 말단(극성 또는 전하를 띤)이고 다른 쪽은 소수성(무극성) 말단을 갖는 어떤 물질은, 물속에서 기름 서스펜션을 안정화할 것이다. 이와 같은 안정화는 스테아르산 음이온의 소수성 이온의 말단과 기름방울 간 상호 작용 및 친수성 말단과 물의 상호 작용의 결과이다.

**어떤 분자간 힘이 스테아르산 이온을 기름 방울 속으로 끌어당기는가?**

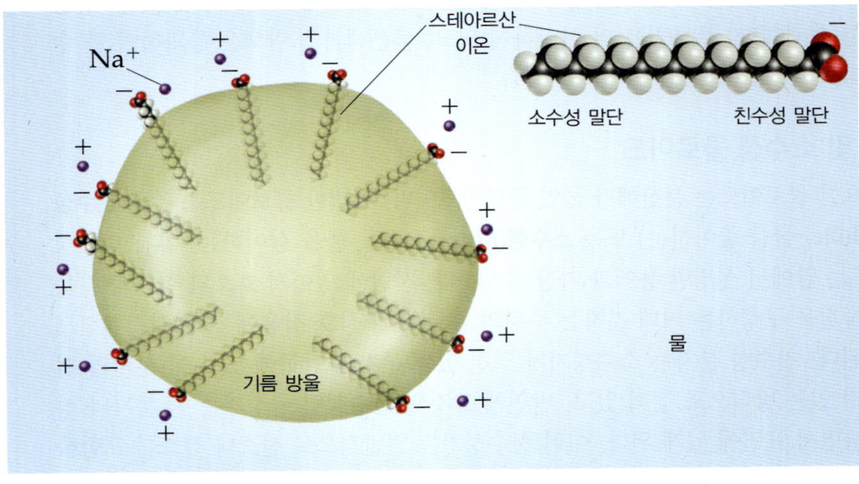


▲ **그림 13.27** 물속에서 스테아르산 이온에 의한 기름 유제의 안정화

## 화학과 생명 | 낫 모양 적혈구 빈혈증

혈액은 복잡한 단백질인 헤모글로빈(hemoglobin)을 함유하고 있다. 이는 산소를 허파로부터 신체의 각 부분에 전달한다. 낫 모양 적혈구 빈혈증(sickle-cell anemia)로 알려진 유전병에 있어서, 헤모글로빈 분자는 정상이 아니고 특별히 산소가 붙지 않은 형태로 있어서 물에 대하여 낮은 용해도를 갖는다. 따라서 적혈구 속에 있는 헤모글로빈의 85%가 용액으로부터 결정화된다.

불용성의 원인은 아미노산 내 한 부분의 구조적 변화에 기인한다. 정상적인 헤모글로빈 분자는 $-CH_2CH_2COOH$기를 가지고 있는 아미노산이 있다.

$$-CH_2-CH_2-\overset{\overset{\displaystyle O}{\|}}{C}-OH$$

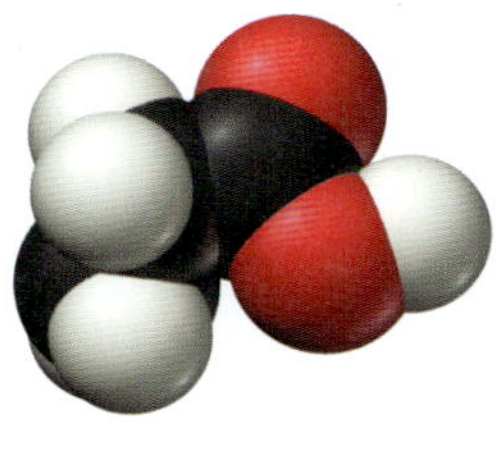

정상 정상

$-COOH$기의 극성은 물에 대한 헤모글로빈 분자의 용해도에 기여한다. 낫 모양 적혈구 빈혈증이 있는 환자의 헤모글로빈 분자는 $-CH_2CH_2COOH$ 사슬이 없고, 그 자리에 무극성(소수성)인 $-CH(CH_3)_2$기만 발견된다.

$$-\underset{\underset{\displaystyle CH_3}{|}}{CH}-CH_3$$

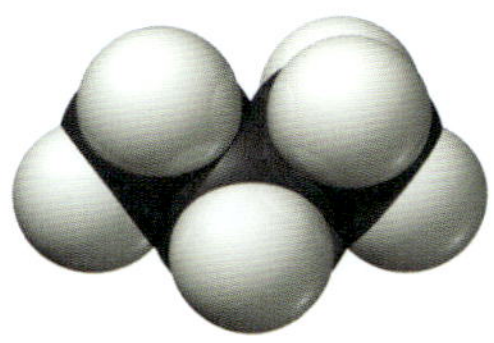

비정상 비정상

이와 같은 변화는 결합이 있는 형태의 헤모글로빈을 응집시켜 체액에 서스펜션되기에 너무 큰 입자들로 응집되게 한다. 또한 그림 13.28에서와 같이 세포가 낫 모양으로 뒤틀리게 한다. 낫 모양의 세포는 모세관을 막으려고 하고, 그로 인해 엄청난 고통, 허약함과 생명 기관의 점진적인 약화를 가져온다. 이 병은 유전병이고, 부모 양쪽 모두 결함이 있는 유전자를 가지고 있다면, 그들의 자식은 비정상적인 헤모글로빈만을 보유하게 될 것이다.

이상 혈색소로 인한 낫 모양 적혈구 빈혈증과 같은, 생명을 위협하는 질병이 인류의 진화 과정을 통하여 어떻게 지속되어 내려왔는지 궁금할 것이다. 이 의문에 대한 부분적인 해답은, 이 질병을 가진 사람들이 말라리아에 잘 감염되지 않는다는 것이다. 따라서 말라리아가 유행하는 열대지역에서 낫 모양 적혈구 빈혈증을 가진 사람은 말라리아에 걸리는 사례가 적다.

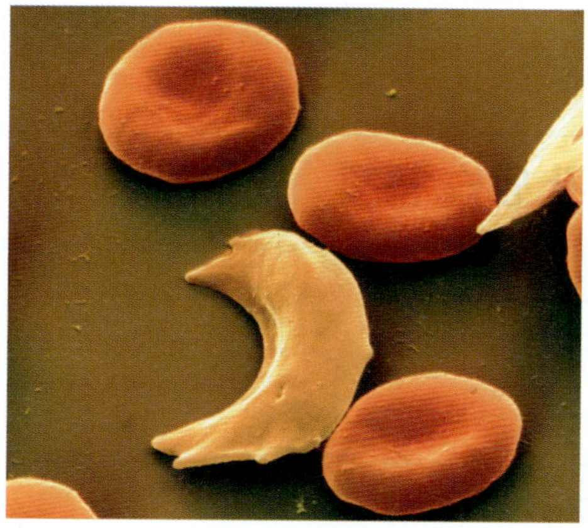

▲ **그림 13.28** 정상 적혈구(원형)와 낫 모양 적혈구(초승달 모양)의 전자 주사 현미경(SEM) 사진 정상 적혈구의 지름은 약 $6\times10^{-3}$ mm 정도이다.

콜로이드 안정화는 사람의 소화계에도 흥미롭게 적용할 수 있다. 음식물 속의 지방이 소장에 도달할 때 호르몬은 쓸개로부터 담즙이 나오게 한다. 담즙 성분 중 스테아르산 소듐과 화학적으로 비슷한 구조를 갖는 화합물이 있다. 즉 이 화합물은 친수성(극성) 말단과 소수성(무극성) 말단을 갖는다. 이 화합물은 소장 내의 지방을 유화시키고 소장벽을 통해 지용성 바이타민을 소화시키고 흡수하게 만든다. **유화**(emulsification)란 '유제 생성'을 뜻하며, 한 액체가 다른 액체에 서스펜션되어 있는 것을 의미한다. 우유가 한 예이다(표 13.5). 유제 생성을 돕는 물질을 유화제라고 한다. 식품이나 다른 상품의 상표를 읽어 보면, 많은 화학 약품이 유화제로 사용된 것을 알 수 있다. 이런 화학 약품들은 전형적으로 친수성 말단과 소수성 말단을 가지고 있다.

### 액체 내에서의 콜로이드 운동

기체 분자는 분자량에 반비례하는 평균 속도로 어떤 것과 충돌하기 전까지 선형으로 움직인다는 것을 10장에서 배웠다. **평균 자유 행로**(mean free path)란 충돌과 충돌 사이에 분자들이 이동한 평균 거리를 의미한다. 기체들의 분자 속도 이론은 기체 분자들이 연속적으로 무질서하게 운동하는 것으로 가정하였음을 상기하라.

용매 분자들과의 충돌로 인해, 용액 내의 콜로이드 입자는 무질서하게 움직이게 된다. 콜로이드 입자는 용매 입자에 비해 매우 크기 때문에 충돌에 기인한 움직임은 매우 작다. 하지만 이와 같은 충돌이 매우 많이 일어나고, 결과적으로 콜로이드 입자의 전체 움직임은 무질서하게 된다. 이와 같은 것을 **Brown 운동(Brownian motion)**이라고 한다. 1905년에 아인슈타인이 역사적으로 매우 중요한 콜로이드 입자의 이동에 대한 평균 제곱의 방정식을 발전시켰다. 예상하는 것과 같이, 특정 액체에서 콜로이드 입자의 크기가 클수록 평균 자유 행로가 짧아진다(표 13.6). 오늘날 Brown 운동의 이해는 치즈 제조에서부터 의료 영상에 이르기까지 다양한 분야에 응용되고 있다.

**표 13.6 20 °C 물속에서 1시간 후 전하가 없는 콜로이드 구의 계산된 평균 자유 행로**

| 구의 반지름(nm) | 평균 자유 행로(mm) |
|---|---|
| 1 | 1.23 |
| 10 | 0.390 |
| 100 | 0.123 |
| 1000 | 0.039 |

## 자기 평가 연습 문제

**13.36** 포타슘 이온은 세포막에 있는 단백질 통로를 통하여 세포 내로 이동한다. 이온들의 이동이 용이하게 하기 위해서 어느 부분이 이온과 접하게 되는가?

**(a)** 친수성 부분
**(b)** 소수성 부분

## 연습 문제

**13.37** 가장 적절한 답을 선택하시오.
한 액체가 다른 액체에 콜로이드 상으로 분산된 것을 **(a)** 젤, **(b)** 유제, **(c)** 폼, **(d)** 에어로솔이라고 한다.

**13.38** 에어로솔은 대기에서 중요한 요소이다. 대기 중의 에어로솔 존재가 에어로솔이 없는 대기와 비교하여 지구 표면에 도달하는 햇빛의 양을 증가시키는가, 감소시키는가? 그 이유를 설명하시오.

**13.39** 비누는 스테아르산 소듐($CH_3(CH_2)_{16}COO^-Na^+$)과 같이, 친수성 부분과 소수성 부분을 모두 가지고 있는 화합물로 구성되어 있다. 스테아르산 소듐의 탄화수소 부분이 '꼬리', 전하를 띠고 있는 부분이 '머리'라고 생각하자.

**(a)** 스테아르산 소듐의 머리 또는 꼬리 중 어느 부분이 물에 의해 용매화가 잘 될 것인가?
**(b)** 윤활제는 대부분 소수성 화합물들의 복잡한 혼합물이다. 스테아르산 소듐의 머리 또는 꼬리 중 어느 부분이 윤활제와 더 결합을 잘 할 것인가?
**(c)** 윤활제가 묻은 자리를 물로 세척하려고 할 때 스테아르산 소듐을 넣으면 에멀션을 형성하는 것을 관찰할 수 있을 것이다. 이것은 어떤 분자간 상호 작용 때문인가?

자기 평가 연습 문제 답 **13.36** (a)

## 통합 예제

종합 개념

물에 0.441 g의 $CaCl_2(s)$ 시료를 녹여 0.100 L의 용액을 만들었다. (a) 성분 이온으로 완전히 용해되었다고 가정하였을 때, 27 °C에서 이 용액의 삼투압을 계산하시오. (b) 이 용액의 측정된 삼투압은 27 °C에서 259.4 kPa이다. (a)에서 계산된 삼투압보다도 왜 작은지 설명하고, 이 용액에 있는 용질에 대해서 van't Hoff 지수($i$)를 계산하시오. (c) $CaCl_2$의 용액 엔탈피는 $\Delta H = -81.3$ kJ/mol이다. 용액의 최종 온도가 27 °C이면, 초기 온도는 얼마인가? (단, 용액의 밀도는 1.00 g/mL, 비열은 4.18 J/g-K, 용액은 주위에 열 손실이 없다고 가정한다.)

**해답**

**(a)** 삼투압을 나타내는 식은 식 13.14이며, $\Pi = iMRT$이다. 온도 $T=27\ ^\circ C=300\ K$, 기체 상수 $R=8.314\ m^3\text{-}Pa/mol\text{-}K$이다. $CaCl_2$의 질량 및 부피로부터 용액의 몰농도를 계산하면 다음과 같다.

$$\text{몰농도} = \left(\frac{0.441\ g\ CaCl_2}{0.100\ L}\right)\left(\frac{1\ mol\ CaCl_2}{110\ g\ CaCl_2}\right) = 0.0397\ mol\ CaCl_2/L$$

가용성 이온 결합 화합물은 강전해질이다. 따라서 $CaCl_2$는 금속 이온($Ca^{2+}$)과 비금속 이온($Cl^-$)으로 구성된다. 완전히 용해되었을 때 $CaCl_2$ 단위는 이온화하여 세 개의 이온(한 개의 $Ca^{2+}$와 두 개의 $Cl^-$)을 생성한다. 따라서 계산된 삼투압은 다음과 같다.

$$\Pi = iMRT = (3)(0.0397\ mol/L)(8.314\ m^3\ Pa/mol\ K)(300\ K) = 297\ kPa$$

**(b)** 전해질 총괄성의 실제값은 계산값보다 작다. 왜냐하면 이온들 사이의 정전기적 상호 작용이 그들의 자유로운 이동을 제한하기 때문이다. 이 경우에 있어서, 전해질이 실제적으로 어느 정도 이온으로 해리되는지를 측정하는 van't Hoff 지수는 다음과 같다.

$$i = \frac{\Pi(\text{측정값})}{\Pi(\text{비전해질에 대한 계산값})} = \frac{259.4\ kPa}{(0.0397\ mol/L)(8.314\ m^3\ Pa/mol\ K)(300\ K)} = 2.62$$

따라서 이 용액은 마치 $CaCl_2$ 용액이 이상값 3 대신에 2.62 입자로 해리되는 것처럼 작용한다.

**(c)** 용액이 0.0397 $M$ $CaCl_2$이고 전체 부피가 0.100 L이면, 용질의 몰수는 다음과 같다.

$$(0.100\ L)(0.0397\ mol/L) = 0.00397\ mol$$

따라서 용액을 만들 때 발생하는 열량은 다음과 같다.

$$(0.00397\ mol)(-81.3\ kJ/mol) = -0.323\ kJ$$

용액은 이 열량을 흡수하여 온도를 증가시킨다. 온도 변화와 열 사이의 관계는 식 5.22로 주어지며, 다음과 같다.

$$q = (\text{비열})\ (g\text{수})(\Delta T)$$

용액이 흡수한 열량은 $q=+0.323\ kJ= 323\ J$이다. 0.100 L 용액의 질량은 (100 mL)(1.00 g/mL)=100 g(유효 숫자 3)이다. 따라서 온도 변화는

$$\Delta T = \frac{q}{(\text{용액의 비열})\ (\text{용액의 그램수})} = \frac{323\ J}{(4.18\ J/g\text{-}K)(100\ g)} = 0.773\ K$$

Kelvin은 섭씨 온도와 같은 크기이다. 용액 온도가 0.773 °C 증가하므로 초기 온도는

$$27.0\ ^\circ C - 0.773\ ^\circ C = 26.2\ ^\circ C$$

# 요약 및 중요 용어

**용해 과정(13.1절)** 용액은 한 물질이 다른 물질 전체에 균일하게 분산될 때 생성된다. 용매 분자와 용질과의 인력 상호 작용을 **용매화(solvation)**라고 한다. 용매가 물일 때 상호 작용을 **수화(hydration)**라고 한다. 물에서 이온성 물질의 용해는 극성 물 분자에 의한 분리된 이온의 수화에 의해서 일어난다. 용액을 만들 때 전체 엔탈피 변화는 양수일 수도, 음수일 수도 있다. 용액 형성은 음수의 엔탈피 변화(발열 과정)와, 양수의 엔트로피의 변화와 상응하는 용액 성분의 공간상에 증가된 분산에 의해 유리하게 된다.

**포화 용액과 용해도(13.2절)** 포화 용액과 녹지 않는 용질 간의 평형은 동적이다. 용해 과정과 그 역과정인 **결정화(crystallization)**는 동시에 일어난다. 녹지 않은 용질과 평형에 있는 용액에서 두 과정은 **포화(saturated)** 용액을 형성하면서 같은 속도로 일어난다. 용액의 포화에 필요한 양보다 용질의 양이 적으면, 이 용액은 **불포화(unsaturated)**라고 한다. 평형 농도 값보다 용질의 농도가 더 크면, 이 용액은 **과포화(supersaturated)**라고 한다. 과포화 용액은 불안정한 상태이고, 용질의 결정씨에 의해서 용액으로부터 용질이 일부 분리될 수 있다. 어떤 특정 온도에서 포화 용액을 형성하는 데 필요한 용질의 양을 그 온도에서의 용질의 **용해도(solubility)**라고 한다.

**용해도에 영향을 주는 인자(13.3절)** 어떤 물질 속에 있는 한 물질의 용해도는 공간에 더 분산되려는 것에 의해서 계가 더 무질서해지려는 경향과, 용질–용매 사이의 상호 작용과 비교해서 상대적인 분자간 용질–용질, 용매–용매 사이의 에너지에 의존한다. 극성과 이온성 용질은 극성 용매에 용해되려는 경향이 있고, 무극성 용질은 무극성 용매에 용해하려는 경향이 있다('비슷한 물질은 비슷한 물질을 녹인다'). 모든 비율로 혼합되는 액체는 **'혼합되는(miscible)'**이라고 말하고, 서로 상당히 용해되지 않는 물질은 **'혼합되지 않는(immiscible)'**이라고 말한다. 용질과 용매 사이의 수소 결

합 상호 작용은 종종 용해도를 결정하는 데 중요한 역할을 한다. 예를 들면 분자들 간에 서로 수소 결합을 하는 에탄올과 물은 혼합할 수 있다. 액체에 대한 기체의 용해도는 일반적으로 **Henry 법칙(Henry's law)**, 즉 $S_g = kP_g$에 의해 나타난 바와 같이, 용액에 대한 기체의 압력에 비례한다. 물에 대한 대부분 고체 용질의 용해도는 용액의 온도가 증가함에 따라 증가한다. 대조적으로 물에 대한 기체의 용해도는 일반적으로 온도가 증가함에 따라 감소한다.

**용액 농도 표시법(13.4절)** 용액의 농도는 **질량 백분율(mass percentage)**[(용질 질량/용액 질량)×100], **백만분율(parts per million, ppm)**, **십억분율(parts per billion, ppb)**, 몰분율을 포함해서 몇 가지 다양한 척도를 이용해 정량적으로 표시할 수 있다. **몰농도(molarity, $M$)**는 용액 리터당 용질의 몰수로 정의한다. **몰랄 농도(molality, $m$)**는 용 매의 킬로그램당 용질의 몰수로 정의한다. 용액의 밀도를 안다면, 몰농도는 다른 농도 단위로 변환될 수 있다.

**총괄성(13.5절)** 용질의 특성에 관계없이 용액 중 용질 입자의 농도에 의존하는 용액의 물리적 성질을 **총괄성(colligative property)**이라고 한다. 총괄성에는 증기 압력 내림, 어는점 내림, 끓는점 오름, 삼투압이 있다. 증기 압력 내림은 **Raoult 법칙(Raoult's law)**으로 표시한다. **이상 용액(ideal solution)**은 Raoult 법칙에 따른다. 용매–용매 및 용질–용질의 분자간 힘과 비교해서 용매–용질에 있어서 분자간 힘의 차이로 인하여 많은 용액이 이상적 거동으로부터 벗어나게 된다.

비휘발성 용질을 포함하고 있는 용액은 순수한 용매보다 끓는점이 높다. **몰랄 끓는점 오름 상수(molal boiling-point-elevation constant, $K_b$)**는 순수한 용매와 비교할 때 용질 입자 1 $m$ 용액에 대한 끓는점 오름을 나타낸다. 이와 유사하게 **몰랄 어는점 내림 상수(molal freezing-point-depression constant, $K_f$)**는 순수한 용매와 비교할 때 용질 입자 1 $m$ 용액에 대한 용액의 어는점 내림을 의미한다. 온도 변화는 식 $\Delta T_b = iK_b m$, $\Delta T_f = -iK_f m$에 의해 주어진다. $i$는 **van't Hoff 지수(van't Hoff factor)**로, 용매에서 용질이 몇 개의 입자를 형성하는지를 나타낸다. NaCl 1 mol이 물에 녹을 때, 녹은 염은 2 mol의 용질 입자를 생성한다. 그러므로 끓는점과 어는점은 각각 대략적으로 같은 농도의 비전해질 용액의 두 배 정도 증가하거나 감소한다. 이와 같은 고찰은 다른 강전해질에도 적용된다.

**삼투 현상(osmosis)**은 반투막을 통한 묽은 용액에서 더 진한 용액으로의 용매 분자의 이동이다. 용액의 알짜 이동으로 **삼투압(osmotic pressure, Π)**이 생기는데, 이것은 기압과 같은 기체 압력의 단위로 측정될 수 있다. 용액의 삼투압은 용액의 몰농도에 비례한다($\Pi = iMRT$). 삼투 현상은 생체계에 있어서 중요한 과정인데, 세포벽은 물을 통과시키지만, 이온 및 거대 분자 성분의 통과를 제한하는 반투막으로 작용한다.

**콜로이드(13.6절)** 분자 규모로는 크지만 용매계에서 오랫동안 분산 되어 있을 만큼 충분히 작은 입자들은 **콜로이드(colloid)** 또는 **콜로이드 분산(colloidal dispersion)**을 생성한다. 용액과 불균일 혼합물 사이의 중간 물질인 콜로이드는 실제적으로 많이 응용되고 있다. 콜로이드의 유용한 물리적 성질 중 하나인 가시광선의 산란을 **Tyndall 효과(Tyndall effect)**라고 한다. 수용성 콜로이드는 **친수성(hydrophilic)**과 **소수성(hydrophobic)**으로 분류한다. 친수성 콜로이드는 살아 있는 유기체에서 흔히 발견된다. 이 안에서 거대 분자의 집합체(효소, 항체)는 물과 상호 작용하는 표면에 많은 극성 또는 전하를 띤 원자기들을 가지고 있기 때문에 서스펜션을 유지하고 있다. 작은 기름 방울과 같은 소수성 콜로이드는 그들 표면에 전하를 띤 입자의 흡착을 통해 서스펜션으로 존재한다.

콜로이드는 액체 내에서 기체 분자의 삼차원적인 무질서한 운동과 유사하게 **Brown 운동(Brownian motion)**을 한다.

## 학습 정리 이 장을 공부한 후에 여러분은 다음을 할 수 있어야 한다.

- 엔탈피와 엔트로피 변화가 용액 형성에 어떻게 영향을 주는지 기술하기(13.1절). **관련 연습 문제: 13.6, 13.40, 13.56**
- "비슷한 물질은 비슷한 물질을 녹인다"라는 법칙의 사용을 포함해서, 분자간 힘과 용해도 사이의 관계를 기술하기(13.1절, 13.3절). **관련 연습 문제: 13.3, 13.53**
- 용해 과정에 있어서 평형의 역할과 용질의 용해도에 대한 관계를 기술하기(13.2절). **관련 연습 문제: 13.8, 13.57**
- 액체에서 고체와 기체의 용해도에 미치는 온도의 효과에 대해 기술하기(13.3절). **관련 연습 문제: 13.16, 13.63**
- 기체의 부분 압력과 용해도 사이의 관계를 기술하기(13.3절). **관련 연습 문제: 13.16**
- 몰농도, 몰랄 농도, 몰분율, 질량 백분율, 백만분율의 농도를 계산하고, 그들 사이의 상호 변환하기(13.4절). **관련 연습 문제: 13.22, 13.69**
- 총괄성이 무엇인지 기술하고, van't Hoff 지수에 대해 설명하기(13.5절). **관련 연습 문제: 13.28, 13.78, 13.83, 13.84**
- 용액에 작용하는 용매의 증기압 계산하기(13.5절). **관련 연습 문제: 13.79, 13.81**
- 용액의 끓는점 오름과 어는점 내림 계산하기(13.5절). **관련 연습 문제: 13.32, 13.86**
- 용액의 삼투압 계산하기(13.5절). **관련 연습 문제: 13.33, 13.89**
- 용액의 총괄성을 이용하여 용질의 몰질량 계산하기(13.5절). **관련 연습 문제: 13.34, 13.90**
- 용액과 콜로이드 사이의 차이점 설명하기(13.6절). **관련 연습 문제: 13.37, 13.94**
- 친수성 콜로이드와 소수성 콜로이드가 어떻게 물속에서 안정화될 수 있는지 설명하기(13.6절). **관련 연습 문제: 13.39, 13.95**

## 핵심 공식

- $S_g = kP$ [13.4] 기체 용해도가 부분 압력과 관련있는 Henry 법칙
- 성분의 질량 백분율(%) $= \dfrac{\text{용액 속의 성분의 질량}}{\text{용액의 총질량}} \times 100$ [13.5] 질량 백분율의 농도 정의
- 성분의 ppm $= \dfrac{\text{용액 속의 성분의 질량}}{\text{용액의 총질량}} \times 10^6$ [13.6] 백만분율(ppm)의 농도 정의
- 성분의 몰분율 $= \dfrac{\text{성분의 몰수}}{\text{모든 성분의 총 몰수}}$ [13.7] 몰분율의 농도 정의
- 몰농도 $= \dfrac{\text{용질의 몰수}}{\text{용액의 리터수}}$ [13.8] 몰농도의 농도 정의
- 몰랄 농도 $= \dfrac{\text{용질의 몰수}}{\text{용매의 kg수}}$ [13.9] 몰랄 농도의 농도 정의
- $P_{\text{용액}} = X_{\text{용매}} P^{\circ}_{\text{용매}}$ [13.10] 용액에 작용하는 용매의 증기 압력을 계산하는 Raoult 법칙
- $\Delta T_b = iK_b m$ [13.12] 용액의 끓는점 오름 계산
- $\Delta T_f = -iK_f m$ [13.13] 용액의 어는점 내림 계산
- $\Pi = i\left(\dfrac{n}{V}\right)RT = iMRT$ [13.14] 용액의 삼투압 계산

## 연습 문제

### 눈으로 보는 개념

**13.40** 다음 용기를 엔트로피가 증가하는 순서로 나열하시오. [13.1절]

(a) (b) (c)

**13.41** 다음 그림은 양이온과 주위의 물 분자 간의 상호 작용을 보여 준다. [13.1절]

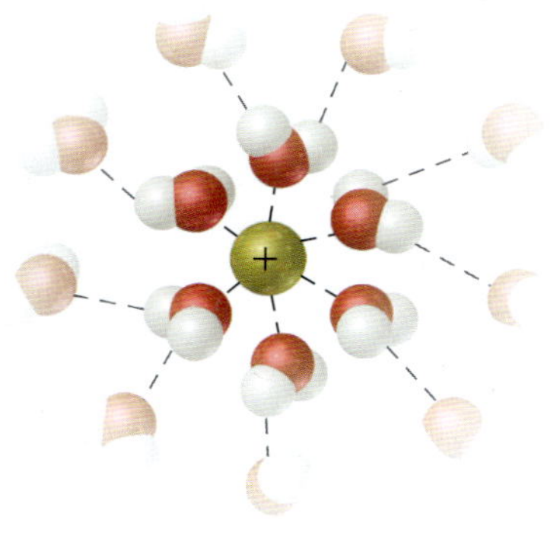

**(a)** 물 분자의 원자 중 양이온과 결합한 원자는 어느 것인가? 그 이유는?

**(b)** 다음 중 $K^+$보다 $Li^+$에서 이온–용매 상호 작용이 큰 이유를 설명한 것은?

**a.** $Li^+$가 $K^+$보다 질량이 작다.
**b.** Li의 이온화 에너지가 K의 이온화 에너지보다 크다.
**c.** $Li^+$가 $K^+$보다 이온 반지름이 작다.
**d.** Li가 K보다 밀도가 작다.
**e.** Li가 K보다 물과 더 느리게 반응한다.

**13.42** 단일 전하를 갖는 이온들로 구성되고, 격자 에너지가 다른 두 이온성 고체를 생각해 보자. [13.1절]

**(a)** 이 고체들은 물에 대한 용해도가 동일한가?

**(b)** 그렇지 않다면 격자 에너지가 큰 고체와 격자 에너지가 작은 고체 중 어느 고체가 물에 잘 녹겠는가? (용질–용매 상호 작용은 두 고체에서 동일하다고 가정하라.)

**13.43** 기체 혼합물에 관한 다음 설명 중 옳은 것 **두 가지**는 ? [13.1절]

**(a)** 기체 입자들은 서로 상당히 멀리 떨어져 있어서 분자간 인력이나 반발력에 의해 크게 영향을 받지 않기 때문에 기체는 다른 기체와 언제나 섞인다.

**(b)** 물과 기름이 액체상에서 섞이지 않는 것처럼, 두 기체는 서로 섞이지 않으며 기체상에서 섞이지 않는다.

**(c)** 만일 기체 혼합물을 냉각시킨다면 같은 온도에서 모든 기체를 액화시킬 수 있다.

**(d)** 기체는 혼합되면서 계의 엔트로피가 증가하기 때문에 기체는 부분적으로 모든 비율로 섞인다.

**13.44** 다음 중 포화 용액을 가장 잘 나타낸 것은? 그 이유를 설명하시오. [13.2절]

**13.45** 물에 대한 비활성 기체의 용해도를 비교할 경우, 원자량이 증가하는(Ar < Kr < Xe) 순서로 용해도가 증가한다는 것을 알 수 있다. 다음 설명 중 가장 정확한 것은 ? [13.3절]

**(a)** 기체는 무거울수록 물속에서 바닥에 더 가라앉게 되면서 물 상층부에는 기체가 녹을 수 있는 공간이 남게 된다.

**(b)** 기체는 무거울수록 분산력이 커지게 되고, 따라서 물 분자와의 친화 작용이 더 커진다.

**(c)** 기체는 무거울수록 물과 수소 결합을 더 잘 할 수 있다.

**(d)** 기체는 무거울수록 물과 포화 용액을 더 잘 만들 수 있다.

**13.46** 다음 그림은 바이타민 E와 $B_6$를 나타낸 것이다. 어떤 것이 물에 잘 녹고, 어떤 것이 지방에 잘 녹을지 예측하시오. [13.3절]

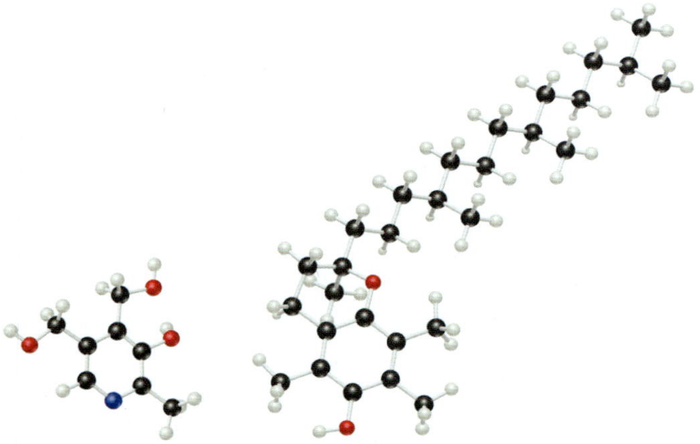


**13.47** 상온에서 공기와 접촉하고 있는 물 시료를 취하여 진공 상태에 놓았다. 즉시 물에서 빠져나오는 방울들을 볼 수 있지만, 좀 더 시간이 지난 후 방울들이 멈추는 것을 관찰할 수 있다. 진공 상태를 계속 유지하면 더 많은 방울을 볼 수 있다. 한 친구는 첫 번째 방울이 수증기이며, 낮은 압력이 물의 끓는점을 낮추어 물이 끓게 한 것이라고 하였다. 다른 친구는 첫 번째 방울은 물에 녹아 있는 대기 중의 기체 분자(산소, 질소 등)라고 하였다. 어느 친구가 옳은가? 그러면 두 번째 방울들은 무엇인가? [13.4절]

**13.48** 다음 그림은 두 온도에서 같은 용액이 담겨 있는 동일한 부피 플라스크를 나타낸 것이다. [13.4절]

**(a)** 온도 변화에 따라 용액의 몰농도가 변하는가? 설명하시오.

**(b)** 온도 변화에 따라 용액의 몰랄 농도가 변하는가? 설명하시오.

**13.49** 다음 그림은 휘발성 용매와 이 용매에 비휘발성 용질이 녹아 있는 용액의 증기 압력 곡선을 나타낸 것이다. [13.5절]

**(a)** 용액을 나타내는 선은 어느 것인가?

**(b)** 용매와 용액의 정상 끓는점은 얼마인가?

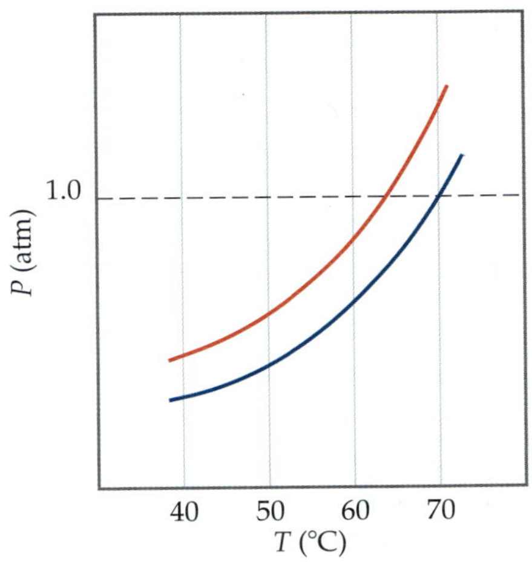


**13.50** 반투막으로 만들어진 풍선이 있다고 가정하자. 이 풍선을 용질이 녹아 있는 0.2 *M* 용액으로 완전히 채운 후, 같은 용질이 녹아 있는 0.1 *M* 용액에 담갔다. 이 풍선의 초기 부피는 0.25 L이다. 그림에 나타낸 것과 같이 반투막 외부의 부피가 크다고 가정하고 삼투압을 통하여 평형에 도달하였을 때 풍선 내부 용액의 부피를 예측하시오. [13.5절]

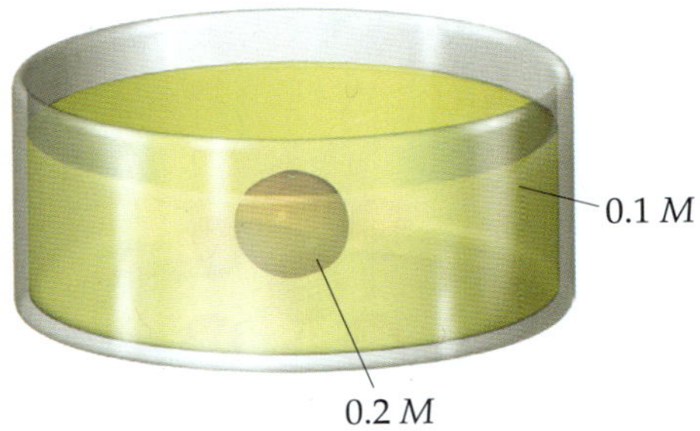


**13.51** 다음 중 우유와 같은 액체–액체 유제를 잘 나타낸 것은? 색을 띠는 입자들은 서로 다른 액체 분자를 나타낸다. [13.6절]

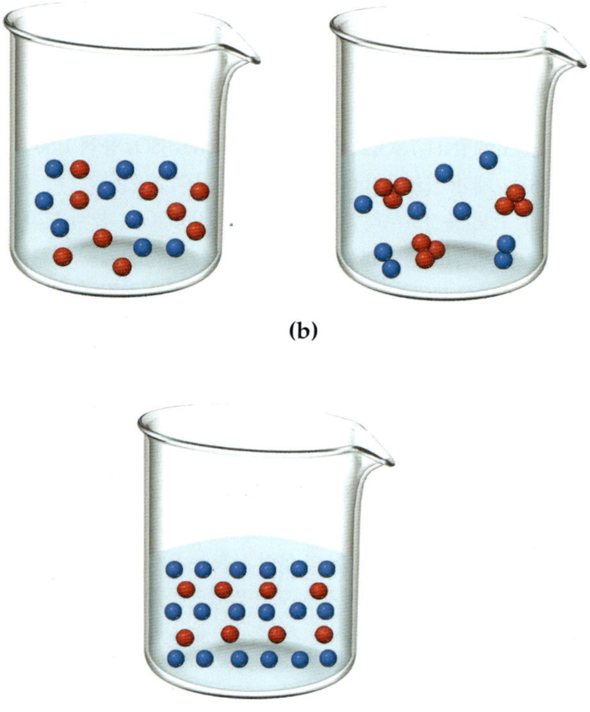

(a) (b) (c)

## 용해 과정(13.1절)

**13.52** 다음 설명이 맞는지 틀리는지를 말하시오.

**(a)** 용질–용질 상호 작용이 용질–용매 상호 작용보다 강하면 용질은 용매에 녹을 것이다.

**(b)** 용액을 만들 때 혼합 엔탈피는 항상 양의 값이다.

**(c)** 엔트로피의 증가는 혼합에 유리하다.

**13.53** 다음 각 용액에서 가장 중요한 용질–용매 사이의 상호 작용의 형태(11.2절)를 지적하시오.

**(a)** 벤젠($C_6H_6$) 중 $CCl_4$

**(b)** 물 중 메탄올($CH_3OH$)

**(c)** 물 중 KBr

**(d)** 아세토나이트릴($CH_3CN$) 중 HCl

**13.54** 염화 암모늄을 물에 녹이면 용액이 차가워진다.

**(a)** 이 용해 과정은 발열 반응인가, 흡열 반응인가?

**(b)** 용액이 형성되는 이유는 무엇인가?

**13.55** **(a)** 식 13.1에서 어느 항이 격자 에너지에 해당되는가? **(b)** 이 반응식에서 어느 에너지 항이 항상 발열인가?

**13.56** 물에 대한 KBr 용액의 엔탈피가 약 +198 kJ/mol임에도 불구하고 물에 대한 KBr의 용해도는 상대적으로 높다. 다음 중 이러한 현상을 가장 잘 설명한 것은?

**(a)** 포타슘염은 물에 항상 녹는다.

**(b)** 혼합 엔트로피는 불리할 것이다.

**(c)** 혼합 엔탈피는 물–물 상호 작용과 K–Br 이온 상호 작용을 끊는 데 필요한 엔탈피에 비하여 작아야 한다.

**(d)** KBr은 NaCl과 같은 다른 염들에 비해 몰질량이 크다.

## 포화 용액, 용해도에 영향을 주는 인자(13.2절, 13.3절)

**13.57** 물에 대한 백반($KAl(SO_4)_2 \cdot 12\ H_2O$)의 용해도는 15 °C에서 물 100 g당 55 g이고, 80 °C에서 물 100 g에 130 g이 녹아 있는 이 용액을 50 °C까지 천천히 냉각하면 침전은 생성되지 않는다.

**(a)** 50 °C까지 냉각된 용액은 비포화, 포화, 과포화 중 어느 것인가?

**(b)** 금속 주걱으로 이 냉각된 용액이 담겨 있는 유리 용기 옆면을 긁었을 때 침전이 형성되기 시작했다. 무슨 현상이 일어난 것인가?

**(c)** 평형 상태에서 생성될 결정의 질량은?

**13.58** 그림 13.14를 참고하여 20 °C에서 물 100 g에 다음의 이온성 고체를 각각 50.0 g씩 가할 경우, 포화 용액에 되겠는지 결정하시오.

**(a)** NaCl **(b)** $CaCl_2$ **(c)** $KNO_3$ **(d)** $NaNO_3$

**13.59** 물과 글리세롤[$CH_2(OH)CH(OH)CH_2OH$]을 생각하자.

**(a)** 이들이 모든 비율로 섞일 것으로 예상되는가? 설명하시오.

**(b)** 물 분자와 글리세롤 분자 간에 생기는 분자간 인력을 나열하시오.

**13.60** 알라닌(아미노산)은 물과 핵세인 중 어느 것에 더 잘 녹겠는가?

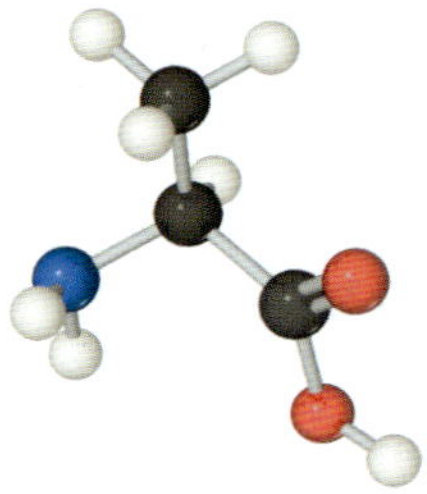

알라닌

**13.61** **(a)** 스테아르산($CH_3(CH_2)_{16}COOH$)은 물과 사염화 탄소 중 어느 것에 더 잘 녹겠는가?

**(b)** 사이클로헥세인과 다이옥세인 중 어느 것이 물에 더 잘 녹겠는가?

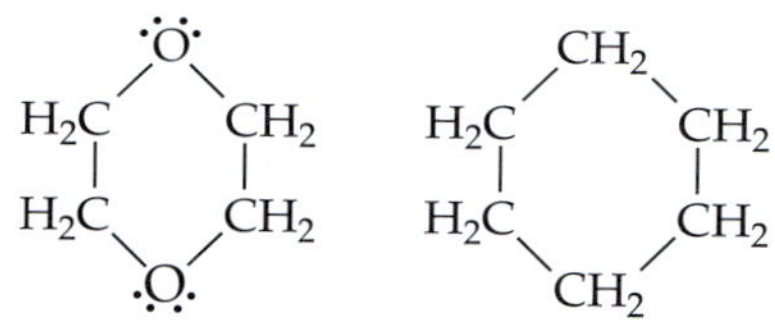

다이옥세인 사이클로헥세인

**13.62** 다음 각 쌍 중 어느 것이 헥세인($C_6H_{14}$)에 더 잘 녹는가? 각 경우에 대하여 이유를 설명하시오.

**(a)** $CCl_4$와 $CaCl_2$

**(b)** 벤젠($C_6H_6$)와 글리세롤($CH_2(OH)CH(OH)CH_2OH$)

**(c)** 옥테인산($CH_3CH_2CH_2CH_2CH_2CH_2CH_2COOH$)과 아세트산($CH_3COOH$)

**13.63** 다음 문장이 맞는지, 틀리는지 밝히시오.

**(a)** 온도가 높을수록 대부분의 기체는 물에 더 잘 녹는다.

**(b)** 온도가 높을수록 대부분의 이온성 고체는 물에 더 잘 녹는다.

**(c)** 포화 용액을 높은 온도에서 낮은 온도로 냉각시킬 때, 과포화 용액 상태에 있었다면 용액으로부터 고체가 결정으로 석출되

기 시작한다.

**(d)** 포화 용액의 온도를 높이면, 보통 고체를 추가하여 용액의 농도를 더 진하게 만들 수 있다.

**13.64** 해수면에서 대기 중 $N_2$의 몰분율은 0.78이다. 표 13.1의 자료와 Henry 법칙을 사용하여, 대기압 86.6 kPa, 20 °C에서 공기로 포화된 산정호수 수면에 있는 $N_2$의 몰농도를 계산하시오.

## 용액의 농도(13.4절)

**13.65** **(a)** 물 834 g에 $NaNO_3$ 13.6 g이 녹아 있는 용액에서 $NaNO_3$ 질량 백분율을 계산하시오. **(b)** 100 kg의 합금에 크로뮴이 2.86 g 있다. 크로뮴의 농도는 몇 ppm인가?

**13.66** 물 1000 g에 에탄올($C_2H_5OH$) 50.0 g이 포함된 용액이 있다. 다음을 계산하시오.
**(a)** $C_2H_5OH$의 몰분율 **(b)** $C_2H_5OH$의 질량 백분율 **(c)** $C_2H_5OH$의 몰농도

**13.67** 다음 수용액의 몰농도를 계산하시오.
**(a)** 용액 500.0 mL 중 $Mg(NO_3)_2$ 0.640 g
**(b)** 용액 250.0 mL 중 $LiClO_4 \cdot 3\ H_2O$ 50.0 g
**(c)** 3.00 *M* $HNO_3$ 125 mL를 1.00 L가 되게 묽힌 용액

**13.68** 다음 각 용액의 몰랄 농도를 계산하시오.
**(a)** 사염화 탄소($CCl_4$) 50.0 g에 녹아 있는 벤젠($C_6H_6$) 10.0 g
**(b)** 물 0.100 L에 녹아 있는 NaCl 5.00 g

**13.69** 1 L에 $H_2SO_4$ 697.6 g을 포함하는 황산 용액의 밀도는 1.395 g/cm$^3$이다. 용액 중 $H_2SO_4$에 대해서 다음을 계산하시오.
**(a)** 질량 백분율 **(b)** 몰분율 **(c)** 몰랄 농도 **(d)** 몰농도

**13.70** 아세토나이트릴($CH_3CN$)의 밀도는 0.786 g/mL이고, 메탄올($CH_3OH$)의 밀도는 0.791 g/mL이다. $CH_3OH$ 25.0 mL를 100 mL의 $CH_3CN$에 녹여 용액을 만들었다.
**(a)** 용액 중 메탄올의 몰분율은?
**(b)** 이 용액의 몰랄 농도(*m*)는 얼마인가?
**(c)** 부피가 합쳐진다고 가정하면, 이 용액 중 $CH_3OH$의 몰농도(*M*)는?

**13.71** 톨루엔($C_7H_8$)의 밀도는 0.867 g/mL이고, 싸이오펜($C_4H_4S$)의 밀도는 1.065 g/mL이다. 톨루엔 250.0 mL에 8.10 g의 싸이오펜을 녹여 용액을 만들었다.
**(a)** 이 용액 중 싸이오펜의 몰분율을 계산하시오.
**(b)** 이 용액의 몰랄 농도는 얼마인가?
**(c)** 용매와 용질의 부피가 합쳐진다고 가정하면, 이 용액 중 싸이오펜의 몰농도는?

**13.72** 다음 각 수용액 중 용질의 몰수를 계산하시오.
**(a)** 0.120 *M* $SrBr_2$ 750 mL
**(b)** 0.200 *m* KCl 70.0 g
**(c)** 질량으로 5.75% 글루코스($C_6H_{12}O_6$) 용액 150.0 g

**13.73** KBr 고체로 다음 각 수용액을 조제하는 방법을 설명하시오.
**(a)** $1.5 \times 10^{-2}$ *M* KBr 0.75 L
**(b)** 0.180 *m* KBr 125 g
**(c)** 질량으로 12.0% KBr 용액 1.85 L(이 용액의 밀도는 1.10 g/mL이다.)
**(d)** $AgNO_3$ 0.480 mol을 포함한 용액에서 AgBr 16.0 g을 침전시키는 데 필요한 0.150 *M* KBr 용액

**13.74** 다음 각 수용액을 조제하는 방법을 설명하시오.
**(a)** 고체 $(NH_4)_2SO_4$로부터 0.110 *M* $(NH_4)_2SO_4$ 용액 1.50 L
**(b)** 고체 용질로부터 0.65 *m* $Na_2CO_3$ 용액 225 g
**(c)** 고체 용질로부터 질량으로 15.0% $Pb(NO_3)_2$ 용액 1.20 L(이 용액의 밀도는 1.16 g/mL이다.)
**(d)** 6.0 *M* HCl로부터 $Ba(OH)_2$ 5.5 g을 중화시킬 수 있는 0.50 *M* HCl 용액

**13.75** 판매용 진한 질산 수용액은 3.7 *M*이고, 밀도는 1.12 g/mL이다. 이 용액에 든 $HNO_3$의 질량 백분율은?

**13.76** 청동은 구리와 아연 용액으로 구성된 치환형 합금이다. 질량으로 65.0% Cu와 35.0% Zn의 조성을 갖는 붉은 청동은 8470 kg/m$^3$의 밀도를 갖는다.
**(a)** 이 고체 용액에서 Zn의 몰랄 농도는 얼마인가?
**(b)** 이 용액에 든 Zn의 몰농도는 얼마인가?

**13.77** 일반적인 호흡 중 내쉬는 숨의 $CO_2$ 농도는 최고 4.6%(부피비)에 달한다.
**(a)** 압력을 101.3 kPa, 온도를 체온(37 °C)이라고 가정하고, 이 시점에서 $CO_2$의 부분 압력을 계산하시오.
**(b)** 체온을 37 °C로 가정하고, 이 시점에서 $CO_2$의 몰농도는 얼마인가?

## 총괄성(13.5절)

**13.78** 비휘발성 용질과 액체 용매로 0.01 *M*과 1.00 *M* 용액을 만들었다. 다음 진술이 맞는지, 틀리는지를 말하시오.
**(a)** 진한 용액의 증기압은 묽은 용액의 증기압보다 높다.
**(b)** 진한 용액의 삼투압은 묽은 용액의 삼투압보다 높다.
**(c)** 진한 용액의 끓는점은 묽은 용액의 끓는점보다 높다.
**(d)** 진한 용액의 어는점은 묽은 용액의 어는점보다 높다.

**13.79** 물 1 L에 150 g의 글루코스($C_6H_{12}O_6$)를 넣은 용액과, 물 1 L에 150 g의 슈크로스($C_{12}H_{22}O_{11}$)를 넣은 두 용액이 있다. 25 °C에서 각 용액의 증기압을 계산하시오(단, 이 온도에서 순수한 물의 증기압은 3.17 kPa이다).

**13.80** 순수한 물의 증기압은 70 °C에서 31.2 kPa이다. 같은 몰수의 물과 글리세롤($C_3H_5(OH)_3$, 비휘발성 용질)이 있는 용액 위의 증기압은 70 °C에서 13.3 kPa이다. Raoult 법칙에 의하면, 이 용액은 이상 용액인가?

**13.81** **(a)** 338 K에서 물 200.0 g에 22.5 g의 락토스($C_{12}H_{22}O_{11}$)를 가하여 조제한 용액 위의 증기압을 계산하시오(물에 대한 증기압 자료는 부록 B에 주어져 있다). **(b)** 40 °C에서 증기압을 384 Pa 낮추기 위하여 물 0.340 kg에 가해 주어야 할 프로필렌 글라이콜($C_3H_8O_2$)의 질량을 계산하시오.

**13.82** 20 °C에서 벤젠($C_6H_6$)의 증기압은 10 kPa이고, 톨루엔($C_7H_8$)은 2.9 kPa이다. 벤젠과 톨루엔이 이상 용액을 생성한다고 가정할 때, (a) 20 °C에서 증기압이 4.7 kPa인 용액의 조성 몰분율은? **(b)** (a)에서

기술된 용액 위의 증기에 존재하는 벤젠의 몰분율은 얼마인가?

**13.83** (**a**) 0.10 *m* KCl 수용액은 0.10 *m* 유레아(요소, $CO(NH_2)_2$) 수용액과 비교하여 끓는점이 높은가, 낮은가, 아니면 같은가? (**b**) KCl이 용액에서 완전히 해리된다고 가정할 때, 실험적으로 얻은 KCl 용액의 끓는점이 계산한 끓는점보다 낮다. 그 이유를 설명하시오.

**13.84** 각 용질이 10%(질량비)로 들어 있는 다음 수용액을 끓는점이 증가하는 순으로 나열하시오.
글루코스($C_6H_{12}O_6$), 슈크로스($C_{12}H_{22}O_{11}$), 질산 소듐($NaNO_3$)

**13.85** 다음 수용액을 끓는점이 증가하는 순으로 나열하시오.
0.080 *M* KBr, 0.130 *M* 유레아($CO(NH_2)_2$), 0.080 *M* $Mg(NO_3)_2$

**13.86** 표 13.3의 자료를 이용하여 다음 용액의 어는점과 끓는점을 각각 계산하시오.
(**a**) 에탄올 중 0.22 *m* 글리세롤
(**b**) 클로로폼 2.45 mol 중 나프탈렌($C_{10}H_8$) 0.240 mol
(**c**) 물 0.250 kg 중 NaCl 1.50 g
(**d**) 물 188 g 중 글루코스($C_6H_{12}O_6$) 4.82 g과 KBr 2.04 g

**13.87** −10.00 °C에서 어는 용액을 만들기 위해서는 물 2.00 kg에 에틸렌 글라이콜($C_2H_6O_2$) 몇 g을 가해야 하는가?

**13.88** 105.0 °C에서 끓는 수용액의 어는점은 얼마인가?

**13.89** 37 °C에서 물 0.100 L에 아스피린($C_9H_8O_4$) 0.50 mg을 녹인 용액의 삼투압은 얼마인가?

**13.90** 아드레날린은 비상시나 스트레스를 받을 때 여분의 글루코스 분자를 방출하도록 하는 호르몬이다. $CCl_4$ 36.0 g에 아드레날린 0.64 g이 있는 용액의 끓는점은 0.49 °C 증가한다. 아드레날린의 몰질량을 계산하시오.

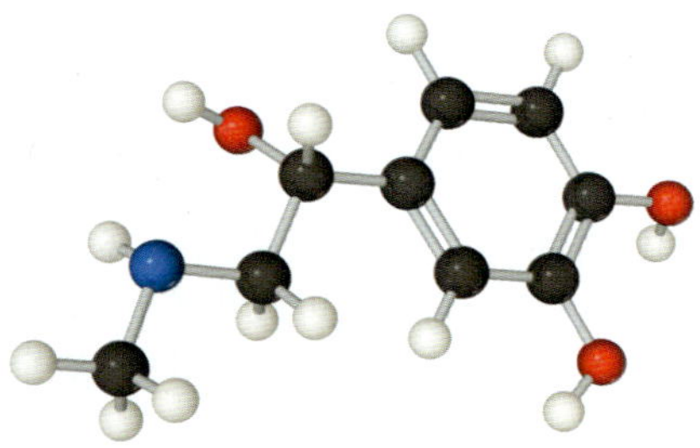

아드레날린

**13.91** 라우릴 알코올은 코코넛 기름으로부터 얻어지며, 세제를 만드는 데 사용된다. 벤젠 0.100 kg에 5.00 g의 라우릴 알코올을 녹인 용액은 4.1 °C에서 언다. 이 자료로부터 라우릴 알코올의 몰질량은 얼마인가?

**13.92** 유기 화합물 1.25 g을 물에 녹여 0.150 L의 용액을 만들었다. 20 °C에서 이 용액의 삼투압은 112.8 kPa이다. 유기 화합물이 비전해질이라고 가정할 때, 이 유기 화합물의 몰질량은 얼마인가?

**13.93** 0.010 *M* $CaCl_2$ 수용액의 삼투압은 25 °C에서 68.3 kPa이다. 용액의 van't Hoff 지수(*i*)를 계산하시오.

### 콜로이드(13.6절)

**13.94** (**a**) 기체로만 만들어진 콜로이드가 존재하는가? 왜 그런지, 왜 그러하지 않은지 설명하시오. (**b**) 1850년에 Faraday는 물에서도 무한히 안정한 금 입자의 루비빛 콜로이드를 최초로 제조하였다. 이 밝은색의 콜로이드는 육안으로 용액과 구별되지 않는다. 색깔을 띤 조제물이 용액인지, 콜로이드인지 어떻게 구별할 수 있는가?

**13.95** '유화제'는 소수성 용매에 있는 친수성 콜로이드(또는 친수성 용매에 있는 소수성 콜로이드)를 안정화시키는 화합물이다. 다음 중 가장 좋은 유화제는?
(**a**) $CH_3COOH$ (**b**) $CH_3CH_2CH_2COOH$
(**c**) $CH_3(CH_2)_{11}COOH$ (**d**) $CH_3(CH_2)_{11}COONa$

**13.96** 전해질을 가하여 수용액으로부터 단백질을 침전시킬 수 있다. 이와 같은 과정을 '염석(salting out)'이라고 한다.
(**a**) 같은 농도의 같은 전해질을 사용할 경우, 모든 단백질이 같은 정도로 침전이 일어나겠는가?
(**b**) 한 단백질이 염석이 일어나면, 전해질을 넣기 전보다 단백질–단백질 상호 작용이 강해지는가, 약해지는가?
(**c**) 생화학 강의를 수강한 한 친구가, 염석 현상이 일어나는 것은 전해질을 첨가하면 단백질을 둘러싸고 있는 수화물의 물이 전해질을 둘러싸기 때문이며, 따라서 단백질의 수화물 껍질이 벗겨지고 단백질이 침전하게 된다고 한다. 같은 생화학 강의를 듣는 다른 친구는, 염석 현상은 첨가된 이온들이 단백질에 강하게 흡착되어 단백질 표면에 이온쌍을 형성하게 되어 결과적으로 물속에서 단백질의 알짜 전하가 0이 되어 단백질이 침전하기 때문이라고 한다. 이 두 가정에 대하여 토의하시오. 이 두 가정을 구별하기 위하여 어떤 종류의 측정이 필요한가?

## 추가 연습 문제

**13.97** 코카인($C_{17}H_{21}NO_4$)의 '자유 염기' 형태와 수소화된 염화 수소 형태($C_{17}H_{22}ClNO_4$)는 다음과 같으며, 자유 염기 형태는 HCl 한 개와 결합하여 염화 수소 형태로 전환될 수 있다. 뚜렷하게 보이기 위하여 모든 탄소 원자와 수소 원자를 표시하지는 않았다. 각각의 꼭짓점은 적절한 개수의 수소 원자를 지니고 있는 탄소 원자를 나타내며, 각 탄소는 다른 원자들과 네 개의 결합을 하고 있다.
(**a**) 코카인의 두 형태(자유 염기 또는 염화 수소 형태) 중 하나는 상대적으로 수용성이다. 어느 것인가?
(**b**) 코카인의 두 형태(자유 염기 또는 염화 수소 형태) 중 하나는 상대적으로 불용성이다. 어느 것인가?
(**c**) 자유 염기 형태 코카인의 물에 대한 용해도는 에탄올 6.70 mL당 1.00 g이다. 에탄올에서 자유 염기 형태의 코카인 포화 용액의 몰농도를 구하시오.
(**d**) 염화 수소 형태 코카인의 물에 대한 용해도는 물 0.400 mL당 1.00 g이다. 물에서 염화수소 형태의 코카인 포화 용액의 몰농도를 구하시오.

(e) 자유 염기 형태의 코카인 1.00 kg을 염화 수소 형태로 전환하는 데 18.0 $M$ HCl 포화 용액 몇 mL가 필요한가?

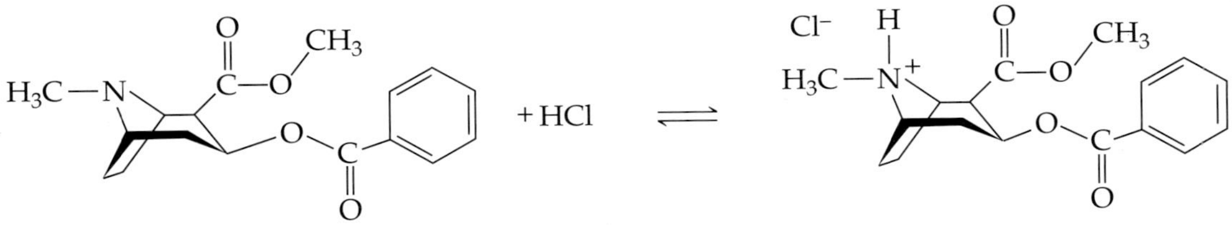

코카인
(자유 염기)

염화 수소 코카인

---

13.98 더운 물에 슈크로스를 녹인 후 상온으로 천천히 냉각시켜 슈크로스($C_{12}H_{22}O_{11}$)의 과포화 용액을 제조하였다. 오랜 시간이 지난 뒤에 과량의 슈크로스가 용액에서 결정 상태로 석출되었다. 다음 내용이 맞는지, 틀렸는지 표시하시오.

(a) 과량의 슈크로스가 결정으로 석출된 후 남은 용액은 포화 상태이다.

(b) 과량의 슈크로스가 결정으로 석출된 후, 계는 불안정하며 평형 상태가 아니다.

(c) 과량의 슈크로스가 결정으로 석출된 후 물속에 있는 슈크로스 결정 표면에서 슈크로스 분자가 이탈되는 속도는 슈크로스 분자가 달라붙는 속도와 동일하다.

13.99 대부분의 물고기는 물에 최소한 4 ppm의 $O_2$가 녹아 있어야 살 수 있다. 일부 청량음료들은 85 ppm의 산소를 지니고 있다.

(a) 이것은 몇 mol/L에 해당되는가?

(b) 10 °C에서 이 농도를 얻기 위해서는 물 위의 $O_2$의 부분 압력은 얼마여야 하는가? (10 °C에서 $O_2$의 Henry 법칙 상수는 $1.69\times10^{-5}$ mol/m$^3$-Pa이다.)

13.100 암반수로부터 얻은 우물물에 존재하는 방사성 기체 라돈(Rn)의 존재는 일부 미국 지역에 있어서 건강에 해를 끼칠 가능성이 있다.

(a) 30 °C, 15.2 kPa에서 물에 대한 라돈의 용해도를 0.109 $M$으로 가정할 때, 이 온도에서 물에 대한 라돈의 Henry 법칙 상수는 얼마인가?

(b) 여러 기체로 구성된 시료가 4.5 ppm의 라돈(몰분율)을 포함하고 있다. 전체 압력 5.07 MPa, 30 °C에서 이 기체를 물에 넣고 흔들었다. 물속 라돈의 몰농도를 계산하시오.

13.101 글루코스는 인체 혈액의 약 0.10%의 질량으로 존재한다. 이 농도를 (a) ppm, (b) 몰랄 농도로 구하시오. (c) 용액의 몰농도를 결정하기 위해서는 어떤 정보가 더 필요한가?

13.102 음용수에 존재하는 납의 최대 허용 농도는 9.0 ppb이다.

(a) 9.0 ppb 용액 내의 납의 몰농도를 계산하시오. 계산을 위하여 어떤 가정을 해야 하는가?

(b) 납 농도 9.0 ppb인 60 m$^3$ 수영장 물에는 몇 그램의 납이 존재하는가?

13.103 아세토나이트릴($CH_3CN$)은 많은 염을 포함하여 다양한 용질을 녹이는 극성 유기 용매이다. 아세토나이트릴에 녹은 1.80 $M$ LiBr 용액의 밀도는 0.826 g/cm$^3$이다. 이 용액의 (a) 몰랄 농도, (b) LiBr의 몰분율, (c) $CH_3CN$의 질량 백분율을 계산하시오.

13.104 보온용 냄비를 따뜻하게 하기 위해 사용되는 휴대 연료의 구성 물질은 평균 분자식이 $C_{24}H_{50}$인 파라핀과 에탄올($C_2H_5OH$)의 균일 혼합물이다. 35 °C에서 혼합물 위의 증기 압력이 1.07 kPa이면, 혼합물을 혼합할 때 몇 g의 $C_2H_5OH$를 620 kg의 파라핀에 가해야 하는가? (35 °C에서 순수한 에탄올의 증기압은 13.3 kPa이다.)

13.105 0.50 mol $H_2O$와 몰수를 알 수 없는 염화 소듐을 포함하는 용액이 있다. 29 °C에서 이 용액의 증기압은 3.85 kPa이다. 이 온도에서 순수한 물의 증기압은 4.05 kPa이다. 이 용액 에서 염화 소듐의 몰수를 계산하시오(**힌트**: 염화 소듐은 강 전해질인 것을 기억하시오).

13.106 두 비커를 25 °C에서 밀폐된 상자에 넣었다. 한 비커에는 0.050 $M$ NaCl 수용액 50.0 mL를 넣었다. 또 다른 비커에는 0.040 $M$ $CaCl_2$ 수용액 50.0 mL를 넣었다. 이 두 비커로부터 나온 수증기가 평형에 도달하였다.

(a) 어느 비커에 있는 용액의 수면이 올라가겠는가? 어느 비커에 있는 용액의 수면이 내려가겠는가?

(b) 이상 거동을 가정하고, 평형에 도달하였을 때 두 비커 내 용액의 부피는 얼마인가?

13.107 에탄올($CH_3CH_2OH$)의 정상적인 끓는점은 78.4 °C이다. 가용성 비전해질 3.26 g이 이 온도에서 100 g의 에탄올에 용해되었을 때 용액의 증기압은 100 kPa이다. 용질의 몰질량은 얼마인가?

13.108 다음을 고려하여 0.100 $m$ $K_2SO_4$ 수용액의 어는점을 계산하시오.

(a) 이온 간의 인력을 무시한 경우

(b) van't Hoff 지수(표 13.4)를 사용하여 이온 간의 인력을 고려한 경우

13.109 벤젠($C_6H_6$)은 80.1 °C에서 끓고, 밀도는 0.876 g/mL이다.

(a) 해리하지 않는 용질 0.100 mol을 $C_6H_6$ 500 mL에 녹였을 때, 이 용액은 79.52 °C에서 끓는다. $C_6H_6$의 몰랄 끓는점 오름 상수는 얼마인가?

(b) 해리되지 않는 미지 화합물 10.0 g을 $C_6H_6$ 500 mL에 녹일 때, 이 용액은 79.23 °C에서 끓는다. 미지 화합물의 몰질량은 얼마인가?

13.110 윤활제로 이용되는 리튬염은 $LiC_nH_{2n+1}O_2$의 화학식으로 나타낸다. 이 염은 25 °C에서 물 100 g당 0.036 g이 녹는다. 이 용액의 삼투압은 7.61 kPa이다. 묽은 용액에서 이 용액의 몰농도와 몰랄 농도가 같고, 리튬염이 완전히 해리된다고 가정할 때, 리튬염의 화학식에서 $n$ 값을 계산하시오.

# 통합 연습 문제

**13.111** 플루오로탄소(탄소와 플루오린을 갖는 화합물)는 최근까지 냉매로 사용하였다. 다음에 수록한 화합물들은 25 ℃에서 모두 기체이고, 25 ℃, 101.3 kPa 플루오로 탄소 압력에서 물에 대한 용해도를 질량 백분율로 나타내었다.

**(a)** 각 플루오로탄소 포화 용액의 몰랄 농도를 계산하시오.

**(b)** 다음 분자 특성(몰질량, 쌍극자 모멘트, 물과의 수소 결합 능력) 중 물에 대한 이 기체의 용해도를 가장 잘 설명하는 것은 ?

**(c)** 심각한 호흡기 문제를 가지고 태어난 유아에게 때로는 환기용 액체(liquid ventilation)를 제공하는데, 공기에 함유된 것보다 더 많은 산소를 녹일 수 있는 특정 액체를 유아가 흡입하는 것이다. 이러한 액체들 중 한 가지는 $CF_3(CF_2)_7Br$이라는 플루오린 화합물이다. 이 액체에 대한 산소 용해도는 액체 100 mL당 산소 66 mL가 녹는다. 공기와 비교하자면, 공기는 부피 기준 21%의 산소를 가지고 있다. 유아가 플루오린 화합물 액체에 포화된 산소를 한 번 크게 호흡하는 것과 비교하여 공기의 산소를 크게 들이마셨을 때 폐(부피: 15 mL) 속에 있는 $O_2$의 몰수를 계산하시오(폐의 압력은 101.3 kPa로 가정한다).

| 플루오로탄소 | 용해도(질량 %) |
|---|---|
| $CF_4$ | 0.0015 |
| $CClF_3$ | 0.009 |
| $CCl_2F_2$ | 0.028 |
| $CHClF_2$ | 0.30 |

**13.112** 정상적인 체온(37 ℃)에서 보통의 대기압과 접해있는 물에 녹는 $N_2$의 용해도는 0.015 g/L이다. 공기는 약 78 mol% $N_2$로 조성되어 있다.

**(a)** 실제적으로 수용액인 혈액 1 L에 녹아 있는 $N_2$의 몰수를 계산하시오.

**(b)** 30.5 m 물속의 압력은 405 kPa이다. 이 기압에서 혈액 $N_2$의 용해도는 얼마인가?

**(c)** 잠수부가 갑자기 물 표면으로 나올 때 혈액 1 L당 몇 mL의 $N_2$ 기체(작은 방울 형태로)가 혈류로 방출되는가?

**13.113** 다음 유기 물질들의 기화 엔탈피 값(kJ/mol)을 고려해 보자.

 32.0
아세톤

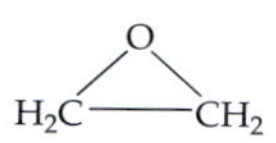 28.5
에틸렌 옥사이드

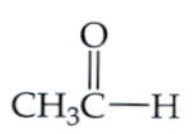 30.4
아세트알데하이드

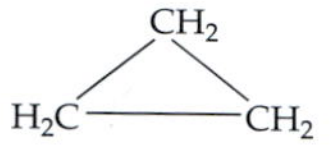 24.7
사이클로프로페인

**(a)** 증발열이 화합물마다 다른 것을, 이들 유기 액체에 작용하는 분자간 힘의 변화를 이용하여 설명하시오.

**(b)** 헥세인을 용매로 사용할 경우, 이들 화합물의 용해도가 어떻게 변할지 예상해 보시오. 에탄올의 경우는 어떠한가? 수소 결합을 포함한 분자간 상호 작용을 사용하여 이유를 설명하시오.

**13.114** 다음은 일련의 음이온들이다.

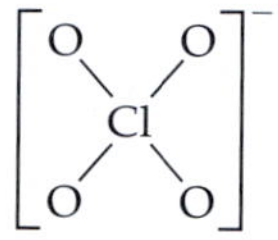
(i)

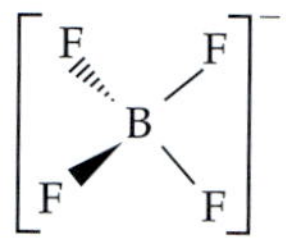
(ii)

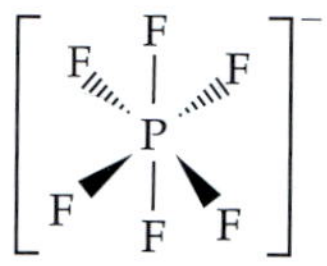
(iii)

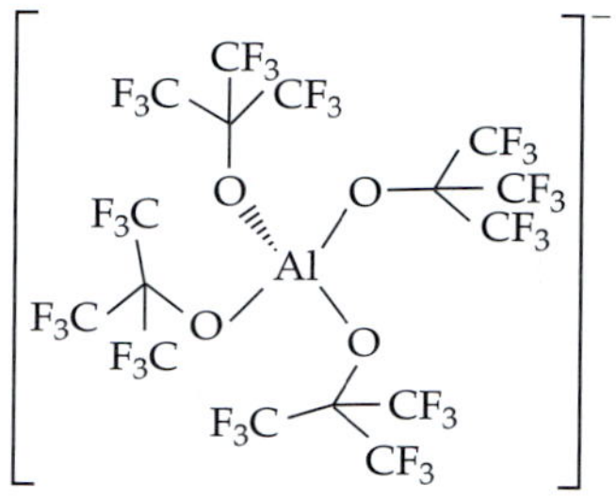
(iv)

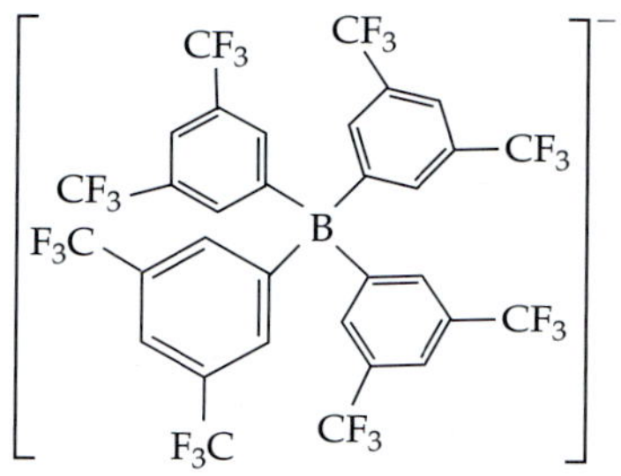
(v)

제일 오른쪽의 음이온은 'BARF'라고 화학자들이 명명하였는데, 이 일반적인 약어는 이 단어의 뜻과 유사하다.

**(a)** 음이온 각각의 중심 원자와, 중심 원자 주위의 전자쌍의 개수는?

**(b)** BARF의 중심 B 원자 주위의 전자 배치 구조는 무엇인가?

**(c)** 이 음이온들 가운데 중심 원자 주위에서 확장 옥텟을 갖는 것은 어느 것인가?

**(d)** 테트라뷰틸암모늄 이온($(CH_3CH_2CH_2CH_2)_4N^+$)은 부피가 큰 양이온이다. 만일 테트라뷰틸암모늄 양이온과 짝을 이루게 된다면, 어떤 음이온이 무극성 용매에서 가장 잘 녹는 염을 생성할 것인가?

**13.115** **(a)** 밀폐된 용기에서 아연 1.750 g과 1.00 *M* 황산 50.0 mL 를 반응시켜 수소 기체 시료를 만들었다. 반응이 완결된다는 가정하에서 이 반응의 균형 맞춘 반응식을 쓰고, 생성된 수소 기체의 몰수를 계산하시오. **(b)** 용액 위의 부피는 150 mL이다. 용액에 녹는 기체의 용해도를 무시할 때, 25 ℃에서 수소 기체의 부분 압력을 계산하시오. **(c)** 25 ℃에서 물에 대한 수소의 Henry 법칙 상수는 $7.7 \times 10^{-6}$ mol/m$^3$-Pa이다. 용액에 녹아 있는 수소 기체의 몰수를 예측하시오. 이 계의 기체 분자들이 용액에 녹아 있는 분율은 얼마인

가? (b)에서 수소가 녹는 것을 무시하였는데, 타당한가?

**13.116** 다음 표는 25 °C에서 기체와 수증기의 전체 압력이 101.3 kPa일 때, 다양한 기체의 물에 대한 용해도를 나타낸다.

**(a)** 25 °C에서 포화 용액 4.0 L에 있는 $CH_4(g)$의 부피는 표준 온도, 표준 압력하에서 얼마인가?

**(b)** 탄화수소 화합물들의 (물에 대한) 용해도는 메테인 < 에테인 < 에텐(에틸렌) 순이다. 이 순서는 에텐이 가장 극성인 분자이기 때문인가?

**(c)** 이 탄화수소 화합물들은 물과 어떠한 분자간 상호 작용을 갖는가?

**(d)** 세 가지 탄화수소 화합물의 Lewis 점 구조를 그리시오. 어느 분자가 $\pi$ 결합을 가지고 있는가? 용해도에 근거하여 볼 때 $\pi$ 결합이 $\sigma$ 결합보다 극성화가 큰가, 작은가?

**(e)** NO가 $N_2$나 $O_2$보다 물에 더 잘 녹는 이유를 설명하시오.

**(f)** $H_2S$는 표에 있는 대부분의 기체보다 물에 더 잘 녹는다. $H_2S$는 물과 어떤 분자간 힘을 가질 것인가?

**(g)** $SO_2$는 표에 있는 기체 중 물에서의 용해도가 가장 큰 기체이다. $SO_2$는 물과 어떠한 분자간 힘을 갖는가?

| 기체 | 용해도 (m$M$) |
|---|---|
| $CH_4$(메테인) | 1.3 |
| $C_2H_6$(에테인) | 1.8 |
| $C_2H_4$(에텐) | 4.7 |
| $N_2$ | 0.6 |
| $O_2$ | 1.2 |
| NO | 1.9 |
| $H_2S$ | 99 |
| $SO_2$ | 1476 |

**13.117** 각 모서리가 1.0 mm인 정육면체의 소듐(밀도=0.968 g/cm[3])을 물 0.100 L에 넣었더니 다음과 같은 반응이 일어났다.

$$2\,Na(s) + H_2O \longrightarrow 2\,NaOH(aq) + H_2(g)$$

반응이 완결된다고 가정할 때, 이 반응 용액의 어는점은 얼마인가?

**13.118** 35 °C에서 아세톤($(CH_3)_2CO$)의 증기압은 47.9 kPa이고, 이황화 탄소($CS_2$)의 증기 압력이 66.7 kPa이다. 같은 몰수의 아세톤과 이황화 탄소로 이루어진 용액은 35 °C에서 증기 압력이 86.7 kPa이다.

**(a)** 이상 거동을 나타낸다면, 이 용액의 증기압은 얼마가 될까?

**(b)** 용액의 거동을 바탕으로, 아세톤과 이황화 탄소의 혼합은 발열 과정($\Delta H_{용액}<0$)인가, 흡열 과정($\Delta H_{용액}>0$)인가?

**13.119** 용액의 농도가 임계 마이셀 농도(critical micelle concentration, cmc)로 알려진 농도에 도달하면, 일반적으로 '계면 활성제'로 알려진 스테아린산 소듐과 같은 화합물은 물속에서 마이셀이라는 구조를 형성한다. 마이셀은 수십 개에서 수백 개의 분자를 포함한다. cmc는 물질, 용매, 온도에 좌우된다.

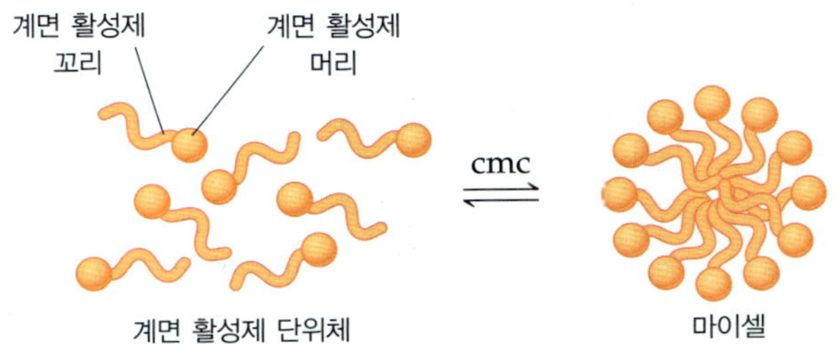


cmc 이상에서 용액의 성질은 급격하게 변한다. 그 이유를 설명하시오.

**(a)** 용액의 혼탁도(빛의 산란 정도)는 cmc에서 급격하게 증가한다.

**(b)** 용액의 이온 전도도는 cmc에서 급격하게 변한다. 그 이유를 설명하시오.

**(c)** 화학자들은 소수성 환경에서만 밝은 빛을 발하는 형광 염료를 개발하였다. 스테아린산 소듐의 농도가 cmc에 근접할 때, 그리고 초과할 때 이와 같은 형광의 세기가 스테아린산 소듐의 농도와 어떻게 연관되어 있는지를 예측하시오.

## 실험 설계 문제

그림 13.17에 의하면, 순수한 용매에 비해 용액 속의 휘발성 용매 분자가 기체상으로 빠져나오기 쉽지 않은 이유는 용질 분자가 표면에서 떠나는 것을 용매 분자가 물리적으로 막고 있기 때문이라고 생각할 수 있다. 이것은 잘못 알고 있는 것이다. 순수한 용매보다 용액의 증기압이 낮은 이유가, 용질이 용매의 기화를 막기 때문이 아니라는 가정을 검토할 실험을 설계하시오.

# 14

# 화학 반응 속도론



## 14.1 | 반응 속도에 영향을 주는 인자

화학 반응이 일어나는 데는 시간이 걸린다. 철이 녹스는 반응은 비교적 느리게 진행되어 완결되는 데 며칠, 몇 달, 심지어는 몇 년이나 걸릴 때도 있다. 또 자동차 에어백을 부풀게 하는 소듐 아자이드의 분해 반응처럼 매우 **빨리** 일어나서 측정하기 어려운 반응도 있다. 우리는 화학자로서, 반응의 생성물뿐만 아니라 반응이 일어나는 속도에도 관심을 가질 필요가 있다.

가열된 강철못을 순수한 산소에 넣었다면 강철솜처럼 빠르게 연소하리라고 생각하는가?

더기(약 20%의 산소) 하에서 가열된 강철솜은 곧바로 빨갛고 뜨겁게 빛나지만 느리게 산화철($Fe_2O_3$)로 산화된다.

100% 산소하에서 빨갛고 뜨겁게 빛나는 강철솜은 급격하게 연소하며 빠르게 산화철($Fe_2O_3$)을 생성한다.

▲ **그림 14.1** **반응 속도에 대한 농도의 영향** 서로 다른 거동은 $O_2$ 농도가 다른 두 환경에 기인한다.

반응 속도에 관련된 것을 다루는 화학의 분야를 화학 반응 속도론(chemical kinetics)이라고 한다. 이는 산업적 규모에서부터 약물에 사용되는 방사선 동위 원소의 붕괴에 이르기까지 다양한 화합물의 생성에 중요한 역할을 한다. 화학 반응 속도론은 어떻게 반응이 일어나는지 – 반응 단계 동안 화학 결합이 얼마나 깨지고 생성되는지 – 에 대한 정보를 제공하는 데 유용하다. 화학 반응 속도론은 반응물이 생성물로 변하는 단계적 과정을 분자 수준에서 나타낸 반응 메커니즘(reaction mechanism)을 파악하는 데 도움을 준다.

화학 반응이 일어나는 속도를 **반응 속도**(**reaction rate**)라고 한다. 반응 속도를 조절하는 하나의 메커니즘은 온도를 조절하는 것이다. 반응 속도는 온도가 낮을 때 느려지고 온도가 높을 때 빨라진다. 음식물의 대사, 필수 영양소의 수송 등 인체 내에서 일어나는 다양한 생리 현상을 관장하는 화학 반응은 반드시 적절한 속도로 진행되어야 한다. 그렇기 되기 위해서는 체내의 온도가 외부 온도와 상관없이 유지되는 것이 필수적이다. 그러나 모든 포유류가 이러한 특정한 조건에서만 활동하는 것은 아니다. 추운 겨울동안 동면하는 동물은 대사 속도를 낮추어 에너지를 보존하기 위해 체온을 떨어뜨리는 경우가 많이 있다. 극단적인 예가 북극얼룩다람쥐인데, 이들은 매년 7~8개월간 동면한다. 과학자들은 동면 중인 북극얼룩다람쥐의 체온이 3 °C까지 내려감을 관찰했다! 이러한 낮은 온도에서는 반응 속도가 몇십 배나 느려지고 이에 따라 북극얼룩다람쥐는 장기간 동면할 수 있다.

이 절이 끝나면 다음 사항을 수행할 수 있어야 한다.

- 화학 반응의 속도에 영향을 주는 인자들 열거하기

반응 속도에 영향을 주는 네 가지 인자들은 다음과 같다.

1. **반응물의 물리적 상태** 반응물은 반응을 하기 위하여 모이게 된다. 반응 분자들이 더 빨리 충돌할수록 더 빠르게 반응한다. 반응들은 크게 균일 반응과 불균일 반응으로 나눌 수 있는데, **균일**(homogeneous) 반응은 반응물이 모두 기체이거나 모두 액체인 경우이며, **불균일**(heterogeneous) 반응은 반응물의 상이 서로 다른 경우이다. 불균일 조건에서는 반응이 반응물끼리 접촉하는 부분에서만 일어난다. 따라서 고체를 포함하는 불균일 반응에서는 고체의 표면적이 넓을수록 반응이 더 빠르게 일어난다. 예를 들어 동일한 약이라도 알약(tablet) 형태보다는 분말 형태가 위에서 용해되어 더 빨리 혈액으로 흡수된다.
2. **반응물의 농도** 하나 혹은 그 이상의 반응물 농도가 증가하면 대부분의 화학 반응은 더 빠르게 진행된다. 예를 들어 강철 솜은 산소 20%를 포함하는 공기 중에서는 느리게 타지만, 순수한 산소 중에서는 빠르게 타오른다(**그림 14.1**). 반응물 농도가 증가할수록 반응 분자들이 충돌하는 횟수가 증가하고 결과적으로 속도가 증가한다.
3. **반응 온도** 반응 속도는 일반적으로 온도가 증가함에 따라 증가한다. 예를 들어 우유를 부패 시키는 세균성 반응은 냉장고의 낮은 온도보다는 실온에서 더 빠르게 진행된다. 온도가 증가함에 따라 분자의 운동 에너지는 증가하게 된다. 분자들이 보다 빠르게 운동하면 충돌 횟수가 많아지고, 높은 에너지를 가지고 충돌하는 것이므로 반응 속도가 증가하는 것이다.
4. **촉매의 존재** **촉매**(catalyst)란 반응에서 자신은 소비되지 않으면서 반응 속도를 증가시키는 물질이다. 촉매는 반응으로 이끄는 충돌의 종류(충돌의 종류에 따라 메커니즘이 바뀜)에 영향을 준다. 촉매는 여러 생명체에서 중요한 역할을 한다.

분자 수준에서 반응 속도는 분자들 간 충돌 빈도에 의존한다. **충돌 빈도가 증가할수록 반응 속도는 증가한다.** 그러나 충돌이 반응으로 연결되기 위해서는 결합을 깰 수 있을 정도의 충분한 에너지를 가지고, 새로운 결합을 형성할 수 있도록 적합한 방향으로 충돌해야 한다.

## 자기 평가 연습 문제

**14.1** 기체 상태의 반응물이 포함된 반응에서 기체의 부분 압력을 증가시키면 반응 속도에 어떤 영향을 미치겠는가?

(a) 반응 속도를 증가시킨다.
(b) 반응 속도를 감소시킨다.
(c) 반응 속도에는 변화가 없다.

## 연습 문제

**14.2** (a) **반응 속도**(reaction rate)의 의미는 무엇인가?
(b) 화학 반응 속도에 영향을 주는 세 가지 요인을 쓰시오.
(c) 반응물의 소멸 속도와 생성물의 생성 속도는 항상 같은가?

자기 평가 연습 문제 답 **14.1** (a)

# 14.2 반응 속도

폭발이란 기체 생성물을 만들어내는 발열 반응으로, 매우 빠르게 일어나는 화학 반응이다. 나이트로글리세린(nitroglycerine)은 폭발물로 사용되기 충분하지만 액체에서 매우 불안정하여 다루기 어려운 물질이었다.

$$4\,C_3H_5N_3O_9\,(l) \rightarrow 6\,N_2\,(g) + 12\,CO_2\,(g) + 10\,H_2O\,(g) + O_2\,(g)$$

스웨덴의 발명가 Alfred Nobel은 나이트로글리세린에 규조토 또는 셀룰로스 같은 흡습성 물질을 섞어 기존의 나이트로글리세린보다 다루기 쉬운 고체 폭발물(**다이너마이트**)을 개발하였다. 그는 이렇게 가장 강력한 군용 폭발물을 발명했지만, 국제 평화를 간절히 희망했으며 그의 유산이 국제 평화 등 인류에게 가장 크게 기여한 사람에게 주는 상을 제정하는 데 사용되기를 원했다. 이렇게 탄생한 노벨상은 지금까지도 과학자, 경제학자, 작가, 평화주의자들이 가장 수상하기를 바라는 가치 있는 상 중 하나이다.

이 절에서는 반응 속도를 다룰 것이며, 이 절이 끝나면 다음 사항을 수행할 수 있어야 한다.

- 반응물이나 생성물의 농도를 시간에 따라 측정하여 반응 속도 결정하기
- 균형 맞춘 화학 반응식에서 생성물의 생성 속도와 반응물의 소모 속도 관련 짓기

어떤 일의 **속도**(speed)란 주어진 **시간**(time) 간격 내에서 일어나는 **변화**(change)로 정의된다. 즉, 속도를 언급할 때는 늘 시간 개념을 동반한다. 예를 들어 자동차의 속도는 특정 시간 동안에 변화한 자동차의 위치로서 나타낸다.

이와 유사하게, 화학 반응의 속도(반응 속도)란 단위 시간당의 반응물 또는 생성물의 농도 변화를 뜻한다. 반응 속도의 단위는 보통 초당 몰농도(M/s)이다. 즉, 몰농도로 측정된 농도를 초로 측정된 시간으로 나눈 것이다.

그림 14.2에서와 같은 가상의 반응 A ⟶ B를 생각해 보자. 각 빨간 구는 0.01 mol의 A, 각 파란 구는 0.01 mol의 B를 나타내고, 용기는 1.00 L의 부피를 가진다. 반응 초기에 1.00 mol의 A가 있으므로 그 농도는 1.00 mol/L = 1.00 *M*이다. 20초 후 A의 농도는 0.54 *M*로 감소하고, B의 농도는 0.46 *M*로 증가하였다. A 1 mol이 반응하여 B 1 mol이 생성되므로 농도의 합은 여전히 1.00 *M*이다. 40초 후 A의 농도는 0.30 *M*, B의 농도는 0.70 *M*이다.

이때의 반응 속도는 반응물 A가 소멸되는 속도 또는 생성물 B가 생성되는 속도로 나타낼 수 있다. 일정한 시간 간격 동안 B의 **평균**(average) 생성 속도는 B의 농도 변화량을 시간 변화량으로 나눈 값으로 나타낼 수 있다.

$$\text{B의 평균 생성 속도} = \frac{\text{B의 농도 변화}}{\text{시간 변화량}} = \frac{t_2\text{에서 [B]} - t_1\text{에서 [B]}}{t_2 - t_1} = \frac{\Delta[\mathrm{B}]}{\Delta t} \quad [14.1]$$

[B]에서와 같이 어떤 화학식에 사용한 대괄호는 몰농도를 나타낸다. 그리스 문자인 델타(Δ)는 최종값에서 초기값을 뺀 값과 같다. 반응의 초기부터 20초 동안 B의 평균 생성 속도($t_1$=0초에서 $t_2$=20초까지)는 다음과 같다.

$$\text{평균 속도} = \frac{0.46\,M - 0.00\,M}{20\,\mathrm{s} - 0\,\mathrm{s}} = 2.3 \times 10^{-2}\,M/\mathrm{s}$$

혼합물에서 30초 후 A의 몰수를 예측하시오.

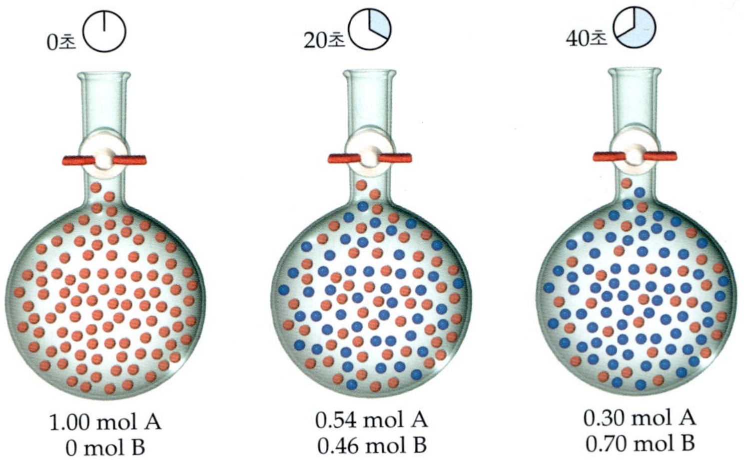


▲ 그림 14.2 A ⟶ B로 진행되는 가상적 반응 과정 플라스크의 부피는 1.0 L이다.

반응물 A에 대해서도 반응 속도를 동일하게 나타낼 수 있다. 이 경우, A의 소멸 속도로 나타낼 수 있다.

$$\text{A의 평균 소멸 속도} = -\frac{\text{A의 농도 변화}}{\text{시간 변화량}} = -\frac{\Delta[\text{A}]}{\Delta t} \qquad [14.2]$$

이 식에서 [A]가 감소하는 농도임을 표시하기 위해 음(−)의 부호를 사용한 것을 알아 둘 필요가 있다.

**관습적으로 속도는 항상 양의 값으로 표현된다.**

[A]가 감소하므로 Δ[A]는 음수이다. 음수인 Δ[A]를 양수로 바꾸기 위해 (−) 부호를 사용한다.

B 분자 하나가 생성될 때마다 A 분자 하나가 소비되므로, A의 평균 소멸 속도는 B의 평균 생성 속도와 동일하다.

$$\text{평균 속도} = -\frac{\Delta[\text{A}]}{\Delta t} = -\frac{0.54\,M - 1.00\,M}{20\,\text{s} - 0\,\text{s}} = 2.3 \times 10^{-2}\,M/\text{s}$$

## 예제 14.1
### 반응의 평균 속도 계산하기

그림 14.2에 주어진 자료를 이용하여 20초에서 40초까지의 A의 평균 소멸 속도를 계산하시오.

**해답**

**분석** A의 농도는 20초일 때 0.54 $M$, 40초일 때 0.30 $M$이다. 이 시간 간격에서의 평균 반응 속도를 계산하는 문제이다.

**계획** 평균 반응 속도는 농도의 변화값 Δ[A]를 시간의 변화값 Δ$t$로 나눈 값이다. A가 반응물이므로 반응 속도를 양의 값으로 만들기 위하여 (−) 부호를 사용한다.

**풀이**

$$\text{평균 속도} = -\frac{\Delta[\text{A}]}{\Delta t} = -\frac{0.30\,M - 0.54\,M}{40\,\text{s} - 20\,\text{s}} = 1.2 \times 10^{-2}\,M/\text{s}$$

**▶ 보충 예제**

그림 14.2의 실험이 60초 동안 진행되었을 때 A가 0.16몰 남았다. 다음 중 참인 것을 올바르게 고른 것은 무엇인가?

(i) 60초 후, 플라스크에는 B가 0.84몰 존재한다.
(ii) $t_1 = 0$초와 $t_2 = 20$초 사이에서 A의 몰수 감소는 $t_1 = 40$초와 $t_2 = 60$초 사이보다 더 크다.
(iii) $t_1 = 40$초와 $t_2 = 60$초 사이에서 반응의 평균 속도는 $7.0 \times 10^{-3}$ $M$/s이다.

**(a)** 한 가지만 참이다.
**(b)** (i)과 (ii)가 참이다.
**(c)** (i)과 (iii)이 참이다.
**(d)** (ii)와 (iii)이 참이다.
**(e)** 모두 참이다.

## 시간에 따른 속도 변화

염화 뷰테인(chlorobutane, $C_4H_9Cl$)과 물이 반응하여 뷰탄올(butanol, $C_4H_9OH$)과 염산을 생성하는 반응을 생각해 보자.

$$C_4H_9Cl(aq) + H_2O(l) \longrightarrow C_4H_9OH(aq) + HCl(aq) \qquad [14.3]$$

0.1000 $M$의 $C_4H_9Cl$ 수용액을 만든 후 0초(반응물이 혼합되어 반응이 개시되는 순간) 이후 다양한 시간 간격에 따라 $C_4H_9Cl$의 농도를 측정한다고 생각하자. **표 14.1**의 왼쪽 두 열에 있는 데이터를 사용하면 다양한 시간 간격에 대한 $C_4H_9Cl$의 평균 소멸 속도(표의 세 번째 열에 나타냄)를 계산할 수 있다. 평균 속도는 처음의 50초 시간 간격에서 감소하고 그 이후로도 계속 감소하는 것을 볼 수 있다. **반응이 진행되면서 반응 속도가 감소하는 것은 전형적인 현상인데, 그것은 반응물의 농도가 감소하기 때문이다.** 시간에 따른 반응 진행의 속도의 변화를 $C_4H_9Cl$ 농도의 그래프(**그림**

**표 14.1 $C_4H_9Cl$과 물의 반응 속도 자료**

| 시간 $t$(s) | $[C_4H_9Cl]$($M$) | 평균 속도($M$/s) |
|---|---|---|
| 0.0 | 0.1000 | |
| | | $1.9 \times 10^{-4}$ |
| 50.0 | 0.0905 | |
| | | $1.7 \times 10^{-4}$ |
| 100.0 | 0.0820 | |
| | | $1.6 \times 10^{-4}$ |
| 150.0 | 0.0741 | |
| | | $1.4 \times 10^{-4}$ |
| 200.0 | 0.0671 | |
| | | $1.22 \times 10^{-4}$ |
| 300.0 | 0.0549 | |
| | | $1.01 \times 10^{-4}$ |
| 400.0 | 0.0448 | |
| | | $0.80 \times 10^{-4}$ |
| 500.0 | 0.0368 | |
| | | $0.560 \times 10^{-4}$ |
| 800.0 | 0.0200 | |
| 10,000 | 0 | |

반응이 진행됨에 따라 순간 속도는 증가하는가, 감소하는가, 일정하게 유지되는가?

$C_4H_9Cl(aq) + H_2O(l) \longrightarrow C_4H_9OH(aq) + HCl(aq)$

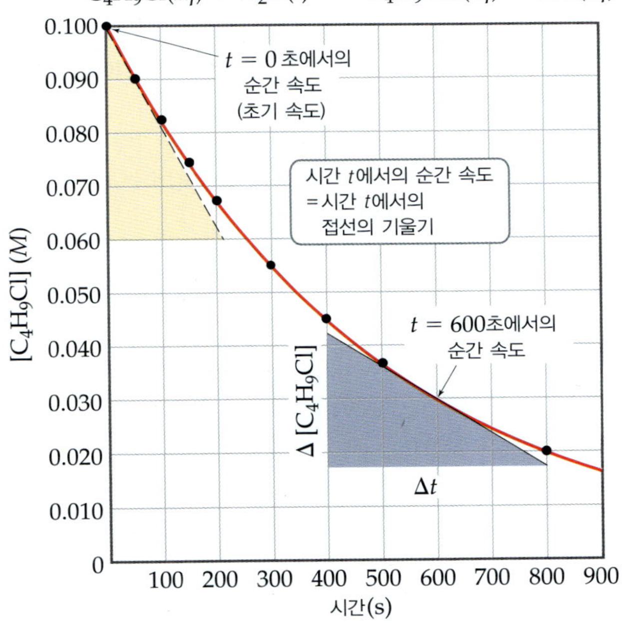


▲ 그림 14.3 염화 뷰틸($C_4H_9Cl$)의 농도를 시간의 함수로 나타낸 그래프

14.3)에서도 확인할 수 있다. 시간에 따라 곡선의 기울기가 감소한다. 즉 반응 속도가 감소하는 것을 알 수 있다.

## 순간 속도

반응물이나 생성물의 농도가 시간에 따라 어떻게 변하는가를 나타내는 그림 14.3의 그래프로부터 반응의 **순간 속도(instantaneous rate)**를 결정할 수 있다. 순간 속도란 반응 중 특정한 시점에서의 속도를 의미한다. 순간 속도는 특정 시간에서 곡선의 기울기로부터 구한다. 그림 14.3에서 $t=0$초와 $t=600$초를 에서의 접선을 각각 파선과 실선으로 나타냈다. 접선의 기울기는 그 시간에서의 순간 속도를 나타낸다.* 600초에서의 순간 속도를 측정하려면, 그림 14.3에서 보이는 파란색 직각삼각형을 만들기 위해 수평선과 수직선을 긋는다. 접선의 기울기는 수평선에 대한 수직선 높이의 비 값이다.

$$\text{순간 속도} = -\frac{\Delta[C_4H_9Cl]}{\Delta t} = -\frac{(0.017 - 0.042)\,M}{(800 - 400)\,s}$$
$$= 6.3 \times 10^{-5}\,M/s$$

앞으로 설명하는 내용에서 특별한 설명이 없는 경우, **속도(rate)**라는 용어는 순간 속도를 의미한다. $t=0$에서의 순간 속도를 반응의 **초기 속도(initial rate)**라고 한다. 평균 속도와 순간 속도의 차이점을 이해하기 위해서, 자동차를 2.0시간 동안 160 km를 운전하였다고 생각해 보자. 이 경우 평균 속도는 80 km/hr이지만, 운전 중 어느 시점에서의 순간 속도는 속도계에 나타난 값이다.

*부록 A에서 곡선으로부터 간단하게 기울기를 결정하는 방법을 볼 수 있다. 미적분학에 익숙하다면, 시간 간격이 0에 접근할 때의 평균 속도는 순간 속도에 근접하는 것을 알 것이다. 미적분학에서 이 극한은 시간 $t$에서와 도함수의 (−)값, 즉 $-d[C_4H_9Cl]/dt$이다.

## 예제 14.2
**반응의 순간 속도 계산**

그림 14.3을 이용하여, $t$ = 0초에서 $C_4H_9Cl$의 순간 소멸 속도(초기 속도)를 구하시오.

### 해답

**분석** 농도 대 시간의 그래프에서 순간 속도를 결정하는 문제이다.

**계획** $t=0$초에서의 순간 속도를 얻기 위해서는 $t=0$초에서의 곡선에 대한 접선의 기울기를 구해야 한다. 접선은 삼격형의 빗변으로 그래프에 나타나 있다. 직선의 기울기는 수직축의 변화량을 수평축의 변화량으로 나눈 값이다(이것이 시간 변화에 대한 몰농도의 변화이다).

**풀이** 시간이 0에서 210초로 변화할 때 접선은 $[C_4H_9Cl] = 0.100\ M$에서 0.060 $M$로 감소한다. 따라서 초기 속도는 다음과 같다.

$$\text{속도} = -\frac{\Delta[C_4H_9Cl]}{\Delta t} = -\frac{(0.060 - 0.100)\,M}{(210 - 0)\,s} = 1.9 \times 10^{-4}\,M/s$$

▶ **보충 예제**

다음 중 어느 것이 그림 14.3의 $t=1000$초에서의 순간 속도에 해당하는가?

**(a)** $1.2 \times 10^{-4}\ M/s$
**(b)** $8.8 \times 10^{-5}\ M/s$
**(c)** $6.3 \times 10^{-5}\ M/s$
**(d)** $2.7 \times 10^{-5}\ M/s$
**(e)** 위의 값들보다 크다.

## 반응 속도와 화학량론

가상적인 A ⟶ B 반응에 대한 설명에서 A의 소멸 속도는 B의 생성 속도와 같아야 한다는 화학량론을 보았다. 이와 같이 식 14.3의 화학량론은 $C_4H_9Cl$ 1 mol이 소모될 때마다 1 mol의 $C_4H_9OH$가 생성됨을 나타낸다. 따라서 $C_4H_9OH$의 생성 속도는 $C_4H_9Cl$의 소멸 속도와 일치한다.

$$\text{속도} = -\frac{\Delta[C_4H_9Cl]}{\Delta t} = \frac{\Delta[C_4H_9OH]}{\Delta t}$$

화학량론 관계가 1:1이 아닌 경우는 어떻게 되겠는가? 예를 들어 $2\,HI(g) \longrightarrow H_2(g) + I_2(g)$ 반응을 생각해 보자. 우리는 HI의 소멸 속도 및 $H_2$나 $I_2$의 생성 속도를 측정할 수 있다. HI 2 mol이 소모될 때 $H_2$와 $I_2$가 1 mol 생성되므로, HI의 소멸 속도는 $H_2$나 $I_2$ 생성 속도의 **두 배**이다. 어느 값을 반응 속도로 사용할지는 어떻게 결정하는가? HI, $H_2$, $I_2$ 중 어느 것을 측정하느냐에 따라 값은 두 배만큼 차이가 난다. 이 문제를 해결하기 위해서는 화학량론을 고려할 필요가 있다. 어느 성분을 측정하든지 반응 속도값은 같아야 하기 때문에 HI의 소멸 속도를 2로 나누어 준다(이것은 평형 화학 반응식의 계수이다).

$$\text{속도} = -\frac{1}{2}\frac{\Delta[HI]}{\Delta t} = \frac{\Delta[H_2]}{\Delta t} = \frac{\Delta[I_2]}{\Delta t}$$

일반적으로 다음 반응에서

$$a\,A + b\,B \longrightarrow c\,C + d\,D$$

속도는 다음과 같다.

$$\text{속도} = -\frac{1}{a}\frac{\Delta[A]}{\Delta t} = -\frac{1}{b}\frac{\Delta[B]}{\Delta t} = \frac{1}{c}\frac{\Delta[C]}{\Delta t} = \frac{1}{d}\frac{\Delta[D]}{\Delta t} \qquad [14.4]$$

특정 반응물이나 생성물을 명시하지 않고 반응 속도를 언급한 경우, 식 14.4의 정의를 사용한다.*

*식 14.4는 C와 D 외의 물질들이 반응이 진행되는 동안 상당한 양이 생성되면 맞지 않는다. 예를 들어 가끔 중간체가 최종 생성물 형성 전에 생성되는 경우가 있다. 이런 반응물과 생성물의 소멸 속도와 생성 속도의 관계식은 식 14.4를 따르지 않는다. 이 장에서 고려하는 모든 반응은 식 14.4를 따른다.

## 예제 14.3

### 생성물의 생성 속도 및 반응물의 소멸 속도를 연관 짓기

**(a)** 다음 반응에서 오존의 소멸 속도는 산소의 생성 속도와 어떤 관계가 있는가?

$$2\,O_3(g) \longrightarrow 3\,O_2(g)$$

**(b)** 어느 순간에 $O_2$의 생성 속도 $\Delta[O_2]/\Delta t$가 $6.0\times10^{-5}\ M/s$이면, 같은 순간에 $O_3$의 소멸 속도 $-\Delta[O_3]/\Delta t$는 얼마인가?

### 해답

**분석** 주어진 균형 맞춘 화학 반응식을 통해서 생성물의 생성 속도와 반응물의 소멸 속도를 구하는 문제이다.

**계획** 식 14.4에 나타난 것처럼, 화학 반응식의 계수를 이용하여 반응 속도를 구한다.

**풀이**

**(a)** 식 14.4에 나타난 것처럼 균형 맞춘 반응식의 계수를 이용하면 다음과 같다.

$$\text{속도} = -\frac{1}{2}\frac{\Delta[O_3]}{\Delta t} = \frac{1}{3}\frac{\Delta[O_2]}{\Delta t}$$

**(b)** (a)에 나타낸 식을 풀면, $O_3$가 소멸되는 속도 $-\Delta[O_3]/\Delta t$는 다음과 같다.

$$-\frac{\Delta[O_3]}{\Delta t} = \frac{2}{3}\frac{\Delta[O_2]}{\Delta t} = \frac{2}{3}(6.0\times10^{-5}\,M/s) = 4.0\times10^{-5}\,M/s$$

**검토** 화학량론적 요소를 고려하면 $O_2$의 생성 속도를 $O_3$의 소멸 속도로 환산할 수 있다.

$$-\frac{\Delta[O_3]}{\Delta t} = \left(6.0\times10^{-5}\,\frac{\text{mol } O_2/L}{s}\right)\left(\frac{2\text{ mol } O_3}{3\text{ mol } O_2}\right) = 4.0\times10^{-5}\,\frac{\text{mol } O_3/L}{s}$$

$$= 4.0\times10^{-5}\,M/s$$

**▶ 보충 예제**

반응의 특정 시간에서 물질 A가 $4.0\times10^{-2}\ M/s$의 속도로 소멸되고, 물질 B가 $2.0\times10^{-2}\ M/s$의 속도로 생성되며, 물질 C가 $6.0\times10^{-2}\ M/s$의 속도로 생성되고 있다. 다음 중 어느 것이 이 반응의 화학량론이겠는가?

**(a)** $2A + B \longrightarrow 3C$ **(b)** $A \longrightarrow 2B + 3C$
**(c)** $2A \longrightarrow B + 3C$ **(d)** $4A \longrightarrow 2B + 3C$
**(e)** $A + 2B \longrightarrow 3C$

## 자기 평가 연습 문제

**14.3** 그림 14.3에서 다음을 빠른 것부터 순서대로 나열하시오.: (i) 0초와 600초 사이의 평균 속도, (ii) $t=0$초에서의 순간 속도, (iii) $t=600$초에서의 순간 속도. 계산을 해 보지 않아도 풀 수 있다.

**(a)** 평균 속도 > $t=0$초에서의 순간 속도 > $t=600$초에서의 순간 속도

**(b)** $t=600$초에서의 순간 속도 > 평균 속도 > $t=0$초에서의 순간 속도

**(c)** $t=0$초에서의 순간 속도 > 평균 속도 > $t=600$초에서의 순간 속도

**14.4** $N_2O_4(g) \longrightarrow 2NO_2(g)$ 반응에서, $N_2O_4$의 소멸 속도와 $NO_2$의 생성 속도는 어떠한 연관성이 있는가?

**(a)** $\text{속도} = -\frac{\Delta[N_2O_4]}{\Delta t} = \frac{\Delta[NO_2]}{\Delta t}$

**(b)** $\text{속도} = -\frac{1}{2}\frac{\Delta[N_2O_4]}{\Delta t} = \frac{\Delta[NO_2]}{\Delta t}$

**(c)** $\text{속도} = -\frac{\Delta[N_2O_4]}{\Delta t} = \frac{1}{2}\frac{\Delta[NO_2]}{\Delta t}$

## 연습 문제

**14.5** 가상적인 기체 상태 반응 $A(g) \longrightarrow B(g)$에 따라 플라스크에 들어 있는 0.200 mol의 A가 반응하여 B를 생성한다고 생각하자. 반응의 실험 데이터는 다음과 같다.

| 시간 (초) | 0 | 50 | 100 | 150 | 200 |
|---|---|---|---|---|---|
| A의 몰수 | 0.200 | 0.141 | 0.100 | 0.071 | 0.050 |

**(a)** 표에 있는 각 시간에서의 B의 몰수를 계산하시오. A는 중간체의 생성 없이 B로만 전환된다고 가정한다.

**(b)** 50초 간격으로 A의 평균 소멸 속도를 mol/s 단위로 계산하시오.

**(c)** 시간당 농도의 단위로 속도를 계산하기 위해서는 아래 내용들 중에서 무엇이 필요한가? **(i)** 각 시간에서의 기체 압력, **(ii)** 온도, **(iii)** 반응 플라스크의 부피, **(iv)** A와 B의 분자량

**14.6** 다음 반응에서 HCl의 소멸 속도를 측정하여 다음과 같은 실험 데이터를 얻었다.

$$CH_3OH(aq) + HCl(aq) \longrightarrow CH_3Cl(aq) + H_2O(l)$$

| 시간(분) | [HCl] ($M$) |
|---|---|
| 0.0 | 1.85 |
| 54.0 | 1.58 |
| 107.0 | 1.36 |
| 215.0 | 1.02 |
| 430.0 | 0.580 |

**(a)** 각 측정 시간 간격에서의 평균 반응 속도를 $M$/s 단위로 계산하시오.

**(b)** $t=0.0$분에서 $t=430.0$분까지 전체 시간에서의 평균 반응 속도를 계산하시오.

**(c)** $t=54.0$분부터 $t=215.0$분까지와 $t=107.0$분부터 $t=430.0$분까지의 두 시간 범위 중에서 평균 속도가 더 큰 범위는 어느 것인가?

**(d)** [HCl] 대 시간의 그래프를 그리고, $t=75.0$분과 $t=250$분에서의 순간 속도를 $M$/min 단위와 $M$/s 단위로 결정하시오.

**14.7** 아래의 각 기체 반응에서, 반응물의 소멸 속도와 생성물의 생성 속도 간 관계를 설명하시오.

**(a)** $O_3(g) + H_2O(g) \longrightarrow 2\,O_2(g) + H_2(g)$

**(b)** $4\,NH_3(g) + 5\,O_2(g) \longrightarrow 4\,NO(g) + 6\,H_2O(g)$

**(c)** $2\,C_2H_2(g) + 5\,O_2(g) \longrightarrow 4\,CO_2(g) + 2\,H_2O(g)$

**(d)** $C_3H_7NH_2(g) \longrightarrow C_3H_6(g) + NH_3(g)$

**14.8** **(a)** 에텐(ethene)의 연소 반응식은 $C_2H_4(g) + 3\,O_2(g) \longrightarrow 2CO_2(g) + 2H_2O(g)$이다. $C_2H_4$의 농도가 0.025 $M$/s의 속도로 감소할 경우, $CO_2$와 $H_2O$의 농도 변화 속도는 얼마인가? **(b)** 밀폐된 반응 용기 내에서 일어나는 $N_2H_4(g) + H_2(g) \longrightarrow 2NH_3(g)$ 반응에서 $N_2H_4$의 부분 압력 감소 속도가 시간당 10 kPa일 때, 용기 내에서 $NH_3$의 부분 압력과 전체 압력의 변화 속도는 얼마인가?

자기 평가 연습 문제 답 **14.3** (c) **14.4** (c)

## 14.3 | 농도와 속도 법칙

산성비는 대부분 대기 중 수증기와 반응하는 이산화 황 또는 질소 산화물 같은 기체들에 의해 발생한다. 석탄을 사용하는 화력 발전소가 이러한 기체 발생의 주요 원인이며, 19세기 산업혁명 이후 이산화 황 또는 질소 산화물의 배출량이 크게 증가하였다. 석회암으로 만들어진 동상, 건물들은 산성 용액에 취약하며, 일부 지역의 비가 더욱 산성화되면서 석재의 침식이 가속화되고 있다.

이 절이 끝나면 다음 사항을 수행할 수 있어야 한다.

- 반응 차수와 속도 상수를 포함하는 속도 법칙의 형태와 의미 설명하기
- 일련의 데이터를 이용하여 반응의 속도 법칙과 속도 상수 결정하기

반응 속도에 미치는 농도의 영향을 연구하는 한 가지 방법은 초기 농도에 대한 초기 반응 속도의 의존성을 결정하는 것이다. 이 방법을 설명하기 위해서 다음 반응을 생각해 보자.

$$NH_4^+(aq) + NO_2^-(aq) \longrightarrow N_2(g) + 2\,H_2O(l)$$

$NH_4^+$나 $NO_2^-$의 농도를 시간의 함수로 측정하거나, 포집한 $N_2$의 부피를 시간의 함수로 측정하여 반응 속도를 연구할 수 있다. $NH_4^+$, $NO_2^-$, $N_2$의 화학량론적 계수가 모두 같기 때문에 이러한 반응 속도는 모두 같을 것이다.

## 자세히 보기 | 분광학적 방법을 이용한 반응 속도의 측정: Beer 법칙

반응이 진행되는 동안 반응물이나 생성물의 농도 변화를 측정하기 위해서 다양한 방법들이 사용된다. 여기에는 화합물이 빛을 흡수(또는 방출)하는 능력을 이용하는 분광학적 방법이 포함되어 있다. 분광학적 반응 속도의 연구는 대개 반응 혼합물을 분광기의 시료 칸에 놓고 이루어진다. **분광기**(spectrometer)란 시료에 의해 흡수되거나 투과되는 빛의 양을 측정하는 장치이다. 반응 속도의 측정을 위해서는 반응물이나 생성물 중의 하나가 흡수하는 특성 파장을 측정할 수 있도록 분광기를 맞춘다. 예를 들어 $HI(g)$가 $H_2(g)$와 $I_2(g)$로 분해되는 반응에서 HI와 $H_2$는 무색이지만 $I_2$는 보라색을 띤다. 반응이 진행되면서 $I_2$가 생성되므로, 반응 혼합물의 보라색이 점점 짙어진다. 따라서 반응을 추적 관찰하기 위하여 적합한 파장의 가시광선을 사용할 수 있다(그림 14.4).

그림 14.5는 분광기의 구성 요소를 나타낸 것이다. 여러 파장에서 광원으로부터 방출되는 빛의 강도와 시료를 투과한 빛의 강도를 비교함으로써, 시료에 의하여 흡수된 빛의 양을 분광기가 측정한다. $I_2$의 농도가 높아지고 그 색이 점점 짙어짐에 따라 반응 혼합물에 의하여 흡수되는 빛의 양은 증가한다. 따라서 그림 14.4에서와 같이 검출기에 도달하는 빛의 양은 감소하게 된다.

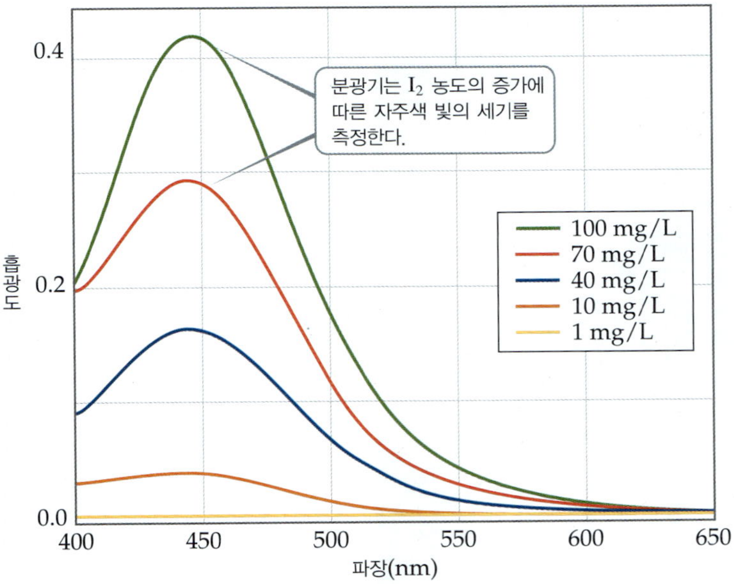


▲그림 14.4 여러 농도의 $I_2$에 대한 가시광선 스펙트럼

분광기에서 검출되는 빛의 양과 시료의 농도는 어떤 연관성이 있는가? Beer 법칙(Beer's law)으로 알려진 상관관계로부터 이러한 정보를 직접적으로 얻을 수 있다. Beer 법칙이란 빛을 흡수하는 물질의 농도와 흡수하는 빛의 양과의 관계를 나타내는 식이다.

$$A = \varepsilon lc \qquad [14.5]$$

이 식에서 $A$는 측정된 흡광도, $\varepsilon$는 흡광 계수(주어진 빛의 파장에서 측정된 화합물의 특성), $l$는 빛이 통과하는 통로의 길이, $c$는 흡수하는 물질의 몰농도이다. 따라서 흡광도는 농도에 정비례한다. 대다수의 화학회사나 제약회사들은 제조된 화합물의 정제된 용액 농도를 계산할 때, 관례적으로 Beer 법칙을 사용한다. 여러분들은 강의의 실험 파트에서 빛의 흡수와 농도의 관계를 사용하는 실험을 경험해 볼 수 있을 것이다.

**관련 연습 문제: 14.111, 14.112, 실험 설계 문제**

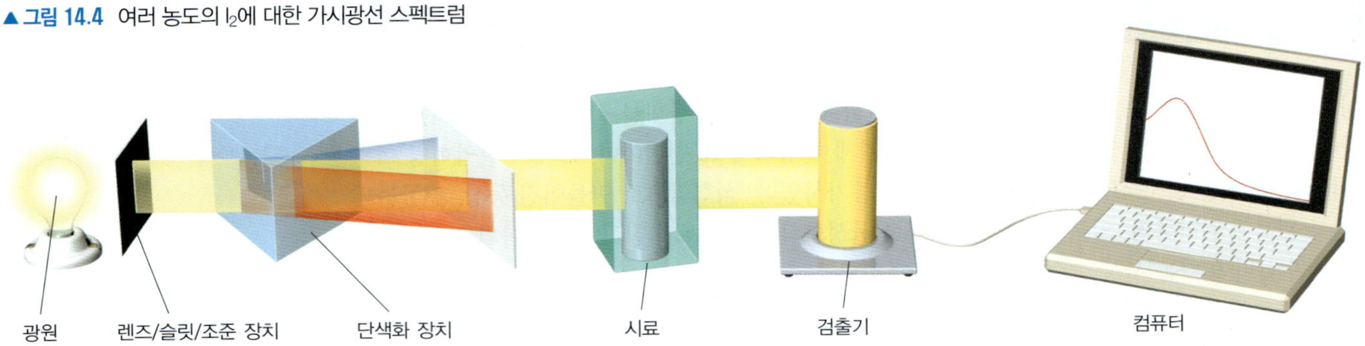


▲그림 14.5 분광기의 구성 요소

**표 14.2 25°C 수용액에서 암모늄 이온과 아질산 이온의 반응 속도 자료**

| 실험 번호 | $NH_4^+$의 초기 농도($M$) | $NO_2^-$의 초기 농도($M$) | 관찰된 초기 속도($M$/s) |
|---|---|---|---|
| 1 | 0.0100 | 0.200 | $5.4\times10^{-7}$ |
| 2 | 0.0200 | 0.200 | $10.8\times10^{-7}$ |
| 3 | 0.0400 | 0.200 | $21.5\times10^{-7}$ |
| 4 | 0.200 | 0.0202 | $10.8\times10^{-7}$ |
| 5 | 0.200 | 0.0404 | $21.6\times10^{-7}$ |
| 6 | 0.200 | 0.0808 | $43.3\times10^{-7}$ |

표 14.2는 반응물 중 하나의 농도를 변화시킴에 따라 초기 반응 속도가 달라짐을 나타내고 있다. 이 자료에서 $[NO_2^-]$는 유지한 상태에서 $[NH_4^+]$를 두 배로 늘리면, 반응 속도는 두 배가 된다(실험 1과 2를 비교해 보라). $[NO_2^-]$를 일정하게 유지시킨 채로 $[NH_4^+]$를 네 배로 증가시키면(실험 1과 3), 반응 속도는 네 배로 증가한다. 이러한 결과로부터 초기 반응 속도는 $[NH_4^+]$에 비례함을 알 수 있다. $[NH_4^+]$를 일정하게 유지하면서 $[NO_2^-]$를 유사하게 변화시키면, 반응 속도는 같은 방식으로 영향을 받는다. 따라서 반응 속도는 $[NO_2^-]$의 농도에도 정비례한다고 결론을 내릴 수 있다.

반응 속도가 반응물의 농도에 의존하는 것을 식으로 표시하면 다음과 같다.

$$\text{속도} = k[NH_4^+][NO_2^-] \qquad [14.6]$$

식 14.6처럼 반응 속도가 반응물 농도에 어떻게 의존하는지를 보여 주는 식을 **속도 법칙(rate law)**이라고 한다. 일반적으로 다음 반응에 대한

$$a\text{A} + b\text{B} \longrightarrow c\text{C} + d\text{D}$$

속도 법칙은 다음과 같이 나타낸다.

$$\text{속도} = k[\text{A}]^m[\text{B}]^n \qquad [14.7]$$

일반적으로 속도 법칙에는 반응물의 농도 항만이 존재하는 것에 유의해야 한다. 상수 $k$는 **속도 상수(rate constant)**라고 한다. $k$의 크기는 온도의 영향을 받는다. 따라서 온도가 속도에 어떠한 영향을 주는지 결정할 수 있다. 이에 관해서는 14.5절에서 공부할 것이다. 지수 $m$과 $n$은 대체로 작은 값의 정수이다. 이제 곧 배우겠지만, 어느 반응에 대한 $m$과 $n$을 알게 되면 반응 과정에서 일어나는 각 단계 반응에 대한 많은 정보를 얻을 수 있다.

어떤 반응의 속도 법칙과 여러 반응물 농도에서의 반응 속도를 알면, 속도 상수($k$)의 값을 계산할 수 있다. 예로 표 14.2에 있는 실험 1의 자료를 식 14.6에 대입하면 다음과 같다.

$$5.4 \times 10^{-7}\,M/\text{s} = k(0.0100\,M)(0.200\,M)$$

$$k = \frac{5.4 \times 10^{-7}\,M/\text{s}}{(0.0100\,M)(0.200\,M)} = 2.7 \times 10^{-4}\,M^{-1}\text{s}^{-1}$$

표 14.2에 있는 다른 실험 자료를 사용해도 같은 $k$ 값을 얻을 수 있다는 것을 확인할 수 있다.

어떤 반응의 속도 상수 값과 속도 법칙을 모두 알면, 임의 농도에서의 반응 속도를 계산할 수 있다. 예를 들면 $k = 2.7\times10^{-4}\,M^{-1}\,\text{s}^{-1}$, $m = 1$, $n = 1$일 때, 식 14.7을 이용하면 $[NH_4^+] = 0.100\,M$과 $[NO_2^-] = 0.100\,M$에서의 반응 속도를 계산할 수 있다.

$$\text{속도} = (2.7 \times 10^{-4} M^{-1}\,\text{s}^{-1})(0.100\,M)(0.100\,M) = 2.7 \times 10^{-6} M/\text{s}$$

## 반응 차수: 속도 법칙에서의 지수

대부분 반응에 대한 속도 법칙은 다음과 같다.

$$속도 = k[반응물\ 1]^m[반응물\ 2]^n \cdots \qquad [14.8]$$

지수 $m$과 $n$을 **반응 차수**(**reaction order**)라고 한다. 예를 들어 $NH_4^+$와 $NO_2^-$의 반응에서의 속도 법칙을 다시 생각해 보자.

$$속도 = k[NH_4^+][NO_2^-]$$

$[NH_4^+]$의 지수가 1이므로, 반응은 $NH_4^+$에 대하여 **일차 반응**(first order)이다. 반응 속도는 $NO_2^-$에 대해서도 일차 반응이다(지수 1은 속도 법칙에서 표현되지 않는다). **전체 반응 차수**(**overall reaction order**)란 속도 법칙을 나타내는 각 반응물에 관한 차수의 합이다. 따라서 $NH_4^+$와 $NO_2^-$의 반응에서 전체 반응 차수는 $1+1=2$이고, 이 반응은 **이차 반응**(second order)이다.

속도 법칙에서 지수는 반응 속도가 각 반응물의 농도에 어떻게 영향을 받는지를 알려 준다. $NH_4^+$과 $NO_2^-$의 반응 속도는 $[NH_4^+]$에 1제곱으로 변한다. $[NH_4^+]$가 2배가 되면 반응 속도는 2배가 되며, $[NH_4^+]$가 3배가 되면 반응 속도도 3배가 되고, 그 이상에서도 마찬가지이다. 이와 같이 $[NO_2^-]$를 2배, 3배 할 때에도 반응 속도는 2배, 3배가 된다. 만약 속도 법칙이 반응물에 대해 이차일 경우 $[A]^2$이므로, 농도를 2배 하면 반응 속도는 4배가 된다($[2]^2=4$). 또한 농도를 3배로 하면 반응 속도는 9배가 된다($[3]^2=9$).

다음은 실험적으로 얻어진 속도 법칙에 대한 몇 가지 다른 예이다.

$$2\,N_2O_5(g) \longrightarrow 4\,NO_2(g) + O_2(g) \quad 속도 = k[N_2O_5] \qquad [14.9]$$

$$H_2(g) + I_2(g) \longrightarrow 2\,HI(g) \quad 속도 = k[H_2][I_2] \qquad [14.10]$$

$$CHCl_3(g) + Cl_2(g) \longrightarrow CCl_4(g) + HCl(g) \quad 속도 = k[CHCl_3][Cl_2]^{1/2} \qquad [14.11]$$

속도 법칙에 표기된 지수와 균형 맞춘 반응식의 계수가 일치하는 경우가 가끔 있기도 하다. 그러나 식 14.9와 14.11에서처럼 항상 일치하는 것은 아니다.

**어떠한 반응에 대해서도 속도 법칙은 실험적으로 결정되어야 한다.**

대부분의 속도 법칙에서 반응 차수는 0, 1, 2이다. 그러나 반응 차수가 분수(식 14.11)이거나 음수인 속도 법칙도 많이 볼 수 있다.

### 예제 14.4
**반응 속도에 미치는 농도의 영향을 속도 법칙과 관련지어 생각하기**

A + B ⟶ C 반응에서 속도 = $k[A][B]^2$이다. 그림의 각 상자는 반응 혼합물을 나타내며 붉은색 공은 A를, 보라색 공은 B를 나타낸다. 반응 속도가 증가하는 순으로 혼합물을 나열하시오.

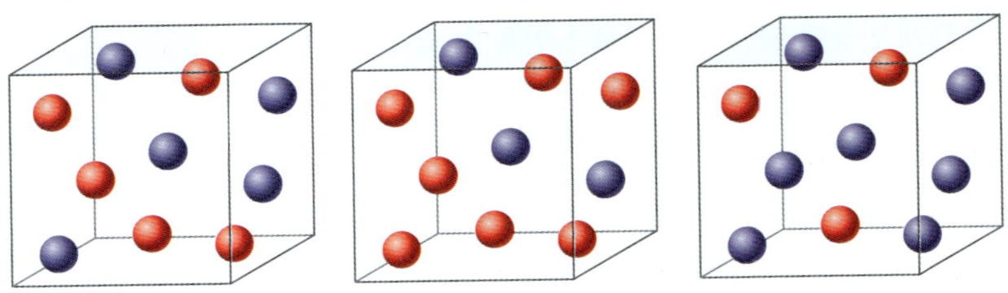

(1) (2) (3)

#### 해답

**분석** 주어진 세 상자에 들어 있는 공의 개수가 다르다. 이것이 의미하는 바는 각 반응물의 농도가 다르다는 것이다. 속도 법칙과 상자 안의 구성 요소들을 이용하여, 반응 속도가 증가하는 순서로 혼합물들을 나열하는 문제이다.

**계획** 모든 상자의 부피는 같다. 따라서 각 종류의 공의 숫자를 속도 법칙에 넣으면 속도를 계산할 수 있다.

**풀이** 상자 1에는 5개의 붉은색 공과 5개의 보라색 공이 들어 있으므로, 속도는

$$\text{상자 1: 속도} = k(5)(5)^2 = 125k$$

상자 2에는 7개의 붉은색 공과 3개의 보라색 공이 들어 있으므로

$$\text{상자 2: 속도} = k(7)(3)^2 = 63k$$

상자 3에는 3개의 붉은색 공과 7개의 보라색 공이 들어 있으므로

$$\text{상자 3: 속도} = k(3)(7)^2 = 147k$$

속도가 가장 느린 것은 $63k$(상자 2)이며, 가장 빠른 것은 $147k$(상자 3)이다. 따라서 속도는 $2 < 1 < 3$이다.

**검토** 각 상자는 10개의 공을 갖는다. B에 대한 반응 차수가 더 높으므로, 속도 법칙에 따라서 [B]가 [A]보다 속도에 더 큰 영향을 미친다는 것을 알 수 있다. 따라서 B의 농도가 가장 큰 혼합물(보라색 공이 가장 많은 것)이 속도가 가장 빠르다. 즉, $2 < 1 < 3$의 순서이다.

▶ **보충 예제**

이 예제에서 반응 속도식이 속도 $= k[A]^2[B]$라고 가정하자. 세 혼합물의 반응 속도가 증가하는 순서로 나열한 것은 어느 것인가?

**(a)** $1 < 2 < 3$
**(b)** $1 < 3 < 2$
**(c)** $3 < 2 < 1$
**(d)** $2 < 1 < 3$
**(e)** $3 < 1 < 2$

## 속도 상수의 크기와 단위

화학자가 어느 화학 반응이 상대적으로 빠르고 느린지를 알아보려고 할 때, 관심을 갖는 값은 속도 상수이다. 일반적으로 $k$ 값이 크면($\sim 10^9$이나 이보다 큰 경우) 빠른 반응을 의미하며, $k$ 값이 작으면(10이나 이보다 작은 경우) 느린 반응을 의미한다.

속도 상수의 단위는 속도 법칙의 전체 반응 차수에 따라 다르다. 예를 들어 전체 반응 차수가 2인 반응일 경우, 속도 상수 단위는 다음을 만족해야 한다.

$$\text{속도의 단위} = (\text{속도 상수의 단위})(\text{농도의 단위})^2$$

따라서, 보통 사용하는 농도 단위인 몰농도와 시간의 단위인 초로 나타내면 다음과 같다.

$$\text{속도 상수의 단위} = \frac{\text{속도의 단위}}{(\text{농도의 단위})^2} = \frac{M/\text{s}}{M^2} = M^{-1}\,\text{s}^{-1}$$

## 예제 14.5

### 반응 차수와 속도 상수 단위의 결정

**(a)** 식 14.9와 식 14.11에 기술된 반응의 전체 반응 차수는 얼마인가?
**(b)** 식 14.9의 속도 법칙에 대한 속도 상수의 단위는 무엇인가?

### 해답

**분석** 두 가지의 속도 법칙과 표현 방법에 관한 질문으로, **(a)** 전체 반응 차수와, **(b)** 첫 번째 반응에 대한 반응 상수의 단위를 묻는 문제이다.

**계획** 전체 반응 차수는 속도 법칙에 표시된 지수의 합이다. 속도 상수 $k$의 단위는 속도 법칙에 나타나는 속도의 일반적인 단위 $M$/s와 농도($M$)를 사용하여 수학적으로 $k$에 대해 풀어서 구한다.

**풀이**

**(a)** 식 14.9에 나타난 반응의 속도는 $N_2O_5$에 대해서 1차이고, 전체적으로도 1차이다. 식 14.11 반응은 $CHCl_3$에 대하여 1차이고, $Cl_2$에 대하여 1/2이다. 따라서 전체 반응 차수는 3/2이다.

**(b)** 식 14.9의 속도 법칙에서

$$\text{속도 단위} = (\text{속도 상수 단위})(\text{농도 단위})$$

따라서

$$\text{속도 상수 단위} = \frac{\text{속도 단위}}{\text{농도 단위}} = \frac{M/\text{s}}{M} = \text{s}^{-1}$$

전체 반응 차수가 변하면 속도 상수의 단위도 변한다는 사실을 유의하라.

▶ **보충 예제**

식 14.11에서 속도 상수의 단위는 다음 중 어느 것인가?

**(a)** $M^{-1/2}\text{s}^{-1}$ **(b)** $M^{-1/2}\text{s}^{-1/2}$ **(c)** $M^{1/2}\text{s}^{-1}$
**(d)** $M^{-3/2}\text{s}^{-1}$ **(e)** $M^{-3/2}\text{s}^{-1/2}$

## 속도 법칙 결정을 위한 초기 속도 이용

대부분 반응의 속도 법칙이 다음과 같은 일반적 형태로 표현된다는 것을 앞에서 보았다.

$$속도 = k[반응물\ 1]^m[반응물\ 2]^n \cdots$$

따라서 속도 법칙을 결정한다는 것은 속도 상수 $m$과 $n$을 결정하는 것이다. 대부분의 반응에서 반응 차수는 0, 1, 2이다. 이 절의 앞부분에서 배웠듯이 초기 농도에 따른 반응 속도의 변화를 이용하여 반응 차수를 결정할 수 있다.

속도 법칙에 있어서 반응의 **속도**(rate)는 농도에 의존하지만 **속도 상수**(rate constant)는 그렇지 않다는 점은 중요하다. 이 장의 뒷부분에서 설명하겠지만, 속도 상수(결과적으로 반응 속도)는 온도와 촉매의 존재에 의해 영향을 받는다.

### 예제 14.6
#### 초기 속도로부터 속도 법칙의 결정

A + B ⟶ C에서 A와 B의 시작 농도를 3가지로 달리 하여 초기 속도를 측정하였다. 그 결과는 다음과 같다.

| 실험 번호 | [A] ($M$) | [B] ($M$) | 초기 속도 ($M$/s) |
|---|---|---|---|
| 1 | 0.100 | 0.100 | $4.0 \times 10^{-5}$ |
| 2 | 0.100 | 0.200 | $4.0 \times 10^{-5}$ |
| 3 | 0.200 | 0.100 | $16.0 \times 10^{-5}$ |

이 자료를 이용하여 **(a)** 반응의 속도 법칙, **(b)** 속도 상수, **(c)** [A] = 0.050 $M$, [B] = 0.100 $M$일 때의 반응 속도를 구하시오.

**해답**

**분석** 주어진 표는 반응물의 농도와 초기 반응 속도에 대한 것이다. 문제는 **(a)** 속도 법칙, **(b)** 속도 상수, **(c)** 표에 주어지지 않은 농도의 반응 속도를 구하는 것이다.

**계획** **(a)** 속도 법칙은 다음의 형식을 따른다: 속도 = $k[A]^m[B]^n$. 주어진 자료에서 농도 변화가 속도에 미치는 영향을 이용하여 반응 차수인 $m$과 $n$을 구한다. **(b)** $m$과 $n$을 알면, 속도 법칙과 일련의 자료를 활용하여 속도 상수 $k$를 구할 수 있다. **(c)** 속도 상수와 반응 차수를 구하게 되면, 속도 법칙을 이용하여 주어진 농도에서의 속도를 구할 수 있다.

**풀이**

**(a)** 실험 1과 2를 비교하면, [A]는 일정하며 [B]는 2배가 되었다. 따라서 이 자료는 [B]가 속도에 어떻게 영향을 미치는지 보여 주며, B의 속도 법칙의 차수를 구할 수 있다.

$$\frac{속도\ 1}{속도\ 2} = \frac{k[A_1]^m[B_1]^n}{k[A_2]^m[B_2]^n}$$

실험으로부터 속도와 농도 값을 대입하면,

$$\frac{4.0 \times 10^{-5}\ \cancel{M/s}}{4.0 \times 10^{-5}\ \cancel{M/s}} = \frac{k[0.100\ M]^m[0.100\ M]^n}{k[0.100\ M]^m[0.200\ M]^n}$$

$$1 = (1/2)^n$$

이 식이 참이 되려면 $n$=0이어야 한다. 따라서, 속도 법칙은 B에 대해 0차이다. 이것은 속도가 [B]에 무관하다는 의미이다.

실험 1과 3에서, [B]는 일정하게 유지되므로, 자료로부터 [A]의 속도 법칙의 차수를 구할 수 있다.

$$\frac{속도\ 1}{속도\ 3} = \frac{k[A_1]^m[B_1]^n}{k[A_3]^m[B_3]^n}$$

실험으로부터 속도와 농도 값을 넣으면:

$$\frac{16.0 \times 10^{-5}\ \cancel{M/s}}{4.0 \times 10^{-5}\ \cancel{M/s}} = \frac{k[0.200M]^m[0.100M]^n}{k[0.100M]^m[0.100M]^n}$$

$$4 = (2)^m$$

[A]가 두배가 될 때 속도는 4배가 되므로, $m$=2이고 A에 대한 속도 법칙이 2차임을 알 수 있다.

이러한 결과들을 함께 고려하면, 다음 속도 법칙을 얻을 수 있다. $속도 = k[A]^2[B]^0 = k[A]^2$

**(b)** 속도 법칙과 실험 1의 자료를 이용하여

$$k = \frac{속도}{[A]^2} = \frac{4.0 \times 10^{-5}\ M/s}{(0.100\ M)^2} = 4.0 \times 10^{-3}\ M^{-1}\,s^{-1}$$

**(c)** (a)의 속도 법칙과 (b)의 속도 상수를 이용하면

$$속도 = k[A]^2 = (4.0 \times 10^{-3}\ M^{-1}s^{-1})(0.050\ M)^2 = 1.0 \times 10^{-5}\ M/s$$

[B]는 속도 법칙에 포함되지 않는다. 따라서 A와 반응할 약간의 B만 존재해도 반응 속도와는 무관하다.

**검토** 속도 법칙을 검토해 보는 좋은 방법은 실험 2 또는 3의 농도를 이용하여 속도가 맞게 계산되는지를 확인해 보는 것이다. 실험 3의 데이터를 이용하면 다음과 같이 계산된다.

$$속도 = k[A]^2 = (4.0 \times 10^{-3}\ M^{-1}s^{-1})(0.200\ M)^2 = 1.6 \times 10^{-4}\ M/s$$

따라서, 속도의 결과값과 단위가 잘 맞게 계산되어 속도 법칙이 다른 실험값에도 잘 적용된다.

▶ **보충 예제**

위의 예제에서 다루어진 반응, A+B → C를 고려하자. B의 농도가 두 배가 되면, B의 소멸 속도는 ________. 반면에 A의 농도가 두 배가 되면, B의 소멸 속도는 ________.

**(a)** 변하지 않는다, 변하지 않는다.
**(b)** 2배 늘어난다, 2배 늘어난다.
**(c)** 4배 늘어난다, 2배 늘어난다.
**(d)** 변하지 않는다, 4배 늘어난다.
**(e)** 4배 늘어난다, 변하지 않는다.

## 자기 평가 연습 문제

**14.9** 실험적으로 결정된 다음 치환 반응의 속도가 $k[(CH_3)_3CCl]$이다.
$(CH_3)_3CCl + CH_3OH \rightarrow (CH_3)_3COCH_3 + HCl$
만약 $CH_3OH$의 농도가 2배가 된다면, 반응 속도는 어떻게 변하겠는가?
**(a)** 반응 속도는 변하지 않는다
**(b)** 반응 속도가 2배가 된다
**(c)** 반응 속도가 4배가 된다

**14.10** 주어진 값으로부터 다음 반응의 속도식과 속도 상수를 구하여라.
$NO_2(g) + CO(g) \rightarrow NO(g) + CO_2(g)$

| 실험 번호 | $[NO_2]$ $(M)$ | $[CO]$ $(M)$ | 초기 속도 $(M/s)$ |
|---|---|---|---|
| 1 | 0.10 | 0.10 | 0.0050 |
| 2 | 0.40 | 0.10 | 0.080 |
| 3 | 0.10 | 0.20 | 0.0050 |

**(a)** 속도 $= k[NO_2][CO]$, $k = 0.50\ M^{-1}s^{-1}$
**(b)** 속도 $= k[NO_2]^2$, $k = 0.50\ M^{-1}s^{-1}$
**(c)** 속도 $= k[CO]^2$, $k = 0.50\ M^{-1}s^{-1}$

## 연습 문제

**14.11** A, B, C 사이의 가상적인 반응에서 반응 차수가 A에 대하여 일차, B에 대하여 영차, C에 대하여 이차라고 생각하자.
**(a)** 이 반응에 대한 속도 법칙을 쓰시오.
**(b)** [A]가 두 배가 되고 다른 반응물들의 농도는 그대로일 경우, 속도 변화는 얼마가 되겠는가?
**(c)** [B]가 두 배가 되고 다른 반응물들의 농도는 그대로일 경우, 속도 변화는 얼마가 되겠는가?
**(d)** [C]가 세 배가 되고 다른 반응물들의 농도는 그대로일 경우, 속도 변화는 얼마나 되겠는가?
**(e)** 모든 반응물들의 농도를 각각 세 배로 할 경우, 반응 속도는 몇 배만큼 변하는가?
**(f)** 모든 반응물들의 농도를 각각 반으로 줄인다면, 반응 속도는 몇 배만큼 변하는가?

**14.12** 사염화 탄소 내 $N_2O_5$의 분해 반응은 $2\,N_2O_5 \longrightarrow 4\,NO_2 + O_2$이다. $N_2O_5$의 반응 차수는 일차이고, 55 °C에서의 속도 상수는 $4.12 \times 10^{-3}\ s^{-1}$이다.
**(a)** 반응의 속도 법칙을 쓰시오.
**(b)** $[N_2O_5] = 0.050\ M$일 때, 반응 속도는 얼마인가?
**(c)** $N_2O_5$의 농도가 3배인 0.0150 $M$일 경우, 반응 속도는 얼마인가?
**(d)** $N_2O_5$의 농도가 10% 감소한 0.045 $M$일 경우, 반응 속도는 얼마인가?

**14.13** 330 K의 에탄올 내 브로모에테인($C_2H_5Br$)과 수산화 이온의 반응은 $C_2H_5Br(alc) + OH^-(alc) \longrightarrow C_2H_5OH(l) + Br^-(alc)$이며, 반응은 브로모에테인과 수산화 이온에 대하여 각각 일차이다. $[C_2H_5Br]$이 0.0477 $M$이고 $[OH^-]$가 0.100 $M$일 때, 브로모에테인의 소멸 속도는 $1.7 \times 10^{-7}\ M/s$이다.
**(a)** 속도 상수 값은 얼마인가?
**(b)** 속도 상수의 단위는 무엇인가?
**(c)** 용액에 동일한 부피의 에탄올을 첨가하여 희석하였을 경우, 브로모에테인의 소멸 속도는 얼마가 되겠는가?

**14.14** $2\,ClO_2(aq) + 2\,OH^-(aq) \longrightarrow ClO_3^-(aq) + ClO_2^-(aq) + H_2O(l)$ 반응에서 다음 실험 데이터를 얻었다.

| 실험 | $[ClO_2]$ ($M$) | $[OH^-]$ ($M$) | 초기 속도 ($M$/s) |
|---|---|---|---|
| 1 | 0.060 | 0.030 | 0.0248 |
| 2 | 0.020 | 0.030 | 0.00276 |
| 3 | 0.020 | 0.090 | 0.00828 |

**(a)** 이 반응의 속도 법칙을 결정하시오.

**(b)** 속도 상수를 적합한 단위로 나타내시오.

**(c)** $[ClO_2] = 0.100\ M$이고 $[OH^-] = 0.050\ M$일 때, 속도를 계산하시오.

**14.15** $2\,NO(g) + O_2(g) \longrightarrow 2\,NO_2(g)$ 반응에서 NO의 소멸 속도의 실험 데이터는 다음과 같다.

| 실험 | [NO] ($M$) | $[O_2]$ ($M$) | 초기 속도 ($M$/s) |
|---|---|---|---|
| 1 | 0.0126 | 0.0125 | $1.41 \times 10^{-2}$ |
| 2 | 0.0252 | 0.0125 | $5.64 \times 10^{-2}$ |
| 3 | 0.0252 | 0.0250 | $1.13 \times 10^{-1}$ |

**(a)** 이 반응의 속도 법칙은 무엇인가?

**(b)** 속도 상수의 단위는 무엇인가?

**(c)** 위 세 개의 데이터로부터 계산되는 속도 상수의 평균값은 얼마인가?

**(d)** $[NO] = 0.0750\ M$이고 $[O_2] = 0.0100\ M$일 때, NO의 소멸 속도는 얼마인가?

**(e)** 문제 (d)에서 주어진 농도 조건에서 $O_2$의 소멸 속도는 얼마인가?

**14.16** 과산화이황산 이온(peroxydisulfate ion, $S_2O_8^{2-}$)과 아이오딘 이온($I^-$)의 수용액 내 반응을 생각해 보자.

$$S_2O_8^{2-}(aq) + 3\,I^-(aq) \longrightarrow 2\,SO_4^{2-}(aq) + I_3^-(aq)$$

어느 특정한 온도에서 $S_2O_8^{2-}$의 초기 소멸 속도는 농도에 따라 다음과 같이 변한다.

| 실험 | $[S_2O_8^{2-}]$ ($M$) | $[I^-]$ ($M$) | 초기 속도 ($M$/s) |
|---|---|---|---|
| 1 | 0.018 | 0.036 | $2.6 \times 10^{-6}$ |
| 2 | 0.027 | 0.036 | $3.9 \times 10^{-6}$ |
| 3 | 0.036 | 0.054 | $7.8 \times 10^{-6}$ |
| 4 | 0.050 | 0.072 | $1.4 \times 10^{-5}$ |

**(a)** 반응의 속도 법칙을 결정하고, 속도 상수의 단위를 쓰시오.

**(b)** 위 네 개의 데이터로부터 계산되는 $S_2O_8^{2-}$ 소멸 속도 상수의 평균값은 얼마인가?

**(c)** $I^-$의 소멸 속도와 $S_2O_8^{2-}$의 소멸 속도는 어떠한 연관성이 있는가?

**(d)** $[S_2O_8^{2-}] = 0.025\ M$이고 $[I^-] = 0.050\ M$일 때, $I^-$의 소멸 속도는 얼마인가?

자기 평가 연습 문제 답 **14.9** (a) **14.10** (b)

## 14.4 | 시간에 따른 농도의 변화

인도 Delhi의 철기둥(iron pillar of Delhi)은 4세기 후반부터 5세기 초반 사이 Chandragupta 2세(King Chandragupta II)의 통치 기간에 건설되었다. 이 철기둥은 시간이 지나도 녹슬지 않아서 많은 금속 공학자와 고고학자들의 관심을 끌고 있다. 철기둥의 부식 저항성은 철 안의 인 함량이 높아 자연스럽게 생성되는 보호막에 기인한다. Delhi의 철기둥은 시간과 날씨의 황폐를 아직까지 견뎌내고 있다!

이 절이 끝다면 다음 사항을 수행할 수 있어야 한다.

- 적분 형태의 속도 법칙을 적용하여 특정 시간에서의 반응물의 농도 결정하기
- 일차 반응의 속도 상수와 반감기 사이의 관계 이용하기

지금까지 배운 속도 법칙을 이용하면 속도 상수와 반응물 농도 값으로부터 반응 속도를 계산할 수 있다. 이 절에서는, 속도 법칙을 특정한 방정식으로 변환하여 반응물 혹은 생성물의 농도와 시간과의 관계를 나타낼 수 있음을 공부할 것이다. 여기에 필요한 수학은 미적분학이다. 여러분이 미적분에 익숙하지 않을지라도, 마지막 결과로 얻어진 식은 이용할 수 있어야 한다. 이러한 변환을 가장 간단한 속도 법칙인 일차, 이차, 영차 반응에 적용해 볼 것이다.

## 일차 반응

**일차 반응(first-order reaction)**이란 그 반응 속도가 한 가지 반응물 농도의 1제곱에만 의존하는 반응이다. [A ⟶ 생성물] 형태의 반응이 일차라면, 속도 법칙은 다음과 같다.

$$\text{속도} = -\frac{\Delta[\text{A}]}{\Delta t} = k[\text{A}]$$

농도에 대한 속도 의존성을 보여 주는 이러한 형태의 속도 법칙을 **미분형 속도 법칙**(differential rate law)이라고 한다. 적분이라고 불리는 미적분 과정을 통해 이 관계식은 **적분형 속도 법칙**(integrated rate law)으로 알려진 식으로 변환될 수 있다. 이 식은 일차 반응식에서 A의 초기 농도 $[\text{A}]_0$와 시간 $t$에서의 농도 $[\text{A}]_t$를 연관시키는 식이다.

$$\ln[\text{A}]_t - \ln[\text{A}]_0 = -kt \quad \text{또는} \quad \ln\frac{[\text{A}]_t}{[\text{A}]_0} = -kt \qquad [14.12]$$

식 14.12의 함수 "ln"은 자연로그이다(부록 A.2). 식 14.12를 다음과 같이 정리할 수도 있다.

$$\ln[\text{A}]_t = -kt + \ln[\text{A}]_0 \qquad [14.13]$$

식 14.12와 14.13은 $[\text{A}]_t$와 $[\text{A}]_0$의 단위가 같다면 어떠한 농도의 단위로도 쓰일 수 있다. 기체 상태의 반응을 다룬다면, 식 14.12와 14.13의 농도 대신 압력을 사용할 수도 있다. 이러한 농도–압력 치환이 가능한 것은 이상 기체 법칙(10.4절)에 따라 일정한 온도에서 압력은 농도($n/V$)에 정비례하기 때문이다.

일차 반응에서 식 14.12와 14.13은 여러 방법으로 쓰일 수 있다. $k$, $t$, $[\text{A}]_0$, $[\text{A}]_t$ 중 세 개의 값을 알면 나머지 하나를 구할 수 있다. 따라서 이 식을 이용하면 다음과 같은 것들을 결정할 수 있다. (1) 반응 시작 후 특정 시간에 남은 반응물의 농도, (2) 일정량 시료의 반응에 필요한 시간, (3) 반응물 농도가 일정한 수준에 도달하는 데 필요한 시간.

### 예제 14.7
**적분형 일차 반응 속도 법칙의 이용**

12 °C의 물에서 어떤 살충제 물질의 분해 반응은 일차 반응이며, 속도 상수는 1.45 $\text{yr}^{-1}$이다. 이 살충제 일정량이 6월 1일에 호수로 씻겨 들어가 $5.0\times10^{-7}$ g/cm$^3$ 농도가 되었다. 호수 온도는 일정(온도 변화가 속도에 영향을 주지 않도록 함)하다고 가정하고, **(a)** 다음 해 6월 1일 살충제의 농도는 얼마인가? **(b)** 살충제의 농도가 $3.0\times10^{-7}$ g/cm$^3$로 감소하려면 얼마나 걸리는가?

## 해답

**분석** 이 반응은 일차 반응이며, 농도와 시간의 조건이 주어졌다. 구해야 하는 것은 1년 후 남은 반응물(살충제)의 양이다. 또한, 살충제가 특정 농도에 도달하는 데 소요되는 시간을 결정해야 한다.

**계획** 문제 (a)에서는 속도 상수, 시간, 반응물의 초기 농도가 주어졌기 때문에 식 14.13을 이용하여 1년이 지난 뒤 반응물의 농도를 구할 수 있다. 문제 (b)에서는 초기 농도, 최종 농도, 속도 상수가 주어졌다. 이 경우 식 14.13을 이용하여 특정 농도에 도달하는 데 소요되는 시간을 계산할 수 있다.

**풀이**

| | |
|---|---|
| **(a)** 알고 있는 값을 식 14.13에 대입한다. | $\ln[\text{살충제}]_{t=1\,\text{yr}} = -(1.45\,\text{yr}^{-1})(1.00\,\text{yr}) + \ln(5.0 \times 10^{-7})$ |
| 계산기를 사용하여 오른쪽 두 번째 항의 ln 함수 값(즉 $\ln(5.0\times10^{-7})$)을 계산하면 다음과 같다. | $\ln[\text{살충제}]_{t=1\,\text{yr}} = -1.45 + (-14.51) = -15.96$ |
| $[\text{살충제}]_{t=1\text{yr}}$를 구하기 위하여 자연로그의 역함수인 $e^x$ 함수를 사용한다. | $[\text{살충제}]_{t=1\,\text{yr}} = e^{-15.96} = 1.2 \times 10^{-7}\,\text{g/cm}^3$ |
| $[A]_t$와 $[A]_0$의 농도 단위가 같음을 유의하라. | |
| **(b)** 식 14.13에 $[\text{살충제}]_t = 3.0\times10^{-7}\,\text{g/cm}^3$를 대입하면 | $\ln(3.0 \times 10^{-7}) = -(1.45\,\text{yr}^{-1})(t) + \ln(5.0 \times 10^{-7})$ |
| 이것을 $t$에 대해서 풀면 | $t = -[\ln(3.0 \times 10^{-7}) - \ln(5.0 \times 10^{-7})]/1.45\,\text{yr}^{-1}$ $= -(-15.02 + 14.51)/1.45\,\text{yr}^{-1} = 0.35\,\text{yr}$ |

**검토**

문제 (a)에서, 1.00 yr 후의 남은 농도 $1.2\times10^{-7}\,\text{g/cm}^3$는 원래 농도($5.0\times10^{-7}\,\text{g/cm}^3$)보다 작아야 한다. 문제 (b)에서 주어진 농도($3.0\times10^{-7}\,\text{g/cm}^3$)는 1년 뒤 남은 농도보다 더 커야만 소요되는 시간이 1년보다 짧다는 것과 일치한다. 따라서 $t = 0.35$ yr는 타당한 답이다.

**▶ 보충 예제**

510°C에서 다이메틸 에터(dimethyl ether, $(CH_3)_2O$)의 분해 반응은 일차 반응이며, 속도 상수는 $6.8\times10^{-4}\,\text{s}^{-1}$이다.

$$(CH_3)_2O(g) \longrightarrow CH_4(g) + H_2(g) + CO(g)$$

$(CH_3)_2O$의 초기 압력이 18 kPa일 때, 1420초 후의 압력은 얼마인가?

▲ **그림 14.6** 메틸아이소나이트릴($CH_3NC$)이 아세토나이트릴($CH_3CN$)로 변환되는 일차 반응

식 14.13은 반응이 일차 반응인지 아닌지와, 속도 상수를 결정할 때 이용한다. 이 식은 $y = mx + b$라는 일차 함수식으로 표현될 수 있다. 이때 $m$은 기울기, $b$는 $y$ 절편이다(부록 A.4).

$$\begin{array}{ccccc} \ln[A]_t & = & -kt & + & \ln[A]_0 \\ \updownarrow & & \updownarrow & & \updownarrow \\ y & = & mx & + & b \end{array}$$

따라서 일차 반응에서, 시간에 대한 $\ln[A]_t$의 그래프는 기울기 값이 $-k$, $y$ 절편이 $\ln[A]_0$인 직선으로 나타난다. 반응이 일차가 아니면 직선을 얻을 수 없다.

일차 반응의 예로 메틸 아이소나이트릴(methyl isonitrile, $CH_3NC$)이 이성질체인 아세토나이트릴($CH_3CN$)로 변환되는 반응을 생각해 보자(**그림 14.6**). 실험적으로 이 반응은 일차이므로, 속도 방정식을 다음과 같이 쓸 수 있다.

$$\ln[CH_3NC]_t = -kt + \ln[CH_3NC]_0$$

메틸 아이소나이트릴이 기체 상태로 존재하는 온도(199 °C)에서 반응을 수행하였고, 시간에 따른 압력 변화를 **그림 14.7(a)**에 나타냈다. 그림 14.7 **(b)**는 시간에 따른 압력의 자연로그값 변화가 직선으로 나타남을 보여준다. 이 직선 기울기는 $-5.1\times10^{-5}\,\text{s}^{-1}$이다(여러분이 이 값을 직접 구해 확인할 수 있어야 하며, 여러분이 구한 결과는 그래프를 읽을 때의 부정확성 때문에 여기서 구한

In $P$와 $t$로 도시된 그래프가 직선이라면 어떠한 결론을 얻을 수 있는가?

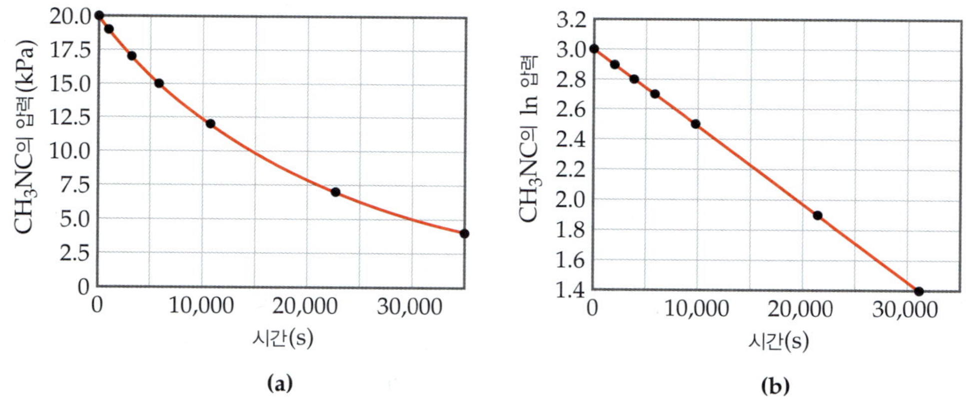


▲그림 14.7 메틸 아이소나이트릴의 아세토나이트릴로의 변환 반응에 대한 속도 자료

값과 조금 차이가 있을 수 있다). 직선 기울기는 $-k$와 같으므로, 이 반응의 속도 상수는 $5.1 \times 10^{-5}$ $s^{-1}$이다.

## 이차 반응

**이차 반응**(**second-order reaction**)이란 반응 속도가 반응물 농도의 제곱에 비례하거나, 서로 다른 두 가지 반응물 농도의 1제곱에 비례하는 반응이다. 간단하게 하기 위하여 반응물 A에 대하여 2차인 [A ⟶ 생성물] 또는 [A + B ⟶ 생성물]인 반응을 생각해 보자.

$$속도 = -\frac{\Delta[A]}{\Delta t} = k[A]^2$$

미적분학을 이용하여, 이 미분형 속도 법칙은 다음과 같은 이차 반응의 적분형 속도 법칙으로 나타낼 수 있다.

$$\frac{1}{[A]_t} = kt + \frac{1}{[A]_0} \qquad [14.14]$$

식 14.13과 마찬가지로, 네 가지의 변수 $k$, $t$, $[A]_0$, $[A]_t$가 있으므로, 이 중에서 세 가지 값만 알면 나머지 값의 계산이 가능하다. 식 14.14 역시 직선 형태($y = mx + b$)로 표현될 수 있다. 반응이 이차라면, $t$에 대한 $1/[A]_t$ 그래프는 직선을 나타내고, 기울기는 $k$, $y$ 절편은 $1/[A]_0$이다. 일차와 이차 속도 법칙을 구분하는 한 가지 방법은 $t$에 대한 $\ln[A]_t$와 $1/[A]_t$의 그래프를 각각 그려보는 것이다. $\ln[A]_t$에 대한 그래프가 직선이면, 그 반응은 일차이다. $1/[A]_t$에 대한 그래프가 직선이면, 그 반응은 이차이다.

### 예제 14.8
### 적분 속도 법칙으로부터 반응 차수의 결정

300 °C에서 이산화 질소의 기체상 분해 반응에 대한 자료는 다음과 같다.

$$NO_2(g) \longrightarrow NO(g) + \tfrac{1}{2}O_2(g)$$

이 반응은 $NO_2$에 대하여 일차인가, 이차인가?

| 시간(초) | $[NO_2](M)$ |
|---|---|
| 0.0 | 0.01000 |
| 50.0 | 0.00787 |
| 100.0 | 0.00649 |
| 200.0 | 0.00481 |
| 300.0 | 0.00380 |

## 해답

**분석** 여러 시간에서의 반응물의 농도를 주고, 반응이 일차인지 이차인지를 알아보는 문제이다.

**계획** $\ln[NO_2]$와 $1/[NO_2]$를 각각 시간에 대해서 도시해 본다. 어느 한 그래프가 직선으로 나온다면, 그 반응이 일차인지 혹은 이차인지 알 수 있다.

**풀이**

시간에 대한 $\ln[NO_2]$와 $1/[NO_2]$를 도시하기 위하여, 주어진 자료로부터 다음 계산을 수행한다.

| 시간 (초) | $[NO_2]$ ($M$) | $\ln[NO_2]$ | $1/[NO_2]$ ($1/M$) |
|---|---|---|---|
| 0.0 | 0.01000 | −4.605 | 100 |
| 50.0 | 0.00787 | −4.845 | 127 |
| 100.0 | 0.00649 | −5.037 | 154 |
| 200.0 | 0.00481 | −5.337 | 208 |
| 300.0 | 0.00380 | −5.573 | 263 |

**그림 14.8**처럼 시간에 대한 $1/[NO_2]$ 그래프만이 직선이다. 따라서 이 반응은 이차 속도 법칙을 따른다. 즉, 속도$=k[NO_2]^2$이다. 이 직선의 기울기로부터 $NO_2$ 소멸의 속도 상수값 $k=0.543\ M^{-1}\ s^{-1}$을 구할 수 있다.

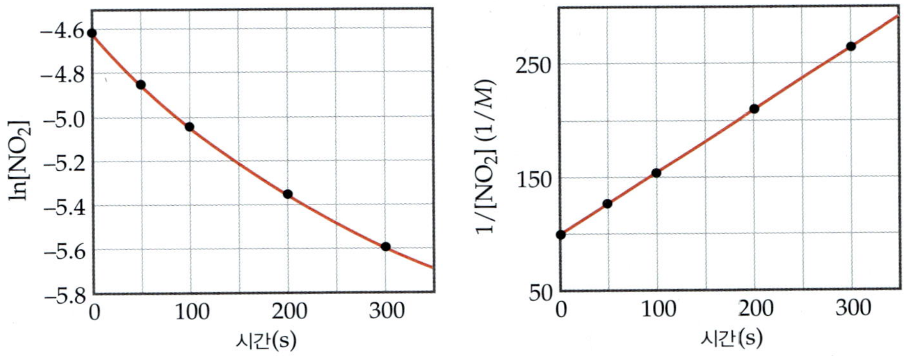


▲ 그림 14.8 $NO_2$의 분해 반응에 대한 속도 자료

▶ **보충 예제**

'A ⟶ 생성물'의 반응에서, $\ln[A]$ 대 시간의 그래프는 기울기가 $-3.0\times10^{-2}\ s^{-1}$인 직선이다. 다음 내용 중 어느 것이 참인가?

(i) 이 반응은 일차 속도 법칙을 따른다.
(ii) 이 반응의 속도 상수는 $3.0\times10^{-2}\ s^{-1}$이다.
(iii) [A]의 초기 농도는 1.0 $M$이다.

**(a)** 단 한가지만 옳다.
**(b)** (i)과 (ii)가 옳다.
**(c)** (i)과 (iii)이 옳다.
**(d)** (ii)와 (iii)이 옳다.
**(e)** 모든 내용이 옳다.

반응 중 어떤 시간에서 영차 반응과 이차 반응을 구분하기 어려워지는가?

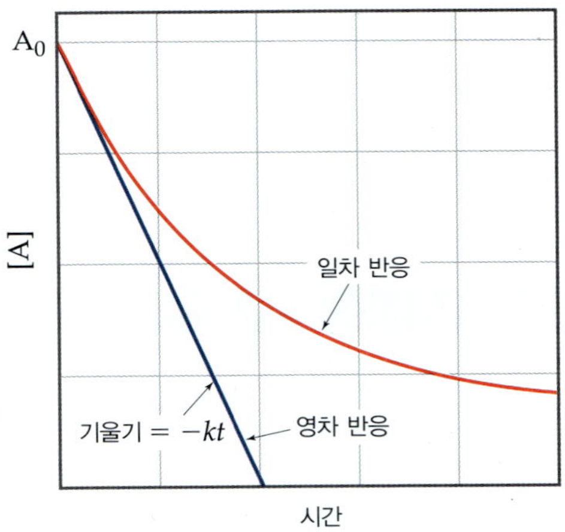


▲ 그림 14.9 시간에 따라 반응물 A가 소멸되는 일차 반응과 영차 반응의 비교

## 영차 반응

일차 반응에서, 반응물 A의 농도는 **그림 14.9**의 붉은색 곡선처럼 비선형으로 감소한다. [A]가 감소하면 **속도**(rate)도 이에 비례해서 감소한다. **영차 반응(zero-order reaction)**의 경우, A의 소멸 속도는 [A]와 **무관**(independent)하다. 영차 반응의 반응 속도 법칙은 다음과 같다.

$$\text{속도} = \frac{-\Delta[A]}{\Delta t} = k \qquad [14.15]$$

영차 반응의 적분형 속도 법칙은 다음과 같다.

$$[A]_t = -kt + [A]_0 \qquad [14.16]$$

여기서 $[A]_t$는 시간 $t$에서의 A의 농도이고, $[A]_0$는 초기 농도이다. 이 식은 직선의 방정식으로, $y$ 절편은 $[A]_0$이고 기울기는 $-k$이며, 그림 14.9에 푸른색 선으로 나타나 있다.

가장 일반적인 영차 반응은 고체의 표면에서 기체가 분해되는 반응이다. 표면이 분해되는 분자로 완전히 덮여 있다면, 기체 상태의 물질이 남아 있는 한 표면에서 반응하는 분자의 수가 일정하므로, 반응 속도는 일정하다.

## 반감기

어떤 반응의 **반감기(half-life, $t_{1/2}$)**란 반응물 농도가 초기 농도 값의 절반($[A]_{t_{1/2}}=\frac{1}{2}[A]_0$)이 되는 데 걸리는 시간이다. 반감기는 반응이 얼마나 빠른지를 설명하는 편리한 방법인데, 특히 일차 반응에서 더 유용하게 사용된다. 빠른 반응은 반감기가 짧다.

일차 반응의 경우 $[A]_t$ 대신에 $[A]_{t_{1/2}}=\frac{1}{2}[A]_0$를, $t$ 대신에 $t_{1/2}$를 식 14.12에 대입하면 다음과 같다.

$$\ln\frac{\frac{1}{2}[A]_0}{[A]_0} = -kt_{1/2}$$

$$\ln\tfrac{1}{2} = -kt_{1/2}$$

$$t_{1/2} = -\frac{\ln\frac{1}{2}}{k} = \frac{0.693}{k} \qquad [14.17]$$

식 14.17로부터, 일차 반응 법칙에서 $t_{1/2}$는 반응물의 초기 농도에 무관한 것을 알 수 있다. 그러므로 반응이 진행하는 동안 반감기는 일정하다. 예를 들어 어떤 순간 반응물의 농도가 0.120 $M$인 경우, 한번의 반감기가 지나면 $\frac{1}{2}$(0.120 $M$) = 0.060 $M$이 된다. 한번의 반감기가 더 지나면 농도는 0.030 $M$로 감소한다. 식 14.17을 이용하여 일차 반응에서 $k$를 알고 있다면 $t_{1/2}$를 계산할 수 있고, 반대로 $t_{1/2}$를 알고 있다면 $k$를 계산할 수 있다.

메틸 아이소나이트릴의 199 °C에서 일차 자리 옮김 반응에서 시간에 따른 농도 변화 자료가 **그림 14.10**에 나타나 있다. 반응이 진행되는 동안 이 기체의 농도는 압력에 정비례하므로 이 그래프에서는 농도 대신 압력으로 나타내었다. 첫 번째 반감기는 13,600초(3.78시간)에서 일어난다. 이후 한번의 13,600초가 더 지나면 메틸 아이소나이트릴의 압력(즉, 농도)은 반의 반, 즉 처음 농도의 1/4로 감소한다.

**일차 반응의 경우, 반응물 농도는 규칙적으로 일정한 시간 간격당 절반씩 감소하며, 각 시간 간격은 $t_{1/2}$에 해당한다.**

이차 반응 및 다른 반응의 반감기는 반응물의 농도에 의존하므로, 반응 과정 중에 변화한다. 일차 반응의 적분형 속도 법칙 식 14.12에서 $[A]_t$ 대신에 $[A]_{t_{1/2}}=\frac{1}{2}[A]_0$를, $t$ 대신에 $t_{1/2}$를 대입하여 반감기를 구하는 식 14.17를 얻었다. 이와 같이 대입하는 방법을 식 14.14에 적용하면, 이차 반응의 반감기를 구할 수 있다.

$$\frac{1}{\frac{1}{2}[A]_0} = kt_{1/2} + \frac{1}{[A]_0}$$

$$\frac{2}{[A]_0} - \frac{1}{[A]_0} = kt_{1/2}$$

$$t_{1/2} = \frac{1}{k[A]_0} \qquad [14.18]$$

이 경우, 반감기는 반응물의 초기 농도에 의존한다. 즉, 초기 농도가 낮을수록 반감기는 길어진다.

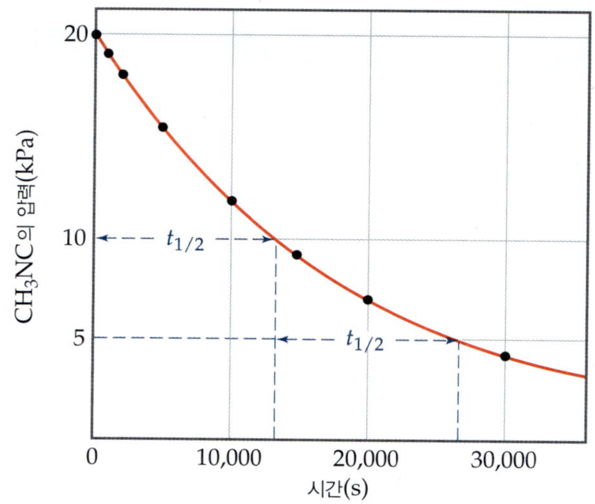


▲ **그림 14.10** 온도 199 °C에서 메틸 아이소나이트릴이 아세토나이트릴로 변환되는 자리 옮김 반응에 대한 반응 속도론적 자료로, 반감기를 보여준다.

### 작동하는 화학 대기에서의 브로모메테인

클로로플루오로탄소(CFC)로 알려진 화합물은 지구의 보호막인 오존층을 파괴하는 물질로 잘 알려져 있다. 또 다른 성층권의 오존층 파괴 가능 물질은 브로모메테인(boromomethane, $CH_3Br$, **그림 14.11**)이다. 이 화합물은 식물 씨앗의 곰팡이 방지제 등 다양한 분야에서 널리 사용되는 물질로, 과거에 대량으로 생산되었다(1997년에 세계적으로 70,000톤이 생성되어 최고조에 달하였다). C—Br

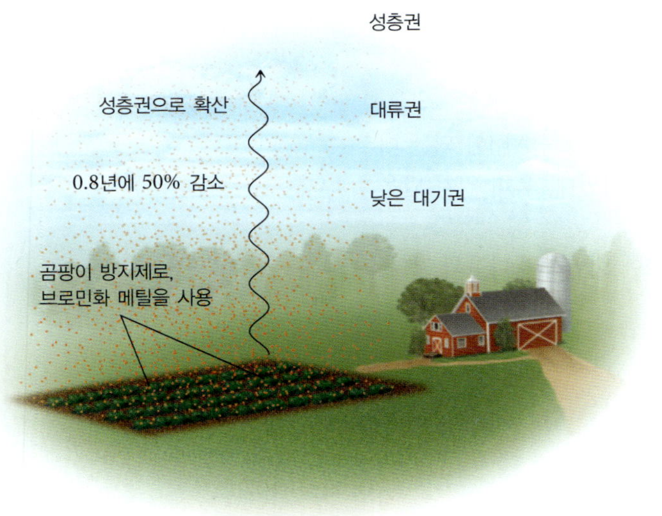


▲ 그림 14.11 지구 대기권에서 브로민화 메틸의 분배 및 거동

결합은 성층권에서 짧은 파장의 빛을 흡수하면 끊어진다. 이때 생성된 Br 원자는 오존의 분해를 촉진시킨다.

브로모메테인은 바닷물과의 매우 느린 반응을 포함하는 다양한 메커니즘을 통하여 낮은 대기층에서 제거된다.

$$CH_3Br(g) + H_2O(l) \longrightarrow CH_3OH(aq) + HBr(aq) \quad [14.19]$$

오존층을 파괴하는 데 $CH_3Br$이 얼마나 중요한 역할을 할 가능성이 있는지를 결정하기 위해서는 식 14.19의 반응이 얼마나 빠른지, 그리고 성층권으로 확산되기 전에 낮은 대기 층에서 $CH_3Br$이 제거되는 모든 반응들이 얼마나 빠르게 진행되는지를 아는 것이 매우 중요하다.

지구의 낮은 대기권에서 $CH_3Br$의 평균 수명을 측정하는 것은 매우 어렵다. 그 이유는 대기 중에 존재하는 조건이 매우 복잡해서 실험실에서 모사하기 어렵기 때문이다. 대신, 과학자들은 태평양 상공에서 약 4000개 이상의 대기 시료를 채취하고, 브로모메테인을 포함하는 유기 물질들을 분석하였다. 그 측정값으로부터, $CH_3Br$의 **대기 중 머무름 시간**(atmospheric residence time)을 예측할 수 있었다.

$CH_3Br$가 일차 반응을 통해 분해된다고 가정할 때, 대기 중 머무름 시간은 낮은 대기권에서 $CH_3Br$의 반감기와 관련이 있다. 실험값으로부터 낮은 대기권에서 브로모메테인의 반감기는 $0.8 \pm 0.1$년으로 예측되었다. 즉, 어떤 주어진 시간에서 포집된 $CH_3Br$ 시료는 평균 50% 분해되는 데 0.8년, 75% 분해되는 데 1.6년이 걸리는 셈이다. 0.8년의 반감기는 비교적 짧은 기간이지만, 오존층에 심각한 손상을 일으키는 데는 충분히 긴 시간이다.

1997년에 국제 조약에서 선진국들은 2005년까지 브로모메테인을 단계적으로 폐지하기로 결정하였다. 비록 농업적으로 불가피한 경우에는 허가되었지만, 2013년의 전세계 소비량은 1990년대 초반의 사용량에 비해 3%로 감소하였다.

**관련 연습 문제: 14.131**

## 예제 14.9
### 일차 반응의 반감기 결정

$C_4H_9Cl$과 물의 반응은 일차 반응이다. **(a)** 그림 14.3을 이용하여 이 반응의 반감기를 구하시오. **(b)** (a)에서 구한 반감기로부터 속도 상수를 구하시오.

**해답**

**분석** 농도 대 시간의 그래프로부터 반감기를 구하고, 그 반감기를 사용하여 속도 상수를 구하는 문제이다.

**계획**

**(a)** 반감기를 구하기 위해서 어떤 농도를 선택하고, 그 농도가 반이 되는 데 걸리는 시간을 알아본다.

**(b)** 식 14.17을 이용하여 반감기로부터 속도 상수를 계산한다.

**풀이**

**(a)** 그래프로부터 $[C_4H_9Cl]$의 초깃값이 0.100 $M$임을 알 수 있다. 이 일차 반응의 반감기는 $[C_4H_9Cl]$이 0.050 $M$로 감소하는 데 걸리는 시간이며, 그래프에서 읽을 수 있다. 이 점은 약 340초에 일어난다.

**(b)** $k$를 구하기 위해 식 14.17을 이용하면

$$k = \frac{0.693}{t_{1/2}} = \frac{0.693}{340\ \text{s}} = 2.0 \times 10^{-3}\ \text{s}^{-1}$$

**검토** 두 번째 반감기는 680초에서 일어나야만 한다. 이때 농도는 다시 두 배 감소하여 0.025 $M$이 된다. 그래프를 자세히 살펴보면 이를 알 수 있다.

**▶ 보충 예제**

**(a)** 식 14.17을 이용하여 예제 14.17에 기술된 살충제의 분해 반응 반감기를 계산하시오.

**(b)** 살충제의 농도가 처음 값의 1/4이 되는 데 걸리는 시간을 구하시오.

## 자기 평가 연습 문제

**14.17** 부피 1 L의 용액에서, 물질 A가 일차 반응으로 세 번의 반감기를 겪은 후 10.0 g이 남았다. 반응이 시작되기 전 처음 물질 A의 양은?
**(a)** 3.33 g
**(b)** 30.0 g
**(c)** 80.0 g

**14.18** 어떤 항생제는 몸속에서 $k = 1.9 \times 10^{-2}$ $min^{-1}$인 일차 반응으로 분해된다. 이 항생제의 반감기는?
**(a)** 16분
**(b)** 36분
**(c)** 52분

## 연습 문제

**14.19** **(a)** 일반적인 일차 반응 A → B에서 시간의 함수로 도시하였을 경우 직선 관계를 나타내는 양은 무엇인가? **(b)** (a)에서 그린 그래프로부터 일차 반응의 속도 상수를 어떻게 구할 수 있는가?

**14.20** **(a)** $SO_2Cl_2$ 기체의 분해 반응식은 $SO_2Cl_2(g) \longrightarrow SO_2(g) + Cl_2(g)$이며, $SO_2Cl_2$에 대하여 일차 반응이다. 300 °C에서 이 과정의 반감기가 2.5일(day)일 때, 이 온도에서의 속도 상수는 얼마인가?
**(b)** 400 °C에서의 속도 상수가 0.19 $min^{-1}$일 때, 이 온도에서의 반감기는 얼마인가?

**14.21** 위 연습 문제 14.20에서처럼 $SO_2Cl_2$ 기체의 분해 반응은 일차 반응이며, 660 K에서의 속도 상수는 $4.5 \times 10^{-2}$ $s^{-1}$이다.
**(a)** 만약 처음 $SO_2Cl_2$ 기체의 압력이 60 kPa라면 60초 후 이 물질의 부분 압력은?
**(b)** $SO_2Cl_2$의 부분 압력이 처음의 1/10로 감소하는 시간을 구하시오.

**14.22** 430 °C에서 HI 기체의 분해 반응이 이차 반응일 때, 이 반응의 이차 반응 속도 상수와 반감기를 다음 자료로부터 구하시오.

| 시간(초) | [HI]/mol $dm^{-3}$ |
|---|---|
| 0 | 1 |
| 100 | 0.89 |
| 200 | 0.8 |
| 300 | 0.72 |
| 400 | 0.66 |

**14.23** 연습 문제 14.5에 주어진 자료를 사용하여 다음 질문에 답하시오.
**(a)** 반응이 일차 반응인지, 이차 반응인지를 결정하시오.
**(b)** 속도 상수는 얼마인가?
**(c)** 반감기는 얼마인가?

**14.24** 설탕으로 알려져 있는 슈크로스(sucrose, $C_{12}H_{22}O_{11}$)는 묽은 산 용액에서 분해하여 글루코스(glucose)와 프럭토스(fructose)를 형성한다. 두 물질은 간단한 당으로서 화학식이 모두 $C_6H_{12}O_6$이다. 23 °C의 0.5 *M* HCl 용액 내 슈크로스의 분해 반응에 대하여 다음 실험 데이터를 얻었다.

| 시간(분) | $[C_{12}H_{22}O_{11}]$ (*M*) |
|---|---|
| 0 | 0.316 |
| 39 | 0.274 |
| 80 | 0.238 |
| 140 | 0.190 |
| 210 | 0.146 |

**(a)** 반응은 $[C_{12}H_{22}O_{11}]$에 대하여 일차 반응인가, 이차 반응인가?
**(b)** 속도 상수는 얼마인가?
**(c)** 슈크로스의 초기 농도가 0.316 *M*이고 슈크로스의 분해 반응이 슈크로스에 대하여 영차 반응이라고 가정할 때, 이 속도 상수 값을 이용하여 39, 80, 140, 210분에서의 슈크로스 농도를 계산하시오.

자기 평가 연습 문제 답 **14.17** (c) **14.18** (c)

## 14.5 | 온도와 반응 속도

▲ **그림 14.12** 온도는 발광 막대기에서 일어나는 화학 발광 반응의 속도에 영향을 미친다: 화학 발광 반응은 더운물에서 더 빠르게 일어나고, 결과적으로 더 많은 빛이 발생된다.

온도가 증가함에 따라 대부분의 화학 반응 속도는 증가한다. 예를 들면 밀가루 반죽은 냉장고에 있을 때보다 실온에 있을 때 더 빨리 부풀어 오르고, 식물은 추울 때보다 따뜻한 날씨에서 더 빨리 자란다. Cyalume® 발광 막대기와 같이 빛을 발생하는 화학 발광을 관찰 해 보면 반응 속도에 미치는 온도의 영향을 알 수 있다(**그림 14.12**).

이 절이 끝나면 다음 사항을 수행할 수 있어야 한다.

- 활성화 에너지가 어떻게 속도에 영향을 주는지를 설명하고, Arrhenius 식을 이용하기

실험적으로 관찰된 온도 효과는 반응 속도 법칙에 어떻게 반영되는가? 높은 온도에서의 빠른 반응은 온도 상승에 따른 반응 상수의 증가 때문이다. 예를 들면 그림 14.6에서 보았던 일차 반응인 $CH_3NC \longrightarrow CH_3CN$을 다시 한번 생각해 보자. **그림 14.13**은 이 반응의 속도 상수는 온도에 대한 함수임을 보여 준다. 속도 상수, 즉 반응 속도는 온도에 따라 급격히 증가하는데, 대략 10 °C 증가할 때마다 두 배 증가한다.

이 그래프의 곡선이 결국 낮은 값으로 다시 떨어질 수 있다고 생각하는가? 왜 그런가? 혹은 왜 그렇지 않은가?

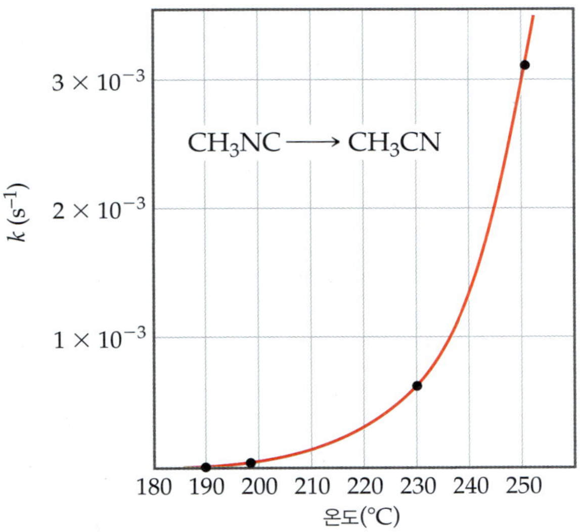


▲ **그림 14.13** 메틸 아이소나이트릴이 아세토나이트릴로 변환되는 반응에서 속도 상수의 온도 의존성 그래프상의 네 점은 예제 14.11에서 사용된 것이다.

### 충돌 모형

반응 속도는 반응물의 농도와 온도 두가지에 모두 영향을 받는다. 분자 운동론에 근거한 **충돌 모형(collision model)**은 분자 수준에서 이러한 두 가지 영향을 설명한다. 충돌 모형의 중요한 개념은 반응이 일어나기 위해서 분자들이 충돌해야 한다는 것이다. 초당 발생하는 충돌 횟수가 많을수록 반응 속도는 증가한다. 따라서, 반응물의 농도가 증가할수록 충돌 횟수가 늘어나고, 결과적으로 반응 속도도 증가한다. 기체 분자 운동론으로부터 온도가 증가하면 분자 속도도 증가하는 것을 알고 있다. 분자들이 더 빨리 움직일수록, 그들은 더 세게(더 많은 에너지를 가지고) 충돌하고, 더 자주 충돌하며, 이 두 가지에 의하여 반응 속도가 증가한다.

그렇지만 반응이 일어나려면 단순한 충돌이 아닌 올바른 방식으로의 충돌이 요구된다. 사실 대부분의 반응에서 충돌의 일부분만 반응으로

연결된다. 예를 들면 일반적인 온도와 압력하에 있는 $H_2$와 $I_2$ 혼합물에서, 각 분자는 초당 약 $10^{10}$번 충돌한다. $H_2$와 $I_2$ 사이의 모든 충돌에 의하여 HI가 생성된다면, 반응은 1초도 되지 않아 끝날 것이다. 이것과는 달리, 상온에서 이 반응은 매우 느리게 진행한다. $10^{13}$번의 충돌 중 대략 한 번의 충돌만이 반응으로 연결된다. 무엇 때문에 반응은 더 빨리 일어나지 않는가?

## 배향 인자

대부분 반응에서 분자간의 충돌은 분자들이 특정 방향으로 배향되어 있는 경우에만 화학 반응을 일으킨다. 충돌 시 분자들의 상대적 배향이 원자들이 새로운 결합을 만들기에 적당한 위치에 있는지를 결정한다. 예를 들어 충돌에 의해 Cl 원자들이 합쳐져서 $Cl_2$가 되는, **그림 14.14**의 위쪽 그림과 같은 반응을 생각해 보자.

$$Cl + NOCl \longrightarrow NO + Cl_2$$

반면에 그림의 아래쪽 충돌에서는 두 개의 Cl 원자들이 직접 충돌하지 못해서 반응물이 생성되지 않는다.

## 활성화 에너지

분자 배향은 분자들이 충돌할 때 반응을 일으키는 유일한 영향 인자는 아니다. 1888년에 스웨덴의 화학자 Svante Arrhenius는 분자들이 반응하려면 어떤 최소한의 에너지를 가지고 있어야 한다고 제안하였다. 충돌 모형에 의하면, 이 에너지는 충돌 분자의 운동 에너지로부터 기인한다. 충돌에 의해서, 분자들의 운동 에너지는 화학 결합을 신축 운동하게 만들거나, 구부리거나, 또는 결합을 절단하게 한다. 그 결과 화학 반응이 일어난다.

즉, 운동 에너지가 분자의 퍼텐셜 에너지를 변화하는 데 사용된다. 분자들이 매우 작은 운동 에너지를 가지고 매우 천천히 움직이면(다른 말로 하자면, 너무 작은 운동 에너지를 갖고 있으면), 그들은 단지 어떤 변화도 일으키지 않으면서 서로 충돌할 뿐이다. 화학 반응이 시작되기 위해서 필요한 최소한의 에너지를 **활성화 에너지(activation energy,** $E_a$)라고 하는데, 활성화 에너지 값은 반응에 따라 다르다.

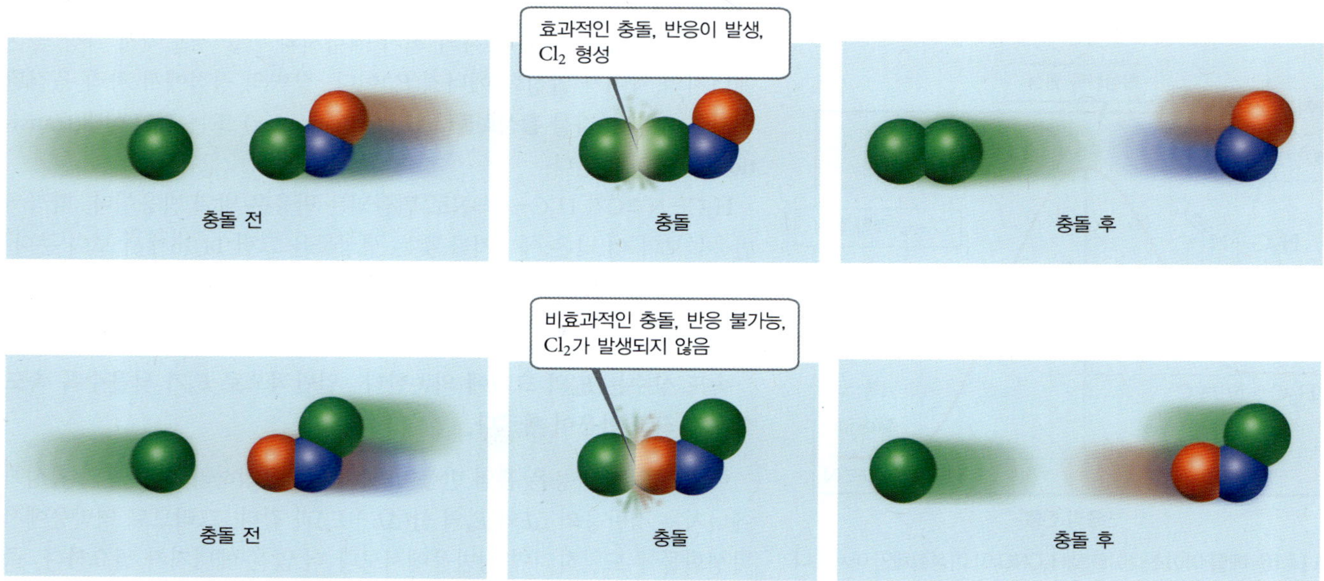


▲ **그림 14.14** Cl 원자와 NOCl 분자 사이에 화학 반응을 일으킬 수 있거나 일으킬 수 없는 분자 충돌

골프 선수가 얼마나 세게 공을 쳐야 하는지를 결정하는 것은 다음 중 무엇인가? 공의 위치와 홀의 고도 차이인가? 아니면 공과 언덕 꼭대기의 고도 차이인가?

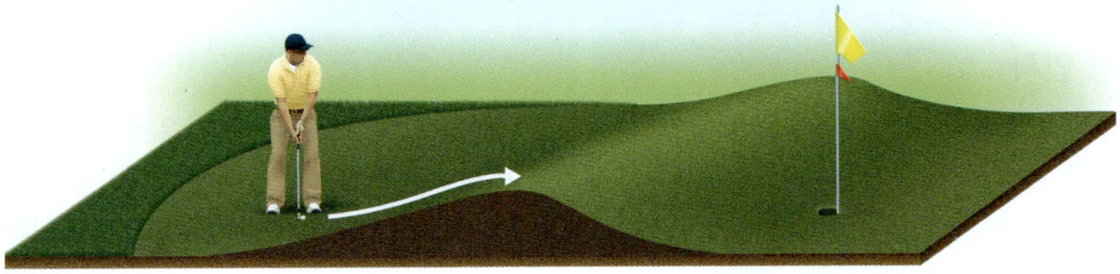

▲ 그림 14.15 초기 상태와 최종 상태 사이에 있는 장벽을 극복하기 위해 에너지가 필요하다.

반응이 일어나는 동안의 상황은 **그림 14.15**와 같다. 골프 선수는 언덕 넘어 컵 방향으로 골프공을 이동시키기 위해 공을 친다. 언덕은 공과 컵 사이의 **장벽**(barrier)이다. 컵에 도달하려면, 골프 선수는 장벽의 꼭대기까지 공이 이동할 수 있도록 퍼터를 이용하여 충분한 운동 에너지를 가해야 한다. 만약 충분한 에너지를 가하지 않았다면, 공은 언덕을 올라가다가 되돌아 내려올 것이다. 이와 같은 방식으로, 분자는 화학 반응이 일어나는 동안 기존의 결합을 끊기에 필요한 최소한의 에너지를 필요로 한다. 이 최소 에너지를 **에너지 장벽**(energy barrier)으로 생각할 수 있다. 예를 들면 메틸 아이소나이트릴에서 아세토나이트릴로의 자리 옮김 반응에서, 메틸 아이소나이트릴의 N≡C 부분이 옆에 위치하는 중간 상태를 거칠 것이라고 상상할 수 있다.

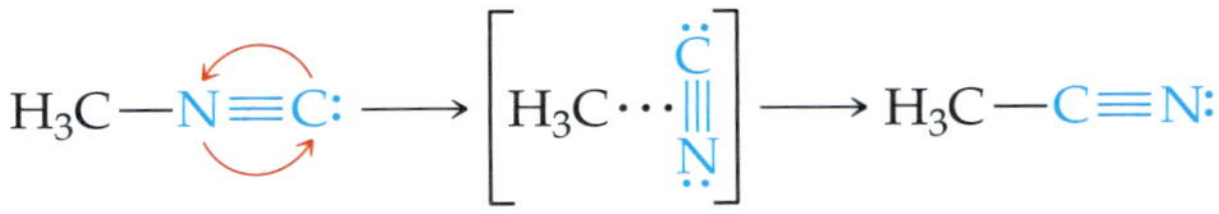

**그림 14.16**에서 $H_3C$ 작용기와 N≡C 작용기 사이의 결합을 늘려서 N≡C 작용기를 회전시키려면 에너지가 필요함을 나타내고 있다. N≡C 작용기가 충분히 뒤틀린 후 C−C 결합이 생성되기 시작하고, 분자의 에너지는 낮아지기 시작한다. 따라서 아세토나이트릴 형성에 대한 장벽은 분자가 비교적 불안정한 중간 상태를 거치도록 하는 데 필요한 에너지이다. 이것은 그림 14.15에서 공이 언덕을 넘어가도록 하는 에너지와 유사하다. 분자의 초기 에너지와 반응 경로에서 가장 높은 에너지의 차이가 활성화 에너지($E_a$)이다. 장벽의 정점에서 자리 옮김된 원자를 가진 분자를 **활성화물**(**activated complex**) 또는 **전이 상태**(**transition state**)라고 한다.

이 반응에서 전체 에너지 차이에 비해서 에너지 장벽을 넘기 위해 필요한 에너지는 어떠한가?

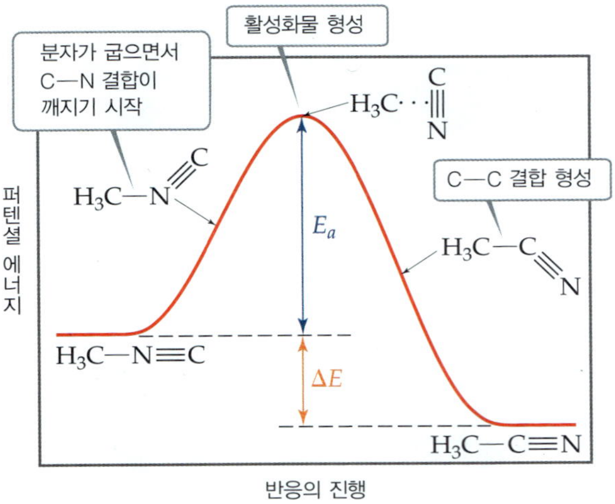


▲ 그림 14.16 메틸 아이소나이트릴($H_3CNC$)이 이성질체인 아세토나이트릴($H_3CCN$)으로 변환되는 반응에 대한 에너지 단면도

$H_3C−N≡C$가 $H_3C−C≡N$로 변환되는 반응은 발열 반응이다. 따라서 반응물보다 더 낮은 에너지를 갖는 생성물을 그림 14.16에서 보여 준다. 그러나, 반응의 에너지 변화 $\Delta E$는 반응 속도에 아무런 영향도 주지 않는다.

**속도 상수는 $E_a$의 크기에 의존한다. 일반적으로 $E_a$가 낮을수록 속도 상수가 크고 반응이 빠르다.**

이 반응의 역반응은 흡열 반응이라는 것을 유의하라. 역반응의 활성화 에너지는 정반응의 $\Delta E$와 $E_a$의 합($\Delta E+E_a$)과 같다. 그러므로 역반응에서 활성화물에 도달하려면 정반응에서보다 더 많은 에너지가 필요하다. 즉 이 반응에서 왼쪽에서 오른쪽으로의 반응보다 오른쪽에서 왼쪽으로의 그림에서 빨간색 곡선의 경우보다 온도가 더 높으면 곡선은 어떻게 나타날까?

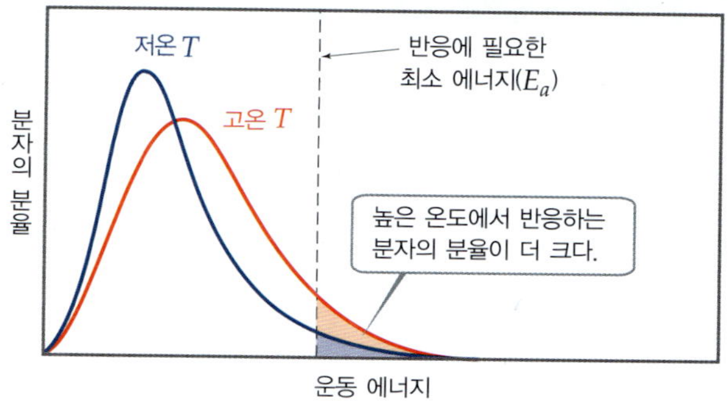


▲그림 14.17 시료 속 분자들의 운동 에너지 분포에 미치는 온도의 영향

반응이 더 장벽이 높다.

어떤 특정한 메틸 아이소나이트릴 분자는 다른 분자와의 충돌을 통해 충분한 에너지를 획득함으로써 에너지 장벽을 극복한다. 특정 순간에 기체 분자의 에너지는 넓은 범위로 분포한다는 기체 분자 운동론을 상기하라. **그림 14.17**은 서로 다른 두 온도에서의 운동 에너지 분포를 나타내며, 반응에 필요한 최소 에너지($E_a$)와 이들을 비교하였다. 높은 온도에서는 더 많은 분자들이 $E_a$보다 큰 운동 에너지를 갖고, 이로 인해 반응 속도가 더 빨라진다.

기체 상태의 분자 집합에서 $E_a$보다 크거나 같은 운동 에너지를 갖는 분자들의 분율을 나타내면 다음과 같다.

$$f = e^{-E_a/RT} \quad [14.20]$$

이 식에서 $R$은 기체 상수(8.314 J/mol K)이고, $T$는 절대 온도이다. $f$ 값의 크기에 대한 아이디어를 얻으려면, $E_a$가 여러 반응의 전형적 값인 100 kJ/mol을 갖고, $T$는 실온 근처 값인 300 K라고 가정하자. $f$의 계산 값은 $3.9 \times 10^{-18}$이고, 이는 매우 작은 수치이다! 320 K에서, 분율 $f = 4.7 \times 10^{-17}$이다. 따라서 20°C의 온도 증가만으로도 최소 100 kJ/mol의 에너지를 가지고 있는 분자 분율이 10배 이상 증가한다.

## Arrhenius 식

Arrhenius는 대부분의 반응에서 온도 증가에 따른 반응 속도의 증가는 비선형 관계라고 지적하였다(그림 14.13). 그는 대부분의 반응 속도 자료가 다음 세 가지 인자에 근거한 식을 따른다는 것을 발견하였다. (a) $E_a$ 또는 더 큰 에너지를 갖는 분자 분율, (b) 초당 충돌수, (c) 적절한 배향을 갖는 충돌 분율. 이들 세 가지 인자는 다음 **Arrhenius 식(Arrhenius equation)**에 포함되어 있다.

$$k = Ae^{-E_a/RT} \quad [14.21]$$

여기서 $k$는 속도 상수, $E_a$는 활성화 에너지, $R$은 기체 상수(8.314 J/mol K), $T$는 절대 온도이다. **빈도 인자(frequency factor)** $A$는 온도가 변해도 거의 일정하다. $A$는 충돌 빈도수 및 충돌에 의해 반응에 유리한 배향이 될 확률과 관계 있다.* $E_a$의 크기가 증가할수록, 그에 요구되는 에너지를 가진 분자의 분율이 작아지므로, $k$ 값이 감소한다. 따라서 $T$와 $A$가 일정한 값일 때, **$E_a$가 증가할수록 속도 상수는 감소한다.**

*충돌 빈도수는 온도에 따라 증가하므로 $A$는 온도 의존성을 가진다. 그러나 지수 단위와 비교하였을 때는 작은 값이다. 따라서 $A$는 거의 상수로 생각해야 한다.

## 예제 14.10
활성화 에너지와 반응 속도

다음과 같은 에너지 단면도를 갖는 일련의 반응을 생각해 보자.

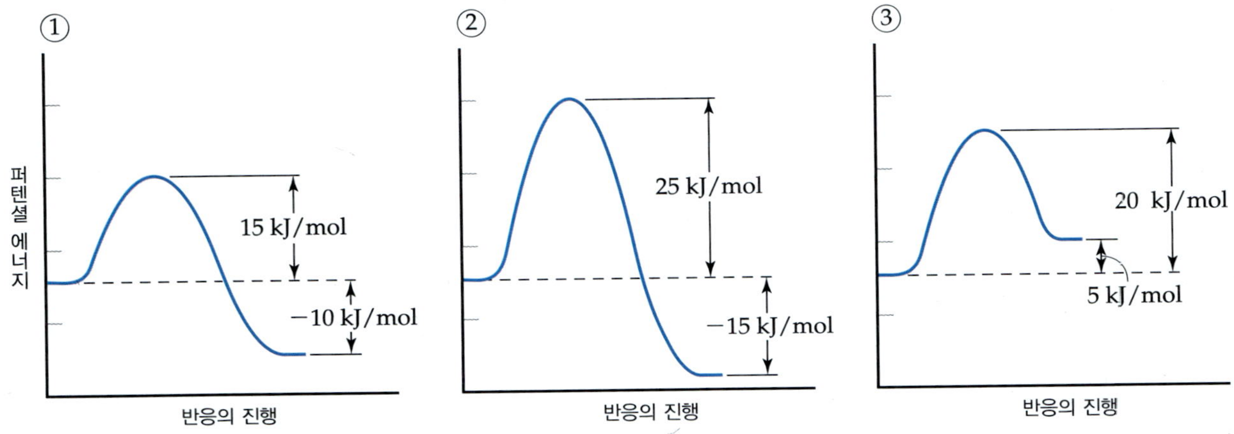


위의 세 가지 반응의 빈도 인자 *A*가 거의 같다고 가정할 때 정반응의 속도 상수가 작은 것부터 큰 순으로 정렬하시오.

**해답**

활성화 에너지가 낮을수록 속도 상수는 커지고 반응은 빨라진다. $\Delta E$는 속도 상수에 영향을 미치지 않는다. 따라서, 속도 상수의 순서는 $2 < 3 < 1$이다.

**▶ 보충 예제**

다음 중 어떤 변화가 항상 반응의 속도 상수를 증가시키는가?

(i) 온도의 감소
(ii) 활성화 에너지의 감소
(iii) $\Delta E$ 값을 더 음의 값으로 만들기

**(a)** (i)이나 (ii)이나 (iii) 중 하나만이 반응 속도를 증가시킨다.
**(b)** (i)과 (ii)
**(c)** (i)과 (iii)
**(d)** (ii)와 (iii)
**(e)** 세 가지 모두 반응 속도를 증가시킨다.

### 활성화 에너지 결정

Arrhenius 식을 사용하면 반응의 활성화 에너지를 계산할 수 있다. 식 14.21의 양변에 자연로그를 취하면 다음과 같은 식을 얻을 수 있다.

$$\ln k = \ln Ae^{-E_a/RT}$$

$$\ln k = \ln e^{-E_a/RT} + \ln A$$

$$\ln k = -\frac{E_a}{RT} + \ln A \qquad [14.22]$$

$$y = mx + b$$

이 식은 직선 형태를 갖는다. $\ln k$ 대 $1/T$의 직선 그래프에서 기울기는 $-E_a/R$이고, $y$절편은 $\ln A$이다. 일련의 온도에서 $k$를 측정하고, $\ln k$ 대 $1/T$에 대한 그래프를 그리고, 그래프의 기울기로부터 $E_a$를 계산하면 활성화 에너지를 결정할 수 있다.

두 개 이상의 온도에서 반응 속도 상수를 알고 있으면, 그래프를 그리지 않고 식 14.22를 이용하여 $E_a$를 구할 수 있다. 예를 들면 서로 다른 온도 $T_1$과 $T_2$에서의 반응 속도 상수를 $k_1$과 $k_2$라고 가정하자. 각 온도 조건에서 다음 식이 성립한다.

$$\ln k_1 = -\frac{E_a}{RT_1} + \ln A \quad \text{그리고} \quad \ln k_2 = -\frac{E_a}{RT_2} + \ln A$$

$\ln k_1$에서 $\ln k_2$를 빼면 다음과 같다.

$$\ln k_1 - \ln k_2 = \left(-\frac{E_a}{RT_1} + \ln A\right) - \left(-\frac{E_a}{RT_2} + \ln A\right)$$

온도에 따른 빈도 인자 $A$의 변화 값을 무시하면 다음과 같이 정리할 수 있다.

$$\ln \frac{k_1}{k_2} = \frac{E_a}{R}\left(\frac{1}{T_2} - \frac{1}{T_1}\right) \qquad [14.23]$$

어떤 온도 $T_2$에서의 활성화 에너지와 속도 상수 $k_2$를 알면, 식 14.23으로부터 어떤 온도 $T_1$에서의 속도 상수 $k_1$의 값을 쉽게 구할 수 있다.

## 예제 14.11
### 활성화 에너지 결정

오른쪽의 표는 여러 가지 온도에서의 메틸 아이소나이트릴 자리 옮김 반응의 속도 상수이다. (이 자료는 그림 14.13의 그래프에 나타난 값이다).

(a) 이 자료로부터 활성화 에너지를 계산하시오.

(b) 430.0 K에서의 속도 상수값은 얼마인가?

| 온도(°C) | $k(s^{-1})$ |
|---|---|
| 189.7 | $2.52\times10^{-5}$ |
| 198.9 | $5.25\times10^{-5}$ |
| 230.3 | $6.30\times10^{-4}$ |
| 251.2 | $3.16\times10^{-3}$ |

### 해답

**분석** 몇 가지 온도에서의 속도 상수 $k$를 주고, 특정 온도에서의 활성화 에너지 $E_a$와 속도 상수 $k$를 구하는 문제이다.

**계획** $\ln k$를 $1/T$에 대하여 도시하면 기울기로부터 $E_a$를 구할 수 있다. $E_a$를 알면 식 14.23을 이용하여 430.0 K일 때의 속도 상수를 계산할 수 있다.

**풀이**

(a) 먼저 섭씨 온도를 절대 온도 K로 변환해야 한다. 그리고 각 온도의 역수($1/T$)와 각 속도 상수의 자연로그($\ln k$)를 구한다. 이것으로부터 아래 표를 얻을 수 있다.

| $T$(K) | $1/T$ ($K^{-1}$) | $\ln k$ |
|---|---|---|
| 462.9 | $2.160\times10^{-3}$ | −10.589 |
| 472.1 | $2.118\times10^{-3}$ | −9.855 |
| 503.5 | $1.986\times10^{-3}$ | −7.370 |
| 524.4 | $1.907\times10^{-3}$ | −5.757 |

$\ln k$를 $1/T$에 대하여 도시한 그래프는 직선형이다(**그림 14.18**).

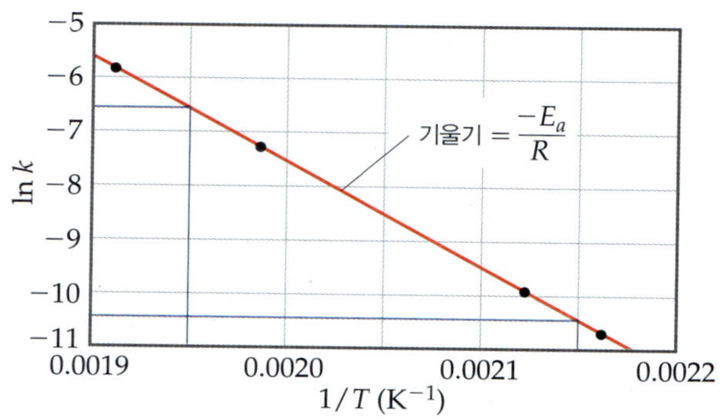


▲ **그림 14.18** 그래프로 구하는 활성화 에너지 $E_a$

이 직선의 기울기는 서로 다른 두 점을 택하여 각각의 좌표로부터 구할 수 있다.

$$\text{기울기} = \frac{\Delta y}{\Delta x} = \frac{-6.6 - (-10.4)}{0.00195 - 0.00215} = -1.9 \times 10^4$$

로그는 단위가 없기 때문에 이 식의 분자는 단위가 없다. 분모는 $1/T$이므로 그 단위는 $K^{-1}$이다. 그러므로 기울기의 단위는 K이다. 기울기는 $-E_a/R$와 같다. 기체 상수 $R$ 값의 단위는 J/mol-K를 사용한다(표 10.2). 그러므로 다음 값과 같다.

$$\text{기울기} = -\frac{E_a}{R}$$

$$E_a = -(\text{기울기})(R) = -(-1.9 \times 10^4\,\text{K})\left(8.314\frac{\text{J}}{\text{mol K}}\right)\left(\frac{1\,\text{kJ}}{1000\,\text{J}}\right)$$
$$= 1.6 \times 10^2\,\text{kJ/mol} = 160\,\text{kJ/mol}$$

활성화 에너지를 유효 숫자 두 자리로 계산한 것에 유의하라. 그림 14.18의 그래프를 읽는 정확도에 한계가 있기 때문이다.

(b) 온도 $T_1 = 430.0$ K에서 속도 상수 $k_1$을 결정할 때 식 14.23, $E_a = 160$ kJ/mol, $k_2 = 2.52 \times 10^{-5}\,s^{-1}$, $T_2 = 462.9$ K를 사용할 수 있다.

$$\ln\left(\frac{k_1}{2.52 \times 10^{-5}\,\text{s}^{-1}}\right) = \left(\frac{160\,\text{kJ/mol}}{8.314\,\text{J/mol K}}\right)\left(\frac{1}{462.9\,\text{K}} - \frac{1}{430.0\,\text{K}}\right)\left(\frac{1000\,\text{J}}{1\,\text{kJ}}\right) = -3.18$$

따라서

$$\frac{k_1}{2.52 \times 10^{-5}\,\text{s}^{-1}} = e^{-3.18} = 4.15 \times 10^{-2}$$

$$k_1 = (4.15 \times 10^{-2})(2.52 \times 10^{-5}\,\text{s}^{-1}) = 1.0 \times 10^{-6}\,\text{s}^{-1}$$

$k_1$의 단위는 $k_2$의 단위와 동일하며, 430.0 K에서의 속도 상수는 462.9 K에서보다 작음에 유의하라.

▶ **보충 예제**

예제 14.11의 자료로부터 320°C에서 메틸 아이소나이트릴의 자리 옮김 반응 속도 상수를 구하면 다음 중 어느 것인가?

**(a)** $8.1 \times 10^{-15}\ s^{-1}$ **(b)** $2.2 \times 10^{-13}\ s^{-1}$ **(c)** $2.7 \times 10^{-9}\ s^{-1}$ **(d)** $2.3 \times 10^{-1}\ s^{-1}$ **(e)** $9.2 \times 10^{3}\ s^{-1}$

## 자기 평가 연습 문제

**14.25** 어떤 반응이 20 °C에서 속도 상수 $2.0\times10^{-5}\ s^{-1}$, 30 °C에서 속도 상수 $7.3\times10^{-5}\ s^{-1}$를 갖는다고 한다. 이 반응의 활성화 에너지는 다음 중 어느 것인가?

**(a)** 280 J/mol
**(b)** 650 J/mol
**(c)** 42 J/mol
**(d)** 96 J/mol

## 연습 문제

**14.26** **(a)** 두 분자 간의 충돌이 화학 반응으로 진행될지의 여부를 결정하는 인자는 무엇인가? **(b)** 반응 온도가 증가함에 따라 반응 속도 상수는 일반적으로 증가하는가, 감소하는가? **(c)** 충돌 횟수, 배향 인자, 활성화 에너지보다 큰 에너지를 갖는 분자들의 분율 중, 온도 변화에 가장 민감한 인자는 무엇인가?

**14.27** **(a)** $A(g) \longrightarrow B(g)$ 반응의 활성화 에너지가 100 kJ/mol 일 때, 400 K에서 활성화 에너지와 같거나 더욱 큰 에너지를 갖는 A의 분율을 구하시오. **(b)** 온도가 500 K일 때, 이 분율을 계산하시오. 500 K에서와 400 K에서의 분율의 비는 얼마인가?

**14.28** 단일 단계 과정인 $N_2O_5(g) \longrightarrow NO_2(g) + NO_3(g)$의 활성화 에너지 ($E_a$)와 전체 $\Delta E$는 각각 154 kJ/mol과 136 kJ/mol이다.
**(a)** 이 반응의 에너지 도표를 그리고 $E_a$와 $\Delta E$를 표시하시오.
**(b)** 역반응의 활성화 에너지는 얼마인가?

**14.29** 아래 언급한 내용이 참인지, 거짓인지를 판단하시오.
**(a)** 만약 다른 온도에서 반응의 속도 상수를 측정하면, 반응의 전체 엔탈피 변화를 계산할 수 있다.
**(b)** 발열 반응은 흡열 반응보다 빠르다.
**(c)** 반응 온도가 두 배가 되면, 활성화 에너지는 반으로 줄어든다.

**14.30** 정반응의 데이터가 다음과 같다.
**(a)** $E_a = 75$ kJ/mol; $\Delta E = -20$ kJ/mol
**(b)** $E_a = 100$ kJ/mol; $\Delta E = +30$ kJ/mol
**(c)** $E_a = 85$ kJ/mol; $\Delta E = -50$ kJ/mol

어떤 반응의 **역**반응이 가장 빠르겠는가? 또한 어떤 반응의 역반응이 가장 느리겠는가?

**14.31** 고온에서의 산화 질소 거동을 이해하는 것은 자동차 엔진에서 배출되는 오염 물질을 제어하는 데 필수적이다. 산화 질소(NO)가 $N_2$와 $O_2$로 분해되는 반응은 이차 반응이고 속도 상수는 737 °C에서 $0.0796\ M^{-1}\ s^{-1}$, 947 °C에서 $0.0815\ M^{-1}\ s^{-1}$이다. 이 반응의 활성화 에너지를 계산하시오.

**14.32** 어느 반응에 대한 속도 상수의 온도 의존성을 실험한 결과는 다음과 같다.

| 온도(K) | $k(M^{-1}\ s^{-1})$ |
|---|---|
| 600 | 0.028 |
| 650 | 0.22 |
| 700 | 1.3 |
| 750 | 6.0 |
| 800 | 23 |

$E_a$와 $A$를 계산하시오.

자기 평가 연습 문제 답 **14.25** (d)

## 14.6 반응 메커니즘

© Flystock/Shutterstock

반응 메커니즘은 바위산을 오르는 것과 같다. 등반가는 지상에서 꼭대기까지 올라갈 수 있는 수많은 방법을 마주하며, 여러 가능성을 시험해보며 최선의 방법을 찾는다.

균형 맞춘 화학 반응식에는 반응 초기에 존재하는 물질과 반응이 진행하면서 생성하는 물질들이 명시되어 있다. 그러나 여기에는 반응물이 생성물로 변화하는지에 대한 분자 수준의 자세한 단계들은 나타나 있지 않다. 반응이 일어나는 단계들을 **반응 메커니즘**(**reaction mechanism**)이라고 한다. 반응 메커니즘은 결합이 끊어지고 생성하는 순서와 반응에 따른 원자의 상대 위치 변화를 가장 정교한 수준에서 매우 자세하게 설명한다. 우리는 개별 분자가 충돌하고 반응할 때를 관찰할 수 없기 때문에 반응 메커니즘은 항상 예측이다. 하지만 데이터에 대한 정교한 해석으로 예측의 신뢰도를 높일 수 있다. 이 절이 끝나면 다음 사항을 수행할 수 있어야 한다.

- 여러 개의 단일 단계 반응들로 구성된 다단계 메커니즘 반응에 대한 속도 법칙 예측하기

### 단일 단계 반응

앞에서 분자들 사이의 충돌 결과로 반응이 일어난다는 것을 배웠다. 예를 들면 메틸 아이소나이트릴($CH_3NC$) 분자 간 충돌은 에너지를 공급하여 $CH_3NC$이 아세토나이트릴로 자리 옮김할 수 있게 만든다.

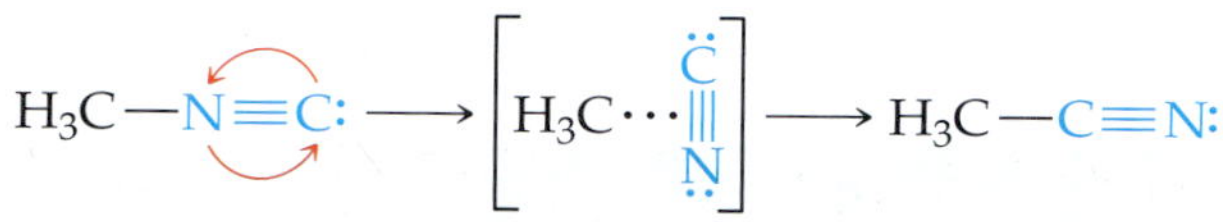

마찬가지로 NO와 $O_3$가 반응하여 $NO_2$와 $O_2$를 생성하는 반응은 충분한 에너지를 갖는 NO 분자와 $O_3$ 분자가 적당한 배향에서 충돌한 결과로 일어나는 것으로 보인다.

$$NO(g) + O_3(g) \longrightarrow NO_2(g) + O_2(g) \qquad [14.24]$$

두 반응 모두 한 단계로 일어나며, **단일 단계 반응**(**elementary reaction**)이라고 한다.

단일 단계 반응에서 반응물로 참여하는 분자의 수를 그 반응의 **분자도**(**molecularity**)라고 한다. 만약 한 분자만 반응에 관여하면 이 반응은 **일분자**(**unimolecular**) 반응이다. 메틸 아이소나이트릴

의 자리 옮김은 일분자 과정이다. 두 개 반응물 분자간 충돌을 포함하는 단일 단계 반응은 **이분자(bimolecular)** 반응이라고 한다. NO와 $O_3$의 반응은 이분자 반응이다. 단일 단계 반응에서 세 분자가 동시에 충돌하는 경우를 **삼분자(termolecular)** 반응이라고 한다. 삼분자 반응은 일분자 과정이나 이분자 과정에 비해 확률이 극히 낮고, 거의 일어나지 않는다. 네 개 이상의 분자가 규칙적으로 동시에 충돌할 기회는 훨씬 적고, 이러한 충돌은 반응 메커니즘의 일부로 생각하지 않는다. 그러므로 거의 모든 반응 과정은 일분자 반응과 이분자 반응으로 이루어져 있다.

## 다단계 메커니즘

균형 맞춘 화학 반응식으로 표시되는 알짜 변화는 종종 **다단계 메커니즘**(multistep mechanism)으로 일어나는 경우가 있고, 이것은 연속되는 단일 단계 반응으로 구성되어 있다. 예를 들어 225°C에서 일어나는 다음 반응을 생각해 보자.

$$NO_2(g) + CO(g) \longrightarrow NO(g) + CO_2(g) \qquad [14.25]$$

이 반응은 두 개의 단일 단계 반응(또는 두 개의 **단일 단계 과정**)으로 진행되는 것으로 보이는 이분자 반응이다. 먼저, $NO_2$ 분자 두 개가 충돌해서 산소 원자 한 개가 다른 분자로 옮겨간다. 이때 생성된 $NO_3$는 CO 분자와 충돌해서 산소 원자 한 개를 전해준다.

$$NO_2(g) + NO_2(g) \longrightarrow NO_3(g) + NO(g)$$
$$NO_3(g) + CO(g) \longrightarrow NO_2(g) + CO_2(g)$$

따라서 반응이 두 단계 메커니즘으로 일어난다고 할 수 있다.

**다단계 메커니즘에서 단일 단계 반응에 대한 화학 반응식을 모두 더하면, 전체 반응 과정의 화학 반응식이 된다.**

현재의 예시에서, 두 개의 단일 단계 반응을 더하면 다음과 같다.

$$2\,NO_2(g) + NO_3(g) + CO(g) \longrightarrow NO_2(g) + NO_3(g) + NO(g) + CO_2(g)$$

이 식의 화살표 양쪽에 있는 공통 물질을 소거하면, 간단히 식 14.25과 같은 알짜 반응식이 얻어진다.

$NO_3$는 이 반응의 반응물도 아니고 생성물도 아니다. 이것은 첫번째 단일 단계 반응에서 생성되고 다음 단계에서 소모되는데, 이것을 **중간체(intermediate)**라고 한다. 다단계 메커니즘은 하나 이상의 중간체를 포함한다. **그림 14.19**에서 볼 수 있듯이, 중간체와 전이 상태는 다른 개념이다. 중간체는 안정할 수 있기 때문에 확인할 수도 있고, 경우에 따라 분리할 수도 있다. 반면에 전이 상태는 항상 본질적으로 불안정하며, 절대로 분리할 수 없다. 그러나 향상된 초고속 기술을 이용하면, 경우에 따라 특성 조사가 가능하기도 하다.

이 그림에서 볼 때 중간체가 생성물로 가는 것과 중간체가 다시 반응물로 가는 것 중 어느 단일 단계 반응이 더 빠르겠는가?

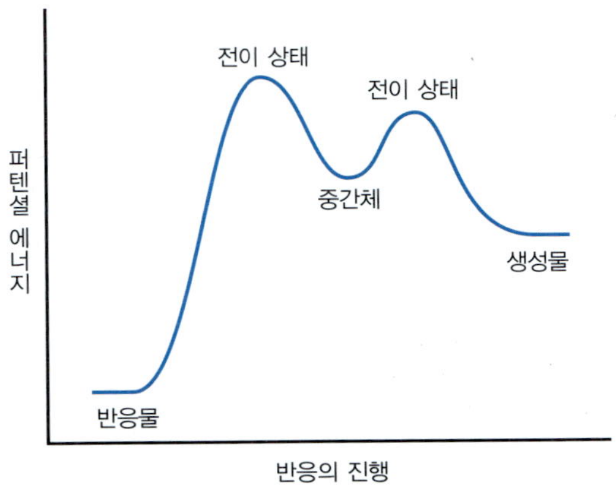


▲ **그림 14.19** 전이 상태와 중간체를 보여주는 반응의 에너지 단면도

## 예제 14.12
### 분자도 결정과 중간체의 판별

오존이 $O_2$로 변하는 과정은 두 개의 단일 단계 반응을 거치는 것으로 제안되었다.

$$O_3(g) \longrightarrow O_2(g) + O(g)$$
$$O_3(g) + O(g) \longrightarrow 2\,O_2(g)$$

**(a)** 이 메커니즘에서 각 단일 단계 반응의 분자도를 설명하시오.

**(b)** 전체 반응의 화학 반응식을 쓰시오.

**(c)** 중간체가 있으면 설명하시오.

**해답**

**분석** 두 단계의 메커니즘이 주어졌고, 이에 대해 (a) 각 과정의 분자도, (b) 전체 반응의 화학 반응식, (c) 중간체를 설명하는 문제이다.

**계획** 각 반응 단계의 분자도는 반응식에서의 반응하는 분자수에 의해 정해진다. 전체 반응식은 단일 단계 반응의 반응식들의 합이다. 중간체란 하나의 반응 단계에서 생성되고, 다른 단계에서 사용되는 물질이다. 그러므로 전체 반응식에는 포함되지 않는다.

**풀이**

(a) 첫 번째 단일 단계 반응은 한 분자의 반응물만 관여하므로 일분자 반응이다. 두 번째 단계는 두 개의 반응물 분자를 포함하므로 이분자 반응이다.

(b) 두 개의 단일 단계 반응을 더하면 다음과 같다.

$$2\,O_3(g) + O(g) \longrightarrow 3\,O_2(g) + O(g)$$

$O(g)$는 양변에 같은 양으로 나타나므로 제거하여 간단히 하면, 다음과 같은 알짜 반응식을 얻는다.

$$2\,O_3(g) \longrightarrow 3\,O_2(g)$$

(c) 중간체는 $O(g)$이다. 이것은 초기의 반응물도 아니고 최종 생성물도 아니다. 이것은 메커니즘상의 첫 번째 단계에서 생성되고 두 번째 단계에서 소비된다.

**▶ 보충 예제**

다음의 두 단계 반응 메커니즘을 생각해 보자.

$$A(g) + B(g) \longrightarrow X(g) + Y(g)$$
$$X(g) + C(g) \longrightarrow Y(g) + Z(g)$$

이 메커니즘에 대한 다음 설명 중 옳은 것은?

(i) 이 메커니즘에서 두 단계 모두 이분자 반응이다.
(ii) 전체 반응식은 $A(g) + B(g) + C(g) \longrightarrow Y(g) + Z(g)$이다.
(iii) 물질 $X(g)$는 이 메커니즘의 중간체이다.

**(a)** 한 문장만 옳다.
**(b)** 문장 (i)과 (ii)가 옳다.
**(c)** 문장 (i)과 (iii)이 옳다.
**(d)** 문장 (ii)와 (iii)이 옳다.
**(e)** 세 문장 모두 옳다.

## 단일 단계 반응의 속도 법칙

14.3절에서 속도 법칙은 실험에 의해서만 결정되어야 한다는 사실을 강조하였다. 속도 법칙은 균형 맞춘 화학 반응식의 계수로부터 예상할 수 없다. 이제 그 이유를 이해할 수 있는 시점에 와 있다. 모든 반응은 하나 이상의 단일 단계 반응으로 이루어져 있고 각 단계의 속도 법칙과 상대 속도는 반응의 전체 속도 법칙을 좌우한다. 이제 곧 알게 되겠지만, 반응의 속도 법칙은 반응 메커니즘으로부터 결정할 수 있다. 이는 실험적으로 관찰된 속도 법칙과 비교할 수 있다. 그러므로 이제부터 할 일은 실험적 속도 법칙에 부합하는 반응 메커니즘을 알아내는 것이다. 단일 단계 반응의 속도 법칙을 생각하는 것부터 시작해 보자.

단일 단계 반응은 다음과 같은 점에서 매우 중요하다. **반응이 단일 단계 반응이면 이 반응의 속도 법칙은 분자도와 직접적인 관계가 있다.** 예를 들어, 일분자 반응을 생각해 보자.

$$A \longrightarrow \text{생성물}$$

A 분자의 수가 증가할수록 일정한 시간 간격 동안 반응하는 수도 비례하여 증가한다. 따라서 일분자 과정의 속도는 일차이다.

$$\text{속도} = k[A]$$

이분자 단일 단계 반응의 경우, 속도 법칙은 다음과 같이 이차이다.

$$A + B \longrightarrow \text{생성물} \qquad \text{속도} = k[A][B]$$

이차 반응 속도 법칙은 충돌 이론에서 바로 얻을 수 있다. A의 농도가 두 배가 되면 A 분자와 B 분자 간의 충돌수가 두 배가 된다. 마찬가지로, [B]가 두 배이면 A, B 사이의 충돌수가 두 배이다. 따라서 속도 법칙은 [A]와 [B]에 대해 각각 일차이고 전체적으로 이차이다.

모든 가능한 단일 단계 반응의 속도 법칙이 **표 14.3**에 주어져 있다. 속도 법칙이 반응의 분자도와 직접적인 연관이 있음을 주의 깊게 살펴보아라. 그러나 단지 전체 균형 맞춘 화학 반응식만을 보고 반응이 몇 개의 단일 단계 반응을 포함하는지는 알 수 없다는 사실을 잊지 않아야 한다.

**표 14.3 단일 단계 반응과 이들의 속도 법칙**

| 분자도 | 단일 단계 반응 | 속도 법칙 |
|---|---|---|
| 일분자 | $A \longrightarrow$ 생성물 | 속도 $= k[A]$ |
| 이분자 | $A + A \longrightarrow$ 생성물 | 속도 $= k[A]^2$ |
| 이분자 | $A + B \longrightarrow$ 생성물 | 속도 $= k[A][B]$ |
| 삼분자 | $A + A + A \longrightarrow$ 생성물 | 속도 $= k[A]^3$ |
| 삼분자 | $A + A + B \longrightarrow$ 생성물 | 속도 $= k[A]^2[B]$ |
| 삼분자 | $A + B + C \longrightarrow$ 생성물 | 속도 $= k[A][B][C]$ |

## 다단계 메커니즘의 속도 결정 단계

예제 14.13의 반응과 같이, 대부분의 화학 반응은 두 개 이상의 단일 단계 반응을 포함하는 메커니즘으로 일어난다. 메커니즘의 각 단계는 고유의 속도 상수와 활성화 에너지를 가지고 있다. 대개 어느 한 단계가 다른 단계들보다 훨씬 느리고, 반응의 전체 속도는 메커니즘에 포함된 가장 느린 단일 단계 반응의 속도보다 빠를 수 없다. 느린 단계가 전체 반응 속도를 제한하므로, 이 단계를 **속도 결정 단계(rate-determining step)**라고 한다.

### 예제 14.13
**단일 단계 반응의 속도 법칙 예측**

다음 반응이 하나의 단일 단계 반응으로 일어난다고 할 때, 속도 법칙을 예상하시오.

$$H_2(g) + Br_2(g) \longrightarrow 2\,HBr(g)$$

**해답**

**분석** 식을 주고, 반응이 단일 단계 과정이라고 가정한 뒤 속도 법칙을 구하는 문제이다.

**계획** 반응이 하나의 단일 단계 반응으로 일어난다는 가정이 있으므로, 식에 있는 반응물들의 계수를 이용하면 속도 법칙을 쓸 수 있다.

**풀이** $H_2$ 한 분자와 $Br_2$ 한 분자를 포함하는 이분자 반응이다. 따라서 속도 법칙은 각 반응물에 대해 일차이고 전체적으로 이차이다.

$$\text{속도} = k[H_2][Br_2]$$

**주의** 이 반응에 대한 실험을 수행하여, 반응이 사실은 매우 다른 속도 법칙을 가진다는 것을 알게 되었다.

$$\text{속도} = k[H_2][Br_2]^{1/2}$$

실험적 속도 법칙이 하나의 단일 단계 반응이라고 가정하고 얻은 속도 법칙과 다르다. 따라서 반응 메커니즘이 하나의 단일 단계로 되어 있지 않다는 결론을 얻을 수 있다. 따라서 반응은 반드시 두 개 이상의 단일 단계를 포함해야만 한다.

▶ **보충 예제**

$2A + B \longrightarrow X + 2Y$ 반응을 생각해 보자. 이 반응의 메커니즘에서 첫 번째 단계는 다음의 속도 법칙, 속도 $= k[A][B]$를 따른다. 반응 메커니즘의 첫 번째 단계의 반응식은 무엇인가? (물질 Z는 중간체이다.)

**(a)** $A + A \longrightarrow Y + Z$
**(b)** $A \longrightarrow X + Z$
**(c)** $A + A + B \longrightarrow X + Y + Y$
**(d)** $B \longrightarrow X + Y$
**(e)** $A + B \longrightarrow X + Z$

속도 결정 단계의 개념을 이해하기 위해서 두 개의 요금 계산소가 있는 유료 도로를 생각해 보자(**그림 14.20**). 차들이 지점 1에서 유료 도로에 진입하여 요금 계산소 A를 통과한다. 이어서 중간 지점 2를 지나 요금 계산소 B를 통과하고 지점 3에 도달한다. 유료 도로를 통과하는 이러한 여정은 두 개의 단일 단계로 일어난다고 생각할 수 있다.

(a)의 경우, 차들이 요금 계산소 B를 통과하는 속도를 증가시키면, 차들이 지점 1에서 3으로 가는 속도가 증가할 것인가?

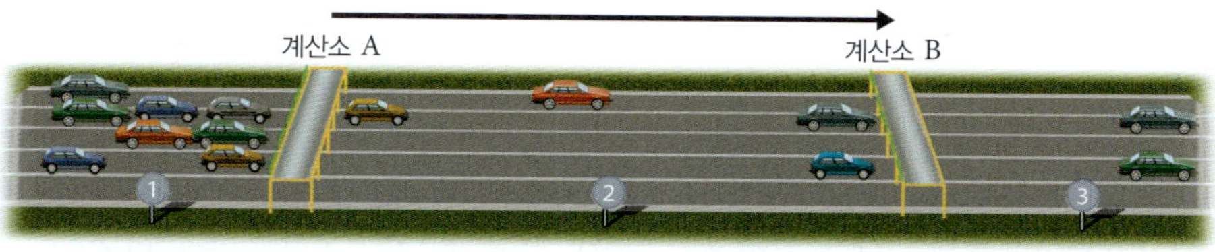


(a) 계산소 A에서 속도가 느리다.

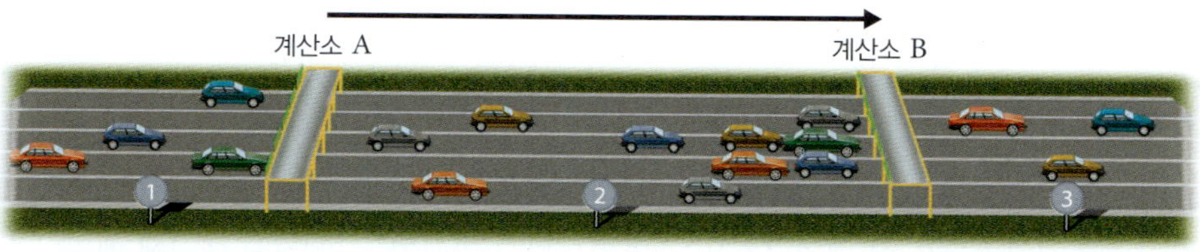


(b) 계산소 B에서 속도가 느리다.

▲ 그림 14.20 유료 도로의 교통 흐름에서의 속도 결정 단계

1단계: 지점 1 ⟶ 지점 2 (A 요금 계산소 통과)
2단계: 지점 2 ⟶ 지점 3 (B 요금 계산소 통과)
전체: 지점 1 ⟶ 지점 3 (A, B 요금 계산소 통과)

이제 요금 계산소 A에서는 하나 또는 그 이상의 계산대가 고장이 나서 계산대 뒤에 차가 많이 밀려 있다고 가정해 보자(그림 14.20(a)). 차들이 지점 3에 도달하는 속도는 계산소 A에서의 교통 혼잡을 벗어나는 속도에 의해 제한된다. 따라서 단계 1이 유료 도로를 통과하는 여정의 속도 결정 단계이다. 그러나 만약 요금 계산소 A의 모든 계산대가 정상적으로 작동하고, 대신에 계산소 B의 계산대가 하나 또는 그 이상 고장 났다면, 그림 14.20(b)에서와 같이 차들이 계산소 A는 빨리 지날 수 있지만 계산소 B에서 정체될 것이다. 이 경우에는 단계 2가 속도 결정 단계이다.

마찬가지로, **가장 느린 단계가 다단계 반응의 전체 속도를 결정한다.** 그림 14.20(a)에서와 같이 속도 결정 단계 이후의 빠른 단계의 속도가 전체 속도를 증가시키지는 못한다. 그림 14.20(b)에서와 같이 만약 느린 단계가 첫 번째 단계가 아니면, 선행하는 빠른 단계는 중간 물질을 생성하고 이는 느린 단계에 의해 제때 소비되지 못하고 축적된다. **어느 경우든 속도 결정 단계는 전체 반응의 속도 법칙을 지배한다.**

## 느린 초기 단계를 갖는 메커니즘

메커니즘에서의 느린 단계와 전체 반응의 속도 법칙 사이의 관계는 다단계 메커니즘의 첫 번째 단계가 속도 결정 단계인 예를 생각해 봄으로써 쉽게 알 수 있다. $NO_2$와 CO가 반응하여 NO와 $CO_2$를 생성하는 반응을 생각해 보자(식 14.25). 225 °C 이하의 온도에서, 이 반응의 속도 법칙은 $NO_2$에 대하여 이차, CO에 대하여 영차임이 실험적으로 밝혀졌다. 즉, 속도 $= k[NO_2]^2$이다. 이 속도 법칙과 부합하는 반응 메커니즘은 어떤 것일까? 다음과 같은 두 단계 메커니즘을 생각해 보자.*

*반응 화살표 위에 표시된 속도 상수 $k_1$과 $k_2$를 주목하라. 속도 상수의 아래 첨자는 단일 단계 반응의 단계를 나타낸다. 따라서 $k_1$은 단계 1의 속도 상수이고, $k_2$는 단계 2의 속도 상수 이다. 음의 아래 첨자는 단일 단계 반응의 역반응에 대한 속도 상수를 나타낸다. 예를 들어, $k_{-1}$은 첫 번째 반응의 역반응에 대한 속도 상수이다.

$$\begin{array}{lll} \text{단계 1:} & NO_2(g) + NO_2(g) \xrightarrow{k_1} NO_3(g) + NO(g) & \text{(느림)} \\ \text{단계 2:} & NO_3(g) + CO(g) \xrightarrow{k_2} NO_2(g) + CO_2(g) & \text{(빠름)} \\ \hline \text{전체:} & NO_2(g) + CO(g) \longrightarrow NO(g) + CO_2(g) & \end{array}$$

단계 2는 단계 1보다 훨씬 빠르다. 즉, $k_2 \gg k_1$이며, 이는 중간체 $NO_3(g)$가 단계 1에서 천천히 생성되고 단계 2에서 즉시 소모됨을 의미한다.

단계 1은 느리고 단계 2는 빠르므로, 단계 1이 속도 결정 단계이다. 따라서 전체 반응의 속도는 단계 1의 속도에 의존하고, 전체 반응의 속도 법칙은 단계 1의 속도 법칙과 같다. 단계 1은 이분자 반응이고 속도 법칙은 다음과 같다.

$$\text{속도} = k_1[NO_2]^2$$

따라서 이 메커니즘에 의해 예측된 속도 법칙은 실험적으로 관찰된 결과와 일치한다. 반응물 CO는 속도 법칙에 포함되어 있지 않은데, 그 이유는 CO가 속도 결정 단계 이후의 단계에서 반응하기 때문이다.

이 시점에서 과학자들은 이 메커니즘을 '증명'하였다고 말하지는 않는다. 대신에 메커니즘에 의해 예측된 속도 법칙이 **실험과 잘 들어맞는다**라고 말할 수는 있다. 일련의 여러 단계들로 이루어진 다른 메커니즘이 동일한 속도 법칙을 가질 수 있기 때문이다. 그러나 만약 제안된 메커니즘으로부터 예측한 속도 법칙이 실험과 잘 맞지 않는다면, 그 메커니즘은 틀린 것이다.

## 예제 14.14
### 다단계 메커니즘의 속도 법칙 결정

아산화 질소($N_2O$)의 분해는 두 단계 메커니즘에 의해서 일어나는 것으로 생각된다.

$$N_2O(g) \longrightarrow N_2(g) + O(g) \quad \text{(느림)}$$
$$N_2O(g) + O(g) \longrightarrow N_2(g) + O_2(g) \quad \text{(빠름)}$$

**(a)** 전체 반응식을 쓰시오. **(b)** 전체 반응의 속도 법칙을 쓰시오.

### 해답

**분석** 단계 간 상대 속도가 알려진 다단계 메커니즘을 주고, 전체 반응과 전체의 속도 법칙을 쓰라는 문제이다.

**계획** **(a)** 단일 단계 반응들을 더하고 중간체를 소거함으로써 전체 반응을 구한다. **(b)** 전체 반응의 속도 법칙은 가장 느린, 속도 결정 단계의 속도 법칙이다.

**풀이**

**(a)** 두 단일 단계 반응을 더하면 다음과 같다.

$$2\,N_2O(g) + O(g) \longrightarrow 2\,N_2(g) + O_2(g) + O(g)$$

식의 양쪽 모두에 위치한 중간체 $O(g)$를 소거하여 다음의 전체 반응을 얻게 된다.

$$2\,N_2O(g) \longrightarrow 2\,N_2(g) + O_2(g)$$

**(b)** 전체 반응의 속도 법칙은 가장 느린, 속도 결정 단일 단계 반응의 속도 법칙이다. 느린 단계는 일분자 반응이므로 속도 법칙은 일차이다.

$$\text{속도} = k[N_2O]$$

**▶ 보충 예제**

위에서 다루었던 $NO_2(g)+CO(g) \longrightarrow NO(g)+CO_2(g)$ 반응에 대하여 다음과 같은 두 단계 반응 메커니즘이 다르게 제안되었다.

단계 1: $NO_2(g)+NO_2(g) \longrightarrow N_2O_4(g)$ (느림)
단계 2: $N_2O_4(g)+CO(g) \longrightarrow NO(g)+CO_2(g)+NO_2(g)$ (빠름)

아래에 언급한 실험들 중, 어떤 실험을 수행하면 제안된 두 개의 메커니즘을 구별하는 것이 가능하겠는가?

**(a)** 초기 농도가 다른 $NO_2(g)$로 실험을 수행하여 초기 반응 속도를 측정한다.
**(b)** 초기 농도가 다른 $CO(g)$로 실험을 수행하여 초기 반응 속도를 측정한다.
**(c)** 반응 중간체를 확인할 수 있는 실험을 수행한다.
**(d)** 제안된 두 개의 반응 메커니즘을 구별하는 것은 불가능하다.

## 빠른 초기 단계를 갖는 메커니즘

중간체가 속도 결정 단계의 반응물인 메커니즘의 경우 속도 법칙을 유도하는 것은 가능하지만 쉽지 않다. 이러한 상황은 첫 번째 단계가 빨라서 속도 결정 단계가 아닌 다단계 메커니즘에서 발생한다. 한 예로, NO와 $Br_2$의 기체상 반응을 생각해 보자.

$$2\,NO(g) + Br_2(g) \longrightarrow 2\,NOBr(g) \qquad [14.26]$$

이 반응에서 실험적으로 얻은 속도 법칙은 NO에 대해 이차, $Br_2$에 대해 일차이다.

$$\text{속도} = k[NO]^2[Br_2] \qquad [14.27]$$

이 속도 법칙과 부합하는 반응 메커니즘을 찾아보자. 한 가지 가능성은 반응이 삼분자 단일 단계 반응으로 일어나는 것이다.

$$NO(g) + NO(g) + Br_2(g) \longrightarrow 2\,NOBr(g) \qquad \text{속도} = k[NO]^2[Br_2] \qquad [14.28]$$

그러나 삼분자 반응은 매우 드물기 때문에 이 반응이 삼분자 반응은 아닐 것이다.

삼분자 반응이 아닌 또 다른 메커니즘을 생각해 보자.

$$\text{1단계:} \quad NO(g) + Br_2(g) \underset{k_{-1}}{\overset{k_1}{\rightleftharpoons}} NOBr_2(g) \quad \text{(빠름)}$$

$$\text{2단계:} \quad NOBr_2(g) + NO(g) \xrightarrow{k_2} 2\,NOBr(g) \quad \text{(느림)} \qquad [14.29]$$

이 메커니즘에서 단계 1의 정반응과 역반응의 두 과정을 포함하고 있다.

단계 2가 속도 결정 단계이다. 따라서 이 단계의 속도 법칙이 전체 반응 속도를 결정한다.

$$\text{속도} = k_2[NOBr_2][NO] \qquad [14.30]$$

$NOBr_2$는 단계 1의 정반응에서 생성된 중간체인 것에 주목하라. 중간체는 보통 불안정하고, 그 농도가 매우 낮고 알기 어렵다. 따라서 식 14.30에 주어진 속도 법칙은 농도를 모르는 중간체에 의존하고 이는 바람직하지 않다. 일반적으로 우리는 반응의 속도 법칙을 반응물로, 만약에 필요하다면, 생성물로 표현하기를 원한다.

몇 개의 가정을 통해, 중간체 $NOBr_2$의 농도를 개시 반응물인 NO와 $Br_2$의 농도로 나타낼 수 있다. 우선 $NOBr_2$가 불안정하고 반응 혼합물에 의미 있을 정도로 많은 양이 축적되지 않는다고 가정한다. 일단 생성된 $NOBr_2$는 NO와 반응하여 NOBr을 생성하거나 NO와 $Br_2$로 재분해하는 방법들로 소비될 가능성이 있다. 이러한 두 가지 가능성 중 첫 번째는 단계 2가 느린 과정이다. 두 번째는 단계 1의 역반응이고 다음과 같은 일분자 과정이다.

$$NOBr_2(g) \xrightarrow{k_{-1}} NO(g) + Br_2(g)$$

단계 2는 느리므로 대부분의 $NOBr_2$는 위 반응에 의해 분해된다고 가정한다. 그러면 단계 1의 정반응과 역반응이 모두 단계 2보다 빠르게 일어난다고 할 수 있고, 이러한 이유로 인해 단계 1의 정반응과 역반응은 평형에 도달하게 된다. 여느 동적 평형에서처럼 정반응의 속도와 역반응의 속도는 같다.

$$\underset{\text{정반응의 속도}}{k[NO][Br_2]} = \underset{\text{역반응의 속도}}{k_{-1}[NOBr_2]}$$

$[NOBr_2]$에 대해 풀면,

$$[NOBr_2] = \frac{k_1}{k_{-1}}[NO][Br_2]$$

이 관계식을 식 14.30에 대입하면,

$$\text{속도} = k_2\frac{k_1}{k_{-1}}[NO][Br_2][NO] = k[NO]^2[Br_2]$$

여기서 실험에서 얻은 속도 상수 $k$는 $k_2k_1/k_{-1}$과 같다. 위 속도 법칙은 실험적 속도 법칙(식 14.27)과 일치한다. 따라서 일분자와 이분자 과정들로 이루어져 있는 식 14.29의 메커니즘은 식 14.28의 삼분자 메커니즘보다 일어날 확률이 훨씬 더 크다.

**일반적으로, 빠른 단계가 느린 단계보다 앞서 일어날 때마다, 빠른 단계에서 평형이 이루어진다고 가정함으로써 중간체의 농도를 알 수 있다.**

지금까지 오직 세 가지의 반응 메커니즘을 생각해 보았다. 즉, 하나의 단일 단계 반응으로 일어나는 반응에 대한 메커니즘 하나와, 하나의 속도 결정 단계를 갖는 간단한 다단계 반응에 대한 메커니즘 두 개다. 그러나 더 복잡한 메커니즘들도 있다. 예를 들어, 여러분이 생화학 강의를 수강하고 있다면 속도 법칙을 구할 때 중간체의 농도를 무시할 수 없는 경우들에 대해서 배우게 될 것이다. 게다가 실험 데이터와 일치하는 속도 법칙을 얻기 위해서 35개 이상의 많은 단계를 필요로 하는 메커니즘도 있다.

## 예제 14.15

### 빠른 초기 단계를 갖는 메커니즘의 속도 법칙 유도

식 14.26의 반응에 대한 아래와 같은 메커니즘으로부터 속도 법칙을 유도하였을 때, 이것이 실험적으로 관찰된 속도 법칙과 일치함을 증명하시오.

$$\text{1단계:}\quad NO(g) + NO(g) \underset{k_{-1}}{\overset{k_1}{\rightleftharpoons}} N_2O_2(g) \quad \text{(빠름, 평형)}$$

$$\text{2단계:}\quad N_2O_2(g) + Br_2(g) \xrightarrow{k_2} 2\,NOBr(g) \quad \text{(느림)}$$

### 해답

**분석** 빠른 초기 단계를 갖는 메커니즘을 주고, 전체 반응의 속도 법칙을 구하는 문제이다.

**계획** 메커니즘에서 느린 단일 단계 반응의 속도 법칙은 전체 반응의 속도 법칙을 결정한다. 따라서 느린 단계의 분자도에 입각한 속도 법칙을 먼저 구해야 한다. 이 경우, 느린 단계는 중간체 $N_2O_2$를 반응물로 포함하고 있다. 그러나 실험적 속도 법칙은 중간체의 농도를 포함하지 않고, 대신에 반응물의 농도, 어떤 경우에는 생성물의 농도로 표현된다. 따라서 첫 번째 단계에서 평형이 일어난다고 가정하고 $N_2O_2$의 농도를 NO의 농도와 연관시켜야 한다.

**풀이** 두 번째 단계가 속도 결정 단계이므로 전체 속도는

$$\text{속도} = k_2[N_2O_2][Br_2]$$

단계 1에서 평형이 이루어진다고 가정하고 중간체 $N_2O_2$의 농도를 구한다. 이 가정으로부터, 단계 1에서 정반응과 역반응의 속도는 같다. 따라서 $k_1[NO]^2 = k_{-1}[N_2O_2]$이다.
중간체 $N_2O_2$의 농도에 대해서 정리하면

$$[N_2O_2] = \frac{k_1}{k_{-1}}[NO]^2$$

이 식을 속도 법칙에 대입하면

$$\text{속도} = k_2\frac{k_1}{k_{-1}}[NO]^2[Br_2] = k[NO]^2[Br_2]$$

따라서 이 메커니즘은 실험 결과와 일치하는 속도 법칙을 제시한다. 두 개 이상의 메커니즘이 실험적으로 관찰된 속도 법칙을 이끌어낼 수 있음을 기억하라.

▶ **보충 예제**

가상적인 반응 $2P + Q \longrightarrow 2R + S$을 생각해 보자. 이 반응에 대해서 다음 메커니즘이 제안되었다.

$$P + P \rightleftharpoons T \quad \text{(빠름)}$$
$$Q + T \longrightarrow R + U \quad \text{(느림)}$$
$$U \longrightarrow R + S \quad \text{(빠름)}$$

물질 T와 U는 불안정한 중간체이다. 이 메커니즘에 의해 예상되는 속도 법칙은 무엇인가?

**(a)** 속도 $= k[P]^2$ **(b)** 속도 $= k[P][Q]$ **(c)** 속도 $= k[P]^2[Q]$
**(d)** 속도 $= k[P][Q]^2$ **(e)** 속도 $= k[U]$

## 자기 평가 연습 문제

**14.33** 반응 $2\,NO_2(g) + F_2(g) \longrightarrow 2\,NO_2F(g)$의 경우, 두 단계 메커니즘으로 일어나며 단계 1이 속도 결정 단계이다.

단계 1: $NO_2 + F_2 \longrightarrow NO_2F + F$

단계 2: $NO_2 + F \longrightarrow NO_2F$

이 메커니즘과 일치하는 속도 법칙은 무엇인가?

**(a)** 속도 $= k[NO_2][F_2]$

**(b)** 속도 $= k[NO_2][F]$

**(c)** 속도 $= k[NO_2]^2[F_2]$

## 연습 문제

**14.34** **(a)** 반응 메커니즘의 첫 번째 단계에서 중간체가 반응물로서 나타날 수 있는가? **(b)** 반응 에너지 도표에서 중간체는 봉우리와 골짜기 중 무엇으로 표현되는가? **(c)** $Cl_2$와 같은 분자가 단일 단계 반응으로 분해된다면, 반응의 분자도는 얼마인가?

**14.35** 다음 단일 단계 반응의 분자도는 각각 얼마인가? 각 반응의 속도 법칙을 쓰시오.

**(a)** $2\,NO(g) \longrightarrow N_2O_2(g)$

**(b)** $H_2C(CH_2)CH_2(g)$ (고리형, 꼭짓점 $CH_2$) $\longrightarrow CH_2{=}CH{-}CH_3(g)$

**(c)** $SO_3(g) \longrightarrow SO_2(g) + O(g)$

**14.36** 다음 에너지 도표에 대한 물음에 답하시오.

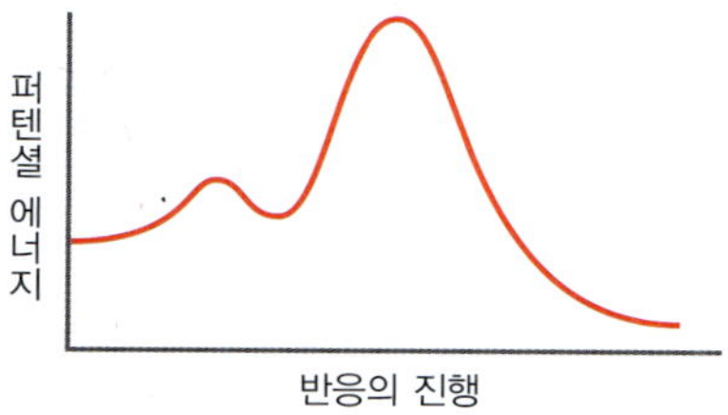


**(a)** 반응 메커니즘에는 몇 개의 단일 단계 반응이 있는가?

**(b)** 반응에서 몇 개의 중간체가 생성되는가?

**(c)** 어느 단계가 속도 결정 단계인가?

**(d)** 전체 반응의 $\Delta E$는 양의 값, 음의 값, 0 중 어느 것인가?

**14.37** 과산화 수소의 분해 반응은 아이오딘 이온 촉매에 의하여 일어난다. 촉매 반응은 다음과 같은 두 단계 메커니즘으로 일어난다.

$$H_2O_2(aq) + I^-(aq) \longrightarrow H_2O(l) + IO^-(aq) \quad \text{(느림)}$$
$$IO^-(aq) + H_2O_2(aq) \longrightarrow H_2O(l) + O_2(g) + I^-(aq) \quad \text{(빠름)}$$

**(a)** 전체 과정의 화학 반응식을 쓰시오.

**(b)** 만약 반응 메커니즘에 중간체가 존재한다면, 중간체는 무엇인가?

**(c)** 첫 번째 단계가 속도 결정 단계라고 가정하고 전체 과정의 속도 법칙을 예측하시오.

**14.38** 어느 연구원이 실험한 반응은 $O_2$에 의한 HBr의 기체상 산화 반응으로 다음과 같다.

$$4\,HBr(g) + O_2(g) \longrightarrow 2\,H_2O(g) + 2\,Br_2(g)$$

실험 결과로부터 이 산화 반응이 HBr에 대하여 일차, $O_2$에 대하여 일차 반응임을 확인하고, 다음과 같은 메커니즘을 제안하였다.

$$HBr(g) + O_2(g) \longrightarrow HOOBr(g)$$
$$HOOBr(g) + HBr(g) \longrightarrow 2\,HOBr(g)$$
$$HOBr(g) + HBr(g) \longrightarrow H_2O(g) + Br_2(g)$$

**(a)** 각 단일 단계 반응을 더하면 전체 반응식을 얻을 수 있음을 확인하시오.

**(b)** 실험적으로 결정된 속도 법칙을 고려하였을 때, 어느 단계가 속도 결정 단계인가?

**(c)** 이 메커니즘에서 중간체는 어느 것인가?

**(d)** 생성물에서 HOBr이나 HOOBr을 검출할 수 없다면, 이는 제안된 메커니즘이 잘못된 것임을 반증하는 것인가?

자기 평가 연습 문제 답 **14.33** (a)

## 14.7 촉매 작용

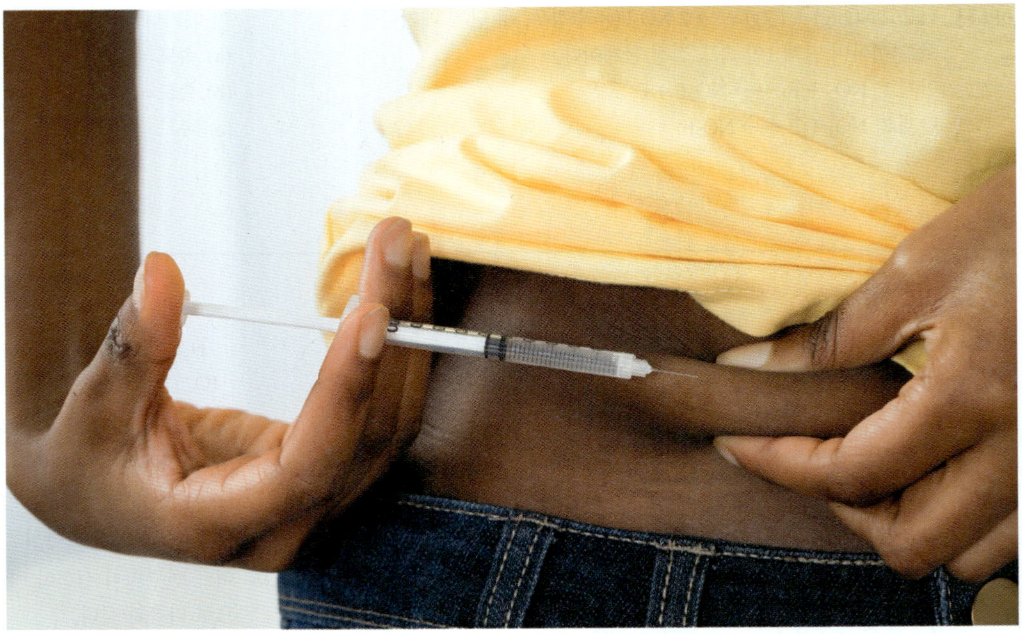

우리가 아는 사실 두 가지가 있다. 반응 속도가 반응에 필요한 최소 에너지(활성화 에너지) 이상의 에너지를 갖는 반응물의 분율에 의존적이라는 것과 반응 온도가 증가할수록 반응 속도가 빠르게 증가한다는 것이다. 그러므로 우리는 단순히 온도를 올려주면 느린 반응을 빠르게 할 수 있다. 그러나 만약 우리가 온도를 변화시킬 수 없다면 어떻게 할 것인가? 건강한 사람의 체온은 37±0.5 ℃로 유지되지만 많은 화학 반응들은 이 온도에서 매우 느리다. 따라서 우리 몸에서는 체온을 37 ℃ 정도로 유지하면서 느린 반응들을 빠르게 하기 위해서 다양한 촉매를 이용한다. 때때로 사람은 충분한 양의 촉매를 생산하지 못하기 때문에 외부에서 추가적으로 보충할 필요가 있다. 예를 들면 당뇨병 환자는 혈당의 대사를 위해 인슐린 주사를 맞을 필요가 있다.

이 절이 끝나면 다음 사항을 수행할 수 있어야 한다.

- 촉매 작용의 기본 원리 설명하기

**촉매(catalyst)**란 자신은 영구적인 화학적 변화를 겪지 않으면서 화학 반응 속도를 변화시키는 물질이다. 생체 내에서, 대기 중에서, 또는 바다 속에서 일어나는 대부분의 반응들은 촉매의 도움으로 일어난다. 상업적으로 중요한 반응에 더 효과적으로 작용하는 촉매를 찾기 위해 많은 공업적인 화학 연구가 이루어지고 있다. 또한 금속의 부식, 노화, 충치 발생 등과 같은 바람직하지 않은 반응을 촉진시키는 촉매를 억제하거나 제거하는 방법을 찾기 위해 많은 연구 노력을 기울이고 있다.

### 균일 촉매 작용

반응 혼합물에서 반응물들과 같은 상으로 존재하는 촉매를 **균일 촉매(homogeneous catalyst)**라고 한다. 용액상이나 기체상으로 존재하는 균일 촉매의 예는 많다. 예로서, 과산화 수소 수용액($H_2O_2(aq)$)이 물과 산소로 분해되는 반응을 생각해 보자.

$$2\,H_2O_2(aq) \longrightarrow 2\,H_2O(l) + O_2(g) \qquad [14.31]$$

촉매가 없으면 이 반응은 매우 느리게 일어난다. 그러나 많은 물질들이 이 반응의 촉매로 작용할 수 있다. 예를 들어, 브로민 이온은 산성 용액에서 과산화 수소와 반응하여 브로민 수용액과 물을 생성한다(그림 14.21).

$H_2O_2$, $Br_2$, $Na^+$, $Br^-$, $O_2$ 중에서 가운데 실린더가 갈색을 나타내는 원인이 되는 화학종은 무엇인가? 갈색 물질은 촉매인가, 중간체인가?

$2\,Br^-(aq) + H_2O_2(aq) + 2\,H^+(aq) \longrightarrow Br_2(aq) + 2\,H_2O(l)$ 갈색

$Br_2(aq) + H_2O_2(aq) \longrightarrow 2\,Br^-(aq) + 2\,H^+(aq) + O_2(g)$ 무색 거품

▲ **그림 14.21** **균일 촉매 작용** 과산화 수소가 물과 산소 기체로 분해되는 반응에서 촉매가 속도에 미치는 영향

$$2\,Br^-(aq) + H_2O_2(aq) + 2\,H^+(aq) \longrightarrow Br_2(aq) + 2\,H_2O(l) \qquad [14.32]$$

만약 이것이 전체 반응이라면, 브로민 이온은 촉매가 아니다. 반응 중에 화학적 변화를 겪었기 때문이다. 그러나 과산화 수소는 식 14.32에서 생성된 $Br_2(aq)$와도 반응한다.

$$Br_2(aq) + H_2O_2(aq) \longrightarrow 2\,Br^-(aq) + 2\,H^+(aq) + O_2(g) \qquad [14.33]$$

식 14.32와 14.33의 합은 식 14.31가 된다.

$H_2O_2$가 완전히 분해되면 무색의 $Br^-(aq)$ 용액만이 남는데, 이것은 브로민 이온이 반응의 촉매로 작용하였음을 의미한다. 브로민 이온이 자신은 변하지 않고 반응 속도를 증가시켰기 때문이다. 그에 반해, $Br_2$는 생성되었다가(식 14.32) 다시 소모되므로(식 14.33) 중간체이다. 그림 14.21의 색변화는 어떤 경우에는 중간체의 존재가 쉽게 검출될 수 있음을 보여주는 것이다. 촉매나 중간체 어느 것도 전체 반응식에 나타나지 않는다. **그러나 촉매는 반응을 시작할 때 존재하고, 중간체는 반응 중에 생성되는 것임을 기억하라.**

촉매는 어떻게 작용하는가? 속도 법칙의 일반적 형태(식 14.7, 속도 $= k[A]^m[B]^n$)를 고려할 때, 촉매는 속도 상수 $k$의 값에 영향을 줄 것이다. Arrhenius 식(식 14.21, $k = Ae^{-E_a/RT}$)에 의하면, 속도 상수 $k$는 활성화 에너지($E_a$)와 빈도 인자($A$)에 의해 결정된다. 촉매는 $E_a$나 $A$의 값을 변화시켜서 반응 속도에 영향을 줄 수 있는데 다음 두 가지 방법으로 일어날 수 있다. 하나는 촉매가 무촉매이 촉매 반응에서 몇 개의 단계가 존재하는가?

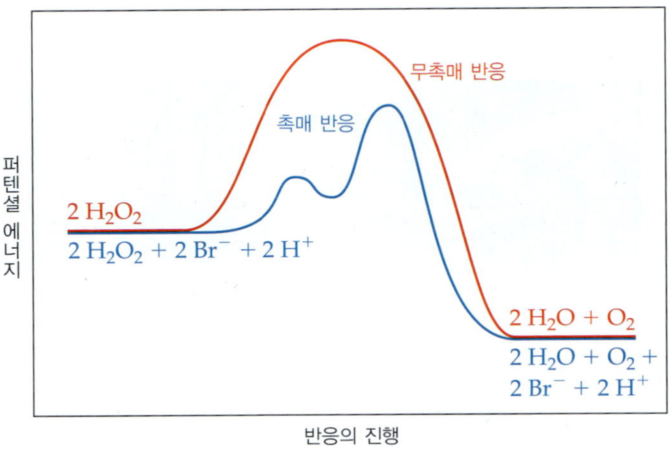


▲그림 14.22 촉매가 없을 때와 브로민 촉매가 있을 때 $H_2O_2$ 분해 반응의 에너지 도표

반응의 $E_a$ 값보다 작은 $E_a$ 값을 갖는 새로운 메커니즘을 제공하는 것이고, 다른 하나는 촉매가 반응물의 배향을 도움으로써 $A$를 증가시키는 것이다. 가장 극적인 촉매 효과는 $E_a$를 낮추어서 생긴다. **일반적으로 촉매는 화학 반응의 전체 활성화 에너지를 낮춘다.**

예를 들어, 과산화 수소의 분해 반응에서 $H_2O_2$가 먼저 $Br^-$ 이온과 반응하고, 그 다음에 $Br_2$와 반응하는 연속적인 두 반응이 일어난다. 이 두 반응은 **함께** 과산화 수소 분해 반응에 촉매 작용 경로를 제공하기 때문에, 두 반응 모두 무촉매 반응에 비해서 상당히 작은 활성화 에너지를 가지고 있어야만 한다(그림 14.22).

## 불균일 촉매 작용

**불균일 촉매(heterogeneous catalyst)**는 반응 분자들의 상과 다른 상으로 존재하는 촉매로서, 일반적으로 고체상으로 존재하여 기체상 또는 액체 용액상 반응물과 접촉한다. 산업적으로 중요한 많은 반응들은 고체 표면의 촉매 작용에 의해 진행된다. 예를 들면, 원유는 소위 '크래킹(cracking)' 촉매를 사용하면 더 작은 탄화수소 분자들로 변형시킬 수 있다. 불균일 촉매는 일반적으로 금속이나 금속 산화물로 구성된다.

불균일 촉매 작용의 초기 단계는 일반적으로 반응물의 **흡착(adsorption)**이다. 흡착은 분자가 표면에 결합하는 것인 반면, 흡수(absorption)는 분자가 물질의 내부로 들어가는 것임에 유의하라. 흡착은 고체 표면의 원자나 이온의 반응성이 극도로 크기 때문에 일어난다. 촉매 작용은 표면에서 일어나므로 촉매를 제조할 때 아주 큰 표면적을 가질 수 있도록 특별한 방법을 사용한다. 물질 내부에 존재하는 원자나 이온들과 달리, 표면의 원자나 이온들은 아직 사용되지 않은 결합 능력을 가지고 있기 때문에, 이를 이용하여 기체상 또는 용액상 분자들을 고체 표면에 결합시킬 수 있다.

불균일 촉매 작용의 예로서, 수소 기체와 에텐 기체가 반응하여 에테인 기체를 생성하는 반응을 생각해 보자.

$$\underset{\text{에텐}}{C_2H_4(g)} + H_2(g) \longrightarrow \underset{\text{에테인}}{C_2H_6(g)} \qquad \Delta H^\circ = -137 \text{ kJ/mol} \qquad [14.34]$$

이 반응은 발열 반응이지만, 촉매가 없으면 매우 느리게 일어난다. 그러나 니켈, 팔라듐, 백금 등의 미세 금속 분말이 존재하면, 반응은 그림 14.23에 나타낸 메커니즘을 통해서 실온에서도 쉽게 일어난다. 먼저 에텐과 수소가 금속 표면에 흡착된다. 흡착된 $H_2$의 H—H 결합이 끊어지게 되면 금속 표면에 결합되어 있던 H 원자는 비교적 자유롭게 표면 위를 이동할 수 있게 된다. 이 H 원자

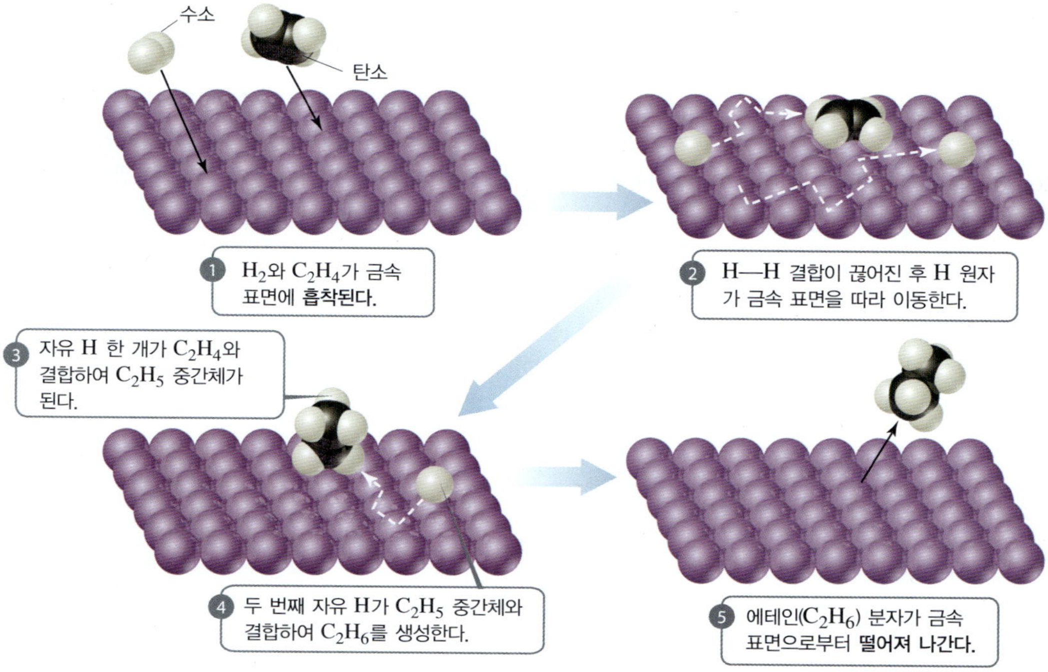


◀ **그림 14.23** 불균일 촉매 작용 촉매 표면에서 일어나는 에텐과 수소의 반응 메커니즘

가 흡착되어 있는 에텐 분자를 만나면, C−C $\pi$ 결합을 깨고 두 탄소 원자 중의 하나와 $\sigma$ 결합을 형성하여, 금속−탄소 간 $\sigma$ 결합을 통해 표면에 결합된 에틸기($C_2H_5$)를 생성한다. 이 $\sigma$ 결합은 비교적 약하다. 따라서 나머지 탄소 원자가 또 다른 H 원자를 만나면 여섯 번째 C−H $\sigma$ 결합을 쉽게 생성하고 에테인 분자($C_2H_6$)는 금속 표면에서 떨어진다.

## 작동하는 화학 촉매 변환기

불균일 촉매는 도시의 대기 오염 방지에 중요한 역할을 한다. 광화학적 스모그의 생성을 돕는 자동차 배기가스의 두 가지 성분은 산화 질소와 미연소 탄화수소이다. 또한 자동차 배기가스는 상당한 양의 일산화 탄소를 함유할 수 있다. 엔진 설계에 아무리 주의를 기울인다 하더라도, 보통의 운전 조건에서 배기가스에 들어 있는 이러한 오염 물질의 양을 허용할 수 있는 수준으로 낮추는 것은 불가능하다. 따라서 이런 물질이 대기로 배출되기 전에 배기가스로부터 제거하는 것이 필요하다.

바로 촉매 변환기(catalytic converter)를 사용하면 이러한 물질을 제거할 수 있다. 촉매 변환기는 자동차 배기 시스템의 한 부분이며 다음의 두 가지 기능을 수행한다. (1) CO와 미연소 탄화수소($C_xH_y$)를 산화시켜 이산화 탄소와 물로 변환시킨다. (2) 산화 질소를 환원시켜 질소 기체로 변환시킨다.

$$CO, C_xH_y \xrightarrow{O_2} CO_2 + H_2O$$
$$NO, NO_2 \longrightarrow N_2 + O_2$$

이러한 두 가지 기능은 서로 다른 촉매를 필요로 하기 때문에 성공적인 촉매 시스템을 개발하는 것은 어려운 도전이다. 촉매는 넓은 작동 온도 범위에서 효과적이어야 한다. 또한 촉매는 배기가스의 여러 가지 성분들이 촉매의 활성 자리를 막더라도 이를 극복하고 계속해서 활성을 유지해야 한다. 또한 촉매는 다양한 조건에서 수천 마일을 운전하는 동안 발생하는 배기가스의 난기류와 기계적 충격 등에 충분히 견뎌야 한다.

CO와 탄화수소의 연소를 촉진하는 촉매는 일반적으로 전이 금속의 산화물과 귀금속이다. 이러한 물질은 흐르는 배기가스와 촉매 표면 간의 접촉을 최대화시킨 구조(그림 14.24)에 지지되어 있다. 알루미나($Al_2O_3$)와 이것에 의해 지지된 촉매로 이루어진 벌집 모양의 구조가 사용된다. 촉매는 먼저 배기가스에 존재하는 산소 기체에 흡착

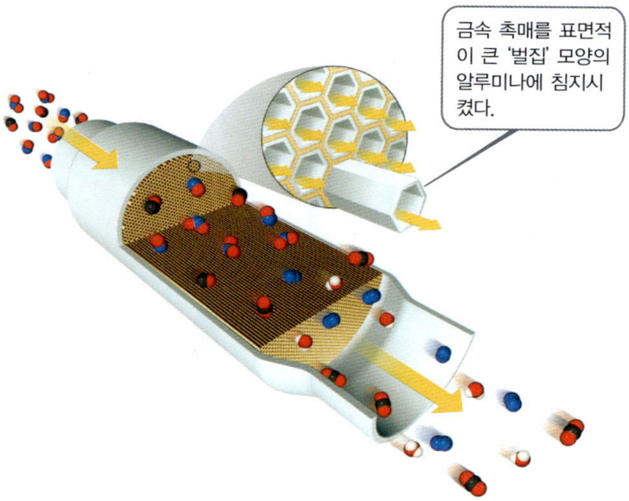


▲ **그림 14.24** 촉매 변환기의 단면도

하여 $O_2$의 O−O 결합을 약화시키고, 이렇게 생성된 산소 원자는 흡착된 CO와 반응하여 $CO_2$를 생성한다. 탄화수소의 산화도 어느 정도 유사하게 진행되는데, 먼저 탄화수소의 흡착이 일어나고 C−H 결합의 절단이 뒤따른다.

전이 금속의 산화물과 귀금속은 NO가 $N_2$와 $O_2$로 환원되는 반응에서 가장 효율적인 촉매이기도 하다. 그러나 한 반응에서 가장 효과적인 촉매는 보통은 다른 반응에서는 효과가 크게 떨어진다. 따라서 두 종류의 촉매 성분이 필요하다.

촉매 변환기는 대단히 효율적인 불균일 촉매를 포함하고 있다. 자동차 배기가스는 촉매와 겨우 100~400 ms 동안 접촉하지만, 이 짧은 시간 동안 96%의 탄화수소와 CO가 $CO_2$와 $H_2O$로 변환되고 산화 질소의 배출이 76% 감소된다.

촉매 변환기의 종류에 따라 사용되는 촉매들의 조합이 다르기는 하지만, 귀금속은 어느 촉매 변환기에서나 사용되는 필수적인 성분이다. 백금은 산화 반응을 촉진하는 데 매우 좋고, 촉매를 오염시키거나 망가뜨리는 납, 황, 인 등과 같은 불순물에 대한 저항력이 좋다. 팔라듐은 백금과 비교할 때 약간 덜 비싸지만 배기가스 흐름에 존재하는 불순물에 의한 오염에 더 민감하다. 로듐은 산화 질소의 환원에 적합한 금속이고 산화 반응에 대해 꽤 괜찮은 활성을 갖고 있다. 불행하게도, 이 금속은 백금보다 더 희귀하고 비싸다. 매년 사용되는 백금의 35%, 팔라듐의 65%, 로듐의 95% 정도가 촉매 변환기에 사용되고 있다. 이러한 금속은 주로 남아프리카와 러시아에서 생산되고 있다.

**관련 문제: 14.31, 14.43, 14.95, 14.133**

간을 잘게 갈아 가루로 만들었을 때 반응이 더 빠른 이유는 무엇인가?

▲ 그림 14.25 효소는 반응을 촉진시킨다.

## 효소

사람의 몸은 서로 연관되어 있는 화학 반응들로 이루어진 극도로 복잡한 시스템으로서, 이 모든 반응들은 생명을 유지하기 위하여 정밀하게 조절된 속도로 일어나야 한다. 이러한 화학 반응들이 적절한 속도로 일어나기 위해서는 **효소**(**enzyme**)라고 알려져 있는 경이적인 효율성을 갖는 생물학적 촉매들이 많이 필요하다. 대부분의 효소는 큰 단백질 분자들이고 분자량은 약 10,000~1,000,000 u의 범위를 갖는다. 효소는 그들이 촉진시키는 반응에 대해 매우 선택적으로 작용하는데, 몇몇은 단 하나의 반응에서 단 하나의 물질에만 작용할 정도로 극히 특이적이다. 예를 들어, 과산화 수소 분해 반응은 중요한 생물학적 과정이다. 과산화 수소는 강한 산화제이므로 생체에 해로울 수 있다. 이러한 이유로, 포유동물은 혈액과 간에 과산화 수소를 물과 산소로 분해하는 반응을 촉진시키는 **카탈레이스**(catalase)라는 효소를 포함하고 있다(식 14.31). 그림 14.25는 소 간에 들어 있는 카탈레이스에 의해서 이 반응이 극적으로 촉진되는 것을 보여준다.

효소가 촉매 역할을 하는 반응은 **활성 자리**(**active site**)라고 하는 촉매 내의 특정 부위에서 일어난다. 이 자리에서 반응하는 물질들을 **기질**(**substrate**)이라고 한다. 촉매의 특이성을 **자물쇠-열쇠 모형**(**lock-and-key model**)으로 간단히 설명할 수 있다(그림 14.26). 자물쇠에 꼭 들어맞는 열쇠와 같이, 기질은 효소의 활성 자리에 꼭 들어맞는 형태를 가지는 것으로 그려질 수 있다.

기질과 생성물 중 어느 분자가 활성 자리에 더 강하게 결합되어야 하는가?

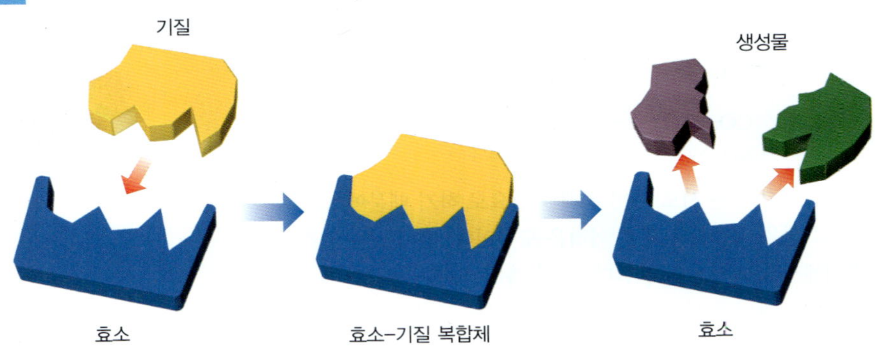


▲ 그림 14.26 효소 반응의 자물쇠-열쇠 모형

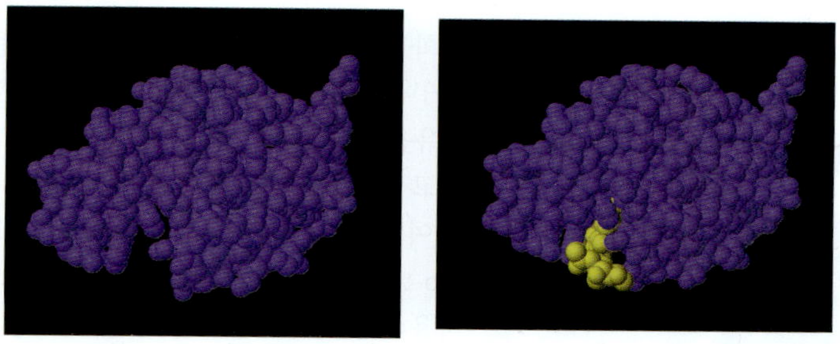

▲ **그림 14.27** 라이소자임은 구조–작용 관계가 규명된 최초의 효소들 중의 하나이다. 위 모형은 기질(노란색)이 효소의 활성 자리에 맞추어 들어가는 모습을 보여준다.

라이소자임은 우리 면역 체계의 기능에 중요한 효소이다. 박테리아의 세포막을 손상시키는 용해 반응을 가속화시키기 때문이다. **그림 14.27**은 라이소자임 효소에 결합된 기질 분자가 없을 때와 있을 때의 모형을 보여준다. 효소와 기질이 결합한 것을 **효소–기질 복합체**(enzyme-substrate complex)라고 한다. 비록 그림 14.26에 활성 자리와 그 기질이 모두 고정된 형태를 갖는 것으로 나타냈지만, 활성 자리는 대체로 꽤 유연하기 때문에 기질이 결합할 때 형태가 변할 수 있다. 기질과 활성 자리의 결합에는 쌍극자–쌍극자 인력, 수소 결합, 분산력이 작용한다.

기질 분자들이 활성 자리로 들어갈 때, 어떤 이유로든 분자들이 활성화되어 반응이 빨라질 수 있다. 예를 들어 효소의 활성 자리에 있는 특정 결합이나 원자단으로부터 전자 밀도를 받거나 줌으로써 이러한 활성화 과정이 일어날 수 있다. 또한 활성 자리로 들어가는 과정에서 기질의 형태가 뒤틀림으로 인해 반응성이 더욱 커질 수도 있다. 일단 반응이 일어나고 나면 생성물은 활성 자리를 이탈함으로써 다른 기질 분자가 그 자리에 다시 들어갈 수 있도록 한다.

만약 효소 특이성을 갖는 기질이 아닌 다른 분자가 활성 자리에 결합하여 기질이 들어오는 것을 막으면 효소의 활성은 없어진다. 이런 물질을 **효소 억제제**(enzyme inhibitor)라고 한다. 신경독이나 납, 수은 등과 같은 일부 독성 금속 이온은 이런 방법으로 효소 활성을 억제하는 것으로 알려져 있다. 어떤 다른 독들은 활성 자리가 아닌 다른 곳에 달라붙어, 효소의 활성 자리를 뒤틀리게 하고 기질이 활성 자리에 잘 들어맞지 않도록 한다.

효소는 비생물학적 촉매와 비교할 때 놀라울 정도로 훨씬 효율적이다. 특정 활성 자리에서 일어나는 개별적인 촉매 반응의 건수를 **전환수**(turnover number)라고 하는데, 일반적으로 초당 $10^3$~$10^7$ 범위의 값이다. 이렇게 전환수가 크다는 것은 활성화 에너지가 매우 낮다는 것을 의미한다. 평범한 화학적 촉매와 비교할 때, 효소는 반응의 속도 상수를 백만 배 이상 증대시킬 수 있다.

## 화학과 생명 | 질소 고정과 질소 고정 효소

질소는 생명체에 가장 중요한 원소들 중의 하나로, 단백질, 핵산, 비타민, 호르몬 등 생명 유지에 필수적인 많은 화합물에서 찾아볼 수 있다. **그림 14.28**에 나타낸 것처럼, 질소는 다양한 형태로 생물권을 통하여 지속적으로 순환한다. 예를 들어, 어떤 미생물들은 동물의 배설물이나 죽은 식물 또는 동물에 포함된 질소를 $N_2(g)$로 전환하고, 이 $N_2$는 대기로 되돌아간다. 먹이 사슬이 유지되려면 대기 중의 $N_2(g)$를 식물이 사용할 수 있는 형태로 전환하는 방법이 반드시 필요하다. 이러한 이유 때문에, 만약 화학자가 지구상에서 가장 중요한 화학 반응이 무엇인가라는 질문을 받는다면, 대기 중의 $N_2(g)$가 식물이 사용하기에 적합한 화합물로 전환되는 과정인 **질소 고정**(nitrogen fixation)이라고 대답할 것이다. 일부 고정 질소는 대기 중에서 발생하는 번개에 의하여 생성되며, 일부는 15장에서 다루게 될 과정에 의하여 공업적으로 생성된다. 그러나 약 60%의 고정 질소는 놀랍고도 복잡한 효소인 **질소 고정 효소**(nitrogenase)의 작용에 의하여 생성된다. 이 효소는 인간이나 다른 동물에는 존재하지 않는다. 대신에, 콩과 식물인 클로버(clover)와 알팔파(alfalfa)와 같은 식물의 뿌리혹에 사는 박테리아에서 발견된다.

질소 고정 효소는 $N_2$를 $NH_3$로 전환한다, 이 과정은 촉매가 없을 때 매우 큰 활성화 에너지를 가진다. 이 과정은 **환원**(reduction) 반응으로, N의 산화 상태가 $N_2$의 0에서 $NH_3$의 −3으로 감소한다. 질소 고정 효소가 $N_2$를 환원시키는 메커니즘은 완전하게 이해되고 있지 않다. 카탈레이스를 포함한 많은 다른 효소들처럼 질소 고정 효소의 활성 자리는 전이 금속 원자를 포함하고 있다. 이러한 효소를 **금속 함유 효소**(metalloenzyme)라고 한다. 전이 금속

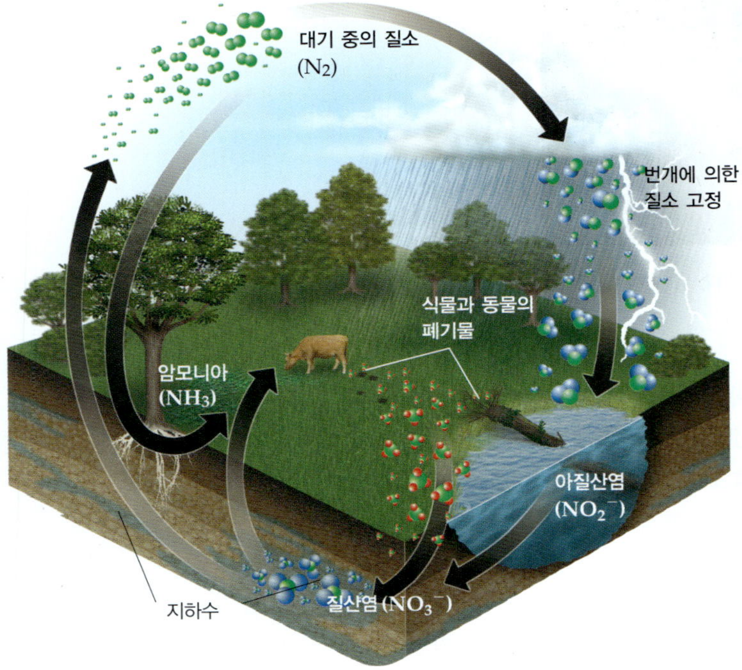


▲ 그림 14.28 질소 순환의 단순 모식도

은 산화 상태를 쉽게 변화시킬 수 있기 때문에 기질이 산화되거나 환원되는 전이 과정에서 금속 함유 효소는 특별히 유용하다.

질소 고정 효소의 일부 구조가 Fe와 Mo를 포함한다는 것은 40여 년 동안 알려져 온 사실이다. **FeMo-보조 인자**(FeMo-cofactor)라고 불리는 이 구조는 효소의 활성 자리로 작용하는 것으로 생각된다. 질소 고정 효소의 FeMo-보조 인자는 7개의 Fe 원자와 1개의 Mo 원자가 모두 황 원자에 의해 연결된 클러스터 형태이다(그림 14.29).

단순한 박테리아가 질소 고정 효소와 같은 매우 복잡하고도 중요한 효소를 가질 수 있다는 것은 생명의 경이로움 중의 하나이다. 이 효소 덕분에 질소는 대기 중에서 상대적으로 활성이 낮은 역할과 생명체에서의 중요한 역할을 계속 순환하면서 수행할 수 있다. 질소 고정 효소가 없다면, 지구상에 생명이 존재할 수 없을 것이다.

**관련 문제: 14.45, 14.124, 14.125**

▶ 그림 14.29 질소 고정 효소의 FeMo-보조 인자 질소 고정 효소는 왼쪽 그림에 나타낸 흰 클로버 뿌리와 같은 일부 식물의 뿌리에서 발견된다. 이 효소의 활성 자리라고 생각되는 보조 인자는 7개의 Fe 원자와 1개의 Mo 원자를 포함하며 이들은 황 원자에 의해 연결되어 있다. 보조 인자의 바깥쪽에 위치한 분자들은 보조 인자와 단백질의 나머지 부분을 연결하는 역할을 한다.

## 자기 평가 연습 문제

**14.39** 촉매는 반응의 수득율을 증가시킨다. 참인가 거짓인가?

(**a**) 참

(**b**) 거짓

## 연습 문제

**14.40** (**a**) 대부분의 상용 불균일 촉매는 매우 미세한 입자 형태의 고체 물질이다. 입자의 크기가 중요한 이유는 무엇인가? (**b**) 불균일 촉매 반응에서 흡착은 어떠한 역할을 하는가?

**14.41** 용액에서 $H^+$와 $OH^-$ 같은 단순한 화학종들은 촉매로 작용할 수 있다. 산 촉매 반응이 일어나는 용액에서의 $[H^+]$를 측정할 수 있다고 생각하자. 반응물과 생성물 자체는 모두 산 또는 염기가 아니라

고 가정한다. $t=0$에서 반응기에 한 방울의 산을 첨가할 때, 반응 시간의 함수로 측정한 $[H^+]$의 변화 도표를 그리시오.

**14.42** $N_2O$ 분해 반응에 NO를 첨가하면 반응이 촉진되며, 가능한 반응 메커니즘은 다음과 같다.

$$NO(g) + N_2O(g) \longrightarrow N_2(g) + NO_2(g)$$
$$2\,NO_2(g) \longrightarrow 2\,NO(g) + O_2(g)$$

(a) 전체 화학 반응식은 무엇인가? 두 반응식으로부터 어떻게 전체 화학 반응식을 구하는지를 보이시오.

(b) 이 반응에서 NO는 촉매인가, 중간체인가?

(c) $N_2O$ 분해 반응 실험에서 $NO_2$가 측정 가능할 정도로 축적되지 않는다면, 이 사실은 위에서 제안된 메커니즘을 배제할 수 있는 이유가 되는 것인가?

**14.43** (a) 여러분이 자동차용 촉매 변환 장치(공해 방지 장치)의 효율성을 진단하는 시스템을 만든다고 할 때, 자동차 배기가스 중에 있는 어떤 물질을 조사해야 하겠는가? (b) 자동차용 촉매 변환 장치는 고온의 배기가스 흐름이 통과하기 때문에 높은 온도에서 작동되어야만 한다. 이러한 점이 어떤 면에서 유리하겠는가? 또한 어떤 면에서 불리하겠는가? (c) 촉매 변환 장치에서 배기가스 흐름의 속도가 중요한 이유는 무엇인가?

**14.44** 그림 14.23에서와 같이 수소화 반응을 일으키는 불균일 촉매는 이들의 촉매 능력을 없어지게 하는 '촉매독'에 노출되어 있다. 주로 황을 포함하는 화합물이 촉매독인 경우가 많다. 이러한 화합물들이 촉매독으로 작용하는 메커니즘을 제안해 보시오.

**14.45** 요소 가수 분해 효소(urease)는 요소($NH_2CONH_2$)가 물과 반응하여 이산화 탄소와 암모니아를 생성하는 반응에서 촉매로 작용한다. 물에 효소가 없는 경우, 이 반응의 일차 반응 속도 상수는 100 °C에서 $4.15 \times 10^{-5}\ s^{-1}$이다. 물에 효소가 존재할 경우, 반응 속도 상수는 21 °C에서 $3.4 \times 10^4\ s^{-1}$이다.

(a) 이 효소 촉매 반응의 균형 맞춘 반응식을 쓰시오.

(b) 만약 100 °C에서의 촉매 반응 속도가 21 °C에서의 속도와 같다면, 촉매 반응과 무촉매 반응 간 활성화 에너지 차이는 얼마일까?

(c) 21 °C에서의 촉매 반응 속도와 비교할 때, 실제로 100 °C에서의 촉매 반응 속도는 얼마일 것으로 예측되는가?

(d) (c)와 (d)의 결과로부터, 촉매 반응과 무촉매 반응의 활성화 에너지 차이에 관하여 어떠한 결론을 얻을 수 있는가?

**14.46** 어느 중요한 생물학적 반응이 촉매가 없는 경우 생리학적 온도인 37 °C에서 매우 느리게 일어난다고 가정하자. 충돌 인자가 일정하다고 가정할 때, 반응 속도를 $1 \times 10^5$배 증가시키기 위해서는 효소가 반응의 활성화 에너지를 얼마나 낮추어야 하는가?

자기 평가 연습 문제 답 **14.39** (b)

## 통합 예제
### 종합 개념

기체상의 폼산(HCOOH)은 높은 온도에서 다음과 같이 분해된다.

$$HCOOH(g) \longrightarrow CO_2(g) + H_2(g)$$

무촉매 분해 반응의 반응 차수는 일차로 결정되었다. 838 K에서 이 분해 반응이 일어날 때, HCOOH의 부분 압력 대 시간의 그래프를 그림 14.30에 빨간색 선으로 나타내었다. 소량의 ZnO 고체를 반응 용기에 첨가하면 산의 부분 압력은 시간에 따라 그림 14.30의 파란색 선과 같이 변한다.

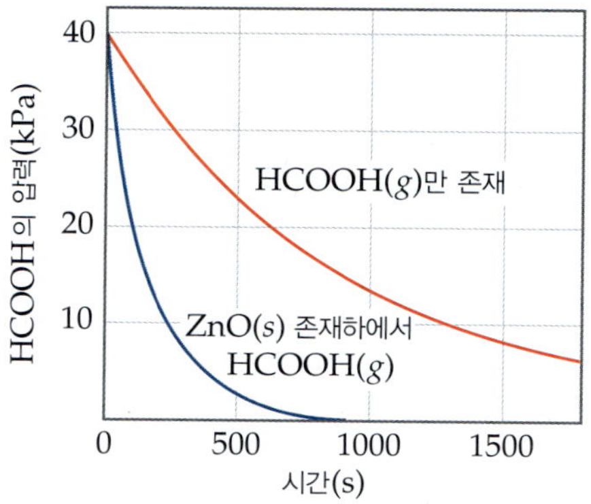


▲ 그림 14.30 838 K에서 시간에 따른 HCOOH(g)의 압력 변화

(a) 폼산 분해 반응의 반감기와 일차 반응 속도 상수를 계산하시오.

(b) 폼산 분해 반응에 첨가된 ZnO의 영향으로부터 어떤 결론을 내릴 수 있는가?

(c) 이 실험에서는 반응의 진행 과정을 관찰하기 위해 폼산 증기의 부분 압력을 일정 시간 간격으로 측정하였다. 만약 압력 대신에 폼산의 농도를 mol/L 단위로 그렸다고 가정하면, 이러한 방법은 $k$의 계산 값에 어떤 영향을 주겠는가?

(d) 반응 초기에 폼산 증기의 압력은 40 kPa였다. 일정한 온도와 이상 기체 행동을 가정할 때, 반응 완료 시점에서 계의 압력은 얼마인가? 반응 용기의 부피가 436 cm³이라면 반응 완료 시점에서 반응 용기에 들어 있는 기체의 몰수는 얼마인가?

(e) 폼산 증기의 표준 생성열은 $\Delta H_f^\circ = -378.6$ kJ/mol이다. 전체 반응의 $\Delta H^\circ$를 계산하시오. 반응의 활성화 에너지($E_a$)가 184 kJ/mol이라고 할 때, 반응 에너지 도표를 간략하게 그리고 $E_a$, $\Delta H^\circ$, 전이 상태를 표시하시오.

### 해답

(a) HCOOH의 초기 압력은 40 kPa이다. 그래프에서 초깃값의 절반인 20 kPa에 해당하는 시간은 대략 $6.60 \times 10^2$초이며 이 시간이 반감기이다. 일차 반응의 속도 상수를 식 14.17을 사용하여 계산하면 다음과 같다.

$k = 0.693/t_{1/2} = 0.693/660\ \text{s} = 1.05 \times 10^{-3}\ \text{s}^{-1}$

**(b)** ZnO 고체가 존재할 때 반응이 훨씬 빠르게 진행되므로 이 산화물의 표면이 폼산 분해 반응의 촉매로 작용한다는 사실을 알 수 있다. 이것는 불균일 촉매 작용의 한 예이다.

**(c)** 폼산의 농도를 리터당 몰 단위로 그리더라도, 분해 반응의 반감기는 660초이고 $k$도 같은 값으로 계산될 것이다. $k$의 단위는 $\text{s}^{-1}$이므로 $k$ 값은 농도 표시에 사용한 단위와는 무관하다.

**(d)** 반응의 화학량론에 따라 반응물 1몰당 생성물 2몰이 생성된다. 그러므로 이상 기체 행동을 가정할 때, 반응이 완료 되었을 때 압력은 초기 압력의 두 배인 80 kPa가 된다(꽤 높은 온도와 꽤 낮은 기체 압력의 조건에서 반응이 일어나고 있기 때문에 이상 기체 행동을 가정하는 것은 합리적이다). 이상 기체 식을 사용하면 기체의 몰수를 다음과 같이 계산할 수 있다.

$$n = \frac{PV}{RT} = \frac{(80\ \text{kPa})(0.436\ \text{L})}{(8.314\ \text{m}^3\ \text{Pa/mol K})(838\ \text{K})} = 5.00 \times 10^{-3}\ \text{mol}$$

**(e)** 먼저 전체 에너지 변화 $\Delta H°$를 다음과 같이 계산한다.

$$\Delta H° = \Delta H_f°(CO_2(g)) + \Delta H_f°(H_2(g)) - \Delta H_f°(HCOOH(g))$$
$$= -393.5\ \text{kJ/mol} + 0 - (-378.6\ \text{kJ/mol})$$
$$= -14.9\ \text{kJ/mol}$$

이 값과 주어진 $E_a$ 값으로부터 그림 14.16처럼 반응 에너지 도표를 간략하게 그릴 수 있다.

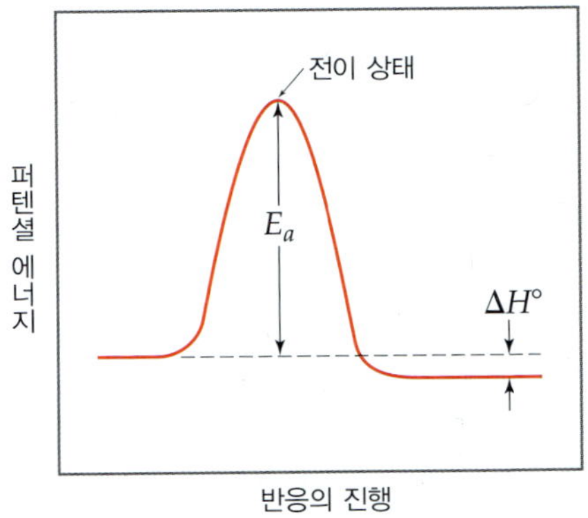


# 요약 및 중요 용어

**반응 속도론 서론(서론, 14.1절)** **화학 반응 속도론(chemical kinetic)**은 **반응 속도(reaction rate)**를 연구하는 화학의 한 분야이다. 반응 속도에 영향을 주는 인자들은 반응물의 물리적 상태, 농도, 온도, 촉매이다.

**반응 속도(14.2절)** 반응 속도는 보통 단위 시간당 농도의 변화로 나타낸다. 일반적으로, 용액 상 반응에 대한 속도는 초당 몰농도($M$/s)의 단위로 나타낸다. 대부분의 반응에 대해 몰농도를 시간의 함수로 도시하면 반응이 진행됨에 따라 속도가 점차 느려지는 것을 알 수 있다. **순간 속도(instantaneous rate)**는 몰농도–시간 그래프에서 특정 시간에서의 접선 기울기이다. 속도는 생성물의 생성이나 반응물의 소모로 나타낼 수 있고, 반응의 화학량론으로부터 생성 속도와 소모 속도 사이의 관계를 알 수 있다.

**속도와 농도(14.3절)** **속도 법칙(rate law)**은 속도와 농도 사이의 정량적 관계를 나타내며 보통 다음과 같은 형태를 가진다.

$$\text{속도} = k[\text{반응물 1}]^m[\text{반응물 2}]^n \cdots$$

속도 법칙에 있는 상수 $k$를 **속도 상수(rate constant)**라고 한다. 지수 $m$, $n$ 등을 반응물의 **반응 차수(reaction order)**라고 한다. 각 반응물의 반응 차수를 모두 더하면 **전체 반응 차수(overall reaction order)**를 얻게 된다. 반응 차수는 반드시 실험적으로 결정되어야 한다. 속도 상수의 단위는 전체 반응 차수에 따라 다르다. 전체 반응 차수가 1인 반응의 경우 $k$의 단위는 $\text{s}^{-1}$이고, 전체 반응 차수가 2인 반응의 경우 $k$의 단위는 $M^{-1}\ \text{s}^{-1}$이다.

반응 과정을 관측하기 위해 분광학 기술을 사용할 수 있다. Beer 법칙에 따르면, 어떤 물질의 특정 파장에서의 전자기 복사선 흡수는 그 물질의 농도에 비례한다.

**농도와 시간(14.4절)** 속도 법칙은 반응 과정의 어느 시점에서 반응물과 생성물의 농도를 결정하는 데 사용할 수 있다. **일차 반응(first-order reaction)**의 속도는 반응물 농도에 비례한다. 즉, 속도 $= k$[A]이다. 이러한 경우에 속도 법칙의 적분 형태는 $\ln[A]_t = -kt + \ln[A]_0$이다. 여기서 $[A]_t$는 시간 $t$에서 반응물 A의 농도, $k$는 속도 상수, $[A]_0$는 A의 초기 농도이다. 따라서 일차 반응에 대한 ln[A] 대 시간 그래프의 직선 기울기는 $-k$이다.

**이차 반응(second-order reaction)**이란 전체 반응 차수가 2인 반응을 말한다. 반응물이 하나인 이차 반응의 경우 속도 법칙은 속도 $= k[A]^2$이며, [A]의 시간 의존성은 적분 형태의 속도 법칙 $1/[A]_t = 1/[A]_0 + kt$에 의해 주어진다. 이 경우, $1/[A]_t$ 대 시간 그래프는 직선을 나타낸다. **영차 반응(zero-order reaction)**이란 전체 반응 차수가 0인 반응을 말한다. 반응 차수가 0이므로 속도 법칙은 속도 $= k$가 된다.

반응의 **반감기(half-life)** $t_{1/2}$란 반응물의 초기 농도가 절반으로 감소하는 데 걸리는 시간이다. 일차 반응에서 반감기는 오직 속도 상수에 의존하고 초기 농도와는 무관하며, $t_{1/2} = 0.693/k$이다. 이차 반응에서 반감기는 속도 상수와 A의 초기 농도 모두에 의존하며, $t_{1/2} = 1/(k[A]_0)$이다.

**온도가 속도에 미치는 영향(14.5절)** **충돌 모형(collision model)**으로 온도가 증가함에 따라 속도 상수가 증가하는 이유를 설명할 수 있다. 충돌 모형은 반응이 분자들 간 충돌의 결과로 일어 난다고 가정한다. 충돌하는 분자들의 운동 에너지가 클수록 충돌 에너지는 크다. 반응이 일어나기 위한 최소한의 에너지를 **활성화 에너지(activation energy, $E_a$)** 라고 한다. $E_a$ 이상의 에너지를 갖는 충돌이 일어나면 충돌 분자들의 원자들이 **활성화 착물(activated complex)** 또는 **전이 상태(transition state)**를 형성하게 된다. 이 상태는 반응물이 생성물로 변환되는 경로에서 가장 높은 에너지 상태이다. 충돌 에너지가 충분히 크다고 해서 반드시 반응이 일어 나는 것은 아니다. 충돌이 반응으로 이어지기 위해서는 충돌 시에 반응물들이 서로 적절한 방향으로 배향되어 있어야 한다.

분자들의 운동 에너지는 온도에 의존하기 때문에 반응의 속도 상수는 온도에 크게 의존한다. 속도 상수 $k$와 온도의 관계는 **Arrhenius 식**

(**Arrhenius equation**)으로 주어진다. $k = Ae^{-E_a/RT}$. 여기서 $A$는 **빈도 인자**(**frequency factor**)이며, 반응이 일어나기에 적합한 배향을 가진 충돌수와 관련이 있다. Arrhenius 식은 보통 로그함수 형태로 사용된다. $\ln k = \ln A - E_a/RT$. 그러므로 $\ln k$ 대 $1/T$ 그래프는 기울기가 $-E_a/R$인 직선이다.

반응 메커니즘(14.6절) **반응 메커니즘**(**reaction mechanism**)이란 반응 과정에서 일어나는 각 단계들을 상세하게 기술한 것이다. 각각의 단계를 **단일 단계 반응**(**elementary reaction**)이라고 하며, 반응에 참여하는 분자수(**분자도**(**molecularity**))에 의존하는 잘 정의된 속도 법칙을 갖는다. 단일 단계 반응에서 1개, 2개, 3개의 반응 분자가 참여 하는 경우 각각 **일분자**(**unimolecular**), **이분자**(**bimolecular**), **삼분자**(**termolecular**) 반응이라고 한다. 삼분자 단일 단계 반응은 매우 드물다. 일분자, 이분자, 삼분자 반응은 각각 전체 반응 차수가 일차, 이차, 삼차인 속도 법칙을 따른다.

많은 반응들이 두 개 이상의 단일 단계 반응을 포함하는 다단계 메커니즘에 의하여 일어난다. **중간체**(**intermediate**)는 어느 단일 단계 반응에서 생성되고 이후에 일어나는 단일 단계 반응에서 소모되기 때문에 전체 반응식에는 나타나지 않는다. 만약 메커니즘이 여러 개의 단일 단계 반응을 포함하고 있으면 전체 속도는 가장 느린 단일 단계 반응인 **속도 결정 단계**(**rate-determining step**)에 의해 제한된다. 속도 결정 단계 이후에 일어나는 빠른 단일 단계 반응은 속도 법칙에 영향을 주지 않는다. 속도 결정 단계 이전에 일어나는 빠른 단일 단계 반응은 보통 중간체를 포함하는 평형을 생성한다. 메커니즘이 유효하기 위해서는, 메커니즘으로부터 예측한 속도 법칙이 실험적으로 얻은 속도 법칙과 반드시 일치해야 한다.

촉매(14.7절) **촉매**(**catalyst**)란 자신은 영구적인 화학적 변화를 겪지 않으면서 반응 속도를 증가시키는 물질이다. 촉매는 보다 낮은 활성화 에너지를 갖는 다른 반응 메커니즘을 제공함으로써 반응을 촉진시킨다. **균일 촉매**(**homogeneous catalyst**)란 반응물들과 같은 상을 갖는 촉매이다. **불균일 촉매**(**heterogeneous catalyst**)란 반응물들과 다른 상을 갖는 촉매이다. 미세한 금속 입자들은 용액상 또는 기체상 반응에서 불균일 촉매로 많이 사용된다. 반응 분자들 은 촉매의 표면에 결합하거나 **흡착**(**adsorption**)한다. 반응물이 표면의 특정 자리에 흡착하면 결합의 절단을 용이하게 하여 활성화 에너지를 낮춘다. 생체 내의 촉매 작용은 **효소**(**enzyme**)에 의해 일어난다. 효소는 매우 특정한 반응을 촉진할 수 있는 큰 단백질 분자이다. 효소 반응에서의 특정 반응물 분자들을 **기질**(**substrate**)이라고 한다. 효소에서 촉매 작용이 일어나는 자리를 **활성 자리**(**active site**)라고 한다. 효소의 촉매 작용을 설명하는 **자물쇠-열쇠 모형**(**lock-and-key model**)에 의하면, 기질 분자들은 효소의 활성 자리에 높은 특이성을 갖고 결합하고, 이어서 반응이 일어난다.

## 학습 정리 이 장을 공부한 후에 여러분은 다음을 할 수 있어야 한다.

- 화학 반응의 속도에 영향을 주는 인자들을 열거하기(14.1절). **관련 문제: 14.2, 14.63**
- 반응물이나 생성물의 농도를 시간에 따라 측정하여 반응 속도 결정하기(14.2절). **관련 문제: 14.5, 14.6, 14.64, 14.65**
- 균형 맞춘 화학 반응식에서 생성물의 생성 속도와 반응물의 소모 속도를 연관시키기(14.2절). **관련 문제: 14.7, 14.8, 14.66, 14.67**
- 반응 차수와 속도 상수를 포함하는 속도 법칙의 형태와 의미를 설명하기(14.3절). **관련 문제: 14.11, 14.13, 14.68, 14.69**
- 일련의 실험에서 여러 농도의 반응물로 측정한 속도를 이용하여 반응의 속도 법칙과 속도 상수를 결정하기(14.3절). **관련 문제: 14.14, 14.15, 14.71, 14.72**
- 적분 형태의 속도 법칙을 적용하여 특정 시간에서의 반응물의 농도를 결정하기(14.4절). **관련 문제: 14.21, 14.75, 14.46**
- 일차 반응의 속도 상수와 반감기 사이의 관계 이용하기(14.4절). **관련 문제: 14.20, 14.75, 14.109, 14.110**
- 반응물의 농도를 시간의 함수로 나타낸 표를 이용하여 반응 차수 결정하기(14.4절). **관련 문제: 14.23, 14.24, 14.78, 14.79**
- 활성화 에너지가 어떻게 속도에 영향을 주는지를 설명하고, Arrhenius 식 이용하기(14.5절). **관련 문제: 14.31, 14.32, 14.84, 14.85**
- 여러 개의 단일 단계 반응들로 구성된 다단계 메커니즘 반응에 대한 속도 법칙 예측하기(14.6절). **관련 문제: 14.37, 14.38, 14.90, 14.91**
- 촉매 작용의 기본 원리 설명하기(14.7절). **관련 문제: 14.40, 14.92~14.94**

## 핵심 공식

- 속도 $= -\frac{1}{a}\frac{\Delta[\mathrm{A}]}{\Delta t} = -\frac{1}{b}\frac{\Delta[\mathrm{B}]}{\Delta t} = \frac{1}{c}\frac{\Delta[\mathrm{C}]}{\Delta t} = \frac{1}{d}\frac{\Delta[\mathrm{D}]}{\Delta t}$ [14.4] $a\mathrm{A} + b\mathrm{B} \longrightarrow c\mathrm{C} + d\mathrm{D}$ 균형 맞춘 화학 반응식의 성분들로 표현한 반응 속도의 정의
- 속도 $= k[\mathrm{A}]^m[\mathrm{B}]^n$ [14.7] $\mathrm{A} + \mathrm{B} \longrightarrow$ 생성물 반응에 대한 속도 법칙의 일반적 형태
- $\ln[\mathrm{A}]_t - \ln[\mathrm{A}]_0 = -kt$ 또는 $\ln\frac{[\mathrm{A}]_t}{[\mathrm{A}]_0} = -kt$ [14.12] $\mathrm{A} \longrightarrow$ 생성물 반응에 대한 일차 반응 속도 법칙의 적분 형태
- $\frac{1}{[\mathrm{A}]_t} = kt + \frac{1}{[\mathrm{A}]_0}$ [14.14] $\mathrm{A} \longrightarrow$ 생성물 반응에 대한 이차 반응 속도 법칙의 적분 형태

- $[A]_t = -kt + [A]_0$ [14.16] A ⟶ 생성물 반응에 대한 영차 반응 속도 법칙의 적분 형태
- $t_{1/2} = \frac{0.693}{k}$ [14.17] 일차 반응의 경우 반감기와 속도 상수의 관계
- $k = Ae^{-E_a/RT}$ [14.21] 속도 상수의 온도 의존성을 설명하는 Arrhenius 식
- $\ln k = -\frac{E_a}{RT} + \ln A$ [14.22] 로그 함수로 나타낸 Arrhenius 식

# 연습 문제

## 눈으로 보는 개념

**14.47** 아래 그림에서와 같이 자동차의 연료 주입기는 미세한 분무 형태의 가솔린을 실린더 안으로 주입한다. 위쪽 그림에서와 같이 주입기가 막혔을 경우, 분무는 더 이상 미세하거나 균일하지 않게 되어 차의 성능이 저하된다. 이러한 관측 내용을 화학 반응 속도론과 어떻게 연관시켜 설명할 수 있는가? [14.1절]

**14.48** 다음 그래프는 화합물 X의 시간에 따른 농도 변화를 나타낸 것이다. 아래 언급한 각 내용은 참인가 거짓인가? [14.2절]

**(a)** X는 반응의 생성물이다.

**(b)** 반응 속도는 반응 시간이 경과해도 같은 값을 유지한다.

**(c)** 점 1과 2 사이의 평균 속도는 점 1과 3 사이의 평균 속도보다 크다.

**(d)** 시간이 경과함에 따라 곡선은 결국 아래쪽 방향($x$축 방향)으로 향하게 될 것이다.

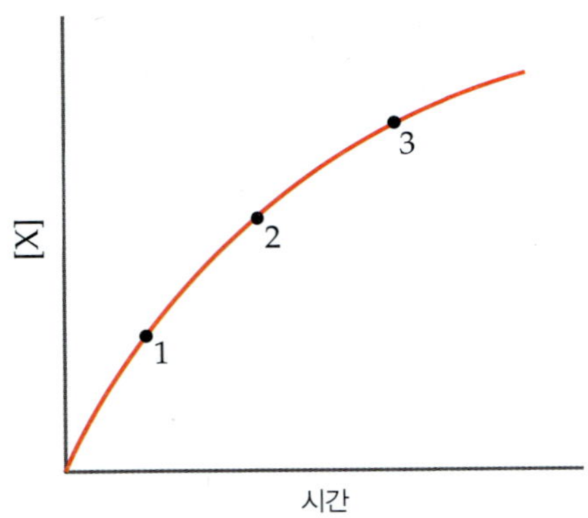


**14.49** 반응 속도 연구를 위해서 반응물과 생성물의 농도를 시간의 함수로 측정하여 다음과 같은 실험 결과를 얻었다. [14.2절]

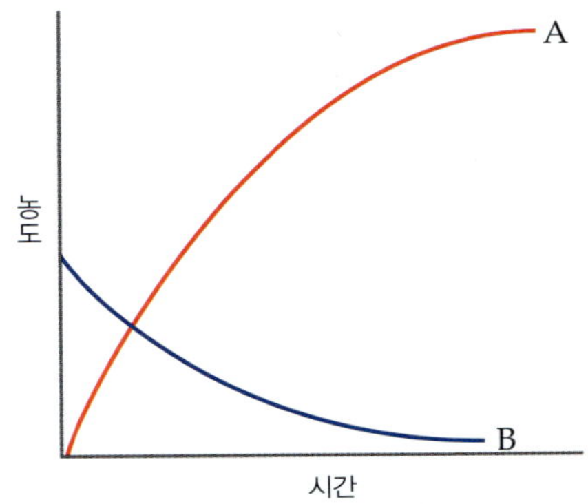


**(a)** 아래의 어느 반응이 위 실험 결과와 일치하는가?

(i) A ⟶ B (ii) B ⟶ A (iii) A ⟶ 2 B (iv) B ⟶ 2 A

**(b)** 두 물질의 생성 속도나 소멸 속도의 항으로 등가의 반응 속도식을 나타내시오.

**14.50** K + L ⟶ M 반응을 생각해 보자. 생성물 M의 농도 변화를 시간의 함수로 측정한 데이터로부터 다음 그래프를 얻었다. [14.2절]

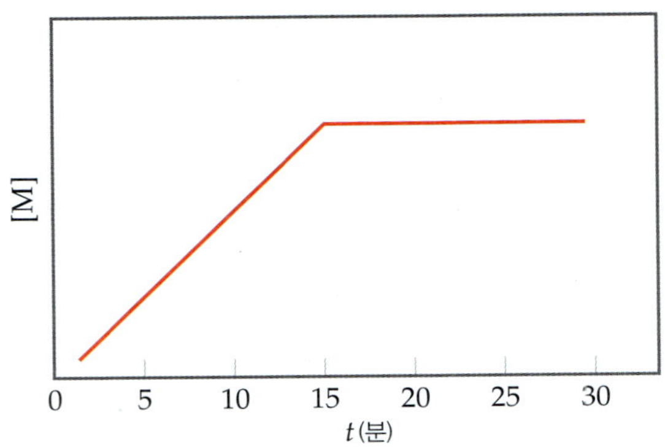


**(a)** 반응은 $t=0$부터 $t=15$분까지 일정한 속도로서 일어나는가?

**(b)** 반응은 $t=15$분에 종결되는가?

**(c)** 반응이 0.30 mol의 K와 0.40 mol의 L로서 개시되었다고 가정하자. 20분 후, 반응 혼합물에 0.10 mol의 K를 더 가하였다. $t=20$분과 $t=30$분 사이에서 그래프가 어떤 모양을 나타낼 것인지를 설명한 아래 내용들 중 어느 것이 올바른 내용인가?

(i) [M] 은 $t=20$분에서 갖는 값이 그대로 유지될 것이다.

(ii) [M]은 점차 감소하여 $t=25$분에서 0이 될 것이다.

(iii) [M]은 $t=0$부터 $t=15$분까지의 기울기와 동일한 값으로

$t=25$분까지 증가한 후, 다시 수평이 된다.

**14.51** 아래 그림은 $NO(g)$와 $O_2(g)$ 혼합물을 나타낸 것이다. 두 화합물의 반응은 다음과 같다.

$$2\,NO(g) + O_2(g) \longrightarrow 2\,NO_2(g)$$

실험 결과로부터 반응 속도는 NO에 대하여 이차, $O_2$에 대하여 일차로 결정되었다. 이 실험 결과를 고려하였을 때, 다음 혼합물들 중 어느 것이 가장 빠른 초기 반응 속도를 갖겠는가? [14.3절]

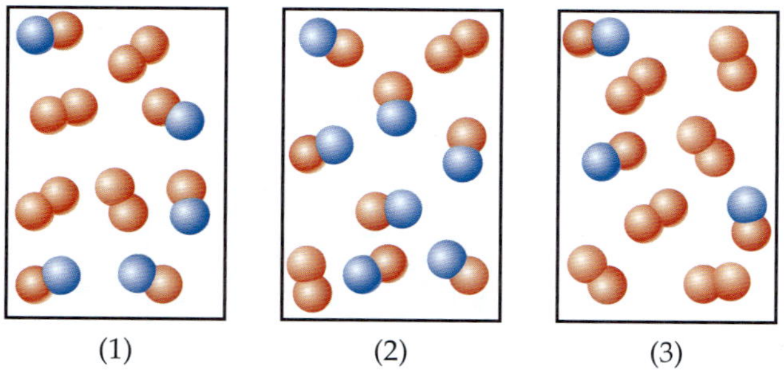


**14.52** 어느 연구원이 일차 반응을 두 온도에서 실험하여 다음과 같은 그래프 3개를 얻었다. [14.4절]

**(a)** 같은 온도에서 실험한 결과를 나타내는 두 그래프는 어느 것인가? 두 그래프가 차이를 보 이는 이유는 무엇인가? 두 그래프는 어떤 점에서 동일한 것인가?

**(b)** 같은 초기 농도로서 서로 다른 온도에서 실험한 결과로 얻어진 두 그래프는 어느 것인가? 둘 중에서 보다 낮은 온도에서 실험한 결과로 얻은 그래프는 어느 것인가? 그렇게 판단한 이유를 설명해 보시오.

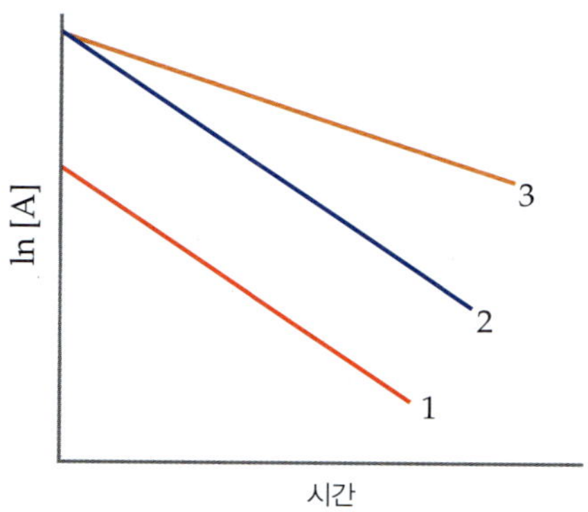


**14.53** **(a)** 다음 그림은 $t=0$분과 $t=30$분에서의 반응 결과를 보여주는 그림이다. 반응이 일차 반응이라면, 이 반응의 반감기는 얼마인가?

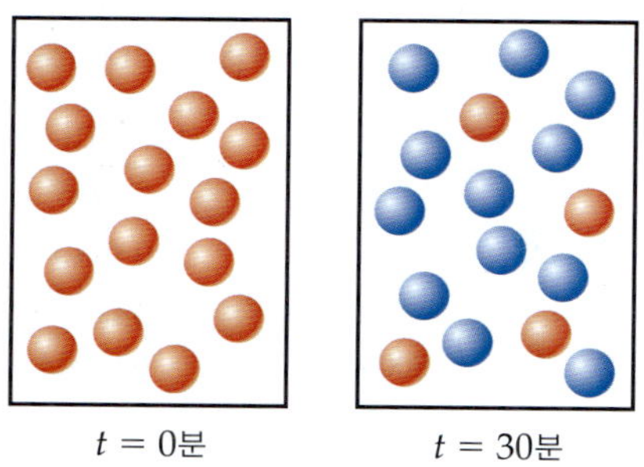


**(b)** 일차 반응에서 반감기가 네 번 반복된 후에 남아 있는 반응물의 분율은 얼마인가? [14.4절]

**14.54** A ⟶ 생성물 반응에 대한 반응 차수가 **(a)** 영차, **(b)** 일차, 또는 **(c)** 이차인 경우 다음 직선 그래프들 중 어느 것이 각 반응 차수에 해당하는가? [14.4절]

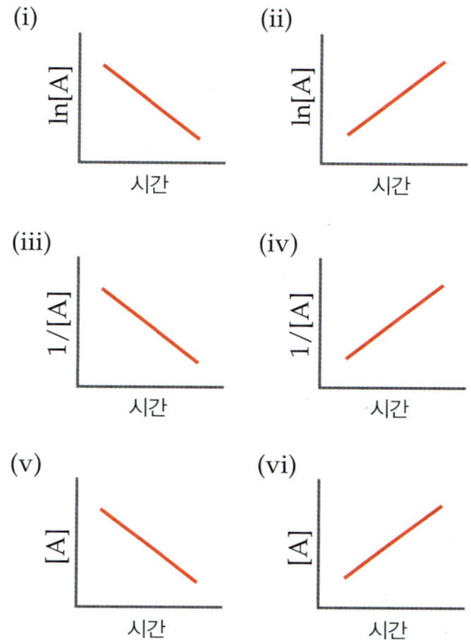


**14.55** 다음 그림은 반응 도표를 나타낸 것이다. 그림의 네모 안에 적합한 내용을 써 넣으시오. [14.5절]

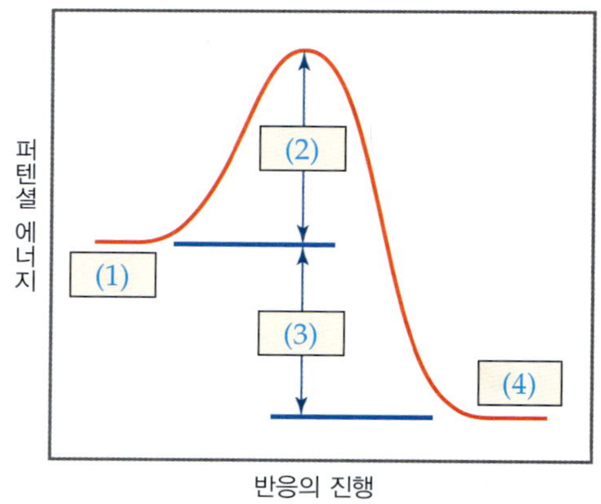


**14.56** 다음 두 직선은 서로 다른 두 반응에 대한 ln $k$ 대 $1/T$ 데이터를 도시한 것이다. 두 직선은 $y$ 절편까지 외삽하여 그린 것이다. [14.5절]

**(a)** 어느 반응의 활성화 에너지($E_a$)가 더 큰가?

**(b)** 어느 반응의 빈도 인자($A$)가 더 큰가?

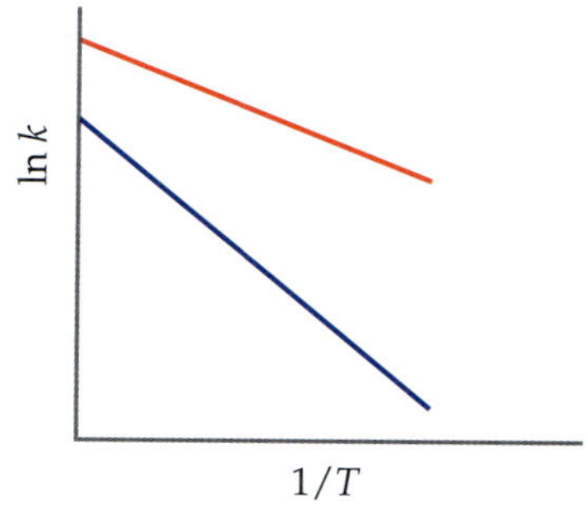

**14.57** 다음 그림은 같은 온도에서 동일한 반응에 대한 두 가지 다른 반응 경로를 나타낸 것이다. 다음에 언급된 각 내용이 참인지, 거짓인지 판단하시오. [14.6절]

**(a)** 반응 속도는 파란색 경로보다 빨간색 경로에서 더 빠르다.

**(b)** 두 경로 모두에 대해서, 역반응 속도는 정반응 속도보다 느리다.

**(c)** 두 경로에서의 에너지 변화($\Delta E$)는 똑같다.

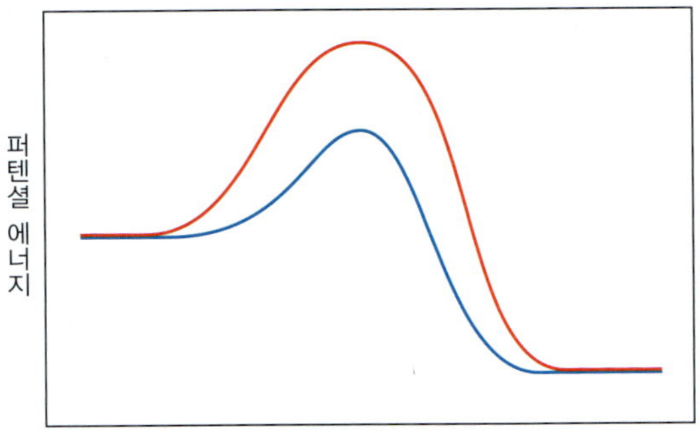


**14.58** 다음 그림은 전체 반응이 두 단계로 일어나는 것을 나타낸 것이다. 빨간색 공은 산소, 파란색 공은 질소, 녹색 공은 플루오린이다. [14.6절]

**(a)** 각 단계 반응의 화학 반응식을 쓰시오.

**(b)** 전체 반응의 화학 반응식을 쓰시오.

**(c)** 반응 메커니즘에서 중간체는 어느 것인가?

**(d)** 첫 번째 단계를 반응 속도가 느린 속도 결정 단계라고 가정하고 전체 반응의 속도 법칙을 쓰시오.

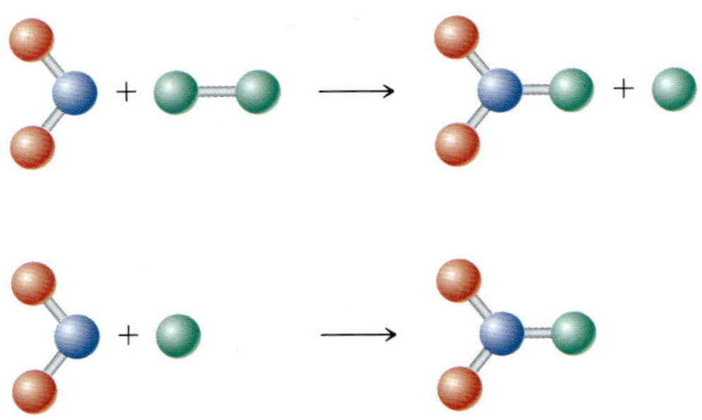

**14.59** 아래의 반응 경로를 고려할 때, A ⟶ C 반응에서 생성되는 중간체의 수는 몇 개인가? 몇 개의 전이 상태가 존재하는가? A ⟶ B와 B ⟶ C 중 어느 단계가 더 빠른가? 반응 A ⟶ C의 $\Delta E$는 양의 값, 음의 값, 0 중 어느 것인가? [14.6절]

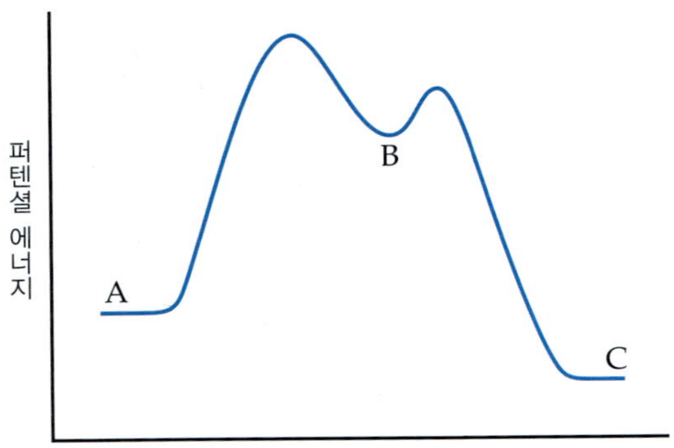


**14.60** 다음에 나타낸 이분자 반응의 가능한 전이 상태를 그려 보시오(파란색 공은 질소 원자, 빨간색 공은 산소 원자이다). 전이 상태에서 끊어지거나 형성되는 결합은 점선으로 나타내시오. [14.6절]

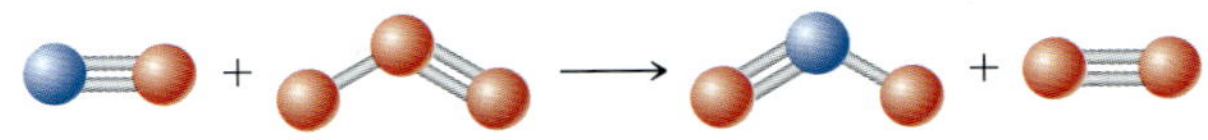

**14.61** 아래 그림은 가상적인 두 단계 반응 메커니즘을 나타낸 것이다. 빨간색 공은 원소 A, 녹색 공은 원소 B, 파란색 공은 원소 C를 나타낸다. [14.6절, 14.7절]

**(a)** 알짜 반응식을 쓰시오.

**(b)** 중간체는 어느 것인가?

**(c)** 촉매는 어느 것인가?

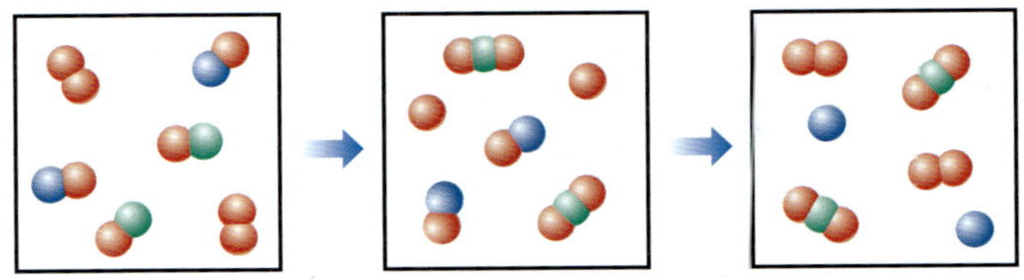

**14.62** 두 중간체가 서로 다른 속도로 생성되는 발열 반응의 반응 경로를 나타내는 그래프를 그려 보시오. 그래프에 반응물, 생성물, 중간체, 전이 상태 및 활성화 에너지를 나타내시오. [14.6절, 14.7절]

## 반응 속도(14.1절, 14.2절)

**14.63** **(a)** 용액 상에서 일어나는 반응의 속도를 표현하는 데 사용하는 단위는 무엇인가? **(b)** 온도가 증가함에 따라 반응 속도는 증가하는가, 감소하는가? **(c)** 반응이 진행됨에 따라 순간 반응 속도는 증가하는가, 감소하는가?

**14.64** A($aq$) ⟶ B($aq$) 가상적인 수용액 반응을 생각해 보자. 플라스크에 0.065 mol의 A를 포함한 수용액이 100.0 mL 있다. 반응에 대한 실험 데이터는 다음과 같다.

| 시간(분) | 0 | 10 | 20 | 30 | 40 |
|---|---|---|---|---|---|
| A의 몰수 | 0.065 | 0.051 | 0.042 | 0.036 | 0.031 |

**(a)** 표에 있는 각 시간에서의 B의 몰수를 계산하시오. $t = 0$분에서 B 분자는 없고, A는 중간체의 생성 없이 B로만 전환된다고 가정한다.

**(b)** 10분 간격으로 A의 평균 소멸 속도를 $M$/s 단위로 계산하시오.

**(c)** $t = 0$분과 $t = 30$분 사이에서 B의 평균 생성 속도는 $M$/s 단위로 얼마인가? 용액의 부피는 일정하다고 가정한다.

**14.65** 215 °C에서 기체상의 메틸 아이소나이트릴(methyl isonitrile, $CH_3NC$)이 아세토나이트릴(acetonitrile, $CH_3CN$)로 변환되는 이성질화 반응에 대하여 다음과 같은 실험 데이터를 얻었다.

| 시간(초) | $[CH_3NC]$ ($M$) |
|---|---|
| 0 | 0.0165 |
| 2000 | 0.0110 |
| 5000 | 0.00591 |
| 8000 | 0.00314 |
| 12,000 | 0.00137 |
| 15,000 | 0.00074 |

**(a)** 각 측정 시간 간격에서의 평균 반응 속도를 $M$/s 단위로 계산하시오.
**(b)** $t=0$초부터 $t=15{,}000$초까지 전체 시간에서의 평균 반응 속도를 계산하시오.
**(c)** $t=2000$초부터 $t=12{,}000$초까지와 $t=8000$초부터 $t=15{,}000$초까지의 두 시간 범위 중 평균 속도가 더 큰 범위는 어느 것인가?
**(d)** $[CH_3NC]$ 대 시간의 그래프를 그리고, $t=5000$초와 $t=8000$ 초에서의 순간 속도를 $M$/s 단위로 결정하시오.

**14.66** 다음 각 기체 반응에 대하여, 반응물의 소멸 속도와 생성물의 생성 속도 사이의 관계를 설명하시오.
**(a)** $CO(g) + H_2O(g) \longrightarrow CO_2(g) + H_2(g)$
**(b)** $2\,NO(g) + Cl_2(g) \longrightarrow 2\,NOCl(g)$
**(c)** $CH_4(g) + 2\,O_2(g) \longrightarrow CO_2(g) + 2\,H_2O(g)$
**(d)** $N_2O_4(g) \longrightarrow 2\,NO_2(g)$

**14.67** **(a)** 수소의 연소 반응식은 $2\,H_2(g) + O_2(g) \longrightarrow 2\,H_2O(g)$이다. 수소를 0.5 mol/s의 속도로 연소시킬 경우, 산소의 소멸 속도와 수증기의 생성 속도는 얼마인가? **(b)** $2\,NO(g) + Cl_2(g) \longrightarrow 2\,NOCl(g)$ 반응을 밀폐된 용기 내에서 진행시키고 있다. NO의 부분 압력이 60 kPa/min의 속도로 감소한다면, 용기 내 전체 압력의 변화 속도는 얼마인가?

## 속도 법칙(14.3절)

**14.68** $A + B \longrightarrow C$ 반응에 대한 속도 법칙은 속도$=k[A]^3$이다.
**(a)** [B]가 두 배가 되면 속도는 얼마나 변하는가? 속도 상수는 변하는가?
**(b)** A와 B에 대한 반응 차수는 얼마인가? 전체 반응 차수는 얼마인가?
**(c)** 속도 상수의 단위는 무엇인가?

**14.69** 다음 반응을 생각해 보자.

$$2\,NO(g) + 2\,H_2(g) \longrightarrow N_2(g) + 2\,H_2O(g)$$

**(a)** 이 반응의 속도 법칙은 $H_2$에 대하여 일차이고 NO에 대하여 이차이다. 속도 법칙을 쓰시오.
**(b)** 반응의 속도 상수가 1000 K에서 $6.0 \times 10^4\ M^{-2}\,s^{-1}$이라고 하면, $[NO]=0.035\ M$이고 $[H_2]=0.015\ M$일 때의 반응 속도는 얼마인가?
**(c)** 1000 K에서 NO의 농도가 0.10 $M$로 증가하고 $H_2$의 농도가 0.010 $M$일 때의 반응 속도는 얼마인가?
**(d)** 1000 K에서 [NO]가 0.010 $M$로 감소하고 $[H_2]$가 0.030 $M$로 증가할 때의 반응 속도는 얼마인가?

**14.70** 다음 반응을 생각해 보자.

$$C_2H_5Cl(aq) + OH^-(aq) \longrightarrow C_2H_5OH(aq) + Cl^-(aq)$$

이 반응의 속도 법칙은 $C_2H_5Cl$에 대하여 일차, $OH^-$에 대하여 일차이다. $[C_2H_5Cl]$이 $4.0 \times 10^{-3}\ M$, $[OH^-]$가 $2.5 \times 10^{-2}\ M$일 때, 310 K에서 반응 속도는 $5.20 \times 10^{-2}\ M$/s이다.
**(a)** 속도 상수는 얼마인가?
**(b)** 속도 상수의 단위는 무엇인가?
**(c)** $OH^-$의 농도가 절반이 되면 속도는 얼마가 되겠는가?
**(d)** 두 반응물의 농도가 각각 절반이 된다면, 속도는 얼마가 되겠는가?

**14.71** 아이오딘 이온과 하이포염소산 이온(염소 표백에서의 활성 성분)의 반응은 다음과 같다. $OCl^- + I^- \longrightarrow OI^- + Cl^-$ 빠르게 일어나는 이 반응에 대하여 다음의 실험 데이터를 얻었다.

| $[OCl^-]$ ($M$) | $[I^-]$ ($M$) | 초기 속도($M$/s) |
|---|---|---|
| $1.5\times10^{-3}$ | $1.5\times10^{-3}$ | $1.36\times10^{-4}$ |
| $3.0\times10^{-3}$ | $1.5\times10^{-3}$ | $2.72\times10^{-4}$ |
| $1.5\times10^{-3}$ | $3.0\times10^{-3}$ | $2.72\times10^{-4}$ |

**(a)** 이 반응의 속도 법칙을 쓰시오.
**(b)** 속도 상수를 적합한 단위로 나타내시오.
**(c)** $[OCl^-]=2.0\times10^{-3}\ M$이고 $[I^-]=5.0\times10^{-4}\ M$일 때, 속도를 계산하시오.

**14.72** $BF_3(g) + NH_3(g) \longrightarrow F_3BNH_3(g)$ 반응에 대하여 다음의 실험 데이터를 얻었다.

| 실험 | $[BF_3]$ ($M$) | $[NH_3]$ ($M$) | 초기 속도($M$/s) |
|---|---|---|---|
| 1 | 0.250 | 0.250 | 0.2130 |
| 2 | 0.250 | 0.125 | 0.1065 |
| 3 | 0.200 | 0.100 | 0.0682 |
| 4 | 0.350 | 0.100 | 0.1193 |
| 5 | 0.175 | 0.100 | 0.0596 |

**(a)** 이 반응의 속도 법칙을 쓰시오.
**(b)** 전체 반응 차수는 얼마인가?
**(c)** 속도 상수를 적합한 단위로 나타내시오.
**(d)** $[BF_3]=0.100\ M$이고 $[NH_3]=0.500\ M$일 때, 반응 속도는 얼마인가?

**14.73** 273 °C에서 산화 질소와 브로민의 기체 반응은 $2\,NO(g) + Br_2(g) \longrightarrow 2\,NOBr(g)$이다. 다음은 NOBr 생성의 초기 반응 속도 데이터이다.

| 실험 | [NO] ($M$) | $[Br_2]$ ($M$) | 초기 속도($M$/s) |
|---|---|---|---|
| 1 | 0.10 | 0.20 | 24 |
| 2 | 0.25 | 0.20 | 150 |
| 3 | 0.10 | 0.50 | 60 |
| 4 | 0.35 | 0.50 | 735 |

**(a)** 속도 법칙을 결정하시오.
**(b)** 위 네 개의 데이터로부터 NOBr 생성에 대한 속도 상수의 평균값을 계산하시오.
**(c)** $Br_2$의 소멸 속도와 NOBr의 생성 속도는 어떠한 연관성이 있는가?
**(d)** $[NO]=0.075\ M$이고 $[Br_2]=0.25\ M$일 때, $Br_2$의 소멸 속도를 구하시오.

## 시간에 따른 농도 변화(14.4절)

**14.74** **(a)** 영차 반응의 반감기식을 쓰시오. **(b)** 반응이 진행됨에 따라 영차 반응의 반감기는 증가하는가, 감소하는가, 일정하게 유지되는

가?

**14.75** $2\ C_4H_6(g) \longrightarrow C_8H_{12}(g)$ 반응에 대해서 500 K에서 속도 상수는 $1.4 \times 10^{-2}\ M^{-1}s^{-1}$이며, $C_4H_6(g)$의 처음 농도는 0.020 $M$이다.
**(a)** 반응의 차수를 구하시오.
**(b)** 반응의 반감기를 구하시오.
**(c)** 같은 온도에서 1시간 후 남아 있는 $C_4H_6(g)$의 농도를 구하시오.

**14.76** $N_2O_5$의 분해 반응식 $2\ N_2O_5(g) \longrightarrow 4\ NO_2(g) + O_2(g)$에서 일차 반응 속도 상수는 70 °C에서 $6.82 \times 10^{-3}\ s^{-1}$이다. 2.0 L 용기 내에서 0.0250 mol의 $N_2O_5(g)$로 반응을 시작한다고 가정하자.
**(a)** 5.0분 후에 남아 있는 $N_2O_5$의 몰수는 얼마인가?
**(b)** $N_2O_5$ 양이 0.010 mol로 감소하는 데에 몇 분이 걸리는가?
**(c)** 70 °C에서 $N_2O_5$의 반감기는 얼마인가?

**14.77** $SO_2Cl_2(g) \longrightarrow SO_2(g) + Cl_2(g)$ 반응은 $SO_2Cl_2$에 대하여 일차이다. 다음의 반응 속도 데이터를 사용하여 일차 반응 속도 상수와 단위를 결정하시오.

| 시간(초) | $SO_2Cl_2$의 압력(kPa) |
|---|---|
| 0 | 101.3 kPa |
| 2500 | 95.95 kPa |
| 5000 | 90.69 kPa |
| 7500 | 85.92 kPa |
| 10,000 | 81.36 kPa |

**14.78** 문제 14.64에 주어진 데이터를 사용하여 다음 질문에 답하시오.
**(a)** 적합한 그래프들을 이용하여 A의 반응 차수를 결정하시오.
**(b)** A의 초기 농도에서 90 %가 소모될 때까지 얼마의 시간이 걸리겠는가?

**14.79** $NO_2$ 기체의 분해 반응식은 $2\ NO_2(g) \longrightarrow 2\ NO(g) + O_2(g)$이다. 383 °C에서 다음과 같은 실험 데이터를 얻었다.

| 시간(초) | $[NO_2]$ ($M$) |
|---|---|
| 0.0 | 0.100 |
| 5.0 | 0.017 |
| 10.0 | 0.0090 |
| 15.0 | 0.0062 |
| 20.0 | 0.0047 |

**(a)** 반응은 $NO_2$의 농도에 대하여 일차 반응인가 이차 반응인가?
**(b)** 속도 상수는 얼마인가?
**(c)** $NO_2$의 초기 농도가 0.200 $M$, 0.100 $M$, 0.050 $M$일 때 반응의 초기 속도를 각각 구하시오.

## 온도와 속도(14.5절)

**14.80** **(a)** $O_3 + O \longrightarrow 2\ O_2$, $NO + NO_3 \longrightarrow 2\ NO_2$의 두 반응 중 어느 것이 배향 인자가 덜 중요하게 작용하는가? **(b)** 배향 인자는 온도에 의존하는가?

**14.81** 질소 기체의 경우, 300 K에서 10.0 kJ 이상의 에너지를 갖는 질소 분자의 분율은 얼마인지 계산하시오.

**14.82** $Cl(g) + HBr(g) \longrightarrow HCl(g) + Br(g)$ 기체 반응의 전체 에너지 변화는 −66 kJ이다. 반응의 활성화 에너지는 7 kJ이다.
**(a)** 이 반응의 에너지 도표를 그리고 $E_a$와 $\Delta E$를 표시하시오.
**(b)** 역반응의 활성화 에너지는 얼마인가?

**14.83** 아래 언급한 내용이 참인지, 거짓인지를 판단하시오.
**(a)** 비슷한 충돌 인자를 갖는 두 반응에서 더 큰 활성화 에너지를 갖는 반응의 속도가 더 빠르다.
**(b)** 속도 상수가 작은 반응의 빈도 인자 값이 작다.
**(c)** 반응 온도를 증가시키면 반응물 간의 성공적인 충돌 분율이 증가한다.

**14.84** 모든 충돌 인자들이 같다고 가정하고, 활성화 에너지와 에너지 변화를 고려하였을 때, 다음 반응을 느린 반응부터 빠른 순으로 쓰시오.
**(a)** $E_a = 75$ kJ/mol; $\Delta E = -20$ kJ/mol
**(b)** $E_a = 100$ kJ/mol; $\Delta E = +30$ kJ/mol
**(c)** $E_a = 85$ kJ/mol; $\Delta E = -50$ kJ/mol

**14.85** **(a)** 어느 일차 반응의 속도 상수가 20 °C에서 $2.75 \times 10^{-2}\ s^{-1}$이다. $E_a = 75.5$ kJ/mol인 경우 60 °C에서의 속도 상수 $k$는 얼마인가? **(b)** 다른 일차 반응의 속도 상수가 마찬가지로 20 °C에서 $2.75 \times 10^{-2}\ s^{-1}$이다. $E_a = 125$ kJ/mol이라면 60 °C에서의 속도 상수 $k$는 얼마인가? **(c)** (a)와 (b)의 답을 계산하기 위해서 어떤 가정이 필요한가?

**14.86** 다음 반응의 속도를 여러 온도에서 측정하여 표와 같은 실험 데이터를 얻었다.

$$CH_3COOC_2H_5(aq) + OH^-(aq) \longrightarrow CH_3COO^-(aq) + C_2H_5OH(aq)$$

| 온도(°C) | $k(M^{-1}\ s^{-1})$ |
|---|---|
| 15 | 0.0521 |
| 25 | 0.101 |
| 35 | 0.184 |
| 45 | 0.332 |

적절한 그래프를 그려 $E_a$ 값을 계산하시오.

## 반응 메커니즘(14.6절)

**14.87** **(a)** **단일 단계 반응**의 의미는 무엇인가? **(b)** **일분자** 단일 단계 반응과 **이분자** 단일 단계 반응의 차이점은 무엇인가? **(c)** **반응 메커니즘**이란 무엇인가? **(d)** **속도 결정 단계**란 무엇인가?

**14.88** 다음 단일 단계 반응의 분자도는 각각 얼마인가? 각 반응의 속도 법칙을 쓰시오.
**(a)** $H_2O(l) + CN^-(aq) \longrightarrow HCN(aq)$
**(b)** $CH_3Cl(solv) + OH^-(solv) \longrightarrow CH_3OH(solv) + Cl^-(solv)$
**(c)** $N_2O_4(g) \rightarrow 2\ NO_2$

**14.89** **(a)** 다음 반응 도표에 의하면 A ⟶ D 반응에서 몇 개의 중간체가 생성되는가? **(b)** 몇 개의 전이 상태가 존재하는가? **(c)** 어느 단계가 가장 빠른가? **(d)** A ⟶ D 반응의 $\Delta E$는 양의 값, 음의 값, 0 중 어느 것인가?

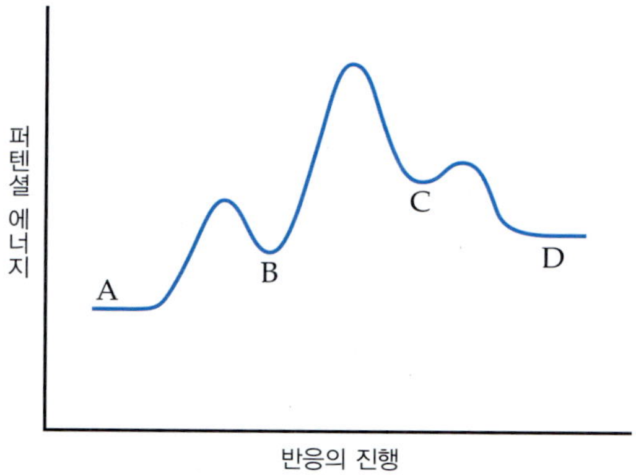


**14.90** 다음은 $H_2$와 ICl의 기체 반응에 대하여 제안된 반응 메커니즘이다.

$$H_2(g) + ICl(g) \longrightarrow HI(g) + HCl(g)$$
$$HI(g) + ICl(g) \longrightarrow I_2(g) + HCl(g)$$

**(a)** 전체 반응의 균형 맞춘 반응식을 쓰시오.
**(b)** 반응 메커니즘에서 중간체는 무엇인가?
**(c)** 첫 번째 단계는 느리고 두 번째 단계가 빠르다면, 전체 반응의 예측되는 속도 법칙은 무엇인가?

**14.91** $2\,NO(g) + Cl_2(g) \longrightarrow 2\,NOCl(g)$ 반응에 대하여 $[Cl_2]$가 일정하다는 조건에서 다음 데이터를 얻었다.

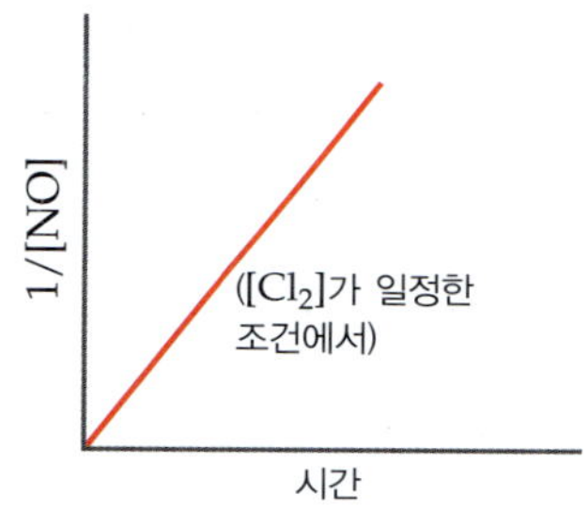


**(a)** 다음 메커니즘이 실험 데이터와 일치하는가?

$$NO(g) + Cl_2(g) \rightleftharpoons NOCl_2(g) \quad \text{(빠름)}$$
$$NOCl_2(g) + NO(g) \longrightarrow 2\,NOCl(g) \quad \text{(느림)}$$

**(b)** 위 직선 관계는 전체 속도 법칙이 이차임을 나타내는 것인가?

### 촉매 반응(14.7절)

**14.92** **(a)** 촉매란 무엇인가? **(b)** 균일 촉매와 불균일 촉매는 무엇이 다른가? **(c)** 촉매는 전체 반응 엔탈피 변화와 활성화 에너지 각각에, 또는 양쪽 모두에 영향을 주는가?

**14.93** 그림 14.21에서 보았듯이, $Br^-(aq)$는 촉매로 작용하여 $H_2O_2(aq)$를 $H_2O(l)$와 $O_2(g)$로 분해한다. 과산화 수소 수용액에 미량의 $KBr(s)$를 첨가하였다고 가정하자. 반응이 시작되어 종결 될 때까지의 $[Br^-(aq)]$ 변화를 시간의 함수로 도시하시오.

**14.94** $SO_2$가 $SO_3$로 산화되는 반응은 $NO_2$에 의하여 촉진된다. 반응 과정은 다음과 같다.

$$NO_2(g) + SO_2(g) \longrightarrow NO(g) + SO_3(g)$$
$$2\,NO(g) + O_2(g) \longrightarrow 2\,NO_2(g)$$

**(a)** 두 반응식을 적합한 계수와 함께 더하면, $SO_2$가 $O_2$에 의하여 $SO_3$로 산화되는 전체 산화 반응식을 얻을 수 있음을 보이시오.
**(b)** 이 반응에서 $NO_2$를 촉매나 중간체로 간주할 수 있는가?
**(c)** NO를 촉매나 중간체로 분류할 수 있는가?
**(d)** 이 반응은 균일 촉매 반응과 불균일 촉매 반응 중 어느 것의 예인가?

**14.95** 많은 금속 촉매들, 특히 귀금속 촉매는 알루미나($Al_2O_3$)나 실리카($SiO_2$)와 같이 단위 질량당 표면적이 큰 물질의 표면 위에 박막으로 제조하는 경우가 많다.

**(a)** 이러한 방법으로 촉매 물질을 사용하는 것이 분말 형태의 금속 촉매를 사용하는 것에 비하여 효율적인 이유는 무엇인가?
**(b)** 표면적은 반응 속도에 어떠한 영향을 주는가?

**14.96** 미세입자 촉매의 존재하에 $D_2$를 에텐($C_2H_4$)과 반응시키면 두 개의 중수소를 가진 에테인($CH_2D-CH_2D$)이 생성된다(중수소 D는 질량수가 2인 수소의 동위 원소이다). 두 개의 중수소가 하나의 탄소에 결합한 에테인(예로, $CH_3-CHD_2$)은 거의 생성되지 않는다. 반응에 포함된 일련의 단계 반응들(그림 14.23)을 사용하여 이러한 이유를 설명하시오.

**14.97** 효소는 특정 생화학 반응을 촉진한다. 수용액 내 어떤 반응에서 효소가 존재하지 않을 때의 속도 상수는 37 °C에서 $6.50\times10^{-4}$ $m^{-1}$이며, 효소가 존재할 때의 속도 상수는 37 °C에서 $1.67\times10^{4}$ $m^{-1}$이다. 충돌 인자가 동일하다고 가정할 때 효소가 존재하지 않을 때와 존재할 때의 활성화 에너지의 차를 구하시오.

**14.98** 어느 무촉매 반응의 활성화 에너지가 95 kJ/mol이다. 촉매를 첨가할 경우, 활성화 에너지가 55 kJ/mol로 감소한다. 충돌 인자가 변하지 않는다고 가정할 때, **(a)** 25 °C와 **(b)** 125 °C에서 촉매에 의해 반응 속도는 몇 배 증가하는가?

## 추가 연습 문제

**14.99** $2\,A \longrightarrow B$ 반응을 고려해 보자. 다음 언급한 각 내용이 참인지, 거짓인지를 판단하시오.

**(a)** 반응 속도 법칙은 속도$=k[A]^2$이다.
**(b)** 이 반응이 단일 단계 반응이라면, 속도 법칙은 이차이다.
**(c)** 이 반응이 단일 단계 반응이라면, 역반응의 속도 법칙은 일차이다.
**(d)** 역반응의 활성화 에너지는 정반응의 활성화 에너지보다 작아야 한다.

**14.100** 황화 수소($H_2S$)는 공장 폐수에 존재하는 공해 물질이다. $H_2S$를 제거하는 한 가지 방법은 물을 염소 처리하는 것인데, 반응식은 다음과 같다.

$$H_2S(aq) + Cl_2(aq) \longrightarrow S(s) + 2\,H^+(aq) + 2\,Cl^-(aq)$$

이 반응의 속도는 각 반응물에 대하여 일차이다. $H_2S$의 소멸 속도 상수는 30 °C에서 $4.0\times10^{-2}\ M^{-1}\,s^{-1}$이다. 주어진 시간에서 $H_2S$의 농도가 $2.5\times10^{-4}\ M$이고 $Cl_2$의 농도가 $2.0\times10^{-2}\ M$이 라면, $H^+$의 생성 속도는 얼마인가?

**14.101** $2\,NO(g) + O_2(g) \longrightarrow 2\,NO_2(g)$ 반응은 NO에 대하여 이차이고 $O_2$에 대하여 일차인 반응이다. [NO] = 0.040 $M$이고 $[O_2]$ = 0.035 $M$일 때, NO의 소멸 속도가 $9.3\times10^{-5}\ M/s$로 관측되었다.
(a) $O_2$의 소멸 속도는 얼마인가?
(b) 속도 상수값은 얼마인가?
(c) 속도 상수의 단위는 무엇인가?
(d) NO의 농도를 1.8배 증가시킬 경우, 속도는 얼마나 변하는가?

**14.102** $A \longrightarrow 2\,B$ 반응에 대한 일련의 실험으로부터 속도 법칙이 속도 = $k[A]^x$임을 알았다. 다음 각 경우에서의 $x$ 값을 결정하시오.
(a) $[A]_0$가 2.5배 증가할 때 속도가 6.25배 증가하였다.
(b) $[A]_0$가 4배 증가할 때 속도 변화는 없었다.
(c) $[A]_0$가 반으로 감소할 때 속도는 1/2로 감소하였다.

**14.103** 염화 수은(II)(mercury(II) chloride)와 옥살산 이온의 반응식은 아래와 같다.

$$2\,HgCl_2(aq) + C_2O_4^{2-}(aq) \longrightarrow 2\,Cl^-(aq) + 2\,CO_2(g) + Hg_2Cl_2(s)$$

$HgCl_2$와 $C_2O_4^{2-}$ 농도를 변화시키면서 이 반응의 초기 속도를 측정하여, $C_2O_4^{2-}$의 초기 소멸 속도에 대한 다음과 같은 속도 데이터를 얻었다.

| 실험 | $[HgCl_2]$ ($M$) | $[C_2O_4^{2-}]$ ($M$) | 속도($M$/s) |
|---|---|---|---|
| 1 | 0.164 | 0.15 | $3.2\times10^{-5}$ |
| 2 | 0.164 | 0.45 | $2.9\times10^{-4}$ |
| 3 | 0.082 | 0.45 | $1.4\times10^{-4}$ |
| 4 | 0.246 | 0.15 | $4.8\times10^{-5}$ |

(a) 이 반응의 속도 법칙은 무엇인가?
(b) 속도 상수값을 적합한 단위와 함께 구하시오.
(c) $HgCl_2$와 $C_2O_4^{2-}$의 초기 농도가 각각 0.100 $M$, 0.25 $M$일 때, 동일한 온도에서 반응 속도는 얼마인가?

**14.104** $2\,X + Z \longrightarrow$ 생성물 반응의 경우 초기 속도를 측정하여 다음 데이터를 얻었다.

| 실험 | $[X]_0$($M$) | $[Z]_0$($M$) | 속도($M$/s) |
|---|---|---|---|
| 1 | 0.25 | 0.25 | $4.0\times10^{1}$ |
| 2 | 0.50 | 0.50 | $3.2\times10^{2}$ |
| 3 | 0.50 | 0.75 | $7.2\times10^{2}$ |

(a) 이 반응의 속도 법칙은 무엇인가?
(b) 속도 상수 값을 적합한 단위와 함께 구하시오.
(c) X와 Z의 초기 농도가 각각 0.75 $M$, 1.25 $M$일 때, 반응 속도는 얼마인가?

**14.105** $C_2F_4$가 $C_4F_8$로 되는 이합체화 반응은 450 K에서 속도 상수 $k$ = 0.045 $M^{-1}\,s^{-1}$를 갖는다.
(a) $k$의 단위를 고려하면, $C_2F_4$의 반응 차수는 무엇인가?
(b) $C_2F_4$의 초기 농도가 0.100 $M$일 때, 450 K에서 $C_2F_4$의 농도가 0.020 $M$로 감소할 때 걸리는 시간은?

**14.106** 두 반응을 생각해 보자. 반응 (1)은 반응이 진행됨에 따라 반감기가 길어진다. 반면에, 반응 (2)는 반응이 진행됨에 따라 반감기가 짧아진다. 이러한 관측 결과로부터 두 반응의 속도 법칙에 대하여 어떠한 결론을 얻을 수 있는가?

**14.107** 일차 반응 $A \longrightarrow B + C$에서 A의 반감기가 25 °C에서 $3.05\times10^4$ s일 때, 이 온도에서의 속도 상수 $k$는 얼마인가? 반응이 진행되고 하루 후 몇 %의 A가 반응하지 않고 남아 있겠는가?

**14.108** (a) 반응 $C_{12}H_{22}O_{11}(aq) + H_2O(l) \longrightarrow C_6H_{12}O_6(aq) + C_6H_{12}O_6(aq)$은 $C_{12}H_{22}O_{11}(aq)$에 대해서 일차이고 $H_2O$에 대해서 영차이며, 300 K에서 속도 상수는 $3.30\times10^{-2}\ m^{-1}$이다. 이 온도에서 반응의 반감기를 계산하시오. (b) 만약 반응의 활성화 에너지가 80.0 kJ/mol라면 몇 도의 온도에서 반응 속도가 두 배가 되겠는가?

**14.109** 코발트(cobalt)-60는 암의 방사선 치료에 사용된다. 방사성 붕괴 과정의 일차 반응 속도 상수 $k = 1.31\times10^{-1}\ yr^{-1}$이다. 그에 반해, 철 대사 과정의 추적에 사용되는 다른 방사성 동위 원소 철(iron)-59의 방사능 붕괴 과정에 대한 속도 상수 $k = 1.55\times10^{-2}\ day^{-1}$이다.
(a) 이 두 동위 원소의 반감기는 각각 얼마인가?
(b) 어느 동위 원소가 더 빠른 속도로 붕괴되는가?
(c) 각 동위 원소 시료 1.00 mg이 3회의 반감기 후에 남게 되는 양은 얼마인가?
(d) 각 동위 원소 시료 1.00 mg은 5일 후에 얼마나 남아 있겠는가?

**14.110** 요소($NH_2CONH_2$)는 동물의 단백질 대사 과정의 최종 생성물이다. 0.1 $M$ HCl 용액에서 요소의 분해는 다음 반응식에 의하여 일어난다.

$$NH_2CONH_2(aq) + H^+(aq) + 2\,H_2O(l) \longrightarrow 2\,NH_4^+(aq) + HCO_3^-(aq)$$

반응은 요소에 대하여 일차이고 전체 반응도 일차이다. $[NH_2CONH_2]$ = 0.200 $M$이고 61.05 °C에서 반응 속도가 $8.56\times10^{-5}\ M/s$이다. (a) 속도 상수 $k$ 값은 얼마인가? (b) 요소의 초기 농도가 0.500 $M$일 때 $4.00\times10^3$초 후에 요소의 농도는 얼마인가? (c) 61.05 °C에서 이 반응의 반감기는 얼마인가?

**14.111** 어느 일차 반응의 속도를 착색 반응물의 흡광도를 520 nm에서 관측하는 분광학적 방법으로 측정하였다. 반응은 1.00 cm 시료 용기에서 일어나며, 반응에서 유일한 착색 종인 반응물은 520 nm에서 $5.60\times10^3\ M^{-1}\,cm^{-1}$의 흡광 계수값을 갖는다.
(a) 반응 초기에 흡광도가 0.605라면, 착색 반응물의 초기 농도는 얼마인가?
(b) 30.0분 후에 흡광도가 0.250으로 감소하였다. 속도 상수를 $s^{-1}$ 단위로 계산하시오.
(c) 반응의 반감기를 계산하시오.
(d) 흡광도가 0.100으로 감소할 때까지 소요되는 시간은 얼마인가?

**14.112** 착색 염료 화합물이 분해되어 무색 화합물을 생성한다. 염료 화합물은 608 nm의 빛을 흡수하며, 이 파장에서의 흡광 계수는 $4.7\times10^4\ M^{-1}\,cm^{-1}$이다. 분광기 내의 1 cm 큐벳에서 반응을 수행하여

다음과 같은 실험 데이터를 얻었다.

| 시간(분) | 608 nm에서의 흡광도 |
|---|---|
| 0 | 1.254 |
| 30 | 0.941 |
| 60 | 0.752 |
| 90 | 0.672 |
| 120 | 0.545 |

이 데이터로부터 '염료 ⟶ 생성물' 반응의 속도 법칙을 결정하고 속도 상수를 계산하시오.

**14.113** 사이클로펜타다이엔($C_5H_6$)은 자체 반응에 의하여 다이사이클로펜타다이엔($C_{10}H_{12}$)을 생성한다. $2\,C_5H_6 \longrightarrow C_{10}H_{12}$ 반응이 진행됨에 따라 0.0400 $M$ $C_5H_6$ 용액의 시간에 따른 농도 변화를 측정하여 다음의 실험 데이터를 얻었다.

| 시간(초) | $[C_5H_6]$ ($M$) |
|---|---|
| 0.0 | 0.0400 |
| 50.0 | 0.0300 |
| 100.0 | 0.0240 |
| 150.0 | 0.0200 |
| 200.0 | 0.0174 |

$[C_5H_6]$ 대 시간, $\ln[C_5H_6]$ 대 시간, $1/[C_5H_6]$ 대 시간의 그래프를 그리시오.

**(a)** 이 반응의 차수는 무엇인가?

**(b)** 속도 상수 값은 얼마인가?

**14.114** 특정 유기 화합물과 물의 반응에 대한 일차 반응 속도 상수가 온도에 따라 다음과 같이 변하였다.

| 온도(K) | 속도 상수($s^{-1}$) |
|---|---|
| 300 | $3.2 \times 10^{-11}$ |
| 320 | $1.0 \times 10^{-9}$ |
| 340 | $3.0 \times 10^{-8}$ |
| 355 | $2.4 \times 10^{-7}$ |

이 데이터로부터 활성화 에너지를 kJ/mol 단위로 계산하시오.

**14.115** 25 °C에서 생우유가 발효하는 데에 6.0시간이 소요되지만, 5 °C의 냉장고에서는 60시간이 소요된다. 생우유가 발효되는 반응에 대한 활성화 에너지를 kJ/mol 단위로 계산하시오.

**14.116** NO와 $H_2$가 반응하여 $N_2O$와 $H_2O$를 생성하는 반응에 대하여 다음과 같은 메커니즘이 제안되었다.

$$NO(g) + NO(g) \longrightarrow N_2O_2(g)$$
$$N_2O_2(g) + H_2(g) \longrightarrow N_2O(g) + H_2O(g)$$

**(a)** 제안된 메커니즘의 단일 단계 반응들을 모두 더하여 균형 맞춘 반응식을 나타내시오.

**(b)** 각 단일 단계 반응의 속도 법칙을 쓰시오.

**(c)** 메커니즘에서 중간체가 무엇인지를 확인하 시오.

**(d)** 실험 결과 속도 법칙은 속도$=k[NO]^2[H_2]$이었다. 제안된 메커니즘이 옳다면, 첫 번째 반응과 두 번째 반응의 상대적 속도에 관하여 어떠한 결론을 얻을 수 있는가?

**14.117** 성층 대기권에 존재하는 오존은 다음 두 단계 메커니즘에 의해 파괴될 수 있다.

$$Cl(g) + O_3(g) \longrightarrow ClO(g) + O_2(g)$$
$$ClO(g) + O(g) \longrightarrow Cl(g) + O_2(g)$$

**(a)** 이 과정에 대한 전체 반응식은 무엇인가?

**(b)** 반응에서 촉매는 무엇인가?

**(c)** 반응에서 중간체는 무엇인가?

**14.118** 오존의 기체상 분해 반응은 다음 두 단계 메커니즘에 의해 일어난다.

1단계: $O_3(g) \rightleftharpoons O_2(g) + O(g)$ (빠름)

2단계: $O(g) + O_3(g) \longrightarrow 2\,O_2(g)$ (느림)

**(a)** 전체 반응의 균형 맞춘 반응식을 쓰시오.

**(b)** 반응 메커니즘에 일치하는 속도 법칙을 유도하시오(**힌트**: 속도 법칙에 생성물이 포함되어야 한다).

**(c)** O는 촉매인가, 중간체인가?

**(d)** 만약 반응이 단일 단계로 일어난다고 하면, 속도 법칙은 달라지는가? 만약 그렇다면, 속도 법칙은 무엇인가?

**14.119** 클로로폼($CHCl_3$)과 염소의 기체상 반응에 대한 메커니즘은 다음과 같다.

1단계: $Cl_2(g) \underset{k_{-1}}{\overset{k_1}{\rightleftharpoons}} 2\,Cl(g)$ (빠름)

2단계: $Cl(g) + CHCl_3(g) \xrightarrow{k_2} HCl(g) + CCl_3(g)$ (느림)

3단계: $Cl(g) + CCl_3(g) \xrightarrow{k_3} CCl_4$ (빠름)

**(a)** 전체 반응식을 쓰시오.

**(b)** 메커니즘에서 중간체는 무엇인가?

**(c)** 각 단일 단계 반응의 분자도는 무엇인가?

**(d)** 속도 결정 단계는 어느 것인가?

**(e)** 메커니즘으로부터 예상되는 속도 법칙은 무엇인지 쓰시오. (**힌트**: 전체 반응 차수는 정수가 아니다)

**14.120** $2A + B \longrightarrow 2C + D$ 반응을 생각해 보자. 이 반응에 대하여 다음의 두 단계 메커니즘이 제안되었다.

단계 1: $A + B \longrightarrow C + X$

단계 2: $A + X \longrightarrow C + D$

X는 불안정한 중간체이다.

**(a)** 단계 1이 속도 결정 단계라고 할 경우, 예측되는 속도 법칙을 쓰시오.

**(b)** 단계 2가 속도 결정 단계라고 할 경우, 예측되는 속도 법칙을 쓰시오.

**(c)** (b)의 결과는 다음의 어느 이유 때문에 의외의 결과라고 생각될 수 있는가?

(i) 한 생성물의 농도가 속도 법칙에 있다.

(ii) 속도 법칙에 음의 반응 차수가 있다.

(iii) (i)과 (ii)의 이유 모두

(iv) (i)과 (ii)의 어떤 이유도 아님

**14.121** 탄화수소 용액에서 금 화합물 $(CH_3)_3AuPH_3$는 에테인($C_2H_6$)과 다른 종류의 금 화합물 $(CH_3)AuPH_3$로 분해된다.

$(CH_3)_3AuPH_3$의 분해 반응에 대하여 제안된 메커니즘은 다음과 같다.

1단계: $(CH_3)_3AuPH_3 \underset{k_{-1}}{\overset{k_1}{\rightleftharpoons}} (CH_3)_3Au + PH_3$ (빠름)

2단계: $(CH_3)_3Au \xrightarrow{k_2} C_2H_6 + (CH_3)Au$ (느림)

3단계: $(CH_3)Au + PH_3 \xrightarrow{k_3} (CH_3)AuPH_3$ (빠름)

**(a)** 전체 반응식은 무엇인가?
**(b)** 메커니즘에서 중간체는 무엇인가?
**(c)** 각 단일 단계 반응의 분자도는 무엇인가?
**(d)** 속도 결정 단계는 어느 것인가?
**(e)** 메커니즘으로부터 예상되는 속도 법칙은 무엇인가?
**(f)** $(CH_3)_3AuPH_3$ 용액에 $PH_3$를 첨가하면 반응 속도에 어떠한 영향이 있겠는가?

**14.122** 지름이 약 2 nm인 백금 나노 입자는 CO를 $CO_2$로 산화하는 반응에 사용되는 중요한 촉매이다. 백금은 변의 길이가 392.4 pm인 면심 입방체로 결정화된다.
**(a)** 2.0 nm 백금 구에 들어 있는 백금 원자의 수를 계산하시오. 구의 부피는 $(4/3)\pi r^3$이다. 1 pm $= 1 \times 10^{-12}$ m, 1 nm $= 1 \times 10^{-9}$ m임을 기억하라.
**(b)** 2.0 nm 백금 구의 표면에 있는 백금 원자의 수를 계산하시오. 구의 표면적은 $4\pi r^2$이며 백금 원자 하나의 '발자국 면적'은 원자 지름 280 pm으로부터 계산될 수 있다고 가정한다.
**(c)** (a)와 (b)의 결과로부터 2.0 nm 백금 나노 입자 표면에 존재하는 백금 원자의 백분율을 계산하시오.
**(d)** 이 계산을 5.0 nm 백금 나노 입자에 대하여 반복해 보시오.
**(e)** 어느 크기의 입자가 촉매로서의 활성이 더 클 것으로 예측되는가? 그 이유는 무엇인가?

**14.123** 인체에서는 서로 밀접하게 연관되어 있는 복잡한 화학 반응들이 일어난다. 이러한 반응들이 적절한 속도로 일어나기 위해서는 많은 종류의 효소가 필요하다. 효소는 매우 선택적으로 반응을 촉진하며 효소 반응은 특이적으로 일어난다. 자물쇠-열쇠 모형을 이용하여 효소의 특이성을 설명하시오.

**14.124** 어느 생화학 반응이 촉매 없이 정상 체온(37 °C)에서 초당 x번 일어난다고 가정하자. 생리학적으로 유용하기 위해서는, 반응이 촉매가 없는 경우에 비하여 5000배 빠르게 일어날 필요가 있다. 이 반응이 유용하기 위해서는 효소가 반응의 활성화 에너지(kJ/mol)를 얼마나 낮추어야 하는가?

**14.125** 효소 반응은 대체로 다음의 두 단계 메커니즘으로 설명한다.

$$E + S \rightleftharpoons ES \quad (빠름)$$
$$ES \longrightarrow E + P \quad (느림)$$

(E = 효소, S = 기질, ES = 효소-기질 복합체, P = 생성물)
**(a)** 효소가 이 반응 메커니즘을 따를 때, 예상되는 속도 법칙은 무엇인가?
**(b)** 효소의 활성 자리에 결합하지만 생성물로 전환되지 않는 분자를 **효소 억제제**(enzyme inhibitor)라고 한다. 효소 E와 억제제 I의 반응에 해당하는 단일 단계 반응을 위 메커니즘에 추가하시오.

## 통합 연습 문제

**14.126** 반응 $4\,PH_3(g) \longrightarrow P_4(g) + 6\,H_2(g)$의 실험에서 $PH_3(g)$를 일정한 부피의 용기에 넣고 총 압력을 측정하였다.

| 시간(초) | 0 | 30 | 60 | 90 | 120 |
|---|---|---|---|---|---|
| 총 압력(kPa) | 13.3 | 18.5 | 20.9 | 22.1 | 22.8 |

반응의 차수와 속도 상수를 구하시오.

**14.127** 에탄올($C_2H_5OH$) 용액 내 아이오딘화 에틸과 수산화 이온의 반응식은 $C_2H_5I(alc) + OH^-(alc) \longrightarrow C_2H_5OH(l) + I^-(alc)$이다. 이 반응의 활성화 에너지는 86.8 kJ/mol이고 빈도 인자는 $2.1 \times 10^{11}$ $M^{-1}\,s^{-1}$이다.
**(a)** 30 °C에서의 반응 속도 상수를 예측하시오.
**(b)** 0.500 g의 KOH를 에탄올에 녹여 500.0 mL 용액을 만들었다. 마찬가지로, 1.500 g의 $C_2H_5I$를 에탄올에 녹여 500.0 mL 용액을 만들었다. 두 용액을 같은 부피만큼 취하여 혼합하였다. 반응이 각 반응물에 대하여 일차라고 가정할 때, 30 °C에서의 초기 속도는 얼마인가?
**(c)** 반응이 끝까지 진행된다고 가정할 때, 어느 반응물이 한계 반응물이 되는가?
**(d)** 빈도 인자와 활성화 에너지가 온도에 따라 변하지 않는다고 가정하고, 40 °C에서의 반응 속도 상수를 계산하시오.

**14.128** 여러 온도에서 반응 속도를 측정하여 다음과 같은 ln $k$ 대 $1/T$ 그래프를 얻었다.

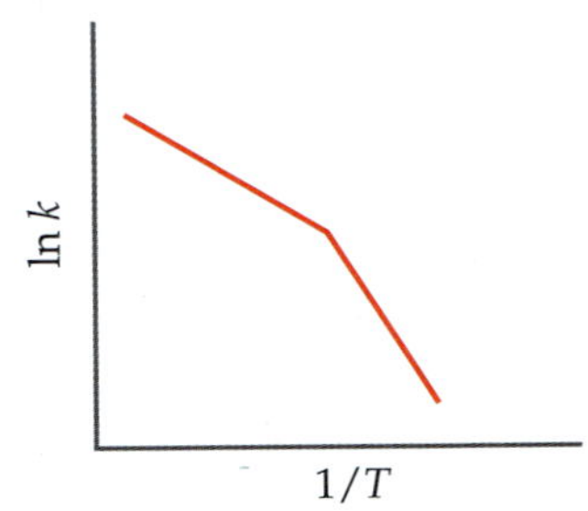


이와 같이 특이한 실험 결과에 대하여 분자 수준의 해석을 제시하여 보시오.

**14.129** NO가 $F_2$와 반응하여 NOF와 F를 생성하는 기체상 반응의 활성화 에너지는 $E_a = 6.3$ kJ/mol이고 빈도 인자는 $A = 6.0 \times 10^8\ M^{-1}\,s^{-1}$이다. 이 반응은 이분자 반응으로 여겨지고 있다.

$$NO(g) + F_2(g) \longrightarrow NOF(g) + F(g)$$

**(a)** 100 °C에서의 속도 상수를 계산하시오.
**(b)** NOF의 화학식 때문에 오해의 소지가 있기는 하지만, 실제로는 질소 원자가 이 분자의 중심 원자이다. 이러한 사실을 고려

하여, NO와 NOF 분자들의 Lewis 구조식을 그려 보시오.

**(c)** NOF 분자의 모양을 예측하여 보시오.

**(d)** NOF 생성을 위한 가능한 전이 상태를 그려 보시오. 이때, 결합이 형성되려고 하는 약한 결합을 점선으로 나타내시오.

**(e)** 이 반응의 활성화 에너지가 낮은 이유를 제안하여 보시오.

**14.130** HBr이 $O_2$에 의해 산화되어 2 $H_2O$와 $Br_2$를 생성하는 산화 반응의 메커니즘이 문제 14.38에 소개되어 있다.

**(a)** 반응 과정의 전체 표준 엔탈피 변화를 계산하시오.

**(b)** 상온의 일반적인 조건하에서는 HBr과 $O_2$의 반응이 측정 가능한 속도로 일어나지 않는다. 이로부터 속도 결정 단계의 활성화 에너지 크기에 관해 어떠한 추론을 할 수 있는가?

**(c)** 중간체인 HOOBr의 가능한 Lewis 구조식을 그리시오. 이는 수소와 산소로 이루어진 어떤 친숙한 화합물의 구조와 비슷한가?

**14.131** 많은 대기 반응의 속도는 반응물들 중의 하나가 빛을 흡수함으로써 가속화된다. 예를 들어, 메테인과 염소가 반응하여 염화 메틸과 염산을 생성하는 반응을 생각해 보자.

반응 1: $CH_4(g) + Cl_2(g) \longrightarrow CH_3Cl(g) + HCl(g)$

이 반응은 빛이 없는 경우 매우 느리다. 그러나 $Cl_2(g)$가 빛을 흡수하면 Cl 원자들을 생성할 수 있다.

반응 2: $Cl_2(g) + h\nu \longrightarrow 2\,Cl(g)$

Cl 원자가 생성되면, 이들은 아래 제안된 메커니즘에서와 같이 $CH_4$와 $Cl_2$의 반응에서 촉매로 작용한다.

반응 3: $CH_4(g) + Cl(g) \longrightarrow CH_3(g) + HCl(g)$

반응 4: $CH_3(g) + Cl_2(g) \longrightarrow CH_3Cl(g) + Cl(g)$

이들 두 반응의 엔탈피 변화와 활성화 에너지는 다음 표와 같다.

| 반응 | $\Delta H°$ (kJ/mol) | $E_a$(kJ/mol) |
|---|---|---|
| 3 | +4 | 17 |
| 4 | −109 | 4 |

**(a)** $Cl_2$의 결합 엔탈피(표 8.4)를 이용하여 반응 2를 일으키기에 충분한 에너지를 갖는 빛의 최대 파장을 결정하시오. 이 빛은 전자기 스펙트럼의 어느 영역에 해당하는가?

**(b)** 표에 주어 진 데이터로부터 반응 3과 4의 촉매 반응에 대한 정량적인 에너지 도표를 그리시오.

**(c)** 결합 엔탈피를 이용하여, 반응물인 $CH_4(g) + Cl_2(g)$가 (b)에서 그린 도표에서 어느 곳에 위치해야 하는지를 추정하시오. 이 결과를 사용하여 $CH_4(g) + Cl_2(g) \longrightarrow CH_3(g) + HCl(g) + Cl(g)$ 반응의 $E_a$값을 계산하시오.

**(d)** 반응 3과 4에서 $Cl(g)$와 $CH_3(g)$는 라디칼이다. 즉, 쌍을 이루지 못한 전자를 갖는 원자나 분자이다. $CH_3$의 Lewis 구조식을 그려서 이 화학종이 라디칼임을 보이시오.

**(e)** 반응 3과 4는 라디칼 연쇄 반응 메커니즘을 구성하는 일련의 반응이다. 왜 이 반응을 '연쇄 반응'이라고 하는가? 이 연쇄 반응을 종결시킬 반응을 제안해 보시오

**14.132** 많은 일차 아민 $RNH_2$는 정사면체 형태의 전이 상태를 갖는 반응을 한다. 여기서 R은 $CH_3$, $CH_3CH_2$ 등과 같이 탄소를 포함하고 있는 작용기를 의미한다.

**(a)** 일차 아민에 있는 질소에서의 결합을 보여 주기 위한 혼성 오비탈의 모양을 그리시오('R'을 그릴 때는 C 원자를 사용한다).

**(b)** 어떤 종류의 반응물이 일차 아민과 반응하여 정사면체 형태의 중간체를 생성할 수 있겠는가?

**14.133** 자동차 배가가스인 $NO_x$의 흐름은 NO, $NO_2$와 같은 화학종을 포함하고 있다. 대기 오염을 줄이기 위해서는 이러한 화학종들을 $N_2$로 변환하는 촉매가 필요하다.

**(a)** NO, $NO_2$, $N_2$의 Lewis 점 구조식과 VSEPR 구조를 그리시오.

**(b)** 표 8.3 등의 자료를 이용하여 이 분자들의 결합 에너지를 조사하시오. 이 에너지들은 전자기 스펙트럼의 어느 영역에 해당하는가?

**(c)** $NO_x$가 $N_2$로 변환되는 것을 측정하는 분광학적 실험을 고안하여 보시오. 어떤 파장의 빛을 시간의 함수로 측정해야 하는지에 대한 설명을 포함하시오.

**14.134** 그림 14.23에서와 같이 에텐(ethene)의 불균일 수소화 반응의 첫 번째 단계는 금속 표면에 에텐 분자가 흡착하는 과정이다. 에텐이 금속 표면에 달라붙는 과정에 대하여 제안된 설명은 C−C $\pi$ 결합의 전자와 금속 표면의 비어 있는 오비탈과의 상호 작용이다.

**(a)** 이러한 설명이 옳은 것이라면, 에테인이 금속 표면에 흡착하는 것을 기대할 수 있는가? 만약 그렇다면, 에테인은 에텐에 비하여 얼마나 강하게 결합하겠는가?

**(b)** Lewis 구조를 고려하였을 때, 암모니아가 에텐과 유사하게 금속 표면에 흡착할 것으로 예상하는가?

## 실험 설계 문제

우리가 흔히 생각하는 가상적인 반응, $aA + bB \longrightarrow cC + dD$에 대한 화학 반응 속도론을 고찰해 보자. 모든 물질은 물에 용해되며 수용액 내에서 반응이 진행된다고 가정한다. 물질 A와 C는 가시광선을 흡수하며 각각 510 nm, 640 nm에서 최대 흡수가 일어난다. 물질 B와 D는 색이 없다. 학생들에게 네 물질의 순수한 시료가 제공되었고, 학생들은 물질의 화학식을 모두 알고 있다. 또한 학생들은 가시광선 흡수 스펙트럼을 얻을 수 있는 적절한 실험 장치를 제공받았다(14.3절의 "자세히 보기"에 나타낸 분광학적 방법의 이용 참조). 위 반응에 대한 반응 속도론을 알아내기 위해서 실험을 설계해 보도록 하자.

**(a)** 실온에서 반응의 속도 법칙과 속도 상수를 결정하기 위해 어떤 실험들을 수행해야 하겠는가? 속도 법칙을 구하기 위해 화학량론적 상수 $a$와 $c$의 값을 알아야 하는가?

**(b)** 반응의 활성화 에너지를 결정하기 위한 실험을 설계하여 보시오. 실제로 실험을 수행하는 데 있어 학생들이 당면하게 될 도전은 무엇이겠는가?

**(c)** 수용성의 특정 물질 Q가 이 반응의 균일 촉매인지를 확인하고자 한다. 이를 시험해 보기 위해서 학생들은 어떤 실험을 수행하여야 하는가?

**(d)** 실제로 Q가 반응의 촉매일 경우, 반응 과정에 관한 정보를 더 얻기 위해서는 어떤 실험을 더 수행하여야 하는가?

15

# 화학 평형



## 15.1 평형의 개념

평형은 균형 상태를 말한다. 같은 힘으로 줄의 두 끝을 당겼을 때 줄이 움직이지 않는 줄다리기는 **정적**(static) 평형의 한 예이다. 또한 평형은 전체적으로는 변화가 없지만, 정반응 과정과 역반응 과정이 같은 속도로 일어나는 것과 같이 **동적**(dynamic)일 수도 있다. 선수교체를 허용하는 팀 스포츠(예로 럭비, 수구 그리고 축구)는 동적 평형의 예이다. 경기 중인 선수의 수는 (퇴장이 없다면) 항상 상수이나, 교체가 허용되기 때문에 항상 같은 선수는 아니다.

앞의 몇 장에서 증기압, 포화 용액 형성 및 Henry 법칙을 포함하여 물질의 물리적 변화와 관련된 동적 평형의 여러 사례를 이미 만나보았다. 한 예로 증기압을 생각해 보자. 밀폐된 용기에서 액체 위의 증기압은, 분자가 액체에서 기체상으로 빠져나가는 속도와 기체상의 분자가 액체에 의해 포획되어 액체가 되는 속도가 같을 때 변화를 멈춘다.

증발과 응축, 또는 용해와 결정화와 같이, 화학 반응은 정방향과 역방향으로 진행될 수 있다. 역반응이 충분히 느리면, 그동안 우리가 접했던 반응들에서 해왔던 것처럼 역반응을 무시할 수 있다. 그러나 정반응과 역반응의 속도를 함께 고려해야만 하는 중요한 예가 많이 있다.

**화학 평형(chemical equilibrium)은 정반응과 역반응이 같은 속도로 진행될 때 발생한다.**

반응이 평형 상태에 있을 때, 반응물로부터 생성물이 형성되는 속도는 생성물로부터 반응물이 형성되는 속도와 동일하다. 그 결과, 농도는 변하지 않고 반응은 완료되기 전에 멈춘 것처럼 보인다.

이 장과 다음 두 장에서는 화학 평형을 자세히 살펴볼 것이다. 이후 19장에서는 화학 평형을 열역학과 연관시키는 방법을 배울 것이다. 여기에서는 어떤 반응의 평형 상태를 정량적으로 표현하는 방법을 배우고, 평형 혼합물에서 반응물과 생성물의 상대적 농도를 결정하는 인자들을 공부할 것이다.

이 절이 끝나면 다음 사항을 수행할 수 있어야 한다.

- 화학 평형이 무엇을 의미하며, 반응 속도와 어떤 관계인지 설명하기

**평형 상태**(equilibrium state)에 어떻게 도달하는지 이해하기 위해 반응물과 생성물의 농도가 시간에 따라 더 이상 변하지 않는 간단한 화학 반응을 예로 들어 보자. 무색의 $N_2O_4$가 갈색의 $NO_2$로 분해되는 과정을 생각해 보자. 그림 15.1은 밀봉된 튜브 속에 얼어 있는 $N_2O_4$ 고체 시료를 보여 준다. 고체의 $N_2O_4$는 끓는점(21.2 °C) 이상의 온도로 가열되면 무색의 $N_2O_4$ 기체에서 갈색의 $NO_2$ 기체로 분해되어 점차적으로 짙어진다. 최종적으로, 관 안에 $N_2O_4$ 기체가 남아 있더라도, 평형에 도달하였기 때문에 튜브 내부의 색은 일정 색상 이상으로 짙어지지 않는다. 즉 시간이 지나도 기체의 농도가 변하지 않는 $N_2O_4$와 $NO_2$의 **평형 혼합물**(equilibrium mixture)을 얻게 된다. 반응이 닫힌 계에서 일어났기 때문에 기체는 빠져나갈 수 없고, 평형 혼합물은 유지된다.

평형 혼합물은 반응이 **가역적**(reversible)이기 때문에 생기는 결과이다. $N_2O_4$가 $NO_2$를 생성할 뿐만 아니라, $NO_2$가 $N_2O_4$를 생성할 수 있다. 동적 평형은 반대 방향을 가리키는 두 개의 반쪽 화살표로 반응식을 써서 표현한다.

$$\underset{\text{무색}}{N_2O_4(g)} \rightleftharpoons \underset{\text{갈색}}{2\,NO_2(g)} \qquad [15.1]$$

반응 속도론적 지식을 이용하여 이러한 평형을 분석할 수 있다. $N_2O_4$의 분해를 정반응이라고 하고, $N_2O_4$의 생성을 역반응이라고 하자. 이 경우, 정반응과 역반응은 모두 **단일 단계 반응**(elementary reaction)이다. 14.6절에서 배운 것과 같이, 화학식에서 단일 단계 반응의 속도 법칙은 다음과 같이 쓸 수 있다.

$$\textbf{정반응}: N_2O_4(g) \longrightarrow 2\,NO_2(g) \qquad 속도_f = k_f[N_2O_4] \qquad [15.2]$$

$$\textbf{역반응}: 2\,NO_2(g) \longrightarrow N_2O_4(g) \qquad 속도_r = k_r[NO_2]^2 \qquad [15.3]$$

평형에서는 정반응에서의 $NO_2$ 생성 속도와 역반응에서의 $N_2O_4$ 생성 속도가 동일하다.

$$\underset{\text{정반응}}{k_f[N_2O_4]} = \underset{\text{역반응}}{k_r[NO_2]^2} \qquad [15.4]$$

이 식을 다시 정리하면 다음의 식을 얻는다.

하룻밤이 지난 후 오른쪽 시험관의 사진을 찍는다면 갈색이 더 어두워졌을까, 밝아졌을까 아니면 같은 색을 띨까?

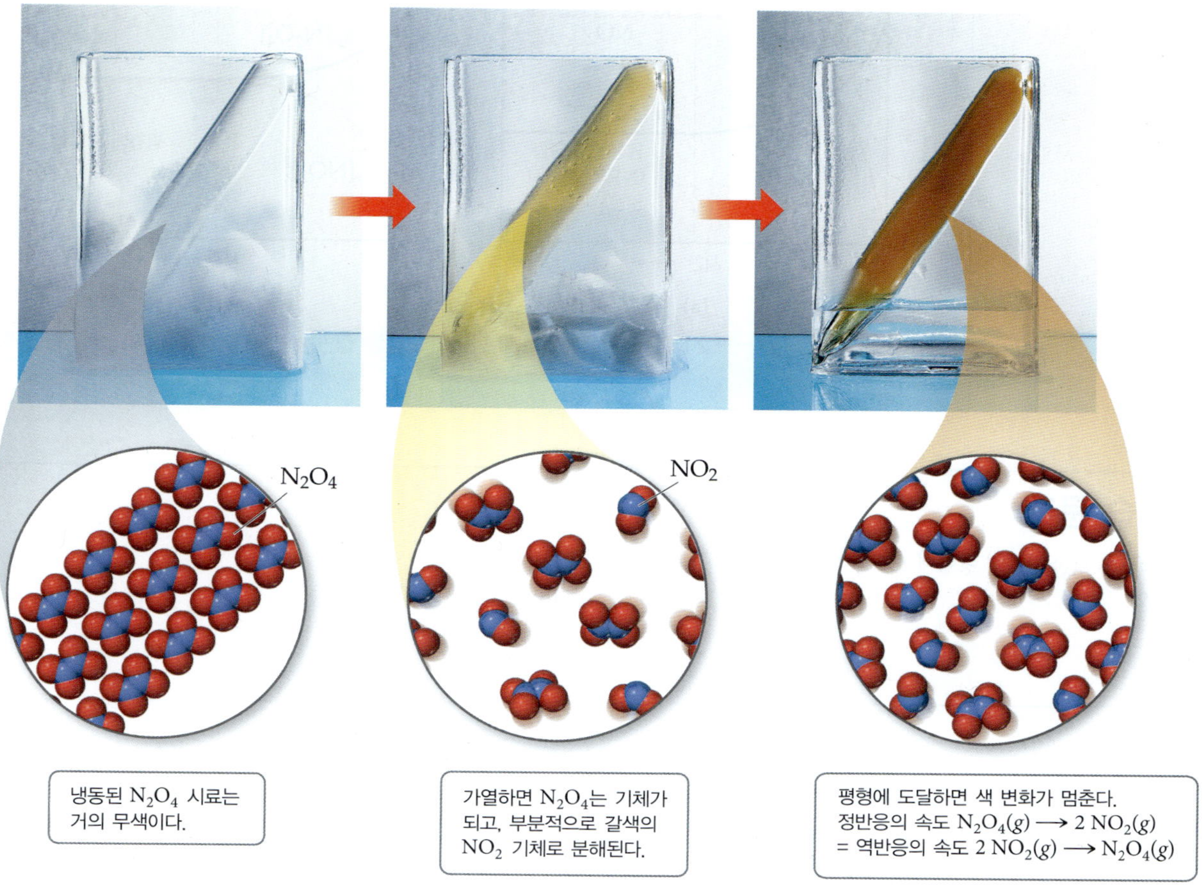


▲ **그림 15.1** $NO_2$와 $N_2O_4$ 사이의 평형

$$\frac{[NO_2]^2}{[N_2O_4]} = \frac{k_f}{k_r} = \text{상수} \quad [15.5]$$

두 개의 속도 상수로 계산된 값이 또 다른 상수라는 것을 식 15.5로부터 알 수 있으며, 우리가 배울 이 또 하나의 상수를 평형 상수라고 한다. 또한, 평형 상태에서 농도 항의 비율이 상수와 같음을 알 수 있다. 평형 상수는 $N_2O_4$로 시작하든지, $NO_2$로 시작하든지, 또는 이 둘의 혼합물로 시작하든지 간에 아무런 차이가 없다. 주어진 온도에서의 평형에서는 그 비가 특정한 값이 된다. 따라서 평형에서 $N_2O_4$와 $NO_2$의 비에는 중요한 제한 요건이 있게 된다.

**그림 15.2(a)**에서와 같이, 일단 평형에 도달되면 $N_2O_4$와 $NO_2$의 농도는 더 이상 변하지 않는다. 그러나 평형 혼합물의 조성이 시간에 따라 변하지 않는다는 것이 $N_2O_4$와 $NO_2$의 반응이 멈춘다는 것을 의미하지는 않는다. 오히려 평형은 **동적**(dynamic)이어서 약간의 $N_2O_4$는 $NO_2$로 변환되고, 약간의 $NO_2$는 $N_2O_4$로 변환된다. 그러나 평형에서는 그림 15.2(b)에 나타낸 것과 같이, 두 과정이 같은 속도로 일어난다.

이 예로부터 평형에 관한 몇 가지 중요한 사항을 알게 된다.

- 평형에서는 반응물과 생성물의 농도 변화가 더 이상 없다.
- 평형이 일어나기 위해서는 반응물이나 생성물이 반응계로부터 빠져나가면 안 된다.
- 평형에서 농도항 간의 특정 비율은 상수이다.

반응이 진행됨에 따라 정반응 속도가 느려지는 이유는 무엇인가?

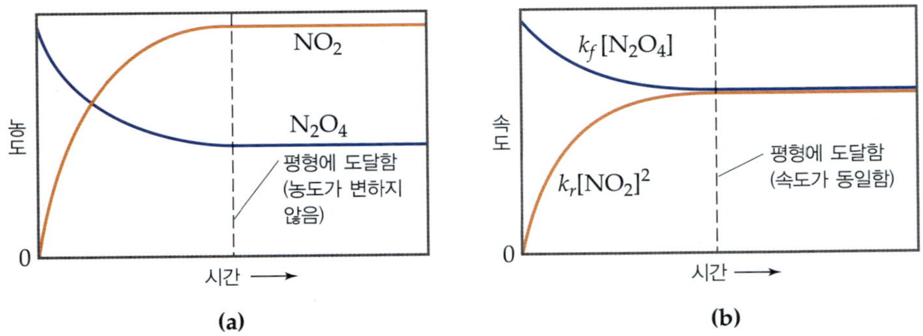


▲ 그림 15.2 $N_2O_4(g) \longrightarrow 2\ NO_2(g)$ 반응에서 화학 평형에 도달함 정반응 속도가 역반응 속도와 같을 때 평형이 된다.

## 자기 평가 연습 문제

**15.1** $N_2O_4(g) \rightleftharpoons 2\ NO_2(g)$ 반응이 평형에 도달할 때, 다음 변수 중 서로 같은 것은?

**(a)** $k_f$와 $k_r$

**(b)** 정반응과 역반응의 반응 속도

**(c)** $N_2O_4$와 $NO_2$의 농도

## 연습 문제

**15.2** 기체상 반응 $A \longrightarrow B$와 $B \longrightarrow A$는 모두 단일 단계 과정이다. 속도 상수가 각각 $2.5 \times 10^{-2}\ \text{min}^{-1}$와 $2.5 \times 10^{-1}\ \text{min}^{-1}$이라고 가정하자.

**(a)** $A(g) \rightleftharpoons B(g)$ 평형의 평형 상수는 얼마인가?

**(b)** 평형에서 A와 B의 부분 압력 중 어느 쪽이 더 큰가?

자기 평가 연습 문제 답 **15.1** (b)

# 15.2 | 평형 상수

자신이 실험실에서 화합물을 합성하는 화학 연구자라고 상상해 보자. 합성을 시작하기 전에 각 화학 물질의 필요량을 정하기 위해서는, 수행하고자 하는 반응의 화학량론과 어떠한 용매가 적절한지, 어떠한 속도로 반응이 진행될지, 열을 가하거나 촉매를 넣어야 할지 등을 고려해야 한다. 또한, 반응이 평형이라면 그것이 원하는 생성물의 수율에 어떤 영향을 미치는지 고려해야 할 수도 있다.

이 절에서 우리는 평형이 정량화될 수 있음을 확인하게 된다. 이 절이 끝나면 다음 사항을 수행할 수 있어야 한다.

- 임의의 반응을 위한 평형 상수식 쓰기
- $K_c$에서 $K_p$로 변환 또는 역으로 변환하기

같은 용기 내에서 반응물이 생성물로 변하고, 생성물이 반응물로 변하는 반응은, 그 반응이 얼마나 복잡한지에 관계없이 그리고 정반응과 역반응의 반응 속도론적 과정에 관계없이 자연스럽게 평형에 도달하게 된다. 질소와 수소로부터 암모니아를 합성하는 다음 반응을 생각해 보자.

$$N_2(g) + 3\,H_2(g) \rightleftharpoons 2\,NH_3(g) \qquad [15.6]$$

이 반응은 **Haber 공정(Haber process)**의 기초가 되며 비료 생산에 필수적이다. 따라서 세계 식량 공급에 중요하다. Haber 공정에서는 $N_2$와 $H_2$를 고온 · 고압에서 촉매 존재하에 반응시켜 암모니아를 합성한다. 그러나 닫힌 계에서 이 반응은 $N_2$와 $H_2$를 완전히 소모하지 못한다. 오히려 세 성분 모두 혼합물에 동시에 존재하면서, 어느 시점에 반응이 멈춘 것처럼 보인다.

그림 15.3은 시간에 따라 $H_2$, $N_2$, $NH_3$의 농도가 변하는 것을 나타낸 것이다. $N_2$와 $H_2$로부터 시작하든지, $NH_3$만으로 시작하든지에 관계없이, 하나의 평형 혼합물이 얻어짐에 유의하라. **평형 조건은 양쪽 어느 방향으로부터도 도달할 수 있다.**

식 15.5와 비슷한 식이 평형에서의 $N_2$, $H_2$, $NH_3$의 농도를 결정한다. 처음 혼합물에서의 세 가지 기체의 상대적 양을 체계적으로 변화시키고 각 평형 혼합물을 분석하면 평형 농도 사이의 관계를 결정할 수 있다.

화학자들은 Haber의 연구 이전의 19세기에 다른 화학적 체계에서 이러한 종류의 연구를 수행하였다. 1864년에 Cato Maximilian Guldberg(1836~1902)와 Peter Waage(1833~1900)는 어떠한 반응에서든 평형에서 반응물과 생성물 농도 사이의 상관관계를 표시하는 **질량 작용 법칙(law of mass action)**을 가정하였다. 일반적인 평형 반응식을 가정해 보자.

$$a\,A + b\,B \rightleftharpoons d\,D + e\,E \qquad [15.7]$$

여기서 A, B, D, E는 반응에 관여하는 화학종이고, $a$, $b$, $d$, $e$는 균형을 맞춘 화학 반응식의 계수이다. 질량 작용 법칙에 따르면, 평형 조건은 다음 식으로 표시된다.

$$K_c = \frac{[D]^d[E]^e}{[A]^a[B]^b} \begin{array}{l} \longleftarrow \text{생성물} \\ \longleftarrow \text{반응물} \end{array} \qquad [15.8]$$

$H_2$의 소멸 속도는 $N_2$의 소멸 속도와 관련이 있는가? 만약 그렇다면 어떻게 관련되어 있는가?

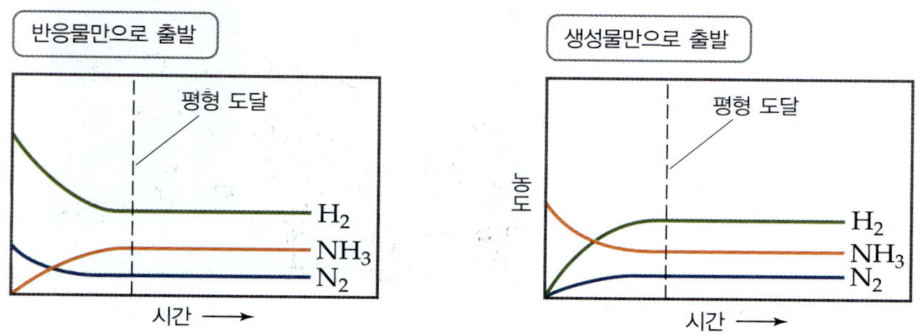


▲ 그림 15.3 반응물($N_2$와 $H_2$)만으로 시작하든 생성물($NH_3$)만으로 시작하든, 동일한 평형에 도달한다.

이 관계식을 반응의 **평형 상수식**(**equilibrium-constant expression**) 또는 **평형식**(equilibrium expression)이라고 한다. **평형 상수**(**equilibrium constant**, $K_c$)는 실제 평형 농도를 평형 상수식에 대입하여 얻은 값이다. 아래 첨자 $c$는 상수 값을 얻기 위해 사용한 몰농도이다.

평형 상수식의 분자는 평형 반응식의 생성물 쪽에 있는 모든 물질의 농도 곱이고, 각 농도는 균형 화학 반응식의 계수만큼 거듭제곱해서 대입한다. 분모는 평형 반응식의 반응물 쪽 물질로부터 비슷하게 대입한다. 따라서 Haber 공정, $N_2(g) + 3\,H_2(g) \rightleftharpoons 2\,NH_3(g)$의 평형 상수식은 다음과 같다.

$$K_c = \frac{[NH_3]^2}{[N_2][H_2]^3} \qquad [15.9]$$

평형에 도달한 어떤 반응의 균형 맞춘 화학 반응식을 알면, 반응 메커니즘을 모르더라도 평형 상수식을 쓸 수 있다.

**평형 상수식은 반응의 화학량론에만 의존하고 반응 메커니즘과는 무관하다.**

따라서 평형 상수식은 속도 법칙과 다르다.

일정한 온도에서 평형 상수 값은 반응물과 생성물의 초기 농도에 의존하지 않는다. 또한 반응물이나 생성물과 반응하지 않는 한, 다른 물질이 있더라도 관계없다. $K_c$ 값은 특정 반응과 온도에만 의존한다.

## 작동하는 화학 Haber 공정

계속 늘어나는 인구를 먹이는 데 필요한 식량의 양은 질소 고정 식물에 의해 제공되는 양보다 훨씬 많다. 따라서 인간의 농업에는 경작지를 위한 상당량의 암모니아 기반 비료가 필요하다. 인간이 그들의 목적에 따라 제어하는 방법을 습득한 화학 반응 중에서, 수소와 대기 중의 질소로부터 암모니아를 합성하는 것은 가장 중요한 화학 반응 중의 하나이다.

1912년에 독일의 화학자 Fritz Haber(1868~1934)는 Haber 공정을 개발하였다(식 15.6). 그 공정은 **Haber−Bosch 공정**(Haber−Bosch process)이라고도 하는 것으로, 대규모 암모니아 합성 공정을 개발한 공학자 Karl Bosch를 기리기 위한 것이다(그림 15.4). Haber 공정을 시행하기 위해서는 높은 온도(대략 500 °C)와 높은 압력(20~60 MPa)을 필요로 하는데, 이는 그 당시에는 얻기 어려운 조건이었다.

Haber 공정은 화학이 우리의 삶에 미치는 복합적인 영향에 관한 역사적으로 흥미로운 예를 보여 준다. 1914년 제1차 세계대전이 시작되었을 때, 독일은 폭약을 제조하는 데 필요한 질소를 포함한 화합물을 칠레에 있는 질산염 퇴적물에만 의존하여 공수하였다. 전쟁을 치르는 동안, 남아메리카 연합군 함대의 해상 봉쇄로 인해 이 공급이 차단되었다. 그러나 대기로부터 질소 기체를 고정하기 위해 Haber 반응을 사용함으로써 독일은 폭약 생산을 계속할 수 있었다. 전문가들은 Haber 공정이 없었다면 제1차 세계대전은 1918년 전에 끝났을 것이라고 추정한다.

이렇게 국제전에서 필요한 물자를 조달하기 위한 방법으로서 불행하게 시작된 Haber 공정은 세계적으로 질소 고정의 주요한 원천이 되었다. 제1차 세계대전을 지속시켰던 Haber 공정은 농작물 생산량을 증가시키는 비료 제조를 가능하게 했다. 이는 많은 사람을 기아로부터 해방시켰다. 세계적으로 연간 18억 톤의 암모니아가 대부분 Haber 공정으로 제조된다. 암모니아는 토양에 바로 공급되거나 암모늄염으로 변환시켜 비료로 사용될 수 있다.

Haber는 조국의 전쟁을 열렬히 지원한 애국심이 강한 독일인이었다. 그는 제1차 세계대전 동안 독일의 화학 전쟁 서비스(Chemical Warfare Service)의 기관장으로 일하였고, 염소를 독가스 무기로 사용하는 것을 개발하였다. 결과적으로, 1918년에 그의 노벨 화학상 수상 결정은 상당한 논쟁과 비판의 소재가 되었다. 아이러니하게도 그는 유대인이라는 이유로 1933년에 독일에서 추방되었다.

**관련 연습 문제: 15.21, 15.85**

▲ 그림 15.4 Haber 공정이 개발된 독일의 Karlsruhe Institute of Technology에는 Haber 공정에 사용되었던 고압 강철 반응기가 전시되어 있다.

## 예제 15.1
**평형 상수식 쓰기**

다음 반응의 평형 상수식을 쓰시오.

(a) $2\,O_3(g) \rightleftharpoons 3\,O_2(g)$

(b) $2\,NO(g) + Cl_2(g) \rightleftharpoons 2\,NOCl(g)$

(c) $Ag^+(aq) + 2\,NH_3(aq) \rightleftharpoons Ag(NH_3)_2^+(aq)$

### 해답

**분석** 세 개의 반응식을 주고, 각각의 평형 상수식을 쓰는 문제이다.

**계획** 질량 작용 법칙을 이용하여 생성물 쪽 물질의 농도는 분자에, 반응물 쪽 물질의 농도는 분모에 써서 식을 작성한다. 각 농도 항은 균형 화학 반응식의 계수와 같은 지수를 갖도록 한다.

**풀이**

(a) $K_c = \frac{[O_2]^3}{[O_3]^2}$ (b) $K_c = \frac{[NOCl]^2}{[NO]^2[Cl_2]}$ (c) $K_c = \frac{[Ag(NH_3)_2^+]}{[Ag^+][NH_3]^2}$

**▶ 보충 예제**

반응 $2\,SO_2(g) + O_2(g) \rightleftharpoons 2\,SO_3(g)$에 대해 다음 중 어느 것이 정확한 평형 상수식인가?

(a) $K_c = \frac{[SO_2]^2[O_2]}{[SO_3]^2}$ (b) $K_c = \frac{2[SO_2][O_2]}{2[SO_3]}$

(c) $K_c = \frac{[SO_3]^2}{[SO_2]^2[O_2]}$ (d) $K_c = \frac{2[SO_3]}{2[SO_2][O_2]}$

## $K_c$ 계산하기

우리는 어떻게 질량 작용의 법칙이 경험적으로 발견되었는지를 설명할 수 있고, 사산화 이질소와 이산화 질소와 관련된 일련의 실험을 조사함으로써 평형 상수가 초기 농도와 무관하다는 것을 증명할 수 있다.

$$N_2O_4(g) \rightleftharpoons 2\,NO_2(g) \qquad K_c = \frac{[NO_2]^2}{[N_2O_4]} \qquad [15.10]$$

서로 다른 농도의 $NO_2$와 $N_2O_4$가 들어 있는 몇 개의 밀봉된 시험관을 준비한다. 평형에 도달할 때까지 시험관을 100 °C로 유지시킨다. 그리고 시험관 안의 혼합물을 분석하고, 표 15.1에 나타낸 것과 같이 $NO_2$와 $N_2O_4$ 평형 농도를 결정한다.

평형 상수 $K_c$를 계산하기 위하여 평형 농도를 평형 상수식에 대입한다. 예를 들어 실험 1의 자료 $[NO_2]=0.0172\,M$, $[N_2O_4]=0.00140\,M$을 사용하면 아래와 같은 결과를 얻을 수 있다.

$$K_c = \frac{[NO_2]^2}{[N_2O_4]} = \frac{[0.0172]^2}{0.00140} = 0.211$$

같은 방법으로 진행하여 다른 시료의 $K_c$ 값을 계산한다. 표 15.1에서 $K_c$의 값은 최종 농도나 초기 농도 값이 달라지더라도(실험 오차 범위 내에서는) 일정하다는 점에 주목하라. 또한, 실험 4는 $NO_2$가 아니라 $N_2O_4$로 시작해도 평형에 도달한다는 것을 보여 준다. 즉 평형은 어느 쪽에서도 접

**표 15.1 100 °C에서 $N_2O_4(g)$와 $NO_2(g)$의 초기 농도 및 평형 농도**

| 실험 | 초기 $[N_2O_4]$ $(M)$ | 초기 $[NO_2]$ $(M)$ | 평형 $[N_2O_4]$ $(M)$ | 평형 $[NO_2]$ $(M)$ | $K_c$ |
|---|---|---|---|---|---|
| 1 | 0.0 | 0.0200 | 0.00140 | 0.0172 | 0.211 |
| 2 | 0.0 | 0.0300 | 0.00280 | 0.0243 | 0.211 |
| 3 | 0.0 | 0.0400 | 0.00452 | 0.0310 | 0.213 |
| 4 | 0.0200 | 0.0 | 0.00452 | 0.0310 | 0.213 |

실험 3 또는 실험 4는 평형에 도달하기까지 $N_2O_4$의 농도가 감소하는가?

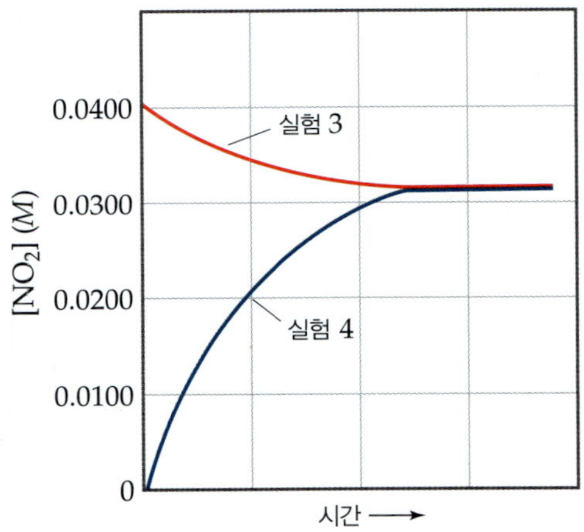


▲ **그림 15.5** $NO_2$의 초기 농도에 상관없이 같은 평형 혼합물이 생성된다. 평형에 도달할 때까지 $NO_2$의 농도는 증가하거나 감소한다.

근할 수 있다. **그림 15.5**는 초기의 $NO_2$의 농도를 다르게 시작하더라도, 실험 3과 실험 4에서 똑같은 평형 혼합물이 생긴다는 것을 보여 준다.

표 15.1이나 실험 1 자료에서 계산된 $K_c$ 값이 단위가 없음에 유의하라. 이 절의 후반에서 밝히게 될 이유 때문에, 평형 상수는 단위가 없는 값으로 쓰는 것이 일반적이다.

## 압력으로 나타낸 평형 상수, $K_p$

화학 반응의 반응물과 생성물이 기체일 경우, 몰농도 대신 부분 압력을 사용하여 평형 상수식을 나타낼 수 있다. 평형 상수식에서 부분 압력을 기압 단위로 쓸 경우, 평형 상수를 $K_p$로 표시한다(여기서 아래 첨자 $p$는 압력을 나타낸다). 식 15.7의 일반 반응에 대한 $K_p$ 식은 다음과 같다.

$$K_p = \frac{(P_D)^d(P_E)^e}{(P_A)^a(P_B)^b} \quad [15.11]$$

위 식에서 $P_A$는 기압으로 나타낸 A의 부분 압력이고, $P_B$는 기압으로 나타낸 B의 부분 압력이다. 나머지도 마찬가지이다. 예를 들어 $N_2O_4/NO_2$ 반응의 $K_p$는 다음과 같다.

$$K_p = \frac{(P_{NO_2})^2}{P_{N_2O_4}}$$

주어진 반응에서 일반적으로 $K_c$의 값과 $K_p$의 값은 다르다. 그러므로 평형 상수를 나타낼 때는 아래 첨자 $c$ 또는 $p$를 주의하여 이용해야 한다. 하지만 이상 기체식을 이용하면 농도와 압력을 상호 변환할 수 있다.

$$PV = nRT, \quad \text{따라서} \quad P = \frac{n}{V}RT \quad [15.12]$$

$n/V$는 mol/L이며, 몰농도 $M$과 같다. 그러므로 물질 A에 대해서는 다음과 같다.

$$P_A = \frac{n_A}{V}RT = [A]RT \quad [15.13]$$

식 15.13을 $K_p$(식 15.11)에 대입하고 반응의 다른 기체 성분에 대해서도 같은 방법으로 대입하면, $K_p$와 $K_c$ 사이의 관계에 관한 일반식을 얻게 된다.

$$K_p = \frac{([D]RT)^d([E]RT)^e}{([A]RT)^a([B]RT)^b} = \left(\frac{[D]^d[E]^e}{[A]^a[B]^b}\right)\frac{(RT)^{d+e}}{(RT)^{a+b}} \quad [15.14]$$

괄호 안에 있는 항은 $K_c$와 같다. 따라서 식을 단순화할 수 있다.

$$K_p = K_c(RT)^{(d+e)-(a+b)} = K_c(RT)^{\Delta n} \quad [15.15]$$

이 식에서 $\Delta n$은 균형 화학 반응식에서의 기체 몰수의 변화이다. 이것은 기체 생성물의 계수 합에서 기체 반응물의 계수 합을 뺀 것과 같다.

$$\Delta n = (\text{기체 생성물의 몰수}) - (\text{기체 반응물의 몰수}) \quad [15.16]$$

예를 들어 $N_2O_4(g) \rightleftharpoons 2\,NO_2(g)$ 반응에서 생성물 $NO_2$는 2 mol이고, 반응물 $N_2O_4$는 1 mol이다. 그러므로 이 반응에서 $\Delta n = 2-1 = 1$이고, $K_p = K_c(RT)$이다. 유도 과정에서 기체의 압력은 기압으로 표시되고, 농도는 리터당 몰수로 표현되므로 기체 상수의 적절한 형태는 $R = 8.314$ L-kPa/mol-K이다. $K_p$는 bar로 표현된 분압임에 유의하라. 표준 대기압은 현재 1 bar 또는 100 kPa으로 정의되며, 변환시 고려된다.

### 예제 15.2
$K_c$와 $K_p$ 사이의 변환

아래 Haber 공정의 경우 300 °C에서 $K_c$=9.60일 때, 이 온도에서 이 반응의 $K_p$를 계산하시오.

$$N_2(g) + 3\,H_2(g) \rightleftharpoons 2\,NH_3(g)$$

#### 해답

**분석** 반응의 $K_c$를 주고 $K_p$를 구하는 문제이다.

**계획** $K_c$와 $K_p$ 사이의 관계는 식 15.15와 같다. 이 식을 적용하기 위하여 생성물의 몰수를 반응물의 몰수와 비교함으로써 $\Delta n$(식 15.16)을 구해야 한다.

**풀이** 기체 생성물(2 $NH_3$)은 2 mol이고, 기체 반응물(1 $N_2$+3 $H_2$)은 4 mol이다. 그러므로 $\Delta n = 2-4 = -2$이다($\Delta$ 함수는 항상 **생성물에서 반응물을 빼도록** 되어 있음을 기억하라). 온도는 273+300=573 K이다. 이상 기체 상수 $R$ 값은 8.314 L-kPa/mol-K이다. 100 kPa인 표준 대기압으로 변환해야 함을 기억하라. $K_c$=9.60을 대입하면 다음과 같다.

$$K_p = K_c(RT)^{\Delta n} = (9.60)(8.314 \times 573)^{-2}$$
$$= \frac{(9.60)}{(8.314 \times 573)^2} = 4.23 \times 10^{-7}$$

**▶ 보충 예제**

다음 중 300 K에서 $K_p/K_c$ 비가 가장 큰 반응은?

**(a)** $N_2(g) + O_2(g) \rightleftharpoons 2\,NO(g)$
**(b)** $CaCO_3(s) \rightleftharpoons CaO(s) + CO_2(g)$
**(c)** $Ni(CO)_4(g) \rightleftharpoons Ni(s) + 4\,CO(g)$
**(d)** $C(s) + 2\,H_2(g) \rightleftharpoons CH_4(g)$

## 평형 상수와 단위

아마도 여러분은 평형 상수의 단위가 없는 이유를 궁금해할 것이다. 평형 상수는 반응 속도론뿐만 아니라 열역학과도 관련이 있다(19장에서 열역학과의 관련성을 알아볼 것이다). 열역학적 측정으로부터 얻어진 평형 상수는 농도나 부분 압력보다는 **활동도**(activity)로 정의된다.

**이상적인** 혼합물 속 어떤 물질의 활동도는 표준 농도(1 $M$)에 대한 농도의 비이거나, 표준 압력(100 kPa)에 대한 압력의 비이다. 예를 들어 평형 혼합물 중의 어떤 물질의 농도가 0.010 $M$이라면, 그 활동도는 0.010 $M$/1 $M$=0.010이다. 이 비의 단위는 항상 상쇄되므로 활동도의 단위는 없게 된다. 나아가 활동도의 값은 농도와 같다. 순수한 고체와 액체의 경우 상황은 더욱 간단해진다. 왜냐하면 활동도가 1이기 때문이다(역시 단위가 없다).

실제 계에서는 활동도도 비이므로 단위가 없다. 비록 활동도가 수치적으로 정확하게 농도와 같지는 않지만, 그 차이가 매우 작아 무시할 수 있다고 가정할 것이다. 이 시점에서 알아야 할 것은 활동도에 단위가 없다는 것이다. 이로부터 얻어진 **열역학적 평형 상수**(thermodynamic equilibrium constant)도 단위가 없다. 따라서 모든 종류의 평형 상수는 단위 없이 쓰는 것이 관례이며, 이 책도 이를 따를 것이다. 좀 더 심화된 과정의 화학 교재에서는 농도와 활동도를 구분하여 사용할 것이다.

## 자기 평가 연습 문제

**15.3** 다음 반응식의 평형 상수식은 무엇인가?
$2\,HI(g) \rightleftharpoons H_2(g) + I_2(g)$

**(a)** $K = \frac{[H_2][I_2]}{[HI]}$

**(b)** $K = \frac{[H_2][I_2]}{[HI]^2}$

**(c)** $K = [HI]^2$

**15.4** 490 °C의 평형에서 $2\,HI(g) \rightleftharpoons H_2(g) + I_2(g)$는 $K_c = 0.022$이다. $K_p$ 값은 얼마인가?

**(a)** $K_p = 0.022$
**(b)** $K_p = 0.14$
**(c)** $K_p = 46$

## 연습 문제

**15.5** 다음 반응식의 $K_c$ 식을 쓰시오. 각 반응이 균일인지, 불균일인지 표시하시오.

**(a)** $O_2(g) \rightleftharpoons 2\,O(g)$

**(b)** $Si(s) + 2\,Cl_2(g) \rightleftharpoons SiCl_4(g)$

**(c)** $H_2(g) + Cl_2(g) \rightleftharpoons 2\,HCl(g)$

**(d)** $O_2(g) + 2\,CO(g) \rightleftharpoons 2\,CO_2(g)$

**(e)** $HCO_3^-(aq) \rightleftharpoons CO_3^{2-}(aq) + H^+(aq)$

**(f)** $Fe^{2+}(aq) + Ce^{4+}(aq) \rightleftharpoons Fe^{3+}(aq) + Ce^{3+}(aq)$

**(g)** $CaCO_3(s) \rightleftharpoons CaO(s) + CO_2(g)$

**15.6** 다음 반응 중 어떤 것이 생성물 형성이 우세하여 평형이 오른쪽으로 치우진 것이며, 어떤 것이 반응물 형성이 우세하여 왼쪽으로 치우친 것인가?

**(a)** $H_2O(g) + CO(g) \rightleftharpoons CO_2(g) + H_2(g)$
1300 K에서 $K_c = 0.57$

**(b)** $2\,CO(g) \rightleftharpoons CO_2(g) + C(s)$ 900 K에서 $K_p = 0.0572$

**15.7** 다음 설명 중 어느 것이 옳고, 어느 것이 옳지 않은가?

**(a)** 반응 $2\,A(g) + B(g) \rightleftharpoons A_2B(g)$에 대해서 $K_c$와 $K_p$ 값이 동일하다.

**(b)** 평형 상수를 나타낼 때 사용되는 단위를 비교하면 $K_c$와 $K_p$ 값을 구분할 수 있다.

**(c)** (a)의 평형 반응에서 압력이 증가하면 $K_c$ 값이 증가한다.

**15.8** 900 K에서 $2\,CO(g) \rightleftharpoons CO_2(g) + C(s)$의 $K_p = 0.0572$이면, 이 온도에서 이 반응의 $K_c$는 얼마인가?

자기 평가 연습 문제 답 **15.3** (b) **15.4** (b)

## 15.3 | 평형 상수의 이해와 적용

계산과 관련된 문제를 풀 때, 그것이 '제대로 되었는지' 확인하고자 답을 평가하는 시간을 갖는 것은 중요하다. 이런 식으로 하면 실수로 일부 계산에 숫자 0을 추가하는 것과 같은 오류를 피할 수 있다. 학습자가 개발해야 할 또 다른 중요한 기법은 양에 대한 감각이다. 경험에 따라 40 °C의 일기 예보는 더운 날이 될 것임을 안다. 약간의 연습을 통해 우리는 화학에서 사용하는 숫자를 보고 그것이 무엇을 나타내는지 감을 잡을 수 있다. 예를 들어, 특정 $\Delta H$ 값은 많은 양의 에너지를 나타내는가 아니면 작은 양의 에너지를 나타내는가? 만약 밀도가 10 g/mL인 골프공 생성물의 수율과 어떤 관련이 있을까? 이 절에서는 $K$의 크기를 살펴보기 시작한다. 이 절이 끝나면 다음 사항을 수행할 수 있어야 한다.

- 평형 상수의 크기를 평형 혼합물에 존재하는 반응물 및 생성물의 상대적인 양과 연관시키기

- 화학 방정식의 변화를 반영하도록 평형 상수 조절하기
- 불균일 반응의 평형 상수 식 쓰기

평형 상수를 사용한 계산을 하기 전, 평형 상수의 크기가 평형 혼합물 중 반응물과 생성물의 상대적 농도에 대하여 무엇을 말해 주는지 알아보는 것은 중요하다. 또한 평형 상수의 크기가 화학 반응식에 어떻게 의존하는지를 고려하는 것도 유용하다.

## 평형 상수의 크기

어떤 반응의 평형 상수 크기는 평형 혼합물의 조성에 대한 중요한 정보를 제공한다. 예를 들어 중합체와 살충제 제조에 사용되는 독성 기체인 포스젠(phosgene, $COCl_2$)을 만들기 위한, 일산화 탄소 기체와 염소 기체의 100 °C에서의 반응에 대한 실험 자료를 생각해 보자.

$$CO(g) + Cl_2(g) \rightleftharpoons COCl_2(g) \qquad K_c = \frac{[COCl_2]}{[CO][Cl_2]} = 4.56 \times 10^9$$

평형 상수 값이 매우 크기 위해서는 평형 상수식의 분자가 분모보다 어림잡아 $10^9$배 이상 커야 한다. 그러므로 $COCl_2$의 평형 농도는 CO 또는 $Cl_2$의 평형 농도보다 훨씬 커야 하며, 이는 실제로 실험적으로 확인되었다. 이 평형은 **오른쪽에 있다**(생성물 쪽에)고 말한다. 마찬가지로 매우 작은 평형 상수는 평형 혼합물이 대부분 반응물을 포함하고 있음을 의미한다. 이때는 평형이 **왼쪽에 있다**(반응물 쪽에)고 말한다. 일반적으로,

**$K \gg 1$(큰 $K$)이면**: 평형이 오른쪽에 있으며, 생성물이 우세하다.
**$K \ll 1$(작은 $K$)이면**: 평형이 왼쪽에 있으며, 반응물이 우세하다.

이와 같은 상황을 그림 15.6에 요약하여 나타내었다. **평형에서는 정반응과 역반응의 반응 속도가 같다는 것이지, 반응물과 생성물의 농도가 같다는 것이 아니라는 것을 유의하라.**

*$K \approx 1$인 반응에서는 아래 그림이 어떻게 나타나겠는가?*

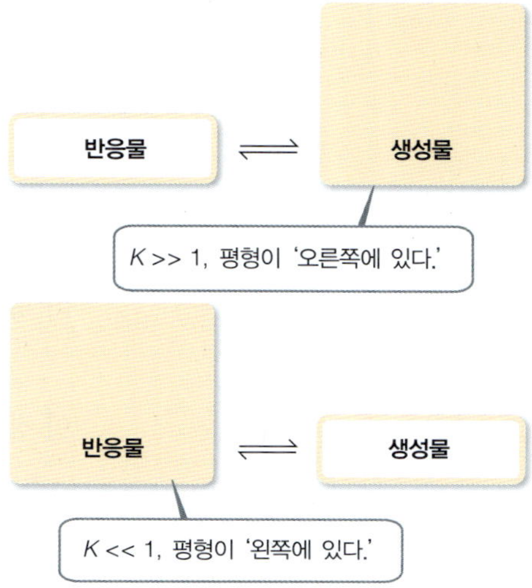


▲ 그림 15.6 평형 상수 $K$의 크기와 평형 혼합물의 조성 사이의 관계

### 예제 15.3
**평형 상수의 크기에 대한 해석**

오른쪽 그림은 같은 크기의 용기에 들어 있는, 평형 상태의 세 가지 계를 나타낸 것이다.
(a) 계산을 하지 말고, $K_c$의 크기 순서를 나열하시오.
(b) 용기의 부피가 1.0 L이고 각각의 구가 0.10 mol일 때, 각 계의 $K_c$를 구하시오.

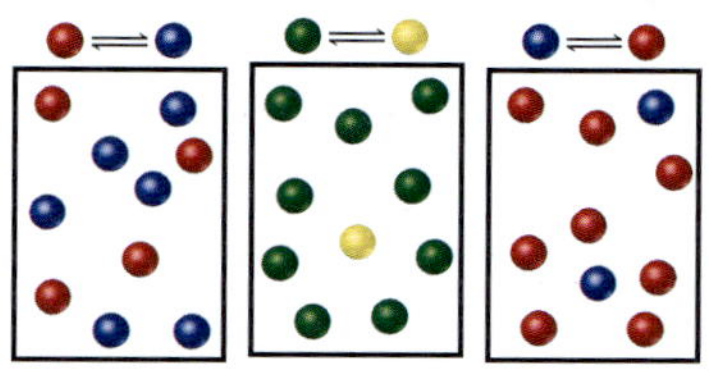


**해답**

**분석** 세 가지 평형 상수의 상대적인 크기를 비교하고, 계산하는 문제이다.

**계획**

**(a)** 평형에서 생성물의 양이 반응물의 양에 비해 더 많을수록, 더 큰 평형 상수를 가진다.
**(b)** 평형 상수 값은 식 15.8에 의해서 구할 수 있다.

**풀이**

**(a)** 각 상자에 10개의 구가 있다. 생성물의 양은 (i) 6, (ii) 1, (iii) 8이다. 따라서 평형 상수 값이 작은 것(반응물이 가장 많은 것)부터 큰 것(생성물이 가장 많은 것) 순으로 나열하면 (ii) < (i) < (iii)이다.

**(b)** (i)에서는 생성물 0.60 mol/L와 반응물 0.40 mol/L가 존재하므로 $K_c = 0.60/0.40 = 1.5$(같은 종류의 구의 개수를 나누기만 해도 같은 결과를 얻는다. 즉 6개의 구/4개의 구 = 1.5). (ii)에서는 생성물 0.10 mol/L와 반응물 0.90 mol/L가 존재하므로 $K_c = 0.10/0.90 = 0.11$(또는 1개의 구/9개의 구 = 0.11). (iii)에서는 생성물 0.80 mol/L와 반응물 0.20 mol/L가 존재하므로 $K_c$

=0.80/0.20=4.0(또는 8개의 구/2개의 구=4.0). 이 계산 결과는 (a)에서의 순서와 일치한다.

**주의** 위와 같이 반응을 그릴 때, $K_c$가 매우 클 때와 작을 때를 상상해 보자. 예로서 $K_c$가 $1\times10^{-5}$인 경우 반응물 분자가 100,000개 만큼 필요하고, 생성물 분자는 단지 1개이다. 그러므로 이렇게 그리는 것은 실용적이지 못하다.

▶ **보충 예제**

2 ℃에서 $N_2O_4(g) \rightleftharpoons 2\,NO_2(g)$ 반응의 평형 상수는 $K_c=2.0$이다. 각각의 노란색 구가 1 mol의 $N_2O_4$를 나타내고, 각각의 갈색 구가 1 mol의 $NO_2$를 나타내는 경우, 다음의 1.0 L 용기 중 어느 것이 2 ℃에서의 평형 혼합물을 나타내는가?

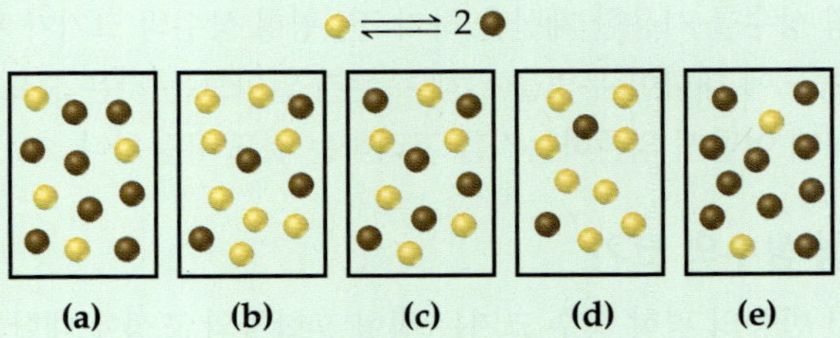


## 화학 반응식의 방향과 *K*

$N_2O_4/NO_2$ 평형은 다음과 같이 나타낼 수 있다.

$$N_2O_4(g) \rightleftharpoons 2\,NO_2(g) \qquad K_c = \frac{[NO_2]^2}{[N_2O_4]} = 0.212 \quad (100\ ℃에서) \qquad [15.17]$$

이 평형을 역반응 측면에서도 같은 방법으로 생각할 수 있다.

$$2\,NO_2(g) \rightleftharpoons N_2O_4(g)$$

이 경우 평형식은 다음과 같다.

$$K_c = \frac{[N_2O_4]}{[NO_2]^2} = \frac{1}{0.212} = 4.72 \quad (100\ ℃에서) \qquad [15.18]$$

식 15.18은 식 15.17의 역수이다. **한쪽 방향으로 나타낸 반응의 평형 상수식은 역방향으로 나타낸 반응의 평형 상수식과 역이다.** 결과적으로, 한 방향으로 쓰여진 반응에 대한 평형 상수의 수치는 역반응에 대한 평형 상수의 역수이다. 두 식은 둘 다 옳지만, 평형 반응이 어떻게 쓰여져 있는지와 온도가 명시되지 않으면 $NO_2$와 $N_2O_4$ 사이의 평형 상수가 "0.212" 또는 "4.72"라고 말하는 것은 의미가 없다. 따라서 평형 상수를 사용할 때는 언제나 그 평형 상수와 관련된 균형 맞춘 화학 반응식을 제시해야 한다.

## 화학 반응식의 양론과 평형 상수를 연관시키기

주어진 반응의 균형 화학 반응식을 쓰는 방법은 다양하다. 예를 들면 식 15.1의 $N_2O_4(g) \rightleftharpoons 2\,NO_2(g)$에 2를 곱하면 다음과 같다.

$$2\,N_2O_4(g) \rightleftharpoons 4\,NO_2(g)$$

이 화학 반응식도 균형이 맞추어져 있으며, 어떤 책에서는 위의 반응식을 쓴다. 따라서 이 반응식의 평형 상수식을 쓰면 다음과 같다.

$$K_c = \frac{[NO_2]^4}{[N_2O_4]^2}$$

이 식은 반응식 15.1에 대한 평형 상수식(식 15.10) $[NO_2]^2/[N_2O_4]$을 제곱한 것이다. 새로운 평형 상수식은 원래 평형 상수식의 제곱이므로, 새로운 평형 상수 $K_c$는 원래 평형 상수의 제곱이다. 즉, $0.212^2=0.0449$(100 ℃에서)이다. 다시 말해서 각각의 특정한 균형 화학 반응식과 평형 상수를 연관시켜야 함을 기억해야 한다. **평형 혼합물에 존재하는 물질의 농도는 화학 반응식을 어떻게 나타내는지에 관계없이 똑같지만, 계산한 $K_c$ 값은 반응을 어떻게 적는지에 따라 달라진다.**

평형 상수를 알고 있는 다른 반응들을 더해서 원하는 반응을 얻을 수 있다면, 그 반응의 평형 상수를 계산할 수 있다. 이것은 Hess 법칙을 이용하여 미지의 반응 엔탈피를 이미 알고 있는 반응 엔탈피로부터 구하는 과정과 유사하다. 예로 다음 두 반응의 평형 상수식과 100 °C에서의 평형 상수를 생각해 보자.

**1.** $2\,\mathrm{NOBr}(g) \rightleftharpoons 2\,\mathrm{NO}(g) + \mathrm{Br_2}(g) \quad K_{c1} = \dfrac{[\mathrm{NO}]^2[\mathrm{Br_2}]}{[\mathrm{NOBr}]^2} = 0.014$

**2.** $\mathrm{Br_2}(g) + \mathrm{Cl_2}(g) \rightleftharpoons 2\,\mathrm{BrCl}(g) \quad K_{c2} = \dfrac{[\mathrm{BrCl}]^2}{[\mathrm{Br_2}][\mathrm{Cl_2}]} = 7.2$

두 반응식을 더한 알짜 반응식은

**3.** $2\,\mathrm{NOBr}(g) + \mathrm{Cl_2}(g) \rightleftharpoons 2\,\mathrm{NO}(g) + 2\,\mathrm{BrCl}(g)$

반응 3의 평형 상수식은 반응 1과 2의 평형 상수식을 곱한 것과 같다.

$$K_{c3} = \frac{[\mathrm{NO}]^2[\mathrm{BrCl}]^2}{[\mathrm{NOBr}]^2[\mathrm{Cl_2}]} = \frac{[\mathrm{NO}]^2[\mathrm{Br_2}]}{[\mathrm{NOBr}]^2} \times \frac{[\mathrm{BrCl}]^2}{[\mathrm{Br_2}][\mathrm{Cl_2}]}$$

따라서

$$K_{c3} = (K_{c1})(K_{c2}) = (0.014)(7.2) = 0.10$$

요약하면,

**1.** **역**반응의 평형 상수는 정반응 평형 상수의 **역**(또는 **역수**)이다.

$$\begin{array}{ll} \mathrm{A + B \rightleftharpoons C + D} & K_1 \\ \mathrm{C + D \rightleftharpoons A + B} & K = 1/K_1 \end{array}$$

**2.** 한 반응식에 어떤 수를 **곱**한 경우, 그 평형 상수는 원래의 평형 상수를 그 수에 해당하는 만큼 **거듭제곱**한 것이다.

$$\begin{array}{ll} \mathrm{A + B \rightleftharpoons C + D} & K_1 \\ n\mathrm{A} + n\mathrm{B} \rightleftharpoons n\mathrm{C} + n\mathrm{D} & K = K_1^{\,n} \end{array}$$

**3.** **두 개 이상의 단계**로 이루어진 반응의 평형 상수는 각 단계의 평형 상수를 **곱**한 것이다.

$$\begin{array}{ll} \mathrm{A + B \rightleftharpoons C + D} & K_1 \\ \mathrm{C + F \rightleftharpoons G + A} & K_2 \\ \hline \mathrm{B + F \rightleftharpoons D + G} & K_3 = (K_1)(K_2) \end{array}$$

## 예제 15.4

**평형 상수식 결합하기**

다음의 반응식과 평형 상수가 주어져 있다.

$$\begin{array}{ll} \mathrm{HF}(aq) \rightleftharpoons \mathrm{H^+}(aq) + \mathrm{F^-}(aq) & K_c = 6.8 \times 10^{-4} \\ \mathrm{H_2C_2O_4}(aq) \rightleftharpoons 2\,\mathrm{H^+}(aq) + \mathrm{C_2O_4^{2-}}(aq) & K_c = 3.8 \times 10^{-6} \end{array}$$

다음 반응의 $K_c$ 값을 구하시오.

$$2\,\mathrm{HF}(aq) + \mathrm{C_2O_4^{2-}}(aq) \rightleftharpoons 2\,\mathrm{F^-}(aq) + \mathrm{H_2C_2O_4}(aq)$$

### 해답

**분석** 두 평형 반응식과 그 평형 상수 값을 주고, 이와 연관된 세 번째 반응의 평형 상수를 구하는 문제이다.

**계획** 단순히 처음 두 반응식을 더해서는 세 번째 반응식을 얻을 수 없다. 구하고자 하는 반응식을 얻기 위해서는 이들 반응식을 적절히 조합해야 한다.

**풀이** 첫 번째 반응에 2를 곱하고, 해당되는 변화를 평형 상수에 적용해서 제곱하면 다음과 같다.

$$2\,\mathrm{HF}(aq) \rightleftharpoons 2\,\mathrm{H^+}(aq) + 2\,\mathrm{F^-}(aq) \qquad K_c = (6.8 \times 10^{-4})^2 = 4.6 \times 10^{-7}$$

두 번째 반응을 역방향으로 놓고, 해당되는 변화를 평형 상수에 적용하여 역수를 취하면 다음과 같다.

$$2\,H^+(aq) + C_2O_4^{2-}(aq) \rightleftharpoons H_2C_2O_4(aq) \qquad K_c = \frac{1}{3.8 \times 10^{-6}} = 2.6 \times 10^5$$

이제 두 반응을 더하면 전체 반응을 얻게 되고, 각 평형 상수 $K_c$를 곱하면 구하고자 하는 평형 상수를 얻는다.

$$2\,HF(aq) \rightleftharpoons 2\,H^+(aq) + 2\,F^-(aq) \qquad K_c = 4.6 \times 10^{-7}$$

$$2\,H^+(aq) + C_2O_4^{2-}(aq) \rightleftharpoons H_2C_2O_4(aq) \qquad K_c = 2.5 \times 10^5$$

$$2\,HF(aq) + C_2O_4^{2-}(aq) \rightleftharpoons 2\,F^-(aq) + H_2C_2O_4(aq) \qquad K_c = (4.6 \times 10^{-7})(2.6 \times 10^5) = 0.12$$

**▶ 보충 예제**

25 ℃의 수용액에서 다음 두 반응의 평형 상수가 다음과 같다.

$$HNO_2(aq) \rightleftharpoons H^+(aq) + NO_2^-(aq) \qquad K_c = 4.5 \times 10^{-4}$$

$$H_2SO_3(aq) \rightleftharpoons 2\,H^+(aq) + SO_3^-(aq) \qquad K_c = 1.1 \times 10^{-9}$$

다음 반응의 $K_c$ 값은 얼마인가?

$$2\,HNO_2(aq) + SO_3^{2-}(aq) \rightleftharpoons H_2SO_3(aq) + 2\,NO_2^-(aq)$$

**(a)** $4.9 \times 10^{-13}$ **(b)** $4.1 \times 10^5$ **(c)** $8.2 \times 10^5$ **(d)** $1.8 \times 10^2$ **(e)** $5.4 \times 10^{-3}$

## 불균일 평형

많은 평형은 모든 물질이 같은 상(phase)이다. 이러한 평형을 **균일 평형(homogeneous equilibrium)**이라고 한다. 그림 15.1에 있는 $N_2O_4(g)$와 $NO_2(g)$ 사이의 평형은 그러한 예 중 하나이다. 하지만 어떤 경우에는 평형 상태의 물질이 서로 다른 상으로 존재하여 **불균일 평형(heterogeneous equilibrium)**을 이룬다. 고체 염화 납(II)이 물에 녹아 포화 용액을 만드는 경우가 그 예이다.

$$PbCl_2(s) \rightleftharpoons Pb^{2+}(aq) + 2\,Cl^-(aq) \qquad [15.19]$$

이 계에는 평형에서 두 가지 수용액 화학종과 한 가지 고체가 있다. 만일 이 과정의 평형 상수식을 쓴다면, 이전에 접해 보지 못한 문제에 부딪치게 된다. 고체 물질의 농도를 어떻게 나타낼 것인가? 다양한 양의 반응물과 생성물로부터 시작되는 실험을 하면, 반응식 15.19의 평형 상수식은 다음과 같다는 것을 발견하게 된다.

$$K_c = [Pb^{2+}][Cl^-]^2 \qquad [15.20]$$

그러므로 $PbCl_2(s)$가 평형 상수식에서 나타나지 않는다. 따라서 고체의 농도는 표현하지 않는다. **불균일 평형에 순수한 고체나 액체가 포함될 때 그 반응의 평형 상수식에는 이들의 농도가 항상 포함되지 않는다.**

순수한 고체나 액체가 평형 상수식에 포함되지 않는다는 사실은 두 가지 방법으로 설명될 수 있다. 첫 번째, 순수한 고체나 액체의 농도는 일정한 값을 가진다. 고체의 질량이 두 배로 증가하면, 부피도 두 배가 된다. 따라서 부피에 대한 질량비와 관련된 농도는 변하지 않는다. 평형 상수식은 화학 반응 과정에서 농도가 변하는 반응물과 생성물의 항들만을 포함하므로, 순수한 고체나 액체의 농도는 빠지게 된다.

평형 상수식에서 순수한 고체나 액체가 빠지는 것은 두 번째 방법으로 설명될 수 있다. 15.2절에서 열역학적 평형 상수식에 들어가는 것은 각 물질의 활동도이고, 이는 기준값에 대한 농도의 비율인 것을 상기하라. 순수한 물질의 경우, 기준값은 순수한 물질 자체의 농도이기 때문에 순수한 고체나 액체의 활동도는 항상 1이 된다.

탄산 칼슘의 분해는 또 다른 불균일 반응의 예이다.

$$CaCO_3(s) \rightleftharpoons CaO(s) + CO_2(g)$$

평형 상수 식에서 고체의 농도를 제외하면 다음과 같다.

$$K_c = [CO_2] \quad \text{그리고} \quad K_p = P_{CO_2}$$

$CO_2(g)$의 일부가 왼쪽의 진공 용기에서 빠져나온 다음, 이 용기가 밀봉되고 계가 평형 상태로 돌아갈 수 있게 되면 $CaCO_3(s)$의 양은 증가하는가, 감소하는가, 아니면 동일하게 유지되는가?

$$CaCO_3(s) \rightleftharpoons CaO(s) + CO_2(g)$$

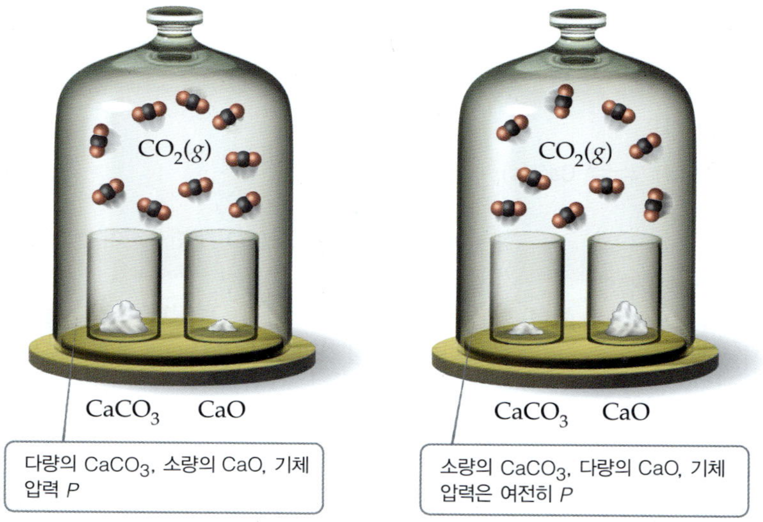


▲ **그림 15.7** 주어진 온도에서 용기 안의 $CO_2$ 기체의 평형 압력은 각 고체의 양과 관계없이 같다.

이 식은 주어진 온도에서 $CaCO_3$, CaO, $CO_2$ 사이의 평형에서 세 가지 성분이 모두 존재하는 한, $CO_2$의 부분 압력이 항상 동일하다는 것을 알려 준다. **그림 15.7**에서 보는 바와 같이, CaO와 $CaCO_3$의 상대적 양과는 무관하게 $CO_2$의 압력은 일정하다.

## 예제 15.5
### 불균일 평형의 평형 상수식 쓰기

다음 각 반응의 평형 상수식 $K_c$를 쓰시오.

**(a)** $CO_2(g) + H_2(g) \rightleftharpoons CO(g) + H_2O(l)$

**(b)** $SnO_2(s) + 2\,CO(g) \rightleftharpoons Sn(s) + 2\,CO_2(g)$

**해답**

**분석** 둘 다 불균일 평형인 두 화학 반응식을 주고, 해당하는 평형 상수식을 쓰는 문제이다.

**계획** 평형 상수식에서 순수한 고체, 액체를 제외한다는 점을 명심하고, 질량 작용 법칙을 이용한다.

**풀이**

**(a)** 평형 상수식은 다음과 같다.

$$K_c = \frac{[CO]}{[CO_2][H_2]}$$

반응에서 $H_2O$는 순수한 액체이므로, 그 농도는 평형 상수식에 나타나지 않는다.

**(b)** 평형 상수식은 다음과 같다.

$$K_c = \frac{[CO_2]^2}{[CO]^2}$$

$SnO_2$와 Sn은 모두 순수한 고체이므로, 그들의 농도는 평형 상수식에 나타나지 않는다.

▶ **보충 예제**

염화 은의 포화 용액에서의 평형 $Ag^+(aq) + Cl^-(aq) \rightleftharpoons AgCl(s)$을 고려하시오. 고체 AgCl이 이 용액에 가해지면 용액에서의 $Ag^+$와 $Cl^-$ 이온의 농도는 어떻게 되겠는가?

**(a)** $[Ag^+]$과 $[Cl^-]$ 모두 증가할 것이다.
**(b)** $[Ag^+]$과 $[Cl^-]$ 모두 감소할 것이다.
**(c)** $[Ag^+]$는 증가하고, $[Cl^-]$는 감소할 것이다.
**(d)** $[Ag^+]$는 감소하고, $[Cl^-]$는 증가할 것이다.
**(e)** $[Ag^+]$과 $[Cl^-]$ 모두 변하지 않을 것이다.

## 예제 15.6
### 불균일 평형의 분석

다음 각 혼합물이 각각 밀폐 용기에 담겨 있다.
**(a)** $CaCO_3(s)$
**(b)** $K_p$ 값보다 더 큰 압력의 $CO_2(g)$와 $CaO(s)$
**(c)** $K_p$ 값보다 더 큰 압력의 $CO_2(g)$와 $CaCO_3(s)$
**(d)** $CaCO_3(s)$와 $CaO(s)$
각 혼합물 중 어느 것이 아래의 평형에 도달할 수 있는가?

$$CaCO_3(s) \rightleftharpoons CaO(s) + CO_2(g)$$

**해답**

**분석** 탄산 칼슘과 그 분해 산물인 산화 칼슘, 이산화 탄소의 혼합물의 몇 가지 조합 중 어느 경우가 평형에 도달할 수 있는지를 묻는 문제이다.

**계획** 평형이 이루어지기 위해서는 정반응과 역반응이 모두 일어날 수 있어야 한다. 정반응이 일어나기 위해서는 탄산 칼슘이 어느 정도 존재해야 한다. 역반응이 일어나기 위해서는 산화 칼슘과 이산화 탄소가 어느 정도 존재해야 한다. 두 경우 모두 필요한 화합물들이 초기에 존재하거나 다른 성분들의 반응에 의해 생성되어야 한다.

**풀이** 충분한 양의 고체들이 존재하는 한, (c) 경우를 제외한 모든 경우에 평형에 도달할 수 있다.

**(a)** $CO_2$의 평형 압력에 도달할 때까지 $CaCO_3(s)$가 분해되어 $CaO(s)$와 $CO_2(g)$를 생성한다. 그러나 $CO_2$의 압력이 평형에 도달할 수 있을 정도로 충분한 양의 $CaCO_3$가 존재해야 한다.

**(b)** $CO_2$는 $CO_2$의 부분 압력이 줄어들어 평형 압력에 도달할 때까지 CaO와 꾸준히 결합하여 $CaCO_3$를 생성한다.

**(c)** CaO가 없으므로 평형에 도달할 수 없다. $CO_2$의 부분 압력이 평형 값까지 줄어들 수 없다($CO_2$가 반응하여 결합할 수 있는 CaO가 필요하다).

**(d)** 이 경우 상황이 (a)와 궁극적으로 같다. $CaCO_3$는 평형이 이루어질 때까지 분해될 것이다. 초기 CaO의 존재 여부는 크게 상관이 없다.

**▶ 보충 예제**

200 °C로 가열된 1.0 L의 밀폐 용기에 8.0 g의 $NH_4HS(s)$가 들어 있으면, $NH_4HS(s) \rightleftharpoons NH_3(g)+H_2S(g)$ 반응이 일어난다. 계가 평형에 이르면 일부 $NH_4HS(s)$가 여전히 존재한다. 다음과 같이 변화 후 도달한 새로운 평형에서, 남은 $NH_4HS(s)$의 양이 감소하게 되는 변화는 어느 것인가?
**(a)** 용기에 $NH_3(g)$ 더 첨가
**(b)** 용기에 $H_2S(g)$ 더 첨가
**(c)** 용기에 $NH_4HS(s)$ 더 첨가
**(d)** 용기의 부피 증가
**(e)** 용기의 부피 감소

용매가 평형에서 반응물이나 생성물일 경우, 반응물과 생성물의 농도가 낮으면 용매는 거의 순수한 상태로 간주되어 용매의 농도는 평형 상수식에서 제외된다. 이러한 원칙을 물이 용매로 참여하는 반응에 적용하면

$$H_2O(l) + CO_3^{2-}(aq) \rightleftharpoons OH^-(aq) + HCO_3^-(aq) \quad [15.21]$$

$[H_2O]$가 제외된 평형 상수식을 얻게 된다.

$$K_c = \frac{[OH^-][HCO_3^-]}{[CO_3^{2-}]} \quad [15.22]$$

## 자기 평가 연습 문제

**15.9** 1000 K에서 $SO_2(g) + \frac{1}{2}O_2(g) \rightleftharpoons SO_3(g)$ 반응은 $K_c = 855$이다. 평형 혼합물에서 반응물 또는 생성물 중 어느 것이 지배적이겠는가?
**(a)** 반응물
**(b)** 생성물

**15.10** $N_2O_4(g) \rightleftharpoons 2NO_2(g)$ 반응은 300 K에서 $K_c = 0.0059$이다. 300 K에서 역방향 반응 $2\,NO_2(g) \rightleftharpoons N_2O_4(g)$의 평형 상수는 얼마인가?
**(a)** $K_c = 0.0059$ **(b)** $K_c = -0.0059$ **(c)** $K_c = 169$

**15.11** 다음 반응의 평형 상수식을 쓰시오.
$AgCl(s) \rightleftharpoons Ag^+(aq) + Cl^-(aq)$
**(a)** $K = [Ag^+][Cl^-]$
**(b)** $K = \frac{[Ag^+][Cl^-]}{[AgCl]}$

## 연습 문제

**15.12** 온도 700 °C에서 다음 반응의 평형 상수는 $K_c = 1.08\times10^7$이다.

$$2\,H_2(g) + S_2(g) \rightleftharpoons 2\,H_2S(g) \quad K_c = 1.08 \times 10^7$$

**(a)** $K_p$를 계산하시오.

**(b)** 평형 혼합물의 대부분은 $H_2$와 $S_2$인가, 아니면 $H_2S$인가?

**(c)** 반응식을 $H_2(g) + \frac{1}{2}S_2(g) \rightleftharpoons H_2S(g)$로 다시 쓸 때, $K_c$ 값을 계산하시오.

**15.13** 온도 480 °C에서 다음 평형의 $K_p = 7.62$이다.

$$2\,Cl_2(g) + 2\,H_2O(g) \rightleftharpoons 4\,HCl(g) + O_2(g)$$

**(a)** 반응 $4\,HCl(g) + O_2(g) \rightleftharpoons 2\,Cl_2(g) + 2\,H_2O(g)$의 $K_p$는 얼마인가?

**(b)** 반응 $Cl_2(g) + H_2O(g) \rightleftharpoons 2\,HCl(g) + \frac{1}{2}O_2(g)$의 $K_p$는 얼마인가?

**15.14** 다음 평형을 고려하자.

$$N_2(g) + O_2(g) + Br_2(g) \rightleftharpoons 2\,NOBr(g)$$

다음 정보(298 K에서)를 활용하여, 위 반응의 평형 상수 $K_p$를 계산하시오.

$$2\,NO(g) + Br_2(g) \rightleftharpoons 2\,NOBr(g) \quad K_c = 2.0$$

$$2\,NO(g) \rightleftharpoons N_2(g) + O_2(g) \quad K_c = 2.1 \times 10^{30}$$

**15.15** 다음 평형을 고려하자.

$$Na_2O(s) + SO_2(g) \rightleftharpoons Na_2SO_3(s)$$

**(a)** 이 반응의 평형 상수식을 부분 압력으로 쓰시오.

**(b)** 이 반응의 모든 화합물은 물에 녹는다. 수용액 반응에서의 평형 상수식을 몰농도로 쓰시오.

자기 평가 연습 문제 답 **15.9** (b) **15.10** (c) **15.11** (a)

## 15.4 평형 상수의 계산

이 절에서는 평형 상수식과 연관된 상수를 사용하여 계산을 수행한다. 다소 복잡해 보이는 경우도 있겠지만, 명확한 작업 방법을 사용하면 논리적인 절차를 따라 원하는 대답에 도달할 수 있다. 이 절이 끝나면 다음 사항을 수행할 수 있어야 한다.

- 평형 상수식과 관련된 다양한 종류의 계산 수행하기

표 15.1에서 했던 것과 같이, 화학 반응에서 모든 반응물과 생성물의 평형 농도를 측정한다면, 평형 상수값을 계산하는 것은 어렵지 않다. 모든 평형 농도를 반응의 평형 상수식에 간단히 대입하면 된다.

## 예제 15.7
### 모든 평형 농도를 알고 있을 때 $K$의 계산

반응 용기 안에서 수소와 질소 기체 혼합물이 472°C에서 평형을 이룬다. 평형 기체 혼합물에서 7.38 bar의 $H_2$, 2.46 bar의 $N_2$, 0.166 bar의 $NH_3$가 있다. 이 자료로부터 다음 반응의 평형 상수 $K_p$를 계산하시오.

$$N_2(g) + 3\,H_2(g) \rightleftharpoons 2\,NH_3(g)$$

**해답**

**분석** 균형 맞춘 반응식과 평형 부분 압력을 주고, 평형 상수를 계산하는 문제이다.

**계획** 균형 맞춘 반응식을 사용하여 평형 상수식을 쓴다. 그리고 평형 상수식에 평형 부분 압력을 넣어 $K_p$를 구한다.

**풀이**

$$K_p = \frac{(P_{NH_3})^2}{P_{N_2}(P_{H_2})^3} = \frac{0.166^2}{(2.46)(7.38)^3} = 2.79 \times 10^{-5}$$

▶ **보충 예제**

25 °C에서 아세트산 수용액이 다음과 같은 평형 농도를 가짐을 알았다.

$[CH_3COOH] = 1.65 \times 10^{-2}\ M$, $[H^+] = 5.44 \times 10^{-4}\ M$,
$[CH_3COO^-] = 5.44 \times 10^{-4}\ M$

25 °C에서의 아세트산의 이온화 반응에 대한 평형 상수 $K_c$를 구하시오. 반응은 다음과 같다.

$$CH_3COOH(aq) \rightleftharpoons H^+(aq) + CH_3COO^-(aq)$$

평형 혼합물에서 화학종의 평형 농도가 모두 알려져있지 않은 경우가 종종 있다. 그러나 초기 농도와 적어도 한 화학종의 평형 농도를 안다면, 반응의 화학량론을 이용하여 다른 화학 종의 평형 농도를 계산할 수 있다. 이때 다음 과정을 적용한다.

**평형 혼합물에서 알려지지 않은 화학종의 농도를 결정하는 법**

1. 평형 상수식에 있는 모든 화학종의 알려진 초기 농도와 평형 농도를 표로 만든다.
2. 초기 농도와 평형 농도를 모두 알고 있는 화학종의 경우, 계가 평형에 도달할 때 일어나는 농도 변화를 계산한다.
3. 반응의 화학량론을 사용하여(균형 화학 반응식의 계수를 사용) 평형 상수식에 있는 나머지 모든 화학종의 농도 변화를 계산한다.
4. 1단계의 초기 농도와 3단계의 농도 변화로부터 1단계의 표에서 빠져 있는 평형 농도를 계산한다.
5. 평형 상수값을 구한다.

이 과정을 이해하는 가장 좋은 방법은 예제 15.8과 같은 예제를 풀어 보는 것이다.

## 예제 15.8
### 초기 및 평형 농도로부터 $K$ 계산하기

$1.000 \times 10^{-3}\ M$ $H_2$ 기체와 $2.000 \times 10^{-3}\ M$ $I_2$ 기체가 들어 있는 반응 용기를 448 °C로 가열하여 다음 평형 반응이 일어났다.

$$H_2(g) + I_2(g) \rightleftharpoons 2\,HI(g)$$

448 °C에서의 평형에서 HI의 농도가 $1.87 \times 10^{-3}\ M$일 때, 평형 상수 $K_c$를 계산하시오.

**해답**

**분석** $H_2$와 $I_2$의 초기 농도, HI의 평형 농도를 주고, $H_2(g) + I_2(g) \rightleftharpoons 2\,HI(g)$의 평형 상수를 구하는 문제이다.

**계획** 모든 화학종의 평형 농도를 구하기 위하여 표를 작성하고 평형 농도로부터 평형 상수를 계산한다.

**풀이**

(1) 모든 화학종의 초기 농도와 평형 농도를 표로 작성한다. 표에 농도 변화를 기입할 공간을 마련한다. 작성한 도표 맨 위에 화학 반응식을 쓰는 것이 편리하다.

| | $H_2(g)$ + | $I_2(g)$ ⇌ | $2\,HI(g)$ |
|---|---|---|---|
| 초기 농도($M$) | $1.000 \times 10^{-3}$ | $2.000 \times 10^{-3}$ | 0 |
| 농도 변화($M$) | | | |
| 평형 농도($M$) | | | $1.87 \times 10^{-3}$ |

(2) 초기 농도와 평형 농도의 차이로부터 HI의 농도 변화를 계산한다.

$$[HI]\text{의 변화} = 1.87 \times 10^{-3}\,M - 0 = 1.87 \times 10^{-3}\,M$$

(3) [HI]의 변화를 $[H_2]$ 및 $[I_2]$의 변화와 관련시키기 위하여 균형 화학 반응식의 계수를 이용한다.

$$\left(1.87 \times 10^{-3}\,\frac{\text{mol HI}}{\text{L}}\right)\left(\frac{1\text{ mol }H_2}{2\text{ mol HI}}\right) = 0.935 \times 10^{-3}\,\frac{\text{mol }H_2}{\text{L}}$$

$$\left(1.87 \times 10^{-3}\,\frac{\text{mol HI}}{\text{L}}\right)\left(\frac{1\text{ mol }I_2}{2\text{ mol HI}}\right) = 0.935 \times 10^{-3}\,\frac{\text{mol }I_2}{\text{L}}$$

(4) 초기 농도 및 농도 변화를 이용하여 $H_2$와 $I_2$의 평형 농도를 계산한다. 평형 농도는 초기 농도에서 소모된 농도를 뺀 값이다.

$$[H_2] = (1.000 \times 10^{-3}\,M) - (0.935 \times 10^{-3}\,M) = 0.065 \times 10^{-3}\,M$$
$$[I_2] = (2.000 \times 10^{-3}\,M) - (0.935 \times 10^{-3}\,M) = 1.065 \times 10^{-3}\,M$$

(5) 완성된 표는 다음과 같다(평형 농도는 파란색으로 나타내어 강조하였다).

| | $H_2(g)$ + | $I_2(g)$ ⇌ | $2\,HI(g)$ |
|---|---|---|---|
| 초기 농도($M$) | $1.000 \times 10^{-3}$ | $2.000 \times 10^{-3}$ | 0 |
| 농도 변화($M$) | $-0.935 \times 10^{-3}$ | $-0.935 \times 10^{-3}$ | $+1.87 \times 10^{-3}$ |
| 평형 농도($M$) | $0.065 \times 10^{-3}$ | $1.065 \times 10^{-3}$ | $1.87 \times 10^{-3}$ |

농도 변화에서 반응물이 소모되었을 때는 (−)부호, 생성물이 생겼을 때는 (+)부호를 가짐에 유의하라.

마지막으로 평형 상수식을 사용하여 평형 상수를 계산한다.

$$K_c = \frac{[HI]^2}{[H_2][I_2]} = \frac{(1.87 \times 10^{-3})^2}{(0.065 \times 10^{-3})(1.065 \times 10^{-3})} = 51$$

**주의** 동일한 방법을 기체 평형 문제에 적용하여 $K_p$를 계산할 수 있다. 이 경우 몰농도 대신 부분 압력이 표 항목에 기입된다. 이러한 종류의 표를 ICE 차트라고 할 수 있다. ICE는 초기(Initial)−변화(Change)−평형(Equilibrium)을 나타낸다.

**▶ 보충 예제**

15.1절에서는 $N_2O_4(g)$와 $NO_2(g)$의 평형을 논의했다. 그 식으로 정량적인 예를 들어 보자. 냉동된 $N_2O_4$ 9.2 g을 0.50 L 반응 용기에 가하고 400 K로 가열하여 평형에 도달했을 때, $N_2O_4(g)$의 농도가 0.057 $M$로 측정되었다. 이 자료로부터, 400 K에서 반응 $N_2O_4(g) \rightleftharpoons 2\,NO_2(g)$의 $K_c$ 값은 얼마인가?

**(a)** 0.23 **(b)** 0.36 **(c)** 0.13 **(d)** 1.4 **(e)** 2.5

## 평형 상수의 응용

평형 상수 $K$의 크기가 반응의 진행 정도를 의미한다는 것을 알았다.

- $K$가 매우 크면, 평형 혼합물은 반응식에서 생성물 쪽의 물질을 주로 포함한다.
- $K$가 1보다 훨씬 작으면, 평형 혼합물은 반응식에서 반응물 쪽의 물질을 주로 포함한다.

평형 상수는 (1) 반응 혼합물이 평형에 도달하기 위한 진행 방향을 예측하고, (2) 반응물과 생성물의 평형 농도를 계산할 수 있게 한다.

## 반응 방향의 예측

온도 472°C에서 $N_2$와 $H_2$로부터 $NH_3$가 생성되는 반응(식 15.6)의 $K_c = 0.105$이다. 472°C에서 1.00 L 용기에 $H_2$ 2.00 mol, $N_2$ 1.00 mol, $NH_3$ 2.00 mol의 혼합물이 들어 있다고 가정하자. 평형에 도달하기 위하여 혼합물은 어떤 반응을 할 것인가? $N_2$와 $H_2$가 반응하여 더 많은 $NH_3$를 만들 것인가? 아니면 $NH_3$가 $N_2$와 $H_2$로 분해될 것인가?

이 질문에 답하기 위하여 $N_2$, $H_2$, $NH_3$의 초기 농도를 평형 상수식에 대입한 다음, 이를 평형 상수 값과 비교한다.

$$\frac{[NH_3]^2}{[N_2][H_2]^3} = \frac{(2.00)^2}{(1.00)(2.00)^3} = 0.500 \qquad K_c = 0.105 \qquad [15.23]$$

평형에 도달하기 위해서는 $[NH_3]^2/[N_2][H_2]^3$ 값이 초깃값 0.500에서 평형 상수값 0.105로 감소해야 한다. 닫힌 계이므로, 이 변화는 오직 $NH_3$의 농도가 감소하고, $N_2$와 $H_2$의 농도가 증가함으로써 가능할 것이다. 따라서 $NH_3$로부터 $N_2$와 $H_2$를 생성하면서 평형으로 진행하며, 이는 식 15.6의 반응이 오른쪽에서 왼쪽으로 진행함을 의미한다.

이와 같은 접근법은 반응 지수(reaction quotient)라고 하는 양을 정의함으로써 공식화할 수 있다.

**반응 과정에서 어떤 시점에서의 반응물과 생성물의 농도나 부분 압력을 평형 상수식에 대입하여 얻어진 수를 반응 지수(reaction quotient, $Q$)라고 한다.**

그러므로 일반적인 반응 $a\text{A} + b\text{B} \rightleftharpoons d\text{D} + e\text{E}$에 대해 반응 지수를 몰농도로 나타내면 다음과 같다.

$$Q_c = \frac{[D]^d[E]^e}{[A]^a[B]^b} \qquad [15.24]$$

기체를 포함하는 반응에서는 농도 대신 부분 압력으로 써서 $Q_p$로 나타낸 반응 지수를 얻는다.

반응 지수를 계산하기 위하여 평형 상수식과 비슷한 식을 사용하지만, 이때 사용하는 농도는 평형 농도일 수도 있고, 아닐 수도 있다. 예를 들어 위에서 초기 농도를 식 15.23의 평형 상수식에 대입하였을 때 얻은 값은 $Q_c$=0.500이었지만, $K_c$=0.105이다. 평형 상수는 각 온도에서 하나의 값만을 갖지만, 반응 지수는 반응이 진행됨에 따라 여러 가지 값을 갖는다.

그렇다면 $Q$의 용도는 무엇인가? $Q$로 할 수 있는 실질적인 것 중 하나는 반응이 실제로 평형에 있는지 아닌지를 평가하는 것이다. 이는 느린 반응에서 특히 유용하다. 반응이 진행될 때 반응 혼합물의 시료를 취해 성분들을 분리하고, 각 성분의 농도를 측정한다. 그리고 나서 반응의 반응 지수식 15.24에 농도 값을 대입한다. 반응이 평형에 도달했는지, 또는 평형에 도달하기 위하여 어느 방향으로 진행하는지를 알아내기 위하여 $Q_c$ 값과 $K_c$ 값, 또는 $Q_p$ 값과 $K_p$ 값을 비교한다. 세 가지 가능한 경우(그림 15.8)를 다음과 같이 요약할 수 있다.

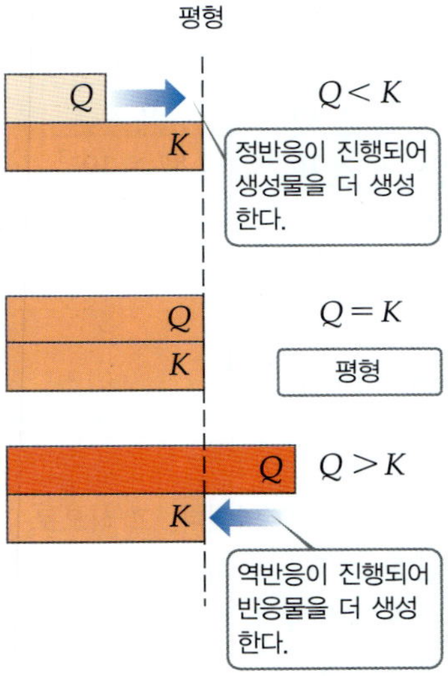


▲ 그림 15.8 주어진 온도에서 $Q$와 $K$를 비교하여 반응의 방향 예측하기

**$Q$를 사용하여 반응 진행 상황을 분석하는 방법**

- $Q<K$: 생성물의 농도가 매우 작고 반응물의 농도는 매우 크다. 따라서 생성물이 더 많이 생성되어야 평형에 도달하게 되므로, 반응은 왼쪽에서 오른쪽으로 진행한다.
- $Q=K$: 계가 평형에 도달했을 때에만 반응 지수가 평형 상수와 같게 된다.
- $Q>K$: 생성물의 농도가 매우 크고 반응물의 농도가 매우 작다. 반응물이 더 많이 생성되어야 평형에 도달하므로, 반응은 오른쪽에서 왼쪽으로 진행한다.

## 예제 15.9
### 평형으로의 접근 방향 예측하기

다음 반응의 평형 상수 $K_c$는 448°C에서 50.50이다.

$$H_2(g) + I_2(g) \rightleftharpoons 2\,HI(g)$$

2.00 L 용기에서 HI $2.0\times10^{-2}$ mol, $H_2$ $1.0\times10^{-2}$ mol, $I_2$ $3.0\times10^{-2}$ mol로 반응을 시작하면, 반응은 어떤 방향으로 진행하여 평형에 도달하는가?

### 해답

**분석** 반응에서 화학종의 초기 몰수와 부피가 주어졌을 때 평형에 도달하기 위하여 반응이 어느 방향으로 진행될 것인지 묻는 문제이다.

**계획** 반응 혼합물 속의 각 물질의 초기 농도를 구할 수 있다. 초기 농도를 평형 상수식에 대입하여 반응 지수 $Q_c$를 계산할 수 있다. 주어진 평형 상수와 반응 지수의 크기를 비교함으로써 반응의 진행 방향을 알 수 있다.

**풀이** 초기 농도는 다음과 같다.

$$[HI] = 2.0 \times 10^{-2}\,mol/2.00\,L = 1.0 \times 10^{-2}\,M$$
$$[H_2] = 1.0 \times 10^{-2}\,mol/2.00\,L = 5.0 \times 10^{-3}\,M$$
$$[I_2] = 3.0 \times 10^{-2}\,mol/2.00\,L = 1.5 \times 10^{-2}\,M$$

반응 지수는 다음과 같다.

$$Q_c = \frac{[HI]^2}{[H_2][I_2]} = \frac{(1.0 \times 10^{-2})^2}{(5.0 \times 10^{-3})(1.5 \times 10^{-2})} = 1.3$$

$Q_c < K_c$이므로, 평형에 도달하려면 HI의 농도는 증가하고, $H_2$와 $I_2$의 농도는 감소해야 한다. 따라서 평형에 도달하기 위해 반응은 왼쪽에서 오른쪽으로 진행한다.

**▶ 보충 예제**

위 예제에 서술된 반응에서 용기의 크기가 2.00 L와 달라진다면, 다음 중 반응의 방향 변화에 대해 정확히 설명한 것은 어느 것인가?

(a) 용기의 부피가 충분히 줄어들면 반대 방향(오른쪽에서 왼쪽)으로 반응이 진행된다.

(b) 용기의 부피가 충분히 팽창되면 반응은 반대 방향으로 진행된다.

(c) 이 반응의 방향은 용기의 부피에 의존하지 않는다.

## 평형 농도의 계산

화학자들은 종종 평형 상수를 알고 있는 반응에서 평형 상태에서의 반응물과 생성물의 양을 계산할 필요가 있다. 이와 같은 형태의 문제를 푸는 방법은 평형 상수를 계산할 때 사용한 것과 비슷하다. 즉 초기 농도(부분 압력), 이들 농도(압력)의 변화, 최종 평형 농도(부분 압력)를 표로 작성한다. 일반적으로 마지막에 평형 상수식을 이용하여 예제 15.10에 보인 것처럼 미지의 양을 계산하기 위해 풀어야 할 식을 유도한다.

### 예제 15.10
**평형 농도의 계산**

온도 500°C에서 Haber 공정 $N_2(g) + 3\,H_2(g) \rightleftharpoons 2\,NH_3(g)$의 $K_p = 1.41 \times 10^{-5}$이다. 500°C에서 세 가지 기체의 평형 혼합물에서 $H_2$의 부분 압력은 94.03 bar, $N_2$의 부분 압력은 43.77 bar이다. 이 평형 혼합물에서 $NH_3$의 부분 압력은 얼마인가?

**해답**

**분석** 평형 상수 $K_p$와, 반응식의 세 가지 물질 중 두 가지 물질($N_2$와 $H_2$)의 평형 부분 압력이 주어졌으며, 세 번째 물질 $NH_3$의 평형 부분 압력을 구하는 문제이다.

**계획** $K_p$를 평형 상수식과 같다고 놓고, 여기에 주어진 부분 압력들을 대입한다. 그 다음 식에서 유일한 미지수에 대하여 푼다.

**풀이** 평형 압력들을 다음과 같이 도표화한다.

| | $N_2(g)$ + | $3\,H_2(g)$ $\rightleftharpoons$ | $2\,NH_3(g)$ |
|---|---|---|---|
| 평형 압력(bar) | 43.77 bar | 94.03 bar | $x$ |

$NH_3$의 평형 압력을 알지 못하므로 이를 변수 x로 나타낸다. 평형에서 압력은 평형 상수식을 만족해야 한다.

$$K_p = \frac{(P_{NH_3})^2}{P_{N_2}(P_{H_2})^3} = \frac{x^2}{(43.77)(94.03)^3} = 1.41 \times 10^{-9}$$

식을 $x$에 대하여 정리하고 $x$를 구한다.

$$x^2 = (1.41 \times 10^{-9})(43.77)(94.03)^3 = 5.14 \times 10^{-2}$$
$$x = \sqrt{5.14 \times 10^{-2}} = 0.227\,bar = P_{NH_3}$$

**검토** 이 결과를 사용하여 평형 상수 값을 다시 계산하면 확인할 수 있다.

$$K_p = \frac{(0.227)^2}{(43.77)(94.03)^3} = 1.41 \times 10^{-9}$$

**▶ 보충 예제**

온도 500 K에서 반응 $PCl_5(g) \rightleftharpoons PCl_3(g) + Cl_2(g)$의 $K_p = 50.4$이다. 500 K에서의 평형 혼합물에서 $PCl_5$의 부분 압력은 87.14 kPa이고, $PCl_3$는 34.46 kPa이다. 평형 혼합물에서 $Cl_2$의 부분 압력은 얼마인가?

많은 경우에 있어, 평형 상수값과 모든 화학종의 초기 농도는 알려져 있다. 그다음에 평형 농도를 구해야 한다. 대체로 이런 문제를 푸는 경우에는 농도 변화를 하나의 변수로 취급한다. 예제 15.11에 보인 것처럼, 반응의 화학량론은 모든 반응물과 생성물의 변화량 사이의 관계를 알려 준다. 종종 이 예제에서와 같이 이차방정식의 근의 공식을 사용하여 계산할 때도 있다.

## 예제 15.11

### 초기 농도로부터 평형 농도 계산하기

온도 448 °C에서 1.000 L 플라스크에 $H_2(g)$ 1.000 mol과 $I_2(g)$ 2.000 mol을 채웠다. 다음 반응 $H_2(g) + I_2(g) \rightleftharpoons 2\,HI(g)$에서 $K_c$는 448 °C에서 50.50이다. 리터당 몰수로 $H_2$, $I_2$, HI의 평형 농도는 얼마인가?

### 해답

**분석** 용기의 부피, 평형 상수, 반응물의 초기 농도를 주고, 모든 화학종의 평형 농도를 구하는 문제이다.

**계획** 이 경우 어떠한 평형 농도도 주어지지 않았다. 따라서 초기 농도와 평형 농도 사이의 관계를 알아내야 한다. 초기 농도로부터 평형 농도를 계산한 예제 15.8과 많은 면에서 비슷하다.

**풀이**

**(1)** $H_2$와 $I_2$의 초기 농도를 적는다.

$[H_2] = 1.000\,M$, $[I_2] = 2.000\,M$

**(2)** 초기 농도를 기입한 표를 작성한다.

| | $H_2(g)$ + | $I_2(g)$ $\rightleftharpoons$ | $2\,HI(g)$ |
|---|---|---|---|
| 초기 농도(M) | 1.000 | 2.000 | 0 |
| 농도 변화(M) | | | |
| 평형 농도(M) | | | |

**(3)** 반응의 화학량론을 이용하여 반응이 평형으로 진행할 때 일어나는 농도 변화를 결정한다. 평형으로 진행함에 따라 $H_2$와 $I_2$ 농도는 감소할 것이고, HI 농도는 증가할 것이다. $H_2$의 농도 변화를 변수 $x$로 나타내 보자. 균형 맞춘 화학 반응식으로부터 $H_2$ $x$ mol이 반응할 때 $I_2$ $x$ mol을 소비하고, HI가 $2x$ mol 생성된다.

| | $H_2(g)$ + | $I_2(g)$ $\rightleftharpoons$ | $2\,HI(g)$ |
|---|---|---|---|
| 초기 농도(M) | 1.000 | 2.000 | 0 |
| 농도 변화(M) | $-x$ | $-x$ | $+2x$ |
| 평형 농도(M) | | | |

**(4)** 화학량론에 따라 초기 농도와 농도 변화를 사용하여 평형 농도를 표시한다. 이제 모든 칸을 채우면 다음과 같은 표를 얻는다.

| | $H_2(g)$ + | $I_2(g)$ $\rightleftharpoons$ | $2\,HI(g)$ |
|---|---|---|---|
| 초기 농도(M) | 1.000 | 2.000 | 0 |
| 농도 변화(M) | $-x$ | $-x$ | $+2x$ |
| 평형 농도(M) | $1.000 - x$ | $2.000 - x$ | $2x$ |

**(5)** 평형 상수식에 평형 농도를 대입하고, 미지수 $x$에 대하여 푼다.

$$K_c = \frac{[HI]^2}{[H_2][I_2]} = \frac{(2x)^2}{(1.000 - x)(2.000 - x)} = 50.5$$

계산기를 사용하면 직접 $x$를 구할 수 있다. 그렇지 않다면 식을 전개하여 이차 방정식을 얻는다.

$$4x^2 = 50.5(x^2 - 3.000x + 2.000)$$

$$46.5x^2 - 151.5x + 101.0 = 0$$

이차방정식을 풀면(부록 A.3), 두 개의 $x$값을 얻는다.

$$x = \frac{-(-151.5) \pm \sqrt{(-151.5)^2 - 4(46.5)(101.0)}}{2(46.5)} = 2.323,\ 0.935$$

이 중 첫 번째 해 $x=2.323$을 평형 농도식에 대입하면 $H_2$와 $I_2$의 농도가 음수이다. 음수인 농도는 화학적으로 의미가 없으므로 이 답은 버린다. 다른 해 $x=0.935$를 사용하여 평형 농도를 구한다.

$$[H_2] = 1.000 - x = 0.065\,M$$

$$[I_2] = 2.000 - x = 1.065\,M$$

$$[HI] = 2x = 1.87\,M$$

**검토** 이 값을 평형 상수식에 넣어 평형 상수를 정확하게 계산했는지 확인해서 위의 답을 검산할 수 있다.

$$K_c = \frac{[HI]^2}{[H_2][I_2]} = \frac{(1.87)^2}{(0.065)(1.065)} = 51$$

**주의** 이차방정식을 사용하여 평형 문제를 풀게 되면, 두 개의 해 중 하나는 음의 값을 가진다. 음의 값은 화학적으로 의미가 없으므로 사용하지 않는다.

**▶ 보충 예제**

온도 500 K에서 평형 반응 $PCl_5(g) \rightleftharpoons PCl_3(g) + Cl_2(g)$의 평형 상수 $K_p$는 50.4이다. 500 K에서 기체 용기가 초기 압력이 168.2 kPa인 $PCl_5(g)$로 채워져 있다. 이 온도에서 $PCl_5$, $PCl_3$, $Cl_2$의 평형 압력은 얼마인가?

## 자기 평가 연습 문제

**15.16** 실험에서, 250 °C의 1.00 L 용기에 0.200 mol의 $PCl_3(g)$와 0.100 mol의 $Cl_2$가 혼합되어 있다. 평형이 이루어졌을 때, $[PCl_5] = 0.091$였다. 이 온도에서의 $K_c$를 계산하라.

$$PCl_3(g) + Cl_2(g) \rightleftharpoons PCl_5(g)$$

**(a)** $K = 0.22$
**(b)** $K = 93$

## 연습 문제

**15.17** 메탄올($CH_3OH$)은 상업적으로 일산화 탄소와 수소의 촉매 반응으로 생산된다.

$$CO(g) + 2\,H_2(g) \rightleftharpoons CH_3OH(g)$$

500 K에서 10.00 L 용기에 들어 있는 평형 혼합물 중에는 $CH_3OH$ 0.050 mol, CO 0.850 mol, $H_2$ 0.750 mol이 있다. 이 온도에서 $K_c$를 계산하시오.

**15.18** NO 0.140 mol, $H_2$ 0.060 mol, $H_2O$ 0.260 mol이 330 K의 2.0 L 용기에 담겨 있다. 다음 평형이 이루어졌다고 한다.

$$2\,NO(g) + 2\,H_2(g) \rightleftharpoons N_2(g) + 2\,H_2O(g)$$

평형에서 $[H_2] = 0.010\ M$이다.

**(a)** NO, $N_2$, $H_2O$의 평형 농도를 계산하시오.

**(b)** $K_c$를 계산하라.

**15.19** 한 제약회사의 화학자가 암과 관련된 단백질에 신약 후보 분자가 결합하는 반응의 평형 상수를 측정하고 있다. 신약 분자는 1:1 비율로 단백질과 결합하여 신약–단백질 복합체를 형성한다. 25 °C 수용액의 단백질 농도는 $1.50 \times 10^{-6}\ M$이다. 신약 A는 $2.00 \times 10^{-6}\ M$의 초기 농도로 단백질 용액에 주입된다. 신약 B는 $2.00 \times 10^{-6}\ M$의 초기 농도로 별도의 동일 단백질 용액에 주입된다. 평형 상태에서 신약 A–단백질 용액의 A–단백질 복합체 농도는 $1.00 \times 10^{-6}\ M$이며, 약물 B 용액의 B–단백질 복합체 농도는 $1.40 \times 10^{-6}\ M$이다. A–단백질 결합 반응 및 B–단백질 결합 반응에 대한 Kc 값을 계산하라. 더 강하게 결합하는 약물일수록 더 효과적이라면, 추가 연구를 위해 어떤 약물이 더 나은 선택인가?

**15.20** **(a)** $Q_c > K_c$인 경우, 평형에 도달하려면 반응이 어떻게 진행되어야 하는가? **(b)** 특정 반응이 시작될 때 반응물만 존재하고 생성물이 형성되지 않았다. 이 시점에서 반응의 $Q_c$ 값은 얼마인가?

**15.21** 표 15.2에 나타난 바와 같이, 평형 $N_2(g) + 3\,H_2(g) \rightleftharpoons 2\,NH_3(g)$에 대한 $K_p$는 450 °C에서 $4.39 \times 10^{-9}$이다. 아래에 나열된 각 혼합물에 대해, 해당 혼합물이 450 °C에서 평형 상태에 있는지, 아닌지를 표시하시오. 평형 상태가 아니라면, 평형을 달성하기 위해 혼합물이 이동해야 하는 방향(생성물 쪽으로 또는 반응물 쪽으로)을 나타내시오.

**(a)** $NH_3$ 9.93 MPa, $N_2$ 4.56 MPa, $H_2$ 5.57 MPa

**(b)** $NH_3$ 5.78 MPa, $N_2$ 14.49 MPa, $H_2$ 없음

**(c)** $NH_3$ 1.32 MPa, $N_2$ 2.74 MPa, $H_2$ 8.31 MPa

**15.22** 온도 700 K에서 다음 반응의 평형 상수 $K_p = 3.0 \times 10^2$이다.

$$2\,SO_2(g) + O_2(g) \rightleftharpoons 2\,SO_3(g)$$

2.00 L 용기에서 평형 혼합물은 1.17 g의 $SO_3$와 0.105 g의 $O_2$를 포함한다. 용기에는 몇 그램의 $SO_2$가 있는가?

**15.23** 온도 400 K에서 다음 반응의 평형 상수 $K_c = 7.0$이다.

$$Br_2(g) + Cl_2(g) \rightleftharpoons 2\,BrCl(g)$$

400 K의 3.0 L 용기에 $Br_2$ 0.25 mol과 $Cl_2$ 0.55 mol을 넣으면 $Br_2$, $Cl_2$, BrCl의 평형 농도는 어떻게 되겠는가?

**15.24** 온도 80 °C에서 다음 반응의 평형 상수 $K_c = 1.87 \times 10^{-3}$이다.

$$PH_3BCl_3(s) \rightleftharpoons PH_3(g) + BCl_3(g)$$

**(a)** $PH_3BCl_3$의 고체 샘플을 80 °C의 밀폐된 용기에 넣고 평형에 도달할 때까지 분해하는 경우 $PH_3$와 $BCl_3$의 평형 농도를 계산하시오.

**(b)** 플라스크의 부피가 0.250 L인 경우 평형을 이루기 위해 플라스크에 추가해야 하는 $PH_3BCl_3(s)$의 최소 질량은 얼마인가?

자기 평가 연습 문제 답 **15.16** (b)

# 15.5 | Le Châtelier 원리

일상생활에서 사용하는 수많은 물건들은 화학 산업에서 얻어진다. 화학자와 화학공학자들은 가치 있는 생성물의 수득률을 극대화하고 필요 없는 물질은 최소화하는 데 많은 시간과 노력을 기울이고 있다. 예를 들어 Haber가 $N_2$와 $H_2$로부터 암모니아를 생산하는 공정을 개발했을 때, 그는 수득률을 높이기 위해 반응 조건을 어떻게 변화시켜야 하는지를 조사했다. 여러 온도에서의 평형 상수 값을 사용하여 다양한 조건하에서 생성된 $NH_3$의 평형에서의 양을 계산하였다. 이 절이 끝나면, 다음 사항을 수행할 수 있어야 한다.

- Le Châtelier 원리를 사용하여 평형 상태에서 시스템의 농도, 부피 또는 온도를 변경하는 것이 평형 위치에 어떤 영향을 미치는지 예측하기

Haber의 실험 결과 중 일부가 **그림 15.9**에 나타나 있다. 평형 상태에 존재하는 $NH_3$의 백분율은 온

$NH_3$ 수득률을 극대화하기 위해 어떤 압력과 온도의 조합을 사용해야 하는가?

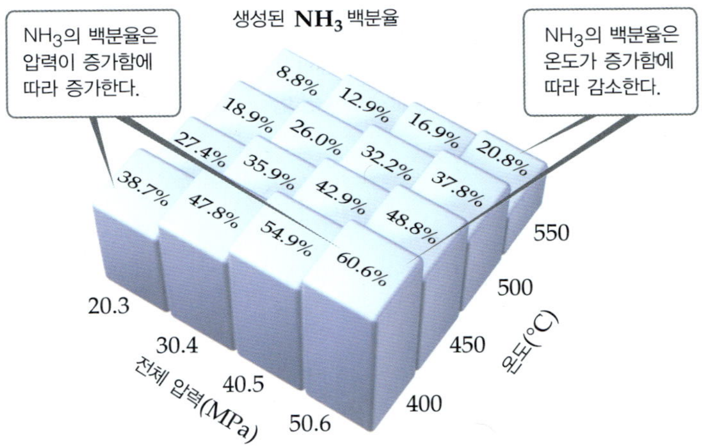


▲ **그림 15.9** Haber 과정에서 $NH_3$ 수득률에 미치는 온도와 압력의 영향 각 혼합물들은 $H_2$와 $N_2$의 몰비가 3:1인 혼합물로부터 시작하여 얻어졌다.

도 증가에 따라 감소하고, 압력 증가에 따라 증가한다는 것에 유의하라.

이와 같은 효과는 프랑스의 공업화학자 Henri-Louis Le Châtelier*(1850~1936)에 의해 처음으로 제안된 다음과 같은 원리에 의하여 이해될 수 있다.

**평형에 있는 어떤 계가 온도, 압력, 어느 성분의 농도 변화에 의해 교란을 받으면, 그 계는 그 교란 효과를 해소하는 방향으로 평형의 위치를 이동시킨다.**

**Le Châtelier 원리**

평형에 있는 계가 **농도**, **압력**, **온도**의 변화에 의해 교란되면,
계는 그 교란 효과를 상쇄하도록 평형 위치를 이동시킨다.

**농도**: 반응물 또는 생성물의 첨가 또는 제거
**평형 상태의 계에 어떠한 물질이 가해지면, 계는 그 물질의 일부를 소모하도록 반응한다. 물질이 계에서 제거되면 계는 그 물질을 더 많이 생성하도록 반응한다.**

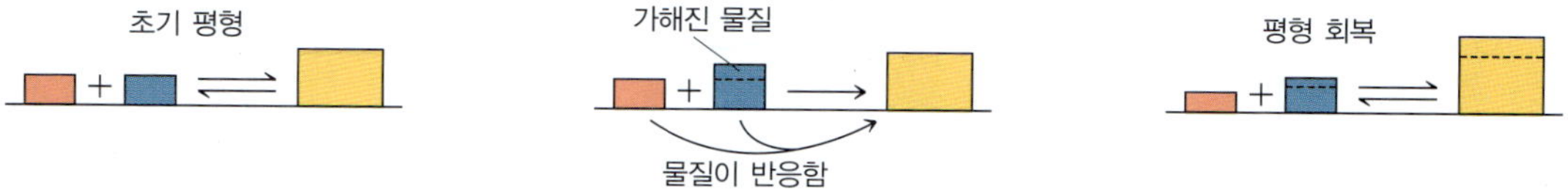


**압력**: 부피를 변화시켜 압력 변화시키기
**일정 온도에서 기체 상태의 평형 혼합물의 부피를 줄이면 계는 기체의 몰수를 감소시키는 방향으로 이동한다.**

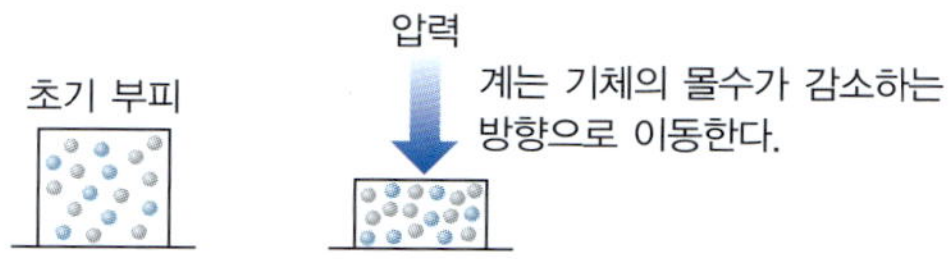


**온도**:
**평형계의 온도를 높이면 계는 반응물을 흡열 반응에 가하거나 생성물을 발열 반응에 가한 것처럼 반응한다. 평형은 '과량의 시약', 즉 열을 소모하는 방향으로 이동한다.**

이 절에서는 평형 상태의 계가 외부 조건의 다양한 변화에 어떻게 대응하는지를 정성적으로 예측하기 위하여 Le Châtelier 원리를 이용한다. 화학 평형이 교란될 수 있는 세 가지 방법을 생각해 보자. (1) 반응물이나 생성물을 가하거나 제거할 때, (2) 부피 변화를 통해 압력을 변화시킬 때, (3) 온도를 변화시킬 때이다.

## 반응물 또는 생성물의 농도 변화

동적 평형에 있는 계는 균형 상태에 있다. 반응에서 한 물질의 농도가 변화하면, 평형은 새로운 균형 상태에 도달할 때까지 이동하게 된다. **이동**(shift)의 의미는 무엇인가? 이것은 새로운 상황에 맞도록 반응물과 생성물의 농도가 시간에 따라 변화하는 것을 의미한다. **이동**이 평형 상수 자체의 변화를 의미하지 **않는다**. 즉 평형 상수는 일정하게 유지된다. Le Châtelier 원리에 따르면, 평형의 이동은 변화의 효과를 최소화하거나 줄이는 방향으로 일어난다.

**평형에 있는 계에서 어떤 물질(반응물이든 생성물이든)의 농도가 증가하면, 그 계는 그 물질의 일부를 소모하도록 반응한다. 역으로 어느 물질의 농도가 감소하면, 계는 그 물질을 더 많이 만들도록 반응한다.**

*르 샤틀리에라고 발음한다.

수소를 가한 후에 왜 질소 농도가 감소하는가?

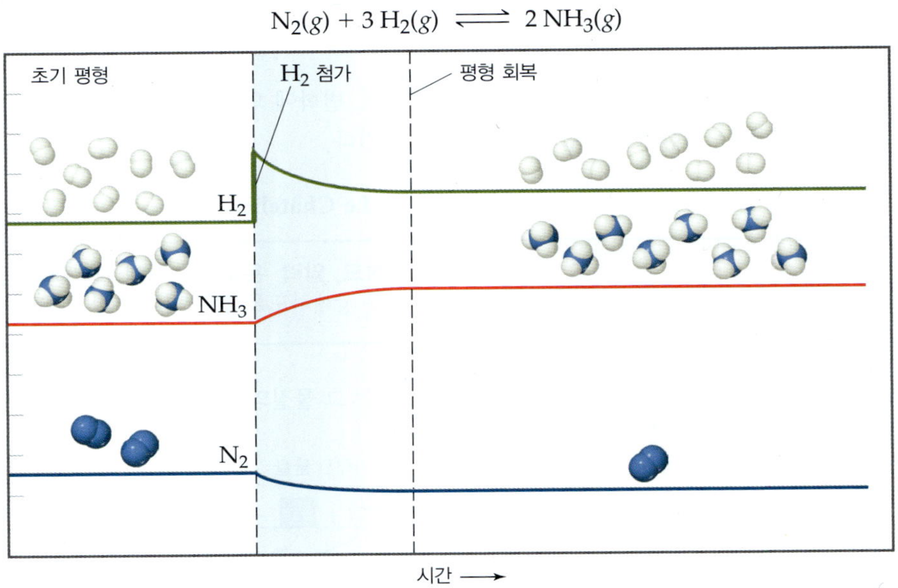


▲그림 15.10 $N_2$, $H_2$, $NH_3$의 평형 혼합물에 $H_2$를 가했을 때의 영향 $H_2$를 가하면 주어진 반응은 오른쪽, 즉 $H_2$를 더 소모하고 $NH_3$를 더 만드는 쪽으로 이동한다.

반응물이나 생성물의 농도가 변할 때 평형 상수는 바뀌지 않는다. 예를 들면 $N_2$, $H_2$, $NH_3$의 평형 혼합물을 생각해 보자.

$$N_2(g) + 3\,H_2(g) \rightleftharpoons 2\,NH_3(g)$$

$H_2$를 가하면 계는 증가된 $H_2$의 농도를 감소시키는 방향으로 이동한다(그림 15.10). 이러한 변화는 $H_2$를 소모하고, 동시에 $N_2$를 소모하여 더 많은 $NH_3$를 생성함으로써 가능하다. 평형 혼합물에 $N_2$를 더하면 역시 $NH_3$를 더 많이 만드는 방향으로 계가 이동한다. $NH_3$를 제거하면 $NH_3$를 더 생성시키려는 방향으로 반응이 이동한다. 평형계에 $NH_3$를 **가하면** 증가된 $NH_3$ 농드를 감소시키는 방향으로 반응이 이동한다. 가해진 암모니아의 일부는 $N_2$와 $H_2$로 분해된다. 이러한 '이동'은 반응 지수($Q$)와 평형 상수($K$)의 비교를 통한 예측과 완전히 일치한다.

Haber 반응에서는 $N_2$, $H_2$, $NH_3$의 평형 혼합물로부터 $NH_3$를 제거하면, $NH_3$를 더 만들기 위하여 반응이 오른쪽으로 이동한다. 만일 생성된 $NH_3$를 계속해서 제거할 수 있다면, 수득률은 크게 증가될 수 있다. 공업적으로 암모니아를 생산할 때에는 $NH_3$를 선택적으로 액화시켜 $NH_3$를 계속적으로 제거한다(그림 15.11)($NH_3$의 끓는점(−33 °C)은 $N_2$(−196 °C)와 $H_2$(−253 °C)보다 훨씬 높다). 액체 $NH_3$를 제거하고 $N_2$와 $H_2$는 재사용하여 더 많은 $NH_3$를 만든다. 생성물을 계속 제거한 결과, 반응은 결과적으로 완결된다.

## 부피 및 압력 변화의 효과

만일 한 개 이상의 기체를 포함한 어떤 계가 평형에 있고, 그 부피가 감소하여 전체 압력이 증가하면, Le Châtelier 원리에 따라 그 계는 압력을 감소시키려고 평형의 위치를 이동시킬 것이다. 계는 기체 분자의 전체 수를 감소시켜 압력을 줄일 수 있다(기체 분자수가 적을수록 압력은 더 낮게 나타난다). 따라서 일정한 온도에서 **기체 평형 혼합물의 부피를 감소시키면, 계는 기체의 분자수를 감소시키는 방향으로 이동한다.** 부피의 증가는 더 많은 기체 분자를 만드는 방향으로 이동시킨다 (그림 15.12).

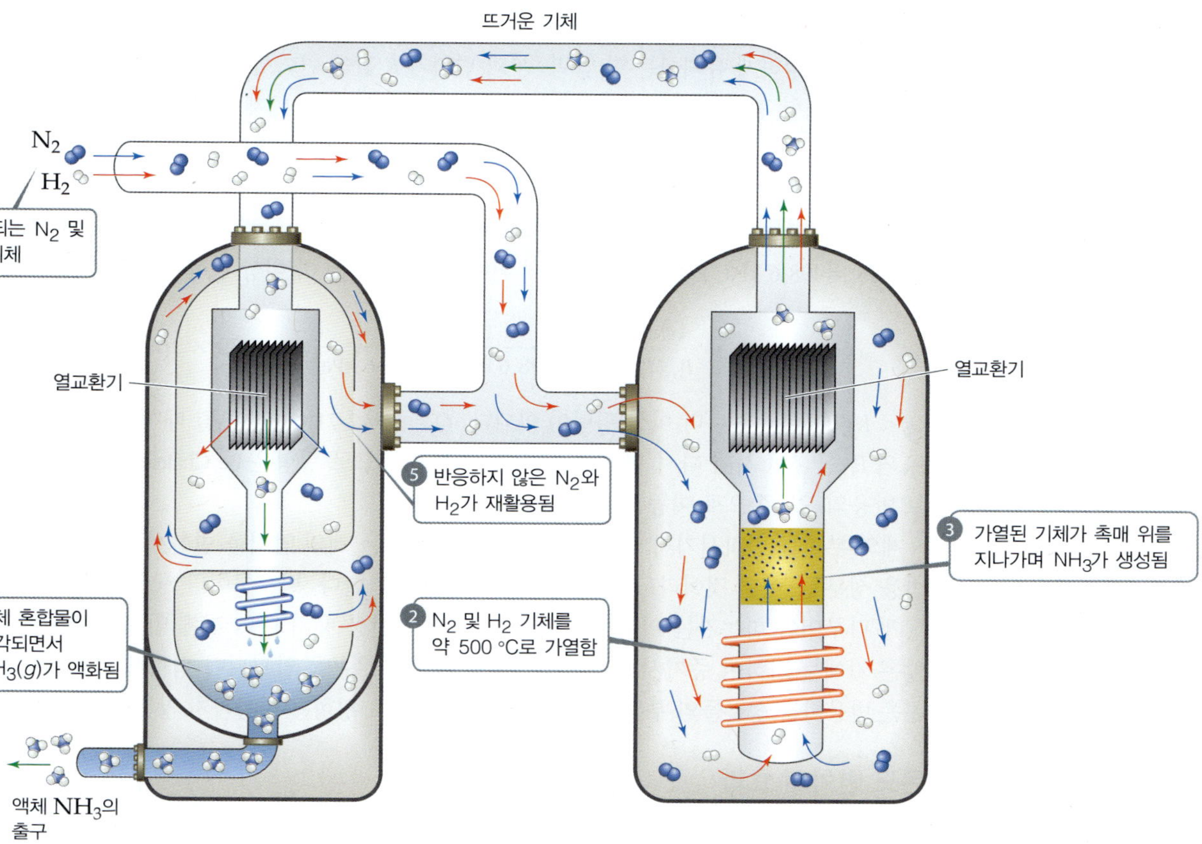


▲ **그림 15.11** 암모니아의 공업적 생산의 모식도 주입한 $N_2(g)$와 $H_2(g)$ 기체를 약 500°C로 가열하고 촉매 위를 통과시킨다. 통과한 $N_2$, $H_2$, $NH_3$ 혼합물을 냉각시키면, $NH_3$는 액화되어 혼합물에서 제거되므로, 반응은 $NH_3$를 더 만드는 쪽으로 이동한다.

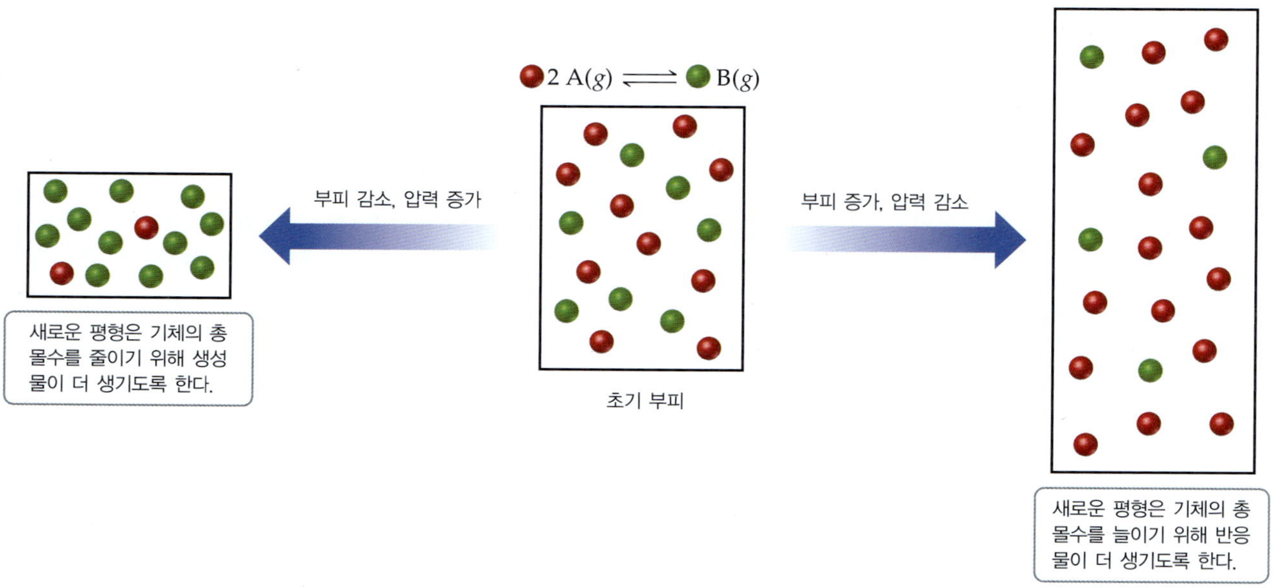


▲ **그림 15.12** 압력과 Le Châtelier 원리

$N_2(g) + 3\,H_2(g) \rightleftharpoons 2\,NH_3(g)$ 반응에서는 4분자의 반응물이 소모되어 2분자의 생성물이 생성된다. 결과적으로 압력의 증가(부피 감소에 의한)는 기체 분자를 덜 만드는 방향으로 평형을 이동시키고, 이는 그림 15.9에 나타낸 것처럼 더 많은 $NH_3$가 생성되도록 한다. $H_2(g) + I_2(g) \rightleftharpoons 2\,HI(g)$ 반응에서 기체 생성물의 분자수 2는 기체 반응물의 분자수와 같다. 그러므로 압력 변화는

평형의 위치에 영향을 주지 않는다.

온도를 일정하게 유지하는 한 압력–부피 변화가 $K$ 값을 변화시키지는 **않는다**는 것을 명심하라. 오히려 이러한 변화는 기체 물질의 부분 압력을 변화시킨다. 예제 15.7에서 472°C에서 249.3 kPa $H_2$, 747.8 kPa $N_2$, 16.82 kPa $NH_3$를 포함하는 평형 혼합물의 Haber 반응 $N_2(g) - 3H_2(g) \rightleftharpoons 2NH_3(g)$의 $K_p = 2.71 \times 10^{-9}$이다. 갑자기 계의 부피를 반으로 줄이면 어떤 일이 일어날지 생각해 보자. 평형 이동이 없다면, 이 부피 변화는 모든 물질의 부분 압력을 두 배로 만들어 $P_{H_2} = 1495.6$ kPa, $P_{N_2} = 498.6$ kPa, $P_{NH_3} = 33.64$ kPa이 된다. 반응 지수는 더 이상 평형 상수와 같지 않게 된다.

$$Q_p = \frac{(P_{NH_3})^2}{P_{N_2}(P_{H_2})^3} = \frac{(33.6\text{ kPa})^2}{(498.6\text{ kPa})(1495.6\text{ kPa})^3} = 6.79 \times 10^{-10} \neq K_p$$

$Q_p < K_p$이므로, 계는 더 이상 평형이 아니다. $Q_p = K_p = 2.71 \times 10^{-9}$이 될 때까지 $P_{NH_3}$를 증가시키고 $P_{N_2}$와 $P_{H_2}$를 감소시켜 다시 평형을 이룰 것이다. 그러므로 평형은 Le Châtelier 원리에서 예측한 대로 반응의 오른쪽으로 이동한다.

계의 부피를 변화시키지 않고 화학 반응이 일어나는 계의 압력을 변화시킬 수 있다. 예를 들어 반응 성분 중 어떤 것이라도 계에 가하면 압력이 증가한다. 반응물이나 생성물의 농도 변화를 어떻게 다루어야 하는가는 이미 살펴보았다. 그러나 반응 용기 내의 전체 압력은 평형에 관여하지 않은 기체를 가하여 증가시킬 수 있다. 예를 들어 아르곤을 암모니아 평형에 가할 수 있다. 아르곤은 반응하는 성분들의 **부분** 압력을 바꾸지 않으므로 평형은 이동하지 않는다.

## 온도 변화의 효과

농도나 부분 압력의 변화는 평형 상수 값을 변화시키지 않으면서 평형을 이동시킨다. 반면에 거의 모든 평형 상수는 온도 변화에 따라 값이 변한다. 예를 들어 염화 코발트(II)($CoCl_2$)를 염산 (HCl($aq$))에 녹이는 흡열 반응의 평형을 생각해 보자.

$$\underset{\text{연한 분홍색}}{Co(H_2O)_6^{2+}(aq)} + 4\,Cl^-(aq) \rightleftharpoons \underset{\text{진한 분홍색}}{CoCl_4^{2-}(aq)} + 6\,H_2O(l) \qquad \Delta H > 0 \qquad [15.25]$$

$Co(H_2O)_6^{2+}$는 분홍색이고, $CoCl_4^{2-}$는 푸른색이므로 평형 위치는 용액의 색으로 쉽게 알 수 있다(**그림 15.13**). 용액을 가열하면 푸른색으로 변하는데, 이는 $CoCl_4^{2-}$가 더 많이 생성되도록 평형이 이동한 것을 의미한다. 용액을 냉각하면 분홍색 용액으로 변하는데, 이는 $Co(H_2O)_6^{2+}$가 더 많이 생성되도록 평형이 이동한 것을 나타낸다. 다른 온도에서 분광학적 방법으로 모든 화학종의 농도를 측정함으로써 이 반응을 관찰할 수 있다. 그러면 각각의 온도에서 평형 상수를 계산할 수 있다. 평형 상수와 그에 따른 평형 위치가 모두 온도에 의존하는 이유를 어떻게 설명할 수 있을까?

Le Châtelier 원리로부터 $K$와 온도의 관계에 대한 규칙을 유도할 수 있다. 이를 위한 간단한 방법은 열을 화학 시약처럼 취급하는 것이다. **흡열**(endothermic, 열흡수) 반응에서는 열을 **반응물**로, **발열**(exothermic, 열방출) 반응에서는 열을 **생성물**로 생각한다.

**흡열 반응**: 반응물 + **열** $\rightleftharpoons$ 생성물
**발열 반응**: 반응물 $\rightleftharpoons$ 생성물 + **열**

**평형에 있는 계의 온도를 증가시키면, 계는 흡열 반응에서 반응물을 더한 것 또는 발열 반응에서 생성물을 더한 것과 같이 반응한다. 평형은 과량의 반응물(또는 생성물), 즉 열을 소모하는 방향으로 이동한다.**

식 15.25와 같은 흡열 반응에서는 반응물이 생성물로 변화함에 따라 열이 흡수된다. 따라서 온도를 높이면 생성물이 더 많이 생성되는 방향인 오른쪽으로 평형이 이동하고, $K$가 증가한다. 발열 반응에서는 반대가 된다. 반응물이 생성물로 변할 때 열이 생성된다. 따라서 이 경우 온도를 높이

$\Delta H > 0$ 흡열 반응

$$\text{열} + Co(H_2O)_6^{2+}(aq) + 4\,Cl^-(aq) \rightleftharpoons CoCl_4^{2-}(aq) + 6\,H_2O(l)$$

분홍색 푸른색

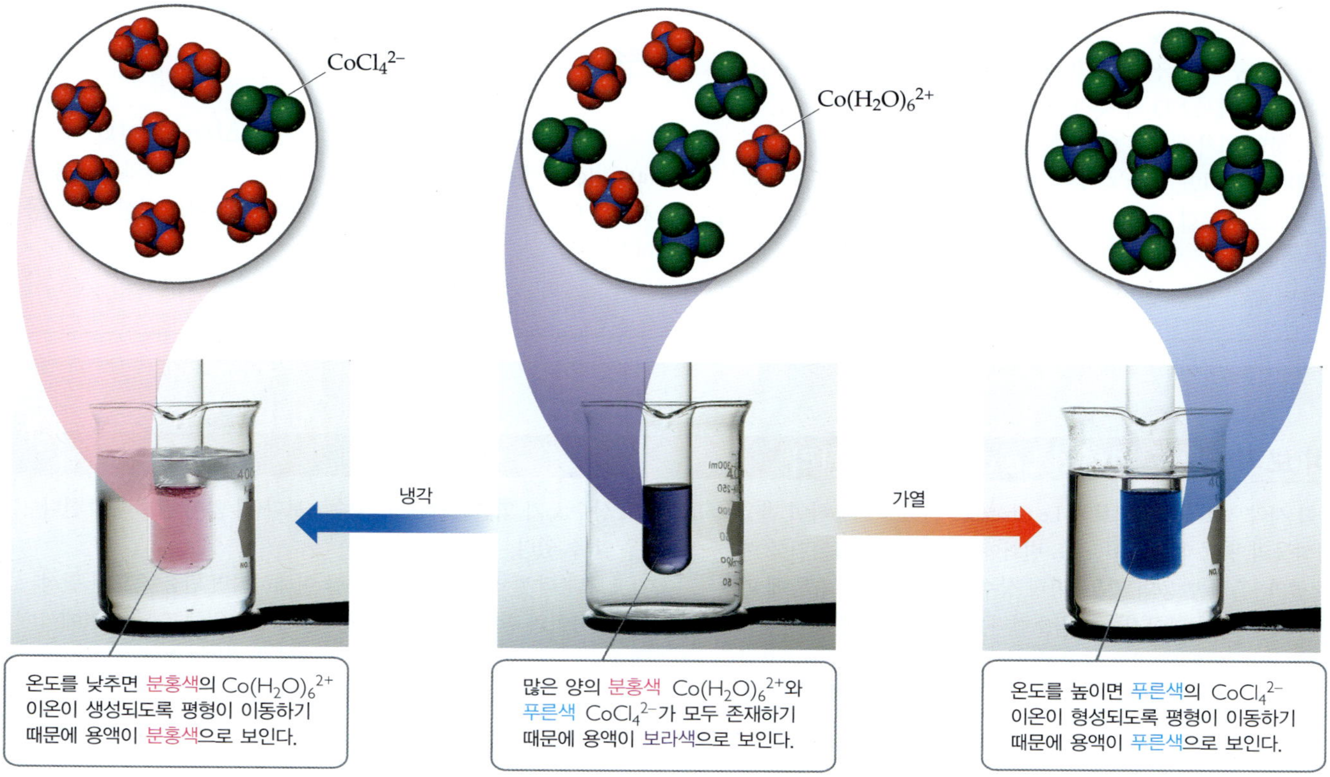


▲ **그림 15.13 온도와 Le Châtelier 원리** 분자 수준의 관점에서, 명확하기 위해 $CoCl_4^{2-}$ 및 $Co(H_2O)_6^{2+}$ 이온만을 나타내었다.

면 더 많은 반응물이 생성되는 왼쪽으로 평형이 이동하며 $K$가 감소한다.

**흡열 반응**: 온도를 높이면 $K$ 값이 증가한다.
**발열 반응**: 온도를 높이면 $K$ 값이 감소한다.

반응을 냉각하면 반대 효과를 나타낸다. 온도를 낮추면, 평형은 열을 생성하는 쪽으로 이동한다. 따라서 흡열 반응을 냉각하면 그림 15.13에서와 같이 평형은 왼쪽으로 이동하여 $K$가 감소하고, 발열 반응을 냉각하면 평형은 오른쪽으로 이동하여 $K$가 증가한다.

## 예제 15.12
### Le châtelier 원리를 이용하여 평형 이동 예측하기

다음 평형을 생각해 보자.

$$N_2O_4(g) \rightleftharpoons 2\,NO_2(g) \qquad \Delta H° = 58.0\text{ kJ}$$

다음의 각 변화는 평형을 어느 방향으로 이동시키겠는가?

**(a)** $N_2O_4$를 가한다. **(b)** $NO_2$를 제거한다. **(c)** $N_2(g)$를 가하여 전체 압력을 증가시킨다. **(d)** 부피를 증가시킨다. **(e)** 온도를 낮춘다.

### 해답

**분석** 평형에 있는 계에 일련의 변화를 주고, 그 변화가 평형의 위치에 어떤 영향을 미칠 것인지를 예측하는 문제이다.

**계획** 각 변화의 효과를 알아내는 데 Le Châtelier 원리를 이용할 수 있다.

**풀이**

(a) 계는 가해진 $N_2O_4$의 농도가 감소되도록 조절할 것이다. 따라서 생성물의 방향인 오른쪽으로 이동한다.

(b) 계는 더 많은 $NO_2$를 생성시켜 제거된 $NO_2$가 보충되도록 조절할 것이다. 따라서 평형은 오른쪽으로 이동한다.

(c) $N_2$를 가하면 계의 전체 압력이 증가하지만, $N_2$는 반응에 관여하지 않는다. 따라서 $NO_2$와 $N_2O_4$의 부분 압력은 변하지 않는다. 따라서 평형의 위치 이동은 없다.

(d) 부피가 증가되면, 계는 더 큰 부피(더 많은 기체 분자)를 차지하는 방향으로 이동할 것이다. 따라서 평형은 오른쪽으로 이동할 것이다.

(e) 반응이 흡열 반응이므로 열을 화학 반응식의 반응물 쪽 시약으로 생각하면 된다. 온도를 내리면 평형은 열을 생성하는 방향으로 이동할 것이고, 따라서 평형은 더 많은 $N_2O_4$를 만드는 왼쪽으로 이동할 것이다. 이 마지막 변화만 평형 상수 K의 값에 영향을 준다는 것에 주목하라.

**▶ 보충 예제**

다음 반응에서

$$PCl_5(g) \rightleftharpoons PCl_3(g) + Cl_2(g) \qquad \Delta H^\circ = 87.9\ \text{kJ}$$

**(a)** $Cl_2(g)$를 제거할 때, **(b)** 온도를 낮출 때, **(c)** 반응계의 부피를 증가시킬 때, **(d)** $PCl_3(g)$를 가할 때, 평형이 각각 어느 방향으로 이동하겠는가?

## 자세히 보기 온도 변화와 Le châtelier 원리

열을 화학 시약으로 생각함으로써 Le Châtelier 원리를 이용하여 반응물과 생성물의 평형 혼합물이 온도 변화에 어떻게 반응하는지를 예측할 수 있다. 흡열 반응의 경우, 평형 상수 $K$는 온도가 상승함에 따라 증가하고, 온도가 낮아질수록 감소한다. 발열 반응은 반대 방향으로 거동한다. 이 거동에 대한 근본적인 이유는 평형 상수, 정반응과 역반응의 반응 속도, 활성화 에너지 사이의 관계를 면밀히 살펴봄으로써 이해할 수 있다.

근본적인 관계를 설명하기 위해 $A \rightleftharpoons B$의 단일 단계 반응을 살펴보자. 평형에서 정반응과 역반응의 반응 속도는 동일하다.

$$k_f[A] = k_r[B] \qquad [15.26]$$

평형 상수 $K=[B]/[A]$는 식 15.26을 정리하면 반응 속도로 표현할 수 있다.

$$K = \frac{[B]}{[A]} = \frac{k_f}{k_r} \qquad [15.27]$$

식 15.27의 시점을 통해 평형의 이동을 고려하는 것은 유익하다. 해당 반응이 흡열 반응이면, 온도가 내려갈 때 $K$가 감소하여 평형이 왼쪽으로 이동한다. 식 15.27로부터 $K$가 감소하기 위해서는 정반응의 속도 상수 $k_f$가 역반응의 속도 상수 $k_r$보다 더 많이 감소해야 한다는 것을 알 수 있다.

$k_f$가 $k_r$보다 더 빨리 감소하는 이유를 이해하려면 반응 속도와 활성화 에너지 사이의 관계를 고려해야 한다. 예시를 위해 $T_1=400$ K에서 $T_2=300$ K로 온도를 낮추는 효과를 고려하자. 식 14.23을 사용하여 정반응 속도 상수의 변화를 계산할 수 있다.

$$\ln\frac{k_{f1}}{k_{f2}} = \frac{E_a(\text{정반응})}{R}\left(\frac{1}{T_2} - \frac{1}{T_1}\right) \qquad [15.28]$$

$$\ln\frac{k_{f1}}{k_{f2}} = \frac{E_a(\text{정반응})}{R}\left(\frac{1}{300\ \text{K}} - \frac{1}{400\ \text{K}}\right) = 1200\frac{E_a(\text{정반응})}{R} \qquad [15.29]$$

동일한 접근법을 사용하면 역반응 속도 상수의 변화를 나타내는 식을 작성할 수 있다.

$$\ln\frac{k_{r1}}{k_{r2}} = \frac{E_a(\text{역반응})}{R}\left(\frac{1}{300\ \text{K}} - \frac{1}{400\ \text{K}}\right) = 1200\frac{E_a(\text{역반응})}{R} \qquad [15.30]$$

이 식들은 **그림 15.14**의 왼쪽에 나타낸 것과 같이, 정반응 및 역반

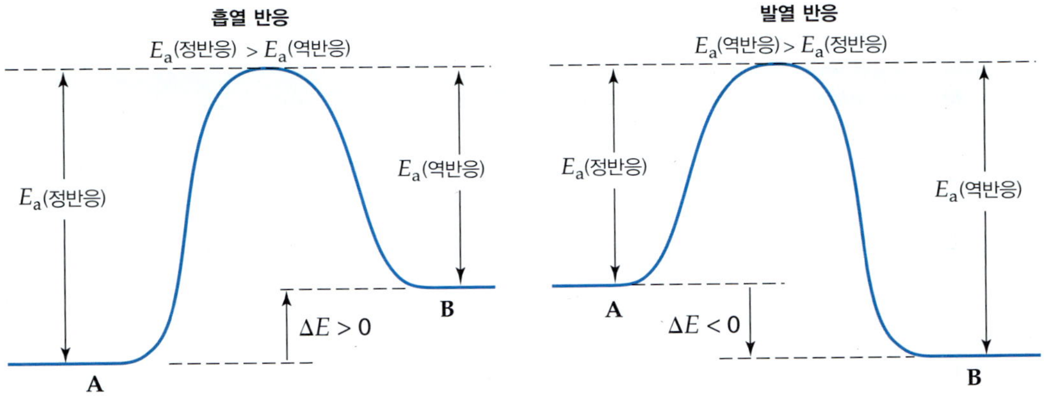


▲ **그림 15.14** 흡열 반응(왼쪽)과 발열 반응(오른쪽)에서의 에너지 개형

응의 활성화 에너지가 다르다는 점 외에는 같다. 흡열 반응에서는 정반응의 활성화 에너지가 항상 역반응의 활성화 에너지보다 크다. 즉 $E_a$(정반응) > $E_a$(역반응)이다. 결과적으로, 정반응 속도 상수(식 15.29)의 감소는 역반응 속도 상수(식 15.30)의 감소보다 클 것이며, $K$의 전체적인 값은 감소해야 한다.

발열 반응의 경우 $E_a$(역반응) > $E_a$(정반응)이며, 그림 15.14의 오른쪽에 나타낸 것과 같이 상반되는 관계가 적용된다. 온도가 낮아짐에 따라 역반응 속도 상수가 정반응 속도 상수보다 더 빨리 감소하고 평형 상수 K가 증가한다. 즉 평형이 오른쪽으로 이동한다.

**관련 예제: 15.32, 15.80, 15.99, 15.104**

## 촉매의 효과

평형 상태에 있는 어떤 화학계에 촉매를 가하면 어떻게 될까? **그림 15.15**에 나타낸 것처럼, 촉매는 반응물과 생성물 사이의 활성화 장벽을 낮춘다. 정반응과 역반응의 활성화 에너지가 모두 낮아진다. 따라서 촉매는 정반응과 역반응의 속도를 모두 증가시킨다. $K$는 반응에서 정반응과 역반응 속도 상수의 비율이므로, 촉매의 존재가 반응 속도를 변화시키더라도 $K$에는 영향을 주지 않는다(그림 15.15). 그 결과, **촉매는 평형에 도달하는 속도는 증가시키지만, 평형 혼합물의 조성은 변화시키지 못한다.**

반응이 평형에 접근하는 속도는 중요하며 실질적으로 고려할 요소이다. 예를 들어 $N_2$와 $H_2$로부터의 암모니아 합성을 다시 생각해 보자. 암모니아 합성 과정을 설계할 때 Haber는 온도 상승에 따른 평형 상수의 급격한 감소를 극복해야 했다(**표 15.2**). 만족스런 반응 속도를 얻으려고 온도를 충분히 높이면 생성되는 암모니아의 양이 너무 적었다. 이와 같은 난제의 해결은 충분히 낮은 온도에서도 평형에 적당히 빠르게 접근하도록 해서 평형 상수가 적당히 큰 값을 갖도록 하는 촉매를 개발하는 것이었다. 따라서 적절한 촉매를 개발하는 것이 Haber가 행한 연구 노력의 초점이었다.

어떤 것이 가장 효과적인지를 알기 위하여 여러 물질들을 시험한 결과, Carl Bosch는 금속 산화물이 혼합된 철을 선택하였고, 이 촉매 조성을 변형한 것이 아직도 사용되고 있다. 이 촉매는 400~500 °C의 온도와 20~60 MPa의 기체 압력에서 평형에 적당히 빠르게 접근할 수 있도록 한다. 평형에서 만족스러울 정도의 $NH_3$의 양을 얻으려면 높은 압력이 필요하다. 400 °C보다 낮은 온도에서 충분히 빠르게 반응하는 새로운 촉매를 발견한다면, 20~60 MPa보다 훨씬 낮은 압력에서도 똑같은 정도의 평형 변환이 가능할 것이다. 이는 암모니아 합성에 사용되는 고압 장치의 비용과 에너지 소비를 크게 절감해 주는 효과가 있을 것이다. Haber 공정은 매년 전 세계에서 생산되는 에너지의 대략 1%를 소비하는 것으로 추산된다. 화학자와 화학공학자들이 Haber 공정에서의

**표 15.2** $N_2 + 3\,H_2 \rightleftharpoons 2\,NH_3$ **반응의 온도에 따른 $K_p$의 변화**

| 온도(°C) | $K_p$ |
|---|---|
| 300 | $4.23 \times 10^{-7}$ |
| 400 | $1.60 \times 10^{-8}$ |
| 450 | $4.39 \times 10^{-9}$ |
| 500 | $1.41 \times 10^{-9}$ |
| 550 | $5.24 \times 10^{-10}$ |
| 600 | $2.19 \times 10^{-10}$ |

다음 중 어떤 양이 반응 속도를 결정하는가?
(a) 초기 상태와 전이 상태 사이의 에너지 차이 또는 (b) 초기 상태와 최종 상태 간의 에너지 차이

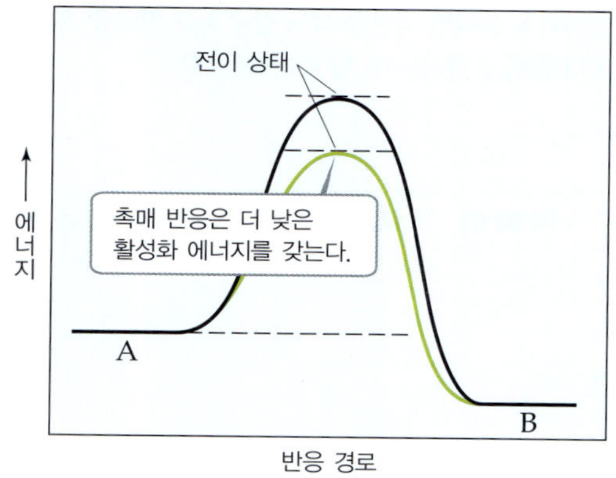


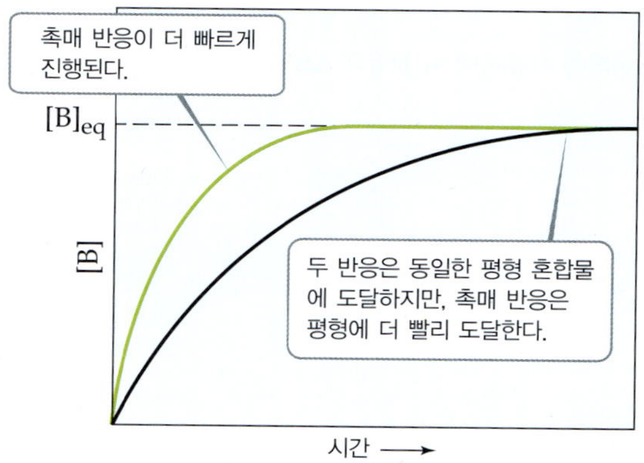


▲ **그림 15.15** 촉매의 유무에 따른 반응 A ⇌ B에 대한 에너지 개형(왼쪽)과 시간에 따른 B의 농도 변화(오른쪽) 녹색 곡선은 촉매가 있는 반응을 나타낸다. 검은색 곡선은 촉매가 없는 반응을 나타낸다.

향상된 촉매를 찾기 위해 활발하게 노력하고 있다. 이 분야의 성과는 비료에 사용되는 암모니아의 공급량을 증가시킬 뿐 아니라 전 세계적인 화석 연료의 소비를 상당히 감소시킬 것이다.

## 자기 평가 연습 문제

**15.25** 시스템의 부피가 증가하면 평형 $2\,SO_2(g) + O_2(g) \rightleftharpoons 2\,SO_3(g)$는 어떻게 되는가?

**(a)** 왼쪽으로 이동
**(b)** 오른쪽으로 이동
**(c)** 변화 없음

**15.26** Le Châtelier 원리에 따라 온도가 상승하면 기체의 증기압은 증가할 것인가, 감소할 것인가?

**(a)** 증가
**(b)** 감소

**15.27** 촉매가 있는 상태에서 반응이 수행되면 평형 상태에 존재하는 생성물의 양이 증가하는가, 감소하는가, 그대로 유지되는가?

**(a)** 증가
**(b)** 감소
**(c)** 변화 없음

## 연습 문제

**15.28** 다음 반응을 고려하라.

$$4\,NH_3(g) + 5\,O_2(g) \rightleftharpoons 4\,NO(g) + 6\,H_2O(g),\ \Delta H = -904.4\ \text{kJ}$$

다음 각각은 평형에서 NO의 수율을 증가시키는가, 감소시키는가, 변화시키지 않는가?

**(a)** $[NH_3]$를 증가시킨다.
**(b)** $[H_2O]$를 증가시킨다.
**(c)** $[O_2]$를 감소시킨다.
**(d)** 반응이 일어나는 용기의 부피를 줄인다.
**(e)** 촉매를 첨가한다.
**(f)** 온도를 높인다.

**15.29** 특정 기체상 반응의 경우, 온도를 높이거나 반응 용기의 부피를 증가시키면 평형 혼합물의 일부 생성물의 양을 증가시킬 수 있다.

**(a)** 반응은 발열 반응인가 아니면 흡열 반응인가?
**(b)** 균형 맞춘 화학 반응식은 반응물 쪽과 생성물 쪽 중 어느 쪽에 더 많은 분자를 가지고 있는가?

**15.30** 메탄올($CH_3OH$)는 CO와 $H_2$의 반응으로 만들 수 있다.

$$CO(g) + 2\,H_2(g) \rightleftharpoons CH_3OH(g)$$

**(a)** 부록 C의 열화학적 데이터를 사용하여 이 반응의 $\Delta H°$를 계산하라.
**(b)** 메탄올의 평형 수율을 최대로 만들기 위해서는 반응 온도를 올려야 하는가, 내려야 하는가?
**(c)** 메탄올의 평형 수율을 최대로 만들기 위해서는 반응 압력을 높여야 하는가, 낮춰야 하는가?

**15.31** 브로민과 수소는 기체 상태에서 반응하여 브로민화 수소를 형성한다.

$$H_2(g) + Br_2(g) \rightleftharpoons 2HBr(g)$$

반응 엔탈피는 $\Delta H° = -6$ kJ이다.

**(a)** 브로민화 수소의 평형 수율을 높이려면 반응 온도를 올려야 하는가, 내려야 하는가?
**(b)** 이 반응의 압력을 조절하여 브로민화 수소의 평형 수율을 높일 수 있는가? 그렇다면 고압 또는 저압 중 어느 쪽이 HBr(g)의 형성을 선호하는가?

**15.32** **(a)** 플루오린 분자가 플루오린 원자로 분해되는 반응 $F_2(g) \rightleftharpoons 2\,F(g)$은 발열 과정인가, 흡열 과정인가?
**(b)** 온도를 100 K 올리면 이 반응의 평형 상수가 증가하는가, 감소하는가?
**(c)** 온도를 100 K 올리면 정반응 속도 상수 $k_f$는 역반응 속도 상수 $k_r$보다 더 많이 증가하는가, 덜 증가하는가?

자기 평가 연습 문제 답 **15.25** (a) **15.26** (a) **15.27** (c)

## 통합 예제

### 종합 개념

온도 800°C 근처의 온도에서 뜨거운 코크스(석탄에서 얻어진 탄소의 일종)에 증기를 통과시켜 CO와 $H_2$를 생성시킨다.

$$C(s) + H_2O(g) \rightleftharpoons CO(g) + H_2(g)$$

반응에서 얻어지는 기체 혼합물은 **수성 가스**(water gas)라고 하는 중요한 공업용 연료이다.

(a) 800 °C에서 이 반응의 평형 상수 $K_p = 14.3$이다. 1.00 L 용기에서 고체 탄소와 0.100 mol의 $H_2O$를 반응시킬 때, 이 온도에서 평형 혼합물 중 $H_2O$, CO, $H_2$의 평형 부분 압력은 얼마인가?

(b) 이 조건에서 평형에 도달하기 위하여 필요한 탄소의 최소량은 얼마인가?

(c) 평형에서의 용기 내 전체 압력은 얼마인가?

(d) 25°C에서 이 반응의 $K_p$는 $1.7 \times 10^{-23}$이다. 이 반응은 발열 반응인가, 흡열 반응인가?

(e) 평형에서 CO와 $H_2$를 최대한 많이 생산하기 위해서는 계의 압력을 증가시켜야 하는가, 감소시켜야 하는가?

### 해답

**(a)** 평형 부분 압력을 구하기 위하여 이상 기체 방정식을 사용한다. 먼저 수증기의 초기 부분 압력을 구한다.

$$P_{H_2O} = \frac{n_{H_2O}RT}{V} = \frac{(0.100\ \text{mol})(8.314\ \text{L kPa/mol K})(1073\ \text{K})}{1.00\ \text{L}} = 8.92\ \text{bar}$$

초기 부분 압력과 평형에 도달하였을 때의 변화량에 대한 표를 작성한다.

| | $C(s)$ | $+\ H_2O(g)$ | $\rightleftharpoons CO(g)$ | $+\ H_2(g)$ |
|---|---|---|---|---|
| 초기 부분 압력(bar) | | 8.92 | 0 | 0 |
| 부분 압력의 변화(bar) | | $-x$ | $+x$ | $+x$ |
| 평형 부분 압력(bar) | | $8.92 - x$ | $x$ | $x$ |

고체 반응물은 평형 상수식에 포함되지 않으므로, 표의 C(*s*) 아래에는 값을 기입하지 않는다. 평형 상수식에서 다른 물질들의 평형 부분 압력을 대입하면

$$K_p = \frac{P_{CO}P_{H_2}}{P_{H_2O}} = \frac{(x)(x)}{(8.92 - x)} = 14.3$$

양변에 분모를 곱하여 정리하면 $x$에 대한 이차방정식을 얻는다.

$$x^2 = (14.3)(892 - x)$$
$$x^2 + 14.3x - 127.55 = 0$$

근의 공식을 사용하여 $x$에 대하여 풀면, $x = 6.22$ bar이다. 그러므로 평형 부분 압력은 $P_{CO} = x = 6.22$ bar, $P_{H_2} = x = 6.22$ bar, $P_{H_2O} = (8.92 - x) = 2.70$ bar이다.

**(b)** (a)에서 계가 평형을 이루기 위해서는 $x = 6.22$ bar의 $H_2O$가 반응해야 한다는 것을 알 수 있다. 이상 기체 방정식을 사용하면, 이 부분 압력을 몰수로 환산할 수 있다.

$$n = \frac{PV}{RT} = \frac{(6.22\ \text{bar})(1.00\ \text{L})}{(0.08314\ \text{L bar/mol K})(1073\ \text{K})} = 0.0697\ \text{mol}$$

따라서 평형에 도달하기 위해서는 0.0697 mol의 $H_2O$와 같은 양의 C가 반응해야 한다. 결과적으로 반응 초기에 적어도 0.0697 mol의 C(0.836 g의 C)가 반응물 중에 존재해야 한다.

**(c)** 평형에서 용기 내의 전체 압력은 단순히 평형 부분 압력을 모두 더한 것이다.

$$P_{전체} = P_{H_2O} + P_{CO} + P_{H_2} = 2.70\ \text{bar} + 6.22\ \text{bar} + 6.22\ \text{bar} = 15.14\ \text{bar}$$

**(d)** Le Châtelier 원리를 설명할 때, 흡열 반응에서는 온도 증가에 따라 $K_p$ 값이 증가하는 것을 알았다. 반응의 평형 상수가 온도가 증가함에 따라 커지므로, 이 반응은 흡열 반응임에 틀림없다. 부록 C에 주어진 생성 엔탈피로부터 반응의 엔탈피 변화를 계산하여 우리의 예측을 증명할 수 있다. $\Delta H°$ 값이 양의 부호인 것은 반응이 흡열 과정임을 나타낸다.

$$\Delta H° = \Delta H_f°(CO(g)) + \Delta H_f°(H_2(g)) - \Delta H_f°(C(s, \text{흑연})) - \Delta H_f°(H_2O(g)) = +131.3\ \text{kJ}$$

(e) Le Châtelier 원리에 따르면, 압력의 감소는 반응식에서 기체의 몰수가 큰 쪽으로 기체의 평형이 이동하도록 한다. 이 경우 생성물 쪽에는 2 mol의 기체가 있고, 반응물 쪽에는 단지 1 mol이 있다. 따라서 CO와 $H_2$의 수득률을 최대화하기 위해서는 압력을 감소시켜야 한다.

## 작동하는 화학 일산화 질소 배출의 조절

$N_2$와 $O_2$로부터의 NO 생성 반응은, 평형 상수와 반응 속도가 온도에 따라 변한다는 사실이 실질적으로 왜 중요한지를 보여 주는 흥미로운 예이다.

$$\frac{1}{2}N_2(g) + \frac{1}{2}O_2(g) \rightleftharpoons NO(g) \qquad \Delta H° = 90.4\text{ kJ} \qquad [15.31]$$

이 흡열 반응에 Le Châtelier 원리를 적용하고 열을 반응물로 생각하면, 온도의 증가는 NO가 더 생기는 쪽으로 평형이 이동하게 한다. 300 K에서 원소로부터 NO 1 mol을 생성하는 반응의 평형 상수 $K_p$는 $1 \times 10^{-15}$이다(그림 15.16). 그러나 2400 K에서 평형 상수는 0.05로, 300 K일 때보다 무려 $10^{13}$배나 큰 값이다.

그림 15.16은 왜 NO가 환경 오염의 원인인지를 보여 준다. 현대의 고압축 차량 엔진의 실린더에서 연료가 연소되는 순환 과정의 온도는 대략 2400 K이다. 또한 실린더에는 매우 과량의 공기가 있다. 이러한 조건은 NO가 더 많이 생성되도록 한다. 그러나 연소 후 기체는 빨리 냉각된다. 온도가 떨어지면 식 15.26의 평형은 왼쪽으로 이동한다(반응물의 열이 제거되고 있기 때문이다). 하지만 낮은 온도는 반응 속도의 감소를 의미하므로, 2400 K에서 생성된 NO는 기체가 냉각되면서 그 형태로 '붙잡혀 있는' 상태이다.

실린더로부터 나오는 배기가스는 1200 K 정도로, 여전히 매우 뜨겁다. 그림 15.16에서처럼, 이 온도에서 NO생성 반응의 평형 상수는 약 $5 \times 10^{-4}$으로, 2400 K에서의 값보다 훨씬 작다. NO가 $N_2$와 $O_2$로 변환되는 속도는 너무 느려서, 기체가 더 냉각되기 전까지는 NO의 역분해가 많이 일어나지 않는다.

14.7절의 "작동하는 화학"에서 논의된 바와 같이, 자동차 촉매 변환기의 목적 중의 하나는 배기가스 온도에서 NO를 빠르게 $N_2$와 $O_2$로 변환시키는 것이다. 이 반응을 위해 개발된 일부 촉매는 자동차 배기 시스템의 엄격한 조건하에서 상당히 효과적이다. 그럼에도 불구하고 과학자들과 공학자들은 산화 질소의 분해에 더 효과적인 새로운 촉매 물질을 지속적으로 찾고 있다.

배기가스의 온도인 1200 K에서 $K_p$의 값을 추정하시오.

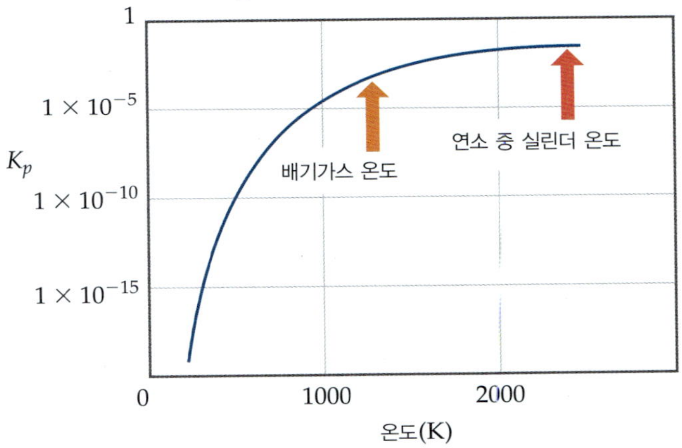


▲ 그림 15.16 평형과 온도 흡열 반응이기 때문에 온도가 증가하면 평형 상수가 증가한다. $K_p$가 큰 범위에 걸쳐 변하므로, $K_p$를 로그 범위로 나타내었다.

# 요약 및 중요 용어

**평형의 개념(15.1절)** 화학 반응은 정반응과 역반응이 똑같은 속도로 일어나는 상태에 도달할 수 있다. 이 상태를 **화학 평형(chemical equilibrium)**이라고 하며, 그 결과 반응물과 생성물이 섞여 있는 평형 혼합물이 만들어진다. 평형 혼합물의 조성은 온도가 일정하면 시간에 따라 변하지 않는다.

**평형 상수(15.2절)** 이 장에서 줄곧 쓰였던 평형은 $N_2(g) + 3H_2(g) \rightleftharpoons 2NH_3(g)$이다. 이 반응은 암모니아 생산을 위한 **Haber 공정(Haber process)**의 기본 반응이다. 평형에 있는 계의 반응물과 생성물의 농도 사이의 관계는 **질량 작용 법칙(law of mass action)**으로 주어진다. $aA + bB \rightleftharpoons dD + eE$로 주어지는 평형 반응식의 **평형 상수식(equilibrium-constant expression)**은 다음과 같다. $K_c$는 단위가 없는 **평형 상수(equilibrium constant)**이다.

$$K_c = \frac{[D]^d[E]^e}{[A]^a[B]^b}$$

대상 평형계가 기체로 구성된 경우, 반응물과 생성물의 농도를 기체 압력으로 나타내면 편리할 수 있다.

$$K_p = \frac{(P_D)^d(P_E)^e}{(P_A)^a(P_B)^b}$$

$K_c$와 $K_p$는 $K_p = K_c(RT)^{\Delta n}$의 관계가 있다.

**평형 상수의 이해와 적용(15.3절)** 평형 상수의 값은 온도에 따라 변한다. $K_c$ 값이 크다는 것은 평형 혼합물이 반응물보다 생성물을 더 많이 포함하고 있으며, 평형이 반응식의 생성물 쪽에 있다는 것을 말해 준다. 평형 상수 값이 작다는 것은 평형 혼합물이 생성물보다 반응물을 더 많이 포함하고 있으며, 평형이 반응물 쪽에 있다는 것을 뜻한다. 역반응의 평형 상수식과 평형 상수는 정반응에서의 역수이다. 반응이 두 단계 이상의 반응의 합이라면, 그 평형 상수는 개개의 반응의 평형 상수의 곱이 된다.

평형은 두 가지 유형으로 구분할 수 있다. 모든 반응물과 생성물이 같은 상일 때의 평형을 **균일 평형(homogeneous equilibria)**이라고 한다. **불균일 평형(heterogeneous equilibria)**에는 두 가지 이상의 상이 존재한다. 순수한 고체와 액체의 활동도는 정확히 1이므로, 불균일 평형의 평형 상수식에서 순수한 고체와 액체의 농도는 제외된다.

**평형 상수의 계산(15.4절)** 평형에서 모든 화학종의 농도가 알려져 있으면 평형 상수식을 사용하여 평형 상수 값을 계산할 수 있다. 평형에 도달하는 과정에서의 반응물과 생성물의 농도 변화는 반응의 화학량론에 좌우된다. 반응 중 어느 시점에서의 반응물과 생성물의 부분 압력이나 농도를 평형 상수식에 대입하여 **반응 지수(reaction quotient, $Q$)**를 구한다. 계가 평형에 있으면 $Q=K$이다. 그러나 $Q \neq K$이면, 계는 평형에 있지 않다. $Q<K$일 때는, 반응은 더 많은 생성물을 만듦으로써 평형을 향해 이동할 것이다(이때 반응은 왼쪽에서 오른쪽으로 진행한다). $Q>K$일 때는, 반응은 오른쪽에서 왼쪽으로 진행하며 더 많은 반응물을 생성한다. $K$ 값을 알면 반응물과 생성물의 평형 농도를 계산할 수 있는데, 종종 농도나 부분 압력의 변화를 미지수로 사용한 식을 풀어 계산할 수도 있다.

**Le Châtelier 원리(15.5절)** Le Châtelier 원리란 평형계가 교란을 받으면, 교란의 영향을 최소화할 수 있도록 평형이 이동한다는 것이다. 따라서 평형에 있는 계에 반응물 또는 생성물이 가해질 경우, 평형은 가해진 물질을 소모하는 방향으로 이동할 것이다. 반응물 또는 생성물을 제거하거나, 압력 또는 부피를 변화시킬 때의 효과도 비슷하게 추론할 수 있다. 예를 들어 반응계의 부피가 감소되면 기체 분자의 수가 감소하는 방향으로 평형이 이동할 것이다. 농도와 압력의 변화는 평형 농도를 달라지게 하지만 평형 상수 $K$ 값은 변화시키지 못한다.

온도의 변화는 평형 농도와 평형 상수 모두에 영향을 준다. 반응의 엔탈피 변화를 이용하면 온도 증가가 평형에 어떻게 영향을 주는지를 결정할 수 있다. 흡열 반응에서는 온도 증가가 평형을 오른쪽으로 이동시킨다. 발열 반응에서는 온도 증가가 평형을 왼쪽으로 이동시킨다. 촉매는 평형에 도달하는 속도에 영향을 주지만, $K$의 크기에는 영향을 주지 못한다.

## 학습 정리 이 장을 공부한 후에 여러분은 다음을 할 수 있어야 한다.

- 화학 평형이 의미하는 것과 그것이 어떻게 반응 속도와 관련되는지 이해하기(15.1절). **관련 연습 문제: 15.2, 15.33, 15.45**
- 주어진 반응에 대한 평형 상수식 쓰기(15.2절). **관련 연습 문제: 15.5, 15.46**
- $K_c$와 $K_p$ 간에 서로 변환하기(15.2절). **관련 연습 문제: 15.8, 15.49**
- 평형 혼합물에 존재하는 반응물과 생성물의 상대적인 양을 평형 상수의 크기와 관련짓기(15.3절). **관련 연습 문제: 15.6, 15.47, 15.48**
- 화학 반응식의 변화에 따라 평형 상수의 변화를 구하기(15.3절). **관련 연습 문제: 15.14, 15.50~15.52**
- 불균일 반응에 대한 평형 상수식 쓰기(15.3절). **관련 연습 문제: 15.15, 15.39, 15.53**
- 농도를 측정하여 평형 상수 계산하기(15.4절). **관련 연습 문제: 15.17, 15.54~15.56**
- 평형 상수와 반응물 및 생성물의 농도로부터 반응의 진행 방향을 예측하기(15.4절). **관련 연습 문제: 15.20, 15.21, 15.61, 15.62**
- 평형 상수와 한 가지 물질의 평형 농도가 주어질 때의 평형 농도 구하기(15.4절). **관련 연습 문제: 15.22, 15.65, 15.67**
- 평형 상수와 초기 농도가 주어질 때의 평형 농도 구하기(15.4절). **관련 연습 문제: 15.23, 15.68, 15.72, 15.74**
- Le Châtelier 원리를 이용하여 평형 상태에 있는 계의 농도, 부피, 또는 온도를 변화시킬 때 평형 위치가 어떻게 변할지를 예측하기(15.5절). **관련 연습 문제: 15.28, 15.31, 15.76, 15.78**

## 핵심 공식

| | | |
|---|---|---|
| $K_c = \dfrac{[\mathrm{D}]^d[\mathrm{E}]^e}{[\mathrm{A}]^a[\mathrm{B}]^b}$ | [15.8] | $a\,\mathrm{A} + b\,\mathrm{B} \rightleftharpoons d\,\mathrm{D} + e\,\mathrm{E}$로 주어지는 일반적인 반응의 평형 상수식, 농도는 오직 평형 농도만 사용 |
| $K_p = \dfrac{(P_\mathrm{D})^d(P_\mathrm{E})^e}{(P_\mathrm{A})^a(P_\mathrm{B})^b}$ | [15.11] | 평형 부분 압력으로 나타낸 평형 상수식 |
| $K_p = K_c(RT)^{\Delta n}$ | [15.15] | 압력으로 나타낸 평형 상수와 농도로 나타낸 평형 상수 사이 관계식 |
| $Q_c = \dfrac{[\mathrm{D}]^d[\mathrm{E}]^e}{[\mathrm{A}]^a[\mathrm{B}]^b}$ | [15.24] | 반응 지수. 농도는 반응이 진행되는 동안 어느 시점의 농도를 사용. 농도가 평형 농도와 같다면 $Q_c = K_c$ |

# 연습 문제

**15.33** **(a)** 다음 에너지 도표에 근거하여 $k_f > k_r$인지, 아니면 $k_f < k_r$인지를 예측하시오. **(b)** 식 15.5를 사용하여 이 과정의 평형 상수가 1보다 클지, 아니면 작을지 예측하시오. [15.1절]

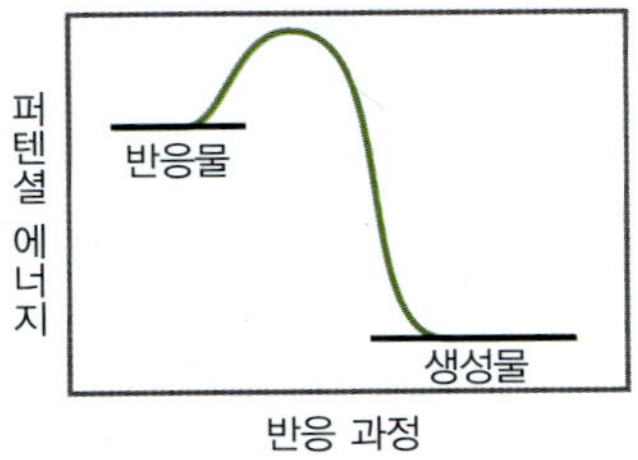


**15.34** 다음 그림은 가상의 반응 A ⟶ B를 나타낸 것이다. 빨간색 공은 A 분자, 파란색 공은 B 분자이다. 시간이 지남에 따라 반응은 왼쪽에서 오른쪽으로 진행한다. 계는 평형에 도달하는가? 그렇다면 어떤 그림이 평형 상태의 계를 나타내는가? [15.1절, 15.2절]

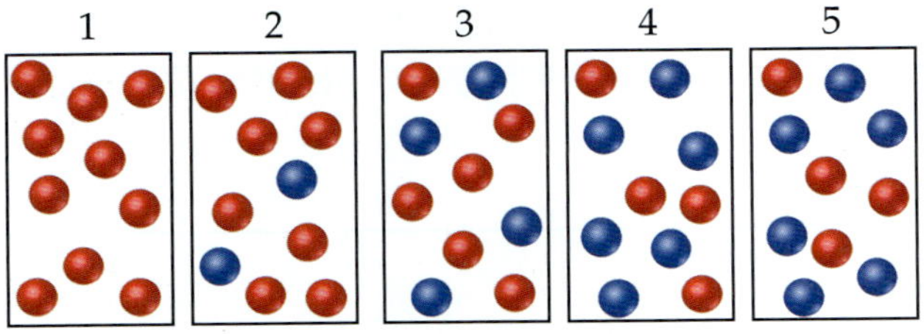


**15.35** 다음 그림은 반응 A + X ⇌ AX에 대한 평형 혼합물을 나타낸 것이다. 부피가 1 L이고 각각의 원자/분자가 1 mol을 나타낸다고 하면, $K$는 1보다 큰가, 작은가? [15.2절]

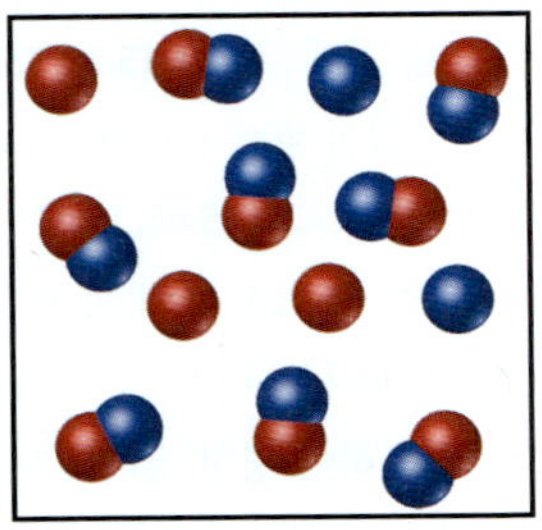

**15.36** 다음 그림은 완결되어 가는 반응을 나타낸 것이다. 이 그림에서 각각의 분자는 0.1 mol이고, 상자의 부피는 1.0 L이다. [15.2절]

**(a)** 빨간색 공을 A, 파란색 공을 B로 하여, 이 반응의 균형 맞춘 반응식을 쓰시오.

**(b)** 반응의 평형 상수식을 쓰시오.

**(c)** $K_c$ 값을 계산하시오.

**(d)** 모든 분자가 기체 상태라고 가정하고, 반응에 수반되는 기체 분자수의 변화 $\Delta n$을 계산하시오.

**(e)** $K_p$ 값을 계산하시오.

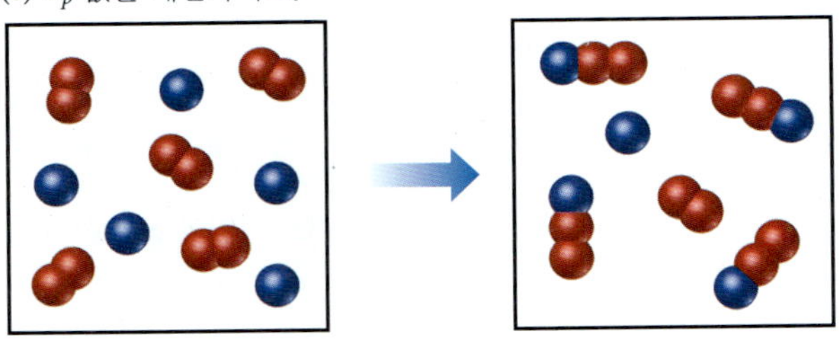

**15.37** 다음 그림은 가상의 두 반응 $A(g) + B(g) \rightleftharpoons AB(g)$와 $X(g) + Y(g) \rightleftharpoons XY(g)$에 대해 서로 다른 시간에 다섯 차례 스냅 사진을 찍었을 때의 모습이다. 어느 반응의 평형 상수가 더 큰가? [15.1절, 15.2절]

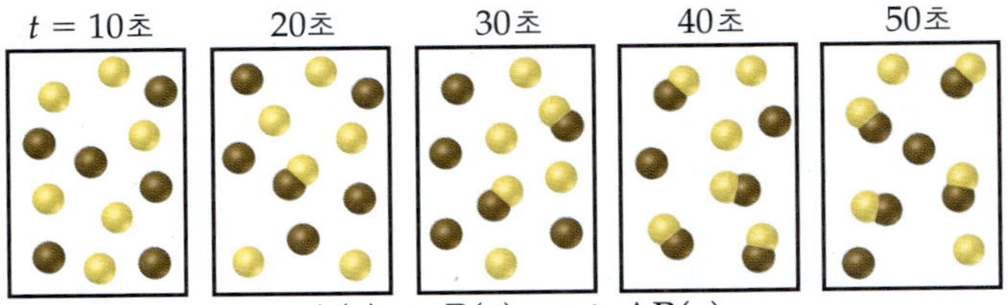


$$A(g) + B(g) \rightleftharpoons AB(g)$$

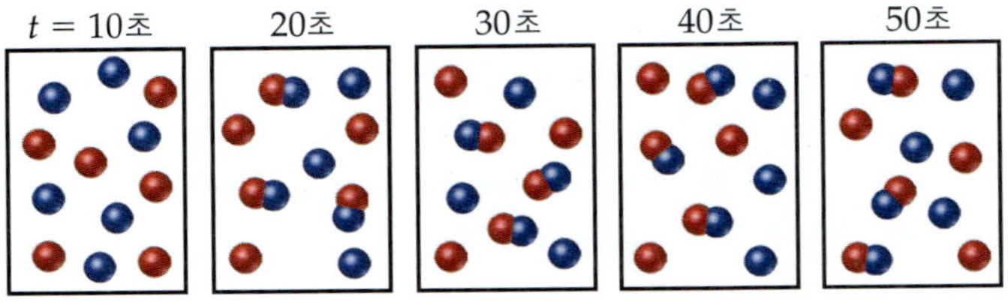


$$X(g) + Y(g) \rightleftharpoons XY(g)$$

**15.38** 에텐($C_2H_4$)은 할로젠($X_2$)과 다음과 같이 반응한다.

$$C_2H_4(g) + X_2(g) \rightleftharpoons C_2H_4X_2(g)$$

다음 그림은 같은 온도에서 $X_2$가 각각 $Cl_2$(녹색), $Br_2$(갈색), $I_2$(보라색)일 때의 평형 농도를 나타낸 것이다. 평형 상수가 증가하는 순으로 나열하시오. [15.3절]

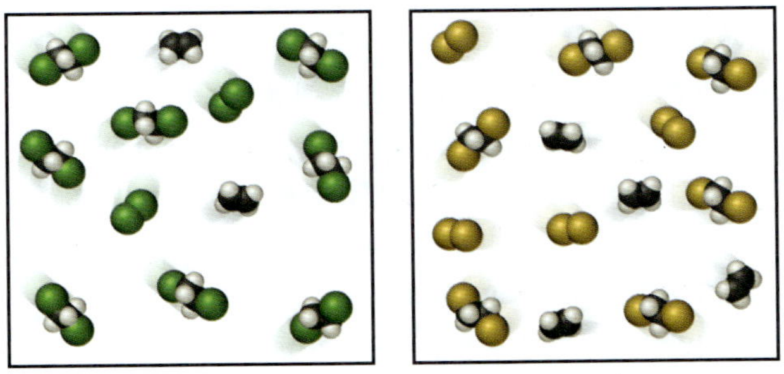

(a) (b)

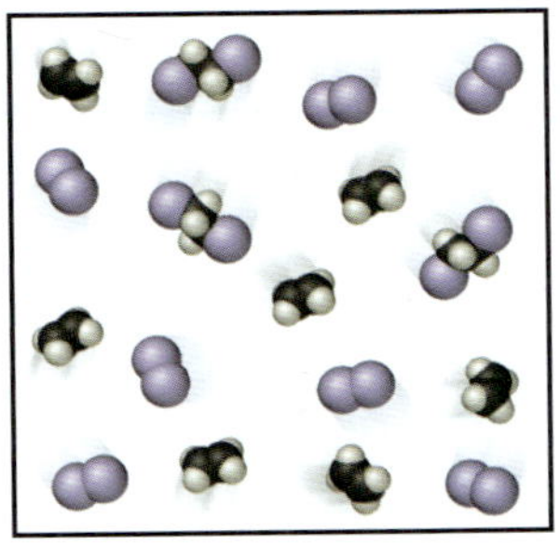

(c)

**15.39** 산화 납(IV)을 300 °C 이상으로 가열하면 반응 $PbO_2(s) \rightleftharpoons PbO(s) + O_2(g)$에 따라 분해된다. 다음 그림처럼 밀봉된 두 개의 용기에 들어 있는 $PbO_2$를 생각해 보자. 두 용기를 400 °C로 가열

하여 평형에 도달하게 하였다면, 아래 설명 중 옳은 것은 어느 것인가? [15.4절]

(a) A 용기에 남아 있는 $PbO_2$의 양이 더 작을 것이다.

(b) B 용기에 남아 있는 $PbO_2$의 양이 더 작을 것이다.

(c) 각 용기에 남아 있는 $PbO_2$의 양은 같다.

**15.40** 반응 $A_2 + B_2 \rightleftharpoons 2\,AB$의 $K_c$는 1.5이다. 다음 그림은 $A_2$(빨간색), $B_2$(파란색), AB 분자의 반응 혼합물을 나타낸 것이다. [15.4절]

(a) 어느 반응 혼합물이 평형 상태에 놓여 있는가?

(b) 평형 상태에 있지 않은 혼합물은 평형에 도달하기 위해 어떻게 반응이 진행되겠는가?

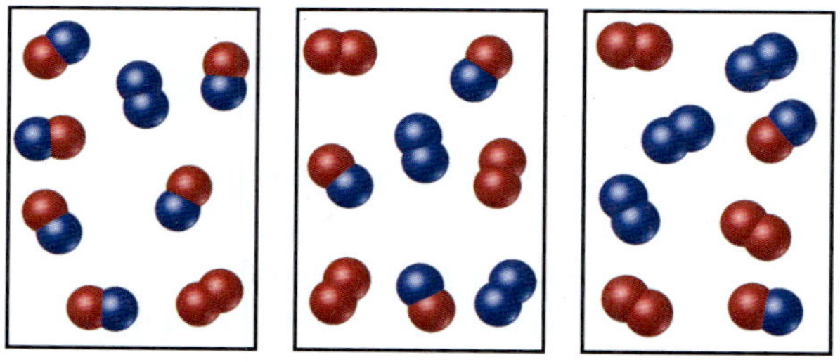


**15.41** 반응 $A_2(g) + B(g) \rightleftharpoons A(g) + AB(g)$에 대한 $K_p = 2$이다. 다음 그림은 A 원자(빨간색), $A_2$ 분자, AB 분자(빨간색 + 파란색)의 혼합물을 나타낸다. 평형 혼합물을 나타내기 위해서는 B 원자를 얼마나 더 가해야 하는가? [15.4절]

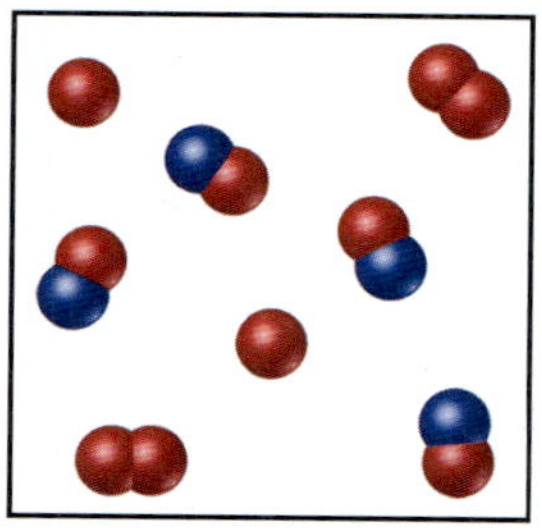

**15.42** 다음 그림은 반응 $A_2(g) + 2\,B(g) \rightleftharpoons 2\,AB(g)$의 평형 상태를 나타낸 것이다. [15.4절, 15.5절]

(a) 부피가 2 L라고 가정하고, 반응의 평형 상수 $K_c$를 계산하시오.

(b) 평형 혼합물의 부피가 줄어들면 AB 분자의 수는 증가하는가, 감소하는가?

**15.43** 다음 그림은 300 K와 500 K에서 반응 $A_2 + B \rightleftharpoons A + AB$의 평형 혼합물을 나타낸 것이다. A 원자는 빨간색이고 B 원자는 파란색이다. 이 반응은 흡열 반응인가, 발열 반응인가? [15.5절]

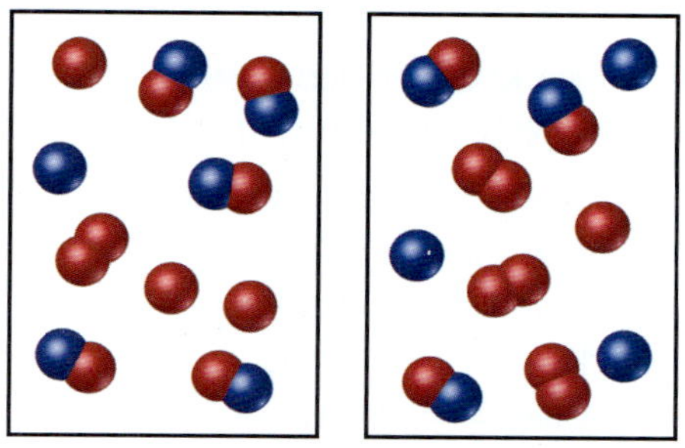


**15.44** 다음 그래프는 반응 $A(g) + B(g) \longrightarrow AB(g)$의 평형에서의 화합물 AB의 수득률을 서로 다른 두 압력 $x$, $y$에서 온도의 함수로 나타낸 것이다.

(a) 이 반응은 흡열 반응인가, 발열 반응인가?

(b) $P = x$는 $P = y$일 때보다 큰가, 작은가? [15.5절]

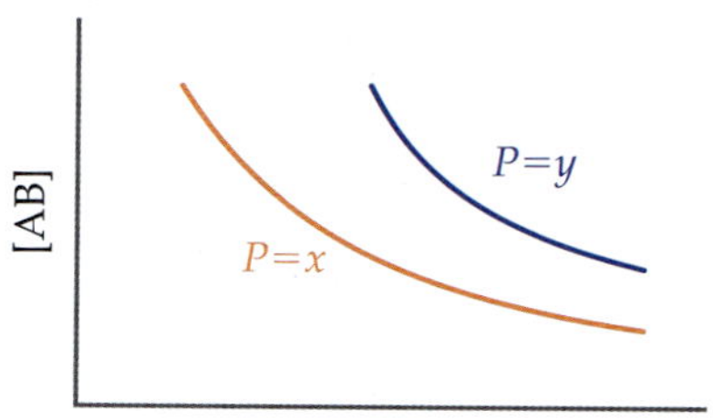


## 평형, 평형 상수(15.1절~15.3절)

**15.45** 온도 800 K에서 브로민 분자의 해리 반응 $Br_2(g) \rightleftharpoons 2\,Br(g)$의 평형 상수는 $K_c = 5.4 \times 10^{-3}$이다.

(a) $Br_2$의 농도가 $5.4 \times 10^{-3}$ mol/L 보다 크다고 가정할 때, 평형에서 $Br_2$와 Br 중 어느 것이 더 많이 존재하는가?

(b) 정반응과 역반응이 모두 단일 단계 과정이라고 가정할 때, 정반응과 역반응 중 어느 것의 속도 상수가 더 크겠는가?

**15.46** 다음 반응의 $K_c$ 식을 쓰시오. 각 반응이 균일 반응인지, 불균일 반

응인지 쓰시오.

(a) $I_2(g) \rightleftharpoons 2I(g)$

(b) $2SO_2(g) + O_2(g) \rightleftharpoons 2SO_3(g)$

(c) $CO_2(g) + C(s) \rightleftharpoons 2CO(g)$

(d) $H_2O(g) + CO(g) \rightleftharpoons CO_2(g) + H_2(g)$

(e) $CO_2(aq) + H_2O(l) \rightleftharpoons HCO_3^-(aq) + H^+(aq)$

(f) $Fe^{2+}(aq) + Zn(s) \rightleftharpoons Zn^{2+}(aq) + Fe(s)$

(g) $CaCO_3(s) \rightleftharpoons Ca^{2+}(aq) + CO_3^{2-}(aq)$

**15.47** 다음 반응이 평형에 도달하였을 때 평형 혼합물의 대부분은 반응물인가, 아니면 생성물인가?

(a) $H_2O(g) + CO(g) \rightleftharpoons CO_2(g) + H_2(g)$
900 K, $K_c = 2.24$

(b) $2CO(g) \rightleftharpoons CO_2(g) + C(s)$
1300 K, $K_p = 5.27 \times 10^{-5}$

**15.48** 다음 설명 중 어느 것이 옳고, 어느 것이 옳지 않은가?

(a) 평형 상수는 절대 음의 값이 될 수 없다.

(b) 한 방향의 화살표로만 표시된 반응에 대한 평형 상수는 0에 가깝다.

(c) 평형 상수값이 클수록 평형에 도달하는 속도는 빨라진다.

**15.49** 온도 1000 K에서 $2NO(g) + Br_2(g) \rightleftharpoons 2NOBr(g)$의 $K_c$= 0.013 L/mol이면, 이 온도에서 이 반응의 $K_p$는 얼마인가?

**15.50** 온도 1000 K에서 반응 $2NO(g) + Br_2(g) \rightleftharpoons 2NOBr(g)$의 평형 상수는 $K_c = 1.3 \times 10^{-2}$이다.

(a) 이 온도에서 평형은 NO와 $Br_2$에 치우치는가, NOBr에 치우치는가?

(b) $2NOBr(g) \rightleftharpoons 2NO(g) + Br_2(g)$ 반응의 $K_c$를 계산하시오.

(c) $NOBr(g) \rightleftharpoons NO(g) + \frac{1}{2}Br_2(g)$ 반응의 $K_c$를 계산하시오.

**15.51** 온도 1000 K에서 다음 반응의 $K_p = 0.184$이다.

$$SO_2(g) + \tfrac{1}{2}O_2(g) \rightleftharpoons SO_3(g)$$

(a) 반응 $SO_3(g) \rightleftharpoons SO_2(g) + \frac{1}{2}O_2(g)$의 $K_p$는 얼마인가?

(b) 반응 $2SO_2(g) + O_2(g) \rightleftharpoons 2SO_3(g)$의 $K_p$는 얼마인가?

(c) (b) 반응의 $K_c$는 얼마인가?

**15.52** 온도 298 K에서 평형 반응식과 평형 상수는 다음과 같다.

$Ag^+(aq) + Cl^-(aq) \rightleftharpoons AgCl(s)$ $K_c = 5.6 \times 10^9$

$Ag^+(aq) + 2NH_3(aq) \rightleftharpoons [Ag(NH_3)_2]^+(aq)$
$K_c = 1.6 \times 10^7$

위 자료로부터, 298 K에서 다음 반응의 평형 상수 $K_p$를 계산하시오.

$$AgCl(s) + 2NH_3(aq) \rightleftharpoons Ag(NH_3)_2(aq) + Cl^-(aq)$$

**15.53** 산화 수은(I)이 수은과 산소로 분해되는 반응은 다음과 같다.

$$2Hg_2O(s) \rightleftharpoons 4Hg(l) + O_2(g)$$

(a) 이 반응의 평형 상수식을 부분 압력으로 쓰시오.

(b) 이 반응이 수은 원소와 산소 원소를 녹이는 용매에서 진행될 때, 용매화된 상태를 (solv)로 표시하고 몰농도로 평형 상수식을 쓰시오.

## 평형 상수의 계산(15.4절)

**15.54** 아이오딘화 수소(HI) 기체를 450 °C의 밀폐된 용기에 넣었더니 그 일부가 수소와 아이오딘으로 분해되었다.

$$2HI(g) \rightleftharpoons H_2(g) + I_2(g)$$

평형에서 $[HI] = 4.50 \times 10^{-3}\ M$, $[H_2] = 5.75 \times 10^{-4}\ M$, $[I_2] = 5.75 \times 10^{-4}\ M$이다. 이 온도에서의 $K_c$를 계산하시오.

**15.55** 온도 550 K에서 다음 평형이 이루어졌다.

$$2NO(g) + Cl_2(g) \rightleftharpoons 2NOCl(g)$$

평형 혼합물에서 세 기체의 부분 압력은 NO가 10.13 kPa, $Cl_2$가 20.27 kPa, NOCl이 35.46 kPa이다.

(a) 500.0 K에서 이 반응의 $K_p$를 계산하시오.

(b) 반응 용기의 부피가 5.00 L라고 하고, 이 온도에서의 $K_c$를 구하시오.

**15.56** 삼염화 인($PCl_3$) 기체는 염소($Cl_2$) 기체와 반응하여 오염화 인($PCl_5$) 기체가 된다.

$$PCl_3(g) + Cl_2(g) \rightleftharpoons PCl_5(g)$$

7.5 L 기체 용기에 $PCl_3(g)$와 $Cl_2(g)$의 혼합물이 들어 있다. 450 K에서 평형을 이루었을 때, 세 기체의 부분 압력은 $P_{PCl_3} = 12.56$ kPa, $P_{Cl_2} = 15.91$ kPa, $P_{PCl_5} = 131.7$ kPa이다.

(a) 이 온도에서 $K_p$ 값은 얼마인가?

(b) 평형에서는 반응물과 생성물 중 어느 것이 더 많이 존재하는가?

(c) 450 K에서 이 반응의 $K_c$를 계산하시오.

**15.57** $H_2$ 1.374 g과 $Br_2$ 70.31 g의 혼합물이 2.00 L의 용기 속에서 700 K로 가열되어 다음과 같이 반응한다. 평형 상태의 용기 속에는 $H_2$ 0.566 g이 있다.

$$H_2(g) + Br_2(g) \rightleftharpoons 2HBr(g)$$

(a) $H_2$, $Br_2$, HBr의 평형 농도를 계산하시오.

(b) $K_c$를 계산하시오.

**15.58** 10.00 L의 용기에 들어 있는 $CO_2$ 0.886 mol, $H_2$ 0.443 mol, $H_2O$ 0.713 mol의 혼합물이 550 K에서 다음과 같이 평형에 도달하였다.

$$CO_2(g) + H_2(g) \rightleftharpoons CO(g) + H_2O(g)$$

(a) $CO_2$, $H_2$, $H_2O$의 초기 부분 압력을 계산하시오.

(b) 평형에서 $P_{H_2O} = 182$ kPa이다. $CO_2$, $H_2$, CO의 평형 부분 압력을 계산하시오.

(c) 반응의 $K_p$를 계산하시오.

(d) 반응의 $K_c$를 계산하시오.

**15.59** 온도 25 °C에서 152.0 kPa의 $N_2O_4(g)$와 101.3 kPa의 $NO_2(g)$로 채워진 플라스크에서 다음과 같은 평형이 이루어졌다.

$$N_2O_4(g) \rightleftharpoons 2NO_2(g)$$

평형에 이르면 $NO_2$의 부분 압력은 51.9 kPa이다.

(a) $N_2O_4$의 평형 부분 압력은 얼마인가?

(b) 반응의 $K_p$ 값을 계산하시오.

(c) 반응의 $K_c$를 계산하시오.

**15.60** 온도 37 °C 수용액에 서로 다른 단백질 X, Y가 용해되어 있다. 이 단백질은 1:1로 결합하여 XY를 생성한다. 각 단백질의 초기 농도가 1.00 m$M$인 용액이 평형에 도달하였다. 평형에서 X와 Y가 각각 0.20 m$M$씩 남았다. 이 반응의 $K_c$를 구하시오.

**15.61** **(a)** 생성물만 존재하는 경우, 특정 반응이 끝날 때 $Q_c$의 값은 얼마인가? **(b)** 정반응이 진행됨에 따라 $Q_c$의 값은 어떻게 변하는가? **(c)** $Q_c = K_c$가 되기 위해서는 어떤 조건이 충족되어야 하는가?

**15.62** 온도 100 °C에서 반응 $COCl_2(g) \rightleftharpoons CO(g) + Cl_2(g)$의 평형 상수 $K_c = 2.19 \times 10^{-10}$이다. 100 °C에서 다음의 $COCl_2$, CO, $Cl_2$ 혼합물은 평형 상태에 있는가? 평형이 아니라면, 평형이 이루어지기 위하여 반응이 진행되어야 하는 방향을 예측하시오.

**(a)** $[COCl_2] = [CO] = 1.00 \times 10^{-4}\,M$, $[Cl_2] = 7.2 \times 10^{-6}\,M$

**(b)** $[COCl_2] = 2.20 \times 10^{-2}\,M$, $[CO] = 2.2 \times 10^{-7}\,M$, $[Cl_2] = 3.0 \times 10^{-6}\,M$

**(c)** $[COCl_2] = 0.0100\,M$, $[CO] = [Cl_2] = 7.2 \times 10^{-6}\,M$

**15.63** 120 °C에서 다음 반응의 $K_c = 0.090$이다.

$$SO_2Cl_2(g) \rightleftharpoons SO_2(g) + Cl_2(g)$$

세 기체의 평형 혼합물에서 $SO_2$, $Cl_2$, $SO_2$의 농도는 각각 0.100 $M$ 및 0.075 $M$이다. 평형 혼합물에서 $Cl_2$의 부분 압력은 얼마인가?

**15.64** 850 K에서 다음 반응의 $K_p = 0.0035$이다.

$$2\,SO_2(g) + O_2(g) \rightleftharpoons 2\,SO_3(g)$$

평형 혼합물에서 $SO_2$와 $O_2$의 부분 압력은 각각 18.24 kPa와 50.66 kPa이다. 혼합물에서 $SO_3$의 평형 부분 압력은 얼마인가?

**15.65** 온도 1285 °C에서 다음 반응의 평형 상수는 $K_c = 1.04 \times 10^{-3}$이다.

$$Br_2(g) \rightleftharpoons 2\,Br(g)$$

1.00 L의 용기에 들어 있는 평형 혼합물에 $Br_2(g)$ 1.50 g이 있다. 용기 속의 $Br(g)$의 질량은 얼마인가?

**15.66** 온도 700 K에서 $H_2(g) + I_2(g) \rightleftharpoons 2\,HI(g)$ 반응의 $K_c = 55.3$이다. 세 기체의 평형 혼합물이 들어 있는 10.00 L의 플라스크에 $H_2$ 1.30 g과 $I_2$ 21.0 g이 있다. 플라스크 속에 있는 HI의 질량은 얼마인가?

**15.67** 온도 800 K에서 $I_2(g) \rightleftharpoons 2\,I(g)$ 반응의 평형 상수 $K_c = 3.1 \times 10^{-5}$이다. 5.00 L의 용기에 들어있는 평형 혼합물에 $I(g)$ 30.5 mg이 포함되어있다면, 몇 그램의 $I_2$가 있겠는가?

**15.68** 온도 2000 °C에서 반응 $2\,NO(g) \rightleftharpoons N_2(g) + O_2(g)$의 평형 상수 $K_c = 2.4 \times 10^3$이다. NO의 초기 농도가 0.250 $M$이면, NO, $N_2$, $O_2$의 평형 농도는 얼마인가?

**15.69** 900 °C에서 다음 평형의 $K_p = 51.2$이다.

$$2\,NOBr(g) \rightleftharpoons 2\,NO(g) + Br_2(g)$$

$NO(g)$의 압력이 $NOBr(g)$의 압력의 절반이면 $Br_2(g)$의 평형 압력은 얼마인가?

**15.70** 온도 218 °C에서, 다음 평형의 $K_c = 1.2 \times 10^{-4}$이다.

$$NH_4SH(s) \rightleftharpoons NH_3(g) + H_2S(g)$$

온도 218 °C에서 고체 $NH_4SH$ 시료를 밀폐 용기에 넣고 평형에 도달할 때까지 분해하였을 때, $NH_3$와 $H_2S$의 평형 농도를 계산하시오.

**15.71** 25 °C에서 다음 반응의 평형 상수는 $K_c = 2.4 \times 10^{-5}$이다.

$$CaSO_4(s) \rightleftharpoons Ca^{2+}(aq) + SO_4^{2-}(aq)$$

**(a)** 과량의 $CaSO_4(s)$를 25 °C의 물과 혼합하여 $CaSO_4$의 포화 용액을 만든다면 $Ca^{2+}$와 $SO_4^{2-}$의 평형 농도는 얼마인가?

**(b)** 생성된 용액의 부피가 1.4 L인 경우, 평형을 달성하는 데 필요한 $CaSO_4(s)$의 최소 질량은 얼마인가?

**15.72** 온도 140 °C에서 $I_2(g) + Br_2(g) \rightleftharpoons 2\,IBr(g)$ 반응의 $K_c = 310$이다. 140 °C에서 5.00 L의 용기에 IBr 1.00 mol을 넣어 평형에 도달하였다면 IBr, $I_2$, $Br_2$의 평형 농도는 얼마인가?

**15.73** 온도 25 °C에서 다음 반응의 평형 상수는 $K_c = 7.1 \times 10^{-4}$이다.

$$CaCrO_4(s) \rightleftharpoons Ca^{2+}(aq) + CrO_4^{2-}(aq)$$

$CaCrO_4$의 포화 용액에서 $Ca^{2+}$와 $CrO^{2-}$의 평형 농도는 얼마인가?

**15.74** 메테인($CH_4$)과 아이오딘($I_2$)은 다음과 같이 반응한다.

$$CH_4(g) + I_2(g) \rightleftharpoons CH_3I(g) + HI(g)$$

600 K에서 이 반응의 $K_p$는 $1.95 \times 10^{-4}$이다. 600 K에서 메테인의 초기 부분 압력이 13.3 kPa, $I_2$는 6.67 kPa로 반응이 설정되었다. 평형에서의 모든 반응물과 생성물의 압력을 kPa로 계산하시오.

**15.75** 유기 용매에서 유기산과 알코올을 반응시켜 에스터와 물을 생성하는 반응은 제약 산업에서 일반적으로 수행된다. 이 반응은 강산(보통 $H_2SO_4$)에 의해 촉진된다. 간단한 예는 아세트산과 에틸 알코올이 반응하여 아세트산 에틸과 물이 생성되는 반응이다.

$$CH_3COOH(solv) + CH_3CH_2OH(solv) \rightleftharpoons CH_3COOCH_2CH_3(solv) + H_2O(solv)$$

'(*solv*)'는 모든 반응물과 생성물이 수용액이 아닌 용액 상태임을 의미한다. 55 °C에서 이 반응의 평형 상수는 6.68이다. 초기 농도가 0.275 $M$인 아세트산과 3.85 $M$인 에탄올을 15.0 L 용액 속에서 반응시켰다. 평형에서 몇 g의 아세트산 에틸이 생성될 것인가?

### Le Châtelier 원리(15.5절)

**15.76** 다음의 발열 평형을 고려하자(Boudouard 반응).

$$2\,CO(g) \rightleftharpoons C(s) + CO_2(g)$$

다음 각각의 변화가 세 가지 기체의 평형 혼합물에 어떤 영향을 미치는가?

**(a)** 촉매가 혼합물에 첨가된다.

**(b)** $CO_2(g)$가 반응계에 추가된다.

**(c)** $CO(g)$가 반응계에서 추가된다.

**(d)** 반응 혼합물을 가열한다.

**(e)** 반응 용기의 부피가 2배로 커진다.

**(f)** 비활성 기체가 추가되어 반응계의 전체 압력이 증가한다.

**15.77** 다음 변화가 기체상 흡열 반응에 대한 $K_p$ 값에 어떤 영향을 미치는가?

**(a)** 비활성 기체를 추가하여 총 압력 증가 **(b)** 반응물 추가 **(c)** 온도 증가 **(d)** 부피 증가 **(e)** 온도 감소

**15.78** 다음의 질소 산화물 사이의 평형을 고려해 보자.

$$3\,NO(g) \rightleftharpoons NO_2(g) + N_2O(g)$$

**(a)** 부록 C의 데이터를 사용하여 반응의 $\Delta H°$를 계산하시오.

**(b)** 온도를 높이면 반응의 평형 상수는 증가하겠는가, 감소하겠는가?

**(c)** 일정 온도에서 용기의 부피 변화는 평형 혼합물에서 생성물의 분율에 영향을 미치겠는가?

**15.79** 오존($O_3$)은 성층권에서 반응 $2\,O_3(g) \longrightarrow 3\,O_2(g)$에 따라 산소 분자로 분해된다. 압력의 증가는 오존이나 산소의 생성에 유리한가?

**15.80** 참 또는 거짓: 발열 반응의 온도를 높이면 정반응의 속도 상수가 감소하여 평형 상수 $K_c$가 감소한다.

## 추가 연습 문제

**15.81** 다음 평형 반응의 정반응과 역반응은 모두 단일 단계 반응으로 여겨진다.

$$CO(g) + Cl_2(g) \rightleftharpoons COCl(g) + Cl(g)$$

25 °C에서, 정반응과 역반응의 속도 상수는 각각 $1.4 \times 10^{-28}\ M^{-1}\ s^{-1}$, $9.3 \times 10^{10}\ M^{-1}\ s^{-1}$이다.

**(a)** 25 °C에서 평형 상수 값은 얼마인가?

**(b)** 반응물과 생성물 중 어느 것이 평형 상태에서 더 많이 존재하는가?

**15.82** $3\ A(g) \rightleftharpoons 2\ B(g)$ 평형에서 평형 상수가 $K_c = 1$이라면, 평형 상태에서 [A]와 [B]는 어떠한 관계에 있는가?

**15.83** 온도 1000 K에서 Ni 촉매하에 $CH_4$와 $H_2O$의 혼합물을 반응시켰다. 이때 발생된 기체를 5.00 L 플라스크에 포집하였고, 이 기체는 CO 8.62 g, $H_2$ 2.60 g, $CH_4$ 43.0 g, $H_2O$ 48.4 g으로 구성되어 있다. 평형에 도달하였다고 가정하고, 다음 반응의 평형 상수 $K_c$와 $K_p$를 각각 계산하시오.

$$CH_4(g) + H_2O(g) \rightleftharpoons CO(g) + 3\ H_2(g)$$

**15.84** 온도 310 K에서 5.00 L의 플라스크 속에 2.00 mol의 $SO_2Cl_2$를 넣었을 때, 40%의 $SO_2Cl_2$가 다음 반응에 의해 $SO_2$와 $Cl_2$로 분해되었다.

$$SO_2Cl_2(g) \rightleftharpoons SO_2(g) + Cl_2(g)$$

**(a)** 이 온도에서 반응의 평형 상수 $K_c$를 계산하시오.

**(b)** 310 K에서 반응의 평형 상수 $K_p$를 계산하시오.

**(c)** 혼합물을 1.00 L 용기에 옮긴다면, 분해되는 $SO_2Cl_2$의 백분율은 Le Châtelier 원리에 따라 증가하겠는가, 감소하겠는가? 동일하게 유지되겠는가?

**(d)** 310 K에서 $SO_2Cl_2$ 2.00 mol을 1.00 L 용기에 넣었을 때, 위에서 계산한 평형 상수를 사용하여, 분해되는 $SO_2Cl_2$의 백분율을 결정하시오.

**15.85** 반응 $N_2(g) + 3\ H_2(g) \rightleftharpoons 2\ NH_3(g)$의 평형 상수 $K_c$ 값은 온도의 함수로서 다음과 같은 방식으로 변한다.

| 온도(°C) | $K_c$ |
|---|---|
| 300 | 9.6 |
| 400 | 0.50 |
| 500 | 0.058 |

**(a)** $K_c$의 변화에 근거하여 볼 때, 이 반응은 발열 반응인가, 흡열 반응인가?

**(b)** 부록 C에 주어진 표준 생성 엔탈피를 이용하여, 표준 조건에서 이 반응의 $\Delta H$를 구하시오. 이 값이 (a)에서의 예측과 일치하는가?

**(c)** 기체 $NH_3$ 0.025 mol을 1.00 L 용기에 넣고 500 °C로 가열하여 평형에 도달하면, $NH_3$의 농도는 얼마인가?

**15.86** 브로민화 나이트로실(NOBr)은 다음 반응식에 따라 분해된다.

$$2\ NOBr(g) \rightleftharpoons 2\ NO(g) + Br_2(g)$$

100 °C에서 5.00 L 용기에 들어 있는 평형 혼합물에는 NOBr 3.22 g, NO 3.08 g, $Br_2$ 4.19 g이 있다.

**(a)** $K_c$를 계산하시오.

**(b)** 혼합 기체에 의한 전체 압력은 얼마인가?

**(c)** NOBr의 초기 질량은 얼마인가?

**15.87** 다음과 같은 가상의 반응을 고려해 보자.

$$A(g) \rightleftharpoons B(g) + 2\ C(g)$$

플라스크에 100 kPa의 순수한 기체 A를 채운 후 25 °C에서 평형에 도달하도록 하였다. 평형에서 B의 부분 압력이 25 kPa이었다.

**(a)** 평형에서 플라스크 속의 전체 압력은 얼마인가?

**(b)** $K_p$ 값은 얼마인가?

**(c)** 어떻게 하면 B의 수득률이 최대가 되겠는가?

**15.88** 온도 24 °C에서 고체 $NH_4SH$를 감압 플라스크에 넣었을 때, 다음 반응이 일어났다.

$$NH_4SH(s) \rightleftharpoons NH_3(g) + H_2S(g)$$

평형 상태에서 전체 압력($NH_3$와 $H_2S$)은 0.62 bar이다. 24 °C에서 이 평형의 $K_p$는 얼마인가?

**15.89** 온도 900 °C에서 다음 반응의 $K_c = 0.0108$이다.

$$CaCO_3(s) \rightleftharpoons CaO(s) + CO_2(g)$$

온도 900 °C, 10.0 L 용기 속에 $CaCO_3$, CaO, $CO_2$가 들어 있다. 다음과 같은 혼합물에서 평형에 도달하였을 때, $CaCO_3$의 양이 증가하겠는가, 감소하겠는가, 변화가 없겠는가?

**(a)** $CaCO_3$ 15.0 g, CaO 15.0 g, $CO_2$ 4.25 g

**(b)** $CaCO_3$ 2.50 g, CaO 25.0 g, $CO_2$ 5.66 g

**(c)** $CaCO_3$ 30.5 g, CaO 25.5 g, $CO_2$ 6.48 g

**15.90** 온도 395 °C에서 3.00 L 용기 속에 $CO_2$ 1.50 mol과 $H_2$ 1.50 mol을 넣었더니 다음 반응과 같이 평형에 도달하였다.

$$CO_2(g) + H_2(g) \rightleftharpoons CO(g) + H_2O(g)$$

평형 상수 $K_c = 0.802$이면, 평형 혼합물 속에 들어 있는 각 물질의 농도는 얼마인가?

**15.91** $C(s) + CO_2(g) \rightleftharpoons 2\ CO(g)$의 평형 상수 $K_c$는 1000 K에서 1.9이고, 298 K에서 0.133이다.

**(a)** 온도 1000 K에서 3.00 L 용기 안에 있는 과량의 C가 25.0 g의 이산화 탄소와 반응한다면, 몇 그램의 CO가 생성되는가?

**(b)** 몇 그램의 C가 소모되는가?

**(c)** 더 작은 용기가 반응에 사용된다면, CO의 수득률은 더 크겠는가, 더 작겠는가?

**(d)** 반응은 흡열인가, 발열인가?

**15.92** 산업 공정에서 NiO는 다음과 같은 반응을 사용하여 니켈 금속으로 환원된다.

$$NiO(s) + CO(g) \rightleftharpoons Ni(s) + CO_2(g)$$

1600 K에서, 이 반응의 평형 상수 $K_p = 6.0 \times 10^2$이다. 반응로(furnace) 내에서 CO의 압력이 0.20 bar이고, 전체 압력이 1.0 bar 이하이면, 환원이 일어나겠는가?

**15.93** Le Châtelier는 화학 평형의 이해가 그 당시 많은 산업 공정을 개선할 수 있다는 것을 알았다. 예를 들어 금속 철과 $CO_2$를 만들기 위

해서, 산화 철(III)($Fe_2O_3$)과 일산화 탄소(CO)의 반응이 이용되었는데, 반응식은 다음과 같다.

$$Fe_2O_3(s) + 3\,CO(g) \rightleftharpoons 2\,Fe(s) + 3\,CO_2(g)$$

Le Châtelier의 시대에서조차 많은 양의 CO가 반응로 위의 굴뚝을 통해 빠져나가면서 낭비되고 있다는 것을 알았다. Le Châtelier는 다음과 같이 적었다.

"불완전한 반응은 일산화 탄소와 철 산화물 사이의 충분한 접촉이 이루어지지 않기 때문인 것으로 인식되어, 반응로의 크기를 증가시켰다. 영국에서는 30 m 높이의 반응로를 만들었다. 그러나 빠져나가는 일산화 탄소의 분율은 감소하지 않았으며, 수십만 프랑의 비용이 소요된 실험을 통해, 일산화 탄소에 의한 산화 철의 환원이 한계 반응인 것이 입증되었다. 화학 평형 법칙에 대한 지식이 있었더라면, 더 빨리 그리고 훨씬 더 경제적으로 같은 결론에 도달할 수 있었을 것이다."

위의 일화는 이 반응의 평형 상수에 대해 무엇을 이야기하는가?

**15.94** 온도 700 K에서 다음 반응의 평형 상수는 $K_p = 77$이다.

$$CCl_4(g) \rightleftharpoons C(s) + 2\,Cl_2(g)$$

온도 700 K에서 플라스크 속에 202.7 kPa의 사염화 탄소($CCl_4$)를 넣고, 평형에 도달하였다.

(a) C와 $Cl_2$로 변환된 $CCl_4$의 분율은 얼마인가?
(b) 평형 상태에서 $CCl_4$와 $Cl_2$의 부분 압력은 얼마인가?

**15.95** 온도 300 °C에서 반응 $PCl_3(g) + Cl_2(g) \rightleftharpoons PCl_5(g)$의 평형 상수는 $K_p = 8.59 \times 10^{-4}$이다. 이 온도에서 플라스크 속에 $PCl_3$ 50.7 kPa, $Cl_2$ 50.7 kPa, $PCl_5$ 20.3 kPa을 각각 채웠다.

(a) 반응 지수를 사용하여 평형에 도달하기 위해서 진행되어야 할 반응의 방향을 결정하시오.
(b) 각 기체의 평형 부분 압력을 계산하시오.
(c) 계의 부피 증가가 평형 혼합물에서 $Cl_2$의 몰분율에 어떤 영향을 미치겠는가?
(d) 이 반응은 발열 반응이다. 계의 온도를 높이면 평형 혼합물에서 Cl의 몰분율에 어떠한 영향을 미치겠는가?

**15.96** 온도 500 °C에서 $H_2$ 0.150 mol, $I_2$ 0.150 mol, HI 1.000 mol을 포함하는 $H_2$, $I_2$, HI의 평형 혼합물이 10.00 L의 용기에 들어 있다. 0.100 mol의 HI를 더 가한 후 평형이 다시 이루어졌을 때, 각 물질의 평형 부분 압력을 구하시오.

**15.97** 어떤 온도에서 가상의 반응 $A(g) + 2\,B(g) \rightleftharpoons 2\,C(g)$의 평형 상수는 $K_c$=0.25이다. 1.00 L 반응 용기 속에 1.00 mol의 화합물 C를 넣었더니 평형에 도달하였다. 평형에서 화합물 A의 농도(mol/L)를 변수 $x$로 표시한다.

(a) 화합물 B와 C의 평형 농도를 $x$에 관한 식으로 쓰시오.
(b) 모든 물질의 농도가 양의 값이 되기 위해 필요한 $x$의 제약 조건은 무엇인가?
(c) $x$에 대한 식으로 나타낸 평형 농도를 평형 상수식에 대입하여 $x$에 대한 방정식을 유도하시오.
(d) (c)의 방정식은 삼차 방정식이다($ax^3 + bx^2 + cx + d = 0$ 형태). 일반적으로 삼차 방정식은 닫힌 형태(closed form)의 해를 구할 수 없다. 그러나 (b)에서 명시했던 바와 같이, $x$의 허용된 범위 내에서는 삼차 방정식의 그래프를 이용하여 해를 추정할 수 있다. 삼차 방정식의 그래프가 $x$축과 만나는 점이 방정식의 해이다.
(e) (d)의 그래프로부터 A, B, C의 평형 농도를 추정하시오(**힌트**: 추정한 평형 농도를 평형 상수식에 대입해서, 그 값이 정확한지 검산할 수 있다).

**15.98** 자동차 배기가스(그림 15.14 참조)의 대략적인 온도인 1200 K에서 다음 반응의 $K_p$는 약 $1 \times 10^{-11}$이다.

$$2\,CO_2(g) \rightleftharpoons 2\,CO(g) + O_2(g)$$

배기가스(총 압력 1 atm)가 부피비로 0.2% CO, 12% $CO_2$, 3% $O_2$를 함유하고 있다고 가정하면, $CO_2$의 반응의 계는 평형 상태에 있는가? 결론에 근거하여 볼 때, $CO_2$ 반응 속도를 높이는 촉매에 의해 배기가스 중의 CO 농도는 감소하는가, 증가하는가? 압력과 온도가 일정할 때, 부피 % = mol %임을 상기하시오.

**15.99** 온도 700 K에서, 반응 $2\,HI(g) \rightleftharpoons H_2(g) + I_2(g)$의 정반응과 역반응의 속도 상수는 각각 $k_f$ =1.8310$^{-3}$ $M^{-1}\,s^{-1}$, $k_r$ =0.063 $M^{-1}\,s^{-1}$이다.

(a) 온도 700 K에서 평형 상수 $K_c$의 값은 얼마인가?
(b) 온도 800 K에서 같은 반응의 속도 상수가 $k_f$ = 0.097 $M^{-1}\,s^{-1}$, $k_r$ = 2.6 $M^{-1}\,s^{-1}$의 값이라면 정반응은 흡열인가, 발열인가?

## 통합 연습 문제

**15.100** 다음 반응의 대한 평형 상수는 $K_c = 3.5 \times 10^{-2}$이다.

$$IO_4^-(aq) + 2\,H_2O(l) \rightleftharpoons H_4IO_6^-(aq)$$

0.905 $M$ $NaIO_4$ 용액 25.0 mL를 500.0 mL의 물로 묽혔다면, 평형에서 $H_4IO_6^-$의 농도를 구하시오.

**15.101** 다음 평형 자료는 823 K에서 측정된 것이다.

$$CoO(s) + H_2(g) \rightleftharpoons Co(s) + H_2O(g) \quad K_c = 67$$
$$H_2(g) + CO_2(g) \rightleftharpoons CO(g) + H_2O(g) \quad K_c = 0.14$$

(a) 이 평형 자료를 사용하여 823 K에서의 반응 $CoO(s) + CO(g) \rightleftharpoons Co(s) + CO_2(g)$의 평형 상수 $K_c$를 계산하시오.
(b) (a)에서의 답을 토대로, 일산화 탄소가 $T$ = 823 K에서 $H_2$보다 더 강하거나 약한 환원제라고 말할 수 있는가?
(c) 298 K에서 1.00 atm의 $CO(g)$가 들어 있는 250 mL 부피의 밀폐된 시험관에 5.00 g의 $CoO(s)$를 넣는다면, CO 기체의 농도는 얼마인가? 이 온도에서는 반응이 없고, CO가 이상 기체로 거동한다고 가정한다(고체의 부피는 무시할 수 있다).
(d) (c)의 반응 용기를 823 K로 가열하여 평형에 이르도록 한다면, 얼마의 $CoO(s)$가 남아 있겠는가?

**15.102** 정반응과 역반응이 단일 단계 반응인 $A \rightleftharpoons B$ 평형이 있다. 그림 15.14에 나타난 바와 같이, 촉매는 반응에서의 정반응과 역반응의 활성화 에너지를 낮추는 역할만 한다. Arrhenius 식(14.5절)을 이

용하여 촉매 반응과 비촉매 반응의 평형 상수가 같음을 증명하시오.

**15.103** $SO_2$의 상도표는 다음 그림과 같다.

**(a)** 상도표로부터 $SO_2(l) \longrightarrow SO_2(g)$ 반응의 엔탈피 변화에 대해 무엇을 알 수 있는가?

**(b)** 100 ℃와 0 ℃에서 이 반응의 평형 상수를 계산하시오.

**(c)** 초임계 영역에서 기체상과 액체상 사이의 평형 상수 계산은 왜 불가능한가?

**(d)** $SO_2(g)$는 그림에 표시된 세 개의 붉은색 점 중 어느 점에서 이상 기체에 가장 가까운 거동을 하는가?

**(e)** $SO_2(g)$는 세 개의 붉은색 점 중 어느 점에서 이상성에서 가장 벗어나게 거동하는가?

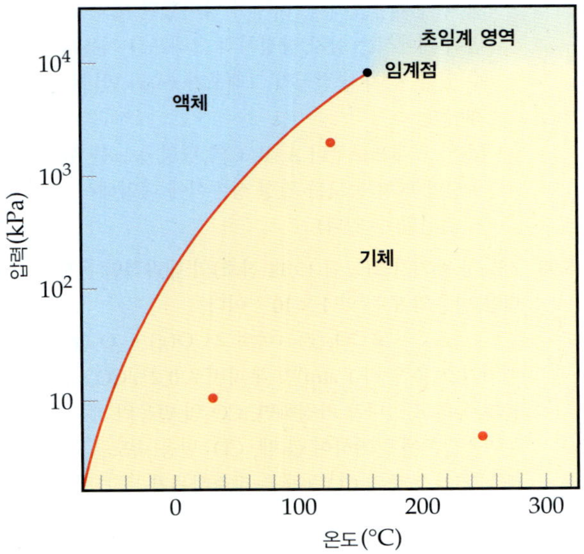


**15.104** 온도 800 K에서, 반응 $A_2(g) \rightleftharpoons 2\,A(g)$의 평형 상수는 $K_c = 3.1 \times 10^{-4}$이다.

**(a)** 정반응과 역반응이 모두 단일 단계 반응이라면, 속도 상수 $k_f$와 $k_r$ 중 어느 것이 더 클 것으로 예상하는가?

**(b)** $k_f = 0.27\ s^{-1}$인 경우, 800 K에서 $k_r$의 값은 얼마인가?

**(c)** 반응의 특성을 토대로, 정반응은 흡열 반응과 발열 반응 중 어느 것으로 예상되는가?

**(d)** 온도를 1000 K로 높이면 역반응 속도 상수 $k_r$이 증가하겠는가, 감소하겠는가? $k_r$의 변화는 $k_f$ 변화보다 더 크겠는가, 작겠는가?

**15.105** 11.5절에서는 평형 측면에서 액체의 부분 압력을 정의하였다.

**(a)** 액체 $H_2O$와 수증기 $H_2O$ 사이의 평형을 나타내는 식과 $K_p$ 식을 쓰시오.

**(b)** 부록 B의 자료를 이용하여 30 ℃에서 이 반응의 평형 상수 $K_p$ 값을 구하시오.

**(c)** 정상 끓는점에서 어떤 액체가 증기와 평형 상태일 때, $K_p$를 구하시오.

**15.106** 대기 중에서 물 분자는 수소 결합에 의한 이합체 $(H_2O)_2$를 형성할 수 있다. 이 이합체의 존재는 대기 중에서 얼음 결정을 만드는 핵이나 산성비의 형성에서 중요한 것으로 생각된다.

**(a)** VSEPR 이론을 이용하여 물 이합체의 구조를 그리되, 분자 간 상호 작용을 점선으로 표시하시오.

**(b)** 물의 이합체 형성에서는 어떤 종류의 분자간 힘이 관여하는가?

**(c)** 기체상에서 물 이합체 형성의 평형 상수 $K_p$는 300 K에서 0.050, 350 K에서 0.020이다. 물 이합체 형성은 발열 반응인가, 흡열 반응인가?

**15.107** 헤모글로빈(Hb)은 포유동물 혈액 속에서 $O_2$를 운반한다. 각 Hb은 4개의 $O_2$ 분자와 결합한다. $O_2$ 결합 반응의 평형 상수는 성인 헤모글로빈에서보다 태아의 헤모글로빈에서 더 크다. 헤모글로빈의 산소–결합 용량을 논의하는 데 있어, 생화학자들은 헤모글로빈의 50%가 산소로 포화될 때의 산소의 부분 압력을 의미하는 **P50 지수**를 사용한다. 태아 헤모글로빈의 P50 지수는 2.53 kPa이고, 성인 헤모글로빈은 3.57 kPa이다. 이 자료를 이용하여, 태아에서의 수용액 반응 $4\,O_2(g) + Hb(aq) \rightleftharpoons [Hb(O_2)_4(aq)]$의 $K_c$가 성인에서의 값과 비교하여 얼마나 더 큰지 추정하시오.

## 실험 설계 문제

아이오딘화 수소를 생성하기 위한 수소와 아이오딘의 반응은 14장의 Beer 법칙을 설명하기 위해 사용되었다(그림 14.5). $I_2$는 보라색이고, $H_2$와 HI는 무색이므로, 가시광선 분광학을 사용하여 반응을 모니터할 수 있다. 300 K에서, $H_2(g) + I_2(g) \rightleftharpoons 2\,HI(g)$ 반응의 평형 상수는 $K_c = 794$이다. 다음 문제에 답하기 위해, 수소, 아이오딘, 아이오딘화 수소, 투명 반응 용기, 가시광선 분광계, 온도 변화 수단을 이용할 수 있다고 가정하자.

**(a)** 분광계로 농도를 쉽게 모니터할 수 있는 기체(들)은 무엇인가?

**(b)** Beer 법칙(식 14.5)을 사용하려면 해당 물질의 흡광 계수($\varepsilon$)를 결정할 필요가 있다. 어떻게 $\varepsilon$을 결정하겠는가?

**(c)** 600 K에서 평형 상수를 결정하기 위한 실험을 기술하시오.

**(d)** 표 8.3의 결합 엔탈피를 사용하여, 이 반응의 반응 엔탈피를 근사적으로 구하시오.

**(e)** (d)에서의 답에 근거하여 볼 때, 600 K에서의 $K_c$가 300 K에서보다 클 것으로 예상되는가, 작을 것으로 예상되는가?

# 16 산-염기 평형

## 16.1 산-염기 평형

산과 염기는 자연계나 실험실에 흔히 있는 물질이다. 실험 화학의 초기 시대부터 과학자들은 산과 염기를 그 독특한 특성에 따라서 구별하였다. 산은 신맛을 가지고, 특정 염료의 색을 변화시킨다. 염기는 쓴맛과 미끄러운 성질을 가진다(비누가 좋은 예이다). **base**라는 단어는 '끌어내리다'라는 의미의 고대 영어로부터 유래하였다(아직도 **debase**는 어떤 가치를 끌어내리다라는 의미로 사용되고 있다). 염기를 산에 가하면, 산의 양을 '감소'시킬 수 있다. 실제로 산과 염기를 특정 비율로 섞으면, 산과 염기의 성질이 모두 사라지게 된다.

이미 2.8절과 4.3절에서 산의 명명법과 간단한 산–염기 반응을 소개하였다. 이 장에서는 산과 염기를 구별하는 방법과 그 특징을 규명하는 방법에 대하여 자세히 살펴보려고 한다. 특히, 구조와 결합 및 화학 평형의 관점에서 산, 염기의 거동을 살펴보려고 한다.

이 장이 끝나면 다음 사항을 수행할 수 있어야 한다.

- Arrhenius 산–염기와 Brønsted–Lowry 산–염기 정의하기
- 짝산–짝염기 쌍을 구별하고, 산의 세기와 짝염기의 세기 관련짓기

## Arrhenius 산과 염기

1830년까지 '모든 산이 수소를 포함하지만, 수소를 포함하는 모든 물질이 산은 아니다.'라는 것이 잘 알려져 있었다. 1880년대에 스웨덴의 화학자 Svante Arrhenius(1859~1927)는 산을 수용액에서 $H^+$ 이온을 생성하는 물질로, 염기를 수용액에서 $OH^-$ 이온을 생성하는 물질로 정의하였다. 시간이 지나면서 Arrhenius의 산–염기 개념은 다음과 같이 정리되었다.

- **산**(acid)이란 물에 녹아서 $H^+$ 이온의 농도를 증가시키는 물질이다.
- **염기**(base)란 물에 녹아서 $OH^-$ 이온의 농도를 증가시키는 물질이다.

이 그림에서 점선으로 표현된 분자 간 힘은 무엇인가?

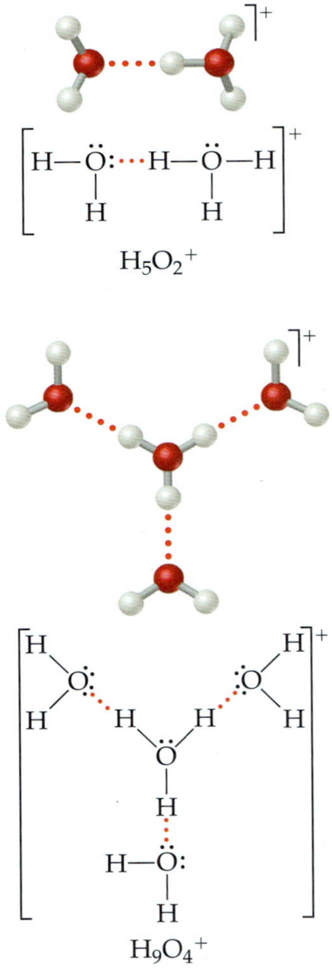

▲ 그림 16.1 수화된 하이드로늄 이온의 공–막대 모형과 Lewis 구조

물에 매우 잘 용해되는 염화 수소 기체는 Arrhenius 산의 한 예이다. 물에 녹으면 다음과 같이 $H^+$와 $Cl^-$ 이온을 형성한다.

$$HCl(g) \xrightarrow{H_2O} H^+(aq) + Cl^-(aq) \qquad [16.1]$$

HCl 수용액은 **염산**(hydrochloric acid)으로 알려져 있다. 진한 염산의 농도는 질량으로 약 37%이고 12 *M*이다.

수산화 소듐(NaOH)은 Arrhenius 염기이다. NaOH는 이온 결합 화합물이기 때문에 물에 녹아서 $Na^+$와 $OH^-$ 이온으로 해리되고, $OH^-$ 이온의 농도를 증가시킨다.

## Brønsted-Lowry 산과 염기

Arrhenius 산–염기 개념이 유용하긴 하지만 한계를 가진다. 하나의 예는 수용액에만 적용된다는 것이다. 1923년에 덴마크 화학자인 Johannes Brønsted(1879~1947)와 영국 화학자인 Thomas Lowry(1874~1936)는 각각 더 일반적인 산–염기 정의를 제시하였다. 그들의 개념은 **산–염기 반응에서는 $H^+$ 이온이 한 물질에서 다른 물질로 이동한다**는 사실에 근거한다. 이 정의를 보다 잘 이해하기 위해서는 물에서 $H^+$ 이온의 거동을 살펴볼 필요가 있다.

## 물속의 $H^+$ 이온

HCl은 물에서 이온화하여 $H^+$와 $Cl^-$를 형성한다고 얼핏 생각할 수 있다. 수소 이온은 단지 양전하를 가지는 작은 입자, 즉 원자가 전자를 갖지 않는 양성자라고만 할 수는 없다. $H^+$ 이온은 물 분자의 산소 원자에 있는 비결합 전자쌍처럼 높은 전자 밀도를 갖는 것들과 강하게 상호 작용할 수 있다. 예를 들어, 양성자는 물 분자와 상호 작용하여 **하이드로늄 이온**(**hydronium ion**, $H_3O^+(aq)$)을 형성한다.

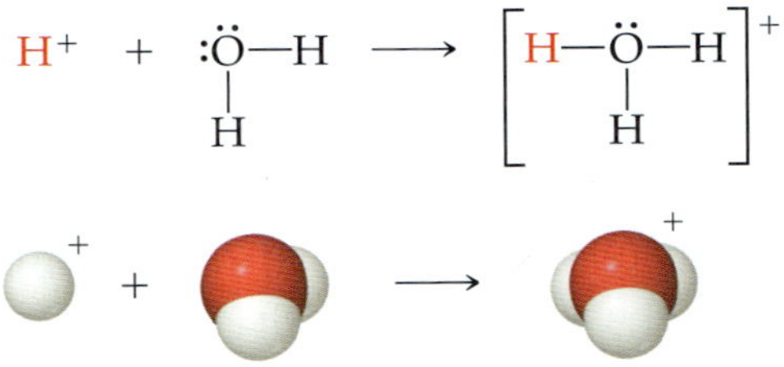

[16.2]

하이드로늄 이온은 수소 결합 형성을 통해 물 분자와 추가적으로 상호 작용할 수 있기 때문에 물속에서 $H^+$ 이온의 거동은 복잡하다. 예를 들어, $H_3O^+$ 이온은 추가로 여러 물 분자와 결합하여 $H_5O_2^+$, $H_9O_4^+$와 같은 이온을 형성한다(**그림 16.1**).

화학자들은 산 용액의 특징을 나타내는 수화된 양성자를 표현하기 위해 $H^+(aq)$와 $H_3O^+(aq)$라는 표기법을 모두 사용한다. 4장과 식 16.1에 나타낸 것과 같이, 간편하고 편리하기 때문에 $H^+(aq)$라고 더 자주 표기하지만, $H_3O^+(aq)$라고 표기하는 것이 더 실제에 가깝다.

## 양성자 전달 반응

물에 HCl을 용해시키는 반응에서 HCl 분자는 $H^+$ 이온(양성자)을 물 분자로 전달한다. 따라서, 이 반응은 다음과 같이 HCl 분자와 물 분자 사이에 반응이 일어나서 하이드로늄 이온과 염화 이온을 형성하는 것으로 나타낼 수 있다.

$$HCl(g) + H_2O(l) \longrightarrow Cl^-(aq) + H_3O^+(aq) \qquad [16.3]$$

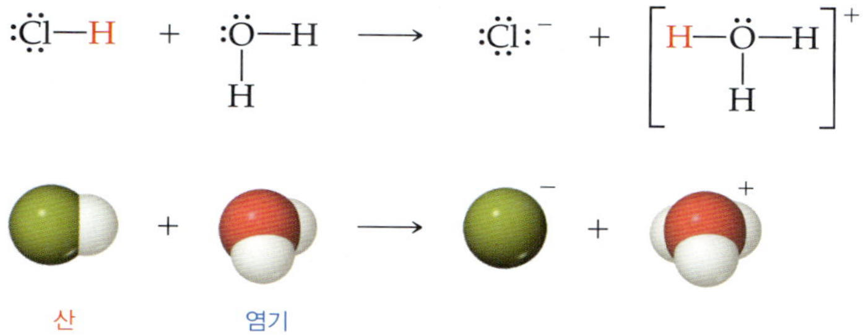


식 16.3의 반응에는 **양성자 주개**(proton donor)인 HCl과 **양성자 받개**(proton acceptor)인 $H_2O$가 관여한다. 양성자 주개에서 양성자 받개로 양성자가 전달된다는 것이 Brønsted–Lowry 산–염기 개념의 핵심이다.

- **Brønsted–Lowry 산** 산(acid)은 다른 물질에 양성자를 **주는** 물질(분자나 이온)이다.
- **Brønsted–Lowry 염기** 염기(base)는 양성자를 **받는** 물질이다.

그러므로, 물에 HCl을 용해시키면(식 16.3), HCl은 Brønsted–Lowry 산(물에 양성자를 준다)이고, $H_2O$는 Brønsted–Lowry 염기(HCl로부터 양성자를 받는다)이다. 이때, $H_2O$ 분자는 O 원자의 두 비결합 전자쌍 중 하나에 양성자를 '결합시키는' 양성자 받개의 역할을 한다.

Brønsted–Lowry 개념에서 강조하는 것은 양성자 전달이기 때문에 수용액 상에서 일어나지 않는 반응에도 이 개념을 적용할 수 있다는 것이다. 예를 들어 기체 상태인 HCl과 $NH_3$의 반응에서 양성자는 산 HCl로부터 염기 $NH_3$로 이동한다.

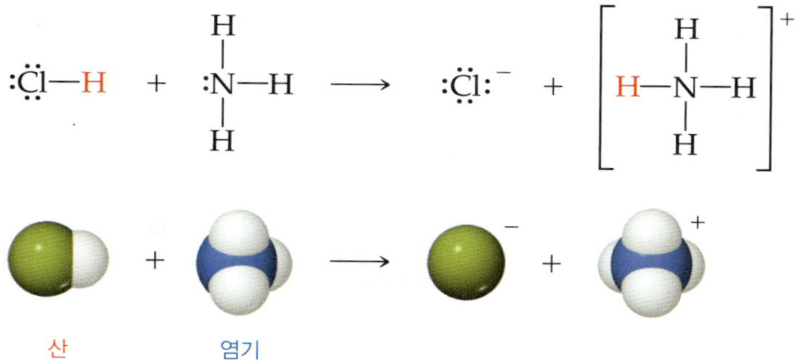


[16.4]

일반화학 실험실의 유리 창문과 유리 기구 표면에 생기는 흐릿한 막(**그림 16.2**)은 주로 HCl과 $NH_3$의 기체 반응으로 형성된 고체 $NH_4Cl$이다.

▲ **그림 16.2** HCl($g$)과 $NH_3$($g$)의 반응으로 형성된 $NH_4Cl$($s$)의 연무

이제 Arrhenius 산–염기 정의와 Brønsted–Lowry 산–염기 정의 사이의 관계를 비교하는 다른 예–평형을 갖는 암모니아 수용액–를 살펴보자.

$$\underset{\text{염기}}{NH_3(aq)} + \underset{\text{산}}{H_2O(l)} \rightleftharpoons NH_4^+(aq) + OH^-(aq) \qquad [16.5]$$

암모니아는 $H_2O$로부터 양성자를 받기 때문에 Brønsted–Lowry 염기이다. 또한 물에서 $OH^-(aq)$ 농도를 증가시키기 때문에 Arrhenius 염기이다.

**산(주개)과 염기(받개)는 항상 함께 작용하여 양성자를 이동시킨다.**

달리 말하면, 한 물질이 염기로 작용하면 다른 물질은 산으로 작용한다. 분자나 이온이 Brønsted–Lowry 산이 되기 위해서는 $H^+$ 이온으로 내놓을 수 있는 수소 원자를 포함하고 있어야 한다. 분자나 이온이 Brønsted–Lowry 염기가 되기 위해서는 $H^+$ 이온과 결합할 수 있는 비결합 전자쌍을 가지고 있어야 한다.

어떤 물질은 한 반응에서 산의 역할을 하고, 또 다른 반응에서는 염기의 역할을 한다. 예를 들어 $H_2O$는 식 16.3에서는 Brønsted–Lowry 염기이고, 식 16.5에서는 Brønsted–Lowry 산이다. 산이나 염기로 모두 작용할 수 있는 물질을 **양쪽성 양성자성(amphiprotic)** 물질이라고 한다. 양쪽성 양성자성 물질은 자신보다 강한 산과 반응할 때에는 염기로 작용하고, 자신보다 강한 염기와 반응할 때에는 산으로 작용한다.

## 짝산–짝염기 쌍

모든 산–염기 평형에서 정반응과 역반응에 모두 양성자 전달이 포함된다. 예를 들어 HA로 표시한 산과 물의 반응을 살펴보자.

$$HA(aq) + H_2O(l) \rightleftharpoons A^-(aq) + H_3O^+(aq) \qquad [16.6]$$

정반응에서 HA는 $H_2O$에 양성자를 준다. 그러므로 HA는 Brønsted–Lowry 산이고, $H_2O$는 Brønsted–Lowry 염기이다. 역반응에서 $H_3O^+$ 이온은 $A^-$ 이온에 양성자를 주므로, $H_3O^+$는 산이고 $A^-$는 염기이다. 산 HA가 양성자를 주면 HA는 $A^-$ 이온이 되고 염기로 작용한다. 마찬가지로 $H_2O$가 염기로 작용하면 $H_2O$는 $H_3O^+$가 되고 산으로 작용한다.

HA와 $A^-$처럼 단지 양성자의 유무만이 다를 때, 그 산과 염기를 **짝산–짝염기 쌍(conjugate acid–base pair)**이라고 한다. 모든 산은 양성자를 잃은 **짝염기(conjugate base)**를 가진다. 예를 들어 $OH^-$는 $H_2O$의 짝염기이고, $A^-$는 HA의 짝염기이다. 모든 염기는 염기에 양성자를 첨가하여 얻어지는 **짝산(conjugate acid)**을 가진다. 그러므로 $H_3O^+$는 $H_2O$의 짝산이고, HA는 $A^-$의 짝산이다.

모든 산–염기(양성자 전달) 반응에서 두 개의 짝산–짝염기 쌍을 찾을 수 있다. 예를 들어 아질산($HNO_2$)과 물의 반응을 살펴보자.

$H^+$ 제거

$$\underset{\text{산}}{HNO_2(aq)} + \underset{\text{염기}}{H_2O(l)} \rightleftharpoons \underset{\text{짝염기}}{NO_2^-(aq)} + \underset{\text{짝산}}{H_3O^+(aq)} \qquad [16.7]$$

$H^+$ 첨가

마찬가지로, $NH_3$와 $H_2O$의 반응(식 16.5)에서도 다음과 같다.

$H^+$ 첨가

$$\underset{\text{염기}}{NH_3(aq)} + \underset{\text{산}}{H_2O(l)} \rightleftharpoons \underset{\text{짝산}}{NH_4^+(aq)} + \underset{\text{짝염기}}{OH^-(aq)} \qquad [16.8]$$

$H^+$ 제거

### 예제 16.1
**짝산과 짝염기의 확인**

(a) $HClO_4$, $H_2S$, $PH_4^+$, $HCO_3^-$의 짝염기는 무엇인가?
(b) $CN^-$, $SO_4^{2-}$, $H_2O$, $HCO_3^-$의 짝산은 무엇인가?

**해답**

**분석** 주어진 각 산의 짝염기, 각 염기의 짝산을 찾는 문제이다.

**계획** 각 물질의 짝염기는 단지 그 물질에서 양성자 한 개를 빼면 되고, 각 물질의 짝산은 그 물질에 양성자 한 개를 더하면 된다.

**풀이**

(a) $HClO_4$에서 양성자 한 개를 빼면 $ClO_4^-$가 된다. 나머지 물질의 짝염기는 $HS^-$, $PH_3$, $CO_3^{2-}$이다.

(b) $CN^-$에 양성자 한 개를 더하면 HCN이 된다. 나머지 물질의 짝산은 $HSO_4^-$, $H_3O^+$, $H_2CO_3$이다. 여기에서 탄산수소 이온($HCO_3^-$)은 양쪽성 양성자성이다. 따라서 산이나 염기로 모두 작용할 수 있다.

**▶ 보충 예제**

다음 평형 반응을 살펴보자.

$$HSO_4^-(aq) + OH^-(aq) \rightleftharpoons SO_4^{2-}(aq) + H_2O(l)$$

이 반응에서 산으로 작용하는 것은 무엇인가?

(a) $HSO_4^-$와 $OH^-$ (b) $HSO_4^-$와 $H_2O$
(c) $OH^-$와 $SO_4^{2-}$ (d) $SO_4^{2-}$와 $H_2O$
(e) 이 반응에서 산으로 작용하는 것은 없다.

### 예제 16.2
**양성자 전달 반응식 쓰기**

아황산수소 이온($HSO_3^-$)은 양쪽성 양성자성이다.
(a) $HSO_3^-$와 물의 반응식을 쓰시오. 이때 이 이온은 산으로 작용한다.
(b) $HSO_3^-$와 물의 반응식을 쓰시오. 이때 이 이온은 염기로 작용한다. 이 두 가지 반응에서 짝산–짝염기 쌍도 확인하시오.

**해답**

**분석 및 계획** $HSO_3^-$와 물의 두 가지 반응식을 알아내는 문제이다. 첫 번째 반응에서 $HSO_3^-$는 물에 양성자를 주므로 Brønsted–Lowry 산으로 작용하고, 두 번째 반응에서 $HSO_3^-$는 물에서 양성자를 받으므로 Brønsted–Lowry 염기로 작용한다. 각 반응에서 짝산–짝염기 쌍도 확인해야 한다.

**풀이**

(a) $HSO_3^-(aq) + H_2O(l) \rightleftharpoons SO_3^{2-}(aq) + H_3O^+(aq)$

이 반응에서 짝산–짝염기 쌍은 $HSO_3^-$(산)와 $SO_3^{2-}$(짝염기), $H_2O$(염기)와 $H_3O^+$(짝산)이다.

(b) $HSO_3^-(aq) + H_2O(l) \rightleftharpoons H_2SO_3(aq) + OH^-(aq)$

이 반응에서 짝산–짝염기 쌍은 $H_2O$(산)와 $OH^-$(짝염기), $HSO_3^-$(염기)와 $H_2SO_3$(짝산)이다

**▶ 보충 예제**

인산이수소 이온($H_2PO_4^-$)은 양쪽성 양성자성이다. 다음 반응 중 이 이온이 염기로 작용하는 것은 무엇인가?

(i) $H_3O^+(aq) + H_2PO_4^-(aq) \rightleftharpoons H_3PO_4(aq) + H_2O(l)$
(ii) $H_3O^+(aq) + HPO_4^{2-}(aq) \rightleftharpoons H_2PO_4^-(aq) + H_2O(l)$
(iii) $H_3PO_4(aq) + HPO_4^{2-}(aq) \rightleftharpoons 2\,H_2PO_4^-(aq)$

(a) i만 (b) i과 ii (c) i과 iii (d) ii와 iii (e) i, ii, iii 모두

짝산–짝염기 쌍을 확인하는 것이 익숙해지면, Brønsted–Lowry 산과 염기의 반응식(양성자 전달 반응)을 완결하는 것은 어렵지 않다.

## 산과 염기의 상대적인 세기

어떤 산은 다른 산보다 양성자를 더 잘 주고, 어떤 염기는 다른 염기보다 양성자를 더 잘 받아들인다. 양성자를 제공하는 능력에 따라 산을 나열하면, 한 물질이 양성자를 쉽게 내놓을수록, 그 짝염기는 양성자를 더 잘 받아들이지 못한다는 것을 알 수 있다. 이와 비슷하게 한 염기가 양성자를 쉽게 받아들일수록, 그 짝산은 양성자를 더 잘 내주지 못한다. 다시 말하면, **산이 강할수록 그 짝염기는 약해지고, 염기가 강할수록 그 짝산은 약해진다.** 따라서 한 산의 양성자 제공 능력을 알면, 짝염기가 양성자를 받아들이는 능력도 알 수 있다.

물에 $O^{2-}$ 이온을 첨가하면 어떤 반응이 일어나겠는가?

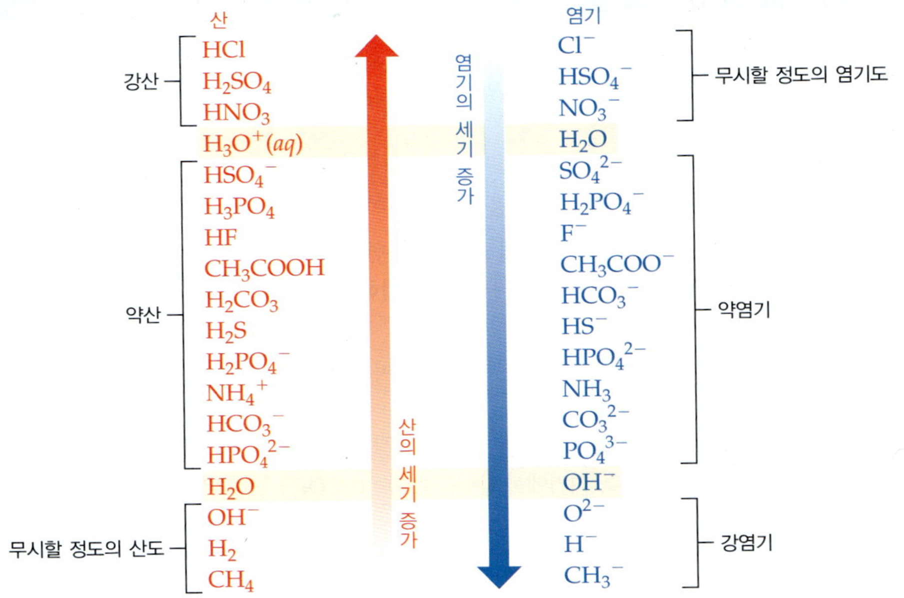


▲ **그림 16.3** 몇몇 짝산–짝염기쌍의 상대적 세기 각 쌍의 두 요소들은 두 행에 서로 반대로 나열하였다.

산의 세기와 그 짝염기의 세기 사이의 역관계를 **그림 16.3**에 나타내었다. 물에서의 거동에 따라 산과 염기를 크게 세 부류로 나누었다.

1. **강산**(strong acid)은 산의 양성자를 완전하게 물로 전달하고, 용액에는 해리되지 않은 분자가 거의 존재하지 않는다. 강산의 짝염기는 수용액에서 무시할 정도로 약하게 양성자를 받아들이는 경향이 있다(**강산의 짝염기는 무시할 정도의 염기도를 가진다**).
2. **약산**(weak acid)은 일부분만 물에서 해리된다. 따라서, 수용액에는 해리되지 않은 산과 그 짝염기의 혼합물이 존재한다. 약산의 짝염기는 물로부터 양성자를 빼앗는 능력을 약간 가지고 있다(**약산의 짝염기는 약염기이다**).
3. **무시할 정도의 산도**(negligible acidity)를 가지는 물질도 수소를 가지고 있으나, 물에서 산의 특성을 나타내지는 못한다. 그러나 그 짝염기는 강염기로서, 물과 완전히 반응하여 $OH^-$ 이온을 형성한다(**무시할 정도의 산도를 가지는 물질의 짝염기는 강염기이다.**)

$H_3O^+(aq)$와 $OH^-(aq)$ 이온은 각각 수용액에서 평형 상태로 존재할 수 있는 가장 강한 산과 가장 강한 염기일 것이다. 더 강한 산은 물과 반응하여 $H_3O^+(aq)$ 이온을 생성하고, 더 강한 염기는 물과 반응하여 $OH^-(aq)$ 이온을 생성한다. 이것을 **평준화 효과**(leveling effect)라고 한다.

양성자 전달 반응은 두 염기의 양성자를 받아들이는 상대적 능력에 따라 좌우된다고 생각할 수 있다. 예를 들어 산 HA가 물에 용해될 때 양성자가 전달되는 과정을 살펴보자.

$$HA(aq) + H_2O(l) \rightleftharpoons H_3O^+(aq) + A^-(aq) \qquad [16.9]$$

만약 정반응에서 염기인 $H_2O$가 HA의 짝염기인 $A^-$보다 더 강한 염기라면, $H_2O$는 HA로부터 양성자를 빼앗아 $H_3O^+$와 $A^-$를 형성할 것이다. 그 결과, 평형은 오른쪽으로 이동할 것이다. 이 과정은 물에서 강산의 특성을 나타낸다. 예를 들어 HCl을 물에 용해하면, 용액은 거의 모두 $H_3O^+$와 $Cl^-$ 이온으로 구성되고, 무시할 정도의 HCl 분자만 남는다.

$$HCl(g) + H_2O(l) \longrightarrow H_3O^+(aq) + Cl^-(aq) \qquad [16.10]$$

$H_2O$는 $Cl^-$보다 강한 염기이기 때문에(그림 16.3), $H_2O$는 양성자를 취하여 하이드로늄 이온이 된다. 이 반응은 완전히 오른쪽으로 진행되기 때문에, 식 16.10에서 평형을 나타내는 이중 화살표가 아니라 오른쪽 방향의 화살표로 표시하였다.

$A^-$가 $H_2O$보다 강한 염기일 때, 평형은 왼쪽으로 이동한다. 이런 상황은 HA가 약산일 때 일어난다. 예를 들어 아세트산 수용액은 대부분 $CH_3COOH$ 분자로 구성되고, 상대적으로 적은 양의 $H_3O^+$와 $CH_3COO^-$ 이온이 존재한다.

$$CH_3COOH(aq) + H_2O(l) \rightleftharpoons H_3O^+(aq) + CH_3COO^-(aq) \qquad [16.11]$$

$CH_3COO^-$ 이온은 $H_2O$보다 강한 염기이므로(그림 16.3), 정반응보다 역반응이 유리하다.

이러한 예들로부터, 우리는 다음과 같이 결론을 지을 수 있다. **모든 산-염기 반응에서는 양성자가 강산에서 강염기로 전달되어 약산과 약염기를 형성하는 방향으로 평형이 진행된다.**

## 예제 16.3
### 양성자 전달 평형의 방향 예측하기

다음의 양성자 전달 반응에서 그림 16.3을 이용하여 평형이 왼쪽($K_c < 1$)으로 진행되는지, 오른쪽($K_c > 1$)으로 진행되는지 예측하시오.

$$HSO_4^-(aq) + CO_3^{2-}(aq) \rightleftharpoons SO_4^{2-}(aq) + HCO_3^-(aq)$$

### 해답

**분석** 생성물을 선호하는 오른쪽으로 평형이 진행되는지, 반응물을 선호하는 왼쪽으로 평형이 진행되는지를 예측하는 문제이다.

**계획** 이 반응은 양성자 전달 반응이고, 두 염기 중에서 더 강한 쪽으로 양성자가 전달되는 방향으로 진행될 것이다. 이 반응식에서 두 염기는 $CO_3^{2-}$(정반응에서 염기로 작용)와 $SO_4^{2-}$($HSO_4^-$의 짝염기)이다. 어느 것이 더 강한 염기인지를 그림 16.3에서 이 두 염기의 상대적 위치로 확인할 수 있다.

**풀이**

그림 16.3의 오른쪽 행 아래에 $CO_3^{2-}$ 이온이 위치하므로, $SO_4^{2-}$보다 $CO_3^{2-}$가 더 강한 염기이다. 그래서 $CO_3^{2-}$는 양성자를 얻어 $HCO_3^-$가 되고, $SO_4^{2-}$는 대부분 그대로 남는다. 그 결과 평형은 생성물을 선호하는 오른쪽으로 진행된다(즉 $K_c > 1$).

$$\underset{\text{산}}{HSO_4^-(aq)} + \underset{\text{염기}}{CO_3^{2-}(aq)} \rightleftharpoons \underset{\text{짝염기}}{SO_4^{2-}(aq)} + \underset{\text{짝산}}{HCO_3^-(aq)} \quad K_c > 1$$

**주의** 반응식의 산 $HSO_4^-$와 $HCO_3^-$ 중에서 더 강한 산($HSO_4^-$)이 양성자를 내놓고, 더 약한 산($HCO_3^-$)은 양성자를 그대로 가지고 있다. 따라서 양성자가 강산에서 떨어져서 강염기에 결합하는 방향으로 평형이 이동한다.

**▶ 보충 예제**

그림 16.3을 이용하여 다음 반응을 $K_c$ 값이 가장 작은 것부터 가장 큰 순서대로 나열한 것은 무엇인가?

(i) $CH_3COOH(aq) + HS^-(aq) \rightleftharpoons CH_3COO^-(aq) + H_2S(aq)$
(ii) $F^-(aq) + NH_4^+(aq) \rightleftharpoons HF(aq) + NH_3(aq)$
(iii) $H_2CO_3(aq) + Cl^-(aq) \rightleftharpoons HCO_3^-(aq) + HCl(aq)$

**(a)** i < ii < iii **(b)** ii < i < iii **(c)** iii < i < ii
**(d)** ii < iii < i **(e)** iii < ii < i

## 자기 평가 연습 문제

**16.1** 다음 중 물에 용해시켰을 때, Brønsted–Lowry 산 또는 Brønsted–Lowry 염기인 물질은 무엇인가?

**(a)** NaCl
**(b)** $CaBr_2$
**(c)** $H_3PO_4$
**(d)** $C_6H_{12}O_6$

**16.2** 인산수소 이온($HPO_4^{2-}$)은 양쪽성 양성자성이다. 인산수소 이온의 짝산은 무엇인가?

**(a)** $H_3PO_4$
**(b)** $H_2PO_4^-$
**(c)** $HPO_4^{2-}$
**(d)** $PO_4^{3-}$

## 연습 문제

**16.3** 다음 설명 중 옳지 않은 것은 무엇인가?
**(a)** Arrhenius 염기는 물에서 $OH^-$의 농도를 증가시킨다.
**(b)** Brønsted–Lowry 염기는 양성자 받개이다.
**(c)** 물은 Brønsted–Lowry 산으로 작용할 수 있다.
**(d)** 물은 Brønsted–Lowry 염기로 작용할 수 있다.
**(e)** –OH기를 가진 모든 화합물은 Brønsted–Lowry 염기로 작용할 수 있다.

**16.4** **(a)** 다음 Brønsted–Lowry 산의 짝염기를 말하시오.
(i) $H_2SO_3$, (ii) $HSO_3^-$
**(b)** 다음 Brønsted–Lowry 염기의 짝산을 말하시오.
(i) $CH_3NH_2$, (ii) $CH_3COO^-$

**16.5** 다음 각 반응식의 왼쪽에서 Brønsted–Lowry 산과 염기를 구분하고, 오른쪽에서도 짝산과 짝염기를 구분하시오.
**(a)** $HBrO(aq) + H_2O(l) \rightleftharpoons H_3O^+(aq) + BrO^-(aq)$
**(b)** $HSO_4^-(aq) + HCO_3^-(aq) \rightleftharpoons SO_4^{2-}(aq) + H_2CO_3(aq)$
**(c)** $HSO_3^-(aq) + H_3O^+(aq) \rightleftharpoons H_2SO_3(aq) + H_2O(l)$

**16.6** **(a)** $H_2O(l)$에서 $HSO_4^-(aq)$가 염기로서 작용하는 반응식을 쓰시오.
**(b)** $H_2O(l)$에서 $HSO_4^-(aq)$가 산으로서 작용하는 반응식을 쓰시오.
**(c)** $HSO_4^-(aq)$의 짝산은 무엇인가? 짝염기는 무엇인가?

**16.7** 다음 물질이 강산인지, 약산인지, 무시할 정도의 산도를 갖는지를 말하시오. 각 경우에 그 짝염기를 쓰고, 짝염기가 강염기인지, 약염기인지, 무시할 정도의 염기도를 갖는지를 말하시오.
**(a)** HCOOH **(b)** $H_2$ **(c)** $CH_4$ **(d)** HF **(e)** $NH_4^+$

**16.8** **(a)** $HClO_3$와 $HClO_2$ 중 더 강한 Brønsted–Lowry 산은 무엇인가?
**(b)** $HS^-$와 $HSO_4^-$ 중 더 강한 Brønsted–Lowry 염기는 무엇인가?

**16.9** 다음 산–염기 반응의 생성물을 예측하고, 평형이 왼쪽, 오른쪽 중 어느 쪽에 위치할 것인지 예측하시오.
**(a)** $NH_4^+(aq) + OH^-(aq) \rightleftharpoons$
**(b)** $CH_3COO^-(aq) + H_3O^+(aq) \rightleftharpoons$
**(c)** $HCO_3^-(aq) + F^-(aq) \rightleftharpoons$

자기 평가 연습 문제 답 **16.1** (c) **16.2** (b)

## 16.2 | 물의 자체 이온화

© VE.Studio/Shutterstock

물은 다양한 측면에서 특이하다. 독특하게도 0 °C에서 고체상의 밀도가 액체상보다 작다. 단분자 중에서 매우 높은 끓는점을 가지며, 다양한 물질을 용해시킬 수 있다. 생활에서도 필수적이다. 사람들은 깨끗한 식수를 공급하고 수질오염을 모니터링하기 위해 상당한 노력을 기울이고 있으며, 지구상에 존재하는 물(비, 강, 바다)의 연구에도 힘쓰고 있다.

이 절에서 우리는 물의 또 다른 특이한 특성인 자체 이온화를 다룰 것이다. 이 절이 끝나면 다음 사항을 수행할 수 있어야 한다.

- $K_w$를 사용하여 $H^+$와 $OH^-$의 농도를 서로 관련짓기

물의 가장 중요한 화학적 성질 중의 하나는, 경우에 따라서 Brønsted–Lowry 산이나 Brønsted–Lowry 염기로 작용한다는 것이다. 산이 있는 경우에 물은 양성자 받개 역할을 하고, 염기가 있는 경우에 물은 양성자 주개 역할을 한다. 사실, 한 물 분자는 다른 물 분자에 양성자를 줄 수 있다.

$$H_2O(l) + H_2O(l) \rightleftharpoons OH^-(aq) + H_3O^+(aq) \qquad [16.12]$$

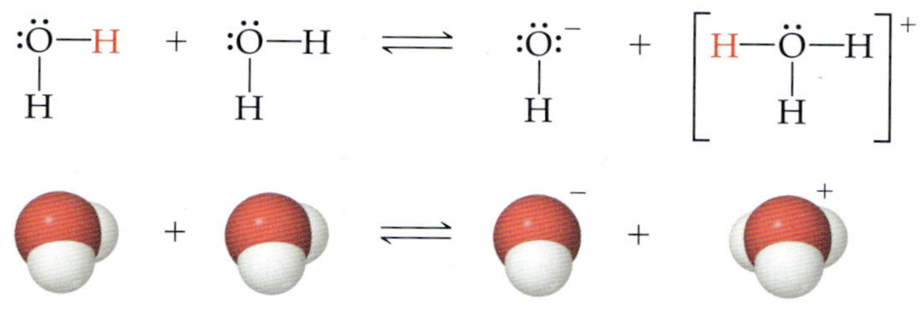


이 과정을 물의 **자체 이온화**(**autoionization**)라고 한다.

식 16.12의 정반응과 역반응은 매우 빠르게 진행되므로, 어떠한 물 분자도 오랫동안 이온화된 상태로 존재하지 않는다. 실온에서 어떤 경우에도 $10^9$개의 물 분자 중 약 두 개의 분자만 이온화된다. 따라서 순수한 물은 거의 모두 $H_2O$ 분자로만 이루어져 있고, 매우 좋지 않은 전기 전도체이다. 그럼에도 불구하고, 곧 배우겠지만, 물의 자체 이온화는 아주 중요하다.

## 물의 이온곱

물의 자체 이온화의 평형 상수식은 다음과 같다.

$$K_c = [H_3O^+][OH^-] \qquad [16.13]$$

순수한 고체와 액체의 농도는 일정하기 때문에, $[H_2O]$ 항은 평형 상수식에서 제외시켰다. 이 평형 상수식은 특별히 물의 자체 이온화에 대한 것이므로, 평형 상수를 $K_w$로 표시하고, 물의 **이온곱 상수**(**ion-product constant**)라고 한다. 25°C에서 $K_w$는 $1.0 \times 10^{-14}$이다. 따라서,

$$K_w = [H_3O^+][OH^-] = 1.0 \times 10^{-14} \quad (25\,°C에서) \qquad [16.14]$$

수화된 양성자를 $H^+(aq)$나 $H_3O^+(aq)$로 나타내기 때문에 물의 자체 이온화 반응은 다음과 같이 쓸 수 있다.

$$H_2O(l) \rightleftharpoons H^+(aq) + OH^-(aq) \qquad [16.15]$$

마찬가지로, $K_w$를 $H_3O^+$나 $H^+$로 표현할 수 있고, 어느 경우에나 $K_w$는 같은 값을 가진다.

$$K_w = [H_3O^+][OH^-] = [H^+][OH^-] = 1.0 \times 10^{-14} \quad (25\,°C에서) \qquad [16.16]$$

이 평형 상수식과 25°C에서의 $K_w$ 값은 무척 중요하기 때문에 기억해 두어야 한다.

$[H^+] = [OH^-]$인 용액을 **중성**(neutral)이라고 한다. 대부분의 용액에서 $H^+$와 $OH^-$의 농도는 같지 않다. 이 둘 중의 한 이온의 농도가 증가할수록 다른 이온의 농도는 감소하고, 이온곱의 값은 항상 $1.0 \times 10^{-14}$이 된다(**그림 16.4**). $[H^+] > [OH^-]$인 용액을 **산성**(acidic)이라고 하고, $[OH^-] > [H^+]$인 용액을 **염기성**(basic)이라고 한다.

식 16.16이 특히 유용한 이유는 순수한 물과 더불어 모든 수용액에 모두 적용할 수 있기 때문이다. 비록 $H^+(aq)$와 $OH^-(aq)$의 평형이 용액 내 다른 이온들에 의하여 다소 영향을 받지만, 특별히 아주 정확한 결과를 요구하지 않는 한, 이러한 이온 효과는 무시할 수 있다. 따라서 식 16.16은 모

아래 그림의 중간과 오른쪽의 시약을 같은 부피로 혼합하여 얻은 용액은 산성인가, 중성인가, 염기성인가?

| 산성 용액 | 중성 용액 | 염기성 용액 |
|---|---|---|
| $[H^+] > [OH^-]$ | $[H^+] = [OH^-]$ | $[H^+] < [OH^-]$ |
| $[H^+][OH^-] = 1.0 \times 10^{-14}$ | $[H^+][OH^-] = 1.0 \times 10^{-14}$ | $[H^+][OH^-] = 1.0 \times 10^{-14}$ |

▲ **그림 16.4** 25 °C 수용액에서 $H^+$와 $OH^-$의 상대적인 농도

든 묽은 수용액에 타당하며, $[OH^-]$를 알 경우에 $[H^+]$를 계산하거나, $[H^+]$를 알 경우에 $[OH^-]$를 계산하는 데에 사용할 수 있다.

## 예제 16.4

### 순수한 물의 $[H^+]$ 계산

25 °C에서 중성 수용액의 $[H^+]$와 $[OH^-]$의 값을 계산하시오.

**해답**

**분석** 25 °C에서 중성 용액의 $H^+$와 $OH^-$ 이온의 농도를 계산하는 문제이다.

**계획** 식 16.16과 정의에 의하여, 중성 용액에서 $[H^+] = [OH^-]$ 인 것을 이용한다.

**풀이** 중성 용액에서 $[H^+]$와 $[OH^-]$의 값을 $x$라고 하자. 그러면

$$[H^+][OH^-] = (x)(x) = 1.0 \times 10^{-14}$$
$$x^2 = 1.0 \times 10^{-14}$$
$$x = 1.0 \times 10^{-7}M = [H^+] = [OH^-]$$

산성 용액에서 $[H^+]$는 $1.0 \times 10^{-7}\,M$보다 크고, 염기성 용액에서 $[H^+]$는 $1.0 \times 10^{-7}\,M$보다 작다.

▶ **보충 예제**

25 °C에서 어떤 산성 용액의 $[H^+]$가 $[OH^-]$보다 100배 크다. 이 용액의 $[OH^-]$ 값은 무엇인가?

**(a)** $1.0 \times 10^{-8}\,M$ **(b)** $1.0 \times 10^{-7}\,M$ **(c)** $1.0 \times 10^{-6}\,M$
**(d)** $1.0 \times 10^{-2}\,M$ **(e)** $1.0 \times 10^{-9}\,M$

## 예제 16.5

### $[OH^-]$로부터 $[H^+]$ 계산

다음에서 $H^+(aq)$의 농도를 계산하시오.
(a) $[OH^-]$가 0.010 $M$인 용액
(b) $[OH^-]$가 $1.8 \times 10^{-9}$ $M$인 용액
**참고**: 이 문제와 이후의 모든 문제에서 별도로 언급이 없으면 온도는 25 °C이다.

**해답**

**분석** 수산화 이온의 농도를 알 경우 용액의 $[H^+]$를 계산하는 문제이다.

**계획** 물의 자체 이온화에 대한 평형 상수식과 $K_w$ 값을 이용하여 각 해당 농도를 계산한다.

**풀이**

**(a)** 식 16.16을 이용하여 다음을 얻는다.

$$[H^+][OH^-] = 1.0 \times 10^{-14}$$
$$[H^+] = \frac{(1.0 \times 10^{-14})}{[OH^-]} = \frac{1.0 \times 10^{-14}}{0.010} = 1.0 \times 10^{-12}\,M$$

$[OH^-] > [H^+]$이기 때문에 이 용액은 염기성이다.

(b) 이 경우에

$$[H^+] = \frac{(1.0 \times 10^{-14})}{[OH^-]} = \frac{1.0 \times 10^{-14}}{1.8 \times 10^{-9}} = 5.6 \times 10^{-6} M$$

$[H^+] > [OH^-]$이기 때문에 이 용액은 산성이다.

**▶ 보충 예제**

어떤 용액에서 $[OH^-] = 4.0 \times 10^{-8} M$이다. 이 용액의 $[H^+]$ 값은?

(a) $2.5 \times 10^{-8} M$ (b) $4.0 \times 10^{-8} M$ (c) $2.5 \times 10^{-7} M$ (d) $2.5 \times 10^{-6} M$ (e) $4.0 \times 10^{-6} M$

## 자기 평가 연습 문제

**16.10** 체온인 37 °C에서 $K_w = 2.1 \times 10^{-14}$이다. $[H^+]$와 $[OH^-]$ 값은 무엇인가?

(a) $[H^+] = 1.0 \times 10^{-7}$, $[OH^-] = 1.0 \times 10^{-7}$
(b) $[H^+] = 1.4 \times 10^{-7}$, $[OH^-] = 1.4 \times 10^{-7}$
(c) $[H^+] = 1.0 \times 10^{-7}$, $[OH^-] = 2.1 \times 10^{-7}$
(d) $[H^+] = 2.1 \times 10^{-7}$, $[OH^-] = 1.0 \times 10^{-7}$

## 연습 문제

**16.11** (a) 물의 자체 이온화에 대한 화학 반응식을 쓰시오.
(b) 물의 이온곱 상수 $K_w$에 대한 식을 쓰시오.
(c) 한 용액이 염기성이라면, 다음 세 경우 중 옳은 것은 무엇인가?
(i) $[H^+] > [OH^-]$, (ii) $[H^+] = [OH^-]$, (iii) $[H^+] < [OH^-]$

**16.12** 다음 각 용액의 $[OH^-]$를 계산하고, 용액이 산성인지, 염기성인지, 중성인지를 구분하시오.
(a) $[H^+] = 0.00010 M$
(b) $[H^+] = 7.3 \times 10^{-14} M$
(c) $[OH^-]$가 $[H^+]$보다 100배 큰 용액

**16.13** 20 °C에서 산화 중수소($D_2O$)의 이온곱 상수 $K_w = 8.9 \times 10^{-16}$이다. 이 온도에서 중성 $D_2O$의 $[D^+]$와 $[OD^-]$를 계산하시오.

자기 평가 연습 문제 답 **16.10** (b)

# 16.3 pH 값

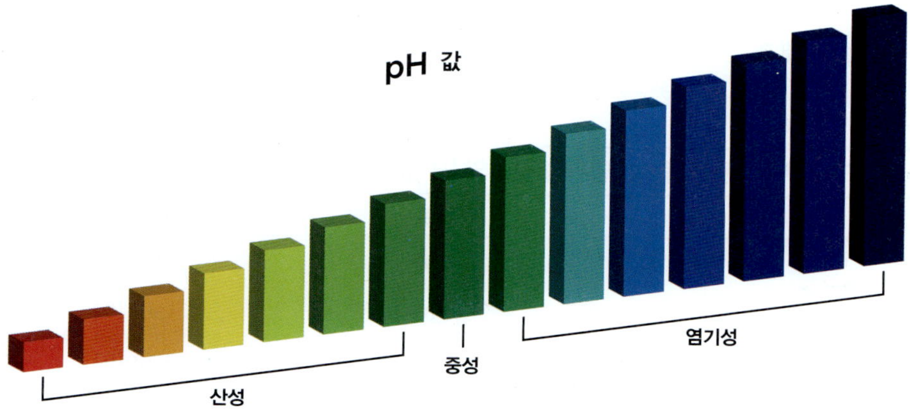


컴퓨터 시대 이전에는 과학 저널에서 확인할 수 있듯이 마이크로필름을 사용하여 대용량 데이터

를 저장했다. 지금은 거의 무한정의 저장용량을 지닌 컴퓨터가 그 역할을 대신하고 있다. 수학의 로그 함수를 이용하면 매우 넓은 범위의 수치를 더 다루기 쉬운 척도로 변환할 수 있다. 산, 염기를 다룰 때에는 $[H^+]$ 값이 수십 배 이상으로 다양하게 존재할 수 있으므로, 로그값을 적용하는 것이 수치 파악에 유리하다.

이 절이 끝나면 다음 사항을 수행할 수 있어야 한다.

- 주어진 $[H_3O^+]$나 $[OH^-]$의 pH 값 계산하기

수용액에서 $H^+(aq)$의 몰농도는 보통 아주 작다. 편의상 $[H^+]$를 **pH**로 표현하는데, 이것은 밑이 10인 로그값을 $[H^+]$에 취한 뒤, 음수로 나타낸 것이다.*

$$pH = -\log[H^+] \qquad [16.17]$$

로그함수의 사용은 부록 A를 참조하라.

예제 16.4에서 풀었듯이, 25°C에서 중성 수용액의 $[H^+]=1.0\times10^{-7}\,M$이다. 식 16.17을 사용하여 25°C에서 중성 수용액의 pH를 계산해 보자.

$$pH = -\log(1.0 \times 10^{-7}) = -(-7.00) = 7.00$$

보통 pH는 소수 둘째 자리까지 표시한다. 이는 **로그값을 구하는 데 사용한 농도의 유효 숫자가 두 자리이기 때문**이다. 원래 농도 $1.0\times10^{-7}\,M$의 유효 숫자가 두 자리이므로, pH 값도 소수 두 자리(7.00)이다.

용액의 산성이 강할수록, 즉 $[H^+]$가 증가할수록 용액의 pH는 어떻게 변하는가? 식 16.17은 음의 부호를 가지므로, **$[H^+]$가 증가할수록 pH는 감소한다**. 예를 들어 충분히 산을 더 가하여 만든 $[H^+]=1.0\times10^{-3}\,M$인 용액의 pH는 다음과 같다.

$$pH = -\log(1.0 \times 10^{-3}) = -(-3.00) = 3.00$$

**25°C에서 산성 용액의 pH는 7.00보다 작다.**

또한 $[OH^-]>1.0\times10^{-7}\,M$인 염기성 용액의 pH를 계산할 수 있다. $[OH^-]=2.0\times10^{-3}\,M$인 용액에 대해 식 16.16을 사용하면 $[H^+]$를 계산할 수 있고, 식 16.17을 사용하면 pH를 계산할 수 있다.

$$[H^+] = \frac{K_w}{[OH^-]} = \frac{1.0 \times 10^{-14}}{2.0 \times 10^{-3}} = 5.0 \times 10^{-12}\,M$$

$$pH = -\log(5.0 \times 10^{-12}) = 11.30$$

**25°C에서 염기성 용액의 pH는 7.00보다 크다.** $[H^+]$, $[OH^-]$, pH의 관계를 **표 16.1**에 요약하였다.

자주 있는 경우이지만, $[H^+]$가 아주 작은 경우는 그리 중요하지 않다고 간주할 수 있다. 그러나 이것은 옳지 않다. 많은 화학 과정이 농도 변화 비율에 의존하기 때문이다. 예를 들어 속도 법칙이 $[H^+]$에 대하여 일차 반응이라면, 단지 $H^+$ 농도가 $1\times10^{-7}\,M$에서 $2\times10^{-7}\,M$로 (두 배) 변할 때 반응 속도는 두 배가 된다. 생물학 계에서 많은 반응이 양성자 전달을 포함하고 있고, 그 반응 속도는 $[H^+]$에 의존한다. 이 반응 속도는 아주 중요하기 때문에 생체 용액의 pH는 아주 좁은 범위에

**표 16.1 25°C에서 산성, 중성, 염기성 용액의 $[H^+]$, $[OH^-]$, pH 관계**

| | 산성 | 중성 | 염기성 |
|---|---|---|---|
| pH | $<7.00$ | 7.00 | $>7.00$ |
| $[H^+](M)$ | $>1.0\times10^{-7}$ | $1.0\times10^{-7}$ | $<1.0\times10^{-7}$ |
| $[OH^-](M)$ | $<1.0\times10^{-7}$ | $1.0\times10^{-7}$ | $>1.0\times10^{-7}$ |

*$H^+(aq)$나 $H_3O^+(aq)$는 같은 것이므로, pH를 $-\log[H_3O^+]$로 표기할 수 있다.

서 유지되어야 한다. 한 예로 인간의 혈액은 정상 pH가 7.35에서 7.45이다. 혈액의 pH가 이 좁은 범위를 벗어나면 병들거나 죽을 수도 있다.

### 예제 16.6

**$[H^+]$로부터 pH 계산**

예제 16.5에서 설명한 두 용액의 pH 값을 계산하시오.

**해답**

**분석** 이미 계산한 $[H^+]$에 대하여 수용액의 pH를 계산하는 문제이다.

**계획** 식 16.17을 사용하여 pH를 계산한다.

**풀이**

**(a)** 첫 번째 예에서 $[H^+]$는 $1.0 \times 10^{-12}\ M$이다. 따라서,

$$\text{pH} = -\log(1.0 \times 10^{-12}) = -(-12.00) = 12.00$$

$1.0 \times 10^{-12}$의 유효 숫자는 두 자리이기 때문에, pH는 소수 두 자리인 12.00이다.

**(b)** 두 번째 용액에서 $[H^+] = 5.6 \times 10^{-6}\ M$이다. 계산을 하기 전에 pH를 추정해 보자. 이 경우에 $[H^+]$는 $1 \times 10^{-6}$과 $1 \times 10^{-5}$ 사이에 있다. 따라서 pH가 6.0과 5.0 사이에 있을 것으로 예상된다. 식 16.17을 사용하여 pH를 계산한다.

$$\text{pH} = -\log(5.6 \times 10^{-6}) = 5.25$$

**검토** pH를 계산한 후에, 이 값을 처음에 예상한 값과 비교할 수 있다. 이 경우에 pH는 6과 5 사이에 있다. 계산된 pH와 예상한 값이 서로 다르면, 계산을 다시 하거나 예상을 다시 하거나, 아니면 이 두 가지를 모두 다시 계산해야 한다.

**▶ 보충 예제**

25°C에서 어떤 용액의 $[OH^-] = 6.7 \times 10^{-3}$이다. 이 용액의 pH는 얼마인가?

**(a)** 0.83 **(b)** 2.2 **(c)** 2.17 **(d)** 11.83 **(e)** 12

## pOH 및 다른 'p' 값들

$-\log$는 다른 작은 양의 크기를 표현하는 데 유용하다. 어떤 양(quantity)의 $-\log$를 'p'로 표현하기로 하자. 따라서 $OH^-$ 농도의 양을 pOH로 표현할 수 있다.

$$\text{pOH} = -\log[OH^-] \qquad [16.18]$$

마찬가지로, $pK_w$는 $-\log K_w$와 같다.

물의 평형 상수식인 $K_w = [H^+][OH^-]$의 양변에 $-\log$를 취하면

$$-\log[H^+] + (-\log[OH^-]) = -\log K_w \qquad [16.19]$$

또한, 다음과 같은 유용한 관계를 얻을 수 있다.

$$\text{pH} + \text{pOH} = 14.00 \quad (25\,°\text{C에서}) \qquad [16.20]$$

여러 가지 용액의 pH와 pOH 값을 **그림 16.5**에 나타내었다. $[H^+]$를 10배 변화시키면, pH는 1만큼 변한다. 따라서 pH가 5인 용액의 $H^+(aq)$ 농도는 pH가 6인 용액의 $H^+(aq)$ 농도보다 10배 진하다.

## pH 측정

용액의 pH는 **pH 미터**(pH meter)로 측정할 수 있다(**그림 16.6**). 이 기기의 작동 원리를 이해하기 위해서는 20장에서 다룰 전기화학 지식이 필요하다. 간단히 말하면, pH 미터에는 밀리볼트 정도의 작은 전압을 측정할 수 있는 한 쌍의 전극이 연결되어 있다. 전극을 용액에 담그면 pH에 따라 변하는 전압이 발생한다. 이 전압은 pH 단위로 환산되어 읽을 수 있다.

비록 조금은 정확하지 않아도, pH를 측정하는 용도로 산-염기 지시약을 사용할 수 있다. 산-염기 지시약은 산 형태나 염기 형태에서 독특한 색을 가지는 물질이다. 그래서 지시약은 낮은 pH와 높은 pH에서 서로 다른 색을 가진다. 지시약이 어떤 pH에서 색이 변하는지를 알면, 용액이 이 값보다 높은 pH를 갖는지 아니면 낮은 pH를 갖는지 알 수 있다. 예를 들어 리트머스는 pH 7 근처에서 색이 변한다. 그러나 색의 변화가 그리 명확하지는 않다. 붉은색 리트머스는 pH가 대략 5 이하인 것을 의미하고, 푸른색 리트머스는 pH가 대략 8 이상인 것을 의미한다.

블랙커피와 레몬주스 중에서 산성이 더 강한 것은 무엇인가?

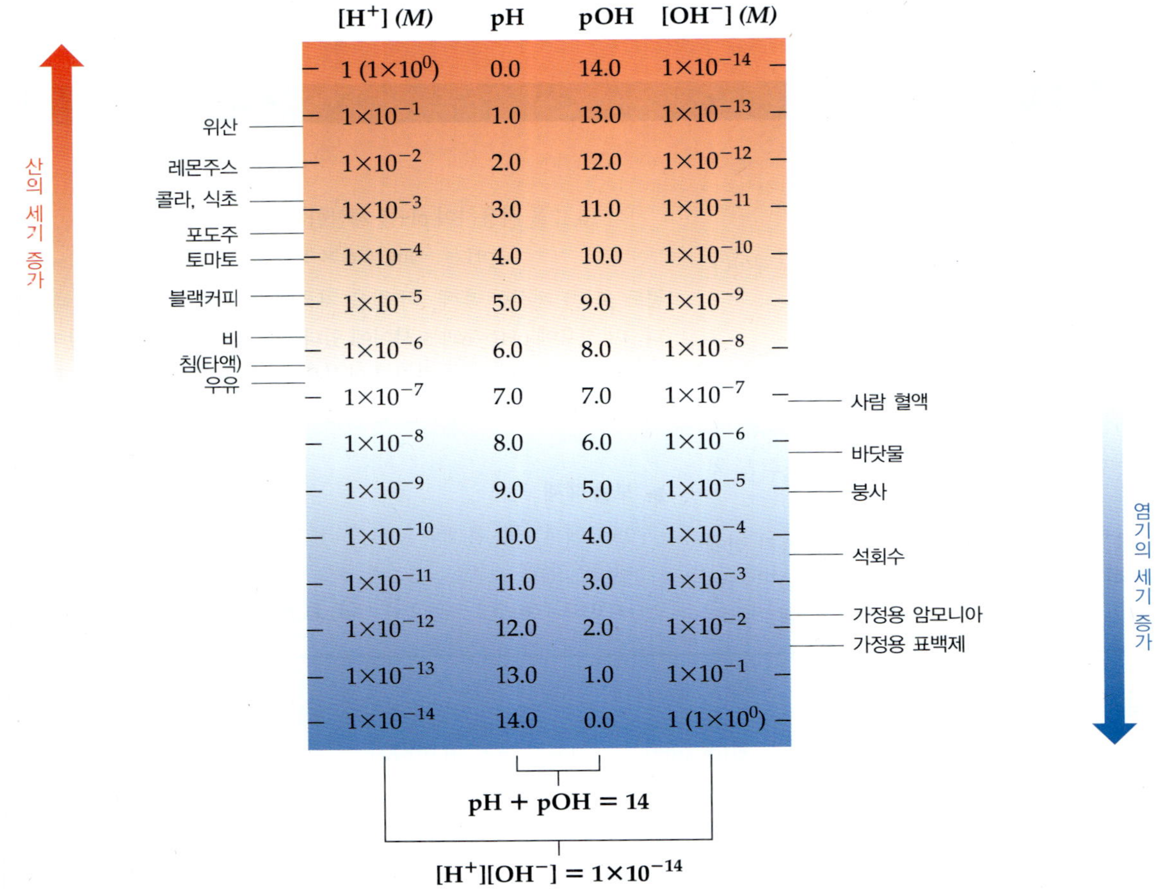


▲그림 16.5 25 °C에서 몇 가지 일반적인 물질들의 $H^+$, $OH^-$ 농도 및 pH, pOH 값

## 예제 16.7

### pOH로부터 $[H^+]$ 계산

신선하게 만든 사과주스의 pOH는 10.24이다. $[H^+]$를 계산하시오.

### 해답

**분석** pOH로부터 $[H^+]$를 계산하는 문제이다.

**계획** 식 16.20의 pH + pOH = 14.00을 사용하여 pOH로부터 pH를 계산한다. 그리고 나서 식 16.17를 사용하여 $H^+$의 농도를 계산하면 된다.

**풀이** 식 16.20으로부터

$$pH = 14.00 - pOH$$
$$pH = 14.00 - 10.24 = 3.76$$

식 16.17을 사용하면

$$pH = -\log[H^+] = 3.76$$

즉, $\log[H^+] = -3.76$

$[H^+]$를 계산하기 위해서 −3.76의 **역로그**(antilogarithm)를 계산해야 한다. 대부분의 과학연산용 계산기에는 역로그 기능($10^x$ 또는 INV log로 표기되어 있음)이 있다.

$$[H^+] = \text{antilog}(-3.76) = 10^{-3.76} = 1.7 \times 10^{-4} M$$

**주의** pH의 소수점 이하 숫자가 두 자릿수이기 때문에 $[H^+]$의 유효숫자도 두 자리여야 한다.

**검토** pH가 3.0과 4.0 사이이기 때문에 $[H^+]$는 $1.0 \times 10^{-3} M$과 $1.0 \times 10^{-4} M$ 사이에 있을 것이다. 계산된 값은 이 예상된 범위 안에 있다.

**▶ 보충 예제**

25 ℃에서 어떤 용액의 pOH = 10.53이다. 다음 중 사실인 것은?

(i) 이 용액은 산성이다.

(ii) 이 용액의 pH는 14.00 − 10.53이다.

(iii) 이 용액의 $[OH^-] = 10^{-10.53}$ $M$이다.

**(a)** 단지 하나만이 사실이다.

**(b)** (i)과 (ii)가 사실이다.

**(c)** (i)과 (iii)이 사실이다.

**(d)** (ii)와 (iii)이 사실이다.

**(e)** 모든 것이 사실이다.

몇 가지 일반적인 지시약을 **그림 16.7**에 나타내었다. 예를 들어 메틸 레드는 pH 4.5~6.0 범위에서 색이 변한다. pH 4.5 이하에서는 산 형태이고 붉은색이다. 4.5~6.0 사이에서는 점차적으로 노란색인 염기 형태로 변한다. pH가 6 이상이 되면 변화가 완결되고, 용액은 노란색이 된다. 브로모티몰 블루, 페놀프탈레인 지시약의 색 변화를 **그림 16.8**에 나타내었다. 여러 가지 지시약을 입힌 pH 시험지가 대략적인 pH 값을 확인하는 데에 널리 사용되고 있다.

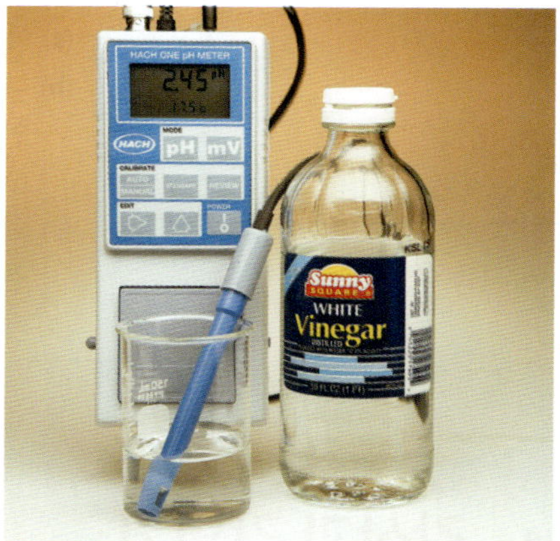


▲**그림 16.6** 디지털 pH 미터 전극을 용액에 담그면 pH에 따라 다른 전압이 발생한다.

다음 지시약 중 약한 산성 용액과 약한 염기성 용액을 구별하는 데 가장 적합한 것은 무엇인가?

**페놀프탈레인을 첨가하여 무색의 용액이 분홍색이 되었다면, 이 용액의 pH에 대하여 어떤 결론을 내릴 수 있을까?**

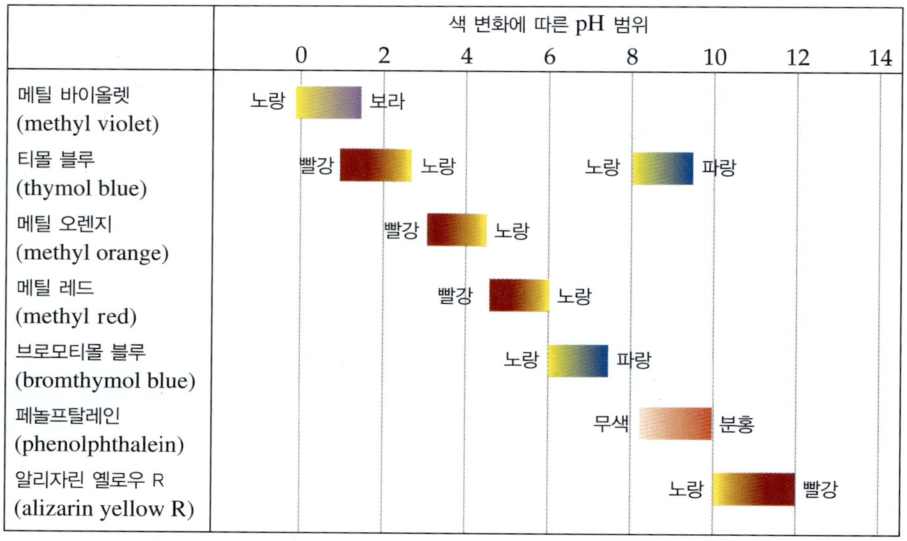


▲**그림 16.7 일반적인 산–염기 지시약의 pH 범위** 대부분의 지시약은 대략 2 pH 단위의 범위를 가진다.

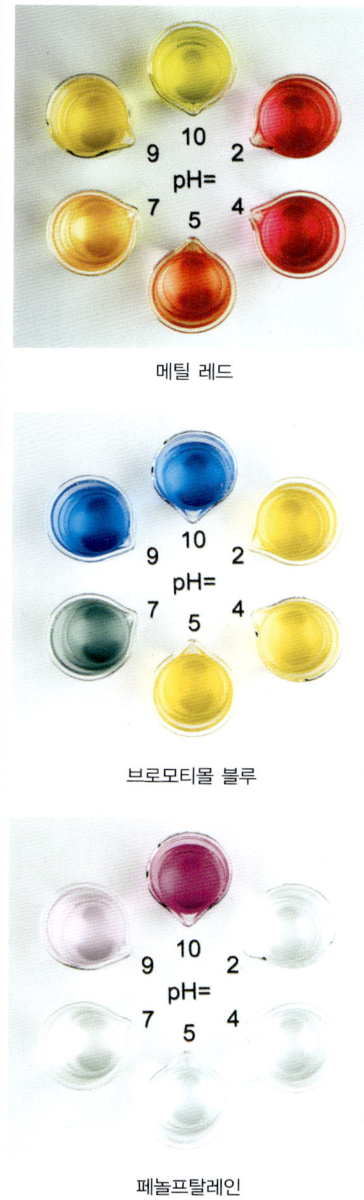


▲**그림 16.8** 다양한 pH 값에서 세 가지 일반적인 산–염기 지시약을 넣은 용액들

## 자기 평가 연습 문제

**16.14** 25 ℃에서 바닷물의 pH가 8.40으로 측정되었다. 이 바닷물의 $[OH^-]$는 얼마인가?

**(a)** $2.5 \times 10^{-6}$ M

**(b)** $4.0 \times 10^{-9}$ M

**(c)** $8.4 \times 10^{-7}$ M

## 연습 문제

**16.15** A와 B 두 용액의 경우 A 용액의 $[H^+]$는 B 용액보다 250배 더 크다. 이 두 용액의 pH 값의 차이는 얼마인가?

**16.16** 다음 표에서 빠진 양들을 채우고, 용액이 산성인지, 염기성인지를 말하시오.

| pH | pOH | $[H^+]$ | $[OH^-]$ | 산성 또는 염기성? |
|---|---|---|---|---|
| 9.25 | | | | |
| | 12.45 | | | |
| | | $3.4 \times 10^{-14}$ M | | |
| | | | $8.5 \times 10^{-13}$ M | |

**16.17** 대기 중의 이산화 탄소는 빗물에 녹아서 탄산($H_2CO_3$)을 형성하고, pH가 5.2~5.6인 맑고 오염되지 않은 빗물을 만든다. 이 빗물의 $[H^+]$와 $[OH^-]$의 범위는 어떻게 되는가?

**16.18** 미지의 무색 용액에 페놀프탈레인 지시약을 첨가했더니 용액의 색이 변하지 않았다. 같은 용액에 브로모티몰 블루 지시약을 첨가하였더니 용액의 색이 노란색으로 변하였다.
**(a)** 이 용액이 산성인지, 중성인지, 염기성인지 말하시오.
**(b)** 다음 중 이 용액이 가지는 값에 대하여 밝힐 수 있는 것은 무엇인가?
(i) 최소 pH (ii) 최대 pH (iii) 구체적인 pH 범위
**(c)** 미지 용액의 pH를 좀 더 정확히 밝히기 위해, 어떤 지시약을 추가로 사용하고 싶은가?

자기 평가 연습 문제 답 **16.14** (a)

## 16.4 | 강산과 강염기

세계에서 가장 일반적으로 생산되는 화학물질인 황산은, 유황을 시작물질로 제조한다. 황산은 비료, 합성 섬유 제조, 광물 추출에 사용된다. 또한, 배터리나 세제에도 사용되며, 제지 및 페인트, 염료 생산에 활용되고 있다. 황산은 이 절에서 다루게 될 특정한 의미의 강산으로 분류된다.

이 절이 끝나면 다음 사항을 수행할 수 있어야 한다.

- 강산, 강염기의 농도가 주어졌을 때 pH 계산하기

수용액의 화학은 용액의 pH에 크게 의존한다. 따라서 용액의 pH가 산, 염기의 농도와 어떻게 연관되어 있는지를 파악하는 것은 매우 중요하다. 가장 간단한 경우가 강산, 강염기를 포함하는 용액이다. 강산과 강염기는 용액에서 거의 모두 이온으로 존재하는 **강전해질**(strong electrolyte)이다.

일반적인 강산과 강염기는 표 4.2에 나와 있다.

## 강산

가장 일반적인 일곱 가지 강산은 여섯 가지 일양성자산(HCl, HBr, HI, $HNO_3$, $HClO_3$, $HClO_4$)과 하나의 이양성자산($H_2SO_4$)이다. 질산($HNO_3$)은 대표적인 일양성자산이다. 모든 실용적인 목적에서 $HNO_3$ 수용액은 완전히 $H_3O^+$와 $NO_3^-$ 이온으로 구성된다.

$$HNO_3(aq) + H_2O(l) \longrightarrow H_3O^+(aq) + NO_3^-(aq) \quad \text{(완전 이온화)} \qquad [16.21]$$

이 반응은 완전히 오른쪽으로만 진행하기 때문에, 이 식에서는 평형을 나타내는 화살표를 사용하지 않았다. 16.2절에 나온 것처럼, $H_3O^+(aq)$나 $H^+(aq)$는 물에서 수화된 양성자를 나타낼 때 같은 의미로 사용된다. 따라서, 산의 이온화 반응은 다음과 같이 간단하게 표현할 수 있다.

$$HNO_3(aq) \longrightarrow H^+(aq) + NO_3^-(aq)$$

강산 수용액에서는 산 분자만 $H^+$ 이온을 제공하게 된다.* 결과적으로 $[H^+]$는 산의 초기 농도와 같기 때문에 강한 일양성자산의 pH를 바로 계산할 수 있다. 예를 들어, 0.20 *M* $HNO_3(aq)$ 용액에서 $[H^+] = [NO_3^-] = 0.20\ M$이다. 16.5절에서 다루겠지만, 이양성자산 $H_2SO_4$의 경우에는 상황이 더 복잡하다.

### 예제 16.8
**강산 용액의 pH 계산**

0.040 *M* $HClO_4$ 용액의 pH는 얼마인가?

#### 해답

**분석 및 계획** $HClO_4$는 강산이므로, 완전히 이온화되어 $[H^+] = [ClO_4^-] = 0.040\ M$이다.

**풀이**

$$pH = -\log(0.040) = 1.40$$

**검토** $[H^+]$는 $1.0 \times 10^{-2}\ M$과 $1.0 \times 10^{-1}\ M$ 사이에 있기 때문에 pH는 2.0과 1.0 사이에 있다. 계산된 pH 값은 이 예상된 범위 안에 있다. 더욱이 농도의 유효 숫자가 두 자리이므로, pH도 소수점 아래 두 자리이다.

**▶ 보충 예제**

다음 세 가지 용액을 pH 값이 가장 작은 것부터 큰 순으로 올바르게 나열한 것은?

(i) 0.20 *M* $HClO_3$ (ii) 0.0030 *M* $HNO_3$ (iii) 1.50 *M* HCl

**(a)** i < ii < iii **(b)** ii < i < iii **(c)** iii < i < ii
**(d)** ii < iii < i **(e)** iii < ii < i

## 강염기

가장 일반적인 가용성 강염기는 NaOH, KOH와 같은 알칼리 금속과, $Sr(OH)_2$와 같은 좀 더 무거운 알칼리 토금속의 이온성 수산화물이다. 이 화합물들은 수용액에서 완전히 용해되어 이온이 된다. 따라서, 0.30 *M*의 NaOH를 포함하는 용액은 0.30 *M*의 $Na^+(aq)$와 0.30 *M*의 $OH^-(aq)$를 포함한다. 해리되지 않은 NaOH는 존재하지 않는다.

비록 알칼리 금속의 모든 수산화물이 강전해질이기는 하지만, LiOH, RbOH, CsOH는 실험실에서 자주 사용하지는 않는다. 더 무거운 알칼리 토금속의 수산화물인 $Ca(OH)_2$, $Sr(OH)_2$, $Ba(OH)_2$도 강전해질이다. 그러나 이 수산화물들은 용해도가 제한되어 있어서, 용해도가 크지 않아도 되는 경우에 사용한다.

---

*산의 농도가 $10^{-6}\ M$ 이하이면, $H_2O$에서 이온화되어 생기는 $H^+$ 이온을 고려해야 한다. 보통 $H_2O$에서 이온화되어 생기는 $H^+$ 이온의 농도는 무시할 수 있다.

강염기는 또한 물과 반응하여 $OH^-(aq)$를 생성하는 물질로부터 얻을 수도 있다. 이런 경우의 대부분이 산화물이다. 특히 $Na_2O$와 CaO와 같은 이온성 금속 산화물은 공장에서 강염기가 필요할 때 자주 사용된다. $O_2^-$는 물과 반응하여 열을 발생시키며, $OH^-$를 생성하고, 용액에는 $O_2^-$가 하나도 남지 않는다.

$$O^{2-}(aq) + H_2O(l) \longrightarrow 2\,OH^-(aq) \qquad [16.22]$$

## 예제 16.9
### 강염기의 pH 계산

(a) 0.028 *M* NaOH 용액, (b) 0.0011 *M* $Ca(OH)_2$ 용액의 pH는 얼마인가?

**해답**

**분석** 두 강염기 용액의 pH를 계산하는 문제이다.

**계획** 대등한 두 가지 방법으로 pH를 계산할 수 있다. 첫 번째로, 식 16.16을 사용하여 $[H^+]$를 계산하고, 식 16.17을 사용하여 pH를 계산한다. 다른 방법으로는 $[OH^-]$를 사용하여 pOH를 계산하고, 식 16.20을 사용하여 pH를 계산한다.

**풀이**

**(a)** NaOH는 물에 녹아서 화학식당 한 개의 $OH^-$ 이온을 생성한다. 따라서 용액의 $OH^-$ 농도는 처음 NaOH의 농도인 0.028 *M*이다.

**방법 1:**

$$[H^+] = \frac{1.0 \times 10^{-14}}{0.028} = 3.57 \times 10^{-13}\,M$$

$$pH = -\log(3.57 \times 10^{-13}) = 12.45$$

**방법 2:**

$$pOH = -\log(0.028) = 1.55$$

$$pH = 14.00 - pOH = 12.45$$

**(b)** $Ca(OH)_2$는 물에 녹아서 화학식당 두 개의 $OH^-$ 이온을 생성한다. 따라서 용액의 $OH^-$ 농도는 $2 \times (0.0011\,M) = 0.0022\,M$이다.

**방법 1:**

$$[H^+] = \frac{1.0 \times 10^{-14}}{0.0022} = 4.55 \times 10^{-12}\,M$$

$$pH = -\log(4.55 \times 10^{-12}) = 11.34$$

**방법 2:**

$$pOH = -\log(0.0022) = 2.66$$

$$pH = 14.00 - pOH = 11.34$$

**▶ 보충 예제**

다음 세 가지 용액을 pH 값이 가장 작은 것부터 큰 순으로 올바르게 나열한 것은?

(i) 0.030 *M* $Ba(OH)_2$ (ii) 0.040 *M* KOH (iii) 순수한 물

**(a)** i < ii < iii **(b)** ii < i < iii **(c)** iii < i < ii
**(d)** ii < iii < i **(e)** iii < ii < i

따라서 0.010 mol의 $Na_2O(s)$를 충분한 물에 녹여 1.0 L의 용액을 만들면 $[OH^-] = 0.020\,M$이 되고 pH는 12.30이 된다.

## 자기 평가 연습 문제

**16.19** 0.001 *M* CsOH 용액과 0.001 *M* $Sr(OH)_2$ 용액 중 어느 용액의 pH가 더 높은가?

**(a)** 0.001 *M* CsOH
**(b)** 0.001 *M* $Sr(OH)_2$

## 연습 문제

**16.20** 다음 주어진 문장이 맞는지, 틀리는지 밝히시오.
**(a)** 모든 강염기는 수산화 이온을 포함하는 염이다.
**(b)** 강염기를 물에 넣으면 pH > 7.0인 용액을 형성한다.
**(c)** $Mg(OH)_2$는 잘 녹지 않기 때문에 강염기가 될 수 없다.

**16.21** 다음 강산 용액의 pH를 계산하시오.
**(a)** 0.0178 *M* $HNO_3$
**(b)** 5.00 L에 0.500 g $HClO_3$을 용해시켰을 때
**(c)** 2.00 *M* HCl 5.00 mL를 0.500 L로 희석시켰을 때
**(d)** 0.010 *M* HCl 75.0 mL를 0.020 *M* HBr 125 mL에 첨가했을 때

**16.22** 다음 강염기 용액의 $[OH^-]$와 pH를 계산하시오.

(a) 0.182 $M$ KOH

(b) 500.0 mL 용액에 3.165 g KOH를 용해시켰을 때

(c) 0.0105 $M$ $Ca(OH)_2$ 10.0 mL를 500.0 mL로 희석시켰을 때

(d) 0.015 $M$ $Ba(OH)_2$ 20.0 mL와 $8.2\times10^{-3}$ $M$ NaOH 40.0 mL를 섞었을 때

**16.23** pH가 10.05인 $Ca(OH)_2$ 수용액의 농도를 계산하시오.

자기 평가 연습 문제 답 **16.19** (b)

# 16.5 | 약산

산과 염기는 자연이나 실험실에 흔히 있는 물질이며, 대부분은 '약한' 산과 염기 분류된다. 산과 염기는 여러 가지 방법으로 우리의 일상생활에 영향을 준다. 산과 염기는 우리가 먹는 식품뿐만 아니라 단백질을 합성하는 데 사용되는 아미노산, 유전 정보를 지정하는 핵산과 같이 생체 내에서도 중요한 요소로 쓰인다. 예를 들어, 시트르산(citric acid)과 아스코르브산(ascorbic acid, 바이타민 C)은 감귤류의 톡 쏘는 신맛을 낸다. 시트르산과 말산(malic acid)은 호기성 생물이 에너지를 생성하는 데 사용하는 Krebs 회로(시트르산 회로)에 관련된 여러 산 중 하나이다. 또한, 산–염기 화학은 인간 주도 활동인 제조 산업, 의약품 개발 및 여러 환경적인 측면에서 응용되어 현대 사회를 형성하는 데 중요한 역할을 했다.

이 장이 끝나면 다음 사항을 수행할 수 있어야 한다.

- pH와 농도를 사용하여 약산 또는 약염기에 대한 $K$를 계산하고, 그 반대의 경우도 계산하기.

대부분의 산성 물질은 약산이므로 수용액에서 일부분만 이온화된다(**그림 16.9**). 이온화 반응의 평형 상수를 이용하여 약산이 이온화되는 정도를 표현할 수 있다. 약산을 HA로 표시하고, 수화된 양성자를 $H_3O^+(aq)$나 $H^+(aq)$로 표시하는지에 따라 다음 방법 중 하나로 이온화 방정식을 쓸 수 있다.

$$HA(aq) + H_2O(l) \rightleftharpoons H_3O^+(aq) + A^-(aq) \qquad [16.23]$$

또는

$$HA(aq) \rightleftharpoons H^+(aq) + A^-(aq) \qquad [16.24]$$

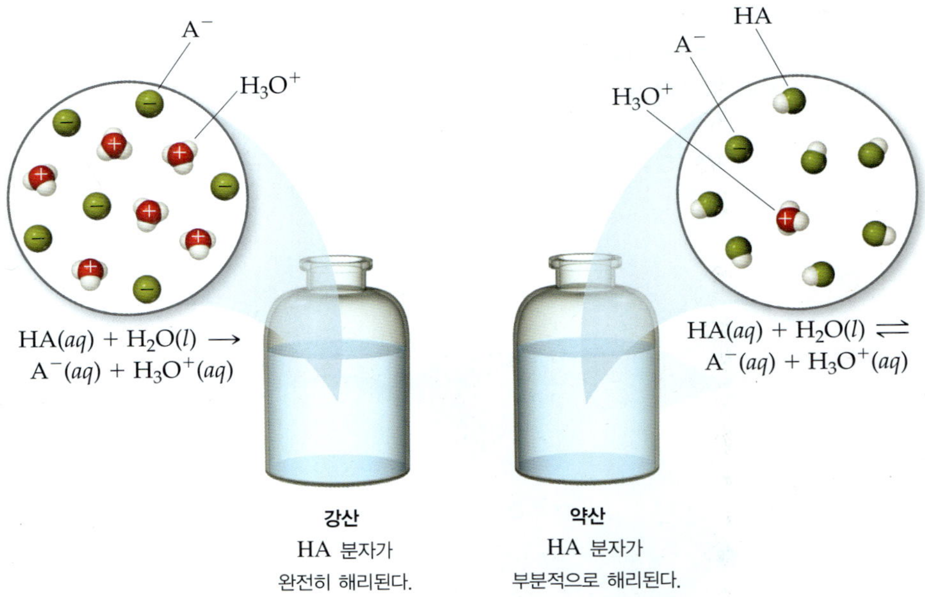


▶ **그림 16.9** 강산과 약산의 용액에 존재하는 화학종들

이 평형은 수용액에서 일어나므로, 농도로 표현된 평형 상수식을 사용할 수 있다. 물은 용매이기 때문에 평형 상수식에서 제외시킬 수 있다. 또한 아래 첨자 $a$를 사용함으로써 산의 이온화에 대한 평형 상수임을 나타낸다. 따라서 평형 상수식을 다음과 같이 쓸 수 있다.

$$K_a = \frac{[H_3O^+][A^-]}{[HA]} \quad \text{또는} \quad K_a = \frac{[H^+][A^-]}{[HA]} \qquad [16.25]$$

$K_a$를 산 HA의 **산 해리 상수(acid-dissociation constant)**라고 한다.

**표 16.2**에 여러 약산의 구조식, 짝염기, $K_a$ 값을 나열하였고, 더 많은 종류의 약산을 부록 D에

**표 16.2 25 °C 물에서의 몇 가지 약산**

| 산 | 구조식* | 짝염기 | $K_a$ |
|---|---|---|---|
| 아염소산($HClO_2$) | H—O—Cl—O | $ClO_2^-$ | $1.0 \times 10^{-2}$ |
| 플루오린화수소산(HF) | H—F | $F^-$ | $6.8 \times 10^{-4}$ |
| 아질산($HNO_2$) | H—O—N=O | $NO_2^-$ | $4.5 \times 10^{-4}$ |
| 벤조산($C_6H_5COOH$) | 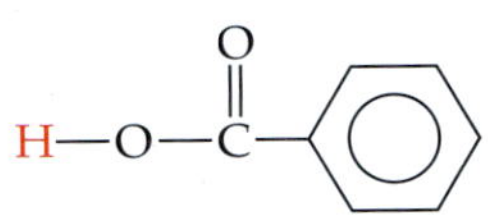 | $C_6H_5COO^-$ | $6.3 \times 10^{-5}$ |
| 아세트산($CH_3COOH$) | H—O—C(=O)—C(H)(H)—H | $CH_3COO^-$ | $1.8 \times 10^{-5}$ |
| 하이포염소산(HOCl) | H—O—Cl | $OCl^-$ | $3.0 \times 10^{-8}$ |
| 사이안화수소산(HCN) | H—C≡N | $CN^-$ | $4.9 \times 10^{-10}$ |
| 페놀($HOC_6H_5$) | 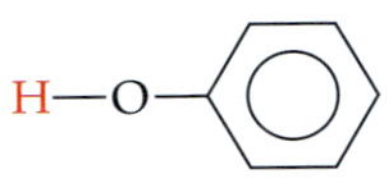 | $C_6H_5O^-$ | $1.3 \times 10^{-10}$ |

* 이온화되는 양성자는 붉은색으로 표시하였다.

수록하였다. 많은 종류의 약산은 탄소, 수소, 산소로 구성된 유기 화합물이다. 이 화합물들에는 보통 탄소 원자나 산소 원자에 결합된 수소 원자가 있다. 거의 모든 경우 탄소와 결합된 수소 원자는 물에서 이온화하지 않는다. 대신 약산 화합물들은 산소에 결합된 수소 원자로 인해 산성 성질을 띤다.

$K_a$의 크기는 물에서 산이 이온화되는 경향을 의미한다. 즉 **$K_a$ 값이 클수록 산의 세기도 증가한다.** 예를 들어 표 16.2에 나열된 산 중에서 아염소산($HClO_2$)이 가장 강한 산이고, 페놀($HOC_6H_5$)이 가장 약한 산이다. 대부분은 약산은 $10^{-2}$~$10^{-10}$ 범위의 $K_a$ 값을 가진다.

## pH로부터 $K_a$ 계산

약산의 $K_a$ 값이나 pH를 계산하기 위해서 15.4절에서 설명한 평형에 관한 문제를 푸는 방법들을 이용할 것이다. 대부분의 약산은 $K_a$ 값이 작기 때문에, 근사를 사용하여 문제를 단순화할 수 있다. 이런 계산을 할 때는 양성자 전달 반응이 일반적으로 매우 빠르게 일어난다는 것을 알아야 한다. 그 결과 약산의 경우, 측정한 pH 또는 계산한 pH는 항상 평형 상태를 나타낸다.

### 예제 16.10
**측정한 pH로부터 $K_a$ 계산**

한 학생이 농도가 0.10 $M$인 폼산(HCOOH)을 준비하고 25 °C에서 pH를 측정하였더니, 그 값이 2.38이었다. 이 온도에서 폼산의 $K_a$를 계산하시오.

**해답**

**분석** 약산 수용액의 몰농도와 pH를 알 때, 이 산의 $K_a$ 값을 계산하는 문제이다.

**계획** 약산의 이온화에 대한 문제이기는 하나, 이 문제는 15장에서 설명한 평형 문제와 유사하다. 예제 15.8에 소개한 방법처럼 화학 반응과 초기 농도와 평형 농도를 표로 만드는 것을 시작으로 이 문제를 푼다.

**풀이**

모든 평형 문제를 풀 때에는 우선 평형 반응의 반응식을 작성한다. 폼산의 이온화는 다음과 같이 쓸 수 있다.

$$HCOOH(aq) \rightleftharpoons H^+(aq) + HCOO^-(aq)$$

이때 평형 상수식은 다음과 같다.

$$K_a = \frac{[H^+][HCOO^-]}{[HCOOH]}$$

측정한 pH로부터 $[H^+]$를 계산할 수 있다.

$$pH = -\log[H^+] = 2.38$$
$$\log[H^+] = -2.38$$
$$[H^+] = 10^{-2.38} = 4.2 \times 10^{-3}\,M$$

평형에서 각 물질의 농도를 구해 보자. 초기 HCOOH 용액의 농도는 0.10 $M$이고, HCOOH는 $H^+$와 $HCOO^-$로 이온화된다. 각각의 HCOOH 분자는 용액에서 이온화하여 $H^+$ 이온 한 개와 $HCOO^-$ 이온 한 개를 생성한다. pH 측정값으로부터 평형에서 $[H^+]=4.2\times10^{-3}\,M$ 임을 알 수 있으므로, 다음과 같은 표를 만들 수 있다.

| | $HCOOH(aq)$ $\rightleftharpoons$ | $H^+(aq)$ + | $HCOO^-(aq)$ |
|---|---|---|---|
| 초기 농도 ($M$) | 0.10 | 0 | 0 |
| 농도 변화 ($M$) | $-4.2 \times 10^{-3}$ | $+4.2 \times 10^{-3}$ | $+4.2 \times 10^{-3}$ |
| 평형 농도 ($M$) | $(0.10 - 4.2 \times 10^{-3})$ | $4.2 \times 10^{-3}$ | $4.2 \times 10^{-3}$ |

$H_2O$의 자체 이온화로 얻어지는 $H^+(aq)$의 농도는 매우 작아서 무시하였다. 또한 HCOOH가 이온화되는 양은 산의 초기 농도에 비해 아주 작다. 유효 숫자를 고려하여 빼면, 그 농도는 0.10 $M$이다.

$$(0.10 - 4.2 \times 10^{-3})\,M \simeq 0.10\,M$$

이제 평형 농도를 $K_a$ 식에 대입한다.

$$K_a = \frac{(4.2 \times 10^{-3})(4.2 \times 10^{-3})}{0.10} = 1.8 \times 10^{-4}$$

**검토** 약산의 $K_a$ 값이 보통 $10^{-2}$과 $10^{-10}$ 사이이기 때문에 계산한 결과는 타당하다.

▶ **보충 예제**

어떤 산 HA 0.50 $M$ 용액의 pH는 2.24이다. 이 산의 $K_a$는 얼마인가?

**(a)** $1.7\times10^{-12}$ **(b)** $3.3\times10^{-5}$ **(c)** $6.6\times10^{-5}$ **(d)** $5.8\times10^{-3}$ **(e)** $1.2\times10^{-2}$

## 이온화 백분율

$K_a$의 크기가 약산의 세기를 나타내는 것을 알았다. 산의 세기를 측정하는 또 다른 것은 **이온화 백분율(percent ionization)**이고, 다음과 같이 정의된다.

$$\text{이온화 백분율} = \frac{\text{이온화된 HA의 농도}}{\text{HA의 원래 농도}} \times 100\% \qquad [16.26]$$

강한 산일수록, 이온화 백분율은 커진다.

물의 자체 이온화를 무시한다고 가정하면, 이온화되는 산의 농도는 산으로부터 생성되는 $H^+(aq)$의 농도와 같다. 따라서 산 HA의 이온화 백분율은 다음과 같다.

$$\text{이온화 백분율} = \frac{[H^+]_{\text{평형}}}{[HA]_{\text{초기}}} \times 100\% \qquad [16.27]$$

예를 들어, 0.035 $M$ $HNO_2$ 용액은 $3.7\times 10^{-3}$ $M$의 $H^+(aq)$를 포함하므로 이온화 백분율은 다음과 같다.

$$\text{이온화 백분율} = \frac{[H^+]_{\text{평형}}}{[HNO_2]_{\text{초기}}} \times 100\% = \frac{3.7 \times 10^{-3}\,M}{0.035\,M} \times 100\% = 11\%$$

## 예제 16.11

### 이온화 백분율 계산

예제 16.10에서 계산하였듯이, 0.10 $M$ 폼산(HCOOH) 용액은 $4.2\times10^{-3}$ $M$의 $H^+(aq)$를 포함한다. 이때 산의 이온화 백분율을 계산하시오.

### 해답

**분석** 약산 수용액의 몰농도와 $H^+(aq)$의 평형 농도를 알 때, 이 산의 이온화 백분율을 계산하는 문제이다.

**계획** 식 16.27에서 이온화 백분율을 정의하였다.

**풀이**

$$\text{이온화 백분율} = \frac{[H^+]_{\text{평형}}}{[HCOOH]_{\text{초기}}} \times 100\% = \frac{4.2 \times 10^{-3}\,M}{0.10\,M} \times 100\% = 4.2\%$$

▶ **보충 예제**

어떤 산 HA 0.077 $M$ 용액의 pH는 2.16이다. 이 산의 이온화 백분율은 얼마인가?

**(a)** 0.090% **(b)** 0.69% **(c)** 0.90% **(d)** 3.6% **(e)** 9.0%

## $K_a$를 이용한 pH 계산

약산의 $K_a$ 값과 초기 농도를 알면, 약산 용액의 $H^+(aq)$ 농도를 계산할 수 있다.

**$K_a$를 이용한 pH 계산 방법**

1. 이온화 평형식을 쓴다.
2. 평형 상수식과 평형 상수 값을 쓴다.
3. 평형에 포함된 화학종의 농도를 쓴다.
4. 평형 농도를 평형 상수식에 대입하고 $x$에 대하여 푼다.

이제 위 과정을 이용하여 25°C에서 0.30 $M$ 아세트산($CH_3COOH$) 용액의 pH를 계산해 보자.

**1.** 이온화 평형식은 다음과 같다.

$$CH_3COOH(aq) \rightleftharpoons H^+(aq) + CH_3COO^-(aq) \qquad [16.28]$$

여기서 이온화하는 수소는 산소 원자에 결합된 것임을 주목하라.

**2.** 표 16.2의 평형 상수 값 $K_a = 1.8 \times 10^{-5}$을 이용하여 평형 상수식을 쓴다.

$$K_a = \frac{[H^+][CH_3COO^-]}{[CH_3COOH]} = 1.8 \times 10^{-5} \qquad [16.29]$$

**3.** 다음으로, 평형 반응에 포함된 화학종의 농도를 적는다. 예제 16.10에 설명하였듯이, 이 과정은 간단한 계산을 통해 해결될 수 있다. $[H^+]$의 평형 값을 찾는 것이므로, 이것을 $x$라고 하자. 이온화하기 전의 아세트산 농도는 0.30 $M$이다. 화학 반응식으로부터 각 $CH_3COOH$ 분자는 이온화하여 하나의 $H^+(aq)$와 하나의 $CH_3COO^-(aq)$를 생성함을 알 수 있다. 결과적으로 평형에서 리터당 $x$ mol의 $H^+(aq)$가 형성되면, 리터당 $x$ mol의 $CH_3COO^-(aq)$가 반드시 형성되고, 리터당 $x$ mol의 $CH_3COOH$ 분자가 반드시 이온화되어야 한다.

| | $CH_3COOH(aq)$ $\rightleftharpoons$ | $H^+(aq)$ + | $CH_3COO^-(aq)$ |
|---|---|---|---|
| 초기 농도($M$) | 0.30 | 0 | 0 |
| 농도 변화($M$) | $-x$ | $+x$ | $+x$ |
| 평형 농도($M$) | $(0.30 - x)$ | $x$ | $x$ |

4. 마지막으로, 평형 상수식에 평형 농도를 대입하고, $x$에 대하여 푼다.

$$K_a = \frac{[H^+][CH_3COO^-]}{[CH_3COOH]} = \frac{(x)(x)}{0.30 - x} = 1.8 \times 10^{-5} \qquad [16.30]$$

이 식으로부터 $x$에 대한 이차방정식을 얻게 되고, 이차방정식은 방정식 풀이 계산기나 이차방정식 근의 공식을 이용하여 풀 수 있다. 그러나, $K_a$ 값이 꽤 작다는 점을 이용하면 문제를 간결하게 할 수 있다. 이 경우, 평형은 상당히 왼쪽으로 치우치고, $x$가 아세트산의 초기 농도보다 매우 작을 것이라 예상할 수 있다. 따라서 $x$가 0.30에 비해 무시할 수 있을 만큼 작다고 가정하면, $0.30 - x$는 0.3과 같다. 이 문제를 다 푼 후에는, 반드시 이 가정이 타당한가를 확인해야 한다. 이 가정에 의해 식 16.30은 다음과 같이 된다.

$$K_a = \frac{x^2}{0.30} = 1.8 \times 10^{-5}$$

$x$에 대하여 풀면, 다음과 같이 된다.

$$x^2 = (0.30)(1.8 \times 10^{-5}) = 5.4 \times 10^{-6}$$
$$x = \sqrt{5.4 \times 10^{-6}} = 2.3 \times 10^{-3}$$
$$[H^+] = x = 2.3 \times 10^{-3}\,M$$
$$pH = -\log(2.3 \times 10^{-3}) = 2.64$$

이제 다시 돌아가서, $0.30 - x \simeq 0.30$이라는 가정이 타당한지 확인해 보자. 유효 숫자에 대하여 $x$의 값은 아주 작고, 가정은 확실히 타당하다. 따라서 사용한 가정이 합리적이었다고 납득할 수 있다. $x$는 이온화하는 아세트산의 mol/L를 나타내므로, 이 특정한 경우 1% 미만의 아세트산만이 이온화하는 것을 알 수 있다.

$$CH_3COOH\text{의 이온화 백분율} = \frac{0.0023\,M}{0.30\,M} \times 100\% = 0.77\%$$

**일반적인 규칙으로, $x$의 양이 초기 농도 값의 5% 이상이면, 이차방정식을 푸는 것이 더 타당하다.** 문제를 다 푼 후에는 사용한 가정이 유효했는지 항상 확인해야 한다.

우리는 또 다른 가정도 했다. 바로 용액 속의 $H^+$가 모두 $CH_3COOH$의 이온화에서 온 것이라는 가정이다. $H_2O$의 자체 이온화는 무시하는 것이 옳다고 할 수 있는가? 그 대답은 '그렇다'이다. 물에서 해리된 추가의 $H^+$ 농도는 $10^{-7}$ *M* 정도이고, 이는 산에서 해리된 $H^+$ 농도인 $10^{-3}$ *M*과 비교하여 무시할 수 있다. 그래도 매우 정교한 계산이나 산의 농도가 매우 묽은 경우에는 물의 자체 이온화를 완전히 고려할 필요가 있다.

마지막으로, 이 약산의 pH 값을 동일한 농도를 가지는 강산 용액의 pH 값과 비교할 수 있다. 0.30 *M* 아세트산의 pH는 2.64인 반면, HCl과 같은 강산의 0.30 *M* 용액의 pH는 $-\log(0.30) = 0.52$이다. 예상하였듯이, 약산 용액의 pH는 동일한 몰농도의 강산 용액의 pH보다 더 크다(pH 값이 클수록 용액의 산성은 약해진다는 것을 기억하라).

## 예제 16.12

### $K_a$를 이용한 pH 계산

0.20 *M* HCN 용액의 pH를 계산하시오. ($K_a$ 값은 표 16.2 또는 부록 D를 참조하라.)

**해답**

**분석** 주어진 약산의 몰농도를 이용하여 pH를 계산하는 문제이다. 표 16.2에서 HCN의 $K_a$는 $4.9 \times 10^{-10}$이다.

**계획** 위 본문에서 설명하였듯이, 화학 반응식을 작성하고 $H^+$의 평형 농도가 미지수인 초기 및 평형 농도 표를 작성한다.

**풀이**

$H^+(aq)$가 생성되는 이온화 반응의 화학 반응식을 쓰고, 이 반응의 평형 상수식을 작성한다.

$$HCN(aq) \rightleftharpoons H^+(aq) + CN^-(aq)$$

$$K_a = \frac{[H^+][CN^-]}{[HCN]} = 4.9 \times 10^{-10}$$

다음으로, 평형에서 $x = [H^+]$로 놓고, 평형 반응에 관여하는 물질의 농도를 표로 작성한다.

| | $HCN(aq)$ | $\rightleftharpoons H^+(aq)$ | $+ CN^-(aq)$ |
|---|---|---|---|
| 초기 농도(*M*) | 0.20 | 0 | 0 |
| 농도 변화(*M*) | $-x$ | $+x$ | $+x$ |
| 평형 농도(*M*) | $(0.20 - x)$ | $x$ | $x$ |

표의 평형 농도를 평형 상수식에 대입한다.

$$K_a = \frac{(x)(x)}{0.20 - x} = 4.9 \times 10^{-10}$$

다음으로, 해리되는 산의 양 $x$는 산의 초기 농도에 비하여 아주 작으므로, $0.20 - x \simeq 0.20$이라고 가정한다.

$$\frac{x^2}{0.20} = 4.9 \times 10^{-10}$$

$x$에 대하여 푼다.

$$x^2 = (0.20)(4.9 \times 10^{-10}) = 0.98 \times 10^{-10}$$

$$x = \sqrt{0.98 \times 10^{-10}} = 9.9 \times 10^{-6}\,M = [H^+]$$

계산된 농도 $9.9 \times 10^{-6}$ *M*은 초기 HCN의 농도인 0.20 *M*의 5%보다 훨씬 작다. 따라서 간단 근사법은 타당하다. 이제 용액의 pH를 계산한다.

$$pH = -\log[H^+] = -\log(9.9 \times 10^{-6}) = 5.00$$

**▶ 보충 예제**

0.40 *M* 벤조산($C_6H_5COOH$) 용액의 pH는 얼마인가? (벤조산의 $K_a$ 값은 표 16.2를 이용하라.)

**(a)** 2.30 **(b)** 2.10 **(c)** 1.90 **(d)** 4.20 **(e)** 4.60

전기 전도도와 활성 금속과의 반응 속도와 같은, $H^+(aq)$의 농도에 직접 관련이 있는 산 용액의 성질은 동일한 농도의 강산 용액보다 약산 용액에서 덜 분명하게 나타난다. 이러한 차이를 볼 수 있는 1 *M* $CH_3COOH$와 1 *M* HCl의 실험을 **그림 16.10**에 나타냈다. 1 *M* $CH_3COOH$ 용액의 $H^+(aq)$ 농도는 단지 0.004 *M*이지만, 1 *M* HCl 용액은 1 *M*의 $H^+(aq)$를 포함한다. 그 결과, 금속과의 반응

▲그림 16.10 같은 반응이지만 약산에서는 강산일 때와는 다른 반응 속도를 보인다. 기포는 $H_2$ 기체로써, 산에 의해 금속이 산화될 때 금속 양이온과 함께 생성된다.

이 그래프에서 관측된 경향은 Le Châtelier 원리와 일치하는가? 설명하시오.

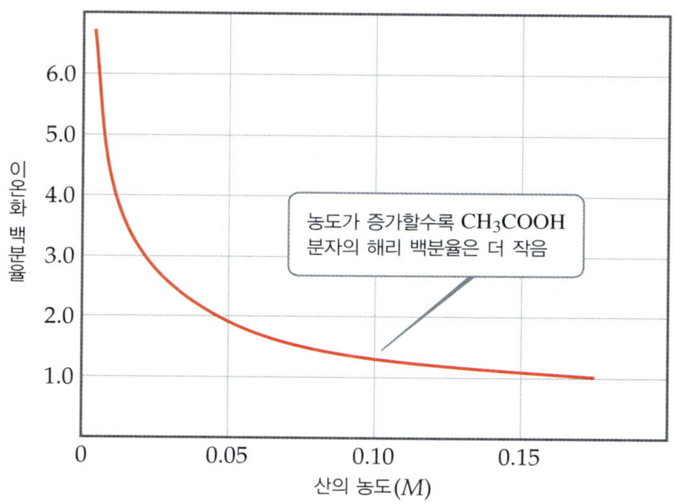


▲그림 16.11 아세트산 용액의 농도가 이온화 백분율에 미치는 효과

속도는 HCl 용액의 경우가 훨씬 빠르다.

예상한 대로, 약산의 농도가 증가할수록 $H^+(aq)$의 평형 농도는 증가한다. 그러나 그림 16.11에 나타낸 것과 같이, 농도가 증가할수록 이온화 백분율은 감소한다. 따라서 $H^+(aq)$ 농도는 약산의 농도에 직접 비례하지 않는다. 예를 들어 약산의 농도를 두 배로 늘려도 $H^+(aq)$의 농도는 두 배가 되지 않는다.

## 예제 16.13

### 이차방정식을 이용한 pH와 이온화 백분율 계산

0.10 *M* HF 용액의 pH와 HF 분자의 이온화 백분율을 계산하시오.

**해답**

**분석** HF 용액의 이온화 백분율을 계산하는 문제이다. 부록 D에서 $K_a$는 $6.8 \times 10^{-4}$이다.

**계획** 앞의 평형 문제와 마찬가지로 이 문제에 접근할 수 있다. 평형의 화학 반응식을 쓰고, 모든 물질의 아는 농도와 모르는 농도에 대한 표를 작성한다. 그리고 평형 농도를 평형 상수식에 대입하여 모르는 $H^+$의 농도에 대하여 푼다.

**풀이**

평형 반응과 평형 농도는 다음과 같다.

$$HF(aq) \rightleftharpoons H^+(aq) + F^-(aq)$$

| | $HF(aq)$ | $H^+(aq)$ | $F^-(aq)$ |
|---|---|---|---|
| 초기 농도 ($M$) | 0.10 | 0 | 0 |
| 농도 변화 ($M$) | $-x$ | $+x$ | $+x$ |
| 평형 농도 ($M$) | $(0.10 - x)$ | $x$ | $x$ |

평형 상수식은 다음과 같다.

$$K_a = \frac{[H^+][F^-]}{[HF]} = \frac{(x)(x)}{0.10 - x} = 6.8 \times 10^{-4}$$

$0.10 - x \simeq 0.10$이라는 근사법을 사용하면(즉, 이온화되는 산의 농도를 무시하면), 다음과 같은 값을 얻는다.

$$x = 8.2 \times 10^{-3}\,M$$

이 값은 0.10 $M$의 5%보다 크므로, 기본 이차방정식으로 풀어야 한다. 이를 정리하면 다음과 같다.

$$x^2 = (0.10 - x)(6.8 \times 10^{-4})$$
$$= 6.8 \times 10^{-5} - (6.8 \times 10^{-4})x$$
$$x^2 + (6.8 \times 10^{-4})x - 6.8 \times 10^{-5} = 0$$

이 방정식을 이차방정식 근의 공식을 사용하여 풀면,

$$x = \frac{-6.8 \times 10^{-4} \pm \sqrt{(6.8 \times 10^{-4})^2 - 4(-6.8 \times 10^{-5})}}{2}$$
$$= \frac{-6.8 \times 10^{-4} \pm 1.6 \times 10^{-2}}{2}$$

두 개의 해 중 $x$가 양수인 경우만 화학적으로 타당하다. 이 값에서 $[H^+]$와 pH를 구한다.

$$x = [H^+] = [F^-] = 7.9 \times 10^{-3}\,M, \text{ 따라서 } pH = -\log[H^+] = 2.10$$

이 결과로부터, 이온화되는 분자의 백분율을 계산할 수 있다.

$$\text{HF의 이온화 백분율} = \frac{\text{이온화된 농도}}{\text{원래의 농도}} \times 100\%$$
$$= \frac{7.9 \times 10^{-3}\,M}{0.10\,M} \times 100\% = 7.9\%$$

▶ **보충 예제**

0.010 $M$ HF 용액의 pH는 얼마인가?

**(a)** 1.58 **(b)** 2.10 **(c)** 2.30 **(d)** 2.58 **(e)** 2.64

## 다양성자산

이온화할 수 있는 H 원자를 2개 이상 가지고 있는 산을 **다양성자산(polyprotic acid)**이라 한다. 예를 들어, 아황산($H_2SO_3$)은 다음과 같이 연속적으로 이온화한다.

$$H_2SO_3(aq) \rightleftharpoons H^+(aq) + HSO_3^-(aq) \qquad K_{a1} = 1.7 \times 10^{-2} \qquad [16.31]$$

$$HSO_3^-(aq) \rightleftharpoons H^+(aq) + SO_3^{2-}(aq) \qquad K_{a2} = 6.4 \times 10^{-8} \qquad [16.32]$$

산 해리 상수가 $K_{a1}$과 $K_{a2}$로 표시됨에 주목하라. 상수의 아래 첨자로 나타난 숫자는 이온화되는 산의 특정 양성자를 표시한다. 따라서 $K_{a2}$는 항상 다양성자산의 두 번째 양성자가 해리되는 평형을 나타낸다.

아황산에서 $K_{a2}$가 $K_{a1}$보다 매우 작음을 볼 수 있다. 정전기적 상호작용 때문에 음전하를 띤 $HSO_3^-$보다 중성의 $H_2SO_3$로부터 양전하를 가진 양성자가 쉽게 떨어질 것으로 예상할 수 있다. 이는 일반적으로 관찰되는 현상이다. 즉 **다양성자산에서 첫 번째 양성자를 제거하는 것은 두 번째 양성자를 제거하는 것보다 쉽다.** 유사하게, 이온화할 수 있는 양성자를 세 개 가지고 있는 다양성자산에서 두 번째 양성자를 떼어내는 것이 세 번째 양성자를 떼어내는 것보다 쉽다. 따라서, 양성자를 연속적으로 떼어냄에 따라 $K_a$ 값도 연속적으로 작아진다.

**표 16.3 몇 가지 일반적인 다양성자산의 산 해리 상수**

| 이름 | 화학식 | $K_{a1}$ | $K_{a2}$ | $K_{a3}$ |
|---|---|---|---|---|
| 아스코브산 | $H_2C_6H_6O_6$ | $8.0\times10^{-5}$ | $1.6\times10^{-12}$ | |
| 탄산 | $H_2CO_3$ | $4.3\times10^{-7}$ | $5.6\times10^{-11}$ | |
| 시트르산 | $H_3C_6H_5O_7$ | $7.4\times10^{-4}$ | $1.7\times10^{-5}$ | $4.0\times10^{-7}$ |
| 옥살산 | HOOC−COOH | $5.9\times10^{-2}$ | $6.4\times10^{-5}$ | |
| 인산 | $H_3PO_4$ | $7.5\times10^{-3}$ | $6.2\times10^{-8}$ | $4.2\times10^{-13}$ |
| 아황산 | $H_2SO_3$ | $1.7\times10^{-2}$ | $6.4\times10^{-8}$ | |
| 황산 | $H_2SO_4$ | 크다 | $1.2\times10^{-2}$ | |
| 타타르산 | $C_2H_2O_2(COOH)_2$ | $1.0\times10^{-3}$ | $4.6\times10^{-5}$ | |

몇 가지 일반적인 다양성자산의 산 해리 상수를 **표 16.3**에 나열하였다. 부록 D에는 더 많은 자료가 있다. **그림 16.12**는 시트르산의 구조에 이온화가 가능한 양성자가 다수 있음을 보여준다.

표 16.3에서 알 수 있듯이, 연속적으로 양성자를 잃음에 따라 대부분의 $K_a$ 값은 최소 $10^3$배의 차이를 보인다. 황산의 $K_{a1}$ 값은 단지 '크다'고 표시되었다. 황산은 첫 번째 양성자를 떼어내는 과정에서 강산으로 작용한다. 따라서 첫 번째 이온화 반응은 완전하게 오른쪽으로 진행한다.

$$H_2SO_4(aq) \longrightarrow H^+(aq) + HSO_4^-(aq) \quad \text{(완전히 이온화)}$$

그러나, $HSO_4^-$는 $K_{a2}=1.2\times10^{-2}$의 값을 가지는 약산이다.

많은 다양성자산의 $K_{a1}$은 그다음의 산 해리 상수보다 매우 크므로, 용액에 있는 $H^+(aq)$는 거의 대부분 첫 번째 이온화 반응에서 얻어진다. 연속적인 $K_a$ 값이 $10^3$배 또는 그 이상 차이가 나는 한, 다양성자산을 일양성자산의 경우로 생각하고 오직 $K_{a1}$ 값만을 고려하여 다양성자산 용액의 pH를 계산하는 것은 충분히 납득할 만한 방법이다.

시트르산은 한 분자당 이온화할 수 있는 양성자를 몇 개 가지고 있는가?

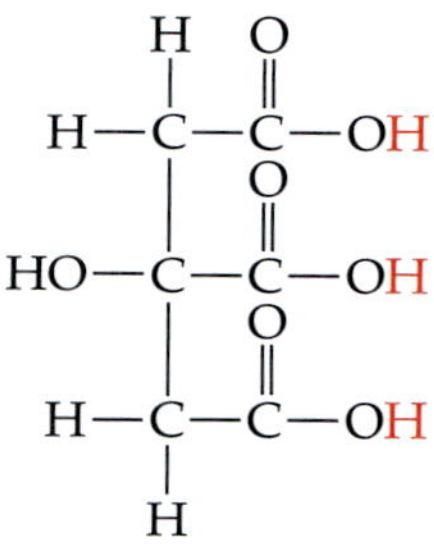


▲그림 16.12 시트르산의 구조

## 예제 16.14

### 다양성자산 용액의 pH 계산

25 °C, 10.13 kPa의 물에서 $CO_2$의 용해도는 0.0037 $M$이다. 모든 용해된 $CO_2$는 탄산($H_2CO_3$)의 형태로 존재한다고 가정하면, 이 반응은 다음과 같이 진행된다.

$$CO_2(aq) + H_2O(l) \rightleftharpoons H_2CO_3(aq)$$

0.0037 $M$ $H_2CO_3$ 용액의 pH는 얼마인가?

**해답**

**분석** 0.0037 $M$ 다양성자산 용액의 pH를 계산하는 문제이다.

**계획** $H_2CO_3$는 이양성자산으로서, 차이가 $10^3$배 이상인 두 개의 산 해리 상수 $K_{a1}$과 $K_{a2}$를 가진다(표 16.3). 따라서 일양성자산과 같이 간주하고, pH는 $K_{a1}$으로부터 얻을 수 있다.

**풀이**

예제 16.12와 16.13의 과정과 같이, 다음과 같이 평형 반응과 평형 농도를 작성한다.

$$H_2CO_3(aq) \rightleftharpoons H^+(aq) + HCO_3^-(aq)$$

| | $H_2CO_3(aq)$ | $H^+(aq)$ | $HCO_3^-(aq)$ |
|---|---|---|---|
| 초기 농도 ($M$) | 0.0037 | 0 | 0 |
| 농도 변화 ($M$) | $-x$ | $+x$ | $+x$ |
| 평형 농도 ($M$) | $(0.0037 - x)$ | $x$ | $x$ |

평형 상수식은 다음과 같다.

$$K_{a1} = \frac{[H^+][HCO_3^-]}{[H_2CO_3]} = \frac{(x)(x)}{0.0037 - x} = 4.3 \times 10^{-7}$$

이차방정식의 근을 구한다.

$$x = 4.0 \times 10^{-5}\,M$$

또는 $K_{a1}$이 작기 때문에 $x$가 작다는 간단 근사법을 사용한다.

$$0.0037 - x \simeq 0.0037$$

따라서,

$$\frac{(x)(x)}{0.0037} = 4.3 \times 10^{-7}$$

$x$에 대하여 푼다.

$$x^2 = (0.0037)(4.3 \times 10^{-7}) = 1.6 \times 10^{-9}$$
$$x = [H^+] = [HCO_3^-] = \sqrt{1.6 \times 10^{-9}} = 4.0 \times 10^{-5} M$$

$x$가 같은 값을 가지므로(두 개의 유효 숫자까지) 앞서 사용한 근사법은 타당하다. 따라서 pH는 다음과 같다.

$$pH = -\log[H^+] = -\log(4.0 \times 10^{-5}) = 4.40$$

**주의** $[CO_3^{2-}]$를 계산하기 위해서 $K_{a2}$를 이용한다. 앞서 계산한 $[HCO_3^-]$와 $[H^+]$의 값을 이용하고, $[CO_3^{2-}]$를 $y$라고 한다. 다음과 같은 표를 작성한다.

$$HCO_3^-(aq) \rightleftharpoons H^+(aq) + CO_3^{2-}(aq)$$

| | $HCO_3^-(aq)$ | $H^+(aq)$ | $CO_3^{2-}(aq)$ |
|---|---|---|---|
| 초기 농도(M) | $4.0 \times 10^{-5}$ | $4.0 \times 10^{-5}$ | 0 |
| 농도 변화(M) | $-y$ | $+y$ | $+y$ |
| 평형 농도(M) | $(4.0 \times 10^{-5} - y)$ | $(4.0 \times 10^{-5} + y)$ | $y$ |

$y$가 $4.0 \times 10^{-5}$보다 작다고 가정한다.

$$K_{a2} = \frac{[H^+][CO_3^{2-}]}{[HCO_3^-]} = \frac{(4.0 \times 10^{-5})(y)}{4.0 \times 10^{-5}} = 5.6 \times 10^{-11}$$
$$y = 5.6 \times 10^{-11} M = [CO_3^{2-}]$$

계산된 $y$ 값이 $4.0 \times 10^{-5}$보다 훨씬 작으므로 사용한 가정이 타당한 것을 알 수 있다. 또한 $H^+$의 생성에 관한 한, $HCO_3^-$의 이온화는 $H_2CO_3$의 이온화에 비하여 무시할 정도로 작다. 그러나 $HCO_3^-$는 용액에서 농도가 아주 작은 $CO_3^{2-}$를 생성하는 유일한 요소이다. 따라서 이 계산은 물에서 대부분 $CO_2$가 $CO_2$나 $H_2CO_3$의 형태로 존재하고, 그중 소량이 이온화하여 $H^+$와 $HCO_3^-$를 형성하며, 그보다 훨씬 작은 부분이 이온화하여 $CO_3^{2-}$를 생성함을 알려준다. 또한 $[CO_3^{2-}]$는 $K_{a2}$와 같다.

**▶ 보충 예제**

0.28 *M* 아스코르브산(바이타민 C) 용액의 pH는 얼마인가? ($K_{a1}$과 $K_{a2}$는 표 16.3 참조)

**(a)** 2.04 **(b)** 2.32 **(c)** 2.82 **(d)** 4.65 **(e)** 6.17

## 자세히 보기 다양성자산

다양성자산은 pH에 따라 다른 이온화 상태를 갖는다. **그림 16.13**은 pH에 따라 인산과 인산의 짝염기들이 상대적으로 어떤 평형 농도를 갖는지를 보여준다.

그림 16.13으로부터 많은 것을 알 수 있다. 예를 들어 pH가 4보다 크다면, 용액에는 $H_3PO_4$가 남지 않는다. pH > 14인 경우, 주성분은 인산 이온($PO_4^{3-}$)이다. 또한, pH가 어느 $pK_a$ 값과 같다면, 그 평형에 해당하는 짝산–짝염기 쌍의 농도가 동일함을 알 수 있다. 예를 들어, pH=7.21에서 $[HPO_4^{2-}]=[H_2PO_4^-]$이다. 이 pH에서 평형 반응은 $H_2PO_4^-(aq) + H_2O(l) \rightleftharpoons HPO_4^{2-}(aq) + H_3O^+(aq)$이고 $K_{a2}$는 $K_{a2} = [HPO_4^{2-}][H_3O]^+/[H_2PO_4^-]$로 나타낼 수 있다. log의 규칙을 사용하면 다음의 식을 얻을 수 있다.

$$pK_{a2} = \log([H_2PO_4^-]/[HPO_4^{2-}]) + pH$$

여기서 $pK_{a2}$가 pH와 같다면, $[H_2PO_4^-]$와 $[HPO_4^{2-}]$의 비는 1이어야 한다(log 1이 0이므로).

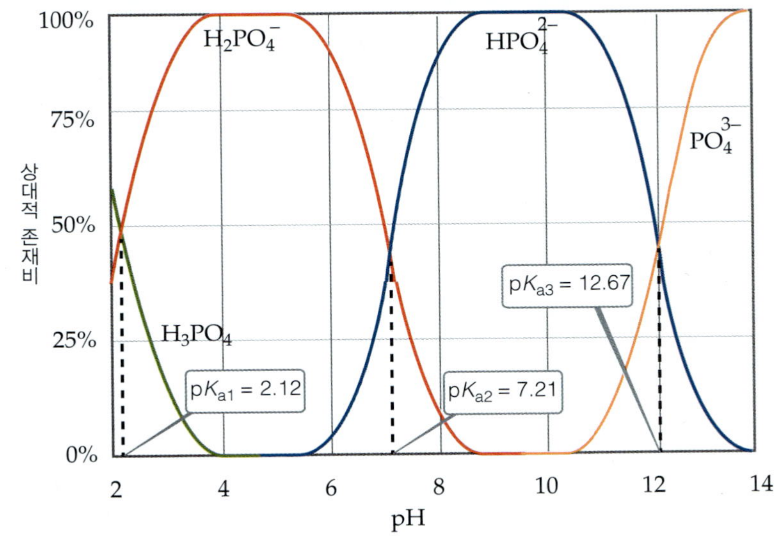


▲ **그림 16.13** 인산 수용액에서 pH에 따른 인산 이온들의 상대적 존재비

## 자기 평가 연습 문제

**16.24** 벤조산 용액의 pH는 2.63이다($K_a = 6.3 \times 10^{-5}$). 이 용액의 농도는 얼마인가?

(**a**) 0.027 *M*
(**b**) 0.087 *M*
(**c**) 11 *M*
(**d**) 37 *M*

## 연습 문제

**16.25** 다음 산 수용액에서 산 해리 반응의 화학 반응식과 $K_a$ 식을 쓰시오. 반응식은 먼저 $H^+(aq)$를 생성물로 쓴 후에, 하이드로늄 이온을 생성물로 하여 쓰시오.
(**a**) $HSO_4^-$ (**b**) $C_6H_5OH$

**16.26** 페닐아세트산($C_6H_5CH_2COOH$)은 페닐케톤뇨증(phenylketonuria) 환자의 혈액에 축적되는 물질 중 하나로 정신지체 또는 사망을 유발할 수 있는 유전 질환이다. 0.085 *M* $C_6H_5CH_2COOH$ 용액의 pH는 2.68이다. 이 산의 $K_a$를 계산하시오.

**16.27** 0.100 *M* 브로모아세트산($BrCH_2COOH$) 용액은 13.2%가 이온화한다. $[H^+]$, $[BrCH_2COO^-]$, $[BrCH_2COOH]$와 브로모아세트산의 $K_a$를 계산하시오.

**16.28** 아염소산($HClO_2$)의 산 해리 상수는 $1.1 \times 10^{-2}$이다. $HClO_2$의 초기 농도가 0.0200 *M*일 때 $H_3O^+$, $ClO_2^-$, $HClO_2$의 평형 농도를 계산하시오.

**16.29** 아스피린의 유효 성분은 일양성자산인 아세틸살리실산($HC_9H_7O_4$, 25 °C에서 $K_a = 3.3 \times 10^{-4}$)이다. 아세틸살리실산 100 mg을 함유하는 아스피린 1정을 물 200 mL에 녹였을 때 pH는 얼마인가?

**16.30** 프로피온산($C_2H_5COOH$)으로 다음 농도의 용액을 만들었을 때 이온화 백분율을 계산하시오($K_a$는 부록 D를 참조하라).
(**a**) 0.250 *M* (**b**) 0.0800 *M* (**c**) 0.0200 *M*

**16.31** 타타르산은 포도를 포함한 많은 과일에서 발견되며, 포도주가 드라이한 질감을 가지도록 하는 성분이다. 0.250 *M* 타타르산 용액의 pH와 타타르산염 이온($C_4H_4O_6^{2-}$)의 농도를 계산하시오. 산 해리 상수는 표 16.3을 이용하고, 계산에서 사용한 근사법과 가정이 있으면 설명하시오.

자기 평가 연습 문제 답 **16.24** (b)

# 16.6 약염기

죽은 세포 조직은 화학적 과정과 박테리아의 활동에 의해 분해된다. 박테리아에 의한 분해는 흔히

카다베린(cadaverine, $H_2N(CH_2)_5NH_2$)과 퓨트레신(putrescine, $H_2N(CH_2)_4NH_2$)이라 불리는 불쾌한 냄새를 가진 두 휘발성의 아민을 발생시킨다. 가장 단순한 아민은 암모니아다. 암모니아라는 이름은 이집트의 신 Amun의 신전에 인접한 광상에 그 기원을 두고 있다. 본래 이 광상은 자극적인 암모니아의 냄새를 가진 염화 암모늄(ammonium chloride)이라고 여겨졌다. 이 광상이 보통의 바다 소금이었을 것임이 밝혀졌을 때쯤에는, 이미 암모니아라는 이름은 널리 사용되고 있었다. 아민은 약염기의 대표적인 예이다. 이 절이 끝나면 다음 사항을 수행할 수 있어야 한다.

- $K_a$와 $K_b$를 이용한 계산 및 약염기 용액의 pH 결정하기

많은 물질들이 물에서 약염기로 작용한다. 약염기는 물과 반응하여 $H_2O$로부터 양성자를 떼어내고 염기의 짝산과 $OH^-$ 이온을 생성한다.

$$B(aq) + H_2O(l) \rightleftharpoons HB^+(aq) + OH^-(aq) \quad [16.33]$$

이 반응의 평형 상수식은 다음과 같이 표현할 수 있다.

$$K_b = \frac{[BH^+][OH^-]}{[B]} \quad [16.34]$$

물은 용매이므로 이 평형 상수식에 포함되지 않는다. 가장 흔하게 볼 수 있는 약염기로는 암모니아($NH_3$)가 있다.

$$NH_3(aq) + H_2O(l) \rightleftharpoons NH_4^+(aq) + OH^-(aq) \quad K_b = \frac{[NH_4^+][OH^-]}{[NH_3]} \quad [16.35]$$

$K_w$, $K_a$로 표시했던 것처럼, $K_b$의 $b$는 이 평형 상수가 어느 특정 유형의 반응에 대한 것인지를 알려 주며, 이 경우에는 물에서 약염기의 이온화를 나타낸다. **염기 해리 상수(base dissociation constant, $K_b$)란 언제나 염기가 $H_2O$와 반응하여 이 염기의 짝산과 $OH^-$를 형성하는 평형 반응에 대한 것이다.**

표 16.4에는 몇 가지 약염기의 Lewis 구조, 짝산, 수용액에서의 $K_b$ 값이 나와 있으며, 부록 D에

**표 16.4 25 °C 물에서 몇 가지 약염기**

| 염기 | 구조식* | 짝산 | $K_b$ |
|---|---|---|---|
| 암모니아 (ammonia, $NH_3$) | 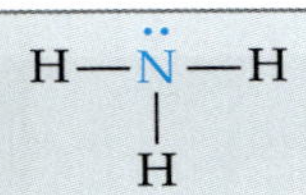 | $NH_4^+$ | $1.8 \times 10^{-5}$ |
| 피리딘 (pyridine, $C_5H_5N$) |  | $C_5H_5NH^+$ | $1.7 \times 10^{-9}$ |
| 하이드록실아민 (hydroxylamine, $HONH_2$) | 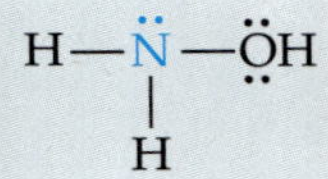 | $HONH_3^+$ | $1.1 \times 10^{-8}$ |
| 메틸아민 (methylamine, $CH_3NH_2$) | 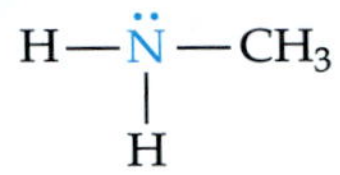 | $CH_3NH_3^+$ | $4.4 \times 10^{-4}$ |
| 황화수소 이온 (hydrosulfide ion, $HS^-$) |  | $H_2S$ | $1.8 \times 10^{-7}$ |
| 탄산 이온 (carbonate ion, $CO_3^{2-}$) | 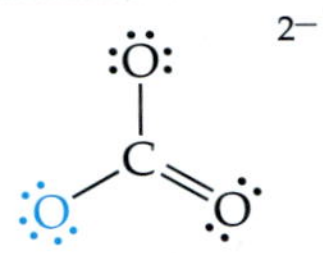 | $HCO_3^-$ | $1.8 \times 10^{-4}$ |
| 하이포염소산 이온 (hypochlorite ion, $ClO^-$) | 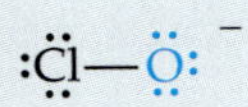 | HClO | $3.3 \times 10^{-7}$ |

* 양성자를 받아들이는 원자는 푸른색으로 나타냈다.

는 더 많은 정보가 있다. 이 염기들에는 $H^+$와의 결합에 필수인 비공유 전자쌍이 하나 또는 그 이상 있다. 표 16.4의 중성 분자들을 보면, 비공유 전자쌍이 질소 원자에 있음을 알 수 있다. 표의 다른 염기들은 약산에서 만들어진 음이온이다.

### 예제 16.15

**$K_b$를 이용한 $[OH^-]$ 계산**

0.15 $M$ $NH_3$ 용액에서 $OH^-$의 농도를 계산하시오.

**해답**

**분석** 주어진 약염기의 농도를 이용하여, $OH^-$의 농도를 계산하는 문제이다.

**계획** 약산의 이온화 문제를 풀었을 때와 같은 방법을 사용한다. 즉, 화학 반응식을 쓰고 초기 농도와 평형 농도표를 작성한다.

**풀이**

이온화 반응과 평형 상수식은 다음과 같다.

$$NH_3(aq) + H_2O(l) \rightleftharpoons NH_4^+(aq) + OH^-(aq)$$

$$K_b = \frac{[NH_4^+][OH^-]}{[NH_3]} = 1.8 \times 10^{-5}$$

평형 농도를 표로 작성한다. $H_2O$는 평형 상수식에 포함되지 않으므로, $H_2O$의 농도는 무시한다.

| | $NH_3(aq)$ | + $H_2O(l)$ $\rightleftharpoons$ | $NH_4^+(aq)$ | + $OH^-$ |
|---|---|---|---|---|
| 초기 농도 ($M$) | 0.15 | — | 0 | 0 |
| 농도 변화 ($M$) | $-x$ | — | $+x$ | $+x$ |
| 평형 농도 ($M$) | $(0.15 - x)$ | — | $x$ | $x$ |

이 값들을 평형 상수식에 대입하면 다음과 같다.

$$K_b = \frac{[NH_4^+][OH^-]}{[NH_3]} = \frac{(x)(x)}{0.15 - x} = 1.8 \times 10^{-5}$$

$K_b$ 값이 작으므로 물과 반응하는 $NH_3$의 양 $x$는 전체 $NH_3$의 농도 0.15 $M$과 비교하면 무시할 수 있다. 따라서 다음과 같은 식을 얻는다.

$$\frac{x^2}{0.15} = 1.8 \times 10^{-5}$$

$$x^2 = (0.15)(1.8 \times 10^{-5}) = 2.7 \times 10^{-6}$$

$$x = [NH_4^+] = [OH^-] = \sqrt{2.7 \times 10^{-6}} = 1.6 \times 10^{-3}\,M$$

**검토** 계산한 $x$는 전체 $NH_3$ 농도(0.15 $M$)의 1% 정도이므로, 전체 $NH_3$의 농도에 대하여 $x$를 무시한 것은 타당하다.

**주의** 약염기 용액의 pH를 물어볼 수도 있다. $[OH^-]$를 알고 있으므로, 예제 16.9에서 강염기의 pH를 계산한 것과 같은 방법으로 계산한다. 이 예제에서는 0.15 $M$ $NH_3$ 용액에서 $[OH^-] = 1.6 \times 10^{-3}\,M$이다. 따라서 $pOH = -\log(1.6 \times 10^{-3}) = 2.80$이고, $pH = 14.00 - 2.80 = 11.20$이다. 염기 용액이므로 용액의 pH는 7보다 크다.

**▶ 보충 예제**

0.65 $M$ 피리딘($C_5H_5N$) 용액의 pH는 얼마인가? ($K_b$는 표 16.4 참조)

**(a)** 4.48 **(b)** 8.96 **(c)** 9.52 **(d)** 9.62 **(e)** 9.71

## 약염기의 유형

일반적으로 약염기는 두 유형으로 나뉜다. 하나는 양성자를 받아들일 수 있는 비결합 전자쌍을 가진 중성 분자인 경우이다. 이 유형의 대부분은 표 16.4에 열거한 중성 염기들처럼 질소 원자를 포함한다. 암모니아를 포함하여, 이러한 화합물들을 **아민(amine)**이라 부른다(**그림 16.14**). 유기 아민들은 $NH_3$ 분자에서 하나 이상의 N—H 결합이 N—C 결합으로 바뀐 형태를 가진다. $NH_3$와 마찬가지로, 아민은 N—H 결합을 이루면서 물로부터 양성자를 받을 수 있다. 약염기로써 메틸아민의 반응은 다음과 같다.

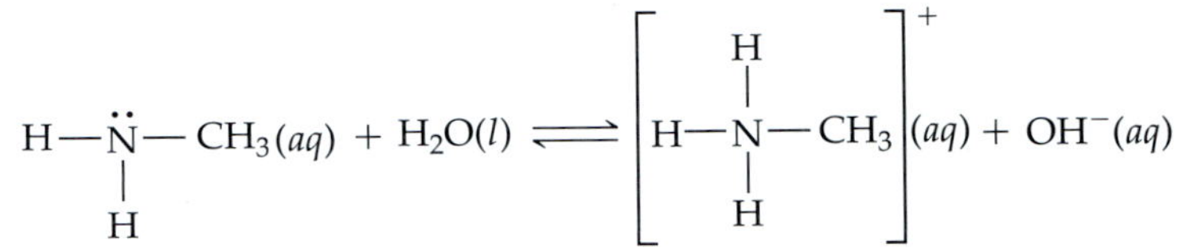

[16.36]

약염기의 두 번째 유형은 약산의 음이온들이다. 예를 들면 수용액 상태의 하이포염소산 소듐(sodium hypochlorite, NaClO)은 $Na^+$와 $ClO^-$로 해리한다. $Na^+$ 이온은 산–염기 반응에서 항상 구경꾼 이온이다. 그러나 $ClO^-$ 이온은 약산인 하이포염소산의 짝염기이다. 따라서 $ClO^-$ 이온은 수용액에서 약염기로 행동한다.

$$ClO^-(aq) + H_2O(l) \rightleftharpoons HClO(aq) + OH^-(aq) \qquad K_b = 3.3 \times 10^{-7} \qquad [16.37]$$

## 예제 16.16

### pH를 이용하여 염의 농도 결정하기

고체 하이포염소산 소듐(NaClO)을 충분한 양의 물에 첨가하여 2.00 L로 만든 용액의 pH는 10.50이다. 식 16.37의 주어진 정보를 이용하여 이 용액에 첨가된 NaClO의 몰수를 계산하시오.

**해답**

**분석** NaClO는 $Na^+$와 $ClO^-$ 이온으로 이루어진 이온 결합 화합물이다. 강전해질이므로 물속에서 완전히 해리하여 구경꾼 이온인 $Na^+$와, $K_b = 3.3 \times 10^{-7}$인 약염기 $ClO^-$ 이온으로 해리한다(식 16.37). 물 2.00 L의 pH를 10.50까지 올리기 위해 필요한 NaClO의 몰수를 계산하는 문제이다.

**계획** pH로부터 $OH^-$의 평형 농도를 구한다. $ClO^-$의 초기 농도를 미지수로 하고, 각 화학종의 초기 농도와 평형 농도를 표로 만든다. $K_b$ 식을 이용하여 $[ClO^-]$를 계산한다.

**풀이**

식 16.16 또는 16.20을 이용하여 $[OH^-]$를 계산한다. 식 16.20을 이용하면 다음과 같다.

$$pOH = 14.00 - pH = 14.00 - 10.50 = 3.50$$
$$[OH^-] = 10^{-3.50} = 3.2 \times 10^{-4}\ M$$

이 농도는 $OH^-$ 이온이 식 16.37 반응에서만 생긴다고 가정해도 충분하므로, $H_2O$의 자체 이온화에 의한 $OH^-$ 이온은 무시할 수 있다. $ClO^-$의 초기 농도를 $x$로 놓고, 일반적인 방법으로 평형 문제를 푼다.

| | $ClO^-(aq)$ | $+ H_2O(l)$ $\rightleftharpoons$ | $HClO(aq)$ | $+ OH^-(aq)$ |
|---|---|---|---|---|
| 초기 농도 ($M$) | $x$ | — | 0 | 0 |
| 농도 변화 ($M$) | $-3.2 \times 10^{-4}$ | — | $+3.2 \times 10^{-4}$ | $+3.2 \times 10^{-4}$ |
| 평형 농도 ($M$) | $(x - 3.2 \times 10^{-4})$ | — | $3.2 \times 10^{-4}$ | $3.2 \times 10^{-4}$ |

염기 해리 상수식으로부터 $x$를 구한다.

$$K_b = \frac{[HClO][OH^-]}{[ClO^-]} = \frac{(3.2 \times 10^{-4})^2}{x - 3.2 \times 10^{-4}} = 3.3 \times 10^{-7}$$

$$x = \frac{(3.2 \times 10^{-4})^2}{3.3 \times 10^{-7}} + (3.2 \times 10^{-4}) = 0.31\ M$$

일부 $ClO^-$ 이온이 물과 반응한다고 해도, NaClO 용액의 농도는 0.31 $M$이다. 용액의 농도는 0.31 $M$이고 용액의 총 부피는 2.00 L이므로, 물에 첨가된 염의 양은 0.62 mol의 NaClO이다.

**▶ 보충 예제**

벤조산 이온($C_6H_5COO^-$)은 $K_b = 1.6 \times 10^{-10}$인 약염기이다. pH가 9.04인 $NaC_6H_5COO$ 용액 0.50 L에는 벤조산 소듐이 몇 몰 있는가?

**(a)** 0.38 **(b)** 0.66 **(c)** 0.76 **(d)** 1.5 **(e)** 2.9

그림 16.5에서 표백제는 강한 염기성임을 보았다(12~13의 pH 값). 대부분의 염소 표백제는 보통 5% NaClO 용액이다.

## $K_a$와 $K_b$의 관계

앞서 산의 세기가 셀수록 짝염기는 약하다는 것을 정성적인 방법으로 살펴보았다. 이에 대한 정량적 관계를 알기 위해서 짝산–짝염기 쌍 관계에 있는 $NH_4^+$와 $NH_3$를 살펴보자. 이 두 화학종은 물과 반응한다. 산인 $NH_4^+$의 반응식은 다음과 같다.

$$NH_4^+(aq) + H_2O(l) \rightleftharpoons NH_3(aq) + H_3O^+(aq)$$

또는 이것을 간단하게 쓰면

$$NH_4^+(aq) \rightleftharpoons NH_3(aq) + H^+(aq) \qquad [16.38]$$

염기인 $NH_3$의 경우

$$NH_3(aq) + H_2O(l) \rightleftharpoons NH_4^+(aq) + OH^-(aq) \qquad [16.39]$$

각각의 평형 해리 상수식은 다음과 같다.

$$K_a = \frac{[NH_3][H^+]}{[NH_4^+]} \qquad K_b = \frac{[NH_4^+][OH^-]}{[NH_3]}$$

식 16.38과 16.39를 더하면 $NH_4^+$와 $NH_3$가 소거되고, 물의 자체 이온화 반응만 남게 된다.

$$\begin{array}{rcl} NH_4^+(aq) & \rightleftharpoons & NH_3(aq) + H^+(aq) \\ NH_3(aq) + H_2O(l) & \rightleftharpoons & NH_4^+(aq) + OH^-(aq) \\ \hline H_2O(l) & \rightleftharpoons & H^+(aq) + OH^-(aq) \end{array}$$

이미 앞에서 말하였듯이, 두 식을 더하여 새로운 평형식이 나왔을 때 새로운 평형식의 평형 상수는 더한 두 식의 평형 상수를 곱한 것이 된다.

이 방법을 위 반응에 적용하여 $K_a$와 $K_b$를 곱하면 다음과 같은 결과가 얻어짐을 알 수 있다.

$$K_a \times K_b = \left(\frac{[NH_3][H^+]}{[NH_4^+]}\right)\left(\frac{[NH_4^+][OH^-]}{[NH_3]}\right)$$
$$= [H^+][OH^-] = K_w$$

따라서 $K_a$와 $K_b$의 곱은 물의 이온곱 상수($K_w$)와 일치한다(식 16.16). 두 식 16.38과 16.39를 더하면 물의 자체 이온화 평형식이 얻어지기 때문에, 평형 상수는 $K_w$가 된다.

이러한 결과는 어떠한 짝산–짝염기 쌍에도 적용된다. 일반적으로, **어떤 산의 산 해리 상수와 이 산의 짝염기에 대한 염기 해리 상수를 곱한 값은 물의 이온곱 상수와 같다.**

$$K_a \times K_b = K_w \text{ (짝산–짝염기 쌍의 경우)} \qquad [16.40]$$

위 관계는 짝산–짝염기 쌍에만 적용된다. 위 식 16.40을 어느 임의의 산–염기 쌍에 적용하지 않아야 한다! 산의 세기가 증가함($K_a$가 커짐)에 따라 짝염기의 세기는 반드시 감소해야 하며($K_b$가 작아짐), 두 값을 곱한 값 $K_a \times K_b$는 25°C에서 $1.0 \times 10^{-14}$이다. **표 16.5**는 이러한 관계를 보여준다.

식 16.40을 이용하면 어떤 약염기의 $K_b$를 짝산의 $K_a$로부터 구할 수 있고, 마찬가지로 어떤 약산의 $K_a$를 짝염기의 $K_b$로부터 구할 수 있다. 이러한 이유로 짝산–짝염기 쌍에서 어느 한쪽의 이온화 상수만 자료로 제시되는 경우가 많다. 예를 들어, 부록 D에는 음이온의 $K_b$ 값이 주어지지 않았다. 표에 주어진 산의 $K_a$로부터 $K_b$를 구할 수 있기 때문이다.

$pH = -\log[H^+]$인 관계를 이용하면 $[H^+]$를 pH로 나타낼 수 있음을 기억하라. 'p'는 아주 작은 수를 표현할 때 사용된다. 예를 들어, 화학 자료집에서도 산 또는 염기 해리 상수 값을 $pK_a$ 또는 $pK_b$로 나타낸다.

$$pK_a = -\log K_a,\ pK_b = -\log K_b \qquad [16.41]$$

이 방법을 사용하면 식 16.40의 양변에 −log를 취하여 $pK_a$와 $pK_b$로 나타낸 식을 얻을 수 있다.

$$pK_a + pK_b = pK_w = 14.00 \quad 25°C\text{에서(짝산–짝염기 쌍)} \qquad [16.42]$$

**하이드록실아민이 염기로 작용할 때, 어느 원자가 양성자를 받는가?**

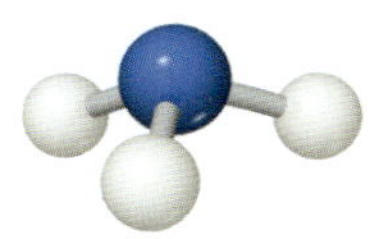

암모니아
(ammonia, $NH_3$)

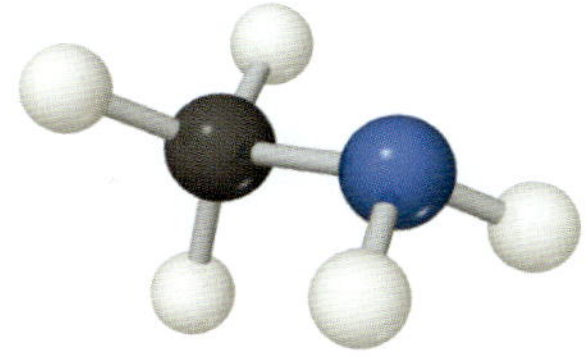

메틸아민
(methylamine, $CH_3NH_2$)

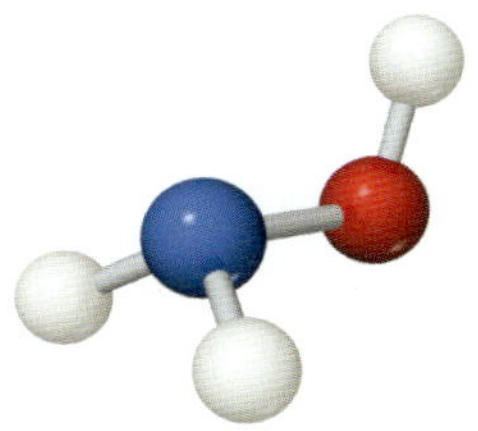

하이드록실아민
(hydroxylamine, $NH_2OH$)

▲ **그림 16.14** 암모니아와 단순한 두 아민의 구조

**표 16.5 몇 가지 짝산-짝염기 쌍**

| 산 | $K_a$ | 염기 | $K_b$ |
|---|---|---|---|
| $HNO_3$ | (강산) | $NO_3^-$ | (무시할 정도의 염기도) |
| HF | $6.8\times10^{-4}$ | $F^-$ | $1.5\times10^{-11}$ |
| $CH_3COOH$ | $1.8\times10^{-5}$ | $CH_3COO^-$ | $5.6\times10^{-10}$ |
| $H_2CO_3$ | $4.3\times10^{-7}$ | $HCO_3^-$ | $2.3\times10^{-8}$ |
| $NH_4^+$ | $5.6\times10^{-10}$ | $NH_3$ | $1.8\times10^{-5}$ |
| $HCO_3^-$ | $5.6\times10^{-11}$ | $CO_3^{2-}$ | $1.8\times10^{-4}$ |
| $OH^-$ | (무시할 정도의 산도) | $O^{2-}$ | (강염기) |

## 작동하는 화학 | 아민과 아민의 염화수소화물

퀴닌(quinine), 코데인(codeine), 카페인(caffeine), 암페타민(amphetamine) 등의 많은 의약품은 아민이다. 다른 아민들과 마찬가지로, 이 화합물들도 약염기이다. 아민의 질소는 산을 처리하면 쉽게 양성자와 결합한다. 이렇게 얻은 물질을 **산성 염**(acid salt)이라 한다. 아민을 A로 표시하면, 이 아민과 염산이 반응하여 생긴 산성 염을 $AH^+Cl^-$로 쓸 수 있다. 또한 A·HCl로 표기하고 아민 염화수소로 부르기도 한다. 예를 들어 암페타민 염화수소(amphetamine hydrochloride)는 암페타민을 염화수소산(HCl, 염산)으로 처리하여 얻어진 산성 염이다.

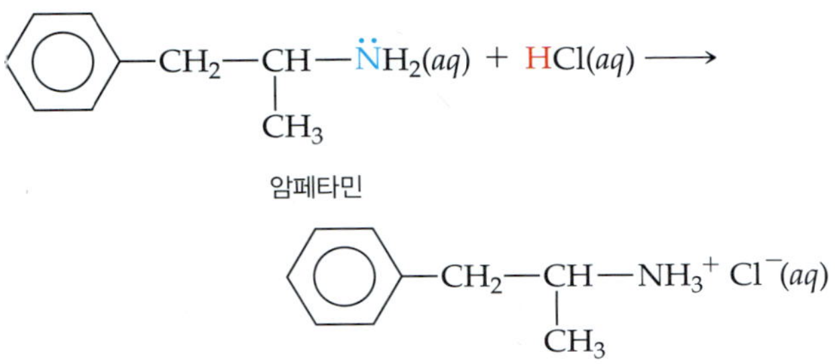

암페타민

암페타민 염화수소

산성 염은 휘발성이 매우 작으며, 더 안정하고, 중성의 아민보다 물에 더 잘 녹는다. 이러한 이유로 많은 아민 의약품이 산성 염의 형태로 판매되고 투여된다. 아민 염화수소가 활성 성분이면서 처방전 없이 살 수 있는 의약품을 그림 16.15에서 볼 수 있다.

**관련 연습 문제: 16.58, 16.92, 16.36, 16.111, 16.124, 16.134**

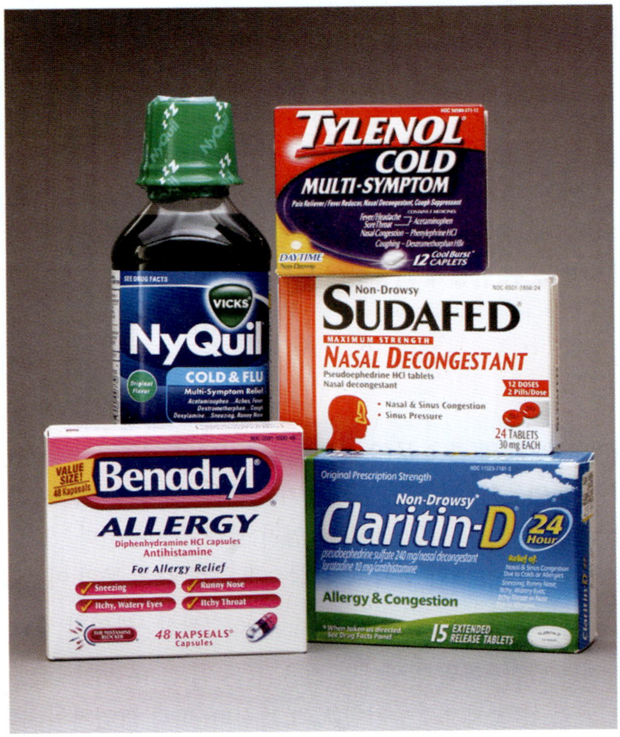


▲ 그림 16.15 아민 염화수소가 주요 활성 성분이면서 처방전 없이 살 수 있는 의약품들

### 예제 16.17
**짝산-짝염기 쌍을 이용한 $K_a$ 또는 $K_b$ 계산**

(a) 플루오린화 이온의 $K_b$, (b) 암모늄 이온의 $K_a$를 계산하시오.

**해답**

**분석** HF의 짝염기인 $F^-$와, $NH_3$의 짝산인 $NH_4^+$의 해리 상수를 계산하는 문제이다.

**계획** 표에서 HF와 $NH_3$의 $K$ 값을 얻고 $K_a$와 $K_b$ 관계를 이용하면, 그들의 짝인 $F^-$와 $NH_4^+$의 해리 상수를 계산할 수 있다.

**풀이**

**(a)** 표 16.2와 부록 D에 의하면, 약산인 HF의 $K_a = 6.8 \times 10^{-4}$이다. 식 16.40을 이용하여 짝염기인 $F^-$의 $K_b$를 계산한다.

$$K_b = \frac{K_w}{K_a} = \frac{1.0 \times 10^{-14}}{6.8 \times 10^{-4}} = 1.5 \times 10^{-11}$$

**(b)** 표 16.4와 부록 D에 의하면, $NH_3$의 $K_b = 1.8 \times 10^{-5}$이다. 식 16.40을 이용하여 짝산인 $NH_4^+$의 $K_a$를 구한다.

$$K_a = \frac{K_w}{K_b} = \frac{1.0 \times 10^{-14}}{1.8 \times 10^{-5}} = 5.6 \times 10^{-10}$$

**검토** 표 16.5에 제시된 $F^-$와 $NH_4^+$의 $K$ 값과 위의 계산된 값이 일치하는 것을 볼 수 있다.

**▶ 보충 예제**

부록 D를 이용하여, 다음 세 물질을 가장 약한 염기에서 센 염기의 순으로 올바르게 나열한 것은?

(i) $(CH_3)_3N$ (ii) $HCOO^-$ (iii) $BrO^-$

**(a)** i < ii < iii **(b)** ii < i < iii **(c)** iii < i < ii
**(d)** ii < iii < i **(e)** iii < ii < i

## 자기 평가 연습 문제

**16.32** 다음 자료를 이용하여 네 가지 약산의 짝염기를 쓰고, 염기의 세기가 세지는 순으로 나열하시오.

| | $CH_3COOH$ | $HCN$ | $HNO_2$ | $NH_4^+$ |
|---|---|---|---|---|
| $pK_a$ = | 4.74 | 9.31 | 3.35 | 9.26 |

**(a)** $CH_3COO^-$ < $CN^-$ < $NO_2^-$ < $NH_3$
**(b)** $NO_2^-$ < $CH_3COO^-$ < $NH_3$ < $CN^-$
**(c)** $CN^-$ < $NH_3$ < $CH_3COO^-$ < $NO_2^-$

## 연습 문제

**16.33** 하이포염소산 이온($ClO^-$)은 약염기로 작용한다.
**(a)** $ClO^-$는 하이드록실아민보다 강한 염기인가, 약한 염기인가? 표 16.2와 16.4를 참고하라.
**(b)** $ClO^-$가 염기로 작용할 때, Cl와 O 중 어떤 원자가 양성자 받개가 되는가?
**(c)** 형식 전하를 사용하여 (b)의 답을 설명할 수 있는가?

**16.34** 다음 염기들이 물과 반응하는 화학 반응식과 $K_b$ 식을 쓰시오.
**(a)** 프로필아민($C_3H_7NH_2$)
**(b)** 인산수소 이온($HPO_4^{2-}$)
**(c)** 벤조산 이온($C_6H_5CO_2^-$)

**16.35** 0.724 $M$ 하이포브로민산 이온($BrO^-$; $K_b = 4.0 \times 10^{-6}$) 용액의 $OH^-$ 몰농도를 계산하시오. 이 용액의 pH는 얼마인가?

**16.36** 코데인($C_{18}H_{21}NO_3$)은 약한 유기 염기이다. $5.0 \times 10^{-3}$ $M$ 코데인 용액의 pH는 9.95이다. 이 용액의 $K_b$를 계산하시오. 이 염기의 $pK_b$는 얼마인가?

**16.37** 페놀($C_6H_5OH$)의 $K_a$는 $1.3 \times 10^{-10}$이다.
**(a)** 페놀의 반응에 대한 $K_a$ 식을 쓰시오.
**(b)** 페놀의 짝염기에 대한 $K_b$를 계산하시오.
**(c)** 페놀은 물보다 강한 산인가, 약한 산인가?

**16.38** **(a)** 암모니아의 $K_b$는 $1.8 \times 10^{-5}$이고, 하이드록실아민의 $K_b$는 $1.1 \times 10^{-8}$이다. 어느 것이 더 강염기인가?
**(b)** 암모늄 이온과 하이드록실암모늄 이온 중 어느 것이 더 강산인가?
**(c)** $NH_4^+$와 $H_3NOH^+$의 $K_a$를 계산하시오.

자기 평가 연습 문제 답 **16.32** (b)

## 16.7 | 염 용액의 산-염기 성질

화려하게 핀 꽃을 보기 위해 재배되는 수국은 자라는 토양의 pH에 민감하다. 토양이 약한 산성 (pH~5.5)이라면 꽃은 파란색을 띠며, 알칼리성 토양이라면 분홍색을 띤다. 파란색의 꽃을 보길 원하는 재배자라면 뿌리 근처 토양의 pH를 낮추기 위해 보통 황산 알루미늄(aluminum sulfate)이라는 염을 뿌린다. 이 절이 끝나면 다음 사항을 수행할 수 있어야 한다.

- 염이 녹아 있는 수용액의 pH 예측하기

이 장을 시작하기 전에도 $HNO_3$, HCl, $H_2SO_4$와 같은 물질들은 산성이며, NaOH, $NH_3$와 같은 물질은 염기성임을 이미 잘 알고 있었다. 그러나 이 장에서 살펴봤던 내용은 이온 또한 산 또는 염기의 성질을 가질 수 있음을 보여준다. 예를 들면 예제 16.17에서 $NH_4^+$ 이온의 $K_a$와 $F^-$ 이온의 $K_b$를 계산하였다. 이는 염 용액도 산성 또는 염기성이 될 수 있음을 말해준다. 산과 염기에 대한 논의를 더 진행하기 전에, 녹아 있는 염이 pH에 어떤 영향을 주는지를 살펴보기로 하자.

거의 모든 염은 강한 전해질이므로, 물에 녹은 어떠한 염도 완전히 해리한다고 추정할 수 있다. 따라서 염 용액의 산–염기 성질은 염을 구성하는 양이온과 음이온의 거동을 따르게 된다. 많은 종류의 이온이 물과 반응하여 $H^+(aq)$ 또는 $OH^-(aq)$를 생성한다. 이런 유형의 반응을 **가수 분해(hydrolysis)**라고 한다. 염 수용액의 pH는 염으로부터 발생하는 양이온과 음이온을 고려하여 정성적으로 예측할 수 있다.

### 음이온과 물의 반응

일반적으로 용액에서 음이온 $A^-$는 산의 짝염기로 볼 수 있다. 예를 들어 $Cl^-$는 HCl의 짝염기이며, $CH_3COO^-$는 $CH_3COOH$의 짝염기이다. 음이온이 물과 반응하여 수산화 이온을 만들 수 있는지는 짝산의 세기에 의해 결정된다. 산의 세기를 알기 위해서 음이온의 화학식에 양성자 하나를 더해 보자. 이렇게 만들어진 HA 형태의 산이 16.5절 시작 부분에 나열되어 있는 7가지 강산 중의 하나라면, 음이온은 물에서 $OH^-$ 이온을 생성하는 경향이 미미하고 용액의 pH에 영향을 주지 않는다. 따라서 $Cl^-$ 이온은 산–염기 화학에서 항상 구경꾼 이온이다.

만약 HA가 7가지 강산에 속하지 **않는다면**, HA는 약산이다. 이 경우 짝염기인 $A^-$는 약염기가 되고, 이 음이온은 물과 소량 반응하여 약산과 수산화 이온을 생성한다.

$$A^-(aq) + H_2O(l) \rightleftharpoons HA(aq) + OH^-(aq) \quad [16.43]$$

이렇게 발생한 $OH^-$ 이온은 용액의 pH를 증가시켜 염기성이 되도록 한다. 예를 들어 약산의 짝염기인 아세트산 이온($CH_3COO^-$)은 물과 반응하여 아세트산과 수산화 이온을 만듦으로써 용액의 pH를 증가시킨다.

$$CH_3COO^-(aq) + H_2O(l) \rightleftharpoons CH_3COOH(aq) + OH^-(aq) \quad [16.44]$$

$HSO_3^-$과 같이 이온화할 수 있는 양성자를 가진 음이온인 염의 경우에는 상황이 더 복잡하다. 이러한 염을 양쪽성 양성자성이라고 한다(16.2절). 이들 용액의 액성은 예제 16.19에서 보듯이, 그 이온이 가진 $K_a$와 $K_b$의 상대적 크기에 의해 결정된다. $K_a > K_b$라면 이온은 용액을 산성으로 만들고, $K_b > K_a$라면 이온은 용액을 염기성으로 만든다.

## 양이온과 물의 반응

화학식에 한 개 이상의 양성자를 가지고 있는 다원자 양이온은 약염기의 짝산으로 간주할 수 있다. 예를 들어 $NH_4^+$는 약염기인 $NH_3$의 짝산이다. $NH_4^+$는 약산이므로 $H_2O$에 양성자를 내놓고 하이드로늄(hydronium) 이온을 형성하므로 pH를 낮춘다.

$$NH_4^+(aq) + H_2O(l) \rightleftharpoons NH_3(aq) + H_3O^+(aq) \quad [16.45]$$

어떤 금속염에서는 좀 더 예상하기 어려운 상황을 만나게 되는데, 예를 들면 $Fe(NO_3)_3$를 물에 녹였을 때 그 용액은 상당한 산성을 띠게 된다. 어떻게 이런 일이 생기게 되는가?

혹시 질산 이온이 질산을 만든 것이 아닐까 하는 생각을 할 수도 있겠으나, 이는 잘못된 생각이다. 질산 이온이 강산인 질산의 짝염기임을 생각하면 물과의 반응은 무시할 수 있다. 그 대신에 $Fe^{3+}$ 이온의 반응을 고려할 필요가 있다. $Fe^{3+}$처럼 작은 크기에 큰 전하를 가지고 있는 이온들은, $Fe^{3+}$ 이온과 마찬가지로 수용액에서 상당한 세기의 산성을 나타낸다(**표 16.6**). 표에서 $Fe^{2+}$와 $Fe^{3+}$의 값을 비교해 보면, 이온의 전하가 증가함에 따라 산도가 어떻게 증가하는지를 알 수 있다.

표 16.6에서 3+ 이온들의 $K_a$ 값이 약산인 아세트산($K_a = 1.8 \times 10^{-5}$)과 크게 다르지 않음을 알 수 있다. 알칼리 금속과 알칼리 토금속 이온은 상대적으로 크고 전하는 작아서 물과 반응하지 않으므로 pH에 영향을 주지 않는다. 이런 경우는 강염기에서 볼 수 있다(16.5절). 네 가지 양이온이 pH를 낮추는 서로 다른 경향을 **그림 16.16**에 제시하였다.

**표 16.6 25 °C에서 금속 양이온 수용액의 산 해리 상수**

| 양이온 | $K_a$ |
|---|---|
| $Fe^{3+}$ | $6.3 \times 10^{-3}$ |
| $Cr^{3+}$ | $1.6 \times 10^{-4}$ |
| $Al^{3+}$ | $1.4 \times 10^{-5}$ |
| $Fe^{2+}$ | $3.2 \times 10^{-10}$ |
| $Zn^{2+}$ | $2.5 \times 10^{-10}$ |
| $Ni^{2+}$ | $2.5 \times 10^{-11}$ |

이 그림에서 우리는 왜 세 종류의 산-염기 지시약을 필요로 하는가?

▲ **그림 16.16 양이온이 용액의 pH에 미치는 영향 네 가지** 질산염 1.0 *M* 용액의 대략적인 pH 값을 산-염기 지시약으로 추정하였다.

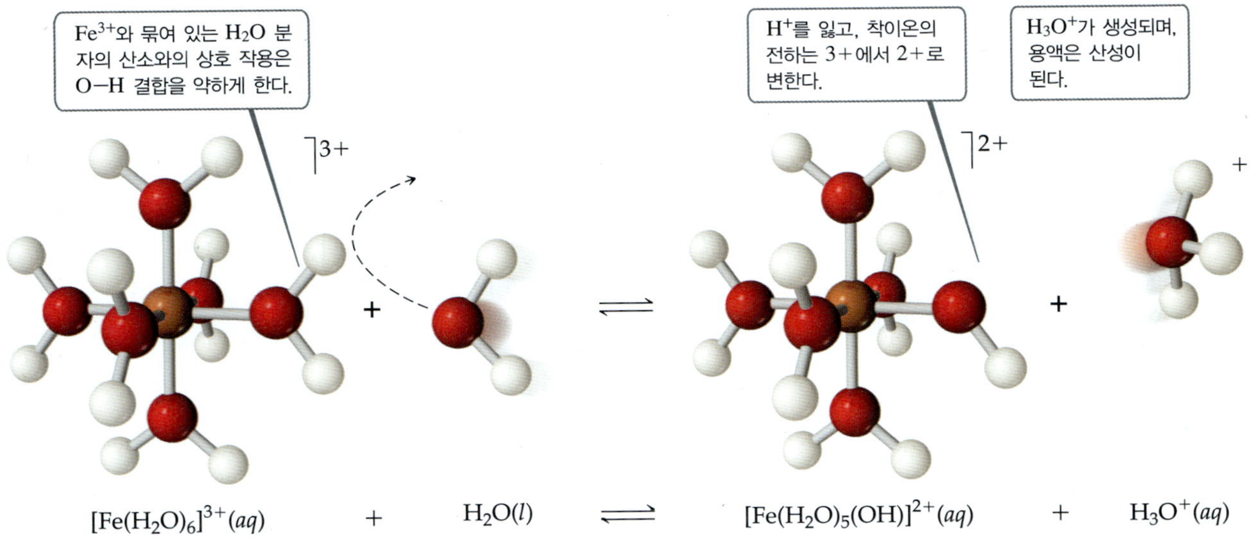


▲그림 16.17 수화된 $Fe^{3+}$ 이온이 산으로 작용하는 것은 $Fe^{3+}$에 결합된 물 분자가 용매인 $H_2O$ 분자에 $H^+$를 제공하여 $H_3O^+$를 만들기 때문이다.

금속 이온이 산성 용액을 만드는 메커니즘을 그림 16.17에서 볼 수 있다. 금속 이온은 양전하를 가지므로 물 분자의 비공유 전자쌍을 끌어당겨서 수화된다. 금속 이온의 전하가 클수록 이온과 수화하고 있는 물 분자의 산소 사이의 상호 작용은 더 커진다. 그 상호 작용이 커짐에 따라 수화하고 있는 물 분자의 O–H 결합은 약해지고, 따라서 용매 물 분자로 양성자를 쉽게 내놓게 된다.

## 용액에서 양이온과 음이온의 복합적 효과

염이 물에 녹았을 때 산성, 중성, 염기성 중 어떤 용액을 만드는지 알기 위해서는 양이온과 음이온의 역할을 모두 알아야 한다. 다음과 같은 네 가지 경우로 요약할 수 있다.

1. 양이온과 음이온이 모두 물과 반응하지 않을 때 pH는 중성이 될 것으로 예상할 수 있다. 강산의 짝염기인 음이온과 1족의 양이온 또는 2족의 무거운 원소의 양이온($Ca^{2+}$, $Sr^{2+}$, $Ba^{2+}$)이 이에 속한다. **예:** NaCl, $Ba(NO_3)_2$, $RbClO_4$
2. 염이 물과 반응하여 수산화 이온을 만드는 음이온을 포함하고, 양이온은 물과 반응하지 않는다면, pH는 염기성이 될 것으로 예상할 수 있다. 약산의 짝염기인 음이온과 1족의 양이온 또는 2족의 무거운 원소의 양이온($Ca^{2+}$, $Sr^{2+}$, $Ba^{2+}$)으로 구성된 염이 이에 속한다. **예:** NaClO, RbF, $BaSO_3$
3. 염이 물과 반응하여 하이드로늄 이온을 만드는 양이온을 포함하고, 음이온은 물과 반응하지 않는다면, pH는 산성이 될 것으로 예상할 수 있다. 약염기의 짝산인 양이온 또는 전하가 2+ 이상인 작은 양이온이 이에 속한다. **예:** $NH_4NO_3$, $AlCl_3$, $Fe(NO_3)_3$
4. 염에 있는 양이온과 음이온이 **모두** 물과 반응할 수 있다면, 수산화 이온과 하이드로늄 이온을 모두 생성한다. 용액이 산성, 중성, 염기성 중 어느 것이 되는가는 이온이 물과 반응하는 상대적인 세기에 달려 있다. **예:** $NH_4ClO$, $Al(CH_3COO)_3$, $CrF_3$

### 예제 16.18
pOH로부터 [H+] 계산

다음 염의 수용액이 산성인지, 중성인지, 염기성인지를 말하시오.
(a) $Ba(CH_3COO)_2$ (b) $NH_4Cl$ (c) $CH_3NH_3Br$ (d) $KNO_3$ (e) $Al(ClO_4)_3$

**해답**

**분석** 주어진 5개의 이온 결합 화합물(염)의 화학식으로부터 용액의 액성을 결정하는 문제이다.

**계획** 용액 속에 어떤 이온들이 있으며, 각 이온이 pH에 어떤 영향을 주는지를 알면 용액의 액성을 결정할 수 있다.

**풀이**

**(a)** 이 용액은 바륨 이온과 아세트산 이온을 가지고 있다. 양이온($Ba^{2+}$)은 무거운 알칼리 토금속의 이온이므로, pH에 영향을 주지 않는다. 음이온($CH_3COO^-$)은 약산인 $CH_3COOH$의 짝염기이므로 가수 분해를 하며 $OH^-$ 이온을 내놓는다. 따라서 용액은 염기성이 된다.

**(b)** 이 용액에서 $NH_4^+$는 약염기($NH_3$)의 짝산이며, 따라서 산성이다. $Cl^-$는 강산(HCl)의 짝염기로, 용액의 pH에 영향을 주지 않는다. 용액이 산성 이온($NH_4^+$)과 pH에 영향을 주지 않는 이온($Cl^-$)을 가지고 있으므로 $NH_4Cl$ 용액은 산성이다.

**(c)** 여기서 $CH_3NH_3^+$는 약염기($CH_3NH_2$, 아민)의 짝산이므로 산성이고, $Br^-$는 강산(HBr)의 짝염기이므로 pH는 중성이다. 하나는 산성이고 하나는 pH에 영향을 주지 않으므로 $CH_3NH_3Br$은 산성이다.

**(d)** 이 용액은 1족에 속하는 금속 이온 $K^+$와 강산 $HNO_3$의 짝염기($NO_3^-$)를 가지고 있다. 어느 이온도 물과 반응하지 않으므로 용액은 중성이다.

**(e)** 이 용액은 $Al^{3+}$와 $ClO_4^-$ 이온을 가지고 있다. $Al^{3+}$와 같이 3+나 더 큰 전하를 가지는 양이온은 산성이다. $ClO_4^-$는 강산($HClO_4$)의 짝염기이므로 pH에 영향을 주지 않는다. 따라서 $Al(ClO_4)_3$ 용액은 산성이다.

**▶ 보충 예제**

다음 용액들을 pH가 낮은 것에서 높은 순으로 나열하시오.

(i) 0.10 *M* NaClO (ii) 0.10 *M* KBr (iii) 0.10 *M* $NH_4ClO_4$

**(a)** i < ii < iii **(b)** ii < i < iii **(c)** iii < i < ii
**(d)** ii < iii < i **(e)** iii < ii < i

## 예제 16.19

**양쪽성 양성자성 음이온 용액이 산성인지, 염기성인지 예측하기**

$Na_2HPO_4$를 물에 녹였을 때 산성 용액이 될지 또는 염기성 용액이 될지 예측하시오.

**해답**

**분석** $Na_2HPO_4$ 용액이 산성이 될지, 염기성이 될지를 묻는 문제이다. 이 용액에는 $Na^+$와 $HPO_4^{2-}$ 이온이 있다.

**계획** 각각의 이온이 산성인지, 염기성인지를 알아야 한다. $Na^+$는 1족 금속의 이온이므로 pH에 영향을 주지 않는다. 따라서 용액의 액성은 $HPO_4^{2-}$ 이온의 반응을 살펴보아야 한다. $HPO_4^{2-}$는 산으로 또는 염기로 작용할 수 있다.

**산으로 작용할 때** $$HPO_4^{2-}(aq) \rightleftharpoons H^+(aq) + PO_4^{3-}(aq) \quad [16.46]$$

**염기로 작용할 때** $$HPO_4^{2-}(aq) + H_2O \rightleftharpoons H_2PO_4^-(aq) + OH^-(aq) \quad [16.47]$$

여기서 더 큰 평형 상수를 갖는 반응이, 용액이 산성인지 염기성인지를 결정한다.

**풀이** 식 16.46의 $K_a$는 $H_3PO_4$의 $K_{a3}$로 $4.2 \times 10^{-13}$이다(표 16.3). 식 16.47의 염기 $HPO_4^{2-}$의 $K_b$는 짝산 $H_2PO_4^-$의 $K_a$ 값과, $K_a \times K_b = K_w$(식 16.40)를 이용하여 구한다. 표 16.3에서 $H_2PO_4^-$의 $K_a$, 즉 $H_3PO_4$의 $K_{a2}$는 $6.2 \times 10^{-8}$(표 16.3)이므로,

$$K_b(HPO_4^{2-}) \times K_a(H_2PO_4^-) = K_w = 1.0 \times 10^{-14}$$

$$K_b(HPO_4^{2-}) = \frac{1.0 \times 10^{-14}}{6.2 \times 10^{-8}} = 1.6 \times 10^{-7}.$$

이 $K_b$ 값은 $HPO_4^{2-}$에 대한 $K_a$ 값의 $10^5$배가 된다. 따라서 식 16.47이 식 16.46보다 우세하다. 따라서 이 용액은 염기성이다.

**▶ 보충 예제**

다음 염들 중 산성 용액을 만들 것으로 예상할 수 있는 것은 몇 개인가?(표 16.3의 자료 참조)

$NaHSO_4$, $NaHC_2O_4$, $NaH_2PO_4$, $NaHCO_3$

**(a)** 0 **(b)** 1 **(c)** 2 **(d)** 3 **(e)** 4

# 자기 평가 연습 문제

**16.39** 임의의 희석된 용액의 pH를 측정했더니 8.3으로 나타났다. 다음 염 중 용액에 포함되어 있는 것은 무엇인가?

**(a)** $AlCl_3$
**(b)** NaBr
**(c)** $NH_4NO_3$
**(d)** $K_2CO_3$
**(e)** $CH_3NH_3Cl$

## 연습 문제

**16.40** 다음 물질의 수용액이 산성일지, 염기성일지, 중성일지 예측하시오.
**(a)** $AlCl_3$ **(b)** NaBr **(c)** NaClO **(d)** $[CH_3NH_3]NO_3$ **(e)** $Na_2SO_3$

**16.41** 미지의 염은 KBr, $NH_4Cl$, KCN, $K_2CO_3$ 중 하나이다. 만약 0.100 *M* 농도의 용액이 중성이라면, 이 중 어떤 염일까?

자기 평가 연습 문제 답 **16.39** (d)

# 16.8 | 산-염기 거동과 화학 구조

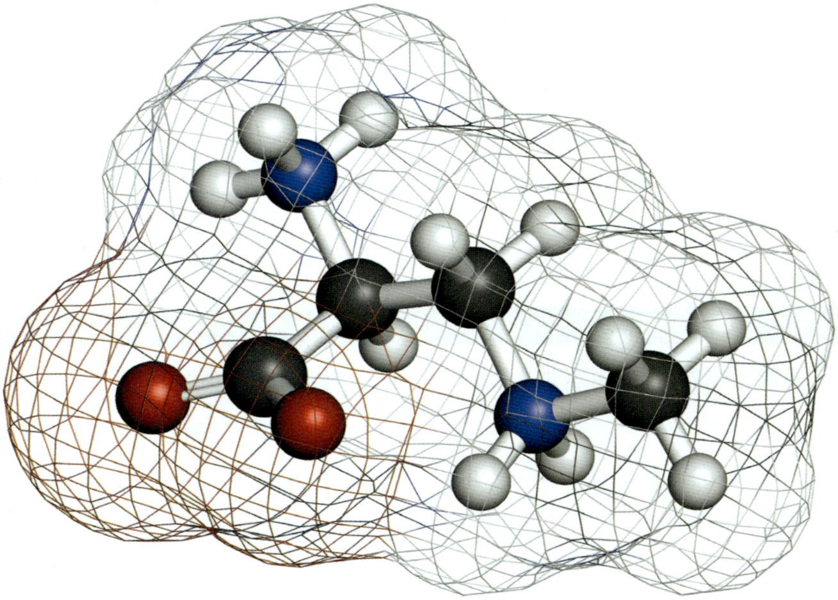

어떤 물질을 물에 녹이면 산성 또는 염기성이 되거나 산–염기 어느 쪽의 거동도 나타내지 않는다. 용액이 되었을 때 나타나는 거동과 화학 구조 사이에는 어떤 관계가 있을까? 예를 들면 왜 같은 OH기를 가지고 있어도 어떤 물질은 $OH^-$를 내놓고 염기가 되고, 어떤 물질은 $H^+$를 내놓고 산성이 되는가? 물이 아닌 용매에서 물질이 산으로 거동할 수 있는가? 이 절에서는 화학 구조가 산–염기 거동에 미치는 영향을 간단히 설명하고, 산과 염기의 정의를 확장하고자 한다.

- 분자의 구조를 바탕으로 일련의 산들의 상대적인 세기 예측하기
- Lewis 산 및 염기를 정의하고 식별하기

### 산의 세기에 영향을 주는 요인들

산의 세기는 주로 세 가지 요인에 의해서 영향을 받는다.

- **H—A 결합 극성** 수소 원자(H)를 가진 분자는 H—A 결합이 다음과 같이 수소 원자 쪽에 부분적인 양전하를 갖게 될 때 양성자 주개(산)로 행동한다. 분자에 극성이 생기는 것을 다음과 같이 표시하였던 것을 상기하라.

$$\overset{+\!\!\longrightarrow}{H—A}$$

NaH와 같은 이온성 수소화물(ionic hydride)은 극성이 반대로 된다. 즉 H 원자는 음전하를 갖

게 되고 양성자 받개(염기)로 행동한다. $CH_4$의 H−C 결합과 같은 무극성 H−A 결합은 산성이나 염기성 수용액을 만들지 않는다. **일반적으로 H−A 결합의 극성이 커질수록 H의 전자 밀도를 끌어내어 더 센 산이 된다.**

- **H−A 결합의 세기** H−A 결합을 가진 분자가 양성자를 낼 수 있는지를 아는 데 도움이 되는 두 번째 인자는 결합의 세기이다. 매우 강한 결합은 약한 결합에 비해 분리되기 어렵다. 이 요인은 예를 들면 할로젠화 수소에서 매우 중요하다. H−F 결합은 극성이 가장 큰 H−A 결합이다. 결합의 극성만으로 생각한다면, HF를 매우 강한 산으로 예상할 수 있다. 그러나 H−A의 결합 세기는 같은 족에서 위로 올라갈수록 커진다. 즉 HI는 299 kJ/mol, HBr은 366 kJ/mol, HCl은 431 kJ/mol, HF는 567 kJ/mol이다. HF의 결합력이 할로젠화 수소 중 가장 세므로, 다른 할로젠화 수소의 수용액이 강산임에도 불구하고 HF는 약산이다. **일반적으로 H−A 결합의 세기가 약해질수록 산의 세기는 강해진다.**
- **짝염기의 안정성** HA로부터 수소 원자가 얼마나 쉽게 이온화할 수 있는지를 결정하는 세 번째 인자는 짝염기($A^-$)가 얼마나 안정한가 하는 것이다. **일반적으로 짝염기의 안정성이 클수록 산도 더 강해진다.**

## 이성분산

이성분산 HA의 A가 주기율표에서 **같은 족**에 속한 경우에, 일반적으로 H−A 결합의 세기가 산의 세기를 결정하는 가장 중요한 요인이 된다. 원소 A의 크기가 커질수록 H−A 결합 세기는 약해지는 경향이 있다. 결과적으로 한 족에서 아래로 내려갈수록 결합력은 약해지고, 산의 세기는 강해진다. 따라서 HCl은 HF보다, $H_2S$는 $H_2O$보다 강한 산이 된다.

**같은 주기**의 경우 이성분산 HA의 산의 세기를 결정하는 주된 요인은 결합의 극성이다. 원소 A의 전기 음성도가 증가할수록 산성은 강해지는데, 같은 주기에서 오른쪽으로 갈수록 더욱 그렇다. 예를 들면 2주기 원소로 구성된 산의 세기는 $CH_4 < NH_3 \ll H_2O < HF$의 순서가 된다. C−H 결합은 극성이 없으므로 $H^+$나 $CH_3^-$를 만들지는 않는다. N−H 결합은 극성이기는 하지만, $NH_3$의 질소 원자에 비공유 전자쌍을 가지고 있고, 화학적 성질은 주로 질소의 비결합 전자쌍에 의해서 결정되므로, $NH_3$는 산으로 작용하기보다는 염기로 작용한다.

수소와 2주기, 3주기 비금속 원소로 구성된 이성분산의 세기에 대한 주기적 경향이 그림 16.18

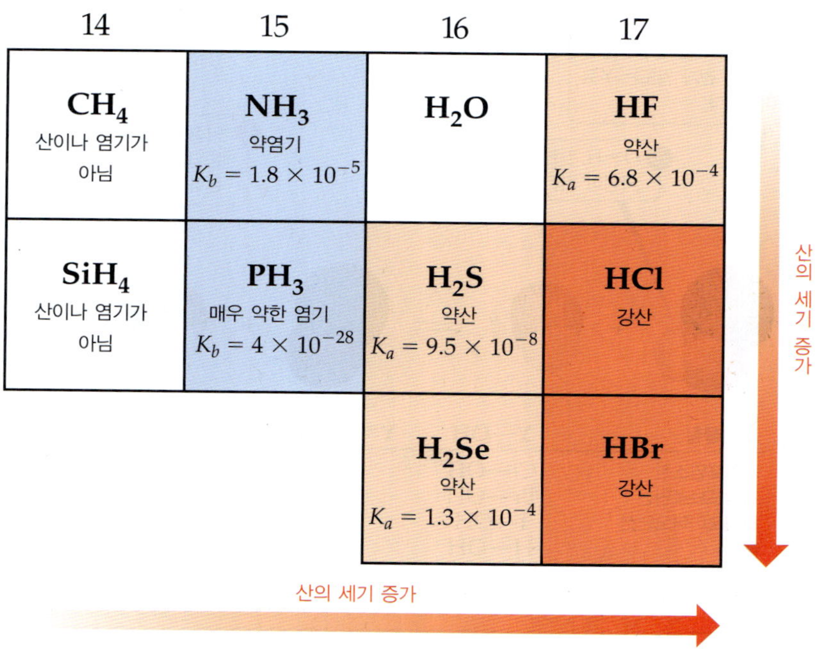


◀ **그림 16.18** 2~4주기 이성분 수소화물에 대한 산의 세기 경향

에 요약되어 있다.

## 산소산

많은 산들은, 황산과 같이 한 개 이상의 O—H 결합을 가지고 있다.

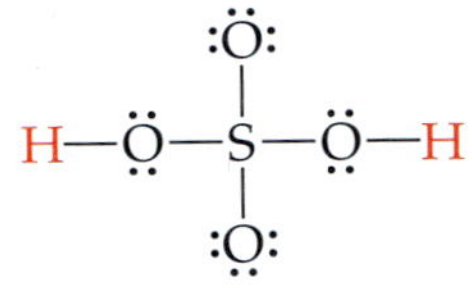

OH기를 가지고 있거나 중심 원자에 산소 원자가 결합한 산을 **산소산(oxyacid)**이라고 한다. OH기는 염기에도 들어 있다. OH기가 염기로 작용하거나 산으로 작용하는 것은 어떤 요인 때문인지 알아보자.

OH기가 어떤 원소 Y에 결합하였다고 가정해 보자. Y에는 다른 결합도 있을 수 있다.

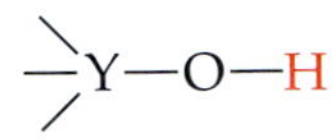

하나의 극단적인 예는 Y가 Na나 Mg 같은 금속인 경우이다. 이때는 금속의 전기 음성도가 매우 낮으므로, Y와 O 사이의 전자쌍은 완전히 산소 쪽으로 밀리게 되고, 따라서 $OH^-$를 갖는 이온 결합 화합물이 된다. 이런 화합물들은 NaOH나 $Mg(OH)_2$와 같이 $OH^-$를 내놓을 수 있으므로 염기로 작용한다.

Y가 비금속이면 O와의 결합이 공유 결합이고, $OH^-$를 내놓지 않는다. 대신에 화합물은 산성이거나 중성이 된다. **일반적으로 Y의 전기 음성도가 증가함에 따라 산의 세기도 증가한다.** 이것은 두 가지 이유 때문인데, 첫째는 전자 밀도가 Y에 몰리게 되어 O—H 결합은 더 약해지고 극성은 커져서 $H^+$를 쉽게 내놓게 된다. 둘째는 YOH 구조를 갖는 산의 짝염기는 대개 음이온인데, Y의 전기 음성도가 커질수록 안정화되기 때문이다. 이 경향은 하이포할로젠산(YOH 산에서 Y는 할로젠화 이온이다)의 $K_a$ 값에서 알 수 있는데, 할로젠 원자의 전기 음성도가 감소함에 따라 감소한다(**그림 16.19**).

평형에서, 할로젠 원자(녹색)를 포함하는 두 화학종 중 어느 것의 농도가 더 큰가?

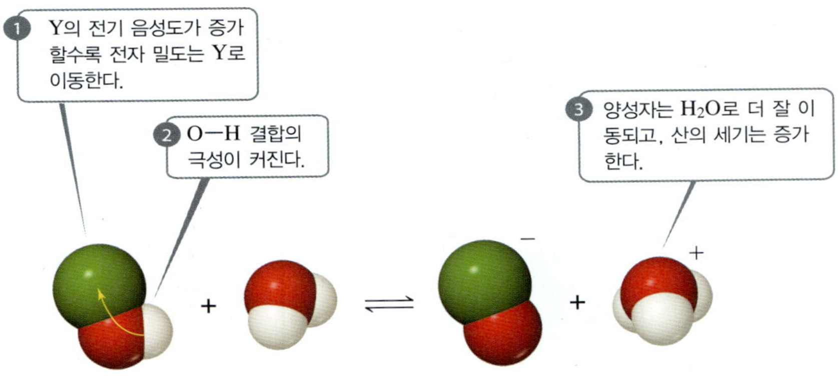


| 물질 | Y—OH | Y의 전기 음성도 | 해리 상수 |
|---|---|---|---|
| 하이포염소산 | Cl—OH | 3.0 | $K_a = 3.0 \times 10^{-8}$ |
| 하이포브로민산 | Br—OH | 2.8 | $K_a = 2.5 \times 10^{-9}$ |
| 하이포아이오딘산 | I—OH | 2.5 | $K_a = 2.3 \times 10^{-11}$ |
| 물 | H—OH | 2.1 | $K_w = 1.0 \times 10^{-14}$ |

▲ 그림 16.19 Y의 전기 음성도에 따른 하이포할로젠 산소산(YOH)의 산의 세기

많은 산소산은 중심 원자 Y에 추가적인 산소 원자들이 결합하고 있다. 더 붙어 있는 산소 원자는 더욱 O—H의 전자를 끌어당기므로 극성을 더 증가시킨다. 중심 원자에 결합한 산소가 많아질수록 음전하를 넓게 '분산'시키는 효과를 주므로, 짝염기를 더 안정화한다. 따라서 **중심 원자 Y에 전기 음성도가 큰 원자가 많이 결합할수록 산의 세기는 강해진다.** 예를 들면, 염소의 산소산(Y=Cl)은 O 원자가 많이 결합할수록 산의 세기가 강해진다.

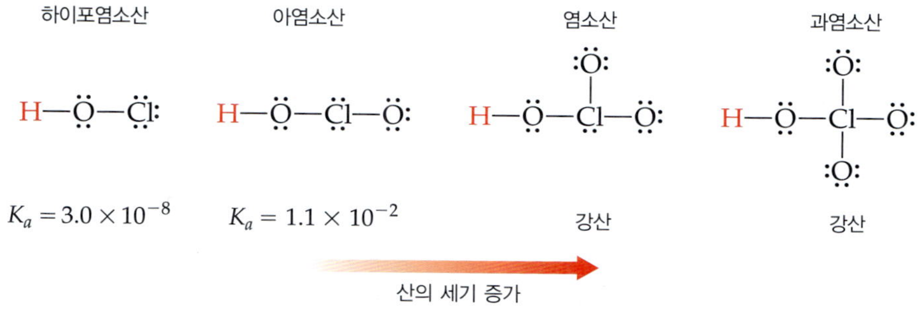


Y의 산화수는 중심 원자에 O 원자가 많이 결합할수록 커지게 되는데, 이 관계로 산의 세기를 설명한다면, 산소산에서 중심 원자의 산화수가 커질수록 산의 세기가 강해진다고 할 수 있다.

## 예제 16.20

### 산의 성분과 구조로 상대적인 산의 세기 예측하기

다음에 주어진 산들을 산의 세기가 강해지는 순으로 나열하시오.

**(a)** $AsH_3$, HBr, KH, $H_2Se$ **(b)** $H_2SO_4$, $H_2SeO_3$, $H_2SeO_4$

### 해답

**분석** 두 그룹의 화합물을 가장 약한 산에서 시작하여 강해지는 순으로 나열하는 문제이다. (a)는 H를 포함한 이성분 화합물이고, (b)는 산소산이다.

**계획** 이성분 화합물들의 경우 H의 전기 음성도와 As, Br, K, Se의 전기 음성도를 비교한다. 이 원자들의 전기 음성도가 클수록 H는 양전하를 띠게 되고, 따라서 강한 산성이 된다.

산소산에서는 중심 원자의 전기 음성도와 중심 원자에 결합한 산소의 수를 고려한다.

**풀이**

**(a)** K는 주기율표에서 왼쪽에 있으므로, 매우 작은 전기 음성도를 갖는다(그림 8.8에서 0.8). 따라서 KH의 H는 음전하를 띠고, 주어진 화합물 중 KH가 가장 약한 산(가장 강한 염기)이다.

비소와 수소의 전기 음성도는 2.0과 2.1로, 비슷한 값을 갖는다. 따라서 As—H 결합은 무극성이고, $AsH_3$는 수용액에서 양성자를 거의 내놓지 않는다.

Se의 전기 음성도는 2.4, Br은 2.8이다. H—Br 결합이 H—Se 결합보다 더 극성이므로, HBr이 양성자를 내놓을 경향이 더 크다(이 예측은 그림 16.19에서 확인할 수 있는데, $H_2Se$는 약산이고 HBr은 강산이다). 따라서 산의 세기가 증가하는 순서는 $KH < AsH_3 < H_2Se < HBr$이다.

**(b)** $H_2SO_4$와 $H_2SeO_4$는 같은 수의 O 원자와 OH기를 가지고 있다. 이런 경우에 산의 세기는 중심 원자의 전기 음성도가 증가할수록 강해진다. S가 Se보다 전기 음성도가 약간 크므로(2.5 대 2.4), $H_2SO_4$가 $H_2SeO_4$보다 강산이라고 예측할 수 있다.

같은 중심 원자를 가질 때는, 중심 원자에 결합한 산소 원자의 수가 많은 쪽이 더 강한 산이다. 따라서 $H_2SeO_4$가 $H_2SeO_3$보다 강한 산이다. 산의 세기가 증가하는 순서는 $H_2SeO_3 < H_2SeO_4 < H_2SO_4$가 된다.

**▶ 보충 예제**

다음 화합물들을 약산에서 강산의 순으로 나열하시오.

$HClO_3$, HOI, $HBrO_2$, $HClO_2$, $HIO_2$

**(a)** $HIO_2 < HOI < HClO_3 < HBrO_2 < HClO_2$
**(b)** $HOI < HIO_2 < HBrO_2 < HClO_2 < HClO_3$
**(c)** $HBrO_2 < HIO_2 < HClO_2 < HOI < HClO_3$
**(d)** $HClO_3 < HClO_2 < HBrO_2 < HIO_2 < HOI$
**(e)** $HOI < HClO_2 < HBrO_2 < HIO_2 < HClO_3$

## 카복실산

산의 또 다른 하나의 큰 부류는 약산인 아세트산($K_a = 1.8 \times 10^{-5}$)과 같은 카복실산이다.

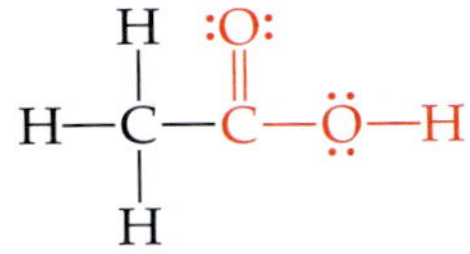

위의 구조에서 붉은색으로 표시된 부분을 카복실기(carboxyl group)라고 하며, COOH로 표기한다. 아세트산의 화학식은 $CH_3COOH$로 표기하며, 카복실기의 수소만 이온화할 수 있다. 카복실기를 포함하는 산을 **카복실산(carboxylic acid)**이라고 하며, 유기산의 큰 부분을 차지하고 있다. 폼산(formic acid, 개미산)과 벤조산은 산의 큰 범주이고 중요한 위치를 차지하는 카복실산의 예이다.

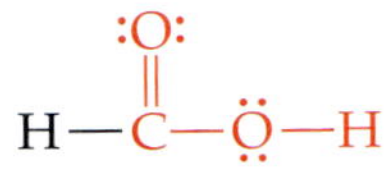

폼산

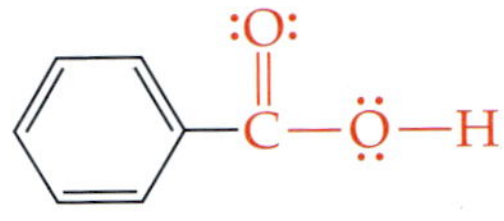

벤조산

카복실산이 산으로 작용하는 것은 두 가지 인자에 기인한다. 첫째는 카복실기의 탄소에 결합한 산소가 전자를 끌어당겨 O—H 결합의 전자 밀도를 낮추고 극성을 증가시켜 짝염기의 안정성을 높인다. 둘째는 카복실산의 짝염기(**카복실산 음이온**, carboxylate anion)가 공명 구조를 가질 수 있는데, 음전하가 몇 개의 원자로 분산되므로 더욱 안정화된다.

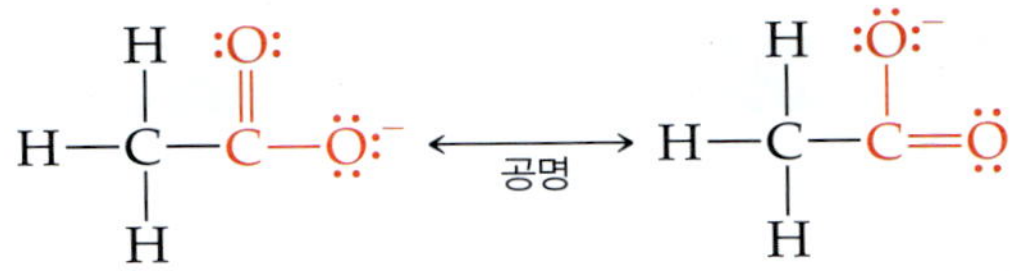


## 화학과 생명 아미노산의 양쪽성 양성자성

24장에서 좀 더 자세히 다루게 될, 단백질을 구성하는 단위가 되는 **아미노산**(amino acid)의 일반적인 구조는 아래와 같다.

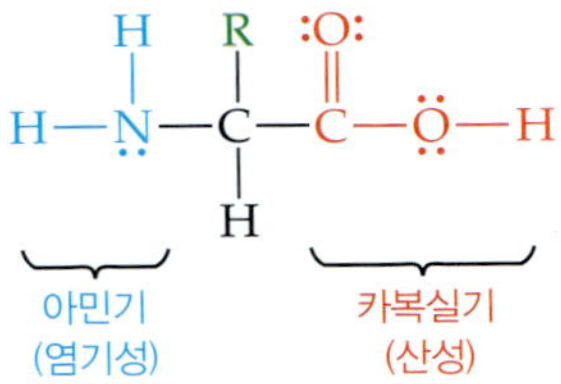


여기서 중심의 탄소 원자에 결합한 R에 따라 아미노산의 종류가 결정된다. 예를 들면 **글라이신**(glycine)은 가장 간단한 아미노산으로, R이 수소 원자이며, **알라닌**(alanine)은 R이 $CH_3$이다.

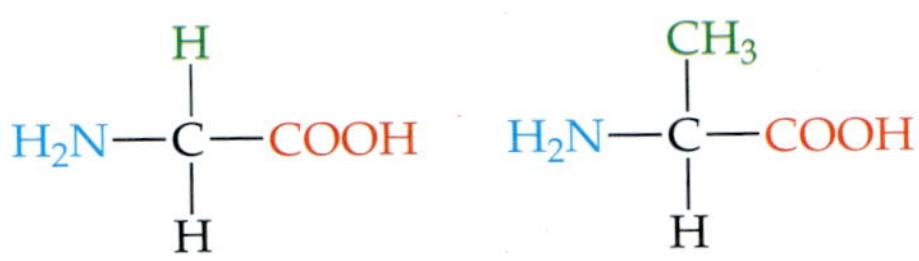

글라이신 알라닌

아미노산은 카복실기를 가지고 있으므로 산으로 작용한다. 또한 아민($NH_2$)기도 가지고 있으므로 염기로도 작용할 수 있다(16.7절). 따라서 아미노산은 양쪽성 양성자성이다. 글라이신은 물과 반응할 때 다음과 같이 산 또는 염기로 작용한다.

**산:** $$H_2N—CH_2—COOH(aq) + H_2O(l) \rightleftharpoons H_2N—CH_2—COO^-(aq) + H_3O^+(aq) \quad [16.48]$$

**염기:** $$H_2N—CH_2—COOH(aq) + H_2O(l) \rightleftharpoons {}^+H_3N—CH_2—COOH(aq) + OH^-(aq) \quad [16.49]$$

글라이신 수용액은 pH가 약 6.0이므로 산성이 염기성보다 조금 더 큰 것을 알 수 있다.

아미노산의 산–염기 화학은 식 16.48과 16.49보다는 복잡하다. COOH는 산으로 작용하고 $NH_2$는 염기로 작용하므로, 아미노산은 한 분자 내에 Brønsted–Lowry 산–염기를 모두 가지고 있어서 카복실기의 양성자가 염기성인 질소 원자로 전달된다.

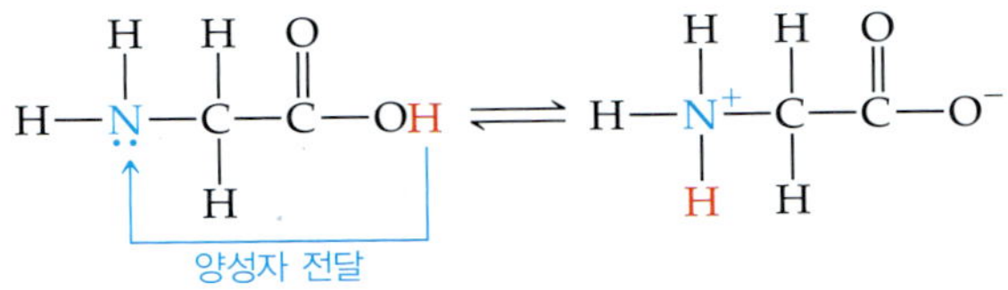


중성 분자 쯔비터 이온

이 식에서 아미노산이 오른쪽과 같은 구조가 되면 전체 분자는 전기적으로 중성이지만, 분자의 한쪽 끝은 양전하를, 다른 쪽 끝은 음전하를 갖게 된다. 이런 분자를 **쯔비터 이온**(zwitterion, '혼성 이온'의 독일어)이라고 한다.

어떤 성질로부터 아미노산이 쯔비터 이온임을 알 수 있는가? 만약 그렇다면 이온성 물질과 비슷한 성질을 가질 것이다. 아미노산 결정은 보통 200°C 이상의 높은 녹는점을 가지는데, 이것이 이온성 고체의 특징이다. 아미노산은 무극성 용매보다 물에 훨씬 더 잘 녹는다.

게다가 아미노산은 분자 내의 양전하와 음전하 사이의 거리가 멀어서 큰 쌍극자 모멘트를 가진다. 따라서 아미노산이 산과 염기로 동시에 작용할 수 있는 능력은 아미노산의 성질에 중요한 영향을 미친다.

**관련 연습 문제: 16.124**

## Lewis 산과 염기

$NH_3$에서 볼 수 있듯이, 양성자 받개(Brønsted–Lowry 염기)가 되려면 양성자와 결합할 비공유 전자쌍이 있어야 한다. Lewis 구조를 이용하여 $H^+$와 $NH_3$의 반응을 다음과 같이 표기할 수 있다.

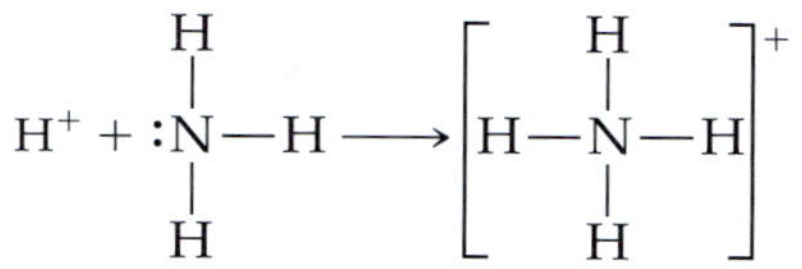

G. N. Lewis는 산–염기 반응에 대하여 처음으로 이런 관점에 주목하였다. 그는 산과 염기의 정의를 공유 전자쌍을 중심으로 정의할 것을 제안하였다.

- **Lewis 산(Lewis acid)**이란 전자쌍 받개이다.
- **Lewis 염기(Lewis base)**란 전자쌍 주개이다.

우리가 다루었던 염기들($OH^-$, $H_2O$, 아민, 음이온)은 모두 전자쌍 주개이다. Brønsted–Lowry의 정의에 의한 염기들(양성자 받개)은 모두 Lewis 정의에 의한 염기(전자쌍 주개)이다. 그러나 Lewis 개념에 의하면, 염기는 $H^+$가 아닌 다른 분자에도 전자쌍을 제공할 수 있다. 따라서 Lewis 정의는 산의 영역을 크게 확장했다. $H^+$는 Lewis 산이지만, 유일한 것은 아니다. 예로 들어 $BF_3$는 원자가 껍질에 비어 있는 오비탈을 가지고 있으므로, $NH_3$와 $BF_3$의 반응이 일어난다. $BF_3$는 전자쌍 주개인 $NH_3$에 대하여 전자쌍 받개(Lewis 산)로 작용한다.

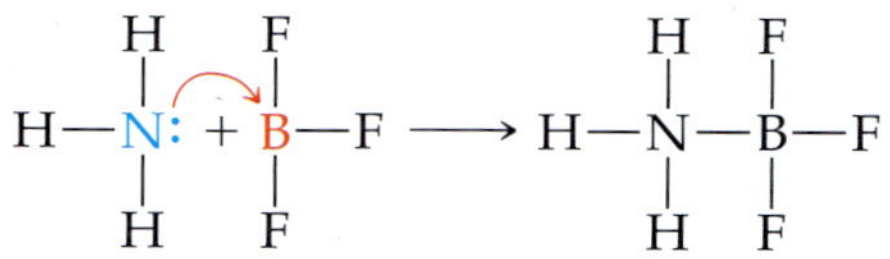

Lewis 염기 Lewis 산

이 장에서 주로 다룬 것은 물을 용매로 하는 반응으로, 물은 양성자를 내놓을 수 있으므로 산의 성질을 가지고 있었다. 이런 경우에 Brønsted–Lowry의 산과 염기에 대한 정의는 매우 유용하다. 실제로 우리가 산과 염기를 다룰 때는 수용액을 생각할 경우가 많다. 이때는 Arrhenius나 Brønsted–Lowry의 정의를 이용한다. Lewis 정의가 유리한 점은 양성자가 이동되는 반응이 아닌, 더욱더 넓은 범주의 반응을 산–염기 반응으로 다룰 수 있게 하였다는 것이다. 혼동을 피하려고, Lewis의 개념을 설명할 때가 아니면, $BF_3$와 같은 화합물을 산이라고 부르는 일은 흔하지 않다. 대신에 전자쌍 받개로 작용하는 화합물을 'Lewis 산'으로 부른다.

$BF_3$와 같이 불완전한 팔전자계를 가지고 있는 화합물들이 Lewis 산에 포함되며, 많은 간단한 양이온들이 Lewis 산이 될 수 있다. 그 예로서, $Fe^{3+}$ 이온은 사이안화 이온과 강하게 반응하여 사이안화 철 이온을 형성한다.

$$Fe^{3+} + 6\,[:C{\equiv}N:]^- \longrightarrow [Fe(C{\equiv}N:)_6]^{3-}$$

$Fe^{3+}$ 이온은 비어 있는 오비탈이 있으므로 사이안화 이온이 제공하는 전자쌍을 받아들인다(23장에서 $Fe^{3+}$ 이온의 어떤 오비탈이 쓰이는지 더 상세히 다룰 것이다). 금속 이온은 높은 전하를 가지고 있어서 $CN^-$ 이온과 강하게 상호 작용을 일으킨다.

다중 결합이 있는 분자들도 Lewis 산이 될 수 있다. 예를 들면 이산화 탄소가 물과 반응하여 탄산($H_2CO_3$)을 형성할 때의 반응은 $CO_2$를 물 분자가 공격하는 것으로 볼 수 있다. 이때 물 분자는 전자쌍 주개로, $CO_2$는 전자쌍 받개로 작용한다.

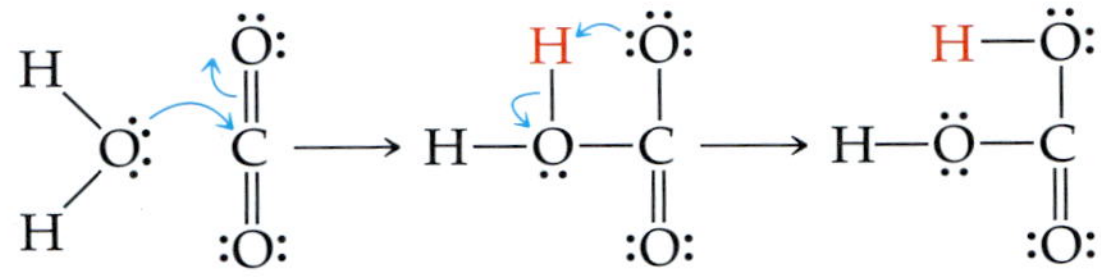

탄소와 산소의 이중 결합을 이루는 전자쌍 중 하나가 산소로 이동하면, 탄소에 빈자리가 생겨서 $H_2O$의 전자쌍을 받을 수 있게 된다. 산-염기 쌍을 형성한 후에 산소의 양성자가 다른 산소로 이동하여 탄산이 만들어진다.

16.7절에서 보았듯이, 그림 16.17의 $[Fe(H_2O)_6]^{3+}$와 같은 수화된 양이온은 양이온이 Lewis 산으로, 물 분자는 Lewis 염기로 작용하여 만들어진다. 물 분자가 양전하를 띠는 금속 이온과 만나면, 금속 이온은 산소의 전자를 끌어당긴다(**그림 16.20**). 이렇게 전자 밀도를 당기면 O—H 결합은 좀 더 극성을 띠게 되어, 금속 이온에 결합한 물 분자는 순수한 용매로 있을 때보다 더 산성이 된다. 이 효과는 양이온의 전하가 커질수록 더 강해진다. 이것으로 3+ 양이온이 전하가 작은 양이온보다 더 강한 산성을 갖는 것을 설명할 수 있다.

Lewis 산-염기 개념은 이 단원에서 배운 여러 내용들을, 물이 아닌 용매에서 일어나는 반응처럼 좀 더 광범위한 경우에도 적용할 수 있게 해준다. 유기 화학 과정을 배우게 된다면, 반응의 진행을 위하여 Lewis 산이 필요한 몇몇 중요한 예를 볼 수 있을 것이다. 한 분자나 이온의 비공유 전자쌍과 다른 분자나 이온의 빈 오비탈 사이의 상호 작용은 화학에서 가장 중요한 개념 중 하나이며, 앞으로도 계속 살펴보게 될 것이다.

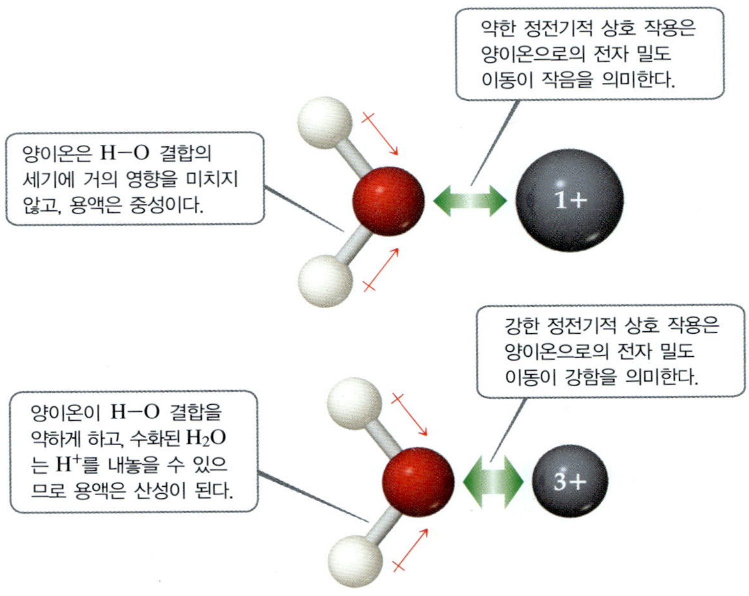


▲ **그림 16.20** 수화된 양이온의 산의 세기는 양이온의 전하에 의존한다.

## 통합 예제

### 종합 개념

아인산(phosphorous acid, $H_3PO_3$)의 Lewis 구조는 다음과 같다.

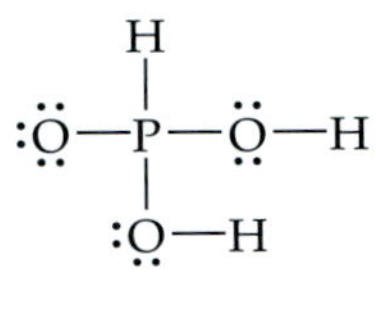

**(a)** $H_3PO_3$가 왜 삼양성자산이 아니고, 이양성자산인지 설명하시오. **(b)** 25.0 mL의 $H_3PO_3$ 용액을 0.102 *M* NaOH 용액으로 적정하였다. 23.3 mL의 NaOH 용액이 두 양성자 모두를 중화시키는 데 소모되었다면, $H_3PO_3$ 용액의 몰농도는 얼마인가? **(c)** 앞의 문제 (b)에서 적정 전의 $H_3PO_3$ 용액의 pH는 1.59였다. $K_{a1} \gg K_{a2}$라 가정하고, $H_3PO_3$의 이온화 백분율과 $K_{a1}$을 구하시오. **(d)** 0.050 *M* HCl 용액의 삼투압을 0.050 *M* $H_3PO_3$ 용액과 정성적으로 비교하고, 이유를 설명하시오.

### 해답

문제 (a)에서는 산으로 작용하려면 어떤 화학 구조가 필요한지 앞에서 배운 것을 이용한다. 화학량론, pH, $[H^+]$의 관계로부터 (b)와 (c)의 답을 구한다. (d)에서는 삼투압을 비교하기 위해 이온화 백분율을 고려할 것이다.

**(a)** 산은 극성 H—X 결합을 가지고 있다. 그림 8.8에서 H의 전기 음성도는 2.1이고, P도 2.1이다. 두 원소가 같은 전기 음성도를 가지므로, H—P 결합은 무극성이다. 따라서 H—P의 H는 산성이 아니다. 그러나 다른 두 수소는 전기 음성도가 3.5인 O에 결합되어 있다. 따라서 H—O 결합은 극성이며, H는 부분적인 양전하를 띠게 된다. 이 두 수소는 산성이다.

**(b)** 중화 반응의 화학 반응식은 다음과 같다.

$$H_3PO_3(aq) + 2\,NaOH(aq) \longrightarrow Na_2HPO_3(aq) + 2\,H_2O(l)$$

몰농도의 정의로부터 $M = \text{mol/L}$, $\text{mol} = M \times \text{L}$이다. 따라서 용액에 첨가한 NaOH의 몰수는 다음과 같다.

$$(0.0233\ \cancel{L})(0.102\ \text{mol}/\cancel{L}) = 2.38 \times 10^{-3}\ \text{mol NaOH}$$

반응식의 계수로부터 각 $H_3PO_3$ 몰당 2 mol의 NaOH가 소모된다. 따라서 시료에 들어 있는 $H_3PO_3$의 몰수는 다음과 같다.

$$(2.38 \times 10^{-3}\ \cancel{\text{mol NaOH}})\left(\frac{1\ \text{mol}\ H_3PO_3}{2\ \cancel{\text{mol NaOH}}}\right) = 1.19 \times 10^{-3}\ \text{mol}\ H_3PO_3$$

따라서 $H_3PO_3$ 용액의 농도는 $(1.19 \times 10^{-3}\ \text{mol})/(0.0250\ \text{L}) = 0.0476\ M$이다.

**(c)** 용액의 pH = 1.59로부터 평형에서 $[H^+]$를 구한다.

$$[H^+] = \text{antilog}(-1.59) = 10^{-1.59} = 0.026\,M\ (\text{유효 숫자 두 자리})$$

$K_{a1} \gg K_{a2}$이므로 대부분의 이온은 산의 첫 번째 이온화 단계에서 만들어진다.

$H_2PO_3^-$ 이온 한 개가 만들어질 때 $H^+$도 하나씩 만들어지므로 $H^+$와 $H_2PO_3^-$의 농도는 같고, $[H^+] = [H_2PO_3^-] = 0.026\,M$이다. $H_3PO_3$의 평형 농도는 초기 농도에서 이온화하여 $H^+$와 $H_2PO_3^-$를 만든 양을 뺀 것이므로, $[H_3PO_3] = 0.0476\,M - 0.026\,M = 0.022\,M$이다(유효 숫자 두 자리). 이 결과를 다음과 같은 표로 정리한다.

| | $H_3PO_3(aq)$ $\rightleftharpoons$ | $H^+(aq)$ + | $H_2PO_3^-(aq)$ |
|---|---|---|---|
| 초기 농도 ($M$) | 0.0476 | 0 | 0 |
| 농도 변화 ($M$) | −0.026 | +0.026 | +0.026 |
| 평형 농도 ($M$) | 0.022 | 0.026 | 0.026 |

이온화 백분율은 다음과 같다.

$$\text{이온화 백분율} = \frac{[H^+]_{\text{평형}}}{[H_3PO_3]_{\text{초기}}} \times 100\% = \frac{0.026\,M}{0.0476\,M} \times 100\% = 55\%$$

일차 산 해리 상수는 다음과 같다.

$$K_{a1} = \frac{[H^+][H_2PO_3^-]}{[H_3PO_3]} = \frac{(0.026)(0.026)}{0.022} = 0.031$$

**(d)** 삼투압은 총괄성이므로 용액 속 입자의 전체 농도에 따른다. HCl은 강산이므로 0.050 $M$ 용액은 0.050 $M$의 $H^+(aq)$와 0.050 $M$의 $Cl^-(aq)$를 포함한다. 따라서 전체로는 0.100 mol/L의 입자를 포함한다. $H_3PO_3$는 약산이므로 HCl보다는 훨씬 적은 양이 이온화하여, HCl 용액보다 매우 적은 입자들이 있게 된다. 따라서 $H_3PO_3$ 용액이 낮은 삼투압을 보인다.

## 자기 평가 연습 문제

**16.42** 카복실산 $CH_3COOH$와 $CCl_3COOH$의 상대적인 세기를 예측하시오.
**(a)** $CH_3COOH$가 $CCl_3COOH$보다 강산일 것이다.
**(b)** $CCl_3COOH$가 $CH_3COOH$보다 강산일 것이다.

**16.43** 783쪽에 있는 물과 이산화 탄소의 반응을 다시 살펴보자. 물 분자는 Lewis 산으로 동작하는가? Lewis 염기로 동작하는가?
**(a)** Lewis 산
**(b)** Lewis 염기

## 연습 문제

**16.44** 둘 중에 더 강한 산을 말하시오.
(a) HCl과 HF (b) $H_3PO_4$와 $H_3AsO_4$ (c) $HBrO_3$와 $HBrO_2$
(d) $H_2C_2O_4$와 $HC_2O_4^-$ (e) 벤조산($C_6H_5COOH$)과 페놀($C_6H_5OH$)

**16.45** 다음 원자단의 구성과 구조, 그리고 짝산–짝염기 관계를 고려하여 둘 중에 더 강한 염기를 고르시오.
(a) $NO_3^-$와 $NO_2^-$ (b) $PO_4^{3-}$와 $AsO_4^{3-}$ (c) $HCO_3^-$와 $CO_3^{2-}$

**16.46** 다음 문장이 참인지 거짓인지 판별하시오. 만약 거짓이면 참이 되도록 수정하시오.
(a) H—A 분자 계열의 산의 세기는 A의 크기가 커짐에 따라 증가한다.
(b) 동일한 구조이지만 중심 원자의 전기 음성도가 다른 경우, 중심 원자의 전기 음성도가 커질수록 산의 세기가 감소한다.
(c) 플루오린의 전기음성도가 가장 크기 때문에 HF는 알려진 산 중 가장 강산이다.

**16.47** 암모니아($NH_3$)는 수용액에서 Arrhenius 염기, Brønsted–Lowry 염기, Lewis 염기로 작용한다. 암모니아가 물과 반응하는 식을 쓰고, 암모니아의 특성이 '염기'의 세 가지 정의 각각에 해당하는지를 설명하시오.

**16.48** 다음 주어진 반응에서 Lewis 산과 Lewis 염기를 밝히시오.
(a) $HNO_2(aq) + OH^-(aq) \rightleftharpoons NO_2^-(aq) + H_2O(l)$
(b) $FeBr_3(s) + Br^-(aq) \rightleftharpoons FeBr_4^-(aq)$
(c) $Zn^{2+}(aq) + 4\,NH_3(aq) \rightleftharpoons Zn(NH_3)_4^{2+}(aq)$
(d) $SO_2(g) + H_2O(l) \rightleftharpoons H_2SO_3(aq)$

**16.49** 둘 중 어느 물질이 더 산성인 수용액을 만들겠는가?
(a) $ZnBr_2$과 $CdCl_2$ (b) CuCl과 $Cu(NO_3)_2$ (c) $Ca(NO_3)_2$와 $NiBr_2$

자기 평가 연습 문제 답 **16.42** (b) **16.43** (b)

## 요약 및 중요 용어

산–염기 평형(16.1절) 산과 염기 수용액의 성질을 먼저 알아보았다. 예를 들면 산은 리트머스를 빨갛게, 염기는 리트머스를 파랗게 변화시킨다. Arrhenius는 산성 용액의 성질은 $H^+(aq)$ 이온 때문이며, 염기성 용액의 성질은 $OH^-(aq)$ 이온에 기인함을 알았다.

Brønsted–Lowry 개념은 Arrhenius 개념보다 더 널리 적용될 수 있는 것으로, 산에서 양성자($H^+$)가 나와 염기로 이동되는 것을 강조하였다. $H^+$ 이온은 원자가 전자를 갖지 않은 단순한 양성자로, 물 분자에 강하게 결합한다. 따라서 물속의 $H^+$는 단순한 $H^+(aq)$보다는 대부분을 차지하는 형태인 **하이드로늄 이온(hydronium ion**, $H_3O^+(aq)$)으로 표현하는 것이 보통이다.

**Brønsted–Lowry 산(Brønsted–Lowry acid)**이란 다른 물질에 양성자를 주는 물질이고, **Brønsted–Lowry 염기(Brønsted–Lowry base)**란 다른 물질로부터 양성자를 받아들이는 물질이다. 물은 **양쪽성 양성자성(amphiprotic)** 물질로, 반응하는 물질에 따라 Brønsted–Lowry 산 또는 염기로 작용한다.

Brønsted–Lowry 산의 **짝염기(conjugate base)**는 산에서 양성자가 제거된 것이고, Brønsted–Lowry 염기의 **짝산(conjugate acid)**은 염기에 양성자가 결합한 형태이다. 산과 그것의 짝염기(또는 염기와 그것의 짝산)를 **짝산–짝염기 쌍(conjugate acid–base pair)**이라고 한다.

짝산–짝염기 쌍의 산–염기 세기는 서로 연관되어 있다. 즉 산이 강해질수록 그 짝염기는 약해지고, 산이 약해질수록 그 짝염기는 강해진다. 모든 산–염기 반응에서 평형의 위치는 더욱 강한 산에서 더욱 강한 염기로 양성자가 이동하는 방향으로 이동한다.

물의 자체 이온화(16.2절) 물은 적은 양이 해리하여 $H^+(aq)$와 $OH^-(aq)$를 형성한다. **자체 이온화(autoionization)**의 정도는 물의 **이온곱 상수(ion-product constant**, $K_w = [H^+][OH^-] = 1.0 \times 10^{-14}$, 25°C)로 표시한다. 이 관계는 순수한 물이나 용액에서 모두 사용된다. $K_w$ 식은 $[H^+]$와 $[OH^-]$의 곱이 상수임을 보여 준다. 따라서 $[H^+]$가 커지면 $[OH^-]$가 작아진다. 산성 용액은 $OH^-(aq)$보다 $H^+(aq)$를 더 많이 포함하고, 염기성 용액은 $H^+(aq)$보다 $OH^-(aq)$를 더 많이 포함한다. $[H^+] = [OH^-]$일 때 용액은 중성이다.

pH 값(16.3절) $H^+(aq)$의 농도는 **pH**로 표시하기도 한다. $pH = -\log [H^+]$. 25°C에서 중성 용액의 pH는 7.00이다. 산성 용액의 pH는 7.00보다 작으며, 염기성 용액의 pH는 7.00보다 크다. pOH나 $pK_w$와 같이 적은 양에 대하여 음의 log를 취한 것을 pX로 표시하기도 한다. 용액의 pH는 pH 미터로 측정하거나 산–염기 지시약으로 근삿값을 얻을 수 있다.

강산과 강염기(16.4절) 강산은 강전해질이며, 수용액에서 완전히 이온화한다. 보통 강산이라 함은 HCl, HBr, HI, $HNO_3$, $HClO_3$, $HClO_4$, $H_2SO_4$를 말한다. 강산의 짝염기는 무시할 정도의 염기도를 갖는다. 많이 사용되는 강염기는 알칼리 금속과 무거운 알칼리 토금속의 이온성 수산화물이다.

약산(16.5절) 약산은 약전해질이며, 용액 속의 분자 중 일부분만 이온화한 형태로 존재한다. 이온화하는 정도는 **산 해리 상수(acid-dissociation constant**, $K_a$)로 표시한다. $K_a$는 반응 $HA(aq) \rightleftharpoons H^+(aq) + A^-(aq)$ 또는 $HA(aq) + H_2O(l) \rightleftharpoons H_3O^+(aq) + A^-(aq)$의 평형 상수이다. $K_a$가 클수록 강산이다. 같은 농도에서 강산은 큰 값의 **이온화 백분율(percent ionization)**을 갖는다. 약산의 농도와 $K_a$로부터 용액의 pH를 구할 수 있다.

$H_3PO_4$와 같은 **다양성자산(polyprotic acid)**은 두 개 이상의 이온화할 수 있는 양성자를 가진다. 이런 산들의 산 해리 상수는 $K_{a1} > K_{a2} > K_{a3}$의 순으로 감소한다. 다양성자산 용액의 $H^+(aq)$는 대부분 첫 번째 이온화 단계에서 생성되므로, pH는 $K_{a1}$만으로 충분히 예측할 수 있다.

**약염기 (16.6절)** 약염기에는 $NH_3$, **아민(amine)**, 약산의 음이온들이 있다. 약염기가 물과 반응하여 그 염기에 대응하는 짝산과 $OH^-$를 내는데, 그 세기는 **염기 해리 상수(base-dissociation constant, $K_b$)**로 나타낸다. $K_b$는 반응 $B(aq) + H_2O(l) \rightleftharpoons HB^+(aq) + OH^-(aq)$의 평형 상수이다. 이때 $b$는 염기를 나타낸다.

산의 세기와 그것의 짝염기의 세기는 정량적으로 $K_a \times K_b = K_w$로 나타낼 수 있다. 식에서 $K_a$와 $K_b$는 짝산–짝염기 쌍의 해리 상수이다. 이 식은 산의 세기와 그것의 짝염기의 세기가 서로 반대인 관계를 설명한다.

**염 용액의 산–염기 성질(16.7절)** 염의 액성은 염의 양이온과 음이온 각각의 반응성에 의해서 정해진다. 이온이 물과 반응하여 pH에 영향을 주는 것을 **가수 분해(hydrolysis)**라고 한다. 알칼리 금속과 알칼리 토금속의 양이온과 $Cl^-$, $Br^-$, $I^-$, $NO_3^-$와 같은 강산의 음이온은 가수 분해하지 않는다. 이것들은 산–염기 화학에서 언제나 구경꾼 이온이다. 약염기의 짝산인 양이온은 가수 분해에 의해 $H^+$를 생성한다. 약산의 짝염기인 음이온은 가수 분해에 의해 $OH^-$를 생성한다. $Fe^{3+}$와 같이 전하가 큰 금속 양이온은 물에서 수화되어 있다. 금속과 결합한 물 분자는 자유로운 물과 반응하여 $H_3O^+$를 만들므로 산성이다.

**산–염기 거동과 화학 구조(16.8절)** 어떤 물질이 수용액에서 산성을 나타낼지, 염기성을 나타낼지는 화학 구조로부터 알 수 있다. 산성이 되기 위해서는 H–X 결합이 큰 극성을 나타내야 한다. 산성은 H–X 결합이 약할 때, 또 $X^-$가 매우 안정할 때 강해진다.

같은 수의 OH기와 O 원자를 포함한 **산소산(oxyacid)**에서는 중심 원자의 전기 음성도가 커질수록 산성이 커진다. 같은 중심 원자를 갖는 산소산에서는 중심 원자에 결합한 산소 원자의 수가 많아질수록 산성이 커진다. COOH기를 갖는 **카복실산(carboxylic acid)**은 유기산에서 가장 중요한 부류이다. 짝염기의 비편재화된 $\pi$ 결합은 이 화합물의 산도에 영향을 준다.

Lewis의 산–염기 개념은 양성자가 아닌 전자쌍이 기준이 된다. **Lewis 산(Lewis acid)**은 전자쌍 받개이며, **Lewis 염기(Lewis base)**는 전자쌍 주개이다. Lewis 개념은 $H^+$ 이외의 산에도 적용할 수 있고, 물 이외의 용매에도 적용할 수 있으므로 Brønsted-Lowry 개념보다 적용 범위가 더 넓다.

## 학습 정리 이 장을 공부한 후에 여러분은 다음을 할 수 있어야 한다.

- Arrhenius 산과 염기를 정의하고 구별하기(16.1절). **관련 연습 문제: 16.3, 16.62**
- Brønsted–Lowry 산과 염기 및 짝산–짝염기를 정의하고 구별하기(16.1절). **관련 연습 문제: 16.5, 16.64**
- 산의 세기와 짝염기의 세기를 관련짓기(16.1절). **관련 연습 문제: 16.8, 16.67**
- 양성자 이동 반응에서의 평형의 위치가 산 또는 염기의 세기와 연관되어 있는지 설명하기(16.2절). **관련 연습 문제: 16.9, 16.68**
- 물의 자체 이온화를 설명하고, $[H_3O^+]$와 $[OH^-]$가 $K_w$와 어떻게 관련되어 있는지 설명하기(16.2절). **관련 연습 문제: 16.11, 16.69**
- $[H_3O^+]$ 또는 $[OH^-]$가 주어진 용액의 pH를 계산하기(16.3절). **관련 연습 문제: 16.17, 16.74**
- 농도가 주어진 강산 또는 강염기의 pH를 계산하기(16.4절). **관련 연습 문제: 16.21, 16.77**
- 농도와 pH가 주어진 약산 또는 약염기의 $K_a$ 또는 $K_b$를 계산하거나 반대의 경우를 계산하기(16.5절, 16.6절). **관련 연습 문제: 16.26, 16.34, 16.81, 16.90**
- 약산 또는 약염기의 pH 또는 농도와 $K_a$ 또는 $K_b$가 주어지면 이온화 백분율을 계산하기(16.5절, 16.6절). **관련 연습 문제: 16.30, 16.87**
- 짝산의 $K_a$가 주어진 약염기의 $K_b$ 값을 계산하고, 마찬가지로 $K_b$로부터 $K_a$를 계산하기(16.6절). **관련 연습 문제: 16.38, 16.94**
- 각 염의 수용액이 산성일지, 염기성일지, 중성일지를 예측하기(16.7절). **관련 연습 문제: 16.40, 16.99**
- 일련의 산들의 상대적인 세기를 분자 구조에 기초하여 예측하기(16.8절). **관련 연습 문제: 16.49, 16.103**
- Lewis 산과 염기를 정의하고 구별하기(16.8절). **관련 연습 문제: 16.48, 16.105**

## 핵심 공식

| 공식 | 식 번호 | 설명 |
|---|---|---|
| $K_w = [H_3O^+][OH^-] = [H^+][OH^-] = 1.0 \times 10^{-14}$ | [16.16] | 25°C에서 물의 이온곱 상수 |
| $pH = -\log[H^+]$ | [16.17] | pH의 정의 |
| $pOH = -\log[OH^-]$ | [16.18] | pOH의 정의 |
| $pH + pOH = 14.00$ | [16.20] | pH와 pOH의 관계 |
| $K_a = \dfrac{[H_3O^+][A^-]}{[HA]}$ 또는 $K_a = \dfrac{[H^+][A^-]}{[HA]}$ | [16.25] | 약산 HA의 산 해리 상수 |
| 이온화 백분율 $= \dfrac{[H^+]_{평형}}{[HA]_{초기}} \times 100\%$ | [16.27] | 약산의 이온화 백분율 |

- $K_b = \dfrac{[BH^+][OH^-]}{[B]}$ [16.34] 약염기 B의 염기 해리 상수
- $K_a \times K_b = K_w$ [16.40] 짝산–짝염기 쌍에서 산 해리 상수와 염기 해리 상수의 관계
- $pK_a = -\log K_a$, $pK_b = -\log K_b$ [16.41] $pK_a$와 $pK_b$의 정의

# 연습 문제

## 눈으로 보는 개념

**16.50** (**a**) 다음 반응에서 Brønsted–Lowry 산과 염기를 확인하시오.

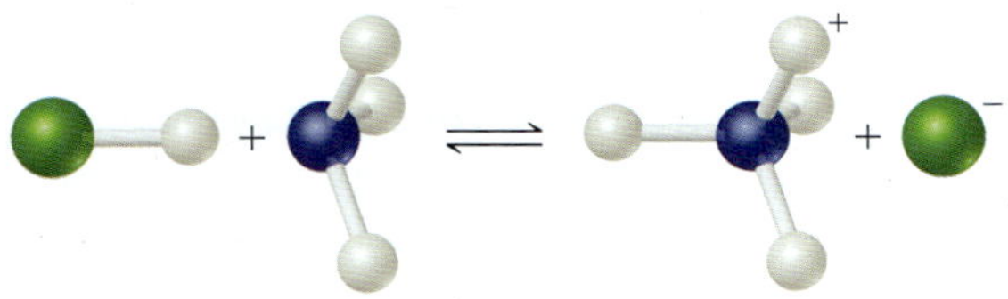


(**b**) 이 반응에서 Lewis 산과 염기를 확인하시오. [16.1절, 16.8절]

**16.51** 다음 그림은 두 일양성자산 HA(A=X 또는 Y)의 수용액을 나타낸 것이다. 간단히 나타내기 위하여 물 분자를 생략하였다. [16.1절]

(**a**) HX와 HY 중 어느 것이 더 강한 산인가?

(**b**) $X^-$와 $Y^-$ 중 어느 것이 더 강한 염기인가?

(**c**) 동일한 농도의 HX와 NaY를 섞었을 때 평형은 다음과 같다.

$$HX(aq) + Y^-(aq) \rightleftharpoons HY(aq) + X^-(aq)$$

대부분 오른쪽으로($K_c > 1$) 진행하는가, 왼쪽으로($K_c < 1$) 진행하는가?

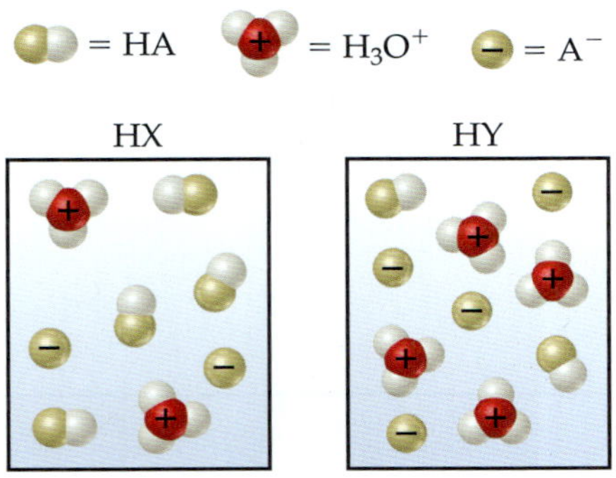


**16.52** 다음 두 용액에 메틸 오렌지 지시약을 첨가하였다. 색에 근거하여, 다음 내용이 참인지 거짓인지를 말하시오. [16.3절]

(**a**) A 용액의 pH는 확실히 7.00보다 작다.

(**b**) B 용액의 pH는 확실히 7.00보다 크다.

(**c**) B 용액의 pH는 A 용액의 pH보다 크다.

A 용액 B 용액

**16.53** 다음 그림처럼 pH 미터의 검출부를 투명한 용액 내에 위치시켰다. [16.3절, 16.4절]

(**a**) 이 용액은 순수한 물, HCl($aq$), KOH($aq$) 중 어느 것인가?

(**b**) 아래 용액이 위에 제시된 것 중 하나라면, 몰농도는 얼마인가?

(**c**) pH 미터에 온도가 표시되는 이유는 무엇인가?

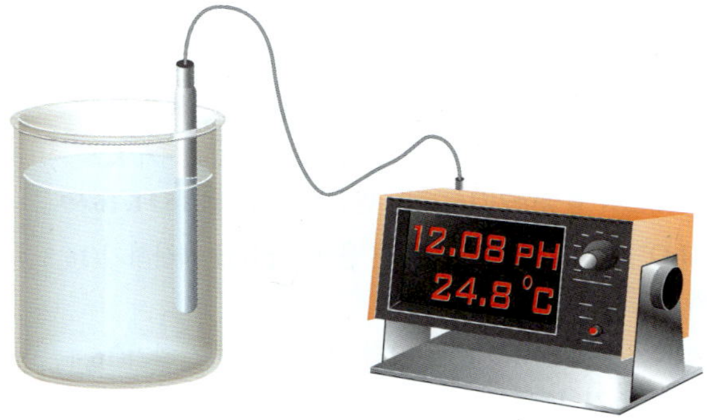


**16.54** 다음 그림은 세 가지 산 HX, HY, HZ의 수용액을 나타낸 것이다. 간단히 나타내기 위하여 물 분자를 생략하였고, 수화된 양성자는 $H_3O^+$가 아닌 $H^+$로 나타냈다. [16.4절, 16.5절]

(**a**) 어느 것이 강산인가? 설명하시오.

(**b**) 어느 산의 산 해리 상수 $K_a$가 가장 작은가?

(**c**) 어느 용액의 pH가 가장 큰가?

**16.55** 다음 그래프는 수소 이온의 농도와 미지 용액의 농도 사이의 관계를 나타낸다. [16.4절, 16.5절]

**(a)** 미지 용액은 강산, 약산, 강염기, 약염기 중 어느 것인가?

**(b)** (a)의 답에 기초하여, 용액의 농도가 0.18 $M$일 때 pH를 계산하시오.

**(c)** 주어진 선이 그래프의 시작점을 정확히 통과할 수 있는가?

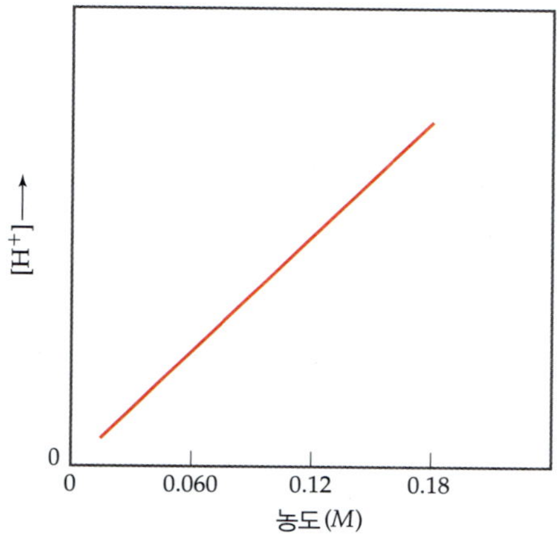


**16.56** 다음 설명 중 약산의 이온화 백분율에 미치는 농도 효과를 바르게 나타낸 것은? [16.5절]

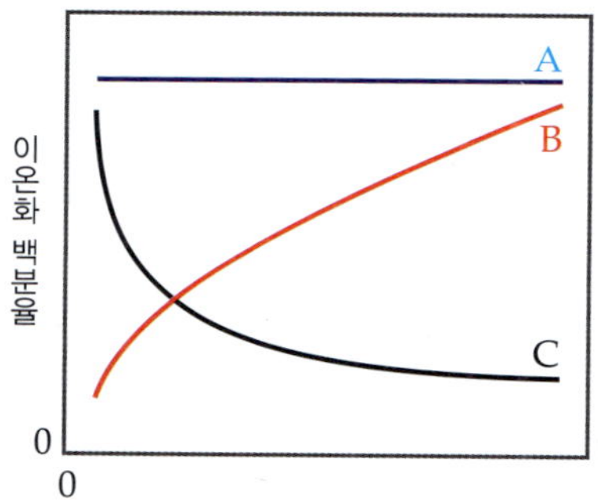


**(a)** $K_a$는 농도에 의존하지 않기 때문에 A선이 가장 정확하다.

**(b)** 산의 이온화 퍼센트가 농도에 의존하지 않기 때문에 A선이 가장 정확하다.

**(c)** 산 농도가 증가함에 따라 그중 가장 큰 비율이 이온화되기 때문에 B선이 가장 정확하다.

**(d)** 산 농도가 증가함에 따라 $K_a$가 증가하기 때문에 B선이 가장 정확하다.

**(e)** 산 농도가 증가함에 따라 이온 농도가 낮아지므로 C선이 가장 정확하다.

**(f)** 산 농도가 증가함에 따라 $K_a$가 감소하기 때문에 C선이 가장 정확하다.

**16.57** 다음 세 분자는 모두 OH기를 갖는다. 그러나 한 분자는 염기이고, 한 분자는 산이고, 나머지 분자는 산도 염기도 아니다. [16.5절, 16.6절]

**(a)** 어느 분자가 염기인가? 왜 이 분자만 염기일까?

**(b)** 어느 분자가 산인가?

**(c)** 왜 나머지 분자는 산도 염기도 아닐까?

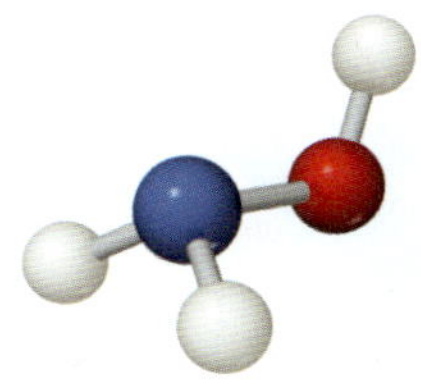
A 분자

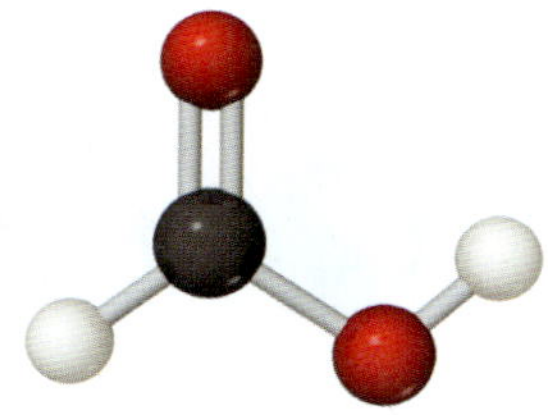
B 분자

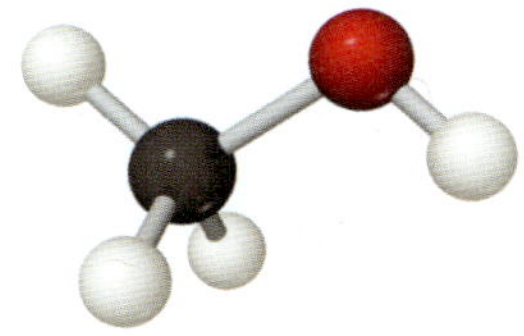
C 분자

**16.58** **페닐에프린**(phenylephrine)은 $C_9H_{13}NO_2$의 분자식을 갖는 유기 화합물로, 처방전 없이 구입할 수 있는, 코에 작용하는 충혈 완화제이다. 유기 화합물 표현법을 사용하여 나타낸 페닐에프린의 구조는 아래와 같다. [16.6절, 16.7절]

**(a)** 페닐에프린 용액은 산성, 중성, 염기성 중 어느 성질을 보이는가?

**(b)** Alka-Seltzer PLUS® 약의 활성 성분 중 하나는 페닐에프린 염산염이다. 페닐에프린 염산염의 구조는 페닐에프린의 구조와 어떻게 다른가?

**(c)** 페닐에프린 염산염 용액은 산성, 중성, 염기성 중 어느 성질을 보이는가?

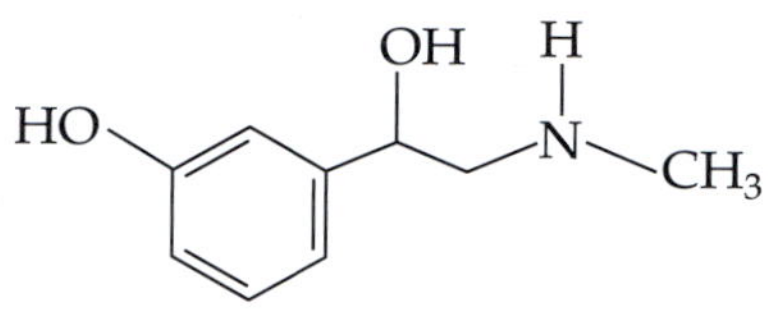


**16.59** 다음 그림에서 NaF 수용액을 가장 잘 표현한 것은? 물 분자는 따로 표시하지 않았다. 이 용액은 산성, 중성, 염기성 중 어느 것인가? [16.7절]

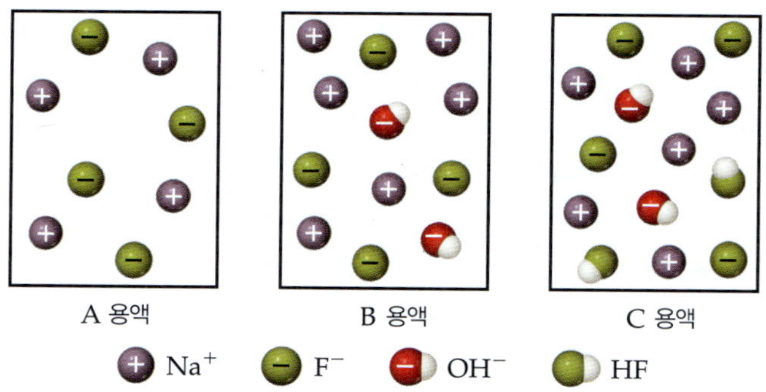


**16.60** 다음 그림에서 X는 할로젠 원자이다. [16.8절]

**(a)** 두 분자에서 X가 같은 원자라면 어느 것의 산성이 더 강할까?

**(b)** X의 전기 음성도가 증가할수록 각 분자의 산도는 증가하는가, 감소하는가?

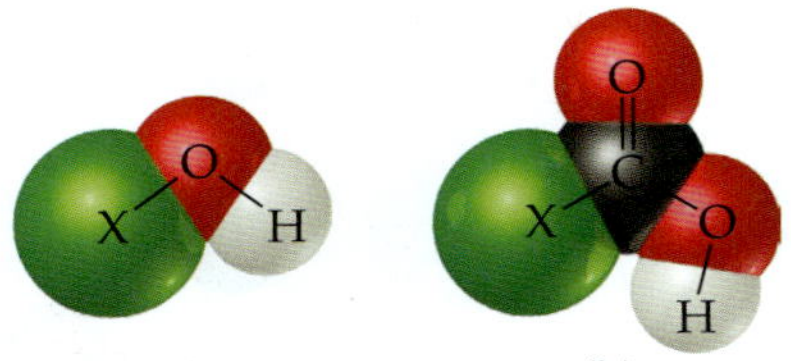


**16.61** 다음 주어진 반응에서 반응물에 산, 염기를 표시하고, Lewis, Arrhenius, Brønsted–Lowry 산 염기인 경우를 기술하시오. [16.1절, 16.8절]

(a) $PCl_4^+ + Cl^- \longrightarrow PCl_5$

(b) $NH_3 + BF_3 \longrightarrow H_3NBF_3$

(c) $[Al(H_2O)_6]^{3+} + H_2O \longrightarrow [Al(H_2O)_5OH]^{2+} + H_3O^+$

## Arrhenius와 Brønsted-Lowry 산과 염기(16.1절)

**16.62** $NH_3(g)$와 $HCl(g)$는 반응하여 이온성 고체 $NH_4Cl(s)$를 형성한다. 이 반응에서 Brønsted–Lowry 산은 어느 것인가? Brønsted–Lowry 염기는 어느 것인가?

**16.63** (a) 다음 Brønsted–Lowry 산의 짝염기를 말하시오.

(i) $H_2PO_4^-$ (ii) HBr

(b) 다음 Brønsted–Lowry 염기의 짝산을 말하시오.

(i) $CN^-$ (ii) $HSO_4^-$

**16.64** 다음 각 반응식의 왼쪽에서 Brønsted–Lowry 산과 염기를 구분하고, 오른쪽에서 짝산과 짝염기를 구분하시오.

(a) $NH_4^+(aq) + CN^-(aq) \rightleftharpoons HCN(aq) + NH_3(aq)$

(b) $(CH_3)_3N(aq) + H_2O(l) \rightleftharpoons (CH_3)_3NH^+(aq) + OH^-(aq)$

(c) $HCOOH(aq) + PO_4^{3-}(aq) \rightleftharpoons HCOO^-(aq) + HPO_4^{2-}(aq)$

**16.65** 탄산수소 이온($HCO_3^-$)은 양쪽성이다. 균형 맞춘 화학 반응식을 써서, 이 이온이 물에서 산으로서 작용하는 것과, 염기로서 작용하는 것을 보이시오.

**16.66** 다음 물질이 강염기인지, 약염기인지, 무시할 정도의 염기도를 갖는지를 말하시오. 각 경우에 그 짝산을 쓰고, 짝산이 강산인지, 약산인지, 무시할 정도의 산도를 갖는지를 말하시오.

(a) $F^-$ (b) $Br^-$ (c) $HS^-$ (d) $ClO_4^-$ (e) $HCOO^-$

**16.67** (a) HBrO와 HBr 중에서 더 강한 Brønsted–Lowry 산은?

(b) $F^-$와 $Cl^-$ 중에서 더 강한 Brønsted–Lowry 염기는?

**16.68** 다음 산–염기 반응의 생성물을 예측하고, 평형이 왼쪽에 위치할 것인지, 오른쪽에 위치할 것인지를 예측하시오.

(a) $O^{2-}(aq) + H_2O(l) \rightleftharpoons$

(b) $CH_3COOH(aq) + HS^-(aq) \rightleftharpoons$

(c) $NO_2^-(aq) + H_2O(l) \rightleftharpoons$

## 물의 자체 이온화(16.2절)

**16.69** pH = 7.00의 중성인 물을 10°C까지 낮추면, pH는 7.27로 증가한다. 이 냉각된 물에 대하여 다음 세 경우 중 옳은 것은?

(i) $[H^+] > [OH^-]$ (ii) $[H^+] = [OH^-]$ (iii) $[H^+] < [OH^-]$

**16.70** 다음 각 용액의 $[H^+]$를 계산하고, 용액이 산성인지, 염기성인지, 중성인지를 구분하시오.

(a) $[OH^-] = 7.3 \times 10^{-10}\ M$

(b) $[OH^-] = 0.015\ M$

(c) $[OH^-]$가 $[H^+]$보다 10배 큰 용액

**16.71** 물의 끓는점(100 °C)에서 $K_w = 5.6 \times 10^{-13}$이다. 이 온도에서 중성인 용액의 $[H^+]$와 $[OH^-]$를 계산하시오.

## pH 값(16.3절)

**16.72** pH가 다음과 같이 변할 때 $[H^+]$는 몇 배나 변할까?

(a) 3.00 단위 (b) 0.30 단위

**16.73** 다음 표에서 빠진 양들을 채우고, 용액이 산성인지, 염기성인지를 말하시오.

| $[H^+]$ | $[OH^-]$ | pH | pOH | 산성 아니면 염기성? |
|---|---|---|---|---|
| $5.7 \times 10^{-3}\ M$ | | | | |
| | $6.3 \times 10^{-10}\ M$ | | | |
| | | 9.95 | | |
| | | | 4.20 | |

**16.74** 정상적인 동맥 혈액의 평균 pH는 7.40이다. 정상적인 체온(37°C)에서 $K_w = 2.4 \times 10^{-14}$이다. 이 온도에서 혈액의 $[H^+]$, $[OH^-]$, pOH를 계산하시오.

**16.75** 미지의 용액에 메틸오렌지 지시약을 첨가하였더니 용액의 색이 노란색으로 변하였다. 같은 미지의 용액에 브로모티몰 블루 지시약을 첨가하였더니 용액의 색이 역시 노란색으로 변하였다.

(a) 이 용액이 산성인지, 중성인지, 염기성인지 말하시오.

(b) 이 용액이 가질 수 있는 pH의 범위는 얼마인가?

(c) 위의 두 지시약 외에 어떤 지시약을 사용하면 조금 더 정확하게 미지 용액의 pH 범위를 예상할 수 있는가?

## 강산과 강염기(16.4절)

**16.76** 다음 주어진 문장이 맞는지, 틀리는지 밝히시오.

(a) 모든 강산은 한 개 이상의 수소 원자를 포함한다.

(b) 강산은 강한 전해질이다.

(c) 1.0 $M$의 강산 용액은 pH = 1.0을 갖는다.

**16.77** 다음 강산 용액의 pH를 계산하시오.

(a) $8.3 \times 10^{-4}\ M$ HCl

(b) 1.20 g $HNO_3$를 용해시켜 500 mL 용액을 만들었을 때

(c) 0.250 $M$ $HClO_4$ 2.0 mL를 40.0 mL까지 희석시켰을 때

(d) 0.100 $M$ HBr 25.0 mL와 0.200 $M$ HCl 25.0 mL를 섞었을 때

**16.78** 다음 경우에 대한 $[OH^-]$와 pH를 계산하시오.

(a) $1.5 \times 10^{-3}\ M$ $Sr(OH)_2$ (b) 250.0 mL 용액에 2.250 g LiOH를 용해시켰을 때 (c) 0.175 $M$ NaOH 1.00 mL를 2.00 L까지 희석시켰을 때 (d) 0.105 $M$ KOH 5.00 mL를 $9.5 \times 10^{-2}\ M$ $Ca(OH)_2$ 15.0 mL에 첨가했을 때

**16.79** pH가 12.70인 NaOH 수용액의 농도를 계산하시오.

### 약산(16.5절)

**16.80** 다음에 주어진 산 수용액에서 이온화의 화학 반응식과 $K_a$ 식을 쓰시오. 반응식은 먼저 $H^+(aq)$를 생성물로 하여 쓴 후에, 하이드로늄 이온을 생성물로 하여 쓰시오.
(a) $HNO_2$ (b) $ClH_2CCOOH$

**16.81** 락트산($CH_3CH(OH)COOH$)의 산성 수소는 한 개이다. 0.10 $M$ 락트산의 pH는 2.44이다. $K_a$를 계산하시오.

**16.82** 0.100 $M$ 사이안산(HCNO) 용액은 5.9% 이온화된다. 이 정보를 이용하여 $[CNO^-]$, $[H^+]$, [HCNO]와 사이안산의 $K_a$ 값을 계산하시오.

**16.83** 어떤 특별한 식초 시료의 pH가 2.20이다. 이 식초에서 산성을 나타내는 성분이 아세트산($K_a = 1.8 \times 10^{-5}$)뿐이었다면, 아세트산의 농도는 얼마인가?

**16.84** pH가 2.12인 HF($K_a = 6.8 \times 10^{-4}$) 용액 속에 들어 있는 HF의 농도를 계산하시오.

**16.85** 벤조산($C_6H_5COOH$)의 산 해리 상수는 $6.3 \times 10^{-5}$이다. $C_6H_5COOH$의 초기 농도가 0.100 $M$일 때 $H_3O^+$, $C_6H_5COO^-$, $C_6H_5COOH$의 평형 농도를 계산하시오.

**16.86** 사카린은 설탕의 대용으로 쓰이는, 25 °C에서 $pK_a = 2.32$인 약산이다. 사카린의 수용액은 다음과 같이 이온화한다.

$$HNC_7H_4SO_3(aq) \rightleftharpoons H^+(aq) + NC_7H_4SO_3^-(aq)$$

이 물질의 0.25 $M$ 용액의 pH는 얼마인가?

**16.87** 하이드라조산($HN_3$)으로 다음에 주어진 농도의 용액을 만들었을 때 이온화 백분율을 계산하시오($K_a$는 부록 D에 주어져 있다).
(a) 0.400 $M$ (b) 0.100 $M$ (c) 0.0400 $M$

**16.88** 밀감류의 열매에 들어 있는 시트르산(citric acid)은 삼양성자산이다(표 16.3).
(a) 0.040 $M$ 시트르산 용액에서 pH를 구하시오.
(b) 계산에서 사용한 근사적인 방법이나 가정이 있으면 설명하시오.
(c) 시트르산 이온($C_6H_5O_7^{3-}$)의 농도는 $H^+$ 이온의 농도보다 크겠는가, 작겠는가, 아니면 같겠는가?

### 약염기(16.6절)

**16.89** 하이드록실아민($NH_2OH$)에 대해서 생각해 보자.
(a) 하이드록실아민의 짝산은 무엇인가?
(b) 염기로 작용할 때 하이드록실아민의 어떤 원자가 양성자를 받아들이는가?
(c) 하이드록실아민에는 양성자를 받아들일 수 있는, 결합에 쓰이지 않은 두 개의 원자가 있다. Lewis 구조와 형식 전하를 이용하여 어떤 원자가 다른 원자보다 양성자를 잘 받아들이는지 설명하시오.

**16.90** 다음 염기들의 수용액에서의 반응식과 $K_b$ 식을 쓰시오.
(a) 트라이메틸아민, $(CH_3)_3N$
(b) 아황산 이온($SO_3^{2-}$)
(c) 사이안화 이온($CN^-$)

**16.91** 에틸아민($C_2H_5NH_2$; $K_b = 6.4 \times 10^{-4}$) 0.050 $M$ 용액의 $OH^-$ 이온의 몰농도를 구하시오. 이 용액의 pH를 계산하시오.

**16.92** 에페드린은 중추 신경계를 자극하는 물질로, 코에 뿌리는 울혈 제거제로 사용된다. 이 화합물은 약한 유기 염기이다.

$$C_{10}H_{15}ON(aq) + H_2O(l) \rightleftharpoons C_{10}H_{15}ONH^+(aq) + OH^-(aq)$$

에페드린 0.035 $M$ 용액의 pH는 11.33이다.
(a) $C_{10}H_{15}ON$, $C_{10}H_{15}ONH^+$, $OH^-$의 평형 농도를 구하시오.
(b) 에페드린의 $K_b$를 구하시오.

### 염 용액의 산-염기 성질(16.7절)

**16.93** 표 16.3의 산 해리 상수를 이용하여 다음과 같이 산소를 가진 음이온을 염기성이 강한 것에서 약한 것의 순으로 나열하시오.
$SO_4^{2-}$, $CO_3^{2-}$, $SO_3^{2-}$, $PO_4^{3-}$

**16.94** (a) 사이안산의 $K_a$는 $3.5 \times 10^{-4}$이고, 플루오린화수소산의 $K_a$는 $6.8 \times 10^{-4}$이다. 어느 것이 더 강한 산인가?
(b) 사이안산 이온과 플루오린 이온 중 어느 것이 더 강한 염기인가?
(c) $NCO^-$와 $F^-$의 $K_b$를 구하시오.

**16.95** 부록 D의 자료를 이용하여 다음 용액들의 pOH와 pH를 구하시오.
(a) 0.080 $M$ KBrO
(b) 0.150 $M$ KHS
(c) 0.25 $M$ $KNO_2$ 용액과 0.15 $M$ $Mg(NO_2)_2$ 용액의 혼합물

**16.96** 부록 D의 자료를 이용하여 다음 용액들의 $[OH^-]$와 pH를 구하시오.
(a) 0.105 $M$ NaF
(b) 0.035 $M$ $Na_2S$
(c) 0.045 $M$ $NaCH_3COO$ 용액과 0.055 $M$ $Ba(CH_3COO)_2$ 용액의 혼합물

**16.97** 아세트산 포타슘($KCH_3COO$) 용액의 pH 값은 8.90이다. 이 용액의 몰농도는 얼마인가?

**16.98** 브로민화 피리디늄($C_5H_5NHBr$)은 $C_5H_5NH^+$와 $Br^-$로 해리되는 강한 전해질이다. 브로민화 피리디늄 용액의 pH는 2.95이다.
(a) 이 산성 pH로 유도되는 반응식을 쓰시오.
(b) 부록 D를 사용하여, 브로민화 피리디늄의 $K_a$를 계산하시오.
(c) 브로민화 피리디늄 용액의 pH는 2.95이다. 피리디늄 양이온의 농도는 몰농도 단위로 얼마인가?

**16.99** 다음에 주어진 화합물의 수용액이 산성인지, 염기성인지, 중성인지를 예측하시오.
(a) $NH_4Br$ (b) $FeCl_3$ (c) $Na_2CO_3$ (d) $KClO_4$ (e) $NaHC_2O_4$

**16.100** 세 가지 염 NaF, NaCl, NaOCl 중 어느 것인지 알 수 없는 염 0.050 mol을 물에 녹여서 0.500 L의 용액을 만들었다. 이 용액의 pH가 8.08이었다면, 어떤 염의 용액인가?

### 산-염기 특성과 화학 구조 (16.8절)

**16.101** 다음 쌍 중 더 강한 산을 예측하시오.
(a) $HNO_3$와 $HNO_2$ (b) $H_2S$와 $H_2O$
(c) $H_2SO_4$와 $H_2SeO_4$ (d) $CH_3COOH$와 $CCl_3COOH$

**16.102** 조성, 구조, 짝산–짝염기 관계에 근거하여 둘 중 더 강한 염기를 고르시오.
**(a)** $BrO^-$와 $ClO^-$ **(b)** $BrO^-$와 $BrO_2^-$ **(c)** $HPO_4^{2-}$와 $H_2PO_4^-$

**16.103** 다음에 주어진 설명이 맞는지 틀리는지 밝히고, 틀리면 맞게 고치시오.
**(a)** 일반적으로 이성분산은 주기율표의 같은 주기에서 오른쪽으로 갈수록 산의 세기가 증가한다.
**(b)** 같은 중심 원자를 갖는 산은 중심 원자에 결합한 수소 원자의 수가 많을수록 증가한다.
**(c)** Te가 S보다 전기 음성도가 크므로, $H_2Te$는 $H_2S$보다 강한 산이다.

**16.104** 플루오린화 이온은 물과 반응하여 HF를 형성한다.
**(a)** 이 반응의 화학 반응식을 쓰시오.
**(b)** 진한 NaF 수용액은 산성이겠는가, 염기성이겠는가, 중성이겠는가?
**(c)** 플루오린화 이온이 물과 반응할 때 Lewis 산으로 작용하는가? Lewis 염기로 작용하는가?

**16.105** 다음 반응의 반응물에서 Lewis 산과 Lewis 염기를 밝히시오.
**(a)** $Fe(ClO_4)_3(s) + 6\,H_2O(l) \rightleftharpoons [Fe(H_2O)_6]^{3+}(aq) + 3\,ClO_4^-(aq)$
**(b)** $CN^-(aq) + H_2O(l) \rightleftharpoons HCN(aq) + OH^-(aq)$
**(c)** $(CH_3)_3N(g) + BF_3(g) \rightleftharpoons (CH_3)_3NBF_3(s)$
**(d)** $HIO(lq) + NH_2^-(lq) \rightleftharpoons NH_3(lq) + IO^-(lq)$
($lq$는 액체 암모니아가 용매로 쓰였음을 나타낸다.)

**16.106** 다음에 주어진 각 쌍에서 어느 것이 더 센 산성 수용액을 만들지를 예측하시오.
**(a)** $K^+$와 $Cu^{2+}$ **(b)** $Fe^{2+}$와 $Fe^{3+}$ **(c)** $Al^{3+}$와 $Ga^{3+}$

## 추가 연습 문제

**16.107** 다음 용액들의 pH를 계산하시오($K_a$, $K_b$는 부록 D에 주어져 있다).
**(a)** 0.150 $M$ 프로피온산($C_2H_5COOH$)
**(b)** 0.250 $M$ 크로뮴산수소 이온($HCrO_4^-$)
**(c)** 0.750 $M$ 피리딘($C_5H_5N$)

**16.108** 다음 용액들의 pH를 계산하시오($K_a$, $K_b$는 부록 D에 주어져 있다).
**(a)** 0.095 $M$ 하이포염소산
**(b)** 0.0085 $M$ 하이드라진
**(c)** 0.165 $M$ 하이드록실아민

**16.109** 다음 내용이 맞는지, 틀리지 확인하시오.
**(a)** 모든 Brønsted–Lowry 산은 Lewis 산이다.
**(b)** 모든 Lewis 산은 Brønsted–Lowry 산이다.
**(c)** 약염기의 짝산은 강염기의 짝산보다 더 센 산성 용액을 만든다.
**(d)** $K^+$ 이온은 물과 수화 반응을 하므로 수용액에서 산성이다.
**(e)** 약산 수용액의 이온화 백분율은 산의 농도가 낮아질수록 높아진다.

**16.110** 1.000 g의 $Ca(OH)_2(s)$ 및 0.10 $M$ $H_2SO_4$ 100.0 mL와 충분한 양의 증류수를 혼합하여 만든 350.0 mL의 용액이 있다. 모든 고체가 녹았다면, 최종 용액의 pH는 얼마인가?

**16.111** 생선의 냄새는 일차적으로는 아민 때문인데, 특히 메틸아민($CH_3NH_2$)이 원인이다. 생선을 식탁에 놓을 때 레몬 조각을 곁들이는데, 레몬에는 시트르산이 들어 있기 때문이다. 아민은 산과 반응하여 냄새가 없는 생성물을 만들기 때문에 덜 신선한 생선도 입맛을 당기게 한다. 부록 D의 자료를 이용하여 시트르산과 메틸아민의 반응에 대한 평형 상수를 구하시오. 이 중화 반응에서는 첫 번째 수소만($K_{a1}$) 기여한다고 가정한다.

**16.112** 다음 설명 중 옳은 것은?
**(a)** 염기가 강할수록 $pK_b$가 작아진다.
**(b)** 염기가 강할수록 $pK_b$가 커진다.
**(c)** 염기가 강할수록 $K_b$가 작아진다.
**(d)** 염기가 강할수록 $K_b$가 커진다.
**(e)** 염기가 강할수록 짝산의 $pK_a$가 작아진다.
**(f)** 염기가 강할수록 짝산의 $pK_a$가 커진다.

**16.113** 주어진 분자나 이온이 수용액상에서 Brønsted-Lowry 개념으로 어떻게 작용하는지 예측하시오. 주어진 밑줄에 '산', '염기', '둘 다', '어느 것도 아님'으로 표시하시오.
**(a)** $HCO_3^-$(탄산수소 이온): ______
**(b)** 프로작(Prozac): ______

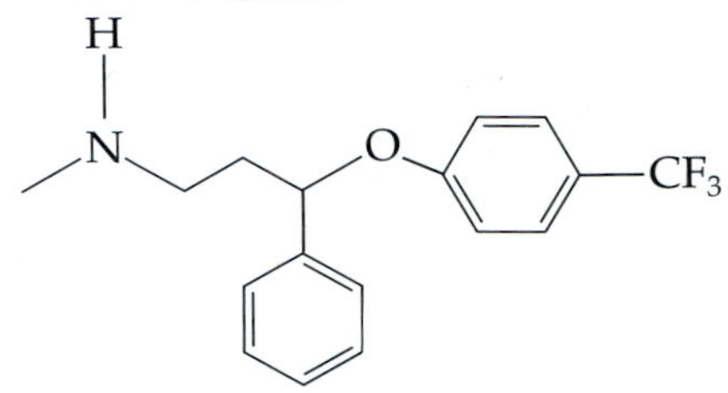

**(c)** PABA(자외선 차단제 성분): ______

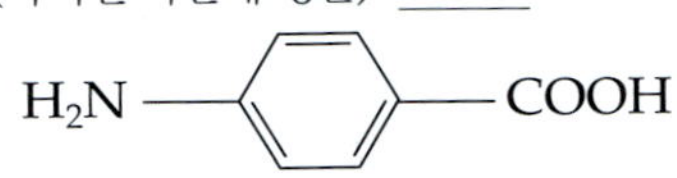

**(d)** TNT(트라이나이트로톨루엔): ______

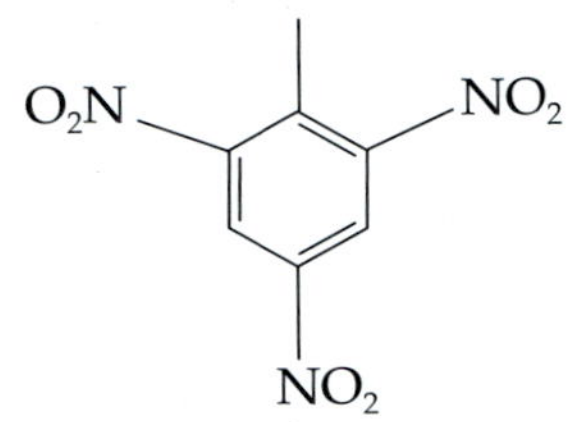

**(e)** $N$-메틸피리디늄: ______

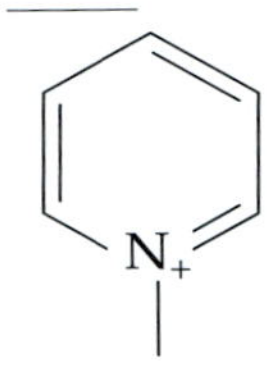

**16.114** 1.00 g의 산화 포타슘($K_2O$)으로 2.00 L의 수용액을 만들었을 때, pH를 계산하시오.

**16.115** 벤조산($C_6H_5COOH$)과 아닐린($C_6H_5NH_2$)은 모두 벤젠 치환체이다. 벤조산은 $K_a = 6.3 \times 10^{-5}$인 산이고, 아닐린은 $K_b = 4.3 \times 10^{-10}$인 염기이다.

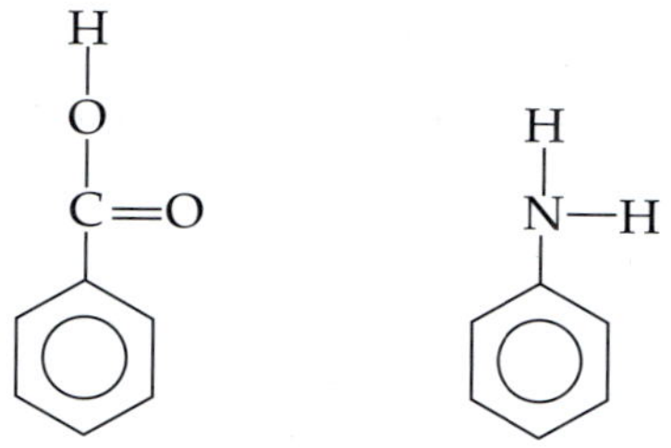

벤조산 아닐린

(**a**) 벤조산의 짝염기와 아닐린의 짝산은 무엇인가?

(**b**) 염화아닐리늄($C_6H_5NH_3Cl$)은 강한 전해질로, 아닐리늄 이온($C_6H_5NH_3^+$)과 염화 이온을 내놓는다. 0.10 *M* 벤조산 용액과 0.10 *M* 염화 아닐리늄 용액 중 어느 것이 더 산성을 나타내는가?

(**c**) 아래 주어진 식의 평형 상수 값은 얼마인가?

$$C_6H_5COOH(aq) + C_6H_5NH_2(aq) \rightleftharpoons C_6H_5COO^-(aq) + C_6H_5NH_3^+(aq)$$

**16.116** $1.2 \times 10^{-8}$ *M* KOH 용액의 pH는 얼마인가? 답이 상식에 부합하는가? 이 경우에 어떤 가정이 필요한가?

**16.117** 옥살산($H_2C_2O_4$)은 이양성자성 산이다. 부록 D를 활용하여 다음 주어진 문장이 사실인지 확인하시오.

(**a**) $H_2C_2O_4$는 Brønsted-Lowry 산과 염기로 작용할 수 있다.

(**b**) $C_2O_4^{2-}$는 $HC_2O_4^-$의 짝염기이다.

(**c**) 강전해질인 $KHC_2O_4$의 수용액은 pH < 7일 것이다.

**16.118** 구조가 다음과 같고 줄여서 $H_2Suc$이라고 쓰는 석신산($H_2C_4H_6O_4$)은 생물학적으로 중요한 이양성자성 산이다. 25°C에서 석신산의 산 해리 상수는 $K_{a1} = 6.9 \times 10^{-5}$, $K_{a2} = 2.5 \times 10^{-6}$이다.

(**a**) 첫 번째 해리만이 의미가 있다고 가정하고, 25°C에서 0.32 *M* 석신산 용액의 pH를 구하시오.

(**b**) (a)의 계산에서 $Suc^{2-}$의 몰농도를 구하시오.

(**c**) (a)에서 얻은 결과가 (b)의 결과에 의하여 설명되는가?

(**d**) NaHSuc 염 수용액은 산성, 중성, 염기성 중 어느 성질을 보이는가?

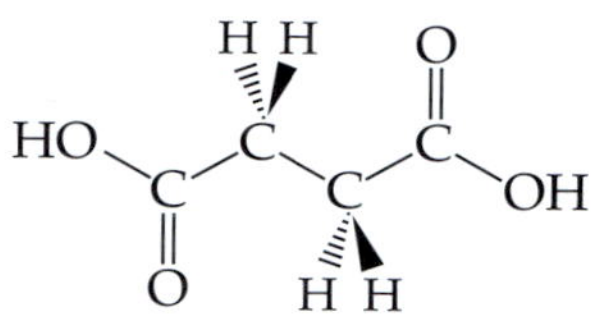

**16.119** 뷰티르산(butyric acid)은 버터의 불쾌한 냄새를 내는 성분이다. 뷰티르산 이온의 $pK_b$는 9.16이다.

(**a**) 뷰티르산의 $pK_a$를 구하시오.

(**b**) 0.075 *M* 뷰티르산 용액의 pH는 얼마인가?

(**c**) 0.075 *M* 뷰티르산 소듐 용액의 pH를 계산하시오.

**16.120** 다음 화합물로 0.10 *M* 용액을 만들었을 때 산의 세기가 증가하는 순서로 나열하시오.

(i) $HCOONH_4$ (ii) $NH_4Br$ (iii) $NaNO_3$ (iv) HCOOK (v) KF

**16.121** 0.25 *M*의 NaA 염 용액은 pH = 9.29이다. 산 HA의 $K_a$ 값은 얼마인가?

**16.122** 다음은 이양성자성 산인 $H_2A$에 대하여 관찰된 사실들이다.

(i) $H_2A$ 0.10 *M* 용액은 pH = 3.30 값을 갖는다.

(ii) NaHA 0.10 *M* 용액은 산성이다.

그렇다면 $H_2A$의 $pK_{a2}$ 값은 다음 중 무엇인가?

(i) 3.22 (ii) 5.30 (iii) 7.47 (iv) 9.82

**16.123** 질소 원자가 들어 있는 적당한 크기의 화합물은 물에 잘 녹지 않으나, 염을 만들면 대개는 용해도가 많이 증가한다. 위 속의 pH를 2.5라 하고, 다음 물질들이 위 속에서 염기의 형태로 있을지, 양성자가 첨가된 형태로 있을지를 예측하시오.

니코틴($K_b = 7 \times 10^{-7}$), 카페인($K_b = 4 \times 10^{-14}$), 스트리키닌(strychnine, $K_b = 1 \times 10^{-6}$), 퀴닌(quinine, $K_b = 1.1 \times 10^{-6}$)

**16.124** 글라이신($H_2N-CH_2-COOH$)은 물속에서 다음과 같은 평형을 이룬다.

$$H_2N-CH_2-COOH + H_2O \rightleftharpoons H_2N-CH_2-COO^- + H_3O^+ \quad K_a = 4.3 \times 10^{-3}$$

$$H_2N-CH_2-COOH + H_2O \rightleftharpoons {}^+H_3N-CH_2-COOH + OH^- \quad K_b = 6.0 \times 10^{-5}$$

(**a**) $K_a$와 $K_b$ 값을 이용하여 쯔비터 이온을 형성하는 다음 분자 내 양성자 전달 반응의 평형 상수를 예측하시오.

$$H_2N-CH_2-COOH \rightleftharpoons {}^+H_3N-CH_2-COO^-$$

(**b**) 0.050 *M* 글라이신 수용액의 pH는 얼마인가?

(**c**) pH = 13일 때 글라이신은 어떤 형태로 있는가? pH = 1일 때는 어떤 형태인가?

**16.125** 물의 $pK_b$는 ______.

(**a**) 1 (**b**) 7 (**c**) 14 (**d**) 정의되지 않음 (**e**) 답 없음

## 통합 연습 문제

**16.126** 온도 25 °C에서 순수한 물 1.0 mL에 들어 있는 $H^+(aq)$ 이온의 수를 계산하시오.

**16.127** pH가 2.05인 염산 10.0 L를 만들기 위해서는 몇 mL의 진한 염산(질량으로 36.0% HCl, 밀도 = 1.18 g/mL)이 필요한가?

**16.128** 성인의 위의 부피는 비었을 때 50 mL이고 가득차면 1 L가 된다. 위의 부피가 400 mL이고, 내용물의 pH가 2라면, 위에 있는 $H^+$ 이온의 몰수는 얼마인가? 모든 $H^+$가 HCl에서 왔다면, 위산을 모두 중화시키기 위해서 탄산수소 소듐이 몇 그램 필요한가?

**16.129** 대기의 $CO_2$는 과거 40년 사이에 320 ppm에서 400 ppm으로 20% 가까이 증가하였다.

**(a)** 오늘날 오염되지 않은 상태에서 내리는 비의 pH는 5.4이다. 40년 전 무공해 상태인 비의 pH는? 이때 $CO_2$와 물이 반응하여 탄산($H_2CO_3$)을 만드는 반응만 pH에 영향을 준다고 가정한다.

$$CO_2(g) + H_2O(l) \rightleftharpoons H_2CO_3(aq)$$

**(b)** 오늘날의 빗물 20.0 L에 들어 있는 $CO_2$의 부피는 25 °C, 101.3 kPa에서 얼마인가?

**16.130** 온도 50 °C에서 물의 이온곱 상수 $K_w = 5.48 \times 10^{-14}$이다.

**(a)** 50 °C에서 순수한 물의 pH는 얼마인가?

**(b)** 온도에 따른 $K_w$의 변화를 고려하여, 물의 자체 이온화의 $\Delta H$가 양수인지, 음수인지, 아니면 0인지 예측하시오.

$$2\,H_2O(l) \rightleftharpoons H_3O^+(aq) + OH^-(aq)$$

**16.131** 많은 반응에서 $AlCl_3$를 첨가하였을 때는 $H^+$를 첨가하였을 때와 효과가 같다.

**(a)** 모든 원자가 형식 전하를 갖지 않도록 하여 $AlCl_3$의 Lewis 구조를 그리시오. VSEPR 방법으로 구조를 결정하시오.

**(b)** (a)에서 결정한 구조 중 어떤 점이 $AlCl_3$의 산성을 이해하는 데 도움을 주는가?

**(c)** 반응에 영향을 주지 않는 용매에서 $AlCl_3$와 $NH_3$가 반응하였을 때, 반응 결과를 예측하시오.

**(d)** $AlCl_3$와 $H^+$의 유사성을 설명하는 데에는 어떤 산–염기 이론이 가장 적당한가?

**16.132** 밀도가 1.002 g/mL인 0.10 *M* $NaHSO_4$ 용액의 끓는점은 얼마인가?

**16.133** 표 8.4의 평균 결합 엔탈피를 이용하여, 다음 기체상 반응의 반응 엔탈피를 구하시오.

**반응 1:** $HF(g) + H_2O(g) \rightleftharpoons F^-(g) + H_3O^+(g)$

**반응 2:** $HCl(g) + H_2O(g) \rightleftharpoons Cl^-(g) + H_3O^+(g)$

두 반응 모두 발열 반응인가? 이 값들은 플루오린화수소산과 염산의 세기 차이와 어떤 관계가 있는가?

**16.134** 코카인은 약한 유기 염기이고, 분자식은 $C_{17}H_{21}NO_4$이다. 어떤 코카인 수용액의 pH가 8.53이고, 15 °C에서 삼투압이 7.03 kPa였다. 코카인의 $K_b$를 구하시오.

**16.135** 아이오딘산 이온(iodate ion, $IO_3^-$)은 아황산염(sulfite)에 의해 다음과 같이 환원된다.

$$IO_3^-(aq) + 3\,SO_3^{2-}(aq) \longrightarrow I^-(aq) + 3\,SO_4^{2-}(aq)$$

이 반응의 속도는 $IO_3^-$에 대하여 일차, $SO_3^{2-}$에 대하여 일차, $H^+$에 대하여 일차임을 알았다.

**(a)** 이 반응의 속도 법칙을 쓰시오.

**(b)** pH가 5.00에서 3.50으로 낮아진다면, 반응 속도를 변하게 하는 인자는 무엇인가? 낮은 pH에서 이 반응은 빨라지는가, 늦어지는가?

**(c)** 14.6절에서 다룬 내용을 이용하여, 전체 반응식에 $H^+$이 나와 있지 않음에도 이 반응이 어떻게 pH의 영향을 받는지를 설명하시오.

**16.136** **(a)** 부록 D의 해리 상수를 이용하여 다음 각 반응의 평형 상수를 구하시오.

(i) $HCO_3^-(aq) + OH^-(aq) \rightleftharpoons CO_3^{2-}(aq) + H_2O(l)$

(ii) $NH_4^+(aq) + CO_3^{2-}(aq) \rightleftharpoons NH_3(aq) + HCO_3^-(aq)$

**(b)** 우리는 보통 평형이 정반응 쪽으로 많이 치우치거나($K$가 1보다 매우 클 때), 생성물이 반응계에서 제거되어 평형이 원래 상태로 되돌아갈 수 없을 때, 단일 화살표를 사용한다. 이 방법대로 한다면, 위의 어떤 평형에 단일 화살표를 사용할 수 있는가?

## 실험 설계 문제

여러분이 교수로부터 병에 담긴 투명한 액체를 받았다고 하자. 이 액체는 순물질로 휘발성이 있고, 물에 용해되며, 산 혹은 염기일 수 있다. 미지의 시료를 알아내기 위한 실험을 설계하시오.

**(a)** 시료가 산인지, 염기인지 결정하시오.

**(b)** 시료가 산이라고 가정하면, 강산인지 약산인지를 어떻게 밝힐 것인가?

**(c)** 시료가 약산이라면, $K_a$ 값을 어떻게 결정할 것인가?

**(d)** 시료가 약산이라고 가정하고, 몰농도를 알고 있는 NaOH(*aq*)를 받았다면, 미지 시료의 소듐염을 얻기 위한 실험 과정은 어떻게 되는가?

**(e)** 시료가 산이 아니고 염기라고 한다면, 강염기인지 약염기인지를 결정하시오. 약염기라면 $K_b$를 측정하기 위하여 실험 과정 (b)와 (c)를 어떻게 변화시켜야 하는가?

# 17



# 수용액 평형의 다른 관점

## 17.1 | 공통 이온 효과

물은 지구상에서 가장 보편적이고, 가장 중요한 용매로, 그 양이 풍부할 뿐만 아니라 여러 가지 물질을 녹이는 특수한 능력 때문에 중요한 위치에 있다. 이 장에서 우리는 복잡한 용액을 이해하기 위해 먼저 산-염기 평형의 응용을 살펴본다. 그 방법은 단일 용질이 있는 용액뿐만 아니라 용질의 혼합물을 포함하는 용액도 고려하는 것이다. 그다음, 용액에 약간 녹는 염류의 평형과, 금속 착물을 생성하는 물질의 수용액 평형을 확장해서 설명할 것이다. 대부분의 경우, 이 장에서의 논의와 계산은 15장과 16장의 연장이다. 우리는 공통 이온 효과라고 부르는 것을 먼저 알아본다. 이 절이 끝나면 다음 사항을 수행할 수 있어야 한다.

- 공통 이온 효과를 설명하기

16장에서 약산과 약염기를 포함하는 용액 내 이온의 평형 농도를 살펴보았다. 이제는 아세트산($CH_3COOH$)과 같은 약산과 아세트산 소듐($CH_3COONa$)과 같은 그 산의 용해성 염을 포함하는 용액을 고려해 보자. 이들 용액은 모두 **공통 이온**(common ion)인 $CH_3COO^-$를 포함한다. 따라서 Le Châtelier 원리의 관점을 가지고 이 효과를 살펴보는 것이 유익하다.

아세트산 소듐은 가용성 이온 결합 화합물이므로 강전해질이다. 결론적으로 $CH_3COONa$는 수용액에서 완전히 해리하여 $Na^+$ 이온과 $CH_3COO^-$ 이온을 생성한다.

$$CH_3COONa(aq) \longrightarrow Na^+(aq) + CH_3COO^-(aq)$$

이에 비하여 아세트산은 평형 상태에서 일부분만 이온화하는 약전해질이다.

$$CH_3COOH(aq) \rightleftharpoons H^+(aq) + CH_3COO^-(aq) \quad [17.1]$$

식 17.1의 평형 상수는 25 ℃에서 $K_a = 1.8 \times 10^{-5}$이다(표 16.2). 아세트산 수용액에 아세트산 소듐을 첨가하면, $CH_3COONa$에서 나온 $CH_3COO^-$로 인해 식 17.1의 평형 농도는 Le Châtelier 원리에 따라 왼쪽으로 이동한다. 따라서 $H^+(aq)$의 평형 농도는 감소한다.

$$CH_3COOH(aq) \rightleftharpoons H^+(aq) + CH_3COO^-(aq)$$

$CH_3COO^-$를 첨가하면 $[H^+]$를 감소시켜 평형이 이동한다.

다시 말하면, 아세트산 이온을 첨가하면 아세트산의 이온화는 감소한다. 이것을 **공통 이온 효과**(**commom ion effect**)라고 한다.

**약전해질과 공통 이온을 포함하고 있는 강전해질이 용액 속에 같이 있을 때는 약전해질이 홀로 있을 때보다 이온화도가 감소한다.**

평형 상수 자체는 변하지 않는다. 평형식에 있는 생성물과 반응물의 상대적인 농도 값만 변하게 된다.

## 예제 17.1

### 공통 이온이 포함되어 있는 경우의 pH 계산

아세트산 0.30 mol과 아세트산 소듐 0.30 mol을 섞고 물을 충분히 첨가하여 1.0 L가 되도록 만든 용액의 pH는 얼마인가?

**해답**

**분석** 공통 이온인 $CH_3COO^-$를 포함하는 약전해질인 아세트산($CH_3COOH$)과 강전해질인 아세트산 소듐($CH_3COONa$) 용액의 pH를 구하는 문제이다.

**계획** 용질 혼합물을 포함하는 용액의 pH를 구해야 하는 어떠한 문제라도, 다음과 같은 일련의 논리적 단계에 따라 진행하는 것이 도움이 된다.

**(1)** 용액 중 주가 되는 화학종을 확인하라. 그리고 그들의 산성도 또는 염기도를 고려하라.

**(2)** $H^+$의 근원이 되고, 따라서 pH를 결정하게 되는 중요한 평형 반응이 무엇인지 확인하라.

**(3)** 평형에 참여하는 각 화학종의 초기 농도와 평형 농도를 계산하라.

**(4)** 평형 상수식을 활용하여 $[H^+]$와 pH를 계산하라.

**풀이** 첫째, $CH_3COOH$는 약전해질이고, $CH_3COONa$는 강전해질이므로 용액 중 주가 되는 화학종은 $CH_3COOH$(약산), $Na^+$(산성도 아니고 염기성도 아니며, 산-염기 화학에서 구경꾼 이온이다), $CH_3COO^-$($CH_3COOH$의 짝염기)이다.

둘째, $[H^+]$, 즉 pH는 $CH_3COOH$의 해리 평형에 의해 결정된다.

$$CH_3COOH(aq) \rightleftharpoons H^+(aq) + CH_3COO^-(aq)$$

(여기서 평형을 $H_3O^+(aq)$ 대신에 $H^+(aq)$를 사용하여 나타내었다. 하지만 수화된 양성자를 표현하는 데는 문제가 없다.)

셋째, 15장과 16장의 다른 평형 문제를 풀기 위한 것처럼 초기 농도와 평형 농도를 도표화한다.

$CH_3COO^-$(공통 이온)의 평형 농도는 $CH_3COONa$(0.30 *M*)의 이온화에 의한 초기 농도와 $CH_3COOH$의 이온화로 인한 농도 변화($x$)를 합친 것이다.

$$CH_3COOH(aq) \rightleftharpoons H^+(aq) + CH_3COO^-(aq)$$

| | $CH_3COOH(aq)$ | $H^+(aq)$ | $CH_3COO^-(aq)$ |
|---|---|---|---|
| 초기(*M*) | 0.30 | 0 | 0.30 |
| 변화(*M*) | $-x$ | $+x$ | $+x$ |
| 평형(*M*) | $(0.30 - x)$ | $x$ | $(0.30 + x)$ |

이제 평형 상수식을 다음과 같이 쓸 수 있다.

$$K_a = 1.8 \times 10^{-5} = \frac{[H^+][CH_3COO^-]}{[CH_3COOH]}$$

25 °C에서 $CH_3COOH$의 해리 상수는 표 16.2와 부록 D에 있다. $CH_3COONa$를 첨가해도 이 상수 값은 변하지 않는다. 평형 상수식에 표의 평형 농도를 대입하면 다음과 같다.

$$K_a = 1.8 \times 10^{-5} = \frac{x(0.30 + x)}{0.30 - x}$$

$K_a$가 작으므로 $x$는 $CH_3COOH$와 $CH_3COO^-$의 본래 농도(0.30 *M*)에 비해 작다고 가정한다. 따라서 0.30 *M*에 비해 아주 작은 $x$를 무시할 수 있으므로 다음을 얻는다.

$$K_a = 1.8 \times 10^{-5} = \frac{x(0.30)}{0.30}$$

$x$의 결과 값은 실제로 0.30에 비해 작다. 이는 문제를 간단하게 만든 근사법이 타당하다는 것을 의미한다.

$$x = 1.8 \times 10^{-5}\,M = [H^+]$$

마지막으로 $H^+(aq)$의 평형 농도로부터 pH를 계산한다.

$$pH = -\log(1.8 \times 10^{-5}) = 4.74$$

**주의** 16.5절에서, 0.30 *M* 아세트산 용액의 pH는 2.64였으며, 이는 $[H^+] = 2.3 \times 10^{-3}\,M$에 해당한다. 따라서 $CH_3COONa$는 실제로 $[H^+]$를 감소시켰으며, 이는 Le Châelier 원리로부터 예상하였던 바와 같다.

**▶ 보충 예제**

산의 일반 평형식 $HA(aq) \rightleftharpoons H^+(aq) + A^-(aq)$에 관한 다음 문장 중 옳은 것은?

**(a)** 용액의 pH 변화에 따라 평형 상수가 변한다.

**(b)** 평형 상태의 HA 용액에 KA 염을 추가하면, HA의 농도가 감소한다.

**(c)** 평형 상태의 HA 용액에 KA 염을 추가하면, $A^-$의 농도가 감소한다.

**(d)** 평형 상태의 HA 용액에 KA 염을 추가하면, pH가 증가한다.

## 예제 17.2

### 공통 이온이 포함되어 있는 경우의 이온 농도 계산

0.20 *M* HF와 0.10 *M* HCl을 포함하는 용액의 플루오린화 이온 농도와 pH를 계산하시오.

### 해답

**분석** 약산인 HF와 강산인 HCl로 된 용액의 $F^-$ 이온 농도와 pH를 계산하는 문제이다. 이 경우 $H^+$가 공통 이온이다.

**계획** 예제 17.1에서 보인 4단계 과정을 다시 활용한다.

**풀이** HF는 약산이고 HCl은 강산이므로 용액 중 주가 되는 화학종은 HF, $H^+$, $Cl^-$이다. $Cl^-$는 강산의 짝염기이며, 모든 산–염기 화학에서 구경꾼 이온일 뿐이다. 문제에서는 HF의 이온화에서 생긴 $[F^-]$를 묻는다. 따라서 중요한 평형은 다음과 같다.

$$HF(aq) \rightleftharpoons H^+(aq) + F^-(aq)$$

이 문제에서 공통 이온은 수소 이온(또는 하이드로늄 이온)이다. 이 평형에 관여한 각 화학종의 초기 농도와 평형 농도를 표로 만들 수 있다.

| | $HF(aq)$ | $H^+(aq)$ | $F^-(aq)$ |
|---|---|---|---|
| 초기(*M*) | 0.20 | 0.10 | 0 |
| 변화(*M*) | $-x$ | $+x$ | $+x$ |
| 평형(*M*) | $(0.20 - x)$ | $(0.10 + x)$ | $x$ |

부록 D에서 HF의 이온화 평형 상수는 $6.8 \times 10^{-4}$이다. 평형 상수와 평형 농도를 평형 상수식에 대입하면 다음과 같다.

$$K_a = 6.8 \times 10^{-4} = \frac{[H^+][F^-]}{[HF]} = \frac{(0.10 + x)(x)}{0.20 - x}$$

$x$ 값이 0.10 $M$ 또는 0.20 $M$에 비해 상대적으로 작다고 가정하면, 이 식은 다음과 같이 간단해진다.

$$\frac{(0.10)(x)}{0.20} = 6.8 \times 10^{-4}$$

$$x = \frac{0.20}{0.10}(6.8 \times 10^{-4}) = 1.4 \times 10^{-3}\,M = [F^-]$$

이 $F^-$ 농도는 HCl을 첨가하지 않은 0.20 $M$ HF 용액보다 실제로 더 작다. 공통 이온 $H^+$는 HF의 이온화를 억제한다. $H^+(aq)$의 농도는 다음과 같다.

$$[H^+] = (0.10 + x)\,M \simeq 0.10\,M$$

따라서

$$pH = 1.00$$

**주의** 실제로 수소 이온 농도는 모두 HCl로부터 생긴 것임에 유의하라. HF는 비교적 무시할 정도의 영향을 준다.

▶ **보충 예제**

0.100 $M$ 락트산 용액($CH_3CH(OH)COOH$, $pK_a = 3.86$)과 0.08 $M$ HCl의 혼합 용액 내 락트산 이온의 농도를 계산하시오.

**(a)** 4.83 $M$ **(b)** 0.0800 $M$ **(c)** $7.3 \times 10^{-3}\,M$ **(d)** $3.65 \times 10^{-3}\,M$ **(e)** $1.73 \times 10^{-4}\,M$

예제 17.1과 17.2는 모두 약산에 관한 것이다. 마찬가지로 약염기의 경우도 공통 이온을 첨가하면 이온화도가 감소한다. 예를 들어 $NH_3$의 염기 해리 평형은 $NH_4^+$를 첨가하면(강전해질인 $NH_4Cl$에서 $NH_4^+$ 이온을 얻는다) 식 17.2의 평형이 왼쪽으로 이동하여 $OH^-$의 평형 농도가 감소하고, pH 값이 낮아진다.

$$NH_3(aq) + H_2O(l) \rightleftharpoons NH_4^+(aq) + OH^-(aq) \qquad [17.2]$$

## 자기 평가 연습 문제

**17.1** 약염기인 암모니아($NH_3$)를 이용하여 만든 용액에 수산화 칼슘($Ca(OH)_2$)이 녹아있다면 공통 이온은 무엇인가?

**(a)** $NH_3$ **(b)** $NH_4^+$ **(c)** $Ca^{2+}$ **(d)** $OH^-$

## 연습 문제

**17.2** 평형 상태인

$$B(aq) + H_2O(l) \rightleftharpoons HB^+(aq) + OH^-(aq)$$

에서 $HB^+(aq)$ 염을 $B(aq)$ 용액에 첨가한다고 가정해 보자.

**(a)** 반응에서 평형 상수는 증가, 감소, 아니면 유지될 것인가?

**(b)** $B(aq)$의 농도는 증가, 감소, 그대로 유지될 것인가?

**(c)** 용액의 pH는 증가, 감소, 그대로 유지될 것인가?

**17.3** 부록 D의 평형 상수를 사용하여 다음 용액의 pH를 계산하시오.

**(a)** 0.250 $M$ 폼산 소듐(HCOONa)과 0.150 $M$ 폼산(HCOOH)이 섞여 있는 혼합 용액

**(b)** 0.490 $M$ 피리딘($C_5H_5N$)과 0.450 $M$ 염화 피리디늄($C_5H_5NHCl$)이 섞여 있는 혼합 용액

**(c)** 0.050 $M$ 플루오린화수소산 80 mL와 0.10 $M$ 플루오린화 소듐 100 mL를 섞어 만든 용액

**17.4** **(a)** 0.250 $M$ 락트산($K_a = 1.4 \times 10^{-4}$)의 이온화 백분율을 계산하시오. **(b)** 0.050 $M$ 락트산 소듐을 포함하는 용액 내 0.250 $M$ 락트산의 이온화 백분율을 계산하시오.

자기 평가 연습 문제 답 17.1 (d)

# 17.2 | 완충 용액

완충 용액은 다양한 산업 분야에서 사용된다. 예를 들어 염색 공정의 pH를 제어하고, 발효에서 $CO_2$ 방출로 인한 산성도를 상쇄하며, 미생물학 실험실에서 사용되는 배양 배지 및 의약품 제조를 위해 사용된다. 완충 용액은 색상과 풍미를 유지하고 부패를 지연시키기 위해 가공 식품에도 사용된다. 예를 들어, 시트르산 소듐(구연산나트륨, 식품 포장에 번호 E331로 지정됨)은 잼 및 젤리와 같은 과일 제품에 추가되어 자연적으로 존재하는 구연산(시트르산)과 완충 용액으로 작용하여 색상을 유지하고 과일을 보존하는 데 도움이 된다.

이 절이 끝나면 다음 사항을 수행할 수 있어야 한다.

- 완충 용액이 어떻게 기능하는지 설명하고, 완충 용액의 pH를 계산하기
- 소량의 강산이나 강염기를 첨가한 후 완충 용액의 pH를 계산하기
- 주어진 pH를 가지는 완충 용액을 만들기 위해 필요한 화합물의 양을 계산하기

약한 짝산–짝염기 쌍으로 된 큰 농도($10^{-3}$ $M$ 이상)의 용액은 약간의 강산이나 강염기를 첨가할 때의 갑작스런 pH 변화에 저항한다. 이러한 용액을 **완충 용액(buffer solution** 또는 간단히 **buffer**라고 함)이라고 한다. 예를 들어 사람의 혈액은 약 pH 7.4로 유지되는 완충 용액이다("화학과 생명: 완충 용액으로서의 혈액" 참조). 바닷물의 여러 가지 화학적 거동은 pH에 의해 결정되며, 표면 근처에서 $HCO_3^-/CO_3^{2-}$ 짝산–짝염기 짝으로 인해 약 pH 8.1~8.3으로 완충된다. 완충 용액은 많은 실험실과 의료에 중요하게 응용된다(**그림 17.1**). 많은 종류의 생물학적 반응이 적절한 완충 용액에서만 최적화되어 진행된다. 여러분이 생화학 실험실에서 일하게 된다면, 생화학 반응을 위해서 여러 종류의 완충 용액을 준비해야 할 것이다.

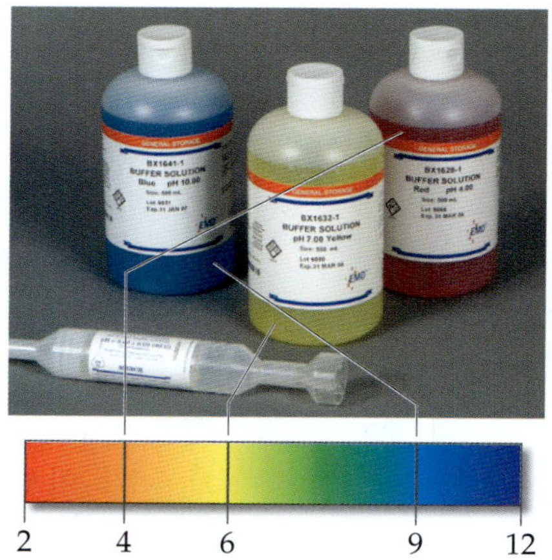


▲ **그림 17.1** **완충 용액** 실험용으로 포장된 특정 pH 값의 완충 용액은 구입할 수 있다.

## 완충 용액 조성과 작용

완충 용액은 $OH^-$ 이온을 중화하는 산성 화학종과 $H^+$ 이온을 중화하는 염기성 화학종을 모두 포함하므로, pH 변화에 저항한다. 하지만 이들의 산성 화학종과 염기성 화

학종은 서로 중화 반응을 통하여 소비되지 않아야 한다(4.3절). 이러한 요구 사항은 $CH_3COOH/CH_3COO^-$ 또는 $NH_4^+/NH_3$ 같은 약한 짝산–짝염기 쌍에 의해 충족된다. 중요한 것은 대략 비슷한 농도의 약산과 짝염기를 사용해야 한다는 점이다. 완충 용액을 만들기 위한 방법에는 두 가지가 있다.

- 약산 또는 약염기를 각 산 또는 염기의 염과 섞는 방법이다. 예를 들어 $CH_3COOH$ 용액에 $CH_3COONa$를 첨가함으로써 $CH_3COOH/CH_3COO^-$ 완충 용액을 만들 수 있다. 비슷하게, $NH_3$ 용액에 $NH_4Cl$을 첨가함으로써 $NH_4^+/NH_3$ 완충 용액을 만들 수 있다.
- 약염기나 약산을 강산이나 강염기와 반응시켜 짝산 또는 짝염기를 얻을 수 있다. 예를 들어 $CH_3COOH$ 용액에 일정량의 NaOH를 첨가하면 아래 반응에 의하여 $CH_3COOH$의 절반 정도를 중화시킬 수 있는 정도의 $CH_3COOH/CH_3COO^-$ 완충 용액을 만들 수 있다.

$$CH_3COOH(aq) + OH^-(aq) \longrightarrow CH_3COO^-(aq) + H_2O(l)$$

중화 반응은 매우 큰 평형 상수를 가지고 있고, 생성되는 아세트산 이온의 양은 섞어준 산과 강염기의 양에만 의존할 것이다. 결과적으로 얻은 용액은 아세트산 수용액에 아세트산 소듐을 첨가한 경우와 같을 것이고, 용액 내에는 비슷한 양의 아세트산과 짝염기가 존재할 것이다.

적절한 성분과 상대적인 농도를 조절함으로써, 어떠한 pH에 해당하는 완충 용액도 만들 수 있다.

어떻게 완충 용액이 작용하는가를 더 잘 이해하기 위해 약산 HA와 그것의 염 MA로 된 완충 용액을 생각해 보자. 이때 $M^+$는 $Na^+$, $K^+$ 또는 다른 양이온이며, 물에서 반응하지 않는다. 이 완충 용액의 산 해리 평형에는 산과 그 짝염기가 모두 관여한다.

$$HA(aq) \rightleftharpoons H^+(aq) + A^-(aq) \qquad [17.3]$$

이에 상응하는 산 해리 상수식은

$$K_a = \frac{[H^+][A^-]}{[HA]} \qquad [17.4]$$

이 식을 $[H^+]$에 대해 풀면

$$[H^+] = K_a\frac{[HA]}{[A^-]} \qquad [17.5]$$

이 식으로부터 $[H^+]$, 즉 pH는 두 가지 인자에 의해 결정되는 것을 알 수 있다.

- 완충 용액의 약산 성분의 $K_a$ 값
- 짝산–짝염기 쌍의 농도비($[HA]/[A^-]$)

$OH^-$를 완충 용액에 첨가하면, 이는 완충 용액의 산 성분과 반응하여 물과 $A^-$를 생성한다.

$$\underset{\text{첨가된 염기}}{OH^-(aq)} + HA(aq) \longrightarrow H_2O(l) + A^-(aq) \qquad [17.6]$$

이 중화 반응은 [HA]를 감소시키고, $[A^-]$를 증가시킨다. 그러나 완충 용액 중 HA와 $A^-$의 양이 첨가된 $OH^-$의 양에 비해 많으면 $[HA]/[A^-]$ 비는 크게 변하지 않는다. 따라서 pH 변화가 작다.

$H^+$ 이온을 첨가하면, 완충 용액의 염기 성분과 반응한다.

$$\underset{\text{첨가된 산}}{H^+(aq)} + A^-(aq) \longrightarrow HA(aq) \qquad [17.7]$$

이 반응은 $H_3O^+$를 사용하여 나타낼 수도 있다.

$$H_3O^+(aq) + A^-(aq) \longrightarrow HA(aq) + H_2O(l)$$

어느 반응식을 사용하더라도 $[A^-]$는 감소하고, [HA]는 증가한다. $[HA]/[A^-]$ 비의 변화가 작기만

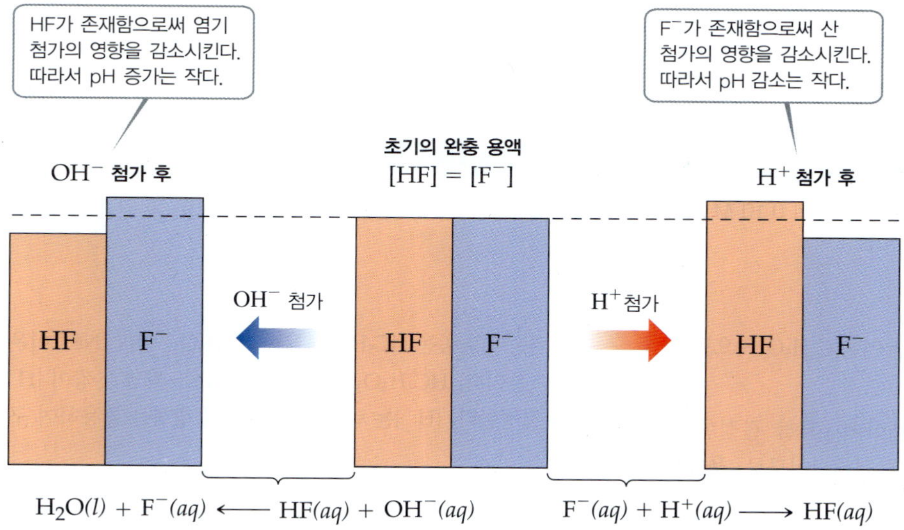


▲**그림 17.2** **완충 작용** HF/$F^-$ 완충 용액의 pH는 산과 염기를 첨가하더라도 거의 변하지 않는다.

하면 pH 변화는 작게 된다.

**그림 17.2**는 같은 농도의 플루오린화수소산(HF)과 플루오린화 이온($F^-$)으로 된 HA/$A^-$ 완충 용액(중앙)을 나타낸 것이다. $OH^-$를 첨가하면 [HF]가 감소하고, [$F^-$]가 증가한다. 반면에 $H^+$를 첨가하면 [$F^-$]가 감소하고, [HF]가 증가한다.

너무 많은 강산이나 강염기를 사용하면 완충 용액을 넘어설 수 있다. 이 장의 뒷부분에서 해당 내용을 더 자세히 살펴볼 것이다.

## 완충 용액의 pH 계산

짝산–짝염기 쌍은 공통 이온을 공유하므로 공통 이온 효과를 취급할 때 사용한 완충 용액의 pH 계산과 똑같은 방법을 사용할 수 있다(예제 17.1). 또 다른 방법으로는 식 17.5로부터 유도한 식을 기초로 해서 접근할 수도 있다. 식 17.5의 양쪽에 $-\log$를 취하면

$$-\log[H^+] = -\log\left(K_a\frac{[HA]}{[A^-]}\right) = -\log K_a - \log\frac{[HA]}{[A^-]}$$

$-\log[H^+]=pH$이고, $-\log K_a = pK_a$이므로

$$pH = pK_a - \log\frac{[HA]}{[A^-]} = pK_a + \log\frac{[A^-]}{[HA]} \qquad [17.8]$$

(계산이 어떻게 되는지 잘 모른다면 부록 A.2에 있는 로그 규칙을 기억하라.)

일반적으로

$$pH = pK_a + \log\frac{[\text{염기}]}{[\text{산}]} \qquad [17.9]$$

여기서 [산]과 [염기]는 **짝산–짝염기 쌍**(conjugate acid–base pair)의 평형 농도이다. [염기]=[산]일 때 $pH=pK_a$라는 것에 유의하라.

식 17.9는 **Henderson–Hasselbalch 식(Henderson–Hasselbalch equation)**으로 알려져 있다. 생물학자, 생화학자 및 때때로 완충 용액을 이용하는 사람들은 완충 용액의 pH 계산 시 이 식을 종종 사용한다. 평형 계산에서 이온화하는 완충 용액의 산과 염기의 양을 일반적으로 무시할 수도 있음을 보았다. 따라서 예제 17.3에서 볼 수 있듯이, 식 17.9에 완충 용액의 산과 염기 성분의 초기 농도를 직접 사용할 수도 있다. 하지만 완충 용액 내 초기 산과 염기 성분의 농도가 평형 상태의 농도와 같을 것이라는 점은 가정일 뿐이다. 예제 17.4에서 볼 수 있듯이, 조금 더 세밀하게 살

펴볼 필요가 있는 경우가 있을 것이다.

## 예제 17.3
### 완충 용액의 pH 계산

0.12 *M* 락트산[$CH_3CH(OH)COOH$ 또는 $HC_3H_5O_3$]과 0.10 *M* 락트산 소듐($CH_3CH(OH)COONa$ 또는 $NaC_3H_5O_3$)으로 된 완충 용액의 pH를 계산하시오(단, 락트산의 $K_a = 1.4 \times 10^{-4}$이다).

**해답**

**분석** 락트산($HC_3H_5O_3$)과 그 짝염기 락트산 이온($C_3H_5O_3^-$)으로 된 완충 용액의 pH를 계산하는 문제이다.

**계획** 우선 17.1절에 설명한 방법을 사용하여 pH를 결정한다. $HC_3H_5O_3$는 약전해질이고, $NaC_3H_5O_3$는 강전해질이므로, 용액의 주가 되는 화학종은 $HC_3H_5O_3$, $Na^+$, $C_3H_5O_3^-$이다. $Na^+$ 이온은 구경꾼 이온이다. $HC_3H_5O_3/C_3H_5O_3^-$의 짝산–짝염기 쌍이 $[H^+]$, 즉 pH를 결정한다. $[H^+]$는 락트산의 산 해리 평형을 활용하여 구할 수 있다.

**풀이** 이 평형에 관여한 화학종의 초기 농도와 평형 농도는 다음과 같다.

$$CH_3CH(OH)COOH(aq) \rightleftharpoons H^+(aq) + CH_3CH(OH)COO^-(aq)$$

| | $CH_3CH(OH)COOH(aq)$ | $H^+(aq)$ | $CH_3CH(OH)COO^-(aq)$ |
|---|---|---|---|
| 초기(*M*) | 0.12 | 0 | 0.10 |
| 변화(*M*) | $-x$ | $+x$ | $+x$ |
| 평형(*M*) | $(0.12 - x)$ | $x$ | $(0.10 + x)$ |

평형 농도는 평형식에 의하여 결정된다.

$$K_a = 1.4 \times 10^{-4} = \frac{[H^+][C_3H_5O_3^-]}{[HC_3H_5O_3]} = \frac{x(0.10 + x)}{0.12 - x}$$

$K_a$가 작고 공통 이온이 존재하므로 $x$는 0.12 *M* 또는 0.10 *M*에 비해 작은 것으로 예상된다. 따라서 식은 다음처럼 간단히 할 수 있다.

$$K_a = 1.4 \times 10^{-4} = \frac{x(0.10)}{0.12}$$

$x$에 대하여 풀면, 근사법을 정당화하는 값이 나온다.

$$[H^+] = x = \left(\frac{0.12}{0.10}\right)(1.4 \times 10^{-4}) = 1.7 \times 10^{-4}\,M$$

그 다음 pH를 구할 수 있다.

$$pH = -\log(1.7 \times 10^{-4}) = 3.77$$

또 다른 방법으로, 산과 염기의 초기 농도를 이용하여 Henderson–Hasselbalch 식을 직접 사용하여 pH를 계산할 수 있다.

$$pH = pK_a + \log\frac{[\text{염기}]}{[\text{산}]} = 3.85 + \log\left(\frac{0.10}{0.12}\right)$$
$$= 3.85 + (-0.08) = 3.77$$

▶ **보충 예제**

완충 용액의 pH가 완충 용액 내 산 성분의 $pK_a$와 같다면, 이는 완충 용액 내 산 성분과 짝염기 성분의 상대적 농도에 관하여 무엇을 알려 주는가?

**(a)** 산 성분의 농도는 0이다.
**(b)** 염기 성분의 농도는 0이다.
**(c)** 산 성분의 농도와 염기 성분의 농도는 같다.
**(d)** 산 성분의 농도와 염기 성분의 농도는 $K_a$와 같을 것이다.
**(e)** 염기 성분의 농도는 산 성분의 농도에 비해 2.3배 크다.

## 예제 17.4
### Henderson-Hasselbalch 식이 정확히 맞지 않을 때의 pH 계산

초기에 $1.00 \times 10^{-3}$ *M* $CH_3COOH$와 $1.00 \times 10^{-4}$ *M* $CH_3COONa$으로 된 완충 용액의 pH를 다음의 두 가지 방법을 이용하여 계산하시오. **(i)** Henderson–Hasselbalch 식을 이용하여 계산, **(ii)** 양에 대한 가정 없이 계산(이차 방정식을 사용해야 함을 의미)(단, $CH_3COOH$의 $K_a$는 $1.80 \times 10^{-5}$이다.)

**해답**

**분석** 완충 용액의 pH를 두 가지 방법으로 계산하는 문제이다. 약산과 짝염기의 초기 농도를 알고 있고, 약산의 $pK_a$ 값을 알고 있다.

**계획** 우선 p$K_a$ 값과 산–염기 농도비를 이용하는 Henderson–Hasselbalch 식을 사용하여 pH를 계산한다. 이 방법으로 간단하게 계산할 수 있다. 그 후에 농도와 양에 대한 가정 없이, 다시 계산을 할 것이다. 이 방법에서는 기존에 수행하였듯이, 초기 농도/변화량/평형 농도 값을 계산해야 한다. 추가로 이차 방정식을 이용하여 가정 없이 양을 계산할 것이다.

**풀이**

**(i)** Henderson–Hasselbalch 식은

$$\text{pH} = \text{p}K_a + \log\frac{[\text{염기}]}{[\text{산}]}$$

산의 $K_a$ 값($1.80\times10^{-5}$)을 알고 있으므로, p$K_a$(p$K_a$= $-\log K_a$=4.74)를 알 수 있다. 또한 염기인 아세트산 소듐과 산인 아세트산의 초기 농도를 알고 있고, 이 값들은 평형 농도로 가정한다.

따라서 이를 정리해 보면,

$$\text{pH} = 4.74 + \log\frac{(1.00\times10^{-4})}{(1.00\times10^{-3})}$$
$$= 4.74 - 1.00 = 3.74$$

**(ii)** 이제는 가정 없이 계산을 다시 수행할 것이다. 평형 상태에서 $H^+$의 농도를 $x$로 놓고, pH를 계산하기 위하여 이에 대하여 식을 풀 것이다.

$$CH_3COOH(aq) \rightleftharpoons CH_3COO^-(aq) + H^+(aq)$$

| | $CH_3COOH(aq)$ | $CH_3COO^-(aq)$ | $H^+(aq)$ |
|---|---|---|---|
| 초기($M$) | $1.00\times10^{-3}$ | $1.00\times10^{-4}$ | 0 |
| 변화($M$) | $-x$ | $+x$ | $+x$ |
| 평형($M$) | $(1.00\times10^{-3}-x)$ | $(1.00\times10^{-4}+x)$ | $x$ |

$$\frac{[CH_3COO^-][H^+]}{[CH_3COOH]} = K_a$$

$$\frac{(1.00\times10^{-4}+x)(x)}{(1.00\times10^{-3}-x)} = 1.8\times10^{-5}$$

$$1.00\times10^{-4}x + x^2 = 1.8\times10^{-5}(1.00\times10^{-3}-x)$$

$$x^2 + 1.00\times10^{-4}x = 1.8\times10^{-8} - 1.8\times10^{-5}x$$

$$x^2 + 1.18\times10^{-4}x - 1.8\times10^{-8} = 0$$

$$x = \frac{-1.18\times10^{-4} \pm \sqrt{(1.18\times10^{-4})^2 - 4(1)(-1.8\times10^{-8})}}{2(1)}$$

$$= \frac{-1.18\times10^{-4} \pm \sqrt{8.5924\times10^{-8}}}{2}$$

$$= 8.76\times10^{-5} = [H^+]$$

$$\text{pH} = 4.06$$

**주의** 예제 17.3에서는 이차 방정식을 통해 계산한 pH와, 초기 농도와 평형 농도가 같다는 가정으로 간단하게 계산한 값이 서로 일치하였다. 이 경우에는 짝산–짝염기 쌍의 농도가 $K_a$ 값보다 천 배 이상 컸기 때문에 가정이 유효하였다. 하지만 이번 예제에서는 짝산–짝염기의 농도가 $K_a$보다 10~100배 크기 때문에, $x$가 초기 농도에 비하여 충분히 작다고 가정할 수 없다(이는 다른 말로, 초기 농도와 평형 농도가 같다고 가정할 수 없다는 의미이다). 이 예제의 가장 정확한 답은 $x$에 대한 가정 없이 얻어진 pH=4.06이다. 결과적으로 Henderson–Hasselbalch 식은 약한 산(또는 염기)의 초기 농도가 $K_a$(또는 $K_b$)보다 작을 때에는 식의 정확도가 떨어진다고 할 수 있다.

**▶ 보충 예제**

완충 용액이 아세트산 소듐($CH_3COONa$)과 아세트산($CH_3COOH$)으로 만들어졌다(단, 아세트산의 $K_a$는 $1.80\times10^{-5}$이다). 이 완충 용액의 pH는 3.98이다. 평형 상태에서 아세트산 소듐과 아세트산의 농도비는 얼마인가?

**(a)** −0.760 **(b)** 0.174 **(c)** 0.840 **(d)** 5.75 **(e)** 답을 구하기에는 주어진 정보가 충분하지 않다.

예제 17.3에서 완충 용액의 pH를 계산하였다. 그러나 종종 반대 방향의 작업도 필요로 할 것이다. 즉 특정 pH를 얻기 위해 산과 그 짝염기의 양을 계산하는 경우이다. 이 계산은 예제 17.5에 나타내었다.

## 예제 17.5
### 완충 용액 만들기

0.10 $M$ $NH_3$ 2.0 L에 $NH_4Cl$ 몇 몰을 첨가하면 pH 9.00의 완충 용액을 만들 수 있는가? (단, $NH_4Cl$의 첨가로 용액의 부피가 변화하지 않는다고 가정한다.)

**해답**

**분석** 특정 pH 용액을 만들기 위해 필요한 $NH_4^+$의 양을 구하는 문제이다.

**계획** 용액 중 주가 되는 화학종은 $NH_4^+$, $Cl^-$, $NH_3$이다. 이들 중 $Cl^-$ 이온은 구경꾼이다(이것은 강산의 짝염기이다). 따라서 $NH_4^+$/$NH_3$의 짝산–짝염기 쌍이 완충 용액의 pH를 결정한다. $NH_4^+$와 $NH_3$ 사이의 평형 관계는 $NH_3$의 염기 해리 반응에 의해 주어진다.

$$NH_3(aq) + H_2O(l) \rightleftharpoons NH_4^+(aq) + OH^-(aq)$$

$$K_b = \frac{[NH_4^+][OH^-]}{[NH_3]} = 1.8 \times 10^{-5}$$

이 예제의 핵심은 $[NH_4^+]$를 계산하기 위해 $K_b$ 식을 사용하는 것이다.

**풀이** pH로부터 $[OH^-]$를 구한다.

$$pOH = 14.00 - pH = 14.00 - 9.00 = 5.00$$
$$[OH^-] = 1.0 \times 10^{-5}\,M$$

$K_b$가 매우 작고 $NH_4^+$가 공통 이온으로 존재하므로 $NH_3$의 평형 농도는 초기 농도와 근본적으로 같다.

$$[NH_3] = 0.10\,M$$

$[NH_4^+]$를 구하기 위해 $K_b$ 식을 사용한다.

$$[NH_4^+] = K_b\frac{[NH_3]}{[OH^-]} = (1.8 \times 10^{-5})\frac{(0.10)}{(1.0 \times 10^{-5})} = 0.18\,M$$

용액의 pH가 9.00이 되기 위해서는 용액의 $[NH_4^+]$가 0.18 $M$과 같아야 한다. 필요한 $NH_4Cl$의 몰수는 용액 부피와 몰농도를 곱한 값이다.

$$(2.0\,\text{L})(0.18\text{ mol } NH_4Cl/\text{L}) = 0.36\text{ mol } NH_4Cl$$

**주의** $NH_4^+$와 $NH_3$는 짝산–짝염기 쌍이므로, 이 문제를 풀기 위하여 Henderson–Hasselbalch 식(식 17.9)을 사용할 수 있다. 식 16.41을 우선 사용해서 $NH_3$의 $pK_b$ 값으로부터 $NH_4^+$의 $pK_a$ 값을 계산한다. 완충 용액의 pH를 계산할 때, 산의 $K_a$가 아니라 짝염기의 $K_b$가 주어졌을 때도 Henderson–Hasselbalch 식을 사용할 수 있다. 이 방법을 확신할 수 있도록 연습해 보길 제안한다.

**▶ 보충 예제**

pH 9.20의 완충 용액을 만들기 위해 0.500 $M$ 암모니아 용액 2.00 L에 첨가해야 하는 염화 암모늄의 질량은 얼마인가? (용질을 첨가하여도 용액의 부피는 변하지 않는다고 가정하고, 암모니아의 $K_b$는 $1.80 \times 10^{-5}$이다.)

**(a)** 60.7 g **(b)** 30.4 g **(c)** 1.52 g **(d)** 0.568 g **(e)** $1.59 \times 10^{-5}$ g

## 완충 용량과 pH 범위

완충 용액의 두 가지 중요한 특성은 완충 용량과 pH 범위이다. **완충 용량(buffer capacity)**이란 완충 용액의 pH가 급격히 변화하기 전까지 완충 용액을 중화할 수 있는 산이나 염기의 양이다. 이 완충 용량은 완충 용액을 만들 때 사용한 산과 염기의 양에 의존한다. 예를 들어 1 $M$ $CH_3COOH$와 1 $M$ $CH_3COONa$ 혼합물 1 L 중의 pH는 0.1 $M$ $CH_3COOH$와 0.1 $M$ $CH_3COONa$ 혼합물 1 L 중의 pH와 같다는 것을 식 17.5로부터 알 수 있다. 그러나 첫 번째 용액의 완충 용량이 더 크다. 더 많은 $CH_3COOH$와 $CH_3COO^-$를 포함하기 때문이다.

완충 용액의 pH 범위(pH range)는 그 완충 용액이 효과적으로 작용할 수 있는 pH 범위를 말한다. 완충 용액은 약산과 그 짝염기의 농도가 거의 같을 때 **어느 방향으로든** pH 변화에 가장 효과적으로 저항한다. 식 17.9에서 약산과 그 짝염기의 농도가 같을 때 $pH = pK_a$임을 알았다. 이 관계는 완충 용액의 최적 pH를 나타낸다. 따라서 완충 용액의 산 형태가 갖는 $pK_a$ 값이 원하는 pH에 가깝도록 완충 용액을 선택한다. 실제로 완충 용액의 한 성분 농도가 다른 성분과 10배 이상 차이가 나면 완충 능력은 보잘 것 없게 된다. $\log 10 = 1$이므로 **완충 용액은 $pK_a$ 값의 ±1 내에서 사용 가능한 범위를 갖는다**(즉 $pH = pK_a \pm 1$).

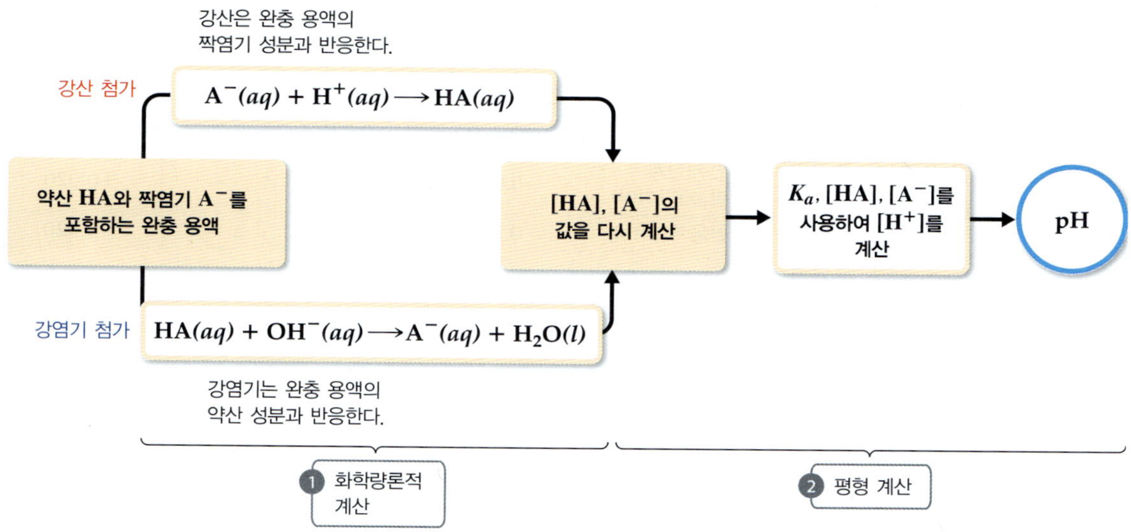


▲그림 17.3 산 또는 염기를 첨가한 후 완충 용액의 pH 계산

## 완충 용액에 강산 또는 강염기를 첨가

이제 강산이나 강염기를 첨가할 때 완충 용액의 감응을 더 정량적 방법으로 생각해 보자. 이 문제를 풀려면 **강산과 약염기 사이의 중화 반응 및 강염기와 약산 사이의 중화 반응이 완전히 진행되는 반응**임을 이해해야 한다. 이것은 물을 생성하는 반응이기 때문이다(물을 생성하는 반응의 평형 상수 $1/K_w = 10^{14}$이다). 따라서 완충 용액의 완충 용량을 초과하지 않는 한, 강산이나 강염기는 완충 용액과 반응하여 완전히 소비된다고 추정할 수 있다.

약산(HA)과 그 짝염기($A^-$)를 포함하는 완충 용액을 생각해 보자. 강산을 이 완충 용액에 첨가할 때 $H^+$는 $A^-$에 의해 소비되어 HA를 생성한다. 따라서 [HA]는 증가하고, $[A^-]$는 감소한다(식 17.7 참조). 강염기를 완충 용액에 첨가하면 $OH^-$는 HA에 의해 소비되어 $A^-$를 만든다. 이 경우에 [HA]는 감소하고 $[A^-]$는 증가한다(식 17.6 참조). 이러한 상황을 그림 17.2에 요약하였다.

강산이나 강염기를 첨가할 때 완충 용액의 pH 값이 어떻게 감응하는가를 계산하는 것은 **그림 17.3**에 제시한 방법을 따른다.

1. 산–염기 중화 반응을 고려하고, [HA]와 $[A^-]$에 미치는 영향을 결정한다. 이 단계는 **한계 반응물 화학량론적 계산**(limiting reactant stoichometry calculation)이다.
2. $[H^+]$를 계산하기 위하여 $K_a$와 계산된 [HA], $[A^-]$의 값을 사용한다. 이 방법은 **평형 계산**(equilibrium calculation)이며, Henderson–Hasselbalch 식을 사용하여 아주 쉽게 구할 수 있다(약산–염기 쌍의 농도가 산의 $K_a$에 비해 매우 클 때).

## 예제 17.6
### 완충 용액의 pH 변화 계산

0.300 mol $CH_3COOH$와 0.300 mol $CH_3COONa$를 첨가하여 1.00 L가 되도록 물로 묽혀 완충 용액을 만들었다. 완충 용액의 pH = 4.74이다(예제 17.1). **(a)** 4.0 *M* NaOH(*aq*) 용액 5.0 mL를 첨가한 후 이 용액의 pH를 계산하시오. **(b)** 비교를 위하여, 순수한 물 1.000 L에 4.0 *M* NaOH(*aq*) 용액 5.0 mL를 첨가한 후 용액의 pH를 계산하시오.

**해답**

**분석** 약간의 강염기를 첨가한 후 완충 용액의 pH를 계산하고, 순수한 물에 같은 양의 강염기를 첨가한 후 pH를 계산하여 비교하는 문제이다.

**계획** 이 문제를 푸는 데 그림 17.3에 요약한 두 단계가 사용된다. 따라서 먼저 첨가된 $OH^-$가 완충 용액 조성에 어떤 영향을 미치는지를 알기 위하여 화학량론적 계산을 해야 한다. 그런 후 pH를 알아내기 위하여 완충 용액의 조성과 Henderson–Hasselbalch 식 또는 평형 상수식을 사용해야 한다.

**풀이**

(a) **화학량론적 계산:** NaOH에서 나온 $OH^-$가 $CH_3COOH$(완충 용액의 약산 성분)와 완전히 반응한다. 부피가 변하기 때문에 반응물과 생성물이 얼마나 생성되는가는 신중하게 계산해야 한다. 나중에 얻은 농도로 최종 부피를 나눈다. 이것은 중화 반응으로, $CH_3COOH$와 $CH_3COO^-$는 각각 0.300 mol이다. 첨가된 염기의 양은 0.005 L × 4.0 mol/L = 0.020 mol이다. 0.020 mol $OH^-$를 중화시키는 데는 0.020 mol의 $CH_3COOH$가 필요하다. 결과적으로 $CH_3COOH$의 양은 0.020 mol **감소한다**. 그리고 $CH_3COO^-$의 중화로 생성되는 양은 0.020 mol **증가한다**. $OH^-$의 반응 결과로서, 완충 용액의 변화 성분들을 도표로 작성하면 다음과 같다.

|  | $CH_3COOH(aq)$ | $+\ OH^-(aq)$ | $\longrightarrow H_2O(l)$ | $+\ CH_3COO^-(aq)$ |
|---|---|---|---|---|
| 반응 전(mol) | 0.300 | 0.020 | — | 0.300 |
| 변화(한계 반응물)(mol) | −0.020 | −0.020 | — | +0.020 |
| 반응 후(mol) | 0.280 | 0 | — | 0.320 |

**평형 계산:** 이제는 완충 용액의 pH를 구하게 될 아세트산의 이온화에 대한 평형을 살펴보자.

$$CH_3COOH(aq) \rightleftharpoons H^+(aq) + CH_3COO^-(aq)$$

반응 후 완충 용액 속에 남아 있는 $CH_3COOH$와 $CH_3COO^-$의 양을 이용하여 Henderson−Hasselbalch 식을 적용함으로써 pH를 구할 수 있다. 이제 용액의 부피는 NaOH 용액 첨가로 인해 1.000 L + 0.0050 L = 1.005 L이다.

$$pH = 4.74 + \log\frac{0.320\ \text{mol}/1.005\ \text{L}}{0.280\ \text{mol}/1.005\ \text{L}} = 4.80$$

(b) 순수한 물 1.000 L에 0.020 mol NaOH를 첨가하여 만들어진 용액의 pH를 결정하기 위해서 첫 번째로 용액 내 $OH^-$ 이온의 농도를 결정한다.

$$[OH^-] = 0.020\ \text{mol}/1.005\ \text{L} = 0.020\ M$$

pOH를 계산하기 위해 식 16.18을 사용한다. 그런 다음 pH를 얻기 위하여 계산된 pOH 값을 이용한다.

$$pOH = -\log[OH^-] = -\log(0.020) = +1.70$$

$$pH = 14 - (+1.70) = 12.30$$

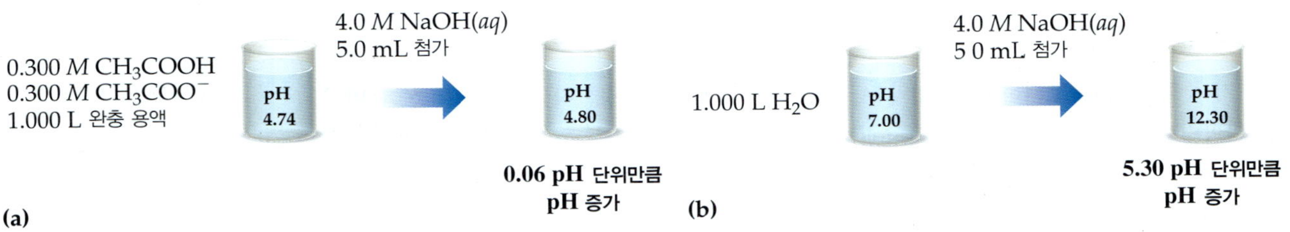


▲ **그림 17.4** 강염기를 완충 용액과 물에 첨가하였을 때의 효과

**주의** 적은 양의 NaOH를 첨가하더라도 물의 pH는 크게 변한다. 반면에 NaOH가 첨가되었을 때 완충 용액의 pH는 **그림 17.4**에 나타낸 것처럼 매우 조금 변한다.

▶ **보충 예제**

이들 중 어느 것이 진실인가?

(a) 완충 용액은 강산이나 염기를 첨가해도 pH는 결코 변하지 않는다.
(b) 완충 용액에 강산이나 염기를 첨가하여 pH를 계산하기 위해서는 단지 Henderson−Hasselbalch 식이 필요하다.
(c) 강염기는 강산과 반응하나 약산과는 반응하지 않는다.
(d) 강산이나 염기를 완충 용액에 첨가하면 완충 용액의 $pK_a$ 또는 $pK_b$는 변한다.
(e) 강산이나 강염기를 완충 용액에 첨가할 때의 계산은 중화 반응에서 나오는 물질의 양을 계산한 다음 평형을 이용해야 한다.

## 화학과 생명 완충 용액으로서의 혈액

생명계에서 일어나는 화학 반응은 pH에 매우 민감하다. 예를 들면 중요한 생화학 반응을 촉매하는 많은 효소들은 좁은 범위의 pH 내에서만 효과적이다. 이러한 이유로 인체는 조직 세포나 세포를 운반하는 액체 내에 매우 복잡한 완충계를 유지하고 있다. 산소를 몸 구석 구석까지 운반하는 혈액은 생명체에 있어 완충의 중요성을 보여 주는 중요한 예 중 하나이다.

인간 혈액의 정상적인 pH 값은 7.35~7.45이다. 이 범위에서 약간만 벗어나도 세포막의 안정도, 단백질의 구조, 효소의 활성도 등이 매우 심각한 영향을 받는다. pH 값이 6.8보다 낮거나 7.8보다 높으면 생명을 잃는다. pH가 7.35 아래로 떨어지면 **산혈증**(acidosis)이라고 하고, 7.45보다 높아지면 **알칼리 혈증**(alkalosis)이라고 한다. 일반적으로 산혈증이 더 잘 일어나는데, 그 이유는 신체에서 일어나는 일반적인 물질대사에 의해 여러 가지 산이 만들어지기 때문이다.

혈액의 pH를 조절하는 데 이용되는 완충계는 **탄산–탄산수소 완충계**(carbonic acid–bicarbonate buffer system)이다. 탄산($H_2CO_3$)과 탄산수소 이온($HCO_3^-$)은 짝산–짝염기 쌍이다. 더욱이 탄산은 이산화탄소 기체와 물로 분해된다. 이 완충계의 평형식은 다음과 같다.

$$H^+(aq) + HCO_3^-(aq) \rightleftharpoons H_2CO_3(aq) \rightleftharpoons H_2O(l) + CO_2(g) \quad [17.10]$$

이 평형식에는 주목할 것들이 있다. 첫째, 탄산이 이양성자산임에도 불구하고, 이 계에서 탄산 이온($CO_3^{2-}$)은 중요하지 않다. 둘째, 이 평형식의 한 성분인 $CO_2$는 기체인데, 인체로 하여금 평형을 조절하는 메커니즘을 갖도록 한다. 즉 호흡을 통하여 $CO_2$를 방출함으로써 평형을 오른쪽으로 이동시키고, 산을 소비하도록 한다. 셋째, 혈액 내의 완충계는 pH 7.4에서 작동하는데, 이 값은 $H_2CO_3$의 $pK_{a1}$ 값(생리학적인 온도에서 6.1)으로부터 상당히 멀리 떨어져 있다. 완충계가 pH 7.4를 갖기 위해서는 [염기]/[산]의 비가 약 20이 되어야 한다. 정상 혈장의 $HCO_3^-$와 $H_2CO_3$의 농도는 대략 0.024 *M*과 0.0012 *M*이다. 결과적으로 이 완충계는 염기보다는 여분의 산을 중화시킬 수 있는 큰 용량을 가지고 있다.

탄산–탄산수소 완충계의 pH를 조절하는 주요 기관은 폐와 신장이다. 뇌의 어떤 수용체는 인체의 $H^+$와 $CO_2$의 농도에 매우 민감하다. $CO_2$의 농도가 커지면 식 17.10의 평형이 왼쪽으로 이동하고, 이는 $H^+$가 더 많이 생성되도록 한다. 뇌의 수용체는 이를 인지하여 호흡을 빠르고 깊게 하도록 만들어, 폐에서 $CO_2$의 제거 속도를 증가시켜 평형을 오른쪽으로 이동시킨다. 혈액의 pH가 너무 높아지면 신장은 혈액으로부터 $HCO_3^-$를 제거한다. 이러한 왼쪽으로의 평형 이동은 $H^+$의 농도를 증가시킨다. 그 결과 pH가 감소한다.

혈장의 pH 조절은 신체 세포에 $O_2$의 운반과 직접적인 관련이 있다. 적혈구(그림 17.5)에서 발견되는 단백질인 헤모글로빈은 산소를 운반한다. 헤모글로빈(Hb)은 $H^+$와 $O_2$에 가역적으로 결합한다. 이 두 물질은 Hb을 두고 경쟁하는데, 다음 평형식으로 나타낼 수 있다.

$$HbH^+(aq) + O_2(aq) \rightleftharpoons HbO_2(aq) + H^+(aq) \quad [17.11]$$

산소는 폐를 통해 혈액에 유입되는데, 이곳에서 산소는 적혈구로 들어가 Hb과 결합한다. $O_2$의 농도가 낮은 세포에 혈액이 도달하면 식 17.11의 평형은 왼쪽으로 이동하여 $O_2$를 내놓는다.

힘든 운동을 하는 동안, 세 가지 요인이 함께 작용하여 $O_2$를 활동 중인 세포로 운반한다. 각 요인의 역할은 Le Châtelier 원리를 식 17.11에 적용하여 이해할 수 있다.

1. $O_2$가 소비되면 평형이 왼쪽으로 이동하여 더 많은 $O_2$가 방출된다.
2. 물질대사에 의해 생산되는 많은 양의 $CO_2$는 $[H^+]$를 증가시켜 평형이 왼쪽으로 이동하여 $O_2$가 방출된다.
3. 신체의 온도가 증가한다. 식 17.11이 발열 반응이므로, 온도가 증가하면 평형을 왼쪽으로 이동시켜 $O_2$가 방출된다.

이 요인들은 조직에서 $O_2$를 방출시킬 뿐만 아니라, pH를 감소시켜 심박수의 증가를 자극해 더 많은 $O_2$를 공급하고, $CO_2$를 제거한다. 평형 이동과 pH 변화가 이렇게 정교하게 연결되지 않는다면, 조직에서 $O_2$를 급격하게 감소시켜 더 이상의 활동을 만드는 것이 불가능하다. 이런 조건들에서 혈액의 완충 용량과 $CO_2$의 발산을 통해 폐의 pH가 너무 낮게 떨어져 산혈증을 촉발시키는 일이 일어나지 않도록 pH를 유지하는 것이 필수적이다.

**관련 연습 문제: 17.66**

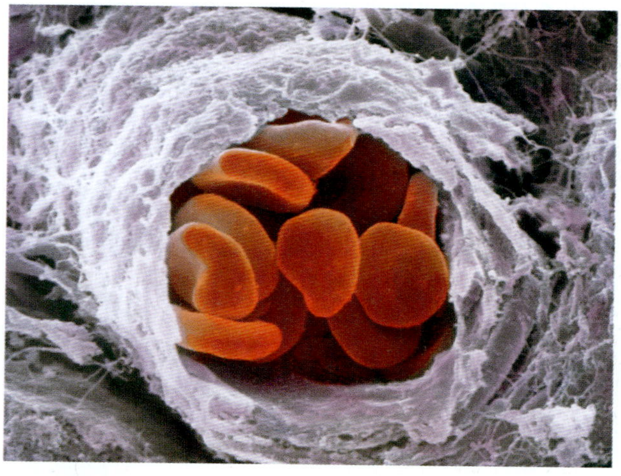

▲ 그림 17.5 **적혈구** 동맥의 작은 가지를 통해 이동하는 적혈구를 찍은 주사 전자 현미경 사진. 적혈구 세포는 지름이 대략 0.010 mm이다.

## 자기 평가 연습 문제

**17.5** 다음에 주어진 두 쌍의 물질 중 완충 용액으로 작용하는 것은?

(a) HBr과 $Br^-$

(b) $H_3PO_4$와 $PO_4^{3-}$

(c) $CH_3COOH$와 $NO_3^-$

(d) $CH_3NH_2$와 $CH_3NH_3^+$

**17.6** 산 해리 상수 $K_a$가 폼산(HCOOH)과 탄산($H_2CO_3$)에서 각각 $1.77 \times 10^{-4}$과 $4.3 \times 10^{-7}$이다. pH = 7.00인 완충 용액으로 사용하기에 더 적합한 물질은 무엇인가?

(a) HCOOH (b) $H_2CO_3$

**17.7** 17.6번 문제에서 사용한 완충 용액($pK_a = 4.74$인 0.300 $M$의 $CH_3COOH$와 0.300 $M$ $CH_3COONa$이 녹아있는 1.000 L 용액)에 0.020 mol의 $HCl(g)$을 넣은 이후의 pH를 계산하시오. 이때, $HCl(g)$이 녹음으로써 생긴 부피의 변화는 없다고 가정한다.

(a) 1.70 (b) 4.68 (c) 4.80 (d) 5.62

## 연습 문제

**17.8** 다음 중 완충 용액은 어느 것인가?

(a) 0.200 $M$ HCOOH 50 mL와 0.200 $M$ KOH 250 mL를 섞어 만든 용액

(b) 0.200 $M$ HCOOH 50 mL와 0.200 $M$ $HNO_3$ 25 mL를 섞어 만든 용액

(c) 0.200 $M$ HCOOK 50 mL와 0.200 $M$ $KNO_3$ 25 mL를 섞어 만든 용액

(d) 0.200 $M$ HCOOH 50 mL와 0.200 $M$ KOH 25 mL를 섞어 만든 용액

**17.9** (a) 0.125 $M$ $NaHCO_3$와 0.095 $M$ $Na_2CO_3$로 이루어진 완충 용액의 pH를 계산하시오. (b) 0.25 $M$ $NaHCO_3$ 25 mL와 0.15 $M$ $Na_2CO_3$ 75 mL를 섞어서 만들어진 용액의 pH를 계산하시오.

**17.10** 염화 암모늄($NH_4Cl$) 3.5 g을 1.00 $M$ 암모니아($NH_3$) 용액 100 mL에 첨가하여 완충 용액을 만들었다.

(a) 이 완충 용액의 pH를 계산하시오.

(b) 염산 몇 방울을 완충 용액에 첨가하였을 때 일어나는 반응의 완결 이온 반응식을 쓰시오.

(c) 수산화 소듐 용액 몇 방울을 완충 용액에 첨가하였을 때 일어나는 반응의 완결 이온 반응식을 쓰시오.

**17.11** 0.025 $M$ 벤조산($C_6H_5COOH$) 용액 2.00 L와 과량의 벤조산 소듐($C_6H_5COONa$)으로 pH = 3.00인 완충 용액을 만들고자 한다.

(a) $C_6H_5COONa$를 첨가하기 전, $C_6H_5COOH$ 용액의 pH는 얼마인가?

(b) 완충 용액을 만들기 위해서는 몇 그램의 $C_6H_5COONa$를 첨가해야 하는가? (단, $C_6H_5COONa$를 첨가하였을 때 부피 변화는 없다고 가정한다.)

**17.12** 어떤 완충 용액 1.80 L는 0.30 mol의 프로피온산($C_2H_5COOH$)과 0.25 mol의 프로피온산 소듐($C_2H_5COONa$)을 포함하고 있다.

(a) 이 완충 용액의 pH는 얼마인가?

(b) 0.01 mol의 NaOH를 가한 후 완충 용액의 pH는 얼마인가?

(c) 0.01 mol의 HCl을 가한 후 완충 용액의 pH는 얼마인가?

**17.13** $H_2PO_4^-$와 $HPO_4^{2-}$로 구성된 완충 용액은 생리학적 유체의 pH를 조절하는 역할을 한다. 많은 탄산음료도 이러한 완충 용액계를 사용한다. 용액 0.500 L당 10.0 g의 $KH_2PO_4$와 10.0 g의 $K_2HPO_4$가 들어 있는 탄산음료의 pH는 얼마인가?

**17.14** pH 4.00의 완충 용액을 준비해야 하는데, HCOOH, $CH_3COOH$, HCN, $KCH_3COO$, KHCOO, KCN 물질들 0.20 $M$을 각각 가지고 있다. 어떤 용액을 사용해야 하는가? 약 2 L의 완충 용액을 만들려면 각 용액이 몇 mL씩 필요한지 구하시오.

자기 평가 연습 문제 답 **17.5** (d) **17.6** (b) **17.7** (b)

## 17.3 | 산-염기 적정

**적정**(titration)이라는 단어는 16세기 중반 프랑스에서 유래되었으며, 동전에서 금 또는 은의 비율을 나타낸다. 이 기술은 오늘날의 기기 분석에서 구식처럼 보일 수 있지만, 용액의 농도를 결정하는 정확하고 빠른 방법이 될 수 있다. 또한 적정 곡선을 그리면 분석물의 $K_a$를 알 수 있으며 곡선의 모양은 산/염기가 약하거나 강한지를 알려준다.

이 절이 끝나면 다음 사항을 수행할 수 있어야 한다.

- 산–염기 적정 곡선의 임의의 지점에서 pH 계산하기
- 적정 곡선으로부터 일양성자산이나 다양성자산의 $pK_a$ 예측하기

NaOH를 HCl 용액에 첨가할 때 어떤 방향으로 pH가 변화될 것으로 예상하는가?

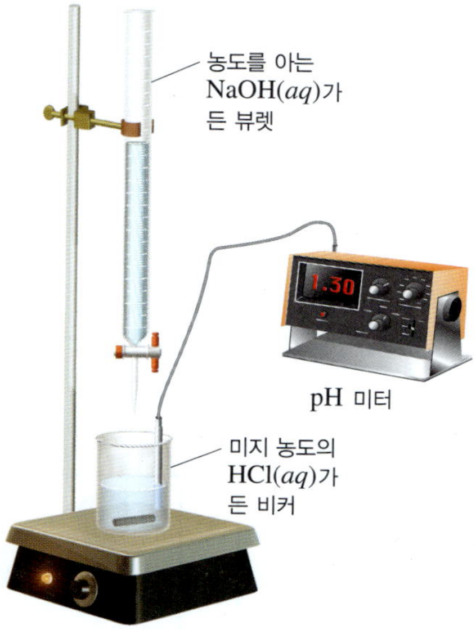


▲그림 17.6 적정 과정의 pH 측정

적정이란 반응물에 다른 반응물을 서서히 첨가하는 과정이며, 그 과정에서 평형 농도가 모니터링된다. 다음과 같은 두 가지 경우에 적정을 한다.

- 반응물 중 하나의 농도를 알아야 하는 경우
- 반응의 평형 상수를 알아야 하는 경우

산–염기 적정에서는 농도를 알고 있는 염기 용액을 산에 서서히 첨가한다. (또는 산을 염기에 첨가한다). 산–염기 지시약은 적정의 **당량점**(equivalence point, 화학량론적으로 산과 염기가 함께 똑같은 양에 도달하는 점)의 신호로 사용할 수 있다. 또는 첨가한 적정제(titrant)의 부피에 대한 **pH 적정 곡선(pH titration curve)**으로 반응의 진행 과정(그림 17.6)을 알아보기 위하여 pH 미터를 사용할 수도 있다. 적정 곡선의 모양은 적정의 당량점을 결정할 수 있게 한다. 적정 곡선은 적절한 지시약을 선택할 수 있게 하고, 적정할 약산의 $K_a$나 염기의 $K_b$를 구할 수 있도록 한다.

적정 곡선이 왜 어떤 특이한 모양을 갖는가를 이해하기 위해 다음 세 종류의 적정 곡선을 살펴보도록 하자. (1) 강산–강염기, (2) 약산–강염기, (3) 다양성자산–강염기. 약염기가 포함된 경우, 이들 곡선이 어떻게 관련이 있는지도 간략히 살펴보도록 한다.

## 강산–강염기 적정

강염기를 강산에 첨가할 때 얻어지는 적정 곡선의 일반적 모양을 그림 17.7에 나타내었다. 이 적정 곡선은 0.100 *M* NaOH를 50.0 mL의 0.100 *M* HCl에 가할 때 나타나는 pH 변화를 보인다. 여러 적정 단계에서의 pH를 계산할 수 있다. 이 계산에 대한 이해를 쉽게 하기 위하여 곡선을 네 부분으로 나누었다.

1. **초기 pH**: 염기를 첨가하기 전 용액의 pH는 강산의 초기 농도에 의해 결정된다. 0.100 *M* HCl 용액의 $[H^+]=0.100\ M$, $pH=-\log(0.100)=1.000$이다. 따라서 초기 pH는 낮다.
2. **초기 pH와 당량점 사이**: NaOH를 첨가함에 따라 pH는 처음에 서서히 증가하고, 그 다음에 당량점 근처에서 빠르게 증가한다. 당량점 전의 용액 pH는 중화되지 않은 산의 농도에 따라 결정된다. 이 계산은 예제 17.7(a)에 보였다.
3. **당량점**: 당량점에서는 NaOH와 HCl이 같은 몰수로 반응하고, 그들의 염(NaCl)과 용액만 남는다. 강염기의 양이온(이 경우 $Na^+$)과 강산의 음이온(이 경우 $Cl^-$)은 가수 분해하지 않으므로 pH에 영향을 주지 않는다. 따라서 용액의 pH=7.00이다.
4. **당량점 이후**: 당량점 이후의 용액 pH는 용액 내 과량의 NaOH 농도에 따라 결정된다. 이 계산은 예제 17.7(b)에 보였다.

강산 용액으로 강염기를 적정하는 경우도 첨가된 산에 대한 pH의 곡선이 비슷하게 얻어진다.

첨가한 염기의 농도가 0.200 *M*이면, 당량점에 도달하기 위해 필요한 NaOH의 부피는 얼마인가?

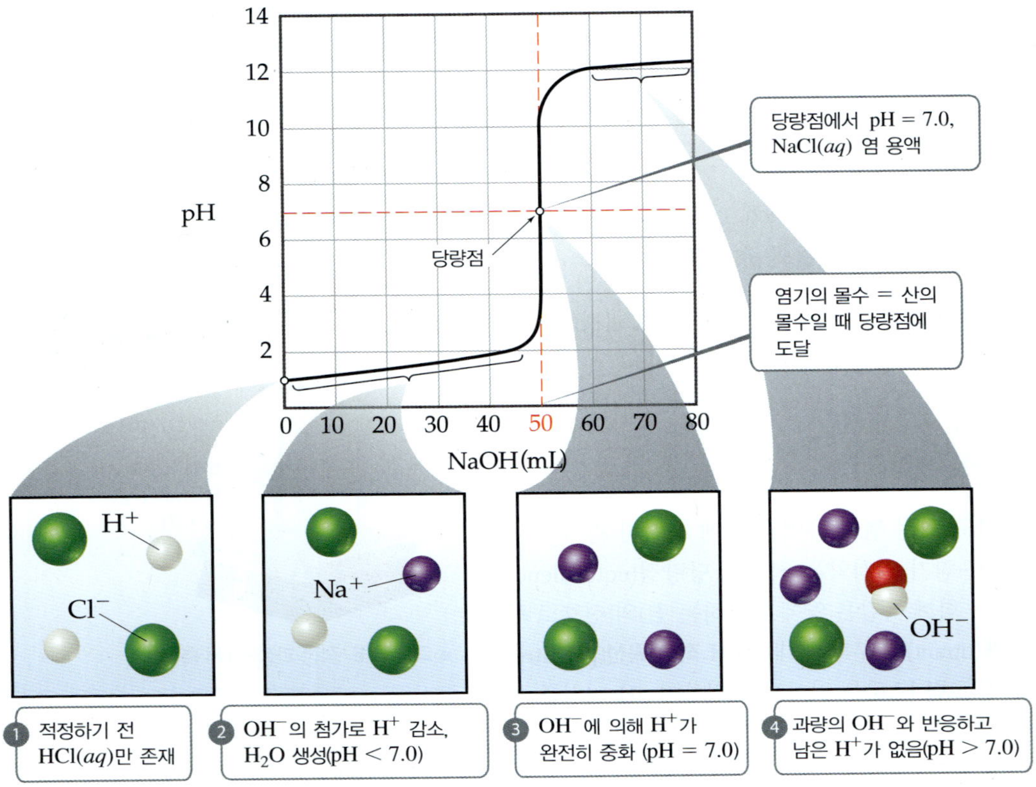


▲그림 17.7 강산을 강염기로 적정 0.100 *M* 염산 50.0 mL를 0.100 *M* NaOH(*aq*)로 적정하는 pH 곡선. 명확하게 하기 위하여 물 분자는 그림에서 생략하였다.

## 예제 17.7

### 강산-강염기 적정의 pH 계산

다음 부피의 0.100 *M* NaOH 용액을 0.100 *M* HCl 50.0 mL에 첨가할 때의 pH를 계산하시오. **(a)** 49.0 mL, **(b)** 51.0 mL

### 해답

**분석** 강산을 강염기로 적정하는 과정의 두 지점에서 pH를 계산하는 문제이다. 첫 번째 지점은 당량점 직전이다. 따라서 아직 중화되지 않은 적은 양의 강산에 의해 pH가 결정될 것으로 예측할 수 있다. 두 번째 지점은 당량점 이후이다. 따라서 소량의 초과하는 강염기에 의해 pH가 결정될 것으로 예측할 수 있다.

**계획** **(a)** NaOH 용액을 HCl 용액에 첨가함에 따라 $H^+(aq)$는 $OH^-(aq)$와 반응하여 $H_2O$를 생성한다. $Na^+$와 $Cl^-$는 용액의 pH에 거의 영향을 주지 않는 구경꾼 이온이다. 용액의 pH를 구하기 위하여 원래 있던 $H^+$의 mol수와, 첨가된 $OH^-$의 mol 수를 알아야 한다. 그다음 중화 반응 후 남은 각 이온의 mol수를 계산할 수 있다. $[H^+]$, 즉 pH를 계산하기 위하여 적정제를 첨가함에 따라 증가한 용액의 부피를 기억해야 한다. 즉 존재하는 모든 용질의 농도가 묽어짐을 기억해야 한다. 그러므로 먼저 몰수를 다루는 것이 최선이다. 그리고 전체 용액의 부피를 사용하여 몰농도로 바꾼다(산의 부피에 염기 부피를 합한다).

**(b)** 당량점 이후이므로 용액 중에 $OH^-$가 $H^+$보다 많다는 것만 빼고 (a)에서와 같은 방법으로 하면 된다.

**풀이**

**(a)** 본래 HCl 용액 내 $H^+$의 몰수는 용액의 부피와 그 몰농도를 곱하면 얻어진다.

$$(0.0500\ \text{L}\ \cancel{\text{용액}})\left(\frac{0.100\ \text{mol H}^+}{1\ \text{L}\ \cancel{\text{용액}}}\right) = 5.00 \times 10^{-3}\ \text{mol H}^+$$

마찬가지로 0.100 *M* NaOH 49.0 mL 내 $OH^-$의 몰수는

$$(0.0490\ \text{L}\ \cancel{\text{용액}})\left(\frac{0.100\ \text{mol OH}^-}{1\ \text{L}\ \cancel{\text{용액}}}\right) = 4.90 \times 10^{-3}\ \text{mol OH}^-$$

아직 당량점에 도달하지 않았기 때문에 $OH^-$보다 $H^+$가 더 많이 존재한다. 그러므로 $OH^-$가 한계 반응물이다. 1 mol의 $OH^-$는 1 mol의 $H^+$와 반응할 것이다. 예제 17.6의 방법을 적용하면

| | $H^+(aq)$ + | $OH^-(aq)$ ⟶ | $H_2O(l)$ |
|---|---|---|---|
| 반응 전(mol) | $5.00 \times 10^{-3}$ | $4.90 \times 10^{-3}$ | — |
| 변화(한계 반응물)(mol) | $-4.90 \times 10^{-3}$ | $-4.90 \times 10^{-3}$ | — |
| 반응 후(mol) | $0.10 \times 10^{-3}$ | 0 | — |

적정 과정에서 HCl 용액에 NaOH 용액을 첨가함에 따라 반응 혼합물의 부피가 증가한다. 따라서 이 점에서 용액의 부피는

$$50.0\,\text{mL} + 49.0\,\text{mL} = 99.0\,\text{mL} = 0.0990\,\text{L}$$

따라서 $H^+(aq)$의 농도는

$$[H^+] = \frac{H^+(aq)\text{ 몰수}}{\text{용액 리터수}} = \frac{0.10 \times 10^{-3}\,\text{mol}}{0.09900\,\text{L}} = 1.0 \times 10^{-3}\,M$$

이에 상응하는 pH는

$$-\log(1.0 \times 10^{-3}) = 3.00$$

**(b)** 앞에서와 같이, 각 반응물의 양은 그들의 부피와 농도로부터 얻을 수 있다. 화학량론적으로 적은 양(한계 반응물)의 반응물이 여분의 수산화 이온을 남기고 완전히 소모된다.

| | $H^+(aq)$ + | $OH^-(aq)$ ⟶ | $H_2O(l)$ |
|---|---|---|---|
| 반응 전(mol) | $5.00 \times 10^{-3}$ | $5.10 \times 10^{-3}$ | — |
| 변화(한계 반응물)(mol) | $-5.00 \times 10^{-3}$ | $-5.00 \times 10^{-3}$ | — |
| 반응 후(mol) | 0 | $0.10 \times 10^{-3}$ | — |

이 경우 적정 플라스크 내 부피는

$$50.0\,\text{mL} + 51.0\,\text{mL} = 101.0\,\text{mL} = 0.1010\,\text{L}$$

따라서 플라스크 내 $OH^-(aq)$ 농도는

$$[OH^-] = \frac{OH^-(aq)\text{ 몰수}}{\text{용액 리터수}} = \frac{0.10 \times 10^{-3}\,\text{mol}}{0.1010\,\text{L}} = 1.0 \times 10^{-3}\,M$$

이 용액의 pOH는

$$\text{pOH} = -\log(1.0 \times 10^{-3}) = 3.00$$

따라서 pH는

$$\text{pH} = 14.00 - \text{pOH} = 14.00 - 3.00 = 11.00$$

**주의** 수산화 소듐 용액 49 mL가 처음 첨가된 후에 pH가 1.00에서(그림 17.7) 3.00까지 단지 2 pH 단위만큼만 증가한 것에 유의하라. 그러나 당량점 근처에서 염기성 용액이 2.0 mL 첨가되었을 때는 3.00에서 11.00까지 pH가 8만큼 뛰었다. 당량점 근처에서 pH의 이러한 급격한 증가는 강산과 강염기를 포함하는 적정의 특징이다.

**▶ 보충 예제**

미지 농도의 HCl 250.0 mL를 0.1000 $M$ NaOH 수용액으로 적정할 때 당량점까지 36.7 mL가 소비되었다. 다음 내용 중 옳지 않은 것은?

**(a)** HCl 용액이 NaOH 용액보다 농도가 작다.
**(b)** NaOH 25 mL를 첨가하면 pH가 7보다 작다.
**(c)** 당량점에서 pH는 7.00이다.
**(d)** 당량점 이후에 NaOH 용액 1.00 mL를 첨가하였다면, pH는 7.00보다 크다.
**(e)** 당량점에서 용액의 $OH^-$ 농도는 $3.67 \times 10^{-3}\,M$이다.

그러나 이 경우 적정 초기의 pH 값은 크고, 반응이 끝날 때 낮아질 것이다(**그림 17.8**). 강산–강염기 적정같이, 당량점에서의 pH는 여전히 7.0(25 °C에서)이다.

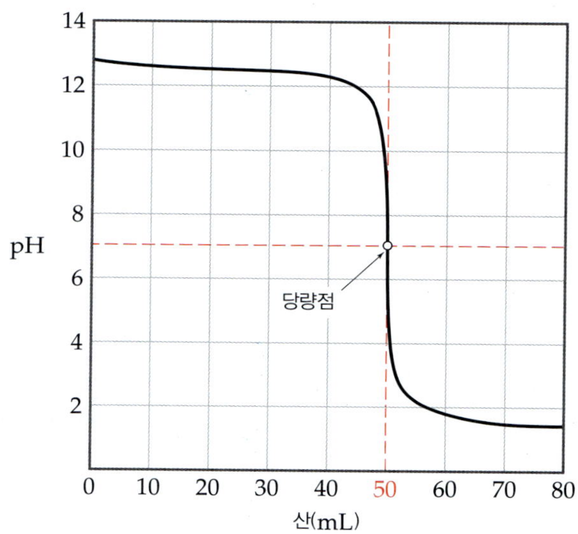


**▲ 그림 17.8 강염기를 강산으로 적정** 강염기 0.100 $M$ 50 mL를 강산 0.100 $M$로 적정하는 pH 곡선

## 약산–강염기 적정

강염기를 이용한 약산의 적정 곡선은 그림 17.7과 같은 강염기를 이용한 강산의 적정 곡선 모양과 비슷하다. 예를 들어, **그림 17.9**와 같이 0.100 $M$ 아세트산(acetic acid, $CH_3COOH$) 50.0 mL를 0.100 $M$ NaOH로 적정하는 적정 곡선을 생각해 보자. 앞서 설명한 원칙을 적용하면 이 곡선상의 점들에 대한 pH를 계산할 수 있고, 다시 한번 적정 곡선은 네 영역으로 나눌 수 있다.

1. **초기 pH**: 16.5절에서, $K_a$를 이용하여 이 pH를 계산했다. 계산된 0.100 $M$ $CH_3COOH$의 pH는 2.89이다.
2. **초기 pH와 당량점 사이**: 당량점에 도달하기 전에, 산이 중화되어 짝염기가 생성된다.

이 실험에서, 만약 적정되는 아세트산을 염산으로 교체한다면, 당량점 변화에 도달하는 데 필요한 염기의 양은 얼마인가? 당량점에서 pH가 변하였는가?

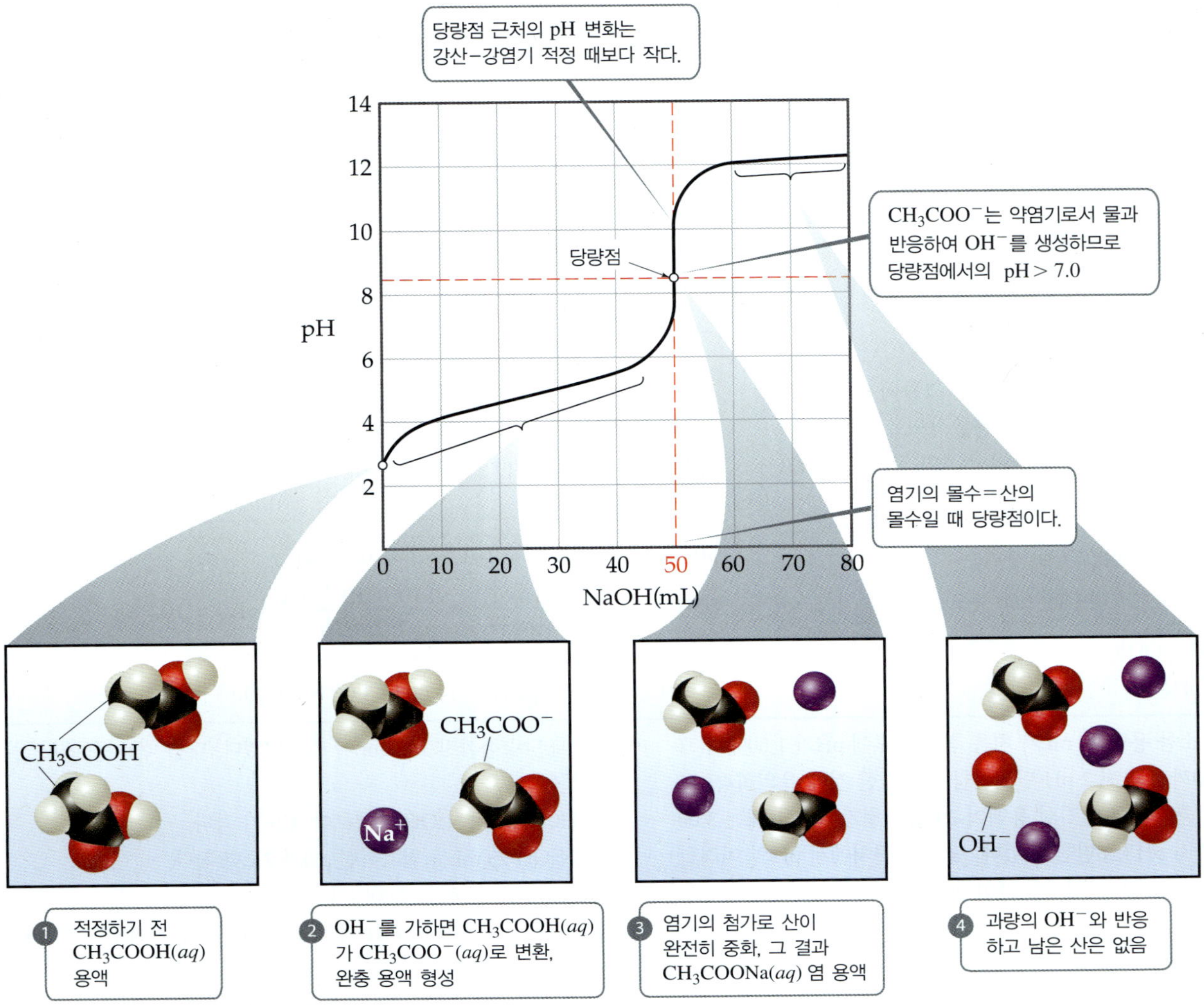


▲ **그림 17.9 약산을 강염기로 적정** 0.100 *M* 아세트산 수용액 50.0 mL를 0.100 *M* NaOH(*aq*) 용액으로 적정하는 pH 곡선. 명확하게 하기 위해 물 분자는 그림에서 생략했다.

$$CH_3COOH(aq) + OH^-(aq) \longrightarrow CH_3COO^-(aq) + H_2O(l) \qquad [17.12]$$

즉, 이 용액은 $CH_3COOH$와 $CH_3COO^-$의 혼합물을 포함한다. 이러한 적정 곡선 영역의 pH 계산 방법은 두 단계를 거친다. 첫 번째, 용액에서 $[CH_3COOH]$와 $[CH_3COO^-]$의 농도를 결정하기 위해 $CH_3COOH$와 $OH^-$ 사이의 중화 반응을 고려한다. 두 번째, 17.1절과 17.2절에서 설명한 방법을 이용하여 이러한 완충 용액의 pH를 계산한다. 일반적 방법을 **그림 17.10**에 나타내었고, 예제 17.8에 예를 들었다.

3. **당량점**: 0.100 *M* NaOH 50.0 mL를 0.100 *M* $CH_3COOH$ 50.0 mL에 첨가하면 당량점에 도달한다. 이 당량점에서, $5.00 \times 10^{-3}$ mol의 NaOH가 $5.00 \times 10^{-3}$ mol의 $CH_3COOH$와 모두 반응하여 $5.00 \times 10^{-3}$ mol의 $CH_3COONa$ 염을 생성한다. 이 염의 $Na^+$ 이온은 pH 값에 큰 영향을 주지 않는다. 그러나, $CH_3COO^-$ 이온은 약염기이고, 물과의 반응을 무시할 수 없으므로 당량점에서의 pH는 7보다 더 크다. 실제로, 약산–강염기 적정에서 생성된 염의 음이온이 약염기이므로 당량점의 pH는 항상 7보다 크다. 약염기 용액의 pH 계산 과정을 16.6절에 기술하였으며, 예제 17.9에 예를 들었다.

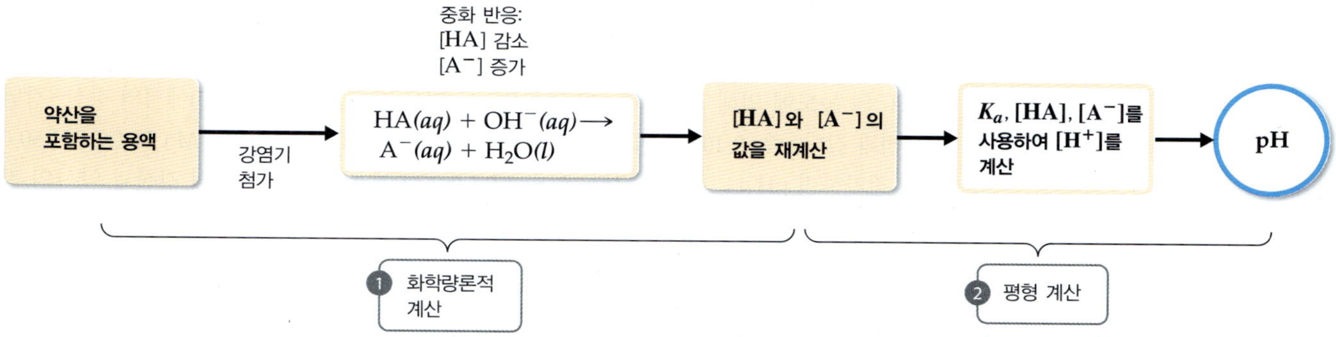


▲ 그림 17.10 약산이 강염기에 의해 일부 중화되었을 때의 pH 계산 과정

## 예제 17.8

### 약산-강염기 적정의 계산

0.100 *M* NaOH 45.0 mL를 0.100 *M* $CH_3COOH$($K_a = 1.8 \times 10^{-5}$) 50.0 mL에 첨가한 후, 용액의 pH를 계산하시오.

### 해답

**분석** 약산의 강염기 적정에서 당량점 전의 pH를 계산하는 문제이다.

**계획** 먼저 중화 반응 후에 존재하는 $CH_3COOH$와 $CH_3COO^-$의 몰수를 계산해야 한다. 이때 $[CH_3COOH]$, $[CH_3COO^-]$와 함께 $K_a$를 사용하여 pH를 계산한다.

**풀이**

**화학량론적 계산:** 각 용액의 부피와 농도를 곱하면 중화 반응 전의 각 반응물의 몰수를 얻게 된다.

$$(0.0500\,\text{L 용액})\left(\frac{0.100\,\text{mol } CH_3COOH}{1\,\text{L 용액}}\right) = 5.00 \times 10^{-3}\,\text{mol } CH_3COOH$$

$$(0.0450\,\text{L 용액})\left(\frac{0.100\,\text{mol NaOH}}{1\,\text{L 용액}}\right) = 4.50 \times 10^{-3}\,\text{mol NaOH}$$

$4.50 \times 10^{-3}$ mol의 NaOH는 $4.50 \times 10^{-3}$ mol의 $CH_3COOH$를 소비한다.

$$CH_3COOH(aq) + OH^-(aq) \longrightarrow CH_3COO^-(aq) + H_2O(l)$$

| | $CH_3COOH(aq)$ | $OH^-(aq)$ | $CH_3COO^-(aq)$ | $H_2O(l)$ |
|---|---|---|---|---|
| 반응 전(mol) | $5.00 \times 10^{-3}$ | $4.50 \times 10^{-3}$ | 0 | — |
| 변화(한계 반응물)(mol) | $-4.50 \times 10^{-3}$ | $-4.50 \times 10^{-3}$ | $+4.50 \times 10^{-3}$ | |
| 반응 후(mol) | $0.50 \times 10^{-3}$ | 0 | $4.50 \times 10^{-3}$ | — |

용액의 전체 부피는

$$45.0\,\text{mL} + 50.0\,\text{mL} = 95.0\,\text{mL} = 0.0950\,\text{L}$$

그러므로 반응 후 $CH_3COOH$와 $CH_3COO^-$의 몰농도는

$$[CH_3COOH] = \frac{0.50 \times 10^{-3}\,\text{mol}}{0.0950\,\text{L}} = 0.0053\,M$$

$$[CH_3COO^-] = \frac{4.50 \times 10^{-3}\,\text{mol}}{0.0950\,\text{L}} = 0.0474\,M$$

**평형 계산:** $CH_3COOH$와 $CH_3COO^-$ 사이의 평형은 $CH_3COOH$의 평형 상수식을 따른다.

$$K_a = \frac{[H^+][CH_3COO^-]}{[CH_3COOH]} = 1.8 \times 10^{-5}$$

$[H^+]$에 대하여 풀면

$$[H^+] = K_a \times \frac{[CH_3COOH]}{[CH_3COO^-]} = (1.8 \times 10^{-5}) \times \left(\frac{0.0053}{0.0474}\right) = 2.0 \times 10^{-6}\,M$$

$$pH = -\log(2.0 \times 10^{-6}) = 5.70$$

**주의** Henderson–Hasselbalch 식을 사용해도 pH를 똑같이 구할 수 있다.

**▶ 보충 예제**

약산–강염기 적정 과정 중 무슨 일어나는지에 대하여 주의 깊게 생각해 보면, 매우 흥미로운 것을 배울 수 있다. 예를 들어, 그림 17.9의 적정되는 산이 아세트산이라는 사실을 몰랐다고 가정해 보자. 단지 $K_a$의 정의만을 사용하여 약산의 $pK_a$를 계산할 수 있다. 그리고 적정 곡선의 올바른 위치를 찾을 수 있다. 다음 중 이것을 하기 위한 가장 좋은 방법은 무엇인가?

**(a)** 당량점일 때, $pH = pK_a$ **(b)** 반당량점일 때, $pH = pK_a$ **(c)** 염기 첨가 전, $pH = pK_a$ **(d)** 과량의 염기를 첨가하여 그래프의 꼭대기일 때, $pH = pK_a$

**4. 당량점 이후(과량의 염기)**: 이 영역에서, $CH_3COO^-$와 물의 반응에서 생긴 $[OH^-]$는 과량의 NaOH로부터 생긴 $[OH^-]$와 비교해서 무시할 정도이다. 즉, pH는 과량이 NaOH로부터 생긴 $OH^-$의 농도에 의해 결정된다. 이 영역의 pH 계산 방법은 예제 17.7(b)에서의 강산–강염기 적정과 같다. 즉, 0.100 *M* NaOH 51.0 mL를 0.100 *M* HCl 또는 0.100 *M* $CH_3COOH$ 50.0 mL에 첨가하면 pH 11.00으로 같다. 그림 17.7과 17.9에서 당량점 이후의 강산과 약산의 적정 곡선이 똑같음에 유의하라.

## 예제 17.9
### 당량점에서의 pH 계산

0.100 *M* $CH_3COOH$ 50 mL를 0.100 *M* NaOH로 적정할 때 당량점의 pH를 계산하시오.

**해답**

**분석** 약산을 강염기로 적정할 때 당량점에서의 pH를 계산하는 문제이다. 약산의 중화는 그것의 음이온을 생성하는데, 이것은 짝염기로 물과 반응할 수 있다. 따라서 당량점에서는 pH가 7보다 클 것을 예측할 수 있다.

**계획** 아세트산의 초기 몰수는 당량점에서 아세트산 이온의 몰수와 같다. 아세트산 이온의 농도를 계산하기 위해 당량점에서 용액의 부피를 사용한다. 아세트산 이온은 약염기이므로, $K_b$와 $[CH_3COO^-]$를 사용하여 pH를 계산할 수 있다.

**풀이**

초기 아세트산의 몰수는 용액의 부피와 몰농도로부터 구할 수 있다.

$$\text{몰수} = M \times V = (0.100\ \text{mol/L})(0.0500\ \text{L}) = 5.00 \times 10^{-3}\ \text{mol}\ CH_3COOH$$

따라서, $5.00 \times 10^{-3}$ mol의 $[CH_3COO^-]$가 생성된다. 당량점에 도달하기 위해서는 NaOH 용액 50.0 mL가 소요된다(그림 17.9). 당량점에서의 염 용액의 부피는 산과 염기 부피의 합으로, 50.0 mL + 50.0 mL = 100.0 mL = 0.1000 L이다. 따라서 $CH_3COO^-$의 농도는

$$[CH_3COO^-] = \frac{5.00 \times 10^{-3}\ \text{mol}}{0.1000\ \text{L}} = 0.0500\ M$$

$CH_3COO^-$ 이온은 약염기이므로

$$CH_3COO^-(aq) + H_2O(l) \rightleftharpoons CH_3COOH(aq) + OH^-(aq)$$

$CH_3COO^-$의 $K_b$는 짝산의 $K_a$ 값으로부터 계산할 수 있다

$K_b = K_w/K_b = (1.0 \times 10^{-14})/(1.8 \times 10^{-5}) = 5.6 \times 10^{-10}$

$K_b$ 식을 이용하면 다음과 같다.

$$K_b = \frac{[CH_3COOH][OH^-]}{[CH_3COO^-]} = \frac{(x)(x)}{0.0500 - x} = 5.6 \times 10^{-10}$$

$0.0500 - x \simeq 0.0500$이라 어림하고 $x$에 대해서 풀면 다음과 같다.

$x = [OH^-] = 5.3 \times 10^{-6}\ M$,

pOH = 5.28, pH = 8.72이다.

**검토** 강염기와 약산의 염에 대해 예상한 대로 pH는 7 이상이다.

**▶ 보충 예제**

약산을 강염기로 적정할 때, 당량점에서의 pH가 7보다 커지는 이유는 무엇인가?

**(a)** 당량점에서 과량의 강염기가 존재한다.
**(b)** 당량점에서 과량의 약산이 존재한다.
**(c)** 당량점에서 생성되는 짝염기는 강염기이다.
**(d)** 당량점에서 생성되는 짝염기는 물과 반응한다.
**(e)** 당량점에서 pH는 항상 7이므로, 문제의 진술은 거짓이다.

첨가된 염기의 작용으로 pH의 변화를 이해하기 위해서는 당량점에서의 pH를 계산할 수 있어야 한다.

약산–강염기 적정 곡선(그림 17.9)은 다음의 세 가지 면에서 강산–강염기 적정 곡선(그림 17.7)과 다르다.

**1.** 약산 용액은 같은 농도의 강산 용액보다 더 높은 초기 pH를 갖는다.
**2.** 당량점 근처의 pH가 빠르게 상승하는 영역의 pH의 변화는 약산이 강산보다 더 작다.

**3.** 약산–강염기 적정의 경우 당량점의 pH는 7.00보다 위에 있다.

산이 약해질수록 이러한 차이는 더욱 잘 나타난다. 이런 것들을 보여 주기 위해 **그림 17.11**의 적정 곡선을 살펴보자. 산이 약해질수록(즉, $K_a$가 작아질수록) 초기 pH가 증가하고, 그 pH의 변화가 당량점 근처에서 작아진다는 것을 알 수 있다. 더욱이, 당량점에서의 pH는 $K_a$가 감소할수록 꾸준히 증가하고, 그 약산의 짝염기의 세기도 증가한다. p$K_a$가 10 또는 그 이상일 때 pH의 변화는 너무 작고 점진적이기 때문에 당량점을 결정하는 것은 거의 불가능하다.

pH 적정 실험은 약산의 p$K_a$를 결정하는 좋은 방법이다. 그림 17.11을 살펴보자. 각각의 산 용액에 대해 당량점에 도달하려면 50 mL의 강염기가 필요하다. 이것은 HA 분자를 짝염기인 $A^-$ 음이온으로 변환시키는 데 50 mL의 염기가 필요하다는 것을 의미한다. 또한, 반당량점(25 mL의 염기가 첨가된 지점)에서 용액의 pH가 산의 p$K_a$와 거의 같다는 것에 주의하라. 우연의 일치인가? 그렇지 않다. 평형 상태에서 $K_a = [H^+][A^-]/[HA]$임을 생각해 보자. 반당량점에서는 [HA]의 절반이 $[A^-]$로 변환된다. 즉, $[HA] = [A^-]$이며, $[HA]/[A^-] = 1$이 된다. 이 경우, $K_a = [H^+]$이다. 따라서 p$K_a$ = pH이다.

이제 pH 적정 곡선을 이용하여 약산의 p$K_a$를 구하는 것이 가능하다. 당량점에 도달하는 데 필요한 염기의 양을 확인한 후, 반당량점에서의 pH를 찾는다. 그 지점에서의 pH가 약산의 p$K_a$에 해당한다. 그러나 산의 농도가 너무 낮으면 물의 자체 이온화를 무시할 수 없기 때문에, 이 방식을 통해 정확한 p$K_a$를 얻는 것이 어려워진다.

적정되는 산이 더 약해질 때, 변화되는 당량점의 pH는 어떻게 되는가? 당량점에 도달하기 위해서 필요한 NaOH(*aq*)의 양은 어떻게 변하였는가?

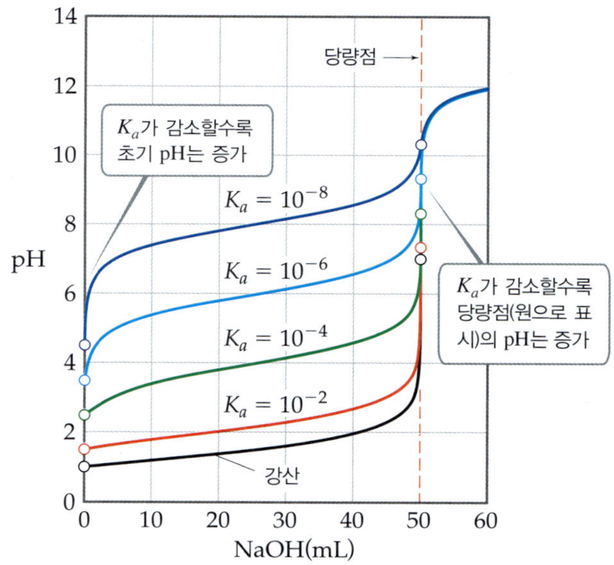


**▲ 그림 17.11** 곡선들이 보여주는 것은 약산을 강염기로 적정하였을 때 산의 세기가 적정 곡선의 특징에 미치는 효과이다. 각 곡선은 0.10 *M* 산 50.0 mL를 0.10 *M* NaOH로 적정한 것을 나타낸 것이다.

## 산–염기 지시약으로 적정하기

종종 산–염기 적정에서 pH 미터보다는 지시약이 더 자주 사용된다. 지시약은 특정한 pH 범위의 용액에서 색이 변하는 화합물이다. 가장 좋은 것은 적정할 때 지시약의 색깔이 당량점에서 변하는 것이다. 그러나, 실제는 지시약이 당량점을 정확히 표시할 필요는 없다. pH는 당량점 근처에서 매우 빠르게 변하므로, 이 영역에서는 적정액 한 방울이 몇 단위의 pH를 변화시킬 수 있다. 따라서, 지시약의 처음과 끝의 색상 변화는 급속하게 증가하는 적정 곡선의 당량점에 도달하는 데 필요한 적정 부피를 매우 정밀하게 측정한다. 지시약의 색변화가 일어난 적정 지점은 매우 가깝게 위치하는 당량점과는 구별하여 **종말점**(end point)이라고 한다.

**그림 17.12**는 강산(HCl)과 강염기(NaOH)의 적정 곡선을 나타낸 것이다. pH가 당량점 근처인 대략 3에서 11까지 급속히 변화하는 곡선의 수직 부분을 볼 수 있다. 따라서, 이 적정에서의 지시약은 이 범위의 모든 지점에서 색변화를 할 수 있다. 대부분의 강산–강염기 적정은 이 범위 안에서 색이 변하기 때문에, 지시약으로 페놀프탈레인을 사용할 수 있다(그림 16.7 참조). 메틸 레드를 포함하여 몇몇 다른 지시약도 만족스럽다. 그

강산에 강염기를 적정할 때, 메틸 레드는 적당한 지시약인가? 답을 설명하시오.

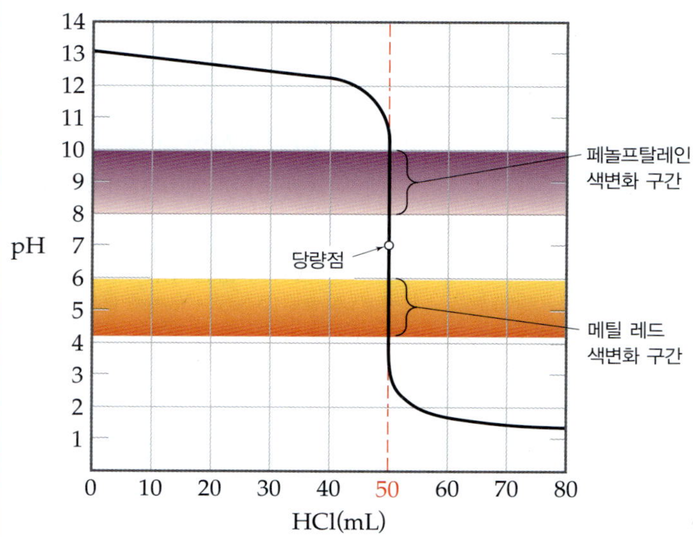


**▲ 그림 17.12 강산과 강염기 적정에서의 색 지시약 사용** 페놀프탈레인과 메틸 레드 모두 적정 곡선의 급격한 변화 부분에서 색이 변한다.

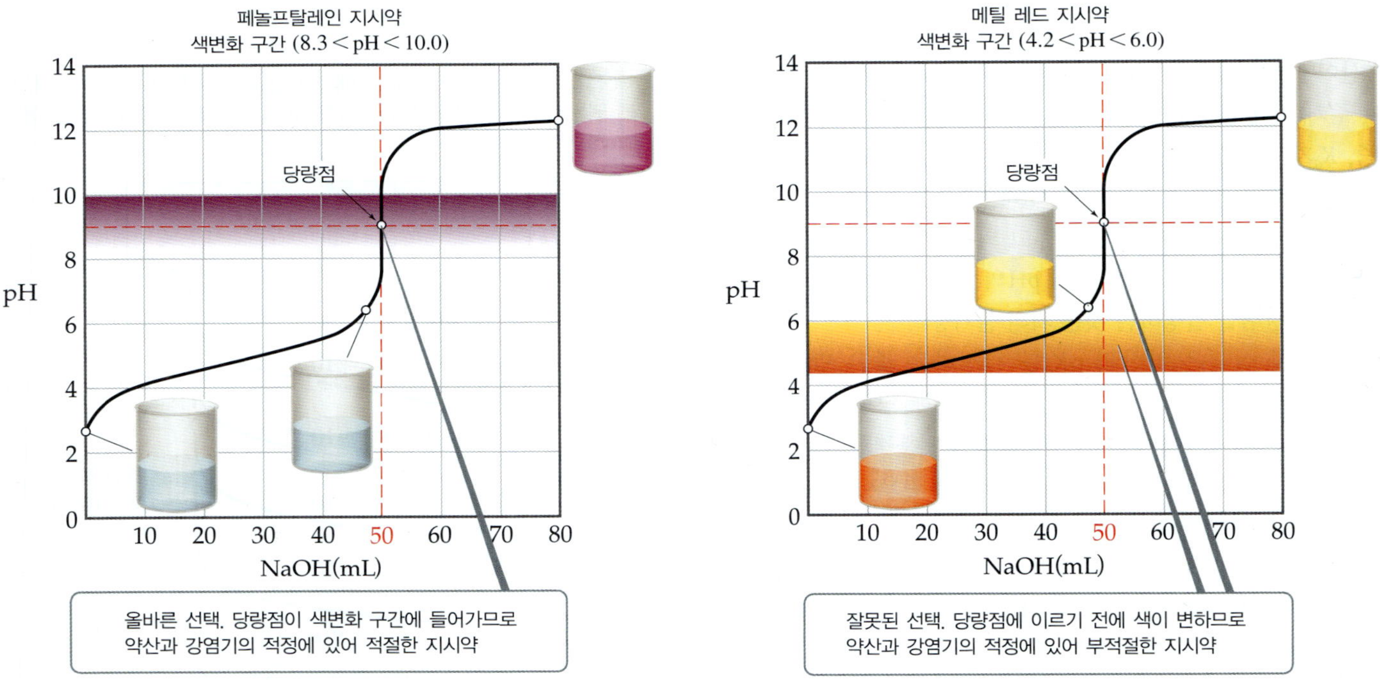


▲ **그림 17.13** 약산과 강염기의 적정에서의 적절하거나 부적절한 지시약

림 17.12의 더 낮은 색띠를 보면 색은 pH 범위 4.2와 6.0 사이에서 변하기 때문에 사용할 수 있다.

그림 17.11에서 보는 바와 같이, 당량점 근처의 pH 변화가 $K_a$의 감소만큼 더 작아졌기 때문에, 약산–강염기 적정에서 지시약의 선택은 강산과 강염기의 적정 때보다 좀 더 중요하다. 예를 들어, 0.100 $M$ $CH_3COOH$($K_a = 1.8 \times 10^{-5}$)를 0.100 $M$ NaOH로 적정할 때, pH는 7에서 11까지의 pH 범위에 한해서만 매우 신속히 증가한다(**그림 17.13**). 그러므로, 페놀프탈레인은 이상적인 지시약이다. 왜냐하면, 페놀프탈레인이 당량점 pH 가까이인 pH 8.3에서 10.0 사이에서 색이 변하기 때문이다. 그러나, 메틸 레드는 당량점에 도달하기 전인 pH 4.2에서 6.0 사이에서 색변화가 시작하기 때문에 나쁜 선택이다.

강산 용액(0.400 $M$ HCl 같은)과 약염기(0.100 $M$ $NH_3$ 같은)의 적정 곡선을 **그림 17.14**에 나타내었다. 이 예에서 당량점은 pH 5.28이다. 따라서, 메틸 레드는 이상적인 지시약이지만, 페놀프탈레인은 나쁜 선택이다.

## 다양성자산의 적정

약산이 한 개 이상의 이온화될 수 있는 수소 원자를 포함할 때, $OH^-$와의 반응은 연쇄적인 단계로 일어난다. 예를 들어, 아인산($H_3PO_3$)의 중화는 두 단계로 일어난다(P와 결합한 세 번째 H는 이온화하지 않는다).

$$H_3PO_3(aq) + OH^-(aq) \longrightarrow H_2PO_3^-(aq) + H_2O(l) \qquad [17.13]$$

$$H_2PO_3^-(aq) + OH^-(aq) \longrightarrow HPO_3^{2-}(aq) + H_2O(l) \qquad [17.14]$$

다양성자산 또는 다염기의 중화 반응 단계가 충분히 떨어져 있으면, 그 적정은 여러 개의 당량점을 가진다. **그림 17.15**는 식 17.13과 17.14에 해당하는 두 개의 당량점을 보여 준다.

그림 17.15에 나타낸 것과 같이, 적정 자료를 약한 다양성자산의 $pK_a$를 계산하는 데 사용할 수 있다. 예를 들어, 아인산의 $K_{a1}$와 $K_{a2}$를 써보자.

$$H_3PO_3(aq) \rightleftharpoons H_2PO_3^-(aq) + H^+(aq) \qquad K_{a1} = \frac{[H_2PO_3^-][H^+]}{[H_3PO_3]}$$

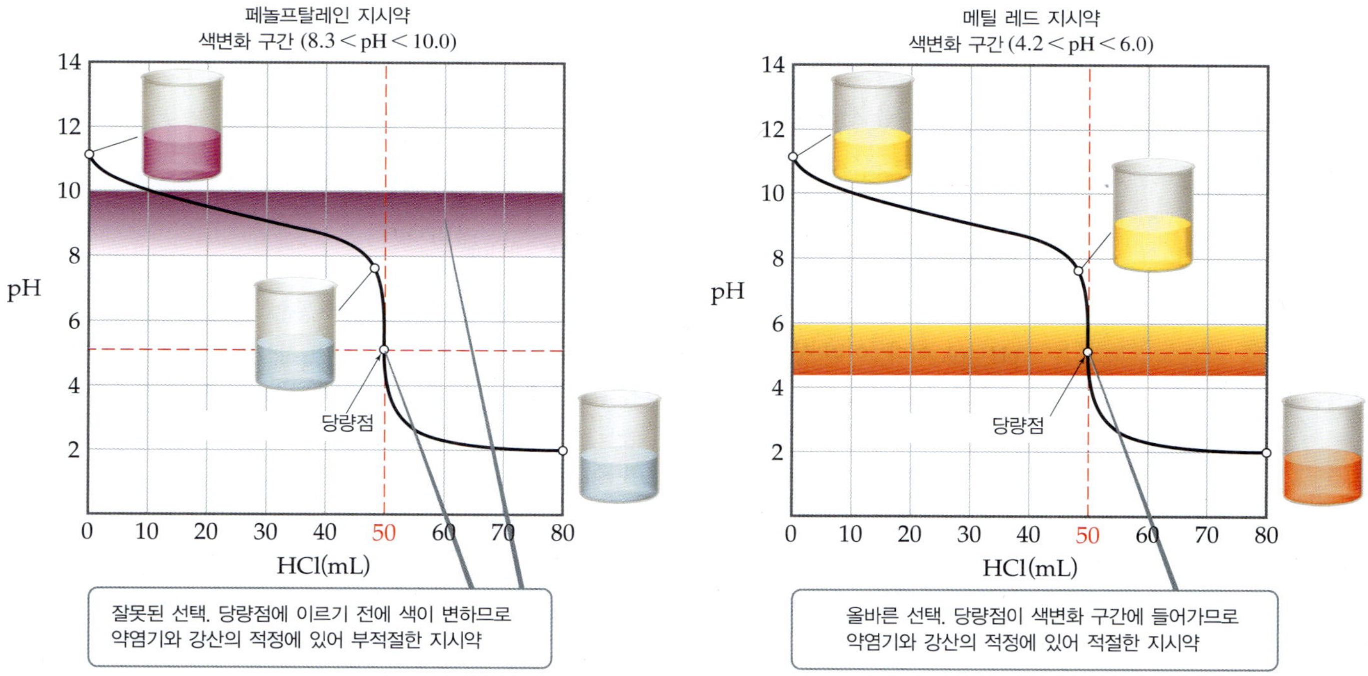


▲ **그림 17.14** 약염기와 강산의 적정에서의 적절하거나 부적절한 지시약

$H_3PO_3$, $H_2PO_3^-$, $HPO_3^{2-}$, $PO_3^{3-}$ 중 pH = 4인 용액에서 주로 존재하는 화학종은 무엇인가? pH = 11인 용액에서는 어떻게 되겠는가?

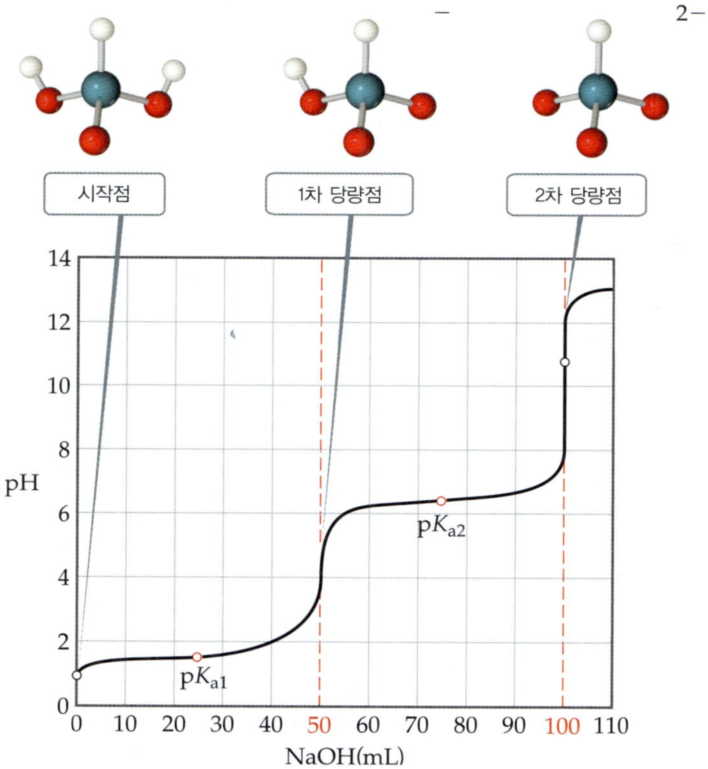


▲ **그림 17.15** 이양성자산의 적정 곡선 곡선은 0.10 *M* $H_3PO_3$ 50 mL를 0.10 *M* NaOH로 적정하였을 때의 pH 변화를 보여 준다.

$$H_2PO_3^-(aq) \rightleftharpoons HPO_3^{2-}(aq) + H^+(aq) \qquad K_{a2} = \frac{[HPO_3^{2-}][H^+]}{[H_2PO_3^-]}$$

이들 평형식을 재정리하면, Henderson–Hasselbalch 식을 얻는다.

$$pH = pK_{a1} + \log\frac{[H_2PO_3^-]}{[H_3PO_3]}$$

$$pH = pK_{a2} + \log\frac{[HPO_3^{2-}]}{[H_2PO_3^-]}$$

그러므로, 각각의 짝산과 짝염기 쌍의 농도는 각각의 평형에서 동일하다. 즉 $\log(1)=0$이고, $pH=pK_a$이다. 이런 상황은 적정 중 언제 일어날까? 적정을 시작하면 처음에는 아인산($H_3PO_3$)이 1차 당량점에서 모두 $H_2PO_3^-$로 변한다. 그러므로, 1차 당량점 중간에서 $H_3PO_3$의 절반이 $H_2PO_3^-$로 변한다. 즉, 반당량점에서 $H_3PO_3$의 농도는 $H_2PO_3^-$의 농도와 같고, $pH=pK_{a1}$이다. 두 번째 평형 반응에서도 유사한 방법으로 살펴보면, 이 평형의 반당량점에서 $pH=pK_{a2}$이다.

적정 데이터를 보고, 적정 곡선으로부터 직접 다양성자산의 $pK_a$들을 추정할 수 있다. 이런 과정은 미지의 다양성자산을 확인하는 데 아주 유용하다. 예를 들어, 그림 17.15에서 1차 당량점은 NaOH 50 mL를 첨가했을 때 나타난다. 반당량점은 NaOH 25 mL를 첨가했을 때와 같다. 왜냐하면, NaOH 25 mL에서는 pH가 아인산의 $pK_{a1}=1.5$와 같은 1.5이기 때문이다. 2차 당량점은 NaOH 100 mL를 첨가했을 때이고, 중간점(1차 당량점으로부터)은 NaOH 75 mL를 첨가했을 때이다. 그래프에서 NaOH 75 mL 첨가 지점에서 pH는 6.5를 가리킨다. 그러므로, 아인산의 $pK_{a2}$는 6.5로 추정된다. 실제 두 $pK_a$의 값은 $pK_{a1}=1.3$, $pK_{a2}=6.7$이다(추정치에 근접).

## 자기 평가 연습 문제

**17.15** 0.100 *M* 강염기 50.0 mL에 0.100 *M* 강산을 첨가하며 적정한다. 40.0 mL의 산을 첨가했을 때 pH는 얼마인가?
**(a)** 13.00
**(b)** 12.05
**(c)** 11.95

**17.16** 그림 17.14에 보인 약염기의 $pK_a$를 추정하시오.
**(a)** 11.0
**(b)** 9.4
**(c)** 5.2
**(d)** 2.0

## 연습 문제

**17.17** 다음 그래프는 두 가지 일양성자산의 적정 곡선을 나타내고 있다.

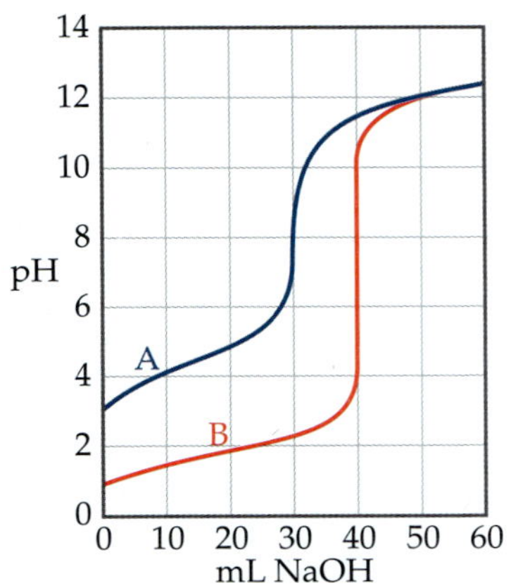


**(a)** 어느 곡선이 강산의 적정 곡선인가?
**(b)** 각 적정에서 당량점의 pH는 대략 얼마인가?
**(c)** 각각의 산 40.0 mL를 0.100 *M* 염기로 적정하였다. A, B 중 더 진한 산은?
**(d)** 약산의 $pK_a$를 계산하시오.

**17.18** 1.0 *M* $HNO_3(aq)$ 25.0 mL와 1.0 *M* $CH_3COOH(aq)$ 25.0 mL를 0.100 *M* NaOH(*aq*) 용액으로 적정할 때, 이 적정에 대한 다음 내용이 사실인지, 거짓인지를 결정하시오.
**(a)** 두 적정의 시작점에서 pH는 같다.
**(b)** 두 적정 곡선은 당량점을 지난 후에 같아질 것이다.
**(c)** 메틸 레드는 두 적정 모두에 적절한 지시약이다.

**17.19** 다음 각 적정의 당량점이 pH 7 이상일지, 이하일지, 7일지를 예상하시오.
**(a)** 벤조산을 KOH로 적정할 때
**(b)** 암모니아를 HI로 적정할 때

(c) 하이드록실아민을 HCl로 적정할 때.

**17.20** 한 개의 양성자를 받아들이는 0.10 $M$ 약염기 B 용액 30.0 mL를 0.10 $M$ 일양성자 강산 HA로 적정한다고 하자.

(a) 당량점에서 첨가된 HA의 몰수는 얼마인가?

(b) 당량점에서 B는 어떤 형태로 존재하는가?

(c) 당량점에서 pH가 7일지, 이하일지, 이상일지 밝히시오.

(d) 페놀프탈레인 또는 메틸 레드 중 이 적정에 더 적합한 지시약은 무엇인가?

**17.21** 다음 각 용액을 0.105 $M$ HCl로 당량점까지 적정할 때 몇 mL가 필요한가?

(a) 0.0950 $M$ NaOH 45.0 mL

(b) 0.118 $M$ $NH_3$ 22.5 mL

(c) 1.35 g/L의 NaOH 용액 125.0 mL

**17.22** 0.150 $M$ KOH 20.0 mL 시료를 0.125 $M$ $HClO_4$ 용액으로 적정한다. 다음 부피의 산을 첨가한 후의 pH를 계산하시오.

(a) 20.0 mL (b) 23.0 mL (c) 24.0 mL (d) 25.0 mL (e) 30.0 mL

**17.23** 0.050 $M$ $NH_3$ 30.0 mL를 0.025 $M$ HCl로 적정한다. 다음 부피의 HCl을 첨가한 후의 pH를 계산하시오.

(a) 0 mL (b) 20.0 mL (c) 59.0 mL (d) 60.0 mL (e) 61.0 mL (f) 65.0 mL

**17.24** 0.080 $M$ NaOH를 이용하여 0.100 $M$의 다음 산 용액을 적정할 때, 당량점에서의 pH를 계산하시오.

(a) 브로민화수소산(HBr) (b) 아염소산($HClO_2$)

(c) 벤조산($C_6H_5COOH$)

자기 평가 연습 문제 답 **17.15** (b) **17.16** (b)

## 17.4 | 용해도 평형

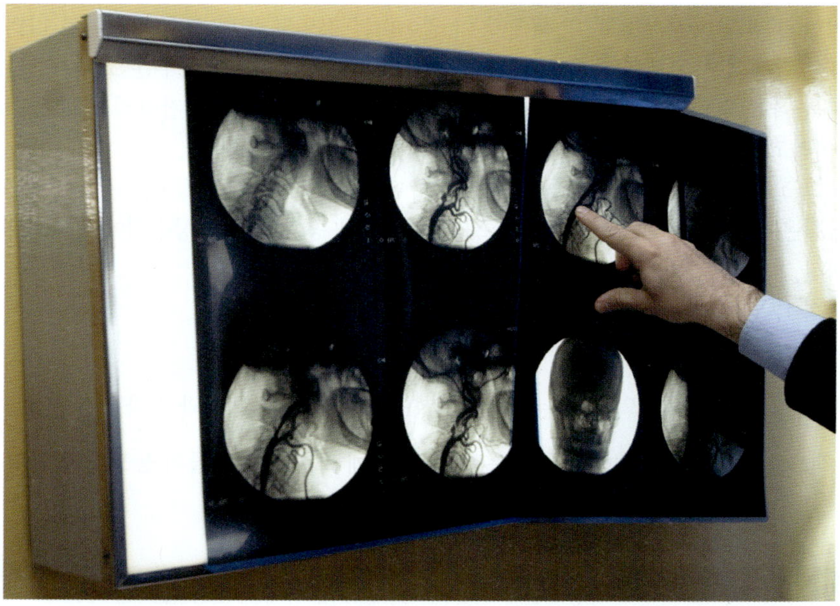

X선은 환자의 내부를 수술을 통하지 않고도 볼 수 있도록 해주었고, 백 년이 넘는 기간 동안 의료 진단에 사용되었다. 골절과 탈구는 유용하게 잘 볼 수 있도록 해주지만, 약한 조직에 대한 영상화 성능은 그리 좋지 않다. X선으로 위장관 경로를 영상화하기 위해서는 조영제 또는 황산 바륨과 같은 '방사성 비투과성' 화합물을 사용해야 한다. 황산 바륨을 물에 섞은 슬러리를 삼키면, 상부 소화관의 내부를 코팅한다. 바륨 이온은 X선을 산란하고, X선이 몸을 투과하여 반대쪽 검출기로 가는 것을 방지한다. 이러한 방법으로 식도, 위장, 소장의 영상이 얻어진다. 바륨 이온은 사람에게 독성이지만, 황산 바륨의 용해도는 아주 낮아서 사용하기에 안전하다고 여겨진다.

이 절이 끝나면 다음 사항을 수행할 수 있어야 한다.

- 몰용해도에서 $K_{sp}$를 계산하고, $K_{sp}$에서 몰용해도를 계산하기

지금까지 이 장에서 고려한 평형은 산과 염기에 관한 것이다. 게다가, 그들은 균일 평형이었다. 즉, 모든 화학종이 같은 상으로 존재했다. 이 장의 나머지 부분에서는 이온 결합 화합물의 용해 또는 침전에 대한 평형을 살펴본다. 이들 반응은 불균일 평형이다.

화합물이 용해되거나 침전되는 현상은 우리 몸이나 우리 주위에서 일어난다. 예를 들어, 산성 용액 속에서는 치아 에나멜의 용해로 인해 충치가 생기고, 신장에 어떤 염류가 침전되면 신장 결석이 생긴다. 지구상의 물은 지상이나 지하를 지날 때 염들을 녹인다. 지하수로부터 $CaCO_3$의 침전은 석회석 동굴의 종유석과 석순을 생성하는 원인이다.

앞의 침전 반응 설명에서는, 물에 있는 보통 염류의 용해도를 예측하는 몇 가지 일반 규칙을 고려하였다. 이들 규칙은 화합물이 물에서 작은 용해도를 가질지 또는 큰 용해도를 가질지에 대한 정성적 판단을 제시한다. 하지만 용해도 평형을 고려하면, 용해도에 대해 정량적인 예측을 할 수 있다.

## 용해도곱 상수, $K_{sp}$

**포화 용액**(saturated solution)이란 더 이상 용해되지 않은 용질과 접촉하고 있는 용액이라는 점을 상기하라. 예를 들어, 고체 $BaSO_4$와 접촉하고 있는 $BaSO_4$ 수용액을 생각해 보자. $BaSO_4$는 이온 결합 화합물이므로 강전해질이고, 물에 녹을 때 $Ba^{2+}(aq)$와 $SO_4^{2-}(aq)$ 이온을 생성한다. 따라서 다음 평형이 쉽게 성립된다.

$$BaSO_4(s) \rightleftharpoons Ba^{2+}(aq) + SO_4^{2-}(aq) \qquad [17.15]$$

다른 어떠한 평형과 마찬가지로, 용해 반응이 일어나는 정도도 평형 상수의 크기로 나타낼 수 있다. 이 평형 반응식은 고체의 용해를 나타내는 것이기 때문에, 평형 상수는 고체가 얼마나 물에 잘 녹는지를 나타내며, **용해도곱 상수(solubility-product constant)** 또는 간단히 **용해도곱(solubility product)**이라고 한다. 이는 $K_{sp}$로 표현되며, *sp*는 용해도곱임을 나타낸다.

고체와 그 고체를 구성하는 이온들의 수용액 사이의 평형에 대한 평형 상수식은 일반적인 평형 상수식과 같은 규칙에 따라 쓰인다. 이때, 고체는 불균일 평형의 평형 상수식에서 나타낼 수 없음을 기억하라.

따라서 식 17.15에 나타낸 $BaSO_4$의 용해도곱 상수식은 다음과 같다.

$$K_{sp} = [Ba^{2+}][SO_4^{2-}] \qquad [17.16]$$

각 평형 반응식에 대한 이온의 계수는 화합물의 화학식에서 아래 첨자와 같다.

**일반적으로, 화합물의 용해도곱 상수 $K_{sp}$는 평형에 포함된 이온들의 농도곱과 같고, 평형**

### 예제 17.10
용해도곱 상수($K_{sp}$) 쓰기

$CaF_2$의 용해도곱 상수식을 쓰고, 부록 D에서 $K_{sp}$ 값을 찾으시오.

**해답**

**분석** $CaF_2$가 물에 녹는 과정의 평형 상수식을 쓰는 문제이다.

**계획** 평형 상수식을 쓰는 일반 규칙을 적용하고, 식에서 고체 반응물은 제외한다. 이 화합물이 그 구성 성분 이온으로 완전히 해리된다고 가정한다.

$$CaF_2(s) \rightleftharpoons Ca^{2+}(aq) + 2\,F^-(aq)$$

**풀이** $K_{sp}$ 식은 다음과 같다.

$$K_{sp} = [Ca^{2+}][F^-]^2$$

부록 D에서 $K_{sp}$ 값은 $3.9 \times 10^{-11}$이다.

▶ **보충 예제**

다음 중 수용액에서 $Ag_3PO_4$의 용해도곱 상수를 정확히 표현한 것은?

**(a)** $[Ag][PO_4]$ **(b)** $[Ag^+][PO_4^{3-}]$ **(c)** $[Ag^+]^3[PO_4^{3-}]$
**(d)** $[Ag^+][PO_4^{3-}]^3$ **(e)** $[Ag^+]^3[PO_4^{3-}]^3$

**반응식의 계수는 각 농도의 지수가 된다.**

25 °C에서 여러 가지 이온성 고체의 $K_{sp}$ 값이 부록 D에 있다. $BaSO_4$의 $K_{sp}$ 값은 매우 작은 $1.1 \times 10^{-10}$이다. 이는 25°C 물에서 매우 적은 양만이 녹는다는 것을 나타낸다.

## 용해도와 $K_{sp}$

용해도와 용해도곱 상수를 주의 깊게 구별하는 것은 중요하다. 물질의 용해도란 포화 용액을 생성할 때 녹는 양을 말한다. 때때로 용해도는 용액 리터당 용질의 그램수(g/L)로 표시된다. **몰용해도**(molar solubility)란 용질의 포화 용액 1 L를 만들 때 필요한 용질의 몰수(mol/L)이다. 용해도곱 상수($K_{sp}$)는 이온성 고체와 그것의 포화 용액 사이의 평형 상수이며, 단위가 없는 상수이다. 따라서, $K_{sp}$의 크기는 포화 용액을 만들 때 녹는 고체의 양을 말한다.

물질의 용해도는 여러 가지 인자에 상당한 영향을 받는다. 예를 들어, $Mg(OH)_2$와 같은 수산화염의 용해도는 용액의 pH에 따라 크게 변한다. 또한, 용해도는 용액에 존재하는 다른 이온, 특히 공통 이온의 농도에도 영향을 받는다. 다시 말하면, 용액상에 존재하는 종의 변화에 따라 주어진 용질의 용해도 수치는 차이를 보인다. 반면에, 주어진 용질의 용해도곱 상수인 $K_{sp}$는 특정 온도에서 일정한 값이다.* 그림 17.16은 여러 가지 용해도 식과 $K_{sp}$ 사이의 관계를 요약한 것이다.

원칙적으로 염의 $K_{sp}$ 값은 다양한 조건하에서의 용해도를 계산하는 데 이용할 수 있다. 실제로, 이 절의 마지막 부분에 있는 "자세히 보기: 용해도곱의 한계"에서 지적한 이유 때문에, 그렇게 할 때 많은 주의가 필요하다. 이론의 전하가 작고(1+와 1−) 가수 분해되지 않는 염의 경우, 측정한 용해도 값과 $K_{sp}$로부터 계산한 용해도 값은 서로 가장 잘 일치한다.

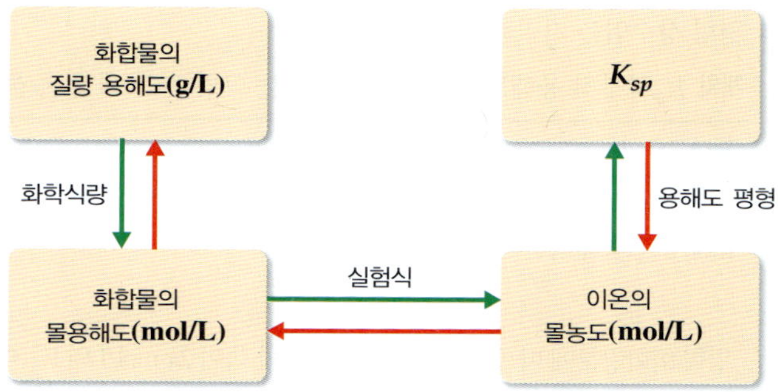


▲그림 17.16 용해도와 $K_{sp}$ 사이의 변환 과정 녹색 화살표를 따라가면 질량 용해도로부터 $K_{sp}$를 구할 수 있다. 붉은색 화살표를 따라가면 $K_{sp}$로부터 몰용해도나 질량 용해도를 구할 수 있다.

### 예제 17.11
#### 용해도로부터 $K_{sp}$ 계산

온도 25°C에서 고체 크로뮴산 은($Ag_2CrO_4(s)$)을 순수한 물에 첨가하였더니 약간의 고체가 플라스크 바닥에 녹지 않고 남았다. 녹지 않은 $Ag_2CrO_4(s)$와 용액 사이의 평형이 완결되도록 며칠간 저어 주었다. 평형 용액을 분석하였더니, 은 이온의 농도가 $1.3 \times 10^{-4}$ $M$이었다. $Ag_2CrO_4$ 용액이 포화되었고, 용액 중에 $Ag^+$와 $CrO_4^{2-}$ 이온이 관련된 어떤 다른 중요한 평형도 없다고 가정할 때, $Ag_2CrO_4$의 $K_{sp}$를 계산하시오.

#### 해답

**분석** $Ag_2CrO_4$ 포화 용액 중 $Ag^+$ 이온 농도를 주고 $Ag_2CrO_4$의 $K_{sp}$ 값을 구하는 문제이다.

**계획** 평형 반응식과 $K_{sp}$ 식은 다음과 같다.

$$Ag_2CrO_4(s) \rightleftharpoons 2\,Ag^+(aq) + CrO_4^{2-}(aq)$$
$$K_{sp} = [Ag^+]^2[CrO_4^{2-}]$$

$K_{sp}$를 계산하려면 $Ag^+$와 $CrO_4^{2-}$의 평형 농도가 필요하다. 평형에서 $[Ag^+] = 1.3 \times 10^{-4}$ $M$이라는 것을 알고 있다. 용액 중 모든 $Ag^+$와 $CrO_4^{2-}$ 이온은 녹은 $Ag_2CrO_4$로부터 생긴 것이다. 따라서 $[Ag^+]$를 사용하여 $[CrO_4^{2-}]$ 값을 계산할 수 있다.

**풀이** 크로뮴산 은의 화학식으로부터 용액 중의 각 $CrO_4^{2-}$ 이온마다 $Ag^+$ 이온이 두 개 있어야 한다. 결과적으로 $CrO_4^{2-}$의 농도는 $Ag^+$ 농도의 절반이다.

$$[CrO_4^{2-}] = \left(\frac{1.3 \times 10^{-4}\ \text{mol}\ Ag^+}{\text{L}}\right)\left(\frac{1\ \text{mol}\ CrO_4^{2-}}{2\ \text{mol}\ Ag^+}\right) = 6.5 \times 10^{-5}\ M$$

이제는 $K_{sp}$ 값을 계산할 수 있다.

$$K_{sp} = [Ag^+]^2[CrO_4^{2-}] = (1.3 \times 10^{-4})^2(6.5 \times 10^{-5}) = 1.1 \times 10^{-12}$$

**검토** 난용성 염이라는 것으로부터 예상하였듯이, 작은 값을 얻었다. 더 나아가 계산한 값은 부록 D에 제시된 $1.2 \times 10^{-12}$와 거의 일치한다.

---

*매우 묽은 용액에서만 이러한 점이 엄격하게 적용된다. $K_{sp}$ 값은 물에서 이온 물질의 전체 농도가 증가할 때 다소 변한다. 그러나 매우 정확성이 요구되는 작업에서만 고려되는 이러한 효과는 무시할 수 있다.

▶ **보충 예제**

고체 인산 구리(II)($Cu_3(PO_4)_2$) 10.0 g을 비커에 넣고 $T$=298 K에서 물 100.0 mL를 가하였다. 이 고체는 용해 현상을 나타내지 않았다. 가끔 저어 주면서 오랜 시간을 기다려 수용액에서 $Cu^{2+}(aq)$의 평형 농도를 측정하니 $5.01 \times 10^{-8}$ $M$이었다. 인산 구리(II)의 $K_{sp}$는 얼마인가?

**(a)** $5.01 \times 10^{-8}$ **(b)** $2.50 \times 10^{-15}$ **(c)** $4.20 \times 10^{-15}$ **(d)** $3.16 \times 10^{-37}$ **(e)** $1.40 \times 10^{-37}$

## 예제 17.12

### $K_{sp}$로부터 용해도 계산

25 °C에서 $CaF_2$의 $K_{sp}$는 $3.9 \times 10^{-11}$이다. 고체와 용해된 $CaF_2$ 간에 평형이 이루어지고, 용해도에 영향을 미치는 다른 중요한 평형이 없다고 가정할 때, $CaF_2$의 용해도를 g/L로 계산하시오.

### 해답

**분석** $CaF_2$의 $K_{sp}$ 값을 사용하여 용해도를 구하는 문제이다. 물질의 용해도는 용매에 녹을 수 있는 양인 반면에, 용해도곱 상수($K_{sp}$)는 평형 상수임을 기억하라.

**계획** $K_{sp}$로부터 용해도를 구하기 위해서는 그림 17.16에 있는 붉은색 화살표를 따라가야 한다. 우선 용해 과정에 대한 화학식을 적고, 초기 및 평형 농도표를 작성한다. 그런 다음 평형 상수식을 사용한다. 이 경우 $K_{sp}$를 알고 있으므로 용액상의 이온 농도를 구할 수 있다. 이온 농도를 알면, 화학식량을 사용하여 용해도(g/L)를 구할 수 있다.

**풀이**

초기에는 염이 전혀 녹지 않고, 평형에 도달하였을 때 $CaF_2$가 $x$ mol/L만큼 해리한다고 가정한다.

$$CaF_2(s) \rightleftharpoons Ca^{2+}(aq) + 2\,F^-(aq)$$

| | $CaF_2(s)$ | $Ca^{2+}(aq)$ | $2\,F^-(aq)$ |
|---|---|---|---|
| 초기 농도($M$) | — | 0 | 0 |
| 변화($M$) | — | $+x$ | $+2x$ |
| 평형 농도($M$) | — | $x$ | $2x$ |

평형 화학량론에 따르면, $x$ mol/L의 $CaF_2$가 녹아 $2x$ mol/L의 $F^-$ 이온을 생성한다. 이제 $K_{sp}$ 식의 평형 농도 값에 $x$ 값을 대입하여 푼다.

$$K_{sp} = [Ca^{2+}][F^-]^2 = (x)(2x)^2 = 4x^3 = 3.9 \times 10^{-11}$$

($\sqrt[3]{y} = y^{1/3}$임을 기억하라.) 따라서 $CaF_2$의 몰용해도는 $2.1 \times 10^{-4}$ mol/L이다.

$$x = \sqrt[3]{\frac{3.9 \times 10^{-11}}{4}} = 2.1 \times 10^{-4}$$

1 L의 용액을 만들기 위해 물에 녹은 $CaF_2$의 질량은 다음과 같다.

$$\left(\frac{2.1 \times 10^{-4}\ \text{mol CaF}_2}{1\ \text{L 용액}}\right)\left(\frac{78.1\ \text{g CaF}_2}{1\ \text{mol CaF}_2}\right) = 1.6 \times 10^{-2}\ \text{g CaF}_2/\text{L 용액}$$

**검토** 난용성 염의 용해도로부터 작은 값을 예상하였다. 역으로 계산하면, $K_{sp} = (2.1 \times 10^{-4})(4.2 \times 10^{-4})^2 = 3.7 \times 10^{-11}$이다. 이는 처음에 주어진 $K_{sp} = 3.9 \times 10^{-11}$에 가까운 값이다.

**주의** $F^-$가 약산의 음이온이므로, 이온의 가수 분해는 $CaF_2$ 용해도에 영향을 준다고 예상할 수 있다. $F^-$의 염기도는 대단히 작으므로 ($K_b = 1.5 \times 10^{-11}$) 가수 분해는 조금만 일어나고, 용해도에 크게 영향을 주지 않는다. 보고된 용해도는 25 °C에서 0.017 g/L이다. 이는 앞의 계산값과 잘 일치한다.

▶ **보충 예제**

다음과 같은 5개의 염이 있다. 수용액에서 이들 양이온의 농도가 가장 높은 것은 어느 것인가? 모든 염 용액은 포화 상태이고, 이온들은 수용액에서 어떤 첨가 반응도 하지 않았다고 가정한다.

**(a)** 크로뮴산 납(II), $K_{sp} = 2.8 \times 10^{-13}$
**(b)** 수산화 코발트(II), $K_{sp} = 1.3 \times 10^{-15}$
**(c)** 황화 코발트(II), $K_{sp} = 5 \times 10^{-22}$
**(d)** 수산화 크로뮴(III), $K_{sp} = 1.6 \times 10^{-30}$
**(e)** 황화 은, $K_{sp} = 6 \times 10^{-51}$

## 자세히 보기 | 용해도곱의 한계

$K_{sp}$로부터 계산된 이온의 농도는 종종 실험값과 차이를 보인다. 부분적으로 이러한 편차는 용액상의 이온들 사이의 정전기 상호 작용에 의한 이온쌍의 형성 때문이다(13.5절 "자세히 보기: van't Hoff 지수"). 이러한 상호 작용은 이온의 농도가 증가함에 따라 커지며, 더불어 이온의 전하가 증가할 때도 커진다. 이러한 이온들 사이의 상호 작용을 고려하여 보정하지 않으면, $K_{sp}$로부터 계산된 용해도가 작아지는 경향이 있다.

이러한 이온 상호 작용의 효과의 예로서 $CaCO_3$(방해석)가 있는데, 용해도곱 $K_{sp} = 4.5 \times 10^{-9}$으로부터 계산된 용해도는 $6.7 \times 10^{-5}$ mol/L이다. 용액상의 이온 상호 작용을 고려한 보정을 실시하면, 단순 계산값보다 높은 용해도 값인 $7.3 \times 10^{-5}$ mol/L를 얻는다. 하지만 보고된 용해도는 이보다 두 배 정도 높은 값인 $1.4 \times 10^{-4}$ mol/L인데, 이는 하나 이상의 부가 요소가 관련되어 있음을 의미한다.

$K_{sp}$로부터 이온 농도를 계산할 때 오차를 일으키는 또 다른 원인은 용액에서 동시에 일어나는 다른 종류의 평형을 무시한 것이다. 예를 들어 산–염기 평형은 용해도 평형과 동시에 일어날 수 있다. 특히, 높은 전하 대 크기비를 가지는 염기의 음이온과 양이온은 가수 분해 반응을 일으키는데, 가수 분해 반응은 염들의 용해도를 상당히 증가시킬 수 있다. 예를 들어, $CaCO_3$는 물에서 가수 분해되는 염기성의 탄산 이온($K_b = 1.8 \times 10^{-4}$)을 포함하고 있다.

$$CO_3^{2-}(aq) + H_2O(l) \rightleftharpoons HCO_3^-(aq) + OH^-(aq)$$

용액에서의 이온 상호 작용 효과와 용해도 및 가수 분해 평형 효과를 동시에 고려하면, $1.4 \times 10^{-4}$ mol/L의 용해도를 계산할 수 있는데, 이는 측정값과 잘 일치한다.

일반적으로 이온 결합 화합물은 용해될 때, 그들의 구성 성분 이온으로 완전히 용해된다고 가정한다. 이러한 가정이 항상 타당한 것은 아니다. 예를 들어 $MgF_2$가 용해될 때, 용액상에는 $Mg^{2+}$와 $F^-$ 이온뿐만 아니라 $MgF^+$ 이온도 존재한다.

## 자기 평가 연습 문제

**17.25** 계산을 하지 않고, 다음 화합물 중 물에 대한 용해도가 가장 높은 것은 무엇일지 예측하시오.

**(a)** $BaCO_3$  $K_{sp} = 5.1 \times 10^{-9}$
**(b)** $BaSO_4$  $K_{sp} = 1.1 \times 10^{-10}$
**(c)** $PbSO_4$  $K_{sp} = 6.3 \times 10^{-7}$

## 연습 문제

**17.26** $M^{2+}$ 이온의 두 가지 난용성 염 MA와 $MZ_2$의 용해도는 같고, $4 \times 10^{-4}$ mol/L이다.
**(a)** 어느 것의 용해도곱 상수 값이 더 큰가?
**(b)** 물에 녹인 각 염의 포화 용액 중 어느 것이 $M^{2+}$의 농도가 더 큰가?
**(c)** $MZ_2$ 용액에 하나가 포화되기 위해 MA 용액에 포화된 용액의 같은 부피를 첨가한다면, $M^{2+}$ 양이온의 평형 농도는 얼마인가?

**17.27** **(a)** 참 혹은 거짓: 주어진 화합물에 대한 '용해도'와 '용해도곱 상수'는 같은 수이다.
**(b)** 다음 각 이온 결합 화합물의 용해도곱 상수식을 쓰시오.
$MnCO_3$, $Hg(OH)_2$, $Cu_3(PO_4)_2$

**17.28** **(a)** 25 °C에서 $PbBr_2$의 몰용해도는 $1.0 \times 10^{-2}$ mol/L이다. $K_{sp}$를 구하시오. **(b)** $AgIO_3$는 수용액 1 L당 0.0490 g씩 녹는다고 할 때 용해도곱 상수를 계산하시오. **(c)** 부록 D의 적절한 $K_{sp}$값을 이용하여 포화 $Ca(OH)_2$ 용액의 pH를 계산하시오.

**17.29** 25 °C에서 포화 아이오딘화 납(II) 용액 1.00 L에는 0.54 g의 $PbI_2$가 들어 있다. 25 °C에서 이 염의 용해도곱 상수를 계산하시오.

자기 평가 연습 문제 답 **17.25** (c)

## 17.5 | 용해도에 영향을 주는 인자

산호초는 자연에서 작용하는 수성 화학(aqueous chemistry)의 놀라운 예이다. 산호초는 돌산호라고 불리는 작은 동물에 의해 만들어지는데, 이 돌산호는 단단한 탄산 칼슘 외골격을 분비하는 생물이다. 시간이 지날수록 돌산호는 탄산 칼슘의 넓은 망을 형성하며 암초를 만든다. 이러한 구조물의 크기는 삽화 속 그레이트 배리어 리프(Great Barrier Reef)처럼 엄청날 수 있다.

돌산호는 용해된 $Ca^{2+}$와 $CO_3^{2-}$ 이온들로부터 그들의 외골격을 만든다. 이 과정은 대부분의 해양에 $CO_2$ 농도가 과포화되어 있다는 사실이 도움이 된다. 그러나 잘 기록된 대기 중의 $CO_2$ 양의 증가는 돌산호가 의존하는 수성 화학을 뒤엎을 위험이 있다. 대기의 $CO_2$ 농도가 증가하면서, 바다에 용해되는 $CO_2$의 양도 증가한다. 이것은 바다의 pH를 낮추고, $CO_3^{2-}$의 농도 감소로 이어진다. 그 결과, 돌산호와 다른 중요한 해양 생물이 그들의 외골격을 유지하기가 어려워진다. 해양 산성화의 결과를 18장에서 더 자세히 살펴볼 것이다.

이 장이 끝나면 다음 사항을 수행할 수 있어야 한다.

- 공통 이온의 존재 또는 다른 pH 조건에서 물질의 용해도 계산하기

물질의 용해도는 온도뿐만 아니라 존재하는 다른 용질에 의해서도 영향을 받는다. 예를 들어, 산의 존재는 물질의 용해도에 큰 영향을 준다. 17.4절에서는 순수한 물에서의 이온 결합 화합물의 용해에 대해서 살펴보았다. 이 절에서는 이온 결합 화합물의 용해도가 (1) 공통 이온이 있을 때, (2) 용액의 pH가 변할 때, (3) 착화제가 존재할 때 어떤 영향을 받는지를 살펴본다. 또한 pH와 착화제의 두 효과와 관련된 **양쪽성**(amphoterism)에 대해서도 알아본다.

## 공통 이온 효과

용액에 $Ca^{2+}(aq)$나 $F^-(aq)$가 존재하면, 평형 농도가 왼쪽으로 이동하므로 $CaF_2$의 용해도가 감소한다.

$$CaF_2(s) \rightleftharpoons Ca^{2+}(aq) + 2\,F^-(aq)$$

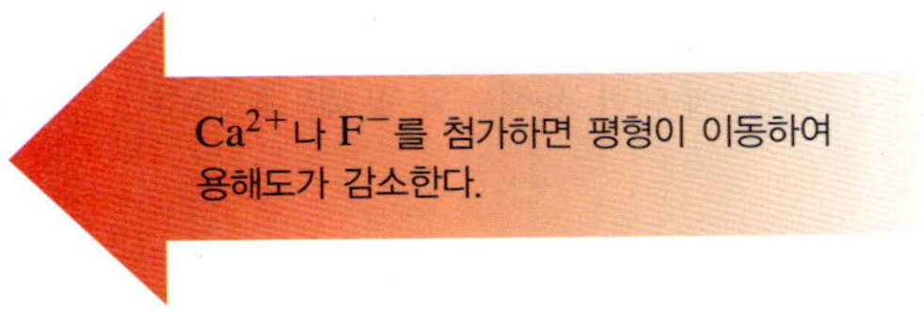


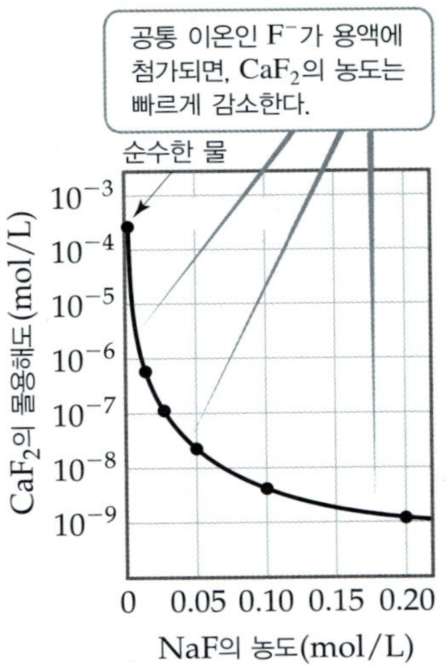


▲ 그림 17.17 공통 이온 효과 $CaF_2$의 농도는 log 눈금임에 유의하라.

이러한 용해도 감소는 17.1절에서 다루었던 공통 이온 효과의 또 다른 응용이다. $CaF_2$에 대해서 보여주는 그림 17.17처럼, 일반적으로, **공통 이온을 내놓는 두 번째 용질이 존재한다면, 난용성 염의 용해도는 감소한다.**

### 예제 17.13
### 용해도에 대한 공통 이온의 영향 계산

25°C에서 **(a)** 0.010 *M* $Ca(NO_3)_2$, **(b)** 0.010 *M* NaF 용액 속에 있는 $CaF_2$의 몰용해도를 계산하시오.

#### 해답

**분석** $CaF_2$의 공통 이온을 포함하는 두 가지 강전해질에서 $CaF_2$의 용해도를 구하는 문제이다. (a)에서 공통 이온은 $Ca^{2+}$이고, $NO_3^-$는 구경꾼 이온이다. (b)에서는 공통 이온이 $F^-$이며, $Na^+$는 구경꾼 이온이다.

**계획** $CaF_2$가 난용성 화합물이므로, 부록 D에 제시된 $CaF_2$의 $K_{sp}$ 값인 $3.9\times10^{-11}$을 사용해야 한다. **$K_{sp}$ 값은 다른 용질을 더 넣어 주어도 변하지 않는다.** 하지만 공통 이온 효과 때문에 공통 이온이 존재할 때 염의 용해도는 감소한다. $CaF_2$ 평형 반응식으로부터 시작하여 초기 및 평형 농도의 표를 만들고, $K_{sp}$ 식을 이용하여 $CaF_2$에서만 나오는 이온 농도를 결정한다.

**풀이**

**(a)** $Ca(NO_3)_2$를 녹였기 때문에 $Ca^{2+}$의 초기 농도는 0.010 *M*이다.

$$CaF_2(s) \rightleftharpoons Ca^{2+}(aq) + 2\,F^-(aq)$$

| | $CaF_2(s)$ | $Ca^{2+}(aq)$ | $2\,F^-(aq)$ |
|---|---|---|---|
| 초기 농도(*M*) | — | 0.010 | 0 |
| 변화(*M*) | — | $+x$ | $+2x$ |
| 평형 농도(*M*) | — | $(0.010 + x)$ | $2x$ |

이를 용해도곱 식에 대입한다.

$$K_{sp} = 3.9 \times 10^{-11} = [Ca^{2+}][F^-]^2 = (0.010 + x)(2x)^2$$

$x$는 0.010에 비해 매우 작으므로 다음과 같이 단순화할 수 있다.

$$3.9 \times 10^{-11} = (0.010)(2x)^2$$

$$x^2 = \frac{3.9 \times 10^{-11}}{4(0.010)} = 9.8 \times 10^{-10}$$

$$x = \sqrt{9.8 \times 10^{-10}} = 3.1 \times 10^{-5}\,M$$

$x$의 값이 매우 작기 때문에, 위에서 문제를 단순하게 만든 가정은 타당하다. 이 계산은 0.010 *M* $Ca(NO_3)_2$ 용액 1 L당 $3.1 \times 10^{-5}$ mol의 고체 $CaF_2$가 녹는다는 것을 의미한다.

**(b)** 공통 이온은 $F^-$이고, 평형에서 각 이온의 농도는 다음과 같다.

$$[Ca^{2+}] = x \quad \text{and} \quad [F^-] = 0.010 + 2x$$

$2x$는 0.010 *M*에 비해 작다고 가정하면(즉 $0.010 + 2x \simeq 0.010$), 다음과 같다.

$$3.9 \times 10^{-11} = (x)(0.010 + 2x)^2 \simeq x(0.010)^2$$

$$x = \frac{3.9 \times 10^{-11}}{(0.010)^2} = 3.9 \times 10^{-7}\,M$$

따라서 0.010 *M* NaF 용액 1 L에 $3.9 \times 10^{-7}$ mol의 고체 $CaF_2$가 녹는다.

**주의** 물에서 $CaF_2$의 몰용해도는 $2.1 \times 10^{-4}$ *M*이다(예제 17.12). 위에서 얻은 결과와 비교하면, 0.010 *M* $Ca^{2+}$가 존재할 때 $CaF_2$의 용해도는 $3.1 \times 10^{-5}$ *M*이고, 0.010 *M* $F^-$ 이온이 존재할 때 $CaF_2$의 용해도는 $3.9 \times 10^{-7}$ *M*이다. 따라서, $Ca^{2+}$나 $F^-$를 $CaF_2$ 용액에 더해 주면 용해도가 감소한다. 그러나, 용해도에 대한 $F^-$의 영향은 $Ca^{2+}$의 영향보다 훨씬 분명하다. 이는 $CaF_2$의 $K_{sp}$ 식에서 $[F^-]$는 2제곱으로 나타나지만, $[Ca^{2+}]$는 1제곱으로 표현되기 때문이다.

**▶ 보충 예제**

298 K에서 수용액에 3+ 전하를 갖는 양이온 금속과 1− 전하를 갖는 음이온의 $MA_3$염 포화 용액이 있다. 다음 중 수용액에서 $MA_3$의 $K_{sp}$에 영향을 미치는 경우는?

**(a)** 용액에 $M^{3+}$를 더 첨가한다.
**(b)** 용액에 $A^-$를 더 첨가한다.
**(c)** 용액을 묽힌다.
**(d)** 용액의 온도를 높인다.
**(e)** 위의 요소 중 하나 이상이다.

## 용해도와 pH

용액을 충분한 산성이나 염기성으로 만들면, 거의 모든 이온 결합 화합물의 용해도가 영향을 받는다. 관여한 하나 또는 두 가지 이온이 어느 정도 산성이거나 염기성일 때, 그 영향은 상당히 크다. $Mg(OH)_2$와 같은 금속 수산화물은 강염기성 이온인 수산화 이온을 포함한 화합물의 좋은 예이다. 용해도 평형이 다음 식과 같은 $Mg(OH)_2$를 살펴보자.

$$Mg(OH)_2(s) \rightleftharpoons Mg^{2+}(aq) + 2\,OH^-(aq) \quad K_{sp} = 1.8 \times 10^{-11} \qquad [17.17]$$

$Mg(OH)_2$ 포화 용액의 pH는 10.52이고, $Mg^{2+}$의 농도는 $1.7 \times 10^{-4}$ *M*이다. 이제 고체 $Mg(OH)_2$가 pH 9.0인 완충 용액에서 평형에 있다고 가정해 보자. pOH 값은 5.0이고, 따라서 $[OH^-] = 1.0 \times 10^{-5}$ *M*이다. 이렇게 구한 $[OH^-]$ 값을 용해도곱 식에 대입하면 다음과 같다.

$$K_{sp} = [Mg^{2+}][OH^-]^2 = 1.8 \times 10^{-11}$$

$$[Mg^{2+}](1.0 \times 10^{-5})^2 = 1.8 \times 10^{-11}$$

$$[Mg^{2+}] = \frac{1.8 \times 10^{-11}}{(1.0 \times 10^{-5})^2} = 0.18\,M$$

따라서, $[Mg^{2+}] = 0.18$ *M*이 될 때까지 $Mg(OH)_2$는 용액에 녹는다. 분명한 사실은 $Mg(OH)_2$가 용액에 상당히 잘 녹는다는 것이다.

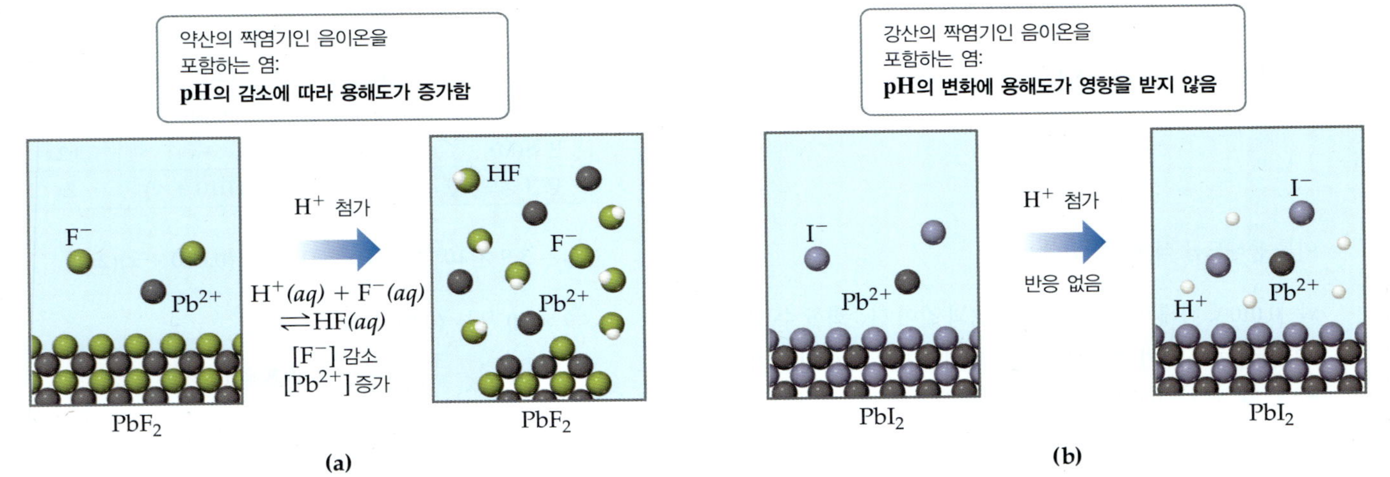


▲ 그림 17.18 강산의 첨가에 대한 두 이온 결합 화합물의 반응 (a) 산을 첨가하면 $PbF_2$의 용해도는 증가한다. (b) $PbI_2$의 용해도는 산의 첨가에 영향을 받지 않는다. 물 분자와 강산의 음이온은 그림에서 생략되었다.

용액을 훨씬 더 산성으로 만들어 $[OH^-]$를 낮춘다면, 평형 조건을 유지시키기 위해 $Mg^{2+}$의 농도를 증가시켜야 한다. 따라서, 그림 4.7(148쪽)에서와 같이 충분한 산이 첨가되면 $Mg(OH)_2(s)$ 시료는 완전히 용해된다.

이미 살펴본 바와 같이, $Mg(OH)_2$의 용해도는 용액의 산도가 증가함에 따라 크게 증가한다. 이러한 사실은 다음과 같은 일반화로 표현할 수 있다.

**일반적으로, 화합물이 염기성 음이온(즉, 약산의 음이온)을 포함하는 경우, 용액의 산도가 증가함에 따라 용해도가 증가한다.**

$PbF_2$의 용해도도 용액의 산도가 증가함에 따라 증가한다. 이는 $F^-$ 이온이 약염기이며, 약산인 HF의 짝염기이기 때문이다. 결과적으로, $F^-$ 이온이 양성자화되어 HF가 됨으로써 $F^-$ 이온의 농도가 감소함에 따라 $PbF_2$의 용해도 평형은 오른쪽으로 이동한다. 따라서, 이러한 용해 과정은 다음 연속된 두 반응으로 이해할 수 있다.

$$PbF_2(s) \rightleftharpoons Pb^{2+}(aq) + 2\,F^-(aq) \quad [17.18]$$

$$F^-(aq) + H^+(aq) \rightleftharpoons HF(aq) \quad [17.19]$$

전체 과정의 반응식은 다음과 같다.

$$PbF_2(s) + 2\,H^+(aq) \rightleftharpoons Pb^{2+}(aq) + 2\,HF(aq) \quad [17.20]$$

그림 17.18(**a**)는 산성 용액에서 $PbF_2$의 용해도 증가 과정을 보여 주고 있다.

$CO_3^{2-}$, $PO_4^{3-}$, $CN^-$, $S^{2-}$와 같은 염기성 음이온을 포함한 다른 염들도 비슷하게 거동한다. 이러한 예들은 다음과 같은 일반 규칙을 따른다. **염기성 이온을 포함한 난용성 염의 용해도는 $[H^+]$의 증가에 따라(pH의 감소에 따라) 증가한다.** 음이온이 더욱 더 염기성일수록 용해도는 pH에 더 큰 영향을 받는다. 그림 17.18(**b**)에 보이는 것처럼 $Cl^-$, $Br^-$, $I^-$, $NO_3^-$와 같은 무시할 정도의 염기성을 갖는 음이온(강산의 음이온)이 있는 염은 pH 변화에 영향을 받지 않는다.

## 예제 17.14
### 용해도에 미치는 산의 영향 예측

다음 물질 중 염기성 용액에서보다 산성 용액에서 더 잘 녹는 것은 어느 것인가?
(a) $Ni(OH)_2(s)$ (b) $CaCO_3(s)$ (c) $BaF_2(s)$ (d) $AgCl(s)$

**해답**

**분석** 문제에서 네 가지 난용성 염을 열거하고, 높은 pH보다는 낮은 pH에서 어느 것이 잘 녹을지를 결정하는 문제이다.

**계획** 해리하여 염기성 음이온을 생성하는 이온 결합 화합물이 산성 용액에서 더 잘 녹는다.

**풀이**

**(a)** $Ni(OH)_2(s)$는 $OH^-$의 염기성 때문에 산성 용액에서 잘 녹는다. $H^+$ 이온은 $OH^-$ 이온과 반응하여 물을 생성한다.

$$\begin{aligned} Ni(OH)_2(s) &\rightleftharpoons Ni^{2+}(aq) + 2\,OH^-(aq) \\ 2\,OH^-(aq) + 2\,H^+(aq) &\longrightarrow 2\,H_2O(l) \\ \hline \text{전체:}\ Ni(OH)_2(s) + 2\,H^+(aq) &\rightleftharpoons Ni^{2+}(aq) + 2\,H_2O(l) \end{aligned}$$

**(b)** 유사하게, $CaCO_3(s)$는 $CO_3^{2-}$가 염기성 이온이기 때문에 산성 용액에서 잘 녹는다.

$CO_3^{2-}$와 $H^+$의 반응은 단계적으로 진행하는데, $HCO_3^-$를 우선적으로 생성시킨다. $H_2CO_3$는 $H^+$ 농도가 충분히 큰 경우에만 어느 정도 생성된다.

$$\begin{aligned} CaCO_3(s) &\rightleftharpoons Ca^{2+}(aq) + CO_3^{2-}(aq) \\ CO_3^{2-}(aq) + 2\,H^+(aq) &\rightleftharpoons H_2CO_3(aq) \\ H_2CO_3(aq) &\rightleftharpoons CO_2(g) + H_2O(l) \\ \hline \text{전체:}\ CaCO_3(s) + 2\,H^+(aq) &\rightleftharpoons Ca^{2+}(aq) + CO_2(g) + H_2O(l) \end{aligned}$$

**(c)** $BaF_2$의 용해도는 pH를 낮추면 증가하는데, 이는 $F^-$가 염기성 음이온이기 때문이다.

$$\begin{aligned} BaF_2(s) &\rightleftharpoons Ba^{2+}(aq) + 2\,F^-(aq) \\ 2\,F^-(aq) + 2\,H^+(aq) &\rightleftharpoons 2\,HF(aq) \\ \hline \text{전체:}\ BaF_2(s) + 2\,H^+(aq) &\rightleftharpoons Ba^{2+}(aq) + 2\,HF(aq) \end{aligned}$$

**(d)** AgCl의 용해도는 pH 변화에 영향을 받지 않는다. 왜냐하면, $Cl^-$는 강산의 음이온으로, 염기성을 무시할 정도이기 때문이다.

**▶ 보충 예제**

다음 작용 중 물에서 AgBr의 용해도를 증가시키는 것은?

**(a)** pH 증가 **(b)** pH 감소 **(c)** NaBr 첨가 **(d)** $NaNO_3$ 첨가 **(e)** 해당 사항 없음

## 화학과 생명 충치와 플루오린 첨가

우리 몸에서 가장 단단한 물질인 치아 에나멜은 주로 화학식이 $Ca_{10}(PO_4)_6(OH)_2$인 수산화 인회석(hydroxyapatite) 광물로 구성되어 있다. 충치는 산이 치아 에나멜을 녹일 때 생긴다.

$$Ca_{10}(PO_4)_6(OH)_2(s) + 8\,H^+(aq) \longrightarrow 10\,Ca^{2+}(aq) + 6\,HPO_4^{2-}(aq) + 2\,H_2O(l)$$

생성된 $Ca^{2+}$와 $HPO_4^{2-}$ 이온은 치아 에나멜에서 빠져나가 침으로 씻겨 제거된다. 수산화 인회석을 공격하는 산은 특정 세균에 의해 치아에 끼는 플라크에 있는 당분이나 탄수화물로부터 생성된다.

식수나 치약 등에 존재하는 플루오린화 이온은 수산화 인회석과 반응하여 $Ca_{10}(PO_4)_6F_2$의 화학식을 가지는 플루오린화 인회석(fluoroapatite)을 생성시킨다. $OH^-$가 $F^-$로 치환된 이 광물은 산의 공격에 저항력을 가진다. 이는 플루오린화 이온이 수산화 이온보다 약한 Brønsted–Lowry 염기이기 때문이다.

플루오린화 이온은 충치 예방에 효과적이기 때문에 많은 곳에서 식수 공급 시 1 mg/L(1 ppm)의 농도로 첨가된다. 첨가되는 화합물은 NaF, $Na_2SiF_6$ 등인데, 이들은 다음과 같이 물과의 반응을 통해 플루오린화 이온을 내놓는다.

$$SiF_6^{2-}(aq) + 2\,H_2O(l) \longrightarrow 6\,F^-(aq) + 4\,H^+(aq) + SiO_2(s)$$

현재 미국에서 판매되는 많은 치약은 전체 질량의 0.1% 정도로 플루오린화 화합물을 포함하고 있다. 치약에서 가장 흔한 물질은 플루오린화 소듐(NaF), 모노플루오로인산 소듐($Na_2PO_3F$), 플루오린화 주석($SnF_2$)이다.

**관련 연습 문제: 17.110, 17.128**

## 착이온의 형성

금속 이온은 Lewis 염기로 작용하는 물 분자에 대하여 Lewis 산으로 작용하는 특징이 있다. 물 이외의 Lewis 염기는 금속 이온, 특히 전이 금속 이온과 상호 작용할 수 있다. 이러한 상호 작용은 금속염의 용해도에 큰 영향을 준다. 예를 들어, AgCl($K_{sp}$ =$1.8\times10^{-10}$)은 암모니아 수용액에 녹는다. 이는 **그림 17.19**에서 보이는 것처럼, $Ag^+$가 Lewis 염기인 $NH_3$와 상호 작용하기 때문이다. 이 과정은 두 반응의 합으로 볼 수 있다.

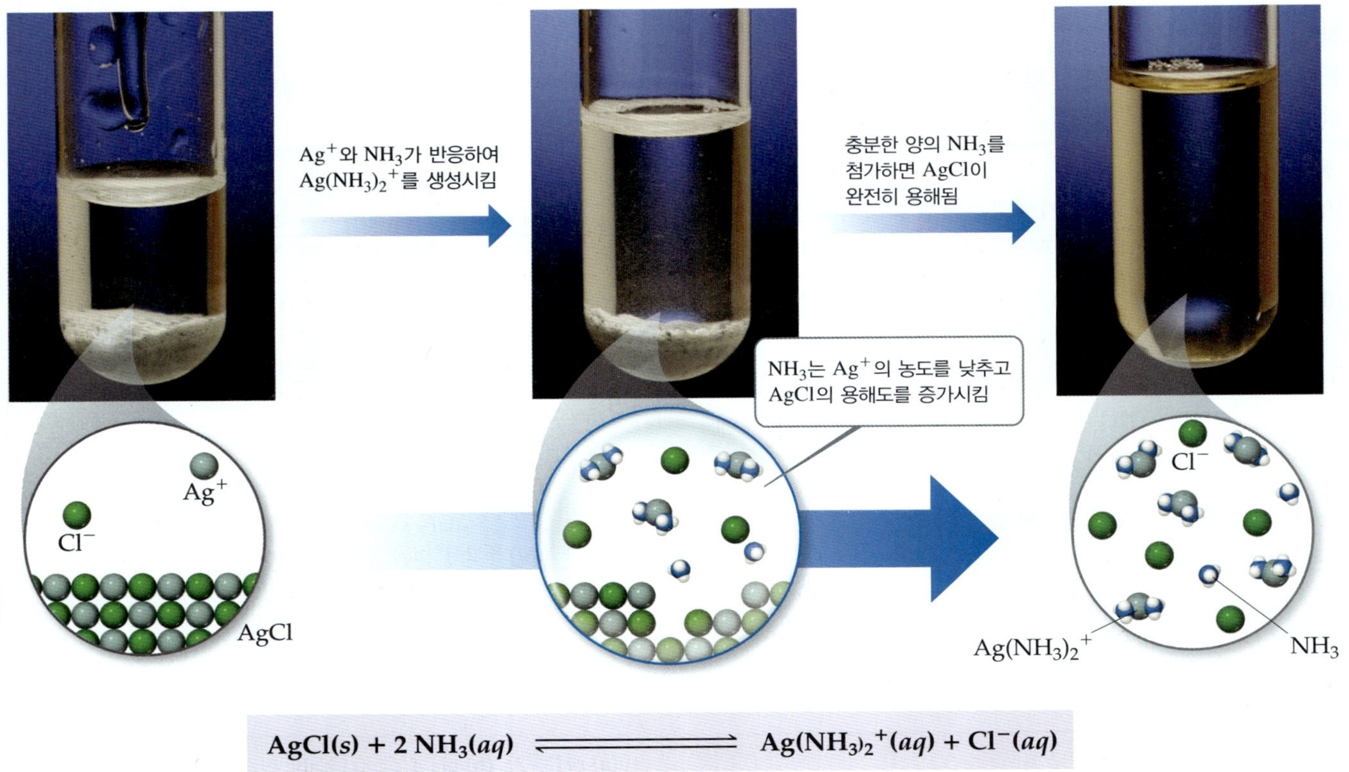


▲ 그림 17.19 진한 농도의 $NH_3(aq)$를 이용한 $AgCl(s)$의 용해. $AgCl(s)$은 물에서의 용해도가 매우 작다.

$$AgCl(s) \rightleftharpoons Ag^+(aq) + Cl^-(aq) \quad [17.21]$$

$$Ag^+(aq) + 2\,NH_3(aq) \rightleftharpoons Ag(NH_3)_2^+(aq) \quad [17.22]$$

$$\text{전체:}\ AgCl(s) + 2\,NH_3(aq) \rightleftharpoons Ag(NH_3)_2^+(aq) + Cl^-(aq) \quad [17.23]$$

$NH_3$는 $Ag^+(aq)$를 소모하여 매우 잘 용해되는 $Ag(NH_3)_2^+$를 생성시킴으로써 AgCl을 녹여 반응을 오른쪽으로 진행하도록 한다.

금속염의 용해도를 증가시키기 위해 $NH_3$와 같은 Lewis 염기는 물보다는 금속 이온과 더 강하게 상호 작용할 수 있어야 한다. 다시 말하면, $NH_3$는 용매화된 물 분자를 치환시켜 $[Ag(NH_3)_2]^+$를 생성시킨다.

$$Ag^+(aq) + 2\,NH_3(aq) \rightleftharpoons Ag(NH_3)_2^+(aq) \quad [17.24]$$

$Ag(NH_3)_2^+$와 같이, 금속 이온과 Lewis 염기가 결합된 것을 **착이온(complex ion)**이라고 한다. 착이온은 물에 매우 잘 녹는다. 수용액에서 착이온의 안정성은 수화된 금속 이온으로부터 생기는 착물 형성의 평형 상수의 크기로 판단할 수 있다. 예를 들어, 식 17.24의 $Ag(NH_3)_2^+$ 평형 상수는 아래와 같다.

$$K_f = \frac{[Ag(NH_3)_2^+]}{[Ag^+][NH_3]^2} = 1.7 \times 10^7 \quad [17.25]$$

이러한 종류의 반응에 대한 평형 상수를 **형성 상수(formation constant, $K_f$)**라고 한다. 몇 가지 착이온의 형성 상수를 **표 17.1**에 열거하였다.

$NH_3$, $CN^-$, $OH^-$와 같은 적절한 Lewis 염기가 존재할 때, 염기와 금속이 착물을 생성하면서 금속염의 용해도가 증가한다는 것이 일반적인 규칙이다. 금속 이온이 착물을 생성하는 능력은 착물 화학의 관점에서 대단히 중요하다.

**표 17.1 25 °C의 물에서 몇 가지 금속 착이온의 형성 상수**

| 금속 착이온 | $K_f$ | 평형식 |
|---|---|---|
| $Ag(NH_3)_2^+$ | $1.7 \times 10^7$ | $Ag^+(aq) + 2NH_3(aq) \rightleftharpoons Ag(NH_3)_2^+(aq)$ |
| $Ag(CN)_2^-$ | $1 \times 10^{21}$ | $Ag^+(aq) + 2CN^-(aq) \rightleftharpoons Ag(CN)_2^-(aq)$ |
| $Ag(S_2O_3)_2^{3-}$ | $2.9 \times 10^{13}$ | $Ag^+(aq) + 2S_2O_3^{2-}(aq) \rightleftharpoons Ag(S_2O_3)_2^{3-}(aq)$ |
| $Al(OH)_4^-$ | $1.1 \times 10^{33}$ | $Al^{3+}(aq) + 4OH^-(aq) \rightleftharpoons Al(OH)_4^-(aq)$ |
| $CdBr_4^{2-}$ | $5 \times 10^3$ | $Cd^{2+}(aq) + 4Br^-(aq) \rightleftharpoons CdBr_4^{2-}(aq)$ |
| $Cr(OH)_4^-$ | $8 \times 10^{29}$ | $Cr^{3+}(aq) + 4OH^-(aq) \rightleftharpoons Cr(OH)_4^-(aq)$ |
| $Co(SCN)_4^{2-}$ | $1 \times 10^3$ | $Co^{2+}(aq) + 4SCN^-(aq) \rightleftharpoons Co(SCN)_4^{2-}(aq)$ |
| $Cu(NH_3)_4^{2+}$ | $5 \times 10^{12}$ | $Cu^{2+}(aq) + 4NH_3(aq) \rightleftharpoons Cu(NH_3)_4^{2+}(aq)$ |
| $Cu(CN)_4^{2-}$ | $1 \times 10^{25}$ | $Cu^{2+}(aq) + 4CN^-(aq) \rightleftharpoons Cu(CN)_4^{2+}(aq)$ |
| $Ni(NH_3)_6^{2+}$ | $1.2 \times 10^9$ | $Ni^{2+}(aq) + 6NH_3(aq) \rightleftharpoons Ni(NH_3)_6^{2+}(aq)$ |
| $Fe(CN)_6^{4-}$ | $1 \times 10^{35}$ | $Fe^{2+}(aq) + 6CN^-(aq) \rightleftharpoons Fe(CN)_6^{4-}(aq)$ |
| $Fe(CN)_6^{3-}$ | $1 \times 10^{42}$ | $Fe^{3+}(aq) + 6CN^-(aq) \rightleftharpoons Fe(CN)_6^{3-}(aq)$ |
| $Zn(OH)_4^{2-}$ | $4.6 \times 10^{17}$ | $Zn^{2+}(aq) + 4OH^-(aq) \rightleftharpoons Zn(OH)_4^{2-}(aq)$ |

## 예제 17.15
### 착이온이 포함된 평형의 평가

진한 암모니아를 0.010 *M* $AgNO_3$ 용액에 첨가하였을 때 $[NH_3]$의 평형 농도가 0.20 *M*이었다. 평형일 때 용액에 존재하는 $Ag^+$의 농도를 계산하시오(단, $NH_3$를 첨가하였을 때 생기는 부피 변화는 무시한다).

### 해답

**분석** $Ag^+(aq)$에 $NH_3(aq)$를 첨가하면, 식 17.22에서와 같이 $Ag(NH_3)_2^+$가 생성된다. 초기의 0.010 *M* $AgNO_3$ 용액에서 $NH_3$의 농도를 0.20 *M*로 하였을 때 결합하지 않은 $Ag^+(aq)$의 농도를 구하는 문제이다.

**계획** 먼저 $AgNO_3$가 완전히 해리되어 0.010 *M* $Ag^+$를 생성한다고 가정한다. $Ag(NH_3)_2^+$ 생성의 $K_f$는 매우 크기 때문에 실제로 모든 $Ag^+$가 $Ag(NH_3)_2^+$로 변한다고 가정하고, 이를 $Ag(NH_3)_2^+$의 생성보다는 $Ag(NH_3)_2^+$의 해리에 관한 문제로 접근한다. 이 접근을 용이하게 하기 위하여 식 17.22를 바꾸어서 $Ag(NH_3)_2^+$로부터 $Ag^+$와 $NH_3$를 생성하는 쪽으로 나타내고, 이를 평형 상수에도 적용한다.

$$Ag(NH_3)_2^+(aq) \rightleftharpoons Ag^+(aq) + 2NH_3(aq)$$

$$\frac{1}{K_f} = \frac{1}{1.7 \times 10^7} = 5.9 \times 10^{-8}$$

**풀이** 초기에 $[Ag^+]$가 0.010 *M*이라면, $NH_3$를 첨가함으로써 $[Ag(NH_3)_2^+]$는 0.010 *M*이 될 것이다. 이제 이 평형 문제의 표를 작성한다. 이 문제에서 주어진 $NH_3$ 농도는 초기 농도가 아니라 평형 농도임에 유의하라.

| | $Ag(NH_3)_2^+(aq)$ | $\rightleftharpoons Ag^+(aq)$ | $+ 2NH_3(aq)$ |
|---|---|---|---|
| 초기(*M*) | 0.010 | 0 | — |
| 변화(*M*) | $-x$ | $+x$ | — |
| 평형(*M*) | $(0.010 - x)$ | $x$ | 0.20 |

$Ag^+$의 농도 값이 매우 작으므로, $x$ 값은 0.010과 비교할 때 무시할 수 있다. 이 값을 $Ag(NH_3)_2^+$의 해리 평형 상수식에 대입하면 아래와 같다.

$$\frac{[Ag^+][NH_3]^2}{[Ag(NH_3)_2^+]} = \frac{(x)(0.20)^2}{0.010} = 5.9 \times 10^{-8}$$

$$x = 1.5 \times 10^{-8} M = [Ag^+]$$

따라서 $Ag(NH_3)_2^+$ 착물 생성이 용액에서 자유 $Ag^+$ 이온 농도를 크게 감소시킨다.

**▶ 보충 예제**

질산 크로뮴(III) 수용액을 수산화 소듐 수용액으로 적정하자. 일정한 양의 적정 시약을 첨가한 후에 침전물 생성을 관찰하자. 더 많은 양의 수산화 소듐 수용액을 첨가하고, 다시 용액이 되도록 침전물을 녹여 보자. 무슨 일이 일어났는가?

**(a)** 침전물은 큰 부피에 다시 녹은 수산화 소듐이다.
**(b)** 침전물은 $Cr^{3+}(aq)$이 생성되도록 한 번 더 많은 양의 용액을 첨가하여 녹은 수산화 크로뮴이다.
**(c)** 침전물은 수용성 화합물 이온인 $Cr(OH)_4^-(aq)$를 얻기 위해 더 많은 양의 수산화물과 반응하는 수산화 크로뮴이다.
**(d)** 침전물은 수용성 화합물 이온인 $Na(NO_3)_2^-(aq)$를 얻기 위해 더 많은 양의 질산염과 반응하는 질산 소듐이다.

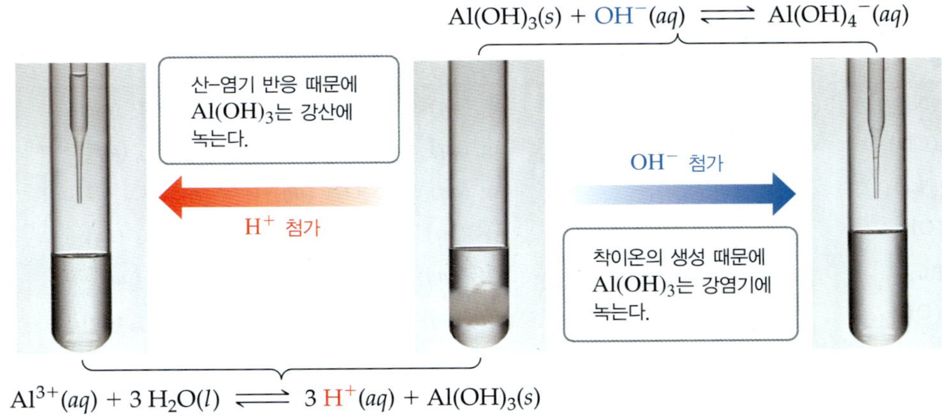


▲ **그림 17.20 양쪽성** 어떤 금속 산화물과 $Al(OH)_3$와 같은 금속 수산화물은 강산과 강염기에 모두 녹기 때문에 양쪽성을 가진다.

## 양쪽성

물에 잘 녹지 않는 금속 산화물과 금속 수산화물은 강산과 강염기 용액에 쉽게 용해된다. 이 물질들은 산 또는 염기가 될 수 있기 때문에, 이들을 각각 **양쪽성 산화물(amphoteric oxide)**과 **양쪽성 수산화물(amphoteric hydroxide)***이라고 한다. $Al^{3+}$, $Cr^{3+}$, $Zn^{2+}$, $Sn^{2+}$ 금속 이온을 포함하는 산화물과 수산화물이 양쪽성 산화물과 수산화물의 대표적인 예이다.

일반적으로 금속 산화물이나 수산화물은 산성 용액에 용해된다. 이와 유사하게, 양쪽성 산화물의 음이온인 $O^{2-}$와 양쪽성 수산화물의 음이온인 $OH^-$가 각각 산과 반응하기 때문에 양쪽성 산화물과 수산화물도 산성 용액에 녹는다. 또한 양쪽성 산화물과 수산화물은 강한 염기성 용액에도 용해되는 특이성을 가진다. 이러한 거동은 금속 이온에 결합된 여러 개(대표적으로 4개)의 수산화 이온을 포함하는 착음이온을 만든다(그림 17.20).

$$Al(OH)_3(s) + OH^-(aq) \rightleftharpoons Al(OH)_4^-(aq) \qquad [17.26]$$

불용성 금속 수산화물이 산 혹은 염기와 반응하는 정도는 반응에 참여한 특정 금속 이온의 종류에 따라 다르다. $Ca(OH)_2$, $Fe(OH)_2$, $Fe(OH)_3$와 같은 금속 수산화물은 산성 용액에 녹을 수 있지만 염기와는 반응하지 않는다. 이들 수산화물은 양쪽성이 아니기 때문이다.

흥미롭게도 순수한 알루미늄 금속 생산에 사용되는 알루미늄 광석을 정제하는 과정은 양쪽성 성질을 사용한다. 이미 살펴본 바와 같이 $Al(OH)_3$는 양쪽성이지만, $Fe(OH)_3$는 양쪽성이 아니다. 알루미늄은 보크사이트(bauxite) 광석에 대량 존재하고, 그 광물은 $Fe_2O_3$로 오염된 수화된 $Al_2O_3$ 형태로 존재한다. 강한 염기성 용액에 보크사이트를 넣으면 $Al(OH)_4^-$ 같은 알루미늄 착이온이 만들어지면서 $Al_2O_3$는 용해된다. 하지만 $Fe_2O_3$ 불순물은 양쪽성이 아니기 때문에 염기성 용액에서 고체 형태로 남게 되며, 용액을 여과함으로써 철 불순물을 제거할 수 있다. 그 후에 수산화 알루미늄을 산 처리하여 침전시키고, 정제된 수산화물의 재처리를 통해 알루미늄 금속을 얻게 된다.

---

* **양쪽성**(amphoteric)이란 용어는 산성이나 염기성 용액에 녹을 수 있는 불용성 산화물이나 수산화물의 거동에 적용된다는 것을 유의하라. 16.1절에서 보았던 **양쪽성 양성자성**(amphiprotic)이란 유사 용어는 양성자를 잃거나 얻을 수 있는 분자나 이온들에 적용된다.

## 자세히 보기 식수의 납 오염

깨끗한 식수를 얻는 것은 대부분의 산업화된 세계의 사람들이 당연하게 여기는 것이다. 그렇지만, 수돗물이 마시기에 안전하지 않은 대표적인 경우로 2015년 Michigan주 Flint시의 공급된 식수에서의 납 증가와 같은 드문 사례도 있다.

납은 인체의 많은 장기에 해롭다. 뇌와 중추신경계에는 특히 예민하게 작용한다. $Pb^{2+}$ 이온은 $Ca^{2+}$ 이온을 모방하여 뇌에서 세포 통신 및 성장을 방해한다. 납 중독의 가장 심각한 부작용 중 하나는 어린 아이들에게 일어나는 인지 장애이다. 납 화합물은 한때 가솔린 첨가제, 색소, 산탄총, 유리 및 수도관 등 다양한 용도로 사용되었지만 1970년대에 정부 기관이 사용을 규제하기 시작하면서 납에 대한 노출이 현격히 줄어들었다. 국민건강영양조사에 따르면, 평균 미국 거주자의 혈액 내 납 농도는 1976년에는 150 ppb 수준이었으나, 2002년에는 16 ppb로 거의 10배나 감소하였다.

미국 환경보호국(EPA)이 음용수에 허용하는 납의 최대 한도는 15 ppb이다. EPA 규정은 50,000명 이상에게 식수를 제공하는 공공 시설에는 물속 납 농도를 모니터링하고 표본 추출한 가구의 10% 이상이 15 ppb 한계를 초과하지 않도록 요구한다. Virginia Tech의 연구원들이 2015년 9월에 수집한 샘플을 테스트한 결과, Flint시의 252개 주택 중 10%가 25 ppb를 초과한 납 농도를 보였고, 심지어 100 ppb를 초과한 경우도 발견되었다. 이와 동시에, 지역 소아과 의사가 유아의 혈액 검사 결과를 분석하였더니, 혈류 내 납 농도가 높은(>50 ppb) 아동의 비율이 2013년 2.4%에서 2015년 4.9%로 2배 증가했음을 보고하였다.

이러한 문제는 2014년 4월 시가 인근의 Flint 강을 시의 식수원으로 사용할 때부터 시작되었다. 그 이전에는 Flint시가 Detroit의 Huron 호수에서 물을 얻었고, Flint시로 보내기 전에 적절하게 화학 처리되었다. 납 농도의 증가 원인은 Flint 강 자체가 아니라 지하수 분배망에 존재하는 납 파이프의 부식 때문이었다. 왜 물 공급이 바뀌었을 때 오래된 파이프에서의 납 침출이 급격히 증가했을까? 많은 요인들이 작용했지만, 기본적으로 용해도 문제가 핵심이다.

물을 적절하게 처리하면 용해되지 않는 납 염의 부동화층이 납 파이프의 내부 표면에 형성된다(그림 17.21). 이 층은 납의 부식을 막아주는데, 이 층이 없으면 납이 산화되어 $Pb^{2+}$ 이온으로 물에 용해된다. Detroit의 정수 처리 시설은 부식을 방지하기 위해 물에 인산 이온 $PO_4^{3-}$ 를 첨가하지만, Flint시의 정수 처리 관계자들은 $PO_4^{3-}$를 사용하지 않았다. $PO_4^{3-}$ 이온의 존재는 부식을 방지하는 데 도움이 되는 파이프 내부 표면에 불용성 인산염의 형성을 촉진시킨다.

이 문제의 원인이 된 또 다른 요인은 2014년 12월에 8.0이었던 물의 pH가 2015년 8월에는 7.3까지 떨어졌다는 사실이다. $Pb_3(PO_4)_2$, $PbHSO_4$, $PbCO_3$와 같은 부동화 층을 형성하는 불용성 납 염은 약염기로 작용할 수 있는 음이온을 포함하기 때문에 물이 산성화되면 염의 용해도가 증가한다.

또 다른 요인은 높은 농도의 염소 이온($Cl^-$)의 존재였다. Detroit에서 처리한 물은 염소 이온 농도가 약 11 ppm의 수준이었으나, 2015년 8월에 Flint시가 처리한 물에는 85 ppm의 염소 이온이 있었다. $PbCl_2$는 불용성($K_{sp} = 1.7\times10^{-5}$)이지만, 높은 농도의 염소 이온은 $PbCl_3^-$ 및 $PbCl_4^{2-}$와 같은 수용성 물질을 생성시킨다. 대장균 오염 문제를 일으키는 유기물을 응고시켜 걸러내기 위해 넣어준 $FeCl_3$으로 인해 염소 이온이 증가한 것이다. 또한 염소 이온은 박테리아를 죽이기 위해 첨가되는 하이포염소산염 이온에 의해 유기물이 산화될 때 생성되기도 한다. 겨울철 빙판길을 제빙하는 데 사용된 염화 이온이 원인일 수도 있다.

음용수에 존재하는 납이 안전하지 않는 수준에 있다는 증거가 나오자 2015년 10월 Flint시는 Detroit로부터 식수를 다시 가져오게 된다. 수개월에 걸쳐 적절하게 처리된 물의 순환은 파이프 안의 부동화층을 회복시킬 것이다. 그러나 정화 비용은 1억 2천만 달러를 초과할 것으로 예상되며, 아마도 인산염으로 물을 처리하는 데 드는 비용인 연간 50,000달러에 비해 훨씬 더 많을 것이다. 더 중요한 것은, 오염된 물을 마신 사람들, 특히 아이들에게 가해진 피해는 돌이킬 수 없다는 점이다.

미국에서는 1986년 이래로 배관에서의 납 사용이 금지되었지만, 매몰된 수백만 마일의 납 파이프는 여전히 미국의 도시에서 사용되고 있는 것으로 추정된다. Flint시에서와 같은 비극이 되풀이되는 것을 막기 위해서는 정수 처리 시설과 환경 보호 기관에 의한 감시가 필요하다.

**관련 연습 문제: 17.107, 17.111**

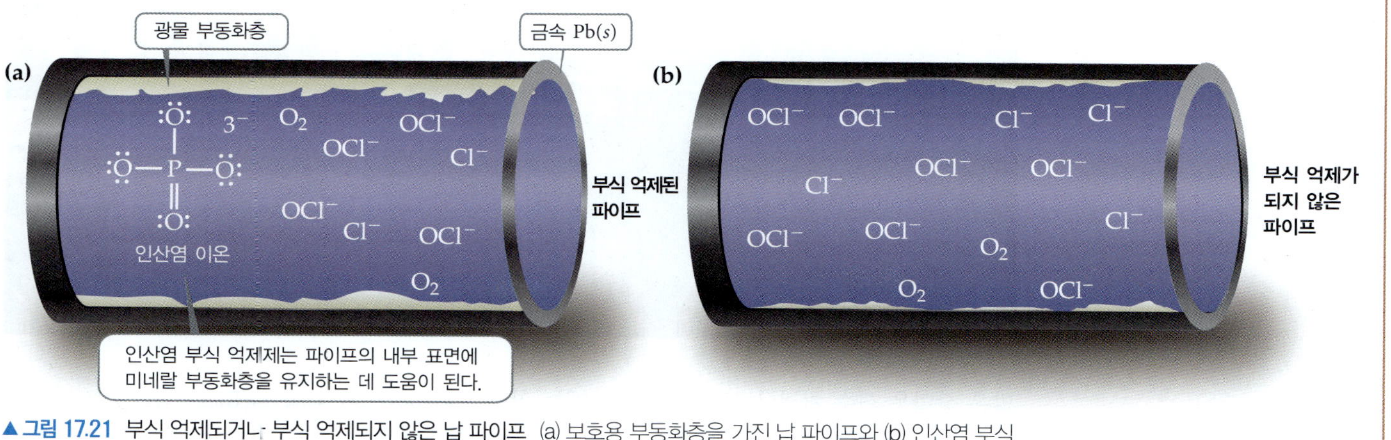


▲ **그림 17.21** 부식 억제되거나 부식 억제되지 않은 납 파이프 (a) 보호용 부동화층을 가진 납 파이프와 (b) 인산염 부식 억제제의 부족으로 인해 통과 층이 녹거나 떨어져 $O_2$ 및 $OCl^-$와 같은 산화제에 노출된 납 파이프

## 자기 평가 연습 문제

**17.30** 25 °C에서 $Mg(OH)_2$의 용해도를 증가시킬 수 있는 방법을 고르시오.
(a) 묽은 $HCl(aq)$ 첨가
(b) 묽은 $MgCl_2(aq)$ 첨가
(c) 묽은 $NaOH(aq)$ 첨가

**17.31** 25 °C에서 0.10 *M* HCl 용액 내 $AgCl(K_{sp}=1.80\times10^{-10})$의 몰용해도를 구하시오.
(a) $1.80\times10^{-10}$ *M*
(b) $1.80\times10^{-9}$ *M*
(c) $1.80\times10^{-5}$ *M*

## 연습 문제

**17.32** 다음 각 용액 내 $LaF_3$의 용해도를 g/L 단위로 계산하시오.
(a) 순수한 물 (b) 0.010 *M* KF 용액 (c) 0.050 *M* $LaCl_3$ 용액

**17.33** 비커에 $PbI_2$ 포화 용액과 녹지 않은 $PbI_2(s)$가 평형 상태에 있다고 하자. 고체 KI를 용액에 첨가하면 (a) 비커 바닥에 고체 $PbI_2$의 양이 증가하는가, 감소하는가, 그대로 있는가? (b) 용액 내 $Pb^{2+}$ 이온 농도는 증가하는가, 감소하는가? (c) 용액에서의 $I^-$ 이온 농도는 증가하는가, 감소하는가?

**17.34** (a) pH = 8.0, (b) pH = 10.0, (c) pH = 12.0에서 $Ni(OH)_2$의 몰용해도를 계산하시오.

**17.35** 다음 염 중 순수한 물보다 $HNO_3$ 용액에서 더 잘 녹는 것을 고르시오.
(a) $BaSO_4$ (b) CuS (c) $Cd(OH)_2$ (d) $PbF_2$ (e) $Cu(NO_3)_2$

**17.36** 표 17.1에 제시된 $K_f$ 값을 사용하여, 0.020 mol $NiC_2O_4(K_{sp}=4\times10^{-10})$를 1.0 L 용액에 녹이는 데 필요한 $NH_3$의 농도를 구하시오. (**힌트**: 용액이 상당히 염기성이기 때문에 $C_2O_4^{2-}$의 가수 분해는 무시해도 된다.)

**17.37** $Ag_2S$의 $K_{sp}$, $H_2S$의 $K_{a1}$과 $K_{a2}$, $AgCl_2^-$의 $K_f=1.1\times10^5$ 값들을 사용하여 다음 반응의 평형 상수를 계산하시오.

$$Ag_2S(s) + 4\,Cl^-(aq) + 2\,H^+(aq) \rightleftharpoons 2\,AgCl_2^-(aq) + H_2S(aq)$$

자기 평가 연습 문제 답 **17.30** (a) **17.31** (b)

## 17.6 | 이온의 침전과 분리

많은 상업용 식수 처리 시설에서의 첫 단계는 황산 알루미늄이나 염화 철(III)을 첨가하는 과정이다. 첨가 공정을 통해 물에 존재하는 $Al^{3+}$나 $Fe^{3+}$은 수산화염으로 침전되고, 다른 이온들은 응집

된다. 이 후, 물은 여과 과정과 소독 살균 과정을 거치며, 몇몇 나라에서는 공중 보건 정책에 의해 플루오린화 이온으로 처리된다.

이 절에서는 이온의 침전과 분리에 대해 살펴볼 것이며, 이 절이 끝나면 다음 사항을 수행할 수 있어야 한다.

- 양이온을 용해도에 따라 어떻게 분리할 수 있는지 이해하기

평형은 화학식의 어느 한쪽에 있는 물질로부터 시작해서 도달할 수 있다. 예를 들어 $BaSO_4(s)$, $Ba^{2+}(aq)$, $SO_4^{2-}(aq)$ 사이의 평형(식 17.15)은 $BaSO_4(s)$에서 출발하거나, $Ba^{2+}$과 $SO_4^{2-}$을 포함하는 용액에서 출발하여 도달할 수 있다. $BaCl_2$ 수용액과 $Na_2SO_4$ 수용액을 혼합하면, $BaSO_4$가 침전될 것이다. 어떤 방법으로 다양한 조건에서 침전물 생성 여부를 예측할 것인가?

어떤 반응이 평형에 도달하는 방향을 결정할 때 15.4절의 반응 지수 $Q$를 상기하자. 반응 지수 $Q$의 형식은 반응 평형 상수와 같지만, 단지 평형 농도 대신에 어떤 농도를 사용할 것인지 고려해야 한다. 어떤 반응의 방향은 $Q$와 $K$ 사이의 관계에 따라 평형에 도달하기 위해 진행한다. $Q < K$이면, 생성물 농도는 매우 낮고 반응물 농도는 평형 농도에 비해 상대적으로 매우 높아서 반응은 평형에 도달하기 위해 정방향(생성물 방향)으로 진행할 것이다. $Q = K$이면, 생성물 농도는 매우 높고 반응물 농도는 매우 낮아서 반응은 평형에 도달하기 위해 역방향으로 진행할 것이다. $Q=K$이면, 반응은 평형이다.

용해도–생성물 평형의 $Q$와 $K_{sp}$ 사이 관계는 정확하게 $Q$과 $K$ 사이의 관계와 동일하다. $K_{sp}$ 반응의 생성물은 항상 수용성 이온이고, 반응물은 항상 고체이다.

그러므로 용해도 평형은 다음과 같다.

- $Q = K_{sp}$이면, 계는 용액이 포화된 평형이고, 침전 없이 용액이 가질 수 있는 가장 높은 농도이다.
- $Q < K_{sp}$이면, 반응은 이온이 용해되는 쪽인 정방향으로 진행할 것이며, 더 이상의 침전물은 생성되지 않을 것이다.
- $Q > K_{sp}$이면, 반응은 고체 쪽인 역방향으로 진행할 것이며, 침전물이 생성될 것이다.

$BaSO_4$ 용액의 경우, $Q=[Ba^{2+}][SO_4^{2-}]$를 계산한 후에 $BaSO_4$의 $K_{sp}$ 값과 비교한다.

## 예제 17.16
### 침전 생성의 예측

$8.0\times10^{-3}$ $M$ $Pb(NO_3)_2$ 0.10 L를 $5.0\times10^{-3}$ $M$ $Na_2SO_4$ 0.40 L에 첨가하였을 때, 침전이 생성되는가?

### 해답

**분석** 두 염 용액이 혼합되었을 때 침전 생성 여부를 묻는 문제이다.

**계획** 용액들을 혼합하는 순간의 각 이온들의 농도를 알아야 하고, 반응 지수 $Q$와 생성이 예상되는 불용성 생성물의 용해도곱 상수 $K_{sp}$를 비교해야 한다. 가능한 상호 교환 생성물은 $PbSO_4$와 $NaNO_3$이다. 질산 소듐염($NaNO_3$)은 매우 잘 녹으나, $K_{sp}$가 $6.3\times10^{-7}$ 값을 가지는(부록 D) $PbSO_4$의 경우는 $Q$가 $K_{sp}$를 초과할 만큼 $Pb^{2+}$와 $SO_4^{2-}$ 이온의 농도가 충분히 클 경우에만 침전이 생길 것이다.

**풀이**

두 용액을 혼합할 때, 전체 부피는 0.10 L+0.40 L=0.50 L가 된다. $8.0\times10^{-3}$ $M$ $Pb(NO_3)_2$ 0.10 L 속 $Pb^{2+}$의 몰수는 다음과 같다.

$$(0.10\,\text{L})\left(\frac{8.0\times10^{-3}\,\text{mol}}{\text{L}}\right) = 8.0\times10^{-4}\,\text{mol}$$

따라서 0.50 L 혼합물 내 $Pb^{2+}$의 농도는 다음과 같다.

$$[Pb^{2+}] = \frac{8.0\times10^{-4}\,\text{mol}}{0.50\,\text{L}} = 1.6\times10^{-3}\,M$$

$5.0\times10^{-3}\ M\ Na_2SO_4$ 0.40 L 중의 $SO_4^{2-}$의 몰수는 다음과 같다.

$$(0.40\ \text{L})\left(\frac{5.0\times10^{-3}\ \text{mol}}{\text{L}}\right) = 2.0\times10^{-3}\ \text{mol}$$

따라서 0.50 L 혼합물 중의 $SO_4^{2-}$의 농도 및 $Q$ 값은 다음과 같다.

$$[SO_4^{2-}] = \frac{2.0\times10^{-3}\ \text{mol}}{0.50\ \text{L}} = 4.0\times10^{-3}\ M$$

$Q > K_{sp}$이므로 $PbSO_4$가 침전된다.

$$Q = [Pb^{2+}][SO_4^{2-}] = (1.6\times10^{-3})(4.0\times10^{-3}) = 6.4\times10^{-6}$$

**▶ 보충 예제**

불용성 염인 MA는 $K_{sp} = 1.0\times10^{-16}$이다. $MNO_3$ 용액과 NaA 용액을 섞었더니 최종적으로 $M^+(aq)$ $1.0\times10^{-8}\ M$와 $A^-(aq)$ $1.00\times10^{-7}\ M$이 얻어졌다. 이때, 침전이 생성되는가?
**(a)** 생성된다. **(b)** 생성되지 않는다.

## 이온의 선택성 침전

이온은 그 염의 용해도에 근거하여 서로 분리될 수 있다. $Ag^+$와 $Cu^{2+}$를 모두 포함하는 용액을 생각해 보자. HCl을 이 용액에 첨가한다면, $AgCl(K_{sp}=1.8\times10^{-10})$이 침전되지만, 수용성인 $CuCl_2$는 $Cu^{2+}$ 형태로 용액에 여전히 남아 있다. 한 가지 또는 몇 가지(그렇다고 모두는 아님) 이온과 침전을 생성할 수 있는 시약을 사용함으로써, 수용액 내에 존재하는 이온을 분리하는 것을 **선택성 침전**(selective precipitation)이라고 한다.

황화물 염류는 용해도 범위가 넓고, 용액의 pH 의존도가 크다는 특징을 가진다. 이러한 이유로 황화 이온은 금속 이온 분리에 자주 이용된다. 예를 들어 $Cu^{2+}$와 $Zn^{2+}$를 포함하는 산성 용액에 $H_2S$ 기체를 통과시켜 분리할 수 있다. $CuS(K_{sp}=6\times10^{-37})$는 $ZnS(K_{sp}=2\times10^{-25})$보다 덜 녹으므로, 산성 용액(pH ≈ 1)에서 CuS는 침전되지만, ZnS는 침전되지 않는다(**그림 17.22**).

$$Cu^{2+}(aq) + H_2S(aq) \rightleftharpoons CuS(s) + 2H^+(aq) \qquad [17.27]$$

CuS는 $Zn^{2+}$ 용액으로부터 여과 과정을 통해 분리할 수 있다. 분리된 CuS를 녹이기 위해서는 식 17.27에 나타낸 평형을 왼쪽으로 이동시키기 위해 $H^+$ 농도를 증가시키면 된다.

## 금속 원소의 정성 분석

용액 중 특정 금속 이온을 검출하기 위해서 용해도 평형과 착이온 생성이 어떻게 이용될 수 있는가를 간단히 살펴보자. 현대의 분석 기기들이 개발되기 이전에는 소위 **습식 화학법**(wet chemical method)이라는 방법으로 시료 중의 금속 혼합물을 분석할 수밖에 없었다. 예를 들어 여러 금속 원

### 예제 17.17
**선택성 침전**

$1.0\times10^{-2}\ M\ Ag^+(aq)$와 $2.0\times10^{-2}\ M\ Pb^{2+}(aq)$를 포함하는 용액이 있다. $Cl^-(aq)$를 이 용액에 첨가할 때 $AgCl(K_{sp}=1.8\times10^{-10})$과 $PbCl_2(K_{sp}=1.7\times10^{-5})$가 모두 침전되었다. 각각의 염이 침전되기 시작할 때 필요한 $Cl^-(aq)$의 농도는 얼마인가? 어느 염이 먼저 침전되는가?

**해답**

**분석** $Ag^+(aq)$와 $Pb^{2+}(aq)$ 이온이 있는 용액으로부터 침전이 시작될 때 $Cl^-(aq)$의 농도와 어느 금속 염화물이 먼저 침전되는지를 예측하는 문제이다.

**계획** 두 침전물의 $K_{sp}$ 값이 주어졌다. 이 값과 금속 이온의 농도를 이용하면 각 침전이 시작될 때의 $Cl^-(aq)$ 이온 농도를 계산할 수 있다. 낮은 $Cl^-(aq)$ 이온 농도를 필요로 하는 염이 먼저 침전될 것이다.

**풀이** AgCl의 경우 $K_{sp}=[Ag^+][Cl^-]=1.8\times10^{-10}$이다.

$[Ag^+]=1.0\times10^{-2}\ M$이므로 AgCl을 침전시키지 않고 존재할 수 있는 $Cl^-(aq)$의 최대 농도는 $K_{sp}$ 값으로부터 계산할 수 있다.

$$K_{sp} = (1.0\times10^{-2})[Cl^-] = 1.8\times10^{-10}$$

$$[Cl^-] = \frac{1.8\times10^{-10}}{1.0\times10^{-2}} = 1.8\times10^{-8}\ M$$

이렇게 매우 낮은 농도에서 조금이라도 $Cl^-(aq)$가 많아지면, AgCl이 용액으로부터 침전되기 시작한다. $PbCl_2$도 비슷한 방법으로 계산할 수 있다.

$$K_{sp} = [Pb^{2+}][Cl^-]^2 = 1.7 \times 10^{-5}$$
$$(2.0 \times 10^{-2})[Cl^-]^2 = 1.7 \times 10^{-5}$$
$$[Cl^-]^2 = \frac{1.7 \times 10^{-5}}{2.0 \times 10^{-2}} = 8.5 \times 10^{-4}$$
$$[Cl^-] = \sqrt{8.5 \times 10^{-4}} = 2.9 \times 10^{-2}\,M$$

따라서 $2.9 \times 10^{-2}\,M$을 초과하는 $Cl^-(aq)$ 농도에서는 $PbCl_2$가 침전될 것이다.

각 염의 침전에 필요한 $Cl^-(aq)$의 농도값을 비교하면 $Cl^-(aq)$를 용액에 첨가할 때 AgCl이 먼저 침전될 것이다. 이는 훨씬 더 낮은 농도의 $Cl^-(aq)$가 필요하기 때문이다. 따라서 $[Cl^-]$가 $1.8 \times 10^{-8}\,M$과 $2.9 \times 10^{-2}\,M$ 사이가 되도록 $Cl^-(aq)$를 천천히 첨가하면 $Ag^+(aq)$를 $Pb^{2+}(aq)$에서 분리할 수 있다.

**주의** AgCl의 침전은 가해지는 $Cl^-(aq)$의 몰수가 용액에 존재하는 $Ag^+(aq)$의 몰수를 초과하기 직전까지 계속될 것이다. 침전에 필요한 $Ag^+(aq)$가 모두 없어지면, $[Cl^-]$는 빠르게 증가하고, 곧 $PbCl_2$의 침전이 시작된다.

**▶ 보충 예제**

어떤 조건에서 이온 결합 화합물이 성분 이온 용액에서 침전되는가?

**(a)** 항상 **(b)** $Q = K_{sp}$일 때 **(c)** $Q > K_{sp}$일 때 **(d)** $Q < K_{sp}$일 때
**(e)** 매우 잘 녹으면 생성되지 않는다.

세 번째 유리병에 있는 것은 왜 $H_2S$가 아니라 $HS^-$인가?

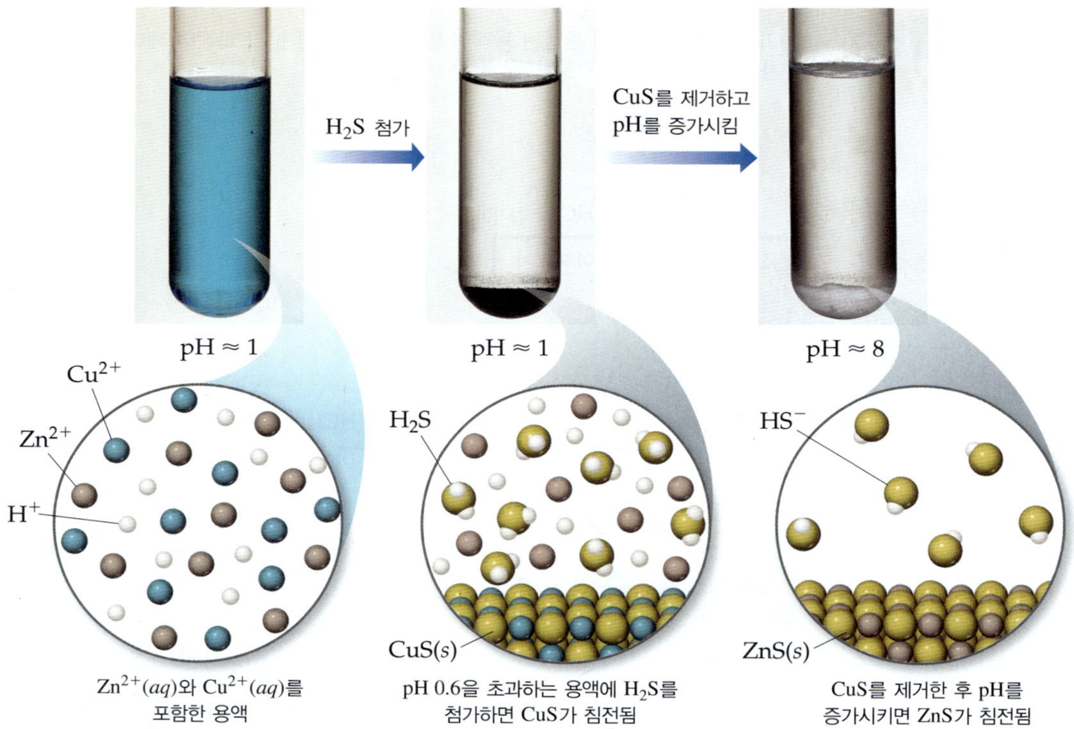


▲ **그림 17.22 선택성 침전** 이 예에서 $Cu^{2+}$ 이온이 $Zn^{2+}$ 이온으로부터 분리되었다.

소를 포함하는 금속 시료를 진한 산 용액에 녹였다. 그 다음 여러 종류의 금속 이온의 존재 여부를 확인하기 위해 계통적인 방법으로 시험하였다.

**정성 분석(qualitative analysis)**은 특정 금속 이온의 존재 유무만 결정하는 데 비해, **정량 분석(quantitative analysis)**은 특정 물질이 얼마나 많이 존재하는가를 결정한다. 습식 정성 분석법은 분석 방법으로서 덜 중요하게 되었다. 그러나 이 방법은 평형을 설명하고, 용액에서의 일반적인 금속 이온의 성질을 가르치고, 실험 기술을 향상시키기 위해 일반화학 실험실에서 종종 사용된다. 대표적인 이러한 분석법은 다음 세 단계로 진행된다. (1) 이온을 용해도 성질에 기초하여 큰 그룹들로 분리한다. (2) 각 그룹에서 개별적인 이온들을 선택적으로 녹여 분리한다. (3) 그런 다음 이

온들을 특정 시험 방법으로 확인한다.

정성 분석에 사용하는 일반적인 방법에서는 **그림 17.23**에서와 같이 양이온을 다섯 그룹으로 나눈다. 시약의 첨가 순서는 중요하다. 가장 선택적 분리, 즉 가장 작은 수의 이온을 포함하는 분리를 우선 실행한다. 용액 중에 남게 되는 어떠한 양이온의 농도도, 다음 단계 시험에 방해가 되지 않을 정도로 소량이 될 때까지 완벽하게 분리시켜야 한다.

이 다섯 그룹의 양이온을 보다 더 자세히 살펴보고, 정성 분석에 사용하는 이 논리를 간단히 알아 보자.

**그룹 1. 불용성 염화물**(insoluble chloride): 보통 금속 이온 중에서 $Ag^+(aq)$, $Hg_2^{2+}(aq)$, $Pb^{2+}(aq)$ 이온만 불용성 염화물을 형성한다. 묽은 염산을 양이온 혼합물에 첨가하면 $AgCl$, $Hg_2Cl_2$, $PbCl_2$만 침전하고, 다른 양이온들은 용액에 남는다. 침전이 생기지 않으면 출발 용액에는 $Ag^+(aq)$, $Hg_2^{2+}(aq)$, $Pb^{2+}(aq)$ 이온이 없다는 것을 의미한다.

**그룹 2. 산−불용성 황화물**(acid−insoluble sulfide): 불용성 염화물을 걸러낸 후 이미 산성인 남은 용액을 $H_2S$로 처리한다. $H_2S$는 HCl에 비해 상대적 약산이므로 여기에서는 $H_2S$가 소량의 황화

$Cu^{2+}(aq)$과 $Zn^{2+}(aq)$ 이온이 혼합된 용액이 있을 때, 이러한 분리 과정이 제대로 수행될까? 첫 번째 침전물은 어느 단계에서 관찰될까?

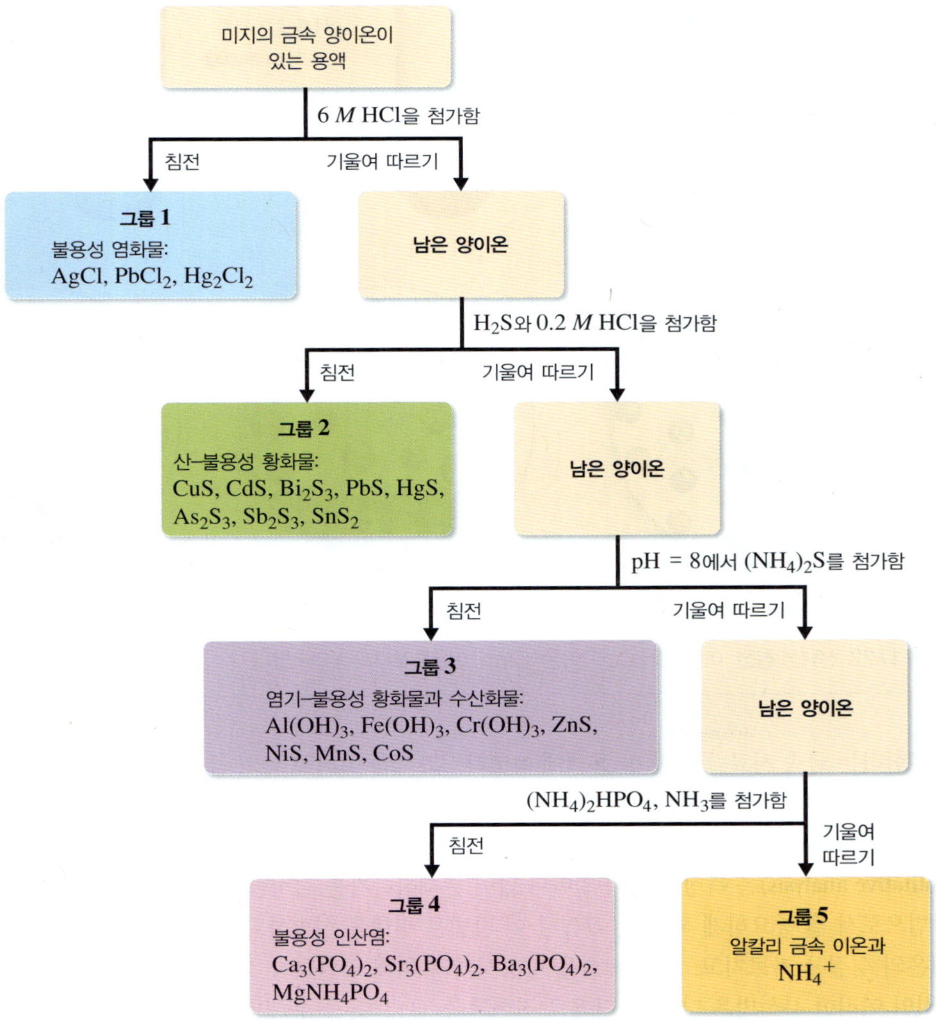


▲ **그림 17.23 정성 분석** 이 흐름도가 보여 주는 것은 양이온 확인에 사용되는 일반 계획이다.

물에 대한 공급원으로 작용한다. CuS, $Bi_2S_3$, CdS, PbS, HgS, $As_2S_3$, $Sb_2S_3$, $SnS_2$만이 불용성 금속 황화물로 침전된다(이들 황화물이 매우 작은 $K_{sp}$ 값을 가진다는 점을 부록 D에서 확인하라). 조금 더 잘 녹는 금속 황화물인 ZnS와 NiS는 용액에 남게 된다.

**그룹 3. 염기–불용성 황화물**(base-insoluble sulfide)**과 수산화물**(hydroxide): 용액을 걸러 산–불용성 황화물을 제거하면 나머지 용액은 약한 염기성이 되고, 여기에 $(NH_4)_2S$를 첨가한다. 염기성 용액에서의 $S^{2-}(aq)$ 농도는 산성 용액보다 더 높다. 이 조건에서 용해도가 좋은 황화물의 이온곱은 $K_{sp}$ 값보다 크게 되고, 결국 침전이 일어난다. 이 단계에서 침전되는 금속 이온은 $Al^{3+}(aq)$, $Cr^{3+}(aq)$, $Fe^{3+}(aq)$, $Zn^{2+}(aq)$, $Ni^{2+}(aq)$, $Co^{2+}(aq)$, $Mn^{2+}(aq)$이다(그림 17.23에 보이는 것과 같이 실제로 $Al^{3+}(aq)$, $Fe^{3+}(aq)$, $Cr^{3+}(aq)$ 이온은 불용성 황화물을 형성하지 않고, 대신 불용성 수산화물로 침전된다).

**그룹 4. 불용성 인산염**(insoluble phosphate): 이 시점에서 용액은 주기율표상의 1족과 2족 금속 이온만 있게 된다. 염기성 용액에 $(NH_4)_2HPO_4$를 첨가하면 $Mg^{2+}(aq)$, $Ca^{2+}(aq)$, $Sr^{2+}(aq)$, $Ba^{+}(aq)$의 2족 원소들이 불용성 인산염을 생성하여 침전된다.

**그룹 5. 알칼리 금속 이온**(alkali metal ion)**과 $NH_4^+$**: 불용성 인산염을 제거하고 남은 이온은 개별적 실험을 통해 확인할 수 있다. 예를 들어 $K^+(aq)$ 존재 확인은 불꽃 반응을 이용하는데, $K^+(aq)$ 이온은 불꽃에서 특유의 보라색을 보인다(그림 17.22).

## 자기 평가 연습 문제

**17.38** 불용성 황화물의 침전에 의한 금속 이온을 분석할 때, pH를 8로 조정하기 전에 pH 2 조건에서 실험을 수행하는 이유는 무엇인가?

**(a)** pH 8에서의 실험은 pH 2에서만 침전되는 불용성 물질 외에도 다른 모든 금속 황화물의 침전을 유발하기 때문이다.

**(b)** pH 8에서 2로 낮추는 것보다 pH 2에서 8로 높이는 것이 수월하기 때문이다.

**(c)** 그림 17.23의 2족 양이온이 그림 17.23의 3족 양이온과 반응할 수 있기 때문에 가능한 모두 제거하는 것이 좋기 때문이다.

## 연습 문제

**17.39** **(a)** 0.020 $M$ $Co(NO_3)_2$ 용액의 pH를 8.5로 조절하면 용액에서 $Co(OH)_2$가 침전되는가? **(b)** 0.010 $M$ $AgIO_3$ 20 mL를 0.015 $M$ $NaIO_3$ 용액 10 mL와 섞을 때 $AgIO_3$가 침전되는가? (단, $AgIO_3$의 $K_{sp}$ 값은 $3.1\times10^{-8}$이다.)

**17.40** 10 mL 시료 용액에 존재하는 $I^-$ 이온의 검출을 위해 0.10 $M$ $Pb(NO_3)_2$ 한 방울(0.2 mL)을 첨가하였다고 하자. $PbI_2(s)$을 생성시킬 최소량의 $I^-$ 이온을 구하시오.

**17.41** $Na_2SO_4$ 용액을 0.010 $M$ $Ba^{2+}$와 0.010 $M$ $Sr^{2+}$로 구성된 용액에 서서히 첨가하였다.

**(a)** 침전 시작에 필요한 $SO_4^{2-}$의 농도는 얼마인가? (부피 변화는 무시한다. $BaSO_4$의 $K_{sp}$는 $1.1\times10^{-10}$이고, $SrSO_4$의 $K_{sp}$는 $3.2\times10^{-7}$이다.)

**(b)** 어느 양이온이 먼저 침전되는가?

**(c)** 두 번째 양이온이 침전될 때의 $SO_4^{2-}$의 농도는 얼마인가?

**17.42** 1.0 $M$ $Na_2SO_4$ 용액을 0.20 $M$ $Ca^{2+}$와 0.30 $M$ $Ag^+$를 포함한 용액 10.0 mL에 천천히 첨가하였다.

**(a)** 어느 화합물이 먼저 침전되는가? $CaSO_4(K_{sp}=2.4\times10^{-5})$, $Ag_2SO_4(K_{sp}=1.5\times10^{-5})$.

**(b)** 침전이 시작되려면 $Na_2SO_4$ 용액을 얼마나 첨가해야 하는가?

**17.43** 미지의 고체가 물에 완전히 용해되었다. 묽은 HCl을 첨가하였더니 침전이 생성되었다. 침전물을 거른 후 pH를 1로 조절하고 $H_2S$를 통과시켰더니, 침전이 또 다시 생성되었다. 침전물을 걸러낸 후 pH를 8로 조절하고 $H_2S$를 다시 통과시켰더니, 침전이 생성되지 않았다. $(NH_4)_2HPO_4$를 첨가하였더니 침전물이 생성되지 않았다. 남아 있는 용액에 불꽃 실험을 하였더니 노란색을 나타내었다(그림 7.22 참조). 이러한 관찰에 기초하여 볼 때 CdS, $Pb(NO_3)_2$, HgO, $ZnSO_4$, $Cd(NO_3)_2$, $Na_2SO_4$ 화합물 중 용액에 존재할 가능성이 있는 것, 확실히 존재하는 것, 존재하지 않는 것은 무엇인가?

**17.44** 다음 혼합물 용액의 양이온들을 분리할 수 있는 방법을 제시하시오.
**(a)** $Na^+$와 $Cd^{2+}$ **(b)** $Cu^{2+}$와 $Mg^{2+}$ **(c)** $Pb^{2+}$와 $Al^{3+}$
**(d)** $Ag^+$와 $Hg^{2+}$

**17.45** **(a)** 그룹 4 양이온(그림 17.23)의 침전에는 염기성 매질이 필요하다. 이유를 설명하시오. **(b)** 그룹 2에서 침전된 황화물과 그룹 3에서 침전된 황화물의 가장 중요한 차이는 무엇인가? **(c)** 그룹 3 양이온을 침전시킨 후 다시 녹이는 방법을 제시하시오.

자기 평가 연습 문제 답 **17.38** (a)

## 통합 예제
종합 개념

21 °C, 96.3 kPa의 HCl 기체 1.25 L를 0.150 *M* $NH_3$ 용액 0.500 L에 통과시켰다. 모든 HCl이 용해되고, 용액의 부피는 0.500 L를 그대로 유지한다고 가정할 때, 그 용액의 pH를 계산하시오.

### 해답

HCl 기체의 몰수는 이상 기체 법칙으로부터 계산한다.

$$n = \frac{PV}{RT} = \frac{(96.3\ \text{kPa})(1.25\ \text{L})}{(8.314\ \text{L-kPa/mol-K})(294\ \text{K})} = 0.0492\ \text{mol HCl}$$

용액 중의 $NH_3$의 몰수는 용액의 부피와 농도를 곱해서 구할 수 있다.

$$NH_3\text{의 몰수} = (0.500\ \text{L})(0.150\ \text{mol}\ NH_3/\text{L}) = 0.0750\ \text{mol}\ NH_3$$

산 HCl과 염기 $NH_3$의 반응은 HCl로부터 $NH_3$로 양성자가 이동하여 $NH_4^+$과 $Cl^-$ 이온을 생성시킨다.

$$HCl(g) + NH_3(aq) \longrightarrow NH_4^+(aq) + Cl^-(aq)$$

용액의 pH를 결정하기 위해, 먼저 반응이 완결되었을 때의 각 반응물과 생성물의 양을 계산한다. 이 중화 반응은 가능한 한 생성물 측면에서 먼 방향으로 진행한다고 가정할 수 있기 때문에 이것은 한계 반응물 문제이다.

| | $HCl(g)$ + | $NH_3(aq)$ ⟶ | $NH_4^+(aq)$ + | $Cl^-(aq)$ |
|---|---|---|---|---|
| 반응 전(mol) | 0.0492 | 0.0750 | 0 | 0 |
| 변화(한계 반응물)(mol) | −0.0492 | −0.0492 | +0.0492 | +0.0492 |
| 반응 후(mol) | 0 | 0.0258 | 0.0492 | 0.0492 |

따라서 반응은 $NH_3$, $NH_4^+$, $Cl^-$의 혼합물을 포함하는 용액을 만든다. $NH_3$는 약염기($K_b = 1.8 \times 10^{-5}$)이고, $NH_4^+$는 그 짝산이며, $Cl^-$는 산도 염기도 아니다. 결과적으로 pH는 $[NH_3]$와 $[NH_4^+]$에 의존한다.

$$[NH_3] = \frac{0.0258\ \text{mol}\ NH_3}{0.500\ \text{L 용액}} = 0.0516\ M$$

$$[NH_4^+] = \frac{0.0492\ \text{mol}\ NH_4^+}{0.500\ \text{L 용액}} = 0.0984\ M$$

$NH_3$의 $K_b$ 또는 $NH_4^+$의 $K_a$를 이용하여 pH를 계산할 수 있다. $K_b$를 사용하면 다음과 같다.

| | $NH_3(aq)$ + | $H_2O(l)$ ⇌ | $NH_4^+(aq)$ + | $OH^-(aq)$ |
|---|---|---|---|---|
| 초기(*M*) | 0.0516 | — | 0.0984 | 0 |
| 변화(*M*) | $-x$ | — | $+x$ | $+x$ |
| 평형(*M*) | $(0.0516 - x)$ | — | $(0.0984 + x)$ | $x$ |

$$K_b = \frac{[NH_4^+][OH^-]}{[NH_3]} = \frac{(0.0984 + x)(x)}{(0.0516 - x)} \cong \frac{(0.0984)x}{0.0516} = 1.8 \times 10^{-5}$$

$$x = [OH^-] = \frac{(0.0516)(1.8 \times 10^{-5})}{0.0984} = 9.4 \times 10^{-6}\ M$$

따라서 $pOH = -\log(9.4 \times 10^{-6}) = 5.03$이므로
$pH = 14.00 - pOH = 14.00 - 5.03 = 8.97$이다.

# 요약 및 중요 용어

공통 이온 효과(17.1절) 이 장에서 수용액에서 일어나는 여러 종류의 중요한 평형을 알아보았다. 첫번째로 강조할 점은 두 개 이상의 용질이 있는 용액에서의 산–염기 평형과 용해도 평형이다. 약산 또는 약염기의 해리는 평형에 공통 이온을 제공하는 강전해질의 존재에 의하여 억제된다. 이러한 현상을 **공통 이온 효과(common-ion effect)**라고 한다.

완충 용액(17.2절) 특별하게 중요한 형태의 산–염기 혼합물은 **완충 용액(buffered solution, buffer)**으로 작용할 수 있는 약한 짝산–짝염기 쌍이다. 소량의 강산 또는 강염기를 완충 용액에 첨가하면 완충 용액이 첨가된 산 또는 염기와 반응하기 때문에 pH가 조금만 변한다(강산–강염기, 강산–약염기, 약산–강염기 반응은 기본적으로 완결된다). 완충 용액은 일반적으로 약산과 그 산의 염 또는 약염기와 그 염기의 염으로 제조한다. 완충 용액의 두 가지 특성은 **완충 용량(buffer capacity)**과 pH 범위(pH range)이다. 완충 용액의 최적의 pH는 완충 용액을 만드는데 사용된 산의 $pK_a$ 혹은 염기의 $pK_b$와 같다. pH와 $pK_a$, 산과 그것의 짝염기의 농도 간의 관계는 **Henderson–Hasselbalch 식(Henderson–Hasselbalch equation)**으로 나타낼 수 있다. Henderson–Hasselbalch 식은 근사법이기 때문에, 보다 상세한

계산은 평형 농도를 구하기 위해 수행될 필요가 있음을 알아야 한다.

**산–염기 적정(17.3절)** 산(또는 염기)의 pH를 첨가한 염기(또는 산)의 부피 함수로 나타낸 그림을 **pH 적정 곡선(pH titration curve)**이라고 한다. 강산–강염기 적정의 적정 곡선은 당량점 바로 근처에서 큰 pH 변화를 나타낸다. 이 적정의 당량점에서의 pH는 7이다. 강산–약염기 또는 약산–강염기 적정의 당량점 근처에서의 pH 변화는 강산–강염기 적정과 비교할 때 상대적으로 크지 않다. 게다가 당량점에서의 pH는 둘 다 7이 아니다. 오히려 중화 반응에서 생기는 짝염기 또는 산의 염 용액의 pH에 해당한다. 이러한 이유로, 약산 혹은 약염기를 포함한 적정의 당량점에서의 pH 근처에서 색변화를 보이는 지시약을 선택하는 것이 중요하다. 적정 곡선상의 어떠한 점에서의 pH 계산은 산과 염기 반응의 용액 농도에 대한 영향을 우선 고려한 후에, 그 다음 남은 용질 화학종이 관여하는 평형을 살펴야 한다.

**용해도 평형(17.4절)** 용액에서 고체 화합물과 그 고체 화합물의 이온 사이의 평형은 불균일 평형의 예이다. **용해도곱 상수(solubility-product constant, solubility product)**(또는 간단히 **용해도곱**, $K_{sp}$)란 화합물이 녹는 정도를 정량적으로 표현한 평형 상수이다. $K_{sp}$는 이온 결합 화합물의 용해도를 계산하는 데 이용할 수 있고, 용해도는 $K_{sp}$를 구하는 데 사용될 수 있다.

**용해도에 영향을 주는 인자(17.5절)** 온도를 포함한 몇 가지 실험 인자들이 물에서 이온 결합 화합물의 용해도에 영향을 준다. 난용성 이온 결합 화합물의 용해도는 공통 이온을 내놓는 다른 용질이 존재하면 감소한다(공통 이온 효과). 염기성 음이온을 포함하는 화합물의 용해도는 용액이 보다 산성화될수록(pH가 감소할수록) 증가한다. 무시할 정도의 염기성 음이온의 염류(강산의 음이온)는 pH 변화에 영향을 받지 않는다.

금속염의 용해도는 금속 이온과 반응하여 안정한 **착이온(complex ion)**을 만드는 Lewis 염기의 존재에 의해서도 영향을 받는다. 수용액에서 착이온의 생성은 금속 이온에 결합된 물 분자가 $NH_3$와 $CN^-$와 같은 Lewis 염기로 치환되는 반응과 관련이 있다. 그러한 착물 생성이 일어나는 정도는, 착이온의 **생성 상수(formation constant)**로 정량적으로 표시된다. **양쪽성 산화물(amphoteric oxide)**과 **양쪽성 수산화물(amphoteric hydroxide)**은 물에는 잘 녹지 않지만, 산이나 염기를 첨가할 경우 녹는다.

**이온의 침전과 분리(17.6절)** $K_{sp}$와 반응 지수($Q$)를 비교하여 용액을 섞을 때 침전이 생길지 또는 난용성 염이 여러 가지 조건에서 녹을 것인지의 여부를 판단할 수 있다. $Q > K_{sp}$일 때 침전이 생성된다. 두 염의 용해도 차이가 충분히 크다면, 두 이온의 효과적인 분리법인 선택성 침전을 사용하여 한 이온은 침전시키고, 다른 이온들은 용액에 남겨 둠으로써 서로 분리할 수 있다.

금속 원소들은 그들 염의 용해도, 산–염기 거동, 착이온을 생성하는 경향성 등에 있어서 매우 다양하다. 이러한 차이를 이용하면 혼합물에서 금속 이온의 존재를 검출하고 분리할 수 있다. **정성 분석(qualitative analysis)**은 시료에서 화학종의 존재 유무를 결정하게 하는 반면, **정량 분석(quantitative analysis)**은 각 화학종이 얼마나 많이 존재하는지를 결정한다. 용액 중 금속 이온의 정성 분석은 침전 반응에 근거하여 이온들을 그룹별로 분리한 다음, 각 그룹에 포함된 금속 이온을 각각 분석한다.

## 학습 정리 이 장을 공부한 후에 여러분은 다음을 할 수 있어야 한다.

- 공통 이온 효과를 서술하기(17.1절). **관련 연습 문제: 17.2, 17.58**
- 완충 용액이 어떻게 작동하고, 완충 용액의 pH를 계산하기(17.2절). **관련 연습 문제: 17.8, 17.61**
- 소량의 강산 또는 소량의 강염기를 완충 용액에 첨가하였을 때, 완충 용액의 pH를 계산하기 (17.2절). **관련 연습 문제: 17.12, 17.65**
- 주어진 pH에서의 완충 용액을 만들기 위해 필요한 화합물의 적정량을 계산하기(17.2절). **관련 연습 문제: 17.14, 17.67**
- 산–염기의 적정 곡선상의 특정 지점에서의 pH를 계산하기(17.3절). **관련 연습 문제: 17.23, 17.74**
- 적정 곡선으로부터 일양성자 또는 다양성자산에 대한 $pK_a$를 추정하기(17.3절). **관련 연습 문제: 17.17, 17.68**
- 어떤 물질의 $K_{sp}$ 혹은 몰용해도 혹은 질량 용해도 중에서 하나를 주고 다른 두 개를 계산하기(17.4절). **관련 연습 문제: 17.26, 17.28, 17.76, 17.78**
- 공통 이온이 존재하거나 다른 pH값에서 물질의 몰용해도를 정성적으로 예측하고, 정량적으로 계산하기(17.5절). **관련 연습 문제: 17.29, 17.35, 17.37, 17.79, 17.83, 17.85**
- 용액이 섞였을 때 침전이 생성되는지 정성적으로 예측하고, 침전이 생성되는 데 필요한 이온 농도를 정량적으로 계산하기(17.6절). **관련 연습 문제: 17.39, 17.41, 17.86, 17.88**
- 착이온 형성이 용해도에 주는 영향을 설명하기(17.6절). **관련 연습 문제: 17.36, 17,84**
- 용해도 특성에 기초하여 양이온의 분리, 검출을 예측하기(17.6절). **관련 연습 문제: 17.44, 17.91**

## 핵심 공식

- $pH = pK_a + \log\frac{[염기]}{[산]}$ [17.9] Henderson–Hasselbalch 식은 짝산–짝염기 쌍의 농도로부터 완충 용액의 pH를 계산하는 데 사용된다.

# 연습 문제

## 눈으로 보는 개념

17.46 다음 상자들은 약산 HA와 그 짝염기인 $A^-$를 포함하는 수용액을 나타낸다. 물 분자와 양이온은 나타내지 않았다. 어느 용액이 가장 pH가 높은가? 그 이유를 설명하시오. [17.1절]

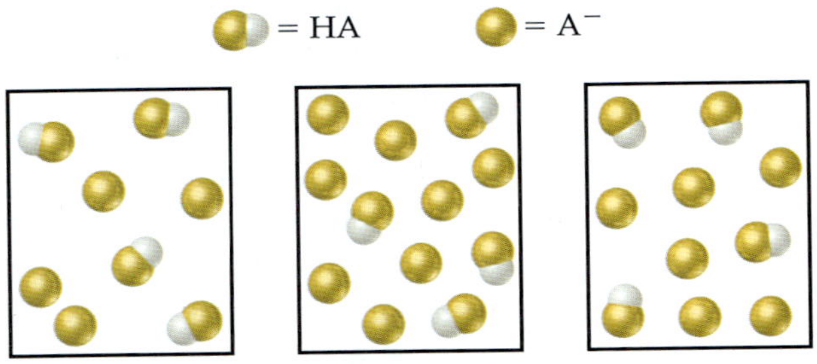


17.47 오른쪽 비커에 지시약으로 메틸 오렌지를 포함한 0.1 *M* 아세트산이 있다. 왼쪽 비커에는 메틸 오렌지, 0.1 *M* 아세트산과 0.1 *M* 아세트산 소듐이 들어 있다. [17.1절, 17.2절]

**(a)** 그림 16.8과 16.9를 사용하여 어느 용액의 pH가 더 큰지 선택하시오.

**(b)** 소량의 NaOH를 첨가하였을 때, pH의 변화가 적은 쪽은 어느 용액인지 설명하시오.

17.48 약산 HA와 그 짝염기로 이루어진 완충 용액이 있다. 약산의 $pK_a$ 값은 4.5이고, 완충 용액의 pH 값은 4.7이다. 계산을 하지 말고, 다음 중 pH가 4.7일 가능성이 있는 것을 고르고, 이유를 설명하시오. [17.2절]

**(a)** $[HA] > [A^-]$ **(b)** $[HA] = [A^-]$ **(c)** $[HA] < [A^-]$

17.49 그림은 같은 농도의 약산 HA와 그 짝염기 $A^-$로 만들어진 완충 용액을 나타낸다. 기둥의 높이는 완충 용액의 조성 물질의 농도에 비례한다. [17.2절]

**(a)** 세 그림 (1), (2), (3) 중 강산을 첨가한 후의 완충 용액을 표현하는 것은 어떤 것인가?

**(b)** 세 그림 중 강염기를 첨가한 후의 완충 용액을 나타내는 것을 고르시오.

**(c)** 세 그림 중 산이나 염기를 첨가한 경우가 아닌 상황은 어떤 것인가?

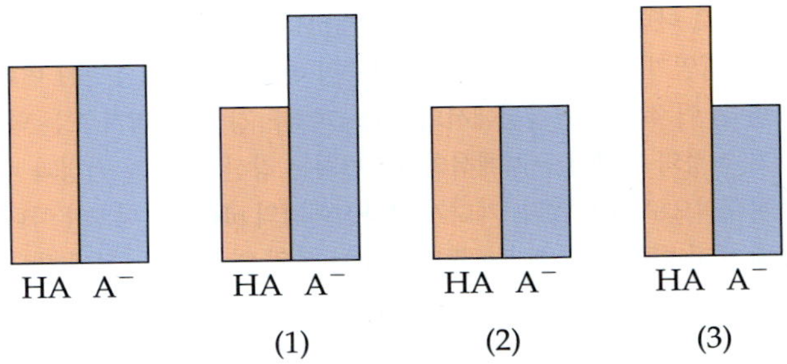


17.50 다음 그림은 약산 HA를 NaOH로 적정할 때의 다양한 단계의 용액을 보여 주고 있다($Na^+$ 이온과 물 분자는 명확한 표현을 위해 생략되었다). 다음 각각의 그림은 적정 곡선의 어느 영역에 해당하는가? **(a)** NaOH를 첨가하기 전, **(b)** NaOH를 첨가했지만 당량점에 도달하기 전, **(c)** 당량점, **(d)** 당량점을 지난 영역 [17.3절]

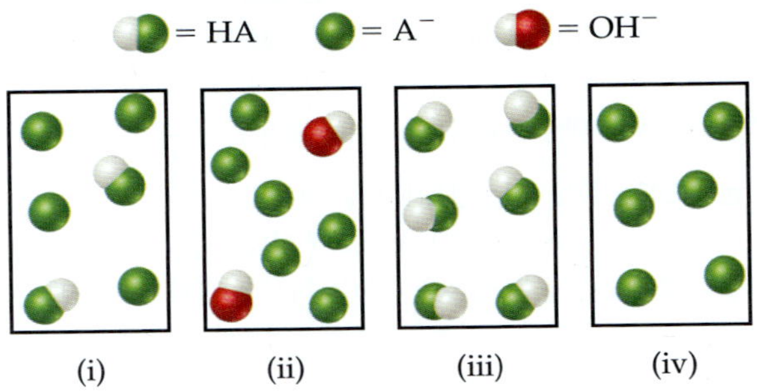


17.51 다음 각 설명에 가장 잘 어울리는 적정 곡선을 연결하시오. [17.3절]

**(a)** 강산을 강염기에 첨가하였다.

**(b)** 강염기를 약산에 첨가하였다.

**(c)** 강염기를 강산에 첨가하였다.

**(d)** 강염기를 다양성자산에 첨가하였다.

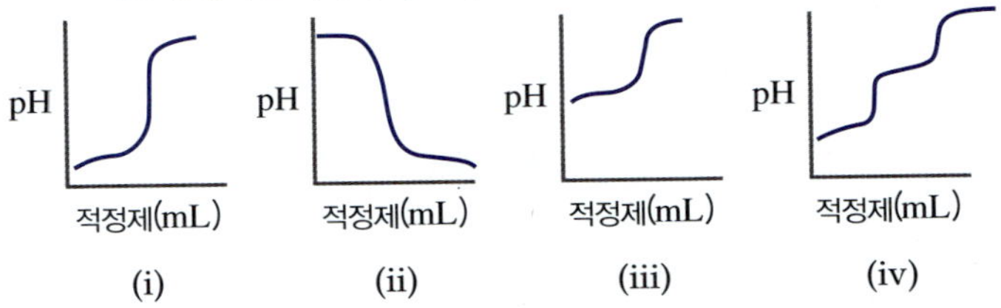


17.52 같은 부피의 두 개의 산을 0.10 *M* NaOH로 적정하였더니 다음 그림의 두 적정 곡선으로 나타났다. [17.3절]

**(a)** 어느 곡선이 보다 농도가 진한 산 용액에 해당하는가?

**(b)** 어느 곡선이 $K_a$ 값이 큰 산에 해당하는가?

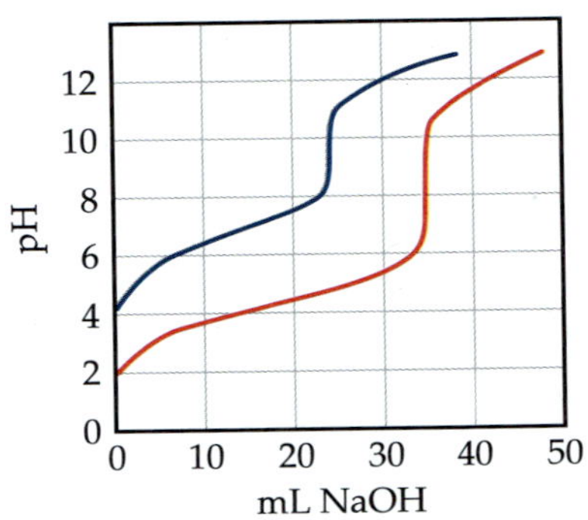

**17.53** 다음 그림의 가운데 비커는 $Cd(OH)_2$ 포화 용액을 나타낸 것이다. 이 용액에 HCl 용액을 첨가하면, $Cd(OH)_2$의 용해도가 증가하여 고체가 녹게 된다. 비커 A와 비커 B 중 평형에서의 용액을 나타내는 것은 어느 것인가? (물 분자와 $Cl^-$ 이온은 그림에서 생략되었다.) [17.4절, 17.5절]

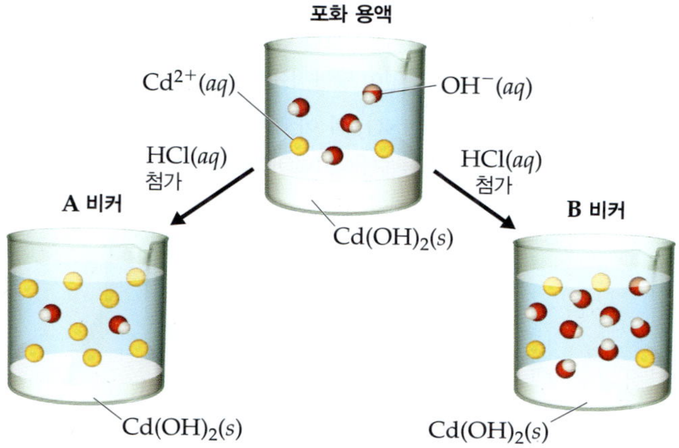


**17.54** 다음 그래프는 다른 환경에서의 $BaCO_3$의 거동을 나타내고 있다. 각 그래프에서 $y$축은 $BaCO_3$의 용해도를 나타내고, $x$축은 다른 시약의 농도를 표시한다. [17.5절]

**(a)** $HNO_3$를 첨가했을 때 $BaCO_3$의 용해도 변화를 나타내는 그래프는 어느 것인가?

**(b)** $Na_2CO_3$ 첨가에 따른 $BaCO_3$의 용해도 변화를 나타내는 그래프는 어느 것인가?

**(c)** $NaNO_3$ 첨가에 따른 $BaCO_3$의 용해도 변화를 나타내는 그래프는 어느 것인가?

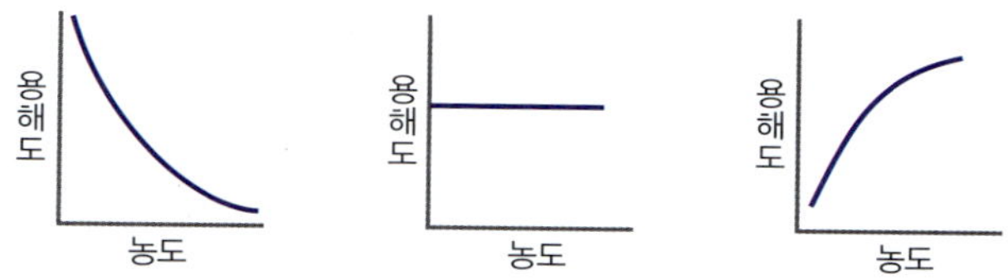


**17.55** $Ca(OH)_2$의 $K_{sp}$ 값은 $6.5 \times 10^{-6}$이다. [17.6절]

**(a)** 만약 $Ca(OH)_2$ 0.370 g에 물 500 mL를 첨가하고, 이 혼합물이 평형에 도달하게 둔다면 이 용액은 포화 용액이 되는가?

**(b)** (a)에서 얻어진 용액을 아래의 4개의 비커에 50 mL씩 넣는다면, 어느 비커에서 침전이 생기겠는가? 침전물이 생성되는 경우, 비커에 존재하는 침전물은 무엇인가?

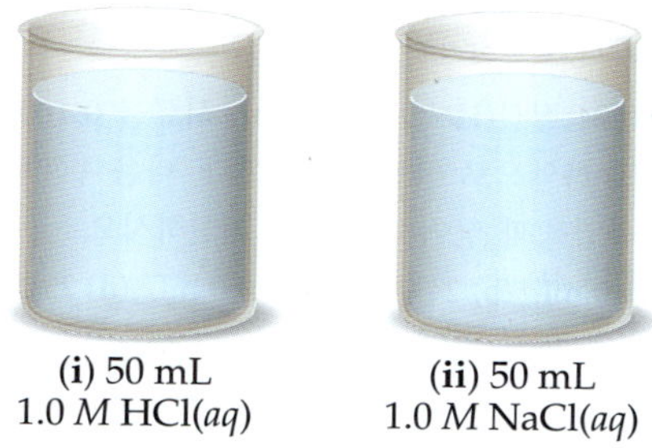


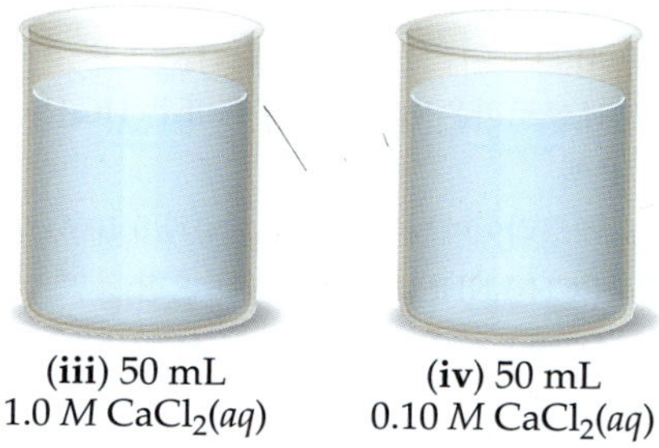


**17.56** 다음 그래프는 염의 용해도를 pH의 함수로 나타낸 것이다. 다음 선택 사항 중 이 그래프의 모양을 가장 잘 설명한 것은? [17.5절]

**(a)** 없음; 이 거동 방식은 불가능하다.

**(b)** 가용성 염은 산과 반응하여 침전물을 만들고, 초과 투입된 산은 침전물과 반응하여 이를 녹인다.

**(c)** 가용성 염은 수산화물을 형성하고, 그 후 초과 투입된 염기는 침전물과 반응하여 이를 녹인다.

**(d)** pH가 올라감에 따라 염의 용해도는 증가하고, 이후에 중화 반응으로 생성된 열 때문에 용해도는 감소한다.

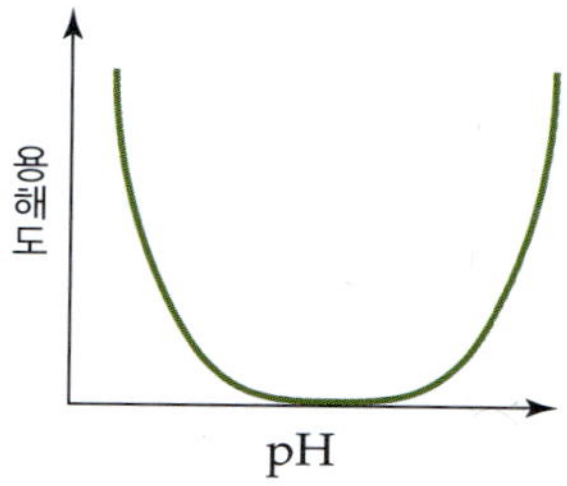


**17.57** 세 가지 양이온 $Ni^{2+}$, $Cu^{2+}$, $Ag^+$가 두 개의 다른 침전 시약을 사용하여 분리되었다. 그림 17.23에 기초하여 볼 때, 사용된 두 가지 침전 시약은 무엇인가? 이 시약을 사용하여 어떤 양이온이 A, B, C 각각에 해당하는지 보이시오. [17.6절]

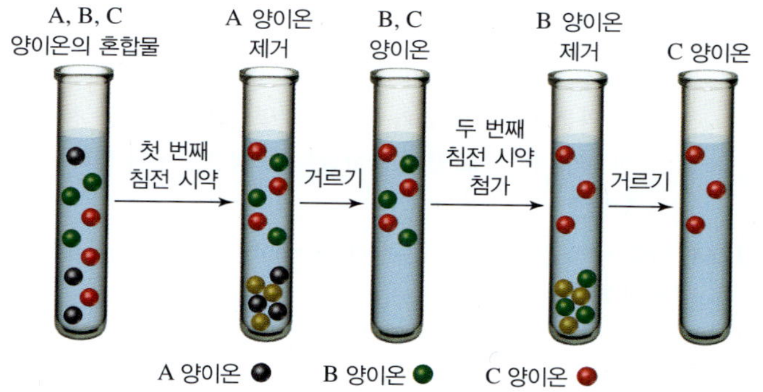


### 공통 이온 효과(17.1절)

**17.58** 다음 공통 이온 효과의 설명 중 가장 타당한 것을 고르시오.

**(a)** 염 MA의 용해도는 이미 $M^+$ 또는 $A^-$가 포함된 용액에서 감소한다.

**(b)** 공통 이온은 물에서 이온성 고체의 반응에 대한 평형 상수를 달라지게 한다.

**(c)** 공통 이온 효과는 $SO_3^{2-}$와 같은 특이한 이온에 적용되지 않는다.

**(d)** 염 MA의 용해도는 $A^-$나 비공통 이온의 첨가에 동등하게 영향을 받는다.

**17.59** 부록 D의 평형 상수를 사용하여 다음 용액의 pH를 계산하시오.
- **(a)** 0.070 $M$ 프로피온산 포타슘($C_2H_5COOK$ 또는 $KC_3H_5O_2$)과 0.085 $M$ 프로피온산($C_2H_5COOH$ 또는 $HC_3H_5O_2$)이 섞여 있는 혼합 용액
- **(b)** 0.085 $M$ 트라이메틸아민($(CH_3)_3N$)과 0.10 $M$ 염화 트라이메틸암모늄($(CH_3)_3NHCl$)이 섞여 있는 혼합 용액
- **(c)** 0.20 $M$ 아세트산 25.0 mL와 0.25 $M$ 아세트산 소듐 25.0 mL를 섞어 만든 용액

**17.60** **(a)** 0.0085 $M$ 뷰탄산($K_a = 1.5 \times 10^{-5}$)의 이온화 백분율을 계산하시오. **(b)** 0.075 $M$ 뷰탄산 소듐을 포함하는 용액 중 0.0085 $M$ 뷰탄산의 이온화 백분율을 계산하시오.

## 완충 용액(17.2절)

**17.61** 다음 중 완충 용액은 어느 것인가?
**(a)** 0.20 $M$ 폼산(HCOOH) **(b)** 0.20 $M$ 폼산과 0.20 $M$ 폼산 소듐(HCOONa) **(c)** 0.20 $M$ 질산($HNO_3$)과 0.20 $M$ 질산 소듐($NaNO_3$) **(d)** b와 c **(e)** a, b, c 모두

**17.62** **(a)** 0.150 $M$ 락트산과 0.120 $M$ 락트산 소듐 완충 용액의 pH를 계산하시오. **(b)** 0.150 $M$ 락트산 75 mL와 0.120 $M$ 락트산 소듐 25 mL를 섞은 완충 용액의 pH를 계산하시오.

**17.63** 15.0 g 아세트산 소듐($CH_3COONa$)을 0.100 $M$ 아세트산($CH_3COOH$) 500 mL에 첨가하여 완충 용액을 만들었다.
- **(a)** 완충 용액의 pH를 계산하시오.
- **(b)** 질산 몇 방울을 완충 용액에 첨가하였을 때 일어나는 반응의 완결된 이온 반응식을 쓰시오.
- **(c)** 수산화 포타슘 용액 몇 방울을 완충 용액에 첨가했을 때 일어나는 반응의 완결된 이온 반응식을 쓰시오.

**17.64** 0.75 $M$ 플루오린화수소산(HF) 용액 1.5 L와 필요한 양의 플루오린화 소듐(NaF)을 사용하여 pH = 2.50인 완충 용액을 만들고자 한다.
- **(a)** NaF를 첨가하기 전 HF 용액의 pH는 얼마인가?
- **(b)** 이 완충 용액을 만들기 위해서는 몇 그램의 NaF를 첨가해야 하는가? (단, NaF를 첨가하였을 때 생기는 부피 변화는 무시한다.)

**17.65** 완충 용액 2.50 L는 아세트산 0.20 mol과 아세트산 소듐 0.25 mol을 포함하고 있다.
- **(a)** 이 완충 용액의 pH는 얼마인가?
- **(b)** 수산화 소듐 0.05 mol을 첨가하면 완충 용액의 pH는 어떻게 변하는가?
- **(c)** 염산 0.05 mol을 첨가하였을 때, 완충 용액의 pH는 얼마인가?

**17.66** **(a)** pH가 7.4인 혈액 중 $H_2CO_3$에 대한 $HCO_3^-$의 비율은 얼마인가? **(b)** 지친 마라톤 선수의 혈액 pH가 7.1일 때 $H_2CO_3$에 대한 $HCO_3^-$의 비율은 얼마인가?

**17.67** 농도가 모두 0.20 $M$인 HCOOH, $CH_3COOH$, $H_3PO_4$, HCOONa, $CH_3COONa$, $NaH_2PO_4$ 수용액을 사용하여 pH = 2.50인 완충 용액을 만들려고 한다. 어떤 용액을 사용해야 하는가? 약 2 L의 완충 용액을 만들려고 할 때, 필요한 용액의 부피는 각각 얼마인가?

## 산-염기 적정(17.3절)

**17.68** 강염기를 이용하여 일양성자 강산을 적정할 때와 일양성자 약산을 적정할 때를 비교한다. 강산과 약산 용액의 초기 농도는 같다고 가정할 때 다음 내용이 참인지 거짓인지 결정하시오.
- **(a)** 약산보다 강산이 당량점에 도달하기 위해 더 많은 양의 강염기가 필요하다.
- **(b)** 적정 초기에 pH는 강산보다 약산이 더 낮다.
- **(c)** 산의 종류에 상관없이 당량점에서의 pH는 7이다.

**17.69** 다음 그림의 질산($HNO_3$)과 아세트산($CH_3COOH$) 시료를 각각 0.100 $M$ 수산화 소듐 수용액(NaOH($aq$))으로 적정하였다.

1.0 $M$ $HNO_3(aq)$ 25.0 mL 1.0 $M$ $CH_3COOH(aq)$ 25.0 mL

이 적정에 대한 다음 설명이 참인지, 거짓인지를 결정하시오.
- **(a)** 질산을 적정하여 당량점에 도달하기 위해서는 보다 많은 양의 수산화 소듐이 필요하다.
- **(b)** 질산을 적정하여 당량점에 도달하였을 때의 pH는 아세트산을 적정하였을 때의 pH보다 낮다.
- **(c)** 페놀프탈레인은 두 적정 모두에 적절한 지시약이다.

**17.70** 다음에서 수행한 적정 실험에서 당량점의 pH가 pH > 7, pH < 7 pH = 7 중 어떤 것일지 고르시오.
- **(a)** $NaHCO_3$를 NaOH로 적정할 때
- **(b)** $NH_3$를 HCl로 적정할 때
- **(c)** KOH를 HBr로 적정할 때

**17.71** 그림 16.7에 주어진 지시약 티몰 블루는 두 가지 색깔 변화를 보인다. 강염기를 사용한 약산의 적정에 보다 적절한 색 변화는 무엇인가?

**17.72** 다음의 각 용액을 0.0750 $M$ 수산화 포타슘(KOH)을 사용하여 당량점에 도달할 때까지 적정하였다면 필요한 수산화 포타슘의 양(mL)은 얼마인가?
- **(a)** 0.0900 $M$ HCOOH 30.0 mL
- **(b)** 0.0750 $M$ 질산($HNO_3$) 45.0 mL
- **(c)** 3.00 g/L HBr 용액 50.0 mL.

**17.73** 0.250 $M$ 질산($HNO_3$) 10.0 mL 시료를 0.100 $M$ 수산화 포타슘(KOH) 용액으로 적정하고자 한다. 다음 부피의 수산화 포타슘을 첨가하였을 때 얻어지는 pH를 계산하시오.
**(a)** 20.0 mL **(b)** 24.9 mL **(c)** 25.0 mL **(d)** 25.1 mL **(e)** 30.0 mL

**17.74** 0.250 $M$ 아세트산($CH_3COOH$) 시료 10.0 mL를 0.100 $M$ 수산화 포타슘으로 적정하고자 한다. 다음 각 부피의 수산화 포타슘을 첨가하였을 때 얻어지는 pH를 계산하시오.
**(a)** 0 mL **(b)** 12.5 mL **(c)** 24.5 mL **(d)** 25.0 mL **(e)** 25.5 mL

(f) 30.0 mL

**17.75** 다음 주어진 0.200 $M$의 염기 용액을 0.200 $M$ HBr을 이용하여 적정하였을 때, 당량점에서의 pH를 계산하시오.
(a) 수산화 소듐(NaOH) (b) 하이드록실아민($NH_2OH$)
(c) 아닐린($C_6H_5NH_2$)

### 용해도 평형과 용해도에 영향을 주는 인자(17.4절, 17.5절)

**17.76** 다음 진술이 참인지, 거짓인지 결정하시오.
(a) 난용성염의 용해도는 mol/L 단위로 나타낼 수 있다.
(b) 난용성염의 용해도곱은 간단히 용해도의 제곱으로 표현된다.
(c) 난용성염의 용해도는 공통 이온의 존재 여부와는 아무런 관련이 없다.
(d) 난용성염의 용해도곱은 공통 이온의 존재 여부와는 아무런 관련이 없다.

**17.77** $BaCrO_4$, CuS, $PbCl_2$, $LaF_3$ 이온 화합물들 각각에 대한 용해도곱 상수식을 쓰시오.

**17.78** (a) 35 °C에서 $CaF_2$의 몰용해도가 $1.24 \times 10^{-3}$ mol/L이면, 이 온도에서의 $K_{sp}$는 얼마인가? (b) 25 °C에서 물 100 mL에 $SrF_2$는 $1.1 \times 10^{-2}$ g이 녹는다. $SrF_2$의 용해도곱을 계산하시오. (c) 25 °C에서 $Ba(IO_3)_2$의 $K_{sp}$는 $6.0 \times 10^{-10}$이다. $Ba(IO_3)_2$의 몰용해도는 얼마인가?

**17.79** 25 °C에서 탄산 코발트($CoCO_3$) 포화 용액 1.50 L에는 2.71 mg의 탄산 코발트가 들어 있다. 25 °C에서 이 염의 용해도곱 상수를 계산하시오.

**17.80** 부록 D를 사용하여 다음 각 용액에서의 AgI의 몰용해도를 계산하시오.
(a) 순수한 물 (b) 0.15 $M$ KI 용액 (c) $5.0 \times 10^{-2}$ $M$ $AgNO_3$ 용액

**17.81** 비커에 녹지 않은 $CaF_2(s)$가 $CaF_2$ 포화 용액과 평형 상태에 있다. 용액에 고체 $CaCl_2$를 첨가하였다.
(a) 비커 바닥에 고체 $CaF_2$의 양이 증가할까, 감소할까, 변화가 없을까?
(b) 용액에서의 $Ca^{2+}$ 이온 농도는 증가할까, 감소할까?
(c) 용액에서의 $F^-$ 이온 농도는 증가할까, 감소할까?

**17.82** (a) pH = 7.0, (b) pH = 9.5, (c) pH = 11.8에서 $Mn(OH)_2$의 용해도(g/L)를 구하시오.

**17.83** 다음 각각의 난용성염이 강산과 반응할 때 알짜 이온 반응식을 쓰시오.
(a) MnS (b) $PbF_2$ (c) $AuCl_3$ (d) $Hg_2C_2O_4$ (e) CuBr

**17.84** 표 17.1에 제시된 $K_f$ 값을 사용하여, 5.00 g $CuCl_2$를 0.10 $M$ $NH_3(aq)$ 1.00 L에 녹여 평형에 도달하였을 때의 $Cu^{2+}(aq)$와 $Cu(NH_3)_4{}^{2+}$의 농도를 계산하시오.

**17.85** AgI의 $K_{sp}$와 $Ag(CN)_2{}^-$의 $K_f$ 값을 사용하여 (a) 순수한 물에서 AgI의 몰용해도를 계산하시오. (b) $AgI(s) + 2\ CN^-(aq) \rightleftharpoons Ag(CN)_2{}^-(aq) + I^-(aq)$ 반응의 평형 상수를 계산하시오. (c) 0.100 $M$ NaCN 용액에서 AgI의 몰용해도를 계산하시오.

### 이온의 침전과 분리(17.6절)

**17.86** (a) 0.050 $M$ $CaCl_2$ 용액의 pH를 8.0으로 맞추면 $Ca(OH)_2$의 침전이 일어나는가? (b) 0.050 $M$ $AgNO_3$ 100 mL와 $5.0 \times 10^{-2}$ $M$ $Na_2SO_4$ 용액 10 mL를 섞으면, $Ag_2SO_4$의 침전이 일어나는가?

**17.87** $Mn^{2+}(aq)$의 농도가 1 μg/L[1 ppb(part per billion)]보다 낮아질 정도로 $Mn(OH)_2$를 침전시키기에 필요한 최소 pH를 계산하시오.

**17.88** $1.0 \times 10^{-4}$ $M$ $Ca^{2+}(aq)$와 $1.0 \times 10^{-4}$ $M$ $La^{3+}(aq)$를 포함한 용액에 NaF를 넣어주었을 때, $CaF_2(K_{sp} = 3.9 \times 10^{-11})$와 $LaF_3(K_{sp} = 2 \times 10^{-19})$ 중에서 먼저 침전되는 것은 무엇인가? 침전의 시작에 필요한 $F^-$ 이온의 농도는 얼마인가?

**17.89** 0.20 $M$ $CrO_4{}^{2-}$, 0.10 $M$ $CO_3{}^{2-}$, 0.010 $M$ $Cl^-$의 세 음이온을 포함한 용액에 묽은 $AgNO_3$ 용액을 천천히 첨가하였을 때, 가장 먼저 침전되는 화합물은 무엇인가? $Ag_2CrO_4(K_{sp} = 1.2 \times 10^{-12})$, $Ag_2CO_3(K_{sp} = 8.1 \times 10^{-12})$, $AgCl(K_{sp} = 1.8 \times 10^{-10})$

**17.90** 여러 개의 금속 이온을 포함한 용액을 묽은 염산으로 처리하였더니 침전이 생기지 않았다. pH를 약 1로 조절하고 $H_2S$를 통과시켰지만, 역시 침전이 생기지 않았다. 이번에는 용액의 pH를 약 8로 조절하고 다시 $H_2S$를 통과시켰더니, 침전이 생성되었다. 여과시켜 걸러진 용액을 $(NH_4)_2HPO_4$로 처리하였더니 침전이 생기지 않았다. $Al^{3+}$, $Na^+$, $Ag^+$, $Mg^{2+}$ 중에서 용액에 존재할 가능성이 있는 금속 이온과 확실히 없다고 여겨지는 금속 이온은 각각 무엇인가?

**17.91** 여러 가지 정성 분석 과정에서 다음 각각의 혼합물을 접하였다. 이들을 분리할 방법을 제시하시오.
(a) $Zn^{2+}$와 $Cd^{2+}$ (b) $Cr(OH)_3$와 $Fe(OH)_3$ (c) $Mg^{2+}$와 $K^+$
(d) $Ag^+$와 $Mn^{2+}$

**17.92** 실험을 빨리 마치려고 몹시 서두르는 학생이 있다. 미지의 정성분석 결과, 그룹 4 금속 이온(그림 17.23)을 포함한다고 결론을 내렸다. 따라서 학생은 그룹 1, 2, 3의 금속 이온에 대한 시험을 생략하고, 바로 $(NH_4)_2HPO_4$로 시료 검사를 수행하였다. 이때 침전이 생겼고, 그룹 4의 금속 이온이 실제로 존재한다고 결론을 내렸다. 이 결론이 잘못된 이유를 설명하시오.

## 추가 연습 문제

**17.93** 완충 용액의 pOH와 염기 성분의 $pK_b$를 사용하여 Henderson–Hasselbalch 식과 유사한 유형의 식을 만드시오.

**17.94** 물에 녹은 $CO_2(g)$가 탄산($H_2CO_3$)으로 변하기 때문에 빗물은 산성을 띤다. 빗물의 산성이 너무 강해지면, 빗물은 주성분이 탄산 칼슘($CaCO_3$)인 석회암 및 조개와 반응을 일으킨다. 빗물에 존재하는 탄산, 탄산수소 이온($HCO_3{}^-$), 탄산 이온($CO_3{}^{2-}$)을 모두 합친 농도가 $1.0 \times 10^{-5}$ $M$이고 pH = 5.60일 때, 탄산, 탄산수소 이온($HCO_3{}^-$)과 탄산 이온($CO_3{}^{2-}$) 각각의 농도를 계산하시오.

**17.95** 25 °C에서 퓨로산($HC_5H_3O_3$)의 $K_a$ 값은 $6.76 \times 10^{-4}$이다. 같은 온도에서 다음 용액의 pH를 계산하시오.
(a) 30.0 g 퓨로산과 25.0 g 퓨로산 소듐 ($NaC_5H_3O_3$)에 물을 넣어 만든 0.300 L 용액
(b) 0.200 $M$ $HC_5H_3O_3$ 20.0 mL와 0.250 $M$ $NaC_5H_3O_3$ 30.0 mL를 섞은 후, 물을 넣어 총 부피 125 mL가 되도록 묽힌 용액
(c) 1.00 $M$ NaOH 용액 25.0 mL를 0.100 $M$ $HC_5H_3O_3$ 100 mL에 첨가하여 제조한 용액

**17.96** 산–염기 지시약인 브로모크레솔 그린(bromocresol green)은 약산이다. pH = 4.68일 때 노란색의 산과 푸른색의 염기가 용액 내에서 같은 농도로 존재한다. 브로모크레솔 그린의 p$K_a$를 구하시오.

**17.97** 같은 양의 0.010 $M$ 산(HA) 용액과 0.010 $M$ 염기(B) 용액을 섞었더니, 혼합된 용액의 pH가 9.2였다.
(a) HA와 B 사이 반응을 나타낸 화학 반응식과 평형식를 쓰시오.
(b) HA의 $K_a$ 값이 $8.0 \times 10^{-5}$일 때 HA와 B 사이의 반응에서의 평형 상수값은 얼마인가?
(c) B의 $K_b$ 값을 구하시오.

**17.98** 같은 몰수의 폼산(HCOOH)과 폼산 소듐(HCOONa)을 섞은 후 물에 녹여 1.00 L 완충 용액을 2개 만들었다. A 완충 용액은 폼산과 폼산 소듐을 각각 1.00 mol씩 사용하였고, B 완충 용액은 폼산과 폼산 소듐을 각각 0.010 mol씩 사용하였다.
(a) 두 완충 용액의 pH를 계산하시오.
(b) 어느 쪽 완충 용액의 완충 용량이 더 큰가?
(c) 1.00 $M$ HCl 1.0 mL를 두 완충 용액에 첨가하였을 때 변화된 pH 값을 구하시오.
(d) 1.00 $M$ HCl 10 mL를 두 완충 용액에 첨가하였을 때 변화된 pH 값을 구하시오.

**17.99** 어느 생화학자가 pH 4.50의 아세트산($CH_3COOH$)–아세트산 소듐($CH_3COONa$) 완충 용액 750 mL가 필요하다고 하자. 완충 용액을 제조하기 위해 고체 아세트산 소듐($CH_3COONa$)과, 질량 대비 99%의 아세트산을 포함하는 밀도가 1.05 g/mL인 빙초산을 사용할 수 있다. 완충 용액에서 아세트산의 농도가 0.15 $M$이 되기 위해서 사용해야 할 아세트산 소듐과 빙초산의 양은 얼마인가?

**17.100** 미지의 일양성자산 0.2140 g을 물 25.0 mL에 녹인 용액을 0.0950 $M$ 수산화 소듐으로 적정하였다. 산이 당량점에 도달하는 데 필요한 염기의 양은 30.0 mL였다.
(a) 산의 몰질량은 얼마인가?
(b) 적정에서 사용된 염기의 양이 15.0 mL였고, 이때의 pH는 6.50였다고 할 때, 미지의 일양성자산의 $K_a$ 값은 얼마인가?

**17.101** 미지의 일양성자산 500 mg을 물 50.0 mL에 녹인 용액을 0.200 $M$ 수산화 포타슘으로 적정하였다. 산이 당량점에 도달하는 데 필요한 염기의 양은 20.60 mL였다.
(a) 산의 몰질량은 얼마인가?
(b) 적정에서 사용된 염기의 양이 10.30 mL였고, 이때의 pH는 4.20이었다고 할 때, 미지의 일양성자산의 $K_a$ 값은 얼마인가?

**17.102** 약산을 강염기로 적정을 할 때 중간점에서의 pH가 산의 p$K_a$와 같음을 수학적으로 증명하시오(여기서 중간점은, 당량점에 도달하는 데 필요한 염기의 절반이 첨가된 지점이다).

**17.103** 일양성자 약산을 0.100 $M$ 수산화 소듐(NaOH) 용액으로 적정할 때, 당량점에 도달하기 위해 사용된 수산화 소듐 용액의 양은 25.0 mL였다. 수산화 소듐 12.5 mL를 첨가하였을 때 용액의 pH가 4.16이었다면, 이 약산의 p$K_a$는 얼마인가?

**17.104** 0.40 mol 수산화 소듐, 0.25 mol $Na_2HPO_4$, 0.30 mol $H_3PO_4$을 섞은 후, 물을 가하여 2.00 L 용액을 만들었다. 이 혼합 용액의 pH는 얼마인가?

**17.105** 생리학 실험에서 pH 6.50의 완충 용액이 필요하다. 여러분이 다루고 있는 유기체는 약산 $H_2A$($K_{a1} = 2 \times 10^{-2}$, $K_{a2} = 5.0 \times 10^{-7}$) 또는 그것의 소듐염에는 민감하지 않음을 알았다. 실험실에 존재하는 시약은 1.0 $M$ $H_2A$ 용액과 1.0 $M$ 수산화 소듐 용액뿐이라고 할 때, pH 6.50의 완충 용액을 만들기 위해서 1.0 L $H_2A$ 용액에 넣어줘야 할 수산화 소듐 용액의 양은 얼마인가? (단, 부피 변화는 무시한다.)

**17.106** 0.1000 $M$ 락트산[$CH_3CH(OH)COOH$ 또는 $HC_3H_5O_3$] 용액과 1.000 $M$ 수산화 소듐 용액을 사용하여 pH 3.75인 완충 용액을 만들고자 한다. 락트산 용액 25.00 mL에 넣어주어야 할 수산화 소듐 용액의 양은 얼마인가?

**17.107** 탄산 납(II)($PbCO_3$)은 납관 내부에 만들어지는 보호피막층 성분 중에 하나이다.
(a) 탄산 납(II)의 $K_{sp}$ 값이 $7.4 \times 10^{-14}$일 때, 탄산 납(II) 포화 용액에서의 $Pb^{2+}$의 몰 수는 얼마인가?
(b) 포화 용액에서의 $Pb^{2+}$ 이온의 ppb 농도는 얼마인가?
(c) pH가 낮아질 때, $PbCO_3$의 용해도는 증가하는가, 감소하는가?
(d) EPA가 허용하는 물에서의 납 이온의 한계 농도는 15 ppb이다. 탄산 납(II) 포화 용액은 EPA의 한계 농도를 초과하는가?

**17.108** $K_{sp}$를 사용하여 둘 중 더 큰 용해도를 갖는 것을 고르시오.
(a) CdS 혹은 CuS (b) $PbCO_3$ 혹은 $BaCrO_4$
(c) $Ni(OH)_2$ 혹은 $NiCO_3$ (d) AgI 혹은 $Ag_2SO_4$

**17.109** 탄산 칼슘($CaCO_3$)의 용해도는 pH에 의존한다.
(a) 탄산 이온의 산–염기 특성을 무시하고, 탄산 칼슘($K_{sp} = 4.5 \times 10^{-9}$)의 몰용해도를 구하시오.
(b) $CO_3^{2-}$ 이온의 $K_b$ 식을 사용하여, 다음 반응의 평형 상수를 결정하시오.

$$CaCO_3(s) + H_2O(l) \rightleftharpoons Ca^{2+}(aq) + HCO_3^-(aq) + OH^-(aq)$$

(c) 탄산 칼슘이 물에 녹으면 $Ca^{2+}$, $HCO_3^-$, $OH^-$ 이온만 생긴다고 가정할 때, (b)에서 구한 평형식을 사용하여 탄산 칼슘의 몰용해도를 구하시오.
(d) 바닷물과 같은 pH인 8.3에서 탄산 칼슘의 몰용해도는 얼마인가?
(e) pH 7.5의 완충 용액이 되었을 때, 탄산 칼슘의 몰용해도는 얼마인가?

**17.110** 치아 에나멜의 주성분은 $K_{sp}$가 $6.8 \times 10^{-27}$인 수산화 인회석(hydroxyapatite, $Ca_5(PO_4)_3OH$)이다. 845페이지에서 다루었던 플루오

린 처리된 물 또는 치약에서의 플루오린화 이온은 수산화 인회석과 반응하여 $K_{sp}$가 $1.0 \times 10^{-60}$인 플루오린화 인회석[fluoroapatite, $Ca_5(PO_4)_3F$]이 된다.

**(a)** 수산화 인회석과 플루오린화 인회석에 대한 용해도 상수식을 쓰시오.

**(b)** 이들 화합물의 몰용해도를 각각 구하시오.

**17.111** 납관의 부식을 막기 위해 인산 이온이 첨가된 염이 상수도에 첨가된다.

**(a)** 인산의 $pK_a$ 값을 이용($pK_{a1} = 7.5 \times 10^{-3}$, $pK_{a2} = 6.2 \times 10^{-8}$, $pK_{a3} = 4.2 \times 10^{-13}$)하여 $PO_4^{3-}$ 이온의 $K_b$를 구하시오.

**(b)** $1 \times 10^{-3}$ $M$ $Na_3PO_4$ 용액의 pH를 구하시오(단, $H_2PO_4^-$와 $H_3PO_4$의 생성은 무시한다).

**17.112** 0.50 $M$ $NH_4Cl$ 용액에서 $Mg(OH)_2$의 용해도를 계산하시오.

**17.113** 용해도곱 상수가 $2.5 \times 10^{-10}$인 과망가니즈산 바륨($Ba(MnO_4)_2$)이 $KMnO_4$ 용액에서 평형 상태에 있다고 가정하자. 용액에서의 $Ba^{2+}$ 이온이 $2.0 \times 10^{-8}$ $M$이 되기 위해서 필요한 $KMnO_4$의 농도는 얼마인가?

**17.114** 호수 바닥에 침전된 탄산 칼슘($CaCO_3$)과 탄산 철($FeCO_3$)이 호숫물과 용해도 평형을 이루고 있다. 이때 호수에서의 $[Ca^{2+}]$와 $[Fe^{2+}]$의 농도비를 계산하시오(단, 물은 약한 염기성이고, 탄산 이온의 가수 분해는 무시된다고 가정한다).

**17.115** 황산 납($PbSO_4$)과 황산 스트론튬($SrSO_4$)의 용해도곱 상수는 각각 $6.3 \times 10^{-7}$과 $3.2 \times 10^{-7}$이다. 이들이 평형 상태인 용액에서 $[SO_4^{2-}]$, $[Pb^{2+}]$, $[Sr^{2+}]$의 값은 얼마인가?

**17.116** 고체 옥살산 마그네슘이 평형 상태에 있을 때, $3.0 \times 10^{-2}$ $M$ $Mg^{2+}$을 얻기 위해 필요한 완충 용액의 pH는 얼마인가?

**17.117** $Mg_3(AsO_4)_2$의 $K_{sp}$ 값은 $2.1 \times 10^{-20}$이다. $AsO_4^{3-}$ 이온은 약산 $H_3AsO_4$($pK_{a1} = 2.22$, $pK_{a2} = 6.98$, $pK_{a3} = 11.50$)에서 얻을 수 있다.

**(a)** 물에서 $Mg_3(AsO_4)_2$의 몰용해도를 계산하시오.

**(b)** 물에서 $Mg_3(AsO_4)_2$ 포화 용액의 pH를 계산하시오.

**17.118** $Zn(OH)_2$의 용해도곱은 $3.0 \times 10^{-16}$이고, $Zn(OH)_4^{2-}$의 생성 상수는 $4.6 \times 10^{-17}$이다. 용액 1 L에 $Zn(OH)_2$ 0.015 mol을 녹이는 데 필요한 $OH^-$의 농도는 얼마인가?

**17.119** $Cd(OH)_2$의 $K_{sp}$ 값은 $2.5 \times 10^{-14}$이다.

**(a)** $Cd(OH)_2$의 몰용해도는 얼마인가?

**(b)** 착이온 $CdBr_4^{2-}$($K_f = 5 \times 10^3$)가 만들어 지면, $Cd(OH)_2$의 용해도는 증가한다. 고체 $Cd(OH)_2$를 NaBr 용액에 첨가할 때, $Cd(OH)_2$의 몰용해도를 $1.0 \times 10^{-3}$ mol/L까지 증가시키기 위해 필요한 NaBr의 초기 농도를 구하시오.

## 통합 연습 문제

**17.120** **(a)** 질산($HNO_3$) 용액이 프로피온산 포타슘($C_2H_5CO_2K$) 용액과 혼합될 때 발생하는 반응의 알짜 이온 반응식을 쓰시오. **(b)** 이 반응의 평형 상수를 구하시오. **(c)** 0.30 $M$ 질산 100.0 mL와 0.30 $M$ 프로피온산 포타슘 100.0 mL를 섞었을 때 $K^+$, $H^+$, $NO_3^-$, $C_2H_5COO^-$, $C_2H_5COOH$의 평형 농도를 계산하시오.

**17.121** **(a)** 미지의 일양성자산 0.1044 g을 포함하는 시료를 0.0500 $M$ 수산화 소듐 22.10 mL 적정하여 종말점에 도달하였다. 일양성자산의 몰질량은 얼마인가? **(b)** 산의 적정 시 사용된 수산화 소듐의 양이 11.05 mL였고, 이때 용액의 pH는 4.89였다. 산의 $K_a$는 얼마인가? **(c)** 부록 D를 사용하여 미지의 일양성자에 해당하는 산이 무엇인지 제안하시오.

**17.122** 22 °C, 98 kPa에서 7.5 L 암모니아($NH_3$) 기체를 0.40 $M$의 염산 용액 0.50 L에 주입하였다. 주입된 모든 $NH_3$가 용해되었고, 용액의 부피는 0.50 L로 변함없다고 가정할 때, 용액의 pH를 계산하시오.

**17.123** 아스피린은 다음과 같은 구조식을 가진다.

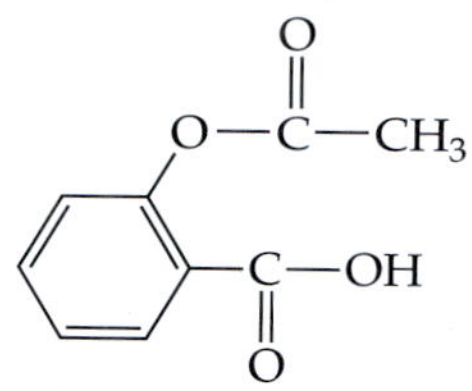

체온(37 °C)에서 $K_a$가 $3 \times 10^{-5}$인 아스피린 한 알의 질량은 325 mg이다. 아스피린 두 알을 삼켰더니, 부피가 1 L이고, pH가 2인 위에서 완전히 용해되었다. 중성 분자 형태로 존재하는 아스피린의 백분율은 얼마인가?

**17.124** 25 °C에서 111.5 kPa 부분 압력의 $CO_2$로 포화된 물의 pH는 얼마인가? (단, 25 °C에서 $CO_2$의 Henry 법칙 상수는 $3.1 \times 10^{-4}$ mol/L-kPa이다.)

**17.125** 포화 용액을 만들기 위해 과량의 $Ca(OH)_2$를 물에 넣고 잘 흔들어준다. 침전물은 제거한 용액 50.00 mL의 시료를 0.0983 $M$ HCl 11.23 mL로 적정하였더니 종말점에 도달하였다. $Ca(OH)_2$의 $K_{sp}$를 계산하시오. 부록 D와 여러분의 결과를 비교해 보시오. 여러분이 계산한 값이 부록 D의 값과 차이가 나는 이유를 서술하시오.

**17.126** 25 °C에서 황산 납(II)($PbSO_4$) 포화 용액의 삼투압은 3.93 kPa이다. 같은 온도에서 이 염의 용해도곱을 구하시오.

**17.127** 질량으로 10~100 ppb 농도의 은 이온($Ag^+$)은 효과적인 수영장 소독제로 사용된다. 그러나 농도가 이 범위를 초과한다면 $Ag^+$가 건강에 악영향을 일으킬 수 있다. 적절한 $Ag^+$ 농도를 유지하기 위한 방법 중 하나는 수영장 물에 난용성염을 첨가하는 것이다. 부록 D의 $K_{sp}$를 사용하여, **(a)** AgCl, **(b)** AgBr, **(c)** AgI와 평형 상태에 존재하는 $Ag^+$의 ppb 농도를 각각 구하시오.

**17.128** 식수에 플루오린을 첨가하는 것은 충치 예방에 도움이 된다. 일반적으로 플루오린의 농도는 약 1 ppm으로 조정된다. $Ca^{2+}$와 같은 양이온을 가진 센물은 비누 사용이 어렵다. $Ca^{2+}$의 농도가

8 ppm일 때, $CaF_2$은 침전되는가? (필요하다면 근사법을 적용하시오.)

**17.129** 베이킹 소다(탄산수소 소듐, $NaHCO_3$)는 음식물 속의 산과 반응하여 탄산($H_2CO_3$)을 생성하고, 생성된 탄산은 결국 물과 이산화 탄소로 분해된다. 이산화 탄소는 케이크 반죽에서 거품을 만들고 케이크를 부풀어 오르게 한다.

**(a)** 제빵의 경험에 의하면, 베이킹 소다 1/2티스푼은 사워밀크 1컵으로 중화되는데, 사워밀크(sour milk) 속의 산은 젖산(lactic acid, $CH_3CH(OH)COOH$)이다. 이 중화 반응의 화학 반응식을 적으시오.

**(b)** 베이킹 소다의 밀도는 2.16 g/cm$^3$일 때, 사워밀크 1컵에 들어 있는 젖산의 농도(mol/L)를 계산하시오(1컵 = 236.6 mL = 48 티스푼).

**(c)** 만약 1/2티스푼의 베이킹 소다가 사워밀크의 젖산에 의해 완전히 중화된다고 가정할 때, 177 °C로 설정된 오븐에서 101.3 kPa 압력을 만드는 이산화 탄소의 부피를 계산하시오.

**17.130** 비수용성 용매에서 H는 반응을 일으켜 $H_2F^+$를 만들 수 있다. 다음 중 어떤 내용이 관찰되는가?

**(a)** HF는 비수용성 용매에서 강산처럼 작용한다.

**(b)** HF는 비수용성 용매에서 염기처럼 작용한다.

**(c)** HF는 열역학적으로 불안정하다.

**(d)** HF보다 더 강한 산인 비수용성 매질에서의 산이 존재한다.

## 실험 설계 문제

오래된 화학 실험실을 청소하다가 '6.00 *M* 수산화 소듐'라는 표식이 붙은 유리병을 발견했다. 병 속의 용액의 양은 약 5 mL 정도로 보였다. 하지만, 오랜 시간 보관하였기 때문에 수산화 소듐이 유리($SiO_2$)와 반응했을 가능성이 있으며, 또한 병의 밀폐 상태가 좋지 않아 약간의 물이 증발했을 가능성도 존재한다. 병으로부터 1 mL 이하를 사용하여 수산화 소듐의 농도를 구하는 실험을 설계하시오. 무제한의 물, 2.00 *M* 염산 용액, 필요한 pH 지시약을 사용하시오. 또한 정확한 부피(mL) 측정에 필요한 장치를 고려하시오.

18

# 환경화학



## 18.1 | 지구의 대기

위의 여는 사진에서 보듯이, 지구상의 다양한 생명체는 우리 행성의 우호적인 대기와 태양에서 받는 에너지, 풍부한 물이 있기에 가능하다. 이들은 생명체에 필요한 것으로 알려진, 환경상의 중요한 특성이다.

기술이 발전하고 인구가 증가함에 따라 인간은 환경에 새롭고 더 큰 스트레스를 가하고 있다. 역설적으로, 인구 증가를 가능하게 하는 바로 그 기술이 환경을 이해하고 이로운 방향으로 조절하는 방법이 될 수도 있다. 화학은 종종 환경 문제의 중심에 있다. 개발 도상국이나 선진국의 경제적 성장에는 상수도 처리에서부터 화학 연료의 추출에 이르는 다양한 화학 공정이 결정적인 영향을 미치고 있다. 이러한 공정에서 만들어지는 생산물과 부산물 중에는 환경에 해로운 것도 있다.

이제 앞 장들에서 배운 원리를 적용하여 환경이 어떻게 작동하며, 인간의 활동이 환경에 어떻게 영향을 미치는가를 이해할 차례이다. 우리가 살고 있는 환경을 이해하고 보호하기 위해서는 인간이 만들거나 자연에 있는 화학 물질이 육지와 바다, 하늘에서 어떻게 상호 작용하는가를 이해해야 한다. 하루하루 소비자로서의 행동은 전문가나 정부 대표의 결정에 영향을 미친다. 결정을 내리기 위해서는 선택에 따르는 비용과 혜택을 저울질해야 한다. 불행하게도, 우리가 내린 결정이 환경에 미치는 영향은 미묘한 경우가 대부분이며, 즉시 눈에 보이도록 분명하게 드러나지도 않는다.

이 절이 끝나면 다음 사항을 수행할 수 있어야 한다.

- 지구 대기의 구분에 대해 설명하기
- 기체의 농도를 ppm 단위로 계산하기
- 광해리와 광이온화 과정 기술하기

우리는 대부분 지구 표면에서 그리 멀리 떨어져서 지내본 적이 없으므로, 우리가 살고 있는 환경에 대해 대기가 미치는 여러 가지 영향을 당연한 것으로 생각한다. 이 절에서는 지구 대기권의 중요한 특성을 알아볼 것이다.

대기권의 온도는 고도에 따라 변화한다(**그림 18.1**). 대기권은 이 온도 분포에 따라 네 영역으로 구분된다. 지표면 바로 위는 **대류권(troposphere)**인데, 온도는 고도가 올라가면서 통상적으로 감소하며 약 10 km 지점에서 215 K의 최저점에 도달한다. 우리들 대부분은 전 생애를 이 대류권에서 지낸다. 우리가 보통 '날씨'라고 생각하는 모든 것들, 즉 쌩쌩 부는 강풍이나 부드러운 바람, 비, 화창한 하늘 같은 것이 이 영역에서 일어난다. 일반 항공기는 보통 지구 약 10 km 위를 날아가는데, 이 고도는 **대류권계면**(tropopause)이라고 하는 대류권의 위쪽 경계에 해당한다.

대류권계면 위의 온도는 고도에 따라 증가하여, 50 km 지점에서 275 K에 도달한다. 10 km에서 50 km까지의 지점을 **성층권(stratosphere)**이라고 한다. 성층권 위는 **중간권**(mesophere)과 **열권**(thermosphere)이다. 그림 18.1에서 이웃하는 영역 사이의 경계를 나타내는 온도의 끝 부분을 접미어 **–계면**(–pause)를 붙여서 나타낸다. 이 경계들은 기체가 그들을 통해 비교적 느리기 섞이기 때문에 중요하다. 예를 들어 대류권에서 발생한 오염된 기체가 대류권계면을 통과하여 성층권으로 진입하는 일은 아주 느리게 일어난다.

대기압은 높이가 올라감에 따라 감소하는데(그림 18.1), 대기권의 압축률 때문에 대기압은 높은 고도에서보다 낮은 고도에서 매우 더 빠르게 감소한다. 그러므로, 압력은 해수면에서 평균 101.3 kPa에서 100 km에서는 $3.1 \times 10^{-4}$ kPa로, 200 km에서는 $1.3 \times 10^{-7}$ kPa로 감소한다.

대류권과 성층권은 질량으로 따지면 대기권의 99.9%에 해당한다. 그중 대류권이 75%를 차지한다. 그럼에도 불구하고, 희박한 상층부 대기는 지표면에 서식하는 생명체의 삶의 질을 결정짓는 데에 대단히 중요한 역할을 한다.

## 대기의 조성

지구 대기권은 태양으로부터 복사선과 에너지 입자의 공격을 지속적으로 받고 있다. 이렇게 쏟아지는 에너지는, 특히 약 80 km 이상의 대기권 상층부 영역에 막대한 물리적 · 화학적 영향을 미친다(**그림 18.2**). 게다가 지구 중력 때문에 무거운 원자와 분자는 가라앉게 되고, 따라서 보다 가벼운 원자와 분자는 대기권의 꼭대기에 남아 있게 된다. (이것이 방금 지적한 바와 같이, 대류권이 대기 질량의 75%를 차지하는 이유이다.) 이러한 모든 요인 때문에 대기권의 조성은 균일하지 않대기권의 온도는 어떤 고도에서 가장 낮은가?

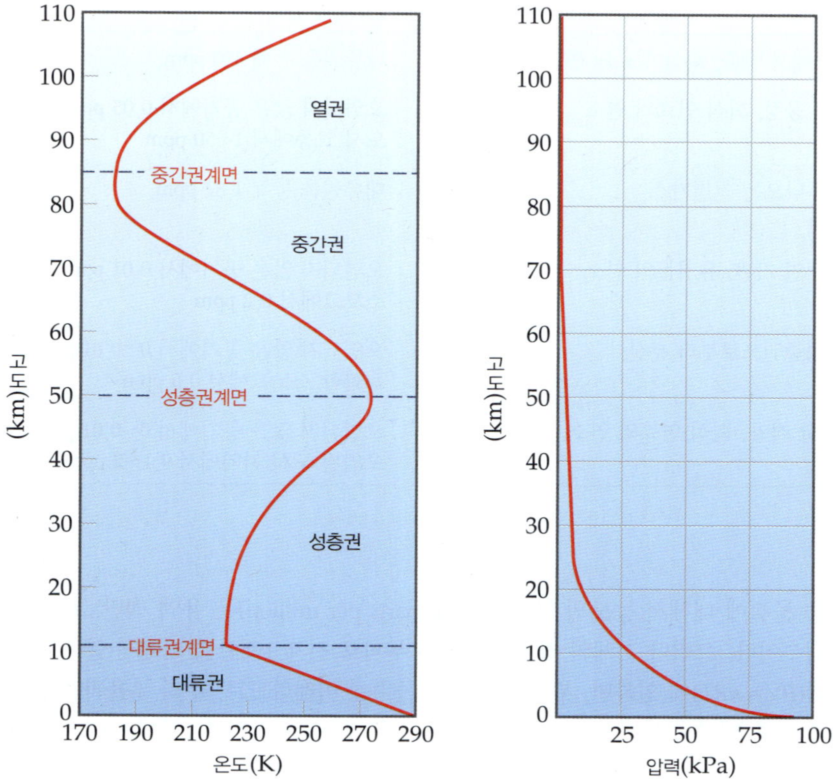


▲그림 18.1 대기권의 온도와 압력은 해발고도에 따라 변한다.

다.

**표 18.1**은 해수면 근처 건조한 공기의 몰분율 조성을 나타낸 것이다. 많은 물질은 미량씩만 존재하지만, $N_2$와 $O_2$가 해수면 대기의 99%를 차지하고, 비활성 기체와 $CO_2$가 나머지의 대부분을 차지한다.

▲그림 18.2 북극광

**표 18.1 해수면 근처 건조한 공기의 주성분**

| 성분* | 함유량(몰분율) | 몰질량(g/mol) |
|---|---|---|
| 질소 | 0.78084 | 28.013 |
| 산소 | 0.20948 | 31.998 |
| 아르곤 | 0.00934 | 39.948 |
| 이산화 탄소 | 0.000400 | 44.0099 |
| 네온 | 0.00001818 | 20.183 |
| 헬륨 | 0.00000524 | 4.003 |
| 메테인 | 0.000002 | 16.043 |
| 크립톤 | 0.00000114 | 83.80 |
| 수소 | 0.0000005 | 2.0159 |
| 아산화 질소 | 0.0000005 | 44.0128 |
| 제논 | 0.000000087 | 131.30 |

*오존, 이산화 황, 산화 질소, 암모니아, 일산화 탄소는 일정하지 않은 양의 미량 기체로 존재한다.

**표 18.2 몇 가지 소량 대기 성분의 공급원과 전형적인 농도**

| 성분 | 공급원 | 전형적인 농도 |
|---|---|---|
| 이산화 탄소($CO_2$) | 유기물의 분해, 대양에서 방출, 화석 연료의 연소 | 대류권을 통해 400 ppm |
| 일산화 탄소(CO) | 유기물의 분해, 산업 공정, 화석 연료의 연소 | 오염되지 않은 공기에서 0.05 ppm,<br>도시 교통에서 1~50 ppm |
| 메테인($CH_4$) | 유기물의 분해, 스며 나오는 천연가스,<br>가축으로부터의 방출 | 대류권을 통해 1.82 ppm |
| 일산화 질소(NO) | 대기의 전기 방전, 내연 기관, 유기물의 연소 | 오염되지 않은 공기에서 0.01 ppm,<br>스모그에서 0.2 ppm |
| 오존($O_3$) | 대기의 전기 방전, 성층권으로부터 분산,<br>광화학 스모그 | 오염되지 않은 공기에서 0~0.01 ppm,<br>광화학 스모그에서 0.5 ppm |
| 이산화 황($SO_2$) | 화산 가스, 산불, 세균 작용, 화석 연료의 연소,<br>산업 공정 | 오염되지 않은 공기에서 0~0.01 ppm,<br>오염된 도시 지역에서 0.1~2 ppm |

수용액 중 물질에 대해서 농도의 단위인 **ppm**(parts per million)은 용액 백만 그램에 존재하는 물질의 그램수이다. 그러나 기체의 경우 1 ppm은 부피로 전체 1백만 부피에서 한 부분을 말한다. 이상 기체식($PV=nRT$)에 의하면, 부피는 기체의 몰수에 비례하므로, 부피 분율과 몰분율은 같다. 그러므로 대기 중 미량 성분의 1 ppm은 공기 1백만 몰에 있는 그 성분 1몰에 해당한다. 즉 ppm으로 나타낸 농도는 몰분율에 $10^6$을 곱한 것과 같다. 예를 들어 표 18.1에 따르면 대기에서 $CO_2$의 몰분율은 0.000400이므로, 이것의 농도를 ppm으로 나타내면 $0.000400\times10^6=400$ ppm이다.

$CO_2$ 등의 대류권의 다른 소량 성분들은 **표 18.2**에 나타내었다.

대기권에서 일어나는 화학 과정을 고려하기 전에, 두 가지 주성분인 $N_2$와 $O_2$의 화학적 성질을 복습해 보자. $N_2$ 분자는 질소 원자 사이에 삼중 결합을 갖고 있음을 기억하라. $N_2$ 분자가 반응성이 없는 것은 주로 결합이 매우 강하기 때문이다(결합 에너지 941 kJ/mol). $O_2$의 결합 에너지는 495 kJ/mol에 불과하므로, $O_2$는 $N_2$보다 훨씬 더 반응성이 크다. 예를 들어 산소는 많은 물질과 반응하여 산화물을 만든다.

### 예제 18.1
**부분 압력으로부터 농도 계산**

물의 부분 압력이 0.11 kPa이고 공기의 전체 압력이 98.0 kPa일 때, 공기 시료의 수증기 농도를 ppm으로 나타내면 어떻게 되는가?

**해답**

**분석** 수증기의 부분 압력과 공기 시료의 전체 압력이 주어졌을 때, 수증기 농도를 묻고 있다.

**계획** 기체 혼합물 내 성분의 부분 압력은 혼합물의 전체 압력에 몰분율을 곱하면 얻을 수 있다. 즉,

$$P_{H_2O} = X_{H_2O}P_t$$

**풀이** 혼합물 중 수증기의 몰분율($X_{H_2O}$)을 구하면

$$X_{H_2O} = \frac{P_{H_2O}}{P_t} = \frac{0.11\ \text{kPa}}{98.0\ \text{kPa}} = 0.0011$$

ppm 농도는 몰분율의 $10^6$배이다.

$$0.0011 \times 10^6 = 1100\ \text{ppm}$$

**▶ 보충 예제**

공기 시료에서 CO의 농도가 4.3 ppm이다. 전체 공기 압력이 92.7 kPa일 때, CO의 부분 압력은 얼마인가?

## 대기권에서 일어나는 광화학 반응

성층권 너머의 대기권은 대기권 질량으로 보면 작은 부분에 지나지 않지만, 지구로 끊임없이 퍼부어지는 복사선과 고에너지 입자를 막아내는 바깥쪽 방어물을 만든다. 쏟아지는 복사선이 상층부 대기를 통과하면서 두 가지 화학적 변화, **광해리**(photodissociation)와 **광이온화**(photoionization)를 일으킨다. 이 과정들은 대부분의 복사선을 대류권에 도달하기 전에 흡수함으로써 우리를 고에너지 복사선으로부터 보호한다. 이러한 광화학 과정이 없었다면, 우리가 알고 있는 식물과 동물은 지구상에 존재할 수 없었을 것이다.

태양은 광범위한 파장에 걸쳐 복사 에너지를 방출한다(그림 18.3). 복사선의 파장과 복사선의 원자 및 분자에 대한 영향 사이의 관계를 이해하려면, 전자기 복사선을 광자의 흐름으로 볼 수 있다는 것을 기억해야 한다. 각 광자의 에너지는 $E = h\nu$로 주어진다. 여기에서 $h$는 Planck 상수이고 $\nu$는 복사선의 진동수이다. 복사선이 원자나 분자와 부딪칠 때 화학적 변화가 일어나려면 두 가지 조건을 만족해야 한다. 첫째, 유입되는 광자는 원자나 분자의 화학 결합을 끊거나 전자를 제거하기에 충분한 에너지를 가져야 한다. 둘째, 부딪힌 원자나 분자는 이런 광자를 반드시 흡수해야 한다. 이러한 요구 조건이 충족되면, 광자 에너지는 특정한 화학적 변화에 관련된 일을 하는 데 사용된다.

**광해리** 분자에 광자가 흡수되어 화학 결합이 끊어지는 것을 **광해리**(**photodissociation**)라고 한다. 광해리에 의해 두 원자 간의 결합이 끊어질 때는 아무런 이온도 생성되지 않는다. 대신, 결합 전자의 반은 한 원자에 남아 있고, 나머지 반은 다른 원자에 남아 있게 된다. 그 결과 전기적으로 중성인 두 개의 입자가 만들어진다.

약 120 km 고도 위에서 일어나는 가장 중요한 과정 중 하나는 산소 분자의 광해리이다.

$$:\ddot{O}{=}\ddot{O}: + h\nu \longrightarrow :\dot{\ddot{O}} + \dot{\ddot{O}}: \qquad [18.1]$$

이런 변환에 필요한 최소 에너지는 495 kJ/mol 로, $O_2$의 결합 에너지(또는 **해리 에너지**(dissociation energy))에 의해 결정된다.

우리에게는 천만다행히도, 복사선이 대기권 하층부에 도달하기 전에 태양광 스펙트럼의 고에너지 단파장 복사선의 대부분을 $O_2$가 흡수해 준다. 이로 인해 산소 원자(O)가 생성된다. 고도가 높은 경우에는 $O_2$의 해리가 매우 대규모로 일어난다. 예를 들어 400 km에서는 1%의 산소만이 $O_2$의 형태로 존재하며, 나머지 99%는 원자 상태의 산소이다. 130 km에서는 $O_2$와 원자 상태의 산소가

해수면에서의 태양광 스펙트럼은 대기권 밖의 태양광 스펙트럼과 왜 완전히 일치하지 않는가?

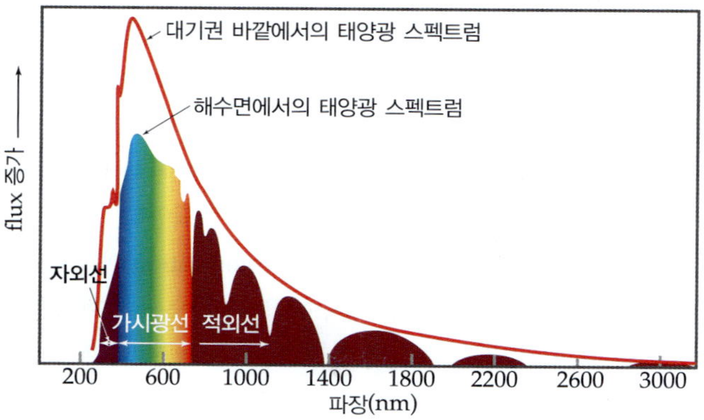


▲ **그림 18.3 지구 대기권 밖의 태양광 스펙트럼과 해수면의 태양광 스펙트럼의 비교** 더 구조화된 곡선이 해수면에서 나타나는 것은 빛의 특정한 파장을 흡수하는 대기권의 기체 때문이다. 수직축의 단위인 'flux'는 시간당 단위 면적당 빛에너지를 나타낸다.

대략 같은 양으로 존재한다. 130 km 아래에서는 대부분의 태양 에너지가 보다 상층 대기에서 흡수되므로 원자 상태의 산소보다 $O_2$가 많이 존재한다.

## 예제 18.2

### 결합을 끊는 데 필요한 파장의 계산

$O_2$ 분자를 해리시키기 위해 광자당 충분한 에너지를 갖는 빛의 최대 파장을 나노미터 단위로 구하시오.

**해답**

**분석** $O_2$의 O=O 이중 결합을 끊기에 충분한 에너지를 갖는 광자의 파장을 구하는 문제이다.

**계획** 한 분자의 O=O 이중 결합을 끊는 데 필요한 에너지를 계산하고, 그만큼의 에너지를 가진 광자의 파장을 알아 내야 한다.

**풀이**

$O_2$의 해리 에너지는 495 kJ/mol이다. 이 값과 Avogadro 수를 사용하여 $O_2$ 한 분자에서 결합을 끊는 데 필요한 에너지의 양을 계산할 수 있다.

$$\left(495 \times 10^3 \frac{\text{J}}{\text{mol}}\right)\left(\frac{1\ \text{mol}}{6.022 \times 10^{23}\ \text{분자}}\right) = 8.22 \times 10^{-19} \frac{\text{J}}{\text{분자}}$$

다음으로는 Planck 관계, $E=h\nu$를 이용하여 이만큼의 에너지를 가지는 광자의 진동수 $\nu$를 구한다.

$$\nu = \frac{E}{h} = \frac{8.22 \times 10^{-19}\ \text{J}}{6.626 \times 10^{-34}\ \text{J s}} = 1.24 \times 10^{15}\ \text{s}^{-1}$$

끝으로, 빛의 진동수와 파장 사이의 관계를 이용하여 빛의 파장을 계산한다.

$$\lambda = \frac{c}{\nu} = \left(\frac{3.00 \times 10^8\ \text{m/s}}{1.24 \times 10^{15}/\text{s}}\right)\left(\frac{10^9\ \text{nm}}{1\ \text{m}}\right) = 242\ \text{nm}$$

**주의** 따라서 전자기 스펙트럼에서 자외선 영역에 속하는, 파장이 242 nm인 빛은 $O_2$ 분자를 광해리하는 데 충분한 광자당 에너지를 갖고 있다. 파장이 감소함에 따라 광자의 에너지는 증가하므로, 242 nm보다 짧은 파장을 갖는 모든 광자는 $O_2$를 해리하는 데 충분한 에너지를 갖는다.

**▶ 보충 예제**

Br−Br 결합의 해리 에너지는 193 kJ/mol이다. 어떤 파장의 빛이 Br−Br 결합을 해리시키기 위해 충분한 에너지를 가지고 있는가?
**(a)** 620 nm **(b)** 310 nm **(c)** 148 nm **(d)** 6200 nm **(e)** 563 nm

$N_2$의 해리 에너지는 941 kJ/mol로 매우 크다. 예제 18.2의 보충 예제에서 본 바와 같이, 127 nm보다 짧은 파장을 가진 광자만이 $N_2$를 해리하기에 충분한 에너지를 갖는다. 더욱이 $N_2$는 충분한 에너지를 갖고 있더라도 쉽게 광자를 흡수하지 않는다. 결과적으로, 상층부의 대기권에서는 $N_2$의 광해리에 의해 질소 원자가 거의 생성되지 않는다.

**광이온화** 광해리 이외에도 다른 광화학 반응이 상층부 대기권에서 일어난다는 것이 우여곡절 끝에 발견되었다. 1901년에, Newfoundland의 St. John's에서 Guglielmo Marconi는 약 2900 km 떨어진 영국의 Land's End에서 송신된 라디오 신호를 수신하였다. 당시에는 라디오파가 직선으로 전파된다고 믿었기 때문에, 지구의 곡면 때문에 먼 거리에서는 라디오 통신이 불가능하다고 믿었다. Marconi의 성공적 실험은 지구의 대기가 어떤 방법으로든 라디오파가 전파되는 데 상당한 영향을 끼친다는 것을 제안하였다. Marconi의 발견은 상층부 대기에 대한 집중적 연구로 이어졌다. 1924년경에 상층부 대기 안의 전자의 존재가 실험을 통해 입증되었다.

상층부 대기에 있는 전자는 주로 분자의 **광이온화(photoionization)**에 의해 생성된 것이다. 광이온화는 상층부 대기의 분자가 태양의 복사선을 흡수하고 그 흡수된 에너지로 인해 분자로부터 전자가 방출될 때 일어난다. 그 결과, 분자는 양전하를 띤 이온이 된다. 따라서 광이온화가 일어나기 위해서는 분자가 반드시 광자를 흡수해야 하며, 이 광자는 전자를 떼어내기에 충분한 에너지를 가지고 있어야 한다. 이것은 광해리와 매우 다른 과정인 것에 주목하라.

약 90 km 위의 대기에서 일어나는 네 가지의 중요한 광이온화 과정을 **표 18.3**에 나타내었다. 표에서 주어진 최대 파장보다 짧은 파장을 가진 광자는 광이온화를 일으키는 데 충분한 에너지를 갖

**표 18.3 대기의 네 가지 성분에 대한 광이온화 반응**

| 과정 | 이온화 에너지(kJ/mol) | $\lambda_{max}$(nm) |
|---|---|---|
| $N_2 + h\nu \longrightarrow N_2^+ + e^-$ | 1495 | 80.1 |
| $O_2 + h\nu \longrightarrow O_2^+ + e^-$ | 1205 | 99.3 |
| $O + h\nu \longrightarrow O^+ + e^-$ | 1313 | 91.2 |
| $NO + h\nu \longrightarrow NO^+ + e^-$ | 890 | 134.5 |

는다. 그림 18.3을 다시 보면, 모든 이러한 고에너지의 광자는 상층부 대기에서 흡수되므로 지구에 도달하는 복사선에서는 완전히 걸러진다.

## 성층권의 오존

$N_2$, $O_2$, 산소 원자는 240 nm보다 짧은 파장의 광자를 흡수하지만, 오존($O_3$)은 전자기 스펙트럼에서 자외선 영역의 240~310 nm에 이르는 파장의 광자를 흡수하는 핵심 물질이다 (**그림 18.4**). 상층부 대기의 오존은 이러한 과정이 없었다면 지구 표면으로 뚫고 내려왔을 유해한 고에너지 광자로부터 우리를 보호한다. 대기권 상층부에서 어떻게 오존이 생성되며, 어떻게 광자를 흡수하는가를 살펴보자.

오존은 전자기 스펙트럼의 어느 부분에서 강하게 빛을 흡수하는가? (a) 적외선 (b) 가시광선 (c) 자외선

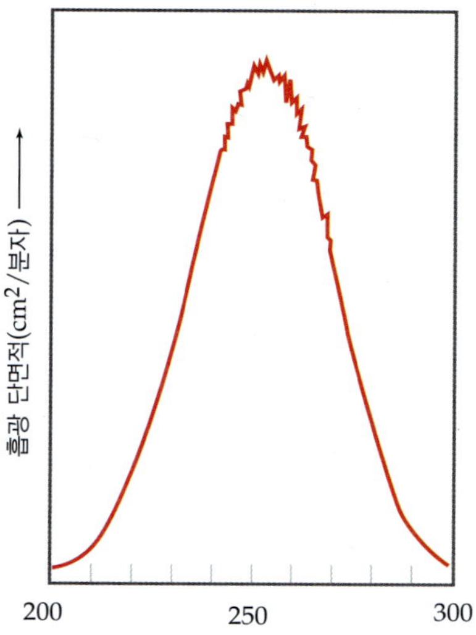

▲ **그림 18.4** 오존의 흡수 스펙트럼

태양으로부터의 복사선이 해수면에서 90 km 고도에 이르면 광이온화를 일으킬 수 있는 단파장의 복사선이 대부분 흡수된다. 그러나, 이 고도에서는 $O_2$를 해리할 수 있는 복사선이 충분히 강해서 30 km의 고도에까지 $O_2$의 광해리(식 18.1)는 중요한 과정으로 남아 있게 된다. 하지만 30 km에서 90 km 사이에서는 $O_2$의 농도가 원자 상태의 산소 농도보다 훨씬 더 높다. 따라서 이 영역에서 $O_2$의 광해리에 의해 형성된 산소 원자는 다른 $O_2$ 분자와 자주 충돌하여 오존을 형성하게 된다.

$$:\ddot{O} + O_2 \longrightarrow O_3^* \qquad [18.2]$$

이 반응은 발열 반응이다. 따라서 $O_3$에 붙어 있는 별표는 과잉의 에너지를 갖고 있는 생성물을 나타낸다. 이 반응에서 방출되는 105 kJ/mol의 에너지는 $O_3^*$ 분자로부터 아주 짧은 시간 안에 제거되어야 한다. 그렇지 않으면, $O_3^*$가 생성된 과정의 역반응이 일어나 분자는 다시 $O_2$와 O로 분해될 것이다.

에너지가 풍부한 $O_3^*$ 분자는 다른 원자나 분자와 충돌하여 이 과잉 에너지의 일부를 전달함으로써 방출한다. $O_3^*$와 충돌하는 원자나 분자를 M으로 나타내기로 하자(보통 M은 대기 중에 가장 풍부한 분자인 $N_2$나 $O_2$이다). $O_3^*$의 생성과 과잉의 에너지를 M에 전달하는 것은 다음 방정식으로 요약할 수 있다.

$$O(g) + O_2(g) \rightleftharpoons O_3^*(g) \qquad [18.3]$$

$$O_3^*(g) + M(g) \longrightarrow O_3(g) + M^*(g) \qquad [18.4]$$

$$O(g) + O_2(g) + M(g) \longrightarrow O_3(g) + M^*(g) \qquad [18.5]$$

식 18.3과 18.4에 따르는 $O_3$의 생성 속도는 고도가 높아짐에 따라 반대 방향으로 바뀌는 두 가지 요인과 관련되어 있다. 첫째, 식 18.3의 반응은 O 원자가 존재하느냐에 달려 있다. 낮은 고도에서는 $O_2$를 O 원자로 해리할 수 있을 정도로 에너지가 높은 복사선이 대부분 흡수된다. 따라서 O 원자는 낮은 고도에서 그렇게 많지 않다. 둘째, 식 18.3과 18.4 모두는 분자 충돌에 의존한다. 낮은 고도에서는 분자의 농도가 높다. 따라서 두 반응의 속도 모두 낮은 고도에서 더 증가한다. 이 두 요인은 고도에 따라 반대 방향으로 변화하므로, $O_3$ 형성이 가장 빠른 속도로 일어나는 영역은 성층권계면(그림 18.1) 근처인 약 50 km의 고도에서 띠를 이루며 나타나게 된다. 종합하면, 지

이 그래프의 정점에 해당하는 오존 농도를 리터당 몰수로 추측해 보시오.

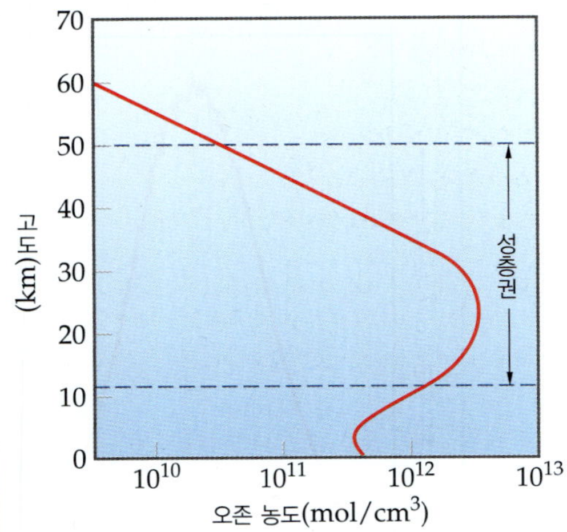


▲그림 18.5 고도에 따른 대기권의 오존 농도 변화

구 오존의 대략 90%는 성층권에 존재한다.

오존의 광분해는 오존의 생성 반응의 역반응이다. 따라서 오존 생성과 분해의 순환은 다음과 같이 요약할 수 있다.

$$O_2(g) + h\nu \longrightarrow O(g) + O(g)$$
$$O(g) + O_2(g) + M(g) \longrightarrow O_3(g) + M^*(g) \quad (\text{열 방출})$$
$$O_3(g) + h\nu \longrightarrow O_2(g) + O(g)$$
$$O(g) + O(g) + M(g) \longrightarrow O_2(g) + M^*(g) \quad (\text{열 방출})$$

첫 번째와 세 번째 과정은 광화학 반응으로서, 태양 광자를 이용하여 화학 반응을 개시한다. 두 번째와 네 번째 과정은 발열 반응이다. 네 가지 과정의 알짜 결과는 태양 복사 에너지가 열에너지로 바뀌는 순환 과정이다. 성층권의 오존 순환은 성층권에서 최고에 이르는 온도 상승의 원인이 된다(그림 18.1).

오존 순환 과정에서의 반응은 오존층에 관한 사실을 전부는 아니더라도 부분적으로 설명해 준다. 산소가 아닌 다른 물질이 관여하는 많은 화학 반응이 일어나며, 또한 성층권을 혼합하는 난류와 바람의 효과를 고려해야만 한다. 결과적으로 매우 복잡한 상황이 벌어진다. 오존 생성과 제거 반응이 대기의 난류 및 다른 요인과 맞물려서 얻어지는 종합적 결과는 **그림 18.5**의 상층부 대기에서의 오존 농도 변화로, 최대 오존 농도가 고도 약 25 km에서 나타나게 된다. 이렇게 상대적으로 높은 오존 농도의 띠를 '오존층' 또는 '오존 방패'라고 한다.

300 nm보다 짧은 파장의 광자는 많은 종류의 단일 화학 결합을 절단할 수 있다. 따라서 우리가 계속해서 잘 지내려면 '오존 방패'가 필수적이다. 그러나 고에너지 복사선에 필수적인 방패가 되는 오존 분자는 생성된 후 계속해서 파괴되므로, 성층권에 존재하는 산소 원자 중 아주 작은 비율만을 차지한다.

## 자기 평가 연습 문제

**18.1** 대기 중의 헬륨 대 아르곤의 비율은 대류권과 중간권 중 어디에서 더 높겠는가?
**(a)** 대류권
**(b)** 중간권

**18.2** 오존의 광이온화를 가장 잘 나타내는 방정식은?
**(a)** $O_3 + h\nu \longrightarrow O_3^+ + e^-$
**(b)** $O_3 + e^- \longrightarrow O_3^- + h\nu$
**(c)** $O_3 + h\nu \longrightarrow O_2 + O$

**18.3** Lewis 구조에 의하면 $O_2$와 $O_3$의 산소−산소 결합 중 어느 것이 더 강하겠는가?
**(a)** 산소
**(b)** 오존

## 연습 문제

**18.4** **(a)** 대기의 영역 사이의 경계는 어떻게 결정되는가? **(b)** 대략 35 km 두께의 성층권이 대략 12 km 두께의 대류권보다 전체 질량이 작은 이유를 설명하시오.

**18.5** 미국의 환경보호청(Environmental Protection Agency, EPA)는 공기질의 기준을 가지고 있다. 이 기준에 따르면, 오존($O_3$)의 8시간 평균 농도는 0.085 ppm이다.
**(a)** 기압이 100 kPa 일 때 0.085 ppm 오존의 부분 압력을 구하시오.
**(b)** 1.0 L 공기 내 오존 분자의 수는? $T$ = 25 °C라 가정하시오.

**18.6** **(a)** 표 18.1의 자료로부터, 대기 중 헬륨의 농도가 몇 ppm인지 구하시오. **(b)** 기압 101 kPa, 온도 298 K라고 가정했을 때, 대기 중 헬륨의 농도는 리터당 분자 단위로 얼마인가?

**18.7** $CH_3I$에서 C−I 결합의 해리 에너지는 241 kJ/mol이다. $C_6H_5I$에서

C–I 결합의 해리 에너지는 280 kJ/mol이다. 한 분자에서는 결합을 해리하지만 다른 분자에서는 그러지 않을 광자의 파장 범위는 얼마인가?

**18.8** 대기권에서 $N_2$의 광해리는 $O_2$의 광해리에 비하여 왜 비교적 덜 중요한가?

**18.9** 자외선 스펙트럼은 파장에 따라 다음과 같은 3개의 영역으로 나눌 수 있다.

UV–A(315~400 nm), UV–B(280~315 nm), UV–C(100~280 nm)

**(a)** 어느 부분의 광자가 가장 높은 에너지를 가지고 있으며, 이로 인해 살아 있는 생명체의 조직에 가장 해로운가?

**(b)** 오존이 없을 경우, 이 세 영역 중 대기에 의해 흡수되는 것은 어떤 것인가?

**(c)** 적절한 농도의 오존이 성층권에 존재하면, 모든 자외선은 지구 표면에 도달하기 전에 흡수되는가? 그렇지 않다면, 어떤 영역이 걸러지지 않겠는가?

자기 평가 연습 문제 답 **18.1** (b) **18.2** (a) **18.3** (a)

## 18.2 | 인간 활동과 지구의 대기

자연적이거나 **인공적인** 사건이 지구의 대기권에 영향을 줄 수 있다. 한 가지 인상적인 자연 사건은 1991년 6월, Pinatubo 화산의 분출이다. 이 화산은 성층권으로 약 10 $km^3$의 물질을 분출하였는데, 그 결과 이후 2년간 지표면에 도달하는 태양광의 양이 10% 감소되었다. 이렇게 태양광이 감소함에 따라 지구 표면의 온도가 일시적으로 0.5 °C 감소되었다. 성층권에 도달한 화산 분출 입자는 그곳에 약 3년 동안 머물러 빛을 흡수하고 그 결과 성층권 온도를 몇 도나 상승시켰다. 성층권 오존 농도를 측정한 결과, 이 3년 동안 오존 분해가 상당히 증가된 것이 관찰되었다.

이 절이 끝나면 다음 사항을 수행할 수 있어야 한다.

- 공기 오염 물질로서의 황 산화물과 질소 산화물의 원천과 거동을, 산성비와 광화학 스모그를 포함하여 설명하기
- 물과 이산화 탄소가 어떻게 지표면 근처에서 대기 온도를 상승시키는지 설명하기

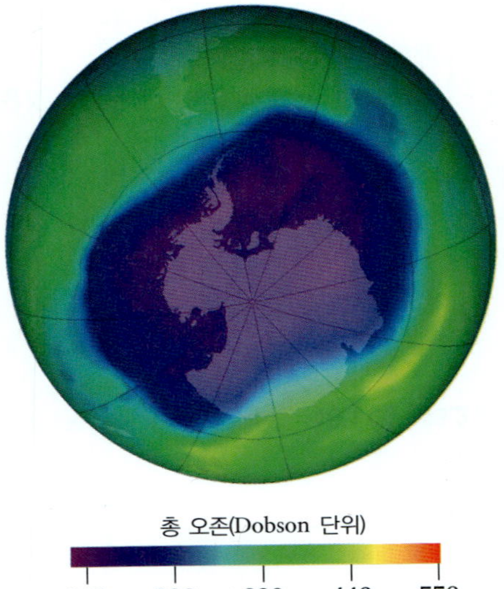


▲ **그림 18.6** **2006년 9월 24일의 남반부에 존재하는 오존** 이 자료는 궤도 위성에서 관측한 것이다. 이 날은 여태까지의 기록상으로 가장 낮은 성층권의 오존 농도를 보인 날이다. 1'Dobson 단위'는 대기 1 $cm^2$ 기둥 내에 있는 $2.69 \times 10^{16}$개의 오존 분자에 해당한다.

## 오존층과 그 감소

오존층은 자외선(UV) 복사에 의한 피해로부터 지구 표면을 보호해 준다. 따라서 성층권의 오존 농도가 상당량 감소하면, 보다 많은 자외선 복사가 지표면에 도달하고, 피부암과 관련된 반응들과 같은 원하지 않는 광화학 반응을 일으킨다. 1978년부터 시작해서 오존층을 감시해 온 인공위성은 성층권에서 오존이 없어지고 있으며, 이것은 특히 남극 상공에서 심각한 것을 밝혀내었다. 이 현상을 **오존홀**(ozone hole)이라고 한다(**그림 18.6**). 이 현상에 대한 첫 번째 과학적 논문은 1985년에 보고되었고, 미국항공우주국(NASA)은 '오존홀 감시(Ozone Hole Watch)' 웹사이트를 운영하고 있는데, 1999년부터 현재까지의 자료가 제공되며 매일 자료가 업데이트되고 있다.

1995년의 노벨 화학상은 오존 감소에 대한 연구로, F. Sherwood Rowland, Marino Molina와 Paul Crutzen에게 돌아갔다. 1970년에 Crutzen은 자연에서 생성된 산화 질소가 촉매 반응으로 인해 오존을 파괴한다는 것을 보였다. Rowland와 Molina는 1974년에 **클로로플루오로탄소(chloroflurocarbon**, CFC)가 오존층을 감소시킬 수 있다는 것을 보였다. 이러한 물질은 주로 $CFCl_3$와 $CF_2Cl_2$인데, 자연계에서는 만들어지지 않으나 스프레이 캔의 추진제나 냉장고 및 에어컨의 냉매, 또는 플라스틱의 발포제로 매우 널리 쓰이고 있다. 하층부 대기에서는 이들 물질은 거의 아무런 반응성이 없다. 더욱이 이들 물질은 물에 비교적 녹지 않기에, 비 또는 바다에 용해됨으로써 대기에서 제거되지도 않는다. 반응성이 없다는 것은 이들 물질을 상업적으로 유용하게 만들기도 하지만, 불행히도 대기에서 제거되지 않은 채 성층권으로 확산되게 만들기도 한다. 현재 수백만 톤의 CFC가 대기 중에 존재하는 것으로 추산된다.

CFC가 성층권으로 확산되면, 고에너지 복사선에 노출되어 광이온화가 일어날 수 있다. C—Cl 결합은 C—F 결합에 비해 상대적으로 약한 까닭에, 다음의 전형적인 반응식에서 보는 바와 같이, 190~225 nm 범위의 파장을 가진 빛을 조사하면 유리된 염소 원자가 생성된다.

$$CF_2Cl_2(g) + h\nu \longrightarrow CF_2Cl(g) + Cl(g) \quad [18.6]$$

계산에 의하면, 염소 원자는 오존이 가장 높은 농도로 존재하는 30 km의 고도에서 가장 빠른 반응 속도로 생성된다.

염소 원자는 오존과 빠르게 반응하여 일산화 염소와 산소 분자를 생성한다.

$$Cl(g) + O_3(g) \longrightarrow ClO(g) + O_2(g) \quad [18.7]$$

이 반응은 반응 속도 상수가 매우 큰 2차 반응 속도식을 따른다.

$$\text{속도} = k[Cl][O_3] \quad k = 7.2 \times 10^9\, M^{-1}\,s^{-1} \quad (298\text{ K에서}) \quad [18.8]$$

적당한 조건에서는 식 18.7에 따라 생성된 ClO가 반응하여 유리된 Cl 원자를 다시 만들어 낸다. 이 반응이 일어날 수 있는 한 가지 방법은 ClO의 광해리이다.

$$ClO(g) + h\nu \longrightarrow Cl(g) + O(g) \quad [18.9]$$

식 18.6과 18.9에서 생성된 Cl 원자는 식 18.7에 따라 더 많은 $O_3$와 반응한다. 결과적으로, Cl 원자가 촉매로 작용하여 $O_3$를 $O_2$로 분해시키는 반응이 일어나게 된다.

$$\begin{aligned} 2\,Cl(g) + 2\,O_3(g) &\longrightarrow 2\,ClO(g) + 2\,O_2(g) \\ 2\,ClO(g) + h\nu &\longrightarrow 2\,Cl(g) + 2\,O(g) \\ O(g) + O(g) &\longrightarrow O_2(g) \end{aligned}$$

$$\overline{2\,Cl(g) + 2\,O_3(g) + 2\,ClO(g) + 2\,O(g) \longrightarrow 2\,Cl(g) + 2\,ClO(g) + 3\,O_2(g) + 2\,O(g)}$$

동일한 화학종을 식의 화살표 양쪽에서 소거하면, 이 식은 다음과 같이 간단해진다.

$$2\,O_3(g) \xrightarrow{Cl} 3\,O_2(g) \quad [18.10]$$

식 18.7의 반응 속도가 [Cl]에 일차적으로 비례해서 증가하므로, 오존이 파괴되는 속도는 Cl 원자의 양이 증가함에 따라 증가하게 된다. 따라서 성층권에서의 CFC 농도가 클수록 오존층의 파괴는 빨라진다. 대류권에서 성층권으로의 확산 속도는 느림에도 불구하고, 남극 위의 오존층이 특히 9월과 10월 동안에 상당히 얇아지고 있는 것이 관측되었다(그림 18.6).

CFC와 관련된 환경 문제 때문에 이들 물질의 제조와 사용에 대한 조치가 취해지고 있다. 가장 주된 조치는 1987년에 오존층 감소 물질에 대해 참여 국가가 CFC 생산을 줄이는 데 동의하는 '오존층을 감소시키는 물질에 대한 Montreal 의정서(Montreal Protocol on Substance That Deplete the Ozone Layer)'에 서명한 것이다. 1992년에는 보다 엄격한 제한이 설정되었는데, 약 100개국의 대표가 1996년까지 '필수적인 용도'를 제외하고는 CFC의 제조와 사용을 금지하기로 동의한 것이다. 그때부터 CFC의 생산은 가파르게 감소하였다. 매년 촬영된 그림 18.6에 보인 바와 같은 영상에 따르면, 오존 구멍의 깊이와 크기가 느리게 작아지기 시작하고 있다. 그럼에도 불구하고, CFC는 반응성이 없고 성층권에 아주 느리게 확산되므로, 과학자들은 성층권의 오존 농도가 1980년 이전 수준으로 돌아가는 데에는 수십 년이 걸릴 것이라고 추산하고 있다. 어떠한 물질들이 CFC를 대체하였을까? 현재로는 주된 대체물은 수소화플루오로탄소(hydroflurocarbon, HFC)인데, 이는 CFC의 C—Cl 결합을 C—H 결합으로 치환한 화합물이다. 현재 사용되는 이런 화합물의 한 가지는 HFC-134a로 알려진 $CH_2FCF_3$이다. HFC는 C—Cl 결합이 없으므로 CFC보다 훨씬 나으나, 이들은 강력한 온실 기체임이 알려졌다. 온실 기체에 대해서는 조금 뒤에 다룬다.

천연에서 만들어지는 CFC는 없지만, 천연에서도 꼭 CFC로부터 할로젠이 생성되는 것과 같이 대기에 염소와 브로민을 내놓는다. 이러한 자연에서 생성된 Cl 및 Br 원자도 오존 감소 반응에 참여할 수 있다. 자연에 존재하는 주된 공급원은 브로민화 메틸과 염화 메틸인데, 이들 화합물은 바다에서 방출된다. 이러한 분자들이 기여하는 것은 대기권의 전체 Cl과 Br의 1/3에도 못 미치는 것으로 추산된다. 나머지 2/3는 인간 활동의 결과이다.

화산은 HCl의 원천이나, 이들이 방출하는 HCl은 일반적으로 대류권의 물과 반응하기에 상층 대기권으로는 이동하지 못한다.

## 황 화합물과 산성비

황을 함유하는 화합물은 천연의 오염되지 않은 대기에도 어느 정도 존재한다. 이런 황 함유 화합물은 화산 가스, 유기물의 세균 분해, 표 18.2에 수록한 다른 공급원으로부터 생성된다. 천연 자원에서 전 세계적으로 대기로 방출되는 이러한 화합물의 양은 $24 \times 10^{12}$ g/년으로, 인간 활동에 의해 만들어지는 양인 약 $80 \times 10^{12}$ g/년(주로 화석 연료의 연소와 관련)보다 적다.

황 화합물은 주로 이산화 황($SO_2$)인데, 이것은 일반 오염 기체 중 가장 불쾌하고 해로운 것이다. 표 18.4는 일반적인 (즉, 특별히 스모그에 의해 영향을 받지 않는) 도시 환경에서 몇 가지 오염 기체의 농도를 보여 주고 있다. 이 자료에 의하면, 이산화 황의 농도는 종종 0.08 ppm 또는 그 이상이다. 이 농도는 다른 오염 물질, 특히 일산화 탄소의 농도보다 상당히 낮은 것이다. 그럼에도 불구하고 $SO_2$는 표에서 보인 오염 물질 중에서, 특히 호흡기 질환이 있는 사람에게 있어 가장 심각한 건강의 위협 요소가 될 수 있다.

**표 18.4 일반 도시 대기에서의 대기 오염 물질의 평균 농도**

| 오염 물질 | 농도(ppm) |
|---|---|
| 일산화 탄소 | 10 |
| 탄화수소 | 3 |
| 이산화 황 | 0.08 |
| 산화 질소 | 0.05 |
| 전체 산화제 (오존과 기타) | 0.02 |

전 세계적으로 연간 방출되는 인위적인 $SO_2$의 2/3는 석탄과 석유의 연소에 관련된 것이다. 이 중 대부분은 우리 전력의 약 50%를 담당하는 석탄 화력 발전소에서 발생한다. 석탄 연소 시의 문제인 $SO_2$ 방출의 정도는 석탄의 황 함유량과 연관되어 있다. $SO_2$ 오염에 대한 우려 때문에 황 함유량이 적은 석탄은 수요가 많아 더 고가이다.

이산화 황은 인간의 건강과 재산에 모두 해를 끼친다. 더욱이 대기의 $SO_2$는 여러 가지($O_2$ 또는 $O_3$와 반응하는 등의) 경로로 $SO_3$로 산화된다. $SO_3$가 물에 녹으면 다음과 같이 황산이 만들어진다. $SO_2$를 그 원인으로 하는 환경적 영향은 실제로는 $H_2SO_4$ 때문이다.

▲**그림 18.7** **산성비에 의한 손상** 오른쪽 사진은 최근에 찍은 것이다. 조각상의 세밀한 부분이 얼마나 없어졌는가를 보여 준다.

$$SO_3(g) + H_2O(l) \longrightarrow H_2SO_4(aq)$$

대기에 존재하는 $SO_2$와 이로부터 생성되는 황산은 **산성비(acid rain)**라고 부르는 현상을 초래한다(질산을 생성하는 산화 질소도 산성비를 형성하는 주요 원인이다). 오염되지 않은 빗물은 대략 5.6 정도의 pH를 보인다. 자연적 산도의 주된 원천은 $CO_2$ 때문인데, $CO_2$는 물과 반응하여 탄산($H_2CO_3$)을 만든다. 산성비는 일반적으로 대략 pH 4 부근의 값을 지닌다. 이러한 산도 증가는 북유럽, 북미, 캐나다의 많은 호수에서 어류량을 감소시켰으며, 호수와 주위 숲의 생태적 네트워크에 영향을 미치고 있다.

생명체가 살고 있는 대부분의 천연수의 pH는 6.5에서 8.5이다. pH 수준이 4.0보다 낮으면, 모든 척추동물, 대부분의 무척추동물, 많은 미생물이 파괴된다. 피해에 가장 취약한 호수는 pH의 변화를 최소화할 수 있는 완충제로 작용할 수 있는 $HCO_3^-$와 같은 염기성 이온이 낮은 농도로 존재하는 호수이다.

산은 금속이나 탄산염과 반응한다. 따라서 산성비는 금속이나 석조 건축물을 부식시킨다. 예를 들어 대리석과 석회석은 주성분이 $CaCO_3$인데, 산성비에 쉽게 공격을 받는다(**그림 18.7**). $SO_2$ 오염에 의한 부식으로 인해 매년 수십억 달러의 손실이 발생한다.

어렵고 비용이 많이 들기는 하지만, 환경으로 방출되는 $SO_2$의 양을 줄이는 몇 가지 방법이 개발되었다. 예를 들어 분말 석회석($CaCO_3$)을 발전소의 용광로에 주입하면, 석회(CaO)와 이산화 탄소로 분해된다.

$$CaCO_3(s) \longrightarrow CaO(s) + CO_2(g)$$

그리고 CaO는 $SO_2$와 반응하여 아황산 칼슘이 된다.

$$CaO(s) + SO_2(g) \longrightarrow CaSO_3(s)$$

$CaSO_3$의 고체 입자 및 대부분의 반응하지 않은 $SO_2$는 CaO를 물에 녹인 현탁액에 통과시키면 용광로 기체로부터 제거할 수 있다(**그림 18.8**). 그러나 $SO_2$가 전부 제거되지는 않는다. 세계적으로 엄청난 양의 석탄과 석유가 연소된다는 것을 감안하면, $SO_2$에 의한 오염은 아마도 당분간은 문제로 남아 있을 것이다.

용광로의 기체로부터 $SO_2$를 제거하여 얻어지는 주된 고체 생성물은 무엇인가?

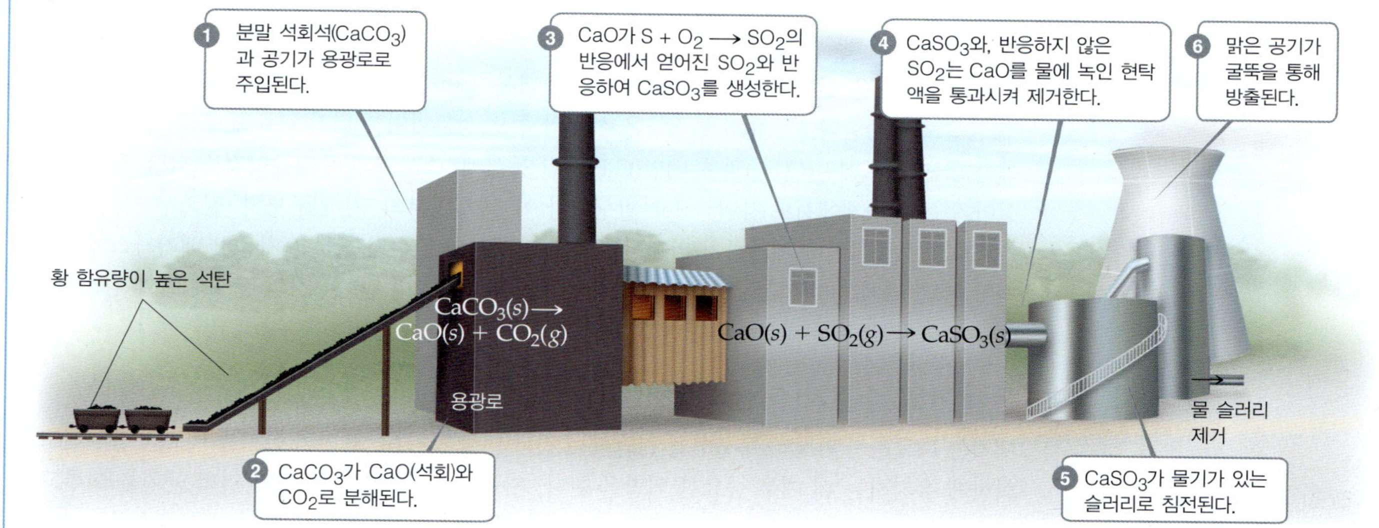


▲ 그림 18.8 연료를 연소하는 과정에서 $SO_2$를 제거하는 방법

## 산화 질소와 광화학 스모그

산화 질소는 도시 거주자라면 모두 익히 알고 있는 스모그의 주성분이다. **스모그(smog)**라는 용어는 어떤 도시 환경에서 오염이 일어난 조건을 총칭하는데, 기후 조건이 비교적 정체된 공기 덩어리를 만들어 낼 때 일어난다. 스모그는 더 정확히 말하면 **광화학 스모그(photochemical smog)**이다. 이는 광화학적 과정이 이 스모그의 형성에 중요한 역할을 하기 때문이다(**그림 18.9**).

▲ 그림 18.9 **광화학 스모그** 광화학 스모그는 중국 베이징의 이 사진에서 보듯이, 주로 자동차 배기가스에 태양광이 작용하여 생성된다.

일산화 질소(NO)는 질소와 산소의 직접 연소에 의해 내연 기관의 실린더에서 다음 반응으로 소량이 생성된다.

$$N_2(g) + O_2(g) \rightleftharpoons 2\,NO(g) \quad \Delta H = 180.8\ \text{kJ} \qquad [18.11]$$

15.5절의 작동하는 화학을 보면, 이 반응 과정의 평형 상수는 300 K(상온 근처)에서 $10^{-15}$인데, 2400 K(연소 중의 엔진의 실린더 내부의 대략 온도)에서는 0.05로 증가한다. 그러므로 반응은 고온에서 더 유리하게 진행된다. 즉, 이 반응은 높은 온도에서 더 잘 일어난다.

공기 중에서 일산화 질소(NO)는 빠르게 산화되어 이산화 질소($NO_2$)가 된다.

$$2\,NO(g) + O_2(g) \rightleftharpoons 2\,NO_2(g) \quad \Delta H = -113.1\ \text{kJ} \qquad [18.12]$$

이 반응의 평형 상수는 300 K에서 $10^{12}$인데, 2400 K에서는 $10^{-5}$으로 감소한다.

$NO_2$의 광해리로부터 광화학 스모그의 형성과 연관된 반응이 개시된다. $NO_2$에서 NO와 O로 해리되는 데는 304 kJ/mol이 필요한데, 이것은 393 nm의 광자 에너지에 해당한다. 그러므로 태양광 아래에서는 $NO_2$가 NO와 O로 해리된다.

$$NO_2(g) + h\nu \longrightarrow NO(g) + O(g) \qquad [18.13]$$

생성된 산소 원자는 몇 가지 반응을 거치게 되는데, 그중 하나는 앞서 설명한 오존을 생성하는 반응이다.

$$O(g) + O_2(g) + M(g) \longrightarrow O_3(g) + M^*(g) \qquad [18.14]$$

오존은 대기권 상층부에서 중요한 UV 차단막이지만, 대류권에서는 바람직하지 않은 오염 물질이다. 오존은 대단히 반응성이 높고 독성이 있는데, 오존을 어느 정도 함유한 공기의 호흡은 천식 환자, 운동하는 사람, 노약자에게 특히 위험하다. 이를 종합하면 첫째, 많은 도시 환경에서의 과량 오존의 유해성과 둘째, 그 존재가 생명에 꼭 필요한 성층권에서의 오존 감소라는 두 가지의 오존 문제가 있다.

자동차 엔진은 산화 질소 및 일산화 탄소와 더불어 연소되지 않은 **탄화수소**(hydrocarbon)를 공해 물질로 배출한다. 이 유기 물질들은 석유의 주요 성분이며 우리가 연료로 주로 사용하는 물질, 예를 들면 프로페인($C_3H_8$)과 뷰테인($C_4H_{10}$)인 동시에, 스모그의 주성분이기도 하다. 탄화수소는 살아 있는 생명체에서도 자연적으로 발생한다(이 절 후반부의 "자세히 보기" 참조).

스모그를 줄이거나 제거하기 위해서는 스모그 생성의 필수적 성분을 자동차 배기가스에서 제거해야 한다. 촉매 변환기는 스모그의 두 가지 주성분인 $NO_x$와 탄화수소의 농도를 크게 감소시킨다(14.7절의 "작동하는 화학: 촉매 변환기" 참조).

## 온실 기체: 수증기, 이산화 탄소, 기후

대기는 해로운 단파장의 복사선을 차단하는 것과 더불어, 지구 표면의 온도를 비교적 균일하고 온화하게 유지하는 데 매우 중요한 역할을 한다. 지구는 전체적으로 주위와 열적 균형을 이루고 있다. 이것은 지구에서 에너지를 우주로 방출하는 속도와 태양으로부터 에너지를 흡수하는 속도가 같다는 의미이다. **그림 18.10**은 지표에서 방출되거나 지표로 들어오는 에너지의 분포를 보여 주

표면에 의해 흡수되는 에너지의 총량은 얼마인가? 적외선 복사로 그 에너지 중의 어느 정도가 위쪽으로 방출되는가?

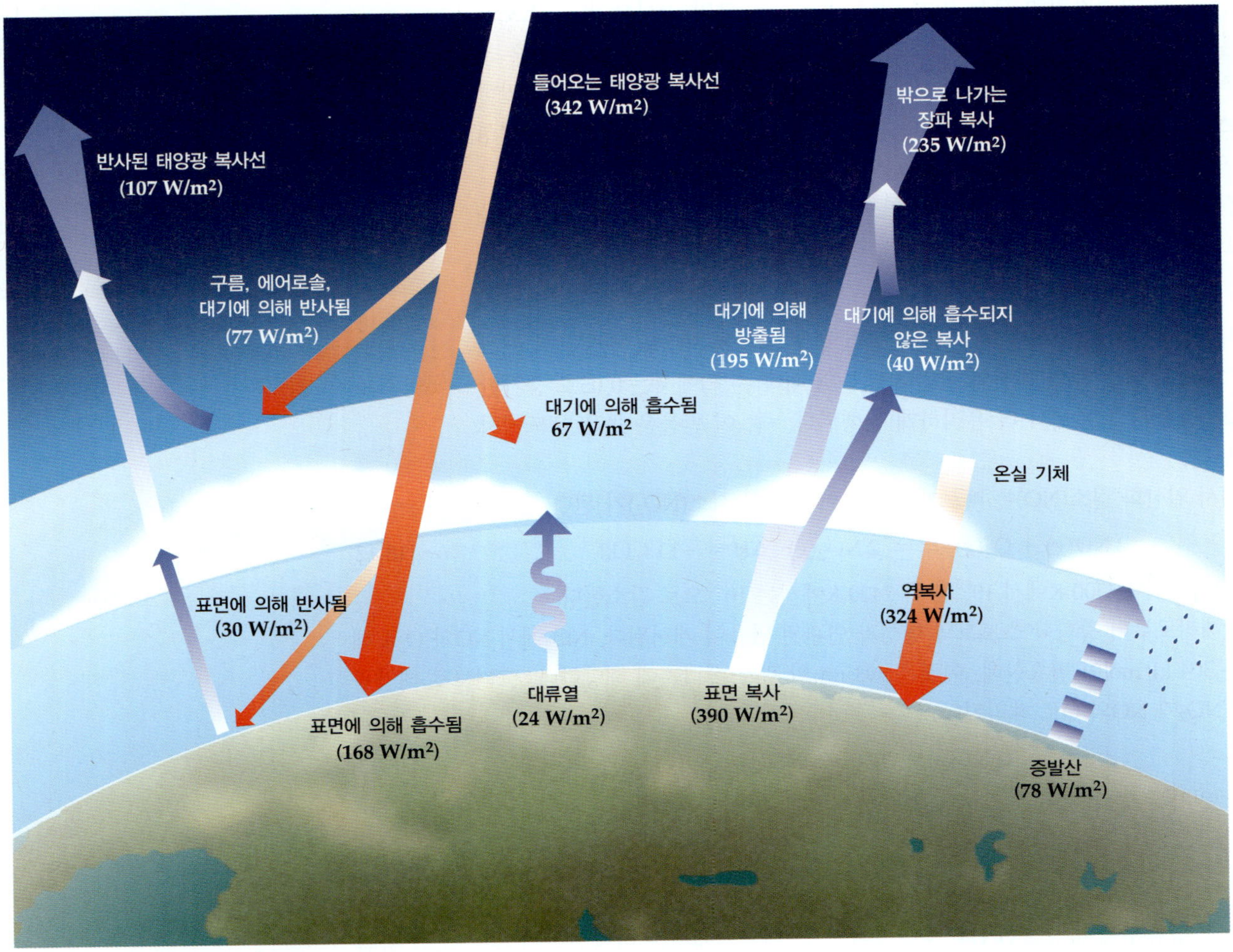


▲ **그림 18.10** 지구의 열 균형 지표면에 도달하는 복사선의 양은 우주로 다시 복사되는 양과 같다.

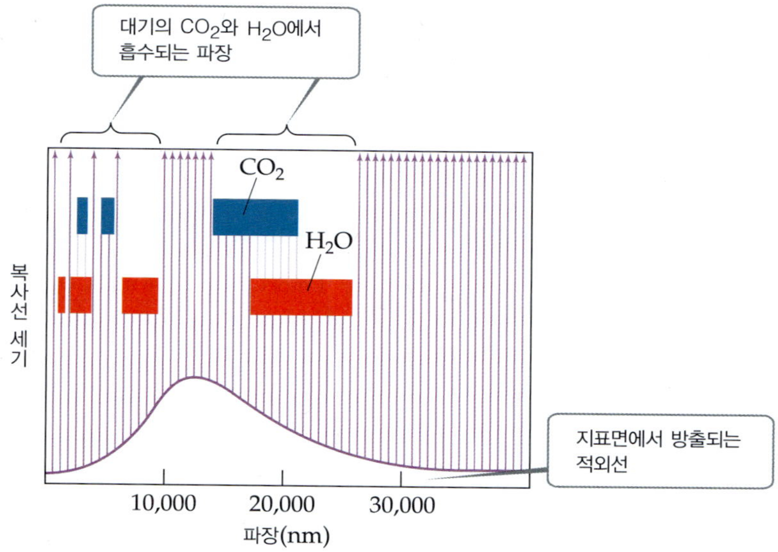


▲그림 18.11 대기 중의 $CO_2$와 $H_2O$에 의해 흡수된 적외선 중에서 지표면에 의해 방출되는 부분

며, 그림 18.11은 지표로부터 방출되는 적외선이 대기권의 수증기와 이산화 탄소에 의해 흡수되는 분율을 보여 준다. 이러한 복사선을 흡수하는 과정에서 이 두 가지 대기 기체는, 우리가 열이라고 느끼는 적외선을 붙잡아서 지구 표면에 생명체가 살 수 있게 균일한 온도를 유지하도록 도와준다.

지구 온도에 대한 $H_2O$, $CO_2$, 다른 몇 가지 대기상 기체의 영향을 **온실 효과**(greenhouse effect)라고 하는데, 적외선을 가두는 과정에서 이러한 기체가 온실의 유리창과 같은 작용을 하기 때문이다. 이러한 기체를 **온실 기체(greenhouse gas)**라고 한다.

수증기는 온실 효과에 가장 크게 기여한다. 대기 중의 수증기의 부분 압력은 장소와 시간에 따라 크게 변화하지만, 일반적으로 지표 근처에서 가장 크고, 고도가 올라가면 매우 급하게 감소한다. 수증기는 적외선을 매우 강하게 흡수하므로, 지표에서 우주로 복사선 방출은 있지만 태양으로부터 에너지를 받지는 않는 야간에 대기 온도를 유지하는 데 주된 역할을 한다. 매우 건조한 사막 기후에서는 수증기 농도가 특히 낮으므로, 낮 동안은 극히 덥고, 밤에는 매우 춥다. 적외선을 흡수해서 지구로 부분적으로 다시 방출하게 하는 수증기층이 없는 경우에는 표면에서 이러한 복사선을 우주로 잃어버리고 매우 급격하게 식게 된다.

이산화 탄소는 지구 표면의 온도를 유지하는 데 부수적이지만, 매우 중요한 역할을 한다. 현대에 이르러, 전 세계적으로 석탄과 석유 등의 화석 연료를 엄청난 규모로 연소함에 따라 대기의 이산화 탄소 농도가 급격하게 증가하였다. 화석 연료의 성분인 탄화수소와 다른 탄소 함유 물질의 연소로 생성되는 $CO_2$의 양에 대한 감각을 얻기 위해, 예를 들어 뷰테인($C_4H_{10}$)이 연소하는 것을 생각해보자. 1.00 g의 $C_4H_{10}$가 연소되면 3.03 g의 $CO_2$가 생성된다. 화석 연료의 연소로 매년 약 $2.2 \times 10^{16}$ g(240억 톤)의 $CO_2$가 대기로 방출되는데, 이 중 운송수단으로부터 나오는 양이 가장 많다.

## 예제 18.3

### 휘발유의 연소로부터 방출되는 $CO_2$ 양의 추산

휘발유 5.0 L가 연소되었을 때 생성되는 이산화 탄소의 질량은 얼마인가? (휘발유의 대략적인 밀도와 조성은 각각 0.70 g/mL와 $C_8H_{18}$이다.)

### 해답

**분석** 5.0 L의 옥테인($C_8H_{18}$)이 산소와 반응하여 이산화 탄소와 물을 형성했을 때 생성된 $CO_2$의 질량을 계산하는 문제이다.

**계획** 일단 휘발유 5.0 L 중 $C_8H_{18}$의 질량을 g 단위로 결정해야 한다. 그다음, $C_8H_{18}$ 연소의 균형 맞춘 화학 반응식을 쓴 뒤, 이를 가지고 $CO_2$의 이론적인 생산량을 계산한다.

**풀이**

첫째, 부피를 L에서 mL로 변환한다.

$$(5.0\text{리터})\left(\frac{1000\text{ mL}}{1\text{ L}}\right) = 5.0 \times 10^3\text{ mL}$$

이어서, 휘발유의 밀도를 이용하여 질량을 g 단위로 구한다.

$$(5.0 \times 10^3\text{ mL})\left(\frac{0.70\text{ g}}{\text{mL}}\right) = 3.5 \times 10^3\text{ g}$$

이산화 탄소의 이론적 생산량을 계산하기 위해 $C_8H_{18}$(옥테인) 연소의 균형 화학 반응식을 써야 한다.

$$2\,C_8H_{18}(l) + 25\,O_2(g) \rightarrow 16\,CO_2(g) + 18\,H_2O(g)$$

균형 화학 반응식과 $C_8H_{18}$의 질량을 이용하여 $CO_2$의 이론적 생산량을 구할 수 있다.

$$(3.5 \times 10^3\text{ g }C_8H_{18})\left(\frac{1\text{ mol }C_8H_{18}}{114.2\text{ g }C_8H_{18}}\right)\left(\frac{16\text{ mol }CO_2}{2\text{ mol }C_8H_{18}}\right)\left(\frac{44\text{ g }CO_2}{1\text{ mol }CO_2}\right)$$
$$= 1.1 \times 10^4\text{ g }CO_2$$

휘발유 5.0 L당 11 kg의 $CO_2$가 생성됨을 알 수 있다.

**▶ 보충 예제**

야외용 그릴에 사용되는 프로페인($C_3H_8$) 가스통에는 프로페인 5 kg이 들어 있다. 이 통 하나에 들어 있는 프로페인을 연소시켰을 때 생성되는 $CO_2$의 질량은 얼마인가?

많은 $CO_2$는 대양에 흡수되거나 식물이 사용한다. 그럼에도 불구하고 우리는 흡수되거나 사용되는 속도보다 훨씬 빠르게 $CO_2$를 생성하고 있다. 남극이나 그린란드에서 채취한 얼음에 포집된 공기를 분석하면, 지난 160,000년 동안의 대기의 $CO_2$ 농도를 측정할 수 있다. 이런 측정에 의하면, $CO_2$ 수준은 약 만 년 전 마지막 빙하기로부터 약 300년 전 산업 혁명이 시작될 때까지는 꽤 일정하게 유지되어 왔다. 그러나 그 이후부터 $CO_2$ 농도가 약 30% 증가하여 현재는 400 ppm에 이르고 있다(**그림 18.12**). 기후 과학자들은 3백만 년~5백만 년 전 이후로 $CO_2$ 수준이 이 정도로 높았던 적은 없었다고 믿고 있다.

기후 과학자들 사이에서는 대기에서 $CO_2$의 농도 증가가 지구 기후를 교란하고 있으며, 지난 세기 동안 평균 지구 기온이 0.3~0.6 °C 상승한 것도 이런 증가가 주된 이유라는 여론이 모아지고 있다. 과학자는 흔히 이런 효과를 지칭하기 위해 **지구 온난화**(global warming)보다는 **기후 변화**(climate change)라는 용어를 사용한다. 지구의 온도가 상승함에 따라 상승하는 지구의 온도가 바람이나 대양의 해류에 영향을 미쳐 어떤 지역은 시원하게, 다른 지역은 덥게 만들기 때문이다.

현재와 미래의 예상되는 화석 연료의 사용 속도에 근거하여 대기 중 $CO_2$ 수준이 현재 수준보다 2050년에서 2100년 사이의 어느 시점에서 두 배가 될 것이라고 예측하고 있다. 컴퓨터 모형 계산

다음 곡선의 기울기가 시간에 따라 꾸준하게 증가하는 원인은 무엇인가?

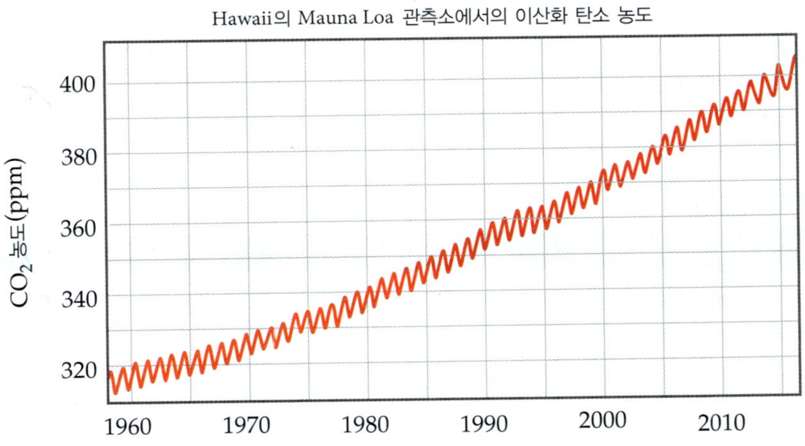


▲ **그림 18.12** $CO_2$ 농도 증가 그래프가 톱니 형태인 것은 연중 $CO_2$ 농도가 계절에 따라 규칙적으로 변화하기 때문이다.

은 이런 증가가 1 ℃에서 3 ℃의 지구 평균 온도 상승을 일으킬 것이라고 예측한다. 기후를 결정하는 데는 매우 많은 요인이 관여하므로, 이러한 온난화로 정확히 어떠한 변화가 일어날지는 확실하게 예측할 수 없다. 그러나 명확한 것은 $CO_2$와 다른 열 흡수 기체의 농도가 인류 활동으로 증가하고 있다는 것이다. 이들 변화가 기후에 미치는 영향은 이미 감지되고 있으며, 이 변화들을 그대로 둔다면 지구 기후가 현저하게 변화될 가능성이 있다.

대기의 $CO_2$에 의한 기후 변화의 위험 때문에 대량 연소 장소에서 이 기체를 포집하여 지하 나 해저에 저장하는 연구가 상당히 관심을 끌게 되었다. 화학적 원료로 $CO_2$를 사용하는 새로운 방법을 개발하는 것도 흥미를 끌고 있다. 매년 약 1억 1500만 톤의 $CO_2$를 세계 전체 화학 기업에서 사용하지만, 연간 약 240억 톤의 $CO_2$가 방출되는 것을 생각하면 이는 아주 작은 양에 지나지 않는다. $CO_2$를 원료로 사용하는 것은 아마도 대기 중의 농도를 감소시키기에 결코 충분하지 않을 것으로 보인다.

## 자세히 보기 다른 온실 기체

$CO_2$가 대부분의 관심을 끌고 있지만, 메테인($CH_4$)과 수소화플루오로탄소(HFC), 클로로플루오로탄소(CFC) 등의 다른 기체도 온실 효과에 기여한다.

HFC는 CFC를 냉매나 에어컨 가스 등의 많은 용도에서 대체하였다. HFC는 오존층의 감소를 일으키지는 않지만, 강력한 온실 기체이다. 예를 들어, 상업에 사용되는 HFC 생산의 부산물 중 하나인 $HCF_3$는 그램당 $CO_2$의 14,000배 이상의 지구 온난화 효과를 일으킬 수 있다고 추산된다. 대기 HFC의 전체 농도는 매년 약 10%씩 증가하고 있어서, 온실 효과에 기여하는 바가 커지고 있다. 메테인은 이미 온실 효과에 현저한 기여를 하고 있다. 그린란드와 남극의 얼음층에 오래전에 갇힌 대기 기체를 분석한 결과, 대기 중의 메테인 농도는 산업기 동안에 증가해 왔는데, 산업기 전에는 0.3~0.7 ppm의 범위이던 것이, 현재에는 약 1.8 ppm의 값이 되었다고 한다. 메테인의 주된 공급원은 농업과 화석 연료의 사용이다.

▲ **그림 18.13 메테인 배출** 소나 양 같은 반추 동물은 소화 기관에서 메테인을 생성한다.

메테인은 저산소 환경에서 일어나는 생물학적 과정에서 생성된다. 늪지나 쓰레기 매립지, 벼의 뿌리 근처, 소나 다른 반추 동물의 소화 기관에 많이 존재하는 혐기성 세균이 메테인을 생성한다(**그림 18.13**). 또한 천연가스의 추출이나 수송 과정에서 대기로 누출되기도 한다. 매년 1%씩 증가하고 있는 현재의 메테인 방출의 2/3는 인간 활동의 결과로 추정된다.

대기에서 메테인의 반감기는 10년 정도인 반면, $CO_2$의 반감기는 훨씬 더 길다. 얼핏 보기에는 이것은 좋은 일로 생각되지만 간접적 효과를 고려해야 한다. 메테인은 성층권에서 산화되어 (이런 과정이 없으면 성층권에 거의 존재하지 않을) 아주 강력한 온실 기체인 수증기를 생성한다. 대류권에서 메테인은 OH 라디칼이나 산화 질소와 같은 반응성 화학종의 공격을 받아 궁극적으로 $O_3$와 같은 다른 온실 기체를 생성한다. $CH_4$의 지구 온난화 효과는 $CO_2$에 비해 분자당 약 21배가 되는 것으로 추정된다. 이렇게 기여하는 바가 큰 것을 고려하면, 메테인 방출을 줄이거나 연료로 이용하기 위해 포집하여 방출을 감소시키는 것은 온실 효과를 줄이는 효과적인 방법이 될 것이다.

**관련 연습 문제: 18.72, 18.74**

## 자기 평가 연습 문제

**18.10** 질소 산화물과 관련된 어떤 광화학 반응이 광화학 스모그의 형성을 시작하도록 하는가?

**(a)** $N_2(g) + O_2(g) \longrightarrow 2NO(g)$

**(b)** $2NO(g) + O_2(g) \longrightarrow 2NO_2(g)$

**(c)** $NO_2(g) + h\nu \longrightarrow NO(g) + O(g)$

**18.11** 전자기 스펙트럼의 어느 부분이 대기의 수증기에 의해 흡수되는가?

**(a)** 자외선

**(b)** 가시광선

**(c)** 적외선

## 연습 문제

**18.12** 다음 중 어떤 반응이 성층권 내의 온도 상승을 일으키는가?

**(a)** $O(g) + O_2(g) \longrightarrow O_3^*(g)$

**(b)** $O_3^*(g) + M(g) \longrightarrow O_3(g) + M^*(g)$

**(c)** $O_2(g) + h\nu \longrightarrow 2\,O(g)$

**(d)** $O(g) + N_2(g) \longrightarrow NO(g) + N(g)$

**(e)** 위의 예 전부

**18.13** **(a)** 클로로플루오로탄소와 하이드로플루오로탄소의 차이는 무엇인가?

**(b)** 하이드로플루오로탄소가 CFC보다 오존층에서 잠재적으로 덜 해로운 이유는 무엇인가?

**18.14** **(a)** 염소 원자가 대기 중 오존과 반응할 때, 반응 생성물은 무엇인가?

**(b)** 평균 결합 엔탈피에 기초할 때, C−Cl 결합을 해리할 수 있는 광자가 C−Br 결합을 해리하기에 충분한 에너지를 가질 것으로 예상되는가?

**(c)** $CFBr_3$가 오존층의 고갈을 가속시킬 것으로 예상하는가?

**18.15** $SO_2$와 같은 오염 기체가 존재하지도 않는데, 빗물이 자연적으로 산성인 이유는?

**18.16** 공기와 물에 노출된 구리는 산화될 수 있다. 녹색으로 산화된 생성물을 '파티나(patina)'라고 한다.

**(a)** 구리가 산소 및 산성비의 양성자와 반응하여 구리(II) 이온이 되는 반응을 나타내는 균형 맞춘 화학 반응식을 쓰시오.

**(b)** 은 표면에서 일종의 '파티나'를 기대할 수 있는가? 설명하시오.

**18.17** 광화학적 스모그 생성에서의 중요한 반응은 다음과 같은 $NO_2$의 광해리 반응이다.

$$NO_2 + h\nu \longrightarrow NO(g) + O(g)$$

이러한 반응을 일으킬 수 있는 빛의 최대 파장은 420 nm이다.

**(a)** 전자파 스펙트럼의 어느 부분에서 이 파장을 가지는 빛을 발견할 수 있는가?

**(b)** 420 nm 빛의 광자를 흡수하여 끊을 수 있는 결합의 최대 세기는 kJ/mol 단위로 얼마인가?

**(c)** 이 광해리 반응을 Lewis 점 구조식으로 나타내시오.

**18.18** 화성의 대기는 96%가 $CO_2$이며, 표면의 압력은 약 0.6 kPa이다. 로버 환경 모니터링 스테이션(REMS)에 의해 수년간 측정된 결과에 따르면, REMS가 위치한 화성의 평균 주간 온도는 −5.7 °C인 반면, 평균 야간 온도는 −79 °C이다. 이러한 온도 변화는 우리가 지구에서 경험하는 것보다 훨씬 크다. 어떤 요인이 이와 같이 넓은 온도 변화에 가장 큰 역할을 하는가? 대기의 조성인가, 아니면 대기의 밀도인가?

자기 평가 연습 문제 답 **18.10** (c) **18.11** (c)

## 18.3 | 지구의 물

지구는 표면에 물이 풍부하기 때문에 푸른 행성이라고 불린다.

실제로, 물은 지구 표면의 72%를 덮고 있으며, 생명체에 필수적이다. 우리 인체는 질량으로 약

65%가 물이다. 물은 아주 많은 수소 결합으로 인해 예외적으로 녹는점과 끓는점이 높고 열용량이 크다. 물은 높은 극성 때문에 다양한 이온성 물질과 극성 공유 결합 물질을 특별히 잘 녹인다. 물에서는 $H_2O$ 자신이 반응물로 작용하는 경우를 포함해서 많은 반응이 일어난다. 예를 들어 $H_2O$는 양성자 주개나 받개로 작용하여 산-염기 반응에 참여한다는 것을 기억하라. 이런 모든 성질이 우리를 둘러싼 환경에서 역할을 하고 있다.

이 절이 끝나면 다음 사항을 수행할 수 있어야 한다.

- 지구 물 순환의 복잡성을 이해하기

## 지구의 물 순환

지구의 모든 물은 지구의 물 순환으로 연결되어 있다(**그림 18.14**). 여기에서 설명하는 과정의 대부분은 물의 상변화와 연관되어 있다. 예를 들면 대양의 액체인 물은 태양 때문에 데워져서 수증기가 되어 대기로 증발되고, 그것이 응축되어 우리가 구름으로 보는 액체의 물방울로 된다. 구름 속에 있는 물방울은 결정화해서 얼음이 되고, 우박이나 눈으로 내리게 된다. 지상에서는 우박이나 물이 녹아서 액체의 물이 되어 땅을 적신다. 조건이 맞는다면, 지상의 얼음은 승화되어 대기의 수증기로 돌아갈 수도 있다. 표면에서 일어나는 과정(증발, 승화)은 흡열 반응이고, 대기에서 일어나는 과정(응축, 결정화)은 발열 과정이므로, 이들 과정은 표면에 의해 흡수된 열을 대기로 전달하는 역할을 하게 된다.

## 소금물: 지구의 대양과 바다

지구의 대단히 많은 부분을 덮고 있는 소금물의 넓은 층은 실제로는 서로 연결되어 있고, 일반적으로 일정한 조성을 유지하고 있다. 이러한 이유에서 해양학자들은 지리책에서 배운 것과 같이 분리된 대양이라고 말하기보다는 **세계 대양**(world ocean)이라고 말한다.

아래 그림에서 $H_2O(l) \longrightarrow H_2O(g)$의 상전이가 수반되는 과정은?

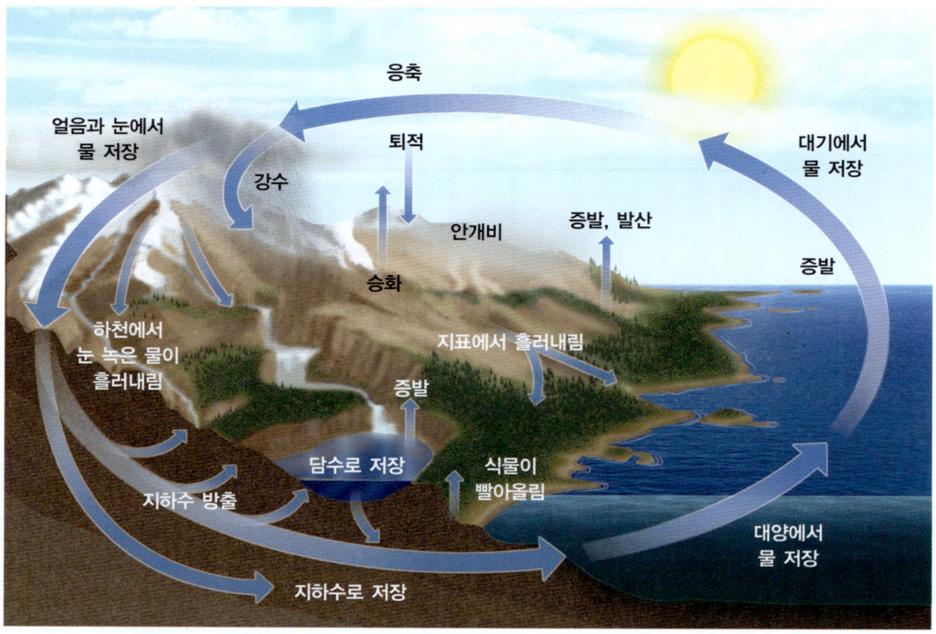


▲ **그림 18.14** 지구에서의 물 순환

**표 18.5 바닷물에 0.001 g/kg(1 ppm) 이상의 농도로 존재하는 이온 성분**

| 이온 성분 | 염도(g/kg) | 농도(*M*) |
|---|---|---|
| 염화 이온($Cl^-$) | 19.35 | 0.55 |
| 소듐 이온($Na^+$) | 10.76 | 0.47 |
| 황산 이온($SO_4^{2-}$) | 2.71 | 0.028 |
| 마그네슘 이온($Mg^{2+}$) | 1.29 | 0.054 |
| 칼슘 이온($Ca^{2+}$) | 0.412 | 0.010 |
| 포타슘 이온($K^+$) | 0.40 | 0.010 |
| 이산화 탄소* | 0.106 | $2.3 \times 10^{-3}$ |
| 브로민화 이온($Br^-$) | 0.067 | $8.3 \times 10^{-4}$ |
| 붕산($H_3BO_3$) | 0.027 | $4.3 \times 10^{-4}$ |
| 스트론튬 이온($Sr^{2+}$) | 0.0079 | $9.1 \times 10^{-5}$ |
| 플루오린화 이온($F^-$) | 0.0013 | $7.0 \times 10^{-5}$ |

*$CO_2$는 바닷물에서 $HCO_3^-$와 $CO_3^{2-}$로 존재한다.

세계 대양은 거대해서 부피는 $1.35 \times 10^9$ $km^3$이고 지구상 물의 97.2%를 포함하고 있다. 나머지 2.8% 중에 2.1%가 만년설이나 빙하의 형태로 존재한다. 호수, 강, 지하수의 모든 담수는 0.6%에 지나지 않는다.

바닷물은 흔히 소금물로 알려져 있다. 바닷물의 **염도(salinity)**는 1 kg의 바닷물에 존재하는 건조 소금의 질량을 g 단위로 나타낸다. 세계 대양에서의 평균 염도는 약 35이다. 바꿔 말하면, 바닷물은 질량 대비 약 3.5%의 용해된 소금을 포함하고 있다. 바닷물에 들어 있는 원소를 나열하면 매우 길다. 그러나 대부분의 원소는 매우 낮은 농도로만 존재한다. **표 18.5**는 바닷물에 가장 풍부한 11개의 이온 화학종을 나열한 것이다.

바닷물의 온도는 깊이에 따라 변한다. 염도와 밀도도 마찬가지이다(**그림 18.15**). 태양광은 바닷속 200 m까지만 투과하고, 200 m와 1000 m의 영역은 가시광선이 아주 희미한 '황혼 지대(twilight zone)'이다. 1000 m 아래에서 대양은 석유나 석탄의 피치와 같이 깜깜하며, 4 °C 정도로 온도가 낮다. 대양에서의 열, 염분, 다른 화학 물질의 이동은 바닷물의 물리적 성질 변화에 영향을 받으며,

아래 온도 변화에 기초하여 깊이가 증가함에 따라 바닷물의 밀도는 증가, 아니면 감소할 것으로 예상하는가?

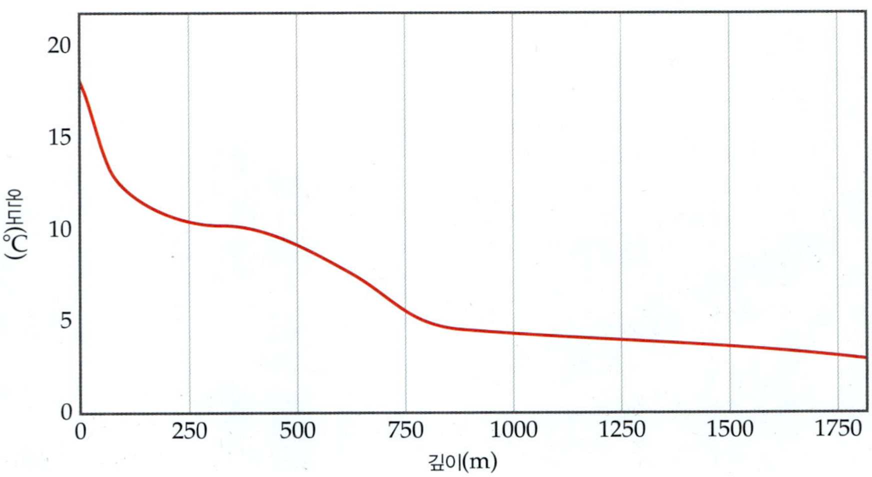


▲ **그림 18.15** 깊이에 따른 중간 위도 바닷물의 대표적 평균 온도

열과 물질이 이동하는 방식이 변화하면 다시 대양 해류와 지구 기후에 영향을 미치게 된다.

바다는 매우 넓기 때문에 물질이 바닷물에 1 ppb(part per billion, 물 kg당 $1 \times 10^{-6}$ g)만이 존재해도 세계 대양에는 $1 \times 10^{12}$ kg의 양이 존재한다. 그럼에도 불구하고, 추출 비용이 매우 비싸기 때문에 오직 세 가지 물질만이 상업적으로 중요한 양만큼 바닷물로부터 얻어진다. 바로 염화 소듐, 브로민(브로민화 염으로부터), 마그네슘(해당하는 염으로부터)이다.

대양에 의한 $CO_2$의 흡수는 지구 기후에 큰 영향을 미친다. 이산화 탄소는 물과 반응하여 탄산을 생성하므로, 대기 중의 $CO_2$가 세계 대양에 흡수됨에 따라 대양의 $H_2CO_3$ 농도가 증가한다. 그러나 대양에서 대부분의 탄소는 $HCO_3^-$와 $CO_3^-$ 이온의 형태로 존재한다. 이러한 이온은 대양의 평균 pH가 8.0~8.3의 값으로 유지되는 완충계를 만든다. 대양의 pH는 대기 중의 $CO_2$ 농도가 증가하면 감소할 것으로 예측되는데, 이 내용은 18.4절의 "화학과 생명: 대양의 산성화"에 설명되어 있다.

## 담수와 지하수

**담수**(freshwater)란 용해된 염과 고체의 농도가 낮은(500 ppm 미만) 천연수를 가리킬 때 사용하는 용어이다. 담수에는 호수, 강, 연못, 개울의 물이 포함된다.

지구상에 있는 전체 담수의 양은 지구상에 존재하는 전체 물의 양에 비해 많지는 않다. 물론 담수는 가장 귀중한 천연자원 중 한 가지이다. 담수는 대양과 육지로부터의 증발을 통해 만들어진다. 대기 중에 축적된 수증기는 지구 대기의 순환에 의해 운반되며, 궁극적으로는 비, 눈, 다른 형태의 강수로 지상으로 돌아온다(그림 18.14).

물이 육지를 흘러가면서 대양으로 가는 동안 다양한 양이온(주로 $Na^+$, $K^+$, $Mg^{2+}$, $Ca^{2+}$, $Fe^{2+}$), 음이온(주로 $Cl^-$, $SO_4^{2-}$, $HCO_3^-$), 기체(주로 $O_2$, $N_2$, $CO_2$)를 녹인다. 우리가 물을 사용하는 동안, 물은 인간 사회의 폐기물을 포함해 추가로 용해된 물질로 가득 채워진다. 인구가 증가하고 배출되는 환경 오염 물질이 늘어날수록, 점점 더 많은 비용과 자원이 담수 공급을 보장하기 위해서 사용되어야 한다.

세계의 담수 중 약 20%는 지하에 **지하수**(groundwater)의 형태로 존재한다. 지하수는 지하수를 품고 있는 다공성의 암석층인 **대수층**(aquifer)에 존재한다. 대수층의 물은 매우 깨끗하고, 지표에 가까이 있다면 인간이 마실 수 있다. 물이 손쉽게 투과할 수 없을 정도로 밀도가 높은 암석은 지하수를 몇 년 또는 몇천 년까지도 보존할 수 있다. 대수층의 물이 시추나 양수를 통해 고갈될 때, 대수층이 지표면의 물의 확산을 통해 재충전되는 속도는 느리다.

지하수를 품고 있는 암석의 특성은 물의 화학적 조성에 큰 영향을 미친다. 암석이 함유하고 있는 광물이 어느 정도 수용성이라면, 이온은 암석으로부터 녹아 나와 지하수에 용해되어 있게 된다. 비소는 $HAsO_4^{2-}$, $H_2AsO_4^-$, $H_3AsO_3$의 형태로 물에 녹아 존재할 수 있으며, 그중 $H_3AsO_3$는 세계 곳곳의 지하수에서 발견되는데, 방글라데시에서는 인간에게 독성을 나타내는 농도로 존재하는 것으로 알려져 있다.

# 자기 평가 연습 문제

**18.19** 그림 11.28에 나타낸 물의 상평형 그림을 고려하시오. $H_2O(s)$가 $H_2O(g)$로 승화하기 위해 어떤 온도와 압력 범위에서 $H_2O$가 존재해야 하는가?

(**a**) T > 0 °C 그리고 P > 0.6 kPa
(**b**) T < 0 °C 그리고 P > 0.6 kPa
(**c**) T > 0 °C 그리고 P > 0.6 kPa
(**d**) T > 0 °C 그리고 P > 0.6 kPa

## 연습 문제

**18.20** 황은 해수에 질량으로 0.09% 존재한다. 황이 황산염($SO_4^{2-}$)으로 존재한다고 가정하고 해수 중 $SO_4^{2-}$의 몰농도를 계산하시오.

**18.21** 물의 용융 엔탈피는 6.01 kJ/mol이다. 지구 표면에 부딪치는 태양광은 제곱미터당 168 W를 공급한다(1 W = 1 watt = 1 J/s).

**(a)** 얼음이 단지 태양으로부터의 에너지 유입에 의해 녹는다고 가정하자. 낮 12시간 동안 1.00제곱미터의 지역에서는 몇 그램의 얼음이 녹을 것인지 계산하시오.

**(b)** 얼음의 비열은 2.032 J/g-°C이다. 만일 1.00제곱미터 지역의 얼음의 초기 온도가 −5.0 °C라면, 12시간 태양광을 쪼인 후의 최종 온도는 얼마인가? (이때 상변화가 없다고 가정하고, 태양광이 균일하게 1.00 cm 깊이까지 투과한다고 가정한다.)

**18.22** 백금은 해수에서 질량으로 약 1012분의 0.23의 매우 낮은 수준으로 발견된다. 전체 대양($1.3 \times 10^{21}$ L)에서 얼마의 백금이 발견되는가? 해수의 밀도는 1.03 g/mL라고 가정하시오.

자기 평가 연습 문제 답 **18.19** (d)

# 18.4 | 인간 활동과 수질

매년 최소 800만 톤의 플라스틱이 바다로 흘러 들어가 해양 생물과 바닷새가 엮이고 삼키게 된다. 현재의 오염 속도라면 2050년에는 바다에 물고기보다 플라스틱이 무게로 더 많을 것이다.

지구의 모든 생물은 적당한 물이 존재해야 살 수 있다. 많은 인간 활동은 자연의 물에 어떠한 처리도 없이 쓰레기를 폐기하는 일을 수반한다. 이러한 관행은 물과 관련된 동식물 생활에 해를 끼칠 수도 있는 오염된 물을 만든다.

이 절이 끝나면 다음 사항을 수행할 수 있어야 한다.

- 수질 악화를 초래하는 몇 가지 주요 요인과 물을 인간이 사용하기에 적합하도록 처리하는 방법을 이해하기

### 용존 산소량과 수질

물에 용해된 $O_2$의 양은 수질을 판단하는 중요한 지표이다. 20 °C, 101.3 kPa의 대기에서 공기로 완

전히 포화된 물은 9 ppm의 산소를 포함한다. 산소는 어류나 대부분의 다른 수중 생물에게 필요하다. 한류에 사는 어류는 생존을 위해 적어도 5 ppm의 용존 산소가 포함된 물이 필요하다. 호기성 세균은 용존 산소를 이용하여 유기 물질을 산화함으로써 필요한 에너지를 얻는다. 세균이 산화할 수 있는 유기 물질을 **생분해성(biodegradable)**이라고 한다.

물속에 과량의 생분해성 유기 물질이 있으면 해롭다. 왜냐하면 물과 관련된 동물의 생활에 필요한 산소를 고갈시키기 때문이다. 이러한 **산소 요구 폐기물**(oxygen-demanding waste)인 생분해성 물질의 일반적 공급원은 하수, 식품 가공 공장과 제지 공장에서 배출되는 산업 폐기물, 육류 포장 공장에서 나오는 액체 폐기물이다.

산소가 존재할 때 생분해성 물질의 탄소, 수소, 질소, 황, 인은 주로 $CO_2$, $HCO_3^-$, $H_2O$, $NO_3^-$, $SO_4^{2-}$, 인산염으로 분해된다. 이러한 산화 생성물은 때로는 용존 산소량을 호기성 세균이 더 이상 살 수 없을 정도까지 감소시킨다. 그렇게 되면 혐기성 세균이 분해 과정을 물려받게 되고, $CH_4$, $NH_3$, $H_2S$, $PH_3$, 그리고 다른 생성물을 형성한다. 이들 생성물 중 몇 가지는 오염된 물의 역겨운 냄새의 원인이 된다.

식물 영양분, 특히 질소와 인은 수중 식물의 과도한 성장을 촉진함으로써 수질 오염을 일으킨다. 과도한 식물 성장으로 인해 나타나는 가장 눈에 띄는 결과는 부유 녹조류와 탁한 물이다. 하지만 보다 중요한 것은 식물이 과도하게 성장함에 따라 죽거나 부패한 식물이 빠르게 늘어나는 **부영양화**(eutrophication) 현상이 일어나는 것이다(그림 18.16). 식물이 부패하면서 $O_2$를 소비하고, 물속에 충분한 산소가 없어지면 어떠한 동물도 그런 물에서는 살 수 없다.

물속에 존재하는 질소와 인 화합물의 가장 중요한 공급원은 가정 하수(인 함유제와 질소를 함유하는 동물 폐기물), 농장에서 나오는 유출수(질소와 인을 모두 갖고 있는 비료), 축산 지역에서 나오는 유출수(질소를 포함한 동물 폐기물)이다.

▲ 그림 18.16 부영양화 죽거나 부패한 식물이 빠르게 축적되면, 수중에 공급되는 산소를 소모하게 되고, 수중 동물이 살기에 부적합한 물이 된다.

## 물의 정화: 담수화

바닷물은 염의 농도가 높기 때문에 사람이 마시거나 물을 사용하는 대부분의 용도에는 적합하지 않다. 많은 나라에서는 보건 규정상 도시 상수도의 염 성분이 질량의 약 0.05%를 넘지 않도록 제한하고 있다. 이 양은 바닷물에 녹아 있는 소금의 농도인 3.5%보다 훨씬 낮고, 어떤 지역의 지하수 속 반염수(brackish water)에 존재하는 양인 0.5% 정도보다 훨씬 낮은 것이다. 바닷물이나 반염수에서 염분을 제거하여, 사용할 수 있는 물로 바꾸는 것을 **담수화(desalination)**라고 한다.

물은 휘발성 물질이고, 염은 비휘발성이다. 따라서 **증류**(distillation)에 의해 물에 용해되어 있는 염으로부터 물을 분리할 수 있다. 증류의 원리는 아주 간단하지만, 대규모 공정을 수행하기에는 많은 문제가 있다. 예를 들어 물을 바닷물로부터 증류하면, 염은 계속 더 농축되어 결국에는 침전된다. 이러한 증류는 또한 에너지 집약적 과정이다.

바닷물은 **역삼투법(reverse osmosis)**을 통해서도 담수화할 수 있다. 삼투는 반투막을 통해 용매 분자는 통과하지만 용질 분자는 통과하지 못하는 것이다. 삼투에서는 용매가 묽은 용액에서 더 진한 용액으로 이동한다. 그러나 충분한 외부 압력이 가해지면 삼투가 멈추고, 보다 높은 압력에서는 방향이 반대가 된다. 이렇게 역삼투가 일어나면, 용매는 진한 용액에서 더 묽은 용액으로 이동한다. 현대 역삼투 설비에서는 아주 작은 구멍이 있는 섬유가 반투막으로 사용된다(그림 18.17). 상당량의 염을 포함하는 염수가 압력하에서 섬유로 흘러 들어가고, 염이 제거된 물이 회수된다.

세계적으로 가장 큰 규모의 담수화 공장은 사우디아라비아의 Jubail에 위치하고 있는데, 이 공장은 역삼투를 통해 페르시아 만의 바닷물을 담수로 만들어 이 나라 음용수의 50%를

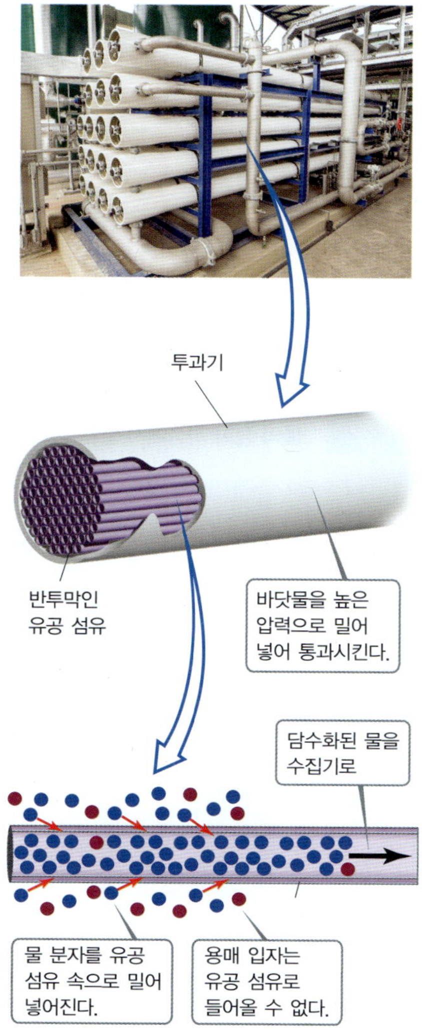


▲ 그림 18.17 역삼투법

제공하고 있다.

## 물의 정화: 도시 수돗물의 처리

가정, 농업, 공업에 필요한 물은 호수, 강, 지하수, 저수지 등으로부터 공급된다. 도시 수도 시스템으로 공급되는 대부분의 물은 '사용된' 물인데, 이는 한 번 이상 하수 시스템이나 공장을 거쳐 온 것이라는 뜻이다. 따라서 이런 물은 분배되기 전에 처리를 거쳐야 한다.

도시 수돗물 처리는 보통 다섯 단계를 거친다(**그림 18.18**).

1. 여과망을 통한 대강 거르기 처리 후 물은 커다란 침전 탱크에서 한동안 머무르는데, 여기서 모래와 다른 작은 입자가 침전되어 걸러진다. 매우 작은 입자의 제거를 촉진하기 위해 우선 물에 CaO를 첨가하여 약한 염기성으로 만든다.
2. 다음으로 $Al_2(SO_4)_3$를 첨가하면 이 황산 알루미늄이 $OH^-$ 이온과 반응하여 스펀지 같은 젤리 상태의 $Al(OH)_3$ 침전물($K_{sp} = 1.3 \times 10^{-33}$)을 만든다. 이런 침전물은 천천히 침전하면서 부유하는 입자들을 붙잡아 함께 침전하게 되고, 그렇게 함으로써 잘게 부서진 물질과 세균을 대부분 제거할 수 있게 된다.
3. 다음에는 이렇게 처리된 물을 모래층에 통과시킨다.
4. 여과 후에 물을 공기 중으로 내뿜어서 용해된 철과 망가니즈의 무기 이온들의 산화를 촉진시키고, 남아 있을 수 있는 $H_2S$와 $NH_3$, 세균의 농도를 줄이게 된다.
5. 이러한 과정의 최종 단계는 물을 화학 약품으로 처리하여 세균을 확실히 제거하는 것이다. 오존이 보다 효과적이지만, 염소가 더 저렴하다. 액화 염소는 측정 계기를 통해서 저장 탱크로부터 직접 상수도로 넣을 수 있다. 사용량은 염소와 반응하는 다른 물질의 존재와, 제거하려는 세균과 바이러스의 농도에 따라 달라진다.

염소의 살균 작용은 아마도 염소 자체 때문이 아니고, 염소와 물이 반응해서 생성되는 하이포염소산 때문에 일어나는 것으로 생각된다.

$$Cl_2(aq) + H_2O(l) \longrightarrow HClO(aq) + H^+(aq) + Cl^-(aq) \qquad [18.15]$$

물의 정화 과정에서 물을 공기 중으로 내뿜는 과정의 주요 기능은 무엇인가?

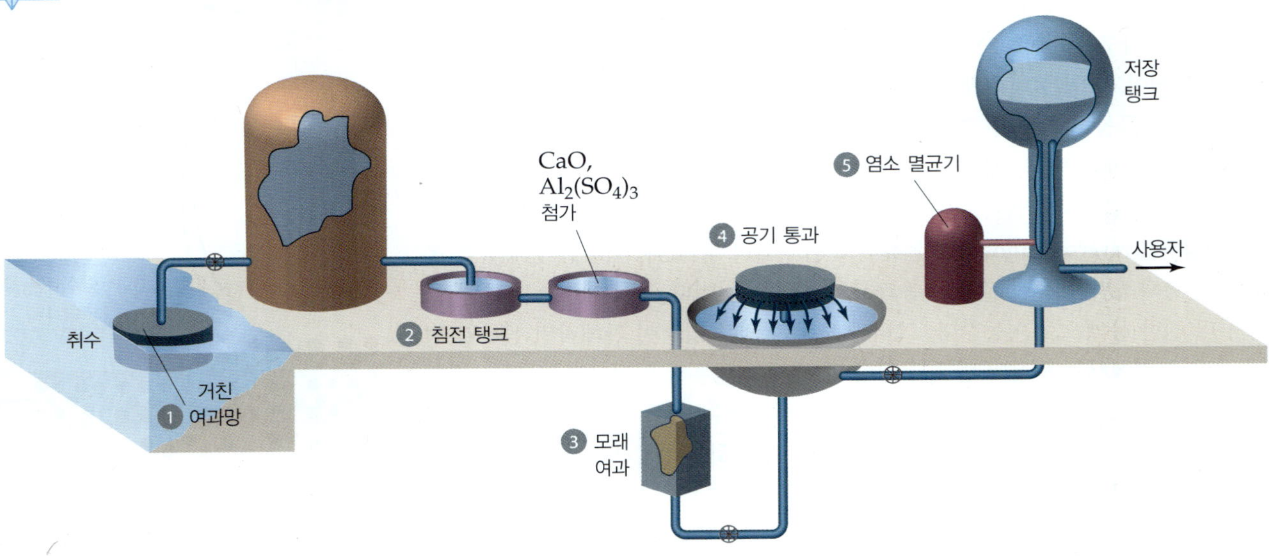


▲ **그림 18.18** 수돗물 처리 과정의 일반적 단계

전 세계적으로 8억 명 정도의 인구가 깨끗한 물을 공급받지 못하고 있다. UN에 따르면, 세계의 도시 중 95%에서 아직도 처리되지 않은 하수를 물 공급원에 버리고 있다. 따라서 개발도상국의 모든 건강상 문제를 역학 조사했을 때, 80%가 비위생적인 물 공급과 연관된 수인성 질병이라는 것은 놀라운 일이 아니다.

한 가지 매우 희망적인 것은 LifeStraw라고 하는 장치가 개발된 것이다(**그림 18.19**). 빨대를 통해 물을 빨아들이면, 물은 우선 100 μm 정도 크기의 그물망을 가진 섬유 필터를 통과하고, 이어서 15 μm 정도 크기의 그물망을 가진 섬유 필터를 통과하게 된다. 이런 필터는 부스러기나 세균 덩어리까지도 제거하게 된다. 다음으로 물은 아이오딘이 주입된 구슬로 채운 공간을 통과하면서 세균, 바이러스, 해충들이 죽게 된다. 끝으로 물은 과립 모양의 활성 탄소를 통과하게 되고, 여기서 아이오딘의 냄새 및 필터에서 걸러지지 않았거나 아이오딘에 의해 죽은 기생충이 제거된다. 현재로서는 LifeStraw가 저개발 국가에 광범위하게 보급되기에는 너무 비싼 가격이지만, 이 장치의 가격이 저렴해질 수 있는 희망이 보이고 있다. 이 장치는 지진이나 홍수와 같은 자연재해로 식수 공급이 일시적으로 오염된 심각한 상황에서 사용되고 있다.

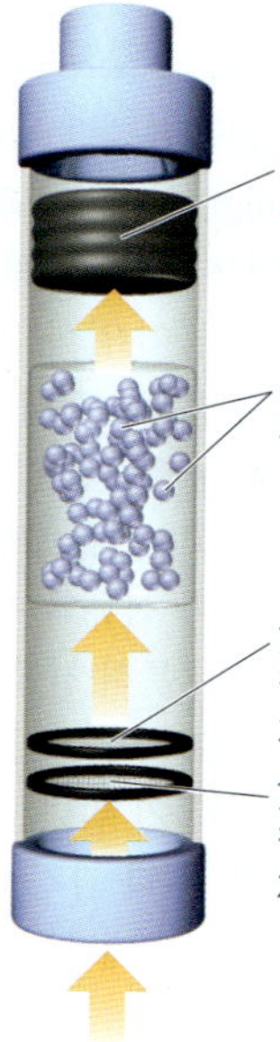

▲ **그림 18.19** 물을 흡입하는 동안 LifeStraw가 물을 정화한다.

물을 소독하게 된 것은 인류 역사상 가장 위대한 공중 보건 혁신 중 하나이다. 이를 통해 콜레라나 티푸스 같은 수인성 세균 질환의 발생을 극적으로 감소시켰다. 그러나 이러한 혜택에는 대가가 따른다. 1974년에 유럽과 미국의 과학자들은 물의 염소화 과정에서 이전에는 검출되지 않았던 한 부류의 부산물이 생성된다는 것을 발견하였다. 이러한 부산물은 탄소 원자 1개와 할로젠 원자 3개로 구성되어 있기 때문에 **트라이할로메테인**(trihalomethane, THM)이라 불리는데, $CHCl_3$, $CHCl_2Br$, $CHClBr_2$, $CHBr_3$ 등이 해당된다. 물에 녹은 염소는 거의 모든 천연수에 존재하는 유기 물질 또는 인간 활동의 부산물인 물질과 반응하여, THM을 비롯한 다양한 염소나 브로민을 함유하는 유기 물질을 생성한다. 식 18.15에 나타난 것과 같이, 염소는 물에 녹아 산화제인 HClO를 생성한다는 것을 상기하라. 다음으로 HClO는 유기 물질과 반응하여 THM을 생성한다. 브로민은 HClO와 용해된 브로민화 이온과의 반응을 통해 반응에 참여하게 된다.

$$HClO(aq) + Br^-(aq) \longrightarrow HBrO(aq) + Cl^-(aq) \qquad [18.16]$$

그렇게 되면 HBrO(*aq*)와 HClO(*aq*)는 유기 물질을 할로젠화하여 THM을 생성할 수 있다.

몇 가지 THM과 할로젠화 유기 화합물은 발암 물질로 의심된다. 다른 것들은 신체의 내분비계를 교란시킨다. 결과적으로, 세계보건기구(WHO)는 음용수에서 THM의 총량을 80 μg/L(80 ppb)로 농도 제한을 두었다. 수질 처리의 목표는 항세균의 효율성은 유지하면서 음용수 속의 THM과 다른 살균 부산물의 농도를 감소시키는 것이다. 어떤 경우에는 단순히 염소의 농도만 낮추면 생성되는 THM의 농도가 감소되면서 적절한 살균이 일어나기도 한다. 다른 산화제인 오존($O_3$)과 이산화 염소($ClO_2$)는 할로젠화 물질을 적게 생성하지만, 이것들도 나름의 단점을 갖고 있다. 예를 들어 오존에 경우에는 수용성 브로민화 이온을 산화시킬 수 있다.

$$O_3(aq) + Br^-(aq) + H_2O(l) \longrightarrow HBrO(aq) + O_2(aq) + OH^-(aq) \qquad [18.17]$$

$$HBrO(aq) + 2\,O_3(aq) \longrightarrow BrO_3^-(aq) + 2\,O_2(aq) + H^+(aq) \qquad [18.18]$$

생성물인 브로민산 이온($BrO_3^-$)은 동물 시험에서 암을 일으키는 것으로 알려졌다.

현재로는 염소화나 오존화에 대한 완전히 만족스러운 대안은 없는 것으로 보인다. 따라서 혜택이냐 위험이냐를 선택해야 한다. 이 경우, 수돗물의 THM이나 관련 화합물에 의한 암의 위험성은 물을 처리하지 않아서 생길 수 있는 콜레라, 티푸스, 소화기 계통 질병에 대한 위험성과 비교하면 매우 낮다. 물 공급원이 보다 깨끗하다면 살균제가 덜 필요하고, 살균 과정에서 오염이 일어나는 위험을 줄일 수 있다. 일단 THM이 생성되면 THM이 물보다는 더 휘발성이 크므로 공기를 통과시켜 수돗물의 THM 농도를 줄일 수 있다. 다른 방법으로는 활성 탄소나 다른 흡착제를 사용하여 제거할 수도 있다.

## 자세히 보기 프래킹(fracking)과 수질

사용 가능한 석유 보존량을 대량으로 늘리기 위해 최근 들어 **수압 파쇄법**(hydraulic fracking), 약어로 **프래킹(fracking)**이 폭넓게 사용되고 있다. 프래킹을 할 때는 전통적으로 다양한 첨가제가 들어 있는 7백만 리터 이상의 다량의 물이 암석층에 수직으로 뻗어 있는 우물 시추공을 통해 고압으로 주입된다(그림 18.20). 이러한 물은 공정의 생산량을 증가시키도록 돕는 젤, 폼, 압축가스와 같은 첨가제와 모래, 세라믹 재료 등을 포함하고 있다. 고압 용수는 지질층 내의 작은 단층 속으로 길을 찾아 들어가 석유와 천연가스를 배출시킨다. 프래킹은 세계 많은 곳에서 석유와 특히 천연가스의 비축량을 증가시켰다.

불행히도, 프래킹으로부터 야기되는 잠재적인 환경 훼손은 심각한 수준이다. 우물을 만들기 위해 요구되는 대량의 프래킹 용수는 지표로 되돌아와야 한다. 정화 과정 없이는 이 용수를 다른 용도에 맞게 사용할 수 없으므로, 그대로 남겨져 많은 환경 문제로 전락하게 된다. 이러한 폐수는 개방된 폐수 저장소에 저장되기도 한다. 암석층의 균열이 석유나 여러 기체의 유동 경로를 증가시키기 때문에 특정 지역의 개인 가정 우물이나 상수도로 쓰이는 지하수가 석유, 황화 수소, 다른 독성 물질로 오염되었다. 시추공으로부터 배출된 메테인과 다른 탄화수소를 포함한 여러 종류의 기체들은 대기 오염에 영향을 준다. 2013년에 발표된 연구에 따르면, Utah 주에서 수압 파쇄법 공정에 의해 대기 중으로 나온 메테인 배기가스는 생성된 전체 메테인 양의 대략 6~12% 범위에 이를 것이라고 평가된다. 앞에서 언급하였듯이, 메테인은 유력한 온실 기체이다.

프래킹 실행을 둘러싼 많은 환경 문제들은 전반적인 대중의 염려와 대중 운동을 야기하고 있다. 프래킹은 저비용 에너지의 유효성을 옹호하는 이들과, 장기적으로 유지되는 환경의 질에 중점을 두는 이들 사이의 충돌을 나타내는 또 다른 예이다.

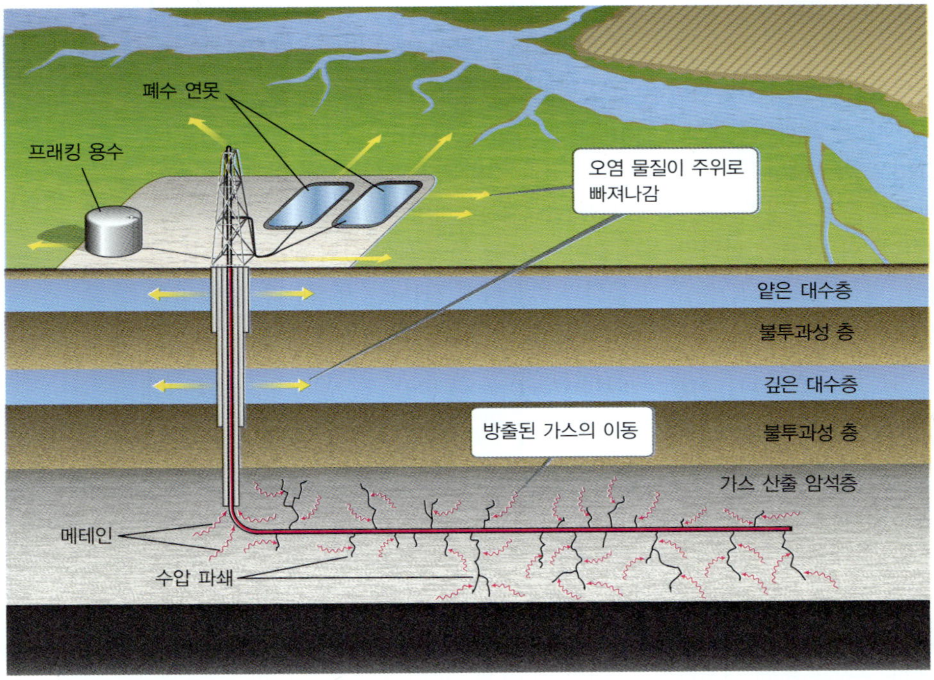


▲ **그림 18.20 프래킹을 운용하는 시추 지역의 계략도** 노란색 화살표는 오염 물질이 주변 환경으로 퍼지는 통로를 나타낸다.

## 화학과 생명 대양의 산성화

바닷물은 8.0~8.3의 pH 값을 갖는 약한 염기성 용액이다. 이 pH 범위는 혈액에서와 유사하게 탄산 완충계를 통해 유지된다(식 17.10 참조). 바닷물의 pH가 혈액의 pH(7.35~7.45)보다 높기 때문에, 탄산의 두 번째 해리는 무시할 수 없으며 $CO_3^{2-}$는 중요한 수용액 물질이 된다.

탄산염 이온의 이용 가능성은 돌산호를 포함한 여러 해양 생물(그림 18.21)의 껍질 형성에 중요한 역할을 한다. 거의 모든 해양 생태계의 먹이 사슬에서 중요한 역할을 하고 해양 **석회화제**(calcifier)라고 불리기도 하는 이러한 생물체는 용해된 $Ca^{2+}$와 $CO_3^{2-}$ 이온에 의존하여 그들의 껍질과 외골격을 형성한다. $CaCO_3$가 용해도곱 상수가 상대적으로 낮고, 해양이 포화된 $Ca^{2+}$와 $CO_3^{2-}$를 함유하고 있다는 사실은, $CaCO_3$가 일단 형성되면 매우 안정하다는 것을 의미한다.

$$CaCO_3(s) \rightleftharpoons Ca^{2+}(aq) + CO_3^{2-}(aq) \quad K_{sp} = 4.5 \times 10^{-9}$$

사실, 수백만 년 전에 죽은 생물체의 탄산 칼슘으로 된 외골격은 화석 기록에서 드문 일이 아니다.

해양에 용해된 $CO_2$의 농도는 대기 중 $CO_2$ 농도 변화에 민감하다. 18.2절에서 논의된 것과 같이, 대기 중 이산화 탄소 농도는 지난 3세기 동안 약 30%가 증가하여 현재 400 ppm 수준에 이르렀다. 인간의 활동이 이러한 증가에서 주요한 역할을 했다. 과학자들은 인간의 활동으로 인해 배출된 $CO_2$의 1/3에서 1/2이 지구 해양에 흡수된 것으로 추정된다. 이러한 흡수가 $CO_2$의 온실 기체 영향을 완화하는 데 도움이 되기는 했지만, 해양에 있게 된 여분의 $CO_2$는 탄산을 생성하여 pH를 낮춘다. $CO_3^{2-}$는 약산인 $HCO_3^-$의 짝염기이기 때문에, 탄산 이온은 쉽게 수소 이온과 결합한다.

$$CO_3^{2-}(aq) + H^+(aq) \rightleftharpoons HCO_3^-(aq)$$

이러한 탄산염 이온의 사용이 $CaCO_3$의 용해 평형을 오른쪽으로 이동시키고, $CaCO_3$의 용해도를 증가시켜 탄산 칼슘으로 된 껍질과 외골격의 부분적 용해를 발생시킬 수도 있다. 만약 대기 중 이산화 탄소의 양이 현재 속도로 계속 증가하면, 과학자들은 향후 50년 동안 해수의 pH가 7.9로 떨어질 것으로 추정한다. 이러한 변화가 작게 느껴질지도 모르지만, 해양 생태계에는 극적인 영향을 가져올 수 있다.

**관련 연습 문제: 18.39, 18.42, 18.78**

▲ **그림 18.21 해양 석회화제** 많은 바다에 사는 생물체는 껍질과 외골격에 $CaCO_3$를 사용한다. 그 예로 돌산호, 갑각류, 일부 식물성 플랑크톤, 성게와 불가사리와 같은 극피동물을 들 수 있다.

## 자기 평가 연습 문제

**18.23** 다음 중 어떤 두 요소가 민물의 부영양화에 가장 많은 영향을 미치는가?

(**a**) S와 P
(**b**) N과 P
(**c**) C와 S

## 연습 문제

**18.24** 바닷물 내 성분 이온의 농도는 표 18.5에 나열되어 있다. 휴대용 역삼투 장치를 사용하여 이 바닷물을 담수화한 물이 약 0.02 *M*의 유효 몰농도를 갖는다고 가정해 보자. 297 K에서 역삼투압이 발생하도록 손 펌프질로 가해야 하는 최소 압력은 얼마인가? (**힌트:** 13.5절 참조)

**18.25** (**a**) 담수에 녹아 있는 산소의 농도가 수질의 중요한 지표가 되는 이유를 설명하시오.
(**b**) 책의 내용 중, 온도에 따른 기체 용해도 변화를 나타내는 그림을 찾고, 30 °C의 물에서의 $O_2$ 용해도를 20 °C의 물과 비교하여 유효 숫자 두 자릿수까지 예측해 보시오. 이 값은 천연수의 수질과 어떻게 연관될 수 있는가?

**18.26** 하수는 하수가 배출되는 담수에서 산소를 소모한다. 인구 100,000명의 도시에서, 폐수는 1인당 매일 50.0 g의 산소 고갈을 유발한다. $O_2$ 농도가 8 ppm인 물 몇 리터가, 이 도시의 인구에 의해 하루 동안 산소가 50% 고갈되겠는가?

**18.27** 한때 도시에 공급되는 물의 대용량 연수 공정으로 사용되었던 석회 소다(lime soda) 연화법은 석회와 탄산 소듐으로 생성된 수산화 칼슘을 첨가하여 $Ca^{2+}$는 $CaCO_3(s)$로, $Mg^{2+}$는 $Mg(OH)_2(s)$로 침전시켰다.

$$Ca^{2+}(aq) + CO_3^{2-}(aq) \longrightarrow CaCO_3(s)$$
$$Mg^{2+}(aq) + 2\,OH^-(aq) \longrightarrow Mg(OH)_2(s)$$

$[Ca^{2+}] = 3.5 \times 10^{-4}\ M$, $[Mg^{2+}] = 7.5 \times 10^{-4}\ M$인 물 1000 L를 연수화하려면, $Ca(OH)_2$와 $Na_2CO_3$ 몇 몰을 첨가해야 하는가?

**18.28** (**a**) 도시 상수도 수질 검사에서 브로민산 이온($BrO^{3-}$)이 검출되었다고 가정하자. 이 이온의 출처는 어디가 될 수 있는가?
(**b**) 브로민산 이온은 산화제인가, 아니면 환원제인가?

# 18.5 | 녹색 화학

우리가 살고 있는 지구는 어느 정도의 **닫힌계**(closed system)이다. 환경과는 에너지의 교환이 일어나지만 물질의 교환은 일어나지 않기 때문이다. 미래에도 인류가 번성하려면, 우리가 수행하는 모든 과정이 지구의 자연 과정이나 천연 자원과도 균형을 이루어야 한다. 이 목적을 위해서는 환경에 해로운 물질을 배출하지 말아야 하며, 우리의 수요가 재생할 수 있는 자원과 부합해야 하고, 가능한 한 적은 양의 에너지를 사용해야 한다. 화학 산업은 인간 활동의 단지 작은 부분이지만, 화학 공정은 거의 모든 면에서 현대 생활에 관여하고 있다. 그러므로 화학은 이러한 목적을 이루고자 하는 노력의 핵심인 것이다.

이 장이 끝나면 다음 사항을 수행할 수 있어야 한다.

- 녹색 화학을 뒷받침하는 기본개념 이해하기

**녹색 화학**(green chemistry)이란 인간 건강에 해가 적고, 환경을 보존하는 화학 제품 및 공정의 설계와 응용을 촉진하고자 하는 계획이다. 녹색 화학은 일련의 12개 원리에 의존한다:

1. **방지** 폐기물이 만들어지는 것을 막는 것이, 만들어진 후에 깨끗하게 하는 것보다 낫다.
2. **원자 경제성** 화합물을 만드는 방법은 모든 출발 물질이 최종 생성물에 최대한으로 들어 있도록 고안해야 한다.
3. **덜 해로운 화학 합성** 실질적으로 가능하다면, 합성 방법을 고안할 때의 원칙은 인간의 건강과 환경에 독성이 없거나, 적어도 거의 없는 물질을 사용하고, 또한 그러한 물질을 만들어 내야 한다는 것이다.
4. **보다 안전한 화학 물질의 고안** 화학적 합성물은 독성을 최소화하면서도 원하는 기능을 유지하도록 고안해야 한다.
5. **보다 안전한 용매와 보조물** 보조 물질(예를 들어 용매, 분리 시약 등)의 사용은 가능한 한 배제해야 하며, 만약 사용한다면 가능한 한 무독성이 되게 한다.
6. **에너지 효율을 고려한 설계** 화학 공정의 에너지 요구 조건이 환경 및 경제적인 영향을 고려해야 하며, 최소화되어야 한다. 가능하면 화학 반응은 상온 · 상압에서 시행되어야 한다.
7. **재생 가능한 공급 원료의 사용** 원재료 및 공급 원료는 기술적으로나 경제적으로 실용적일 경우에는 반드시 재생해야 한다.
8. **유도체의 감소** 불필요한 유도체화(중간 화합물의 생성, 물리적/화학적 공정의 임시적인 수정)를 가능한 한 최소화하거나 피해야 한다. 이러한 단계는 추가적인 시약이 필요하고, 폐기물을 생성할 수 있기 때문이다.
9. **촉매** 촉매 시약(가능한 한 선택적)은 비촉매 과정에 비해 주어진 시간 내에 적은 에너지 비용으로 생성 수율을 향상시킨다. 따라서 대안인 비촉매 방법보다 선호된다.

10. **분해를 고려한 설계** 화학적 생성물은 기능을 다하면 해가 없는 분해물로 분해되어야 하며, 환경 속에 지속해서 남아 있지 않아야 한다.
11. **공해** 유해물질이 생성되기 전에, 실시간 공정 내 감시 및 제어가 가능한 분석 방법을 개발해야 한다.
12. **사고 방지를 위한 본질적으로 보다 안전한 화학** 화학 공정에서 사용되는 시약과 용매는 방출, 폭발, 화재와 같은 화학적 사고의 가능성을 최소화하도록 선택해야 한다.*

실제로 어떻게 녹색 화학이 적용되는가를 보여 주기 위해서 스타이렌 생산 공정을 고려해 보자. 스타이렌은 달걀과 식당용 테이크아웃 음식을 포장하는 데 사용되는 폴리스타이렌(흔히 스티로폼이라 불림)과 같은 많은 중합체를 만드는 데 매우 중요한 구성 요소이다. 세계적으로 스타이렌의 수요는 연간 250억 톤에 달한다. 스타이렌은 오랫동안 두 단계 공정으로 생산되어 왔다. 벤젠과 에틸렌은 반응하여 에틸 벤젠(ethyl benzene)을 만들고, 이어서 에틸 벤젠을 고온의 증기와 섞어 산화 철 촉매를 통과시키면 스타이렌을 얻는다.

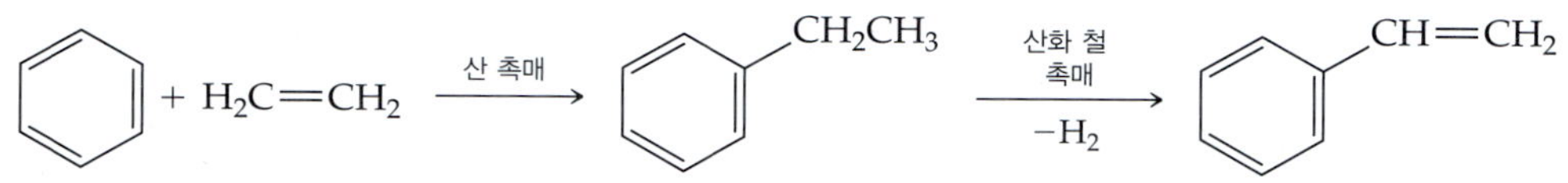


이 과정에는 몇 가지 결점이 있다. 그중 하나는 값싼 일회용품인 생성물을 만들기 위해 사용되는 출발 물질인 벤젠(원유로부터 얻어짐)과 에틸렌(천연가스로부터 얻어짐)의 값이 비싸다는 것이다. 또한 벤젠은 발암 물질이다. 이런 단점을 피하기 위해 최근에는 두 단계이던 공정이 톨루엔을 특수한 촉매를 사용하여 425 °C에서 메탄올과 반응시키는 한 단계의 공정으로 대체되었다.

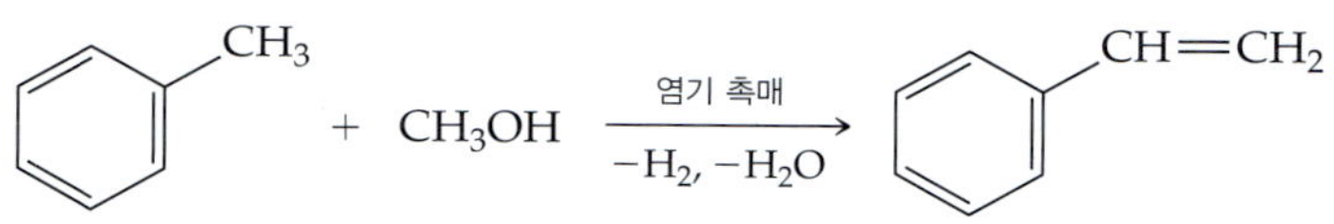


이러한 한 단계 공정은 톨루엔과 메탄올이 벤젠과 에틸렌보다 가격이 낮고, 더 적은 에너지가 요구되는 반응 조건이기 때문에 비용을 절약할 수 있다. 추가적인 혜택으로는 메탄올은 생물 자원(biomass)에서 생산될 수 있다는 것과, 벤젠이 독성이 적은 톨루엔으로 대치되었다는 것이다. 생성되는 수소는 에너지의 공급원으로 다시 이용될 수 있다. 이 예는 새로운 공정을 발견하는 데 있어 알맞은 촉매를 개발하는 것이 얼마나 중요한가를 보여 주고 있다.

녹색 화학이 환경의 질을 향상시키는 몇 가지 다른 예를 생각해 보자.

## 초임계 용매

화학 공정에서 주로 우려하는 부분은 휘발성인 유기 화합물을 용매로 사용하는 것이다. 일반적으로 반응에서 용매는 소비되지 않지만, 아무리 조심해서 공정을 조절해도 용매가 대기로 배출되는 것을 피할 수는 없다. 더욱이 용매는 독성이 있거나 반응 도중에 어느 정도 분해되어서 폐기물을 만들어 낼 수 있다.

*P. T. Anastas와 J. C. Warner, *Green Chemistry: Theory and Practice*. New York: Oxford University Press 1998, p.30에서 발췌. 또한 Mike Lancaster, *Green Chemistry: An Introductory Text*. Cambridge, UK:RSC Publishing, 2010, 2판, 1장 발췌.

초임계 액체를 사용하는 방법은 전통적으로 용매를 사용하는 방법을 대체할 수 있다. 초임계 액체는 기체와 액체 두 상태의 성질을 갖는 물질의 특이한 상태이다. 물과 이산화 탄소는 초임계 액체 용매로 가장 흔히 쓰이는 두 가지 물질이다. 예를 들어 최근에 개발된 한 가지 산업 공정에서는 폴리테트라플루오로에틸렌(polytetrafluoroethylene, $[CF_2CF_2]_n$, 테플론®)의 생산 과정에서 클로로플루오로탄소 용매를 액체 또는 초임계 $CO_2$로 대체하였다. 비록 $CO_2$는 온실 기체이긴 하지만, 초임계 액체 용매로 사용하기 위해서 $CO_2$를 새로 제조할 필요는 없다.

또 다른 예로, 파라-자일렌(para-xylene)은 산화되어 테레프탈산(terephthalic acid)을 생성하는데, 이것은 폴리에틸렌 테레프탈레이트(polyethylene terephthalate, PET) 플라스틱과 폴리에스터 섬유를 만드는 데 사용된다.

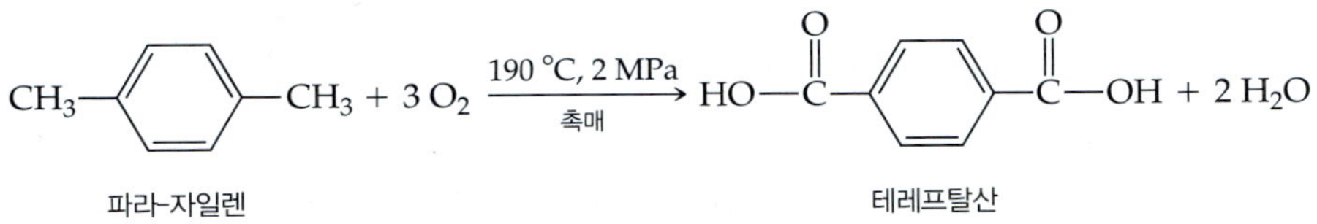


이런 상업적 공정은 압력과 비교적 높은 온도가 요구된다. 산소가 산화제이며, 아세트산($CH_3COOH$)이 용매이다. 대체할 수 있는 다른 반응 경로는 초임계 물을 용매로 사용하고, 과산화 수소를 산화제로 사용하는 것이다. 이런 대체 공정은 몇 가지 잠재적인 장점을 갖고 있는데, 가장 특징적인 것은 아세트산을 용매로 사용하지 않는다는 것이다.

## 환경 친화적인 시약과 공정

현재 사용되고 있는 녹색 화학의 두 가지 예를 더 살펴보기로 하자.

하이드로퀴논(hydroquinone, $HO-C_6H_4-OH$)은 중합체를 만드는 데 사용되는 일반적인 중간체이다. 이러한 하이드로퀴논의 표준 공업적 합성법은 최근까지도 사용되고 있는데, 폐기물로 취급되는 많은 부산물이 만들어진다.

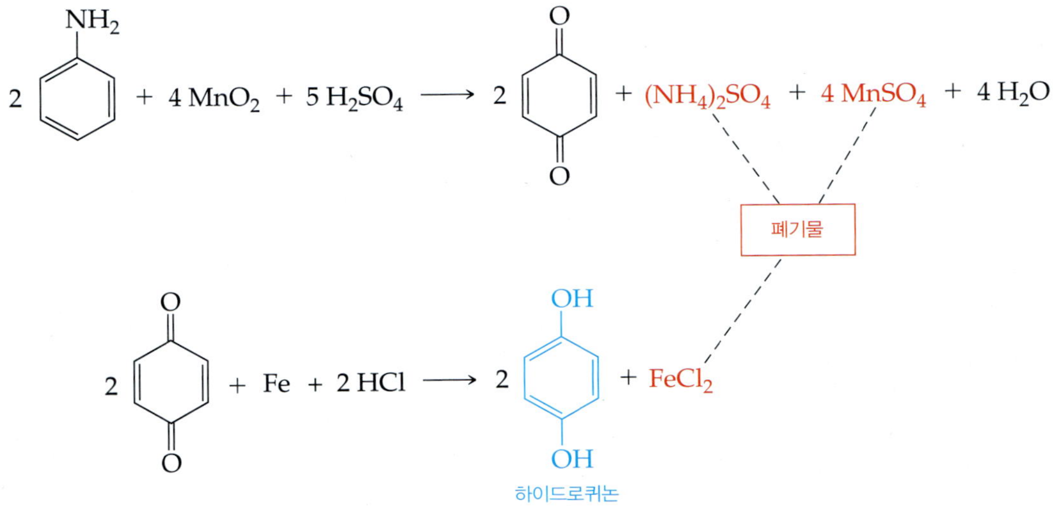


연구자들은 녹색 화학의 원리를 적용해서 이 과정을 개선시켰다. 하이드로퀴논 생산을 위한 새로운 공정에서는 새로운 출발 물질을 사용한다. 새로운 반응에서 만들어지는 두 가지 부산물(녹색으로 나타냄)은 분리될 수 있고, 새로운 출발 물질을 만드는 데 사용될 수 있다.

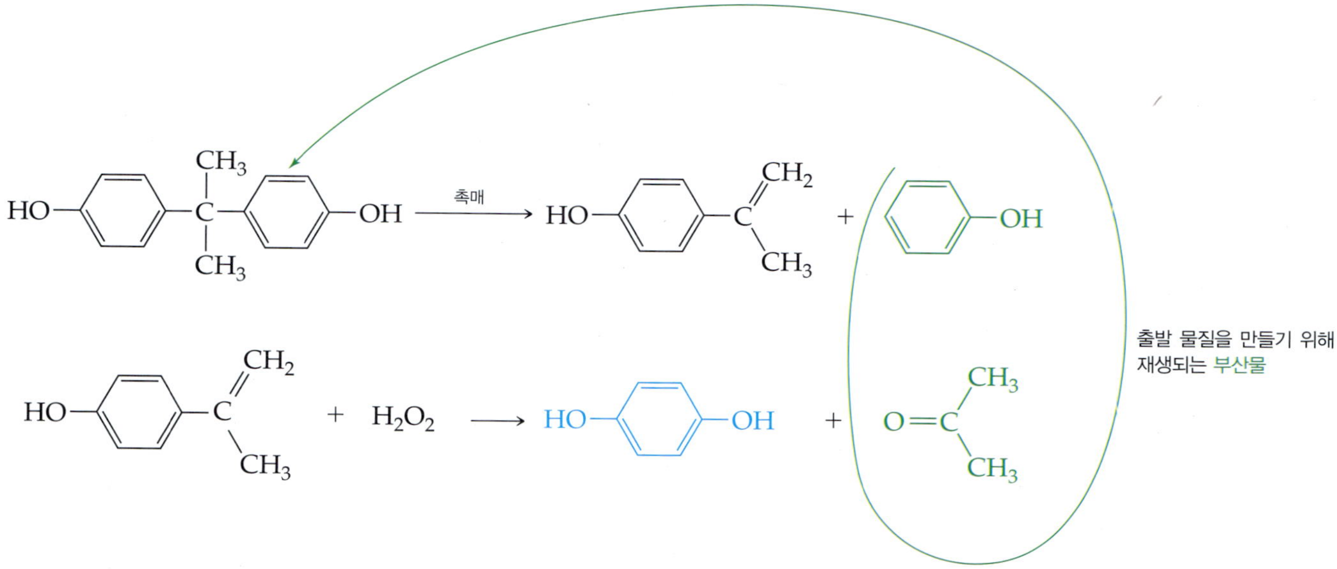


이 새로운 공정이 '원자 경제(atom economy)'의 한 예이다. 이는 출발 물질에서 나오는 원자의 높은 비율이 결국 제품에 들어간다는 것을 의미한다.

원자 경제의 또 다른 예는 상온에서 구리(I) 촉매가 존재할 때 유기 **아자이드**(azide)와 **알카인**(alkyne)이 반응하여 생성물로 한 가지 분자를 만드는 반응으로, 다음과 같다.

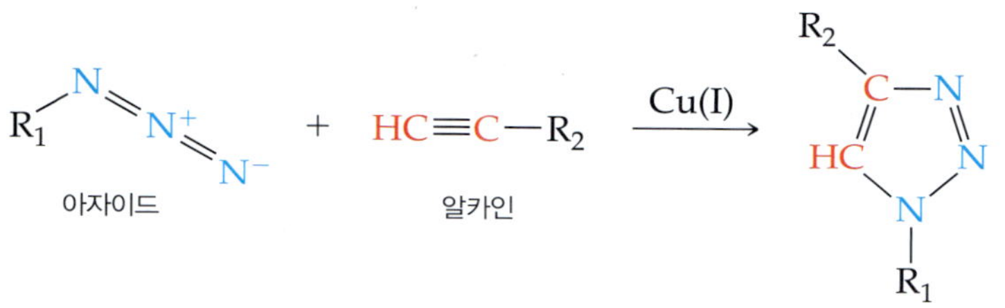


이 반응은 비공식적으로는 **클릭 반응**(click reaction)이라고도 한다. 이론적인 수득률이 아니라 실질적인 수득률이 거의 100%에 가까우며, 부생성물이 만들어지지 않는다. 이와 같이 매우 효율적인 클릭 반응은 사용되는 아자이드와 알카인의 형태에 따라 유용한 생성물 분자를 얼마든지 만들어 낼 수 있다. 이러한 클릭 반응과 관련된 화학을 정립한 공로로, Barry Sharpless와 Morten Meldal이 2022년에 노벨 화학상을 받기도 했다.

## 자기 평가 연습 문제

**18.29** 하이드로퀴논의 녹색 공정에서 발생되는 부산물(페놀, 아세톤)이 재활용된다고 가정할 때, 이러한 과정에 사용되는 원자 중 최종 물질에 사용되지 않는 원자는 무엇인가?

**(a)** 모든 원자들은 사용된다.
**(b)** 3C와 5H는 남는다.
**(c)** 1O와 2H는 남는다.

## 연습 문제

**18.30** 어떻게 촉매가 공정을 더 효율적으로 만드는지 논의하시오.

**18.31** 다음 반응은 이리듐 촉매를 초임계 $CO_2$($scCO_2$)와 염소화된 용매 $CH_2Cl_2$와 함께 사용하여 수행된다. 각 용매 내에서의 반응에 관한 반응 속도론적 자료를 그래프로 도시하였다. 왜 $scCO_2$를 사용하는 것이 녹색 화학 반응의 좋은 예가 되는가?

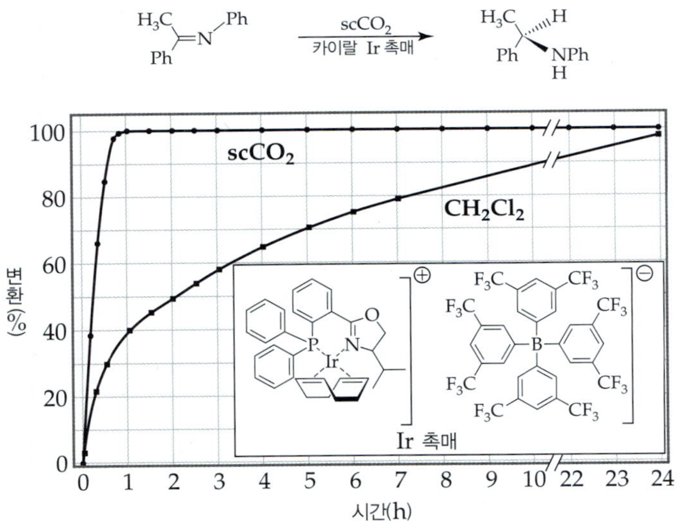


**18.32** 다음 중 어느 화학 공정이 더 환경 친화적인가? 설명하시오.

(a) 350 K에서 12시간 동안 촉매 없이 수행할 수 있는 반응 또는 300 K에서 1시간 동안 재사용이 가능한 촉매하에서 수행할 수 있는 반응

(b) 옥수수 껍질로부터 얻을 수 있는 반응 시약 또는 석유로부터 얻을 수 있는 반응 시약

(c) 부산물을 전혀 생성하지 않는 공정 또는 부산물을 다른 공정에 재순환하는 공정

자기 평가 연습 문제 답 **18.29** (c)

## 통합 예제

### 종합 개념

**(a)** 산성비는 암석이 산을 중화시킬 수 있는 석회석(탄산 칼슘)으로 이루어진 장소의 호수에서는 문제가 되지 않는다. 그러나 암석이 화강암인 경우에는 이러한 중화가 일어나지 않는다. 어떻게 석회암이 산을 중화시키는가? **(b)** 산성의 물은 pH를 증가시키기 위해서, 비록 일시적인 해결책이긴 하지만, 염기성 물질로 처리할 수 있다. 작은 호수($V = 4 \times 10^9$ L)의 pH를 5.0에서 6.5로 조절하기 위해 필요한 석회(CaO)의 최소 질량을 계산하시오. 석회가 더 필요한 이유는 무엇인가?

### 해답

**분석** 중화 반응이 무엇인지 기억할 필요가 있고, 주어진 pH의 변화를 일으키는 데 필요한 물질의 양을 계산하는 문제이다.

**계획** (a)에 답하기 위해서는 산이 어떻게 탄산 칼슘과 반응할 수 있는지를 생각할 필요가 있다. 이러한 반응은 산과 화강암 사이에서는 일어나지 않는다. (b)를 풀기 위해서는 산과 CaO 사이에는 어떤 반응이 일어날지 생각해 볼 필요가 있으며, 화학량론적인 계산을 해야 한다. 제안된 pH 변화로부터 수소 이온 농도의 변화를 계산할 수 있으며, 반응을 일으키기 위해서 CaO가 얼마나 필요한지를 알아낼 수 있을 것이다.

**풀이**

(a) 약산의 음이온인 탄산 이온은 염기성이다. 따라서 탄산 이온은 $H^+(aq)$와 반응한다. $H^+(aq)$의 농도가 작으면, 주생성물은 탄산수소 이온($HCO_3^-$)이 된다. 그러나 $H^+(aq)$의 농도가 높으면, $H_2CO_3$가 생성되고, 이는 $CO_2$와 $H_2O$로 분해된다.

(b) $H^+(aq)$의 초기 농도와 최종 농도는 pH 값에서 얻을 수 있다.

$$[H^+]_{초기} = 10^{-5.0} = 1 \times 10^{-5}\,M$$
$$[H^+]_{최종} = 10^{-6.5} = 3 \times 10^{-7}\,M$$

호수의 부피를 이용하면, 두 pH 값에 대한 $H^+(aq)$의 몰수를 계산할 수 있다.

$$(1 \times 10^{-5}\,\text{mol/}\cancel{\text{L}})(4.0 \times 10^9\,\cancel{\text{L}}) = 4 \times 10^4\,\text{mol}$$
$$(3 \times 10^{-7}\,\text{mol/}\cancel{\text{L}})(4.0 \times 10^9\,\cancel{\text{L}}) = 1 \times 10^3\,\text{mol}$$

따라서 $H^+(aq)$의 양의 변화는 $4 \times 10^4$ mol $- 1 \times 10^3$ mol $\approx 4 \times 10^4$ mol이다.

만약 호수의 모든 산이 완전히 이온화된다고 가정하면, pH에 기여하는 유리된 $H^+(aq)$만 중화되면 된다. 호수에는 이보다 많은 산이 있을 수도 있지만, 적어도 이 정도의 산을 중화할 필요가 있다.

CaO의 산화 이온은 매우 염기성이다. 중화 반응에서, 1 mol의 CaO는 2 mol의 $H^+$와 반응하여 $H_2O$와 $Ca^{2+}$를 생성한다. 따라서 $4 \times 10^4$ mol의 $H^+$가 필요로 하는 CaO의 양은 다음과 같다.

$$(4 \times 10^4\,\cancel{\text{mol H}^+})\left(\frac{1\,\cancel{\text{mol CaO}}}{2\,\cancel{\text{mol H}^+}}\right)\left(\frac{56.1\,\text{g CaO}}{1\,\cancel{\text{mol CaO}}}\right) = 1 \times 10^6\,\text{g CaO}$$

CaO를 대량 구매 시에는 톤당 100달러 이하로 저렴하게 구입할 수 있기 때문에 아주 많은 비용이 들지는 않는다. 그러나 물속에는 중화되어야 할 약산이 더 존재할 것이므로, 이 CaO의 양이 최소 필요 양이다.

이러한 석회석 방법은 어떤 작은 호수의 pH를 어류가 살수 있는 범위로 조절하는 데 사용되고 있다. 위의 예로 든 호수는 대략 길이와 폭이 1 km 정도이고, 평균 깊이는 6 m이다.

## 요약 및 중요 용어

지구의 대기(18.1절) 이 절에서는 지구 대기의 물리적 특성과 화학적 특성을 검토하였다. 대기의 복잡한 온도 변화는 각각의 특징이 있는 네 지역을 생기게 한다. 이 지역 중 가장 낮은 곳은 **대류권**(**troposphere**)으로, 지구 표면에서부터 상층 고도 12 km에 걸쳐 있다. 대류권 상층에는 고도가 증가하는 순으로 **성층권**(**stratosphere**), 중간권, 열권이 존재한다. 대기의 상층 지역에서는 가장 간단한 화학종만이 고에너지 입자와 태양 복사선의 충격으로부터 살아남을 수 있다. 높은 고도에서 대기의 평균 분자량은 지구 표면의 대기 평균 분자량보다 낮다. 그 이유는 가장 가벼운 원자와 분자들의 상층을 향한 확산과, 빛을 흡수하여 분자 내의 결합을 끊는 **광해리 반응**(**photodissociation**) 때문이다. 복사선의 흡수는 또한 **광이온화 반응**(**photoionization**)을 통한 이온의 생성을 초래한다.

인간 활동과 지구의 대기(18.2절) 오존은 산소 원자와 $O_2$ 간의 반응으로부터 대기 상층에서 생성된다. 오존은 광자의 흡수나 Cl과 같은 활성 화학종과의 반응에 의해 스스로 분해된다. **클로로플루오로탄소**(**chlorofluorocarbon**)는 성층권에서 광해리 반응을 일으켜서 촉매적으로 오존을 파괴할 수 있는 염소 원자를 생성한다. 대기 상층에서의 현저한 오존 수준의 감소는 심각하게 해로운 결과를 초래할 것이다. 왜냐하면 오존층은 다른 대기 성분에 의해서는 제거할 수 없는 유해한 자외선의 특정 파장을 여과하여 제거하기 때문이다. 대류권에서는 극미량의 대기 성분에 대한 화학이 매우 중요하다. 이러한 소량 성분 중 많은 것들이 오염 물질이다. 이산화 황은 독성이 강하고, 잘 알려진 오염 물질 중 하나이다. 이것은 공기 중에서 산화되어 삼산화 황을 생성하는데, 삼산화 황은 물에 녹는 즉시 황산을 생성한다. 황의 산화물은 **산성비**(**acid rain**)의 주요 기여자이다. 산업 과정에서 발생하는 $SO_2$의 누출을 방지하는 하나의 방법은 $SO_2$를 CaO와 반응시켜 아황산 칼슘($CaSO_3$)을 만드는 것이다.

**광화학 스모그**(**photochemical smog**)란 질소 산화물과 오존이 주요한 역할을 담당하는 복잡한 성분의 혼합물이다. 스모그 통제는 주로 자동차 엔진에서 발생하며, 스모그 제어는 주로 자동차 배기를 제어하는 것이다.

이산화 탄소와 수증기는 적외선을 흡수하는 대기의 주요 성분이다. 따라서 $CO_2$와 $H_2O$는 지구의 표면 온도를 유지하는 데 매우 중요하다. 대기 중의 $CO_2$의 농도와 소위 **온실 기체**(**greenhouse gas**)는 지구의 기후를 결정하는 데 중요한 역할을 한다. 화석 연료(석탄, 석유, 천연가스)의 광범위한 연소 때문에 대기 중 이산화 탄소의 농도가 점진적으로 증가하고 있다. 이는 지구의 평균 온도를 상승시키는 데 기여하고 있다.

지구의 물(18.3절) 지구의 물은 대부분 대양과 바다에 존재한다. 따라서 작은 부분만이 담수이다. 바닷물은 질량으로 약 3.5%의 소금을 포함하고 있으며, **염도**(**salinity**, 물 1 kg당 건조한 소금의 질량) 35를 가진다고 기술된다. 바닷물의 비중과 염도는 깊이에 따라 변한다. 세계의 대부분의 물은 대양에 있기 때문에, 인간은 결국에는 담수를 바닷물로부터 회수할 필요가 있다. 지구의 물 순환은 연속적인 물의 상변화를 포함한다.

인간 활동과 수질(18.4절) 담수는 물고기 및 다른 수생 생명체에 필요한 용존 산소를 포함하여 많은 용해된 물질을 포함하고 있다. 세균에 의해 분해되는 물질을 **생분해성**(**biodegradable**)이라고 한다. 생분해성 물질이 호기성 세균에 의해 산화되면 녹아 있는 산소를 소모하게 되기 때문에, 이러한 물질은 산소 요구 폐기물이라고 한다. 물속에 존재하는 과량의 산소 요구 폐기물의 존재는 녹아 있는 산소를 충분히 고갈시켜 물고기를 죽이고, 악취를 발생시킨다. 식물 영양분은 죽을 때 산소 요구 폐기물이 되는 특정 식물의 성장을 촉진시킴으로써 문제를 발생시킨다. **담수화**(**desalination**)란 바닷물 또는 짠물에 녹아 있는 염들을 제거하여 인간이 식수로 사용할 수 있도록 하는 것이다. 증류 또는 **역삼투법**(**reverse osmosis**)을 통해 담수화를 한다.

담수로부터 얻는 물은 가정에서 사용하기 전에 처리를 필요로 한다. 일반적 도시 상수도 물 처리법에서 사용하는 몇 가지 단계는 대강 거르기, 침강, 모래 거름, 공기 통과, 살균이다.

녹색 화학(18.5절) **녹색 화학**(**green chemistry**) 계획이란 인간의 건강에 기여하고 환경을 보존할 수 있는 화학 물질과 공정을 설계하고 응용을 촉진하는 것이다. 환경의 질을 개선하도록 작동할 수 있는 녹색 화학의 원리에는 화학 반응에 필요한 용매와 반응물의 선택, 대안 공정의 개발, 기존 시스템과 관습의 개선 등이 있다.

## 학습 정리 이 장을 공부한 후에 여러분은 다음을 할 수 있어야 한다.

- 고도에 따라 온도가 얼마나 변하는가로 지구 대기의 범위를 기술하기(18.1절). **관련 연습 문제: 18.4, 18.43**
- 해수면에서의 건조 공기의 주요 성분으로 대기의 구성을 설명하기(18.1절). **관련 연습 문제: 18.6, 18.44**
- 백만 분의 일(ppm) 단위로 기체의 농도를 계산하기(18.1절). **관련 연습 문제: 18.5, 18.45**
- 광해리 및 광이온화 반응 과정과 대기 상층에서 그것들의 역할을 설명하기(18.1절). **관련 연습 문제: 18.8, 18.47**
- 광해리 및 광이온화 반응을 일으키는 데 필요한 최소 진동수 또는 최대 파장을 결합 에너지와 이온화 에너지를 사용하여 계산하기(18.1절). **관련 연습 문제: 18.7, 18.46, 18.48**
- 상층 대기에서 오존이 어떻게 단파장의 태양 복사선을 여과하여 제거하는지를 설명하고, 어떻게 클로로플루오로탄소(CFC)가 오존층의 고갈에 영향을 주는지 설명하기(18.1절과 18.2절). **관련 연습 문제: 18.9, 18.13, 18.14, 18.51**
- 공기 오염물로서의 황 산화물과 질소 산화물의 발생과 거동을 산성비의 생성과 광화학 스모그를 포함하여 설명하기(18.2절). **관련 연습 문제: 18.15, 18.17, 18.52, 18.54**
- 대기 중에서 물과 이산화 탄소가 어떻게 온실 효과를 통하여 대기의 온도에 영향을 주는가를 기술하기(18.2절). **관련 연습 문제: 18.18, 18.55**
- 지구의 물 순환을 기술하기(18.3절). **관련 연습 문제: 18.21, 18.57**
- 물의 염도가 무엇을 의미하는지 설명하고, 담수화 방법으로서 역삼투

법 공정을 기술하기(18.4절). **관련 연습 문제: 18.24, 18.60**

- 천연의 물에 존재하는 중요한 양이온, 음이온, 기체들을 열거하고, 용해된 산소와 수질 간의 관계를 기술하기(18.4절). **관련 연습 문제: 18.25, 18.26, 18.59, 18.62**
- 가정용으로 사용되는 물을 처리하는 주된 단계들을 열거하기(18.4절). **관련 연습 문제: 18.27, 18.28, 18.63, 18.64**
- 녹색 화학의 주요 목적을 기술하기(18.5절). **관련 연습 문제: 18.30, 18.65**
- 반응들을 비교하고, 어떤 공정이 더 환경 친화적인지를 결정하기(18.5절). **관련 연습 문제: 18.31, 18.32, 18.67**

# 연습 문제

## 눈으로 보는 개념

**18.33** 273 K, 101.3 kPa에서 이상 기체 1 mol의 부피는 22.4 L이다(10.4절). [18.1절]

(a) 그림 18.1을 보고, 1 mol의 이상 기체가 성층권에서 22.4 L보다 큰 부피를 가질지, 작은 부피를 가질지 예측할 수 있는가?

(b) 그림 18.1을 보면, 85 km 고도보다 50 km 고도에서의 온도가 낮은 것을 알 수 있다. 이것은 1 mol의 이상 기체가 50 km 고도에서보다 85 km 고도에서 더 작은 부피를 가진다는 것을 의미하는가? 설명하시오.

(c) 대기권의 어느 부분에서 기체가 가장 이상적으로 거동할 것이라고 예상되는가? (모든 광화학적 반응은 무시하시오.)

**18.34** 상층 대기에 있는 분자는 단일 결합이 아닌 이중 결합과 삼중 결합을 포함하려는 경향이 있다. 이를 설명하시오. [18.1절]

**18.35** 다음 그림은 지구 대기의 가장 낮은 세 개의 지역을 보여 준다. [18.1절]

(a) 각 지역의 이름을 말하고, 경계가 나타나는 대략의 고도를 표시하시오.

(b) 오존이 오염 물질이 되는 지역은 어디인가? 어느 지역에서 오존이 태양 복사선 중 UV를 여과하는가?

(c) 지구 표면으로부터의 적외선을 가장 강하게 반사하는 지역은 어디인가?

(d) 지구 표면에서 상층으로 55~95 km 되는 대기에서는 원자와 분자의 들뜸에 의한 북극광(aurora borealis)이 발생한다. 그림의 어느 지역이 북극광 발생과 관계가 있는가?

(e) 이 세 지역에서의 고도 증가에 따른 수증기와 이산화 탄소의 상대적 농도 변화를 비교하시오.

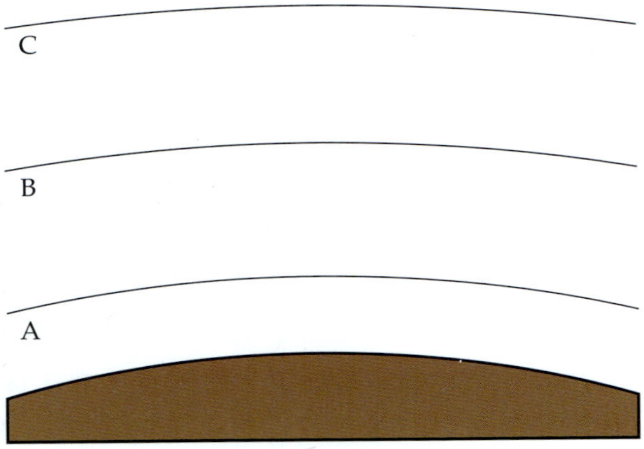


**18.36** 어떤 대도시를 위한 조각물 제작을 의뢰받은 예술가와 같이 일한다고 하자. 그 예술가는 조각물에 어떤 재료를 쓸 것인지 생각 중이다. 왜냐하면 예술가는 산성비가 오랜 시일에 걸쳐 조각품을 파괴할 것이라는 이야기를 들었기 때문이다. 화강암, 대리석, 청동 및 다른 재료들의 시료를 택하여 이 대도시의 실외에 오랫동안 놓아 두었다. 그리고 정기적으로 시료의 외형을 점검하고, 질량을 측정하였다. [18.2절]

(a) 어떤 관측이 하나 또는 그 이상의 재료가 조각품에 적당한지를 결론짓게 하였는가?

(b) 어떤 화학적 과정(들)이 관찰된 재료의 변화에 가장 그럴듯한 원인이 되는가?

**18.37** 매년 대양을 떠나는 것으로 추정되는 425,000 $km^3$의 물을 증발시키는 에너지는 어디로부터 생기는가? [18.3절]

**18.38** 지구의 대양은 염도가 35이다. 바닷물에 녹아 있는 소금의 농도는 ppm으로 나타내면 얼마인가? 담수(용해된 소금 < 500 ppm)로 고려되기 위해서는 바닷물로부터 몇 퍼센트의 소금이 제거되어야 하는가? [18.3절]

**18.39** 다음 그림과 같이 대기 중의 이산화 탄소가 세계의 대양과 상호작용하면 어떤 변화가 일어나는지 기술하시오. [18.3절]

**18.40** 역삼투압 공장에서의 첫 번째 공정은 그림과 같이 물을 바위, 모래, 자갈에 통과시켜 흘려주는 것이다. 이 과정이 특정한 물질을 제거할 수 있겠는가? 이 과정으로 용해되어 있는 소금을 제거할 수 있겠는가? [18.4절]

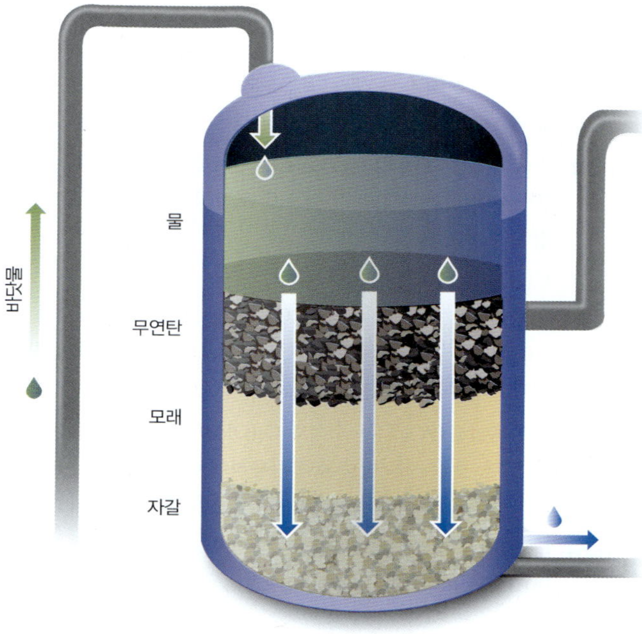


**18.41** 그림 18.20으로부터 프래킹 공법이 일으킬 수 있는 다양한 환경 오염을 기술하시오.

**18.42** 환경 화학이 가진 하나의 미스테리는 '이산화 탄소 예산'의 불균형이다. 과학자는 단지 인간의 활동만 고려하여 산림 황폐화로(식물은 $CO_2$를 사용하는데, 감소된 식물 때문에 더 많은 $CO_2$를 남긴다) 매년 16억 미터톤의 $CO_2$가 대기에 추가된다고 추정하였다. 화석 연료를 연소함으로써 매년 55억 톤의 $CO_2$가 대기에 더해진다. 더 추정하면(다시 인간 활동만 고려하여) 대기는 실제로 매년 33억 톤의 $CO_2$를 흡수한다. 반면에 대양이 매년 20억 톤을 흡수한다. 따라서 매년 설명 할 수 없는 18억 톤의 $CO_2$가 남는다. 대기 중에서 $CO_2$가 제거되어 지표면 아래에 남게 되는 메커니즘을 설명하시오(**힌트**: 화석 연료의 공급원은 무엇인가?). [18.1~18.3절]

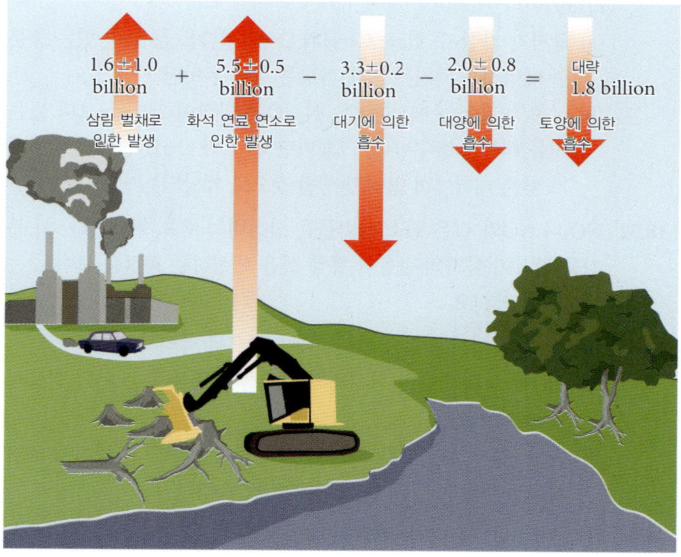


## 지구의 대기(18.1절)

**18.43** (a) 대기를 다른 영역들로 분할하는 것에 관한 일차적인 원리는 무엇인가?
(b) 대기의 영역들을 각각에 관하여 고도의 간격을 표시하고, 그 영역의 이름을 쓰시오.

**18.44** 표 18.1의 자료로부터, 전체 기압이 102.3 kPa일 때 네온과 헬륨의 부분 압력을 계산하시오.

**18.45** 2007년에 어느 도시의 공기 중 일산화 탄소의 평균 농도는 3.0 ppm이었다. 100 kPa의 압력, 35 °C의 온도에서 이 공기 1.0 L에 존재하는 CO 분자의 개수를 계산하시오.

**18.46** 탄소−아이오딘 결합의 해리 에너지는 전형적으로 240 kJ/mol이다.
(a) C−I 결합을 해리시킬 수 있는 광자의 최대 파장은 얼마인가?
(b) 자외선, 가시광선, 적외선 중 어떤 종류의 전자기 복사선이 (a)에서 계산한 파장에 해당되는가?

**18.47** (a) **광해리** 반응과 **광이온화** 반응을 구별하시오.
(b) 이러한 두 과정에 필요한 에너지를 사용하여 고도가 약 90 km 미만일 때, 산소의 광해리 반응이 산소의 광이온화 반응보다 중요한 이유를 설명하시오

**18.48** $N_2$의 해리 에너지는 941 kJ/mol로 매우 높다.
(a) $N_2$를 해리할 정도로 충분한 에너지를 갖는 광자의 파장을 계산하시오.
(b) 이러한 빛은 어떠한 전자기 스펙트럼에 해당되는가? 이러한 빛은 $N_2$를 광이온화하기에 충분한 에너지를 가지고 있는가?

## 인간 활동과 지구의 대기(18.2절)

**18.49** 오존 고갈과 관련된 반응이 산소 원자의 산화 상태의 변화를 포함하는가? 설명하시오.

**18.50** 클로로플루오로탄소 CFC-11, $CFCl_3$에 관한 Lewis 구조식을 그리시오. 이 물질의 어떤 화학적 특성이 성층권의 오존을 효율적으로 고갈시키는가?

**18.51** C−C와 C−H 결합의 평균 결합 엔탈피는 각각 348 kJ/mol과 413

kJ/mol이다.

**(a)** 광자가 가질 수 있고, C−H와 C−C 결합을 끊을 수 있는 충분한 에너지를 가지는 최대 파장은 각각 무엇인가?

**(b)** 상층 대기에 존재하는 $O_2$, $N_2$, O는 파장이 240 nm보다 짧은 빛을 대부분 흡수한다. 그렇다면 C−C와 C−H 결합의 광분해가 낮은 대기에서 많이 발생될 것으로 예상되는가?

**18.52** $NO_2$나 NO와 같은 질소 산화물은 산성비의 주요 원인이다. 이 분자들 각각이 물과의 반응을 통해 산을 생성하는 과정을 보여 주는 반응식을 쓰시오.

**18.53** pH 3.5인 산성비는 철을 부식시키는 것으로 알려져 있다.

**(a)** 철(Fe) 재료에 대한 산성비의 공격을 설명해 주는 화학 반응식을 쓰시오

**(b)** 만일 철 재료가 구리 표면 층으로 덮여 있다면 산성비에 의한 효과를 멈추는 데 도움이 되겠는가? 설명하시오.

**18.54** 자동차의 알코올 기반 연료는 배기가스에서 폼알데하이드($CH_2O$)를 발생시킨다. 폼알데하이드는 광해리 반응을 거쳐서 광화학 스모그 발생에 기여한다.

$$CH_2O + h\nu \longrightarrow CHO + H$$

이 반응을 일으키는 빛의 최대 파장은 335 nm이다.

**(a)** 전자기파 스펙트럼의 어느 부분에서 이 파장을 가지는 빛을 발견할 수 있는가?

**(b)** 335 nm 빛의 광자를 흡수하여 끊을 수 있는 결합의 최대 세기는 kJ/mol 단위로 얼마인가?

**(c)** **(b)**에서의 해답을 표 8.3의 값과 비교해 보시오. 폼알데하이드의 C−H 결합 에너지에 관한 결론은 무엇인가?

**(d)** 폼알데하이드의 광해리 반응을 Lewis 점 구조식으로 나타내시오.

**18.55** 그림 18.10에 나타낸 지구의 에너지 균형을 고려하시오.

**(a)** 몇 가지의 다른 종류의 근원이 대기로 에너지를 전달하는가? 가장 큰 영향을 미치는 것은 무엇인가? 대기로 전이되는 에너지의 총량($W/m^2$)은 얼마인가?

**(b)** 균형을 유지하기 위해, 대기는 우주나 지구 표면으로 복사선을 방출함으로써 동등한 양의 에너지를 잃어버려야 한다. 지구 표면으로는 방출되는 복사선의 비율은 얼마인가?

## 지구의 물(18.3절)

**18.56** 염도가 25.0이고 용액의 밀도가 1.04 g/mL이면, 이 NaCl 용액에서 $Na^+$의 몰농도는 얼마인가?

**18.57** 물의 증발 엔탈피는 40.67 kJ/mol이다. 지구 표면에 부딪치는 태양광은 제곱미터당 168 W를 공급한다(1 W = 1 watt = 1 J/s).

**(a)** 물의 증발이 오직 태양으로부터의 에너지 유입에 의한다고 가정하고, 낮 12시간 동안 대양의 1.00제곱미터 부분에서 몇 그램의 물이 증발하는지 계산하시오.

**(b)** 액체 물의 비열은 4.184 J/g °C이다. 만일 대양의 1.00제곱미터 부분의 초기 온도가 26 °C이면, 12시간 동안 태양빛 속에 있은 후에 최종 온도는 얼마인가? (이때 상변화가 없다고 가정하고, 태양빛이 균일하게 10.0 cm 깊이까지 투과한다고 가정한다.

**18.58** 바닷물로부터 마그네슘을 회수하는 첫 번째 단계는 $Mg(OH)_2$를 CaO와 반응시켜 침전시키는 것이다.

$$Mg^{2+}(aq) + CaO(s) + H_2O(l) \longrightarrow Mg(OH)_2(s) + Ca^{2+}(aq)$$

$Mg(OH)_2$ 1000 kg을 침전시키는 데 필요한 CaO의 질량은 몇 그램인가?

**18.59** 바닷물에는 많은 이온이 있지만, 용해된 양이온과 음이온의 전체 전하는 중성을 유지해야 한다. 표 18.5에 나열된 바닷물 중 가장 풍부한 6개 이온($Cl^-$, $Na^+$, $SO_4^{2-}$, $Mg^{2+}$, $Ca^{2+}$, $K^+$)만을 고려하여 해수 1.0 L에 포함된 양이온의 총 전하를 쿨롬 단위로 계산하시오. 바닷물 1.0 L에 포함된 음이온의 총 전하를 쿨롬 단위로 계산하시오. 몇 개의 유효 숫자가 두 숫자에 동일하게 존재하는가?

## 인간 활동과 수질(18.4절)

**18.60** 어떤 사람이 전체 소금 농도가 0.265 *M*인 염수를, 사람이 마실 수 있는 0.015 *M* 농도로 소금 함량을 줄이기 위해 역삼투법을 사용하고자 한다고 가정해 보자. 298 K에서 작동한다고 가정할 때, 이러한 목적을 달성하기 위해 투과기(그림 18.17)에 가해야 하는 최소 압력은 얼마인가? (**힌트**: 13.5절 참조)

**18.61** 탄소, 수소, 산소, 황, 질소의 원소를 포함하는 유기 물질이 다음 조건에서 분해될 때 생성되는 공통 생성물을 열거하시오.

**(a)** 호기성 조건 **(b)** 혐기성 조건

**18.62** 스테아르산 소듐($C_{18}H_{35}O_2Na$)은 가장 흔한 세제이다. 스테아르산 음이온이 다음과 같은 방식으로 호기성 분해 반응을 거친다고 가정해 보자.

$$C_{18}H_{35}O_2^-(aq) + 26\,O_2(aq) \longrightarrow 17\,CO_2(aq) + 17\,H_2O(l) + HCO_3^-(aq)$$

3.0 g의 이 물질을 생분해하는 데 필요한 $O_2$의 전체 질량은 얼마인가?

**18.63** 인화 수소($HPO_4^{2-}$)는 소석회 $Ca(OH)_2$를 첨가하여 물에서 제거할 수 있다. 이온들을 반응물로 사용하여 $Ca_5(OH)(PO_4)_3$가 침전물을 만드는 과정을 나타낼 수 있는 균형 맞춘 화학 반응식을 쓰시오.

**18.64** **(a)** 트라이할로메테인(THM)은 무엇인가?

**(b)** THM의 두 가지 예에 대한 Lewis 구조식을 쓰시오.

## 녹색 화학(18.5절)

**18.65** 녹색 화학의 원리 중 하나는, 새로운 화학 물질을 생산할 때 될 수 있는 한 적은 단계를 사용하는 것이 더 좋다는 것이다. 이러한 원리는 어떻게 에너지 효율과 관련이 되는가?

**18.66** 다음 반응과 같이 Bayer−Villiger 반응은 케톤을 락톤으로 변환하는 고전적인 유기 산화 반응이다.

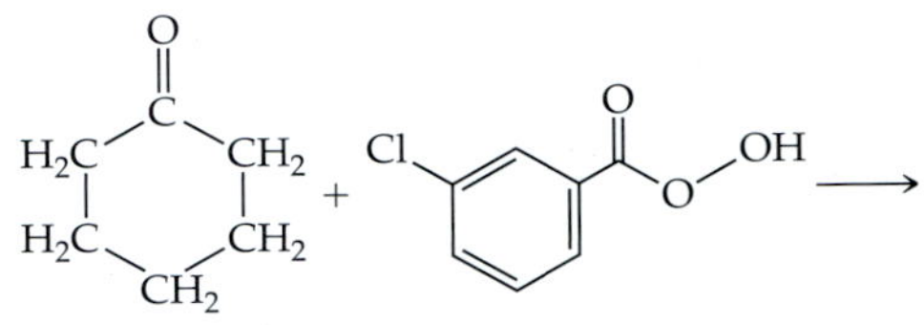


케톤 3-클로로과벤조산

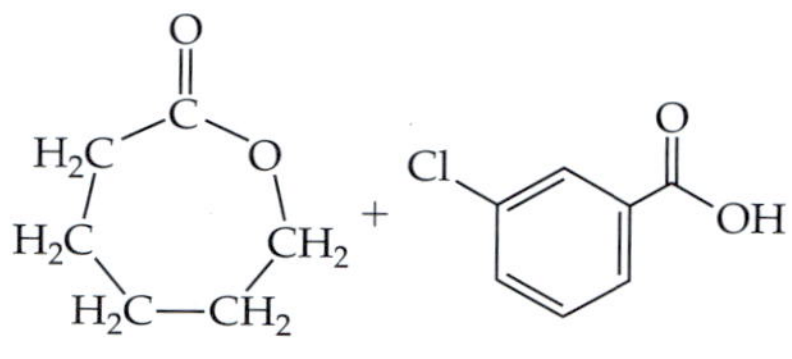


이 반응은 플라스틱과 의약품을 제조하는 데 사용된다. 3-클로로과벤조산(3-chloroperbenzoic acid)은 충격에 약간 민감하고, 폭발하는 경향이 있다. 또한 3-클로로벤조산은 폐기물이다. 이 공정의 대안은 과산화 수소와, 고체 지지체 위에 증착한 주석으로 이루어진 촉매를 사용하는 것이다. 이 촉매는 반응 혼합물로부터 쉽게 회수된다.

**(a)** 과산화 수소로 케톤을 락톤으로 산화하는 반응에서 만들어질 수 있는 다른 부산물은 무엇인가?

**(b)** 제안된 공정에서 녹색 화학의 어떤 원리가 언급되는가?

**18.67** 다음 중 어느 화학 공정이 더 환경 친화적인가? 설명하시오.

**(a)** 원자재로써 원유 vs. 식물성 기름

**(b)** 용매로써 벤젠 vs. 물

**(c)** 660 K에서의 촉매 반응 vs. 800 K에서의 무촉매 반응

## 추가 연습 문제

**18.68** 당신의 친구 중 한 명이 신문 기사에서 다음 내용을 읽더니 설명해달라고 한다.

**(a)** 산성비 **(b)** 온실 기체 **(c)** 광화학 스모그 **(d)** 오존 고갈

각 항목에 관하여 간단하게 설명하고, 각각에 관련된 화학 물질을 한 개 또는 두 개 찾으시오.

**18.69** 다른 행성의 대기가 Kr 17%, $CH_4$ 40%, $O_2$ 50%로 구성되어 있다고 가정해 보자. 표면에서의 평균 몰질량은 얼마인가? 모든 $O_2$가 광해리되는 고도에서의 평균 질량은 얼마인가?

**18.70** 만일 평균 $O_3$ 분자가 성층권에서 해리되기 전에 단지 100~200초 동안만 '생존'한다면, 어떻게 $O_3$가 자외선으로부터 우리를 보호해 줄 수 있는가?

**18.71** 식 18.7과 18.9를 합치면 식 18.10이 됨을 보이시오.

**18.72** CFC의 어떤 특성이 다양한 상업적 응용에 있어 이상적인 물질로 만드는 반면, 성층권에서는 장기적인 문제를 일으키게 하는가?

**18.73** **할론**(halon)은 $CBrF_3$와 같이 브로민을 포함하는 플루오로탄소이다. 이것은 화재의 소방에 거품제로 널리 사용된다. CFC와 마찬가지로 할론은 반응성이 매우 없으며, 결국에는 성층권으로 확산하여 들어갈 수 있다.

**(a)** 표 8.3에 근거하여 볼 때, Br 원자의 광분해 반응이 성층권에서 일어날 것으로 예측되는가?

**(b)** 성층권에 존재하는 할론에 의해 성층권의 오존이 고갈되는 메커니즘을 제안하시오.

**18.74** **(a)** CFC와 HFC의 차이는 무엇인가?

**(b)** 성층권에서의 HFC의 생존 기간은 2~7년으로 추정하고 있다. 왜 이 기간이 주목할 만한가?

**(c)** 왜 CFC를 대체하기 위해 HFC가 사용되고 있는가?

**(d)** CFC의 대체 물질로서 HFC의 주요 단점은 무엇인가?

**18.75** $N_2$와 $O_2$ 반응에서 생성되는 NO의 평형 상수는 온도가 증가함에 따라 증가한다. 반면 NO와 $O_2$ 반응에서 $NO_2$가 생성되는 반응의 평형 상수는 온도가 증가함에 따라 감소한다. 그 이유를 Le Châtelier원리를 사용하여 설명하시오.

**18.76** 액화 천연가스(LPG)는 주로 프로페인($C_3H_8(l)$) 또는 뷰테인($C_4H_{10}(l)$)으로 이루어진다.

**(a)** 프로페인이 완전 연소되어, 유일한 탄소 함유 생성물로 $CO_2$만을 생성하는 반응의 균형 맞춘 화학 반응식을 쓰시오.

**(b)** 프로페인이 불완전 연소되어, 탄소를 포함하는 생성물로는 CO만을 생성하는 균형 맞춘 화학 반응식을 쓰시오.

**(c)** 25 °C, 101.3 kPa에서 10 mL의 $C_3H_8(l)$가 완전히 연소하여 $CO_2(g)$로 변환하는 데 필요한 건조 공기의 최소량은 얼마인가? LPG의 밀도는 0.50 g/mL이다.

**18.77** Pinatubo 화산이 폭발하였을 때 약 2억 톤의 $SO_2$가 대기 중으로 분사되었을 것으로 추정하고 있다. 대부분의 $SO_2$는 $SO_3$로 산화되고 다시 대기 중 물과 반응하여 에어로솔을 형성한다.

**(a)** 에어로솔이 형성되는 과정을 화학 반응식으로 쓰시오.

**(b)** 이 에어로솔이 북반구의 지표 온도를 0.5~0.6 °C 떨어뜨렸다. 이러한 일이 발생되는 메커니즘은 무엇인가?

**(c)** 황산염 에어로솔이라 불리는 이러한 물질들은 성층권에서 오존을 감소시킨다. 어떻게 이러한 일이 발생할 수 있을까?

**18.78** 지구 온난화로 인한 결과 중 하나는 대양의 물 온도가 상승하는 것이다. 대양은 많은 양의 $CO_2$를 녹임으로써 $CO_2$의 '싱크(제거자)'로서의 역할을 한다.

**(a)** 다음 그림은 온도에 따른 물에서의 $CO_2$의 용해도를 보여 준다. $CO_2$는 다른 기체들과 이러한 관점에서 비슷하게 행동하는가?

**(b)** 이 그림은 기후 변화 문제에 있어 어떤 점을 암시하는가?

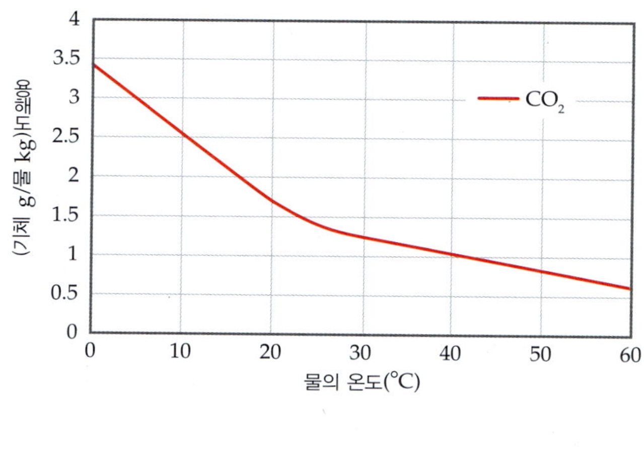

**18.79** 지구에 도달하는 태양 에너지는 $m^2$당 168 W라고 한다. 지구 표면에서 발산하는 에너지의 비율은 $m^2$당 390 W이다. 이러한 수치를 비교한다면 지구는 빨리 냉각되어야 하지만, 실제는 그렇지 않다. 그 이유는 무엇인가?

**18.80** 2008년 전 세계 개인당 평균 전기 소비량은 3.0 MWh이다. 매일 지구에 도달하는 태양 에너지는 $m^2$당 168 W라고 한다. 현재 태양 에너지 전환 기술의 효율이 대략 10%라는 점을 고려하면, 최대 전력을 공급하기 위해서는 몇 $m^2$의 대지가 태양광을 수집해야 하는가?

**18.81** 다음 반응식 각각의 균형 맞춘 화학 반응식을 쓰시오.
(a) 이산화 탄소 분자가 상층 대기에서 광해리 반응을 일으킨다.
(b) 이산화 탄소 분자가 상층 대기에서 광이온화 반응을 일으킨다.
(c) 일산화 탄소가 성층권에서 오존에 의해 산화된다.
(d) 이산화 탄소가 물에 녹아 탄산수소염을 생성한다.

**18.82** (a) 충분한 양의 $Na_2CO_3$를 $Mg^{2+}$ 이온이 포함된 용액에 첨가하면, $Mg(OH)_2$가 침전되는가? 균형 맞춘 반응식을 써서 설명하시오.
(b) 25 ppm의 $Mg^{2+}$를 포함하는 1.00 L의 용액에 $Na_2CO_3$ 2.0 g을 첨가하면 $Mg(OH)_2$가 침전되는가?

**18.83** 미국의 질병관리청(CDC)는 어린이의 혈중 납 농도에 기초하여 허용되는 혈중 납 농도(BLL)를 발표했다. 이는 현재 5 μg/dL이다.
(a) 이 농도는 몰농도로는 얼마인가?
(b) 이 농도를 ppb로 표현하시오.

## 통합 연습 문제

**18.84** 2015년 도시화된 국가에서 공기 중 $NO_2$의 추산 평균 농도는 0.010 ppm이다.
(a) 대기압이 101 kPa일 때, 이 공기 시료에서 $NO_2$의 부분 압력을 계산하시오.
(b) 이 조건에서 25 °C, 10 m × 8 m × 2.5 m 크기인 실내에 존재하는 $NO_2$의 분자수는 몇 개인가?

**18.85** 500메가와트 전력 발전소는 일반적으로 매년 1,430,000톤의 석탄을 태운다.
(a) 석탄은 탄소 80%와 황 3%로 되어 있으며, 완전 연소하였다고 가정하자. 그 해에 발전소에 의해 생성된 이산화 탄소와 이산화 황의 톤수를 계산하시오.
(b) 만일 분말 상태의 CaO와 반응시켜 $CaSO_3$를 형성하여 50%의 $SO_2$가 제거되었다면, $CaSO_3$ 몇 톤이 생성되었는가?

**18.86** 그림 14.4는 다른 농도를 갖는 아이오딘($I_2$) 용액의 가시광선 스펙트럼을 보여준다(1 mg/L 100mg/L). 최대 흡광도는 450 nm이다.
(a) 450 nm 파장에 해당하는 색상은 무엇인가?
(b) 450 nm에서 이 용액 내 아이오딘의 흡광 계수를 계산하시오. 분광기의 경로 길이(path length)는 1.0 cm라고 가정한다.

**18.87** 일반적인 실험실용 분광기는 0.0002 이하의 흡광도를 검출할 수 있다. 이러한 분광기에 검출될 수 있는, 분자량 120.5 g/mol의 유해한 유기 물질을 고려해 보자. 이 물질의 흡광 계수는 최대 흡수 파장 320 nm에서 $1.43 \times 10^3\ M^{-1}cm^{-1}$이다.
(a) 이 분광기에 의해 검출될 수 있는 이 유기 물질의 최소 농도를 계산하시오(경로 길이는 1 cm이다).
(b) 최소 측정 가능 몰 농도를 ppb로 변환하시오.

**18.88** 성층권에서의 $H_2O$의 농도는 약 5 ppm이다. $H_2O$는 다음과 같이 광해리 반응을 일으킨다.

$$H_2O(g) \longrightarrow H(g) + OH(g)$$

(a) 각 생성물과 반응물의 Lewis 점 구조식을 그리시오.
(b) 표 8.3을 사용하여, 이러한 광해리 반응이 일어나는 데 필요한 파장을 계산하시오.

(c) 하이드록실 라디칼(OH)은 오존과 반응하여 다음 반응을 일으킨다.

$$OH(g) + O_3(g) \longrightarrow HO_2(g) + O_2(g)$$
$$HO_2(g) + O(g) \longrightarrow OH(g) + O_2(g)$$

이러한 두 개의 부분 반응식으로부터 어떠한 전체 반응식이 만들어지는가? 전체 반응에서 촉매는 무엇인가? 설명하시오.

**18.89** 생물적 환경 정화는, 예를 들면 세균이 석유 누출에 대응하여 환경을 회복시키는 과정과 같은 것이다. 탄화수소를 '먹어 치우는' 세균의 효율성은 계의 산소량, pH, 온도, 많은 다른 인자에 좌우된다. 어떤 석유 누출에서 석유로부터의 탄화수소는 일차 반응 속도 상수가 $2 \times 10^{-6}\ s^{-1}$이 되는 속도로 사라졌다. 탄화수소가 처음 값의 10 %로 감소하는 데 며칠이 소요되었을까?

**18.90** ClO와 $ClO_2$의 표준 형성 엔탈피 값은 각각 101, 102 kJ/mol이다. 이러한 자료와 부록 C의 열역학적 자료를 이용하여, 다음 촉매 순환 반응에서의 각 단계에 관한 전체 엔탈피 변화를 계산하시오.

$$ClO(g) + O_3(g) \longrightarrow ClO_2(g) + O_2(g)$$
$$ClO_2(g) + O(g) \longrightarrow ClO(g) + O_2(g)$$

이 두 단계로부터 생기는 전체 반응식의 엔탈피 변화는 얼마인가?

**18.91** 정수하기 위해 물을 증류시키는 방법이 비싼 주된 이유는 물을 가열하고 증발시키는 데 높은 에너지가 필요하기 때문이다.
(a) 부록 B에서 물의 밀도, 비열, 증발열을 사용하여, 1.00 L의 물을 25 °C에서 시작하여 증발시키는 데 필요한 에너지의 양을 계산하시오.
(b) 전기가 0.085달러/kWh의 비용에 에너지로 공급되는 경우, 그 비용을 계산하시오.
(c) 식료품 가게에서 증류수를 리터당 0.49달러에 팔면, 판매가의 몇 퍼센트가 에너지 비용이 될 것인가?

**18.92** 성층권에서 오존 고갈에 기여하는 하나의 반응은 산소 원자가 직접 오존과 반응하는 것이다.

$$O(g) + O_3(g) \longrightarrow 2\,O_2(g)$$

298 K에서 이 반응의 반응 속도 상수는 $4.8 \times 10^5\ M^{-1}s^{-1}$이다.

**(a)** 반응 속도 상수의 단위에 근거하여, 이 반응에 알맞은 반응 속도 법칙을 쓰시오.

**(b)** 이 반응은 단 한 개의 단일 단계 과정을 거쳐서 일어난다고 예상할 수 있는가? 이유를 설명하시오.

**(c)** 부록 C로부터 $\Delta H_f^\circ$ 값을 사용하여, 이 반응의 엔탈피 변화 값을 추정하시오. 이 반응은 성층권의 온도를 높일 것인가, 낮출 것인가?

**18.93** 다음은 매우 낮은 농도에서 H에 의한 $O_3$의 파괴($O_3 + H \longrightarrow O_2 + OH$)에 관한 자료를 수집한 것이다.

| 실험 | $[O_3](M)$ | $[H](M)$ | 초기 반응 속도$(M/s)$ |
|---|---|---|---|
| 1 | $3.25\times10^{-33}$ | $2.25\times10^{-26}$ | $8.10\times10^{-15}$ |
| 2 | $6.50\times10^{-33}$ | $4.50\times10^{-26}$ | $3.25\times10^{-14}$ |
| 3 | $6.48\times10^{-33}$ | $2.23\times10^{-26}$ | $1.62\times10^{-14}$ |

**(a)** 이 반응의 반응 속도 법칙을 쓰시오.

**(b)** 반응 속도 상수를 계산하시오.

**18.94** 대류권에서 $CF_3CH_2F$(HFC 중 하나)가 OH 라디칼에 의해 분해되는 반응에서, 각 반응물의 반응 차수는 일차이며 반응 속도 상수는 10 ℃에서 $k = 2.1\times10^{-8}\ M^{-1}s^{-1}$이다. 만일 대류권에서 OH와 $CF_3CH_2F$의 농도가 각각 $1.0\times10^{12}$, $7.5\times10^{14}$ 분자/$cm^3$라면, 이 온도에서의 반응 속도 상수는 $M$/s 단위로 얼마가 되는가?

**18.95** 25 ℃에서 물에 대한 $CO_2$의 Henry 법칙 상수가 $3.4\times10^{-4}$ 분자/$m^3$-Pa이다.

**(a)** 만일 용액이 정상적인 대기압에서 공기와 접촉하면, 이 온도에서 물에 대한 $CO_2$의 용해도는 얼마인가?

**(b)** 모든 $CO_2$가 $CO_2$와 $H_2O$ 간의 반응에 의해 생성되는 $H_2CO_3$ 형태로 존재한다고 가정하자.

$$CO_2(aq) + H_2O(l) \longrightarrow H_2CO_3(aq)$$

이 용액의 pH는 얼마인가?

**18.96** 때로는 $Al(OH)_3$의 침전($K_{sp} = 1.3 \times 10^{-33}$)을 이용해 물을 정수하기도 한다.

**(a)** 10,000 L의 물에 5.0 kg의 $Al_2(SO_4)_3$를 첨가하였을 때, $Al(OH)_3$가 침전하기 시작하는 pH 값을 추정하시오.

**(b)** 이 pH 값에 도달하기 위하여 대략 몇 파운드의 CaO를 첨가해야 하는가?

**18.97** 중요한 중합체 폴리유레테인은 아이소사이아네이트(isocyanate, RNCO)기를 포함하는 화합물과 알코올(ROH) 간의 반응에 의해 합성된다. 유레테인 단량체를 생성할 수 있는 두 반응은 다음과 같다.

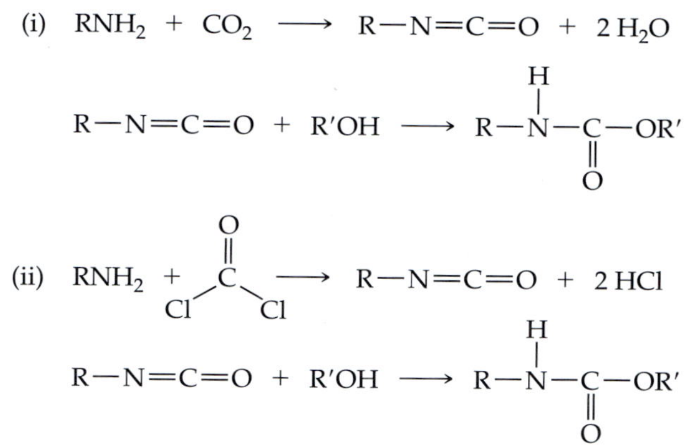

**(a)** (i)과 (ii) 공정 중 어느 것이 더 환경 친화적인가? 설명하시오.

**(b)** 각 반응에서, 탄소를 포함하는 각 화합물 내 탄소 원자의 혼성과 기하학적 구조는 무엇인가?

**(c)** 각 반응에서 아이소사이아네이트 중간체의 형성을 촉진하고 싶다면, Le Châtelier 원리를 사용하여 어떻게 해야하는가?

**18.98** 어떤 특정 빗방울의 pH가 5.6이다.

**(a)** 이 빗방울의 주요 화학종이 $H_2CO_3(aq)$, $HCO^{3-}(aq)$, $CO_3^{2-}(aq)$라 가정하고, 빗방울 속의 이러한 화학종의 농도를 계산하시오(전체 탄산염의 농도는 $1.0\times10^{-5}\ M$이라고 가정한다. 표 16.3에 적절한 $K$ 값이 주어져 있다).

**(b)** 이 비가 또한 pH에 기여하는 황을 포함한 화학종을 가지고 있다는 가정을 시험하기 위해서는 어떤 실험을 할 수 있는가? (실험하는 데 충분한 비 시료를 가지고 있다고 가정한다.)

## 실험 설계 문제

최근 들어 상당량의 석유/기체용 우물을 위한 프래킹(18.4절의 "자세히 보기" 참조)이 특정 시골 지역에서 많이 시행되고 있다. 주민들은 가정용수로 쓰이는 거주 지역 우물물이 프래킹 공정과 관련 있는 화학 물질들에 의해 오염되었다고 불평하고 있다. 석유/기체용 우물의 관리자는 불만이 되고 있는 화학 물질들은 자연적으로 발생해 들어갈 수 있는 것들이고 우물 시추 활동의 결과는 아니라고 답변하였다.

거주 지역 우물 오염 물질들이 프래킹 공정 때문인지, 그리고 그렇다면 어느 정도인지를 결정하는 데 도움을 주기 위해 거주 지역 우물물에 수행할 수 있는 실험을 설계해 보시오. 프래킹 공정에 포함될 것으로 예상되는 화학 물질에는 염산, 염화 소듐, 에틸렌 글라이콜, 붕산염과 구아 검(guar gum), 구연산, 메탄올 등과 같은 수용성 젤화 물질들, 메테인과 아이소프로판올과 같은 알코올 등이 있다. 당신이 거주 지역 우물물 속의 이와 같은 물질들의 농도를 측정할 수 있는 기술을 보유하고 있다고 가정하자. 프래킹 공정이 우물물 오염을 야기시켰는지에 대한 의문을 잠재우기 위해 어떠한 실험을 실시하고, 결과에 대한 어떠한 분석을 하겠는가? 우물물 속의 이러한 물질들 전체 또는 몇 개의 농도를 단순히 측정하는 것이 이러한 논란을 해결하기에 충분하겠는가?

# 19 화학 열역학



## 19.1 자발적 과정

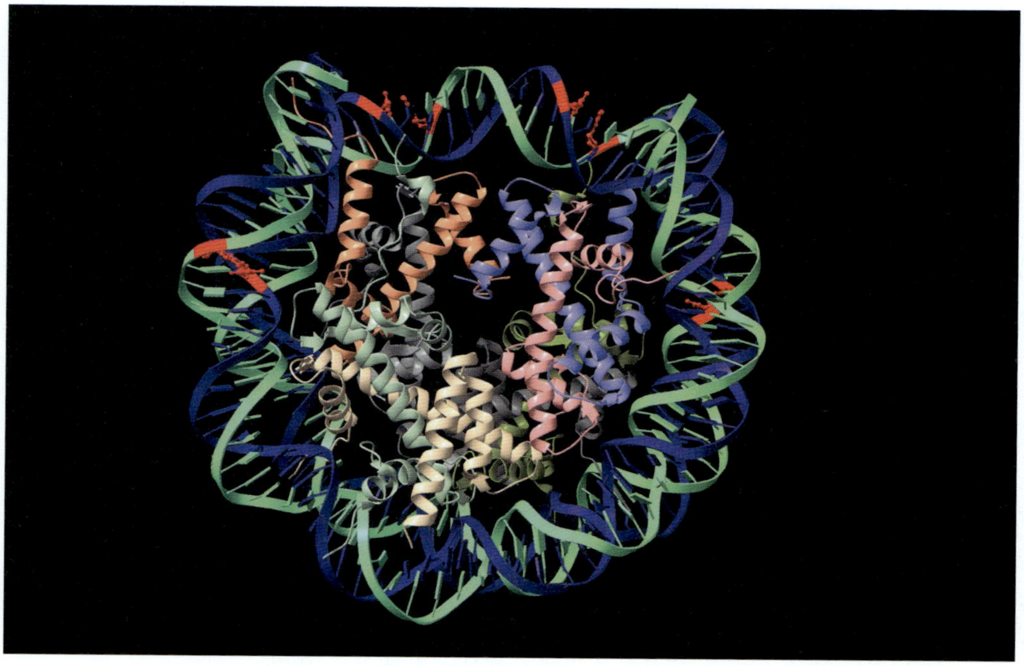

뉴클레오솜은 살아있는 세포의 핵 속에 있는 고분자이다. 3D 구조에서 보듯이, DNA(바깥쪽의 이중 나선형 리본)가 8개의 단백질 분자(다양한 색을 띤 나선형 리본들)를 둘러싸고 있다. 뉴클레오솜이라고 하는 이 DNA/단백질의 전체적인 구조체가 우리 세포핵의 염색체를 이루는 기본 단위이다. 이 구조들은 굉장히 정교하나, 유전자 발현이 일어나기 위해서는 풀려야만 한다. 뉴클레오솜이 과정 동안 달걀의 위치 에너지는 변하는가?

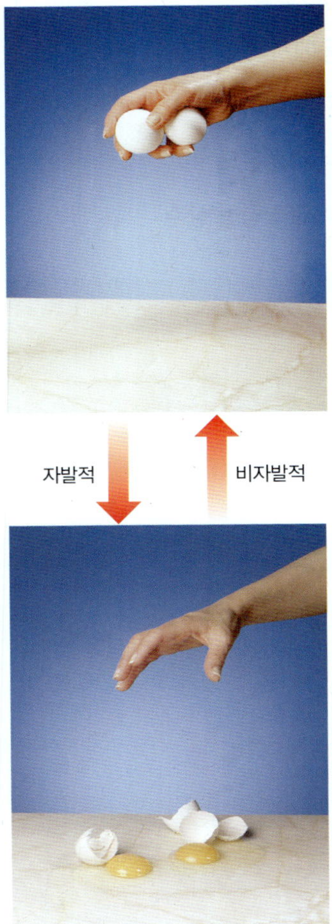


▲그림 19.1 자발적 과정

의 DNA가 뭉치고 다시 풀리는 과정은 모두 계의 에너지 변화를 수반한다.

뉴클레오솜처럼 복잡한 분자 구조체들로부터 세포, 조직, 그리고 식물과 동물의 개체에 이르기까지, 각 생명체가 보여 주는 놀랍도록 정교한 조직체는 이를 연구하는 과학자들에게 기쁨과 경이로움을 준다. 이렇게 조직화된 계들이 만들어지고 유지되기 위해서는 어떤 방식으로든 에너지가 필요하다. 그런데, 그 에너지들이 어떻게 활용되기에 그런 일을 하는 걸까? 구성 원자들을 모아서 냄비에 넣고 에너지를 가하기만 한다고 해서 뉴클레오솜과 같은 것들이 만들어지지는 않는다.

자연에서 일어나는 과정을 이해하려면, 그것이 DNA 복제나 광합성이든 또는 단순히 못이 녹스는 과정이든 화학 반응을 지배하는 일반 법칙을 이해해야 한다.

이 장에서는 반응의 진행 정도와 에너지 사이의 관련성에 대해 살펴볼 것이다. 이를 위해서 에너지 관계를 다루는 화학 분야인 **화학 열역학**(chemical thermodynamics)에 대한 고찰이 필요하다. 5장에서 열역학을 처음 배운 바 있으며, 에너지의 특성, 열역학 제1법칙, 엔탈피의 개념을 논의한 바 있다. 이 장에서는 열역학 제2법칙과, 13장에서 잠깐 보았던 열역학적 양인 **엔트로피**(entropy)의 개념에 대해 공부한다. 몇 가지 정의들과 함께 시작할 것이다. 이 절이 끝나면 다음 사항을 수행할 수 있어야 한다.

- 자발적 과정, 가역적 과정, 비가역적 과정, 등온 과정이라는 용어를 설명하고 적용하기

들고 있던 벽돌을 손에서 놓으면 아래로 떨어진다. 여러분이 아무리 오래 기다려도, 그 벽돌이 튀어 올라 다시 손으로 돌아오는 일은 절대 일어나지 않는다. 또한 비 맞은 못에는 녹이 슨다. 일단 녹슬게 되면 해가 나고 시간이 아무리 흘러도 원래의 새 못으로 절대 바뀌지 않는다. 이 두 예는 변화에 방향성이 있음을 보여 주는 사례이다. 벽돌이 떨어지고 못이 녹스는 것 같은 과정들은 '자발적으로 일어난다'고 말한다. **자발적 과정**(spontaneous process)이란 외부의 어떤 도움 없이도 스스로 일어날 수 있는 과정을 뜻한다.

자발적 과정은 한 방향으로만 일어나며, 모든 자발적 과정의 역과정은 항상 **비자발적**(nonspontaneous)이다. 예를 들어 딱딱한 표면에 달걀을 떨어뜨리면 바닥에 닿는 순간 달걀이 깨져 버린다(그림 19.1). 이제, 깨진 달걀이 다시 복원되고, 바닥에서 위로 올라와 손으로 다시 들어오는 비디오 장면을 보고 있다고 해 보자. 그런 일이 일어날 수 없음을 잘 알고 있기 때문에 여러분은 그 비디오가 역재생되고 있다고 생각할 것이다. 달걀이 떨어져서 깨지는 것은 자발적인 반면, 다시 복원되어 위로 올라가는 과정은 비자발적이다.

**한 방향으로의 자발적인 과정은 그 반대 방향으로는 비자발적이다.**

어떤 과정이 자발적인지 아닌지를 결정할 때 온도, 압력 같은 실험 조건은 종종 중요한 요소가 된다. 예를 들어 얼음의 녹는 현상을 생각해 보자. 대기압에서 주위의 온도가 0 °C보다 높을 때 얼음은 자발적으로 녹는다. 그러나 주위의 온도가 0 °C보다 낮으면, 액체 물이 자발적으로 언다. 그 때는 그 역과정, 즉 녹는 과정이 비자발적이다(그림 19.2).

과정의 **자발성**(spontaneity)을 **속도**(speed)와 혼동하지 말아야 한다. 자발적이라는 것이 관측 가능한 속도로 일어남을 의미하는 것은 아니다. 어떤 자발적 과정은 산–염기 중화 반응처럼 빠를 수도 있고, 철이 녹스는 것처럼 느릴 수도 있다. 열역학을 통해서 반응의 방향과 그 반응이 어느 정도 일어날지는 알 수 있지만, 반응의 속도에 대해서는 전혀 알 수 없다.

비자발적이 불가능함을 의미하지 않는다는 것을 아는 것도 중요하다. 예를 들어 소금(NaCl)이 소듐과 염소로 분해되는 것은 보통의 조건에서는 비자발적이지만, 외부에서 에너지를 가해 주면 용융된 NaCl의 분해가 가능하다. 자발적 과정은 그러한 외부의 간섭 없이도 일어난다.

다음 중 어느 방향이 발열 과정인가?

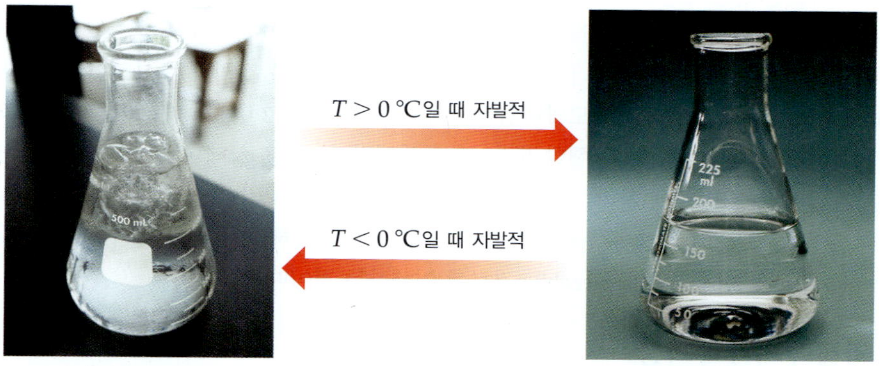


▲그림 19.2 온도에 따라 바뀌는 자발성 $T > 0$ ℃에서 얼음이 자발적으로 녹아 물이 된다. $T < 0$ ℃에서는 그 반대 과정, 즉 물이 얼어 얼음이 되는 과정이 자발적이다. $T = 0$ ℃에서는 두 상태가 평형을 이루고 있다.

## 예제 19.1

### 자발적 과정 판단하기

다음 과정들이 자발적인지, 그 반대 과정이 자발적인지, 평형을 이루고 있는지 판단하시오.
(a) 150 ℃로 가열한 금속 조각을 40 ℃의 물에 넣을 때, 물이 뜨거워진다.
(b) 실온의 물이 $H_2(g)$와 $O_2(g)$로 분해된다.
(c) 101.3 kPa의 벤젠 기체($C_6H_6(g)$)가 정상 끓는점인 80.1 ℃에서 액체 벤젠으로 응축된다.

**해답**

**분석** 각 과정이 지시한 방향으로 자발적으로 진행할지, 그 반대 방향으로 진행할지, 어떤 방향으로도 자발적 진행이 일어나지 않을지 알아보는 문제이다.

**계획** 여러분의 경험과 일치하는 것이 제시된 과정인지 그 반대 과정인지 생각해 본다.

**풀이**

(a) 이 과정은 자발적이다. 온도가 다른 두 가지 물질이 접촉하면 열은 뜨거운 것에서 찬 것으로 전달된다. 따라서 열은 뜨거운 금속으로부터 차가운 물로 전달된다. 결국 금속과 물은 동일한 온도가 되며(열적 평형), 그 최종 온도는 금속의 초기 온도와 물의 초기 온도 사이에 있는 어떤 값이 된다.

(b) 경험에 의하면, 이 과정은 자발적이지 않다. 수소와 산소 기체가 물속에서 저절로 끓어오르는 것을 본 적이 없을 것이다. 오히려 그 역과정인 $H_2$와 $O_2$가 반응하여 $H_2O$를 생성하는 반응이 자발적이다.

(c) 정상 끓는점은 101.3 kPa에서 액체와 증기가 평형을 이루는 온도를 의미한다. 따라서 이 경우는 평형 상태이다. 만약 온도가 80.1 ℃보다 낮으면, 벤젠 증기의 액화 과정이 자발적이다.

**▶ 보충 예제**

철이 산화되어 산화 철(III)(녹)이 되는 것은 자발적이다. 이 과정에 대한 다음 설명 중 옳은 것은?
(a) 산화 철(III)이 철로 환원되는 것도 자발적이다.
(b) 자발적 과정이므로 철의 산화는 빠르게 일어날 것이다.
(c) 철의 산화는 흡열 과정이다.
(d) 닫힌 계에서 철의 산화 속도와 산화 철(III)의 환원 속도가 같을 때 평형에 도달한다.
(e) 철이 녹으로 산화될 때 우주의 에너지는 감소한다.

## 자발성에 대한 기준 찾기

경사면 위를 굴러 내려가는 돌이나 손에서 떨어지는 벽돌은 위치 에너지를 잃는다. 어떤 형태의 에너지를 잃는 것은 역학적 계에서 일어나는 자발적 과정의 공통적 특성이다. 1870년대에, Marcellin Bertholet(1827~1907)은 화학적 계에서도 자발적 변화의 방향은 에너지 손실에 의해 결정된다고 제안하였다. 그는 모든 자발적인 화학적, 물리적 변화는 발열 과정이라고 제안하였다. 그러나 이 주장에 대한 예외를 너무 쉽게 찾을 수 있다. 예를 들면 실온에서 얼음이 녹는 것은 자발적인 흡열 과정이다. 이뿐만 아니라 13.1절에서 공부한 바와 같이, $NH_4NO_3$의 용해 과정을 비롯한 많은 자발적 용해 과정이 흡열 과정이다. 대부분의 자발 반응이 발열 반응이지만, 흡열 반응 중에서도 자발적 반응이 있다. 분명히 에너지 손실 외에 어떤 다른 요소가 변화 과정의 방향성을 결정하는 역할을 하고 있음을 알 수 있다.

한 과정이 왜 자발적인가를 더 잘 이해하려면, 계의 상태가 변하는 방식들을 좀 더 면밀하게 고려할 필요가 있다. 온도, 내부 에너지, 엔탈피 등은 특정 상태를 정의하는 성질인 **상태 함수**(state function)이고, 그 상태에 어떻게 도달하였는지에 상관없음을 5.2절에서 배운 바 있다. 계와 그 주위 사이를 이동한 열($q$)과, 계가 행한 또는 계에 행해진 일($w$)은 상태 함수가 아니다. 따라서 상태 변화가 일어나는 방식에 따라 그 값이 달라진다. 즉 $q$와 $w$의 값은 한 상태로부터 다른 상태로 변할 때 어떤 **경로**(path)를 따르는지에 의존한다. 자발성을 이해하기 위한 열쇠 중 하나는 **가역적**(reversible) 경로와 **비가역적**(irreversible) 경로를 이해하는 것이다.

## 가역 과정과 비가역 과정

어떤 과정이든, 거꾸로 돌렸을 때 계와 그 주위 둘 다 정확히 그들의 원래 상태로 돌아가게 되는 가상의 이상적인 경로를 생각해 볼 수 있다. 즉, 그 과정의 역과정을 거치면 계와 주위에는 아무 변화가 없게 되는 것이다. 그런 이상적 과정을 가역적이라고 한다.

- **가역 과정**(**reversible process**)이란 주위에 아무런 변화 없이 계를 원래 상태로 되돌릴 수 있는 과정이다.
- **비가역 과정**(**irreversible process**)이란 주위에 뭔가 변화를 일으켜야만 계를 원래 상태로 되돌릴 수 있는 과정이다.

혼란을 피하기 위해 때로는 **열역학적 가역**(thermodynamically reversible) 또는 **열역학적 비가역**(thermodynamically irreversible)이라고 하기도 한다.

예를 들어 열전달 과정을 생각해 보자. 온도가 다른 두 물체가 접촉할 때, 열은 뜨거운 물체에서 차가운 물체로 자발적으로 흐른다. 반대 방향인 차가운 쪽에서 뜨거운 쪽으로 열을 흐르게 하는 것은 불가능하기 때문에, 이 과정은 비가역 과정이다. 이런 사실을 고려했을 때, 열전달이 가역적으로 일어날 수 있는 가상적인 조건들을 생각할 수 있을까? 답은 '그렇다'이다. 단, 온도 변화가 무한히 작은 경우에만 그렇다.

실질적으로 같은 온도라 할 수 있을 만큼의 무한소(infinitesimal) 정도의 온도 차이($\delta T$)만 있는 계와 그 주위를 생각해 보자(**그림 19.3**). 주위 온도가 $T$이고 계의 온도가 이보다 무한소만큼 더 높

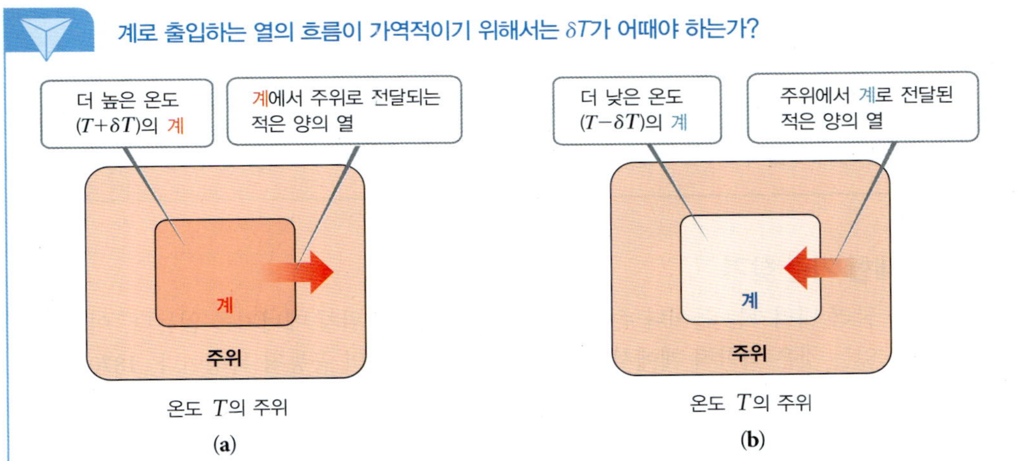


▲ **그림 19.3** **가역적 열 흐름** 계와 주위 간의 열 흐름은 그들의 온도 차이가 무한소 $\delta T$만큼일 때만 가역적일 수 있다. (a) 계의 온도를 $\delta T$만큼 높이면 고온의 계에서 저온의 주위로 열이 흐른다. (b) 계의 온도를 $\delta T$만큼 낮추면 고온의 주위에서 저온의 계로 열이 흐른다.

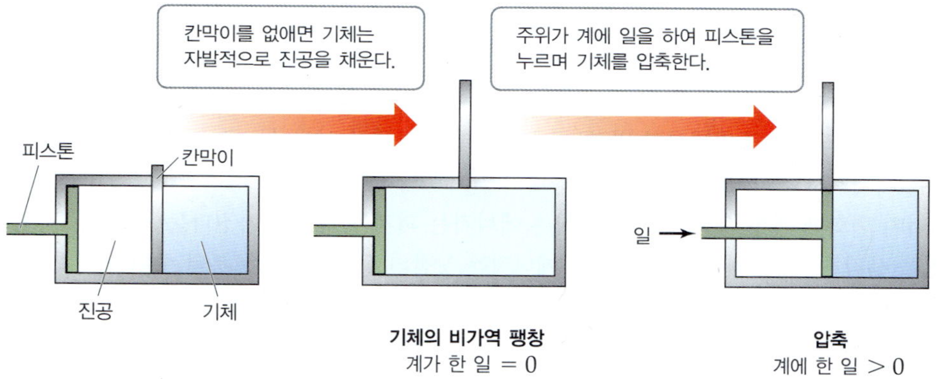


▲ **그림 19.4** **비가역 과정** 처음에 이상 기체가 실린더의 오른 쪽 반에 채워져 있다. 칸막이를 없애면, 기체는 자발적으로 팽창하여 전체 실린더를 채운다. 이 팽창 동안 계가 한 일은 없다. 피스톤을 압축하여 기체를 원래 상태로 되돌리기 위해서는, 주위가 계에 일을 해 주어야 한다.

은 $T+\delta T$라면, 무한소만큼의 열이 계에서 주위로 흐르게 된다. 계의 온도를 $T-\delta T$로 낮춰서 온도 차이를 반대로 하면 열 흐름의 방향은 반대가 되어 주위로부터 계로 열이 흐르게 된다. 이상에서 보듯이, 열전달 과정이 가역적이기 위해서는 열의 양이 무한소만큼 적어야 하고 열의 전달은 무한히 느리게 일어나야 한다.

**가역 과정이란 계의 어떤 성질을 무한소만큼 변화시킬 때 방향을 바꾸는 과정이다.**

다른 예로서, 일정한 온도에서 일어나는(**등온**(**isothermal**) 과정이라고 하는) 이상 기체의 팽창을 살펴보자. **그림 19.4**에 나타낸 실린더–피스톤 장치에서, 칸막이를 없애면 기체는 자발적으로 팽창하여 진공 부분을 채우게 된다. 이 등온 과정이 가역적인지 비가역적인지 판단할 수 있을까? 이 기체는 외부 압력 없이 진공으로 팽창하므로 주위에 대해 $P-V$ 일을 하지 않는다. 그러므로, 이 팽창에 대해 $w=0$이다. 피스톤을 압축하면 그 기체를 원래 상태로 되돌릴 수 있으나, 그렇게 하기 위해서는 주위가 계에 일을 해야만 하며 이것은 압축 과정이 $w > 0$임을 의미한다. 즉, 계를 원래 상태로 되돌리는 경로에서는 계가 처음 변할 때의 경로에서와 다른 $w$ 값(그리고, 열역학 제1법칙에 따라, 다른 $q$ 값)을 필요로 한다. 계를 원래 상태로 되돌리면서 같은 경로를 취할 수 없다는 사실은 그 과정이 비가역적임을 나타낸다.

이상 기체의 **가역적** 등온 팽창은 어떻게 일어날까? 그것은 기체가 실린더의 반을 채우고 있을 때 피스톤에 가하는 외부 압력이 그 기체가 피스톤에 가하는 압력과 정확히 같을 때만 가능하다. 외부 압력을 무한히 서서히 낮추면 피스톤은 바깥쪽으로 움직일 것이고 갇힌 기체의 압력이 변해 압력 균형이 다시 유지된다. 이렇게 외부 압력과 기체의 압력이 항상 평형을 이루면서 무한히 느린 과정이 가역적이다. 역과정을 생각해서 같은 방식으로 무한히 느리게 그 기체를 압축한다면 원래 부피로 기체를 되돌릴 수 있다. 이런 가상적 과정으로 진행하면 주위의 상태에 어떠한 변화도 일으키지 않고 기체의 팽창과 수축 순환 과정을 완결하게 된다.

이상의 예들을 포함한 여러 예들에서 우리는 두 가지 중요한 사실을 알게 된다.

- 실제 과정들은 가역 과정에 해당하는 무한소만큼의 변화를 단지 근사적으로밖에 할 수 없어서 **모든 실제 과정은 비가역적이다.**
- 자발적 과정은 실제 과정이어서 **모든 자발적 과정들은 비가역적이다.**

따라서, 모든 자발적 변화에 대해서, 계를 원래 상태로 되돌리기 위해서는 주위에 알짜 변화가 일어나야만 한다. 그런데 무슨 변화가 일어나는 것일까?

열역학 제1법칙은 에너지가 보존됨을 기술하고 있음을 기억하라. 이를 수학적으로 표현하면, $\Delta E=q+w$이다. 즉, 계의 내부 에너지 변화는 계가 흡수(방출)한 열과 계에 (또는 계가) 한 일의 합이 된다. 계를 원래 상태로 되돌리게 되면 에너지의 총량은 변화가 없더라도, 에너지 특성은 변한다. 계를 원래 상태로 되돌리기 위해서는 계에 일을 해주어야 한다. 일을 하기 위해서는 집약된 방식의 에너지를 사용해야 한다. 집약된 에너지는 그 과정이 일어나는 동안 좀 더 분산된 형태로 변환된다. 그러므로 주위에서의 변화는 에너지 특성 면에서 일어나는데, 에너지가 좀 더 분산되고 무질서해져서 결국 일을 할 수 있는 능력이 떨어지게 된다.

에너지 변화에 관한 우리의 경험 지식은 **에너지는 퍼지는 경향을 가진다**는 것이다. 뜨거운 차 한 잔을 생각해 보자. 차가 식음에 따라 에너지는 찻잔의 작은 공간으로부터 주위의 더 큰 공간으로 퍼지게(분산) 된다. 분자 수준에서 설명하면, 입자들의 무작위적이고 무질서한 운동이 분자 간 충돌을 통해 고온(평균 운동 에너지가 높은 곳)에서 저온(평균 운동 에너지가 낮은 곳)으로 에너지를 전달하여 결국 차와 주위의 온도가 같아지게 된다. 좀 더 집약된 형태에서 덜 집약된 형태로 에너지가 퍼지려는 이와 같은 자연적 경향으로 인해 에너지의 일부는 일에 쓸 수 없게 된다. 흥미롭게도, 가역적 과정은 계가 주위에 할 수 있는 최대의 일을 한다.

## 자기 평가 연습 문제

**19.1** 물만 계이고, 그것을 담은 용기와 그 밖의 모든 것을 주위로 간주하시오. 이때 물이 증발한 후 다시 응결하여 그 용기로 되돌아오는 과정을 생각해 보자. 이 두 단계 과정은 가역적일 수 있는가?
**(a)** 예
**(b)** 아니오

## 연습 문제

**19.2** 다음 과정 중 어느 것이 자발적인가? **(a)** STP의 물이 증발하여 101.3 kPa 압력의 수증기 형성 **(b)** 물과 기름의 혼합물이 두 층으로 분리되기 **(c)** 우유의 산패 **(d)** STP에서 수산화 소듐과 염산의 중화 **(e)** 20 °C, 101.3 kPa의 물로부터 얼음의 형성

**19.3** **(a)** 흡열 반응이 자발적으로 일어날 수 있는가? **(b)** 어떤 온도에서는 자발적인 과정이 다른 온도에서는 비자발적일 수 있는가? **(c)** 물은 분해되어 수소와 산소를 만들 수 있으며, 그 수소와 산소는 다시 결합하여 물을 만들 수 있다. 이것은 그 과정들이 열역학적 가역임을 의미하는가? **(d)** 계가 주위에 할 수 있는 일의 양은 그 과정의 경로에 따라 달라지는가?

**19.4** *n*-옥테인($C_8H_{18}$)의 정상 끓는점은 125 °C이다.
**(a)** *n*-옥테인 기체가 *n*-옥테인 액체로 응결하는 것은 흡열 과정인가, 발열 과정인가?
**(b)** *n*-옥테인이 끓는 과정은 어느 온도 범위에서 자발적인가?
**(c)** 어느 온도 범위에서 끓는 과정이 비자발적인가?
**(d)** *n*-옥테인 액체와 기체가 평형 상태에 있는 온도가 존재하는가? 설명하시오.

**19.5** 폭발물 TNT가 대기압하에서 폭발할 때 발생하는 상황에 대한 물음이다.
**(a)** 폭발은 가역적 과정인가?
**(b)** 이 과정에 대한 $q$의 부호는?
**(c)** 이 과정에 대한 $w$는 양수인가, 음수인가, 혹은 0인가?

자기 평가 연습 문제 답 **19.1** (b)

# 19.2 | 엔트로피와 열역학 제2법칙

냉장 기술이 발전하면서 음식의 운송, 저장, 보관에 큰 변혁이 일어났다. '차가움'을 생산하는 방식에는 여러 가지가 있지만, 현대의 냉장고는 기체-압축 순환 방식을 가장 널리 활용한다. 증발 가능한 액체가 팽창 밸브를 통과하며 기화된다. 이는 흡열 과정이다. 따라서 주위로부터 열을 뺏고 주위는 차가워진다. 차가워진 주위는 냉장고의 음식 보관실과 연결되어 있다. 이후 기체는 압축기를 통과하면서 응축되고 이 응축으로 생성된 열은 열교환기를 통해 냉장고 밖으로 배출된다. 결과적으로, 열이 차가운 곳에서 빠져나와 더운 곳으로 배출되는 것이다. 이것은 비자발적 과정이지만 에너지를 사용하여 가능하게 된 셈이다.

이 절이 끝나면 다음 사항을 수행할 수 있어야 한다.

- 엔트로피의 정의 및 열역학 제2법칙 설명하기
- 상변화에 대한 $\Delta S$ 계산하기

비가역적 과정에 대해 배운 것을 어떤 과정의 자발성 여부를 예측하는 데 적용하기 위해서는 엔트로피라는 열역학적 양을 살펴보아야 한다.

**엔트로피**(**entropy**)란 에너지가 퍼지거나 분산되는, 따라서 일을 할 능력이 감소되는 경향을 반영하는 양이다. 일반적으로 표현하면, 그것은 에너지를 담고 있는 입자들의 **무작위**(randomness) 또는 **무질서**(disorder) 정도를 반영한다.

이 절에서는, 엔트로피 변화와 열전달 및 온도 간의 관계에 대해 공부한다. 이를 통해, 열역학 제2법칙으로 알려진 엔트로피 변화와 자발성에 관한 심오한 결론에 도달할 것이다.

## 엔트로피와 열의 관계

계의 엔트로피($S$)는 내부 에너지($E$)와 엔탈피($H$)처럼 상태 함수의 일종이다. 이들처럼 $S$ 값은 계의 상태 특성이다. 그러므로, 계의 엔트로피 변화($\Delta S$)는 계의 초기 상태와 최종 상태에 의해서만 결정되고, 그 변화가 일어나는 경로와는 상관없다.

$$\Delta S = S_{최종} - S_{초기} \tag{19.1}$$

등온 과정의 $\Delta S$는 그 과정이 가역적이었다면 전달되었을 열($q_{rev}$)을 그 과정이 일어날 때의 절대 온도로 나눈 것과 같다:

$$\Delta S = \frac{q_{rev}}{T} \quad (\text{일정 온도 } T) \qquad [19.2]$$

**계의 한 상태로부터 다른 상태로 변하는 경로는 많이 있지만, 그중 하나의 경로만이 가역 과정과 관련이 있다.** 그러므로 계의 두 상태에 대한 $q_{rev}$ 값은 이미 결정되어 있다. $S$가 상태 함수이기 때문에, 가역 과정뿐만 아니라 **어떠한** 등온 과정에 대해서도 식 19.2를 이용하여 $\Delta S$를 계산할 수 있다.

## 상변화에 따른 $\Delta S$

물질이 녹는점에서 녹고 끓는점에서 기화하는 것은 등온 과정이다. 얼음이 녹는 예를 보자. 101.3 kPa의 압력에서 얼음과 액체의 물은 0 °C에서 평형 상태에 있다. 0 °C, 101.3 kPa에서 1 mol의 얼음이 같은 조건에 있는 1 mol의 물로 녹는 과정을 생각해 보자. 주위로부터 계로 열이 공급되어야 이런 변화가 일어날 수 있다. 즉, $q = \Delta H_{용융}$($\Delta H_{용융}$은 녹음열)이다. 이제, 주위의 온도를 0 °C보다 무한소만큼만 올려서 계에 매우 천천히 열을 공급한다고 생각해 보자. 그런 방식으로 변화를 일으키게 되면 그 과정은 가역적이 된다. 왜냐하면 주위의 온도를 0 °C보다 무한소만큼 낮추면 같은 양의 열($\Delta H_{용융}$)을 계로부터 매우 천천히 제거하여 앞의 과정을 거꾸로 되돌릴 수 있기 때문이다. 따라서 $T = 0\ °C = 273$ K에서 얼음의 녹는 과정의 경우 $q_{rev} = \Delta H_{용융}$이다.

$H_2O$의 용융 엔탈피는 $\Delta H_{용융} = 6.01$ kJ/mol이다(녹는 과정은 흡열 과정이므로 양수이다). 그러므로 273 K에서 얼음 1 mol의 녹음에 대한 $\Delta S_{용융}$을 식 19.2를 이용하여 계산할 수 있다.

$$\Delta S_{용융} = \frac{q_{rev}}{T} = \frac{\Delta H_{용융}}{T} = \frac{(1\ \text{mol})(6.01 \times 10^3\ \text{J/mol})}{273\ \text{K}} = 22.0\ \text{J/K}$$

(1) 식 19.2에는 절대 온도를 대입해야 하고, (2) 식 19.2를 통해 짐작할 수 있듯이, $\Delta S$의 단위(J/K)는 절대 온도로 나눈 에너지의 단위임을 주목하라.

### 예제 19.2
**상변화의 $\Delta S$ 계산하기**

수은 원소는 상온에서 은색 액체이다. 그 정상 어는점은 −38.9 °C이고 용융 몰엔탈피는 $\Delta H_{용융} = 2.29$ kJ/mol이다. Hg($l$) 50.0 g이 정상 어는점에서 얼 때, 계의 엔트로피 변화는 얼마인가?

**해답**

**분석** 액체가 얼 때 열은 계로부터 주위로 이동하는($q < 0$) 발열 과정임을 우선 알아야 한다. 어는 것은 녹는 것의 역과정이기 때문에, Hg 1 mol이 얼 때 동반되는 엔탈피 변화는 $-\Delta H_{용융} = -2.29$ kJ/mol이다.

**계획** $-\Delta H_{용융}$와 Hg의 원자량을 이용하여, Hg 50.0 g이 얼 때 $q$를 계산할 수 있다. 이렇게 계산한 $q$ 값을 식 19.2의 $q_{rev}$에 대입하여 계의 $\Delta S$를 계산한다.

**풀이**

$q$를 얻기 위해,

$$q = (50.0\ \text{g Hg})\left(\frac{1\ \text{mol Hg}}{200.59\ \text{g Hg}}\right)\left(\frac{-2.29\ \text{kJ}}{1\ \text{mol Hg}}\right)\left(\frac{1000\ \text{J}}{1\ \text{kJ}}\right) = -571\ \text{J}$$

식 19.2를 이용하기 전에 섭씨 온도를 절대 온도로 바꿔야 한다.

$$-38.9\ °C = (-38.9 + 273.15)\ \text{K} = 234.3\ \text{K}$$

$\Delta S_{계}$는

$$\Delta S_{계} = \frac{q_{rev}}{T} = \frac{-571\ \text{J}}{234.3\ \text{K}} = -2.44\ \text{J/K}$$

**검토** 이 과정은 발열 과정이어서, 열이 계에서 흘러 나가므로 $q_{rev}$는 음수가 되어 엔트로피 변화도 음수이다.

**주의** 액체의 끓는점에서 기화를 비롯한 다른 등온 상변화의 $\Delta S$를 계산할 때도 이와 같은 과정을 활용할 수 있다.

**▶ 보충 예제**

발열을 동반하는 모든 종류의 상변화에서 계의 엔트로피 변화는 음수인가?

**(a)** 예, 계로부터 전달된 열이 음의 부호를 가지므로
**(b)** 예, 상전이 동안 온도가 낮아지므로
**(c)** 아니오, 엔트로피 변화는 계에 또는 계로부터 전달된 열의 부호에 따라 달라지므로
**(d)** 아니오, 계로 전달된 열은 양의 부호를 가지므로
**(e)** 위 답변 중 두 개 이상이 옳음

## 자세히 보기 등온 팽창하는 기체의 엔트로피 변화

일반적으로 계가 분산될수록 또는 좀 더 무작위적일수록 계의 엔트로피는 커진다. 그러므로 기체가 자발적으로 팽창할 때 엔트로피는 증가할 것이다. 이 엔트로피 증가를 어떻게 계산하는지 알아보기 위해, 그림 19.4에서와 같이 피스톤에 갇힌 이상 기체의 팽창 과정을 생각해 보자. 피스톤에 가해진 압력을 무한소만큼 감소시켜서 그 기체가 가역적 등온 팽창한다고 하자. 피스톤을 밀어내 가역적 팽창을 하면서 계가 주위에 한 일은 다음 식(그 유도 과정은 생략)으로 계산할 수 있다.

$$w_{rev} = -nRT \ln \frac{V_2}{V_1}$$

이 식에서 $n$은 기체의 몰수, $R$은 이상 기체 상수, $T$는 절대 온도, $V_1$은 초기 부피, $V_2$는 최종 부피이다. 기체가 팽창하므로 $V_2 > V_1$일 것이며, 따라서 $w_{rev} < 0$이다. 즉, 팽창하는 기체는 주위에 일을 하게 된다.

이상 기체의 특성 중 하나는 내부 에너지가 온도에 의해서만 결정되며, 압력과는 무관하다는 점이다. 그러므로 이상 기체가 일정한 온도에서 팽창할 때 $\Delta E = 0$이다. $\Delta E = q_{rev} + w_{rev} = 0$이므로, $q_{rev} = -w_{rev} = nRT \ln(V_2/V_1)$을 얻게 된다. 이제 식 19.2를 이용하면, 계의 엔트로피 변화를 계산할 수 있다:

$$\Delta S_{계} = \frac{q_{rev}}{T} = \frac{nRT \ln \frac{V_2}{V_1}}{T} = nR \ln \frac{V_2}{V_1} \qquad [19.3]$$

101.3 kPa, 0 °C에 있는 1.00 L의 이상 기체가 2.00 L로 팽창할 때 엔트로피 변화를 계산해 보자. 10장에서 하였던 대로, 이상 기체식을 이용하면 101.3 kPa, 0 °C에 있는 이상 기체 1.00 L의 몰수를 계산할 수 있다.

$$n = \frac{PV}{RT} = \frac{(101.3\ \text{kPa})(1.00\ \text{L})}{(8.314\ \text{L kPa/mol K})(273\ \text{K})} = 4.46 \times 10^{-2}\ \text{mol}$$

기체 상수 $R$은 8.314 J/mol-K(표 10.2)로도 나타낼 수 있는데, 식 19.3을 이용할 때는 이 값을 써야 한다. 왜냐하면 엔트로피의 변화를 보통 L-kPa 단위보다 J 단위로 나타내기 때문이다. 그러므로 이상 기체가 1.00 L에서 2.00 L로 팽창할 때, 계의 엔트로피 변화는

$$\Delta S_{계} = (4.46 \times 10^{-2}\ \text{mol})\left(8.314\ \frac{\text{J}}{\text{mol-K}}\right)\left(\ln\frac{2.00\ \text{L}}{1.00\ \text{L}}\right) = 0.26\ \text{J/K}$$

와 같이 얻어진다. 이 엔트로피 증가는 팽창으로 인해 늘어난 분자들의 무작위도를 반영한 것이라는 점을 19.3절에서 보게 될 것이다.

**관련 연습 문제: 19.11, 19.66**

## 열역학 제2법칙

열역학 제1법칙의 주요 개념은 어떠한 과정에서도 에너지는 보존된다는 것이다. 에너지가 보존되는 것처럼, 자발적 과정이 일어나는 동안 엔트로피도 보존될까?

다음의 계산을 통해 알아보자. 1 mol의 얼음(대충 얼음 한 조각 크기)인 계가 그 주위의 일부인 여러분의 손에서 녹을 때, 계와 주위의 엔트로피 변화를 계산해 보자. 이 과정은 계와 주위가 다른 온도에 있기 때문에 가역적이 아니다. 그렇지만 $\Delta S$는 상태 함수이기 때문에 계의 엔트로피 변화는 과정이 가역적인지 비가역적인지와 상관없이 같다. 예제 19.2 바로 앞에서 이 과정에서 수반되는 계의 엔트로피 변화를 계산한 바 있다.

$$\Delta S_{계} = \frac{q_{rev}}{T} = \frac{(1\ \text{mol})(6.01 \times 10^3\ \text{J/mol})}{273\ \text{K}} = 22.0\ \text{J/K}$$

얼음과 맞닿아 있는 여러분의 손이 주위의 일부가 되며, 그 온도는 체온(37 °C = 310 K)과 같다고 가정하자. 여러분의 손이 잃은 열의 양은 얼음이 얻은 열의 양과 크기는 같지만 부호는 반대가 되어 $-6.01 \times 10^3$ J/mol이 된다. 따라서 주위의 엔트로피 변화는 다음과 같다.

$$\Delta S_{주위} = \frac{q_{rev}}{T} = \frac{(1\ \text{mol})(-6.01 \times 10^3\ \text{J/mol})}{310\ \text{K}} = -19.4\ \text{J/K}$$

우주 전체는 계와 그 주위로 구성되었다고 할 수 있다. 따라서 $\Delta S_{우주} = \Delta S_{계} + \Delta S_{주위}$이다. 그러

므로 우주 전체의 엔트로피 변화는 우리의 예에서 양수이다.

$$\Delta S_{우주} = \Delta S_{계} + \Delta S_{주위} = (22.0\ \text{J/K}) + (-19.4\ \text{J/K}) = 2.6\ \text{J/K}$$

만일 주위 온도가 310 K가 아니고 273 K보다 아주 조금 높은 온도였다면, 녹는 과정은 비가역적이 아니라 가역적일 것이다. 그러한 경우에는 주위 엔트로피 변화가 −22.0 J/K가 되어 $\Delta S_{우주}$는 0이 되었을 것이다.

일반적으로, 모든 비가역 과정이 우주의 엔트로피를 증가시킨다. 반면, 어떤 가역 과정도 우주의 엔트로피를 변하게 하지 않는다.

$$\textbf{가역 과정:}\quad \Delta S_{우주} = \Delta S_{계} + \Delta S_{주위} = 0$$

$$\textbf{비가역 과정:}\quad \Delta S_{우주} = \Delta S_{계} + \Delta S_{주위} > 0 \qquad [19.4]$$

이 식들이 **열역학 제2법칙(second law of thermodynamics)**을 일목요연하게 보여 주고 있다. 자발적 과정은 비가역적이므로, 열역학 제2법칙을 다음과 같이 표현할 수도 있다.

**우주의 엔트로피는 모든 자발적 과정에서 증가한다.**

열역학 제2법칙은 모든 자발적 변화에서 나타나는 본질적 특성을 말하고 있다 — 그러한 변화는 항상 우주의 엔트로피 증가를 동반한다. 기준으로서 이 법칙을 활용하면 어떤 과정이 자발적일지, 그렇지 않을지를 예측할 수 있다. 그런데 열역학 제2법칙을 사용하여 자발성을 예측하기 전에 분자적 관점에서 엔트로피의 의미를 좀 더 살펴보는 것이 유용할 것이다.

계속 진행하기 전에 식의 표기법에 관한 한마디: 이 장의 남은 대부분에서 우리의 관심은 주위보다 계에 주로 집중될 것이다. 따라서 표기를 간단히 하기 위해 계의 엔트로피 변화를 $\Delta S_{계}$로 분명히 쓰기보다 $\Delta S$로 간단히 나타낼 것이다.

## 자기 평가 연습 문제

**19.6** 소듐 금속은 염소 기체와 반응하여 염화 소듐이 된다. 이 반응은 자발적이며 계(소듐과 염소)의 엔트로피는 감소한다. 주위의 엔트로피 변화에 대한 다음 설명 중 옳은 것은?

**(a)** 주위의 엔트로피는 증가한다.

**(b)** 주위의 엔트로피는 변하지 않는다.

**(c)** 주위의 엔트로피는 감소한다.

**19.7** 95.5 °C에서 고체 황(사방 정계)이 고체 황(단사 정계)으로 변할 때 $\Delta S = 1.09$ J/mol이다. 이 변화 과정의 엔탈피 변화($\Delta H$)는 얼마인가?

**(a)** 11.4 J/mol

**(b)** 104 J/mol

**(c)** 402 J/mol

## 연습 문제

**19.8** 다음 설명이 참인지 거짓인지를 말하시오.

**(a)** 모든 자발적 과정에서 우주의 엔트로피는 증가한다.

**(b)** 모든 비가역 과정에서 계의 엔트로피 변화는 주위의 엔트로피 변화와 크기는 같고 부호는 반대이다.

**(c)** 모든 자발적 과정에서 계의 엔트로피는 증가해야 한다.

**(d)** 등온 과정에서 엔트로피 변화는 절대 온도와 가역적으로 전달된 열의 양에 따라 달라진다.

**19.9** 소듐(Na) 원소는 97.8 °C에서 녹고 그 몰 용융 엔탈피는 $\Delta H_{용융} =$ 2.60 kJ/mol이다.

**(a)** 용융 소듐이 응고하여 Na(*s*)가 될 때, $\Delta S$는 양수인가 음수인가?

**(b)** 50.0 g의 Na(*l*)가 97.8 °C에서 응고할 때 $\Delta S$를 계산하시오.

**19.10** **(a)** 자발적 과정이 일어날 때 주위의 엔트로피는 증가하는가? **(b)** 어떤 자발적 과정에서 계의 엔트로피가 감소한다고 한다. 이때, $\Delta S_{주위}$의 부호와 크기에 대해 어떤 결론을 내릴 수 있는가? **(c)** 어떤 가역 과정에서, 주위는 $\Delta S_{주위} = -78$ J/K의 엔트로피 변화를 거쳤다. 이 과정에서 발생한 계의 엔트로피 변화는 얼마인가?

**19.11** **(a)** 350 K의 온도를 유지하면서, 0.600 mol의 이상 기체의 압력을 76.0 kPa에서 증가시켰다. 이때 $\Delta S$의 부호는 무엇이라고 생각하는가? **(b)** 기체의 최종 압력이 121.6 kPa이었다면, 이 과정에서 변한 엔트로피 값을 계산하시오. **(c)** 엔트로피 변화를 계산할 때 온도가 필요한가?

자기 평가 연습 문제 답 **19.6** (a) **19.7** (c)

## 19.3 | 분자적 관점에서의 엔트로피와 열역학 제3법칙

축구 결승전처럼 중요한 경기에서 결승 골이 나왔을 때 관중이 지르는 함성을 상상해 보자. 수많은 사람 각자의 함성은 모두 약간씩 다르지만, 그 함성들이 더해져 하나의 소리가 된다. 지금까지의 엔트로피 논의에서 우리는 엔트로피를 거시적 관점에서 설명하였고 계, 주위, 우주의 엔트로피 사이의 관계를 공부했다. 이 절에서는 엔트로피의 미시적 관점, 즉, 분자 수준에서 설명하는 방식을 살펴본다.

이 절이 끝나면 다음 사항을 수행할 수 있어야 한다.

- 계가 가질 수 있는 미소 상태의 개수와 그 계의 엔트로피 사이의 관계 설명하기
- 분자가 가질 수 있는 분자 운동의 종류 설명하기
- 물리 화학적 과정에 대한 $\Delta S$의 부호 예측하기
- 열역학 제3법칙 설명하기

화학을 공부하는 우리에게서 분자들을 빼놓을 수는 없다. 분자와 그들 간의 변환에 엔트로피는 어떤 관련성이 있을까? 분자의 어떤 특성들이 엔트로피에 반영될까? Ludwig Boltzmann(1844~1906)은 엔트로피의 의미에 새로운 개념을 부여하였다. 그의 업적을 이해하기 위해서는 분자 수준에서 엔트로피가 설명되는 방식들을 들여다볼 필요가 있다.

### 분자 수준에서 본 기체의 팽창

**그림 19.5**에 그려진 것처럼 진공으로 팽창하는 기체를 생각해 보자. 이 팽창이 일어나는 동안 우주 전체의 엔트로피는 증가한다는 사실을 이제 안다. 그렇다면, 그 과정의 자발성을 분자 수준에서는 어떻게 설명해야 할까? 무엇이 이 팽창을 자발적이게 하는지 알아내기 위해, 기체를 일정한 운동을 하고 있는 입자들의 집합체라고 보는 기체 분자 운동론적 관점을 되새기면서 논의를 시작하자. 그림 19.5에서 잠금 꼭지를 열면, 기체 분자들의 무작위적인 운동이 더 넓은 공간까지 확대된 결과로, 기체의 팽창이 나타난다.

기체 분자 두 개가 운동하고 있는 모습을 생각해 보면서 좀 더 자세히 살펴보자. 잠금 꼭지가 열리기 전에 **그림 19.6(a)**에 보인 것처럼 두 분자가 왼쪽 플라스크에 갇혀 있다. 잠금 꼭지가 열리면 그 분자들은 전체 공간에 걸쳐 무작위적으로 움직인다. 분자들이 두 플라스크에 모두 들어갈 수

B 플라스크가 A 플라스크보다 크기가 작다면, 잠금 꼭지가 열린 후 최종 압력은 50 kPa보다 클까, 같을까, 작을까?

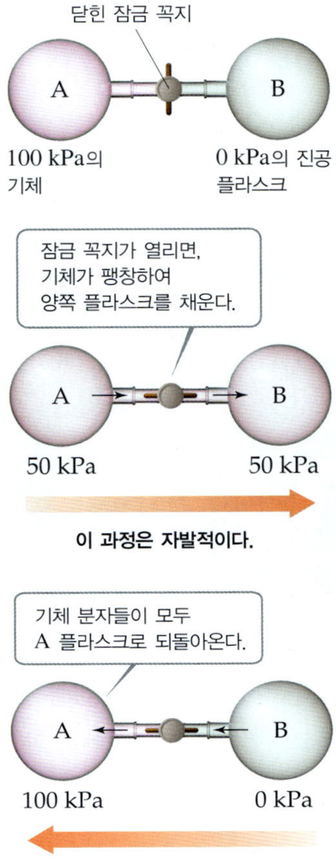


▲**그림 19.5** 진공으로 기체가 팽창하는 것은 자발적 과정이다. 그 역과정–처음에 두 플라스크에 균등하게 분포하던 기체 분자들이 모두 한 쪽 플라스크로 이동하는–은 비자발적이다.

있게 되었으므로, 그림 19.6(**b**)에 보인 바와 같이 네 가지의 배열이 가능하다. 분자 운동은 무작위적이므로, 그 네 가지의 배열은 같은 확률로 일어날 것이다. 이 중 단 한 배열만, 두 분자가 모두 왼쪽 플라스크에 들어 있는, 잠금 꼭지가 열리기 전에 해당한다.

그림 19.6(b)를 보면, 양쪽 플라스크 모두 분자에 허용될 때, 붉은색 분자가 왼쪽 플라스크에 들어갈 확률은 네 개 중 두 개이고(위의 오른쪽과 아래의 왼쪽 배열), 푸른색 분자가 왼쪽 플라스크에 들어갈 확률도 그와 같다(위의 왼쪽과 아래의 왼쪽 배열). 각 분자가 왼쪽에 있을 확률은

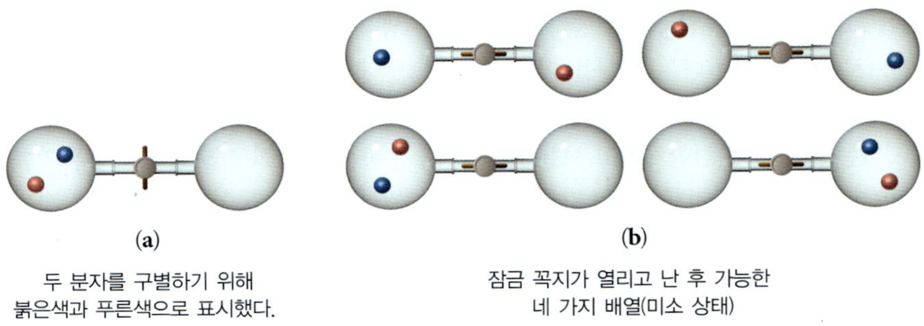


▲**그림 19.6** 두 플라스크에 들어 있는 두 분자의 가능한 배열들 (a) 잠금 꼭지가 열리기 전 두 분자는 왼쪽 플라스크에 들어 있다. (b) 잠금 꼭지가 열리고 난 후, 두 분자가 가질 수 있는 배열에는 네 가지가 있다.

$^2/_4 = {}^1/_2$이므로, 두 분자가 **모두** 왼쪽에 있을 확률은 $(^1/_2)^2 = {}^1/_4$이다. 이와 같은 방식으로 세 개의 분자일 때를 생각해 보면, 세 분자가 모두 동시에 왼쪽 플라스크에 들어 있을 확률은 $(^1/_2)^3 = {}^1/_8$임을 알 수 있다.

이제 기체 1 mol의 경우를 생각해 보자. 모든 기체 분자가 동시에 왼쪽 플라스크에 들어 있을 확률은 $(^1/_2)^N$이 된다($N = 6.02 \times 10^{23}$). 이 확률은 거의 0이나 마찬가지인 작은 숫자이다! 그러므로 모든 기체 분자가 동시에 왼쪽 플라스크에 들어갈 확률은 실제로 0인 셈이다. 이와 같은 기체 분자들의 미시적 거동을 통해 그들의 거시적 거동을 이해할 수 있다. 즉, 기체는 자발적으로 팽창하여 양쪽 플라스크를 다 채우게 되지만, 다시 왼쪽 플라스크로 되돌아가는 일은 자발적으로 일어나지 않는다.

기체 팽창의 분자적 관점을 살펴봄으로써, 분자들은 그들이 취할 수 있는 여러 가지 배열들에 걸쳐서 '퍼지는' 경향성이 있음을 알 수 있다. 잠금 꼭지가 열리기 전에는 한 가지 배열만이 가능하다. 즉, 모든 분자가 왼쪽 플라스크에 몰려 있는 배열이다. 잠금 꼭지가 열리면, 가능한 배열의 수는 엄청나게 늘어나고, 왼쪽 플라스크에 몰려 있는 배열은 그중 하나에 불과한 것이다. 그 결과, 가장 높은 확률로 나타날 수 있는 배열은 양쪽 플라스크에 거의 같은 수의 분자로 채워진 배열이 된다. 기체가 퍼질 때, 각 분자는 왼쪽 플라스크에 한정되어 있기보다 양쪽에 다 있을 수 있다. 기체 분자들이 왼쪽 플라스크에 갇혀 있을 때보다 잠금 꼭지가 열린 후 기체 분자들의 배열은 더 무작위적 또는 무질서하다고 말한다.

이와 같이, 무작위도의 증가를 주목하는 것은 분자 수준에서 엔트로피를 이해하는 데 도움이 된다.

## Boltzmann 식과 미소 상태

열역학 분야는 물질의 미시적 구조를 고려하지 않은 채 거시적인 물질의 특성을 설명하는 개념으로서 발달해 왔다. 사실 열역학은 원자나 분자에 대한 현대적인 개념이 확립되기 전에 이미 기반이 갖추어진 분야이다. 예를 들어 물의 열역학적 성질들은 개별 $H_2O$ 분자의 특성을 반영하지 않고도 물질로서 물(또는 얼음 또는 수증기)의 특성을 나타낸다.

물질의 설명에 있어서 미시적 관점과 거시적 관점의 연결을 위해, 과학자들은 통계나 확률을 이용해서 미시 세계와 거시 세계 사이를 연결하는 **통계 열역학**(statistical thermodynamics) 분야를 발전시켰다. 이제 거시적 물질의 성질인 엔트로피가 원자나 분자들의 거동과 어떤 연관성을 가지는지 공부할 것이다. 통계 열역학에 포함된 수학은 복잡하므로, 여기서는 개념적인 논의만 짚어볼 것이다.

그림 19.6의 두 플라스크 속에 있는 기체 분자 두 개의 경우에 대한 논의에서, 기체가 왜 팽창하는지 이해하는 데 배열의 수가 도움을 준다는 것을 보았다.

이제 기체 온도($T$)와 부피($V$)에 의해 정의된 어떤 열역학적 상태에 있는 이상 기체 1 mol을 고려해 보자. 미시적 수준에서 이 이상 기체에 어떤 일이 일어나고 있으며, 그 일어나고 있는 일이 그 기체의 엔트로피와 어떤 연관성이 있을까?

분자 전체의 속도와 위치에 대한 '순간 영상'을 어떤 순간에 찍었다고 해 보자. 그 순간 영상에서 $6.02 \times 10^{23}$개의 모든 분자에 대한 위치 값과 운동 에너지 값의 집합이 그 열역학적 계에 해당하는 하나의 **미소 상태**가 된다. 하나의 **미소 상태(microstate)**란 그 기체가 특정 열역학적 상태에 있을 때 가질 수 있는 기체 분자들의 위치와 운동 에너지들의 배열 중 하나를 의미한다. 다른 가능한 미소 상태를 찾기 위해 계속해서 순간 영상을 찍었다고 해 보자.

가능한 미소 상태의 수는 엄청나게 많아서 가능한 미소 상태의 순간 영상들을 다 찍는 것이 불가능해 보인다. 그러나 그렇게 많은 수의 입자를 다루기 때문에, 특정 열역학적 상태에 해당하는 미소 상태의 수를 결정하기 위해 확률과 통계를 이용할 수 있다(이것이 **통계 열역학**이라는 분야 이름에 통계가 들어가는 이유이다). 각 열역학적 상태는 그에 해당하는 미소 상태의 수가 정해져 있으며 그 수를 기호 $W$로 나타낸다.

계의 상태와 그와 관련된 미소 상태들을 구별하는 데 학생들이 가끔 어려움을 느낀다.

- 한 **상태**는 기체의 압력이나 온도와 같이, 계의 거시적 측면을 기술한다.
- 한 **미소 상태**는 계의 주어진 상태에 대응되는 계의 원자나 분자들이 가지는 특정 미시적 배열(microscopic arrangement)을 의미한다.

위에 언급한 각 순간 영상이 하나의 미소 상태가 되는 것이다. 각 기체 분자들의 위치와 운동 에너지는 순간 영상별로 모두 다를 것이지만, 각 순간 영상은 하나의 상태에 대응되는 분자 집합체의 한 배열인 것이다. 기체 1 mol과 같은 거시적 계에 있어서 각 상태에 대응되는 미소 상태들은 일반적으로 엄청나게 많다. 즉, $W$는 일반적으로 대단히 큰 숫자이다.

어떤 계의 미소 상태 수($W$)와 엔트로피($S$) 사이의 관계는, Boltzmann의 묘비에 새겨져 있듯이, 그가 고안한 아주 간결한 다음 식으로 표현된다(**그림 19.7**).

▲ **그림 19.7** Ludwig Boltzmann의 묘비 Vienna에 있는 Boltzmann의 묘비에는 어떤 상태의 엔트로피와 가능한 미소 상태의 수 사이의 관계식이 새겨져 있다(Boltzmann 시대에는 자연로그를 나타내기 위해 'log'를 사용했었다).

$$S = k \ln W \qquad [19.5]$$

여기서 $k$는 Boltzmann 상수, $1.38 \times 10^{-23}$ J/K이다. 이 식을 통해 다음 사실을 알 수 있다:

**엔트로피란 어떤 거시 상태에 얼마만큼의 미소 상태들이 대응되는지의 척도이다.**

식 19.5로부터, 어떤 과정에 수반되는 엔트로피 변화는 다음과 같이 주어짐을 볼 수 있다.

$$\Delta S = k \ln W_{최종} - k \ln W_{초기} = k \ln \frac{W_{최종}}{W_{초기}} \qquad [19.6]$$

계의 미소 상태 수를 증가시키는 모든 변화($W_{최종} > W_{초기}$)는 양수의 $\Delta S$ 값을 준다.

**엔트로피는 계의 미소 상태 수에 따라 증가한다.**

주어진 이상 기체에 두 가지 변화를 가했을 때 각 경우에 엔트로피가 어떻게 달라지는지 살펴보자. 첫째, 등온 팽창하는 기체에서와 마찬가지로, 계의 부피를 증가시켰다고 해보자. 부피가 늘어난 것은 기체 원자가 존재할 수 있는 위치들의 수가 더 많아진다는 것을, 따라서 미소 상태 수가 더 커짐을 의미한다. 그래서, 우리가 19.2절의 "자세히 보기"에서 보았듯이, 기체의 엔트로피는 부피가 증가함에 따라 늘어난다.

둘째, 부피를 고정시키고 온도를 높인다고 해 보자. 이 변화는 계의 엔트로피에 어떻게 영향을 미칠까? 그림 10.12(a)에서 나타낸 분자 속도의 분포를 기억해 보자. 온도가 올라가면 더 큰 속도의 분자들이 늘어나고, 분자가 가지는 속도의 분포도 더 넓어진다. 그래서 분자가 가질 수 있는 운동 에너지 값이 더 다양해지고, 미소 상태 수도 증가하게 된다. 그러므로 계의 엔트로피는 온도 상승에 따라 증가한다.

아래 표시된 것 외에, 이 분자가 가질 수 있는 회전 운동의 다른 형태를 기술하시오.

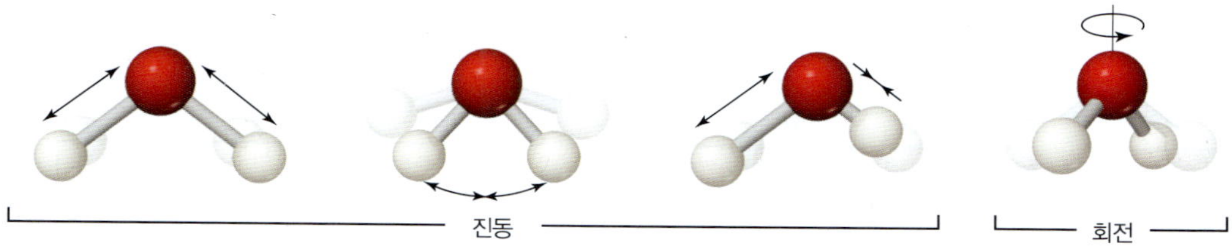


▲그림 19.8 물 분자의 진동 운동과 회전 운동

## 분자 운동과 에너지

이상 기체의 입자들은 부피나 화학 결합도 없이 공간을 돌아다니는 모형화된 단순한 점들에 불과하다. 실제 분자들은 좀 더 복잡한 세 종류의 운동을 하고 있다. 그중 하나는 한 분자 전체가 동일한 방향으로 움직이는 운동으로, 이상 기체의 분자나 던진 야구공과 같은 거시적 물체에서 볼 수 있다. 이런 운동을 **병진 운동**(**translational motion**)이라고 한다. 기체 분자들은 액체 분자들보다 더 자유롭게 병진 운동을 하고, 액체 분자들은 고체 분자들보다 더 자유로운 병진 운동을 한다.

실제 분자는 분자 속의 원자들이 주기적으로 서로 간에 멀어졌다가 가까워지는 **진동 운동**(**vibrational motion**)과, 분자들이 어떤 축 주위로 돌고 있는 **회전 운동**(**rotational motion**)도 한다. 그림 19.8은 물 분자가 할 수 있는 진동 운동들과 회전 운동의 하나를 보여 준다. 이와 같은 다양한 형태의 운동을 통해 분자는 에너지를 저장할 수 있다.

실제 분자들이 가지는 진동과 회전 운동으로 인해 원자 하나로는 가질 수 없는 배열들이 새로 얻어진다. 그러므로 실제 분자들로 이루어진 물질은 같은 수의 이상 기체가 가지는 미소 상태보다 더 많은 미소 상태를 가진다. 일반적으로 **어떤 계가 가질 수 있는 미소 상태 수는 부피의 증가, 온도의 증가, 분자 수의 증가에 따라 늘어난다. 왜냐하면 이런 변화는 계의 분자들이 가질 수 있는 위치와 운동 에너지의 범위를 늘리기 때문이다.** 또한 분자가 커질수록 진동 운동의 방식도 늘어나기 때문에 그 미소 상태 수가 늘어남을 알 수 있다.

계가 가질 수 있는 미소 상태 수의 증가, 즉 계의 엔트로피 증가를 표현하는 방식에는 여러 가지가 있다. 이들은 공통적으로, 물리적 장벽이나 화학 결합에 의한 제한이 사라졌을 때, 분자들이 퍼지게 하는, 운동 자유도의 증가를 반영한다.

엔트로피의 증가를 표현하기 위해 가장 널리 사용되는 방식은 계의 **무작위도**(randomness)나 **무질서도**(disorder)의 증가이다. 또 다른 방식은, 분자들의 위치와 에너지가 분포할 수 있는 방법의 수가 증가하기 때문에, 엔트로피 증가를 **에너지 분산**(dispersion of energy)의 증가로 표현한다. 이러한 방식(무작위도나 에너지 분산)들은 제대로 적용되면, 모두 유용한 개념이다.

## $\Delta S$의 정성적 예측

간단한 과정 동안 계의 엔트로피가 어떻게 변하는지 정성적으로 예측하는 것은 어렵지 않다. 앞에서 본 것처럼, 계의 온도나 부피 증가는 미소 상태 수, 따라서 엔트로피를 증가시킨다. 미소 상태 수와 관련 있는 또 하나의 인자는 독립적으로 움직이고 있는 입자들의 수이다.

이런 요소들에 초점을 맞춤으로써 엔트로피 변화를 정성적으로 예측할 수 있다. 예를 들어 물이 기화할 때, 분자는 큰 부피로 퍼지게 된다. 기체가 더 큰 공간을 차지하기 때문에 분자들이 더 자유롭게 움직일 수 있고, 계가 가질 수 있는 미소 상태가 더 많아져서 엔트로피도 증가한다.

이제 물의 상들을 살펴보자. 얼음에서는 수소 결합으로 인해 그림 19.9에 나타낸 바와 같이, 고정된 구조가 얻어진다. 얼음 내에서 분자들은 자유롭게 진동할 수 있으나, 병진 운동과 회전 운동물 분자들의 회전 운동이 가장 제한되는 것은 어떤 상에서인가?

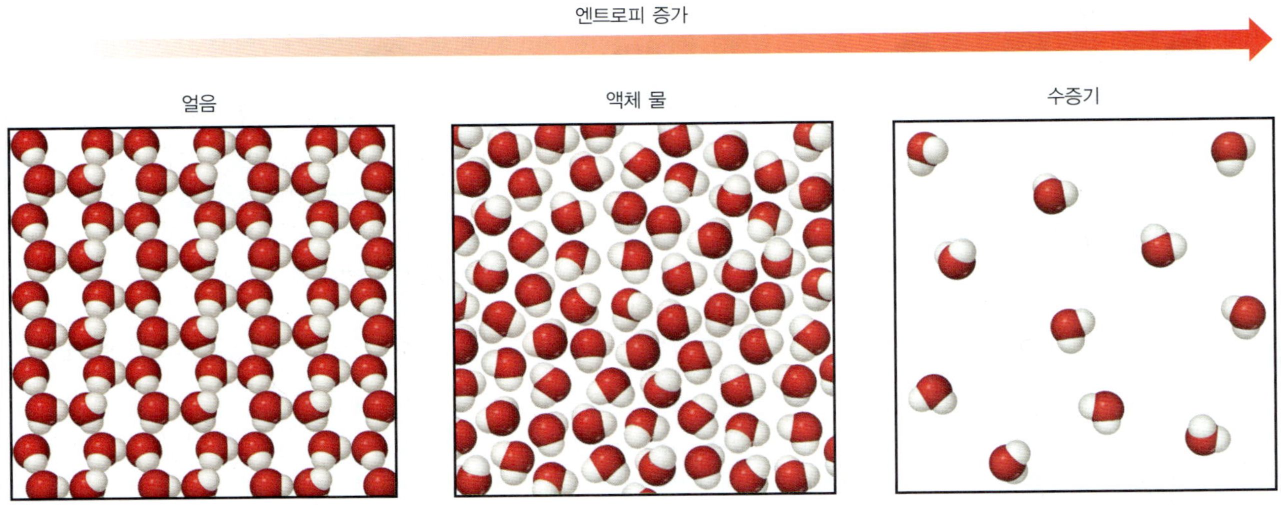


▲ **그림 19.9 엔트로피와 물의 상** 미소 상태 수가 늘어날수록 계의 엔트로피는 증가한다.

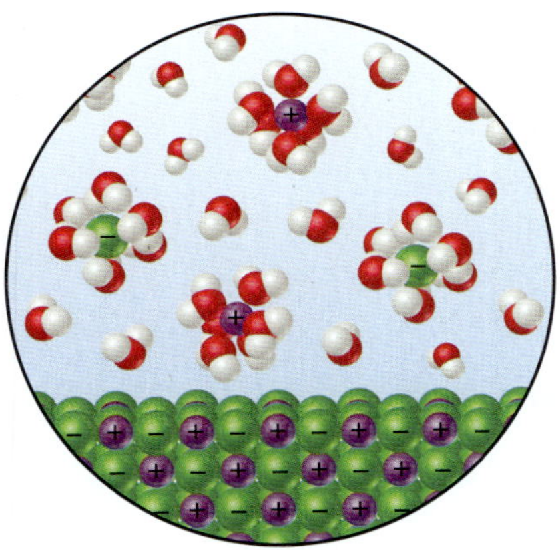

▲ **그림 19.10 이온성 고체가 물에 녹을 때 엔트로피 변화** 이온들은 공간적으로 더 잘 퍼지고 무질서해지지만, 이온을 수화하는 물 분자는 덜 무질서해진다.

은 액체 상태보다 훨씬 제한된다. 액체에서도 수소 결합을 하지만, 분자들은 더 쉽게 이동하고(병진), 뒤집어진다(회전). 그러므로 얼음이 녹음에 따라 가능한 미소 상태의 수는 증가하고 엔트로피도 증가한다. 수증기에서 분자들은 서로 거의 독립적이고 병진, 진동, 회전 운동의 범위가 최대가 된다. 그러므로 수증기는 더 많은 미소 상태를 가질 수 있고, 그 결과 액체 물이나 얼음보다 더 큰 엔트로피를 가진다.

이온성 고체가 물에 용해되는 것은, KCl에 대해 **그림 19.10**에 보인 것처럼, 순수한 고체와 순수한 물이 물과 이온들의 혼합물로 바뀌는 과정이다. 용액 속의 이온들은 고체 격자에 있을 때 움직일 수 있는 부피보다 더 큰 부피 속에서 움직일 수 있고, 그래서 더 많은 운동을 할 수 있다. 이렇게 늘어난 이온들의 운동으로 인해 계의 엔트로피가 증가했다고 생각했을 수 있다. 그런데 어떤 물 분자들은 수화 과정으로 인해 이온들 주위에 붙들리게 되어 운동의 자유도를 잃게 되므로 엔트로피 증감을 판단하는 데 유의해야 한다. 이 물 분자들은 이온들의 바로 옆에 붙들려 있으므로 전보다 더 자유롭지 못한 상태가 되어 있다. 그러므로 이온성 고체가 녹는 과정은 무질서화 과정(이온들이 더 자유로워져서)과 질서화 과정(어떤 물 분자들이 운동에 제한을 받아서)을 모두 포함한다. 대부분의 이온성 고체가 물에 녹을 때, 보통은 무질서화 과정이 우세해서 전체적으로 계의 무작위도를 증가시키게 된다.

이제 19.1절의 시작 그림의 뉴클레오솜과 같이, 고도로 조직화된 생화학적 계를 구성하기 위해 생체 분자들이 배열하는 것을 생각해 보자. 이렇게 조직화된 구조를 만드는 것은 계의 엔트로피 감소를 유발할 것으로 생각할 것이다. 그러나 그 생각이 옳지 않은 경우가 많다. 커다란 두 생체 분자가 서로 이끌리면서 수화된 물 분자들과 생체 분자에 붙어 있던 이온들이 두 생체 분자 사이의 계면에서 밀려나오게 되면서, 계의 엔트로피는 실제로 증가할 수 있다(물과 이온들을 계의 일부로 간주하면).

같은 개념이 화학 반응계에도 적용된다. 산화 질소 기체와 산소 기체가 이산화 질소 기체를 만드는 반응을 살펴보자.

$$2\,NO(g) + O_2(g) \longrightarrow 2\,NO_2(g) \qquad [19.7]$$

이 경우에 반응은 분자의 수를 감소시킨다(기체상의 반응물 세 분자가 기체상의 생성물 두 분자로 바뀐다(**그림 19.11**)). 새로 형성된 N−O 결합으로 인해 원자들의 운동은 감소한다. 새로운 결합의 형성은 원자가 가질 수 있는 **자유도**(혹은 운동 형태)**의 수**(number of degrees of freedom)를 감소시킨다. 즉 새로운 결합으로 인해 원자가 무작위적으로 움직이기 힘들어진다. 분자수의 감소와 그 결과 운동의 감소는 가질 수 있는 미소 상태 수를 더 줄이고 계의 엔트로피를 감소시킨다.

정리하면, 대체로 다음과 같은 과정에서 계의 엔트로피가 증가하는 경향이 있다.

1. 고체나 액체로부터 기체가 생성될 때
2. 고체로부터 액체나 용액이 생성될 때
3. 화학 반응에서 기체 분자의 수가 증가할 때

이 반응이 일어날 때 엔트로피 감소를 유발하는 주요 인자는 무엇인가?

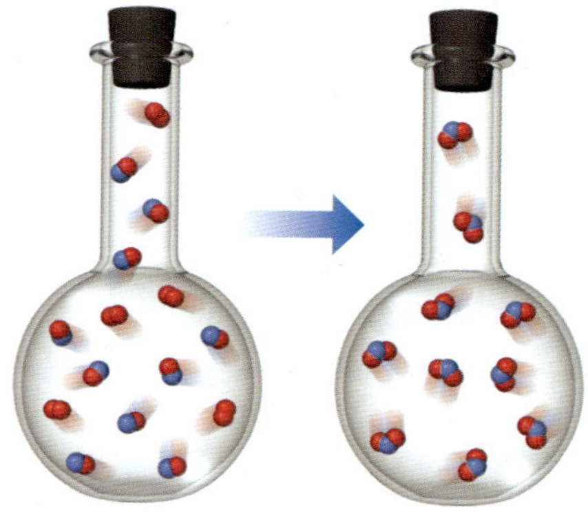


▲ **그림 19.11** NO($g$)가 $O_2$($g$)에 의해 산화되어 $NO_2$($g$)가 될 때 엔트로피는 감소한다 기체 분자수의 감소는 계의 엔트로피를 감소시킨다.

## 예제 19.3

### $\Delta S$ 부호 결정하기

다음 각 과정이 일정한 온도에서 일어날 때, $\Delta S$가 양수인지, 음수인지 판별하시오.

(a) $H_2O(l) \longrightarrow H_2O(g)$

(b) $Ag^+(aq) + Cl^-(aq) \longrightarrow AgCl(s)$

(c) $4\,Fe(s) + 3\,O_2(g) \longrightarrow 2\,Fe_2O_3(s)$

(d) $N_2(g) + O_2(g) \longrightarrow 2\,NO(g)$

**해답**

**분석** 네 개의 반응이 주어졌고, 각 화학 반응식의 $\Delta S$의 부호를 예측하는 문제이다.

**계획** 온도가 상승하거나, 부피가 늘어나거나, 기체 분자의 수가 늘어난다면 $\Delta S$는 양수가 될 것이다. 그런데 문제에서 온도는 일정하다고 하였으므로 부피와 분자수만을 고려한다.

**풀이**

(a) 액체가 기화할 때에는 부피가 크게 늘어난다. 물 1 mol(18 g)은 액체에서 18 mL밖에 안되지만, STP에 있는 기체의 경우 22.4 L나 된다. 분자들이 기체 상태에서 훨씬 큰 부피 속에 분포하기 때문에 기화 과정에서 분자 운동의 자유도는 증가한다. 그러므로 $\Delta S$는 양수이다.

(b) 용액 속에서 자유롭게 움직이던 이온들은 고체가 되면서 부피가 작아지고, 위치도 극히 제한적으로 된다. 그러므로 $\Delta S$는 음수이다.

(c) 고체 입자들의 공간적 위치는 특정한 곳으로 제한 받고, 기체 분자들보다 운동의 자유도가 훨씬 작다. $O_2$ 기체가 고체 생성물인 $Fe_2O_3$의 부분으로 변환되므로, $\Delta S$는 음수이다.

(d) 반응 기체의 몰수는 생성 기체의 몰수와 같다. 그래서 엔트로피 변화는 작을 것이다. 지금까지의 논의만 가지고는 $\Delta S$의 부호를 예측하는 것이 가능하지 않지만, $\Delta S$가 0에 가까울 것이라고 예상할 수 있다.

▶ **보충 예제**

다음 각 과정에서 계의 엔트로피가 증가할지, 감소할지 판별하시오.

(a) $CO_2(s) \longrightarrow CO_2(g)$

(b) $CaO(s) + CO_2(g) \longrightarrow CaCO_3(s)$

(c) $HCl(g) + NH_3(g) \longrightarrow NH_4Cl(s)$

(d) $2\,SO_2(g) + O_2(g) \longrightarrow 2\,SO_3(g)$

## 예제 19.4

### 상대적 엔트로피 예측하기

다음의 각 쌍에서 엔트로피가 더 큰 물질을 고르고, 그 이유를 설명하시오.

(a) 25 °C에서 1 mol의 NaCl($s$)과 1 mol의 HCl($g$)

(b) 25 °C에서 2 mol의 HCl($g$)과 1 mol의 HCl($g$)

(c) 298 K에서 1 mol의 HCl($g$)과 1 mol의 Ar($g$)

**해답**

**분석** 각 쌍에서 엔트로피가 더 큰 경우를 고른다.

**계획** 이를 위해 계의 상태와 그 속에 있는 분자들의 복잡성을 생각해 본다.

**풀이**

**(a)** 기체 분자가 고체 분자보다 더 무질서하고 더 다양한 운동을 하기 때문에, HCl($g$)이 더 큰 엔트로피를 가진다.

**(b)** 두 계가 같은 압력하에 있을 때, 2 mol HCl 시료는 1 mol HCl 시료보다 두 배의 분자수를 가진다. 그래서 2 mol의 시료가 더 많은 미소 상태 수를 가지며 엔트로피는 두 배가 된다.

**(c)** HCl 분자는 Ar 원자보다 더 다양한 방식으로 에너지를 저장할 수 있으므로(분자는 회전과 진동을 할 수 있으나, 원자는 못한다), HCl($g$) 엔트로피가 Ar($g$) 엔트로피보다 크다.

**▶ 보충 예제**

다음 중, 엔트로피가 더 큰 물질을 고르시오.

**(a)** STP에 있는 1 mol $H_2(g)$와 1 mol $SO_2(g)$

**(b)** STP에 있는 1 mol $N_2O_4(g)$와 2 mol $NO_2(g)$

## 열역학 제3법칙

온도를 낮추어 계의 열에너지를 줄이면 병진, 진동, 회전 운동 형태로 저장된 에너지가 줄어든다. 더 적은 에너지가 저장되면 가질 수 있는 미소 상태가 적어지므로 계의 엔트로피는 감소하게 된다. 만일 온도를 계속 낮추면, 모든 운동이 정지되고 단 하나의 미소 상태밖에 갖지 못할 그런 상태에 도달할까? 이 질문은 **열역학 제3법칙(third law of thermodynamics)**과 관련이 있다.

**완전 결정성 순물질의 엔트로피는 절대 영도에서 0이다. 즉 S(0 K) = 0**

순수한 완전 결정성 고체를 생각해 보자. 절대 영도에서 격자 내의 모든 원자나 분자는 질서 정연할 것이고, 그들의 위치는 잘 정돈되어 있을 것이다. 그들은 어떤 열운동도 하지 않을 것이므로, 단 하나의 미소 상태만 가진다. 그 결과, 식 19.5는 $S = k \ln W = k \ln 1 = 0$이 된다. 온도가 절대 영도로부터 상승함에 따라 격자 내의 원자나 분자는 격자점을 중심으로 진동하면서 에너지를 얻게 된다. 이는 그 물질의 자유도와 엔트로피가 증가함을 의미한다. 그런데 계속 가열하게 되면 그 물질의 엔트로피는 어떻게 될까? 다음 절에서 이 중요한 질문에 대해 생각해 보자.

### 화학과 생명 엔트로피와 인간 사회

모든 생명체는 19.1절의 시작에서 본 뉴클레오솜과 같이, 분자 수준에서조차 고도로 복합적이고, 조직적이며, 질서가 잘 잡힌 계이다. 그 생명체가 가지는 엔트로피는 그것이 완전히 분해하여 이산화 탄소, 물, 그밖에 다른 간단한 화합물로 변했을 때의 엔트로피보다 훨씬 작다. 이는 생명이 제2법칙을 위배하고 있다는 뜻일까? 아니다. 왜냐하면 생명을 구현하고 유지하는 데 필요한 수많은 화학 반응은 나머지 우주의 엔트로피를 엄청나게 증가시키기 때문이다. 그러므로 열역학 제2법칙이 요구하는 대로, 인간을 비롯한 어떤 생명체가 살아 있는 동안 전체 엔트로피 변화는 양수이다.

열역학 제2법칙은 우리 인간이 우리 주위를 지배하는 방식에도 적용된다. 우리 자체가 복합적인 생명체일 뿐만 아니라, 우리는 우리 주변의 세계에도 질서를 만들어 내고 있는 존재이다. 21세기에 널리 사용되고 있는 최첨단 전자 기기들을 생산하기 위해서 나노미터 크기로 물질들을 조합하고 조립한다. 고도로 조직화된 재료들을 생산하기 위해 엄청난 양의 천연자원이 사용되고 있다. 그 과정에서 우리는 열역학 제2법칙에 '대항하기' 위해 엄청난 에너지를 소비한다.

우리가 생산하는 모든 질서는 훨씬 더 많은 무질서의 생산을 통해 만들어진다. 고도로 조직화된 구조물들을 만들어 내기 위해 필요한 에너지는 석유, 석탄, 천연가스 등을 태워서 얻는다. 그런데 이들은 연소하면서 $CO_2(g)$, $H_2O(g)$, 열을 발생함으로써 우주의 엔트로피를 증가시키게 된다. 그러므로 우리가 좀 더 놀라운 개발을 하거나 더 질서 정연한 것들을 생산하려고 하면 할수록 열역학 제2법칙에 맞춰, 우주의 엔트로피를 더 높은 쪽으로 올리고 있는 것이다.

우리 인간들은 질서를 창조하고 기술을 발전시키기 위해 에너지가 풍부한 재료들의 보고를 소진하고 있다. 5장에서 언급한 바와 같이, 태양 에너지와 같은 새로운 에너지원을 활용할 길을 개발하여 재생 불가능한 에너지에 대한 의존도를 낮춰야 한다.

## 자기 평가 연습 문제

**19.12** 단 하나의 미소 상태만을 가지는 계의 엔트로피는 얼마인가?
**(a)** $S = 0$ J/K **(b)** $S = 1$ J/K **(c)** $S = 6.02 \times 10^{23}$ J/K

**19.13** 아르곤 원자는 진동 운동을 할 수 있는가?
**(a)** 할 수 있다.
**(b)** 할 수 없다.

**19.14** 일정 온도에서 글루코스 산화의 $\Delta S$ 부호를 예측하시오.

$$C_6H_{12}O_6(s) + 6\,O_2(g) \rightarrow 6\,CO_2(g) + 6\,H2O(g)$$

**(a)** $\Delta S > 0$
**(b)** $\Delta S < 0$

## 연습 문제

**19.15** **(a)** 계의 **상태**(state)와 **미소 상태**(microstate)의 차이는 무엇인가? **(b)** 어떤 계가 상태 A에서 상태 B로 변함에 따라 엔트로피가 감소하였다. 상태 A와 B의 미소 상태 수에 대해 무엇을 말할 수 있는가? **(c)** 어떤 특정한 자발적 반응에서 계가 가질 수 있는 미소 상태의 수가 감소한다면, $\Delta S_{주위}$의 부호에 대해 무슨 결론을 내릴 수 있는가?

**19.16** **(a)** 부록 B의 기화열을 사용하여 25 °C와 100 °C에서 물의 기화에 대한 엔트로피 변화를 계산하시오. **(b)** 액체 상태인 물의 미소 상태와 물의 구조에 관한 지식으로부터 (a)에서 얻은 두 엔트로피 변화량의 차이를 설명하시오.

**19.17** **(a)** 어떤 화학 반응에서 두 기체가 결합하여 고체를 형성한다. $\Delta S$의 부호를 예측하시오. **(b)** 문제 19.2에 기술된 변화 과정에서 계의 엔트로피는 어떻게 변하는가?

**19.18** 계의 엔트로피는 다음 경우 증가하는가, 감소하는가, 그대로인가?
**(a)** 계의 온도가 증가할 때
**(b)** 기체의 부피가 증가할 때
**(c)** 같은 부피의 에탄올과 물을 혼합하여 용액을 형성할 때

**19.19** 다음 각 문장이 참인지, 거짓인지를 말하시오.
**(a)** 단지 변화량만 알 수 있는 엔탈피 $H$와 달리, $S$의 경우 그 절댓값을 알 수 있다.
**(b)** $CO_2$ 같은 기체를 가열하면 병진, 회전, 진동 운동의 정도가 증가한다.
**(c)** $CO_2(g)$와 $Ar(g)$는 거의 같은 몰질량을 갖는다. 주어진 온도에서 이들은 동일한 수의 미소 상태를 가질 것이다.

**19.20** 다음 각 쌍의 어느 물질이 더 큰 몰당 엔트로피를 가지는지 고르시오.
**(a)** 300 °C, 1.013 kPa에서 1 mol의 $O_2(g)$와 300 °C, 1.013 kPa에서 1 mol의 $O_3(g)$
**(b)** 100 °C, 101.3 kPa에서 1 mol의 $H_2O(g)$와 100 °C, 101.3 kPa에서 1 mol의 $H_2O(l)$
**(c)** 298 K, 20 L 부피의 0.5 mol $N_2(g)$와 298 K, 20 L 부피의 0.5 mol $CH_4(g)$
**(d)** 30 °C, 100 g의 $Na_2SO_4(s)$와 30 °C, 100 g의 $Na_2SO_4(aq)$

**19.21** 다음 변화 과정에서 $\Delta S_{계}$의 부호를 예측하시오.
**(a)** 기체상의 $H_2$가 액체 팔미톨산(palmitoleic acid, $C_{15}H_{30}O_2$, 불포화 지방산)과 반응하여 액체 팔미트산(palmitic acid, $C_{16}H_{32}O_2$, 포화 지방산)을 생성한다.
**(b)** 액체 팔미트산이 1 °C에서 고체화된다.
**(c)** $AgNO_3(aq)$와 $NaCl(aq)$이 섞이면서 염화 은 앙금이 생긴다.
**(d)** 기체상의 $H_2$가 전기 아크에서 기체상의 H 원자로 분해된다(원자 수소 용접에서 사용되는 반응).

자기 평가 연습 문제 답 **19.12** (a) **19.13** (b) **19.14** (a)

## 19.4 | 화학 반응에서의 엔트로피 변화

제트 연료의 연소와 같이 기체 생성물들이 발생하는 몇몇 반응들은 그들과 연관된 명백한 엔트로피의 변화를 동반한다. 그렇지만, 과연 우리는 모든 화학 반응들에서 엔트로피의 변화를 측정할 수 있을까?

이 절이 끝나면 다음 사항을 수행할 수 있어야 한다.

- 화학 반응의 엔트로피 변화를 표준 몰 엔트로피 값들을 사용해서 계산하기

5.5절에서 열량계를 이용하여 화학 반응의 $\Delta H$를 측정하는 방법을 알아본 바 있다. 유사한 방법으로 반응의 $\Delta S$를 측정하는 것은 불가능하다. 그러나 제3법칙에 따라 엔트로피의 기준점이 정해졌으므로, 실험적 측정을 통해 **엔트로피의 절댓값** $S$를 구할 수 있다. 어떻게 구하는지 알아보기 위해, 온도에 따른 물질의 엔트로피 변화를 좀 더 자세히 복습해 보자.

### 엔트로피의 온도 의존성

0 K에서 완전 결정성 고체의 엔트로피 값이 0이라는 사실과, 그 고체의 온도가 높아짐에 따라 엔트로피가 증가한다는 사실을 알고 있다. **그림 19.12**는 고체의 녹는점에 도달할 때까지 온도가 상승함에 따라 고체의 엔트로피는 꾸준히 증가함을 보여 준다. 고체가 녹음에 따라, 원자나 분자는 그 시료가 담긴 용기의 전체 공간을 자유로이 돌아다니게 된다. 늘어난 자유도는 그 물질의 무작위도를 증가시켜서 엔트로피를 높인다. 그러므로 녹는점에서 급격한 엔트로피의 상승이 일어난다. 고체가 전부 녹은 후에 온도는 다시 상승하게 되고, 그에 따라 엔트로피도 증가한다.

액체의 끓는점에서 엔트로피는 다시 한번 급격한 증가를 하게 된다. 이번 증가는 원자나 분자들이 기체 상태로 진입함에 따라 그들이 점유할 수 있는 공간이 늘어나기 때문에 나타난 것이라고 이해할 수 있다. 기체를 계속 가열하면, 기체 원자나 분자들의 병진 운동 속으로 더 많은 에너지가 저장되기 때문에 엔트로피는 계속 증가하게 된다.

고온에서 일어나는 또 하나의 변화는 분자들의 속도 분포가 고온 쪽으로 밀리게 되는 것이다(그림 10.12(a)). 속도의 범위가 넓어지는 것은 운동 에너지와 무질서도가 증가하는 것이고, 따라서 엔트로피가 증가하는 것이다. 그림 10.12를 살펴봄으로써 얻은 결론은 앞에서 언급했던 것과 일치

아래 그림이 녹는점과 끓는점에서 수직 상승을 보여 주는 이유는 무엇인가?

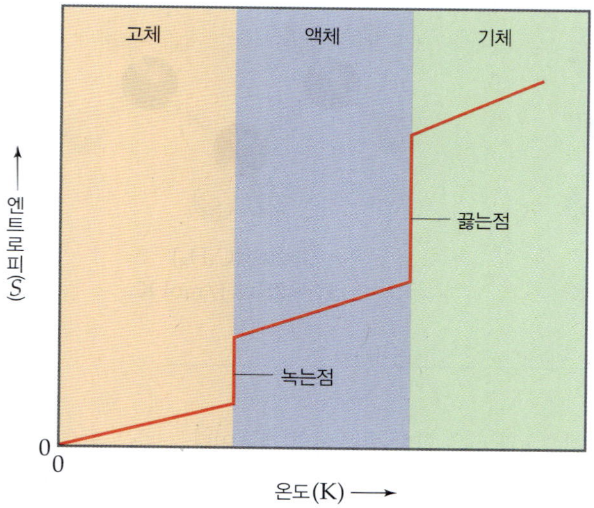


▲그림 19.12 엔트로피는 온도가 상승함에 따라 증가한다.

한다. 즉 늘어난 운동성 에너지가 더 많은 미소 상태를 가능하게 하기 때문에 엔트로피는 온도가 상승함에 따라 일반적으로 증가한다.

그림 19.12와 같은 온도-엔트로피 그래프는 물질의 열용량이 온도에 따라 어떻게 변하는지를 측정하면 얻을 수 있다. 그리고 그 그래프 자료를 활용하면 엔트로피의 절댓값을 다양한 온도에서 구할 수 있다(이러한 측정과 계산에 사용된 이론과 방법은 이 교재의 범위를 벗어난다). 엔트로피는 보통 물질 1 mol당의 값으로 표시되며, J/mol-K의 단위로 주어진다.

## 표준 몰엔트로피

표준 상태에 있는 물질 1 mol당의 엔트로피를 **표준 몰엔트로피(standard molar entropy)**라고 하며, $S°$으로 표시한다. 물질의 표준 상태는 101.3 kPa의 압력하에 있는 그 물질의 순수한 상태라고 정의된다. 표 19.1에 298 K에 있는 몇 가지 물질의 $S°$ 값을 나타내었고, 더 많은 물질의 값이 부록 C에 주어져 있다.

표 19.1에 주어진 $S°$ 값들로부터 몇 가지 공통적인 사실을 찾아볼 수 있다.

1. 생성 엔탈피와 달리, 298 K의 기준 온도에서 원소들의 표준 몰엔트로피는 0이 **아니다**.
2. 기체의 표준 몰엔트로피는 그림 19.12에 나타낸 바와 같이, 액체나 고체의 그 값들보다 더 크다.
3. 표준 몰엔트로피는 일반적으로 분자량이 증가함에 따라 커진다.
4. 표준 몰엔트로피는 물질에 있는 화학식의 원자수가 늘어남에 따라 커진다.

4번 설명은 19.3절에서 논의한 분자의 운동과 관련되어 있다. 일반적으로 원자의 수가 늘어날수록 가능한 미소 상태 수도 증가한다. 그림 19.13은 기체 상태에 있는 세 가지 탄화수소 화합물의 표준 몰엔트로피를 비교하고 있다. 분자의 원자수가 증가할 때, 엔트로피가 어떻게 변하는지 주목하라.

## 반응의 표준 엔트로피 변화 계산

화학 반응에서 엔트로피 변화는 생성물의 엔트로피 합에서 반응물의 엔트로피 합을 뺀 것과 같다.

$$\Delta S° = \sum nS°(\text{생성물}) - \sum mS°(\text{반응물}) \quad [19.8]$$

**표 19.1 298 K에서 표준 몰엔트로피**

| 물질 | $S°$(J/mol-K) |
|---|---|
| $H_2(g)$ | 130.6 |
| $N_2(g)$ | 191.5 |
| $O_2(g)$ | 205.0 |
| $H_2O(g)$ | 188.8 |
| $NH_3(g)$ | 192.5 |
| $CH_3OH(g)$ | 237.6 |
| $C_6H_6(g)$ | 269.2 |
| $H_2O(l)$ | 69.9 |
| $CH_3OH(l)$ | 126.8 |
| $C_6H_6(l)$ | 172.8 |
| $Li(s)$ | 29.1 |
| $Na(s)$ | 51.4 |
| $K(s)$ | 64.7 |
| $Fe(s)$ | 27.23 |
| $FeCl_3(s)$ | 142.3 |
| $NaCl(s)$ | 72.3 |

뷰테인($C_4H_{10}$)의 $S°$ 값은 얼마인가?

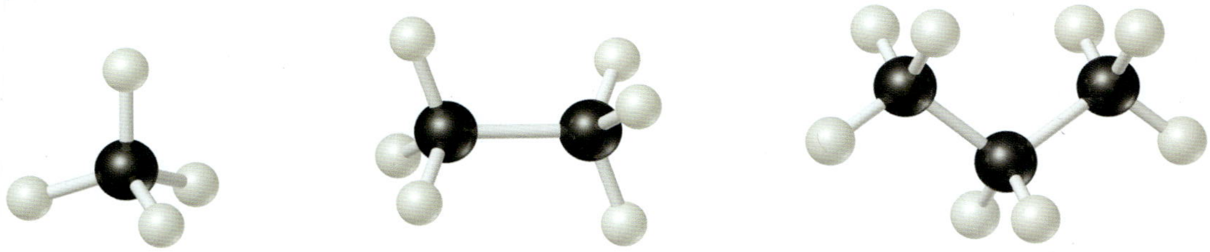

메테인($CH_4$) $S° = 186.3$ J/mol K

에테인($C_2H_6$) $S° = 229.6$ J/mol K

프로페인($C_3H_8$) $S° = 270.3$ J/mol K

▲ 그림 19.13 엔트로피는 복잡한 분자일수록 크다.

식 5.31에서와 같이, 계수 $n$과 $m$은 화학 반응식의 계수이다.

## 주위의 엔트로피 변화

화학 반응과 같은 계의 표준 엔트로피 변화는, 앞에서 설명한 대로 엔트로피 표를 활용하여 계산할 수 있다. 그러나 주위의 엔트로피 변화는 어떻게 계산할까? 주위 엔트로피 변화를 19.2절에서 잠깐 다룬 바 있지만, 화학 반응을 고려하고 있는 지금 다시 한번 생각할 필요가 있다.

어떤 계의 주위는 본질적으로 일정한 온도의 커다란 열원(또는 열이 계에서 주위로 흘러간다면 열흡수체)의 역할을 하고 있다는 점을 알아야 한다. 주위의 엔트로피 변화는 계로 들어오는 (또는 계로부터 나가는) 열의 양에 의해 결정된다.

등온 과정의 경우, 주위의 엔트로피 변화는 다음과 같이 주어진다.

$$\Delta S_{주위} = \frac{q_{주위}}{T} = \frac{-q_{계}}{T}$$

일정한 압력하에서, $q_{계}$는 반응 엔탈피 $\Delta H$와 같으므로 다음과 같이 쓸 수 있다.

$$\Delta S_{주위} = \frac{-\Delta H_{계}}{T} \quad (\text{일정한 } P\text{에서}) \qquad [19.9]$$

### 예제 19.5
**엔트로피 표를 이용하여 $\Delta S°$ 계산하기**

298 K에서 $N_2(g)$와 $H_2(g)$로부터 암모니아를 합성하는 반응의 계의 표준 엔트로피 변화($\Delta S°$)를 계산하시오.

$$N_2(g) + 3\,H_2(g) \longrightarrow 2\,NH_3(g)$$

**해답**

**분석** 암모니아의 성분 원소들로부터 $NH_3(g)$의 합성 과정에 대한 표준 엔트로피 변화를 계산하는 문제이다.

**계획** 식 19.8을 이용하여 계산할 수 있으며, 필요한 표준 몰엔트로피 값은 표 19.1과 부록 C에서 찾는다.

**풀이**

식 19.8을 사용하면, $\Delta S°$는 다음과 같다.

$$\Delta S° = 2\,S°(NH_3) - [S°(N_2) + 3\,S°(H_2)]$$

표 19.1에 있는 값들을 대입하면 다음을 얻는다.

$$\begin{aligned}\Delta S° &= (2\text{ mol})(192.5\text{ J/mol K}) - [(1\text{ mol})(191.5\text{ J/mol K}) \\ &\quad + (3\text{ mol})(130.6\text{ J/mol K})] \\ &= -198.3\text{ J/K}\end{aligned}$$

**검토** $\Delta S°$는 음수로 얻어졌다. 이것은 반응에 의해 기체 분자의 수가 감소하여 엔트로피가 감소할 것이라는 예측과 일치한다.

▶ **보충 예제**

부록 C에 주어진 표준 몰엔트로피를 이용하여 298 K에서 일어나는 '물 분해' 반응에 대한 표준 엔트로피 변화($\Delta S°$)를 계산하시오.

$$2\,H_2O(l) \longrightarrow 2\,H_2(g) + O_2(g)$$

**(a)** 326.3 J/K **(b)** 265.7 J/K **(c)** 163.2 J/K
**(d)** 88.5 J/K **(e)** −326.3 J/K

예제 19.5에 주어진 암모니아 합성 반응에 대해서, $q_{계}$는 표준 상태에서 반응 엔탈피($\Delta H°$)와 같고, 엔트로피 변화는 표준 엔트로피 변화($\Delta S°$)일 것이다. 그러므로 5.7절에 설명된 대로 하면, 다음의 식을 얻는다.

$$\Delta H°_{rxn} = 2\,\Delta H_f°[NH_3(g)] - 3\,\Delta H_f°[H_2(g)] - \Delta H_f°[N_2(g)]$$
$$= 2(-46.19\,kJ) - 3(0\,kJ) - (0\,kJ) = -92.38\,kJ$$

음수 값은 298 K에서 $H_2(g)$과 $N_2(g)$로부터 암모니아를 생성하는 것이 발열 과정이라는 것을 의미한다. 계가 방출한 열을 주위가 흡수하여 주위 엔트로피는 증가한다.

$$\Delta S°_{주위} = \frac{92.38\,kJ}{298\,K} = 0.310\ \ kJ/K = 310\,J/K$$

주위가 얻은 엔트로피의 양은, 예제 19.5에서 −198.3 J/K로 계산된, 계가 잃은 엔트로피의 양보다 더 많다.

반응에 대한 전체 엔트로피 변화는

$$\Delta S°_{우주} = \Delta S°_{계} + \Delta S°_{주위} = -198.3\,J/K + 310\,J/K = 112\,J/K$$

이다. $\Delta S°_{우주}$는 모든 자발적 과정에 대해서 양수이므로, 위 계산에 의하면 $NH_3(g)$, $H_2(g)$, $N_2(g)$가 각각의 표준 상태에서(각 기체가 101.3 kPa하에 있을 때) 298 K에 섞여 있으면 $NH_3(g)$가 저절로 생성되어야 함을 의미한다.

열역학적인 계산은 암모니아의 생성이 자발적임을 나타내지만, 그 생성 속도가 얼마나 빠를지에 대해서는 알 수 없다는 것을 기억해야 한다. 15.5절에서 학습한 것처럼, 적당한 시간 내에 이 계가 평형을 이루기 위해서는 촉매가 필요하다.

## 자기 평가 연습 문제

**19.22** 어떤 과정이 발열 과정일 때, 주위의 엔트로피는 어떻게 되는가?
**(a)** 항상 증가한다.
**(b)** 항상 감소한다.
**(c)** 과정에 따라 증가할 수도 있고 감소할 수도 있다.

## 연습 문제

**19.23** 프로판올($C_3H_7OH$)은 −126.5 °C에서 녹고, 97.4 °C에서 끓는다. 101.3 kPa에서 −150 °C의 프로판올을 150 °C로 가열할 때 엔트로피가 어떻게 변하는지 그림 19.12를 모델로 하여 그리시오.

**19.24** 다음 각 쌍에서 어느 화합물이 더 높은 표준 몰엔트로피를 가지겠는가?
**(a)** $C_3H_8(g)$ 또는 $C_4H_{10}(g)$ **(b)** $C_4H_{10}(l)$ 또는 $C_4H_{10}(g)$

**19.25** 아래 두 물질 중 어느 것이 25 °C에서 더 큰 표준 엔트로피를 가지겠는가? (부록 C에서 각 물질의 표준 엔트로피 값을 찾으시오.)
**(a)** $C_6H_6(l)$ 또는 $C_6H_6(g)$
**(b)** $CO(g)$ 또는 $CO_2(g)$
**(c)** 1 mol의 $N_2O_4(g)$ 또는 2 mol의 $NO_2(g)$
**(d)** $HCl(g)$ 또는 $HCl(aq)$

**19.26** 탄소 원소의 세 가지 형태는 흑연, 다이아몬드, 벅민스터풀러렌(buckminsterfullerne)이다. 298 K에서 흑연과 다이아몬드의 엔트로피는 부록 C에 나타나 있다.
**(a)** 흑연과 다이아몬드의 $S°$ 값의 차이를 그들의 구조적인 관점에서 설명하시오(그림 12.29).
**(b)** 흑연과 다이아몬드의 $S°$ 값과 비교하여 벅민스터풀러렌(그림

12.48)의 $S°$ 값은 얼마일 것으로 예상하는가? 왜 그렇게 생각하는지 설명하시오.

**19.27** 부록 C의 $S°$ 값을 사용하여 다음 반응의 $\Delta S°$ 값을 계산하시오. 각 반응에 대한 $\Delta S°$의 부호를 설명하시오.

**(a)** $2\,C_2H_4(g) \longrightarrow C_2H_6(g) + C_2H_2(g)$
**(b)** $Si(s) + 2\,Cl_2(g) \longrightarrow SiCl_4(l)$
**(c)** $PbCO_3(s) \longrightarrow PbO(s) + CO_2(g)$
**(d)** $2\,H_2S(g) + 3\,O_2(g) \longrightarrow 2\,SO_2(g) + 2\,H_2O(g)$

자기 평가 연습 문제 답 **19.22** (a)

## 19.5 Gibbs 자유 에너지

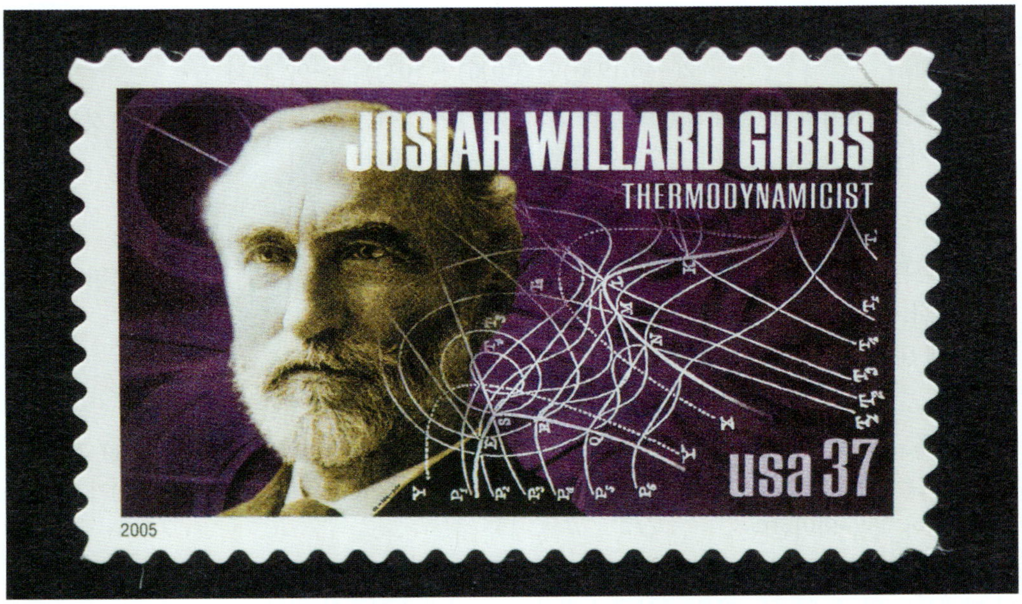


Josiah Willard Gibbs(1839~1902)는 미국의 대학에서 이학박사를 받은 최초의 사람이다(1863년 Yale 대학교). 1871년부터 그가 사망할 때까지, 그는 Yale 대학교의 수리물리학 전공에서 주임교수를 역임했다. 그는 화학 열역학의 발전을 이끈 많은 이론적 기반을 발전시켰다.

이 절이 끝나면 다음 사항을 수행할 수 있어야 한다.

- Gibbs 자유 에너지를 포함한 계산을 수행하기
- 반응이 자발적인지를 예측하기 위해 Gibbs 자유 에너지를 사용하기

질산 암모늄이 물에 용해되는 것처럼(13.1절), 어떤 흡열 과정은 자발적으로 일어난다. 용해 과정에 대한 단원에서, 흡열 과정이 자발적으로 일어나기 위해서는 계의 엔트로피가 증가해야만 한다고 배웠다. 그런데 자발적으로 일어나면서 계의 엔트로피가 **감소하는** 경우도 본 적이 있다. 그 한 가지 예가 성분 원소들로부터 염화 소듐이 형성되는 발열 과정이다(8.2절). 계의 엔트로피가 감소하면서 자발적으로 일어나는 과정은 항상 발열 과정이다. 그러므로 반응의 자발성은 두 가지의 열역학적 양(엔탈피와 엔트로피)과 관련된 것처럼 보인다.

일정 온도와 일정 압력하에서 일어나는 반응이 자발적인지 아닌지를 예측하기 위해 $\Delta H$와 $\Delta S$를 어떻게 활용할 수 있을까? 그러한 방법은 J. Willard Gibbs가 처음으로 고안하였다. Gibbs는 **Gibbs 자유 에너지(Gibbs free energy)** 또는 간단히 **자유 에너지(free energy)***라고 부르는 새로운 상태 함

*비록 IUPAC은 현재 Gibbs 에너지를 Gibbs 자유 에너지나 자유 에너지보다 선호하는 용어로 지정했지만, 세 용어 모두 일반적으로 흔히 사용된다.
일부 국가들에서는 Gibbs 자유 에너지를 자유 엔탈피라고도 부른다.(독일: "*freie Enthalpie G*"; 프랑스 "*enthalpie libre G*")

수 $G$를 다음과 같이 정의하여 제시하였다.

$$G = H - TS \tag{19.10}$$

여기서 $T$는 절대 온도이다. 등온 과정에 대해, 계의 자유 에너지 변화($\Delta G$)는

$$\Delta G = \Delta H - T\Delta S \tag{19.11}$$

이 되고, 표준 상태에서 이 식은 다음과 같이 쓸 수 있다.

$$\Delta G^\circ = \Delta H^\circ - T\Delta S^\circ \tag{19.12}$$

상태 함수 $G$가 반응의 자발성과 어떤 관련이 있는지를 알아보기 위해 일정 온도와 일정 압력하에서 일어나고 있는 반응에 대해 아래 식이 성립함을 상기해 보자.

$$\Delta S_{우주} = \Delta S_{계} + \Delta S_{주위} = \Delta S_{계} + \left(\frac{-\Delta H_{계}}{T}\right)$$

여기서 $\Delta S_{주위}$를 변환하기 위해 식 19.9를 이용하였다. 양변에 $-T$를 곱하면,

$$-T\Delta S_{우주} = \Delta H_{계} - T\Delta S_{계} \tag{19.13}$$

이 된다.

식 19.11과 19.13을 비교하면, 일정 온도와 일정 압력하에서 일어나는 과정의 경우 자유 에너지 변화($\Delta G$)가 $-T\Delta S_{우주}$와 같음을 알 수 있다. 자발적 과정의 경우 $\Delta S_{우주}$가 항상 양수임을 배운 바 있으므로 $-T\Delta S_{우주}$는 항상 음수가 되어야 한다. 그러므로 $\Delta G$의 부호는 일정 온도와 일정 압력하에서 일어나는 과정의 자발성에 대한 매우 중요한 단서를 제공한다. $T$와 $P$가 일정하다면, $\Delta G$의 부호와 반응의 자발성 사이에는 다음 관계가 성립한다.

- $\Delta G < 0$이면, 정반응이 자발적이다.
- $\Delta G = 0$이면, 반응은 평형 상태에 있다.
- $\Delta G > 0$이면, 정반응은 비자발적이지만, 역반응은 자발적이다(정반응이 일어나게 하기 위해서는 일을 해주어야 한다).

$\Delta G$는 계만의 성질이고, 주위를 고려해야 할 복잡함이 없다. 따라서 $\Delta S_{우주}$보다는 $\Delta G$를 자발성의 척도로 삼는 것이 훨씬 편리하다.

자발적 반응에 대한 자유 에너지 변화는 언덕을 굴러 내려오는 돌의 위치 에너지 변화에 종종 비유되곤 한다(**그림 19.14**). 중력에 의한 위치 에너지는 돌을 굴려 내려 그 위치 에너지가 최소화된 상태에 도달시킨다. 유사하게, 화학 반응의 자유 에너지도 줄어들어 최솟값에 도달한다. 이 최솟값 상태에 도달하였을 때, 계는 평형에 도달하게 된다. **일정 온도와 일정 압력하에서 자발적으로 일어나는 과정에서 자유 에너지는 항상 감소한다.**

그 예로 15장에서 배운, 질소와 수소로부터 암모니아가 합성되는 Haber 공정을 살펴보자.

$$N_2(g) + 3\ H_2(g) \rightleftharpoons 2\ NH_3(g)$$

일정 온도와 압력을 유지할 수 있는 반응 용기에 반응을 적당히 촉진시킬 수 있는 촉매가 준비되었다고 가정해 보자. 임의의 몰수의 $N_2$와 그 세 배의 $H_2$를 그 용기에 담으면 어떤 일이 일어날까? 그림 15.3에서 본 것처럼, $N_2$와 $H_2$는 자발적으로 반응하여 평형에 도달할 때까지 $NH_3$를 형성한다. 유사하게, 그림 15.3에서 볼 수 있듯이, 순수한 $NH_3$를 반응 용기에 넣으면 자발적으로 분해하여 $N_2$와 $H_2$를 형성할 것이며 결국 평형에 도달할 것이다. 두 경우 모두 평형을 향해 진행하면서 계의 자유 에너지는 감소하게 된다. 이 과정을 **그림 19.15**에 나타내었다.

평형에 있지 않은 계의 반응 지수($Q$)에 대한 중요성을 생각해 볼 수 있는 좋은 시점이다. $Q < K$일 때 생성물에 비해 반응물이 과량이라는 것을, 그리고 그림 19.15에서 본 것처럼, 반응은 정반응 방향으로 자발적으로 진행하여 평형에 도달한다는 것을 기억하라. $Q > K$일 때 반응은 역반응 방향으로 자발적으로 진행한다. 평형에서는 $Q = K$이다.

**계를 평형으로 이동시키는 과정들은 자발적인가, 비자발적인가?**

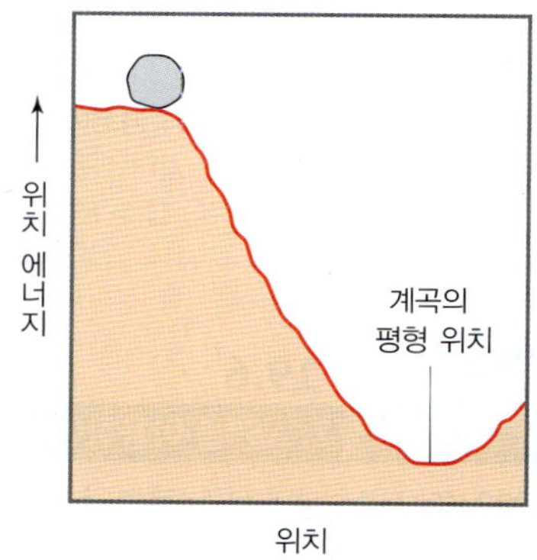


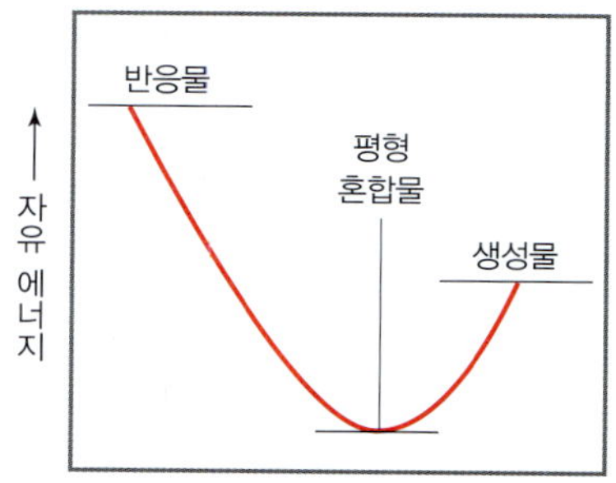


▲ **그림 19.14** 위치 에너지와 자유 에너지 언덕을 굴러 내려오는 돌의 중력에 의한 위치 에너지 변화와 자발적 반응에서 자유 에너지 변화 사이에는 유사성이 있다. 압력과 온도가 일정할 때, 자발적 과정에서는 자유 에너지가 항상 감소한다.

자발적 과정들을 때로는 자유 에너지가 '내리막'에 있는 상태라고 말하기도 한다. 왜 그런 것일까?

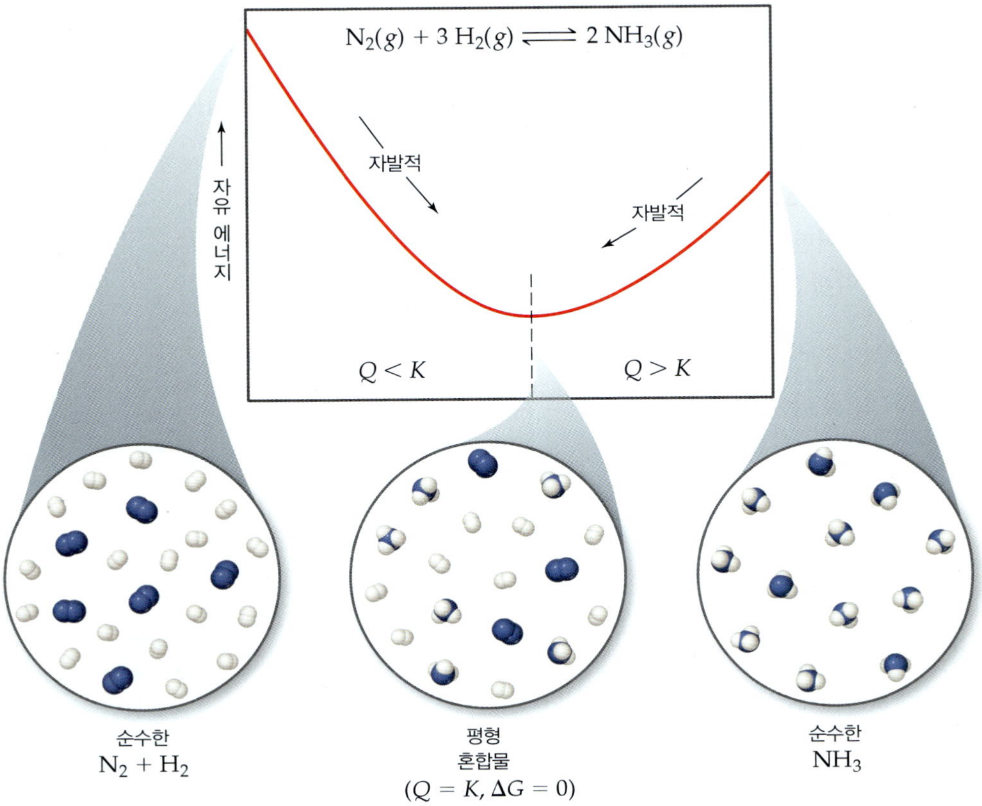


▲ **그림 19.15** 자유 에너지와 평형에 접근하기 $N_2(g) + 3\,H_2(g) \rightleftharpoons 2\,NH_3(g)$의 반응에서 반응 혼합물 중에 $N_2$와 $H_2$가 $NH_3$에 비해 훨씬 많다면(왼쪽), $Q < K$이고, $NH_3$가 자발적으로 생성된다. 반응 혼합물에 $NH_3$가 $N_2$와 $H_2$에 비해 많이 존재하면(오른쪽), $Q > K$이고, $NH_3$가 자발적으로 $N_2$와 $H_2$로 분해된다.

## 예제 19.6
### $\Delta H°$, $T$, $\Delta S°$를 이용하여 자유 에너지 변화 계산하기

298 K에서 $N_2(g)$와 $O_2(g)$로부터 $NO(g)$가 생성되는 과정의 표준 자유 에너지를 계산하시오(단, $\Delta H° = 180.7$ kJ이고 $\Delta S° = 24.7$ J/K이다).

$$N_2(g) + O_2(g) \longrightarrow 2\,NO(g)$$

이 반응은 주어진 조건하에서 자발적인가?

**해답**

**분석** $\Delta H°$, $\Delta S°$, $T$가 주어졌을 때 반응의 $\Delta G°$를 계산하고, 298 K 표준 상태에서 그 반응이 자발적인지, 그렇지 않은지 예측하는 문제이다.

**계획** $\Delta G°$를 계산하기 위해 식 19.12, $\Delta G° = \Delta H° - T\Delta S°$를 이용한다. 표준 상태에서 반응이 자발적인지 판단하기 위해 $\Delta G°$의 부호를 이용한다.

**풀이**

$$\begin{aligned}\Delta G° &= \Delta H° - T\Delta S° \\ &= 180.7\text{ kJ} - (298\text{ K})(24.7\text{ J/K})\left(\frac{1\text{ kJ}}{10^3\text{ J}}\right) \\ &= 180.7\text{ kJ} - 7.4\text{ kJ} \\ &= 173.3\text{ kJ}\end{aligned}$$

$\Delta G°$의 부호가 양이므로, 반응은 298 K 표준 상태에서 비자발적이다.

**주의** $T\Delta S°$의 단위를 kJ로 바꾸는 것을 잊지 말아야 한다. 그래야 kJ 단위로 주어진 $\Delta H°$ 값과 더할 수 있다.

▶ **보충 예제**

다음 중 참인 것은?

**(a)** 모든 자발적 반응의 엔탈피 변화는 음수이다.
**(b)** 모든 자발적 반응의 엔트로피 변화는 양수이다.
**(c)** 모든 자발적 반응의 자유 에너지 변화는 양수이다.
**(d)** 모든 자발적 반응의 자유 에너지 변화는 음수이다.
**(e)** 모든 자발적 반응의 엔트로피 변화는 음수이다.

## 표준 생성 자유 에너지

표준 상태에 있는 원소로부터 어떤 물질이 생성될 때의 엔탈피 변화를 그 물질의 **표준 생성 엔탈피**(standard enthalpy of formation, $\Delta H_f^\circ$)라고 정의하였다. 같은 방식으로 어떤 물질이 표준 상태에 있는 원소로부터 생성될 때의 자유 에너지 변화를 **표준 생성 자유 에너지(standard free energy of formation**, $\Delta G_f^\circ$)라고 정의할 수 있다. 표 19.2에 요약된 바와 같이, 기체의 표준 상태는 100.0 kPa의 순수한 기체를 의미하고, 고체와 액체인 물질의 표준 상태는 그 물질의 순수한 고체와 액체 상태를 각각 의미한다. 용액 속에 녹아 있는 물질의 표준 상태는 보통 1 *M*의 농도를 의미한다(엄밀한 의미에서 이 정의는 약간 수정될 필요가 있으나 그 정도의 차이는 무시한다).

일반적으로 표에 있는 값들은 25 °C에서 얻은 것이지만, 다른 온도에서의 $\Delta G$도 계산할 것이다. 표준 생성 엔탈피에서와 마찬가지로, 표준 상태에 있는 원소의 표준 자유 에너지는 0으로 정한다. 이와 같이 기준 점을 임의로 선택해도 우리가 얻고자 하는 양, 즉 반응물과 생성물의 표준 자유 에너지의 **차**(difference)는 변하지 않는다.

부록 C에 여러 물질의 표준 생성 자유 에너지 값이 있다.

표준 생성 자유 에너지는 화학 반응의 **표준 자유 에너지 변화**(standard free energy change)를 계산할 때 유용하다. 계산 과정은 $\Delta H^\circ$(식 5.31)와 $\Delta S^\circ$(식 19.8)를 계산할 때와 비슷하다.

$$\Delta G^\circ = \sum n\Delta G_f^\circ(\text{생성물}) - \sum m\Delta G_f^\circ(\text{반응물}) \qquad [19.14]$$

**표 19.2 표준 자유 에너지를 결정하는 기준**

| 물질의 상태 | 표준 상태 |
|---|---|
| 고체 | 순수한 고체 |
| 액체 | 순수한 액체 |
| 기체 | 100.0 kPa의 압력 |
| 용액 | 1 *M* 농도 |
| 원소 | 표준 상태에 있는 원소의 $\Delta G_f^\circ = 0$ |

### 예제 19.7
**표준 생성 자유 에너지로부터 표준 자유 에너지 변화 계산**

**(a)** 부록 C의 자료를 활용하여 298 K에서 일어나는 다음 반응의 표준 자유 에너지 변화량을 계산하시오.

$$P_4(g) + 6\,Cl_2(g) \longrightarrow 4\,PCl_3(g)$$

**(b)** 위 반응의 역반응에 대한 $\Delta G^\circ$는 얼마인가?

#### 해답

**분석** 주어진 반응의 표준 자유 에너지 변화량을 계산하고, 그 역반응에 대한 표준 자유 에너지 변화량을 구하는 문제이다.

**계획** 생성물과 반응물의 표준 생성 자유 에너지 값을 찾은 다음, 식 19.14를 이용한다. 반응식에 나타난 계수를 몰당 표준 생성 자유 에너지 값에 곱한 후 생성물 전체의 표준 자유 에너지 값에서 반응물 전체의 표준 자유 에너지 값을 뺀다.

**풀이**

**(a)** $Cl_2(g)$는 표준 상태에 있으므로 이 반응물의 $\Delta G_f^\circ$는 0이다. $P_4(g)$는 표준 상태에 있지 않기 때문에, 이 반응물의 $\Delta G_f^\circ$는 0이 아니다. 균형 맞춘 반응식과 부록 C의 값을 이용하면,

$$\begin{aligned}\Delta G^\circ_{rxn} &= 4\,\Delta G_f^\circ[PCl_3(g)] - \Delta G_f^\circ[P_4(g)] - 6\,\Delta G_f^\circ[Cl_2(g)]\\ &= (4\text{ mol})(-269.6\text{ kJ/mol}) - (1\text{ mol})(24.4\text{ kJ/mol}) - 0\\ &= -1102.8\text{ kJ}\end{aligned}$$

$\Delta G^\circ$가 음수이므로 25 °C에서 부분 압력이 각각 101.3 kPa인 $P_4(g)$, $Cl_2(g)$, $PCl_3(g)$의 혼합물은 정반응이 자발적으로 진행되어 더 많은 $PCl_3$를 생성할 것이다. 그러나 $\Delta G^\circ$ 값으로 이 반응이 진행되는 속도는 알 수 없다.

**(b)** 역반응에서는 정반응에서의 반응물과 생성물의 역할이 서로 바뀐다. 역반응에서 $\Delta G$의 부호가 바뀌는 것과 같이 식 19.14에서 $\Delta G$ 부호가 반대로 바뀐다. 따라서 (a)에서 얻은 결과를 이용하면,

$$4\,PCl_3(g) \longrightarrow P_4(g) + 6\,Cl_2(g) \quad \Delta G^\circ = +1102.8\text{ kJ}$$

**▶ 보충 예제**

아래의 화학 반응식은 같은 화학 반응을 나타낸다. 이러한 두 화학 반응식의 표준 자유 에너지 값을 비교하면 어떠한가?

**(1)** $2\,H_2O(l) \longrightarrow 2\,H_2(g) + O_2(g)$
**(2)** $H_2O(l) \longrightarrow H_2(g) + \frac{1}{2}O_2(g)$

**(a)** $\Delta G_1^\circ = \Delta G_2^\circ$ **(b)** $\Delta G_1^\circ = 2\,\Delta G_2^\circ$ **(c)** $2\,\Delta G_1^\circ = \Delta G_2^\circ$
**(d)** 답이 없다.

## 예제 19.8

### $\Delta G°$ 예측과 계산

5.7절에서 298 K에서 일어나는 프로페인 기체의 연소 반응의 $\Delta H°$를 Hess 법칙을 이용하여 계산하였다.

$$C_3H_8(g) + 5\,O_2(g) \longrightarrow 3\,CO_2(g) + 4\,H_2O(l) \quad \Delta H° = -2220\text{ kJ}$$

**(a)** 부록 C의 자료를 이용하지 말고, 이 반응의 $\Delta G°$ 값이 $\Delta H°$보다 더 큰 음의 값을 가질지, 더 작은 음의 값을 가질지 예측하시오.
**(b)** 부록 C의 자료를 활용하여 298 K에서 이 반응의 $\Delta G°$를 계산하시오. (a)에서 예측한 결과와 일치하는가?

### 해답

**분석** (a)는 화학 반응식만 보고 $\Delta G°$ 값과 $\Delta H°$ 값의 크기를 비교해 보는 문제이다. (b)는 $\Delta G°$ 값을 계산해서 앞의 정성적인 예측 값과 비교해 보는 문제이다.

**계획** 자유 에너지 변화는 반응 엔탈피 변화와 반응 엔트로피 변화를 포함한다(식 19.11). 표준 상태에서

$$\Delta G° = \Delta H° - T\Delta S°$$

이다. $\Delta G°$가 $\Delta H°$보다 더 큰 음의 값을 갖는지, 더 작은 음의 값을 갖는지를 결정하기 위해서는 $T\Delta S°$의 부호를 알아야 한다. $T$는 298 K로 항상 양수이다. 반응식으로부터 $\Delta S°$의 부호를 예측할 수 있다.

**풀이**

**(a)** 6개의 기체 분자가 반응물이고, 3개의 기체 분자와 4개의 액체 분자가 생성물이다. 따라서 반응이 진행되는 동안 기체 분자의 수가 크게 줄어든다. 19.3절에서 배운 내용에 따르면, 기체 분자 수의 감소는 계의 엔트로피 감소를 일으킨다(생성물의 미소 상태(microstate)의 수가 반응물의 미소 상태 수에 비해 작다). 그러므로 $\Delta S°$와 $T\Delta S°$는 음수일 것으로 예상할 수 있다. 음수인 $T\Delta S°$를 빼 주므로 $\Delta G°$는 $\Delta H°$에 비해 **더 작은 음의** 값이 될 것이다.

**(b)** 식 19.14와 부록 C를 사용하면 $\Delta G°$ 값을 다음과 같이 계산할 수 있다.

$$\Delta G° = 3\,\Delta G_f°[CO_2(g)] + 4\,\Delta G_f°[H_2O(l)] - \Delta G_f°[C_3H_8(g)] - 5\,\Delta G_f°[O_2(g)]$$

$$= 3\text{ mol}(-394.4\text{ kJ/mol}) + 4\text{ mol}(-237.13\text{ kJ/mol}) - 1\text{ mol}(-23.47\text{ kJ/mol}) - 5\text{ mol}(0\text{ kJ/mol}) = -2108\text{ kJ}$$

$H_2O(l)$의 $\Delta G°$ 값을 구할 때 주의해야 한다. $\Delta H$ 값을 계산할 때처럼, 반응물과 생성물의 상(phase)에 유의해야 한다. 반응이 진행되는 동안 엔트로피가 감소했기 때문에 $\Delta G°$ 값은 $\Delta H°$보다 더 작은 음의 값을 갖는다.

**▶ 보충 예제**

어떤 화학 반응이 발열 반응이고 엔트로피 변화가 양의 값이라고 할 때, 아래 문장 중 참인 것은 어느 것인가?
**(a)** 이 반응은 모든 온도에서 자발적인 반응이다.
**(b)** 이 반응은 모든 온도에서 비자발적인 반응이다.
**(c)** 이 반응은 더 높은 온도에서만 자발적인 반응이다.
**(d)** 이 반응은 더 낮은 온도에서만 자발적인 반응이다.

## 자세히 보기 자유 에너지에서 '자유'가 의미하는 것은?

Gibbs 자유 에너지는 매우 중요한 열역학 양이다. 많은 화학 반응이 압력과 온도가 거의 일정한 조건에서 일어나기 때문에, 화학자나 생화학자 그리고 공학자들이 화학 및 생화학 반응을 고안할 때 $\Delta G$의 부호와 크기는 대단히 유용한 도구이다. 이 책의 뒷부분에서 $\Delta G$의 유용성을 보여 주는 예들을 접할 것이다.

$\Delta G$를 처음 배울 때 흔히 다음 두 질문이 자주 등장한다. 왜 $\Delta G$의 부호가 반응의 자발성을 결정하는 인자인가? 그리고 자유 에너지에서 '자유'란 무엇을 의미하는가?

19.2절에서 열역학 제2법칙이 모든 변화 과정의 자발성을 결정한다는 것을 배웠다. 그러나 제2법칙(식 19.4)을 적용하기 위해서는 계산이 복잡한 $\Delta S_{우주}$를 알아야만 한다. 그런데 $T$와 $P$가 일정할 때는 $\Delta S_{주위}$의 식 19.9를 식 19.4에 대입하여 **계**의 엔탈피와 엔트로피 변화량으로만 $\Delta S_{우주}$를 나타낼 수 있다.

$$\Delta S_{우주} = \Delta S_{계} + \Delta S_{주위} = \Delta S_{계} + \left(\frac{-\Delta H_{계}}{T}\right) \quad (\text{일정한 } T, P) \qquad [19.15]$$

이와 같이 일정한 온도와 압력에서 열역학 제2법칙은 아래와 같이 나타낼 수 있다.

$$\text{가역 과정:} \quad \Delta S_{우주} = \Delta S_{계} - \frac{\Delta H_{계}}{T} = 0$$

$$\text{비가역 과정:} \quad \Delta S_{우주} = \Delta S_{계} - \frac{\Delta H_{계}}{T} > 0 \qquad [19.16]$$

(일정한 $T, P$)

이로부터는 $\Delta G_{계}$(앞으로는 그냥 $\Delta G$로 나타냄)와 열역학 제2법칙 간의 관계를 알 수 있다. 식 19.11에서 $\Delta G = \Delta H_{계} - T\Delta S_{계}$이다. 식 19.16에 $-T$를 곱한 후 식을 정리하면 다음을 얻게 된다.

$$\text{가역 과정:} \quad \Delta G = \Delta H_{계} - T\Delta S_{계} = 0$$

$$\text{비가역 과정:} \quad \Delta G = \Delta H_{계} - T\Delta S_{계} < 0 \qquad [19.17]$$

(일정한 $T, P$)

식 19.17은 어떤 반응이 자발적인지, 비자발적인지, 아니면 평형 상태에 있는지를 $\Delta G$의 부호로 판단할 수 있음을 보여 준다. $\Delta G < 0$일 때, 변화 과정은 비가역적이며, 따라서 자발적이다. $\Delta G = 0$일 때, 변화 과정은 가역적이며, 따라서 평형 상태에 있다. 어떤 변화 과정이 $\Delta G > 0$이면, 그 역과정은 $\Delta G < 0$일 것이다. 그래서 주어진 변화 과

정은 비자발적이지만, 그 역과정은 비가역적이고, 자발적이다.

$\Delta G$의 크기 또한 중요하다. $\Delta G$의 값이 크고 음수인 반응의 경우(예를 들면 휘발유의 연소 반응)가, $\Delta G$의 값이 작고 음수인 반응의 경우(예를 들면 얼음이 상온에서 녹는 반응)보다 주위에 훨씬 더 많은 일을 할 수 있다. 실제로 열역학 이론에 의하면, **어떤 변화 과정의 자유 에너지 변화($\Delta G$)는 일정 온도와 압력하에서 그 과정이 자발적으로 일어날 때 계가 주위에 할 수 있는 최대 일의 양과 같다.**

$$\Delta G = -w_{\max} \qquad [19.18]$$

(표 5.1에서 정의된 부호의 의미를 기억하라. 계가 한 일은 음수이다.) 다시 말해서, 어떤 변화 과정으로부터 얻을 수 있는 이론적인 최대 일의 양은 $\Delta G$ 값을 통해 알 수 있다.

식 19.18은 $\Delta G$가 왜 **자유**(free) 에너지라고 불리는지 설명해 준다. 즉 어떤 자발적 반응에서 발생한 에너지 중에서 유용한 형태의 일을 하는 데 자유롭게 사용될 수 있는 부분을 의미한다. 그 나머지 에너지는 열의 형태로 주위로 방출된다. 예를 들어 휘발유를 연소하여 얻을 수 있는 일의 최대량은 휘발유 연소 반응의 $\Delta G$의 값에 의해 결정된다. 보통의 내연 기관은 열효율이 낮다. 휘발유의 화학 에너지를 자동차를 움직이기 위한 역학적 에너지로 변환하면서, 연소 반응으로부터 얻을 수 있는 일의 최댓값 중 평균 60% 이상을 (주로 열로서) 잃는다. 다른 손실 요인(공회전, 브레이크를 이용한 정지, 공기 저항 등)도 고려하면, 휘발유 연소로부터 얻을 수 있는 일의 최대량 중 약 15% 정도만 실제 자동차를 움직이는 데 사용된다. 하이브리드 기술, 초경량 부품 소재 개발 등 자동차 제조 기술의 진보를 통해 휘발유 연소로부터 얻을 수 있는 유용한 일의 비율이 늘어날 수 있을 것이다.

## 자기 평가 연습 문제

**19.28** 다음 반응의 $\Delta G_f^\circ(NH_3(g)) = -16.7$ kJ/mol이다. 이 반응의 표준 자유 에너지 변화를 계산하시오.

$$N_2(g) + 3\,H_2(g) \rightleftharpoons 2\,NH_3(g)$$

**(a)** $\Delta G^\circ = -16.7$ kJ
**(b)** $\Delta G^\circ = -33.4$ kJ
**(c)** $\Delta G^\circ = 16.7$ kJ
**(d)** $\Delta G^\circ = 33.4$ kJ

**19.29** 문제 19.28에 나오는 반응의 정반응은 자발적인가, 비자발적인가?
**(a)** 자발적
**(b)** 비자발적

## 연습 문제

**19.30** **(a)** 일정한 온도에서 일어나는 변화 과정의 Gibbs 자유 에너지 변화는 계의 엔탈피와 엔트로피 변화에 의존하는가? **(b)** 일정한 $T$와 $P$에서 일어나는 어떤 변화 과정의 $\Delta G$ 값이 양이다. 이 과정은 자발적인가? **(c)** 어떤 변화 과정의 $\Delta G$ 값이 크면, 이 과정이 빠르게 진행되는가?

**19.31** 어떤 화학 반응의 $\Delta H^\circ = +20.0$ kJ이고 $\Delta S^\circ = +100.0$ J/K이다.
**(a)** 이 반응은 발열 반응인가, 흡열 반응인가?
**(b)** 이 반응은 계의 무질서도 혹은 무작위도를 증가시키는가, 아니면 감소시키는가?
**(c)** 298 K에서 이 반응의 $\Delta G^\circ$를 계산하시오.
**(d)** 298 K, 표준 상태에서 이 반응은 자발적인가?

**19.32** 부록 C의 자료를 이용하여 다음 각 반응의 25 °C에서 $\Delta H^\circ$, $\Delta S^\circ$, $\Delta G^\circ$를 계산하시오.
**(a)** $4\,Cr(s) + 3\,O_2(g) \longrightarrow 2\,Cr_2O_3(s)$
**(b)** $BaCO_3(s) \longrightarrow BaO(s) + CO_2(g)$
**(c)** $2\,P(s) + 10\,HF(g) \longrightarrow 2\,PF_5(g) + 5\,H_2(g)$
**(d)** $K(s) + O_2(g) \longrightarrow KO_2(s)$

**19.33** 부록 C의 자료를 이용하여 다음 각 반응의 Gibbs 자유 에너지 변화량을 계산하시오. 각 반응이 298 K 표준 상태에서 자발적인지, 아닌지를 표시하시오.
**(a)** $2\,Ag(s) + Cl_2(g) \longrightarrow 2\,AgCl(s)$
**(b)** $P_4O_{10}(s) + 16\,H_2(g) \longrightarrow 4\,PH_3(g) + 10\,H_2O(g)$
**(c)** $CH_4(g) + 4\,F_2(g) \longrightarrow CF_4(g) + 4\,HF(g)$
**(d)** $2\,H_2O_2(l) \longrightarrow 2\,H_2O(l) + O_2(g)$

**19.34** 이산화 황은 산화 스트론튬과 다음과 같이 반응한다.

$$SO_2(g) + SrO(g) \longrightarrow SrSO_3(s)$$

**(a)** 열화학적 자료를 사용하지 말고, 이 반응의 $\Delta G^\circ$가 $\Delta H^\circ$보다 더 큰 음의 값을 갖는지, 더 작은 음의 값을 갖는지를 예측하시오.
**(b)** 이 반응의 표준 엔탈피 자료만 가지고 있다면, 다른 물질들의 부록 C 자료를 사용하여 298 K에서 $\Delta G^\circ$ 값을 추정하시오.

자기 평가 연습 문제 답 **19.28** (b) **19.29** (a)

## 19.6 자유 에너지와 온도

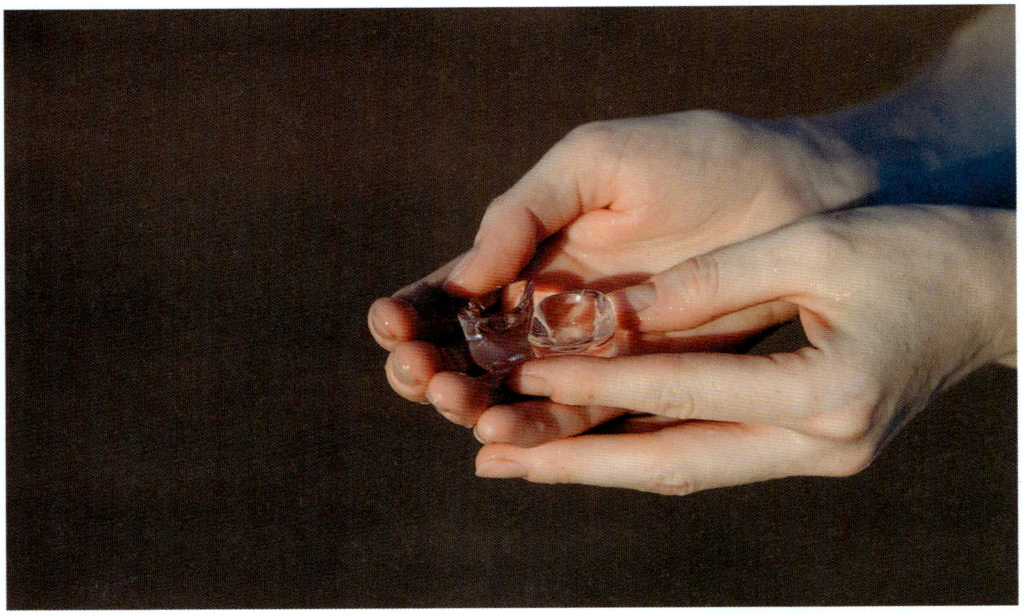

유리잔에 담긴 물이 냉동고에서는 얼지만, 얼음덩이는 손에서 녹는다. 고체와 액체 사이 상변화의 자발성은 온도에 의존한다. 이 절에서 우리는 자유 에너지와 온도 사이의 관련성에 대해 논의한다.

이 절이 끝나면 다음 사항을 수행할 수 있어야 한다.

- $\Delta H$와 $\Delta S$로 주어진 자발성에 온도가 미치는 영향 예측하기

부록 C와 같은 $\Delta G_f^\circ$의 표는 25°C 표준 온도에서 일어나는 반응의 $\Delta G^\circ$를 쉽게 계산할 수 있게 해준다. 그러나 때때로 다른 온도에서 일어나는 반응에 대해 알고 싶을 때가 있다. 온도가 바뀜에 따라 $\Delta G$가 어떻게 달라지는지 알아보기 위해 식 19.11을 다시 살펴보자.

$$\Delta G = \Delta H - T\Delta S = \underbrace{\Delta H}_{\text{엔탈피 항}} + \underbrace{(-T\Delta S)}_{\text{엔트로피 항}}$$

$\Delta G$ 식은 엔탈피 항 $\Delta H$와 엔트로피 항 $-T\Delta S$의 합으로 주어진다. $-T\Delta S$ 값이 절대 온도 $T$에 직접적으로 의존하기 때문에 $\Delta G$ 값은 온도에 따라 변한다. $\Delta H$ 값은 양수일 수도 있고, 음수일 수도 있다. $T$는 절대 영도 이외의 모든 온도에서 항상 양수이다. 엔트로피 항 $-T\Delta S$도 양수일 수도 있고, 음수일 수도 있다. $\Delta S$가 양수일 때(최종 상태가 초기 상태보다 더 무질서할 때, 즉 더 많은 미소 상태를 가질 때) $-T\Delta S$ 항은 음수이다. $\Delta S$가 음수일 때 $-T\Delta S$ 항은 양수이다.

어떤 변화 과정의 자발성 여부를 판단하는 $\Delta G$의 부호는 $\Delta H$와 $-T\Delta S$의 부호와 크기에 따라 결정된다. $\Delta H$와 $-T\Delta S$ 부호의 여러 가지 조합이 표 19.3에 제시되어 있다.

**표 19.3 반응의 자발성을 결정하는 $\Delta H$와 $\Delta S$의 부호**

| $\Delta H$ | $\Delta S$ | $-T\Delta S$ | $\Delta G = \Delta H - T\Delta S$ | 반응 특성 | 예 |
|---|---|---|---|---|---|
| − | + | − | − | 모든 온도에서 자발적 | $2\,O_3(g) \longrightarrow 3\,O_2(g)$ |
| + | − | + | + | 모든 온도에서 비자발적 | $3\,O_2(g) \longrightarrow 2\,O_3(g)$ |
| − | − | + | + 또는 − | 낮은 온도에서 자발적, 높은 온도에서 비자발적 | $H_2O(l) \longrightarrow H_2O(s)$ |
| + | + | − | + 또는 − | 높은 온도에서 자발적, 낮은 온도에서 비자발적 | $H_2O(s) \longrightarrow H_2O(l)$ |

표 19.3에서 볼 수 있는 바와 같이, $\Delta H$와 $-T\Delta S$의 부호가 서로 반대일 때, $\Delta G$의 부호는 이 두 항의 크기에 따라 달라진다. 이 경우에 온도가 중요한 역할을 한다. 일반적으로 $\Delta H$와 $\Delta S$는 온도에 따른 변화가 매우 작다. 그러나 $T$ 값은 $-T\Delta S$의 크기에 직접적인 영향을 준다. 온도가 상승함에 따라 $-T\Delta S$ 항의 크기가 커지며, 이 항이 $\Delta G$의 부호 및 크기 결정에 더 중요한 역할을 하게 된다.

예를 들어 101.3 kPa하에서 얼음이 물로 녹는 과정을 다시 한번 살펴보자.

$$H_2O(s) \longrightarrow H_2O(l) \quad \Delta H > 0,\ \Delta S > 0$$

이 과정은 흡열 과정으로 $\Delta H$는 양수이다. 또한 엔트로피가 증가하기 때문에 $\Delta S$도 양수이고, 따라서 $-T\Delta S$는 음수가 된다. 0°C(273 K) 아래의 온도에서 $\Delta H$의 크기는 $-T\Delta S$보다 크기 때문에, 양의 엔탈피 항이 $\Delta G$ 값을 양으로 만든다. 양수인 $\Delta G$ 값은 $T<0$°C에서 얼음이 녹는 과정은 자발적이 아니라는 것을 의미한다. 우리가 경험을 통해 잘 알고 있듯이, 이 과정의 역반응, 즉 액체 상태의 물이 얼어 얼음이 되는 과정이 이 온도에서는 자발적으로 일어난다.

0°C보다 높은 온도에서는 어떻게 될까? 온도가 상승함에 따라 엔트로피 항 $-T\Delta S$의 크기도 커진다. $T>0$°C일 때, $-T\Delta S$는 $\Delta H$보다 더 크다. 따라서 이러한 높은 온도에서는 음수인 엔트로피 항이 $\Delta G$의 값을 음수로 만든다. 음수인 $\Delta G$ 값은 얼음이 녹는 과정이 $T>0$°C에서 자발적이라는 것을 의미한다.

물의 정상 녹는점 $T=0$°C에서는 두 상이 평형을 이룬다. 평형 상태에서 $\Delta G=0$이다. 즉 $T=0$°C에서 $\Delta H$와 $-T\Delta S$는 크기가 서로 같고 부호가 반대이므로 서로 상쇄되어 $\Delta G=0$이 된다.

$\Delta G$의 온도 의존성에 대한 논의는 표준 자유 에너지 변화에도 적용할 수 있다. 부록 C에 있는 자료를 이용하면 298 K에서의 $\Delta H°$와 $\Delta S°$를 쉽게 계산할 수 있다. 이 값들이 온도에 따라 변하지 않는다고 가정하면, 식 19.12를 이용하여 298 K 이외의 온도에서 $\Delta G$ 값을 계산할 수 있다.

## 예제 19.9
### 반응의 자발성에 대한 온도 영향 예측

암모니아를 생산하는 Harber 공정은 다음 평형 반응을 이용한다.

$$N_2(g) + 3\,H_2(g) \rightleftharpoons 2\,NH_3(g)$$

이 반응의 $\Delta H° = -92.38$ kJ이고 $\Delta S° = -198.3$ J/K이다. $\Delta H°$와 $\Delta S°$ 부호가 온도에 따라 변하지 않는다고 가정한다.

**(a)** 온도가 상승함에 따라 이 반응의 $\Delta G$가 어떻게 변할지 예측하시오. **(b)** 25°C와 500°C에서 이 반응의 $\Delta G$ 값을 각각 구하시오.

**해답**

**분석** (a)는 온도가 상승함에 따라 $\Delta G$가 변하는 양상을 예측하는 문제이다. (b)는 다른 두 온도에서 반응의 $\Delta G$ 값을 결정하는 문제이다.

**계획** (a)는 반응에 대한 $\Delta S$의 부호를 결정한 다음, 식 19.12를 이용한다. (b)는 주어진 $\Delta H°$와 $\Delta S°$ 값과 식 19.12를 이용하여 $\Delta G$를 계산한다.

**풀이**

**(a)** $\Delta G$의 온도 의존성은 식 19.12, $\Delta G=\Delta H-T\Delta S$의 엔트로피 항에서 온다. 위 반응에서 기체 분자의 수는 생성물에서 더 작으므로, 이 반응에 대한 $\Delta S$는 음수일 것이다. 따라서 $-T\Delta S$는 양수이고, 온도가 상승함에 따라 점점 커진다. 그 결과, $\Delta G$ 값은 온도가 상승하면 더 큰 양의 값으로 변한다. 그러므로 $NH_3$의 생산력은 온도가 상승함에 따라 감소한다.

**(b)** $\Delta H°$ 값과 $\Delta S°$ 값이 온도에 따라 변하지 않는다고 가정하면, 식 19.12를 이용하여 모든 온도에서 $\Delta G°$ 값을 계산할 수 있다.

$T = 25$°C $= 298$ K에서

$$\Delta G° = -92.38\text{ kJ} - (298\text{ K})(-198.3\text{ J/K})\left(\frac{1\text{ kJ}}{1000\text{ J}}\right)$$
$$= -92.38\text{ kJ} + 59.1\text{ kJ} = -33.3\text{ kJ}$$

$T = 500$°C $= 773$ K에서

$$\Delta G = -92.38\text{ kJ} - (773\text{ K})(-198.3\text{ J/K})\left(\frac{1\text{ kJ}}{1000\text{ J}}\right)$$
$$= -92.38\text{ kJ} + 153\text{ kJ} = 61\text{ kJ}$$

위 두 계산에서 $-T\Delta S°$의 단위를 kJ로 변환해야 kJ 단위를 가지는 $\Delta H°$와 더할 수 있다.

**주의** 온도를 298 K에서 773 K로 올렸을 때 $\Delta G°$ 값이 −33.3 kJ에서 +61 kJ로 변하였다. 물론 773 K에서의 결과는 $\Delta H°$와 $\Delta S°$가 온도에 따라 변하지 않는다는 가정에 기초하고 있다. 실제로는 이 값들이 온도에 따라 약간은 변하지만 773 K에서의 결과는 근사적으로 타당하다.

$T$가 증가함에 따라 $\Delta G$ 값이 양의 값으로 증가하는 것은, (a)에서 예측한 바와 일치한다. 계산 결과를 보면, 298 K에서 각각이 101.3 kPa의 부분 압력으로 있을 때, $N_2(g)$, $H_2(g)$, $NH_3(g)$의 혼합물은 298 K에서 자발적으로 반응하여 더 많은 $NH_3(g)$를 생성한다. 773 K에서 $\Delta G$ 값이 양이라는 것은 역반응이 자발적임을 의미한다. 그러므로 773 K에서 혼합물의 모든 기체가 갖는 부분 압력이 각각 101.3 kPa일 때, $NH_3(g)$의 일부는 자발적으로 $N_2(g)$와 $H_2(g)$로 분해된다.

**▶ 보충 예제**

Harber 공정이 비자발적이 되는 온도는 몇 도인가?
**(a)** 25 °C **(b)** 47 °C **(c)** 61 °C **(d)** 193 °C **(e)** 500 °C

## 자기 평가 연습 문제

**19.35** 톨루엔의 정상 끓는점은 110 °C이다. 100 °C, 101.3 kPa에서 톨루엔이 기화하는 반응에서 $\Delta H_{기화}$와 $T\Delta S_{기화}$ 중 어느 항이 더 클까?

**(a)** $\Delta H_{기화} > T\Delta S_{기화}$
**(b)** $\Delta H_{기화} < T\Delta S_{기화}$

## 연습 문제

**19.36** 다음 각 반응을 표 19.3에서 요약한 네 가지 가능한 유형 중 하나로 분류하시오.
(i) 모든 온도에서 자발 반응, (ii) 모든 온도에서 비자발적 반응, (iii) 낮은 온도에서는 자발적 반응이지만 높은 온도에서는 비자발적 반응, (iv) 높은 온도에서는 자발적 반응이지만 낮은 온도에서는 비자발적 반응

**(a)** $N_2(g) + 3\,F_2(g) \longrightarrow 2\,NF_3(g)$
$\Delta H^\circ = -249$ kJ; $\Delta S^\circ = -278$ J/K

**(b)** $N_2(g) + 3\,Cl_2(g) \longrightarrow 2\,NCl_3(g)$
$\Delta H^\circ = 460$ kJ; $\Delta S^\circ = -275$ J/K

**(c)** $N_2F_4(g) \longrightarrow 2\,NF_2(g)$
$\Delta H^\circ = 85$ kJ; $\Delta S^\circ = 198$ J/K

**19.37** 일정한 압력하에서 진행되는 어떤 반응이 45 °C에서 비자발적이다. 이 반응의 엔트로피 변화는 72 J/K이다. 이 반응의 $\Delta H$를 구하시오.

**19.38** 어떤 물질이 분해되어 CO를 잃는 반응을 **탈카보닐**(decarbonylation) 반응이라고 한다. 아세트산의 탈카보닐 반응은 다음과 같이 진행된다.

$$CH_3COOH(l) \longrightarrow CH_3OH(g) + CO(g)$$

부록 C의 자료를 사용하여 표준 상태에서 이 화학 반응이 자발적으로 진행되기 위한 최소 온도를 계산하시오. 온도에 따라 $\Delta H^\circ$와 $\Delta S^\circ$는 변하지 않는다고 가정한다.

**19.39** 메탄올($CH_3OH$)은 메테인의 조절된 산화 반응을 통해 얻을 수 있다.

$$CH_4(g) + \tfrac{1}{2}O_2(g) \longrightarrow CH_3OH(g)$$

**(a)** 부록 C의 자료를 사용하여 이 반응의 $\Delta H^\circ$와 $\Delta S^\circ$를 계산하시오.
**(b)** 온도가 증가함에 따라 이 반응의 $\Delta G^\circ$는 증가하겠는가, 감소하겠는가, 아니면 그대로이겠는가?
**(c)** 298 K에서 $\Delta G^\circ$를 계산하시오. 이 온도와 표준 상태에서 이 반응은 자발적인가?
**(d)** 표준 상태에서 이 반응이 평형에 도달하는 온도이면서 동시에, 반응에 참가한 화합물이 모두 안정하게 유지될 수 있을 정도로 충분히 낮은 온도가 존재하는가?

**19.40** 고효율 천연가스 차량의 연료는 주로 메테인($CH_4$)으로 구성되어 있다.
**(a)** 반응물과 생성물이 모두 298 K, 표준 상태에 있고 $H_2O(l)$가 형성된다면, 1 mol의 $CH_4(g)$를 연소할 때 얼마만큼의 열이 발생하겠는가?
**(b)** 표준 상태에서 이 계가 할 수 있는 유용한 일의 최대량은 얼마인가?

자기 평가 연습 문제 답 **19.35** (a)

## 19.7 | 자유 에너지와 평형 상수

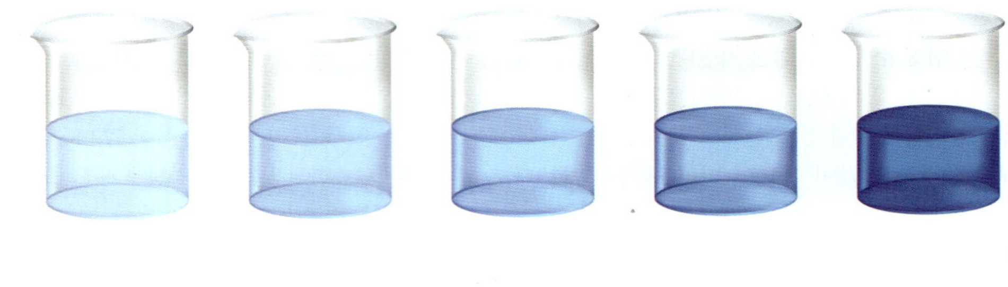

표준 상태는 반응 연구의 시작점으로서 가장 적합한 상태지만 실제 우리가 있는 곳에서는 표준 상태가 아닌 경우가 있기도 하다.

19.5절에서 $\Delta G°$와 평형 사이에 특별한 관계가 있음을 알았다. 평형에 있는 계에서 $\Delta G° = 0$이다. 또한 표로 만들어진 열역학 데이터를 사용하여 표준 자유 에너지 변화($\Delta G°$)를 어떻게 계산할 수 있는지 알아보았다. 마지막으로 이 절에서는 자유 에너지를 사용하여 화학 반응을 분석하는 두 가지 방법을 더 배울 것이다. 즉, $\Delta G°$를 이용하여 **비표준**(nonstandard) 상태의 $\Delta G$를 계산하는 방법과 화학 반응에서 $\Delta G°$와 K의 관계에 대해서 배울 것이다.

이 절이 끝나면 다음 사항을 수행할 수 있어야 한다.

- 비표준 상태의 $\Delta G$를 계산하고, $\Delta G°$와 평형 상수의 관계 이해하기

## 비표준 상태에서 자유 에너지

$\Delta G°$와 관련된 표준 상태의 조건들이 표 19.2에 제시되어 있다. 대부분의 화학 반응은 비표준 상태에서 일어난다. 모든 화학적인 과정에서 표준 상태에서의 자유 에너지 변화 $\Delta G°$와 그밖의 다른 상태에서의 자유 에너지 변화 $\Delta G$ 사이에는 다음과 같은 관계식이 성립한다.

$$\Delta G = \Delta G° + RT \ln Q \qquad [19.19]$$

이 식에서 $R$은 이상 기체 상수 8.314 J/mol-K이고, $T$는 절대 온도, $Q$는 반응 혼합물의 반응 지수이다. Q는 반응물과 생성물의 농도가 반응의 어느 시점에서의 농도라는 것을 제외하고는 평형 상수와 같은 방식으로 계산된다는 것을 기억하자. $Q = K$이면 반응은 평형 상태에 있다. 표준 상태에서 모든 반응물과 생성물의 농도는 1 $M$과 같다. 따라서 표준 상태에서 $Q = 1$이고, $\ln Q = 0$이 되며, 식 19.19는 표준 상태에서 $\Delta G = \Delta G°$가 된다.

하지만, 이것이 평형에 도달했음을 의미하지는 않는다는 것을 기억하라. $\Delta G = 0$일 때 평형에 도달한다.

반응물과 생성물의 농도가 표준 상태가 아닐 때는 $\Delta G$ 값을 구하기 위해 $Q$ 값을 계산해야 한다. 이 계산 과정을 예제 19.11에서 설명한다. 식 19.19를 이용하여 $Q$를 계산할 때 사용하는 단위에 유의해야 한다. 표준 상태를 정의할 때 사용하였던 단위들을 이용하여 $Q$를 계산한다. 예를 들어, $Q$를 계산할 때 기체의 농도는 항상 부분 압력으로 표시하고 용질은 몰농도로 표시한다.

### 예제 19.10
**평형 상태에서 상전이와 $\Delta G$의 관계**

(a) 액체인 사염화 탄소($CCl_4(l)$)의 정상 끓는점을 정의하는 화학 반응식을 쓰시오. (b) (a)의 반응이 평형에 도달하였을 때 $\Delta G°$는 얼마인가? (c) 부록 C의 열역학 자료와 식 19.12를 사용하여 $CCl_4(l)$의 정상 끓는점을 예측하시오.

**해답**

**분석** (a) 정상 끓는점에서 액체상과 기체상의 $CCl_4$ 사이에 물리적인 평형 상태를 나타내는 화학 반응식을 써야 한다. (b) 정상 끓는점에서 $CCl_4$ 증기와 평형 상태에 있는 $CCl_4(l)$의 $\Delta G°$를 구해야 한다. (c) 사용 가능한 열역학 데이터를 이용하여 $CCl_4$의 정상 끓는점을 예측해야 한다.

**계획** (a) 화학 반응식은 액체에서 기체로의 상변화를 나타낸다. (b) 평형 상태에서 ($\Delta G = 0$) 식 19.19를 분석할 필요가 있다. (c) $\Delta G = 0$일 때 식 19.12를 사용하면 $T$를 계산할 수 있다.

**풀이**

(a) 정상 끓는점은 101.3 kPa 압력에서 순수한 액체와 그 증기가 평형에 도달하는 온도이다.

$$CCl_4(l) \rightleftharpoons CCl_4(g) \quad P = 101.3 \text{ kPa}$$

(b) 평형에서 $\Delta G = 0$이다. 정상 끓는점에서 액체와 그 증기는 101.3 kPa에서 표준 상태인 순수한 액체와 순수한 기체이다(표 19.2). 따라서 $Q = 1$, $\ln Q = 0$, $\Delta G = \Delta G°$이다. 모든 액

체의 정상 끓는점에서 $\Delta G° = 0$이다(정상 녹는점과 정상 승화점에서도 $\Delta G° = 0$이다).

$$\Delta G° = 0$$

(c) 식 19.12와 (b)의 결과를 결합하면, $CCl_4(l)$ 또는 다른 순수한 액체의 정상 끓는점 $T_b$에서 다음 식이 성립한다.

$$\Delta G° = \Delta H° - T_b \Delta S° = 0$$

이 식을 $T_b$에 대해 풀면 다음과 같다.

$$T_b = \Delta H° / \Delta S°$$

엄밀히 말하면, 이 계산을 하려면 $CCl_4(l)$와 $CCl_4(g)$가 평형 상태에 도달하게 되는 정상 끓는점에서 $\Delta H°$와 $\Delta S°$의 값이 필요하다. 따라서 부록 C와 식 5.31과 식 19.8의 자료로부터 얻을 수 있는 298 K에서의 $\Delta H°$와 $\Delta S°$ 값을 사용하면 끓는점을 예측할 수 있다.

$$\Delta H° = (1\ \text{mol})(-106.7\ \text{kJ/mol}) - (1\ \text{mol})(-139.3\ \text{kJ/mol}) = +32.6\ \text{kJ}$$

$$\Delta S° = (1\ \text{mol})(309.4\ \text{J/mol K}) - (1\ \text{mol})(214.4\ \text{J/mol K}) = +95.0\ \text{J/K}$$

예상한 바와 같이 이 과정은 흡열 과정($\Delta H > 0$)이고 기체 분자를 생성하므로 엔트로피가 증가한다($\Delta S > 0$). 이 값들을 사용하여 $CCl_4$의 $T_b$를 예측한다.

$$T_b = \frac{\Delta H°}{\Delta S°} = \left(\frac{32.6\ \text{kJ}}{95.0\ \text{J/K}}\right)\left(\frac{1000\ \text{J}}{1\ \text{kJ}}\right) = 343\ \text{K} = 70\ °\text{C}$$

$\Delta H°$와 $\Delta S°$의 단위가 같도록 J와 kJ 간에 환산 인자를 사용했다는 점에 유의하라.

**검토** 실험으로 측정된 $CCl_4(l)$의 정상 끓는점은 76.5 °C이다. 실험값과 예측값 사이의 작은 차이는 $\Delta H°$와 $\Delta S°$의 값이 온도에 따라 변하지 않는다고 가정하였기 때문이다.

**▶ 보충 예제**

어떤 액체의 정상 끓는점이 67 °C이고 이 액체가 끓을 때 표준 몰 엔트로피 변화가 +100 J/K라고 한다. 이 액체가 끓을 때 표준 몰 엔탈피 변화를 계산하시오.

**(a)** +6700 J **(b)** −6700 J **(c)** +34,000 J **(d)** −34,000 J

## 예제 19.11

### 비표준 상태에서 자유 에너지 변화 계산하기

Harber 공정에 사용되는 1.00 atm의 $N_2$, 3.00 atm의 $H_2$, 0.500 atm의 $NH_3$로 구성된 반응 혼합물의 298 K에서 $\Delta G$를 계산하시오.

$$N_2(g) + 3\,H_2(g) \rightleftharpoons 2\,NH_3(g)$$

**해답**

**분석** 비표준 상태에서 $\Delta G$를 계산하는 문제이다.

**계획** $\Delta G$를 계산하기 위해 식 19.19를 사용할 수 있다. 식 15.24(평형상수식)의 부분 압력 식과 주어진 기체의 부분 압력을 이용하여 반응 지수를 계산한다. 표에 있는 표준 생성 자유 에너지 값을 이용하여 $\Delta G°$를 계산한다.

**풀이**

식 15.24의 부분 압력식을 이용하면,

$$Q = \frac{{P_{NH_3}}^2}{P_{N_2}{P_{H_2}}^3} = \frac{(0.500)^2}{(1.00)(3.00)^3} = 9.26 \times 10^{-3}$$

예제 19.9에서 이 반응의 $\Delta G° = -33.3$ kJ로 계산되었다. 식 19.19를 사용하기 위해서는 이 값의 단위를 바꾸어야 한다. $\Delta G°$의 단위로는 kJ/mol(몰당 kJ)을 사용할 것이다. 여기서 '몰당'이라는 것은 '화학 반응식에 쓰인 그대로의 몰당'을 의미한다. 즉 $\Delta G° = -33.3$ kJ/mol이라는 것은 $N_2$ 1몰당, $H_2$ 3몰당, $NH_3$ 2몰당 값이라는 것을 의미한다.

이제 식 19.19를 사용하여 비표준 상태에서의 $\Delta G$를 계산한다.

$$\begin{aligned}\Delta G &= \Delta G° + RT \ln Q \\ &= (-33.3\ \text{kJ/mol}) \\ &\quad + (8.314\ \text{J/mol K})(298\ \text{K})(1\ \text{kJ}/1000\ \text{J}) \ln(9.26 \times 10^{-3}) \\ &= (-33.3\ \text{kJ/mol}) + (-11.6\ \text{kJ/mol}) = -44.9\ \text{kJ/mol}\end{aligned}$$

**주의** $N_2$, $H_2$, $NH_3$의 압력이 1.00 atm(표준 상태, $\Delta G°$)에서 각각 1.00 atm, 3.00 atm, 0.500 atm으로 변하면 $\Delta G$가 더 큰 음의 값이 된다는 것을 알았다. $\Delta G$가 더 큰 음의 값을 갖는다는 것은 $NH_3$를 생성하는 반응이 더 큰 '추진력(driving force)'을 갖는다는 것을 의미한다. Le Châtelier 원리를 이용하면 같은 예측을 할 수 있다. 표준 상태에 비해 반응물($H_2$)의 압력을 증가시키고 생성물($NH_3$)의 압력을 감소시켰다. 이러한 변화 모두가 위 반응을 생성물 방향으로 이동시켜 더 많은 $NH_3$를 생성하게 될 것으로 Le Châtelier 원리는 예측한다.

▶ **보충 예제**

다음 중 옳은 것은?

**(a)** $Q$가 클수록 $\Delta G°$도 크다.

**(b)** $Q=0$이면 계는 평형 상태에 있다.

**(c)** 어떤 반응이 표준 상태에서 자발적이면 모든 조건에서 자발적이다.

**(d)** 모든 반응의 자유 에너지 변화량은 온도에 영향받지 않는다.

**(e)** $Q>1$이면 $\Delta G>\Delta G°$이다.

## $\Delta G°$와 $K$의 관계

식 19.19을 사용하면 $\Delta G°$와 평형 상수 $K$ 간의 관계식을 유도할 수 있다. 평형 상태에서는 $\Delta G=0$이고 $Q=K$이다. 따라서 평형 상태에서 식 19.19는 다음과 같이 변형된다.

$$\Delta G = \Delta G° + RT\ln Q$$
$$0 = \Delta G° + RT\ln K$$
$$\Delta G° = -RT\ln K \qquad [19.20]$$

식 19.20은 화학 전체에서 광범위한 중요성을 가진다. $K$ 값과 $\Delta G°$의 관계로부터 $K$ 값을 반응의 엔트로피 또는 엔탈피 변화와 연관시킬 수도 있다.

$\Delta G°$ 값을 알면, 식 19.20을 $K$에 대해 풀어 $K$ 값을 계산하는 식을 얻을 수 있다.

$$\ln K = \frac{\Delta G°}{-RT}$$
$$K = e^{-\Delta G°/RT} \qquad [19.21]$$

이때 각 물리량의 단위에 유의할 필요가 있다. 식 19.20과 19.21에서는 $\Delta G°$를 kJ/mol 단위로 표현한다. 평형 상수 식에서 기체 압력은 atm 단위, 용액 농도는 몰농도로 표시한다. 그리고 고체, 액체, 용매의 농도는 식에 넣지 않는다. 따라서 기체상 반응의 평형 상수는 $K_p$가 되고, 용액상 반응의 평형 상수는 $K_c$가 된다.

식 19.20으로부터 만일 $\Delta G°$가 음이면 ln $K$가 양이어야 한다. 즉 $K>1$이라는 것을 의미한다. 따라서 $\Delta G°$가 더 큰 음의 값을 가지면 $K$는 더 커진다. 반대로, 만일 $\Delta G°$가 양이면 ln $K$는 음이 되고 이것은 $K<1$을 의미한다. 마지막으로 $\Delta G°$가 0이면 $K=1$이다.

### 예제 19.12
**$\Delta G°$로부터 평형 상수 계산하기**

25 °C에서 Haber 공정의 표준 자유 에너지 변화는 예제 19.9에서 계산하였다. Harber 반응은 다음과 같다.

$$N_2(g) + 3\,H_2(g) \rightleftharpoons 2\,NH_3(g) \qquad \Delta G° = -33.3\ \text{kJ/mol} = -33{,}300\ \text{J/mol}$$

$\Delta G°$ 값을 사용하여 25 °C에서 이 반응의 평형 상수 $K$를 계산하시오.

**해답**

**분석** 반응의 $\Delta G°$로부터 $K$를 계산하는 문제이다.

**계획** $K$를 계산하기 위해 식 19.21을 사용한다.

**풀이** 식 19.21에서 $T$는 절대 온도를 사용하고 우리가 사용하는 물리량의 단위들과 일치하는 $R$ 값을 쓰면 다음 식을 얻는다.

$$K = e^{-\Delta G°/RT} = e^{-(-33{,}300\ \text{J/mol})/(8.314\ \text{J/mol-K})(298\ \text{K})} = e^{13.4} = 7 \times 10^5$$

**주의** 이 값은 평형 상수가 크다는 것을 의미하며, 이는 생성물 $NH_3$가 25 °C의 평형 상태에서 매우 잘 생성된다는 것을 의미한다. 표 15.2에 주어진 300~600 °C 온도 범위에서 평형 상수는 25 °C에서의 값보다 훨씬 작다. 높은 온도보다 낮은 온도에서의 평형이 암모니아 생산에 유리하다는 것이 명백하다. 그럼에도 불구하고, Harber 공정은 실온에서는 매우 느리게 진행되기 때문에 고온에서 반응을 수행한다.

**기억할 점** 열역학은 반응의 방향과 진행 정도에 대해서는 말해 주지만 반응 속도에 대해서는 아무것도 말해 주지 않는다. 실온에서 빠른 속도로 반응을 진행시킬 수 있는 촉매가 발견되었다면 $NH_3$ 생성 방향으로 평형을 치우치게 하기 위해 고압을 사용할 필요가 없었을 것이다.

▶ **보충 예제**

298 K에서 물에 잘 녹지 않는 어떤 염의 $K_{sp}$는 $4.2 \times 10^{-47}$이다. 이 염이 물에 용해되는 과정에 대한 $\Delta G°$는 얼마인가?

**(a)** −265 kJ/mol **(b)** −115 kJ/mol **(c)** −2.61 kJ/mol **(d)** +115 kJ/mol **(e)** +265 kJ/mol

## 화학과 생명 비자발적 반응의 추진력: 짝지음 반응

생물계에 중요한 많은 화학 반응들과 대부분의 유용한 화학 반응은 모두 비자발적이다. 예를 들면 $Cu_2S$를 포함하는 광물인 **휘동광**(chalcocite)에서 구리 금속을 추출하는 과정을 살펴보자. $Cu_2S$가 그 구성 원소들로 분해되는 반응은 비자발적이다.

$$Cu_2S(s) \longrightarrow 2\,Cu(s) + S(s) \qquad \Delta G° = +86.2\text{ kJ}$$

$\Delta G°$가 매우 큰 양의 값을 가지기 때문에 이 반응으로부터 직접 Cu(s)를 얻을 수 없다. 대신에 우리가 원하는 반응을 강제로 일어나게 하기 위해 '일을 해줄 수 있는' 어떤 방법을 찾아야 한다. 이 방법은 위 반응을 다른 반응과 짝지음으로써 전체 반응이 자발적이 되도록 하는 것이다. 예를 들면 S(s)가 $O_2(g)$와 반응하여 $SO_2(g)$를 형성하는 반응을 생각해 보자.

$$S(s) + O_2(g) \longrightarrow SO_2(g) \qquad \Delta G° = -300.4\text{ kJ}$$

위 두 반응을 짝지음(서로 더함)으로써 자발적 반응을 통해 많은 구리 금속을 추출할 수 있다.

$$Cu_2S(s) + O_2(g) \longrightarrow 2\,Cu(s) + SO_2(g)$$
$$\Delta G° = (+86.2\text{ kJ}) + (-300.4\text{ kJ}) = -214.2\text{ kJ}$$

본질적으로 S(s)와 $O_2(g)$ 간의 자발적 반응을 이용하여 광석으로부터 구리 금속을 추출하는 데 필요한 자유 에너지를 제공한 것이다.

비자발적 반응이 일어나도록 하기 위해 자발적 반응을 사용하는 이 원리는 생물학적 계에서도 사용된다. 고차원적으로 배열된 생물학적 구조를 형성하고 유지하는 데 필요한 많은 생화학적 반응들은 자발적이지 않다. 이와 같은 필수 반응들은 에너지를 방출하는 자발적 반응과 짝지어짐으로써 반응이 진행된다. 음식의 대사 과정은 생물계를 유지하는 일을 하기 위해 필요한 자유 에너지를 공급한다. 예를 들면 글루코스($C_6H_{12}O_6$) 당이 $CO_2$와 $H_2O$로 완전히 산화되는 반응은 상당히 큰 자유 에너지를 방출한다.

$$C_6H_{12}O_6(s) + 6\,O_2(g) \longrightarrow 6\,CO_2(g) + 6\,H_2O(l) \quad \Delta G° = -2880\text{ kJ}$$

이 에너지는 인체 내에서 비자발적인 반응을 강제로 일어나게 하는 데 사용될 수 있다. 하지만 글루코스 대사 과정에서 방출된 에너지를 이 에너지가 필요한 반응에 전달할 방법이 필요하다. 한 가지 방법은 **그림 19.16**과 같이 핵산의 골격을 구성하는 물질과 관련이 있는 아데노신 삼인산(adenosine triphosphate, ATP)과 아데노신 이인산(adenosine diphosphate, ADP) 사이의 상호 변환을 이용하는 것이다. ATP가 ADP로 변환되면 다른 반응을 강제로 일어나게 할 수 있는 자유 에너지($\Delta G° = -30.5$ kJ)를 방출한다.

인체에서 글루코스 대사는 자유 에너지를 방출하는 일련의 복잡한 반응들을 통해 진행된다. 이 과정에서 방출되는 자유 에너지의 일부분은 낮은 에너지 상태인 ADP를 높은 에너지 상태인 ATP로 되돌리는 데 사용된다. 따라서 ATP–ADP 상호 변환은 대사 과정 동안 에너지를 저장하기 위해 사용되기도 하고 저장된 에너지를 필요한 만큼 방출하여 인체 내의 비자발적 반응을 강제로 일어나게 하는 데 사용되기도 한다.

**관련 연습 문제: 19.111, 19.112**

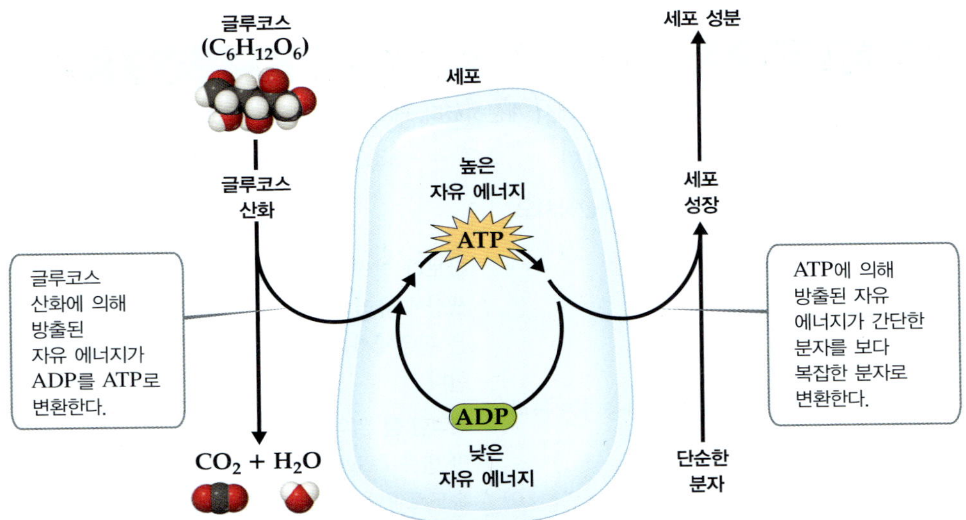


▲ **그림 19.16** 세포 대사 과정에서 일어나는 자유 에너지 변화 글루코스가 $CO_2$와 $H_2O$로 산화되는 과정에서 자유 에너지가 생성되며 이 에너지는 ADP를 에너지가 더 많은 ATP로 변환하는 데 사용된다. 이후 필요한 만큼의 ATP는 간단한 분자를 보다 복잡한 세포 성분으로 변환시키는 것과 같은 비자발적 반응을 일어나게 하는 에너지원으로 사용된다.

## 자기 평가 연습 문제

**19.41** 어떤 반응의 $\Delta G°$ 값이 매우 큰 양의 값을 가지고 있다면 이 반응의 $K$ 값은 어떤 범위의 값을 갖겠는가?

**(a)** $K \gg 1$
**(b)** $0 < K < 1$
**(c)** $K \ll 0$

## 연습 문제

**19.42** 다음 각 반응에서 $H_2$의 부분 압력이 증가할 때 $\Delta G$ 값이 커지는지, 작아지는지, 아무 변화가 없는지 표시하시오.

**(a)** $H_2(g) + NiO(s) \longrightarrow Ni(s) + H_2O(g)$
**(b)** $H_2(g) + S(s) \longrightarrow H_2S(g)$
**(c)** $C(s) + H_2O(g) \longrightarrow CO(g) + H_2(g)$

**19.43** 다음 반응을 생각해 보자.

$$CH_4(g) + 4\,Cl_2(g) \longrightarrow CCl_4(g) + 4\,HCl(g)$$

**(a)** 부록 C의 자료를 이용하여 298 K에서 $\Delta G°$ 값을 구하시오.
**(b)** 위 반응의 혼합물이 0.500 atm의 $CH_4(g)$, 0.250 atm의 $Cl_2(g)$, 0.100 atm의 $CCl_4(g)$, 그리고 0.150 atm의 $HCl(g)$로 구성되었을 때 298 K에서 $\Delta G$를 구하시오.

**19.44** 부록 C의 자료를 이용하여 다음 반응의 평형 상수 식을 쓰고 298 K에서 평형 상수와 자유 에너지 변화량을 구하시오.

**(a)** $NaHCO_3(s) \rightleftharpoons NaOH(s) + CO_2(g)$
**(b)** $2\,HBr(g) + Cl_2(g) \rightleftharpoons 2\,HCl(g) + Br_2(g)$
**(c)** $2\,SO_2(g) + O_2(g) \rightleftharpoons 2\,SO_3(g)$

**19.45** 다음 반응의 물음에 답하시오.

$$PbCO_3(s) \rightleftharpoons PbO(s) + CO_2(g)$$

부록 C의 자료를 이용하여 **(a)** 400 °C와 **(b)** 180 °C에서 위 반응이 평형 상태에 있을 때 $CO_2$의 압력을 각각 구하시오.

**19.46** 25 °C에서 메틸아민($CH_3NH_2$)의 $K_b$ 값이 부록 D에 있다.

**(a)** $K_b$에 대응되는 화학 반응식을 쓰시오.
**(b)** $K_b$ 값을 이용하여 (a) 반응이 평형 상태일 때의 $\Delta G°$ 값을 구하시오.
**(c)** $[H^+] = 6.7 \times 10^{-9}\ M$, $[CH_3NH_3] = 2.4 \times 10^{-3}\ M$, $[CH_3NH_2] = 0.098\ M$일 때 $\Delta G$ 값을 구하시오.

자기 평가 연습 문제 답 **19.41** (b)

## 통합 예제

### 종합 개념

NaCl(s)과 AgCl(s) 염(salt)이 있다. 이 염들을 물에 녹여 이온들의 수용액을 형성하는 다음 반응의 평형을 알아보자.

$$NaCl(s) \rightleftharpoons Na^+(aq) + Cl^-(aq)$$

$$AgCl(s) \rightleftharpoons Ag^+(aq) + Cl^-(aq)$$

**(a)** 298 K에서 각 반응의 $\Delta G°$ 값을 계산하시오. **(b)** (a)에서 얻은 두 반응의 $\Delta G°$ 값은 크게 다르다. 이 차이는 주로 표준 자유 에너지 변화에서의 엔탈피 항 때문인가, 엔트로피 항 때문인가? **(c)** $\Delta G°$ 값을 이용하여 298 K에서 두 염의 $K_{sp}$ 값을 계산하시오. **(d)** NaCl(s)은 용해성 염으로 간주하지만 AgCl(s)은 불용성 염으로 간주한다. 이것이 (c)의 답과 일치하는가? **(e)** 온도 $T$를 증가시키면 염의 용해 과정에 대한 $\Delta G°$ 값은 어떻게 변하겠는가? 이러한 변화가 염의 용해도에 어떤 영향을 주는가?

### 해답

**(a)** 각 평형의 $\Delta G°_{용액}$ 값을 계산하기 위하여 식 19.14와 부록 C의 $\Delta G_f°$ 값을 함께 사용할 것이다(13.1절에서 한 것처럼 용액 형성에 대한 열역학적 양이라는 것을 표시하기 위해 아래 첨자 '용액'을 사용한다).

$$\Delta G°_{용액}(NaCl) = (-261.9\ kJ/mol) + (-131.2\ kJ/mol) - (-384.0\ kJ/mol) = -9.1\ kJ/mol$$

$$\Delta G°_{용액}(AgCl) = (+77.11\ kJ/mol) + (-131.2\ kJ/mol) - (-109.70\ kJ/mol) = +55.6\ kJ/mol$$

**(b)** $\Delta G°_{용액}$는 엔탈피항 $\Delta H°_{용액}$과 엔트로피항 $-T\Delta S°_{용액}$의 합으로 쓸 수 있다.

$$\Delta G°_{용액} = \Delta H°_{용액} + (-T\Delta S°_{용액})$$

식 5.31과 19.8을 사용하면 $\Delta H°_{용액}$과 $\Delta S°_{용액}$ 값들을 계산할 수 있다. 그런 다음 $T = 298$ K에서 $-T\Delta S°_{용액}$을 계산한다. 계산 결과를 다음 표에 요약하였다.

| 염 | $\Delta H°_{용액}$ | $\Delta S°_{용액}$ | $-T\Delta S°_{용액}$ |
|---|---|---|---|
| NaCl | +3.6 kJ/mol | +43.2 J/mol-K | −12.9 kJ/mol |
| AgCl | +65.7 kJ/mol | +34.3 J/mol-K | −10.2 kJ/mol |

두 염 용액의 엔트로피 항의 값은 매우 비슷하다. 이렇게 비슷한 이유는 각 용해 과정에서 염이 녹아 수화된 이온을 형성할 때 무

질서도가 비슷한 크기로 증가하기 때문이라고 추정할 수 있다. 반면 두 염 용액의 엔탈피 항에는 커다란 차이가 있음을 알 수 있다. $\Delta H_{용액}$에서의 차이가 $\Delta G^\circ_{용액}$ 값에서의 차이를 결정한다.

**(c)** 용해도곱 상수 $K_{sp}$는 용해 과정의 평형 상수이다. 그렇기 때문에 $K_{sp}$를 식 19.21을 사용하여 직접 $\Delta G^\circ_{용액}$으로부터 구할 수 있다.

$$K_{sp} = e^{-\Delta G^\circ_{용액}/RT}$$

예제 19.12에서 식 19.21을 적용한 것과 똑같은 방법으로 $K_{sp}$ 값을 계산할 수 있다. (a)에서 얻은 $\Delta G^\circ_{용액}$ 값의 단위 kJ/mol을 J/mol로 변환한 후 사용한다.

$$\text{NaCl: } K_{sp} = [Na^+][Cl^-] = e^{-(-9100)/[(8.314)(298)]} = e^{+3.7} = 40$$

$$\text{AgCl: } K_{sp} = [Ag^+][Cl^-] = e^{-(+55,600)/[(8.314)(298)]} = e^{-22.4} = 1.9 \times 10^{-10}$$

AgCl의 $K_{sp}$ 값은 부록 D에 있는 값과 비슷하다.

**(d)** 용해성 염은 물에 상당히 잘 녹는 염이다. NaCl의 $K_{sp}$ 값은 1보다 크며, 이것은 NaCl이 물에 잘 녹음을 의미한다. AgCl의 $K_{sp}$ 값은 매우 작으며, 이것은 AgCl이 물에 거의 녹지 않음을 의미한다. AgCl은 불용성염으로 간주해야 한다.

**(e)** 예상대로 두 염의 용해 과정에 대한 $\Delta S^\circ_{용액}$ 값은 양의 값을 갖는다((b)의 표 참조). 따라서 자유 에너지 변화에서의 엔트로피 항 $-T\Delta S^\circ_{용액}$은 음의 값이다. 만일 $\Delta H^\circ_{용액}$과 $\Delta S^\circ_{용액}$가 온도에 따라 크게 변하지 않는다고 가정하면 온도 $T$의 증가는 $\Delta G^\circ_{용액}$을 더 음의 값으로 만든다. 따라서 염을 용해시키는 힘은 온도가 증가함에 따라 커질 것이며, 염의 용해도도 증가할 것으로 예측된다. 그림 13.14에서 NaCl의 용해도(그리고 거의 모든 염의 용해도)가 온도가 증가함에 따라 증가함을 알 수 있다.

# 요약 및 중요 용어

**자발적 과정(19.1절)** 대부분의 화학 반응과 화학 공정에는 고유의 방향성이 있다. 한 방향으로는 **자발적**(**spontaneous**)이고, 그 반대 방향으로는 비자발적이다. 어떤 반응에서 자발성은 그 계가 어떤 열역학적인 경로를 거쳐 초기 상태에서 최종 상태로 변화하는가와 관련되어 있다. **가역 과정**(**reversible process**)에서는 계와 주위의 변화를 정확하게 반대로 되돌림으로써 계와 주위의 원래 상태로 되돌아갈 수 있다. **비가역 과정**(**irreversible process**)에서는 계는 주위에 어떤 영구적인 변화를 주지 않고는 원래 상태로 되돌아갈 수 없다. 모든 자발적인 과정은 비가역적이다. 일정한 온도에서 일어나는 과정을 **등온 과정**(**isothermal**)이라고 한다.

**엔트로피와 열역학 제2법칙(19.2절)** 모든 반응에서 자발성의 본질은 S로 표기하는 **엔트로피**(**entropy**)라고 불리는 열역학적 상태 함수와 관련이 있다. 일정한 온도에서 일어나는 어떤 변화에 대해 계의 엔트로피 변화는 가역적인 경로를 따라 계가 흡수한 열을 온도로 나눈 식으로 구한다. $\Delta S = q_{rev}/T$. 모든 과정에서 우주의 엔트로피 변화는 계와 주위의 엔트로피 변화의 합과 같다. $\Delta S_{우주} = \Delta S_{계} + \Delta S_{주위}$. 엔트로피가 모든 반응의 자발성을 어떻게 결정하는지는 **열역학 제2법칙**(**second law of thermodynamics**)에 기술되어 있다. 비가역(자발적) 과정에서 $\Delta S_{우주} > 0$이다. 엔트로피는 보통 J/K 단위로 표현된다.

**분자적 관점에서의 엔트로피와 열역학 제3법칙(19.3절)** 어떤 특정한 순간에 계를 구성하는 원자와 분자들이 가지는 위치와 운동의 특정한 조합을 **미소 상태**(**microstate**)라고 한다. 계의 엔트로피는 계의 무작위도를 나타내는 척도이다. 엔트로피와 계의 미소 상태 수인 $W$ 사이에는 다음 식이 성립한다. $S = k \ln W$. 분자는 세 종류의 운동을 한다. 분자 전체가 공간에서 이동하는 **병진 운동**(**translational motion**)과 분자 내의 원자들이 주기적으로 서로 가까워지거나 멀어지는 **진동 운동**(**vibrational motion**), 분자가 팽이와 같이 회전하는 **회전 운동**(**rotational motion**)을 한다. 분자가 가질 수 있는 미소 상태의 수, 즉 엔트로피는 공간의 부피, 분자의 온도, 또는 분자의 운동이 증가함에 따라서 커진다. 왜냐하면 이러한 변화들은 분자가 할 수 있는 운동의 수와 분자가 가질 수 있는 위치의 수를 증가시키기 때문이다. 따라서 고체가 액체가 되거나 용액을 형성할 때, 고체나 액체에서 기체가 생성될 때, 또는 화학 반응에서 기체 분자 수가 증가할 때 엔트로피는 일반적으로 증가한다. 0 K에서 순수한 결정성 고체의 엔트로피는 0이라는 것이 **열역학 제3법칙**(**third law of thermodynamics**)이다.

**화학 반응에서 엔트로피 변화(19.4절)** 열역학 제3법칙에 의해 여러 다른 온도에서 물질의 엔트로피를 결정할 수 있다. 표준 상태에서 어떤 물질 1몰의 엔트로피를 **표준 몰엔트로피**(**standard molar entropy**)라 하며 $S^\circ$로 표기한다. 표에 있는 $S^\circ$ 값을 이용하면 표준 상태에서 진행되는 모든 변화 과정의 엔트로피 변화를 계산할 수 있다. 등온 과정에서 주위의 엔트로피 변화는 $-\Delta H/T$와 같다.

**Gibbs 자유 에너지(19.5절)** **Gibbs 자유 에너지**(**Gibbs free energy**) 또는 간단히 자유 에너지 G는 두 상태 함수인 엔탈피와 엔트로피를 합한 열역학적 상태 함수이다. $G = H - TS$. 일정한 온도에서 일어나는 모든 반응에서 $\Delta G = \Delta H - T\Delta S$이다. 일정한 온도와 압력에서 일어나는 반응의 $\Delta G$의 부호는 그 반응의 자발성과 관련이 있다. $\Delta G$가 음이면 그 반응은 자발적이다. $\Delta G$가 양이면 그 반응은 비자발적이지만 역반응은 자발적이다. 평형 상태의 반응은 가역적이고 $\Delta G$는 0이다. 자유 에너지는 또한 자발적인 과정에서 계가 할 수 있는 유용한 일의 최대량을 나타낸다. 모든 변화 과정의 표준 자유 에너지 변화 $\Delta G^\circ$를 **표준 생성 자유 에너지**(**standard free energies of formation**, $\Delta G^\circ_f$) 표로부터 계산할 수 있다. $\Delta G^\circ_f$는 표준 생성 엔탈피($\Delta H^\circ_f$)와 유사한 방식으로 정의된다. 표준 상태에서 순수한 원소의 $\Delta G^\circ_f$ 값은 0이다.

**자유 에너지, 온도, 그리고 평형 상수(19.6절, 19.7절)** $\Delta H$와 $\Delta S$ 값은 온도에 따라 크게 변하지 않는다. 따라서 $\Delta G$의 온도 의존성은 $\Delta G = \Delta H - T\Delta S$에서 주로 $T$ 값에 의해 결정된다. 엔트로피 항인 $-T\Delta S$은 $\Delta G$의 온도 의존성

에 큰 영향을 주며 따라서 어떤 반응의 자발성에 영향을 준다. 예를 들어, 얼음이 녹는 것과 같이 $\Delta H > 0$이고 $\Delta S > 0$인 과정은 낮은 온도에서는 비자발적일 수 있지만($\Delta G > 0$) 높은 온도에서는 자발적일 수 있다($\Delta G < 0$). 비표준 상태에서 $\Delta G$는 $\Delta G°$와 반응 지수 $Q$가 있는 다음과 같은 식이 성립한다. $\Delta G = \Delta G° + RT \ln Q$. 평형 상태($\Delta G = 0$, $Q = K$)에서 $\Delta G° = -RT \ln K$이다. 따라서 표준 자유 에너지 변화는 반응의 평형 상수와 직접적인 관련이 있다. 이 관계식은 평형 상수의 온도 의존성을 나타낸다.

## 학습 정리 이 장을 공부한 후에 여러분은 다음을 할 수 있어야 한다.

- 자발적인 과정, 가역 과정, 비가역 과정, 등온 과정의 의미를 설명하고 적용하기(19.1절). **관련 연습 문제: 19.2, 19.3, 19.57, 19.58**
- 엔트로피를 정의하고 열역학 제2법칙을 기술하기(19.2절). **관련 연습 문제: 19.8, 19.63**
- 상변화에 대한 $\Delta S$를 계산하기 (19.2절). **관련 연습 문제: 19.9, 19.64**
- 계의 엔트로피와 가능한 미소 상태 수가 어떻게 연관되어 있는지 설명하기(19.3절). **관련 연습 문제: 19.15, 19.69**
- 한 분자가 가질 수 있는 분자 운동의 종류를 기술하기(19.3절). **관련 연습 문제: 19.72**
- 물리적 과정과 화학적 과정에서 $\Delta S$의 부호를 예측하기(19.3절). **관련 연습 문제: 19.18, 19.21, 19.71, 19.74**
- 열역학 제3법칙을 기술하기(19.3절). **관련 연습 문제: 19.72**
- 표준 몰엔트로피 값을 계산하기(19.4절). **관련 연습 문제: 19.24, 19.25, 19.76, 19.77**
- 표준 몰엔트로피로부터 계의 표준 엔트로피 변화량을 계산하기(19.4절). **관련 연습 문제: 19.30, 19.80**
- 주어진 온도에서의 엔탈피와 엔트로피 변화로부터 Gibbs 자유 에너지 변화를 계산하기(19.5절). **관련 연습 문제: 19.31, 19.32, 19.81, 19.82**
- 자유 에너지 변화를 이용하여 어떤 반응이 자발적인지, 아닌지를 예측하기(19.5절). **관련 연습 문제: 19.31, 19.81**
- 표준 생성 자유 에너지를 사용하여 표준 자유 에너지 변화를 계산하기(19.5절). **관련 연습 문제: 19.33, 19.83**
- 주어진 $\Delta H$와 $\Delta S$로부터 자발성에 대한 온도의 영향을 예측하기(19.6절). **관련 연습 문제: 19.36, 19.39, 19.85, 19.88**
- 비표준 상태에서 $\Delta G$를 계산하기(19.7절). **관련 연습 문제: 19.92, 19.43**
- $\Delta G°$와 평형 상수를 관련시키기(19.7절). **관련 연습 문제: 19.44, 19.45, 19.93, 19.94**

## 핵심 공식

| 식 | 번호 | 설명 |
|---|---|---|
| • $\Delta S = \dfrac{q_{rev}}{T}$ (일정한 $T$) | [19.2] | 가역 과정에서 흡수한 열 또는 방출한 열과 엔트로피 변화와의 관계 |
| • 가역 과정: $\Delta S_{우주} = \Delta S_{계} + \Delta S_{주위} = 0$<br>비가역 과정: $\Delta S_{우주} = \Delta S_{계} + \Delta S_{주위} > 0$ | [19.4] | 열역학 제2법칙 |
| • $S = k \ln W$ | [19.5] | 미소 상태 수와 엔트로피의 관계 |
| • $\Delta S° = \sum nS°(생성물) - \sum mS°(반응물)$ | [19.8] | 표준 몰 엔트로피로부터 표준 엔트로피 변화량 계산 |
| • $\Delta S_{주위} = \dfrac{-\Delta H_{계}}{T}$ | [19.9] | 일정한 온도와 압력에서 일어나는 반응의 경우 주위의 엔트로피 변화 |
| • $\Delta G = \Delta H - T\Delta S$ | [19.11] | 일정한 온도에서 엔탈피와 엔트로피 변화량으로부터 Gibbs 자유 에너지 변화량 계산 |
| • $\Delta G° = \sum n\Delta G_f°(생성물) - \sum m\Delta G_f°(반응물)$ | [19.14] | 표준 생성 자유 에너지로부터 표준 자유 에너지 계산 |
| • 가역 과정: $\Delta G = \Delta H_{계} - T\Delta S_{계} = 0$<br>비가역 과정: $\Delta G = \Delta H_{계} - T\Delta S_{계} < 0$ | [19.17] | 일정한 온도와 압력에서 진행되는 반응의 가역성과 자유 에너지 변화와의 관계 |
| • $\Delta G = -w_{최대}$ | [19.18] | 계가 할 수 있는 최대 일과 자유 에너지 변화량과의 관계 |
| • $\Delta G = \Delta G° + RT \ln Q$ | [19.19] | 비표준 상태에서 자유 에너지 변화량 계산 |
| • $\Delta G° = -RT \ln K$ | [19.20] | 표준 자유 에너지 변화량과 평형 상수의 관계 |

# 연습 문제

## 눈으로 보는 개념

**19.47** 아래 그림에 있는 두 개의 구에 서로 다른 기체가 채워져 있다. 두 기체를 이상 기체라 가정하고 두 기체를 분리하는 잠금 꼭지를 열었을 때 일어나는 과정을 살펴보자. [19.1절, 19.2절]

**(a)** 최종(평형) 상태를 그리시오.

**(b)** 이 과정의 $\Delta H$와 $\Delta S$의 부호를 예측하시오.

**(c)** 잠금 꼭지를 열었을 때 일어나는 일은 가역적인 과정인가?

**(d)** 이 과정은 주위의 엔트로피 값에 어떤 영향을 주는가?

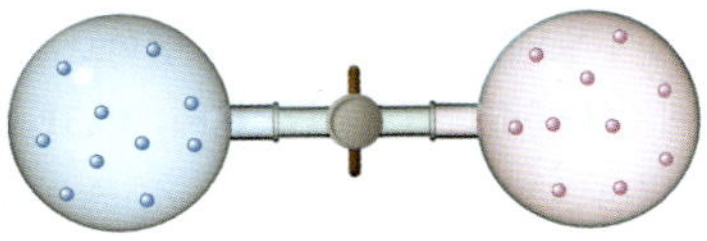

**19.48** 아래 그림에 있는 컴퓨터 자판 세정 용기에는 대기압에서 기체인 1,1-다이플루오로에테인(1,1-difluoroethane, $C_2H_4F_2$)을 액화한 물질이 채워져 있다. 노즐을 누르면 고압의 1,1-다이플루오로에테인이 노즐을 통해 밖으로 나오면서 기화되고 이 기체가 자판의 먼지들을 날려버린다. [19.1절, 19.2절]

**(a)** 여러분의 경험에 비추어 볼 때 이 기화 과정은 상온에서 자발적인 과정인가?

**(b)** 1,1-다이플루오로에테인을 계라고 정의했을 때 이 기화 과정의 $q_{계}$가 양인지, 음인지 예측하시오.

**(c)** 이 기화 과정의 $\Delta S$가 양인지, 음인지 예측하시오.

**(d)** 앞의 (a), (b), (c)의 답으로부터 이 제품의 작동 원리는 엔탈피와 엔트로피 중 어떤 값에 더 의존하는가?

**19.49** **(a)** 아래 그림에 묘사한 변화 과정의 $\Delta S$와 $\Delta H$ 부호는 무엇인가? **(b)** 이 변화 과정이 진행되는 동안 일정한 온도를 유지하기 위해 계가 에너지를 흡수하거나 방출할 수 있다. 이 변화 과정의 결과, 주위의 엔트로피 변화는 어떻게 될 것으로 예측하는가? [19.2절, 19.5절]

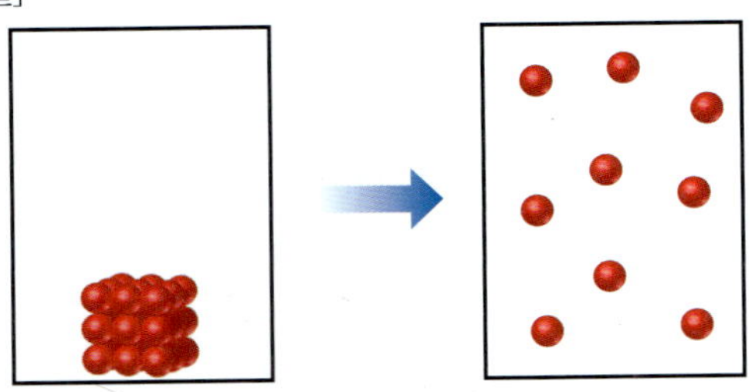

**19.50** 아래 반응의 $\Delta H$와 $\Delta S$의 부호를 예측하시오. 왜 그렇게 생각하는지도 설명하시오. [19.3절]

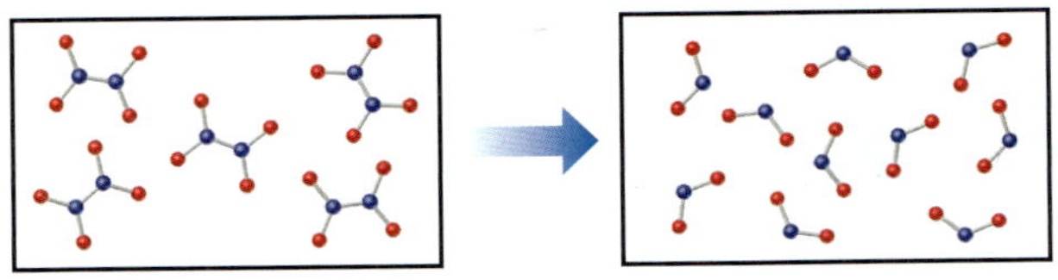

**19.51** 아래 도표는 도표에서 제일 높은 온도일 때 기체 상태인 어떤 물질의 엔트로피가 온도에 따라 어떻게 변하는지를 보여준다. [19.3절]

**(a)** 도표에서 ①과 ②로 표시한 수직선을 따라 엔트로피가 증가하는 과정은 무엇인가?

**(b)** ②에서의 엔트로피 변화가 ①보다 큰 이유는 무엇인가?

**(c)** 이 물질이 0 K에서 완전한 결정체라고 한다면 0 K에서 $S$ 값은 얼마인가?

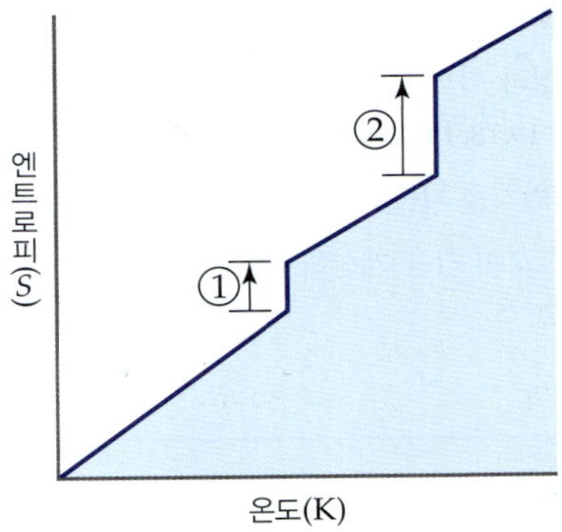


**19.52** **이성질체**란 아래에 그려진 펜테인($C_5H_{12}$)의 두 이성질체와 같이, 화학식은 같지만 원자의 배열이 다른 분자이다. [19.4절]

**(a)** 두 이성질체의 연소 엔탈피가 크게 다를 것으로 예측되는가? 왜 그렇게 생각하는지 설명하시오.

**(b)** 어느 이성질체가 더 큰 표준 몰엔트로피를 가질 것으로 예상되는가? 왜 그렇게 생각하는지 설명하시오.

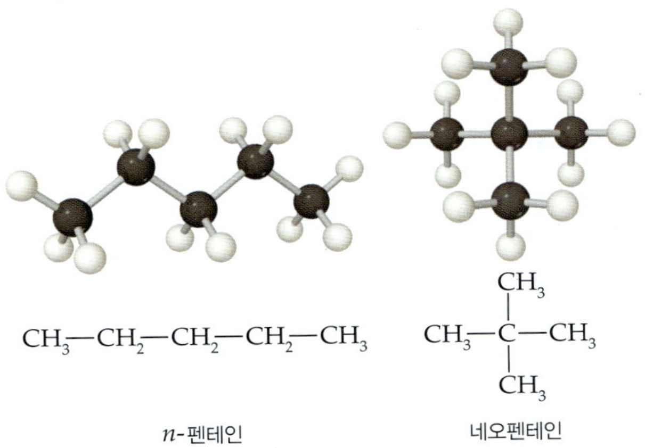


**19.53** 아래 도표는 어떤 가상 반응의 경우 $\Delta H$(붉은선)와 $T\Delta S$(푸른선)가 온도에 따라 어떻게 변하는지 보여 준다. [19.6절]

**(a)** $\Delta H$와 $T\Delta S$가 같아지는 300 K 지점은 어떤 중요성을 갖는가?

(b) 이 반응은 어떤 온도 범위에서 자발적인가?

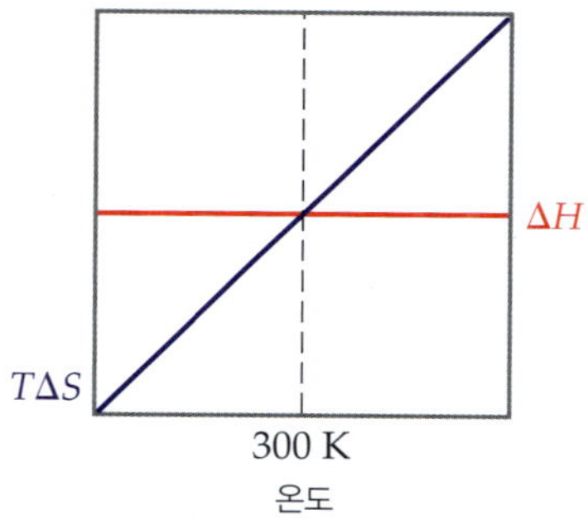


**19.54** 아래 도표는 어떤 가상 반응의 경우 $\Delta G$가 온도에 따라 어떻게 변하는지를 보여 준다. [19.5절, 19.6 절]

(a) 어떤 온도에서 계가 평형에 도달하는가?

(b) 어떤 온도 범위에서 이 반응이 자발적인가?

(c) $\Delta H$는 양인가, 음인가?

(d) $\Delta S$는 양인가, 음인가?

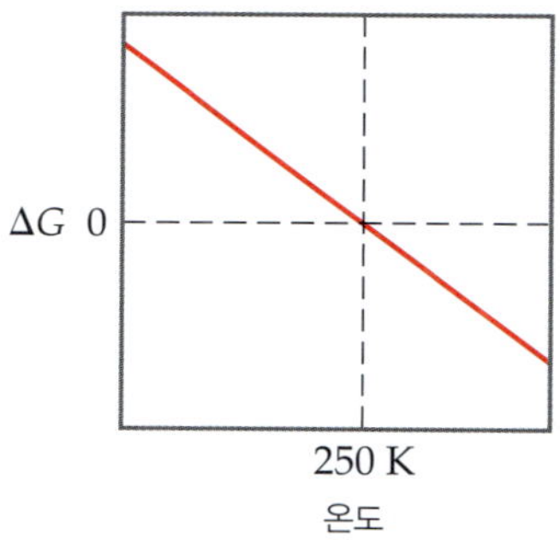


**19.55** 다음 반응 $A_2(g) + B_2(g) \rightleftharpoons 2\ AB(g)$을 살펴보자. A 원자는 붉은색, B 원자는 푸른색으로 표시하였다. [19.5절, 9.7절]

(a) $K_c = 1$이라면 아래 그림 중 어느 그림이 평형 상태에 있는 계를 나타내는가?

(b) $K_c = 1$이라면 어느 그림이 $Q < K_c$인 상태에 있는 계를 나타내는가?

(c) 이 반응의 경우 $\Delta G$의 크기가 증가하는 순으로 아래 그림에 번호를 쓰시오.

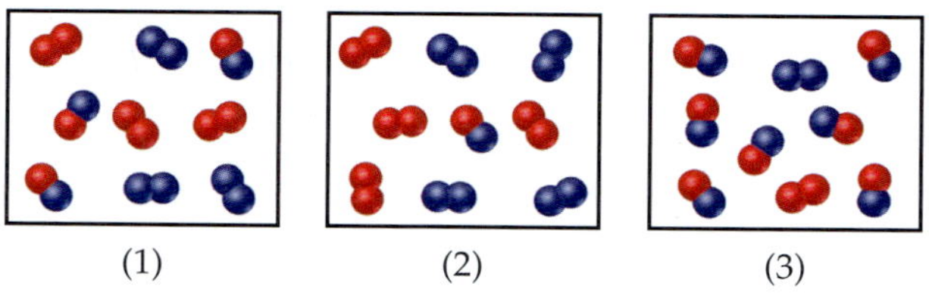


**19.56** 아래 도표는 가상의 반응 $A(g) + B(g) \longrightarrow C(g)$이 진행되는 동안 자유 에너지($G$)가 어떻게 변하는지를 보여 준다. 왼쪽에는 각각 101.3 kPa인 순수한 반응물 A와 B가 있고, 오른쪽에는 마찬가지로 101.3 kPa인 순수한 생성물 C가 있다. 다음 중 어느 것이 참이고 거짓인지 말하시오. [19.7절]

(a) 이 도표의 최소점은 이 반응의 반응물과 생성물이 평형 상태의 혼합물을 형성한 때이다.

(b) 평형 상태에서 A와 B는 모두 반응하여 순수한 C를 생성한다.

(c) 이 반응의 엔트로피 변화는 양이다.

(d) 그림의 $x$는 이 반응의 $\Delta G$와 같다.

(e) 이 반응의 $\Delta G$는 이 반응 곡선의 왼쪽 끝과 아래쪽 끝 사이의 차이와 같다.

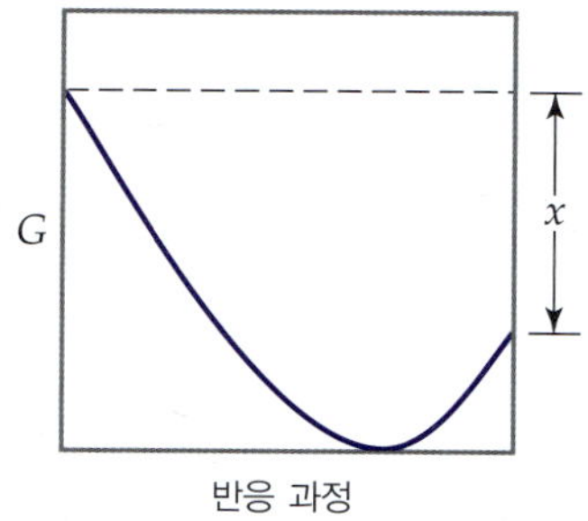


## 자발적 과정(19.1절)

**19.57** 다음 과정 중 어느 것이 자발적이고, 어느 것이 비자발적인가?

(a) 물과 에탄올을 섞는 것

(b) 뜨거운 커피 잔 속에서 설탕이 녹는 것

(c) STP 조건에서 $CO_2$와 $H_2O$로부터 글루코스가 형성되는 것

**19.58** 다음 문장의 참 거짓을 말하시오.

(a) 자발적인 어떤 반응의 역반응은 같은 실험 조건에서 비자발적일 것이다.

(b) 모든 자발적인 반응은 빠르게 진행된다.

(c) 대부분의 자발적인 반응은 가역적이다.

(d) 등온 과정에서 계는 열을 잃지 않는다.

(e) 가역 과정보다는 비가역 과정을 통해 더 많은 일을 할 수 있다.

**19.59** 101.3 kPa의 압력에서 얼음(물의 고체 상태)이 액체 상태의 물로 녹는 과정을 생각해 보자.

(a) 이 반응은 흡열 반응인가 발열 반응인가?

(b) 어떤 온도 범위에서 이 반응이 자발적인 반응이 되는가?

(c) 어떤 온도 범위에서 이 반응이 비자발적인 반응이 되는가?

(d) 어떤 온도에서 두 상이 평형 상태에 있는가?

**19.60** 어떤 계가 1번 상태(처음 상태)에서 2번 상태(나중 상태)로 바뀌는 동안 온도가 300 K에서 400 K로 변하는 과정을 생각해 보자.

(a) 이 과정은 등온 과정인가?

(b) 이 과정에서 온도 변화는 이 과정이 어떤 특정한 경로를 따라 진행되는지에 따라 달라지는가?

(c) 이 과정의 내부 에너지 변화($\Delta E$)는 이 과정이 자발적인지 비자발적인지에 따라 달라지는가?

**19.61** 어떤 계가 1번 상태에서 2번 상태로 갔다가 다시 1번 상태로 되돌아왔다.

(a) $\Delta E$의 크기는 정반응과 역반응에서 모두 같은가?

(b) 위 과정에 대한 다른 추가 정보 없이 판단했을 때, 1번 상태에서 2번 상태로 변할 때 계에 전달된 열의 양과 2번 상태에서 1번 상태로 변할 때 계에 전달된 열의 양이 같은가, 다른가?

(c) 이 상태 변화가 가역 과정이라고 가정하자. 1번 상태에서 2번 상태로 변할 때 계가 한 일의 양과 2번 상태에서 1번 상태로 변할 때 계가 한 일의 양이 같은가, 다른가?

**19.62** 얼음 조각으로 이루어진 계를 생각하자.

(a) 어떤 조건에서 얼음 조각이 가역적으로 녹을 수 있는가?
(b) 만일 얼음 조각이 가역적으로 녹는다면 이 과정의 $\Delta H$는 0인가?

## 엔트로피와 열역학 제2법칙(19.2절)

**19.63** 다음 각 문장이 참인지 거짓인지 말하시오.
(a) $\Delta S$는 어떤 변화 과정이 가역적인지 비가역적인지에 따라 결정된다.
(b) 계가 가역적인 변화 과정을 겪을 때 우주의 엔트로피는 증가한다.
(c) 계의 엔트로피 변화량이 주위의 엔트로피 변화량과 크기는 같고 부호가 반대인 경우에만 계는 가역적인 변화 과정을 겪는다.
(d) 계의 엔트로피 변화량이 0일 때 계는 가역적인 변화 과정을 겪는다.

**19.64** 수은(Hg)의 정상 끓는점은 356.7 °C이고 기화 몰엔탈피는 $\Delta H_{기화} = 59.11$ kJ/mol이다.
(a) Hg가 정상 끓는점에서 끓을 때 엔트로피는 증가하는가, 감소하는가?
(b) 2.00 mol의 Hg가 356.7 °C에서 기화할 때 $\Delta S$ 값을 계산하시오.

**19.65** 다음 각 문장이 참인지 거짓인지 말하시오.
(a) 열역학 제2법칙에 의하면 엔트로피는 생성될 순 있지만 소멸될 순 없다.
(b) 어떤 변화 과정에서 계의 엔트로피가 1.2 J/K 만큼 변했고(증가) 주위의 엔트로피는 −1.2 J/K 만큼 변했다(감소). 이 과정은 자발적인 과정이어야 한다.
(c) 어떤 변화 과정에서 계의 엔트로피가 1.3 J/K 만큼 변했고(증가) 주위의 엔트로피는 −1.2 J/K 만큼 변했다 (감소). 이 과정은 가역적인 과정이어야 한다.

**19.66** (a) 27 °C에서 0.200 mol의 이상 기체 10.0 L가 등온 팽창할 때 $\Delta S$의 부호는 무엇인가? (b) 위 기체가 팽창하여 부피가 18.5 L가 되었다면 이 팽창 과정의 엔트로피 변화량은 얼마인가? (c) 이 엔트로피 변화량을 계산하기 위해 온도를 특정할 필요가 있는가?

**19.67** (a) 부록 C의 자료를 사용하여 $Br_2$의 끓는점을 예측하시오. (b) 실험으로 측정한 $Br_2$의 끓는점을 CRC Handbook of Chemistry and Physics와 같은 참고문헌을 조사해서 구하시오.

## 분자적 관점에서의 엔트로피와 열역학 제3법칙(19.3절)

**19.68** 어떤 기체가 진공 상태에서 등온 팽창하면 $\Delta E = 0$, $q = 0$, $w = 0$이다.
(a) 이것은 자발적인 과정인가?
(b) 이 과정에서 계가 한 일이 0인 이유를 설명하시오.
(c) 이 기체가 팽창하는 원동력은 엔탈피인가, 엔트로피인가?

**19.69** 다음의 각 변화가 어떤 임의의 계가 가질 수 있는 미소 상태의 수를 증가시키는가, 감소시키는가, 아무런 영향도 주지 않는가?
(a) 온도의 증가 (b) 부피의 감소 (c) 액체에서 기체로의 상변화

**19.70** (a) 3 mol의 기체상 반응물이 2 mol의 기체상 생성물로 변환되는 화학 반응에서 $\Delta S$의 부호는 무엇인가? (b) 연습 문제 19.57에 있는 변화 과정 중 계의 엔트로피가 증가하는 것은 무엇인가?

**19.71** 다음 계의 엔트로피는 증가하는가, 감소하는가, 그대로인가?
(a) 고체가 녹을 때 (b) 기체가 액화될 때 (c) 고체가 승화할 때

**19.72** 다음 각 문장이 참인지 거짓인지 말하시오.
(a) 열역학 제3법칙에 의하면 절대 온도 0 K에서 완전하고 순수한 결정체의 엔트로피는 결정체의 질량이 커지면 증가한다.
(b) 분자의 '병진 운동'은 시간에 따른 분자의 공간상에서의 위치 변화를 말한다.
(c) '회전 운동'과 '진동 운동'은 He과 Xe과 같은 원자 기체의 엔트로피에 기여한다.
(d) 분자를 구성하는 원자의 수가 많을수록 분자는 회전과 진동 운동에 대한 더 많은 자유도를 가질 것이다.

**19.73** 다음 각 쌍 중 주어진 온도에서 더 높은 몰당 엔트로피를 가지는 물질을 고르시오.
(a) $I_2(s)$ 또는 $I_2(g)$
(b) 50.7 kPa의 $O_2(g)$ 또는 101.3 kPa의 $O_2(g)$
(c) 22.4 L 속에 있는 1 mol의 $N_2$ 또는 44.8 L 속에 있는 1 mol의 $N_2$
(d) $CH_3OH(l)$ 또는 $CH_3OH(s)$

**19.74** 다음 각 반응 계의 엔트로피 변화량의 부호를 예측하시오.
(a) $CO(g) + H_2(g) \longrightarrow C(s) + H_2O(g)$
(b) $2\,O_2(g) + N_2(g) \longrightarrow 2\,NO_2(g)$
(c) $NH_4Cl(s) \longrightarrow HCl(g) + NH_3(g)$
(d) $2\,C_2H_4(g) + O_2(g) \longrightarrow 2\,C_2H_4O(g)$

## 화학 반응에서 엔트로피 변화(19.4절)

**19.75** (a) 물을 −50 °C에서 110 °C로 가열할 때 물의 엔트로피 변화를 나타내는 도표를 그림 19.12를 참고하여 그리시오. 엔트로피가 수직으로 증가하는 온도들을 표시하시오. (b) 얼음이 녹는 것과 물이 끓는 것 중 어느 것의 엔트로피 변화가 더 큰가? 왜 그렇게 생각하는지를 설명하시오.

**19.76** 사이클로헥세인(cyclohexane)과 1-헥센(1-hexene)은 모두 화학식이 $C_6H_{12}$인 이성질체이다. 아래의 분자 구조를 토대로 두 이성질체 중 어느 것이 25 °C에서 더 높은 표준 몰엔트로피를 가질 것으로 예측되는가?

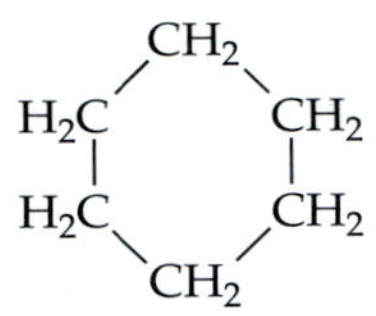

Cyclohexane

$$H_2C{=}CH{-}CH_2{-}CH_2{-}CH_2{-}CH_3$$

1-hexene

**19.77** 아래 두 물질 중 어느 것이 25 °C에서 더 큰 표준 엔트로피를 가지겠는가? (부록 C에서 각 물질의 표준 엔트로피 값을 찾으시오.)
(a) $HNO_3(g)$ 또는 $HNO_3(aq)$
(b) $PCl_3(l)$ 또는 $PCl_3(g)$
(c) $Fe_2O_3(s)$ 또는 $Fe_3O_4(s)$
(d) $Li(s)$ 또는 $Li(g)$

**19.78** 298 K에서 14족 원소들의 표준 엔트로피는 다음과 같다. C(s, 다

이아몬드) = 2.43 J/mol K, Si($s$) = 18.81 J/mol K, Ge($s$) = 31.09 J/mol K, Sn($s$) = 51.818 J/mol K. Sn($s$)을 제외한 모든 물질이 다이아몬드 구조를 가진다. 위 $S°$ 값의 경향성을 설명하시오.

**19.79** 부록 C의 $S°$ 값을 사용하여 다음 반응의 $\Delta S°$ 값을 계산하시오. 각 반응의 $\Delta S°$ 부호를 설명하시오.

**(a)** $NH_4Cl(s) \longrightarrow NH_4^+(aq) + Cl^-(aq)$

**(b)** $CH_3OH(g) \longrightarrow CO(g) + 2\,H_2(g)$

**(c)** $CH_4(g) + 2\,O_2(g) \longrightarrow CO_2(g) + 2\,H_2O(g)$

**(d)** $CH_4(g) + 2\,O_2(g) \longrightarrow CO_2(g) + 2\,H_2O(l)$

## Gibbs 자유 에너지(19.5절, 19.6절)

**19.80** **(a)** 표준 자유 에너지 변화 $\Delta G°$는 항상 $\Delta G$보다 큰가? **(b)** 일정한 온도와 압력에서 일어나는 모든 변화 과정에서 $\Delta G = 0$은 어떤 중요성을 갖는가? **(c)** 어떤 변화 과정의 $\Delta G$가 큰 음수이다. 이것은 이 변화 과정의 활성화 에너지가 작다는 것을 의미하는가?

**19.81** 어떤 화학 반응의 $\Delta H° = -40.0$ kJ이고 $\Delta S° = -150.0$ J/K이다.

**(a)** 이 반응은 계의 무질서도나 무작위도를 증가시키는가, 감소시키는가?

**(b)** 이 반응은 주위의 무질서도나 무작위도를 증가시키는가, 감소시키는가?

**(c)** 298 K에서 이 반응의 $\Delta G°$를 계산하시오.

**(d)** 298 K, 표준 상태에서 이 반응은 자발적인가?

**19.82** 부록 C의 자료를 이용하여 다음 각 반응의 $\Delta H°$, $\Delta S°$, $\Delta G°$를 계산하시오.

**(a)** $Ti(s) + 2\,Cl_2(g) \longrightarrow TiCl_4(l)$

**(b)** $HCl(aq) + NaOH(aq) \longrightarrow NaCl(aq) + H_2O(l)$

**(c)** $CF_4(g) + 2\,H_2(l) \longrightarrow C(s) + 4\,HF(g)$

**(d)** $Na_2CO_3(s) + 2\,HNO_3(aq) \longrightarrow 2\,NaNO_3(aq) + CO_2(g) + H_2O(l)$

**19.83** 부록 C의 자료를 이용하여 다음 각 반응의 $\Delta G°$를 계산하시오. 각 반응이 298 K 표준 상태에서 자발적인지, 아닌지 표시하시오.

**(a)** $2\,Zn(s) + O_2(g) \longrightarrow 2\,ZnO(s)$

**(b)** $2\,NaBr(s) \longrightarrow 2\,Na(g) + Br_2(g)$

**(c)** $CH_3OH(g) + CH_4(g) \longrightarrow C_2H_5OH(g) + H_2(g)$

**(d)** $2\,AgNO_3(s) \longrightarrow Ag_2O(s) + N_2O(g) + 2\,O_2(g)$

**19.84** 요즘의 양초는 대부분 파라핀 왁스로 만든다. 파라핀 왁스의 전형적인 성분은 상온에서 고체인 $C_{31}H_{64}$ 탄화수소 화합물이다.

**(a)** $C_{31}H_{64}(s)$가 연소하여 $CO_2$와 $H_2O$를 생성하는 균형 맞춘 화학 반응식을 쓰시오.

**(b)** 열역학적인 자료를 보지 않고, 이 반응의 $\Delta G°$가 $\Delta H°$보다 더 큰 음의 값을 갖는지 더 작은 음의 값을 갖는지 쓰시오.

**19.85** 주어진 $\Delta H°$와 $\Delta S°$ 값으로부터 298 K에서 다음 각 반응의 $\Delta G°$를 계산하시오. 만일 반응이 298 K, 표준 상태에서 비자발적이라면 어떤 온도에서 (그런 온도가 있다면) 자발적이 될 것인가?

**(a)** $2\,PbS(s) + 3\,O_2(g) \longrightarrow 2\,PbO(s) + 2\,SO_2(g)$
$\Delta H° = -844$ kJ; $\Delta S° = -165$ J/K

**(b)** $2\,POCl_3(g) \longrightarrow 2\,PCl_3(g) + O_2(g)$
$\Delta H° = 572$ kJ; $\Delta S° = 179$ J/K

**19.86** 일정한 압력하에서 진행되는 어떤 반응이 320 K에 도달해야 간신히 자발적으로 진행된다. 이 반응의 엔탈피 변화는 +15.2 kJ이다. 이 반응의 $\Delta S$를 구하시오.

**19.87** 어떤 반응의 $\Delta H = 30.0$ kJ이고 $\Delta S = 90.0$ J/K이다. 온도에 따라 $\Delta H$와 $\Delta S$가 변하지 않는다고 가정하자.

**(a)** 어떤 온도에서 이 반응의 $\Delta G = 0$이 되는가?

**(b)** 만일 (a)의 온도보다 온도가 높아졌다면 이 반응은 자발적이 될 것인가, 비자발적이 될 것인가?

**19.88** 질소 산화물들의 다음 반응을 생각해 보자.

$$NO_2(g) + N_2O(g) \longrightarrow 3\,NO(g)$$

**(a)** 부록 C의 자료를 이용하여 온도가 증가함에 따라 이 반응의 $\Delta G$가 어떻게 변할지 예측하시오.

**(b)** 온도에 따라 $\Delta H°$와 $\Delta S°$가 변하지 않는다고 가정하고 800 K에서 $\Delta G$를 계산하시오. 800 K, 표준 상태에서 이 반응은 자발적인가?

**(c)** 1000 K에서 $\Delta G$를 계산하시오. 이 온도와 표준 상태에서 이 반응은 자발적인가?

**19.89** **(a)** 부록 C의 자료를 사용하여 $I_2(s)$가 $I_2(g)$로 변하는 반응의 자유 에너지 변화가 0이 되는 온도를 예측하시오. **(b)** 웹사이트(www.webelements.com)의 참고 자료를 이용하여 실험으로 측정된 $I_2$의 녹는점과 끓는점을 찾으시오. **(c)** (b)에서 찾은 값 중 어느 값이 (a)에서 얻은 값과 더 가까운가?

**19.90** 아세틸렌(acetylene) 기체($C_2H_2(g)$)는 용접 작업에 사용된다.

**(a)** 아세틸렌 기체가 연소하여 $CO_2(g)$와 $H_2O(l)$가 생성되는 연소 반응의 균형 맞춘 화학 반응식을 쓰시오.

**(b)** 반응물과 생성물이 모두 298 K, 표준 상태에 있을 때 아세틸렌 기체 1 mol을 표준 상태에서 연소하면 발생하는 열은 얼마인가?

**(c)** 표준 상태에서 이 반응을 이용하여 할 수 있는 유용한 일의 최대량은 얼마인가?

## 자유 에너지와 평형(19.7절)

**19.91** 다음 각 반응에서 $O_2$의 부분 압력이 증가함에 따라 $\Delta G$가 증가하는지, 감소하는지, 또는 그대로인지 표시하시오.

**(a)** $HgO(s) \longrightarrow Hg(l) + O_2(g)$

**(b)** $2\,SO_2(g) + O_2(g) \longrightarrow 2\,SO_3(g)$

**(c)** $2\,NO_2(g) \longrightarrow 2\,NO(g) + O_2(g)$

**19.92** 다음 반응을 생각해 보자.

$$2\,NO(g) + O_2(g) \longrightarrow 2\,NO_2(g)$$

**(a)** 부록 C의 자료를 이용하여 298 K에서 $\Delta G°$를 계산하시오.

**(b)** 모든 기체의 부분 압력이 33.4 kPa일 때, 298 K에서 $\Delta G$를 계산하시오.

**19.93** 부록 C의 자료를 이용하여 298 K에서 다음 각 반응의 평형 상수 $K$와 $\Delta G°$를 계산하시오.

**(a)** $H_2(g) + I_2(g) \rightleftharpoons 2\,HI(g)$

**(b)** $C_2H_5OH(g) \rightleftharpoons C_2H_4(g) + H_2O(g)$

**(c)** $3\,C_2H_2(g) \rightleftharpoons C_6H_6(g)$

**19.94** 다음 탄산 바륨의 분해 반응을 생각해 보자.

$$BaCO_3(s) \rightleftharpoons BaO(s) + CO_2(g)$$

부록 C의 자료를 이용하여 **(a)** 298 K와 **(b)** 1100 K에서 $CO_2$의 평형 압력을 각각 계산하시오.

**19.95** 25 °C에서 아질산($HNO_2$)의 $K_a$ 값이 부록 D에 나와 있다.

**(a)** $K_a$에 적합한 평형 화학 반응식을 쓰시오.

**(b)** $K_a$ 값을 사용하여 수용액에서 아질산의 해리 반응의 $\Delta G°$를 계산하시오.

**(c)** 평형 상태에서 $\Delta G$ 값은 얼마인가?

**(d)** $[H^+] = 5.0 \times 10^{-2}\,M$, $[NO^-] = 6.0 \times 10^{-4}\,M$, $[HNO_2^-] = 0.20\,M$일 때, $\Delta G$ 값은 얼마인가?

## 추가 연습 문제

**19.96** **(a)** 다음 열역학적 양 $p$, $H$, $q$, $w$, $G$ 중 어느 것이 상태 함수인가? **(b)** 어떤 계가 1번 상태에서 2번 상태로 변화하는 데 가역적인 방법과 비가역적인 방법으로 진행된다고 가정하자. $q_{rev}$와 $q_{irrev}$를 비교하시오. **(c)** 어떤 계가 1번 상태에서 2번 상태로 변화하는 데 가역적인 방법과 비가역적인 방법으로 진행된다고 가정하자. $w_{rev}$와 $w_{irrev}$를 비교하시오. **(d)** 등온 가역 과정의 $\Delta H$와 $\Delta G$를 $q$, $w$, $T$, $p$, $\Delta V$를 이용하여 나타내시오.

**19.97** 상온에서 결정성 수화물인 $Cd(NO_3)_2 \cdot 4\,H_2O(s)$을 크고 밀폐된 건조 용기에 넣으면 아래 반응식처럼 물을 잃게 된다.

$$Cd(NO_3)_2 \cdot 4H_2O(s) \longrightarrow Cd(NO_3)_2(s) + 4\,H_2O(g)$$

이 과정은 자발적인 과정으로 상온에서 $\Delta H°$는 양의 값을 갖는다.

**(a)** 상온에서 $\Delta S°$의 부호는 무엇인가?

**(b)** 위의 수화된 화합물을 많은 양의 수증기로 가득 찬 밀폐된 용기에 넣는 경우 상온에서 이 반응의 $\Delta S°$ 값이 바뀌는가?

**19.98** 다음 각 문장이 참인지 거짓인지 말하시오. 만일 거짓이라면 그 문장을 맞게 고치시오.

**(a)** $N_2$와 $H_2$로부터 $NH_3$를 제조할 수 있는지 없는지는 전적으로 $N_2(g) + 3\,H_2(g) \longrightarrow 2\,NH_3(g)$ 반응의 $\Delta H$ 값에 의존한다.

**(b)** $Na(s)$와 $Cl_2(g)$가 반응하여 $NaCl(s)$을 생성하는 반응은 자발적인 과정이다.

**(c)** 원칙적으로 자발적인 과정은 가역적으로 일어날 수 있다.

**(d)** 일반적으로 자발적인 과정은 이 과정이 일어나도록 하기 위해 일을 해주어야 한다.

**(e)** 자발적인 과정은 발열 반응이며 계가 더 높은 수준의 질서를 갖게 한다.

**19.99** 다음 각 변화 과정의 $\Delta S$와 $\Delta H$의 부호가 양일지, 음일지, 0에 가까울지를 표시하시오.

**(a)** 고체가 승화한다.

**(b)** $Co(s)$ 시료의 온도가 60 °C에서 25 °C로 냉각된다.

**(c)** 비커에 있는 에틸알코올이 증발한다.

**(d)** 이원자 분자가 원자들로 분해된다.

**(e)** 한 조각의 숯이 연소하여 $CO_2(g)$와 $H_2O(g)$를 형성한다.

**19.100** $2\,Mg(s) + O_2(g) \longrightarrow 2\,MgO(s)$ 반응은 매우 자발적인 반응이다. 한 학생이 이 반응의 엔트로피 변화를 계산하여 매우 큰 음의 $\Delta S°$ 값을 얻었다. 이 학생의 계산 과정에 실수가 있었는가? 왜 그렇게 생각하는지 설명하시오.

**19.101** 두 개의 주사위로 구성된 하나의 계를 생각해 보자. 이 계의 상태는 주사위 윗면에 표시된 값들의 합으로 정의된다.

**(a)** 아래 그림에 나타난 주사위 윗면의 두 배열은 계가 가질 수 있는 두 개의 미소 상태로 볼 수 있다. 왜 그런지 설명하시오.

**(b)** 각 미소 상태는 어떤 상태에 해당되는가?

**(c)** 이 계에는 몇 가지 가능한 상태가 있는가?

**(d)** 어떤 상태(들)가 가장 높은 엔트로피를 가지는가? 설명하시오.

**(e)** 어떤 상태(들)가 가장 낮은 엔트로피를 가지는 가? 설명하시오.

**(f)** 이와 같이 두 개의 주사위로 이루어진 계의 절대 엔트로피를 계산하시오.

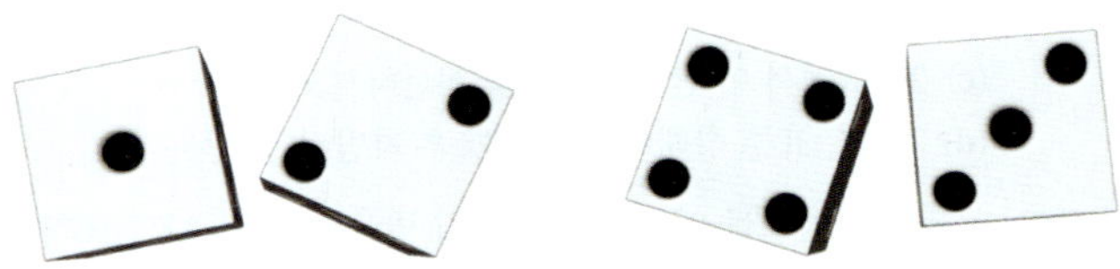

**19.102** 상온에서 질산 암모늄은 물에 자발적으로 녹으며 이때 열을 흡수한다. 이 용해 과정의 $\Delta S$ 부호를 예측하시오.

**19.103** 현재 사용되는 에어컨은 $CH_2F_2$와 같은 플루오린화된 탄화수소를 **냉매**(refrigerant)로 사용한다. 에어컨 냉매는 대기압에서 쉽게 기화하며 압력을 가하면 액체상으로 쉽게 응축된다. 에어컨의 작동 과정은 냉매가 아래의 두 단계를 거치는 닫힌계로 간주할 수 있다 (공기 순환은 이 그림에 나타내지 않았다).

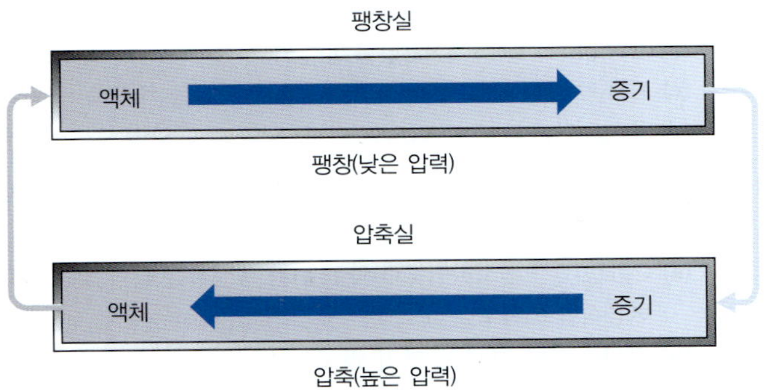


**팽창** 과정 동안 액체 냉매는 저압의 팽창실로 분사되면서 기화된다. 이 기체는 압축실에서 다시 고압으로 **압축**되어 액체상으로 되돌아간다.

**(a)** 팽창 과정의 $q$ 부호는?

**(b)** 압축 과정의 $q$ 부호는?

**(c)** 중앙 공기조절 시스템에서는 한 실(chamber)은 실내에 있고 다른 한 실은 실외에 위치한다. 팽창실과 압축실 중 어느 실이 어디에 있는가? 그 이유는 무엇인가?

**(d)** 액체상 냉매 시료가 팽창한 다음 압축됨으로써 원상태로 되돌아간다고 상상해 보자. 이 과정이 가역 과정일 것으로 예측되는가?

**(e)** 어떤 주택과 그 주택의 외부 온도가 모두 31 °C라고 가정해 보자. 에어컨을 켜고 얼마 후 주택의 온도가 24 °C로 냉각되었다. 이 과정은 자발적인가, 비자발적인가?

**19.104** **Trouton 규칙**(Trouton's rule)에 의하면 정상 끓는점에서 많은 액체들의 표준 몰 기화 엔트로피는 약 88 J/mol K이다.

**(a)** 부록 C의 자료를 사용하여 브로민($Br_2$)의 $\Delta H^\circ_{기화}$를 구하고 이로부터 브로민의 정상 끓는점을 근사하시오. 온도에 따라 $\Delta H^\circ_{기화}$ 값은 변하지 않으며 Trouton 규칙도 잘 맞는다고 가정하시오.

**(b)** $Br_2$의 정상 끓는점을 화학 핸드북이나 Web Elements 웹사이트(www.webelements.com)에서 찾아 앞의 계산 결과와 비교해 보시오. 계산 과정에서 있을 수 있는 오류나 잘못된 가정들은 무엇인가?

**19.105** **(a)** $CH_4(g)$와 $NaCl(s)$의 $\Delta G_f^\circ$에 적합한 화학 반응식을 쓰시오. **(b)** 위 두 반응의 $\Delta G_f^\circ$와 $\Delta H_f^\circ$를 비교하시오. **(c)** 일반적으로 다음 어떤 조건에서 $\Delta G_f^\circ$가 $\Delta H_f^\circ$보다 더 큰 양의 값(혹은 더 작은 음의 값)이 되겠는가? (i) 온도가 높을 때, (ii) $\Delta S_f^\circ$가 양의 값을 가질 때, (iii) 반응이 가역적일 때.

**19.106** 다음 반응을 생각해 보자.

**(i)** $Ti(s) + 2\,Cl_2(g) \longrightarrow TiCl_4(g)$

**(ii)** $C_2H_6(g) + 7\,Cl_2(g) \longrightarrow 2\,CCl_4(g) + 6\,HCl(g)$

**(iii)** $BaO(s) + CO_2(g) \longrightarrow BaCO_3(s)$

**(a)** 각 반응의 경우 부록 C의 자료를 사용하여 25 °C에서의 $\Delta H^\circ$, $\Delta G^\circ$, $K$, $\Delta S^\circ$를 계산하시오.

**(b)** 이 반응 중 어느 것이 25 °C, 표준 상태에서 자발적인가?

**(c)** 각 반응의 경우 온도가 증가함에 따라 자유 에너지가 어떻게 바뀔지 예측하시오.

**19.107** 부록 C의 자료와 주어진 압력을 사용하여 다음 각 반응의 $K_p$와 $\Delta G$를 계산하시오.

**(a)** $N_2(g) + 3\,H_2(g) \longrightarrow 2\,NH_3(g)$
$P_{N_2} = 263.4$ kPa, $P_{H_2} = 597.8$ kPa, $P_{NH_3} = 101.3$ kPa

**(b)** $2\,N_2H_4(g) + 2\,NO_2(g) \longrightarrow 3\,N_2(g) + 4\,H_2O(g)$
$P_{N_2H_4} = P_{NO_2} = 5.07$ kPa,
$P_{N_2} = 50.7$ kPa, $P_{H_2O} = 30.4$ kPa

**(c)** $N_2H_4(g) \longrightarrow N_2(g) + 2\,H_2(g)$
$P_{N_2H_4} = 101.3$ kPa, $P_{N_2} = 152.0$ kPa, $P_{H_2} = 253.3$ kPa

**19.108** **(a)** 다음 각 반응의 $\Delta H^\circ$와 $\Delta S^\circ$의 부호를 계산하지 말고 예측하시오. **(b)** 일반적인 화학 지식을 이용하여 아래 반응 중 어느 것이 25 °C에서 $K > 1$일지 예측하시오. **(c)** 각 반응의 온도가 증가함에 따라 $K$가 증가할지, 감소할지 표시하시오.

**(i)** $2\,Fe(s) + O_2(g) \rightleftharpoons 2\,FeO(s)$

**(ii)** $Cl_2(g) \rightleftharpoons 2\,Cl(g)$

**(iii)** $NH_4Cl(s) \rightleftharpoons NH_3(g) + HCl(g)$

**(iv)** $CO_2(g) + CaO(s) \rightleftharpoons CaCO_3(s)$

**19.109** 아세트산은 카보닐화(carbonylation) 반응의 한 예로서 메탄올과 일산화 탄소를 결합시켜 제조할 수 있다.

$$CH_3OH(l) + CO(g) \longrightarrow CH_3COOH(l)$$

**(a)** 25 °C에서 이 반응의 평형 상수를 계산하시오.

**(b)** 공업적으로 이 반응은 25 °C보다 높은 온도에서 진행된다. 온도의 증가는 평형 상태에 있는 아세트산의 몰분율을 증가시키겠는가, 감소시키겠는가? 왜 25 °C보다 더 높은 온도를 사용하는가?

**(c)** 이 반응의 평형 상수가 1이 되는 온도는 얼마인가? ($\Delta H^\circ$와 $\Delta S^\circ$가 온도와 무관하다고 가정하고, 일어날 수 있는 모든 상변화는 무시해도 좋다.)

**19.110** 신체 조직 내에서 글루코스($C_6H_{12}O_6$)의 산화 반응은 $CO_2$와 $H_2O$를 생성한다. 이와 대조적으로 발효 과정에서 일어나는 무산소 분해 반응은 에탄올($C_2H_5OH$)과 $CO_2$를 생성한다.

**(a)** 부록 C의 자료를 사용하여 다음 반응들의 평형 상수를 비교하시오.

$$C_6H_{12}O_6(s) + 6\,O_2(g) \rightleftharpoons 6\,CO_2(g) + 6\,H_2O(l)$$

$$C_6H_{12}O_6(s) \rightleftharpoons 2\,C_2H_5OH(l) + 2\,CO_2(g)$$

**(b)** 표준 상태에서 일어나는 위의 두 반응으로부터 얻을 수 있는 최대 일을 비교하시오.

**19.111** 대부분이 메테인인 천연가스를 에테인($C_2H_6$)같이 두 개 이상의 탄소 원자를 포함하는 생성물로 변환시키는 것은 산업적으로 매우 중요한 화학 공정이다. 원칙적으로 메테인을 에테인과 수소로 변환시킬 수 있다.

$$2\,CH_4(g) \longrightarrow C_2H_6(g) + H_2(g)$$

실제로 이 반응은 산소가 있는 곳에서 진행된다.

$$2\,CH_4(g) + \tfrac{1}{2}\,O_2(g) \longrightarrow C_2H_6(g) + H_2O(g)$$

**(a)** 부록 C의 자료를 이용하여 25 °C와 500 °C에서 이 반응들의 $K$ 값을 계산하시오.

**(b)** 위 두 반응의 $\Delta G^\circ$ 값의 차이는 주로 엔탈피 항($\Delta H$) 때문인가 엔트로피 항($-T\Delta S$) 때문인가?

**(c)** 앞의 두 반응이 어떻게 19.7절의 '화학과 생명'에서 소개된 비자발적인 반응을 일어나게 하는 예가 될 수 있는지 설명하시오.

**(d)** $CH_4$와 $O_2$가 반응하여 $C_2H_6$와 $H_2O$를 생성하는 반응은 경쟁 반응들을 피해 조심스럽게 수행해야 한다. 가장 잘 일어날 수 있는 경쟁 반응은 무엇인가?

**19.112** 세포는 에너지원으로 아데노신 삼인산(ATP)의 가수 분해를 이용한다(그림 19.16). ATP를 ADP로 변환하는 반응의 표준 자유 에너지 변화는 −30.5 kJ/mol이다. 아래의 글루코스 대사 과정으로부터 나오는 모든 자유 에너지가 ADP를 ATP로 변환하는 데 쓰인다면 1 mol의 글루코스로부터 몇 몰의 ATP를 생성할 수 있는가?

$$C_6H_{12}O_6(s) + 6\,O_2(g) \longrightarrow 6\,CO_2(g) + 6\,H_2O(l)$$

**19.113** 혈청의 포타슘 이온 농도는 약 $5.0 \times 10^{-3}$ $M$이지만 근육 세포액에서의 포타슘 이온 농도는 이보다 훨씬 크다(0.15 $M$). 혈청과 세포액은 세포막으로 분리되어 있으며 세포막은 $K^+$만 통과할 수 있다고 가정한다.

(a) 체온인 37 °C에서 1 mol의 $K^+$를 혈청에서 세포액으로 전달하는 과정의 $\Delta G$는 얼마인가?

(b) 이와 같이 $K^+$를 전달하기 위해 필요한 최소 일의 양은 얼마인가?

# 통합 연습 문제

**19.114** 대부분의 액체는 기화 몰엔트로피가 대략 88 ± 5 J/mol K이라는 Trouton 규칙(문제 19.104)을 따른다. 몇 가지 액상 유기 화합물의 정상 끓는점과 기화 엔탈피는 다음과 같다.

| 물질 | 정상 끓는점(°C) | $\Delta H_{기화}$(kJ/mol) |
|---|---|---|
| 아세톤($(CH_3)_2CO$) | 56.1 | 29.1 |
| 다이메틸 에터($(CH_3)_2O$) | −24.8 | 21.5 |
| 에탄올($C_2H_5OH$) | 78.4 | 38.6 |
| 옥테인($C_8H_{18}$) | 125.6 | 34.4 |
| 피리딘($C_5H_5N$) | 115.3 | 35.1 |

(a) 각 액체의 $\Delta S_{기화}$를 계산하시오. 모든 액체가 Trouton 규칙을 따르는가?

(b) 분자간 힘(11.2절)을 참고하여 이 규칙의 예외를 설명할 수 있는가?

(c) 물이 Trouton 규칙을 따를 것으로 예상하는가? 부록 B의 자료를 이용하여 당신의 예상이 정확한지 확인하시오.

(d) 클로로벤젠($C_6H_5Cl$)은 131.8 °C에서 끓는다. Trouton 규칙을 사용하여 이 물질의 $\Delta H_{기화}$ 근사값을 구하시오.

**19.115** 화학 반응속도론에서 **활성화 엔트로피**(entropy of activation)는 반응물이 활성화 착물을 형성하는 과정의 엔트로피 변화량이다. 이분자(bimolecular) 반응의 활성화 엔트로피는 보통 음의 값을 갖는지, 양의 값을 갖는지 예측하시오.

**19.116** 자철광이 흑연에 의해 철 원자로 환원되는 아래 반응은 어떤 온도에서 자발적으로 진행되는가?

$$Fe_3O_4(s) + 2\,C(s, \text{graphite}) \longrightarrow 2\,CO_2(g) + 3\,Fe(s)$$

**19.117** 다음 변화 과정들은 모두 18장 '환경화학'에서 논의되었다. 각 변화 과정 동안 계의 엔트로피가 증가할지, 감소할지 예측하시오.

(a) $O_2(g)$의 광해리

(b) 산소 분자와 산소 원자로부터 오존의 생성

(c) 성층권으로 CFC의 확산

(d) 역삼투법에 의한 물의 담수화

**19.118** 일반적인 냉동실 온도 −18 °C에서 25 g의 각얼음을 85 °C, 250 mL의 뜨거운 물이 담긴 컵에 떨어뜨렸다. 컵 속의 최종 온도는 몇 도인가? 액체상인 물의 밀도는 1.00 g/mL, 얼음의 비열은 2.03 J/g °C, 액체상 물의 비열은 4.184 J/g · K, 물의 용융 엔탈피는 6.01 kJ/mol이다.

**19.119** 이황화 탄소($CS_2$)는 독성이 있으며 매우 인화성이 큰 물질이다. 298 K에서 $CS_2(l)$와 $CS_2(g)$의 열역학 자료는 다음과 같다.

| | $\Delta H_f°$(kJ/mol) | $\Delta G_f°$(kJ/mol) |
|---|---|---|
| $CS_2(l)$ | 89.7 | 65.3 |
| $CS_2(g)$ | 117.4 | 67.2 |

(a) 이 분자의 Lewis 구조식을 쓰시오. C—S의 결합 차수는 얼마라고 예측되는가?

(b) VSEPR 방법을 사용하여 $CS_2$ 분자의 구조를 예측하시오.

(c) 액체상의 $CS_2$는 $O_2$ 존재하에서 푸른 불꽃을 내면서 연소하여 $CO_2(g)$와 $SO_2(g)$를 형성한다. 이 반응의 균형 맞춘 화학 반응식을 쓰시오.

(d) 앞의 표와 부록 C의 자료를 이용하여 (c)에서 구한 반응식에 대한 $\Delta H°$와 $\Delta G°$를 계산하시오. 이 반응은 발열 반응인가? 298 K에서 이 반응은 자발적인가?

(e) 앞의 표를 이용하여 $CS_2(l)$의 기화 반응에 대한 298 K에서의 $\Delta S°$를 계산하시오. $\Delta S°$의 부호가 기화 반응에 대해 일반적으로 예측되는 $\Delta S°$의 부호와 같은가?

(f) 앞의 표와 (e)에서 구한 답을 이용하여 $CS_2(l)$의 끓는점을 근사값으로 구하시오. 298 K, 101.3 kPa에서 이 물질은 액체일까, 기체일까?

**19.120** 아래 표는 몇 가지 결정성 이온 화합물과 이 물질들이 물에 녹아 있는 수용액의 표준 생성 엔탈피와 자유 에너지를 비교한 것이다.

| 물질 | $\Delta H_f°$(kJ/mol) | $\Delta G_f°$(kJ/mol) |
|---|---|---|
| $AgNO_3(s)$ | −124.4 | −33.4 |
| $AgNO_3(aq)$ | −101.7 | −34.2 |
| $MgSO_4(s)$ | −1283.7 | −1169.6 |
| $MgSO_4(aq)$ | −1374.8 | −1198.4 |

(a) $AgNO_3(s)$의 생성 반응식을 쓰시오. 이 반응식으로부터 $AgNO_3(s)$가 생성될 때 계의 엔트로피가 증가할 것으로 예측되는가, 감소할 것으로 예측되는가?

(b) $AgNO_3(s)$의 $\Delta H_f°$와 $\Delta G_f°$를 사용하여 이 물질의 생성반응에 대한 엔트로피 변화를 구하시오. 이 답과 (a)에서 예측한 답이 일치하는가?

(c) $AgNO_3$가 물에 녹는 것은 발열 과정인가, 흡열 과정인가? $MgSO_4$가 물에 녹는 것은 발열 과정인가, 흡열 과정인가?

(d) $AgNO_3$와 $MgSO_4$가 물에 녹을 때의 엔트로피 변화량을 표의 자료를 사용하여 계산하시오.

(e) (d)의 결과를 이 장의 내용과 19.2절에 있는 "자세히 보기" 내용을 참고하여 논하시오.

**19.121** 다음 평형 반응을 생각해 보자.

$$2\,CO(g) \rightleftharpoons C(s) + CO_2(g)$$

이 기체들의 열역학 자료는 부록 C에 나와 있다. $\Delta H°$와 $\Delta S°$는 온도에 따라 변하지 않는다고 가정할 수 있다.

(a) 전체 압력이 101.3 kPa인 평형 상태의 혼합물이 1.00몰%의 CO를 포함하고 있을 때의 온도는 몇 도인가?

(b) 전체 압력이 5.07 MPa인 평형 상태의 혼합물이 1.00몰%의 CO

를 포함하고 있을 때의 온도는 몇 도인가?

**19.122** 아래 반응은 발전소 굴뚝 가스에서 $SO_2$를 제거하는 데 기초가 되는 반응이다.

$$SO_2(g) + 2\ H_2S(g) \rightleftharpoons 3\ S(s) + 2\ H_2O(g)$$

각 물질의 표준 자유 에너지는 부록 C에 있다.

**(a)** 298 K에서 이 반응의 평형 상수는 얼마인가?

**(b)** 원리상으로 이 반응이 $SO_2$를 제거할 수 있는 방법인가?

**(c)** $P_{SO_2} = P_{H_2S}$이고 물의 증기압이 3.33 kPa일 때 298 K에서 이 계의 $SO_2$ 평형 압력을 계산하시오.

**(d)** 이 반응은 높은 온도에서 더 효과적인가 아니면 덜 효과적인가?

**19.123** 아래 그림에서 보는 바와 같이 대부분의 탄성 고분자(예, 고무 밴드)가 늘어났을 때 분자들은 더 높은 질서도를 가진다.

고무 밴드를 잡아 늘였다고 가정해 보자.

**(a)** 계의 엔트로피가 증가하는가, 감소하는가?

**(b)** 등온 과정으로 고무줄을 잡아 늘였다면 일정한 온도를 유지하기 위해 열을 흡수하거나 방출할 필요가 있는가?

**(c)** 다음 실험을 해 보시오. 고무 밴드를 잡아 늘인 다음 잠시 기다린다. 그런 다음, 잡아 늘인 고무 밴드를 윗입술 위에 올려놓고 빠르게 고무 밴드를 잡아 늘이기 전의 상태로 돌아가게 한다(고무 밴드를 계속해서 꼭 잡고 있어야 한다는 사실을 명심하시오). 무엇을 관찰할 수 있는가? 이 관찰 결과가 (b)에서 구한 답과 일치하는가?

## 실험 설계 문제

일련의 서로 다른 온도에서 약물 후보 물질이 DNA에 결합하는 반응의 평형 상수를 측정하고 있다. 컴퓨터 모델링을 이용해서 DNA와 많은 수소 결합을 하거나 또는 유리한 쌍극자–쌍극자 상호 작용을 할 것으로 예측되는 분자들을 약물 후보 물질로 선정한다. 완충 용액에서 약물 후보 물질과 DNA가 결합된 착물에 대한 연구를 수행하여 여러 다른 온도 $T$에서 $K$ 값을 측정하고 그것을 표로 만든다.

**(a)** 평형 상수, 표준 엔탈피 변화량, 표준 엔트로피 변화량과의 관계를 나타내는 식을 유도하시오. (**힌트: 평형 상수, 엔탈피, 엔트로피는 모두 자유 에너지와 관계가 있다.**)

**(b)** 약물 후보 물질이 DNA에 결합하는 반응의 표준 엔트로피와 표준 엔탈피 변화량을 계산하기 위해, $K$와 $T$를 어떻게 그래프로 나타낼 수 있는지 보이시오.

**(c)** 이 결합 반응의 엔탈피 변화량이 0에 가깝고 엔트로피 변화량은 큰 양의 값을 갖는다는 사실에 놀라게 된다. 이 사실을 설명하고 이것을 검증할 실험을 설계하시오. (**힌트: 물과 이온에 대해 생각하시오.**)

**(d)** DNA와 결합할 또 다른 약물 후보 물질에 대해서 시도해 본다. 이 약물 후보 물질과 DNA가 결합하는 반응의 엔탈피 변화량은 큰 음의 값을 가지며 엔트로피 변화량은 작은 양의 값을 갖는다는 사실을 알아낸다. 분자 수준에서 이것을 설명하고 이 가설을 검증할 실험을 설계하시오.

# 20 전기 화학



## 20.1 산화 상태와 산화–환원 반응

현대 문명을 지탱하는 전기는 많은 장점이 있지만, 저장하기 어렵다는 심각한 단점이 있다. 전력선을 통해 들어오는 전기는 생산되자마자 곧바로 소모되지만, 다양한 용도로 사용하기 위해서는 저장된 전기 에너지가 필요하다. 이럴 때는 전기 에너지를 저장하고 휴대할 수 있는 화학 에너지로 변환하였다가, 필요할 때 다시 전기로 변환하면 된다.

산화–환원(redox) 반응은 산화되는 원자에서 환원되는 원자로 전자가 전달될 때 일어난다. 산화–환원 반응은 배터리의 작동뿐만 아니라 철의 부식, 식품의 갈변, 동물의 호흡을 비롯한 다양한 자연의 중요한 과정과도 관련되어 있다. 전기 화학은 전기와 화학 반응의 관계를 연구하는 학문으로 자발적 과정과 비자발적 과정을 모두 포함하고 있다.

이 절이 끝나면 다음 사항을 수행할 수 있어야 한다.

- 산화–환원 반응의 구성 요소 식별하기

반응에 관여하는 원소들의 **산화수**(oxidation numbers) 또는 **산화 상태**(oxidation states)를 살펴보면, 주어진 화학 반응이 산화–환원 반응인지 아닌지를 알 수 있다. 이 과정을 통해 반응과 관련된 어떤 원소들의 산화수가 변하는지를 확인할 수 있다. 예를 들어, 금속 아연을 강산 수용액에 넣었을 때 자발적으로 일어나는 반응을 생각해 보자(**그림 20.1**).

$$Zn(s) + 2\,H^+(aq) \longrightarrow Zn^{2+}(aq) + H_2(g) \qquad [20.1]$$

반응식의 모든 화학종에 산화수를 부여하면 다음과 같다.

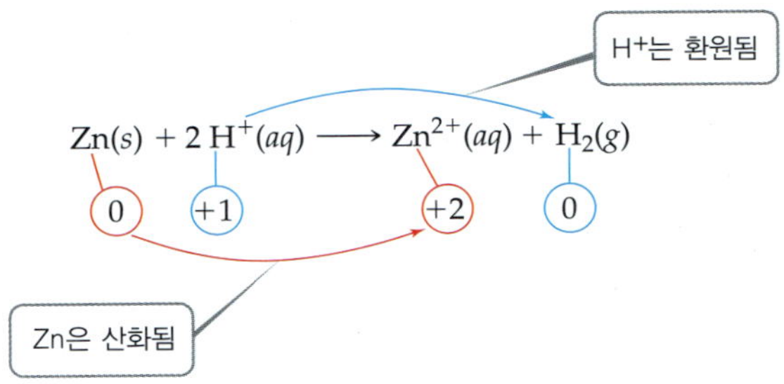


[20.2]

반응식 아래에 있는 산화수를 보면 Zn의 산화수는 0에서 +2로 변하고, H의 산화수는 +1에서 0으

이 반응은 발열 반응인가, 아니면 흡열 반응인가?

▲ **그림 20.1** 염산 수용액에서 아연의 산화

로 변한다는 것을 알 수 있다. 따라서 이 반응은 산화–환원 반응이다. 전자가 아연 원자에서 수소 이온으로 이동하므로 Zn은 산화되고 $H^+$는 환원된다.

식 20.2와 같은 반응에서는 전자의 이동을 명확하게 알 수 있다. 그러나 산화수는 변했지만 실제로 전자를 잃은 물질과 얻은 물질이 무엇인지 분간하기 어려운 반응도 있다. 예를 들어, 수소 기체의 연소 반응을 보자.

$$\underset{0}{2\,H_2(g)} + \underset{0}{O_2(g)} \longrightarrow 2\,H_2O(g) \quad (+1)(-2) \qquad [20.3]$$

수소는 0에서 +1의 산화 상태로 산화되었고, 산소는 0에서 −2의 산화 상태로 환원되었으므로, 식 20.3은 산화–환원 반응이라는 것을 알 수 있다. 산화 상태를 추적하는 것은 편리한 '회계 장부'와 같은 기능을 한다. 그러나 일반적으로 원자의 산화 상태를 화합물에서의 실제 전하와 같은 것으로 여기지는 말아야 한다.

어떤 산화–환원 반응이든, 산화와 환원은 함께 일어나야 한다. 만일 한 물질이 산화되면, 다른 물질은 환원되어야 한다. 다른 물질을 산화시키는 물질을 **산화제(oxidizing agent** 또는 **oxidant)**라고 한다. 산화제는 다른 물질로부터 전자를 얻으므로 자신은 환원된다. **환원제(reducing agent** 또는 **reductant)**는 다른 물질에 전자를 주기 때문에 다른 물질을 환원시킨다. 따라서 환원제는 이 과정에서 산화된다. 식 20.2에서, 환원되는 화학종인 $H^+(aq)$는 산화제이고, 산화되는 화학종인 $Zn(s)$은 환원제이다.

## 예제 20.1
### 산화제와 환원제 구별하기

니켈–카드뮴(니카드) 전지는 다음과 같은 산화–환원 반응을 통해 전기를 발생시킨다.

$$Cd(s) + NiO_2(s) + 2\,H_2O(l) \longrightarrow Cd(OH)_2(s) + Ni(OH)_2(s)$$

산화되는 물질과 환원되는 물질을 확인하고, 어느 것이 산화제이고 어느 것이 환원제인지 구별하시오.

**해답**

**분석** 산화–환원 반응이 주어졌고, 산화되는 물질과 환원되는 물질을 확인하고, 산화제와 환원제를 구별하는 문제이다.

**계획** 첫째, 앞서 배운 규칙을 이용하여 모든 원자에 산화 상태 또는 산화수를 할당한 뒤, 어떤 원소의 산화 상태가 변하는지를 결정한다. 둘째, 산화와 환원의 정의를 적용한다.

**풀이**

$$Cd(s) + NiO_2(s) + 2\,H_2O(l) \longrightarrow Cd(OH)_2(s) + Ni(OH)_2(s)$$

0 　 +4 −2 　 +1 −2 　 +2 −2 +1 　 +2 −2 +1

Cd의 산화 상태는 0에서 +2로 증가하였고, Ni의 산화 상태는 +4에서 +2로 감소하였다. 따라서 Cd 원자는 산화되었고(전자를 잃었고), 환원제이다. $NiO_2$가 $Ni(OH)_2$로 전환됨에 따라 Ni의 산화수는 감소하였다. 따라서, $NiO_2$는 환원되었고(전자를 얻었고), 산화제이다.

**주의** 산화와 환원을 기억하는 쉬운 방법은 다음과 같다. "사자 LEO가 GER라고 말한다."

LEO(**L**osing **E**lectrons is **O**xidation): 전자를 잃는 것이 산화

GER(**G**aining **E**lectrons is **R**eduction): 전자를 얻는 것이 환원

▶ **보충 예제**

다음 반응에서 환원제는 어느 것인가?

$$2\,Br^-(aq) + H_2O_2(aq) + 2\,H^+(aq) \longrightarrow Br_2(aq) + 2\,H_2O(l)$$

**(a)** $Br^-(aq)$ **(b)** $H_2O_2(aq)$ **(c)** $H^+(aq)$ **(d)** $Br_2(aq)$

## 자기 평가 연습 문제

**20.1** 과염소산 이온($ClO_4^-$)에서 염소의 산화수는 무엇인가?

(a) −1

(b) +3

(c) +7

## 연습 문제

**20.2** (a) **환원**이라는 용어가 의미하는 것은 무엇인가?
(b) 전자는 환원 반쪽 반응의 어느 쪽에 나타나는가?
(c) reductant라는 용어가 의미하는 것은 무엇인가?
(d) reducing agent라는 용어가 의미하는 것은 무엇인가?

**20.3** 다음의 각 내용이 참인지 거짓인지 구별하시오.
(a) 어떤 물질이 환원되었다면, 형식적으로 전자를 잃은 것이다.
(b) 환원제는 반응하면서 산화된다.
(c) CO를 $CO_2$로 변환시키기 위해서는 산화제가 필요하다.

**20.4** 다음 각각의 균형 맞춘 산화–환원 반응에서, (i) 반응물과 생성물에 있는 모든 원소의 산화수를 밝히고, (ii) 각 반응에서 이동한 전자의 총 개수를 말하시오.
(a) $H_2(g) + F_2(g) \longrightarrow 2\,HF(g)$
(b) $2\,Fe^{2+}(aq) + H_2O_2(aq) + 2\,H^+(aq) \longrightarrow 2\,Fe^{3+}(aq) + 2\,H_2O(l)$
(c) $CH_4(g) + 2\,O_2(g) \longrightarrow CO_2(g) + 2\,H_2O(l)$

**20.5** 다음의 균형 맞춘 반응식이 산화–환원 반응인지 식별하시오. 산화–환원 반응이라면, 산화수가 변하는 원소가 무엇인지 찾아보시오.
(a) $2\,AgNO_3(aq) + CoCl_2(aq) \longrightarrow 2\,AgCl(s) + Co(NO_3)_2(aq)$
(b) $2\,PbO_2(s) \longrightarrow 2\,PbO(s) + O_2(g)$
(c) $2\,H_2SO_4(aq) + 2\,NaBr(s) \longrightarrow Br_2(l) + SO_2(g) + Na_2SO_4(aq) + 2\,H_2O(l)$

자기 평가 연습 문제 답 **20.1** (c)

## 20.2 | 산화–환원 반응식 균형 맞추기

질량 보존 법칙

화학 반응식의 균형을 맞출 때는 언제나 질량 보존 법칙을 따라야 한다. 즉, 각 원소의 양은 반응식의 양쪽에서 같아야 한다. (화학 반응에서 원자는 생성되거나 파괴되지 않는다.) 산화–환원 반응식의 균형을 맞출 때는, 얻는 전자수와 잃는 전자수의 균형도 추가적으로 맞춰야 한다. 반응 중 어떤 물질이 전자를 잃으면, 다른 물질은 같은 수의 전자를 얻어야 한다. (화학 반응에서 전자는 생성되거나 파괴되지 않는다.)

식 20.2와 같은 간단한 화학 반응식에서는, 전자의 균형이 '자동적으로' 맞춰진다. 즉, 전자의 이동을 명확하게 설명하지 않고서도 반응식의 균형이 맞는다. 그러나 대부분의 산화–환원 반응식은 식 20.2보다 복잡해서, 얻거나 잃은 전자의 수를 고려하지 않고서는 쉽게 균형을 맞출 수 없다. 이 절에서는, 산화–환원 반응식의 균형을 체계적으로 맞추는 **반쪽 반응법**(method of half-reactions)을 살펴보자.

이 절이 끝나면 다음 사항을 수행할 수 있어야 한다.

- 산화–환원 반응식의 균형 맞추기

## 반쪽 반응

비록 산화와 환원이 동시에 일어나긴 하지만, 분리하여 생각하는 것이 편리할 때가 있다. 예를 들어, $Fe^{3+}$에 의한 $Sn^{2+}$의 산화 반응은 $Sn^{2+}$의 산화와 $Fe^{3+}$의 환원이라는 두 과정으로 이루어진 것으로 생각할 수 있다.

$$Sn^{2+}(aq) + 2\,Fe^{3+}(aq) \longrightarrow Sn^{4+}(aq) + 2\,Fe^{2+}(aq)$$

**산화**: $Sn^{2+}(aq) \longrightarrow Sn^{4+}(aq) + 2\,e^-$ [20.4]

**환원**: $2\,Fe^{3+}(aq) + 2\,e^- \longrightarrow 2\,Fe^{2+}(aq)$ [20.5]

산화 과정에서는 전자가 생성물로 나타나고, 환원 과정에서는 반응물로 나타난다.

식 20.4와 20.5처럼 산화와 환원을 따로따로 나타낸 식을 **반쪽 반응(half-reactions)**이라고 한다. 전체 산화–환원 반응에서, 산화 반쪽 반응에서 잃은 전자의 수는 환원 반쪽 반응에서 얻은 전자의 수와 같아야 한다. 이러한 조건이 충족되고 각 반쪽 반응의 균형이 맞춰졌을 때, 두 반쪽 반응을 더하면 양쪽의 전자가 상쇄되어 균형 맞춘 산화–환원 반응식이 된다.

## 반쪽 반응법을 이용한 반응식 완결

반쪽 반응법은 대개 산화와 환원에 참여하는 물질만 나타내는 '골격' 이온 반응식으로 시작한다. 이 경우에는, 산화–환원과 관련된 반응인지 확신할 수 없는 경우에만 산화수를 할당한다. $H^+$(산성 용액)나 $OH^-$(염기성 용액) 또는 $H_2O$가 산화–환원 반응의 반응물이나 생성물로 참여하는 경우를 발견하기도 한다. 이들이 직접 산화되거나 환원되지 않는다면, 골격 반응식에는 나타내지 않는다. 나중에 반응식의 균형을 맞추면서 이들의 존재를 추론할 수 있다.

**산성 수용액에서 일어나는 산화–환원 반응의 균형을 맞추는 방법**

**1.** 반응식을 산화 반쪽 반응과 환원 반쪽 반응으로 나눈다.

**2.** 각 반쪽 반응의 균형을 맞춘다.

**(a)** 먼저, H와 O를 제외한 원소들의 균형을 맞춘다.

**(b)** 다음으로, 필요한 만큼 $H_2O$를 더해서 O 원자의 균형을 맞춘다.

**(c)** 그런 다음, 필요한 만큼 $H^+$를 더해서 H 원자의 균형을 맞춘다.

**(d)** 마지막으로, 필요한 만큼 $e^-$를 더해서 전하의 균형을 맞춘다.

(a)~(d) 과정은 중요하므로 옆에 그림으로 나타내었다. 이때, 각 반쪽 반응에 나타난 전자의 수가 산화 상태의 변화와 일치하는지 확인할 수 있다.

**3.** 산화 반쪽 반응에서 잃은 전자의 수와 환원 반쪽 반응에서 얻은 전자의 수를 같게 만들기 위해, 필요에 따라 반쪽 반응에 정수를 곱한다.

**4.** 가능하다면, 두 반쪽 반응을 더한 다음 더한 식의 양쪽에 동시에 나타나는 화학종을 소거하여 간단히 한다.

**5.** 원자와 전하가 균형을 이루고 있는지 확인한다.

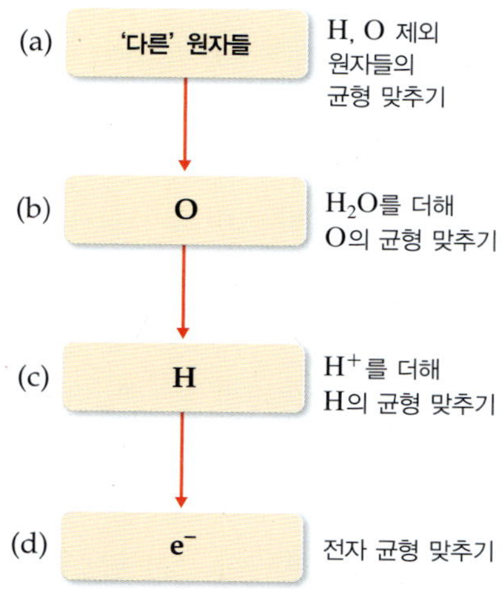


예를 들어, 산성 수용액에서 과망가니즈산 이온($MnO_4^-$)과 옥살산 이온($C_2O_4^{2-}$)의 반응을 살펴보자(**그림 20.2**). $C_2O_4^{2-}$의 산성 수용액에 $MnO_4^-$를 가하면 $MnO_4^-$ 이온의 짙은 자주색이 사라지고, $CO_2$ 기포가 발생하며 용액은 $Mn^{2+}$의 연한 분홍색을 나타낸다. 골격 반응식은 다음과 같이 쓸 수 있다.

$$MnO_4^-(aq) + C_2O_4^{2-}(aq) \longrightarrow Mn^{2+}(aq) + CO_2(aq) \qquad [20.6]$$

실험에 의하면 이 반응에서는 $H^+$가 소비되고 $H_2O$가 생성된다. 반응식의 균형을 맞추는 과정에서 이 반응에서 환원되는 화학종은 어떤 것인가? 어떤 화학종이 환원제인가?

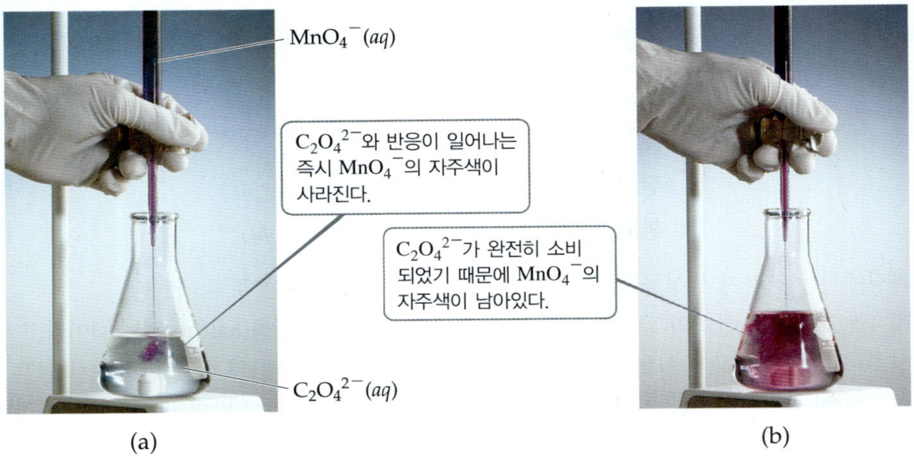


▲ **그림 20.2** $Na_2C_2O_4$ 산성 수용액을 $KMnO_4(aq)$로 적정

이 반응에 $H^+$와 $H_2O$가 참여한다는 것을 알게 될 것이다.

식 20.6의 균형을 맞추고 완결하기 위해서는, 먼저 두 개의 반쪽 반응을 써야 한다(1단계). 한 반쪽 반응에는 화살표의 양쪽에 Mn이 있어야 하고, 다른 반쪽 반응의 화살표 양쪽에 C가 있어야 한다.

$$MnO_4^-(aq) \longrightarrow Mn^{2+}(aq)$$
$$C_2O_4^{2-}(aq) \longrightarrow CO_2(g)$$

그런 다음, 각 반쪽 반응의 균형을 맞추고 완결한다. 먼저, H와 O를 제외한 모든 원자의 균형을 맞춘다(2a 단계). 과망가니즈산 반쪽 반응의 경우, 식의 양쪽에 각각 1개의 망가니즈 원자가 있으므로 아무것도 할 필요가 없다. 옥살산 반쪽 반응의 경우, 오른쪽에 계수 2를 추가하여 왼쪽에 있는 2개의 탄소와 균형을 맞춘다.

$$MnO_4^-(aq) \longrightarrow Mn^{2+}(aq)$$
$$C_2O_4^{2-}(aq) \longrightarrow 2\,CO_2(g)$$

다음, O의 개수를 맞춘다(2b 단계). 과망가니즈산 반쪽 반응의 왼쪽에는 산소가 4개 있고, 오른쪽에는 산소가 없으므로 산소 원자 4개의 균형을 맞추기 위해 오른쪽에 $H_2O$ 분자 4개를 넣어 준다.

$$MnO_4^-(aq) \longrightarrow Mn^{2+}(aq) + 4\,H_2O(l)$$

이제 생성물에 있는 수소 원자 8개는 반응물에 8 $H^+$를 넣어 균형을 맞춘다(2c 단계).

$$8\,H^+(aq) + MnO_4^-(aq) \longrightarrow Mn^{2+}(aq) + 4\,H_2O(l)$$

반응식 양쪽에 있는 모든 원자의 수가 같아졌다. 그러나 아직 전하의 균형이 맞지 않았다. 반응물의 전하는 $8(1+) + (1-) = 7+$이고, 생성물의 전하는 $1(2+) + 4(0) = 2+$이다. 전하의 균형을 맞추기 위해, 반응물 쪽에 전자 5개를 더한다(2d 단계).

$$5\,e^- + 8\,H^+(aq) + MnO_4^-(aq) \longrightarrow Mn^{2+}(aq) + 4\,H_2O(l)$$

산화 상태를 이용하여 결과를 확인해 보자. 이 반쪽 반응에서, Mn은 $MnO_4^-$의 +7 산화 상태에서 $Mn^{2+}$의 +2 산화 상태로 변한다. 즉, 각 Mn 원자는 전자 5개를 얻었고, 이는 균형 맞춘 반쪽 반응과 일치한다.

옥살산 반쪽 반응에서는, C와 O의 균형이 맞춰져 있다(2a 단계). 생성물에 2개의 전자를 넣어 전하의 균형을 맞추면 된다(2d 단계).

$$C_2O_4^{2-}(aq) \longrightarrow 2\,CO_2(g) + 2\,e^-$$

산화 상태를 이용하여 결과를 확인해 보자. C는 $C_2O_4^{2-}$의 +3 산화 상태에서 $CO_2$의 +4 산화 상태로 변한다. 따라서, 각 C 원자는 전자 1개를 잃었고 두 개의 C 원자는 두 개의 전자를 잃었으므로 균형 맞춘 반쪽 반응과 일치한다.

이제 각각의 반쪽 반응에 적당한 정수를 곱하여, 한 반쪽 반응에서 얻은 전자의 수와 다른 반쪽 반응에서 잃은 전자의 수를 같게 만든다(3단계). $MnO_4^-$ 반쪽 반응에는 2를, $C_2O_4^{2-}$ 반쪽 반응에는 5를 곱한다.

$$\begin{aligned} 10\,e^- + 16\,H^+(aq) + 2\,MnO_4^-(aq) &\longrightarrow 2\,Mn^{2+}(aq) + 8\,H_2O(l) \\ 5\,C_2O_4^{2-}(aq) &\longrightarrow 10\,CO_2(g) + 10\,e^- \\ \hline 16\,H^+(aq) + 2\,MnO_4^-(aq) + 5\,C_2O_4^{2-}(aq) &\longrightarrow 2\,Mn^{2+}(aq) + 8\,H_2O(l) + 10\,CO_2(g) \end{aligned}$$

균형 맞춘 반응식은 균형 맞춘 반쪽 반응을 더한 것이다(4단계). 식에서 반응물과 생성물 양쪽에 있는 전자는 상쇄된다는 점에 유의하라.

원자와 전하의 수를 세어 균형 맞춘 반응식을 확인한다(5단계). 식의 양쪽에 각각 16개의 H, 2개의 Mn, 28개의 O, 10개의 C와 4+의 알짜 전하가 있으므로 이 식의 균형이 올바르게 맞춰졌다는 것을 확인할 수 있다.

## 예제 20.2

### 산성 용액에서 산화-환원 반응식의 균형 맞추기

반쪽 반응법을 이용하여 다음 식의 균형을 맞추고 완결하시오.

$$Cr_2O_7^{2-}(aq) + Cl^-(aq) \longrightarrow Cr^{3+}(aq) + Cl_2(g) \quad \text{(산성 용액)}$$

### 해답

**분석** 산성 용액에서 일어나는 산화–환원 반응에 대해 완결되지 않은, 그리고 균형이 맞춰지지 않은 (골격)식이 주어졌고 이 식의 균형을 맞추어 완결하는 문제이다.

**계획** 앞서 배운 반쪽 반응 과정을 이용한다.

**풀이**

**1단계**: 두 반쪽 반응으로 나눈다.

$$Cr_2O_7^{2-}(aq) \longrightarrow Cr^{3+}(aq)$$
$$Cl^-(aq) \longrightarrow Cl_2(g)$$

**2단계**: 각 반쪽 반응의 균형을 맞춘다. 첫 번째 반쪽 반응에서, 반응물에 한 개의 $Cr_2O_7^{2-}$가 있으므로 생성물에는 두 개의 $Cr^{3+}$가 필요하다. $Cr_2O_7^{2-}$에 포함된 7개의 O는 생성물에 7개의 $H_2O$를 넣어 균형을 맞춘다. 7개의 $H_2O$에 있는 14개의 수소 원자는 반응물에 14개의 $H^+$를 넣어 맞추면 된다.

$$14\,H^+(aq) + Cr_2O_7^{2-}(aq) \longrightarrow 2\,Cr^{3+}(aq) + 7\,H_2O(l)$$

그런 다음, 식의 왼쪽에 전자를 더하여 전하 균형을 맞추면 양쪽의 전체 전하가 같아진다.

$$6\,e^- + 14\,H^+(aq) + Cr_2O_7^{2-}(aq) \longrightarrow 2\,Cr^{3+}(aq) + 7\,H_2O(l)$$

산화 상태의 변화를 보면 이 결과를 확인할 수 있다. 각 크로뮴 원자는 전자 3개를 얻어 +6에서 +3으로 바뀌었다. $Cr_2O_7^{2-}$에 있는 두 개의 Cr 원자는 총 6개의 전자를 얻은 것이므로 반쪽 반응과 일치한다.

두 번째 반쪽 반응에서는, 생성물에 있는 한 개의 $Cl_2$ 균형을 맞추기 위해 두 개의 반응물 $Cl^-$가 필요하다.

$$2\,Cl^-(aq) \longrightarrow Cl_2(g)$$

오른쪽에 전자 2개를 더해서 전하 균형을 맞춘다.

$$2\,Cl^-(aq) \longrightarrow Cl_2(g) + 2\,e^-$$

이 결과는 산화 상태 변화와 일치한다. 각 염소 원자는 전자 한 개를 잃고 −1에서 0으로 변한다. 따라서, 두 개의 염소 원자는 두 개의 전자를 잃는다.

**3단계:** 두 반쪽 반응에서 이동한 전자의 개수를 같게 만든다. Cl 반쪽 반응에 3을 곱하면 잃은 전자의 수(6개)가 Cr 반쪽 반응에서 얻은 전자의 수(6개)와 같아진다. 이제 두 반쪽 반응을 더하면 전자들이 상쇄될 수 있다.

$$6\,Cl^-(aq) \longrightarrow 3\,Cl_2(g) + 6\,e^-$$

**4단계:** 두 반쪽 반응을 더해 균형 반응식을 얻는다.

$$14\,H^+(aq) + Cr_2O_7^{2-}(aq) + 6\,Cl^-(aq) \longrightarrow 2\,Cr^{3+}(aq) + 7\,H_2O(l) + 3\,Cl_2(g)$$

**5단계:** 반응식의 양쪽에 있는 각 종류의 원자수가 동일하다(14개의 H, 2개의 Cr, 7개의 O, 6개의 Cl). 또한 양쪽의 전하도 같다(6+). 그러므로 반응식은 완결되었다.

**▶ 보충 예제**

산성 용액에서 다음 반응식을 완결했을 때, 최소의 정수 계수를 가지는 균형 반응식에는 몇 개의 물 분자가 있는가?

$$Mn^{2+}(aq) + NaBiO_3(s) \longrightarrow Bi^{3+}(aq) + MnO_4^-(aq) + Na^+(aq)$$

**(a)** 반응물 쪽에 4개 **(b)** 생성물 쪽에 3개 **(c)** 반응물 쪽에 1개 **(d)** 생성물 쪽에 7개 **(e)** 생성물 쪽에 2개

## 염기성 수용액에서 일어나는 반응의 반응식 완결하기

산화–환원 반응이 염기성 용액에서 일어나면, 반응식의 균형은 $H^+$와 $H_2O$가 아니라 $OH^-$와 $H_2O$를 이용하여 맞춰야 한다. $OH^-$와 $H_2O$는 둘 다 수소를 포함하고 있기 때문에, 이 방법은 반응물과 생성물 사이를 더 많이 왔다 갔다 해야 적절한 반쪽 반응을 얻을 수 있다. 이를 대체할 수 있는 다른 방법을 소개한다.

**염기성 수용액에서 산화–환원 반응식의 균형을 맞추는 방법**

1. 산성 용액에서 반응이 일어나는 것처럼 반쪽 반응의 균형을 맞춘다.
2. 각 반쪽 반응에 포함된 $H^+$의 개수를 센 다음, 반쪽 반응의 양쪽에 같은 개수의 $OH^-$를 더한다.

이 방법을 사용하면, 양쪽에 같은 수의 $OH^-$를 더하였기 때문에 반응식의 질량 균형은 유지된다. 본질적으로 이 방법은 $H^+$를 '중화'시켜서 $H^+$가 있던 쪽에 물을 생성하고($H^+ + OH^- \longrightarrow H_2O$), 다른 쪽에는 $OH^-$가 남게 되는 것이다. 생성된 물 분자는 필요에 따라 상쇄할 수 있다.

### 예제 20.3
### 염기성 용액에서 산화–환원 반응식의 균형 맞추기

염기성 용액에서 일어나는 다음 산화–환원 반응식을 완결하시오.

$$CN^-(aq) + MnO_4^-(aq) \longrightarrow CNO^-(aq) + MnO_2(s) \quad \text{(염기성 용액)}$$

**해답**

**분석** 염기성 용액에서 일어나는 산화–환원 반응에 대해 불완전한 반응식으로부터, 반응식의 균형을 맞추는 문제이다.

**계획** 산성 용액에서 반응이 일어난다고 가정하고, 앞에서 배운 순서대로 진행한다. 그런 다음 적절한 개수의 $OH^-$를 반응식의 양쪽에 더하고, 같은 쪽에 있는 $H^+$와 $OH^-$를 결합하여 $H_2O$로 바꿔 준다. 반응식을 단순화시키면 최종 반응식이 얻어진다.

**풀이**

**1단계**: 균형이 맞지 않는 불완전한 반쪽 반응을 쓴다.

$$CN^-(aq) \longrightarrow CNO^-(aq)$$
$$MnO_4^-(aq) \longrightarrow MnO_2(s)$$

**2단계**: 산성 용액에서 반응이 일어나는 것처럼 각 반쪽 반응의 균형을 맞춘다.

$$CN^-(aq) + H_2O(l) \longrightarrow CNO^-(aq) + 2\,H^+(aq) + 2\,e^-$$
$$3\,e^- + 4\,H^+(aq) + MnO_4^-(aq) \longrightarrow MnO_2(s) + 2\,H_2O(l)$$

이제 반응이 염기성 용액에서 일어난다는 것을 고려해야 하므로, 각 반쪽 반응의 양쪽에 $OH^-$를 더해 $H^+$를 중화시킨다.

$$CN^-(aq) + H_2O(l) + 2\,OH^-(aq) \longrightarrow CNO^-(aq) + 2\,H^+(aq) + 2\,e^- + 2\,OH^-(aq)$$
$$3\,e^- + 4\,H^+(aq) + MnO_4^-(aq) + 4\,OH^-(aq) \longrightarrow MnO_2(s) + 2\,H_2O(l) + 4\,OH^-(aq)$$

$H^+$와 $OH^-$가 각 반쪽 반응의 같은 쪽에 있을 때는 $H^+$와 $OH^-$를 중화시켜 $H_2O$를 생성한다.

$$CN^-(aq) + H_2O(l) + 2\,OH^-(aq) \longrightarrow CNO^-(aq) + 2\,H_2O(l) + 2\,e^-$$
$$3\,e^- + 4\,H_2O(l) + MnO_4^-(aq) \longrightarrow MnO_2(s) + 2\,H_2O(l) + 4\,OH^-(aq)$$

다음으로, 반응물과 생성물에서 모두 보이는 물 분자를 소거한다.

$$CN^-(aq) + 2\,OH^-(aq) \longrightarrow CNO^-(aq) + H_2O(l) + 2\,e^-$$
$$3\,e^- + 2\,H_2O(l) + MnO_4^-(aq) \longrightarrow MnO_2(s) + 4\,OH^-(aq)$$

두 반쪽 반응은 이제 완결되었다. 원자와 전체 전하를 확인할 수 있다.

**3단계**: $CN^-$ 반쪽 반응에 3을 곱해서 생성물 쪽에 6개의 전자가 생기게 하고, $MnO_4^-$ 쪽에는 2를 곱해 반응물 쪽에 6개의 전자가 생기도록 한다.

$$3\,CN^-(aq) + 6\,OH^-(aq) \longrightarrow 3\,CNO^-(aq) + 3\,H_2O(l) + 6\,e^-$$
$$6\,e^- + 4\,H_2O(l) + 2\,MnO_4^-(aq) \longrightarrow 2\,MnO_2(s) + 8\,OH^-(aq)$$

**4단계**: 두 반쪽 반응을 더하고, 반응물과 생성물에 모두 있는 화학종을 소거함으로써 반응식을 간략하게 만든다.

$$3\,CN^-(aq) + H_2O(l) + 2\,MnO_4^-(aq) \longrightarrow 3\,CNO^-(aq) + 2\,MnO_2(s) + 2\,OH^-(aq)$$

**5단계**: 원자 균형과 전하 균형이 맞는지 확인한다.

반응식의 양쪽에 각각 3개의 C, 3개의 N, 2개의 H, 9개의 O, 2개의 Mn이 있고, 5−의 전하가 있다.

**주의** 마치 산성 용액에서 반응이 일어나는 것처럼 반응식을 맞추었지만, 실제로 $H^+$ 이온이 반응에 참여하는 것이 아니라는 것을 기억하는 것이 중요하다. 25 °C의 수용액에서 $[H^+][OH^-] = 1.0 \times 10^{-14}$이므로, 이 염기성 용액에서 $[H^+]$는 매우 작다.

**▶ 보충 예제**

염기성 용액에서 일어나는 다음의 산화–환원 반응식을 완결했을 때, 최소의 정수 계수를 가지는 균형 반응식에는 수산화 이온이 몇 개 있는가?

$$NO_2^-(aq) + Al(s) \longrightarrow NH_3(aq) + Al(OH)_4^-(aq)$$

**(a)** 반응물 쪽에 1개 **(b)** 생성물 쪽에 1개 **(c)** 반응물 쪽에 4개 **(d)** 생성물 쪽에 7개 **(e)** 없다

## 자기 평가 연습 문제

**20.6** 산성 조건에서 일어나는 다음 산화–환원 반응식의 균형을 맞추고 완결하시오.

$$Cr(s) + NO_3^-(aq) \longrightarrow Cr^{3+}(aq) + NO(g)$$

**(a)** $Cr(s) + NO_3^-(aq) \longrightarrow Cr^{3+}(aq) + 3NO(g)$

**(b)** $Cr(s) + NO_3^-(aq) + 2H^+(aq) \longrightarrow Cr^{3+}(aq) + NO(g) + H_2O(l)$

**(c)** $Cr(s) + NO_3^-(aq) + 4H^+(aq) \longrightarrow Cr^{3+}(aq) + NO(g) + 2H_2O(l)$

## 연습 문제

**20.7** 하이드라진($N_2H_2$)과 사산화 이질소($N_2O_4$)는 로켓 추진제로 쓰이는 자체 발화성 혼합물을 형성한다. 이 반응의 생성물은 $N_2$와 $H_2O$다.

**(a)** 이 반응의 균형 맞춘 화학 반응식을 쓰시오.

**(b)** 어느 것이 산화되고, 어느 것이 환원되는가?

**(c)** 어느 물질이 환원제이고, 어느 것이 산화제인가?

**20.8** 다음 반응식의 균형을 맞추고 완결하시오. 각 반쪽 반응이 산화 반응인지 환원 반응인지 쓰시오.

**(a)** $Mo^{3+}(aq) \longrightarrow Mo(s)$ (산성 용액)

**(b)** $H_2SO_3(aq) \longrightarrow SO_4^{2-}(aq)$ (산성 용액)

**(c)** $NO_3^-(aq) \longrightarrow NO(g)$ (산성 용액)

**(d)** $O_2(g) \longrightarrow H_2O(l)$ (산성 용액)

**(e)** $O_2(g) \longrightarrow H_2O(l)$ (염기성 용액)

**(f)** $Mn^{2+}(aq) \longrightarrow MnO_2(s)$ (염기성 용액)

**(g)** $Cr(OH)_3(s) \longrightarrow CrO_4^{2-}(aq)$ (염기성 용액)

**20.9** 다음 화학 반응식의 균형을 맞추고, 산화제와 환원제를 표시하시오. ($H_2O_2$의 O는 예외적인 산화 상태를 가진다는 것을 기억하라.)

**(a)** $NO_2^-(aq) + Cr_2O_7^{2-}(aq) \longrightarrow Cr^{3+}(aq) + NO_3^-(aq)$ (산성 용액)

**(b)** $S(s) + HNO_3(aq) \longrightarrow H_2SO_3(aq) + N_2O(g)$ (산성 용액)

**(c)** $Cr_2O_7^{2-}(aq) + CH_3OH(aq) \longrightarrow HCOOH(aq) + Cr^{3+}(aq)$ (산성 용액)

**(d)** $BrO_3^-(aq) + N_2H_4(g) \longrightarrow Br^-(aq) + N_2(g)$ (산성 용액)

**(e)** $NO_2^-(aq) + Al(s) \longrightarrow NH_4^+(aq) + AlO_2^-(aq)$ (염기성 용액)

**(f)** $H_2O_2(aq) + ClO_2(aq) \longrightarrow ClO_2^-(aq) + O_2(g)$ (염기성 용액)

자기 평가 연습 문제 답 **20.6** (c)

## 20.3 | 볼타 전지

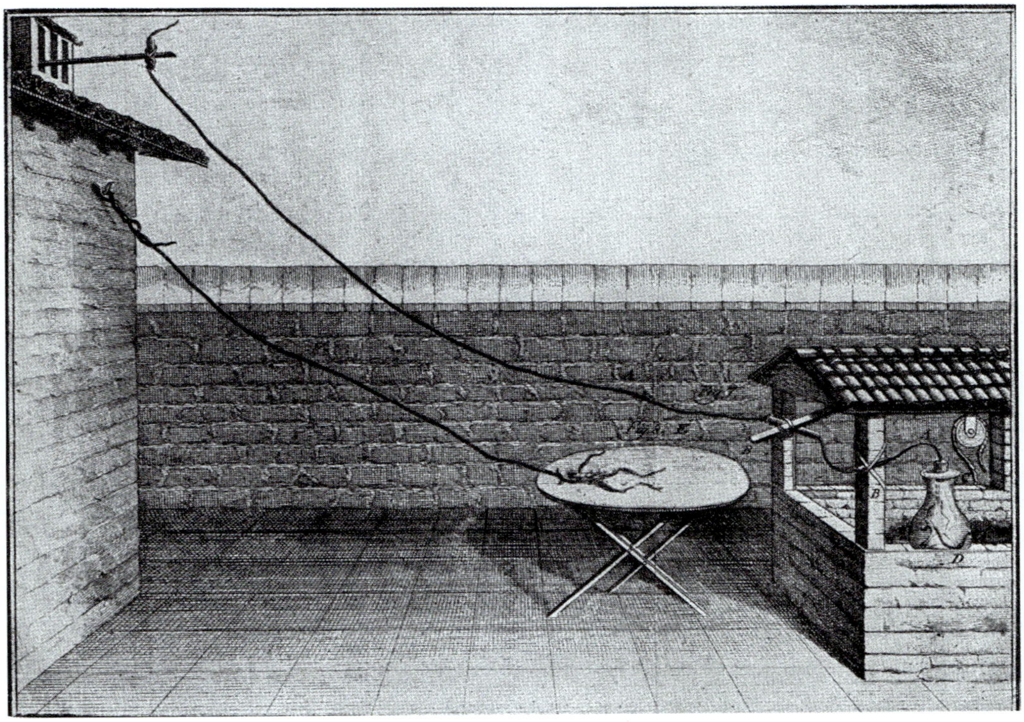

전해오는 이야기에 의하면, Luigi Galvani와 그의 아내는 개구리 피부를 문질렀을 때 발생하는 정전기에 대해 실험을 하고 있었다고 한다. 메스가 개구리 다리의 신경을 건드렸을 때, 불꽃이 튀었고 다리가 '마치 살아 있는 것처럼' 경련을 일으켰다. 그들은 동물 전기라는 용어를 만들었다. 1790

반응이 진행됨에 따라 용액의 푸른색이 점점 옅어지는 이유는 무엇인가?

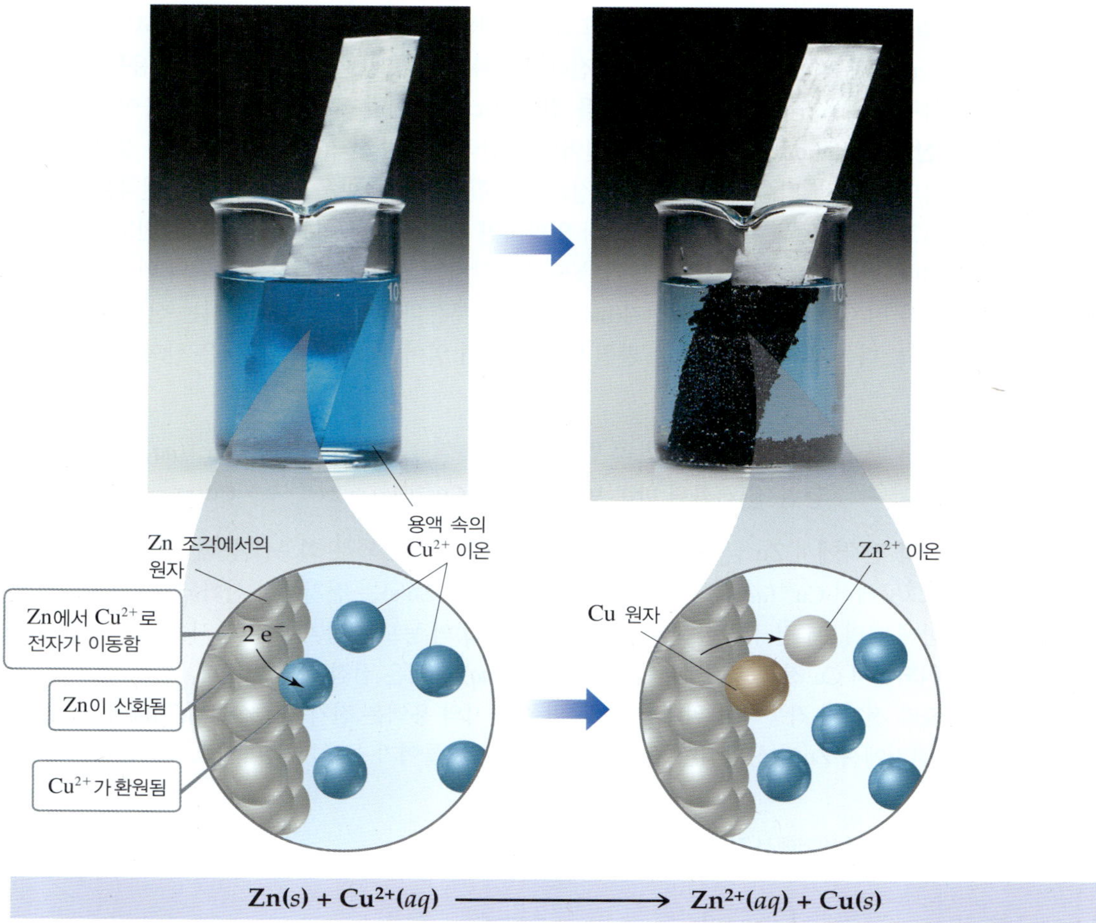


▲ **그림 20.3** 아연과 구리의 자발적 산화–환원 반응

년에 출판된 이러한 결과를 살펴본 Alessandro Volta는 개구리가 꼭 필요한 것이 아니라 전해질로 분리된 서로 다른 두 개의 금속을 사용하면 전류가 생성된다는 것을 확인하였다.

이 절이 끝나면 다음 사항을 수행할 수 있어야 한다.

- 볼타 전지의 구성 요소 식별하기

자발적인 산화–환원 반응에서 생성된 에너지는 전기적인 일을 하는 데 사용될 수 있다. 이 작업은 **볼타 전지(voltaic cell** 또는 **갈바니 전지(galvanic cell)**)를 통해서 수행된다. 볼타 전지는 같은 반응 용기 안에 들어있는 반응물 사이에서 전자 이동이 직접 일어나는 것이 아니라, 외부 회로를 통해 전자가 이동하는 장치이다.

아연 조각을 $Cu^{2+}(aq)$ 이온이 들어있는 용액에 넣으면 자발적 반응이 일어난다. 반응이 진행함에 따라, $Cu^{2+}(aq)$ 이온의 푸른색이 사라지고 아연 표면에 구리 금속이 석출된다. 동시에, 아연이 녹기 시작한다. **그림 20.3**에 나타낸 이러한 변화는 다음의 식으로 요약된다.

$$Zn(s) + Cu^{2+}(aq) \longrightarrow Zn^{2+}(aq) + Cu(s) \qquad [20.7]$$

**그림 20.4**는 식 20.7의 산화–환원 반응을 이용하는 볼타 전지를 보여 준다. 그림 20.4의 장치는 그림 20.3보다 더 복잡하지만, 반응은 두 경우 모두 같다. 중요한 차이는, 볼타 전지에서는 Zn 금속과 $Cu^{2+}(aq)$가 서로 직접 접촉하지 않는다는 것이다. 대신에 한 칸에서는

볼타 전지에서는 Cu와 Zn 중 어느 것이 산화되는가?

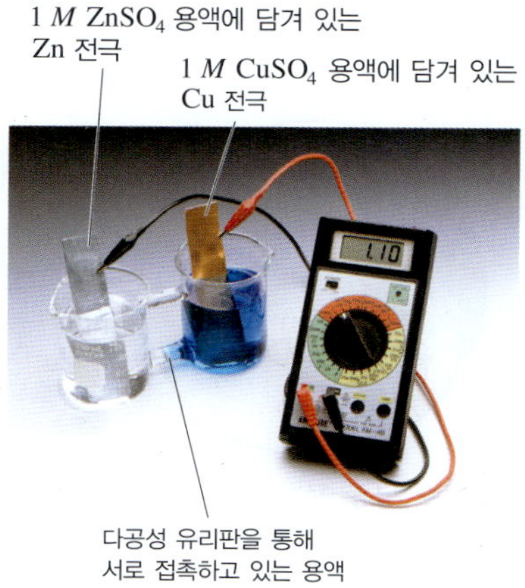


▲ **그림 20.4** 식 20.7의 반응을 이용하여 만든 Cu–Zn 볼타 전지

Zn 금속이 $Zn^{2+}$(*aq*)와 접촉하고 있고 다른 칸에서는 Cu 금속이 $Cu^{2+}$(*aq*)와 접촉하고 있다. 결과적으로 외부 회로, 즉 Zn과 Cu 조각을 연결하는 도선을 통해 전자가 흐를 때만 $Cu^{2+}$(*aq*)의 환원이 일어날 수 있다. 전선을 통하여 흐르는 전자와 용액에서 움직이는 이온은 모두 **전류**(electrical current)를 구성한다. 이러한 전기적 전하의 흐름이 전기적 일을 수행하는 데 사용될 수 있다.

외부 회로로 연결된 두 고체 금속을 **전극**(electrode)이라고 부른다. 산화 반응이 일어나는 전극을 **산화 전극**(**anode**), 환원 반응이 일어나는 전극을 **환원 전극**(**cathode**)*이라고 정의한다. 전극은 지금의 예처럼, 반응에 참여하는 물질로 구성할 수 있다. 반응 과정에서 Zn 전극은 점점 사라지고, Cu 전극의 질량은 늘어난다. 보다 일반적인 전극은 백금이나 흑연과 같은 전도성 물질로 만들어지며, 반응하는 동안 질량이 늘거나 줄지는 않지만 전자가 이동하는 표면의 역할을 수행한다.

볼타 전지의 각 칸을 **반쪽 전지**(half cell)라고 부른다. 한 반쪽 전지에서는 산화 반쪽 반응이 일어나고, 다른 반쪽 전지에서는 환원 반쪽 반응이 일어난다. 예에서, Zn은 산화되고 $Cu^{2+}$는 환원된다.

**산화 전극(산화 반쪽 반응)** $Zn(s) \longrightarrow Zn^{2+}(aq) + 2\,e^-$

**환원 전극(환원 반쪽 반응)** $Cu^{2+}(aq) + 2\,e^- \longrightarrow Cu(s)$

산화 전극에서 Zn 금속이 산화되면서 생성된 전자는 외부 회로를 통해 환원 전극으로 이동하고, 그곳에서 $Cu^{2+}$(*aq*)를 환원시키는 데 사용된다. Zn(*s*)는 전지에서 산화되기 때문에, 전지가 작동함에 따라 Zn 전극의 질량은 감소하고 $Zn^{2+}$(*aq*)의 농도는 증가한다. 동시에, $Cu^{2+}$(*aq*)가 Cu(*s*)로 환원되면서 Cu 전극의 질량은 증가하고 $Cu^{2+}$(*aq*) 용액은 점점 더 묽어진다.

볼타 전지가 작동하기 위해서는, 두 반쪽 전지의 용액은 전기적 중성을 유지해야 한다. 산화 반쪽 전지에서 Zn이 산화되어 $Zn^{2+}$(*aq*)가 용액으로 들어가 농도가 높아지므로, 초기의 $Zn^{2+}/SO_4^{2-}$

산화 전극에서 $Zn^{2+}$(*aq*)가 생성될 때 왼쪽 비커에서 전기적 중성은 어떻게 유지되는가?

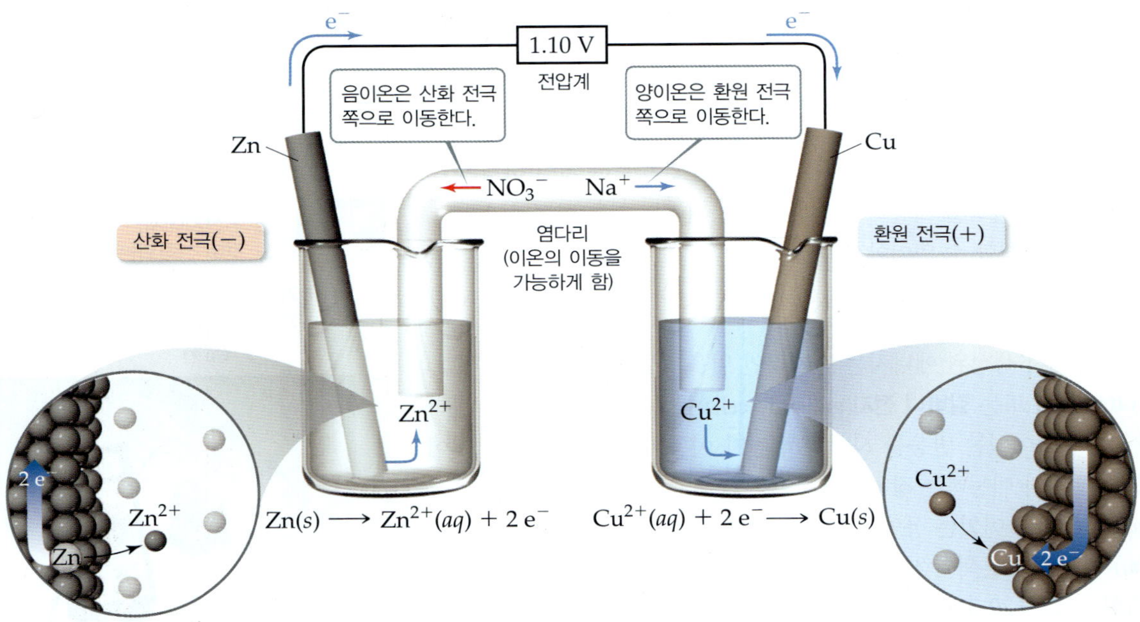


▲ **그림 20.5** 전기 회로를 완결하기 위해 염다리를 사용하는 볼타 전지

*Anode*와 *oxidation*은 모두 모음으로, *cathode*와 *reduction*은 모두 자음으로 시작된다는 것으로 이러한 정의를 기억하면 편하다. 또 다른 기억법은 'An Ox–Red Cat'인데, 이는 Anode와 Oxidation을, Reduction과 Cathode를 연결하는 말이다.

전하 균형을 망가뜨린다. 용액의 전기적 중성을 유지하기 위해서는 $Zn^{2+}$ 양이온이 산화 반쪽 전지 밖으로 이동하거나, 음이온이 안으로 들어오도록 하는 방법이 있어야 한다. 마찬가지로, 환원 전극에서 $Cu^{2+}(aq)$가 환원되면 용액에 $Cu^{2+}$ 이온이 줄어들어 반쪽 전지에는 과량의 $SO_4^{2-}$ 음이온이 남게 된다. 전기적 중성을 유지하기 위해서 음이온의 일부가 환원 반쪽 전지 밖으로 이동하거나, 양이온이 반쪽 전지 안으로 들어와야 한다. 실제로 이온이 용액을 통해 한 반쪽 전지에서 다른 반쪽 전지로 이동하는 방법이 존재하지 않으면, 두 전극 사이에는 측정 가능한 전류가 흐르지 않는다.

그림 20.4에서, 두 반쪽 전지를 분리하고 있는 다공성 유리 원판은 이온들이 이동하여 용액의 전기적 중성이 유지되도록 한다. **그림 20.5**에서는, 이러한 목적으로 **염다리**(salt bridge)를 사용한다. 염다리는 볼타 전지의 다른 이온이나 전극과 반응하지 않는 $NaNO_3(aq)$와 같은 전해질 용액이 채워진 U자 모양의 관이다. 전해질은 반죽이나 젤(gel) 상태로 만들어 넣으므로 U자 모양의 관을 거꾸로 세워도 전해질 용액이 쏟아지지 않는다. 전극에서 산화와 환원 반응이 일어나면, 염다리를 통해 이온들이 두 반쪽 전지로 이동한다.즉, 염다리의 양이온은 환원 반쪽 전지로, 음이온은 산화 반쪽 전지로 이동하여 반쪽 전지 용액의 전기적 중성을 유지시킨다. 이온이 반쪽 전지 사이에서 이동할 수 있도록 하는 장치가 무엇이든 간에, **음이온은 항상 산화 전극 쪽 용액으로 이동하고 양이온은 환원 전극 쪽으로 이동한다.**

**그림 20.6**은 볼타 전지를 나타내는 모식도이다. 특히 **전자는 산화 전극에서 외부 회로를 통하여 환원 전극으로 이동한다**는 것을 기억하라. 이 흐름의 방향 때문에 볼타 전지에서 산화 전극은 (−) 부호로, 환원 전극은 (+) 부호로 표시한다. 전자는 외부 회로를 통해 (−)산화 전극에서 (+)환원 전극으로 끌리는 것이라고 상상할 수 있다.

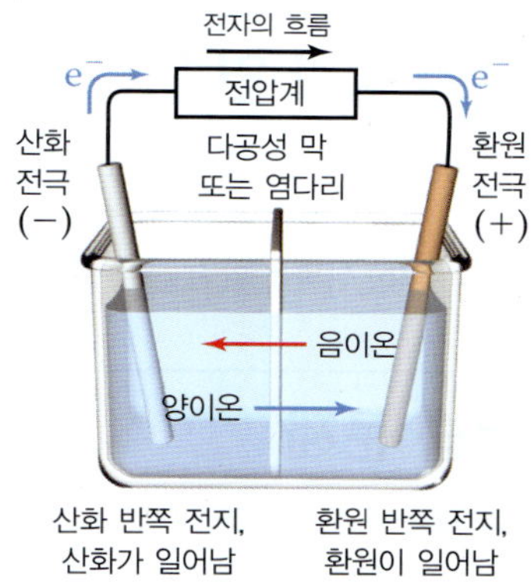

▲ **그림 20.6** 볼타 전지에서 일어나는 반응 개략도 두 반쪽 전지가 다공성 유리판(그림 20.4)이나 염다리(그림 20.5)로 분리되어 있다.

## 예제 20.4
### 볼타 전지 설명

다음 산화–환원 반응은 자발적이다.

$$Cr_2O_7^{2-}(aq) + 14\,H^+(aq) + 6\,I^-(aq) \longrightarrow 2\,Cr^{3+}(aq) + 3\,I_2(s) + 7\,H_2O(l)$$

$K_2Cr_2O_7$과 $H_2SO_4$가 포함된 용액을 한 비커에, KI 용액을 다른 비커에 담는다. 염다리를 사용하여 두 비커를 연결한다. 두 용액과 반응하지 않는 (백금 포일 같은) 금속 전도체를 각 용액에 담그고, 전압계나 다른 장치를 통해 두 도체를 전선으로 연결하여 전류를 검출한다. 이렇게 만들어진 볼타 전지는 전류를 만들어 낸다. 산화 전극과 환원 전극에서 일어나는 반응, 전자와 이온의 이동 방향, 각 전극의 부호를 나타내시오.

**해답**

**분석** 볼타 전지에서 일어나는 자발적 반응의 반응식과 전지가 어떻게 구성되는지에 대한 설명으로부터, 산화 전극과 환원 전극에서 일어나는 반응, 전자와 이온의 이동 방향, 각 전극에 할당된 부호를 나타내야 한다.

**계획** 우선 화학 반응식을 두 개의 반쪽 반응으로 나누어 산화 과정과 환원 과정을 확인한다. 그런 다음, 산화 전극과 환원 전극의 정의 및 그림 20.6에 나타낸 기타 용어들을 사용한다.

**풀이**

한 반쪽 반응에서는 $Cr_2O_7^{2-}(aq)$가 $Cr^{3+}(aq)$로 변환된다. 이들 이온에서 시작하여 반쪽 반응을 완결하면 다음과 같다.

$$Cr_2O_7^{2-}(aq) + 14\,H^+(aq) + 6\,e^- \longrightarrow 2\,Cr^{3+}(aq) + 7\,H_2O(l)$$

다른 반쪽 반응에서는, 다음과 같이 $I^-(aq)$가 $I_2(s)$로 변환된다.

$$6\,I^-(aq) \longrightarrow 3\,I_2(s) + 6\,e^-$$

이제 그림 20.6에 있는 요약을 이용하면 볼타 전지를 설명할 수 있다. 첫 번째 반쪽 반응은(전자가 식의 반응물 쪽에 있는) 환원 과정이다. 정의에 의해, 환원 과정은 환원 전극에서 일어난다. 두 번째 반쪽 반응은 산화 과정(전자가 식의 생성물 쪽에 있는)으로, 산화 전극에서 일어난다.

$I^-$ 이온은 전자를 방출하고, $Cr_2O_7^{2-}$ 이온은 전자를 받는다. 따라서, 전자는 KI 수용액에 담겨 있는 전극(산화 전극)으로부터 외부 회로를 통해 $K_2Cr_2O_7-H_2SO_4$ 용액에 담겨 있는 전극(환원 전극) 쪽으로 흐른다. 전극 자체는 어떤 식으로든 반응에 참여하지 않고, 단지 수용액 쪽에서 또는 수용액 쪽으로 전자를 전달하는 수단을 제공할 뿐이다. 양이온은 용액을 통하여 환원 전극으로 이동하고, 음이온은 산화 전극으로 이동한다. (전자가 방출되는)산화 전극은 (−) 전극이고, (전자가 들어오는)환원 전극은 (+) 전극이다.

▶ **보충 예제**

다음 두 반쪽 반응이 볼타 전지에서 일어난다.

$$Ni(s) \longrightarrow Ni^{2+}(aq) + 2\,e^- \qquad (\text{전극} = Ni)$$

$$Cu^{2+}(aq) + 2\,e^- \longrightarrow Cu(s) \qquad (\text{전극} = Cu)$$

다음 중 Cu 전극과 $Cu^{2+}(aq)$ 용액을 포함한 반쪽 전지에서 일어나는 현상을 가장 정확하게 설명한 것은?

**(a)** 전극의 질량은 감소하고, 염다리에서 나온 양이온은 반쪽 전지 쪽으로 흘러들어 간다.

**(b)** 전극의 질량은 증가하고, 염다리에서 나온 양이온은 반쪽 전지 쪽으로 흘러들어 간다.

**(c)** 전극의 질량은 감소하고, 염다리에서 나온 음이온은 반쪽 전지 쪽으로 흘러들어 간다.

**(d)** 전극의 질량은 증가하고, 염다리에서 나온 음이온은 반쪽 전지 쪽으로 흘러들어 간다.

## 자기 평가 연습 문제

**20.10** 작동하고 있는 볼타 전지에 대한 설명으로 옳은 것은?

**(a)** 전자는 산화 전극에서 환원 전극으로 흐른다.

**(b)** 산화는 환원 전극에서 일어난다.

**(c)** 음이온은 염다리를 통해 환원 전극으로 흐른다.

**(d)** 환원 전극은 음전하를 띠고 있다.

## 연습 문제

**20.11** 아래의 서술이 참인지, 거짓인지 말하시오. **(a)** 산화 전극은 산화 반응이 일어나는 전극이다. **(b)** 볼타 전지는 항상 양의 기전력을 가진다. **(c)** 볼타 전지가 작동하기 위해서는 염다리나 투과 가능한 장벽이 필요하다.

**20.12** 그림 20.5에 나타낸 것과 비슷한 볼타 전지를 제작하였다. 한 반쪽 전지에는 $FeSO_4$ 용액에 철 조각이 담겨 있고, 다른 반쪽 전지에는 $Al_2(SO_4)_3$ 용액에 알루미늄 조각이 담겨 있다. 전체 전지 반응은 다음과 같다.

$$2\,Al(s) + 3\,Fe^{2+}(aq) \longrightarrow 3\,Fe(s) + 2\,Al^{3+}(aq)$$

**(a)** 산화되는 것은 무엇이고, 환원되는 것은 무엇인가?

**(b)** 두 반쪽 전지에서 일어나는 반쪽 반응을 쓰시오.

**(c)** 어느 전극이 산화 전극이고, 어느 전극이 환원 전극인가?

**(d)** 각 전극의 부호를 쓰시오.

**(e)** 전자는 알루미늄 전극에서 철 전극으로 흐르는가 아니면 철 전극에서 알루미늄 전극으로 흐르는가?

**(f)** 용액 속의 양이온과 음이온은 어느 방향으로 이동하는가? (알루미늄은 산화 알루미늄으로 코팅되어 있지 않다고 가정한다.)

자기 평가 연습 문제 답 **20.10** (a)

# 20.4 | 표준 상태에서의 전지 전위

볼타 전지를 구성할 수 있는 다양한 재료의 조합이 있다. 이 절에서는 그것들을 정량화하는 방법에 대해 알아볼 것이다. 이 절이 끝나면 다음 사항을 수행할 수 있어야 한다.

- 표준 환원 전위로부터 표준 기전력 계산하기

전자가 그림 20.3에서처럼 직접, 또는 그림 20.4에서처럼 외부 회로를 통해 Zn 원자로부터 $Cu^{2+}$ 이온으로 자발적으로 움직이는 이유는 무엇인가? 전자의 흐름을 폭포에서 물의 흐름에 비교하면 이해가 쉬울 수 있다(**그림 20.7**). 폭포수는 폭포의 꼭대기와 바닥 간의 퍼텐셜 에너지의 차로 인해 자발적으로 떨어진다. 전자도 마찬가지로 퍼텐셜 에너지의 차이로 인해 볼타 전지의 산화 전극에서 외부 회로를 통해 환원 전극으로 자발적으로 흐른다. 전자의 퍼텐셜 에너지는 환원 전극에서보다 산화 전극에서 더 높다. 따라서, 전자는 더 양의 전위를 갖고 있는 전극 쪽으로 자발적으로 흐른다.

두 전극 사이의 전하당 퍼텐셜 에너지의 차이(**전위차**, potential difference)는 **볼트**(volts) 단위로 측정된다. 1 볼트(V)는 1 쿨롬(C)의 전하에 1 줄(J)의 에너지를 부여하는 데 필요한 전위차이다.

$$1\ \text{V} = 1\ \frac{\text{J}}{\text{C}}$$

전자의 전하는 $1.60 \times 10^{-19}$ C임을 기억하라.

볼타 전지에서 두 전극의 전위차를 **전지 전위**(**cell potential**)라고 하며, $E_{cell}$로 나타낸다. 전위차는 전자를 외부 회로를 통해 밀어낼 수 있는 추진력을 제공하기 때문에, 전위차를 **기전력**(**emf** 또는 **electromotive force**, 전자를 이동시키는 힘)이라고도 한다. $E_{cell}$를 볼트로 나타내기 때문에, 종종 **전압**(voltage)이라고 불리기도 한다.

볼타 전지의 전지 전위는 양수이다. 전지 전위의 크기는 산화 전극과 환원 전극에서 일어나는 반응의 종류, 반응물과 생성물의 농도, 온도에 따라 달라지는데, 별다른 언급이 없으면 온도는 25 °C라고 생각한다. 이 절에서는 25 °C **표준 상태**(standard condition)에서 작동하는 전지에 중점을 둔다. 표 19.2에서 알아본 바와 같이, 표준 상태는 용액 내 반응물과 생성물의 농도는 1 *M*이고 기체 상태의 반응물과 생성물의 압력은 100.0 kPa일 때이다. 표준 상태에서의 전지 전위는 **표준 전지 전위**(**standard cell potential**) 또는 **표준 기전력**(**standard emf**)이라 하고, $E^\circ_{cell}$이라고 쓴다. 예를

▲ **그림 20.7** **물의 흐름과 전자의 흐름** 물이 자연스럽게 아래로 흐르는 것처럼, 볼타 전지에서의 전자도 자연스럽게 산화 전극에서 환원 전극으로 흐른다.

들어, 그림 20.5의 Zn−Cu 볼타 전지의 경우, 25 °C에서 표준 전지 전위는 +1.10 V이다.

$$Zn(s) + Cu^{2+}(aq, 1\,M) \longrightarrow Zn^{2+}(aq, 1\,M) + Cu(s) \qquad E^\circ_{cell} = +1.10\,V$$

위 첨자 °는 표준 상태 조건을 의미함을 기억하라.

## 표준 환원 전위

볼타 전지의 표준 전지 전위($E^\circ_{cell}$)는 특정 환원 반쪽 전지와 산화 반쪽 전지에 따라 달라진다. 사실상 모든 가능한 산화 전극−환원 전극 조합에 대해 표준 전지 전위를 표로 만들 수 있다. 하지만 그렇게 힘든 작업을 할 필요는 없다. 대신 각 반쪽 전지에 표준 전위를 할당하고 이 반쪽 전지 전위를 이용하여 $E^\circ_{cell}$을 계산한다. 전지 전위는 두 반쪽 전지 전위의 차이이다. 관례에 따라, 각 전극과 관련된 전위는 해당 전극에서의 **환원**(reduction)에 대한 전위이다. 따라서 표준 반쪽 전지 전위는 환원 반응에 대한 전위를 이용하여 표를 만들며, 이는 표준 반쪽 전지 전위가 **표준 환원 전위**(**standard reduction potential**, $E^\circ_{red}$)라는 의미이다. 표준 전지 전위($E^\circ_{cell}$)는 환원 전극 반응의 표준 환원 전위($E^\circ_{red}$(환원 전극))에서 산화 전극 반응의 표준 환원 전위($E^\circ_{red}$(산화 전극))를 **뺀** 값이다.

$$E^\circ_{cell} = E^\circ_{red}\,(\text{환원 전극}) - E^\circ_{red}\,(\text{산화 전극}) \qquad [20.8]$$

어떤 반쪽 반응의 표준 환원 전위를 직접 측정하는 것은 불가능하다. 하지만 특정한 기준 반쪽 반응에 특정한 표준 환원 전위를 할당하면, 다른 반쪽 반응의 표준 환원 전위는 이 기준값을 이용하여 상대적으로 측정할 수 있다. 기준 반쪽 반응은 표준 상태에서 $H^+(aq)$가 $H_2(g)$로 환원되는 반응이며, 이 반응의 표준 환원 전위를 정확히 0 V라고 정하였다.

$$2\,H^+(aq, 1\,M) + 2\,e^- \longrightarrow H_2(g, 100.0\,kPa) \quad E^\circ_{red} = 0\,V \qquad [20.9]$$

이 반쪽 반응이 일어나도록 만들어진 전극이 **표준 수소 전극**(**standard hydrogen electrode**, SHE)이다. SHE는 백금선에 연결된 백금 포일로 구성되어 있는데, 이 백금 포일은 반응에 대해 비활성 표면으로 작용하는 미세한 백금 입자로 덮여 있다(그림 20.8). SHE는 백금 전극이 1 $M$ $H^+(aq)$ 및 100 kPa의 수소 기체 흐름과 접촉할 수 있게 구성된다. SHE는 다른 반쪽 전극의 반응이 무엇이냐에 따라 산화 전극과 환원 전극 모두로 작동할 수 있다.

그림 20.9는 SHE를 이용한 볼타 전지를 나타낸 것이다. 자발적 반응은 그림 20.1과 유사한 반응, 즉 Zn의 산화와 $H^+$의 환원이다.

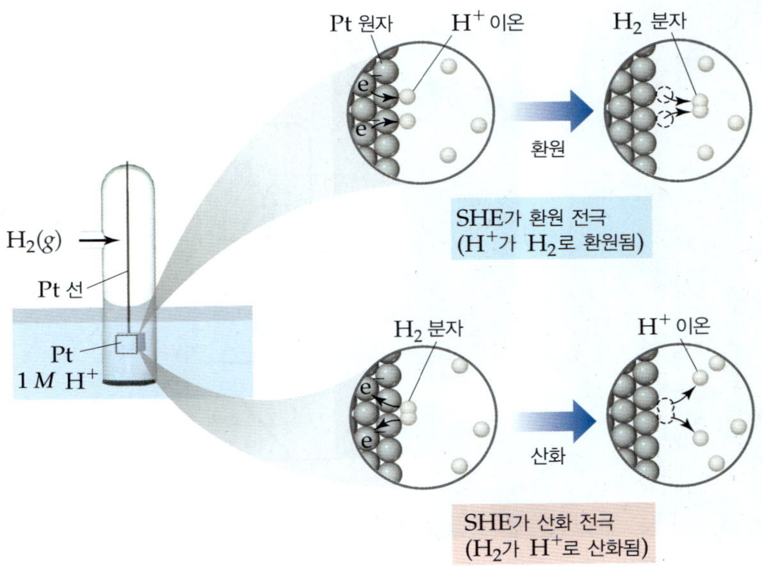


▲ 그림 20.8 기준 전극으로 쓰이는 표준 수소 전극(SHE)

반응이 진행될 때, $Na^+$ 이온이 환원 전극 반쪽 전지 쪽으로 이동하는 이유는 무엇인가?

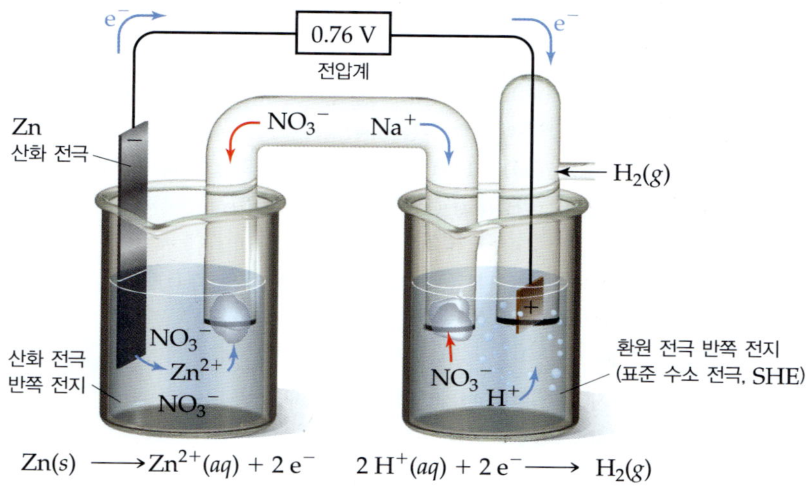


▲**그림 20.9 표준 수소 전극(SHE)을 사용한 볼타 전지** 산화 전극 반쪽 전지는 $Zn(NO_3)_2(aq)$ 용액에 있는 Zn 금속이고, 환원 전극 반쪽 전지는 $HNO_3(aq)$ 용액에 있는 SHE이다.

$$Zn(s) + 2H^+(aq) \longrightarrow Zn^{2+}(aq) + H_2(g)$$

이 전지가 표준 상태에서 작동할 때, 전지 전위는 +0.76 V이다. 표준 전지 전위($E^\circ_{cell} = 0.76$ V), 정의에 의한 $H^+$의 표준 환원 전위($E^\circ_{red} = 0$ V), 그리고 식 20.8을 이용하면 $Zn^{2+}/Zn$ 반쪽 반응의 표준 환원 전위를 구할 수 있다.

$$\begin{aligned} E^\circ_{cell} &= E^\circ_{red}\,(\text{환원 전극}) - E^\circ_{red}\,(\text{산화 전극}) \\ +0.76\text{ V} &= 0\text{ V} - E^\circ_{red}\,(\text{산화 전극}) \\ E^\circ_{red}\,(\text{산화 전극}) &= -0.76\text{ V} \end{aligned}$$

따라서 $Zn^{2+}$가 Zn로 환원되는 반응의 표준 환원 전위는 −0.76V이다.

$$Zn^{2+}(aq, 1\,M) + 2e^- \longrightarrow Zn(s) \quad E^\circ_{red} = -0.76\text{ V}$$

비록 그림 20.9에서 Zn와 관련된 반응은 산화이지만, 반응을 위와 같이 환원으로 쓴다. **반쪽 반응의 전위를 할당할 때는, 언제나 환원 반응으로 써야 한다.** 하지만 각 반쪽 반응은 산화나 환원 어느 쪽으로도 작동할 수 있는 가역 반응이다. 따라서 평형 반응에서와 같이, 반응물과 생성물 사이에 양쪽 방향 화살표($\rightleftharpoons$)를 사용하여 반쪽 반응을 나타내기도 한다.

다른 반쪽 반응의 표준 환원 전위도 $Zn^{2+}/Zn$ 반쪽 반응에 이용한 것과 유사한 방법으로 결정할 수 있다. **표 20.1**에 표준 환원 전위를 일부 수록해 놓았다. 더 많은 반쪽 반응에 대한 표는 부록 E를 참조하면 된다. **반쪽 전지 전위**(half-cell potential)라고 불리기도 하는 표준 환원 전위를 조합하면 매우 다양한 볼타 전지의 $E^\circ_{cell}$ 값을 계산할 수 있다.

전위는 퍼텐셜 에너지를 전하량으로 나눈 값이므로 표준 환원 전위는 세기 성질이다. 즉, 산화–환원 반응에서 물질의 양을 늘리면 관련된 에너지와 전하량 모두 증가하지만, 전하량(쿨롬)에 대한 에너지(줄)의 비(V = J/C)는 일정하게 유지된다. 따라서 **반쪽 반응의 화학량론 계수를 변화시켜도 표준 환원 전위는 변하지 않는다.** 예를 들어, 10 mol $Zn^{2+}$의 환원에 대한 $E^\circ_{red}$는 1 mol $Zn^{2+}$의 환원에 대한 $E^\circ_{red}$와 똑같다.

$$10\,Zn^{2+}(aq, 1\,M) + 20e^- \longrightarrow 10\,Zn(s) \qquad E^\circ_{red} = -0.76\text{ V}$$

볼타 전지에서 각 반쪽 반응의 표준 환원 전위는, 환원 반응이 일어나는 경향성의 척도가 된다. **$E^\circ_{red}$가 더 양의 값일수록, 표준 상태에서 환원 경향이 크다.** 표준 상태에서 작동하는 모든 볼타 전

**표 20.1 25 °C 수용액에서 표준 환원 전위**

| $E^\circ_{red}$(V) | 환원 반쪽 반응 |
|---|---|
| +2.87 | $F_2(g) + 2\,e^- \longrightarrow 2\,F^-(aq)$ |
| +1.51 | $MnO_4^-(aq) + 8\,H^+(aq) + 5\,e^- \longrightarrow Mn^{2+}(aq) + 4\,H_2O(l)$ |
| +1.36 | $Cl_2(g) + 2\,e^- \longrightarrow 2\,Cl^-(aq)$ |
| +1.33 | $Cr_2O_7^{2-}(aq) + 14\,H^+(aq) + 6\,e^- \longrightarrow 2\,Cr^{3+}(aq) + 7\,H_2O(l)$ |
| +1.23 | $O_2(g) + 4\,H^+(aq) + 4\,e^- \longrightarrow 2\,H_2O(l)$ |
| +1.06 | $Br_2(l) + 2\,e^- \longrightarrow 2\,Br^-(aq)$ |
| +0.96 | $NO_3^-(aq) + 4\,H^+(aq) + 3\,e^- \longrightarrow NO(g) + 2\,H_2O(l)$ |
| +0.80 | $Ag^+(aq) + e^- \longrightarrow Ag(s)$ |
| +0.77 | $Fe^{3+}(aq) + e^- \longrightarrow Fe^{2+}(aq)$ |
| +0.68 | $O_2(g) + 2\,H^+(aq) + 2\,e^- \longrightarrow H_2O_2(aq)$ |
| +0.59 | $MnO_4^-(aq) + 2\,H_2O(l) + 3\,e^- \longrightarrow MnO_2(s) + 4\,OH^-(aq)$ |
| +0.54 | $I_2(s) + 2\,e^- \longrightarrow 2\,I^-(aq)$ |
| +0.40 | $O_2(g) + 2\,H_2O(l) + 4\,e^- \longrightarrow 4\,OH^-(aq)$ |
| +0.34 | $Cu^{2+}(aq) + 2\,e^- \longrightarrow Cu(s)$ |
| 0 (정의됨) | $2\,H^+(aq) + 2\,e^- \longrightarrow H_2(g)$ |
| −0.28 | $Ni^{2+}(aq) + 2\,e^- \longrightarrow Ni(s)$ |
| −0.44 | $Fe^{2+}(aq) + 2\,e^- \longrightarrow Fe(s)$ |
| −0.76 | $Zn^{2+}(aq) + 2\,e^- \longrightarrow Zn(s)$ |
| −0.83 | $2\,H_2O(l) + 2\,e^- \longrightarrow H_2(g) + 2\,OH^-(aq)$ |
| −1.66 | $Al^{3+}(aq) + 3\,e^- \longrightarrow Al(s)$ |
| −2.71 | $Na^+(aq) + e^- \longrightarrow Na(s)$ |
| −3.05 | $Li^+(aq) + e^- \longrightarrow Li(s)$ |

지에서는, 환원 전극의 반응에 대한 $E^\circ_{red}$가 산화 전극의 반응에 대한 $E^\circ_{red}$보다 더 양의 값이다. 따라서 전자는 더 음의 $E^\circ_{red}$ 값을 갖는 전극에서 더 양의 $E^\circ_{red}$ 값을 갖는 전극으로 외부 회로를 통해 자발적으로 이동한다. **그림 20.10**은 그림 20.5의 Zn–Cu 볼타 전지의 두 반쪽 반응에 대한 표준 환원 전위 사이의 관계를 도표로 설명한 것이다.

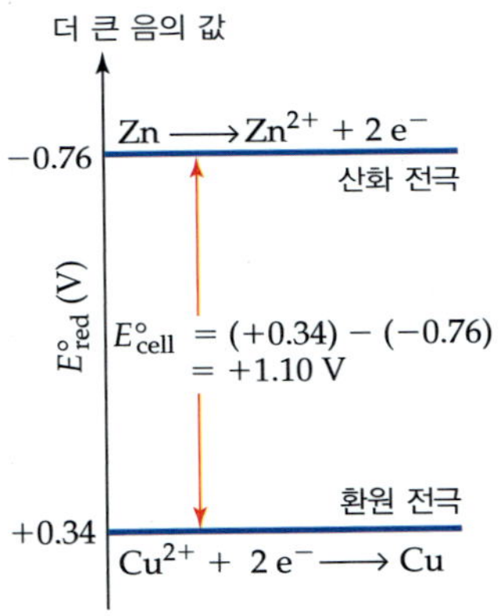


▲ **그림 20.10** Zn–Cu 볼타 전지의 반쪽 전지 전위와 표준 전지 전위

## 예제 20.5
### $E^\circ_{cell}$로부터 $E^\circ_{red}$ 계산하기

그림 20.5의 Zn–Cu 볼타 전지에 대한 식은 다음과 같다.

$$Zn(s) + Cu^{2+}(aq,\,1\,M) \longrightarrow Zn^{2+}(aq,\,1\,M) + Cu(s) \qquad E^\circ_{cell} = 1.10\,V$$

$Zn^{2+}$가 Zn으로 환원되는 반응의 표준 환원 전위가 −0.76 V일 때, $Cu^{2+}$가 Cu로 환원되는 다음 반응의 $E^\circ_{red}$를 계산하시오.

$$Cu^{2+}(aq,\,1\,M) + 2\,e^- \longrightarrow Cu(s)$$

**해답**

**분석** $E^\circ_{cell}$과 $Zn^{2+}$에 대한 $E^\circ_{red}$가 주어졌고, $Cu^{2+}$에 대한 $E^\circ_{red}$를 구해야 한다.

**계획** 이 볼타 전지에서 Zn은 산화되었으므로 산화 전극이다. 따라서 $Zn^{2+}$에 주어진 $E^\circ_{red}$는 $E^\circ_{red}$(산화 전극)이다. $Cu^{2+}$는 환원되었으므로 환원 전극 반쪽 전지이다. 그러므로 $Cu^{2+}$의 미지 환원 전위는 $E^\circ_{red}$(환원 전극)이다. $E^\circ_{cell}$과 $E^\circ_{red}$(산화 전극)을 알면, 식 20.8을 이용하여 $E^\circ_{red}$(환원 전극)을 구할 수 있다.

볼타 전지에서 Zn은 산화되었으므로 주어진 $E^\circ_{red}$가 $E^\circ_{red}$(산화 전극)이다. $Cu^{2+}$는 환원되었으므로 환원 전극 반쪽 전지이다. 따라서 $Cu^{2+}$의 미지 환원 전위는 $E^\circ_{red}$(환원 전극)이다. $E^\circ_{cell}$과 $E^\circ_{red}$(산화 전극)을 알면, 식 20.8을 이용하여 $E^\circ_{red}$(환원 전극)을 구할 수 있다.

**풀이**

$$E^\circ_{cell} = E^\circ_{red}\,(\text{환원 전극}) - E^\circ_{red}\,(\text{산화 전극})$$

$$1.10\,V = E^\circ_{red}\,(\text{환원 전극}) - (-0.76\,V)$$

$$E^\circ_{red}\,(\text{환원 전극}) = 1.10\,V - 0.76\,V = 0.34\,V$$

**검토** 이 표준 환원 전위는 표 20.1에 있는 표준 환원 전위와 일치한다.

**주의** $Cu^{2+}$의 표준 환원 전위는 $E^\circ_{Cu^{2+}} = 0.34$ V로, $Zn^{2+}$ 표준 환원 전위는 $E^\circ_{Zn^{2+}} = -0.76$ V로 표기할 수 있다. 아래 첨자는 환원 반쪽 반응에서 환원되는 이온을 나타낸다.

**▶ 보충 예제**

다음 반응을 이용한 볼타 전지의 $E^\circ_{cell} = +0.07$ V이다.

$$2\,Eu^{2+}(aq) + Ni^{2+}(aq) \longrightarrow 2\,Eu^{3+}(aq) + Ni(s)$$

표 20.1에 있는 $Ni^{2+}$의 표준 환원 전위를 이용하여 다음 반응의 표준 환원 전위를 계산하시오.

$$Eu^{3+}(aq) + e^- \longrightarrow Eu^{2+}(aq)$$

**(a)** −0.35 V **(b)** 0.35 V **(c)** −0.21 V **(d)** 0.21 V **(e)** 0.07 V

## 예제 20.6

### $E^\circ_{red}$로부터 $E^\circ_{cell}$ 계산하기

표 20.1을 이용하여, 다음 반응을 이용한 볼타 전지(예제 20.4)의 $E^\circ_{cell}$을 계산하시오.

$$Cr_2O_7^{2-}(aq) + 14\,H^+(aq) + 6\,I^-(aq) \longrightarrow 2\,Cr^{3+}(aq) + 3\,I_2(s) + 7\,H_2O(l)$$

### 해답

**분석** 산화–환원 반응이 주어졌다. 표 20.1의 자료를 이용하여 관련된 볼타 전지의 표준 전지 전위를 계산하면 된다.

**계획** 예제 20.4에서와 같이, 산화 전극과 환원 전극에서 일어나는 각 반쪽 반응을 확인한다. 이후 표 20.1과 식 20.8을 이용하여 표준 전지 전위를 계산한다.

**풀이**

반쪽 반응은 다음과 같다.

**산화 전극:** $Cr_2O_7^{2-}(aq) + 14\,H^+(aq) + 6\,e^- \longrightarrow 2\,Cr^{3+}(aq) + 7\,H_2O(l)$

**환원 전극:** $6\,I^-(aq) \longrightarrow 3\,I_2(s) + 6\,e^-$

$Cr_2O_7^{2-}$가 $Cr^{3+}$로 환원되는 반응의 표준 환원 전위는 +1.33 V이고, $I_2$가 $I^-$로 환원되는 반응(산화 반쪽 반응의 역반응)의 표준 환원 전위는 +0.54 V이다(표 20.1). 이 값을 식 20.8에 대입한다.

$$E^\circ_{cell} = E^\circ_{red}(\text{환원 전극}) - E^\circ_{red}(\text{산화 전극}) = 1.33\text{ V} - 0.54\text{ V} = 0.79\text{ V}$$

균형 반응식을 얻기 위해 $I^-$ 반쪽 반응에는 3을 곱해야 하지만 $E^\circ_{red}$ 값에는 3을 **곱하지 않는다**. 알고 있는 바와 같이, 표준 환원 전위는 세기 성질이므로 화학량론 계수와 무관하다.

**검토** 전지 전위 +0.79 V는 양수이다. 앞에서 언급한 바와 같이, 볼타 전지는 항상 양의 전위를 가져야 한다.

**▶ 보충 예제**

표 20.1의 자료를 이용하여, 전체 전지 반응이 다음과 같은 볼타 전지의 표준 기전력($E^\circ_{cell}$)을 계산하시오.

$$2\,Ag^+(aq) + Ni(s) \longrightarrow 2\,Ag(s) + Ni^{2+}(aq)$$

**(a)** +0.52 V **(b)** −0.52 V **(c)** +1.08 V **(d)** −1.08 V **(e)** +0.80 V

## 산화제와 환원제의 세기

표 20.1은 환원 경향이 감소하는 순으로 반쪽 반응을 나열한 것이다. 예를 들면, $F_2$가 표의 가장 위에 있고, 가장 큰 $E^\circ_{red}$ 값을 갖는다. 따라서 표 20.1에서 $F_2$는 가장 쉽게 환원되는 화학종이므로 가장 강한 산화제이다.

가장 자주 사용되는 산화제에는 할로젠, $O_2$와 $MNO_4^-$, $Cr_2O_7^{2-}$, $NO_3^-$와 같은 산소산 음이온 등이 있으며, 이들의 중심 원자는 높은 양의 산화 상태를 갖는다. 표 20.1에서 보는 바와 같이, 이들 화학종은 모두 큰 양의 $E^\circ_{red}$ 값을 가지므로 쉽게 환원된다.

## 예제 20.7
### 전극에서의 반쪽 반응을 결정하고 전지 전위 계산하기

어떤 볼타 전지는 다음의 두 표준 반쪽 반응을 이용한다.

$$Cd^{2+}(aq) + 2e^- \longrightarrow Cd(s)$$
$$Sn^{2+}(aq) + 2e^- \longrightarrow Sn(s)$$

부록 E의 자료를 이용하여 (a) 산화 전극과 환원 전극에서 일어나는 반쪽 반응, 그리고 (b) 표준 전지 전위를 결정하시오.

**해답**

**분석** 두 반쪽 반응에 대한 $E^\circ_{red}$를 찾아야 한다. 이 값을 이용하여 먼저 산화 전극과 환원 전극을 결정한 다음, 표준 전지 전위($E^\circ_{cell}$)를 계산한다.

**계획** 환원 전극에서는 $E^\circ_{red}$ 값이 더 양인 환원 반응이 일어날 것이고, 산화 전극에서는 $E^\circ_{red}$ 값이 덜 양인 환원 반응(의 역반응)이 일어날 것이다. 산화 전극에서의 반쪽 반응을 작성하려면, 환원 반응으로 쓰인 반쪽 반응을 반대로 한 반쪽 반응을 산화 반응으로 쓴다.

**풀이**

**(a)** 부록 E에 따르면, $E^\circ_{red}(Cd^{2+}/Cd) = -0.40$ V, $E^\circ_{red}(Sn^{2+}/Sn) = -0.14$ V이다. $Sn^{2+}$의 표준 환원 전위가 $Cd^{2+}$의 표준 환원 전위보다 더 양의 값이다. 따라서 $Sn^{2+}$의 환원이 환원 전극에서 일어나는 반응이다.

**환원 전극**: $Sn^{2+}(aq) + 2e^- \longrightarrow Sn(s)$

산화 전극 반응은 Cd가 전자를 잃는 것이다.

**산화 전극**: $Cd(s) \longrightarrow Cd^{2+}(aq) + 2e^-$

**(b)** 전지 전위는 환원 전극과 산화 전극에서의 표준 환원 전위 차이(식 20.8)로 주어진다.

두 반쪽 반응의 $E^\circ_{red}$ 값이 음수라는 것은 중요하지 않음에 유의하라. 음의 값은 이러한 환원이 기준 반응인 $H^+(aq)$의 환원과 얼마나 다른지를 나타낼 뿐이다.

$$E^\circ_{cell} = E^\circ_{red}(\text{환원 전극}) - E^\circ_{red}(\text{산화 전극})$$
$$= (-0.14\ \text{V}) - (-0.40\ \text{V}) = 0.26\ \text{V}$$

**검토** 볼타 전지에 대한 값이어야 하므로, 전지 전위는 양수이다.

**▶ 보충 예제**

그림 20.5에 나타낸 것과 유사한 다음의 세 볼타 전지를 고려해보자. 각 볼타 전지의 한 반쪽 전지에는 Fe 전극과 1.0 *M* $Fe(NO_3)_2(aq)$ 용액이 들어있다. 나머지 다른 반쪽 전지의 구성은 다음과 같다.

전지 1: 1.0 *M* $CuCl_2(aq)$ 용액과 Cu(*s*) 전극
전지 2: 1.0 *M* $NiCl_2(aq)$ 용액과 Ni(*s*) 전극
전지 3: 1.0 *M* $ZnCl_2(aq)$ 용액과 Zn(*s*) 전극

철이 산화 전극으로 작동하는 볼타 전지는 어느 것인가?
**(a)** 전지 1 **(b)** 전지 2 **(c)** 전지 3 **(d)** 전지 1과 2 **(e)** 세 전지 모두

어떤 반쪽 반응이 한 방향으로 일어나려는 경향이 낮을수록, 그 반응이 반대 방향으로 일어날 경향은 커진다. 따라서, **표 20.1에서 가장 큰 음의 전위를 갖는 반쪽 반응은 역반응이 가장 쉽게 일어나고 산화 반응이 일어난다.** 표 20.1의 가장 밑에 있는 $Li^+(aq)$는 표에서 가장 환원되기 어려운 화학종이므로 표에서 가장 약한 산화제이다. $Li^+(aq)$는 전자를 얻으려는 경향이 거의 없지만, 역반응인 Li(*s*)가 $Li^+(aq)$로 산화되는 반응은 아주 잘 일어난다. 따라서 Li(*s*)는 표 20.1에 나열된 물질 중 가장 강한 환원제이다. (표 20.1에는 환원 반쪽 반응이 나열되어 있으므로 반응물 쪽의 물질만 산화제로 작용할 수 있고, 생성물 쪽의 물질만 환원제로 작용할 수 있다는 것에 유의하라.)

흔히 사용되는 환원제에는 $H_2$와 알칼리 금속 및 알칼리 토금속과 같은 활성 금속이 있다. 양이온이 음의 $E^\circ_{red}$ 값을 갖는 다른 금속들(예를 들어, Zn와 Fe)도 환원제로 사용된다. 좋은 산화제인 $O_2$가 어디에나 존재하기 때문에 환원제 용액은 장기간 보관하기 어렵다.

표 20.1에 포함된 정보는 **그림 20.11**처럼 정리할 수 있다. 표 20.1의 상단에 있는 반쪽 반응의 반응물은 표에서 가장 쉽게 환원되는 화학종이며, 따라서 가장 강한 산화제이다. 이들 반응의 생성

산성 수용액은 알루미늄 조각을 산화시킬 수 있는가?

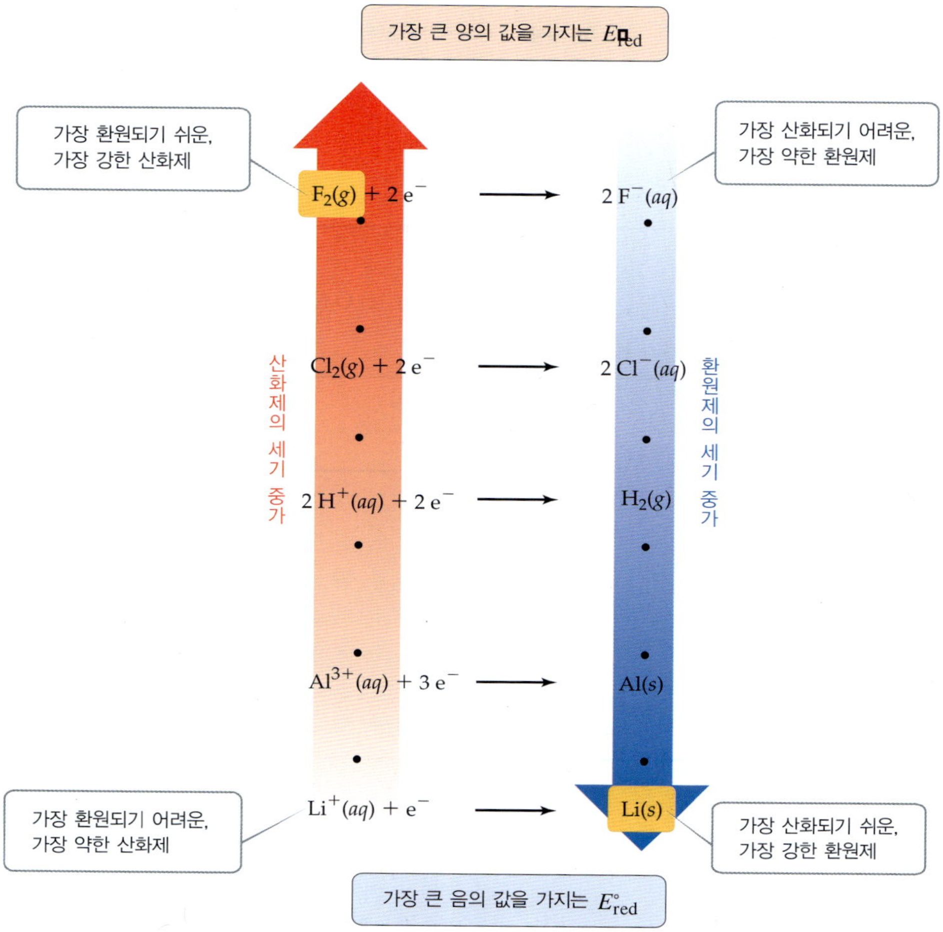


▲그림 20.11 산화제와 환원제의 상대적 세기

물은 산화되기가 가장 어려우므로 표에서 가장 약한 환원제이다. 따라서 그림 20.11은 $F_2(g)$가 가장 강한 산화제이고, $F^-(aq)$가 가장 약한 환원제임을 보여 준다. 반대로, 표 20.1의 아래에 있는 반쪽 반응의 반응물(예를 들면, $LI^+(aq)$)은 가장 환원되기 어렵고, 따라서 가장 약한 산화제이다. 반면에, 이러한 반응의 생성물(예를 들어, $Li(s)$)은 표에서 가장 쉽게 산화되는 화학종이므로 가장 강한 환원제이다.

산화 세기와 환원 세기 사이의 이러한 반비례 관계는 짝산과 짝염기의 세기가 반비례 관계에 있는 것과 유사하다.

## 예제 20.8
### 산화제의 상대적 세기 결정하기

표 20.1을 이용하여, 다음 이온들을 산화제로서의 세기가 증가하는 순으로 나열하시오.

$NO_3^-(aq)$, $Ag^+(aq)$, $Cr_2O_7^{2-}(aq)$

**해답**

**분석** 여러 이온의 산화 능력을 순서대로 나열하는 문제이다.

**계획** 이온이 더 쉽게 환원될수록($E^\circ_{red}$ 값이 더 양수일수록), 더 강한 산화제이다.

**풀이**

표 20.1로부터 다음과 같은 식을 얻을 수 있다.

$$NO_3^-(aq) + 4\,H^+(aq) + 3\,e^- \longrightarrow NO(g) + 2\,H_2O(l) \quad E^\circ_{red} = +0.96\ V$$
$$Ag^+(aq) + e^- \longrightarrow Ag(s) \quad E^\circ_{red} = +0.80\ V$$
$$Cr_2O_7^{2-}(aq) + 14\,H^+(aq) + 6\,e^- \longrightarrow 2\,Cr^{3+}(aq) + 7\,H_2O(l) \quad E^\circ_{red} = +1.33\ V$$

$Cr_2O_7^{2-}$의 표준 환원 전위가 가장 큰 양의 값을 가지므로, 셋 중에서 $Cr_2O_7^{2-}$가 가장 강한 산화제이다. 순서는 다음과 같다.

$$Ag^+ < NO_3^- < Cr_2O_7^{2-}$$

**▶ 보충 예제**

표 20.1을 바탕으로 판단했을 때, 다음 중 가장 강한 산화제가 될 것으로 예상하는 화학종은 무엇인가?

**(a)** $Cl^-(aq)$ **(b)** $Cl_2(g)$ **(c)** $O_2(g)$ **(d)** $H^+(aq)$ **(e)** $Na^+(aq)$

# 자기 평가 연습 문제

**20.13** $Ni^{2+}(aq)$의 표준 환원 전위는 $E^\circ_{red} = -0.28$ V이고, $Fe^{2+}(aq)$의 표준 환원 전위는 $E^\circ_{red} = -0.44$ V이다. Ni–Fe 볼타 전지에서, 환원 전극은 Ni인가 Fe인가?

**(a)** Fe **(b)** Ni

# 연습 문제

**20.14** **(a)** 볼타 전지에서 산화 전극과 환원 전극 중 어느 전극이 전자에 대해 더 높은 퍼텐셜 에너지를 가지는가?

**(b)** 전위의 단위는 무엇인가? 이 단위는 줄로 표시되는 에너지와 어떤 관계인가?

**20.15** 다음 반응을 사용하는 볼타 전지의 측정된 표준 전지 전위가 +1.03 V이다.

$$PdCl_4^{2-}(aq) + Cd(s) \longrightarrow Pd(s) + 4\,Cl^-(aq) + Cd^{2+}(aq)$$

**(a)** 두 반쪽 전지 반응을 쓰시오.

**(b)** 부록 E의 자료를 사용하여, Pd와 관련된 반응의 $E^\circ_{red}$를 구하시오.

**(c)** 볼타 전지를 그리고, 산화 전극과 환원 전극을 표시하고, 전자 흐름의 방향을 나타내시오.

**20.16** 부록 E의 자료를 이용하여, 다음 각 반응의 표준 기전력을 계산하시오.

**(a)** $H_2(g) + F_2(g) \longrightarrow 2\,H^+(aq) + 2\,F^-(aq)$

**(b)** $Cu^{2+}(aq) + Ca(s) \longrightarrow Cu(s) + Ca^{2+}(aq)$

**(c)** $3\,Fe^{2+}(aq) \longrightarrow Fe(s) + 2\,Fe^{3+}(aq)$

**(d)** $2\,ClO_3^-(aq) + 10\,Br^-(aq) + 12\,H^+(aq) \longrightarrow Cl_2(g) + 5\,Br_2(l) + 6\,H_2O(l)$

**20.17** 다음은 반쪽 반응과 그 반응의 표준 환원 전위이다.

$$AuBr_4^-(aq) + 3\,e^- \longrightarrow Au(s) + 4\,Br^-(aq) \quad E^\circ_{red} = -0.86\ V$$
$$Eu^{3+}(aq) + e^- \longrightarrow Eu^{2+}(aq) \quad E^\circ_{red} = -0.43\ V$$
$$IO^-(aq) + H_2O(l) + 2\,e^- \longrightarrow I^-(aq) + 2\,OH^-(aq) \quad E^\circ_{red} = +0.49\ V$$

**(a)** 가장 큰 양의 기전력을 갖도록 반쪽 반응을 조합하여 반응식을 쓰고 기전력을 계산하시오.

**(b)** 가장 작은 양의 기전력을 갖도록 반쪽 반응을 조합하여 반응식을 쓰고 기전력을 계산하시오.

**20.18** 어떤 볼타 전지의 한 비커에는 카드뮴 금속이 $Cd(NO_3)_2$ 용액에 담겨 있고, 다른 비커에는 NaCl 용액에 담겨 있는 백금 전극 주위로 $Cl_2$ 기체를 불어 넣어 주고 있다. 두 비커는 염다리로 연결되어 있다.

**(a)** 어느 전극이 산화 전극이고, 어느 전극이 환원 전극인가?

**(b)** 전지 반응이 진행되는 동안 Cd 전극의 질량은 증가하는가, 감소하는가?

**(c)** 전체 전지 반응식을 쓰시오.

**(d)** 표준 상태에서 전지의 기전력은 얼마인가?

**20.19** 부록 E를 사용하여, 다음 두 물질 중 더 강한 산화제를 고르시오.

(a) $Cl_2(g)$ 또는 $Br_2(l)$

**(a)** $Cl_2(g)$ 또는 $Br_2(l)$

**(b)** $Zn^{2+}(aq)$ 또는 $Cd^{2+}(aq)$

**(c)** $Cl^-(aq)$ 또는 $ClO_3^-(aq)$

**(d)** $H_2O_2(aq)$ 또는 $O_3(g)$

**20.20** 다음 각 물질은 산화제로 사용될 수 있겠는가, 아니면 환원제로 사용될 수 있겠는가?

**(a)** $Ce^{3+}(aq)$ **(b)** $Ca(s)$ **(c)** $ClO_3^-(aq)$ **(d)** $N_2O_5(g)$

**20.21** $RuO_4^-(aq)$가 $RuO_4^{2-}(aq)$로 환원되는 반응의 표준 환원 전위는 +0.59 V이다. 부록 E를 사용하여 판단했을 때, 다음 물질 중 표준 상태에서 $RuO_4^-(aq)$를 $RuO_4^{2-}(aq)$로 산화시킬 수 있는 것은 어느 것인가?

$Br_2(l)$, $BrO_3^-(aq)$, $Mn^{2+}(aq)$, $O_2(g)$, $Sn^{2+}(aq)$

자기 평가 연습 문제 답 **20.13** (b)

## 20.5 | 자유 에너지와 산화–환원 반응

© Scharfsinn/Shutterstock

놀랍게도 전기 자동차는 19세기 말에 이미 존재했지만, 제한적인 주행 거리와 높은 배터리 비용으로 인해 내연 기관과 경쟁할 수 없었다. 최근 리튬 이온 배터리 기술의 발전과 리튬 가격의 하락으로 전기 자동차가 자동차 시장에 진출하고 있다. 배터리의 가격은 여전히 중요한 요소이지만 2010년 이후 10년 동안 가격이 600% 감소했다. 전기 자동차의 엔진 효율은 약 70%로, 연료 에너지 함량의 약 15~20%만 사용하는 가솔린(또는 디젤)엔진보다 훨씬 높다. 전기 자동차에 대한 자세한 내용은 988페이지의 "작동하는 화학"에서 읽을 수 있다.

이 절에서는 산화–환원 전위와 $\Delta G$의 관계를 알아볼 것이다. 이 절이 끝나면 다음 사항을 수행할 수 있어야 한다.

- $E°$를 $\Delta G°$ 및 $K$와 연결하기

앞 절에서는 볼타 전지가 자발적 산화–환원 반응을 이용하여 양의 전지 전위를 생성함을 살펴보았다. 반쪽 전지 전위가 주어지면, 주어진 산화–환원 반응이 자발적인지 아닌지를 결정할 수 있다. 이 과정에서, 볼타 전지의 반응뿐만 아니라 일반적인 산화–환원 반응을 다루기 위해 식 20.8을 다음과 같은 형식으로 사용할 수 있다.

$$E° = E°_{red}(\text{환원 과정}) - E°_{red}(\text{산화 과정}) \qquad [20.10]$$

계산된 기전력이 반드시 볼타 전지만을 지칭하는 것은 아니라는 것을 나타내기 위해 아래 첨자 'cell'을 삭제했다. 그리고 볼타 전지에 국한된 용어인 **환원 전극**(cathode)과 **산화 전극**(anode) 대신 **환원 과정**(reduction)과 **산화 과정**(oxidation)이라는 일반적인 용어를 사용하여 표준 환원 전위를 일반화하였다. 이제 반응의 자발성과 이와 관련된 기전력 $E$의 일반적인 설명을 할 수 있게 되었

다. **양의 $E$ 값은 자발적 과정을 나타내고, 음의 $E$ 값은 비자발적 과정을 나타낸다.** 비표준 상태에서의 기전력을 나타내기 위해 $E$를 사용하고, 표준 상태에서의 기전력을 나타내기 위해 $E°$를 사용한다.

## 예제 20.9
### 자발성 결정하기

표 20.1을 이용하여 다음 반응이 표준 상태에서 자발적으로 일어날 것인지를 결정하시오.

**(a)** $Cu(s) + 2\,H^+(aq) \longrightarrow Cu^{2+}(aq) + H_2(g)$

**(b)** $Cl_2(g) + 2\,I^-(aq) \longrightarrow 2\,Cl^-(aq) + I_2(s)$

### 해답

**분석** 두 개의 반응이 주어졌고, 각 반응의 자발성을 결정해야 한다.

**계획** 표준 상태에서 산화–환원 반응이 자발적인지 결정하기 위하여, 먼저 산화 반쪽 반응과 환원 반쪽 반응을 쓸 필요가 있다. 다음에 표준 환원 전위와 식 20.10을 이용하여 그 반응의 표준 emf, 즉 $E°$를 계산한다. 반응이 자발적이려면, 그 반응의 표준 emf는 양수여야 한다.

**풀이**

**(a)** 결합했을 때 전체 반응이 되는 산화 반쪽 반응과 환원 반쪽 반응을 먼저 확인한다.

**환원:** $2\,H^+(aq) + 2\,e^- \longrightarrow H_2(g)$

**산화:** $Cu(s) \longrightarrow Cu^{2+}(aq) + 2\,e^-$

두 반쪽 반응의 표준 환원 전위를 찾고, 식 20.10을 이용하여 $E°$를 계산한다.

$$E° = E°_{red}(\text{환원 과정}) - E°_{red}(\text{산화 과정}) = (0\,V) - (0.34\,V) = -0.34\,V$$

$E°$가 음수이므로, 이 반응은 쓰인 방향으로는 자발적으로 일어나지 않는다. 구리 금속은 산성 용액과 (a)와 같이 반응하지는 않는다. 대신, 그 역반응은 자발적이고 양의 $E°$ 값을 갖는다.

$$Cu^{2+}(aq) + H_2(g) \longrightarrow Cu(s) + 2\,H^+(aq) \quad E° = +0.34\,V$$

따라서 $Cu^{2+}$는 $H_2$에 의해 환원될 수 있다.

**(b)** (a)에서와 같은 과정을 따른다.

**환원:** $Cl_2(g) + 2\,e^- \longrightarrow 2\,Cl^-(aq)$

**산화:** $2\,I^-(aq) \longrightarrow I_2(s) + 2\,e^-$

이 경우에는 $E°$가 양수이므로, 반응은 자발적으로 일어나고 볼타 전지를 만드는 데 이용될 수 있다.

$$E° = (1.36\,V) - (0.54\,V) = +0.82\,V$$

**▶ 보충 예제**

$Cl_2$, $Br_2$, $I_2$ 중 어느 것이 $Fe^{2+}(aq)$를 $Fe^{3+}(aq)$로 산화시킬 수 있는가?

**(a)** $I_2$ **(b)** $Cl_2$ **(c)** $Cl_2$와 $I_2$ **(d)** $Cl_2$와 $Br_2$ **(e)** 세 원소 모두

표준 환원 전위를 이용하면 금속의 활동도 서열을 이해할 수 있다. 활동도 서열(표 4.5)에서 모든 금속은 그 금속보다 아래에 있는 금속 이온에 의해 산화된다는 것을 기억하라. 이러한 규칙의 기원이 표준 환원 전위에 바탕을 두고 있다는 것을 알 수 있다. 활동도 서열은 금속의 산화 반응에 기초하여 강한 환원제는 위에, 약한 환원제는 아래에 배치한다. (따라서 순서는 표 20.1의 순서와는 반대이다.) 예를 들면, 니켈은 활동도 서열에서 은 위에 있는데, 이는 니켈이 은보다 더 강한 환원제라는 뜻이다. 산화–환원 반응에서 환원제는 산화되므로, 니켈은 은보다 더 쉽게 산화된다. 따라서 니켈 금속과 은 양이온이 섞여 있는 혼합물 용액에서는, 은 이온이 니켈 이온으로 치환되는 치환 반응을 예상할 수 있다.

$$Ni(s) + 2\,Ag^+(aq) \longrightarrow Ni^{2+}(aq) + 2\,Ag(s)$$

이 반응에서 Ni는 산화되었고 $Ag^+$는 환원되었다. 따라서 이 반응의 표준 기전력은 다음과 같다.

$$E° = E°_{red}(Ag^+/Ag) - E°_{red}(Ni^{2+}/Ni)$$
$$= (+0.80\,V) - (-0.28\,V) = +1.08\,V$$

양의 $E°$ 값은 Ni 금속의 산화와 $Ag^+$의 환원에 의해 일어나는 니켈에 의한 은의 치환이 자발적 과정이라는 것을 나타낸다. 은 반쪽 반응에는 2를 곱했지만, 표준 환원 전위에는 곱하지 않는다는 것을 기억하라.

▲ **그림 20.12** Michael Faraday Faraday(1791~1867)는 영국에서 가난한 대장장이의 아들로 태어났다. 14세에 제본공의 도제가 되어 책을 읽을 수 있었고 강의에도 참석할 수 있게 되었다. 1812년에는 왕립 연구소에 있었던 Humphry Davy의 실험실 조수가 되었다. 그는 Davy의 뒤를 이어 영국에서 가장 유명하고 영향력 있는 과학자가 되었고, 전기 화학 전지에서 화학 반응의 정도와 전류 사이의 정량적 관계를 밝히는 등 놀랄 만큼 많은 중요한 발견을 했다.

## 기전력, 자유 에너지, 평형 상수

Gibbs 자유 에너지 변화($\Delta G$)는 일정 온도와 일정 압력에서 일어나는 과정의 자발성 척도이다. 산화–환원 반응의 기전력($E$)도 반응의 자발성 여부를 나타낸다. 기전력과 자유 에너지 변화 사이의 관계는 다음과 같은 식으로 나타낼 수 있다.

$$\Delta G = -nFE \qquad [20.11]$$

이 식에서 $n$은 단위가 없는 양수로, 균형 맞춘 반응식에서 이동한 전자의 몰수를 나타낸다. $F$는 Michael Faraday의 이름을 딴 **Faraday 상수(Faraday constant)**이다(그림 20.12).

$$F = 96{,}485\,C/mol = 96{,}485\,J/V\,mol$$

Faraday 상수는 전자 1 mol의 전하량이다.

식 20.11에서 계산된 $\Delta G$의 단위는 J/mol이다. 식 19.19에서와 같이, 균형 반응식의 계수로 표시되는 반응 mol당의 의미로 '/mol'을 사용한다.

$n$과 $F$는 모두 양수이므로, 식 20.11의 $E$ 값이 양수이면, $\Delta G$ 값은 음수가 된다. **양의 $E$ 값과 음의 $\Delta G$ 모두 자발적 반응을 나타낸다**는 것을 기억하라. 반응물과 생성물이 모두 표준 상태에 있을 때, 식 20.11은 $\Delta G°$와 $E°$의 관계를 나타내는 식으로 수정할 수 있다.

$$\Delta G° = -nFE° \qquad [20.12]$$

$\Delta G° = -RT \ln K$(식 19.20)에 의해 $\Delta G°$는 반응의 평형 상수 $K$와 관련이 있다. 식 20.12를 풀어 $E°$를 구한 다음 $\Delta G°$에 식 19.20을 대입하면 $E°$를 $K$와 관련지을 수 있다.

$$E° = \frac{\Delta G°}{-nF} = \frac{-RT\ln K}{-nF} = \frac{RT}{nF}\ln K \qquad [20.13]$$

그림 20.13은 $E°$, $\Delta G°$, $K$ 사이의 관계를 요약한 것이다.

$\Delta G°$ 식과 $E°$ 식에 있는 변수 $n$이 나타내는 것은 무엇인가?

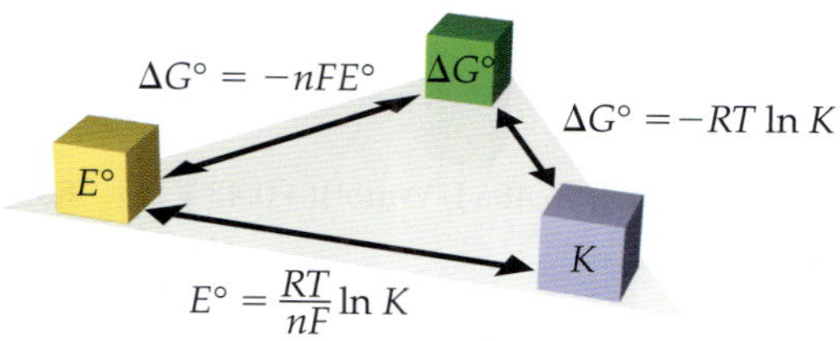


▲ **그림 20.13** $E°$, $\Delta G°$ 및 $K$의 관계 이들 중요한 인자 중 하나를 이용하여 나머지 두 인자를 구할 수 있다. $E°$와 $\Delta G°$의 부호는 표준 상태에서 반응의 방향을 결정한다. $K$의 크기는 평형 혼합물에 들어있는 반응물과 생성물의 상대적 양을 결정한다.

## 예제 20.10

### 표준 환원 전위를 이용하여 $\Delta G^\circ$와 $K$ 구하기

**(a)** 표 20.1에 있는 표준 환원 전위를 이용하여, 298 K에서 다음 반응의 표준 자유 에너지 변화($\Delta G^\circ$)와 평형 상수($K$)를 구하시오.

$$4\,Ag(s) + O_2(g) + 4\,H^+(aq) \longrightarrow 4\,Ag^+(aq) + 2\,H_2O(l)$$

**(b)** 위의 반응을 다음과 같이 나타냈을 때, $E^\circ$, $\Delta G^\circ$, $K$ 값을 구하시오.

$$2\,Ag(s) + \frac{1}{2}O_2(g) + 2\,H^+(aq) \longrightarrow 2\,Ag^+(aq) + H_2O(l)$$

### 해답

**분석** 표준 환원 전위를 이용하여 산화–환원 반응의 $\Delta G^\circ$와 $K$를 구한다.

**계획** 표 20.1과 식 20.10의 자료를 이용하여 반응의 $E^\circ$를 구한 다음, $E^\circ$를 식 20.12에 대입하여 $\Delta G^\circ$를 구한다. 그런 다음 식 19.20이나 식 20.13을 이용하면 $K$를 구할 수 있다.

**풀이**

**(a)** 우선 반응식을 두 반쪽 반응으로 나누고 표 20.1(또는 부록 E)에서 $E^\circ_{red}$ 값을 찾아 $E^\circ$를 계산한다.

환원: $O_2(g) + 4\,H^+(aq) + 4\,e^- \longrightarrow 2\,H_2O(l)$ $\quad E^\circ_{red} = +1.23\ V$

산화: $4\,Ag(s) \longrightarrow 4\,Ag^+(aq) + 4\,e^-$ $\quad E^\circ_{red} = +0.80\ V$

두 번째 반쪽 반응에는 4가 있지만, 기전력은 세기 성질이므로 표 20.1의 값을 그대로 사용한다. 식 20.10을 이용하면 다음과 같다.

$$E^\circ = (1.23\ V) - (0.80\ V) = 0.43\ V$$

위 반쪽 반응을 보면 4개의 전자가 이동한다는 것을 알 수 있다. 따라서, 이 반응의 $n=4$이다. 이제 식 20.12를 이용하여 $\Delta G^\circ$를 계산한다.

$$\begin{aligned}\Delta G^\circ &= -nFE^\circ \\ &= -(4)(96{,}485\ J/V\ mol)(+0.43\ V) \\ &= -1.7 \times 10^5\ J/mol = -170\ kJ/mol\end{aligned}$$

이제, $\Delta G^\circ = -RT\ln K$를 이용하여 평형 상수($K$)를 구하면 된다. $\Delta G^\circ$가 매우 큰 음수라는 것은, 이 반응의 열역학적 자발성이 매우 크다는 것을 의미하므로 평형 상수는 매우 클 것이다.

$$\begin{aligned}\Delta G^\circ &= -RT\ln K \\ -1.7 \times 10^5\ J/mol &= -(8.314\ J/K\ mol)(298\ K)\ln K \\ \ln K &= \frac{-1.7 \times 10^5\ J/mol}{-(8.314\ J/K\ mol)(298\ K)} \\ \ln K &= 69 \\ K &= 9 \times 10^{29}\end{aligned}$$

**(b)** 전체 반응은 (a)에 $\frac{1}{2}$을 곱한 것과 같으므로, 반쪽 반응은 다음과 같다.

환원: $\frac{1}{2}O_2(g) + 2\,H^+(aq) + 2\,e^- \longrightarrow H_2O(l)$ $\quad E^\circ_{red} = +1.23\ V$

산화: $2\,Ag(s) \longrightarrow 2\,Ag^+(aq) + 2\,e^-$ $\quad E^\circ_{red} = +0.80\ V$

$E^\circ_{red}$ 값은 반쪽 반응에 $\frac{1}{2}$을 곱해도 변하지 않고 (a)에서와 같다. 즉, $E^\circ$ 값은 (a)에서와 같은 $E^\circ = +0.43\ V$이다. 하지만, $n$ 값은 (a)에서의 값의 절반인 $n=2$로 변했다는 것에 주목하라. 따라서, $\Delta G^\circ$의 크기는 (a)에서의 값의 절반이다.

화학식의 계수가 (a)에서의 값의 절반이므로, $\Delta G^\circ$의 값은 (a)에서의 값의 절반이다.

$$\Delta G^\circ = -(2)(96{,}485\ J/V\text{-}mol)(+0.43\ V) = -83\ kJ/mol$$

이제 $K$의 값을 다음과 같이 구할 수 있다.

$$\begin{aligned}-8.3 \times 10^4\ J/mol &= -(8.314\ J/K\ mol)(298\ K)\ln K \\ K &= 4 \times 10^{14}\end{aligned}$$

**주의** $E^\circ$는 **세기** 성질이어서 화학식에 어떤 수를 곱해도 $E^\circ$ 값의 크기는 영향을 받지 않는다. 그러나 화학식에 어떤 수를 곱하면 $n$ 값이 변하므로 $\Delta G^\circ$의 값이 변한다. J/mol 단위로 나타낸 어떤 반응의 자유 에너지 변화는 크기 성질이다. 평형 상수 또한 크기 성질이다.

**▶ 보충 예제**

다음 반응의 $\Delta G° = +87$ kJ/mol이다.

$$3\,Ni^{2+}(aq) + 2\,Cr(OH)_3(s) + 10\,OH^-(aq) \longrightarrow 3\,Ni(s) + 2\,CrO_4^{2-}(aq) + 8\,H_2O(l)$$

표 20.1에 있는 $Ni^{2+}(aq)$의 표준 환원 전위를 이용하여 다음 반쪽 반응의 표준 환원 전위 값을 계산하면 얼마인가?

$$CrO_4^{2-}(aq) + 4\,H_2O(l) + 3\,e^- \longrightarrow Cr(OH)_3(s) + 5\,OH^-(aq)$$

**(a)** −0.43 V **(b)** −0.28 V **(c)** 0.02 V **(d)** −0.13 V **(e)** −0.15 V

## 자세히 보기 전기적 일

자발적 반응에서 $\Delta G$는 과정에서 얻을 수 있는 유용한 최대일($w_{max}$)을 의미한다. 즉, $\Delta G = w_{max}$이다. $\Delta G = -nFE$이므로, 볼타 전지에서 얻을 수 있는 유용한 최대 전기적 일은 다음과 같다.

$$w_{max} = -nFE_{cell} \qquad [20.14]$$

볼타 전지의 기전력 $E_{cell}$은 항상 양수이므로 $w_{max}$는 음수이다. 이는 볼타 전지에서 예상했던 대로 계에 의해 주위에 일이 행해진다는 것을 의미한다.

식 20.14에서 알 수 있듯이, 볼타 전지가 회로를 통해 더 많은 전하를 이동할수록($nF$가 더 클수록), 그리고 회로를 통해 밀어내는 기전력이 클수록($E°_{cell}$이 클수록), 전지는 더 많은 일을 할 수 있다. 예제 20.10에서, 반응 $4\,Ag(s) + O_2(g) + 4\,H^+(aq) \longrightarrow 4\,Ag^+(aq) + 2\,H_2O(l)$의 $\Delta G° = -170$ kJ/mol이었다. 따라서, 이 반응을 이용하는 볼타 전지는 4 mol의 $Ag(s)$, 1 mol의 $O_2(g)$과 4 mol의 $H^+(aq)$를 소모하여 최대 170 kJ의 일을 할 수 있다.

만일 어떤 반응이 비자발적이면, $\Delta G$는 양수이고 $E$는 음수이다. 이러한 비자발적 반응이 전기 화학 전지에서 일어나도록 하려면, $|E_{cell}|$보다 큰 외부 전위($E_{ext}$)를 걸어주어야 한다. 예를 들어, 비자발적 과정의 $E = -0.9$ V이면, 이 반응이 일어나게 하기 위해서는 +0.9 V보다 더 큰 외부 전위($E_{ext}$)를 가해야 한다. 이러한 비자발적 과정은 20.9절에서 다룬다.

전기적 일의 에너지 단위는 와트 곱하기 시간이다. **와트**(watt, W)는 전력(에너지 소비율)의 단위이다.

$$1\,W = 1\,J/s$$

따라서 와트(W) 곱하기 초(s)는 줄(J)이다. 전기 관련 사업에서 사용하는 단위는 킬로와트시(kWh)이며, 이는 $3.6 \times 10^6$ J과 같다.

$$1\,kWh = (1000\,W)(1\,h)\left(\frac{3600\,s}{1\,h}\right)\left(\frac{1\,J/s}{1\,W}\right) = 3.6 \times 10^6\,J$$

**관련 연습 문제: 20.27, 20.87**

## 자기 평가 연습 문제

**20.22** 다음 중 $E° > 0$ V인 전지에 대한 설명으로 옳은 것은 어느 것인가?

**(a)** $\Delta G° > 0$이고 $K > 1$이다.
**(b)** $\Delta G° < 0$이고 $K > 1$이다.
**(c)** $\Delta G° > 0$이고 $0 < K < 1$이다.
**(d)** $\Delta G° < 0$이고 $0 < K < 1$이다.

## 연습 문제

**20.23** 다음 각 반응의 균형 맞춘 화학 반응식을 쓰시오. 또 표준 기전력, 298 K에서의 $\Delta G°$, 298 K에서의 평형 상수 $K$를 계산하시오.

**(a)** 수용액 속의 아이오딘화 이온이 $Hg_2^{2+}(aq)$에 의해 $I_2(s)$로 산화된다.
**(b)** 산성 용액에서 질산 이온에 의해 구리(I) 이온이 구리(II) 이온으로 산화된다.
**(c)** 염기성 용액에서 $ClO^-(aq)$에 의해 $Cr(OH)_3(s)$가 $CrO_4^{2-}(aq)$로 산화된다.

**20.24** 298 K에서 이전자(two-electron) 산화–환원 반응의 평형 상수가 $2.2 \times 10^5$일 때, 이 반응의 $\Delta G°$와 $E°$를 계산하시오

**20.25** 부록 E에 수록된 표준 환원 전위를 사용하여 298 K에서 다음 각 반응의 평형 상수를 계산하시오.

**(a)** $Cu(s) + 2\,Ag^+(aq) \longrightarrow Cu^{2+}(aq) + 2\,Ag(s)$
**(b)** $3\,Ce^{4+}(aq) + Bi(s) + H_2O(l) \longrightarrow 3\,Ce^{3+}(aq) + BiO^+(aq) + 2\,H^+(aq)$
**(c)** $N_2H_5^+(aq) + 4\,Fe(CN)_6^{3-}(aq) \longrightarrow N_2(g) + 5\,H^+(aq) + 4\,Fe(CN)_6^{4-}(aq)$

**20.26** 298 K에서 어떤 전지 반응의 표준 전지 전위가 +0.63 V이다. 이 반응의 평형 상수는 $3.8 \times 10^{10}$이다. 이 반응의 $n$ 값은 얼마인가?

**20.27** 그림 20.5에 설명된 볼타 전지는 다음의 전지 반응에 기반을 두고 있다.

$$Zn(s) + Cu^{2+}(aq) \longrightarrow Zn^{2+}(aq) + Cu(s)$$

50.0 g의 구리가 생성되었다면, 표준 상태에서 이 전지가 얻어낼 수 있는 최대 전기적 일(J)은 얼마인가?

자기 평가 연습 문제 답 **20.22** (b)

## 20.6 | 비표준 상태에서의 전지 전위

많은 대사 과정에는 에너지를 저장할 뿐만 아니라 조절되고 효율적인 방법으로 에너지를 방출하는 산화–환원 과정도 포함되어 있다. 그러한 예 중의 하나는 광합성인데, 이 과정에서는 엽록소에 의한 광자의 흡수가 광계 I에서의 전자 방출을 유발한다. 이 전자는 전자 전달 사슬을 통해 이동하여 궁극적으로 니코틴 아마이드 아데닌 다이뉴클레오타이드 인산(NADP)을 모든 세포에서 환원제로 이용되는 NADPH로 환원시킨다. 광계 I에서 방출된 전자는 물이 산소와 수소 이온으로 산화되는 광계 II로 대체된다. 물론 이 과정은 여기에서 설명한 것보다 훨씬 더 복잡하지만, 산화–환원 반응과 농도 기울기에 바탕을 두고 있어서 이해할 수 있는 내용이다.

이 절이 끝나면 다음 사항을 수행할 수 있어야 한다.

- 비표준 상태에서의 기전력 계산하기

지금까지는 반응물과 생성물이 표준 상태에 있을 때 기전력을 계산하는 방법을 알아보았다. 그러나 볼타 전지가 방전됨에 따라, 반응물이 소비되고 생성물이 생성되어 농도가 변한다. 기전력은 점진적으로 감소하여 마침내 $E=0$이 되었을 때, 전지를 '다 썼다'라고 말한다. 이 절에서는 비표준 상태에서 생성된 기전력의 값을 어떻게 계산하는지 살펴볼 것이다. 그러기 위해서 많은 전기화학 이론의 기초를 확립한 독일의 화학자 Walther Nernst(1864~1941)가 처음 유도한 식을 이용한다.

### Nernst 식

농도가 전지의 기전력에 미치는 영향은 농도가 자유 에너지 변화에 미치는 효과로부터 얻을 수 있다. 임의 화학 반응의 자유 에너지 변화($\Delta G$)가 반응의 표준 자유 에너지 변화($\Delta G°$)와 관련된다는 것을 상기하라.

$$\Delta G = \Delta G° + RT \ln Q \qquad [20.15]$$

$Q$는 반응 지수로, 사용되는 농도가 주어진 순간에서 반응 혼합물에 존재하는 농도라는 것만 다를 뿐 평형 상수와 같은 형태이다.

$\Delta G = -nFE$(식 20.11)를 식 20.15에 대입하면 다음과 같다.

$$-nFE = -nFE° + RT \ln Q$$

이 식을 $E$에 대해 풀면 **Nernst 식(Nernst equation)**이 얻어진다.

$$E = E° - \frac{RT}{nF} \ln Q \qquad [20.16]$$

이 식은 일반적으로 다음과 같이 밑이 10인 로그로 표현된다.

$$E = E° - \frac{2.303\,RT}{nF} \log Q \qquad [20.17]$$

298 K에서는 2.303 $RT/F$ 값이 0.0592 V가 되므로 Nernst 식을 다음과 같이 간단히 나타낼 수 있다.

$$E = E° - \frac{0.0592\text{ V}}{n} \log Q \quad (T = 298\text{ K}) \qquad [20.18]$$

이 식을 이용하면 비표준 상태에서 전지의 기전력을 구할 수 있으며, 전지의 기전력을 측정하여 반응물 또는 생성물의 농도를 구할 수도 있다. 다음 반응을 통해 Nernst 식의 응용을 살펴보자.

$$Zn(s) + Cu^{2+}(aq) \longrightarrow Zn^{2+}(aq) + Cu(s)$$

이 반응에서 $n = 2$(2개의 전자가 Zn에서 $Cu^{2+}$로 이동한다)이고, 표준 기전력은 +1.10 V이다. 따라서, 298 K에서 Nernst 식은 다음과 같다.

$$E = 1.10\text{ V} - \frac{0.0592\text{ V}}{2} \log \frac{[Zn^{2+}]}{[Cu^{2+}]} \qquad [20.19]$$

$Q$에 대한 식에서 순수한 고체는 제외된다는 것을 기억하자. 식 20.19에 의해, $[Cu^{2+}]$가 증가하고 $[Zn^{2+}]$가 감소하면 기전력은 증가한다. 예를 들어, $[Cu^{2+}]=5.0\ M$이고 $[Zn^{2+}]=0.050\ M$일 때는 다음과 같은 결과를 얻는다.

$$E = 1.10\text{ V} - \frac{0.0592\text{ V}}{2} \log\left(\frac{0.050}{5.0}\right)$$
$$= 1.10\text{ V} - \frac{0.0592\text{ V}}{2}(-2.00) = 1.16\text{ V}$$

따라서, 표준 상태에 비해 반응물 $Cu^{2+}$의 농도가 증가하고, 생성물 $Zn^{2+}$의 농도가 감소하면 전지의 기전력은 표준 상태에 있을 때($E°=+1.10$ V)보다 증가한다.

Nernst 식은 전지가 방전될수록 볼타 전지의 기전력이 떨어지는 이유를 이해하는 데 도움을 준다. 반응물이 생성물로 전환됨에 따라 $Q$의 값은 증가한다. 따라서 $E$는 감소하여 결국 $E=0$에 도달하게 된다. $\Delta G=-nFE$(식 20.11)이므로, $E=0$일 때 $\Delta G=0$이 된다. 따라서 $E=0$일 때 전지 반응은 평형에 도달하고, 알짜 반응은 일어나지 않는다.

일반적으로, 반응물의 농도가 증가하거나 생성물의 농도가 감소하면 반응의 추진력이 증가하여 기전력은 커진다. 반대로, 반응물의 농도가 감소하거나 생성물의 농도가 증가하면 기전력은 표준 상태에서의 값보다 작아지게 된다.

## 예제 20.11

### 비표준 상태에서의 전지 전위

$[Cr_2O_7^{2-}]=2.0\ M$, $[H^+]=1.0\ M$, $[I^-]=1.0\ M$, $[Cr^{3+}]=1.0\times10^{-5}\ M$ 일 때, 298 K에서 다음 반응이 일어나는 볼타 전지에 의해 발생하는 기전력을 계산하시오.

$$Cr_2O_7^{2-}(aq) + 14\,H^+(aq) + 6\,I^-(aq) \longrightarrow 2\,Cr^{3+}(aq) + 3\,I_2(s) + 7\,H_2O(l)$$

**해답**

**분석** 볼타 전지의 화학 반응식과 전지가 작동하는 조건에서의 반응물 및 생성물의 농도가 주어졌다. 이러한 비표준 상태에서 전지의 기전력을 구하는 문제이다.

**계획** 비표준 상태에서 전지의 기전력을 계산하려면, 식 20.18 형태의 Nernst 식을 이용한다.

**풀이**

우선 표준 환원 전위(표 20.1 또는 부록 E)로부터 전지의 $\Delta E°$를 구한다. 예제 20.6에서 구한 이 반응의 표준 기전력은 $E° = 0.79$ V이다. 예제에서 본 바와 같이, 6개의 전자가 환원제로부터 산화제로 이동하였으므로 $n = 6$이다. 반응 지수 $Q$는 다음과 같다.

$$Q = \frac{[Cr^{3+}]^2}{[Cr_2O_7^{2-}][H^+]^{14}[I^-]^6} = \frac{(1.0 \times 10^{-5})^2}{(2.0)(1.0)^{14}(1.0)^6} = 5.0 \times 10^{-11}$$

식 20.18을 이용하면 다음과 같은 결과를 얻을 수 있다.

$$E = 0.79\text{ V} - \left(\frac{0.0592\text{ V}}{6}\right)\log(5.0 \times 10^{-11})$$
$$= 0.79\text{ V} - \left(\frac{0.0592\text{ V}}{6}\right)(-10.30)$$
$$= 0.79\text{ V} + 0.10\text{ V} = 0.89\text{ V}$$

**검토** 이 결과는 예상과 일치한다. $Cr_2O_7^{2-}$(반응물)의 농도는 1 $M$보다 크고, $Cr^{3+}$(생성물)의 농도는 1 $M$보다 작으므로, 기전력은 $E°$보다 더 크다. $Q$가 약 $10^{-10}$이므로 $\log Q$는 약 $-10$이다. 따라서 $E°$에 대한 보정은 약 $0.06 \times 10/6$, 즉 0.1이고 이는 더욱 자세한 계산 결과와 일치한다.

**▶ 보충 예제**

전체 반응이 다음과 같은 볼타 전지를 고려해 보자.

$$Pb^{2+}(aq) + Zn(s) \longrightarrow Pb(s) + Zn^{2+}(aq)$$

이온의 농도가 $[Pb^{2+}] = 1.5 \times 10^{-3}\ M$, $[Zn^{2+}] = 0.55\ M$일 때, 볼타 전지의 기전력은 얼마인가?

**(a)** 0.71 V **(b)** 0.56 V **(c)** 0.49 V **(d)** 0.79 V **(e)** 0.64 V

## 예제 20.12

### 볼타 전지 내 화학종의 농도 구하기

$[Zn^{2+}] = 1.0\ M$이고 $P_{H_2} = 100.0$ kPa일 때, 25 °C에서 $Zn-H_2$ 전지(그림 20.9)의 전위가 0.45 V라면, 환원 전극 용액의 pH는 얼마인가?

**해답**

**분석** 볼타 전지, 그 전지의 기전력, 그리고 (전지 반응의 두 생성물인) $Zn^{2+}$의 농도와 $H_2$의 부분 압력 자료가 주어졌다. 환원 전극 용액의 pH를 계산해야 하는데, 이것은 반응물인 $H^+$의 농도로부터 계산할 수 있다.

**계획** 전지 반응의 식을 쓰고 표준 환원 전위를 사용하여 반응의 $E°$를 계산한다. 반응식에서 $n$ 값을 결정한 후, $Q$에 대한 Nernst 식, 즉 식 20.18을 푼다. 전지 반응의 식을 이용하여 $[H^+]$가 포함된 $Q$에 대한 식을 쓰고 이를 이용하여 $[H^+]$를 계산한다. 마지막으로, $[H^+]$를 이용하여 pH를 계산한다.

**풀이**

전지 반응은 다음과 같다.

$$Zn(s) + 2\,H^+(aq) \longrightarrow Zn^{2+}(aq) + H_2(g)$$

표준 기전력을 구한다.

$$E° = E°_{red}(\text{환원}) - E°_{red}(\text{산화})$$
$$= 0\text{ V} - (-0.76\text{ V}) = +0.76\text{ V}$$

각 Zn 원자는 두 개의 전자를 잃는다.

$$n = 2$$

식 20.18을 이용하여 $Q$ 값을 구할 수 있다.

$$0.45\text{ V} = 0.76\text{ V} - \frac{0.0592\text{ V}}{2}\log Q$$
$$Q = 10^{10.5} = 3 \times 10^{10}$$

$Q$는 반응의 평형 상수 형태이다.

$$Q = \frac{[Zn^{2+}]P_{H_2}}{[H^+]^2} = \frac{(1.0)100.0}{[H^+]^2} = 3 \times 10^{10}$$

$[H^+]$에 대해 풀면, 다음과 같다.

$$[H^+]^2 = \frac{100.0}{3 \times 10^{10}} = 3.3 \times 10^{-9}$$
$$[H^+] = \sqrt{3.3 \times 10^{-9}} = 6 \times 10^{-5}\ M$$

마지막으로, $[H^+]$를 이용하여 환원 용액의 pH를 계산한다.

$$pH = \log[H^+] = -\log(6 \times 10^{-5}) = 4.2$$

계속

**주의** 전지 반응에 $H^+$가 포함된 볼타 전지는 $[H^+]$나 pH를 구하는 데 사용될 수 있다. pH 미터는 pH를 곧바로 읽을 수 있도록 교정된 전압계를 갖춘 특별히 고안된 볼타 전지이다.

**▶ 보충 예제**

산화 전극 반쪽 반응이 $Zn(s) \longrightarrow Zn^{2+}(aq) + 2\,e^-$이고 환원 전극 반쪽 반응이 $Sn^{2+}(aq) + 2\,e^- \longrightarrow Sn(s)$인 볼타 전지가 있다. $Zn^{2+}$의 농도가 $2.5\times10^{-3}\,M$이고 전지의 기전력이 0.660 V일 때, $Sn^{2+}$의 농도는 얼마인가? 유효 숫자 3개로 나타낸 부록 E의 표준 전위를 사용하시오.

**(a)** $3.3\times10^{-2}\,M$ **(b)** $1.9\times10^{-4}\,M$ **(c)** $9.0\times10^{-3}\,M$ **(d)** $6.9\times10^{-4}\,M$ **(e)** $7.6\times10^{-3}\,M$

## 농도 전지

지금까지 살펴본 볼타 전지들은, 산화 전극에서의 반응 물질과 환원 전극에서의 반응 물질이 서로 다르다. 그러나 전지의 기전력이 농도에 의존하기 때문에, 농도가 다르기만 하면 두 반쪽 전지에 **같은** 화학종을 사용하여 볼타 전지를 구성할 수도 있다. 농도 차이로 인해 생성된 기전력만을 기반으로 하는 전지를 **농도 전지(concentration cell)**라고 한다.

농도 전지의 한 예를 그림 20.14(**a**)에 나타내었다. 한 반쪽 전지는 $1.00\times10^{-3}\,M\ Ni^{2+}(aq)$ 용액에 담겨 있는 니켈 금속 조각으로 이뤄져 있다. 다른 반쪽 전지에도 Ni(*s*) 전극이 들어있지만, 전극은 1.00 *M*의 $Ni^{2+}(aq)$ 용액에 담겨 있다. 두 반쪽 전지는 염다리와 전압계를 지나는 전선에 의해 연결되어 있다. 반쪽 전지 반응은 서로의 역반응이다.

**산화 전극:** $Ni(s) \longrightarrow Ni^{2+}(aq) + 2\,e^-$ $E^\circ_{red} = -0.28\ V$

**환원 전극:** $Ni^{2+}(aq) + 2\,e^- \longrightarrow Ni(s)$ $E^\circ_{red} = -0.28\ V$

이 전지의 **표준** 기전력은 0이다.

$$E^\circ_{cell} = E^\circ_{red}(\text{환원 전극}) - E^\circ_{red}(\text{산화 전극}) = (-0.28\ V) - (-0.28\ V) = 0\ V$$

그러나 두 반쪽 전지 내의 $Ni^{2+}(aq)$ 농도가 모두 1 *M*이 아니기 때문에 이 전지는 **비표준** 상태에서 작동한다. 실제 이 전지는 $[Ni^{2+}]_{\text{산화 전극}} = [Ni^{2+}]_{\text{환원 전극}}$이 될 때까지 작동한다. Ni(*s*)의 산화는 더 묽은 용액의 반쪽 전지에서 일어나는데, 이는 이 전극이 전지의 산화 전극이라는 의미이다. $Ni^{2+}(aq)$의 환원은 농도가 진한 용액이 포함된 반쪽 전지에서 일어나고, 이 전극이 환원 전극이 된다. 따라서 **전체** 전지 반응은 다음과 같다.

$\Delta G^\circ$ 식과 $E^\circ$ 식에 있는 변수 $n$이 나타내는 것은 무엇인가?

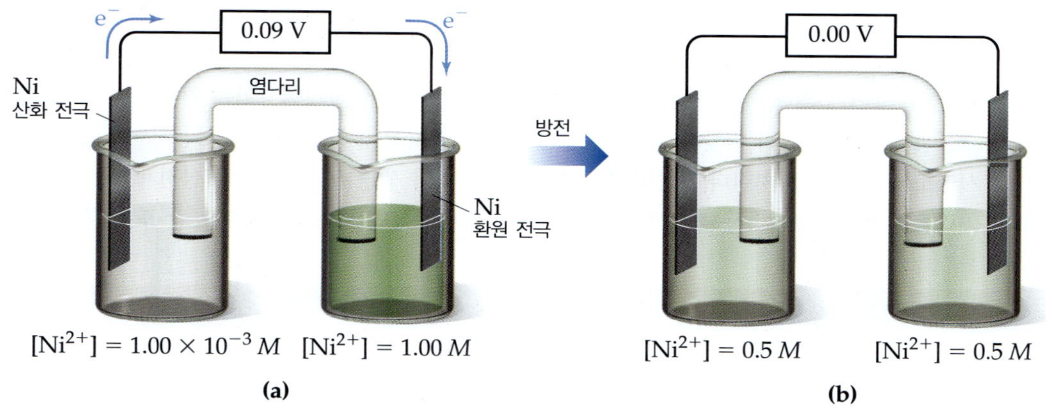


▲ **그림 20.14** $Ni^{2+}$–Ni 전지 반응을 이용한 농도 전지 (a) 두 반쪽 전지 내의 $Ni^{2+}(aq)$ 농도는 같지 않고, 이 전지는 전류와 전압을 발생한다. (b) 이 전지는 두 반쪽 전지 내의 $Ni^{2+}(aq)$ 농도가 같아질 때까지 작동한다. 그 지점에서 전지는 평형에 도달하며, 기전력은 0이 된다.

▶ **그림 20.15 전기뱀장어** 전기 발전 세포라고 하는 특별한 세포에서는 주로 $Na^+$와 $K^+$의 이온 농도 차이에 의해 0.1 V 정도의 기전력이 발생된다. 이러한 세포들 수천 개를 직렬로 연결함으로써, 남아메리카의 물고기들은 높게는 500 V까지의 짧은 전기 펄스를 생성할 수 있다.

$$\begin{array}{ll} \textbf{산화 전극:} & Ni(s) \longrightarrow Ni^{2+}(aq,\ \text{묽은 용액}) + 2\,e^- \\ \textbf{환원 전극:} & Ni^{2+}(aq,\ \text{진한 용액}) + 2\,e^- \longrightarrow Ni(s) \\ \hline \textbf{전체:} & Ni^{2+}(aq,\ \text{진한 용액}) \longrightarrow Ni^{2+}(aq,\ \text{묽은 용액}) \end{array}$$

농도 전지의 기전력은 Nernst 식을 이용하여 계산할 수 있다. 위의 특정 전지에서는 $n=2$이다. 전체 반응의 반응 지수 식은 $Q=[Ni^{2+}]_{\text{묽은 용액}}/[Ni^{2+}]_{\text{진한 용액}}$이다. 따라서 298 K에서 기전력은 다음과 같다.

$$\begin{aligned} E &= E^\circ - \frac{0.0592\ V}{n}\log Q \\ &= 0 - \frac{0.0592\ V}{2}\log\frac{[Ni^{2+}]_{\text{묽은 용액}}}{[Ni^{2+}]_{\text{진한 용액}}} = -\frac{0.0592\ V}{2}\log\frac{1.00\times10^{-3}\,M}{1.00\,M} \\ &= +0.089\ V \end{aligned}$$

이 농도 전지의 $E^\circ=0$이지만, 거의 0.09 V의 기전력을 발생한다. 농도의 차이가 이 전지의 추진력이다. 두 반쪽 전지의 농도가 같아지면 $Q=1$이 되고, $E=0$이 된다.

농도 차이가 전위를 발생시킨다는 아이디어는 pH 미터 작동의 기초이다. 이것은 또한 생물학에서도 중요한 측면이다. 예를 들어 뇌의 신경 세포에서는, 세포막 안쪽과 바깥쪽 면에 있는 이온들의 농도 차이에 의해 세포막을 가로지르는 전위가 발생한다. 전기뱀장어는 짧지만 강렬한 전기 펄스를 생성시키는 것과 비슷한 원리로, 전기 발전 세포라고 불리는 세포를 사용하여 먹잇감을 기절시키고 포식자를 퇴치한다(**그림 20.15**). 다음의 "화학과 생명: 심장 박동과 심전계"에서 설명한 것처럼, 포유류의 심장 박동 조절 역시 생명체에서 전기 화학의 중요성을 보여 주는 또 다른 예이다.

## 화학과 생명 심장 박동과 심전계

인간의 심장은 경이로울 정도로 효율성과 신뢰성이 뛰어나다. 평상시에 성인의 심장은 하루에 7000 L 이상의 혈액을 순환계를 통해 내보내며, 일반적으로 합리적인 식단과 생활 습관 이외에는 다른 유지 관리가 필요하지 않다. 우리는 보통 심장을, 일정한 간격의 근육 수축을 통해 혈액을 순환시키는 하나의 기계 장치인 근육으로 생각한다. 하지만 지금으로부터 200년 전에 전기 이론의 선구자인 Luigi Galvani(1729~1787)와 Alessandro Volta(1745~1827)는 심장의 수축이 인체를 관통하는 신경 자극과 같이 전기적인 현상에 의해 조절된다는 것을 발견하였다. 심장을 뛰게 하는 전기 펄스는 전기 화학과 반투막이 가진 성질의 놀라운 결합으로 발생한다.

세포벽은 생리학적으로 중요한 많은 이온(특히 $Na^+$, $K^+$, $Ca^{2+}$)에 대해 서로 다른 투과성을 가진 막이다. 이들 이온의 농도는 세포 안에 있는 유체(**세포내 유체**(intracellular fluid, ICF))와 세포 밖에 있는 유체(**세포밖 유체**(extrantracellular fluid, ECF))에서 서로 다르다. 심장 근육 세포의 경우를 예로 들면, ICF와 ECF에 있는 $K^+$의 농도는 각각 135 m*M*과 4 m*M*이다. 하지만 $Na^+$의 경우 ICF와 ECF 간 농도 차이는 $K^+$의 경우와 반대이다. 보통 $[Na^+]_{ICF} = 10$ m*M*이고 $[Na^+]_{ECF} =$ 145 m*M*이다.

세포막은 처음에 $K^+$ 이온은 잘 투과시키지만 $Na^+$와 $Ca^{2+}$는 잘 투과시키지 못한다. ICF와 ECF 간 $K^+$ 이온의 농도 차이에 의해 농도 전지가 만들어진다. 똑같은 이온이 막의 양쪽에 존재하더라도, 두 유체 사이에는 $E° = 0$인 Nernst 식을 이용하여 계산할 수 있는 전위차가 발생한다. 생리학적인 온도(37 °C)에서 $K^+$ 이온이 ECF에서 ICF로 이동하기 위한 mV 단위의 전위차는 다음과 같다.

$$E = E° - \frac{2.30\,RT}{nF}\log\frac{[K^+]_{ICF}}{[K^+]_{ECF}}$$

$$= 0 - (61.5\text{ mV})\log\left(\frac{135\text{ m}M}{4\text{ m}M}\right) = -94\text{ mV}$$

본질적으로 세포의 내부와 ECF는 일종의 볼타 전지로 함께 작동한다. 전위가 음의 부호를 갖는다는 것은 $K^+$를 ICF로 이동시키기 위해서는 일이 필요하다는 것을 의미한다.

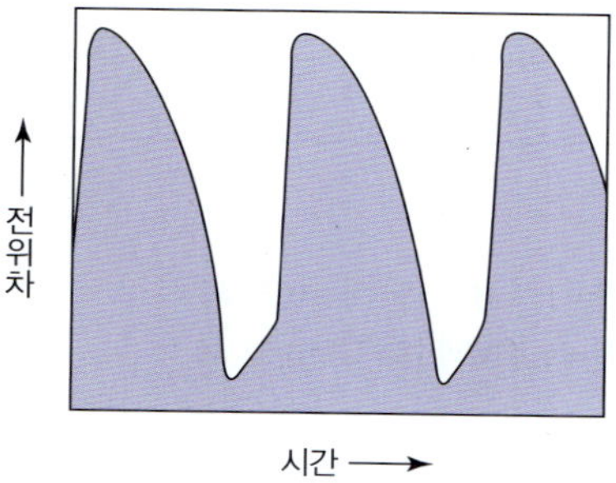


▲ **그림 20.16** 인간의 심장에서 전위차의 변화 심장의 심박 조율 세포의 이온 농도 변화에 따른 전위차의 변화

ECF와 ICF에 있는 이온의 상대적인 농도 변화는 볼타 전지의 기전력 변화를 가져온다. 심장 수축 속도를 조절하는 심장 세포를 **심박 조율 세포**(pacemaker cell)라고 한다. 이 세포의 막은 ICF에 있는 이온 농도가 체계적인 방법으로 변화하도록 조절한다. 농도 변화는 기전력이 그림 20.16과 같이 주기적인 방식으로 변화하게 한다. 이 기전력의 주기가 심장 박동 속도를 결정한다. 만일 병이나 상처로 인해 심박 조율 세포가 제대로 작동하지 않는다면, 외과 수술을 통해 인공 심박 조율기(artificial pacemaker)를 이식할 수 있다. 이 인공 심박 조율기에 있는 소형 배터리는 심장의 수축 운동을 유발하는 데 필요한 전기적인 펄스를 발생시킨다.

1800년대 후반에, 과학자들은 심장 근육 수축을 일으키는 전기적인 자극이 인체의 표면에서 감지할 수 있을 정도로 충분히 강하다는 사실을 발견하였다. 이러한 발견은 **심전도계**(electrocardiography)의 기초가 되었는데, 이 기법은 피부 위에 복잡하게 배열된 전극을 이용하여 심장이 박동하는 동안 전압 변화를 측정하는 비침습적 심장 진단 기법이다. 전형적인 심전도를 그림 20.17에 나타내었다. 심장의 주요한 작용은 혈액의 **기계적인** 펌프이지만, 이를 아주 작은 볼타 전지에서 발생한 **전기적인** 신호를 이용하여 아주 쉽게 기록할 수 있다는 사실은 매우 놀라운 일이다.

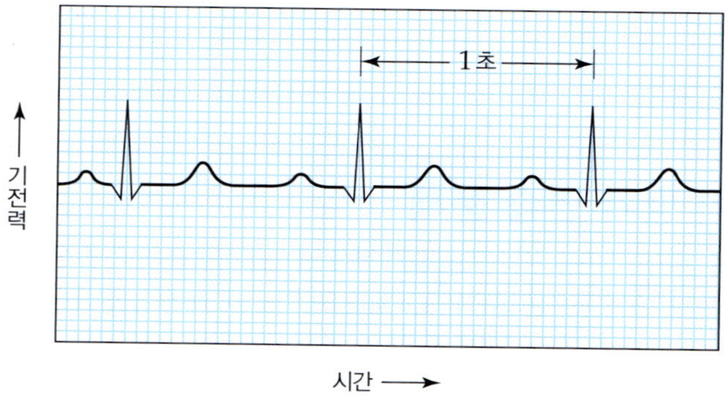


▲ **그림 20.17** 전형적인 심전도(electrocardiogram) 인체 표면에 부착된 전극을 통해 관찰한 전기적인 신호를 기록한 결과

## 예제 20.13
### 농도 전지를 이용하여 pH 구하기

두 개의 수소 전극으로 볼타 전지를 만들었다. 1번 전극은 $P_{H_2} = 100.0$ kPa과 미지 농도의 $H^+(aq)$로 만들어졌다. 2번 전극은 표준 수소 전극이다($P_{H_2} = 100.0$ kPa, $[H^+] = 1.00$ *M*). 298 K에서 이 전지의 전압은 0.211 V로 측정되었고, 전류는 1번 전극으로부터 외부 회로를 통해 2번 전극으로 흐르는 것이 관측되었다. 1번 전극에서 용액의 pH는 얼마인가?

### 해답

**분석** 농도 전지의 전압과 전류가 흐르는 방향이 주어졌다. 또한, 구하고자 하는 1번 반쪽 전지의 $[H^+]$를 제외한 모든 반응물과 생성물의 농도 또는 부분 압력이 주어졌다.

**계획** Nernst 식을 이용하여 $Q$를 구한 다음, $Q$를 이용하여 미지 농도를 구한다. 이 전지는 농도 전지이기 때문에 $E°_{cell} = 0$ V이다.

**풀이**

Nernst 식을 이용하면 다음을 얻을 수 있다.

$$0.211\ \text{V} = 0 - \frac{0.0592\ \text{V}}{2}\log Q$$

$$\log Q = -(0.211\ \text{V})\left(\frac{2}{0.0592\ \text{V}}\right) = -7.13$$

$$Q = 10^{-7.13} = 7.4 \times 10^{-8}$$

전자는 1번 전극에서 2번 전극으로 흐르기 때문에, 1번 전극이 이 전지의 산화 전극이고, 2번 전극이 환원 전극이다. 따라서 전극 반응은 다음과 같다. 여기에서 1번 전극의 $H^+(aq)$ 농도는 미지수 $x$로 나타내었다.

$$\begin{array}{lll} \textbf{전극 1:} & H_2(g, 100.0\ \text{kPa}) \longrightarrow 2\,H^+(aq, x\,M) + 2\,e^- & E^\circ_{red} = 0 \\ \textbf{전극 2:} & 2\,H^+(aq, 1.00\,M) + 2\,e^- \longrightarrow H_2(g, 100.0\ \text{kPa}) & E^\circ_{red} = 0 \\ \hline \textbf{전체:} & 2\,H^+(aq, 1.00\,M) \longrightarrow 2\,H^+(aq, x\,M) & \end{array}$$

$x$는 다음과 같다.

$$Q = \frac{[H^+(aq, x\,M)]^2}{[H^+(aq, 1.00\,M)]^2} = \frac{x^2}{(1.00)^2} = x^2 = 7.4 \times 10^{-8}$$

$$x = [H^+] = \sqrt{7.4 \times 10^{-8}} = 2.7 \times 10^{-4}$$

그러므로 1번 전극에서 수소 용액의 pH는 다음과 같다.

$$\text{pH} = -\log[H^+] = -\log(2.7 \times 10^{-4}) = 3.57$$

**주의** 1번 전극의 $H^+$ 농도가 2번 전극보다 낮기 때문에 1번 전극이 이 전지의 산화 전극이 된다. 즉 $H_2$가 $H^+(aq)$로 산화되면 1번 전극의 $[H^+]$가 증가한다.

**▶ 보충 예제**

두 개의 $Zn(s)-Zn^{2+}(aq)$로 이루어진 농도 전지가 있다. 한 반쪽 전지의 $[Zn^{2+}]=1.35\,M$이고, 다른 반쪽 전지의 $[Zn^{2+}]=3.75\times10^{-4}\,M$이다. **(a)** 어느 반쪽 전지가 산화 전극인가? **(b)** 이 전지의 기전력은 얼마인가?

## 자기 평가 연습 문제

**20.28** $Ni/Ni^{2+}$ 반쪽 전지와 $Sn/Sn^{2+}$ 반쪽 전지로 이뤄진 볼타 전지가 있다. 초기 농도는 $[Ni^{2+}]=1.0\,M$과 $[Sn^{2+}]=1.0\,M$이다. 전위가 0.12 V일 때 각 반쪽 전지에 들어있는 이온의 농도는 얼마인가?

**(a)** $[Ni^{2+}]=1.7\,M$과 $[Sn^{2+}]=0.27\,M$
**(b)** $[Ni^{2+}]=1.4\,M$과 $[Sn^{2+}]=0.57\,M$

## 연습 문제

**20.29** 반응물과 생성물이 표준 상태로 존재하는 볼타 전지가 있다. 전지가 작동하면 반응물의 농도는 증가하는가, 감소하는가, 변화가 없는가?

**20.30** 어떤 볼타 전지는 다음 반응을 이용한다.

$$Al(s) + 3\,Ag^+(aq) \longrightarrow Al^{3+}(aq) + 3\,Ag(s)$$

다음의 변화는 이 전지의 기전력에 어떤 영향을 주는가?

**(a)** 물을 산화 반쪽 전지에 넣어 묽게 만들었다.
**(b)** 알루미늄 전극의 크기를 증가시켰다.
**(c)** $AgNO_3$ 용액을 환원 반쪽 전지에 첨가하여 $Ag^+$의 농도는 그대로 유지한 채 $Ag^+$의 양만 증가시켰다.
**(d)** HCl 용액을 $AgNO_3$ 용액에 첨가하여 약간의 $Ag^+$ 이온을 AgCl로 침전시켰다.

**20.31** 다음 반응을 이용하는 볼타 전지를 만들어 298 K에서 작동시켰다.

$$3\,Ce^{4+}(aq) + Cr(s) \longrightarrow 3\,Ce^{3+}(aq) + Cr^{3+}(aq)$$

**(a)** 표준 상태에서 이 전지의 기전력은 얼마인가?
**(b)** $[Ce^{4+}]=3.0\,M$, $[Ce^{3+}]=0.10\,M$, $[Cr^{3+}]=0.010\,M$일 때, 이 전지의 기전력은 얼마인가?
**(c)** $[Ce^{4+}]=0.010\,M$, $[Ce^{3+}]=2.0\,M$, $[Cr^{3+}]=1.5\,M$일 때, 이 전지의 기전력은 얼마인가?

**20.32** 어떤 볼타 전지는 다음 반응을 이용한다.

$$2\,Fe^{3+}(aq) + H_2(g) \longrightarrow 2\,Fe^{2+}(aq) + 2\,H^+(aq)$$

**(a)** 표준 상태에서 이 전지의 기전력은 얼마인가?
**(b)** $[Fe^{3+}]=3.50\,M$, $P_{H_2}=96.3$ kPa, $[Fe^{2+}]=0.0010\,M$이고, 두 반쪽 전지의 pH가 모두 4.00일 때, 이 전지의 기전력은 얼마인가?

**20.33** 두 개의 Ag−AgCl 전극으로 구성된 볼타 전지가 있다. 각 전극은 다음의 반응에 기반하고 있다.

$$AgCl(s) + e^- \longrightarrow Ag(s) + Cl^-(aq)$$

이 두 반쪽 전지에서 염화 이온의 농도는 각각 $[Cl^-]=0.0150\ M$과 $[Cl^-]=2.55\ M$이다.

**(a)** 이 전지에서 환원 전극은 어느 전극인가?

**(b)** 이 전지의 표준 기전력은 얼마인가?

**(c)** 주어진 농도에서 이 전지의 기전력은 얼마인가?

**(d)** 각각의 전극에 대해, 전지가 작동할 때 $[Cl^-]$가 증가할지, 감소할지, 변하지 않을지 예측하시오.

**20.34** 다음 반응을 이용하는 볼타 전지를 만들었다.

$$Sn^{2+}(aq) + Pb(s) \longrightarrow Sn(s) + Pb^{2+}(aq)$$

**(a)** 환원 반쪽 전지의 $Sn^{2+}$ 농도가 1.00 $M$이고 이 전지의 기전력이 +0.22 V일 때, 산화 전극 반쪽 전지의 $Pb^{2+}$ 농도는 얼마인가?

**(b)** 산화 전극 반쪽 전지에서 $PbSO_4(s)$와 평형을 이루고 있는 $[SO_4^{2-}]=1.00\ M$이라면, $PbSO_4$의 $K_{sp}$는 얼마인가?

자기 평가 연습 문제 답 **20.28** (a)

## 20.7 | 배터리와 연료 전지

배터리는 전기 에너지와 화학 에너지를 전환하는 가장 친숙한 장치이다. 노트북 컴퓨터, 휴대 전화, 심박 조율기 및 기타 수많은 장치는 작동에 필요한 전기를 얻기 위해 배터리를 사용한다.

특히 전기 자동차나 전동 공구에 전력을 공급하고 태양 에너지를 저장하기 위한 새로운 배터리의 연구 및 개발에 많은 노력이 집중되고 있다. 더 가볍고, 더 빨리 충전할 수 있고, 더 많은 전력을 공급할 수 있는, 그리고 더 긴 수명을 가진 새로운 배터리가 요구되고 있다. 이러한 발전의 중심에는 배터리에 전력을 공급하는 산화–환원 반응이 있다.

이 절이 끝나면 다음 사항을 수행할 수 있어야 한다.

- 일반적인 배터리의 구성 요소 확인하기

**배터리(battery)**는 하나 이상의 볼타 전지로 구성된 휴대가 간편하고 독립적인 전기 화학 에너지원이다. 예를 들면, 손전등과 여러 전자 제품에 사용되는 1.5 V 전지는 한 개의 볼타 전지이다. 12 V 자동차용 축전지처럼, 여러 개의 전지를 연결하여 더 큰 전압을 얻을 수도 있다. 전지를 직렬로 연결하면(한 전지의 환원 전극을 다른 전지의 산화 전극에 연결하면), 배터리는 각 전지의 전압을 더한 전압을 생성한다(**그림 20.18**). 배터리의 전극은 그림 20.6의 규약에 따라 환원 전극에는 (+) 부호를, 산화 전극에는 (−) 부호를 붙인다.

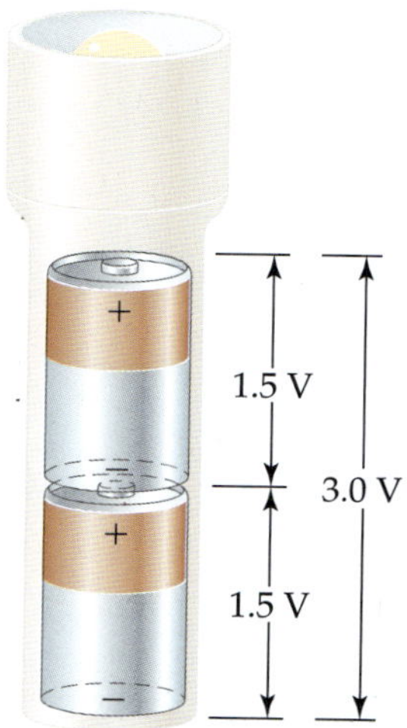


▲ **그림 20.18 배터리의 결합** 대부분의 손전등에서처럼 배터리를 직렬로 연결하면, 전체 전압은 개별 전압의 합이 된다.

이 배터리의 환원 전극에 있는 납의 산화 상태는 무엇인가?

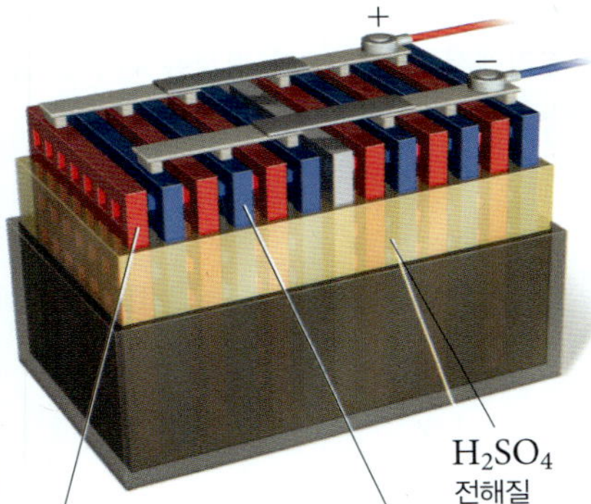


▲ **그림 20.19** 12 V 자동차용 납-산 배터리
이 도식적인 단면도에서 각각의 환원 전극/산화 전극쌍은 약 2 V의 전압을 생성한다. 6개의 전지 쌍이 직렬로 연결되어 12 V의 전압을 만든다.

자발적으로 일어나는 모든 산화-환원 반응을 볼타 전지에 사용할 수 있지만, 특정 성능을 갖는 상업용 전지를 만들기 위해서는 상당한 독창성이 요구된다. 배터리의 전압은 산화 전극에서 산화되는 물질과 환원 전극에서 환원되는 물질의 종류에 의해 결정되며, 배터리의 수명은 배터리에 들어있는 물질의 양에 의존한다. 일반적으로 산화 전극과 환원 전극 반쪽 전지는 그림 20.6의 다공성 벽과 같은 장벽으로 분리되어 있다.

배터리는 사용되는 용도에 따라 다른 성질을 가져야 한다. 예를 들어, 자동차의 시동을 걸 때 사용되는 배터리는 짧은 시간 동안에 많은 전류를 공급할 수 있어야 하지만, 심박 조율기에 전기를 공급하는 배터리는 크기가 매우 작으면서도 일정한 전류를 오랫동안 공급할 수 있어야 한다. 어떤 배터리는 **일차 전지**(**primary cell**)로, 재충전할 수 없고 전압이 0으로 떨어진 후에는 버리거나 재활용해야 한다. **이차 전지**(**secondary cell**)는 전압이 떨어지면 외부 전원을 이용하여 재충전할 수 있다.

몇 가지 일반적인 배터리를 알아봄으로써, 지금까지 논의한 원리들이 중요한 휴대용 전기 에너지원을 이해하는 데 어떻게 도움이 되는지 알게 될 것이다.

## 납-산 배터리

12 V 납-산 자동차용 배터리는 각각 2 V의 전압을 발생하는 6개의 볼타 전지로 이루어져 있다. 각 전지의 환원 전극은 납 격자(grid)에 채워진 이산화 납($PbO_2$)으로 이루어져 있다(**그림 20.19**). 각 전지의 산화 전극은 납이다. 산화 전극과 환원 전극 모두 황산 용액에 담겨 있다.

방전하는 동안 일어나는 전극 반응은 다음과 같다.

**환원 전극:** $PbO_2(s) + HSO_4^-(aq) + 3\,H^+(aq) + 2\,e^- \longrightarrow PbSO_4(s) + 2\,H_2O(l)$

**산화 전극:** $Pb(s) + HSO_4^-(aq) \longrightarrow PbSO_4(s) + H^+(aq) + 2\,e^-$

**전체:** $PbO_2(s) + Pb(s) + 2\,HSO_4^-(aq) + 2\,H^+(aq) \longrightarrow 2\,PbSO_4(s) + 2\,H_2O(l)$ [20.20]

표준 전지 전위는 부록 E에 있는 표준 환원 전위로부터 구할 수 있다.

$$E^\circ_{cell} = E^\circ_{red}\,(\text{환원 전극}) - E^\circ_{red}\,(\text{산화 전극}) = (+1.69\ V) - (-0.36\ V) = +2.05\ V$$

반응물 Pb와 $PbO_2$가 전극이다. 반응물이 고체이므로 전지를 반쪽 전지로 분리할 필요가 없다. 한 전극이 다른 전극과 닿지 않는 한, Pb와 $PbO_2$는 서로 접촉할 수 없다. 전극들이 서로 접촉하지 않도록, 전극 사이에 나무나 유리 섬유를 배치한다(그림 20.19). 반응물과 생성물이 모두 고체인 반응을 이용하면 또 다른 장점이 있다. 고체는 반응 지수 $Q$를 구하는 식에서 제외되므로, $Pb(s)$, $PbO_2(s)$, $PbSO_4(s)$의 상대적인 양은 납-산 배터리의 전압에 영향을 주지 않는다. 즉, 배터리가 방전하는 동안 배터리가 비교적 일정한 전압을 유지하는 데 도움을 준다. 방전 정도에 따라 $H_2SO_4$의 농도가 어느 정도 변하기 때문에, 배터리를 사용함에 따라 전압도 약간 변한다. 식 20.20은 배터리가 방전되는 동안 $H_2SO_4$가 소모된다는 것을 보여 준다.

납-산 배터리의 주요한 이점은 재충전할 수 있다는 것이다. 재충전하는 동안 외부 에너지원은 전지 반응의 방향을 역으로 바꾸어서 $Pb(s)$와 $PbO_2(s)$를 재생하는 데 사용된다.

$$2\,PbSO_4(s) + 2\,H_2O(l) \longrightarrow PbO_2(s) + Pb(s) + 2\,HSO_4^-(aq) + 2\,H^+(aq)$$

자동차의 교류 발전기는 배터리 재충전에 필요한 에너지를 공급한다. 방전할 때 생성된 $PbSO_4$가 전극에 달라붙어 있으므로 재충전이 가능하다. 외부 전원에 의해 전자가 한 전극에서 다른 전극으로 강제로 이동됨에 따라 $PbSO_4$는 한 전극에서는 Pb로, 다른 전극에서는 $PbO_2$로 변환된다.

## 알칼리 배터리

가장 흔한 일차(재충전할 수 없는) 전지는 알칼리 배터리이다(**그림 20.20**). 이 배터리의 산화 전극은 진한 KOH 용액과 접촉하고 있는 젤 속에 고정된 분말 아연 금속이다(그래서 **알칼리**(alkaline) 배터리라고 한다). 환원 전극은 $MnO_2(s)$와 흑연의 혼합물이고, 다공성 직물에 의해 산화 전극과 분리되어 있다. 진한 KOH의 누출 위험을 감소시키기 위해 전지는 강철 캔으로 밀봉되어 있다.

전지 반응은 복잡하지만 대략 다음과 같이 나타낼 수 있다.

**환원 전극:** $2\,MnO_2(s) + 2\,H_2O(l) + 2\,e^- \longrightarrow 2\,MnO(OH)(s) + 2\,OH^-(aq)$

**산화 전극:** $Zn(s) + 2\,OH^-(aq) \longrightarrow Zn(OH)_2(s) + 2\,e^-$

**배터리가 방전될 때 어떤 물질이 산화되는가?**

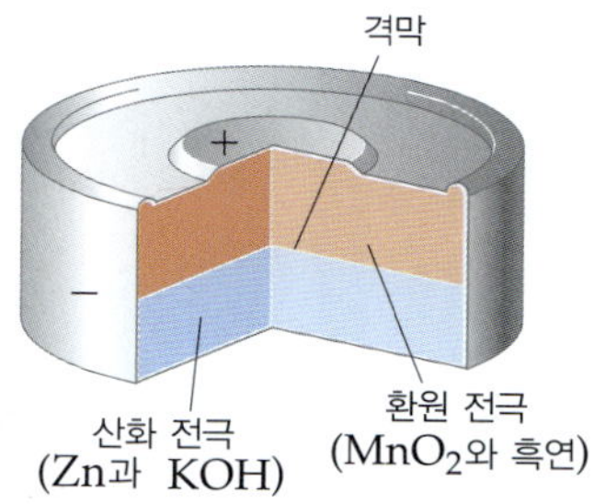


▲ **그림 20.20** 소형 알칼리 배터리의 단면도

## 니켈-카드뮴, 니켈-금속 수소화물 배터리

지난 10년간 많은 전력을 필요로 하는 휴대용 전자 장치의 폭발적인 성장으로 가볍고 쉽게 재충전이 가능한 배터리의 수요가 증가했다. 상대적으로 흔하고 재충전이 가능한 배터리 중 하나는 니켈-카드뮴(nicad) 배터리이다. 방전하는 동안 카드뮴 금속은 산화 전극에서 산화되고, 옥시수산화 니켈[$NiO(OH)(s)$]은 환원 전극에서 환원된다.

**환원 전극:** $2\,NiO(OH)(s) + 2\,H_2O(l) + 2\,e^- \longrightarrow 2\,Ni(OH)_2(s) + 2\,OH^-(aq)$

**산화 전극:** $Cd(s) + 2\,OH^-(aq) \longrightarrow Cd(OH)_2(s) + 2\,e^-$

납-산 배터리처럼, 고체 반응 생성물은 전극에 달라붙어서 재충전하는 동안 전극 반응이 역으로 일어날 수 있게 한다. 한 개의 니켈-카드뮴 볼타 전지는 1.30 V의 전압을 갖고 있다. 일반적으로 니켈-카드뮴 배터리 팩은 대부분의 전자 장치에 필요한 더 큰 전압을 생성하기 위해 세 개 이상의 전지가 직렬로 연결되어 있다.

니켈-카드뮴 배터리에는 여러 가지 매력적인 특성이 있지만, 산화 전극 물질로 카드뮴을 사용한다는 점에서 심각한 한계를 가지고 있다. 카드뮴은 독성이 있으므로, 이 배터리는 폐기하는 대신 재활용되어야 한다. 카드뮴의 독성으로 인해 2000년대 초에는 약 15억 개 정도이던 연간 최대 생산량이 그 이후에는 인기가 감소하고 있다. 카드뮴은 또한 상대적으로 밀도가 커서 배터리의 무게를 증가시킨다. 이는 휴대용 기기나 전기 자동차에 사용되기에는 바람직하지 않은 특성이다. 이러한 단점들을 보완하기 위해 니켈-금속 수소화물(NiMH) 배터리가 개발되었다. 환원 전극 반응은 니켈-카드뮴 배터리와 같지만, 산화 전극 반응은 매우 다르다. 산화 전극은 일반적으로 $AM_5$의 화학량론을 갖는 금속 합금으로 구성되어 있는데, 여기에서 A는 란타넘(La) 또는 란타넘 계열 금속의 혼합물이고, M은 대부분 소량의 다른 전이 금속과 합금을 이루고 있는 니켈이다. 충전 과정에서, 물은 환원되어 수산화 이온과 $AM_5$ 합금에 흡착되는 수소 원자를 생성한다. 배터리가 작동할 때(방전될 때), 수소 원자가 산화되어 생성된 $H^+$ 이온이 $OH^-$ 반응하여 $H_2O$를 형성한다.

## 리튬 이온 배터리

현재 휴대폰과 노트북 컴퓨터를 포함한 대부분의 휴대용 전자 기기들은 재충전이 가능한 리튬 이온(Li-ion) 배터리로부터 전원을 공급받는다. 리튬은 매우 가벼운 원소이므로 리튬 이온 배터리는 니켈을 기반으로 한 배터리보다 **질량 에너지 밀도**(specific energy density, 단위 질량당 저장된 에너지의 양)가 더 크다. $Li^+$의 표준 환원 전위는 매우 큰 음의 값이기 때문에(표 20.1), 리튬 이온 배터리는 다른 배터리보다 전지당 더 높은 전압을 생성한다. ($LiCoO_2$) 환원 전극을 기반으로 하는 리튬 이온 배터리는 전지당 최대 3.7 V의 전압을 생성하는데, 이는 니켈-카드뮴 배터리와 니켈-금속 수소화물 배터리가 생성하는 전지당 1.3 V보다 거의 3배나 높다. 결과적으로 리튬 이온 배터리는 비슷한 크기의 다른 배터리보다 더 많은 전력을 공급할 수 있어서, 더 큰 **부피 에너지 밀도**

**리튬 이온 배터리가 완전히 방전되면 환원 전극의 실험식은 $LiCoO_2$이다. 이 상태에서 코발트의 산화수는 얼마인가? 배터리가 충전되면 코발트의 산화수는 증가하는가, 감소하는가?**

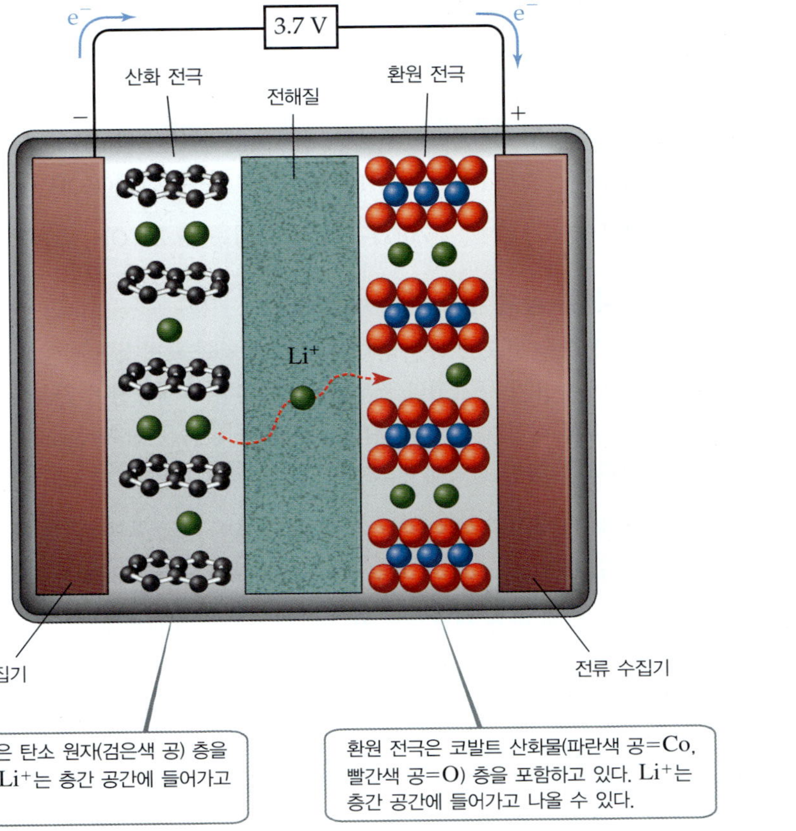


▲ **그림 20.21** **리튬 이온 배터리 도해** 배터리가 방전(작동)될 때 $Li^+$ 이온은 산화 전극을 빠져나와 전해질을 통해 이동해서 코발트 산화물 층간 공간으로 들어가 코발트 이온을 환원시킨다. 배터리를 충전하기 위하여 전기 에너지를 가해 $Li^+$를 다시 산화 전극으로 몰아넣으면 환원 전극의 코발트 이온은 산화된다.

(volumetric energy density, 단위 부피당 저장된 에너지의 양)를 갖는다.

리튬 이온 배터리 기술은 어떤 층상 고체에 끼어들어 가거나 빠져나올 수 있는 $Li^+$ 이온의 능력에 기반을 두고 있다. 대부분의 상용 전지에서, 산화 전극은 $sp^2$ 결합 탄소 원자 층을 포함하고 있는 흑연으로 만들어진다(그림 12.29(b)). 환원 전극은 층상 구조를 이루는 전이 금속 산화물로 만들어지는데, 보통 리튬 코발트 산화물($LiCoO_2$)이다. 두 전극을 분리하고 있는 전해질은 $Li^+$ 이온이 통과할 수 있게 함으로써 염다리와 같은 역할을 한다. 전지가 충전될 때 코발트 이온은 산화되고, $LI^+$ 이온은 $LiCoO_2$에서 빠져나와 흑연 속으로 이동한다. 배터리가 방전하며 전기를 생산하는 동안, $Li^+$ 이온은 자발적으로 흑연 산화 전극에서 전해질을 거쳐 환원 전극으로 이동하면서 전자가 외부 회로를 따라 흐를 수 있게 한다(**그림 20.21**).

## 작동하는 화학 하이브리드 자동차 및 전기 자동차용 배터리

지난 20년간 전기 자동차 개발은 엄청나게 성장했다. 이러한 성장은 화석 연료의 사용을 줄이고 배기가스를 줄이려는 욕구 때문에 추진되었다. 현재는 하이브리드 전기 자동차와 완전 전기 자동차 모두 상용되고 있다. 하이브리드 전기 자동차는 기존의 연소 엔진이나 배터리의 전기로 구동되지만, 완전 전기 자동차는 오직 배터리에 의해서만 구동된다(**그림 20.22**). 하이브리드 전기 자동차는 일반적인 전원 콘센트에 배터리를 연결하여 충전하는 플러그인 하이브리드와, 회생 브레이크와 연소 엔진의 출력을 이용하여 배터리를 충전하는 일반 하이브리드로 다시 나눌 수 있다.

전기 자동차를 실용적으로 만들기 위해 필요한 다양한 기술적 진

▲ 그림 20.22 **전기 자동차** 테슬라의 전기 자동차는 충전소에서 30분 충전하면 320 km를 달릴 수 있다.

보 중에서 배터리 기술의 발전보다 더 중요한 것은 없다. 전기 자동차를 위한 배터리는 자동차의 중량을 줄이기 위해서 질량 에너지 밀도가 높아야 하고, 동시에 배터리 팩에 필요한 공간을 최소화하기 위해 부피 에너지 밀도도 높아야 한다. 다양한 유형의 충전 가능한 배터리에 대한 에너지 밀도를 **그림 20.23**에 도표로 나타내었다. 휘발유 및 디젤용 자동차에 사용되는 납–산 배터리는 신뢰할 수 있고 값이 싸지만, 에너지 밀도가 너무 낮아서 현실적으로 전기 자동차에 활용되기 어렵다. 니켈–금속 수소화물 배터리는 약 세 배 이상 높은 에너지 밀도를 나타내는데, 최근까지 도요타의 프리우스와 같은 상용 하이브리드 자동차의 배터리로 사용되었다.

완전 전기 자동차와 플러그인 하이브리드에서는 리튬 이온 배터리가 사용되는데, 이는 리튬 이온 배터리가 상용화된 배터리 중에서 에너지 밀도가 가장 높기 때문이다. 리튬 이온 배터리 기술이 진보함에 따라, 이 배터리들은 하이브리드 자동차에 사용되던 니켈–금속 수소화물 배터리를 대체하기 시작하였다. 리튬 이온 배터리를 상용화된 자동차에 장착하는 것을 지연시키는 한 가지 요인은 안전에 관한 우려이다. 가끔 과열이나 과충전으로 인해 리튬 이온 배터리가 연소할 수 있기 때문이다. 현재 대부분의 전기 자동차는 환원 전극의 $LiCoO_2$가 리튬 망가니즈 스피넬($LiMn_2O_4$)로 대체된 리튬 이온 배터리를 사용하고 있다. $LiMn_2O_4$ 환원 전극으로 만들어진 배터리는 몇 가지 장점을 가지고 있다. 이 배터리는 연소로 이어질 수 있는 열 폭주(thermal runaway) 현상이 발생하지 않고, 수명이 더 긴 경향이 있으며, 망가니즈는 코발트보다 저렴하고 친환경적이다. 하지만 한 가지 중요한 단점이 있는데, $LiMn_2O_4$로 만들어진 배터리의 용량이 $LiCoO_2$ 환원 전극으로 만들어진 배터리의 3분의 2밖에 되지 않는다는 것이다. 과학자와 공학자들은 배터리의 에너지 밀도, 비용, 수명과 안전성을 더 향상시킬 수 있는 새로운 물질을 집중적으로 찾고 있다.

**관련 연습 문제: 20.39, 20.59, 20.97**

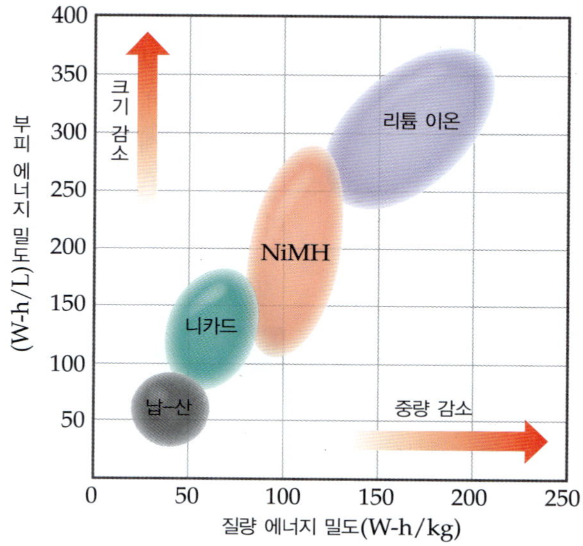


▲ 그림 20.23 **다양한 유형의 배터리의 에너지 밀도** 부피 에너지 밀도가 높아질수록 배터리 장착에 필요한 공간이 작아진다. 질량 에너지 밀도가 높아질수록 배터리의 질량이 작아진다. 1와트-시간(W-h)은 $3.6 \times 10^3$ J에 해당한다.

## 수소 연료 전지

연료를 연소시킬 때 방출되는 열에너지는 전기 에너지로 변환될 수 있다. 예를 들어, 열에너지는 물을 증기로 변환할 수 있으며, 이는 터빈을 작동시켜서 발전기를 돌린다. 보통 연소 에너지는 최대 40%만 전기로 변환되고, 나머지는 열로 손실된다. 볼타 전지를 이용하여 연료로부터 직접 전기를 생산한다면, 이론적으로 화학 에너지가 전기 에너지로 변환되는 비율을 더 높일 수 있다. $H_2$ 및 $CH_4$와 같은 기존의 연료를 사용하여 이와 같은 변환을 수행하는 볼타 전지를 **연료 전지(fuel cell)**라고 한다. 연료 전지는 자급자족 시스템이 아니기 때문에 배터리가 **아니다**. 즉, 전기를 생산하기 위해서는 연료가 계속 공급되어야 한다.

가장 흔한 연료 전지 시스템은 $H_2(g)$와 $O_2(g)$가 반응하여 $H_2O(l)$를 생성하는 반응과 관련되어 있다. 이 전지는 가장 좋은 내연 기관의 엔진보다 두 배 더 효율적으로 전기를 생산한다. 산성 조건에서 반응은 다음과 같다.

$$\begin{array}{ll} \textbf{환원 전극:} & O_2(g) + 4\,H^+ + 4\,e^- \longrightarrow 2\,H_2O(l) \\ \textbf{산화 전극:} & 2\,H_2(g) \longrightarrow 4\,H^+ + 4\,e^- \\ \hline \textbf{전체:} & 2\,H_2(g) + O_2(g) \longrightarrow 2\,H_2O(l) \end{array}$$

이 전지는 수소 기체를 연료로 사용하며, 공기 중으로부터 얻는 산소를 산화제로 사용하여 약 1 V의 전압을 생성한다.

연료 전지는 종종 사용하는 연료나 전해질의 명칭을 따서 이름을 짓는다. 수소-PEM 연료 전지(여기서 PEM은 **양성자 교환막**(proton-exchange membrane) 또는 **고분자 전해막**(polymer-electrolyte membrane)을 나타낸다)에서는, 산화 전극과 환원 전극이 양성자는 통과시키고 전자는 통과시키지 않는 얇은 고분자막에 의해 분리되어 있다(**그림 20.24**). 따라서 막이 염다리 역할을 한다. 전극은 일반적으로 흑연으로 만들어진다.

수소-PEM 전지는 약 80 °C에서 작동한다. 이 온도에서는 전기 화학 반응이 보통 매우 느리게 일어나기 때문에 각 전극에 작은 백금 입자를 입혀서 반응을 촉진시킨다. 백금의 높은 가격과 상대적인 희소성이 수소-PEM 연료 전지의 광범위한 사용을 가로막는 두 가지 요인이다.

자동차를 구동시키기 위해서는 여러 개의 전지를 겹쳐 하나의 연료 전지 **스택**(stack)으로 만들어야 한다. 이 스택에 의해 생산되는 전력의 양은 스택에 들어있는 연료 전지의 수, 크기, PEM의 표면적에 의해 결정된다.

오늘날 많은 연료 전지 연구는 전해질과 촉매의 성능을 개선하고, 수소 기체보다 취급 및 운송이 덜 까다로운 탄화수소나 알코올과 같은 연료를 사용하는 전지의 개발에 집중되고 있다.

환원 전극에서는 어떤 반쪽 반응이 일어나는가?

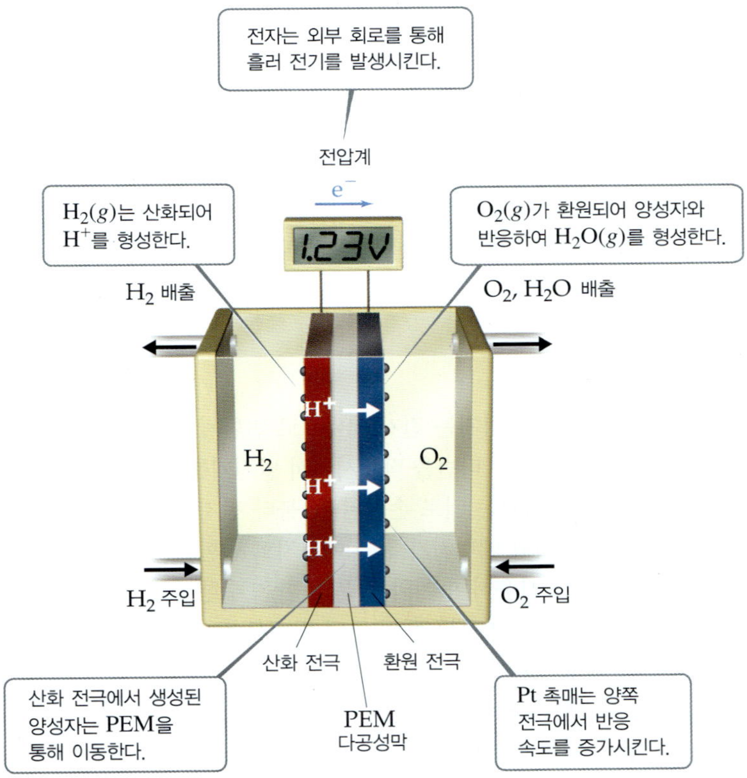


▲ **그림 20.24** **수소-PEM 연료 전지** 양성자 교환막(PEM)은 산화 전극에서 $H_2$ 산화 반응을 통해 생성된 $H^+$ 이온을 환원 전극으로 이동시켜 $H_2O$를 생성하게 한다.

## 자기 평가 연습 문제

**20.35** 다음 중 옳은 진술은?

**(a)** 일차 전지는 재충전할 수 있다.

**(b)** +로 표시된 전지의 단자에서는 산화 반응이 일어난다.

**(c)** 고체 반응물이 있는 배터리는 방전하는 동안 일정한 전압을 갖는다.

## 연습 문제

**20.36** 알칼리 배터리가 방전하는 동안, 배터리의 산화 전극에서 4.50 g의 Zn가 소모되었다.

**(a)** 같은 방전 시간 동안 환원 전극에서 환원된 $MnO_2(s)$의 질량은 얼마인가?

**(b)** Zn에서 $MnO_2$로 전달된 전하량은 몇 쿨롬인가?

**20.37** 산화 수은 건전지는 시계나 카메라와 같이 일정한 방전 전압과 긴 수명이 필요한 장치에 사용되기도 한다. 이 배터리에서 일어나는 두 반쪽 전지 반응은 다음과 같다.

$$HgO(s) + H_2O(l) + 2\,e^- \longrightarrow Hg(l) + 2\,OH^-(aq)$$
$$Zn(s) + 2\,OH^-(aq) \longrightarrow ZnO(s) + H_2O(l) + 2\,e^-$$

**(a)** 전체 전지 반응을 쓰시오.

**(b)** 환원 전극 반응의 $E^\circ_{red}$는 +0.098 V이다. 전체 전지 전위는 +1.35 V이다. 두 반쪽 전지 모두 표준 상태에서 작동한다고 가정할 때, 산화 전극 반응에 대한 표준 환원 전위는 얼마인가?

**(c)** 이 반응이 산성 매질에서 일어날 때 예측되는 전위와 산화 전극 반응의 전위가 다른 이유는 무엇인가?

**20.38** 일부 응용 분야에서 니켈–카드뮴 배터리는 니켈–아연 배터리로 교체된다. 비교적 새로운 이 배터리의 전체 전지 반응은 다음과 같다.

$$2\,H_2O(l) + 2\,NiO(OH)(s) + Zn(s) \longrightarrow 2\,Ni(OH)_2(s) + Zn(OH)_2(s)$$

**(a)** 환원 전극 반쪽 반응은 무엇인가?

**(b)** 산화 전극 반쪽 반응은 무엇인가?

**(c)** 니켈–카드뮴 배터리 한 개의 전압은 1.30 V이다. $Cd^{2+}$와 $Zn^{2+}$의 표준 환원 전위의 차이를 고려했을 때, 니켈–아연 배터리는 몇 볼트의 전지 전압을 생성할 것으로 예상하는가?

**(d)** 니켈–아연 배터리의 질량 에너지 밀도는 니켈–카드뮴 배터리보다 높을지, 낮을지 예상해 보시오.

**20.39** 자동차의 리튬 이온 배터리에서는 대부분의 리튬 이온 배터리에서 일반적으로 사용되는 $LiCoO_2$ 환원 전극 대신 $LiMn_2O_4$ 환원 전극을 사용한다.

**(a)** 각 전극 물질에서 리튬의 질량 백분율을 계산하시오.

**(b)** 리튬 비율이 더 높은 물질은 무엇인가? 이러한 사실이 $LiMn_2O_4$ 환원 전극으로 만든 배터리가 방전 시 더 적은 전력을 전달한다는 이유를 설명하는 데 도움이 될 수 있는가?

**(c)** $LiCoO_2$ 환원 전극을 사용하는 배터리에서는, 충전 과정에서 약 50%의 리튬이 환원 전극에서 산화 전극으로 이동한다. $LiMn_2O_4$ 환원 전극을 사용하는 배터리에서 동일한 양의 리튬이 환원 전극에서 흑연 산화 전극으로 이동하려면 $LiMn_2O_4$의 리튬 몇 퍼센트가 빠져나와야 하는가?

**20.40** **(a)** 배터리와 연료 전지의 차이는 무엇인가?

**(b)** 연료 전지의 '연료'가 고체일 수도 있는가?

자기 평가 연습 문제 답 **20.35** (c)

# 20.8 | 부식

철이 녹스는 것은 흔하게 볼 수 있는 부식 과정이지만, 경제적 파급 효과는 매우 크다. 녹은 철보다 부피가 크다. 이로 인해 적절한 부식 방지가 이루어지지 않으면 철 강화 구조의 구조적 완전성을 파괴할 수 있다. 미국에서 매년 생산되는 철의 최대 20%는 녹 손상으로 인해 버려진 철 제품을 대체하기 위해 사용되는 것으로 추정하고 있다. 특히 철제 보트에서는, 바닷물이 좋은 전해질 역할을 하면서 부식 부위가 물에 가려 보이지 않기 때문에 문제가 될 수 있다. 철을 보호하는 한 가지 방법은 우선적으로 부식되는, 더 활성인 금속(일반적으로 아연)을 선체에 부착하는 것이다. 선박 전체를 검사하는 것보다 전기 화학적 부식을 검사하는 것이 더 쉬울 수 있다.

이 절에서는 금속의 **부식(corrosion)**을 유발하는 바람직하지 않은 산화–환원 반응을 알아본다. 부식 반응은 어떤 금속이 주위의 다른 물질과 반응하여 원하지 않는 화합물로 전환되는 자발적인 산화–환원 반응이다.

이 절이 끝나면 다음 사항을 수행할 수 있어야 한다.

- 부식에 영향을 미치는 요인과 부식 방지 방법 이해하기

실온에서 공기 중에 있는 거의 모든 금속의 산화 반응은 열역학적으로 유리한 반응이다. 금속 물체의 산화를 억제하지 않으면 물체는 파괴될 수 있다. 그러나 산화 반응은 절연 보호 산화물층을 형성하여 하부 금속이 더 반응하는 것을 방지해 주기도 한다. 예를 들어 $Al^{3+}$의 표준 환원 전위를 보면, 알루미늄 금속은 쉽게 산화될 것으로 예측된다. 하지만 주위에 버려진 많은 청량음료 캔과 맥주 캔은 알루미늄의 화학적 부식이 매우 느리게 진행된다는 것을 보여 주는 충분한 증거이다. 공기 중에서 반응성이 강한 이 금속이 예외적으로 안정한 이유는 금속의 표면에 수화된 $Al_2O_3$ 형태의 산화물 보호막이 형성되기 때문이다. 산화물 코팅은 $O_2$나 $H_2O$ 등이 통과할 수 없으므로 금속의 아래층이 더 부식되는 것을 막는다.

마그네슘 금속도 이와 같은 방법으로 보호되며, 스테인리스 스틸과 같은 몇몇 금속 합금도 같은 방법으로 불침투성 산화물 보호 코팅을 형성한다.

## 철의 부식(녹)

철이 녹슬기 위해서는 산소와 물이 모두 필요하다. 이 과정은 pH, 염의 존재, 철보다 산화하기 어려운 금속과의 접촉, 철에 가해진 스트레스 등과 같은 요인들에 의해 촉진될 수 있다. 부식 과정에는 산화와 환원이 수반되며, 금속 자신이 전기를 운반한다. 따라서 전자는 볼타 전지에서처럼, 산화가 일어나는 곳에서 환원이 일어나는 곳으로 금속을 통해 이동한다. $Fe^{2+}(aq)$의 환원에 대한 표준 환원 전위가 $O_2$의 환원에서보다 덜 양의 값이기 때문에, $Fe(s)$는 $O_2(g)$에 의해 산화될 수 있다.

**환원 전극:** $O_2(g) + 4\,H^+(aq) + 4\,e^- \longrightarrow 2\,H_2O(l) \qquad E^\circ_{red} = 1.23\ V$

**산화 전극:** $Fe(s) \longrightarrow Fe^{2+}(aq) + 2\,e^- \qquad E^\circ_{red} = -0.44\ V$

철의 일부분이 움푹 들어가거나 찌그러지면, 종종 Fe가 $Fe^{2+}$로 산화되는 산화 전극으로 작용할 수 있다(**그림 20.25**). 산화에 의해 생성된 전자는 금속을 통해 산화 전극 영역에서 표면의 다른 부분으로 이동하는데, 그곳은 $O_2$가 환원되는 환원 전극으로 작용한다. $O_2$의 환원에는 $H^+$가 필요하므로 $H^+$ 농도를 낮추면(pH를 높이면) $O_2$의 환원은 덜 일어난다. pH가 9보다 큰 용액과 접촉하고 있는 철은 부식되지 않는다.

산화 전극에서 생성된 $Fe^{2+}$는 결국 $Fe^{3+}$로 산화되고, 이것은 녹이라고 알려진 수화된 산화 철(III)을 생성한다.*

$$4\,Fe^{2+}(aq) + O_2(g) + 4\,H_2O(l) + x\,H_2O(l) \longrightarrow 2\,Fe_2O_3 \cdot x\,H_2O(s) + 8\,H^+(aq)$$

환원 전극은 일반적으로 $O_2$의 공급이 가장 많은 영역이기 때문에, 녹은 종종 그곳에서 생긴다. 습한 날, 실외에 세워 둔 삽의 흙이 묻어 있는 날을 자세히 관찰해 보면, 흠은 흙이 묻은 부분 아래에 생기지만 녹은 $O_2$가 쉽게 공급될 수 있는 다른 곳에 생긴다는 것을 알 수 있다. 염이 있을 때 부식이 더 잘 된다는 것은 일반적으로 겨울에 염 제설제를 도로에 많이 뿌린 지역의 자동차를 보면 알 수 있다. 볼타 전지에서의 염다리처럼, 염의 이온은 전기 회로를 완결시키는 데 필요한 전해질을 제공한다.

이 부식 반응에서 산화제는 무엇인가?

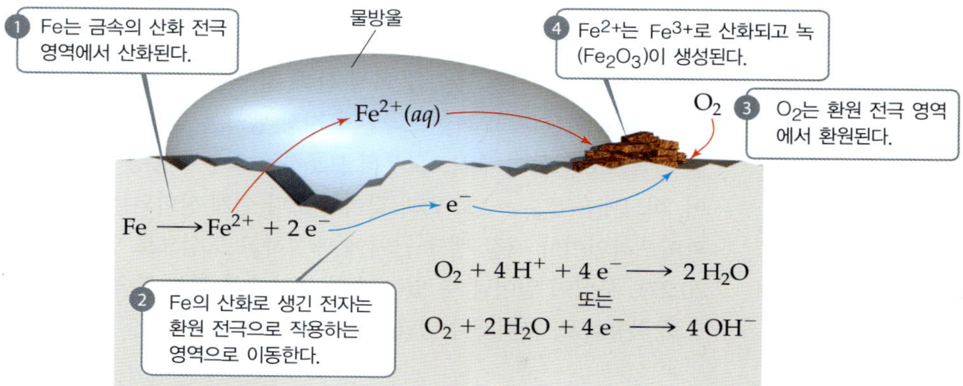


▲ **그림 20.25 물과 접촉하고 있는 철의 부식** 철의 한 영역은 환원 전극으로 작용하고, 다른 영역은 산화 전극으로 작용한다.

*많은 경우 수용액으로부터 얻은 금속 화합물에는 물이 포함되어 있다. 예를 들어, 물에서 결정화된 황산 구리(II)는 $CuSO_4$ 1 mol당 5 mol의 물이 결합되어 있다. 이 결정은 화학식 $CuSO_4 \cdot 5\,H_2O$로 표현한다. 이러한 화합물을 수화물이라고 한다. 녹은 다양한 양의 물로 수화된 산화 철(Ⅲ)의 수화물이다. 이러한 다양한 물의 양을 $Fe_2O_3 \cdot xH_2O$와 같은 화학식으로 나타낸다.

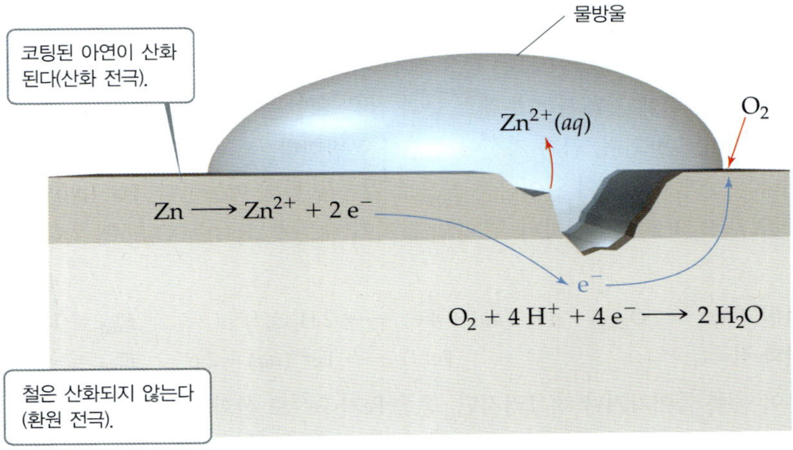


▲ **그림 20.26 아연과 접촉한 철의 음극화 보호** 표준 환원 전위는 $E^\circ_{red,\,Fe^{2+}} = -0.440$ V이고, $E^\circ_{red,\,Zn^{2+}} = -0.7$ V로, 아연이 더 쉽게 산화된다.

## 철의 부식 방지

철로 만든 제품들은 부식을 방지하기 위해 페인트나 다른 금속으로 표면을 코팅하기도 한다. 페인트로 철 표면을 덮는 것은 산소와 수분이 철 표면에 닿는 것을 방지한다. 하지만 이 표면 코팅이 벗겨지고 철이 산소와 수분에 노출되면 철이 산화되면서 부식이 시작된다.

**아연 도금 철**(galvanized iron)은 얇은 아연층이 코팅된 철로서, 표면 코팅 물질이 벗겨지더라도 철이 부식되지 않도록 보호한다. 철과 아연의 표준 환원 전위는 다음과 같다.

$$Fe^{2+}(aq) + 2\,e^- \longrightarrow Fe(s) \quad E^\circ_{red} = -0.44\text{ V}$$
$$Zn^{2+}(aq) + 2\,e^- \longrightarrow Zn(s) \quad E^\circ_{red} = -0.76\text{ V}$$

$Fe^{2+}$의 $E^\circ_{red}$는 $Zn^{2+}$의 $E^\circ_{red}$보다 작은 음의 값(더 큰 양의 값)을 갖기 때문에 $Zn(s)$는 $Fe(s)$보다 더 쉽게 산화된다. 따라서 아연 코팅이 파괴되어 아연 도금 철이 **그림 20.26**에서처럼 산소와 물에 노출되어도, 아연이 산화 전극으로 작용하여 철 대신 부식된다(산화된다). 철은 $O_2$가 환원되는 환원 전극으로 작용한다.

금속을 전기 화학 전지의 환원 전극으로 만들어 부식으로부터 보호하는 방법을 **음극화 보호**(cathodic protection)라고 한다. 환원 전극을 보호하면서 산화되는 금속을 **희생 산화 전극**(sacrificial anode)이라고 한다. 철로 만든 지하 파이프라인과 저장 탱크는 철을 볼타 전지의 환원 전극으로 만들어 부식으로부터 보호하는 경우가 종종 있다. 예를 들어, 마그네슘($E^\circ_{red} = -2.37$ V)과 같이 철보다 쉽게 산화되는 금속 조각을 파이프라인이나 저장 탱크 근처에 매설하고 도선으로 연결한다(**그림 20.27**). 부식이 일어날 수 있는 습한 토양에서 희생 금속은 산화 전극으로 작용하고, 파이프나 탱크는 음극화 보호를 받는다.

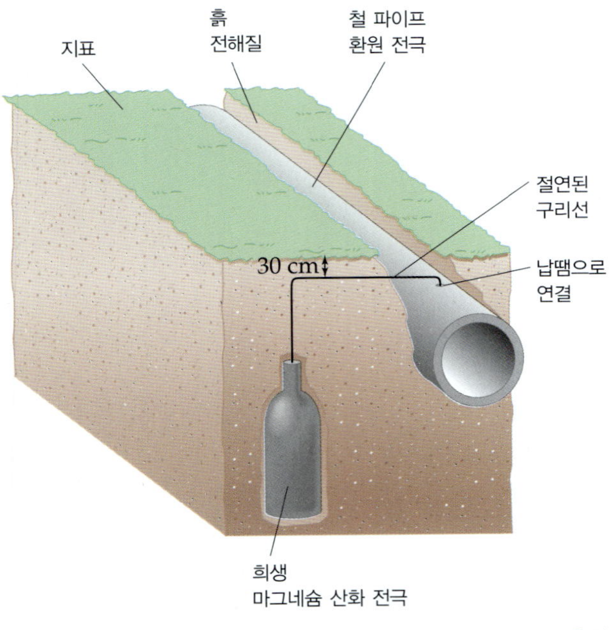


▲ **그림 20.27 철 파이프의 음극화 보호** 석고, 황산 소듐, 점토의 혼합물은 마그네슘 산화 전극을 둘러싸서 이온의 전도성을 높인다.

## 자기 평가 연습 문제

**20.41** 표 20.1의 값으로 볼 때, 다음 금속 중 철의 음극화 보호에 사용할 수 있는 금속은 어떤 것인가?
Ag, Zn, Cu, Ni,
**(a)** Ag **(b)** Zn **(c)** Cu **(d)** Ni

## 연습 문제

**20.42** **(a)** 금속 철이 수용액에서 $Fe^{2+}$ 이온이 되는 철의 부식 과정에서 산화 전극 반응과 환원 전극 반응을 쓰시오.
**(b)** $Fe^{2+}(aq)$가 공기 중에서 산화하여 $Fe_2O_3 \cdot 3\ H_2O(s)$가 되는 것의 균형 맞춘 반쪽 반응을 쓰시오.

**20.43** 철 제품의 부식을 방지하기 위해 주석(Sn)으로 코팅을 하였다. 주석은 음극화 보호를 통해 철의 부식을 방지할 수 있는지를 설명하시오.

**20.44** 구리는 주위의 환경적 요인에 따라 산화 구리(I)($Cu_2O$) 또는 산화 구리(II)(CuO)로 부식된다.
**(a)** 산화 구리(I)에서 구리의 산화수는 얼마인가?
**(b)** 산화 구리(II)에서 구리의 산화수는 얼마인가?
**(c)** 과산화 구리(copper peroxide)는 구리 원소의 또 다른 산화 생성물이다. 이름을 바탕으로 과산화 구리의 화학식을 제안해 보시오.
**(d)** 산화 구리(III)는 구리 원소의 흔하지 않은 또 다른 산화 생성물이다. 산화 구리(III)의 화학식을 제안해 보시오.

자기 평가 연습 문제 답 **20.41** (d)

## 20.9 | 전기 분해

우리 주변에는 한 재료의 구조적 또는 경제적 특성을 다른 재료의 장식적 또는 부식 저항적 특성과 결합하는 재료가 많이 있다. 예를 들어, 철에 크로뮴을 도금하여 저항력이 높으면서 광택이 나는 표면을 만들 수 있다. 전자 산업에서 사용되는 커넥터의 경우 구리에 금을 도금하고, 구리–니켈–아연 합금에 은을 도금하여 장식용으로 사용하기도 한다. 이런 예들의 경우, 전류를 사용하여 비자발적 과정이 일어나게 한다. 광석에서 몇몇 금속을 추출할 때도 같은 원리가 사용된다.

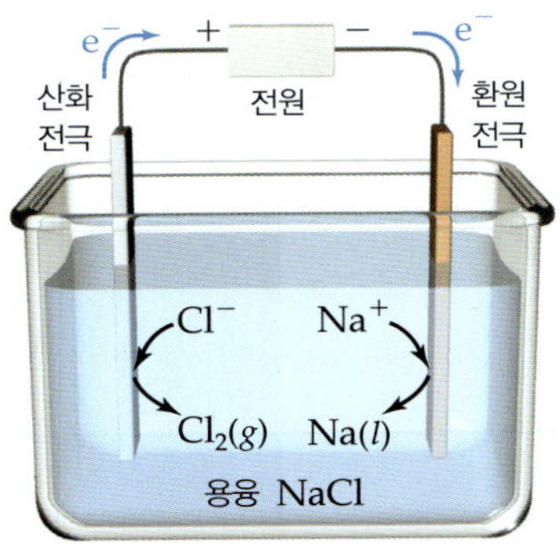


$2\,Cl^-(l) \longrightarrow Cl_2(g) + 2\,e^-$

$2\,Na^+(l) + 2\,e^- \longrightarrow 2\,Na(l)$

▲ **그림 20.28 용융된 염화 소듐의 전기 분해** 순수한 NaCl은 801 ℃에서 녹는다.

이 절이 끝나면 다음 사항을 수행할 수 있어야 한다.

- 전해 전지에서 일어나는 반응을 정량적으로 설명하기

볼타 전지는 자발적인 산화–환원 반응에 기반을 두고 있다. 그러나 전기 에너지를 사용하면 **비자발적**(nonspontaneous) 산화 환원 반응이 일어나게 하는 것도 가능하다. 예를 들어, 전기를 이용하면 용융 염화 소듐을 구성 원소인 Na와 $Cl_2$로 분해할 수 있다. 외부의 전기 에너지원을 이용한 이러한 과정을 **전기 분해 반응**(**electrolysis reaction**)이라고 하며, 이 반응은 **전해 전지**(**electrolytic cell**)에서 일어난다.

전해 전지는 용융염 또는 용액에 담긴 두 개의 전극으로 구성된다. 배터리나 다른 전기 에너지원은 전자 펌프로 작동하여, 전자를 한 전극 쪽으로 밀어내거나 다른 전극으로부터 끌어당긴다. 볼타 전지에서처럼 환원이 일어나는 전극은 환원 전극, 산화가 일어나는 전극은 산화 전극이라고 한다.

용융된 NaCl의 전기 분해에서, $Na^+$ 이온은 환원 전극에서 전자를 받아 Na로 환원된다(그림 20.28). 환원 전극 근처의 $Na^+$ 이온이 줄어들면, 다른 곳에 있는 $Na^+$ 이온이 이동해 온다. 마찬가지로, 산화 전극 쪽으로 $Cl^-$ 이온의 알짜 이동이 일어나고 $Cl^-$ 이온은 산화 전극에서 산화된다. 전기 분해에 대한 전극 반응은 다음과 같다.

$$
\begin{array}{rl}
\textbf{환원 전극:} & 2\,Na^+(l) + 2\,e^- \longrightarrow 2\,Na(l) \\
\textbf{산화 전극:} & 2\,Cl^-(l) \longrightarrow Cl_2(g) + 2\,e^- \\
\hline
\textbf{전체:} & 2\,Na^+(l) + 2\,Cl^-(l) \longrightarrow 2\,Na(l) + Cl_2(g)
\end{array}
$$

그림 20.28에서 에너지원이 전극에 어떻게 연결되어 있는지 주목하라. (+) 단자는 산화 전극에 연결되고, (−) 단자는 환원 전극에 연결되어 전자를 산화 전극에서 환원 전극으로 이동시킨다.

이온성 물질은 녹는점이 높기 때문에, 용융염의 전기 분해를 위해서는 매우 높은 온도가 필요하다. 용융염 대신 그 염의 수용액을 전기 분해하였을 때도 같은 생성물을 얻을 수 있을까? 많은 경우 그 대답은 "아니오"이다. 염의 이온 대신에 물 자체가 산화되어 $O_2$를 생성하거나 물이 환원되어 $H_2$를 생성할 수 있기 때문이다.

NaCl의 전기 분해 예에서, 전극들은 **비활성**이다. 즉, 전극들은 반응에 참여하지 않고, 단순히 산화와 환원이 일어나는 표면의 역할을 할 뿐이다. 그러나 전기 분해 과정에 참여하는 **활성** 전극을 기반으로 하는 몇 가지 전기 화학의 실제 응용도 있다. 예를 들어, **전기 도금**(electroplating)에서는 어떤 금속을 다른 금속 위에 얇게 석출시킴으로써 미적인 요소를 향상시키거나 부식에 대한 저항성을 증대시키기 위해 전기 분해를 사용한다. 이러한 예에는, 강철에 니켈이나 크로뮴을 전기 도금시키거나 값싼 금속에 은 같은 귀금속을 전기 도금하는 것이 있다.

그림 20.29는 니켈을 강철 조각에 전기 도금하는 전해 전지를 보여 준다. 산화 전극은 니켈 금속 조각이고, 환원 전극은 강철 조각이다. 전극들은 $NiSO_4(aq)$ 용액에 담겨 있다. 외부 전압이 가해지면, 환원 전극에서 환원 반응이 일어난다. $Ni^{2+}$의 표준 환원 전위($E^\circ_{red} = -0.28$ V)는 $H_2O$의 표준 환원 전위($E^\circ_{red} = -0.83$ V)보다 더 작은 음의 값이므로 $Ni^{2+}$가 우선적으로 환원되어 강철 환원 전극 위에 니켈 금속층이 입혀진다.

산화 전극에서는 니켈 금속이 산화된다. 이 현상을 설명하기 위해 산화 전극과 접촉하고 있는 물질인 $H_2O$와 $NiSO_4(aq)$를 산화 전극 물질인 Ni과 비교할 필요가 있다. $NiSO_4(aq)$ 용액의 경우, $Ni^{2+}$나 $SO_4^{2-}$는 산화될 수 없다(두 화학종 모두 이미 가장 높은 산화 상태에 있기 때문이다). 하지만 $H_2O$ 용매와 산화 전극의 Ni 원자는 모두 산화될 수 있다.

$$2\,H_2O(l) \longrightarrow O_2(g) + 4\,H^+(aq) + 4\,e^- \qquad E^\circ_{red} = +1.23\text{ V}$$

$$Ni(s) \longrightarrow Ni^{2+}(aq) + 2\,e^- \qquad E^\circ_{red} = -0.28\text{ V}$$

이 전지의 $E°$는 얼마인가?

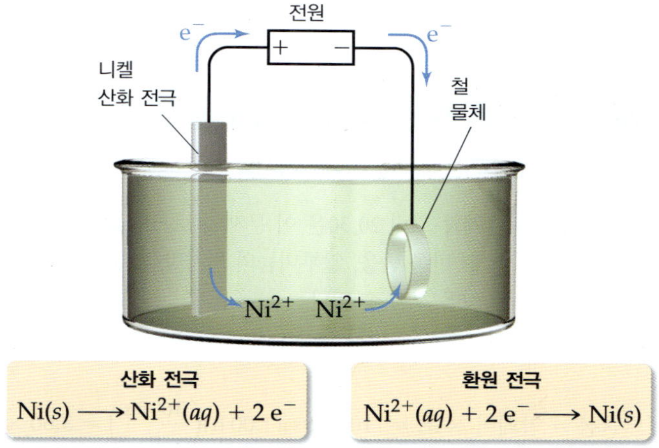


▲그림 20.29 활성 금속 전극을 이용한 전해 전지 니켈은 산화 전극에서 녹아 $Ni^{2+}(aq)$를 생성한다. 환원 전극에서는, $Ni^{2+}(aq)$가 환원되어 강철 환원 전극에 니켈 '판'을 생성한다.

20.4절에서 더 큰 음의 $E°_{red}$을 갖는 반쪽 반응이 더 쉽게 산화된다는 것을 보았다. (그림 20.11을 기억하라. 가장 쉽게 산화되는 물질인 가장 강한 환원제는 가장 큰 음의 $E°_{red}$ 값을 갖는다.) 따라서 산화 전극에서 산화되는 물질은 $H_2O$가 아니라 $E°_{red} = -0.28$ V인 Ni(s)이다. 전체 반응을 보면 아무것도 일어나지 않는 것처럼 보인다. 그러나 Ni 원자가 Ni 산화 전극으로부터 강철 환원 음극으로 이동하여 강철 전극에 얇은 니켈 원자층이 도금되고 있다.

전체 반응의 표준 기전력은 다음과 같다.

$$E°_{cell} = E°_{red}(\text{환원 전극}) - E°_{red}(\text{산화 전극}) = (-0.28\text{ V}) - (-0.28\text{ V}) = 0$$

표준 기전력이 0이므로, 한 전극에서 다른 전극으로 니켈 원자를 운반하기 위해서는 단지 작은 기전력만 필요하다.

## 전기 분해의 정량적 고찰

반쪽 반응의 화학량론은 전기 분해 과정이 일어나기 위해 얼마나 많은 전자가 필요한지를 알려 준다. 예를 들어, $Na^+$가 Na로 환원되는 것은 1-전자 과정이다.

$$Na^+ + e^- \longrightarrow Na$$

그러므로 1 mol의 전자는 1 mol의 Na 금속을 도금하고, 2 mol의 전자는 2 mol의 Na 금속을 도금한다. 이와 마찬가지로 $Cu^{2+}$로부터 1 mol의 Cu를 생성하는 데는 2 mol의 전자가 필요하고, $Al^{3+}$로부터 1 mol의 Al을 생성하는 데는 3 mol의 전자가 필요하다.

$$Cu^{2+} + 2\,e^- \longrightarrow Cu$$
$$Al^{3+} + 3\,e^- \longrightarrow Al$$

모든 반쪽 반응의 경우, 전해 전지에서 환원되거나 산화되는 물질의 양은 전지를 통과한 전자의 수에 정비례한다.

전해 전지에서와 같은 전기 회로를 통과한 전하량은 일반적으로 **쿨롬** 단위로 측정된다. 20.5절에서 언급했듯이 전자 1 mol의 전하는 96,485 C이다. 쿨롬은 전류가 1 암페어(A)일 때 회로의 한 점을 1초 동안 통과한 전하량이다. 따라서 전지를 통과한 쿨롬수는 암페어 단위의 전류에 초 단위의 경과 시간을 곱하면 구할 수 있다.

$$\text{쿨롬} = \text{암페어} \times \text{초} \qquad [20.21]$$

그림 20.30은 전기 분해에서 생성되거나 소비되는 물질의 양이 사용된 전하의 양과 어떻게 연관

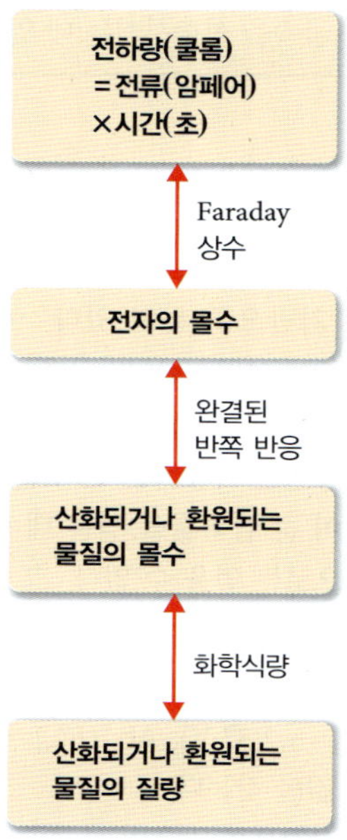


▲그림 20.30 전기 분해 반응에서 반응물 및 생성물의 양과 전하량 사이의 관계

되어 있는지를 보여 준다. 이와 똑같은 관계를 볼타 전지에도 적용할 수 있다. 즉 전자는 전기 분해 반응에서 '반응물'로 간주할 수 있다.

## 예제 20.14

### 전하와 전기 분해량과의 관계

전류가 10.0 A일 때, 용융 $AlCl_3$를 1.00시간 동안 전기 분해하여 얻은 알루미늄의 질량을 계산하시오.

**해답**

**분석** $AlCl_3$가 전기 분해되면 Al이 생성된다. 전류가 10.0A일 때, 1시간 동안 생성된 Al의 질량을 계산하는 문제이다.

**계획** 그림 20.30은 이 문제의 로드맵을 제공한다. 전류, 시간, 완결된 반쪽 반응, 알루미늄의 원자량을 이용하여 생성된 알루미늄의 질량을 구할 수 있다.

**풀이**

첫 번째로, 전해 전지를 통과한 전하의 쿨롬수를 계산한다(10.0 A = 10.0 C/s임에 주목하시오).

$$쿨롬 = 암페어 \times 초 = (10.0\ \text{C/s})(1.00\ \text{h})\left(\frac{3600\ \text{s}}{\text{h}}\right) = 3.60 \times 10^4\ \text{C}$$

두 번째로, 전지를 통과한 전자의 몰수를 계산한다.

$$e^-의\ 몰수 = (3.60 \times 10^4\ \text{C})\left(\frac{1\ \text{mol e}^-}{96,485\ \text{C}}\right) = 0.373\ \text{mol e}^-$$

세 번째로, $Al^{3+}$의 환원 반쪽 반응을 이용하여 전자의 몰수와 생성된 알루미늄의 몰수 관계를 나타낸다.

$$Al^{3+} + 3\,e^- \longrightarrow Al$$

따라서, 1 mol의 Al을 생성하는 데는 3 mol의 전자가 필요하다.

$$Al의\ 몰수 = (0.373\ \text{mol e}^-)\left(\frac{1\ \text{mol Al}}{3\ \text{mol e}^-}\right) = 0.124\ \text{mol Al}$$

마지막으로, 몰수를 그램수로 변환한다.

$$Al의\ 그램수 = (0.124\ \text{mol Al})\left(\frac{27.0\ \text{g Al}}{1\ \text{mol Al}}\right) = 3.36\ \text{g Al}$$

또는, 위의 모든 단계를 묶을 수도 있다.

$$Al의\ 그램수 = (3.60 \times 10^4\ \text{C})\left(\frac{1\ \text{mol e}^-}{96,485\ \text{C}}\right)\left(\frac{1\ \text{mol Al}}{3\ \text{mol e}^-}\right)\left(\frac{27.0\ \text{g Al}}{1\ \text{mol Al}}\right) = 3.36\ \text{g Al}$$

**▶ 보충 예제**

1.5 A의 전류를 사용하여 $CrCl_3$ 수용액으로부터 1.0 g의 크로뮴 금속을 석출시키는 데 얼마의 시간이 필요한가?

**(a)** $3.8 \times 10^{-2}$ 초 **(b)** 21분 **(c)** 62분 **(d)** 139분 **(e)** $3.2 \times 10^3$ 분

## 작동하는 화학 알루미늄의 전기 야금

금속을 생산하거나 정제하기 위해 사용되는 많은 과정이 전기 분해를 기반으로 하고 있다. 이러한 과정을 총체적으로 **전기 야금**(electrometallurgy)이라고 한다. 전기 야금 과정은 크게 용융염을 전기 분해하는지, 아니면 수용액을 전기 분해하는지에 따라 구분할 수 있다.

용융염을 사용하는 전기 분해는 소듐, 마그네슘, 알루미늄과 같이 활성이 큰 금속들을 얻는 데 중요한 방법이다. 이러한 금속들은 수용액으로는 얻을 수 없다. 그 이유는 금속 이온보다 물이 더 쉽게 환원되기 때문이다. 물의 표준 환원 전위는 산성 조건($E^\circ_{red} = 0.00$ V)과 염기성 조건($E^\circ_{red} = -0.83$ V)에서 $Na^+$($E^\circ_{red} = -2.71$ V), $Mg^{2+}$($E^\circ_{red} = -2.37$ V), $Al^{3+}$($E^\circ_{red} = -1.66$ V)의 표준 환원 전위보다 더 큰 양의 값을 갖는다.

역사적으로 알루미늄 금속을 얻는 것은 매우 어려운 일이었다. 알루미늄은 보크사이트 광석으로부터 얻어지는데, 보크사이트 광석은 화학 처리를 거쳐 농축된 산화 알루미늄($Al_2O_3$)이 된다. 산화 알루미늄의 녹는점은 2000 °C보다 높아서 전기 분해용 용융 매질로 사용하기에는 너무 높다.

알루미늄을 상업적으로 생산하기 위해 사용된 전기 분해법은 고안자인 Charles M. Hall과 Paul Héroult의 이름을 딴 **Hall–Héroult 과정**(Hall–Héroult process)이다. Hall(1863~1914)(그림 20.31)은 한 교수로부터 활성이 매우 큰 금속의 광석을 환원시키는 것이 매우 어렵다는 것을 알게 된 후, 1885년경부터 알루미늄을 환원시키는 문제를 연구하기 시작했다. 전기 분해법이 개발되기 전에는 소듐과 포타슘을 환원제로 사용하는 화학적인 환원을 통해 알루미늄을 얻었는데, 이 반응은 비용이 많이 들었기 때문에 알루미늄 금속의 가격이 상당히 높았다. 1852년 후반까지 알루미늄의 가격은 파운드당 545달러로, 금보다 훨씬 비쌌다. 1855년에 파리에서 개최된 박람회에서 알루미늄은 지각에 세 번째로 많이 매장된 원소임에도 불구하고 희귀 금속으로 전시되기도 하였다.

▲그림 20.31 젊은 시절의 Charles M. Hall

연구를 시작할 때 21살이었던 Hall은 직접 만들거나 빌린 실험 장비를 연구에 활용하였고, Ohio에 있는 자신의 집 근처의 헛간을 실험실로 썼다. 약 1년여의 연구 끝에, 이온 결합 화합물을 사용하는 전기 분해 과정을 개발하였다. 이 이온 결합 화합물은 용융되었을 때 $Al_2O_3$는 잘 녹이지만 전해 반응은 방해하지 않는 전도성 매질을 생성한다. 그가 선택한 이온 결합 화합물은 상대적으로 희귀 광물인 빙정석($Na_3AlF_6$)이었다. Hall과 동갑인 Héroult는 독립적으로 거의 동시에 프랑스에서 Hall과 똑같은 발견을 하였다. 무명의 두 젊은 과학자의 연구로 인해, 알루미늄의 대량 생산이 상업적으로 가능하게 되었고, 알루미늄은 흔하고 친숙한 금속이 되었다. 실제로, Hall이 알루미늄을 생산하기 위해 설립한 공장은 Alcoa Corporation으로 발전하였다.

Hall–Héroult 공정에서 $Al_2O_3$는 1012 °C에서 녹는 용융 빙정석에 용해되어 효과적인 전기 전도체가 된다(그림 20.32). 흑연 막대는 산화 전극으로 사용되며, 전기 분해 동안 소모된다.

**산화 전극:** $C(s) + 2\,O^{2-}(l) \longrightarrow CO_2(g) + 4\,e^-$

**환원 전극:** $3\,e^- + Al^{3+}(l) \longrightarrow Al(l)$

Hall–Héroult 공정에는 많은 양의 전기 에너지가 필요하다. 이는 많은 알루미늄 공장이 수력 발전소와 같이 값싼 전기 공급원 근처에 있는 이유이기도 하다. 알루미늄을 재활용하기 위한 에너지는 '새' 알루미늄을 생산하는 데 필요한 에너지의 5%에 불과하기 때문에, 재활용 알루미늄의 양을 늘리면 상당히 많은 양의 에너지를 절약할 수 있다. 미국에서는 알루미늄 음료수 용기의 약 65%가 재활용되고 있다.

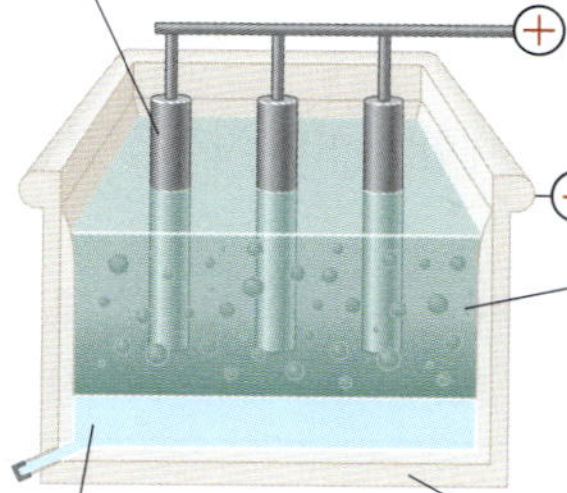


▲그림 20.32 Hall–Héroult 공정 용융 알루미늄은 빙정석($Na_3AlF_6$)과 $Al_2O_3$의 혼합물보다 밀도가 높기 때문에, 금속은 전지의 바닥에 모인다.

## 자기 평가 연습 문제

**20.45** 전해 전지에는 $MCl_3$ 용액이 들어있다. 총 3610 C의 전하가 전지를 통과하여, 0.648 g의 금속 M이 환원 전극에 석출되었다. 금속 M은 무엇인가?
**(a)** V **(b)** Cr **(c)** Mn **(d)** Co

## 연습 문제

**20.46** **(a)** **전해 전지**란 무엇인가?
**(b)** 전원의 (−) 단자를 전해 전지의 전극에 연결하였다. 이 전극은 전지의 산화 전극인가 환원 전극인가? 설명하시오.
**(c)** 물을 전기 분해하기 위해 적은 양의 황산을 물에 첨가한다. 이 때 황산의 역할은 무엇인가?
**(d)** Al과 같은 활성 금속은 수용액보다는 용융염의 전기 분해를 통해 얻는다. 그 이유는 무엇인가?

**20.47** 금속 마그네슘은 용융 $MgCl_2$를 전기 분해하여 얻을 수 있다.
**(a)** 용융 $MgCl_2$에 4.55 A의 전류를 4.50일 동안 흘려 주었을 때, 생성된 Mg의 질량은 얼마인가?
**(b)** 용융 $MgCl_2$로부터 25.00 g의 Mg을 석출하기 위해서는 3.50 A의 전류를 몇 분 동안 흘려 주어야 하는가?

**20.48** 칼슘 원소는 용융 $CaCl_2$를 전기 분해하여 얻는다.
**(a)** 48시간 동안 $7.5\times10^3$ A의 전류를 흘려 주었을 때, 이 과정에 의해 생산될 수 있는 칼슘의 질량은 얼마인가? 이 전해 전지의 효율은 68%라고 가정한다.
**(b)** 이 전기 분해 반응이 일어나기 위해 가해야 하는 최소 전압은 얼마인가?

**20.49** 전해 정제하고자 하는 구리와 금 금속의 혼합물에는 텔루륨이 불순물로 들어 있다. 텔루륨과 이 금속의 흔한 산화 상태인 $Te^{4+}$ 사이

의 표준 환원 전위는 다음과 같다.

$$Te^{4+}(aq) + 4\,e^- \longrightarrow Te(s) \quad E^\circ_{red} = 0.57\ V$$

이러한 정보를 바탕으로, 텔루륨 불순물이 전해 정제하는 동안 어떻게 될지 설명하시오. 불순물은 구리가 산화됨에 따라 변하지 않고 용기의 바닥으로 떨어질까, 이온으로 용액 속으로 들어갈까? 용액 속으로 들어간다면, 불순물은 환원 전극에 석출될까?

자기 평가 연습 문제 답 **20.45** (b)

## 통합 예제
### 종합 개념

298 K에서 플루오린화 철(II)의 $K_{sp} = 2.4 \times 10^{-6}$이다. **(a)** 물에서 $FeF_2(s)$의 2-전자 환원의 생성물이 생성되는 반쪽 반응을 쓰시오. **(b)** $K_{sp}$ 값과 $Fe^{2+}(aq)$의 표준 환원 전위를 이용하여 (a)에서 반쪽 반응의 표준 환원 전위를 계산하시오. **(c)** (a)에서 구한 반응의 환원 전위와 $Fe^{2+}(aq)$의 환원 전위 간에 차이가 생긴 이유를 설명하시오.

### 해답

**분석** 평형 상수와 전기 화학에 대한 우리의 지식을 결합하여, 환원 전위를 구할 것이다.

**계획** (a)에서는 $Fe^{2+}$와 $F^-$ 중에서 어떤 이온이 2-전자에 의해 환원이 일어날 것인지 결정해야 하고, $FeF_2 + 2e^- \longrightarrow$ ?의 전체 반응식을 완성해야 한다. (b)에서는 $K_{sp}$와 관련된 화학 반응식을 쓰고, 이 화학 반응식이 (a)에서의 환원 반응의 $E^\circ$ 값과 어떻게 관련되는지 알아내야 한다. (c)에서는 (b)에서 얻은 $E^\circ$ 값과 $Fe^{2+}$의 환원에 대한 $E^\circ$ 값을 비교할 필요가 있다.

**풀이**

**(a)** 플루오린화 철(II)은 $Fe^{2+}$와 $F^-$ 이온으로 이루어진 이온성 물질이다. 두 개의 전자가 $FeF_2$의 어디에 첨가될 수 있는지 예측해야 한다. 전자 두 개를 $F^-$ 이온에 첨가하여 $F^{2-}$를 생성한다고는 볼 수 없으므로, $Fe^{2+}$가 $Fe(s)$로 환원될 수 있을 것으로 보인다. 따라서 다음의 반쪽 반응을 예측할 수 있다.

$$FeF_2(s) + 2\,e^- \longrightarrow Fe(s) + 2\,F^-(aq)$$

**(b)** $FeF_2$의 $K_{sp}$ 값은 다음의 평형으로 나타낼 수 있다.

$$FeF_2(s) \rightleftharpoons Fe^{2+}(aq) + 2\,F^-(aq) \qquad K_{sp} = [Fe^{2+}][F^-]^2 = 2.4 \times 10^{-6}$$

$Fe^{2+}$의 표준 환원 전위를 사용하라고 되어 있다. 반쪽 반응과 표준 환원 전위는 부록 E에 나열되어 있다.

$$Fe^{2+}(aq) + 2\,e^- \longrightarrow Fe(s) \qquad E = -0.440\ V$$

Hess 법칙에 따라 만약 원하는 식을 얻기 위해 화학 반응식을 더할 수 있다면, 원하는 반응에 대한 열역학적 양을 구하기 위해 반응식과 관련된 $\Delta H$나 $\Delta G$와 같은 열역학적 상태 함수들도 더할 수 있다. 따라서 세 개의 화학 반응식을 이런 방식으로 결합할 수 있는지 알아볼 필요가 있다. $Fe^{2+}$에 대한 표준 환원 반쪽 반응에 $K_{sp}$ 반응을 합치면 원하는 반응을 얻을 수 있음에 주목하라.

1. $FeF_2(s) \longrightarrow Fe^{2+}(aq) + 2\,F^-(aq)$
2. $Fe^{2+}(aq) + 2\,e^- \longrightarrow Fe(s)$

전체: 3. $FeF_2(s) + 2\,e^- \longrightarrow Fe(s) + 2\,F^-(aq)$

반응 3은 여전히 반쪽 반응이고, 따라서 자유 전자가 있음을 알 수 있다.

| | |
|---|---|
| 반응 1과 반응 2의 $\Delta G°$ 값을 안다면, 둘을 합쳐서 반응 3의 $\Delta G°$ 값을 얻을 수 있다. $\Delta G° = -nFE°$(식 20.12)에 의해 $\Delta G°$를 $E°$와 연관 지을 수 있고, $\Delta G° = -RT \ln K$ (식 19.20과 그림 20.13)에 의해 $\Delta G°$를 $K$와 연관 지을 수 있다. 더욱이 반응 1의 $K$는 $FeF_2$의 $K_{sp}$임을 알고 있고, 반응 2의 $E°$도 알고 있다. 따라서 반응 1과 2의 $\Delta G°$를 계산할 수 있다. (1 V는 1 J/C임을 기억하라.) | **반응 1:** $\Delta G° = -RT \ln K = -(8.314\,J/K\,mol)(298\,K)\ln(2.4 \times 10^{-6}) = 3.21 \times 10^4\,J/mol$ **반응 2:** $\Delta G° = -nFE° = -(2)(96{,}485\,C/mol)(-0.440\,J/C) = 8.49 \times 10^4\,J/mol$ |
| 다음으로 구하고자 하는 반응 3의 $\Delta G°$는 반응 1과 2의 $\Delta G°$ 값의 합이다. | $3.21 \times 10^4\,J/mol + 8.49 \times 10^4\,J/mol = 1.17 \times 10^5\,J/mol$ |
| 이 값은 $\Delta G° = -nFE°$라는 관계식을 이용하여 $E°$로 바꿀 수 있다. | $1.17 \times 10^5\,J/mol = -(2)(96{,}485\,C/mol)E°$ $$E° = \frac{1.17 \times 10^5\,J/mol}{-(2)(96{,}485\,C/mol)} = -0.606\,J/C = -0.606\,V$$ |

**(c)** $FeF_2$의 표준 환원 전위(−0.606 V)는 $Fe^{2+}$의 표준 환원 전위(−0.440 V)보다 더 음의 값이며, 이는 $FeF_2$의 환원이 $Fe^{2+}$의 환원보다 덜 유리한 과정임을 의미한다. $FeF_2$가 환원될 때, $Fe^{2+}$ 이온만 환원되는 것이 아니라 어온성 고체도 쪼개진다. 이 추가적인 에너지를 극복해야 하므로 $FeF_2$의 환원은 $Fe^{2+}$의 환원보다 덜 유리하다.

# 요약 및 중요 용어

**산화 상태와 산화–환원 반응(서론과 20.1절)** 이 장에서는, 전기와 화학 반응 간의 관계를 다루는 화학의 한 분야인 **전기 화학(electrochemistry)**에 초점을 맞추었다. 전기 화학은 redox 반응으로 불리는 산화–환원 반응과 관련되어 있다. 이 반응은 한 개 이상 원소의 산화 상태 변화와 관련되어 있다. 모든 산화–환원 반응에서 한 물질은 산화되고(산화 상태 또는 산화수가 증가하고), 한 물질은 환원된다(산화 상태 또는 산화수가 감소한다). 산화되는 물질은 다른 물질을 환원시키기 때문에 **환원제(reducing agent 또는 reductant)**라고 한다. 유사하게, 환원되는 물질은 다른 물질을 산화시키기 때문에 **산화제(oxidizing agent 또는 oxidant)**라고 한다.

**산화–환원 반응식 균형 맞추기(20.2절)** 산화–환원 반응은 반응을 두 **반쪽 반응(half-reactions)**, 즉 산화 반응과 환원 반응으로 나누어 반응식의 균형을 맞출 수 있다. 반쪽 반응은 전자도 포함하여 균형을 맞춘 화학식이다. 산화 반쪽 반응에서는, 전자가 반응식의 생성물 쪽(오른쪽)에 놓인다. 환원 반쪽 반응에서는, 전자가 반응식의 반응물 쪽(왼쪽)에 있다. 각 반응식은 따로 균형을 맞추고, 각 반응식의 한쪽에 있는 전자의 균형을 맞추기 위해 적절한 계수를 곱한 후 두 반응을 합친다. 따라서 두 반응이 합쳐질 때 전자는 소거된다.

**볼타 전지(20.3절)** **볼타 전지(voltaic cell 또는 갈바니 전지(galvanic cell))**는 자발적인 산화–환원 반응을 사용하여 전기를 생산한다. 볼타 전지에서 산화와 환원 반쪽 반응은 종종 분리된 반쪽 전지에서 일어난다. 각 반쪽 전지는 반쪽 반응이 일어나는 전극이라고 불리는 고체 표면을 가지고 있다. 산화가 일어나는 전극을 **산화 전극(anode)**이라고 하고, 환원이 일어나는 전극을 **환원 전극(cathode)**이라고 한다. 산화 전극에서 나온 전자는 외부 회로(전기적인 일을 하는 곳)를 통하여 환원 전극으로 흐른다. 염다리와 같은 장치를 통해 두 반쪽 전지 사이에서 이온이 이동함으로써 용액 내 전기적 중성이 유지된다.

**표준 상태에서의 전지 전위(20.4절)** 볼타 전지는 외부 회로를 통하여 산화 전극으로부터 환원 전극으로 전자를 이동하게 하는 **기전력(electromotive force, emf)**을 발생한다. 기전력의 근원은 전지를 구성하는 두 전극의 전기적 퍼텐셜 에너지의 차이다. 전지의 기전력을 **전지 전위(cell potential, $E_{cell}$)**라고 하며, 볼트(1 V=1 J/C) 단위로 측정한다. 표준 상태에서의 전지 전위를 **표준 기전력(standard emf)** 또는 **표준 전지 전위(standard cell potential)**라 하고, $E°_{cell}$로 나타낸다.

**표준 환원 전위(standard reduction potential, $E°_{red}$)**는 각 반쪽 반응에 할당될 수 있다. 이것은 각 반쪽 반응의 전위를 $E°_{red}=0$ V로 정의된 **표준 수소 전극(standard hydrogen electrode, SHE)**의 전위와 비교하여 얻어진다.

볼타 전지의 표준 전지 전위는 산화 전극과 환원 전극에서 일어나는 반쪽 반응의 표준 환원 전위 차이이다.

$$E^\circ_{cell} = E^\circ_{red}(\text{환원 전극}) - E^\circ_{red}(\text{산화 전극})$$

볼타 전지의 경우 $E^\circ_{cell}$의 값은 양수이다.

환원 반쪽 반응의 경우, $E^\circ_{red}$ 값은 환원이 일어나는 경향의 척도이다. $E^\circ_{red}$가 양의 값을 가질수록, 이 물질의 환원 경향은 커진다. 쉽게 환원되는 물질은 강한 산화제로 작용하므로, $E^\circ_{red}$는 물질의 산화력의 세기를 측정한다. 강한 산화제인 물질은 약한 환원제인 물질을 생성하며, 그 반대의 경우도 마찬가지다.

**자유 에너지와 산화–환원 반응(20.5절)** 기전력($E$)은 Gibbs 자유 에너지 변화와 $\Delta G = -nFE$의 관계에 있다. 여기에서 $n$은 산화–환원 과정 동안 이동한 전자의 몰수이고, $F$는 전자 1 mol의 전하량으로 정의되는 **Faraday 상수(Faraday constant)**로, $F = 96,485$ C/mol이다. $E$는 $\Delta G$와 관련되어 있으므로, $E$의 부호는 산화–환원 과정의 자발성 여부를 나타낸다. 즉 $E > 0$이면 자발적 과정이고, $E < 0$이면 비자발적 과정이다. $\Delta G$는 반응의 평형 상수와도 관련되어 있기 때문에($\Delta G^\circ = -RT \ln K$), $E$와 $K$도 관련지을 수 있다.

**비표준 상태에서의 전지 전위(20.6절)** 산화–환원 반응의 기전력은 온도와 반응물 및 생성물의 농도에 따라 변한다. **Nernst 식(Nernst equation)**은 비표준 상태의 기전력을 표준 기전력과 반응 지수 $Q$와 관련시킨다.

$$E = E^\circ - (RT/nF)\ln Q = E^\circ - (0.0592/n)\log Q$$

계수 0.0592는 $T$=298 K일 때의 값이다. **농도 전지(concentration cell)**는 똑같은 반응이 산화 전극과 환원 전극에서 일어나지만, 각 반쪽 전지에 있는 반응물의 농도가 다른 볼타 전지이다. 농도 전지의 평형에서 $Q = K$이고, $E = 0$이다.

**배터리와 연료 전지(20.7절)** **배터리(battery)**는 한 개 이상의 볼타 전지를 포함하고 있는 독립적인 전기 화학 전원이다. 배터리는 다양한 산화–환원 반응에 기반을 두고 있다. 재충전할 수 없는 배터리를 **일차 전지(primary cell)**라고 하고, 재충전이 가능한 배터리를 **이차 전지(secondary cell)**라고 한다. 일반적인 알칼리 건전지는 일차 전지의 예이다. 납–산 배터리, 니켈–카드뮴 배터리, 니켈–금속 수소화물 배터리, 리튬 이온 배터리가 이차 전지의 예이다. **연료 전지(fuel cell)**는 전압을 발생시키기 위해 $H_2$와 같은 반응물을 지속적으로 전지에 공급해야 하는, 산화–환원 반응을 이용한 볼타 전지이다.

**부식(20.8절)** 전기 화학의 원리는 금속이 주변 환경의 어떤 물질에 의해 공격을 받는, 바람직하지 않은 산화–환원 반응인 **부식(corrosion)**을 이해하는 데 도움이 된다. 철에 녹이 스는 부식은 물과 산소가 있기 때문에 일어나며, 제설제의 염과 같은 전해질에 의해 부식 과정이 촉진된다. 더 쉽게 산화하는 다른 금속과 접촉시킴으로써 금속을 보호하는 것을 **음극화 보호(cathodic protection)**라고 한다. 예를 들어, 아연 도금 철에는 아연이 얇게 코팅되어 있다. 아연은 철보다 더 쉽게 산화되므로 산화–환원 반응에서 희생 산화 전극의 역할을 한다.

**전기 분해(20.9절)** **전해 전지(electrolytic cell)**에서 진행되는 **전기 분해 반응(electrolysis reaction)**은 비자발적 전기 화학 반응을 일으키기 위해 외부 전원을 이용한다. 전해 전지에서 전류를 운반하는 매질은 용융염이나 전해질 용액일 수 있다. 전해 전지의 전극은 활성 전극일 수도 있고 비활성 전극일 수도 있다. 이는 전극이 전기 분해 반응에 참여할 수 있다는 것을 의미한다. 활성 전극은 금속 제련과 전기 도금 과정에서 중요하다.

전기 분해 과정에서 생성된 물질의 양은 산화–환원 반응에 관여하는 전자의 수와 전지를 통과한 전하량을 고려하여 계산할 수 있다. 전하량은 쿨롬 단위로 측정되며, 전류의 크기 및 전류가 흐른 시간과 관련이 있다 (1 C = 1 A-s).

## 학습 정리 이 장을 공부한 후에 여러분은 다음을 할 수 있어야 한다.

- 화학 반응식에서 산화, 환원, 산화제와 환원제를 찾기(20.1절). **관련 연습 문제: 20.2, 20.62, 20.65**
- 반쪽 반응법을 이용하여 산화–환원 반응식의 균형을 맞추고 완결하기(20.2절). **관련 연습 문제: 20.9, 20.68**
- 볼타 전지의 개략도를 그리고, 산화 전극과 환원 전극을 찾고, 전자와 이온의 이동 방향을 식별하기(20.3절). **관련 연습 문제: 20.12, 20.70**
- 표준 환원 전위로부터 표준 기전력(전지 전위, $E^\circ_{cell}$)을 계산하기(20.4절). **관련 연습 문제: 20.15, 20.16, 20.17, 20.75, 20.76**
- 산화–환원 반응이 자발적인지 예측하기 위해 환원 전위를 이용하기(20.4절). **관련 연습 문제: 20.21, 20.82**
- $E^\circ_{cell}$과 $\Delta G$ 및 평형 상수와의 관계를 나타내기(20.5절). **관련 연습 문제: 20.23, 20.83**
- 비표준 상태에서 기전력을 계산하기(20.6절). **관련 연습 문제: 20.32, 20.91**
- 일반적인 배터리의 구성 요소를 확인하기(20.7절). **관련 연습 문제: 20.36, 20.94**
- 리튬 이온 배터리의 구성을 기술하고 작동 원리를 설명하기(20.7절). **관련 연습 문제: 20.39, 20.97**
- 연료 전지의 구성을 기술하고, 어떻게 전기 에너지를 생성하는지 설명하기(20.7절). **관련 연습 문제: 20.40, 20.98**
- 부식이 어떻게 일어나는지, 음극화 보호가 부식을 어떻게 방지하는지 설명하기(20.8절). **관련 연습 문제: 20.42, 20.99**
- 전해 전지의 반응을 기술하기(20.9절). **관련 연습 문제: 20.46, 20.102**
- 산화–환원 반응에서 생성물과 반응물의 양을 전하량과 관련시키기(20.9절). **관련 연습 문제: 20.48, 20.104**

## 핵심 공식

- $E^\circ_{cell} = E^\circ_{red}$(환원 전극) $- E^\circ_{red}$(산화 전극) [20.8] 환원 반쪽 반응(환원 전극)과 산화 반쪽 반응(산화 전극)의 표준 환원 전위와 표준 기전력과의 관계
- $\Delta G = -nFE$ [20.11] 자유 에너지 변화와 기전력과의 관계
- $E = E^\circ - \dfrac{0.0592\ \text{V}}{n}\log Q$ (298 K에서) [20.18] 전지 전위에 대한 농도의 영향을 나타내는 Nernst 식

## 연습 문제

**20.50** 산과 염기에 대한 Brønsted–Lowry 개념에서, 산–염기 반응은 양성자 이동 반응으로 간주된다. 더 강한 산일수록 그 짝염기는 더 약한 염기이다. 산화–환원 반응도 비슷한 방식으로 생각해 본다면, 양성자와 유사한 입자는 무엇인가? 강한 산화제는 강산과 유사한가, 약산과 유사한가? [20.1절, 20.2절]

**20.51** '항산화제(antioxidant)'가 건강에 좋다는 말을 많이 들어 보았을 것이다. '항산화제'는 산화제일까 아니면 환원제일까? [20.1절, 20.2절]

**20.52** 다음 그림은 볼타 전지의 전극에서 일어나는 과정을 분자 수준에서 나타낸 것이다. [20.3절]

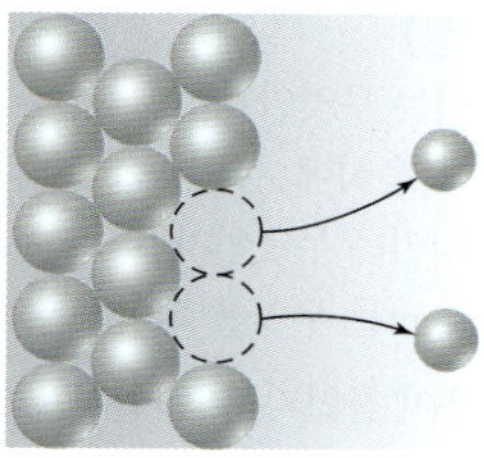

**(a)** 이 과정이 나타내는 것은 산화인가, 환원인가?
**(b)** 이 전극은 산화 전극인가, 환원 전극인가?
**(c)** 전극에 있는 원자를 용액에 있는 이온보다 더 큰 구로 표현한 이유는 무엇인가?

**20.53** 다음 반쪽 반응을 이용한 볼타 전지를 만들려고 한다.

$$A^{2+}(aq) + 2\,e^- \longrightarrow A(s) \qquad E^\circ_{red} = -0.10\ \text{V}$$
$$B^{2+}(aq) + 2\,e^- \longrightarrow B(s) \qquad E^\circ_{red} = -1.10\ \text{V}$$

다음 그림과 같이 전극이 물에 담겨 있는 미완성 전지에서 시작한다고 하자. [20.3절, 20.4절]

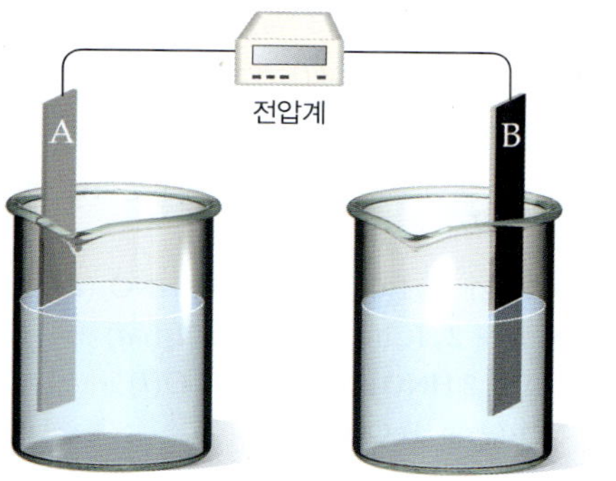


**(a)** 이 전지가 표준 기전력을 발생하기 위해서는 어떤 것들을 추가해야 하는가?
**(b)** 어떤 전극이 환원 전극으로 작용하는가?
**(c)** 전자는 외부 회로를 통해서 어느 방향으로 이동하는가?
**(d)** 표준 상태에서 이 전지의 전압은 얼마인가?

**20.54** 자발적으로 진행되는 다음 반응에 대해 물음에 답하시오. [20.3절]

$$A(aq) + B(aq) \longrightarrow A^-(aq) + B^+(aq)$$

**(a)** 이 반응을 이용하여 볼타 전지를 만든다면, 환원 전극에서는 어떤 반쪽 반응이 일어나겠는가? 그리고 산화 전극에서는 어떤 반쪽 반응이 일어나겠는가?
**(b)** (a)의 반쪽 반응 중 퍼텐셜 에너지가 더 큰 반쪽 반응은 어느 것인가?
**(c)** $E^\circ_{cell}$의 부호는 양인가, 음인가?

**20.55** 수용액에서 일어나는 일련의 가상적인 반응에 대한 표준 전극 전위를 다음 표에 나타내었다. [20.4절, 20.5절]

| 환원 반쪽 반응 | $E^\circ$(V) |
|---|---|
| $A^+(aq) + e^- \longrightarrow A(s)$ | 1.33 |
| $B^{2+}(aq) + 2\,e^- \longrightarrow B(s)$ | 0.87 |
| $C^{3+}(aq) + e^- \longrightarrow C^{2+}(aq)$ | −0.12 |
| $D^{3+}(aq) + 3\,e^- \longrightarrow D(s)$ | −1.59 |

**(a)** 어떤 물질이 가장 강한 산화제인가? 가장 약한 산화제는 어느 것인가?
**(b)** 어떤 물질이 가장 강한 환원제인가? 가장 약한 환원제는 어느 것인가?
**(c)** 어떤 물질이 $C^{2+}$를 산화시킬 수 있는가?

**20.56** $E^\circ$가 음수인 산화–환원 반응에 대해 다음 물음에 답하시오. [20.5절]

**(a)** 이 반응의 $\Delta G^\circ$의 부호는 양인가, 음인가?
**(b)** 이 반응의 평형 상수는 1보다 큰가, 작은가?
**(c)** 이 반응에 기반한 전기 화학 전지는 주위에 대해 일을 할 수 있는가?

**20.57** 다음 볼타 전지를 살펴보자. [20.4절, 20.6절]

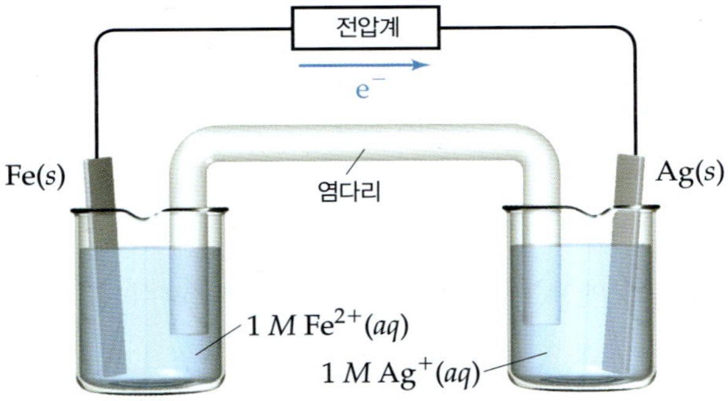


(a) 어느 전극이 환원 전극인가?
(b) 이 전지의 표준 기전력은 얼마인가?
(c) 환원 전극 반쪽 전지의 이온 농도가 10배 증가했다면, 전지의 전압은 얼마나 변하겠는가?
(d) 산화 전극 반쪽 전지의 이온 농도가 10배 증가했다면, 전지의 전압은 얼마나 변하겠는가?

**20.58** 다음 반쪽 반응을 살펴보자. [20.6절]

$$Ag^+(aq) + e^- \longrightarrow Ag(s)$$

(a) 다음 그림에서 $Ag^+(aq)$의 농도에 따라 달라지는 환원 전위를 나타내는 선은 어느 것인가?
(b) $\log[Ag^+]=0$일 때, $E_{red}$의 값은 얼마인가?

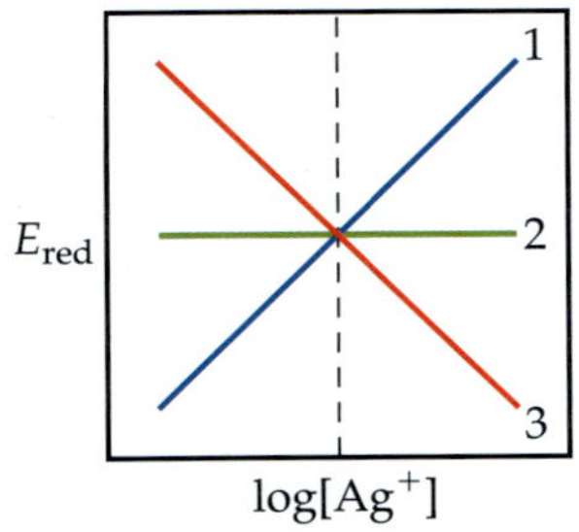


**20.59** 산화 은 배터리의 전극은 산화 은($Ag_2O$)과 아연이다. [20.7절]
(a) 어떤 전극이 산화 전극으로 작용하는가?
(b) 다음 중 어떤 배터리가 산화 은 배터리와 가장 비슷한 에너지 밀도를 가질 것이라고 생각하는가?
리튬 이온 배터리, 니켈–카드뮴 배터리, 납–산 배터리

**20.60** 그림과 같이 3개의 비커에 각각 철 막대를 담근다. A, B, C 중 어떤 비커에서 가장 심한 부식이 발생할 것으로 예상하는가? [20.8절]

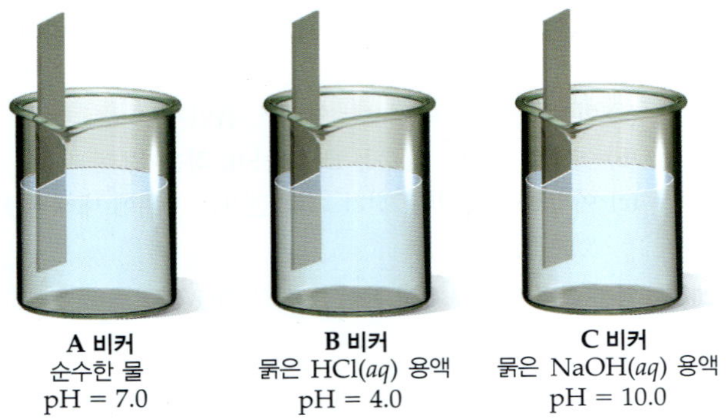


**20.61** 상업적으로 원소 마그네슘은 다음 그림과 비슷한 전지를 이용하여 용융염(전해질)을 전기 분해하여 얻는다. [20.9절]
(a) 마그네슘이 용융염의 일부일 때 가장 일반적인 마그네슘의 산화수는 얼마인가?
(b) 전지에 전압이 가해지면 염소 기체가 발생한다. 이 사실을 바탕으로 전해질이 무엇일지 제시해 보시오.
(c) 전해 전지에서는 배터리와 반대로, 산화 전극이 (+)극이고 환원 전극이 (−)극이 된다는 사실을 상기하라. 이 전해 전지의 산화 전극에서는 어떤 반쪽 반응이 일어나는가?
(d) 환원 전극에서는 어떤 반쪽 반응이 일어나는가?

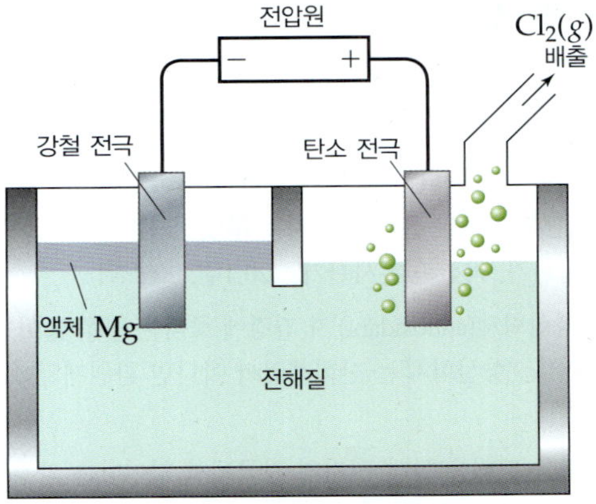


## 산화-환원 반응(20.1절)

**20.62** (a) **산화**의 의미는 무엇인가?
(b) 산화 반쪽 반응식에서는 어느 쪽에 전자가 나타나는가?
(c) oxidant의 의미는 무엇인가?
(d) oxidizing agent는 무엇을 의미하는가?

**20.63** 다음의 각 내용이 참인지, 거짓인지를 말하시오.
(a) 어떤 물질이 산화되었다면 형식적으로 전자를 잃은 것이다.
(b) 반응 $Fe^{3+}(aq) + Co^{2+}(aq) \longrightarrow Fe^{2+}(aq) + Co^{3+}(aq)$에서 $Fe^{3+}(aq)$는 환원제이고, $Co^{2+}(aq)$는 산화제이다.
(c) 어떤 반응에서 반응물 또는 생성물의 산화 상태에 변화가 없다면 그 반응은 산화–환원 반응이 아니다.

**20.64** 다음 각각의 균형 맞춘 산화–환원 반응에 대해 **(i)** 반응물과 생성물에 있는 모든 원소의 산화수를 밝히고, **(ii)** 각 반응에서 이동한 전체 전자의 개수를 말하시오.
(a) $14\,H^+(aq) + 2\,Mn^{2+}(aq) + 5\,NaBiO_3(s) \longrightarrow 7\,H_2O(l) + 2\,MnO_4^- + 5\,Bi^{3+}(aq) + 5\,Na^+(aq)$
(b) $2\,KMnO_4(aq) + 3\,Na_2SO_3(aq) + H_2O(l) \longrightarrow 2\,MnO_2(s) + 3\,Na_2SO_4(aq) + 2\,KOH(aq)$
(c) $Cu(s) + 2\,AgNO_3(aq) \longrightarrow 2\,Ag(s) + Cu(NO_3)_2(aq)$

**20.65** 다음의 균형 맞춘 화학 반응식이 산화–환원 반응인지 표시하시오. 산화–환원 반응인 경우, 산화수가 변하는 원소가 무엇인지 찾아보시오.
(a) $2\,NO_2(g) + H_2O_2(aq) \longrightarrow 2\,HNO_3(aq)$
(b) $FeS(s) + 2\,HCl(aq) \longrightarrow FeCl_2(aq) + H_2S(g)$
(c) $Fe(s) + 2\,HNO_3(aq) \longrightarrow H_2O(l) + 2\,NO_2(g) + FeO(s)$

## 산화-환원 반응식의 균형 맞추기(20.2절)

**20.66** 규소의 정제 공정에는 사염화 규소 증기($SiCl_4(g)$)와 수소를 1250 °C까지 반응시켜 고체 규소와 염화 수소를 생성하는 반응이 포함되어 있다.
**(a)** 이 반응의 균형 맞춘 화학 반응식을 쓰시오.
**(b)** 산화되는 것은 무엇이고, 환원되는 것은 무엇인가?
**(c)** 어느 물질이 환원제이고, 어느 것이 산화제인가?

**20.67** 다음 반응식의 균형을 맞추고, 각각의 경우 반쪽 반응이 산화인지, 환원인지 쓰시오.
**(a)** $Cr_2O_7^{2-}(aq) \longrightarrow Cr^{3+}(aq)$ (산성 용액)
**(b)** $Mn^{2+}(aq) \longrightarrow MnO_4^-(aq)$ (산성 용액)
**(c)** $I_2(s) \longrightarrow IO_3^-(aq)$ (산성 용액)
**(d)** $S(s)(aq) \longrightarrow H_2S(g)$ (산성 용액)
**(e)** $NO_3^-(aq) \longrightarrow NO_2^-(aq)$ (염기성 용액)
**(f)** $H_2O_2(aq) \longrightarrow OH^-(aq)$ (염기성 용액)

**20.68** 다음 화학 반응식의 균형을 맞추고, 산화제와 환원제를 표시하시오.
**(a)** $Cr_2O_7^{2-}(aq) + I^-(aq) \longrightarrow Cr^{3+}(aq) + IO_3^-(aq)$ (산성 용액)
**(b)** $MnO_4^-(aq) + CH_3OH(aq) \longrightarrow Mn^{2+}(aq) + HCOOH(aq)$ (산성 용액)
**(c)** $I_2(s) + OCl^-(aq) \longrightarrow IO_3^-(aq) + Cl^-(aq)$ (산성 용액)
**(d)** $As_2O_3(s) + NO_3^-(aq) \longrightarrow H_3AsO_4(aq) + N_2O_3(aq)$ (산성 용액)
**(e)** $MnO_4^-(aq) + Br^-(aq) \longrightarrow MnO_2(s) + BrO_3^-(aq)$ (염기성 용액)
**(f)** $Pb(OH)_4^{2-}(aq) + ClO^-(aq) \longrightarrow PbO_2(s) + Cl^-(aq)$ (염기성 용액)

## 볼타 전지(20.3절)

**20.69** 아래의 서술이 참인지, 거짓인지를 말하시오.
**(a)** 환원 전극은 산화가 일어나는 전극이다.
**(b)** 갈바니 전지는 볼타 전지의 또 다른 이름이다.
**(c)** 볼타 전지에서 전자는 산화 전극에서 환원 전극으로 자발적으로 흐른다.

**20.70** 그림 20.5에 나타낸 것과 유사한 볼타 전지를 만들었다. 한 반쪽 전지는 용액에 마그네슘 조각을 넣어 만들었고, 다른 반쪽 전지는 용액에 니켈 조각을 넣어 만들었다. 전체 전지의 반응은 다음과 같다.

$$Mg(s) + Ni^{2+}(aq) \longrightarrow Ni(s) + Mg^{2+}(aq)$$

**(a)** 산화되는 것은 무엇이고 환원되는 것은 무엇인가?
**(b)** 두 반쪽 전지에서 일어나는 반쪽 반응을 쓰시오.
**(c)** 어느 전극이 산화 전극이고 어느 전극이 환원 전극인가?
**(d)** 각 전극의 부호가 양인지, 음인지 표시하시오.
**(e)** 전자는 마그네슘 전극에서 니켈 전극으로 흐르는가, 니켈 전극에서 마그네슘 전극으로 흐르는가?
**(f)** 용액 속의 양이온과 음이온은 어느 방향으로 이동하는가?

## 표준 상태에서의 전지 전위(20.4절)

**20.71** **(a)** **볼트**(volt)의 정의는 무엇인가?
**(b)** 볼타 전지는 양의 전지 전위를 생성하는가?

**20.72** **(a)** 볼타 전지에서 산소 전극이 환원 전극으로 작용할 때, 산성 수용액 속에 있는 산소 전극에서 일어나는 반쪽 반응을 쓰시오.
**(b)** 볼타 전지에서 산소 전극이 산화 전극으로 작용할 때, 산성 수용액 속에 있는 산소 전극에서 일어나는 반쪽 반응을 쓰시오.
**(c)** 표준 산소 전극에서 **표준**(standard)은 무슨 의미인가?

**20.73** **(a)** 환원 전위가 **표준 환원 전위**(standard reduction potential)가 되기 위해서는 어떠한 조건이 충족되어야 하는가?
**(b)** 표준 수소 전극의 표준 환원 전위는 얼마인가?
**(c)** 단일 반쪽 반응에 대한 표준 환원 전위를 측정하는 것이 불가능한 이유는 무엇인가?

**20.74** 다음 반응을 사용하는 볼타 전지는 표준 전지 전위가 +1.19V로 측정되었다.

$$Tl^{3+}(aq) + 2\,Cr^{2+}(aq) \longrightarrow Tl^+(aq) + 2\,Cr^{3+}(aq)$$

**(a)** 두 반쪽 전지 반응을 쓰시오.
**(b)** 부록 E의 자료를 이용하여, $Tl^{3+}(aq)$가 $T1^+(aq)$로 환원되는 반응의 $E°_{red}$를 구하시오.
**(c)** 볼타 전지를 그리고, 산화 전극과 환원 전극을 표시하고, 전자 흐름의 방향을 나타내시오.

**20.75** 표준 환원 전위(부록 E)를 이용하여 다음 각 반응의 표준 기전력을 계산하시오.
**(a)** $Cl_2(g) + 2\,I^-(aq) \longrightarrow 2\,Cl^-(aq) + I_2(s)$
**(b)** $Ni(s) + 2\,Ce^{4+}(aq) \longrightarrow Ni^{2+}(aq) + 2\,Ce^{3+}(aq)$
**(c)** $Fe(s) + 2\,Fe^{3+}(aq) \longrightarrow 3\,Fe^{2+}(aq)$
**(d)** $2\,NO_3^-(aq) + 8\,H^+(aq) + 3\,Cu(s) \longrightarrow 2\,NO(g) + 4\,H_2O(l) + 3\,Cu^{2+}(aq)$

**20.76** 다음 반쪽 반응의 표준 환원 전위는 부록 E에 있다.

$$Fe^{2+}(aq) + 2e^- \longrightarrow Fe(s)$$
$$Cd^{2+}(aq) + 2e^- \longrightarrow Cd(s)$$
$$Sn^{2+}(aq) + 2e^- \longrightarrow Sn(s)$$
$$Ag^+(aq) + e^- \longrightarrow Ag(s)$$

**(a)** 어떤 반쪽 전지 반응의 조합이 가장 큰 양(+)의 전지 전위를 갖는 전지 반응을 만들 수 있는지 결정하고, 그 값을 계산하시오.
**(b)** 어떤 반쪽 전지 반응의 조합이 가장 작은 양(+)의 전지 전위를 갖는 전지 반응을 만들 수 있는지 결정하고, 그 값을 계산하시오.

**20.77** 1 *M* $AgNO_3$ 용액이 들어있는 비커에 Ag 금속 조각을 넣었다. 1 *M* $Cu(NO_3)_2$ 용액이 들어있는 또 다른 비커에는 Cu 금속 조각을 넣었다. 두 비커를 염다리로 연결하고, 두 금속 전극을 전압계에 연결하였다.
**(a)** 어느 전극이 산화 전극이고 어느 전극이 환원 전극인가?
**(b)** 전지 반응이 진행되는 동안 어느 전극의 질량이 증가하고, 어느 전극의 질량이 감소하는가?

(c) 전체 전지 반응식을 쓰시오.
(d) 표준 상태에서 이 전지의 기전력은 얼마인가?

## 산화제와 환원제의 세기(20.4절)

**20.78** 부록 E를 사용하여, 다음의 두 물질 중에서 더 강한 환원제를 고르시오.
(a) $Al(s)$ 또는 $Mg(s)$
(b) $Fe(s)$ 또는 $Ni(s)$
(c) $H_2(g$, 산성 용액) 또는 $Sn(s)$
(d) $I^-(aq)$ 또는 $Br^-(aq)$

**20.79** 부록 E의 값을 이용하여, 다음 각 물질이 산화제로 작용할지 또는 환원제로 작용할지 결정하시오.
(a) $H_2(g$, 염기성 용액) (b) $Cr_2O_7^{2-}(aq$, 산성 용액)
(c) $F_2(g)$ (d) $Li(s)$

**20.80** (a) 표준 상태를 가정하고, 다음 화학종을 산성 용액에서 산화제의 세기가 증가하는 순으로 배열하시오.
$MnO_4^-(aq)$, $O_3(g)$, $HSO_4^-(aq)$, $O_2(g)$, $HClO(aq)$
(b) 다음 화학종을 염기성 용액에서 환원제의 세기가 증가하는 순으로 배열하시오.
$Cr(OH)_3(s)$, $Fe(s)$, $Ca(s)$, $H_2(g)$, $Mn(s)$

**20.81** 부록 E의 자료를 참조하여, (a) 다음 중 산성 용액에서 가장 강한 산화제는 어느 것이고 가장 약한 산화제는 어느 것인가? $Br_2$, $H_2O_2$, Zn, $Cr_2O_7^{2-}$ (b) 다음 중 산성 용액에서 가장 강한 환원제는 어느 것이고 가장 약한 환원제는 어느 것인가? $F^-$, Zn, $N_2H_5^+$, $I_2$, NO

**20.82** $Eu^{2+}(aq)$의 표준 환원 전위는 −0.43 V이다. 부록 E를 사용하여 판단할 때, 다음 물질 중 표준 상태에서 $Eu^{3+}(aq)$를 $Eu^{2+}(aq)$로 환원시킬 수 있는 것은 어느 것인가? Al, Co, $H_2O_2$, $N_2H_5^+$, $H_2C_2O_4$

## 자유 에너지와 산화–환원 반응(20.5절)

**20.83** 다음 환원 반쪽 반응에 대해 물음에 답하시오.

$$Fe^{3+}(aq) + e^- \longrightarrow Fe^{2+}(aq) \quad E^\circ_{red} = +0.77\text{ V}$$
$$S_2O_6^{2-}(aq) + 4H^+(aq) + 2e^- \longrightarrow 2H_2SO_3(aq) \quad E^\circ_{red} = +0.60\text{ V}$$
$$N_2O(g) + 2H^+(aq) + 2e^- \longrightarrow N_2(g) + H_2O(l) \quad E^\circ_{red} = -1.77\text{ V}$$
$$VO_2^+(aq) + 2H^+(aq) + e^- \longrightarrow VO^{2+} + H_2O(l) \quad E^\circ_{red} = +1.00\text{ V}$$

(a) $Fe^{2+}(aq)$가 각각 $S_2O_6^{2-}(aq)$, $N_2O(aq)$, 그리고 $VO_2^+(aq)$에 의해 산화되는 반응의 균형 맞춘 화학 반응식을 쓰시오.
(b) 298 K에서 각 반응의 $\Delta G^\circ$를 계산하시오.
(c) 298 K에서 각 반응의 평형 상수 $K$를 계산하시오.

**20.84** 298 K에서 1-전자(one-electron) 산화–환원 반응의 평형 상수가 $2.2 \times 10^{-5}$일 때, 이 반응의 $\Delta G^\circ$와 $E^\circ$를 계산하시오.

**20.85** 부록 E에 있는 표준 환원 전위를 사용하여 298 K에서 다음 각 반응의 평형 상수를 계산하시오.
(a) $Fe(s) + Ni^{2+}(aq) \longrightarrow Fe^{2+}(aq) + Ni(s)$
(b) $Co(s) + 2H^+(aq) \longrightarrow Co^{2+}(aq) + H_2(g)$
(c) $10Br^-(aq) + 2MnO_4^-(aq) + 16H^+(aq) \longrightarrow 2Mn^{2+}(aq) + 8H_2O(l) + 5Br_2(l)$

**20.86** 298 K에서 어떤 전지의 표준 전지 전위가 +0.257 V이다. 이 전지 반응의 평형 상수 값은 얼마인가?
(a) $n=1$인 경우 (b) $n=2$인 경우 (c) $n=3$인 경우

**20.87** 다음 반응을 이용하는 볼타 전지가 있다.

$$Sn(s) + I_2(s) \longrightarrow Sn^{2+}(aq) + 2I^-(aq)$$

표준 상태에서 75.0 g의 Sn이 소비되었다면, 이 전지에서 얻을 수 있는 최대 전기적 일은 줄(J) 단위로 얼마인가?

## 비표준 상태에서의 전지 전위(20.6절)

**20.88** (a) 표준 상태에서 Nernst 식의 반응 지수($Q$) 값은 얼마인가?
(b) 상온이 아닌 온도에서 Nernst 식을 사용할 수 있는가?

**20.89** 그림 20.5에 있는 전지의 전체 반응은 $Zn(s) + Cu^{2+}(aq) \longrightarrow Cu(s) + Zn^{2+}(aq)$이다. 다음 각각의 변화는 전지의 기전력에 어떤 영향을 주는가?
(a) 산화 반쪽 전지에 염화 아연을 첨가하였다.
(b) 산화 반쪽 전지에 염화 구리를 첨가하였다.
(c) 산화 전극의 표면적을 반으로 감소시켰다.
(d) 전지를 한 시간 동안 작동하였다.

**20.90** 다음 반응을 이용하는 볼타 전지를 만들어 298 K에서 작동시켰다.

$$Zn(s) + Ni^{2+}(aq) \longrightarrow Zn^{2+}(aq) + Ni(s)$$

(a) 표준 상태에서 이 전지의 기전력은 얼마인가?
(b) $[Ni^{2+}]=3.00\ M$이고 $[Zn^{2+}]=0.100\ M$일 때, 이 전지의 기전력은 얼마인가?
(c) $[Ni^{2+}]=0.200\ M$이고 $[Zn^{2+}]=0.900\ M$일 때, 이 전지의 기전력은 얼마인가?

**20.91** 다음 반응을 이용하는 볼타 전지가 있다.

$$4Fe^{2+}(aq) + O_2(g) + 4H^+(aq) \longrightarrow 4Fe^{3+}(aq) + 2H_2O(l)$$

(a) 표준 상태에서 이 전지의 기전력은 얼마인가?
(b) $[Fe^{2+}]=1.3\ M$, $[Fe^{3+}]=0.010\ M$, $P_{O_2}=50.0$ kPa, 환원 전극 반쪽 전지 용액의 pH가 3.50일 때, 이 전지의 기전력은 얼마인가?

**20.92** 두 개의 $Cu^{2+}-Cu$ 전극으로 볼타 전지를 만들었다. 두 반쪽 전지에는 각각 $[Cu^{2+}]=0.100\ M$과 $[Cu^{2+}]=1.00\times10^{-4}\ M$인 용액이 들어있다.
(a) 어느 전극이 이 전지의 환원 전극인가?
(b) 이 전지의 표준 기전력은 얼마인가?
(c) 주어진 농도에 대해 전지의 기전력은 얼마인가?
(d) 각 전극에 대해, 전지가 작동할 때, $[Cu^{2+}]$가 증가할지, 감소할지, 아니면 변하지 않을지 예측하시오.

**20.93** 그림 20.9의 전지는 환원 전극 반쪽 전지의 pH를 측정하는 데 이용될 수 있다. $[Zn^{2+}]=0.10\ M$이고 $P_{H_2}=101.3$ kPa일 때 298 K에서 측정된 이 전지의 기전력이 +0.663 V라면, 환원 전극 반쪽 전지 용액의 pH를 계산하시오.

## 배터리와 연료 전지(20.7절)

**20.94** 납–산 배터리가 방전하는 동안, 환원 전극에서 300 g의 $PbO_2(s)$가 $PbSO_4(s)$로 전환되었다.
(a) 같은 시간 동안 산화 전극에서 산화된 $Pb(s)$의 질량은 얼마인

가?

**(b)** 몇 쿨롬의 전하량이 Pb에서 $PbO_2$로 전달되었는가?

**20.95** 인공 심박 조율기(heart pacemakers)는 리튬–크로뮴산 은 '단추(button)' 배터리를 이용하기도 한다. 전체 전지 반응은 다음과 같다.

$$2\,Li(s) + Ag_2CrO_4(s) \longrightarrow Li_2CrO_4(s) + 2\,Ag(s)$$

**(a)** 리튬 금속은 이 배터리 전극 중 한 전극의 반응물이다. 이 전극은 산화 전극인가 환원 전극인가?

**(b)** 부록 E로부터 이 배터리에서 일어나는 반응과 **가장 비슷할** 것으로 생각되는 두 반쪽 반응을 선택하시오. 이들 반쪽 반응에 기반한 볼타 전지의 표준 기전력은 얼마인가?

**(c)** 배터리의 기전력은 +3.5 V이다. 이 값은 (b)에서 계산한 기전력과 얼마나 비슷한가?

**(d)** 체온인 37 ℃에서 이 배터리의 기전력을 계산하시오. 이 값을 (b)에서 계산된 기전력과 비교해 보시오.

**20.96** **(a)** 알칼리 배터리를 아연 대신 카드뮴 금속을 이용하여 제조한다고 가정해 보자. 이 배터리의 기전력은 어떻게 달라지는가?

**(b)** 니켈–카드뮴 배터리보다 니켈–금속 수소화물 배터리를 사용하면 환경적으로 어떤 이점이 있는가?

**20.97** 어떤 리튬 이온 배터리가 완전히 방전되었을 때 환원 전극의 조성은 $LiCoO_2$이다. 충전될 때, 약 50 % 정도의 $Li^+$ 이온이 환원 전극으로부터 추출되어 흑연 산화 전극으로 이동한 뒤 층간에 삽입된다.

**(a)** 배터리가 완전히 충전되었을 때, 환원 전극의 조성은 무엇인가?

**(b)** $LiCoO_2$ 환원 전극의 질량이 10 g(완전히 방전되었을 때)이라면, 완전히 충전된 배터리를 모두 방전시킬 때 전달할 수 있는 전기량은 몇 쿨롬인가?

**20.98** **(a)** 다음 중 수소 연료 전지에서 자발적인 반응은 어느 것인가? 수소 기체와 산소 기체가 물을 만드는 반응, 물이 수소 기체와 산소 기체를 만드는 반응

**(b)** 부록 E에 수록된 표준 환원 전위를 활용하여 산성 용액에서 수소 연료 전지에서 생성되는 표준 전압을 계산하시오.

### 부식(20.8절)

**20.99** **(a)** 표준 환원 전위를 기초로 판단해 보았을 때, 산소와 수소 이온이 있는 표준 상태에서 구리 금속이 산화될 것으로 예측하는가?

**(b)** 자유의 여신상을 새로이 단장할 때 동상 표면의 철 구조물과 구리 금속 사이에 테플론 조각을 끼워 넣었다. 이 테플론 조각의 역할은 무엇인가?

**20.100** **(a)** 알루미늄 금속은 바닷물 속 해양 파이프라인의 부식을 막기 위해 '희생 산화 전극'으로 사용된다. 이 알루미늄을 '희생 산화 전극'이라고 하는 이유는 무엇인가?

**(b)** 부록 E를 보고, 알루미늄이 희생 산화 전극의 역할을 성공적으로 수행하기 위해서는 파이프라인이 어떤 금속으로 만들어져야 하는지 제안하시오.

**20.101** 철은 부식되어 녹($Fe_2O_3$)을 생성하지만, 철 수산화물(Fe(O)(OH))과 마그네타이트($Fe_3O_4$)와 같은 다른 부식 생성물도 형성된다.

**(a)** 산소의 산화수가 −2라는 가정하에, 철 수산화물에서 Fe의 산화수는 얼마인가?

**(b)** 마그네타이트에서 Fe의 산화수는 오랫동안 논란의 대상이었다. 만약 산소의 산화수가 −2라고 가정하고 Fe가 고유한 산화수를 가진다고 가정하면, 마그네타이트에서 Fe의 산화수는 얼마인가?

**(c)** 마그네타이트 속에는 서로 다른 산화수를 가지는 두 종류의 Fe가 있음이 밝혀졌다. 산소의 산화수가 −2라고 가정했을 때, Fe의 산화수는 각각 얼마인지, 그리고 이들 사이의 상대적인 화학량론은 얼마인지 제안해 보시오.

### 전기 분해(20.9절)

**20.102** **(a)** **전기 분해**(electrolysis)란 무엇인가?

**(b)** 전기 분해 반응은 열역학적으로 자발적인 반응인가?

**(c)** 용융 NaCl을 전기 분해할 때 산화 전극에서 일어나는 과정은 무엇인가?

**(d)** NaCl 수용액을 전기 분해할 때 소듐 금속을 얻지 못하는 이유는 무엇인가?

**20.103** **(a)** $Cr^{3+}(aq)$ 용액을 7.60 A의 전류를 사용하여 전기 분해하였다. 이틀이 지난 후 석출된 Cr(*s*)의 질량은 얼마인가?

**(b)** $Cr^{3+}(aq)$ 용액으로부터 8.00시간 동안 0.250 mol의 Cr을 석출하기 위해서는 얼마의 전류를 흘려 주어야 하는가?

**20.104** **(a)** 용융 LiCl에 24시간 동안 $7.5 \times 10^4$ A의 전류를 흘려주었을 때 전기 분해로 얻을 수 있는 Li의 질량은 얼마인가? 이 전해 전지의 효율은 85%라고 가정한다.

**(b)** 이 전기 분해 반응을 위해 걸어 주어야 하는 최소 전압은 얼마인가?

**20.105** 구리와 금 금속의 혼합물을 전기 분해로 정제할 때, 산화 전극 아래에서 금속 금이 수집된다. 이 과정을 설명하시오.

## 추가 연습 문제

**20.106** 불균등화(disproportionation) 반응이란 같은 물질이 산화되고 환원되는 산화–환원 반응이다. 다음 불균등화 반응식을 완결하고, 균형을 맞추시오.

**(a)** $Fe^{2+}(aq) \longrightarrow Fe(s) + Fe^{3+}(aq)$

**(b)** $Br_2(l) \longrightarrow Br^-(aq) + BrO_3^-(aq)$ (산성 용액)

**(c)** $Cr^{3+}(aq) \longrightarrow Cr_2O_7^{2-}(aq) + Cr(s)$ (산성 용액)

**(d)** $NO(g) \longrightarrow N_2(g) + NO_3^-(aq)$ (산성 용액)

**20.107** 볼타 전지를 나타내는 흔한 단축 표기법은 다음과 같다.

산화 전극|산화 전극 용액‖환원 전극 용액|환원 전극

이중 수직선은 염다리나 다공성 벽을 나타낸다. 단일 수직선은 고체에서 용액으로의 변화 같은 상변화를 나타낸다.

**(a)** $Fe|Fe^{2+}||Ag^{+}|Ag$로 표현되는 전지의 반쪽 반응과 전체 전지 반응을 쓰고, 부록 E의 자료를 이용하여 표준 전지 기전력을 계산하시오.

**(b)** $Zn|Zn^{2+}||H^{+}|H_2$로 표현되는 전지의 반응과 전체 전지 반응을 쓰시오. 부록 E의 자료를 이용하여 표준 기전력을 계산하고 Pt를 수소 전극으로 사용하시오.

**(c)** 앞에 기술한 표기법을 사용하여, 다음 반응을 기반으로 하는 전지를 표현하시오.

$$ClO_3^-(aq) + 3\,Cu(s) + 6\,H^+(aq) \longrightarrow Cl^-(aq) + 3\,Cu^{2+}(aq) + 3\,H_2O(l)$$

백금(Pt)은 $ClO_3^-$ 및 $Cl^-$와 접촉하고 있는 비활성 전극으로 사용된다. 아래 반응식의 표준 기전력을 계산하시오.

$$ClO_3^-(aq) + 6\,H^+(aq) + 6\,e^- \longrightarrow Cl^-(aq) + 3\,H_2O(l) \qquad E^\circ = 1.45\ V$$

**20.108** 표준 상태에서 다음의 반응들이 산성 용액에서 자발적인지 예측하시오.

**(a)** $I_2$가 ($I^-$를 형성하면서) Cu를 $Cu^{2+}$로 산화시키는 반응

**(b)** $H_2$가 ($H^+$를 형성하면서) $Fe^{2+}$를 Fe로 환원시키는 반응

**(c)** $H_2O_2$가 $I_2$를 $I^-$로 환원시키는 반응

**(d)** $Sn^{2+}$가 ($Sn^{4+}$를 형성하면서) $Ni^{2+}$를 Ni로 환원시키는 반응

**20.109** 금은 흔히 +1과 +3의 양의 산화 상태로 존재한다. 이 산화 상태의 표준 환원 전위는 다음과 같다.

$$Au^+(aq) + e^- \longrightarrow Au(s) \qquad E^\circ_{red} = +1.69\ V$$
$$Au^{3+}(aq) + 3\,e^- \longrightarrow Au(s) \qquad E^\circ_{red} = +1.50\ V$$

**(a)** 금이 공기 중에서 왜 녹슬지 않는지 위 자료를 이용하여 설명할 수 있는가?

**(b)** 금을 산화시킬 수 있을 만큼 충분히 강한 산화제를 몇 개 제시하시오.

**(c)** 광부들은 금을 함유한 광물을 NaCN 수용액에 담가 금을 얻는다. 다음 산화–환원 반응의 결과로, 매우 잘 녹는 금 착이온이 수용액에 생성된다.

$$4\,Au(s) + 8\,NaCN(aq) + 2\,H_2O(l) + O_2(g) \longrightarrow 4\,Na[Au(CN)_2](aq) + 4\,NaOH(aq)$$

이 반응에서 산화되는 것은 무엇이고, 환원되는 것은 무엇인가?

**(d)** 그런 다음 금 광부는 (c)에서 얻어진 염기성 수용액을 아연 가루와 반응시켜 금을 얻는다. 이 과정에 대한 균형 맞춘 산화–환원 반응식을 쓰시오. 이때 산화되는 것은 무엇이고, 환원되는 것은 무엇인가?

**20.110** $Cd^{2+}(aq)$–$Cd(s)$ 반쪽 전지와 $Ag^+(aq)$–$Ag(s)$ 반쪽 전지를 이용하여 볼타 전지를 제작하였다. $Cd^{2+}(aq)$–$Cd(s)$ 반쪽 전지에서 $Cd^{2+}(aq)$의 초기 농도는 $[Cd^{2+}]=0.0200\ M$이다. 초기 전지 전압은 1.102 V였다.

**(a)** 부록 E의 자료를 이용하여 이 볼타 전지의 표준 기전력을 계산하시오.

**(b)** 전지가 작동하는 동안 $Cd^{2+}(aq)$의 농도는 증가할 것인가 아니면 감소할 것인가?

**(c)** $Ag^+(aq)$–$Ag(s)$ 반쪽 전지에서 $Ag^+(aq)$의 초기 농도는 얼마인가?

**20.111** 다음 반쪽 전지 반응을 사용하여 볼타 전지를 제작하였다.

$$Ag^+(aq) + 2\,e^- \longrightarrow Ag(s)$$
$$I_2(s) + 2\,e^- \longrightarrow 2\,I^-(aq)$$

이 전지는 298 K에서 $[Ag^+]=0.15\ M$, $[I^-]=0.035\ M$인 조건에서 작동한다.

**(a)** 이 농도에서 전지의 E를 계산하시오.

**(b)** 어느 전극이 전지의 산화 전극인가?

**(c)** (b)에서의 답은 이 전지가 표준 상태에서 작동하는 경우에도 변하지 않는가?

**(d)** $[Ag^+]$가 0.15 이라면, $I^-$의 농도가 얼마일 때 전지의 전위가 0이 되는가?

**20.112** 부록 E의 자료를 이용하여 실온에서 철(II) 이온의 불균등화 반응에 대한 평형 상수를 계산하시오.

$$3\,Fe^{2+}(aq) \longrightarrow Fe(s) + 2\,Fe^{3+}(aq)$$

**20.113** **(a)** 재충전이 가능한 니켈–카드뮴 배터리의 방전과 충전 반응식을 쓰시오.

**(b)** 다음에 주어진 환원 전위를 이용하여, 이 전지의 표준 기전력을 계산하시오.

$$Cd(OH)_2(s) + 2\,e^- \longrightarrow Cd(s) + 2\,OH^-(aq) \qquad E^\circ_{red} = -0.76\ V$$
$$NiO(OH)(s) + H_2O(l) + e^- \longrightarrow Ni(OH)_2(s) + OH^-(aq) \qquad E^\circ_{red} = +0.49\ V$$

**(c)** 전형적인 니켈–카드뮴 볼타 전지는 +1.30 V의 기전력을 생산한다. 이 값과 (b)에서 계산한 값이 다른 이유는 무엇인가?

**(d)** 전형적인 니켈–카드뮴 볼타 전지의 기전력을 기초로 하여 전체 니켈–카드뮴 전지 반응의 평형 상수를 계산하시오.

**20.114** 리튬–이온 배터리와 같은 배터리의 전기 용량은 밀리암페어시(mAh) 단위로 나타낸다. 이러한 형태의 전형적인 배터리는 2000 mAh의 공칭 용량(nominal capacity)을 생산한다.

**(a)** mAh라는 단위는 소비자가 관심 있어 하는 배터리의 어떤 양을 나타내는가?

**(b)** 새 리튬–이온 배터리의 초기 전압은 3.60 V이다. 이 전압은 방전하는 동안 감소하여 배터리가 정격 용량(rated capacity)을 모두 방전하면 3.20 V가 된다. 만일 전류가 소비됨에 따라 배터리 전압이 선형적으로 감소한다고 가정하면, 이 배터리가 방전하는 동안 수행할 수 있는 최대 전기적인 일은 총 얼마가 될지 추정하시오.

**20.115** 다이설파이드(disulfide)는 과산화물이 O—O 결합을 가지는 것과 같이, S—S 결합을 가지는 화합물이다. 싸이올(thiol)은 R—SH의 일반식을 가지는 유기 화합물이고, 여기서 R은 일반적인 탄화수소이다. $SH^-$ 이온은 수산화 이온($OH^-$)에 대응되는 이온이다. 두 개의 싸이올은 반응하여 하나의 다이설파이드(R—S—S—R)를 만

든다.

**(a)** 싸이올에 있는 황의 산화 상태는 무엇인가?

**(b)** 다이설파이드에 있는 황의 산화 상태는 무엇인가?

**(c)** 두 개의 싸이올을 반응시켜 하나의 다이설파이드를 만든다면, 이것은 싸이올을 산화시키는 것인가, 환원시키는 것인가?

**(d)** 하나의 다이설파이드를 두 개의 싸이올로 변환시키고 싶다면, 용액에 환원제를 넣어야 할까, 산화제를 넣어야 할까?

**(e)** 싸이올이 다이설파이드를 형성할 때, 싸이올에 있는 H에 무슨 일이 일어나는지 설명하시오

**20.116** **(a)** $Cr_2O_7^{2-}$ 용액을 이용하여 전체 면적이 0.40 $m^2$인 자동차 범퍼에 0.15 mm 두께의 크로뮴을 도금하려면 몇 쿨롬이 필요한가? 크로뮴의 밀도는 7.20 $g/cm^3$이다.

**(b)** 이 범퍼를 20.0초 안에 도금하려면 얼마의 전류가 필요한가?

**(c)** 외부 전원의 기전력이 +5.5 V이고 전해 전지의 효율이 60%라면, 이 범퍼를 도금하기 위해 소비되는 전기 에너지의 양은 얼마인가?

**20.117** 마그네슘은 용융 $MgCl_2$를 전기 분해하여 얻는다.

**(a)** 전기 분해에 $MgCl_2$ 수용액이 사용되지 않는 이유는 무엇인가?

**(b)** 몇 개의 전지가 전지에 전류를 운반하는 매우 큰 구리 막대에 의해 병렬로 연결되어 있다. 각 전지가 전기 분해를 통해 원하는 생성물을 생산하는 효율이 96%라고 가정하면, 24시간 동안 97,000 A를 흘려 주었을 때 생성되는 Mg의 질량은 얼마인가?

**20.118** 걸어 준 전압이 5.00 V이고 이 공정의 효율은 50%라고 가정할 때, $Al^{3+}$를 전기 분해하여 500 kg의 알루미늄을 생산하기 위해 필요한 전기는 몇 킬로와트시인지 계산하시오.

**20.119** 몇 년 전 타이타닉호(Titanic)를 인양하기 위한 독창적인 제안서가 만들어졌다. 이 계획에는 수상에서 제어하는 잠수함 형태의 선박을 이용하여 타이타닉호 안에 부양함을 배치하는 것이 포함되어 있다. 이 부양함은 환원 전극을 가지고 있으며, 물을 전기 분해하여 얻어진 수소 기체로 채워질 것이었다. 타이타닉호를 들어 올릴 수 있는 부력을 제공하기 위해서는 $7 \times 10^8$ mol의 $H_2$가 필요한 것으로 추산되었다(*J. Chem. Educ.*, 1973, Vol. 50, 61).

**(a)** 몇 쿨롬의 전하량이 필요한가?

**(b)** 타이타닉호가 가라앉은 바닷속 깊이(3 km)에서 기체의 압력이 30 MPa인 경우, $H_2$와 $O_2$를 생성하는 데 필요한 최소 전압은 얼마인가?

**(c)** 전기 분해를 이용하여 타이타닉호를 끌어올리는 데 필요한 최소 전기 에너지는 얼마인가?

**(d)** 현장에서 생산하는 전기 요금이 킬로와트시(kWh)당 85센트라면, 필요한 $H_2$를 생산하는 데 들어가는 전기 에너지의 최소 비용은 얼마인가?

## 통합 연습 문제

**20.120** Haber 공정은 질소를 암모니아로 변환시키는 주요 산업 공정이다.

$$N_2(g) + 3\,H_2(g) \longrightarrow 2\,NH_3(g)$$

**(a)** 산화되는 것은 무엇이고 환원되는 것은 무엇인가?

**(b)** 부록 C에 있는 열역학 자료를 이용하여, 상온에서 이 반응의 평형 상수를 계산하시오.

**(c)** 상온에서 Haber 공정의 표준 기전력을 계산하시오.

**20.121** 어떤 갈바니 전지의 환원 전극은 $Ag^+(1.00\,M)/Ag(s)$ 반쪽 전지이다. 산화 전극은 0.10 *M* 벤조산($C_6H_5COOH$)과 0.050 *M* 벤조산 소듐($C_6H_5COO^-Na^+$)이 들어있는 완충 용액에 담긴 표준 수소 전극이다. 측정된 전지의 전압은 1.030 V이다. 벤조산의 $pK_a$는 얼마인가?

**20.122** 암모니아($NH_3$) 수용액과 표백제(활성 성분은 NaOCl) 수용액은 모두 세척액으로 판매되지만, 두 용액의 용기에는 다음과 같은 경고문이 있다. "유독 가스가 발생할 수 있으니 암모니아와 표백제를 절대 섞지 마시오." 생성될 수 있는 유독 가스 중의 하나는 클로라민($NH_2Cl$)이다.

**(a)** 표백제 속 염소의 산화수는 얼마인가?

**(b)** 클로라민 속 염소의 산화수는 얼마인가?

**(c)** 표백제가 클로라민으로 변환될 때 염소는 산화되는가, 환원되는가, 변화가 없는가?

**(d)** 생성될 수 있는 또 다른 유독 가스는 삼염화 질소($NCl_3$)이다. 삼염화 질소 속 질소의 산화수는 얼마인가?

**(e)** 암모니아가 삼염화 질소로 변환될 때 질소는 산화되는가, 환원되는가, 변화가 없는가?

**20.123** 어떤 볼타 전지는 $Cu^{2+}(aq)/Cu(s)$와 $Br_2(l)/Br^-(aq)$ 반쪽 전지로 구성되어 있다.

**(a)** 이 전지의 표준 기전력은 얼마인가?

**(b)** 이 전지의 산화 전극과 환원 전극에서는 각각 어떤 반응이 일어나는가?

**(c)** 부록 C의 $S°$ 값과, 전지 전위와 자유 에너지 변화 사이의 관계를 이용하여, 온도가 25 °C보다 더 높아졌을 때 표준 전지 전위가 커질지, 작아질지 예측하시오. ($Cu^{2+}(aq)$의 표준 엔트로피는 $S° = -99.6$ J/K이다.)

**20.124** 수소 기체는 산소와 반응하는 깨끗한 연료로 사용될 잠재적인 가능성을 가지고 있다. 관련된 반응은 다음과 같다.

$$2\,H_2(g) + O_2(g) \longrightarrow 2\,H_2O(l)$$

이 반응을 전기 에너지원으로 사용할 수 있는 두 가지 가능한 방법을 생각해 보자. (i) 현재 석탄이 전력 산업에서 사용하고 있는 것과 같이 수소와 산소를 연소시켜 발전기를 돌리는 데 사용한다. (ii) 수소와 산소 기체는 85 °C에서 작동하는 연료 전지를 사용하여 직접 전기를 생산하는 데 사용된다.

**(a)** 부록 C의 값을 이용하여 위 반응의 $\Delta H°$와 $\Delta S°$를 계산하시오. 이 값들은 온도에 따라 크게 변하지 않는다고 가정한다.

**(b)** (a)에서 구한 값들을 토대로 볼 때, 온도가 증가함에 따라 위 반응의 $\Delta G$ 값의 크기는 어떤 경향을 보일 것으로 예측되는가?

**(c)** 수소가 유용한 연료라는 관점에서 볼 때, 온도에 따른 $\Delta G$ 값의 크기 변화는 왜 중요한가?

**(d)** 앞의 결과를 토대로 볼 때, 수소로 전기 에너지를 생산하는 데 있어 연소 방법을 이용하는 것이 더 효율적인가, 연료 전지 방법을 사용하는 것이 더 효율적인가?

**20.125** 사이토크롬(cytochrome)은 이 문제에서 $CyFe^{2+}$로 표기할 복잡한 분자로, 우리가 호흡하는 공기와 반응하여 아데노신 삼인산(adenosine triphosphate, ATP)을 합성하는 데 필요한 에너지를 공급한다. 우리 몸은 ATP를 에너지원으로 사용하여 다른 반응들을 진행시킨다(19.7절). pH 7.0에서 다음의 환원 전위는 $CyFe^{2+}$의 산화와 관련이 있다.

$$O_2(g) + 4\,H^+(aq) + 4\,e^- \longrightarrow 2\,H_2O(l) \qquad E°_{red} = +0.82\text{ V}$$

$$CyFe^{3+}(aq) + e^- \longrightarrow CyFe^{2+}(aq) \qquad E°_{red} = +0.22\text{ V}$$

**(a)** 공기에 의해 $CyFe^{2+}$가 산화되는 반응에 대한 $\Delta G$는 얼마인가?

**(b)** 아데노신 이인산(adenosine diphosphate, ADP)으로부터 1.00 mol의 ATP를 합성하기 위해 37.7 kJ의 $\Delta G$가 필요하다면, $O_2$ 1 mol당 몇 몰의 ATP가 합성되는가?

**20.126** $AgCl(s)$의 표준 환원 전위는 +0.222 V이다.

$$AgCl(s) + e^- \longrightarrow Ag(s) + Cl^-(aq)$$

이 값과 $Ag^+(aq)$에 대한 전극 전위를 사용하여 AgCl의 $K_{sp}$를 계산하시오.

**20.127** $AgI(s)$의 $K_{sp}$ 값은 $8.3 \times 10^{-17}$다. 이 값과 부록 E의 전극 전위를 이용하여 아래 반응의 표준 환원 전위 값을 구하시오.

$$AgI(s) + e^- \longrightarrow Ag(s) + I^-(aq)$$

**20.128** 한 학생이 수소와 산소 기체로 물을 전기 분해하는 반응을 이용한 전류계(전류를 측정하는 장치)를 고안하였다. 미지량의 전류가 90분 동안 이 장치를 통과했을 때 물로 포화된 $H_2$ 기체 32.5 mL가 얻어졌다. 이 장치의 온도는 20 °C였고, 대기압은 101.3 kPa이었다. 평균 전류의 크기는 몇 A인가?

## 실험 설계 문제

방전 초기에 1.50 V의 전기 출력을 내는 알칼리 배터리를 모방하는 볼타 전지를 만들라는 요청을 받았다. 이 전지를 완성한 후, 볼타 전지는 2시간 동안 0.50 A의 일정한 전류를 사용하는 외부 기기를 작동하는 전원으로 사용될 것이다. 주어진 재료는 다음과 같다. 망가니즈에서 아연까지 각 전이 금속의 전극들, $Mn^{2+}$에서 $Zn^{2+}$까지 +2가 전이 금속 이온의 염화물($MnCl_2$, $FeCl_2$, $CoCl_2$, $NiCl_2$, $CuCl_2$, $ZnCl_2$), 100 mL 비커 두 개, 염다리, 전압계, 전극과 전압계를 전기적으로 연결해 줄 수 있는 전선

**(a)** 볼타 전지를 그리고, 각 전극으로 사용된 금속과 각 전극이 담겨 있는 용액의 종류와 농도를 표기하시오. 각 비커에는 몇 그램의 염이 녹아 있는지 그리고, 들어있는 용액의 총 부피는 얼마인지 기술하시오.

**(b)** 2시간의 방전이 끝났을 때, 각 용액 속 전이 금속 이온의 농도는 얼마가 될 것인가?

**(c)** 방전이 끝났을 때 전지가 나타내는 전압은 얼마인가?

**(d)** 반쪽 전지 중 하나의 반응물이 완전히 소모되어 전지가 죽기까지 이 전지는 얼마나 오래 작동하는가? 방전 과정 중에 전류는 일정하게 유지된다고 가정하라.

# 21 핵화학



## 21.1 방사능과 핵반응식

지구상의 삶에 필요한 모든 에너지는 궁극적으로 태양광으로부터 온다. 태양에서 오는 에너지가 없다면 지구 위의 삶은 존재하지 않는다. 그렇다면 태양은 어디에서 에너지를 얻게 되는가? 태양을 포함한 별들은 원자핵 안에서 변화가 일어나는 **핵반응(nuclear reactions)**을 이용하여 에너지를 발생시킨다. 예를 들어, 태양은 수소 원자들을 융합하여 헬륨을 형성하는 과정을 통해 어마어마한 에너지를 생산한다. 별들 대부분의 생애에서 가장 두드러진 핵반응은 수소의 융합으로 헬륨이 만들어지는 과정이다. 생애 말기에 이르면, 별의 핵심부에 있는 수소는 고갈되고 헬륨들끼리 점차 융합하면서 더 무거운 원소들을 형성한다. 특별한 몇몇 별들은 극적인 초신성 폭발로 생을 마감한다. 니켈보다 무거운 모든 자연발생 원소들은 별이 초신성이 될 때 일어나는 핵반응으로 생기게 된 것이다.

**핵화학**(nuclear chemisty)은 화학적 용도와 생물계에 미치는 영향에 중점을 두고 핵반응을 연구하는 분야이다. 핵화학은 특히 에너지나 의료 등 여러 방면으로 응용되어 우리의 삶에 영향을 미친다. 예를 들어, 방사선 치료에서는 코발트-60과 같은 방사성 물질에서 나오는 감마선을 암세포에 직접 투사하여 그것들을 파괴한다. 양전자 방출 단층촬영법(positron emission tomography, PET)은 방사성 원소를 몸에 넣어서 그 붕괴 과정을 살펴보는 대표적인 의료 진단법이다.

코발트-60으로부터 감마선이 방출되는 현상은 원자핵 안에서 물질 변화가 이루어지는 **핵반응**의 한 예이다. 핵이 자발적인 변화를 통해 방사선을 방출하게 될 때 그 핵을 **방사성**(**radioactive**)이라고 한다.

방사능은 또한 화학 반응의 메카니즘을 결정하는 데 도움을 주기도 하고, 생물계나 주변 환경에서 원자들의 거동을 추적하기도 하며, 역사적인 유물의 연대를 결정할 수도 있다.

핵반응은 전력을 생산하기도 한다. 나라마다 다르겠지만 전 세계 전력 생산의 약 15% 정도가 핵발전소에서 온다.

핵에너지(원자력 에너지)의 사용은 정치 · 사회적으로 논쟁거리가 되고 있다. 원자로의 안정성에 대한 대중의 인식 탓도 있지만, 더 중요하게는 핵 폐기물의 처리에 난항을 겪고 있기 때문이다.

이 절이 끝나면 다음 사항을 수행할 수 있어야 한다.

- 균형 맞춘 핵반응식 쓰기

핵반응을 이해하기 위해서는 2.3절에서 도입한 개념들을 복습해야 한다.

- 핵을 구성하고 있는 두 가지 종류의 입자가 있다. 즉, **양성자**(proton)와 **중성자**(neutron)이다. 우리는 이 입자들을 **핵자**(**nucleon**)라고 한다.
- 한 원소의 모든 원자는 같은 수의 양성자를 갖는다. 이 수가 원소의 **원자 번호**(atomic number)이다.
- 특정한 원소의 원자들은 다른 중성자수를 가질 수 있다. 이는 다른 질량수를 가질 수 있다는 뜻이다. **질량수**(mass number)는 핵 속에 있는 핵자들의 전체 수이다.
- 같은 원자 번호이면서 다른 질량수를 갖는 원자들을 **동위 원소**(isotope)라고 한다.

한 원소의 다른 동위 원소는 질량수로 구별한다. 예를 들면 자연에 존재하는 우라늄의 세 가지 동위 원소는 우라늄-234, 우라늄-235, 우라늄-238이다. 여기서 숫자는 질량수를 나타낸다. 이들 동위 원소는 또한 화학 기호를 사용하여 $^{234}_{92}U$, $^{235}_{92}U$, $^{238}_{92}U$로 표기한다. 위 첨자는 질량수이고, 아래 첨자는 원자 번호이다.*

다른 동위 원소들은 자연에서 다른 존재비를 갖는다. 예를 들면 자연에 존재하는 우라늄의 99.3%는 우라늄-238이고, 0.7%는 우라늄-235, 우라늄-234는 극미량 존재한다. 다른 동위 원소들은 또한 다른 안정성을 갖는다. 사실 동위 원소의 원자핵 성질은 핵의 양성자수와 중성자수에 의존한다.

**핵종**(nuclide)은 특정한 수의 양성자와 중성자를 가지는 핵이다. 방사성 핵을 **방사성 핵종**(**radionuclide**)이라고 부르고, 이들 핵을 포함하는 원자를 **방사성 동위 원소**(**radioisotope**)라고 한다.

## 핵반응식

자연에서 발견되는 핵은 대부분 안정하고 변화가 거의 없다. 그러나 방사성 핵종은 불안정하여 자

*2.3절에서 설명한 바와 같이, 원자의 이름 자체가 원자 번호를 의미하고 있기 때문에 동위 원소의 원자 번호를 쓰지 않는다. 그렇지만 핵화학을 공부하는 중에는 핵변환을 추적하는 데 도움을 주기 위해서 원자 번호를 써주는 경우가 많다.

발적으로 입자와 전자기 복사선을 방출한다. 방사선 방출은 불안정한 핵이 더 낮은 에너지를 갖는 안정한 핵으로 변환하는 방법 중 하나이다. 방출되는 복사선은 과량의 에너지 운반체이다. 예를 들면 우라늄-238은 방사성이고, 헬륨-4 핵이 자발적으로 방출되는 핵반응을 일으킨다. 헬륨-4 입자는 **알파($\alpha$) 입자(alpha particle)**라고 알려져 있고, 이 입자들의 흐름을 **알파선**(alpha radiation)이라고 한다. 우라늄-238 핵이 알파 입자를 잃을 때, 나머지 조각은 원자 번호 90과 질량수 234를 갖는다. 그러므로 그 조각은 토륨(Th)-234 핵이다. 이 반응은 다음의 **핵반응식**(nuclear equation)으로 나타낸다.

$$^{238}_{92}\text{U} \longrightarrow {}^{234}_{90}\text{Th} + {}^{4}_{2}\text{He} \qquad [21.1]$$

핵이 이 방식으로 자발적으로 분해할 때, 그 핵은 **방사성**(radioactive)이라고 하고, 그 과정을 붕괴 또는 **방사성 붕괴**(radioactive decay)가 일어났다고 말한다. 위 반응에 알파 입자가 관여하므로 과학자들은 이 과정을 **알파 붕괴(alpha decay)** 혹은 **알파 방출(alpha emission)**이라고 한다.

식 21.1에서 반응식의 양쪽 질량수의 합은 같다(238 = 234 + 4). 마찬가지로 식의 양쪽 원자 번호의 합도 같다(92 = 90 + 2). 질량수와 원자 번호는 모든 핵반응에서 반드시 균형이 맞추어져야 한다.

핵의 방사성 성질은 본질적으로 원자의 화학적 결합 상태와는 관계없다. 그러므로 핵반응식을 쓸 때 그 핵이 존재하는 원자의 화학적 형태(원소 또는 화합물)에는 관심을 두지 않는다.

### 예제 21.1
**핵반응의 생성물 예측하기**

라듐-226이 알파 방출하면 어떤 생성물이 만들어지는가?

**해답**

**분석** 라듐-226이 알파 입자를 잃었을 때의 핵을 결정하는 문제이다.

**계획** 이 과정의 균형 맞춘 핵반응식을 써서 풀 수 있다.

**풀이** 원소의 주기율표에 의하면 라듐은 원자 번호 88이다. 그러므로 라듐-226의 화학 기호는 $^{226}_{88}\text{Ra}$이다. 알파 입자는 헬륨-4 핵이고, 기호는 $^{4}_{2}\text{He}$이다. 알파 입자는 핵반응 생성물이다. 따라서 반응식은 다음과 같다.

$$^{226}_{88}\text{Ra} \longrightarrow {}^{A}_{Z}\text{X} + {}^{4}_{2}\text{He}$$

여기서 $A$는 생성물 핵의 질량수이고, $Z$는 원자 번호이다. 질량수와 원자 번호의 균형이 맞아야 하므로, 다음 두 가지 식이 필요하다.

$$226 = A + 4$$

그리고

$$88 = Z + 2$$

따라서

$$A = 222, \ Z = 86$$

다시 주기율표로부터 $Z = 86$인 원소는 라돈(Rn)이다. 그러므로 생성물은 $^{222}_{86}\text{Rn}$이고, 핵반응식은 다음과 같다.

$$^{226}_{88}\text{Ra} \longrightarrow {}^{222}_{86}\text{Rn} + {}^{4}_{2}\text{He}$$

**▶ 보충 예제**

플루토늄-238이 알파 방출할 때 나오는 생성물은 무엇인가?

**(a)** 플루토늄-234 **(b)** 우라늄-234 **(c)** 우라늄-238
**(d)** 토륨-236 **(e)** 넵투늄-237

## 방사성 붕괴의 유형

가장 흔한 방사성 붕괴의 세 가지 종류는 알파($\alpha$), 베타($\beta$), 감마($\gamma$)선이다. **표 21.1**에 이들 방사선

**표 21.1 알파, 베타, 감마 방사선의 성질**

| | 방사선 종류 | | |
|---|---|---|---|
| 성질 | $\alpha$ | $\beta$ | $\gamma$ |
| 전하 | 2+ | 1− | 0 |
| 질량 | $6.64 \times 10^{-24}$ g | $9.11 \times 10^{-28}$ g | 0 |
| 상대 투과력 | 1 | 100 | 10,000 |
| 방사선 성질 | $^{4}_{2}\text{He}$ 핵 | 전자 | 높은 에너지 광자 |

의 중요한 성질의 일부를 요약하였다.

**알파선** 바로 전에 설명한 것처럼 알파선은 알파 입자라고 알려진 헬륨-4 핵의 흐름으로, ${}^{4}_{2}He$ 또는 단순히 $\alpha$로 표기한다.

**베타선** **베타선**(beta radiation)은 **베타($\beta$) 입자**(**beta particle**)의 흐름으로, 이 베타 입자는 불안정한 핵에서 방출되는 고속의 전자이다. 베타 입자는 핵반응식에서 기호 ${}^{0}_{-1}e$ 또는 $\beta^-$라고 표시한다. 위 첨자 0은 전자 질량이 핵자 질량과 비교하여 매우 작은 것을 나타낸다. 아래 첨자 −1은 음전하 입자, 즉 양성자 전하의 반대를 나타낸다.

아이오딘-131은 **베타 방출**(**beta emission**)에 의해 붕괴되는 동위 원소의 한 예이다.

$$ {}^{131}_{53}I \longrightarrow {}^{131}_{54}Xe + {}^{0}_{-1}e \qquad [21.2] $$

베타 붕괴에 의해 반응물의 원자 번호가 53에서 54로 증가하게 된다는 것을 이 반응식으로부터 알 수 있고, 이것은 양성자가 만들어졌다는 것을 의미한다. 그러므로 베타 방출은 중성자(${}^{1}_{0}n$ 또는 간단히 n)가 양성자(${}^{1}_{1}H$ 또는 간단히 p)로 변환되는 것과 같다.

$$ {}^{1}_{0}n \longrightarrow {}^{1}_{1}H + {}^{0}_{-1}e \quad \text{또는} \quad n \longrightarrow p + \beta^- \qquad [21.3] $$

그러나 성냥을 그을 때 불꽃을 낸다고 성냥이 불꽃으로 구성되어 있다고 생각하지 않는 것처럼, 베타 붕괴에서 전자가 핵으로부터 방출된다고 해서 핵이 전자로 구성되어 있다고 생각해서는 안 된다. 베타 입자 전자는 핵이 핵반응을 할 때 나올 뿐이다. 더욱이 베타 입자의 속도는 충분히 빨라 붕괴하는 원자의 오비탈에 남아 있지 않는다.

**감마선** **감마($\gamma$) 방사선**(gamma radiation) 또는 **감마선**(**gamma ray**)은 높은 에너지의 광자, 즉 매우 짧은 파장의 전자기 복사로 구성되어 있다. 감마선은 원자 번호나 핵의 질량수를 변화시키지 않고, ${}^{0}_{0}\gamma$ 또는 단지 $\gamma$라고 표시한다. 남아 있는 핵자들이 더 안정한 배열로 재구성될 때, 감마선은 소실되는 에너지를 나타내기 때문에 거의 항상 다른 방사성 방출을 동반한다. 핵반응식을 쓸 때, 일반적으로 감마선은 표시하지 않는다.

**양전자 방출과 전자 포획** 다른 두 종류의 방사성 붕괴는 양전자 방출과 전자 포획이다. **양전자**(**positron**)는 전자와 질량이 같지만(문자 e를 쓰고 질량에 해당하는 위 첨자 0을 표기) 전하는 반대인 입자로(아래 첨자 +1로 표기) ${}^{0}_{+1}e$ 또는 간단히 $\beta^+$로 표시한다.*

동위 원소인 탄소-11은 **양전자 방출**(**positron emission**)로 붕괴된다.

$$ {}^{11}_{6}C \longrightarrow {}^{11}_{5}B + {}^{0}_{+1}e \qquad [21.4] $$

양전자 방출은 이 식에서 반응물의 원자 번호를 6에서 5로 감소시키는 것에 유의하라. 일반적으로, 양전자 방출은 양성자를 중성자로 변환하는 효과가 있다. 그래서 핵의 원자 번호는 1 감소하고 질량수에는 변화가 없다.

$$ {}^{1}_{1}p \longrightarrow {}^{1}_{0}n + {}^{0}_{+1}e \quad \text{또는} \quad p \longrightarrow n + \beta^+ \qquad [21.5] $$

**전자 포획**(**electron capture**)이란 핵을 둘러싼 전자 구름으로부터 전자를 핵이 포획하는 것이다. 루비듐-81은 이런 방식으로 붕괴한다.

$$ {}^{81}_{37}Rb + {}^{0}_{-1}e\ (\text{오비탈 전자}) \longrightarrow {}^{81}_{36}Kr \qquad [21.6] $$

전자는 이런 과정에서 생성되는 것이 아니라 소모되기 때문에 식의 반응계에 나타낸다. 양전자 방출처럼 전자 포획은 양성자를 중성자로 변환시키는 효과를 갖는다.

---

*양전자는 전자와 충돌할 때 감마선을 내면서 소실하기 때문에 양전자는 매우 짧은 수명을 갖는다.
$ {}^{0}_{+1}e + {}^{0}_{-1}e \longrightarrow 2\,{}^{0}_{0}\gamma $

**표 21.2 핵반응에서 발견된 입자**

| 입자 | 기호 |
|---|---|
| 중성자 | $^{1}_{0}n$ 또는 n |
| 양성자 | $^{1}_{1}H$ 또는 p |
| 전자 | $^{0}_{-1}e$ |
| 알파 입자 | $^{4}_{2}He$ 또는 $\alpha$ |
| 베타 입자 | $^{0}_{-1}e$ 또는 $\beta^-$ |
| 양전자 | $^{0}_{+1}e$ 또는 $\beta^+$ |

**표 21.3 방사성 붕괴의 종류**

| 종류 | 핵반응식 | 원자 번호의 변화 | 질량수의 변화 |
|---|---|---|---|
| 알파 방출 | $^{A}_{Z}X \longrightarrow ^{A-4}_{Z-2}Y + ^{4}_{2}He$ | −2 | −4 |
| 베타 방출 | $^{A}_{Z}X \longrightarrow _{Z+1}^{A}Y + ^{0}_{-1}e$ | +1 | 변화 없음 |
| 양전자 방출 | $^{A}_{Z}X \longrightarrow _{Z-1}^{A}Y + ^{0}_{+1}e$ | −1 | 변화 없음 |
| 전자 포획* | $^{A}_{Z}X + ^{0}_{-1}e \longrightarrow _{Z-1}^{A}Y$ | −1 | 변화 없음 |

* 포획된 전자는 핵을 둘러싸고 있는 전자 구름으로부터 온다.

$$^{1}_{1}p + ^{0}_{-1}e \longrightarrow ^{1}_{0}n \qquad [21.7]$$

표 21.2에 핵반응에서 보통 나타나는 다양한 기본 입자의 표시에 사용하는 기호를 요약해 놓았다. 여러 종류의 방사성 붕괴는 표 21.3에 요약해 놓았다.

## 예제 21.2
### 핵반응식 쓰기

다음 과정의 핵반응식을 쓰시오.
(a) 수은-201이 전자를 포획한다.
(b) 토륨-231이 프로탁티늄-231로 붕괴한다.

**해답**

**분석** 반응물과 생성물의 질량과 전하가 동일하도록 균형 맞춘 핵반응식을 쓰는 문제이다.

**계획** 문제에서 주어진 핵과 붕괴하는 입자에 대한 화학 기호를 쓰는 것으로부터 시작해야 한다.

**풀이**

(a) 문제에 주어진 정보는 아래처럼 요약할 수 있다.

$$^{201}_{80}Hg + ^{0}_{-1}e \longrightarrow ^{A}_{Z}X$$

반응식 양쪽의 질량수는 같아야 한다.

$$201 + 0 = A$$

따라서 생성물 핵의 질량수는 201이어야 한다.
마찬가지로 원자 번호를 균형 맞추면 다음과 같다.

$$80 - 1 = Z$$

따라서 생성물 핵의 원자 번호는 79여야 하므로 생성물은 금(Au)이다.

$$^{201}_{80}Hg + ^{0}_{-1}e \longrightarrow ^{201}_{79}Au$$

(b) 이 경우에 방사성 붕괴 과정에서 어떤 종류의 입자를 방출하는지 결정해야 한다.

$$^{231}_{90}Th \longrightarrow ^{231}_{91}Pa + ^{A}_{Z}X$$

$231 = 231 + A$, $90 = 91 + Z$에서 $A = 0$이고, $Z = -1$임을 알 수 있다. 표 21.2로부터 이런 특성을 갖는 입자는 베타 입자(전자)이다. 그러므로 다음과 같이 쓴다.

$$^{231}_{90}Th \longrightarrow ^{231}_{91}Pa + ^{0}_{-1}e \quad 또는 \quad ^{231}_{90}Th \longrightarrow ^{231}_{91}Pa + \beta^-$$

**▶ 보충 예제**

토륨-232의 방사성 붕괴는 **방사성 붕괴 사슬**(radiation decay chain)이라 불리는 여러 단계에 걸쳐 일어난다. 이 사슬의 두 번째 생성물은 악티늄-228이다. 다음 중 어떤 과정들이 토륨-232로부터 이 생성물을 형성하는가?

(a) 알파 붕괴 후 베타 방출
(b) 베타 방출 후 전자 포획
(c) 양전자 방출 후 알파 붕괴
(d) 전자 포획 후 양전자 방출
(e) 위에 주어진 것보다 더 많은 과정이 필요하다.

## 자기 평가 연습 문제

**21.1** 탄소-11은 양전자 방출을 통해 붕괴하는 동위 원소로서 PET 촬영에 이용된다. 이 붕괴 과정의 핵반응식은 무엇인가?

(a) $^{11}_{6}C \longrightarrow ^{11}_{5}C + ^{0}_{+1}e$
(b) $^{11}_{6}C \longrightarrow ^{11}_{5}B + ^{0}_{+1}e$
(c) $^{11}_{6}C \longrightarrow ^{11}_{7}N + ^{0}_{+1}e$

## 연습 문제

**21.2** 다음 핵에 들어있는 양성자와 중성자의 숫자를 나타내시오.
(a) $^{214}_{83}\mathrm{Bi}$ (b) $^{210}_{82}\mathrm{Pb}$ (c) 우라늄-235

**21.3** 다음 기호들은 무엇을 나타내는가? (a) $^{0}_{0}\gamma$ (b) $^{4}_{2}\mathrm{He}$ (c) $^{1}_{0}\mathrm{n}$

**21.4** 다음 변환의 균형 맞춘 핵반응식을 쓰시오.
(a) 폴로늄(Po)-235가 알파 입자를 방출한다.
(b) 넵투늄(Np)-235가 전자 포획을 한다.
(c) 플루오린-18이 베타 입자를 방출한다.
(d) 탄소-14가 베타 방출로 붕괴한다.

**21.5** 다음 붕괴 과정에서 어떤 입자가 생성되는가?
(a) 악티늄(Ac)-215가 프랑슘(Fr)-211로 붕괴한다.
(b) 붕소-13이 탄소-13으로 붕괴한다.
(c) 홀뮴(Ho)-151이 터븀(Tb)-147로 붕괴한다.
(d) 탄소-11이 붕소-11로 붕괴한다.

자기 평가 연습 문제 답 **21.1** (b)

## 21.2 핵안정성의 유형

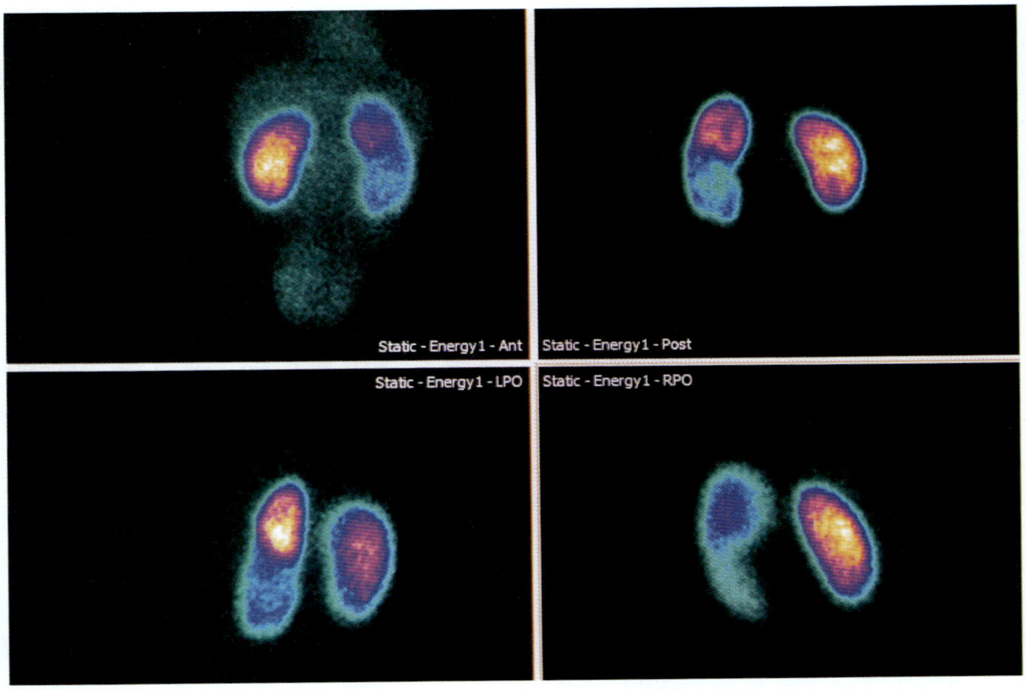


진단 의학에서 가장 유용한 방사성 핵종은 테크네튬-99m($^{99m}\mathrm{Tc}$)이다. 여기서 'm'은 준안정성을 나타낸 것으로, 이 동위 원소가 들뜬 상태에 있음을 의미한다. 이 동위 원소가 지닌 여분의 에너지는 알파나 베타 입자 없이 쉽게 탐지할 수 있는 감마선으로 방출된다. 이 동위 원소는 뇌, 심장, 갑상샘, 폐, 간, 콩팥(사진), 피, 뼈의 암세포를 탐지하는 데 쓰일 수 있다. 이와 같은 폭넓은 응용성과 더불어 짧은 수명 덕분에 거의 95%가 24시간 이내에 $^{99}\mathrm{Tc}$로 붕괴되어 몸속에서 사라진다. 반면에 테크네튬-99는 감마선을 방출하지 않고 베타선을 방출한다. 또한 수명이 길다는 특징 때문에 몇몇 종류의 실험에서 보정에 유용하게 쓰일 수 있다.

이 절에서는 핵안정성을 살펴볼 것이다. $^{12}_{6}\mathrm{C}$나 $^{13}_{6}\mathrm{C}$와 같이 어떤 핵종들은 안정하지만, $^{14}_{6}\mathrm{C}$와 같은 어떤 핵종들은 불안하여 핵붕괴를 일으킨다. 왜 중성자수의 작은 차이가 핵의 안정성에 영향을 미치는가? 한 가지 규칙만으로 어떤 특정한 핵이 방사성인지 아닌지를 밝히는 것은 불가능하다. 우리는 단지 핵의 안정성을 예측할 수 있는 여러 가지의 실험적 관측 결과들만을 가지고 있을 뿐이다.

이 절이 끝나면 다음 사항을 수행할 수 있어야 한다.

- 동위 원소의 중성자 대 양성자 비로부터 핵안정성과 핵붕괴의 형태 예측하기
- 핵변환에 대해서 균형 맞춘 핵반응식 쓰기

## 중성자 대 양성자의 비

같은 전하는 서로 반발하기 때문에 많은 수의 양성자가 작은 부피의 핵 내에 존재할 수 있다는 것이 놀랍게 보일지 모른다. 그러나 가까운 거리에서 강한 인력, 즉 **강한 핵력**(strong nuclear force)이 핵자 사이에 존재한다. 중성자는 직접적으로 이 인력에 관여한다.

$^{1}_{1}H$를 제외한 모든 핵은 중성자를 갖는다. 핵에 채워진 양성자가 많을수록 양성자–양성자 반발에 반대로 작용하는 중성자가 더 많이 필요하다. 대략 원자 번호 20까지를 갖는 안정한 핵은 양성자수와 중성자수가 같다. 20보다 큰 원자 번호를 갖는 핵은 중성자수가 양성자수보다 크다. 실제로 안정한 핵을 만들기에 필요한 중성자수는 양성자수보다 더 빠르게 증가한다. 그래서 안정한 핵의 중성자 대 양성자 비는 원자 번호 증가에 따라 증가하게 되며, 다음에 나타낸 바와 같다. 탄소: $^{12}_{6}C$ (n/p = 1), 망가니즈: $^{55}_{25}Mn$(n/p = 1.20), 금: $^{197}_{79}Au$(n/p = 1.49).

**그림 21.1**은 $Z = 100$까지의 원소들의 알려진 모든 동위 원소를 양성자수와 중성자수에 대해서

70개의 양성자를 갖는 핵의 최적의 중성자수는 얼마일까?

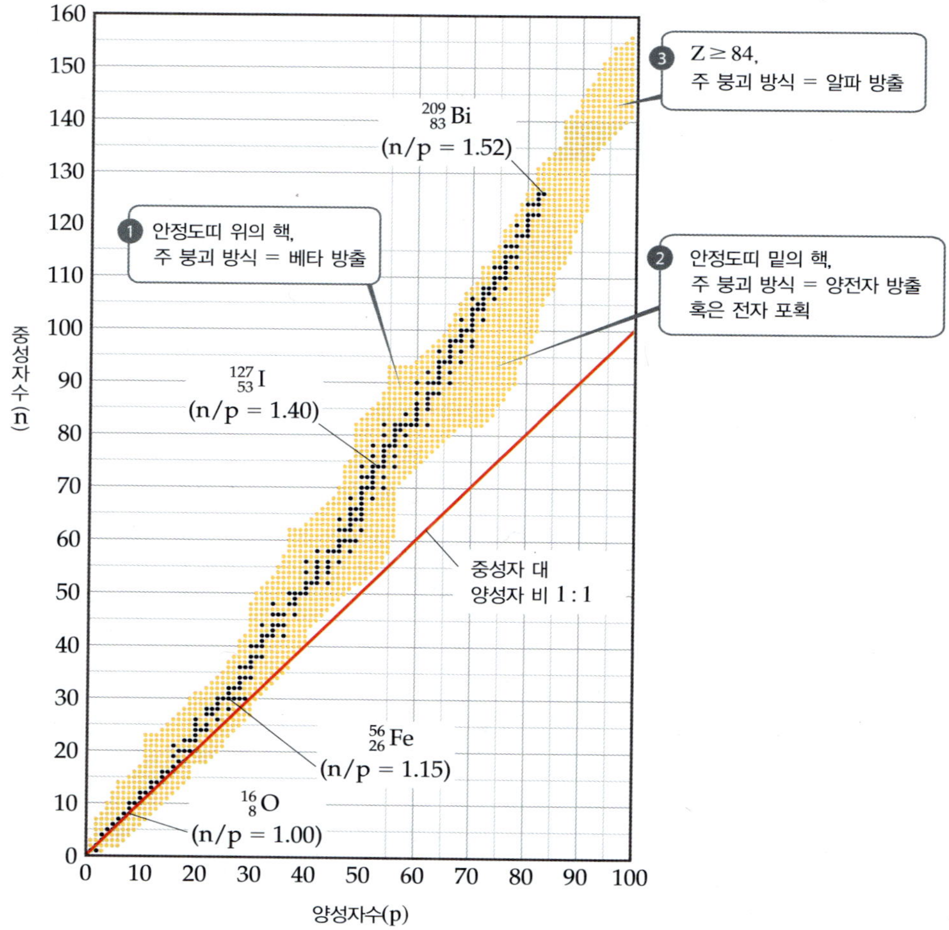


▲ **그림 21.1** 핵의 중성자수와 양성자수의 함수로서 안정하거나 방사성인 동위 원소 안정한 핵(진한 청색 점)들이 안정도띠라고 알려진 영역을 나타내고 있다.

나타낸 것이다. 이 그림에서 무거운 원소로 갈수록 중성자수와 양성자수의 비가 1:1에서 벗어나고 있음에 주목할 필요가 있다. 그림 안의 진한 청색 점들이 안정한 동위 원소, 즉 방사성이 없는 동위 원소들이다. 이 진한 청색 점들로 덮인 영역은 **안정도 띠**(belt of stability)라고 알려져 있다. 안정도 띠는 83번 원소(Bi)에서 끝난다. **양성자수가 84 이상인 모든 핵은 방사성이다.** 예를 들면 우라늄($Z=92$)의 모든 동위 원소는 방사성이다.

다른 방사성 핵종은 다른 방법으로 붕괴한다. 특정한 방사성 핵종이 일으키는 방사성 붕괴의 종류는 안정도 띠 내 핵의 중성자 대 양성자의 비와, 안정도 띠 내에 있는 인근 핵과 비교하여 그 비율이 어떠한가에 크게 의존한다. 그림 21.1에 1, 2, 3으로 표시한 다음의 세 가지 일반적 상황을 예상할 수 있다.

1. **안정도 띠 위에 있는 핵(높은 중성자 대 양성자 비)** 이들 중성자가 풍부한 핵은 베타 입자를 방출하여 그들의 비를 낮출 수 있고, 안정도 띠 쪽으로 이동할 수 있다. 식 21.3에 나타낸 것처럼, 베타 방출은 핵 내부에서 중성자수를 감소시키고, 양성자수를 증가시킨다.
2. **안정도 띠 아래에 있는 핵(낮은 중성자 대 양성자 비)** 이들 양성자가 풍부한 핵은 양전자 방출이나 전자 포획에 의해 그들의 비를 증가시킬 수 있다. 두 종류의 붕괴는 식 21.5와 식 21.7처럼 중성자수를 증가시키고, 양성자수를 감소시킨다. 가벼운 핵에서는 양전자 방출이 전자 포획보다 더 일반적이나, 핵전하 증가에 따라 전자 포획은 증가한다.
3. **원자 번호 ≥ 84를 갖는 핵** 이들 무거운 핵은 알파 입자를 방출하는 경향이 있다. 알파 입자 방출은 중성자수와 양성자수를 모두 2씩 감소시키고, 안정도 띠를 향하여 대각선으로 이동한다.

## 예제 21.3
### 핵붕괴 방식 예측하기

(a) 탄소-14, (b) 제논-118의 붕괴 방식을 예측하시오.

**해답**

**분석** 두 핵의 붕괴 방식을 예측하는 문제이다.

**계획** 핵의 중성자 대 양성자의 비를 계산하여 그림 21.1의 안정도띠 안에 놓여 있는 핵의 중성자 대 양성자의 비와 비교해야 한다.

**풀이**

(a) 탄소는 원자 번호가 6이다. 따라서 탄소-14는 6개의 양성자와 $14-6=8$개의 중성자를 가지며, 중성자 대 양성자 비는 1.33이다. $Z < 20$인 원소는 보통 안정한 핵을 가지며, 대략 중성자수와 양성자의 수는 같다($n/p=1$). 따라서 탄소-14는 안정도띠 위에 위치하고, $n/p$ 비를 줄이기 위해 붕괴하여 베타 입자를 방출할 것으로 예상된다.

$$^{14}_{6}C \longrightarrow ^{14}_{7}N + ^{0}_{-1}e$$

이것은 실제로 탄소-14에서 $n/p$ 비가 1.33에서 1.0으로 낮아지는 반응에서 관측되는 붕괴 방식이다.

(b) 제논은 원자 번호가 54이다. 따라서 제논-118은 54개의 양성자와 $118-54=64$개의 중성자를 가지며, $n/p$는 1.18이다. 그림 21.1에 따르면, 안정도띠에서 이 영역의 안정한 핵은 제논-118보다 더 큰 중성자 대 양성자 비를 갖는 것을 알 수 있다. 핵은 양전자 방출이나 전자 포획에 의해 이 비를 증가시킬 수 있다.

$$^{118}_{54}Xe \longrightarrow ^{118}_{53}I + ^{0}_{+1}e$$

$$^{118}_{54}Xe + ^{0}_{-1}e \longrightarrow ^{118}_{53}I$$

이 경우 두 방식의 붕괴가 모두 관찰된다.

**주의** 이런 우리의 지침이 항상 맞는 것이 아니라는 것에 유의해야 한다. 예를 들면 토륨-233($^{233}Th$)은 알파 붕괴하는 것으로 추측되지만, 실제는 베타 붕괴한다. 더욱이 약간의 방사성 핵은 실제로 안정도띠 안에 놓여 있다. 예를 들면 $^{146}_{60}Nd$와 $^{148}_{60}Nd$는 모두 안정하고, 안정도띠 안에 놓여 있다. 그러나 $^{147}_{60}Nd$는 그들 사이에 놓여 있지만, 방사성이다.

**▶ 보충 예제**

다음 방사성 핵 중 $\beta^-$ 입자를 방출하며 붕괴할 것으로 생각되는 것은?

(a) 질소-13 (b) 마그네슘-23 (c) 루비듐-83
(d) 아이오딘-131 (e) 넵투늄-237

토륨의 첫 번째 붕괴에 보여 준 단계의 핵반응식을 쓰시오.

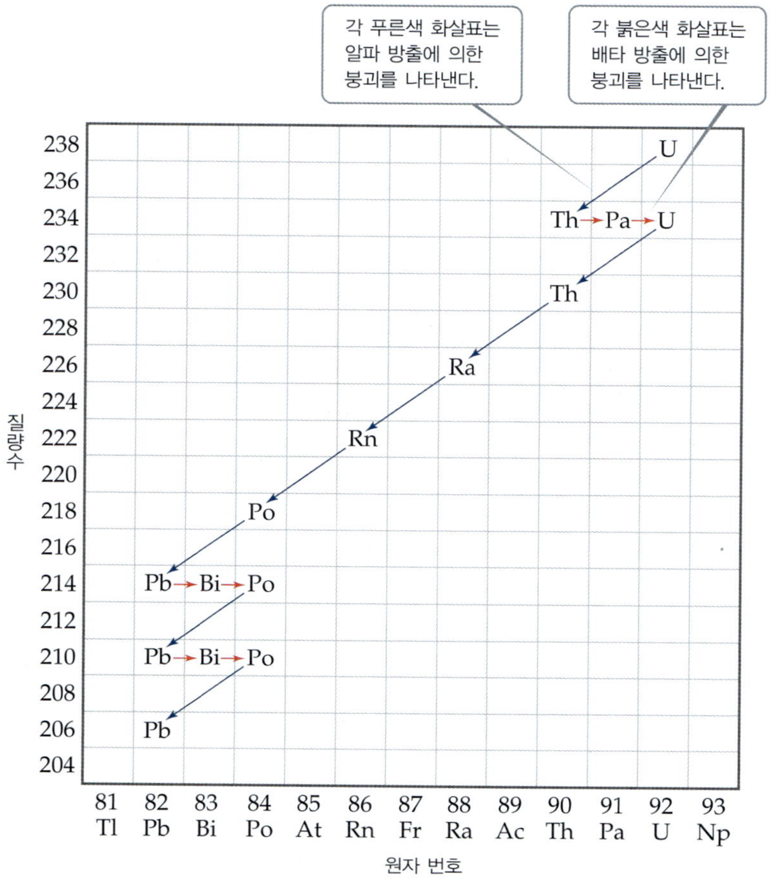


▲ 그림 21.2 우라늄-238 핵붕괴 사슬 붕괴 과정은 안정한 $^{206}Pb$ 핵이 형성될 때까지 계속된다.

## 방사성 붕괴 사슬

몇 가지 핵들은 한 번의 방출로 안정성을 얻을 수 없다. 따라서 그림 21.2에 나타낸 것처럼 우라늄-238은 일련의 연속적인 방출이 일어난다. 붕괴는 안정한 납-206이 생성될 때까지 계속된다. 불안정한 핵에서 시작하여 안정한 핵에서 끝나는 핵반응 계열을 **방사성 붕괴 사슬(radioactive decay chain)** 또는 **핵붕괴 계열(nuclear disintegration series)**이라고 한다. 이러한 방사성 붕괴는 세 계열로 자연계에서 일어난다. 즉 우라늄-238에서 시작하여 납-206에서 끝나는 계열, 우라늄-235에서 시작하여 납-207에서 끝나는 계열, 토륨(Th)-232에서 시작하여 납-208로 끝나는 세 계열이다. 이 모든 붕괴 과정은 알파 방출 또는 베타 방출에 의해 진행된다.

## 부가적 관찰

두 가지의 부가적인 관찰이 핵의 안정성 예측에 유용하다.

- 양성자수의 값이 2, 8, 20, 28, 50, 82인 **요술수(magic number)**이거나 중성자수의 값이 2, 8, 20, 28, 50, 82, 126인 핵은 핵자의 양성자수나 중성자수가 이들을 포함하지 않는 핵보다 일반적으로 더 안정하다.
- 양성자수와 중성자수의 값이 모두 짝수인 핵은 양성자수와 중성자수가 홀수인 핵보다 일반적으로 더 안정하다. 약 60%의 안정한 핵이 짝수의 양성자와 중성자를 가지고 있는 반면, 홀수의 양성자와 중성자를 갖는 핵은 2%가 되지 않는다(표 21.4).

**표 21.4 짝수 및 홀수의 양성자와 중성자를 갖는 안정한 동위 원소의 수**

| 안정한 동위 원소의 수 | 양성자수 | 중성자수 |
|---|---|---|
| 157 | 짝수 | 짝수 |
| 53 | 짝수 | 홀수 |
| 50 | 홀수 | 짝수 |
| 5 | 홀수 | 홀수 |

그림에 나타낸 원소 중 짝수의 양성자를 가지면서 안정한 동위 원소의 수가 세 개를 넘지 않는 원소는 몇 개인가? 홀수의 양성자를 가지면서 안정한 동위 원소의 수가 두 개 이상인 것은 몇 개인가?

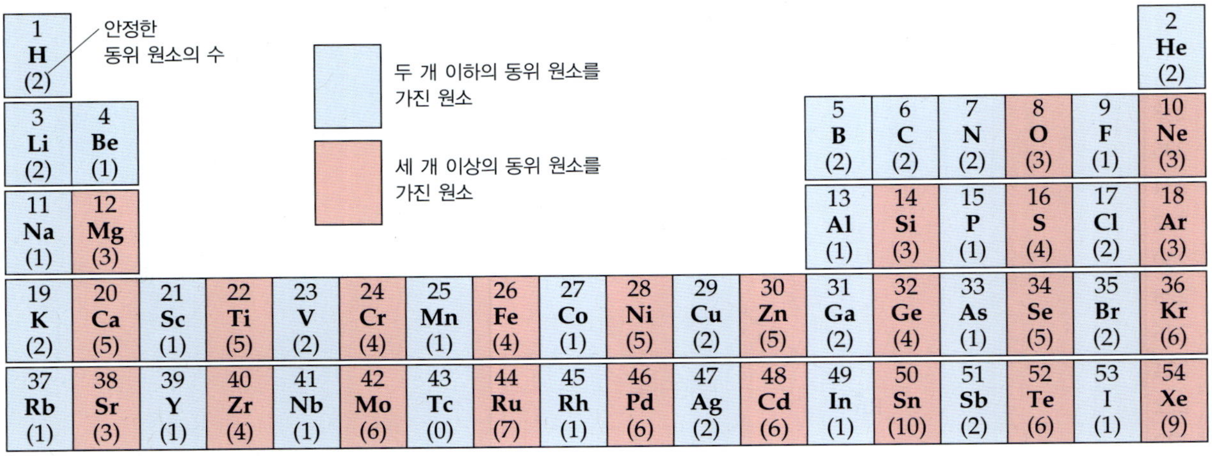


▲ 그림 21.3 1~54번까지 원소들의 안정한 동위 원소의 수

이 관찰은 **핵껍질 모형**(shell model of the nucleus)이라는 용어로 이해할 수 있다. 이 껍질 모형에서 핵자는 전자의 전자 껍질 구조와 유사한 껍질에 존재하는 것으로 설명한다. 전자의 특정한 수가 안정하게 채워진 껍질 전자 배치에 해당하는 것처럼, 핵자의 요술수도 핵의 채워진 껍질에 해당한다.

요술수의 핵자를 가진 핵들이 갖는 안정성에 대한 몇 가지 예가 있다. 예를 들면 그림 21.2의 방사성 계열은 안정한 $^{206}_{82}Pb$ 핵의 생성으로 끝나는데, 이는 양성자수(82)의 요술수를 갖는다. 다른 예로, 주석은 양성자수(50)의 요술수를 가지며, 어느 다른 원소보다 안정하다.

양성자 쌍과 중성자 쌍이 분자의 전자쌍과 유사하게 특별한 안정성을 갖는 것을 보여 주는 여러 가지 증거들이 있다. 그래서 양성자와 중성자가 모두 짝수인 안정한 핵은 양성자와 중성자가 모두 홀수인 핵보다 훨씬 더 많다. Xe까지의 모든 원소의 안정한 동위 원소의 수를 보여 주는 **그림 21.3**을 보면 짝수의 양성자에 대한 선호를 알 수 있다. 질소 이후를 보면 홀수의 양성자를 가진 원소가 짝수의 양성자를 가진 이웃 원소들보다 적은 수의 안정한 동위 원소를 가진다는 것을 알 수 있다.

## 핵변환

지금까지 핵이 자발적으로 붕괴하는 핵반응을 살펴보았다. 핵을 변화시키는 다른 방법은 중성자 또는 다른 핵으로 때리는 것이다. 이런 방법으로 유발되는 핵반응을 **핵변환(nuclear transmutation)**이라고 한다.

1919년에 Ernest Rutherford에 의해서 한 핵이 다른 핵으로 처음으로 변환되었다. 그는 라듐(Ra)에서 방출되는 고속 알파 입자를 사용하여 질소-14를 산소-17로 변환하는 데 성공하였다. 이 반응은 다음과 같다.

$$^{14}_{7}N + ^{4}_{2}He \longrightarrow ^{17}_{8}O + ^{1}_{1}H \quad 또는 \quad ^{14}_{7}N + \alpha \longrightarrow ^{17}_{8}O + p \qquad [21.8]$$

이러한 방법으로 과학자들은 실험실에서 수백 개의 방사성 동위 원소를 합성하였다.

핵변환을 단축 표시법으로 나타내는 방법은 충돌 목표 핵을 제일 앞에 쓰고, 괄호 안에 충격 입자와 방출 입자, 그리고 생성 핵을 순서대로 기재하는 것이다. 이러한 방식으로 식 21.8을 쓰면 다음과 같다.

목표 핵 / 생성 핵

$$^{14}_{7}N(\alpha, p)^{17}_{8}O$$

충격 입자 / 방출 입자

## 예제 21.4
### 균형 핵반응식 쓰기

$^{27}_{13}Al(n, \alpha)^{24}_{11}Na$로 요약된 과정의 균형 핵반응식을 쓰시오.

### 해답

**분석** 핵반응식을 간단하게 요약한 형태에서 균형 맞춘 핵반응식으로 바꿔야 한다.

**계획** n과 $\alpha$의 첨자까지도 완벽한 핵반응식으로 완성해야 한다.

**풀이** n은 중성자($^{1}_{0}n$)의 약자이고, $\alpha$는 알파 입자($^{4}_{2}He$)를 나타낸다. 중성자가 충격 입자이고, 알파 입자가 방출 입자이다. 그러므로 핵반응식은 다음과 같다.

$$^{27}_{13}Al + ^{1}_{0}n \longrightarrow ^{24}_{11}Na + ^{4}_{2}He \quad \text{또는} \quad ^{27}_{13}Al + n \longrightarrow ^{24}_{11}Na + \alpha$$

**▶ 보충 예제**

다음 핵변환을 생각해 보자.

$^{238}_{92}U(n, \beta^-)X$

X에 해당하는 핵종은 다음 중 어느 것인가?

**(a)** $^{238}_{93}Np$ **(b)** $^{239}_{92}U$ **(c)** $^{239}_{92}U^+$ **(d)** $^{235}_{90}Th$ **(e)** $^{239}_{93}Np$

## 하전된 입자의 가속화

알파 입자나 양으로 하전된 입자는 이 입자들과 목표 핵 사이의 정전기적 반발을 극복하려면 매우 빠르게 움직여야 한다. 충격 입자의 핵전하 또는 목표 핵의 전하가 클수록, 충격 입자는 핵반응을 일으키기 위해 빠르게 움직여야 한다. 강한 자기장과 정전기장을 사용하여 하전 입자를 가속하는 여러 가지 방법이 고안되었다. '원자 분쇄기'라고 널리 알려진 **입자 가속기(particle accelerator)**는 **사이클로트론**(cyclotron) 및 **싱크로트론**(syncrotron)과 같은 이름을 갖는다.

모든 입자 가속기의 공통 주제는 하전된 입자를 생성하는 것이다. 이들은 전기장과 자기장으로 조정할 수 있다. 입자가 움직이는 관은 기체 상태의 분자들과의 충돌을 피하기 위해 높은 진공 상태를 유지해야 한다.

**그림 21.4(a)**는 다단계 선형 가속기를 나타낸 것이다. 양성자와 같이 하전된 입자는 길이가 점차 증가하는 일련의 관을 통하여 가속된다. 관의 전하는 양에서 음으로 변하기 때문에 입자는 항상 다가가는 관에 의해 당겨지고, 떠나는 관에 의해서는 밀쳐지게 된다. 그 결과, 입자는 목표 핵에 충돌할 충분한 에너지를 가질 때까지 가속된다. 그림 21.4(**b**)는 길이가 3.2 km에 이르는 Stanford 선형 가속기를 보여 준다.

(a)

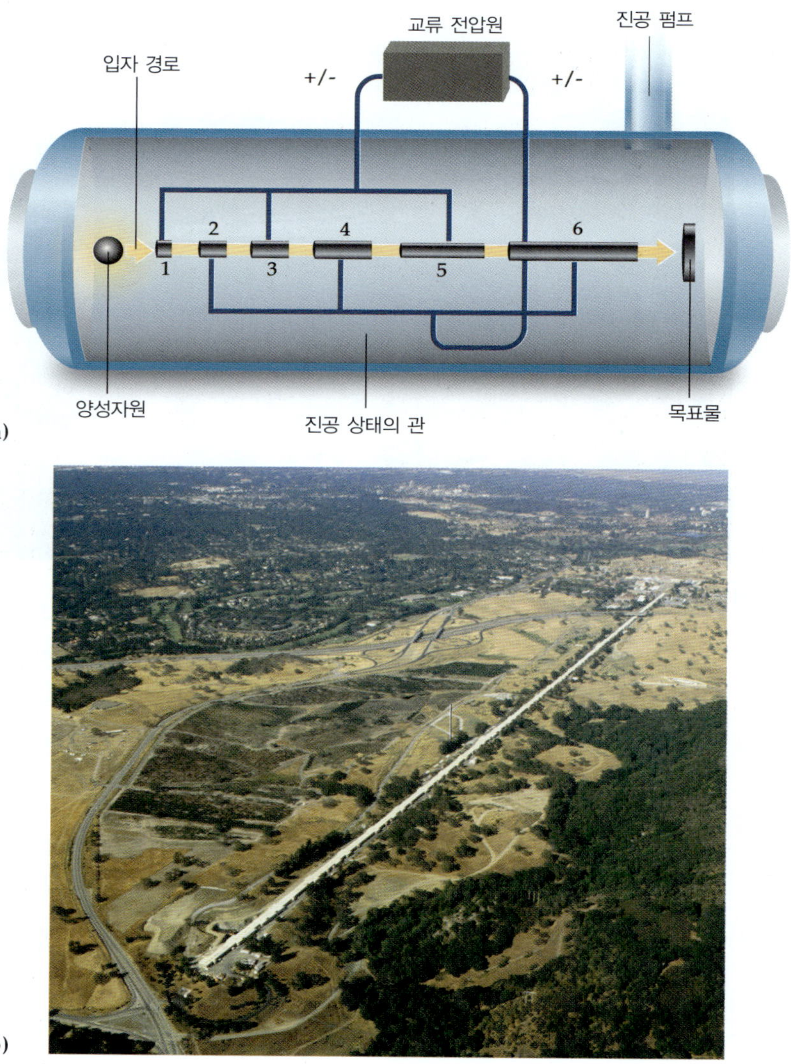


(b)

▲ 그림 21.4 선형 가속기

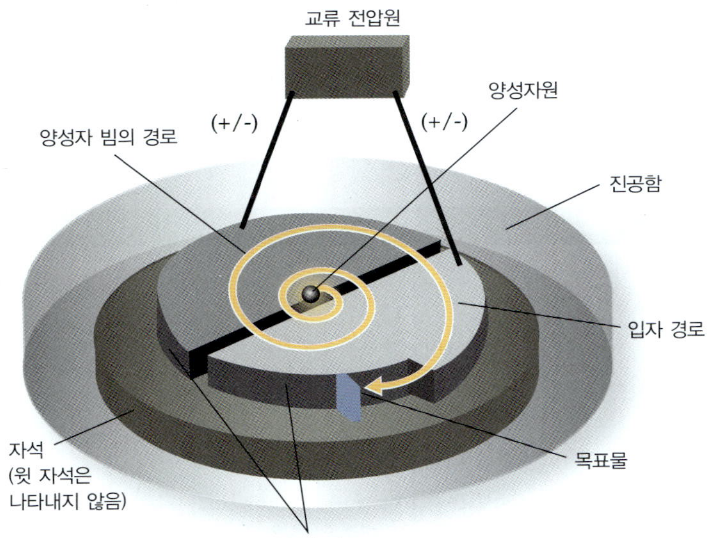


(a)

(b)

▲ 그림 21.5 사이클로트론

그림 21.5(a)는 **사이클로트론**을 나타낸 것이다. 이 장치에서 하전된 입자는 두 개의 D 모양의 전극 내에서 나선형으로 움직인다. 전극에 교류 전하를 주어 입자를 가속하고 장치의 위와 아래에 있는 자석은 입자가 반경이 커지며 나선형으로 움직이도록 한다. 싱크로트론 내에서는 자석을 동기화하여 입자가 나선형보다 원형으로 움직이도록 한다. 그림 21.5(**b**)는 Illinois 주 Batavia에 위치한 Fermi National Accelerator Lab을 나타낸 것이다. 이곳의 둘레는 6.3 km나 된다.

## 중성자를 포함하는 반응

의학과 과학적 연구에 많이 사용하는 대부분의 인공 동위 원소는 중성자를 충격 입자로 사용하여 만든다. 중성자는 중성이므로 핵에 의해 반발하지 않는다. 따라서 핵반응을 일으키려고 중성자를 가속할 필요는 없다. 필요한 중성자는 원자로에서 생산된다(21.5절). 예를 들면 암의 방사능 치료에 사용하는 코발트-60은 중성자 포획으로 생산된다. 철-58을 원자로에 두면 중성자의 충격으로 다음 반응이 차례로 일어난다.

$$^{58}_{26}\text{Fe} + ^{1}_{0}\text{n} \longrightarrow ^{59}_{26}\text{Fe} \quad [21.9]$$

$$^{59}_{26}\text{Fe} \longrightarrow ^{59}_{27}\text{Co} + ^{0}_{-1}\text{e} \quad [21.10]$$

$$^{59}_{27}\text{Co} + ^{1}_{0}\text{n} \longrightarrow ^{60}_{27}\text{Co} \quad [21.11]$$

## 초우라늄 원소

핵변환 반응은 원자 번호 92번 이상인 원소의 생성에 사용되어 왔다. 이 원소들은 주기율표에서 우라늄 바로 다음에 있으므로, **초우라늄 원소(transuranium element)**로 알려져 있다. 93번 원소(넵투늄, Np)와 94번 원소(플루토늄, Pu)는 1940년에 우라늄-238을 중성자로 충돌시켜 만들었다.

$$^{238}_{92}\text{U} + ^{1}_{0}\text{n} \longrightarrow ^{239}_{92}\text{U} \longrightarrow ^{239}_{93}\text{Np} + ^{0}_{-1}\text{e} \quad [21.12]$$

$$^{239}_{93}\text{Np} \longrightarrow ^{239}_{94}\text{Pu} + ^{0}_{-1}\text{e} \quad [21.13]$$

보다 큰 원자 번호를 갖는 원소들은 입자 가속기에서 보통 소량 생성된다. 예를 들면 플루토늄-239를 가속 알파 입자로 충격하면 퀴륨-242가 생성된다.

$$^{239}_{94}\text{Pu} + ^{4}_{2}\text{He} \longrightarrow ^{242}_{96}\text{Cm} + ^{1}_{0}\text{n} \quad [21.14]$$

단일 원자의 붕괴 방식에 대한 연구는 최근 많은 진전을 이루었으며, 이들 연구 결과로부터 주기율표에 원소들이 추가되었다. 1994년과 2010년 사이에 원자 번호 110번부터 118번까지의 원소가 핵반응으로부터 발견되었다. 이들 핵반응에서는 무거운 원자에 보다 가벼운 입자들의 충돌을 시도하였다. 예를 들어 1996년에는 독일에 있는 한 연구팀에 의해 원자 번호 112인 코페르니슘(Cn)이 합성되었는데, 납 원자에 아연 원자를 3주 동안 계속해서 충돌시켜 제조하였다.

$$^{208}_{82}Pb + ^{70}_{30}Zn \longrightarrow ^{277}_{112}Cn + ^{1}_{0}n \quad [21.15]$$

놀랍게도 그들의 발견은 새로운 원소의 단 한 개의 원자 검출에 기초했는데, 이 원소는 100 $\mu s$ 후 알파 붕괴하여 다름슈타튬-273(darmstadtium-273, Ds, 110번 원소)을 형성하였다. 1분 안에 다섯 번의 알파 붕괴가 더 일어나 100번 원소 페르뮴-253(fermium-253, Fm)을 형성하였다. 이 발견은 일본과 러시아에서 재확인되었다.

새로운 원소를 만드는 실험은 매우 복잡한 과정이고 실제 실험에서 새로운 원소들이 매우 작은 양으로 얻어지기 때문에, 새로운 원소를 주기율표에 공식적으로 첨가하기 전에 매우 주의 깊게 평가하고 그 실험을 반복해 볼 필요가 있다.

국제 순수 및 응용화학 연합(International Union for Pure and Applied Chemistry, IUPAC)은 새로운 원소가 발견된 후에 이를 공식적으로 인증해 주는 국제 기구이다. IUPAC에 의하면, 새로운 원소는 신화, 광물, 장소나 국가, 성질 혹은 과학자를 따서 명명될 수 있다. 2016년에 IUPAC은 원소 113, 115, 117, 118의 이름과 기호를, 발견자의 의견을 따라 각각 니호늄(nihonium, Nh), 모스코븀(moscovium, Mc), 테네신(tennessine, Ts), 오가네손(organesson, Og)이라 명명하였다.

## 자기 평가 연습 문제

**21.6** 코발트-60은 방사선 요법, 방사선 촬영, 음식이나 기기의 살균 등에 사용된다. 다음 중 어느 것이 Co-60의 붕괴 경로를 가장 그럴듯하게 나타내는가? (힌트: 그림 21.1을 참조하면 도움이 될 것이다.)

**(a)** $^{60}_{27}Co \longrightarrow ^{56}_{25}Mn + ^{4}_{2}\alpha$

**(b)** $^{60}_{27}Co \longrightarrow ^{60}_{28}Ni + ^{0}_{-1}e$

**(c)** $^{60}_{27}Co \longrightarrow ^{60}_{26}Fe + ^{0}_{+1}e$

**21.7** 다음 핵반응 중 어느 것이 $^{11}_{6}C(n,p)^{11}_{5}B$ 핵변환을 나타내는가?

**(a)** $^{11}_{6}C + ^{1}_{0}n \longrightarrow ^{1}_{1}p + ^{11}_{5}B$

**(b)** $^{11}_{6}C + ^{1}_{1}p \longrightarrow ^{1}_{0}n + ^{11}_{5}B$

**(c)** $^{11}_{5}B + ^{1}_{1}p \longrightarrow ^{1}_{0}n + ^{11}_{6}C$

## 연습 문제

**21.8** 다음 핵들은 베타 붕괴나 양전자 방출을 일으킨다. 각각의 핵들이 어떤 형태의 붕괴를 할지 예측하시오.

(a) $^{90}_{38}Sr$ (b) $^{85}_{38}Sr$ (c) 포타슘-40 (d) 황-30

**21.9** 다음 각 쌍 중 하나는 방사성을 갖는다. 어느 것이 안정하며, 어느 것이 방사성을 갖는가? 각각의 선택에 대한 설명을 하시오.

(a) $^{40}_{20}Ca$와 $^{45}_{20}Ca$ (b) $^{12}C$와 $^{14}C$ (c) 납-206과 토륨-230

**21.10** 란타넘 계열의 원소들의 화학 반응성은 거의 비슷함에도 불구하고, 지구의 지각에서 존재하는 양은 크게 다르다. 다음 그래프는 각각의 원자 번호에 따른 상대적 존재비를 나타내고 있다. 이 그래프는 톱니 모양의 모습이 보인다. 그 이유를 가장 잘 설명한 것은?

(a) 원자 번호가 홀수인 원소는 안정도 띠의 위쪽에 있다.

(b) 원자 번호가 홀수인 원소는 안정도 띠의 아래쪽에 있다.

(c) 원자 번호가 짝수인 원소는 양성자의 요술수를 가지고 있다.

(d) 양성자 쌍이 특별한 안정성이 있다.

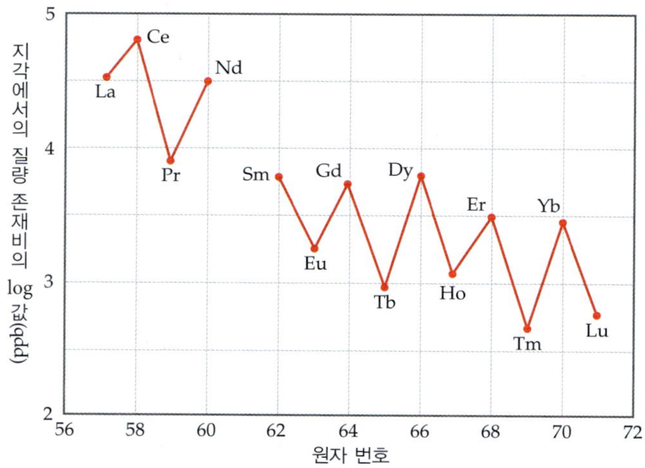


**12.11** 다음 핵 중 방사성이 있을 것으로 예측되는 것은 무엇인가? 선택한 이유는 무엇인가?

$^{58}_{26}Fe$, $^{60}_{27}Co$, $^{92}_{41}Nb$, 수은-202, 라듐(Ra)-226

**12.12** $^{232}_{90}Th$에서 시작하는 자연에 존재하는 방사성 붕괴 계열은 안정한 $^{208}_{82}Pb$ 핵의 생성과 더불어 정지된다. 이 붕괴 계열에 포함된 알파 입자 방출과 베타 입자 방출의 개수는 몇 개인가?

**21.13** 1930년에 미국의 물리학자 Ernest Lawrence는 California 주 Berkeley에서 사이클로트론을 최초로 설계했다. 그리고 1937년에 몰리브데넘(Mo)을 중수소 이온과 충돌시켜 최초로 지구상에 존재하지 않는 원소를 만들었다. 이 원소는 무엇인가? 몰리브데넘-96을 시작 물질로 하여, 이 과정을 나타내는 핵반응식을 쓰시오.

**21.14** 다음 물음표 자리에 적절한 입자를 첨가하여 핵반응식을 완결하고, 균형을 맞추시오.

**(a)** $^{106}_{47}Ag + ^{0}_{-1}e \longrightarrow ?$

**(b)** $^{263}_{106}Sg \longrightarrow ^{4}_{2}He + ?$

**(c)** $^{216}_{84}Po \longrightarrow ^{212}_{82}Pb + ?$

**(d)** $^{10}_{5}B + ? \longrightarrow ^{7}_{3}Li + ^{4}_{2}He$

**(e)** $^{220}_{86}Rn \longrightarrow ^{4}_{2}He + ?$

**21.15** 다음 각 핵반응의 균형 맞춘 반응식을 쓰시오.

**(a)** $^{238}_{92}U(n, \gamma)\,^{239}_{92}U$ **(b)** $^{16}_{8}O(p, \alpha)\,^{13}_{7}N$ **(c)** $^{18}_{8}O(n, \beta^{-})\,^{19}_{9}F$

자기 평가 연습 문제 답 **21.6** (b) **21.7** (a)

## 21.3 | 방사성 붕괴 속도

© Public Domain/Wikimedia Commons

1950년경 발견된 방사성 탄소 연대 측정은 고고학에 심대한 영향을 미쳤다. 처음으로 층서학(stratigraphy)에 의존하지 않고 (옷, 뼈, 양피지, 타고 남은 재와 같은) 유기물의 연대를 알 수 있게 된 것이다. 또한 서로 멀리 떨어진 지점들의 비교를 통해 동일한 문명이 두 군데 이상의 지역에서 독립적으로 형성될 수 있음을 보여주었다. 이전에는 모든 문명은 사람들이 선사시대의 땅을 건너 이주하고, 교류하고, 이웃을 침범하면서 차츰차츰 퍼져 나간다고 생각했었다.

이 절이 끝나면 다음 사항을 수행할 수 있어야 한다.

- 몇 가지 방사성 핵종의 수명을 이용하여 물체의 나이 계산하기

우라늄-238과 같은 방사성 동위 원소는 안정하지 않지만, 자연에서 발견된다. 다른 방사성 동위 원소들은 핵반응으로 합성될 수 있지만, 자연 상태에 존재하지는 않는다. 이런 차이를 이해하기 위해서는, 이종의 원자핵은 다른 속도로 방사성 붕괴한다는 것을 알아야 한다. 많은 방사성 원소는 수 초 이내에 완전히 붕괴하기 때문에 자연에서 이들을 발견하지 못한다. 반대로 우라늄-238은 매우 느리게 붕괴한다. 따라서 우라늄이 불안정함에도 불구하고 우주의 시초에 만들어진 우라늄 중 남은 것을 현재 우리가 관찰할 수 있다.

방사성 붕괴는 일차 반응 속도 과정이다. 일차 반응은 특징적인 **반감기(half-life)**를 갖고 있다. 반감기란 반응 물질의 일정량이 반으로 감소할 때 걸리는 시간이다. 원자핵 붕괴 속도는 보통 원자핵 반감기로 나타낸다. 각 동위 원소는 고유의 반감기를 갖는다. 예를 들면 스트론튬-90의 반감기는 28.8년이다.

$$^{90}_{38}Sr \longrightarrow ^{90}_{39}Y + ^{0}_{-1}e \qquad t_{1/2} = 28.8\text{년} \qquad [21.16]$$

그래서 스트론튬-90 10.0 g으로 시작되었다면, 28.8년 후 이 동위 원소는 5.0 g만 남고, 다시 28.8

**표 21.5** 몇 가지 방사성 동위 원소의 반감기와 붕괴 종류

| | 동위 원소 | 반감기(년) | 붕괴 종류 |
|---|---|---|---|
| 천연 방사성 동위 원소 | $^{238}_{92}U$ | $4.5 \times 10^9$ | 알파 |
| | $^{235}_{92}U$ | $7.0 \times 10^8$ | 알파 |
| | $^{232}_{90}Th$ | $1.4 \times 10^{10}$ | 알파 |
| | $^{40}_{19}K$ | $1.3 \times 10^9$ | 베타 |
| | $^{14}_{6}C$ | 5700 | 베타 |
| 합성 방사성 동위 원소 | $^{239}_{94}Pu$ | 24,000 | 알파 |
| | $^{137}_{55}Cs$ | 30.2 | 베타 |
| | $^{90}_{38}Sr$ | 28.8 | 베타 |
| | $^{131}_{53}I$ | 0.022 | 베타 |

년 후에 2.5 g이 남는다(**그림 21.6**).

반감기가 수백만 분의 1초와 같이 짧은 것도 있고, 수십억 년으로 긴 것도 있다. 몇 가지 방사성 동위 원소의 반감기를 **표 21.5**에 나타내었다. 핵붕괴 반감기의 중요한 특성은 반감기가 온도, 압력, 화학적 조합 같은 외부 조건에 의해 영향을 받지 않는다는 것이다. 그러므로 독성 화학 약품과 다르게, 방사성 원자는 화학 반응이나 다른 일반적 처리에 의해 해롭지 않게 만들 수 없다.

만약에 50.0 g의 시료로 시작한다면, 반감기가 세 번 지난 후 얼마만큼의 시료가 남겠는가?

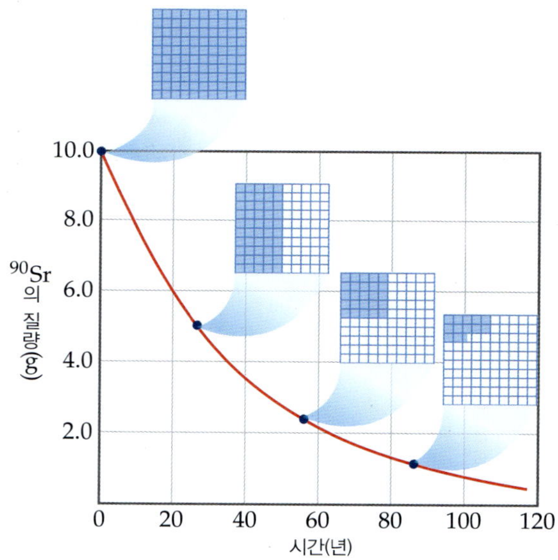


▲**그림 21.6** 스트론튬-90($t_{1/2}$=28.8년) 시료 10.0 g의 붕괴 10×10 모눈종이는 일정 시간이 경과한 후 방사성 동위 원소가 얼마나 남아 있는가를 보여 준다.

## 방사법 연대 측정

어떤 특별한 핵종의 반감기는 일정하므로, 반감기는 다른 대상물의 연대 측정에 '핵시계(nuclear clock)'로 사용할 수 있다. 동위 원소와 동위 원소의 양에 기초하여 물질의 연대를 측정하는 방법을 **방사법 연대 측정**(radiometric dating)이라고 한다.

탄소-14가 연대 측정에 사용되면, 이 기술을 **방사성 탄소 연대 측정**(radiocarbon dating)이라고 한다. 이 측정 방법은 성층권에서 우주 광선에 의하여 생성된 중성자가 질소-14를 전환하여 생기는 탄소-14의 생성에 기초한다(**그림 21.7**). $^{14}C$는 산소와 반응하여 대기 중의 $^{14}CO_2$를 만들고, 이 '표지된' $CO_2$는 식물에 의해 사용되어 광합성을 통해 먹이 사슬로 들어가게 된다. 이 반응은 적은 양이지만 일정하게 탄소-14를 제공한다. 탄소-14는 방사성이고 반감기가 5700년(유효 숫자 두 자리)이며, 베타 붕괴한다.

$$^{14}_{6}C \longrightarrow ^{14}_{7}N + ^{0}_{-1}e \qquad [21.17]$$

살아 있는 식물이나 동물은 탄소 화합물을 일정하게 섭취하므로 대기 중의 탄소-14 대 탄소-12의 비는 유지된다. 그러다가 생물이 죽으면 그 생물은 방사성 붕괴를 통해 소실되는 탄소-14를 보충하기 위한 탄소 화합물을 더 이상 섭취할 수 없다. 그러므로 시체 속의 탄소-14 대 탄소-12의 비는 감소한다. 이 비를 측정하여 대기 속의 비율과 대조하면 그 생물의 사후 연대를 추정할 수 있다. 예를 들어 그 비가 대기 중 비율의 반으로 감소하면 그 생물은 죽은 후 반감기, 즉 5700년 된 것이라고 결정할 수 있다.

## 예제 21.5
### 반감기를 포함하는 계산

코발트-60의 반감기는 5.27년이다. 코발트-60 1.000 mg 시료는 15.81년 후에 몇 mg이 남는가?

**해답**

**분석** 주어진 코발트-60의 반감기를 통해 초기 1.000 mg의 시료에서 15.81년 뒤에 남아 있을 코발트-60의 양을 계산하는 문제이다.

**계획** 반감기를 지날 때마다 매번 방사성 물질의 양이 50%씩 감소함을 이용한다.

**풀이** 15.81년이라는 기간은 코발트-60이 세 번의 반감기를 지난 것이다($5.27 \times 3 = 15.81$). 첫 번째 반감기의 끝에 코발트-60은 0.500 mg이 남고, 두 번째 반감기의 끝에 0.250 mg이 남고, 세 번째 반감기의 끝에 0.125 mg이 남는다.

**▶ 보충 예제**

테크네튬 방사성 동위 원소는 의료 분야의 영상 기술에 매우 유용하게 사용된다. 초기에 80.0 mg의 테크네튬 동위 원소가 있었다고 하자. 24시간 후에 이 테크네튬 동위 원소가 5.0 mg만이 남았다면, 다음 중 이 원소의 반감기에 해당하는 것은?

**(a)** 3.0시간 **(b)** 6.0시간 **(c)** 12.0시간
**(d)** 16.0시간 **(e)** 24.0시간

이 방법은 약 50,000년 이상 된 물체의 연대 측정에 사용할 수 없다. 50,000년 이후에는 방사능이 너무 작아서 정확하게 측정할 수 없기 때문이다.

방사성 탄소 연대 측정 사용에 있어서, 일반적으로 대기 중 탄소-14 대 탄소-12의 비는 지난 50,000년 동안 거의 일정하다고 가정한다. 하지만 태양 활동성의 변화가 대기 중의 탄소-14의 양에 영향을 주기 때문에 탄소-14 대 탄소-12의 비율은 위아래로 변할 수 있다. 이러한 영향은 다른

$^{14}CO_2$는 포유동물의 먹이 사슬에 어떻게 포함되는가?

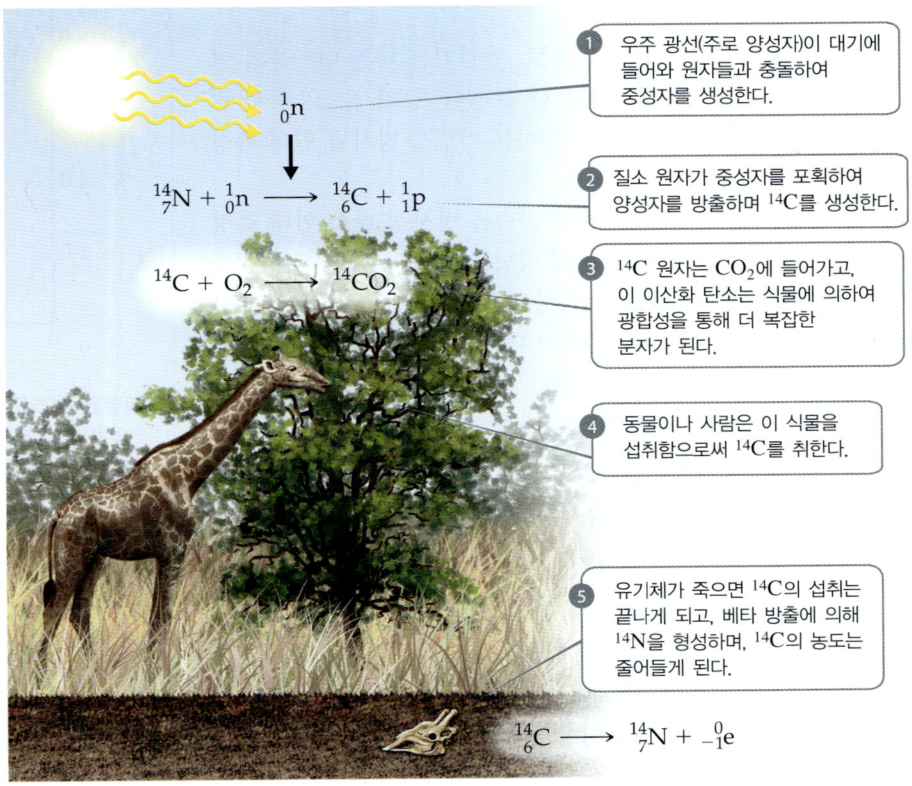


▲ **그림 21.7** 탄소-14의 생성과 분배 죽은 동물이나 식물들의 탄소-14 대 탄소-12의 비는 죽은 이후의 지난 시간과 관계가 있다.

종류의 자료를 이용하여 정정할 수 있다. 최근 과학자들은 탄소-14의 자료를 나무의 나이테, 산호, 호수 침전물, 얼음 핵, 다른 천연으로부터의 자료와 비교하여 탄소-14 '시계'를 26,000년 전까지 보정할 수 있게 되었다.

다른 동위 원소는 다른 형태의 물체의 연대 측정에 유사하게 이용할 수 있다. 예를 들면 우라늄-238 시료의 반이 붕괴하여 납-206으로 되기 위해서는 $4.5\times10^9$년이 필요하다. 그러므로 우라늄을 포함한 암석의 연대는 납-206 대 우라늄-238의 비를 측정하여 결정할 수 있다. 납-206이 방사성 붕괴 대신에 정상적인 화학 과정에 의하여 암석에 혼합되면, 암석에는 동위 원소 납-208이 많이 존재할 것이다. 광석 안에 정상적으로 납-208이 많이 존재하지 않는다면, 안에 있는 납-206은 모두 우라늄-238로부터 생성되었다고 가정한다.

지구상에서 발견된 가장 오래된 암석은 약 $3\times10^9$년이 되었다. 이 연대는 지구 껍질이 적어도 이 연대에서 굳어졌다는 것을 의미한다. 과학자들은 지구가 냉각되고, 지구 표면이 고체로 되는 데 $1\times10^9$~$1.5\times10^9$년이 소요된다고 추정한다. 이로부터 지구 나이를 $4.0\times10^9$~ $4.5\times10^9$(약 40억 내지 45억)년으로 판단한다.

## 반감기에 기초한 계산

시료의 붕괴 속도를 **활동도(activity)**라고 하고, 그것은 종종 단위 시간당 관측되는 붕괴의 수로 표시한다. **베크렐(becquerel**, Bq)이란 특정 방사능원의 활동도를 표현하는 SI 단위이다. 베크렐은 초당 한 개의 핵이 붕괴되는 것으로 정의된다. 오래되었으나 현재까지도 사용되는 단위로는 **큐리(curie**, Ci)가 있는데, 이것은 1 g의 라듐이 붕괴되는 속도인 초당 $3.7\times10^{10}$ 붕괴(disintegration)로 정의된다. 4.0 mCi의 코발트-60의 시료는 다음과 같은 속도를 갖는다.

$$4.0 \times 10^{-3}\,\text{Ci} \times \frac{3.7 \times 10^{10}\text{ 붕괴/초}}{1\,\text{Ci}} = 1.5 \times 10^{8}\text{ 붕괴/초}$$

따라서 $1.5\times10^8$ Bq의 활동도를 가진다.

방사성 시료가 붕괴됨에 따라, 시료로부터 방출되는 방사선의 양도 감소한다. 예를 들면 코발트-60의 반감기는 5.27년이다. 4.0 mCi의 코발트-60의 시료는 5.27년 이후 2.0 mCi 또는 $7.5\times10^7$ Bq의 방사능을 가진다.

방사성 붕괴는 일차 반응 속도 과정이다. 그러므로 반응 속도는 시료 중 방사성 핵의 수 $N$에 비례한다.

$$\text{속도} = kN \qquad [21.18]$$

일차 반응 속도 상수 $k$를 **붕괴 상수**(decay constant)라고 한다. 이는 다음과 같이 반감기와 연관되어 있다.

$$k = \frac{0.693}{t_{1/2}} \qquad [21.19]$$

따라서 만약에 반감기나 붕괴 상수 중 하나를 안다면 다른 값도 계산할 수 있다.

14.4절에 나타낸 것처럼, 일차 반응 속도 법칙은 다음과 같은 유용한 식으로 표현될 수 있다.

$$\ln\frac{N_t}{N_0} = -kt \qquad [21.20]$$

이 식에서 $t$는 붕괴 시간 간격, $k$는 붕괴 상수, $N_0$는 초기 시간 0에서 핵의 수, $N_t$는 $t$ 시간 간격 후에 남은 수이다. 특정한 방사성 동위 원소의 질량과 그 원소의 방사능은 방사성 핵의 수에 비례한다. 따라서 어떤 시간 $t$에서의 질량과 $t=0$에서의 질량의 비 또는 시간 $t$에서의 방사능과 $t=0$에서의 방사능의 비는 식 21.20에서 $N_t/N_0$로 치환할 수 있다.

## 예제 21.6

### 방사성 붕괴를 이용한 물체의 연대 계산

우라늄-238 1 mg당 납-206 0.257 mg이 있는 암석이 있다. 우라늄-238이 붕괴하여 납-206으로 변하는 반감기는 $4.5 \times 10^9$년이다. 이 암석은 얼마나 오래된 것인가?

### 해답

**분석** 우라늄-238의 반감기와, 우라늄-238과 납-206의 상대적 양이 주어지고, 우라늄-238과 납-206이 있는 암석의 연대를 계산하는 문제이다.

**계획** 납-206은 우라늄-238의 방사성 붕괴로 생성된다. 납-206은 오로지 우라늄-238의 붕괴로부터만 알려진 반감기에 의하여 형성된다고 가정한다. 이 암석이 형성된 후 지나간 시간을 계산하기 위해 일차 속도 반응식(식 21.19와 21.20)을 적용하기 위해서는, 현재 남아 있는 1 mg의 우라늄에 대해 처음에 얼마만큼의 우라늄이 있어야 했는가를 계산할 필요가 있다.

**풀이** 암석이 현재 우라늄-238 1.000 mg을 포함한다고 가정하면, 납-206은 0.257 mg 포함되어 있다. 따라서 우라늄-238이 처음 생성되었을 때 암석 중 우라늄-238의 양은 1.000 mg과 납-206으로 붕괴한 양을 합한 것과 같다. 납 원자의 질량은 우라늄 원자의 질량과 다르므로 단순히 1.000 mg과 0.257 mg을 더할 수는 없다. 납-206(0.257 mg)으로 붕괴된 우라늄-238의 양은 납의 현재 양에 우라늄/납의 질량비를 곱하여 구한다. $^{238}_{92}U$ 원래의 질량은 다음과 같다.

$$\text{원래의 양 } ^{238}_{92}\text{U} = 1.000 \text{ mg} + \frac{238}{206}(0.257 \text{ mg})$$

$$= 1.297 \text{ mg}$$

식 21.19를 사용하여 반감기로부터 붕괴 과정의 붕괴 상수를 계산할 수 있다.

$$k = \frac{0.693}{4.5 \times 10^9 \text{년}} = 1.5 \times 10^{-10} \text{ 년}^{-1}$$

시간 $t$를 구하기 위해, 식 21.20을 재정리하고 알려진 양을 대입하면 다음과 같다.

$$t = -\frac{1}{k}\ln\frac{N_t}{N_0} = -\frac{1}{1.5 \times 10^{-10} \text{ 년}^{-1}}\ln\frac{1.000}{1.297} = 1.7 \times 10^9 \text{년}$$

▶ **보충 예제**

세슘-137은 반감기가 30.2년이고, 핵발전소의 방사성 폐기물의 한 원소이다. 방사성 폐기물 안의 세슘-137에서 나오는 방사능이 초기에 비해 35.2%로 줄었다면, 이 시료는 지금부터 몇 년 전 시료인지 말하시오.

**(a)** 1.04년 **(b)** 15.4년 **(c)** 31.5년 **(d)** 45.5년 **(e)** 156년

## 예제 21.7

### 방사성 붕괴와 시간을 포함하는 계산

스트론튬-90 1.000 g은 2.00년 후에 0.953 g이 남는다.
**(a)** 스트론튬-90의 반감기는 얼마인가?
**(b)** 스트론튬-90은 5.00년 후에 얼마나 남는가?

### 해답

**분석** **(a)** 방사성 핵이 주어진 기간 동안 얼마나 붕괴되었는지에 대한 자료($N_0 = 1.000$ g, $N_t = 0.953$ g, $t = 2.00$년)를 기초로 하여 반감기($t_{1/2}$)를 계산하는 문제이다. **(b)** 주어진 시간이 흐른 뒤 방사성 핵이 얼마나 남아 있는지를 계산하는 문제이다.

**계획** **(a)** 붕괴의 속도 상수($k$)를 먼저 계산하고, 이를 이용하여 $t_{1/2}$를 계산한다. **(b)** 초기 양($N_0$)과 (a)에서 구한 붕괴 속도 상수($k$)를 이용하여 시간 $t$에서의 스트론튬의 양($N_t$)을 구한다.

**풀이**

**(a)** 식 21.20을 붕괴 상수($k$)에 대하여 푼다. 그다음 식 21.19를 반감기($t_{1/2}$)의 계산에 사용한다.

$$k = -\frac{1}{t}\ln\frac{N_t}{N_0} = -\frac{1}{2.00\text{년}}\ln\frac{0.953 \text{ g}}{1.000 \text{ g}}$$

$$= -\frac{1}{2.00\text{년}}(-0.0481) = 0.0241\text{년}^{-1}$$

$$t_{1/2} = \frac{0.693}{k} = \frac{0.693}{0.0241\text{년}^{-1}} = 28.8\text{년}$$

(**b**) 앞에서 구한 $k = 0.0241년^{-1}$ 값과 식 21.20을 이용하여 계산하면

$$\ln\frac{N_t}{N_0} = -kt = -(0.0241\,년^{-1})(5.00\,년) = -0.120$$

$\ln(N_t/N_0) = -0.120$으로부터 $N_t/N_0$는 $e^x$ 혹은 계산기의 INV LN 기능을 이용하면 쉽게 계산된다.

$$\frac{N_t}{N_0} = e^{-0.120} = 0.887$$

$N_0$는 1.000 g이므로

$$N_t = (0.887)N_0 = (0.887)(1.000\,g) = 0.887\,g$$

▶ **보충 예제**

앞 예제 1에서 언급했듯이, 방사성 폐기물인 세슘-137은 30.2년의 반감기를 갖고 있다. 만약 폐기물이 세슘-137로 인해 15.0 Ci의 초기 활동도를 갖고 있다면, 활동도가 0.250 Ci까지 떨어지기까지 얼마나 걸리겠는가?

(**a**) 0.728년 (**b**) 60.4년 (**c**) 78.2년 (**d**) 124년 (**e**) 178년

## 자기 평가 연습 문제

**21.16** 초탄(peat moss)에서 얻은 탄소 시료 1 그램이 0.350 mCi의 활성도를 나타낸다. 기준 시료의 활성도는 0.446 mCi이다. $^{14}C$의 반감기가 5700년이라면, 위의 초탄의 방사성 탄소 연대는 얼마인가?

(**a**) 880년 (**b**) 1400년 (**c**) 2000년

## 연습 문제

**21.17** 더운 사막에 축적된 스트론튬-90(핵 실험에 의해 생성된)은 비교적 높은 온도에 노출되어 있기 때문에 더 빠르게 붕괴할 것으로 생각해 볼 수 있다.

(**a**) 이 생각은 옳은 것인가?

(**b**) 많은 화학 반응이 Arrhenius 식을 따르듯이(14.5절), 방사성 붕괴 과정도 활성화 에너지를 가지고 있는가?

**21.18** 알려지지 않은 방사성 물질 200 mg 시료가 112 mg으로 붕괴하는 데 180분이 걸렸다. 이 물질의 반감기는 얼마인가?

**21.19** $^{233}Pa$가 베타 붕괴되는 과정의 반감기는 27.4일이다. $^{233}Pa$ 5.00 g이 0.625 g으로 붕괴되는 데 얼마의 시간이 필요한가?

**21.20** 아이오딘-131은 베타 붕괴를 하며 그 반감기는 8.02일이다.

(**a**) $^{131}I$ 5.00 mg 시료가 1분 동안 방출하는 베타 입자는 몇 개인가?

(**b**) 이 시료의 활성도는 몇 Bq인가?

**21.21** 인도 사찰의 나무 조각품에서 $^{14}C$의 활동도는 분당 42개로 나타났다. 반면 새로 만든 기준 제품에서 $^{14}C$의 활동도는 분당 58.2개이다. $^{14}C$의 붕괴 반감기가 5715년인 것을 감안하여 이 나무 조각품의 연대를 계산해 보시오.

**21.22** 아이오딘-131은 갑상샘 항진증을 치료하는 핵의료제이다. $^{131}I$의 반감기는 8.04일이다. $^{131}I$ 500 mg 시료가 1% 질량으로 줄어들기까지 얼마나 걸리는가?

자기 평가 연습 문제 답 **21.16** (c)

## 21.4 방사능 검출

집안에서 쓰는 '이온화' 유형의 연기 검출기(smoke detector)는 소량의 방사성 물질(보통 Am−241)을 함유한다. 이것은 경보기 안의 공기를 이온화시켜 약간의 전류를 흐르게 한다. 연기가 존재한다면, 이온들의 흐름을 방해하고 전류가 줄어들어서 경보음이 울린다. 이것은 방사성 핵종이 들어있는 흔한 기기 중 하나일 뿐이다. 그러한 기기가 집안에서 안전하려면 그들이 내뿜는 방사선량이 조심스럽게 조절되어야 한다. 이 절에서는 방사선량을 정량화하는 방법들을 살펴볼 것이다. 이 절이 끝나면 다음 사항을 수행할 수 있어야 한다.

- 방사능을 탐지할 수 있는 두 가지 방법 알기

방사성 물질로부터 방사능 방출을 검출하기 위해 다양한 방법이 고안되었다. Henri Becquerel은 방사선이 사진 건판을 뿌옇게 만드는 사실로부터 방사능을 발견하였다. 사진 건판과 필름은 방사능 검출에 오랫동안 사용되었다. 방사선은 X선이 사진 필름에 영향을 미치는 것과 같은 방법으로 사진 필름에 영향을 준다. 방사선에 노출된 정도가 클수록 음화 부분은 더 검게 변한다. 방사성 물질과 관련된 일을 하는 사람들은 그들이 방사선에 노출되는 정도를 기록하는 필름 표지(배지)를 부착한다(**그림 21.8**).

알파, 베타, 감마선 중 어느 것이 X선에 민감한 필름을 뿌옇게 만들겠는가?

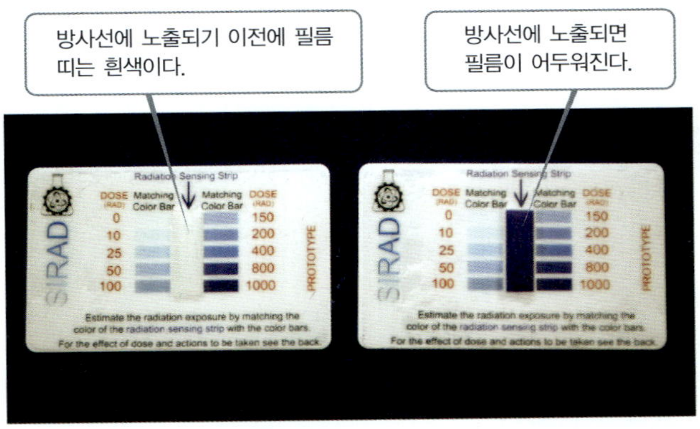


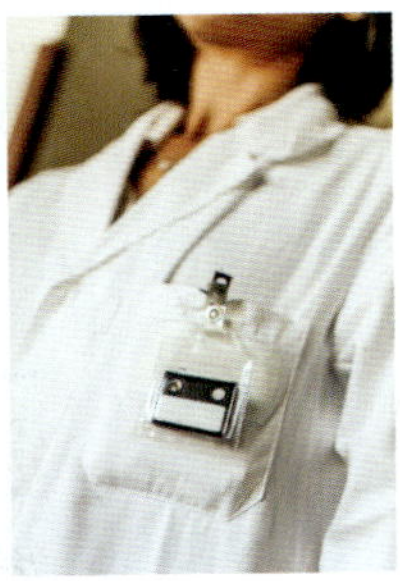

▲ **그림 21.8** 배지(badge) 방사선량계는 개인이 고에너지 방사선에 노출되는 정도를 모니터한다. 방사선 조사량은 방사선량계 필름의 어두워지는 정도로 측정한다.

Geiger 계측기 내부에 있는 기체 원자의 어떤 성질이 이 계측기의 작동과 연관되어 있는가?

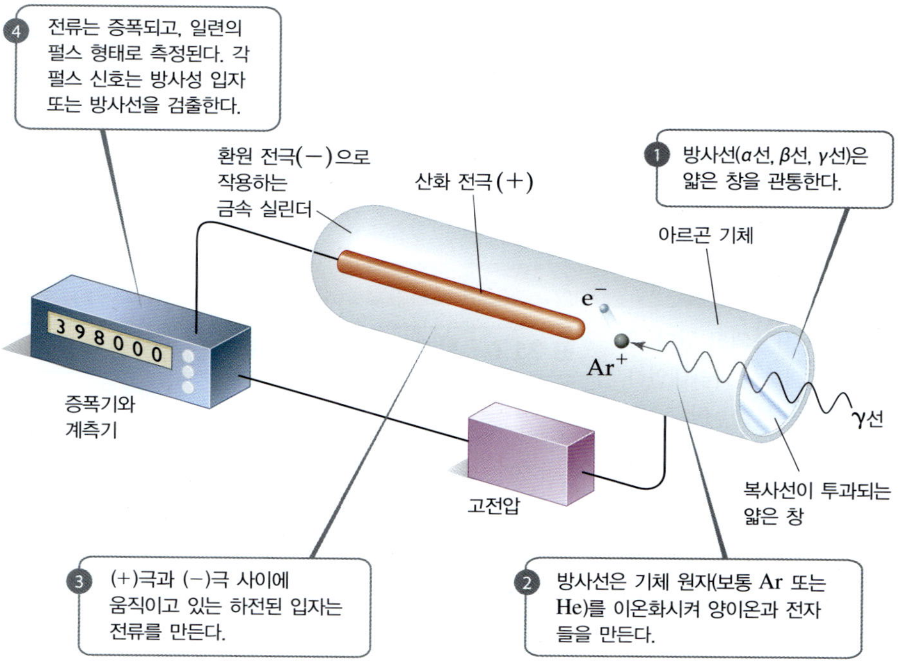


▲ 그림 21.9 Geiger 계측기의 모형

방사능은 또한 Geiger 계측기(Geiger counter)라고 알려진 장치를 사용하여 검출하고 측정할 수 있다. Geiger 계측기의 작동은 방사선 때문에 일어나는 물질의 이온화에 근거한다. 이온화 방사선에 의하여 생기는 이온과 전자는 전류의 전도를 가능하게 한다. Geiger 계측기의 기본 구성을 **그림 21.9**에 나타내었다. 산화 전극과 금속 실린더 사이 들어오는 방사선이 이온을 생성할 때마다 전류 펄스가 일어난다. 방사선의 양을 평가하기 위하여 각 펄스를 계산한다.

**인광체**(phosphor)라고 하는 어떤 물질들은 방사선이 충돌하거나 내부를 통과할 때 빛을 낸다. 방사능은 인광체의 원자나 이온, 그리고 분자들을 높은 에너지 상태로 들뜨게 하는데, 이들은 다시 바닥 에너지 상태로 돌아가며 빛으로 에너지를 발산한다. 방사선에 의해 전기적으로 들뜬 특정 물질은 방사선의 검출 및 계측에 사용할 수 있다. 예를 들면 ZnS는 이러한 방식으로 알파 입자에 감응한다. 방사선이 적당한 인광체와 충돌할 때 발생하는 빛의 섬광을 측정하는 **섬광 계측기**(scintillation counter)는 방사선 검출과 측정에 사용한다. 섬광을 전자적으로 확대하여 방사선의 양을 계측한다.

## 방사성 추적자

방사성 동위 원소는 쉽게 검출할 수 있다. 따라서 방사성 원소는 원소의 화학 반응을 통하여 원소 추적에 사용할 수 있다. 예를 들면 광합성에서 $CO_2$에 있는 탄소 원자가 글루코스로 들어가는 것을 탄소-14를 포함한 $CO_2$를 사용하여 연구하였다.

$$6\,^{14}CO_2 + 6\,H_2O \xrightarrow[\text{엽록소}]{\text{햇빛}} {}^{14}C_6H_{12}O_6 + 6\,O_2 \qquad [21.21]$$

탄소-14 표지의 이용은 대기 중의 이산화 탄소가 식물에서 글루코스로 된다는 것을 실험적으로 직접 증명할 수 있다. 산소-18을 이용한 산소에 대한 표지 실험은 광합성 중 생성되는 산소가 이산화 탄소가 아닌 물로부터 온다는 것을 알려 준다. 반응으로부터 중간체나 생성물을 분리하고 정제하는 것이 가능하다면, 섬광 계측기와 같은 측정 기구는 방사성 동위 원소가 여러가지 중간체를 통하여 출발 물질로부터 생성물로 이동하는 과정을 알아보는 데 이용될 수 있다. 이러한 형태의 실험은 반응 메커니즘의 단일 단계를 확인하는 데 유용하다.

원소의 모든 동위 원소는 본질적으로 같은 화학적 성질을 가지므로 방사성 원소의 사용이 가능하다. 소량의 방사성 원소들이 자연에 존재하는 같은 원소의 안정한 동위 원소와 혼합될 때 모든 동위 원소는 똑같이 반응한다. 원소의 행로는 방사성 동위 원소의 방사능에 의하여 밝혀진다. 방사성 동위 원소는 원소의 행로 추적에 사용할 수 있어 **방사성 추적자**(**radiotracer**)라고 한다.

## 화학과 생명 | 방사성 추적자의 의학적 응용

방사성 추적자는 의료에서 진단 방법으로 넓게 사용되고 있다. 표 21.6에 몇 가지 방사성 추적자와 그들의 이용에 대하여 나타내었다. 이 동위 원소들을 진단에 이용하는 것은 이 방사능 물질들이 조사하고자 하는 기관이나 세포들에 집중적으로 몰리는 성질 때문이다. 예를 들면 아이오딘-131은 갑상샘의 활동도를 측정하는 데 쓰인다. 갑상샘은 인체에서 아이오딘을 많이 쓰는 기관이다. 환자는 아이오딘-131이 포함된 NaI 용액을 마신다. 매우 적은 양이 사용되기 때문에 환자에게 해롭지는 않다. Geiger 계수기를 목 근처의 갑상샘에 대고 갑상샘이 아이오딘을 끌어가는 능력을 측정한다. 정상적인 갑상샘은 몇 시간 내에 약 12%의 아이오딘을 흡수한다.

방사성 추적자를 이용하여 **양전자 방출 단층 촬영**(positron emission tomography, PET)을 할 수 있다. PET는 많은 질병의 진단에 사용된다. 이 방법에서는 양전자 방출을 하며 붕괴하는 방사성 핵종을 포함하는 화합물을 환자에게 주사한다. 이 화합물들을 선택하여 연구자들은 혈액의 흐름, 산소와 글루코스의 대사 속도와 다른 생물학적인 작용을 조사한다. 가장 흥미 있는 것은 에너지원으로 글루코스를 쓰는 뇌의 연구이다. 뇌에서 글루코스의 대사 또는 사용될 때 일어나는 변화는 암, 백혈병, 파킨슨 병, 정신 분열증을 나타내는 신호일 수 있다.

PET에 가장 많이 사용되는 방사성 핵종은 탄소-11($t_{1/2}$ = 20.4분), 플루오린-18($t_{1/2}$ = 110분), 산소-15($t_{1/2}$ = 2분), 질소-13($t_{1/2}$ = 10분)이다. 예를 들면 글루코스는 탄소-11로 표지될 수 있다. 양전자 방출 물질의 반감기가 매우 짧기 때문에 화학자는 빠른 시간 내에 방사성 핵종을 글루코스(또는 적절한 화합물)에 붙여야 하며, 즉시 주입되어야 한다. 환자는 양전자를 측정하고, 방사성 핵종이 있는 장기의 컴퓨터 영상을 얻을 수 있는 복잡한 기계 안에 위치한다. 원소가 붕괴할 때 방출된 양전자는 전자와 충돌한다. 충돌한 양전자와 전자는 두 감마선을 반대 방향으로 내놓으며 소멸한다. 이 감마선은 원을 형성하고 있는 섬광 계측기에 의해 탐지된다(그림 21.10). 반대 방향으로 이동하는 감마선은 같은 시각에 같은 장소에서 생성되었기 때문에 방사성 동위 원소가 붕괴하는 몸 안의 부분을 정확하게 알아낼 수 있다. 이 영상으로부터 병의 유무나 다른 이상 증상을 판단할 수 있으며, 의학 연구자들은 어떤 특정한 질병이 어떻게 뇌의 작용에 영향을 미치는지를 이해할 수 있다. 예를 들면 그림 21.11에 보여 준 그림으로부터 알츠하이머 병에 걸린 환자의 뇌의 활동도를 정상인의 것과 비교하여 병의 정도를 확인할 수 있다.

**표 21.6 방사성 추적자로 이용되는 방사성 핵종**

| 핵종 | 반감기 | 사용되는 인체 부분 |
|---|---|---|
| 아이오딘-131 | 8.04일 | 갑상샘 |
| 철-59 | 44.5일 | 적혈구 |
| 인-32 | 14.3일 | 눈, 간, 암 |
| 테크네튬-99[a] | 6.0시간 | 심장, 뼈, 간, 폐 |
| 탈륨-201 | 73시간 | 심장, 동맥 |
| 소듐-24 | 14.8시간 | 순환계 |

[a] 테크네튬의 동위 원소는 실제로는 Tc-99*m*이라고 하는 Tc-99의 특정 동위 원소이다. 여기서 *m*은 **준안정** 동위 원소를 나타낸다.

**관련 연습 문제: 21.24, 21.64, 21.89**

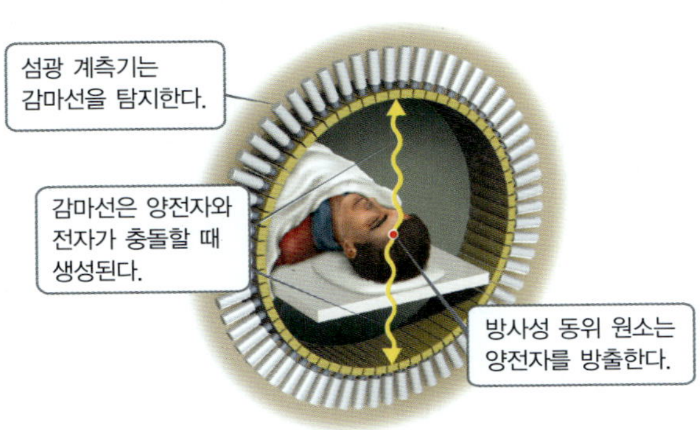


▲ 그림 21.10 양전자 방출 단층(PET) 촬영기의 모형

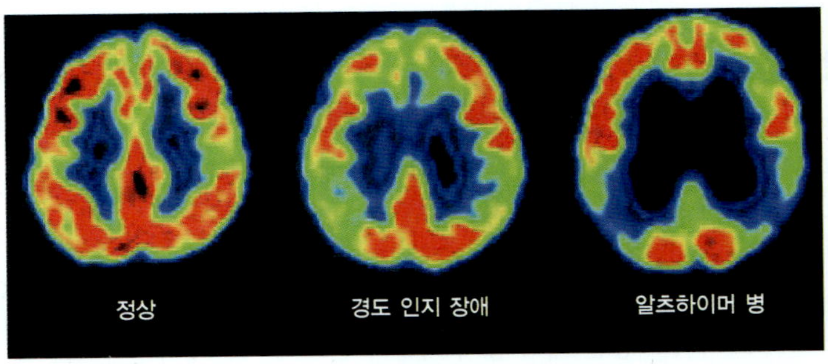


▲ 그림 21.11 뇌의 글루코스 대사의 수준을 보여 주는 양전자 방출 단층 촬영 붉은색과 노란색은 정상 수준의 글루코스 대사를 나타낸다. UC Berkeley의 연구진들의 알츠하이머 질환에 대한 연구 결과. 출처: Cindee Medison, Susan Landau

## 자기 평가 연습 문제

**21.23** 옛날 손목시계의 다이얼 부분에는 에너지가 제공되면 반짝거리는 인광체(phosphor)라고 하는 방사성 동위 원소가 있다. 이와 유사한 메커니즘으로 작동하는 방사선 검출기는 무엇인가?

**(a)** Geiger 계수기
**(b)** 섬광 계수기

## 연습 문제

**21.24.** 아이오딘-131은 사람의 갑상샘의 활동도를 살펴보기 위해 편리하게 사용할 수 있는 방사성 동위 원소이다. 이것은 베타 붕괴를 하며, 반감기는 8.02일이다. 갑상샘은 우리 몸의 분비선 중에서 유일하게 아이오딘을 사용한다. 갑상샘을 검진 중인 환자들은 NaI 용액을 마시게 되는데, 이 용액에는 아주 작은 양의 아이오딘의 방사성 동위 원소가 들어 있다.

**(a)** NaI가 아이오딘의 시료로 좋은 선택일 수 있는 이유는 무엇인가?

**(b)** 위 용액을 섭취한 사람의 목 부분에 Geiger 계수기를 가져다 대면 시간의 변화에 따른 측정값이 어떻게 나타날 것으로 생각하는가?

**(c)** 정상적인 갑상샘이라면 섭취한 아이오딘의 약 12%를 수 시간 내에 받아들이게 된다. 이렇게 해서 갑상샘이 받아들이게 된 아이오딘이 0.01%로 감소하는 데 걸리는 시간은?

자기 평가 연습 문제 답 **21.23 (b)**

# 21.5 | 핵반응에서의 에너지 변환

구 모양의 태양은 아주 뜨거워서 핵과 전자가 따로따로 움직인다. 태양은 태양계 질량의 99.86%를 차지하는데 73.8%가 수소, 24.8%가 헬륨, 그리고 1.4%가 다른 원소들이다. 태양의 에너지는 대부분 중심부에서 수소 핵들이 융합하여 헬륨 핵을 형성하면서 발생한다. 이런 핵반응에서는, 화학 반응 중에서 가장 큰 에너지가 관여하는 것보다 훨씬 큰 엄청난 에너지가 발생한다. 태양 표면에서는 이러한 에너지가 태양풍이라고 불리는 하전된 입자들의 흐름과 전자기파 복사의 형태로 방출된다. 표면에서 복사파나 입자들 뭉치가 지속적으로 터져 나오면 태양 플레어(solar flare)가 만들어진다.

이 절에서는, 핵반응 과정과 그것을 이용하려는 시도에 대해서 살펴보겠다. 이 절이 끝나면 여러분은 다음 사항을 수행할 수 있어야 한다.

- 핵반응에서 질량과 에너지의 변화 계산하기
- 핵분열과 핵융합의 차이 설명하기

많은 경우에 핵반응에 관계된 에너지는 핵반응이 아닌 일반적인 화학 반응에 관계된 에너지에 비해 왜 자릿수가 훨씬 큰가? 이 질문에 대한 답은 Einstein이 만든 질량과 에너지의 관계식에서 찾을 수 있다.

$$E = mc^2 \qquad [21.22]$$

이 식에서 $E$는 에너지, $m$은 질량, $c$는 빛의 속도 $2.9979 \times 10^8$ m/s이다. 이 식은 물체의 질량과 에너지는 비례한다고 설명한다. 계가 질량을 잃으면 계는 에너지를 잃는다. 계가 질량을 얻으면 계는 에너지를 얻는다. 식에서 비례 상수($c^2$)는 큰 수치이므로 약간의 질량 변화에도 큰 에너지 변화가 동반된다.

화학 반응의 질량 변화는 너무 작아서 쉽게 확인되지 않는다. 예를 들면 $CH_4$ 1 mol의 연소(발열 과정)와 관련 있는 질량 변화는 $-9.9 \times 10^{-9}$ g이다. 질량 변화가 너무 작기 때문에 화학 반응 중 질량 보존을 말하는 것이 가능하다.

핵반응의 질량 변화와 에너지 변화는 화학 반응에서보다 훨씬 더 크다. 예를 들면 우라늄-238 1 mol의 방사성 붕괴에 따르는 질량 변화는 $CH_4$ 1 mol 연소로 인한 질량 변화보다 50,000배 더 크다. 이 핵반응의 에너지 변화를 조사해 보자.

$$^{238}_{92}U \longrightarrow ^{234}_{90}Th + ^{4}_{2}He$$

이 반응에서 핵의 질량은 $^{238}_{92}U$ 238.0003 u, $^{234}_{90}Th$ 233.9932 u, $^{4}_{2}He$ 4.0015 u이다. 질량 변화($\Delta m$)는 생성물의 전체 질량에서 반응물의 전체 질량을 뺀 것으로 정의한다. 우라늄-238 1 mol의 붕괴에 대한 질량 변화를 그램으로 표현할 수 있다.

$$233.9942\text{ g} + 4.0015\text{ g} - 238.0003\text{ g} = -0.0046\text{ g}$$

계가 질량을 잃는 과정은 발열임을 의미한다. 모든 자발적인 핵반응은 발열 과정이다.

이 반응과 관련 있는 몰당 에너지 변화는 Einstein 식을 사용하면 계산할 수 있다.

$$\begin{aligned}\Delta E &= \Delta(mc^2) = c^2\Delta m \\ &= (2.9979 \times 10^8\text{ m/s})^2(-0.0046\text{ g})\left(\frac{1\text{ kg}}{1000\text{ g}}\right) \\ &= -4.1 \times 10^{11}\frac{\text{kg-m}^2}{\text{s}^2} = -4.1 \times 10^{11}\text{ J}\end{aligned}$$

$\Delta m$을 SI 질량 단위인 kg으로 변환하고 SI 에너지 단위인 J로 $\Delta E$를 얻는 것에 주목하라. 에너지 변화의 단위가 음수인 것은 반응 결과 에너지가 방출됨을 나타내며, 1 mol의 우라늄이 반응하는 경우 4000억 J이 발생한다. 이 정도의 에너지는 미국에서 10,000 가정에 일 년 동안 전력을 공급할 수 있는 양이다.

## 예제 21.8
### 핵반응식에서 질량 변화의 계산

코발트-60 1 mol이 베타 붕괴($^{60}_{27}Co \longrightarrow ^{60}_{28}Ni + ^{0}_{-1}e$)할 때 소실되거나 얻어지는 에너지는 얼마인가? ($^{60}_{27}Co$ 원자 질량은 59.933819 u이고, $^{60}_{28}Ni$ 원자 질량은 59.930788 u이다.)

### 해답

**분석** 핵반응에서 에너지의 변화를 계산하는 문제이다.

**계획** 먼저 반응 과정에서 질량의 변화를 계산해야 한다. 이때 원자 질량은 알고 있지만, 반응에서 핵의 질량을 알아야 한다. 핵질량은 원자 질량에 포함된 전자의 질량을 계산하여 알아낼 수 있다.

**풀이**

| | |
|---|---|
| $^{60}_{27}Co$ 원자는 27개의 전자를 가지고 있다. 전자 한 개의 질량은 $5.4858 \times 10^{-4}$ u이다(이 교재의 뒷표지 안쪽에 기본 상수들이 있다). $^{60}_{27}Co$ **원자**의 질량에서 27개 전자의 질량을 빼서 $^{60}_{27}Co$ **핵**의 질량을 구한다. | $59.933819\ u - (27)(5.4858 \times 10^{-4}\ u)$ $= 59.919007\ u$ (또는 $59.919007\ g/mol$) |
| 마찬가지로 $^{60}_{28}Ni$의 핵질량은 | $59.930788\ u - (28)(5.4858 \times 10^{-4}\ u)$ $= 59.915428\ u$ (또는 $59.915428\ g/mol$) |
| 핵반응에서 질량의 변화는 전체 생성물의 질량에서 반응물의 질량을 뺀 값이다. | $\Delta m =$ 전자 질량 + $^{60}_{28}Ni$ 핵 질량 − $^{60}_{27}Co$ 핵 질량 $= 0.00054858\ u + 59.915428\ u - 59.919007\ u$ $= -0.003030\ u$ |
| 따라서 1 mol의 코발트-60이 붕괴될 때, | $\Delta m = -0.003030\ g$ |
| 질량이 감소하므로($\Delta m < 0$), 에너지가 방출된다($\Delta E < 0$). 코발트-60 1 mol당 발생하는 에너지는 식 21.22를 이용하여 계산할 수 있다. | $\Delta E = c^2 \Delta m$ $= (2.9979 \times 10^8\ m/s)^2(-0.003030\ g)\left(\frac{1\ kg}{1000\ g}\right)$ $= -2.723 \times 10^{11}\ \frac{kg\text{-}m^2}{s^2} = -2.723 \times 10^{11}\ J$ |

**▶ 보충 예제**

$^{11}C$로부터의 양전자 방출($^{11}_{6}C \longrightarrow {}^{11}_{5}B + {}^{0}_{+1}e$)은 $^{11}C$ 몰당 $2.87 \times 10^{11}$ J의 에너지를 발생시킨다. 이 핵반응에서 $^{11}C$ 몰당 질량 변화는 얼마인가? $^{11}B$와 $^{11}C$의 질량은 각각 11.009305 u와 11911434 u이다.

## 핵결합 에너지

과학자들은 1930년대에, 핵의 질량이 핵을 구성하는 각 핵자의 질량보다 항상 작다는 것을 발견하였다. 예를 들면 헬륨-4의 핵(알파 입자)은 4.00150 u의 질량을 갖는다. 양성자의 질량은 1.00728 u이고, 중성자의 질량은 1.00866 u이다. 결과적으로 양성자 두 개와 중성자 두 개는 4.03188 u의 질량을 갖는다.

$$\begin{aligned}
\text{양성자 두 개의 질량} &= 2(1.00728\ u) = 2.01456\ u \\
\text{중성자 두 개의 질량} &= 2(1.00866\ u) = \underline{2.01732\ u} \\
\text{전체 질량} &= 4.03188\ u
\end{aligned}$$

각 핵자의 질량은 헬륨-4 핵의 질량보다 0.03038 u 더 크다.

$$\begin{aligned}
\text{양성자 두 개의 질량과 중성자 두 개의 질량} &= 4.03188\ u \\
{}^{4}_{2}He\text{의 핵질량} &= \underline{4.00150\ u} \\
\text{질량 차이 } \Delta m &= 0.03038\ u
\end{aligned}$$

핵과 그 구성 핵자들의 질량 차이를 **질량 결손(mass defect)**이라고 한다. 우리가 핵을 깨뜨려 양성자와 중성자로 분리할 때 에너지를 가해야 한다는 것을 고려하면 질량 결손의 개념을 쉽게 이해할 것이다.

$$\text{에너지} + {}^{4}_{2}He \longrightarrow 2\,{}^{1}_{1}H + 2\,{}^{1}_{0}n \qquad [21.23]$$

Einstein의 상대성 이론에 의하면, 계에 더해진 에너지는 반드시 질량의 비례적인 증가를 수반하

**표 21.7 세 가지 핵의 질량 결손과 핵결합 에너지**

| 핵 | 핵의 질량(u) | 핵자의 질량(u) | 질량 결손(u) | 결합 에너지(J) | 핵자당 결합 에너지(J) |
|---|---|---|---|---|---|
| $^{4}_{2}He$ | 4.00150 | 4.03188 | 0.03038 | $4.53\times10^{-12}$ | $1.13\times10^{-12}$ |
| $^{56}_{26}Fe$ | 55.92068 | 56.44914 | 0.52846 | $7.90\times10^{-11}$ | $1.41\times10^{-12}$ |
| $^{238}_{92}U$ | 238.00031 | 239.93451 | 1.93420 | $2.89\times10^{-10}$ | $1.21\times10^{-12}$ |

여야 한다. 헬륨-4를 각 핵자로 분리할 때 계산한 질량의 변화는 $\Delta m=0.03038$ u이다. 그러므로 이 과정에서 필요한 에너지는 다음과 같다.

$$\begin{aligned}\Delta E &= c^2\Delta m\\ &= (2.9979\times10^8\,\text{m/s})^2(0.03038\,\text{u})\left(\frac{1\,\text{g}}{6.022\times10^{23}\,\text{u}}\right)\left(\frac{1\,\text{kg}}{1000\,\text{g}}\right)\\ &= 4.534\times10^{-12}\,\text{J}\end{aligned}$$

핵을 각 핵자로 분리할 때 필요한 에너지를 **핵결합 에너지(nuclear binding energy)**라고 한다. 세 원소의 질량 결손과 핵결합 에너지를 표 21.7에서 비교하였다.

핵자당 결합 에너지는 서로 다른 핵자 간의 결합 안정성 비교(예컨대, 양성자 두 개와 중성자 두 개가 $^{4}_{2}He$ 또는 2 $^{2}_{1}H$을 형성하는 것의 비교)에 유용하다. 그림 21.12는 핵자당 평균 결합 에너지를 질량수에 대하여 도시한 것이다. 핵자당 결합 에너지는 처음에는 질량수 증가에 따라 증가하고, 철-56 부근의 질량수를 가지는 핵의 경우 약 $1.4\times10^{-12}$ J에 이른다. 이후 핵결합 에너지는 서서히 감소하며, 매우 무거운 핵에서 $1.2\times10^{-12}$ J에 이른다. **이러한 경향은 중간 질량수의 핵이, 작은 질량수의 핵이나 큰 질량수의 핵보다 더 단단하게 결합되어 있다는(그래서 더 안정하다) 것을 나타낸다.**

이런 경향은 두 가지 중요한 결과를 갖는다. 첫째, 무거운 핵이 두 개의 중간 크기의 핵으로 쪼개지면, 무거운 핵은 안정해지므로 에너지를 방출한다. **핵분열(fission)**로 알려진 이 과정은 핵발전소(원자력 발전소)에서 에너지를 만들 때 이용한다. 둘째, 매우 가벼운 핵이 결합하거나 융합하여 더 무거운 핵으로 되면 훨씬 많은 양의 에너지를 방출한다. 이런 **핵융합(fusion)** 과정은 태양에서 에너지를 생산하는 기본 반응이다.

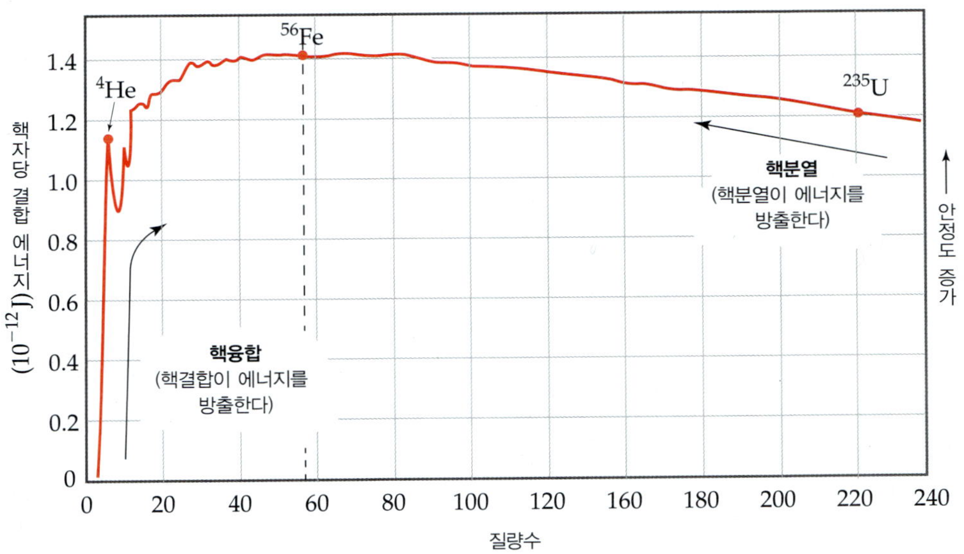


▲ 그림 21.12 핵결합 에너지 핵자당 평균 결합 에너지는 질량수가 증가함에 따라 증가하다가 서서히 감소한다. 이 경향성 때문에 가벼운 핵의 융합과 무거운 핵의 분열은 발열 과정이다.

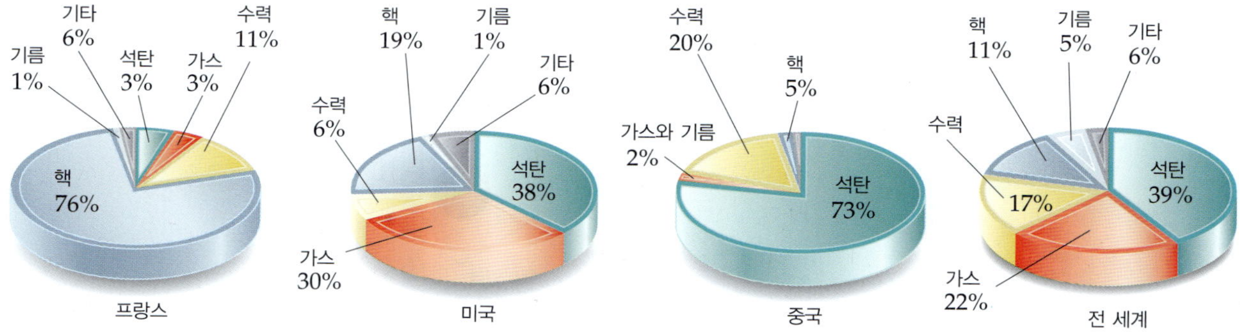


▲ **그림 21.13** 전 세계와 몇몇 나라의 전력 담당 분율(2014년 세계은행 자료)

## 원자력: 핵분열

핵분열은 핵발전소에서 에너지가 생성되는 과정에서 일어난다. 전 세계에서 11% 이상의 전기가 핵발전소에서 생성된다. **그림 21.13**에서 보듯이 나라마다 핵발전소가 차지하는 분율은 다르다. 현재 31개의 국가에서 440개의 핵발전소가 운행 중이며 65개의 새로운 핵발전소가 건설 중이다.

대부분의 원자로는 우라늄-235의 핵분열에 의존한다. 이것은 최초로 개발된 핵분열이다. 우라늄-233이나 플루토늄-239와 마찬가지로, 우라늄-235도 천천히 움직이는 중성자에 의해서 핵분열이 진행된다(**그림 21.14**).*

무거운 핵들은 많은 방법으로 분열된다. 예를 들어 우라늄-235 핵이 분열되는 두 가지 방법은 다음과 같다.

$$ {}^{1}_{0}n + {}^{235}_{92}U \longrightarrow {}^{137}_{52}Te + {}^{97}_{40}Zr + 2\,{}^{1}_{0}n \qquad [21.24]$$

$$ {}^{1}_{0}n + {}^{235}_{92}U \longrightarrow {}^{142}_{56}Ba + {}^{91}_{36}Kr + 3\,{}^{1}_{0}n \qquad [21.25]$$

식 21.24와 21.25에서 생성된 핵—**핵분열 생성물**(fission product)이라고 함—은 그 자체가 방사성이며, 계속하여 핵붕괴가 일어난다. 우라늄-235의 핵분열 생성물에서 35개 원소의 200개 이상의 동위 원소가 발견되었다. 그들의 대부분은 방사성이다.

핵분열 과정의 시작 부분에는 핵에 의한 중성자를 흡수하는 과정이 포함되어 있기 때문에, 핵분열에서는 천천히 움직이는 중성자가 꼭 필요하다. 이렇게 중성자를 흡수해서 무거워진 핵은 대부분의 경우 불안정하여, 자발적으로 핵분열을 일으킨다. 빨리 움직이는 중성자는 핵과 충돌할 때 튕겨져 나오는 경향이 있기 때문에 핵분열을 일으킬 확률이 매우 낮다.

이 반응의 양쪽에 있는 질량수의 합 사이에는 어떤 관계가 있는가?

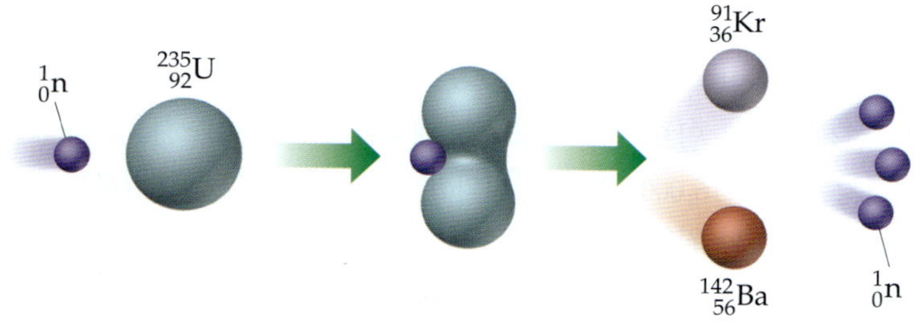


▲ **그림 21.14** **우라늄-235의 핵분열** 이것은 여러 가지 많은 핵분열 중 하나이다. 이 과정에서 $^{235}U$ 핵당 $3.5\times10^{-11}$ J의 에너지가 발생된다.

*다른 무거운 핵들도 핵분열을 할 수 있다. 그렇지만 이들 세 가지만 실제적으로 중요하다.

이 그림에서 한 번 더 반응이 '진행'되면, 중성자 몇 개가 생성되는가?

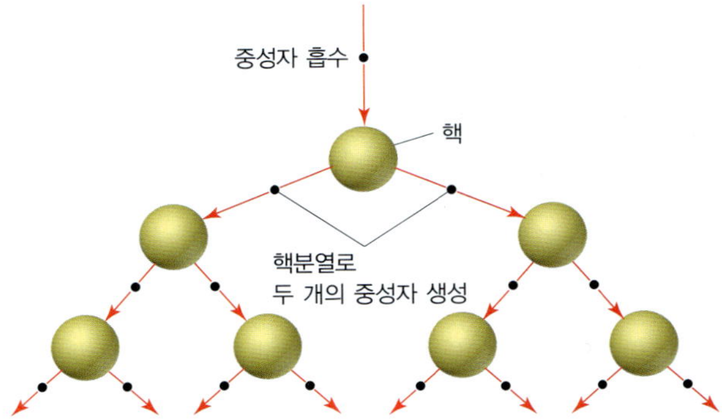


▲ **그림 21.15** 핵분열 연쇄 반응

식 21.24와 21.25에서 한 번의 반응에서 생성되는 중성자의 수가 각각 두 개와 세 개임을 주목하라. 우라늄-235의 핵분열로, 평균 2.4개의 중성자가 생성된다. 한 번의 분열에서 중성자 두 개가 생성되면, 생성된 두 개의 중성자는 다시 두 개의 분열을 더 일으킬 수 있다. 이렇게 해서 방출되는 네 개의 중성자는 다시 네 개의 분열을 더 일으킬 수 있고, **그림 21.15**처럼 핵분열이 진행된다. 이렇게 해서 분열 수와 방출 에너지는 빠르게 커진다. 따라서 이 과정을 억제하지 않으면 결과적으로 격렬한 폭발이 일어나게 된다. 이런 방식으로 증가하는 반응을 **연쇄 반응(chain reaction)**이라고 한다.

핵분열 연쇄 반응이 일어나려면, 분열하려는 물질의 시료는 일정 정도의 최소 질량을 가져야 한다. 그렇지 않으면 중성자들은 다른 핵에 충돌할 기회를 갖기도 전에 시료로부터 도망갈 수 있다. 일정한 속도로 연쇄 반응을 유지할 수 있을 정도의 충분한 핵분열 물질의 질량을 **임계 질량(critical mass)**이라고 한다. 임계 질량의 물질이 존재하면, 각 분열로부터 나오는 중성자 중 평균 하나의 중성자가 그 후에 다른 분열 반응을 일으킨다. 따라서 분열은 일정하고 제어 가능한 속도로 지속된다. 우라늄-235의 임계 질량은 구 형태로 노출된 금속인 경우 약 50 kg이다.*

분열할 수 있는 시료가 임계 질량보다 더 많은 양이 존재하면, 중성자는 거의 도망을 갈 수 없다. 따라서 연쇄 반응은 분열수를 크게 증가시키고, 그 분열수의 증가는 핵폭발을 유발할 수 있다. 임계 질량을 초과하는 질량을 **초임계 질량(supercritical mass)**이라고 한다. 분열 반응에서의 질량 효과를 **그림 21.16**에 나타내었다.

**그림 21.17**은 최초로 전쟁에 사용된 원자 폭탄의 모습을 보여 준다. 이것은 1945년 8월 6일 일본 Hiroshima에 투하된 'Little Boy'라 명명한 원자 폭탄의 개략도이다. 이 폭탄은 약 64 kg의 우라늄-235를 갖고 있었으며, 이 우라늄은 $UF_6$의 기체 확산법을 이용하여 우라늄-238과 분리하였다. 핵분열 반응을 유발하려면 임계 질량 이하의 우라늄-235 두 개를 화학 폭약을 이용하여 충돌시킨다. 이 두 우라늄의 합친 질량은 초임계 질량을 유지하게 되고, 이 초임계 질량의 우라늄은 통제할 수 없는 빠른 연쇄 반응을 일으키며, 결국에는 핵폭발을 일으킨다. Hiroshima에 투하된 폭탄에 의해 방출된 에너지는 TNT 16,000톤의 에너지와 같다(따라서 그것을 16**킬로톤** 폭탄이라고 한다). 불행하게도 핵분열에 근거한 원자 폭탄의 기본 구성은 매우 단순하다. 원자로를 갖고 있는 국가라면 핵분열 시료를 가지고 있다고 할 수 있다. 이러한 단순성과 원료 물질 획득의 용이성이 핵무기의 급속한 확산에 대한 세계적인 우려를 낳고 있다.

*임계 질량의 정확한 값은 방사성 물질의 모양에 따라 다르다. 방사성 동위 원소가 중성자를 반사시키는 물질에 의하여 둘러싸여 있다면, 임계 질량은 감소될 수 있다.

임계 질량 이하, 임계 질량, 초임계 질량 중 어느 임계 상황 시나리오가 전기를 생산하는 핵발전소에 적당한가?

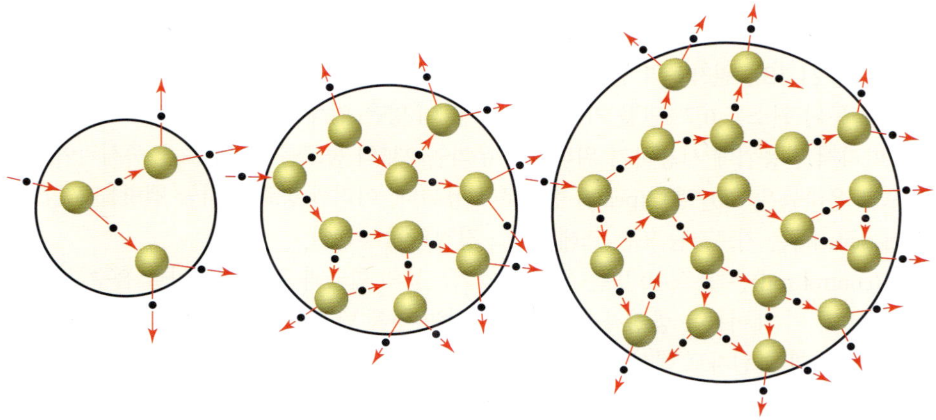


▲ 그림 21.16 임계 질량 이하, 임계 질량, 초임계 질량 이상의 핵분열

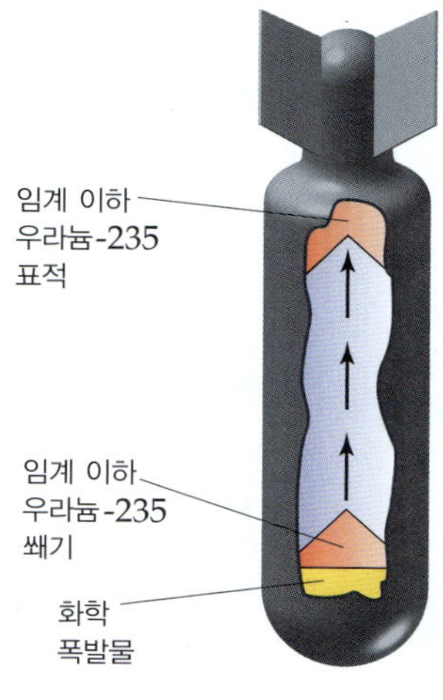


▲ 그림 21.17 원자 폭탄 설계도 일반적인 원자 폭탄은 임계 질량 이하의 시료 두 개를 합쳐서 초임계 질량의 시료를 형성한다.

## 자세히 보기 핵시대의 개막

우라늄-235의 분열 반응은 1930년대 후반에 Enrico Fermi와 그의 동료들에 의해 로마에서 최초로 시도되었다. 그리고 바로 뒤에 Otto Hahn과 그의 동료들에 의해서도 베를린에서 시도되었다. 이들 두 연구진은 우라늄의 변환 물질의 생성을 시도하고 있었다. 1938년에 Hahn은 그의 반응 생성물 중에서 바륨을 찾아냈다. 전혀 생각지도 못했던 바륨의 등장은 그를 매우 혼란스럽게 만들었다. 그래서 그는 예전 실험 동료인 Lise Meitner에게 그의 실험에 대해서 아주 상세하게 설명한 편지를 보냈다. 그녀는 독일의 제3제국의 반유대인 정책 때문에 독일을 떠나 스웨덴에 정착해 있었다. 그녀는 이 실험에서 일어난 과정이 우라늄-235가 쪼개지는 과정이라고 추측하였다. 후에 그녀는 이 과정을 **핵분열**이라고 명명하였다.

Meitner는 이 발견을 코펜하겐에 있는 Niels Bohr 연구소에서 물리학자로 일하는 그녀의 조카인 Otto Frisch에게 알려 주었다. 그는 Hahn의 발견을 살펴보기 위해서 그의 실험을 따라해 보았는데, 이 반응에서 매우 많은 양의 에너지가 나온다는 사실을 발견하였다. 1939년 1월에 Meitner와 Frisch는 이 새로운 반응의 발견에 대한 짧은 논문을 발표하였다. 1939년 3월에 Columbia 대학교의 Leo Szilard와 Walter Zinn은 각각의 핵분열에서 사용된 중성자보다 더 많은 중성자가 생성된다는 것을 발견하였다. 이미 우리가 아는 바와 같이, 이 결과는 연쇄 반응이 일어나도록 한다.

이 발견과 이러한 원리에 의한 폭탄의 제조가 가능하다는 사실은 과학계 전체로 급속히 퍼져 나갔다. 그래서 여러 과학자들이 그 당시 최고의 물리학자인 Albert Einstein에게 이 발견의 깊은 뜻을 미국 대통령인 Franklin D. Roosevelt에게 자세하게 설명하는 편지를 쓸 것을 권유했다. 그렇게 해서 1939년 8월에 작성된 Einstein의 편지에는 핵분열의 군사적 이용에 대한 가능성과, 이러한 무기들이 Nazis(당시의 독일 정부)에 의해서 개발될 때 야기될 위험성이 강조되어 설명되었다. Roosevelt는 이러한 무기의 개발은 미국이 피할 수 없는 일이라고 판단하였다. 그리고 1941년에 핵분열 과정에 의한 폭탄의 개발을 결정하였다. 이렇게 해서 'Manhattan Project'로 명명된 거대한 연구 프로젝트가 등장하게 되었다.

1942년 12월에 세계 최초로 제어가 가능한 핵분열 반응기가 Chicago 대학교에서 개발되었다. 이 개발이 1945년 7월에 New Mexico 주의 Los Alamos 국립연구소에서 최초로 원자 폭탄을 개발하는 밑거름이 되었다(**그림 21.18**). 그리고 1945년 8월에 미국은 일본의 Hiroshima와 Nagasaki에 원자 폭탄을 떨어뜨렸다. 파괴적인 형태이지만, 핵 시대가 도래하게 되었다. 핵에너지의 긍정적인 가능성과 무기로서의 끔찍한 가능성 사이의 갈등으로 인류는 어려움을 겪고 있다.

▲ 그림 21.18 제2차 세계 대전 중에 개발된 원자 폭탄의 실험(Trinity 실험) 모습 1945년 7월 16일에 미국 New Mexico 주의 Alamogrodo라는 시험 장소에서 세계 최초의 핵폭발 실험이 실시되었다.

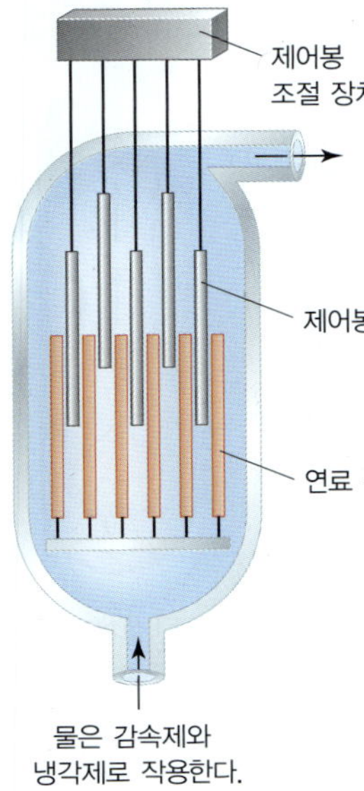


▲ 그림 21.19 가압수형 원자로 핵심부의 그림

## 원자로

원자력 발전소에서는 핵분열로 발생하는 에너지를 이용하여 전력을 생산한다. 일반적인 원자로의 핵심 부분은 4개의 중요 부분으로 구성되어 있는데, 이들은 연료 원소, 제어봉, 감속제, 일차 냉각 장치이다(그림 21.19). 원자로의 연료는 우라늄-235와 같은 핵분열 물질들이다. 천연의 우라늄은 우라늄-235 동위 원소를 0.7%만을 가지고 있는데, 이 양은 연쇄 반응을 일으키기에는 너무 적은 양이다. 따라서 반응기에 사용하기 위해서는 우라늄-235의 농도를 3~5%로 농축시켜야만 한다. 일반적으로 우라늄은 $UO_2$ 펠릿(pellet) 형태로 사용된다. 이러한 농축 우라늄 펠릿을 포함한 **연료 원소**(fuel element)는 지르코늄 또는 스테인리스 강철관에 넣는다.

**제어봉**(control rod)은 붕소-10 또는 은, 인듐, 카드뮴의 합금과 같이 중성자를 흡수하는 물질로 이루어져 있다. 이 제어봉은 중성자 선속을 조절하여 연쇄 반응을 자가 조절이 가능한 상태로 유지하게 한다. 따라서 원자로 핵심부의 과열을 방지한다.*

우라늄-235가 핵분열을 계속할 가능성은 중성자의 속도에 달려 있다. 일반적으로 핵분열에서 생성된 중성자는 매우 높은 속도(10,000 km/s를 넘음)를 갖는다. **감속제**(moderator)의 기능은 중성자의 속도를 낮추는 것이다(초당 수 km 수준으로). 이렇게 속도가 낮아지면 핵연료에 의해 중성자가 쉽게 잡히게 된다. 이러한 감속제에 주로 사용되는 물질은 물이나 흑연이다.

**일차 냉각제**(primary coolant)의 역할은 연쇄 반응에서 생성된 열을 반응기 내부로부터 밖으로 나오게 하는 것이다. 가장 일반적인 상업적 원자로인 **가압수형 원자로**(pressurized water reactor)의 조절 장치에 물을 감속제로 사용할 경우, 이 물은 동시에 냉각제의 역할도 하게 된다.

원자력 발전소의 설계는 버너를 원자로 핵심부로 대체하는 것을 제외하면 기본적으로 화석연료를 태우는 화력 발전소의 설계와 같다. 그림 21.20에 나타낸 원자력 발전소의 설계도는 가장 널리 보급되고 있는 가압수형 원자로를 보여 준다. 일차 냉각제는 밀봉되어 있는 핵심부를 지나는

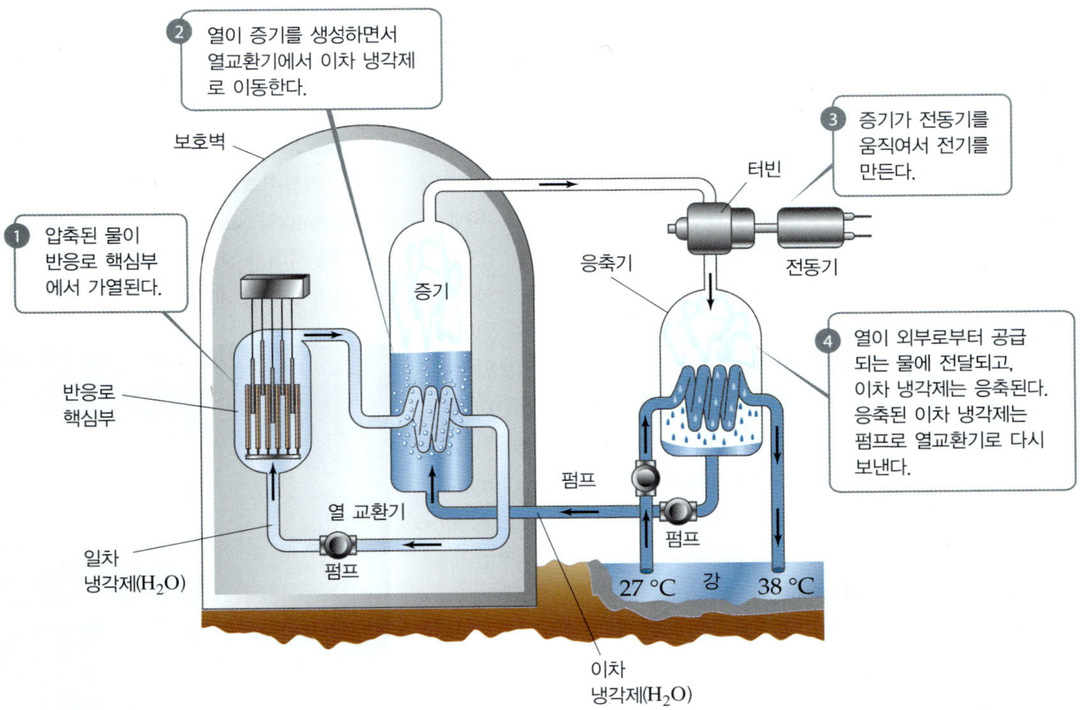


▲ 그림 21.20 가압 수형 원자력 발전소의 기본 설계도

*우라늄-235의 농도가 너무 낮기 때문에 원자로의 핵심부는 초임계 수준에 도달할 수 없고, 원자 폭탄처럼 격렬하게 폭발할 수 없다. 그러나 핵심부가 과열되면 방사성 물질을 주위로 방출하여 환경에 많은 피해를 끼칠 수 있다.

데, 이는 방사성 생성물이 핵심부로부터 누출되는 것을 방지하기 위해서이다. 안전을 위해서 원자로는 여러 물질로 보강된 콘크리트 **보호벽**(containment shell)으로 둘러싸여 있어 직원들이나 가까이 사는 거주자들을 방사능으로부터 막아 준다. 이 벽은 외부의 충격으로부터 원자로를 보호하는 역할도 한다. 원자로를 통과한 일차 냉각제의 온도는 매우 높다. 이 냉각제가 가지고 있는 열은 열교환기 밖에 들어 있는 **이차 냉각제**(secondary coolant)로 전달되며, 이 열은 이차 냉각제를 터빈을 돌릴 수 있는 고압의 수증기로 변하게 만든다. 이차 냉각제는 강이나 호수로부터 끌어온 물에 열을 전달하고 응축된다. 핵발전소에서 냉각 시스템은 적절하고 안정적인 운영을 위해서 꼭 필요한 장치이다. 2011년 3월에 일본 Fukushima에 있는 핵발전소에서 대재앙이 발생하였다. 이때 쓰나미가 핵발전소의 냉각 시스템에 큰 타격을 주어 많은 양의 방사성 물질이 유출되는 사고가 일어났다.

현재 사용되고 있는 모든 상업용 원자로의 약 2/3는 가압수형 원자로이다. 그러나 이것들도 기본 설계를 여러 가지로 변형하여 사용하고 있으며, 각각 장단점을 가지고 있다. **비등수형 원자로**(boiling water reactor)는 일차 냉각제를 끓여서 증기를 생산한다. 따라서 어떤 이차 냉각제도 필요하지 않다. 일본 후쿠시마 원자로들은 비등수형 원자로였다. 가압수형 원자로와 비등수형 원자로는 감속제와 일차 냉각제로 $H_2O$를 사용하기 때문에 총괄적으로 **경수로**(light water reactor)라고 한다. **중수로**(heavy water reactor)는 감속제와 일차 냉각제로 $D_2O$(D = 중수소($^2H$))를 사용한다. 기체를 일차 냉각제로 사용하는 원자로도 있는데, 일차 냉매제로 $CO_2$를 사용하며, 감속제로는 흑연을 사용한다. $D_2O$나 흑연은 물보다 더 적은 수의 중성자를 흡수하는 장점이 있다. 이는 우라늄 연료를 많이 농축할 필요가 없다는 뜻이다.

## 핵 폐기물

핵분열 생성물은 원자로의 가동에 따라 축적된다. 이 생성물은 중성자를 포획하므로 원자로의 효율을 감소시킨다. 따라서 핵연료를 교체하거나 재가공해야 하므로, 원자로는 주기적으로 정지해야 한다. 연료봉을 원자로에서 제거할 때 연료봉은 처음에 매우 방사성이 강하다. 연료봉은 방사성 붕괴 수명이 짧은 방사성 핵들의 붕괴를 유도하기 위해서 원자로 주변 수중 저장소에 수 개월 동안 저장된다. 그런 다음에 연료봉들은 용기 속에 밀봉된 채로 재처리 공장으로 수송되어, 남아 있는 핵연료를 핵분열 생성물로부터 분리한다. 그러나 재처리 공장은 운영상의 어려움으로 골치를 썩고 있으며, 고속도로를 이용해서 핵 폐기물을 수송하는 것에 대해 미국에서는 강한 반대 의견들이 있다. 수송의 어려움이 극복된다 하더라도, 사용된 핵연료의 방사능이 비교적 높은 수준이어서 재처리 과정도 매우 위험한 작업 과정이다. 현재, 사용된 연료봉들은 단순하게 원자로 주변에 저장되고 있다. 하지만 러시아, 영국, 프랑스, 인도, 일본 등에서는 이미 사용된 핵연료들이 재처리되고 있다.

핵분열 생성물은 강력한 방사성 물질이므로 이들의 저장은 큰 문제이다. 핵분열 생성물의 방사능을 수용할 수 있는 생물학적 노출의 수준에 도달하게 하는 데 반감기의 10배의 시간이 필요하다고 추정된다. 따라서 반감기가 길고 가장 위험한 스트론튬-90의 반감기인 28.8년을 근거로 고려해 볼 때, 핵 폐기물은 300년 간 저장되어야 한다. 플루토늄-239는 사용한 핵연료에 있는 부산물이다. 이 물질은 우라늄-238이 중성자를 흡수한 다음, 두 번의 연속적인 베타 방출에 의해 생성된다(연료봉 안에 있는 대부분의 우라늄은 $^{238}U$이다). 플루토늄-239는 핵연료로 쓰일 수 있으므로 사용한 연료봉으로부터 많은 양이 회수된다. 그러나 플루토늄이 제거되지 않은 경우, 플루토늄-239는 24,000년의 반감기를 갖기 때문에 연료봉의 저장 기간이 매우 길어진다.

기존의 우라늄 연료로부터 더 많은 에너지를 얻으며 핵 폐기물도 감소시킬 수 있는 반응기를 '**고속 증식로**(fast breeder reactor)'라고 한다. 증식(breeder)이라는 단어가 사용된 이유는 이 반응기 내에서 연료가 그냥 소비될 때보다 더 많은 핵분열 물질이 생성되기 때문이다. 이 원자로 내에서는 조절 장치가 사용되지 않는다. 이것은 중성자들을 천천히 움직이게 하는 작업을 하지 않는다는 것을 의미한다. 이렇게 빨리 움직이는 중성자를 잡기 위해서는 우라늄-235와 플루토늄-239는 모두 고농축되어야 한다. 이때 물은 중성자의 속도를 크게 낮추기 때문에 일차 냉각제로 사용될 수 없고, 소듐과 같은 액체 금속이 사용된다. 이들 핵심부는 빠져나가는 중성자를 포획하는 우라늄-238에 의해 둘러싸여 있는데, 이 과정에서 플루토늄-239가 생성된다. 이 플루토늄은 재처리 과정에서 분리될 수 있으며, 나중에 연료로 사용될 수 있다.

빠르게 움직이는 중성자는 많은 방사성 핵들의 붕괴에 매우 효과적이다. 따라서 이 원자로에서 사용된 연료의 재처리 과정에서 얻은 물질들의 방사능은 다른 원자로에서 얻은 것들보다 반응성이 덜할 것이다. 하지만 상대적으로 높은 수준의 플루토늄 생성과 재처리의 필요성은 핵확산 방지에 문제가 된다. 따라서 안정성 문제와 가동에 비용이 많이 드는 문제가 정치적으로 고속 증식로의 가동을 매우 어렵게 한다.

방사성 폐기물의 처리에 대하여 상당히 많은 연구가 진행되고 있다. 현재 가장 흥미 있는 연구는 방사성 폐기물로부터 유리, 도자기 또는 합성 바위 덩어리를 생성하여 핵 폐기물을 고정화하는 방법이다. 이들 형성된 고체 물질들을 내부식성이 매우 강하고 내구성이 우수한 용기에 넣어 땅속에 깊이 묻는다. 고농도 폐기물과 사용한 연료를 깊이 저장하기 위한 적당한 저장소를 찾는 과정은 여러 나라에서 지금도 숙제 거리로 남아 있다.

이러한 모든 어려운 점에도 불구하고, 핵발전소는 현재 에너지 자원의 중심부에 위치한다. 대기 중에 증가하는 $CO_2$ 증가로 인한 지구 온난화의 문제 때문에 많은 기관들이 주된 에너지 자원으로 핵발전소를 추천할 것으로 예상된다. 현재 개발 과정에 있는 많은 아시아 국가(특히 중국)에서의 전력 수요가 증가하기 때문에, 핵발전소의 건설은 폭발적으로 늘어날 수 있다.

## 원자력: 핵융합

가벼운 원자핵이 융합하여 무거운 원자핵이 생성될 때 에너지가 발생한다. 이런 종류의 반응은 태양이 에너지를 생성하는 원리와 같다. 분광학적 연구에 의하면, 태양은 H 74%, He 25%, 그 밖의 모든 원소 1%로 구성되어 있다. 다음은 태양에서 일어나고 있는 몇몇 반응을 나열한 것이다.

$$^{1}_{1}H + ^{1}_{1}H \longrightarrow ^{2}_{1}H + ^{0}_{+1}e \qquad [21.26]$$

$$^{1}_{1}H + ^{2}_{1}H \longrightarrow ^{3}_{2}He \qquad [21.27]$$

$$^{3}_{2}He + ^{3}_{2}He \longrightarrow ^{4}_{2}He + 2\,^{1}_{1}H \qquad [21.28]$$

$$^{3}_{2}He + ^{1}_{1}H \longrightarrow ^{4}_{2}He + ^{0}_{+1}e \qquad [21.29]$$

지구에서 구하기 쉬운 가벼운 동위 원소들을 사용한다는 점과 핵융합 생성물이 일반적으로 방사성이 아니라는 점 때문에, 핵융합은 매력적인 에너지원이라고 할 수도 있다. 그러나 이런 사실에도 불구하고, 핵융합은 현재 에너지의 생성에 사용되고 있지 않다. 핵 사이의 반발력 극복을 위해서는 높은 온도와 압력이 필요하며, 따라서 매우 많은 에너지가 필요하기 때문이다. 핵융합에 필요한 최저 온도는 약 40,000,000 K이며, 이는 중수소와 삼중수소를 융합하는 데 필요한 온도이다.

$$^{2}_{1}H + ^{3}_{1}H \longrightarrow ^{4}_{2}He + ^{1}_{0}n \qquad [21.30]$$

그러므로 핵융합 반응은 **열핵 반응(thermonuclear reaction)**이라고 알려져 있다.

이러한 높은 온도는 핵융합 과정을 개시하기 위하여 원자 폭탄을 사용함으로써 도달할 수 있었다. 이 과정은 열핵 폭탄 또는 수소 폭탄에 사용된다. 그러나 이 방법은 반응을 조절해야만 하는 전력 생산에는 사용되기 매우 어려운 방법이다.*

*역사적으로, 핵무기는 단지 핵분열 과정에서 방출 에너지에 의존하는 것을 원자 폭탄이라고 하고, 이에 반하여 핵융합 반응을 거쳐 에너지를 방출하는 것을 수소 폭탄이라고 한다.

핵융합은 실질적인 에너지원으로 이용하기 전에 많은 문제를 극복해야 한다. 반응 시작에 필요한 높은 온도뿐만 아니라 반응을 제한하는 것도 극복해야 할 어려운 문제이다. 현재까지도 핵융합에 필요한 엄청난 온도에 견딜 물질을 찾지 못하고 있다. 최근의 연구들은 **토카막**(tokamak)이라고 알려진 장치를 사용하여 집중적으로 이루어지고 있다. 토카막 장치는 반응을 잡아두고 열을 가하기 위하여 강한 자기장을 사용한다. 토카막 장치 내에서 100,000,000 K 이상의 온도까지 도달하였다. 불행하게도, 과학자들은 지금까지 일정 시간 동안 소비된 연료보다 더 많은 에너지를 얻는 데는 실패하였다.

## 자세히 보기 핵을 이용한 원소의 합성

아주 적은 양이 존재하는 리튬과 베릴륨을 비롯하여, 가장 작은 원소들인 수소와 헬륨은 천체의 대폭발 직후 우주가 팽창하며 생성되었다. 그 외의 이들보다 무거운 원소들은 별들에서 일어나는 핵반응에 의해서 형성되었다. 그렇지만 이들 원소는 같은 정도로 만들어지지 않았다. 예를 들어 탄소와 산소는 리튬이나 붕소보다 약 100만 배 정도 많이 존재하며, 베릴륨보다는 1억 배 이상 많이 존재한다(**그림 21.21**). 실제로 헬륨보다 더 무거운 원소 중에 탄소와 산소가 가장 많이 존재한다. 바로 이들 원소가 수소와 더불어 지구상의 생명체에 있어 가장 중요한 원소라는 사실은 학문적인 호기심을 아주 크게 자극한다. 그러면 탄소와 산소가 이 세상에 왜 이렇게 많게 되었는지, 그 이유를 한번 살펴보자.

별은 **성운**(nebula)이라고 하는 기체와 고체 미립자들이 모여서 형성되었다. 중력 등의 여러 조건이 맞을 때 이들 미립자는 모여들게 된다. 이렇게 모여들 때 그 핵심 내부의 밀도와 온도는 핵융합이 가능한 조건에 도달하게 된다. 수소 핵은 융합하여 중수소($^{2}_{1}H$)가 되며, 식 21.26~21.29와 같은 반응을 통해서 궁극적으로 $^{4}_{2}He$가 된다. $^{4}_{2}He$는 큰 결합 에너지를 가지며(그림 21.12), 따라서 이 반응에서 매우 많은 양의 에너지가 방출된다. 이 과정을 **수소 연소**(hydrogen burning)라고 하는데, 대부분의 별의 일생에서 가장 많은 부분을 차지하는 과정이다.

별은 가지고 있던 수소가 거의 소모되면 **적색 거성**(red giant)이라는 상태로 진입하게 된다. 핵융합 반응이 줄어들면서 핵심부는 수축을 하게 되며, 따라서 핵심부의 온도와 압력은 매우 높아지게 된다. 이와 동시에 외부는 팽창을 하게 되며, 온도가 많이 내려가게 된다. 이때 별은 붉은 빛을 방출하게 되는데, 그래서 **적색 거성**이라고 한다. 이제 별은 $^{4}_{2}He$ 핵을 연료로 사용하게 된다. $^{4}_{2}He$가 매우 풍부한 핵심부에서 가장 쉽게 일어날 수 있는 반응이 바로 두 개의 알파 입자가 반응하여 베릴륨($^{8}_{4}Be$) 핵을 형성하는 것이다. $^{8}_{4}Be$에 대한 핵자당 결합 에너지는 $^{4}_{2}He$에 대한 핵자의 결합 에너지보다 매우 작기 때문에 이 융합 과정은 매우 약간 흡열이다. $^{8}_{4}Be$ 핵은 매우 불안정해서(반감기 $7 \times 10^{-17}$초) 다시 분리가 일어난다. 그렇지만 이 과정 중에서 아주 일부의 경우에서, $^{4}_{2}He$가 붕괴되기 전에 $^{8}_{4}Be$와 충돌하여 탄소-12를 형성한다.

$$^{4}_{2}He + ^{4}_{2}He \longrightarrow ^{8}_{4}Be$$
$$^{8}_{4}Be + ^{4}_{2}He \longrightarrow ^{12}_{6}C$$

$^{12}_{6}C$ 핵 중에 어떤 것들은 알파 입자와 반응하여 산소-16을 형성한다.

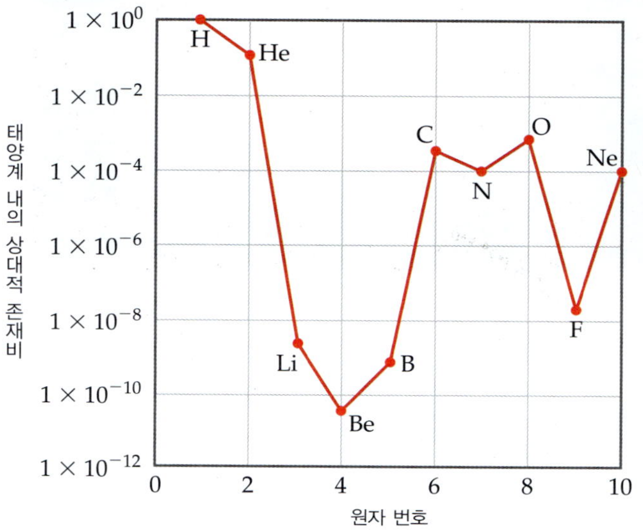


▲ **그림 21.21** 1~10번 원소의 상대적 존재비 *y*축은 log 척도를 사용하였다.

$$^{12}_{6}C + ^{4}_{2}He \longrightarrow ^{16}_{8}O$$

이 과정의 핵융합을 **헬륨 연소**(helium burning)라고 한다. 3번, 4번, 5번 원소의 형성 없이 6번 원소인 탄소가 만들어졌다는 사실을 주목해야 한다. 이것이 바로 3번, 4번, 5번 원소가 이 세상에 적게 존재하는 이유이다. 질소도 상대적으로 풍부하게 존재하는데, 그 이유는 탄소로부터 양성자 포획이나 양전자 방출 등을 통해서 형성될 수 있기 때문이다.

대부분의 별은 가지고 있던 헬륨들이 거의 모두 탄소와 산소로 변하게 되면 점차 온도가 내려가게 되고, 빛을 잃게 된다. 이제 이들은 그들의 생애의 마지막 단계인, 태양보다 100만 배 밀도가 높은 **백색 왜성**(white drarf)이 된다. 백색 왜성의 엄청난 밀도는 내부의 압력과 온도를 엄청나게 올리게 되고, 이러한 조건은 매우 다양한 핵융합 반응을 유도한다. 이 과정에서 네온에서 황에 이르는 다양한 원소들이 합성되며, 이 과정을 **확장된 연소**(advanced burning)라고 한다.

궁극적으로는 $^{56}Fe$와 같은 원소들이 핵심 내부에 풍부해질 때까지 무거운 원소들이 형성된다(**그림 21.22**). 이들 무거운 원소는 비교적 안정하기 때문에 이들 원소의 핵융합에서는 에너지가 방출되기보다는 오히려 에너지를 소비하게 된다. 이러한 일이 일어나게 되면, 별에 에너지를 공급하던 핵융합 반응이 줄게 되고 중력에 의한 초신성 **폭발**이라는 급격한 운명을 맞게 된다. 이러한 죽음에

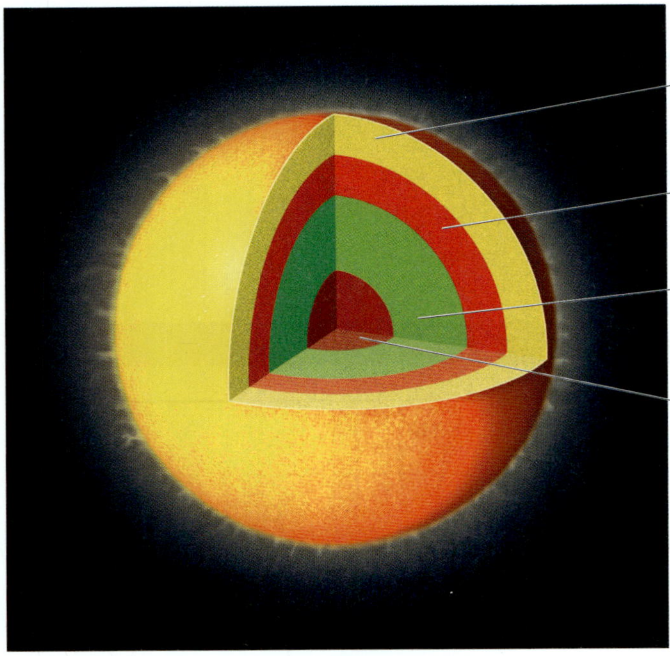


◀그림 21.22 초신성 폭발 직전에 적색 거성에서 일어나는 핵융합 과정

이르는 과정에서 중성자 포획과 잇따른 방사성 붕괴가 진행되며, 이런 과정에 의해 철이나 니켈보다 무거운 원소들이 탄생된다.

이와 같은 별들의 극적인 운명을 통해서 은, 금, 아이오딘, 납, 우라늄 등의 원소들이 우리 주위에 존재하게 되었다.

**관련 연습 문제: 21.81, 21.83**

## 자기 평가 연습 문제

**21.25** 주어진 원자 질량을 활용하여 다음 핵반응에서 방출되는 에너지를 계산하시오.

$^{1}$H, 1.00782 u; $^{2}$H, 2.01410 u; $^{3}$He, 3.01603 u; $^{4}$He, 4.00260 u

$^{2}_{1}\text{H} + ^{3}_{2}\text{He} \longrightarrow ^{1}_{1}\text{H} + ^{4}_{2}\text{He}$

**(a)** $-5.909\times10^{3}$ J **(b)** $-1.771\times10^{12}$ J **(c)** $-1.771\times10^{15}$ J

**21.26** 질량수가 100 언저리인 두 개의 안정한 핵을 융합하는 것이 에너지를 방출하는 과정일까?

**(a)** 예

**(b)** 아니오

## 연습 문제

**21.27** $^{21}$Ne 원자의 질량이 20.98846 u일 때, 단일 $^{21}$Ne 핵을 양성자와 중성자로 분리하는 데 필요한 에너지의 양은 얼마인가? 1 mol의 $^{21}$Ne의 핵결합 에너지는 얼마인가?

**21.28** 질소-14, 타이타늄-48, 제논-129의 원자 질량은 각각 13.999234 u, 47.935878 u, 128.904779 u이다. 각 동위 원소에 대해서 다음을 계산하시오.

**(a)** 핵질량 **(b)** 핵결합 에너지 **(c)** 핵자당 핵결합 에너지

**21.29** 태양의 복사선은 지구에 $1.07\times10^{16}$ kJ/min 정도로 보내진다.

**(a)** 지구에 24시간 동안 쬐어지는 태양 에너지에 해당하는 태양의 질량 결손은 얼마인가?

**(b)** 다음 반응은 원자로에서 일어나는 대표적인 발열 반응이다.

$$^{235}\text{U} + ^{1}_{0}\text{n} \longrightarrow ^{141}_{56}\text{Ba} + ^{92}_{36}\text{Kr} + 3^{1}_{0}\text{n}$$

1.0일 동안 지구에 내려오는 태양 에너지의 0.10%에 해당하는 우라늄-235의 질량은 얼마인가? (단, $^{235}$U의 핵질량은 234.9935 u, $^{141}$Ba의 핵질량은 140.8833 u, $^{92}$Kr의 핵질량은 91.9021 u이다.)

**21.30** 그림 21.12를 이용하여, 다음 핵 중 핵자당 질량 결손이 가장 큰 핵을 예측해 보시오.

**(a)** $^{27}$Al **(b)** $^{55}$Mn **(c)** $^{165}$Ho **(d)** $^{209}$Bi

**21.31** 다음 중 원자로에 사용되는 우라늄에 대한 설명으로 옳은 것은?

(i) 자연적인 우라늄은 연료로 쓰이기에는 $^{235}$U의 양이 너무 적다.

(ii) $^{238}$U는 임계 질량을 쉽게 형성하여 연료로 쓰일 수 없다.

(iii) 연료로 쓰이기 위해서는 $^{235}$U은 50% 이상이 되도록 농축되어야 한다.

(iv) 중성자에 의하여 유도된 $^{235}$U의 핵분열은 $^{238}$U보다 핵당 많은 중성자를 방출한다.

**21.32** **(a)** 원자로에서 감속제는 어떤 역할을 하는가? **(b)** 가압 수형 원자로에서 감속제로 작용하는 것은 어떤 물질인가? **(c)** 원자로에서 감속제로 사용될 수 있는 다른 물질들은 어떤 것들인가?

**21.33** 다음 핵분열 또는 핵융합 반응에서 각 핵반응식의 균형을 맞추고 완결하시오.

(**a**) $^{239}_{94}Pu + ^{1}_{0}n \longrightarrow ^{137}_{52}Te + ^{100}_{42}Mo + \_$
(**b**) $^{256}_{100}Fm + ^{1}_{0}n \longrightarrow ^{113}_{46}Pd + \_ + 4\,^{1}_{0}n$

**21.34** 어떤 형태의 원자로가 다음과 같은 특징을 갖는가?

(a) 천연 우라늄을 연료로 사용함
(b) 감속제를 사용하지 않음
(c) 가동 중단 없이 연료의 재첨가가 가능함

자기 평가 연습 문제 답 **21.25**(b) **21.26**(b)

## 21.6 | 환경과 생태계에서의 방사선

안개 상자(cloud chamber)는 이온화 방사선에 의해 이온화한 입자들을 검출하는 장치이다. 우리가 노출되는 자연 방사선은 우주선(cosmic rays)이거나 지구상에서 발생한다. 라돈(Rn)은 우라늄의 붕괴로 생성되며 지구상에서 발생하는 자연 방사선 중에 가장 중요한 기여를 한다. 이 비활성 기체는 땅에서부터 슬금슬금 새어 나와 바람을 타고 퍼진다. 무거운 기체이기 때문에, 바닥에 틈이 있고 통풍이 잘되지 않는 지하실에 쌓일 수 있다. 라돈은 짧은 반감기를 가지고 있긴 하지만, 어떤 붕괴 생성물은 보다 오랫동안 남아 있다. 이 절에서는 방사선이 우리 몸에 끼치는 영향을 살펴볼 것이다. 이 절이 끝나면 다음 사항을 수행할 수 있어야 한다.

- 방사선 조사량을 측정하는 여러 측정법과 단위들을 비교하고 방사선의 생물학적 영향을 설명하기

우리는 자연적, 인공적 자원에서 나오는 방사선에 지속적으로 노출되어 있다. 예를 들면 태양으로부터 오는 적외선, 자외선, 가시광선 복사 에너지뿐만 아니라 라디오 방송국과 텔레비전 방송국에서 보내지는 라디오파, 전자 레인지로부터의 마이크로파, 다양한 의료 과정에서 사용되는 X선, 천연 물질로부터의 방사능(표 21.8)에 우리는 노출되어 있다. 이런 다양한 종류의 복사선에서 나오는 에너지에 대한 이해는 이들이 물체에 미칠 서로 다른 영향을 이해하기 위해 필요하다.

물체가 방사선을 흡수할 때, 방사선 에너지는 물체의 원자들을 들뜨게 하거나 이온화를 일으킬 수 있다. 일반적으로 이온화의 원인이 되는 방사선, 즉 **이온화 방사선(ionizing radiation)**은 이온화를 일으키지 않는 방사선인 **비이온화 방사선(nonionizing radiation)**보다 생물계에 훨씬 더 해롭다. 후자인 비이온화 방사선은 일반적으로 라디오 주파수 전자기파나 느리게 움직이는 중성자처럼 낮은 에너지를 갖는다.

**표 21.8 천연 방사성 핵종의 평균 존재비와 활동도†**

| | 포타슘-40 | 루비듐-87 | 토륨-232 | 우라늄-238 |
|---|---|---|---|---|
| 대지에서의 원소 존재비(ppm) | 28,000 | 112 | 10.7 | 2.8 |
| 대지에서의 활동도(Bq/kg) | 870 | 102 | 43 | 35 |
| 대양에서의 원소 농도(mg/L) | 339 | 0.12 | $1\times10^{-7}$ | 0.0032 |
| 대양에서의 활동도(Bq/L) | 12 | 0.11 | $4\times10^{-7}$ | 0.040 |
| 대양에 침적된 원소 존재비(ppm) | 17,000 | — | 5.0 | 1.0 |
| 대양에 침적된 활동도(Bq/kg) | 500 | — | 20 | 12 |
| 인체 활동도(Bq) | 4000 | 600 | 0.08 | 0.4‡ |

† "Ionizing Radiation Exposure of the Population of the United States," Report 93, 1987, 그리고 Report 160, 2009, National Council on Radiation Protection의 자료
‡ 납-210, 폴로늄-210, 우라늄-238의 딸핵 포함

대부분의 생체 조직은 적어도 질량의 70%를 물이 차지하고 있다. 방사선이 생체 조직에 쪼여질 때 방사선 에너지의 대부분은 물 분자에 의해 흡수된다. 따라서 일반적으로 최소 1216 kJ/mol의 에너지를 필요로 하는 물을 이온화할 수 있을 정도의 에너지를 갖는 방사선을 이온화 방사선이라 정의한다. 알파선, 베타선, 감마선(X선과 큰 에너지의 자외선도 포함된다)은 이보다 큰 에너지를 가지므로 이온화 방사선을 형성한다.

이온화 방사선이 생체 조직을 통과할 때 전자는 물 분자로부터 제거되고, 반응성이 높은 $H_2O^+$ 이온을 생성한다. $H_2O^+$ 이온은 다른 물 분자와 반응하여 $H_3O^+$ 이온과 중성 OH 분자를 생성할 수 있다.

$$H_2O^+ + H_2O \longrightarrow H_3O^+ + OH \qquad [21.31]$$

불안정하고 반응성이 높은 OH 분자는 **자유 라디칼(free radical)**로, 한 개 이상의 홀전자를 갖는 물질이며, Lewis 구조에서는 $\cdot\ddot{\underset{..}{O}}-H$로 표현한다. 또한 OH 분자는 **하이드록실 라디칼(hydroxyl radical)**이라고 하며, 홀전자의 존재는 종종 하나의 점을 갖는 화학종 ·OH로 표기하여 강조한다. 세포나 조직에서 하이드록실 라디칼은 생체 분자를 공격하여 새로운 라디칼을 생성하고, 이 새로운 라디칼은 차례로 다른 생체 분자들을 공격한다. 따라서 식 21.31에 의해 하나의 하이드록실 라디칼의 생성으로부터 세포의 정상 활동을 막을 수 있는 많은 수의 화학 반응이 개시될 수 있다.

방사선에 의하여 생기는 손상의 정도는 방사선의 활성도와 에너지, 노출 시간, 방사선원이 신체의 내부에 있는지 외부에 있는지에 의해 결정된다. 감마선은 X선처럼 인간의 생체 조직을 매우 효과적으로 투과하기 때문에 신체 밖에서 오는 감마선은 매우 해롭다. 결과적으로 그들의 손상은 피부에 한정되지 않는다. 이에 비해서 대부분의 알파선은 피부에 의해 저지되고, 베타선은 피부의 표면에서 단지 약 1 cm 깊이까지만 투과할 수 있다(**그림 21.23**). 따라서 이들 방사선원이 어느 정도 신체로 들어가지 않는 한 알파선과 베타선은 감마선처럼 위험하지 않다. 그러나 몸 안에서 알파선은 그들의 에너지를 빠르게 주위의 조직으로 운반하여 상당한 손상을 일으키기 때문에 신체 내에서의 알파선은 매우 위험하다.

방사선원이 몸 내부에 위치할 때, $\alpha$선이 훨씬 더 위험한 이유는 무엇인가?

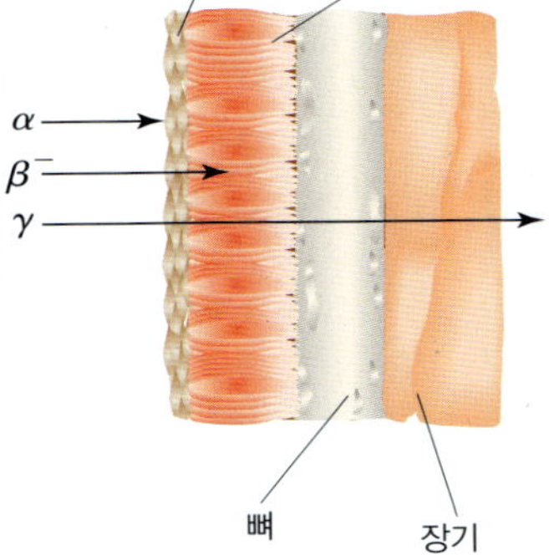

▲ **그림 21.23** 알파 방사선, 베타 방사선, 감마 방사선의 상대적인 투과능

일반적으로 방사선으로부터 가장 큰 위험을 보이는 조직은 골수, 조혈 조직, 림프절처럼 빠른 속도로 재생하는 조직이다. 낮은 방사선 조사량(dose)에 오랜 시간 노출될 경우 나타나는 주요한 영향은 암을 유발하는 것이다. 암은 세포의 성장 조절에 손상을 줌으로써 세포를 비정상적으로 증식하게 하는 메커니즘이다. 백혈구 세포가 과대하게 성장하는 것이 특징인 백혈병은 방사선과 관련 있는 암의 대표적인 예라고 할 수 있다.

방사선의 생물학적 영향을 생각해 볼 때, 어느 정도의 노출이 안정한지를 결정하는 것은 대단히 중요한 일이다. 우리는 불행하게도 방사선에 오랫동안 노출되었을 경우의 영향에 대해 잘 모르고

있기 때문에 실질적인 기준의 설정에는 어려운 점이 많다. 건강 기준의 설정에 참여한 과학자들은 비록 낮은 조사량이라 할지라도 방사선에 대한 영향은 노출에 비례한다는 가정을 중요한 근거로 사용하였다. 방사선의 양이 **얼마이든지** 일정한 정도의 손상을 줄 위험성이 있으며, 높은 조사량은 낮은 조사량에 비례해서 더 많은 영향을 준다. 그러나 다른 여러 과학자들은 그 이하에서는 거의 방사선의 위험이 나타나지 않는 문턱 조건이 있을 것이라고 생각한다. 따라서 우리는 어떤 확신을 갖게 하는 과학적 증거들이 발견되어 이 문제가 명확하게 규명될 때까지는 아무리 낮은 방사선이라도 위험성을 갖고 있다고 가정하는 것이 안전할 것이다.

## 방사선 조사량

방사선의 노출량 측정에서는 gray와 rad라는 두 가지 단위가 사용된다. **gray**(Gy)는 흡수 조사량의 SI 단위인데, 조직 1 kg당 1 J의 에너지 흡수에 해당한다. **rad**(radiation absorbed dose, 흡수 방사선 조사량)는 조직 1 kg당 $1\times10^{-2}$ J의 에너지 흡수에 해당한다. 따라서 1 Gy = 100 rad이다. rad는 의학에서 가장 자주 사용하는 단위이다.

모든 형태의 방사선이 생체 요소에 같은 정도의 손상을 입히는 것은 아니다. 예를 들면 알파 방사선의 1 rad는 베타 방사선의 1 rad보다 더 많은 손상이 발생되게 한다. 이들 차이를 보정하기 위하여 방사선 조사량에 방사선에 의해서 발생되는 상대적인 생체 손상 정도를 나타내는 인자를 곱한다. 이렇게 해서 얻어진 값을 방사선의 **상대 생체 유효율**(relative biological effectiveness)이라 하며, 약자로 **RBE**라고 한다. RBE 값은 대략 감마선과 베타선에 대해서는 1이며, 알파선에 대해서는 10이다.

RBE의 정확한 값은 조사율, 전체 조사량, 영향을 받는 조직의 형태에 따라 변한다. rad 단위의 방사선 조사량과 방사선의 RBE 값을 곱한 값은 **유효 조사량**(effective dosage)을 나타내며, **rem**(**r**oentgen **e**quivalent for **m**an)을 단위로 사용한다.

$$\text{rem 값} = (\text{rad 값})(\text{RBE}) \qquad [21.32]$$

유효 조사량의 SI 단위는 **시버트**(Sievert, Sv)이고, 시버트는 RBE와 방사선 조사량의 SI 단위인 gray를 곱하여 얻는다. 그러므로 1 Sv = 100 rem이다. rem은 의학에서 보통 사용하는 방사선 손상의 단위이다.

방사선에 짧은 기간 노출되었을 때의 영향을 표 21.9에 나타내었다. 600 rem의 노출은 대부분의 인간에게 치명적이다. 표의 수치들로부터 예상해 보면, 전형적인 치과용 X선은 약 5 $\mu$Sv 정도의 노출을 동반한다. 자연에서 나오는 이온화 방사선(**바탕 방사선**(background radiation)이라고 한다)으로 인한 1년간 1인당 평균 노출은 약 3.6 mSv이다(그림 21.24).

**표 21.9 단기간 방사능 노출의 영향**

| 조사량(Sv) | 영향 |
|---|---|
| 0~0.25 | 임상적 효과를 검출할 수 없음 |
| 0.25~0.50 | 백혈구의 수가 일시적으로 조금 감소함 |
| 1~2 | 구역질, 백혈구 세포가 현저하게 감소함 |
| 5 | 노출된 지 30일 이내에 과반수 사망 |

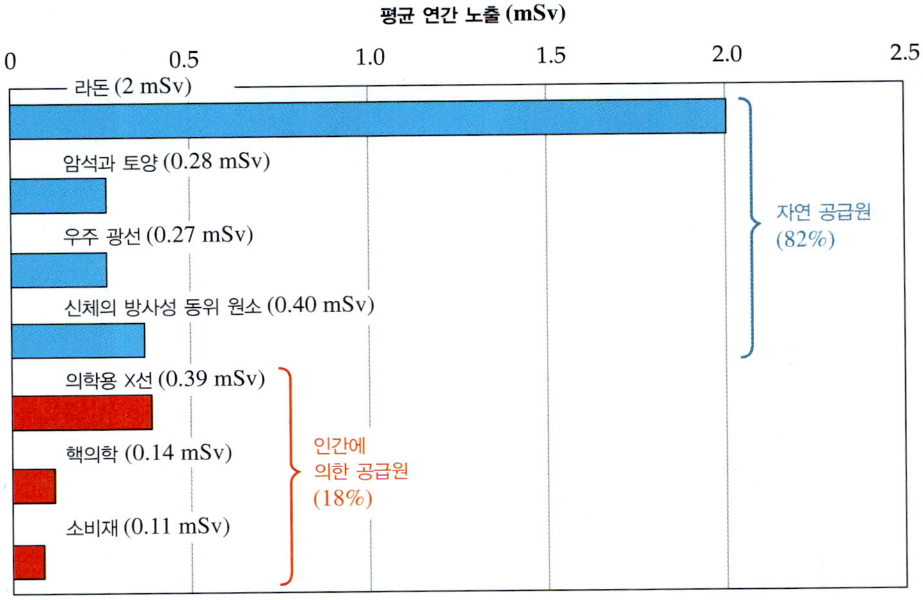


▲ **그림 21.24** **고에너지 방사선에 대한 미국인들의 평균 연간 노출량의 방사선원** 전체 평균 연간 노출량은 36 mSv이다. "Ionizing Radiation Exposure of the Population of the United States," Report 93, 1987 and Report 160, 2009, National Council on Radiation Protection에서 발췌한 자료

## 화학과 생명 방사선 치료

건강한 세포는 높은 에너지를 갖고 있는 방사선에 의해 파괴되거나 해를 입게 되어 생리적인 어려움을 갖게 된다. 그러나 이 방사선은 **건강하지 못한** 세포, 예를 들어 암에 걸린 세포를 파괴하기도 한다. 암세포는 끊임없이 자라는 비정상적인 성질을 가지고 있다. 따라서 암에 의해서 악성 종양이라고 하는 비정상적인 거대 조직이 만들어지게 된다. 악성 종양은 건강한 세포가 높은 에너지를 갖는 방사선에 노출될 경우 만들어질 수 있다. 그러나 역설적으로 이러한 높은 에너지의 방사선을 악성 종양에 쪼여 줌으로써 이들을 파괴할 수 있다. 빨리 성장하는 악성 종양 세포가 건강한 세포에 비해 이러한 방사선에 의해 더 많은 피해를 입기 때문에, 이러한 방사선을 암 치료에 사용할 수 있다. 이미 1904년에 의사들이 암 치료에 이러한 방사선을 사용하기 시작하였다. 이렇게 높은 에너지를 갖는 방사선을 이용하는 치료를 **방사선 치료**(radiation therapy)라고 한다.

현재 방사선 치료에는 많은 방사성 동위 원소가 이용되고 있다. 이들 중 많이 이용되는 것을 표 21.10에 나타내었다. 이들의 대부분이 반감기가 짧으므로 아주 짧은 시간 동안만 방사선을 내보낸다.

**표 21.10 방사선 치료에 사용되는 몇 가지 방사성 동위 원소**

| 동위 원소 | 반감기 | 동위 원소 | 반감기 |
|---|---|---|---|
| $^{32}P$ | 14.3일 | $^{137}Cs$ | 30년 |
| $^{60}Co$ | 5.27년 | $^{192}Ir$ | 74.2일 |
| $^{90}Sr$ | 28.8년 | $^{198}Au$ | 2.7일 |
| $^{125}I$ | 60.25일 | $^{222}Rn$ | 3.82일 |
| $^{131}I$ | 8.04일 | $^{226}Ra$ | 1600년 |

이들 방사성 동위 원소는 방사선 치료에 이용될 때 우리 몸의 안팎에서 모두 이용될 수 있다. 대부분의 방사선 치료에 사용되는 방사선은 높은 에너지를 갖는 감마선이다. 함께 나오는 알파선이나 베타선은 적당한 처리를 하면 쉽게 차단할 수 있다. 예를 들어 $^{192}Ir$은 암의 내부에 삽입하는 'seed'라고 불리는 역할을 하게 되는 방사성 동위 원소인데, 이것은 0.1 mm 두께의 백금으로 코팅되어 있다. 이 정도 두께의 백금은 알파선과 베타선은 차단시키지만, 감마선은 쉽게 통과한다. 의사들은 이 방사성 seed를 종양의 내부에 수술로 집어 넣는다.

때로는, 인간 생리학적으로 방사성 동위 원소의 섭취가 허용되기도 한다. 예를 들어, 대부분의 아이오딘은 우리 몸의 갑상샘에서 최후를 맞기 때문에 많은 양의 $^{131}I$를 사용하여 갑상샘암을 치료할 수 있다. 또한 직접적으로 수술하기 어려운 부위에 있는 암의 경우에 $^{60}Co$ '총'이라고 하는 것을 사용하여 몸 밖에서 종양을 향해 감마선을 쪼여서 치료를 시도할 수 있다. 입자 가속 장치가 방사선 치료용 외부 고에너지 방사선원으로 이용되기도 한다.

감마선은 투과도가 매우 높기 때문에, 방사선 치료를 하는 동안에 암세포 주위에 있는 다른 건강한 세포들도 피해를 입게 된다. 그래서 방사선 치료를 받는 많은 환자들이 피로감, 구토, 탈모, 면역 약화, 때로는 죽음까지, 불쾌하거나 위험한 부작용을 겪게 된다. 그러나 항암제를 이용한 **화학적 요법**(chemotherapy)에 실패한 환자에게 방사선 치료는 좋은 대안이 될 수 있다.

최근의 많은 연구 결과, **중성자 포획 치료**(neutron capture therapy)라고 하는 새로운 방법을 이용하여 목표 암세포만 공격하는 새로운 약을 개발하고 있다. 이 기술은 특정 암세포를 찾는 시약을 이용하여 암세포 안에 붕소-10과 같은 비방사성 동위 원소를 집적시킨다. 그런 다음 붕소-10을 중성자로 조사하면 다음과 같은 핵반응이 일어난다.

$$^{10}_{5}B + ^{1}_{0}n \longrightarrow ^{7}_{3}Li + ^{4}_{2}He$$

암세포는 알파 입자에 노출되어 죽거나 손상된다. 암으로부터 떨어져 있는 정상 세포는 알파 입자의 단거리 투과력 때문에 영향을 받지 않는다. 따라서 중성자 포획 치료는 방사선에 노출할 암세포만을 공격하는 '은 총알(silver bullet)'이 될 가능성이 높다.

**관련 연습 문제: 21.24, 21.60, 21.64**

## 통합 예제

### 종합 개념

식품에 들어 있는 포타슘 이온은 인체에 필요한 영양 물질이다. 자연에 존재하는 포타슘 동위 원소 중 하나인 포타슘-40은 방사성 동위 원소이다. 포타슘-40은 자연 존재량이 0.0117%이고, 반감기는 $t_{1/2} = 1.28 \times 10^9$년이다. 이 원소는 세 가지 방법으로 방사성 붕괴를 한다. 즉 98.2%는 전자 포획, 1.35%는 베타 방출, 0.49%는 양전자 방출이다.

(a) $^{40}K$가 방사성을 가질 것이라고 예상하는 이유는 무엇인가?
(b) $^{40}K$가 붕괴하는 세 가지 방식의 핵반응식을 쓰시오.
(c) KCl 1.00 g 안에는 몇 개의 $^{40}K^+$ 이온이 존재하는가?
(d) 시료 중 1.00%의 $^{40}K$가 방사성 붕괴하는 데 걸리는 시간은 얼마인가?

### 해답

**(a)** $^{40}K$ 핵은 19개의 양성자와 21개의 중성자를 가지고 있다. 양성자수와 중성자수가 모두 홀수이면 대부분의 핵은 불안정하다(21.2절).

**(b)** 전자 포획은 핵에 의하여 내부 껍질 전자를 포획한다.

$$^{40}_{19}K + ^{0}_{-1}e \longrightarrow ^{40}_{18}Ar$$

베타 방출은 핵으로부터 베타 입자($^{0}_{-1}e$)가 나온다.

$$^{40}_{19}K \longrightarrow ^{40}_{20}Ca + ^{0}_{-1}e$$

양전자 방출은 핵으로부터 양전자($^{0}_{+1}e$)가 나온다.

$$^{40}_{19}K \longrightarrow ^{40}_{18}Ar + ^{0}_{+1}e$$

**(c)** 시료 중의 $K^+$ 이온의 총 수는

$$(1.00\ \text{g KCl})\left(\frac{1\ \text{mol KCl}}{74.55\ \text{g KCl}}\right)\left(\frac{1\ \text{mol K}^+}{1\ \text{mol KCl}}\right)\left(\frac{6.022 \times 10^{23}\ \text{K}^+}{1\ \text{mol K}^+}\right) = 8.08 \times 10^{21}\ \text{K}^+\ \text{이온}$$

이들 중 0.0117%는 $^{40}K^+$ 이온이다.

$$(8.08 \times 10^{21}\ \text{K}^+\ \text{이온})\left(\frac{0.0117\ ^{40}\text{K}^+\ \text{이온}}{100\ \text{K}^+\ \text{이온}}\right) = 9.45 \times 10^{17}\ ^{40}\text{K}^+\ \text{이온}$$

**(d)** 방사성 붕괴 상수(속도 상수) 값은 식 21.19를 사용하여 반감기로부터 계산이 가능하다.

$$k = \frac{0.693}{t_{1/2}} = \frac{0.693}{1.28 \times 10^9\ \text{yr}} = (5.41 \times 10^{-10})/\text{yr}$$

그다음 속도식(식 21.20)으로부터 시간을 계산할 수 있다.

$$\ln\frac{N_t}{N_0} = -kt$$

$$\ln\frac{99}{100} = -[(5.41 \times 10^{-10})/\text{yr}]t$$

$$-0.01005 = -[(5.41 \times 10^{-10})/\text{yr}]t$$

$$t = \frac{-0.01005}{(-5.41 \times 10^{-10})/\text{yr}} = 1.86 \times 10^7\ \text{yr}$$

따라서 시료 중 1.00%의 $^{40}K$가 붕괴하는 데 $1.86 \times 10^7$년이 걸린다.

## 자기 평가 연습 문제

**21.35** 만일 어떤 사람이 0.010 J/kg의 알파선을 균일하게 쪼였다면 유효 조사량은 rem 단위로 얼마인가?

**(a)** 0.010 rem **(b)** 1.0 rem **(c)** 10 rem

## 연습 문제

**21.36** 하이드록실 라디칼은 다른 분자로부터 수소 원자를 빼앗고(수소 떼기), 수산화 이온은 다른 분자로부터 양성자를 빼앗는다(양성자 이탈). Lewis 점구조식을 사용하여 일반적인 카복실산 −COOH의 하이드록실 라디칼과 수산화 이온에 대해 각각 수소 떼기 반응과 양성자 이탈 반응을 쓰시오. 생명체에서 하이드록실 라디칼이 수산화 이온보다 더 위험한 이유는 무엇인가?

**21.37** 몸무게가 65 kg인 어떤 사람이 실수로 240초 동안 $^{90}Sr$ 시료로부터 15 mCi의 베타선에 노출되었다.

**(a)** 초당 붕괴 방사선의 활동도는 얼마인가? 베크렐로는 얼마인가?

**(b)** 각 베타선의 에너지는 $8.75 \times 10^{-14}$ J이며, 방출된 방사선의 7.5%가 사람에게 흡수된다고 한다. 흡수된 방사능이 사람의 몸 전체로 퍼진다고 가정하고, 흡수된 방사능을 rad와 gray 단위로 구하시오.

**(c)** 베타 입자의 RBE가 1.0이라고 할 때, 유효 조사량을 mrem과 시버트 단위로 구하시오.

**(d)** 이 조사량이 유방 X선 촬영 때의 조사량 3 mSv 보다 큰가, 작은가, 아니면 동일한가?

자기 평가 연습 문제 답 **21.35** (c)

## 요약 및 중요 용어

**방사능과 핵반응식(21.1절)** 원자의 핵은 양성자와 중성자를 포함하고 있으며, 이들 양성자와 중성자를 **핵자(nucleon)**라고 한다. 원자핵에서 변화를 수반하는 반응은 **핵반응(nuclear reaction)**이라고 한다. 방사선을 방출하여 자발적으로 변하는 핵을 방사성이라고 한다. 이들 방사성 핵을 **방사성 핵종(radionuclide)**이라 하고, 방사성 핵종을 포함하는 원자들을 **방사성 동위 원소(radioisotope)**라고 한다. 방사성 핵종은 **방사성 붕괴(radioactive decay)**라고 하는 과정을 통해 자발적으로 변화한다. 방사성 붕괴의 결과로서 얻게 되는 방사선의 가장 중요한 유형 세 가지는 **알파 입자(alpha particle,** $^{4}_{2}He$ 또는 $\alpha$), **베타 입자(beta particle,** $^{0}_{-1}e$ 또는 $\beta^{-1}$), **감마 방사선(gamma radiation,** $^{0}_{0}\gamma$ 또는 $\gamma$)이다. 또한 방사성 동위 원소가 붕괴할 때, 전자와 같은 질량을 갖지만 정반대 전하를 가진 입자인 양전자(**positron,** $^{0}_{+1}e$ 또는 $\beta^{+}$)가 생성될 수 있다.

핵반응식에서 반응물 핵과 생성물 핵은 화학 기호뿐만 아니라 그들의 질량수와 원자 번호를 기재하여 나타낸다. 식의 양쪽에서 질량수의 합이 같고, 원자 번호의 합도 같다. 보통 네 종류의 방사성 붕괴가 있다. **알파 붕괴(alpha decay)**는 원자 번호를 2, 질량수를 4 감소시킨다. **베타 방출(beta emission)**은 원자 번호를 1 증가시키고, 질량수는 변하지 않게 한다. **양전자 방출(positron emission)**과 **전자 포획(electron capture)**은 모두 원자 번호를 1 감소시키고, 질량수는 변하지 않게 한다.

**핵 안정성의 유형(21.2절)** 중성자 대 양성자 비는 핵의 안정성을 결정하는 중요한 인자이다. 어떤 핵종의 중성자 대 양성자 비와, 안정한 핵의 중성자 대 양성자 비를 비교하여, 이 핵종의 방사성 붕괴의 방식을 예측할 수 있다. 일반적으로 중성자가 풍부한 핵은 베타 입자를 방출하는 경향이 있고, 양성자가 풍부한 핵은 양전자를 방출하거나 전자 포획을 하는 경향이 있으며, 무거운 핵은 알파 입자를 방출하는 경향이 있다. 핵자의 **요술수(magic number)**가 존재함과, 양성자와 중성자의 수가 짝수인 것은 핵의 안정성을 결정하는 데 중요한 역할을 한다. 핵종은 일련의 붕괴 단계를 거쳐 마침내 안정한 핵종으로 된다. 이 단계의 계열을 **방사성 붕괴 사슬(radioactive decay chain)** 또는 **핵붕괴 계열(nuclear disintegration series)**이라고 한다.

한 핵으로부터 다른 핵으로 변환하는 **핵변환(nuclear transmutation)**은 하전된 입자나 중성자로 핵을 공격하여 일어날 수 있다. **입자 가속기(particle accelerator)**는 양전하 입자의 운동 에너지를 증가시키고, 이 입자들은 핵에 의한 정전기 반발을 극복하게 한다. 핵변환은 우라늄의 원자 번호보다 큰 원자 번호를 갖는 원소들인 **초우라늄 원소(transuranium element)**의 생산에 사용한다.

**방사성 붕괴 속도와 방사능 검출(21.3절, 21.4절)** 방사능의 활동도에 대한 국제 단위(SI)는 **베크렐(becquerel,** Bq)로, 초당 하나의 핵이 붕괴되는 것으로 정의된다. 이와 연관된 단위인 **큐리(curie,** Ci)는 초당 $3.7 \times 10^{10}$개의 핵이 붕괴되는 정도를 나타낸다. 핵붕괴는 일차 반응이다. 그러므로 붕괴 속도(**활동도(activity)**)는 방사성 핵종의 수에 비례한다. 방사성 핵종의 **반감기(half-life)**는 핵의 절반이 붕괴하는 데 필요한 시간이다. 어떤 방사성 동위 원소는 연대 추정에 사용될 수 있다. 예를 들면 $^{14}C$는 유기체의 연대 추정에 사용된다. Geiger 계측기와 섬광 계측기는 방사성 시료로부터 방사선 방출을 계측한다. 방사성 원소는 검출이 매우 용이하므로, 반응 중에 원소를 추적하는 **방사성 추적자(radiotracer)**로 사용할 수 있다.

**핵반응에 있어서 에너지 변화(21.5절)** 핵반응에서 생성된 에너지는 Einstein의 관계식 $\Delta E = c^2\Delta m$과 일치하는 질량 변화의 측정을 동반한다. 핵과 핵을 구성하는 핵자 사이의 질량 차이를 **질량 결손(mass defect)**이라고 한다. 핵종의 질량 결손으로부터 핵결합 에너지를 계산할 수 있으며, **핵결합 에너지(nuclear binding energy)**란 핵을 각 핵자로 분리하는 데 필요한 에너지이다. 원자 번호에 따른 핵결합 에너지의 경향 때문에 무거운 핵이 **핵분열(fission)**할 때, 가벼운 핵이 **핵융합(fusion)**할 때 발생한 에너지가 생성된다.

우라늄-235, 우라늄-233, 플루토늄-239는 중성자를 포획할 때 핵분열을 거치면서 가벼운 핵으로 쪼개지고, 많은 중성자를 방출한다. 한 핵분열에서 생성된 중성자들은 더 많은 핵분열 반응을 일으켜서 핵 **연쇄 반응(chain reaction)**을 유발할 수 있다. 일정한 반응 속도를 유지하는 상태를 임계 상태에 있다고 하며, 이 일정한 속도를 유지하는 데 필요한 질량을 **임계 질량(critical mass)**이라고 한다. 임계 질량을 초과하는 질량을 **초임계 질량(supercritical mass)**이라고 한다.

일정한 전력을 생산하기 위하여 원자로에서의 핵분열은 제어가 꼭 필요하다. 원자로 핵심부는 핵분열을 할 수 있는 연료, 제어봉, 감속제, 일차 냉각제 등으로 이루어져 있다. 핵심부의 연료 버너를 교체한 것을 제외하면, 원자력 발전소는 재래의 발전소와 유사하다. 원자력 발전소에서 나오는 방사성 핵폐기물의 처분에 대한 우려가 매우 높아지고 있다.

핵융합에서 핵들은 그들의 상호 반발을 극복할 큰 운동 에너지를 가져야 하기 때문에 매우 높은 온도가 필요하다. 그러므로 이러한 융합 반응을 **열핵 반응(thermonuclear reaction)**이라고 한다. 이러한 핵융합 과정을 제어하며 전력을 생산하는 것은 지구상에서 아직은 가능하지 않다.

**환경과 생태계에서의 방사선(21.6절)** **이온화 방사선(ionizing radiation)**은 물분자로부터 전자를 제거하기에 충분히 강력한 방사선이고, 에너지가 작은 방사선은 **비이온화 방사선(nonionizing radiation)**이라고 한다. 이온화 방사선은 **자유 라디칼(free radical**, 한 개 이상의 홀전자를 갖는 반응성 물질)을 생성한다. 낮은 수준의 방사선에 장기간 노출되었을 때의 생물학적 영향에 대해 아직 완전히 이해되고 있지 않다. 그러나 생물학적 손상의 정도는 노출의 수준에 직접 비례하여 영향을 받는다는 증거가 있다.

방사선에 의해 생체 조직에 축적되는 에너지의 양을 방사선 조사량이라 하고, **gray** 또는 **rad** 단위로 측정한다. 1 gray(Gy)는 조직의 1 kg당 1 J의 에너지 흡수에 해당한다. rad는 작은 단위이고, 100 rad = 1 Gy이다. 축적된 에너지에 의하여 발생한 생체의 손상을 측정하는 유효 조사량은 rem 또는 시버트(Sv)라는 단위로 측정한다. rad 단위의 방사선 조사량에 방사선의 RBE, 즉 상대 생체 유효율을 곱하면 **rem** 단위의 유효 조사량이 나온다. 100 rem은 1 Sv이다.

## 학습 정리 이 장을 공부한 후에 여러분은 다음을 할 수 있어야 한다.

- 균형 맞춘 핵반응식을 쓰기(21.1절). **관련 연습 문제: 21.4, 21.49**
- 동위 원소의 중성자 대 양성자 비로부터 핵 안정도와 핵붕괴의 유형을 예측하기(21.2절). **관련 연습 문제: 21.38, 21.51**
- 핵변환에 대한 균형 맞춘 핵반응식을 쓰기(21.3절). **관련 연습 문제: 21.56, 21.57**
- 방사성 핵종의 반감기를 사용하여 어떤 물체의 연대 또는 주어진 시간 이후에 남아 있을 방사성 핵종의 양을 계산하기(21.3절). **관련 연습 문제: 21.43, 21.60**
- 핵반응에 대한 질량과 에너지 변화를 계산하기(21.5절). **관련 연습 문제: 21.29, 21.65**
- 핵에 대한 결합 에너지를 계산하기(21.5절). **관련 연습 문제: 21.67, 21.68**
- 핵분열과 행융합의 차이를 기술하고, 원자력 발전소가 어떻게 작동하는지를 설명하기(21.5절). **관련 연습 문제: 21.71, 21.76**
- 방사선 조사량의 각기 다른 측정과 단위를 비교하고, 방사선의 생물학적 효과를 이해하기(21.6절). **관련 연습 문제: 21.36, 21.69**

## 핵심 공식

- $k = \frac{0.693}{t_{1/2}}$ [21.19] 핵붕괴 상수와 반감기 사이의 관계: 이것은 $N_t = \frac{1}{2}N_0$ 식으로부터 유도된다.
- $\ln\frac{N_t}{N_0} = -kt$ [21.20] 핵붕괴에 대한 일차 속도 법칙
- $E = mc^2$ [21.22] 질량과 에너지를 관련시키는 Einstein 식

## 연습 문제

### 눈으로 보는 개념

**21.38** 다음 핵종 중 그림 21.2의 안정도 띠 안에 위치하는 것은 어떤 것인지 선택하시오. **(a)** 네온-24, **(b)** 염소-32, **(c)** 주석-108, **(d)** 폴로늄(Po)-216. 해당하는 것이 없다면, 안정성을 증가시키기 위해서 중성자 대 양성자 비를 변화시키는 핵붕괴 과정을 예상해 보시오. [21.2절]

**21.39** 다음 그림의 변화를 나타내는 균형 맞춘 핵반응식을 쓰시오. [21.2절]

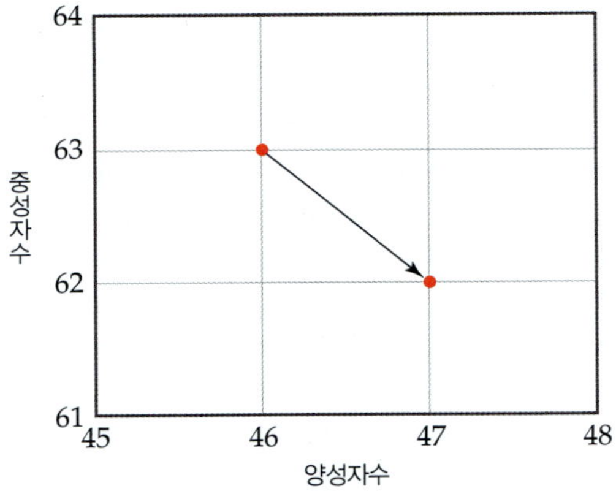


**21.40** 핵반응식 $^{211}_{83}Bi \longrightarrow ^{4}_{2}He + ^{207}_{81}Tl$에 대해서 문제 21.39의 그림과 같은 그래프를 그리시오. [21.2절]

**21.41** 아래 그림에서 붉은색 구는 양성자를 나타내고, 회색 구는 중성자를 나타낸다. [21.2절]

**(a)** 이 반응에 묘사된 네 입자는 무엇인가?

**(b)** 아래 변환을 간략한 반응식으로 나타내시오.

**(c)** 원자 번호와 질량수에 기초해 볼 때, 생성물은 안정한가, 아니면 방사성인가?

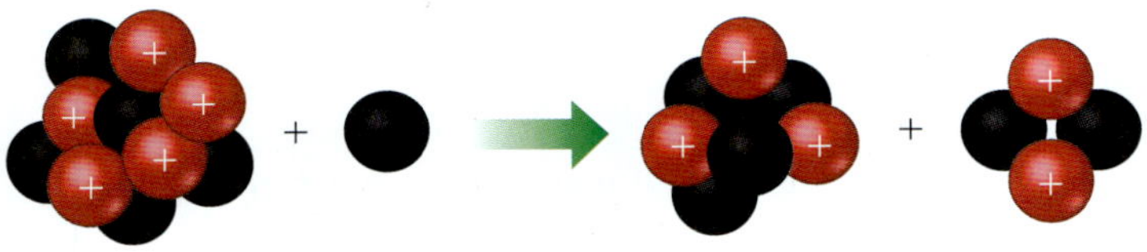

**21.42** 아래에 그려진 단계는 $^{232}_{90}Th$에 대한 방사성 붕괴 사슬의 세 단계를 보여준다. 각 동위 원소의 반감기는 동위 원소 밑에 표기하였다. [21.2절, 21.3절]

**(a)** 각각의 (i), (ii), (iii) 단계는 어떠한 방사성 붕괴인지 밝히시오.

**(b)** 어떤 동위 원소가 가장 높은 활동도를 보이는가?

**(c)** 어떤 동위 원소가 가장 낮은 활동도를 보이는가?

**(d)** 연쇄 붕괴 반응의 다음 단계는 알파 방출이다. 이 연쇄 반응의 다음 동위 원소는 무엇인가?

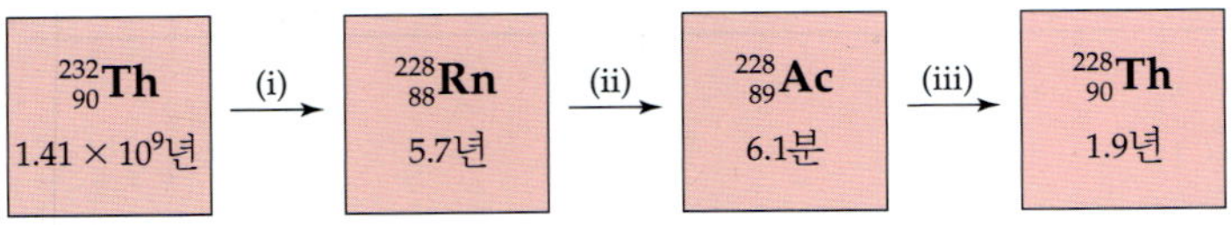


**21.43** 다음 그림은 $^{88}_{42}Mo$의 양전자 방출에 의한 붕괴를 표현한 것이다. [21.3절]

**(a)** 반감기는 얼마인가?

**(b)** 붕괴 속도 상수는 얼마인가?

**(c)** 12분 후에 $^{88}_{42}Mo$의 남아 있는 분율은 얼마인가?

**(d)** 붕괴 과정에서의 생성물은 무엇인가?

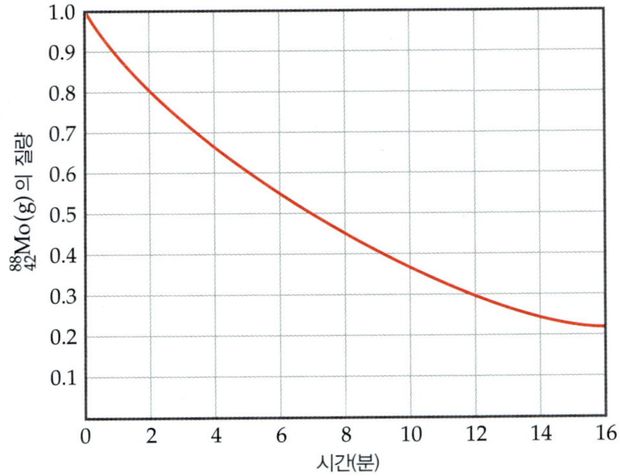


**21.44** 붕소, 탄소, 질소, 산소, 플루오린의 안정한 동위 원소를 아래에 나타내었다. 1분보다 더 긴 반감기를 갖는 동위 원소들의 반감기도 같이 나타내었다. [21.2절, 21.3절, 21.4절]

**(a)** 모든 안정한 동위 원소에 대해서 원자 번호, 질량수를 포함한 원소 기호를 쓰시오.

**(b)** 이들 중 어떤 방사성 동위 원소가 베타 방출에 의한 붕괴를 잘 할 것으로 생각되는가?

**(c)** 이들 중 어떤 동위 원소가 양전자 방출 단층 촬영에 사용되었다. 이들 중 어떤 원소가 이 용도로 가장 적합할 것으로 판단되는가?

**(d)** 어떤 동위 원소가 1시간 후에 초기 농도의 12.5%로 양이 감소하겠는가?

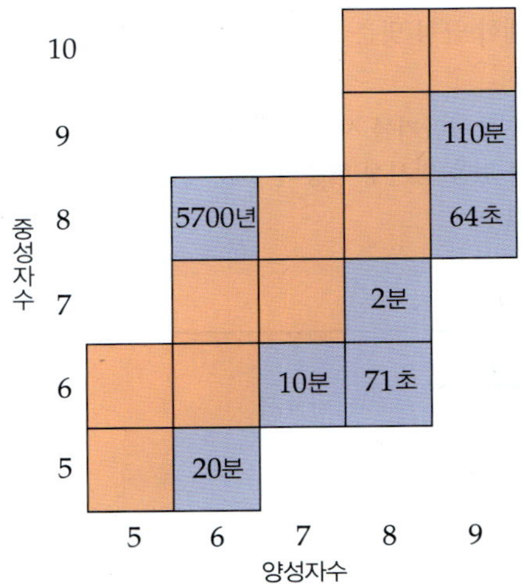


**21.45** 다음 그림은 핵분열 과정을 보여 주고 있다. **(a)** 이 핵분열의 확인되지 않은 생성물은 무엇인가? **(b)** 그림 21.2를 참고하여 이 핵분열 생성물이 안정한지, 아닌지를 판별하시오. [21.5절]

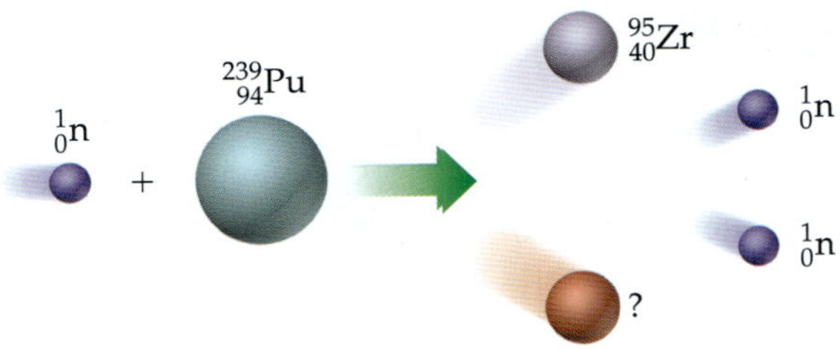

### 방사능과 핵반응식(21.1절)

**21.46** 다음의 핵에 들어 있는 양성자수와 중성자수를 표시하시오.
(a) $^{239}_{94}Pu$ (b) $^{142}_{56}Ba$ (c) 포타슘-41

**21.47** 다음 기호들은 무엇을 나타내는가?
(a) $^{1}_{1}p$ (b) $^{0}_{-1}e$ (c) $^{0}_{+1}e$

**21.48** 다음 과정의 핵반응식을 쓰시오.
(a) 라돈(Rn)-198이 알파 방출을 한다.
(b) 토륨(Th)-234가 베타 방출을 한다.
(c) 구리-61이 양전자 방출을 한다.
(d) 은-106이 전자 포획을 한다.

**21.49** 어느 핵이 다음 생성물로 붕괴될 수 있는가?
(a) 알파 붕괴에 의한 우라늄
(b) 양전자 방출에 의한 알루미늄-26
(c) 알파 붕괴에 의한 중수소
(d) 베타 붕괴에 의한 이터븀(Yb)-90.

**21.50** $^{235}_{92}U$에서 시작하는 자연에 존재하는 방사성 붕괴 계열은 안정한 $^{207}_{82}Pb$ 핵의 생성과 더불어 정지된다. 붕괴는 일련의 알파 입자 방출과 베타 입자 방출을 통해 진행된다. 이 계열에 관여한 방출 종류는 몇 가지인가?

### 핵 안정성의 유형(21.2절)

**21.51** 다음 방사성 핵종의 방사성 붕괴 과정 형태를 예측하시오.
(a) $^{15}_{8}O$ (b) $^{41}_{21}Sc$ (c) 우라늄-237 (d) 황-35

**21.52** 다음 각 쌍의 핵종 중 하나는 방사성이다. 어느 것이 방사성이고, 어느 것이 안정한가를 예측하시오.
(a) $^{92}_{44}Ru$과 $^{102}_{44}Ru$ (b) $^{138}_{56}Ba$과 $^{139}_{56}Ba$ (c) 주석-109와 주석-120

**21.53** 다음 핵종 중 양성자와 중성자 모두 요술수를 갖는 것은?
(a) 베릴륨-10 (b) 실리콘-28 (c) 크로뮴-52 (d) 니켈-56
(e) 크립톤-84

**21.54** 다음 중 알파 방출은 매우 일반적으로 일어나지만 양성자 방출은 극히 드물게 일어나는 이유를 잘 설명한 것은?
(a) 알파 입자는 요술수의 양성자와 중성자를 가지고 있어 매우 안정하다.
(b) 알파 입자는 핵 안에서 생성된다.
(c) 알파 입자는 비활성 기체의 핵이다.
(d) 알파 입자는 양성자보다 더 큰 전하를 갖고 있다.

**21.55** 다음 중 중성자를 이용한 핵변환이 일반적으로 알파 입자나 양성자를 이용한 핵변환보다 더 쉽게 일어나는 이유를 잘 설명하고 있는 것은?
(a) 중성자는 요술수를 갖는 입자가 아니다.
(b) 중성자는 전하를 갖고 있지 않다.
(c) 중성자는 양성자나 알파 입자보다 작은 입자이다.
(d) 중성자는 비교적 먼 거리의 핵을 잘 끌어당기는 반면, 양성자나 알파 입자는 핵에 반발한다.

**21.56** 물음표에 적절한 입자를 첨가하여 다음 핵반응식을 완결하고 균형을 맞추시오.
(a) $^{239}_{94}Pu + ^{1}_{0}n \longrightarrow ^{0}_{-1}e + ?$
(b) $^{238}_{92}U + ^{4}_{2}He \longrightarrow 3\,^{1}_{0}n + ?$
(c) $^{218}_{85}At \longrightarrow ^{0}_{-1}e + ?$
(d) $^{146}_{62}Sm \longrightarrow ^{142}_{60}Nd + ?$
(e) $^{118}_{53}I + ^{0}_{-1}e \longrightarrow ?$

**21.57** 다음에 대해 균형 맞춘 반응식을 쓰시오.
(a) $^{238}_{92}U(\alpha, n)\ ^{241}_{94}Pu$ (b) $^{14}_{7}N(\alpha, p)\ ^{17}_{8}O$ (c) $^{56}_{26}Fe(\alpha, \beta^{-})\ ^{60}_{29}Cu$

### 방사성 붕괴 속도(21.3절)

**21.58** 다음은 방사성 동위 원소 A와 X를 비교하여 설명한 것이다. 각각의 설명이 참인지 거짓인지를 밝히시오.
(a) A의 반감기가 X의 반감기보다 짧다면 A의 붕괴 속도 상수 값이 X보다 크다.
(b) X가 방사성이 없다면, X의 반감기는 근본적으로 0이다.
(c) A의 반감기가 10년이고 X의 반감기가 10,000년이라고 하면, 40년 동안 일어난 어떤 과정을 추적하는 데 A가 더 적당하다.

**21.59** 어떤 시계의 바늘은 일부 수소가 삼중수소로 치환되어 있는 중합체와 같은 인광을 내는 물질로 코팅되어 있다. 삼중수소가 베타 방출을 함으로써 인광이 나오게 되며, 이것이 어두운 곳에서 시계 바늘이 보이게 한다. 삼중수소의 반감기는 12.3년이다. 발생하는 빛의 양이 정확하게 삼중수소의 양에 비례한다고 가정하면, 50년 후에 이 시계 바늘에서 나오는 빛의 양은 어떠하겠는가?

**21.60** 코발트-60은 반감기가 5.26년이며, 강한 감마선을 방출한다. 코발트-60은 방사성 치료에 이용되는데, 방사성이 처음 강도에 75%의 수준에 오면 교체한다고 한다. 만일 코발트-60을 2016년 6월에 구입하여 설치했다면, 다음 교체 시기는 언제인가?

**21.61** 라듐-226은 알파 붕괴를 하고, 반감기는 1600년이다.
(a) $^{226}Ra$ 시료 10.0 mg은 5.0분 동안에 몇 개의 알파 입자를 방출하는가?
(b) 시료의 활동도는 mCi로 얼마인가?

**21.62** 고고학 발굴 지역에서 나온 어떤 식물 화석 10.00 g에서 $^{14}C$가 10시간 동안 3094회 붕괴되는 활동도가 나타났다. 살아 있는 식물이라면 같은 시간과 같은 탄소 비율을 갖는 같은 양의 시료에서 9207회 붕괴하는 $^{14}C$를 보인다. $^{14}C$의 반감기가 5715년이라 할 때, 이 식물 화석은 얼마나 오래된 것인가?

**21.63** 인-32는 핵의학 분야에서 악성 종양의 식별에 일반적으로 쓰이고 있다. 이 원소는 14.29일의 반감기로 붕괴하여 황-32가 된다. 환자에게 3.5 mg의 인-32를 주입하였다면, 한 달(30일) 후에는 얼마만큼의 인-32가 남아 있겠는가?

### 방사능 검출(21.4절)

**21.64** 감마 방출을 하는 핵들이 의료용으로 중요하게 거론되는 이유는 무엇인가? 알파 방출을 하는 것들이 이 용도로 사용되지 못하는 이유는 무엇인가?

### 핵반응에서의 에너지 변화(21.5절)

**21.65** 일반적인 분석 저울에서는 0.1 mg 정도 단위가 측정 가능하다. 0.1 mg의 질량 결손에 방출되는 에너지의 변화는 얼마인가?

**21.66** 용접 과정에서 일어나는 반응인 $Fe_2O_3(s) + 2\ Al(s) \longrightarrow 2\ Fe(s) + Al_2O_3(s)$는 $\Delta H^\circ$ 값이 $-851.5$ kJ/mol인 가장 큰 발열 반

응 중의 하나이다. 이렇게 발생된 열은 생성된 철을 충분히 용해시킬 수 있어서, 이 용접 반응은 바닷속에서 금속을 용접하는 데 사용될 수 있다. 이 반응에서 생성된 $Al_2O_3$ 1몰당 방출되는 열은 얼마인가? 1 mol의 알파 입자로부터 2 mol의 양성자와 2 mol의 중성자가 조합될 때 발생하는 열에너지의 양은 얼마인가?

**21.67** 알루미늄-27 원자의 질량이 26.9815386 u일 때, 단일 알루미늄-27 핵을 양성자와 중성자로 분리하는 데 필요한 에너지의 양은 얼마인가? 100.0 g의 알루미늄-27에 대해서 필요한 에너지의 양은 얼마인가? (전자의 질량은 이 책의 뒷부분에 있는 값 참조)

**21.68** 수소-2(중수소), 헬륨-4, 리튬-6의 원자 질량은 각각 2.014102 u, 4.002602 u, 6.0151228 u이다. 각 동위 원소에 대해서 다음을 계산하시오. **(a)** 핵질량, **(b)** 핵결합 에너지, **(c)** 핵자당 핵결합 에너지, **(d)** 이들 세 동위 원소중에 핵자당 핵결합 에너지가 가장 큰 것은? 이 결과가 그림 21.12에 나타낸 것과 잘 일치하는가?

**21.69** 다음 각 원자 질량($^1H = 1.00782$ u, $^2H = 2.01410$ u, $^3H = 3.01605$ u, $^3He = 3.01603$ u, $^4He = 4.00260$ u)과 본문에서 주어진 중성자의 질량에 기초하여, 다음 각 핵반응에서 일어나는 1 mol당 에너지의 양을 계산하시오 (모두 제어 가능한 핵융합 과정이다).

**(a)** ${}^2_1H + {}^3_1H \longrightarrow {}^4_2He + {}^1_0n$

**(b)** ${}^2_1H + {}^2_1H \longrightarrow {}^3_2He + {}^1_0n$

**21.70** 동위 원소 ${}^{62}_{28}Ni$는 동위 원소 중 핵자당 가장 큰 핵결합 에너지를 갖는다. 니켈-62의 원자 질량(61.928345 u)으로부터 그 값을 계산하고, 이 값을 표 21.7의 철-56과 비교하시오.

**21.71** **(a)** 다음 중 어느 것이 원자력 발전소에서 연료로 쓰이는 동위 원소의 필요한 특징인가? (i) 감마선을 방출해야 한다. (ii) 붕괴할 때, 두 개 또는 그 이상의 중성자를 방출해야 한다. (iii) 1시간보다 짧은 반감기를 가져야 한다. (iv) 중성자를 흡수하면 핵분열을 해야 한다. **(b)** 상업적인 원자로에 가장 일반적으로 쓰이는 동위 원소는 무엇인가?

**21.72** 원자로에서 제어봉의 역할은 무엇인가? 제어봉에는 어떤 물질들이 사용되고 있는가? 왜 이러한 물질들이 선택되었는가?

**21.73** 다음 핵분열 또는 핵융합 반응에서 각 핵반응식의 균형을 맞추고 완결하시오.

**(a)** ${}^{235}_{92}U + {}^1_0n \longrightarrow {}^{92}_{36}Kr + {}^{141}_{56}Zn + \_$

**(b)** ${}^2_1H + {}^3_1H \longrightarrow {}^4_2He + \_$

**21.74** 태양 에너지의 일부는 다음 반응에서 온다.

$$4\,{}^1_1H \longrightarrow {}^4_2He + 2\,{}^0_1e$$

이 반응은 약 $10^6 \sim 10^7$ K의 온도를 필요로 한다. 표 21.7에 주어진 헬륨-4의 핵질량을 사용하여, 반응이 1 mol의 수소 원자에 대해 작동할 때, 얼마만큼의 에너지가 발생하는지 결정하시오.

**21.75** 핵분열 반응기 내에서 사용되고 나온 연료 원소는 원래의 연료 원소보다 훨씬 더 높은 방사능을 갖는다.

**(a)** 그림 21.2의 안정도 띠와 관련해서 핵분열 반응의 생성물에 대해 말하시오.

**(b)** 핵분열당 두 개 내지 세 개의 중성자가 나온다는 점과, 핵분열하는 데 있어 중성자 대 양성자 비가 매우 중요하다는 사실로부터 핵분열 생성물에서 어떤 붕괴가 주를 이룰 것으로 예상하는가?

**21.76** 어떤 형태의 원자로가 다음과 같은 특징을 갖는가?

**(a)** 이차 냉각제를 갖지 않음

**(b)** 소비된 것보다 더 많은 분열 물질을 만듦

**(c)** 헬륨이나 이산화 탄소와 같은 기체를 일차 냉각제로 사용함

**21.77** 다음 중 이온화 방사선에 해당하지 않는 것은?
감마선, 베타 입자, 라디오나 텔레비전에 사용되는 라디오파, 태양으로부터 오는 적외선

### 환경에서의 방사선 (21.6절)

**21.78** 실험용 쥐를 활동도가 14.3 mCi인 알파 방사선에 노출시켰다.

**(a)** 초당 붕괴 방사선의 활동도는 얼마인가? 베크렐로는 얼마인가?

**(b)** 쥐의 무게는 385 g이고, 이 쥐는 14.0초 동안 알파선에 노출되고, 방출된 알파 입자의 65%가 흡수되었고, 각 알파 입자의 에너지는 $9.12 \times 10^{-13}$ J이다. 흡수된 조사량을 mrad 및 gray 단위로 각각 계산하시오.

**(c)** 방사선의 RBE가 9.5라고 할 때, 유효 흡수 조사량을 mrem 및 Sv 단위로 각각 계산하시오.

## 추가 연습 문제

**21.79** 다음 표에 네 가지 동위 원소의 양성자(p)와 중성자(n)의 수를 나타내었다.

**(a)** 각 동위 원소의 기호를 쓰시오.

**(b)** 어느 동위 원소가 가장 불안정한가?

**(c)** 어느 동위 원소가 요술수의 양성자와 중성자를 갖는가?

**(d)** 어느 동위 원소가 양전자를 방출하고 철-58를 생성하는가?

| | (i) | (ii) | (iii) | (iv) |
|---|---|---|---|---|
| p | 27 | 27 | 28 | 28 |
| n | 30 | 31 | 28 | 30 |

**21.80** 비스무트(Bi)-213이 두 번의 알파 방출과 두 번의 베타 방출을 거쳐 안전한 핵을 형성한다고 하자. 그 안정한 핵은 무엇인가?

**21.81** 식 21.28은 태양에서 헬륨-4가 생성되는 핵반응식이다. 이 반응에서 나오는 에너지는 얼마인가?

**21.82** 염소의 두 안정한 동위 원소는 $^{35}Cl$과 $^{37}Cl$이다. 이에 반해서 $^{36}Cl$은 베타 방출에 의해 붕괴되는 방사성 핵종이다.

**(a)** $^{36}Cl$의 붕괴 생성물은 무엇인가?

**(b)** 핵안정성에 관한 기본 규칙을 참고해서, $^{36}Cl$이 다른 두 안정한 동위 원소 $^{35}Cl$과 $^{37}Cl$보다 불안정한 이유를 설명하시오.

**21.83** 어떤 별에서 양성자 두 개가 합쳐져서 형성되는 물질은 $^{2}H$와 양전자이다. 이 과정에 대한 화학 반응식을 쓰시오

**21.84** 핵 과학자들은 그동안 자연에 존재하지 않는 대략 1600개 정도의 핵들을 합성하였다. 높은 에너지를 갖는 입자를 원자 질량이 큰 이온과 충돌시켜서 보다 많은 핵이 생성될 수도 있다. 원자 질량이 큰 이온의 충돌이 포함된 다음 핵반응식들을 완성하시오.

**(a)** $^{12}_{6}C + ^{12}_{6}C \longrightarrow ? + ^{4}_{2}He$

**(b)** $^{6}_{3}Li + ^{63}_{28}Ni \longrightarrow ?$

**(c)** $^{252}_{98}Cf + ^{10}_{5}B \longrightarrow ?$

**(d)** $^{238}_{92}U + ^{12}_{6}C \longrightarrow ? + 4\,^{1}_{0}n$

**21.85** 2010년에 미국과 러시아의 과학자 팀은 118번 원소의 생성을 최초로 보고하였다. 이 원소의 이름은 오가네손(oganesson)이고 기호는 Og이다. 이 원소는 캘리포늄-249 원자와 X라는 하는 원자의 가속된 이온을 충돌시켜 얻었다. 이 반응에서 3개의 중성자와 한 개의 오가네손-294가 형성된다.

$$^{249}_{98}Cf + X \longrightarrow ^{294}_{118}Og + 3\,^{1}_{0}n$$

**(a)** 동위 원소 X는 무엇인가?

**(b)** 동위 원소 X는 특이하게도 비우호적인 중성자 대 양성자 비를 가지고 있음에도 불구하고(그림 21.1) 매우 긴 반감기(~$10^{19}$년)를 갖는다. 그토록 안정한 이유를 설명하시오.

**(c)** 오가네손-294는 알파 붕괴를 하면서 리버모륨(Lv)-90을 형성한다. 이 과정의 균형 맞춘 핵반응식을 쓰시오.

**21.86** 합성된 방사성 동위 원소인 인-32는 베타 방출을 하며 붕괴되며, 이는 DNA의 방사성 표지로 사용된다. 다음은 인 시료로부터 수집하여 얻은 자료이다.

| Ci | 시간(일) |
|---|---|
| 80 | 0 |
| 49 | 10 |
| 30 | 20 |
| 18 | 30 |
| 10.5 | 40 |
| 6.3 | 50 |
| 4.2 | 60 |

이 자료를 이용하여 적합한 그래프를 그리고, 반감기를 계산하시오.

**21.87** 요즈음 규제에 의하면, 성인의 인체에 대한 스트론튬-90의 최대 허용 조사량은 1 $\mu$Ci($1\times10^{-6}$ Ci)이다. 관계식 속도 = $kN$을 이용하여 이 조사량에 해당하는 스트론튬-90의 원자수를 계산하시오. 이것에 해당하는 스트론튬-90의 질량은 얼마인가? (단, 스트론튬-90의 반감기는 28.8년이다.)

**21.88** 아세트산과 메틸 알코올이 반응하는 아세트산 메틸($CH_3COOCH_3$)이 형성된다. 메틸 알코올의 산소-18에 표지가 붙어 있던 것이, 결국 메틸 아세테이트에 위치하게 된다.

$$CH_3\overset{\overset{\displaystyle O}{\|}}{C}OH + H^{18}OCH_3 \longrightarrow CH_3\overset{\overset{\displaystyle O}{\|}}{C}{}^{18}OCH_3 + H_2O$$

**(a)** 산의 C—OH 결합과 알코올의 O—H 결합이 절단되며 반응이 진행되는지, 또는 산의 O—H 결합과 알코올의 C—OH 결합이 절단되며 반응이 진행되는지를 밝히고, 설명하시오.

**(b)** T라 표시하는 **삼중수소**(tritium) $^{3}H$를 이용하여 $CH_3COOH$와 $TOCH_3$를 위와 유사한 반응을 수행하였다고 생각하자. 이 실험은 $H^{18}OCH_3$를 사용한 실험과 같이 어떤 결합이 끊어지는가에 대한 같은 정보를 제공하겠는가?

**21.89** 다음 각각의 변환은 양전자 방출 단층 촬영(PET)에 쓰이는 방사성 핵종을 생성한다. **(a)** 반응식 (i)과 (ii)에서 'X'로 표시한 것은 무엇인가? **(b)** 반응식 (iii)에서 'd'라고 표시한 것은 무엇인가?

(i) $^{14}N(p, \alpha)X$

(ii) $^{18}O(p, X)^{18}F$

(iii) $^{14}N(d, n)^{15}O$

**21.90** $^{7}Be$, $^{9}Be$, $^{10}Be$의 핵질량은 각각 7.0147 u, 9.0100 u, 10.0113 u이다. 이들 핵 중 핵자당 가장 큰 결합 에너지를 갖는 것은?

**21.91** 삼중수소($^{3}_{1}H$)를 갖는 26.00 g의 물 시료는 초당 $1.50\times10^{3}$개의 베타 방출을 한다. 삼중수소는 약하게 베타 방출을 하는데, 반감기는 12.3년이다. 이 물의 모든 수소 중 삼중수소가 차지하는 비율은 얼마인가?

**21.92** 태양은 $3.9\times10^{26}$ J/s의 속도로 우주를 향해 에너지를 내보낸다.

**(a)** 태양의 질량 감소 속도를 kg/s 단위로 구하시오.

**(b)** 이 질량 감소는 어떤 형태로 일어나는가?

**(c)** 태양은 $9\times10^{56}$개의 양성자를 갖고 있다고 추정된다. 태양의 핵반응에 의해 초당 몇 개의 양성자가 소비된다고 볼 수 있는가?

**21.93** 한 개의 우라늄-235 핵에서 분열에 의해 약 $3\times10^{-11}$ J의 에너지가 나온다. 핵발전소에서 이 에너지를 전기로 교체하는 효율이 40%라고 하면, 1000 MW를 생산하는 핵발전소에서 1년에 소비되는 우라늄-235의 양은 얼마인가? (단, 1 W는 1 J/s에 해당한다.)

**21.94** 1965년과 1966년에 Boston에서 원자 폭탄 실험 후 실행된 실험에서 평균적으로 한 사람당 2 pCi의 플루토늄의 방사능이 나타났다. 이러한 수준의 방사능은 초당 얼마의 붕괴를 의미하는가? 각각의 알파 입자가 $8\times10^{-13}$ J의 에너지를 갖고, 사람의 평균 몸무게가 75 kg이라고 하면, 이와 같은 플루토늄에 대한 노출에서 1년 동안 받는 방사능의 양을 계산하시오.

## 통합 연습 문제

**21.95** 방사성 플루오린-18(원자 질량 18.0 u)을 함유하는 플루데옥시글루코스($C_6H_{11}FO_5$) 시료 0.53 g이 있다. 이 시료에서 68.3%의 플루오린 원자가 플루오린-18이고 나머지는 자연적으로 존재하는 비방사성 플루오린-19이다. 이 시료에서 초당 몇 개의 붕괴가 발생하는가? 플루오린-18의 반감기는 110분이다.

**21.96** 몇 g의 메테인($CH_4(g)$)이 공기 중에서 연소해야 중수소 1.0 g과 삼중수소 1.5 g이 다음 핵융합을 진행할 때 발생하는 에너지 양과 동일한 에너지를 낼 수 있는가?

$$^{2}_{1}H + ^{3}_{1}H \longrightarrow ^{4}_{2}He + ^{1}_{0}n$$

메테인의 연소로부터 생성되는 모든 생성물은 기체 상태에 있다고 가정하라. 문제 21.28, 부록 C, 이 교재 표지 안쪽의 자료를 이용하시오. 메테인의 표준 생성 엔탈피는 −74.8 kJ/mol이다.

**21.97** 자연에서 발견되는 우라늄은 99.274% $^{238}U$, 0.720% $^{235}U$, 0.006% $^{233}U$로 구성되어 있다. 이 중 $^{235}U$는 핵연쇄 반응을 하는 동위 원소이다. 첫 원자 폭탄에 사용된 $^{235}U$는 $UF_6(g)$의 기체 확산법으로 얻었다.

**(a)** 350 K, 92.7 kPa, 30.0 L 용기 안에 있는 $UF_6$의 질량은 얼마인가?

**(b)** (a)에서 언급한 시료에 있는 $^{235}U$의 질량은 얼마인가?

**(c)** $UF_6$가 다공성 장벽을 통하여 확산하고, 확산된 기체 안에 있는 $^{238}U$와 $^{235}U$의 비의 변화는 식 10.23으로 주어진다. 확산된 기체(a 문제) 시료 안에 있는 $^{235}U$의 질량은 얼마인가?

**(d)** 기체 확산을 한번 더 시행한 후 시료에 있는 $^{235}UF_6$의 퍼센트는 얼마인가?

**21.98** 폴로늄-210은 강력한 알파 방출자이다. 활동도 85.2 Ci를 갖는 폴로늄-210 시료가 25.0 mL의 밀폐 용기에 넣어져서 30 °C에서 15시간 동안 보관되었다.

**(a)** 이 시간 동안 몇 개의 알파 입자가 형성되었는가?

**(b)** 각 알파 입자가 헬륨 원자로 변환한다면 이 15시간 동안 용기 안에서 형성된 헬륨 기체의 부분압은 얼마인가?

**21.99** 영국의 Stonehenge에서 나온 숯 시료를 산소 내에서 연소시켰다. 이때 생성된 $CO_2$ 기체를 $Ca(OH)_2$(석회수) 용액 속으로 통과시켰더니 $CaCO_3$ 침전이 형성되었다. 이 침전을 걸러서 건조시켰다. 이 $CaCO_3$ 시료 788 mg의 방사능은 탄소-14에 의해 $1.5 \times 10^{-2}$ Bq의 방사능을 가진다. 현재 살아 있는 생명체에서 탄소 그램당, 분당 15.3번의 붕괴가 일어난다. 탄소-14의 반감기는 5700년이다. 이 숯 시료의 연대를 계산하시오.

**21.100** 0.188 *M* 질산 은 용액 2.5 mL를 0.188 *M* 염산 소듐 용액 2.5 mL와 혼합하였다. 이 염산 소듐은 방사성 동위 원소인 염소-36이 표지되어 있다. 이 염산 소듐 용액의 초기 활동도는 $2.46 \times 10^6$ Bq/mL이다. 형성된 침전을 걸러서 제거한 후 남은 용액의 활동도는 175 Bq/mL이다.

**(a)** 이 과정에서 일어나는 반응의 균형 맞춘 화학 반응식을 쓰시오.

**(b)** 이 침전이 형성되는 과정에서의 $K_{sp}$를 계산하시오.

## 실험 설계 문제

방사능은 인체에 해롭기 때문에 방사능 물질에 관한 실험을 수행할 때는 매우 엄격한 실험 과정과 주의를 기울여야만 한다. 이러한 이유로 보통 일반화학 실험에는 방사능 물질을 쓰는 실험을 포함시키지 않는다. 그럼에도 불구하고 라듐의 몇 가지 성질을 탐구할 수 있도록 하는 가상 실험들을 숙고해야 한다. 라듐은 1898년에 Marie와 Pierre Curie에 의해 발견되었다.

**(a)** 라듐 발견의 중요한 측면은 Marie Curie가 **역청 우란광**(우라늄 원광석)이 순수한 우라늄 금속보다 큰 방사능을 가진다는 사실을 관찰한 것이다. 이 관찰을 재현시킬 수 있으며, 순수한 우라늄의 방사능과 역청 우란광의 방사능의 비를 얻을 수 있는 실험을 고안하시오.

**(b)** 라듐은 처음에는 할로젠화물로 분리되었다. 순수한 라듐 금속 시료와 브로민화 라듐을 갖고 있다고 하자. 시료의 양은 밀리그램 단위이고 일반적인 원소 분석 방법으로는 할 수 없다. 브로민화 라듐의 실험식을 결정하기 위하여 방사능을 정량적으로 측정하는 기구를 사용할 수 있겠는가? Curie 부부가 그들이 발견한 시대에는 갖지 못했던 어떠한 사실을 여러분은 반드시 사용해야 하는가?

**(c)** 라듐과 관련된 원소의 반감기를 측정하기 위하여 1년의 시간이 있다고 가정하자. 여러분은 약간의 순수한 시료와 방사능을 정량적으로 측정할 수 있는 기기를 가지고 있다. 시료 안에 있는 원소의 반감기를 측정할 수 있는가? 반감기가 10년 또는 1000년인가에 따라 다른 실험적 제약이 있는가?

**(d)** 인체에 해로운 효과가 잘 이해되기 전까지는 적은 양의 라듐염은 그림에서 보듯이 '어둠에서 빛을 내는' 시계에 이용되었다. 발광은 라듐의 방사능이 직접적으로 내는 것이 아니다. 라듐은 황화 아연과 같이 방사선에 노출되었을 때 빛을 내는 발광 물질과 연관되어 있다. 여러분이 순수한 라듐과 황화 아연을 갖고 있다고 가정하자. 황화 아연의 발광이 알파, 베타, 감마 방사선 중 어느 것에 의해 일어나는지 어떻게 결정할 수 있는가? 시료 안에 있는 방사능의 양을 정량적으로 측정할 때 발광을 이용하기 위하여 어떠한 형태의 장치를 고안할 수 있는가?

# 22 비금속 화학



## 22.1 | 주기적 경향과 화학 반응

수많은 화학 원소가 모든 도구로 우리의 생활 공간을 구성한다. 첫 번째 질문 중 하나는 다음과 같다.

금속 및 비금속 원소의 상대적 중요성은 무엇인가? 일부 카펫이나 매트는 대나무에서 추출한 유기 섬유로 만들 수 있다. 벽은 본질적으로 비금속인 셀룰로스 재료로 만들어진다. 의자 덮개, 의자 및 세라믹 화분과 같은 물체도 모두 주로 비금속 요소로 구성된다. 금속은 벽의 전기 배선,

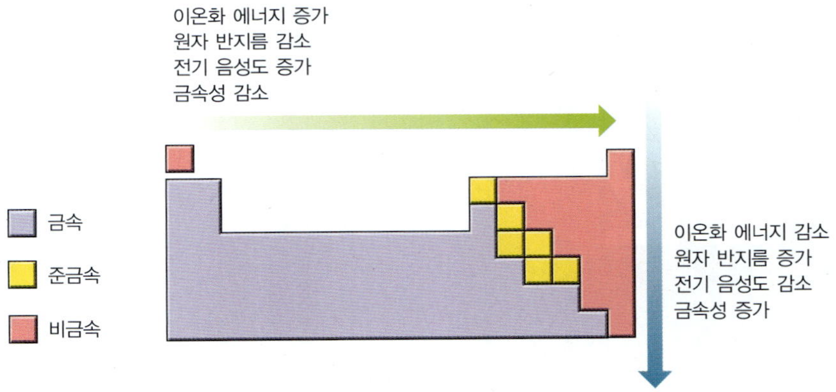


▲그림 22.1 원소 성질의 경향성

건물 프레임의 강철 대들보, 배관 설비를 제조하는 데 필요하기 때문에 확실히 중요하다. 그러나 전반적으로 이러한 생활 공간을 구성하는 기본적 재료는 대부분 비금속이다.

화학의 혁신은 현대 생활의 제품들을 형성하는 많은 재료를 만들어 냈다. 우리는 이전 장에서 화학자들이 물질을 정제하고 작은 분자를 훨씬 더 큰 분자로 중합할 수 있게 하는 다양한 화학 반응 유형을 배웠다. 우리는 또한 순수한 물질과 혼합물의 특성이 기본 분자 특성에 어떻게 의존하는지도 배웠다. 그러나 이러한 모든 물질을 구성하는 원소의 화학적 및 물리적 특성은 무엇인가? 이 장과 다음 장에서는 많은 원소의 특성과 그런 특성이 어떻게 유용한 응용을 위한 가능성을 결정하는지 배울 것이다.

이 장에서는 수소 원소를 시작으로 주기율표를 가로질러 오른쪽에서 왼쪽으로 이동하면서, 족별로 비금속 원소의 화학을 개괄할 것이다. 특히 수소, 산소, 질소, 탄소를 중점적으로 다룰 것이다. 이 비금속 원소들은 상업적으로 중요한 많은 화합물을 형성하고, 살아 있는 세포에 필요한 원소의 99%를 차지한다.

이 절이 끝나면 다음 사항을 수행할 수 있어야 한다.

- 족의 첫 번째 원소가 족의 다음 원소와 다른 두 가지 점을 설명하기

원소들을 금속, 준금속, 비금속으로 분류할 수 있다는 것을 상기하자. 특별한 경우에 속하는 수소를 제외하고, 비금속은 주기율표의 오른쪽 윗부분을 차지한다. 이 구역에 속하는 원소들은 **그림 22.1**에서 요약한 것과 같이, 그들의 성질에 대한 경향성을 잘 연관하여 보여 주고 있다. 예를 들어 전기 음성도는 같은 주기의 왼쪽에서 오른쪽으로 갈수록 증가하고, 같은 족에서 아래로 갈수록 감소한다. 그러므로 비금속은 금속보다 큰 전기 음성도를 갖는다. 이러한 차이 때문에 금속과 비금속이 반응하여 이온성 고체를 형성하게 된다. 반면 두 개 이상의 비금속이 반응하여 만들어진 화합물은 보통 분자성 물질이 된다.

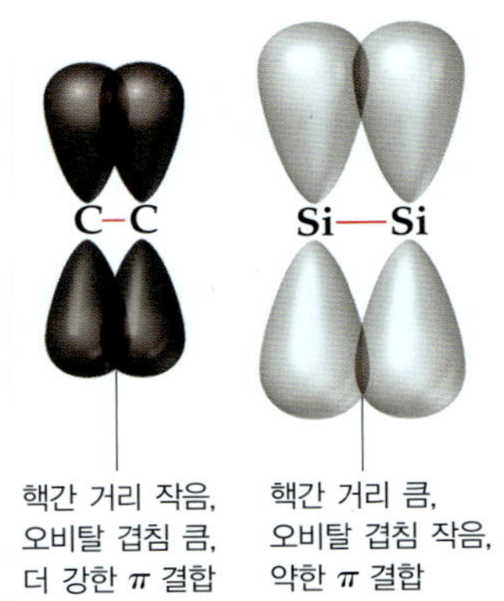


▲그림 22.2 2주기와 3주기 원소의 $\pi$ 결합

어떤 비금속 족에서 첫 번째 원소의 화학적 성질은 그다음 원소들의 성질과 다를 수 있다. 두 가지 주목할 만한 특별한 차이점이 있다.

- 비금속 족의 첫 번째 원소는 적은 수의 다른 원소와 결합한다. 예를 들어 $NCl_3$의 경우 질소는 최대 3개의 Cl과 결합을 형성할 수 있고, 대조적으로 $PCl_5$의 경우 인은 5개의 결합을 형성할 수 있다. 질소의 작은 크기가 이러한 다른 점의 원인이 된다.
- 첫 번째 원소는 보다 쉽게 이중 결합과 삼중 결합 같은 $\pi$ 결합을 형성할 수 있다. 이러한 경향은 어느 정도 원소의 크기에 기인하는데, 작은 원자는 서로 더 가까이 접근할 수 있기 때문이다. 그 결과 $\pi$ 결합을 형성하는 $p$ 오비탈의 겹침이 각 족의 첫 번째 원소에서 보다 효과적으로 일어나는 것이다(**그림 22.2**). 겹침이 효과적으로 일어난다는 것은 $\pi$ 결합이 강하고 결

합 엔탈피가 크다는 것을 의미한다. 예를 들면 C−C 결합과 C=C 결합의 엔탈피 차이는 약 270 kJ/mol이다(표 8.3). 이러한 큰 값은 탄소−탄소 $\pi$ 결합의 '세기'를 나타낸다. 반면에 Si−Si와 Si=Si 결합의 차이는 단지 약 100 kJ/mol인데, 이는 탄소에 비해 크게 작아 훨씬 약한 $\pi$ 결합을 형성한다는 것을 나타낸다.

앞으로 보게 될 것처럼 $\pi$ 결합은 각 족의 첫 번째 원소인 탄소, 질소, 산소에 관한 화학에서 특히 중요하다. 그들이 속하는 족의 더 무거운 원소들은 단일 결합만을 형성하는 경향이 있다.

2주기 원소들이 쉽게 $\pi$ 결합을 만들 수 있다는 사실은 이 원소들의 원소 형태를 결정하는 중요한 요인이 된다. 예를 들어 탄소와 규소의 원소 형태를 비교하여 보자. 탄소는 다섯 가지의 주요 결정 **동소체**(allotropes), 즉 다이아몬드, 흑연, 벅민스터풀러렌, 그래핀, 탄소 나노튜브를 갖는다. 다이아몬드는 탄소−탄소 사이에 $\pi$ 결합은 없고 $\sigma$ 결합만 갖고 있는 공유성 그물 구조 고체이다. 탄소의 다른 동소체들은 $p$ 오비탈이 측면으로 겹쳐져서 만들어진 $\pi$ 결합을 갖고 있다. 그러나 규소 원소는 다이아몬드처럼 $\sigma$ 결합만으로 이루어진 공유성 그물 구조 고체로만 존재한다. 규소의 Si−Si $\pi$ 결합은 너무 약하기 때문에 흑연, 풀러렌, 그래핀, 탄소 나노 튜브와 유사한 형태의 물질을 만들지 않는다.

마찬가지로 탄소와 규소의 이산화물에서도 $\pi$ 결합을 상대적으로 쉽게 만들 수 있는 결과를 토대로 분명한 차이를 볼 수 있다(그림 22.3). $CO_2$는 C=O 이중 결합을 갖고 있는 분자성 물질이고, $SiO_2$는 단일 결합으로 4개의 산소 원자가 각 규소 원자에 결합되는 공유성 그물 구조 고체인데, 실험식이 $SiO_2$인 확장된 구조를 형성한다.

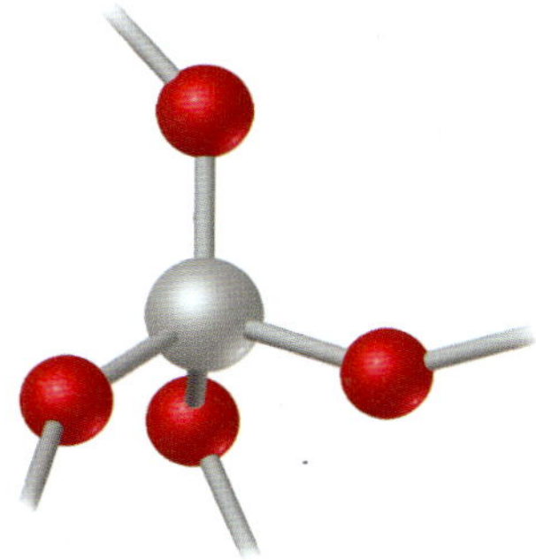

확장된 $SiO_2$ 격자의 일부분, Si는 단일 결합 만을 형성하고 있다.

$CO_2$, C가 이중 결합을 형성하고 있다.

▲ **그림 22.3** $SiO_2$와 $CO_2$의 결합 비교

## 예제 22.1
### 원소의 성질 확인하기

Li, K, N, P, Ne에 대한 다음 물음에 답하시오.
(a) 전기 음성도가 가장 큰 원소는?
(b) 금속성이 가장 큰 원소는?
(c) 분자에서 4개 이상의 원자와 결합을 형성할 수 있는 원소는?
(d) 가장 쉽게 $\pi$ 결합을 만드는 원소는?

### 해답

**분석** 원소들의 목록이 주어져 있고, 이들의 주기적 경향성과 관련지을 수 있는 몇 가지 성질을 예측하는 문제이다.

**계획** 이에 대한 해답을 얻기 위해 그림 22.1과 22.2를 사용할 수 있다.

**풀이**

(a) 비활성 기체를 제외하고, 주기율표의 위쪽과 오른쪽으로 갈수록 전기 음성도가 증가한다. 따라서 N이 가장 전기 음성도가 큰 원소이다.

(b) 금속성은 전기 음성도와 반비례한다(원소의 전기 음성도가 작을수록 금속성은 커진다). 따라서 금속성이 가장 큰 원소는 K이고, 이것은 주기율표에서 아래쪽과 왼쪽 모서리에 가장 가깝다.

(c) 비금속은 분자성 화합물을 만드는 경향이 있다. 세 개의 비금속, 즉 N, P, Ne로 선택의 범위를 좁힐 수 있다. 4개 이상의 결합을 만들기 위해 원소는 그 주위에 팔전자보다 더 많은 숫자의 전자를 수용할 수 있도록 최외각 껍질을 확장할 수 있어야 한다. 최외각 껍질 확장은 3주기 또는 그 아래에 있는 원소에서 일어난다. N과 Ne는 모두 2주기에 있어 최외각 껍질을 확장할 수 없다. 따라서 정답은 P이다.

(d) 2주기에 있는 비금속은 3주기나 그 아래 비금속보다 더 쉽게 $\pi$ 결합을 만든다. Ne와 공유 결합을 만들 수 있는 화합물은 현재 알려진 것이 없다. 그래서 N은 이 원소들 중 가장 쉽게 $\pi$ 결합을 만들 수 있는 원소이다.

▶ **보충 예제**

황과 산소의 차이점에 대해서 옳게 설명한 것은?
(a) 산소는 비금속이고, 황은 준금속이다.
(b) 산소는 4개 이상의 결합을 형성할 수 있지만, 황은 형성할 수 없다.
(c) 황은 산소보다 큰 전기 음성도를 가진다.
(d) 산소는 황보다 $\pi$ 결합을 더 잘 형성한다.

## 화학 반응

$O_2$와 $H_2O$는 우리 주변에서 흔히 볼 수 있기 때문에, 이러한 물질이 다른 화합물과 어떻게 반응하는지 생각해 보는 것은 매우 중요하다. 이 장에서 다루는 반응의 약 1/3이 $O_2$(산화 또는 연소 반응)나 $H_2O$(특히 양성자 이동 반응)를 포함하고 있다.

연소 반응에서, 수소 원자를 갖고 있는 화합물은 $H_2O$를 생성한다. 탄소를 갖고 있는 화합물은 $CO_2$를 생성한다($O_2$의 양이 충분하지 않으면 CO 또는 심지어 C가 생성될 수 있다). 질소를 포함하고 있는 화합물은 특별한 경우에 NO가 생기거나 소량의 NO가 생성되긴 하지만, $N_2$를 만드는 경향이 있다. 다음 반응은 이러한 사실을 보여 준다.

$$4\,CH_3NH_2(g) + 9\,O_2(g) \longrightarrow 4\,CO_2(g) + 10\,H_2O(g) + 2\,N_2(g) \quad [22.1]$$

$H_2O$, $CO_2$, $N_2$가 생성된다는 것은 이 화합물들이 열역학적으로 매우 안정하다는 것을 뜻한다. 이는 O−H, C=O, N≡N 결합의 큰 결합 에너지를 보면 알 수 있다(각각 463, 799, 941 kJ/mol).

양성자 이동 반응을 다룰 때 Brønsted–Lowry 산이 약할수록 그것의 짝염기는 강해진다는 사실을 기억하라. 예를 들어 $H_2$, $OH^-$, $NH_3$, $CH_4$는 매우 약한 양성자 주개이므로, 수용액에서 산으로 작용하려는 경향이 없다. 따라서 이들로부터 한 개 이상의 양성자를 제거하여 생긴 화학종은 극단적으로 강한 염기가 된다. 모두 물과 쉽게 반응하여 양성자를 한 개 제거함으로써 $H_2O$를 $OH^-$로 변환한다. 대표적인 반응 두 가지는 다음과 같다.

$$CH_3^-(aq) + H_2O(l) \longrightarrow CH_4(g) + OH^-(aq) \quad [22.2]$$

$$N^{3-}(aq) + 3\,H_2O(l) \longrightarrow NH_3(aq) + 3\,OH^-(aq) \quad [22.3]$$

### 예제 22.2
**화학 반응의 생성물 예측하기**

다음 각 반응에서 생성물을 예측하고, 균형 맞춘 반응식을 쓰시오.

**(a)** $CH_3NHNH_2(g) + O_2(g) \longrightarrow ?$ **(b)** $Mg_3P_2(s) + H_2O(l) \longrightarrow ?$

**해답**

**분석** 두 화학 반응식의 반응물이 주어졌고, 이를 이용하여 생성물을 예측하고 반응식의 균형을 맞추는 문제이다.

**계획** 반응 형태를 확인할 수 있는지, 반응물을 검증해 보는 것이 필요하다. (a)에서 탄소 화합물은 $O_2$와 반응한다. 따라서 이것은 연소 반응일 것이라 예상할 수 있다. (b)에서는 물은 이온 결합 화합물과 반응한다. 음이온 $P^{3-}$는 강염기이고, $H_2O$는 산으로 작용할 수 있기 때문에, 이 반응은 산−염기(양성자 이동) 반응일 것이라고 예측할 수 있다.

**풀이**

**(a)** 탄소 화합물의 원소 조성을 기초로, 연소 반응에서는 $CO_2$, $H_2O$, $N_2$가 생성될 것이다.

$$2\,CH_3NHNH_2(g) + 5\,O_2(g) \longrightarrow 2\,CO_2(g) + 6\,H_2O(g) + 2\,N_2(g)$$

**(b)** $Mg_3P_2$는 이온 결합 화합물로 $Mg^{2+}$와 $P^{3-}$ 이온으로 이루어졌다. $N^{3-}$처럼 $P^{3-}$ 이온은 양성자에 대해 강한 친화력을 가지며, $H_2O$와 반응하여 $OH^-$와 $PH_3$($PH^{2-}$, $PH_2^-$, $PH_3$는 모두 매우 약한 양성자 주개이다)를 생성한다.

$$Mg_3P_2(s) + 6\,H_2O(l) \longrightarrow 2\,PH_3(g) + 3\,Mg(OH)_2(s)$$

$Mg(OH)_2$는 물에서의 용해도가 작아 침전을 형성할 것이다.

**▶ 보충 예제**

$CaC_2$와 물이 반응할 때, 탄소를 포함하는 어떤 화합물이 생성되는가?

**(a)** CO **(b)** $CO_2$ **(c)** $CH_4$ **(d)** $C_2H_2$ **(e)** $H_2CO_3$

## 자기 평가 연습 문제

**22.1** 이산화 탄소는 자연에서 $CO_2(g)$로 발견된다. 이산화 규소가 자연계에서 $SiO_2(g)$로 발견되기를 기대할 수 있는가?

**(a)** 예
**(b)** 아니오

## 연습 문제

**22.2** 다음 각 원소를 금속, 비금속, 준금속으로 구별하시오.
**(a)** 저마늄 **(b)** 비스무트 **(c)** 황 **(d)** 칼슘 **(e)** 레늄 **(f)** 주석

**22.3** Ba, Na, O, B, P, Kr 원소를 고려하시오. 이 목록에서 **(a)** 가장 전기 음성도가 큰 원소, **(b)** 금속 특성이 가장 큰 원소, **(c)** 가장 쉽게 양이온을 형성하는 원소, **(d)** +5의 최대 산화 상태를 나타내는 원소, **(e)** 실온에서 단원자 기체로 존재하는 원소, **(f)** 다중 동소체를 갖는 원소를 선택하시오.

**22.4** 다음 설명 중 옳은 것은?
**(a)** Si는 6개의 플루오린 원자와 $SiF_6^{2-}$ 이온을 형성할 수 있지만 탄소는 그렇지 않다.
**(b)** Si는 각각 2개의 Si 원자를 포함하는 3개의 안정한 화합물 $Si_2H_2$, $Si_2H_4$, $Si_2H_6$을 형성할 수 있다.
**(c)** $HNO_3$와 $H_3PO_4$에서 중심 원자인 N과 P는 산화 상태가 다르다.
**(d)** S는 Se보다 전기 음성도가 더 크다.

**22.5** 다음 반응식을 완성하고 균형을 맞추시오.
**(a)** $Mg_3N_2(s) + H_2O(l) \longrightarrow$
**(b)** $C_3H_7OH(l) + O_2(g) \longrightarrow$
**(c)** $MnO_2(s) + C(s) \xrightarrow{\Delta}$
**(d)** $AlP(s) + H_2O(l) \longrightarrow$
**(e)** $Na_2S(s) + HCl(aq) \longrightarrow$

자기 평가 연습 문제 답 **22.1** (b)

# 22.2 | 수소

수소가 $^1H$에서 동위 원소인 $^2H$로 변경되면 물에서 수소의 질량 백분율은 11%에서 20%로 변경된다. 이 극적인 변화는 재료의 물리적 및 화학적 특성 모두에 영향을 미친다. 예를 들어 $^2H_2O$로 만든 얼음의 밀도는 $^1H_2O$로 만든 물보다 크기 때문에 얼음 조각은 가라앉는다.

이 절에서 우리는 수소의 물성과 화학에 대하여 배우게 된다. 이 절이 끝나면 다음 사항을 수행할 수 있어야 한다.

- 수소의 고유한 특성 인식하기

수소는 공기 중에서 연소하면 물을 생성하기 때문에 프랑스의 화학자 Antoine Lavoisier는 이 원소에 **수소**(hydrogen)라는 이름을 붙였는데, 이 말은 '물 생산자'(그리스어로 *hydro*는 물, *gennao*는 생산)라는 의미이다.

수소는 우주에 가장 많이 존재하는 원소이다. 수소는 태양이나 다른 별들이 에너지를 생산하기 위해 사용하는 핵연료이다. 알려진 원소 중 우주 질량의 약 75%가 수소이지만, 지구 질량에서 차지하는 비중은 단지 0.87%이다. 지구에서 대부분의 수소는 산소와 결합한 형태로 존재한다. 11%의 질량을 차지하는 물은 가장 흔한 수소 화합물이다.

## 수소의 동위 원소

수소의 가장 흔한 동위 원소는 $^{1}_{1}H$인데, 한 개의 양성자로 구성된 핵을 갖는다. 이 동위 원소는 가끔 **프로튬(protium)***이라고도 하는데, 자연계에 존재하는 수소의 99.9844%가 이것이다.

두 개의 다른 동위 원소가 알려져 있다. $^{2}_{1}H$는 핵에 양성자 1개와 중성자 1개가 있고, $^{3}_{1}H$는 핵에 양성자 1개와 중성자 2개가 있다. $^{2}_{1}H$는 **중수소(deuterium)**라고 하며, 자연계에 존재하는 수소의 0.0156%를 차지한다. 중수소는 방사성이 없으며 화학식에서 D로 표시하는데, $D_2O$(산화 중수소)는 **중수(heavy water)**라고 한다.

중수소 원자는 프로튬 원자보다 두 배가량 무겁기 때문에, 중수소를 포함하는 물질의 성질은 프로튬을 포함하는 유사체와 조금 다르다. 예를 들어 $H_2O$의 정상 녹는점과 끓는점은 각각 0.00℃와 100.00℃인 반면에, $D_2O$의 정상 녹는점과 끓는점은 각각 3.81℃와 101.42℃이다. 당연하게도 25℃에서 $D_2O$의 밀도(1.104 g/mL)는 $H_2O$(0.997 g/mL)보다 크다. 또 프로튬을 중수소로 치환하면(이것을 **중수소화(deuteration)**라고 한다) 반응 속도에 커다란 영향을 주게 된다. 이러한 현상을 **반응 속도론적 동위 원소 효과(kinetic−isotope effect)**라고 한다. 예를 들면 중수는 보통의 물을 전기 분해[$2H_2O(l) \longrightarrow 2H_2(g) + O_2(g)$]하여 얻을 수 있다. 시료 속에 있는 자연계에 존재하는 소량의 $D_2O$는 $H_2O$보다 느리게 전기 분해되기 때문에, 반응하는 동안 중수의 농도가 증가한다.

세 번째 동위 원소는 **삼중수소(tritium, $^{3}_{1}H$)**이다. 이것은 방사성 원소로 반감기가 12.3년이다.

$$^{3}_{1}H \longrightarrow {}^{3}_{2}He + {}^{\ 0}_{-1}e \quad t_{1/2} = 12.3\text{년} \qquad [22.4]$$

삼중수소는 반감기가 짧기 때문에 자연계에 극소량 존재한다. 이 동위 원소는 원자로에서 리튬-6에 중성자를 충돌시켜 만들 수 있다.

$$^{6}_{3}Li + {}^{1}_{0}n \longrightarrow {}^{3}_{1}H + {}^{4}_{2}He \qquad [22.5]$$

중수소와 삼중수소는 수소를 포함하고 있는 화합물의 반응을 연구하는 데 유용하다. 분자 내의 특정 위치에 있는 한 개 이상의 수소 원자를 중수소나 삼중수소로 치환하여 화합물에 '표지'를 할 수 있다. 반응물과 생성물에서 이렇게 표지된 원자의 위치를 비교함으로써 종종 반응 메커니즘을 추측할 수 있다. 예를 들어 메틸 알코올($CH_3OH$)을 $D_2O$에 섞으면 O—H 결합의 H 원자는 빠르게 D 원자와 교환되어 $CH_3OD$가 만들어진다. $CH_3$기의 H 원자는 교환되지 않는다. 이 실험은 C—H 결합의 반응 속도론적 안정성을 보여 주고, 또 분자의 O—H 결합이 끊어지고 다시 만들어지는 속도가 빠르다는 것을 증명해 준다.

## 수소의 성질

수소는 주기율표의 어떤 집단에도 속하지 않는 유일한 원소이다. 수소는 $1s^1$의 전자 배치를 갖기 때문에 보통 주기율표에서 리튬 위에 놓는다. 그러나 수소는 분명 알칼리 금속이 **아니다**. 수소는 어떤 알칼리 금속보다도 훨씬 더 쉽게 양이온으로 바뀌지 않는다. 수소 원자의 이온화 에너지는 1312 kJ/mol이고, 리튬의 이온화 에너지는 520 kJ/mol이다.

수소는 가끔 주기율표에서 할로젠 원소 위에 놓이기도 하는데, 이는 수소 원자가 전자 한 개를 받아서 헬륨과 같은 전자 배치를 갖는 **수소화 이온(hydride ion, $H^-$)**을 만들 수 있기 때문이다. 그

* 동위 원소에 고유 이름이 주어진 것은 수소에 국한된다. 수소의 동위 원소는 질량 차이가 상대적으로 크기 때문에 보다 무거운 원소의 동위 원소에 비해 그들의 성질이 보다 뚜렷한 차이를 보인다.

러나 수소의 전자 친화도($EA$=−73 kJ/mol)는 어떤 할로젠 원소보다도 작다. 일반적으로 수소는 알칼리 금속을 닮지 않은 것과 마찬가지로, 할로젠 원소와도 닮지 않았다.

수소는 이원자 분자로서 상온에서 무색, 무취, 무미한 기체로 존재한다. $H_2$를 **이수소**(dihydrogen)라고 할 수도 있지만, 일반적으로 **수소 분자**(molecular hydrogen) 또는 간단히 수소라고 한다. $H_2$는 무극성이고 두 개의 전자만을 갖고 있기 때문에 분자 사이의 인력은 극히 약하다. 그 결과 녹는점(−259 ℃)과 끓는점(−253 ℃)이 매우 낮다.

H—H 결합 엔탈피(436 kJ/mol)는 단일 결합으로는 큰 편에 속한다(표 8.3). 비교해 보면 Cl—Cl 결합 엔탈피는 242 kJ/mol밖에 되지 않는다. $H_2$는 강한 결합을 갖고 있기 때문에 $H_2$를 포함하는 대부분의 반응은 실온에서 느리다. 그러나 분자는 열, 빛의 조사, 촉매에 의해 쉽게 활성화된다. 보통의 경우 활성화에 의해 수소 원자가 만들어지는데, 이들은 반응성이 매우 크다. 한번 $H_2$ 분자가 활성화되면, 이들은 빠르게 열을 발산하면서 다양한 물질과 반응한다.

수소는 많은 다른 원소들과 강한 공유 결합을 만드는데, 그중 산소와 반응하여 만든 O—H 결합의 엔탈피는 463 kJ/mol이다. 강한 O—H 결합을 만든다는 사실은 많은 금속 산화물에 대해 수소가 효과적인 환원제라는 의미이다. H를 가열된 CuO 위로 흘려보내면 구리가 만들어진다.

$$CuO(s) + H_2(g) \longrightarrow Cu(s) + H_2O(g) \qquad [22.6]$$

공기 중에서 $H_2$에 불을 붙이면 격렬한 반응이 일어나 $H_2O$가 생긴다. 공기 중에 $H_2$가 부피비로 4%만 포함되어 있어도 잠재적인 폭발성을 갖는다. 이러한 수소–산소 혼합물의 연소는, 이들을 우주 왕복선에 쓰이는 것과 같은 로켓 엔진의 액체 연료에 쓰이게 한다. 수소와 산소는 저온에서 액체 형태로 저장된다.

## 수소의 생산

실험실에서 소량의 $H_2$가 필요할 때는 아연과 같은 활성 금속과 HCl 또는 $H_2SO_4$와 같은 강산의 묽은 용액을 반응시켜 얻는다.

$$Zn(s) + 2\,H^+(aq) \longrightarrow Zn^{2+}(aq) + H_2(g) \qquad [22.7]$$

다량의 $H_2$는 메테인($CH_4$)을 1100 ℃에서 수증기와 반응시켜 얻는다. 이 과정에는 다음과 같은 두 개의 반응이 포함되어 있다는 것을 알 수 있다.

$$CH_4(g) + H_2O(g) \longrightarrow CO(g) + 3\,H_2(g) \qquad [22.8]$$

$$CO(g) + H_2O(g) \longrightarrow CO_2(g) + H_2(g) \qquad [22.9]$$

탄소를 물과 함께 약 1000 ℃로 가열해도 $H_2$를 얻을 수 있다.

$$C(s) + H_2O(g) \longrightarrow H_2(g) + CO(g) \qquad [22.10]$$

이 혼합물을 **수성 기체**(water gas)라고 하는데, 산업용 연료로 사용된다.

### 자세히 보기 수소 경제

수소와 산소가 반응하면 많은 열이 방출된다.

$$2\,H_2(g) + O_2(g) \longrightarrow 2\,H_2O(g) \quad \Delta H = -483.6\text{ kJ} \qquad [22.11]$$

$H_2$는 몰질량이 작고 연소 엔탈피가 크기 때문에 질량 단위로 높은 에너지 밀도를 갖는다(이러한 이유로 연소 시 그램당 높은 에너지를 생산한다). 수소는 반응 생성물이 수증기뿐이어서 화석 연료에 비하면 더 환경적으로 깨끗하다. 그러므로 수소를 연료로 사용하려는 전망은 긍정적이다. 더욱이 수소는 수소 연료 전지에 연료로 이용될 수 있어서 사용에 대한 효율성을 증가시킨다.

**수소 경제**(hydrogen economy)라는 용어는 화석 연료 대신 연료로 수소를 운반하고 사용하는 개념을 기술할 때 쓰인다. 수소 경제를 발전시키기 위해서는 수소를 대량으로 생산하여 운반 및 저장에 대해 대책을 세우는 것이 필요하다. 여기에는 중대한 기술적 도전이 따른다.

**그림 22.4**는 수소 연료의 여러 가지 공급원과 사용에 대해 설명하고 있다. 물의 전기 분해를 통한 $H_2$의 생산은 이 과정이 물의 전기 분해를 통해 수소와 산소만을 만들기 때문에 이론적으로 가장 깨끗한

방법이다(그림 1.7). 그러나 물을 전기 분해하기 위해 필요한 에너지가 다른 방법으로 공급되어야 한다. 이 에너지를 생산하기 위하여 화석 연료를 태운다면, 진정한 수소 경제를 향해 그렇게 멀리 나아가지 못하게 된다. 대신에 전기 분해를 위한 에너지가 수력 발전, 원자력 발전, 태양 전지, 풍력 발전에서 나온다면, 재생 불가능한 에너지원의 소모나 원치 않는 $CO_2$의 발생은 피할 수 있다.

수소의 저장은 수소 경제를 발전시키는 데 있어 극복해야 할 또 다른 기술적 장애이다. $H_2(g)$는 질량당 높은 에너지 밀도를 갖고 있지만, 부피당으로는 낮은 에너지 밀도를 갖는다. 따라서 기체 상태로 수소를 저장하려면 에너지당 큰 부피가 필요하다. 또한 연소 시 폭발 가능성 때문에 기체를 취급 및 저장할 때 안전 문제가 따른다. 수소를 $LiAlH_4$와 같은 다양한 수소화 화합물 형태로 저장하려는 연구가, 부피를 줄이고 안전성을 높이려는 차원에서 진행 중이다. 그러나 이러한 접근법의 문제점은 이들 화합물이 부피당 높은 에너지 밀도를 가지지만, 질량당 에너지 밀도가 낮다는 데 있다.

**관련 연습 문제: 22.11, 22.64, 22.104**

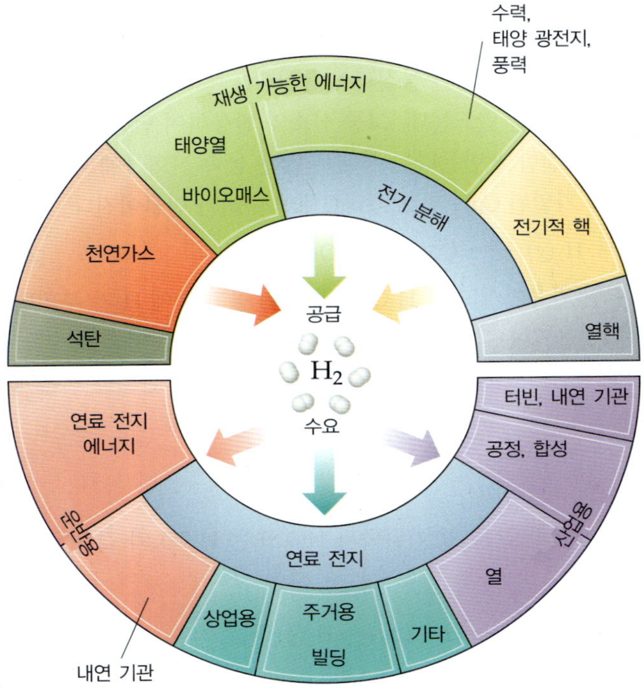


▲ 그림 22.4 수소 경제에서 수소는 여러 가지 공급원에서 생산되고, 에너지 관련 분야에 사용된다.

물의 전기 분해는 너무 많은 에너지를 소모하고, 결과적으로 상업적으로 $H_2$를 생산하기에는 비용이 너무 많이 든다. 그런데 $H_2$는 상업적으로 $Cl_2$와 NaOH를 생산하는 공정에서 소금물(NaCl(*aq*))을 전기 분해할 때 부산물로 나온다.

$$2\,NaCl(aq) + 2\,H_2O(l) \xrightarrow{\text{전기 분해}} H_2(g) + Cl_2(g) + 2\,NaOH(aq) \qquad [22.12]$$

## 수소의 이용

수소는 상업적으로 중요하다. 생산된 $H_2$의 절반 정도는 Haber 공정으로 암모니아를 합성하는 데 사용된다. 남은 수소의 많은 부분은 **크래킹**(cracking)이라는 공정에 사용되는데, 이는 석유에서 나온 분자량이 큰 탄화수소를 연료로 쓰기에 적합한 분자량이 작은 탄화수소(가솔린, 디젤 등)로 변환하는 공정이다. 수소는 고온, 고압에서 CO와 $H_2$를 촉매 반응시켜 메탄올을 만드는 데에도 쓰인다.

$$CO(g) + 2\,H_2(g) \longrightarrow CH_3OH(g) \qquad [22.13]$$

다음 반응은 발열 반응이다. 오른쪽 비커가 왼쪽보다 더 뜨거울까, 아니면 차가울까?

$$CaH_2(s) + 2H_2O(l) \longrightarrow Ca(OH)_2(aq) + 2H_2(g)$$

▲그림 22.5 $CaH_2$와 물의 반응

## 이성분 수소 화합물

수소는 다른 원소들과 반응하여 세 가지 형태의 화합물을 만든다. 즉 (1) 이온성 수소화물, (2) 금속성 수소화물, (3) 분자성 수소화물이다.

**이온성 수소화물(ionic hydride)**은 알칼리 금속이나 무거운 알칼리 토금속(Ca, Sr, Ba)과 반응하여 만들어진다. 이러한 반응성이 큰 금속은 수소보다 전기 음성도가 훨씬 작다(그림 8.8). 결과적으로 수소는 이들로부터 전자를 빼앗아 수소화 이온($H^-$)을 만든다.

$$Ca(s) + H_2(g) \longrightarrow CaH_2(s) \quad [22.14]$$

수소화 이온은 염기성이 매우 크기 때문에 약한 산성 양성자를 가진 화합물과도 쉽게 반응하여 그림 22.5와 다음 반응식에 요약한 것처럼 $H_2$를 생성한다.

$$H^-(aq) + H_2O(l) \longrightarrow H_2(g) + OH^-(aq) \quad [22.15]$$

그래서 이온성 수소화물은 비록 비싸지만 $H_2$의 편리한 공급원으로 쓸 수 있다.

수소화 칼슘($CaH_2$)은 구명조끼나 기상 관측 기구를 부풀리거나, 간단하고 소규모로 $H_2$를 만드는 데 쓰인다(그림 22.5).

**금속성 수소화물(metallic hydride)**은 수소가 전이 금속과 반응할 때 생성된다. 이러한 화합물은 금속의 성질을 그대로 갖고 있기 때문에 그렇게 부른다. 많은 금속성 수소화물에서 수소 원자에 대한 금속 원자의 비율은 고정되어 있지 않거나 작은 정수로 되어 있다. 조성은 반응 조건에 따라 어떤 범위 내에서 변할 수 있다. 예를 들어 $TiH_2$가 생길 수 있지만, 보통 반응에서 $TiH_{1.8}$이 얻어진다. 이렇게 화학량론적이지 않은 금속성 수소화물은 때로 **틈새 수소화물**(interstitial hydride)이라고 한다. 수소 원자는 크기가 작아서 금속 원자가 차지한 자리 사이에 충분히 들어갈 수 있기 때문에 많은 금속성 수소화물은 틈새 합금과 같은 성질을 갖는다.

**분자성 수소화물(molecular hydride)**은 비금속이나 준금속에 의해 만들어지는데, 표준 조건 하에서 기체 또는 액체이다. 간단한 분자성 수소화물은 그림 22.6에 이들의 표준 생성 자유 에너지($\Delta G^\circ_f$)와 함께 정리하였다(19.5절). 각 족에서 열안정성($\Delta G^\circ_f$로 측정함)은 족의 아래로 내

열역학적으로 가장 안정한 수소화물은 어떤 것인가? 또한 가장 불안정한 것은?

| 14 | 15 | 16 | 17 |
|---|---|---|---|
| $CH_4(g)$ −50.8 | $NH_3(g)$ −16.7 | $H_2O(l)$ −237 | $HF(g)$ −271 |
| $SiH_4(g)$ +56.9 | $PH_3(g)$ +18.2 | $H_2S(g)$ −33.0 | $HCl(g)$ −95.3 |
| $GeH_4(g)$ +117 | $AsH_3(g)$ +111 | $H_2Se(g)$ +71 | $HBr(g)$ −53.2 |
|  | $SbH_3(g)$ +187 | $H_2Te(g)$ +138 | $HI(g)$ +1.30 |

▲그림 22.6 분자성 수소화물에 대한 표준 자유 생성 에너지 모든 값들은 수소화물 1 mol당 kJ 단위이다.

려갈수록 감소한다(표준 조건하에서 어떤 화합물이 그것을 구성하는 원소보다 더 안정해지려면 $\Delta G^\circ_f$가 더 큰 음수가 되어야 한다는 것을 명심하라).

## 자기 평가 연습 문제

**22.6** $LiAlH_4$에서 H의 산화 상태는 무엇인가?

**(a)** −1 **(b)** 0 **(c)** +1

## 연습 문제

**22.7** **(a)** 수소의 세 가지 동위 원소의 이름과 화학 기호를 쓰시오. **(b)** 자연에서 존재량이 감소하는 순서로 수소의 동위 원소를 나열하시오. **(c)** 수소의 어떤 동위 원소가 방사성을 띠는가? **(d)** 이 동위 원소의 방사성 붕괴에 대한 핵 방정식을 쓰시오.

**22.8** 수소와 할로젠의 공통점은 무엇인가? 설명하시오.

**22.9** 다음 반응 각각의 균형 맞춘 반응식을 작성하시오(이 중 일부는 이 장에 표시된 반응과 유사하다).
**(a)** 알루미늄 금속은 산과 반응하여 수소 기체를 생성한다.
**(b)** 증기는 금속 마그네슘과 반응하여 산화 마그네슘과 수소를 생성한다.
**(c)** 망가니즈(IV) 산화물은 수소 가스에 의해 망가니즈(II) 산화물로 환원된다.
**(d)** 수소화 칼슘은 물과 반응하여 수소 기체를 생성한다.

**22.10** 다음 수소화물을 이온, 금속 또는 분자로 식별하시오.
**(a)** $MgH_2$ **(b)** HI **(c)** $LaNi_{4.7}Al_{0.3}H_6$

**22.11** $H_2/O_2$ 연료 전지는 원소 수소와 산소를 물로 변환하여 이론적으로 1.23 V를 생성한다. 많은 수의 연료 전지를 가동하기 위해 수소를 얻는 가장 지속 가능한 방법은 무엇인가? 설명하시오.

자기 평가 연습 문제 답 **22.6** (a)

## 22.3 | 18족: 비활성 기체

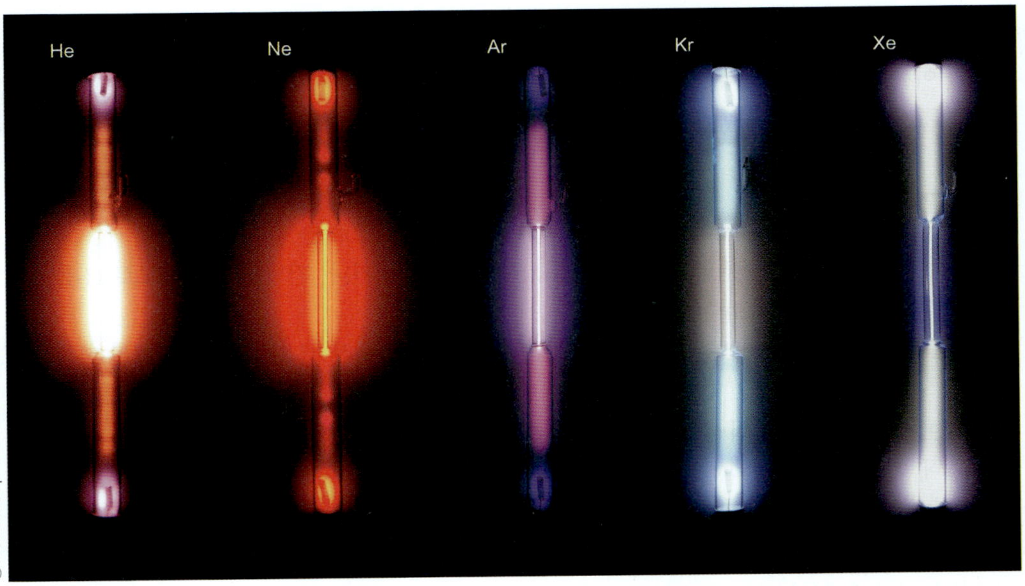




이 절에서는 비활성 기체의 몇 가지 특성을 검토한다. 이 절이 끝나면 다음 사항을 수행할 수 있어야 한다.

• 일부 18족 원소가 화합물을 형성한다는 사실을 이해하기

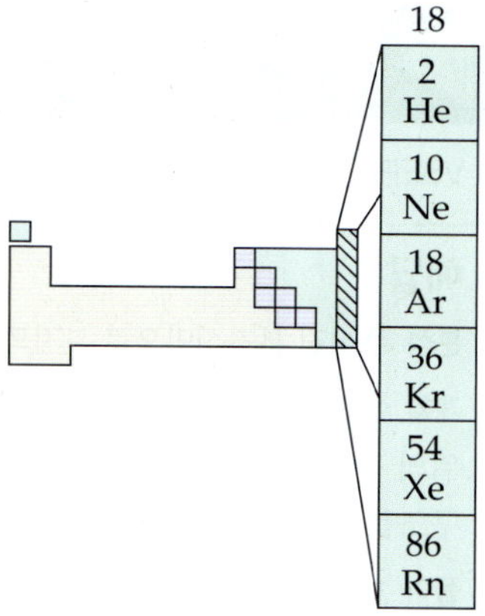


18족 원소는 화학적으로 반응성이 없다. 사실 분자간 힘을 다룰 때처럼, 이러한 원소에 대한 대부분의 언급은 이들의 물리적 성질에 관계되어 있다. 이들 원소의 상대적인 비활성은 원자가 껍질 전자의 팔전자계가 완성되어 있기 때문이다(He는 1*s* 껍질이 채워져 있으므로 예외임). 이러한 전자 배치의 안정성은 18족 원소의 이온화 에너지가 크다는 사실에서 알 수 있다.

18족 원소는 실온에서 모두 기체이다. 수명이 짧은 방사성 동위 원소인 라돈을 제외하고, 이들은 모두 지구 대기의 구성 성분이다. 아르곤(Ar)만이 상대적으로 많이 존재한다(표 18.1).

네온, 아르곤, 크립톤, 제논은 조명, 화면 표시기, 레이저에 응용되는데, 이것은 원자들이 전기적으로 들뜨게 되면 들뜬 상태에 있는 전자들이 바닥 상태로 떨어지면서 발광하는 현상을 이용하는 것이다. 아르곤은 용접이나 어떤 고온의 야금 과정에서 산화를 막아주는 보호 기체로 활용된다.

헬륨은 여러 면에서 가장 중요한 비활성 기체이다. 액체 헬륨은 극저온 실험에서 냉매로 쓰인다. 헬륨의 끓는점은 101.3 kPa에서 4.2 K로 모든 물질 중에서 끓는점이 가장 낮다. 헬륨은 많은 천연가스 유정에서 비교적 높은 농도로 발견되기 때문에 여기서 이를 얻는다.

## 비활성 기체 화합물

비활성 기체는 극히 안정하기 때문에 매우 격렬한 조건에서만 반응한다. 이 중에서도 더 무거운 것이 이온화 에너지가 작기 때문에 화합물을 가장 잘 만들 것이라 생각된다(그림 7.10). 이온화 에너지가 작다는 것은 전자를 다른 원자와 공유하여 화학 결합을 만들 수 있는 가능성이 높다는 것을 의미한다. 게다가 헬륨을 제외한 18족 원소는 이미 이들의 원자가 껍질에 8개의 원자를 갖고 있어서, 공유 결합을 만들려면 확장된 원자가 껍질이 필요할 것이다. 원자가 껍질 확장은 보다 큰 원자에서 쉽게 일어난다.

첫 번째 비활성 기체 화합물은 1962년에 보고되었다. 이 발견은 비활성 기체 원소가 활성이 없다는 믿음을 깨뜨린 것이어서 큰 반향을 불러일으켰다. 첫 번째 연구는 제논을 플루오린과 결합시켜 이루어졌는데, 플루오린은 다른 원자로부터 전자 밀도를 끌어당기는 반응성이 가장 크다. 그때 이후 화학자는 몇 가지 플루오린과 산소의 제논 화합물을 만들었다(**표 22.1**). 플루오린화물 $XeF_2$, $XeF_4$, $XeF_6$는 이들 원소를 직접 반응시켜 만든다. 반응물의 비율과 반응 조건을 달리함으로써 세 가지 화합물 각각을 얻을 수 있다. 산소를 포함하는 화합물은 다음 예와 같이 플루오린화물을 물과 반응시키면 만들어진다.

$$XeF_6(s) + 3\,H_2O(l) \longrightarrow XeO_3(aq) + 6\,HF(aq) \qquad [22.16]$$

**표 22.1 제논 화합물의 특성**

| 화합물 | Xe의 산화수 | 녹는점(°C) | $\Delta H_f^\circ$ (kJ/mol)[a] |
|---|---|---|---|
| $XeF_2$ | +2 | 129 | −109(*g*) |
| $XeF_4$ | +4 | 117 | −218(*g*) |
| $XeF_6$ | +6 | 49 | −298(*g*) |
| $XeOF_4$ | +6 | −41∼−28 | +146(*l*) |
| $XeO_3$ | +6 | —[b] | +402(*s*) |
| $XeO_2F_2$ | +6 | 31 | +145(*s*) |
| $XeO_4$ | +8 | —[c] | — |

[a]25°C에서, 표시된 상태의 화합물에 있어서
[b]고체; 40°C에서 분해
[c]고체; −40°C에서 분해

## 예제 22.3
### 분자 구조 예측하기

VSEPR 모형을 사용하여 $XeF_4$의 구조를 예측하시오.

**해답**

**분석** 주어진 분자식만으로 분자의 기하학적 구조를 예측하는 문제이다.

**계획** 우선 분자에 대한 Lewis 구조를 적어야 한다. 그리고 Xe 원자 주위의 전자쌍의 개수를 세고 이 개수와 결합의 개수를 사용하여 기하 구조를 예측한다.

**풀이** 36개의 원자가 껍질 전자가 있다(제논에서 8개, 각 플루오린에서 7개). 4개의 Xe−F 단일 결합을 만들려면 각 플루오린은 만족된 팔전자계를 갖는다. 이때 Xe은 원자가 껍질에 12개의 전자를 갖게 되고, 6개 전자쌍이 팔면체 배열을 가질 것이라 예상할 수 있다. 이 중 2개는 비공유 전자쌍이다. 비공유 전자쌍은 공유 전자쌍보다 더 큰 부피를 차지하기 때문에, 이들 비공유 전자쌍이 서로 반대쪽에 있으리라고 예상할 수 있다. 예측된 구조는 그림 22.7에서 보여 주는 것처럼 사각 평면형이다.

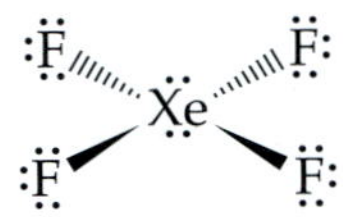

▲그림 22.7 테트라플루오린화 제논

**주의** 실험적으로 측정한 구조는 이 예측과 일치한다.

**▶ 보충 예제**

$XeF_3^+$ 이온을 포함하고 있는 화합물을 구조 분석하였다. 이 이온의 전자 영역 기하 구조와 분자 기하 구조를 설명하시오.

**(a)** 평면 삼각, 평면 삼각 **(b)** 사면체, 삼각뿔 **(c)** 삼각쌍뿔, T형 **(d)** 사면체, 사면체 **(e)** 팔면체, 사각 평면

다른 비활성 기체 원소들은 제논보다 훨씬 어렵게 화합물을 형성한다. 여러 해 동안 단지 하나의 이성분 크립톤 화합물($KrF_2$)만 확실히 알려졌는데, 이 화합물은 −10 ℃에서 원소로 분해된다. 다른 크립톤 화합물은 매우 낮은 온도(40 K)에서 분리되었다. 2000년에는 아르곤 화합물, HArF가 발견되었지만 이 화합물은 매우 낮은 온도의 아르곤 모체에서만 존재할 수 있다.

## 자기 평가 연습 문제

**22.12** $XeO_3$의 분자 기하 구조를 예측하시오.

**(a)** 평면 삼각
**(b)** 삼각뿔
**(c)** T형

## 연습 문제

**22.13** 친구가 네온사인의 '네온'이 네온과 알루미늄의 화합물이라고 한다. 친구의 말이 맞는지 설명하시오.

**22.14** 다음 각각에 대한 화학식을 작성하고 각각의 할로젠 또는 비활성 기체 원자의 산화 상태를 표시하시오.
**(a)** 테트라플루오린화 크립톤
**(b)** 헥사플루오로안티모니(V)산 이온
**(c)** 하이포염소산 소듐
**(d)** 과브로민산
**(e)** 과염소산 알루미늄
**(f)** 아아이오딘산 철(II)

자기 평가 연습 문제 답 **22.12** (b)

# 22.4 | 17족: 할로젠

© Cagla Acikgoz/Shutterstock

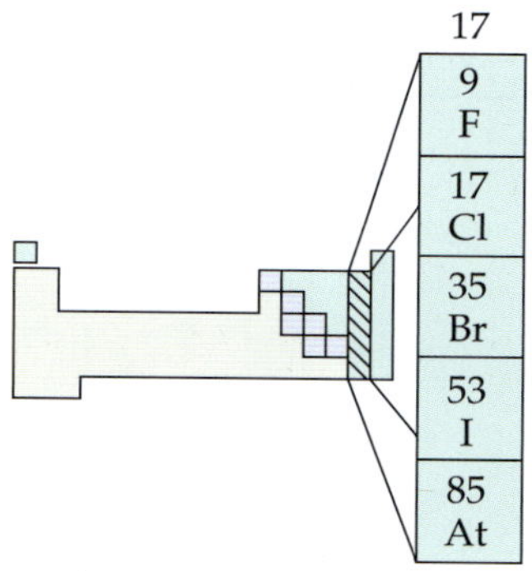


형석(fluorite)은 플루오린화 칼슘으로 구성된 광물이며 노란색에서 녹색, 자주색에 이르는 색상으로 발견된다. 그것은 플루오린화 수소 형태로 플루오린을 공급하는 상업적 공급원이다. 이와 대조적으로 염소, 브로민, 아이오딘은 모두 바닷물에서 얻을 수 있다.

할로젠을 검토하는 이 절이 끝나면 다음 사항을 수행할 수 있어야 합니다.

- 할로젠의 선택된 물리적 및 화학적 특성의 경향을 이해하기

17족 원소인 할로젠의 바깥 전자 배치는 $ns^2np^5$인데, 여기서 $n$은 2에서 6까지이다. 할로젠은 큰 음의 값의 전자 친화도를 가지며, 이들 대부분은 전자 1개를 얻어 비활성 기체 전자 배치를 이루게 된다. 이때 산화 상태는 −1이 된다. 전기 음성도가 가장 큰 원소인 플루오린은 화합물에서 −1 상태로만 존재한다. 다른 할로젠 원소는 O와 같이 전기 음성도가 큰 원자와 결합하게 되면 +7까지 양의 산화 상태를 보여 준다. 할로젠은 양의 산화 상태에서 쉽게 전자를 받아들이기 때문에 좋은 산화제가 된다.

염소, 브로민, 아이오딘은 바닷물이나 염 퇴적물에서 할로젠화물로 발견된다. 플루오린은 형석($CaF_2$), 빙정석($Na_3AlF_6$), 인산염 무기물[$Ca_5(PO_4)_3F$]*과 같은 광물에 존재한다. 형석만이 상업적으로 중요한 플루오린의 공급원이다.

아스타틴(At)의 모든 동위 원소는 방사성을 갖는다. 수명이 가장 긴 동위 원소인 At-210은 반감기가 8.1시간인데, 주로 전자를 포획하여 붕괴한다. 아스타틴은 매우 불안정하기 때문에 이것의 화학에 대해서는 알려진 것이 매우 적다.

## 할로젠의 성질과 생산

할로젠의 성질 대부분은 플루오린에서 아이오딘으로 감에 따라 규칙적인 형태로 변한다(표 22.2).

통상적인 조건하에서 할로젠은 이원자 분자로 존재한다. 분자들은 고체와 액체 상태에서 분산력에 의해서 서로 붙들려 있다. $I_2$는 할로젠 분자 중에서 크기와 편극도가 가장 크기 때문에 $I_2$ 분

* 광물은 자연에서 생성되는 고체 물질이다. 이들은 보통 화학명보다는 일반명으로 알려져 있다. 우리가 알고 있는 바위는 단지 다양한 광물의 집합체일 뿐이다.

$Br_2$와 $I_2$는 $H_2O$보다 $CCl_4$에 더 잘 녹는가, 녹지 않는가?

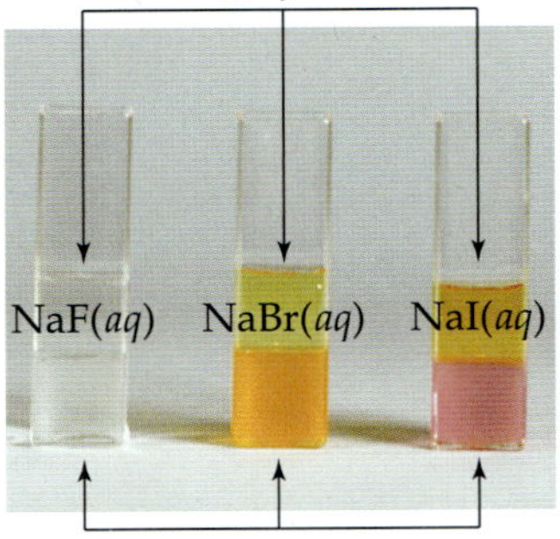


▲ **그림 22.8** 사염화 탄소 존재하에 $Cl_2$와 NaF, NaBr, NaI 수용액의 반응 각 병의 상층부 액체는 물이고 하층부 액체는 사염화 탄소이다. 각 병에 첨가된 $Cl_2(aq)$는 무색이다. 사염화 탄소 층의 갈색은 $Br_2$의 존재를, 보라색은 $I_2$의 존재를 나타낸다.

**표 22.2 할로젠의 주요한 성질**

| 성질 | F | Cl | Br | I |
|---|---|---|---|---|
| 원자 반지름(pm) | 57 | 102 | 120 | 139 |
| 이온 반지름, $X^-$(pm) | 133 | 181 | 196 | 220 |
| 1차 이온화 에너지(kJ/mol) | 1681 | 1251 | 1140 | 1008 |
| 전자 친화도(kJ/mol) | −328 | −349 | −325 | −295 |
| 전기 음성도 | 4.0 | 3.0 | 2.8 | 2.5 |
| X—X 단일 결합 엔탈피(kJ/mol) | 155 | 242 | 193 | 151 |
| 환원 전위(V): | | | | |
| $\frac{1}{2}X_2(aq) + e^- \longrightarrow X^-(aq)$ | 2.87 | 1.36 | 1.07 | 0.54 |

자의 분자간 힘이 가장 강하다. 그러므로 $I_2$의 녹는점과 끓는점이 가장 높다. 실온, 101.3 kPa에서 $I_2$는 보라색 고체이고, $Br_2$는 적갈색 액체이며, $Cl_2$와 $F_2$는 기체이다(그림 7.28). 염소는 실온에서 압축하여 쉽게 액화시킬 수 있어서 보통 강철 용기에 압력을 가하여 액체 형태로 저장하여 취급한다.

$F_2$의 상대적으로 낮은 결합 엔탈피(155 kJ/mol)는 플루오린 원소의 격렬한 반응성을 부분적으로 설명해 준다. $F_2$는 이렇게 큰 반응성 때문에 다루기가 어렵다. 구리나 니켈 같은 금속은 이들의 표면에 플루오린화 금속 보호막이 만들어지기 때문에 $F_2$를 보관하는 데 쓸 수 있다. 염소 및 더 무거운 할로젠도 반응성이 크지만, 플루오린보다는 약하다.

이들은 높은 전기 음성도 때문에 다른 물질로부터 전자를 빼앗는 성질이 있어서 산화제 역할을 한다. 표준 환원 전위로부터 알 수 있는 할로젠의 산화력은 족의 아래로 내려갈수록 감소한다. 그 결과 특정 할로젠은 그 아래에 있는 할로젠 음이온을 산화시킬 수 있다. 예를 들어 **그림 22.8**에서 보여 주는 것과 같이, $Cl_2$는 $Br^-$와 $I^-$를 산화시키지만, $F^-$는 산화시키지 못한다.

표 22.2에서 $F_2$의 표준 환원 전위가 예외적으로 높은 것을 주목하라. 플루오린 기체는 쉽게 물을 산화시킨다.

$$F_2(aq) + H_2O(l) \longrightarrow 2\,HF(aq) + \tfrac{1}{2}\,O_2(g) \quad E^\circ = 1.80\,V \qquad [22.17]$$

물이 $F^-$보다 쉽게 산화되기 때문에 플루오린화 염 수용액의 산화를 이용하여 플루오린을 만들 수는 없다. 실제로는 무수 HF에서 KF 수용액의 산화에 의해서 플루오린이 만들어진다.

## 예제 22.4

### 할로젠 사이의 화학 반응 예측하기

(a) $I^-(aq)$와 $Br_2(l)$, (b) $Cl^-(aq)$와 $I_2(s)$ 사이에 반응이 가능할 경우, 이들의 균형 맞춘 반응식을 쓰시오.

**해답**

**분석** 특정한 할로젠 음이온과 할로젠 분자들의 반응 진행 여부를 묻는 문제이다.

**계획** 주어진 할로젠은 주기율표에서 아래에 있는 할로젠 음이온을 환원시킬 수 있다. 따라서 원자 번호가 작은 할로젠은 할로젠 음이온이 될 것이다. 원자 번호가 작은 할로젠이 이미 음이온이라면 반응은 일어나지 않을 것이다. 따라서 반응의 진행 여부는 주기율표에서의 할로젠 위치이다.

**풀이**

(a) $Br_2$는 주기율표에서 아래쪽 할로젠을 음이온에서 산화(음이온으로부터 전자를 제거한다)시킬 수 있다. 따라서 $I^-$를 산화시킬 것이다.

$$2\,I^-(aq) + Br_2(aq) \longrightarrow I_2(s) + 2\,Br^-(aq)$$

(b) $Cl^-$는 주기율표에서 아이오딘 위에 있는 할로젠 음이온이다. 따라서 $I_2$는 $Cl^-$를 산화시킬 수 없다. 그러므로 반응이 일어나지 않는다.

**▶ 보충 예제**

다음 중 $Cl^-$를 산화시킬 수 있는 것은 어느 것인가?

(a) $F_2$ (b) $F^-$ (c) $Br_2$와 $I_2$ (d) $Br^-$와 $I^-$

염소는 주로 용융되거나 수용액 상태인 염화 소듐의 전기 분해에 의해서 만들어진다. 브로민과 아이오딘은 해당 할로젠화 이온을 포함하는 소금물로부터 $Cl_2$를 사용한 산화 반응으로부터 통상적으로 얻어진다.

다음 중합체에서 반복 단위는 무엇인가?

▲ 그림 22.9 플루오로탄소 중합체인 테플론(Teflon®)의 구조

## 할로젠의 용도

플루오린은 냉매, 윤활유, 플라스틱으로 사용하는 매우 안정한 탄소–플루오린 화합물인 플루오로탄소의 제조에 이용한다. 테플론(Teflon®)(그림 22.9)은 높은 내열성과 내약품성을 갖는 고분자성 플루오로탄소이다.

염소는 산업에 가장 중요한 할로젠이다. 염소의 절반가량은 폴리염화 바이닐(PVC) 플라스틱 제조에 사용되는 염화 바이닐($C_2H_3Cl$)과 같은 염소를 포함하는 유기 화합물의 제조에 사용한다. 나머지 많은 부분의 염소는 제지와 섬유 산업에서 표백제로 사용한다.

$Cl_2$가 차가운 묽은 염기 용액에 녹으면 $Cl^-$와 하이포염소산($ClO^-$)으로 변환된다.

$$Cl_2(aq) + 2\,OH^-(aq) \rightleftharpoons Cl^-(aq) + ClO^-(aq) + H_2O(l) \qquad [22.18]$$

하이포염소산 소듐(NaClO)은 많은 액체 표백제에서 활성 성분으로 쓰인다. 염소는 또한 물 처리에 산화제로 사용되어 박테리아를 파괴한다.

아이오딘의 일반적 용도는 식염에 들어 있는 KI이다. 아이오딘 음이온을 포함하는 소금은 우리의 음식물에 필요한 소량의 아이오딘을 제공한다. 이것은 갑상샘에서 분비되는 호르몬인 타이록신을 형성하는 데 필수적이다. 식단에서 아이오딘이 결핍되면 갑상샘이 커지는 **갑상샘종**(goiter)을 유발한다.

## 할로젠화 수소

모든 할로젠 원소는 수소와 안정한 이원자 분자를 생성한다. 할로젠화 수소는 원소들의 직접 반응으로 생성시킬 수 있다.

할로젠화 수소는 물에 용해하여 할로젠화수소산 용액을 생성한다. 이들 용액은 활성 금속과 반응하여 수소 기체를 발생하는 산의 전형적 특성을 가진다. 플루오린화수소산은 다음 반응식과 같이 **실리카**(**silica**, $SiO_2$) 및 다양한 규산염과 쉽게 반응하여 헥사플루오린화 규산($H_2SiF_6$)을 생성한다.

$$SiO_2(s) + 6\,HF(aq) \longrightarrow H_2SiF_6(aq) + 2\,H_2O(l) \qquad [22.19]$$

## 할로젠간 화합물

할로젠은 이원자 분자로 존재하기 때문에 서로 다른 두 개의 할로젠 원자로 이루어진 이원자 분자도 존재한다. 이 화합물은 서로 다른 두 개의 할로젠 원소로 이루어진 ClF, $IF_5$와 같은 가장 간단한 **할로젠간 화합물**(**interhalogen compound**)이다.

많은 고배위 할로젠간 화합물은 중심에 Cl, Br, I 원자가 있고 플루오린 원자들이 둘러싸고 있다. 큰 아이오딘 원자는 I의 산화 상태가 각각 +3, +5, +7인 $IF_3$, $IF_5$, $IF_7$ 화합물을 생성한다. 크기가 보다 작은 브로민과 염소 원자인 경우, 단지 3개나 5개의 플루오린과 결합된다. 주위에 F 원자가 결합하지 않은 유일한 고배위 할로젠간 화합물은 $ICl_3$와 $ICl_5$이다. 즉 크기가 큰 I 원자는 5개의 Cl 원자를 수용할 수 있지만, Br은 $BrCl_3$를 형성하기에도 크기가 작다. 모든 할로젠간 화합물은 강력한 산화제이다.

## 산소산 및 산소음이온

잘 알려진 할로젠의 산소산(oxyacid)의 화학식과 이름을 표 22.3에 요약하였다.* 중심 할로젠 원소

---

* 플루오린은 산소산으로 HOF를 형성한다. 플루오린은 전기 음성도가 산소보다 크기 때문에, 이 화합물에서 플루오린의 산화 상태를 −1, 산소의 산화 상태를 0으로 고려해야 한다.

**표 22.3 안정한 할로젠 산소산**

| 할로젠의 산화 상태 | 산의 화학식 Cl | Br | I | 산 이름 |
|---|---|---|---|---|
| +1 | HClO | HBrO | HIO | **하이포**할로젠산(*hypo*halous acid) |
| +3 | $HClO_2$ | — | — | **아**할로젠산(hal*ous* acid) |
| +5 | $HClO_3$ | $HBrO_3$ | $HIO_3$ | 할로젠산(hal*ic* acid) |
| +7 | $HClO_4$ | $HBrO_4$ | $HIO_4$ | **과**할로젠산(*per*hal*ic* acid) |

$$10\ Al(s) + 6\ NH_4ClO_4(s) \longrightarrow 4\ Al_2O_3(s) + 2\ AlCl_3(s) + 12\ H_2O(g) + 3\ N_2(g)$$

▲ 그림 22.10 Kennedy 우주센터에서 우주 왕복선 Columbia 호의 발사

의 산화 상태가 클수록 산소산의 산 세기는 증가한다. 모든 산소산은 매우 강한 산화제이다. 산소산에서 $H^+$를 제거하여 생성된 산소음이온(oxyanion)은 일반적으로 산소산보다 더 안정하다. 하이포염소산염은 $ClO^-$ 이온의 강력한 산화 능력 때문에 표백제와 살균제로 사용된다. 염소산염도 유사하게 매우 반응성이 크다. 예를 들어 염소산 포타슘은 성냥이나 불꽃놀이에 사용한다.

과염소산과 과염소산염은 산소산과 산소음이온 중에서 가장 안정하다. 묽은 과염소산 용액은 상당히 안전하고, 대부분의 과염소산염도 안정하지만, 유기 물질과 함께 가열할 때는 예외이다. 가열하면 과염소산염은 격렬한 산화제가 된다. 따라서 이 물질을 취급할 때는 상당히 주의해야 하고, 특히 과염소산과 쉽게 산화되는 물질의 접촉은 반드시 피해야 한다. 과염소산 암모늄($NH_4ClO_4$)을 우주 왕복선의 고체 추진 로켓용 산화제로 사용하는 것은 과염소산염의 강한 산화력을 잘 나타내 준다. 고체 추진제에는 과염소산 암모늄과 분말 알루미늄(환원제)의 혼합물이 들어 있다. 우주 왕복선을 발사할 때는 매회 약 $6\times10^5$ kg의 과염소산 암모늄이 필요하다(그림 22.10).

## 자기 평가 연습 문제

**22.15** 반응식 22.18에서, 각 Cl 화합물 내 Cl의 산화 상태는 얼마인가?

(a) $Cl_2$ 0;  $Cl^-$ −1;  $ClO^-$ −1
(b) $Cl_2$ 0;  $Cl^-$ −1;  $ClO^-$ +1
(c) $Cl_2$ 0;  $Cl^-$ +1;  $ClO^-$ +1

## 연습 문제

**22.16** 다음 각 화합물의 이름을 쓰고, 포함되어 있는 할로젠의 산화 상태를 나타내시오.
(a) $BCl_3$ (b) $Sr(IO_4)_2$ (c) LiOCl (d) HClO (e) CuClO (f) $Mg(IO_2)_2$

**22.17** 다음 관찰 결과를 설명하시오.
(a) 주어진 산화 상태에 대해 수용액에서 산소의 산 강도는 염소 > 브로민 > 아이오딘의 순서로 감소한다.
(b) 플루오린산은 유리병에 보관할 수 없다.
(c) HI는 NaI를 황산으로 처리하여 제조할 수 없다.
(d) 할로젠간 화합물 $ICl_3$는 알려져 있지만 $BrCl_3$는 알려져 있지 않다.

자기 평가 연습 문제 답 **22.15** (b)

# 22.5 | 산소

산소는 가장 반응성이 높은 비금속 중 하나이며, 이 사실과 풍부한 산소 공급의 결과로 우리는 산화 생성물이 지배하는 세상에 살고 있다. 산화물에서 금속을 추출하고 식품의 산화나 건축에 사용되는 철의 녹을 방지하기 위해 상당한 노력을 기울이고 있다. 다른 한편으로 산소는 모든 호기성 유기체의 호흡에 필수적이다. 이 개요에서는 산소가 채택할 수 있는 다양한 형태(산화 상태)를 살펴본다. 이 절이 끝나면 다음 사항을 수행할 수 있어야 한다.

- 발생하는 다양한 산화물을 식별하고, 이들과 물의 반응 식별하기

산소는 모든 원소와 결합하여 매우 다양한 화합물을 만든다. 물($H_2O$), 실리카($SiO_2$), 알루미나($Al_2O_3$), 철 산화물($Fe_2O_3$, $Fe_3O_4$) 같은 것을 예로 들 수 있다. 사실 산소는 지각이나 인간의 몸에 가장 많이 존재하는 원소이다. 산소는 우리 음식물의 물질대사와 인류의 생활에 결정적으로 중요한 산화제이다.

## 산소의 성질

산소에는 $O_2$와 $O_3$의 두 가지 동소체가 있다. 우리가 보통 산소 분자 또는 간단히 산소라고 하는 물질은 산소 원자의 일반적인 형태인 **이산소**(dioxygen, $O_2$)를 의미하고, $O_3$는 오존(ozone)이라고 한다.

실온에서 이산소는 무색무취의 기체이다. 물에 매우 소량만 용해되지만(25 °C에서 0.04 g/L, 0.001 *M*), 물속에 존재하는 산소는 해양 생명체에 필수적이다.

산소 원자의 전자 배치는 $[He]2s^22p^4$이다. 따라서 산소 원자는 두 개의 전자를 얻어 산화 이온($O^{2-}$)을 형성하거나 두 개의 전자를 공유하여 팔전자계를 만족시키게 된다. 공유 결합 화합물에서 산소는 $H_2O$처럼 두 개의 단일 결합을 이루거나, 폼알데하이드($H_2C{=}O$)처럼 한 개의 이중 결합을 이룬다. $O_2$ 분자 자신은 한 개의 이중 결합을 갖는다. $O_2$의 결합은 매우 강하다(결합 엔탈피 값은 495 kJ/mol이다). 산소는 많은 다른 원소와도 강한 결합을 생성한다. 결과적으로 산소를 포함하는 많은 화합물은 $O_2$보다 열역학적으로 더 안정하다. 그러나 촉매가 없을 때 대부분의 $O_2$ 반응은 높은 활성화 에너지를 가지므로 적당한 속도로 반응을 진행시키려면 높은 온도가 필요하다. 반응열

이 매우 큰 발열 반응이 일단 시작되면, 반응은 급격히 가속되어 격렬한 폭발 반응이 발생하기도 한다.

▲ 그림 22.11 아세틸렌 토치를 이용한 용접

## 산소의 제조

거의 모든 상업용 산소는 공기로부터 얻어진다. $O_2$의 정상 끓는점은 −183 ℃인 반면에, 공기의 다른 주성분인 $N_2$의 끓는점은 −196 ℃이다. 따라서 공기를 액화시킨 뒤 가온하면 $N_2$는 끓어서 제거되고, 소량의 $N_2$와 Ar을 주로 함유하는 액체 $O_2$를 얻는다.

대기 중 대부분의 $O_2$는 광합성 과정을 통하여 다시 채워진다. 이것은 녹색 식물이 대기 중 $CO_2$로부터 햇빛 에너지를 이용해서 $O_2$(글루코스($C_6H_{12}O_6$)와 함께)를 발생하기 때문이다.

$$6\,CO_2(g) + 6\,H_2O(l) \longrightarrow C_6H_{12}O_6(aq) + 6\,O_2(g) \qquad [22.20]$$

## 산소의 용도

산소는 황산($H_2SO_4$)과 질소($N_2$) 바로 다음으로 널리 사용하는 공업용 화학 약품이다. 산소는 공업에서 가장 널리 사용하는 산화제이다. 생산되는 $O_2$의 절반 이상은 제철소에서 쓰이는데, 주로 강철의 불순물을 제거할 때 사용한다. 또한 펄프와 종이를 표백할 때 사용한다(색깔을 띠는 화합물을 산화시키면 종종 무색 생성물을 얻는다). 산소는 아세틸렌($C_2H_2$)과 함께 산소–아세틸렌 용접에도 사용한다(그림 22.11). $C_2H_2$와 $O_2$의 반응은 매우 큰 발열 반응이고, 3000 ℃ 이상의 고온이 얻어진다.

## 오존

오존은 강한 자극성 냄새를 가진 연푸른색의 유독성 기체이다. 사람들은 대부분 공기 중 농도가 0.01 ppm 정도 되면 느낄 수 있다. 0.1~1 ppm 농도에 노출되면 두통을 일으키며, 눈이 따갑고, 호흡기에도 통증을 느낀다.

$O_3$ 분자는 세 개 산소 원자에 걸쳐 비편재화된 $\pi$ 전자를 갖는다. 분자는 쉽게 해리되어 반응성 산소 원자를 생성한다.

$$O_3(g) \longrightarrow O_2(g) + O(g) \quad \Delta H° = 105\text{ kJ} \qquad [22.21]$$

오존은 이산소보다 더 강한 산화제이다. 오존은 $O_2$가 반응하지 않는 조건에서도 많은 원소와 산화물을 생성한다. 실제로 금과 백금을 제외한 모든 금속을 산화시킨다.

오존은 흐름 장치에 건조한 $O_2$를 흐르게 하고 전류를 통과시켜서 만들 수 있다. 천둥을 동반한 폭풍우에서 번개가 칠 때 오존이 발생한다(그리고 만약 여러분이 아주 가까이 있다면 냄새도 맡을 수 있다).

$$3\,O_2(g) \xrightarrow{\text{전기}} 2\,O_3(g) \quad \Delta H° = 285\text{ kJ} \qquad [22.22]$$

오존은 가정용 상수도 물 처리에 가끔 쓰인다. 오존은 $Cl_2$처럼 세균을 죽이거나 유기 화합물을 산화시킨다. 그러나 오존은 의약품이나 합성 윤활유 및 기타 유용한 산업용 유기 화합물 제조에 가장 많이 쓰이는데, 여기서 $O_3$는 탄소–탄소 이중 결합을 깨뜨리는 역할을 한다.

오존은 대기 상층부를 구성하는 중요한 성분으로, 자외선을 차단하는 역할을 하기 때문에 큰 에너지를 갖는 복사선으로부터 우리를 보호한다. 이와 같은 이유 때문에 성층권 오존 파괴는 주요한 과학적 관심사이다. 그러나 지표면에 가까운 대기권에서 오존은 스모그 주성분이기 때문에 대기 오염 물질로 간주된다. 오존은 강한 산화력 때문에 생명체나 구조물, 특히 고무제품에 큰 손상을 입힌다.

## 산화물

산소는 플루오린 다음으로 전기 음성도가 크다. 그 결과 산소는 플루오린 화합물 $OF_2$와 $O_2F_2$를 제외한 모든 화합물에서 음의 산화 상태를 가진다. 가장 흔한 산화 상태는 −2이다. 이러한 산화 상태의 산소를 포함하고 있는 화합물을 **산화물**(oxide)이라고 한다.

비금속은 공유 결합성 산화물을 생성한다. 이 산화물의 대부분은 녹는점과 끓는점이 낮은 간단한 분자이다. 그러나 $SiO_2$와 $B_2O_3$는 확장된 구조를 갖는다. 대부분의 비금속 산화물은 물과 결합하여 산소산을 생성한다. 예를 들면 이산화 황($SO_2$)은 물에 용해되어 아황산($H_2SO_3$)을 생성한다.

$$SO_2(g) + H_2O(l) \longrightarrow H_2SO_3(aq) \qquad [22.23]$$

이 반응과 $SO_3$가 $H_2O$와 반응하여 $H_2SO_4$를 생성하는 반응은 산성비의 주요 원인이 된다. 유사한 반응으로 $CO_2$는 $H_2O$에 용해되어 탄산($H_2CO_3$)을 생성하는데, 이때 생성된 탄산수는 산성을 나타낸다.

물과 반응하여 산을 생성하는 산화물을 **산성 무수물(acidic anhydride**, anhydride는 '물이 없음'을 의미한다) 또는 **산성 산화물(acidic oxide)**이라고 한다. 그러나 몇 가지 비금속 산화물, 특히 낮은 산화 상태의 비금속 산화물(예를 들면 $N_2O$, NO, CO)은 물과 반응하지 않아 산성 무수물이 아니다.

대부분의 금속 산화물은 이온 결합 화합물이다. 물에 용해되어 수산화물을 생성하는 이온성 산화물을 **염기성 무수물(basic anhydride)** 또는 **염기성 산화물(basic oxide)**이라고 한다. 예를 들면 산화 바륨(BaO)은 물과 반응하여 수산화 바륨을 생성한다(그림 22.12). 이러한 반응은 $O^{2-}$ 이온의 큰 염기성 때문인데, $O^{2-}$는 실제로 물속에서 완전히 가수 분해된다.

$$O^{2-}(aq) + H_2O(l) \longrightarrow 2\,OH^-(aq) \qquad [22.24]$$

물에 녹지 않는 이온성 산화물도 강산에 녹는 경향이 있다. 예를 들면 산화 철(III)은 산에 용해된다.

$$Fe_2O_3(s) + 6\,H^+(aq) \longrightarrow 2\,Fe^{3+}(aq) + 3\,H_2O(l) \qquad [22.25]$$

이러한 반응은 아연이나 주석 보호막을 입히기 전에 철이나 강철로부터 녹($Fe_2O_3 \cdot nH_2O$)을 제거할 때 사용된다.

이 반응은 산화–환원 반응인가?

$$BaO(s) + H_2O(l) \longrightarrow Ba(OH)_2(aq)$$

▲ 그림 22.12 물과 염기성 산화물의 반응

$4\,KO_2(s) + 2\,H_2O(l,$ 호흡에서$) \longrightarrow 4\,K^+(aq) + 4\,OH^-(aq) + 3\,O_2(g)$

$2\,OH^-(aq) + CO_2(g,$ 호흡에서$) \longrightarrow H_2O(l) + CO_3^{2-}(aq)$

▲ **그림 22.13** 개인용 호흡 장치

**표 22.4 크로뮴 산화물의 산-염기의 성질**

| 산화물 | Cr의 산화 상태 | 산화물의 성질 |
|---|---|---|
| CrO | +2 | 염기성 |
| $Cr_2O_3$ | +3 | 양쪽성 |
| $CrO_3$ | +6 | 산성 |

산과 염기의 성질을 동시에 나타내는 산화물을 **양쪽성**(amphoteric)이라고 한다. 어떤 한 금속이 여러 가지의 산화물을 생성하는 경우, 그 산화물의 염기성 성질은 금속의 산화 상태가 증가함에 따라 감소한다(표 22.4).

## 과산화물과 초과산화물

O—O 결합과 −1의 산화 상태를 갖는 산소를 포함하는 화합물을 **과산화물**(peroxide)이라고 한다. **초과산화물**(superoxide) 이온이라고 하는 $O_2^-$에서 산소의 산화수는 $-\frac{1}{2}$이다. 가장 쉽게 산화되는 활성 금속(K, Rb, Cs)은 $O_2$와 반응하여 초과산화물($KO_2$, $RbO_2$, $CsO_2$)을 생성한다. 주기율표에서 이들의 주변에 있는 원소(Na, Ca, Sr, Ba)는 $O_2$와 반응하여 과산화물($Na_2O_2$, $CaO_2$, $SrO_2$, $BaO_2$)을 생성한다. 활성이 약한 금속과 비금속은 일반적인 산화물을 생성한다.

초과산화물은 물에 용해되어 산소를 생성한다.

$$4\,KO_2(s) + 2\,H_2O(l) \longrightarrow 4\,K^+(aq) + 4\,OH^-(aq) + 3\,O_2(g) \qquad [22.26]$$

이와 같은 반응 때문에 초과산화 포타슘($KO_2$)은 구조 요원이 착용하는 마스크의 산소 공급원으로 사용한다(그림 22.13). 유독 가스 지역에서 적절한 호흡을 하려면 마스크에 산소가 공급되어야 하고 마스크 안에서 방출되는 이산화 탄소는 제거되어야 한다. 호흡할 때 생기는 수분에 의해 $KO_2$ 화합물은 분해되어 $O_2$와 KOH를 생성한다. 그렇게 생성된 KOH는 날숨에 포함되어 있는 $CO_2$를 제거한다.

$$2\,OH^-(aq) + CO_2(g) \longrightarrow H_2O(l) + CO_3^{2-}(aq) \qquad [22.27]$$

과산화 수소(그림 22.14)는 가장 잘 알려졌으며, 상업적으로도 중요한 과산화물이다. 순수한 과산화 수소는 투명하고, 시럽 형태의 액체이며, −0.4℃에서 녹는다. 진한 과산화 수소가 물과 산소로 분해되는 것은 매우 큰 발열 반응이어서 매우 위험한 반응성을 보인다.

$$2\,H_2O_2(l) \longrightarrow 2\,H_2O(l) + O_2(g) \quad \Delta H^\circ = -196.1\ \text{kJ} \qquad [22.28]$$

$H_2O_2$는 쌍극자 모멘트를 가지는가?

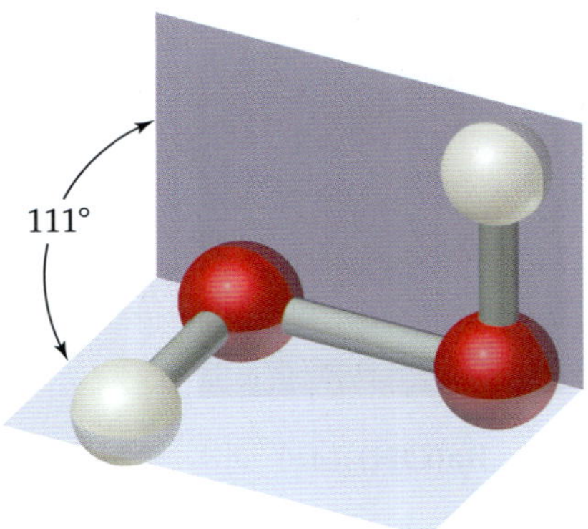


◀ **그림 22.14 기체상에서의 과산화 수소의 분자 구조** 각 O 원자에 있는 비공유 전자쌍과 O—H 결합의 반발은 O—O 단일 결합을 중심으로 한 회전을 제한한다.

이것은 **불균등화 반응(disproportionation)**의 또 다른 예인데, 하나의 원소가 동시에 산화되고 환원된다. 산소의 산화수는 −1에서 −2와 0으로 변한다.

질량 백분율로 약 30% 과산화 수소는 수용액 상태의 화학 약품으로 판매된다. 약 3% 과산화 수소 용액은 약국에서 판매되며, 순한 소독제로 주로 사용된다. 조금 더 진한 용액은 면, 모직, 비단과 같은 직물을 표백하는 데 사용된다.

과산화 수소 이온은 생체에서 산소 분자($O_2$)의 환원으로부터 생기는 대사의 부산물이기도 하다. 몸에서 이 반응성 이온은 과산화 효소(peroxidase)나 과산화 수소 분해 효소(catalase) 같은 효소와 함께 분해한다.

## 자기 평가 연습 문제

**22.18** $N_2O_5$가 물과 반응하여 생성되는 산은 무엇인가?

**(a)** HNO
**(b)** $HNO_2$
**(c)** $HNO_3$

## 연습 문제

**22.19** 다음 반응식을 완성하고 균형을 맞추시오.

**(a)** $CaO(s) + H_2O(l) \longrightarrow$
**(b)** $Al_2O_3(s) + H^+(aq) \longrightarrow$
**(c)** $Na_2O_2(s) + H_2O(l) \longrightarrow$
**(d)** $N_2O_3(g) + H_2O(l) \longrightarrow$
**(e)** $KO_2(s) + H_2O(l) \longrightarrow$
**(f)** $NO(g) + O_3(g) \longrightarrow$

**22.20** 다음 각 쌍 중 더 산성인 것을 선택하시오.

**(a)** $V_2O_5$와 VO **(b)** PbO와 $PbO_2$ **(c)** $N_2O_3$와 $N_2O_2$
**(d)** $SO_2$와 $SeO_2$ **(e)** $Al_2O_3$와 $SeO_2$ **(f)** $CO_2$와 $B_2O_3$

자기 평가 연습 문제 답 **22.18** (c)

# 22.6 | 산소 이외의 16족 원소: S, Se, Te, Po

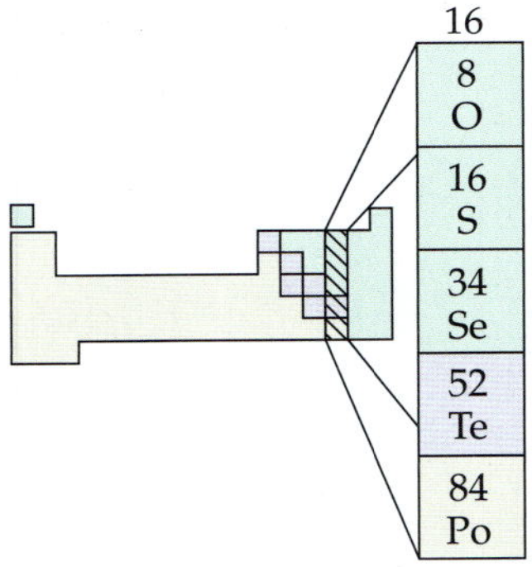


**표 22.5 16족 원소의 몇 가지 성질**

| 성질 | O | S | Se | Te |
|---|---|---|---|---|
| 원자 반지름(pm) | 66 | 105 | 121 | 138 |
| $X^{2-}$ 이온 반지름(pm) | 140 | 184 | 198 | 221 |
| 1차 이온화 에너지(kJ/mol) | 1314 | 1000 | 941 | 869 |
| 전자 친화도(kJ/mol) | −141 | −200 | −195 | −190 |
| 전기 음성도 | 3.5 | 2.5 | 2.4 | 2.1 |
| X—X 단일 결합 엔탈피(kJ/mol) | 146* | 266 | 172 | 126 |
| 산성 용액에서 $H_2X$로 환원되는 전위(V) | 1.23 | 0.14 | −0.40 | −0.72 |

*$H_2O_2$의 O—O 결합 에너지를 근거로 했음.

깊은 바다에는 빛도 없고 먹을 것도 거의 없다. 그런데도 지각 활동(tectonic activity)과 관련된 열수 분출구를 중심으로 번성하는 생태계가 있을 수 있다. 여기에서 박테리아는 통풍구에서 방출되는 열과 황 화합물(보통 $H_2S$)을 음식과 에너지로 변환하도록 진화하였다. 그들은 작지만 중요한, 먹이 사슬의 바닥이다! 이 절에서는 16족의 다른 요소를 검토한다. 그중 가장 중요한 것은 황이다. 이 절이 끝나면 다음 사항을 수행할 수 있어야 한다.

• 유황 화합물의 가장 중요한 유형을 말하기

산소 이외에 다른 16족 원소는 황, 셀레늄, 텔루륨, 폴로늄이다. 이들 중에서 황은 가장 중요한 원소이고, 폴로늄은 안정한 동위 원소를 갖지 않고 라듐이 포함된 광물에서 소량 발견될 뿐이므로 다루지 않을 것이다.

16족 원소들은 일반적으로 $ns^2np^4$(여기서 $n$은 2~6) 바깥 전자 배치를 갖는다. 그래서 이들 원소는 2개의 전자가 더해지면 비활성 기체 전자 배치를 갖게 되고 결국 −2의 산화 상태로 된다. 산소를 제외한 16족 원소들은 보통 +6까지 양의 산화 상태로 발견되며, 이들은 확장된 원자가 껍질을 갖는다. 그러므로 $SF_6$, $SeF_6$, $TeF_6$와 같은 화합물은 중심 원자가 +6의 산화 상태에 있다.

표 22.5에 16족 원소의 성질을 요약하였다.

## S, Se, Te의 출처와 제조

▲ 그림 22.15 많은 양의 황이 매년 지각에서 추출된다.

황, 셀레늄, 텔루륨은 지구상 모든 광산에서 채굴할 수 있다. 원소 상태 황의 주요한 출처는 거대한 지하 광상이다(그림 22.15). 황은 또한 황화물($S^{2-}$)과 황산염($SO_4^{2-}$) 광물로 널리 존재한다. 석탄이나 석유에 들어 있는 소량의 황은, 이 연료들이 연소될 때 심각한 황산화물 오염을 일으키기 때문에 많은 문제를 일으키고 있다. 현재까지 황을 제거하기 위해 많은 노력을 기울였으며, 이런 노력은 황의 효용성을 증가시켰다.

셀레늄과 텔루륨은 $Cu_2Se$, PbSe, $Cu_2Te$, PbTe와 같은 희귀 광물 형태로 존재하거나 구리, 철, 니켈, 납의 황화물 광석에 미량의 성분으로도 발견된다.

## 황, 셀레늄, 텔루륨의 성질과 용도

원소 상태의 황은 노란색으로, 맛이 없고, 냄새도 거의 없다. 황은 물에 녹지 않고, 몇 가지 동소체 형태로 존재한다. 상온에서 열역학적으로 안정한 형태는 사방정계 황인데, 각 황 원자가 2개 결합을 형성하는 주름잡힌 $S_8$ 고리로 구성되어 있다(그림 7.26).

전 세계에서 매년 생산되는 황의 대부분은 황산 제조에 사용된다. 또 황은 가황 고무를 만드는 데 사용된다. 이 공정은 고분자 사슬 사이에 다리 결합을 만들어서 고무를 단단하게 만드는 것이다.

셀레늄은 빛에 노출되면 전기 전도도가 크게 증가하기 때문에 광전관이나 광도계에 사용된다. 복사기도 셀레늄의 광전도도를 이용한다. 복사기는 셀레늄막으로 코팅된 벨트나 드럼을 가지고 있다. 이 드럼을 정전기로 하전한 후, 복사 영상으로부터 반사된 빛에 노출시킨다. 빛에 노출됨으로써 전도도를 갖게 된 셀레늄 필름이 있는 곳에서 전하가 흘러나간다. 검은 가루(토너, toner)는 전하가 남아 있는 부분에만 흡착된다. 편평한 한 장의 종이 위에 토너가 흡착되면 복사가 완성되는 것이다.

## 황화물

황은 자신보다 전기 음성도가 작은 물질과 $S^{2-}$를 포함하는 **황화물**(sulfide)을 생성한다. 많은 금속 원소들은 황화물 광석, 예를 들면 PbS(방연광) 및 HgS(진사)의 형태로 발견된다. 과산화 이온과 유사한 이황화 이온($S_2^{2-}$)을 포함하는 일련의 광석을 **황철광**(pyrite)이라고 한다. 황철광 철(iron pyrite, $FeS_2$)은 금빛의 노란 입방정계 결정으로 발견된다(**그림 22.16**). 때때로 광부들이 이 광물을 금으로 오해하기도 했기 때문에, 바보 금(fool's gold)이라고 부르기도 한다.

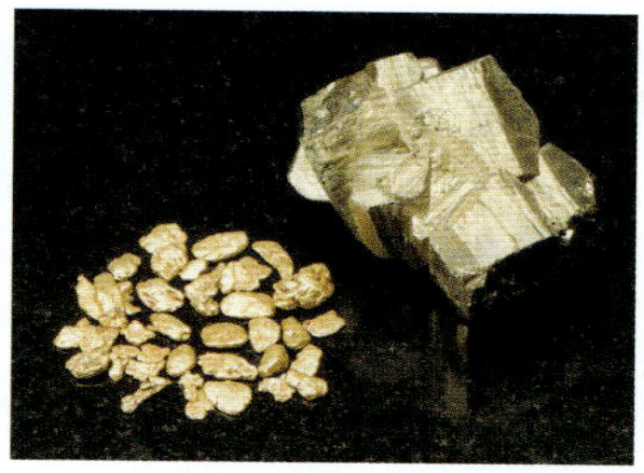
▲ **그림 22.16** 황철광($FeS_2$, 오른쪽)을 금과 비교하였다.

가장 중요한 황화물 중 하나는 황화 수소($H_2S$)이다. 가장 쉽게 확인하는 황화 수소의 성질 중 하나는 냄새이다. 썩은 달걀의 불쾌한 냄새는 주로 $H_2S$ 때문이다. 황화 수소는 실제로 매우 유독하다. 다행스럽게도 우리의 코는 독성이 없을 정도의 매우 작은 농도의 $H_2S$까지 감지할 수 있다. $(CH_3)_2S$ 같은 황을 포함하고 있는 유기 화합물이 질량비로 1 ppt 정도의 극미량만 있더라도 고약한 냄새를 느낄 수 있기 때문에, 천연가스에 섞어서 누출을 쉽게 감지할 수 있게 한다.

## 황의 산화물, 산소산, 산소음이온

황이 공기 중에서 연소하면 숨 막히는 냄새와 유독성의 이산화 황을 생성한다. 이 기체는 특히 진균류 같은 하등생물에 유독하므로 마른 과일과 포도주의 소독에 사용된다. $SO_2$는 101.3 kPa, 상온에서 물에 녹아 약 1.6 $M$의 용액을 만든다. $SO_2$ 수용액은 산성을 띠므로 아황산($H_2SO_3$)이라고 한다.

$SO_3^{2-}$(아황산 이온)와 $HSO_3^-$(아황산 수소 이온) 염은 잘 알려져 있다. 소량의 $Na_2SO_3$ 또는 $NaHSO_3$는 세균에 의한 부패를 막기 위한 식품 첨가물로 사용된다. 그러나 천식 환자의 약 5%는 이들에 의해 천식이 악화되는 것으로 알려져 있기 때문에, 현재 아황산염을 포함하는 모든 식품은 이것의 첨가를 알리는 경고 라벨을 표지해야 한다(**그림 22.17**).

▲ **그림 22.17** 아황산을 경고하는 식품 표지

공기 중에서 황을 연소하면 주로 $SO_2$가 발생하지만 소량의 $SO_3$도 생성된다. 촉매 없이 반응시키면 $SO_3$로 산화되기 위한 활성화 에너지 장벽이 너무 높기 때문에 황 연소 반응은 주로 $SO_2$를 생성한다. 흥미롭게도, 부산물 $SO_3$는 공업적으로 $H_2SO_4$를 만들기 위해 사용된다. 이것은 $SO_3$와 물 사이 반응의 최종 생성물이다. 황산을 제조할 때 일차적으로 황을 태워 $SO_2$를 얻는다. 여기서 얻은 $SO_2$를 $V_2O_5$나 백금 같은 촉매를 사용하여 $SO_3$로 산화시킨다. $SO_3$는 물에 빨리 용해되지 않으므로 $H_2SO_4$에 용해시키면 파이로황산(pyrosulfuric acid)이라고 하는 $H_2S_2O_7$이 생성되고, 여기에 물을 첨가하여 $H_2SO_4$를 만든다.

$$SO_3(g) + H_2SO_4(l) \longrightarrow H_2S_2O_7(l) \qquad [22.29]$$

$$H_2S_2O_7(l) + H_2O(l) \longrightarrow 2\,H_2SO_4(l) \qquad [22.30]$$

산업용 황산은 보통 98% $H_2SO_4$이다. 진한 황산은 밀도가 크고 무색이며 점성이 있는 액체이다. 황산은 강산이고, 좋은 탈수제이며(**그림 22.18**), 괜찮은 산화제이다.

해가 갈수록 황산의 연간 생산량은 세계에서 생산되는 화학 약품 중 가장 많아지고 있다. 황산은 거의 모든 공장에서 다양한 방법으로 사용된다.

황산은 강산이며, 수용액에서 첫 번째 수소만 완전히 이온화한다.

$$C_{12}H_{22}O_{11}(s) \xrightarrow{H_2SO_4(aq)} 12\ C(s) + 11\ H_2O(l)$$

▲ **그림 22.18** 황산은 설탕에서 물을 탈수시켜 원소 상태의 탄소를 생성한다.

$S_2O_3^{2-}$ 이온에서 황 원자의 산화 상태는 무엇인가?

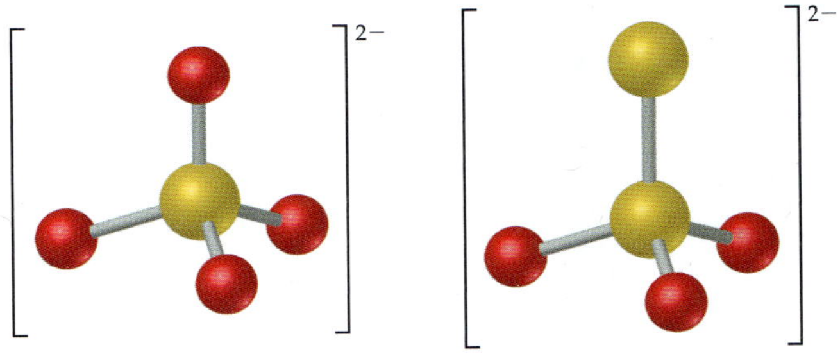


▲ **그림 22.19** 황산 이온(왼쪽)과 싸이오황산 이온(오른쪽)의 구조

$$H_2SO_4(aq) \longrightarrow H^+(aq) + HSO_4^-(aq) \quad [22.31]$$

$$HSO_4^-(aq) \rightleftharpoons H^+(aq) + SO_4^{2-}(aq) \quad K_a = 1.1 \times 10^{-2} \quad [22.32]$$

결과적으로 황산은 두 가지 종류의 화합물, 황산염($SO_4^{2-}$ 염)과 황산 수소염($HSO_4^-$ 염)을 생성한다. 황산 수소염은 수영장 또는 뜨거운 욕조의 pH 조절에 '마른 산'으로 흔히 사용하는 성분이고, 또 이들은 많은 화장실용 세제의 성분이다.

또 다른 황을 포함하는 중요한 이온은 싸이오황산 이온($S_2O_3^{2-}$)이다. **싸이오**(thio)라는 용어는 산소 대신에 황으로 치환된 것을 의미한다. 황산 이온과 싸이오황산 이온의 구조를 **그림 22.19**에 비교하였다.

탄소에 −SH기가 결합된 유기 화합물인 싸이올(thiol)은 생물학에 중요한 역할을 한다. 싸이올이 온화한 조건하에서 산화되면 탄소 원자들 사이에 S−S 결합을 가진 유기 화합물인 이황화물을 만든다. 역으로 이황화 결합을 환원하면 결합이 쪼개져서 싸이올로 될 수 있다. 단백질의 모양과 기능은 단백질 가닥 사이의 이황화 결합을 생성하거나 끊어냄으로써 변형시킬 수 있다. 생머리와 곱슬머리를 만드는 기술은 머리카락의 단백질 분자 사이의 이황화 결합을 끊어내고 다시 생성하는 것에 있다(**그림 22.20**).

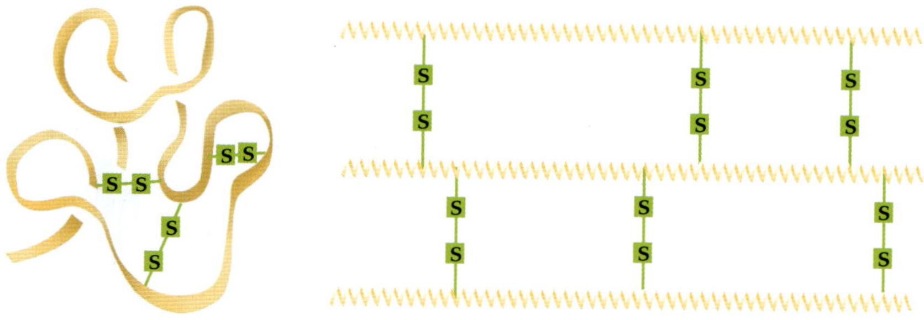


▲ **그림 22.20** **곱슬머리와 생머리** 사람들은 자신의 머리카락 모양을 바꿀 수 있다. 먼저 환원제를 사용하여 단백질 가닥 사이의 이황화 결합을 끊어낸 뒤, 원하는 머리카락 모양을 만든 다음, 산화제를 첨가해 주어 새로운 이황화 결합을 만듦으로써 머리카락 모양새를 유지시킨다.

## 자기 평가 연습 문제

**22.21** 싸이오황산 이온의 구조는 그림 22.19에 나와 있다. 한 황 원자의 산화 상태가 −2이면 다른 황 원자의 산화 상태는 무엇인가?

**(a)** −2
**(b)** 0
**(c)** +4
**(d)** +6

## 연습 문제

**22.22** 다음 각 화합물의 화학식을 쓰고 각각에 포함된 16족 원소의 산화 상태를 표시하시오.
**(a)** 셀레늄산 **(b)** 삼산화 황 **(c)** 이염화 셀레늄 **(d)** 셀레늄화 알루미늄 **(e)** 황산 철(II) **(f)** 삼산화 텔루륨

**22.23** $SO_2$ 수용액은 **(a)** $KMnO_4$ 수용액을 $MnSO_4(aq)$로, **(b)** 산성 $K_2Cr_2O_7$ 수용액을 $Cr^{3+}$ 수용액으로, **(c)** $Hg_2(NO_3)_2$ 수용액을 수은 금속으로 환원시킨다. 각 반응의 균형 반응식을 작성하시오.

**22.24** $SF_5^-$ 이온은 $SF_4(g)$가 $CsF(s)$와 같은 큰 양이온을 포함하는 플루오린염과 반응할 때 형성된다. $SF_4$ 및 $SF_5^-$의 Lewis 구조를 그리고 각각의 분자 구조를 예측하시오.

**22.25** 다음 각 반응의 균형 반응식을 작성하시오(하나 이상의 반응 생성물을 추측해야 할 수도 있지만 이 장의 연구를 바탕으로 합리적인 추측을 할 수 있어야 한다).
**(a)** 셀레늄화 수소는 알루미늄 셀레나이드와 산 수용액의 반응으로 제조할 수 있다.
**(b)** 싸이오황산 소듐은 염소 표백 직물에서 과량의 $Cl_2$를 제거하는 데 사용된다. 싸이오황산 이온은 $SO_4^{2-}$와 황 원소를 형성한다. 반면에 $Cl_2$는 $Cl^-$로 환원된다.

자기 평가 연습 문제 답 **22.21** (d)

## 22.7 질소

2020년 8월 4일, 거의 3000톤에 달하는 질산 암모늄의 대규모 폭발이 Beirut 항구를 황폐화시켰다. 최소 220명이 사망하고 5000명 이상이 부상을 입었으며, 집을 잃은 사람은 300,000명으로 추산된다. 폭발은 약 200 km 떨어진 Cyprus에서도 들을 수 있을 정도로 강력했다. 질산 암모늄은 일반적으로 사용되는 비료이다. 이 물질은 일반적으로 작은 알갱이로 제조되므로 취급하기에 합리적으로 안전하다. 그러나 보관할 때는 수분을 흡수하고 단단한 암석 같은 덩어리를 형성할 수 있다. 화재와 같은 열로 인해 덩어리가 점화되면 폭발할 수 있다.

충격적이게도, 질소는 화합물 내에서 9가지 다른 산화 상태를 나타낸다. 따라서 이 절에서 일부 화학을 복습할 필요가 있다. 이 절이 끝나면 다음 사항을 수행할 수 있어야 한다.

- 질소가 채택할 수 있는 다양한 결합 배열을 인식하기

질소는 부피로 지구 대기의 78%를 차지하고, $N_2$ 분자로 존재한다. 질소는 살아있는 생명체에서 주요한 원소이지만, 질소 화합물은 지각에 흔하지 않다. 질소 화합물의 주요 천연 광석은 인도의 $KNO_3$(초석)와 칠레의 $NaNO_3$(칠레 초석), 남아메리카의 사막 지역에서 발견되는 것들이다.

**표 22.6 질소의 산화 상태**

| 산화 상태 | 예 |
|---|---|
| +5 | $N_2O_5$, $HNO_3$, $NO_3^-$ |
| +4 | $NO_2$, $N_2O_4$ |
| +3 | $HNO_2$, $NO_2^-$, $NF_3$ |
| +2 | $NO$ |
| +1 | $N_2O$, $H_2N_2O_2$, $N_2O_2^{2-}$, $HNF_2$ |
| 0 | $N_2$ |
| −1 | $NH_2OH$, $NH_2F$ |
| −2 | $N_2H_4$ |
| −3 | $NH_3$, $NH_4^+$, $NH_2^-$ |

### 질소의 성질

질소는 $N_2$ 분자로 이루어진 무색, 무취, 무미의 기체이다. $N_2$ 분자는 반응성이 거의 없다. 그 이유는 질소 원자간 강한 삼중 결합 때문이다($N \equiv N$ 결합 엔탈피는 941 kJ/mol인데, $O_2$ 결합 엔탈피의 거의 두 배이다)(표 8.3). 공기 중에서 물질이 연소하면 보통 $O_2$와 반응하고 $N_2$와는 반응하지 않는다.

질소 원자의 전자 배치는 $[He]2s^22p^3$이다. 이 원소는 표 22.6에서 보듯이, +5~−3까지 모든 형식의 산화 상태를 가진다. 이들 중 +5, 0, −3 산화 상태가 가장 흔하고, 일반적으로 가장 안정하다. 질소는 플루오린, 산소, 염소를 제외한 다른 어떤 원소보다 전기 음성도가 더 크기 때문에 이들 세 원소와 결합할 때만 양의 산화 상태를 나타낸다.

아래의 화학종 중에서 질소의 산화수가 +3인 것은 어느 것인가?

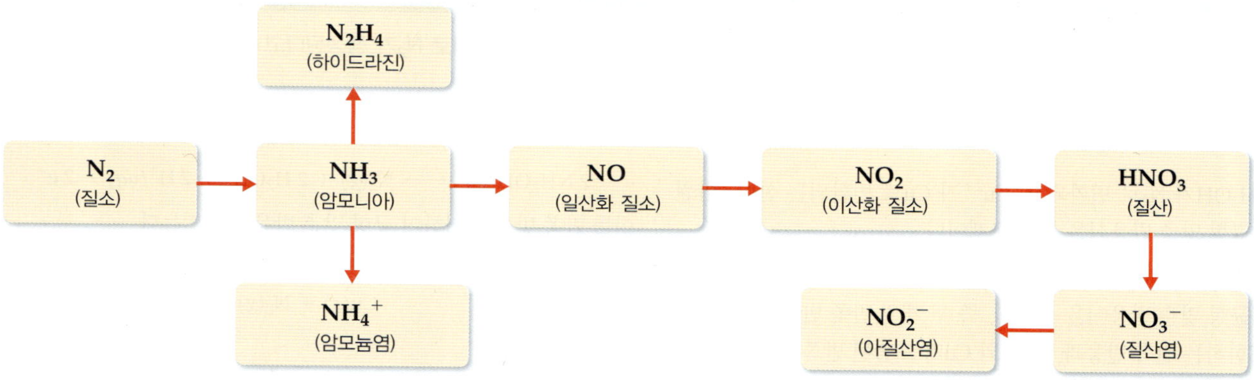


▲그림 22.21 $N_2$가 질소 화합물로 변환되는 계통도

## 질소의 제조와 용도

원소 상태 질소는 액체 공기를 분별 증류하여 산업적으로 얻는다. $N_2$는 반응성이 작기 때문에 식품 가공, 포장, 화학 약품 제조, 금속 제조 및 전자 소자 생산 과정 중 $O_2$ 접촉을 방지하는 비활성 기체 차단제로 대량 사용한다. 액체 $N_2$는 식품을 급랭하는 냉매제로 사용한다.

$N_2$를 가장 많이 사용하는 곳은 질소를 포함하는 비료 생산 공장이다. 이러한 비료는 화합물에 들어 있는 질소, 즉 **고정**(fixed) 질소의 원료를 제공한다. 질소 고정에 대한 내용은 이미 14.7절과 15.2절의 "작동하는 화학"에서 언급하였다. 질소 고정의 출발점은 Haber 공정을 통한 암모니아 제조이다. 암모니아는 유용하고 간단한 질소를 포함한 다양한 화학종으로 변환할 수 있다(**그림 22.21**).

## 질소의 수소 화합물

**암모니아**(ammonia)는 질소의 가장 중요한 화합물 중 하나이다. 암모니아는 무색의 유독성 기체이고, 독특한 자극성 냄새를 가진다. 이전의 설명에서 언급했듯이, $NH_3$ 분자는 염기성이다 ($K_b = 1.8 \times 10^{-5}$).

실험실에서는 암모늄염에 NaOH를 반응시켜 $NH_3$를 제조한다. $NH_3$의 짝산인 $NH_4^+$ 이온은 양성자를 $OH^-$에 전달한다. 생성된 $NH_3$는 휘발성이고, 약간 가열하면 용액에서 빠져나온다.

$$NH_4Cl(aq) + NaOH(aq) \longrightarrow NH_3(g) + H_2O(l) + NaCl(aq) \qquad [22.33]$$

$NH_3$의 공업적 생산은 Haber 공정에 의해 이루어진다.

$$N_2(g) + 3\,H_2(g) \longrightarrow 2\,NH_3(g) \qquad [22.34]$$

생산되는 암모니아는 약 75%가 비료 제조에 사용된다.

**하이드라진**(hydrazine, $N_2H_4$)은 또 다른 중요한 질소 수소화물이다. 하이드라진 분자는 N—N 단일 결합을 포함한다(**그림 22.22**). 하이드라진은 암모니아와 하이포염소산 이온($OCl^-$)을 수용액에서 반응시켜 제조할 수 있다.

$$2\,NH_3(aq) + OCl^-(aq) \longrightarrow N_2H_4(aq) + Cl^-(aq) + H_2O(l) \qquad [22.35]$$

이 반응은 몇 가지 중간체를 포함하는데, 클로라민(chloramine, $NH_2Cl$)은 그중 하나이다. 가정용 암모니아와 염소 표백제($OCl^-$가 들어 있는)를 섞으면 이 유독한 $NH_2Cl$의 거품이 생기는 것을 볼 수 있다. 이 반응은 표백제와 가정용 암모니아를 섞지 말라는 경고문의 이유 중 하나이다.

순수한 하이드라진은 다용도로 사용되는 강한 환원제이다. 하이드라진과 메틸하이드라진(그림 22.22)과 같은 화합물의 주용도는 로켓 연료이다.

다음 분자들에서 N—N 결합 길이는 $N_2$에서의 N—N 결합 길이에 비해 긴가, 짧은가?

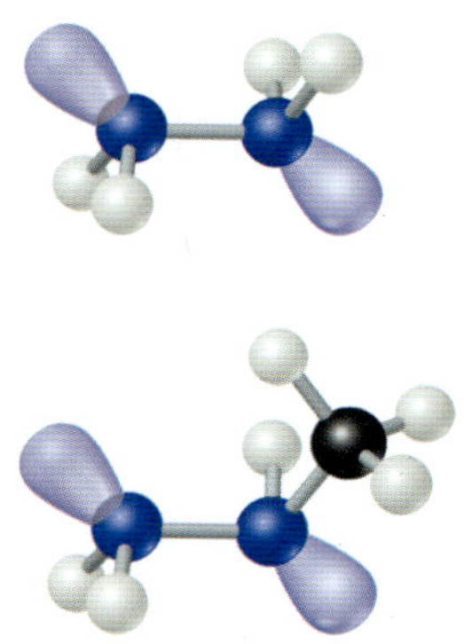

▲그림 22.22 하이드라진(위, $N_2H_4$)과 메틸하이드라진(아래, $CH_3NHNH_2$)의 구조

## 예제 22.5
### 균형 맞춘 반응식 쓰기

하이드록실아민($NH_2OH$)은 산 용액하에서 구리(II)를 구리 금속으로 환원시킨다. 산화의 결과로 $N_2$가 생성된다고 할 때, 이 반응의 균형 맞춘 반응식을 쓰시오.

### 해답

**분석** $NH_2OH$가 $N_2$로 변환되고, $Cu^{2+}$가 Cu로 변환되는 산화–환원 반응의 균형 맞춘 반응식을 쓰는 문제이다.

**계획** 산화–환원 반응이므로, 20.2절에 설명된 것과 같이, 반쪽 반응법으로 균형 맞춘 반응식을 구한다. 즉 두 개의 반쪽 반응($NH_2OH$와 $N_2$를 포함하는 반쪽 반응과, $Cu^{2+}$와 Cu가 포함된 반쪽 반응)을 가지고 시작한다.

**풀이** 균형을 맞추지 않은 반쪽 반응은

$$Cu^{2+}(aq) \longrightarrow Cu(s)$$
$$NH_2OH(aq) \longrightarrow N_2(g)$$

20.2절에 설명된 방법으로 균형을 맞추면

$$Cu^{2+}(aq) + 2\,e^- \longrightarrow Cu(s)$$
$$2\,NH_2OH(aq) \longrightarrow N_2(g) + 2\,H_2O(l) + 2\,H^+(aq) + 2\,e^-$$

이들 반쪽 반응을 더하여 균형 맞춘 반응식을 얻는다.

$$Cu^{2+}(aq) + 2\,NH_2OH(aq) \longrightarrow Cu(s) + N_2(g) + 2\,H_2O(l) + 2\,H^+(aq)$$

**▶ 보충 예제**

발전소에서는 물에 녹아 있는 $O_2$에 의한 증기 보일러의 금속 부분 부식을 방지하는 데 하이드라진을 사용한다. 하이드라진은 물 속에서 $O_2$와 반응하여 $N_2$와 $H_2O$를 생성한다. 이 반응의 균형 맞춘 반응식을 쓰시오.

## 질소의 산화물과 산소산

질소는 흔히 $N_2O$(아산화 질소), NO(일산화 질소), $NO_2$(이산화 질소)의 세 종류의 산화물을 생성한다. 또한 두 종류의 불안정한 $N_2O_3$(삼산화 이질소)와 $N_2O_5$(오산화 이질소) 산화물도 생성하지만, 여기서는 논의하지 않을 것이다.

**아산화 질소**(nitrous oxide, $N_2O$)는 웃음 기체로 알려져 있다. 소량만 들이마셔도 사람을 다소 들뜨게 만들기 때문이다. 이 무색 기체는 일반 마취제로 사용된 첫 번째 물질이다. $N_2O$는 생크림 같은 몇 가지 에어로솔과 거품 제재의 압축 기체 추진제로 사용된다.

**일산화 질소**(nitric oxide, NO)도 무색 기체이고, $N_2O$와 달리 약간 독성이 있다. 실험실에서는 환원제로 구리나 철을 사용하여 묽은 질산을 환원시켜 제조할 수 있다.

$$3\,Cu(s) + 2\,NO_3^-(aq) + 8\,H^+(aq) \longrightarrow 3\,Cu^{2+}(aq) + 2\,NO(g) + 4\,H_2O(l) \qquad [22.36]$$

또한 일산화 질소는 고온에서 $N_2$와 $O_2$의 직접 반응으로도 생성할 수 있다. 이 반응은 대기 오염물질 중 질소 산화물의 주요한 원인이다. 그러나 $N_2$와 $O_2$의 직접 반응법은 수득률이 낮기 때문에 현재 NO의 공업적 생산에 사용하지 않는다. 2400 K에서 평형 상수 $K_p$는 0.05에 불과하다("작동하는 화학: NO 배출의 조절" 참조).

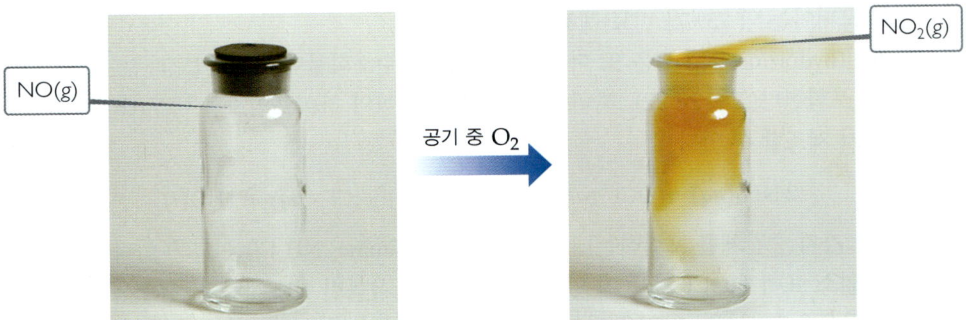


$$2\,NO(g) + O_2(g) \longrightarrow 2\,NO_2(g)$$

▲ 그림 22.23 NO($g$)가 공기 중의 $O_2(g)$를 만나면 $NO_2(g)$를 생성한다.

NO(그 외의 산소를 포함하는 기타 질소 화합물을 포함)의 공업적 합성 과정은 촉매를 사용한 $NH_3$의 산화 방법을 따른다.

$$4\,NH_3(g) + 5\,O_2(g) \xrightarrow[850\,°C]{\text{Pt 촉매}} 4\,NO(g) + 6\,H_2O(g) \qquad [22.37]$$

이 반응은 공업적으로 $NH_3$를 질산($HNO_3$)으로 변환하는 **Ostwald 공정(Ostwald process)**의 세 단계 중 첫 번째 단계이다.

일산화 질소는 공기에 노출되면 $O_2$와 쉽게 반응하여 $NO_2$를 생성한다(그림 22.23).

$$2\,NO(g) + O_2(g) \longrightarrow 2\,NO_2(g) \qquad [22.38]$$

$NO_2$는 물에 용해되어 질산을 생성한다.

$$3\,NO_2(g) + H_2O(l) \longrightarrow 2\,H^+(aq) + 2\,NO_3^-(aq) + NO(g) \qquad [22.39]$$

이 반응에서 질소는 산화와 동시에 환원된다. 즉 불균등화 반응이 일어난다. NO는 공기에 노출되어 다시 $NO_2$로 변환될 수 있고(식 22.38), 따라서 물에 녹아 많은 $HNO_3$를 만든다.

NO는 인체에서 중요한 신경 전달 물질이다. NO는 근육으로 하여금 혈관을 이완하게 만들어 피가 많이 흐르게 한다("화학과 생명: 나이트로글리세린, 일산화 질소와 심장 질환" 참조).

**이산화 질소**(nitrogen dioxide, $NO_2$)는 황갈색 기체이고(그림 22.23), NO와 같이 스모그의 주요한 성분이다. 이산화 질소는 유독하고 숨 막히는 냄새를 갖는다. 15.1절에서 언급한 바와 같이 $NO_2$와 $N_2O_4$는 평형을 이룬다.

$$2\,NO_2(g) \rightleftharpoons N_2O_4(g) \quad \Delta H° = -58\ \text{kJ} \qquad [22.40]$$

두 가지 대표적인 질소의 산소산은 질산($HNO_3$)과 아질산($HNO_2$)이다(그림 22.24). **질산(nitric acid)**은 강산이며, 다음 반응의 표준 환원 전위가 나타내듯이 강한 산화제이기도 하다.

$$NO_3^-(aq) + 4\,H^+(aq) + 3\,e^- \longrightarrow NO(g) + 2\,H_2O(l) \quad E° = +0.96\ \text{V} \qquad [22.41]$$

진한 질산은 Au, Pt, Rh, Ir을 제외한 대부분의 금속을 산화시킨다.

대부분의 질산은 $NH_4NO_3$ 비료의 제조에 사용하고, 또한 질산은 플라스틱, 의약 및 폭발물의 생산에도 사용한다. 질산으로부터 만드는 폭발물에는 나이트로글리세린, 트라이나이트로톨루엔(TNT), 나이트로셀룰로스가 있다. 다음은 나이트로글리세린이 폭발할 때의 반응이다.

$$4\,C_3H_5N_3O_9(l) \longrightarrow 6\,N_2(g) + 12\,CO_2(g) + 10\,H_2O(g) + O_2(g) \qquad [22.42]$$

이 반응에서 모든 생성물은 매우 강한 결합을 갖는 기체들이다. 그 결과, 반응은 매우 큰 발열 반응이고, 생성물의 부피가 반응물이 차지하는 부피보다 훨씬 더 크다. 그래서 기체의 갑작스러운 생성과 동시에 발생한 반응열 때문에 기체들이 팽창하여 폭발을 일으킨다.

이 두 분자 중 어느 NO 결합이 더 짧은가?

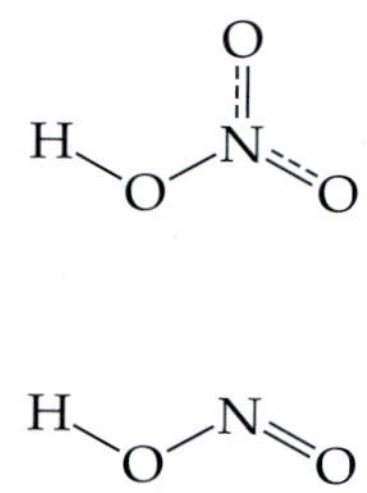

▲ 그림 22.24 질산(위)과 아질산(아래)의 구조

## 화학과 생명 나이트로글리세린, 일산화 질소와 심장 질환

1870년대에 Alfred Novel의 다이너마이트 공장에서 흥미로운 사실이 관찰되었다. 힘을 쓸 때마다 흉통이 생기는 심장 질환으로 고생하던 노동자들이 주중에 일하는 동안 흉통이 완화된 것이다. 오래지 않아 공장의 공기에 들어 있는 나이트로글리세린이 혈관 확장제로 작용하는 것이 밝혀졌다. 이 강력한 폭발물은 곧 협심증 환자와 심부전 환자에게 일반적인 치료법이 되었다. 나이트로글리세린이 혈관의 평활근에서 NO로 바뀌고, 이것이 실제로 혈관을 확장시킨다는 사실을 알게 된 것은 100년도 더 지나서였다. 1998년에 노벨 의학생리학상은 Robert F. Furchgott, Louis J. Ignarro, Ferid Murad에게 돌아갔는데, 그들의 공로는 심혈관계에서 NO가 작용하는 자세한 경로를 밝힌 것이었다. 이 간단하고 흔한 공기 오염 물질이 인간을 포함한 포유류에서 중요한 기능을 한다는 사실은 세상을 놀라게 하였다.

나이트로글리세린은 오늘날까지도 협심증 환자에게 유용하지만, 장기간 투여하면 나이트로글리세린에 의한 혈관 근육의 이완으로 인해 내성 혹은 탈감각이 진행된다. 나이트로글리세린의 생체 활성화는 탈감각화를 피할 수 있는 방법을 찾고자 하는 희망을 가지고 지금도 연구되고 있다.

## 자기 평가 연습 문제

**22.26** 다음 반응 중 불균등화 반응은 무엇인가?

**(a)** $2NO_2(g) + H_2O(l) \rightarrow HNO_3(aq) + HNO_2(aq)$

**(b)** $2NH_3(aq) + OCl^-(aq) \rightarrow N_2H_4(aq) + Cl^-(aq) + H_2O(l)$

**(c)** $2NO_2 \rightleftharpoons N_2O_4(g)$

## 연습 문제

**22.27** 다음 각 화합물의 화학식을 쓰시오.
**(a)** 삼산화 이질소 **(b)** 오산화 이질소 **(c)** 사이안화 수소
**(d)** 질산 암모늄 **(e)** 아질산 철(III) **(f)** 삼염화 질소

**22.28** 다음 화합물의 Lewis 구조를 그리고, 그 기하 구조를 설명한 뒤 질소의 산화 상태를 나타내시오.
**(a)** $N_2O_3$ **(b)** NOCl **(c)** $NO_2Cl$ **(d)** $N_2O_4$

**22.29** 다음 반응의 균형 맞춘 알짜 이온 반응식을 작성하시오.
**(a)** 묽은 질산이 아연 금속과 반응하여 아산화 질소를 형성한다.
**(b)** 진한 질산이 황과 반응하여 이산화 질소를 형성한다.
**(c)** 진한 질산이 이산화 황을 산화시켜 산화 질소를 형성한다.
**(d)** 하이드라진이 과량의 플루오린 기체에서 연소되어 $NF_3$를 형성한다.
**(e)** 하이드라진이 염기에서 $CrO_4^{2-}$를 $Cr(OH)_4^-$로 환원시킨다(하이드라진은 $N_2$로 산화된다).

**22.30** 다음 반응의 균형 맞춘 반쪽 반응식을 쓰시오.
**(a)** 산성 용액에서 질산염 이온이 NO로 환원
**(b)** 산성 용액에서 $HNO_2$가 $NO_2$로 산화

자기 평가 연습 문제 답 **22.26** (a)

## 22.8 | 질소 이외의 15족 원소: P, As, Sb, Bi

파리그린(Paris green)은 비소 화합물로, 곱게 갈면 옅은 청록색을 띠고 입자 크기가 크면 진한 에메랄드빛을 띤다. 그 독성은 처음부터 인지되었지만, Turner, Monet, Gauguin, Van Gogh와 같은 예술가들에게 인기 있는 안료였다.

이 절에서는 생명에 필수적인 인에 집중하면서 다른 15족 원소를 검토한다. 이 절이 끝나면 다음 사항을 수행할 수 있어야 한다.

• 인 화합물의 구조와 성질을 이해하기

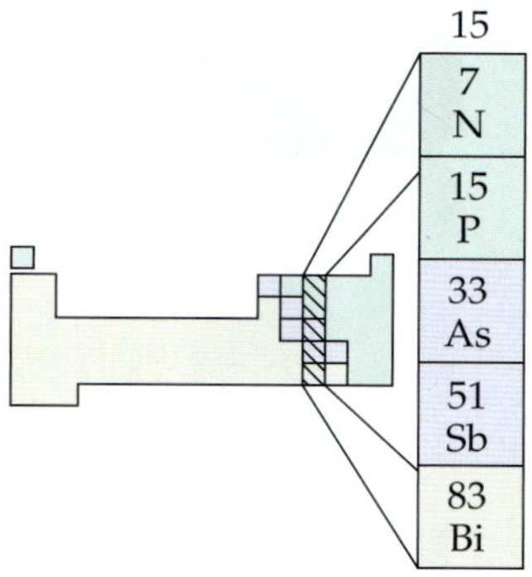


15족의 나머지 원소(인, 비소, 안티모니, 비스무트) 중에서 인은 생화학과 환경 화학의 여러 면에서 중심 역할을 한다.

15족 원소는 $ns^2np^3$의 최외각 껍질 전자 배치 구조를 갖는다. 여기서 $n$은 2~6의 값을 가진다. 전자 3개를 얻어 −3의 산화 상태를 형성하면 비활성 기체의 전자 배치를 갖는다. 그러나 $X^{3-}$ 이온을 포함하는 이온 결합 화합물은 흔하지 않다. 15족 원소들은 훨씬 더 일반적으로 공유 결합을 통해 팔전자계를 이루고, 산화수는 −3~+5의 값을 가질 수 있다.

인은 전기 음성도가 낮기 때문에 질소보다 양의 산화 상태로 더 많이 발견된다. 더구나 +5 산화 상태인 인 화합물은 질소 화합물만큼 강한 산화제가 아니다. 인이 −3 산화 상태인 화합물은 질소 화합물보다 훨씬 더 강한 환원제이다.

15족 원소들의 몇 가지 중요한 성질을 **표 22.7**에 요약하였다. 15족 원소 중 성질의 변화는 16족 원소와 17족 원소에서 보이는 것보다 훨씬 더 두드러진다. 예를 들면 질소는 기체 상태의 이원자 분자로 존재하고, 성질은 확실히 비금속성이다. 그러나 비스무트는 붉은색을 띠는 흰색으로, 대부분 금속성을 갖는 물질이다.

X−X 단일 결합 엔탈피 값은 열화학적 실험을 통하여 자료를 얻기 어렵기 때문에 대략적인 값이다. 그러나 다음과 같이 일반적 경향은 확실하다. 즉 N−N 단일 결합 값은 작고 인에서 증가하지만, 비소와 안티모니에서 점차 다시 감소한다. 기체상의 15족 원소 측정으로부터 X≡X 삼중 결합 엔탈피는 표 22.7에 나타낸 것처럼 추측할 수 있다. 여기서 X−X 단일 결합의 경향과 다른 것을 볼 수 있다. 질소는 다른 원소보다 훨씬 더 강한 결합을 생성하고, 삼중 결합 엔탈피는 같은 족에서 아래로 갈수록 확실히 감소한다. 이 자료를 통하여 15족 원소 중 질소만 25 ℃에서 안정한 이원자 분자 상태로 존재하는 이유를 이해할 수 있다. 다른 모든 원소는 원자들 사이에 단일 결합 구조 형태로 존재한다.

## 인의 출처, 분리 및 성질

인은 인산염의 광물 형태로 발견된다. 인의 중요한 자원은 인광석이고, 주로 인산 칼슘[$Ca_3(PO_4)_2$]의 인산염으로 존재한다. $SiO_2$ 존재하에서 탄소를 사용하여 인산 칼슘을 환원하는 방법으로 산업에서 원소 상태의 인을 생산한다.

$$2\,Ca_3(PO_4)_2(s) + 6\,SiO_2(s) + 10\,C(s) \xrightarrow{1500\,°C} P_4(g) + 6\,CaSiO_3(l) + 10\,CO(g) \qquad [22.43]$$

이런 방법으로 생산된 인은 흰인으로 알려진 동소체이다. 이 흰인은 반응 진행에 따라 반응 혼합물로부터 증류한다.

**표 22.7 15족 원소의 성질**

| 성질 | N | P | As | Sb | Bi |
|---|---|---|---|---|---|
| 원자 반지름(pm) | 71 | 107 | 119 | 139 | 148 |
| 1차 이온화 에너지(kJ/mol) | 1402 | 1012 | 947 | 834 | 703 |
| 전자 친화도(kJ/mol) | >0 | −72 | −78 | −103 | −91 |
| 전기 음성도 | 3.0 | 2.1 | 2.0 | 1.9 | 1.9 |
| X−X 단일 결합 엔탈피(kJ/mol)* | 163 | 200 | 150 | 120 | — |
| X≡X 삼중 결합 엔탈피(kJ/mol) | 941 | 490 | 380 | 295 | 192 |

* 대략적인 값

▲ 그림 22.25 흰인과 붉은인의 구조 두 원자 모두 인 원자만을 포함하고 있음에도 불구하고, 이들 인의 두 형태는 반응성에 있어 크게 다르다. 흰인은 산소와의 반응성이 매우 커서 공기에 노출되지 않도록 물속에 보관한다. 붉은인은 흰인보다 훨씬 반응성이 작으므로 물속에 보관할 필요는 없다.

인은 여러 가지의 동소체로 존재한다. 흰인은 정사면체의 $P_4$로 이루어져 있다(**그림 22.25**). 이 분자의 결합각은 60°로 비정상적으로 작으므로 결합 내에 무리(strain)가 많고, 이것은 흰인의 높은 반응성과 일치한다. 이 동소체는 공기에 노출하면 자발적으로 발화한다. 흰인을 공기 없이 약 400 ℃까지 가열하면, 붉은인으로 알려진 더 안정한 동소체로 변한다. 이 붉은인은 공기와 접촉해도 발화하지 않는다. 또한 붉은인은 흰인보다 독성이 훨씬 작다. 원소 인을 간단히 P(*s*)라고 표기할 것이다.

## 인의 할로젠화물

인은 할로젠과 다양한 화합물을 생성한다. 그중에서 가장 중요한 화합물은 트라이할로젠화물과 펜타할로젠화물이다. 이 화합물 중 삼염화 인($PCl_3$)은 산업적으로 가장 중요하고, 비누, 세제, 플라스틱, 살충제를 포함한 다양한 제품의 제조에 사용된다.

인의 염화물, 브로민화물, 아이오딘화물은 원소 상태의 각 할로젠과 원소 인의 직접 산화 반응으로 합성할 수 있다. 예를 들면 실온에서 액체인 $PCl_3$는 흰인이나 붉은인 위에 건조한 염소 기체 증기를 통과시켜 제조한다.

$$2\,P(s) + 3\,Cl_2(g) \longrightarrow 2\,PCl_3(l) \qquad [22.44]$$

과량의 염소 기체가 존재하면 $PCl_3$와 $PCl_5$ 간에 평형이 이루어진다.

$$PCl_3(l) + Cl_2(g) \rightleftharpoons PCl_5(s) \qquad [22.45]$$

인의 할로젠화물은 물과 접촉하여 가수 분해하며, 그 반응은 쉽게 일어난다. 대부분의 할로젠화 인 화합물은 공기 중에서 수증기와 반응하여 연기를 낸다. 물이 과량 존재하면 인의 산소산과 할로젠화 수소를 생성한다.

$$PBr_3(l) + 3\,H_2O(l) \longrightarrow H_3PO_3(aq) + 3\,HBr(aq) \qquad [22.46]$$

$$PCl_5(l) + 4\,H_2O(l) \longrightarrow H_3PO_4(aq) + 5\,HCl(aq) \qquad [22.47]$$

$P_4O_6$내 P의 전자 영역과 $P_4O_{10}$내 P의 전자 영역은 어떻게 다른가?

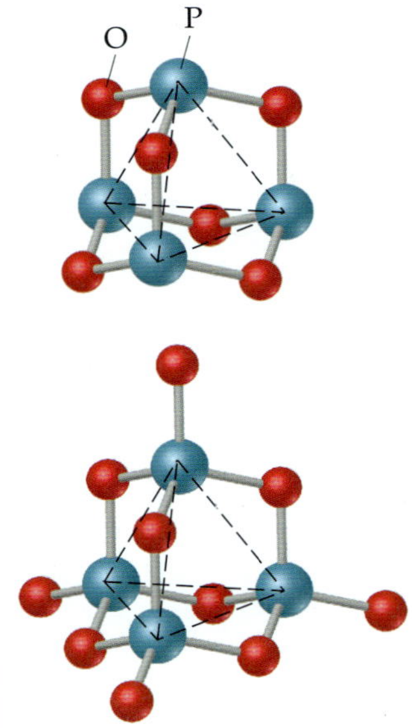


▲ 그림 22.26 $P_4O_6$(위) 및 $P_4O_{10}$(아래)의 구조

## 인의 산소 화합물

인의 가장 중요한 화합물은 아마도 인 원소가 산소와 결합한 화합물일 것이다. 산화 인(III)($P_4O_6$)은 흰인에 산소를 제한되게 공급하면서 산화시켜 얻는다. 과량의 산소 존재하에서 산화 반응이 일어나면 산화 인(V)($P_4O_{10}$)을 생성한다. 이 화합물은 또한 $P_4O_6$를 산화하면 쉽게 생성된다. 이 두 산화물은 인의 가장 흔한 +3과 +5의 두 가지 산화 상태를 나타낸다. $P_4O_6$와 $P_4O_{10}$ 사이의 구조 관계를 **그림 22.26**에 나타내었다. 이 분자들은 $P_4$ 분자와 유사성이 있는 것에 주목하라(그림 22.26). 세 가지 물질 모두 $P_4$의 골격을 가지고 있다.

인(V) 산화물은 약한 삼양성자산인 인산($H_3PO_4$)의 무수물이다. 실제로 $P_4O_{10}$은 물과 매우 친화력이 커서 건조제로 사용한다. 인(III) 산화물은 약한 이양성자산인 아인산(phosphorous acid, $H_3PO_3$)의 무수물이다(**그림 22.27**).*

인산과 아인산의 한 가지 특징은 가열할 때 **축합 반응**(condensation reaction)이 일어나는 경향이 있다는 것이다. 예를 들어 두 개의 $H_3PO_4$ 분자는 $H_2O$ 분자를 제거하면서 $H_4P_2O_7$을 생성한다.

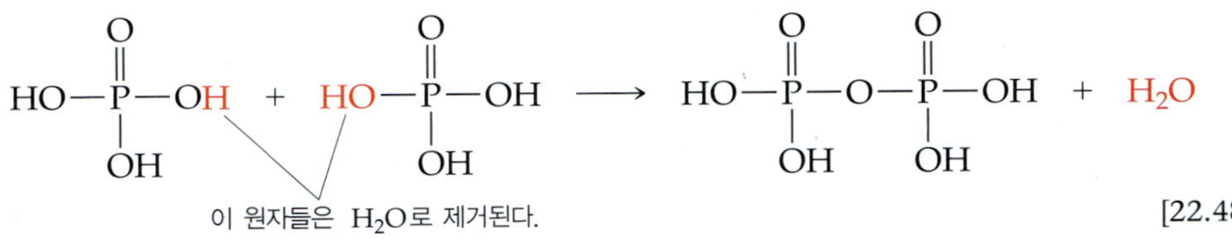


[22.48]

* 원소 phosphorus는 접미사 *-us*를 갖지만, 산 phosphorous는 접미사 *-ous*를 갖는다.

인산과 인산염은 세제와 비료에 중요하게 사용된다. 세제의 인산염은 트라이폴리인산 소듐(sodium tripolyphosphate, $Na_5P_3O_{10}$) 형태이다. 인산염 이온은 이 이온에 포함하고 있는 산소가 경수를 만드는 금속 이온에 결합하여 연수를 만든다. 이것은 금속 이온이 세제의 활동을 방해하는 것을 막아 준다. 또한 인산염은 pH 7 이상을 유지하여 세제 분자들이 $H^+$ 이온과 결합하는 양성자화를 막아 준다.

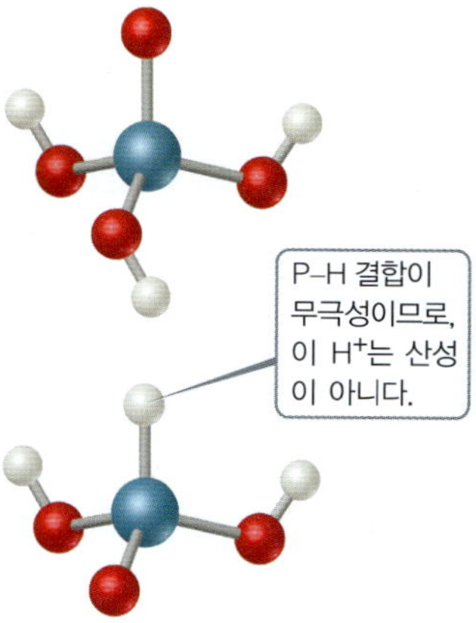

▲ **그림 22.27** $H_3PO_4$(위)와 $H_3PO_3$(아래)의 구조

대부분의 인광석은 비료로 변환될 수 있다. 인광석 중 $Ca_3(PO_4)_2$는 불용성이다($K_{sp} = 2.0 \times 10^{-29}$). 비료로 사용하려면 인광석을 황산이나 인산으로 처리하여 가용성 형태로 변환시킨다. 다음 반응은 인산으로 $Ca(H_2PO_4)_2$를 만들어 내는 반응식이다.

$$Ca_3(PO_4)_2(s) + 4\,H_3PO_4(aq) \longrightarrow 3\,Ca^{2+}(aq) + 6\,H_2PO_4^-(aq) \qquad [22.49]$$

$Ca(H_2PO_4)_2$는 용해도 때문에 식물에 흡수되지만, 토양에서 씻겨나가 물로 흘러 들어가서 수질을 오염시킨다.

인 화합물은 생물계에도 중요하다. 인 원소는 RNA와 DNA의 인산기에서 발견된다. 이 분자들은 단백질 생합성을 조절하고, 유전 정보를 전달하는 역할을 한다. 또한 인은 아데노신 삼인산염(adenosine triphosphate, ATP)에서도 발견되는데, 이것은 생물의 세포 내에서 에너지를 저장하는 물질로 다음과 같은 구조를 갖는다.

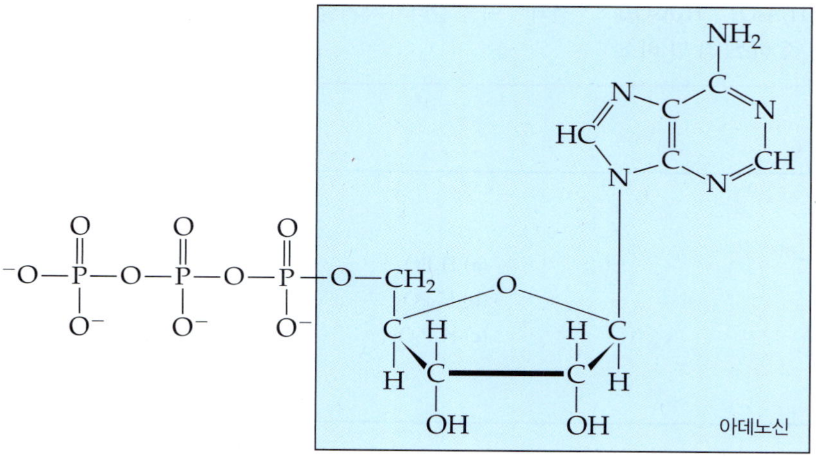


말단의 인산기에서 P—O—P 결합은 물과 함께 가수 분해되어 끊어지고, 아데노신 이인산염(adenosine diphosphate, ADP)을 생성한다.

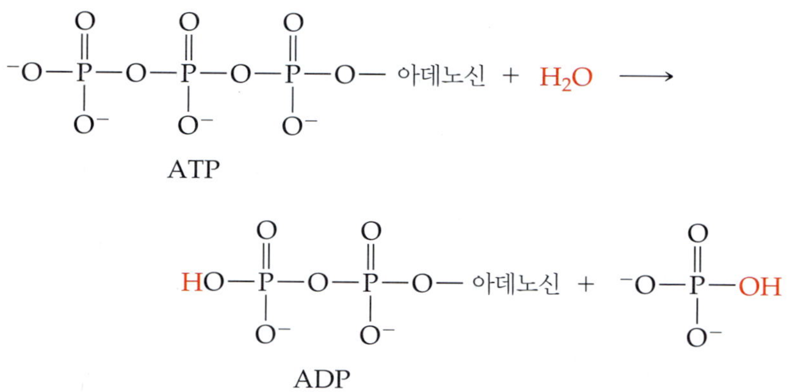

[22.50]

이 반응은 표준 상태에서 33 kJ의 에너지를 방출하지만, 살아 있는 세포에서 이 반응의 Gibbs 자유 에너지 변화는 −57 kJ/mol에 가깝다. 살아 있는 세포 내부에 ATP의 농도는 1~10 m$M$ 범위인데, 일반적인 사람은 대사 작용을 통해 하루에 자신의 몸무게만큼의 ATP를 대사한다. ATP는 ADP로부터 계속적으로 만들어지고, 계속적으로 ADP에서 다시 변환되어 에너지를 방출하며, 다

른 세포 반응에 이용될 수 있다.

## 화학과 생명 음용수 속의 비소

비소의 산화물은 수 세기 동안 독극물로 알려져 왔다.

비소가 식수를 오염시키면 방글라데시에서와 같이 광범위한 중독을 일으킬 수 있다. 역사적으로 이 나라의 지표수는 미생물로 오염되어 심각한 건강 문제를 초래했었다. 1970년대에 유엔아동기금(UNICEF)을 비롯한 국제단체들이 방글라데시에 '깨끗한' 음용수를 제공하기 위해 수백만 달러의 구호 자금을 투자하여 우물을 설치하기 시작했다. 그러나 불행하게도, 아무도 우물물에 존재하는 비소에 대해 조사하지 않아, 이 문제는 1980년대까지 발견되지 않았다. 그 결과 이 사건은 역사상 가장 큰 규모의 집단 중독을 가져 왔다. 이 나라의 절반이 넘는 약 천만 개의 우물에서 비소 농도가 50 ppb가 넘는다.

물속에서 비소의 일반 형태는 비소산 이온과 그 양성자화된 수소 음이온(예를 들면 $AsO_4^{3-}$, $HAsO_4^{2-}$, $H_2AsO_4^-$), 아비소산 이온과 그 양성자화된 형태(예를 들면 $AsO_3^{3-}$, $HAsO_3^{2-}$, $H_2AsO_3^-$, $H_3AsO_3$)이다. 이들 화학종은 전반적으로 비소의 산화수, 즉 비소(V) 및 비소(III)로 각각 구분된다. 비소(V)는 산소가 풍부한 표면수에 더욱 흔하게 존재하는 반면, 비소(III)는 산소가 부족한 지표수에 더 많이 존재한다.

음용수 중의 비소가 건강에 미치는 효과를 밝히려는 난제 중의 하나는 비소(V)와 비소(III)의 서로 다른 화학적 성질뿐만 아니라, 개인마다 생리적인 감응을 위해 각기 다른 농도의 비소가 요구된다는 점이다. 방글라데시에서 피부 손상은 비소 문제의 첫 번째 신호였다. 비소 수치와 발병의 연관성에 관한 통계적 연구에 의하면, 폐암과 방광암의 위험은 비소 수치가 낮음에도 불구하고 높게 나타났다.

비소를 제거하기 위한 현재의 기술은 비소를 비소(V)의 형태에서 가장 효과적으로 처리할 수 있기 때문에, 물 처리 과정의 전략에는 음용수의 예비 산화가 포함된다. 일단 비소(V)의 형태에서는 여러 가지의 제거 전략이 가능하다. 예를 들어 $Fe^{3+}$를 첨가하면 $FeAsO_4$가 침전되어 이를 걸러서 제거할 수 있다.

## 자기 평가 연습 문제

**22.31** $PF_3$가 물과 반응할 때 생성되는 산소산은?

**(a)** $H_3PO_3$
**(b)** $H_3PO_4$
**(c)** $H_4P_2O_7$

## 연습 문제

**22.32** 다음 화합물 또는 이온의 화학식을 작성하고 각 화학식 내 15족 원소의 산화 상태를 나타내시오.
**(a)** 삼황화 이비소 **(b)** 오산화 비소 **(c)** 삼염화 인
**(d)** 포스포늄 이온 **(e)** 안티몬화 인듐 **(f)** 아비소산 소듐

**22.33** 다음 현상을 설명하시오.
**(a)** $H_3PO_3$는 이양성자산이다.
**(b)** 질산은 강산이고 인산은 약산이다.
**(c)** 인산염 암석은 인산염 비료로 효과가 없다.
**(d)** 인은 실온에서 이원자 분자로 존재하지 않지만 질소는 존재한다.
**(e)** $Na_3PO_4$ 용액은 매우 염기성이다.

**22.34** 다음 반응의 균형 방정식을 작성하시오.
**(a)** $PCl_5$의 가수 분해
**(b)** 인산(오쏘인산이라고도 함)을 탈수하여 파이로인산을 형성
**(c)** $P_4O_{10}$과 물의 반응

자기 평가 연습 문제 답 **22.31** (a)

# 22.9 탄소

탄소는 지각의 겨우 0.027%를 차지하고 있다. 일부의 탄소는 흑연과 다이아몬드에서 원소 형태로 발견되지만, 대부분은 혼합물 형태로 발견된다. 탄소는 절반 이상이 탄산염 화합물에 존재한다. 탄소는 석탄, 석유, 천연가스에서도 발견된다. 이 원소의 중요성은 대부분이 살아 있는 모든 유기체에서 발견된다는 점이다. 우리들이 알고 있는 바와 같이, 생명은 탄소 화합물을 기초로 한다. 이 절에서는 무기 탄소에 초점을 맞춘다. 이 절이 끝나면 다음 사항을 수행할 수 있어야 한다.

- 탄소 산화물, 탄산염 및 탄화물과 관련된 주요 반응을 인식하기

## 탄소의 원소 형태

탄소는 흑연, 다이아몬드, 풀러렌, 탄소 나노튜브, 그래핀과 같은 여러 가지 동소체를 가진다. 풀러렌, 탄소 나노튜브, 그래핀은 12장에서 설명하였다. 이 절에서는 흑연과 다이아몬드를 살펴본다.

**흑연**(graphite)은 검은색의 미끄러지는 성질이 있는 연한 고체이며, 금속성 광택이 있고, 전기가 통한다. 이것은 $sp^2$ 혼성화된 탄소 원자들이 평행 판상으로 겹쳐 쌓여진 층상 구조이고, 판상은 분산력으로 서로 연결되어 있다. **다이아몬드**(diamond)는 $sp^3$ 혼성화된 탄소 원자들이 공유성 그물 구조를 이룬, 투명하고 단단한 고체이다. 다이아몬드는 흑연보다 밀도가 크다(흑연의 밀도: 2.25 g/cm$^3$, 다이아몬드의 밀도: 3.51 g/cm$^3$). 매우 높은 온도와 압력(대략 3,000 ℃, 10 GPa)에서 흑연은 다이아몬드로 변환된다. 1950년대에 General Electric사의 과학자들이 땅콩버터를 이용하여 다이아몬드를 만들어 냈다. 약 $3\times10^4$ kg의 산업용 다이아몬드를 해마다 합성하는데, 주로 절단, 연마, 광택용 기구에 사용된다.

흑연은 명확한 결정 구조를 가졌지만, **카본 블랙**(carbon black)이나 **목탄**(charcoal)과 같은 비결정 형태로도 존재한다. 카본 블랙은 메테인 같은 탄화수소를 매우 제한된 산소 속에서 태울 때 생성된다.

$$CH_4(g) + O_2(g) \longrightarrow C(s) + 2\,H_2O(g) \qquad [22.51]$$

이것은 검은 잉크 안료로 사용되고, 많은 양은 자동차 타이어 제조에도 사용된다.

목탄은 나무를 공기 없이 세게 가열할 때 생성된다. 목탄은 매우 열린 구조를 가지고 있으며, 단위 질량당 거대한 표면적을 가진다. '활성탄(activated charcoal)'은 분쇄 분말이고, 증기로 가열하여 표면을 깨끗하게 만든 활성탄은 분자 흡착에 널리 사용된다. 활성탄은 공기로부터 불쾌한 냄새를 제거하고, 물속의 나쁜 냄새가 나는 불순물을 제거하거나 탈색할 때 사용된다.

## 탄소의 산화물

탄소는 두 가지의 기본적 산화물인 일산화 탄소(CO)와 이산화 탄소($CO_2$)를 생성한다. **일산화 탄소**(carbon monoxide)는 탄소 또는 탄화수소에 제한된 산소를 공급할 때 생성된다.

$$2\,C(s) + O_2(g) \longrightarrow 2\,CO(g) \qquad [22.52]$$

CO는 무색, 무취, 무미의 기체로, 혈액 속의 헤모글로빈과 결합하여 산소 운반을 방해하기 때문에 유독하다. 약하게 중독되면 두통이 생기고 졸음이 오지만, 심하게 중독되면 죽음에 이른다.

일산화 탄소는 탄소가 한 개의 비공유 전자쌍을 갖는다는 점에서 특이하다(:C≡O:). CO는 등전자 분자의 $N_2$처럼 반응성이 없을 것이라고 생각할지 모른다. 두 물질은 모두 큰 결합 에너지를 갖는다(C≡O 1,072 kJ/mol, N≡N 941 kJ/mol). 그러나 탄소는 핵전하가 작기 때문에(N이나 O에 비해) N 또는 O의 비공유 전자쌍만큼 강하게 붙잡혀 있지 않다. 결과적으로 CO는 $N_2$보다 Lewis 염기로 더 잘 작용할 수 있다. 예를 들면 CO는 헤모글로빈의 철 이온과 비공유 전자쌍을 배위하여 $O_2$를 치환할 수 있으나, 질소는 할 수 없다.

일산화 탄소는 몇 가지 상업적 용도를 가지고 있다. 일산화 탄소는 쉽게 연소하여 $CO_2$를 생성하기 때문에 연료로 사용된다.

$$2\,CO(g) + O_2(g) \longrightarrow 2\,CO_2(g) \qquad \Delta H^\circ = -566\ kJ \qquad [22.53]$$

일산화 탄소는 금속 산화물을 환원할 때 야금 공정에도 널리 사용되는 중요한 환원제이다. 예를 들면 산화 철의 환원 용광로에 가장 중요한 환원제이다.

$$Fe_3O_4(s) + 4\,CO(g) \longrightarrow 3\,Fe(s) + 4\,CO_2(g) \qquad [22.54]$$

**이산화 탄소**(carbon dioxide)는 에탄올을 포함하는 다음 반응에서와 같이, 탄소를 포함하는 물질을 과량의 산소 속에서 태울 때 생성된다.

$$C_2H_5OH(l) + 3\,O_2(g) \longrightarrow 2\,CO_2(g) + 3\,H_2O(g) \qquad [22.55]$$

많은 종류의 탄산염을 가열할 때도 생성된다.

$$CaCO_3(s) \xrightarrow{\Delta} CaO(s) + CO_2(g) \qquad [22.56]$$

### 작동하는 화학 | 탄소 섬유와 합성물

흑연의 성질은 비등방성이다. 흑연은 탄소 면들을 따라 탄소–탄소 결합의 수와 힘 때문에 큰 힘을 가진다. 하지만 면들 사이의 결합은 그 방향으로 흑연을 약하게 만들어서 상대적으로 약하다.

흑연의 섬유는 탄소 면들이 섬유 축에 평행한 다양한 범위들로 일직선으로 정렬되도록 할 수 있다. 이러한 섬유들은 가볍고(대략 2 g/cm$^3$의 밀도), 화학적으로 매우 반응성이 낮다. 나란히 배열된 섬유들은 우선 유기 섬유들을 150~300 ℃에서 천천히 열분해하면서(열의 작용으로 분해하면서) 만들어진다. 이러한 섬유들은 그들을 흑연화하기 위해서 약 2500 ℃로 가열된다(형태가 없는 탄소를 흑연으로 전환한다). 열분해 동안 섬유를 잡아 늘이는 것은 흑연 면들이 섬유 축에 평행하도록 도와 준다. 더 많은 무정형의 탄소 섬유는 좀 더 낮은 온도(1200~1400 ℃)에서 유기 섬유의 열분해에 의해 형성된다. 흔히 **탄소 섬유**(carbon fiber)로 불리는 이런 무정형의 물질은 자주 상업적인 물질로 사용되는 유형이다.

힘과 안정성, 탄소 섬유의 낮은 밀도의 이점을 가진 합성 물질들은 광범위하게 사용된다. 합성물은 두 개 이상 물질의 화합물이다. 이러한 물질들은 개별적인 모습으로 존재하며, 각각의 구성 요소의 바람직한 특성들의 이점을 가진 구조들을 형성하기 위해서 결합된다. 탄소 합성물에서 흑연 섬유는 종종 직물로 짜이는데, 그것은 고체 구조로 그들을 묶는 매트릭스로 끼워 넣어진 것이다. 섬유들은 매트릭스를 통해 무게가 균등하게 배분된다. 그러므로 완성된 합성물은 그것의 어떠한 성분보다도 강하다.

탄소 합성 물질은 광범위하게 응용되어 사용된다. 테니스 라켓, 골프채, 자전거 바퀴와 같은 고성능 흑연 스포츠 장비를 포함한다. 많은 항공 우주 산업 응용에서 내열성 합성물이 요구되고 있으며(**그림 22.28**), 탄소 합성물들 역시 광범위하게 사용되고 있다.

▲ **그림 22.28** 상업 제품 내 탄소 합성물

실험실에서는 보통 탄산염과 산을 반응시켜 $CO_2$를 생성한다(**그림 22.29**).

$$CO_3^{2-}(aq) + 2\,H^+(aq) \longrightarrow CO_2(g) + H_2O(l) \qquad [22.57]$$

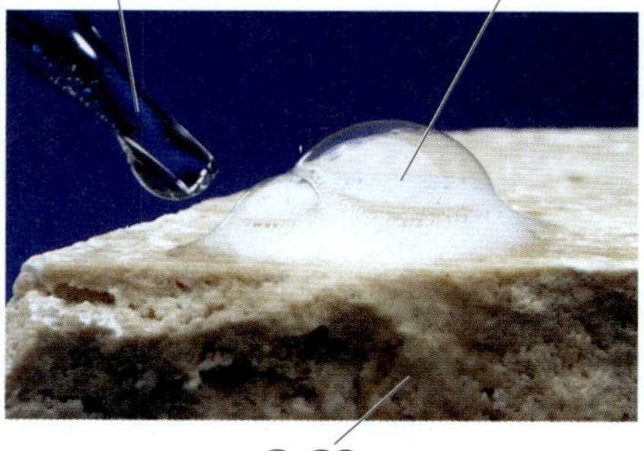


▲ **그림 22.29** 암석에 있는 산과 탄산 칼슘의 반응으로부터 $CO_2$ 형성

이산화 탄소는 무색, 무미의 기체로, 지구의 대기 중 소량으로 존재하는 성분이지만 온실 효과의 중요한 원인이다. 이산화 탄소는 유독하지는 않지만, 농도가 진하면 호흡 속도가 증가하고, 질식시킬 수 있다. 이산화 탄소를 압축하면 쉽게 액화된다. 그러나 대기압에서는 냉각할 때 액체보다 고체로 응축된다. 고체는 대기압하의 −78 ℃에서 승화한다. 이런 성질로 인하여 고체 $CO_2$는 냉각제로 유용하게 쓰인다. 고체 $CO_2$는 **드라이아이스**(dry ice)로 알려져 있다. 해마다 소비되는 $CO_2$의 절반가량은 냉동용으로 사용된다. 다른 중요한 용도는 탄산 음료의 생산이다. 또한 대량으로 사용하는 용도는 **세탁용 소다**(washing soda, $Na_2CO_3 \cdot 10\,H_2O$)와 **베이킹 소다**(baking soda, $NaHCO_3$)의 제조이다. 베이킹 소다는 빵을 구울 때 다음의 반응이 일어나기 때문에 붙여진 이름이다.

$$NaHCO_3(s) + H^+(aq) \longrightarrow Na^+(aq) + CO_2(g) + H_2O(l) \qquad [22.58]$$

$H^+(aq)$는 식초, 신맛 우유 또는 어떤 염의 가수 분해로 인하여 생성된다. 생성된 $CO_2$ 거품은 제빵 반죽에 섞여 있다가 반죽 덩어리를 부풀게 만든다.

## 탄산과 탄산염

이산화 탄소는 대기압하에서 $H_2O$에 어느 정도로 녹으며, 이 용액은 탄산($H_2CO_3$)을 만들므로 약한 산성이다.

$$CO_2(aq) + H_2O(l) \rightleftharpoons H_2CO_3(aq) \qquad [22.59]$$

탄산은 약산이고, 이양성자 산이다. 이러한 산성 성질로 인하여 탄산 청량음료는 짜릿하고 약간 신맛을 낸다.

탄산은 순수한 화합물 형태로 분리할 수 없지만, 탄산 용액을 중화하여 두 종류의 염을 얻을 수 있다. 즉 탄산수소염과 탄산염이다. 부분적으로 중화하면 $HCO_3^-$ 이온을 생성하고, 완전히 중화하면 $CO_3^{2-}$를 생성한다. $HCO_3^-$ 이온은 산이라기보다는 오히려 강한 염기이다($K_b = 2.3 \times 10^{-8}$, $K_a = 5.6 \times 10^{-11}$). 탄산 이온은 훨씬 더 강한 염기성이다($K_b = 1.8 \times 10^{-4}$).

주요 탄산염 광석은 방해석($CaCO_3$), 마그네사이트($MgCO_3$), 백운암[$MgCa(CO_3)_2$], 능철광($FeCO_3$)이다. 방해석은 세계적으로 여러 곳에서 나타나는 거대한 석회석 광상의 중요한 광물이다. 또한 대리석, 분필, 진주, 산호초, 대합조개와 굴 같은 해양 동물 껍질의 중요한 성분이 되기도 한다. $CaCO_3$는 순수한 물에 대한 용해도가 낮지만, 산성 용액에서는 쉽게 용해되어 $CO_2$를 발생한다.

$$CaCO_3(s) + 2\,H^+(aq) \rightleftharpoons Ca^{2+}(aq) + H_2O(l) + CO_2(g) \qquad [22.60]$$

$CO_2$를 포함하는 물은 약간 산성이므로(식 22.59), $CaCO_3$는 이러한 용매에 서서히 용해된다.

$$CaCO_3(s) + H_2O(l) + CO_2(g) \longrightarrow Ca^{2+}(aq) + 2\,HCO_3^-(aq) \qquad [22.61]$$

지표수가 석회석 광상을 거쳐 지하로 흘러갈 때 이러한 반응이 일어난다. 이것은 $Ca^{2+}$ 이온이 지하수에 들어가 경수(금속 이온, 특히 $Ca^{2+}$, $Mg^{2+}$를 많이 포함하는 물)를 만드는 주요한 원인이다. 석회석 광상이 지하에 충분히 깊이 있으면, 석회석이 용해되어 동굴이 형성된다.

$CaCO_3$의 가장 중요한 반응 중 하나는 고온에서 CaO와 $CO_2$로 분해되는 반응이다(식 22.56). 석회 또는 생석회라고 알려진 산화 칼슘은 물과 반응하여 $Ca(OH)_2$를 생성하므로, 중요한 산업용 염기가 된다. 또한 산화 칼슘은 모르타르(mortar)를 만들 때 중요하다. 모르타르는 모래, 물, CaO 혼합물로, 벽돌이나 블록 및 돌을 함께 붙도록 하는 데 사용한다. 산화 칼슘은 물 및 $CO_2$와 함께 반응하여 $CaCO_3$를 생성하고, 이것은 모르타르 중 모래와 결합하게 된다.

$$CaO(s) + H_2O(l) \longrightarrow Ca^{2+}(aq) + 2\,OH^-(aq) \qquad [22.62]$$

$$Ca^{2+}(aq) + 2\,OH^-(aq) + CO_2(aq) \longrightarrow CaCO_3(s) + H_2O(l) \qquad [22.63]$$

## 탄화물

탄소와 금속 또는 준금속 및 어떤 비금속으로 이루어진 이성분 화합물을 **탄화물**(**carbide**)이라고 한다. 활성이 큰 금속일수록 **이온성 탄화물**(ionic carbide)을 형성하는데, 가장 흔한 이온성 탄화물은 **아세틸화 이온**(acetylide ion, $C_2^{2-}$)을 포함한다. 아세틸화 이온은 $N_2$와 등전자 관계에 있고, Lewis 구조는 $[:C\equiv C:]^{2-}$로, 삼중 결합을 가진다. 가장 중요한 이온성 탄화물은 탄화 칼슘($CaC_2$)이며, 고온에서 탄소와 CaO의 환원에 의해서 얻어진다.

$$2\,CaO(s) + 5\,C(s) \longrightarrow 2\,CaC_2(s) + CO_2(g) \qquad [22.64]$$

탄화 이온은 매우 강한 염기이고, 물과 반응하여 아세틸렌($H-C\equiv C-H$)을 생성한다.

$$CaC_2(s) + 2\,H_2O(l) \longrightarrow Ca(OH)_2(aq) + C_2H_2(g) \qquad [22.65]$$

따라서 탄화 칼슘은 아세틸렌의 편리한 고체 원료로, 용접할 때 사용한다(그림 22.11).

**틈새형 탄화물**(interstitial carbide)은 많은 전이 금속에 의해 생성된다. 탄소 원자는 틈새형 수소화물처럼 금속 원자 사이의 열린 공간(틈새)을 차지한다. 이 과정은 일반적으로 더 단단한 금속을 형성된다. 예를 들면 탄화 텅스텐(WC)은 매우 단단하고 내열성이 크므로 절삭 공구를 만들 때 사용된다.

**공유 결합성 탄화물**(covalent carbide)은 붕소와 규소로 만들어진다. 탄화 규소(silicon carbide, SiC)는 카보런덤(carborundum)®이라고 알려져 있으며 연마용과 절삭 공구에 사용한다. SiC는 다이아몬드만큼 단단하며, Si 원자와 C 원자가 교대로 결합되어 있는 점을 제외하면 다이아몬드와 같은 구조를 갖는다.

## 자기 평가 연습 문제

**22.35** 탄산수소 이온은 양쪽성이다. $NaHCO_3$ 용액의 pH는 산성, 중성, 또는 염기성 중 어느 것인가?

**(a)** 산성
**(b)** 중성
**(c)** 염기성

## 연습 문제

**22.36** **(a)** 풀러렌, **(b)** 사이안화 포타슘, **(c)** 탄화 아연, **(d)** 아세틸화 아연, **(e)** 이황화 탄소의 화학식을 쓰시오.

**22.37** 다음 반응식을 완성하고 균형을 맞추시오.

**(a)** $CO_2(g) + OH^-(aq) \longrightarrow$

**(b)** $NaHCO_3(s) + H^+(aq) \longrightarrow$

**(c)** $CaO(s) + C(s) \xrightarrow{\Delta}$

**(d)** $C(s) + H_2O(g) \xrightarrow{\Delta}$

**(e)** $CuO(s) + CO(g) \longrightarrow$

**22.38** 다음 각 반응의 균형 반응식을 쓰시오.

**(a)** 이산화 탄소 대기에서 금속 마그네슘을 태우면 $CO_2$가 탄소로 환원된다.

**(b)** 광합성에서 태양 에너지는 이산화 탄소와 물로부터 포도당($C_6H_{12}O_6$)과 $O_2$를 생성하는 데 사용된다.

**(c)** 탄산염이 물에 용해되면 염기성 용액을 생성한다.

자기 평가 연습 문제 답 **22.35** (c)

## 22.10 | 탄소 이외의 14족 원소: Si, Ge, Sn, Pb

**석면**(asbestos)은 섬유상 규산염 광물을 총칭하는 일반 용어이다. 이 광물의 구조는 규산염 사면체의 사슬이거나 롤 형태로 형성된 시트이다. 그 결과 이 광물은 섬유 특성을 갖는다. 석면 광물은 규산염 구조의 화학적 안정성이 크기 때문에 특히 고온 응용 분야에서 단열재로 널리 사용되었다. 또한 석면 섬유는 석면 직물의 형태로 직조할 수 있어서, 한때 내화 커튼 및 기타 용도로도 사용되었다. 그러나 석면 광물의 섬유상 구조는 폐와 같은 약한 조직에 쉽게 침투하여 암을 비롯한 질병을 유발할 수 있기 때문에 건강에 위험을 초래한다. 따라서 일반 건축용 자재로 석면을 사용하는 것은 중단되었다.

이 절이 끝나면 다음 사항을 수행할 수 있어야 한다.

- 규산염의 발생과 규소의 일부 용도 이해하기

같은 족에서 아래로 내려감에 따라 비금속에서 금속으로 변하는 일반적 경향은 14족에서 현저하

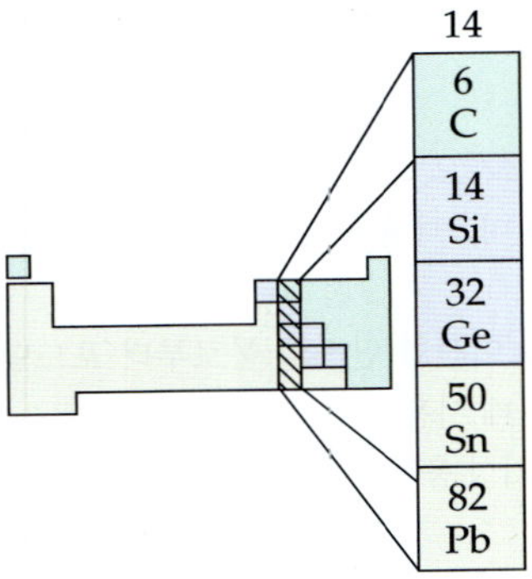


게 나타난다. 탄소는 비금속이고, 규소와 저마늄은 준금속이며, 주석과 납은 금속이다. 이 절에서는 14족의 몇 가지 일반적 특성을 알아본 다음, 규소에 대해 자세히 살펴볼 것이다.

## 14족 원소의 일반적 특성

14족 원소들은 바깥 껍질의 전자 배치가 $ns^2np^2$이고, 원소들의 전기 음성도는 일반적으로 작다(**표 22.8**). 형식적으로 $C^{4-}$ 이온을 포함하는 탄화물은 매우 반응성이 큰 금속의 몇 가지 탄소의 화합물인 경우에서만 관찰된다. 주석이 $Sn^{4+}$ 이온을 형성하는 경우는 드물지만 +4 산화 상태는 일반적이며 대부분의 14족 원소 화합물에서 발견된다. +2 산화 상태는 저마늄, 주석, 납의 화학에서 발견되고, 이것은 납의 경우 중요한 산화 상태이다. 탄소는 최대 네 개의 결합을 형성한다. 이 족의 다른 원소들은 네 개 이상의 결합을 형성할 수 있다.

표 22.8은 14족에서 아래로 내려갈수록 일정한 두 원소 사이의 결합력이 점차 감소하고 있음을 보여 준다. 탄소–탄소 결합은 매우 강하다. 결과적으로 탄소는 탄소 원자가 다른 원자와 결합하여 화합물을 만들 수 있는 강한 능력을 갖는데, 이로 인해 탄소 원자들은 연결된 사슬과 고리를 만들 수 있고, 많은 종류의 유기 화합물이 존재할 수 있다. 다른 원자들은 사슬과 고리를 만들 수 있지만, 이들 결합은 이들의 화학적 성질에서는 훨씬 덜 중요하다. 예를 들면 Si—Si 결합 세기(226 kJ/mol)는 Si—O 결합 세기(386 kJ/mol)보다 훨씬 약하다. 결과적으로, 규소 화합물에서는 Si—O 결합 생성이 우세하고, Si—Si 결합은 상대적으로 역할이 작다.

규소의 띠정제에 사용할 수 있는 온도 범위의 한계는 얼마인가?

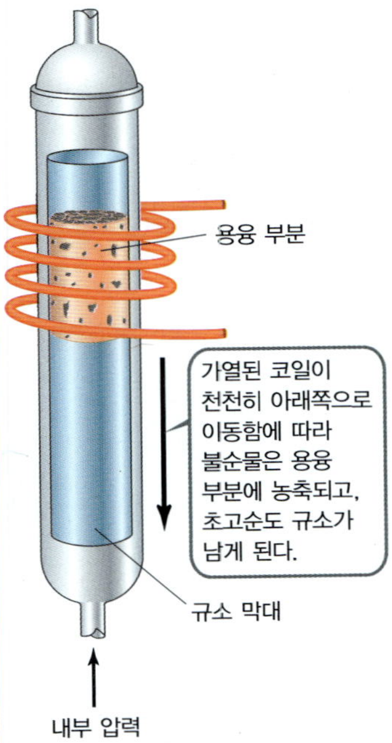


▲ **그림 22.30** 초고순도 규소 생성을 위한 띠정제 장치

## 규소의 출처와 제법

규소는 지각에서 산소 다음으로 두 번째로 풍부한 원소이다. 규소는 $SiO_2$와 매우 다양한 규산염 광물로 존재한다. 순수한 규소 원소는 고온에서 용융 이산화 규소를 탄소로 환원시켜 얻는다.

$$SiO_2(l) + 2\,C(s) \longrightarrow Si(l) + 2\,CO(g) \qquad [22.66]$$

원소 상태의 규소는 다이아몬드 형태의 구조를 갖는다. 결정성 규소는 회색의 금속처럼 보이는 고체이고, 1,410 °C에서 녹는다. 7장과 12장에서 본 것처럼, 이 원소는 반도체이므로 트랜지스터와 태양 전지의 제조에 사용된다. 반도체로 사용하는 규소는 불순물이 $10^{-7}$%(1 ppb) 이하로 극도로 순수해야 한다. 정제 방법 중 한 가지는 규소를 $Cl_2$와 반응시켜 $SiCl_4$를 생성하는 것이다. $SiCl_4$는 휘발성 액체로 분별 증류하여 정제한 후에 $H_2$를 사용하여 환원한 다음, 원소 상태의 규소로 다시 변환한다.

$$SiCl_4(g) + 2\,H_2(g) \longrightarrow Si(s) + 4\,HCl(g) \qquad [22.67]$$

이 방법으로 얻은 규소 원소는 **띠정제**(zone refining)의 공법으로 더 정제할 수 있다(**그림 22.30**). 가열 코일이 규소 막대를 따라 서서히 이동하면 얇은 띠 부분의 규소가 녹는다. 용융 영역이 막대의 길이를 따라 서서히 이동하면 불순물은 용융 부분에 모이고, 결국에 막대의 다른 쪽 끝부분에 농축된다. 막대의 정제된 끝부분은 99.999999999% 순수한 규소로 결정화된다.

**표 22.8 14족 원소의 몇 가지 성질**

| 성질 | C | Si | Ge | Sn | Pb |
|---|---|---|---|---|---|
| 원자 반지름(pm) | 76 | 111 | 120 | 139 | 146 |
| 1차 이온화 에너지(kJ/mol) | 1086 | 786 | 762 | 709 | 716 |
| 전기 음성도 | 2.5 | 1.8 | 1.8 | 1.8 | 1.9 |
| X—X 단일 결합 엔탈피(kJ/mol) | 348 | 226 | 188 | 151 | — |

## 규산염

이산화 규소와, 규소와 산소를 포함하는 다른 화합물들은 지각의 90% 이상을 구성한다. **규산염**(**silicate**)에서 하나의 규소 원자는 네 개의 산소에 의해 둘러싸여 있고, 규소의 가장 일반적인 산화 상태는 +4이다. 오쏘규산 이온($SiO_4^{4-}$)은 아주 희박하게 규산염 광물로 존재하지만, 많은 광물 구조를 구성하는 '구성 단위(building block)'에서 관찰할 수 있다. **그림 22.31**에 나타낸 바와 같이, 각 정사면체는 공통의 산소 원자를 공유하며, 꼭짓점끼리 서로 연결되어 있다. 이러한 방법으로 이루어진 두 개의 정사면체 규산염 이온을 **이규산염**(disilicate) 이온이라고 하고, 이것은 2개의 Si 원자와 7개의 O 원자를 갖는다. 모든 규산염 중 Si와 O의 산화 상태가 각각 +4, −2라는 것을 알면, 이 이온의 전하를 쉽게 결정할 수 있다. 이온의 전체 전하는 이들의 산화 상태와 일치해야 한다. 예를 들면 $Si_2O_7$의 전하는 $(2)(+4)+(7)(-2)=-6$이다. 즉 $Si_2O_7^{6-}$ 이온이다.

대부분의 규산염 광물은 규산의 정사면체들이 서로 연결되어 사슬이나 판상 또는 삼차원 구조를 생성한다. 예를 들면 그림 22.31(**b**)에 나타낸 것처럼, 각 정사면체의 두 꼭짓점을 두 개의 다른 정사면체에 연결하여 ⋯O−Si−O−Si⋯ 주사슬의 무한 사슬 구조를 만들 수 있다. 이러한 구조에서 각각의 규소는 공유하지 않는 두 개의 말단 산소를 공유하여 다리 역할을 하는 두 개의 산소를 갖게 되고, 한 개의 규소에 $2(1)+2(1/2)=3$개의 산소라는 화학량론이 성립된다. 따라서 이 사슬의 단위 화학식은 $SiO_3^{2-}$가 된다. **완화휘석**(enstatite, $MgSiO_3$) 광물이 이러한 종류의 구조로 이루어져 있는데, 전하 균형을 맞추기 위해 사슬 사이에 $Mg^{2+}$ 이온이 들어 있는 단일 가닥의 규산 사슬로 이루어진 골(row)의 구조를 갖는다.

그림 22.31(**c**)에서 각 규산염의 정사면체는 세 개의 다른 규산염과 결합하여 무한 이차원 판상 구조를 생성한다. 이 구조에서 각 규소는 한 개의 비공유 산소와 세 개의 공유 산소를 갖게 되고, 따라서 화학량론적으로 규소 한 개당 $1(1)+3(\frac{1}{2})=2(\frac{1}{2})$개의 산소를 갖는 셈이 된다. 이러한 무한 판상의 가장 간단한 화학식은 $Si_2O_5^{2-}$이다. 탤컴 파우더라고 알려진 **활석**(talc, 운모) 광물은 화학식이 $Mg_3(Si_2O_5)_2(OH)_2$이고, 이러한 판상 구조를 기본으로 갖는다. $Mg^{2+}$와 $OH^-$ 이온은 규산염으로 이루어진 판과 판 사이에 존재한다. 활석 가루의 미끄러지는 성질은 규산염 층이 다른 층과 미끄러지기 때문이다.

각 $SiO_4$ 정사면체의 모든 네 개의 꼭짓점이 다른 정사면체와 연결되어 있을 때, 그 구조는 삼차원적으로 확장된다. 정사면체의 이러한 연결은 석영($SiO_2$)을 생성한다. 그 구조는 다이아몬드처럼 삼차원 배열로 서로 맞물려 고정되므로, 석영은 가닥 또는 판상 모양의 규산염보다 더 단단하다.

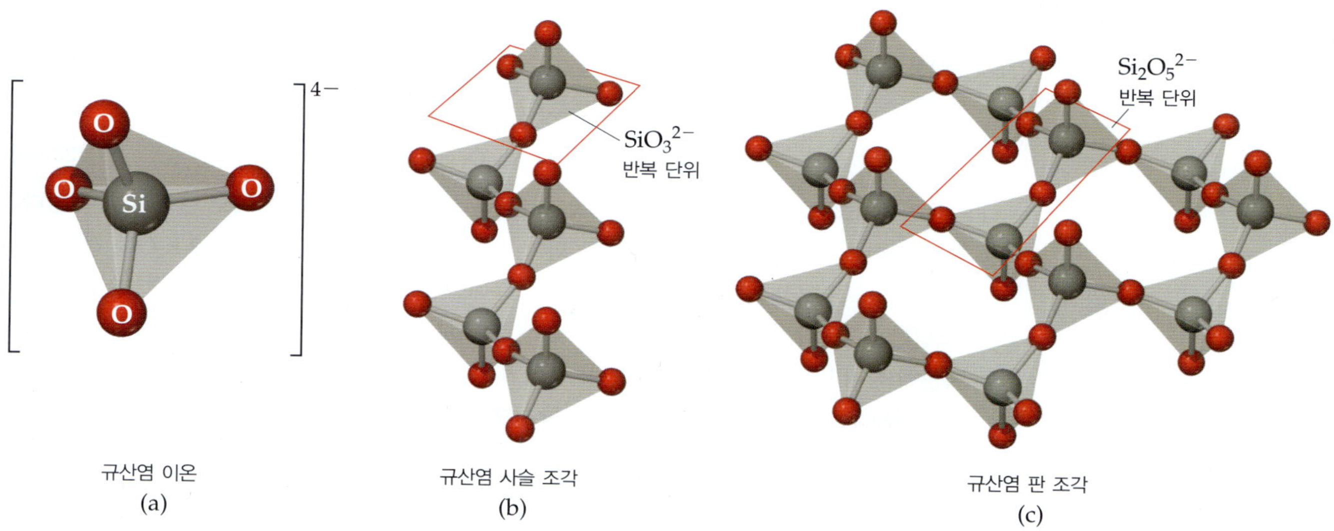


▲ **그림 22.31** 규산염 사슬과 판상

## 예제 22.6
### 실험식 결정하기

**온석면**(chrysotile)은 그림 22.31(c)에 나타낸 판상 구조를 기본으로 한 비발암성 석면 광물이다. 이 광물은 규산염의 사면체 외에 $Mg^{2+}$와 $OH^-$ 이온이 있다. 광물의 분석 결과, 한 개의 Si 원자에 1.5개의 Mg 원자를 갖는다. 온석면의 실험식은 무엇인가?

### 해답

**분석** 이 광물은 한 개의 Si 원자에 1.5개의 Mg 원자를 갖고, $Mg^{2+}$와 $OH^-$의 전하 균형을 맞추고 있는 판상 구조이다. 이것의 실험식을 결정하는 문제이다.

**계획** 그림 22.31(c)에 보듯이, 규산염 판상 구조는 $Si_2O_5^{2-}$ 이온이 기본이다. 먼저 적당한 Mg:Si 비를 맞추기 위해 $Mg^{2+}$를 더한다. 그리고 $OH^-$를 더하여 중성 화합물을 만든다.

**풀이** Mg:Si의 비가 1.5라는 관찰은 한 개의 $Si_2O_5^{2-}$ 이온에 대하여 세 개의 $Mg^{2+}$ 이온이 존재하는 것과 일치한다. 세 개의 $Mg^{2+}$ 이온 첨가는 $Mg_3(Si_2O_5)^{4+}$를 만들 것이다. 광물의 전하 균형을 맞추려면 한 개의 $Si_2O_5^{2-}$ 당 네 개의 $OH^-$ 이온이 있어야 한다. 따라서 온석면의 가장 간단한 화학식인 실험식은 $Mg_3(Si_2O_5)(OH)_4$이다.

**▶ 보충 예제**

녹주석 광물은 오른쪽 그림에서 볼 수 있듯이, 6개의 규산 사면체가 고리를 형성하며 연결되어 있는 구조를 갖고 있다. 이러한 다가 음이온 광물의 음전하는 $Be^{2+}$ 양이온과 $Al^{3+}$ 양이온에 의해 균형을 맞추고 있다. 원소 분석을 했을 때 Be:Si의 비가 1:2였고 Al:Si의 비가 1:3이었다면, 녹주석의 실험식은 어떻게 되겠는가?

(a) $Be_2Al_3Si_6O_{19}$ (b) $Be_3Al_2(SiO_4)_6$
(c) $Be_3Al_2Si_6O_{18}$ (d) $BeAl_2Si_6O_{15}$

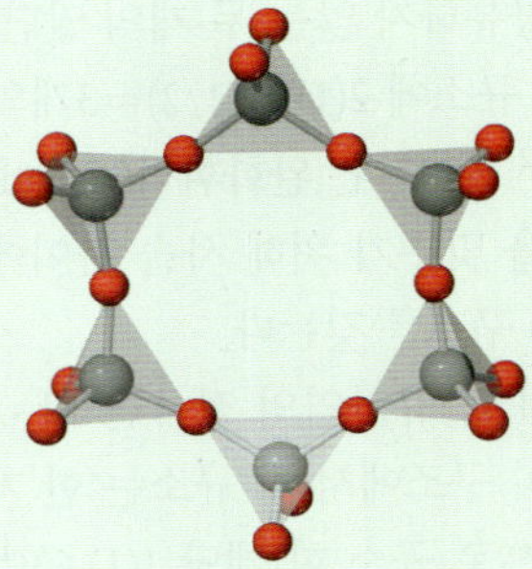

녹주석

## 유리

석영은 약 1600 ℃에서 녹아서 진득진득한 액체로 변한다. 녹는 과정에서는 많은 규소와 산소의 결합이 끊어진다. 액체 상태로 녹은 석영을 급격히 냉각할 때 원자들은 스스로 규칙 형태로 배열하기 전에 규소–산소 결합을 다시 생성한다. 결과적으로 석영 유리 또는 실리카 유리라고 하는 비결정 고체로 변한다. 다양한 물질을 $SiO_2$에 첨가하여 더 낮은 온도에서 녹게 만든다. 창문이나 병으로 사용하는 보통 **유리(glass)**를 소다석회 유리라고 한다. 이 유리는 모래의 $SiO_2$에 CaO와 $Na_2O$를 첨가한 것이다. CaO와 $Na_2O$는 값싼 두 가지 화학 물질인 석회석($CaCO_3$)과 소다회($Na_2CO_3$)를 각각 가열하여 만든다. 이 탄산염은 고온에서 분해된다.

$$CaCO_3(s) \longrightarrow CaO(s) + CO_2(g) \quad [22.68]$$

$$Na_2CO_3(s) \longrightarrow Na_2O(s) + CO_2(g) \quad [22.69]$$

다른 물질을 소다석회 유리에 첨가하여 착색하거나 유리 성질을 여러 가지로 변화시킬 수 있다. 예를 들어 CoO를 첨가하면 '코발트 유리'가 되어 진한 청색을 띤다. $Na_2O$ 대신에 $K_2O$를 첨가하면 녹는점이 더 높고 더 단단한 유리를 만들 수 있다. CaO 대신에 PbO를 첨가하면 굴절률이 더 커지고 더 조밀한 '납 크리스탈' 유리를 만든다. 납 크리스탈은 장식용 유리 제품으로 사용하고, 큰 굴절률 때문에 특히 반짝이는 외형을 갖는다. 규산염과 관련 있는 그물 구조에 $B_2O_3$나 $P_4O_{10}$과 같은 비금속 산화물을 첨가하면 유리 성질도 변한다. $B_2O_3$를 첨가하면 녹는점이 높아지는 동시에 온도 변화에 더 잘 견디는 '붕규산염(borosilicate)' 유리를 만들 수 있다. 이런 유리는 Pyrex®와 Kimex®라는 이름으로 상업적으로 판매되고, 열충격에 저항성이 높아서 실험실의 유리 기구나 커피 메이커로 사용한다.

### 실리콘

실리콘(silicone, 유기 규소 중합체)은 각 규소 원자의 남은 두 군데 결합 위치가 $CH_3$와 같은 유기 작용기가 있는 O−Si−O 사슬로 구성되어 있다.

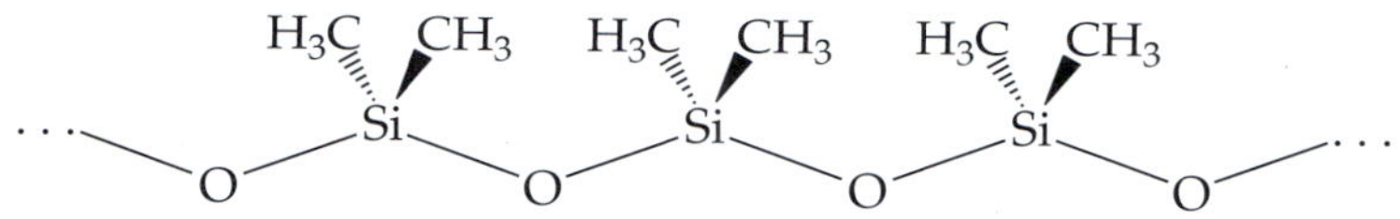

실리콘은 사슬 길이와 사슬 사이의 교차 결합 정도에 따라 오일이나 고무 같은 물질로 될 수도 있다. 실리콘은 독성이 없고 열, 빛, 산소, 물에 대한 안정성이 좋다. 이들은 윤활제, 자동차의 광택제, 밀봉제(sealant)와 개스킷을 비롯하여 산업적으로 광범위한 제품에 사용된다. 그들은 방수용 직물에도 사용된다. 직물에 사용되었을 때 산소 원자가 직물 표면의 분자와 수소 결합을 생성한다. 그때 실리콘의 소수성(발수성) 유기 작용기는 표면에서 멀리 떨어져 하나의 장벽으로 남는다.

## 자기 평가 연습 문제

**22.39** 메타 규산 나트륨의 화학식은 $Na_2SiO_3$이다. 어떤 구조의 규산염 이온으로 예상되는가?
(**a**) 개별 단위
(**b**) 사슬
(**c**) 시트
(**d**) 3차원 네트워크

## 연습 문제

**22.40** 각 설명에 가장 적합한 14족의 원소를 쓰시오.
(**a**) 스스로 다중 결합을 형성하는 경향이 가장 크다.
(**b**) 산소와 고분자 구조를 형성한다.
(**c**) +2 및 +4 산화 상태를 갖는다.

**22.41** 탄소가 규산염 유사체보다 탄산염을 형성하는 이유를 추측하시오.

**22.42** (**a**) 백운석(albite)의 화학식 $Na_xAlSi_3O_8$에서 소듐 이온의 수를 결정하시오. (**b**) 투섬석(tremolite)의 화학식 $Ca_2Mg_5(Si_4O_{11})_2(OH)_x$에서 수산화 이온의 수를 결정하시오.

자기 평가 연습 문제 답 **22.39** (b)

# 22.11 | 붕소

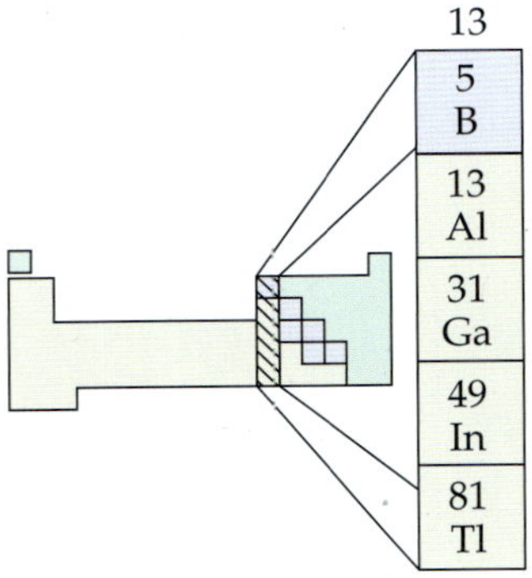


붕소(B)는 13족 원소 중 비금속 원소로 간주할 수 있는 유일한 원소이다. 이 원소는 녹는점이 탄소(3550 ℃)와 규소(1410 ℃)의 중간인 2300 ℃로, 확장된 그물 구조를 갖는다. 붕소의 전자 배치는 $[He]2s^2 2p^1$이다.

**보레인**(borane)이라 부르는 화합물 집단은 붕소와 수소로만 구성되어 있는 분자이다. B는 H보다 전기 음성도가 작기 때문에 이들 화합물의 B—H 결합은 극성을 띠고, H의 전자 밀도가 더 높다. 가장 간단한 보레인은 $BH_3$이다. 이 분자는 6개의 원자가 전자만 갖는다. 따라서 팔전자 규칙의 예외이다. 결과적으로 $BH_3$는 자기 스스로 반응하여 **다이보레인**(diborane, $B_2H_6$)을 생성한다. 이 반응은 Lewis 산–염기 반응으로 간주할 수 있다. 각 $BH_3$에서 하나의 B—H 결합 전자쌍이 다른 분자에게 전자 주개 역할을 한다. 결과적으로 다이보레인은 수소 원자들이 두 개의 B 원자 사이에 다리를 형성하는 특이한 분자이다(그림 22.32). 이러한 수소를 **다리 놓인 수소**(bridging hydrogen)라고 한다.

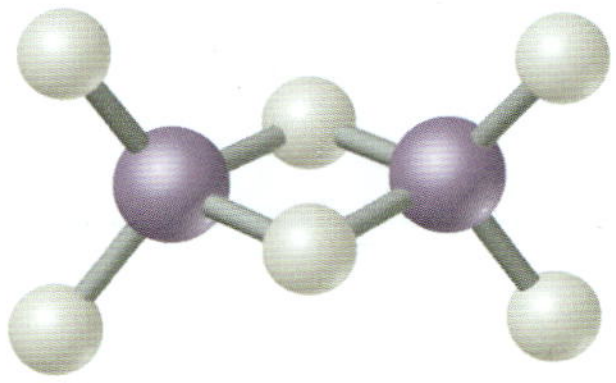

▲ 그림 22.32 다이보레인($B_2H_6$)의 구조

두 개의 붕소 원자 간 수소 원자의 공유는 각 붕소 원자의 원자가 전자의 결핍을 다소 보완한다. 그럼에도 불구하고 다이보레인은 격렬하게 반응하는 분자이고, 공기 중에서 큰 발열 반응을 일으키는 자발적 가연성 화합물이다.

$$B_2H_6(g) + 3\,O_2(g) \longrightarrow B_2O_3(s) + 3\,H_2O(g) \qquad \Delta H° = -2030\text{ kJ} \qquad [22.70]$$

붕소와 수소는 또한 **보레인 음이온**(borane anion)이라는 음이온 계열을 형성한다. 수소화 붕소 이온($BH_4^-$)의 염들은 환원제로 널리 사용한다. 예를 들어 수소화붕소 소듐($NaBH_4$)은 어떤 유기 화합물에 보편적으로 사용되는 환원제이다.

가장 중요한 붕소 산화물은 산화 붕소(boric oxide, $B_2O_3$)이다. 이 물질은 $H_3BO_3$ 또는 $B(OH)_3$라는 붕산 무수물이다. 붕산은 약산($K_a = 5.8 \times 10^{-10}$)이고, $H_3BO_3$ 용액은 눈 세척액으로 사용한다. 22.8절에서 인을 설명한 것과 유사하게, 붕산을 가열하면 축합 반응이 일어나면서 물을 잃는다.

$$4\,H_3BO_3(s) \longrightarrow H_2B_4O_7(s) + 5\,H_2O(g) \qquad [22.71]$$

이양성자산인 $H_2B_4O_7$은 사붕산(tetraboric acid)이다. 붕사(borax)라고 불리는 수화된 소듐염 $Na_2B_4O_7 \cdot 10\,H_2O$는 다양한 세탁 및 세척 제품에 사용된다.

## 통합 예제
### 종합 개념

할로젠간 화합물인 $BrF_3$는 휘발성이 있는 밀짚 색깔의 액체이다. 이 화합물은 자체 이온화 때문에 상당히 큰 전기 전도도를 나타낸다('solv'는 $BrF_3$가 용매라는 것을 말한다).

$$2\,BrF_3(l) \rightleftharpoons BrF_2^+(solv) + BrF_4^-(solv)$$

**(a)** $BrF_2^+$, $BrF_4^-$ 이온의 분자 구조는 무엇인가?
**(b)** $BrF_3$의 전기 전도도는 온도 증가에 따라 감소한다. 이것의 자체 이온화는 발열 과정인가, 흡열 과정인가?
**(c)** $BrF_3$의 한 가지 화학적 특성은 플루오린화 이온에 대하여 Lewis 산으로 작용하는 점이다. KF를 $BrF_3$에 녹이면 무엇이 생길 것으로 예상하는가?

### 해답

(a) $BrF_2^+$ 이온은 전체 $7+2(7)-1=20$개의 원자가 전자를 갖는다. 이 이온의 Lewis 구조는 다음과 같다.

$$\left[:\ddot{\underset{..}{F}}—\ddot{\underset{..}{Br}}—\ddot{\underset{..}{F}}:\right]^+$$

중심 Br 원자 주위에 네 개의 전자 영역이 있으므로 전자 영역의 기하 구조는 사면체이다. 이 영역 중 두 개는 공유 전자쌍이 점유하므로 분자 구조는 굽은형이다.

$BrF_4^-$ 이온은 전체 7+4(7)+1=36개의 전자를 가지고 있고, 다음의 Lewis 구조를 갖는다.

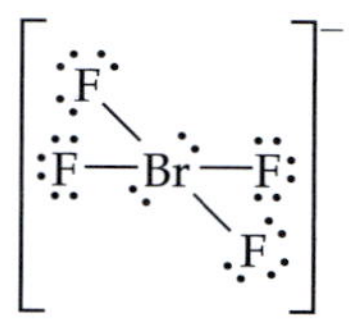

이 이온의 중심 Br 원자 주위에 6개의 전자 영역이 있으므로 전자 영역의 기하 구조는 팔면체이다. 두 개의 비공유 전자쌍은 팔면체에서 서로 반대쪽에 있고, 사각 평면 분자 기하 구조를 갖는다.

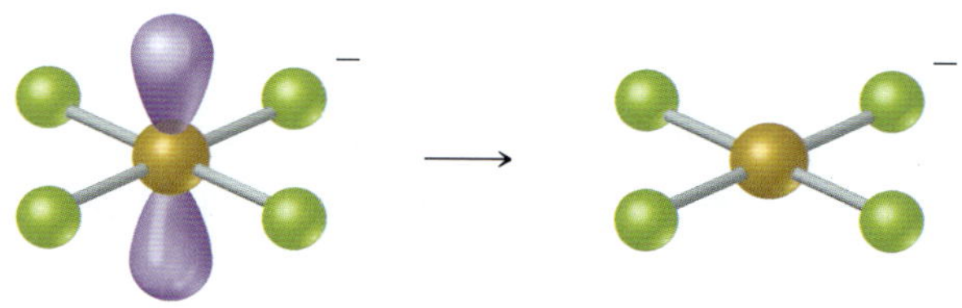

**(b)** 온도 증가에 따른 전도도 감소의 관찰 결과는 고온 용액 중에서 거의 이온이 존재하지 않는 것을 나타낸다. 그러므로 온도 증가는 평형을 왼쪽으로 이동하게 만든다. Le Châtelier 원리에 따라, 이러한 이동은 그 반응이 왼쪽에서 오른쪽으로 진행할 때 발열이라는 것을 나타낸다.

**(c)** Lewis 산은 전자쌍 받개이다. 플루오린화 이온은 네 개의 원자가 껍질 전자쌍을 갖고, Lewis 염기로 반응할 수 있다(전자쌍 주개). 그러므로 다음 반응이 일어나는 것을 알 수 있다.

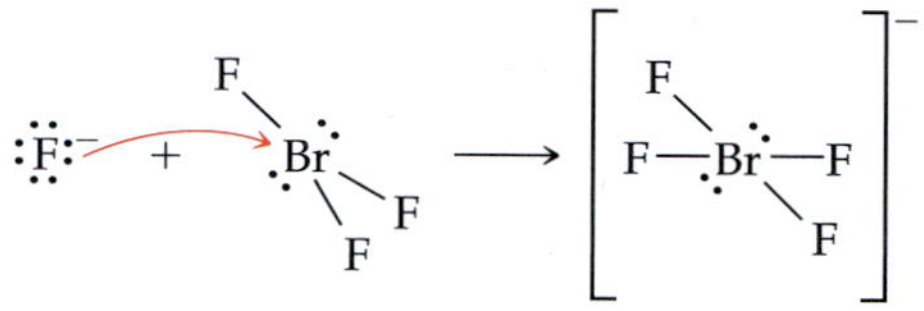

$$F^- + BrF_3 \longrightarrow BrF_4^-$$

## 자기 평가 연습 문제

**22.43** 수소화 이온이 $H^-$임을 상기하시오. 수소화붕소 소듐 내 붕소의 산화 상태는 무엇인가?

**(a)** −1
**(b)** +1
**(c)** +3

## 연습 문제

**22.44** 다음 화합물의 화학식을 작성하고 각각의 14족 원소 또는 붕소의 산화 상태를 표시하시오.

**(a)** 플루오린화 주석 **(b)** 저메인 **(c)** 다이보레인
**(d)** 황산 주석(II) **(e)** 셀레늄화 주석 **(f)** 탄산 아연

**22.45** 다음 각 반응의 균형 반응식을 쓰시오.

**(a)** 다이보레인은 물과 반응하여 붕산과 분자 수소를 형성한다.
**(b)** 가열하면 붕산은 축합 반응을 일으켜 사붕산을 형성한다.
**(c)** 산화 붕소를 물에 녹이면 붕산 용액이 된다.

자기 평가 연습 문제 답 **22.43** (c)

## 요약 및 중요 용어

주기적 경향과 화학 반응(22.1절) 주기율표는 원소들의 서술적 화학을 정리하고 기억하는 데 있어 중요하다. 주어진 한 족의 원소들 사이에서, 원자 번호가 증가함에 따라 원자 크기는 증가하지만, 전기 음성도와 이온화 에너지는 감소한다. 대부분의 비금속성 원소는 주기율표의 상단 오른쪽 부분에서 발견된다.

비금속 원소 중 각 족의 첫 번째 원소는 같은 족의 다른 원소와 상당히 다르다. 즉 첫 번째 원소는 다른 원소와 최대 네 개의 결합을 형성한다. 그리고 같은 족의 원자 질량이 큰 원소보다 $\pi$ 결합을 형성하는 경향이 훨씬 더 크다.

자연계에 $O_2$와 $H_2O$는 풍부하기 때문에 비금속 원소의 서술적 화학을 설명할 때, 두 가지의 중요한 일반적 반응 형태($O_2$에 의한 산화 반응과, $H_2O$ 또는 수용액을 포함하는 양성자 이동 반응)에 중점을 두었다.

수소(22.2절) 수소에는 세 가지 종류의 동위 원소, 즉 **프로튬(protium**, $^1_1H$), **중수소(deuterium**, $^2_1H$), **삼중수소(tritium**, $^3_1H$)가 있다. 수소는 주기율표 상에서 리튬 바로 위에 놓여 있지만, 어느 특정한 족에 속하는 원소가 아니다. 수소 원자는 전자 1개를 잃고 $H^+$를 형성할 수도, 전자 1개를 얻고 $H^-$(수소화 이온)를 형성할 수도 있다. H—H 결합은 상대적으로 강하기 때문에, 열 또는 촉매에 의해 활성화되지 않으면 $H_2$는 반응성이 매우 작다. 수소는 산소와 매우 강한 결합을 생성하므로 산소를 포함하는 화합물과 반응하여 $H_2O$를 생성한다. $H^+(aq)$ 이온은 많은 금속을 산화시켜 $H_2(g)$를 생성시킬 수 있다. 또한 물의 전기 분해로 $H_2(g)$를 생성한다.

수소의 이성분 화합물에는 활성 금속에 의해 생성되는 **이온성 수소화물**(**ionic hydride**), 전이 금속에 의해 생성되는 **금속성 수소화물**(**metallic hydride**), 비금속에 의해 생성되는 **분자성 수소화물**(**molecular hydride**)의 세 가지 종류가 있다. 이온성 수소화물은 $H^-$ 이온을 포함하고 있는데, 이 이온은 매우 강한 염기성을 가지고 있어 $H_2O$와 반응해서 $H_2$와 $OH^-$를 생성한다.

18족 비활성 기체와 17족 할로젠(22.3절, 22.4절) 비활성 기체(18족)들은 대단히 안정한 전자 배치 때문에 매우 제한적인 화학 반응성을 나타낸다. 플루오린화 제논, 산화 제논, $KrF_2$(플루오린화 크립톤)이 가장 잘 정립되어 있는 비활성 기체 화합물이다.

할로젠 원소(17족)들은 이원자 분자로 발견된다. 플루오린을 제외한 모든 할로젠은 −1에서 +7까지 산화 상태를 나타낸다. 전기 음성도가 가장 큰 원소인 플루오린은 0과 −1의 산화 상태만 가진다. 원소들의 산화력(−1의 산화 상태를 생성하려는 경향)은 족의 아래로 내려갈수록 감소한다.

할로젠화 수소는 이 원소들의 가장 유용한 화합물이고, 이들의 기체를 물에 용해하면, $HCl(aq)$과 같은 할로젠화 수소산을 생성한다. 플루오린화 수소산은 **실리카(silica)**와 반응한다. **할로젠간 화합물(interhalogen)**은 두 개의 서로 다른 할로젠 원소 간에 생성된다. 염소, 브로민, 아이오딘은 할로젠 원소가 양의 산화 상태를 가지는 일련의 산소산을 생성한다. 이들 화합물과 관련 있는 산소음이온은 강력한 산화제이다.

산소와 16족 원소(22.5절, 22.6절) 산소에는 두 종류의 동소체($O_2$와 $O_3$)가 있다. $O_3$(오존)는 $O_2$와 비교했을 때 더 불안정하며, $O_2$보다 더 강한 산화제이다. $O_2$의 대부분 반응은 산화물을 만들고, 이들 화합물에서 산소는 −2의 산화 상태에 있다. 비금속의 가용성 산화물은 일반적으로 산성 수용액을 만드는데, 이들을 **산성 무수물(acidic anhydride)** 또는 **산성 산화물(acidic oxide)**이라고 한다. 반대로 가용성 금속 산화물은 염기성 용액을 만드는데, 이들을 **염기성 무수물(basic anhydride)** 또는 **염기성 산화물(basic oxide)**이라고 한다. 물에 녹지 않는 많은 금속 산화물은 산에 녹고, 동시에 $H_2O$를 생성한다.

과산화물은 O—O 결합과 −1의 산화 상태인 산소를 포함한다. 과산화물은 불안정하여 $O_2$와 산화물로 분해한다. 이런 반응에서 과산화물은 동시에 산화되고 환원되는데, 이 과정을 **불균등화(disproportionation)**라고 한다. 초과산화물은 $O_2^-$ 이온을 포함한다. 이때 산소는 $-\frac{1}{2}$의 산화 상태에 있다.

황은 16족의 다른 원소 중 가장 중요하다. 이 원소에는 여러 개의 동소체가 있다. 실온에서 가장 안정한 형태는 $S_8$ 고리이다. 황은 $SO_2$(이산화 황)와 $SO_3$(삼산화 황)의 두 가지 산화물을 생성하고, 이들은 모두 중요한 대기 오염 물질이다. 삼산화황은 가장 중요한 황 화합물이자 가장 많이 생산되는 공업용 화학 물질인 황산의 무수물이다. 황산은 강산이며 우수한 탈수제이다. 또한 황은 $SO_3^{2-}$(아황산 이온), $SO_4^{2-}$(황산 이온), $S_2O_3^{2-}$(싸이오황산 이온)을 포함하는 여러 가지 산소 음이온을 생성한다. 황은 황화물로서, 여러 금속과 결합되어 발견된다. 이때 황의 산화 상태는 −2이다. 이들 화합물은 때때로 산과 반응하여 황화 수소($H_2S$)를 발생하는데, 이것은 썩은 달걀과 같은 냄새가 난다.

질소와 15족 원소(22.7절, 22.8절) 질소는 공기 중에서 $N_2$ 분자로 발견된다. 질소 분자는 강한 N≡N 결합 때문에 화학적으로 매우 안정하다. 질소 분자는 Harber 공정에 의해 암모니아로 변환될 수 있다. 일단 암모니아가 만들어지면, 질소는 −3에서 +5의 산화 상태까지 여러 가지 다양한 화합물로 변환할 수 있다. 암모니아의 가장 중요한 공업적 변환은 **Ostwald 공정**(**Ostwald process**)으로, 암모니아를 질산($HNO_3$)으로 산화시키는 공정이다.

질소에는 세 가지의 중요한 산화물이 있다. 즉 $N_2O$(아산화 질소), NO(산화 질소), $NO_2$(이산화 질소)이다. 아질산($HNO_2$)은 약산이고, 그의 짝염기는 아질산 이온($NO_2^-$)이다. 또 다른 중요한 질소 화합물은 하이드라진($N_2H_4$)이다.

인은 남은 15족 원소 중에서 가장 중요하다. 자연에서 인광석으로 발견되는 인은 $P_4$의 정사면체로 이루어진 흰인을 포함한 여러 가지 동소체를 갖는다. 할로젠과 반응하면 인은 트라이할로젠화물($PX_3$)과 펜타할로젠화물($PX_5$)을 생성한다. 이들 화합물은 가수 분해하여 인의 산소산과 HX를 생성한다.

인은 두 가지의 산화물($P_4O_6$와 $P_4O_{10}$)을 생성한다. 그들의 각기 대응되는 산(아인산과 인산)을 가열하면 축합 반응을 한다. 인의 화합물은 생화학과 화학 비료로 중요하다.

탄소와 14족 원소(22.9절, 22.10절) 탄소에는 다이아몬드, 흑연, 풀러렌, 탄소 나노튜브, 그래핀 같은 동소체가 있다. 비결정 탄소의 형태의 흑연은 **목탄(charcoal)**, **카본 블랙(carbon black)**이다. 탄소는 CO와 $CO_2$의 두 가지 흔한 산화물이 있다. $CO_2$ 수용액은 약한 이양성자산인 탄산($H_2CO_3$)을 생성하고, 이것은 탄산수소염과 탄산염을 만드는 어미 산이다. 탄소의 이성분 화합물을 **탄화물(carbide)**이라고 한다. 탄화물에는 이온성, 틈새형, 공유 결합성의 세 종류가 있다. 탄화 칼슘($CaC_2$)은 강한 염기성 아세틸화 이온($C_2^{2-}$)가 있고, 이 이온은 물과 반응하여 아세틸렌을 생성한다.

다른 14족 원소들은 다양한 물리적, 화학적 성질을 보여 준다. 두 번째로 풍부한 원소인 규소는 반도체이다. 규소는 $Cl_2$와 반응하여 실온에서 액체인 $SiCl_4$를 생성한다. 이 반응은 천연 광물에서 규소를 정제하는 데에 이용된다. 규소는 강한 Si—O 결합을 생성하고, 따라서 다양한 규산염 광물로 발견된다. 실리카는 $SiO_2$이다. **규산염(silicate)**은 정사면체의 $SiO_4$를 포함하고 있으며, 각 꼭짓점이 서로 연결되어 사슬, 판상, 삼차원 구조를 생성한다. 가장 흔한 삼차원 규산염은 석영($SiO_2$)이다. **유리(glass)**는 $SiO_2$의 비결정형 형태이다. 실리콘은 유기 작용기가 Si 원소에 결합되어 있는 O—Si—O의 사슬을 갖는다. 규소처럼 저마늄은 준금속이고, 주석과 납은 금속성이다.

**붕소(22.11절)** 붕소는 13족 원소 중에서 유일하게 비금속이다. 붕소는 수소와 다양한 화합물을 생성하는데, 이를 붕소 수소화물 또는 **보레인(borane)**이라고 한다. 다이보레인($B_2H_6$)은 두 개의 붕소 원자 사이에 다리를 갖는 두 개의 수소를 가진 특이한 구조를 갖는다. 보레인은 산소와 반응하여 산화 붕소($B_2O_3$)를 생성하며, 여기서 붕소는 +3의 산화 상태를 갖는다. 산화 붕소는 붕산($H_3BO_3$)의 무수물이다. 이러한 붕산은 쉽게 축합 반응을 한다.

## 학습 정리 이 장을 공부한 후에 여러분은 다음을 할 수 있어야 한다.

- 주기율표상에서 원소의 족과 주기의 기본적 차이를 설명하는 데 주기적 경향을 이용하기(22.1절). **관련 연습 문제: 22.57, 22.58, 22.59**
- 족의 첫 번째 원소와 같은 족의 그 다음 원소들 간의 두 가지 차이를 설명하기(22.1절). **관련 연습 문제: 22.46, 22.58**
- 원소와 화합물의 전자 배치, 산화수, 분자 모형을 결정하기(22.2절~22.11절). **관련 연습 문제: 22.48, 22.67, 22.77**
- 비금속의 일반적인 반응에 대한 화학 반응식을 균형 맞춘 반응식으로 완성하기(22.1절~22.11절). **관련 연습 문제: 22.20, 22.63, 22.84**
- 인산과 아인산이 어떻게 축합 반응을 하는지 이해하기(22.8절). **관련 연습 문제: 22.98**
- 규산염의 결합 및 구조가 그것의 화학식 및 성질과 어떤 관련이 있는지 설명하기(22.10절). **관련 연습 문제: 22.87, 22.89, 22.102**

## 연습 문제

### 눈으로 보는 개념

**22.46** 다음 두 화합물 중 어느 것이 더 안정한지와 그 이유를 바르게 설명한 것은? [22.1절]

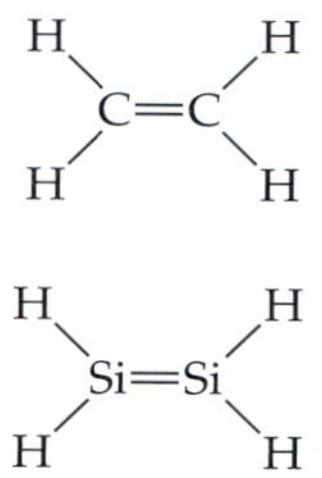


(a) C가 Si보다 전기 음성도가 작기 때문에 (더 안정한 것은) 탄소 화합물이다.

(b) Si가 C보다 더 강한 시그마 결합을 형성할 수 있기 때문에 규소 화합물이다.

(c) C가 Si보다 더 강한 다중 결합을 형성할 수 있기 때문에 탄소 화합물이다.

(d) Si가 C보다 더 강한 파이 결합을 형성할 수 있기 때문에 규소 화합물이다.

**22.47** (a) 다음 그림이 나타낸 화학 반응의 **종류**를 규명하시오. (b) 식 양쪽의 분자에 알맞은 전하를 넣으시오. (c) 반응의 화학 반응식을 쓰시오. [22.1절]

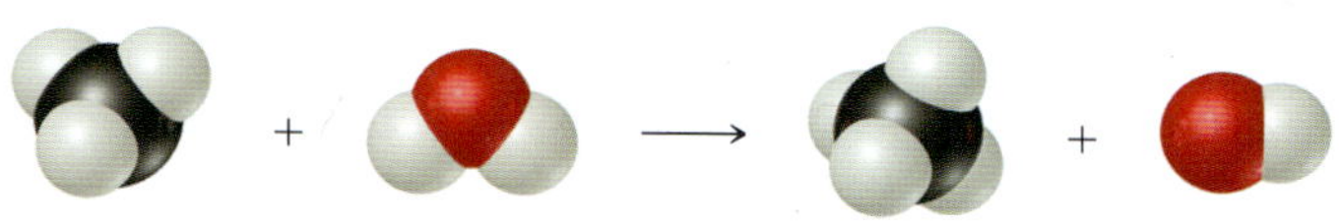

**22.48** 다음 물질 중 그림과 같은 구조를 가지는 화합물은? (두 개 이상 있을 수도 있고, 그림의 색깔은 원자의 종류를 반영하지 않는다.) [22.3절, 22.4절, 22.6절, 22.10절]

(a) $XeF_4$ (b) $BrF_4^+$ (c) $SiF_4$ (d) $TeCl_4$ (e) $HClO_4$

**22.49** 여러분은 하나는 산소를 포함하고, 하나는 질소로 채워진 두 개의 유리병을 가지고 있다. 여러분은 어떻게 어느 것인지 결정할 수 있겠는가? [22.5절, 22.7절]

**22.50** 다음 각 질소 산화물의 분자식과 Lewis 구조를 쓰시오. [22.7절]

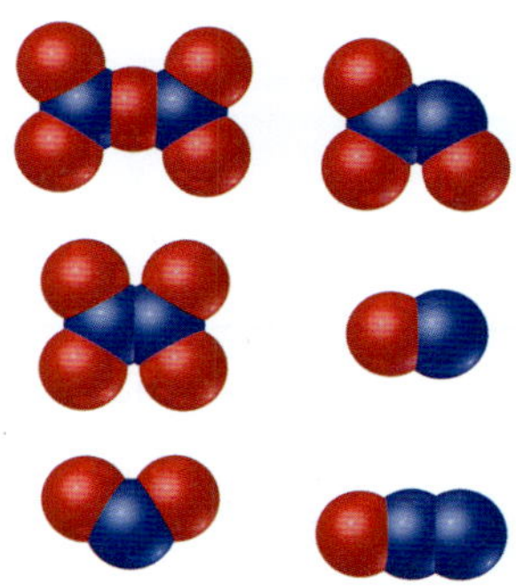

**22.51** 다음 그래프는 16족 원소의 어떤 성질을 나타내는가? [22.5절, 22.6절]

**(a)** 전기 음성도 **(b)** 첫째 이온화 에너지 **(c)** 밀도 **(d)** X—X 단일 결합 엔탈피 **(e)** 전자 친화도

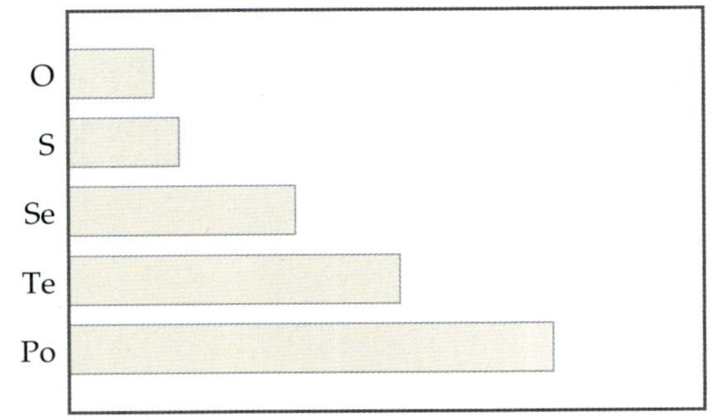


**22.52** 주기율표 16족 원소와 이온에 대해 옳게 기술한 것을 찾으시오. [22.5절, 22.6절]

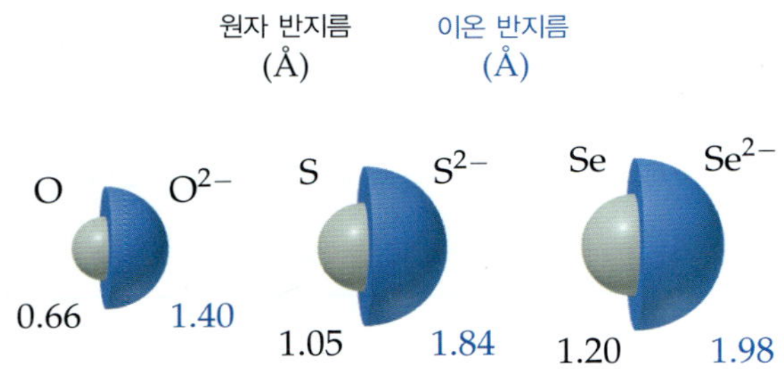


**(a)** 이온은 해당 원자보다 전자를 더 가지고 있기 때문에 이온 반지름이 원자 반지름보다 크다.
**(b)** 원자 반지름은 족에서 아래로 갈수록 핵전하가 증가하기 때문에 증가한다.
**(c)** 이온 반지름은 족에서 아래로 갈수록 최외각 전자의 주양자수가 증가하기 때문에 증가한다.
**(d)** 이온들 중에서 $Se^{2-}$가 가장 크기 때문에 물속에서 가장 강한 염기이다.

**22.53** 다음 그래프는 3주기 비금속 원소의 어떤 특징을 나타내는 것인가? [22.3절, 22.4절, 22.6절, 22.8절, 22.10절]

**(a)** 1차 이온화 에너지 **(b)** 원자 반지름 **(c)** 전기 음성도 **(d)** 녹는점 **(e)** X—X 단일 결합 엔탈피

**22.54** 다음 물질 중 일반적으로 반응성이 가장 클 것으로 예상되는 것은 어느 것인가? 그 이유는 무엇인가? (이 구조들의 각 꼭짓점은 $CH_2$기를 나타낸다.) [22.8절]

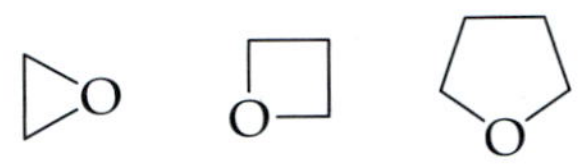

**22.55** **(a)** 아래의 일반적인 화학식을 가지는 적어도 네 종류 화학종의 Lewis 구조를 그리시오.

$$[:X\equiv Y:]^n$$

X와 Y는 같을 수도 있고 다를 수도 있다. 그리고 $n$은 +1 ~ −2의 값이다. **(b)** 어떤 화합물이 가장 강한 Brønsted 염기인가? 그 이유를 설명하시오. [22.1절, 22.7절, 22.9절]

## 주기적 경향과 화학 반응(22.1절)

**22.56** 다음 원소를 금속, 비금속, 준금속으로 구별하시오.

**(a)** 붕소 **(b)** 바륨 **(c)** 아르곤 **(d)** 세슘 **(e)** 이트륨 **(f)** 아스타틴

**22.57** 원소 N, F, Si, Rb, Te, Ir을 고려하시오. 이 목록에서 **(a)** 전기 음성도가 가장 큰 원소, **(b)** 최대 산화 상태가 +6인 원소, **(c)** 전자를 가장 쉽게 잃는 원소, **(d)** $\pi$ 결합을 가장 쉽게 형성하는 원소, **(e)** 전이 금속, **(f)** 옥텟을 달성하기 위해 4개의 공유 결합을 형성하는 원소를 선택하시오.

**22.58** 다음 서술 중 옳은 것은 어느 것인가?

**(a)** 질소와 인은 모두 펜타플루오린화 화합물을 생성시킬 수 있다.
**(b)** CO는 잘 알려진 화합물이지만, SiO는 보통의 상태에서는 존재하지 않는다.
**(c)** $Cl_2$는 $I_2$보다 쉽게 산화된다.
**(d)** 실온에서 산소의 안정한 형태는 $O_2$이고, 황은 $S_8$이다.

**22.59** 다음 반응식을 균형 맞춘 반응식으로 완성하시오.

**(a)** $NaOCH_3(s) + H_2O(l) \longrightarrow$
**(b)** $CuO(s) + HNO_3(aq) \longrightarrow$
**(c)** $WO_3(s) + H_2(g) \xrightarrow{\Delta}$
**(d)** $NH_2OH(l) + O_2(g) \longrightarrow$
**(e)** $Al_4C_3(s) + H_2O(l) \longrightarrow$

## 수소, 비활성 기체, 할로젠(22.2절, 22.3절, 22.4절)

**22.60** $D_2O$의 물리적 성질이 $H_2O$의 성질과 다른 이유는 다음 중 어느 것인가?

**(a)** D는 O와는 다른 전자 배치를 가지고 있다.
**(b)** D는 방사능을 낸다.
**(c)** D는 H보다 O와 더 강한 결합을 생성시킨다.
**(d)** D는 H보다 훨씬 더 크다.

**22.61** 수소를 주기율표의 1족에 놓는 이유를 설명하시오.

**22.62** 다음 반응식을 균형 맞춘 반응식으로 완성하시오.

**(a)** $NaH(s) + H_2O(l) \longrightarrow$
**(b)** $Fe(s) + H_2SO_4(aq) \longrightarrow$
**(c)** $H_2(g) + Br_2(g) \longrightarrow$
**(d)** $Na(l) + H_2(g) \longrightarrow$
**(e)** $PbO(s) + H_2(g) \longrightarrow$

**22.63** 다음 수소화물을 이온성, 금속성, 분자성으로 구별하시오.

**(a)** $H_2S$ **(b)** LiH **(c)** $VH_{0.56}$

**22.64** 수소가 자동차의 일반적 연료로 사용될 수 있는 두 가지 특징을 설명하시오.

**22.65** 아르곤은 플루오린과 안정한 화합물을 생성하지 않는 반면에, 제논은 안정한 화합물을 생성하는 이유는 무엇인가?

**22.66** 다음 각 화합물의 화학식을 쓰고, 할로젠이나 비활성 기체 원소의 산화 상태를 표시하시오.
**(a)** 삼산화이플루오린화 제논 **(b)** 이산화 염소 **(c)** 헥사플루오린화 몰리브데넘 **(d)** 아이오딘산 **(e)** 하이포브로민산 소듐 **(f)** 아아이오딘산 마그네슘

**22.67** 다음 각 화합물의 이름을 쓰고, 할로젠의 산화 상태를 표시하시오.
**(a)** $Co(IO_3)_3$ **(b)** $Ca(IO_4)_2$ **(c)** $PF_6^-$ **(d)** $ICl_4^-$ **(e)** HBrO **(f)** AtH

**22.68** 다음 내용을 각각 설명하시오.
**(a)** 실온에서 $I_2$는 고체, $Br_2$는 액체, $Cl_2$와 $F_2$는 기체이다.
**(b)** $F_2$는 $F^-$ 수용액의 전해 산화로 제조할 수 없다.
**(c)** HF 끓는점은 다른 할로젠화 수소의 끓는점보다 매우 높다.
**(d)** 할로젠의 산화력은 $F_2 > Cl_2 > Br_2 > I_2$의 순서로 감소한다.

## 산소와 16족 원소(22.5절, 22.6절)

**22.69** 다음 각 반응의 균형 맞춘 반응식을 쓰시오.
**(a)** 산화 수은(II)를 가열하면 $O_2$와 수은 금속으로 분해된다.
**(b)** 질산 구리(II)를 격렬히 가열하면 분해되어 산화 구리(II), 이산화 질소, 산소를 형성한다.
**(c)** 황화 납(II)(PbS(*s*))이 오존과 반응하여 $PbSO_4(s)$와 $O_2(g)$를 형성한다.
**(d)** 공기 중에서 가열되면 ZnS(*s*)는 ZnO로 변한다.
**(e)** 과산화 포타슘은 $CO_2(g)$와 반응하여 탄산 포타슘과 $O_2$를 형성한다.
**(f)** 산소가 성층권에서 오존으로 변환된다.

**22.70** 다음 각 산화물이 산성, 염기성, 양쪽성, 중성인지를 예측하시오.
**(a)** $SO_3$ **(b)** $Li_2O$ **(c)** SnO **(d)** ZnO

**22.71** 다음 각 화합물의 화학식을 쓰고, 16족 원소의 산화 상태를 표시하시오.
**(a)** 과산화 포타슘 **(b)** 싸이오황산 포타슘 **(c)** 옥시염화 셀레늄
**(d)** 텔루륨화 소듐 **(e)** 아황산 마그네슘 **(f)** 헥사플루오린화 셀레늄

**22.72** 수용액에서 황화 수소는 **(a)** $Fe^{3+}$를 $Fe^{2+}$로, **(b)** $Br_2$를 $Br^-$로, **(c)** $MnO_4$를 $Mn^{2+}$로, **(d)** $HNO_3$를 $NO_2$로 환원시킨다. 모든 경우에 적절한 조건하에서 생성물은 원소 황이다. 각 반응의 균형 맞춘 반응식을 쓰시오.

**22.73** 다음 각 화학종의 Lewis 구조를 쓰고, 구조를 표시하시오.
**(a)** $SeOCl_2$ **(b)** $CS_2$ **(c)** 텔루륨산 $H_2TeO_4$(수소는 산소에 결합된다.)

**22.74** 다음 각 반응의 균형 맞춘 반응식을 쓰시오.
**(a)** 이산화 황이 물과 반응한다.
**(b)** 고체 황화 아연이 염산과 반응한다.
**(c)** 원소 황이 아황산 이온과 반응하여 싸이오황산을 형성한다.
**(d)** 삼산화 황이 황산에 녹는다.

## 질소와 15족 원소(22.7절, 22.8절)

**22.75** 다음 각 화합물의 화학식을 쓰고, 질소의 산화 상태를 각각 표시하시오.
**(a)** 아자이드화 소듐(sodium azide)
**(b)** 암모늄 이온(ammonium ion)
**(c)** 아질산(nitrous acid)
**(d)** 질소화 마그네슘(magnesium nitride)
**(e)** 다이아젠(diazene)
**(f)** 질산 소듐(sodium nitrate)
**(g)** 트라이플루오린화 질소(nitrogen trifluoride)
(h) 질산(nitric acid).

**22.76** 다음 각 화학종의 Lewis 구조를 쓰고, 화학종의 기하학적 구조를 표시하시오.
**(a)** $HNO_2$ **(b)** $N_3^-$ **(c)** $N_2H_5^+$ **(d)** $NO_3^-$

**22.77** 다음 반응을 균형 맞춘 반응식으로 완성하시오.
**(a)** $Mg_3N_2(s) + H_2O(l) \longrightarrow$
**(b)** $NO(g) + O_2(g) \longrightarrow$
**(c)** $N_2O_5(g) + H_2O(l) \longrightarrow$
**(d)** $NH_3(aq) + H^+(aq) \longrightarrow$
**(e)** $N_2H_4(l) + O_2(g) \longrightarrow$
이 중 산화–환원 반응은 어느 것인가?

**22.78** 다음 반응의 균형 맞춘 반쪽 반응을 쓰시오.
**(a)** 산성 수용액에서 아질산을 질산 이온으로 산화
**(b)** 산성 수용액에서 $N_2$를 $N_2O$로 산화

**22.79** 다음 각 화합물의 분자식을 쓰고, 15족 원소들의 산화 상태를 표시하시오.
**(a)** 헥사플루오로안티모네이트(V) 이온 **(b)** 인산 칼슘 **(c)** 인산이수소 포타슘 **(d)** 삼산화 비소 **(e)** 육산화 사인산 **(f)** 트라이플루오린화 비소

**22.80** 다음 내용을 설명하시오.
**(a)** 인은 오염화물을 생성한다. 그러나 질소는 오염화물을 생성하지는 않는다.
**(b)** $H_3PO_2$는 일양성자산이다.
**(c)** $PH_4Cl$ 같은 포스포늄염은 무수 조건에서 생성될 수 있다. 그러나 이 염들은 수용액에서 만들 수 없다.
**(d)** 흰인은 붉은인보다 반응성이 매우 크다.

**22.81** 다음 각 반응의 균형 맞춘 반응식을 쓰시오.
**(a)** 인산 칼슘으로부터 흰인의 제조
**(b)** $PBr_3$의 가수 분해
**(c)** 기체상에서 $H_2$를 이용하여 $PBr_3$를 $P_4$로 환원

## 탄소와 14족 원소, 붕소(22.9절, 22.10절, 22.11절)

**22.82** 다음 화합물의 화학식을 쓰시오.
**(a)** 탄산 구리(II) **(b)** 일산화 탄소 **(c)** 탄산수소 마그네슘 **(d)** 아세틸화 리튬 **(e)** 테트라플루오린화 탄소

**22.83** 다음 반응식을 균형 맞춘 반응식으로 완성하시오.
**(a)** $ZnCO_3(s) \xrightarrow{\Delta}$

(b) $BaC_2(s) + H_2O(l) \longrightarrow$
(c) $C_2H_2(g) + O_2(g) \longrightarrow$
(d) $CS_2(g) + O_2(g) \longrightarrow$
(e) $Ca(CN)_2(s) + HBr(aq) \longrightarrow$

**22.84** 다음 각 반응의 균형 맞춘 반응식을 쓰시오.
(a) 사이안화 수소는 상업적으로 메테인, 암모니아, 공기의 혼합물을 800 °C 촉매 위에 통과시켜 제조한다. 물은 반응의 부산물이다.
(b) 베이킹 소다는 산과 반응하여 이산화 탄소 기체를 생성한다.
(c) 탄산 바륨이 공기 중에서 이산화 황과 반응할 때 황산 바륨과 이산화 탄소가 생성된다.

**22.85** 다음 각 서술에 가장 적합한 14족 원소를 선택하시오.
(a) 전기 음성도가 가장 크다.
(b) 컴퓨터 칩에 일반적으로 사용되는 준금속이다.
(c) 방사선 차폐에 사용된다.

**22.86** (a) 모든 규산염 광물에서 발견되는 규소의 특징적인 구조는 무엇인가? (b) 메타규소산은 $H_2SiO_3$의 실험식을 갖는다. 그림 22.32의 어떤 구조가 메타규소산이 갖는 구조라고 예상되는가?

**22.87** (a) 하디스토나이트(hardystonite) 광물의 화학식 $Ca_xZn(Si_2O_7)$에서 칼슘 이온의 수를 결정하시오. (b) 엽랍석(pyrophyllite) 광물의 화학식 $Al_2(Si_2O_5)_2(OH)_x$에서 수산화 이온의 수를 결정하시오.

**22.88** 다음 화합물의 화학식을 작성하고 각각의 14족 원소 또는 붕소의 산화 상태를 표시하시오.
(a) 실레인 (b) 이염화 저마늄 (c) 황화 주석(II)
(d) 수소화 붕소 소듐 (e) 질산 납(IV) (f) 이산화 주석

**22.89** (a) 다이보레인($B_2H_6$)의 구조는 에테인($C_2H_6$) 구조와 어떻게 다른가? (b) 왜 다이보레인은 이러한 기하학적 구조를 갖는가? (c) 다이보레인에 있는 수소 원자를 '수소음이온(hydridic)'이라고 기술하는데, 그 중요성은 무엇인가?

## 추가 연습 문제

**22.90** 다음 각 설명이 참인지 거짓인지 표시하시오.
(a) $H_2(g)$와 $D_2(g)$는 수소의 동소체이다.
(b) $ClF_3$는 할로젠간 화합물이다.
(c) $MgO(s)$는 산성 무수물이다.
(d) $SO_2(g)$는 산성 무수물이다.
(e) $2\ H_3PO_4(l) \rightarrow H_4P_2O_7(l) + H_2O(g)$는 축합 반응의 한 예이다.
(f) 삼중수소는 수소 원소의 동위 원소이다.
(g) $2\ SO_2(g) + O_2(g) \rightarrow 2\ SO_3(g)$는 불균등화 반응의 한 예이다.

**22.91** $ClO_4^-$ 및 $IO_4^-$ 이온은 오래전부터 알려져 있었지만 $BrO_4^-$는 1965년까지 합성되지 않았다. 이 이온은 브로민산염 이온을 다이플루오린화 제논으로 산화시켜 제논, 플루오린화 수소산 및 과브로민산염 이온을 생성함으로써 합성되었다.
(a) 이 반응에 대한 균형 방정식을 쓰시오.
(b) 이 반응에서 Br 함유 종에서 Br의 산화 상태는 무엇인가?

**22.92** 다음 각 화합물과 물의 반응에서 균형 방정식을 작성하시오.
(a) $SO_2(g)$ (b) $Cl_2O_7(g)$ (c) $Na_2O_2(s)$ (d) $BaC_2(s)$
(e) $RbO_2(s)$ (f) $Mg_3N_2(s)$ (g) $NaH(s)$

**22.93** 다음 각 산의 무수물은 무엇인가?
(a) $H_2SO_4$ (b) $HClO_3$ (c) $HNO_2$ (d) $H_2CO_3$ (e) $H_3PO_4$

**22.94** 과산화 수소는 산화제로 작용하여 (a) 하이드라진을 $N_2$와 $H_2O$로, (b) $SO_2$를 $SO_4^{2-}$로, (c) $NO_2^-$를 $NO_3^-$로, (d) $H_2S(g)$에서 $S(s)$로, (e) $Fe^{2+}$에서 $Fe^{3-}$로 산화시킬 수 있다. 이들 각각의 산화–환원 반응을 완결된 알짜 이온 반응식으로 쓰시오.

**22.95** 황산 공장에서는 상당한 양의 열이 발생된다. 이 열은 전기를 발생하는 데 사용되어 운영 비용 절감에 도움을 준다. $H_2SO_4$의 합성은 세 가지의 화학 과정으로 이루어진다. (a) S가 $SO_2$로 산화, (b) $SO_2$가 $SO_3$로 산화, (c) $SO_3$를 $H_2SO_4$에 녹인 후 물과 반응시켜서 $H_2SO_4$를 생성함. 세 번째 과정에서 130 kJ/mol의 열이 생성된다면, 1 mol의 S로부터 1 mol의 $H_2SO_4$가 생성될 때 열은 얼마나 발생하는가? 또 2000 kg의 $H_2SO_4$를 만들 때 얼마의 열이 발생하는가?

**22.96** (a) $PF_6^-$ 및 $NF_3$에서 P와 N의 산화 상태는 각각 얼마인가?
(b) 왜 N은 P와 같이 안정한 $NF_6^-$를 형성하지 못하는가?

**22.97** (a) $P_4$, $P_4O_6$, $P_4O_{10}$ 분자는 공통적으로 네 개의 P 원자가 사면체를 이루는 구조를 가진다(그림 22.27, 22.28). 이들 화학종에서 P 원자들 사이의 결합이 동일함을 의미하는가? 이를 설명하시오. (b) 소듐 트라이메타포스페이트($Na_3P_3O_9$) 및 소듐 테트라메타포스페이트($Na_4P_4O_{12}$)는 경수 연화제로 사용된다. 그들은 각각 고리형 $P_3O_9^{3-}$ 및 $P_4O_{12}^{4-}$ 이온을 포함한다. 이들 이온의 타당한 구조를 제시하시오.

**22.98** $H_3PO_4$ 분자 사이의 축합 반응을 통해 $H_6P_4O_{13}$을 생성하는 균형 맞춘 화학 반응식을 쓰시오.

**22.99** 규소와 같이 초고순도의 저마늄은 반도체로 사용된다. '보통' 순도의 저마늄은 높은 온도에서 $GeO_2$를 탄소로 환원시켜 만든다. Ge를 $Cl_2$로 처리하여 $GeCl_4$로 변환한 후, 증류하여 정제한다. 그 다음 $GeCl_4$는 물에서 가수 분해되어 $GeO_2$가 되고, $H_2$에 의해 원소 형태로 환원된다. 원소 형태의 시료는 다시 띠정제법(zone refined)으로 정제한다. $GeO_2$에서 초순도의 Ge를 제조하는 과정에서 각 화학적 변형에 대한 완결된 반응식을 쓰시오.

**22.100** $SiO_2$에서 규소 원자의 절반 이상이 알루미늄으로 치환되면 장석(feldspar)이라 부르는 광물 종류가 얻어진다. 장석은 암석을 형성하는 가장 풍부한 광물로, 지각에 존재하는 광물의 약 50%를 차지하고 있다. 정장석(orthoclase)은 $SiO_2$의 Si 원자 1/4이 Al로 치환된 광물이다. 이 광물은 $K^+$ 이온으로 전하 균형이 맞추어져 있다. 정장석의 화학식을 결정하시오.

**22.101** (a) 조성이 $Si_4O_{11}$인 규산염 이온의 전하를 구하시오. (b) 그림

22.32를 사용하여 이 규산염의 구조에 대한 합리적인 설명을 제안하시오.

**22.102** (a) 만약 수소화물 $FeTiH_2$가 생성된다면, 100.0 kg의 FeTi 합금에 몇 g의 $H_2$를 저장할 수 있을까? (b) STP에서 위와 같은 양의 $H_2$는 얼마의 부피를 차지하는가? (c) 이 양의 수소가 공기 중에서 연소되어 물이 된다면, 얼마의 에너지를 생성하겠는가?

# 통합 연습 문제

**22.103** 표 22.1과 부록 C의 열화학적 데이터를 사용하여 $XeF_2$, $XeF_4$ 및 $XeF_6$에서의 Xe−F 평균 결합 엔탈피를 각각 계산하시오. 이와 같은 경향이 의미하는 바는 무엇인가?

**22.104** 수소 기체는 부피가 아니라 질량 기준으로 봤을 때 천연가스보다 더 높은 연료 가치를 갖는다. 그러나 수소는 파이프라인을 통하여 먼 거리를 수송하는 연료로서는 천연가스에 비해 경쟁적이지 못하다. $H_2$와 $CH_4$(천연가스의 주성분)의 연소열을 (a) 몰당, (b) 그램당, (c) STP에서 제곱미터당 각각 계산하시오(단, 생성물은 $H_2O(l)$이라고 가정한다).

**22.105** 부록 C에 있는 NO와 $NO_2$의 $\Delta G^\circ_f$를 사용하여 식 22.38에 설명된 대로 298.0 K에서 NO가 $NO_2$로 산화되는 반응의 평형 상수를 계산하시오.

**22.106** 100 g의 물에 $Cl_2$의 용해도는 STP에서 310 $cm^3$이다. 이러한 양의 $Cl_2$가 용해되어 다음과 같이 평형을 이룬다고 가정하자.

$$Cl_2(aq) + H_2O \rightleftharpoons Cl^-(aq) + HClO(aq) + H^+(aq)$$

(a) 이 반응의 평형 상수가 $4.7\times10^{-4}$일 때, 생성되는 HClO의 평형 농도를 계산하시오.
(b) 최종 용액의 pH는 얼마인가?

**22.107** 과염소산 암모늄은 열적으로 분해되어 결과적으로 $N_2(g)$, $O_2(g)$, $H_2O(g)$, $HCl(g)$가 된다.
(a) 각 반응에 대한 완결된 반응식을 쓰시오.
(b) 반응에서 $NH_4ClO_4$의 몰당 엔탈피 변화를 계산하시오($NH_4ClO_4(s)$의 표준 형성 엔탈피는 −295.8 kJ이다).
(c) $NH_4ClO_4(s)$는 로켓의 고체 연료 추진제로 사용될 때, 알루미늄 가루와 같이 충전한다. 높은 온도에서 $NH_4ClO_4(s)$가 분해되면 이 반응의 생성물은 무엇이며, 알루미늄은 어떤 역할을 하는가?
(d) 1파운드의 과염소산 암모늄이 STP에서 완전히 반응할 때 발생되는 모든 기체의 부피를 계산하시오.

**22.108** 고압 및 고온의 스팀 보일러에 존재하는 용존 산소는 금속 부품의 부식을 극대화시킨다. 물과 매우 잘 섞이는 하이드라진을 넣어 산소와의 반응을 통해 질소 및 물을 생성함으로써 용존 산소를 제거할 수 있다.
(a) 기체 하이드라진과 산소의 완결된 반응식을 쓰시오.
(b) 이 반응의 엔탈피 변화를 계산하시오.
(c) 20 °C의 해수면에서 공기 중의 산소는 물에 9.1 ppm 정도 녹는다. 이 조건에서 $3.0\times10^4$ L(작은 수영장 정도의 부피) 중의 모든 산소와 반응하는 데 필요한 하이드라진의 그램 수는 얼마인가?

**22.109** 발전소의 배출 가스에서 $SO_2$를 제거하기 위해 제안된 한 가지 방법은 탄산 칼슘과 같은 알칼리 고체로 세정하여 아황산 칼슘과 이산화 탄소 가스를 형성하는 것이다.
(a) 반응에 대한 균형 화학 반응식을 쓰시오.
(b) 8.0 질량%의 S를 함유한 석탄 1000 kg을 태울 때 생성된 $SO_2$를 제거하는 데 필요한 $CaCO_3$의 질량은 얼마인가?
(c) 표준 온도와 압력에서 생성되는 $CO_2$의 양은 얼마인가? 모든 반응이 100 % 효율적이라고 가정한다.

**22.110** 공기 중 $H_2S(g)$의 최고 허용 농도는 kg당 20 mg(질량으로 20 ppm)이다. 크기가 3.5 m×6.0 m×2.5 m인 방 안에서 101.3 kPa, 25 °C 조건하에 염산과 반응하여 이 농도를 유지하는 데 필요한 FeS의 그램수는 얼마인가? (이 조건하에 공기의 평균 몰질량은 29.0 g/mol이다.)

**22.111** $H_2O(g)$, $H_2S(g)$, $H_2Se(g)$, $H_2Te(g)$의 표준 생성열은 각각 −241.8, −20.17, +29.7, +99.6 kJ/mol이다. O, S, Se, Te의 각 원소를 표준 상태에서 1 mol의 기체 원자로 변환시키는 데 필요한 엔탈피는 각각 248, 277, 227, 197 kJ/mol이다. $H_2$의 해리 엔탈피는 436 kJ/mol이다. H−O, H−S, H−Se, H−Te에 대한 평균 결합 엔탈피를 구하고, 그 경향성을 설명하시오.

**22.112** 규소화 망가니즈(manganese silicide)의 실험식은 MnSi이고, 녹는점은 1,280 °C이다. 이 물질은 물에는 녹지 않지만, HF 수용액에서는 녹는다.
(a) MnSi는 금속성, 분자성, 공유성 그물 구조, 이온성 중 어떤 형태의 화합물로 예상되는가?
(b) MnSi와 진한 HF 수용액과의 반응에서 완결된 반응식을 쓰시오.

**22.113** 질산은 강력한 산화제이다. 표준 환원 전위를 사용하여 다음 금속이 질산에 의해 +2 이온으로 산화될 수 있는지 예측하시오.
(a) 철 (b) 구리 (c) 로듐 (d) 아연 (e) 납 (f) 주석

**22.114** 다이메틸하이드라진($(CH_3)_2NNH_2$)과 메틸하이드라진($CH_3NHNH_2$)은 로켓 연료로 사용되어 왔다. 사산화 이질소($N_2O_4$)가 산화제로 사용되는 경우에 생성물은 $H_2O$, $CO_2$, $N_2$이다. 만약 로켓의 추진력이 생성물의 부피에 의존할 경우, 어떤 하이드라진 치환체가 산화제+연료의 총질량에 대한 g당 추진력이 더 큰가? (단, 두 연료는 모두 같은 온도를 상정하고 $H_2O(g)$이 형성된다.)

**22.115** 보라진($(BH)_3(NH)_3$)은 구조적으로 벤젠($C_6H_6$)의 유사체이다. 이 물질은 다이보레인과 암모니아의 반응으로부터 또 다른 생성물인 수소와 함께 얻을 수 있다. 또는 수소화붕소 리튬과 염화 암모늄의 반응에서 또 다른 생성물인 염화 리튬과 수소와 함께 얻을 수 있다.

**(a)** 두 반응 방법을 이용하여 보라진 생성의 완결된 반응식을 쓰시오.

**(b)** 보라진의 Lewis 점 구조를 그리시오.

**(c)** STP에서 다이보레인이 과량일 때, 암모니아 2.00 L로부터 보라진은 몇 그램이 생성될 수 있는가?

## 실험 설계 문제

다섯 가지 물질의 시료가 주어졌다. 실온에서 그중 세 가지는 무색의 기체이고, 하나는 무색의 액체, 하나는 흰색의 고체이다. 다섯 가지 물질이 각각 $NF_3$, $PF_3$, $PCl_3$, $PF_5$, $PCl_5$ 중 하나라는 것을 알게 되었다. 이 장과 앞 장들에서 배운 개념을 활용하여 다섯 가지 시료가 각각 어떤 물질인지를 결정하는 실험을 설계해 보자.

**(a)** 인터넷이나 화학 서적을 이용하지 않도록 하고(시험을 볼 때처럼), 각 물질을 규명할 수 있는 실험을 설계하시오.

**(b)** 인터넷 자료에 접근할 수 있다면 위와 어떻게 다르게 진행할 수 있는가?

**(c)** 어떤 물질이 중심 원자 주위에 더 많은 원자를 결합시키는 반응을 할 수 있는가? 그 가설을 실험하기 위해 어떤 종류의 반응을 선택하겠는가?

**(d)** 여러분이 알고 있는 분자간 힘에 기반을 두면 어떤 물질이 고체인가?

# 23 전이 금속과 배위 화학



## 23.1 전이 금속

사람들은 다른 척추동물과 마찬가지로 붉은색 피를 가지고 있다. 피의 붉은색은 적혈구에 포함되어 있는 헤모글로빈이라는 단백질에 의해 나타난다. 헤모글로빈은 폐에서 산소를 받아 몸 전체로 운반하는 역할을 한다.

하지만 모든 동물이 붉은색 피를 가지는 것은 아니다. 문어, 오징어, 바닷가재와 같은 몇몇 해양 동물은 파란색 피를 가지고 있다. 핏속에서 헤모글로빈 대신 구리가 포함된 헤모시아닌이 산소

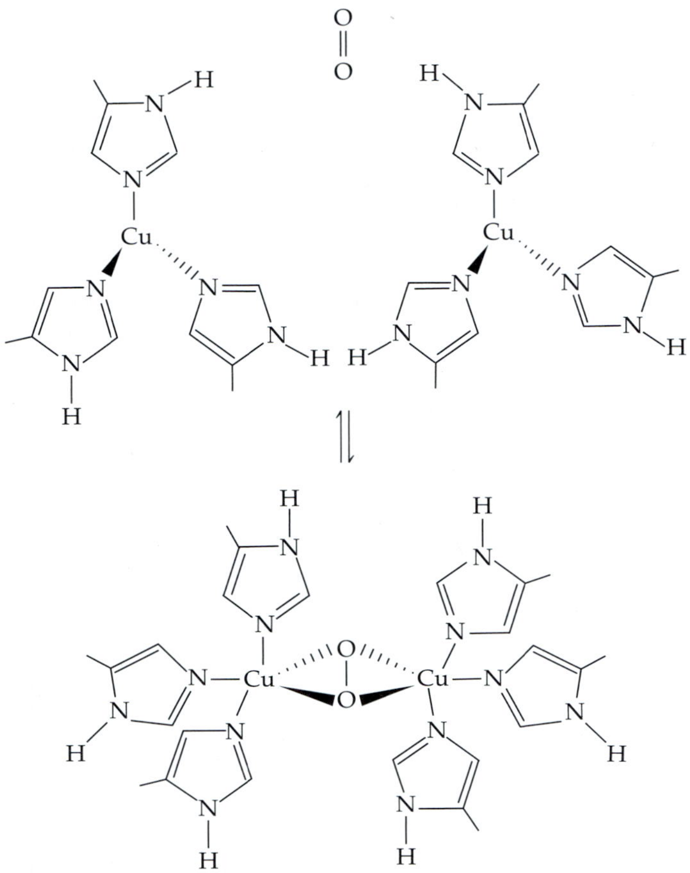

▲ 그림 23.1 산소와 결합하는 헤모시아닌 세 개의 질소 원자와 결합된 탈산소화 상태의 헤모시아닌 속 $Cu^+$ 이온(왼쪽). $O_2$ 분자가 $Cu^+$ 이온 사이에 결합하면 $O_2^{2-}$로 환원되며, $Cu^+$ 이온은 $Cu^{2+}$로 산화된다.

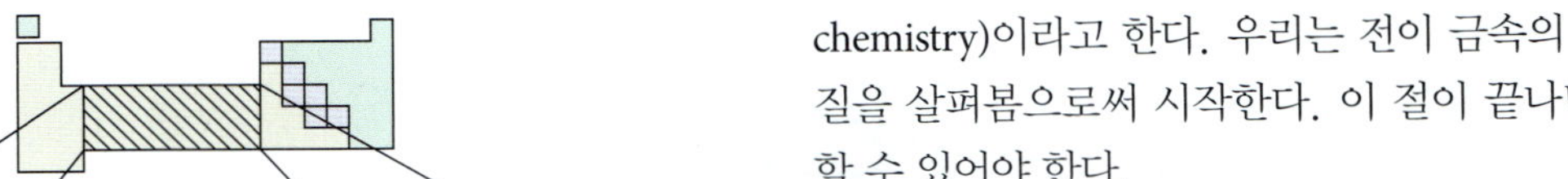

| 3 | 4 | 5 | 6 | 7 | 8 | 9 | 10 | 11 | 12 |
|---|---|---|---|---|---|---|---|---|---|
| 21 Sc | 22 Ti | 23 V | 24 Cr | 25 Mn | 26 Fe | 27 Co | 28 Ni | 29 Cu | 30 Zn |
| 39 Y | 40 Zr | 41 Nb | 42 Mo | 43 Tc | 44 Ru | 45 Rh | 46 Pd | 47 Ag | 48 Cd |
| 71 Lu | 72 Hf | 73 Ta | 74 W | 75 Re | 76 Os | 77 Ir | 78 Pt | 79 Au | 80 Hg |

▲ 그림 23.2 주기율표상에서의 전이 금속의 위치 전이 금속은 4, 5, 6주기의 3~12족을 구성하며, 7주기부터의 수명이 짧은 방사성 전이 금속은 나타내지 않았다.

를 운반하기 때문이다. 산소가 떨어져 나간 헤모시아닌은 400 pm 정도 떨어져 서로 결합할 수 없는 두 개의 $Cu^+$ 이온을 가지고 있다. **그림 23.1**과 같이, 산소 분자가 단백질의 이 부분에 들어오면, 전자 전달 반응을 통해 $O_2^{2-}$ 이온으로 환원되면서 두 개의 구리 이온이 $Cu^{2+}$로 산화되는 반응이 일어나는데, 이 두 $Cu^{2+}$ 이온에 의해 피가 푸른색을 띠게 된다.

수많은 동물의 피 중 특히 투구게(이번 절의 시작에 있는 이미지)의 피가 중요한데, 그 이유는 투구게의 원시적인 면역계에는 해로운 바이러스와 세균성 독소에 결합함으로써 감염되지 않도록 보호하는 LAL(limulus amoebocyte lysate)이라는 성분이 포함되어 있기 때문이다. LAL은 1960년대 초에 약물과 의학 기기에서의 미량 독성 성분을 검출할 수 있다는 것이 밝혀졌다.

철이나 구리와 같은 전이 금속의 중요성은 생물학이나 의학에 국한되지 않는다. 전이 금속과 그들의 합금은 구조 재료 및 동전이나 보석, 전선과 전자 기기의 전도체와 같은 수많은 다른 응용으로 사용된다. 부분적으로 채워져 있는 *d* 오비탈은 이러한 전이 금속 화합물이 촉매, 자석, 안료 등으로 기능하게 한다.

앞 장들에서는 금속 이온이, 루이스 염기로 작용하는 다른 분자나 이온들을 만나면 루이스 산으로 작용할 수 있다는 것을 보았고 (16.8절), $[Ag(NH_3)_2]^+$와 같은 화합물(17.5절)과 헤모글로빈과 같은 단백질(13.6절) 등과의 반응으로부터 나타나는 이온이나 화합물을 이미 보았다. 이 장에서는 분자와 이온이 금속을 둘러싼 복잡한 구조들에 얽힌 중요하고 방대한 이론을 공부하게 될 것이다. 이런 종류의 금속 화합물은 **배위 화합물**(coordination compound)이라 불리며, 이를 다루는 화학 분야를 **배위 화학**(coordination chemistry)이라고 한다. 우리는 전이 금속의 일반적인 물리적 성질을 살펴봄으로써 시작한다. 이 절이 끝나면 다음 사항을 수행할 수 있어야 한다.

- 금속 반지름과 자성을 포함한 전이 금속의 물리적 성질 이해하기

전이 금속은 주기율표에서 한 주기의 왼쪽에서 오른쪽으로 가며 *d* 오비탈이 채워지는 구역에 있는 원소들이다(**그림 23.2**).

몇 가지 원소(예: 백금, 금)를 제외한 대부분의 금속 원소는 자연계에 **광물**(**mineral**)이라는 고체 무기 화합물의 형태로 발견된다. **표 23.1**에서 광물은 화학명보다 일반명으로 알려져 있다는 것을 주목하라.

광물에서 대부분의 전이 금속은 +1~+4의 산화 상태로 존재한다. 광물에서 순수한 금속을 얻기 위해서는 금속을 원소 형태로 환원시키는 여러 화학 공정을 거쳐야 한다. **야금**(**metallurgy**)은 금속 광물(원광)로부터 금속을 추출하여 실제로 이용할 수 있게 하는 과학 기술이다. 야금은 보통 몇 가지 단계로 진행된다. (1) 토양에서 **광석**(혼합 광물)의 채취, (2) 광석의 농축 또는 추가적인 처리를 위한 준비, (3) 순수한 금속을 얻기 위한 광석의 환원, (4) 금속의 정제, (5) 금속의 성질을 보완하기 위한 다른 원소와의 혼합이 그것이다. 마지막 과정을 통

**표 23.1 몇몇 전이 금속의 주요 광물원**

| 금속 | 광물 | 광물 조성 |
|---|---|---|
| 크로뮴 | 크로뮴철광(Chromite) | $FeCr_2O_4$ |
| 코발트 | 휘코발트광(Cobaltite) | CoAsS |
| 구리 | 휘동광(Chalcocite) | $Cu_2S$ |
| | 황동광(Chalcopyrite) | $CuFeS_2$ |
| | 공작석(Malachite) | $Cu_2CO_3(OH)_2$ |
| 철 | 적철광(Hematite) | $Fe_2O_3$ |
| | 자철광(Magnetite) | $Fe_3O_4$ |
| 망가니즈 | 연망가니즈광(Pyrolusite) | $MnO_2$ |
| 수은 | 진사(Cinnabar) | HgS |
| 몰리브데넘 | 휘수연광(Molybdenite) | $MoS_2$ |
| 타이타늄 | 금홍석(Rutile) | $TiO_2$ |
| | 타이타늄철광(Ilmenite) | $FeTiO_3$ |
| 아연 | 섬아연광(Sphalerite) | ZnS |

하여, 두 가지 이상의 원소로 구성된 금속 재료인 **합금**(alloy)이 생산된다.

## 물리적 성질

4주기 전이 금속('첫 번째 행' 전이 계열 원소)들의 몇 가지 물리적인 성질이 표 23.2에 나타나 있다. 더 무거운 전이 금속인 5, 6주기 원소들의 특징도 비슷한 경향성을 가진다.

그림 23.3에 족의 번호에 따라 조밀 쌓임 금속 구조에서 관찰되는 원자 반지름의 크기를 나타내었다.* 그림에 나타난 경향성은 두 가지 힘이 경쟁적으로 작용한 결과이다. 한 가지는 주기율표 왼쪽에서 오른쪽으로 갈수록 유효 핵전하가 증가하여 원자 반지름을 감소시키려는 작용이며, 다른 하나는 금속 결합의 세기가 각 주기의 중간까지는 증가하다가 반결합성 오비탈이 채워지면서 감소하는 작용이다. 일반적으로 결합력이 증가할수록 결합 거리는 짧아진다. 이 두 가지 효과는 3족에서 6족까지의 원소에 대하여 협조적으로 작용하고, 그 결과 반지름이 급격히 감소한다. 6족

**표 23.2 4주기 전이 금속의 성질**

| 족 | 3 | 4 | 5 | 6 | 7 | 8 | 9 | 10 | 11 | 12 |
|---|---|---|---|---|---|---|---|---|---|---|
| 원소 | Sc | Ti | V | Cr | Mn | Fe | Co | Ni | Cu | Zn |
| 바닥 상태 전자 배치 | $3d^14s^2$ | $3d^24s^2$ | $3d^34s^2$ | $3d^54s^1$ | $3d^54s^2$ | $3d^64s^2$ | $3d^74s^2$ | $3d^84s^2$ | $3d^{10}4s^1$ | $3d^{10}4s^2$ |
| 1차 이온화 에너지(kJ/mol) | 631 | 658 | 650 | 653 | 717 | 759 | 758 | 737 | 745 | 906 |
| 금속 결합 반지름(pm) | 164 | 147 | 135 | 129 | 137 | 126 | 125 | 125 | 128 | 137 |
| 밀도(g/cm³) | 3.0 | 4.5 | 6.1 | 7.9 | 7.2 | 7.9 | 8.7 | 8.9 | 8.9 | 7.1 |
| 녹는점(℃) | 1541 | 1660 | 1917 | 1857 | 1244 | 1537 | 1494 | 1455 | 1084 | 420 |
| 결정 구조* | hcp | hcp | bcc | bcc | ** | bcc | hcp | fcc | fcc | hcp |

*결정 구조에서 hcp = hexagonal close packed(육방 조밀), fcc = face centered cubic(면심 입방), bcc = body centered cubic(체심 입방)의 약어이다.
**망가니즈는 보다 복잡한 결정 구조를 가지고 있다.

*여기서 정한 반지름은 종종 금속 반지름을 말하는데, 이것은 7.3절에서 정의한 결합 원자 반지름과는 조금 다르다는 것을 주의해야 한다.

전이 금속의 반지름의 변화는 주기율표에서 왼쪽에서 오른쪽으로 가면서 유효 핵전하와 같은 경향성을 따르는가?

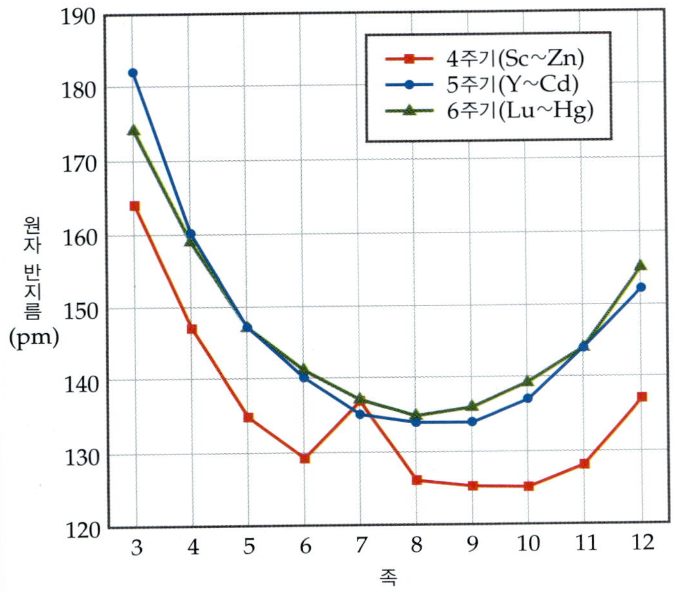


▲ 그림 23.3 족에 따른 전이 금속의 반지름

이후의 족에서는 두 효과가 서로 반대로 작용하며, 그 결과 반지름이 서서히 감소하다가 결국 증가하게 된다.

일반적으로 주기율표의 한 족에서 아래로 갈수록 원자 반지름이 증가하는 것은 최외각 전자의 주양자수가 증가하기 때문이다. 그러나 그림 23.2에서와 같이, 3족 이후에는 5주기와 6주기의 전이 원소가 거의 동일한 반지름을 가진다. 예를 들어 5족 원소를 보면, 6주기의 탄탈럼(Ta)과 5주기의 나이오븀(Nb)의 반지름이 거의 같다. 이런 효과는 원자 번호가 57에서 70까지인 란타넘 계열에서 그 이유를 찾을 수 있다. 란타넘족 원소들은 4*f* 오비탈이 채워짐에 따라 유효 핵전하가 증가하여 원자의 크기가 감소한다. 이 현상을 **란타넘족 수축(lanthanide contraction)**이라고 하며, 5주기에서 6주기로 넘어가면서 예상되는 크기 증가 효과를 상쇄한다. 따라서 각 족의 5주기와 6주기 전이 금속들은 매우 비슷한 반지름과 화학적인 성질을 가진다. 예를 들어 4족에 있는 지르코늄(5주기)과 하프늄(6주기)은 자연계에 함께 존재하며, 이 둘을 분리하는 것은 매우 어렵다.

## 전자 배치와 산화 상태

주기율표상에서 전이 금속의 위치는 그림 6.28에서 보인 것처럼, *d*부껍질을 채워가는 데 기인한다. 전이 금속의 물리적 · 화학적 성질의 대부분은 *d* 오비탈의 독특한 특징 때문이다. 어떠한 전이 금속 원자에 있어서 최외각 $(n-1)d$ 오비탈의 크기는 그에 대응되는 최외각 *ns*, *np* 오비탈보다 작다. 양자 역학적 측면에서, $(n-1)d$ 오비탈 파동 함수는 *ns*와 *np* 오비탈 파동 함수에 비하여 원자핵에서 멀어질 때 더 빠르게 감소한다. 이러한 *d* 오비탈의 특성은 오비탈의 상호 작용을 이웃하는 원자들의 오비탈로 국한시키지만, 둘러싸고 있는 원자들에 덜 민감한 정도는 아니다. 결과적으로 이들은 원자가 전자처럼 행동하기도 하고 때로는 핵심부 전자처럼 행동하기도 한다. 세부적인 것은 주기율표상의 위치와 원자의 주위 환경에 의해 결정된다.

전이 금속이 산화될 때에는 ***d* 부껍질로부터 전자를 잃기 전에 더 바깥쪽의 *s* 전자를 먼저 잃는다.** 예를 들어 Fe의 전자 배치는 $[Ar]3d^64s^2$인 반면, $Fe^{2+}$의 전자 배치는 $[Ar]3d^6$이다. $Fe^{3+}$가 되기 위해서는 3*d* 전자를 1개 더 잃어야 하므로 $[Ar]3d^5$의 전자 배치가 된다. 대부분의 전이 금속 이온은 완전히 채워지지 않은 *d* 부껍질을 가지기 때문에, 크게 세 가지 특징을 가진다.

1. 전이 금속은 보통 하나 이상의 안정한 산화 상태를 갖는다.
2. 많은 전이 금속 화합물은 색을 띤다(그림 23.4).
3. 전이 금속과 그 화합물은 흔히 자기적 성질을 띤다.

그림 23.5에 4주기 전이 금속 계열의 일반적인 산화 상태를 요약하였다(0 제외). 대부분의 전이 금속에서 공통적으로 보이는 +2의 산화 상태는 두 개의 전자를 바깥 4*s* 오비탈로부터 잃기 때문이다. 이 산화 상태는 3+ 이온이 매우 안정한, [Ar]과 동일한 전자 배치인 Sc를 제외한 모든 경우에서 발견된다.

+2보다 큰 산화 상태는 3*d* 전자를 잃어가며 생긴다. Sc부터 Mn까지 최대 산화 상태는 +3에서 +7로 증가하는데, 이는 각 원자의 4*s* 전자와 3*d* 전자를 더한 수와 같다. 그러므로 Mn은 $2+5=+7$의 최대 산화 상태를 갖는다. 그림 23.5의 Mn보다 오른쪽으로 가면 최대 산화수가 감소한다. 이러한 현상은 *d* 오비탈과 원자핵 간의 인력으로 어느 정도 설명될 수 있다. 주기율표의 한 주기에서

다음 중 전이 금속 이온의 $3d$ 오비탈이 완전히 채워져 있는 것은 어느 것인가?

▲그림 23.4 전이 금속 이온의 수용액 왼쪽에서 오른쪽으로 $Co^{2+}$, $Ni^{2+}$, $Cu^{2+}$, $Zn^{2+}$. 모든 경우에서 상대 음이온은 질산 이온이다.

오른쪽으로 갈수록 $d$ 오비탈과 원자핵의 인력이 $s$ 오비탈보다 훨씬 빠르게 증가한다. 다시 말해, 각 주기에서 원자 번호가 증가함에 따라 $d$ 전자들은 더욱 더 핵심부 전자처럼 행동한다. Zn에 이르러서는 화학적 산화를 통해 $3d$ 오비탈에서 전자를 제거하는 것이 불가능하다.

5, 6주기의 전이 금속에서는 $4d$와 $5d$ 오비탈의 크기가 커지기 때문에 최대 산화수가 $RuO_4$, $OsO_4$에서처럼 +8까지 증가한다. 일반적으로 최대 산화 상태는 금속이 전기 음성도가 매우 큰 원소, 특히 O, F, 어떤 경우에는 Cl 등의 원소와 결합할 때에만 발견된다.

아래 그림에 나타낸 이온 중 $4s$ 오비탈이 비어 있는 것은 어느 것인가? 또 $3d$ 오비탈이 비어 있는 것은 어느 것인가?

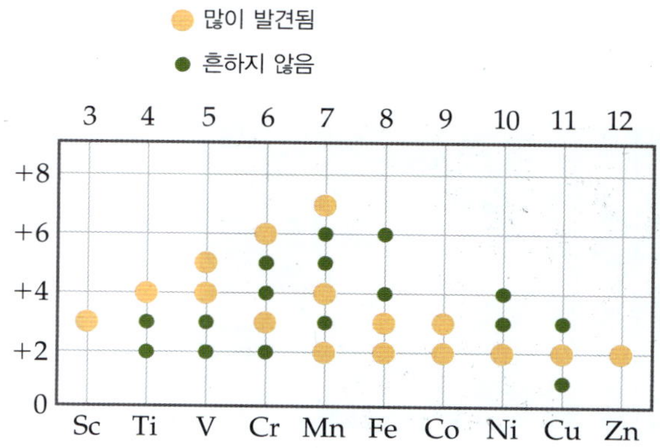


▲그림 23.5 4주기 전이 금속이 가지는 0 이외의 산화 상태

## 자기성

전자가 가지는 스핀은 전자를 작은 자석처럼 행동하게 만드는 **자기 모멘트**(magnetic moment)라는 성질을 만든다. **반자기성**(diamagnetic) 고체는 모든 전자가 짝을 이루고 있는 고체이며, 위쪽 방향 스핀과 아래쪽 방향 스핀은 서로를 상쇄한다. 반자기성 물질은 일반적으로 비자기성이지만, 반자기성 물질이 자기장에 놓이면 전자의 움직임에 의하여 물질은 자석에 의해 매우 약하게 반발하게 된다. 다시 말해, 비자기성 물질이 자기장에 놓이는 경우, 매우 약한 자기적 특성을 보이게 된다.

원자나 이온으로 이루어진 물질이 한 개 이상의 홀전자를 가질 때 물질은 **상자기성**(paramagnetic)이다. 상자기성 고체의 원자나 이온의 전자는 이웃 원자나 이온의 홀전자에 영향을 주지 않는다. 그 결과, 원자나 이온의 자기 모멘트는 **그림 23.6(a)**처럼 무질서한 방향으로 배열되고, 지속적으로 방향이 바뀐다. 그러나 상자기성 물질이 자기장에 놓이게 되면, 자기 모멘트는 서로 평행하게 정렬하여 자석과 알짜 인력을 형성한다. 그러므로 약하게 자기장에 의해 밀쳐지는 반자기성 물질과 물질이 자기장 내에 놓여 있을 때, 상자기성 물질을 나타내는 그림이 어떻게 변하는지 기술하시오.

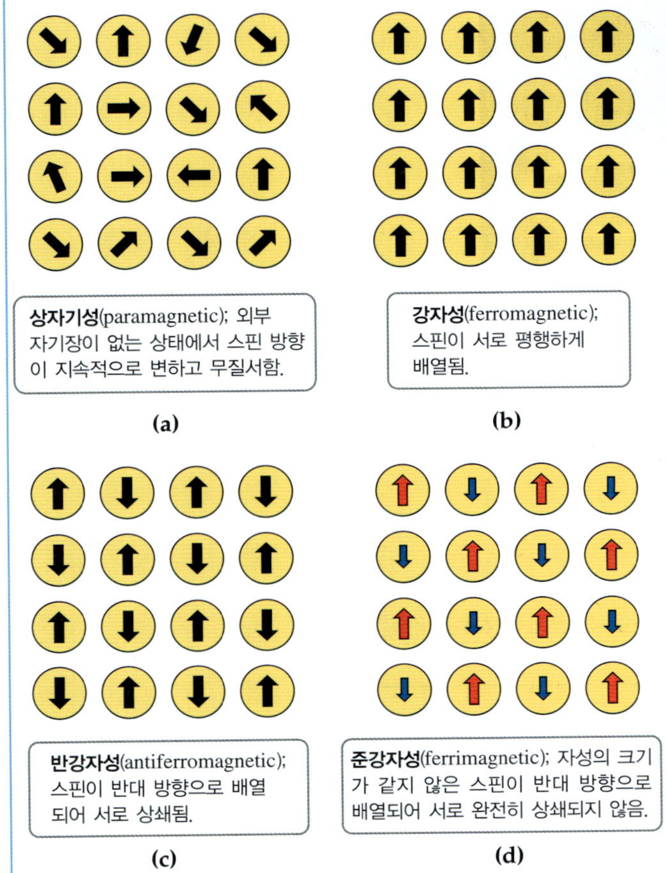


▲그림 23.6 여러 형태의 자성체에서 전자 스핀의 상대적 배향

달리, 상자기성 물질은 자기장에 끌린다.

일반적으로 자석이라고 하면, 대부분 간단한 철 자석을 떠올린다. 철은 상자기성보다 더 강한 자기성을 가지는 **강자성(ferromagnetism)**을 띤다. 고체에서 원자나 이온의 홑전자가 이웃 원자나 이온의 전자 배향에 의한 영향을 받게 될 때 강자성이 나타난다. 그림 23.6(**b**)처럼, 인접한 원자나 이온의 전자 스핀이 같은 방향으로 정렬될 때가 가장 안정한(가장 낮은 에너지 상태) 배열이다. 강자성 고체가 자기장에 놓이면, 전자는 자기장 방향으로 강하게 정렬하는 경향이 있다. 강자성 물질의 자기장에 의한 인력은 상자기성 물질의 경우보다 약 백만 배 정도 강하다.

외부 자기장으로부터 강자성체의 자석이 제거될 때, 전자 사이의 상호 작용에 의해 강자성 물질의 자기 모멘트는 유지된다. 이것을 **영구 자석**(permanent magnet)이라고 한다(그림 23.7).

강자성 전이 금속은 Fe, Co, Ni뿐이지만, 여러 합금에서 순수한 금속의 강자성보다도 강한 강자성을 볼 수 있다. 특히 강한 강자성은 전이 금속과 란타넘족 금속을 모두 가지고 있는 화합물에서 발견된다. 매우 중요한 두 가지 예는 $SmCo_5$와 $Nd_2Fe_{14}B$이다.

홑전자들의 정돈된 배열을 포함하는 자성의 또 다른 두 가지 형태가 그림 23.6에 묘사되어 있다. **반강자성(antiferromagnetism)**을 보이는 물질(그림 23.6(**c**))에서는 원자나 이온의 홑전자가 이웃 원자의 스핀 방향과 반대 방향으로 정렬되어 있다. 이것은 스핀 방향이 위, 아래인 전자들이 서로를 상쇄한다는 것이다. 반강자성 물질의 예는 크로뮴 금속, FeMn 합금과 $Fe_2O_3$, $LaFeO_3$, MnO와 같은 전이 금속 산화물 등이다.

**준강자성(ferrimagnetism)**을 보이는 물질(그림 23.6(**d**))은 강자성과 반강자성의 성질을 모두 가진다. 반강자성체처럼 홑전자는 인접한 원자나 이온과 반대 방향의 스핀으로 나란히 배열되어 있지만, 반강자성체와 달리 위쪽 방향 스핀 전자의 알짜 자기 모멘트는 아래쪽 방향 스핀 전자에 의해 완전히 상쇄되지 않는다. 이는 자기 중심이 가지는 홑전자의 수가 다른 경우($NiMnO_3$), 한 방향으로 정렬된 자석 원자의 수가 다른 방향으로 정렬된 수보다 많은 경우($Y_3Fe_5O_{12}$), 또는 두 경우가 모두 적용된 경우($Fe_3O_4$) 등에서 나타날 수 있다. 준강자성 물질은 자기 모멘트가 완전히 상쇄되지 않기 때문에 그 성질이 강자성 물질의 성질과 유사하다.

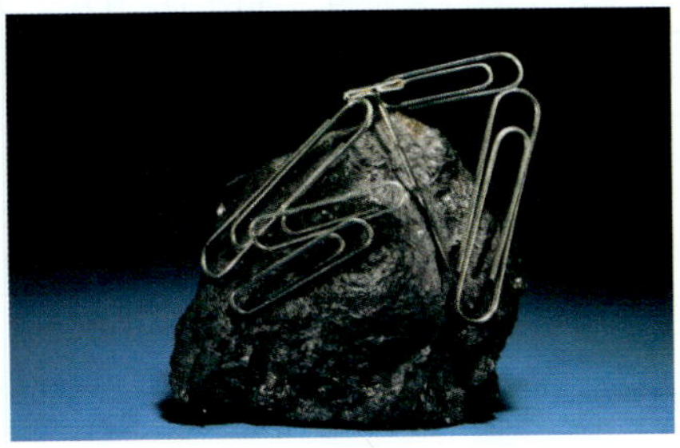

▲그림 23.7 영구 자석 영구 자석은 강자성 물질과 준강자성 물질로 만들어졌다.

강자성, 준강자성, 반강자성은 모두 임계 온도 이상으로 열을 받으면 상자기성이 되는데, 이것은 열에너지가 충분하여 전자의 스핀 방향을 결정하는 힘을 극복할 수 있기 때문이다. 강자성체와 준강자성체에서 이 온도를 **Curie 온도**(Curie temperature, $T_C$)라고 하며, 반강자성체에는 **Néel 온도**(Néel temperature, $T_N$)라고 한다.

## 자기 평가 연습 문제

**23.1** $TiCl_4$는 그림 23.6에 나타난 자기 성질을 나타낼 것으로 예상되는가?

(**a**) 네
(**b**) 아니오

## 연습 문제

**23.2** 전이 금속 원소의 최대 산화 상태가 7족과 8족 근처에서 정점에 달한다는 관찰을 부분적으로 설명할 수 있는 주기적인 경향은?

(**a**) 원자가 전자의 수가 8족에서 최대에 도달

(**b**) 각 주기에 걸쳐 유효 핵전하가 왼쪽으로 이동하면서 증가

(**c**) 전이 금속 원소의 반지름이 8족에서 최소에 도달. 그리고 원자의 크기가 감소함에 따라 전자를 제거하기가 더 쉬워짐

**23.3** 다음 각 화합물들에서 전이 금속 이온의 전자 배치를 결정하시오.

(**a**) CuO (**b**) $Cu_2O$ (**c**) $V_2O_5$ (**d**) MnO

**23.4** 이 전이 금속 이온들의 원자가 *d* 오비탈에 몇 개의 전자들이 있는가?

(**a**) $Ru^{3+}$ (**b**) $Pd^{2+}$ (**c**) $Ti^{2+}$ (**d**) $W^{6+}$

**23.5** 어느 형태의 자기 물질이 영구자석, 강자성 물질, 반강자성 물질, 준강자성 물질을 만드는 데 사용될 수 없는가?

자기 평가 연습 문제 답 **23.1** (b)

# 23.2 | 전이 금속 착물

금은 수천 년 동안 그 가치가 높이 평가되어 왔다. 금은 자연에서 원소로 생기는 몇 안 되는 금속 중 하나이다. 그 분포는 광범위하지만 거의 항상 극도로 낮은 농도로 존재한다. 충적퇴적물로 농축되어 있는 소수의 장소에서 금 덩어리들은 패닝(panning, 분리 테이블)을 이용하여 추출할 수 있다. 이 공정은 높은 밀도의 금은 팬 바닥으로 떨어지고 그 위에 있는 원치 않는 물질의 슬러리를 따라내는 것이다. 금에 대한 패닝은 여전히 숙련된 탐광자들에 의해 수행되지만, 눈에 보이려면 덩어리가 필요하다. 상업용 금광은 추출 공정을 사용하여 미세한 금을 회수한다. 여기에서 금을 함유한 암석은 공기가 있는 상태에서 사이안화 소듐(sodium cyanide) 용액으로 부서지고 침출된다. 이것은 용해성 금 이온 $[Au(CN)_2]^-$을 형성하고 미세 탄소 입자에 흡수되어 농축되고 전해 회수된다. 다량의 사이안화물을 사용하기 때문에 발생하는 위험으로 인해, 대체 침출 물질에 대한 연구가 진행되고 있지만, 금의 매우 바람직한 특성 중 하나인 비활성은 선택이 제한적임을 시사한다.

이 절에서는 배위 화학에 대한 논의를 시작하고, 절이 끝나면 다음을 수행할 수 있어야 한다.

- 배위 화합물의 구성 요소를 이해하기
- 착이온에서 금속의 전하를 결정하기

전이 금속은 여러 가지 흥미롭고도 중요한 분자 형태에서도 발견된다. 중심 전이 금속 이온이 주위 분자나 이온과 결합된 $[Ag(NH_3)_2]^+$과 $[Fe(H_2O)_6]^{3+}$ 같은 물질을 **금속 착물(metal complex)** 또는 간단히 **착물**(complex)이라고 한다.* 이때 착물이 알짜 전하를 가진다면 일반적으로 **착이온**(complex ion)이라고 한다. 그리고 이러한 착물을 포함하는 화합물을 **배위 화합물(coordination compound)**이라고 한다.

착물에서 금속 이온과 결합한 분자나 이온을 **리간드(ligand**, 라틴어로 'ligare'는 '결합하다'라는 뜻이다.)라고 한다. 예를 들면 착이온 $[Ag(NH_3)_2]^+$는 $Ag^+$에 두 개의 $NH_3$ 리간드가 결합한 것이고, $[Fe(H_2O)_6]^{3+}$는 $Fe^{3+}$에 6개의 $H_2O$ 리간드가 결합한 것이다. 각 리간드는 리간드–금속 결합을 형성하기 위해 전자쌍을 주는 Lewis 염기로 작용한다. 따라서 모든 리간드는 적어도 한 개 이상의 비공유된 원자가 전자쌍을 가진다. 가장 흔히 볼 수 있는 네 가지의 리간드를 보면,

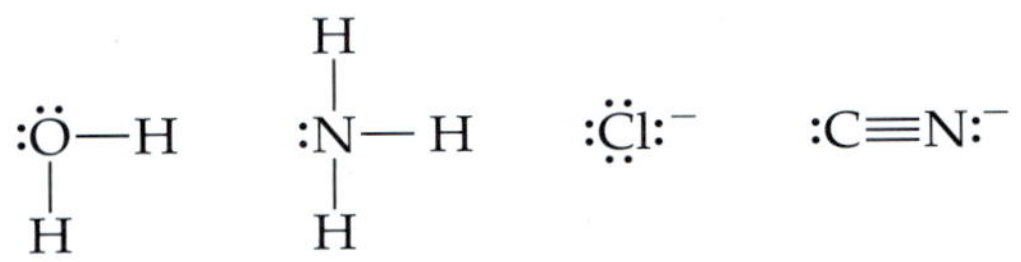

대부분의 리간드가 극성을 띠는 분자이거나 음이온이라는 것을 알 수 있다. 착물을 형성함에 있어 리간드는 금속에 **배위한다**(coordinate)고 표현한다.

## 배위 화학의 발전: Werner 이론

전이 금속의 화합물은 아름다운 색을 띠기 때문에 주기율표가 도입되기 이전에도 화학자들의 흥미를 끌어 왔다. 1700년대 후반부터 1800년대까지 많은 배위 화합물이 분리되었고 연구되었는데, 이들의 성질은 당시의 주류였던 결합 이론을 고려하면 이해하기 힘든 것이었다. 예를 들어 **표 23.3**에 나열된 $CoCl_3-NH_3$ 화합물들은 서로 현저하게 다른 색을 가진다. 심지어 세 번째와 네 번째 화합물은 같은 조성식($CoCl_3 \cdot 4NH_3$)을 갖지만 다른 색을 띤다.

표 23.3에 나열된 화합물의 현대적 화학식은 다양한 실험적인 증거를 바탕으로 하고 있다. 예를 들어 네 가지 화합물은 모두 강한 전해질이지만, 물에 녹았을 때 생성되는 이온의 수가 다르다. $CoCl_3 \cdot 6\,NH_3$가 물에 녹으면 네 개의 이온($[Co(NH_3)_6]^{3+}$와 세 개의 $Cl^-$ 이온)으로 해리되는 반면, $CoCl_3 \cdot 5\,NH_3$는 단지 세 개의 이온($[Co(NH_3)_5Cl]^{2+}$와 두 개의 $Cl^-$ 이온)만 생성된다. 또한 과량의 질산 은 수용액과 반응을 시키는 경우 다른 양의 $AgCl(s)$ 침전이 생성된다. 1 mol의 $CoCl_3 \cdot 6\,NH_3$는 과량의 $AgNO_3(aq)$와 반응하여 3 mol의 $AgCl(s)$ 침전을 생성한다. 이는 착물에 있는 세

**표 23.3 코발트(III)의 몇 가지 암모니아 착물의 성질**

| 원래의 화학식 | 색 | 화학식 단위당 이온수 | 화학식 단위당 '자유' $Cl^-$ 이온수 | 현대적 화학식 |
|---|---|---|---|---|
| $CoCl_3 \cdot 6\,NH_3$ | 오렌지색 | 4 | 3 | $[Co(NH_3)_6]Cl_3$ |
| $CoCl_3 \cdot 5\,NH_3$ | 자색 | 3 | 2 | $[Co(NH_3)_5Cl]Cl_2$ |
| $CoCl_3 \cdot 4\,NH_3$ | 녹색 | 2 | 1 | *trans*-$[Co(NH_3)_4Cl_2]Cl$ |
| $CoCl_3 \cdot 4\,NH_3$ | 보라색 | 2 | 1 | *cis*-$[Co(NH_3)_4Cl_2]Cl$ |

*전이 금속이 아니라도 착물을 형성할 수 있는 경우가 많지만, 이 장에서 살펴볼 대부분의 배위 화합물은 전이 금속을 포함한 것이다.

개의 $Cl^-$ 이온이 AgCl($s$) 형태로 반응할 수 있음을 의미한다. 이와는 달리 $CoCl_3 \cdot 5\,NH_3$를 과량의 $AgNO_3$($aq$)로 처리하면 1 mol의 착물로부터 2 mol의 AgCl($s$) 침전만이 형성된다. 이것은 이 착물에 있는 $Cl^-$ 이온 중 한 개는 반응하지 못한다는 것을 의미한다. 이 결과가 표 23.3에 요약되어 있다.

스위스의 화학자 Alfred Werner(1866~1919)는 1893년에 표 23.3에 있는 현상을 성공적으로 설명할 수 있는 이론을 제시하였다. 배위 화학을 이해하는 근간이 되는 이 이론에서, Werner는 모든 금속 이온이 일차 원자가와 이차 원자가를 가지고 있다고 제안하였다. **일차 원자가**(**primary valence**)는 금속의 산화 상태를 말하는 것으로, 표 23.3에 있는 착물의 경우 +3이 된다. **이차 원자가**(**secondary valence**)는 금속 이온에 결합된 원자의 수로, 이것을 **배위수**(**coordination number**)라고 한다. Werner는 이런 코발트 착물들이 6의 배위수를 가지며 $Co^{3+}$ 이온 주위로 6개의 리간드가 팔면체 형태로 되어 있다고 추론하였다.

Werner의 이론은 표 23.3의 결과를 훌륭하게 설명하였다. $NH_3$ 분자는 (나중에 보게 되겠지만 질소 원자를 통해서) $Co^{3+}$ 이온에 결합된 리간드이다. 만약 $NH_3$ 분자의 수가 6개보다 적으면, 나머지 리간드는 $Cl^-$ 이온이 된다. 중심 금속과 그에 결합되어 있는 리간드는 착화합물의 **배위권**(**coordination sphere**)을 구성한다.

Werner는 배위 화합물의 화학식을 쓸 때, 어떤 화합물이라도 배위권을 나타낼 때에는 대괄호를 사용할 것을 제안하였다. 그러므로 Werner는 $CoCl_3 \cdot 6\,NH_3$와 $CoCl_3 \cdot 5\,NH_3$는 각각 $[Co(NH_3)_6]Cl_3$와 $[Co(NH_3)_5Cl]Cl_2$로 표기하는 것이 더 좋다고 제안하였다. 그는 착물을 물에 녹이는 경우에도 배위권에 들어 있는 염화 이온은 매우 강하게 결합되어 있기 때문에 해리되지 않는다고 제안했다. 따라서 $[Co(NH_3)_5Cl]Cl_2$가 물에 녹으면 $[Co(NH_3)_5Cl]^{2+}$ 이온과 두 개의 $Cl^-$ 이온이 형성된다.

Werner의 아이디어는 $CoCl_3 \cdot 4\,NH_3$가 왜 두 가지 형태로 존재하는지도 설명하였다. Werner의 가정을 이용하면 화학식을 $[Co(NH_3)_4Cl_2]Cl$로 쓸 수 있다. **그림 23.8**과 같이 $[Co(NH_3)_4Cl_2]^+$

아래 그림에서 보이는 두 가지 방법 외에 $[Co(NH_3)_4Cl_2]^+$에서 염화 이온을 배열할 수 있는 또 다른 방법이 있는가?

▲ **그림 23.8** $[Co(NH_3)_4Cl_2]^+$ 착물의 이성질체 시스 이성질체는 보라색이고, 트랜스 이성질체는 녹색이다.

착물에서 리간드를 배열하는 방법에는 두 가지가 있으며, 시스와 트랜스 형태가 그것이다. **시스**(cis) 형태에서는 두 개의 염화 이온 리간드가 팔면체 구조에서 인접한 꼭짓점에 위치한다. **트랜스**(trans-$[Co(NH_3)_4Cl_2]^+$)에서는 두 개의 염화물은 서로 반대 방향이다. 염화 이온 리간드의 위치 차이 때문에 두 화합물 중 하나는 보라색을, 다른 하나는 녹색을 띤다.

놀라운 점은 Werner가 제시한 배위 화합물의 결합에 대한 통찰력이 공유 결합에 대한 Lewis의 공유 결합에 대한 아이디어보다 20년 앞선다는 것이다! Werner는 이러한 배위 화학에 대한 중요한 공헌을 인정받아 1913년에 노벨 화학상을 받았다.

## 예제 23.1
### 착물의 배위권 규명하기

팔라듐(II)은 배위수가 4인 착물을 형성하려는 경향이 있다. 어떤 화합물이 $PdCl_2 \cdot 3\ NH_3$의 조성을 가지고 있다. **(a)** 이 화합물의 배위 구조를 가장 잘 나타내는 화학식을 쓰시오. **(b)** 이 화합물의 수용액에 과량의 $AgNO_3(aq)$를 처리하는 경우, $PdCl_2 \cdot 3\ NH_3$ 1 mol당 몇 몰의 $AgCl(s)$이 형성되는가?

**해답**

**분석** Pd(II)의 배위수가 주어졌고, 착물에 $NH_3$와 $Cl^-$가 존재하는 것을 화학식으로부터 알 수 있다. **(a)** 화합물에서 어떤 리간드가 Pd(II)에 배위되고, **(b)** 수용액에서 이 화합물이 $AgNO_3$와 어떻게 반응할 것인가를 묻는 문제이다.

**계획** **(a)** $Cl^-$ 이온은 전하 때문에 금속에 직접 결합하는 배위권 안에 있을 수도 있고, 착물에 이온 결합을 하며 배위권 밖에 있을 수도 있다. Pd(II) 이온에 4개의 리간드가 붙는다고 가정하면, 전기적으로 중성인 $NH_3$는 배위권 내에 있을 것이다. **(b)** 배위권 안에 있는 염화 이온은 AgCl로 침전될 수 없다.

**풀이**

**(a)** 그림 23.7에 있는 코발트(III)의 암모니아 착물과 비슷하게, 3개의 $NH_3$가 Pd(II) 이온에 배위하는 리간드라고 예측한다. Pd(II) 주위의 네 번째 리간드는 하나의 염화 이온이다. 두 번째 염화 이온은 리간드가 아니다. 이 이온은 단지 **상대 이온**(counterion, 배위하지 않은 채 전하의 균형을 맞추는 이온)으로 작용한다. 따라서 최적의 화학식은 $[Pd(NH_3)_3Cl]Cl$이다.

**(b)** 리간드로 작용하지 않는 $Cl^-$만이 반응할 수 있으므로 착물 1 mol당 1 mol의 $AgCl(s)$을 얻을 수 있을 것이다. 균형 맞춘 반응식은

$$[Pd(NH_3)_3Cl]Cl(aq) + AgNO_3(aq) \longrightarrow [Pd(NH_3)_3Cl]NO_3(aq) + AgCl(s)$$

이것은 양이온 중의 하나가 $[Pd(NH_3)_3Cl]^+$ 착이온인 상호 교환 반응이다.

▶ **보충 예제**

화합물 $RhCl_3 \cdot 4\ NH_3$를 물에 녹이고 과량의 $AgNO_3(aq)$로 처리하였을 때 $RhCl_3 \cdot 4\ NH_3$ 1 mol당 1 mol의 AgCl이 형성되었다. 이 화합물의 화학식을 바르게 쓴 것은?

**(a)** $[Rh(NH_3)_4Cl_3]$ **(b)** $[Rh(NH_3)_4Cl_2]Cl$ **(c)** $[Rh(NH_3)_4Cl]Cl_2$ **(d)** $[Rh(NH_3)_4]Cl_3$ **(e)** $[RhCl_3](NH_3)_4$

## 금속-리간드 결합

리간드와 금속 이온 사이의 결합은 Lewis 산–염기의 상호 작용에 의해서 일어난다. 리간드는 사용 가능한 전자쌍을 가지기 때문에 Lewis 염기(전자쌍 주개)로 작용할 수 있다. 금속 이온(특히 전이 금속 이온)은 비어 있는 원자가 오비탈을 가지므로 Lewis 산(전자쌍 받개)으로 작용할 수 있다. 금속 이온과 리간드 사이의 결합은 원래의 리간드에 속한 전자쌍을 금속 이온과 공유하는 것으로 묘사할 수 있다.

$$Ag^+(aq) + 2\ :\!NH_3(aq) \longrightarrow \left[ H_3N\!:\!Ag\!:\!NH_3 \right]^+(aq) \qquad [23.1]$$

금속–리간드 결합의 형성은 금속 이온의 성질을 현저히 변화시킨다. 금속 착물은 별개의 화학종으로, 착물을 구성하는 금속 이온과 리간드 자체와는 크게 다른 물리적 · 화학적 성질을 가진다. 예를 들면 **그림 23.9**에서처럼 $NCS^-$(무색)와 $Fe^{3+}$(노란색) 수용액을 섞어 $[Fe(H_2O) \cdot 5\ NCS]^{2+}$를 형성할 때 색깔이 변하는 것을 볼 수 있다.

이 반응이 진행되는 동안 철의 배위수가 변하는가? 철의 산화수가 변하는가?

▲ **그림 23.9** $[Fe(H_2O)_6]^{3+}(aq)$와 $NCS^-(aq)$의 반응

착물 형성은 또한 금속 이온의 산화나 환원 같은 성질을 두드러지게 변화시킨다. 예를 들면 은 이온은 물속에서 다음과 같이 쉽게 환원된다.

$$Ag^+(aq) + e^- \longrightarrow Ag(s) \qquad E° = +0.799\ V \qquad [23.2]$$

그러나 $[Ag(CN)_2]^-$ 이온에서는 은이 $CN^-$ 이온과 착물을 형성하여 은의 +1 산화 상태를 안정화시키기 때문에 쉽게 환원되지 않는다.

$$[Ag(CN)_2]^-(aq) + e^- \longrightarrow Ag(s) + 2\,CN^-(aq) \quad E° = -0.31\ V \qquad [23.3]$$

수화된 금속 이온은 물을 리간드로 가지는 착물이다. 그래서 $Fe^{3+}(aq)$는 대부분 $[Fe(H_2O)_6]^{3+}$를 생성한다. 중요한 점은 리간드도 반응할 수 있다는 것이다. 예를 들면 그림 16.18처럼 $[Fe(H_2O)_6]^{3+}(aq)$에서 한 개의 물 분자가 양성자를 잃고 $[Fe(H_2O)_5OH]^{2+}(aq)$와 $H^+(aq)$가 될 수 있다. 여기서 철 이온의 산화 상태는 유지되고, 1− 전하를 띠는 수산화 이온 리간드가 착물의 전하를 2+로 감소시킨다. 만약에 금속 이온에 원래 있는 리간드보다 더 강하게 결합할 수 있는 리간드가 들어온다면, 리간드들은 배위권으로부터 이탈할 수도 있다. 예를 들면 금속 이온의 배위권에서 $NH_3$, $NCS^-$, $CN^-$와 같은 리간드들이 $H_2O$를 치환할 수 있다.

## 전하, 배위수, 기하 구조

착물의 전하는 중심 금속과 리간드들의 전하의 합이다. $[Cu(NH_3)_4]SO_4$에서 황산 이온의 전하는 2−이기 때문에 착물 이온의 전하를 추론할 수 있다. 화합물은 전기적으로 중성이므로, 착이온의 전하는 반드시 2+인 $[Cu(NH_3)_4]^{2+}$일 것이다. 착이온의 전하를 이용하여 구리의 산화수를 알 수 있다. $NH_3$ 리간드는 전하를 띠지 않은 분자이므로, 구리의 산화수는 +2여야 한다.

$$\underset{[Cu(NH_3)_4]^{2+}}{+2 + 4(0) = 2+}$$

착물에서 금속 원자와 직접 결합한 원자의 수가 착물의 **배위수**(coordination number)임을 상기하라. 따라서 $[Ag(NH_3)_2]^+$에서 은 이온은 배위수가 2이고, 표 23.3에 제시된 네 개의 코발트 착물에서 코발트 이온의 배위수는 6이다.

오른쪽 그림에서, 원자와 연결된 굵은 쐐기선은 무엇을 나타내는가? 원자와 연결된 점선 쐐기는 무엇을 나타내는가?

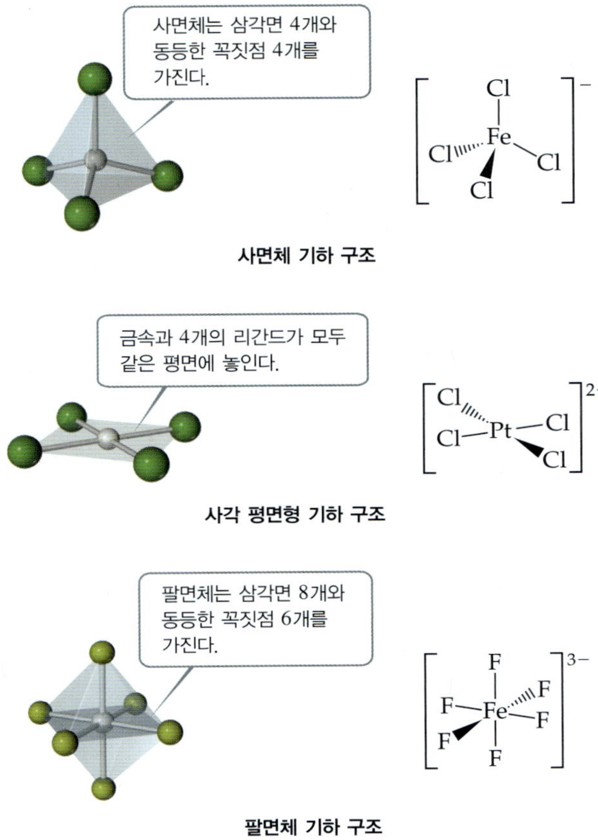


▲**그림 23.10** **배위 착물의 기하 구조** 배위수 4를 가지는 착물에서 기하 구조는 보통 사면체이거나 사각 평면형이다. 배위수 6을 가지는 착물의 기하 구조는 거의 항상 팔면체이다.

어떤 금속 이온들은 단 한 가지의 배위수를 갖는다. 예를 들면 크로뮴(III)과 코발트(III)의 배위수는 항상 6이고, 백금(II)의 배위수는 항상 4이다. 그러나 대부분의 금속 이온의 배위수는 리간드에 따라 다르다. 이들 착물에서 보편적인 배위수는 4와 6이다.

금속 이온의 배위수는 종종 금속 이온과 배위 리간드의 상대적인 크기에 영향을 받는다. 리간드가 클수록 금속 이온에 배위할 수 있는 리간드의 수는 감소한다. 따라서 철(III)은 $[FeF_6]^{3-}$에서는 6개의 F에 의해 배위되지만, $[FeCl_4]^-$에서는 단지 4개의 Cl로 배위된다. 금속에서 상당한 음전하가 이동한 리간드도 배위수를 감소시킨다. 예를 들면 6개의 중성 암모니아 분자는 니켈(II)에 배위하여 $[Ni(NH_3)_6]^{2+}$를 생성하지만, 사이안화 이온은 4개만이 니켈(II)에 배위하여 $[Ni(CN)_4]^{2-}$를 생성한다.

배위 착물의 가장 일반적인 기하 구조를 **그림 23.10**에 나타내었다. 4 배위 착물의 기하 구조는 사면체와 사각 평면 구조의 두 가지가 있다. 사면체 구조가 보다 더 흔하고, 전이 금속이 아닌 경우에는 특히 더 흔하다. 사각 평면 구조는 전이 금속 이온의 원자가 껍질에 8개의 $d$ 전자가 있는 경우 특징적으로 나타나며, 예로 백금(II)과 금(III)을 들 수 있다. 6 배위수를 가진 착물들은 거의 항상 팔면체 구조를 가진다. 비록 팔면체는 면의 위와 아래에 한 개씩의 리간드를 가지는 사각 평면체로 그리지만, 6개의 꼭짓점은 모두 동등하다.

## 예제 23.2
### 착물에서 금속의 산화수 결정하기

$[Rh(NH_3)_5Cl](NO_3)_2$에서 금속의 산화수는 얼마인가?

**해답**

**분석** 배위 화합물의 화학식이 주어졌고, 금속 원자의 산화수를 결정해야 하는 문제이다.

**계획** Rh 원자의 산화수를 결정하려면 물질 내 다른 기(group)의 전하 분포를 알아야 한다. 전체 전하는 0이므로 화합물의 다른 기들의 전하 균형을 고려하여 금속의 산화 상태를 결정한다.

**풀이** $NO_3$기는 질산 음이온이고, 1− 전하를 가진다. $NH_3$ 리간드는 전하가 0이며, Cl은 배위된 염화 이온이므로 전하가 1−이다. 그리고 전체 전하의 합은 0이다.

$$x + 5(0) + (-1) + 2(-1) = 0$$

$$[Rh(NH_3)_5Cl](NO_3)_2$$

그러므로 로듐의 산화수($x$)는 +3이다.

▶ **보충 예제**

다음 화합물 중 가장 높은 산화수를 가지는 전이 금속은?

**(a)** $[Co(NH_3)_4Cl_2]$ **(b)** $K_2[PtCl_6$ **(c)** $Rb_3[MoO_3F_3]$
**(d)** $Na[Ag(CN)_2]$ **(e)** $K_4[Mn(CN)_6]$

## 자기 평가 연습 문제

**23.6** 착물 $[Au(CN)_2]^-$의 배위수, 금속의 전하, 기하 구조는 무엇인가?

(a) $Au^+$, 배위수 = 2, 선형 기하 구조

(b) $Au^{3+}$, 배위수 = 3, 선형 기하 구조

(c) $Au^-$, 배위수 = 6, 팔면체 기하 구조

## 연습 문제

**23.7** 다음 각 경우에서 리간드로 작용할 가능성이 더 큰 종은 어느 것인가?

(a) 양전하 이온 또는 음전하 이온

(b) 극성인 중성 분자 또는 비극성인 분자

**23.8** 수화된 염화 크로뮴(III)의 결정은 녹색이고, 실험식은 $CrCl_3 \cdot 6\,H_2O$이며 용해도가 높다.

(a) 이 화합물에 존재하는 착이온을 쓰시오.

(b) 착물을 과량의 $AgNO_3(aq)$로 처리하면 용액에 용해된 $CrCl_3 \cdot 6\,H_2O$ 1몰당 AgCl이 몇 몰 침전되는가?

(c) 무수 염화 크로뮴(III)의 결정은 보라색이며 수용액에 녹지 않는다. 이 결정에서 크로뮴의 배위 기하 구조는 거의 항상 $Cr^{3+}$의 경우와 같이 팔면체이다. Cr과 Cl의 비율이 1:6이 아닌 경우 이것은 어떻게 되는가?

**23.9** 다음 각 착물 내 금속의 배위수와 산화수를 표시하시오.

(a) $K_2PtCl_4$

(b) $[Ni(CO)_4]Br_2$

(c) $OsO_4$

(d) $[Mn(en)_3](NO_3)_2$

(e) $[Cr(en)(NH_3)_4]Cl_3$

(f) $[Zn(bipy)_2](ClO_4)_2$

자기 평가 연습 문제 답 **23.6** (a)

## 23.3 | 배위 화학에서 흔히 볼 수 있는 리간드

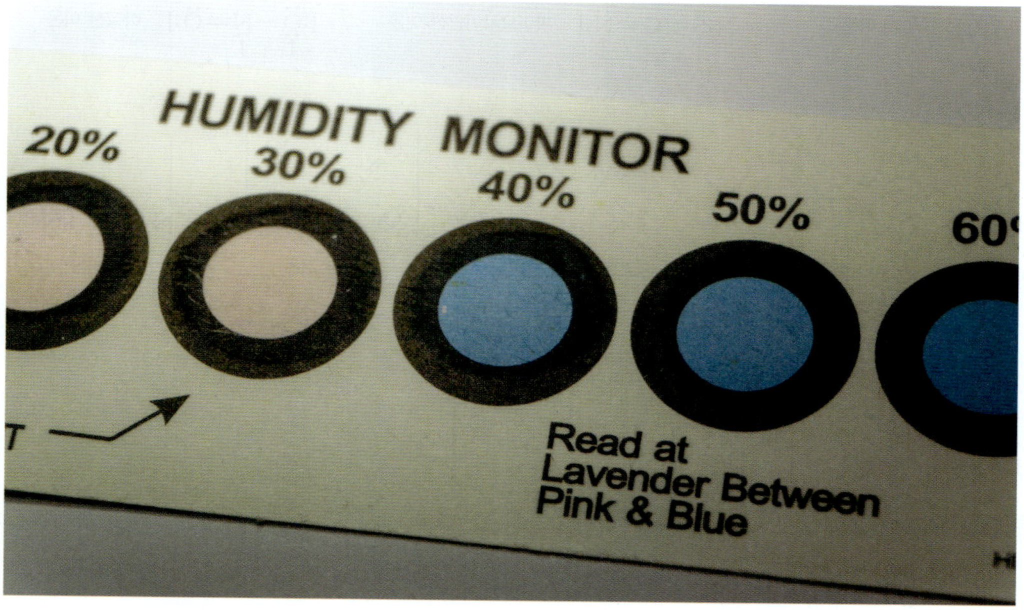


우리는 이미 동일한 금속 이온이 포함되어 있더라도 착물의 색상이 크게 변할 수 있음을 보았다. 코발트는 파란색의 $[CoCl_4]^{2-}$ 착물과 분홍색의 $[Co(OH_2)_6]^{2+}$ 착물을 가질 수 있는 또 다른 좋은 예가 될 수 있다. 두 착물들은 물에 용해되었을 때 평형 상태에 있게 된다.

$$\underset{\text{파란색}}{[CoCl_4]^{2-}(aq)} + 6H_2O(l) \rightleftharpoons \underset{\text{분홍색}}{[Co(OH_2)_6]^{2+}(aq)} + 4Cl^-(aq)$$

착물들이 젤에 고정되면, 평형은 여전히 유지되면서 젤이 수화(hydration)되는 정도에 대한 시각적인 정보를 제공할 수 있다. 이는 실리카 건조제의 사용 수명이 얼마나 남았는지를 알려주기 위해 실리카젤 건조제와 함께 혼합된 형태로 자주 사용된다.

이 절이 끝나면 다음 사항을 수행할 수 있어야 한다.

- 흔히 볼 수 있는 일반적인 리간드를 식별하고 킬레이트 리간드와 비킬레이트 리간드를 구별하기

배위 착물에서 중심 금속 이온에 결합하는 리간드의 원자를 리간드의 **주개 원자(donor atom)**라고 한다. 오직 한 개의 주개 원자를 가진 리간드를 **한자리 리간드(monodentate ligand**, 라틴어로 '이빨이 한 개인' 리간드)라고 한다. 이들 리간드는 배위권에서 오직 한자리만을 점유한다. 두 개의 주개 원자를 가지는 리간드를 **두자리 리간드(bidentate ligand**, 라틴어로 '이빨이 두 개인' 리간드)라 하고, 세 개 이상의 주개 원자를 가지는 리간드를 **여러 자리 리간드(polydentate ligand**, 라틴어로 '이빨이 여러 개인' 리간드)라고 한다. 두자리 리간드와 여러 자리 리간드에서는 여러 개의 주개 원자가 동시에 중심 금속에 결합할 수 있다. 따라서 배위권에서 두 개 이상의 자리를 차지할 수 있다. 표 23.4에 세 가지 유형의 리간드의 예를 제시하였다.

두 자리 또는 여러 자리 리간드는 두 개 이상의 주개 원자가 금속 원자를 잡고 있기 때문에 **킬레이트제(chelating agent**, 그리스어 *chele*, '집게발'에서 유래)로도 알려져 있다.

**표 23.4 몇 가지 일반적인 리간드의 예**

| 리간드 유형 | 예 | | | |
|---|---|---|---|---|
| 한자리 | $H_2\ddot{O}:$ 물 | $:\ddot{F}:^-$ 플루오린화 이온 | $[:C{\equiv}N:]^-$ 사이안화 이온 | $[:\ddot{O}{-}H]^-$ 수산화 이온 |
| | $:NH_3$ 암모니아 | $:\ddot{Cl}:^-$ 염화 이온 | $[:\ddot{S}{=}C{=}\ddot{N}:]^-$ (또는) 싸이오사이안산 이온 | $[:\ddot{O}{-}N{=}\ddot{O}:]^-$ (또는) 아질산 이온 |
| 두자리 | 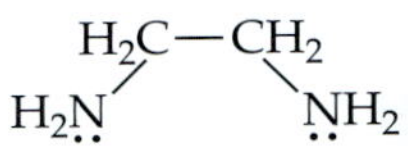 에틸렌다이아민(en) | 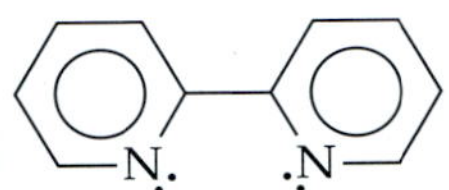 바이피리딘 (bipy 또는 bpy) | 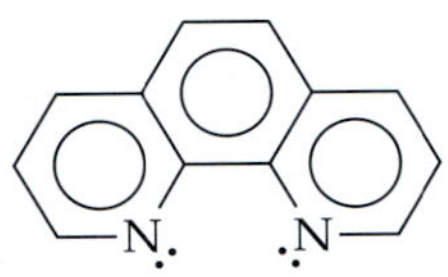 오쏘-페난트롤린 (*o*-phen) | 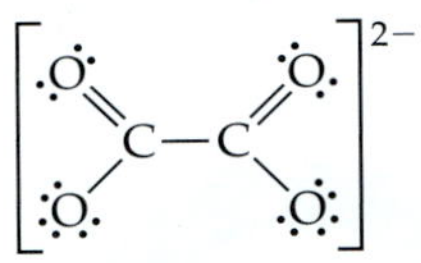 옥살산 이온 / 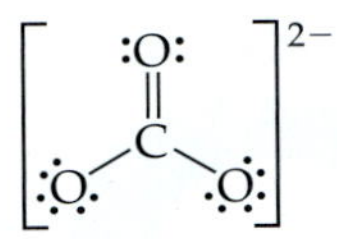 탄산 이온 |
| 여러 자리 | 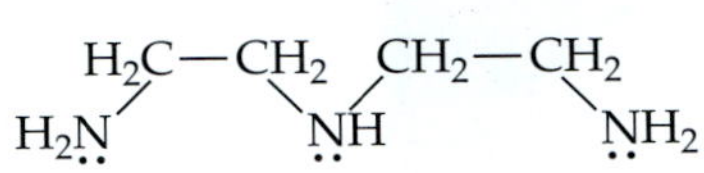 다이에틸렌트라이아민 | 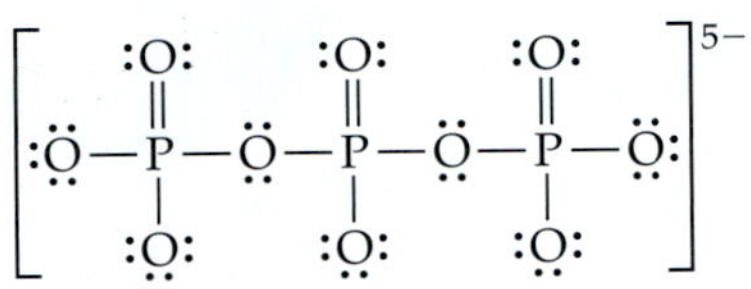 삼인산 이온 | | |
| | 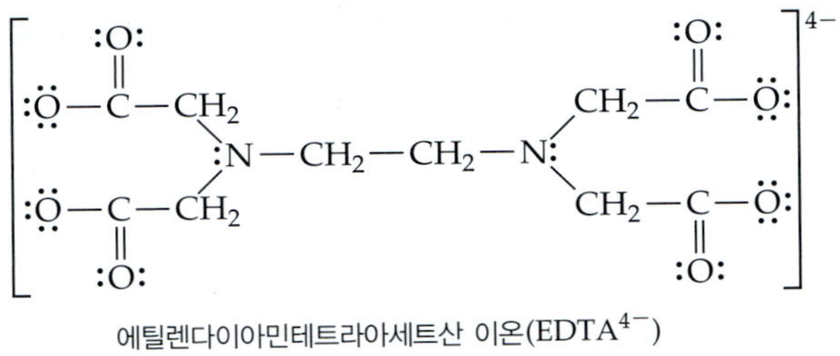 에틸렌다이아민테트라아세트산 이온($EDTA^{4-}$) | | | |

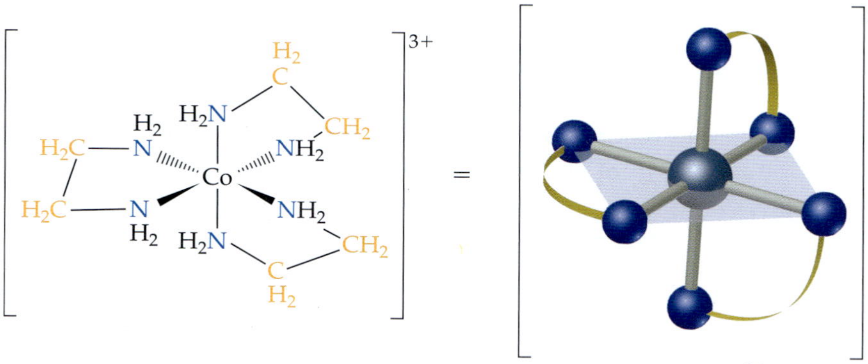

$[Co(en)_3]^{3+}$

◀ **그림 23.11** $[Co(en)_3]^{3+}$ 이온 리간드는 에틸렌다이아민이다.

대표적인 킬레이트제로 두자리 리간드인 **에틸렌다이아민**(ethylenediamine, 약어로 en)을 들 수 있다.

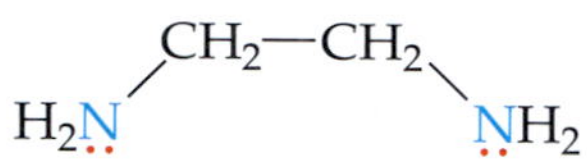

여기서 각각의 주개 질소 원자는 한 쌍의 비공유 전자쌍을 가지고 있다. 두 개의 주개 원자는 서로 충분히 멀리 떨어져 있기 때문에 둘이 동시에 이웃한 위치에서 금속에 결합할 수 있다. **그림 23.11**과 같이 $[Co(en)_3]^{3+}$ 착이온은 코발트(III)의 팔면체 배위권에 세 개의 에틸렌다이아민 리간드를 포함한다. 오른쪽 그림에서 에틸렌다이아민은 원호로 연결된 두 개의 질소 원자로 간략히 표현되었음을 주목하라.

에틸렌다이아민테트라아세트산 이온(ethylenediaminetetraacetate, $[EDTA]^{4-}$)은 6개의 주개 원자를 갖는 중요한 여러 자리 리간드이다. **그림 23.12**에서처럼 6개의 주개 원자 모두를 사용하여 금속을 둘러쌀 수 있으며, 때때로 5개의 주개 원자만이 금속과 결합하는 경우도 있다.

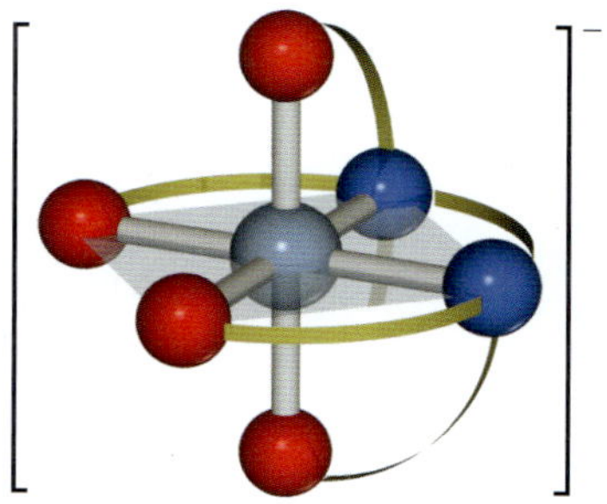

▲ **그림 23.12** 착이온 $[Co(EDTA)]^-$ 리간드는 표 23.4에 나타나 있는 에틸렌다이아민테트라아세트산 이온으로, 여러 자리 리간드이다. 이 그림은 어떻게 2개의 질소와 4개의 산소 원자가 코발트에 배위하는지를 보여 준다.

일반적으로 킬레이트 리간드(두자리 또는 여러 자리 리간드)에 의한 착물은 유사한 한자리 리간드에 의해 형성된 착물보다 더 안정하다. $[Ni(NH_3)_6]^{2+}$와 $[Ni(en)_3]^{2+}$에 대한 생성 반응의 형성 상수는 이러한 현상을 보여 준다.

$$[Ni(H_2O)_6]^{2+}(aq) + 6\,NH_3(aq) \rightleftharpoons [Ni(NH_3)_6]^{2+}(aq) + 6\,H_2O(l)$$
$$K_f = 1.2 \times 10^9 \qquad [23.4]$$

$$[Ni(H_2O)_6]^{2+}(aq) + 3\,en(aq) \rightleftharpoons [Ni(en)_3]^{2+}(aq) + 6\,H_2O(l)$$
$$K_f = 6.8 \times 10^{17} \qquad [23.5]$$

두 경우 모두 주개 원자는 질소이지만, $[Ni(en)_3]^{2+}$는 $[Ni(NH_3)_6]^{2+}$보다 형성 상수가 $10^8$배 이상 크다. 이렇게 두자리 또는 여러 자리 리간드가 일반적으로 큰 형성 상수를 갖는 경향을 **킬레이트 효과**(**chelating effect**)라 하며, 1109쪽의 "자세히 보기"에서 살펴본다.

킬레이트제는 용액에서 금속 이온을 제거하지 않으면서 관례적인 몇몇 반응을 막는 용도로 사용되기도 한다. 예를 들면 화학 분석에 방해되는 금속 이온을 킬레이트제로 착화하여 제거할 수 있다. 킬레이트제는 금속 이온을 숨기며, 이러한 이유로 과학자들은 이러한 리간드를 **격리제**(sequestering agent)라고도 한다.

트라이폴리인산 소듐(sodium tripolyphosphate, $Na_5[OPO_2OPO_2OPO_3]$) 같은 인산염 리간드는 경수에서 $Ca^{2+}$나 $Mg^{2+}$ 같은 금속 이온을 격리할 때 사용되며, 이러한 금속 이온들이 비누나 세제의 역할을 방해하지 못하도록 한다.

킬레이트제는 샐러드드레싱과 냉동식품 같은 조리된 음식에도 이용되는데, 분해 반응을 촉진시키는 미량의 금속 이온을 착화하여 음식의 보존을 돕는 데 쓰인다. 또한 킬레이트제는 $Hg^{2+}$, $Pb^{2+}$, $Cd^{2+}$ 같은 독성이 있는 중금속 이온을 제거하는 의약용으로도 이용되고, 납중독 치료의 한 방법으로 $Na_2Ca(EDTA)$를 투여하기도 한다. EDTA는 납과 킬레이트를 형성하고, 이 착물은 인체로부터 소변을 통하여 제거된다.

## 생물계에서의 금속과 킬레이트

인간이 섭취해야 하는 것으로 알려진 29가지 원소 중 10가지는 전이 금속이다. 이들 10가지 원소–V, Cr, Mn, Fe, Co, Ni, Cu, Zn, Mo–들은 생물계에 존재하는 다양한 작용기와 착물을 형성한다.

우리의 몸은 소량의 금속만을 필요로 하지만, 이들이 부족하면 심각한 질병이 발생할 수 있다. 예를 들면 망가니즈의 결핍은 경련 장애를 일으킨다. 일부 간질 환자에게는 음식물에 망가니즈를 첨가하면 도움을 줄 수 있다.

자연계에서 가장 중요한 킬레이트제는 **포핀**(porphine) 분자의 유도체이다(그림 23.13). 포핀 분자는 네 개의 질소 주개 원자를 통해서 금속에 배위할 수 있다. 포핀이 금속에 결합하면 질소에 있는 두 개의 H 원자가 치환되어 **포피린**(**porphyrin**)이라는 착물을 형성한다. 두 가지 중요한 포피린류에는 금속 이온이 Fe(II)인 **헴**(heme)과, Mg(II)인 **클로로필**(chlorophyll)이 있다.

그림 23.14는 하나의 헴기를 포함하는 단백질인 마이오글로빈(myoglobin)의 도식적 구조를 보여 준다. 마이오글로빈은 **구형 단백질**(globular protein)로, 작은 공 모양으로 접혀 있다. 마이오글로빈은 특히 물개, 고래, 돌고래의 골격 근육 세포에서 볼 수 있다. 마이오글로빈은 물질대사 활동에 산소가 쓰일 때까지 세포 내에서 마이오글로빈 하나당 산소 분자 한 개를 저장한다. 인간의 혈액에서 산소를 운반하는 단백질인 헤모글로빈은 헴을 포함하는 소단위 네 개로 구성되어 있으며, 각 소단위는 마이오글로빈과 매우 유사하다. 하나의 헤모글로빈은 네 개의 $O_2$ 분자와 결합할 수 있다.

포핀에는 탄소 원자가 몇 개 있는가? $sp^3$ 혼성은 몇 개 있는가? $sp^2$ 혼성은 몇 개 있는가?

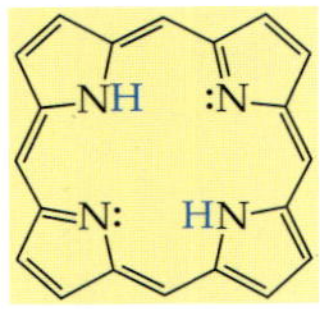

포핀

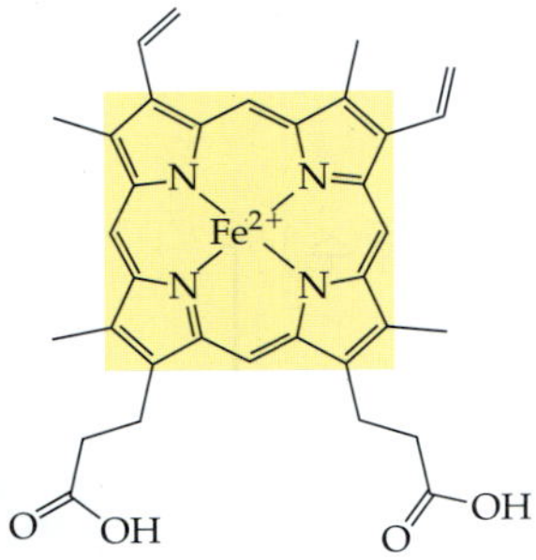

헴 b

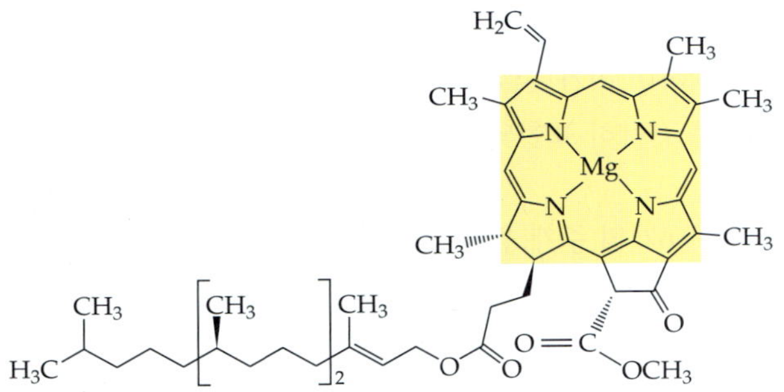

클로로필 a

▲ 그림 23.13 포핀과 두 종의 포피린(헴 b와 클로로필 a) Fe(II)와 Mg(II) 이온이 포핀에 있는 H 원자 2개를 치환하여 헴 b와 클로로필 a에서 각각 모두 4개의 질소와 결합한다.

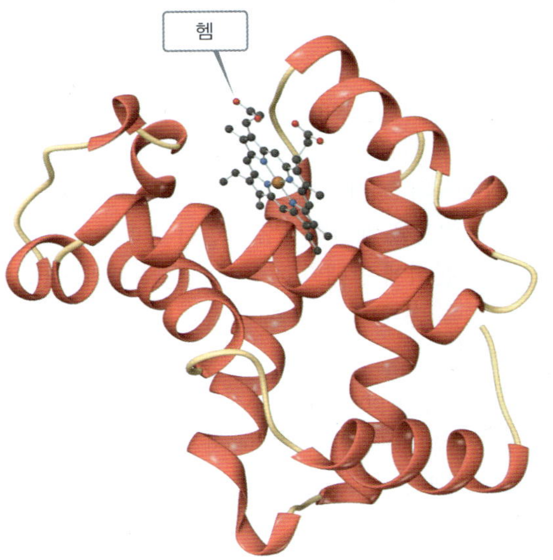


▶ 그림 23.14 마이오글로빈 이 리본 그림에는 대부분의 원자를 나타내지 않았다.

그림에 나타낸 헴 단위에서 철의 배위수는 얼마인가? 헴에서 푸른색의 주개 원자는 무엇인가?

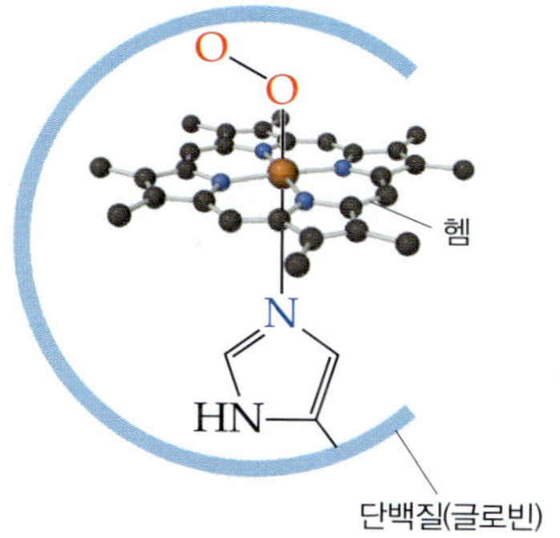


▲ 그림 23.15 옥시마이오글로빈과 옥시헤모글로빈에서 헴의 배위권

마이오글로빈과 헤모글로빈 모두에서, 철은 포피린의 네 개 질소와 단백질 사슬에 있는 하나의 질소에 의해 배위된다(**그림 23.15**). 나머지 한 개의 배위 위치는 $O_2$(옥시헤모글로빈에서의 선홍색)나 물(데옥시헤모글로빈에서 자홍색)이 차지하고 있다(옥시형은 그림 23.15에 나타내었다).

일산화 탄소(CO)에 대한 인간 헤모글로빈의 평형 결합 상수는 $O_2$와의 평형 결합 상수보다 210배 정도 더 크기 때문에, 일산화 탄소는 유독하다. 결과적으로, 상대적으로 소량의 CO일지라도 단위체에 포함된 헴으로부터 산소 분자를 치환시켜 혈액에서 헤모글로빈의 상당 부분을 비활성화시킬 수 있다. 예를 들면 사람이 0.1% CO를 포함하는 공기를 호흡하게 되면, 몇 시간 후에 60%의 헤모글로빈(Hb)이 COHb로 전환되어 혈액의 정상 산소 운반 능력이 60% 감소한다.

정상적인 조건에서 비흡연자가 오염되지 않은 공기를 호흡하면 그들의 혈액에는 약 0.3~0.5% COHb이 있다. 이 정도의 양은 주로 정상적인 인체 내의 화학 과정에서 만들어지는 소량의 CO와 깨끗한 공기에 존재하는 소량의 CO에 의해서 가능하다. 이보다 진한 농도의 CO에 노출되면 COHb 양이 증가되어 $O_2$가 결합할 수 있는 Hb의 자리가 감소하게 된다. COHb 양이 너무 많아지면, 산소 운반이 중지되어 죽음에 이르게 된다. CO는 색과 냄새가 없기 때문에 느끼지 못하는 사이에 CO 중독이 될 수 있다. 그러므로 환기가 잘 되지 않는 환경에서 석유등이나 난로와 같은 연소 장치를 사용하면 건강에 큰 위협이 될 수 있다.

## 자세히 보기 엔트로피와 킬레이트 효과

19.5절에서 화학 반응은 양의 엔트로피 변화와 음의 엔탈피 변화 과정을 선호한다는 것을 배웠다. 킬레이트의 형성에 의한 특별한 안정도, 즉 **킬레이트 효과**는 한자리 리간드에 의해서 생기는 엔트로피 변화와 여러 자리 리간드의 엔트로피 변화를 비교하여 설명할 수 있다.

27 °C에서 사각 평면형 Cu(II) 착물 $[Cu(H_2O)_4]^{2+}$에서 두 개의 $H_2O$ 리간드를 한자리 리간드인 $NH_3$로 치환하는 반응으로 시작해 보자.

$$[Cu(H_2O)_4]^{2+}(aq) + 2\,NH_3(aq) \rightleftharpoons [Cu(H_2O)_2(NH_3)_2]^{2+}(aq) + 2\,H_2O(l)$$

$$\Delta H^\circ = -46\text{ kJ};\quad \Delta S^\circ = -8.4\text{ J/K};\quad \Delta G^\circ = -43\text{ kJ}$$

이러한 열역학 자료는 이 반응에서 $H_2O$와 $NH_3$의 상대적인 배위 능력을 말해 준다. 일반적으로 $NH_3$는 $H_2O$보다 금속에 더 강하게 결합하며, 그 결과 이 치환 반응은 발열 반응이다($\Delta H<0$). $NH_3$ 리간드의 더 강한 결합으로 인해 $[Cu(H_2O)_2(NH_3)_2]^{2+}$ 이온이 더 단단하게 된다. 아마도 이것이 $\Delta S^\circ$가 약간 음의 값을 가지는 원인일 것이다.

이 반응의 평형 상수를 27 °C에서 계산하려면 식 19.20($\Delta G^\circ = -RT \ln K$)을 이용할 수 있다. 계산 결과, $K = 3.1 \times 10^7$은 평형이 오른쪽으로 치우쳐, $H_2O$의 $NH_3$로의 치환이 쉽다는 것을 말해 준다. 그래서 이 평형에서 엔탈피 변화($\Delta H^\circ = -46$ kJ)는 엔트로피 변화($\Delta S^\circ = -8.4$ J/K)를 극복하기에 충분한 정도로 음의 값이다.

이제 이 치환 반응에 두자리 리간드인 하나의 에틸렌다이아민을 적용해 보자.

$$[Cu(H_2O)_4]^{2+}(aq) + en(aq) \rightleftharpoons [Cu(H_2O)_2(en)]^{2+}(aq) + 2\,H_2O(l)$$

$$\Delta H^\circ = -54\text{ kJ};\quad \Delta S^\circ = +23\text{ J/K};\quad \Delta G^\circ = -61\text{ kJ}$$

en 리간드는 두 개의 $NH_3$ 리간드보다 $Cu^{2+}$ 이온에 조금 더 강하게 결합한다. 그래서 이 반응에서 엔탈피 변화(−54 kJ)는 $[Cu(H_2O)_2(NH_3)_2]^{2+}$(−46 kJ)에서보다 약간 더 음의 값을 가진다. 그러나 엔트로피 변화 $\Delta S°$에서는 더 큰 차이를 보인다. $NH_3$ 반응에서는 $\Delta S°$가 −8.4 J/K이지만, en 반응에서는 +23 J/K이다. 19.3절에서 다룬 개념을 사용해서 양의 $\Delta S°$ 값을 설명할 수 있다. 하나의 en 리간드는 두 개의 배위 자리를 가지기 때문에, 하나의 en이 결합했을 때 $H_2O$ 분자 2개가 방출된다. 따라서 이 반응에서 생성물은 세 분자이지만 반응물은 두 분자이다. 생성물의 더 많은 분자수는 평형에서 양의 엔트로피 변화를 가져온다.

en 반응에서 다소 음의 값인 $\Delta H°$(−54 kJ 대 −46 kJ)와 양의 엔트로피 변화는 $\Delta G°$의 훨씬 큰 음의 값(en에서 −61 kJ, $NH_3$에서 −43 kJ)과 더불어 큰 평형 상수($K=4.2\times10^{10}$)를 가져온다.

리간드 암모니아가 배위된 Cu(II) 착물에서 en이 치환될 때 엔탈피, 엔트로피, 자유 에너지의 변화를 계산하기 위해서 Hess 법칙을 사용하여 두 식을 결합할 수 있다.

$$[Cu(H_2O)_2(NH_3)_2]^{2+}(aq) + en(aq) \rightleftharpoons [Cu(H_2O)_2(en)]^{2+}(aq) + 2\,NH_3(aq)$$

$$\Delta H° = (-54\text{ kJ}) - (-46\text{ kJ}) = -8\text{ kJ}$$

$$\Delta S° = (+23\text{ J/K}) - (-8.4\text{ J/K}) = +31\text{ J/K}$$

$$\Delta G° = (-61\text{ kJ}) - (-43\text{ kJ}) = -18\text{ kJ}$$

27 ℃에서 자유 에너지의 $\Delta G° = \Delta H° - T\Delta S°$, 식 19.12)에 대한 엔트로피의 기여($-T\Delta S$)는 엔탈피의 기여($\Delta H°$)보다 음이고, 더 크게 기여한다. $NH_3$−en 반응에서 평형 상수 $1.4\times10^3$은 en 착물이 암모니아 착물보다 더 우선적으로 생성됨을 보여 준다.

킬레이트 효과는 생화학과 분자 생물학에서 중요하다. 엔트로피 효과에 의한 부가적인 열역학적 안정도는 포피린과 같은 금속−킬레이트 착물을 보다 안정하게 하고, 착물의 구조적 완전성을 유지하면서 금속 이온의 산화 상태가 변할 수 있게 한다.

**관련 연습 문제: 23.3, 23.104**

다음 흡수 스펙트럼의 어느 피크가 클로로필 분자에서의 전자 한 개에 대한 가장 낮은 에너지 전이에 해당하는가?

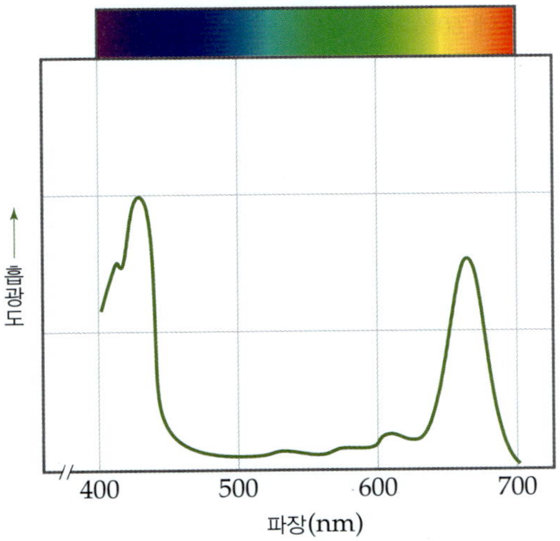


▲ **그림 23.16** 클로로필에 의한 태양광의 흡수

Mg(II)를 포함하는 포피린인 **클로로필(chlorophyll**, 엽록소)은 태양 에너지를 생명체가 사용할 수 있는 형태로 변환하는 데 핵심적인 역할을 한다(그림 23.13). **광합성(photosynthesis)**이라고 하는 이 과정은 녹색 식물의 잎에서 일어난다.

$$6\,CO_2(g) + 6\,H_2O(l) \longrightarrow C_6H_{12}O_6(aq) + 6\,O_2(g) \qquad [23.6]$$

1 mol의 포도당($C_6H_{12}O_6$)을 생성하려면 햇빛이나 그 밖의 광원으로부터 48 mol의 광자를 흡수해야 하며, 식물의 나뭇잎에 있는 클로로필을 포함하는 색소가 광자를 흡수한다. 그림 23.13은 클로로필 분자가 금속 이온을 둘러싼 고리에서 교대로 이중 결합, 즉 **콘쥬게이션된**(conjugated) 이중 결합을 가짐을 보여 준다. 이런 콘쥬게이션 이중 결합 시스템이 클로로필에서 가시광선 스펙트럼 영역에서 강하게 빛을 흡수할 수 있게 한다. **그림 23.16**이 보여 주듯이, 클로로필은 적색광(655 nm에서 최대 흡수)과 청색광(430 nm에서 최대 흡수)을 흡수하고, 녹색광을 투과하기 때문에 녹색을 띤다.

광합성은 자연의 태양 에너지 전환 장치이다. 따라서 지구상의 모든 생명계가 끊임없이 생존하는 것은 광합성과 관련이 있다.

## 화학과 생명 생명계에서의 철을 얻기 위한 싸움

생명계는 그들의 영양적 요구를 충족하기에 충분한 철을 축적하는 데 어려움이 있기 때문에, 철 부족에 의한 빈혈은 인간에게 흔한 문제이다. 식물에서도 철 결핍으로 잎이 노랗게 변하는 백화(chlorosis) 현상을 흔히 볼 수 있다.

자연에 존재하는 대부분의 철 화합물은 물에 잘 녹지 않기 때문에 생명계가 철을 축적하는 데 어려움이 있다. 미생물계는 철(III)와 매우 안정한 수용성 착물을 형성하는 **사이드로포어**(siderophore)라는 화합물의 분비 작용으로 이 문제에 적응하였다. 이러한 착물의 한 가지 예로 **페리크롬**(ferrichrome)이 있다(**그림 23.17**). 사이드로포어와 철의 결합 세기는 매우 커서 산화 철에서 철을 추출해 낼 수 있을 정도이다.

페리크롬이 살아 있는 세포에 들어갈 때, 그 안에 들어 있는 철은 사이드로포어와 강하게 결합하는 철(III)를, 약하게 결합하는 철(II)로 환원시키는 효소 촉매 반응을 통해서 제거된다(**그림 23.18**). 미생물들은 이렇게 그들의 외부 환경으로 사이드로포어를 분비하고, 그런 다음 철 착물을 세포 안으로 받아들여 철을 얻는다.

인간은 장에서 음식으로부터 철을 얻을 수 있다. **트랜스페린**(transferrin)이라는 단백질은 철과 결합해서 장의 벽을 통과하여 인체

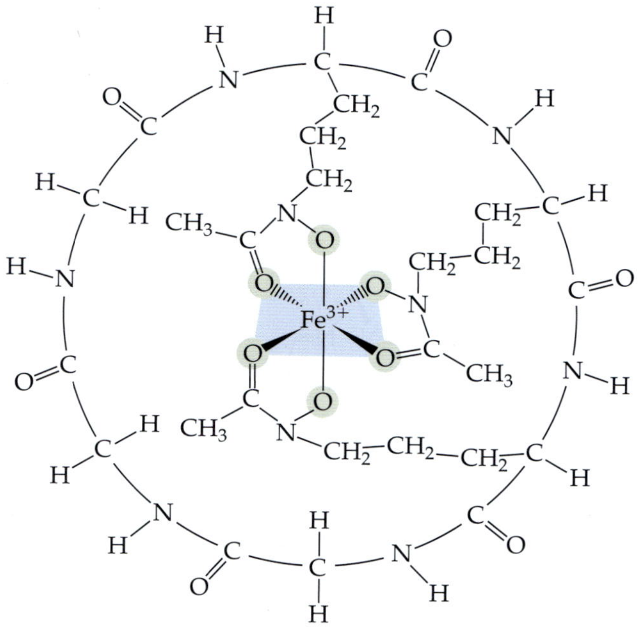

▲그림 23.17 페리크롬

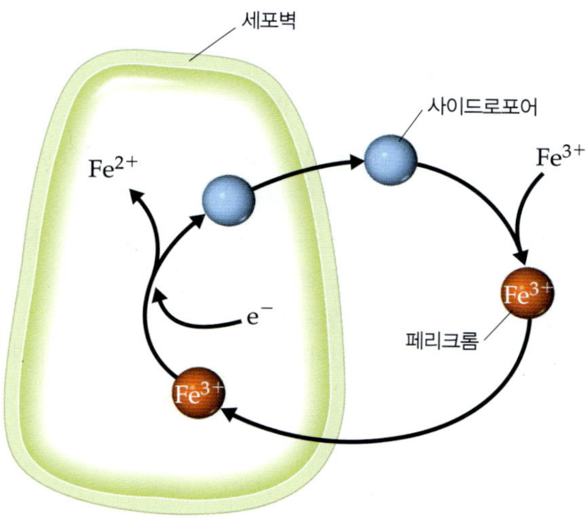


▲그림 23.18 세균 세포의 철 전달 시스템

의 다른 조직에 철을 공급한다. 정상적인 성인 몸에는 약 4 g의 철이 들어 있으며, 그중 약 3 g은 대부분 헤모글로빈 형태로 혈액에 있고, 나머지 대부분은 트랜스페린에 의해 운반된다.

혈액을 감염시키는 세균도 성장하고 번식하기 위해서는 철을 공급받아야 한다. 세균은 철을 얻기 위해 트랜스페린과 경쟁하며 혈액 안에 사이드로포어를 분비한다. 철 착물 형성에서 평형 상수는 트랜스페린과 사이드로포어가 거의 비슷하다. 세균에 더 많은 철이 공급될수록 세균은 더 빠르게 증식하므로 보다 해로울 수 있다.

수년 전, 뉴질랜드 병원은 출생한 영아들에게 정기적으로 철 보충제를 제공하였다. 그런데 어떤 세균성 감염의 발병률이 철 보충제를 제공하지 않은 유아들보다 8배 이상 높았다. 아마도 혈액에서 꼭 필요한 양보다 더 많은 철이 존재하여, 세균이 성장하고 번식하는 데 필요한 철을 얻기 더 쉬웠을 것이다.

미국에서는 생후 1년 동안 가끔씩 철을 포함하는 유아 약품을 공급하는 것이 일반적인 의료 행위이다. 그러나 모유에는 락토페린과 트랜스페린이라는 두 가지 특수 단백질이 있어 모유를 수유하는 유아에게는 철 보충제를 공급할 필요가 없으며, 이에 포함된 철은 세균에 이용되지 않는다. 유아식을 먹는 유아일지라도 생후 몇 달간 철 보충제를 먹도록 하는 것은 좋지 않을 수 있다.

혈액에서 세균이 계속 증식하려면, 세균이 새로운 사이드로포어를 만들어 내야 한다. 세균에서의 사이드로포어 합성은, 온도가 정상적인 체온인 37 °C 이상으로 올라감에 따라 느려지며 40 °C에서 완전히 멈춘다. 그것으로 볼 때, 세균이 침입했을 때의 고열은 세균으로부터 철을 없애기 위해서 인체가 사용하는 메커니즘으로 보인다.

**관련 연습 문제: 23.88**

## 자기 평가 연습 문제

**23.10** 코발트(III) 착물은 언제나 배위수 6을 가진다. $[Co(NH_3)_4CO_3]^+$ 이온 내 탄산 이온은 한자리 리간드인가, 두자리 리간드인가?

**(a)** 한자리
**(b)** 두자리

## 연습 문제

**23.11** 다음 각 여러 자리 리간드에 대하여 (i) 하나의 금속 이온에 리간드가 점유할 수 있는 최대 배위 자리 수, (ii) 그 리간드에서 주개 원자의 수와 종류를 결정하시오. **(a)** acetylacetonate ion(acac) **(b)** phenanthroline(phen) **(c)** diethylenetriamine **(d)** carbonate ion **(e)** triphosphate ion

**23.12** 다음 각 착물에서 가능한 금속의 배위수를 쓰시오.
**(a)** $[Ru(bipy)_3](NO_3)_2$
**(b)** $Re(o\text{-}phen)_2(C_2O_4)_2$
**(c)** $Pd(PPh_3)_3Cl$
**(d)** $(NH_4)_2Mn(EDTA)$

**23.13** py로 축약되는 피리딘(pyridine, $C_5H_5N$) 분자는 다음과 같다.

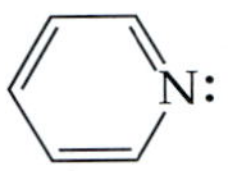

**(a)** 피리딘은 한자리 리간드인가, 아니면 두자리 리간드인가?

**(b)** 다음 평형 반응

$$[Ru(py)_4(bipy)]^{2+} + 2\ py \rightleftharpoons [Ru(py)_6]^{2+} + bipy$$

의 평형상수가 1보다 클 것으로 예측할 수 있는가, 아니면 1보다 작을 것으로 예측할 수 있는가?

**23.14** 질산 은이 분자 염기인 오쏘-페난트롤린과 반응하면, 다음에 나타낸 무색의 전이 금속 착물 결정을 형성한다.

**(a)** 이 착물에서 은의 배위 구조는 무엇인가?

**(b)** 산화-환원 반응이 일어나지 않는다고 가정하면, 이 착물의 전하는 무엇인가?

**(c)** 결정에 질산 이온이 존재하는가?

**(d)** 이 반응에서 생성되는 화합물의 화학식을 쓰시오.

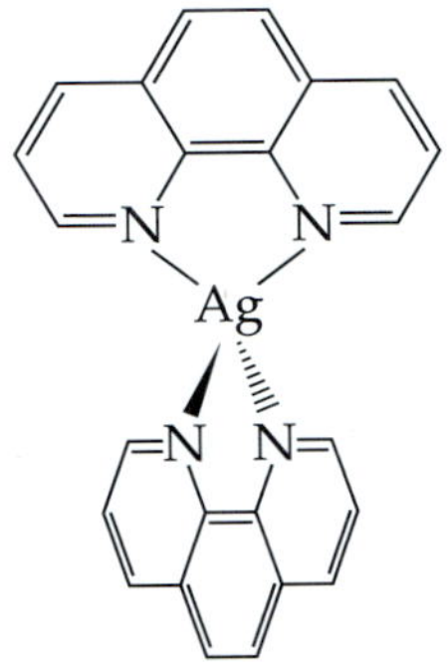

자기 평가 연습 문제 답 **23.10** (b)

## 23.4 | 배위 화학에서의 명명법과 이성질 현상

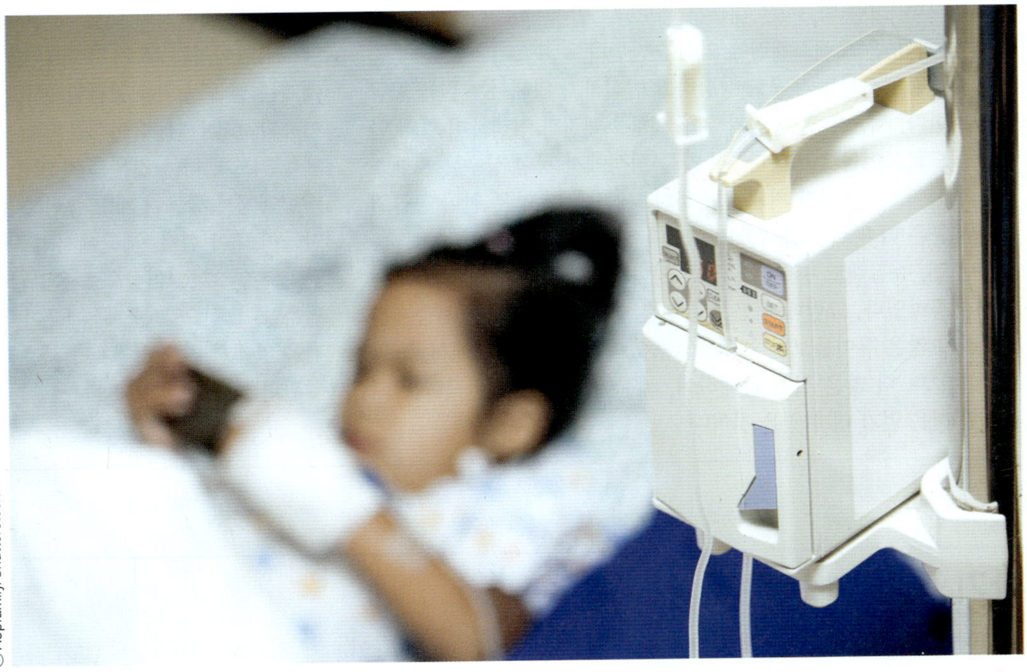

©A3pfamily/Shutterstock

$[Pt(NH_3)_2Cl_2]$는 단순한 배위 화합물같이 보이지만 광범위한 영향을 미친다. 이것은 일련의 백금 착물 중에서 광범위한 암들에 대해 성공적인 치료를 가능하게 했었던 첫 배위 화합물이다. 또한, 이 배위 화합물은 세계 보건 기구의 필수 의약품 목록에 포함되어 있다. 치료 화합물은 착물이 종양 세포 내부로 이동하는 곳에서 정맥 안으로 주입된다(위 그림에 보이는 의료 장치와 유사한 장치 사용). 이때, 염화물 농도가 낮아지게 되면서 염화물 리간드 중 하나가 착물에서 해리되고, 물 분자로 대체된다. 이후, 물 리간드가 치환되고 DNA 염기 구아닌(guanine)에 포함되어 있는 질소가 금속에 배위된다. 이 과정은 남아 있는 염화물 리간드에 의해 반복적으로 일어나며, DNA 결합 착물은 DNA 복제를 방해하고, 결국 세포는 죽게 된다. 이 착물은 두 가지 이성질체를 가지고 있

으며, 그중 하나인 시스플라틴(cisplatin)만이 치료 화합물로 사용될 수 있다. 이 절에서 우리는 이러한 과정의 이유에 대해 간단하게 설명하고자 한다.

이 절이 끝나면 다음 사항을 수행할 수 있어야 한다.

- 간단한 배위 화합물들의 이름을 명명하고, 그 이름으로부터 착물 이온의 화학식 작성하기

착물이 처음 발견되었을 때, 착물의 이름은 그것을 처음 발견한 화학자의 이름을 따서 지었다. 예를 들어 검붉은색 물질인 $NH_4[Cr(NH_3)_2(NCS)_4]$은 여전히 Reinecke 염으로 알려져 있다. 착물의 구조가 완전히 밝혀지고 나서야, 보다 체계적인 방법으로 명명하는 것이 가능하게 되었다. 이제 두 가지 물질의 예를 들어 어떻게 배위 화합물이 명명되는지 알아보자.

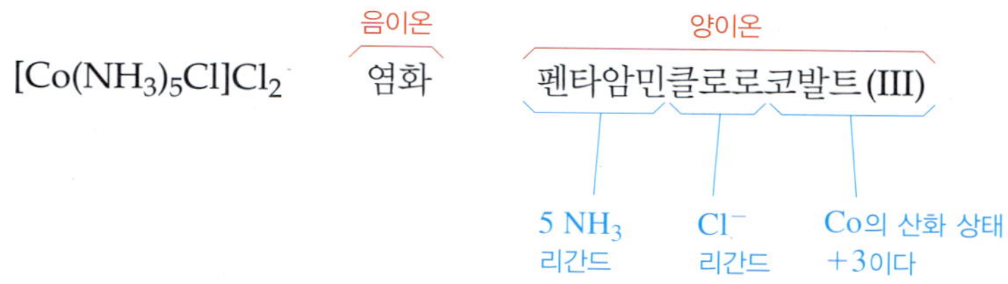


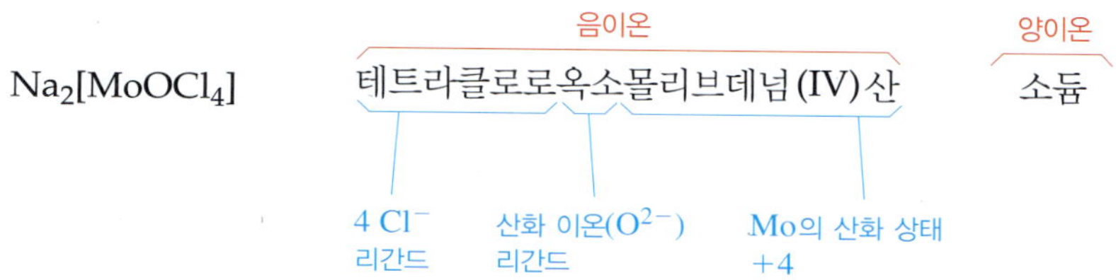


**배위 화합물 명명 방법**

1. **염인 착물의 명명에서는, 양이온의 이름을 음이온의 이름보다 먼저 쓴다.** 그래서 $[Co(NH_3)_5Cl]Cl_2$에서 양이온 $[Co(NH_3)_5Cl]^{2+}$의 이름을 먼저 쓰고, 음이온 $Cl^-$를 말한다. 단, 우리말로 읽을 때는 음이온을 먼저 말하고, 양이온을 뒤에 말한다.
2. **착이온 또는 분자의 명명에서는 리간드를 금속보다 먼저 말한다. 리간드는 전하에 상관없이 알파벳 순서대로 쓴다(리간드의 수를 나타내는 접두사는 알파벳 순서를 결정하는 리간드 이름에서 고려하지 않는다).** 그래서 $[Co(NH_3)_5Cl]^{2+}$ 이온은 펜타암민클로로코발트(III)이다(그러나 화학식에는 리간드보다 금속을 먼저 쓴다는 점을 주의해야 한다).
3. **음이온성 리간드의 이름은 끝에 -오(-o)를 붙이지만, 전기적으로 중성인 리간드는 분자의 이름을 그대로 쓴다(표 23.5).** 특수한 이름으로 $H_2O$(아쿠아, aqua), $NH_3$(암민, ammine), CO(카보닐, carbonyl)을 사용한다. 예를 들어 $[Fe(CN)_2(NH_3)_2(H_2O)_2]^{4+}$ 이온은 다이암민다이아쿠아다이사이아노철(III) 이온이다.
4. **같은 리간드가 두 개 이상 있으면 그리스어 접두사(기수로부터 나온: 다이(di-), 트라이(tri-), 테트라(tetra-), 펜타(penta-), 헥사(hexa-))를 사용한다. 그리스어 접두사가 리간드 이름의 어미에 이미 있거나(예: 에틸렌다이아민), 여러 자리 리간드인 경우는 리간드의 수에 대체 접두사(비스(bis-), 트리스(tris-), 테트라키스(tetrakis-), 펜타키스(pentakis-), 헥사키스(hexakis) 등)를 사용하고, 리간드의 이름은 괄호 안에 쓴다.** 예를 들어 $[Co(en)_3]Br_3$는 브로민화 트리스(에틸렌다이아민) 코발트(III)((tris(ethylenediamine) cobalt(III) bromide)이다.
5. **착물이 음이온이면 이름 끝에 -산(-ate)을 붙인다.** $K_4[Fe(CN)_6]$ 화합물은 헥사사이아노철(II)산 포타슘(potassium hexacyanoferrate(II))이고, $[CoCl_4]^{2-}$는 테트라클로로코발트(II)산 이온(tetrachlorocobaltate(II) ion)이다.

**6. 금속의 산화수는 금속의 이름 뒤에 괄호를 사용하여 로마 숫자로 표시한다.**

이 규칙을 적용한 세 가지 예는 다음과 같다.

| | |
|---|---|
| $[Ni(NH_3)_6]Br_2$ | 브로민화 헥사암민니켈(II) (Hexaamminenickel(II) bromide) |
| $[Co(en)_2(H_2O)(CN)]Cl_2$ | 염화 아쿠아사이아노비스(에틸렌다이아민) 코발트(III) (Aquacyanobis(ethylenediamine) cobalt(III) chloride) |
| $Na_2[MoOCl_4]$ | 테트라클로로옥소몰리브데넘(IV)산 소듐 (Sodium tetrachlorooxomolybdate(IV)) |

착물의 화학식을 쓸 때, 금속에 가장 가까운 리간드의 주개 원자를 쓰는 것이 바람직하다. 따라서 $[Cu(H_2O)_6]^{2+}$보다 $[Cu(OH_2)_6]^{2+}$가 선호된다.

**표 23.5 몇몇 가지 일반적인 리간드와 그들의 이름**

| 리간드 | 착물에서의 이름 | 리간드 | 착물에서의 이름 |
|---|---|---|---|
| 아자이드화 이온($N_3^-$) | 아자이도 | 옥살레이트($C_2O_4^{2-}$) | 옥살레이토 |
| 브로민화 이온($Br^-$) | 브로모 | 옥사이드($O_2^-$) | 옥소 |
| 염화 이온($Cl^-$) | 클로로 | 암모니아($NH_3$) | 암민 |
| 사이안화 이온($CN^-$) | 사이아노 | 일산화 탄소(CO) | 카보닐 |
| 플루오린화 이온($F^-$) | 플루오로 | 에틸렌다이아민(en) | 에틸렌다이아민 |
| 수산화 이온($OH^-$) | 하이드록소 | 피리딘($C_5H_5N$) | 피리딘 |
| 탄산 이온($CO_3^{2-}$) | 카보나토 | 물($H_2O$) | 아쿠아 |

## 예제 23.3
### 배위 화합물 명명하기

다음 화합물 (a) $[Cr(H_2O)_4Cl_2]Cl$, (b) $K_4[Ni(CN)_4]$의 이름을 붙이시오.

**해답**

**분석** 두 가지 배위 화합물의 화학식이 주어져 있고, 그들을 명명한다.

**계획** 착물을 명명하기 위해서 착물에서 리간드를 정하고, 리간드의 이름 및 금속 이온의 산화수를 결정한다. 그런 다음 책에 쓰인 규칙에 따라 배열한다.

**풀이**

**(a)** 리간드는 4개의 물 분자(테트라아쿠아)와, 2개의 염화 이온(다이클로로)이다. 이 분자에서 우리가 알고 있는 모든 산화수를 확인하면, Cr의 산화수가 +3임을 알 수 있다.

$$+3 + 4(0) + 2(-1) + (-1) = 0$$
$$[Cr(OH_2)_4Cl_2]Cl$$

따라서 크로뮴(III)이 된다. 마지막으로 음이온은 염화 이온이다. 화합물의 이름은 염화 테트라아쿠아다이클로로크로뮴(III) [tetraaquadichlorochromium(III) chloride)]다.

**(b)** 착물은 4개의 사이안화 이온($CN^-$) 리간드가 있고, 그런 의미에서 테트라사이아노, 니켈의 산화수는 0이다.

$$4(+1) + 0 + 4(-1) = 0$$
$$K_4[Ni(CN)_4]$$

착물이 음이온이기 때문에 금속이 니켈산(0)이다. 이들을 모두 함께 나타내면, 테트라사이아노니켈산(0) 포타슘[potassium tetracyanonickelate(0)]이 된다.

**▶ 보충 예제**

화합물 $[Rh(NH_3)_4Cl_2]Cl$의 이름은 무엇인가?

**(a)** 염화 로듐(III) 테트라암민다이클로로
**(b)** 염화 테트라암모니아다이클로로로듐(III)
**(c)** 염화 테트라암민다이클로로로듐(III)
**(d)** 테트라암민트라이클로로로듐(III)
**(e)** 염화 테트라암민다이클로로로듐(II)

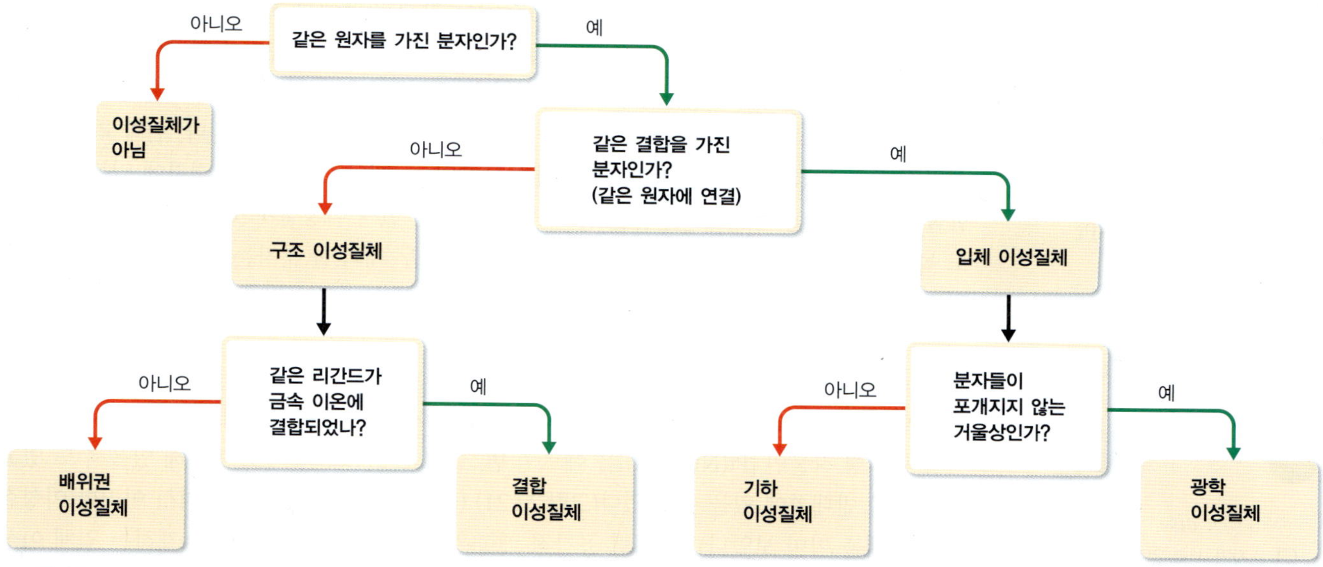


▲그림 23.19 배위 화합물에서 이성질 현상의 형태

## 이성질 현상

두 개 이상의 화합물이 같은 조성을 가지고 있지만 다른 원자 배열을 가지는 것을 **이성질체**(isomer)라고 한다. 여기서는 배위 화합물에서 두 가지 중요한 이성질체, 즉 **구조 이성질체**(structural isomer, 결합이 다른 이성질체)와 **입체 이성질체**(stereoisomer, 같은 결합을 가지지만 중심 금속 주위에 공간적 배열이 다른 것)에 대해 알아본다. 이들 각 분류는 그림 23.19에 나타낸 것처럼 다시 하위 분류로 나누어진다.

## 구조 이성질 현상

배위 화학에서는, 그림 23.19에 있는 결합 이성질 현상과 배위권 이성질 현상의 두 가지를 포함하여 많은 형태의 구조 이성질 현상이 알려져 있다. **결합 이성질 현상**(linkage isomerism)은 상대적으로 드물지만, 특정한 리간드가 두 가지 방법으로 금속에 배위가 가능할 때 일어나는 흥미로운 형태이다. 예를 들어 아질산 이온($NO_2^-$)은 질소 또는 하나의 산소를 통해서 금속에 배위할 수 있다(그림 23.20). 질소가 배위되었을 때 $NO_2^-$ 리간드를 **나이트로**(nitro)라고 하고, 산소 원자가 배위되었을 때는 **나이트리토**(nitrito)라고 하며 일반적으로 $ONO^-$로 쓴다. 그림 23.20에서 나타낸 이성질체는 서로 다른 성질을 가진다. 예를 들면 나이트로 이성질체는 노란색이지만, 나이트리토 이성질체는 붉은색이다.

다음 그림에서 각각의 착이온의 화학식과 이름은 무엇인가?

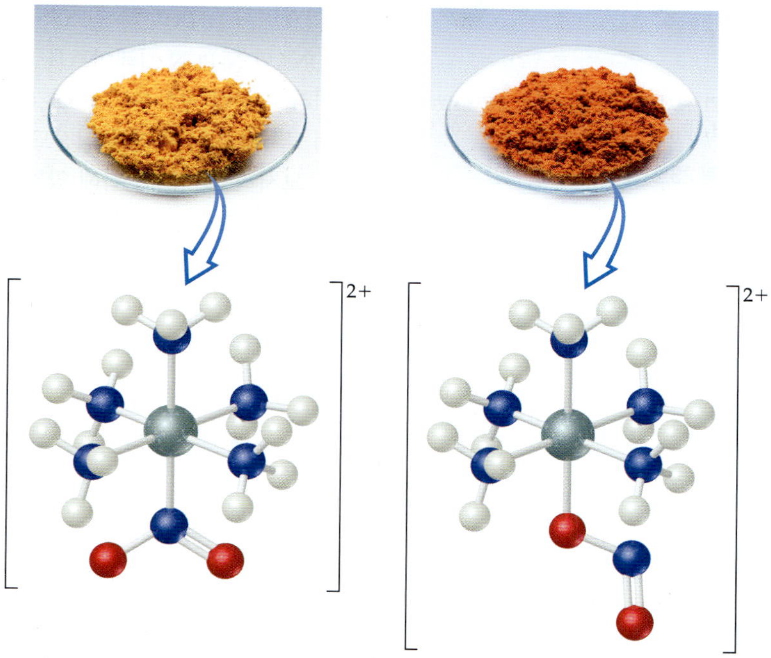


나이트로 이성질체
리간드 N 원자를 통해서 결합한다.

나이트리토 이성질체
리간드 O 원자를 통해서 결합한다.

▲그림 23.20 결합 이성질 현상

두 가지 주개 원자를 통해서 배위가 가능한 다른 리간드는 싸이오사이아네이트($SCN^-$)로, 배위 가능한 주개 원자는 N과 S이다.

아래의 이성질체 중 어느 것이 쌍극자 모멘트가 0이 아닌가?

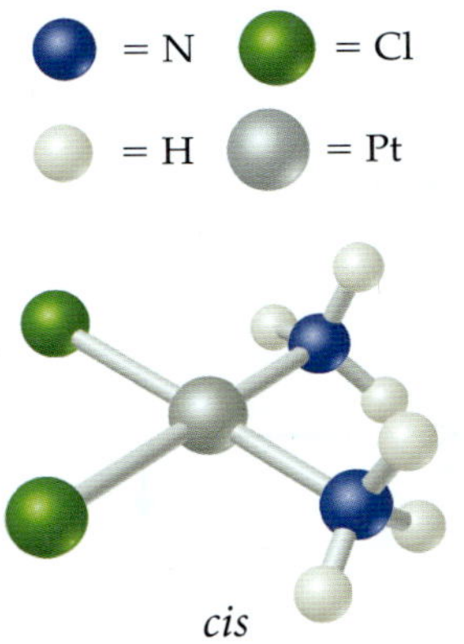


*cis*

Cl 원자가 서로 인접해 있다.
$NH_3$ 리간드가 서로 인접해 있다.

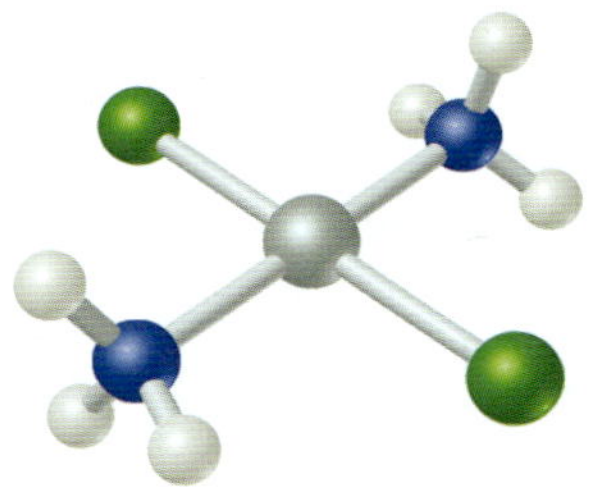

*trans*

Cl 원자가 중심 원자의 반대쪽에 있다.
$NH_3$ 리간드가 중심 원자의 반대쪽에 있다.

▲그림 23.21 기하 이성질 현상

**배위권 이성질체**(coordination-sphere isomer)는 고체 격자에서 착물에 있는 리간드의 화학종과 배위권 밖에 있는 화학종이 서로 다른 이성질체이다. 예를 들어 화학식이 $CrCl_3(H_2O)_6$인 착물에는 세 가지 이성질체가 있다. 리간드가 6개의 $H_2O$이면, $Cl^-$ 이온은 반대 이온(counterion)으로서 결정 격자에 있는 보라색 화합물인 $[Cr(H_2O)_6]Cl_3$가 된다. 만약 리간드가 5개의 $H_2O$와 1개의 $Cl^-$ 이온이면, 여섯 번째 $H_2O$와 두 개의 $Cl^-$가 결정 격자에 있는 녹색 화합물인 $[Cr(H_2O)_5Cl]Cl_2 \cdot H_2O$가 된다. 마지막으로, 세 번째 이성질체 $[Cr(H_2O)_4Cl_2]Cl \cdot 2\ H_2O$도 녹색 화합물이다. 두 녹색 화합물에서, 한 개 또는 두 개의 물 분자는 $Cl^-$ 이온에 의해서 배위권으로부터 치환된 것이다. 치환된 물 분자는 결정 격자 내에 자리를 차지한다.

## 입체 이성질 현상

입체 이성질체(stereoisomer)는 같은 화학 결합을 갖지만 다른 공간상의 배열을 가지고 있다. 사각 평면형 착물인 $[Pt(NH_3)_2Cl_2]$을 예로 들면, 클로로 리간드가 서로 인접해 있을 수도 있고 또는 서로 반대쪽에 있을 수도 있다(그림 23.21) (그림 23.8의 코발트 착물에서 이러한 이성질 현상의 예를 이미 보았다). 이처럼 공간적 배향은 다르지만 같은 결합이 존재하는 입체 이성질 현상의 형태를 **기하 이성질 현상**(geometric isomerism)이라고 한다. 인접한 위치에 같은 리간드를 가진 이성질체는 **시스**(cis) 이성질체이고, 같은 리간드가 서로 반대쪽에 있는 이성질체는 **트랜스**(trans) 이성질체이다.

일반적으로 기하 이성질체는 다른 물리적 성질을 가지며, 화학적 반응성도 현저히 다를 수 있다. 예를 들어 **시스플라틴**(cisplatin)이라고 하는 *cis*-$[Pt(NH_3)_2Cl_2]$는 고환, 난소, 특정한 다른 암의 치료에 효과가 있지만, 트랜스 이성질체는 효과가 없다. 이것은 시스플라틴이 염화 이온을 잃으면서 DNA의 두 질소와 킬레이트를 형성하기 때문이다. 트랜스 이성질체의 염화 이온은 DNA와 N-Pt-N 킬레이트를 형성하기에 너무 멀리 떨어져 있다.

기하 이성질 현상은 그림 23.8의 시스와 트랜스 테트라암민다이클로로코발트(III) 이온에서처럼, 두 개 이상의 다른 리간드가 존재하는 팔면체 착물에서도 가능하다. 사면체 착물에서는 모든 모서리가 서로 인접해 있기 때문에 시스–트랜스 이성질 현상이 관찰되지 않는다.

그림 23.19에 있는 입체 이성질체의 두 번째 유형은 **광학 이성질 현상**(optical isomerism)이다. **거울상 이성질체**(enantiomer)라고 하는 광학 이성질체는 서로 겹쳐지지 않는 거울상이다. 광학 이성질체는 왼손–오른손과 서로 닮은꼴이다. 거울에서 왼손을 보면 거울에 비친 모습이 오른손과 동일하다(그림 23.22). 그러나 아무리 열심히 노력해도 두 손을 서로 완전히 포갤 수 없다. 이러

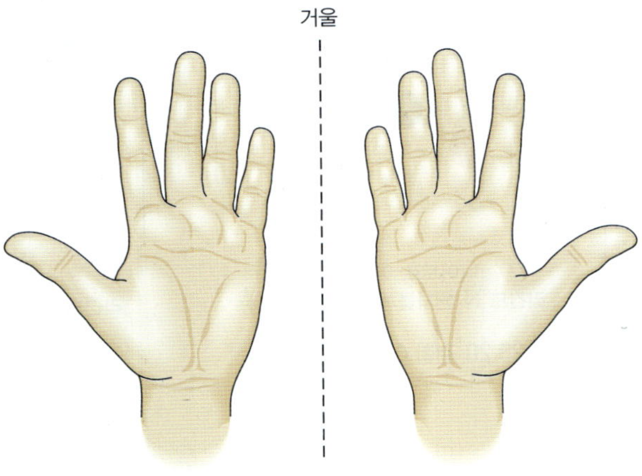


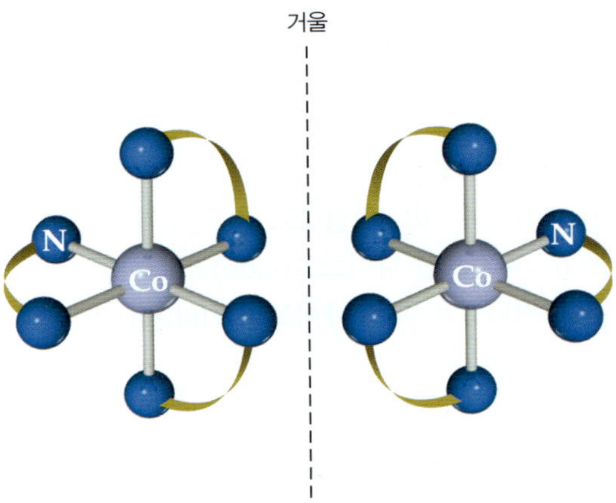


▲그림 23.22 광학 이성질 현상

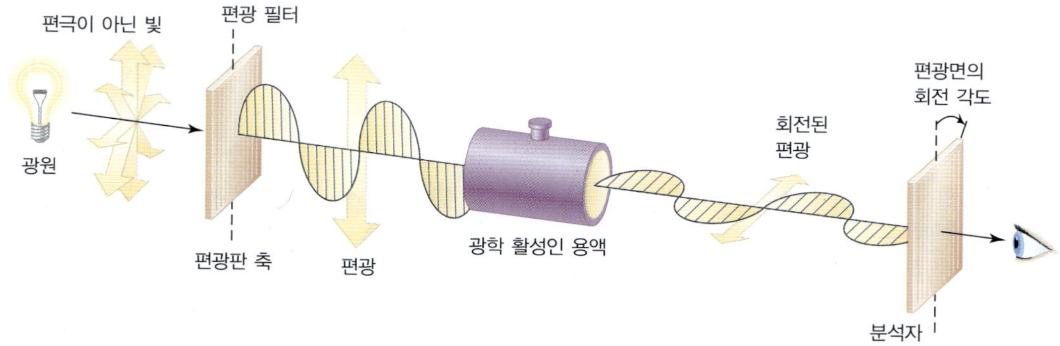


▲그림 23.23 편광을 사용한 광학 활성도 측정

한 유형의 이성질 현상을 보이는 착물의 한 가지 예는 $[Co(en)_3]^{3+}$ 이온이다. 그림 23.22에 이 착물의 거울상 이성질체 두 개와 그들의 거울상 관계를 나타내었다. 오른손을 뒤틀거나 돌려도 왼손과 같게 할 수 없듯이, 이들 거울상 이성질체도 아무리 회전시켜도 같아지게 할 수 없다. 이처럼 그들의 거울상이 완전히 포개지지 않는 분자나 이온을 **카이랄(chiral)**이라고 한다.

두 광학 이성질체의 성질은 카이랄 환경에서만 다르다. 즉 오른손잡이 및 왼손잡이가 느끼는 환경에서만 다르다. 예를 들어 카이랄 효소는 한 가지 광학 이성질체의 반응에는 촉매로 작용하지만 다른 광학 이성질체에는 작용하지 않는다. 결과적으로 한 가지 광학 이성질체는 인체에서 특수한 생리적 효과를 보이지만, 그것의 거울상은 다른 효과를 보이거나 전혀 나타나지 않는다. 카이랄 반응은 의약품과 다른 공업적으로 중요한 화학 약품의 합성에서도 매우 중요하다.

광학 이성질체는 일반적으로 평면 편광에 대한 그들의 상호 작용에 의해서 서로 구별된다. 빛이 편광이 되었다면(예를 들어 편광 필름막을 통과시켜서), 빛의 전기장 벡터는 단일 평면을 가지게 된다(그림 23.23). 편광이 한 가지 광학 이성질체를 포함하는 용액에 통과된다면, 편광면이 오른쪽 또는 왼쪽으로 회전이 된다. 오른쪽으로 편광면을 회전시키는 이성질체는 **우회전성(dextrorotatory)**이며, dextro 또는 *d* 이성질체(라틴어 *dexter*, '오른쪽')이다. 그의 거울상은 왼쪽으로 편광면을 회전시키는 **좌회전성(levorotatory)**이며 levo 또는 *l* 이성질체(라틴어 *laevus*, '왼쪽')이다. 그림 23.22에서 오른쪽에 있는 $[Co(en)_3]^{3+}$ 이성질체는 이 이온의 *l* 이성질체임이 실험적으로 밝혀졌다. 그의 거울상은 *d* 이성질체이다. 평면 편광에서 그들의 효과 때문에 카이랄 분자들을 **광학 활성(optically active)**되어 있다고 한다.

실험실에서 광학 이성질체를 갖는 물질을 합성할 때, 합성하는 동안 화학적 환경은 보통 카이랄성이 아니다. 따라서 두 가지 이성질체는 같은 양이 얻어지며, 이러한 혼합물을 **라셈(racemic)**이라고 한다. 라셈 혼합물은 두 이성질체의 회전 효과가 서로 상쇄되기 때문에 편광을 회전시키지 않는다.

## 예제 23.4
### 기하 이성질체의 수 결정하기

Lewis 구조 :C≡O:로 보아, CO 분자는 두 개의 고립 전자쌍을 가지고 있음을 알 수 있다. CO가 전이 금속 원자에 결합할 때는 거의 언제나 C의 고립 전자쌍을 사용한다. 테트라카보닐다이클로로철(II)에는 몇 개의 기하 이성질체가 있는가?

**해답**

**분석** 한자리 리간드만을 포함하는 착물의 이름이 주어져 있고, 착물이 형성할 수 있는 이성질체의 수를 결정해야 한다.

**계획** Fe의 배위수를 결정하기 위해서 리간드의 수를 계산하고, 다음으로 배위수를 사용하여 기하학적 구조를 예측한다. 리간드가 서로 다른 위치에 배치되는 일련의 구조를 그림으로 그려보거나 논의되었던 사례를 참고하면 이성질체의 수를 유추할 수 있다.

**풀이** 착물은 4개의 카보닐(CO)과 2개의 염화 이온($Cl^-$) 리간드를 가지고 있다는 것을 이름에서 알 수 있고, 따라서 화학식은 $Fe(CO)_4Cl_2$이다. 착물의 배위수는 6이고 팔면체 착물이라고 가정할 수 있다.

$[Co(NH_3)_4Cl_2]^+$(그림 23.8)는 한 가지 형태로 4개, 또 다른 형태로 2개의 리간드를 가진다. 결과적으로 이 착물은 두 개의 이성질체가 가능하다. 리간드가 서로 금속의 반대쪽에 있는 *trans*-$[Fe(CO)_4Cl_2]$와 서로 인접해 있는 *cis*-$[Fe(CO)_4Cl_2]$이다.

**검토** 기하 이성질체의 수를 결정할 때 흔히 실제 수보다 더 많이 세기 쉽다. 가끔 하나의 이성질체를 다른 방향으로 나타내어 서로 다른 이성질체로 잘못 생각하기도 한다. 두 구조를 회전시켜서 같아진다면, 그들은 서로 이성질체가 아니다. 이성질체를 확인하는 문제는 삼차원 분자를 이차원 표현으로부터 시각화해야 하므로 어려움이 더 심해진다. 따라서 삼차원 모형을 사용하게 되면 이성질체의 수를 결정하기가 보다 쉬워진다.

**▶ 보충 예제**

다음 화합물 중 기하 이성질체가 존재하지 않는 것은 어느 것인가?

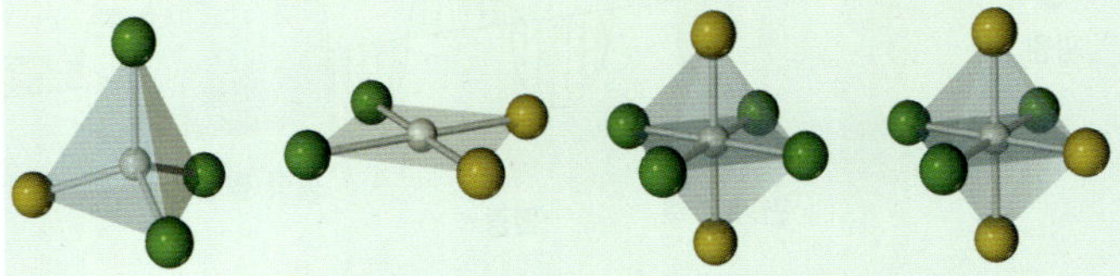

$[MX_3Y]$ **(a)** $[MX_2Y_2]$ **(b)** $[MX_4Y_2]$ **(c)** $[MX_3Y_3]$ **(d)**

## 예제 23.5

### 착물이 광학 이성질체를 가지는지 예측하기

*cis*-$[Co(en)Cl_2]^+$와 *trans*-$[Co(en)Cl_2]^-$ 중 어느 것이 광학 이성질체를 가지는가?

**해답**

**분석** 두 기하 이성질체의 화학식이 주어져 있고, 둘 중 어느 것이 광학 이성질체를 가지는지를 결정하는 문제이다. en은 두 자리 리간드이므로, 두 착물은 팔면체이고 모두 배위수가 6인 것을 안다.

**계획** 시스와 트랜스 이성질체의 구조와 그들의 거울상을 스케치할 필요가 있다. 두 N 원자를 원호로 연결하여 en 리간드를 그릴 수 있다. 거울상이 원래 구조와 겹쳐지지 않으면, 착물과 그것의 거울상은 광학 이성질체이다.

**풀이**

$[Co(en_2)Cl_2]^+$의 트랜스 이성질체와 그것의 거울상은 다음과 같다. 이 이성질체의 거울상이 원래 구조와 동일한 것을 주목하라. 결과적으로 *trans*-$[Co(en)Cl_2]^+$는 광학 이성질 현상이 보이지 않는다.

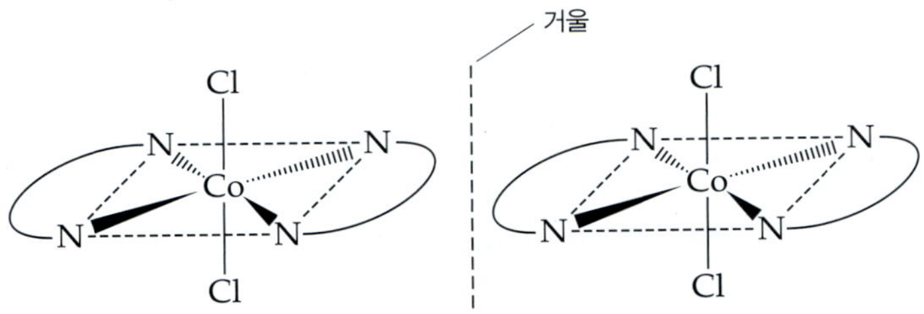


*cis*-$[Co(en)Cl_2]^+$ 이성질체의 거울상은 원래 구조와 완전히 겹쳐지지 않는다. 따라서 두 *cis* 구조는 광학 이성질체(거울상 이성질체)이다. *cis*-$[Co(en)Cl_2]^+$를 카이랄 착물이라고 한다.

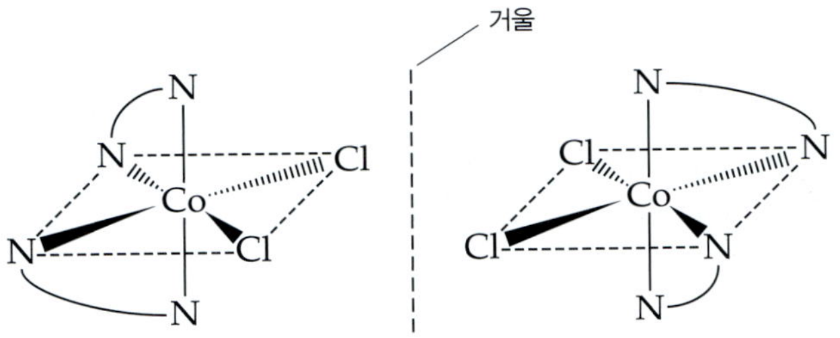


**▶ 보충 예제**

다음 착물 중 광학 이성질체를 가지는 것은 어느 것인가?

**(a)** 사면체 $[CdBr_2Cl_2]^{2-}$ **(b)** 팔면체 $[CoCl_4(en)]^{2-}$
**(c)** 팔면체 $[Co(NH_3)_4Cl_2]^{2+}$ **(d)** 사면체 $[Co(NH_3)BrClI]^-$

# 자기 평가 연습 문제

**23.15** $[Cr(OH_2)_3Cl_3]^+$ 착물이 가질 수 있는 이성질체의 수는?

**(a)** 1
**(b)** 2
**(c)** 3
**(d)** 4

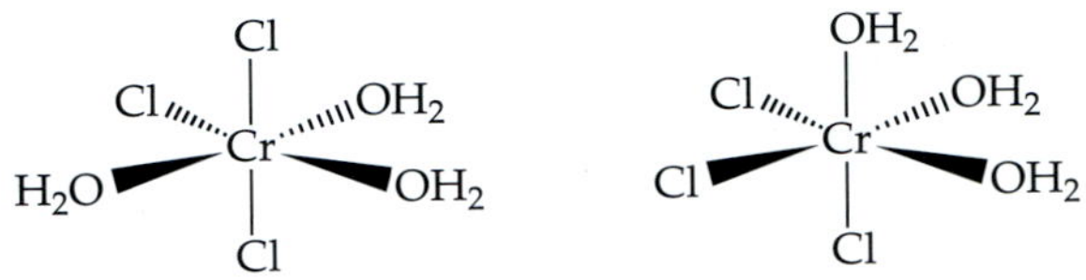

## 연습 문제

**23.16** 배위권을 나타내는 괄호를 사용하여 다음 각 화합물의 화학식을 쓰시오.

**(a)** hexaammineiron(II) nitrate

**(b)** tetraaquadibromidochromium(III) perchlorate

**(c)** ammonium hexachloridopalladate(IV)

**(d)** diammineoxolatonickel(II)

**(e)** hexaamminemolybdenum(III) tetrachloridocuprate(II)

**23.17** 배위 착물의 표준 명명법을 이용하여 다음 화합물을 명명하시오.

**(a)** $Na_3[Fe(CN)_5NO]$

**(b)** $[CoO(NH_3)_5]Br$

**(c)** $Na_2[NiBr_4]$

**(d)** $[Rh(OH_2)_6][Ag(CN)_2]_3$

**23.18** 다음 세 가지 착물에서

(착물 1) $[Co(NH_3)_5SCN]^{2+}$

(착물 2) $[Co(NH_3)_3Cl_3]^{2+}$

(착물 3) $CoClBr \cdot 5NH_3$

어느 것이 **(a)** 기하 이성질체, **(b)** 결합 이성질체, **(c)** 광학 이성질체, **(d)** 배위권 이성질체를 가지는가?

**23.19** 팔면체 착물 $MA_3B_3$의 기하 이성질체가 몇 개일 것으로 예상되는가? 이 이성질체 중에서 광학 활성인 것이 있는가? 있다면 어느 것인가?

**23.20** 다음 각 착물이 기하 이성질체를 가지는지 판별하고, 만약 가진다면 모두 몇 개인지 설명하시오.

**(a)** $[Rh(bipy)(o\text{-}phen)_2]^{3+}$ **(b)** $[Co(NH_3)_3(bipy)Br]^{2+}$ **(c)** 사각 평면형 $[Pd(en)(CN)_2]$

**23.21** 다음 각 금속 착물이 카이랄이며 광학 이성질체를 가지는지를 확인하시오.

**(a)** 사각 평면형 $[Pd(en)(CN)_2]$ **(b)** 팔면체 $[Ni(en)(NH_3)_4]^{2+}$

**(c)** 팔면체 *cis*-$[V(en)_2ClBr]$

자기 평가 연습 문제 답 **23.15** (b)

# 23.5 배위 화학에서 색과 자기성

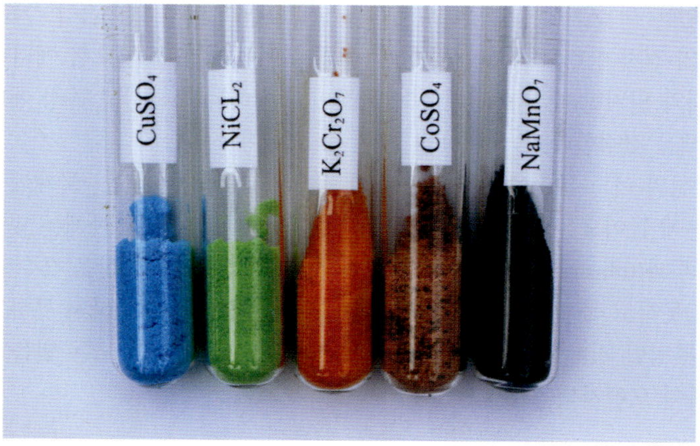


전이 금속 착물의 색과 자기성에 대한 연구는 금속–리간드 결합의 현대적 모형 발전에 중요한 역할을 하였다. 23.1절에서 전이 금속의 여러 가지 자기적 거동을 논의하였으며, 6.3절에서 물질의 복사 에너지의 상호 작용에 대해서 알아보았다. 이제 금속–리간드 결합의 모형을 다루기 전에 전이 금속 착물에서 이들 두 가지 성질의 중요성을 간단히 알아보자.

이 절이 끝나면 다음 사항을 수행할 수 있어야 한다.

- 흡수된 빛과 감지되는 색상 사이의 관계를 이해하기

### 색상

그림 23.4는 전이 금속 이온의 염과 그들의 수용액이 나타내는 다양한 색을 보여 준다. 일반적으로 착물의 색은 금속 이온의 특성, 금속의 산화 상태, 금속에 결합된 리간드에 따라 달라진다. 예

Cu(II)에 대한 암모니아의 평형 결합 상수는 Cu(II)에 대한 물의 평형 상수보다 더 클까, 작을까?

▲ **그림 23.24** 리간드에 따른 착물의 색깔 변화

를 들어 **그림 23.24**에서는 $[Cu(H_2O)_4]^{2+}$의 특성인 연한 푸른색이 $H_2O$ 리간드를 $NH_3$ 리간드로 치환할 때 $[Cu(NH_3)_4]^{2+}$를 형성하면서 진한 파란색으로 변화되는 것을 보여 준다.

우리가 볼 수 있는 색을 가진 물질은 가시광선 스펙트럼의 일부 영역을 흡수해야 한다. 그런데 흡수는, 물질 안의 전자가 바닥 상태에서 들뜬 상태로 이동하는 데 필요한 에너지가 스펙트럼 특정 구간의 에너지와 일치할 때 일어난다. 즉, 물질이 흡수하는 복사선의 특정 에너지는 우리가 볼 수 있는 물질의 색을 결정한다.

물체가 가시광선의 어느 부분을 흡수하였을 때 우리가 인식하는 색은, 물체에 의해 반사되거나 투과되어 우리 눈에 들어오는, 흡수되지 않은 부분의 합이다. (불투명 물체는 빛을 **반사**(reflect)하고, 투명한 것은 **투과**(transmit)한다.) 만약 물체가 가시광선의 모든 파장을 흡수하면 우리 눈에 아무것도 도달하지 못하고 물체는 검게 보인다. 물체가 가시광선을 흡수하지 못하고 불투명할 경우에는 흰색이고, 투명할 경우에는 무색이다. 물체가 오렌지색 이외의 모든 빛을 흡수하면 오렌지색이 눈에 도달하여 오렌지색을 볼 수 있다.

▲ **그림 23.25 오렌지색을 인식하는 두 가지 방법** 물체가 오렌지빛을 반사하거나(왼쪽), 오렌지색의 보색인 푸른색만 제외하고 통과할 때 오렌지색으로 보인다(가운데). 보색은 미술에서의 색상환에서 반대쪽에 놓여 있다.

색상의 흥미로운 현상은 물체가 가시광선의 푸른색 부분만을 흡수하고 다른 모든 색이 우리 눈에 도달했을 때, 우리는 물질을 오렌지색으로 인식하는 것이다. 이것은 오렌지색과 푸른색이 **보색(complementary color)**으로, 백색광에서 푸른빛을 제거하면 빛이 오렌지색으로 보이기 때문이다(반대로 오렌지 빛을 제거하면 푸른색 빛이 된다).

보색은 미술 분야에서 사용되는 색상환(color wheel)에서 서로 반대쪽에 있는 색으로 확인할 수 있다(그림 23.25).

시료에 의해 흡수된 빛의 양을 파장에 따라 표시한 것을 시료의 **흡수 스펙트럼(absorption spectrum)**이라고 한다. 투명한 시료의 가시선 흡수 스펙트럼은 14.3절의 "자세히 보기"에서 기술한 것처럼, 분광기를 이용해서 측정할 수 있다. 그림 23.26에 $[Ti(H_2O)_6]^{3+}$ 이온의 흡수 스펙트럼을 나타내었다. 최대 흡수 지점은 500 nm이지만, 그래프에서 노란색과 녹색 빛을 많이 흡수하고, 푸른색 빛도 흡수한다. 시료가 이들 색을 모두 흡수하기 때문에 흡수되지 않은 빨간색과 보라색의 빛을 볼 수 있어 우리는 적자색(색상환에서 빨간색과 보라색 사이)으로 인식한다.

## 배위 화합물의 자기성

9.8절과 23.1절에서 언급했듯이, 많은 전이 금속 착물이 상자기성을 띤다. 이러한 화합물에서 금속 이온은 몇 개의 홀전자를 가진다. 금속 이온당 홀전자 수는 상자기성 정도를 측정하는 실험으로 결정할 수 있으며, 그 실험은 몇몇 흥미로운 결과를 보인다.

예를 들어 착이온 $[Co(CN)_6]^{3-}$의 화합물은 홀전자가 없지만, 착이온 $[CoF_6]^{3-}$의 화합물은 금속 이온당 네 개의 홀전자를 가진다. 두 착물 모두가 $3d^6$ 전자 배치를 가진 Co(III)을 포함하는 것을 볼 때, 분명히 이것은 두 착물의 전자 배열 방식이 상당히 다름을 의미한다. 다음 절에서는 이러한 차이를 성공적으로 설명할 수 있는 결합 이론을 다룬다.

용액에서 $[Ti(H_2O)_6]^{3+}$의 농도를 감소시키면, 이 흡수 스펙트럼은 어떻게 달라지는가?

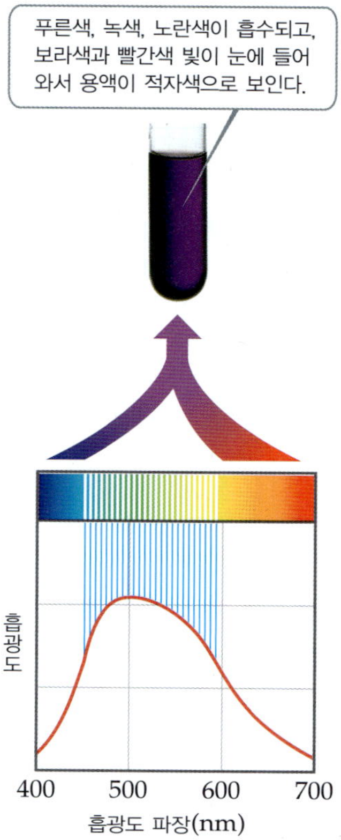


▲ 그림 23.26 $[Ti(H_2O)_6]^{3+}$의 색 $[Ti(H_2O)_6]^{3+}$ 이온이 들어 있는 용액은 적자색을 띤다. 그 이유는 가시광선 흡수 스펙트럼이 보여 주듯이, 용액이 스펙트럼 양 끝의 보라색과 빨간색을 흡수하지 못하기 때문이다. 흡수되지 않은 빛이 우리 눈에 도달하게 된다.

### 예제 23.6
#### 흡수된 색과 관찰된 색의 관계

착이온 *trans*-$[Co(NH_3)_4Cl_2]^+$는 가시광선 스펙트럼의 붉은색 영역에 있는 빛을 주로 흡수한다(680 nm에서 최대 흡수). 이 착물은 어떤 색을 띠는가?

**해답**

**분석** 착물이 흡수하는 색(붉은색)과 관찰된 착물의 색의 관계를 알아야 한다.

**계획** 물체가 가시광선 스펙트럼에서 한 가지 색만 흡수한다면 우리가 볼 수 있는 색은 흡수된 색의 보색이다. 그림 23.25의 색상환을 사용해서 보색을 결정할 수 있다.

**풀이** 그림 23.25로부터 붉은색의 보색이 녹색임을 알 수 있다. 그래서 착물은 녹색으로 보인다.

**검토** 23.2절에서 언급했듯이, 이 녹색 착물은 Werner가 배위 이론을 완성하는 데 도움이 된 화합물 중 하나이다(표 23.3). 이 착물의 다른 기하 이성질체인 *cis*-$[Co(NH_3)_4Cl_2]^+$는 노란 빛을 흡수한다. 따라서 보라색을 띤다.

▶ **보충 예제**

어떤 전이 금속 착이온을 포함하는 용액의 흡수 스펙트럼이 아래와 같다. 이 이온을 포함하는 용액의 색은 다음 중 어느 것이겠는가?
**(a)** 보라색 **(b)** 파란색 **(c)** 초록색 **(d)** 오렌지색 **(e)** 빨간색

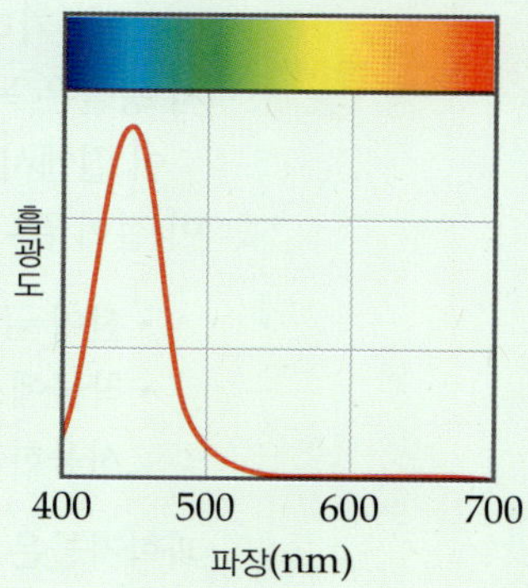

## 자기 평가 연습 문제

**23.22** Co 원자와 $Co^{3+}$ 이온의 전자 배치와 홀전자 수는 각각 무엇인가?

(**a**) Co: $[Ar]4s^23d^7$; 홀전자 수 3, $Co^{3+}$: $[Ar]3d^6$; 홀전자 수 0

(**b**) Co: $[Ar]4s^23d^7$; 홀전자 수 3, $Co^{3+}$: $[Ar]3d^6$; 홀전자 수 4

(**c**) Co: $[Ar]4s^24d^7$; 홀전자 수 3, $Co^{3+}$: $[Ar]4d^6$; 홀전자 수 4

(**d**) Co: $[Ar]4s^23d^7$; 홀전자 수 3, $Co^{3+}$: $[Ar]4s^23d^4$; 홀전자 수 4

## 연습 문제

**23.23** (**a**) 어떤 착물이 에너지가 $4.51 \times 10^{-19}$ J인 광자를 흡수한다. 이 광자의 파장은 얼마인가? (**b**) 이것이 이 착물이 흡수하는 가시광 스펙트럼의 유일한 부분이라면, 착물은 무슨 색으로 예상되는가?

**23.24** 다음 배위 착물들이 반자기성인지, 상자기성인지를 확인하시오.

(**a**) $[ZnBr_4]^{2-}$

(**b**) $[Mn(H_2O)_6]^{3+}$

(**c**) $OsO_4$

(**d**) $[PtCl_4]^{2-}$

자기 평가 연습 문제 답 **23.22** (b)

# 23.6 | 결정장 이론

루비와 에메랄드는 타색(allochromatic) 광물이다. 이는 그 색이 물질의 주성분 때문이 아니라 미량의 불순물에 의해서 생긴다는 뜻이다. 즉, 각 물질의 결정 격자 안에 있는 $Al^{3+}$ 중 ~1%가 $Cr^{3+}$로 대체되어 루비의 빨간색과 에메랄드의 녹색이 나타나게 된다. 그런데, 같은 전이 금속 이온 때문에 생기는 이 두 광물의 색이 왜 이렇게 다른 것일까? 답은 부분적으로 크로뮴 이온 주위의 결정 격자의 특성에 있다. 루비는 순수한 상태에서는 무색인 $Al_2O_3$로 구성되어 있다. 그 격자는 조밀하고 O와 $Cr^{3+}$ 이온 사이의 거리가 상대적으로 짧기 때문에 강한 상호 작용과 녹색광 흡수(빨간색으로 보이게 됨)를 나타낸다. 반면 $Be_3Al_2Si_6O_{18}$로 구성된 에메랄드에서는 격자가 확장되어 $O-Cr^{3+}$ 거리가 더 길다. 이는 약한 상호 작용과 낮은 에너지인 적색광의 흡수를 의미한다. 따라서 광물은 녹색을 띠게 된다.

이 절에서는 전이 금속 화합물에서 관찰되는 다양한 색상을 설명하는 모델에 대해 다룰 것이다. 이 절이 끝나면 다음 사항을 수행할 수 있어야 한다.

- 전이 금속 착물에서 홀전자 수를 예상하기
- 착물에서 결정장 갈라짐을 정성적으로 예측하기 위해 분광화학적 계열(spectrochemical series) 사용하기

과학자들은 오랫동안 전이 금속 착물의 자기적 성질과 색이 금속 양이온의 $d$ 전자와 관련이 있다

는 것을 인식해 왔다. 이 절에서는 착물에서 관찰되는 여러 가지 성질들을 설명할 수 있는 전이 금속 착물의 결합 모형인 **결정장 이론**(**crystal-field theory**)을 알아본다.* 결정장 이론의 많은 예측들이 보다 발전된 형태인 분자 오비탈 이론에 의해서 얻어진 결과와 정성적으로 같기 때문에, 배위 화합물의 전자 구조를 생각하는 데에 좋은 출발점이 될 수 있다.

금속 이온과 리간드 사이의 인력은 본질적으로 염기(즉, 리간드)가 금속 이온의 빈 오비탈에 전자쌍을 제공하는 Lewis 산–염기 상호 작용이다(**그림 23.27**). 그러나 많은 금속 이온과 리간드 사이의 상호 작용은 또한 금속 이온의 양전하와 리간드의 음전하 사이의 정전기적 인력에 기인하기도 한다. 즉, $Cl^-$ 또는 $SCN^-$와 같은 이온성 리간드는 보통 양이온–음이온 사이의 인력에 의한 정전기적 상호 작용을 한다. 리간드가 $H_2O$ 또는 $NH_3$와 같이 중성 분자이면, 이들 극성 분자에서 음전하를 띠는 비공유 전자쌍 부분이 금속 이온을 향하게 된다. 이런 경우, 상호 작용은 이온–쌍극자 형태이다. 어떤 경우이든 리간드들은 금속 이온에 강하게 끌린다. 금속–리간드 사이의 정전기적 인력 때문에, 착물의 에너지는 서로 분리된 금속 이온과 리간드의 에너지를 합한 것보다 더 낮아진다.

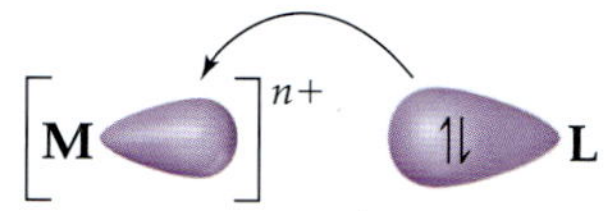


▲ **그림 23.27** 금속–리간드 결합 형성 리간드는 금속 이온의 빈 오비탈에 비결합 전자쌍을 주므로 Lewis 염기로 작용한다. 그 결과 결합은 약간의 공유 결합성을 가진 강한 극성 결합이다.

금속 이온이 리간드 전자들을 끌어당기지만, 금속 이온의 $d$ 전자들은 리간드에 의해서 반발하게 된다. 이러한 효과를 리간드가 금속 이온 주위에 팔면체 배열을 하는 경우, 즉 배위수가 6인 착물에 대해 좀 더 자세히 살펴보자.

결정장 이론에서는 리간드를 금속 이온의 $d$ 오비탈에 있는 음으로 하전된 전자들을 밀어내는 음의 점전하로 본다. **그림 23.28**에 있는 에너지 도표는 이 리간드 점전하가 $d$ 오비탈의 에너지에 미치는 영향을 보여 준다. 먼저, 금속 이온을 중심으로 하는 구 표면에 모든 리간드의 점전하가 균일하게 분포하고 있는 착물을 생각해 보자. 이렇게 구형으로 균일하게 분포된 전하 때문에 금속 이온의 $d$ 오비탈의 **평균**(average) 에너지는 높아진다. 따라서 모든 5개 $d$ 오비탈의 에너지는 같은 크기로 높아진다.

그러나 이 에너지 그림은 실제로는 리간드들이 구형 표면에 균일하게 분포하지 않는다. 따라서 금속 이온에 모든 방향에서 동일하게 접근하지 않기 때문에 일차적 근사일 뿐이다. 그 대신, 그림 23.28의 오른쪽에서 보여 주듯이, 6개의 리간드가 $x$, $y$, $z$ 세 축을 따라서 접근한다고 할 수 있

어느 $d$ 오비탈이 팔면체 결정장에 있는 리간드를 향해 있는가?

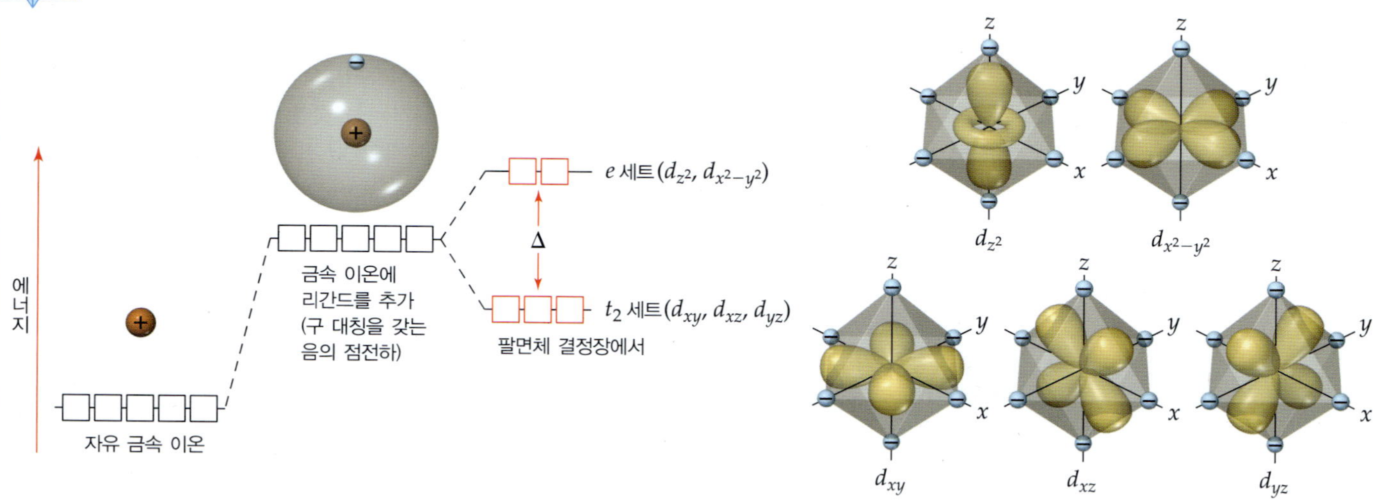


▲ **그림 23.28** 자유 금속 이온, 구형 대칭 결정장, 팔면체 결정장에서 $d$ 오비탈의 에너지

* **결정장**(crystal field)이라는 이름은 이 이론이 처음에 고체 결정성 물질의 성질을 설명하기 위해서 개발되었기 때문이다. 그러나 이 이론은 용액상의 착물에도 잘 적용된다.

제시된 그림에서 $t_2$와 $e$ 오비탈 사이의 에너지 차이를 어떻게 계산할 수 있는가?

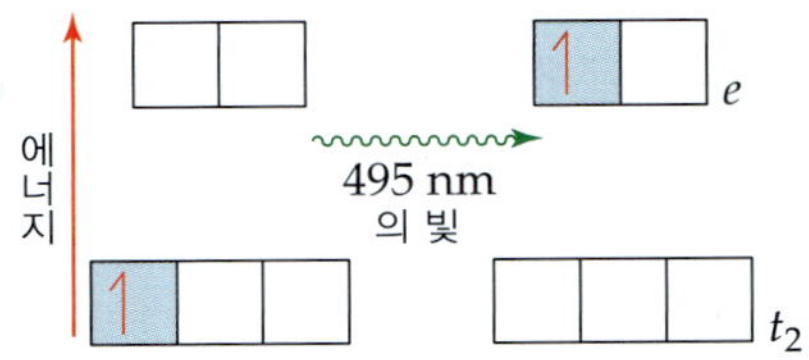


▲ 그림 23.29 $[Ti(H_2O)_6]^{3+}$에서 $d$–$d$ 전이는 495 nm 빛의 흡수에 의해서 일어난다.

다. 이와 같은 리간드 배열을 **팔면체 결정장**(octahedral crystal field)이라고 한다. 금속 이온의 $d$ 오비탈들은 서로 다른 배향과 모양을 가지고 있기 때문에 리간드로부터 동일한 반발을 느끼지 않고, 따라서 팔면체 결정장 영향 아래에서 동일한 에너지를 갖지 않는다. 그 이유를 알기 위해서는 $d$ 오비탈의 모양과 리간드에 대한 로브(lobe)의 배향을 고려해야 한다.

그림 23.28은 $d_{z^2}$ 및 $d_{x^2-y^2}$ 오비탈의 로브가 $x$, $y$, $z$축을 **따라** 배향되어 있다. 따라서 그 끝이 리간드의 점전하로 직접 향하고 있음을 보여 준다. 그러나 $d_{xy}$, $d_{xz}$, $d_{yz}$ 오비탈의 로브는 축 **사이에** 놓여 있어서 그 끝이 리간드의 전하로 직접 향하지 않는다. 이러한 배향에서의 차이($d_{x^2-y^2}$, $d_{z^2}$ 오비탈의 로브는 리간드 전하로 직접 향하고 $d_{xy}$, $d_{xz}$, $d_{yz}$ 오비탈의 로브는 그렇지 않은)는 $d_{x^2-y^2}$ 및 $d_{z^2}$ 오비탈의 에너지가 $d_{xy}$, $d_{xz}$, $d_{yz}$ 오비탈의 에너지보다 높아지는 결과를 가져온다. 이러한 에너지 차이는 그림 23.28의 에너지 도표에서 붉은색 박스로 표시되었다.

낮은 에너지의 세 $d$ 오비탈을 $t_2$ 세트라고 하고, 높은 에너지의 두 $d$ 오비탈을 $e$ 세트라고 한다.* 이 두 세트 사이의 에너지 차이 Δ를 **결정장 갈라짐 에너지**(crystal-field splitting energy)라고 부른다.

$d_{x^2-y^2}$ 오비탈은 리간드로 향하는 4개의 로브를 가지고, $d_{z^2}$ 오비탈은 리간드로 향하는 두 개의 로브만 가지기 때문에 $d_{x^2-y^2}$ 오비탈의 에너지가 $d_{z^2}$ 오비탈의 에너지와 다를 것이라고 생각할 수 있다. 하지만 $d_{z^2}$ 오비탈은 $xy$ 평면에 두 로브가 있는 원형 고리 모양의 전자 밀도를 가진다. 정밀한 계산을 수행하면 두 오비탈이 팔면체 장에서 실제로 같은 에너지를 가지는 것을 알 수 있다.

결정장 이론은 전이 금속 착물에서 관찰된 색을 설명하는 데 도움이 된다. $d$ 오비탈의 $t_2$와 $e$ 세트 사이의 에너지 차이 Δ는 가시광선 광자의 에너지 크기 정도이다. 그래서 전이 금속 착물이 흡수하는 가시광선은 낮은 에너지($t_2$)의 $d$ 오비탈에서 높은 에너지($e$)의 오비탈로 한 개의 전자를 들뜨게 한다. 예를 들어 $[Ti(H_2O)_6]^{3+}$에서 Ti(III) 이온은 [Ar]$3d^1$의 전자 배치를 가진다(7.4절에서 전이 금속 이온의 전자 배치를 결정할 때 $s$ 전자가 먼저 제거되는 것을 상기하라). 그래서 Ti(III)를 **$d^1$ 이온**이라고 한다. $[Ti(H_2O)_6]^{3+}$의 바닥 상태에서는 한 개의 $3d$ 전자는 $t_2$ 세트에 있는 오비탈에 남아 있다(**그림 23.29**). 이 전자는 495 nm 빛을 흡수하여 e 세트에 있는 한 오비탈로 들뜨게 되어 그림 23.26에서 보여 준 흡수 스펙트럼을 나타낸다. 이 전이는 $d$ 오비탈의 하나의 전자가 한 세트에서 다른 세트로 들뜨는 것이므로 **$d$–$d$ 전이**(**$d$–$d$ transition**)라고 한다. 앞에서 언급하였듯이 $d$–$d$ 전이를 가져온 가시 복사선의 흡수로 인해 $[Ti(H_2O)_6]^{3+}$ 이온이 적자색을 띤다.

결정장 갈라짐 에너지의 크기와 그에 따른 착물의 색은 금속과 리간드 둘 다에 관계된다. 예를 들면 그림 23.4에서 본 $[M(H_2O)_6]^{2+}$ 착물의 색은 금속 이온이 $Co^{2+}$일 때는 적색에 가까운 분홍색, $Ni^{2+}$일 때는 녹색, $Cu^{2+}$일 때는 연한 파란색으로 변한다. 또한 $[Ni(H_2O)_6]^{2+}$ 이온에서 리간드가 달라지면 색도 달라진다. $[Ni(NH_3)_6]^{2+}$는 남보라색인 반면, $[Ni(en)_3]^{2+}$는 자주색이다(**그림 23.30**). 리간드가 결정장 갈라짐 에너지를 증가시키는 정도에 따라 순서대로 배열한 것을 **분광 화학적 계**

* $d_{xy}$, $d_{xz}$, $d_{yz}$ 오비탈에서의 $t_2$와 $d_{x^2-y^2}$와 $d_{z^2}$ 오비탈에서의 $e$는 수학의 한 분야인 **군론**(group theory)을 결정장 이론에서 응용한 것이다. 군론은 분자의 성질에서 대칭의 효과를 분석하는 데 사용할 수 있다.

리간드 L이 에틸렌다이아민보다 더 강한 장 리간드이면, $[NiL_6]^{2+}$ 착이온은 어떤 색을 띠게 될까?

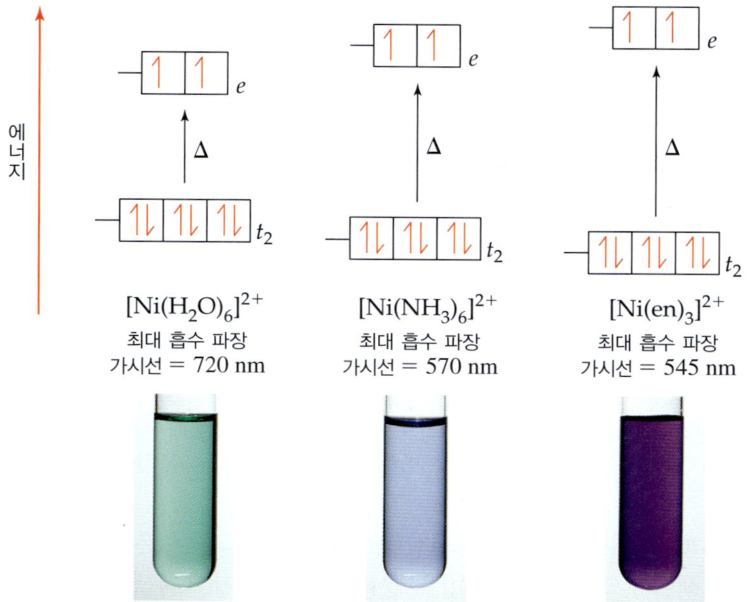


▲ **그림 23.30 결정장 갈라짐에서 리간드의 효과** 리간드의 결정장 세기가 증가할수록 금속 이온의 오비탈의 $t_2$와 $e$ 세트 간의 에너지 차이 Δ를 크게 한다. 이것이 최대 흡수 파장을 더 짧은 쪽으로 이동시킨다.

**열(spectrochemical series)**이라고 한다. 대표적인 분광 화학적 계열은 다음과 같다:

$$\xrightarrow{\quad \Delta\ \text{증가} \quad}$$
$$Cl^- < F^- < H_2O < NH_3 < en < NO_2^-(\text{N-결합됨}) < CN^-$$

Δ의 크기는 분광 화학적 계열 가장 왼쪽에서 가장 오른쪽으로 갈 때 약 2배 정도 증가한다. 분광 화학적 계열에서 Δ가 낮은 쪽에 있는 리간드를 **약한 장 리간드**(weak–field ligands), 높은 쪽의 리간드를 **강한 장 리간드**(strong–field ligands)라고 한다.

위에서 논의한 일련의 $Ni^{2+}$ 착물에서 리간드를 변화시킴에 따라 색과 결정장 갈라짐을 자세히 살펴보기로 하자. Ni 원자는 $[Ar]3d^84s^2$ 전자 배치를 갖기 때문에, $Ni^{2+}$는 $[Ar]3d^8$전자 배치를 가지므로 $d^8$ 이온이다. $t_2$ 오비탈 세트는 각각의 오비탈에는 2개씩, 6개의 전자를 가지는 반면에, 마지막 2개의 전자는 $e$ 오비탈 세트에 들어간다. Hund 규칙에 따라 각각의 $e$ 오비탈에는 하나의 전자가 채워지고 두 전자는 평행한 스핀을 갖는다.

분광 화학적 계열은 리간드가 $H_2O$에서 $NH_3$, 에틸렌다이아민으로 변화함에 따라 6개의 리간드에 의하여 생기는 결정장 갈라짐(Δ)이 증가함을 말해 준다. $d$ 오비탈에 한 개 이상의 전자가 있을 때는 전자들 사이의 상호 작용 때문에 흡수 스펙트럼이 그림 23.26의 $[Ti(H_2O)_6]^{3+}$ 스펙트럼보다 더 복잡해지고, 그 결과 색과 Δ의 변화를 관계짓기가 더 어려워진다. $Ni^{2+}$ 같은 $d^8$ 이온에서는 흡수 스펙트럼에서 3개의 피크가 관찰된다. 다행스럽게도 $Ni^{2+}$ 착물에서는 이 3개의 피크 중 단 하나만이 가시광선 스펙트럼 영역에서 관찰되기 때문에 분석이 단순해질 수 있다.* 갈라짐 에너지 Δ가 증가하기 때문에 흡수 피크의 파장은 짧은 쪽으로 이동해야 할 것이다. $[Ni(H_2O)_6]^{2+}$의 경우에 가시광 스펙트럼에서의 흡수 피크는 빨간색 영역인 720 nm 근처에서 최댓값에 도달한다. 따라서 그 착이온은 보색인 초록색을 보인다. $[Ni(NH_3)_6]^{2+}$에서는 흡수 피크가 오렌지색과 노란색 사

* 다른 두 피크는 스펙트럼의 적외선(IR)과 자외선(UV) 영역에 속한다. $[Ni(H_2O)_6]^{2+}$의 경우 IR 피크는 1176 nm에서, UV 피크는 388 nm에서 관찰된다.

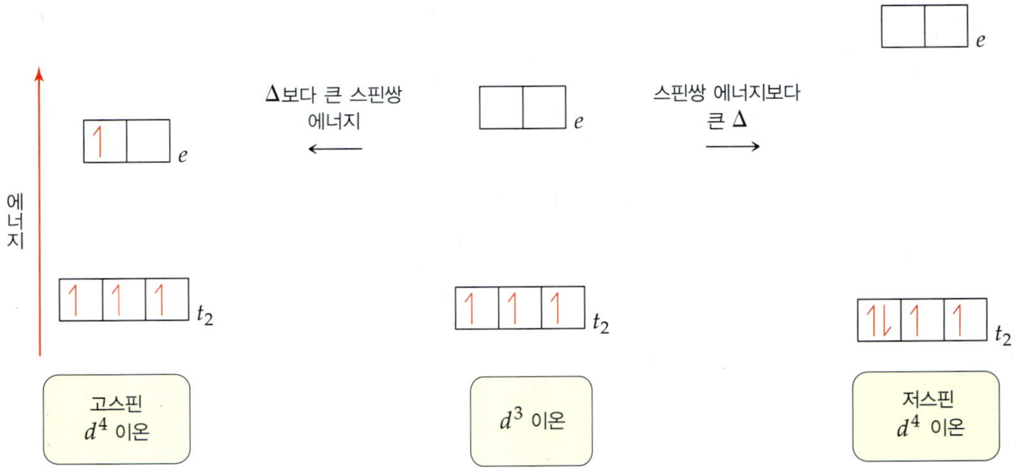


▲ **그림 23.31** $d^3$ 팔면체 착물에 대한 네 번째 전자 첨가의 두 가지 가능성 네 번째 전자가 $t_2$ 오비탈에 들어갈지, 아니면 $e$ 오비탈에 들어갈지는 결정장 갈라짐 에너지와 스핀쌍 에너지의 상대적인 차이에 달려 있다.

이 경계 부근인 570 nm에서 최댓값에 도달한다. 결과적으로 그 착이온의 색은 보색인 파란색과 보라색이 혼합된 색이다. 그리고 $[Ni(en)_3]^{2+}$에서는 흡수 피크가 초록색과 노란색의 경계 부근에 놓여 있는 더 짧은 파장 540 nm까지 이동한다. 그 결과, 착이온의 색은 보색인 빨간색과 보라색의 혼합인 자주색이다.

## 팔면체 착물의 전자 배치

결정장 이론을 통하여 전이 금속 이온의 자기적 성질 및 몇 가지 중요한 화학적 특성을 이해할 수 있다. Hund 규칙에 의해, 전자는 항상 비어 있는 가장 낮은 에너지의 오비탈을 먼저 점유하고, 미분화된(같은 에너지) 오비탈에서는 전자의 스핀이 평행하게 채워지도록 차례로 오비탈을 하나씩 점유한다. 그러므로 $d^1$, $d^2$, $d^3$ 팔면체 착물이면, 전자는 낮은 에너지의 $t_2$ 오비탈에 스핀이 평행한 상태로 들어간다. 네 번째 전자를 더할 때 **그림 23.31**에 나타낸 바와 같이, 두 가지 선택이 가능하다. 즉, 그 전자는 $e$ 오비탈에 들어가서 홀로 있거나, 한 $t_2$ 오비탈에 들어가는 두 번째 전자가 될 수 있다. $t_2$와 $e$ 세트 사이의 에너지 차이가 갈라짐 에너지 Δ이기 때문에 $t_2$ 오비탈보다 $e$ 오비탈에 들어가는 것이 Δ만큼 에너지가 더 든다. 그러므로 $t_2$ 오비탈에 전자를 채움으로써 가장 낮은 에너지 준위의 오비탈을 먼저 채우게 된다.

그러나 이 경우에는 불이익이 있는데, 이는 이미 오비탈을 차지한 전자와 쌍을 이루어야 하기 때문이다. 이미 점유된 오비탈에 전자가 들어가는 데 필요한 에너지와 빈 오비탈에 전자가 들어갈 때 요구되는 에너지의 차이를 **스핀쌍 에너지(spin-pairing energy)**라고 한다. 스핀쌍 에너지는 다른 오비탈에 들어 있는 평행한 스핀의 두 전자 사이의 정전기적 반발력보다, 같은 오비탈을 공유하는 두 전자(반대 스핀을 가져야만 한다) 사이의 정전기적 반발력이 크기 때문에 일어난다.

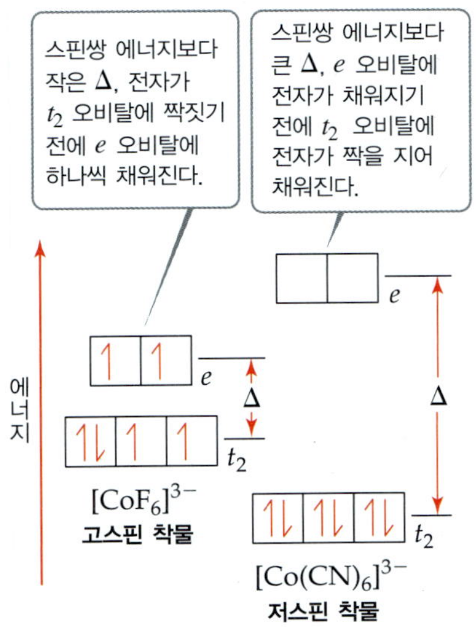


▲ **그림 23.32** 고스핀 착물과 저스핀 착물 고스핀 $[CoF_6]^{3-}$ 이온은 약한 장 리간드를 갖고 작은 Δ를 갖는다. 저스핀인 $[Co(CN)_6]^{3-}$이온은 강한 장 리간드를 갖고 큰 Δ를 갖는다. $[CoF_6]^{3-}$는 홀전자를 갖기 때문에 상자기성인 반면, $[Co(CN)_6]^{3-}$는 반자기성이다.

배위 착물에서는 리간드의 성질과 금속의 전하가 그림 23.31에 나타낸 두 전자 배치 중 어느 것인지 결정하는 데 중요한 역할을 한다. $[CoF_6]^{3-}$와 $[Co(CN)_6]^{3-}$에서 리간드는 모두 −1의 전하를 갖는다. 그러나 $F^-$ 이온은 분광 화학적 계열에서 낮은 에너지 쪽에 위치하므로 약한 장 리간드이다. $CN^-$ 이온은 높은 에너지 쪽에 위치하므로 강한 장 리간드이다. 그러므로 $CN^-$는 $F^-$보다 더 큰 에너지 간격 Δ를 만든다. 이들 착물의 $d$ 오비탈 에너지의 갈라짐을 **그림 23.32**에 비교하였다.

코발트(III)은 $[Ar]3d^6$ 전자 배치를 가지므로 그림 23.32의 두 착물 모두 $d^6$ 착물이다. $[CoF_6]^{3-}$ 이온의 $d$ 오비탈에 이 6개의 전자를 하나씩 차례대로 채운다고 생각해 보자. 처음에 세 전자는 에너지가 더 낮은 오비탈인 $t_2$에 스핀이 평행하게 들어갈 것이다. 네 번째 전자는 이미 채워진 전자와 쌍을 이루면서 하나의 $t_2$ 오비탈에 들어갈 수 있다. 그러나 $F^-$는 약한 장 리간드이므로 $t_2$ 세트와 $e$ 세트 사이의 에너지 간격 $\Delta$가 작다. 이 경우 더 안정한 전자 배치는 $e$ 오비탈 중 하나에 전자가 들어가는 것이다. 이와 마찬가지로 다섯 번째 전자는 다른 $e$ 오비탈에 들어간다. 5개의 $d$ 오비탈에 모두 전자가 1개씩 채워져 있으므로 여섯 번째 전자는 짝을 이루어야 하고, 이때 $t_2$ 전자와 짝을 짓는 데 필요한 에너지가 $e$ 전자와 짝을 짓는 데 필요한 에너지보다 작다. 결국 전자 4개는 $t_2$에, 2개는 $e$ 오비탈에 들어간다.

그림 23.32는 결정장 갈라짐 에너지 $\Delta$가 훨씬 큰 $[Co(CN)_6]^{3-}$ 착물을 보여 준다. 이 경우 스핀쌍 에너지가 $\Delta$보다 작기 때문에 가장 낮은 에너지 배열은 6개의 전자가 $t_2$ 오비탈에 짝을 지어 존재하는 것이다.

$[CoF_6]^{3-}$ 착물은 가능한 한 홀전자가 많도록 배치된 **고스핀 착물(high-spin complex)**이다. $[Co(CN)_6]^{3-}$ 이온은 Hund 규칙에 벗어나지 않으면서 가능한 한 많은 전자가 쌍을 이루도록 배열하는 **저스핀 착물(low-spin complex)**이다. 이러한 서로 다른 두 가지 전자 배치는 착물의 자성을 측정하면 쉽게 구별할 수 있다. 실험에 의하면 $[CoF_6]^{3-}$ 착물은 4개의 홀전자를 갖고 있어서 상자기성인 반면, $[Co(CN)_6]^{3-}$는 홀전자가 없어서 반자기성임을 보여 준다. 흡수 스펙트럼 역시 이들 착물의 $\Delta$ 값에 대응하는 흡수 피크를 보여 준다.

5주기와 6주기 전이 금속 이온(4$d$와 5$d$ 원자가 전자들을 갖는)에서, $d$ 오비탈은 4주기 이온(3$d$ 전자만 갖는)의 $d$ 오비탈보다 크기가 크다. 그러므로 5주기와 6주기 전이 금속 이온은 리간드와 더 강하게 결합하고, 그 결과 더 큰 결정장 갈라짐을 갖는다. **결과적으로 5주기와 6주기 금속 이온들은 팔면체 결정장에서 항상 저스핀이다.**

## 예제 23.7

### 분광화학적 계열, 결정장 갈라짐, 색, 자성

염화 헥사암민코발트(III) 화합물은 반자기성이고, 가시광선 흡수 스펙트럼에서 한 개의 피크를 갖는 오렌지색 화합물이다. **(a)** 코발트(III) 이온의 전자 배치는 무엇인가? **(b)** $[Co(NH_3)_6]^{3+}$ 이온은 고스핀 착물인가, 저스핀 착물인가? **(c)** 빛의 흡수가 최대일 것으로 예상되는 파장을 구하시오. **(d)** 착이온 $[Co(en)_3]^{3+}$는 어떤 색과 자기적 성질을 가지는가?

### 해답

**분석** 산화수가 +3인 Co를 포함하는 팔면체 착물의 색과 자기적 성질이 주어졌다. 전자 배치, 스핀 상태(저스핀, 고스핀)와 그것이 흡수하는 색을 결정하는 데 이 정보를 이용할 필요가 있다. (d)에서 $NH_3$가 에틸렌다이아민(en)으로 치환되면, 성질이 어떻게 변할 것인지 분광 화학적 계열을 사용해야 한다.

**계획** **(a)** 산화수와 주기율표로부터 코발트(III)의 원자가 전자 수를 결정하고 전자 배치를 결정한다. **(b)** 이 화합물이 저스핀인지, 고스핀인지를 결정하기 위하여 자기적 성질을 이용한다. **(c)** 가시광선 영역에서 단 한 개의 피크가 있기 때문에 화합물의 색은 가장 강하게 흡수되는 빛의 보색이어야 한다. **(d)** 에틸렌다이아민은 $NH_3$보다 더 강한 장 리간드이므로, $[Co(NH_3)_6]^{3+}$보다 $[Co(en)_3]^{3+}$에 대하여 더 큰 $\Delta$가 예상된다.

**풀이**

**(a)** Co는 $[Ar]4s^2 3d^7$의 전자 배치를 갖고, $Co^{3+}$는 Co보다 전자가 3개 적다. 전이 금속 이온은 언제나 그들의 원자가 껍질 $s$ 전자를 잃기 때문에, $Co^{3+}$의 전자 배치는 $[Ar]3d^6$이다.

**(b)** $d$ 오비탈에는 6개의 원자가 전자가 있다. 고스핀과 저스핀에 대하여 $t_2$와 $e$ 오비탈에 전자가 채워지는 모양이 아래에 있다. 화합물이 반자기성이기 때문에 모든 전자가 짝지어져 있음을 알 수 있고, $[Co(NH_3)_6]^{3+}$가 저스핀 착물임을 알 수 있다.

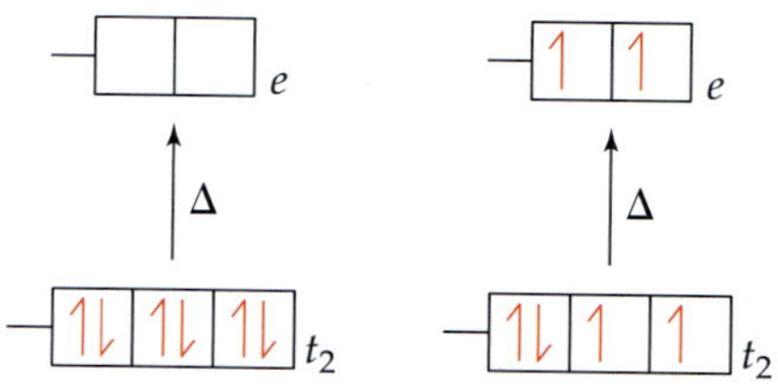


**(c)** 화합물이 스펙트럼의 가시광선 영역에서 한 개의 피크를 갖는 오렌지색이다. 따라서 이 화합물은 오렌지색의 보색인 파란색을 흡수해야만 한다. 스펙트럼의 파란색 영역은 대략 430 nm에서 490 nm까지이다. 착물이 이 영역의 중간쯤에서 최대 흡수를 한다고 가정하면 대략 460 nm 근처가 최대 흡수 파장일 것으로 예상된다.

**(d)** 에틸렌다이아민은 분광 화학적 계열에서 $NH_3$보다 높은 곳에 있다. 그러므로 $[Co(en)_3]^{3+}$에 대하여 더 큰 $\Delta$가 예상된다. $\Delta$가 $[Co(NH_3)_6]^{3+}$의 스핀쌍 에너지보다 더 크기 때문에 $[Co(en)_3]^{3+}$는 저스핀으로 예상되고 $d^6$ 전자 배치를 갖기 때문에, 이것도 반

자기성일 것이다. 이 착물이 흡수하는 빛의 파장은 에너지가 더 큰 쪽으로 이동할 것이다. 최대 흡수 피크가 파란색에서 보라색으로 이동한다고 하면 착물의 색은 노란색이 될 것이다.

**주의** 착물 $[Co(en)_3]Cl_3$는 $[Co(en)_3]^{3+}$ 이온을 포함하고 있으며 Alfred Werner에 의해 합성되고 연구되었다. 이 착물은 반자기성이며 노란 금빛 결정을 이룬다.

▶ **보충 예제**

다음 팔면체 착이온 중 가장 적은 수의 홀전자를 가지는 것은?
**(a)** $[Cr(H_2O)_6]^{3+}$ **(b)** $[V(H_2O)_6]^{3+}$ **(c)** $[FeF_6]^{3-}$
**(d)** $[RhCl_6]^{3-}$ **(e)** $[Ni(NH_3)_6]^{2+}$

## 사면체 착물과 사각 평면 착물

지금까지 팔면체 기하 구조를 갖는 착물의 결정장 이론을 살펴보았다. 이제 살펴보려고 하는 네 개의 리간드만 있는 착물의 입체 구조는, $d^8$ 금속 이온의 특별한 경우를 제외하고는, 일반적으로 사면체이다.

사면체 착물에서 금속 $d$ 오비탈의 결정장 갈라짐은 팔면체 착물에서와는 다르다. 네 개의 동등한 리간드를 사면체의 꼭짓점에서 중심 금속 이온 쪽으로 접근시킴으로써 리간드가 중심 금속 이온과 가장 효과적으로 상호 작용할 수 있다. 이 기하 구조에서 두 개의 $e$ 오비탈 로브는 두 리간드의 정확히 중간인 사면체 모서리를 향해 있다(그림 23.33). 이 배향은 $d_{x^2-y^2}$와 $d_{z^2}$를 가능한 한 리간드의 점전하로부터 멀리 유지한다. 결과적으로, 이들 두 $d$ 오비탈은 리간드로부터 반발이 작아서 다른 세 개의 오비탈보다 낮은 에너지에 위치하게 된다. 세 개의 $t_2$ 오비탈은 직접적으로 리간드 점전하의 방향으로 향하지는 않지만, $e$ 세트보다는 리간드에 더 가까우므로 더 큰 반발을 하고 에너지는 더 높아진다. 그림 23.33에서 보는 것처럼, 사면체 기하 구조에서 $d$ 오비탈의 갈라짐은 팔면체 기하 구조에서 보았던 것과는 반대이다. 즉 $e$ 오비탈이 $t_2$ 오비탈의 아래에 있다. 사면체 착물의 결정장 갈라짐 에너지 Δ는 비교되는 팔면체 착물의 Δ보다는 상당히 작은데, 이는 사면체 기하 구조에서는 리간드 점전하 개수가 더 적고, 두 오비탈 세트 모두 그 로브가 직접적으로 리간드 점전하를 향하지 않기 때문이다. 동일한 금속 이온과 리간드에 대해 계산해 보면, 사면체 착물의 Δ는 팔면체 착물의 4/9인 것을 알 수 있다. 이러한 이유 때문에 거의 모든 사면체 착물은 고스핀이다. 즉 결정장 갈라짐 에너지는 스핀쌍 에너지를 이겨낼 만큼 크지 않다.

사각 평면 착물에서는 금속 이온과 네 리간드 등 다섯 화학종이 모두 $xy$ 평면에 있도록 금속 이

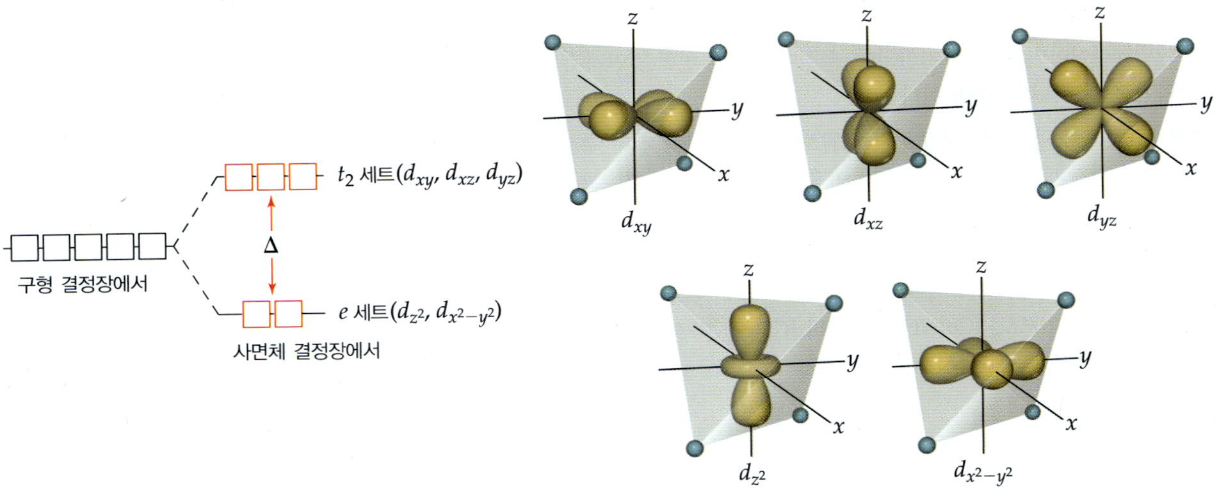


▲ **그림 23.33 사면체 결정장에서 $d$ 오비탈의 에너지** 오비탈들의 $e$와 $t_2$ 세트 갈라짐은 팔면체 결정장과는 반대로 이루어진다. 결정장 갈라짐 Δ는 팔면체 착물의 Δ보다 작다.

온을 중심으로 네 개의 리간드가 배열된다. 결과적인 $d$ 오비탈의 에너지 준위를 **그림 23.34**에 나타내었다. 특히 $d_{z^2}$ 오비탈이 $d_{x^2-y^2}$ 오비탈보다 현저하게 낮은 에너지를 갖는다는 사실에 주목하라. 왜 그런지를 이해하기 위하여 팔면체 장에서 금속의 $d_{z^2}$ 오비탈이 $xy$ 평면의 위와 아래에 있는 리간드들과 상호 작용하는 것을 보여 주는 그림 23.28을 주목하라. 사각 평면 착물에서는 $z$축 상에 리간드가 없다. 이것은 $d_{z^2}$ 오비탈에 대한 반발력이 줄어듦을 의미한다. 따라서 $d_{z^2}$ 오비탈은 낮은 에너지, 즉 더 안정한 상태로 된다.

사각 평면 착물은 $d^8$ 전자 배치를 가지는 금속 이온의 특징이다. 이들은 거의 언제나 전자 8개가 쌍을 이루어 반자기성 착물을 형성하는 저스핀이다. 이러한 짝지음은 $d_{x^2-y^2}$ 오비탈을 비게 만든다. 이러한 전자 배치는 특히 $Pd^{2+}$, $Pt^{2+}$, $Ir^{+}$, $Au^{3+}$ 같은 5주기와 6주기의 $d^8$ 이온에서 흔히 발견된다.

결정장 이론은 우리가 다루었던 것 외에 더 많은 관측 결과들을 설명하기 위하여 사용된다. 그 이론은 이온과 원자 사이의 정전기적 상호 작용, 즉 이온성 결합에 기초한다. 그러나 많은 실험 증거들이 착물에서의 결합이 어느 정도의 공유 결합성을 가져야만 한다는 것을 보여 준다. 따라서 배위 화합물에 분자 오비탈 이론을 적용하는 것은 일반 화학의 범주를 벗어남에도 불구하고 착물의 결합을 설명하기 위하여 사용될 수 있다. 결정장 이론은 모든 면에서 전적으로 정확한 것은 아니지만, 착물의 전자 구조를 처음으로 적절하고 유용하게 설명하였다.

어느 $d$ 오비탈의 로브가 사각 평면 결정장에서 직접적으로 리간드들을 향하는가?

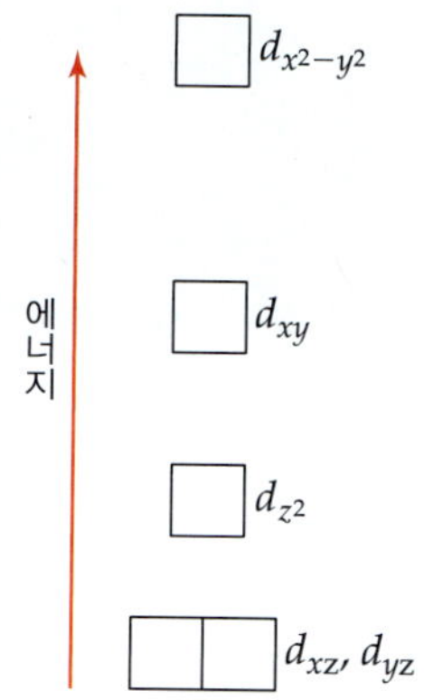


▲ **그림 23.34** 사각 평면 결정장에서 $d$ 오비탈의 에너지

## 예제 23.8

### 사면체와 사각 평면 착물에서 $d$ 오비탈 채우기

배위수가 4인 니켈(II) 착물은 사각 평면과 사면체 기하 구조를 모두 가질 수 있다. $[NiCl_4]^{2-}$는 상자기성이고, $[Ni(CN)_4]^{2-}$는 반자기성이다. 두 착물 중 하나는 사각 평면이고, 다른 하나는 사면체이다. 어느 착물이 어느 기하 구조인지를 적절한 결정장 갈라짐 그림을 이용하여 결정하고 설명하시오.

### 해답

**분석** $Ni^{2+}$를 포함하는 두 착물과 자기적 성질이 주어졌다. 두 기하 구조를 선택하고 어느 착물이 어느 기하 구조인지를 결정하기 위하여 적절한 결정장 갈라짐 그림을 이용하도록 요구된다.

**계획** $Ni^{2+}$에서 $d$ 전자 배치를 갖는다. 사면체 착물은 거의 고스핀이고, 사각 평면 착물은 저스핀이다. 그러므로 두 기하 구조에서 $d$ 오비탈의 전자 배치는 다음과 같다.

**풀이** 니켈(II)는 $[Ar]3d^8$ 전자 배치를 갖는다. 사면체 착물은 항상 고스핀이고, 사각 평면 착물은 거의 언제나 저스핀이다. 그러므로 두 기하 구조에서 $d$ 오비탈의 전자 배치는 다음과 같다.

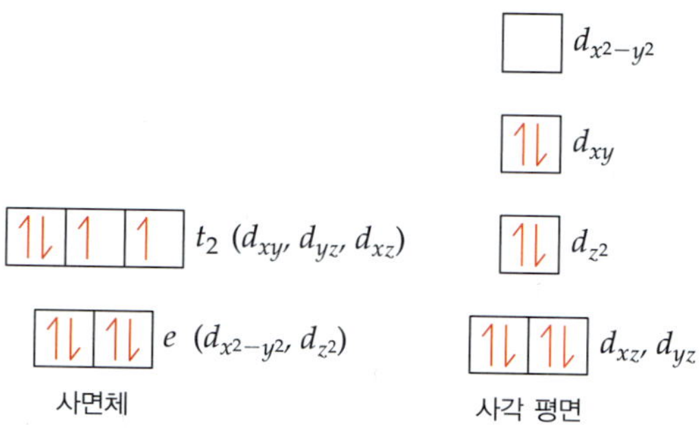


사면체 착물은 두 개의 홀전자를 가지고, 사각 평면 착물은 홀전자가 하나도 없다. 23.1절로부터 사면체 착물은 상자기성이고, 사각 평면 착물은 반자기성이어야 한다. 그러므로 $[NiCl_4]^{2-}$는 사면체이고, $[Ni(CN)_4]^{2-}$는 사각 평면이다.

**주의** 니켈(II)는 사각 평면 착물보다 팔면체 착물을 더 많이 형성하는 반면, 5주기와 6주기의 $d^8$ 금속은 사각 평면 착물을 선호하는 경향이 있다.

**▶ 보충 예제**

사면체 착물 $[MnCl_4]^{2-}$는 홀전자가 몇 개인지 예측하시오.

**(a)** 1 **(b)** 2 **(c)** 3 **(d)** 4 **(e)** 5

## 자세히 보기 전하 이동과 색상

$KMnO_4$ $K_2CrO_4$ $KClO_4$

▲ **그림 23.35** 전하 이동 전이에 의해 나타날 수 있는 화합물의 색 $KMnO_4$와 $K_2CrO_4$는 그 음이온 내에서 발생하는 리간드 → 금속 전하 이동 전이에 의해 색을 띤다. 과염소산 이온에서는 전하 이동 전이를 들뜬 상태로 만들기 위해서 보다 높은 에너지인 자외선이 필요하기 때문에 $KClO_4$는 흰색을 띠게 된다.

아마 실험실에서 그림 23.35에 나타낸 것들을 포함하여 다양한 색의 전이 금속 화합물을 보았을 것이다. 다수의 이런 화합물들은 *d*-*d* 전이 때문에 색을 띤다. 그러나 보라색 과망가니즈산 이온($MnO_4^-$)이나 노란색 크로뮴산 이온($CrO_4^{2-}$)을 포함한 몇몇 착물의 색은 *d* 오비탈과 관련된 다른 형태의 들뜸으로부터 유래한다.

565 nm에서 최대 흡수를 갖는 과망가니즈산 이온은 강하게 가시광선을 흡수한다. 노란색의 보색이 보라색이기 때문에 과망가니즈산 이온 염과 용액의 보라색은 이 가시광 스펙트럼 노란색 영역의 강한 흡수에 기인한다. 이러한 빛의 흡수가 일어나는 동안 어떤 일이 일어나는 것일까? $MnO_4^-$ 이온은 Mn(VII)의 착물이다. Mn(VII)는 $[Ar]3d^0$의 전자 배치를 가져서 들뜰 수 있는 *d* 전자가 없기 때문에 *d*-*d* 전이에 기인하는 흡수가 일어날 수 없다! 그러나 그것이 *d* 오비탈이 전이에 관련되지 않는다는 것은 아니다. $MnO_4^-$ 이온에서의 들뜸은 하나의 산소 리간드의 전자가 망가니즈 이온의 비어 있는 *d* 오비탈로 들뜨는 **전하 이동 전이**(charge-transfer transition)에 기인한다(그림 23.36). 본질적으로, 전자가 리간드로부터 금속으로 이동되므로, 이 전이를 **리간드-금속 전하 이동 전이**(ligand-to-metal charge-transfer (LMCT) transition)라고 부른다.

$[Ar]3d^0$ 전자 배치를 갖는 Cr(VI) 이온을 포함하는 $CrO_4^{2-}$의 색 또한 LMCT 전이에 의해 나타난다.

그림 23.35에 과염소산 이온($ClO_4^-$) 염도 나타내었다. $MnO_4^-$와 같이, $ClO_4^-$ 이온도 사면체이고 중심 원자는 +7의 산화 상태를 갖는다. 그러나 Cl 원자는 낮은 에너지 준위의 *d* 오비탈을 갖지 않기 때문에 전자를 들뜨게 하는 데 $MnO_4^-$보다 더 많은 에너지가 필요하다. $ClO_4^-$의 첫 번째 흡수는 스펙트럼의 자외선 영역에 해당하며, 흡수되는 가시광이 없어서 $KClO_4$ 염은 희게 보인다.

다른 착물들은 금속으로부터의 전자가 리간드의 비어 있는 오비탈로 들뜨는 전하 이동 들뜸을 보여 준다. 이러한 들뜸은 **금속-리간드 전하 이동**(metal-to-ligand charge-transfer, MLCT) 전이라고 한다.

전하 이동 전이는 일반적으로 *d*-*d* 전이보다 더 강하다. 카드뮴 옐로(CdS), 크로뮴 옐로($PbCrO_4$), 적철광($Fe_2O_3$) 등과 같이 유화에 사용되는 금속을 포함하는 많은 안료들이 이 전하 이동 전이 때문에 진한 색을 갖는다.

**관련 연습 문제: 23.96, 23.97**

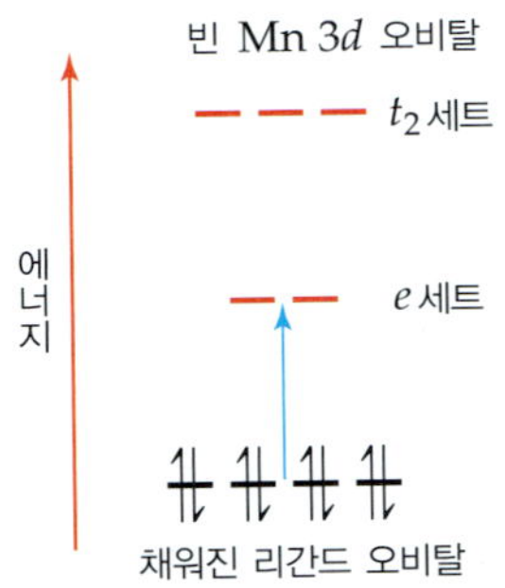


▲ **그림 23.36** $MnO_4^-$에서 리간드-금속 전하 이동 전이 파란색 화살표로 표시된 것처럼, 전자는 O의 비결합 오비탈로부터 Mn의 비어 있는 *d* 오비탈 중 하나로 들뜨게 된다.

## 자기 평가 연습 문제

**23.25** 분광 화학적 계열을 참고하여, $[FeBr_6]^{3-}$ 착물에 몇 개의 홀전자가 있을지 예상해 보시오.

**(a)** 1
**(b)** 3
**(c)** 5

# 연습 문제

**23.26** (a) 팔면체 기하 구조, (b) 사면체 기하 구조에서 각각 어느 $d$ 오비탈의 로브가 리간드 사이를 향하는가?

**23.27** 그림 23.26에 나타낸 것처럼 $[Ti(H_2O)_6]^{3+}$의 $d$-$d$ 전이는 약 500 nm 파장에서 최대 흡수를 일으킨다.
(a) $[Ti(H_2O)_6]^{3+}$의 경우 $\Delta$의 크기는 kJ/mol 단위로 얼마인가?
(b) $[Ti(H_2O)_6]^{3+}$의 경우 $H_2O$ 리간드가 $NH_3$ 리간드로 치환된다면, $\Delta$의 크기가 어떻게 되겠는가?

**23.28** $[Ni(H_2O)_6]^{2+}$, $[Ni(NH_3)_6]^{2+}$, $[Ni(en)_3]^{2+}$의 경우 색과 최대 흡수 파장이 그림 23.30에 주어져 있다. $[Ni(bipy)_3]^{2+}$ 이온의 최대 흡수는 약 520 nm에서 일어난다.
(a) $[Ni(bipy)_3]^{2+}$ 이온은 어떤 색일 것으로 예측되는가?
(b) 이들 자료를 근거로 bipy는 분광 화학적 계열에서 어디에 놓을 수 있는가?

**23.29** 다음 각 착물 내 중심 금속 이온의 $d$ 원자가 전자의 수를 쓰시오.
(a) $[Cr(H_2O)_6]Cl_3$ (b) $[Zn(H_2O)_6]SO_4$ (c) $Na_2[CuCl_4]$
(d) $(NH_4)_2[Ni(CO_3)_2(H_2O)_2]$ (e) $K_3[Fe(CN)_6]$

**23.30** 어떤 금속 이온이나 리간드의 경우, 결정장 갈라짐 에너지는 사면체 기하 구조에서 더 큰가, 팔면체 기하 구조에서 더 큰가?

**23.31** 다음 각 금속 원자와 그것의 3+ 이온의 전자 배치를 쓰시오; (a) Fe, (b) Mo, (c) Co. 팔면체 착물의 $d$ 오비탈 결정장 에너지 준위 도표를 그린 다음, 약한 장 착물이라고 가정하고 각 3+ 이온의 $d$ 전자들을 배치하시오. 각 경우에 홀전자는 몇 개인가?

**23.32** 다음 각 착물의 결정장 에너지 준위 도표를 그린 다음, $d$ 전자 배치를 나타내시오.
(a) $[VCl_6]^{3-}$ (b) $[FeF_6]^{3-}$(고스핀 착물) (c) $[Ru(bipy)_3]^{3+}$(저스핀 착물) (d) $[NiCl_4]^{2-}$(사면체) (e) $[PtBr_6]^{2-}$ (f) $[Ti(en)_3]^{2+}$

**23.33** $[Fe(CN)_6]^{3-}$ 착이온은 1개의 홀전자를 가지는 반면, $[Fe(NCS)_6]^{3-}$는 5개의 홀전자를 가진다. 이 결과로부터 어느 착물이 고스핀 또는 저스핀 착물인지 결정하시오. 분광 화학적 계열 내 $NCS^-$의 위치에 관하여 어떻게 말할 수 있는가?

자기 평가 연습 문제 답 **23.25** (c)

## 통합 예제
### 종합 개념

옥살산 이온은 표 23.4에 나타낸 Lewis 구조를 갖는다. **(a)** 옥살산 이온이 코발트(II)에 배위하여 생성되는 $[Co(C_2O_4)(H_2O)_4]$ 착물의 기하 구조를 그리시오. **(b)** 전하 균형을 맞추는 양이온을 $Na^+$라고 가정하고, 세 개의 옥살산 이온이 Co(II)에 배위하여 생성되는 염의 화학식을 쓰시오. **(c)** (b) 부분에서 생성되는 코발트 착물의 가능한 기하 이성질체를 모두 그리시오. 이 이성질체 중 어느 것이 카이랄인지 설명하시오. **(d)** (b)에서처럼 세 개 옥살산 음이온이 배위하여 Co(II) 착물을 만들 때 생성 평형 상수는 $5.0\times10^9$이다. 그것에 비하여 세 개의 오쏘-페난트롤린(표 23.4) 분자와 Co(II)의 착물 생성에 대한 평형 상수는 $9\times10^{19}$이다. 이 결과로부터 Co(II)에 대한 두 리간드의 상대적 Lewis 염기 성질에 관하여 어떤 결론을 도출할 수 있는가? **(e)** 예제 17.14에 설명한 접근법을 사용하여, 초기에 0.040 $M$ 옥살산 이온($aq$)과 0.0010 $M$ $Co^{2+}$($aq$)를 포함하는 수용액에서 자유(배위되지 않은) Co(II) 이온의 농도를 계산하시오.

### 해답

(a) 한 개 옥살산 이온의 배위로 생성된 착물은 팔면체이다:

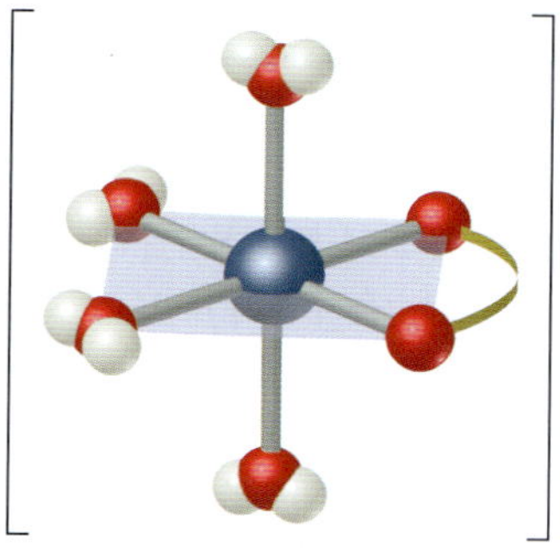

(b) 옥살산 이온은 전하가 −2이므로, 세 개의 옥살산 음이온과 한 개의 $Co^{2+}$ 이온 착물의 알짜 전하는 −4이다. 따라서 그 배위 화합물의 화학식은 다음과 같다.

$Na_4[Co(C_2O_4)_3]$

(c) 한 개의 기하 이성질체만을 갖는다. 그러나 이 착물은 $[Co(en)_3]^{3+}$ 착물과 같은 방식으로 카이랄이다(그림 23.22). 두 개의 거울상은 서로 겹치지 않으므로 둘은 거울상 이성질체이다:

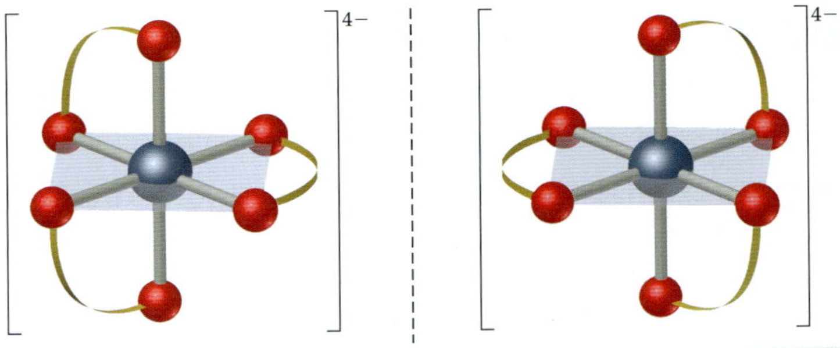

(d) 오쏘-페난트롤린 리간드는 옥살산과 같은 방식의 두 자리 리간드이므로 동일한 킬레이트 효과를 갖는다. 따라서 오쏘-페난트롤린은 $Co^{2+}$에 대하여 옥살산 이온보다 더 강한 Lewis 염기라고 결론지을 수 있다. 이것은 16.6절에서 염기에 관해 배운 것, 즉 질소 염기가 일반적으로 산소 염기보다 더 강하다는 것과 일치한다(예를 들면 $NH_3$는 $H_2O$보다 더 강한 염기임을 기억하라).

(e) 우리가 고려해야 할 평형은 3 mol의 옥살산 이온이 관여하고 있다(옥살산 이온은 $Ox^{2-}$로 나타내었다).

$$Co^{2+}(aq) + 3\,Ox^{2-}(aq) \rightleftharpoons [Co(Ox)_3]^{4-}(aq)$$

형성 평형 상수 식은

$$K_f = \frac{[[Co(Ox)_3]^{4-}]}{[Co^{2+}][Ox^{2-}]^3}$$

$K_f$가 너무 크기 때문에 필수적으로 모든 $Co^{2+}$는 옥살레이토(oxalato) 착물로 바뀐다고 할 수 있다. 이러한 조건에서 $[Co(Ox)_3]^{4-}$의 최종 농도는 0.0010 $M$이고 옥살산 이온의 농도는 $[Ox^{2-}] = (0.040) - 3(0.0010) = 0.037\ M$(3개의 $Ox^{2-}$ 이온은 1개의 $Co^{2+}$ 이온과 반응한다)이다. 따라서

$$[Co^{2+}] = x\,M,\ [Ox^{2-}] \cong 0.037\,M,\ [[Co(Ox)_3]^{4-}] \cong 0.0010\,M$$

이 값들을 평형 상수 식에 대입하고 $x$에 대하여 풀면 $4 \times 10^{-9}\ M$을 얻는다. 이것으로부터 옥살산 이온은 용액 속에 존재하는 아주 미량의 $Co^{2+}$를 제외한 나머지 모두와 착물을 생성함을 알 수 있다.

$$K_f = \frac{(0.0010)}{x(0.037)^3} = 5 \times 10^9$$

$$x = 4 \times 10^{-9}\,M$$

# 요약 및 중요 용어

전이 금속 (23.1절) 금속 원소들은 자연에서 발견되는 고체 무기 화합물인 **광물(mineral)**로부터 얻어진다. **야금(metallurgy)**은 금속을 추출해 내고 추가 사용을 위해 가공하는 과학 기술이다. 전이 금속의 특징은 불완전하게 채워진 $d$ 오비탈을 갖는다는 것이다. 전이 원소에서 $d$ 전자의 존재는 다양한 산화 상태의 원인이 된다. 주기율표의 한 주기에서 전이 금속을 따라가면 핵과 원자가 전자 사이의 인력이 $s$ 전자보다는 $d$ 전자에 대하여 빠르게 증가한다. 그 결과 같은 주기에서 뒤쪽 전이 금속이 더 낮은 산화 상태를 갖는 경향이 있다.

5주기 전이 금속의 원자 및 이온 반지름은 4주기 금속의 원자 및 이온 반지름보다 크다. 5주기와 6주기 전이 금속은 원자 반지름과 이온 반지름이 비슷하고, 다른 성질들도 비슷하다. 이 유사성은 **란타넘족 수축(lanthanide contraction)**에 기인한다.

전이 금속과 그 화합물은 원자가 오비탈에 홀전자가 존재하기 때문에 자기적 성질을 가진다. **강자성(ferromagnetic)**, **준강자성(ferrimagnetic)**, **반강자성(antiferromagnetic)** 물질들에서는 고체 속 원자 내의 전자 스핀이 이웃 원자들의 스핀에 의해 영향을 받는다. 강자성체에서 스핀들은 모두 같은 방향으로 향한다. 반강자성체에서는 스핀들이 서로 반대 방향으로 향하여 상쇄된다. 준강자성체에서는 스핀들이 서로 반대 방향으로 향하지만 완전히 상쇄되지는 않는다. 강자성체 및 준강자성체는 영구 자석을 만드는 데 사용된다.

전이 금속 착물 (23.2절) **배위 화합물**(coordination compound)은 **금속 착물**(metal complex)을 포함하는 화합물이다. 금속 착물은 금속 이온을 포함하는데 그 주위에 **리간드**(ligand)라고 하는 음이온이나 분자들 여럿과 결합하고 있다. 착물의 **배위권**(coordination sphere)은 금속 이온과 리간드로 이루어져 있다. 금속 이온에 결합된 원자의 수를 금속 이온의 **배위수**(coordination number)라고 한다. 가장 흔한 배위수는 4와 6이다. 가장 흔한 배위 기하 구조는 사면체, 사각 평면, 팔면체이다.

배위 화학에서 흔히 볼 수 있는 리간드 (23.3절) 배위권에서 단 하나의 자리만 차지하는 리간드를 **한자리 리간드**(monodentate ligand)라고 한다. 리간드에서 금속 이온과 결합하는 원자를 **주개 원자**(donor atom)라고 한다. 두 개의 주개 원자를 가진 리간드를 **두자리 리간드**(bidentate ligand)라고 한다. **여러 자리 리간드**(polydentate ligand)는 세 개 이상의 주개 원자를 갖는다. 두 자리 및 여러 자리 리간드를 **킬레이트제**(chelating agent)라고도 한다. 일반적으로 킬레이트제는 유사한 한자리 리간드보다 더 안정한 착물을 생성한다. 이를 **킬레이트 효과**(chelate effect)라고 한다. **포피린**(porphyrin) 같이 생물학적으로 중요한 많은 분자들이 킬레이트제의 착물이다. **클로로필**(chlorophyll)로 알려진 식물 색소는 식물이 태양 에너지를 이용하여 $CO_2$와 $H_2O$를 탄수화물로 전환하는 과정인 **광합성**(photosynthesis)에 중요하다.

배위 화학에서의 명명법과 이성질 현상 (23.4절) 배위 화합물을 명명할 때에는 금속의 산화 상태와 함께 금속에 붙는 리간드의 수와 형태가 분명해야 한다. **이성질체**(isomer)는 조성이 같지만 원자의 배열이 다른 화합물이고, 따라서 성질도 다르다. **구조 이성질체**(constitutional isomer)는 리간드의 결합 배열이 다르다. **결합 이성질 현상**(linkage isomerism)은 구조 이성질 현상 중 하나로, 서로 다른 주개 원자들을 통하여 금속 이온과 배위할 때 생긴다. **배위권 이성질체**(coordination-sphere isomer)는 배위권 안에 다른 리간드를 포함한다. **입체 이성질체**(stereoisomer)는 화학 결합의 배열은 같으나 리간드의 공간적 배열이 다른 이성질체이다. 입체 이성질 현상의 가장 흔한 형태는 **기하 이성질 현상**(geometric isomerism)과 **광학 이성질 현상**(optical isomerism)이다. 기하 이성질체는 배위권에서 주개 원자의 상대적 위치가 서로 다른 것으로, 가장 흔한 것은 시스-트랜스 이성질체이다. 기하 이성질체는 물리적 · 화학적 성질이 서로 다르다. 광학 이성질체는 서로 포개지지 않는 거울상이다. 광학 이성질체, 즉 **거울상 이성질체**(enantiomer)는 **카이랄**(chiral)이며, 이는 하나의 특별한 '손잡이성(handedness)'을 갖고 카이랄 환경에서만 다르다. 광학 이성질체는 평면 편광과의 상호 작용으로 구별할 수 있다. 한 이성질체 용액이 편광 평면을 오른쪽으로 회전시키면(**우회전성**, **dextrorotatory**), 그것의 거울상 용액은 편광 평면을 왼쪽으로 회전시킨다(**좌회전성**, **levorotatory**). 그러므로 카이랄 분자는 **광학 활성**(optically active)되어 있다고 한다. 두 광학 이성질체의 50 : 50 혼합물은 평면 편광을 회전시키지 않으며, **라셈**(racemic)이라고 한다.

배위 화학에서 색과 자기성 (23.5절) 어떤 물질이 특정한 색을 띠는 것은 그 색의 빛을 반사 또는 투과하거나 그 색의 **보색**(complementary color)을 흡수하기 때문이다. 어떤 시료에 의하여 파장별로 흡수된 빛의 양을 **흡수 스펙트럼**(absorption spectrum)이라고 한다. 흡수된 빛은 전자를 더 높은 에너지 상태로 들뜨게 하는 에너지를 제공한다.

착물에서 상자기성의 세기로부터 홀전자의 수를 알아내는 것이 가능하다. 홀전자가 없는 화합물은 반자기성을 나타낸다.

결정장 이론 (23.6절) **결정장 이론**(crystal-field theory)을 이용하여 색과 자성 등을 포함한 배위 화합물의 여러 가지 성질을 잘 설명할 수 있다. 결정장 이론에서는 금속 이온과 리간드 사이의 상호 작용을 정전기적인 것으로 본다. 어떤 $d$ 오비탈들은 바로 리간드를 향하는 반면, 다른 오비탈들은 리간드와 리간드 사이를 향하기 때문에, 금속 $d$ 오비탈들의 에너지가 갈라지게 된다. 팔면체 착물에 대하여 $d$ 오비탈은 삼중 축퇴된 오비탈들의 낮은 에너지 세트($t_2$ 세트)와 이중 축퇴된 오비탈들의 높은 에너지 세트($e$ 세트)로 갈라진다. 가시광선은 전자를 낮은 에너지 오비탈에서 높은 에너지 오비탈로 들뜨게 하는 $d-d$ **전이**($d-d$ transition)를 일으킬 수 있다. **분광화학적 계열**(spectrochemical series)은 팔면체 착물에서 $d$ 오비탈 에너지의 갈라짐을 증가시키는 정도에 따라 리간드를 나열한 것이다.

강한 장 리간드는 **스핀쌍 에너지**(spin-pairing energy)를 극복하기에 충분히 클 정도로 $d$ 오비탈 에너지를 갈라지게 만든다. 그러면 $d$ 전자들은 보다 낮은 에너지 오비탈에 우선적으로 쌍을 이루어 **저스핀 착물**(low-spin complex)을 생성한다. 리간드가 약한 결정장을 만들 때는 $d$ 오비탈의 갈라짐이 작다. 그러면 전자들은 더 낮은 에너지 오비탈에 짝을 지어 채워지기보다는 더 높은 에너지의 $d$ 오비탈을 우선적으로 채워 **고스핀 착물**(high-spin complex)을 생성한다.

결정장 이론은 사면체 착물이나 사각 평면 착물에도 적용할 수 있는데, 이들 착물에서의 $d$ 오비탈 에너지 갈라짐 양상은 팔면체 착물과는 다르다. 사면체 결정장에서는 팔면체 착물의 경우와는 반대로, 높은 에너지의 $t_2$ 세트와 낮은 에너지의 $e$ 세트로 갈라진다. 사면체 장에서의 갈라짐은 팔면체 장에서의 갈라짐보다 상당히 작아서 사면체 착물은 언제나 고스핀 착물이다.

## 학습 정리 이 장을 공부한 후에 여러분은 다음을 할 수 있어야 한다.

- 란타넘족 수축의 기원과 영향을 포함하여 전이 금속 이온의 반지름과 산화 상태에 있어서 주기적 경향을 설명하기(23.1절). **관련 연습 문제: 23.2, 23.34, 23.44**
- 착물에서 금속 이온에 대한 산화수와 $d$ 전자의 수를 결정하기(23.2절). **관련 연습 문제: 23.3, 23.4, 23.46, 23.52**
- 흔히 볼 수 있는 리간드를 확인하고, 킬레이트 리간드와 비킬레이트 리간드를 구별하기(23.3절). **관련 연습 문제: 23.12, 23.53, 23.54, 23.56**
- 화학식이 주어진 배위 화합물을 명명하거나 이름이 주어진 배위 화합물의 화학식을 쓰기(23.4절). **관련 연습 문제: 23.16, 23.17, 23.57, 23.58**
- 이성질 현상을 정의하고 다양한 종류의 이성질체를 구분하기(23.4절). **관련 연습 문제: 23.18, 23.59**
- 착물의 기하 이성질체를 그리고 확인하기(23.4절). **관련 연습 문제: 23.19, 23.20, 23.60, 23.61**
- 착물의 광학 이성질체를 그리고 확인하기(23.4절). **관련 연습 문제:**

23.21, 23.62

- 결정장 이론을 사용하여 착물에서 홀전자의 수를 결정하기(23.5절, 23.6절). **관련 연습 문제: 23.64, 23.70, 23.71, 23.72**
- 분광 화학적 계열을 이용하여 상대적인 결정장 갈라짐 에너지와 금속 착물의 색을 예상하기(23.5절, 23.6절). **관련 연습 문제: 23.28, 23.67**
- 고스핀 이온과 저스핀 이온을 구분하고, 각각을 안정하게 하는 요인들을 확인하기(23.6절). **관련 연습 문제: 23.33, 23.41, 23.69, 23.72**

# 연습 문제

## 눈으로 보는 개념

**23.34** 다음 세 그래프는 4주기 전이 금속의 반지름, 유효 핵전하, 최대 산화 상태의 변화를 보여 준다. (a)~(c) 각각은 어떤 성질을 도식화한 것인지를 확인하시오. [23.1절]

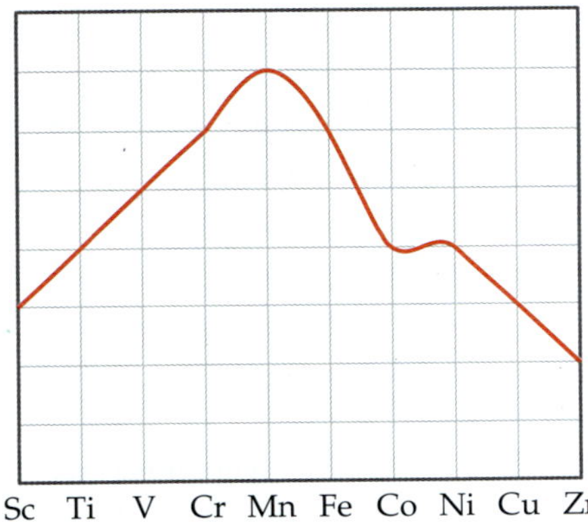


**(a)**

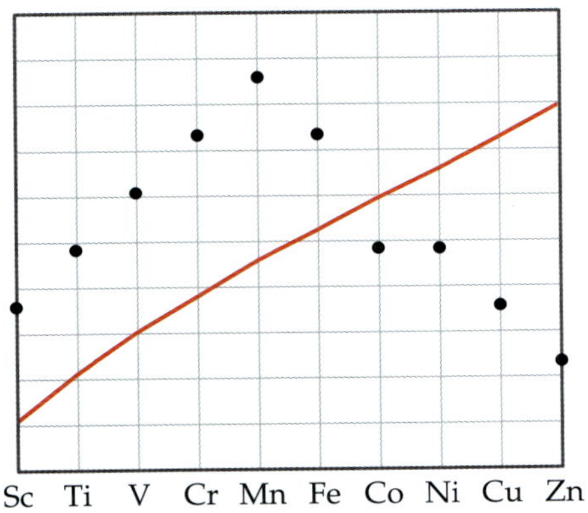


**(b)**

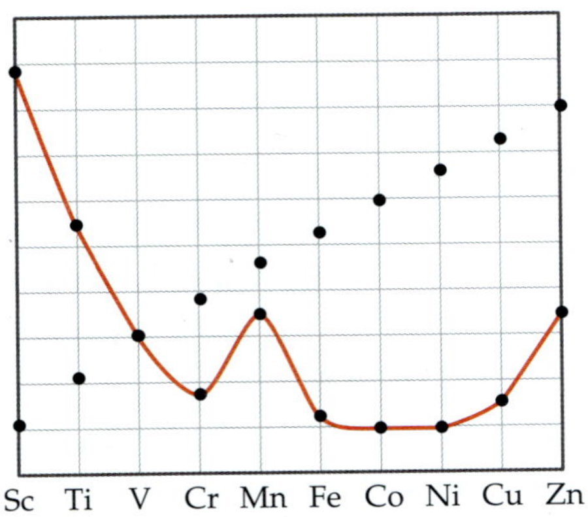


**(c)**

**23.35** $Pt(C_2O_4)(NH_3)_2$의 구조를 그리고, 그것을 이용하여 다음 질문에 답하시오. [23.2절, 23.6절]

**(a)** 이 착물에서 백금의 배위수는 얼마인가?

**(b)** 배위 기하 구조는 무엇인가?

**(c)** 백금의 산화 상태는 무엇인가?

**(d)** 몇 개의 홀전자가 있는가?

**23.36** 다음 그림에 나타낸 리간드의 Lewis 구조를 그리시오. [23.2절]

**(a)** 어느 원자들이 주개 원자로 작용할 수 있는가? 이 리간드를 한 자리, 두자리, 여러 자리 리간드로 분류하시오.

**(b)** 팔면체 착물의 배위권을 채우려면, 이 리간드 몇 개가 필요한가?

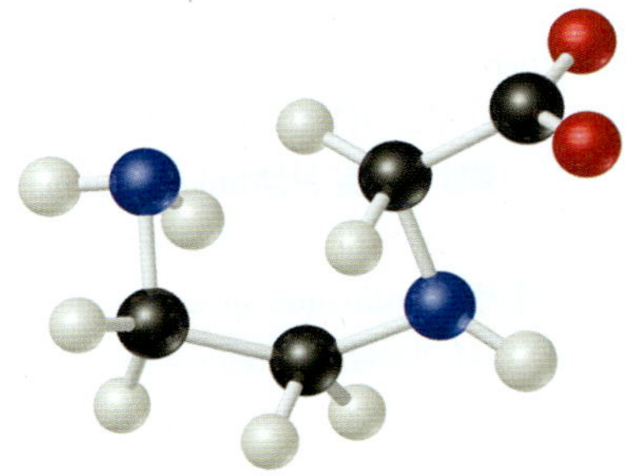

$NH_2CH_2CH_2NHCH_2CO_2^-$

**23.37** 4배위 금속은 사면체나 사각 평면 기하 구조를 가질 수 있다. $[PtCl_2(NH_3)_2]$에 대해 두 가지 가능한 그림을 다음 쪽에 나타내었다. [23.4~23.6절]

**(a)** 이 분자의 이름은 무엇인가?

**(b)** 사면체 분자는 기하 이성질체를 가지는가?

**(c)** 사면체 분자는 상자기성인가, 반자기성인가?

**(d)** 사각 평면 분자는 기하 이성질체를 가지는가?

**(e)** 사각 평면 분자는 상자기성인가, 반자기성인가?

**(f)** 기하 이성질체의 개수를 안다면 사면체인지, 사각 평면인지를 알 수 있는가?

**(g)** 자기장에 대한 분자의 반응을 측정한다면 두 기하 구조를 구분할 수 있는가?

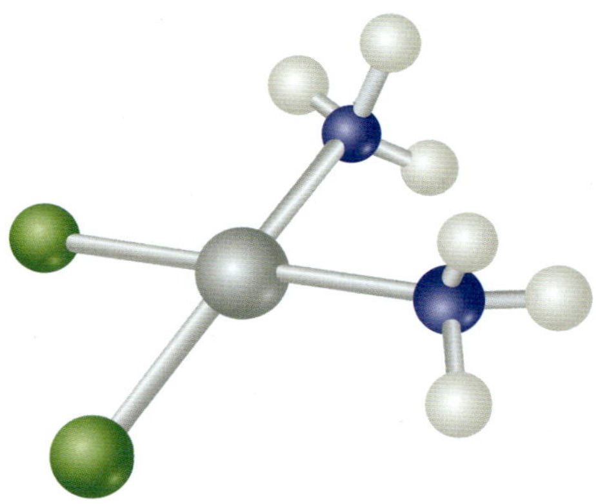

사각 평면형

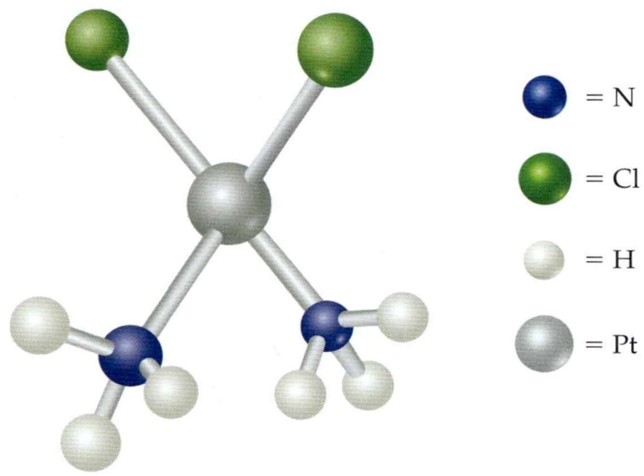


사면체

**23.38** M이 금속이고, A와 X가 한자리 리간드일 때, 팔면체 구조를 갖는 $MA_3X_3$ 착물은 두 종류의 기하 이성질체가 있다. 아래 보기 중 어느 것이 (1)과 동일하며, 어느 것이 (1)의 기하 이성질체인가? [23.4절]

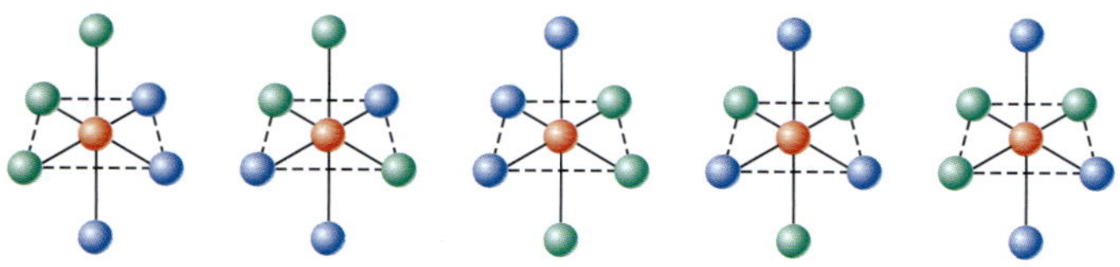

(1) (2) (3) (4) (5)

**23.39** 다음 중 어느 착물이 카이랄인가? [23.4절]

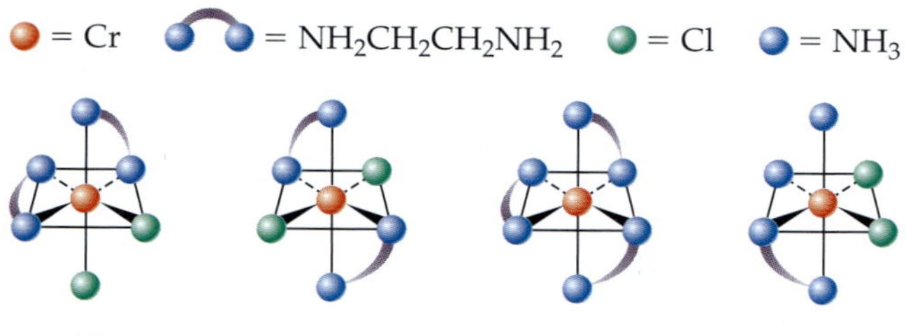


(1) (2) (3) (4)

**23.40** 다음 그림에 나타낸 용액들은 그림 23.26처럼 단일 흡수 피크를 가진 흡수 스펙트럼을 보인다. 각 용액은 어떤 색을 가장 강하게 흡수하는가? [23.5절]

**23.41** 다음 결정장 갈라짐 도표 중 어느 것이 (**a**) $Fe^{3+}$의 약한 장 팔면체 착물, (**b**) $Fe^{3+}$의 강한 장 팔면체 착물, (**c**) $Fe^{3+}$의 사면체 착물, (**d**) $Ni^{2+}$의 사면체 착물에 해당하는가? (단, 도표는 Δ의 상대적인 크기를 반영하지는 않는다.) [23.6절]

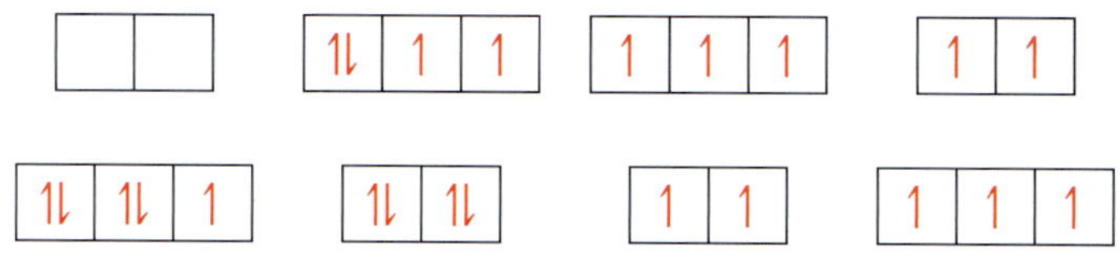

(1) (2) (3) (4)

**23.42** 아래에 나타낸 선형 결정장에서는 음전하가 $z$축에 있다. 그림 23.28을 참고로 할 때, 다음 중 어느 것이 선형 착물에서 $d$ 오비탈의 갈라짐을 가장 정확하게 예측하는가? [23.6절]

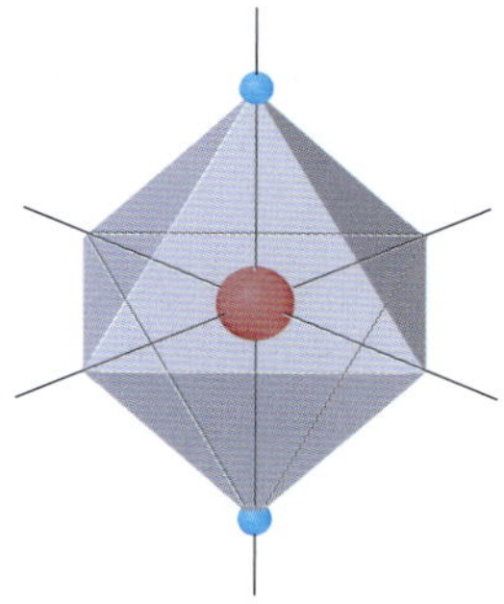

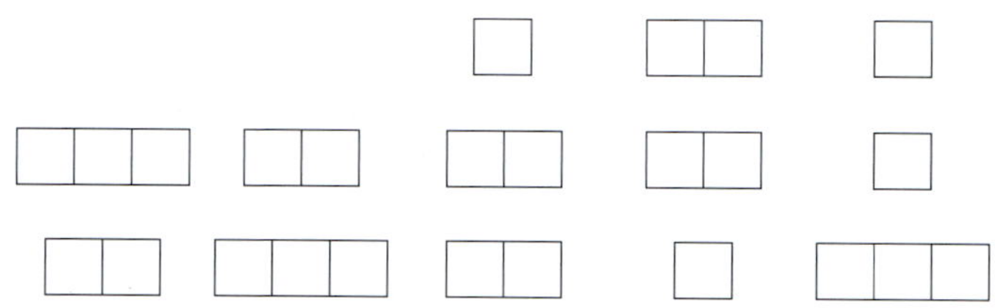

(a) (b) (c) (d) (e)

**23.43** 다른 리간드를 갖는 두 개의 코발트(II) 착물은 모두 저스핀이다. 한 용액은 오렌지색이고, 다른 용액은 노란색이다. 어느 용액이 더 강한 장을 갖는 리간드를 포함하고 있는가? [23.6절]

## 전이 금속(23.1절)

**23.44** 란타넘족 수축은 다음 중 어떤 주기적 경향을 설명하는가?
- **(a)** 전이 금속의 원자 반지름이 각 주기를 가로질러 수평적으로 이동함에 따라 처음에는 감소하다가 뒤에는 증가한다.
- **(b)** 이온을 형성할 때 4주기 전이 금속들은 원자가 3*d* 오비탈보다 원자가 4*s* 오비탈을 먼저 잃어버린다.
- **(c)** 5주기 전이 금속(Y~Cd)의 반지름은 6주기 전이 금속(Lu~Hg)의 반지름과 비슷하다.

**23.45** 4주기 전이 금속(Sc~Zn) 중 어느 원소들이 부분적으로 채워진 3*d* 오비탈이 있는 이온을 형성하지 않는가?

**23.46** 다음 이온의 바닥 상태의 전자 배치를 쓰시오.
**(a)** $Sc^{2+}$ **(b)** $Mo^{2+}$ **(c)** $Rh^{3+}$ **(d)** $Fe^{3+}$

**23.47** 반자기성 물질과 상자기성 물질 중 어떤 것이 자기장에 끌리는가?

**23.48** 어떠한 종류의 자성이 다음과 같은 행동을 보이는가?

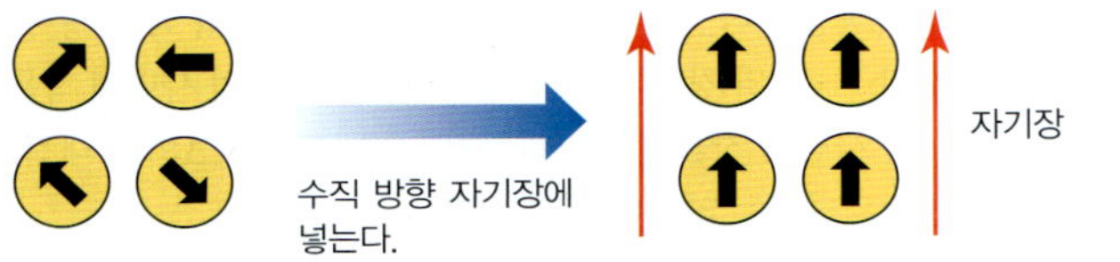


**23.49** 철의 가장 중요한 산화물은 $Fe_3O_4$(magnetite)과 $Fe_2O_3$(hematite)이다.
- **(a)** 이들 화합물에서 철의 산화 상태는 무엇인가?
- **(b)** 이들 중 하나는 준강자성이고, 다른 하나는 반강자성이다. 어느 철 산화물이 어떤 자기성을 보이는가? 설명하시오.

## 전이 금속 착물(23.2절)

**23.50** **(a)** 원자가에 대한 Werner의 정의로 볼 때, **일차 원자가**(primary valence)와 **이차 원자가**(secondary valence) 중 어느 성질이 산화수와 같은가? **(b)** 정상적으로 원자가의 다른 형태에 대하여 사용되는 것은 무엇인가? **(c)** $NH_3$는 리간드로 사용될 수 있는데, $BH_3$는 리간드로 사용될 수 없는 이유는 무엇인가?

**23.51** $NiBr_2 \cdot 6\,NH_3$ 착물이 있다.
- **(a)** 이 착물에서 Ni 원자의 산화 상태는 무엇인가?
- **(b)** 착물의 배위수는 얼마이겠는가?
- **(c)** 이 착물이 과량의 $AgNO_3(aq)$로 처리되었다면, 착물 1 mol당 몇 mol의 AgBr 침전이 생기는가?

**23.52** 다음 각 착물 내 금속의 배위수와 산화수를 쓰시오.
- **(a)** $Na_2[Co(EDTA)]$
- **(b)** $KMnO_4$
- **(c)** $[Pt(NH_3)_4]Cl_2$
- **(d)** $K_3Fe(CN)_6$
- **(e)** $Rh(PPh_3)_3Cl$
- **(f)** $Zn(C_2O_4)(NH_3)_2$

## 배위 화학에서 흔히 볼 수 있는 리간드(23.3절)

**23.53** 다음 각 분자 또는 다원자 이온의 Lewis 구조식을 그리고, 그것이 한자리 리간드, 두자리 리간드, 또는 드물게 둘 모두로 작용할 수 있는지를 판별하시오.
**(a)** 에틸아민($CH_3CH_2NH_2$) **(b)** 트라이메틸포스핀[$P(CH_3)_3$]
**(c)** 카보네이트($CO_3^{2-}$) **(d)** 에테인($C_2H_6$)

**23.54** 여러 자리 리간드는 점유하는 배위 위치의 수가 변화할 수 있다. 다음의 각 경우 존재하는 여러 자리 리간드를 찾고, 그것이 점유하는 배위 위치의 가능한 수를 표시하시오.
- **(a)** $Cr(EDTA)^-$
- **(b)** $[Ni(C_2O_4)(H_2O)_2]Br_2$
- **(c)** $[Ru(en)(NH_3)_4]Cl_3$
- **(d)** $K_2[Fe(o\text{-}phen)(CN)_4]$

**23.55** 다음 각 쌍 중 금속 착물에서 리간드로 작용할 가능성이 더 높은 화합물을 고르시오.
- **(a)** 탄산($H_2CO_3$) 혹은 카보네이트($CO_3^{2-}$)
- **(b)** 물($H_2O$) 혹은 하이드로늄 이온($H_3O^+$)
- **(c)** 포스핀($PH_3$) 혹은 인산($H_3PO_4$)

**23.56** 다음 리간드가 두 자리 리간드로 작용할 수 있을지, 없을지 판단하시오.

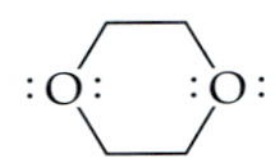

## 배위 화학에서의 명명법과 이성질 현상(23.4절)

**23.57** 배위권을 나타내는 괄호를 사용하여 다음 각 화합물의 화학식을 쓰시오.
- **(a)** triamminetriaquachromium(III) nitrate
- **(b)** dichloridobis(ethylenediamine)platinum(II)
- **(c)** pentacarbonyliron(0)
- **(d)** ammonium diaquabis(oxalato)Co(II)
- **(e)** tris(bipyridyl)cobalt(III) sulfate

**23.58** 배위 착물의 표준 명명법을 이용하여 다음 화합물을 명명하시오.
- **(a)** $[Ag(NH_3)_2]NO_3$
- **(b)** $Hg[Co(SCN)_4]$
- **(c)** $[Ru(PPh_3)_3Cl_3]$
- **(d)** $[Co(NH_3)_5CO_3]_2SO_4$

**23.59** 다음 세 가지 착물에서
(착물 1) $[Co(NH_3)_4Br_2]Cl$
(착물 2) $[Pd(NH_3)_2(ONO)_2]$
(착물 3) $[V(en)_2Cl_2]^+$
어느 것이 **(a)** 기하 이성질체, **(b)** 결합 이성질체, **(c)** 광학 이성질체, **(d)** 배위권 이성질체를 가지는가?

**23.60** 4배위 착물인 $MA_2B_2$가 제조되었고, 이는 2개의 다른 이성질체를 갖는다. 이 정보로 착물이 사각 평면 구조인지, 사면체 구조인지를 결정할 수 있을까? 결정할 수 있다면 어느 것인가?

**23.61** 다음 각 착물이 기하 이성질체를 가지는지 판별하고, 만약 가진다면 모두 몇 개인지 설명하시오.

(a) 사면체 $[Cd(H_2O)_2Cl_2]$ (b) 사각 평면형 $[IrCl_2(PH_3)_2]^-$ (c) 팔면체 $[Fe(o\text{-}phen)_2Cl_2]^+$

23.62 다음 각 금속 착물이 카이랄이며 광학 이성질체를 가지는지를 확인하시오.
(a) 사면체 $[Zn(H_2O)_2Cl_2]$ (b) 팔면체 *trans*-$[Ru(bipy)_2Cl_2]$ (c) 팔면체 *cis*-$[Ru(bipy)_2Cl_2]$

### 배위 화학에서의 색과 자기성; 결정장 이론(23.5절, 23.6절)

23.63 (a) 착물이 610 nm에서 빛을 흡수하면 이 착물은 어떤 색을 보일 것으로 예상되는가? (b) 610 nm 파장을 갖는 광자 한 개의 에너지는 몇 J인가? (c) 이 흡수 에너지는 몇 kJ/mol인가?

23.64 다음 각 배위 착물이 반자기성인지, 상자기성인지 확인하시오.
(a) $[CoBr(NH_3)_5]^{2+}$
(b) $[W(CN)_6]^{3-}$
(c) $[VF_6]^{3-}$
(d) $[Rh(o\text{-}phen)_3]^{3+}$

23.65 어떤 *d* 오비탈의 로브가 리간드를 바로 향한다면, 그 오비탈에 있는 전자는 리간드를 향하지 않는 *d* 오비탈의 전자보다 더 높은 에너지를 가지는가, 아니면 더 낮은 에너지를 가지는가?

23.66 (a) 팔면체 결정장에 대한 **결정장 갈라짐 에너지**(Δ)의 정의를 보여주는 도표를 그리시오. (b) $d^1$ 착물의 경우, Δ 크기와 *d*–*d* 전이 에너지 사이의 관계는 무엇인가? (c) $d^1$ 착물이 545 nm에서 최대 흡수를 보일 때 Δ를 kJ/mol 단위로 계산하시오.

23.67 구리를 포함하는 광물인 공작석(녹색, $Cu_2CO_3(OH)_2$)과 남동석(파란색, $Cu_3(CO_3)_2(OH)_2$)의 색은 각 화합물의 *d*–*d* 전이로부터 유래한다. 이 두 화합물은 아래 그림에서 나타내는 것처럼 자연에서 함께 존재하는 상태로 발견되기도 한다.
(a) 이들 각 화합물에서 구리 이온의 전자 배치는 무엇인가?
(b) 이들의 색을 근거로, 어느 화합물의 결정장 갈라짐 Δ가 클 것으로 예측되는가?

23.68 다음 각 착물의 중심 금속 이온의 원자가 d 전자의 수를 쓰시오.
(a) $[Pt(NH_3)_2Cl_2]Cl_2$ (b) $K_2[Cu(C_2O_4)_2]$ (c) $[Os(en)_3]Cl_3$
(d) $[Cr(EDTA)]SO_4$ (e) $[Cd(H_2O)_6]Cl_2$

23.69 "약한 장 리간드는 대개 착물이 고스핀이라는 것을 의미한다." 이 말은 옳은가?

23.70 다음 각 금속 원자와 그것의 2+ 이온의 전자 배치를 쓰시오. (a) Mn, (b) Ru, (c) Rh. 이들에 대하여 팔면체 착물의 *d* 오비탈의 결정장 에너지 준위 도표를 그린 다음, 강한 장 착물이라고 가정하고 각 2+ 이온의 d 전자 배치를 나타내시오. 각 경우에 홀전자는 몇 개인가?

23.71 다음 각 착물의 결정장 에너지 준위 도표를 그린 다음, *d* 전자 배치를 나타내시오:
(a) $[Cr(H_2O)_6]^{2+}$(4개 홀전자) (b) $[Mn(H_2O)_6]^{2+}$(고스핀 착물)
(c) $[Ru(NH_3)_5H_2O]^{2+}$(저스핀 착물) (d) $[IrCl_6]^{2-}$(저스핀 착물)
(e) $[Cr(en)_3]^{3+}$ (f) $[NiF_6]^{4-}$

23.72 $[Mn(NH_3)_6]^{2+}$ 착물은 5개의 홀전자가 있다. *d* 오비탈의 결정장 에너지 준위 도표를 그린 다음, 이 착이온의 전자 배치를 나타내시오. 이 이온은 고스핀 착물인가, 저스핀 착물인가?

## 추가 연습 문제

23.73 **Curie 온도**는 강자성 고체가 강자성으로부터 상자기성으로 바뀌는 온도이고, 니켈에 대한 Curie 온도는 354 °C이다. 이제, 니켈로 만들어진 클립에 실을 묶고, 왼쪽 사진처럼 클립을 영구 자석 가까이에 위치시켰다. 그러자 왼쪽 사진에서처럼 자석이 클립을 끌어당겼다. 오른쪽 사진에서처럼 라이터로 클립을 가열하면 클립이 비커로 떨어진다. 어떤 일이 일어났는지 설명하시오.

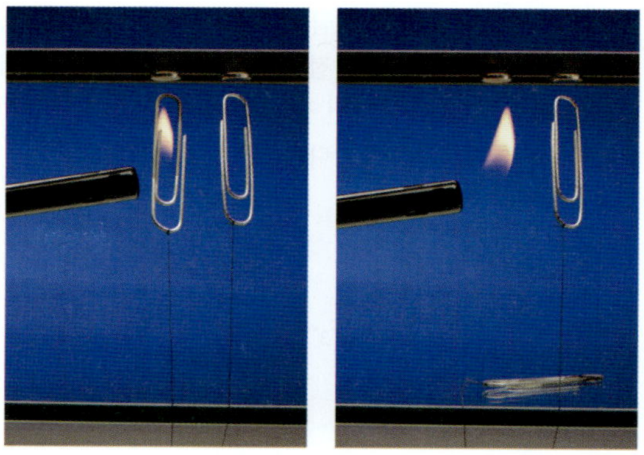

**23.74** 5주기와 6주기에서 각 족의 전이 금속 원자 반지름이 거의 같은 이유를 설명하시오.

**23.75** 다음 백금(IV) 착물들의 몰전도도에 근거하여, 각 착물의 화학식을 금속의 배위권에 있는 리간드가 드러나도록 쓰시오. 0.050 *M* NaCl과 0.050 *M* $BaCl_2$의 몰전도도는 각각 107 $ohm^{-1}$과 197 $ohm^{-1}$이다.

| 착물 | 0.050 *M* 용액의 몰전도도 ($ohm^{-1}$)* |
|---|---|
| $Pt(NH_3)_6Cl_4$ | 523 |
| $Pt(NH_3)_4Cl_4$ | 228 |
| $Pt(NH_3)_3Cl_4$ | 97 |
| $Pt(NH_3)_2Cl_4$ | 0 |
| $KPt(NH_3)Cl_5$ | 108 |

**23.76** **(a)** 화학식이 $RuCl_3 \cdot 5\,H_2O$인 화합물이 물에 용해되어 고체의 색과 거의 같은 색을 갖는 용액을 형성하였다. 용액이 형성된 직후에 과량의 $AgNO_3(aq)$를 가하여 착물 1 mol당 2 mol의 고체 AgCl을 얻었다. 배위권에 존재할 것 같은 리간드가 보이도록 화합물의 화학식을 쓰시오. **(b)** 화학식이 $RuCl_3 \cdot 5\,H_2O$인 화합물을 1년 동안 방치한 후 $AgNO_3(aq)$를 가하여 착물 1 mol당 3 mol의 고체 AgCl을 얻었다. 방치된 시간 동안에 어떤 일이 일어났는가?

**23.77** 다음 화합물의 착물 구조를 그리고, 명명하시오.

**(a)** *cis*-$[PtBrCl(NO_2)_2]^{2-}$

**(b)** $[Mn(CO)_3(C_6H_6)]^+$

**(c)** *cis*-$[(CrCl_4)(OH_2)_2]^-$

**(d)** *trans*-$[Co(OH)(en)_2Cl]^+$

**23.78** 연습 문제 23.77에서의 착물 (*d*)는 광학 이성질체를 가지는가?

**23.79** 분자 dimethylphosphinoethane[$(CH_3)_2PCH_2CH_2P(CH_3)_2$, dmpe로 축약]은 촉매로 작용하는 몇몇 착물의 리간드로 사용된다. 이 리간드를 포함하는 한 착물이 $Mo(CO)_4(dmpe)$이다.

**(a)** dmpe에 대한 Lewis 구조를 그리고, 배위 리간드로 에틸렌다이아민과 비교하시오.

**(b)** $Na_2[Mo(CN)_2(CO)_2(dmpe)]$에서 Mo의 산화 상태는 무엇인가?

**(c)** 모든 가능한 이성질체를 포함하여 $[Mo(CN)_2(CO)_2(dmpe)]^{2-}$ 이온의 구조를 그리시오.

**23.80** 사각 평면 착물 $[Pt(en)Cl_2]$는 두 가지 가능한 이성질체 중 한 가지만을 형성한다. 관찰되지 않는 것은 시스와 트랜스 중 어느 것인가?

**23.81** 아세틸아세톤 이온은 많은 금속 이온과 매우 안정한 착물을 형성한다. 그것은 금속에 두 인접한 위치에 배위하는 두자리 리간드로 작용한다. 다음에 나타낸 것처럼 리간드의 $CH_3$기 중의 하나가 $CF_3$기로 치환된다고 가정한다.

Trifluoromethyl acetylacetonate (tfac)

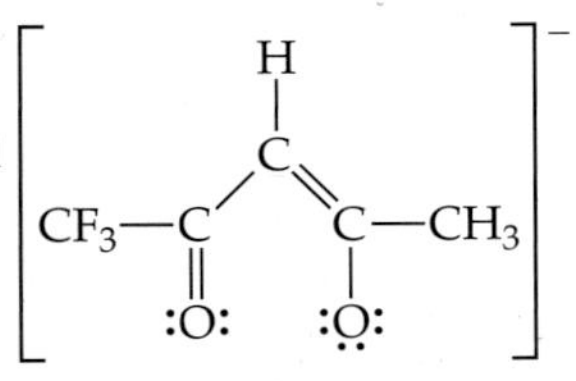

Co(III)에 세 개의 tfac 리간드가 배위된 착물에 대하여 가능한 모든 이성질체를 그리시오(리간드에 ●◠ 기호를 사용할 수 있다).

**23.82** 다음 각 생물학적으로 중요한 분자에는 어떤 금속 원자가 존재하는가?

**(a)** 헤모글로빈 **(b)** 클로로필(chlorophyll)

**(c)** 사이드로포어(siderophore) **(d)** 헤모시아닌

**23.83** 일산화 탄소(CO)는 배위 화학에서 중요한 리간드이다. CO가 니켈과 반응할 때 생성물은 독성이 있는 연한 노란색 액체인 $[Ni(CO)_4]$이다.

**(a)** 이 화합물에서 니켈의 산화수는 얼마인가?

**(b)** $[Ni(CO)_4]$가 반자기성이고 사면체 구조라면, 이 화합물에서 니켈의 전자 배치는 무엇인가?

**(c)** 배위 화합물의 명명법을 이용하여 $[Ni(CO)_4]$의 이름을 쓰시오.

**23.84** 몇몇 금속 착물은 배위수 5를 갖는다. 그런 착물 중 하나가 **삼각쌍뿔** 구조의 $Fe(CO)_5$이다(그림 9.8 참조).

**(a)** 배위 화합물의 명명법에 따라 $Fe(CO)_5$의 이름을 쓰시오.

**(b)** 이 화합물에서 Fe의 산화 상태는 무엇인가?

**(c)** 하나의 CO 리간드가 $CN^-$ 리간드에 의해 치환되어 $[Fe(CO)_4(CN)]^-$를 형성한다고 가정하자. 이 착물은 몇 개의 기하 이성질체를 갖는가?

**23.85** 다음 물체 중 카이랄인 것은 어느 것인가?

**(a)** 연필 **(b)** 컴퓨터 키보드 **(c)** 그랜드 피아노 **(d)** *cis*-$Fe(bipy)_2Cl_2$의 분자 모형 **(e)** A4 용지 한 장

**23.86** $[CrBr_6]^{3-}$와 $[Cr(NH_3)_6]^{3+}$ 착물은 모두 잘 알려진 것이다.

**(a)** Cr(III) 팔면체 착물의 *d* 오비탈 에너지 준위 도표를 그리시오.

**(b)** 이들 착물의 색은 무엇인가?

**(c)** 어느 착물이 높은 에너지의 빛을 흡수하는가?

**23.87** 배위 화학에서 아주 유명한 화학종의 하나는 Creutz-Taube 착물이다.

이것은 최초로 그것을 발견하고 성질을 연구한 두 과학자의 이름이다. 가운데 리간드는 평면 육각 고리의 반대쪽에 질소를 갖는 피라진이다.

**(a)** 중성 리간드만 갖는 착물이 어떻게 홀수의 전체 전하를 갖는가?

**(b)** 금속은 두 경우에 저스핀 배치이다. 팔면체 배위로 가정하고, 각 금속의 *d* 오비탈 에너지 준위 도표를 그리시오.

**(c)** 많은 실험에서 두 금속 이온은 정확하게 동등한 산화 상태로 나타난다. 전자가 핵보다 더 빠르게 움직인다는 것을 인지하고 있을 때, 이러한 일이 그렇게 일어난다는 이유를 생각할 수 있는가?

**23.88** $[Co(NH_3)_6]^{2+}$, $[Co(H_2O)_6]^{2+}$(모두 팔면체) 및 $[CoCl_4]^{2-}$(사면체) 용액은 색을 띤다. 하나는 분홍색, 하나는 청색, 하나는 노란색이

다. 분광 화학적 계열에 바탕을 두고 사면체 착물의 에너지 갈라짐은 일반적으로 팔면체의 갈라짐보다 훨씬 덜하다는 것을 기억하고, 각 착물의 색을 결정하시오.

**23.89** 철에 결합된 $O_2$를 갖는 옥시헤모글로빈은 저스핀이다. $O_2$가 없는 데옥시헤모글로빈은 고스핀이다.

**(a)** 금속의 배위 환경이 팔면체라고 가정하면, 각각의 경우에 중심 금속에는 몇 개의 홀전자가 있는가?

**(b)** 어떤 리간드가 데옥시헤모글로빈에서 $O_2$를 대신하여 철에 배위되는가?

**(c)** 헤모글로빈의 두 형태가 다른 색을 갖는 이유를 일반적인 방법으로 설명하시오(헤모글로빈은 적색인 반면, 데옥시헤모글로빈은 푸른 색조를 띤다).

**(d)** 400 ppm의 CO를 포함하는 공기에 15분 노출되면 혈액에서 약 10%의 헤모글로빈이 카복시헤모글로빈이라고 하는 일산화탄소 착물으로 전환된다. 이러한 사실은 헤모글로빈과 일산화탄소 및 $O_2$의 결합에 대한 평형 상수에 대하여 무엇을 제안할 수 있는가?

**(e)** CO는 강한 장 리간드이다. 카복시헤모글로빈이 어떤 색을 가질 것으로 예측되는가?

**23.90** 사면체 음이온 $VO_4^{3-}$(오쏘바나듐산 이온), $CrO_4^{2-}$(크로뮴산 이온), $MnO_4^-$(과망가니즈산 이온)을 생각해 보자.

**(a)** 이들 이온은 **등전자**(isoelectronic)이다. 이것은 무엇을 의미하는가?

**(b)** 이들 음이온이 $d-d$ 전이를 보여줄 것이라 예상되는가? 설명하시오.

**(c)** "자세히 보기: 전하 이동과 색상"에서 언급한 것처럼, $MnO_4^-$의 보라색은 **리간드–금속 전하 이동**(LMCT)에 기인한다. 이 용어가 의미하는 것은 무엇인가?

**(d)** $MnO_4^-$에서 LMCT 전이는 565 nm의 파장에서 일어난다. $CrO_4^{2-}$ 이온은 노란색이다. 크로뮴산 이온에 대한 LMCT 전이의 파장이 $MnO_4^-$에 대한 것보다 긴지, 짧은지를 설명하시오.

**(e)** $VO_4^{3-}$는 무색이다. LMCT 전이에 의해 흡수되는 빛은 전자기 스펙트럼의 자외선이나 적외선 영역 중 어디가 될 것인가? 이유를 설명하시오.

**23.91** 관찰된 $VO_4^{3-}$(오쏘바나듐 이온), $CrO_4^{2-}$(크로뮴산 이온), $MnO_4^-$(과망가니즈산 이온)의 색이 주어진다면(문제 23.90 참조), 어떻게 리간드의 오비탈과 빈 $d$ 오비탈 사이의 에너지 분리를 사면체 음이온 중심에 있는 전이 금속의 산화 상태의 함수로 설명할 수 있는가?

**23.92** 터키옥(turquoise)의 청록색은 $OH^-$와 $H_2O$에 의해 배위 된 팔면체 자리에 존재하는 Cu(II) 이온 때문이다. Cu(II) 이온은 팔면체 기하 구조를 갖는다고 한다면, 이 환경에 있는 Cu(II)에 대한 결정장 갈라짐 도표를 그리시오. 또한, 터키옥 결정에 높은 압력이 가해진다면, 터키옥의 흡수 파장의 변화가 압력의 함수로 어떻게 예측되는가? 설명하시오.

**23.93** 2001년에 State University of New York-Stony Brook의 화학자들이 생명의 기원에 중요한 역할을 할 것이라 생각되는 모형 화합물, *trans*-$[Fe(CN)_4(CO)_2]^{2-}$를 합성하였다.

**(a)** 이 화합물의 구조를 그리시오.

**(b)** 이 착물이 소듐염으로 분리되었다. 염의 이름을 쓰시오.

**(c)** 이 착물에서 철의 산화 상태는 무엇인가? 이 착물에서 Fe와 관련되어 있는 $d$ 전자의 수는 몇 개인가?

**(d)** 이 착물은 고스핀과 저스핀 중 어느 것으로 예상되는가? 설명하시오.

**23.94** Alfred Werner가 배위 화학 분야를 개척했을 당시에, 그가 제조하였던 카이랄 착물에서 관찰된 광학 활성은 그 분자에서 존재하는 탄소 원자 때문이라는 논쟁이 있었다. 이 논란을 부정하기 위하여 Werner는 착물에 탄소 원자가 없는 카이랄인 코발트 착물을 합성하고 그 착물의 거울상 이성질체로 그 문제를 해결하였다. 합성될 수 있다는 가정하에 탄소를 포함하지 않는 카이랄인 코발트(III) 착물을 설계하시오(아마도 그 착물을 합성하는 것은 불가능할 것이나 일단은 고려하지 않는다).

**23.95** 일반적으로 말하자면 주어진 금속과 리간드에 대하여 배위 화합물의 안정도는 +2 산화 상태보다는 +3 산화 상태의 금속이 더 크다(먼저 안정한 3+ 이온을 형성하는 금속의 경우). 금속–리간드 결합의 Lewis 산–염기 성질을 유념하면서 그 이유를 설명하시오.

**23.96** 다수의 미량 금속은 아미노산이나 작은 펩타이드에 결합되어 혈액에 존재한다. 아미노산 글라이신(gly)의 음이온은 질소와 산소 원자를 통하여 금속에 결합하는 두자리 리간드로 작용할 수 있다.

$$H_2NCH_2C(=O)-O^-$$

**(a)** $[Zn(gly)_2]$(사면체), **(b)** $[Pt(gly)_2]$(사각 평면), **(c)** $[Co(gly)_3]$(팔면체)에 대하여 몇 개의 이성질체가 가능한가? 가능한 모든 이성질체를 그리시오. 리간드를 나타내는 데 기호를 사용하시오.

**23.97** 배위 착물 $[Cr(CO)_6]$는 90 °C에서 녹는 무색의 반자기성 결정이다.

**(a)** 이 화합물에서 크로뮴의 산화수는 얼마인가?

**(b)** $[Cr(CO)_6]$가 반자기성으로 주어진다면, 이 화합물에서 크로뮴의 전자 배치는 무엇인가?

**(c)** $[Cr(CO)_6]$가 무색으로 주어진다면, CO는 약한 장 리간드와 강한 장 리간드 중 어느 것으로 예상되는가?

**(d)** 배위 착물의 표준 명명법을 이용하여 $[Cr(CO)_6]$를 명명하시오.

## 통합 연습 문제

**23.98** 금속 원소들은 우리 몸속에서 작용하는 많은 중요한 효소의 필수 성분이다. 그것의 활성 자리에 $Zn^{2+}$를 포함하는 **탄산 무수화 효소**(carbonic anhydrase)는 용해된 $CO_2$와 탄산수소 이온($HCO_3^-$)을 빠르게 전환시키는 일을 담당한다. 탄산 무수화 효소에 있는 아연

은 3개의 질소-포함 기와 1개의 물 분자에 의해 사면체로 배위되어 있다. 배위된 물 분자의 p$K_a$는 7.5이며, 이는 효소의 활성에 매우 중요하다.

**(a)** 탄산 무수화 효소의 Zn(II) 중심에 대한 활성 자리 기하 구조를 그리고, 단백질로부터 온 3개의 중성 질소 리간드를 'N'으로 쓰시오.

**(b)** 순수한 물의 p$K_a$ 값과 탄산 무수화 효소의 p$K_a$ 값을 비교하시오. 어느 화학종이 더 산성인가?

**(c)** 탄산 무수화 효소에서 Zn(II) 중심에 배위된 물에서 양성자가 제거될 때 Zn(II) 중심에 어떤 리간드들이 배위되어 있는가? (단, 세 개의 질소 리간드는 영향을 받지 않는다고 가정한다.)

**(d)** $[Zn(H_2O)_6]^{2+}$의 p$K_a$는 10이다. 이 p$K_a$와 탄산 무수화 효소 p$K_a$ 사이의 차이를 설명하시오.

**(e)** 탄산 무수화 효소가 헤모글로빈이나 다른 금속 이온을 포함하는 단백질처럼 짙은 색을 가질 것으로 예상하는가? 설명하시오.

**23.99** 서로 다른 두 화합물이 $CoBr(SO_4) \cdot 5\,NH_3$의 화학식을 갖는다. 화합물 A는 진한 보라색, 화합물 B는 적자색이다. 화합물 A를 $AgNO_3(aq)$로 처리하면 아무 반응이 일어나지 않는 반면, 화합물 B는 $AgNO_3(aq)$와 반응하여 흰색 침전이 생긴다. 화합물 A를 $BaCl_2(aq)$로 처리하면 흰색 침전이 생기는 반면, 화합물 B는 $BaCl_2(aq)$와 반응하지 않는다.

**(a)** 이 착물들의 Co는 같은 산화 상태인가?

**(b)** $AgNO_3(aq)$와 $BaCl_2(aq)$에 대한 화합물 A, B의 반응성을 설명하시오.

**(c)** 화합물 A와 B는 서로 이성질체인가? 그렇다면 그림 23.19의 어느 범주가 이 착물들에 대한 이성질 현상을 가장 잘 설명하는가?

**(d)** 화합물 A와 B는 강한 전해질, 약한 전해질, 비전해질 중 어느 것일까?

**23.100** 염산과 바이피리딘을 포함하고 있는 용액으로부터 만들어진 순수한 철 착물이 분석되었다. 그것은 질량비로 Fe 9.38%, C 60.53%, H 4.06%, N 14.12%를 포함한다. 화합물의 나머지는 Cl이다. 착물의 수용액은 같은 몰농도의 $K_2[CuCl_4]$와 같은 전기 전도도를 갖는다. 철과 그것의 배위권을 나타내기 위한 괄호를 사용하여 화합물의 화학식을 쓰시오.

**23.101** 염산과 산성 수용액에서 두 가지 저스핀 철 착물에 대한 $E°$ 값은 다음과 같다.

$$[Fe(o\text{-phen})_3]^{3+}(aq) + e^- \rightleftharpoons [Fe(o\text{-phen})_3]^{2+}(aq) \qquad E° = 1.12\,V$$

$$[Fe(CN)_6]^{3-}(aq) + e^- \rightleftharpoons [Fe(CN)_6]^{4-}(aq) \qquad E° = 0.36\,V$$

**(a)** 두 Fe(III) 착물이 Fe(II) 착물로 환원되는 것이 열역학적으로 유리한가? 설명하시오.

**(b)** $Fe(o\text{-phen})_3]^{3+}$와 $[Fe(CN)_6]^{3-}(aq)$ 중 어느 착물이 환원되기가 더 어려운가?

**(c)** (b)의 답을 설명하시오.

**23.102** 염화 이온과 암모니아가 포함된 용액에서 형성된 백금 착물의 원소 분석 결과, 질량비로 Cl 23.63%, N 9.34%, H 2.02%였다. 화합물은 몇 가지 유기 용매에 약간 녹는다. 이 화합물의 수용액과 알코올 용액은 전기 전도성이 없다. 화합물은 실험적으로 쌍극자 모멘트를 가짐이 확인된다. 이 백금 착물의 화학식을 쓰고, 가능한 구조를 제시하시오.

**23.103** **(a)** 착물 $[Co(NH_3)_4Br_2]Br$을 물에 녹인 0.05 $M$ 용액의 초기 전기 전도도 값 191 $ohm^{-1}$이 한 시간가량 후에 374 $ohm^{-1}$의 최종값으로 변하였다. 이 관찰 결과를 설명하시오(적절한 비교 데이터를 위해 문제 23.75을 참조하라). **(b)** 이 반응의 균형 맞춘 화학 반응식을 쓰시오. **(c)** 착물 3.87 g을 녹여 500 mL 용액을 만들었다. 용액이 만들어지자마자, 즉 전기 전도도가 변하기 전에, 0.0100 $M$ $AgNO_3$ 용액으로 이 용액 25.00 mL를 적정하였다. 자유 $Br^-(aq)$를 침전시키는 데 필요한 $AgNO_3$ 용액의 부피는 얼마인가? **(d)** 문제 (b)의 답에 기초하여, 전도도 변화가 모두 끝난 후 $[Co(NH_3)_4Br_2]Br$ 용액 25.00 mL를 적정하는 데 소요되는 $AgNO_3$ 용액의 부피는 얼마인가?

**23.104** 중수 시료에 들어 있는 $Ca^{2+}$와 $Mg^{2+}$의 전체 농도는 시료 0.100 L를 $EDTA^{4-}$ 용액으로 적정하여 결정된다. $EDTA^{4-}$는 다음 반응과 같이 두 양이온과 킬레이트 착물을 만든다.

$$Mg^{2+} + [EDTA]^{4-} \longrightarrow [Mg(EDTA)]^{2-}$$
$$Ca^{2+} + [EDTA]^{4-} \longrightarrow [Ca(EDTA)]^{2-}$$

적정에서 종말점에 도달하는 데 0.0104 $M$ $[EDTA]^{4-}$ 용액 31.5 mL가 필요하다. 그 다음 두 번째 시료 0.100 L는 $Ca^{2+}$를 황산 칼슘으로 침전시키도록 황산 이온으로 처리하고, $Mg^{2+}$를 0.0104 $M$ $[EDTA]^{4-}$ 용액 18.7 mL로 적정하였다. 중수에 들어 있는 $Mg^{2+}$와 $Ca^{2+}$의 농도를 mg/L로 계산하시오.

**23.105** 일산화 탄소는 아래 표준 자유 에너지가 보여 주는 것처럼, 혈액 내에서 헤모글로빈(Hb)의 철에 $O_2$보다 더 강하게 결합하기 때문에 독성이 있다.

$$Hb + O_2 \longrightarrow HbO_2 \qquad \Delta G° = -70\,kJ$$
$$Hb + CO \longrightarrow HbCO \qquad \Delta G° = -80\,kJ$$

이 자료를 사용하여 298 K에서 다음 평형 반응의 평형 상수를 계산하시오.

$$HbO_2 + CO \rightleftharpoons HbCO + O_2$$

**23.106** $[MoI_6]^{3-}$ 착물의 Δ 값은 198.58 kJ/mol이다. 이 착물에서 낮은 에너지 $d$ 오비탈 세트에서 높은 에너지 $d$ 오비탈 세트로 전자를 들뜨게 하는 데 흡수되는 빛의 파장을 계산하시오. 이 착물은 가시광 영역에서 빛을 흡수하는가?

**23.107** Zn 전극이 1.00 $M$ $[Zn(NH_3)_4]^{2+}$와 1.00 $M$ $NH_3$에 담겨 있다. 환원 전극이 표준 수소 전극일 때, 전지의 기전력(emf)이 +1.04 V로 측정되었다. $[Zn(NH_3)_4]^{2+}$의 형성 상수는 얼마인가?

# 실험 설계 문제

과학 논문에서 볼 수 있는 과정을 따라서, 실험실에서 염화 다이클로로비스(에틸렌다이아민)코발트(III)의 결정을 만든다. 논문에서는 이 화합물이, $CoCl_2 \cdot 6\ H_2O$와 과량의 에틸렌다이아민, 공기 중의 $O_2$(산화제로 작용), 물, 진한 염산을 반응시켜 만들 수 있다고 한다. 반응 후 용액을 여과하면 녹색의 결정을 얻는다.

**(a)** $[Co(en)_3]Cl_3$가 아니라 $[CoCl_2(en)_2]Cl$이 제조되었다는 것을 확인하기 위하여 어떤 실험을 할 수 있는가?

**(b)** 어떻게 생성물에서 코발트가 $Co^{3+}$로 존재한다는 것을 증명할 수 있으며, 코발트 착물의 스핀 상태를 결정할 수 있는가?

**(c)** $[CoCl_2(en)_2]Cl$에 대하여 몇 개의 기하 이성질체가 존재하는가? 어떻게 생성물이 기하 이성질체 중 하나만인지, 기하 이성질체의 혼합물인지를 결정할 수 있는가?

**(d)** 생성물이 단 하나의 기하 이성질체를 포함한다면, 그것이 무엇인지 어떻게 결정할 수 있는가? (**힌트: 표 23.3에서 유용한 정보를 얻을 수 있을 것이다.**)

24

# 생명의 화학: 유기 화학과 생물 화학



## 24.1 | 유기 분자의 일반적 특성

우리는 화학 물질이 건강과 행동에 어떤 영향을 미치는지 익숙히 알고 있다. 아세틸살리실산으로 알려져 있는 아스피린에는 진통 효과가 있다. 커피와 차에 들어 있는 카페인과, 와인과 맥주에 들어 있는 에탄올 역시 적당히 복용하면 우리에게 즐거움을 주는 것으로 잘 알려진 화합물이다. 향신료로는 캡사이신(고추에 들어 있는)과 바닐린(바닐라 원두에 들어 있는)과 같은 분자들이 있다. 식물로부터 얻는 화합물로는 말라리아 치료제인 퀴닌과 다양한 암 치료에 사용되는 택솔도 있다.

이 모든 화합물은 탄소를 기반으로 한다.

2천만 개 이상의 탄소 함유 화합물이 알려져 있으며 매년 합성되는 새로운 화합물의 약 90%가 탄소를 함유한다. 탄소 화합물에 대한 연구는 유기 화학이라는 화학 분야를 구성한다.

유기 화학이라는 용어는 유기 화합물이 살아있는 시스템에 의해서만 형성될 수 있다는 18세기 믿음에서 비롯되었다. 이 아이디어는 1828년 독일 화학자 Friedrich Wöhler가 무기 물질인 사이안산암모늄($NH_4NCO$)을 가열하여 포유류의 소변에서 발견되는 유기 물질인 요소($H_2NCONH_2$)를 합성했을 때 틀렸다는 사실이 입증되었다.

이 절이 끝나면 다음 사항을 수행할 수 있어야 한다.

- 유기 분자의 일반적인 구조 이해하기

## 유기 분자의 구조

탄소는 네 개의 원자가 전자([He]$2s^22p^2$)를 갖기 때문에 거의 대부분의 화합물에서 네 개의 결합을 형성한다. 네 개의 결합이 모두 단일 결합이면 전자쌍은 사면체 배열로 배치된다. 혼성화 모형에서 탄소의 2*s*와 2*p* 오비탈은 네 개의 결합이 모두 단일 결합일 때 $sp^3$ 혼성화된다. 한 개의 이중 결합이 있으면, 그 배열은 삼각 평면($sp^2$ 혼성화)이다. 삼중 결합을 가지면 선형(*sp* 혼성화)이다. 그림 24.1에서 이들의 예를 볼 수 있다.

거의 모든 유기 화합물은 C—H 결합을 가진다. 수소의 원자 껍질은 전자를 두 개만 가질 수 있으므로, 수소는 하나의 공유 결합만을 형성한다. 결과적으로 수소 원자는 프로페인 분자에서처럼 언제나 유기 분자 **표면**(surface)에 위치하고, C—C 결합은 분자의 **골격**(backbone 또는 skeleton)을 형성한다.

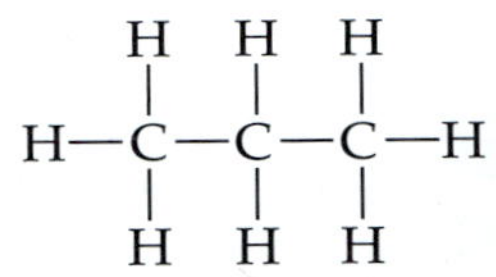

아세토나이트릴(acetonitrile)의 맨 아래에 있는 탄소의 기하 구조는 무엇인가?

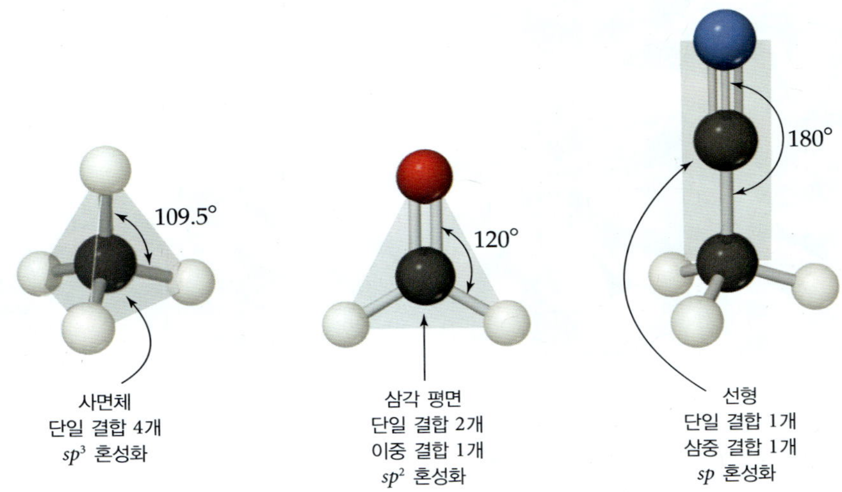


▲ 그림 24.1 **탄소의 기하 구조** 탄소 주위의 세 가지 일반적인 기하 구조는 메테인($CH_4$)에서 사면체, 폼알데하이드($CH_2O$)에서 삼각 평면, 아세토나이트릴($CH_3CN$)에서는 선형이다. 모든 경우에 각 탄소는 4개의 결합을 형성함에 주목하라.

## 유기물의 안정도

탄소는 여러 원소와 강한 결합을 하며, 특히 H, O, N, 그리고 할로젠과 강한 결합을 한다. 또한 탄소는 자기 자신과 결합할 수 있는 예외적인 능력을 가지고 있어서 탄소의 사슬이나 고리를 이루는 다양한 분자를 형성한다. 활성화 에너지가 낮거나 적당한 대부분의 반응은 한 분자의 전자 밀도가 높은 영역이 다른 분자의 전자 밀도가 낮은 영역을 만나는 경우에 일어난다. 전자 밀도가 높은 영역은 다중 결합이거나 극성 공유 결합의 전기 음성도가 큰 원자가 존재하는 것에 기인한다. C—C 단일 결합과 C—H 결합은 그 세기(C—C 단일 결합 엔탈피: 348 kJ/mol, C—H 결합 엔탈피: 413 kJ/mol)와 극성이 없기 때문에 비교적 반응성이 없다. 이런 사실이 의미하는 것을 좀 더 이해하기 위해 에탄올을 생각해 보자.

$$\begin{array}{ccccccc} & & H & & H & & \\ & & | & & | & & \\ H & - & C & - & C & - & O-H \\ & & | & & | & & \\ & & H & & H & & \end{array}$$

탄소(2.5)와 산소(3.5)의 전기 음성도 차이와 산소와 수소(2.1) 전기 음성도의 차이는 C—O 결합과 O—H 결합이 상당히 극성임을 알려 준다. 그래서 에탄올의 화학 반응은 이 결합들을 포함하게 된다. C—O—H기와 같은 원자단은 유기 분자들이 어떻게 반응하는지(다른 말로, **작용**하는지)를 결정하게 되며, 이것을 **작용기(functional group)**라고 한다. 작용기는 유기 분자의 반응성의 중심이다.

## 유기 화합물의 용해도와 산-염기 성질

대부분의 유기물에서 가장 흔한 결합은 탄소-탄소와 탄소-수소 결합으로, 극성이 없다. 이런 이유로 유기 분자는 때때로 전체적으로 극성이 작고, 일반적으로 무극성 용매에 녹고, 물에 녹지 않는다. 극성 용매에 녹는 분자는 글루코스나 아스코브산처럼 분자 표면에 극성 부분을 갖는다(그림 24.2). 그림 24.2의 스테아르산 이온처럼 **계면 활성제**(surfactant) 기능을 하는 유기 분자들은 비누나 세제에 사용된다. 무극성 부분은 유지나 기름과 같은 무극성 매질에 확산되고, 극성 부분은 물과 같은 극성 매질에 확산된다.

여러 가지 유기 물질은 산성기나 염기성기를 갖는다. 가장 중요한 산성 물질은 —COOH 작용기를 갖는 카복실산이다. 가장 중요한 염기성 물질은 $-NH_2$, —NHR, $-NR_2$기를 갖는 아민이다. 여기서 R은 탄소와 수소로 이루어진 유기 원자단이다.

아스코브산의 OH기가 $CH_3$기로 치환되면 (a) 극성 용매, (b) 무극성 용매에서 이 물질의 용해도가 어떻게 변할까?

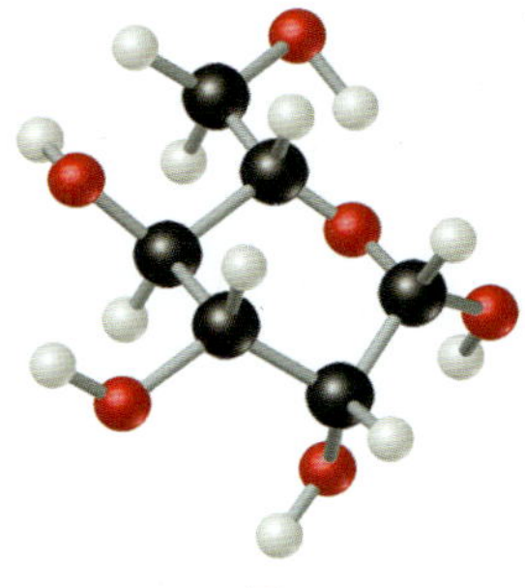

글루코스($C_6H_{12}O_6$)

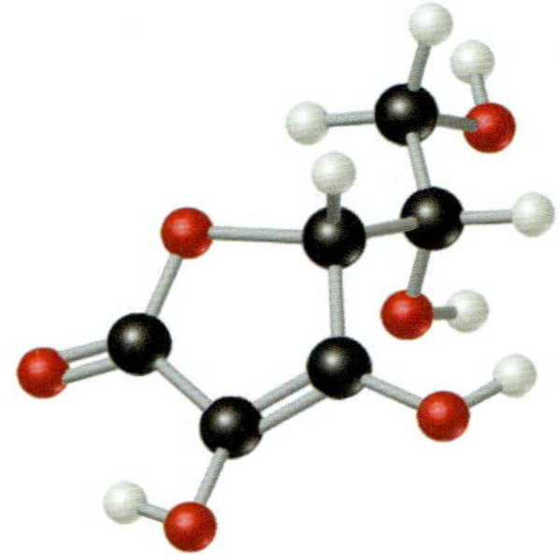

아스코브산($HC_6H_7O_6$)

스테아르산 이온($C_{17}H_{35}COO^-$)

▲ 그림 24.2 극성 용매에 녹는 유기 분자

## 자기 평가 연습 문제

**24.1** 다음 중 화학 반응이 일어날 가능성이 가장 큰 결합은 어느 것인가?

**(a)** C=O
**(b)** C—C
**(c)** C—H

## 연습 문제

**24.2** 유기 화합물에서 흔히 볼 수 있는 다섯 가지 원소를 나열하시오. 탄소보다 전기 음성도가 더 큰 것은 어느 원소인가?

**24.3** C—O 및 C—Cl 결합을 포함하는 유기 화합물은 단순 알케인 탄화수소보다 반응성이 크다. C—H, C—C, C—O 및 C—Cl 결합 에너지의 비교 값(표 8.4)을 고려하여 그 이유를 설명하시오.

자기 평가 연습 문제 답 **24.1** (a)

## 24.2 | 탄화수소 소개

화학에 대한 이해의 많은 부분은 거시적 · 미시적 · 상징적 조합을 기반으로 한다. 이것은 탄화수소의 구조를 조사할 때 특히 그렇다. 예를 들어, 우리는 알케인의 끓는점 경향을 설명하려고 할 수 있다. 우리의 출발점은 거시적인 것, 즉 끓는 액체의 온도를 관찰하는 것이다. 이것은 알케인을 구성하는 원자의 유형, 수, 배열과 같은 미세한 정도에 따라 다르다. 그리고 그것은 우리가 원자와 원자 사이의 결합을 나타내는 방법과 같은 상징적 요소의 도움을 받는다.

이 절이 끝나면 다음 사항을 수행할 수 있어야 한다.

- 알케인, 알켄, 알카인, 방향족 탄화수소를 구별하기
- 이름에 따라 탄화수소 구조 그리기 및 구조에 따라 탄화수소 이름 짓기

탄소 화합물은 너무 많으므로 이들을 구조적으로 유사한 계열로 체계화하는 것이 편리하다. 유기 화합물의 가장 간단한 종류는 탄소와 수소만으로 이루어진 **탄화수소**(hydrocarbon)이다. 탄화수소와 대부분의 다른 유기 물질의 주요한 구조적 특징은 안정한 탄소–탄소 결합이다. 탄소는 단일, 이중, 삼중 결합을 통하여 안정하게 연장된 원자 사슬을 만드는 유일한 원소이다.

탄화수소는 분자 내의 탄소–탄소 결합의 종류에 따라 네 가지 유형으로 나눈다.

- **알케인**(**alkane**)은 단일 C−C 결합만을 갖는 탄화수소이다.
- **알켄**(**alkene**)은 올레핀(olefin)으로도 알려져 있으며, 최소한 한 개의 C=C 이중 결합을 가진다.
- **알카인**(**alkyne**)은 최소한 한 개의 C≡C 삼중 결합을 갖는다.
- **방향족 탄화수소**(**aromatic hydrocarbon**)는 탄소 원자들이 $\sigma$ 결합과 비편재된 $\pi$ 결합에 의해 연결된 평면 고리 구조로 되어 있다.

표 24.1에 탄화수소의 네 가지 유형을 나타내었다.

이러한 서로 다른 종류의 탄화수소는 각각 다른 화학적 특징을 나타낸다. 그러나 물리적 특성은 여러 가지 면에서 비슷하다. 탄화수소 분자는 비교적 무극성이므로 물에 거의 녹지 않지만 무극성 용매에는 잘 녹는다. 탄화수소의 녹는점과 끓는점은 분산력에 의해 결정된다. 결과적으로

**표 24.1 탄화수소의 네 가지 유형**

| 유형 | 예 | | |
|---|---|---|---|
| **알케인** | 에테인 | $CH_3CH_3$ | 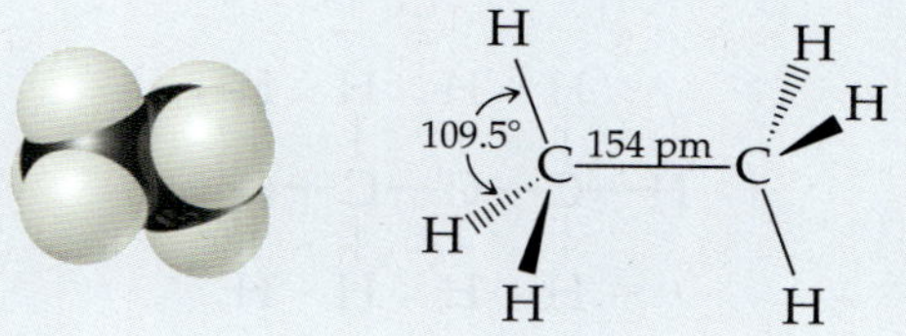 |
| **알켄** | 에텐 (에틸렌) | $CH_2{=}CH_2$ | 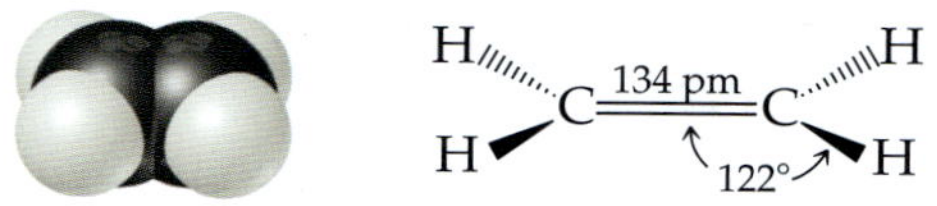 |
| **알카인** | 에타인 (아세틸렌) | $CH{\equiv}CH$ | 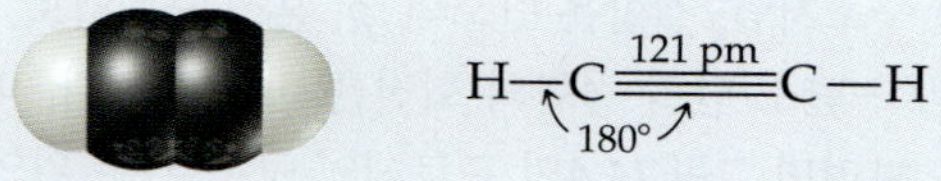 |
| **방향족** | 벤젠 | $C_6H_6$ | 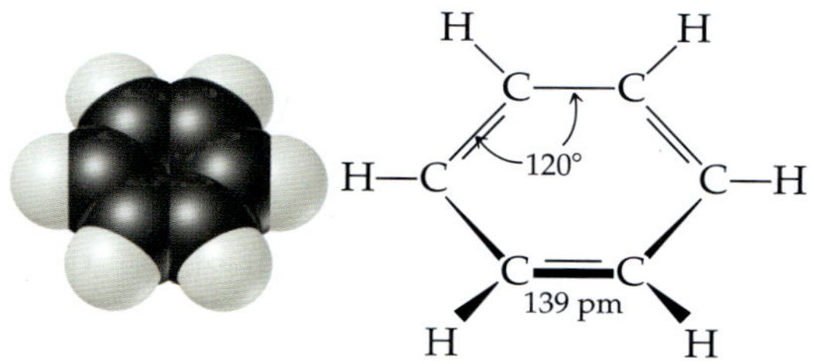 |

$C_2H_6$(bp = −89 °C) 같이 분자량이 아주 작은 탄화수소는 실온에서 기체이고, $C_6H_{14}$(bp = 69 °C) 같은 중간 크기 분자량을 갖는 탄화수소는 액체이며, $C_{22}H_{46}$(mp = 44 °C) 같이 큰 분자량을 가진 탄화수소는 고체이다.

표 24.2에 10개의 간단한 알케인을 나타내었다. 이들 물질은 널리 쓰이는 친숙한 물질이다. 메테인은 천연가스의 주성분이다. 에테인 역시 천연가스의 성분이며, 폴리에틸렌의 공급 원료이다. 프로페인은 천연가스를 이용할 수 없는 지역에서 가정용 난방이나 요리할 때 사용하는 통에 들어 있는 기체의 주성분이다. 뷰테인은 일회용 라이터나, 가스 캠핑 난로와 랜턴용 캔 연료로 사용한다. 휘발유(petrol) 성분은 한 분자당 5~12개 탄소 원자를 갖는 알케인들이다. 표 24.2에 보여 준 계열에서 뷰테인 이후의 화합물은 $CH_2$의 단위를 추가로 더 갖는다.

**표 24.2 곧은 사슬 알케인 계열의 처음 10가지 분자**

| 분자식 | 축약 구조식 | 이름 | 끓는점(°C) |
|---|---|---|---|
| $CH_4$ | $CH_4$ | 메테인 | −161 |
| $C_2H_6$ | $CH_3CH_3$ | 에테인 | −89 |
| $C_3H_8$ | $CH_3CH_2CH_3$ | 프로페인 | −44 |
| $C_4H_{10}$ | $CH_3CH_2CH_2CH_3$ | 뷰테인 | −0.5 |
| $C_5H_{12}$ | $CH_3CH_2CH_2CH_2CH_3$ | 펜테인 | 36 |
| $C_6H_{14}$ | $CH_3CH_2CH_2CH_2CH_2CH_3$ | 헥세인 | 68 |
| $C_7H_{16}$ | $CH_3CH_2CH_2CH_2CH_2CH_2CH_3$ | 헵테인 | 98 |
| $C_8H_{18}$ | $CH_3CH_2CH_2CH_2CH_2CH_2CH_2CH_3$ | 옥테인 | 125 |
| $C_9H_{20}$ | $CH_3CH_2CH_2CH_2CH_2CH_2CH_2CH_2CH_3$ | 노네인 | 151 |
| $C_{10}H_{22}$ | $CH_3CH_2CH_2CH_2CH_2CH_2CH_2CH_2CH_2CH_3$ | 데케인 | 174 |

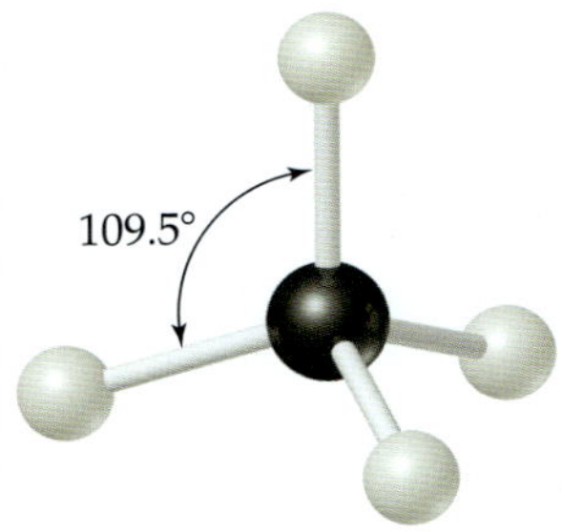


표 24.2에는 화학식을 **축약 구조식**(condensed structural formula)으로 나타내었다. 이 표기법은 모든 결합을 다 그리지 않고 원자들이 서로 결합되는 방식만 보여 준다. 예를 들어 뷰테인($C_4H_{10}$)의 구조식과 축약 구조식은 다음과 같다.

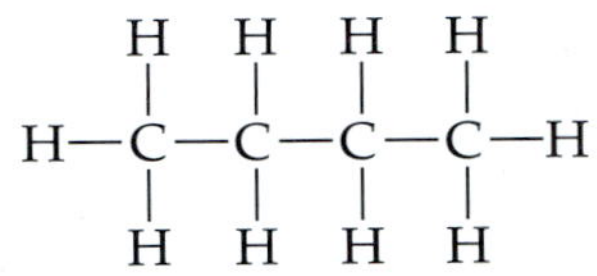

$H_3C—CH_2—CH_2—CH_3$
또는
$CH_3CH_2CH_2CH_3$

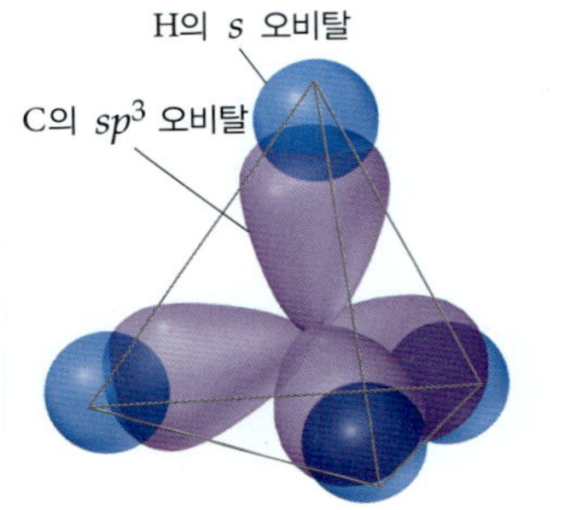


▲ **그림 24.3** 메테인의 탄소에 대한 결합 이 사면체의 분자 기하 구조는 알케인의 모든 탄소 주위에서 발견된다.

## 알케인의 구조

VSEPR 모형에 따르면, 알케인 내 각 탄소 원자의 기하 구조는 사면체이다. 그림 24.3에 나타낸 메테인 구조처럼, 결합은 탄소의 $sp^3$ 혼성 오비탈로 나타낼 수 있다.

탄소–탄소 단일 결합의 회전은 비교적 쉽다. 따라서 실온에서 매우 빠르게 일어난다. 이런 회전을 보려면 그림 24.4의 프로페인 구조 왼쪽 위의 메틸기를 잡고, 이 구조의 나머지 부분을 회전시킨다고 상상하라. 알케인은 이러한 종류의 운동이 매우 빠르게 일어나기 때문에 긴 사슬 알케인은 항상 사슬이 흔들리는 것과 같은 구조의 변화가 일어난다.

## 구조 이성질체

표 24.2에 나열된 알케인은 하나의 연속된 사슬에 모든 탄소 원자가 연결되었으므로 **곧은 사슬 탄화수소**(straight chain hydrocarbon)라고 한다. 네 개 이상 탄소를 갖는 알케인은 **가지 사슬**(branched chain)도 생성할 수 있다. 가지 사슬을 갖는 탄화수소를 **가지 사슬 탄화수소**(branched chain hydrocarbon)라고 한다(유기 분자의 가지를 **종종 곁사슬**(side chain)이라고도 한다). 예로서 표 24.3에는 탄소 원자 4개와 5개를 갖는 곧은 사슬 알케인과 가지 사슬 알케인을 모두 나타내었다.

동일한 분자식을 갖지만 다른 결합 배열 구조를 갖는(따라서 다른 구조를 가지는) 화합물을 **구조 이성질체**(**structural isomer**)라고 한다. 따라서 $C_4H_{10}$의 화학식을 가지는 화합물은 두 개의 구조 이성질체를 가지며, $C_5H_{12}$는 세 개의 구조 이성질체를 갖는다. 동일한 분자식을 가지는 알케인의 구조 이성질체는 녹는점, 끓는점과 같은 물리적 성질이 표 24.3에 나타낸 것처럼 서로 약간씩 다르다.

알케인의 탄소수가 증가할수록, 가능한 구조 이성질체의 수는 급격히 증가한다. 예를 들면 분자식이 $C_8H_{18}$인 알케인의 구조 이성질체는 18개이고, 분자식이 $C_{10}H_{22}$인 이성질체는 75개이다.

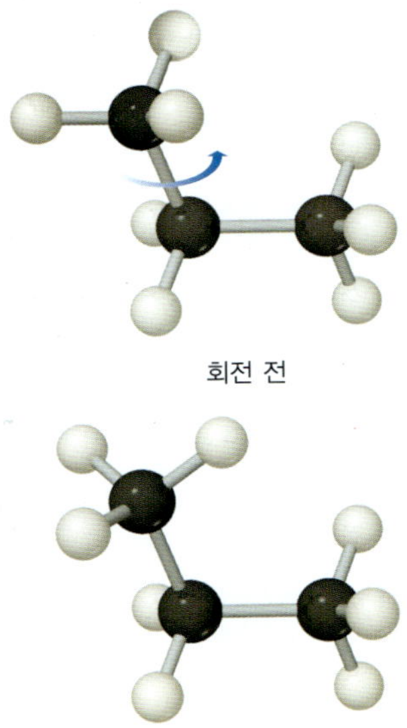


▲ **그림 24.4** C–C 결합의 회전이 모든 알케인에서 쉽고 빠르게 일어난다.

## 알케인의 명명

표 24.3의 좌측 첫 번째 열의 괄호 속 이름은 **일반명**(common name)이다. 가지가 없는 사슬에는 *n*(normal 구조를 뜻함)을 붙인다. 주사슬에 하나의 $CH_3$기가 가지 친 모양이면 일반명에 **아이소**-(iso-)로 표기하고, 두 개의 $CH_3$기가 가지 친 모양이면 관용명에 **네오**-(neo-)를 붙여 명명한다. 그러나 이성질체수가 증가하면 그에 따라 각 이성질체를 일반명으로 나타내는 적절한 접두사를 찾는 것은 불가능하다. 유기 화합물을 명명하는 체계적 방법의 필요성은 유기 화학의 역사 초기부터 대두되었다. 1892년에 국제 화학 연합(International Union of Chemistry)이라는 기관이 유기 물질의 체계적 명명법 규칙을 만들기 위하여 스위스 제네바에서 모였다. 그 이후 화합물의 명명 규칙 개정은 국제 순수 및 응용 화학회(International Union of Pure and Applied Chemistry, IUPAC)에 위임되었다. 국적이나 정치와 무관하게 세계 어느 곳이든 화학자는 화합물 명명에 공통 체계를 사용한다.

표 24.3에 뷰테인과 펜테인 이성질체의 IUPAC 이름이 주어져 있다. 이들의 체계적인 이름은 다른 유기 화합물의 이름처럼 세 부분으로 되어 있다.

**표 24.3 $C_4H_{10}$과 $C_5H_{12}$의 이성질체**

| 체계명 (일반명) | 구조식 | 축약 구조식 | 공간 채움 모형 | 녹는점(°C) | 끓는점(°C) |
|---|---|---|---|---|---|
| 뷰테인 (*n*-뷰테인) | 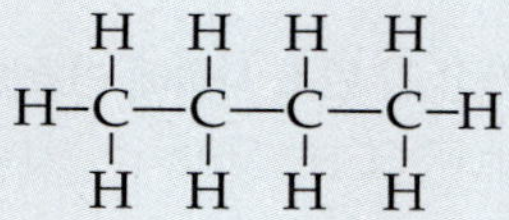 | $CH_3CH_2CH_2CH_3$ | 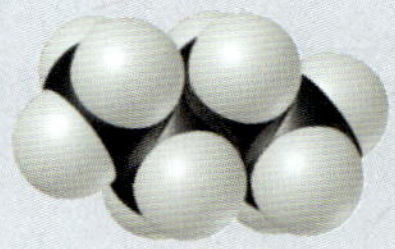 | −138 | −0.5 |
| 2-메틸프로페인 (아이소뷰테인) | 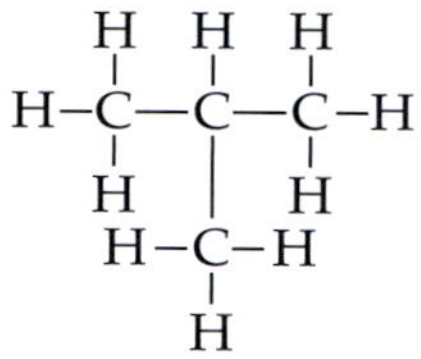 | $CH_3-CH(CH_3)-CH_3$ |  | −159 | −12 |
| 펜테인 (*n*-펜테인) | 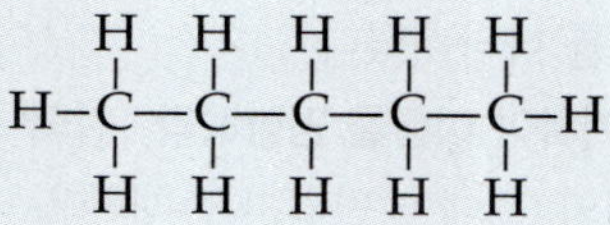 | $CH_3CH_2CH_2CH_2CH_3$ | 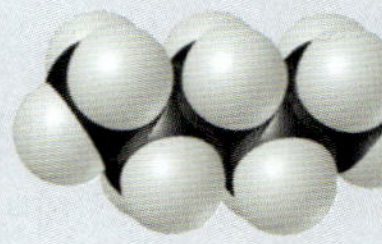 | −130 | +36 |
| 2-메틸뷰테인 (아이소펜테인) | 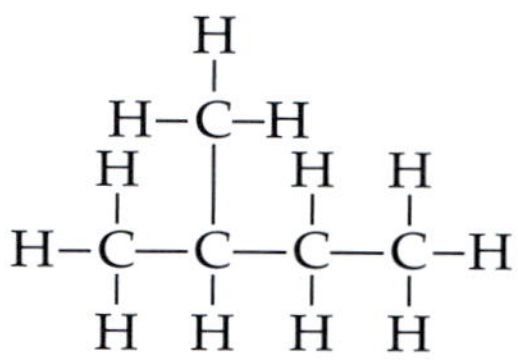 | $CH_3-CH(CH_3)-CH_2-CH_3$ |  | −160 | +28 |
| 2,2-다이메틸프로페인 (네오펜테인) | 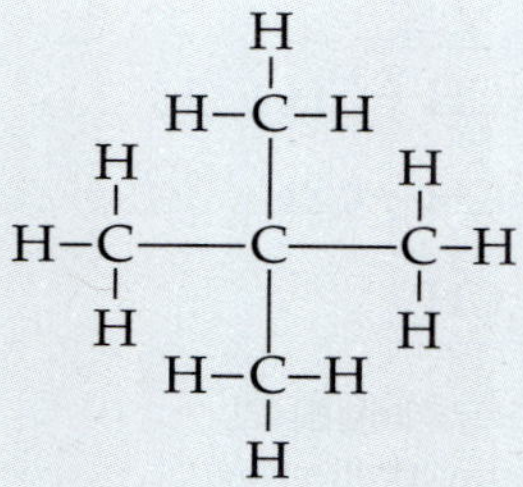 | $CH_3-C(CH_3)_2-CH_3$ |  | −16 | +9 |

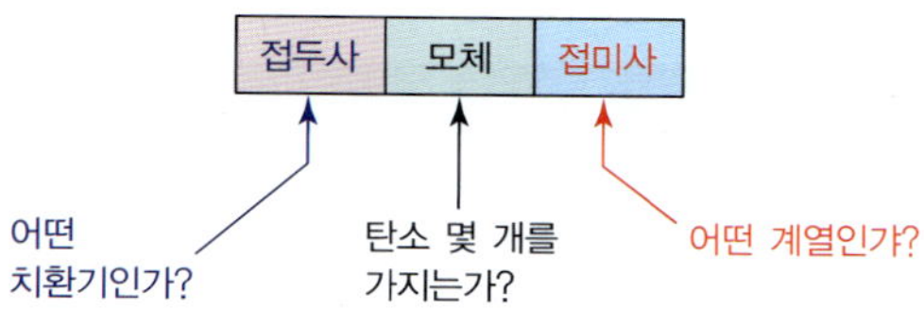


다음은 모든 이름이 -**에인**(ane)으로 끝나는 알케인의 명명에 사용하는 과정을 요약한 것이다. 다른 유기 화합물의 명명에도 이와 유사한 방법을 사용한다.

**알케인의 명명**

1. **가장 긴 연속된 탄소 원자의 사슬을 찾아라. 그리고 화합물의 기본 이름으로 이 사슬의 이름을 사용하라(표 24.2에 나타내었다).** 다음 예처럼 가장 긴 연속된 사슬은 항상 직선형이 아닐 수도 있으므로 주의하라.

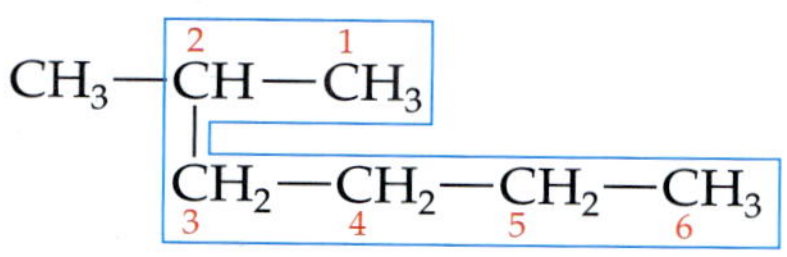

2-메틸헥세인(2-Methylhexane)

**표 24.4 몇 가지 알킬기의 축약 구조식 및 일반명**

| 족 | 이름 |
|---|---|
| $CH_3$— | 메틸 |
| $CH_3CH_2$— | 에틸 |
| $CH_3CH_2CH_2$— | 프로필 |
| $CH_3CH_2CH_2CH_2$— | 뷰틸 |
| $(CH_3)_2CH$— | 아이소프로필 |
| $(CH_3)_3C$— | *tert*-뷰틸 |

이 화합물은 가장 긴 연속된 탄소 사슬에 6개 탄소 원자를 가지므로 치환기를 가진 헥세인이라고 명명한다. 주사슬에 연결된 원자단은 주사슬의 수소 대신 치환된 것이므로 **치환기**(substituent)라고 한다. 이 분자에서 $CH_3$기는 파란 외각선에 포함되지 않은 단 하나의 치환기이다.

2. **치환기에 가장 가까운 사슬 끝에서 시작하여 가장 긴 탄소 사슬에 번호를 매겨라.** 예에서처럼 탄소 원자를 왼쪽 위부터 번호를 매긴다. 왜냐하면 $CH_3$ 치환기는 사슬의 두 번째 탄소(C2)에 위치하기 때문이다(만약 탄소 원자를 오른쪽 아래부터 번호를 매기면 $CH_3$는 다섯 번째 탄소 원자(C5)일 것이다). 사슬의 번호는 치환기 위치 번호가 가장 낮은 수로 부여될 수 있는 말단에서부터 매긴다.
3. **각 치환기를 명명하라.** 알케인에서 수소 원자를 제거하여 생긴 치환기를 **알킬기(alkyl group)**라고 한다. 알킬기는 알케인의 끝에 **-에인**(ane) 대신에 **-일**(yl)을 붙인다. 예를 들어 메틸기($CH_3$)는 메테인($CH_4$)에서 나온 것이다. 같은 방법으로 에틸기($C_2H_5$)는 에테인($C_2H_6$)에서 나온 것이다. 표 24.4에 여섯 가지 알킬기를 나타내었다.
4. **치환기가 결합된 각 탄소의 번호부터 표기하여 이름을 명명하라.** 위의 화합물의 경우, 2-메틸헥세인이라는 이름은 헥세인(6개의 탄소)의 C2에 메틸기가 존재함을 나타낸다.
5. **두 가지 이상의 치환기가 있을 때는 알파벳 순서로 그것을 나열하라.** 두 개 이상의 같은 치환기가 있을 때는 치환기 수를 **다이**(di-, 2), **트라이**(tri-, 3), **테트라**(tetra-, 4), **펜타**(penta-, 5) 등의 접두사로 나타낸다. 이런 접두사는 치환기 이름의 알파벳 순서를 결정할 때는 무시한다.

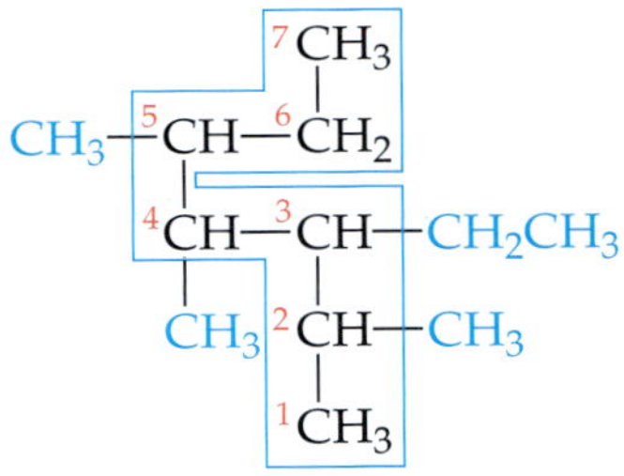

3-에틸-2,4,5-트라이메틸헵테인
(3-ethyl-2,4,5-trimethylheptane)

## 예제 24.1
### 알케인 명명

다음 알케인을 체계적인 이름으로 명명하시오.

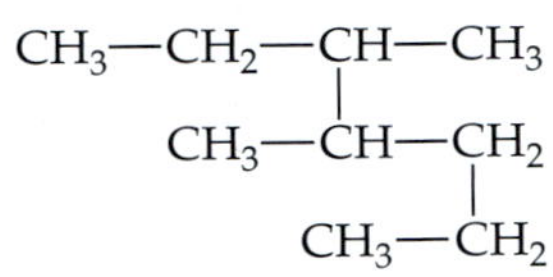

### 해답

**분석** 알케인의 축약 구조식이 주어지고, 이름을 명명하는 문제이다.

**계획** 주어진 탄화수소는 알케인이므로 이름이 **-에인**(ane)으로 끝난다. 어미 탄화수소의 이름은 가장 긴 연속된 탄소 사슬을 기준으로 한다. 곁사슬은 알킬기이며, 가장 긴 사슬에 위치 번호를 매기고 이름을 붙인다.

**풀이** C 원자의 가장 긴 연속 사슬은 왼쪽 상단의 $CH_3$ 그룹에서 왼쪽 하단의 $CH_3$ 그룹까지 연장되며, 길이는 7개의 C 원자이다.

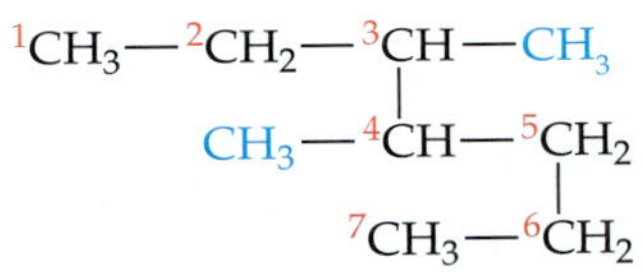

그러므로 어미 화합물은 헵테인이고, 주사슬에 메틸기 두 개가 있는 이 화합물은 다이메틸헵테인(dimethylheptane)이다. 두 메틸기의 위치를 정하기 위해 두 치환기 위치 숫자가 더 낮은 방식으로 탄소 사슬에 번호를 매겨라. 이것은 위의 왼쪽 탄소부터 번호를 시작하는 것을 의미한다. 메틸기는 C3와 C4에 있으므로, 이 화합물은

3,4-다이메틸헵테인(3,4-dimethylheptane)이다.

▶ **보충 예제**

다음 화합물의 체계적인 이름은 무엇인가?

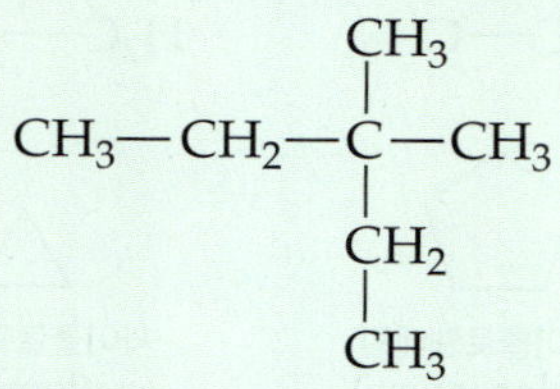

(**a**) 3-에틸-3-메틸뷰테인
(**b**) 2-에틸-2-메틸뷰테인
(**c**) 3,3-다이메틸펜테인
(**d**) 아이소헵테인
(**e**) 1,2-다이메틸네오펜테인

## 예제 24.2

### 축약 구조식 쓰기

3-에틸-2-메틸펜테인(3-ethyl-2-methylpentane)의 축약 구조식을 쓰시오.

**해답**

**분석** 탄화수소의 체계적인 이름이 주어지고, 축약 구조식을 쓰는 문제이다.

**계획** 화합물의 이름이 -**에인**(ane)으로 끝나고 있으므로 이 화합물은 알케인이며, 모든 탄소–탄소 간의 결합은 단일 결합이다. 어미 탄화수소는 펜테인으로, 탄소 원자 5개를 포함하고 있음을 의미한다(표 24.2). 두 알킬기가 제시되었는데, 에틸기(탄소 원자 두 개, $C_2H_5$)와 메틸기(탄소 원자 한 개, $CH_3$)이다. 5개의 탄소로 된 사슬의 왼쪽에서 오른쪽으로 번호를 매기면 에틸기는 C3에, 메틸기는 C2에 붙어 있다.

**풀이** 단일 결합으로 연결된 5개의 탄소 원자를 쓴다. 이들이 어미 펜테인 사슬의 골격을 나타낸다.

C—C—C—C—C

다음에 두 번째 탄소 원자에 메틸기를 놓고, 사슬의 세 번째 탄소 원자에 에틸기를 놓는다. 그다음 탄소를 네 개 결합으로 만들기 위해 수소를 모든 다른 탄소 원자에 더한다. 따라서 구조식은 다음과 같다.

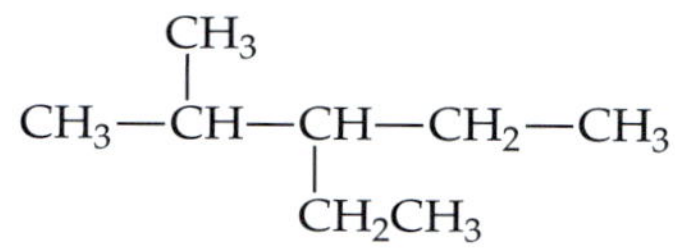

이 구조식은 $CH_3CH(CH_3)CH(C_2H_5)CH_2CH_3$와 같이 괄호 안에 가지 친 알킬기를 넣어 원래 식에 간결하게 표현할 수 있다.

▶ **보충 예제**

2,2-다이메틸헥세인(2,2-dimethylhexane)에는 몇 개의 수소 원자가 있는가?

(**a**) 6 (**b**) 8 (**c**) 16 (**d**) 18 (**e**) 20

## 사이클로알케인

알케인에는 가지 달린 사슬 모양뿐만 아니라 고리 모양도 있는데, 이 알케인을 **사이클로알케인**(**cycloalkane**)이라고 한다. **그림 24.5**에서 사이클로알케인의 몇 가지 예를 보여 준다. 사이클로알케인의 구조는 보통 각 모퉁이에 $CH_2$ 원자단이 있는 간단한 다각형 모양의 **선 구조**(line structure)로 그린다. 이 표현 방법은 벤젠 고리를 나타내는 것과 비슷하다(벤젠과 같은 방향족 구조는 $CH_2$가 아닌 CH임을 기억하라).

C—C—C 결합각이 정사면체 각의 109.5°보다 작기 때문에 5개 이하의 탄소 원자를 갖는 탄소 고리에는 무리(strain)가 있다. 무리의 정도는 고리가 작을수록 증가한다. 정삼각형 모양의 사이클로프로페인은 결합각이 60°이다. 그러므로 이 분자는 곧은 사슬 유사체인 프로페인보다 훨씬 반응성이 크다.

곧은 사슬 모양의 알케인의 일반식은 $C_nH_{2n+2}$이다. 사이클로알케인의 일반식은 무엇인가?

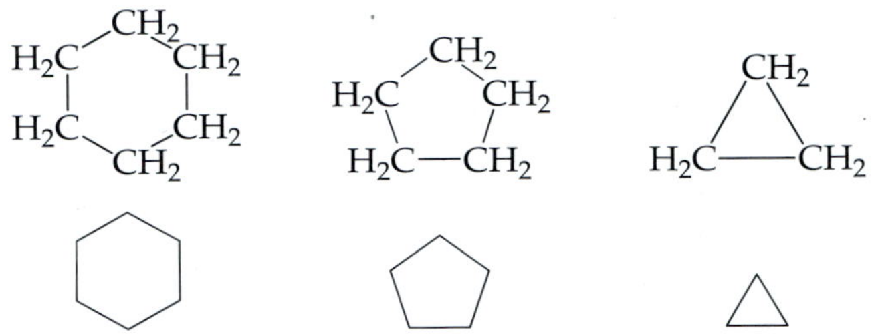


▲ 그림 24.5 세 가지 사이클로알케인의 축약 구조식과 선 구조

## 알케인의 반응

대부분의 알케인은 C—C와 C—H 결합만 가지고 있기 때문에 상대적으로 반응성이 떨어진다. 예를 들어 알케인은 실온에서 산, 염기, 강한 산화제와는 반응하지 않는다. 24.1절에서 나타낸 것처럼, 알케인은 강한 C—C 및 C—H 결합과 부족한 극성으로 인해 화학 반응성이 낮다.

그러나 알케인은 완전한 비활성은 아니다. 공업적으로 중요한 알케인의 반응 중 하나는 공기 중에서 연료로 사용되는 **연소**(combustion) 반응이다. 예를 들어 에테인의 완전 연소 반응은 높은 발열 반응으로 진행된다.

$$2\,C_2H_6(g) + 7\,O_2(g) \longrightarrow 4\,CO_2(g) + 6\,H_2O(l) \qquad \Delta H^\circ = -2855\text{ kJ}$$

## 작동하는 화학 석유

석유 또는 원유는 탄화수소와 더 적은 양의 질소, 산소, 황 등을 포함한 유기 화합물의 혼합물이다. 세계의 에너지로 사용되는 석유의 수요가 매우 크기 때문에 북해와 북부 알래스카와 같이 접근하기 힘든 장소에서도 유전이 개발되었다.

원유의 일반적인 **정제**(refining) 또는 공정의 첫 번째 단계는 끓는점을 기초로 각각을 분리해 내는 것이다(**표 24.5**). 이 분리된 것 중 휘발유는 상업적으로 가장 중요하기 때문에 수득률을 최대로 하기 위해 다양한 공정이 필요하다.

**표 24.5 석유로부터 얻어지는 탄화수소**

| 종류 | 분자의 크기 | 끓는점 범위(°C) | 용도 |
|---|---|---|---|
| 기체 | $C_1$에서 $C_5$ | −160~30 | 기체 연료, 수소 생산 |
| 직류 휘발유 | $C_5$에서 $C_{12}$ | 30~200 | 자동차 연료 |
| 경유, 연료유 | $C_{12}$에서 $C_{18}$ | 180~400 | 디젤 연료, 용광로 연료, 크래킹 |
| 윤활유 | $C_{16}$ 이상 | 350 이상 | 윤활제 |
| 파라핀 | $C_{20}$ 이상 | 녹는점이 낮은 고체 | 초, 성냥 |
| 아스팔트 | $C_{36}$ 이상 | 끈적끈적한 잔류물 | 도로 표면 |

**휘발유**(petrol)는 휘발성이 있는 알케인과 방향족 탄화수소의 혼합물이다. 전통적인 자동차 엔진은 가솔린 증기와 공기의 혼합물을 피스톤을 이용해서 압축한 다음, 점화 플러그를 이용해 불을 붙인다. 휘발유의 연소는 강하고 부드러운 기체의 팽창으로 피스톤을 바깥쪽으로 밀어내고, 엔진의 구동축을 통해 힘을 전달한다. 기체가 너무 쉽게 연소하면 피스톤은 강하고 부드럽게 밀기보다는 한 번의 강한 충격을 받게 된다. 그 결과 '노킹'이라는 현상(또는 '핑음' 소리)이 발생하여 연소에 의해 생성된 에너지를 일로 바꾸는 효율을 감소시킨다.

휘발유의 **옥테인값**(octane number)은 노킹을 방지하는 척도가 된다. 옥테인값이 높은 휘발유는 보다 부드럽게 연소하므로 고효율 연료라고 할 수 있다(**그림 24.6**). 가지를 가지는 알케인과 방향족 탄화수소는 곧은 사슬형 알케인보다 더 높은 옥테인값을 가진다. 휘발유의 옥테인값은 아이소옥테인(2,2,4-트라이메틸펜테인, 2,2,4-trimethypentane)과 헵테인의 노킹을 일으키는 성질을 비교해서 얻어진다. 아이소옥테인의 옥테인값을 100이라 하고, 헵테인의 옥테인값을 0이라 한다. 예를 들어 91%의 아이소옥테인과 9%의 헵테인의 혼합물과 같은 정도의 노킹 성질을 가지는 휘발유를 91 옥테인값이라고 말한다.

▲**그림 24.6** **옥테인값** 휘발유의 옥테인값은 엔진에서 휘발유가 탈 때 노킹에 저항하는 척도를 나타낸다. 그림에서 휘발유의 옥테인값은 89이다.

석유의 분별 증류로부터 얻어진 휘발유(직류(straight-run) 휘발유)는 주로 곧은 사슬 탄화수소를 포함하고, 50 근처의 옥테인값을 가진다. 옥테인값을 높이기 위해 곧은 사슬 알케인을 가지 사슬 알케인으로 바꾸어 주는 **개질**(reforming)이라고 하는 공정이 필요하다.

**크래킹**(cracking)은 방향족 탄화수소의 생산과, 휘발성이 덜한 석유의 일부를 자동차 연료로 사용되기에 적합한 화합물로 바꾸어 주는 데 사용된다. 크래킹에서는 탄화수소를 촉매와 섞어서 400~500 °C로 가열한다. 촉매로는 광물 점토나 $Al_2O_3-SiO_2$ 혼합물이 사용된다. 휘발유에 더 적합한 형태의 분자를 형성하는 것 외에도 크래킹은 에틸렌이나 프로펜과 같은 저분자량 탄화수소를 형성한다. 이 물질들은 플라스틱이나 다른 화합물 제조에 필요한 여러 반응에 사용된다.

**노킹 방지제**(antiknock agent) 또는 옥테인값 증가제라는 첨가 물질은 휘발유의 옥테인값을 증가시킨다. 1970년대 중반까지 가장 주요한 노킹 방지제는 테트라에틸 납($(C_2H_5)_4Pb$)이었다. 그러나 납은 환경을 오염시키고, 촉매 변환기를 악화시키기 때문에 더 이상 사용되지 않는다. 톨루엔($C_6H_5CH_3$)과 같은 방향족 화합물 및 에탄올($CH_3CH_2OH$)과 같이 산소를 포함한 탄화수소가 현재 노킹 방지제로 사용되고 있다.

**관련 연습 문제: 24.12, 24.63**

## 자기 평가 연습 문제

**24.4** 다음 구조의 체계적인 이름은 무엇인가?

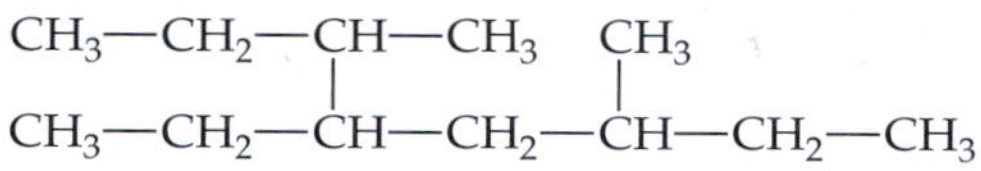

**(a)** 3-뷰틸-5-메틸헵테인
**(b)** 3-메틸-5-뷰틸헵테인
**(c)** 4-에틸-3,6-다이메틸옥테인
**(d)** 5-에틸-3,6-다이메틸옥테인

**24.5** 톨루엔은 일반적인 산업용 용매이며 다음과 같은 구조를 가지고 있다.

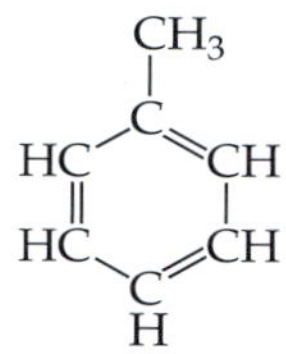

탄화수소의 종류는 무엇인가?
**(a)** 알케인
**(b)** 알켄
**(c)** 알카인
**(d)** 방향족

## 연습 문제

**24.6** 각 문장이 참인지 거짓인지 표시하시오.
**(a)** 에테인은 에텐보다 몰질량이 높다.
**(b)** 같은 동족 분자의 경우, 분자 질량이 높을수록 끓는점이 높아진다.
**(c)** 알켄 그룹 주변의 국부 기하학은 T자형이다.
**(d)** 뷰텐은 두 가지 구조 이성질체를 가지고 있다.

**24.7** 다음 구조식에서, 다음의 혼성화를 가지는 탄소 원자를 대응시키시오.
**(a)** *sp* **(b)** $sp^2$ **(c)** $sp^3$

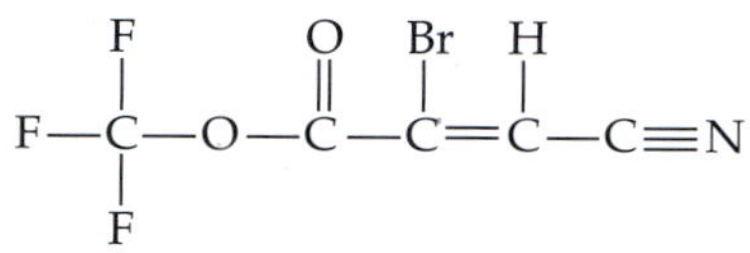

**24.8** 다음 설명은 참인가, 거짓인가?
(분자의 더 강한 단일 결합과 비교했을 때,) 분자의 단일 결합이 약할수록 반응 부위가 될 가능성이 커진다.

**24.9** 다음 각 설명이 참인지, 거짓인지 구분하시오.
(a) 알케인은 탄소–탄소 다중 결합을 포함하지 않는다.
(b) 사이클로뷰테인은 사원자 고리를 포함한다.
(c) 알켄은 탄소–탄소 삼중 결합을 포함한다.
(d) 알카인은 탄소–탄소 이중 결합을 포함한다.
(e) 펜테인은 포화 탄화수소이지만 1-펜텐은 불포화 탄화수소이다.
(f) 사이클로헥세인은 방향족 탄화수소이다.
(g) 메틸기는 메테인보다 수소 원자가 하나 적다.

**24.10** 각각의 적합한 이름이나 축약된 구조식을 제시하시오.
(a)
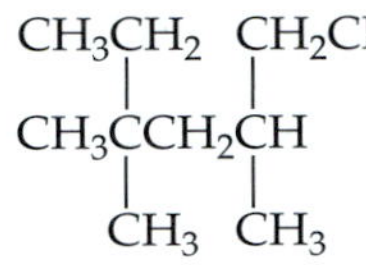


(b)
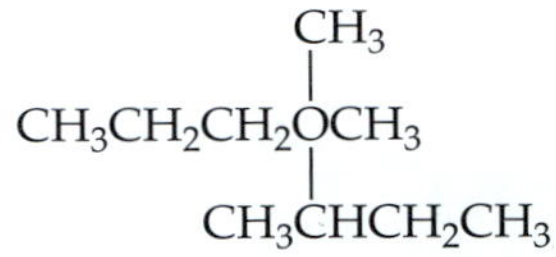


(c) 2,5,6-트라이메틸노네인
(d) 4-에틸-5,6-다이메틸도데케인
(e) 1-에틸-3-메틸사이클로헥세인

**24.11** 적합한 이름이나 축약된 구조식을 제시하시오.
(a) 3-페닐펜테인
(b) 2,3-다이메틸헥세인
(c) 3,3-다이메틸옥테인
(d) $CH_3CH_2CH(CH_3)CH_2CH(CH_3)_2$
(e)
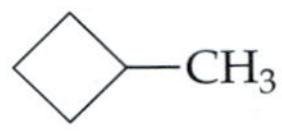


**24.12** 알케인으로 구성된 휘발유의 옥테인값을 증가시킬 수 있는 두 가지 방법을 설명하시오.

자기 평가 연습 문제 답 **24.4** (c) **24.5** (d)

## 24.3 | 알켄, 알카인, 방향족 탄화수소

불포화 탄화수소는 2개의 탄소 원자 사이에 이중 또는 삼중 결합을 포함하며 화학의 많은 부분에서 알케인과 다르다. 이 다양한 반응성의 분자적 기초를 이해하면 어떤 반응이 일어날지 예측할 수 있고 기본 화학 물질을 사용하여 더 복잡한 물질을 합성하는 능력을 향상시킬 수 있다. 이것들은 겹겹이 우리를 둘러싸고 있는 현대 재료에 내장되어 건축, 의학 및 기술 분야에서 사용될 수 있다.

이 절이 끝나면 다음 사항을 수행할 수 있어야 한다.

- 알켄과 방향족 탄화수소의 구조와 화학의 차이를 인식하기
- 첨가 반응과 치환 반응의 생성물을 예측하기

알케인은 단일 결합으로만 이루어져 있어서 각 탄소 원자마다 최대의 수소 원자 개수를 가지고

프로펜($C_3H_6$)의 이성질체는 몇 개인가?

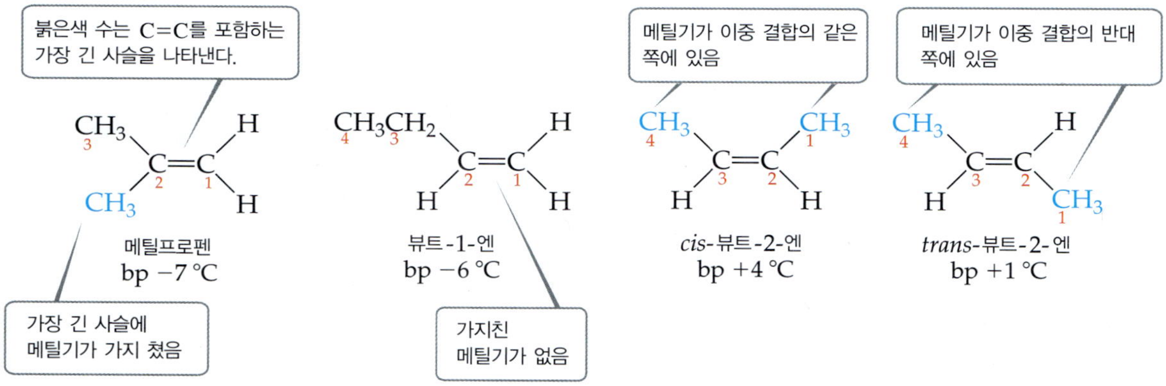


▲ **그림 24.7** 알켄 $C_4H_8$의 4개 구조 이성질체

있다. 따라서 알케인은 **포화 탄화수소**(saturated hydrocarbon)라고 한다. 반면에 알켄, 알카인, 방향족 탄화수소는 다중 결합(이중, 삼중 또는 비편재된 $\pi$ 결합)을 가지고 있어서 같은 탄소 원자를 가진 알케인에 비해 수소를 적게 포함하고 있다. 이와 같이 다중 결합을 가지고 있는 탄화수소를 **불포화 탄화수소**(unsaturated hydrocarbon)라고 한다. 대체적으로 불포화 분자는 포화 분자보다 반응성이 크다.

## 알켄

알켄(alkene)은 C=C 결합을 한 개 이상 갖는 불포화 탄화수소이다. 가장 간단한 알켄은 에텐(ethene, IUPAC명) 또는 에틸렌(ethylene, 일반명)이라고 하는 $CH_2{=}CH_2$이다. 이것은 씨앗을 발아하거나 과일을 익게 하는 식물 호르몬으로서 중요한 역할을 한다. 그다음으로 간단한 것은 프로펜(propene) 또는 프로필렌(propylene)이라고 하는 $CH_3{-}CH{=}CH_2$이다. 네 개 이상의 탄소 원자를 갖는 알켄은 여러 개의 이성질체를 갖는다. $C_4H_8$은 **그림 24.7**처럼 네 개의 이성질체를 갖는다. 그것들의 구조와 이름에 주목하라.

알켄의 이름은 이중 결합을 포함한 가장 긴 탄소 원자 사슬로 결정된다. 사슬 이름은 탄소수가 같은 알케인의 명칭 끝에 있는 접미사 -**에인**(ane)을 -**엔**(ene)으로 바꾸어 명명한다. 예를 들어 그림 24.7의 가장 왼쪽 화합물은 세 개 탄소 사슬의 한 부분에 이중 결합이 있고, 어미 알켄은 프로펜이다.

알켄 사슬 중 이중 결합의 위치는 이중 결합 탄소 원자의 번호를 접두사로 표기하되, 그 사슬의 한쪽 끝으로부터 가장 가까운 탄소 원자에 번호를 표기한다. 사슬의 번호는 항상 이중 결합이 작은 번호를 가지도록 부여한다. 프로펜의 가능한 이중 결합 위치는 첫 번째와 두 번째 탄소 사이뿐이다. 그래서 이중 결합의 위치를 나타내는 접두사는 불필요하다. 그림 24.7의 다른 화합물을 보면 가장 긴 탄소 사슬은 네 개이고, 이중 결합의 가능한 위치는 첫 번째 탄소(뷰트-1-엔) 또는 두 번째 탄소(뷰트-2-엔)* 두 가지가 있다.

물질이 두 개 이상의 이중 결합을 가지면 각기 숫자 접두사로 표시한다. 이름의 끝은 이중 결합 수를 나타낸다. 다이엔(2), 트라이엔(3) 등등이다. 예로 $CH_2{=}CH{-}CH_2{-}CH{=}CH_2$는 펜타-1,4-다이엔(penta-1,4-diene)이다.

그림 24.7의 오른쪽에 있는 두 이성질체는 메틸기의 상대적 위치가 다르다. 두 화합물은 **기하 이성질체**(geometrical isomer)로, 서로 같은 분자식과 같은 결합을 갖지만, 각 치환기의 공간 배열

*일부 국가에서는 이중 결합의 위치를 나타내는 숫자가 이름의 기본 부분 앞에 배치된다.

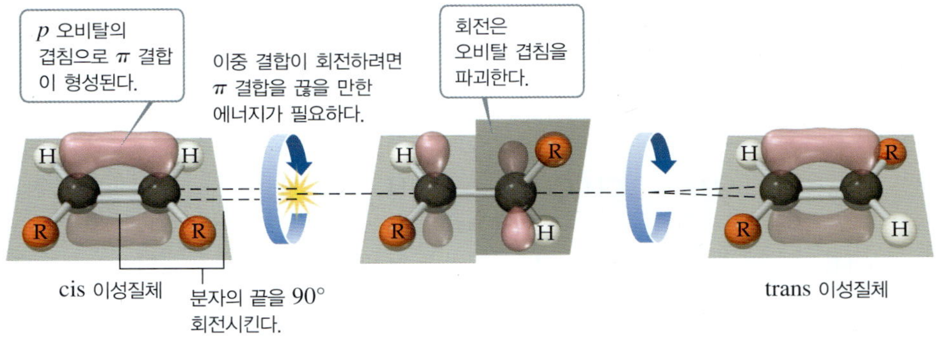


▶ **그림 24.8** 알켄의 cis와 trans 이성질체 일반적인 온도에서 탄소–탄소 이중 결합의 회전에는 매우 많은 에너지가 필요하기 때문에 기하 이성질체가 존재한다.

이 다르다. 시스(cis) 이성질체는 두 개의 메틸기가 이중 결합의 같은 쪽에 위치하는 반면에, 트랜스(trans) 이성질체는 서로 반대쪽에 위치한다. 기하 이성질체는 서로 다른 물리적 특성을 가지며, 종종 화학적 행동이 크게 다르다.

알켄의 기하 이성질 현상은 C−C 결합과는 다르게 C=C 결합이 비틀림(twisting)에 대하여 저항성이 있기 때문에 생긴다. $\sigma$ 결합과 $\pi$ 결합으로 이루어진 두 탄소 원자 사이의 이중 결합을 생각하라(9.6절). **그림 24.8**은 시스 알켄을 보여 준다. 탄소–탄소 결합 축, 수소 원자와의 결합, 알킬기(R로 표시)와의 결합은 모두 한 평면에 있다. $\pi$ 결합을 생성하며 측면에서 중첩하는 $p$ 오비탈은 분자 평면에 수직이다. 그림 24.8에서 볼 수 있듯이, 탄소–탄소 이중 결합 주위의 회전 과정은 $\pi$ 결합이 끊어져야 하므로 상당한 에너지가 필요하다(약 250 kJ/mol). 이중 결합의 탄소–탄소 결합 사이에서는 회전이 잘 일어나지 않기 때문에 알켄의 시스와 트랜스 상호 전환이 어렵고, 서로 구별되는 화합물로 존재한다.

## 예제 24.3
### 이성질체 그리기

가지가 없는 탄화수소 사슬을 가진 펜텐($C_5H_{10}$)의 구조 이성질체와 기하 이성질체를 그리시오.

**해답**

**분석** 5개의 탄소 사슬로 된 알켄의 모든 이성질체(구조와 기하 모두)의 구조를 그리는 문제이다.

**계획** 화합물이 펜타다이엔 또는 펜타트라이엔이 아니라 펜텐으로 명명되었으므로, 5개의 탄소로 된 사슬에 하나의 탄소–탄소 이중 결합을 포함하고 있음을 알 수 있다. 그래서 사슬은 어느 한쪽 끝에서부터 번호를 붙일 수 있음을 명심하면서, 먼저 이중 결합을 사슬을 따라 위치시켜 본다. 이중 결합의 위치를 확정한 후, 그 분자가 시스, 트랜스 이성질체를 가질 수 있는가를 생각해 본다.

**풀이** 이중 결합은 첫 번째 탄소(pent-1-ene)나 두 번째 탄소(pent-2-ene) 다음에 올 수 있다. 사슬의 양쪽 끝에서 모두 번호를 붙일 수 있기 때문에, 단지 이 두 가지만 가능하다. 따라서 펜트-3-엔(pent-3-ene)이라고 표기한 것은 잘못된 것이고, 반대쪽 사슬의 끝에서부터 번호를 붙여서 실제로 펜트-2-엔(pent-2-ene)이라고 표기하는 것이 정확하다.

$$\overset{1}{C}{=}\overset{2}{C}-\overset{3}{C}-\overset{4}{C}-\overset{5}{C}$$

$$\overset{1}{C}-\overset{2}{C}{=}\overset{3}{C}-\overset{4}{C}-\overset{5}{C}$$

$$\overset{1}{C}-\overset{2}{C}-\overset{3}{C}{=}\overset{4}{C}-\overset{5}{C} \quad \text{번호 재부여} \quad \overset{5}{C}-\overset{4}{C}-\overset{3}{C}{=}\overset{2}{C}-\overset{1}{C}$$

$$\overset{1}{C}-\overset{2}{C}-\overset{3}{C}-\overset{4}{C}{=}\overset{5}{C} \quad \text{번호 재부여} \quad \overset{5}{C}-\overset{4}{C}-\overset{3}{C}-\overset{2}{C}{=}\overset{1}{C}$$

펜트-1-엔의 첫 번째 C 원자는 두 개의 H 원자와 결합하고 있으므로 시스, 트랜스 이성질체가 없다. 하지만 펜트-2-엔은 시스, 트랜스 이성질체가 있다. 따라서 펜텐의 이성질체는 3개가 있다.

$$CH_2{=}CH-CH_2-CH_2-CH_3$$

펜트-1-엔

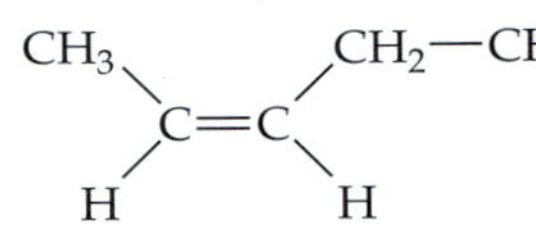

**시스**-펜트-2-엔

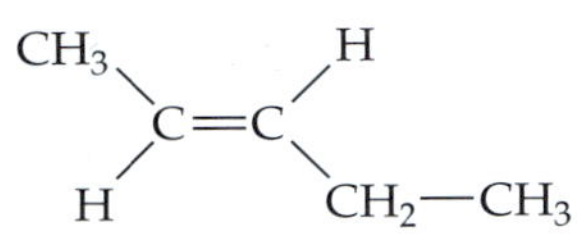

**트랜스**-펜트-2-엔

(시스 또는 트랜스-펜트-3-엔은 각각 시스- 또는 트랜스-펜트-2-엔과 같다고 확신해야 한다. 그러나 시스-펜트-2-엔과 트랜스-펜트-2-엔은 이들이 더 작은 숫자의 접두사를 가지기 때문에 올바른 이름이다.)

▶ **보충 예제**

다음 중 존재하지 않는 화합물은 어느 것인가?

**(a)** 1,2,3,4,5,6,7-옥타헵타엔 **(b)** 시스-2-뷰테인
**(c)** 트랜스-3-헥센 **(d)** 1-프로펜 **(e)** 시스-4-데센

## 알카인

알카인(alkyne)은 한 개 이상의 C≡C 결합을 가진 불포화 탄화수소이다. 가장 간단한 알카인은 매우 반응성이 좋은 아세틸렌($C_2H_2$, 체계명은 에타인)이다. 산소 아세틸렌 불꽃은 높은 온도가 필요한 용접에 쓰인다. 그 불꽃은 약 3200 K까지 올라간다. 알카인은 일반적으로 반응성이 매우 크기 때문에 알켄처럼 자연계에 널리 존재하지 않지만, 많은 화학 공정에 필요한 중요한 중간 물질이다.

알카인은 삼중 결합을 포함하는 가장 긴 사슬을 구별하여 명명하는데, 알케인의 접미사 **-에인**(ane)을 **-아인**(yne)으로 바꾸어 예제 24.4처럼 명명한다.

### 예제 24.4
불포화 탄화수소의 명명

다음 화합물을 명명하시오.

(a) 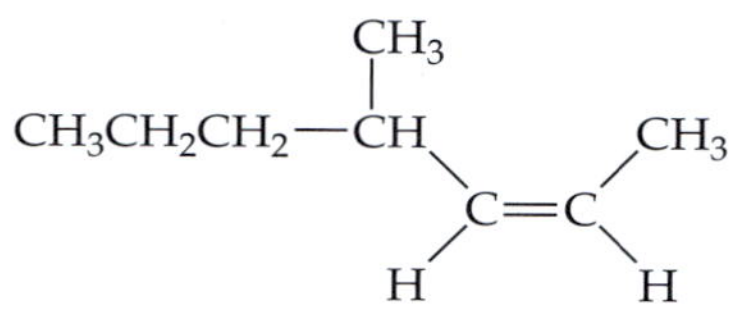

(b) 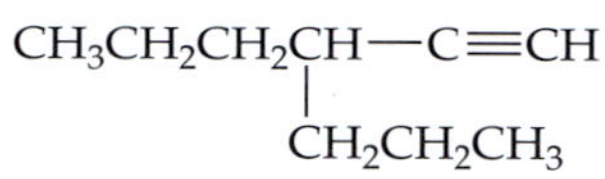

**해답**

**분석** 두 화합물의 축약 구조식이 주어지고, 첫 번째는 알켄, 두번째는 알카인으로 명명하는 것을 묻는 문제이다.

**계획** 각각의 경우, 이름은 다중 결합을 포함하는 연속적인 가장 긴 사슬에 기초하고 있다. 알켄의 경우 시스, 트랜스 이성질체가 있는지 조심스럽게 확인하고, 있으면 확인해서 쓴다.

**풀이**

**(a)** 이중 결합을 포함한 가장 긴 탄소 수는 7개이다. 그러므로 어미 탄화수소는 헵텐(heptene)이다. 이중 결합은 탄소 2(이중 결합에서 가장 가까운 끝부터 세어서)에서 시작하므로 어미 탄화수소 사슬의 이름은 2-헵텐이다. 또한 메틸기가 네 번째 탄소에 있으므로 4-메틸-2-헵텐이다. 끝으로 이중 결합의 기하 배열은 알킬기들이 동일한 방향으로 이중 결합에 연결되었으므로 시스이다. 이런 이유로 이 화합물의 완전한 이름은 시스-4-메틸헵트-2-엔이다.

**(b)** 삼중 결합을 포함하는 가장 긴 탄소 수는 6이므로, 이 화합물은 헥사인의 유도체이다. 삼중 결합은 첫 번째 탄소 다음에 오기 때문에(오른쪽부터 번호를 준다) 헥스-1-아인(hex-1-yne)이다. 사슬의 곁사슬은 세 개의 탄소를 포함하므로 프로필기가 된다. 이것이 헥사인 사슬의 3번 탄소에 위치하므로 이 분자는 3-프로필-헥스-1-아인이다.

▶ **보충 예제**

어떤 화합물이 두 개의 탄소–탄소 삼중 결합과 하나의 탄소–탄소 이중 결합을 가진다면, 이 화합물은 어떤 계열에 속하는가?

**(a)** 엔아인(eneyne) **(b)** 다이엔아인(dieneyne)
**(c)** 트라이엔아인(trieneyne) **(d)** 엔다이아인(enediyne)
**(e)** 엔트라이아인(enetriyne)

## 알켄과 알카인의 첨가 반응

탄화수소에 탄소–탄소 이중 결합 또는 삼중 결합이 존재하면 화학 반응성은 크게 증가한다. 알켄과 알카인의 가장 특징적 반응은 **첨가 반응(addition reaction)**이고, 반응물은 다중 결합의 두 원자에 첨가된다. 간단한 예는 에틸렌에 브로민을 첨가하여 1,2-다이브로모에테인(1,2-dibromoethane)을 형성하는 반응이다.

$$H_2C{=}CH_2 + Br_2 \longrightarrow \underset{Br}{H_2C}{-}\underset{Br}{CH_2} \qquad [24.1]$$

에틸렌의 $\pi$ 결합은 끊어지고 결합에 사용되었던 전자들은 두 개 브로민 원자와 두 개의 새로운 $\sigma$ 결합을 생성하는 데 사용된다. 탄소 원자 사이의 $\sigma$ 결합은 그대로 남아 있다.

알켄에 $H_2$를 첨가하면 알케인으로 변환된다.

$$CH_3CH{=}CHCH_3 + H_2 \xrightarrow{\text{Ni, 500 °C}} CH_3CH_2CH_2CH_3 \qquad [24.2]$$

알켄과 $H_2$ 사이의 반응을 **수소화 반응**(hydrogenation)이라고 하는데, 상온과 상압에서 쉽게 일어나지 않는다. 알켄에 수소 분자가 잘 반응하지 않는 것은 $H_2$ 결합이 안정하기 때문이다. 이 반응을 촉진하기 위해 반응 온도를 올리거나(500 °C), H—H 결합을 끊는 촉매(Ni 같은)가 사용된다. 반응이 일어나는 데 필요한 이런 조건들을 반응 화살표 위에 표시한다. 가장 널리 사용하는 촉매는 $H_2$를 흡착하는 금속 분말이다.

할로젠화 수소와 물은 에텐의 다음 반응처럼 알켄의 이중 결합에 첨가된다.

$$CH_2{=}CH_2 + HBr \longrightarrow CH_3CH_2Br \qquad [24.3]$$

$$CH_2{=}CH_2 + H_2O \xrightarrow{H_2SO_4} CH_3CH_2OH \qquad [24.4]$$

물의 첨가 반응은 황산($H_2SO_4$)과 같은 강산의 촉매 작용으로 일어난다.

알카인의 첨가 반응은 알켄과 같고, 그 예는 다음과 같다.

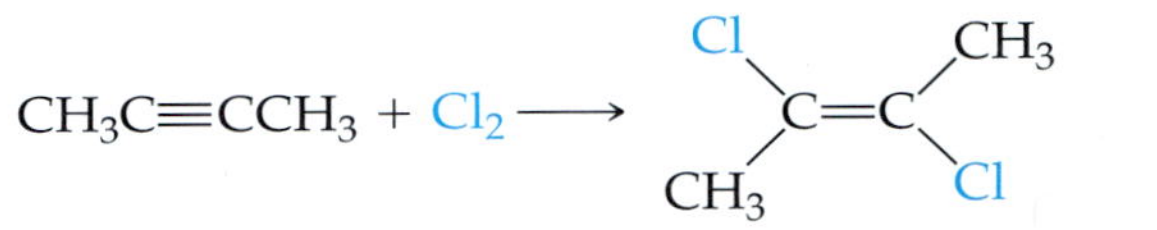

[24.5]

2-뷰타인 　 **트랜스**-2,3-다이클로로뷰트-2-엔

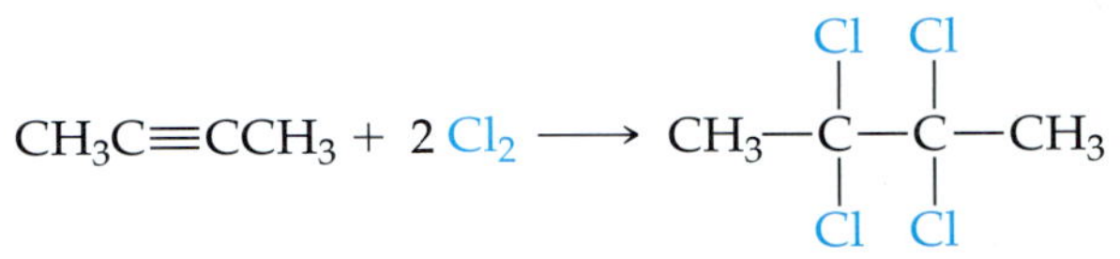

[24.6]

2-뷰타인 　 2,2,3,3-테트라클로로뷰테인

## 예제 24.5
### 첨가 반응에서 생성물 예측하기

3-메틸펜트-1-엔의 수소화 반응 생성물의 축약 구조식을 쓰시오.

### 해답

**분석** 특정 알켄이 수소화 반응($H_2$와의 반응)을 했을 때 생성되는 화합물을 예상하고, 생성물의 축약 구조식을 쓰는 문제이다.

**계획** 반응 생성물의 축약 구조식을 결정하기 위해서는 먼저 반응물의 Lewis 구조나 축약 구조식을 써야 한다. 알켄의 수소화 반응에서는 $H_2$가 이중 결합에 첨가되어 알케인을 생성한다.

**풀이** 출발 화합물의 이름은 한쪽 끝(위치 1)에 이중 결합을 갖는 5개 C 원자의 사슬과 C3에 메틸기 한 개를 갖는다는 것을 알 수 있다.

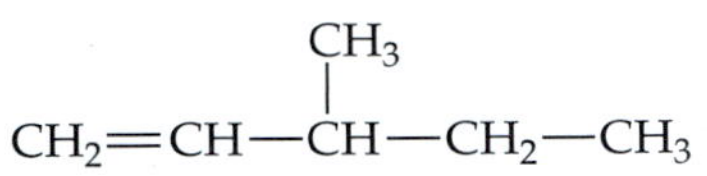

수소화 반응(이중 결합 사이에 수소 분자 첨가)이 일어나면 다음과 같은 알케인을 만든다.

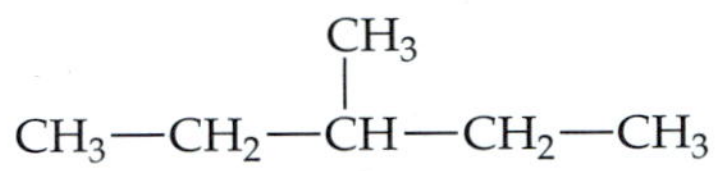

**주의** 이 알케인에서 가장 긴 사슬은 탄소 원자가 5개이고, 이름은 3-메틸펜테인이다.

▶ **보충 예제**

2-메틸프로펜의 수소화 반응에서는 어떤 생성물이 생성되겠는가?

(a) 프로페인 (b) 뷰테인 (c) 2-메틸뷰테인
(d) 2-메틸프로페인 (e) 2-메틸프로파인

## 자세히 보기 첨가 반응 메커니즘

화학을 더 많이 이해하게 되면서, 화학자들은 알려진 반응들을 단순히 목록으로 작성하는 것에서 실험과 이론적인 증거를 토대로 반응의 각 단계를 그림으로써 반응이 어떻게 일어나는지를 설명하는 것으로 발전시켜 왔다. 이들 각 단계의 총합을 **반응 메커니즘**(reaction mechanism)이라고 한다.

예를 들어 HBr과 알켄의 첨가 반응은 두 단계를 거쳐서 일어난다. 속도 결정 단계인 첫 번째 단계에서는 HBr 분자가 전자가 풍부한 이중 결합에 접근하여, 이중 결합 탄소 중 하나에 양성자를 전달한다. 예를 들어 뷰트-2-엔과 HBr 반응의 첫 단계는 다음처럼 진행한다.

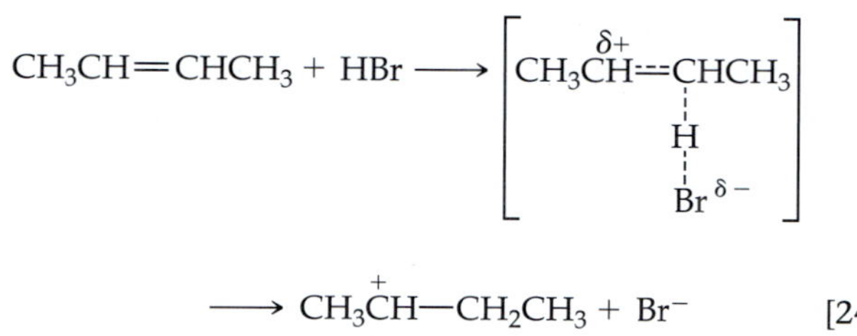

[24.7]

알켄의 탄소 원자 사이에서 $\pi$ 결합을 형성하던 전자쌍은 새로운 C—H 결합을 생성하는 데 이용된다.

양전하를 가진 탄소에 $Br^-$를 첨가하는 과정이 포함된 두 번째 단계는 빠르다. 이 반응에서 브로민화 이온($Br^-$)은 양전하를 가진 탄소에 전자쌍을 주어 C—Br 결합을 생성한다.

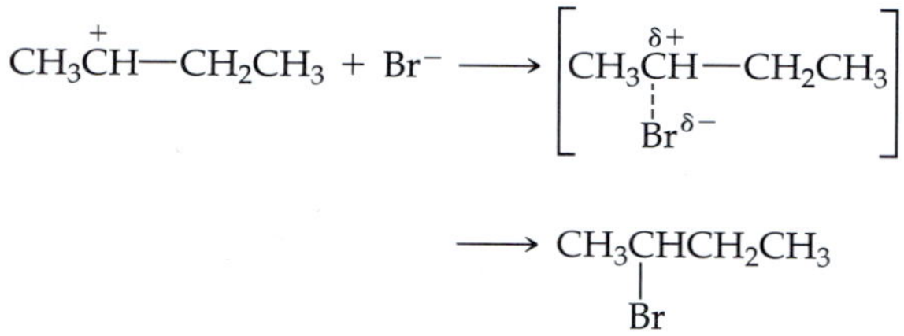

[24.8]

반응의 속도 결정 단계인 첫 번째 단계에서는 알켄과 산이 모두 관여하므로 반응의 속도 법칙은 이차이고, 알켄과 HBr에서 각각 일차이다.

$$\text{속도} = -\frac{\Delta[CH_3CH{=}CHCH_3]}{\Delta t} = k[CH_3CH{=}CHCH_3][HBr] \qquad [24.9]$$

반응에서의 에너지 변화는 **그림 24.9**와 같다. 첫 번째 에너지 최댓값은 앞에 설명한 첫 단계 전이 상태를 나타낸다. 두 번째 최댓값은 두 번째 단계의 전이 상태를 나타낸다. 반응의 첫 번째 단계와 두 번째 단계 간에 에너지 최솟값이 존재한다. 이 에너지 최솟값은 중간체인 $CH_3\overset{+}{C}H—CH_2CH_3$와 $Br^-$의 에너지에 해당한다.

이와 같은 반응의 전자 이동을 나타내기 위해 화학자들은 때때로 전자의 이동 방향을 표시하는 화살표를 사용한다. 예를 들어 앞의 HBr과 뷰트-2-엔의 반응에서 전자 위치 이동은 다음과 같다.

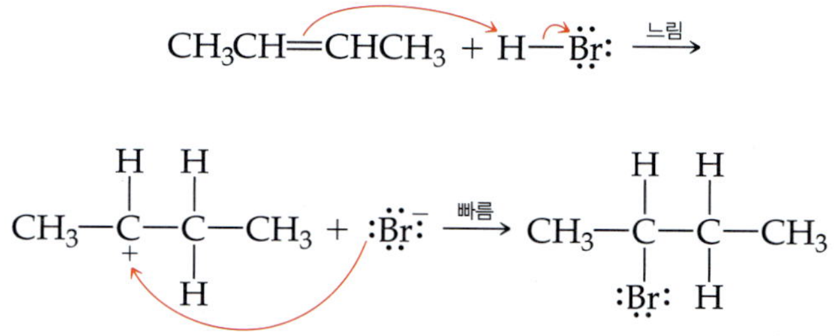


**에너지 변화가 $\Delta G$의 변화와 같다고 가정하면 그림 24.9의 반응은 자발적인가, 아닌가?**

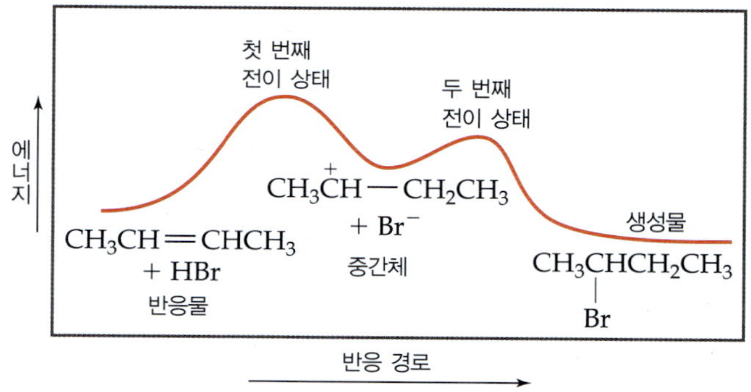


▲ **그림 24.9 뷰트-2-엔의 HBr 첨가 반응의 에너지 단면도** 두 개의 극댓값은 반응의 메커니즘이 두 단계로 되어 있음을 알려 준다.

## 방향족 탄화수소

가장 간단한 방향족 탄화수소인 벤젠($C_6H_6$)과 몇 가지 다른 방향족 탄화수소를 **그림 24.10**에 나타내었다. 벤젠은 가장 중요한 방향족 탄화수소이므로 이에 대해서 자세히 알아볼 것이다. $C_6H_5$–기가 화합물에서 치환체인 경우, 이는 **페닐(phenyl)**기로 알려져 있다.

### 비편재화에 의한 $\pi$ 전자의 안정화

만일 벤젠을 Lewis 구조로 그린다면 하나의 고리에 세 개의 C=C 이중 결합과 세 개의 C—C 단일 결합으로 그려진다. 그래서 벤젠은 불포화 탄화수소와 비슷하고, 반응성이 클 것이라고 생각한다. 그러나 벤젠과 다른 방향족 탄화수소들은 $\pi$ 전자가 $\pi$ 오비탈에서 비편재되기 때문에 알켄이나 알카인에 비해서 훨씬 더 안정하다.

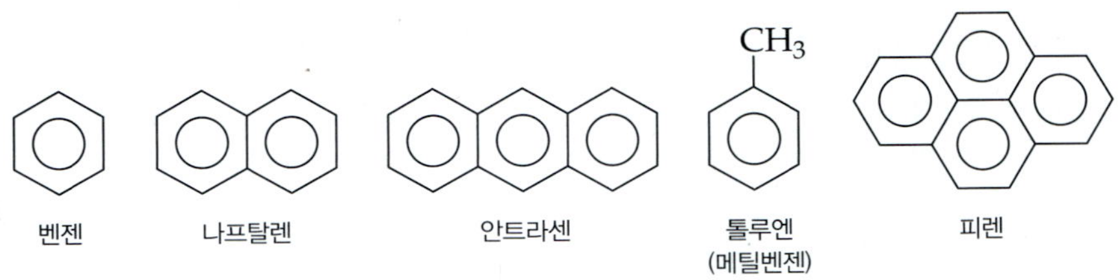


▲ **그림 24.10 몇 가지 방향족 화합물의 선 구조와 일반명** 방향족 고리는 비편재된 $\pi$ 결합을 의미하도록 육각형 고리 내에 원을 그려서 표현한다. 각각의 모서리는 탄소 원자를 의미한다. 각 탄소는 다른 세 개 원자에 결합되어 있는데, 세 개 모두 탄소이거나, 탄소 두 개와 수소 한 개가 결합된다. 각각의 탄소는 네 개의 결합을 갖도록 되어있다.

벤젠에서 $\pi$ 전자의 안정화는 벤젠에서 수소화 반응(수소 첨가)이 일어나 사이클로헥세인이 형성될 때 필요한 에너지를 사이클로헥센(이중 결합 한 개)과 1,4-사이클로헥사다이엔(이중 결합 두 개)의 수소화 반응의 에너지와 비교하여 추정할 수 있다.

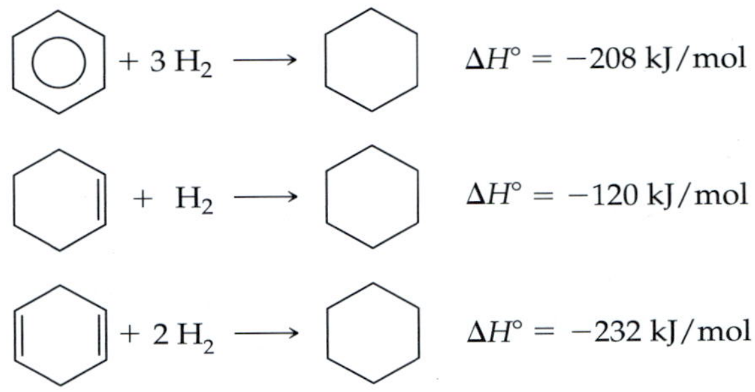


두 번째와 세 번째 반응으로부터, 각각의 이중 결합에 수소화 반응이 일어나는 데 대략 118 kJ/mol의 에너지가 필요한 것으로 생각된다. 벤젠은 동등한 세 개의 이중 결합을 가지고 있다. 만약 벤젠이 세 개의 고립된 이중 결합 고리를 가진 '사이클로헥사트라이엔'이라고 생각하면, 수소화 반응에서 필요한 에너지는 −118의 세 배인 −354 kJ/mol일 것이다. 그러나 실제 방출되는 에너지는 146 kJ이 적기 때문에 벤젠이 세 개의 이중 결합을 가지고 있다고 생각했던 것보다 안정함을 알 수 있다. 예상했던 수소화 반응열(−354 kJ/mol)과 측정한 수소화 반응열(−208 kJ/mol)의 차이인 146 kJ/mol은 고리 전체로 확장되어 있는 $\pi$ 오비탈의 $\pi$ 전자가 비편재화에 의해 안정화되기 때문이다. 화학자들은 이 안정화 에너지를 **공명 에너지**(resonance energy)라고 한다.

## 방향족 탄화수소의 치환 반응

방향족 탄화수소는 불포화이지만, **쉽게 첨가 반응이 일어나지 않는다.** 비편재된 $\pi$ 결합은 방향족 화합물이 알켄이나 알카인과 아주 다르게 반응하는 원인이 된다. 예를 들면 벤젠의 이중 결합은 보통의 조건에서 $Cl_2$ 또는 $Br_2$와 첨가 반응을 하지 않는다. 반대로 방향족 탄화수소는 비교적 쉽게 **치환 반응(substitution reaction)**을 한다. 치환 반응에서는 분자의 수소 원자 한 개가 제거되고, 다른 원자나 원자단으로 교체된다. 예를 들어 벤젠을 질산과 황산의 혼합 용액에서 가열하면 벤젠의 수소 한 개가 나이트로($NO_2$)기로 치환된다.

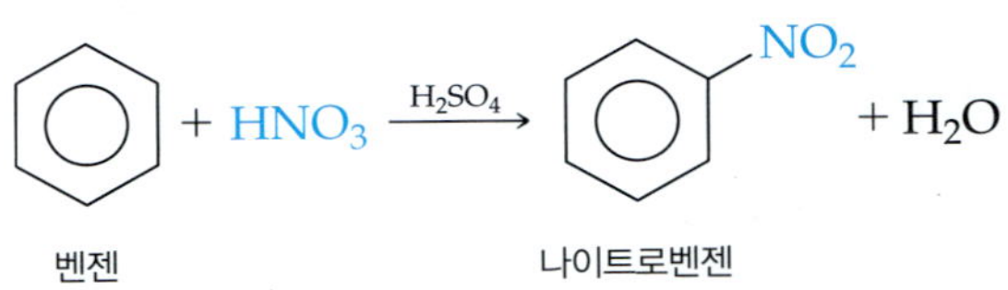


[24.10]

보다 격렬한 조건에서는 두 번째 나이트로기의 치환 반응이 일어난다.

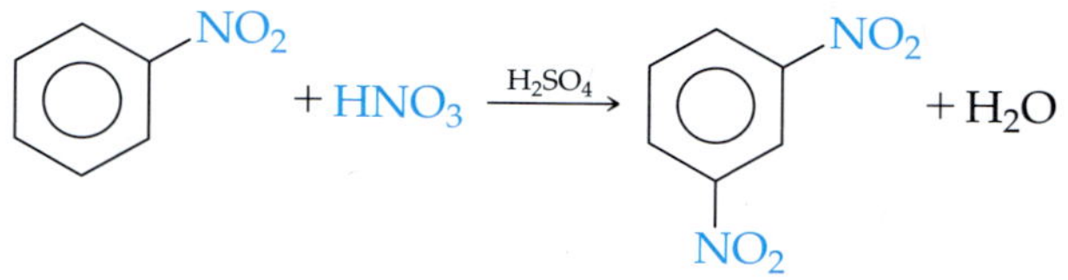


[24.11]

두 개의 나이트로기를 갖는 벤젠은 세 개의 이성질체가 가능하다. 이들은 다이나이트로벤젠의 1,2- 또는 **오쏘**(ortho)-이성질체, 1,3- 또는 **메타**(meta)-이성질체, 1,4- 또는 **파라**(para)-이성질체이다.

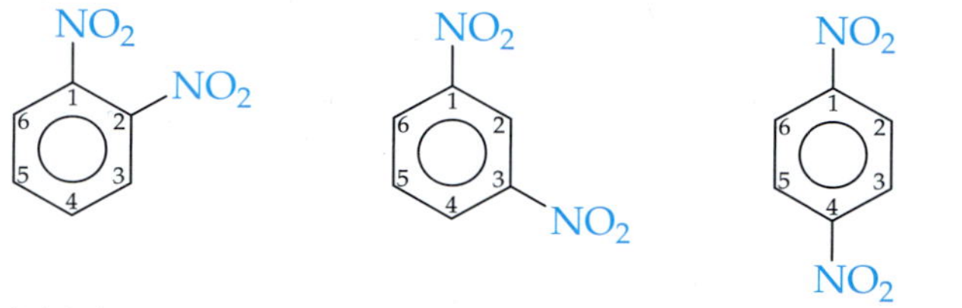


**오쏘**-다이나이트로벤젠 1,2-다이나이트로벤젠 mp 118 °C

**메타**-다이나이트로벤젠 1,3-다이나이트로벤젠 mp 90 °C

**파라**-다이나이트로벤젠 1,4-다이나이트로벤젠 mp 174 °C

식 24.11의 반응에서 주생성물은 메타 이성질체이다.

촉매로 $FeBr_3$를 사용하는 벤젠의 브로민화 반응은 또 다른 치환 반응이다.

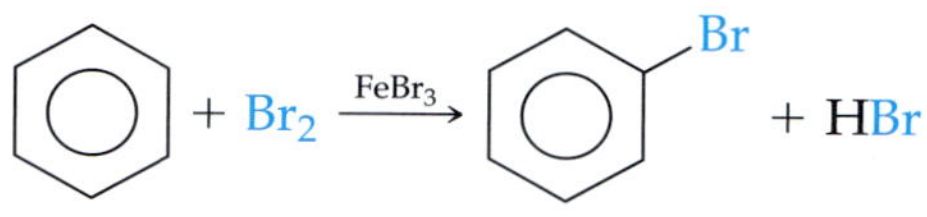


벤젠 브로모벤젠 [24.12]

**Friedel–Crafts 반응**이라고 하는 유사한 치환 반응에서는, $AlCl_3$ 촉매 존재하에서 방향족 화합물과 할로젠화 알킬의 반응으로 방향족 고리에 알킬기를 치환할 수 있다.

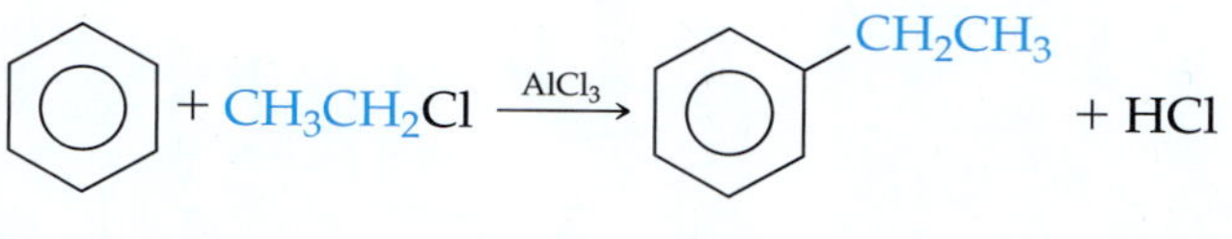


벤젠 에틸벤젠 [24.13]

## 자기 평가 연습 문제

**24.13** 탄소 5개로 이루어진 선형 사슬에서 이중 결합이 가능한 위치는 몇 개인가?

**(a)** 1

**(b)** 2

**(c)** 3

**(d)** 4

**24.14** 6개의 탄소 원자로 이루어진 고리를 포함하고 화학식 $C_6H_{10}$을 갖는 고리형 화합물은 알케인, 알켄, 방향족 화합물 중 무엇으로 분류되는가?

**(a)** 알케인

**(b)** 알켄

**(c)** 방향족 화합물

**24.15** 그림 24.10에 나와 있는 방향족 탄화수소 나프탈렌이 질산 및 황산과 반응할 때, 하나의 나이트로 그룹을 포함하는 화합물이 몇 개나 형성되는가?

**(a)** 1

**(b)** 2

**(c)** 4

## 연습 문제

**24.16** **(a)** 화합물 $CBr_3CH=CHCH_3$가 포화인지, 불포화인지 설명하시오. **(b)** 화학식 $CH_2=CH_2CH_2CH_3$에서 틀린 부분은?

**24.17** 다음 각 분자의 구조를 그리고 기하 이성질체를 나타낼 수 있는지 여부를 표시하시오.
**(a)** 2-메틸프로펜 **(b)** 1,3-다이아이오도벤젠
**(c)** 1,2-다이클로로펜트-1-엔 **(d)** 3-메틸뷰트-1-아인

**24.18** 축약 구조식을 사용하여 다음 각 반응의 균형 맞춘 화학 반응식을 작성하시오.
**(a)** 사이클로헥센의 수소화 반응
**(b)** $H_2SO_4$를 촉매로 사용하여 *trans*-펜트-2-엔에 $H_2O$의 첨가(2개 생성물)
**(c)** $AlCl_3$의 존재하에서 2-클로로프로페인과 벤젠의 반응

**24.19** **(a)** 알켄이 존재하는지를 확인하는 한 가지 시험은 적갈색 액체인 소량의 브로민을 첨가하는 것이다. 알켄이 존재한다면 적갈색이 소멸된다. 이 시험이 방향족 탄화수소의 존재를 감지하는 데는 작동하지 않는 이유를 설명하시오. **(b)** 벤젠으로 시작하여 필요한 여러 시약을 사용하여 *p*-브로모에틸벤젠이 합성되는 일련의 반응을 작성하시오. 또한 어떤 이성질체 부산물이 형성될 수 있는가?

**24.20** 사이클로헥센을 알켄으로 사용하여, 알켄에 할로겐화수소를 첨가할 때 생성될 것으로 생각되는 중간체를 설명하시오.

**24.21** 데카하이드로나프탈렌($C_{10}H_{18}$)의 연소열은 −6286 kJ/mol이다. 나프탈렌($C_{10}H_8$)의 연소열은 −5157 kJ/mol이다. (두 경우 모두 $CO_2(g)$와 $H_2O(l)$가 생성물이다.) 이 데이터와 부록 C의 데이터를 사용하여 나프탈렌의 수소화 열과 공명 에너지를 계산하시오.

자기 평가 연습 문제 답 **22.13** (b) **22.14** (b) **22.15** (b)

## 24.4 | 유기 작용기

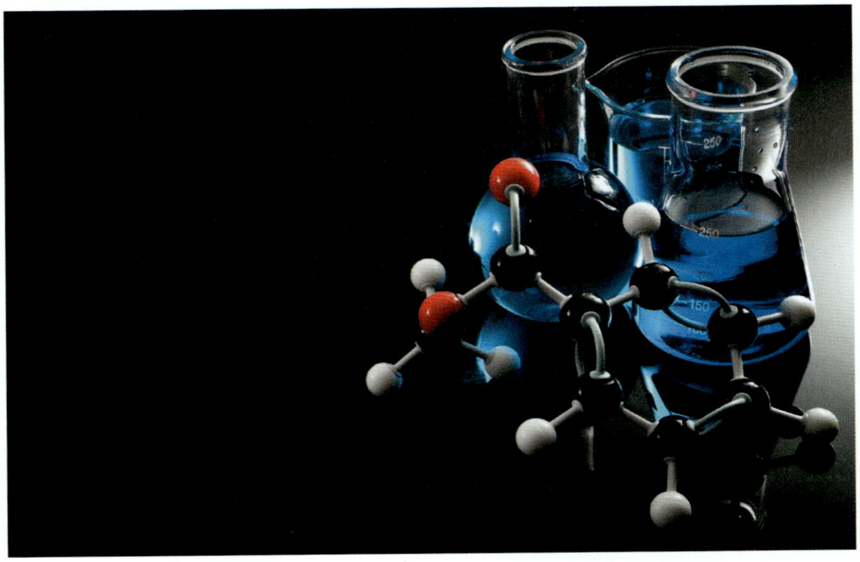

유기 화학의 다양성은 탄소 사슬과 고리가 구성될 수 있는 수많은 방법의 조합에서 비롯되며, 작용기의 선택으로 구분된다. 작용기는 분자의 반응성 부분을 형성하고 카드 게임의 에이스처럼 특별한 주의를 기울이게 한다. 작용기는 또한 수백만 개의 유기 화합물을 그 특성을 나타내는 몇 가지 유형으로 분류하는 방법을 제공한다. 이 절이 끝나면 다음 사항을 수행할 수 있어야 한다.

- 유기 분자에 존재하는 일반적인 작용기 식별하기

알켄의 이중 결합 C=C와 알카인의 삼중 결합 C≡C는 유기 분자의 많은 작용기 중 두 가지일 뿐이다. 앞에서 언급한 작용기들은 각각 특징적인 반응을 거치게 되는데, 모든 다른 작용기도 똑

**표 24.6 일반적인 작용기**

| 작용기 | 화합물 유형 | 접미사 | 예: 구조식 | 예: 공-막대 모형 | 예: 체계명(일반명) |
|---|---|---|---|---|---|
| 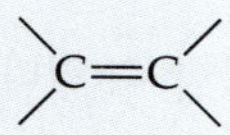 | 알켄 (alkene) | **-엔** (-ene) | 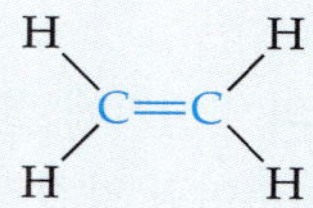 | 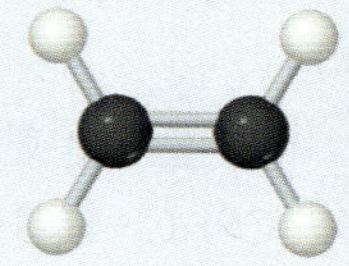 | 에텐(ethene) (에틸렌, ethylene) |
| —C≡C— | 알카인 (alkyne) | **-아인** (-yne) | H—C≡C—H |  | 에타인(ethyne) (아세틸렌, acetylene) |
| 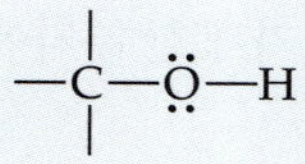 | 알코올 (alcohol) | **-올** (-ol) | 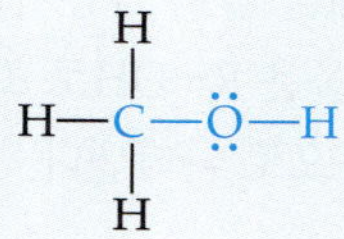 | 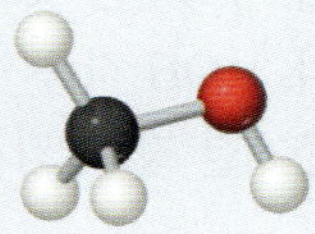 | 메탄올(methanol) (메틸 알코올, methyl alcohol) |
| 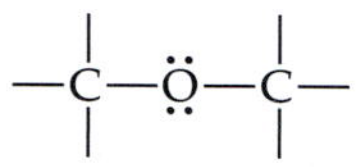 | 에터 (ether) | **에터** (ether) | 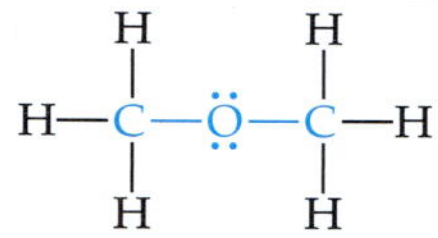 | 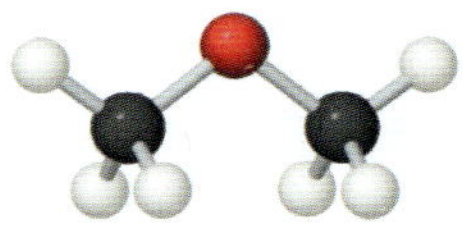 | 메톡시메테인 (methoxymethane) (다이메틸 에터, dimethyl ether) |
| 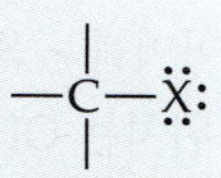 (X = 할로젠) | 할로젠화 알킬 (alkyl halide) 또는 할로알케인 (haloalkane) | **-아이드** (-ide) | 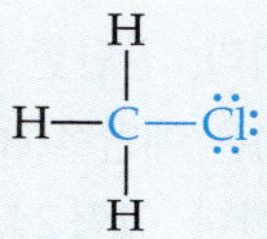 | 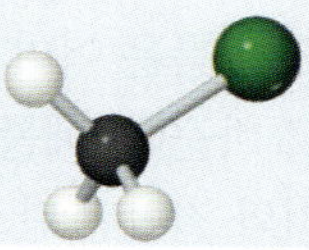 | 클로로메테인 (chloromethane) (염화 메틸, methyl chloride) |
| 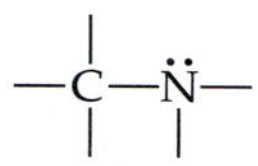 | 아민(amine) | **-아민** (-amine) | 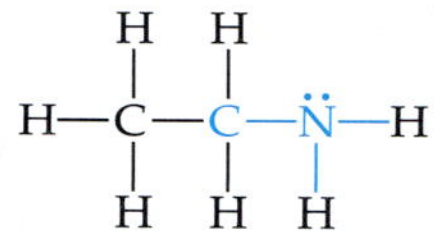 | 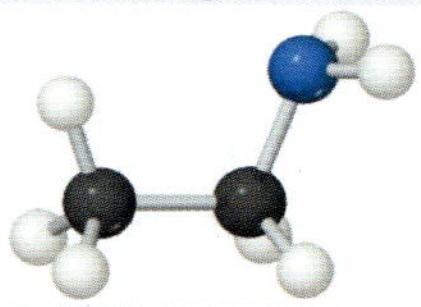 | 에틸아민 (ethylamine) |
| 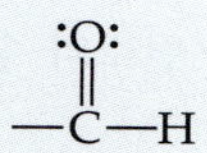 | 알데하이드 (aldehyde) | **-알** (-al) | 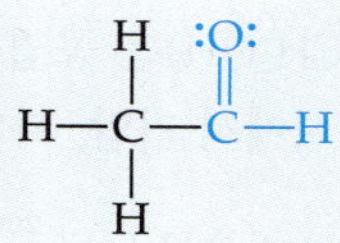 | 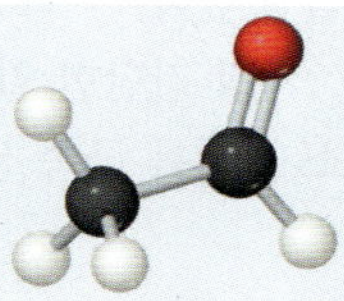 | 에탄알(ethanal) (아세트알데하이드, acetaldehyde) |
| 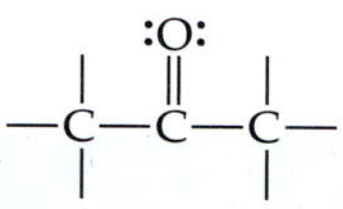 | 케톤 (ketone) | **-온** (-one) | 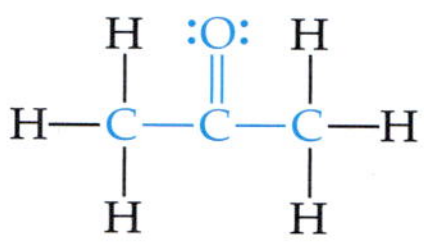 | 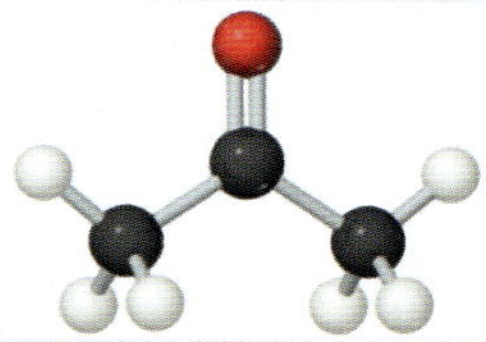 | 프로판온(propanone) (아세톤, acetone) |
| 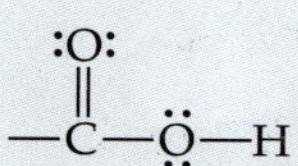 | 카복실산 (carboxylic acid) | **-산** (-oic acid) | 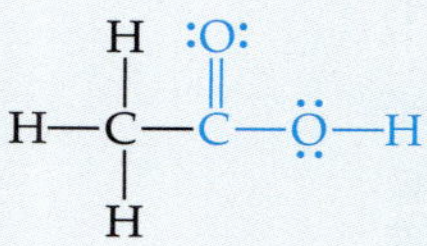 | 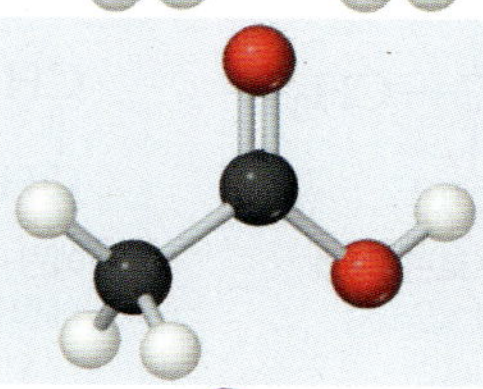 | 에탄산(ethanoic acid) (아세트산, acetic acid) |
| 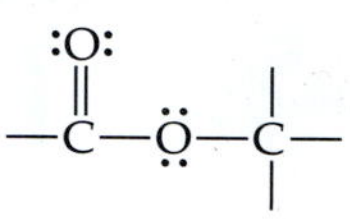 | 에스터 (ester) | **-오에이트** (-oate) | 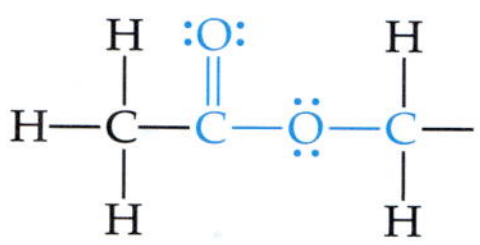 | 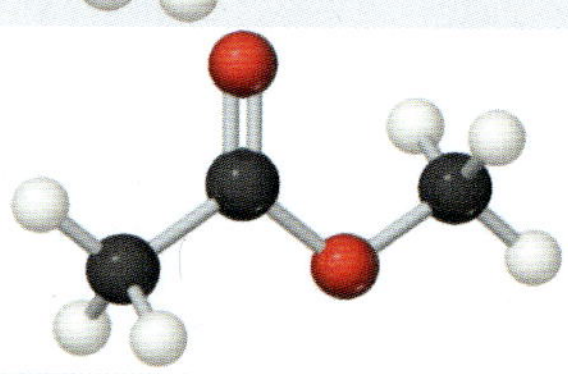 | 메틸 에타노에이트 (methyl ethanoate) (아세트산 메틸, methyl acetate) |
| 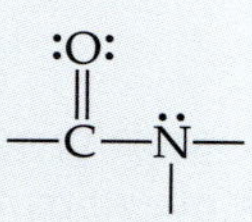 | 아마이드 (amide) | **-아마이드** (-amide) | 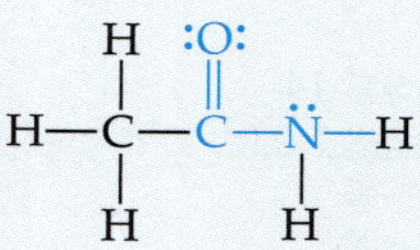 | 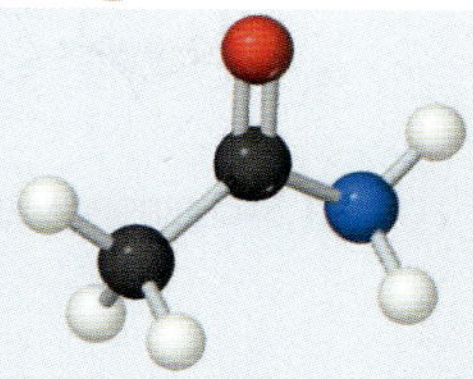 | 에탄아마이드 (ethanamide) (아세트아마이드, acetamide) |

같이 특징적인 반응을 일으킨다. 같은 종류의 작용기는 각각 분자의 크기나 복잡성과 상관없이, 종종 같은 모든 분자에서 같은 종류의 반응을 일으킨다. 따라서 유기 분자 화학은 넓게 보면 유기 분자가 가지고 있는 작용기를 결정하는 것이라고 할 수 있다. **표 24.6**은 가장 흔한 작용기들을 나열한 것이다. C=C와 C≡C를 제외하고는 모두 O, N, 할로젠 원소(X)를 포함하고 있음을 주목하라.

유기 분자는 한 개 또는 그 이상의 알킬기에 결합한 작용기로 구성되어 있다고 생각할 수 있다. C−C와 C−H의 단일 결합으로 이루어진 알킬기는 분자에서 반응성이 상대적으로 작은 부분이다. 유기 화합물의 일반적인 특징을 기술할 때 화학자들은 종종 R을 메틸, 에틸, 프로필 등 알킬기를 나타내는 것으로 사용한다. 예를 들어 작용기를 포함하고 있지 않은 알케인은 R−H로 표기한다. −OH 작용기를 포함한 알코올은 R−OH로 표기한다. 두 개 이상의 다른 알킬기가 한 분자에 존재할 경우, 각각을 R, R′, R″ 등으로 나타낸다.

## 알코올

**알코올(alcohol)**은 어미 탄화수소의 한 개 이상의 수소가 **하이드록실기**(hydroxyl group) 또는 **알코올기**(alcohol group)라고 하는 OH 작용기로 치환된 탄화수소 유도체이다. **그림 24.11**에서 알코올의 이름은 어미가 **-올**(ol)임을 주목하라. 간단한 알코올의 이름은 대응하는 알케인의 어미를 −올로 바꾼다. 예를 들면 에테인(ethane)은 에탄올(ethanol)이 된다. 필요한 경우 OH기의 위치는 OH기와 결합된 탄소 원자 번호로 표시한다. **그림 24.12**는 전체 또는 일부분을 유기 알코올로 만든 상품을 보여 준다.

O−H 결합은 극성이므로, 알코올은 탄화수소보다 물과 같은 극성 용매에 훨씬 잘 녹는다. 또한 −OH 작용기는 수소 결합을 할 수 있다. 따라서 알코올의 끓는점은 어미 알케인의 끓는점보다 훨씬 높다.

가장 간단한 알코올인 메탄올($CH_3OH$)은 공업적으로 다양한 용도를 가지며, 일산화 탄소와 수소 기체를 금속 산화물 촉매 존재하에서 가압, 가열하여 만든다.

$$CO(g) + 2\,H_2(g) \xrightarrow[400\,°C]{200-300\text{ atm}} CH_3OH(g) \qquad [24.14]$$

메탄올은 자동차 연료로서, 높은 옥테인값을 갖기 때문에 휘발유 첨가제뿐만 아니라 그 자체를 연

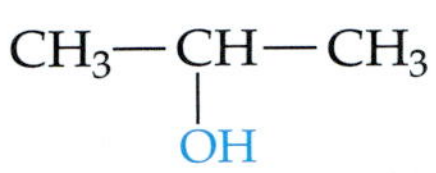
프로판-2-올
아이소프로필 알코올; 소독용 알코올

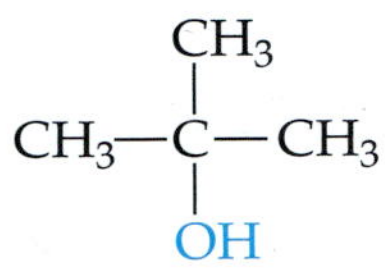
2-메틸프로판-2-올
*t*-뷰틸 알코올

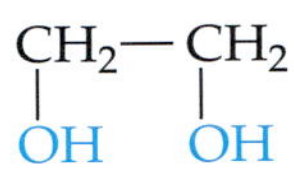
에탄-1,2-다이올
에틸렌 글라이콜

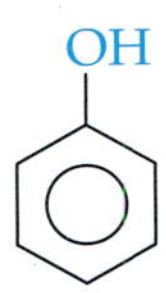
페놀

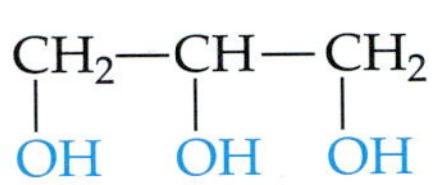
프로판-1,2,3-트라이올
글리세롤; 글리세린

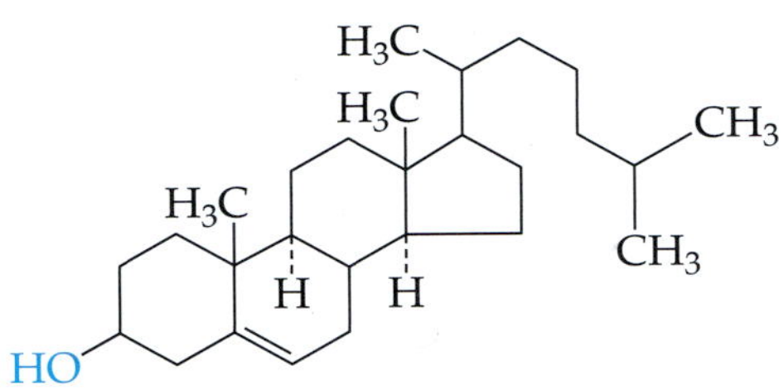
2,15-다이메틸-14-(1,5-다이메틸헥실)테트라사이클로[$8.7.0.0^{2,7}.0^{11,15}$]헵타코스-7-엔-5-올
콜레스테롤

▲ **그림 24.11** 6개의 중요한 알코올의 축약 구조식 푸른색은 일반명이다.

▲ **그림 24.12** 일상적인 알코올 소독용 알코올에서부터 헤어스프레이, 부동액에 이르기까지 일상에서 사용되는 많은 생성물들은 알코올이 주성분이다.

료로 사용하기도 한다.

에탄올(에틸 알코올, $C_2H_5OH$)은 당이나 전분 같은 탄수화물의 발효 물질이다. 효모는 공기가 없는 상태에서 탄수화물을 에탄올과 $CO_2$ 혼합물로 만든다.

$$C_6H_{12}O_6(aq) \xrightarrow{\text{효모}} 2\,C_2H_5OH(aq) + 2\,CO_2(g) \qquad [24.15]$$

이 과정에서 효모는 성장에 필요한 에너지를 얻는다. 이 반응은 에탄올(일상 용어로 '알코올'이라고 한다)이 주성분인 맥주, 포도주, 다른 음료수 제조에서 정교하게 조절된 조건에서 수행된다.

가장 간단한 폴리하이드록시 알코올(두 개 이상의 OH기를 갖는 알코올)인 에탄-1,2-다이올(에틸렌 글라이콜, $HOCH_2CH_2OH$)은 자동차 부동액의 주성분이다. 또 다른 폴리하이드록시 알코올인 프로판-1,2,3-트라이올(글리세롤, $HOCH_2CH(OH)CH_2OH$)은 점성을 띤 물에 잘 녹는 액체로, 화장품 제조에서 피부를 부드럽게 만드는 물질(skin softener)로 널리 이용되고, 식품류나 과자류의 보습제로도 쓰인다.

페놀은 방향족 고리에 OH기가 결합한 가장 간단한 화합물이다. 방향족의 매우 특징적 효과 중 한 가지는 OH기의 산도를 크게 증가시키는 것이다. 페놀은 에탄올과 같은 대표적 비방향족 알코올보다 수용액에서 백만 배 정도 더 산성이지만 강산은 아니다($K_a = 1.3 \times 10^{-10}$). 페놀은 공업적으로 여러 종류의 플라스틱이나 염료 제조에 사용된다. 또한 인후염의 국부 마취제 및 분무제로도 이용된다.

그림 24.11에서 보여 준 콜레스테롤은 생화학적으로 중요한 알코올이다. OH기는 콜레스테롤의 단지 작은 부분을 차지하고 있으므로, 콜레스테롤은 물에 잘 녹지 않는다($H_2O$ 2.6 g/L). 콜레스테롤은 우리 몸의 정상적 성분이지만, 과다하면 용액으로부터 침전될 수도 있다. 담낭에서 **담석**(gallstone)이라고 하는 결정 덩어리가 석출된다. 정맥이나 동맥의 내벽에도 침전될 수 있기 때문에 고혈압 및 다른 심장 질환을 유발한다.

## 에터

두 개의 탄화수소기가 한 개의 산소 원자에 결합한 화합물을 **에터**(ether)라고 한다. 에터는 두 분자의 알코올로부터 한 분자의 물을 제거함으로써 만들 수 있다. 이 반응은 황산을 촉매로 하여 반응계로부터 물이 제거되는 반응이다.

$$CH_3CH_2{-}OH + H{-}OCH_2CH_3 \xrightarrow{H_2SO_4} CH_3CH_2{-}O{-}CH_2CH_3 + H_2O \qquad [24.16]$$

두 물질로부터 물을 제거하는 반응을 **축합 반응**(condensation reaction)이라고 한다

다이에틸 에터 및 고리 에터인 테트라하이드로퓨란(THF)은 유기 반응에 사용하는 일반 용매이다. 다이에틸 에터는 예전에는 마취제(그래서 간단히 '에터'로 알려진)로 사용되었지만 심각한 부작용이 있었다.

$$CH_3CH_2{-}O{-}CH_2CH_3$$

다이에틸 에터

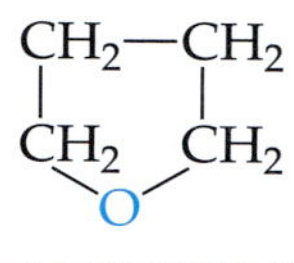

테트라하이드로퓨란(THF)

## 알데하이드와 케톤

표 24.6에 나타낸 작용기를 살펴보면 그들 중 몇 가지는 **카보닐기(carbonyl group**, C=O)를 갖는다. 이 작용기는 카보닐기의 탄소에 결합한 원자들과 함께 이 절에서 다루게 될 몇 가지 중요한 작용기이다.

**알데하이드(aldehyde)**는 카보닐기와 최소 한 개의 수소 원자가 결합한다.

메탄알 / 폼알데하이드 — 에탄알 / 아세트알데하이드

**케톤**(**ketone**)의 카보닐기는 탄소 사슬의 내부에 존재하므로, 카보닐기는 탄소 원자의 옆면에 있다.

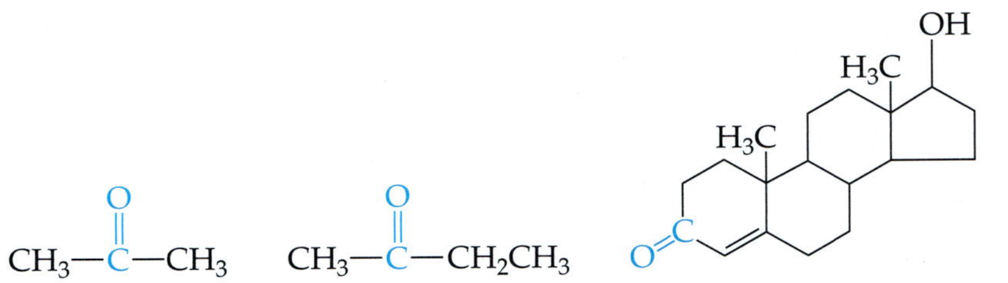

프로판온 / 아세톤 — 2-뷰탄온 / 메틸 에틸 케톤 — 테스토스테론

알데하이드의 체계적인 이름에는 -**알**(al)이, 케톤에는 -**온**(one)이 포함된다. 테스토스테론은 알코올과 케톤 둘 다를 가지고 있음에 주목하라. 이 물질은 케톤기가 분자의 성질을 지배한다. 따라서 테스토스테론은 먼저 케톤으로 생각하고, 알코올을 두 번째로 생각한다. 이름에도 케톤의 성질이 반영되어 있다.

자연에서 발견된 많은 화합물들이 알데하이드 또는 케톤 작용기를 갖는다. 바닐라와 계피향은 자연에 존재하는 알데하이드이다. 케톤을 가지고 있는 카본(carvone)의 두 이성질체는 양박하(spearmint) 잎과 캐러웨이(caraway) 씨의 특정한 향기이다.

케톤은 알데하이드보다 반응성이 작으며 용매로 광범위하게 사용된다. 가장 넓게 사용하는 케톤인 아세톤은 물과 완전히 섞일 뿐만 아니라 여러 종류의 유기 물질을 녹인다.

## 카복실산과 에스터

**카복실산**(**carboxylic acid**)은 COOH로 표기하는 **카복실**(carboxyl) 작용기를 갖는다. 이들 약산은 자연에 넓게 분포하고, 오렌지과의 과일에서 흔하다. 카복실산은 또한 섬유, 필름, 페인트 등의 생산에 사용되는 중합체의 제조에 매우 중요한 물질이다. **그림 24.13**에 몇 가지 카복실산의 구조를 나타내었다.

다음 물질 중 카복실산 작용기와 알코올 작용기를 모두 가지고 있는 것은 어느 것인가?

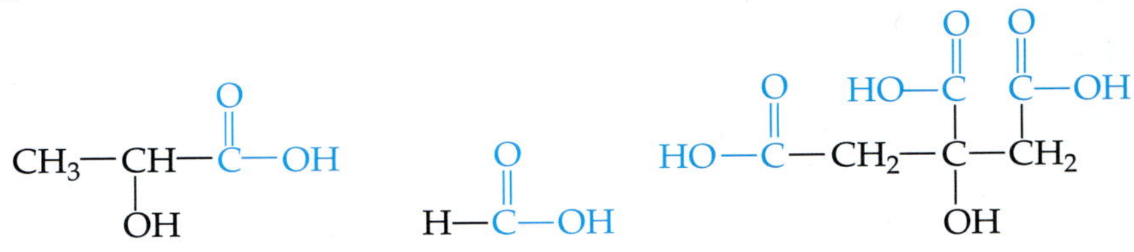

락트산 — 메탄산 / 폼산 — 시트르산

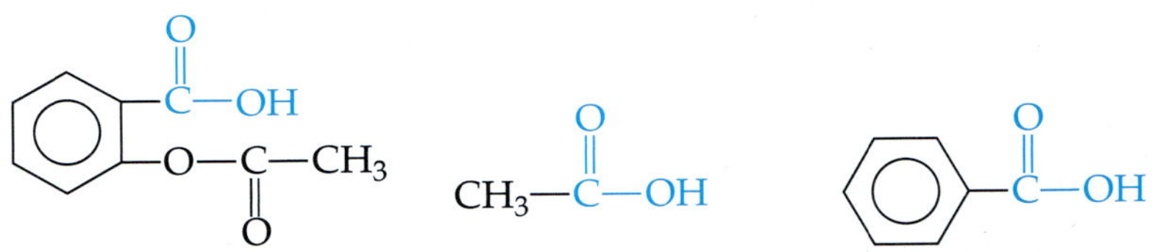

아세틸살리실산 / 아스피린 — 에탄산 / 아세트산 — 벤조산

▲ **그림 24.13** 일반적인 카복실산의 구조식 이들 산의 일반명은 푸른색으로 나타내었다.

많은 카복실산의 이름은 그들의 역사적 근원을 토대로 한다. 예를 들면 개미의 추출물에서 처음으로 얻은 폼산은 '개미'를 의미하는 라틴어 *formica*에서 유래하였다.

카복실산은 알코올을 산화시켜 만들 수 있다. 적당한 조건에서 알데하이드는 다음과 같은 일련의 산화 반응에서 초기 물질로 분리될 수 있다.

$$\mathrm{CH_3CH_2OH} + (\mathrm{O}) \longrightarrow \mathrm{CH_3CH{=}O} + \mathrm{H_2O} \qquad [24.17]$$

에탄올 → 아세트알데하이드

$$\mathrm{CH_3CH{=}O} + (\mathrm{O}) \longrightarrow \mathrm{CH_3C({=}O)OH} \qquad [24.18]$$

아세트알데하이드 → 아세트산

여기에서 (O)는 산소 원자를 제공할 수 있는 산화제를 나타낸다. 에탄올이 공기 중에서 산화되어 생성된 아세트산은 포도주를 시큼하게 하여 식초를 생성하게 하는 원인이 되는 화합물이다.

유기 화합물의 산화 과정은 20장에서 배웠던 산화 반응과 관련되어 있다. 전자수를 세는 대신, 일반적으로 C−O 결합의 수로 화합물의 산화도를 나타낸다. 예를 들면 메테인이 메탄올로, 그리고 폼알데하이드(메탄알)로, 그리고 폼산(메탄산)으로 되는 과정을 들 수 있다.

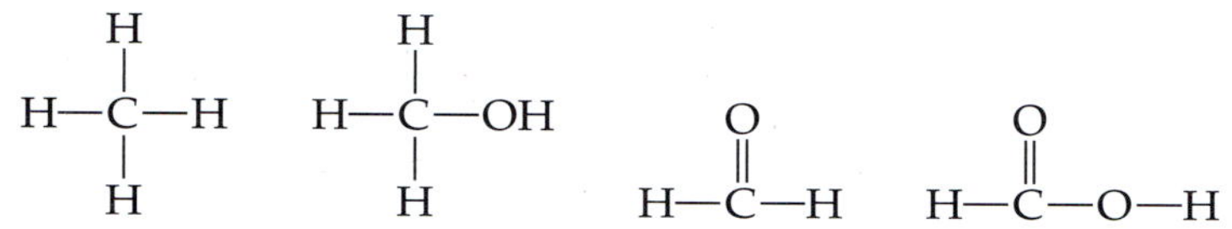

메테인 메탄올 폼알데하이드 폼산

메테인에서 폼산으로 산화될 때 C−O 결합의 수는 0에서 3으로 증가한다(이중 결합은 2개로 계산한다). 탄소의 산화수는 메테인일 때 −4(H는 +1이 된다)에서 폼산의 +2의 범위인데, 이는 산화되는 탄소에 대하여 타당하다. 따라서 어떤 유기 화합물의 최종 산화 생성물은 이산화 탄소($CO_2$)인데, 이는 실제로 탄소를 포함하고 있는 화합물의 연소 반응 생성물이다($CO_2$는 4개의 C−O 결합이 있고, 탄소의 산화 상태는 +4이다).

알데하이드와 케톤은 잘 조절된 알코올의 산화 반응으로 제조할 수 있다. 메탄올의 연소 반응과 같이 완전 산화에 의해 $CO_2$와 $H_2O$를 생성한다.

$$\mathrm{CH_3OH}(g) + \tfrac{3}{2}\,\mathrm{O_2}(g) \longrightarrow \mathrm{CO_2}(g) + 2\,\mathrm{H_2O}(g)$$

알데하이드와 케톤 같은 유기 물질을 만드는, 부분적으로 조절된 산화 반응에서는 공기, 과산화수소($H_2O_2$), 오존($O_3$), 다이크로뮴산 포타슘($K_2Cr_2O_7$)과 같은 다양한 산화제를 사용한다.

아세트산은 로듐(Rh) 촉매하에서 메탄올과 일산화 탄소를 반응시켜 제조할 수 있다.

$$\mathrm{CH_3OH} + \mathrm{CO} \xrightarrow{\text{촉매}} \mathrm{CH_3{-}C({=}O){-}OH} \qquad [24.19]$$

이 반응은 산화 반응이 아니다. 사실상, 일산화 탄소 분자가 $CH_3$와 OH기 사이에 삽입되는 것이다. 이러한 종류의 반응을 **카보닐화 반응**(carbonylation)이라고 한다.

카복실산은 알코올과 축합 반응을 하여 에스터를 형성한다.

$$\mathrm{CH_3{-}C({=}O){-}OH} + \mathrm{HO{-}CH_2CH_3} \longrightarrow \mathrm{CH_3{-}C({=}O){-}O{-}CH_2CH_3} + \mathrm{H_2O} \qquad [24.20]$$

아세트산 + 에탄올 → 아세트산 에틸

**에스터**(ester)는 카복실산의 H 원자가 탄소를 포함한 작용기로 치환된 화합물이다.

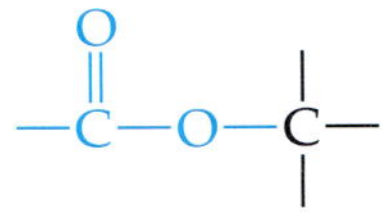

에스터의 이름은 알코올에서 유래한 부분을 명명한 다음, 산에서 유래한 부분의 **-ic**를 **-ate**로 바꿔서 명명한다. 예를 들면 에틸 알코올($CH_3CH_2OH$)과 뷰탄산($CH_3(CH_2)_2COOH$, butanoic acid)으로부터 형성된 에스터는 다음과 같이 명명한다.

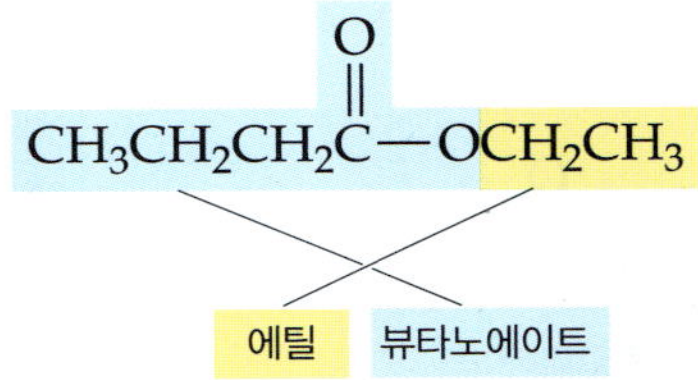


일반적으로 화학 구조식은 산으로부터 유래된 부분을 먼저 써야 하지만, 에스터의 명명에서는 정반대의 순서이다. 대한화학회의 한글 명명법에서는 카복실산을 음이온처럼, 알코올을 양이온처럼 생각해서 이온 화합물의 형태로 명명하는 것을 병용한다. 즉 이온 화합물에서처럼 카복실산(음이온)이 먼저, 알코올(양이온)이 뒤에 오도록 이름을 붙인다. 이는 화학 구조식의 순서와 일치한다. 이 명명법에 따르면 에틸 뷰타노에이트는 뷰탄산 에틸이 된다.

아세트산 아이소아밀 같은 에스터는 좋은 향기를 갖고 있고, 많은 과일 향기의 주성분이다.

에스터를 수용액에서 산이나 염기로 처리하면 **가수 분해**(hydrolyzed)되어 그 분자는 알코올과 카복실산 또는 그 음이온 부분으로 나누어진다.

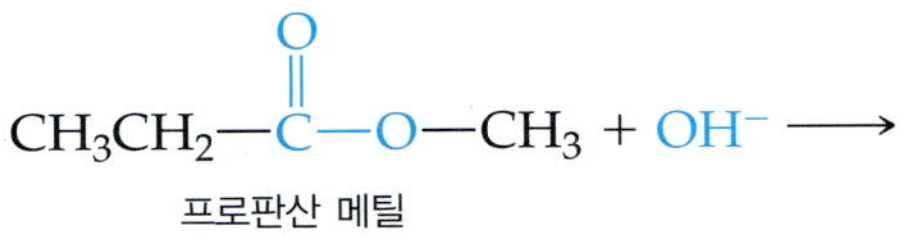


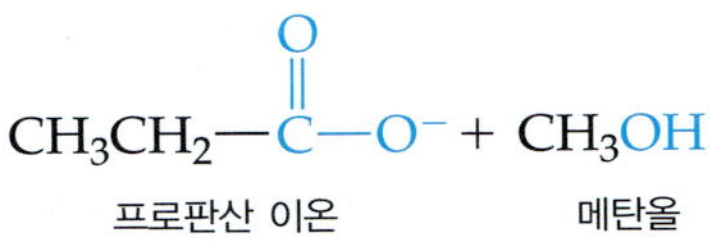


[24.21]

염기 존재하에서 에스터의 **가수 분해 반응**(hydrolysis)을 **비누화 반응**(saponification)이라고도 하는데, 라틴어로 비누를 의미하는 *sapon*에서 유래되었다. 자연계에서 발견되는 에스터 중에는 지방과 기름이 있고, 비누 제조 과정에서 동물성 지방 또는 식물성 기름을 NaOH와 같은 강염기를 넣고 끓인다. 비누화 반응에서 생성되는 비누는 지방산이라고 하는 긴 사슬 카복실산의 염들의 혼합물로 되어 있다.

## 예제 24.6

### 에스터의 명명과 가수 분해 생성물 예측하기

염기성 수용액에서 에스터는 수산화 이온과 반응하여 에스터의 구성 성분인 알코올과 카복실산의 염을 생성한다. 다음 에스터를 각각 명명하고, 수용성 염기와 반응하여 생성되는 생성물을 표기하시오.

**(a)** 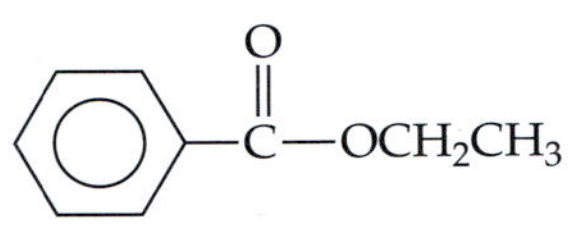

**(b)** 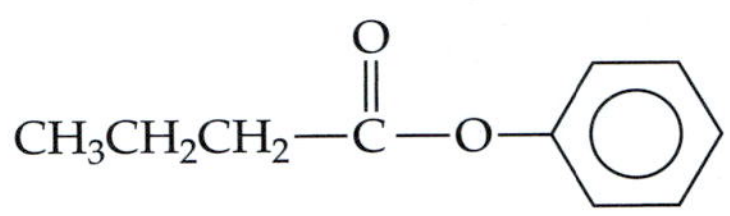

### 해답

**분석** 주어진 두 개의 각 에스터를 명명하고, 염기성 용액에서 가수 분해(알코올과 카복실산 음이온으로 나누어진다)시켰을 때 생기는 생성물을 예측하는 문제이다.

**계획** 에스터는 알코올과 카복실산을 축합 반응시켰을 때 생성된다. 에스터를 명명하기 위해서는 구조를 분석하고, 에스터로부터 형성되는 알코올과 산의 정체를 결정해야 한다. 알코올은 카복실기(COO)의 O 원자에 붙어 있는 알킬기에 OH를 더해 확인할 수 있다. 산은 카복실기의 O 원자에 H기를 더해서 확인할 수 있다. 에스터 이름의 처음 부분은 알코올 부분을 나타내며, 두 번째 부분은 산 부분을 나타내고 있음을 배웠다. 그 이름은 어떻게 에스터가 염기에서 가수 분해되고, 염기와 반응하여 알코올과 카복실산 음이온을 형성하는지를 확실하게 한다.

**풀이**

**(a)** 이 에스터는 에탄올($CH_3CH_2OH$)과 벤조산($C_6H_5COOH$)에서 유래하므로, 그 이름은 벤조산 에틸(ethyl benzoate)이다. 벤조산 에틸과 수산화 이온 반응의 알짜 이온 반응식은 다음과 같다.

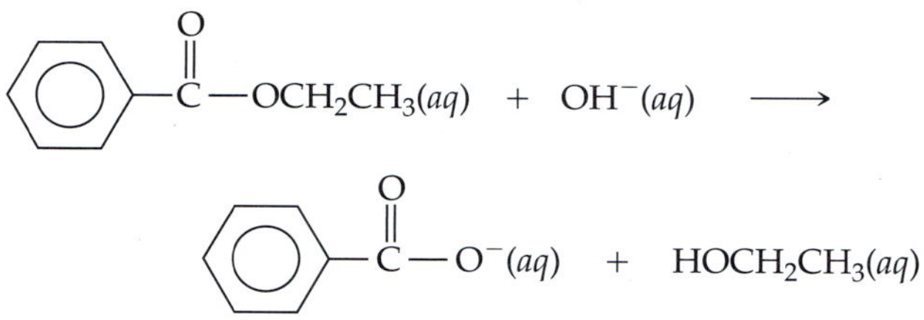

생성물은 벤조산 음이온(benzoate ion)과 에탄올이다.

**(b)** 이 에스터는 페놀($C_6H_5COOH$)과 뷰탄산(일반명은 뷰티르산: $CH_3CH_2CH_2COOH$)에서 나온다. 페놀로부터 얻어진 잔류물은 페닐(phenyl)기이다. 그러므로 이 에스터의 이름은 뷰티르산 페닐 또는 뷰탄산 페닐이다. 뷰티르산 페닐과 수산화 이온의 알짜 이온 반응식은 다음과 같다.

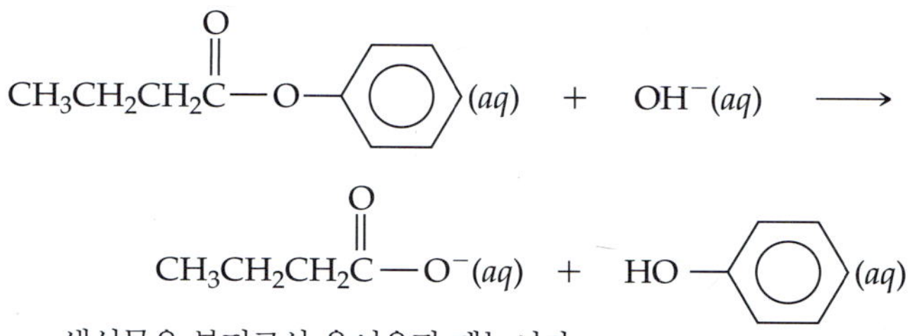

생성물은 뷰티르산 음이온과 페놀이다.

**▶ 보충 예제**

일반적인 에스터 RC(O)OR′에서 어떤 결합이 염기성 조건에서 가수 분해할 것인가?

**(a)** R—C 결합 **(b)** C=O 결합 **(c)** C—O 결합 **(d)** O—R′ 결합 **(e)** 위의 결합 중 하나 이상

## 아민과 아마이드

**아민**(amine)은 암모니아($NH_3$)에서 한 개 이상의 수소가 알킬기로 치환된 화합물이다.

$CH_3CH_2NH_2$ 에틸아민

$(CH_3)_3N$ 트라이메틸아민

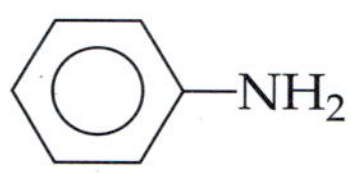

페닐아민
아닐린

아민은 가장 일반적인 유기 염기이며(16.6절), 많은 약학적 활성 화합물은 아민 복합체이다.

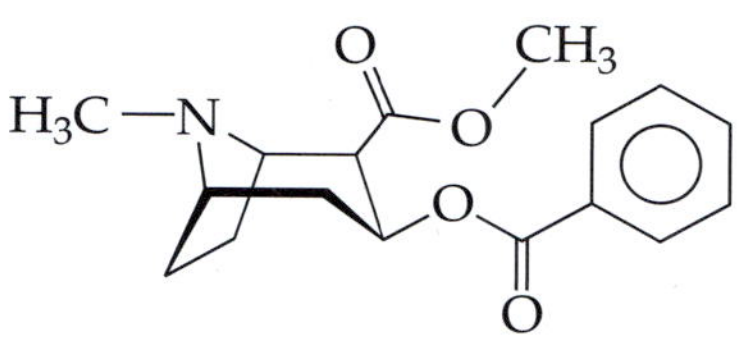

코카인

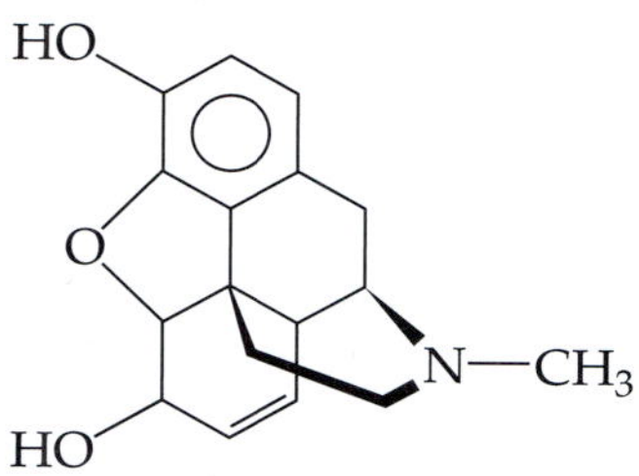

모르핀

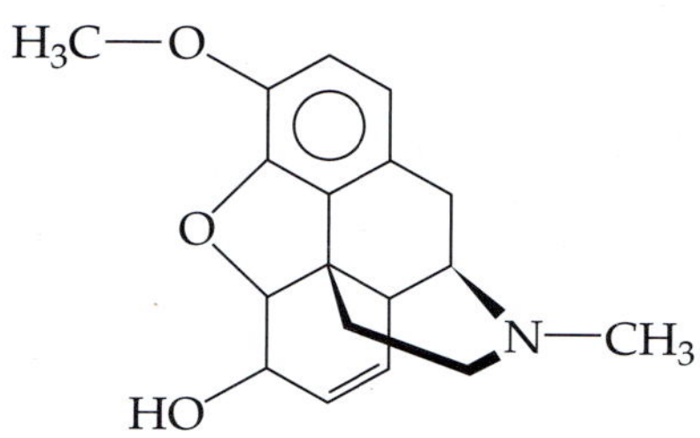

코데인

질소(N)에 적어도 한 개의 수소(H)가 결합된 아민은 카복실산과 축합 반응하여 **아마이드**(**amide**)를 생성하는데, 아마이드는 N에 결합된 카보닐(C=O)기를 포함한다(표 24.6).

$$CH_3C(=O)—OH + H—N(CH_3)_2 \longrightarrow CH_3C(=O)—N(CH_3)_2 + H_2O \quad [24.22]$$

아마이드 작용기는 다음 예처럼 카복실산의 OH기를 NRR′, $NH_2$ 또는 NHR′기로 치환하여 만든 것이라고 생각할 수 있다.

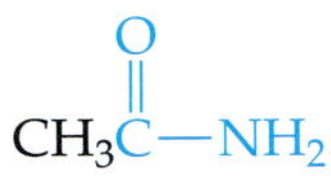

에탄아마이드
아세트아마이드

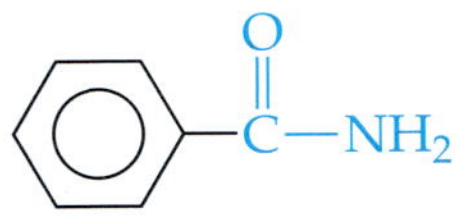

페닐메탄아마이드
벤즈아마이드

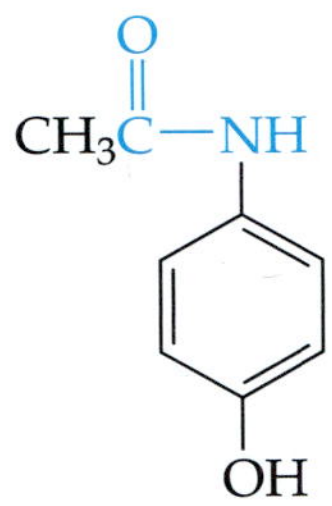

N-(4-하이드록시페닐)에탄아마이드
아세트아미노펜

다음의 아마이드 결합에서

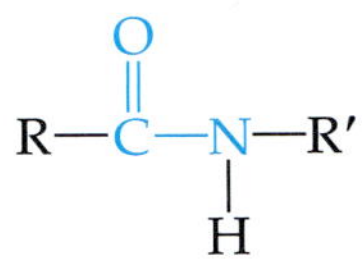

24.7절에서 간단히 살펴보겠지만, R과 R′은 유기 원자단으로, 단백질 구조의 핵심 작용기이다.

## 자기 평가 연습 문제

**24.22** 모르핀의 작용기를 식별하시오.

**(a)** 알켄, 아마이드, 방향족 고리, 에터, 케톤
**(b)** 알코올, 알카인, 아민, 케톤
**(c)** 알데하이드, 알켄, 아마이드, 에터
**(d)** 알코올, 알켄, 아민, 방향족 고리, 에터

## 연습 문제

**24.23** 다음 각 화합물의 작용기를 확인하시오.

**(a)**

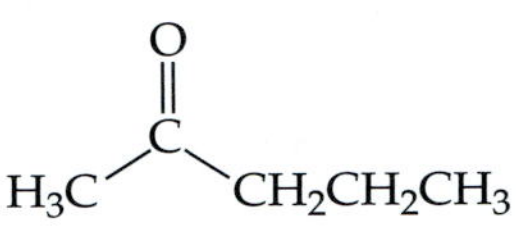

**(b)**

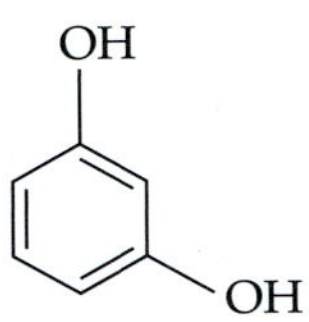

**(c)**

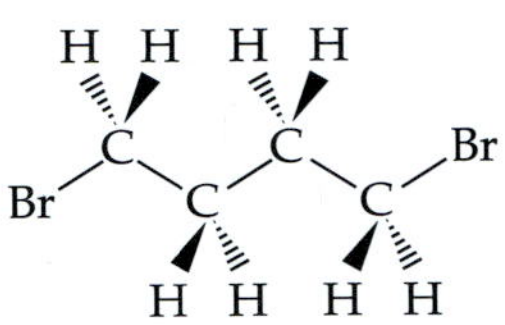

**(d)**

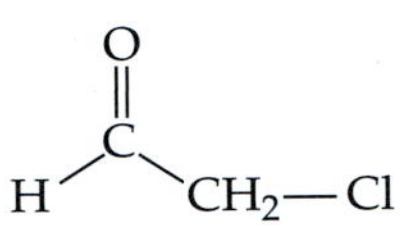

**(e)**

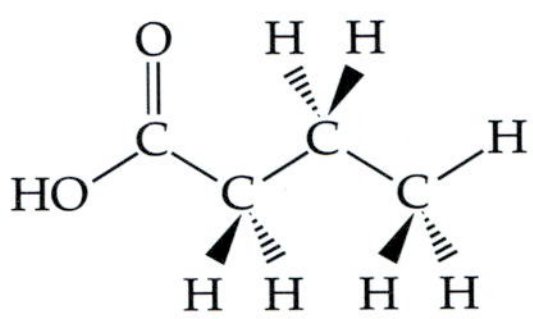

**24.24** **(a)** 고리에 네 개의 탄소 원자를 포함하는 고리형 에터의 실험식과 구조식을 쓰시오. **(b)** (a) 문제 답의 구조 이성질체인 곧은 사슬 화합물의 구조식을 쓰시오.

**24.25** 알데하이드와 케톤은 포함된 탄소 원자(카보닐 탄소 포함)의 수를 세어 체계적으로 명명할 수 있다. 알데하이드 또는 케톤의 이름은 동일한 수의 탄소 원자를 가진 탄화수소를 기반으로 한다. 알데하이드의 경우 -al 또는 케톤의 경우 -one이 적절하게 추가된다. 다음 알데하이드 또는 케톤의 구조식을 그리시오.
**(a)** 3-에틸펜탄-2-온 **(b)** 2,2-다이에틸뷰탄알 **(c)** 펜탄알
**(d)** 1-브로모헵탄-3-온

**24.26** **(a)** 뷰탄산과 메탄올, **(b)** 벤조산과 프로판-2-올, **(c)** 프로판산과 다이메틸아민으로 구성된 화합물의 축약 구조를 그리시오. 각 경우에 화합물의 이름을 명명하시오.

**24.27** (**a**) 적절한 산과 알코올로부터 프로판산 뷰틸의 생성, (**b**) 벤조산 메틸의 비누화(염기 가수분해)의 균형 맞춘 화학 반응식을 축약 구조식을 사용하여 작성하시오.

**24.28** **아세트산 무수물**(acetic anhydride)은 물 분자의 제거를 포함하는 축합 반응에서 2개의 아세트산 분자로부터 형성된다. 이 과정의 화학 반응식을 쓰고 아세트산 무수물의 구조를 그리시오.

**24.29** 다음 화합물 각각의 축약 구조식을 쓰시오.
(**a**) 2-에틸헥산-1-올 (**b**) 메틸 페닐 케톤 (**c**) *p*-브로모벤조산
(**d**) 뷰틸 에틸 에터 (**e**) *N*,*N*-다이메틸벤즈아마이드

자기 평가 연습 문제 답 **24.22** (d)

# 24.5 | 유기 화학에서의 카이랄성

1875년 Charles Darwin은 『On The Movements and Habits of Climbing Plants』라는 책을 출간했다. 다윈이 관찰한 한 가지 사실은 일부 덩굴 종은 항상 말뚝을 시계 방향으로 비틀고 다른 종은 반시계 방향을 선택했다는 것이다. 두 개의 다른 나선은 서로의 거울 이미지이다. 이러한 종류의 대칭성이나, 한 가지 형태를 다른 형태보다 선호하는 경우가 많이 있다. 우리 손은 서로 겹쳐질 수 없는 거울상 쌍의 예이다. 이것이 초래할 수 있는 매우 구체적인 상호 작용은 한 쌍의 장갑을 잡아당기고 올바른 손에 맞지 않는 장갑을 착용하는 것이 불가능하다는 것을 발견함으로써 보일 수 있다.

이 절이 끝나면 다음 사항을 수행할 수 있어야 한다.

- 유기 화합물을 카이랄로 만드는 요인을 이해하기

포개지지 않는 거울상을 가진 분자를 **카이랄**(**chiral**, 그리스어 cheir, 'hand')이라고 한다. **네 개의 다른 결합 원자단을 갖는 탄소 원자를 포함하는 화합물은 본질적으로 카이랄이다.** 네 개의 다른 결합 원자단을 갖는 탄소 원자는 **카이랄 중심**(chiral center)이라고 한다. 2-브로모펜테인(2-bromopentane)을 예로 들어 보자.

$$\begin{array}{c} \text{Br} \\ | \\ \text{CH}_3\text{—C—CH}_2\text{CH}_2\text{CH}_3 \\ | \\ \text{H} \end{array}$$

두 번째 C에 결합된 모든 네 개 원자단은 서로 다르기 때문에 탄소가 카이랄 중심이 된다. 그

Br을 $CH_3$로 치환하면 화합물은 카이랄이 되는가?

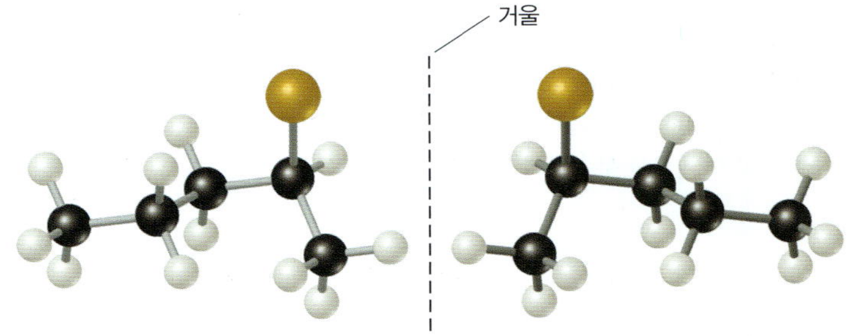


▲ **그림 24.14** 2-브로모펜테인의 두 가지 거울상 이성질체 형태 거울상 이성질체는 서로 포갤 수 없다.

림 24.14는 이 분자의 서로 포개지지 않는 거울상을 보여 준다. 왼쪽 거울상을 오른쪽으로 이동하여 모든 가능한 방법으로 회전한다고 상상하면, 오른쪽 거울상에 포개질 수 없다고 결론지을 것이다. 포개지지 않는 거울상을 **거울상 이성질체**(enantiomer) 또는 **광학 이성질체**(optical isomer)라고 한다. 유기 화학자는 두 가지 형태를 구별하기 위해서 *R* 또는 *S*라고 표기한다. 여기서는 표기를 결정하는 규칙은 취급하지 않을 것이다.

거울상 이성질체의 두 형태는 물리적 성질이 동일하고, 비카이랄 시약과 반응할 때 화학적 성질이 동일하다. 카이랄 환경에서만 서로 다른 거동을 나타낸다. 카이랄 물질의 더 흥미 있는 성질 중 하나는 23.4절에서 설명한 것처럼, 카이랄 물질의 용액이 편광 평면을 회전시킬 수 있다는 것이다.

카이랄성은 유기물에서 매우 일반적이다. 그러나 전형적인 화학 반응에서 카이랄 물질을 합성할 때 두 가지 거울상 이성질체가 정확히 같은 양으로 생성되므로 흔히 관측되지 않는다. 그 결과 얻어진 두 거울상 이성질체 혼합물을 **라셈 혼합물**(racemic mixture)이라고 한다. 거울상 이성질체의 라셈 혼합물은 두 가지 형태가 서로 반대 방향으로 같은 편광 값으로 회전하므로 편광 평면 회전이 나타나지 않는다.

많은 의약품은 카이랄 물질이다. 한 의약품이 라셈 혼합물로 투여되면, 흔히 두 거울상 이성질체 중 한 가지만 약효가 나타나는 것으로 알려졌다. 그 이성질체 중 다른 한 가지는 전혀 약효가 없거나 해로운 효과까지도 있다. 한 예로, 의약품 (*R*)-알부테롤((*R*)-albuterol, 그림 24.15(**a**))은 해

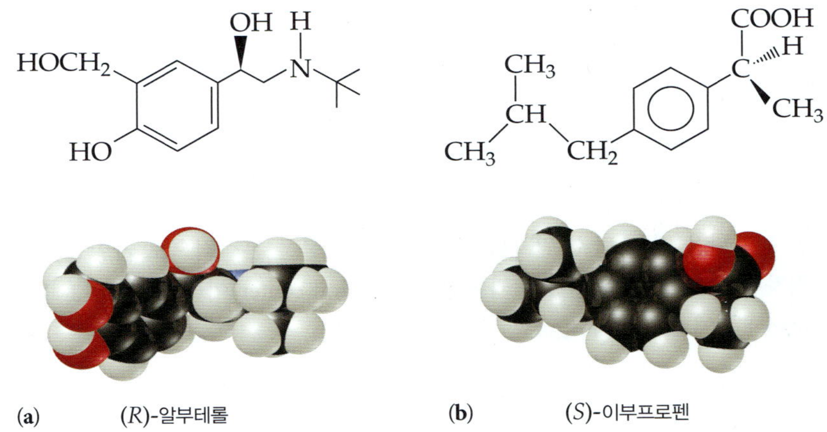


▲ **그림 24.15** (*R*)-알부테롤과 (*S*)-이부프로펜 (a) 이 화합물은 천식 환자의 진해 거담제로 사용되는 거울상 이성질체 쌍 중의 하나이다. OH기가 아래쪽에 놓이는 다른 거울상인 (*S*)-알부테롤은 생리적 효과가 없다. (b) (*R*)-거울상 이성질체는 통증을 덜어 주고 염증을 줄여주는 능력을 가지지 않는다. (*R*)-거울상 이성질체에서는 가장 오른쪽에 있는 탄소의 H와 $CH_3$기의 위치가 서로 바뀐다.

소 천식을 완화시키는 거담제로 쓰인다. 그 거울상 이성질체인 (*S*)-알부테롤은 거담제로서의 효과가 없으며, (*R*)-알부테롤의 반대의 효과를 갖고 있다. 또 다른 예로, 비스테로이드계 진통제인 이부프로펜(isoprofen)은 카이랄 분자이고, 라셈 혼합물로 시판된다. 그러나 더 활성이 큰 거울상 이성질체인 (*S*)-이부프로펜(그림 24.15(**b**))만으로 구성된 제품이 라셈 혼합물보다 더 빠르게 염증 및 통증을 완화시킨다. 이러한 이유 때문에 의약품의 라셈 혼합물은 카이랄형으로 대체될 때가 올 것이다.

## 자기 평가 연습 문제

**24.30** 다음 중 카이랄 분자를 나타내는 구조는 무엇인가?

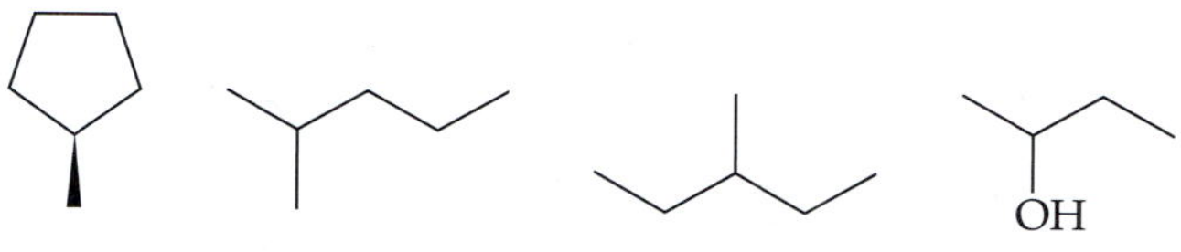


(a) (b) (c) (d)

## 연습 문제

**24.31** 뷰탄-2-올은 카이랄인가?

자기 평가 연습 문제 답 **24.30** (d)

# 24.6 | 생화학 소개

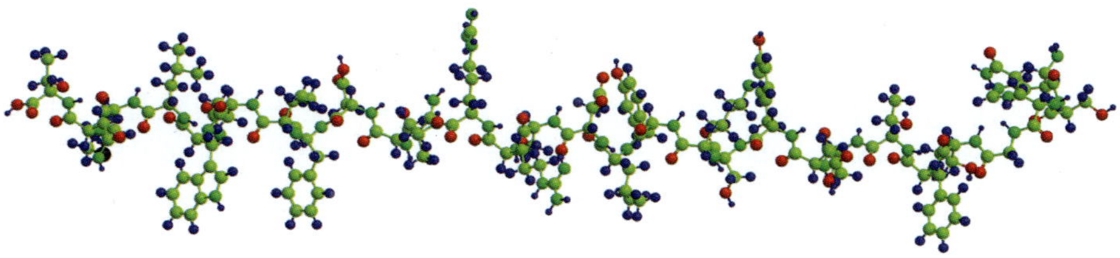

24.4절에서 설명한 작용기는 아주 특별한 화학 반응을 이용하여 다양한 종류의 분자를 만들어 낸다. 이러한 특이성은 생체의 화학인 **생화학**(biochemistry)에서 훨씬 더 잘 나타난다.

특별한 생화학 분자를 설명하기 전에 몇 가지 관찰할 점이 있다. 알다시피 생화학적으로 중요한 많은 분자들은 대단히 큰데, 그 이유는 유기체들은 생물계에서 쉽게 구할 수 있는 작고 간단한 물질로부터 생체 분자를 만들기 때문이다. 큰 분자의 합성은 대부분의 반응이 흡열 반응이므로 에너지가 필요하다. 이러한 에너지의 궁극적인 원천은 태양이다. 동물은 태양 에너지를 직접 사용할 수 없기 때문에 대량의 에너지를 얻기 위해서 식물의 광합성에 의존한다.

생물체는 많은 양의 에너지가 필요할 뿐만 아니라 고도로 조직화되어 있다. 열역학적인 면에서 생물체는 그것들이 만들어 내는 생체 물질과 비교해서 매우 낮은 엔트로피를 갖는다. 그러므로 생물계는 엔트로피가 증가하는 자발적 경향의 반대 방향으로 계속적으로 일을 해야한다.

이 책 전반에 걸쳐 나오는 “화학과 생명” 에세이에서는 기초적인 화학 개념의 중요한 생화학적 응용을 소개하였다. 이 장의 나머지는 생화학의 다른 부분들을 간단하게 소개할 것이다. 하지만 여러분은 어떤 유형이 나타난다는 것을 곧 알게 될 것이다. 예를 들어 수소 결합은 많은 생화학계에서 중요한 작용을 나타내고, 분자의 기하 구조는 그들의 생물학적 중요성과 활동도를 결정한다. 생명체의 많은 큰 분자들은 작은 분자들의 중합체이다. 이 **생체 중합체(biopolymer)**는 크게 단백질, 다당류(탄수화물), 핵산의 세 가지로 분류된다. 지질은 일반적으로 큰 분자들이지만, 생체계의 다른 분자류이며 생체 중합체는 아니다.

## 24.7 단백질

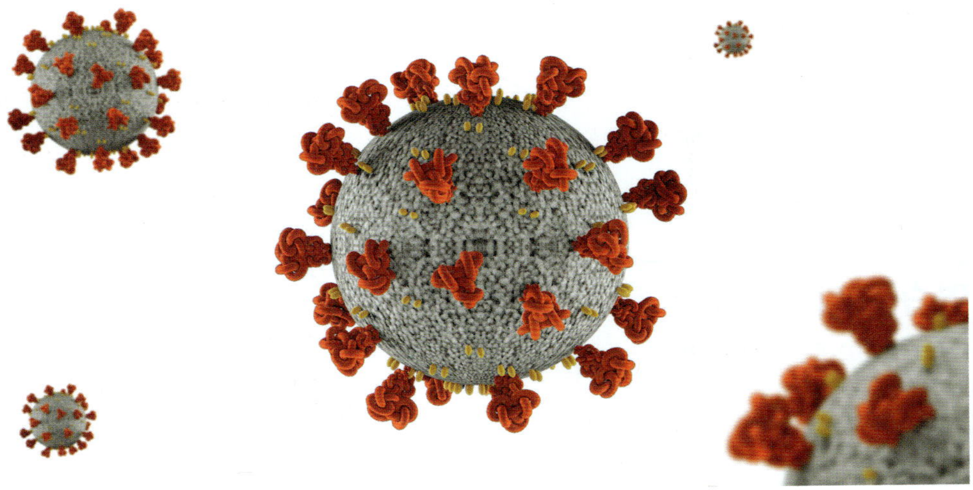

생물학적으로 중요한 많은 분자는 상상할 수 없을 정도로 복잡하다. 그렇더라도, 먼저 표 24.6에 나타낸 작용기를 포함하는 구성 부분으로 분해하면 한결 이해가 쉬울 것이다. 유기체는 생물권에서 쉽게 구할 수 있는 훨씬 작고 단순한 물질로 복잡한 생체 분자(예: 코로나바이러스 질병 COVID-19, 그림)를 만든다.

**단백질(protein)**은 모든 살아있는 세포에 존재하는 거대 분자이다. 신체 건조 질량의 약 50%가 단백질이다. 일부 단백질은 동물 조직의 구조적 구성 요소이다. 그들은 피부, 손톱, 연골, 근육의 핵심 부분이다. 다른 단백질은 반응을 촉진하고, 산소를 수송하고, 특정 신체 과정을 조절하는 호르몬 역할을 하고, 다른 작업을 수행한다. 기능이 무엇이든 모든 단백질은 화학적으로 유사하며, **아미노산**(amino acid)이라고 하는 더 작은 분자로 구성되어 있다.

이 장이 끝나면 다음 사항을 수행할 수 있어야 한다.

- 아미노산을 인식하고 아마이드 결합 형성을 통해 펩타이드와 단백질을 형성하는 방법을 이해하기
- 단백질의 1차, 2차, 3차, 4차 구조의 차이점을 이해하기

### 아미노산

**아미노산(amino acid)**은 아민기($-NH_2$)와 카복실기($-COOH$)를 포함하는 분자이다. 모든 단백질의 기본 구조는 α-**아미노산**(α-amino acid)이고, α-(alpha)는 아미노기가 카복실기가 접합된 위치에 있는 탄소와 결합하고 있음을 뜻한다. 그러므로 α-아미노산은 항상 아미노기와 카복실기 사이에 한 개의 탄소 원자가 있다.

α-아미노산의 일반식은 다음과 같다.

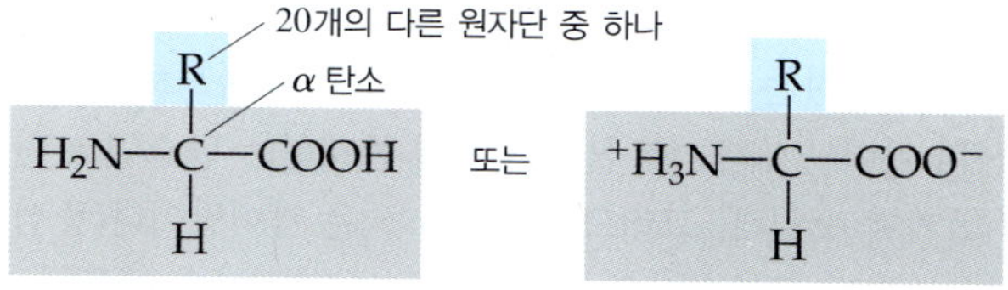


중성 pH에서는 주로 **쯔비터 이온**(zwitterion)이라고 하는, 이중으로 이온화된 구조로 존재한다. 이러한 형태는 카복실기에서 아민기로 양성자 한 개가 이동하여 생긴다.

아미노산은 R기의 특징에 따라 서로 다르다. 자연계에서 22가지의 아미노산이 확인되었고, 그

pH 7에서 아미노산의 어느 작용기가 알짜 양전하를 가지는가?

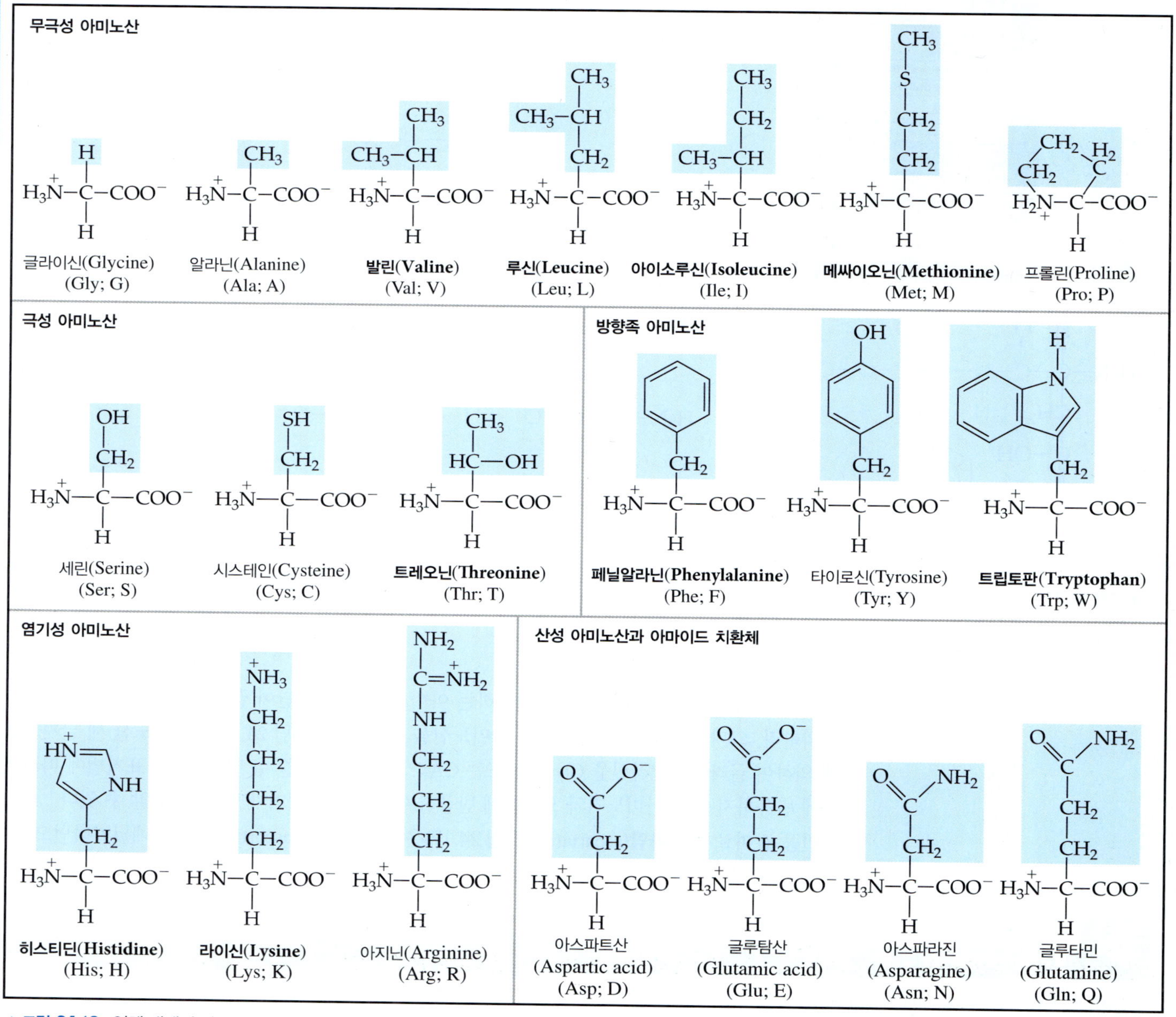


▲ **그림 24.16** 인체 내에서 발견된 20가지의 아미노산 파란색 부분이 아미노산의 서로 다른 R기를 보여 준다. 아미노산은 중성 pH에서 물에 존재하는 쯔비터 이온 형태로 나타내었다. 진한 글씨의 아미노산은 9가지의 필수 아미노산을 나타낸다. 각 아미노산에 대한 세 글자 및 한 글자 약어가 그 이름 아래에 표시되어 있다.

림 24.16에 이들 22가지 중 인간에게서 발견된 20가지를 나타내었다. 이러한 20가지의 아미노산 중 11가지는 체내에서 필요한 만큼 충분히 합성된다. **필수 아미노산**(essential amino acid)이라고 하는 나머지 9가지 아미노산은 식품으로 섭취해야 한다.

아미노산의 아미노기와 카복실기 사이에 존재하는 탄소인 α-탄소 원자는 네 개의 다른 치환기를 가지고 있다. 그러므로 아미노산은 카이랄이다(중심 탄소 원자에 두 개의 수소 원자가 결합된 글라이신은 제외한다). 역사적 이유 때문에 아미노산의 거울상 이성질체 형태는 때때로 D(라틴어의 *dexter*(오른쪽)으로부터)와 L(라틴어의 *laevus*(왼쪽)로부터)로 구별한다. 생체 유기체에서 발견된 거의 모든 카이랄성 아미노산은 카이랄 중심이 L 배열을 가지고 있다. 세균의 세포벽을 구성하는 단백질에서 D 이성질체가 발견된다는 점은 중요한 예외가 된다.

아스파탐의 한 분자에는 카이랄 중심이 몇 개 있는가?

아스파트산 (Asp) 페닐알라닌 (Phe)

▲ **그림 24.17** 인공 감미료 감미료 아스파탐은 다이펩타이드의 메틸 에스터이다.

## 폴리펩타이드와 단백질

아미노산은 아마이드기에 의해 서로 연결된 단백질이다(표 24.6).

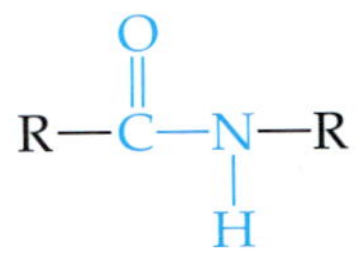

[24.23]

단백질이 아미노산에 의해 생성될 때, 각 아마이드기를 **펩타이드 결합**(peptide bond)이라고 한다. 펩타이드 결합은 한 아미노산의 카복실기와 다른 아미노산의 아미노기 간의 축합 반응으로 생성된다. 예를 들어 알라닌과 글라이신이 결합하여 다이펩타이드인 글라이실알라닌(glycylalanine)을 생성한다.

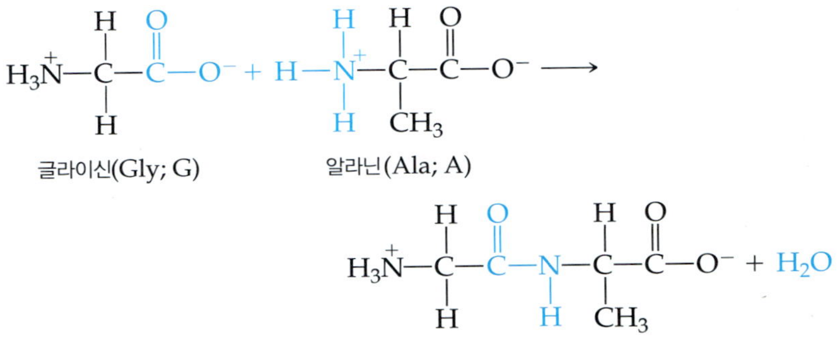

글라이신(Gly; G) 알라닌(Ala; A)

글라이실알라닌(Gly–Ala; GA)

펩타이드 결합 생성에 카복실기를 제공하는 아미노산은 먼저 단어 끝을 **-일**(yl)로 명명하는 것에 유의하라. 그다음 아미노기를 제공한 아미노산을 명명한다. 그림 24.16의 아미노산 세 글자 코드에 의하여 글라이실알라닌을 Gly–Ala 또는 GA라고 생략해서 쓸 수 있다. 이런 표기법에 따라 왼쪽에 반응하지 않은 아미노기와 오른쪽에 반응하지 않은 카복실기가 있는 것을 알 수 있다.

인공 감미료 **아스파탐**(aspartame, 그림 24.17)은 아스파트산(aspartic acid)과 페닐알라닌으로부터 형성된 다이펩타이드의 메틸 에스터이다.

### 예제 24.7
### 트라이펩타이드의 구조식 그리기

알라닐글라이실세린(alanylglycylserine)의 구조식을 그리시오.

**해답**

**분석** 펩타이드 결합을 가진 물질의 이름이 주어지고, 완전한 구조식을 쓰는 문제이다.

**계획** 이 물질의 이름은 세 가지 아미노산, 즉 알라닌, 글라이신, 세린이 **트라이펩타이드**(tripeptide)를 생성하면서 함께 결합한 것을 알려 준다. 끝의 세린을 제외하고 각 아미노산에 -**일**(yl)을 넣은 것에 주목하라. 관례적으로 펩타이드와 단백질의 아미노산 서열은 질소 말단으로부터 쓰기 시작하여 탄소 말단으로 끝난다. 즉 첫 번째 이름의 아미노산(이 경우, 알라닌)이 자유로운 아미노기를 가지고, 마지막 이름의 아미노산(세린)은 자유로운 카복실기를 가진다.

**풀이** 알라닌의 카복실기와 글라이신의 아미노기를 연결하여 펩타이드 결합을 만들고, 글라이신의 카복실기와 세린의 아미노기를 연결하여 다른 펩타이드 결합을 만든다.

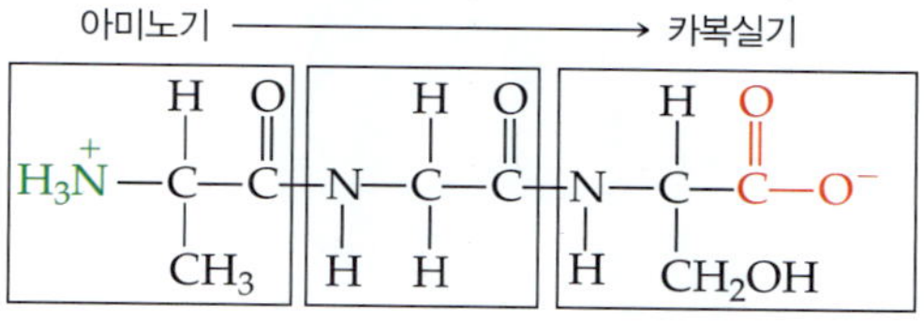


그러므로 이 트라이펩타이드를 Ala-Gly-Ser 또는 AGS로 줄여서 쓸 수 있다.

▶ **보충 예제**

트라이펩타이드 Arg-Asp-Gly에 들어 있는 질소 원자의 수는 몇 개인가?

**(a)** 3 **(b)** 4 **(c)** 5 **(d)** 6 **(e)** 7

**폴리펩타이드(polypeptide)**는 펩타이드 결합에 의해 많은 아미노산(30개 이상)이 연결되어 있는 것을 말한다. 단백질은 약 6,000~50,000,000 u 이상의 분자량을 갖는 선형 폴리펩타이드 분자이다. 단백질은 서로 다른 22종의 아미노산이 연결되어 있고, 수백 개의 아미노산이 단백질을 구성하므로, 단백질에서 가능한 아미노산 배열은 실제로 끝이 없다.

## 단백질의 구조

'N 말단'(즉 아미노 말단)에서 'C 말단'(카복실산 말단)'까지의 아미노산 서열은 **일차 구조(primary structure)**로 불리며, 그 단백질의 독특한 특성을 갖는다. 단 한 개의 아미노산 변환으로도 단백질의 생화학적 특징이 바뀔 수 있다. 예를 들면 낫 모양 적혈구 빈혈증(sickle-cell anemia)은 헤모글로빈의 단백질 사슬에 한 개의 자리가 잘못되어 생긴 유전적 결함 때문이다. 이렇게 영향을 받은 사슬은 146개의 아미노산을 포함한다. 탄화수소 곁사슬을 가지는 아미노산을 산성 작용기를 가지는 아미노산으로 치환하면 헤모글로빈의 용해도 성질을 변화시킬 수 있다. 이것은 정상적 혈액의 흐름을 방해한다.

살아 있는 유기체 단백질은 단순히 불규칙한 모양의 길고 유연성 있는 사슬이 아니다. 실제 사슬은 11장에서 배운 분자 내 힘에 기초하여 자체 조립한 구조를 가진다. 이렇게 형성된 구조는 단백질의 **이차 구조(secondary structure)**가 된다. 이것은 그림 24.18에 보이는 바와 같이, 단백질의 구성 성분들이 어떻게 규칙적으로 배치되어 있는가를 나타낸다.

가장 중요하고 일반적인 이차 구조 배열 중 한 가지는 **$\alpha$(알파) 나선($\alpha$-helix)**이다. 알파 나선 구조는 가지 사슬이 아닌 주사슬의 아마이드의 H 원자와 카보닐의 O 원자가 수소 결합하여 유지된다. 나선 구조의 반복 간격과 지름은 (1) 결합각에 무리(strain)가 없고, (2) 이웃 N—H와 C=O 작용기는 수소 결합에 알맞은 위치에 있어야 한다. 이런 종류의 배열은 사슬을 따라 어떤 아미노산은 가능하지만, 다른 아미노산은 그렇지 않다. 거대한 단백질 분자는 무작위 코일 부분에 산재한 $\alpha$-나선 구조 배열을 갖는 사슬의 구성 성분을 포함하게 된다.

또 다른 단백질의 일반적인 이차 구조는 **$\beta$(베타) 병풍 구조($\beta$-sheet)**이다. 베타 병풍 구조는 두 개 이상의 단백질이 한쪽 가지의 아마이드의 H와 다른 쪽 가지의 카보닐의 O가 수소 결합을 형성하여 만든다.

단백질은 용액 속에서 특별한 형태를 가지지 않으면 생물학적 활성을 나타내지 못한다. 단백질이 생물학적 활성을 가지기 위하여 취하는 과정을 **접힘(folding)**이라고 한다. 구부러짐, 꼬임, 막

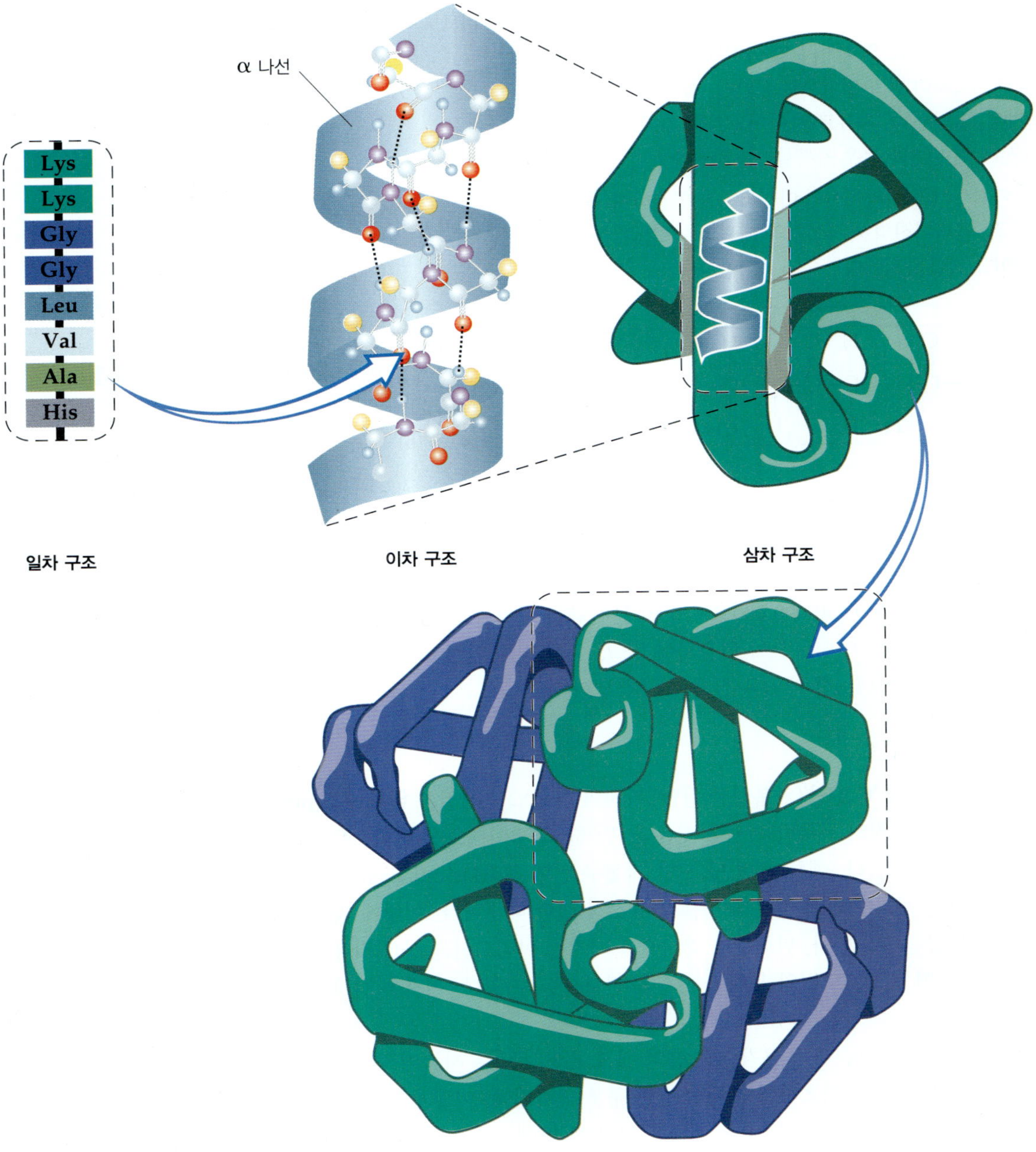


▲ **그림 24.18** 4가지 수준의 단백질 구조 아민 말단으로부터 산 말단으로 아미드 결합에 의해 연결된 아미노산은 수소 결합하여 알파 나선 구조 또는 베타 병풍 구조의 이차 구조를 형성할 수 있다. 이 이차 구조는 정전기 및 van der Waals 상호 작용을 기반으로 삼차 구조로 접힌다. 많은 단백질은 여러 단백질 분자가 결합하여 이합체, 삼합체 또는 사합체를 형성하는 사차 구조를 형성한다(그림 참조).

대 모양의 $\alpha$ 나선 구조, $\beta$ 병풍 구조, 유연한 코일 부위 부분을 갖는 접힌 형태의 단백질 전체 모양을 **삼차 구조(tertiary structure)**라고 한다.

**구형**(globular) 단백질은 조밀하며 대략 구형으로 접혀 있다. 구형 단백질은 대체로 물에 녹으며 세포 내에서 이동한다. 또 그 단백질은 외부 물체의 침입에 대항, 산소의 운반과 저장(헤모글로빈과 마이오글로빈), 촉매 역할 등 비구조적 기능을 갖는다. **섬유상 단백질**(fibrous protein)은 두 번째 종류의 단백질을 구성한다. 섬유상 단백질은 다소 긴 평행 코일 배열이고, 물에 녹지 않는다. 섬유상 단백질은 많은 종류의 조직에 구조적 견고성과 힘을 제공하며 근육, 힘줄, 머리카락의 중요 성분이다. 알려진 단백질 중 가장 큰 것은 27,000여 개 이상의 긴 아미노산이 결합되어 근육을 구성하는 단백질로, 근육 단백질이다.

단백질의 삼차 구조는 서로 다른 많은 상호 작용에 의해 유지된다. 단백질 고리의 어떤 접힘은 다른 어떤 접힘 형태보다 낮은 에너지(더 안정한) 배열을 갖는다. 예를 들어 수용액에 녹는 구형 단백질은 무극성 탄화수소 부분을 분자 내부에 숨기고, 극성 물 분자로부터 멀어지는 방법으로 접힌다. 그러나 보다 극성의 산성 및 염기성 곁가지들은 물 분자와 이온–쌍극자, 쌍극자–쌍극자, 수소 결합 상호 작용 등을 통하여 용액에 녹는다.

몇몇 단백질은 하나 이상의 폴리펩타이드 사슬로 배열된다. 각각의 사슬은 고유의 삼차 구조를 가지며, 이들 사슬은 두 개 이상의 삼차 소단위체들과 모여져 큰 기능성의 거대 분자가 된다. 이러한 방법으로 삼차 소단위체들이 배열된 것이 단백질의 **사차 구조(quaternary structure)**이다(그림 24.18). 예를 들면 적혈구 세포의 산소 운반 단백질인 헤모글로빈은 네 개의 삼차 소단위체로 구성되어 있다. 각각의 소단위체는 그림 23.15에 그려진 바와 같이, 산소가 결합되는 철 원자를 가진 헴이라고 하는 성분을 포함한다. 사차 구조도 삼차 구조를 유지하는 상호 작용 형태와 동일하게 유지된다.

생화학에서 최근에 가장 흥미로운 가설 중의 하나는 잘못 접힌 단백질들이 전염병을 일으킬 수 있다는 것이다. 이 전염성이 있는 잘못 접힌 단백질은 **프라이온**(prion)이라고 불린다. 프라이온의 가장 좋은 예는 사람에게 감염되는 광우병을 초래한다고 알려진 것이다.

## 자기 평가 연습 문제

**24.32** 단백질을 가열하여 분자 내 수소 결합을 끊으면 단백질의 일차 구조가 유지되는가?
(**a**) 예
(**b**) 아니오

**24.33** Gly–Ala는 Ala–Gly와 같은 구조를 가지고 있는가?
(**a**) 예
(**b**) 아니오

## 연습 문제

**24.34** (**a**) 곁사슬을 R로 표현하여 일반 아미노산의 화학 구조를 그리시오. (**b**) 아미노산이 반응하여 단백질을 형성할 때의 반응은 치환, 첨가, 축합 반응 중 어느 반응인가? (**c**) 단백질에서 아미노산끼리 연결하는 결합을 그리시오. 이것을 무엇이라고 부르는가?

**24.35** 반응이 효소적 촉매 작용에 의해 가능하다고 가정하고, 성분 아미노산으로부터 트레오닐아스파트산이 형성되는 화학 반응식을 쓰시오.

**24.36** (**a**) 다음 트라이펩타이드를 가수 분해하여 얻을 수 있는 아미노산은 무엇인가?

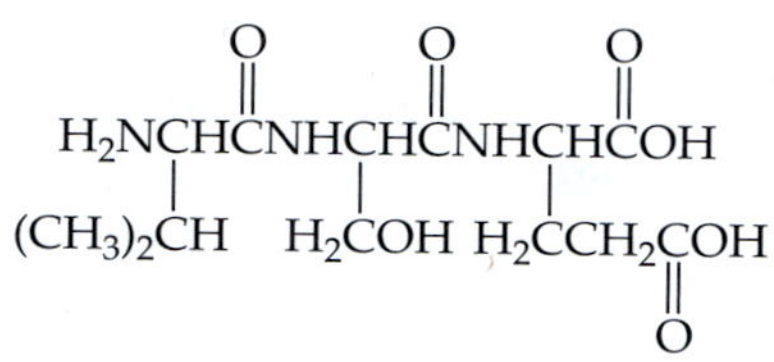

(**b**) 글라이신, 세린, 글루탐산으로 얼마나 많은 다른 트라이펩타이드를 만들 수 있는가? 아미노산에 대한 세 글자 코드와 한 글자 코드를 사용하여 이러한 트라이펩타이드 각각을 약어로 나타내시오.

**24.37** 각 문장이 참인지 거짓인지 표시하시오.
(**a**) 아민 말단에서 산 말단까지 단백질의 아미노산 서열을 단백질의 일차 구조라고 한다.
(**b**) 알파 나선 및 베타 시트 구조는 사차 단백질 구조의 예이다.
(**c**) 하나 이상의 단백질이 다른 단백질에 결합하여 고차 구조를 만드는 것은 불가능하다.

자기 평가 연습 문제 답 **24.32** (a) **24.33** (b)

## 24.8 탄수화물

설탕은 모든 상품 중에서 가장 오래되었으면서 또 가장 기록이 잘 남겨져 있는 것 중 하나이다. 주로 자당, 유당, 과당 같은 인기 있는 설탕들은 그 결정도와 단맛으로 인해 2천 년 이상 인기를 누리고 있다.

설탕은 탄수화물 식품 그룹의 구성원으로 분류되며, 주요 천연 공급원은 **사탕수수**(*Saccharum spp.*)와 **사탕무**(*Beta vulgaris*)이다. 설탕은 이 식물들의 건조 중량의 12~20%를 차지한다. Alexander 대왕 시대에 사탕수수는 꿀의 대중적인 대안으로 떠올랐고 사람들은 사탕수수를 씹어 단맛을 추출하였다.

오늘날 대부분의 사탕수수는 세계 최고의 설탕 생산 국가인 브라질, 인도, 중국, 태국, 멕시코, 호주와 같이 따뜻한 기후를 가진 국가에서 생산된다. 지역적 관점에서 아시아는 다른 어떤 지역보다 더 많은 사탕수수를 생산한다.

정제당은 원당을 녹인 후 인산으로 정제하여 만들 수 있다. 대안적인 정제 방법에는 수산화 칼슘과 이산화 탄소를 포함하는 탄산화 공정 또는 다양한 여과 전략이 포함된다. 그런 다음 설탕은 처리하는 곳에 따라 활성탄 또는 골탄층으로 여과하여 추가로 정제된다. 백설탕은 일반적으로 덩어리짐을 방지하기 위해 건조된 과립 설탕으로 판매된다.

당의 화학을 이해하고 그 구조를 이해하려면 알데하이드와 케톤이 형성되는 카보닐(C=O)기의 화학에 대한 기초가 필요하다. 이 절이 끝나면 다음 사항을 수행할 수 있어야 한다.

- 탄수화물을 구성하는 성분 이해하기

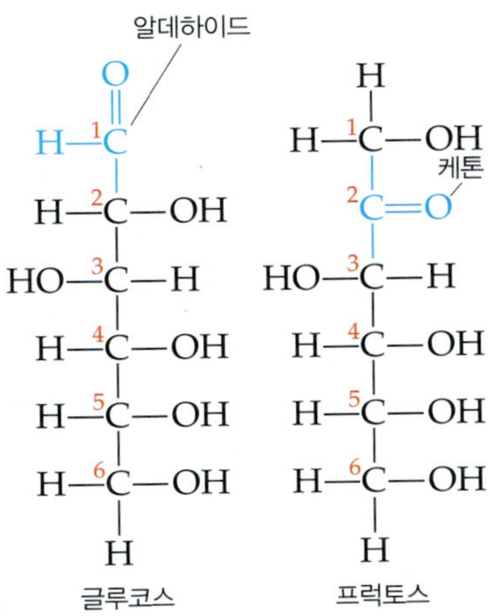


▲ 그림 24.19 탄수화물인 글루코스와 프럭토스의 선형 구조

탄수화물은 동물과 식물 모두에서 발견되는, 자연적으로 생성되는 중요한 물질이다. **탄수화물**(**carbohydrate**, '탄소의 수화물')이라는 이름은 $C_x(H_2O)_y$라고 쓰이는 대부분의 물질의 실험식에서 유래했다. 예로 가장 많이 존재하는 탄수화물인 **글루코스**(**glucose**)는 $C_6H_{12}O_6$나 $C_6(H_2O)_6$의 분자식을 갖는다. 탄수화물은 실제로 탄소의 수화물이라기보다 폴리하이드록시 알데하이드와 케톤이다. 예를 들어 글루코스는 육탄소 알데하이드 당(sugar)이고, 과일에 많이 들어 있는 **프럭토스**(fructose)는 육탄소 케톤 당이다(그림 24.19).

알코올과 알데하이드 작용기를 모두 가진 글루코스 분자는 상당히 길고 유연한 골격이어서 그림 24.20처럼 육원자 고리 구조를 만들 수 있다. 실제로 글루코스 분자의 일부만이 수용액에서 열

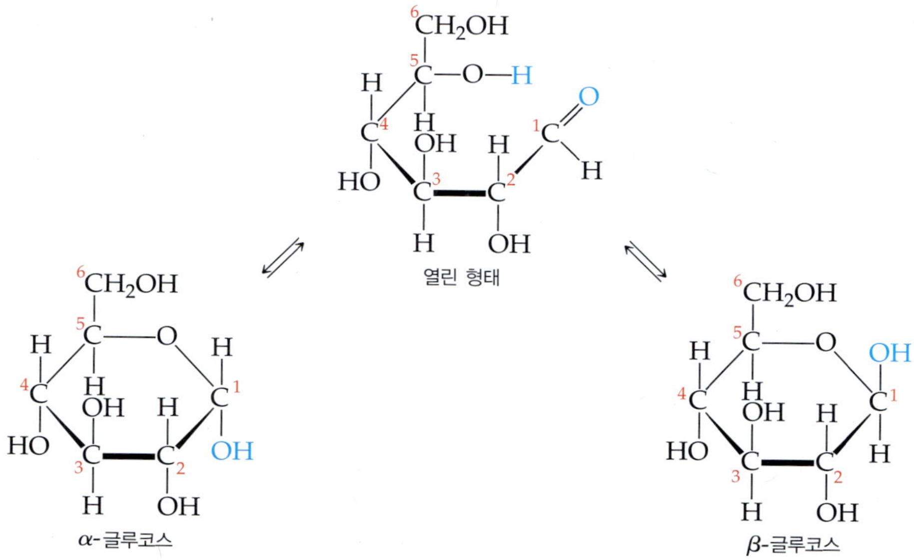


▲ **그림 24.20** 고리형 글루코스는 $\alpha$형과 $\beta$형을 가진다.

린 사슬 형태로 있다. 이 고리는 평면 구조로 표시하지만, C와 O 원자 주위의 사면체 결합각으로 인해 실제로 이 분자는 비평면 구조이다.

그림 24.20에서 글루코스의 고리 구조는 두 가지 상대적 배향을 가지는 것을 볼 수 있다. $\alpha$형에서는 C1 위치의 OH기와 C5 위치의 $CH_2OH$기가 반대 방향이고, $\beta$형에서는 C1 위치의 OH와 C5 위치의 $CH_2OH$가 같은 방향이다. $\alpha$형과 $\beta$형의 차이는 작은 것처럼 보이지만, 그것의 생물학적 결과는 엄청나다. 곧 알게 되겠지만, 이 작은 구조 변환은 녹말과 섬유소(셀룰로스)의 성질에 있어서의 거대한 차이에 해당한다.

프럭토스는 오원자 또는 육원자 고리를 생성한다. 오원자 고리는 C5 위치의 OH기와 C2 위치의 카보닐기가 반응할 때 생성된다.

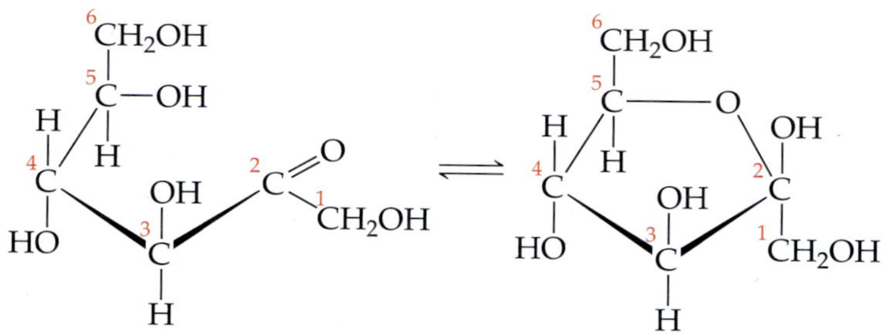

C6 위치의 OH와 C2 위치의 카보닐 사이의 반응으로 육원자 고리가 형성된다.

## 예제 24.8
### 탄수화물에서 작용기와 카이랄 중심 확인하기

글루코스의 열린 사슬 형태(그림 24.19)에는 몇 개의 카이랄 탄소 원자가 있는가?

### 해답

**분석** 글루코스의 구조가 주어지고, 분자에 있는 카이랄 탄소의 수를 결정하는 문제이다.

**계획** 카이랄 탄소는 네 개의 다른 치환기가 붙어 있다(24.5절). 글루코스에서 이러한 탄소들을 확인해야 한다.

**풀이** 2, 3, 4, 5 위치의 탄소 원자는 다음에 보여 주는 것처럼 각각 네 개의 다른 작용기를 가지고 있음에 주목하라.

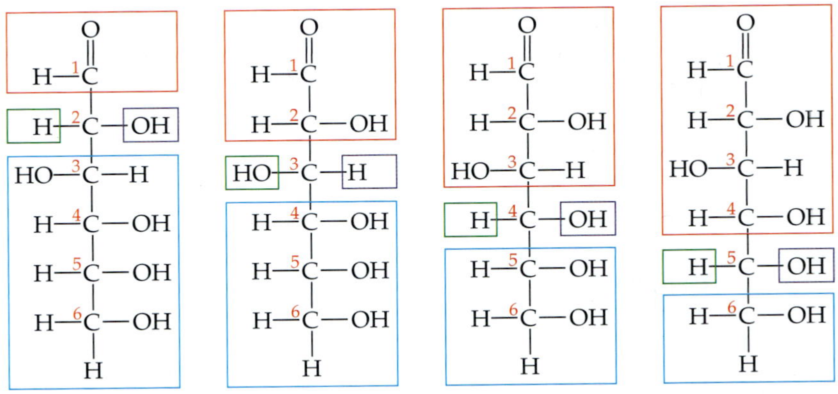

따라서 글루코스 분자에는 네 개의 카이랄 탄소 원자가 있다.

**▶ 보충 예제**

프럭토스의 열린 사슬 형태(그림 24.19)에는 몇 개의 카이랄 탄소 원자가 있는가?

**(a)** 0 **(b)** 1 **(c)** 2 **(d)** 3 **(e)** 4

## 이당류

글루코스와 프럭토스는 **단당류(monosaccharide)**의 예로, 이 간단한 당은 산성 용액으로 가수 분해하여 더 이상 작은 분자로 쪼갤 수 없다. 두 개의 단당류는 축합 반응으로 결합하여 **이당류(disaccharide)**를 생성한다. 두 가지 일반적 이당류인 **슈크로스**(sucrose, 식용 설탕)와 **락토스**(lactose)의 구조는 그림 24.21에 나타내었다.

**당**(sugar)이라는 단어는 단맛을 연상시킨다. 모든 당은 달지만, 맛을 볼 때 느껴지는 단맛의 정도는 각기 다르다. 슈크로스는 락토스보다 6배 달고 글루코스보다 약간 더 달지만, 프럭토스 단맛의 절반이다. 이당류는 가수 분해된다. 즉 산 촉매 하에서 물과 반응하여 단당류를 만든다. 슈크로스가 가수 분해하여 생성된 글루코스와 프럭토스의 혼합물은 **반전당***(invert sugar)이라고 한다. 이것은 원래의 슈크로스보다 더 달다. 과일 통조림과 캔디에 존재하는 단맛 시럽은 첨가한 슈크로스의 가수 분해에 의해 생긴 반전당이다.

## 다당류

**다당류(polysaccharide)**는 몇 개의 단당류가 결합하여 만들어진다. 가장 중요한 다당류는 녹말, 글리코젠, 셀룰로스이다. 이들 모두는 글루코스 단위를 반복하면서 생성된다.

**녹말**(starch)은 순수한 물질이 아니다. 녹말은 식물 중 일련의 다당류를 지칭한다. 녹말은 식물의 종자와 줄기에서 중요한 식품 저장법으로서의 역할을 한다. 옥수수, 감자, 밀, 쌀에는 많은 양

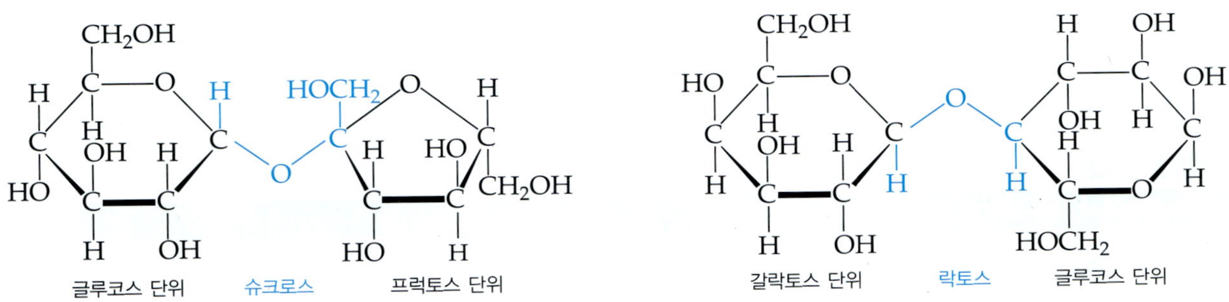


▲ 그림 24.21 두 가지 이당류

*반전당이라는 용어는 글루코스-프럭토스 혼합물의 편광을 회전시키는 방향이 슈크로스 용액을 회전시키는 것과는 반대 방향(즉 반전)인 것에서 유래되었다.

(a)

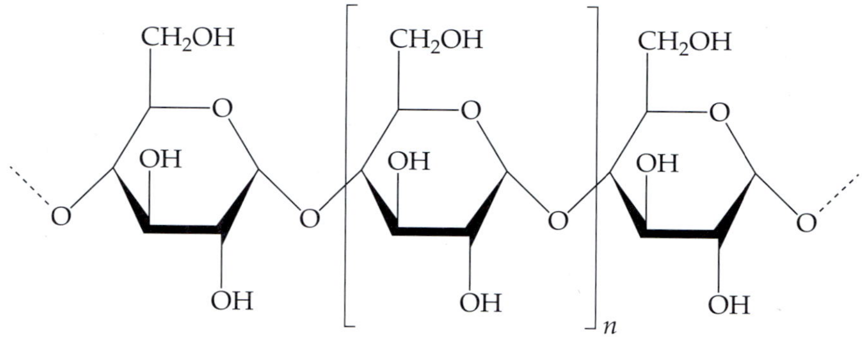

(b)

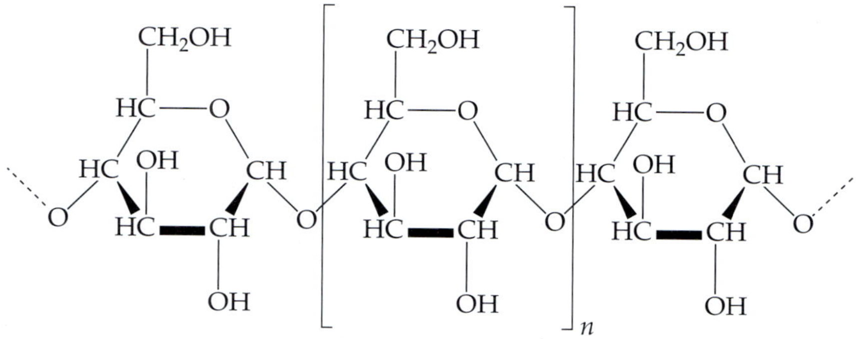

▲ **그림 24.22** (a) 녹말, (b) 셀룰로스의 구조 수소 원자는 표시하지 않았다.

의 녹말이 들어 있다. 이러한 식물 생산물은 인간을 위해 필요한 식품 에너지의 주요 공급원이다. 소화계 효소는 녹말을 글루코스로 가수 분해하는 촉매 작용을 한다.

몇 가지 녹말 분자는 가지 없는 사슬인 반면, 그 밖의 녹말 분자는 가지가 있다. **그림 24.22(a)** 는 가지 없는 녹말 구조이다. 글루코스의 $\alpha$ 형태 결합은 특히 중요하며, 다리 결합 산소 원자는 $CH_2OH$기와 반대쪽에 있다.

**글리코젠(glycogen)**은 우리 몸에서 합성되는 녹말과 같은 물질이다. 글리코젠 분자는 약 5000~500만 u 이상까지 분자량이 다양하다. 글리코젠은 몸의 에너지 저장소처럼 사용되고, 근육과 간에 농축되어 있다. 글리코젠은 근육 힘의 직접적인 근원이고, 글루코스의 저장소인 간에서의 글리코젠은 혈당치를 일정하게 유지하는 데 도움을 준다.

**셀룰로스(cellulose**, 그림 24.22(**b**))는 식물의 주요한 구조 단위이다. 나무는 50%가 셀룰로스이고, 면섬유는 거의 전부가 셀룰로스이다. 셀룰로스는 글루코스의 곧은 사슬로 이루어져 있으며, 평균 500,000 u 이상의 분자량을 갖는다. 대략 보면, 셀룰로스의 구조는 녹말과 비슷하다. 그러나 셀룰로스의 구조는 글루코스의 $\beta$ 형태를 가지며, 다리 결합 산소 원자는 $CH_2OH$기와 같은 쪽에 있다.

각각의 글루코스 단위체는 녹말과 셀룰로스에서 서로 다른 모양으로 결합했기 때문에 쉽게 녹말을 가수 분해하는 효소는 셀룰로스를 가수 분해하지 못한다. 셀룰로스와 녹말은 둘 다 기본적으로 단위 무게당 연소열은 같지만, 셀룰로스는 500 g을 먹더라도 열량은 없다. 반대로 녹말 500 g을 먹으면 상당한 양의 칼로리를 낸다. 이 차이점은 녹말이 글루코스로 가수 분해되고, 결국 에너지를 방출하면서 산화하기 때문이다. 그러나 셀룰로스는 몸에 존재하는 어떤 효소에 의해서도 가수 분해되지 않아 소화계를 변화 없이 지나간다. 많은 세균은 셀룰로스를 가수 분해하는 셀룰레이스(cellulase)라는 효소를 가지고 있다. 이러한 세균은 셀룰로스를 먹는 소와 같은 초식 동물의 소화계에 있다.

## 자기 평가 연습 문제

**24.38** 다음 중 탄수화물 분자를 나타내는 구조는 어느 것인가?

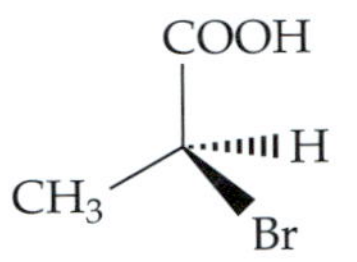

**(a)**

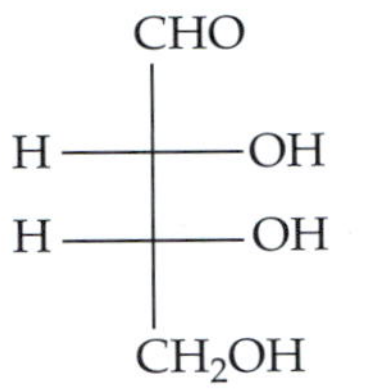

**(b)**

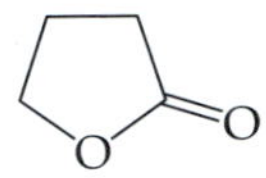

**(c)**

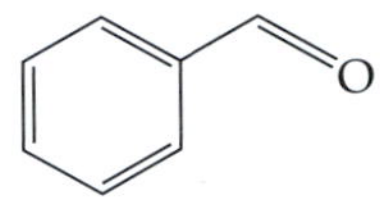

**(d)**

## 연습 문제

**24.39** **(a)** α-글루코스와 β-글루코스는 거울상 이성질체인가? **(b)** 두 개의 글루코스 분자가 α 형태 결합으로 이당류를 형성하는 축합 반응을 나타내시오. **(c)** 두 개의 글루코스 분자가 β 형태 결합으로 이당류를 형성하는 축합 반응을 나타내시오.

**24.40** **(a)** 녹말의 실험식은 무엇인가? **(b)** 녹말 중합체의 기초를 형성하는 단량체는 무엇인가? **(c)** 녹말의 단량체 단위를 연결하는 결합은 아마이드, 산, 에터, 에스터, 알코올 중 어느 것인가?

**24.41** 프럭토스의 열린 사슬 형태에 대한 구조식은 다음과 같다.

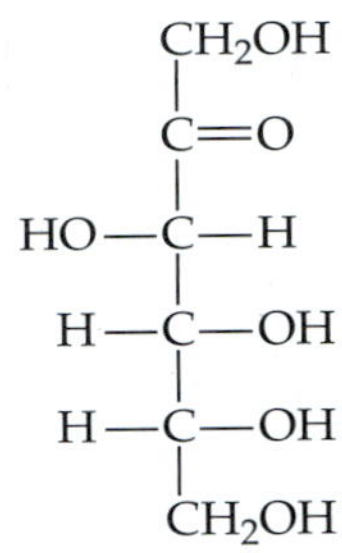

**(a)** 이 분자는 당인가?

**(b)** 이 분자의 열린 사슬 형태에는 몇 개의 카이랄 탄소가 존재하는가?

**(c)** 이 분자의 오원자 고리 형태(퓨라노스)의 구조를 그리시오.

자기 평가 연습 문제 답 **24.38** (b)

## 24.9 | 지질

비만은 현대 사회에서 증가하는 문제이며, 서구 세계에서 예방 가능한 주요 사망 원인으로 여겨지고 있다. 비만은 심혈관 질환, 제2형 당뇨병, 기타 다양한 질환의 위험을 크게 증가시킨다. 일반적으로 비만은 단 음식이나 기름진 음식을 너무 많이 먹으면서 충분히 운동하지 않을 때 발생하지만, 우울증 및 유전적 감수성과 같은 다른 요인도 기여할 수 있다. 비만을 퇴치하기 위해서는 식단을 바꾸고 신체 활동을 늘리도록 하고 있지만, 이를 실행하려면 상당한 의지력이 필요할 수 있다. 비만은 체질량 지수(BMI)가 30 kg/m$^2$ 이상으로 정의된다. BMI는 사람의 체중(kg)을 키(m)의 제곱으로 나누어 계산한다.

지질은 모든 분자가 소수성이며 지방, 오일, 왁스를 포함하는 다양한 분자를 포괄하는 용어이다. 이 절이 끝나면 다음 사항을 수행할 수 있어야 한다.

- 지질의 공통 구조 단위를 인식하기

**지질(lipid)**은 생물체들이 오랫동안 에너지를 저장하여(지방, 기름) 사용하는 다양한 계열의 무극성 생물학적 분자 중 하나이며, 생물학적 구조(인산 지질, 세포벽, 왁스)의 기본 요소이다.

## 지방

지방(fat)은 글리세롤과 지방산으로부터 형성된 지질이다. 글리세롤은 세 개의 OH기를 가진 알코올이다. 지방산은 카복실산(RCOOH)인데, R 부분에는 15~19개까지의 탄소 원자가 탄화수소 사슬을 이루고 있다. 글리세롤과 지방산은 그림 24.23에 나타낸 것처럼 축합 반응으로 에스터 결합을 만든다. 이때 세 개의 지방산이 글리세롤과 결합한다. 그림 24.23에는 결합된 세 개의 지방산이 동일하지만, 서로 다른 세 개의 지방산과의 결합도 가능하다.

포화된 지방산을 가진 지질을 포화 지방이라고 하며, 일반적으로 실온에서 고체이다(버터와 쇼트닝). 불포화 지방은 탄화수소 사슬 내의 탄소–탄소 이중 결합을 한 개 이상 가지고 있다. 알켄에서 시스와 트랜스 명명을 이미 배웠다. **트랜스 지방**은 C=C 이중 결합의 반대쪽에 H 원자를 가지고 있고, **시스 지방**은 C=C 이중 결합의 같은 쪽에 H 원자를 가지고 있다. 불포화 지방(올리브 오일 및 땅콩 오일)은 일반적으로 실온에서 액체이며 식물에서 더 자주 발견된다. 예를 들어, 올

지방 분자의 구조 중 어느 부분이 물에 녹지 않도록 하는가?

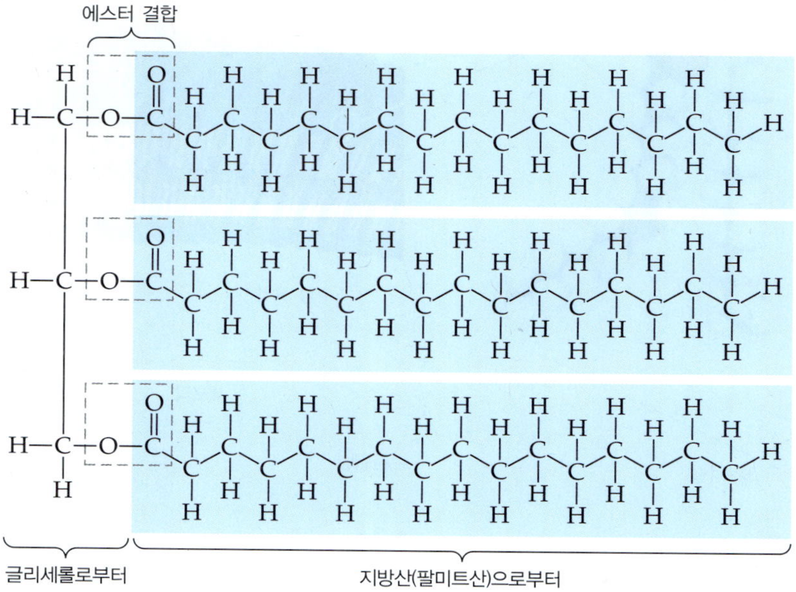


▲그림 24.23 지방의 구조

리브 오일의 주성분(약 60~80%)은 올레산(oleic acid, *cis*-$CH_3(CH_2)_7CH{=}CH(CH_2)_7COOH$)이다. 올레산은 **단일 불포화**(monounsaturated) 지방산의 한 예이며, 이는 사슬에 탄소–탄소 이중 결합이 하나만 있음을 의미한다. 대조적으로, **다중 불포화**(polyunsaturated) 지방산은 사슬에 둘 이상의 탄소–탄소 이중 결합을 가지고 있다.

사람들에게 트랜스 지방은 영양학적으로 필요하지 않아 몇몇 나라는 식품에 이들을 첨가하는 것을 금지하려는 움직임이 일고 있다. 그러면 트랜스 지방은 사람들의 식품에서 없어지는가? 불포화 지방(오일 등)을 포화 지방으로 바꾸는 과정은 수소화 반응이며, 이 수소화 반응의 부산물이 트랜스 지방이다.

몇 가지 지방산은 사람들의 건강에 필수적이며, 대사 과정에서 만들어지지 못하므로 음식을 통해 섭취해야 한다. 이들 필수 지방산은 지방 사슬 끝에 있는 $-CH_3$로부터 세 번째 또는 여섯 번째 탄소에 탄소–탄소 이중 결합을 가진 것이다. 이들을 오메가-3 또는 오메가-6 지방산이라고 하며, 여기서 **오메가**(omega)는 사슬의 마지막 탄소를 뜻한다(카복실산의 탄소는 첫째 또는 알파라고 함).

## 인산 지질

**인산 지질**(phospholipid)은 지방과 화학적 구조가 비슷하지만, 글리세롤에 단지 두 개의 지방산을 가진다. 글리세롤의 세 번째 알코올에는 인산기(그림 24.24)가 결합된다. 그림에 나타낸 것처럼, 인산기에는 콜린과 같은 작은 전하를 띤 것이나 극성기가 결합될 수 있다. 인산 지질의 다양성은 여러 지방산을 가지는 것과 인산기에 결합된 여러 작용기들로 인한 것이다.

물속에서 인산 지질이 단일층이 아닌 이중층을 형성하는 이유는 무엇인가?

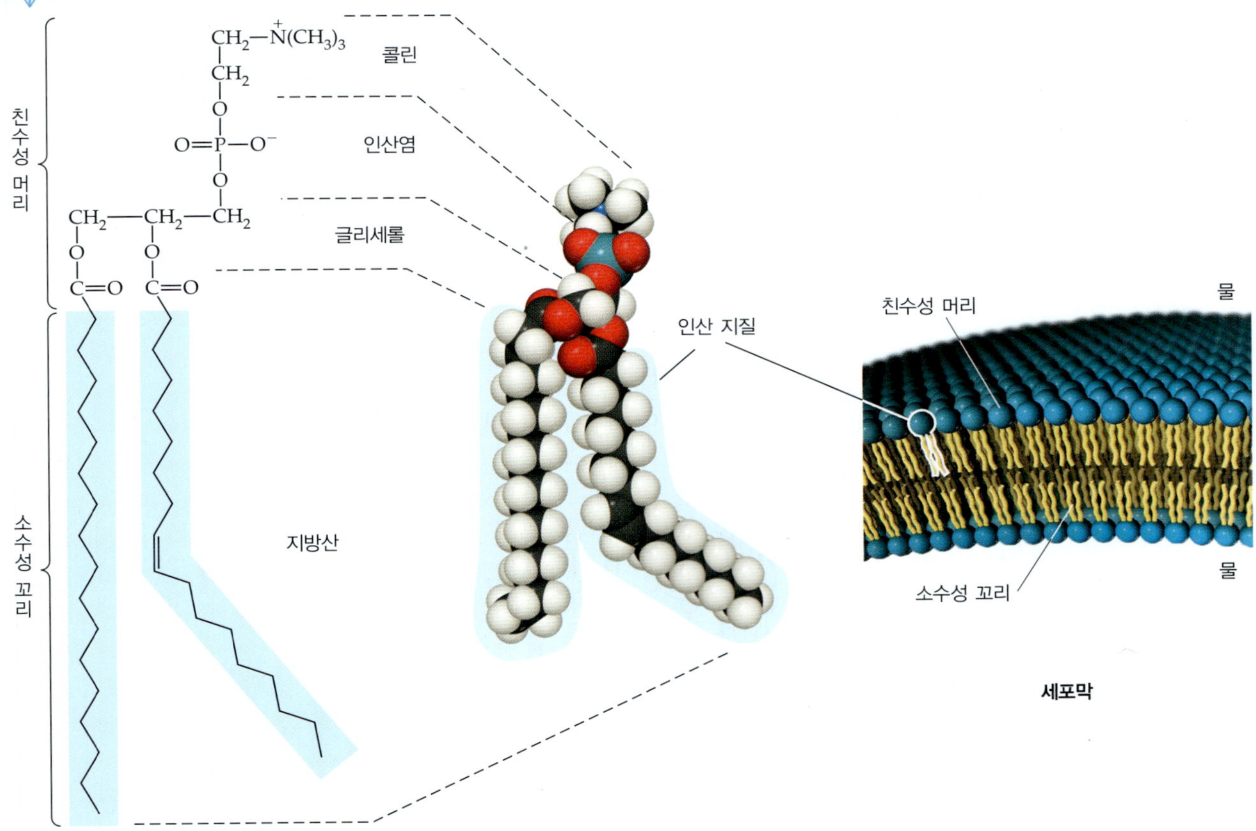


▲ **그림 24.24** **인산 지질과 세포막의 구조** 살아 있는 세포는 전형적으로 인산 지질로 만들어진 이중층의 막으로 쌓여 있다. 이중층의 구조는 세포 내부와 외부에 있는 물의 방향으로 인산 지질의 전하를 띤 머리 부분이 향하고, 그 안쪽으로는 소수성 꼬리 부분이 상호 작용하면서 아주 안정하게 되어 있다.

물속에서 인산 지질은 전하를 띤 극성 머리 부분이 물을 향하여 배열되고, 무극성 꼬리 부분은 내부로 향하게 된다. 따라서 인산 지질은 이중층을 가지며 세포막의 중요 성분이 된다(그림 24.24).

## 자기 평가 연습 문제

**24.42** 올리브 오일은 많은 지방산으로 구성되어 있지만, 일반적인 분자는 다음과 같은 구조를 가지고 있다.

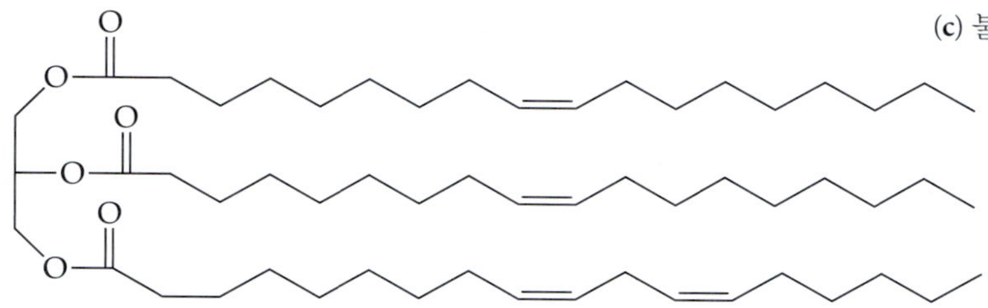

다음 용어 중 올리브 오일을 올바르게 분류한 것은 어느 것인가?

**(a)** 포화 지방

**(b)** 불포화 시스 지방

**(c)** 불포화 트랜스 지방

## 연습 문제

**24.43** 각 표현이 참인지 거짓인지 표시하시오.

**(a)** 결합 엔탈피에 대한 표 8.3의 데이터를 사용하면, C−H 결합을 갖는 분자가 C−O 및 O−H 결합을 가지는 분자와 비교할 때 더 많은 에너지를 저장할 수 있다는 것을 보일 수 있다.

**(b)** 트랜스 지방은 포화 상태이다.

**(c)** 지방산은 긴 사슬 카복실산이다.

**(d)** 단일 불포화 지방산은 사슬에 C−C 단일 결합이 하나 있고 나머지는 이중 또는 삼중 결합이다.

자기 평가 연습 문제 답 **24.42** (b)

## 24.10 | 핵산

8,000여 개의 완두콩 식물을 주의 깊게 연구한 Gregor Mendel은 한 세대에서 다음 세대로 전달되

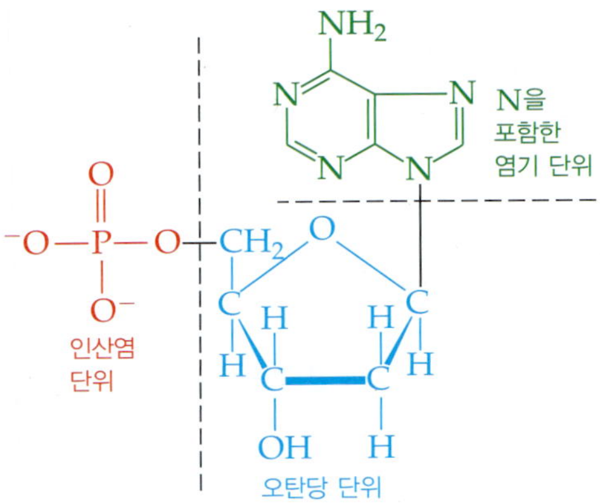


▲ **그림 24.25** 뉴클레오타이드 인산, 데옥시리보스 당, 유기 염기 아데닌으로부터 생성된 뉴클레오타이드인 데옥시아데닐산의 구조

는 몇 가지 특정 성질이 있다는 것을 처음으로 인식하였다. 그는 1866년에 그의 발견을 발표했지만 40년이 지나서야 '유전자'라는 용어가 만들어졌다. 당시에는 단백질이 유전 정보의 저장소로 생각되었다. 이것은 실험을 통해 DNA가 그 과정의 기본이라는 결론이 나온 1940년대까지 일반적인 믿음이었다. 수많은 사람들이 중요한 정보를 제공한 덕택에, 마침내 1953년에 James Watson과 Francis Crick이 DNA의 구조를 제안하였다. DNA는 1869년 Friedrich Miescher에 의해 발견되었으며, 20세기 초 미국에서 일하던 러시아 태생의 생화학자 Phoebus Levene가 이 생체 고분자의 구성 요소로 당, 인산염 그룹, '염기'라고 하는 4개의 질소 헤테로고리 화합물을 결정했다. Erwin Chargaff는 이러한 염기를 연구하여, DNA가 추출된 유기체와 관계없이 항상 아데닌(A)의 존재량은 타이민(T)의 존재량과 유사하고, 구아닌(G)의 양은 사이토신(C)의 양과 유사하다는 것을 밝혀냈다. 이것은 Chargaff의 법칙으로 알려지게 되었다. 이 법칙은 Rosalind Franklin과 Maurice Wilkins의 DNA X선 결정학적 분석에 대한 선구적인 연구와 함께 Watson과 Crick으로 하여금 '염기' A+T와 G+C의 결합이 DNA 구조의 핵심이라고 믿게 했다.

그들은 DNA의 패턴을 결정하기 위해 염기의 판지 컷아웃 모델(판지를 이용하여 실 모형으로 제작한)을 사용했다. 처음에는 아무것도 맞지 않는 것 같았지만 Jerry Donohue가 염기의 토토머 형태(tautomeric form)를 제안한 후 제자리에 맞아 떨어지기 시작했다. Watson과 Crick은 염기 쌍 사이의 수소 결합으로 함께 유지되는, 현재로는 유명한 이중 가닥 나선을 제안했다. 그들은 Cambridge의 술집 'The Eagle'에서 이 발견을 축하했는데, 이곳에는 처음 발견을 대중에게 발표한 장소를 기념하는 명판이 있다.

이 절에서는 알려진 가장 주목할 만한 생체 고분자 중 하나를 소개할 것이다. 절이 끝나면 다음 사항을 수행할 수 있어야 한다.

- DNA의 구성 요소와 기능 이해하기

**핵산**(**nucleic** acid)은 유기체의 유전 정보를 화학적으로 운반하는 생체 중합체의 한 종류이다. **데옥시리보핵산**(**deoxyribonucleic acid, DNA**)은 분자량이 600만~1600만 u 범위의 거대 분자이다. **리보핵산**(**ribonucleic acid, RNA**)은 분자량이 20,000~40,000 u 범위의 작은 분자이다. DNA는 세포핵에서 주로 발견된다. 반면에, RNA는 세포막에 쌓인 비핵성 물질인 **세포질**(cytoplasm)이라는, 대부분 세포핵의 바깥쪽에서 발견된다. DNA는 세포의 유전 정보를 저장하고 단백질의 생성을 조절한다. RNA는 DNA에 저장한 정보를 세포핵 바깥의 세포질로 운반하고, 그 정보는 단백질 합성에 이용된다.

**뉴클레오타이드**(**nucleotide**)라고 하는 핵산의 단위체는 오탄당, 질소 원자를 함유한 유기물 염기, 인산기로부터 형성된다. 그 예가 **그림 24.25**에 있다.

RNA의 오탄당 성분은 리보스(ribose)이고, DNA의 오탄당 성분은 **데옥시리보스**(deoxyribose)이다.

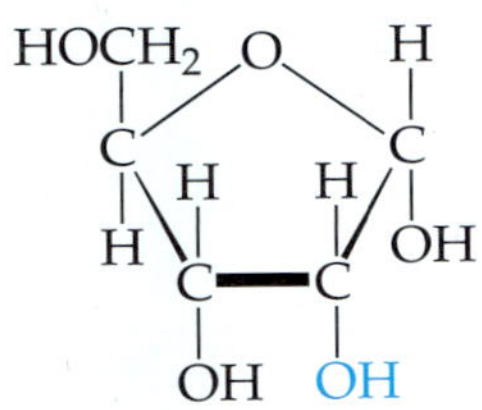

리보스(Ribose)

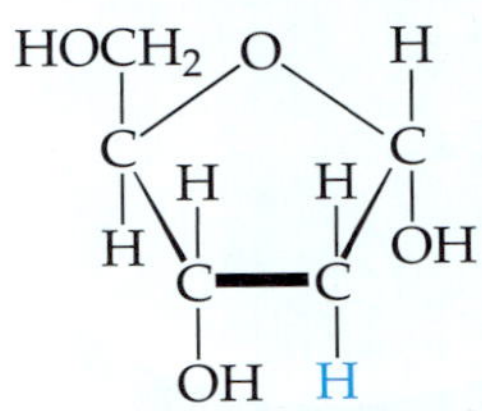

데옥시리보스(Deoxyribose)

데옥시리보스는 둘째 탄소 원자에 한 개의 산소 원자를 덜 가지고 있는 것이 리보스와 다른 점이라는 것을 주목하라.

핵산에는 질소를 포함하는 다섯 가지 염기가 있다.

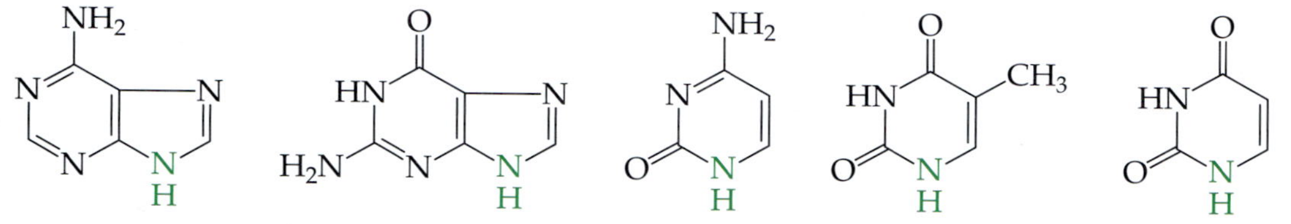


그림에서 앞에 위치한 세 개의 염기는 RNA와 DNA 모두에서 발견된다. 타이민은 DNA에만 있고, 유라실은 RNA에만 있다. 염기에서는 색으로 나타낸 질소 원자가 오탄당에 결합한다.

DNA나 RNA와 같은 핵산은 한 뉴클레오타이드의 인산의 OH기와 다른 뉴클레오타이드 당의 OH기가 축합 반응하여 생긴 **폴리뉴클레오타이드**(polynucleotide)이다. 따라서 폴리뉴클레오타이드 가닥은 옆에 염기를 사슬로 달고 있는, 당과 인산기가 교대로 배열된 골격을 가진다. 따라서 폴리뉴클레오타이드 가닥은 측면 그룹(side group)으로서 사슬을 벗어난 염기와 당과 포스페이트 기의 연결이 반복되는 기본골격을 갖는다(**그림 24.26**). 당의 탄소는 그림 24.26에서 나타낸 것처럼 1′, 2′ 등으로 번호를 준다. 단백질이 N 말단에서 C 말단까지 아미노산 서열을 갖는 것처럼, 핵산은 당–인산 골격의 5′ 말단으로부터 출발하여 3′ 말단으로 이동하는 염기 서열을 갖는다.

DNA 가닥은 **그림 24.27**(**a**)처럼 역평행 **이중 나선**(**double helix**) 형태로

올바른 염기 순서는 1–2–3–4인가, 4–3–2–1인가?

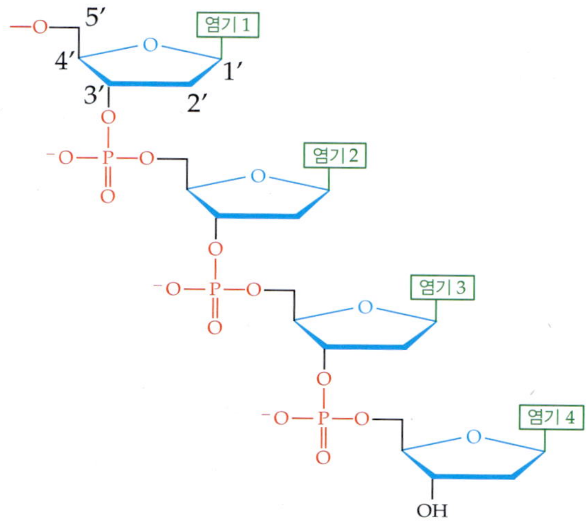


▲ **그림 24.26** **폴리뉴클레오타이드** 각각의 뉴클레오타이드에 있는 당은 데옥시리보스이므로, 이 폴리뉴클레오타이드는 DNA이다.

다음의 상보적 관계에 있는 염기쌍인 AT와 GC 중 어느 것이 더 강하게 결합될 수 있는가?

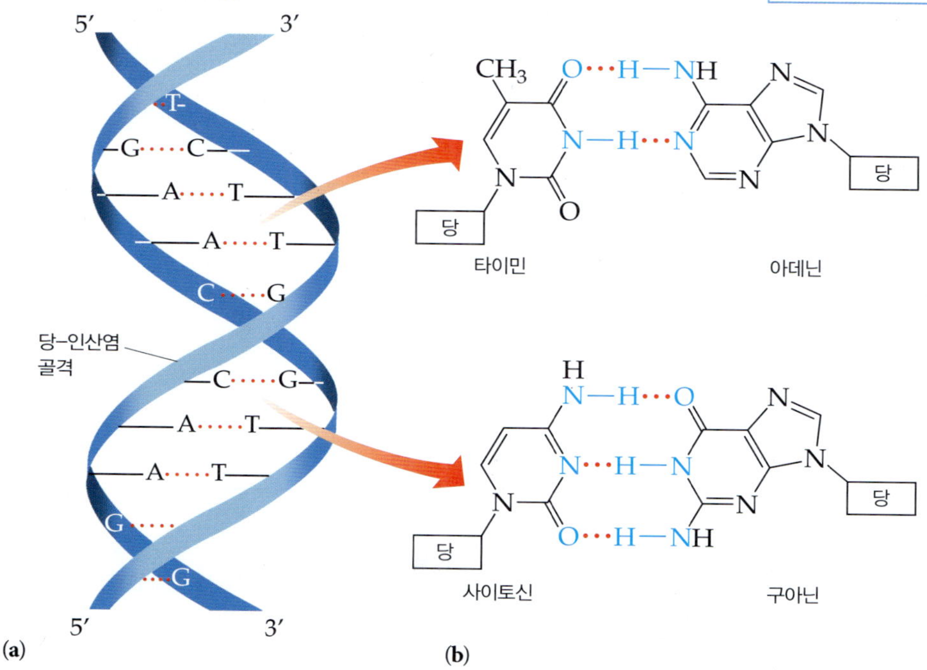


▲ **그림 24.27** **DNA에서 상보적인 염기 사이의 결합** (a) DNA 이중 나선은 당–인산염 골격을 한 쌍의 리본으로, 상보적인 염기 사이의 수소 결합을 점선으로 나타냄을 보여 준다. (b) DNA에서 상보적인 염기쌍의 구조

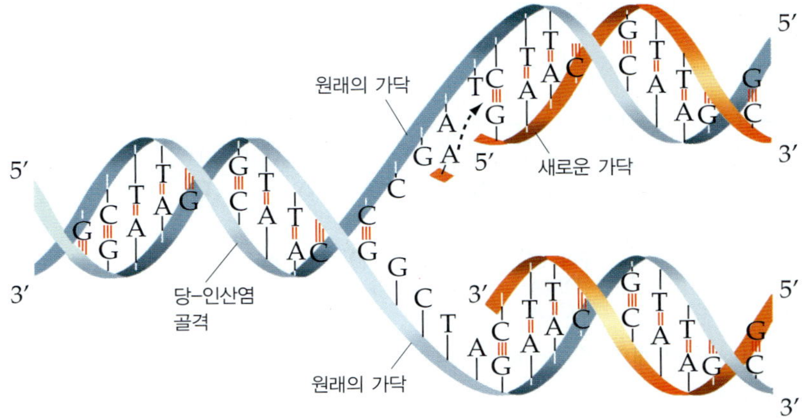


▲ 그림 24.28 DNA 복제 원래의 DNA 이중 나선은 일부분이 풀리고, 새로운 뉴클레오타이드는 상보적 방식으로 각 가닥이 정렬된다. 수소 결합은 원래의 DNA 사슬이 새로운 뉴클레오타이드를 배열시키는 데 도움을 준다. 새로운 뉴클레오타이드들이 축합 반응으로 합쳐지면 두 개의 동등한 이중 나선 DNA 분자가 생긴다.

서로 꼬여 있다. 두 개의 가닥은 T, A, C, G로 나타내는 염기 사이의 상호 작용으로 서로 붙잡혀 있다. 이러한 상호 작용에는 분산력, 쌍극자–쌍극자 힘, 수소 결합(11.2절) 등이 포함된다. 그림 24.27(**b**)에 나타낸 것처럼, 타이민과 아데닌 구조는 완벽하게 수소 결합을 이룬다. 같은 방법으로 사이토신과 구아닌도 수소 결합의 좋은 짝이다. 타이민과 아데닌이 **상보적**(complementary)이고, 사이토신과 구아닌이 **상보적**이다. 따라서 이중 나선 구조에서 한쪽 가닥에 타이민이 있으면 반대쪽 가닥에는 아데닌이 있으며, 사이토신 가닥의 반대쪽에는 구아닌이 있다. 두 가닥에 있는 상보 염기들의 이중 나선 구조는 DNA의 어떤 기능을 이해하는 열쇠가 된다.

세포 분열 동안 DNA의 두 가지 가닥은 풀리고 잘 정돈된 새로운 상보적 가닥을 생성한다(그림 24.28). 이러한 과정으로 두 개의 동일한 이중 나선형 DNA 구조들이 생겨나고, 각각은 원래의 구조로부터 유래한 가닥과 새로운 가닥을 갖는다. 이러한 복제로 인해 세포가 나누어질 때 유전 정보가 전달된다.

DNA의 구조는 또한 단백질 합성, 바이러스가 세포를 감염시키는 수단 및 현대 생물학에서 중심적으로 중요한 많은 다른 문제를 이해하는 열쇠이다.

## 자기 평가 연습 문제

**24.44** DNA 한 가닥의 염기 서열이 5′…GCCAT…3′인 경우, 상보적 DNA 가닥의 염기 서열은 무엇인가?

(**a**) 3′…GCCAT…5′
(**b**) 3′…CGGTA…5′
(**c**) 3′…GCCAU…5′
(**d**) 3′…CGGTU…5′

## 연습 문제

**24.45** 뉴클레오사이드는 리보스 또는 데옥시리보스에, 24.10절에 표시된 종류의 유기 염기가 결합하여 구성된다. 구아닌과 데옥시리보스로 이루어진 데옥시구아노신의 구조를 그리시오.

**24.46** 당신은 생명공학 연구실에서 일하고 있으며 DNA를 분석하고 있다. 12개의 염기쌍을 포함하는 짧은 12개의 DNA 시료를 얻었다.

(**a**) 시료에서 아데닌과 타이민의 비율은 얼마인가?
(**b**) 시료에서 사이토신과 구아닌의 비율은 얼마인가?
(**c**) DNA 용액에 존재하는 반대 이온이 소듐 이온이라고 가정한다. 12합체당 소듐 이온은 몇 개있어야 하는가? 5′의 말단 인산염이 각각 a−1의 전하를 띤다고 가정한다.

**24.47** 5′-AGTTACTGG-3′의 염기 서열을 가진 가닥을 포함하는 단일 DNA 가닥을 상상해 보자. 상보적 가닥의 염기 서열은 무엇인가?

자기 평가 연습 문제 답 **24.44** (b)

## 통합 예제

### 종합 개념

피루브산(pyruvic acid)은 다음 구조를 갖는다.

$$CH_3-\overset{\overset{\displaystyle O}{\|}}{C}-\overset{\overset{\displaystyle O}{\|}}{C}-OH$$

피루브산은 체내에서 탄수화물 대사 작용으로 생긴다. 근육 중에서는 배설 과정 중에 피루브산이 락트산으로 환원된다. 피루브산의 산 해리 상수는 $3.2\times10^{-3}$이다.

**(a)** 아세트산에 비해 피루브산의 산 해리 상수 값이 큰 이유를 설명하시오.

**(b)** 근육 조직의 pH는 약 7.40이고, 산의 초기 농도를 $2\times10^{-4}$ $M$이라 가정하면, 근육 조직에 존재하는 피루브산은 중성의 산과 해리된 이온 중 주로 어떤 형태로 존재하는가?

**(c)** 피루브산의 용해도 성질에 대하여 무엇을 예측하는가? 설명하시오.

**(d)** 피루브산 중 각 탄소 원자의 혼성화는 무엇인가?

**(e)** H 원자를 환원제로 가정하고, 피루브산이 락트산(그림 24.13)으로 환원되는 균형 맞춘 화학 반응식을 쓰시오(H 원자는 생화학계에 존재하지 않지만, 그러한 환원 반응에서 생화학적 환원제는 수소를 공급한다).

### 해답

**(a)** 피루브산의 산 해리 상수는 아세트산보다 약간 더 커야 한다. 왜냐하면 $\alpha$-탄소 원자의 카보닐기는 카복실산기에 전자 끌기 효과를 발휘하기 때문이다. C—O—H 결합계에서 전자는 H로부터 이동하여 양성자로서 H가 떨어져 나오기 쉽게 한다.

**(b)** 이온화 정도를 결정하려면 우선 이온화 평형과 평형 상수식을 세운다. 산의 기호로 HPv를 사용하면

$$HPv \rightleftharpoons H^+ + Pv^-$$

$$K_a = \frac{[H^+][Pv^-]}{[HPv]} = 3.2\times10^{-3}$$

$[Pv^-]=x$라고 하면, 해리되지 않은 산의 농도는 $2\times10^{-4}-x$이다. $[H^+]$의 농도로 $4.0\times10^{-8}$(pH 값의 antilog) 값을 대입하면

$$3.2\times10^{-3} = \frac{(4.0\times10^{-8})(x)}{(2\times10^{-4}-x)}$$

$x$에 대하여 풀면

$$x = [Pv^-] = 2\times10^{-4}\,M$$

이다. 이것은 산의 초기 농도이고, 본질적으로 모든 산이 해리되는 것을 의미한다. 산은 대단히 묽고 산 해리 상수는 대단히 크므로 이 결과를 예상할 수 있다.

**(c)** 피루브산은 극성 작용기와 작은 탄화수소 성분을 가지므로 물에 매우 잘 녹는다. 피루브산은 극성 유기 용매, 특히 산소를 포함한 유기 용매에 잘 녹는 것으로 예측된다. 실제로 피루브산은 물, 에탄올, 다이에틸 에터에 녹는다.

**(d)** 메틸기의 탄소는 $sp^3$ 혼성화되어 있다. 카보닐기를 갖는 탄소는 산소에 이중 결합이 있으므로 $sp^2$ 혼성화되어 있다. 마찬가지로 카복실산의 탄소는 $sp^2$ 혼성화되어 있다.

**(e)** 이 반응의 균형 맞춘 화학 반응식은 다음과 같다.

$$CH_3\overset{\overset{\displaystyle O}{\|}}{C}COOH + 2\,(H) \longrightarrow CH_3\underset{\underset{\displaystyle H}{|}}{\overset{\overset{\displaystyle OH}{|}}{C}}COOH$$

본질적으로 케톤 작용기는 알코올로 환원된다.

## 성취를 위한 전략 지금 무엇을?

이 글을 읽고 있다면 이 교재를 마무리한 것이다. 이 글까지 보게 되는 여러분의 끈기와 헌신에 축하를 보낸다!

마지막으로, 궁극적인 학습 전략을 질문의 형태로 제시하려고 한다. 이 교재를 끝까지 공부해서 얻은 화학 지식을 가지고 무엇을 할지 계획했는가? 많은 학생들은 학기 과정에 요구되는 일부로서 추가적인 화학 과목을 수강 신청한다. 마지막 정규 과정으로 이 과목을 수강하는 학생도 있을 것이다. 여러분이 계획한 경력 과정이 화학이든, 생의학의 한 부분이든, 공학이든, 예술이나 다른 분야든 간에, 이 책을 통해 여러분 주변에 있는 화학에 대한 관심이 늘어났기를 희망한다. 만일 관심을 기울이면 식품과 약품에서부터 태양 전지와 스포츠 장비에 이르기까지 화학과 만나고 있음을 깨닫게 될 것이다.

우리는 여러분이, 화학이 역동적이고 항상 변하는 과학이라는 것

을 느끼도록 노력해 왔다. 연구 화학자들은 새로운 화합물을 합성하고, 새로운 반응을 개발하고, 알려지지 않은 화학적 특성을 찾아내고, 알려진 화합물의 새로운 적용을 찾아내며 이론을 재정립한다. 생물계에서의 새로운 복잡한 내용들이 알려짐에 따라, 기초 화학으로 생물계를 이해하는 것이 보다 더 중요하게 되었다. 지속 가능한 에너지와 깨끗한 물에 대한 도전을 해결하는 것에는 많은 화학자들의 연구가 필요하다. 학부 연구 프로그램에 참석해서 화학 연구의 매혹적인 모험에 참여할 수 있다. 화학자들이 모든 대답을 가지고 있는 것처럼 보이지만, 여전히 많은 질문에 답을 찾고 있다는 것에 놀라게 될 것이다.

마지막으로 여러분이 이 교재를 즐거운 마음으로 공부했기를 바란다. 우리는 즐겁게 교재 안에 화학에 대한 우리의 많은 생각을 집어넣었다. 진심으로 화학이 중심 과학이 되길 바라며, 화학은 화학을 공부하는 사람뿐 아니라 화학 그 자체로 혜택이라고 믿는다.

# 요약 및 중요 용어

**유기 화합물의 일반적 특성(서론, 24.1절)** 이 장은 탄소 화합물(주로 탄소–탄소 결합을 갖는 화합물)을 연구하는 **유기 화학**(organic chemistry)과 살아 있는 유기체의 화학을 연구하는 **생화학**(biochemistry)에 관해 소개한다. 이전의 장들에서 유기 화학의 많은 부분들을 이미 배워 왔다. 탄소는 안정한 화합물에서 네 개의 결합을 갖는다. C–C 단일 결합과 C–H 결합은 낮은 반응성을 갖는 경향이 있다. 높은 전자 밀도를 가지고 있는 결합(다중 결합 또는 높은 전기 음성도를 갖는 원자를 갖고 있는 경우)은 반응을 일으키는 자리가 된다. 이들 반응성이 있는 자리를 **작용기**(functional group)라고 한다.

**탄화수소 소개(24.2절)** 가장 간단한 종류의 유기 화합물은 탄소와 수소만으로 구성되어 있는 탄화수소이다. 탄화수소는 알케인, 알켄, 알카인, 방향족 탄화수소로 분류한다. **알케인**(alkane)은 C–H와 C–C 단일 결합만을 갖는다. **알켄**(alkene)은 한 개 이상의 탄소–탄소 이중 결합을 갖는다. **알카인**(alkyne)은 한 개 이상의 탄소–탄소 삼중 결합을 갖는다. **방향족 탄화수소**(aromatic hydrocarbon)는 탄소 원자가 $\sigma$ 결합과 비편재된 $\pi$ 결합으로 고리형 배열을 한다. 알케인은 포화 탄화수소이고, 나머지는 불포화 탄화수소이다.

알케인은 곧은 사슬, 가지 사슬, 고리의 배열을 생성한다. 이성질체는 같은 분자식을 갖지만 원자 배열이 다른 물질이다. **구조 이성질체**(structural isomer)는 원자의 결합 배열이 다르다. 다른 이성질체는 다른 체계적인 이름을 갖는다. 탄화수소의 이름은 구조의 가장 긴 탄소 원자 사슬을 기본으로 한다. 가지 사슬에 달려 있는 **알킬기**(alkyl group)는 탄소 사슬을 따라 번호를 매긴다.

고리 구조 알케인은 **사이클로알케인**(cycloalkane)이라고 한다. 알케인은 상대적으로 반응성이 떨어진다. 그러나 공기 중에서 연소하여 연소열을 내는 에너지원으로 주로 사용된다.

**알켄, 알카인, 방향족 탄화수소(24.3절)** 알켄과 알카인의 이름은 다중 결합을 포함한 가장 긴 연속적인 탄소 원자의 사슬에 기본을 둔다. 그리고 다중 결합의 위치는 숫자 접두사로 표기한다. 알켄은 구조 이성질 현상뿐만 아니라 기하 이성질 현상(시스–트랜스)도 나타난다. **기하 이성질체**(geometric isomer)는 같은 결합이지만 분자는 다른 기하 구조를 갖는다. C=C 이중 결합의 회전이 제한되기 때문에 기하 이성질 현상은 알켄에서 가능하다.

알켄과 알카인은 탄소–탄소 다중 결합에 쉽게 **첨가 반응**(addition reaction)을 한다. HBr과 같은 산의 첨가 반응은 양성자가 알켄이나 알카인의 탄소 원자에 이동하는 반응 속도 결정 단계를 거쳐 이루어진다. 방향족 탄화수소의 첨가 반응은 어렵지만, **치환 반응**(substitution reaction)은 촉매 존재하에서 쉽게 진행한다.

**유기 작용기(24.4절)** 유기 화합물의 화학적 특성은 그들의 작용기 성질에 따른다. 우리가 다룬 작용기들은 다음과 같다.

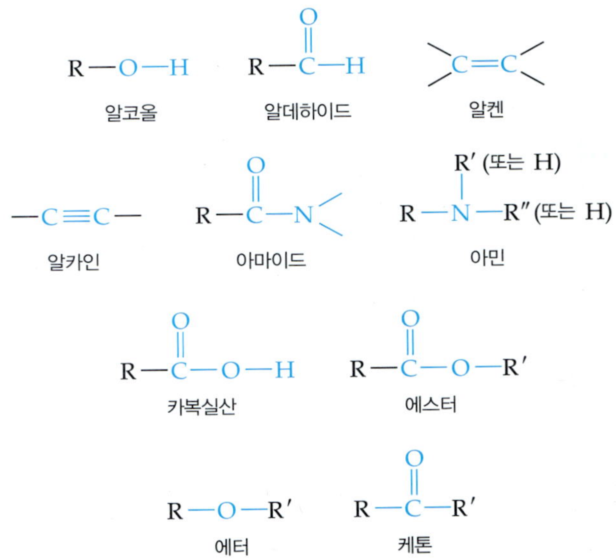


R, R′, R″는 탄화수소기라는 것을 기억하라. 예를 들면 메틸($CH_3$) 또는 페닐($C_6H_5$)이다.

**알코올**(alcohol)은 한 개 이상의 OH기를 갖는 탄화수소 유도체이다. **에터**(ether)는 알코올 두 분자의 축합 반응에 의해 생긴 화합물이다. **알데하이드**(aldehyde), **케톤**(ketone), **카복실산**(carboxylic acid), **에스터**(ester), **아마이드**(amide) 등을 포함한 몇 가지의 작용기는 **카보닐기**(carbonyl, C=O)를 갖는다. 알데하이드와 케톤은 보통 알코올의 산화 반응으로 생성할 수 있다. 또한 알데하이드의 산화는 카복실산을 만든다. 카복실산은 알코올과 함께 축합 반응으로 에스터를 만들거나, 아민과 함께 축합 반응하여 아마이드를 만든다. 에스터는 강염기에서 **가수 분해**(hydrolysis, **비누화**(saponification))한다.

**유기 화학에서의 카이랄성(24.5절)** 겹치지 않는 거울상 분자를 **카이랄**(chiral)이라고 한다. 카이랄성 분자의 겹치지 않는 두 가지 형태를 **거울상 이성질체**(enantiomer)라고 한다. 탄소 화합물 중 카이랄 중심은 중심 탄소 원자에 결합된 모든 네 개 원자단이 서로 다를 때 생성된다. 예를 들어 생체

계에서 생기는 많은 아미노산 분자는 카이랄이고, 한 가지 거울상 이성질체 형태로만 자연에 존재한다. 사람에게 사용되는 의약품 중 중요한 여러 가지 의약품은 카이랄이다. 그리고 거울상 이성질체는 매우 다른 생화학적 효과를 나타낸다. 이러한 이유 때문에 카이랄 의약품의 효과적 이성질체만의 선택적 합성은 높은 우선순위를 차지한다.

**생화학 소개, 단백질(24.6절, 24.7절)** 생명에 중요한 많은 분자는 단위체라는 작은 분자로부터 만든 거대한 천연 고분자이다. 이장에서 다룬 세 가지 **생체 중합체**(biopolymer)는 단백질, 다당류(탄수화물), 핵산이다.

**단백질**(protein)은 **아미노산**(amino acid)의 중합체이다. 단백질은 동물계에 주요한 구조 물질이다. 모든 천연 단백질은 20개만이 공통이지만 22종의 아미노산으로 만든다. 아미노산은 **펩타이드 결합**(peptide bond)으로 연결되어 있다. **폴리펩타이드**(polypeptide)는 펩타이드 결합으로 많은 아미노산이 연결되어 생긴 중합체이다.

아미노산은 카이랄 물질이다. 대개는 거울상 이성질체 중 한 가지만이 생물학적 활성이 있는 것으로 발견된다. 단백질의 구조는 사슬에 있는 아미노산의 순서(**일차 구조**(primary structure)), 사슬의 분자 내 상호 작용(**이차 구조**(secondary structure)), 완전 분자의 전체 모양(**삼차 구조**(tertiary structure))에 의해 결정된다. 가장 중요한 이차 구조 배열 중 한 가지는 **$\alpha$ 나선**($\alpha$-helix)과 **$\beta$ 병풍**($\beta$-sheet)이다. 단백질의 생물학적인 삼차 구조는 **접힘**(folding)으로 불리며, 일부 분자에서는 함께 모여서 **사차 구조**(quaternary structure)를 형성하기도 한다.

**탄수화물 및 지질(24.8절, 24.9절)** **탄수화물**(carbohydrate), 폴리하이드록시알데하이드, 케톤은 식물의 주요한 구조 성분이고, 동·식물의 에너지 원료이다. **글루코스**(glucose)는 가장 일반적인 **단당류**(monosaccharide)이다. 두 개의 단당류는 축합 반응으로 **이당류**(disaccharide)를 생성한다. **다당류**(polysaccharide)는 탄수화물의 복합체이고, 많은 단당류를 함께 연결하여 만든다. 세 개의 중요한 다당류는 식물 중 **녹말**(starch), 포유류 중 **글리코젠**(glycogen), 식물에서 발견되는 **셀룰로스**(cellulose)이다.

**지질**(lipid)은 글리세롤과 지방산으로부터 만들어진 화합물이며, 지방과 **인산 지질**(phospholipid)을 포함한다. 지방산은 화학식과 구조에 따라 포화, 불포화, 시스, 트랜스로 될 수 있다.

**핵산(24.10절)** **핵산**(nucleic acid)은 세포 재생에 필요한 유전 정보를 운반하는 생체 중합체이다. 핵산은 단백질 합성 조절 또는 세포 발전을 조절한다. 생체 중합체의 구성 단위는 **뉴클레오타이드**(nucleotide)이다. 핵산의 두 가지 형태는 **리보핵산**(ribonucleic acid, RNA)과 **데옥시리보핵산**(deoxyribonucleic acid, DNA)이다. 이 물질은 당(sugar) 분자가 결합한 유기 염기와 인산, 리보스, 데옥시리보스의 중합체 골격으로 되어 있다. DNA 중합체는 두 가닥이 서로 가로질러 위치한 짝 유기 염기들 사이의 수소 결합으로 결합되어 있는 **이중 나선**(double helix)이다. 특정 짝염기 사이의 수소 결합은 유전자 복제와 단백질 합성의 열쇠이다.

## 학습 정리 이 장을 공부한 후에 여러분은 다음을 할 수 있어야 한다.

- 알케인, 알켄, 알카인, 방향족 탄화수소를 구별하기(24.2절). **관련 연습 문제: 24.9, 24.60**
- 이름에 근거한 탄화수소 화합물의 구조식을 그리고, 구조에 따라 명명하기(24.2절, 24.3절). **관련 연습 문제: 24.69, 24.70**
- 첨가 반응과 치환 반응의 생성물을 예측하기(24.3절). **관련 연습 문제: 24.18, 24.75**
- 작용기(알켄, 알카인, 알코올, 할로알케인, 카보닐, 에터, 알데하이드, 케톤, 카복실산, 에스터, 아민, 아마이드)의 구조를 그리고, 구조 또는 이름으로부터 작용기를 확인하기(24.4절). **관련 연습 문제: 24.24~24.29**
- 카이랄 화합물이 무엇인지 알고 카이랄 화합물을 인식하기(24.5절). **관련 연습 문제: 24.31, 24.86**
- 아미노산을 알고, 그들이 아마이드 결합 형성을 통해 펩타이드와 단백질을 어떻게 형성하는지 이해하기(24.7절). **관련 연습 문제: 24.34, 24.87**
- 단백질의 일차, 이차, 삼차, 사차 구조의 차이를 이해하기(24.7절). **관련 연습 문제: 24.37, 24.89**
- 구조를 바탕으로 분자를 당 또는 지질로 분류하기(24.8절, 24.9절). **관련 연습 문제: 24.39, 24.90**
- 녹말과 셀룰로스의 차이를 이해하기(24.8절). **관련 연습 문제: 24.40, 24.91**
- 포화 지방과 불포화 지방의 차이를 설명하기(24.9절). **관련 연습 문제: 24.43, 24.93**
- 핵산의 구조와 DNA 복제에서 상보적 염기의 역할을 설명하기(24.10절). **관련 연습 문제: 24.46, 24.95**

# 연습 문제

### 눈으로 보는 개념

**24.48** $C_8H_{18}$의 분자식을 가지는 구조들은 다음과 같다. 다음 중 같은 화합물은 어느 것인가? (**힌트**: 이 문제를 푸는 한 방법은 각 구조의 화학명을 결정하는 것이다.) [24.2절]

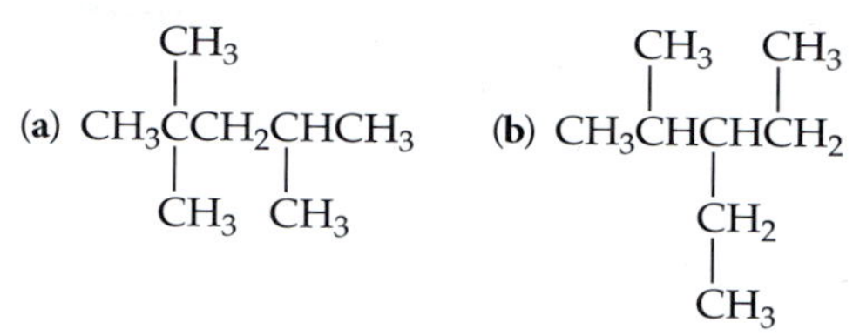

(c) 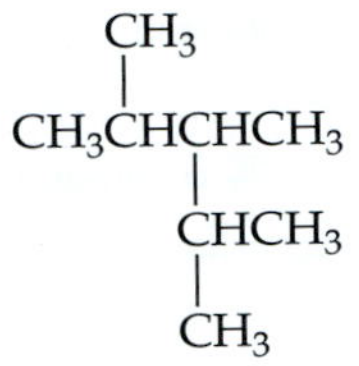

(d) 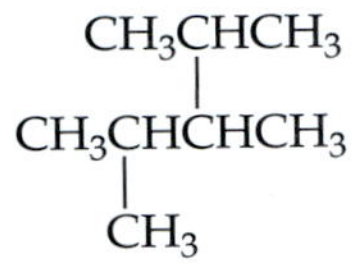

**24.49** 다음 중 불포화 화합물은 어느 것인가? [24.3절]

(a) $CH_3CH_2CH_2CH_3$

(b) 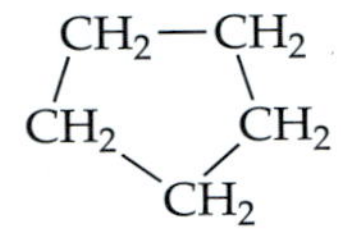

(c) 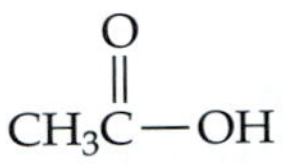

(d) $CH_3CH{=}CHCH_3$

**24.50** (a) 다음 중 첨가 반응이 가장 쉽게 진행되는 분자는 어느 것인가? (b) 방향족인 분자는 어느 것인가? (c) 치환 반응이 가장 쉽게 진행되는 분자는 어느 것인가? [24.3절]

(i) 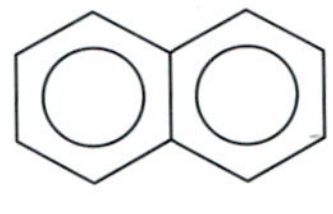

(ii) 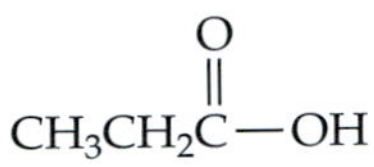

(iii) 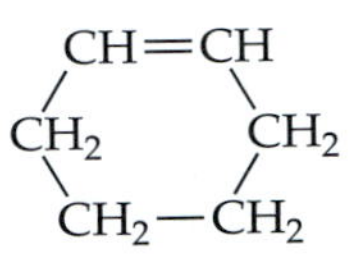

(iv) 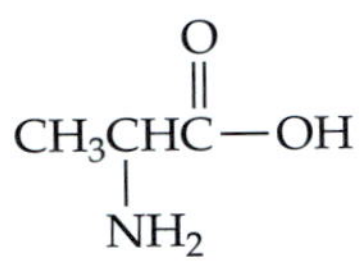

**24.51** (a) 다음 화합물 중 가장 높은 끓는점을 갖는 것은 어느 것인가? (b) 가장 산화된 분자는 어느 것인가? (c) 에터 분자가 존재한다면 어느 것인가? (d) 에스터 분자가 존재한다면 어느 것인가? (e) 케톤 분자가 존재한다면 어느 것인가? [24.4절]

(i) 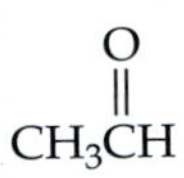

(ii) $CH_3CH_2OH$

(iii) $CH_3C{\equiv}CH$

(iv) 

**24.52** 다음 각 화합물의 체계적인 이름, 작용기, 카이랄성 여부를 말하시오. [24.2절, 24.4절]

(a) 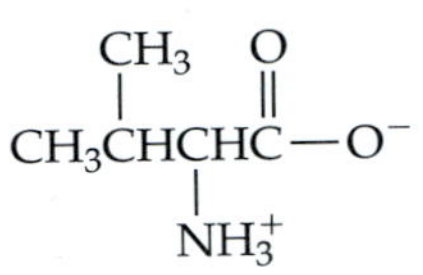

(b) 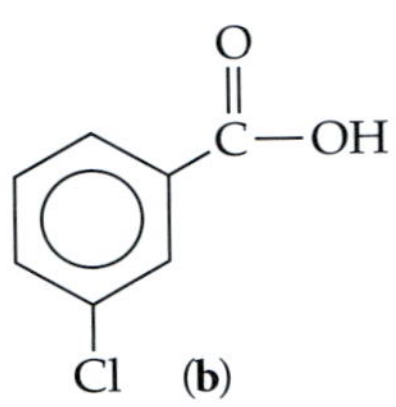

(c) $CH_3CH_2CH{=}CHCH_3$

(d) $CH_3CH_2CH_3$

**24.53** 다음 분자 모형 (i)~(v)를 보고 물음에 답하시오. [24.6~24.10절]

(a) 글루코스를 포함할 수 있는 용액으로 가수 분해되는 것은 어느 것인가?

(b) 쯔비터 이온 형성이 가능한 것은 어느 것인가?

(c) DNA의 네 가지 염기 중 하나는 어느 분자인가?

(d) 산과 반응하여 에스터를 형성하는 것은 어느 것인가?

(e) 지질은 어느 것인가?

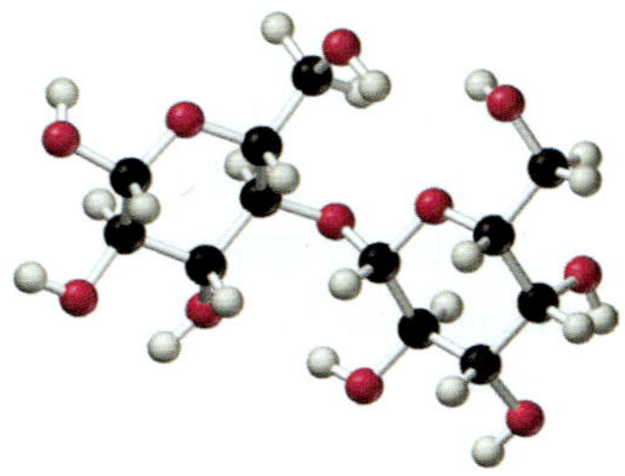

(i)

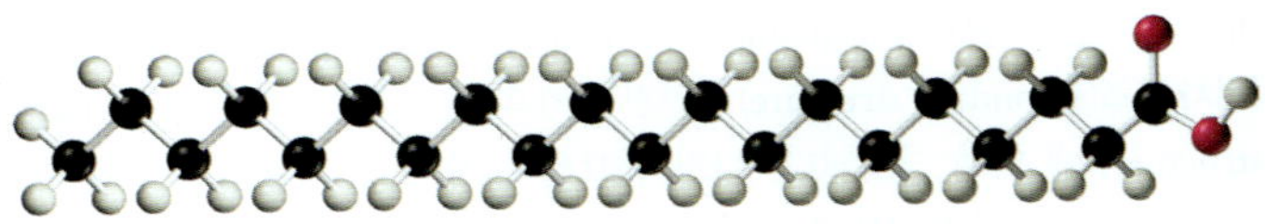

(ii)

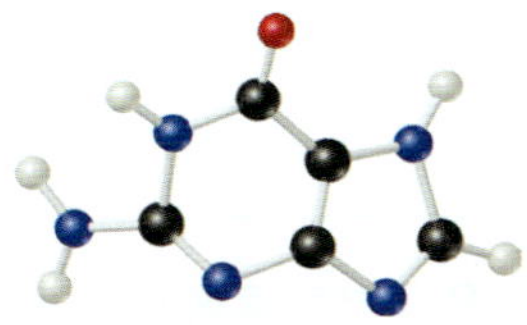

(iii)

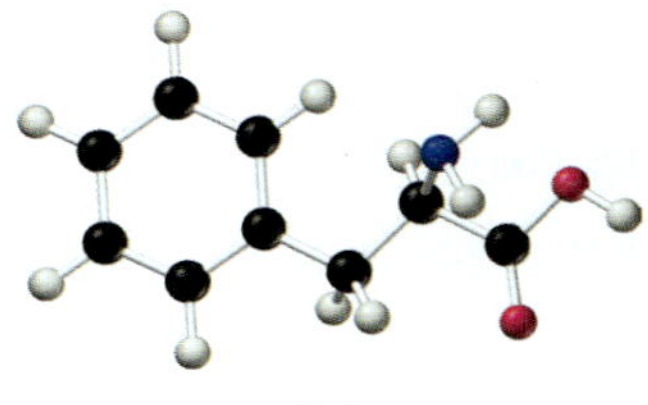

(iv)

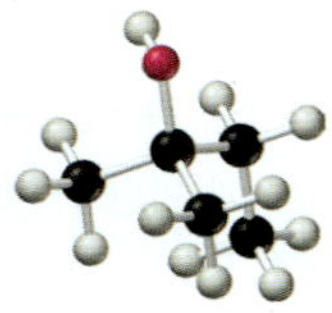

(v)

## 유기 화합물의 소개; 탄화수소(24.1절, 24.2절)

**24.54** 일산화 탄소 또는 암모니아는 유기 분자로 간주되는가? 그 이유는 무엇인가?

**24.55** 요소는 유기 분자로 확인되고 있다. 어떤 특징이 그렇게 하는가?

**24.56** (a) 알케인에서 탄소에 대한 대략적인 결합각은 얼마인가?
(b) 알케인의 탄소가 사용하는 특징적인 혼성화 오비탈은 무엇인가?

**24.57** 다음 설명이 참인지 거짓인지를 구분하시오.

(a) 프로펜의 모든 탄소는 $sp^2$ 혼성화된 탄소이다.

(b) 아세톤은 프로판온의 또 다른 이름이다.

(c) 페닐기는 6개의 $sp^2$ 혼성화된 탄소를 포함한다.

(d) 오직 $sp^3$ 혼성화된 탄소만을 포함하는 탄화수소는 알케인이다.

**24.58** 다음 분자에서 각각의 탄소 원자가 가지는 이상적인 결합각을 예

측하고, 각 탄소 원자에 대하여 혼성 오비탈을 나타내시오.

$CH_2CHCOOCH_3$

24.59 다음 탄화수소 각 분자에 몇 개의 탄소 원자가 있는지 나타내시오.
(a) *t*-뷰탄올
(b) 프로판온
(c) 2-에틸프로페인
(d) 사이클로헥세인
(e) 에테인

24.60 화합물을 (a) 알케인, (b) 사이클로알케인, (c) 알켄, (d) 알카인, (e) 포화 탄화수소, (f) 방향족 탄화수소로 분류하는 데 도움이 되는 구조적인 특징은 무엇인가?

24.61 각각의 이름이나 축약 구조식을 쓰시오.
(a) 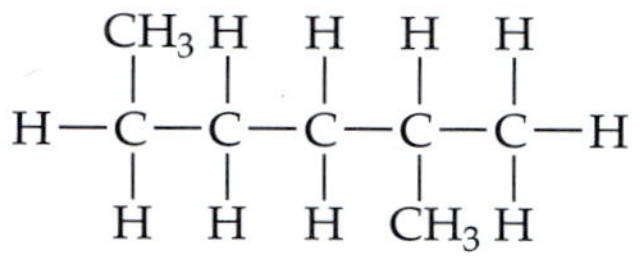
(b) 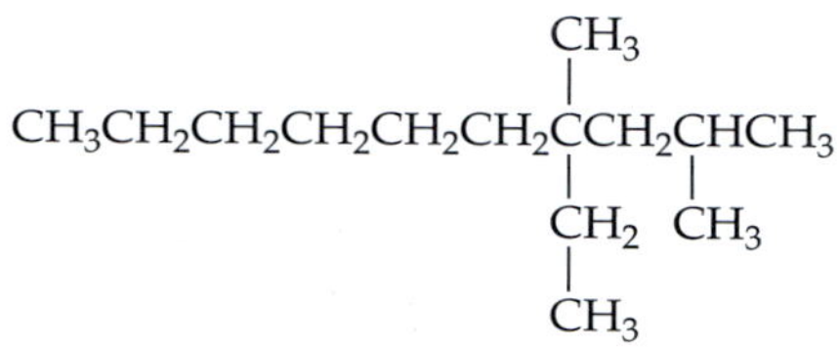
(c) 2-메틸헵테인
(d) 4-에틸-2,3-다이메틸옥테인
(e) 1,2-다이메틸사이클로헥세인

24.62 다음의 이름 또는 축약 구조식을 쓰시오.
(a) 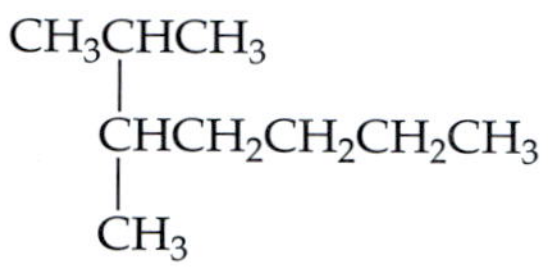
(b) 2,2-다이메틸펜테인
(c) 4-에틸-1,1-다이메틸사이클로헥세인
(d) $(CH_3)_2CHCH_2CH_2C(CH_3)_3$
(e) $CH_3CH_2CH(C_2H_5)CH_2CH_2CH_2CH_3$

24.63 35% 헵테인과 65% 아이소옥테인 혼합물의 옥테인값은 얼마인가?

## 알켄, 알카인, 방향족 탄화수소(24.3절)

24.64 (a) $C_6H_{12}$는 포화 탄화수소인가?
(b) 벤젠 고리를 포함하는 모든 분자는 불포화인가?

24.65 탄소 원자 5개를 갖는 (a) 알케인, (b) 사이클로알케인, (c) 알켄, (d) 알카인의 화학식을 쓰시오.

24.66 탄소 원자 6개를 갖는 (a) 고리형 알케인, (b) 고리형 알켄, (c) 선형 알카인, (d) 방향족 탄화수소의 화학식을 쓰시오.

24.67 엔다이인(enediyne)은 일부 항생제에 포함되어 있다. 탄소 원자 6개를 포함하는 엔다이인의 구조를 그리시오.

24.68 이중 결합을 한 개 가지고 있는 고리형 탄화수소인 고리형 알켄의 일반식을 쓰시오.

24.69 분자식이 $C_6H_{10}$이고 두 개의 알켄과 한 개의 알카인이 있는 축약 구조식을 쓰시오.

24.70 $C_5H_{10}$의 구조 이성질체 중 고리가 아닌 것의 구조를 모두 그리고, 각각의 이름을 쓰시오.

24.71 다음 화합물의 이름 또는 축약 구조식을 쓰시오.
(a) *cis*-2-펜텐
(b) 1,6-다이클로로-3-헥사인
(c) $BrC\equiv CBr$
(d) 1,3-벤젠다이올
(e) $CH_2=CHCH(CH_3)CH=CH_2$

24.72 다음 화합물의 이름 또는 축약 구조식을 쓰시오.
(a) *p*-다이브로모벤젠
(b) $CH_3CH_2C\equiv CC(CH_3)_3$
(c) *trans*-뷰트-2-엔
(d) 사이클로헵텐
(e) 메틸사이클로펜테인

24.73 각 문장이 사실인지, 거짓인지를 밝히시오.
(a) 다이메틸벤젠의 세 가지 이성질체는 *o*-다이메틸벤젠, *m*-다이메틸벤젠 및 *p*-다이메틸벤젠이다.
(b) C=C 이중 결합의 위치가 다른 3개 이상의 탄소 원자를 가진 알켄을 기하 이성질체라고 한다.
(c) 치환된 벤젠은 시스 및 트랜스 이성질체를 형성할 수 있다.

24.74 4-메틸헵타-2,4-다이엔의 4가지 다른 기하 이성질체를 그리시오.

24.75 (a) 참 또는 거짓? 알켄은 첨가 반응을 하고, 방향족 탄화수소는 치환 반응을 한다. (b) 축약 구조식을 이용하여 $Br_2$와 펜트-2-엔의 반응에 대한 균형 맞춘 반응식과 이때 얻어진 화합물의 이름을 쓰시오. 이것은 첨가 반응인가, 치환 반응인가? (c) $FeCl_3$ 촉매 존재하에서 $Cl_2$와 벤젠의 파라−다이클로로벤젠 생성 반응의 균형 맞춘 화학 반응식을 쓰시오. 이것은 첨가 반응인가, 치환 반응인가?

24.76 (a) 사이클로프로페인을 HI로 처리할 때 1-아이오도프로페인이 생성된다. 그러나 사이클로펜테인이나 사이클로헥세인에서는 이와 유사한 반응이 일어나지 않는다. 어떻게 사이클로프로페인 반응을 설명하겠는가? (b) 유기 반응물로 벤젠과 에텐만을 사용하여 에틸벤젠을 합성하는 방법을 제안하시오.

24.77 알켄에 브로민을 첨가하는 반응은 $Br_2$와 알켄에 대해서 각각 일차 반응이다. 이 정보가 $Br_2$가 알켄에 첨가되는 반응 메커니즘이 HBr의 첨가 반응과 같게 진행된다고 제안하는가? 설명하시오.

24.78 기체 사이클로프로페인의 몰연소열은 −2089 kJ/mol이고, 기체 사이클로펜테인의 몰연소열은 −3317 kJ/mol이다. 두 가지 경우 $CH_2$기 한 개당 연소열을 계산하고 그 차이를 설명하시오.

## 작용기와 카이랄성(24.4절, 24.5절)

24.79 (a) 다음 화합물 중 어느 것이 에터인가?
(b) 화합물 중 어느 것이 알코올인가?
(c) 화합물 중 물에 녹였을 때 염기성 용액을 생성하는 것은 어느 것인가? (용해도가 문제가 아니라고 가정하라.)
(d) 케톤은 어느 화합물인가?

(e) 알데하이드는 어느 화합물인가?

(i) $H_3C—CH_2—OH$  (ii) $H_3C—\overset{H}{N}—CH_2CH=CH_2$

(ii) 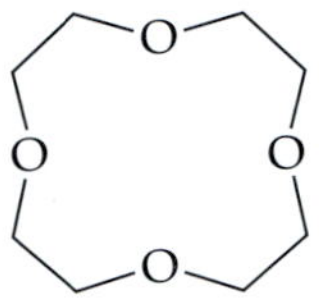  (iv) 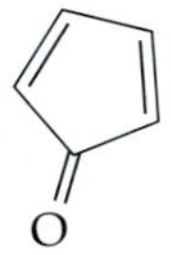

(v) $CH_3CH_2CH_2CH_2CHO$  (vi) $CH_3C≡CCH_2COOH$

**24.80** (a) 에탄산 에틸의 이성질체인 카복실산, (b) 다이메틸에터의 이성질체인 알코올의 분자 구조를 그리시오.

**24.81** 다음 산의 구조식을 쓰시오.
(a) 메탄산
(b) 펜탄산
(c) 2-클로로-3-메틸데칸산

**24.82** 두 물질의 축합 반응으로 형성된 화합물의 축약 구조식을 그리고, 그 이름을 쓰시오.
(a) 벤조산과 에탄올
(b) 에탄산과 메틸아민
(c) 아세트산과 페놀

**24.83** 축약 구조식을 사용하여 (a) 프로피온산 메틸, (b) 아세트산 페닐의 비누화(염기 가수분해) 각각의 균형 맞춘 화학 반응식을 쓰시오.

**24.84** 순수한 아세트산은 점성이 있는 액체로, 분자량이 비슷한 다른 물질과 비교할 때 녹는점과 끓는점(16.7°C와 118°C)이 높다. 이를 설명하시오.

**24.85** 다음 각 화합물의 축약 구조식을 쓰시오.
(a) 펜탄-2-올
(b) 프로판-1,2-다이올
(c) 아세트산 에틸
(d) 다이페닐 케톤
(e) 메틸 에틸 에터

**24.86** 4-브로모-2-클로로뷰탄-2-올은 몇 개의 카이랄 탄소를 가지고 있는가?
(a) 0 (b) 1 (c) 2 (d) 3 (e) 4 이상

## 생화학 소개 및 단백질(24.6절, 24.7절)

**24.87** 다음 문장을 읽고 참인지 거짓인지를 밝히시오.
(a) 트립토판은 방향족 아미노산이다.
(b) 라이신은 pH 7에서 양전하를 띤다.
(c) 아스파라진은 2개의 아마이드 결합을 가지고 있다.
(d) 아이소루신과 루신은 거울상 이성질체이다.
(e) 발린은 아지닌보다 더 수용성이다.

**24.88** (a) 트라이펩타이드인 Trp-Cys-Cys의 축약 구조식을 그리시오. (b) 한 개의 트립토판과 두 개의 시스테인으로부터 몇 가지 다른 트라이펩타이드가 만들어질 수 있는가? 각 아미노산의 약어를 사용하여 각 트라이펩타이드를 축약 표현으로 나타내시오.

**24.89** 다음 문장이 참인지 거짓인지를 밝히시오.
(a) 단백질의 알파 나선 구조에서 이온–쌍극자 및 쌍극자–쌍극자 상호 작용은 단백질 골격의 카보닐기와 단백질의 극성 곁사슬 사이에서 발생한다.
(b) 수소 결합만이 단백질의 3차 구조를 형성하는 데 관여한다.

## 탄수화물과 지질(24.8절, 24.9절)

**24.90** 다음 문장이 참인지 거짓인지를 밝히시오.
(a) 말토스(maltose, 맥아당)는 단당류이다.
(b) 다당류는 탄수화물의 일종이다.
(c) 모든 탄수화물은 산소 대 수소 비율이 1:2이다.

**24.91** (a) 셀룰로스의 실험식은 무엇인가? (b) 셀룰로스 중합체의 기본 단위체는 무엇인가? (c) 셀룰로스 단위체를 연결하는 결합은 아마이드, 산, 에터, 에스터, 알코올 중 어떤 것인가?

**24.92** D-마노스의 열린 사슬 형태의 구조식은 다음과 같다.

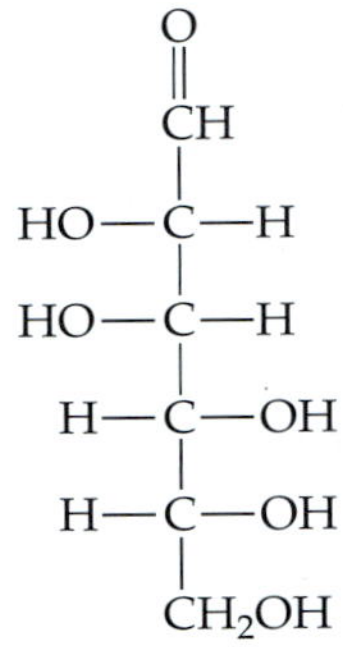

(a) 이 분자는 당인가? (b) 분자 내에 몇 개의 카이랄 탄소가 존재하는가? (c) 이 분자의 육원자 고리 형태 구조를 그리시오.

**24.93** 다음 문장을 읽고 참인지, 거짓인지를 밝히시오.
(a) 지방 분자는 C=C 결합을 포함해야 한다.
(b) 인산 지질에는 전체 순전하가 있다.
(c) 시스 단일 불포화 지방 분자는 굽은 형이다.

## 핵산(24.10절)

**24.94** 아데닌과 구아닌은 **퓨린**(purine)으로 알려진 종류의 분자이다. 퓨린은 구조에 두 개의 고리가 있다. 반면에 타이민과 사이토신은 **피리미딘**(pyrimidine)이며 구조에 하나의 고리만 있다. 수용액 상태에서 퓨린과 피리미딘 중 어느 것의 분산력이 더 클지 예측하시오.

**24.95** 여기에 표시된 분자의 DNA 서열은 무엇인가?

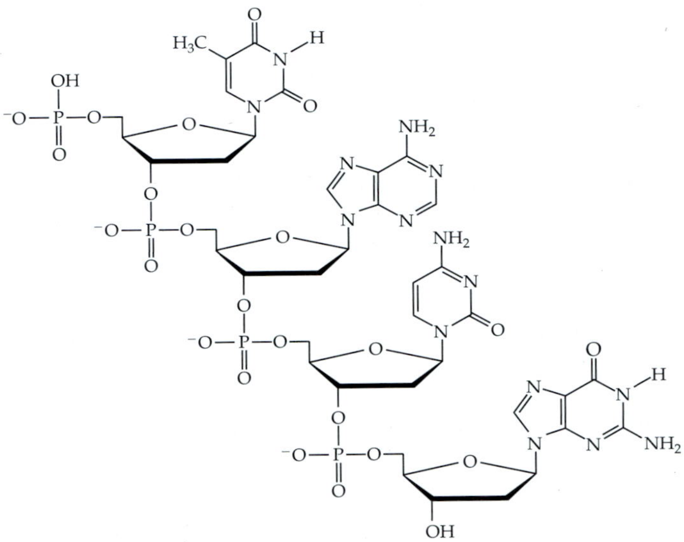

24.96 다음 중 DNA와 RNA 사이의 화학적 차이를 가장 잘 설명한 것은 어느 것인가?
(a) DNA는 당−인산염 골격 구조에서 다른 두 개의 당을 가지지만, RNA는 오직 하나의 당을 가진다.
(b) 타이민은 DNA 염기 중 하나이지만, RNA의 해당 염기는 타이민에서 메틸기가 한 개 빠진 것이다.
(c) RNA의 당−인산염 골격 구조가 DNA 골격보다 더 적은 수의 산소를 포함하고 있다.
(d) DNA는 이중 나선 구조를 형성하지만, RNA는 형성할 수 없다.

# 추가 연습 문제

24.97 화학식이 $C_3H_4O$인 두 가지 분자의 축약 구조식을 그리시오.

24.98 곧은 탄소 오원자 사슬에 한 개의 이중 결합이 있는 경우, 구조 이성질체는 몇 개인가? 곧은 탄소 육원자 사슬에 두 개의 이중 결합이 있는 경우, 구조 이성질체는 몇 개인가?

24.99 (a) 3-메틸헥스-3-엔의 시스와 트랜스 이성질체의 축약 구조식을 그리시오. (b) 사이클로헥센은 시스−트랜스 이성질 현상을 나타낼 수 있는가? 설명하시오. (c) 헥스-2-아인은 구조 이성질체를 갖는가? 설명하시오.

24.100 만약 한 분자가 '엔-올(ene-ol)'이라면, 반드시 가지고 있는 작용기는 무엇인가? 접미사 -ene은 알켄, -ol 알코올을 나타낸다. 분자에는 알켄 및 알코올 작용기가 있다.

24.101 다음 각 분자에서 작용기를 각각 확인하시오.

(a) 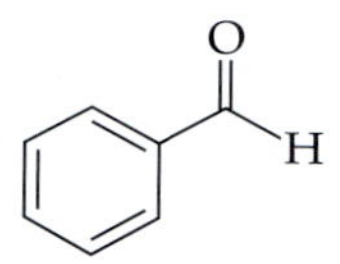

(아몬드 냄새의 원인)

(b) 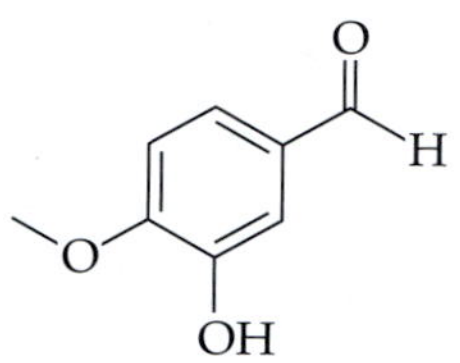

(바닐라 향의 원인)

(c) 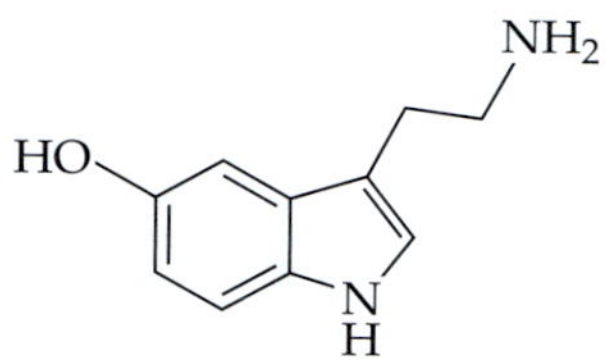

(신경전달물질인 세로토닌)

(d) 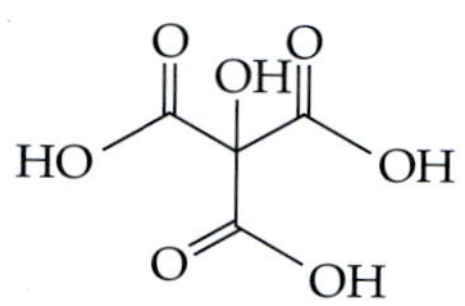

(시트르산(구연산), 과일에 자연적으로 존재하는 약산)

24.102 문제 24.101의 분자들에서, (a) 물에 녹였을 때 염기성 용액을 만드는 분자(들)은 어느 것인가? (b) 물에 녹였을 때 산성 용액을 만드는 분자(들)은 어느 것인가? (c) 이들 중 어느 것이 가장 수용성이 좋은가?

24.103 다음 각각의 축약 구조식을 쓰시오.
(a) 화학식이 $C_4H_9NO$인 아마이드
(b) 화학식이 $C_4H_8O$인 고리형 에터
(c) 화학식이 $C_5H_8O_2$인 다이케톤 화합물
(d) 화학식이 $C_7H_6O_2$인 페닐 카복실산

24.104 주어진 이름과 정보에 따라 각 분자를 그리시오.
(a) 다이너마이트의 활성 성분이며, 심장 마비 환자에게 투여되는 약물인 1,2,3-트라이나이트로시프로페인으로도 알려져 있는 나이트로글리세린(힌트: 나이트록시기는 질산의 짝염기이다.)
(b) 부패한 생선 냄새의 주성분 화합물이며, 1,4-다이아미노뷰테인으로도 알려져 있는 푸트레신(putrescine)
(c) 나일론의 전구체인 사이클로헥산온
(d) 테플론의 전구체인 1,1,2,2-테트라플루오로에텐
(e) 많은 지방 및 오일에서 발견되는 단일 불포화 지방산이며, *cis*-9-옥테인데세논산(*cis*-9-octanedecenoic acid)으로도 알려진 올레산. 올바른 이성질체를 그리시오.

24.105 인돌은 고농도에서는 끔찍한 냄새가 나지만 많이 희석하면 꽃향기가 난다. 인돌의 구조는 그림과 같다.

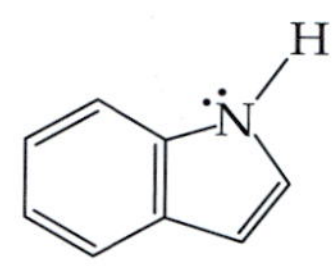

분자가 평면이고, 질소는 약염기로 $K_b = 2\times10^{-12}$를 갖는다. 이 정보로 어떻게 인돌 분자가 방향족이라는 것을 알 수 있는지 설명하시오.

24.106 다음 각 분자의 경우 작용기를 말하고, 몇 개의 카이랄 중심이 존재하는지 확인하시오.

(a) 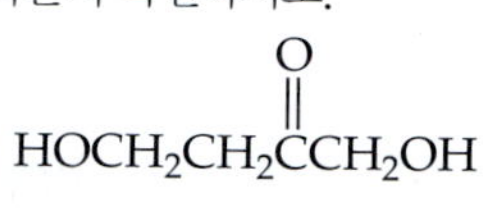

(b) 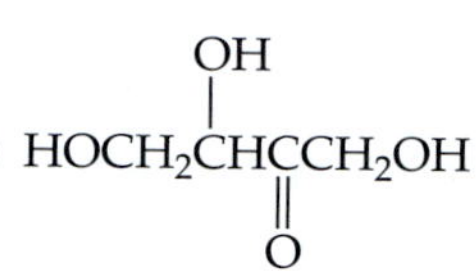

(c) 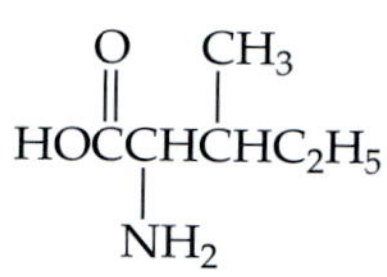

**24.107** 다음 펩타이드 중 pH 7에서 알짜 양전하를 가지는 것은 어느 것인가?
**(a)** Asn-His-Arg **(b)** Glu-Lys-Phe **(c)** Thr-Leu-Ala

**24.108** 글루타싸이온(glutathione)은 대부분의 생체 세포에서 발견되는 트라이펩타이드이다. 이것을 부분적으로 가수 분해하면 Cys-Gly와 Glu-Cys가 된다. 글루타싸이온의 가능한 구조는 무엇인가?

**24.109** 단당류는 탄소 원자의 수(오탄당은 5개의 탄소를, 육탄당은 6개의 탄소를 가진다)와 알데하이드(aldopentose에서 *aldo*-접두사) 또는 케톤기(ketopentose에서 *keto*-접두사)를 가지고 있는가에 따라 분류될 수 있다. 글루코스와 프럭토스를 이 방법으로 분류하시오.

**24.110** DNA 가닥은 RNA 가닥에 상보적으로 결합할 수 있는가? 설명하시오.

# 통합 연습 문제

**24.111** 다이에틸 에터, 뷰테인, 1-클로로뷰테인, 에틸렌 글라이콜의 4개 화합물의 시료를 가지고 있다. 이 화합물들의 끓는점은 −0.5°C, 35°C, 77°C, 그리고 195°C로 측정되었으나, 시료의 라벨을 잃어버렸다. 다음 내용을 예측하시오.
**(a)** 어느 화합물이 −0.5°C에서 끓는가?
**(b)** 어느 화합물이 35°C에서 끓는가?
**(c)** 어느 화합물이 77°C에서 끓는가?
**(d)** 어느 화합물이 195°C에서 끓는가?

**24.112** 미지의 유기 화합물이 원소 분석 결과, 질량비로 탄소 72.0%, 수소 12.0%, 산소 16.0%를 포함하는 것으로 밝혀졌다. 화합물의 분자량은 100 g/mol이며, 이들은 물에 약간 녹는다. 또한 조심스러운 산화 반응을 진행하면 질량비로 탄소 73.4%, 수소 10.3%, 산소 16.3%를 포함하는 케톤으로 변한다. 이 미지 물질에 대해서 두 개 이상의 합당한 구조를 나타내시오.

**24.113** 미지의 유기 화합물을 분석해서 질량비로 탄소 62.0%, 수소 10.4%, 산소 27.6%를 포함하는 것을 확인하였다. 화합물은 48.8 °C에서 끓었다. 25 °C, 76.5 kPa에서 증기의 밀도는 1.8 g/L이다. 이 화합물은 카보닐기를 가지며, 카복실산으로 산화된다. 화합물의 구조를 제시하시오.

**24.114** 미지의 화합물이 탄소와 수소만으로 구성되어 있다. 이 화합물은 101.3 kPa에서 49 °C에서 끓으며 액체이다. 분석에 의하면, 질량비로 탄소 85.7%, 수소 14.3%로 구성되어 있다. 100 °C, 97.99 kPa에서 이 미지 물질 증기의 밀도는 2.21 g/L이다. 핵세인 용액에 녹이고 브로민수를 첨가하였을 때, 반응은 일어나지 않는다. 이 미지 화합물을 예상하시오.

**24.115** 고체 말토스(maltose)의 표준 생성 자유 에너지는 −1334.42 kJ/mol인 반면, 고체 글루코스(glucose)의 표준 생성 자유 에너지는 −910.56 kJ/mol이다. 두 개의 글루코스 분자가 축합하여 말토스를 생성하는 경우, $\Delta G°$는 얼마인가?

**24.116** 세린(serine)과 같이 하나의 아민기와 하나의 카복실산기를 갖는 전형적인 아미노산은 물에서 몇 가지 이온 형태를 가진다.
**(a)** 낮은 pH와 높은 pH에서 아미노산의 형태를 제안하시오.
**(b)** 아미노산은 일반적으로 두 개의 p$K_a$ 값을 가지는데, 하나는 2~3이며, 다른 하나는 9~10이다. 예로서 세린은 p$K_a$ 값이 2.19와 9.21이다. 아세트산과 암모니아를 사용하여, 두 p$K_a$ 값의 기원을 제안하시오.
**(c)** 글루탐산은 아미노산이며, 세 개의 p$K_a$ 값(2.10, 4.07, 9.74)을 가진다. 글루탐산의 구조를 그리고, 분자의 적당한 부분에 각각의 p$K_a$ 값을 부여하시오.
**(d)** 미지의 아미노산은 강염기로 적정되며, 생성물은 다음과 같은 적정 곡선을 가진다. 미지의 화합물로 예상되는 아미노산들은 무엇인가?

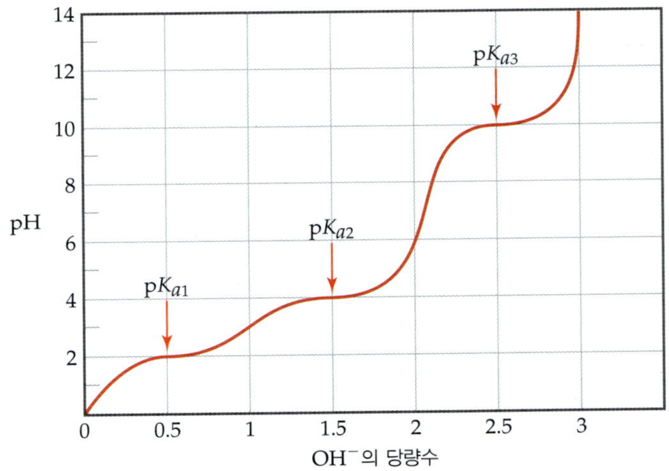


**24.117** 자연(native) 단백질 또는 가장 안정한 형태의 단백질 리보뉴클레이스 A(ribonuclease A)는 조밀한 구형으로 접힌 구조를 가진다.

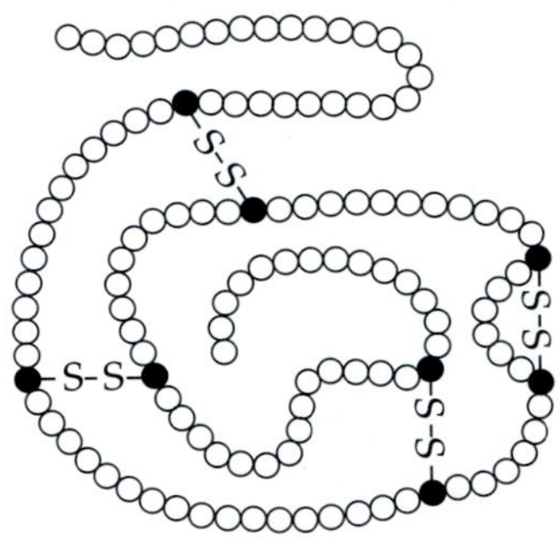

자연의 리보뉴클레이스 A

**(a)** 이 구조는 확장된 사슬 구조보다 더 낮은 자유 에너지를 가지는가, 높은 에너지를 가지는가?
**(b)** 접힌 형태로 변성해가는 엔트로피 변화의 부호는 무엇인가?
**(c)** 자연적인 형태에서 분자는 사슬 네 군데에서 —S—S— 결합을 갖는다. 이 4개의 결합을 가진 자연의 형태의 자유 에너지와

엔트로피는 —S—S— 결합을 가지고 있지 않은 가상의 접힌 구조의 자유 에너지와 엔트로피에 어떤 영향을 미치는가? 설명하시오.

**(d)** 약한 환원제는 리보뉴클레이스 A에 있는 4개의 —S—S—결합을 8개의 —S—H 결합으로 변환한다. 이 변환은 단백질의 삼차원 구조와 엔트로피에 어떤 영향을 미치는가?

**(e)** 리보뉴클레이스 A에 존재하는 —SH 결합을 위해 반드시 존재해야 하는 아미노산은 무엇인가?

**24.118** 아미노산인 글라이신은 약산으로 작용할 수 있다.

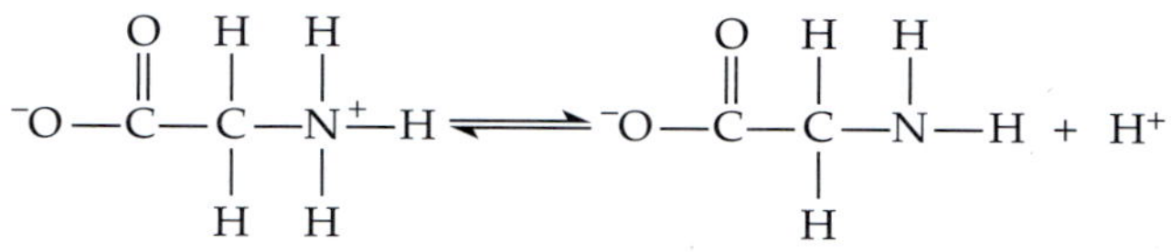

글라이신의 아미노기의 양성자화에 대한 첫 번째 $pK_a$가 9.8이라면, pH 7.4에서 혈액 내 글라이신의 중성 대 음이온 형태의 비율은 얼마인가?

## 실험 설계 문제

두 개 또는 그 이상의 작은 폴리펩타이드나 단백질이 서로 결합되면 더 커다란 단백질 구조를 만들게 되는데, 이것이 단백질의 사차 구조이다. 이러한 결합과 관련된 힘은, 잘 알고 있는 바와 같이 수소 결합, 정전기적 인력, 분산력이다. 혈액 내의 산소를 운반하는 데 이용되는 단백질인 헤모글로빈은 사차 구조를 가진 단백질의 하나이다. 헤모글로빈은 2개의 '알파형'과 2개의 '베타형'(각 폴리펩타이드 내의 알파 나선형 또는 베타 병풍의 수와는 무관함)인 총 4개의 작은 폴리펩타이드가 연결된 사합체이다. 헤모글로빈이 거대한 폴리펩타이드 사슬로 존재하는 것이 아니고 사합체로 존재함을 증명하는 실험을 설계해 보시오.

부록 A

# 수학 연산

## A.1 | Exponential Notation

The numbers used in chemistry are often either extremely large or extremely small. Such numbers are conveniently expressed in the form

$$N \times 10^n$$

where $N$ is a number between 1 and 10, and $n$ is the exponent. Some examples of this *exponential notation*, which is also called *scientific notation*, follow.

1,200,000 is $1.2 \times 10^6$ (read "one point two multi ten to the sixth power")

0.000604 is $6.04 \times 10^{-4}$ (read "six point zero four times ten to the negative fourth power")

A positive exponent, as in the first example, tells us how many times a number must be multiplied by 10 to give the long form of the number:

$$1.2 \times 10^6 = 1.2 \times 10 \times 10 \times 10 \times 10 \times 10 \times 10 \quad \text{(six tens)}$$
$$= 1{,}200{,}000$$

It is also convenient to think of the *positive exponent* as the number of places the decimal point must be moved to the *left* to obtain a number greater than 1 and less than 10. For example, if we begin with 3450 and move the decimal point three places to the left, we end up with $3.45 \times 10^3$.

In a related fashion, a negative exponent tells us how many times we must divide a number by 10 to give the long form of the number.

$$6.04 \times 10^{-4} = \frac{6.04}{10 \times 10 \times 10 \times 10} = 0.000604$$

It is convenient to think of the *negative exponent* as the number of places the decimal point must be moved to the *right* to obtain a number greater than 1 but less than 10. For example, if we begin with 0.0048 and move the decimal point three places to the right, we end up with $4.8 \times 10^{-3}$.

In the system of exponential notation, with each shift of the decimal point one place to the right, the exponent *decreases* by 1:

$$4.8 \times 10^{-3} = 48 \times 10^{-4}$$

Similarly, with each shift of the decimal point one place to the left, the exponent *increases* by 1:

$$4.8 \times 10^{-3} = 0.48 \times 10^{-2}$$

Many scientific calculators have a key labeled EXP or EE, which is used to enter numbers in exponential notation. To enter the number $5.8 \times 10^3$ on such a calculator, the key sequence is

[5] [·] [8] [EXP] (or [EE]) [3]

On some calculators the display will show 5.8, then a space, followed by 03, the exponent. On other calculators, a small 10 is shown with an exponent 3.

To enter a negative exponent, use the key labeled +/−. For example, to enter the number $8.6 \times 10^{-5}$, the key sequence is

[8] [·] [6] [EXP] [+/−] [5]

*When entering a number in exponential notation, do not key in the 10 if you use the EXP or EE button.*

In working with exponents, it is important to recall that $10^0 = 1$. The following rules are useful for carrying exponents through calculations.

1. **Addition and Subtraction** In order to add or subtract numbers expressed in exponential notation, the powers of 10 must be the same.

$$\begin{aligned}(5.22 \times 10^4) + (3.21 \times 10^2) &= (522 \times 10^2) + (3.21 \times 10^2)\\ &= 525 \times 10^2 \quad \text{(3 significant figures)}\\ &= 5.25 \times 10^4\\ (6.25 \times 10^{-2}) - (5.77 \times 10^{-3}) &= (6.25 \times 10^{-2}) - (0.577 \times 10^{-2})\\ &= 5.67 \times 10^{-2} \quad \text{(3 significant figures)}\end{aligned}$$

When you use a calculator to add or subtract, you need not be concerned with having numbers with the same exponents because the calculator automatically takes care of this matter.

2. **Multiplication and Division** When numbers expressed in exponential notation are multiplied, the exponents are added; when numbers expressed in exponential notation are divided, the exponent of the denominator is subtracted from the exponent of the numerator.

$$\begin{aligned}(5.4 \times 10^2)(2.1 \times 10^3) &= (5.4)(2.1) \times 10^{2+3}\\ &= 11 \times 10^5\\ &= 1.1 \times 10^6\\ (1.2 \times 10^5)(3.22 \times 10^{-3}) &= (1.2)(3.22) \times 10^{5+(-3)} = 3.9 \times 10^2\end{aligned}$$

$$\frac{3.2 \times 10^5}{6.5 \times 10^2} = \frac{3.2}{6.5} \times 10^{5-2} = 0.49 \times 10^3 = 4.9 \times 10^2$$

$$\frac{5.7 \times 10^7}{8.5 \times 10^{-2}} = \frac{5.7}{8.5} \times 10^{7-(-2)} = 0.67 \times 10^9 = 6.7 \times 10^8$$

3. **Powers and Roots** When numbers expressed in exponential notation are raised to a power, the exponents are multiplied by the power. When the roots of numbers expressed in exponential notation are taken, the exponents are divided by the root.

$$\begin{aligned}(1.2 \times 10^5)^3 &= (1.2)^3 \times 10^{5\times3}\\ &= 1.7 \times 10^{15}\\ \sqrt[3]{2.5 \times 10^6} &= \sqrt[3]{2.5} \times 10^{6/3}\\ &= 1.3 \times 10^2\end{aligned}$$

Scientific calculators usually have keys labeled $x^2$ and $\sqrt{x}$ for squaring and taking the square root of a number, respectively. To take higher powers or roots, many calculators have $y^x$ and $\sqrt[x]{y}$ (or INV $y^x$) keys. For example, to perform the operation $\sqrt[3]{7.5 \times 10^{-4}}$ on such a calculator, you would key in $7.5 \times 10^{-4}$, press the $\sqrt[x]{y}$ key (or the INV and then the $y^x$ keys), enter the root, 3, and finally press =. The result is $9.1 \times 10^{-2}$.

## Sample Exercise 1
### Using Exponential Notation

Perform each of the following operations, using your calculator where possible:
**(a)** Write the number 0.0054 in standard exponential notation. **(b)** $(5.0 \times 10^{-2}) + (4.7 \times 10^{-3})$ **(c)** $(5.98 \times 10^{12})(2.77 \times 10^{-5})$ **(d)** $\sqrt[4]{1.75 \times 10^{-12}}$

### SOLUTION

**(a)** Because we move the decimal point three places to the right to convert 0.0054 to 5.4, the exponent is −3:

$$5.4 \times 10^{-3}$$

Scientific calculators are generally able to convert numbers to exponential notation using one or two keystrokes; frequently "SCI" for "scientific notation" will convert a number into exponential notation. Consult your instruction manual to see how this operation is accomplished on your calculator.

**(b)** To add these numbers longhand, we must convert them to the same exponent.

$$(5.0 \times 10^{-2}) + (0.47 \times 10^{-2}) = (5.0 + 0.47) \times 10^{-2} = 5.5 \times 10^{-2}$$

**(c)** Performing this operation longhand, we have

$$(5.98 \times 2.77) \times 10^{12-5} = 16.6 \times 10^{7} = 1.66 \times 10^{8}$$

**(d)** To perform this operation on a calculator, we enter the number, press the $\sqrt[x]{y}$ key (or the INV and $y^x$ keys), enter 4, and press the = key. The result is $1.15 \times 10^{-3}$.

**▶Practice Exercise**

Perform the following operations:
**(a)** Write 67,000 in exponential notation, showing two significant figures.
**(b)** $(3.378 \times 10^{-3}) - (4.97 \times 10^{-5})$
**(c)** $(1.84 \times 10^{15})(7.45 \times 10^{-2})$
**(d)** $(6.67 \times 10^{-8})^3$

# A.2 | Logarithms

## Common Logarithms

The common, or base-10, logarithm (abbreviated log) of any number is the power to which 10 must be raised to equal the number. For example, the common logarithm of 1000 (written log 1000) is 3 because raising 10 to the third power gives 1000.

$$10^3 = 1000, \text{therefore}, \log 1000 = 3$$

Further examples are

$$\log 10^5 = 5$$
$$\log 1 = 0 \quad \text{Remember that } 10^0 = 1$$
$$\log 10^{-2} = -2$$

In these examples the common logarithm can be obtained by inspection. However, it is not possible to obtain the logarithm of a number such as 31.25 by inspection. The logarithm of 31.25 is the number $x$ that satisfies the following relationship:

$$10^x = 31.25$$

Most electronic calculators have a key labeled LOG that can be used to obtain logarithms. For example, on many calculators we obtain the value of log 31.25 by entering 31.25 and pressing the LOG key. We obtain the following result:

$$\log 31.25 = 1.4949$$

Notice that 31.25 is greater than 10 ($10^1$) and less than 100 ($10^2$). The value for log 31.25 is accordingly between log 10 and log 100, that is, between 1 and 2.

## Significant Figures and Common Logarithms

For the common logarithm of a measured quantity, the number of digits after the decimal point equals the number of significant figures in the original number. For example, if 23.5 is a measured quantity (three significant figures), then log 23.5 = 1.371 (three significant figures after the decimal point).

## Antilogarithms

The process of determining the number that corresponds to a certain logarithm is known as obtaining an *antilogarithm*. It is the reverse of taking a logarithm. For example, we saw previously that log 23.5 = 1.371. This means that the antilogarithm of 1.371 equals 23.5.

$$\log 23.5 = 1.371$$
$$\text{antilog } 1.371 = 23.5$$

The process of taking the antilog of a number is the same as raising 10 to a power equal to that number.

$$\text{antilog } 1.371 = 10^{1.371} = 23.5$$

Many calculators have a key labeled $10^x$ that allows you to obtain antilogs directly. On others, it will be necessary to press a key labeled INV (for *inverse*), followed by the LOG key.

## Natural Logarithms

Logarithms based on the number $e$ are called natural, or base $e$, logarithms (abbreviated ln). The natural log of a number is the power to which $e$ (which has the value 2.71828...) must be raised to equal the number. For example, the natural log of 10 equals 2.303.

$$e^{2.303} = 10, \text{ therefore } \ln 10 = 2.303$$

Your calculator probably has a key labeled LN that allows you to obtain natural logarithms. For example, to obtain the natural log of 46.8, you enter 46.8 and press the LN key.

$$\ln 46.8 = 3.846$$

The natural antilog of a number is $e$ raised to a power equal to that number. If your calculator can calculate natural logs, it will also be able to calculate natural antilogs. On some calculators there is a key labeled $e^x$ that allows you to calculate natural antilogs directly; on others, it will be necessary to first press the INV key followed by the LN key. For example, the natural antilog of 1.679 is given by

$$\text{Natural antilog } 1.679 = e^{1.679} = 5.36$$

The relation between common and natural logarithms is as follows:

$$\ln a = 2.303 \log a$$

Notice that the factor relating the two, 2.303, is the natural log of 10, which we calculated earlier.

## Mathematical Operations Using Logarithms

Because logarithms are exponents, mathematical operations involving logarithms follow the rules for the use of exponents. For example, the product of $z^a$ and $z^b$ (where $z$ is any number) is given by

$$z^a \cdot z^b = z^{(a+b)}$$

Similarly, the logarithm (either common or natural) of a product equals the *sum* of the logs of the individual numbers.

$$\log ab = \log a + \log b \qquad \ln ab = \ln a + \ln b$$

For the log of a quotient,

$$\log(a/b) = \log a - \log b \qquad \ln(a/b) = \ln a - \ln b$$

Using the properties of exponents, we can also derive the rules for the logarithm of a number raised to a certain power.

$$\log a^n = n \log a \qquad \ln a^n = n \ln a$$

$$\log a^{1/n} = (1/n)\log a \qquad \ln a^{1/n} = (1/n)\ln a$$

## pH Problems

One of the most frequent uses for common logarithms in general chemistry is in working pH problems. The pH is defined as $-\log[H^+]$, where $[H^+]$ is the hydrogen ion concentration of a solution. The following sample exercise illustrates this application.

### Sample Exercise 2
**Using Logarithms**

(a) What is the pH of a solution whose hydrogen ion concentration is 0.015 *M*?
(b) If the pH of a solution is 3.80, what is its hydrogen ion concentration?

**SOLUTION**

(1) We are given the value of $[H^+]$. We use the LOG key of our calculator to calculate the value of $\log[H^+]$. The pH is obtained by changing the sign of the value obtained. (Be sure to change the sign *after* taking the logarithm.)

$$[H^+] = 0.015$$
$$\log[H^+] = -1.82 \quad \text{(2 significant figures)}$$
$$pH = -(-1.82) = 1.82$$

(2) To obtain the hydrogen ion concentration when given the pH, we must take the antilog of $-pH$.

$$pH = -\log[H^+] = 3.80$$
$$\log[H^+] = -3.80$$
$$[H^+] = \text{antilog}(-3.80) = 10^{-3.80} = 1.6 \times 10^{-4}\,M$$

**▶ Practice Exercise**

Perform the following operations:
**(a)** $\log(2.5 \times 10^{-5})$
**(b)** $\ln 32.7$
**(c)** antilog $-3.47$
**(d)** $e^{-1.89}$

# A.3 | Quadratic Equations

An algebraic equation of the form $ax^2 + bx + c = 0$ is called a *quadratic equation*. The two solutions to such an equation are given by the quadratic formula:

$$x = \frac{-b \pm \sqrt{b^2 - 4ac}}{2a}$$

Many calculators today can calculate the solutions to a quadratic equation with one or two keystrokes. Most of the time, $x$ corresponds to the concentration of a chemical species in solution. Only one of the solutions will be a positive number, and that is the one you should use; a "negative concentration" has no physical meaning.

### Sample Exercise 3
**Using the Quadratic Formula**

Find the values of $x$ that satisfy the equation $2x^2 + 4x = 1$.

**SOLUTION**

To solve the given equation for x, we must first put it in the form

$$ax^2 + bx + c = 0$$

and then use the quadratic formula. If

$$2x^2 + 4x = 1$$

then

$$2x^2 + 4x - 1 = 0$$

Using the quadratic formula, where $a = 2$, $b = 4$, and $c = -1$, we have

$$x = \frac{-4 \pm \sqrt{4^2 - 4(2)(-1)}}{2(2)}$$
$$= \frac{-4 \pm \sqrt{16 + 8}}{4} = \frac{-4 \pm \sqrt{24}}{4} = \frac{-4 \pm 4.899}{4}$$

The two solutions are

$$x = \frac{0.899}{4} = 0.225 \quad \text{and} \quad x = \frac{-8.899}{4} = -2.225$$

If this was a problem in which $x$ represented a concentration, we would say $x = 0.225$ (in the appropriate units), since a negative number for concentration has no physical meaning.

# A.4 | Graphs

Often the clearest way to represent the interrelationship between two variables is to graph them. Usually, the variable that is being experimentally varied, called the *independent variable*, is shown along the horizontal axis ($x$-axis). The variable that responds to the change in the independent variable, called the *dependent variable*,

**TABLE A.1 Interrelation between Pressure and Temperature**

| Temperature (°C) | Pressure (kPa) |
|---|---|
| 20.0 | 12.16 |
| 30.0 | 12.56 |
| 40.0 | 12.97 |
| 50.0 | 13.37 |

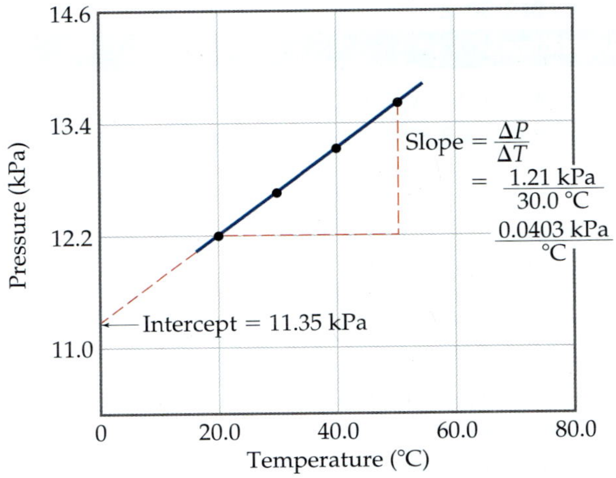


▲ **Figure A.1** **A graph of pressure versus temperature yields a straight line for the data.**

is then shown along the vertical axis ($y$-axis). For example, consider an experiment in which we vary the temperature of an enclosed gas and measure its pressure. The independent variable is temperature and the dependent variable is pressure. The data shown in **Table A.1** can be obtained by means of this experiment. These data are shown graphically in **Figure A.1**. The relationship between temperature and pressure is linear. The equation for any straight-line graph has the form

$$y = mx + b$$

where $m$ is the slope of the line and $b$ is the intercept with the $y$-axis. In the case of Figure A.1, we could say that the relationship between temperature and pressure takes the form

$$P = mT + b$$

where $P$ is pressure in kPa and $T$ is temperature in °C. As shown in Figure A.1, the slope is 0.0403 kPa/°C, and the intercept—the point where the line crosses the $y$-axis—is 11.35 kPa. Therefore, the equation for the line is

$$P = (0.0403 \text{ kPa/°C})T + 11.35 \text{ kPa}$$

## A.5 | Standard Deviation

The standard deviation from the mean, $s$, is a common method for describing precision in experimentally determined data. We define the standard deviation as

$$s = \sqrt{\frac{\sum_{i=1}^{N}(x_i - \bar{x})^2}{N - 1}}$$

where $N$ is the number of measurements, $\bar{x}$ is the average (also called the mean) of the measurements, and $xi$ represent the individual measurements. Electronic calculators with built-in statistical functions can calculate $s$ directly by inputting the individual measurements.

A smaller value of $s$ indicates a higher precision, meaning that the data are more closely clustered around the average. The standard deviation has statistical significance. If a large number of measurements is made, 68% of the measured values is expected to be within one standard deviation of the average, assuming only random errors are associated with the measurements.

## Sample Exercise 4

### Calculating an Average and Standard Deviation

The percent carbon in a sugar is measured four times: 42.01%, 42.28%, 41.79%, and 42.25%. Calculate (**a**) the average and (**b**) the standard deviation for these measurements.

### SOLUTION

(**a**) The average is found by adding the quantities and dividing by the number of measurements:

$$\overline{x} = \frac{42.01 + 42.28 + 41.79 + 42.25}{4} = \frac{168.33}{4} = 42.08$$

(**b**) The standard deviation is found using the preceding equation:

$$s = \sqrt{\frac{\sum_{i=1}^{N}(x_i - \overline{x})^2}{N - 1}}$$

Let's tabulate the data so the calculation of $\sum_{i=1}^{N}(x_i - \overline{x})^2$ can be seen clearly.

| Percent C | Difference between Measurement and Average, $(x_i - x)$ | Square of Difference, $(x_i - x)^2$ |
|---|---|---|
| 42.01 | $42.01 - 42.08 = -0.07$ | $(-0.07)^2 = 0.005$ |
| 42.28 | $42.28 - 42.08 = 0.20$ | $(0.20)^2 = 0.040$ |
| 41.79 | $41.79 - 42.08 = -0.29$ | $(-0.29)^2 = 0.084$ |
| 42.25 | $42.25 - 42.08 = 0.17$ | $(0.17)^2 = 0.029$ |

The sum of the quantities in the last column is

$$\sum_{i=1}^{N}(x_i - \overline{x})^2 = 0.005 + 0.040 + 0.084 + 0.029 = 0.16$$

Thus, the standard deviation is

$$s = \sqrt{\frac{\sum_{i=1}^{N}(x_i - \overline{x})^2}{N - 1}} = \sqrt{\frac{0.16}{4 - 1}} = \sqrt{\frac{0.16}{3}} = \sqrt{0.053} = 0.23$$

Based on these measurements, it would be appropriate to represent the measured percent carbon as $42.08 \pm 0.23$.

부록

# B 물의 성질

| | |
|---|---|
| Density: | 0.99987 g/mL at 0 °C<br>1.00000 g/mL at 4 °C<br>0.99707 g/mL at 25 °C<br>0.95838 g/mL at 100 °C |
| Heat (enthalpy) of fusion: | 6.008 kJ/mol at 0 °C |
| Heat (enthalpy) of vaporization: | 44.94 kJ/mol at 0 °C<br>44.02 kJ/mol at 25 °C<br>40.67 kJ/mol at 100 °C |
| Ion-product constant, $K_w$: | $1.14 \times 10^{-15}$ at 0 °C<br>$1.01 \times 10^{-14}$ at 25 °C<br>$5.47 \times 10^{-14}$ at 50 °C |
| Specific heat: | 2.092 J/g-K = 2.092 J/g · °C for ice at −3 °C<br>4.184 J/g-K = 4.184 J/g · °C for water at 25 °C<br>1.841 J/g-K = 1.841 J/g · °C for steam at 100 °C |

**Vapor Pressure (kPa) at Different Temperatures**

| T(°C) | P | T(°C) | P | T(°C) | P | T(°C) | P |
|---|---|---|---|---|---|---|---|
| 0 | 0.6106 | 21 | 2.486 | 35 | 5.626 | 92 | 75.59 |
| 5 | 0.8719 | 22 | 2.644 | 40 | 7.373 | 94 | 81.45 |
| 10 | 1.228 | 23 | 2.809 | 45 | 9.586 | 96 | 87.67 |
| 12 | 1.403 | 24 | 2.984 | 50 | 12.33 | 98 | 94.3 |
| 14 | 1.599 | 25 | 3.168 | 55 | 15.73 | 100 | 101.3 |
| 16 | 1.817 | 26 | 3.361 | 60 | 19.92 | 102 | 108.8 |
| 17 | 1.937 | 27 | 3.565 | 65 | 25 | 104 | 116.7 |
| 18 | 2.064 | 28 | 3.78 | 70 | 31.16 | 106 | 125 |
| 19 | 2.197 | 29 | 4.005 | 80 | 47.34 | 108 | 133.9 |
| 20 | 2.338 | 30 | 4.242 | 90 | 70.1 | 110 | 143.3 |

부록 C

# 298.15 K(25°C)에서의 몇 가지 물질의 열역학적 자료

| Substance | $\Delta H_f^\circ$ (kj/mol) | $\Delta G_f^\circ$ (kj/mol) | $S^\circ$ (j/mol-K) |
|---|---|---|---|
| Aluminum | | | |
| Al($s$) | 0 | 0 | 28.32 |
| $AlCl_3$($s$) | −705.6 | −630.0 | 109.3 |
| $Al_2O_3$($s$) | −1669.8 | −1576.5 | 51.00 |
| Barium | | | |
| Ba($s$) | 0 | 0 | 63.2 |
| $BaCO_3$($s$) | −1216.3 | −1137.6 | 112.1 |
| BaO($s$) | −553.5 | −525.1 | 70.42 |
| Beryllium | | | |
| Be($s$) | 0 | 0 | 9.44 |
| BeO(s) | −608.4 | −579.1 | 13.77 |
| $Be(OH)_2$($s$) | −905.8 | −817.9 | 50.21 |
| Bromine | | | |
| Br($g$) | 111.8 | 82.38 | 174.9 |
| $Br^-$($aq$) | −120.9 | −102.8 | 80.71 |
| $Br_2$($g$) | 30.71 | 3.14 | 245.3 |
| $Br_2$($l$) | 0 | 0 | 152.3 |
| HBr($g$) | −36.23 | −53.22 | 198.49 |
| Calcium | | | |
| Ca($g$) | 179.3 | 145.5 | 154.8 |
| Ca($s$) | 0 | 0 | 41.4 |
| $CaCO_3$($s$, calcite) | −1207.1 | −1128.76 | 92.88 |
| $CaCl_2$($s$) | −795.8 | −748.1 | 104.6 |
| $CaF_2$($s$) | −1219.6 | −1167.3 | 68.87 |
| CaO($s$) | −635.5 | −604.17 | 39.75 |
| $Ca(OH)_2$($s$) | −986.2 | −898.5 | 83.4 |
| $CaSO_4$($s$) | −1434.0 | −1321.8 | 106.7 |
| Carbon | | | |
| C($g$) | 718.4 | 672.9 | 158.0 |
| C($s$, diamond) | 1.88 | 2.84 | 2.43 |
| C($s$, graphite) | 0 | 0 | 5.69 |
| $CCl_4$($g$) | −106.7 | −64.0 | 309.4 |
| $CCl_4$($l$) | −139.3 | −68.6 | 214.4 |
| $CF_4$($g$) | −679.9 | −635.1 | 262.3 |
| $CH_4$($g$) | −74.8 | −50.8 | 186.3 |
| $C_2H_2$($g$) | 226.77 | 209.2 | 200.8 |
| $C_2H_4$($g$) | 52.30 | 68.11 | 219.4 |
| $C_2H_6$($g$) | −84.68 | −32.89 | 229.5 |
| $C_3H_8$($g$) | −103.85 | −23.47 | 269.9 |
| $C_4H_{10}$($g$) | −124.73 | −15.71 | 310.0 |
| $C_4H_{10}$($l$) | −147.6 | −15.0 | 231.0 |
| $C_6H_6$($g$) | 82.9 | 129.7 | 269.2 |
| $C_6H_6$($l$) | 49.0 | 124.5 | 172.8 |
| $CH_3OH$($g$) | −201.2 | −161.9 | 237.6 |
| $CH_3OH$($l$) | −238.6 | −166.23 | 126.8 |
| $C_2H_5OH$($g$) | −235.1 | −168.5 | 282.7 |
| $C_2H_5OH$($l$) | −277.7 | −174.76 | 160.7 |
| $C_6H_{12}O_6$($s$) | −1273.02 | −910.4 | 212.1 |
| CO($g$) | −110.5 | −137.2 | 197.9 |
| $CO_2$($g$) | −393.5 | −394.4 | 213.6 |
| $CH_3COOH$($l$) | −487.0 | −392.4 | 159.8 |
| Cesium | | | |
| Cs($g$) | 76.50 | 49.53 | 175.6 |
| Cs($l$) | 2.09 | 0.03 | 92.07 |
| Cs($s$) | 0 | 0 | 85.15 |
| CsCl($s$) | −442.8 | −414.4 | 101.2 |
| Chlorine | | | |
| Cl($g$) | 121.7 | 105.7 | 165.2 |
| $Cl^-$($aq$) | −167.2 | −131.2 | 56.5 |
| $Cl_2$($g$) | 0 | 0 | 222.96 |
| HCl($aq$) | −167.2 | −131.2 | 56.5 |
| HCl($g$) | −92.30 | −95.27 | 186.69 |
| Chromium | | | |
| Cr($g$) | 397.5 | 352.6 | 174.2 |
| Cr($s$) | 0 | 0 | 23.6 |
| $Cr_2O_3$($s$) | −1139.7 | −1058.1 | 81.2 |
| Cobalt | | | |
| Co($g$) | 439 | 393 | 179 |
| Co($s$) | 0 | 0 | 28.4 |

| Substance | $\Delta H_f^\circ$ (kj/mol) | $\Delta G_f^\circ$ (kj/mol) | S° (j/mol-K) |
|---|---|---|---|
| Copper | | | |
| $Cu(g)$ | 338.4 | 298.6 | 166.3 |
| $Cu(s)$ | 0 | 0 | 33.30 |
| $CuCl_2(s)$ | −205.9 | −161.7 | 108.1 |
| $CuO(s)$ | −156.1 | −128.3 | 42.59 |
| $Cu_2O(s)$ | −170.7 | −147.9 | 92.36 |
| Fluorine | | | |
| $F(g)$ | 80.0 | 61.9 | 158.7 |
| $F^-(aq)$ | −332.6 | −278.8 | −13.8 |
| $F_2(g)$ | 0 | 0 | 202.7 |
| $HF(g)$ | −268.61 | −270.70 | 173.51 |
| Hydrogen | | | |
| $H(g)$ | 217.94 | 203.26 | 114.60 |
| $H^+(aq)$ | 0 | 0 | 0 |
| $H^+(g)$ | 1536.2 | 1517.0 | 108.9 |
| $H_2(g)$ | 0 | 0 | 130.58 |
| Iodine | | | |
| $I(g)$ | 106.60 | 70.16 | 180.66 |
| $I^-(g)$ | −55.19 | −51.57 | 111.3 |
| $I_2(g)$ | 62.25 | 19.37 | 260.57 |
| $I_2(s)$ | 0 | 0 | 116.73 |
| $HI(g)$ | 25.94 | 1.30 | 206.3 |
| Iron | | | |
| $Fe(g)$ | 415.5 | 369.8 | 180.5 |
| $Fe(s)$ | 0 | 0 | 27.15 |
| $Fe^{2+}(aq)$ | −87.86 | −84.93 | 113.4 |
| $Fe^{3+}(aq)$ | −47.69 | −10.54 | 293.3 |
| $FeCl_2(s)$ | −341.8 | −302.3 | 117.9 |
| $FeCl_3(s)$ | −400 | −334 | 142.3 |
| $FeO(s)$ | −271.9 | −255.2 | 60.75 |
| $Fe_2O_3(s)$ | −822.16 | −740.98 | 89.96 |
| $Fe_3O_4(s)$ | −1117.1 | −1014.2 | 146.4 |
| $FeS_2(s)$ | −171.5 | −160.1 | 52.92 |
| Lead | | | |
| $Pb(s)$ | 0 | 0 | 68.85 |
| $PbBr_2(s)$ | −277.4 | −260.7 | 161 |
| $PbCO_3(s)$ | −699.1 | −625.5 | 131.0 |
| $Pb(NO_3)_2(aq)$ | −421.3 | −246.9 | 303.3 |
| $Pb(NO_3)_2(s)$ | −451.9 | — | — |
| $PbO(s)$ | −217.3 | −187.9 | 68.70 |
| Lithium | | | |
| $Li(g)$ | 159.3 | 126.6 | 138.8 |
| $Li(s)$ | 0 | 0 | 29.09 |
| $Li^+(aq)$ | −278.5 | −273.4 | 12.2 |
| $Li^+(g)$ | 685.7 | 648.5 | 133.0 |
| $LiCl(s)$ | −408.3 | −384.0 | 59.30 |
| Magnesium | | | |
| $Mg(g)$ | 147.1 | 112.5 | 148.6 |
| $Mg(s)$ | 0 | 0 | 32.51 |
| $MgCl_2(s)$ | −641.6 | −592.1 | 89.6 |
| $MgO(s)$ | −601.8 | −569.6 | 26.8 |
| $Mg(OH)_2(s)$ | −924.7 | −833.7 | 63.24 |
| Manganese | | | |
| $Mn(g)$ | 280.7 | 238.5 | 173.6 |
| $Mn(s)$ | 0 | 0 | 32.0 |
| $MnO(s)$ | −385.2 | −362.9 | 59.7 |
| $MnO_2(s)$ | −519.6 | −464.8 | 53.14 |
| $MnO_4^-(aq)$ | −541.4 | −447.2 | 191.2 |
| Mercury | | | |
| $Hg(g)$ | 60.83 | 31.76 | 174.89 |
| $Hg(l)$ | 0 | 0 | 77.40 |
| $HgCl_2(s)$ | −230.1 | −184.0 | 144.5 |
| $Hg_2Cl_2(s)$ | −264.9 | −210.5 | 192.5 |
| Nickel | | | |
| $Ni(g)$ | 429.7 | 384.5 | 182.1 |
| $Ni(s)$ | 0 | 0 | 29.9 |
| $NiCl_2(s)$ | −305.3 | −259.0 | 97.65 |
| $NiO(s)$ | −239.7 | −211.7 | 37.99 |
| Nitrogen | | | |
| $N(g)$ | 472.7 | 455.5 | 153.3 |
| $N_2(g)$ | 0 | 0 | 191.50 |
| $NH_3(aq)$ | −80.29 | −26.50 | 111.3 |
| $NH_3(g)$ | −46.19 | −16.66 | 192.5 |
| $NH_4^+(aq)$ | −132.5 | −79.31 | 113.4 |
| $N_2H_4(g)$ | 95.40 | 159.4 | 238.5 |
| $NH_4CN(s)$ | 0.4 | — | — |
| $NH_4Cl(s)$ | −314.4 | −203.0 | 94.6 |
| $NH_4NO_3(s)$ | −365.6 | −184.0 | 151 |
| $NO(g)$ | 90.37 | 86.71 | 210.62 |
| $NO_2(g)$ | 33.84 | 51.84 | 240.45 |
| $N_2O(g)$ | 81.6 | 103.59 | 220.0 |
| $N_2O_4(g)$ | 9.66 | 98.28 | 304.3 |
| $NOCl(g)$ | 52.6 | 66.3 | 264 |
| $HNO_3(aq)$ | −206.6 | −110.5 | 146 |
| $HNO_3(g)$ | −134.3 | −73.94 | 266.4 |

| Substance | $\Delta H_f^\circ$ (kj/mol) | $\Delta G_f^\circ$ (kj/mol) | $S^\circ$ (j/mol-K) |
|---|---|---|---|
| Oxygen | | | |
| $O(g)$ | 247.5 | 230.1 | 161.0 |
| $O_2(g)$ | 0 | 0 | 205.0 |
| $O_3(g)$ | 142.3 | 163.4 | 237.6 |
| $OH^-(aq)$ | −230.0 | −157.3 | −10.7 |
| $H_2O(g)$ | −241.82 | −228.57 | 188.83 |
| $H_2O(l)$ | −285.83 | −237.13 | 69.91 |
| $H_2O_2(g)$ | −136.10 | −105.48 | 232.9 |
| $H_2O_2(l)$ | −187.8 | −120.4 | 109.6 |
| Phosphorus | | | |
| $P(g)$ | 316.4 | 280.0 | 163.2 |
| $P_2(g)$ | 144.3 | 103.7 | 218.1 |
| $P_4(g)$ | 58.9 | 24.4 | 280 |
| $P_4(s, \text{red})$ | −17.46 | −12.03 | 22.85 |
| $P_4(s, \text{white})$ | 0 | 0 | 41.08 |
| $PCl_3(g)$ | −288.07 | −269.6 | 311.7 |
| $PCl_3(l)$ | −319.6 | −272.4 | 217 |
| $PF_5(g)$ | −1594.4 | −1520.7 | 300.8 |
| $PH_3(g)$ | 5.4 | 13.4 | 210.2 |
| $P_4O_6(s)$ | −1640.1 | — | — |
| $P_4O_{10}(s)$ | −2940.1 | −2675.2 | 228.9 |
| $POCl_3(g)$ | −542.2 | −502.5 | 325 |
| $POCl_3(l)$ | −597.0 | −520.9 | 222 |
| $H_3PO_4(aq)$ | −1288.3 | −1142.6 | 158.2 |
| Potassium | | | |
| $K(g)$ | 89.99 | 61.17 | 160.2 |
| $K(s)$ | 0 | 0 | 64.67 |
| $K^+(aq)$ | −252.4 | −283.3 | 102.5 |
| $K^+(g)$ | 514.2 | 481.2 | 154.5 |
| $KCl(s)$ | −435.9 | −408.3 | 82.7 |
| $KClO_3(s)$ | −391.2 | −289.9 | 143.0 |
| $KClO_3(aq)$ | −349.5 | −284.9 | 265.7 |
| $K_2CO_3(s)$ | −1150.18 | −1064.58 | 155.44 |
| $KNO_3(s)$ | −492.70 | −393.13 | 132.9 |
| $K_2O(s)$ | −363.2 | −322.1 | 94.14 |
| $KO_2(s)$ | −284.5 | −240.6 | 122.5 |
| $K_2O_2(s)$ | −495.8 | −429.8 | 113.0 |
| $KOH(s)$ | −424.7 | −378.9 | 78.91 |
| $KOH(aq)$ | −482.4 | −440.5 | 91.6 |
| Rubidium | | | |
| $Rb(g)$ | 85.8 | 55.8 | 170.0 |
| $Rb(s)$ | 0 | 0 | 76.78 |
| $RbCl(s)$ | −430.5 | −412.0 | 92 |
| $RbClO_3(s)$ | −392.4 | −292.0 | 152 |

| Substance | $\Delta H_f^\circ$ (kj/mol) | $\Delta G_f^\circ$ (kj/mol) | $S^\circ$ (j/mol-K) |
|---|---|---|---|
| Scandium | | | |
| $Sc(g)$ | 377.8 | 336.1 | 174.7 |
| $Sc(s)$ | 0 | 0 | 34.6 |
| Selenium | | | |
| $H_2Se(g)$ | 29.7 | 15.9 | 219.0 |
| Silicon | | | |
| $Si(g)$ | 368.2 | 323.9 | 167.8 |
| $Si(s)$ | 0 | 0 | 18.7 |
| $SiC(s)$ | −73.22 | −70.85 | 16.61 |
| $SiCl_4(l)$ | −640.1 | −572.8 | 239.3 |
| $SiO_2(s, \text{quartz})$ | −910.9 | −856.5 | 41.84 |
| Silver | | | |
| $Ag(s)$ | 0 | 0 | 42.55 |
| $Ag^+(aq)$ | 105.90 | 77.11 | 73.93 |
| $AgCl(s)$ | −127.0 | −109.70 | 96.11 |
| $Ag_2O(s)$ | −31.05 | −11.20 | 121.3 |
| $AgNO_3(s)$ | −124.4 | −33.41 | 140.9 |
| Sodium | | | |
| $Na(g)$ | 107.7 | 77.3 | 153.7 |
| $Na(s)$ | 0 | 0 | 51.45 |
| $Na^+(aq)$ | −240.1 | −261.9 | 59.0 |
| $Na^+(g)$ | 609.3 | 574.3 | 148.0 |
| $NaBr(aq)$ | −360.6 | −364.7 | 141.00 |
| $NaBr(s)$ | −361.4 | −349.3 | 86.82 |
| $Na_2CO_3(s)$ | −1130.9 | −1047.7 | 136.0 |
| $NaCl(aq)$ | −407.1 | −393.0 | 115.5 |
| $NaCl(g)$ | −181.4 | −201.3 | 229.8 |
| $NaCl(s)$ | −410.9 | −384.0 | 72.33 |
| $NaHCO_3(s)$ | −947.7 | −851.8 | 102.1 |
| $NaNO_3(aq)$ | −446.2 | −372.4 | 207 |
| $NaNO_3(s)$ | −467.9 | −367.0 | 116.5 |
| $NaOH(aq)$ | −469.6 | −419.2 | 49.8 |
| $NaOH(s)$ | −425.6 | −379.5 | 64.46 |
| $Na_2SO_4(s)$ | −1387.1 | −1270.2 | 149.6 |
| Strontium | | | |
| $SrO(s)$ | −592.0 | −561.9 | 54.9 |
| $Sr(g)$ | 164.4 | 110.0 | 164.6 |
| Sulfur | | | |
| $S(s, \text{rhombic})$ | 0 | 0 | 31.88 |
| $S_8(g)$ | 102.3 | 49.7 | 430.9 |
| $SO_2(g)$ | −296.9 | −300.4 | 248.5 |
| $SO_3(g)$ | −395.2 | −370.4 | 256.2 |
| $SO_4^{2-}(aq)$ | −909.3 | −744.5 | 20.1 |

| Substance | $\Delta H_f^\circ$ (kj/mol) | $\Delta G_f^\circ$ (kj/mol) | $S^\circ$ (j/mol-K) |
|---|---|---|---|
| $SOCl_2(l)$ | −245.6 | — | — |
| $H_2S(g)$ | −20.17 | −33.01 | 205.6 |
| $H_2SO_4(aq)$ | −909.3 | −744.5 | 20.1 |
| $H_2SO_4(l)$ | −814.0 | −689.9 | 156.1 |
| Titanium | | | |
| $Ti(g)$ | 468 | 422 | 180.3 |
| $Ti(s)$ | 0 | 0 | 30.76 |
| $TiCl_4(g)$ | −763.2 | −726.8 | 354.9 |
| $TiCl_4(l)$ | −804.2 | −728.1 | 221.9 |
| $TiO_2(s)$ | −944.7 | −889.4 | 50.29 |

| Substance | $\Delta H_f^\circ$ (kj/mol) | $\Delta G_f^\circ$ (kj/mol) | $S^\circ$ (j/mol-K) |
|---|---|---|---|
| Vanadium | | | |
| $V(g)$ | 514.2 | 453.1 | 182.2 |
| $V(s)$ | 0 | 0 | 28.9 |
| Zinc | | | |
| $Zn(g)$ | 130.7 | 95.2 | 160.9 |
| $Zn(s)$ | 0 | 0 | 41.63 |
| $ZnCl_2(s)$ | −415.1 | −369.4 | 111.5 |
| $ZnO(s)$ | −348.0 | −318.2 | 43.9 |

부록 D

# 수용액의 평형 상수

**TABLE D.1 Dissociation Constants for Acids at 25 °C**

| Name | Formula | $K_{a1}$ | $K_{a2}$ | $K_{a3}$ |
|---|---|---|---|---|
| Acetic acid | $CH_3COOH$ (or $HC_2H_3O_2$) | $1.8 \times 10^{-5}$ | | |
| Arsenic acid | $H_3AsO_4$ | $5.6 \times 10^{-3}$ | $1.0 \times 10^{-7}$ | $3.0 \times 10^{-12}$ |
| Arsenous acid | $H_3AsO_3$ | $5.1 \times 10^{-10}$ | | |
| Ascorbic acid | $H_2C_6H_6O_6$ | $8.0 \times 10^{-5}$ | $1.6 \times 10^{-12}$ | |
| Benzoic acid | $C_6H_5COOH$ (or $HC_7H_5O_2$) | $6.3 \times 10^{-5}$ | | |
| Boric acid | $H_3BO_3$ | $5.8 \times 10^{-10}$ | | |
| Butanoic acid | $C_3H_7COOH$ (or $HC_4H_7O_2$) | $1.5 \times 10^{-5}$ | | |
| Carbonic acid | $H_2CO_3$ | $4.3 \times 10^{-7}$ | $5.6 \times 10^{-11}$ | |
| Chloroacetic acid | $CH_2ClCOOH$ (or $HC_2H_2O_2Cl$) | $1.4 \times 10^{-3}$ | | |
| Chlorous acid | $HClO_2$ | $1.1 \times 10^{-2}$ | | |
| Citric acid | $HOOCC(OH)(CH_2COOH)_2$ (or $H_3C_6H_5O_7$) | $7.4 \times 10^{-4}$ | $1.7 \times 10^{-5}$ | $4.0 \times 10^{-7}$ |
| Cyanic acid | $HCNO$ | $3.5 \times 10^{-4}$ | | |
| Formic acid | $HCOOH$ (or $HCHO_2$) | $1.8 \times 10^{-4}$ | | |
| Hydroazoic acid | $HN_3$ | $1.9 \times 10^{-5}$ | | |
| Hydrocyanic acid | $HCN$ | $4.9 \times 10^{-10}$ | | |
| Hydrofluoric acid | $HF$ | $6.8 \times 10^{-4}$ | | |
| Hydrogen chromate ion | $HCrO_4^-$ | $3.0 \times 10^{-7}$ | | |
| Hydrogen peroxide | $H_2O_2$ | $2.4 \times 10^{-12}$ | | |
| Hydrogen selenate ion | $HSeO_4^-$ | $2.2 \times 10^{-2}$ | | |
| Hydrogen sulfide | $H_2S$ | $9.5 \times 10^{-8}$ | $1 \times 10^{-19}$ | |
| Hypobromous acid | $HBrO$ | $2.5 \times 10^{-9}$ | | |
| Hypochlorous acid | $HClO$ | $3.0 \times 10^{-8}$ | | |
| Hypoiodous acid | $HIO$ | $2.3 \times 10^{-11}$ | | |
| Iodic acid | $HIO_3$ | $1.7 \times 10^{-1}$ | | |
| Lactic acid | $CH_3CH(OH)COOH$ (or $HC_3H_5O_3$) | $1.4 \times 10^{-4}$ | | |
| Malonic acid | $CH_2(COOH)_2$ (or $H_2C_3H_2O_4$) | $1.5 \times 10^{-3}$ | $2.0 \times 10^{-6}$ | |
| Nitrous acid | $HNO_2$ | $4.5 \times 10^{-4}$ | | |
| Oxalic acid | $(COOH)_2$ (or $H_2C_2O_4$) | $5.9 \times 10^{-2}$ | $6.4 \times 10^{-5}$ | |
| Paraperiodic acid | $H_5IO_6$ | $2.8 \times 10^{-2}$ | $5.3 \times 10^{-9}$ | |
| Phenol | $C_6H_5OH$ (or $HC_6H_5O$) | $1.3 \times 10^{-10}$ | | |
| Phosphoric acid | $H_3PO_4$ | $7.5 \times 10^{-3}$ | $6.2 \times 10^{-8}$ | $4.2 \times 10^{-13}$ |
| Propionic acid | $C_2H_5COOH$ (or $HC_3H_5O_2$) | $1.3 \times 10^{-5}$ | | |
| Pyrophosphoric acid | $H_4P_2O_7$ | $3.0 \times 10^{-2}$ | $4.4 \times 10^{-3}$ | $2.1 \times 10^{-7}$ |
| Selenous acid | $H_2SeO_3$ | $2.3 \times 10^{-3}$ | $5.3 \times 10^{-9}$ | |
| Sulfuric acid | $H_2SO_4$ | Strong acid | $1.2 \times 10^{-2}$ | |
| Sulfurous acid | $H_2SO_3$ | $1.7 \times 10^{-2}$ | $6.4 \times 10^{-8}$ | |
| Tartaric acid | $HOOC(CHOH)_2COOH$ (or $H_2C_4H_4O_6$) | $1.0 \times 10^{-3}$ | | |

**TABLE D.2 Dissociation Constants for Bases at 25 °C**

| Name | Formula | $K_b$ |
|---|---|---|
| Ammonia | $NH_3$ | $1.8 \times 10^{-5}$ |
| Aniline | $C_6H_5NH_2$ | $4.3 \times 10^{-10}$ |
| Dimethylamine | $(CH_3)_2NH$ | $5.4 \times 10^{-4}$ |
| Ethylamine | $C_2H_5NH_2$ | $6.4 \times 10^{-4}$ |
| Hydrazine | $H_2NNH_2$ | $1.3 \times 10^{-6}$ |
| Hydroxylamine | $HONH_2$ | $1.1 \times 10^{-8}$ |
| Methylamine | $CH_3NH_2$ | $4.4 \times 10^{-4}$ |
| Pyridine | $C_5H_5N$ | $1.7 \times 10^{-9}$ |
| Trimethylamine | $(CH_3)_3N$ | $6.4 \times 10^{-5}$ |

**TABLE D.3 Solubility-Product Constants for Compounds at 25 °C**

| Name | Formula | $K_{sp}$ | Name | Formula | $K_{sp}$ |
|---|---|---|---|---|---|
| Barium carbonate | $BaCO_3$ | $5.0 \times 10^{-9}$ | Lead(II) fluoride | $PbF_2$ | $3.6 \times 10^{-8}$ |
| Barium chromate | $BaCrO_4$ | $2.1 \times 10^{-10}$ | Lead(II) sulfate | $PbSO_4$ | $6.3 \times 10^{-7}$ |
| Barium fluoride | $BaF_2$ | $1.7 \times 10^{-6}$ | Lead(II) sulfide* | $PbS$ | $3 \times 10^{-28}$ |
| Barium oxalate | $BaC_2O_4$ | $1.6 \times 10^{-6}$ | Magnesium hydroxide | $Mg(OH)_2$ | $1.8 \times 10^{-11}$ |
| Barium sulfate | $BaSO_4$ | $1.1 \times 10^{-10}$ | Magnesium carbonate | $MgCO_3$ | $3.5 \times 10^{-8}$ |
| Cadmium carbonate | $CdCO_3$ | $1.8 \times 10^{-14}$ | Magnesium oxalate | $MgC_2O_4$ | $8.6 \times 10^{-5}$ |
| Cadmium hydroxide | $Cd(OH)_2$ | $2.5 \times 10^{-14}$ | Manganese(II) carbonate | $MnCO_3$ | $5.0 \times 10^{-10}$ |
| Cadmium sulfide* | $CdS$ | $8 \times 10^{-28}$ | Manganese(II) hydroxide | $Mn(OH)_2$ | $1.6 \times 10^{-13}$ |
| Calcium carbonate (calcite) | $CaCO_3$ | $4.5 \times 10^{-9}$ | Manganese(II) sulfide* | $MnS$ | $2 \times 10^{-53}$ |
| Calcium chromate | $CaCrO_4$ | $4.5 \times 10^{-9}$ | Mercury(I) chloride | $Hg_2Cl_2$ | $1.2 \times 10^{-18}$ |
| Calcium fluoride | $CaF_2$ | $3.9 \times 10^{-11}$ | Mercury(I) iodide | $Hg_2I_2$ | $1.1 \times 10^{-1.1}$ |
| Calcium hydroxide | $Ca(OH)_2$ | $6.5 \times 10^{-6}$ | Mercury(II) sulfide* | $HgS$ | $2 \times 10^{-53}$ |
| Calcium phosphate | $Ca_3(PO_4)_2$ | $2.0 \times 10^{-29}$ | Nickel(II) carbonate | $NiCO_3$ | $1.3 \times 10^{-7}$ |
| Calcium sulfate | $CaSO_4$ | $2.4 \times 10^{-5}$ | Nickel(II) hydroxide | $Ni(OH)_2$ | $6.0 \times 10^{-16}$ |
| Chromium(III) hydroxide | $Cr(OH)_3$ | $6.7 \times 10^{-31}$ | Nickel(II) sulfide* | $NiS$ | $3 \times 10^{-20}$ |
| Cobalt(II) carbonate | $CoCO_3$ | $1.0 \times 10^{-10}$ | Silver bromate | $AgBrO_3$ | $5.5 \times 10^{-13}$ |
| Cobalt(II) hydroxide | $Co(OH)_2$ | $1.3 \times 10^{-15}$ | Silver bromide | $AgBr$ | $5.0 \times 10^{-13}$ |
| Cobalt(II) sulfide* | $CoS$ | $5 \times 10^{-22}$ | Silver carbonate | $Ag_2CO_3$ | $8.1 \times 10^{-12}$ |
| Copper(I) bromide | $CuBr$ | $5.3 \times 10^{-9}$ | Silver chloride | $AgCl$ | $1.8 \times 10^{-10}$ |
| Copper(II) carbonate | $CuCO_3$ | $2.3 \times 10^{-10}$ | Silver chromate | $Ag_2CrO_4$ | $1.2 \times 10^{-12}$ |
| Copper(II) hydroxide | $Cu(OH)_2$ | $4.8 \times 10^{-20}$ | Silver iodide | $AgI$ | $8.3 \times 10^{-17}$ |
| Copper(II) sulfide* | $CuS$ | $6 \times 10^{-37}$ | Silver sulfate | $Ag_2SO_4$ | $1.5 \times 10^{-5}$ |
| Iron(II) carbonate | $FeCO_3$ | $2.1 \times 10^{-11}$ | Silver sulfide* | $Ag_2S$ | $6 \times 10^{-51}$ |
| Iron(II) hydroxide | $Fe(OH)_2$ | $7.9 \times 10^{-16}$ | Strontium carbonate | $SrCO_3$ | $9.3 \times 10^{-10}$ |
| Lanthanum fluoride | $LaF_3$ | $2 \times 10^{-19}$ | Tin(II) sulfide* | $SnS$ | $1 \times 10^{-26}$ |
| Lanthanum iodate | $La(IO_3)_3$ | $7.4 \times 10^{-14}$ | Zinc carbonate | $ZnCO_3$ | $1.0 \times 10^{-10}$ |
| Lead(II) carbonate | $PbCO_3$ | $7.4 \times 10^{-14}$ | Zinc hydroxide | $Zn(OH)_2$ | $3.0 \times 10^{-16}$ |
| Lead(II) chloride | $PbCl_2$ | $1.7 \times 10^{-5}$ | Zinc oxalate | $ZnC_2O_4$ | $2.7 \times 10^{-8}$ |
| Lead(II) chromate | $PbCrO_4$ | $2.8 \times 10^{-13}$ | Zinc sulfide* | $ZnS$ | $2 \times 10^{-25}$ |

* For a solubility equilibrium of the type $MS(s) + H_2O(l) \rightleftharpoons M^{2+}(aq) + HS^-(aq) + OH^-(aq)$

부록

# E

# 25 °C에서의 표준 환원 전위

| Half-Reaction | $E°(V)$ |
|---|---|
| $Ag^+(aq) + e^- \longrightarrow Ag(s)$ | +0.80 |
| $AgBr(s) + e^- \longrightarrow Ag(s) + Br^-(aq)$ | +0.10 |
| $AgCl(s) + e^- \longrightarrow Ag(s) + Cl^-(aq)$ | +0.22 |
| $Ag(CN)_2^-(aq) + e^- \longrightarrow Ag(s) + 2\,CN^-(aq)$ | −0.31 |
| $Ag_2CrO_4(s) + 2\,e^- \longrightarrow 2\,Ag(s) + CrO_4^{2-}(aq)$ | +0.45 |
| $AgI(s) + e^- \longrightarrow Ag(s) + I^-(aq)$ | −0.15 |
| $Ag(S_2O_3)_2^{3-}(aq) + e^- \longrightarrow Ag(s) + 2\,S_2O_3^{2-}(aq)$ | +0.01 |
| $Al^{3+}(aq) + 3\,e^- \longrightarrow Al(s)$ | −1.66 |
| $H_3AsO_4(aq) + 2\,H^+(aq) + 2\,e^- \longrightarrow H_3AsO_3(aq) + H_2O(l)$ | +0.56 |
| $Ba^{2+}(aq) + 2\,e^- \longrightarrow Ba(s)$ | −2.90 |
| $BiO^+(aq) + 2\,H^+(aq) + 3\,e^- \longrightarrow Bi(s) + H_2O(l)$ | +0.32 |
| $Br_2(l) + 2\,e^- \longrightarrow 2\,Br^-(aq)$ | +1.07 |
| $2\,BrO_3^-(aq) + 12\,H^+(aq) + 10\,e^- \longrightarrow Br_2(l) + 6\,H_2O(l)$ | +1.52 |
| $2\,CO_2(g) + 2\,H^+(aq) + 2\,e^- \longrightarrow H_2C_2O_4(aq)$ | −0.49 |
| $Ca^{2+}(aq) + 2\,e^- \longrightarrow Ca(s)$ | −2.87 |
| $Cd^{2+}(aq) + 2\,e^- \longrightarrow Cd(s)$ | −0.40 |
| $Ce^{4+}(aq) + e^- \longrightarrow Ce^{3+}(aq)$ | +1.61 |
| $Cl_2(g) + 2\,e^- \longrightarrow 2\,Cl^-(aq)$ | +1.36 |
| $2\,HClO(aq) + 2\,H^+(aq) + 2\,e^- \longrightarrow Cl_2(g) + 2\,H_2O(l)$ | +1.63 |
| $ClO^-(aq) + H_2O(l) + 2\,e^- \longrightarrow Cl^-(aq) + 2\,OH^-(aq)$ | +0.89 |
| $2\,ClO_3^-(aq) + 12\,H^+(aq) + 10\,e^- \longrightarrow Cl_2(g) + 6\,H_2O(l)$ | +1.47 |
| $Co^{2+}(aq) + 2\,e^- \longrightarrow Co(s)$ | −0.28 |
| $Co^{3+}(aq) + e^- \longrightarrow Co^{2+}(aq)$ | +1.84 |
| $Cr^{3+}(aq) + 3\,e^- \longrightarrow Cr(s)$ | −0.74 |
| $Cr^{3+}(aq) + e^- \longrightarrow Cr^{2+}(aq)$ | −0.41 |
| $Cr_2O_7^{2-}(aq) + 14\,H^+(aq) + 6\,e^- \longrightarrow 2\,Cr^{3+}(aq) + 7\,H_2O(l)$ | +1.33 |
| $CrO_4^{2-}(aq) + 4\,H_2O(l) + 3\,e^- \longrightarrow Cr(OH)_3(s) + 5\,OH^-(aq)$ | −0.13 |
| $Cu^{2+}(aq) + 2\,e^- \longrightarrow Cu(s)$ | +0.34 |
| $Cu^{2+}(aq) + e^- \longrightarrow Cu^+(aq)$ | +0.15 |
| $Cu^+(aq) + e^- \longrightarrow Cu(s)$ | +0.52 |
| $CuI(s) + e^- \longrightarrow Cu(s) + I^-(aq)$ | −0.19 |
| $F_2(g) + 2\,e^- \longrightarrow 2\,F^-(aq)$ | +2.87 |
| $Fe^{2+}(aq) + 2\,e^- \longrightarrow Fe(s)$ | −0.44 |
| $Fe^{3+}(aq) + e^- \longrightarrow Fe^{2+}(aq)$ | +0.77 |
| $Fe(CN)_6^{3-}(aq) + e^- \longrightarrow Fe(CN)_6^{4-}(aq)$ | +0.36 |
| $2\,H^+(aq) + 2\,e^- \longrightarrow H_2(g)$ | 0.00 |

| Half-Reaction | $E°(V)$ |
|---|---|
| $2\,H_2O(l) + 2\,e^- \longrightarrow H_2(g) + 2\,OH^-(aq)$ | −0.83 |
| $HO_2^-(aq) + H_2O(l) + 2\,e^- \longrightarrow 3\,OH^-(aq)$ | +0.88 |
| $H_2O_2(aq) + 2\,H^+(aq) + 2\,e^- \longrightarrow 2\,H_2O(l)$ | +1.78 |
| $Hg_2^{2+}(aq) + 2\,e^- \longrightarrow 2\,Hg(l)$ | +0.79 |
| $2\,Hg^{2+}(aq) + 2\,e^- \longrightarrow Hg_2^{2+}(aq)$ | +0.92 |
| $Hg^{2+}(aq) + 2\,e^- \longrightarrow Hg(l)$ | +0.85 |
| $I_2(s) + 2\,e^- \longrightarrow 2\,I^-(aq)$ | +0.54 |
| $2\,IO_3^-(aq) + 12\,H^+(aq) + 10\,e^- \longrightarrow I_2(s) + 6\,H_2O(l)$ | +1.20 |
| $K^+(aq) + e^- \longrightarrow K(s)$ | −2.92 |
| $Li^+(aq) + e^- \longrightarrow Li(s)$ | −3.05 |
| $Mg^{2+}(aq) + 2\,e^- \longrightarrow Mg(s)$ | −2.37 |
| $Mn^{2+}(aq) + 2\,e^- \longrightarrow Mn(s)$ | −1.18 |
| $MnO_2(s) + 4\,H^+(aq) + 2\,e^- \longrightarrow Mn^{2+}(aq) + 2\,H_2O(l)$ | +1.23 |
| $MnO_4^-(aq) + 8\,H^+(aq) + 5\,e^- \longrightarrow Mn^{2+}(aq) + 4\,H_2O(l)$ | +1.51 |
| $MnO_4^-(aq) + 2\,H_2O(l) + 3\,e^- \longrightarrow MnO_2(s) + 4\,OH^-(aq)$ | +0.59 |
| $HNO_2(aq) + H^+(aq) + e^- \longrightarrow NO(g) + H_2O(l)$ | +1.00 |
| $N_2(g) + 4\,H_2O(l) + 4\,e^- \longrightarrow 4\,OH^-(aq) + N_2H_4(aq)$ | −1.16 |
| $N_2(g) + 5\,H^+(aq) + 4\,e^- \longrightarrow N_2H_5^+(aq)$ | −0.23 |
| $NO_3^-(aq) + 4\,H^+(aq) + 3\,e^- \longrightarrow NO(g) + 2\,H_2O(l)$ | +0.96 |
| $Na^+(aq) + e^- \longrightarrow Na(s)$ | −2.71 |
| $Ni^{2+}(aq) + 2\,e^- \longrightarrow Ni(s)$ | −0.28 |
| $O_2(g) + 4\,H^+(aq) + 4\,e^- \longrightarrow 2\,H_2O(l)$ | +1.23 |
| $O_2(g) + 2\,H_2O(l) + 4\,e^- \longrightarrow 4\,OH^-(aq)$ | +0.40 |
| $O_2(g) + 2\,H^+(aq) + 2\,e^- \longrightarrow H_2O_2(aq)$ | +0.68 |
| $O_3(g) + 2\,H^+(aq) + 2\,e^- \longrightarrow O_2(g) + H_2O(l)$ | +2.07 |
| $Pb^{2+}(aq) + 2\,e^- \longrightarrow Pb(s)$ | −0.13 |
| $PbO_2(s) + HSO_4^-(aq) + 3\,H^+(aq) + 2\,e^- \longrightarrow PbSO_4(s) + 2\,H_2O(l)$ | +1.69 |
| $PbSO_4(s) + H^+(aq) + 2\,e^- \longrightarrow Pb(s) + HSO_4^-(aq)$ | −0.36 |
| $PtCl_4^{2-}(aq) + 2\,e^- \longrightarrow Pt(s) + 4\,Cl^-(aq)$ | +0.73 |
| $S(s) + 2\,H^+(aq) + 2\,e^- \longrightarrow H_2S(g)$ | +0.14 |
| $H_2SO_3(aq) + 4\,H^+(aq) + 4\,e^- \longrightarrow S(s) + 3\,H_2O(l)$ | +0.45 |
| $HSO_4^-(aq) + 3\,H^+(aq) + 2\,e^- \longrightarrow H_2SO_3(aq) + H_2O(l)$ | +0.17 |
| $Sn^{2+}(aq) + 2\,e^- \longrightarrow Sn(s)$ | −0.14 |
| $Sn^{4+}(aq) + 2\,e^- \longrightarrow Sn^{2+}(aq)$ | +0.15 |
| $VO_2^+(aq) + 2\,H^+(aq) + e^- \longrightarrow VO^{2+}(aq) + H_2O(l)$ | +1.00 |
| $Zn^{2+}(aq) + 2\,e^- \longrightarrow Zn(s)$ | −0.76 |

# 연습 문제의 답

## Chapter 13

**13.4** Very soluble **(b)** $\Delta H_{mix}$ will be the largest negative number. In order for $\Delta H_{soln}$ to be negative, the magnitude of $\Delta H_{mix}$ must be greater than the magnitude of $(\Delta H_{solute} + \Delta H_{solvent})$. **13.6 (a)** $\Delta H_{soln}$ is nearly zero. Because the solute and solvent in this case experience very similar London dispersion forces, the energy required to separate them individually and the energy released when they are mixed are approximately equal. $\Delta H_{mix} \approx -(\Delta H_{solute} + \Delta H_{solvent})$. **(b)** The entropy of the system increases when benzene and toluene form a solution. The change involves taking two pure liquids and forming a (homogeneous) mixture. The result is an increase in randomness or disorder. From part **(a)**, the enthalpy of mixing is nearly zero, so the increase in entropy is the driving force for mixing in all proportions. **13.12** Toluene, $C_6H_5CH_3$, is the best solvent for nonpolar solutes. Without polar groups or nonbonding electron pairs, it forms only dispersion interactions with itself and other molecules. **13.16** $S_{H_2} = 2.0 \times 10^{-3}\,M$, $S_{Ar} = 3.5 \times 10^{-3}\,M$ **13.30 (a)** $X_{Eth} = 0.2812$ **(b)** $P_{soln} = 31.7$ kPa **(c)** $X_{Eth}$ in vapor $= 0.472$ **13.34** Molar mass of lysozyme $= 1.39 \times 10^4$ g **13.40 (a)** $<$ **(b)** $<$ **(c)** **13.42 (a)** No **(b)** The ionic solid with the smaller lattice energy will be more soluble in water. **13.46** Vitamin $B_6$ is more water soluble. Vitamin E is more fat soluble. **13.48 (a)** Yes, the *molarity* changes with a change in temperature. **(b)** No, *molality* does not change with change in temperature. **13.50** The volume inside the balloon will be 0.5 L, assuming perfect osmosis across the semipermeable membrane. **13.52 (a)** False **(b)** false **(c)** true **13.53 (a)** Dispersion **(b)** hydrogen bonding **(c)** ion–dipole **(d)** dipole–dipole **13.55 (a)** $\Delta H_{solute}$ **(b)** $\Delta H_{mix}$ **13.57 (a)** Supersaturated **(b)** The bits of glass scraped from the vessel act as a seed crystal, which provides a nucleus of already aligned molecules, so that ordering of the dissolved particles is more facile. The excess alum is crystallizing out. **(c)** 86 g alum form **13.58 (a)** Saturated **(b)** unsaturated **(c)** saturated **(d)** unsaturated **13.59 (a)** We expect the liquids water and glycerol to be miscible in all proportions. **(b)** Hydrogen bonding, dipole-dipole forces, London dispersion forces **13.61 (a)** Carbon tetrachloride **(b)** water **13.62 (a)** $CCl_4$ is more soluble because dispersion forces among nonpolar $CCl_4$ molecules are similar to dispersion forces in hexane. **(b)** $C_6H_6$ is a nonpolar hydrocarbon and will be more soluble in the similarly nonpolar hexane. **(c)** The long, rodlike hydrocarbon chain of octanoic acid forms strong dispersion interactions and causes it to be more soluble in hexane. **13.63 (a)** False **(b)** true **(c)** false **(d)** true **13.65 (a)** 1.60% of $NaNO_3$ **(b)** 28.6 ppm **13.66(a)** $X_{C_2H_5OH} = 0.0192$ **(b)** 4.76% $C_2H_5OH$ by mass **(c)** 1.09 $m$ $C_2H_5OH$ **13.67 (a)** $8.63 \times 10^{-3} M$ $Mg(NO_3)_2$ **(b)** 1.25 M $LiClO_4 \cdot 3H_2O$ **(c)** 0.375 $M$ $HNO_3$ **13.68 (a)** 2.56 $m$ $C_6H_6$ **(b)** 0.858 $m$ NaCl **13.69 (a)** 50.01% $H_2SO_4$ by mass **(b)** $X_{H_2SO_4} = 0.155$
**(c)** 10.20 $m$ $H_2SO_4$ **(d)** 7.112 $M$ $H_2SO_4$ **13.70 (a)** $X_{CH_3OH} = 0.244$
**(b)** 7.85 $m$ $CH_3OH$ **(c)** 4.94 $M$ $CH_3OH$ **13.72 (a)** 0.0900 mol $SrBr_2$
**(b)** $1.40 \times 10^{-2}$ mol KCl **(c)** 8.63 g $C_6H_{12}O_6$ **13.73 (a)** Weigh out 1.3 g KBr, dissolve in water, dilute with stirring to 0.75 L. **(b)** Weigh out 2.62 g KBr, dissolve it in 122.38 g $H_2O$ to make exactly 125 g of 0.180 $m$ solution. **(c)** Dissolve 244 g KBr in water, dilute with stirring to 1.85 L. **(d)** Weigh 10.1 g KBr, dissolve it in a small amount of water, and dilute to 0.568 L. **13.75** 21% $HNO_3$ by mass **13.76 (a)** 8.23 $m$ Zn **(b)** 45.3 $M$ Zn **13.77 (a)** 4.66 kPa **(b)** $1.8 \times 10^{-3} M$ $CO_2$ **13.78 (a)** False **(b)** true **(c)** true **(d)** false **13.79** The vapor pressure of the first solution, $C_6H_{12}O_6$ $(aq)$, is 3.10 kPa. The vapor

weaken the Si—C bonding network. **12.127** The distance between planes in crystalline silicon is 313 pm. **12.133 (a)** 109° **(b)** 120° **(c)** atomic $p$ orbitals **12.137 (a)** $2.50 \times 10^{22}$ Si atoms (To 1 sig fig, the result is $2 \times 10^{22}$ Si atoms.) **(b)** $1.29 \times 10^{-3}$ mg P (1.29 $\mu$g P) **12.139** 63 Si atoms
pressure of the second solution, $C_{12}H_{22}O_{11}$ $(aq)$, is 3.14 kPa. Generally, the less concentrated solution, the one with fewer moles of solute per kilogram of solvent, will have the higher vapor pressure. **13.81 (a)** $P_{H_2O} = 24.85$ kPa **(b)** 78.9 g $C_3H_8O_2$ **13.83 (a)** Because KCl is a strong electrolyte, one mole of KCl produces twice as many dissolved particles as one mole of the molecular solute urea. Freezing-point depression is directly related to total moles of dissolved particles. The 0.10 $m$ KCl has more dissolved particles so its freezing point is lower than that of 0.10 $m$ $CO(NH_2)_2$. (b) In solutions of strong electrolytes like KCl, ion pairing reduces the effective number of particles in solution, decreasing the change in freezing point. The actual freezing point is then higher than the calculated freezing point for a 0.10 $m$ solution. **(b)** In solutions of strong electrolytes like NaCl, ion pairing reduces the effective number of particles in solution, decreasing the change in boiling point. The actual boiling point is then lower than the calculated boiling point for a 0.10 $m$ solution. **13.85** 0.130 $m$ urea $<$ 0.080 $m$ KBr $<$ 0.070 $m$ $Mg(NO_2)_2$ **13.86** **(a)** $T_f = -115.0\,°C$, $T_b = 78.7\,°C$ **(b)** $T_f = -67.3\,°C$, $T_b = 64.2\,°C$ **(c)** $T_f = -0.4\,°C$, $T_b = 100.1\,°C$ **(d)** $T_f = -0.6\,°C$, $T_b = 100.2\,°C$ **13.87** 667 g $C_2H_6O_2$ **13.89** $\Pi = 7.15$ kPa **13.90** The approximate molar mass of adrenaline is $1.8 \times 10^2$ g. **13.93** $i = 2.8$ **13.94 (a)** No. In the gaseous state, particles are far apart and intermolecular attractive forces are small. When two gases combine, all terms in Equation 13.1 are essentially zero and the mixture is always homogeneous. **(b)** To determine whether Faraday's dispersion is a true solution or a colloid, shine a beam of light on it. If light is scattered, the dispersion is a colloid. **13.95** Choice **(d)**, $CH_3(CH_2)_{11}COONa$, is the best emulsifying agent. The long hydrocarbon chain will interact with the hydrophobic component, while the ionic end will interact with the hydrophilic component, as well as stabilize the colloid. **13.96 (a)** No. The hydrophobic or hydrophilic nature of the protein will determine which electrolyte at which concentration will be the most effective precipitating agent. **(b)** Stronger. If a protein has been "salted out", protein-protein interactions are stronger than protein-solvent interactions and solid protein forms. **(c)** The first hypothesis seems plausible, since ion-dipole interactions among electrolytes and water molecules are stronger than dipole–dipole and hydrogen bonding interactions between water and protein molecules. But, we also know that ions adsorb on the surface of a hydrophobic colloid; the second hypothesis also seems plausible. If we could measure the charge and adsorbed water content of protein molecules as a function of salt concentration, then we could distinguish between these two hypotheses. **13.97 (a)** Hydrochloride **(b)** free base **(c)** 0.492 $M$ free base **(d)** 7.36 $M$ hydrochloride **(e)** 275 mL of 12.0 $M$ HCl **13.100 (a)** $k_{Rn} = 7.17 \times 10^{-3}$mol/L-kPa **(b)** $P_{Rn} = 23$ Pa; $S_{Rn} = 1.6 \times 10^{-6} M$ **13.103 (a)** 2.69 $m$ LiBr **(b)** $X_{LiBr} = 0.0994$ **(c)** 81.1% LiBr by mass **13.105** $X_{H_2O} = 0.95$; 0.0263 mol ions; 0.0132 mol NaCl; 0.769 g NaCl **13.108 (a)** $-0.6\,°C$ **(b)** $-0.4\,°C$ **13.111 (a)**, $CF_4$, $1.7 \times 10^{-4}$ $m$; $CClF_3$, $9 \times 10^{-4}$ $m$; $CCl_2F_2$, $2.3 \times 10^{-2}$ $m$; $CHClF_2$, $3.5 \times 10^{-2}$ $m$ **(b)** dipole moment **(c)** $3.9 \times 10^{-4}$ mol $O_2$ **13.114 (a)** The central atom and the number of electron-pair domains about it are: **(i)** Cl, 4; (ii) B, 4; (iii) P, 6; (iv) Al, 4; (v) B, 4 **(b)** tetrahedral **(c)** The central P atom in anion (iii) has an

expanded octet. As drawn, the central Cl atom in anion (**i**) also has an expanded octet. Note that multiple resonance structures for $ClO_4^-$ can be drawn, including one where Cl obeys the octet rule. The structure shown in this exercise is one that minimizes formal charge. (**d**) BARF **13.118** (**a**) $P_t = 56.34$ kPa (**b**) Endothermic. Repulsive forces lead to an overall lowering of the energy of the system. $\Delta H_{soln} > 0$.

## Chapter 14

**14.2** (**a**) *Reaction rate* is the change in the amount of products or reactants in a given amount of time. (**b**) Rates depend on concentration of reactants, surface area of reactants, temperature, and activation energy/presence of catalyst. (**c**) No. The stoichiometry of the reaction (mole ratios of reactants and products) must be known to relate rate of disappearance of reactants to rate of appearance of products.**14.12** (**a**) Rate $= k[N_2O_5]$ (**b**) Rate $= 2.06 \times 10^{-4}\ M/s$ (**c**) When the concentration of $N_2O_5$ triples,the rate of the reaction triples. (**d**) When the concentration of $N_2O_5$ is reduced by 10 %, the rate of the reaction is reduced by 10%. **14.19** (**a**) A graph of ln[A] versus time yields a straight line for a first-order reaction. (**b**) On a graph of ln[A] versus time, the rate constant is the (–slope) of the straight line. **14.20**(**a**) $k = 3.2 \times 10^{-6} s^{-1}(0.28\ d^{-1})$ (**b**) $t_{1/2} = 2.2 \times 10^2$ s (3.7 min) **14.21** (**a**) $P = 4$ kPa (**b**) $t = 51$ s **14.26** (**a**) The energy of the collision and the orientation of the molecules when they collide determine whether a reaction will occur. (**b**) The rate constant usually increases with an increase in reaction temperature. (**c**) The fraction of molecules with energy greater than the activation energy changes most dramatically with temperature. Frequency of collision and the orientation factor are lumped into the frequency factor, A, which is considered to be constant with temperature. **14.47** The rate of the combustion reaction in the cylinder depends on the surface area of the droplets in the spray. The smaller the droplets, the greater the surface area exposed to oxygen, the faster the combustion reaction. In the case of a clogged injector, larger droplets lead to slower combustion. Uneven combustion in the various cylinders can cause the engine to run roughly and decrease fuel economy. **14.49** Equation (iv) (**b**) rate $= -\Delta[B]/\Delta t = ½\Delta[A]/\Delta t$ **14.55** (1) Total potential energy of the reactants (2) $E_a$, activation energy of the reaction (3) $\Delta E$, net energy change for the reaction (4) total potential energy of the products **14.58** (**a**) $NO_2 + F_2 \longrightarrow NO_2F + F$; $NO_2 + F \longrightarrow NO_2F$ (**b**) $2NO_2 + F_2 \longrightarrow 2NO_2F$ (**c**) F (atomic fluorine) is the intermediate (**d**) rate $= k[NO_2][F_2]$ **14. 61** (**a**) Net reaction: $AB + AC \longrightarrow BA_2 + C$ (**b**) A is the intermediate. (**c**) $A_2$ is the catalyst.

**14.64**

| Time (min) | Mol A | (a) Mol B | [A] (mol/L) | Δ[A] (mol/L) | (b) Rate (M/s) |
|---|---|---|---|---|---|
| 0 | 0.065 | 0.000 | 0.65 | | |
| 10 | 0.051 | 0.014 | 0.51 | −0.14 | $2.3 \times 10^{-4}$ |
| 20 | 0.042 | 0.023 | 0.42 | −0.09 | $1.5 \times 10^{-4}$ |
| 30 | 0.036 | 0.029 | 0.36 | −0.06 | $1.0 \times 10^{-4}$ |
| 40 | 0.031 | 0.034 | 0.31 | −0.05 | $0.8 \times 10^{-4}$ |

(**c**) $\Delta[B]_{avg}/\Delta t = 1.3 \times 10^{-4}\ M/s$

**14.65**
(**a**)

| Time (s) | Time Interval (s) | Concentration (M) | ΔM | Rate (M/s) |
|---|---|---|---|---|
| 0 | | 0.0165 | | |
| 2,000 | 2,000 | 0.0110 | −0.0055 | $28 \times 10^{-7}$ |
| 5,000 | 3,000 | 0.00591 | −0.0051 | $17 \times 10^{-7}$ |
| 8,000 | 3,000 | 0.00314 | −0.00277 | $9.3 \times 10^{-7}$ |
| 12,000 | 4,000 | 0.00137 | −0.00177 | $4.43 \times 10^{-7}$ |
| 15,000 | 3,000 | 0.00074 | −0.00063 | $2.1 \times 10^{-7}$ |

(**b**) The average rate of reaction is $1.05 \times 10^{-6}\ M/s$ (**c**) The average rate between $t = 2000$ and $t = 12{,}000$ s ($9.63 \times 10^{-7} M/s$) is greater than the average rate between $t = 8{,}000$ and $t = 15{,}000$ s ($3.43 \times 10^{-7} M/s$). (**d**) From the slopes of the tangents to the graph, the rates are $12 \times 10^{-7} M/s$ at 5000 s, $5.8 \times 10^{-7} M/s$ at 8000 s. **14.66** (**a**) $-\Delta[CO]/\Delta t = \Delta[CO_2]/\Delta t = \Delta[H_2]/\Delta t; -\Delta[H_2O]/\Delta t = \Delta[CO_2]/\Delta t = \Delta[H_2]\Delta t$ (**b**) $-\Delta[NO]/\Delta t = \Delta[NOCl]/\Delta t; -\Delta[Cl_2]/\Delta t = \Delta[NOCl]/2\Delta t$ (**c**) $-\Delta[CO_4]/\Delta t = \Delta[CO_2]/\Delta t = \Delta[H_2O]/2\Delta t; -\Delta[O_2]/\Delta t = 2\Delta[CO_2]/\Delta t = \Delta[H_2O]/\Delta t$
(**d**) $-\Delta[N_2O_4]/\Delta t = \Delta[NO_2]/\Delta t$
**14.67** (**a**) $-\Delta[O_2]/\Delta t = 0.25$ mol/s; $\Delta[H_2O]/\Delta t = 0.5$ mol/s (**b**) $P_{total}$ decreases by 30 kPa/min. **14.68** (**a**) If [B] doubles, there is no change in the rate or the rate constant. (**b**) The reaction is third order in A, zero order in B, and third order overall. (**c**) units of $k = M^{-2}s^{-1}$ **14.70** (**a**) $5.2 \times 10^2 M^{-1}s^{-1}$ (**b**) If $[OH^-]$ is cut in half, the rate decreases by a factor of ½. (**c**) If both $[OH^-]$ and $[C_2H_5Cl]$ are cut in half, the rate decreases by a factor of ¼. **14.71** (**a**) Rate $= k[OCl^-][I^-]$ (**b**) $k = 60\ M^{-1}s^{-1}$. (**c**) Rate $= 6.0 \times 10^{-5}\ M/s$ **14.72** (**a**) Rate $= k[BF_3][NH_3]$ (**b**) The reaction is second order overall. (**c**) $k_{avg} = 3.41\ M^{-1}s^{-1}$ (**d**) $0.170\ M/s$ **14.73** (**a**) Rate $= k[NO]^2[Br_2]$ (**b**) $k_{avg} = 1.2 \times 10^4\ M^{-2}s^{-1}$ (**c**) $\frac{1}{2}\Delta[NOBr]/\Delta t = -\Delta[Br_2]/\Delta t$ (**d**) $-\Delta[Br_2]/\Delta t = 8.4\ M/s$ **14.77** Plot ($\ln P_{SO_2Cl_2}$) versus time, $k = -\text{slope} = 2.19 \times 10^{-5} s^{-1}$ **14.78** (**a**) The plot of 1/[A] versus time is linear, the reaction is second order in [A]. (**b**) 281 seconds (**c**) $t_{1/2} = 38$ min **14.79** (**a**) The plot of $1/[NO_2]$ versus time is linear, so the reaction is second order in $NO_2$. (**b**) $k = \text{slope} = 10\ M^{-1}s^{-1}$ (**c**) rate at $0.200\ M = 0.400\ M/s$, rate at $0.100\ M = 0.100\ M/s$; rate at $0.050\ M = 0.025\ M/s$ **14.81** $f = 1.81 \times 10^{-2}$. At 300 K, approximately 2 out of 100 molecules have this kinetic energy.

**14.82** (**a**)

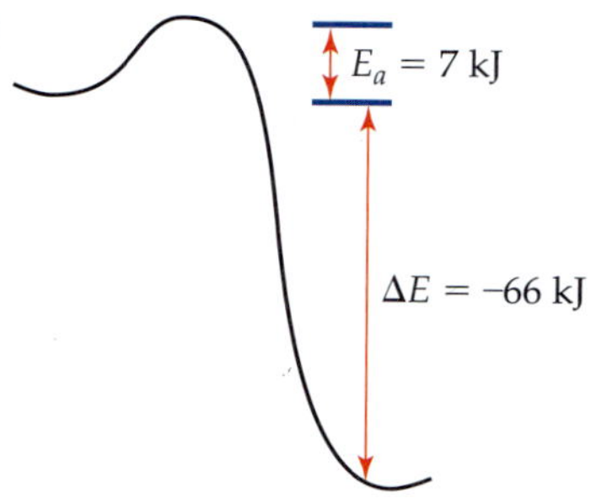


(**b**) $E_a$(reverse) $= 73$ kJ **14.83** (**a**) False (**b**) false (**c**) true **14.84** The order of slowest reaction to fastest reaction is: rate (**b**) < rate (**c**) < rate (**a**) **14.85** (**a**) $k = 1.1\ s^{-1}$ (**b**) $k = 13\ s^{-1}$ (**c**) The method in parts (**a**) and (**b**) assumes that the collision model and thus the Arrhenius equation describe the kinetics of the reactions. That is, activation energy is constant over the temperature range under consideration. **14.86** A plot of ln $k$ versus $1/T$ has a slope of $-5.64 \times 10^3$; $E_a = -R(\text{slope}) = 47.5$ kJ/mol **14.87** (**a**) An *elementary reaction* is a process that occurs as a single event; the order is given by the coefficients in the balanced equation for the reaction. **(b)** A *unimolecular* elementary reaction involves only one reactant molecule; a *bimolecular* elementary reaction involves two reactant molecules. **(c)** A *reaction mechanism* is a series of elementary reactions that describes how an overall reaction occurs and explains the experimentally determined rate law. **(d)** A *rate-determining step* is the slow step in a reaction mechanism. It limits the overall reaction rate. **14.88 (a)** Bimolecular, rate $= k[H_2O][CN^-]$ **(b)** bimolecular, rate $= k[CH_3Cl][OH^-]$ **(c)** unimolecular, rate $= k[N_2O_4]$ **14.89 (a)** Two intermediates, B and C. **(b)** three transition states **(c)** C $\longrightarrow$ D is fastest. **(d)** $\Delta E$ is positive. **14.90 (a)** $H_2(g) + 2\ ICl(g) \rightarrow I_2(g) + 2\ HCl(g)$ **(b)** HI is the intermediate. **(c)** If the first step is slow, the observed rate law is rate $= k[H_2][ICl]$. **14.91 (a)** The two-step mechanism is consistent with the data, assuming that the second step is rate determining. **(b)** No. The linear plot guarantees that the overall rate law will include $[NO]^2$. Since the data were obtained at constant $[Cl_2]$, we have no information about reaction order with respect to $[Cl_2]$. **14.92 (a)** A catalyst is a substance that changes (usually increases) the speed of a chemical reaction without undergoing a permanent chemical change itself. **(b)** A homogeneous catalyst is in the same phase as the reactants, while a hetereogeneous catalyst is in a different phase. **(c)** A catalyst has no effect on the overall enthalpy change for a reaction, but it does affect activation energy. It can also affect the frequency factor.

**14.93**

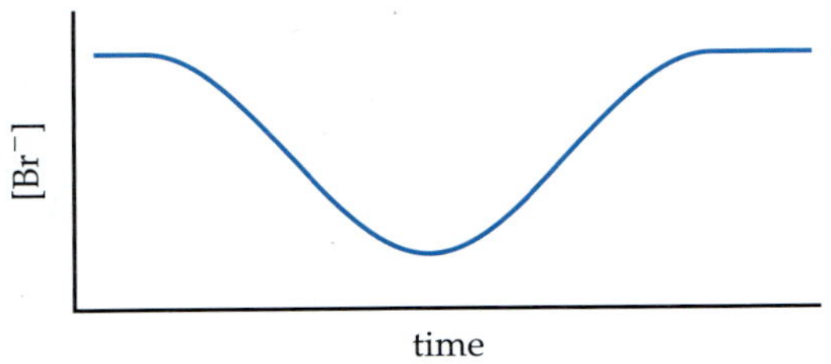


**14.94 (a)** Multiply the coefficients in the first reaction by 2 and sum. **(b)** $NO_2$**(g)** is a catalyst. **(c)** NO(**g**) is an intermediate. **(d)** This is a homogeneous catalysis. **14.95 (a)** Use of chemically stable supports makes it possible to obtain very large surface areas per unit mass of the precious metal catalyst because the metal can be deposited in a very thin, even monomolecular, layer on the surface of the support. **(b)** The greater the surface area of the catalyst, the more reaction sites, the greater the rate of the catalyzed reaction. **14.96** To put two D atoms on a single carbon, it is necessary that one of the already existing C—H bonds in ethylene be broken while the molecule is adsorbed, so that the H atom moves off as an adsorbed atom and is replaced by a D atom. This requires a larger activation energy than simply adsorbing $C_2H_4$ and adding one D atom to each carbon. **14.97** The enzyme lowers the activation energy of the reaction by 44 kJ/mol. **14.98 (a)** The catalyzed reaction is approximately 10,000,000 times faster at 25 °C **(b)** The catalyzed reaction is 180,000 times faster at 125 °C. **14.101 (a)** Rate $= 4.7 \times 10^{-5}\ M/s$ (b, c) $k = 0.84\ M^{-2}s^{-1}$ **(d)** If the [NO] is increased by a factor of 1.8, the rate would increase by a factor of 3.2. **14.105 (a)** The reaction is second order in $C_2F_4$. **(b)** 889 seconds **14.109 (a)** The half-life of cobalt-60 is 5.29 years, that of iron-59 is 44.7 days. **(b)** Iron-59 decays at a faster rate. **(c)** 0.13 mg remains after three half-lives. **(d)** 0.925 mg remains after five days. **14.113 (a)** The plot of $1/[C_5H_6]$ versus time is linear and the reaction is second order. **(b)** $k = 0.167\ M^{-1}\ s^{-1}$ **14.116 (a)** When the two elementary reactions are added, $N_2O_2(g)$ appears on both sides and cancels, resulting in the overall reaction. $2\ NO(g) + H_2(g) \longrightarrow N_2O(g) + H_2O(g)$ **(b)** First reaction, $-[NO]/\Delta t = k[NO]^2$, second reaction, $-[H_2]/\Delta t = k[H_2][N_2O_2]$ **(c)** $N_2O_2$ is the intermediate. **(d)** Because $[H_2]$ appears in the rate law, the second step must be slow relative to the first. **14.119 (a)** $Cl_2(g) + CHCl_3(g) \longrightarrow HCl(g) + CCl_4(g)$ **(b)** Cl(**g**), $CCl_3(g)$ **(c)** reaction 1, unimolecular; reaction 2, bimolecular; reaction 3, bimolecular **(d)** Reaction 2 is rate determining. **(e)** Rate $= k[CHCl_3][Cl_2]^{1/2}$. **14.124** The enzyme must lower the activation energy by 22 kJ in order to make it useful. **14.129 (a)** $k = 8 \times 10^7\ M^{-1}s^{-1}$

**(b)** :Ṅ=Ö:

:Ö=N̈—F̤: ⟷ (:Ö̤—N̈=F̤)

**(c)** NOF is bent with a bond angle of approximately 120°

**(d)** 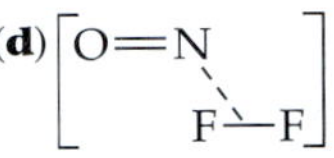


**(e)** The electron-deficient NO molecule is attracted to electron-rich $F_2$ so the driving force for formation of the transition state is greater than simple random collisions.

**14.132 (a)**

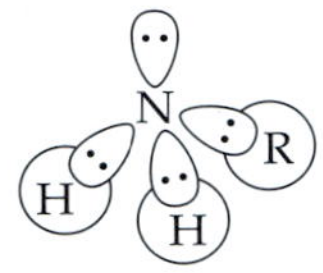


**(b)** A reactant that is attracted to the lone pair of electrons on nitrogen will produce a tetrahedral intermediate. This can be a moiety with a full, partial, or even transient positive charge.

## Chapter 15

**15.2 (a)** $K = 0.1$ **(b)** At equilibrium, the partial pressure of A is greater than the partial pressure of B. **15.17** $K_c = 10.5$ **15.18 (a)** $[NO] = 0.050$, $[N_2] = 0.010$, $[H_2O] = 0.150$ **(b)** $K_c = 9.0 \times 10^2$ **15.32 (a)** Endothermic **(b)** The equilibrium constant increases. **(c)** The forward rate constant increases by a larger amount than the reverse rate constant. **15.33 (a)** $k_f > k_r$ **(b)** The equilibrium constant is greater than one. **15.35** $K$ is greater than one. **15.37** $A(g) + B(g) \rightleftharpoons AB(g)$ has the larger equilibrium constant. **15.38** From the smallest to the largest equilibrium constant, **(c)** < **(b)** < **(a)**. **15.39** Statement **(b)** is true. **15.41** Two B atoms should be added to the diagram. **15.43** $K_c$ decreases as $T$ increases, so the reaction is exothermic. **15.46 (a)** $K_c = [I^2]/[I_2]$; homogeneous **(b)** $K_c = [SO_3]^2/[SO_2]^2[O_2]$; homogeneous **(c)** $K_c = [CO]^2/[CO]$; heterogeneous **(d)** $K_c = [CO_2][H_2]/[H_2O][CO]$; homogeneous **(e)** $K_c = [HCO_3^-][H^+]/[CO_2]$; homogeneous **(f)** $K_c = [Zn^{2+}][Fe^{2+}]$; heterogeneous **(g)** $K_c = [Ca^{2+}][CO_3^{2-}]$; heterogeneous **15.47 (a)** Mostly products **(b)** at low total pressure, mostly reactants **15.48 (a)** True **(b)** false **(c)** false **15.49** $K_p = 1.6 \times 10^{-9}$ **15.50 (a)** The equilibrium favors NO and $Br_2$ at this temperature. **(b)** $K_c = 77$ **(c)** $K_c = 8.8$ **15.51 (a)** $K_p = 5.44$ **(b)** $K_p = 0.034$ **(c)** $K_c = 283$ **15.52** $K_c = 2.9 \times 10^{-3}$ **15.53 (a)** $K_p = P_{O_2}$ **(b)** $K_c = [Hg(solv)]^4[O_2(solv)]$ **15.55 (a)** $K_p = 0.61$ **(b)** $K_c = 2.8 \times 10^3$ **15.58 (a)** $P_{H_2O} = 326$ kPa, $P_{H_2} = 203$ kPa, $P_{CO_2} = 405$ kPa **(b)** $P_{H_2O} = 347$ kPa, $P_{H_2O} = 182$ kPa, $P_{CO_2} = 384$ kPa, $P_{CO} = 21$ kPa **(c)** $K_p = 0.10$ **(d)** $K_c = 0.10$ **15.60** $K_c = 2.0 \times 10^4$ **15.61 (a)** The value of $Q_c$ is zero. **(b)** As the reaction proceeds, the value of $Q_c$ will increase. **(c)** The reaction must be at equilibrium. **15.62 (a)** $Q = 7.2 \times 10^{-6}$, the reaction will proceed to the left. **(b)** $Q = 3.0 \times 10^{-11}$, the reaction will proceed to the right. **(c)** $Q = 5.18 \times 10^{-9}$, the reaction will proceed to the left. **15.63** $P_{Cl_2} = 395$ kPa
**15.65** $[Br_2] = 0.00939\ M$, $[Br] = 0.00312\ M$, 0.250 g Br(*g*)
**15.67** $[I] = 4.73 \times 10^{-5} M$, $[I_2] = 7.2 \times 10^{-5} M$, 0.092 g $I_2$

**15.68** $[NO] = 0.003\,M$, $[N_2] = [O_2] = 0.12\,M$
**15.69** The equilibrium pressure of $Br_2(g)$ is 205 kPa.
**15.71** **(a)** $[Ca^{2+}] = [SO_4^{2-}] = 4.9 \times 10^{-3}\,M$ **(b)** A bit more than 1.0 g $CaSO_4$ is needed in order to have some undissolved $CaSO_4$ (s) in equilibrium with 1.4 L of saturated solution.
**15.72** $[IBr] = 0.180\,M$, $[I_2] = [Br_2] = 0.0102\,M$
**15.74** **(a)** $P_{CH_3I} = P_{HI} = 130$ Pa, $P_{CH_4} = 13.2$ kPa, $P_{I_2} = 6.5$ kPa
**15.76** **(a)** No effect **(b)** shift equilibrium to the left **(c)** shift equilibrium to the right **(d)** shift equilibrium to the left **(e)** shift equilibrium to the left **(f)** no effect **15.77** **(a)** No effect **(b)** no effect **(c)** increase $K_P$ **(d)** no effect **(e)** decrease $K_P$ **15.78** **(a)** $\Delta H° = -155.7$ kJ **(b)** The reaction is exothermic, so the equilibrium constant will decrease with increasing temperature. **(c)** $\Delta n$ does not equal zero, so a change in volume at constant temperature will affect the fraction of products in the equilibrium mixture. **15.79** An increase in pressure favors formation of ozone. **15.83** $K_p = 2.5 \times 10^5$; $K_c = 3.67 \times 10^{-3}$ **15.86** **(a)** $P_{Br_2} = 16.3$ kPa $P_{NO} = 63.6$ kPa, $P_{NOBr} = 18.1$ kPa; $K_c = 0.0643$ **(b)** $P_t = 98.1$ kPa, **(c)** 10.49 g NOBr
**15.90** $[CO_2] = [H_2] = 0.264\,M$, $[CO] = [H_2O] = 0.236\,M$ **15.98** $Q = 8 \times 10^{-6}$. $Q > K_p$, so the system is not at equilibrium; it will shift left to attain equilibrium. A catalyst that speeds up the reaction and thereby promotes the attainment of equilibrium would decrease the CO concentration in the exhaust. **15.100** At equilibrium, $[H_4IO_6^-] = 0.0015\,M$

## Chapter 16

**16.37** **(a)** $C_6H_5OH(aq) + H_2O(l) \rightleftharpoons H_3O^+(aq) + C_6H_5O^-(aq)$ **(b)** $K_b = 7.7 \times 10^{-5}$ **(c)** Phenol is a stronger acid than water.
**16.47** $NH_3(aq) + H_2O(l) \rightleftharpoons NH_4^+(aq) + OH^-(aq)$. Ammonia, $NH_3$, acts as an Arrhenius base because it increases the concentration of hydroxide ion, $OH^-$, in aqueous solution. It acts like a Brønsted-Lowry base because it is a proton, $H^+$, acceptor. It acts like a Lewis base because it is an electron pair donor. **16.50** **(a)** HCl, the $H^+$ donor, is the Brønsted–Lowry acid. $NH_3$, the $H^+$ acceptor, is the Brønsted–Lowry base. **(b)** HCl, the electron pair acceptor, is the Lewis acid. $NH_3$, the electron pair donor, is the Lewis base. **16.54** **(a)** HY is a strong acid. There are no neutral HY molecules in solution, only $H^+$ cations and $Y^-$ anions. **(b)** HX has the smallest $K_a$ value. It has most neutral acid molecules and fewest ions. **(c)** HX has fewest $H^+$ and highest pH. **16.60** **(a)** Molecule **(b)** is more acidic because its conjugate base is resonance-stabilized and the ionization equilibrium favors the more stable products. **(b)** Increasing the electronegativity of X increases the strength of both acids. As X becomes more electronegative and attracts more electron density, the O—H bond becomes weaker, more polar, and more likely to be ionized. An electronegative X group also stabilizes the anionic conjugate bases by delocalizing the negative charge. The equilibria favor products and the values of $K_a$ increase. **16.62** HCl is the Brønsted–Lowry acid; $NH_3$ is the Brønsted–Lowry base. **16.63** **(a)** (i) $HPO_4^{2-}$ (ii) $Br^-$ **(b)** (i) HCN (ii) $H_2SO_4$

**16.64**

| Acid + | Base ⇌ | Conjugate Acid + | Conjugate Base |
|---|---|---|---|
| **(a)** $NH_4^+(aq)$ | $CN^-(aq)$ | HCN(aq) | $NH_3(aq)$ |
| **(b)** $H_2O(l)$ | $(CH_3)_3N(aq)$ | $(CH_3)_3NH^+(aq)$ | $OH^-(aq)$ |
| **(c)** HCOOH(*aq*) | $PO_4^{3-}(aq)$ | $HPO_4^{2-}(aq)$ | $HCOO^-(aq)$ |

**16.65** **(a)** Acid: $HCO_3^-(aq) + H_2O(l) \longrightarrow H_3O^+(aq) + CO_3^{2-}(aq)$, Base: $HCO_3^-(aq) + H_2O(l) \longrightarrow OH^-(aq) + H_2CO_3(aq)$ **(b)** $H_2CO_3$ is the conjugate acid of $HCO_3^-$. $CO_3^{2-}$ is the conjugate base of $HCO_3^-$. **16.66** **(a)** $F^-$, weak base; HF, weak acid **(b)** HBr, strong acid; $Br^-$, negligible base **(c)** $HS^-$, strong base; $H_2S$, weak acid **(d)** $ClO_4^-$, negligible base; $HClO_4$, strong acid **(e)** $HCOO^-$, weak base; HCOOH, weak acid **16.67** **(a)** HBr **(b)** $F^-$ **16.68** **(a)** $OH^-(aq) + OH^-(aq)$, the equilibrium lies to the right. **(b)** $H_2S(aq) + CH_3COO^-(aq)$, the equilibrium lies to the right. **(c)** $HNO_3(aq) + OH^-(aq)$, the equilibrium lies to the left. **16.69** Statement (ii) is correct. **16.70** **(a)** $[H^+] = 1.4 \times 10^{-5}\,M$, acidic **(b)** $[H^+] = 6.7 \times 10^{-13}\,M$, basic **(c)** $[H^+] = 3.16 \times 10^{-7}\,M$, acidic **16.71** $[H^+] = [OH^-] = 7.5 \times 10^{-7}\,M$ **16.72** **(a)** $[H^+]$ changes by a factor of 1000. **(b)** $[H^+]$ changes by a factor of 2.

**16.73**

| $[H^+]$ | $[OH^-]$ | pH | pOH | Acidic or Basic |
|---|---|---|---|---|
| $5.7 \times 10^{-3}M$ | $1.8 \times 10^{-12}M$ | 2.24 | 11.76 | acidic |
| $1.6 \times 10^{-5}M$ | $6.3 \times 10^{-10}M$ | 4.80 | 9.20 | acidic |
| $1.1 \times 10^{-10}M$ | $8.9 \times 10^{-5}M$ | 9.95 | 4.05 | basic |
| $1.6 \times 10^{-10}M$ | $6.3 \times 10^{-5}M$ | 9.80 | 4.20 | basic |

**16.74** $[H^+] = 4.0 \times 10^{-8}\,M$, $[OH^-] = 6.0 \times 10^{-7}\,M$, pOH = 6.22
**16.75** **(a)** Acidic **(b)** The range of possible integer pH values for the solution is 4-6. **(c)** Methyl red would help determine the pH of the solution more precisely. **16.76** **(a)** True **(b)** true **(c)** false
**16.77** **(a)** $[H^+] = 8.3 \times 10^{-4}\,M$; pH = 3.08
**(b)** $[H^+] = 0.0381\,M$, pH = 1.42
**(c)** $[H^+] = 0.0125\,M$, pH = 1.903
**(d)** $[H^+] = 0.150\,M$, pH = 0.823
**16.78** **(a)** $[OH^-] = 3.0 \times 10^{-3}\,M$, pH = 11.48
**(b)** $[OH^-] = 0.3758\,M$, pH = 13.5750
**(c)** $[OH^-] = 8.75 \times 10^{-5}\,M$, pH = 9.942
**(d)** $[OH^-] = 0.17\,M$, pH = 13.23 **16.79** 0.050 *M* NaOH
**16.80** **(a)** $HNO_2(aq) \rightleftharpoons H^+(aq) + NO_2^-(aq)$,
$K_a = [H^+][NO_2^-]/[HNO_2]$;
$HNO_2(aq) + H_2O \rightleftharpoons H_3O^+(aq) + NO_2^-(aq)$,
$K_a = [H_3O^+][NO_2^-]/HNO_2$
**(b)** $ClH_2CCOOH(aq) \rightleftharpoons H^+(aq) + ClH_2CCOOH^-(aq)$,
$K_a = [H^+][ClH_2CCOO^-]/[ClH_2CCOOH]$;
$ClH_2CCOOH(aq) + H_2O \rightleftharpoons H_3O^+(aq) + ClH_2CCOO^-(aq)$,
$K_a = [H_3O^+][ClH_2CCOO^-]/[ClH_2CCOOH]$
**16.81** $K_a = 1.4 \times 10^{-4}$ **16.82** $[H^+] = [CNO^-] = 5.9 \times 10^{-3}\,M$, $[HCNO] = 9.4 \times 10^{-2}\,M$, $K_a = 3.7 \times 10^{-4}$ **16.83** 2.2 *M* $CH_3COOH$ **16.85** $[H^+] = [C_6H_5COO^-] = 2.5 \times 10^{-3}\,M$, $[C_6H_5COOH] = 0.098\,M$ **16.86** $[H^+] = 3.2 \times 10^{-2}\,M$, pH = 1.49
**16.87** **(a)** $[H^+] = 2.8 \times 10^{-3}\,M$, 0.69% ionization
**(b)** $[H^+] = 1.4 \times 10^{-3}\,M$, 1.4% ionization
**(c)** $[H^+] = 8.7 \times 10^{-4}\,M$, 2.2% ionization
**16.88** **(a)** $[H^+] = 5.1 \times 10^{-3}\,M$, pH = 2.30. **(b)** Yes. We started the calculation by assuming that only the first step made a significant contribution to $[H^+]$ and pH. Calculation proved this assumption to be true. Next we assumed $[H^+]$ from the first ionization was small relative to 0.040 *M* citric acid; this assumption was not valid. Finally we assumed that additional ionization of $[H_2C_6H_5O_7^{2-}]$ was small, which was true. **(c)** $[C_6H_5O_7^{3-}]$ is much less than $[H^+]$. **16.89** **(a)** $HONH_3^+$ **(b)** When hydroxylamine acts as a base, the nitrogen atom accepts a proton. **(c)** In hydroxylamine, O and N are the atoms with nonbonding electron pairs; in the neutral molecule both have zero formal charges. Nitrogen is less electronegative than oxygen and more likely to share a lone pair of electrons with an incoming (and electron-deficient) $H^+$. The resulting cation with the +1 formal charge on N is more stable than the one with the +1 formal charge on O.
**16.90** **(a)** $(CH_3)_3N(aq) + H_2O(l) \rightleftharpoons (CH_3)_3NH^+(aq) + OH^-(aq)$; $K_b = [(CH_3)_3NH^+][OH^-]/[(CH_3)_3N]$
**(b)** $SO_3^{2-}(aq) + H_2O(l) \rightleftharpoons HSO_3^-(aq) + OH^-(aq)$;
$K_b = [HSO_3^-][OH^-]/[SO_3^{2-}]$

**(c)** $CN^-(aq) + H_2O(l) \rightleftharpoons HCN(aq) + OH^-(aq)$; $K_b = [HCN][OH^-]/[CN^-]$
**16.91** From the quadratic formula, $[OH^-] = 5.4 \times 10^{-3}\,M$, pH = 11.73 **16.92** **(a)** $[C_{10}H_{15}ON] = 0.033\,M$, $[C_{10}H_{15}ONH^+] = [OH^+] = 2.1 \times 10^{-3}\,M$ **(b)** $K_b = 1.4 \times 10^{-4}$
**16.94** **(a)** Hydrofluoric acid is stronger. **(b)** Cyanate ion is the stronger base. **(c)** For $NCO^-$, $K_b = 2.9 \times 10^{-11}$; for $F^-$, $K_b = 1.5 \times 10^{-11}$
**16.95** **(a)** $[OH^-] = 5.7 \times 10^{-4}\,M$, pH = 10.75
**(b)** $[OH^-] = 1.3 \times 10^{-4}\,M$, pH = 10.10
**(c)** $[OH^-] = 3.5 \times 10^{-6}\,M$, pH = 8.54 **16.97** 0.11 *M* $KCH_3COO$
**16.99** **(a)** Acidic **(b)** acidic **(c)** basic **(d)** neutral **(e)** acidic **16.100** $K_b$ for the anion of the unknown salt is $1.4 \times 10^{-11}$; $K_b$ for $F^-$ is $1.5 \times 10^{-11}$; The unknown salt is NaF. **16.101** **(a)** $HNO_3$ is a stronger acid than $HNO_2$ **(b)** $H_2S$ is a stronger acid than $H_2O$. **(c)** $H_2SO_4$ is a stronger acid than $H_2SeO_4$. **(d)** $CCl_3COOH$ is stronger than $CH_3COOH$
**16.102** **(a)** $BrO^-$ **(b)** $BrO^-$ **(c)** $HPO_4^{2-}$ **16.103** **(a)** True **(b)** False. In a series of acids that have the same central atom, acid strength increases with the number of nonprotonated oxygen atoms bonded to the central atom. **(c)** False. $H_2Te$ is a stronger acid than $H_2S$ because the H—Te bond is longer, weaker, and more easily ionized than the H—S bond. **16.105** **(a)** Acid, $Fe(ClO_4)_3$ or $Fe^{3+}$, base, $H_2O$ **(b)** Acid, $H_2O$; base, $CN^-$ **(c)** Acid, $BF_3$; base, $(CH_3)_3N$ **(d)** Acid, HIO; base, $NH_2^-$ **16.106** **(a)** $Cu^{2+}$, higher cation charge **(b)** $Fe^{3+}$, higher cation charge **(c)** $Al^{3+}$, smaller cation radius, same charge **16.107** **(a)** $[H^+] = 1.3 \times 10^{-3}\,M$, pH = 2.85
**(b)** $[H^+] = 2.7 \times 10^{-4}\,M$, pH = 3.56
**(c)** $[OH^-] = 3.6 \times 10^{-5}\,M$, pH = 9.55 **16.111** $K = 3.3 \times 10^7$
**16.116** pH = 7.03 (not 6.1, from the typical calculation, which does not make sense). Usually we assume that $[H^+]$ and $[OH^-]$ from the autoprotolysis of water do not contribute to the overall $[H^+]$ and $[OH^-]$. However, for acid or base solute concentrations less than $1.0 \times 10^{-6}\,M$, the autoprotolysis of water produces significant $[H^+]$ and $[OH^-]$ and we must consider it when calculating pH. **16.119** **(a)** $pK_a = 4.84$ **(b)** pH = 2.98 **(c)** pH = 8.86 **16.123** Nicotine, protonated; caffeine, neutral base; strychnine, protonated; quinine, protonated **16.126** $6.0 \times 10^{13}$ $H^+$ ions **16.129** **(a)** To the precision of the reported data, the pH of rainwater 40 years ago was 5.4, no different from the pH today. With extra significant figures, $[H^+] = 3.61 \times 10^{-6}\,M$, pH = 5.443 **(b)** A 20.0-L bucket of today's rainwater contains 0.02 L (with extra significant figures, 0.0200 L) of dissolved $CO_2$. **16.133** Rx 1, $\Delta H$ = 104 kJ; Rx 2, $\Delta H$ = −32 kJ. Reaction 2 is exothermic while reaction 1 is endothermic. For binary acids with heavy atoms (X) in the same family, the longer and weaker the H—X bond, the stronger the acid (and the more exothermic the ionization reaction). **16.136** **(a)** $K(i) = 5.6 \times 10^3$, $K(ii) = 10$ **(b)** Both (i) and (ii) have $K > 1$, so both could be written with a single arrow.

## Chapter 17

**17.17** **(a)** Curve B **(b)** pH at the approximate equivalence point of curve A = 8.0, pH at the approximate equivalence point of curve B = 7.0 **(c)** For equal volumes of A and B, the concentration of acid B is greater, since it requires a larger volume of base to reach the equivalence point. **(d)** The $pK_a$ value of the weak acid is approximately 4.5 **17.35** More soluble in acid: **(b)** CuS **(c)** $Cd(OH)_2$ **(d)** $PbF_2$ **17.45** **(a)** Base is required to increase $[PO_4^{3-}]$ so that the solubility product of the metal phosphates of interest is exceeded and the phosphate salts precipitate. **(b)** $K_{sp}$ for the cations in group 3 is much larger; to exceed $K_{sp}$, a higher $[S^{2-}]$ is required. **(c)** They should all redissolve in strongly acidic solution. **17.46** The middle box has the highest pH. For equal amounts of acid HX, the greater the amount of conjugate base $X^-$, the smaller the amount of $H^+$ and the higher the pH. **17.52** **(a)** The red curve corresponds to the more concentrated acid solution. **(b)** On the titration curve of a weak acid, pH = $pK_a$ at the volume halfway to the equivalence point. Reading the $pK_a$ values from the two curves, the red curve has the smaller $pK_a$ and the larger $K_a$. **17.54** **(a)** The right-most diagram represents the solubility of $BaCO_3$ as $HNO_3$ is added. **(b)** The left-most diagram represents the solubility of $BaCO_3$ as $Na_2CO_3$ is added. **(c)** The center diagram represents the solubility of $BaCO_3$ as $NaNO_3$ is added. **17.58** Statement **(a)** is most correct. **17.59** **(a)** $[H^+] = 1.58 \times 10^{-5}\,M$, pH = 4.80 **(b)** $[OH^-] = 5.44 \times 10^{-5}\,M$, pH = 9.74 **(c)** $[H^+] = 1.44 \times 10^{-5}\,M$, pH = 4.84 **17.60** **(a)** 4.2% ionization **(b)** 0.020 % ionization **17.61** Only solution **(b)** is a buffer
**17.62** **(a)** pH = 3.76 **(b)** pH = 3.28 **17.63** **(a)** pH = 5.31
**(b)** $Na^+(aq) + CH_3COO^-(aq) + H^+(aq) + NO_3^-(aq) \longrightarrow CH_3COOH(aq) + Na^+(aq) + NO_3^-(aq)$
**(c)** $CH_3COOH(aq) + K^+(aq) + OH^-(aq) \longrightarrow CH_3COO^-(aq) + K^+(aq) + H_2O(l)$ **17.64** **(a)** pH = 1.65 **(b)** 10 g NaF
**17.65** **(a)** pH = 4.84 **(b)** pH = 5.05 **(c)** pH = 4.65
**17.66** **(a)** $[HCO_3^-]/[H_2CO_3] = 11$ **(b)** $[HCO_3^-]/[H_2CO_3] = 5.4$
**17.67** 1.41 L of 0.2 *M* $KH_2PO_4$, 0.59 L of 0.2 *M* $H_3PO_4$
**17.69** **(a)** False **(b)** true **(c)** true **17.70** **(a)** Above pH 7 **(b)** below pH 7 **(c)** at pH 7 **17.71** The second color change of thymol blue is in the correct pH range to show the equivalence point of the titration of a weak acid with a strong base. **17.72** **(a)** 36.0 mL KOH soln **(b)** 45.0 mL KOH soln **(c)** 24.7 mL KOH soln **17.73** **(a)** pH = 1.54
**(b)** pH = 3.30 **(c)** pH = 7.00 **(d)** pH = 10.69 **(e)** pH = 12.74
**17.74** **(a)** pH = 2.67 **(b)** pH = 4.74 **(c)** pH = 6.43 **(d)** pH = 8.80
**(e)** pH = 11.15 **(f)** pH = 12.10 **17.75** **(a)** pH = 7.00
**(b)** $[HONH_3^+] = 0.100\,M$, pH = 3.52 **(c)** $[C_6H_5NH_3^+] = 0.100\,M$, pH = 2.82 **17.76** **(a)** True **(b)** false **(c)** false **(d)** true
**17.77** $K_{sp} = [Ba^{2+}][CrO_4^{2-}]$; $K_{sp} = [Cu^{2+}][S^{2-}]$; $K_{sp} = [Pb^{2+}][Cl^-]^2$; $K_{sp} = [La^{3+}][F^-]^3$ **17.78** **(a)** $K_{sp} = 7.63 \times 10^{-9}$
**(b)** $K_{sp} = 2.7 \times 10^{-9}$ **(c)** $5.3 \times 10^{-4}$ mol $Ba(IO_3)_2$/L
**17.79** $K_{sp} = 2.3 \times 10^{-10}$ **17.80** **(a)** $9.1 \times 10^{-9}$ mol AgI/L
**(b)** $5.5 \times 10^{-16}$ mol AgI/L **(c)** $1.7 \times 10^{-15}$ mol AgI/L **17.81** **(a)** The amount of $CaF_2(s)$ on the bottom of the beaker increases. **(b)** The $[Ca^{2+}]$ in solution increases. **(c)** The $[F^-]$ in solution decreases.
**17.82** **(a)** $1.4 \times 10^3$ g $Mn(OH)_2$/L **(b)** 0.014 g/L **(c)** $3.6 \times 10^{-7}$ g/L
**17.84** $[Cu^{2+}] = 7 \times 10^{-11}\,M$, $[Cu(NH_3)_4^{2+}] = 3.72 \times 10^{-2}\,M$
**17.85** **(a)** $9.1 \times 10^{-9}$ mol AgI per L pure water
**(b)** $K = K_{sp} \times K_f = 8 \times 10^4$ **(c)** 0.0500 mol AgI per L 0.100 *M* NaCN
**17.86** **(a)** $Q < K_{sp}$; no $Ca(OH)_2$ precipitates **(b)** $Q < K_{sp}$; no $Ag_2SO_4$ precipitates **17.87** pH = 11.5 **17.88** $LaF_3$ will precipitate first, at $[F^-] = 1 \times 10^{-5}\,M$. **17.89** AgCl will precipitate first. **17.90** $Ag^+$ (Group 1) and $Mg^{2+}$ (Group 4) are definitely absent. $Al^{3+}$ (Group 3) is definitely present and $Na^+$ (Group 5) is possibly present. **17.91** **(a)** Make the solution acidic with 0.2 *M* HCl; saturate with $H_2S$. CdS will precipitate; ZnS will not. **(b)** Add excess base; $Fe(OH_3)(s)$ precipitates, but $Cr^{3+}$ forms the soluble complex $Cr(OH)_4^-$. **(c)** Add $(NH_4)_2HPO_4$; $Mg^{2+}$ precipitates as $MgNH_4PO_4$; $K^+$ remains soluble. **(d)** Add 6 *M* HCl; precipitate $Ag^+$ as $AgCl(s)$; $Mn^{2+}$ remains soluble.
**17.93** $pOH = pK_b + \log\{[BH^-]/[B]\}$ **17.99** **(a)** 6.5 mL glacial acetic acid, 5.25 g $CH_3COONa$ **17.101** **(a)** The molar mass of the acid is 121 g/mol. **(b)** $K_a = 6.3 \times 10^{-5}$ **17.107** **(a)** $[Pb^{2+}] = 2.7 \times 10^{-7}\,M$ **(b)** 56 ppb $Pb^{2+}$ **(c)** The solubility of $PbCO_3$ increases as pH is lowered. **(d)** A saturated solution of lead carbonate, with a lead concentration of 56 ppb, exceeds the EPA acceptable lead level of 15 ppb.
**17.112** The solubility of $Fe(OH)_2$ in 0.50 *M* $NH_4Cl$ is $5.34 \times 10^{-3}$ mol/L
**17.118** $[OH^-] \geq 1.0 \times 10^{-2}\,M$ or pH ≥ 12.02 **17.121** **(a)** The molar mass of the acid is 94.5 g/mol. **(b)** $K_a = 1.3 \times 10^{-5}$ **(c)** From Appendix D, butanoic acid is the closest match for $K_a$ and molar mass, but the agreement is not exact. **17.123** **(a)** At the conditions given for the stomach, 99.7% of the aspirin is present as neutral molecules.
**17.127** **(a)** $[Ag^+]$ from AgCl is $1.4 \times 10^3$ ppb or 1.4 ppm. **(b)** $[Ag^+]$

from AgBr is 76 ppb. **(c)** $[Ag^+]$ from AgI is 0.98 ppb. AgBr would maintain $[Ag^+]$ in the correct range.

## Chapter 18

**18.5** **(a)** The partial pressure of $O_3$ is $8.5 \times 10^{-3}$ Pa. **(b)** $2.0 \times 10^{15}$ $O_3$ molecules/1.0 L air **18.13** **(a)** A chlorofluorocarbon is a compound that contains chlorine, fluorine, and carbon, while a hydrofluorocarbon is a compound that contains hydrogen, fluorine, and carbon. An HFC contains hydrogen in place of the chlorine present in a CFC. **(b)** HFCs are potentially less harmful to the ozone layer than CFCs because their photodissociation does not produce Cl atoms, which catalyze the destruction of ozone. **18.33** **(a)** A volume greater than 22.4 L **(b)** No. The relative volumes of one mole of an ideal gas at 50 km and 85 km depend on the temperature and pressure at the two altitudes. From Figure 18.1, the gas will occupy a much larger volume at 85 km than at 50 km. **(c)** We expect gases to behave most ideally in the thermosphere, around the stratopause and in the troposphere at low altitude. **18.35** **(a)** A = troposphere, 0–10 km; B = stratosphere, 12–50 km; C = mesosphere, 50–85 km **(b)** Ozone is a pollutant in the troposphere and filters UV radiation in the stratosphere. **(c)** The troposphere **(d)** Only region C in the diagram is involved in an aurora borealis, assuming a narrow "boundary" between the stratosphere and mesosphere at 50 km. **(e)** The concentration of water vapor is greatest near Earth's surface in region A and decreases with altitude. Water's single bonds are susceptible to photodissociation in regions B and C, so its concentration is likely to be very low in these regions. The relative concentration of $CO_2$, with strong double bonds, increases in regions B and C, because it is less susceptible to photodissociation. **18.37** The Sun **18.39** $CO_2(g)$ dissolves in seawater to form $H_2CO_3(aq)$. The basic pH of the ocean encourages ionization of $H_2CO_3(aq)$ to form $HCO_3^-(aq)$ and $CO_3^{2-}(aq)$. Under the correct conditions, carbon is removed from the ocean as $CaCO_3(s)$ (sea shells, coral, chalk cliffs). As carbon is removed, more $CO_2(g)$ dissolves to maintain the balance of complex and interacting acid-base and precipitation equilibria. **18.41** Above ground, evaporation of petroleum gases and hydrogen sulfide at the well head, evaporation of volatile petroleum products and organic compounds from waste ponds, as well as leakage and overflow from the ponds are potential sources of contamination. Below ground, petroleum gases and fracking liquid can migrate into groundwater, both deep and shallow aquifers. **18.43** **(a)** Its temperature profile **(b)** troposphere, 0 to 12 km; stratosphere, 12 to 50 km; mesosphere, 50 to 85 km; thermosphere, 85 to 110 km **18.45** $7.3 \times 10^{16}$ CO molecules/1.0 L air **18.46** **(a)** 499 nm **(b)** visible electromagnetic radiation **18.47** **(a)** *Photodissociation* is cleavage of a bond such that two neutral species are produced. *Photoionization* is absorption of a photon with sufficient energy to eject an electron, producing an ion and the ejected electron. **(b)** Photoionization of $O_2$ requires 1205 kJ/mol. Photodissociation requires only 495 kJ/mol. At lower elevations, high-energy short-wavelength solar radiation has already been absorbed. Below 90 km, the increased concentration of $O_2$ and the availability of longer-wavelength radiation cause the photodissociation process to dominate. **18.48** **(a)** 127 nm **(b)** A wavelength of 127 nm is in the ultraviolet portion of the electromagnetic spectrum. The energy is not enough energy to photoionize $N_2$. **18.49** Ozone depletion reactions, which involve only $O_3$, $O_2$, or O (oxidation state = 0), do not involve a change in oxidation state for oxygen atoms. Reactions involving ClO and one of the oxygen species with a zero oxidation state do involve a change in the oxidation state of oxygen atoms. **18.51** **(a)** The maximum wavelength of a single photon that will break a C—C bond is 344 nm. The maximum wavelength of a single photon that will break a C—H bond is 291 nm. **(b)** The photodissociation of both C—C bonds and C—H bonds will be significant. **18.52** $2\ NO_2(g) + H_2O(l) \rightleftharpoons HNO_2 + HNO_3(aq)$; $2\ NO(g) + O_2 + H_2O(l) \rightleftharpoons HNO_2(aq) + HNO_3$
**18.53** **(a)** $H_2SO_4(aq) + Fe(s) \longrightarrow FeSO_4(aq) + H_2(g)$ **(b)** As copper is a much more noble metal than iron, acid alone cannot attack copper. But the combination of acid and oxygen is a very corrosive medium, that can dissolve copper: $H_2SO_4(aq) + \frac{1}{2}O_2(g) + Cu(s) \longrightarrow CuSO_4(aq) + H_2O(l)$ **18.54** **(a)** Ultraviolet **(b)** 357 kJ/mol **(c)** The average C—H bond energy from Table 8.3 is 413 kJ/mol. The C—H bond energy in $CH_2O$, 357 kJ/mol, is less than the "average" C—H bond energy.

**(d)**

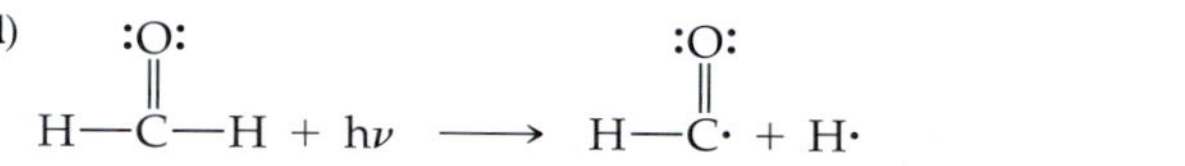

**18.55** **(a)** 235 W/m$^2$. **(b)** Four sources, surface radiation, evapotranspiration, incoming solar radiation and convective heating, transfer energy to the atmosphere. Surface radiation makes the largest contribution and convective heating the smallest. **(c)** Of the 519 W/m$^2$ absorbed by the atmosphere, 324 W/m$^2$ are radiated back to the surface. The percentage is 62.4%. **18.56** 0.445 *M* **18.57** **(a)** $3.22 \times 10^3$ g$H_2O$ **(b)** The final temperature is 43.4 °C. **18.58** 961.4 kg CaO **18.59** **(a)** The total cation charge is 5.866 = 5.9 C; the total anion charge is 5.847 = 5.8 C. The two numbers vary in the third significant figure. This is not surprising, because the molarities of the various ions are given to two significant figures. **18.60** The minimum pressure required to initiate reverse osmosis is greater than 599 kPa. **18.61** **(a)** $CO_2(g)$, $HCO_3^-$, $H_2O(l)$, $SO_4^{2-}$, $NO_3^-$, $HPO_4^{2-}$, $H_2PO_4^-$ **(b)** $CH_4(g)$, $H_2S(g)$, $NH_3(g)$, $PH_3(g)$, **18.62** 8.1 g $O_2$
**18.63** $5\ Ca^{2+}(aq) + 4\ OH^-(aq) + 3\ HPO_4^{2-}(aq) \longrightarrow Ca_5(OH)(PO_4)_3(s) + 3\ H_2O(l)$ **18.64** **(a)** *Trihalomethanes* are the by-products of water chlorination; they contain one central carbon atom bound to one hydrogen and three halogen atoms.

**(b)**

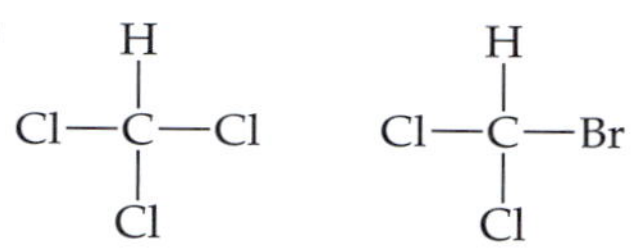

**18.65** The fewer steps in a process, the less waste is generated. Processes with fewer steps require less energy at the site of the process and for subsequent cleanup or disposal of waste. **18.66** **(a)** $H_2O$ **(b)** It is better to prevent waste than to treat it. Atom economy. Less hazardous chemical synthesis and inherently safer for accident prevention. Catalysis and design for energy efficiency. Raw materials should be renewable. **18.67** **(a)** Vegetable oil as a raw material, by criteria 5, 7, and 12. **(b)** Water as a solvent, by criteria 5, 7, and 12. **(c)** Catalyzed reaction, by criteria 6, 9 and 12. **18.71** Multiply equations 18.7 and 18.9 by a factor of 2. Add these two equations to a third equation, $O(g) + O(g) \longrightarrow O_2(g)$. $2\ Cl(g)$ and $2\ ClO(g)$ cancel from each side of the resulting equation to produce equation 18.10. **18.74** **(a)** A CFC has C—Cl bonds and C—F bonds. In an HFC, the C—Cl bonds are replaced by C—H bonds. **(b)** Stratospheric lifetime is significant because, the longer a halogen-containing molecule exists in the stratosphere, the greater the likelihood that it will encounter light with energy sufficient to dissociate a carbon-halogen bond. Free halogen atoms are the bad actors in ozone destruction. **(c)** HFCs have replaced CFCs because it is infrequent that light with energy sufficient to dissociate a C—F bond will reach an HFC molecule. F atoms are much less likely than Cl atoms to be produced by photodissociation in the stratosphere. **(d)** The main disadvantage of HFCs as replacements for CFCs is that they are potent greenhouse gases. **18.76** **(a)** $C_3H_8(l) + 5\ O_2(g) \longrightarrow 3\ CO_2(g) + 4\ H_2O(g)$
**(b)** $C_3H_8(l) + \frac{7}{2}O_2(g) \longrightarrow 3\ CO(g) + 4\ H_2O(g)$
**(c)** 66 L of dry air **18.80** 20 m$^2$ **18.82** **(a)** $CO_3^{2-}(aq) + H_2O(l) \longrightarrow$

$HCO_3^-(aq) + OH^-(aq)$; $Mg^{2+}(aq) + 2\,OH^-(aq) \longrightarrow Mg(OH)_2(s)$ **(b)** At these ion concentrations, $Q > K_{sp}$ and $Mg(OH)_2$ will precipitate.
**18.85 (a)** $4.2 \times 10^6$ ton $CO_2$, $8.6 \times 10^4$ ton $SO_2$
**(b)** $8.0 \times 10^4$ ton $CaSO_3$
**18.88 (a)** $H—\ddot{O}—H \longrightarrow H\cdot + \cdot\ddot{O}—H$ **(b)** 258 nm
**(c)** The overall reaction is $O_3(g) + O(g) \longrightarrow 2O_2(g)$. $OH(g)$ is the catalyst in the overall reaction because it is consumed and then reproduced. **18.90** The enthalpy change for the first step is −141 kJ, for the second step, −249 kJ, for the overall reaction, −390 kJ. **18.93 (a)** Rate $= k[O_3][H]$ **(b)** $k_{avg} = 1.11 \times 10^{44} M^{-1}s^{-1}$ **18.97 (a)** Process **(i)** is greener because it involves neither the toxic reactant phosgene nor the by-product HCl. **(b)** Reaction **(i)**: C in $CO_2$ is linear with *sp* hybridization; C in R—N=C=O is linear with *sp* hybridization; C in the urethane monomer is trigonal planar with $sp^2$ hybridization. Reaction (ii): C in $COCl_2$ is trigonal planar with $sp^2$ hybridization; C in R—N=C=O is linear with *sp* hybridization; C in the urethane monomer is trigonal planar with $sp^2$ hybridization. **(c)** The greenest way to promote formation of the isocyanate is to remove by-product, either water or HCl, from the reaction mixture.

## Chapter 19

**19.24 (a)** $C_4H_{10}(g)$ **(b)** $C_4H_{10}(g)$ **19.30 (a)** Yes. $\Delta G = \Delta H - T\Delta S$ **(b)** No. If $\Delta G$ is positive, the process is nonspontaneous. **(c)** No. There is no relationship between $\Delta G$ and rate of reaction. **19.36 (a)** The forward reaction is spontaneous at low temperatures but becomes nonspontaneous at higher temperatures. **(b)** The reaction is nonspontaneous in the forward direction at all temperatures. **(c)** The forward reaction is nonspontaneous at low temperatures but becomes spontaneous at higher temperatures.
**19.47 (a)**

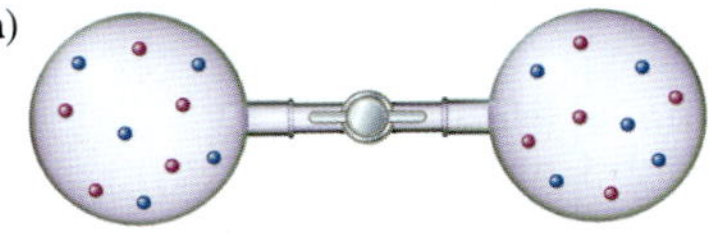

**(b)** $\Delta H = 0$ for mixing ideal gases. $\Delta S$ is positive because the disorder of the system increases. **(c)** The process is spontaneous and therefore irreversible. **(d)** Since $\Delta H = 0$, the process does not affect the entropy of the surroundings. **19.50** Both $\Delta H$ and $\Delta S$ are positive. The net change in the chemical reaction is the breaking of five blue-blue bonds. Enthalpies for bond breaking are always positive. There are twice as many molecules of gas in the products, so $\Delta S$ is positive for this reaction. **19.53 (a)** At 300 K, $\Delta G = 0$, and the system is at equilibrium. **(b)** The reaction is spontaneous at temperatures above 300 K. **19.56 (a)** True **(b)** false **(c)** false **(d)** false **(e)** true **19.57** Spontaneous: a, d; nonspontaneous: b, c, e **19.58 (a)** True, assuming that the forward and reverse processes occur at the same conditions. **(b)** false **(c)** false **(d)** true **(e)** false **19.59 (a)** Endothermic **(b)** above 0 °C **(c)** below 0 °C **(d)** at 0 °C **19.60 (a)** No. An isothermal process occurs at constant temperature. **(b)** No. Temperature is a state function, so a change in temperature does not depend on pathway. **(c)** No. $\Delta E$ is a state function. **19.62 (a)** An ice cube can melt reversibly at the conditions of temperature and pressure where the solid and liquid are in equilibrium. **(b)** No. We know that $\Delta H$ is a state function, and that melting is endothermic. Whether the ice cube melts reversibly or irreversibly, $\Delta H$ for the process is not zero. **19.63 (a)** False **(b)** true **(c)** true **(d)** false **19.64 (a)** Entropy increases **(b)** 188 J/K **19.65 (a)** True **(b)** false **(c)** false **19.66 (a)** Positive $\Delta S$ **(b)** $\Delta S = 1.02$ J/K **(c)** Temperature need not be specified to calculate $\Delta S$, as long as the expansion is isothermal. **19.67 (a)** $T_b = 57$ °C **(b)** From the *Handbook of Chemistry and Physics*, 74th Edition, $T_b = 58.8$ °C. The values are remarkably close; the small difference is primarily due to the fact that we used thermodynamic data at 25 °C for our calculation. **19.68 (a)** Yes, the expansion is spontaneous. **(b)** As the ideal gas expands into the vacuum, there is nothing for it to "push back," so no work is done. Mathematically, $w = -P_{ext}\Delta V$. Since the gas expands into a vacuum, $P_{ext} = 0$ and $w = 0$. **(c)** The "driving force" for the expansion of the gas is the increase in entropy. **19.69 (a)** An increase in temperature produces more available microstates for a system. **(b)** A decrease in volume produces fewer available microstates for a system. **(c)** Going from liquid to gas, the number of available microstates increases. **19.70 (a)** $\Delta S$ is negative. **(b)** *S* of the system increases in 19.11 (a), (b) and (c). **19.71** *S* increases in **(a)** and **(c)**; *S* decreases in **(b)**. **19.72 (a)** False **(b)** true **(c)** false **(d)** true **19. 73 (a)** $I_2(g)$ **(b)** $O_2(g)$ at 50.7 kPa pressure **(c)** 1 mol of $N_2$ in 44.8 L **(d)** $CH_3OH(l)$ **19.74 (a)** $\Delta S < 0$ **(b)** $\Delta S < 0$ **(c)** $\Delta S > 0$ **(d)** $\Delta S < 0$

**19.75**

**(a)**

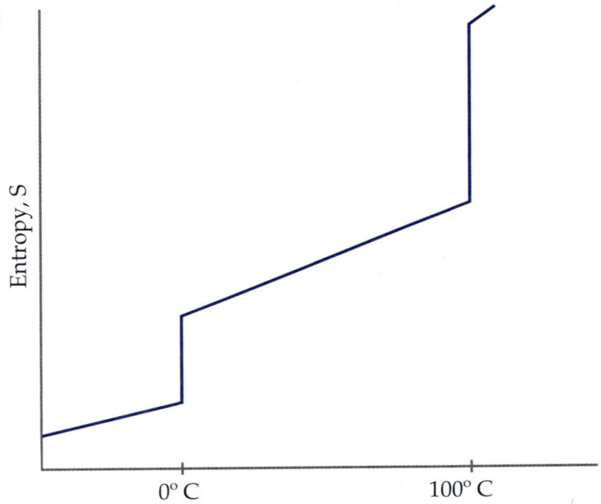


**(b)** Boiling water, at 100 °C, has a much larger entropy change than melting ice at 0 °C. **19.77 (a)** $HNO_3(g)$ will have the higher standard entropy at 25 °C. $HNO_3(g)$, 266.4 J/mol K; $HNO_3(aq)$, 146 J/mol K **(b)** $PCl_3(g)$ will have the higher standard entropy at 25 °C. $PCl_3(l)$, 217 J/mol K; $PCl_3(g)$, 311.7 J/mol K **(c)** $Fe_3O_4(s)$ will have the higher standard entropy at 25 °C. $Fe_2O_3(s)$, 89.96 J/mol K; $Fe_3O_4(s)$, 146.4 J/mol K. **(d)** $Li(g)$ will have the higher standard entropy at 25 °C. $Li(s)$, 29.09 J/mol K; $Li(g)$, 138.8 J/mol K. **19.78** For elements with similar structures, the heavier the atoms, the lower the vibrational frequencies at a given temperature. This means that more vibrations can be accessed at a particular temperature, resulting in greater absolute entropy for the heavier elements. **19.79 (a)** $\Delta S° = +75.3$ J/K. $\Delta S°$ is positive because the product contains more total particles with more motional freedom. **(b)** $\Delta S° = +221.46$ J/K. $\Delta S°$ is positive because there are more moles of gas in the products. **(c)** $\Delta S° = 5.04$ J/K. $\Delta S°$ is almost zero, as there are equal moles of gas in the products and in the reactants. **(d)** $\Delta S° = 242.88$ J/K. $\Delta S°$ is negative because there are fewer moles of gas in the products. **19.81 (a)** $\Delta S°$ is negative; the reaction leads to a decrease in disorder of the system. **(b)** $\Delta H°$ is negative; the reaction leads to an increase in disorder of the surroundings. **(c)** $\Delta G° = +4.7$kJ **(d)** If all reactants and products are present in their standard states, the reaction is nonspontaneous in the forward direction at this temperature.
**19.82 (a)** $\Delta H° = -804.2$ kJ, $\Delta S° = -254.8$ J/K, $\Delta G° = -728.1$ kJ, $\Delta G° = \Delta H° - T\Delta G° = -728.3$ kJ
**(b)** $\Delta H° = -56.1$ kJ, $\Delta S° = 79.1$ J/K, $\Delta G° = -79.7$ kJ, $\Delta G° = \Delta H° - T\Delta G° = -79.7$ kJ

**(c)** $\Delta H^\circ = -394.5$ kJ, $\Delta S^\circ = 176.3$ J/K, $\Delta G^\circ = -447.7$ kJ, $\Delta G^\circ = \Delta H^\circ - T\Delta G^\circ = -447.1$ kJ **(d)** $\Delta H^\circ = -27.6$ kJ, $\Delta S^\circ = 269.5$ J/K, $\Delta G^\circ = -107.6$ kJ, $\Delta G^\circ = \Delta H^\circ - T\Delta G^\circ = -107.9$ kJ. The discrepancy in $\Delta G^\circ$ values is due to experimental uncertainties in the tabulated thermodynamic data. **19.83 (a)** $\Delta G^\circ = -636.4$ kJ, spontaneous **(b)** $\Delta G^\circ = 856.3$ kJ, nonspontaneous **(c)** $\Delta G^\circ = 44.2$ kJ, nonspontaneous **(d)** $\Delta G^\circ = 159.2$ kJ, nonspontaneous
**19.84 (a)** $C_{31}H_{64}(s) + 47\,O_2(g) \rightarrow 31\,CO_2(g) + 32\,H_2O(g)$ **(b)** Because $\Delta S^\circ$ is positive, $\Delta G^\circ$ is more negative than $\Delta H^\circ$. **19.86** $\Delta S > 47.5$ J/K **19.87 (a)** $T = 333$ K **(b)** spontaneous **19.88 (a)** $\Delta H^\circ = 155.7$ kJ, $\Delta S^\circ = 171.4$ kJ. Since $\Delta S^\circ$ is positive, $\Delta G^\circ$ becomes more negative with increasing temperature. **(b)** $\Delta G^\circ = 19$ kJ. The reaction is not spontaneous under standard conditions at 800 K **(c)** $\Delta G^\circ = -15.7$ kJ. The reaction is spontaneous under standard conditions at 1000 K. **19.90 (a)** $C_2H_2(g) + \frac{5}{2}O_2(g) \longrightarrow 2\,CO_2(g) + H_2O(l)$
**(b)** $-1299.5$ kJ of heat produced/mol $C_2H_2$ burned
**(c)** $w_{max} = -1235.1$ kJ/mol $C_2H_2$ **19.91 (a)** $\Delta G$ increases; it becomes more positive. **(b)** $\Delta G$ decreases; it becomes more negative. **(c)** $\Delta G$ increases; it becomes more positive. **19.92 (a)** $\Delta G^\circ = -69.74$ kJ **(b)** $\Delta G = -67$ kJ **19.93 (a)** $\Delta G^\circ = -16.77$ kJ, $K = 870$
**(b)** $\Delta G^\circ = 8.0$ kJ, $K = 0.039$ **(c)** $\Delta G^\circ = -497.9$ kJ, $K = 2 \times 10^{87}$
**19.94** $\Delta H^\circ = 269.3$ kJ, $\Delta S^\circ = 0.1719$ kJ/K **(a)** $P_{CO_2} = 6.1 \times 10^{-37}$ kPa **(b)** $P_{CO_2} = 1.6 \times 10^{-2}$ kPa
**19.95 (a)** $HNO_2(aq) \rightleftharpoons H^+(aq) + NO_2^-(aq)$ **(b)** $\Delta G^\circ = 19.1$ kJ
**(c)** $\Delta G = 0$ at equilibrium **(d)** $\Delta G = -2.7$ kJ **19.96 (a)** The thermodynamic quantities $P$, $H$ and $G$ are state functions **(b)** $w_{rev} < w_{irrev}$ **(c)** $q_{rev} > q_{irrev}$ **(d)** $\Delta H = q_{rev} + w_{rev} + p\Delta V$, $\Delta G = w_{rev} + p\Delta V$
**19.105 (a)** $C(s) + 2\,H_2(g) \rightarrow CH_4(g)$; $Na(s) + \frac{1}{2}Cl_2(g) \rightarrow NaCl(s)$
**(b)** In both reactions, $\Delta G_f^0$ will be more positive (less negative) than $\Delta H_f^0$. **(c)** Condition (iii), when $\Delta S_f^0$ is negative. **19.110 (a)** For the oxidation of glucose in the body, $\Delta G^\circ = -2878.8$ kJ, $K = 5 \times 10^{504}$; for the anaerobic decomposition of glucose, $\Delta G^\circ = -228.0$ kJ, $K = 9 \times 10^{39}$
**(b)** A greater maximum amount of work at standard conditions can be obtained from the oxidation of glucose in the body, because $\Delta G^\circ$ is much more negative. **19.114 (a)** Acetone, $\Delta S^\circ_{vap} = 88.4$ J/mol K; dimethyl ether, $\Delta S^\circ_{vap} = 86.6$ J/mol K; ethanol, $\Delta S^\circ_{vap} = 110$ J/mol K; octane, $\Delta S^\circ_{vap} = 86.3$ J/mol K; pyridine, $\Delta S^\circ_{vap} = 90.4$ J/mol K. Ethanol does not obey Trouton's rule. **(b)** Hydrogen bonding (in ethanol and other liquids) leads to more ordering in the liquid state and a greater than usual increase in entropy upon vaporization. Liquids that experience hydrogen bonding are probably exceptions to Trouton's rule. **(c)** Owing to strong hydrogen bonding interactions, water probably does not obey Trouton's rule. $\Delta S^\circ_{vap} = 109.0$ J/mol K. **(d)** $\Delta H_{vap}$ for $C_6H_5Cl \approx 36$ kJ/mol **19.121 (a)** 682 K or 409 °C **(b)** 782 K or 509 °C

## Chapter 20

**20.42 (a)** anode: $Fe(s) \longrightarrow Fe^{2+}(aq) + 2\,e^-$; cathode: $O_2(g) + 4\,H^+(aq) + 4\,e^- \longrightarrow 2\,H_2O(l)$ **(b)** $2\,Fe^{2+}(aq) + 3\,H_2O(l) + 3\,H_2O(l) \longrightarrow Fe_2O_3 \cdot 3\,H_2O(s) + 6\,H^+(aq) + 2\,e^-$; $O_2(g) + 4\,H^+(aq) + 4\,e^- \longrightarrow 2\,H_2O(l)$ **20.50** In this analogy, the electron is analogous to the proton ($H^+$). Redox reactions can be viewed as electron-transfer reactions, just as acid-base reactions can be viewed as proton-transfer reactions. Oxidizing agents are themselves reduced; they gain electrons. A strong oxidizing agent would be analogous to a strong base. **20.52 (a)** The process represents oxidation. **(b)** The electrode is the anode. **(c)** When a neutral atom loses a valence electron, the radius of the resulting cation is smaller than the radius of the neutral atom. **20.56 (a)** The sign of $\Delta G^\circ$ is positive. **(b)** The equilibrium constant is less than one. **(c)** No. An electrochemical cell based on this reaction cannot accomplish work on its surroundings. **20.59 (a)** Zinc is the anode. **(b)** The energy density of the silver oxide battery is most similar to the nickel-cadmium battery. The molar masses of the electrode materials and the cell potentials for these two batteries are most similar. **20.62 (a)** *Oxidation* is the loss of electrons. **(b)** Electrons appear on the products' side (right side). **(c)** The *oxidant* is the reactant that is reduced. **(d)** An *oxidizing agent* is the substance that promotes oxidation; it is the oxidant. **20.63 (a)** True **(b)** false **(c)** true
**20.64 (a)** (i) Reactants: H, +1; Mn, +2; Na, +1; Bi, +5; O, −2. Products: H, +1; O, −2; Mn, +7; Bi, +3, Na, +1 (ii) The total number of electrons transferred is 10. **(b)** Reactants: K, +1; Mn, +7; O, −2; Na, +1; S, +4; O, −2; H, +1. Products: Mn, +4; O, −2; Na, +1; S, +6, K, +1; H, +1 (ii) The total number of electrons transferred is 6. **(c)** (i) Reactants: Cu, 0; Ag, +1; N, +5; O, −2. Products: Ag, 0; Cu, +2; N, +5; O, −2. (ii) The total number of electrons transferred is 2.
**20.65 (a)** Nitrogen is oxidized from +4 to +5; oxygen is reduced from −1 to −2. **(b)** no oxidation-reduction **(c)** Iron is oxidized from 0 to +2; nitrogen is reduced from +5 to +4. **20.66 (a)** $SiCl_4(g) + 2\,H_2(g) \rightarrow Si(s) + 4\,HCl(g)$ **(b)** $H_2(g)$ is oxidized; $SiCl_4(g)$ is reduced. **(c)** $H_2(g)$ is the reductant; $SiCl_4(g)$ is the oxidant. **20.67 (a)** $14\,H^+(aq) + Cr_2O_7^{2-}(aq) + 6\,e^- \rightarrow 2\,Cr^{3+}(aq) + 7\,H_2O(l)$, reduction
**(b)** $4\,H_2O(l) + Mn^{2+}(aq) \rightarrow MnO_4^-(aq) + 8\,H^+(aq) + 5\,e^-$, oxidation
**(c)** $I_2(s) + 6\,H_2O(l) \rightarrow 2\,IO_3^-(aq) + 12\,H^+(aq) + 10\,e^-$, oxidation
**(d)** $S(s) + 2\,H^+(aq) + 2\,e^- \rightarrow H_2S(g)$, reduction
**(e)** $H_2O(l) + 2\,e^- + NO_3^-(aq) \rightarrow NO_2^-(aq) + 2\,OH^-(aq)$ reduction
**(f)** $H_2O_2(aq) + 2\,e^- \rightarrow 2\,OH^-(aq)$, reduction **20.68 (a)** $Cr_2O_7^{2-}(aq) + I^-(aq) + 8\,H^+(aq) \longrightarrow 2\,Cr^{3+}(aq) + IO_3^-(aq) + 4\,H_2O(l)$; oxidizing agent, $Cr_2O_7^{2-}$; reducing agent, $I^-$
**(b)** $4\,MnO_4^-(aq) + 5\,CH_3OH(aq) + 12\,H^+(aq) \longrightarrow 4\,Mn^{2+}(aq) + 5\,HCOOH(aq) + 12\,H_2O(aq)$; oxidizing agent, $MnO_4^-$; reducing agent, $CH_3OH$
**(c)** $I_2(s) + 5\,OCl^-(aq) + H_2O(l) \longrightarrow 2\,IO_3^-(aq) + 5\,Cl^-(aq) + 2\,H^+(aq)$; oxidizing agent, $OCl^-$; reducing agent, $I_2$ **(d)** $As_2O_3(s) + 2\,NO_3^-(aq) + 2\,H_2O(l) + 2\,H^+(aq) \longrightarrow 2\,H_3AsO_4(aq) + N_2O_3(aq)$; oxidizing agent, $NO_3^-$; reducing agent, $As_2O_3$
**(e)** $2\,MnO_4^-(aq) + Br^-(aq) + H_2O(l) \longrightarrow 2MnO_2(s) + BrO_3^-(aq) + 2\,OH^-(aq)$; oxidizing agent, $MnO_4^-$; reducing agent, $Br^-$
**(f)** $Pb(OH)_4^{2-}(aq) + ClO^-(aq) \longrightarrow PbO_2(s) + Cl^-(aq) + 2\,OH^-(aq) + H_2O(l)$; oxidizing agent, $ClO^-(aq)$; reducing agent, $Pb(OH)_4^{2-}$ **20.69 (a)** False **(b)** true **(c)** true **20.70 (a)** Mg is oxidized, $Ni^{2+}$ is reduced. **(b)** $Mg(s) \rightarrow Mg^{2+}(aq) + 2\,e^-$; $Ni^{2+}(aq) + 2\,e^- \rightarrow Ni(s)$ **(c)** Mg is the anode, Ni is the cathode. **(d)** Mg(s) is negative; Ni(s) is positive. **(e)** Electrons flow from the Mg electrode (−) toward the Ni electrode (+). **(f)** Anions migrate toward the Mg(s) anode; cations migrate towards the Ni(s) cathode. **20.71 (a)** One *volt* is the potential energy difference required to impart 1 J of energy to a charge of 1 coulomb. **(b)** Yes. All voltaic cells involve spontaneous redox reactions that produce positive cell potentials or emfs. **20.72 (a)** $O_2(g) + 4\,H^+(aq) + 4\,e^- \rightarrow 2\,H_2O(l)$ **(b)** $2\,H_2O(l) \rightarrow O_2(g) + 4\,H^+(aq) + 4\,e^-$ **(c)** A *standard* oxygen electrode is an oxygen electrode where the components are at standard conditions, 1 $M$ $H^+(aq)$ and $O_2(g)$ at 101.3 kPa, such that $E^\circ = 1.23$ V. **20.74 (a)** $Cr^{2+}(aq) \longrightarrow Cr^{3+}(aq) + e^-$; $Tl^{3+}(aq) + 2\,e^- \longrightarrow Tl^+(aq)$
**(b)** $E^\circ_{red} = 0.78\,V$

(c)

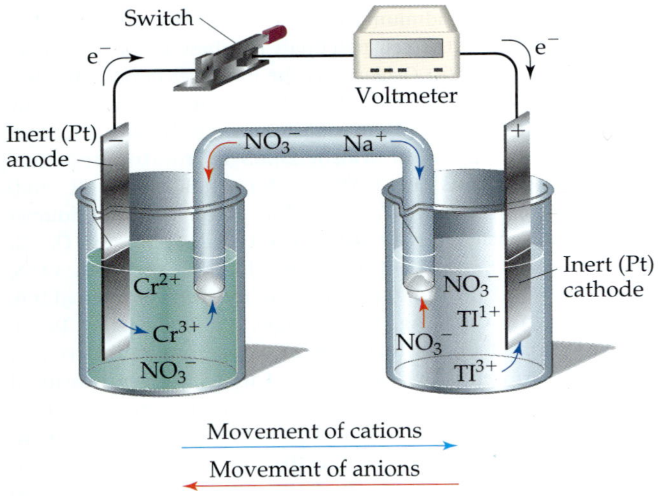


**20.75** (**a**) $E° = 0.82$ V (**b**) $E° = 1.89$ V (**c**) $E° = 1.21$ V (**d**) $E° = 0.62$ V **20.76** (**a**) $Fe(s) + 2\,Ag^+(aq) \rightarrow 2\,Ag(s) + 2\,Fe^{2+}(aq)$, $E^0_{cell} = 1.239$ V (**b**) $Fe(s) + Cd^{2+}(aq) \rightarrow Cd(s) + 2\,Fe^{2+}(aq)$, $E^0_{cell} = 0.037$ V **20.77** (**a**) Anode, Cu(*s*); cathode, Ag(*s*). (**b**) The silver electrode gains mass as Ag is plated out, and the Cu electrode loses mass as Cu is oxidized. (**c**) $Cu(s) + 2\,Ag^+(aq) \rightarrow 2\,Ag(s) + 2\,Cu^{2+}(aq)$ (**d**) $E^0_{cell} = 0.462$ V **20.78** (**a**) Mg(*s*) (**b**) Fe(*s*) (**c**) Sn(*s*) (**d**) $I^-(aq)$ **20.79** (**a**) $H_2(g)$, basic, reductant (**b**) $Cr_2O_7^{2-}(aq)$, acidic, oxidant (**c**) $F_2(g)$, oxidant (**d**) Li(*s*), reductant **20.80** (**a**) $HSO_4^-(aq) < O_2(g) < MnO_4^-(aq) < HClO(aq) < O_3(g)$ (**b**) $Cr(OH)_3(s) < Fe(s) < H_2(g) < Mn(s) < Ca(s)$ **20.82** Al and $H_2C_2O_4$ **20.83** (**a**) $2\,Fe^{2+}(aq) + S_2O_6^{2-}(aq) + 4\,H^+(aq) \longrightarrow 2\,Fe^{3+}(aq) + 2\,H_2SO_3(aq)$; $2\,Fe^{2+}(aq) + N_2O(aq) + 2\,H^+(aq) \longrightarrow 2\,Fe^{3+}(aq) + N_2(g) + H_2O(l)$; $Fe^{2+}(aq) + VO_2^+(aq) + 2\,H^+(aq) \longrightarrow Fe^{3+}(aq) + VO^{2+}(aq) + H_2O(l)$ (**b**) $E° = -0.17$ V, $\Delta G° = 33$ kJ; $E° = -2.54$ V, $\Delta G° = 4.90 \times 10^2$ kJ; $E° = 0.23$ V, $\Delta G° = -22$ kJ (**c**) $K = 1.8 \times 10^{-6} = 10^{-6}$; $K = 1.2 \times 10^{-86} = 10^{-86}$; $K = 7.8 \times 10^3 = 8 \times 10^3$ **20.84** $\Delta G° = 27$ kJ, $E^0_{cell} = -0.28$ V **20.85** (**a**) $E° = 0.16$ V, $K = 2.54 \times 10^5 = 3 \times 10^5$ (**b**) $E° = 0.28$ V, $K = 2.93 \times 10^9 = 3 \times 10^9$ (**c**) $E° = 0.44$ V, $K = 2.40 \times 10^{74} = 10^{74}$ **20.86** (**a**) $K = 2.2 \times 10^4$ (**b**) $K = 4.9 \times 10^8$ (**c**) $K = 1.1 \times 10^{13}$ **20.87** $w_{max} = 1.3 \times 10^2$ kJ/mol Sn; $8.3 \times 10^4$ J/75.0 g Sn **20.88** (**a**) In the Nernst equation, $Q = 1$ if all reactants and products are at standard conditions. (**b**) Yes. The Nernst equation is applicable to cell emf at nonstandard conditions, so it must be applicable at temperatures other than 298 K. Values of $E°$ at temperatures other than 298 K are required. And, there is a variable for T in the second term. If the short-hand form of the equation, Equation 20.18, is used, a coefficient other than 0.0592 is required. **20.89** (**a**) $E$ decreases (**b**) $E$ increases (**c**) no effect (**d**) $E$ decreases **20.90** (**a**) $E° = 0.48$ V (**b**) $E = 0.52$ V (**c**) $E = 0.46$ V **20.91** (**a**) $E° = 0.46$ V (**b**) $E = 0.37$ V **20.92** (**a**) The compartment with $[Cu^{2+}] = 0.100\,M$ is the cathode. (**b**) $E° = 0$ (**c**) $E = 0.0888$ V (**d**) In the anode compartment $[Cu^{2+}]$ increases; in the cathode compartment $[Cu^{2+}]$ decreases. **20.93** $E° = 0.76$ V, pH = 2.2 **20.94** (**a**) 260 g Pb (**b**) $2.42 \times 10^5$ C **20.95** (**a**) The anode (**b**) $E° = 3.50$ V (**c**) The emf of the battery, 3.5 V, is exactly the standard cell potential calculated in part (**b**). (**d**) At ambient conditions, $E \approx E°$, so $\log Q \approx 1$. Assuming that the value of $E°$ is relatively constant with temperature, the value of the second term in the Nernst equation is approximately zero at 37 °C, and $E \approx 3.5$ V. **20.96** (**a**) The cell emf will have a smaller value. (**b**) NiMH batteries use an alloy such as $ZrNi_2$ as the anode material. This eliminates the use and disposal problems associated with Cd, a toxic heavy metal. **20.97** (**a**) When the battery is fully charged, the mole ratio of the elements in the cathode is: 0.5 mol $Li^+$ to 0.5 mol $Co^{3+}$ to 0.5 mol $Co^{4+}$ to 2 mol $O^{2-}$. The material is $LiCo_2O_4$ (**b**) $4.9 \times 10^3$ C of electricity delivered on full discharge of a fully charged battery **20.98** (**a**) The spontaneous reaction in the hydrogen fuel cell is hydrogen gas plus oxygen gas makes water. (**b**) $E° = 1.23$ V **20.100** (**a**) Al is called a "sacrificial anode" because it has a more negative $E^0_{red}$ than the pipeline metal and is preferentially oxidized when the two are coupled. It is sacrificed to preserve the pipeline. (**b**) $E^0_{red}$ for $Al^{3+}$ is $-1.66$ V, more negative than most metals present in pipelines, including Fe and Zn. **20.101** (**a**) +3 (**b**) +8/3 or +2.67 (**c**) 2 Fe(III) and 1 Fe(II) **20.102** (**a**) *Electrolysis* is an electrochemical process driven by an outside energy source. (**b**) By definition, electrolysis reactions are nonspontaneous. (**c**) $2\,Cl^-(l) \longrightarrow Cl_2(g) + 2\,e^-$ (**d**) When an aqueous solution of NaCl undergoes electrolysis, sodium metal is not formed because $H_2O$ is preferentially reduced to form $H_2(g)$ **20.103** (**a**) 236 g Cr(*s*) (**b**) 2.51 A **20.104** (**a**) $4.0 \times 10^5$ g Li (**b**) The minimum voltage required to drive the electrolysis is +4.41 V. **20.105** Gold is less active than copper and thus more difficult to oxidize. When a mixture of copper and gold is refined by electrolysis, Cu is oxidized from the anode, but any metallic gold present in the mixture is not oxidized, so it accumulates near the anode, available for collection. **20.106** (**a**) $3\,Fe^{2+}(aq) \rightarrow Fe(s) + 2\,Fe^{3+}(aq)$ (**b**) $3\,Br_2(l) + 3\,H_2O(l) \rightarrow 6\,H^+(aq) + 5\,Br^-(aq) + BrO_3^-(aq)$ (**c**) $4\,Cr^{3+}(aq) + 7\,H_2O(l) \rightarrow 14\,H^+(aq) + Cr_2O_7^{2-}(aq) + 2\,Cr(s)$ (**d**) $5\,NO_2^-(aq) + 2\,H^+(aq) \rightarrow H_2O(l) + N_2(g) + 3\,NO_3^-(aq)$ **20.108** (**a**) $E° = 0.226$ V, spontaneous (**b**) $E° = -0.44$ V, nonspontaneous (**c**) $E° = -0.144$ V, nonspontaneous (**d**) $E° = -0.434$ V, nonspontaneous **20.112** $K = 1.22 \times 10^{-41}$ **20.115** (**a**) By analogy to O in hydroxide ($OH^-$) and in alcohol (R–OH), the oxidation state of S in a thiol (R–SH) is −2. (**b**) By analogy to O in peroxide (–O–O–), the oxidation state of S in a disulfide (–S–S–) is −1. (**c**) The oxidation number of S becomes more positive and the thiols are oxidized. (**d**) Converting a disulfide to two thiols is the reverse of the process described in part (**c**). In order to reduce the disulfide, a reducing agent must be added to the solution. (**e**) When two thiols (R–SH) react to form a disulfide (R–S–S–R), the H atoms are probably removed by base before the oxidizing agent does its work. **20.118** $1.5 \times 10^4$ kWh required **20.123** (**a**) $E° = 0.728$ V, (**b**) cathode: $Br_2(l) + 2\,e^- \rightarrow 2\,Br^-(aq)$; anode: $Cu(s) \rightarrow Cu^{2+}(aq) + 2\,e^-$ (**c**) $\Delta S° = -123.78$ J. Because $\Delta S°$ is negative, $\Delta G°$ will become more positive and $E°$ will become more negative as temperature is increased. **20.126** $K_{sp}$ for AgCl is $1.8 \times 10^{-10}$.

## Chapter 21

**21.24** (**a**) NaI is a good source of iodine because iodine is a large percentage of its mass; it is completely dissociated into ions in aqueous solution, and iodine in the form of $I^-(aq)$ is mobile and immediately available for biouptake. (**b**) A Geiger counter placed near the thyroid immediately after ingestion will register background, then gradually increase in signal until the concentration of iodine in the thyroid reaches a maximum. Over time, iodine-131 decays, and the signal decreases. (**c**) The radioactive iodine will decay to 0.01% of the original amount in approximately 107 days. **21.29** (**a**) $1.71 \times 10^5$ kg/d (**b**) $2.1 \times 10^8$ g $^{235}U$ **21.30** $^{55}Mn$ is likely to have the largest mass defect per nucleon. **21.36** Hydrogen abstraction: $RCOOH + {\bullet}OH^- \longrightarrow RCOO{\bullet} + H_2O$; deprotonation: $RCOOH + OH^- \longrightarrow RCOO^- + H_2O$. Hydroxyl radical is more toxic to living systems because it produces other radicals when it reacts with molecules in the organism. Hydroxide ion, $OH^-$, on the other hand, will be readily neutralized in the buffered cell environment.

The acid–base reactions of $OH^-$ are usually much less disruptive to the organism than the chain of redox reactions initiated by OH radical. **21.38** **(a)** $^{24}Ne$; outside; reduce neutron-to-proton ratio via $\beta$ decay **(b)** $^{32}Cl$; outside; increase neutron-to-proton ratio via positron emission or orbital electron capture **(c)** $^{108}Sn$; outside; increase neutron-to-proton ratio via positron emission or orbital electron capture **(d)** $^{216}Po$; outside; nuclei with $Z \geq 84$ usually decay via $\alpha$ emission. **21.43** **(a)** 7 min **(b)** 0.1 $min^{-1}$ **(c)** 30% (3/10) of the sample remains after 12 min. **(d)** $^{88}_{41}Nb$ **21.44** **(a)** $^{10}_{5}B$, $^{11}_{5}B$; $^{12}_{6}C$, $^{13}_{6}C$; $^{14}_{7}N$, $^{15}_{7}N$; $^{16}_{8}O$, $^{17}_{8}O$, $^{18}_{8}O$; $^{19}_{9}F$ **(b)** $^{14}_{6}C$ **(c)** $^{11}_{6}C$, $^{13}_{7}N$, $^{15}_{8}O$, $^{18}_{9}F$ **(d)** $^{11}_{6}C$ **21.46** **(a)** $^{239}_{94}Pu$, 94p, 145n **(b)** $^{142}_{56}Ba$: 56p, 86n **(c)** potassium-41: 19p, 22n **21.47** **(a)** Proton **(b)** electron or beta particle **(c)** positron
**21.48** **(a)** $^{198}_{86}Rn \rightarrow ^{4}_{2}He + ^{194}_{84}Po$
**(b)** $^{234}_{90}Th \rightarrow ^{0}_{-1}e + ^{234}_{91}Pa$ **(c)** $^{61}_{29}Cu \rightarrow ^{0}_{+1}e + ^{61}_{28}Ni$
**(d)** $^{106}_{47}Ag + ^{0}_{-1}e \rightarrow ^{106}_{46}Pd$ **21.49** **(a)** $^{239}_{94}Pu \rightarrow ^{4}_{2}He + ^{235}_{92}U$
**(b)** $^{26}_{14}Si \rightarrow ^{0}_{+1}e + ^{26}_{13}Al$ **(c)** $^{6}_{3}Li \rightarrow ^{4}_{2}He + ^{2}_{1}He$
**(d)** $^{90}_{38}Sr \rightarrow ^{0}_{-1}e + ^{90}_{39}Y$ **21.50** 7 alpha emissions, 4 beta emissions **21.51** **(a)** Positron emission (for low atomic numbers, positron emission is more common than orbital electron capture) **(b)** positron emission **(c)** beta emission **(d)** beta emission **21.52** **(a)** $^{102}_{44}Ru$, stable, even proton, even neutron; $^{92}_{44}Ru$, radioactive, low neutron/proton ratio **(b)** $^{138}_{56}Ba$, stable, even proton, even neutron, 82 neutrons is a magic number; $^{139}_{56}Ba$; radioactive, even proton, odd neutron **(c)** $^{109}_{50}Sn$, radioactive, low neutron/proton ratio; $^{120}_{50}Sn$; stable, even proton, even neutron. **21.53** **(d)** $^{56}_{28}Ni$ **21.54** Statement **(a)** is the best explanation. **21.55** Statement **(b)** is the best explanation. **21.56** **(a)** $^{239}_{94}Pu + ^{1}_{0}n \rightarrow ^{0}_{-1}e + ^{240}_{95}Am$ **(b)** $^{238}_{92}U + ^{4}_{2}He \rightarrow 3\,^{1}_{0}n + ^{239}_{94}U$
**(c)** $^{218}_{85}At \rightarrow ^{0}_{-1}e + ^{218}_{86}Rn$
**(d)** $^{146}_{62}Sm \rightarrow ^{142}_{60}Nd + ^{4}_{2}He$ **(e)** $^{118}_{53}I + ^{0}_{-1}e \rightarrow ^{118}_{52}Te$
**21.57** **(a)** $^{238}_{92}U + ^{4}_{2}He \longrightarrow ^{241}_{94}Pu + ^{1}_{0}n$
**(b)** $^{14}_{7}N + ^{4}_{2}He \longrightarrow ^{17}_{8}O + ^{1}_{1}H$ **(c)** $^{56}_{26}Fe + ^{4}_{2}He \longrightarrow ^{60}_{29}Cu + ^{0}_{-1}e$
**21.58** **(a)** True **(b)** false **(c)** true **21.59** When the watch is 50 years old, only 6% of the tritium remains. The dial will be dimmed by 94%. **21.60** The source must be replaced after 2.18 yr or 26.2 months; this corresponds to August 2018. **21.61** **(a)** $1.1 \times 10^{11}$ alpha particles emitted in 5.0 min **(b)** 9.9 mCi
**21.62** $k = 1.213 \times 10^{-4}\,yr^{-1}$; $t = 8.99 \times 10^{3}$ yr **21.63** 0.817 mg **21.65** $9 \times 10^{6}$ kJ
**21.67** $\Delta m = 0.2414960$ u, $\Delta E = 3.604129 \times 10^{-11}$ J/$^{27}Al$ nucleus required, $8.044234 \times 10^{13}$ J/100 g $^{27}Al$ **21.68** **(a)** Nuclear mass: $^{2}H$, 2.013553 u; $^{4}He$, 4.001505 u; $^{6}Li$, 6.0134771 u
**(b)** nuclear binding energy: $^{2}H$, $3.564 \times 10^{-13}$ J; $^{4}He$, $4.5336 \times 10^{-12}$ J; $^{6}Li$, $5.12602 \times 10^{-12}$ J. **(c)** binding energy/nucleon: $^{2}H$, $1.782 \times 10^{-13}$ J/nucleon; $^{4}He$, $1.1334 \times 10^{-12}$ J/nucleon; $^{6}Li$, $8.54337 \times 10^{-13}$ J/nucleon. **(d)** Of the three isotopes, $^{4}He$ has the largest binding energy per nucleon; this anomaly is apparent in Figure 12.12. The trend in binding energy/nucleon agrees with the curve in the figure. **21.71** **(a)** Characteristics (ii) and (iv) are required for a fuel in a nuclear power plant. **(b)** $^{235}U$ **21.72** The *control rods* in a nuclear reactor regulate the flux of neutrons to keep the reaction chain self-sustaining and also to prevent the reactor core from overheating. They are composed of materials such as boron or cadmium that absorb neutrons. **21.73** **(a)** $^{235}_{92}U + ^{1}_{0}n \rightarrow ^{92}_{36}Kr + ^{141}_{56}Zn + 3\,^{1}_{0}n$
**(b)** $^{2}_{1}H + ^{3}_{1}H \rightarrow ^{4}_{2}He + ^{1}_{0}n$ **21.74** $\Delta m = 0.006627$ g/mol; $\Delta E = 5.956 \times 10^{11}$ J $= 5.956 \times 10^{8}$ kJ/mol $^{1}_{1}H$ **21.76** **(a)** Boiling water reactor **(b)** fast breeder reactor **(c)** gas-cooled reactor
**21.78** **(a)** $5.3 \times 10^{8}$ dis/s, $5.3 \times 10^{8}$ Bq
**(b)** $6.1 \times 10^{2}$ mrad, $6.1 \times 10^{-3}$ Gy
**(c)** $5.8 \times 10^{3}$ mrem, $5.8 \times 10^{-2}$ Sv **21.80** $^{205}_{81}Tl$ **21.82**
**(a)** $^{36}_{17}Cl \longrightarrow ^{36}_{18}Ar + ^{0}_{-1}e$ **(b)** $^{35}Cl$ and $^{37}Cl$ both have an odd number of protons but an even number of neutrons. $^{36}Cl$ has an odd number of protons and neutrons, so it is less stable than the other two isotopes. **21.84** **(a)** $^{12}_{6}C + ^{12}_{6}C \rightarrow ^{20}_{10}Ne + ^{4}_{2}He$
**(b)** $^{6}_{3}Li + ^{63}_{28}Ni \rightarrow ^{69}_{31}Ga$
**(c)** $^{252}_{98}Cf + ^{10}_{5}B \rightarrow ^{262}_{103}Lr$
**(d)** $^{238}_{92}U + ^{12}_{6}C \rightarrow ^{246}_{98}Cf + 4\,^{1}_{0}n$
**21.90** $^{7}Be$, $8.612 \times 10^{-13}$ J/nucleon; $^{9}Be$, $1.035 \times 10^{-12}$ J/nucleon; $^{10}Be$: $1.042 \times 10^{-12}$ J/nucleon. The binding energies/nucleon for $^{9}Be$ and $^{10}Be$ are very similar; that for $^{10}Be$ is slightly higher. **21.96** $1.688 \times 10^{4}$ kg $CH_4$

## Chapter 22

**22.7** **(a)** $^{1}_{1}H$, protium; $^{2}_{1}H$, deuterium; $^{3}_{1}H$, tritium **(b)** in order of decreasing natural abundance: protium > deuterium > tritium **(c)** Tritium, $^{3}_{1}H$, is radioactive. **(d)** $^{3}_{1}H \longrightarrow ^{3}_{2}He + ^{0}_{-1}e$
**22.46** Statement **(c)** is correct. **22.48** Molecules **(b)** and **(d)** will have the seesaw structure shown in the figure. **22.51** The graph shows the trend in **(c)** density for the group 16 elements. Going down the family, atomic mass increases faster than atomic volume (radius), and density increases. **22.54** The compound on the left, with the strained three-membered ring, will be the most generally reactive. The larger the deviation from ideal bond angles, the more strain in the molecule and the more generally reactive it is. **22.56** Metals: **(b)** Ba **(d)** Cs, **(e)** Y; nonmetals: **(c)** Ar, **(f)** At; metalloids: **(a)** B **22.57** **(a)** F **(b)** Te **(c)** Rb **(d)** N **(e)** Ir **(f)** Si **22.58** Statements **(b)** and **(d)** are true.
**22.59** **(a)** $NaOCH_3(s) + H_2O(l) \longrightarrow NaOH(aq) + CH_3OH(aq)$
**(b)** $CuO(s) + 2\,HNO_3(aq) \longrightarrow Cu(NO_3)_2(aq) + H_2O(l)$
**(c)** $WO_3(s) + 3\,H_2(g) \xrightarrow{\Delta} W(s) + 3H_2O(g)$
**(d)** $4\,NH_2OH(l) + O_2(g) \longrightarrow 6\,H_2O(l) + 2\,N_2(g)$
**(e)** $Al_4C_3(s) + 12\,H_2O(l) \longrightarrow 4\,Al(OH)_3(s) + 3\,CH_4(g)$
**22.61** Like other elements in group 1, hydrogen has only one valence electron and its most common oxidation number is +1.
**22.62** **(a)** $NaH(s) + H_2O(l) \longrightarrow NaOH(aq) + H_2(g)$
**(b)** $Fe(s) + H_2SO_4(aq) \longrightarrow Fe^{2+}(aq) + H_2(g) + SO_4^{2-}(aq)$
**(c)** $H_2(g) + Br_2(g) \longrightarrow 2\,HBr(g)$
**(d)** $2\,Na(l) + H_2(g) \longrightarrow 2\,NaH(s)$
**(e)** $PbO(s) + H_2(g) \xrightarrow{\Delta} Pb(s) + H_2O(g)$ **22.63** **(a)** Molecular (nonmetal hydride) **(b)** ionic (metal hydride) **(c)** metallic (nonstoichiometric transition metal hydride) **22.64** Vehicle fuels produce energy via combustion reactions. The combustion of hydrogen is very exothermic and its only product, $H_2O$, is a non-pollutant. **22.65** Xenon has a lower ionization energy than argon; because the valence electrons are not as strongly attracted to the nucleus, they are more readily promoted to a state in which the atom can form bonds with fluorine. Also, Xe is larger and can more easily accommodate an expanded octet of electrons. **22.66** **(a)** $XeO_3F_2$, Xe, +8 **(b)** $ClO_2$ Cl, +4 **(c)** $MoF_6$, F, −1 **(d)** $HIO_3$, I, +5 **(e)** NaOBr, Br, +1 **(f)** $Mg(IO_2)_2$, I, +3 **22.67** **(a)** Cobalt(III) Iodate, I, +5 **(b)** calcium periodate, I, +7 **(c)** phosphorus hexafluoride F, −1 **(d)** iodine trichloride I, +5 Cl, −1 **(e)** hypobromous acid, Br: +1 **(f)** hydrogen astatide, At, −1 **22.68** **(a)** van der Waals intermolecular attractive forces increase with increasing number of electrons in the atoms. **(b)** $F_2$ reacts with water: $F_2(g) + H_2O(l) \longrightarrow 2\,HF(g) + O_2(g)$. That is, fluorine is too strong an oxidizing agent to exist in water. **(c)** HF has extensive hydrogen bonding. **(d)** Oxidizing power is related to electronegativity. Electronegativity and oxidizing power decrease in the order given.
**22.69** **(a)** $2\,HgO(s) \xrightarrow{\Delta} 2\,Hg(l) + O_2(g)$
**(b)** $2\,Cu(NO_3)_2(s) \xrightarrow{\Delta} 2\,CuO(s) + 4\,NO_2(g) + O_2(g)$
**(c)** $PbS(s) + 4\,O_3(g) \longrightarrow PbSO_4(s) + 4\,O_2(g)$
**(d)** $2\,ZnS(s) + 3\,O_2(g) \longrightarrow 2\,ZnO(s) + 2\,SO_2(g)$
**(e)** $2\,K_2O_2(s) + 2\,CO_2(g) \longrightarrow 2\,K_2CO_3(s) + O_2(g)$
**(f)** $3\,O_2(g) \xrightarrow{h\nu} 2\,O_3(g)$ **22.70** **(a)** Acidic **(b)** basic **(c)** amphoteric

(**d**) amphoteric **22.71** (**a**) $K_2O_2$, O, −1 (**b**) $K_2S_2O_3$, O, −2; S, +2 (**c**) $SeOCl_2$, O, −2; Se, +4 (**d**) $Na_2Te$, Te, −2 (**e**) $MgSO_3$, O, −2; S, +4 (**f**) $SeF_6$, Se, +6

**22.72** (**a**) $2\,Fe^{3+}(aq) + H_2S(aq) \longrightarrow 2\,Fe^{2+}(aq) + S(s) + 2\,H^+(aq)$
(**b**) $Br_2(l) + H_2S(aq) \longrightarrow 2\,Br^-(aq) + S(s) + 2\,H^+(aq)$
(**c**) $2\,MnO_4^-(aq) + 6\,H^+(aq) + 5\,H_2S(aq) \longrightarrow$
$2\,Mn^{2+}(aq) + 5\,S(s) + 8\,H_2O(l)$
(**d**) $2\,NO_3^-(aq) + H_2S(aq) + 2\,H^+(aq) \longrightarrow$
$2\,NO_2(aq) + S(s) + 2\,H_2O(l)$

**22.73**

(**a**) 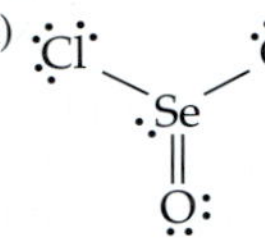 trigonal pyramidal

(**b**) :S̤=C=S̤: linear

(**c**) 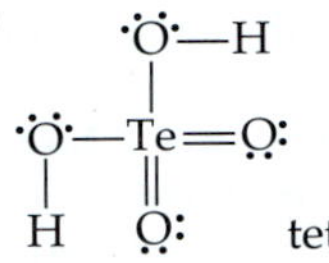 tetrahedral

**22.74**
(**a**) $SO_2(s) + H_2O(l) \rightleftharpoons H_2SO_3(aq) \rightleftharpoons H^+(aq) + HSO_3^-(aq)$
(**b**) $ZnS(s) + 2\,HCl(aq) \longrightarrow ZnCl_2(aq) + H_2S(g)$
(**c**) $8\,SO_3^{2-}(aq) + S_8(s) \longrightarrow 8\,S_2O_3^{2-}(aq)$
(**d**) $SO_3(aq) + H_2SO_4(l) \longrightarrow H_2S_2O_7(l)$ **22.75** (**a**) $NaN_3$, −1/3 (**b**) $NH_4^+$,−3 (**c**) $HNO_2$, +3 (**d**) $Mg_3N_2$, −3 (**e**) $N_2H_2$, −1 (**f**) $NaNO_3$, +5 (**g**) $NF_3$, +3 (**h**) $HNO_3$, +5

**22.76** (**a**) :Ö=N̈—Ö—H ⟷ :Ö—N̈=Ö—H

The molecule is bent around the central oxygen and nitrogen atoms; the four atoms need not be coplanar. The right-most form does not minimize formal charges and is less important in the actual bonding model. The oxidation state of N is + 3.

(**b**)

[:N̈=N=N̈:]⁻ ⟷ [:N≡N—N̈:]⁻ ⟷ [:N̈—N≡N:]⁻

The molecule is linear. The oxidation state of N is −1/3.

(**c**) 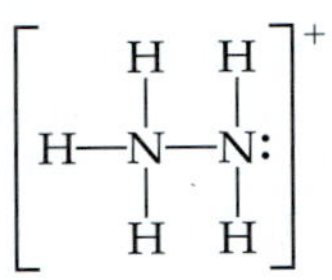

The geometry is tetrahedral around the left nitrogen, trigonal pyramidal around the right. The oxidation state of N is −2.

(**d**) 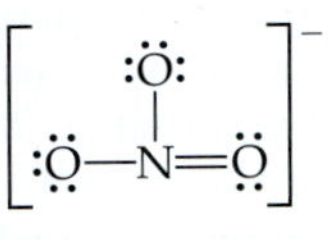

The ion is trigonal planar; it has three equivalent resonance forms. The oxidation state of N is +5.

**22.77** (**a**) $Mg_3N_2(s) + 6\,H_2O(l) \longrightarrow 3\,Mg(OH)_2(s) + 2\,NH_3(aq)$
(**b**) $2\,NO(g) + O_2(g) \longrightarrow 2\,NO_2(g)$, redox reaction
(**c**) $N_2O_5(g) + H_2O(l) \longrightarrow 2\,H^+(aq) + 2\,NO_3^-(aq)$
(**d**) $NH_3(aq) + H^+(aq) \longrightarrow NH_4^+(aq)$
(**e**) $N_2H_4(l) + O_2(g) \longrightarrow N_2(g) + 2\,H_2O(g)$, redox reaction
**22.78** (**a**) $HNO_2(aq) + H_2O(l) \longrightarrow NO_3^-(aq) + 2\,e^-$
(**b**) $N_2(g) + H_2O(l) \longrightarrow N_2O(aq) + 2\,H^+(aq) + 2\,e^-$
**22.79** (**a**) $SbF_6^-$, +5 (**b**) $Ca_3(PO_4)_2$, +5 (**c**) $KH_2PO_4$, +5 (**d**) $As_2O_3$, +3 (**e**) $P_4O_6$, +3 (**f**) $AsF_3$, +3 **22.80** (**a**) Phosphorus is a larger atom than nitrogen, and P has energetically available 3*d* orbitals, which participate in the bonding, but nitrogen does not. (**b**) Only one of the three hydrogens in $H_3PO_2$ is bonded to oxygen. The other two are bonded directly to phosphorus and are not easily ionized. (**c**) $PH_3$ is a weaker base than $H_2O$ so any attempt to add $H^+$ to $PH_3$ in the presence of $H_2O$ causes protonation of $H_2O$. (**d**) The $P_4$ molecules in white phosphorus have more severely strained bond angles than the chains in red phosphorus, causing white phosphorus to be more reactive.

**22.81**
(**a**) $2\,Ca_3PO_4(s) + 6\,SiO_2(s) + 10\,C(s) \longrightarrow P_4(g) + 6\,CaSiO_3(l) + 10\,CO(g)$ (**b**) $PBr_3(l) + 3\,H_2O(l) \longrightarrow H_3PO_3(aq) + 3\,HBr(aq)$
(**c**) $4\,PBr_3(g) + 6\,H_2(g) \longrightarrow P_4(g) + 12\,HBr(g)$
**22.82** (**a**) $CuCO_3$ (**b**) CO (**c**) $Mg(HCO_3)_2$ (**d**) $Li_2C_2$ (**e**) $CF_4$
**22.83** (**a**) $ZnCO_3(s) \xrightarrow{\Delta} ZnO(s) + CO_2(g)$
(**b**) $BaC_2(s) + 2\,H_2O(l) \longrightarrow Ba^{2+}(aq) + 2\,OH^-(aq) + C_2H_2(g)$
(**c**) $2\,C_2H_2(g) + 5\,O_2(g) \longrightarrow 4\,CO_2 + (g) + 2\,H_2O(g)$
(**d**) $CS_2(g) + 3\,O_2(g) \longrightarrow CO_2(g) + 2\,SO_2(g)$
(**e**) $Ca(CN)_2(s) + 2\,HBr(aq) \longrightarrow CaBr_2(aq) + 2\,HCN(aq)$
**22.84** (**a**) $2\,CH_4(g) + 2\,NH_3(g) + 3\,O_2(g) \xrightarrow{800°C} 2\,HCN(g) + 6\,H_2O(g)$
(**b**) $NaHCO_3(s) + H^+(aq) \longrightarrow CO_2(g) + H_2O(l) + Na^+(aq)$
(**c**) $2\,BaCO_3(s) + O_2(g) + 2\,SO_2(g) \longrightarrow 2\,BaSO_4(s) + 2\,CO_2(g)$
**22.85** (**a**) Carbon (**b**) silicon (**c**) lead **22.86** (**a**) Tetrahedral (**b**) Metasilicic acid will probably adopt the single-strand silicate chain structure shown in Figure 22.32 (**b**). The Si to O ratio is correct and there are two terminal O atoms per Si that can accommodate the two H atoms associated with each Si atom of the acid. **22.87** (**a**) Two $Ca^{2+}$ (**b**) two $OH^-$ **22.88** (**a**) $SiH_4$, −4 (**b**) $GeCl_2$, +2 (**c**) SnS, +2 (**d**) $NaBH_4$, B: +3 (**e**) $Pb(NO_3)_4$, Pb: +4 (**f**) $SnO_2$, +4 **22.89** (**a**) Diborane has bridging H atoms linking the two B atoms. The structure of ethane has the C atoms bound directly, with no bridging atoms. (**b**) $B_2H_6$ is an electron-deficient molecule. The 6 valence electron pairs are all involved in B—H sigma bonding, so the only way to satisfy the octet rule at B is to have the bridging H atoms shown in Figure 22.35. (**c**) The term *hydridic* indicates that the H atoms in $B_2H_6$ have more than the usual amount of electron density for a covalently bound H atom. **22.90** (**a**) False (**b**) true (**c**) false (**d**) true (**e**) true (**f**) true (**g**) false **22.93** (**a**) $SO_3$ (**b**) $Cl_2O_5$ (**c**) $N_2O_3$ (**d**) $CO_2$ (**e**) $P_2O_5$ **22.96** (**a**) $PO_6^-$, +5; $NF_3$, +3 (**b**) According to the Octet rule, because N is a period 2 element which has 5 valance electrons, it can only form 4 covalent bonds at the most. Therefore, it cannot form an $NF_6^-$ anion. In contrast, P is a period 3 element which can use the d orbitals in hybridization to form covalent bonds with 6 fluorine atoms. Therefore, a stable $PF_6^-$ anion can be formed. **22.102** (**a**) $1.94 \times 10^3$ g $H_2$ (**b**) $2.16 \times 10^4$ L $H_2$ (**c**) $2.76 \times 10^5$ kJ **22.104** (**a**) −285.83 kJ/mol $H_2$; −890.4 kJ/mol $CH_4$ (**b**) −141.79 kJ/g $H_2$; −55.50 kJ/g $CH_4$ (**c**) $1.276 \times 10^4$ kJ/m³ $H_2$; $3.975 \times 10^4$ kJ/m³ $CH_4$ **22.105** (**a**) [HClO] = 0.036 *M* (**b**) pH = 1.4
**22.109** (**a**) $CaCO_3(s) + SO_2(g) \longrightarrow CaSO_3(s) + CO_2(g)$
(**b**) 249.7 kg (**c**) 55.9 m³ **22.111** The average bond enthalpies are H—O, 463 kJ; H—S, 367 kJ; H—Se, 317 kJ; H—Te, 267 kJ. The H—X bond enthalpy decreases steadily in the series. The origin of this effect is probably the increasing size of the orbital from X with which the hydrogen 1*s* orbital must overlap. **22.114** Dimethylhydrazine produces 0.0369 mol gas per gram of reactants, while methylhydrazine produces 0.0388 mol gas per gram of reactants. Methylhydrazine has marginally greater thrust. **22.115** (**a**)
$3\,B_2H_6(g) + 6\,NH_3(g) \longrightarrow 2\,(BH)_3(NH)_3(l) + 12\,H_2(g)$;
$3\,LiBH_4(s) + 3\,NH_4Cl(s) \longrightarrow 2\,(BH)_3(NH)_3(l) + 9\,H_2(g) +$

3 LiCl($s$)

(**b**)

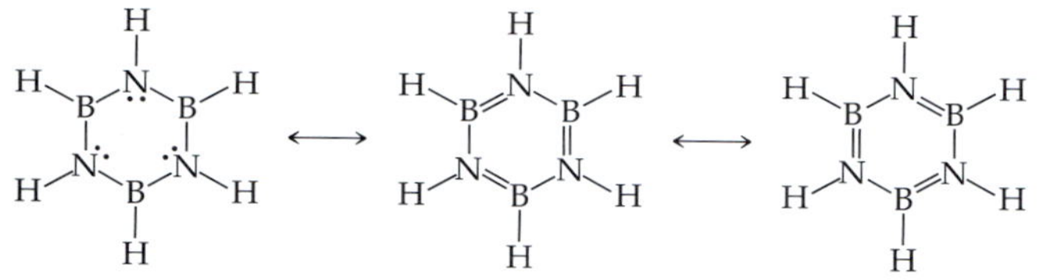

(**c**) 2.40 g $(BH)_3(NH)_3$

## Chapter 23

**23.3** (**a**) $Cu^{2+}$, $[Ar]3d^9$ (**b**) $Cu^+$, $[Ar]3d^{10}$ (**c**) $V^{5+}$, [Ar] (**d**) $Mn^{2+}$, $[Ar]3d^5$

**23.35**

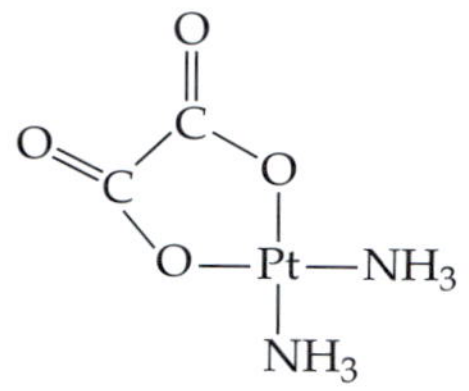

(**a**) Coordination number is 4 (**b**) coordination geometry is square planar (**c**) oxidation state is +2 (**d**) no unpaired electrons **23.39** Molecules (1), (3), and (4) are chiral because their mirror images are not superimposible on the original molecules. **23.41** (**a**) Diagram (4) (**b**) diagram (1) (**c**) diagram (3) (**d**) diagram (2) **23.44** The lanthanide contraction explains trend (**c**). The lanthanide contraction is the name given to the decrease in atomic size due to the build-up in effective nuclear charge as we move through the lanthanides and beyond them. This effect offsets the expected increase in atomic size going from period 5 to period 6 transition elements. **23.46** (**a**) $Sc^{2+}$, $[Ar]3d^1$ (**b**) $Mo^{2+}$, $[Kr]4d^4$ (**c**) $Rh^{3+}$, $[Kr]4d^6$ (**d**) $Fe^{3+}$, $[Ar]3d^5$ **23.47** (**a**) The unpaired electrons in a paramagnetic material cause it to be weakly attracted into a magnetic field. **23.48** The diagram shows a material with misaligned spins that become aligned in the direction of an applied magnetic field. This is a paramagnetic material. **23.50** (**a**) *Primary valence* is roughly the same as oxidation number. Oxidation number is a broader term than ionic charge, but Werner's complexes contain metal ions where cation charge and oxidation number are equal. (**b**) Coordination number is the modern term for secondary valence. (**c**) $NH_3$ can serve as a ligand because it has an unshared electron pair, while $BH_3$ does not. Ligands are the Lewis base in metal–ligand interactions. As such, they must possess at least one unshared electron pair. **23.51** (**a**) +2 (**b**) 6 (**c**) 2 mol AgBr(s) will precipitate per mole of complex. **23.52** (**a**) Coordination number = 6, oxidation number = +2 (**b**) 4, +7 (**c**) 4, +2 (**d**) 6, +3 (**e**) 4, +1 (**f**) 4, +2 **23.53** (**a**) Monodentate ligand

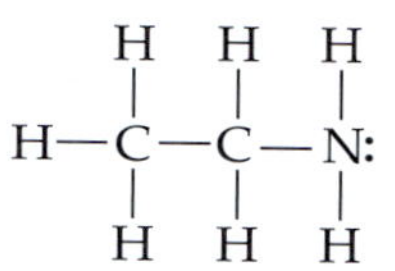

(**b**) monodentate ligand

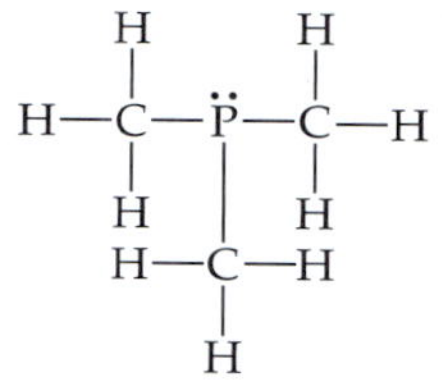

(**c**) either monodentate or bidentate ligand

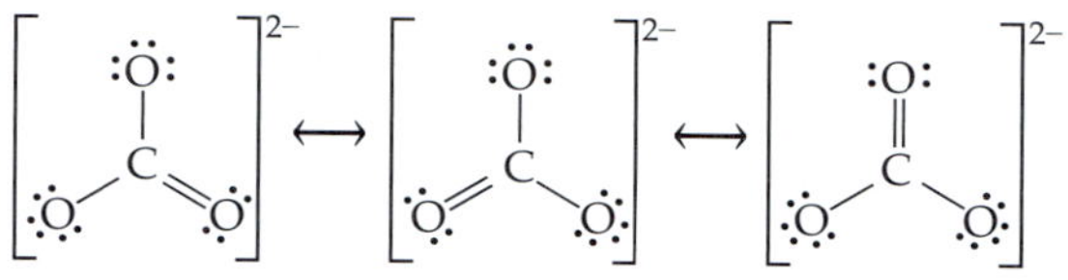

(**d**) unlikely to act as a ligand

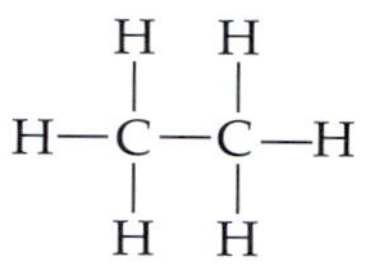

**23.54** (**a**) Ethylenediaminetetraacetate, EDTA is hexadentate (**b**) oxalate, $C_2O_4^{2-}$, is bidentate (**c**) ethylenediamine, en, is bidentate (**d**) ortho-Phenanthroline, o-phen, is bidentate. **23.55** (**a**) $CO_3^{2-}$ (**b**) $H_2O$ (**c**) $PH_3$ **23.56** True. The ligand shown in the figure can act as a bidentate ligand for a single metal center. The $CH_2$ groups between the two oxygen atoms are $sp^3$ hybridized and allow some bending in the molecule so that the two oxygen atoms can approach one single metal center simultaneously for chelation. **23.57** (**a**) $[Cr(NH_3)_3(H_2O)_3](NO_3)_3$ (**b**) $[Pt(en)Cl_2]$ (**c**) $[Fe(CO)_5]$ (**d**) $(NH_4)_2[CO(C_2O_4)_2(H_2O)_2]$ (**e**) $[Co(bipy)_3]_2(SO_4)_3$ **23.58** (**a**) diamminesilver(I) nitrate (**b**) mercury(II) tetrathiocyanatocobaltate(II) (**c**) trichlorotris (triphenylphosphine)ruthenium(III) (**d**) pentaamminecarbonatocobalt(III) sulphate **23.59** (**a**) Complexes 1, 2, and 3 can have geometric isomers; they each have *cis-trans* isomers. (**b**) Complex 2 can have linkage isomers, owing to the presence of the nitrite ligand. (**c**) The *cis* geometric isomer of complex 3 can have optical isomers (**d**) Complex 1 can have coordination sphere isomers. It is the only complex with a counter ion that can also be a ligand. **23.60** Yes. No structural or stereoisomers are possible for a tetrahedral complex of the form $MA_2B_2$. The complex must be square planar with *cis* and *trans* geometric isomers. **23.61** (**a**) Unique structure, no other isomers (**b**) two geometric isomers, *trans* and *cis* isomers with 180° and 90° Cl—Ir—Cl angles, respectively (**c**) three geometric isomers; *trans* and *cis* isomers with 180° and 90° Cl—Fe—Cl angles, respectively; the *cis* isomer has enantiomers **23.62** (**a**) Not chiral (**b**) not chiral (**c**) chiral, has optical isomers **23.63** (**a**) Blue (**b**) $E = 3.26 \times 10^{-19}$ J/photon (**c**) $E$ = 196 kJ/mol **23.64** (**a**) $Co^{3+}$, $[Ar]3d^6$. No unpaired electrons. (**b**) $W^{3+}$, $[Xe]4f^{14}d^3$. Paramagnetic. (**c**) $V^{3+}$, $[Ar]3d^2$. Paramagnetic. (**d**) $Rh^{3+}$, $[Kr]4d^6$ Diamagnetic. **23.65** An electron in a $d$ orbital with lobes that point directly at the ligands will have higher energy than an electron in a $d$ orbital with lobes that do not point directly at the ligands.

**23.66** (**a**)

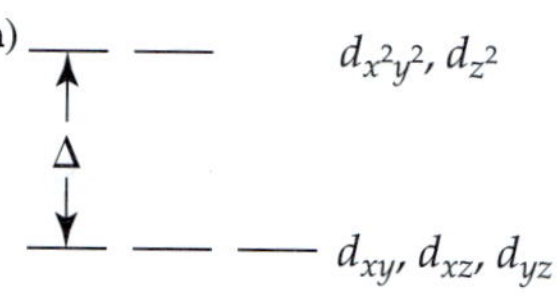


(**b**) The magnitude of Δ and the energy of the $d$-$d$ transition for a $d^1$ complex are equal. (**c**) Δ = 220 kJ/mol **23.67** (**a**) Both minerals contain $Cu^{2+}$, $[Ar]3d^9$. (**b**) Azurite will probably have the larger $\Delta$. It absorbs orange visible light, which has shorter wavelengths than the red light absorbed by malachite. **23.68** **(a)** $Pt^{3+}$, $d^8$ **(b)** $Cu^{2+}$, $d^9$ **(c)** $Os^{3+}$, $d^5$ **(d)** $Cr^{2+}$, $d^4$ **(e)** $Cd^{2+}$, $d^{10}$ **23.69** Yes. A weak-field ligand leads to a small $\Delta$ value and a small $d$-orbital splitting energy. If the splitting energy of a complex is smaller than the energy required to pair electrons in an orbital, the complex is high spin. **23.70** **(a)** Mn, $[Ar]4s^23d^5$; $Mn^{2+}$, $[Ar]3d^5$; 1 unpaired electron

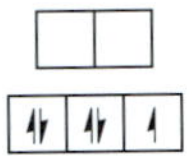

**(b)** Ru, $[Kr]5s^14d^7$; $Ru^{2+}$, $[Kr]4d^6$; 0 unpaired electrons

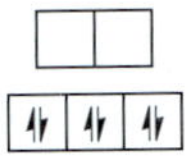

**(c)** Rh, $[Kr]5s^14d^8$; $Rh^{2+}$, $[Kr]4d^7$; 1 unpaired electron

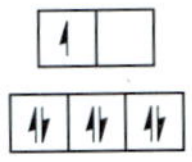

**23.71** All complexes in this exercise are six-coordinate octahedral.

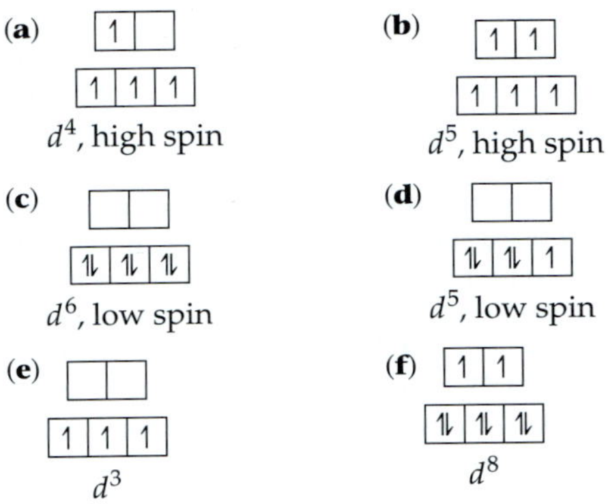


**23.72**

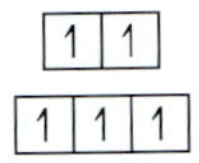

high spin

**23.75** $[Pt(NH_3)_6]Cl_4$; $[Pt(NH_3)_4Cl_2]Cl_2$; $[Pt(NH_3)_3Cl_3]Cl$; $[Pt(NH_3)_2Cl_4]$; $K[Pt(NH_3)Cl_5]$

**23.79**

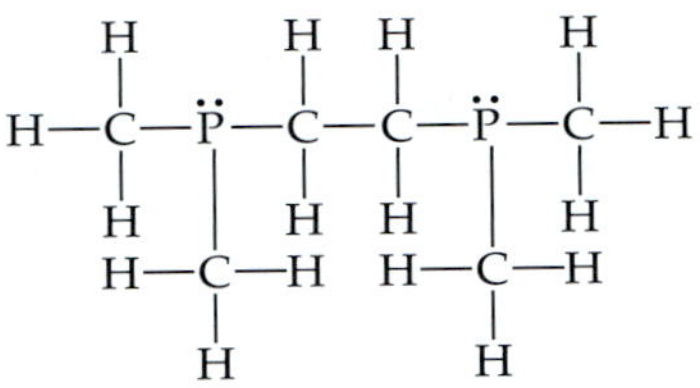

Both dmpe and en are bidentate ligands, binding through P and N, respectively. Because phosphorus is less electronegative than N, dmpe is a stronger electron pair donor and Lewis base than en. Dmpe creates a stronger ligand field and is higher on the spectrochemical series. Structurally, dmpe occupies a larger volume than en. M–P bonds are longer than M—N bonds and the two —$CH_3$ groups on each P atom in dmpe create more steric hindrance than the H atoms on N in en. **(b)** The oxidation state of Mo is zero. **(c)** The symbol P͡P represents the bidentate dmpe ligand.

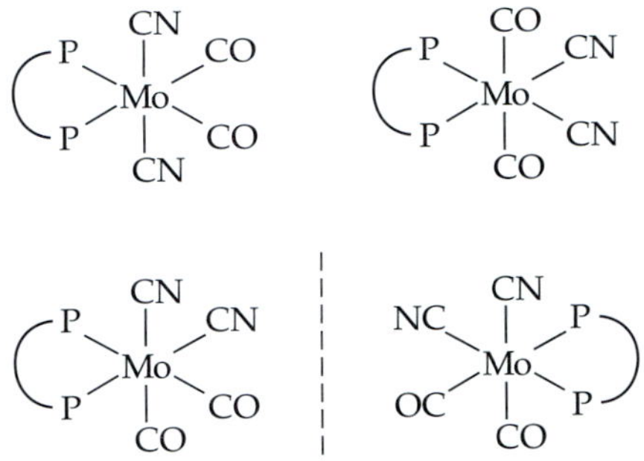

optical isomers

**23.82** **(a)** Iron **(b)** magnesium **(c)** iron **(d)** copper **23.84** **(a)** Pentacarbonyliron(0) **(b)** The oxidation state of iron must be zero. **(c)** Two. One isomer has CN in an axial position and the other has it in an equatorial position.

**23.86**

**(a)**

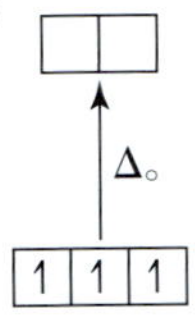

**(b)** These complexes are colored because the crystal-field splitting energy, $\Delta$, is in the visible portion of the electromagnetic spectrum. Visible light with $\lambda = hc/\Delta$ is absorbed, promoting one of the $d$-electrons into a higher energy $d$-orbital. The remaining wavelengths of visible light are reflected or transmitted; the combination of these wavelengths is the color we see. **(c)** $[Cr(NH_3)_6]^{3+}$ will absorb light with higher energy. $NH_3$ is in the middle of the spectrochemical series, and causes a larger $\Delta$ than $Br^-$, a weak-field ligand. Because $\Delta$ and $\lambda$ are inversely related, larger $\Delta$ corresponds to higher energy and shorter $\lambda$.

**23.88** $[Co(NH_3)_6]^{3+}$, yellow; $[Co(H_2O)_6]^{2+}$, pink; $[CoCl_4]^{2-}$, blue

**23.89** **(a)**

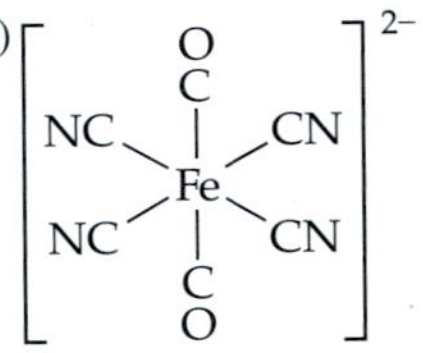

**(b)** sodium dicarbonyltetracyanoferrate(II) **(c)** +2, 6 $d$-electrons **(d)** We expect the complex to be low spin. Cyanide (and carbonyl) are high on the spectrochemical series, which means the complex will have a large $\Delta$ splitting, characteristic of low-spin complexes. **23.99** **(a)** Yes, the oxidation state of Co is +3 in both complexes. **(b)** Compound A has $SO_4^{2-}$ outside the coordination sphere and coordinated $Br^-$, so it forms a precipitate with $BaCl_2(aq)$ but not $AgNO_3(aq)$. Compound B has $Br^-$ outside the coordination sphere and coordinated $SO_4^{2-}$ so it forms a precipitate with $AgNO_3(aq)$ but not $BaCl_2(aq)$. **(c)** Compounds A and B are coordination sphere isomers. **(d)** Both compounds are strong electrolytes. **23.102** The chemical formula is $[Pt(NH_3)_2Cl_2]$. This should be a neutral square-planar complex of Pt(II), a nonelectrolyte. Because it has a net dipole moment, we can infer that it must be the cis isomer. **23.104** 47.3 mg $Mg^{2+}$/L, 53.4 mg $Ca^{2+}$/L **23.106** $\Delta E = 3.30 \times 10^{-19}$ J/photon, $\lambda = 602$ nm. The complex will absorb in the visible around 600 nm and appear blue.

## Chapter 24

**24.9** (**a**) True (**b**) true (**c**) false (**d**) false (**e**) true (**f**) false (**g**) true
**24.17** (**a**) No (**b**) no

(**c**)

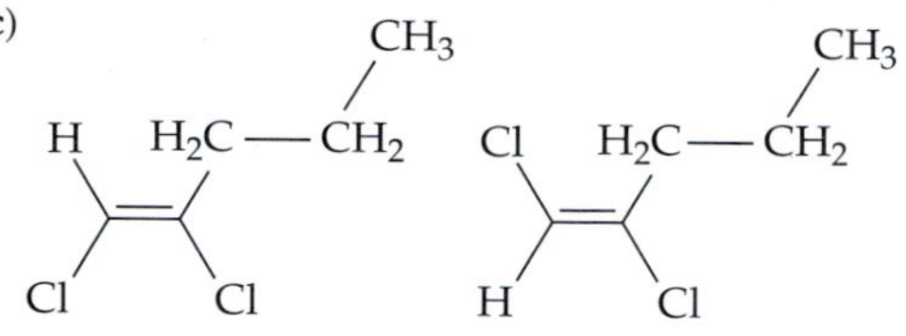

(**d**) no

**24.34** (**a**)

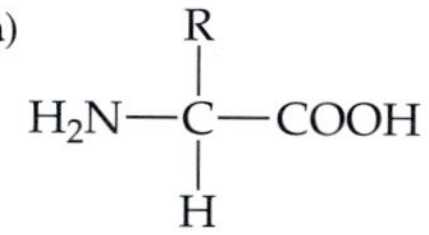

(**b**) In protein formation, amino acids undergo a condensation reaction between the amino group of one molecule and the carboxylic acid group of another to form the amide linkage. (**c**) The bond that links amino acids in proteins is called the peptide bond. It is shown in bold in the figure below.

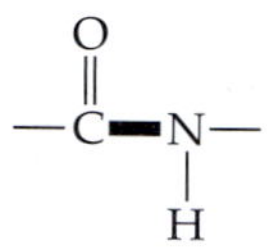

**24.37** (**a**) True (**b**) false (**c**) false **24.47** The complimentary strand for 5′ − GCATTGGC − 3′ is 3′ − CGTAACCG − 5′.
**24.48** Structures (**c**) and (**d**) are the same molecule. **24.56** (**a**) 109.5° (**b**) $sp^3$ hybrid orbitals **24.57** (**a**) False (**b**) true (**c**) true (**d**) false **24.58** Numbering from the left on the condensed structural formula, C1, C2 and C3 have trigonal planar electron domain geometries, 120° bond angles, and $sp^2$ hybridization. C4 has tetrahedral electron domain geometry, 109° bond angles, and $sp^3$ hybridization. **24.59** (**a**) One (**b**) ten (**c**) seven (**d**) five (**e**) two **24. 61** (**a**) 2-methylhexane (**b**) 4-ethyl-2,4-dimethyldecane (**c**) $CH_3CH_2CH_2CH_2CH_2CH(CH_3)_2$
(**d**) $CH_3CH_2CH_2CH_2CH(CH_2CH_3)CH(CH_3)CH(CH_3)_2$

(**e**)

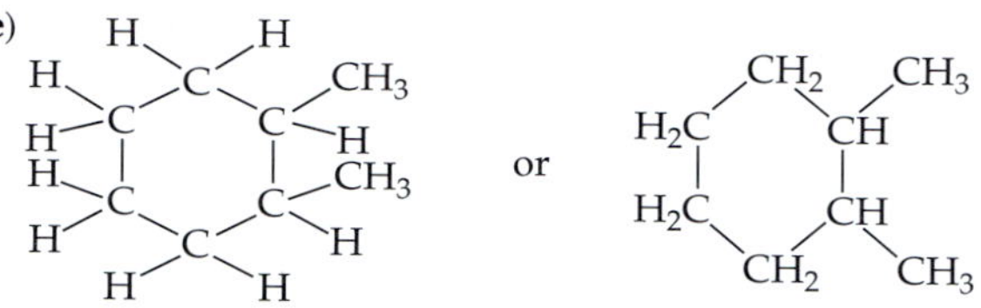

**24.62** (**a**) 2,3-dimethylheptane (**b**) $CH_3CH_2CH_2C(CH_3)_3$

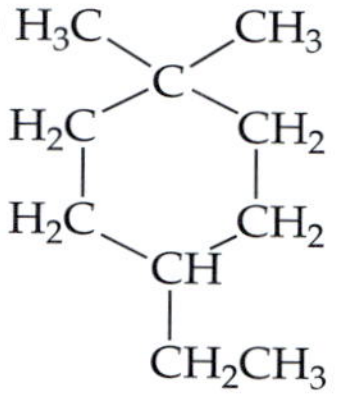

(**d**) 2,2,5-trimethylhexane (**e**) methylcyclobutane **24.63** 65 **24.64** (**a**) Yes. (**b**) Yes, any molecule that contains a benzene ring is an unsaturated hydrocarbon. **24.65** (**a**) $CH_3CH_2CH_2CH_2CH_3$, $C_5H_{12}$

(**b**)

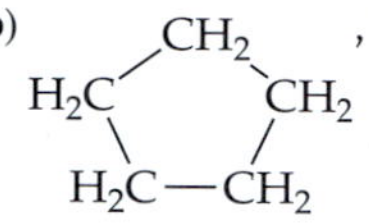

(**c**) $CH_2{=}CHCH_2\ CH_2\ CH_3$, $C_5H_{10}$
(**d**) $HC{\equiv}CCH_2CH_2CH_3$, $C_5H_8$ **24.67** One possible structure is $CH{\equiv}C{-}CH{=}CH{-}C{\equiv}CH$ **24.69** There are at least 46 structural isomers with the formula $C_6H_{10}$. A few of them are

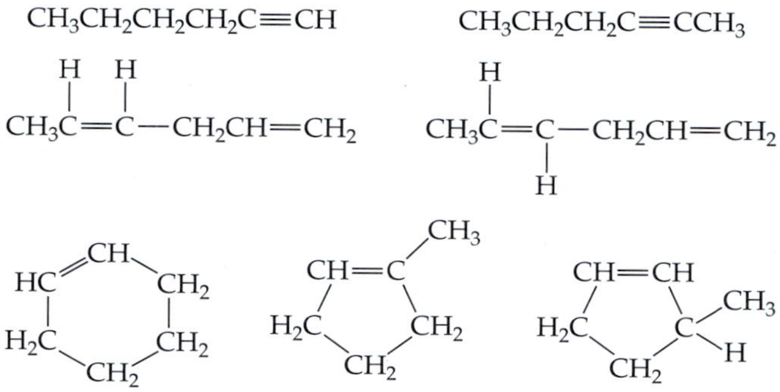

**24.71**

(**a**)

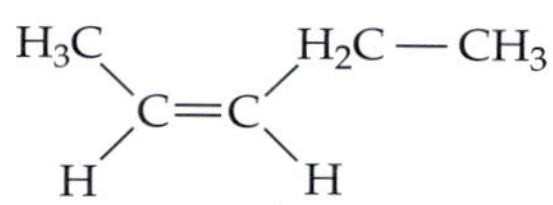

(**b**)

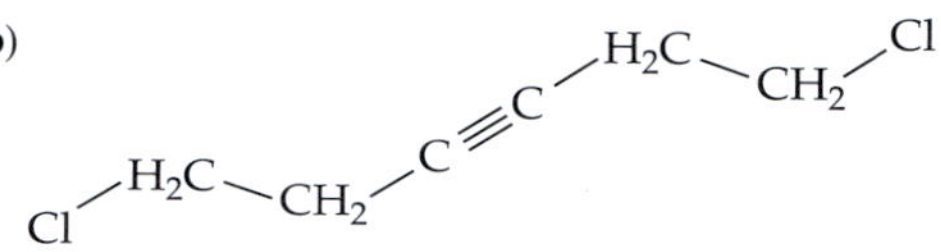

(**c**) dibromoethyne
(**d**)

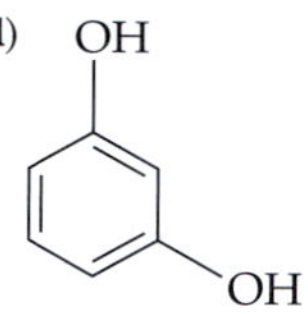

(**e**) 3-methyl-1,4-pentadiene **24.73** (**a**) True (**b**) false (**c**) false
**24.75** (**a**) True

(**b**) $CH_3CH_2CH{=}CH{-}CH_3 + Br_2 \longrightarrow CH_3CH_2CH(Br)CH(Br)CH_3$
2-pentene → 2, 3-dibromopentane

This is an addition reaction.

(**c**)

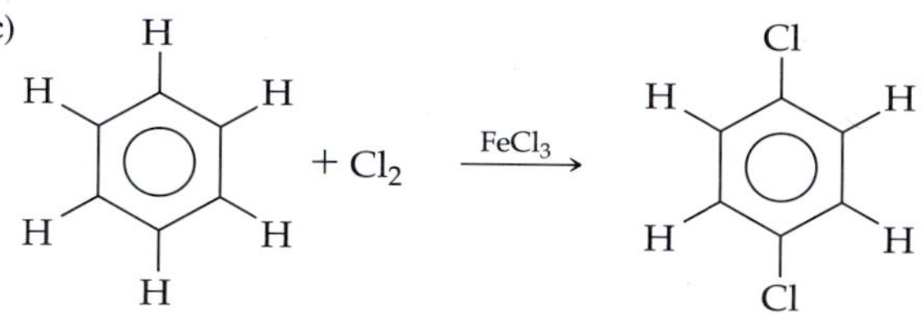

$$C_6H_6 + Cl_2 \xrightarrow{FeCl_3} C_6H_4Cl_2$$

This is an substitution reaction.

**24.76** The 60° C—C—C angles in the cyclopropane ring cause strain that provides a driving force for reactions that result in ring opening. There is no comparable strain in the five-membered or six-membered rings. (**b**) $C_2H_4(g) + HBr(g) \longrightarrow CH_3CH_2Br(l)$;

$$C_6H_6(l) + CH_3CH_2Br(l) \xrightarrow{AlCl_3} C_6H_5CH_2CH_3(l) + HBr(g)$$

**24.77** Yes, this information suggests (but does not prove) that the reactions proceed in the same manner. That the two rate laws are first order in both reactants and second order overall indicates that the activated complex in the rate-determining step in each mechanism is bimolecular and contains one molecule of each reactant. This is usually an indication that the mechanisms are the same, but it does not rule out the possibility of different fast steps or a different order of elementary steps. **24.78** $\Delta H_{comb}$/mol $CH_2$ for cyclopropane = 696.3 kJ, for cyclopentane = 663.4 kJ. $\Delta H_{comb}/CH_2$ group for cyclopropane is greater because $C_3H_6$ contains a strained ring. When combustion occurs, the strain is relieved and the stored energy is released. **24.79** (**a**) (iii) (**b**) (**i**) (**c**) (ii) (**d**) (iv) (**e**) (v)

**24.80** (**a**) Propionaldehyde (or propanal):

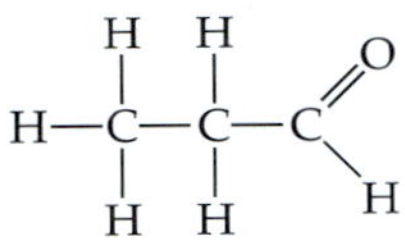

(**b**) ethylmethyl ether:

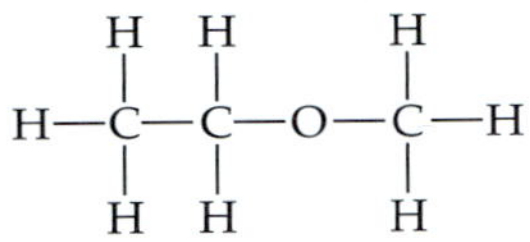

**24.81**

(**a**)

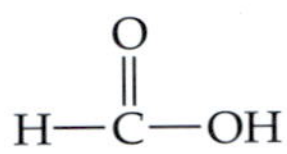

(**b**)

or

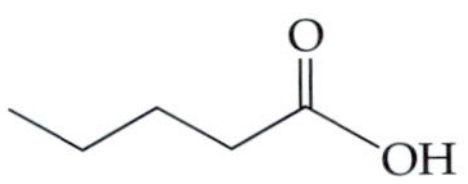

(**c**)

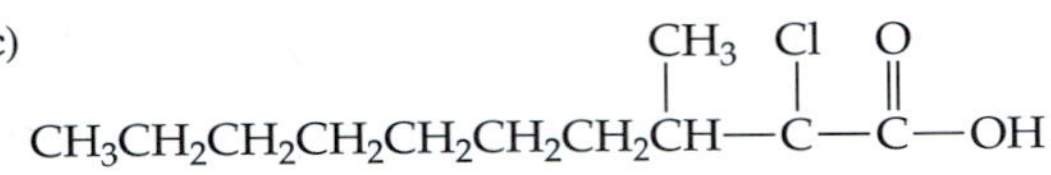

or

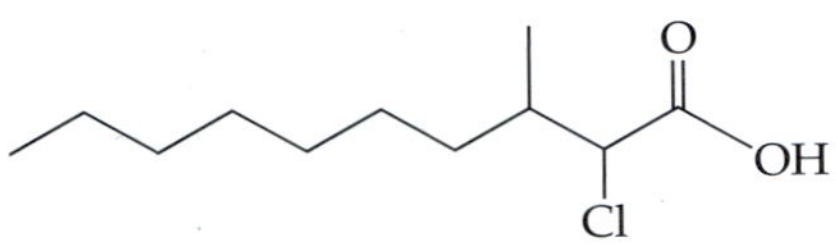

**24.82**

(**a**)

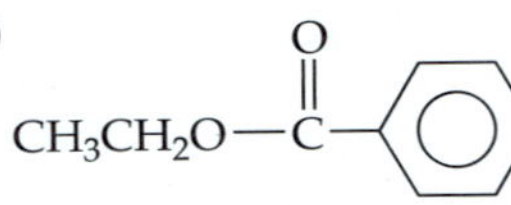

Ethylbenzoate

(**b**)

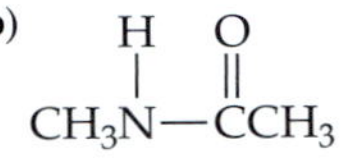

N-methylethanamide or
N-methylacetamide

(**c**)

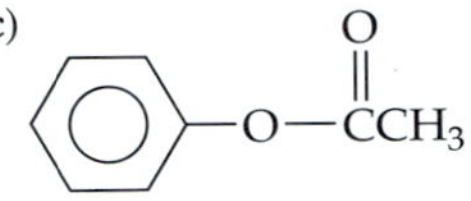

Phenylacetate

**24.83**

(**a**)

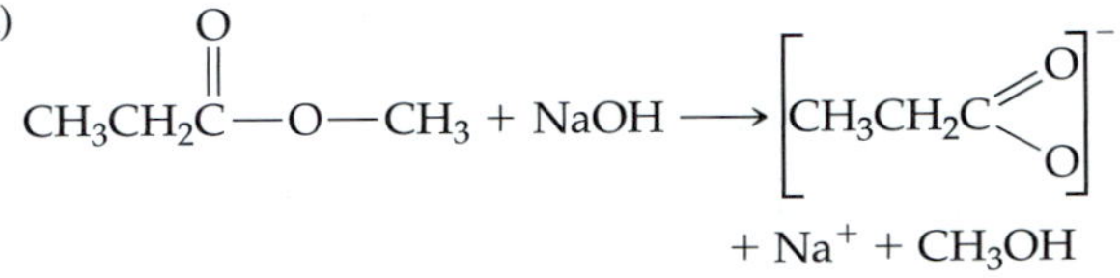

(**b**)

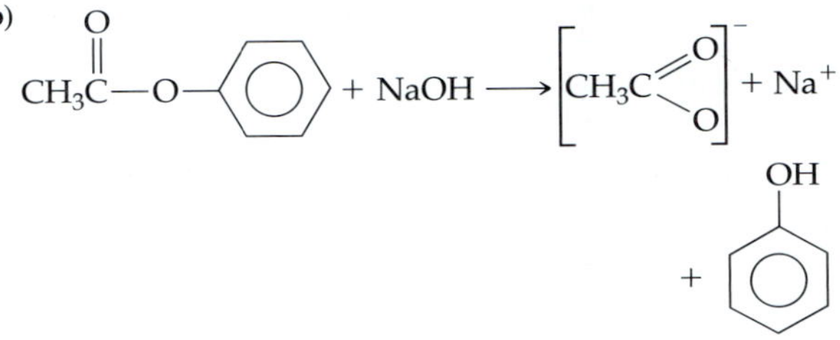

**24.84** High melting and boiling points are indicators of strong intermolecular forces in the bulk substance. The presence of both —OH and —C=O groups in pure acetic acid leads us to conclude that it will be a strongly hydrogen-bonded substance. That the melting and boiling points of pure acetic acid are both higher than those of water, a substance we know to be strongly hydrogen-bonded, supports this conclusion. **24.85** (**a**) $CH_3CH_2CH_2CH(OH)CH_3$ (**b**) $CH_3CH(OH)CH_2OH$

(**c**)

(**d**)

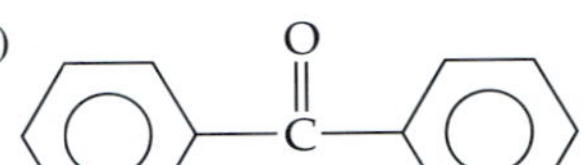

(**e**) $CH_3OCH_2CH_3$

**24.86** (**b**) 1

**24.88** (**a**)

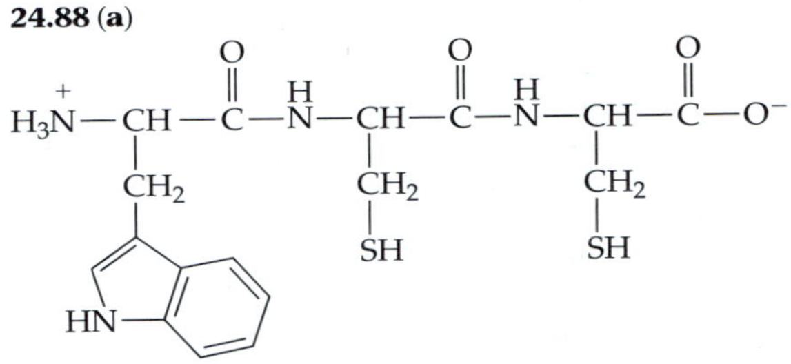

(**b**) Three tripeptides are possible: Trp-Cys-Cys, WCC; Cys-Trp-Cys, CWC; Cys-Cys-Trp, CCW **24.90** (**a**) False (**b**) true (**c**) true **24.91** (**a**)

The empirical formula of cellulose is $C_6H_{10}O_5$. (**b**) The six-membered ring form of glucose is the monomer unit that is the basis of the polymer cellulose. (**c**) Ether linkages connect the glucose monomer units in cellulose. **24.92** (**a**) Yes. (**b**) Four. In the linear form of mannose, the aldehydic carbon is C1. Carbon atoms 2, 3, 4, and 5 are chiral because they each carry four different groups. (**c**) Both the $\alpha$ (left) and $\beta$ (right) forms are possible.

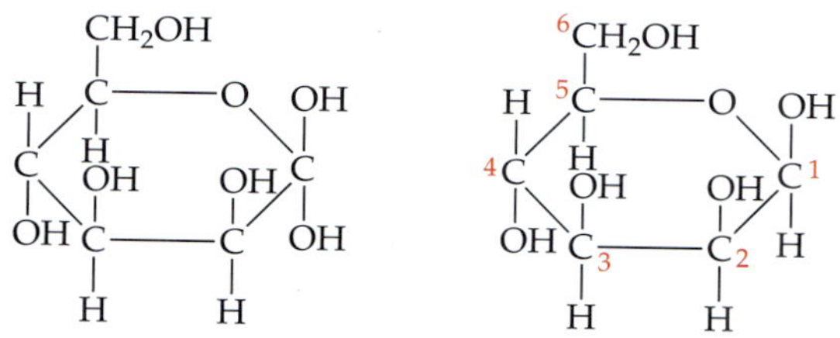

**24.93** (**a**) False (**b**) false (**c**) true **24.94** *Purines*, with the larger electron cloud and molar mass, will have larger dispersion forces than *pyrimidines* in aqueous solution. **24.95** 5′ − TACG − 3′

**24.97**

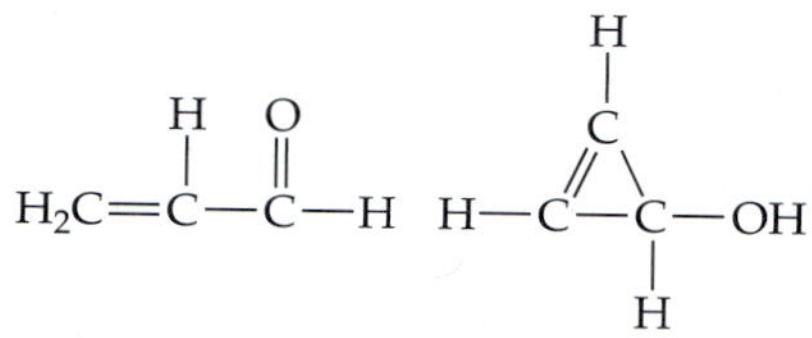

**24.106** (**a**) One ketone and two alcohol functional groups; no chiral centers (**b**) One ketone and three alcohol functional groups; one chiral center (**c**) One carboxylic acid and one amine functional group; two chiral centers **24.111** (**a**) Butane (**b**) diethyl ether (**c**) 1-chlorobutane (**d**) ethylene glycol **24.115** $\Delta G° = 250$ kJ/mol

# 그림으로 된 문제의 답

## Chapter 13

***Figure 13.1*** Gas molecules move in constant random motion. ***Figure 13.2*** Opposite charges attract. The electron-rich O atom of the $H_2O$ molecule, which is the negative end of the dipole, is attracted to the positive $Na^+$ ion. ***Figure 13.4*** For exothermic solution processes the magnitude of $\Delta H_{mix}$ will be larger than the magnitude of $\Delta H_{solute} + \Delta H_{solvent}$ ***Figure 13.6*** 46 g. ***Figure 13.11*** If the partial pressure of a gas over a solution is doubled, the concentration of gas in the solution would double. ***Figure 13.12*** The highest. ***Figure 13.14*** Looking at where the solubility curves for KCl and NaCl intersect the 80 °C line, we see that the solubility of KCl is about 51 g/100 g $H_2O$, whereas NaCl has a solubility of about 39 g/100 g $H_2O$. Thus, KCl is more soluble than NaCl at this temperature. ***Figure 13.15*** $N_2$ has the same molecular weight as CO but is nonpolar, so we can predict that its curve will be just below that of CO. ***Figure 13.21*** The water will move through the semipermeable membrane toward the more concentrated solution. Thus, the liquid level in the left arm will increase. ***Figure 13.22*** Water will move toward the more concentrated solute solution, which is inside the red blood cells, causing them to undergo hemolysis. ***Figure 13.25*** The negatively charged groups both have the composition $—CO_2^-$. ***Figure 13.27*** Recall the rule that likes dissolve likes. The oil drop is composed of nonpolar molecules, which interact with the nonpolar part of the stearate ion via dispersion forces.

## Chapter 14

***Figure 14.1*** No. The surface area of a steel nail is much smaller than that for the same mass of steel wool, so the reaction with $O_2$ would not be as vigorous. Depending on how hot it is, it might not burn at all. ***Figure 14.2*** Our first guess might be half way between the values at 20 s and 40 s, namely 0.42 mol A. However, we also see that the change in the number of moles of A between 0 s and 20 s is greater than that between 20 s and 40 s—in other words, the rate of conversion gets smaller as the amount of A decreases. So we would guess that the change from 20 s to 30 s is greater than the change from 30 s to 40 s, and we would estimate that the number of moles of A is between 0.42 and 0.30 mol. ***Figure 14.3*** The instantaneous rate decreases as the reaction proceeds. ***Figure 14.7*** The reaction is first order. ***Figure 14.9*** At the beginning of the reaction when both plots are linear or nearly so. ***Figure 14.13*** No, it will not turn down. The rate constant increases monotonically with increasing temperature because the kinetic energy of the colliding molecules continues to increase. ***Figure 14.15*** The difference in height between the ball and the top of the barrier. ***Figure 14.16*** As shown, the magnitude of energy needed to overcome the energy barrier is greater than the magnitude of the energy change in the reaction. ***Figure 14.17*** It would be more spread out, the maximum of the curve would be lower and to the right of the maximum of the red curve, and a greater fraction of molecules would have kinetic energy greater than $E_a$ than for the red curve. ***Figure 14.19*** The rate of converting intermediates to products will be faster, because this reaction has a lower barrier than the reaction that converts intermediates back to reactants. ***Figure 14.20*** No, because the bottleneck, or rate determining step, is passing through toll plaza A. ***Figure 14.21*** The color is characteristic of molecular bromine, $Br_2$, which is an intermediate in this reaction. ***Figure 14.22*** There is one valley corresponding to the formation of intermediates, so the reaction has a total of two steps. ***Figure 14.25*** Grinding increases the surface area, exposing more of the catalase to react with the hydrogen peroxide. ***Figure 14.26*** Substrates must be held more tightly so that they can undergo the desired reaction. Products are released from the active site.

## Chapter 15

***Figure 15.1*** The same because once the system reaches equilibrium the concentrations of $NO_2$ and $N_2O_4$ stop changing. ***Figure 15.2*** Because the concentration of reactants is decreasing, which reduces the frequency of collisions and hence the rate of the forward reaction. ***Figure 15.3*** Yes. The reaction stoichiometry dictates that $H_2$ disappears at three times the rate that $N_2$ disappears. ***Figure 15.5*** Experiment 4 ***Figure 15.6*** The boxes would be approximately the same size. ***Figure 15.7*** It would decrease. To reestablish equilibrium the concentration of $CO_2(g)$ would need to return to its previous value. The only way to do that would be for more $CaCO_3$ to decompose to produce enough $CO_2(g)$ to replace what was lost. ***Figure 15.9*** High pressure and low temperature, 500 atm and 400 °C in this figure. ***Figure 15.10*** Nitrogen must react with some of the added hydrogen to create ammonia and restore equilibrium. ***Figure 15.15*** **(a)** the energy difference between the initial state and the transition state. ***Figure 15.16*** About $5 \times 10^{-4}$

## Chapter 16

***Figure 16.1*** Hydrogen bonds. ***Figure 16.3*** $O^{2-}(aq) + H_2O(l) \longrightarrow 2\,OH^-(aq)$. ***Figure 16.4*** Basic. The mixture of the two solutions will still have $[H^+] < [OH^-]$. ***Figure 16.5*** Lemon juice. It has a pH of about 2 whereas black coffee has a pH of about 5. The lower the pH, the more acidic the solution. ***Figure 16.7*** Phenolphthalein changes from colorless, for pH values less than 8, to pink for pH values greater than 10. A pink color indicates pH > 10. ***Figure 16.8*** Bromthymol blue would be most suitable because it changes pH over a range that brackets pH = 7. Methyl red is not sensitive to pH changes when pH > 6, while phenolphthalein is not sensitive to pH changes when pH < 8, so neither changes color at pH = 7. ***Figure 16.12*** Yes. The equilibrium of interest is $H_3CCOOH \rightleftharpoons H^+ + H_3CCOO^-$. If the percent dissociation remained constant as the acid concentration increased, the concentration of all three species would increase at the same rate. However, because there are two products and only one reactant, the product of the concentrations of products would increase faster than the concentration of the reactant. Because the equilibrium constant is constant, the percent dissociation decreases as the acid concentration increases. ***Figure 16.13*** 3. ***Figure 16.15*** The nitrogen atom in hydroxylamine accepts a proton to form $NH_3OH^+$. As a general rule, nonbonding electron pairs on nitrogen atoms are more basic than nonbonding electron pairs on oxygen atoms. ***Figure 16.17*** The range of pH values is so large that we can't show the effects using a single indicator (see Figure 16.8). ***Figure 16.20*** The HOY molecule on the left because it is a weak acid. Most of the HOY molecules remain undissociated.

## Chapter 17

***Figure 17.6*** The pH will increase upon addition of the base. ***Figure 17.7*** 25.00 mL. The number of moles of added base needed to reach the equivalence point remains the same. Therefore, by doubling the concentration of added base the volume needed to reach the equivalence point is halved. ***Figure 17.9*** The volume of base needed to reach the equivalence point would not change because this quantity does not depend on the strength of the acid. However, the pH at the equivalence point, which is greater than 7 for a weak acid–strong base titration, would decrease to 7 because hydrochloric acid is a strong acid. ***Figure 17.11*** The pH at the equivalence point increases (becomes more basic) as the acid becomes weaker. The volume of added base needed to reach the equivalence point remains unchanged. ***Figure 17.12*** No; it would change color by pH 6 and miss pH 7. ***Figure 17.15*** $H_2PO_3^-$ at first equivalence point, $HPO_3^{2-}$ at the second. ***Figure 17.22*** Because the solution is basic. ***Figure 17.23*** Yes. CuS would precipitate in step 2 on addition of $H_2S$ to an acidic solution, while the $Zn^{2+}$ ions remained in solution.

## Chapter 18

***Figure 18.1*** About 85 km, at the mesopause. ***Figure 18.3*** The atmosphere absorbs a significant fraction of solar radiation. ***Figure 18.4*** (c) UV ***Figure 18.5*** The peak value is about $5 \times 10^{12}$ molecules per $cm^3$. If we use Avogradro's number to convert molecules to moles, and the conversion factor of $1000\ cm^3 = 1000\ mL = 1\ L$, we find that the concentration of ozone at the peak is $8 \times 10^{-9}$ mol/L. ***Figure 18.8*** $CaSO_3(s)$ ***Figure 18.10*** The Earth's surface absorbs 492 W/m². Of that amount 390 W/m² or 79% is radiated back toward the atmosphere. ***Figure 18.12*** The increasing slope corresponds to an increasing *rate* of addition of $CO_2$ to the atmosphere, probably as a result of ever-increasing burning of fossil fuels worldwide. ***Figure 18.14*** Evaporation from sea water, evaporation from freshwater; evaporation and transpiration from land. ***Figure 18.15*** As the temperature of water goes down its density increases. Therefore, density increases as depth increases (note the pressure also increases which also results in an increase in density). ***Figure 18.19*** To reduce concentrations of dissolved iron and manganese, remove $H_2S$ and $NH_3$, and reduce bacterial levels.

## Chapter 19

***Figure 19.1*** Yes, the potential energy of the eggs decreases as they fall. ***Figure 19.3*** To be truly reversible, the temperature change $\delta T$ must be infinitesimally small. ***Figure 19.5*** Because the final volume would be less than twice the volume of Flask A, the final pressure would be greater than 50.7 kPa. ***Figure 19.8*** There are two other independent rotational motions of the $H_2O$ molecule:

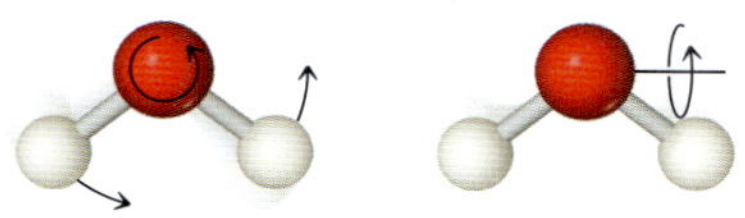

***Figure 19.9*** Ice, because it is the phase in which the molecules are held most rigidly ***Figure 19.11*** The decrease in the number of molecules due to the formation of new bonds. ***Figure 19.12*** During a phase change, the temperature remains constant but the entropy change can be large as molecules increase their degrees of freedom and motion. ***Figure 19.13*** Based on the three molecules shown, the addition of each C increases $S°$ by 40–45 J/mol K. Based on this observation, we would predict that $S°(C_4H_{10})$ would 310–315 J/mol K. Appendix C confirms that this is a good prediction: $S°(C_4H_{10}) = 310.0$ J/mol K. ***Figure 19.14*** Spontaneous ***Figure 19.15*** If we plot progress of the reaction versus free energy, equilibrium is at a minimum point in free energy, as shown in the figure. In that sense, the reaction runs "downhill" until it reaches that minimum point.

## Chapter 20

***Figure 20.1*** Exothermic. ***Figure 20.2*** The permanganate ion, $MnO_4^-$, is reduced, as the half-reactions in the text show. The oxalate ion, $C_2O_4^{2-}$, acts as the reducing agent. ***Figure 20.3*** The blue color is due to $Cu^{2+}(aq)$. As this ion is reduced, forming $Cu(s)$, its concentration decreases and the blue color fades. ***Figure 20.4*** The Zn is oxidized and, therefore, serves as the anode of the cell. ***Figure 20.5*** The electrical balance is maintained in two ways: Anions migrate into the half-cell, and cations migrate out via the salt bridge. ***Figure 20.9*** As the cell operates, $H^+$ is reduced to $H_2$ in the cathode half-cell. As $H^+$ is depleted, the positive $Na^+$ ions are drawn into the half-cell to maintain electrical balance in the solution. ***Figure 20.11*** Yes. ***Figure 20.13*** The variable *n* is the number of moles of electrons transferred in the process. ***Figure 20.14*** The cathode. ***Figure 20.19*** The cathode consists of $PbO_2(s)$. Because each oxygen has an oxidation state of −2, lead must have an oxidation state of +4 in this compound. ***Figure 20.20*** Zn ***Figure 20.21*** $Co^{3+}$. The oxidation number increases as the battery charges. ***Figure 20.24*** $O_2(g) + 4H^+ + 4e^- \longrightarrow 2H_2O(g)$ ***Figure 20.25*** The oxidizing agent of $O_2(g)$ from the air. ***Figure 20.29*** 0 V

## Chapter 21

***Figure 21.1*** From Figure 21.1 we see that the belt of stability for a nucleus containing 70 protons lies at approximately 102 neutrons. ***Figure 21.2*** ${}^{234}_{90}Th \longrightarrow {}^{234}_{91}Pa + {}^{0}_{-1}e$ ***Figure 21.3*** Only three of the elements with an even number of protons have fewer than three isotopes: He, Be, and C. Note that these three elements are the lightest elements that have an even atomic number. Because they are so light, any change in the number of neutrons will change the neutron/proton ratio significantly. This helps to explain why they do not have more stable isotopes. None of the elements in Figure 21.3 that have an odd number of protons have more than two stable isotopes. ***Figure 21.6*** 6.25 g. After one half-life, the amount of the radioactive material will have dropped to 25.0 g. After two half-lives, it will have dropped to 12.5 g. After three half-lives, it will have dropped to 6.25 g. ***Figure 21.7*** Plants convert ${}^{14}CO_2$ to ${}^{14}C$-containing sugars via photosynthesis. When mammals eat the plants, they metabolize the sugars, thereby incorporating ${}^{14}C$ in their bodies. ***Figure 21.8*** Gamma rays. Both X rays and gamma rays consist of high-energy electromagnetic radiation, whereas alpha and beta rays are streams of particles. ***Figure 21.9*** Ionization energy. Detection depends on the ability of the radiation to cause ionization of the gas atoms. ***Figure 21.14*** The mass numbers are equal on both sides. Remember that this does not mean that mass is conserved—mass is lost during the reaction, which appears as energy released. ***Figure 21.15*** 16. Each of the eight neutrons would split another uranium-235 nucleus, releasing two more neutrons. ***Figure 21.16*** Critical without being supercritical so that the release of energy is controlled. ***Figure 21.23*** Alpha rays are less dangerous when outside the body because they cannot penetrate the skin. However, once inside the body they can do great harm to any cells that are nearby.

## Chapter 22

***Figure 22.5*** Beaker on the right is warmer. ***Figure 22.6*** HF is the most stable, $SbH_3$ the least stable. ***Figure 22.8*** More soluble in $CCl_4$ — the colors are deeper. ***Figure 22.9*** $CF_2$ ***Figure 22.12*** No ***Figure 22.14*** Based on this structure—yes, it would have a dipole moment. In fact, if you look it up, hydrogen peroxide's dipole moment is larger than water's! ***Figure 22.19*** Formally they could both be +2. If we consider that the central sulfur is like $SO_4^{2-}$, however, then the central sulfur would be +6, like $SO_4^{2-}$, and the terminal sulfur would be −2. ***Figure 22.21*** Nitrite ***Figure 22.22*** Longer. (There is a triple bond in $N_2$.) ***Figure 22.24*** The NO double bond ***Figure 22.26*** In both compounds the electron domains around the P atoms are tetrahedral. In $P_4O_{10}$ all the electron domains around the P atoms are bonding. In $P_4O_6$ one of the electron domains about each P atom is nonbonding. ***Figure 22.30*** The minimum temperature should be the melting point of silicon; the temperature of the heating coil should not be so high that the silicon rod starts to melt outside the zone of the heating coil.

## Chapter 23

***Figure 23.3*** No. The radius decreases first and then flattens out before increasing on moving past group 8B, while the effective nuclear charge increases steadily on moving left to right across the transition metal series. ***Figure 23.4*** $Zn^{2+}$. ***Figure 23.5*** The 4*s* orbitals are always empty in transition metal ions, so all of the ions shown in this table have empty 4*s* orbitals. The 3*d* orbitals are only empty for those ions that have lost all of their valence electrons: $Sc^{3+}$, $Ti^{4+}$, $V^{5+}$, $Cr^{6+}$, and $Mn^{7+}$. ***Figure 23.6*** The electron spins would tend to align with the direction of the magnetic field. ***Figure 23.8*** No. If you start with a chloride ion on one vertex of the octahedron and then generate structures by placing the second chloride ion on any of the other five vertices you will get one complex that is the *trans* isomer and four complexes that are equivalent to the *cis* isomer shown in this figure. ***Figure 23.9*** Neither the coordination number nor the oxidation state of iron change in this reaction. ***Figure 23.10*** The solid wedge represents a bond coming out of the plane of the page. The dashed wedge represents a bond that is going into the plane of the page. ***Figure 23.13*** There are 20 carbon atoms in porphine, all of which have $sp^2$ hybridization. ***Figure 23.15*** The coordination number is 6. The blue atoms in the heme are nitrogen atoms. ***Figure 23.16*** The peak at 660 nm. ***Figure 23.20*** $[Fe(NH_3)_5(NO_2)]^{2+}$ and pentaammi-nenitroiron(III) ion for the complex on the left. $[Fe(NH_3)_5(ONO)]^{2+}$ and pentaamminenitritoiron(III) ion for the complex on the right. ***Figure 23.21*** The *cis* isomer. ***Figure 23.24*** Larger, since ammonia can displace water. ***Figure 23.26*** The peak would stay in the same position in terms of wavelength, but its absorbance would decrease. ***Figure 23.28*** $d_{x^2-y^2}$ and $d_{z^2}$. ***Figure 23.29*** Convert the wavelength of light, 495 nm, into energy in joules using the relationship $E = hc/\lambda$. ***Figure 23.30*** The absorption peak would shift to shorter wavelengths absorbing green light and the color of the complex ion would become red. An even larger shift would move the absorption peak into the blue region of the spectrum and the color would become orange. ***Figure 23.34*** Only the $d_{x^2-y^2}$ orbital points directly at the ligands.

## Chapter 24

***Figure 24.1*** Tetrahedral ***Figure 24.2*** The OH group is polar whereas the $CH_3$ group is nonpolar. Hence, adding $CH_3$ will (**a**) reduce the substance's solubility in polar solvents and (**b**) increase its solubility in nonpolar solvents. ***Figure 24.5*** $C_nH_{2n}$, because there are no $CH_3$ groups, each carbon has two hydrogens. ***Figure 24.7*** Just one ***Figure 24.9*** Yes, spontaneous. ***Figure 24.13*** Both lactic acid and citric acid ***Figure 24.14*** No, because there are not four different groups around any carbon ***Figure 24.16*** Those labeled "basic amino acids," which have basic side groups that are protonated at pH 7 ***Figure 24.17*** Two. ***Figure 24.23*** The long hydrocarbon chains, which are nonpolar ***Figure 24.24*** The polar parts of the phospholipids seek to interact with water whereas the nonpolar parts seek to interact with other nonpolar substances and to avoid water. ***Figure 24.26*** 1-2-3-4 ***Figure 24.27*** GC because each base has three hydrogen bonding sites, whereas there are only two in AT.

# 보충 예제의 답

## Chapter 13

**Sample Exercise 13.2**
Practice Exercise: **(d)** There are twice as many gas molecules in the liquid.

**Sample Exercise 13.3**
Practice Exercise: **(d)** 2.91%

**Sample Exercise 13.4**
Practice Exercise: **(c)** It is unchanged.

**Sample Exercise 13.5**
Practice Exercise: **(b)** $1.80 \times 10^{-5}$

**Sample Exercise 13.6**
Practice Exercise: **(a)** 10.9 *m*, **(b)** $X_{C_3H_8O_3} = 0.163$, **(c)** 5.97 *M*

**Sample Exercise 13.7**
Practice Exercise: 0.290

**Sample Exercise 13.8**
Practice Exercise: **(b)** 0.15 *m* NaCl

**Sample Exercise 13.9**
Practice Exercise: **(d)** increasing the temperature

**Sample Exercise 13.10**
Practice Exercise: **(d)** norfenefrine

**Sample Exercise 13.11**
Practice Exercise: $4.20 \times 10^4$ g/mol

## Chapter 14

**Sample Exercise 14.1**
Practice Exercise: **(e)** All three statements are true.

**Sample Exercise 14.2**
Practice Exercise: **(d)** $2.7 \times 10^{-5}\ M/s$

**Sample Exercise 14.3**
Practice Exercise: **(c)** $2\ A \longrightarrow B + 3\ C$

**Sample Exercise 14.4**
Practice Exercise: **(e)** $3 < 1 < 2$

**Sample Exercise 14.5**
Practice Exercise: **(a)** $M^{-1/2}s^{-1}$

**Sample Exercise 14.8**
Practice Exercise: **(b)** Statements (i) and (ii) are true.

**Sample Exercise 14.9**
Practice Exercise: **(a)** $0.478\ yr = 1.51 \times 10^7\ s$, **(b)** it takes two half-lives, $2(0.478\ yr) = 0.956\ yr$

**Sample Exercise 14.10**
Practice Exercise: **(a)** Only one—(i), or (ii), or (iii)—increases the reaction rate.

**Sample Exercise 14.12**
Practice Exercise: **(c)** Statements (i) and (iii) are true.

**Sample Exercise 14.13**
Practice Exercise: **(e)** $A + B \longrightarrow X + Z$

**Sample Exercise 14.15**
Practice Exercise: **(c)** Rate $= k[P]^2[Q]$

## Chapter 15

**Sample Exercise 15.1**
Practice Exercise: **(c)** $K_c = \dfrac{[SO_3]^2}{[SO_2]^2[O_2]}$

**Sample Exercise 15.2**
Practice Exercise: **(c)** $Ni(CO)_4(g) \rightleftharpoons Ni(s) + 4\ CO(g)$

**Sample Exercise 15.3**
Practice Exercise:

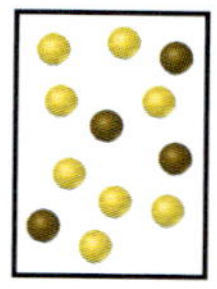

**(b)**

**Sample Exercise 15.4**
Practice Exercise: **(d)** $1.8 \times 10^2$

**Sample Exercise 15.5**
Practice Exercise: **(e)** neither $[Ag^+]$ nor $[Cl^-]$ will change

**Sample Exercise 15.6**
Practice Exercise: **(d)** Increasing the volume of the vessel

**Sample Exercise 15.7**
Practice Exercise: $1.79 \times 10^{-5}$

**Sample Exercise 15.8**
Practice Exercise: **(d)** 1.4

**Sample Exercise 15.9**
Practice Exercise: **(c)** The direction of this reaction does not depend on the volume of the container.

**Sample Exercise 15.10**
Practice Exercise: 127.5 kPa

**Sample Exercise 15.11**
Practice Exercise: $P_{PCl_5} = 97.94$ kPa, $P_{PCl_3} = P_{Cl_2} = 70.26$ kPa

**Sample Exercise 15.12**
Practice Exercise: **(a)** right, **(b)** left, **(c)** right, **(d)** left

## Chapter 16

**Sample Exercise 16.1**
Practice Exercise: **(b)** $HSO_4^-$ and $H_2O$

**Sample Exercise 16.2**
Practice Exercise: **(c)** i and iii

**Sample Exercise 16.3**
Practice Exercise: **(e)** iii < ii < i

**Sample Exercise 16.4**
Practice Exercise: **(a)** $1.0 \times 10^{-8}\ M$

**Sample Exercise 16.5**
Practice Exercise: **(c)** $2.5 \times 10^{-7}\,M$

**Sample Exercise 16.6**
Practice Exercise: **(d)** 11.83

**Sample Exercise 16.7**
Practice Exercise: **(e)** All three statements are true.

**Sample Exercise 16.8**
Practice Exercise: **(c)** iii < i < ii

**Sample Exercise 16.9**
Practice Exercise: **(e)** iii < ii < i

**Sample Exercise 16.10**
Practice Exercise: **(c)** $6.6 \times 10^{-5}$

**Sample Exercise 16.11**
Practice Exercise: **(e)** 9.0%

**Sample Exercise 16.12**
Practice Exercise: **(a)** 2.30

**Sample Exercise 16.13**
Practice Exercise: **(e)** 2.64

**Sample Exercise 16.14**
Practice Exercise: **(b)** 2.32

**Sample Exercise 16.15**
Practice Exercise: **(c)** 9.52

**Sample Exercise 16.16**
Practice Exercise: **(a)** 0.38

**Sample Exercise 16.17**
Practice Exercise: **(d)** ii < iii < i

**Sample Exercise 16.18**
Practice Exercise: **(e)** iii < ii < i

**Sample Exercise 16.19**
Practice Exercise: **(c)** 2

**Sample Exercise 16.20**
Practice Exercise: **(b)** $HOI < HIO_2 < HBrO_2 < HClO_2 < HClO_3$

## Chapter 17

**Sample Exercise 17.1**
Practice Exercise: **(d)** If you add the soluble salt KA to a solution of HA that is at equilibrium, the pH would increase.

**Sample Exercise 17.2**
Practice Exercise: **(e)** $1.73 \times 10^{-4}\,M$

**Sample Exercise 17.3**
Practice Exercise: **(c)** The acid and base concentrations must be equal.

**Sample Exercise 17.4**
Practice Exercise: **(b)** 0.174

**Sample Exercise 17.5**
Practice Exercise: **(a)** 60.7 g

**Sample Exercise 17.6**
Practice Exercise: **(e)** In order to do calculations in which a strong acid or base is added to a buffer, you need to calculate the amounts of substances from the neutralization reaction and then equilibrate.

**Sample Exercise 17.7**
Practice Exercise: **(e)** At the equivalence point, the $OH^-$ concentration in the solution is $3.67 \times 10^{-3}\,M$.

**Sample Exercise 17.8**
Practice Exercise: **(b)** Halfway to the equivalence point, $pH = pK_a$.

**Sample Exercise 17.9**
Practice Exercise: **(d)** The conjugate base that is formed at the equivalence point reacts with water.

**Sample Exercise 17.10**
Practice Exercise: **(c)** $[Ag^+]^3[PO_4^{3-}]$

**Sample Exercise 17.11**
Practice Exercise: **(e)** $1.40 \times 10^{-37}$

**Sample Exercise 17.12**
Practice Exercise: **(b)** cobalt(II) hydroxide, $K_{sp} = 1.3 \times 10^{-15}$

**Sample Exercise 17.13**
Practice Exercise: **(d)** Raising the temperature of the solution.

**Sample Exercise 17.14**
Practice Exercise: **(e)** none of these

**Sample Exercise 17.15**
Practice Exercise: **(c)** The precipitate was chromium hydroxide, which then reacted with more hydroxide to produce a soluble complex ion, $Cr(OH)_4^-(aq)$.

**Sample Exercise 17.16**
Practice Exercise: **(a)** Yes

**Sample Exercise 17.17**
Practice Exercise: **(c)** when Q exceeds $K_{sp}$

## Chapter 18

**Sample Exercise 18.1**
Practice Exercise: $4.0 \times 10^{-4}$ kPa

**Sample Exercise 18.2**
Practice Exercise: **(a)** 620 nm

**Sample Exercise 18.3**
$1.5 \times 10^4$ g $CO_2$ or 15 kg $CO_2$

## Chapter 19

**Sample Exercise 19.1**
Practice Exercise: **(d)** Equilibrium is achieved in a closed system when the rate of iron oxidation is equal to the rate of iron(III) oxide reduction.

**Sample Exercise 19.2**
Practice Exercise: **(a)** Yes, because the heat transferred from the system has a negative sign.

**Sample Exercise 19.3**
Practice Exercise: **(a)** $CO_2(s) \longrightarrow CO_2(g)$

**Sample Exercise 19.4**
Practice Exercise: **(a)** 1 mol of $SO_2(g)$ at STP, **(b)** 2 mol of $NO_2(g)$ at STP

**Sample Exercise 19.5**
Practice Exercise: **(a)** 326.3 J/K

**Sample Exercise 19.6**
Practice Exercise: **(d)** All spontaneous reactions have a negative free-energy change

**Sample Exercise 19.7**
Practice Exercise: **(b)** $\Delta G_1^\circ = 2\,\Delta G_2^\circ$

**Sample Exercise 19.8**
Practice Exercise: **(b)** The reaction is nonspontaneous at all temperatures

**Sample Exercise 19.9**
Practice Exercise: **(d)** 193 °C

**Sample Exercise 19.10**
Practice Exercise: **(c)** +34,000 J

**Sample Exercise 19.11**
Practice Exercise: **(e)** If $Q > 1, \Delta G > \Delta G°$.

**Sample Exercise 19.12**
Practice Exercise: **(e)** +265 kJ/mol

## Chapter 20

**Sample Exercise 20.1**
Practice Exercise: **(a)** $Br^-(aq)$

**Sample Exercise 20.2**
Practice Exercise: **(d)** Seven on the product side

**Sample Exercise 20.3**
Practice Exercise: **(a)** One on the reactant side

**Sample Exercise 20.4**
Practice Exercise: **(b)** The electrode is gaining mass and cations from the salt bridge are flowing into the half-cell.

**Sample Exercise 20.5**
Practice Exercise: **(a)** −0.35 V

**Sample Exercise 20.6**
Practice Exercise: **(e)** +1.08 V

**Sample Exercise 20.7**
Practice Exercise: **(d)** Cells 1 and 2

**Sample Exercise 20.8**
Practice Exercise: **(b)** $Cl_2(g)$

**Sample Exercise 20.9**
Practice Exercise: **d)** $Cl_2$ and $Br_2$

**Sample Exercise 20.10**
Practice Exercise: **(d)** −0.13 V

**Sample Exercise 20.11**
Practice Exercise:**(b)** 0.56 V

**Sample Exercise 20.12**
Practice Exercise: **(e)** $7.6 \times 10^{-3} M$

**Sample Exercise 20.13**
Practice Exercise: **(a)** The anode is the half-cell in which $[Zn^{2+}] = 3.75 \times 10^{-4} M$. **(b)** The emf is 0.105 V.

**Sample Exercise 20.14**
Practice Exercise: **(c)** 62 min

## Chapter 21

**Sample Exercise 21.1**
Practice Exercise: **(b)** Uranium-234

**Sample Exercise 21.2**
Practice Exercise: **(a)** Alpha decay followed by beta emission

**Sample Exercise 21.3**
Practice Exercise: **(d)** iodine-131

**Sample Exercise 21.4**
Practice Exercise: **(e)** $^{239}_{93}Np$

**Sample Exercise 21.5**
Practice Exercise: **(b)** 6.0 h

**Sample Exercise 21.6**
Practice Exercise: **(d)** 45.5 yr

**Sample Exercise 21.7**
Practice Exercise: **(e)** 178 yr

**Sample Exercise 21.8**
Practice Exercise: $-3.19 \times 10^{-3}$ g

## Chapter 22

**Sample Exercise 22.1**
Practice Exercise: **(d)** Oxygen is better able to form $\pi$ bonds than sulfur.

**Sample Exercise 22.2**
Practice Exercise: **(d)** $C_2H_2$

**Sample Exercise 22.3**
Practice Exercise: **(c)** trigonal bipyramidal, T shaped

**Sample Exercise 22.4**
Practice Exercise: **(a)** $F_2$

**Sample Exercise 22.5**
Practice Exercise: $N_2H_4(aq) + O_2 \longrightarrow N_2(g)_2 + H_2O(l)$

**Sample Exercise 22.6**
Practice Exercise: **(d)** $BeAl_2Si_6O_{15}$?

## Chapter 23

**Sample Exercise 23.1**
Practice Exercise: **(b)** $[Rh(NH_3)_4Cl_2]Cl$

**Sample Exercise 23.2**
Practice Exercise: **(c)** $Rb_3[MoO_3F_3]$

**Sample Exercise 23.3**
Practice Exercise: **(c)** Tetraamminedichloridorhodium(III) chloride

**Sample Exercise 23.4**
Practice Exercise:

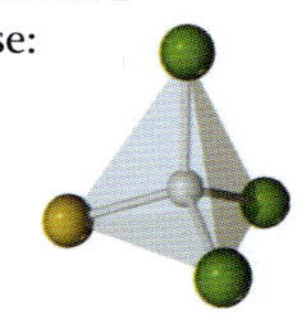

$[MX_3Y]$
**(a)**

**Sample Exercise 23.5**
Practice Exercise: **(d)** Tetrahedral $[Co(NH_3)BrClI]^-$

**Sample Exercise 23.6**
Practice Exercise: **(d)** orange

**Sample Exercise 23.7**
Practice Exercise: **(d)** $[RhCl_6]^{3-}$

**Sample Exercise 23.8**
Practice Exercise: **(e)** 5

## Chapter 24

**Sample Exercise 24.1**
Practice Exercise: (**c**) 3,3-dimethylpentane

**Sample Exercise 24.2**
Practice Exercise: (**d**) 18

**Sample Exercise 24.3**
Practice Exercise: (**b**) *cis*-2-butane

**Sample Exercise 24.4**
Practice Exercise: (**d**) an enediyne

**Sample Exercise 24.5**
Practice Exercise: (**d**) 2-methylpropane

**Sample Exercise 24.6**
Practice Exercise: (**c**) the C—O bond

**Sample Exercise 24.7**
Practice Exercise: (**d**) 6

**Sample Exercise 24.8**
Practice Exercise: (**d**) 3

# 사진 출처

*원서에 대한 사진 출처입니다.

**FRONTMATTER** p. 11 (left) GL Archive/Alamy Stock Photos; p. 11 (right) Neirfy/Fotolia; p. 12 (top) Food and Drink Photos/Alamy Stock Photo; p. 12 (bottom left) EpicStockMedia/Shutterstock; p. 12 (bottom right) Richard Megna/Fundamental Photographs; p. 13 (left) Dphens/Fotolia; p. 13 (right) Cla78/Shutterstock; p. 14 Carsten Peter/Speleoresearch & Films/National Geographic/Getty Images; p. 15 (top left) EmiliaUngur/Shutterstock; p. 15 (top right) Pearson Education, Inc.; p. 15 (bottom) Bizu Tesfaye/Sipa USA/Newscom; p. 16 (left) Greenshoots Communications/Alamy Stock Photo; p. 16 (right) Design Pics Inc/Alamy Stock Photo; p. 17 (left) Yanlev/Fotolia; p. 17 (right) Sarsmis/Fotolia; p. 18 (top) Shutterstock; p. 18 (bottom left) Thousandsanimals/Fotolia; p. 19 (left) The Washington Post/Getty Images; p. 19 (right) Stocktrek Images/Getty Images; p. 20 (left) Anton Gvozdikov/Fotolia; p. 20 (right) Jeff Rotman/Alamy Stock Photo; p. 21 Byheaven/Fotolia **CHAPTER 1** **CO-01** p. 46 Everett-Art/ Shutterstock; p. 50 (top) Sea Wave/Shutterstock; p. 49 (top) khlungcenter/Shutterstock; p. 49 (bottom) Travelpixs/Shutterstock; p. 54 (bottom left) Coleman Yuen/Pearson Education Asia Ltd; p. 56 (top) klyaksun/Shutterstock; p. 60 (top) OoddySmile Studio/Shutterstock; p. 62 (bottom) ANNVIPS/ Shutterstock; p. 71 (top) Fotaro1965/Shutterstock; 76 (middle) Yulia Grigoryeva/Shutterstock; **CHAPTER 2** **CO-02** p. 89 Coleman Yuen. Pearson Education Asia Ltd; p. 92 (top) foxterrier2005/123rf.com; p. 97 (top) Prachaya Roekdeethaweesab/Shutterstock; p. 101 (bottom) Sphinx2013; p.104 (top) elbud/Shutterstock; p. 108 (top) Ron Dale/Shutterstock; p. 111 (top right) Yuttasak Chuntarothai/Shutterstock; p. 111 (middle left) Adisa/Shutterstock; p. 116 (left) ds.p.h.o.t.o/Shutterstock; **CHAPTER 3** **CO-03** p. 134 Adisa/Shutterstock; p. 139 (bottom left) aleori/Shutterstock; p. 143 (bottom left) sulit.photos/Shutterstock; p. 146 (bottom right) Matthijs Wetterauw/Shutterstock; p. 152 (bottom right) pineapplestudio/123rf; p. 158 (top right) David Tadevosian/Shutterstock; p. 162 (bottom right) ETAJOE/Shutterstock; **CHAPTER 4** **CO-04** p. 175 EpicStockMedia/Shutterstock; p. 180 (top right) dpa picture alliance archive/Alamy Stock Photo; p. 193. (top) Kudzina/Shutterstock; p. 201 (top) MAURO UJETTO/Shutterstock; p. 207 (top) www.hollandfoto.net/Shutterstock; p. 209 (top) Travelpixs/Shutterstock; **CHAPTER 5** **CO-04** p. 209 colin13362/Shutterstock; p. 223 (top) Jesus Cervantes/Shutterstock; p. 230 (top) Kapuska/Shutterstock; p. 234 (right) Albert Russ/ Shutterstock; p. 238 (right) Atelier_A/Shutterstock; p. 244 (bottom) Philip Lange/Shutterstock; p. 248 (top) Gorodenkoff/Shutterstock; p. 254 (top) fewerton/Shutterstock; p. 258 (bottom) TY Lim/Shutterstock; **CHAPTER 6** **CO-06** p. 274 42videography/Shutterstock; p. 278 (top) thomas eder/Shutterstock; p. 278 (bottom left) Panther Media GmbH/Alamy Stock Photo; p. 281 (middle) Hipix/Alamy Stock Photo; p. 287 (bottom) Dzmitry Skazau/123RF; p. 291 (top) SphinxHK/Shutterstock; p. 296 (top) Tonis Pan/Shutterstock; p. 300 (bottom) Jurik Peter/Shutterstock; p. 303 (top) mroz/Shutterstock; p. 309 (top) Nagel Photography/Shutterstock; **CHAPTER 7** **CO-07** p. 323 Bjoern Wylezich/Shutterstock; p. 326 (top) concept w/Shutterstock; p. 330 (top) Daniel Fung/Shutterstock; p. 336 (top) Incredible Arctic/Shutterstock; p. 341 (top) goffkein.pro/Shutterstock; p. 343 (middle) AnastasiiaFirsova/Shutterstock; p. 349 (top) Nina.G/Shutterstock; p. 354 (right) Everett Historical/Shutterstock; **CHAPTER 8** **CO-08** p. 369 Viktor88/Shutterstock; p. 371 (bottom) Bambuh/Shutterstock; p. 378 (right) footageclips/Shutterstock; p. 381 (bottom) petarg/123RF; p. 388 (right) Mawardi Bahar/123RF; p. 393 (bottom) Pressmaster/Shutterstock; p. 397 (top) Egorov Artem/Shutterstock; p. 400 (bottom) Stocksnapper/Shutterstock; **CHAPTER 9** **CO-09** p. 412 PJ photography/Shutterstock; p. 416 (right) molekuul.be/Shutterstock; p. 429 (left) New Africa/Shutterstock; p. 431 (left) otomobil/Shutterstock; p. 438 (right) wong yu liang/Shutterstock; p. 445 (bottom) Raimundo79/Shutterstock; p. 450 (top) keiphotostudio/123RF; **CHAPTER 10** **CO-10** p. 472 Zenobillis/Shutterstock; p. 474 (bottom) EmiliaUngur/Shutterstock; p. 479 (left) IgorGolovniov/Shutterstock; p. 483 Morphart Creation/Shutterstock; p. 491 (left) sudok1/123rf; p. 494 (bottom) Cameron Watson/Shutterstock; p. 498 (bottom) Kudryashova Vera/Shutterstock; p. 503 (left) Kodda/Shutterstock; **CHAPTER 11** **CO-11** p. 517 BDCreations/Shutterstock; p. 520 (right) Rojchana Loonrasri/Shuttersock; p. 529 (left) DW2630/Shutterstock; p. 533 (bottom) solar22/Shutterstock; p. 539 (top) Elnur Amikishiyev/123RF; p. 542 (bottom) Sportlibrary/Shutterstock; p. 547 (top) Giamka/Shutterstock; **CHAPTER 12** **CO-12** p. 560 Kacso Sandor/123RF; p. 567 (top) Alexey Kamenskiy/Shutterstock; p. 579 (top) SergeyPhoto18/Shutterstock; p. 584 (bottom) K.Kargona/Shutterstock; p. 591 (bottom) Anton Starikov/Shutterstock; p. 598 (right) Photos de Dodo/Shutterstock; p. 600 (bottom) Ann Juarez/Shutterstock; **CHAPTER 13** **CO-13** p. 613 happystock/Shutterstock; p. 619 (top) Jomic/Shutterstock; p. 621 (top) Evgeny Karandaev/Shutterstock; p. 628 (right) GB Traveler/Shutterstock; p. 633 (top) fotoknips/Shutterstock; p. 644 (right) Pesh Siri/Shutterstock; **CHAPTER 14** **CO-14** p. 658 Alla/Shutterstock; p. 660 (right) trabantos/Shutterstock; p. 666 (right) Vandathai/Shutterstock; p. 673 (bottom) Dmitry Rukhlenko/Shutterstock; p. 680 (bottom) sirtravelalot/Shutterstock; p. 687 (top) Alexandra Golubtsova/Shutterstock; p.695 (left) Andrey_Popov/Shutterstock; **CHAPTER 15** **CO-15** p. 715 Laszlo66/Shutterstock; p. 718 (bottom) Nestor Rizhniak/Shutterstock; p. 724 (right) Dmitrii Shironosov/123RF.com; p. 731 (bottom) Natee Meepian/Shutterstock; p. 738 (bottom) Iakov Filimonov/123RF.com; **CHAPTER 16** **CO-16** p. 757 Antonina Vlasova/Shutterstock; p. 764 (right) chudakov/123RF.com; p. 767 (left) liarocer/Shutterstock; p. 772 (right) Alexey Rezvykh/Shutterstock; p. 775 (top) Edyta Pawlowska/Shutterstock; p. 786 (top) Love Lego/Shutterstock; p. 792 (top) TualekPhoto/Shutterstock; p. 797(top) StudioMolekuul/Shutterstock; **CHAPTER 17** **CO-17** p. 813 kubais/Shutterstock; p. 817 (left) giedre vaitekune/Shutterstock; p. 826 (bottom) Torychemistry/Shutterstock; p. 837 (bottom) Picsfive/Shutterstock; p. 841 (bottom) Volodymyr Goinyk/Shutterstock; p. 850 (right) People Image Studio/Shutterstock; **CHAPTER 18** **CO-18** p. 864 Lyle Gregg/Shutterstock; p. 872 (right) David Hodges/Alamy Stock Photo; p. 881 (bottom) Nerthuz/Shutterstock; p. 885 (left) Rich Carey/Shutterstock; p. 886 (middle left) ETAJOE/Shutterstock; p. 891 (left) cooperr/Shutterstock; p. 890 (right) Michelle Pacitto/Shutterstock; **CHAPTER 19** **CO-19** p. 904 Volodymyr Dvornyk/Shutterstock; p. 906 (top left) Waithaya Stock/Shutterstock; p. 910 (top) AS photostudio/Shutterstock; p. 914 (top) A. RICARDO/Shutterstock; p. 922 (right) viper-zero/Shutterstock; p. 926 (bottom) catwalker/Shutterstock; p. 932 (right) O_Lypa/Shutterstock; p. 935 (left) petrroudny43/Shutterstock; CHAPTER 20 **CO-20** p. 950 areeya_ann/Shutterstock; p. 953 (left) Designua/Shutterstock; p. 959 (left) Morphart Creation/Shutterstock; p. 963 (left) Vittee/Shutterstock; p. 972 (right) scharfsinn86/123RF.com; p. 977 (top) Greg Brave/123RF.com; p. 984 (top) mariva2017/Shutterstock; p. 990 (right) lunamarina/Shutterstock; p. 993 (left) Oliver Hoffmann/Shutterstock; CHAPTER 21 **CO-21** p. 1007 nasaimages/123RF.com; p. 1012 (right) hayirhah/Shutterstock; p. 1020 (right) Lerner Vadim/Shutterstock; p. 1026 (top) Andrey_Popov/Shutterstock; p. 1029 (left) Lukasz Pawel Szczepanski/Shutterstock; p. 1041 (top) SaraGiordano/Shutterstock; p. 1028 (bottom right) Science History Images/Alamy Stock Photo; CHAPTER 22 **CO-22** p. 1052 Zastolskiy Victor/Shutterstock; p. 1056 (right) Maxim Tupikov/Shutterstock; p. 1061 (left) Kim Christensen/Shutterstock; p. 1064 (top) Dafinchi/Shutterstock; p. 1068 (top) Darren Pullman/Shutterstock; p. 1072 (right) Filip Fuxa/Shutterstock; p. 1076 (right) LayalJebran/Shutterstock; p. 1081 (top) NatalyFox/Shutterstock; p. 1085 (bottom) Bjoern Wylezich/Shutterstock; p. 1089 (left) Sanit Ratsameephot/Shutterstock; p. 1093 (bottom) Bjoern Wylezich/Shutterstock; CHAPTER 23 **CO-23** p. 1102 PeskyMonkey/Shutterstock; p. 1108 (right) Suwin/Shutterstock; p. 1114 (right) Oskars Bormanis/Shutterstock; p. 1121 (top) Sasi Ponchaisang/123RF.com; p. 1128 (top) Ihor Matsiievskyi/Shutterstock; p. 1131 (top right) Byjeng/Shutterstock; p. 1131 (top left) Sararwut Jaimassiri/Shutterstock; CHAPTER 24 **CO-24** p. 1149 pirita/Shutterstock; p. 1152 (top) Rostislav Zatonskiy/123RF.com; p. 1160 (top) Corepics VOF/Shutterstock; p. 1168 (top) Victor Moussa/ Shutterstock; p. 1177 (top) captureandcompose/Shutterstock; p. 1179 (top) Raimundo79/Shutterstock; p. 1180 (top) GEMINI PRO STUDIO/Shutterstock; p. 1186 (top) jeep2499/Shutterstock; p. 1190 (bottom) Pixelbliss/Shutterstock; p. 1193 (top right) alice-photo/Shutterstock; p. 1193 (top left) Awe Inspiring Images/Shutterstock

# 찾아보기

## A–Z



## ㄱ

**화학교재연구회** (번역)

**건국대학교**: 권성중 · 명노승 · 임 찬
**경북대학교**: 김성환 · 김창민 · 백승민 · 아브라모프 파벨 · 윤민영 · 이강호 · 이규의 · 이정규 · 이혜진 · 이효선 · 이홍인 · 정맹준 · 정성화 · 조대흠 · 조창우 · 최상일 · 최철호 · 황길태
**경상대학교**: 공호열 · 권기영 · 권승용 · 김병선 · 김성국 · 김윤희 · 김주영 · 김주현 · 박종근 · 서무룡 · 이경훈 · 이영욱 · 이준화 · 정성호 · 정종화 · 최명룡 · 최재원
**국민대학교**: 강태현 · 고혜민 · 김석찬 · 김영훈 · 김주은 · 김형민 · 도영락 · 유연규 · 이석묵 · 이찬우 · 임상규 · 전주원 · 정용주 · 허 균
**성균관대학교**: 김성규
**연세대학교**: 김병수 · 김태규 · 문명희 · 이보경 · 임대운 · 장두옥 · 장우동 · 조현모 · 주상용 · 최우준
**영남대학교**: 강미숙 · 김영수 · 김영일 · 김창섭 · 윤석준 · 윤영상 · 임희남 · 조대원 · 홍철암
**울산대학교**: 김범진 · 류광선 · 우상국 · 이민형 · 이승구 · 이영일 · 이형일 · 정재훈 · 하지원 · 홍종욱
**전북대학교**: 이왕로
**충북대학교**: 강성민 · 김기태 · 김남준 · 김 민 · 김영조 · 김종원 · 김철재 · 박재우 · 박준희 · 손운용 · 양민오 · 유태수
**한양대학교**: 강용한 · 이학준

**화학교재연구회** (감수)

**건국대학교**: 김연호 · 전종호
**동아대학교**: 김종식 · 김효준 · 손종우 · 송현민 · 이승훈 · 이재욱 · 장원준 · 조종현
**동의대학교**: 정민수

# 일반화학 제15판 ②

저　　자　Brown · LeMay · Bursten · Murphy · Woodward · Stoltzfus
역　　자　화학교재연구회
발 행 인　김지영
발 행 처　자유아카데미
주　　소　경기도 파주시 회동길 37-42
　　　　　파주출판도시
전　　화　031-955-1321
팩　　스　031-955-1322
홈페이지　www.freeaca.com
전자우편　main@freeaca.com (대표)
　　　　　editor@freeaca.com (편집)
　　　　　crm@freeaca.com (영업)
등　　록　제406-2003-017호, 1980. 7. 12.
제15판1쇄　2023년 1월 10일 발행
제15판5쇄　2026년 3월 17일 발행

Pearson www.pearsonhighered.com

Printed in Korea
ISBN 979-11-5808-418-9　94430
ISBN 979-11-5808-419-6　94430(세트)

Authorized Translation from the English language edition, entitled CHEMISTRY: THE CENTRAL SCIENCE, 15th Edition by Theodore L. Brown, H. Eugene LeMay, Jr., Bruce E. Bursten, Catherine J. Murphy, Patrick M. Woodward, Matthew W. Stoltzfus, published by Pearson Education, Inc, Copyright © 2022

# Common Ions

**Positive Ions (Cations)**

**1+**

ammonium ($NH_4^+$)
cesium ($Cs^+$)
copper(I) or cuprous ($Cu^+$)
hydrogen ($H^+$)
lithium ($Li^+$)
potassium ($K^+$)
silver ($Ag^+$)
sodium ($Na^+$)

**2+**

barium ($Ba^{2+}$)
cadmium ($Cd^{2+}$)
calcium ($Ca^{2+}$)
chromium(II) or chromous ($Cr^{2+}$)
cobalt(II) or cobaltous ($Co^{2+}$)
copper(II) or cupric ($Cu^{2+}$)
iron(II) or ferrous ($Fe^{2+}$)
lead(II) or plumbous ($Pb^{2+}$)
magnesium ($Mg^{2+}$)
manganese(II) or manganous ($Mn^{2+}$)
mercury(I) or mercurous ($Hg_2^{2+}$)
mercury(II) or mercuric ($Hg^{2+}$)
strontium ($Sr^{2+}$)
nickel(II) ($Ni^{2+}$)
tin(II) or stannous ($Sn^{2+}$)
zinc ($Zn^{2+}$)

**3+**

aluminum ($Al^{3+}$)
chromium(III) or chromic ($Cr^{3+}$)
iron(III) or ferric ($Fe^{3+}$)

**Negative Ions (Anions)**

**1−**

acetate ($CH_3COO^-$ or $C_2H_3O_2^-$)
bromide ($Br^-$)
chlorate ($ClO_3^-$)
chloride ($Cl^-$)
cyanide ($CN^-$)
dihydrogen phosphate ($H_2PO_4^-$)
fluoride ($F^-$)
hydride ($H^-$)
hydrogen carbonate or bicarbonate ($HCO_3^-$)
hydrogen sulfite or bisulfite ($HSO_3^-$)
hydroxide ($OH^-$)
iodide ($I^-$)
nitrate ($NO_3^-$)
nitrite ($NO_2^-$)
perchlorate ($ClO_4^-$)
permanganate ($MnO_4^-$)
thiocyanate ($SCN^-$)

**2−**

carbonate ($CO_3^{2-}$)
chromate ($CrO_4^{2-}$)
dichromate ($Cr_2O_7^{2-}$)
hydrogen phosphate ($HPO_4^{2-}$)
oxide ($O^{2-}$)
peroxide ($O_2^{2-}$)
sulfate ($SO_4^{2-}$)
sulfide ($S^{2-}$)
sulfite ($SO_3^{2-}$)

**3−**

arsenate ($AsO_4^{3-}$)
phosphate ($PO_4^{3-}$)

# Fundamental Constants*

| | | |
|---|---|---|
| Atomic mass constant | 1 u | $= 1.660539040 \times 10^{-27}$ kg |
| | 1 g | $= 6.022140859 \times 10^{23}$ amu |
| Avogadro's number† | $N_A$ | $= 6.022140857 \times 10^{23}$/mol |
| Boltzmann Constant | $k$ | $= 1.3806485 \times 10^{-23}$ J/K |
| Electron charge | $e$ | $= 1.6021766208 \times 10^{-19}$ C |
| Faraday constant | $F$ | $= 9.648533289 \times 10^{4}$ C/mol |
| Gas constant | $R$ | = 0.0820582 L-atm/mol-K |
| | | = 8.3144598 J/mol-K |
| Mass of electron | $m_e$ | $= 5.4857990946 \times 10^{-4}$ u |
| | | $= 9.10938356 \times 10^{-31}$ kg |
| Mass of neutron | $m_n$ | = 1.008664916 u |
| | | $= 1.674927471 \times 10^{-27}$ kg |
| Mass of proton | $m_p$ | = 1.007276466 u |
| | | $= 1.672621898 \times 10^{-27}$ kg |
| Pi | $\pi$ | = 3.1415926535 |
| Planck constant | $h$ | $= 6.626070040 \times 10^{-34}$ J-s |
| Speed of light in vacuum | $c$ | $= 2.99792458 \times 10^{8}$ m/s |

*Fundamental constants are listed at the National Institute of Standards and Technology (NIST) Web site: http://physics.nist.gov/cuu/Constants/index.html

†Avogadro's number is also referred to as the Avogadro constant. The latter term is the name adopted by agencies such as the International Union of Pure and Applied Chemistry (IUPAC) and the National Institute of Standards and Technology (NIST), but "Avogadro's number" remains in widespread usage and is used in most places in this book.

# Useful Conversion Factors and Relationships

## Length

*SI unit: meter (m)*

$1\ \text{km} = 0.62137\ \text{mi}$
$1\ \text{mi} = 5280\ \text{ft}$
$= 1.6093\ \text{km}$
$1\ \text{m} = 1.0936\ \text{yd}$
$1\ \text{in.} = 2.54\ \text{cm (exactly)}$
$1\ \text{cm} = 0.39370\ \text{in.}$
$1\ \text{Å} = 10^{-10}\ \text{m}$

## Mass

*SI unit: kilogram (kg)*

$1\ \text{kg} = 2.2046\ \text{lb}$
$1\ \text{lb} = 453.59\ \text{g}$
$= 16\ \text{oz}$
$1\ \text{u} = 1.660538921 \times 10^{-27}\ \text{kg}$

## Temperature

*SI unit: Kelvin (K)*

$0\ \text{K} = -273.15\ °\text{C}$
$= -459.67\ °\text{F}$
$\text{K} = °\text{C} + 273.15$
$°\text{C} = \frac{5}{9}(°\text{F} - 32°)$
$°\text{F} = \frac{9}{5}°\text{C} + 32°$

## Energy (derived)

*SI unit: Joule (J)*

$1\ \text{J} = 1\ \text{kg-m}^2/\text{s}^2$
$= 0.2390\ \text{cal}$
$= 1\text{C-V}$
$1\ \text{cal} = 4.184\ \text{J}$
$1\ \text{eV} = 1.602 \times 10^{-19}\ \text{J}$

## Pressure (derived)

*SI unit: Pascal (Pa)*

$1\ \text{Pa} = 1\ \text{N/m}^2$
$= 1\ \text{kg/m-s}^2$
$1\ \text{atm} = 1.01325 \times 10^5\ \text{Pa}$
$= 760\ \text{torr}$
$= 14.70\ \text{lb/in}^2$
$1\ \text{bar} = 10^5\ \text{Pa}$
$1\ \text{torr} = 1\ \text{mm Hg}$

## Volume (derived)

*SI unit: cubic meter (m³)*

$1\ \text{L} = 10^{-3}\ \text{m}^3$
$= 1\ \text{dm}^3$
$= 10^3\ \text{cm}^3$
$= 1.0567\ \text{qt}$
$1\ \text{gal} = 4\ \text{qt}$
$= 3.7854\ \text{L}$
$1\ \text{cm}^3 = 1\ \text{mL}$
$1\ \text{in}^3 = 16.4\ \text{cm}^3$

# Color Chart for Common Elements

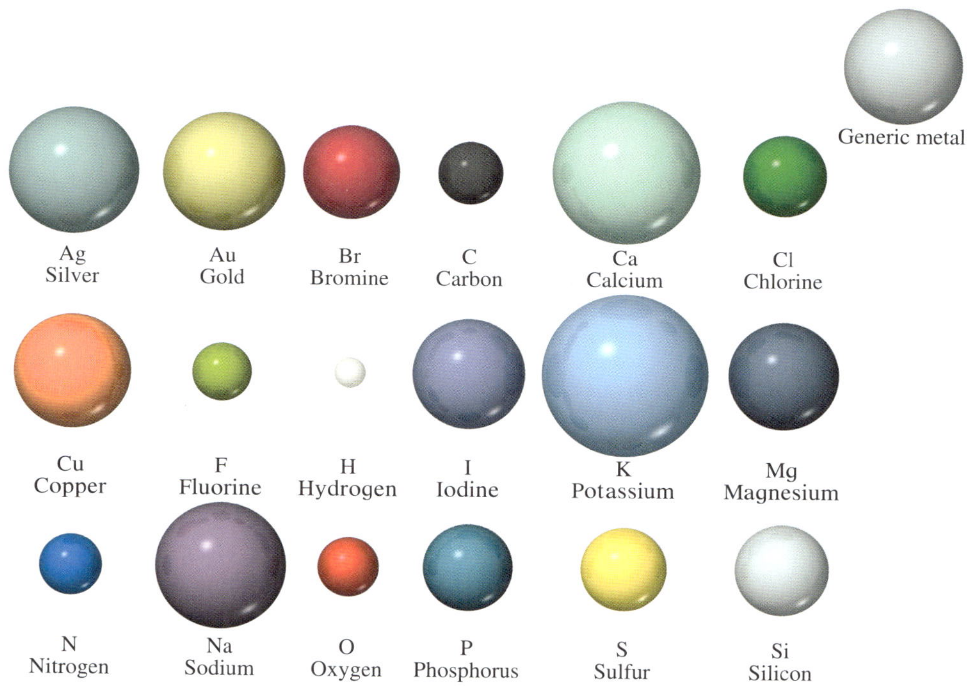

제15판

# 일반화학



1, 2권 세트 55,000원
ISBN 979-11-5808-418-9
ISBN 979-11-5808-419-6 (세트)